Wendehorst Bautechnische Zahlentafeln

Ulrich Vismann

(Hrsg.)

Wendehorst Bautechnische Zahlentafeln

37., aktualisierte und erweiterte Auflage

Herausgegeben von Prof. Dr.-Ing. Ulrich Vismann,
FH Aachen in Verbindung mit DIN Deutsches
Institut für Normung e.V.

 Springer Vieweg   **Beuth**

Hrsg.
Ulrich Vismann
FH Aachen
Aachen, Deutschland

Die DIN-Normen sind wiedergegeben mit Erlaubnis des DIN Deutsches Institut für Normung e.V. Maßgebend für das Anwenden jeder DIN-Norm ist deren Fassung mit dem neuesten Ausgabedatum, die bei der Beuth Verlag GmbH, Am DIN-Platz, Burggrafenstraße 6, 10787 Berlin, erhältlich ist (www.beuth.de). Sinngemäß gilt das Gleiche für alle in diesem Buch angezogenen amtlichen Richtlinien, Bestimmungen, Verordnungen usw.

ISBN 978-3-658-32217-5   ISBN 978-3-658-32218-2 (eBook)   ISBN Beuth 978-3-410-30107-3
https://doi.org/10.1007/978-3-658-32218-2

Die Deutsche Nationalbibliothek verzeichnet diese Publikation in der Deutschen Nationalbibliografie; detaillierte bibliografische Daten sind im Internet über http://dnb.d-nb.de abrufbar.

Springer Vieweg
© Springer Fachmedien Wiesbaden GmbH, ein Teil von Springer Nature 1934, 1996, 1998, 2000, 2002, 2004, 2007, 2009, 2012, 2015, 2018, 2021

Lektorat: Dipl.-Ing. Ralf Harms

Springer Vieweg ist ein Imprint der eingetragenen Gesellschaft Springer Fachmedien Wiesbaden GmbH und ist ein Teil von Springer Nature.
Die Anschrift der Gesellschaft ist: Abraham-Lincoln-Str. 46, 65189 Wiesbaden, Germany

Vorwort

Der „Wendehorst, Bautechnische Zahlentafeln" hat als Standardwerk im Bereich des Bauingenieurwesens seit mehr als 90 Jahren einen festen Platz bei den Lesern, die sich sowohl aus den Berufsschülern und Studierenden des Baubereichs als auch den in der Praxis tätigen Ingenieuren zusammensetzen. Dieser Tradition verpflichtet haben alle Autoren mit Freude und Schaffensdrang die nunmehr bereits in der 37. Auflage vorliegende Fassung in gewohnt praxisbezogener und dem aktuellen Stand der Bautechnik angepasster Weise erarbeitet. Dafür möchte ich mich an dieser Stelle bei allen Autoren recht herzlich bedanken.

Alle Kapitel der vorliegenden 37. Neuauflage der Bautechnischen Zahlentafeln gliedern sich gedanklich an den fünf Ordnungspunkten „Grundlagen, Konstruktion und Bemessung, Bauphysik, Infrastruktur und Umwelt sowie Informationsverarbeitung". Mit den neuen Autoren Herrn Prof. S. Beier und Herrn Prof. W. Moorkamp konnten wir kompetente Kollegen für die Fortschreibung des Werkes in den bestehenden Kapiteln Siedlungswasserwirtschaft und Holzbau gewinnen. Besonders freut mich als Herausgeber, dass wir mit Frau Prof. I. Obernosterer, Herrn Prof. M. Horstmann und Herrn Prof. K. Kerres auch drei im Prinzip vollständig neue bzw. neu konzipierte Themengebiete Bauen und Umwelt, Sonderkonstruktionen des Betonbaus und Netzmanagement in den Wendehorst aufnehmen konnten. Aktuelle bautechnische Themen haben wir in den vergangenen Neuauflagen immer wieder aufgegriffen und damit Inhalt und gleichzeitig natürlich auch den Umfang des Werkes deutlich vergrößert. Die Autoren und der Verlag denken vor diesem Hintergrund intensiv darüber nach, dieses Werk zukünftig zweibändig zu gestalten. Unabhängig hiervon steht allen Lesern natürlich in gewohnter Weise auch die digitale und damit „leicht tragbare" Version dieses Buches über www.springer.com bzw. als Ebook-Inside zur Verfügung.

Die Herren Prof. E. Biener und Prof. H. Neuhaus, die den Inhalt dieses Buches über viele Jahre maßgeblich mitgeprägt haben, sind plötzlich und unerwartet viel zu früh verstorben. Autoren und Lektorat haben damit zwei verlässliche und geschätzte Kollegen verloren. Wir werden ihnen stets ein ehrendes Andenken bewahren.

Auf das parallel zu diesem Bautabellenbuch vorhandene Lehrbuch „Wendehorst, Beispiel aus der Baupraxis", welches jetzt aktuell mit der 7. Auflage erscheinen wird, ist an dieser Stelle ebenfalls hinzuweisen. Hier werden ausschließlich vollständige durchgerechnete Praxisbeispiele, für die in einem Tafelwerk wie dem Wendehorst kein Platz ist, vorgestellt und erläutert.

Dem Verlag und insbesondere dem Lektor Ralf Harms sei an dieser Stelle im Namen aller Autoren und des Herausgebers für die stets kooperative Zusammenarbeit recht herzlich gedankt.

Aachen   Ulrich Vismann
Juni 2021

Griechisches Alphabet

α A	β B	γ Γ	δ Δ
a Alpha	*b* Beta	*g* Gamma	*d* Delta
ε E	ζ Z	η H	ϑ Θ
ĕ Epsilon	*z* Zeta	*ē* Eta	*th* Theta
ι I	$\varkappa$ K	λ Λ	μ M
i Iota	*k* Kappa	*l* Lambda	*m* Mü
ν N	ξ Ξ	o O	π Π
n Nü	*x* Ksi	*ŏ* Omikron	*p* Pi
ϱ P	σ Σ	τ T	υ Υ
r Rho	*s* Sigma	*t* Tau	*ü* Ypsilon
φ Φ	χ X	ψ Ψ	ω Ω
ph Phi	*ch* Chi	*ps* Psi	*ō* Omega

SI-Einheiten nach DIN 1301-1 (10.2010)

SI-Einheiten sind nur die Basiseinheiten (Tafel 1) und die daraus kohärent (mit dem Zahlenfaktor „eins") abgeleiteten Einheiten (Beispiele s. Tafel 2). Der Name SI steht für „Système International d'Unites„ (Internationales Einheitensystem). Eine ausführliche Information über das Internationale Einheitensystem enthält die SI-Broschüre der Physikalisch-Technischen Bundesanstalt (Download unter www.ptb.de).

Tafel 1 SI-Basiseinheiten

Basisgröße	Basiseinheit	
	Name	Zeichen
Länge	der Meter	m
Masse	der Kilogramm	kg
Zeit	die Sekunde	s
elektrische Stromstärke	das Ampere	A
thermodynamische Temperatur	das Kelvin[a]	K
Stoffmenge	das Mol	mol
Lichtstärke	die Candela	cd

[a] Bei Angabe von Celsius-Temperaturen wird der besondere Name Celsius (Einheitenzeichen: °C) anstelle von Kelvin benutzt.

Tafel 2 Abgeleitete SI-Einheiten mit besonderem Namen und Zeichen

Größe	SI-Einheit		Beziehung
	Name	Zeichen	
ebener Winkel	der Radiant	rad	$1\,\text{rad} = 1\,\text{m/m}$
Raumwinkel	der Steradiant	sr	$1\,\text{sr} = 1\,\text{m}^2/\text{m}^2$
Kraft	das Newton	N	$1\,\text{N} = 1\,\text{kg\,m/s}^2$
Druck, mechanische Spannung	das Pascal	Pa	$1\,\text{Pa} = 1\,\text{N/m}^2$
Energie, Arbeit, Wärmemenge	das Joule	J	$1\,\text{J} = 1\,\text{N\,m} = 1\,\text{W\,s}$
Leistung, Wärmestrom	das Watt	W	$1\,\text{W} = 1\,\text{J/s}$
Lichtstrom	das Lumen	lm	$1\,\text{lm} = 1\,\text{cd\,sr}$
Beleuchtungsstärke	das Lux	lx	$1\,\text{lx} = 1\,\text{lm/m}^2$

Tafel 3 International festgelegte Vorsätze (SI-Vorsätze)

Faktor	Vorsatz		Faktor	Vorsatz		Faktor	Vorsatz		Faktor	Vorsatz	
	Name	Zeichen		Name	Zeichen		Name	Zeichen		Name	Zeichen
10^{-18}	Atto	a	10^{-6}	Mikro	µ	10^1	Deka	da	10^9	Giga	G
10^{-15}	Femto	f	10^{-3}	Milli	m	10^2	Hekto	h	10^{12}	Tera	T
10^{-12}	Piko	p	10^{-2}	Zenti	c	10^3	Kilo	k	10^{15}	Peta	P
10^{-9}	Nano	n	10^{-1}	Dezi	d	10^6	Mega	M	10^{18}	Exa	E

Das Vorsatzzeichen bildet zusammen mit dem Einheitenzeichen, mit dem es ohne Zwischenraum geschrieben oder gesetzt wird, das Zeichen einer eigenen Einheit.

Tafel 4 Einheiten außerhalb des SI

Größe	Einheitenname	Einheitenzeichen	Definition
ebener Winkel	Vollwinkel	–	$1\,\text{Vollwinkel} = 2\pi\,\text{rad}$
	Gon	gon	$1\,\text{gon} = (\pi/200)\,\text{rad}$
	Grad	° [a]	$1° = (\pi/180)\,\text{rad}$
	Minute	' [a]	$1' = (1/60)°$
	Sekunde	'' [a]	$1'' = (1/60)'$
Volumen	Liter	ℓ	$1\,\ell = 1\,\text{dm}^3$
Zeit	Minute	min [a]	$1\,\text{min} = 60\,\text{s}$
	Stunde	h [a]	$1\,\text{h} = 60\,\text{min}$
	Tag	d [a]	$1\,\text{d} = 24\,\text{h}$
	Gemeinjahr	a [a]	$1\,\text{a} = 365\,\text{d} = 8760\,\text{h}$
Masse	Tonne	t	$1\,\text{t} = 10^3\,\text{kg} = 1\,\text{Mg}$
Druck	Bar	bar	$1\,\text{bar} = 10^5\,\text{Pa}$

[a] Nicht mit Vorsätzen verwenden.

Umrechnungstafeln

Einzellasten

	N	kN	MN
1 N	1	10^{-3}	10^{-6}
1 kN	10^3	1	10^{-3}
1 MN	10^6	10^3	1
1 kp	10	10^{-2}	10^{-5}
1 Mp	10^4	10	10^2

g = Gramm
k = Kilo = 10^3 (tausend)
M = Mega = 10^6 (million)
N = Newton
p = Pond
t = Tonne

Massen/Kräfte

	g	kg	t	N	kN	MN
1 g	1	10^{-3}	10^{-6}	10^{-2}	10^{-5}	10^{-8}
1 kg	10^3	1	10^{-3}	10	10^{-2}	10^{-5}
1 t	10^6	10^3	1	10^4	10	10^{-2}

Zeiteinheiten

	a (Jahr)	d (Tag)	h (Stunde)	min (Minute)	s (Sekunde)
1 a (Jahr)	1	365	8760	525.600	$31,54 \cdot 10^6$
1 d (Tag)	$2,740 \cdot 10^{-3}$	1	24	1440	86.400
1 h (Stunde)	$1,142 \cdot 10^{-4}$	$4,167 \cdot 10^{-2}$	1	60	3600
1 min (Minute)	$1,903 \cdot 10^{-6}$	$6,944 \cdot 10^{-4}$	$1,667 \cdot 10^{-2}$	1	60
1 s (Sekunde)	$3,171 \cdot 10^{-8}$	$1,157 \cdot 10^{-5}$	$2,788 \cdot 10^{-4}$	$1,667 \cdot 10^{-2}$	1

Flächenlasten/Spannungen

	N/mm^2	N/cm^2	kN/mm^2	kN/cm^2	kN/m^2	MN/cm^2	MN/m^2
$1\ N/mm^2$	1	10^2	10^{-3}	10^{-1}	10^3	10^{-4}	1
$1\ N/cm^2$	10^{-2}	1	10^{-5}	10^{-3}	10	10^{-6}	10^{-2}
$1\ kN/mm^2$	10^3	10^5	1	10^2	10^6	10^{-1}	10^3
$1\ kN/cm^2$	10	10^3	10^{-2}	1	10^4	10^{-3}	10
$1\ kN/m^2$	10^{-3}	10^{-1}	10^{-6}	10^{-4}	1	10^{-7}	10^{-3}
$1\ MN/cm^2$	10^4	10^6	10	10^3	10^7	1	10^4
$1\ MN/m^2$	1	10^2	10^{-3}	10^{-1}	10^3	10^{-4}	1
$1\ kp/mm^2$	10	10^3	10^{-2}	1	10^4	10^3	10
$1\ kp/cm^2$	10^{-1}	10	10^{-4}	10^{-2}	10^2	10^{-5}	10^{-1}
$1\ Mp/cm^2$	10^2	10^4	10^{-1}	10	10^5	10^{-2}	10^2
$1\ Mp/m^2$	10^{-2}	1	10^{-5}	10^{-3}	10	10^{-6}	10^{-2}

$$1\,Pa = 1\,N/m^2 \qquad 1\,kPa = 1\,kN/m^2 \qquad 1\,MPa = 1\,MN/m^2 = 1\,N/mm^2 \qquad \text{(Pascal)}$$

Inhaltsverzeichnis

Autorenverzeichnis

Prof. Dr.-Ing. Silvio Beier studierte Bauingenieurwesen an der Fachhochschule Neubrandenburg und Technischen Universität Braunschweig. Zwischenzeitlich absolvierte er eine Laufbahnausbildung für den gehobenen bautechnischen Verwaltungsdienst. Im Jahr 2004 wurde er wissenschaftlicher Mitarbeiter am Institut für Siedlungswasserwirtschaft der RWTH Aachen bei Univ.-Prof. Dr.-Ing. Johannes Pinnekamp. Dort promovierte er zum Thema „Elimination von Arzneimitteln aus Krankenhausabwasser". Anschließend folgten leitende Tätigkeiten auf dem Gebiet der Siedlungswasserwirtschaft an der Technischen Universität Hamburg-Harburg und in einer Ingenieurgesellschaft. Im Jahr 2016 folgte er dem Ruf der Fachhochschule Aachen auf die Professur für Siedlungswasserwirtschaft und Abfallwirtschaft. In 2017 hat er die Professur Technologien urbaner Stoffstromnutzungen der Bauhaus-Universität Weimar übernommen. Schwerpunkt dieser Professur ist die Forschung zur Entwicklung von Verfahren der Nutzbarmachung von Rohstoff- und Energieinhalten, die in Abwässern gebunden sind. Prof. Beier ist Autor zahlreicher nationaler und internationaler Fachaufsätze. Zudem ist er Mitglied im Vorstand des Bauhaus-Institutes für zukunftsweisende Infrastrukturen der Bauhaus-Universität Weimar (b.is).

Prof. Dr.-Ing. André Borrmann hat Bauingenieurwesen an der Bauhaus-Universität Weimar studiert und an der TU München im Bereich Bauinformatik promoviert. Seit 2011 leitet er den Lehrstuhl für Computergestützte Modellierung und Simulation an der TU München und ist seit 2014 Sprecher des Leonhard Obermeyer Center of Digital Methods for the Built Environment. Einen der wesentlichen Forschungsschwerpunkte des Lehrstuhls bildet die Weiterentwicklung von Methoden und Verfahren des Building Information Modeling. Prof. Borrmann ist als Gutachter für zahlreiche internationale Journals tätig und wurde mit mehreren internationalen Preisen für seine Forschungstätigkeit ausgezeichnet. Er wirkt in den BIM-Gremien bei VDI und DIN mit, ist Sprecher des Arbeitskreises Bauinformatik, dem Zusammenschluss der Bauinformatik-Lehrstühle im deutschsprachigen Raum, und Mitglied im Commitee der European Group for Intelligent Computing in Engineering (EG-ICE).

Prof. Dr.-Ing. Sylvia Heilmann studierte Bauingenieurwesen an der Technischen Hochschule Leipzig und führt seit 1997 ein Ingenieurbüro für Baustatik und Brandschutz. Sie promovierte an der Technischen Universität Dresden und ist dort seit 2016 Professorin für Brandschutz. Ihre zahlreichen Veröffentlichungen zum Thema Brandschutz gehören seit Jahren zur Standardfachliteratur.

Prof. Dr.-Ing. Ekkehard Heinemann studierte an der Ingenieurschule Siegen und der Technischen Hochschule Aachen Bauingenieurwesen. Anschließend war er als wissenschaftlicher Assistent am Aachener Institut für Wasserbau und Wasserwirtschaft tätig und promovierte auf dem Gebiet von Wirbelströmungen. Viele Jahre wurde er von einer Ingenieurgesellschaft hauptsächlich für Auslandsprojekte der Wasserkraft- und Talsperrenplanung eingesetzt. Von 1990 bis 2011 vertrat er an der Fachhochschule Köln, jetzt Technische Hochschule Köln, die Gebiete der Wasserwirtschaft und des Wasserbaus. Als Autor beteiligte er sich an zahlreichen Fachbeiträgen und Büchern.

Prof. Dr.-Ing. Martin Homann studierte Architektur an der Universität Dortmund und promovierte am Lehrstuhl Bauphysik der Universität Dortmund über Rissüberbrückungsfähigkeit von Beschichtungssystemen. Danach Mitarbeiter in der Baustoffindustrie und freiberufliche Tätigkeit als Architekt und Bauphysiker. Von der Architektenkammer Nordrhein-Westfalen staatlich anerkannter Sachverständiger für Schall- und Wärmeschutz und seit 2000 Professor für Bauphysik an der Fachhochschule Münster.

Prof. Dr.-Ing. Michael Horstmann studierte Bauingenieurwesen mit der Vertiefung Konstruktiver Ingenieurbau an der RWTH Aachen. In der anschließenden wissenschaftlichen Assistenzzeit am dortigen Lehrstuhl und Institut für Massivbau beschäftigte er sich mit Anwendungen textilbewehrter Betone und promovierte zum Tragverhalten von Sandwichelementen aus Textilbeton. In der folgenden achtjährigen Tätigkeit bei der Kempen Krause Ingenieure GmbH in Aachen war er Projektleiter der Tragwerksplanung bei größeren Hochbauprojekten (Neubau und Bauen im Bestand), hinzugezogener Mitarbeiter bei der Prüfung von Standsicherheitsnachweisen und Leiter der Fachgruppe „Expertenwissen im Konstruktiven Ingenieurbau. Seit 2018 ist er Professor für Massivbau und Konstruktiven Ingenieurbau an der Frankfurt University of Applied Sciences und seitdem auch Mitglied des HABA-Arbeitskreises „Frischbetonverbundsysteme" des Deutschen Beton- und Bautechnik-Vereins.

Prof. Dr.-Ing. Wolfram Jäger studierte Bauingenieurwesen an der Technischen Universität Dresden und an der Moskauer Bauhochschule (MISI) und promovierte in Dresden am Lehrstuhl für Baumechanik der Stabtragwerke und Bauwerksoptimierung. Professor Jäger ist seit vielen Jahren als Beratender Ingenieur, als Prüfingenieur und Tragwerksplaner tätig und hat – neben zwei Fachbüchern in englischer Sprache – zahlreiche wissenschaftliche Aufsätze zu Themen aus dem Bauwesen, insbesondere dem Mauerwerksbau veröffentlicht. Er ist sowohl in mehreren Fachausschüssen und -gremien des DIN als auch in europäischen Normungsgremien Mitglied. Er ist Chefredakteur der Zeitschrift „Mauerwerk" und Herausgeber des Mauerwerkkalenders sowie Inhaber des Lehrstuhls für Tragwerksplanung der Fakultät Architektur der TU Dresden.

Prof. Dr.-Ing. Rainer Joeckel studierte an der Universität Stuttgart Geodäsie. Nach der Assistentenzeit am Geodätischen Institut Stuttgart promovierte er über ein Thema der Messtechnik. Nach anschließender Tätigkeit in der Vermessungsverwaltung in Baden-Württemberg und bei der Stadt Stuttgart erfolgte die Berufung an die Fachhochschule Stuttgart – Hochschule für Technik. Seine Fachgebiete sind Vermessungskunde, Industrielle Messtechnick, Elektronisches Messen und Geodätische Positionsbestimmung. Er ist Autor zahlreicher wissenschaftlicher Veröffentlichungen, Fach- und Lehrbücher.

Prof. Dr.-Ing. Karsten Kerres promovierte 2005 am Institut für Siedlungswasserwirtschaft der RWTH Aachen. Im September 2011 wurde er für das Lehrgebiet Netzmanagement, welches Planung, Bau und Betrieb unterirdischer Infrastrukturen (Strom, Fernwärme, Gas, Wasser, Abwasser) zum Gegenstand hat, an die FH Aachen – Fachbereich Bauingenieurwesen berufen. Im Rahmen seiner wissenschaftlichen Tätigkeit befasst sich Prof. Kerres intensiv mit den Themenfeldern Schadensursachen, Schadensfolgen und Verfahren der Zustandserfassung und Sanierung. Insbesondere befasst er sich mit den Möglichkeiten prognosegestützter Instandhaltungsstrategien für leitungsgebundene Infrastrukturen. Prof. Kerres ist Mitglied des DWA-Fachausschusses „Zustandserfassung und Sanierung", die Ergebnisse seiner Untersuchungen hat er in zahlreichen Vorträgen und Beiträgen in Fachzeitschriften national und international veröffentlicht.

Prof. Dr.-Ing. Markus König studierte bis 1997 Bauingenieurwesen mit der Studienrichtung Angewandte Informatik an der Universität Hannover, an der er auch 2003 mit dem Schwerpunkt kooperative Gebäudeplanung promovierte. Zwischen 2003 und 2004 war er Gesellschafter und Projektleiter der jPartner Software GmbH & Co. KG, welche individuelle Terminplanungssoftware entwickelte. Anschließend übernahm Herr König die Juniorprofessur „Theoretische Methoden des Projektmanagements" an der Bauhaus-Universität Weimar. Im Jahr 2009 wurde er auf den Lehrstuhl für Informatik im Bauwesen an der Ruhr-Universität Bochum berufen. Er ist in zahlreiche Forschungsvorhaben rund um die Themen „Building Information Modeling" und „Bauprozesssimulation" eingebunden und ist als Gutachter für zahlreiche Fachzeitschriften tätig.

Prof. Dr.-Ing. Alexander Malkwitz hat an der TU München Bauingenieurwesen und Wirtschaftswissenschaften studiert. In den ersten Jahren seiner Berufstätigkeit war er bei BASF und HOCHTIEF tätig. Im Anschluss daran hat er als Management Berater und Partner einer führenden Unternehmensberatung weltweit eine Vielzahl von Unternehmen im Bau- und Anlagenbau, dem Maschinenbau aber auch der Stahlindustrie beraten. Seit 2006 ist er Professor an der Universität Duisburg-Essen und leitet dort das Institut für Baubetrieb und Baumanagement. Er ist Autor einer Vielzahl von Veröffentlichungen rund um das Thema des Baumanagement. Außerdem unterstützt er als geschäftsführender Gesellschafter der Unternehmensberatung M+P Unternehmen darin besser zu werden, Chancen zu nutzen und Herausforderungen zu meistern.

Prof. Dr.-Ing. Dieter Maurmaier assistierte und promovierte nach seinem Studium der Fachrichtung Bauingenieurwesen am Institut für Straßen- und Verkehrswesen der Universität Stuttgart. Er war als Partner im Ingenieurbüro Bender + Stahl tätig und gründete später die Firma MAP Prof. Maurmaier + Partner mit den Schwerpunkten Verkehrsplanung, Straßenentwurf, Verkehrstechnik und Immissionsschutz. Von 1992 bis 2015 lehrte er an der Hochschule für Technik Stuttgart das Fachgebiet Verkehrswesen.

Prof. Dr.-Ing. Wilfried Moorkamp studierte Bauingenieurwesen mit dem Schwerpunkt konstruktiver Ingenieurbau an der Universität Hannover. Im Anschluss war er Assistent am dortigen Institut für Bautechnik und Holzbau und promovierte über ein Thema zum zeitabhängigen Verformungsverhalten von Holzbauteilen. Danach war er acht Jahre lang selbstständig tätig im eigenen Ingenieurbüro für Tragwerksplanung. Während dieser Zeit übernahm er diverse Lehraufträge zu den Themengebieten Baukonstruktion und Tragwerksplanung an der Fachhochschule Hannover. Seit 2010 ist er Professor für Holzbau und Nachhaltiges Bauen an der Fachhochschule Aachen und lehrt in den Studiengängen Bauingenieurwesen und Holzingenieurwesen. Er ist als Mitglied im Normenausschuss Bauwesen (NABau) in verschiedenen Arbeitsgremien an der Entwicklung von Normen im Holzbau beteiligt.

Univ.-Prof. Dr.-Ing. habil. Christian Moormann studierte Bauingenieurwesen mit der Vertiefungsrichtung Konstruktiver Ingenieurbau an der Universität Hannover. Nach einer Tätigkeit als Wissenschaftlicher Mitarbeiter am Institut und der Versuchsanstalt für Geotechnik der Technischen Universität Darmstadt promovierte er über ein Thema zur Baugrund-Grundwasser-Interaktion bei tiefen Baugruben. In der Folge war Prof. Moormann als Beratender Ingenieur und Geschäftsführer in Ingenieurbüros für Geotechnik tätig. 2009 erwarb er an der Technischen Universität Darmstadt mit einer Habilitationsschrift zu „Möglichkeit und Grenzen experimenteller und numerischer Modellbildungen zur Optimierung geotechnischer Verbundkonstruktionen" die Venia Legendi für das Fach „Bodenmechanik und Grundbau". Seit 2010 hat er als Universitätsprofessor die Leitung des Institutes für Geotechnik an der Universität Stuttgart übernommen. Forschungsschwerpunkte sind u. a. Numerische Methoden in der Geotechnik, Halbfestgesteine, Pfähle/Baugrundverbesserungen, tiefe Baugruben, Geothermie und Verkehrswegebau. Prof. Moormann ist öffentlich bestellter und vereidigter Sachverständiger für Erdbau, Grundbau, Felsbau sowie Spezialtiefbau und ist als Inhaber des Ingenieurbüros Prof. Moormann Geotechnik Consult beratend und prüfend bei zahlreichen, auch internationalen Projekten in die Ingenieurpraxis eingebunden. Er ist als Experte in diversen nationalen und internationalen Fachgremien und Normenausschüssen tätig; so ist Prof. Moormann u. a. Obmann des deutschen Normenausschusses „Pfähle", des europäischen Normenausschusses „Pile Design" und im CEN/TC250/SC 7 Leiter des Projektteams für die Erstellung des Eurocode 7, Teil 3 „Geotechnical Structures", ferner ist er Vorstandsmitglied der Deutschen Gesellschaft für Geotechnik (DGGT) und Beirat im Lenkungsgremium Fachbereich „Grundbau – Geotechnik" des DIN.

Prof Dr.-Ing. Ansgar Neuenhofer studierte Bauingenieurwesen an der RWTH Aachen und promovierte 1994 am dortigen Lehrstuhl für Baustatik mit einem Thema zur Sicherheitstheorie im Stahlbetonbau. Nach 16-jähriger Tätigkeit in Forschung, Lehre und Praxis in Kalifornien kehrte er 2010 nach Deutschland zurück und vertritt seitdem an der Technischen Hochschule Köln die Lehrgebiete Baumechanik und Baudynamik.

Prof. Dr.-Ing. Helmuth Neuhaus[†] studierte Bauingenieurwesen an der Ruhr-Universität Bochum. Er promovierte dort mit einem Thema aus dem Holzbau. Danach war er in einer Anlagenbaufirma tätig. 1986 ging er an die Fachhochschule Münster. Seine Lehrgebiete waren Holzbau und Bauphysik. Als Autor und Mitautor veröffentlichte er zahlreiche Aufsätze und ein Fachbuch. Er war öffentlich bestellter und vereidigter Sachverständiger der IHK Nord Westfalen (Münster) für das Sachgebiet Holzbau.

Prof. Dr. rer. nat. Ingrid Obernosterer studierte Geowissenschaften an der Universität zu Köln. Nach dem Wechsel an die RWTH Aachen vertiefte sie die Studienrichtungen Ingenieurgeologie und Hydrogeologie. 1988 nahm sie eine Tätigkeit im Geotechnischen Büro Prof. Dr.-Ing. H. Düllmann in Aachen auf, wo sie seit 1990 in leitender Stellung tätig ist. 2005 trat sie als geschäftsführende Gesellschafterin in das Unternehmen ein. Die Arbeitsschwerpunkte lagen von Beginn an im Bereich der Untersuchung, Bewertung und Sanierung von Altlasten sowie der Errichtung von Deponien von der Standortsuche bis hin zur Planung und Bauausführung. 2000 promovierte sie nebenberuflich im Rahmen des BMBF-unterstützten Verbundforschungsvorhaben „Weiterentwicklung von Deponieabdichtungssystemen". Schon 1999 wurde sie von der Industrie- und Handelskammer zu Aachen als Sachverständige für Gefährdungsabschätzung für den Wirkungspfad Boden-Gewässer sowie für Sanierung (Altlasten und Bodenschutz, Sachgebiete 2 und 5) öffentlich bestellt und vereidigt. Der Fachkommission für die Bestellung von Sachverständigen nach § 18 BBodSchG an der IHK Essen gehört sie heute als Obfrau für das Sachgebiet 5 „Sanierung" an. Seit 2011 lehrte sie das Thema Deponietechnik im Fachbereich Bauingenieurwesen an der FH Aachen. Dort wurde sie 2018 zur Professorin für Umwelttechnik und Abfallwirtschaft berufen.

Dipl.-Ing. Roland Pickhardt studierte Bauingenieurwesen an der RWTH Aachen mit der Fachrichtung konstruktiver Ingenieurbau. Nach mehrjähriger Tätigkeit in der Bauleitung und Baustoffüberwachung bei der Philipp Holzmann AG, Düsseldorf, wechselte er in die Zementindustrie, wo er derzeit als Projektleiter Technik des InformationsZentrums Beton tätig ist. Er wirkt im Rahmen der „Erweiterten betontechnologischen Ausbildung" an verschiedenen Institutionen bzw. Hochschulen als Dozent mit. Außerdem ist er in Normenausschüssen und Gremien vertreten, so z. B. im DIN-Normenausschuss „Bauausführung" (DIN 1045-3). Im Verband der Deutschen Betoningenieure (VDB) ist er Mitglied des erweiterten Vorstands sowie Leiter der Regionalgruppe Nordrhein. Er ist Autor verschiedener Publikationen innerhalb des gemeinsamen Schrifttums der Zementindustrie, so z. B. bei den Fachbüchern „Beton – Herstellung nach Norm" oder „Bauteilkatalog".

Prof. Dr.-Ing. Winfried Roos studierte Bauingenieurwesen an der RWTH Aachen. Nach einer mehrjährigen Tätigkeit als Statiker und Bauleiter für eine große deutsche Baufirma wechselte er an den Lehrstuhl für Massivbau der TU München. Dort promovierte er während seiner sechsjährigen Tätigkeit als wissenschaftlicher Assistent zur Thematik der Druckfestigkeit des gerissenen Stahlbetons in scheibenförmigen Bauteilen bei gleichzeitig wirkender Querzugbeanspruchung. Im Anschluss war er mehrere Jahre Partner und geschäftsführender Gesellschafter einer Ingenieurgesellschaft in Essen. Seit 1998 ist er an der Technischen Hochschule Köln und vertritt dort die Lehrgebiete Massivbau und Baustatik. Außerdem ist er seit 1999 öffentlich bestellter und vereidigter Sachverständiger der IHK Köln für Tragkonstruktionen im Massivbau.

Prof. Dr.-Ing. Richard Stroetmann studierte Bauingenieurwesen an der FH-Aachen, der TH Darmstadt und der Universität Kaiserslautern. Im Zeitraum von 1987 bis 1994 war er als Tragwerksplaner im Ingenieur-, Anlagen- und Hochbau tätig. 1994 begann er als wissenschaftlicher Mitarbeiter am Institut für Stahlbau und Werkstoffmechanik der TU Darmstadt und schloss dort 1999 mit der Promotion in der Stabilitätstheorie und Finite-Elemente-Methode ab. Anschließend wechselte er zu KREBS+KIEFER in Darmstadt, begann dort als Projektleiter im Hochbau und wurde im Jahr 2001 zum Geschäftsführenden Gesellschafter bestellt. Seit Februar 2006 ist er Professor für Stahlbau und Direktor des Instituts für Stahl- und Holzbau, seit Januar 2016 Prodekan der Fakultät Bauingenieurwesen der TU Dresden. Mit der Gründung der Dresdener Geschäftsstelle der KREBS+KIEFER Ingenieure GmbH im Jahr 2006 ist er dort zuständiger Geschäftsführer. Im Jahr 2011 bekam er die Anerkennung als Prüfingenieur in der Fachrichtung Metallbau. Er ist Sachverständiger beim Deutschen Institut für Bautechnik (DIBt) und als Mitglied im Normenausschuss Bauwesen (NABau) und German Expert im CEN TC250 SC 3 (Eurocode 3) in verschiedenen Arbeitsausschüssen an der Entwicklung von Normen im Stahlbau beteiligt.

Prof. Dr.-Ing. Andreas Strohmeier studierte an der RWTH Aachen Bauingenieurwesen. Dort promovierte er auch während seiner wissenschaftlichen Assistententätigkeit mit einem Thema zum Leistungsvermögen von Abwasserbehandlungsanlagen. Er war in verschiedenen international tätigen Ingenieurunternehmen beschäftigt, darunter in einem der weltweit größten Wasser- und Abwasseraufbereitungsunternehmen. In Führungspositionen übernahm er praktische Ingenieurtätigkeiten aus dem Bereich der Wasser- und Abwassertechnik. Von 1994 bis 2016 wirkte er als Professor an der Fachhochschule Aachen im Fachbereich Bauingenieurwesen für das Lehrgebiet Wasserversorgung und Abwassertechnik. Prof. Strohmeier ist Autor zahlreicher internationaler Fachaufsätze.

Dr.-Ing. Silke Tasche studierte Bauingenieurwesen mit der Vertiefung Konstruktiver Ingenieurbau an der Technischen Universität Dresden. Seit 2001 ist sie wissenschaftliche Mitarbeiterin am Institut für Baukonstruktion der Fakultät Bauingenieurwesen der Technischen Universität Dresden. Als Arbeitsschwerpunkte sind der Konstruktive Glasbau sowie die Klebtechnik zu nennen, welche Kernthemen der Promotion waren. 2010 erfolgte die Weiterqualifizierung zum DVS®-EWF-European Adhesive Engineer (EAE) am Fraunhofer-Institut für Fertigungstechnik und Angewandte Materialforschung IFAM in Bremen.

Prof. Dr.-Ing. Ulrich Vismann studierte Bauingenieurwesen mit dem Schwerpunkt Konstruktiver Ingenieurbau an der RWTH Aachen. Anschließend war er Assistent am dortigen Lehrstuhl für Baustatik und promovierte an der TU-München über ein Thema zur Sicherheitstheorie im Stahlbetonbau. Nach einer fünfjährigen Tätigkeit in der Bauindustrie wechselte er 1999 in die Selbständigkeit als Beratender Ingenieur. Seit 2001 ist er Professor für Massivbau und Baustatik an der Fachhochschule Aachen. Als Gastdozent lehrte er mehrere Jahre an der Polytechnic of Namibia, jetzt Namibia University of Science and Technology (NUST), in Windhoek. Darüber hinaus ist er von der Ingenieurkammer Bau NRW als ö. b. u. v. Sachverständiger für Massivbau mit den Schwerpunkten Stahlbetonbau, Spannbetonbau und Mauerwerksbau vereidigt. Die Aufgaben als Sachverständiger und Beratender Ingenieur nimmt Herr Prof. Vismann als Geschäftsführer des Ingenieurbüros Kossin + Vismann Berat. Ing. Part mbB wahr.

Prof. Dr.-Ing. Uwe Weitkemper studierte Bauingenieurwesen mit dem Schwerpunkt Konstruktiver Ingenieurbau an der RWTH Aachen. Anschließend war er Assistent am dortigen Lehrstuhl für Baustatik und Baudynamik und promovierte über ein Thema zur Erdbebensicherung von Stahlbetonbauwerken. Danach war er als Tragwerksplaner und Planungsleiter für ein großes deutsches Bauunternehmen und eine Ingenieurgesellschaft vorwiegend in Auslandsprojekten des Brückenbaus tätig. Seit 2009 ist er Professor für Massivbau am Campus Minden der Fachhochschule Bielefeld.

Prof. Dr.-Ing. Bernhard Weller studierte Bauingenieurwesen mit Vertiefung Konstruktiver Ingenieurbau an der RWTH Aachen. Später war er als Beratender Ingenieur tätig mit anschließender Promotion. Nach seiner Professur für Tragwerksplanung an der Fachhochschule Frankfurt/Main ist er jetzt am Lehrstuhl für Baukonstruktionslehre an der Technischen Universität Dresden und dort seit 2002 außerdem Direktor des Instituts für Baukonstruktion.

Mathematik

Prof. Dr.-Ing. Ansgar Neuenhofer

Inhaltsverzeichnis

A. Neuenhofer (✉)
TH Köln
Köln, Deutschland
E-Mail: ansgar.neuenhofer@th-koeln.de

© Springer Fachmedien Wiesbaden GmbH, ein Teil von Springer Nature 2021
U. Vismann (Hrsg.), *Wendehorst Bautechnische Zahlentafeln*, https://doi.org/10.1007/978-3-658-32218-2_1

1.1 Mathematische Zeichen nach DIN 1302

$=, \neq$	gleich, ungleich
$\equiv$	identisch gleich
$\approx$	ungefähr gleich
$\parallel, \nparallel$	parallel, nicht parallel
$\cong$	entspricht, kongruent
$\perp$	rechtwinklig zu, senkrecht zu
$\triangle, \angle$	Dreieck, Winkel
$<, >$	kleiner als, größer als
$\%$	Prozent, von Hundert
$\%_0$	Promille, von Tausend
$+, -$	plus, minus
$\cdot\, x$	mal
$-, /, :$	durch, geteilt durch, je (MN/m^2 Meganewton je Quadratmeter)
$\prod\limits_{i=1}^{n} x_i$	Produkt über x_i von i gleich 1 bis n
$\sum\limits_{i=1}^{n} x_i$	Summe über x_i von i gleich 1 bis n
$\sqrt[n]{}$	n-te Wurzel aus
i	imaginäre Einheit $= \sqrt{-1}$
$\log_a$	Logarithmus zur Basis a
$\lg$	Logarithmus zur Basis 10
$\ln$	Logarithmus zur Basis e
lb	Logarithmus zur Basis 2
$n!$	Fakultät $n! = 1 \cdot 2 \cdot \ldots \cdot n$
$f(x)$	f von x, Funktion der Veränderlichen x
$\lim$	Limes, Grenzwert
$\lim\limits_{x \to a} = b$	$f(x)$ strebt für x gegen a gegen Grenzwert b
d	Differentialzeichen
∂	Differentialzeichen bei partieller Differentiation
$\int, \iint$	Integral, Doppelintegral
$\wedge, (\vee)$	logisches und (logisches oder)
$\Leftrightarrow$	äquivalent, gleichbedeutend, notwendig und hinreichend
$\gg, \ll$	viel größer als, viel kleiner als
$\mathbb{R}, \mathbb{Q}, \mathbb{Z}, \mathbb{N}$	reelle, rationale, ganze, natürliche Zahlen

1.2 Arithmetik

1.2.1 Rechnen mit physikalischen Größen

Eine physikalische Größe (kurz: Größe) beschreibt eine messbare Eigenschaft eines physikalischen Phänomens (Körper, Vorgänge, Zustände). Ein spezieller Wert einer Größe ist ein Größenwert.

$$\text{Größenwert} = \text{Zahlenwert (Maßzahl)} \cdot \text{Einheit}$$

Größengleichung

Eine Größengleichung stellt eine Beziehung zwischen Größen dar und gilt unabhängig von der Wahl der Einheiten.

Tafel 1.1 Zahlenwerte einiger wichtiger Konstanten

Konstante	Zahlenwert	Kehrwert
π	3,141592654	0,318309886
$\pi/180 = \text{arc } 1°$	0,017453293	57,29577951
$\pi/(60 \cdot 180) = \text{arc } 1'$	0,000290888	3437,7468
$\pi/(60^2 \cdot 180) = \text{arc } 1''$	0,000004848	206264,81
$\pi/200 = \text{arc } 1 \text{ gon}$	0,015707963	63,66197723
e	2,718281828	0,367879441
$\lg e$	0,434294482	2,302585093
g	9,80665	0,101097
$\sqrt{g}$	3,13156	0,31933
$\pi/\sqrt{g}$	1,00320	0,99681

Erdbeschleunigung g in m/s^2 in Meereshöhe und 45° geographischer Breite

Einheitengleichung

Eine Einheitengleichung dient zur Angabe sowie Bestimmung oder Verifikation der Maßeinheit einer physikalischen Größe in einem gewählten Einheitensystem. Dabei werden bei einem bekannten funktionalen Zusammenhang lediglich die Einheiten der vorkommenden Größen und Konstanten betrachtet, nicht jedoch deren numerischer Wert. Die Einheit einer Größe ist dabei ein Produkt aller Basiseinheiten des gewählten Einheitensystems in je einer eigenen Potenz. Die alleinige Überprüfung eines funktionalen Zusammenhanges anhand der Einheitengleichung reicht jedoch nicht aus, um eine Funktion auf Korrektheit zu überprüfen, eine Übereinstimmung ist nur eine notwendige, aber keine hinreichende Bedingung.

Größengleichung	Einheitengleichung
$s = \dfrac{1}{2}at^2$	$\mathrm{m} = \dfrac{\mathrm{m}}{\mathrm{s}^2} \cdot \mathrm{s}^2$
$M = q\ell^2/8$	$\mathrm{kNm} = \mathrm{kN/m} \cdot \mathrm{m}^2$
$f = F\ell^3/(3EI)$	$\mathrm{m} = \dfrac{\mathrm{kN} \cdot \mathrm{m}^3}{\mathrm{kN/m}^2 \cdot \mathrm{m}^4}$

Zahlenwertgleichung

Eine Zahlenwertgleichung gibt die Beziehung zwischen Zahlenwerten von Größen an und erfordert immer die Angabe der Einheiten, für die die Zahlenwerte gelten.

$$v = 3,6 \cdot \frac{s}{t} \quad \text{mit } v \text{ in km/h}, \ s \text{ in m}, \ t \text{ in s}$$

oder

$$v = 3,6 \, \frac{10^3 \, \mathrm{s}}{\mathrm{h}} \cdot \frac{s}{t}$$

Auswertung von Gleichungen

$$f = F\ell^3/(3EI) \quad \text{mit}$$
$$F = 20 \, \mathrm{kN} \qquad \ell = 3,00 \, \mathrm{m}$$
$$E = 30.000 \, \mathrm{MPa} \quad I = 2,517 \, \mathrm{dm}^4$$

Konvertierung in konsistente Einheiten (z. B. kN und cm)

$$F = 30 \, \text{kN} \qquad \ell = 300 \, \text{cm}$$

$$E = 3000 \, \frac{\text{kN}}{\text{cm}^2} \quad I = 25.170 \, \text{cm}^4$$

$$f = \frac{20 \cdot 300^3}{3 \cdot 3000 \cdot 25.170} = 0{,}341 \, \text{cm}$$

1.2.2 Potenzen

$$a \cdot a \cdot a \ldots = a^n \quad n \text{ Faktoren}$$

$$a = \text{Basis} \quad n = \text{Exponent} \quad a^n = \text{Potenz}$$

$$a^1 = a \qquad a^0 = 1 \, (a \neq 0) \quad a^{-n} = \frac{1}{a^n}$$

Rechenregeln

$a, b \in \mathbb{R}, a, b \neq 0$ und $m, n \in \mathbb{Z}$

$$p \cdot a^n \pm q \cdot a^n = (p \pm q)a^n \quad a^m \cdot a^n = a^{m+n}$$

$$a^n \cdot b^n = (ab)^n \qquad \frac{a^m}{a^n} = a^{m-n}$$

$$\frac{a^n}{b^n} = \left(\frac{a}{b}\right)^n \qquad (a^m)^n = a^{mn}$$

1.2.3 Wurzeln

$a \in \mathbb{R}, a \geq 0$ und $n \in \mathbb{N}, n \geq 1$

$$b = \sqrt[m]{a} = a^{1/m}$$

$$a = \text{Radikand} \quad m = \text{Wurzelexponent} \quad b = \text{Wurzel}$$

$$\sqrt[2]{a} = \sqrt{a}$$

Rechenregeln

$a, b \in \mathbb{R}, a, b \geq 0$ und $m, n \in \mathbb{N}, m, n \geq 1$

$$p \sqrt[m]{a} \pm q \sqrt[m]{a} = (p \pm q) \sqrt[m]{a}$$

$$\sqrt[m]{a} \sqrt[m]{b} = \sqrt[m]{ab}$$

$$\sqrt[m]{a} \sqrt[n]{a} = \sqrt[mn]{a^{m+n}}$$

$$\left(\sqrt[m]{a}\right)^n = \sqrt[m]{a^n} = a^{\frac{n}{m}}$$

$$\frac{\sqrt[m]{a}}{\sqrt[m]{b}} = \sqrt[m]{\frac{a}{b}}$$

$$\frac{\sqrt[m]{a}}{\sqrt[n]{a}} = \sqrt[mn]{a^{n-m}}$$

$$\sqrt[m]{\sqrt[n]{a}} = \sqrt[mn]{a} = \sqrt[n]{\sqrt[m]{a}}$$

$$\sqrt{-a} = \sqrt{a(-1)} = \sqrt{a}\sqrt{-1} = \sqrt{a} \cdot i$$

mit $i = \sqrt{-1} = $ imaginäre Einheit

$$i^2 = -1 \quad i^3 = -i \quad i^4 = 1$$

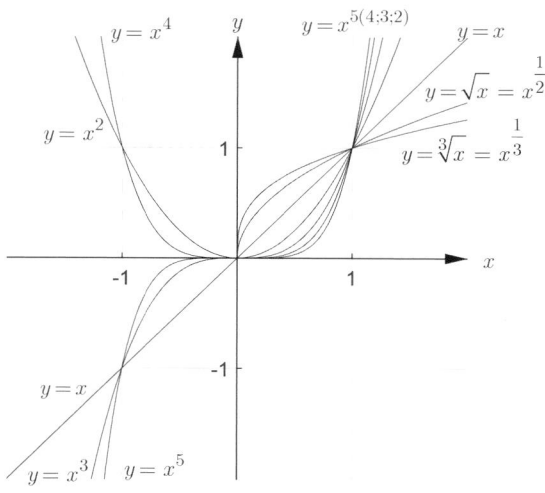

Abb. 1.1 Potenz- und Wurzelfunktionen

1.2.4 Logarithmen

$a \in \mathbb{R}, a > 0, a \neq 1$ und $b \in \mathbb{R}, b > 0$

$$\log_a b = x \Leftrightarrow a^x = b$$

$$a = \text{Basis} \quad x = \text{Exponent} = \text{Logarithmus} \quad b = \text{Numerus}$$

Rechenregeln

$a \in \mathbb{R}, a > 0, a \neq 1$ und $b, c, d \in \mathbb{R}, b, c, d > 0$ und $r \in \mathbb{Q}$ und $n \in \mathbb{N}, n \neq 0$

$$\log_a 1 = 0 \qquad\qquad \log_a a = 1$$

$$\log_a 0 = -\infty \qquad\qquad a^{\log_a b} = b$$

$$\log_a(cd) = \log_a c + \log_a d \quad \log_a(b^r) = r \log_a b$$

$$\log_a \frac{c}{d} = \log_a c - \log_a d \quad \log_a \sqrt[n]{b} = \frac{1}{n} \log_a b$$

$$10^{\log_{10} b} = b \qquad\qquad e^{\log_e b} = b$$

Dekadische Logarithmen

$$\log_{10} b = \lg b$$

$$\lg(c \cdot 10^n) = \lg c + \lg 10^n = \lg c + n$$

$$\lg(c \cdot 10^{-n}) = \lg c + \lg 10^{-n} = \lg c - n$$

Natürliche Logarithmen

$$\log_e b = \ln b \quad \text{mit}$$

$$e = \lim_{n \to \infty} \left(1 + \frac{1}{n}\right)^n = 2{,}718281828$$

Umrechnung der Logarithmen mit verschiedenen Basen

Das Verhältnis aus dem Logarithmus einer Zahl c zur Basis a und dem Logarithmus von c zur Basis b ist gleich dem Verhältnis der Logarithmen der beiden Basen a und b zu einer beliebigen Basis d.

$$\frac{\log_a c}{\log_b c} = \frac{\log_d a}{\log_d b}$$

z. B.

$$\frac{\ln c}{\lg c} = \frac{\ln e}{\ln 10} = \frac{1}{0{,}43429} = 2{,}3026 \quad \text{oder}$$

$$\frac{\ln c}{\log c} = \frac{\lg e}{\lg 10} = \frac{2{,}3026}{1} = 2{,}3026$$

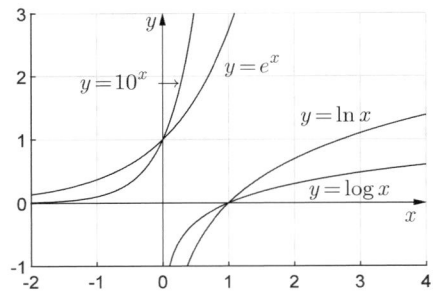

Abb. 1.2 Exponential- und Logarithmusfunktionen

1.2.5 Binomischer Satz

Für positiv-ganzzahlige Exponenten n lautet der binomische Lehrsatz

$$(a+b)^n = \binom{n}{0}a^n + \binom{n}{1}a^{n-1}b + \binom{n}{2}a^{n-2}b^2 + \dots$$

$$+ \binom{n}{n-1}ab^{n-1} + \binom{n}{n}b^n$$

$$= \sum_{k=0}^{n} \binom{n}{k}a^{n-k}b^k$$

mit den Binomialkoeffizienten

$$\binom{n}{k} = \frac{n!}{k!(n-k)!}$$

$$= \frac{n(n-1)(n-2)\cdot\dots\cdot(n-k+1)}{k!} \quad k \leq n$$

$$k! = 1 \cdot 2 \cdot 3 \cdot \dots \cdot k \quad \text{Fakultät}$$

$$0! = 1$$

Es gilt

$$\binom{n}{k} = \binom{n}{n-k} \quad \binom{n}{k} + \binom{n}{k+1} = \binom{n+1}{k+1}$$

Der Binomialkoeffizient ist der Eintrag in Zeile $n+1$ und Spalte $k+1$ des Pascalschen Dreiecks, dessen Bildungsgesetz einfach zu erkennen ist (jede Zahl ist die Summe der beiden unmittelbar links und rechts über dieser stehenden Zahlen).

Pascalsche Dreieck

```
                    1
                 1     1
              1     2     1
           1     3     3     1
        1     4     6     4     1
     1     5    10    10     5     1
  1     6    15    20    15     6     1
1     7    21    35    35    ···
```

Beispiel

$$(a \pm b)^2 = a^2 \pm 2ab + b^2$$

$$(a + b)^3 = a^3 + 3a^2b + 3ab^2 + b^3$$

$$(a - b)^3 = a^3 - 3a^2b + 3ab^2 - b^3 \quad \blacktriangleleft$$

1.2.6 Reihen

Eine Reihe s_n ist die Partialsumme

$$s_1 = a_1$$
$$s_2 = a_1 + a_2$$
$$s_3 = a_1 + a_2 + a_3$$
$$\vdots$$
$$s_n = a_1 + a_2 + a_3 + \dots + a_n = \sum_{k=1}^{n} a_k$$

einer Zahlenfolge a_k.

Harmonische Reihe

$$\sum_{k=1}^{\infty} \frac{1}{k} = 1 + \frac{1}{2} + \frac{1}{3} + \dots$$

Obwohl die einzelnen Folgenglieder gegen Null konvergieren, hat die harmonische Reihe keinen Grenzwert, sie divergiert.

Geometrische Reihe

Die Partialsummen einer geometrischen Reihe lauten

$$s_n = \sum_{k=0}^{n} a^k = 1 + a + a^2 + a^3 + \dots + a_n$$

Es gilt

$$s_n = \frac{1 - a^n}{1 - a} \quad a \neq 1$$

Die zugehörige unendliche Reihe

$$s = \sum_{k=0}^{\infty} a^k = 1 + a + a^2 + a^3 + \ldots$$

konvergiert demnach für $|a| < 1$ gegen

$$s = \lim_{n \to \infty} s_n = \frac{1}{1 - a} \quad |a| < 1$$

für $|a| \geq 1$ divergiert die Reihe.

Spezielle Partialsummen

$$1 + 2 + 3 + \ldots + n = \sum_{k=1}^{n} k$$
$$= \frac{n(n+1)}{2}$$
$$2 + 4 + 6 + \ldots + 2n = \sum_{k=1}^{n} 2k$$
$$= n(n+1)$$
$$1 + 3 + 5 + \ldots + (2n-1) = \sum_{k=1}^{n} (2k-1)$$
$$= n^2$$
$$1 + 2^2 + 3^2 + \ldots + n^2 = \sum_{k=1}^{n} k^2$$
$$= \frac{n(n+1)(2n+1)}{6}$$
$$1 + 2^3 + 3^3 + \ldots + n^3 = \sum_{k=1}^{n} k^3$$
$$= \left[\frac{n(n+1)}{2} \right]^2$$

1.2.7 Zinseszins- und Rentenrechnung

p: Zinssatz in %
q: Zinsfaktor $= 1 + p/100$
K_0: Anfangskapital = Barwert B_0
K_n: Kapital nach n Jahren = Endwert
R: jährliche Rate bzw. Rente

Aufzinsungsformel

$$K_n = K_0 \cdot q^n$$

Rente nachschüssig

$$K_n = R \frac{q^n - 1}{q - 1}$$

Rente vorschüssig

$$K_n = R \cdot q \frac{q^n - 1}{q - 1}$$

Barwertformel

$$B_0 = \frac{K_n}{q^n}$$

Hieraus erhält man die jährliche Abschreibungssumme $A = R$ eines nach n Jahren erlöschenden Wertes K_n (z. B. eines Baugerätes, Bauwerkes usw.) zu:

$$A = K_n \frac{q - 1}{q^n - 1}$$

bzw. in Prozent des Neuwertes

$$\frac{A}{K_n} = 100 \frac{q - 1}{q^n - 1}$$

Die Änderung von K_0 durch Einzahlungen (+) bzw. Abhebungen (−) beträgt

$$K_n = K_0 \cdot q^n \pm R \frac{q^n - 1}{q - 1} \quad \text{nachschüssig}$$
$$K_n = K_0 \cdot q^n \pm R \cdot q \frac{q^n - 1}{q - 1} \quad \text{vorschüssig}$$

Werden Zinsen nach immer kürzeren Zeitintervallen gutgeschrieben, ergibt sich (z. B. mit $p = 10\,\%$, $n = 1$ Jahr)

$$K_1 = K_0 \left(1 + \frac{0{,}1}{1} \right)^1 = 1{,}10000\, K_0 \quad \text{jährlich}$$
$$K_1 = K_0 \left(1 + \frac{0{,}1}{2} \right)^2 = 1{,}10250\, K_0 \quad \text{halbjährlich}$$
$$K_1 = K_0 \left(1 + \frac{0{,}1}{4} \right)^4 = 1{,}10381\, K_0 \quad \text{vierteljährlich}$$
$$K_1 = K_0 \left(1 + \frac{0{,}1}{12} \right)^{12} = 1{,}10471\, K_0 \quad \text{monatlich}$$

und als Grenzwert die stetige Verzinsung

$$K = K_0 \cdot e^{\frac{p}{100}}$$

mit $p = 10\,\%$

$$K = K_0 \cdot e^{0{,}1} = 1{,}10517\, K_0$$

Wachstumsfunktion

$$y(t) = y_0 e^{kt}$$

Eine Anfangsschuld $K_0 = 10.000 \, €$ soll in monatlichen Raten (= Annuität = Zinsen + Tilgung) von $R = 416 \, €$ (nachschüssige Verzinsung) mit einem Zinssatz von $p = 8,5 \, \%$ getilgt werden.

$$K_n = K_0 \cdot q^n - R \frac{q^n - 1}{q - 1} = 0$$

dabei ist $q = 1 + p/100/12 = 1,0070833$ (monatliche Abzahlung). Die Anzahl Monate ergibt sich zu

$$n = \frac{\ln \left(R / \left[R - K_0(q - 1) \right] \right)}{\ln q}$$

$$= \frac{\ln \left(416 / \left[416 - 10000 \cdot 0,0070833 \right] \right)}{\ln 1,0070833} = 26,4$$

$$K_{26} = K_0 \cdot q^{26} - R \frac{q^{26}}{q - 1}$$

$$= 12.014,36 - 11.830,21 = 184,15 \, €$$

27. Rate: $184,15 \cdot 1,0070833 = 185,45 \, €$ ◄

1.2.8   Investitionsrechnung

Wirtschaftlichkeitsvergleiche bei der Planung von baulichen Anlagen erfolgen anhand einer statischen oder dynamischen Investitionsrechnung.

Statische Investitionsrechnung aufgrund von Jahreskosten

$$J = \frac{H}{\ell} + p \cdot H + B$$

J: Jahreskosten in $€/a$
H: Herstellkosten in $€$
B: Betriebskosten in $€/a$
ℓ: Lebensdauer in Jahren
p: Zinssatz, bezogen auf ein Jahr

Die mit obiger Gleichung ermittelten Jahreskosten stimmen nicht mit den tatsächlichen Kosten überein. Jährliche Preissteigerungen der Betriebskosten bleiben unberücksichtigt. Obwohl jährlich auch getilgt wird, werden Zinsen für die vollen Herstellkosten über die gesamte Lebensdauer berechnet. Hat ein Teil der Anlage eine kürzere Lebensdauer als die Gesamtanlage, so wird angenommen, dass zum ursprünglichen Preis reinvestiert wird.

Dynamische Investitionsrechnung aufgrund des Gegenwartswertes

Der Gegenwartswert G einer Zahlung Z, die erst in n Jahren fällig ist, wird mit der Barwertformel

$$G = \frac{Z}{q^n} = \frac{Z}{(1 + p)^n}$$

ermittelt. Wird bei der Ermittlung des Gegenwartswertes einer Anlage berücksichtigt, dass im Allgemeinen die laufenden Betriebskosten jährlich steigen und dass unter Umständen eine Reinvestition eines Teiles der Anlage erforderlich ist (z. B. wenn dessen Lebensdauer geringer ist als der Planungszeitraum), wird der Gegenwartswert einer Anlage zu

$$G = H \cdot g_H + B \cdot g_B$$

H: Herstellkosten bei Inbetriebnahme ($t = 0$) in $€$
B: Jährliche Betriebskosten bei Inbetriebnahme ($t = 0$) in $€$
g_H: Gegenwartswertfaktor der Herstellkosten
g_B: Gegenwartswertfaktor der Betriebskosten

$$g_H = \frac{\left(\frac{s}{q} \right)^{w\ell} - 1}{\left(\frac{s}{q} \right)^{\ell} - 1} + \frac{s^{w\ell} (q^{n - w\ell} - 1)}{q^{n - \ell} (q^{\ell} - 1)}$$

$$\lim_{s \to q} g_H = w + \frac{1 - q^{w\ell - n}}{1 - q^{-1}}$$

$$g_B = \frac{r}{q} \frac{\left(\frac{r}{q} \right)^n - 1}{\frac{r}{q} - 1} = r \frac{q^n - r^n}{q^n (q - r)}$$

$$\lim_{r \to q} g_B = n$$

s jährlicher Steigerungsfaktor der Herstellkosten ($s = 1$ für $n \leq \ell$)
r jährlicher Steigerungsfaktor der Betriebskosten
ℓ Lebensdauer in Jahren
n Planungszeitraum in Jahren
$w = n/\ell =$ Anzahl (ganzzahlig, abgerundet) der in n Jahren voll abgeschriebenen Erstinvestitionen und Reinvestitionen

Gegenwartswert einer Gesamtanlage, die aus den Teilanlagen A und B besteht.
Planungszeitraum: 30 Jahre
Zinsfaktor: 1,06
Betriebskostensteigerungsfaktor: 1,08
Herstellungskostensteigerungsfaktor: 1,07

	Herstell-kosten in €	Betriebs-kosten in €/a	Lebens-dauer in a	Gegenwartswert Faktor	Gegenwartswert Wert in €
Teilan-lage A	150.000		20	1,7742	266.130
		8000		40,6086	324.869
Teilan-lage B	100.000		50	0,8733	87.330
		4000		40,6086	162.434
					840.763

◄

Tafel 1.2 Gegenwartswertfaktoren g_H der Herstellkosten

n	l	s	q									
a	a		1,03	1,04	1,05	1,06	1,07	1,08	1,09	1,10	1,11	1,12
30	15	1,04	2,1560	2,0000	1,8663	1,7515	1,6527	1,5677	1,4944	1,4311	1,3764	1,3290
		1,05	2,3344	2,1544	2,0000	1,8675	1,7535	1,6554	1,5707	1,4977	1,4345	1,3798
		1,06	2,5383	2,3307	2,1528	2,0000	1,8686	1,7555	1,6579	1,5737	1,5009	1,4378
		1,07	2,7709	2,5320	2,3271	2,1512	2,0000	1,8698	1,7575	1,6605	1,5766	1,5041
		1,08	3,0361	2,7614	2,5259	2,3236	2,1497	2,0000	1,8709	1,7594	1,6630	1,5795
30	20	1,04	1,6956	1,5968	1,5117	1,4384	1,3754	1,3213	1,2749	1,2351	1,2010	1,1718
		1,05	1,8423	1,7227	1,6196	1,5309	1,4546	1,3891	1,3328	1,2847	1,2434	1,2081
		1,06	2,0181	1,8736	1,7489	1,6417	1,5495	1,4703	1,4023	1,3441	1,2942	1,2515
		1,07	2,2285	2,0540	1,9037	1,7742	1,6630	1,5674	1,4854	1,4151	1,3550	1,3035
		1,08	2,4797	2,2695	2,0885	1,9326	1,7985	1,6834	1,5847	1,5000	1,4275	1,3655
30	25	1,04	1,3349	1,2850	1,2418	1,2047	1,1728	1,1456	1,1224	1,1028	1,0861	1,0721
		1,05	1,4254	1,3620	1,3072	1,2600	1,2195	1,1849	1,1555	1,1305	1,1094	1,0916
		1,06	1,5391	1,4588	1,3893	1,3295	1,2782	1,2344	1,1971	1,1654	1,1386	1,1160
		1,07	1,6817	1,5802	1,4923	1,4167	1,3518	1,2964	1,2492	1,2092	1,1753	1,1467
		1,08	1,8602	1,7321	1,6212	1,5258	1,4440	1,3740	1,3145	1,2640	1,2212	1,1852
30	30	1,00	1,0000	1,0000	1,0000	1,0000	1,0000	1,0000	1,0000	1,0000	1,0000	1,0000
	35	1,00	0,9122	0,9265	0,9388	0,9494	0,9584	0,9660	0,9723	0,9775	0,9818	0,9853
	40	1,00	0,8480	0,8737	0,8959	0,9148	0,9308	0,9441	0,9550	0,9640	0,9713	0,9771
	45	1,00	0,7994	0,8346	0,8649	0,8906	0,9121	0,9297	0,9442	0,9558	0,9651	0,9726
	50	1,00	0,7618	0,8049	0,8421	0,8733	0,8992	0,9202	0,9372	0,9508	0,9615	0,9700

Tafel 1.3 Gegenwartswertfaktoren g_B der Betriebskosten

n	r	q									
a		1,03	1,04	1,05	1,06	1,07	1,08	1,09	1,10	1,11	1,12
30	1,04	34,9686	30,0000	25,9533	22,6352	19,8960	17,6197	15,7153	14,1115	12,7522	11,5926
	1,05	40,9806	34,9162	30,0000	25,9881	22,6925	19,9674	17,6991	15,7986	14,1961	12,8361
	1,06	48,2739	40,8538	34,8649	30,0000	26,0224	22,7490	20,0378	17,7775	15,8811	14,2799
	1,07	57,1420	48,0430	40,7298	34,8147	30,0000	26,0560	22,8047	20,1072	17,8550	15,9627
	1,08	67,9467	56,7676	47,8178	40,6086	34,7654	30,0000	26,0891	22,8595	20,1757	17,9315
	1,09	81,1343	67,3767	56,4032	47,5980	40,4900	34,7172	30,0000	26,1217	22,9135	20,2432
	1,10	97,2545	80,2996	66,8228	56,0482	47,3835	40,3741	34,6699	30,0000	26,1537	22,9666

1.2.9 Gleichung zweiten Grades

Normalform

$$y(x) = ax^2 + bx + c$$

Scheitelpunktform

$$y(x) = d(x - e)^2 + f$$

Umrechnung der Parameter

$$a = d \quad b = -2de \quad c = de^2 + f$$

$$d = a \quad e = -\frac{b}{2a} \quad f = c - \frac{b^2}{4a}$$

Nullstellen

$$ax^2 + bx + c = 0 \quad x_{1;2} = \frac{-b \pm \sqrt{b^2 - 4ac}}{2a}$$

$$x^2 + px + q = 0 \quad x_{1;2} = -\frac{p}{2} \pm \sqrt{\left(\frac{p}{2}\right)^2 - q}$$

1.3 Lineare Algebra

1.3.1 Determinante

Als wichtige Kenngröße quadratischer Matrizen entscheidet die Determinante über die Lösbarkeit von Gleichungssystemen.

Zweireihige Determinante

Der Wert einer zweireihigen Determinante D ist die Differenz aus dem Produkt der Hauptdiagonalelemente und dem Produkt der Nebendiagonalelemente.

$$D = \det \mathbf{A} = |\mathbf{A}| \mathbf{A} = a_{ik} = \begin{vmatrix} a_{11} & a_{12} \\ a_{21} & a_{22} \end{vmatrix} = a_{11}a_{22} - a_{21}a_{12}$$

Dreireihige Determinante

Die Ermittlung einer dreireihigen Determinante erfolgt am besten nach dem folgenden Schema von *Sarrus*. Die erste und zweite Spalte der Matrix werden neben die dritte Spalte geschrieben. Man erhält D, indem man die drei Produkte der Hauptdiagonalelemente addiert und davon die Summe der drei Produkte der Nebendiagonalelemente subtrahiert.

$$D = \begin{vmatrix} a_{11} & a_{12} & a_{13} \\ a_{21} & a_{22} & a_{23} \\ a_{31} & a_{32} & a_{33} \end{vmatrix}$$

$$= a_{11}a_{22}a_{23} + a_{12}a_{23}a_{31} + a_{13}a_{21}a_{32} - a_{13}a_{22}a_{31} - a_{11}a_{23}a_{32} - a_{12}a_{21}a_{33}$$

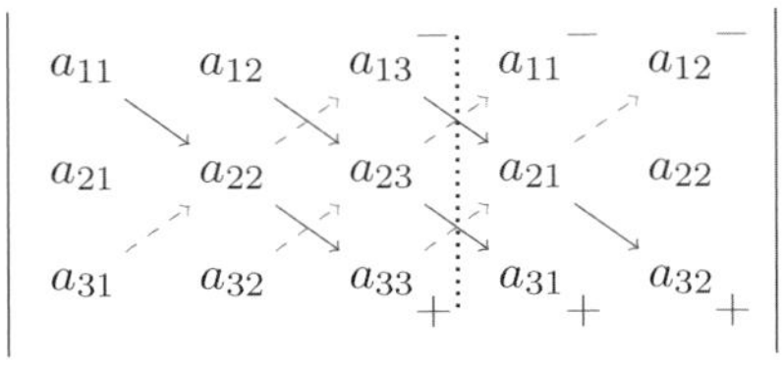

Abb. 1.3 Dreireihige Determinante mit der Sarrus-Regel

Allgemeine Determinante

Die Berechnung beliebiger n-reihiger Determinanten erfolgt mit dem Entwicklungssatz von Laplace. Streicht man in einer n-reihigen Determinante die i-te Zeile und die k-te Spalte und schiebt die übrigen Elemente wieder zu einer Quadratform zusammen, entsteht eine $n-1$-reihige Unterdeterminante. Multipliziert man diese mit dem Faktor $(-1)^{i+k}$, entsteht die Adjunkte A_{ik} des Elementes a_{ik}. Der Wert einer n-reihigen Determinante ist gleich der Summe der Produkte aus den Elementen einer beliebigen Reihe und den zugehörigen Adjunkten.

$$D = \sum_{\substack{i=1 \\ k=\text{const}}}^{n} a_{ik} \cdot A_{ik} = \sum_{\substack{k=1 \\ i=\text{const}}}^{n} a_{ik} \cdot A_{ik}$$

Beispiel

Die folgende Determinante wird nach der ersten Spalte entwickelt.

$$D = \begin{vmatrix} 4 & -3 & 2 \\ 5 & 6 & -7 \\ 10 & -2 & -3 \end{vmatrix}$$

$$= 4\begin{vmatrix} 6 & -7 \\ -2 & -3 \end{vmatrix} - 5\begin{vmatrix} -3 & 2 \\ -2 & -3 \end{vmatrix} + 10\begin{vmatrix} -3 & 2 \\ 6 & -7 \end{vmatrix} = -103 \blacktriangleleft$$

Regeln für das Rechnen mit Determinanten

1. Der Wert einer Determinante bleibt erhalten, wenn Zeilen und Spalten unter Beibehaltung ihrer Reihenfolge vertauscht werden (Spiegeln an der Hauptdiagonale). Die Determinante einer Matrix ist somit gleich der Determinante ihrer Transponierten.
2. Eine Determinante ändert ihr Vorzeichen, wenn zwei beliebige Reihen vertauscht werden.
3. Eine Determinante wird mit einem Faktor multipliziert, indem alle Elemente einer beliebigen Reihe mit diesem Faktor multipliziert werden.
4. Der Wert einer Determinante bleibt erhalten, wenn zu einer Reihe ein Vielfaches einer anderen Reihe addiert wird.
5. Der Wert einer Determinante ist Null, wenn zwei Reihen einander proportional sind, d. h. wenn sie sich nur durch einen Faktor unterscheiden. Man sagt auch: die beiden Reihen sind linear abhängig.

Beispiel

$$\begin{vmatrix} a_{11} & a_{12} \\ a_{21} & a_{22} \end{vmatrix} = \begin{vmatrix} ka_{11} & ka_{12} \\ a_{21} & a_{22} \end{vmatrix}$$

$$\begin{vmatrix} a & b \\ ka & kb \end{vmatrix} = k\begin{vmatrix} a & b \\ a & b \end{vmatrix} = 0$$

$$\begin{vmatrix} a_{11} & a_{12} \\ a_{21} & a_{22} \end{vmatrix} = \begin{vmatrix} a_{11} + ka_{21} & a_{12} + ka_{22} \\ a_{21} & a_{22} \end{vmatrix}$$

$$= (a_{11} + ka_{21})a_{22} - (a_{12} + ka_{22})a_{21}$$

$$= a_{11}a_{22} - a_{12}a_{21} \blacktriangleleft$$

1.3.2 Vektoren

1.3.2.1 Vektoralgebra

Skalar

Eine skalare Größe ist durch ihren Betrag und ihre Einheit vollständig beschrieben, z. B. Masse $m = 5{,}32\,\text{kg}$, Temperatur $T = 301\,\text{K}$, Arbeit $W = 5{,}3\,\text{kNm}$.

Vektor

Eine vektorielle Größe wird durch Betrag, Einheit und Richtung beschrieben (z. B. Kraft $\mathbf{F}$, Moment $\mathbf{M}$, Geschwindigkeit $\mathbf{v}$). Ein Kraftvektor (gelesen „Vektor F") ist ein linienflüchtiger Vektor und darf auf der Wirkungslinie verschoben werden. Ein Momentenvektor $\mathbf{M}$ ist ein freier Vektor und darf beliebig verschoben werden. Vektoren werden üblicherweise durch Angabe ihrer Komponenten entweder als Spalten- oder Zeilenvektor definiert.

$$\text{Spaltenvektor} \qquad \text{Zeilenvektor}$$

$$\mathbf{v} = \begin{bmatrix} v_1 \\ v_2 \\ \vdots \\ v_n \end{bmatrix} \qquad \mathbf{v} = \begin{bmatrix} v_1 & v_2 \dots & v_n \end{bmatrix}$$

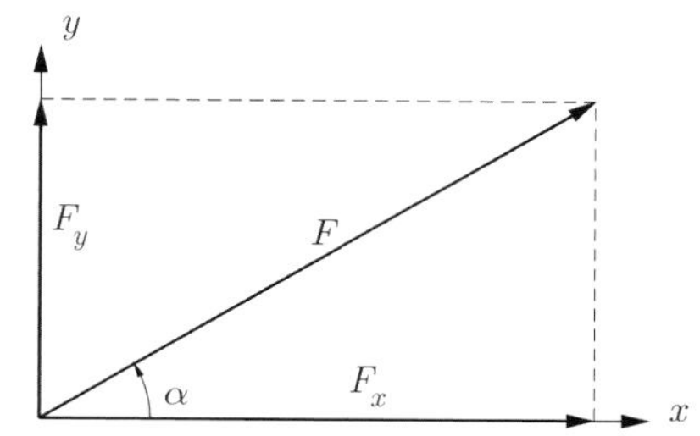

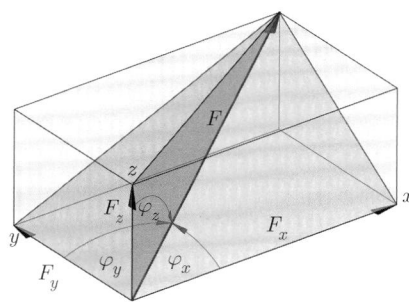

Abb. 1.4 Komponenten eines Vektors in der Ebene

Abb. 1.5 Komponenten eines Vektors im Raum

$$\mathbf{v} = \mathbf{v}_x + \mathbf{v}_y + \mathbf{v}_z$$
$$= v_x\mathbf{i} + v_y\mathbf{j} + v_z\mathbf{k}$$

$\mathbf{v}_x, \mathbf{v}_y, \mathbf{v}_z$: Vektorkomponenten
v_x, v_y, v_z: Vektorkoordinaten (skalare Vektorkomponenten)
$\mathbf{i}, \mathbf{j}, \mathbf{k}$: Basisvektoren

Betrag

$$|\mathbf{v}| = v = \sqrt{v_x^2 + v_y^2 + v_z^2}$$

Einheitsvektor

$$\mathbf{v}^0 = \frac{\mathbf{v}}{v} \quad |\mathbf{v}^0| = v^0 = 1$$

Richtungscosinus

$$\cos\varphi_x = \frac{v_x}{v} \quad \cos\varphi_y = \frac{v_y}{v} \quad \cos\varphi_z = \frac{v_z}{v}$$

Es gilt:

$$\cos\varphi_x^2 + \cos\varphi_y^2 + \cos\varphi_z^2 = \frac{v_x^2 + v_y^2 + v_z^2}{v^2} = 1$$

Beispiel

Eine Kraft im Raum hat den Betrag $F = 10\,\text{kN}$. Ihre Wirkungslinie geht durch die Punkte $P_1 = (4; 5; 6)$ und $P_2 = (9; 8; 8)$. Gesucht: Skalare Komponenten der Kraft.

$$\Delta x = 9 - 4 = 5$$
$$\Delta y = 8 - 5 = 3$$
$$\Delta z = 8 - 6 = 2$$
$$\Delta \ell = \sqrt{5^2 + 3^2 + 2^2} = \sqrt{38} = 6{,}1644$$

$$\cos\varphi_x = \frac{5}{6{,}1644} = 0{,}8111$$

$$\cos\varphi_y = \frac{3}{6{,}1644} = 0{,}4867$$

$$\cos\varphi_z = \frac{2}{6{,}1644} = 0{,}3244$$

$$F_x = 10 \cdot 0{,}8111 = 8{,}11\,\text{kN}$$
$$F_y = 10 \cdot 0{,}4867 = 4{,}87\,\text{kN}$$
$$F_z = 10 \cdot 0{,}3244 = 3{,}24\,\text{kN} \quad \blacktriangleleft$$

Skalarprodukt

$$\mathbf{v}_1 \cdot \mathbf{v}_2 = v_{1x}v_{2x} + v_{1y}v_{2y} + v_{1z}v_{2z} = v_1 v_2 \cos(\mathbf{v}_1, \mathbf{v}_2)$$

Es gilt

$$\mathbf{v}_1 \cdot \mathbf{v}_2 = \mathbf{v}_2 \cdot \mathbf{v}_1$$
$$\mathbf{v}_1 \cdot (\mathbf{v}_2 + \mathbf{v}_3) = \mathbf{v}_1 \cdot \mathbf{v}_2 + \mathbf{v}_1 \cdot \mathbf{v}_3$$
$$\mathbf{i} \cdot \mathbf{i} = 1 \quad \mathbf{j} \cdot \mathbf{j} = 1 \quad \mathbf{k} \cdot \mathbf{k} = 1$$
$$\mathbf{i} \cdot \mathbf{j} = 0 \quad \mathbf{i} \cdot \mathbf{k} = 0 \quad \mathbf{j} \cdot \mathbf{k} = 0$$

Kreuzprodukt (Vektorprodukt)

$$\mathbf{a} \times \mathbf{b} = \begin{pmatrix} a_x \\ a_y \\ a_z \end{pmatrix} \times \begin{pmatrix} b_x \\ b_y \\ b_z \end{pmatrix} = \begin{pmatrix} a_y b_z - a_z b_y \\ a_z b_x - a_x b_z \\ a_x b_y - a_y b_x \end{pmatrix}$$

oder

$$\mathbf{a} \times \mathbf{b} = \begin{vmatrix} \mathbf{i} & \mathbf{j} & \mathbf{k} \\ a_x & a_y & a_z \\ b_x & b_y & b_z \end{vmatrix}$$
$$= (a_y b_z - a_z b_y)\mathbf{i} + (a_z b_x - a_x b_z)\mathbf{j} + (a_x b_y - a_y b_x)\mathbf{k}$$

Es gilt

$$\mathbf{v}_1 \times \mathbf{v}_2 = -\mathbf{v}_2 \times \mathbf{v}_1$$
$$\mathbf{v}_1 \times (\mathbf{v}_2 + \mathbf{v}_3) = \mathbf{v}_1 \times \mathbf{v}_2 + \mathbf{v}_1 \times \mathbf{v}_3$$
$$\mathbf{i} \times \mathbf{i} = \mathbf{0} \quad \mathbf{j} \times \mathbf{j} = \mathbf{0} \quad \mathbf{k} \times \mathbf{k} = \mathbf{0}$$
$$\mathbf{i} \times \mathbf{j} = \mathbf{k} \quad \mathbf{j} \times \mathbf{k} = \mathbf{i} \quad \mathbf{k} \times \mathbf{i} = \mathbf{j}$$

Beispiel

Eine Kraft im Raum hat die Komponenten $F_x = 10, F_y = 20, F_z = -25$ (kN). Ein Punkt auf der Wirkungslinie der Kraft ist $P = (-3, -2, 1)$. Gesucht sind die Komponenten des Momentenvektors $\mathbf{M}$ der Kraft um den Punkt $P_1 = (2, 4, 3)$.

$$\mathbf{M} = \mathbf{r} \times \mathbf{F} = \begin{pmatrix} -3 - 2 \\ -2 - 4 \\ 1 - 3 \end{pmatrix} \times \begin{pmatrix} 10 \\ 20 \\ -25 \end{pmatrix} = \begin{pmatrix} -5 \\ -6 \\ -2 \end{pmatrix} \times \begin{pmatrix} 10 \\ 20 \\ -25 \end{pmatrix}$$
$$= \begin{pmatrix} (-6) \cdot (-25) - (-2) \cdot (20) \\ (-2) \cdot (10) - (-5) \cdot (-25) \\ (-5) \cdot (20) - (-6) \cdot (10) \end{pmatrix} = \begin{pmatrix} 190 \\ -145 \\ -40 \end{pmatrix} \quad \blacktriangleleft$$

1.3.2.2 Geometrische Anwendungen der Vektorrechnung

Abstand zwischen zwei Punkten

$$\overline{P_1 P_2} = |\mathbf{r}_2 - \mathbf{r}_1| = \sqrt{(x_2 - x_1)^2 + (y_2 - y_1)^2 + (z_2 - z_1)^2}$$

Punkt-Richtungs-Form einer Geraden

$$\mathbf{r}(\lambda) = \mathbf{r}_1 + \lambda \mathbf{a}$$
$$r_x = r_{1x} + \lambda a_x \quad r_y = r_{1y} + \lambda a_y \quad r_z = r_{1z} + \lambda a_z$$

$\mathbf{r}_1$: Ortsvektor eines gegebenen Punkts auf der Geraden
$\mathbf{a}$: Richtungsvektor
λ: Parameter

Gerade durch zwei Punkte
Die Gerade soll durch die beiden Punkte P_1 und P_2 mit den Ortsvektoren $\mathbf{r}_1$ und $\mathbf{r}_2$ gehen.

$$\mathbf{r}(\lambda) = \mathbf{r}_1 + \lambda(\mathbf{r}_2 - \mathbf{r}_1)$$

Abstand eines Punktes von einer Geraden
Ein Punkt P mit dem Ortsvektor $\mathbf{r}_P$ hat von einer in der Parameterform $\mathbf{r}(\lambda) = \mathbf{r}_1 + \lambda \mathbf{a}$ gegebenen Geraden den Abstand

$$d = \frac{|\mathbf{a} \times (\mathbf{r}_P - \mathbf{r}_1)|}{|\mathbf{a}|}$$

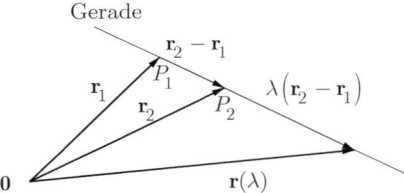

Abb. 1.6 Orts- und Richtungsvektoren einer Geraden in Parameterdarstellung

Eine Gerade in der Ebene geht durch die Punkte $P_1 = (4; 6)$ und $P_2 = (6; 11)$. Gesucht ist ihr Abstand vom Nullpunkt.

$$\mathbf{r}(\lambda) = \begin{pmatrix} 4 \\ 6 \\ 0 \end{pmatrix} + \lambda \begin{pmatrix} 6-4 \\ 11-6 \\ 0 \end{pmatrix} = \begin{pmatrix} 4 \\ 6 \\ 0 \end{pmatrix} + \lambda \begin{pmatrix} 2 \\ 5 \\ 0 \end{pmatrix}$$

$$d = \frac{1}{\sqrt{2^2 + 5^2}} \left| \begin{pmatrix} 2 \\ 5 \\ 0 \end{pmatrix} \times \begin{pmatrix} -4 \\ -6 \\ 0 \end{pmatrix} \right|$$

$$= \frac{1}{\sqrt{2^2 + 5^2}} \left| \begin{pmatrix} 0 \\ 0 \\ 8 \end{pmatrix} \right| = 1{,}486 \quad \blacktriangleleft$$

Abstand zwischen zwei parallelen Geraden
Für den Abstand zweier paralleler Geraden mit den Gleichungen

$$\mathbf{r}(\lambda_1) = \mathbf{r}_1 + \lambda_1 \mathbf{a}_1 \quad \text{und} \quad \mathbf{r}(\lambda_2) = \mathbf{r}_2 + \lambda_2 \mathbf{a}_2$$

gilt

$$d = \frac{|\mathbf{a}_1 \times (\mathbf{r}_2 - \mathbf{r}_1)|}{|\mathbf{a}_1|}$$

Für parallele Geraden ist $\mathbf{a}_1 \times \mathbf{a}_2 = \mathbf{0}$. Sind die beiden Geraden windschief, gilt

$$d = \frac{|(\mathbf{a}_1 \times \mathbf{a}_2)(\mathbf{r}_2 - \mathbf{r}_1)|}{|\mathbf{a}_1 \times \mathbf{a}_2|}$$

Für windschiefe Geraden ist

$$\mathbf{a}_1 \times \mathbf{a}_2 \neq \mathbf{0} \quad \text{und} \quad (\mathbf{a}_1 \times \mathbf{a}_2)(\mathbf{r}_2 - \mathbf{r}_1) \neq 0$$

Punkt-Richtungs-Form (Parameterform) einer Ebene

$$\mathbf{r}(\lambda_1, \lambda_2) = \mathbf{r}_1 + \lambda_1 \mathbf{a} + \lambda_2 \mathbf{b}$$

Ebene durch drei Punkte

$$\mathbf{r}(\lambda_1, \lambda_2) = \mathbf{r}_1 + \lambda_1(\mathbf{r}_2 - \mathbf{r}_1) + \lambda_2(\mathbf{r}_3 - \mathbf{r}_1)$$

Normalenform einer Ebene

$$\mathbf{n} \cdot (\mathbf{r} - \mathbf{r}_1) = 0$$
$$n_x(x - x_1) + n_y(y - y_1) + n_z(z - z_1) = 0$$

Die Punkte $P_1 = (1; 2; 3)$, $P_2 = (-1; 2; -3)$ und $P_3 = (-4; 5; 6)$ liegen in einer Ebene. Gesucht: Gleichung der Ebene in Parameter- und Normalenform.

$$\mathbf{r}(\lambda_1, \lambda_2) = \begin{pmatrix} 1 \\ 2 \\ 3 \end{pmatrix} + \lambda_1 \begin{pmatrix} -1-1 \\ 2-2 \\ -3-3 \end{pmatrix} + \lambda_2 \begin{pmatrix} -4-1 \\ 5-2 \\ 6-3 \end{pmatrix}$$

$$= \begin{pmatrix} 1 \\ 2 \\ 3 \end{pmatrix} + \lambda_1 \begin{pmatrix} -2 \\ 0 \\ -6 \end{pmatrix} + \lambda_2 \begin{pmatrix} -5 \\ 3 \\ 3 \end{pmatrix}$$

$$\mathbf{n} = \begin{pmatrix} -2 \\ 0 \\ -6 \end{pmatrix} \times \begin{pmatrix} -5 \\ 3 \\ 3 \end{pmatrix} = \begin{pmatrix} 18 \\ 36 \\ -6 \end{pmatrix}$$

$$\mathbf{n} \cdot \mathbf{r}_1 = \begin{pmatrix} 18 \\ 36 \\ -6 \end{pmatrix} \cdot \begin{pmatrix} 1 \\ 2 \\ 3 \end{pmatrix} = 72 \quad \blacktriangleleft$$

Abstand Punkt-Ebene

Der Abstand eines Punktes P mit dem Ortsvektor $\mathbf{r}_P$ von einer Ebene mit der Gleichung $\mathbf{n} \cdot (\mathbf{r}_P - \mathbf{r}_1) = 0$ beträgt

$$d = \frac{|\mathbf{n} \cdot (\mathbf{r}_P - \mathbf{r}_1)|}{|\mathbf{n}|}$$

Abstand Gerade-Ebene

Der Abstand einer Geraden mit der Gleichung

$$\mathbf{r}(\lambda) = \mathbf{r}_1 + \lambda \mathbf{a}$$

von einer Ebene mit der Gleichung

$$\mathbf{n} \cdot (\mathbf{r} - \mathbf{r}_0) = 0$$

beträgt

$$d = \frac{|\mathbf{n} \cdot (\mathbf{r}_1 - \mathbf{r}_0)|}{|\mathbf{n}|}$$

Gerade und Ebene sind genau dann parallel, wenn gilt $\mathbf{n} \cdot \mathbf{a} = 0$. Ist $d = 0$, liegt die Gerade in der Ebene.

Schnittpunkt Gerade-Ebene

Gerade und Ebene schneiden sich in einem Punkt S genau dann, wenn gilt $\mathbf{n} \cdot \mathbf{a} \neq 0$. Für den Ortsvektor von S erhält man

$$\mathbf{r}_S = \mathbf{r}_1 + \left(\frac{\mathbf{n} \cdot (\mathbf{r}_0 - \mathbf{r}_1)}{\mathbf{n} \cdot \mathbf{a}} \right) \mathbf{a}$$

Spatprodukt

Drei Vektoren $\mathbf{a}$, $\mathbf{b}$, $\mathbf{c}$ spannen ein Parallelepiped (Spat) auf. Das Spatprodukt (ein Skalar) ist definiert als

$$S = \mathbf{a}(\mathbf{b} \times \mathbf{c})$$
$$= a_x(b_y c_z - b_z c_y) + a_y(b_z c_x - b_x c_z) + a_z(b_x c_y - b_y c_x)$$

und berechnet das Volumen des Spats (besteht aus sechs Parallelogrammen, wobei gegenüberliegende Parallelogramme gleich sind).

1.3.3 Matrizen

Eine rechteckige Anordnung von $m \cdot n$ Elementen a_{ik} (Zahlen, Funktionen oder andere mathematische Größen) aus m Zeilen und n Spalten heißt eine $(m \times n)$-Matrix $\mathbf{A}$. Stimmen zwei Matrizen in Zeilen- und Spaltenanzahl überein, sind sie vom gleichen Typ.

$$\mathbf{A} = a_{ik} = \begin{bmatrix} a_{11} & a_{12} & a_{13} & \dots & a_{1n} \\ a_{21} & a_{22} & a_{23} & \dots & a_{2n} \\ \vdots & \vdots & \dots & & \vdots \\ a_{m1} & a_{m2} & a_{m3} & \dots & a_{mn} \end{bmatrix}$$

Eine einzeilige Matrix wird als Zeilenvektor, eine einspaltige Matrix als Spaltenvektor bezeichnet.

1.3.3.1 Spezielle Matrizen

Quadratische Matrix

Stimmt die Anzahl der Zeilen mit der der Spalten überein, ist die Matrix quadratisch. Die Hauptdiagonale einer quadratischen Matrix verläuft von links oben nach rechts unten, die Nebendiagonale von rechts oben nach links unten. Spezielle quadratische Matrizen sind:

Symmetrische Matrix

Bei einer Matrix, deren Transponierte die Matrix selbst ist, spricht man von einer symmetrischen Matrix. Beim Vertauschen von Zeilen und Spalten ändert sich eine symmetrische Matrix folglich nicht.

$$a_{ik} = a_{ki} \quad i, k = 1, 2, \dots, m \rightarrow \mathbf{A}^T = \mathbf{A}$$

Einheitsmatrix

Eine Einheitsmatrix $\mathbf{E}$ ist eine Diagonalmatrix, deren Hauptdiagonalelemente den Wert 1 haben.

$$a_{ii} = 1 \quad i = 1, 2, \dots, m$$

Diagonalmatrix

Verschwinden alle Matrixelemente außerhalb der Hauptdiagonalen, ist die Matrix diagonal.

$$a_{ik} = 0 \quad \text{für } i \neq k \quad i, k = 1, 2, \dots, m$$

Dreiecksmatrix

Haben in einer Matrix alle Werte oberhalb oder unterhalb der Hauptdiagonalen den Wert Null, handelt es sich um eine untere bzw. obere Dreiecksmatrix. Beispielhaft ist eine untere Dreiecksmatrix gezeigt.

$$\mathbf{A} = a_{ik} = \begin{pmatrix} a_{11} & 0 & \dots & 0 \\ a_{21} & a_{22} & \dots & 0 \\ \vdots & \vdots & & \vdots \\ a_{m1} & a_{m2} & \dots & a_{mm} \end{pmatrix} \quad a_{ik} = 0 \quad i < k$$

Orthogonale Matrix

In einer orthogonalen Matrix sind die Spalten- und Zeilenvektoren senkrecht aufeinander stehende Einheitsvektoren. Die Transponierte einer orthogonalen Matrix ist gleichzeitig ihre Inverse, d. h.

$$\mathbf{A}^T = \mathbf{A}^{-1} \rightarrow \mathbf{A}^T \mathbf{A} = \mathbf{E}$$

Orthogonale Matrizen treten bei Koordinatentransformationen auf (vgl. Abschn. 1.3.5).

1.3.3.2 Rechenoperationen für Matrizen

Transponieren

Vertauscht man in einer Matrix $\mathbf{A}$ alle Zeilen mit den entsprechenden Spalten, erhält man die transponierte Matrix $\mathbf{A}^T$.

$$a_{ik}^T = a_{ki}$$

Addieren

Zwei gleich große Matrizen, d. h. Matrizen vom gleichen Typ, werden addiert, indem die Einträge an gleicher Stelle addiert werden.

$$\mathbf{C} = \mathbf{A} + \mathbf{B} \quad c_{ik} = a_{ik} + b_{ik}$$

Multiplizieren

Zur Multiplikation zweier Matrizen muss die Spaltenanzahl der ersten Matrix mit der Zeilenanzahl der zweiten Matrix übereinstimmen.

$$\mathbf{C} = \mathbf{AB} \quad c_{ik} = \sum_{j=1}^{n} a_{ij} b_{jk}$$

$$i = 1, \ldots, m_A \quad k = 1, \ldots, n_B \quad n = n_A = m_B$$

Beispiel

$$\mathbf{A} = \begin{pmatrix} 1 & 2 & 3 \\ 4 & 5 & 6 \\ 7 & 8 & 9 \\ 10 & 11 & 12 \end{pmatrix} \quad \mathbf{B} = \begin{pmatrix} 6 & 5 \\ 4 & 3 \\ 2 & 1 \end{pmatrix}$$

$$\mathbf{C} = \mathbf{AB}$$

$$= \begin{pmatrix} 1 & 2 & 3 \\ 4 & 5 & 6 \\ 7 & 8 & 9 \\ 10 & 11 & 12 \end{pmatrix} \begin{pmatrix} 6 & 5 \\ 4 & 3 \\ 2 & 1 \end{pmatrix}$$

$$= \begin{pmatrix} 1 \cdot 6 + 2 \cdot 4 + 3 \cdot 2 & 1 \cdot 5 + 2 \cdot 3 + 3 \cdot 1 \\ 4 \cdot 6 + 5 \cdot 4 + 6 \cdot 2 & 4 \cdot 5 + 5 \cdot 3 + 6 \cdot 1 \\ 7 \cdot 6 + 8 \cdot 4 + 9 \cdot 2 & 7 \cdot 5 + 8 \cdot 3 + 9 \cdot 1 \\ 10 \cdot 6 + 11 \cdot 4 + 12 \cdot 2 & 10 \cdot 5 + 11 \cdot 3 + 12 \cdot 1 \end{pmatrix}$$

$$= \begin{pmatrix} 20 & 14 \\ 56 & 41 \\ 92 & 68 \\ 128 & 95 \end{pmatrix} \quad \blacktriangleleft$$

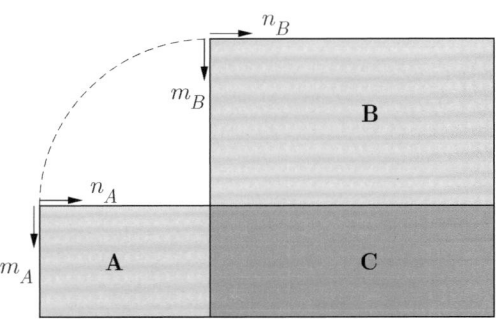

Abb. 1.7 Falksches Schema für die Matrizenmultiplikation

Invertieren

Eine Matrix $\mathbf{B}$ ist die inverse Matrix oder Kehrmatrix zu einer Matrix $\mathbf{A}$, wenn gilt

$$\mathbf{B} = \mathbf{A}^{-1} \rightarrow \mathbf{AB} = \mathbf{BA} = \mathbf{E}$$

Die Matrix $\mathbf{B}$ existiert nur, wenn die Matrix $\mathbf{A}$ quadratisch ist und $\det(\mathbf{A}) \neq 0$ ist.

Zur Ermittlung der inversen Matrix $\mathbf{B} = \mathbf{A}^{-1}$ einer $n \times n$-Matrix $\mathbf{A}$ bestimmt man die Spalten von $\mathbf{B}$ durch Lösung von n Gleichungssystemen mit jeweils n Unbekannten.

Beispiel

Gesucht ist die Inverse $\mathbf{B} = \mathbf{A}^{-1}$ der Matrix $\mathbf{A}$.

$$\begin{pmatrix} a_{11} & a_{12} \\ a_{21} & a_{22} \end{pmatrix} \begin{pmatrix} b_{11} & b_{12} \\ b_{21} & b_{22} \end{pmatrix} = \begin{pmatrix} 1 & 0 \\ 0 & 1 \end{pmatrix}$$

$$\begin{pmatrix} a_{11} & a_{12} \\ a_{21} & a_{22} \end{pmatrix} \begin{pmatrix} b_{11} \\ b_{21} \end{pmatrix} = \begin{pmatrix} 1 \\ 0 \end{pmatrix}$$

$$\rightarrow \begin{pmatrix} b_{11} \\ b_{21} \end{pmatrix} = \frac{1}{\det(\mathbf{A})} \begin{pmatrix} a_{22} \\ -a_{21} \end{pmatrix}$$

$$\begin{pmatrix} a_{11} & a_{12} \\ a_{21} & a_{22} \end{pmatrix} \begin{pmatrix} b_{12} \\ b_{22} \end{pmatrix} = \begin{pmatrix} 0 \\ 1 \end{pmatrix}$$

$$\rightarrow \begin{pmatrix} b_{12} \\ b_{22} \end{pmatrix} = \frac{1}{\det(\mathbf{A})} \begin{pmatrix} -a_{12} \\ a_{11} \end{pmatrix}$$

$$\mathbf{B} = \frac{1}{\det(\mathbf{A})} \begin{pmatrix} a_{22} & -a_{12} \\ -a_{21} & a_{11} \end{pmatrix}$$

mit $\det(\mathbf{A}) = a_{11}a_{22} - a_{12}a_{21}$. $\blacktriangleleft$

1.3.4 Lösung linearer Gleichungssysteme

Zur Bestimmung der n Unbekannten $x_1, x_2, \ldots, x_n$ sind n unabhängige Gleichungen

$$a_{11}x_1 + a_{12}x_2 + a_{13}x_3 + \ldots + a_{1n}x_n = b_1 \quad (1)$$
$$a_{21}x_1 + a_{22}x_2 + a_{23}x_3 + \ldots + a_{2n}x_n = b_2 \quad (2)$$
$$\vdots \qquad \vdots$$
$$a_{n1}x_1 + a_{n2}x_2 + a_{n3}x_3 + \ldots + a_{nn}x_n = b_n \quad (n)$$

erforderlich. In Matrizenschreibweise kann das Gleichungssystem als

$$\mathbf{Ax} = \mathbf{b}$$

geschrieben werden. Die Größen $\mathbf{A}$, $\mathbf{x}$ und $\mathbf{b}$ werden im Allgemeinen als Koeffizientenmatrix, Vektor der Unbekannten und Vektor der rechten Seite (absolute Glieder) bezeichnet. Ist die rechte Seite gleich Null, nennt man das Gleichungssystem homogen, anderenfalls inhomogen. Ist die Determinante der Koeffizientenmatrix $\mathbf{A}$ ungleich Null, hat das Gleichungssystem eine eindeutige Lösung $\mathbf{x}$. Für ein homogenes Gleichungssystem ist diese Lösung die sogenannte triviale Lösung $\mathbf{x} = \mathbf{0}$.

Gilt $\det(\mathbf{A}) = 0$ hat das Gleichungssystem entweder keine Lösung oder unendlich viele Lösungen. Welcher Fall vorliegt, hängt von der rechten Seite **b** ab.

Beim Gauß-Algorithmus wird ein Gleichungssystem mit n Unbekannten in $n-1$ Schritten durch Zeilenoperationen schrittweise auf (im Allgemeinen obere) Dreiecksform reduziert, d. h. trianguliert, indem im Schritt i in der Spalte i unterhalb des Hauptdiagonalelements a_{ii} Nullen erzeugt werden. Die n Unbekannten lassen sich dann von unten nach oben schrittweise berechnen. Dieser Eliminationsprozess wird unten anhand eines Beispiels gezeigt.

$$a_{11}x_1 + a_{12}x_2 + \ldots + a_{1n}x_n = b_1 \quad (1)$$
$$a'_{22}x_2 + \ldots + a'_{2n}x_n = b'_2 \quad (2')$$
$$\vdots \qquad \vdots$$
$$a_{nn}^{(n-1)}x_n = b_n \quad (n^{(n-1)})$$

Beispiel

Löse das Gleichungssystem

$$
\begin{aligned}
x_1 + 2x_2 + x_3 - 2x_4 &= -3 \\
2x_1 - 2x_2 - 2x_3 + 4x_4 &= 16 \\
-2x_1 - 2x_2 + 3x_3 \qquad &= -9 \\
3x_1 + x_2 - x_3 + 3x_4 &= 17
\end{aligned}
$$

Tafel 1.4 Gauß-Algorithmus

1	2	1	−2	−3	(1)
2	−2	−2	4	16	(2)
−2	−2	3	0	−9	(3)
3	1	−1	3	17	(4)
1	2	1	−2	−3	$(1') = (1)$
0	6	4	−8	−22	$(2') = 2 \cdot (1) - (2)$
0	2	5	−4	−15	$(3') = 2 \cdot (1) + (3)$
0	5	4	−9	−26	$(4') = 3 \cdot (1) - (4)$
1	2	1	−2	−3	$(1'') = (1')$
0	6	4	−8	−22	$(2'') = (2')$
0	0	−11	4	23	$(3'') = (2') - 3 \cdot (3')$
0	0	−4	14	46	$(4'') = 5 \cdot (2') - 6 \cdot (4')$
1	2	1	−2	−3	$(1''') = (1'')$
0	6	4	−8	−22	$(2''') = (2'')$
0	0	−11	4	23	$(3''') = (3'')$
0	0	0	−138	−414	$(4''') = 4 \cdot (3'') - 1 \cdot (4'')$

$$x_4 = \frac{-414}{-138} = 3$$
$$x_3 = -\frac{1}{11}(23 - 4 \cdot 3) = -1$$
$$x_2 = \frac{1}{6}(-22 + 8 \cdot 3 - 4 \cdot (-1)) = 1$$
$$x_1 = \frac{1}{1}(-3 + 2 \cdot 3 - 1 \cdot (-1) - 2 \cdot 1) = 2$$

Zur Erläuterung der rechten Spalte in Tafel 1.4: Beispielsweise entsteht die Zeile $3''$ dadurch, dass von der Zeile $2'$ das dreifache der Zeile $3'$ subtrahiert wird. ◄

Beispiel

Für welche Werte a hat das Gleichungssystem

$$
\begin{pmatrix} 1 & 1 & 1 \\ -a & 1 & 2 \\ -2 & 2 & a \end{pmatrix}
\begin{pmatrix} x_1 \\ x_2 \\ x_3 \end{pmatrix}
= \begin{pmatrix} 1 \\ 2 \\ 3 \end{pmatrix}
$$

(1) eine eindeutige Lösung, (2) keine Lösung, (3) unendlich viele Lösungen.

$$
\det \begin{pmatrix} 1 & 1 & 1 \\ -a & 1 & 2 \\ -2 & 2 & a \end{pmatrix} = a - 4 - 2a + 2 - 4 + a^2
$$
$$= (a + 2)(a - 3) = 0$$
$$\rightarrow a = -2 \text{ oder } a = 3$$

Tafel 1.5 Gauß-Algorithmus für $a = -2$

1	1	1	1
2	1	2	2
−2	2	−2	3
1	1	1	1
0	1	0	0
0	4	0	3 → Widerspruch → keine Lösung

Tafel 1.6 Gauß-Algorithmus für $a = 3$

1	1	1	1
−3	1	2	2
−2	2	3	3
1	1	1	1
0	4	5	5
0	4	5	5 → unendlich viele Lösungen

Für $a \neq -2$ und $a \neq 3$ besitzt das Gleichungssystem eine eindeutige Lösung, für $a = -2$ keine Lösung und für $a = 3$ unendlich viele Lösungen in Form einer Geraden im Raum (vgl. Tafeln 1.5 und 1.6). ◄

1.3.5 Koordinatentransformation (Parallelverschiebung und Drehung)

$$\bar{x} = x \cos\varphi + y \sin\varphi - a \cos\varphi - b \sin\varphi$$
$$\bar{y} = -x \sin\varphi + y \cos\varphi + a \sin\varphi - b \cos\varphi$$
$$x = \bar{x} \cos\varphi - \bar{y} \sin\varphi + a$$
$$y = \bar{x} \sin\varphi + \bar{y} \cos\varphi + b$$

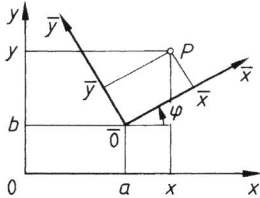

Abb. 1.8 Koordinatentransformation

Koordinatentransformation in Matrizenschreibweise

$$\begin{pmatrix} \bar{x} \\ \bar{y} \end{pmatrix} = \begin{pmatrix} \cos\varphi & \sin\varphi \\ -\sin\varphi & \cos\varphi \end{pmatrix} \begin{pmatrix} x-a \\ y-b \end{pmatrix}$$

$$\begin{pmatrix} x \\ y \end{pmatrix} = \begin{pmatrix} \cos\varphi & -\sin\varphi \\ \sin\varphi & \cos\varphi \end{pmatrix} \begin{pmatrix} \bar{x} \\ \bar{y} \end{pmatrix} + \begin{pmatrix} a \\ b \end{pmatrix}$$

Die orthogonale Matrix

$$\mathbf{T} = \begin{pmatrix} \cos\varphi & \sin\varphi \\ -\sin\varphi & \cos\varphi \end{pmatrix}$$

wird i. Allg. als Transformationsmatrix bezeichnet.

Analog zur Drehung des Koordinatensystems ist eine Drehung eines Objekts, das in Bezug auf das ursprüngliche Koordinatensystem beschrieben ist, z. B. durch die Koordinaten der Eckpunkte des Objekts. Dann sind die Koordinaten des gedrehten Objekts im ursprünglichen (ungedrehten) Koordinatensystem identisch mit den Koordinaten des ungedrehten Objekts im gedrehten Koordinatensystem. So stimmen die Koordinaten der Eckpunkte der Fläche A im $\bar{x}$-$\bar{y}$-Koordinatensystem überein mit den Koordinaten der Eckpunkte der Fläche $\bar{A}$ im x-y-Koordinatensystem (vgl. Abb. 1.9).

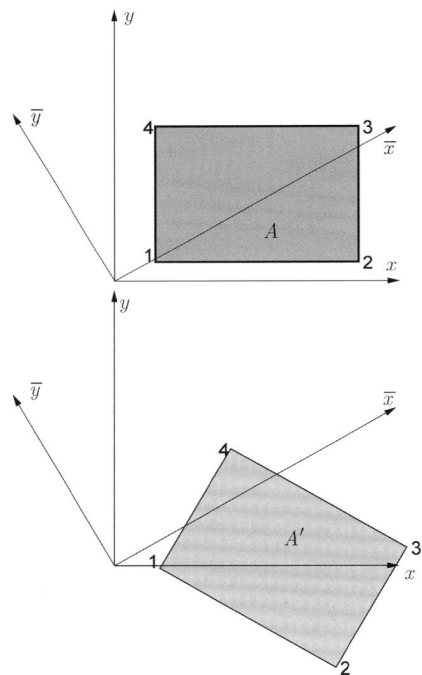

Abb. 1.9 Drehung des Koordinatensystems-Drehung eines Objekts

Eine Koordinatentransformation im Raum kann durch die Angabe von drei Winkeln (Eulerwinkel) definiert werden, mit denen jeweils nacheinander ebene Transformationen durchgeführt werden, die erste Drehung um die z-Achse, die zweite Drehung um die gedrehte y-, d. h. die y_1-Achse und

die dritte Drehung um die zweimal gedrehte x-, d. h. die x_2-Achse.

$$\begin{bmatrix} x_1 \\ y_1 \\ z_1 \end{bmatrix} = \mathbf{T}_\gamma \begin{bmatrix} x \\ y \\ z \end{bmatrix} \qquad \mathbf{T}_\gamma = \begin{bmatrix} \cos\gamma & \sin\gamma & 0 \\ -\sin\gamma & \cos\gamma & 0 \\ 0 & 0 & 1 \end{bmatrix}$$

$$\begin{bmatrix} x_2 \\ y_2 \\ z_2 \end{bmatrix} = \mathbf{T}_\beta \begin{bmatrix} x_1 \\ y_1 \\ z_1 \end{bmatrix} \qquad \mathbf{T}_\beta = \begin{bmatrix} \cos\beta & 0 & -\sin\beta \\ 0 & 1 & 0 \\ \sin\beta & 0 & \cos\beta \end{bmatrix}$$

$$\begin{bmatrix} x_3 \\ y_3 \\ z_3 \end{bmatrix} = \mathbf{T}_\alpha \begin{bmatrix} x_2 \\ y_2 \\ z_2 \end{bmatrix} \qquad \mathbf{T}_\alpha = \begin{bmatrix} 1 & 0 & 0 \\ 0 & \cos\alpha & \sin\alpha \\ 0 & -\sin\alpha & \cos\alpha \end{bmatrix}$$

$$\mathbf{T} = \mathbf{T}_\alpha\,\mathbf{T}_\beta\,\mathbf{T}_\gamma$$

$$= \begin{pmatrix} \cos\beta\cos\gamma \\ \sin\alpha\sin\beta\cos\gamma - \cos\alpha\sin\gamma \\ \sin\alpha\sin\gamma + \cos\alpha\sin\beta\cos\gamma \end{pmatrix}$$

$$\begin{array}{lll} \cos\beta\sin\gamma & -\sin\beta \\ \sin\alpha\cos\beta & \cos\alpha\cos\gamma + \sin\alpha\sin\beta\sin\gamma \\ \cos\alpha\cos\beta & \cos\alpha\sin\beta\sin\gamma - \sin\alpha\cos\gamma \end{array}\Bigg)$$

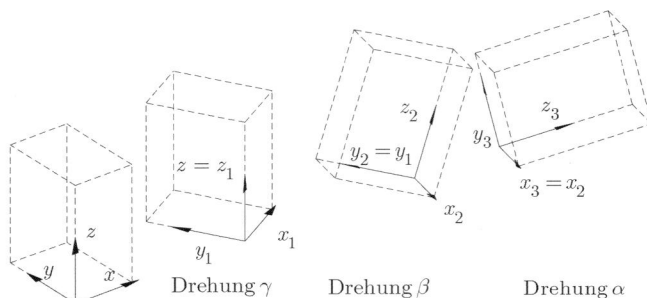

Abb. 1.10 Transformation im Raum

1.3.6 Eigenwertproblem

Durch das homogene Gleichungssystem

$$(\mathbf{A} - \lambda_i\mathbf{E})\,\mathbf{e}_i = \mathbf{0}$$

wird ein Eigenwertproblem beschrieben. Es sind:
$\mathbf{A}$: Quadratische Matrix
$\mathbf{E}$: Einheitsmatrix
λ_i: i-ter Eigenwert der Matrix $\mathbf{A}$
$\mathbf{e}_i$: i-ter Eigenvektor der Matrix $\mathbf{A}$
Damit das Gleichungssystem eine nichttriviale Lösung besitzt, muss

$$\det\left[\mathbf{A} - \lambda\mathbf{E}\right] = 0$$

gelten. Aus dieser skalaren Gleichung (einem Polynom n-ten Grades) ergeben sich die n Eigenwerte. Werden diese in das obige Gleichungssystem eingesetzt, erhält man linear abhängige Gleichungen, aus denen dann die zugehörigen Eigenvektoren **e** berechnet werden.

Transformiert man die Matrix **A** mit der Matrix der Eigenvektoren als Transformationsmatrix erhält man eine diagonale Matrix mit den Eigenwerten. Anwendungen im Bauingenieurwesen sind zahlreich (z. B. Hauptspannungen und Hauptspannungsrichtungen, Hauptträgheitsmomente und Hauptachsen von Querschnitten, Eigenfrequenzen und Schwingungsformen in der Baudynamik, Knickprobleme). Obige Transformation ist auch unter dem Begriff der Hauptachsentransformation bekannt.

$$\mathbf{T} = \begin{pmatrix} \mathbf{e}_1 & \dots & \mathbf{e}_n \end{pmatrix} \to \mathbf{T}^T \mathbf{A} \mathbf{T} = \begin{pmatrix} \lambda_1 & 0 & 0 & \dots & 0 \\ 0 & \lambda_2 & 0 & \dots & 0 \\ \vdots & \vdots & \vdots & \vdots & \vdots \\ 0 & \dots & 0 & 0 & \lambda_n \end{pmatrix}$$

Beispiel

Gesucht: Eigenwerte und Eigenvektoren der Matrix

$$\mathbf{A} = \begin{pmatrix} 4 & 3 & 3 \\ 3 & 6 & 1 \\ 3 & 1 & 6 \end{pmatrix}$$

$$|\mathbf{A} - \lambda\mathbf{E}| = \begin{vmatrix} 4-\lambda & 3 & 3 \\ 3 & 6-\lambda & 1 \\ 3 & 1 & 6-\lambda \end{vmatrix}$$

$$= \lambda^3 + 16\lambda^2 - 65\lambda + 50 = 0$$

$$\to \lambda_1 = 1, \lambda_2 = 5, \lambda_3 = 10$$

1. Eigenvektor: $\begin{bmatrix} 3 & 3 & 3 \\ 3 & 5 & 1 \\ 3 & 1 & 5 \end{bmatrix} \mathbf{e}_1 = \mathbf{0}$

$$\to \mathbf{e}_1 = \begin{bmatrix} -0{,}8165 \\ 0{,}4082 \\ 0{,}4082 \end{bmatrix}$$

2. Eigenvektor: $\begin{bmatrix} -1 & 3 & 3 \\ 3 & 1 & 1 \\ 3 & 1 & 1 \end{bmatrix} \mathbf{e}_2 = \mathbf{0}$

$$\to \mathbf{e}_2 = \begin{bmatrix} 0 \\ -0{,}7071 \\ 0{,}7071 \end{bmatrix}$$

3. Eigenvektor: $\begin{bmatrix} -6 & 3 & 3 \\ 3 & -4 & 1 \\ 3 & 1 & -4 \end{bmatrix} \mathbf{e}_3 = \mathbf{0}$

$$\to \mathbf{e}_3 = \begin{bmatrix} 0{,}5774 \\ 0{,}5774 \\ 0{,}5774 \end{bmatrix} \blacktriangleleft$$

1.4 Trigonometrie

1.4.1 Rechtwinkliges Dreieck

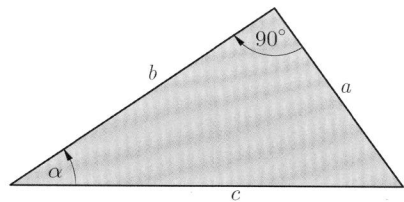

Abb. 1.11 Rechtwinkliges Dreieck mit Katheten a und b und Hypothenuse c

$$\sin\alpha = \frac{a}{c} \qquad \cos\alpha = \frac{b}{c} \qquad \tan\alpha = \frac{a}{b} \qquad \cot\alpha = \frac{b}{a}$$

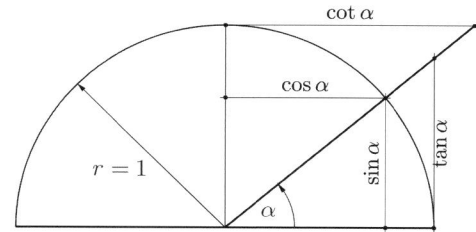

Abb. 1.12 Funktionen am Einheitskreis

1.4.2 Allgemeines Dreieck

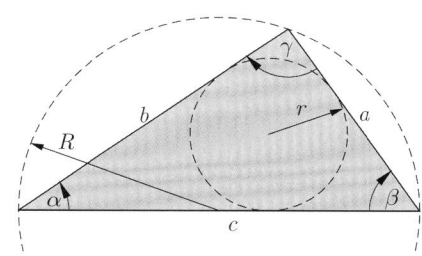

Abb. 1.13 Allgemeines Dreieck

$$R = \text{Umkreisradius} \qquad r = \text{Inkreisradius}$$

$$s = \frac{1}{2}(a + b + c)$$

a, b, c und α, β, γ dürfen in den folgenden Beziehungen jeweils zyklisch vertauscht werden.

Sinussatz

$$a : b : c = \sin\alpha : \sin\beta : \sin\gamma$$

Cosinussatz

$$c^2 = a^2 + b^2 - 2ab\cos\gamma$$

Halbwinkelsatz

$$\tan\frac{\alpha}{2} = \sqrt{\frac{(s-b)(s-c)}{s(s-a)}} = \frac{r}{s-a}$$

Tangenssatz

$$\frac{a+b}{a-b} = \frac{\tan\dfrac{\alpha+\beta}{2}}{\tan\dfrac{\alpha-\beta}{2}}$$

Flächensatz

$$2A = ab\sin\gamma = bc\sin\alpha = ac\sin\beta$$
$$= \frac{1}{2R}abc = 4R^2\sin\alpha\sin\beta\sin\gamma$$

Umkreis

$$R = \frac{a}{2\sin\alpha} = \frac{b}{2\sin\beta} = \frac{c}{2\sin\gamma}$$

Inkreis

$$r = \frac{2A}{a+b+c} = \sqrt{\frac{(s-a)(s-b)(s-c)}{s}}$$

Beispiel

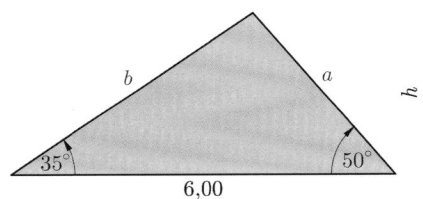

Abb. 1.14 Höhe im Dreieck

    Gesucht: Höhe h im gezeigten Dreieck

    Die Höhe teilt das Dreieck in zwei rechtwinklige Dreiecke und stellt in Bezug auf die beiden gegebenen Winkel jeweils die Gegenkathete dar. Die Summe der beiden Ankatheten ergibt die gegebene Seitenlänge von 6,00 m. Somit gilt

$$6 = \frac{h}{\tan 35°} + \frac{h}{\tan 55°}$$
$$h = 6\cdot\frac{\tan 35°\cdot\tan 50°}{\tan 35° + \tan 50°}$$
$$= 2{,}646\,\text{m}$$

Alternative: Zuerst wird mit dem Sinussatz eine der beiden unbekannten Seitenlängen a oder b, d. h. eine Hypotenuse der beiden rechtwinkligen Dreiecke berechnet (hier a gewählt).

$$\frac{a}{6{,}00} = \frac{\sin 50°}{\sin(180° - 50° - 35°)}$$
$$a = 6{,}00\cdot\frac{\sin 50°}{\sin 95°}$$
$$= 4{,}6138\,\text{m}$$
$$h = 4{,}6138\cdot\sin 35°$$
$$= 2{,}646\,\text{m}\ \blacktriangleleft$$

1.4.3 Trigonometrische Funktionen und deren Umkehrfunktionen

$$\sin^2 x + \cos^2 x = 1$$
$$\tan x = \frac{\sin x}{\cos x}$$
$$\cot x = \frac{\cos x}{\sin x}$$
$$\tan x \cot x = 1$$
$$\sin(x \pm y) = \sin x\cos y \pm \cos x\sin y$$
$$\cos(x \pm y) = \cos x\cos y \mp \sin x\sin y$$
$$\tan(x \pm y) = \frac{\tan x \pm \tan y}{1 \mp \tan x\tan y}$$
$$\cot(x \pm y) = \frac{\cot x\cot y \mp 1}{\cot y \mp \cot x}$$
$$\sin 2x = 2\sin x\cos x$$
$$\cos 2x = \cos^2 x - \sin^2 x = 2\cos^2 x - 1$$
$$\tan 2x = \frac{2\tan x}{1 - \tan^2 x}$$
$$\cot 2x = \frac{\cot^2 x - 1}{2\cot x}$$
$$\sin\left(\frac{x}{2}\right) = \sqrt{\frac{1 - \cos x}{2}}$$
$$\cos\left(\frac{x}{2}\right) = \sqrt{\frac{1 + \cos x}{2}}$$
$$\tan\left(\frac{x}{2}\right) = \sqrt{\frac{1 - \cos x}{1 + \cos x}}$$
$$\cot\left(\frac{x}{2}\right) = \sqrt{\frac{1 + \cos x}{1 - \cos x}}$$

$$\sin x + \sin y = 2 \sin \frac{x-y}{2} \cos \frac{x-y}{2}$$

$$\cos x + \cos y = 2 \cos \frac{x+y}{2} \cos \frac{x-y}{2}$$

$$\sin x - \sin y = 2 \sin \frac{x-y}{2} \cos \frac{x+y}{2}$$

$$\cos x - \cos y = -2 \sin \frac{x+y}{2} \sin \frac{x-y}{2}$$

$$\tan x \pm \tan y = \frac{\sin(x \pm y)}{\cos x \cos y}$$

$$\cot x \pm \cot y = \frac{\sin(x \pm y)}{\sin x \sin y}$$

$$\arcsin x + \arccos x = \frac{\pi}{2}$$

$$\arctan x + \operatorname{arccot} x = \frac{\pi}{2}$$

$$\arcsin x = \arccos \sqrt{1 - x^2}$$

$$\arccos x = \arcsin \sqrt{1 - x^2}$$

$$\arctan x = \arcsin \left(\frac{x}{\sqrt{1 + x^2}} \right)$$

1.4.4 Hyperbolische Funktionen und deren Umkehrfunktionen

$$\sinh x = \frac{e^x - e^{-x}}{2}$$

$$\cosh x = \frac{e^x + e^{-x}}{2}$$

$$\tanh x = \frac{\sinh x}{\cosh x}$$

$$\coth x = \frac{1}{\tanh x}$$

$$\sinh(x \pm y) = \sinh x \cosh y \pm \cosh x \sinh y$$

$$\cosh(x \pm y) = \cosh x \cosh y \pm \sinh x \sinh y$$

$$\operatorname{arsinh} x = \ln \left(x + \sqrt{x^2 + 1} \right)$$

$$\operatorname{arcosh} x = \ln \left(x + \sqrt{x^2 - 1} \right) \quad x \geq 1$$

$$\operatorname{artanh} x = \frac{1}{2} \ln \frac{1+x}{1-x} \quad |x| < 1$$

$$\operatorname{arcoth} x = \frac{1}{2} \ln \frac{x+1}{x-1} \quad |x| > 1$$

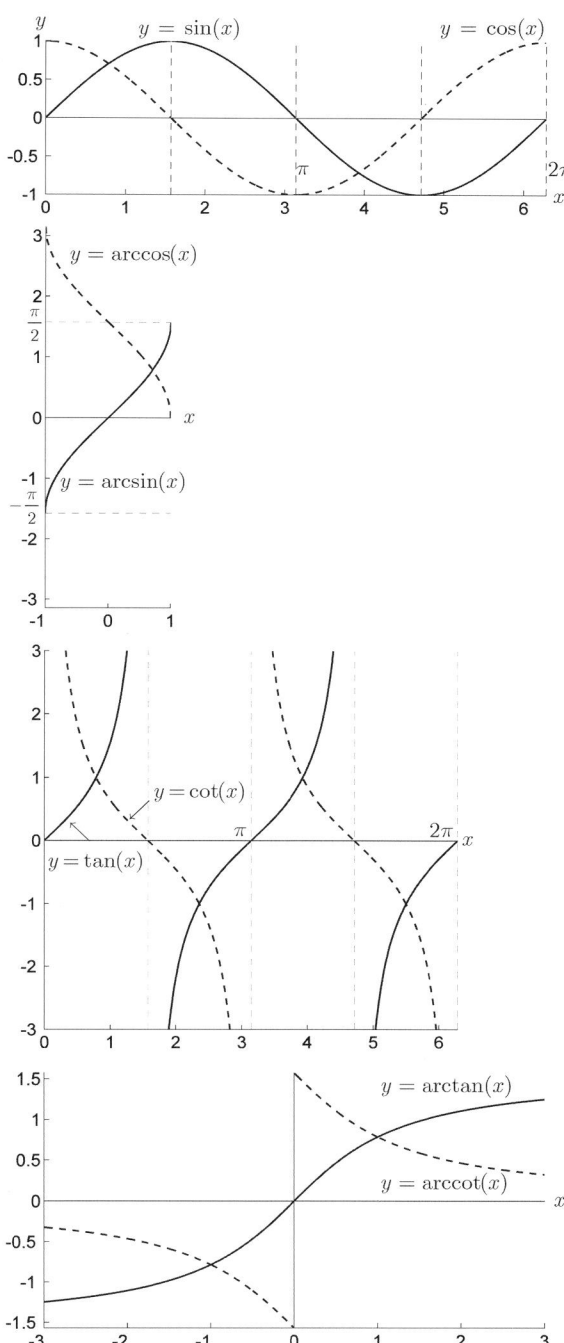

Abb. 1.15 Trigonometrische Funktionen und deren Umkehrfunktionen

Abb. 1.16 Hyperbolische Funktionen und deren Umkehrfunktionen

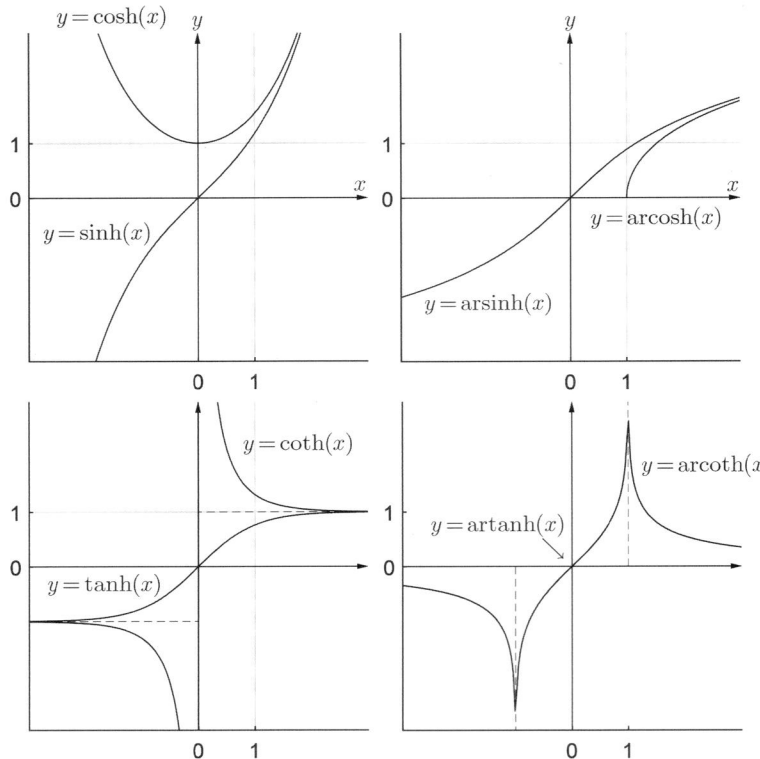

1.5 Geometrie

1.5.1 Geometrie der Ebene

Rechtwinkliges Dreieck

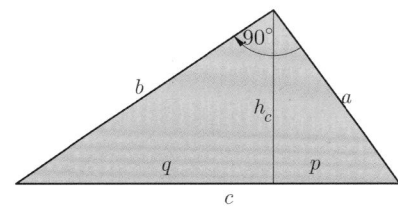

Abb. 1.17 Rechtwinkliges Dreieck

Fläche

$$A = \frac{1}{2}ab = \frac{1}{2}ch_c$$

Pythagoras

$$c^2 = a^2 + b^2$$

Euklid

$$a^2 = cp, \quad b^2 = cq$$

Höhensatz

$$h_c^2 = pq$$

Quadrat

$$A = a^2$$

Rechteck

$$A = ab$$

Parallelogramm

$$A = ah$$

Trapez

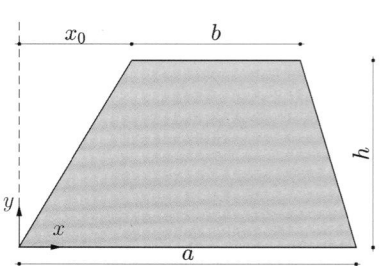

Abb. 1.18 Trapez

Fläche

$$A = \frac{a+b}{2} h$$

Lage des Schwerpunkts

$$x_S = \frac{1}{3} \frac{\left(a^2 + a\,b + x_0\,a + b^2 + 2\,x_0\,b\right)}{a+b}$$

$$y_S = \frac{1}{3} \frac{a+2b}{a+b} h$$

Regelmäßige Vielecke

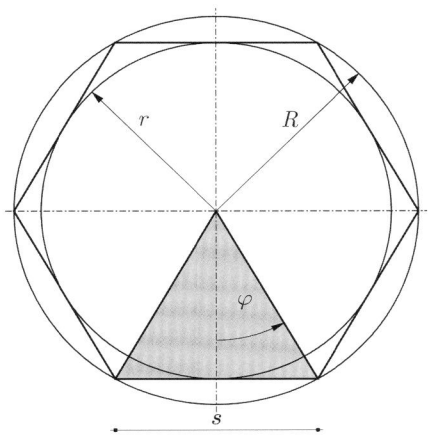

Abb. 1.19 Regelmäßige Vielecke

$$\varphi = \frac{180°}{n}$$

$$A = n \frac{s \cdot r}{2} = \frac{n}{4} \cot \varphi \, s^2$$

$$= n \sin \varphi \cos \varphi \, R^2 = n \tan \varphi \, r^2$$

mit

$$s = 2 \sin \varphi \, R = 2 \tan \varphi \, r$$

Kreis

$$A = \pi r^2 = \pi \frac{d^2}{4} \quad U = 2\pi r = \pi d$$

Kreisring

$$A = \pi \left(R^2 - r^2\right)$$

Kreisringstück

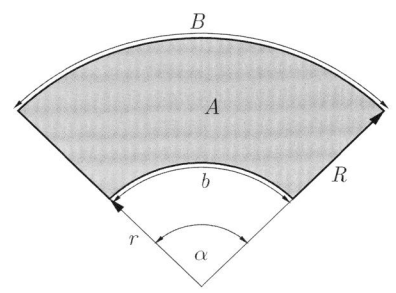

Abb. 1.20 Kreisringstück

$$B = \alpha R \qquad\qquad b = \alpha r$$

$$A = \pi \frac{\alpha}{2} \left(R^2 - r^2\right) \quad U = r(\alpha - 2) + R(\alpha + 2)$$

Kreisabschnitt

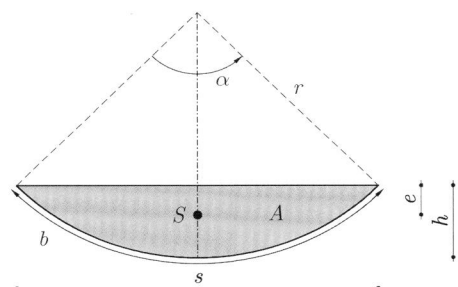

Abb. 1.21 Größen am Kreisabschnitt

$$\alpha = 4 \arcsin \sqrt{\frac{h}{2r}} = 2 \arctan \frac{s}{2r - 2h}$$

$$h = r \left(1 - \cos \frac{\alpha}{2}\right) = r - \frac{1}{2}\sqrt{4r^2 - s^2}$$

$$s = 2r \sin \frac{\alpha}{2} = 2\sqrt{h\,(2r - h)}$$

$$b = r\alpha$$

$$e = r \left(\frac{4}{3} \frac{\sin^3 \alpha/2}{\alpha - \sin \alpha} - \cos \frac{\alpha}{2}\right) = \frac{s^3}{12A} - r \cos \frac{\alpha}{2}$$

$$A = \frac{r^2}{2} (\alpha - \sin \alpha) = \frac{r}{2}(b - s) + \frac{s \cdot h}{2}$$

Kreisausschnitt

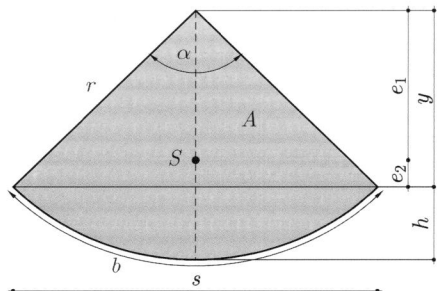

Abb. 1.22 Größen am Kreisausschnitt

$$A = \frac{\alpha}{2} r^2 \qquad b = \alpha r$$

$$s = 2r \sin \frac{\alpha}{2} \qquad y = r \cos \frac{\alpha}{2}$$

$$h = r \left(1 - \cos \frac{\alpha}{2} \right) = r - y$$

$$e_1 = \frac{4}{3} r \frac{\sin \alpha/2}{\alpha} = \frac{2}{3} r \frac{s}{b}$$

$$e_2 = y - e_1$$

Parabel
Quadratische Parabel

$$y = h \left(\frac{x}{b} \right)^2 = \frac{h}{b^2} x^2$$

$$A_1 = \frac{2}{3} bh \qquad A_2 = \frac{1}{3} bh$$

$$x_1 = \frac{3}{8} b \qquad x_2 = \frac{3}{4} b$$

$$y_1 = \frac{3}{5} h \qquad y_2 = \frac{3}{10} h$$

Kubische Parabel

$$y = h \left(\frac{x}{b} \right)^3 = \frac{h}{b^3} x^3$$

$$A_1 = \frac{3}{4} bh \qquad A_2 = \frac{1}{4} bh$$

$$x_1 = \frac{2}{5} b \qquad x_2 = \frac{4}{5} b$$

$$y_1 = \frac{4}{7} h \qquad y_2 = \frac{2}{7} h$$

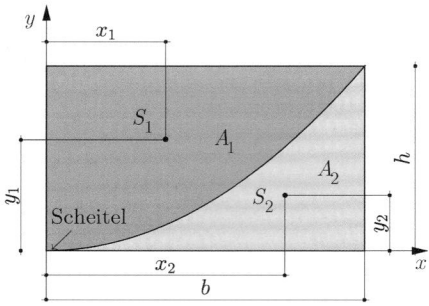

Abb. 1.23 Flächeninhalt und Schwerpunktlage einer quadratischen und kubischen Parabel

Ellipse

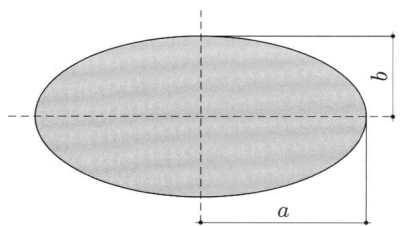

Abb. 1.24 Ellipse

$$A = \pi a b$$

$$U = \pi(a + b) \left(1 + \sum_{n=1}^{\infty} \frac{1}{n^2 2^{4n-2}} \binom{2n-2}{n-1}^2 h^n \right)$$

$$\approx \pi(a + b) \left(1 + \frac{1}{4} h + \frac{1}{64} h^2 + \frac{1}{256} h^3 + \frac{25}{16384} h^4 \right)$$

$$h = \frac{(a - b)^2}{(a + b)^2}$$

Ein exaktes Ergebnis für den Umfang einer Ellipse existiert wie oben gezeigt nur als unendliche Reihe. Für den ungünstigsten Fall ($b = 0 \rightarrow h = 1$) entartet die Ellipse zu einer Geraden der Länge $4a$. Mit den gezeigten fünf Termen in der Reihe ergibt sich

$$U = \pi a \left(1 + \frac{1}{4} + \frac{1}{64} + \frac{1}{256} + \frac{25}{16384} \right) = 3{,}9931 \, a$$

1.5.2 Geometrie des Raumes

Körper	Rauminhalt V	Oberfläche O, Mantel M
Prisma allgemein	$V = Ah$	$O = $ Summe aller Flächen
Würfel	$V = a^3$	$O = 6a^2$
Kreiszylinder	$V = \pi r^2 h = \frac{\pi d^2}{4} h$	$O = 2\pi r(r + h)$, $M = 2\pi rh$
Pyramide allgemein	$V = \frac{1}{3} Ah$	$O = $ Summe aller Flächen
Kreiskegel	$V = \frac{1}{3}\pi r^2 h$	$O = \pi r(r + s)$, $M = \pi rs$ $s = \sqrt{r^2 + h^2}$ (Mantellinie)
Pyramidenstumpf allgemein	$V = \frac{h}{3}(A_\mathrm{u} + \sqrt{A_\mathrm{u} A_\mathrm{o}} + A_\mathrm{o})$	$O = $ Summe aller Flächen
Kegelstumpf	$V = \frac{\pi h}{3}(R^2 + Rr + r^2)$	$M = \pi s(R + r)$ $s = \sqrt{(R - r^2) + h^2}$ (Mantellinie)
Kugel	$V = \frac{4}{3}\pi r^3 = \frac{\pi d^3}{6}$	$O = 4\pi r^2 = \pi d^2$
Kugelabschnitt 	$V = \pi h^2\left(r - \frac{h}{3}\right)$ $V = \frac{\pi h}{6}(3a^2 + h^2)$ $a = \sqrt{h(2r - h)}$	$O = \pi(2a^2 + h^2)$ $M = 2\pi rh = \pi(a^2 + h^2)$ (Kappe oder Kalotte)
Kugelausschnitt	$V = \frac{2}{3}\pi r^2 h$	$O = \pi r(a + 2h)$, $M = \pi ra$
Kugelschicht 	$V = \frac{\pi h}{6}(3a^2 + 3b^2 + h^2)$ Für die Halbkugel wird $h = a = r$ und $b = 0$ $V = \frac{\pi r}{6}(3r^2 + r^2) = \frac{2}{3}\pi r^3$	$M = 2\pi rh$ $r = \sqrt{a^2 + \left(\frac{a^2 - b^2 - h^2}{2h}\right)^2}$
Zylinderhuf 	Die Grundfläche ist ein Halbkreis; der Schnitt geht also durch den Mittelpunkt des Kreises $\left.\begin{array}{l} V = \frac{2}{3} r^2 h \\ M = 2rh \end{array}\right\}$ (ohne π)	Zu verwenden bei der Berechnung des Klostergewölbes, dessen Wange dem Volumen und dessen Leibungsfläche dem Mantel des Zylinderhufes inhaltsgleich ist.
Prismatoid 	Die beliebigen Grundflächen liegen in parallelen Ebenen. A_m ist der zur Grundfläche parallele Querschnitt in halber Höhe. $V = \frac{h}{6}(A_\mathrm{u} + 4A_\mathrm{m} + A_\mathrm{o})$	Oberfläche aller Prismatoide = Summe der Grund- und Seitenflächen. Letztere sind Vielecke. Sie können auch windschief sein. Sonderfälle des Prismatoids sind alle Prismen, Pyramide ($A_\mathrm{o} = 0$), Pyramidenstumpf, Obelisk (Sandhaufen, Säulenfuß), Keil (Dach), Rampe usw. Auch Kugel mit $A_\mathrm{u} = A_\mathrm{o} = 0$, $A_\mathrm{m} = \pi r^2$, $h = d$ Kugelabschnitt, Kugelschicht und Zylinderhuf können als Prismatoide aufgefasst werden. **Beispiel** Sandhaufen mit $a = 8\,\mathrm{m}$, $b = 6\,\mathrm{m}$, $h = 1\,\mathrm{m}$, Böschung 1 : 1,5 $a_1 = 8 - 2 \cdot 1 \cdot 1{,}5 = 5\,\mathrm{m}$ $b_1 = 6 - 2 \cdot 1 \cdot 1{,}5 = 3\,\mathrm{m}$ $V = \frac{1}{6}[(2 \cdot 8 + 5) \cdot 6 + (2 \cdot 5 + 8) \cdot 3] = 30\,\mathrm{m}^3$
Obelisk (Keilstumpf) 	Grundfläche rechteckig: $V = \frac{h}{6}[(2a + a_1)b + (2a_1 + a)b_1]$ Bei trapezförmiger Grundfläche sind für a und a_1 die Mittelparallelen, für b und b_1 die Trapezhöhen zu setzen.	
Keil, Dach 	$V = \frac{hb}{6}(2a + a_1)$ Bei trapezförmiger Grundfläche ist für a die Mittelparalle, für b die Trapezhöhe zu setzen.	

Körper	Rauminhalt V	Anmerkungen, Beispiele
Rampe	$V = \frac{h^2}{6}\left(3a + 2n_1 h \frac{m-n}{m}\right)(m-n)$ Für $n = 0$ (Rampe gegen lotrechte Mauer) wird $V = \frac{h^2}{6}(3a + 2n_1 h)m$ **Beispiel** Rampe mit $h = 2,0$ m, $a = 2,5$ m, $m = 12$, $n = 1$, $n_1 = 1,5$ $V = \frac{2,0^2}{6}\left(3 \cdot 2,5 + 2 \cdot 1,5 \cdot 2,0 \frac{12-1}{12}\right)(12-1) = 95,33$ m^3 Für $n = 0$: $V = \frac{2,0^2}{6}(3 \cdot 2,5 + 2 \cdot 1,5 \cdot 2,0) \cdot 12 = 108,00$ m^3 $V = $ Volumen der Rampe (ohne durchlaufende Böschung)	
Elliptischer Kübel	a, b: obere Halbachsen, a_1, b_1 untere Halbachsen $V = \frac{\pi h}{6}[(2a + a_1)b + (2a_1 + a)b_1]$ **Beispiel** Kübel mit $a = 45$ cm, $b = 25$ cm, $a_1 = 40$ cm, $b_1 = 20$ cm, $h = 50$ cm $V = \frac{\pi \cdot 50}{6}[(2 \cdot 45 + 40) \cdot 25 + (2 \cdot 40 + 45) \cdot 20] = 150.500$ cm$^3 = 150,51$	
Umdrehungskörper	$V = $ Umdrehungsfläche mal Weg des Flächenschwerpunktes S $V = A \cdot 2\pi r = ah \cdot 2\pi r$	$M = $ Umdrehungslinienlänge mal Weg des Linienschwerpunktes S_0 $M = h \cdot 2\pi\left(r + \frac{a}{2}\right)$
Zylindrischer Ring	$V = \pi r^2 \cdot 2\pi R = 2\pi^2 R r^2 = \frac{\pi^2 D d^2}{4}$	$O = 2\pi r \cdot 2\pi R = 4\pi^2 R r = \pi^2 D d$

1.6 Analytische Geometrie

1.6.1 Punkt in verschiedenen Koordinatensystemen

Rechtwinkliges Koordinatensystem
$P(x; y) = $ Punkt mit der Abszisse x und der Ordinate y

Polarkoordinatensystem
$P(r; \varphi) = $ Punkt mit dem Abstand r und dem Winkel φ

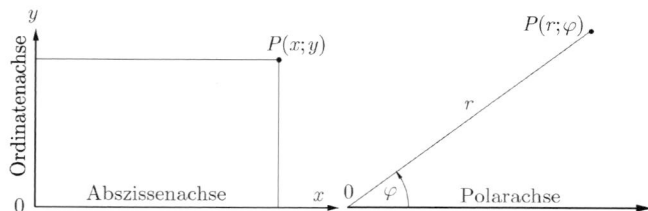

Abb. 1.25 Rechtwinkliges und Polarkoordinatensystem

Umrechnung zwischen rechtwinkligen und Polarkoordinaten

$$x = r \cos \varphi \qquad y = r \sin \varphi$$
$$r = \sqrt{x^2 + y^2} \qquad \varphi = \arctan \frac{y}{x}$$

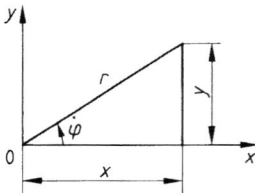

Abb. 1.26 Umrechnung zwischen rechtwinkligem und Polarkoordinatensystem

1.6.2 Zwei und mehr Punkte

Länge ℓ der Strecke $\overline{P_1 P_2}$

$$\ell = \sqrt{(x_2 - x_1)^2 + (y_2 - y_1)^2}$$

Steigung der Strecke $\overline{P_1 P_2}$

$$\tan\alpha = \frac{y_2 - y_1}{x_2 - x_1}$$

Teilpunkt T der Strecke $\overline{P_1 P_2}$

$$x_T = \frac{x_1 + k x_2}{1 + k} \quad y_T = \frac{y_1 + k y_2}{1 + k} \quad \text{mit} \quad k = \frac{\overline{P_1 T}}{\overline{T P_2}}$$

Mittelpunkt M der Strecke $\overline{P_1 P_2}$

$$x_M = \frac{x_1 + x_2}{2} \quad y_M = \frac{y_1 + y_2}{2}$$

Fläche A des Dreiecks $P_1\, P_2\, P_3$

$$A = \frac{1}{2}\left[x_1(y_2 - y_3) + x_2(y_3 - y_1) + x_3(y_1 - y_2)\right]$$

$$= \frac{1}{2}\begin{vmatrix} x_1 & y_1 & 1 \\ x_2 & y_2 & 1 \\ x_3 & y_3 & 1 \end{vmatrix}$$

$P_1\, P_2\, P_3$ liegen auf einer Geraden, wenn $A = 0$ ist.

Schwerpunkt S des Dreiecks $P_1\, P_2\, P_3$

$$x_S = \frac{x_1 + x_2 + x_3}{3} \quad y_S = \frac{y_1 + y_2 + y_3}{3}$$

Querschnittswerte polygonal begrenzter Flächen

Vorhandene Flächen werden im Gegenuhrzeigersinn, nicht vorhandene Flächen im Uhrzeigersinn umfahren.

$$x_{n+1} = x_1 \quad y_{n+1} = y_1$$

$$a_i = x_i y_{i+1} - x_{i+1} y_i$$

$$A = \frac{1}{2}\sum_{i=1}^{n} a_i$$

$$S_x = \frac{1}{6}\sum_{i=1}^{n} a_i\,(y_i + y_{i+1})$$

$$S_y = \frac{1}{6}\sum_{i=1}^{n} a_i\,(x_i + x_{i+1})$$

$$I_x = \frac{1}{12}\sum_{i=1}^{n} a_i\,\left(y_i^2 + y_i y_{i+1} + y_{i+1}^2\right)$$

$$I_y = \frac{1}{12}\sum_{i=1}^{n} a_i\,\left(x_i^2 + x_i x_{i+1} + x_{i+1}^2\right)$$

$$I_{xy} = \frac{1}{24}\sum_{i=1}^{n} a_i\,\left(2 x_i y_i + x_i y_{i+1} + x_{i+1} y_i + 2 x_{i+1} y_{i+1}\right)$$

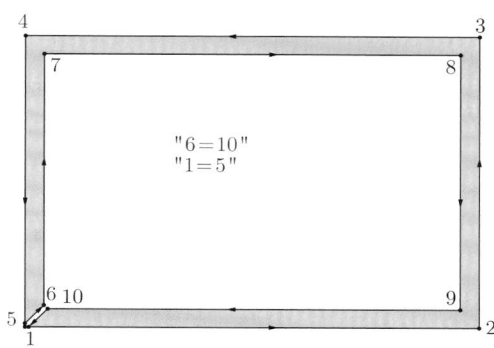

Abb. 1.27 Nummerierung und Umfahrungssinn bei Aussparungen

1.6.3 Gerade

Allgemeine Form

$$y = mx + n$$

Zweipunkteform

$$\frac{y - y_1}{x - x_1} = \frac{y_2 - y_1}{x_2 - x_1}$$

Punktrichtungsform

$$\frac{y - y_1}{x - x_1} = m$$

Achsenabschnittsform

$$\frac{x}{a} + \frac{y}{b} = 0$$

Implizite Form

$$\alpha x + \beta y + \gamma = 0$$

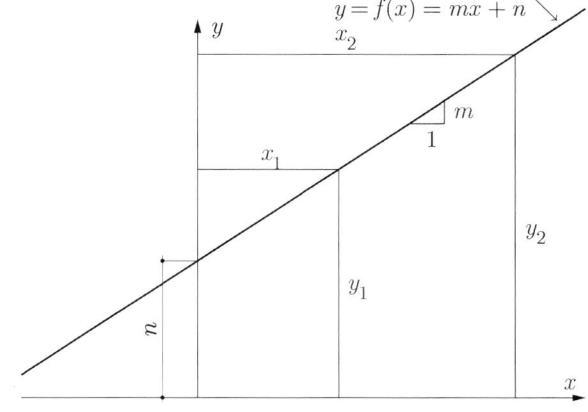

Abb. 1.28 Geradengleichung

Umrechnung der Parameter

$$m = -\frac{b}{a} \quad n = b \quad a = -\frac{n}{m}$$

Schnittpunkt und Schnittwinkel zweier Geraden

$$x_0 = \frac{n_2 - n_1}{m_1 - m_2}$$

$$y_0 = \frac{n_2 m_1 - n_1 m_2}{m_1 - m_2}$$

$$\tan \delta = \tan(\alpha_1 - \alpha_2) = \frac{m_1 - m_2}{1 + m_1 m_2} \quad m_1 m_2 \neq -1$$

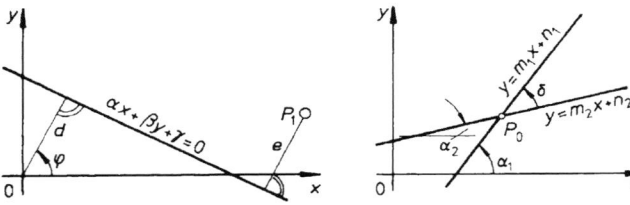

Abb. 1.29 Geraden: Schnittpunkt und Schnittwinkel

1.6.4 Kegelschnitte

Allgemeines

Algebraische Gleichungen zweiten Grades vom Typ

$$a x^2 + b y^2 + c x + d y + e = 0$$

werden als Kegelschnitte bezeichnet, wobei zwischen Kreis, Ellipse, Hyperbel und Parabel unterschieden wird. Da in obiger Gleichung ein gemischter Term xy fehlt, gilt diese nur für Kegelschnitte mit achsenparallelen Symmetrieachsen, d. h. die Hauptachsen der Kurven fallen mit den Koordinatenachsen zusammen. Kegelschnitte, die gegenüber den Koordinatenachsen gedreht sind, können stets auf Hauptachsen transformiert werden. Die Koeffizienten der Gleichung geben die Art des Kegelschnittes an.

Kreis: $A = B$

Ellipse: $AB > 0 \quad A \neq B$

Hyperbel: $AB < 0$

Parabel: $A = 0 \quad B \neq 0 \quad$ oder $\quad B = 0 \quad A \neq 0$

Kreis

$$(x - x_0)^2 + (y - y_0)^2 = r^2 \quad M = (x_0; y_0)$$

$$y = y_0 \pm \sqrt{r^2 - (x - x_0)^2} \quad x_0 - r \leq x \leq x_0 + r$$

In Polarkoordinaten/Parameterform

$$x = r \cos \varphi \quad y = r \sin \varphi \quad 0 \leq \varphi \leq 2\pi$$

Ellipse

$$\frac{(x - x_0)^2}{a^2} + \frac{(y - y_0)^2}{b^2} = 1 \quad M = (x_0; y_0)$$

$$y = y_0 \pm \frac{b}{a} \sqrt{a^2 - (x - x_0)^2} \quad x_0 - a \leq x \leq x_0 + a$$

In Parameterform

$$x = a \cos \varphi \quad y = b \sin \varphi \quad 0 \leq \varphi \leq 2\pi$$

Hyperbel

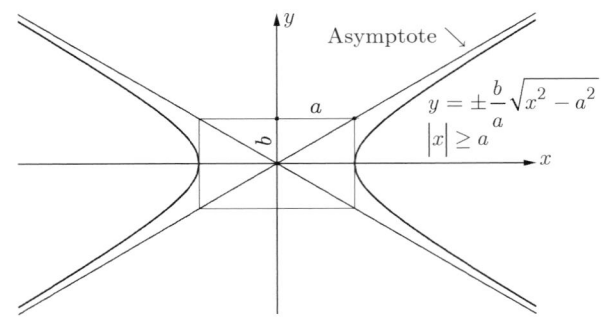

Abb. 1.30 Hyperbel mit Mittelpunkt im Ursprung

$$\frac{(x - x_0)^2}{a^2} - \frac{(y - y_0)^2}{b^2} = 1 \quad M = (x_0; y_0)$$

$$y = y_0 \pm \frac{b}{a} \sqrt{(x - x_0)^2 - a^2} \quad |x - x_0| \geq a$$

Asymptoten:

$$y = y_0 \pm \frac{b}{a}(x - x_0)$$

Parabel

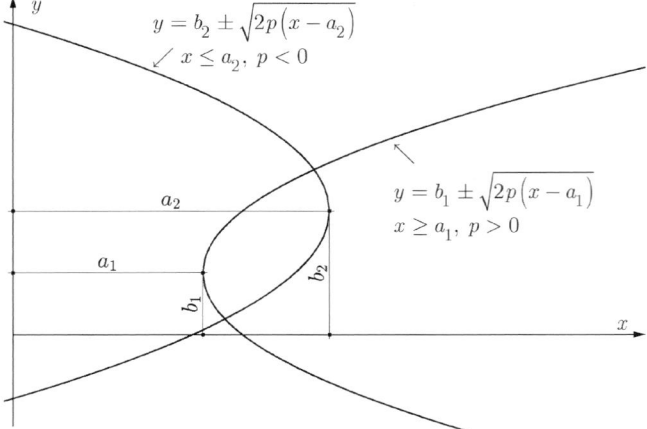

Abb. 1.31 Nach links und nach rechts geöffnete Parabeln

1.7 Differentialrechnung

1.7.1 Grundlagen

Differenzenquotient

$$\frac{\Delta y}{\Delta x} = \frac{y - y_0}{x - x_0}$$

Die Funktion $y = f(x)$ ist in x_0 differenzierbar, wenn der Grenzwert

$$\lim_{\Delta x \to 0} \frac{\Delta y}{\Delta x} = \frac{f(x_0 + \Delta x) - f(x_0)}{\Delta x}$$

existiert. Man bezeichnet diesen als erste Ableitung von $f(x)$ an der Stelle x_0

$$\lim_{\Delta x \to 0} \frac{\Delta y}{\Delta x} = y'(x_0) = f'(x_0) = \frac{\mathrm{d}y}{\mathrm{d}x}\Big|_{x=x_0}$$

Höhere Ableitungen

$$y'(x) = \frac{\mathrm{d}y}{\mathrm{d}x} \quad y''(x) = \frac{\mathrm{d}^2 y}{\mathrm{d}x^2} \quad y'''(x) = \frac{\mathrm{d}^3 y}{\mathrm{d}x^3}$$

Mittelwertsatz

$$\frac{f(b) - f(a)}{b - a} = f'(x_m) \quad x_m \text{ aus } (a, b)$$

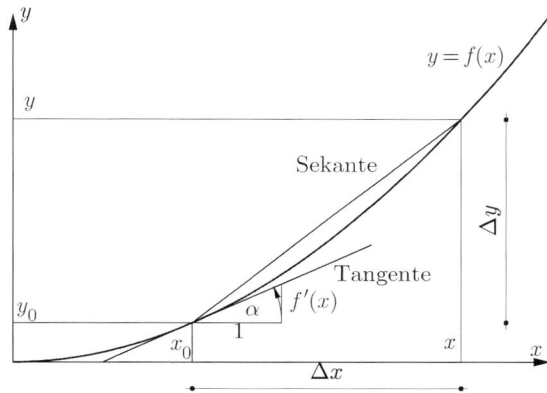

Abb. 1.32 Geometrie der Differentialrechnung

1.7.2 Rechenregeln

Konstante

$$y = c \quad y' = 0$$

Konstanter Faktor

$$y = cf \quad y' = cf'$$

Produktregel

$$y = f_1 f_2 \quad y' = f_1' f_2 + f_1 f_2'$$

Quotientenregel

$$y = \frac{f_1}{f_2} \quad y' = \frac{f_1' f_2 - f_1 f_2'}{f_2^2}$$

Kettenregel

Sind u und v differenzierbare Funktionen, dann ist die Funktion $f(x) = u[v(x)]$ differenzierbar, und es gilt

$$f'(x) = u'[v(x)] \cdot v'(x)$$

oder mit $y = u(z)$ und $z = v(x)$

$$\frac{\mathrm{d}y}{\mathrm{d}x} = \frac{\mathrm{d}y}{\mathrm{d}z} \cdot \frac{\mathrm{d}z}{\mathrm{d}x}$$

Beispiel

$$y(x) = \cos(x^2) \quad y'(x) = -\sin(x^2) \cdot 2x \quad \blacktriangleleft$$

Implizit gegebene Funktion

Die Ableitung einer implizit gegebenen Funktion nach der Variablen x kann durch termweise Ableitung der Funktionsgleichung nach x gewonnen werden. Da die Variable y von x abhängt, ist jeder Term, der die abhängige Variable y enthält, nach der Kettenregel abzuleiten.

Beispiel

Gesucht: Ableitung der impliziten Funktion $x^3 + y^3 = 6xy$ an der Stelle $x_0 = 3; y_0 = 3$

$$x^3 + y^3 = 6xy$$

$$\frac{\mathrm{d}}{\mathrm{d}x}\left(x^3 + y^3\right) = \frac{\mathrm{d}}{\mathrm{d}x}(6xy)$$

$$\frac{\mathrm{d}}{\mathrm{d}x}\left(x^3\right) + \frac{\mathrm{d}}{\mathrm{d}y}y^3 \frac{\mathrm{d}y}{\mathrm{d}x} = \frac{\mathrm{d}}{\mathrm{d}x}(6x)y + 6x\frac{\mathrm{d}}{\mathrm{d}y}(y)\frac{\mathrm{d}y}{\mathrm{d}x}$$

$$3x^2 + 3y^2 \cdot y' = 6y + 6x \cdot 1 \cdot y'$$

$$y' = \frac{2y - x^2}{y^2 - 2x}$$

$$y' = \frac{2 \cdot 3 - 3^2}{3^2 - 2 \cdot 3} = -1 \quad \blacktriangleleft$$

Ableitung der Umkehrfunktion

$$y = f(x) \quad x = g(y) \quad g'(y) = \frac{1}{f'(x)} \quad f'(x) \neq 0$$

Logarithmische Differentiation

$$y = f_1(x)^{f_2(x)} \quad f_1(x) > 0$$

$$y' = f_1(x)^{f_2(x)}\left[\frac{f_1'(x)}{f_1(x)} f_2(x) + f_2'(x) \ln f_1(x)\right]$$

Beispiel

$$\left(x^{\sin x}\right)' = x^{\sin x}\left(\frac{\sin x}{x} + \cos x \ln x\right) \quad \blacktriangleleft$$

1.7.3 Ableitungen elementarer Funktionen

$$(x^n)' = n x^{n-1}$$

$$(e^x)' = e^x$$

$$(a^x)' = a^x \cdot \ln a \quad a > 0$$

$$(x^x)' = x^x(\ln x + 1)$$

$$(\ln x)' = \frac{1}{x}$$

$$(\log_a x)' = \frac{1}{x \ln a} \quad a > 0$$

$$(\sin x)' = \cos x$$

$$(\cos x)' = -\sin x$$

$$(\tan x)' = 1 + \tan^2 x = \frac{1}{\cos^2 x}$$

$$(\cot x)' = 1 + \cos^2 x = -\frac{1}{\sin^2 x}$$

$$(\arcsin x)' = \frac{1}{\sqrt{1-x^2}} \quad |x| < 1$$

$$(\arccos x)' = -\frac{1}{\sqrt{1-x^2}} \quad |x| < 1$$

$$(\arctan x)' = \frac{1}{1+x^2}$$

$$(\text{arccot}\, x)' = -\frac{1}{1+x^2}$$

$$(\sinh x)' = \cosh x$$

$$(\cosh x)' = \sinh x$$

$$(\tanh x)' = 1 - \tanh^2 x = \frac{1}{\cosh^2 x}$$

$$(\coth x)' = 1 - \coth^2 x = -\frac{1}{\sinh^2 x}$$

$$(\text{arsinh}\, x)' = \frac{1}{\sqrt{x^2+1}}$$

$$(\text{arcosh}\, x)' = \frac{1}{\sqrt{x^2-1}} \quad |x| > 1$$

$$(\text{artanh}\, x)' = \frac{1}{1-x^2}$$

$$(\ln \sin x)' = \cot x$$

$$(\ln \cos x)' = -\tan x$$

$$(\ln \tan x)' = \frac{2}{\sin 2x}$$

$$(\ln \cot x)' = \frac{-2}{\sin 2x}$$

1.8 Integralrechnung

1.8.1 Bestimmtes Integral

$$\int_a^b f(x)\,\mathrm{d}x = \lim_{n \to \infty} \sum_{i=1}^{n} f(x_i)\Delta x_i$$

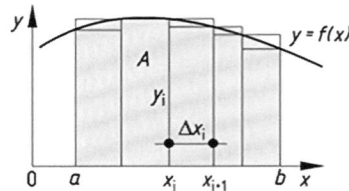

Abb. 1.33 Geometrie der Integralrechnung

Mittelwertsatz

$$\int_a^b f(x)\,\mathrm{d}x = (b-a)f(x_m)$$

Umkehrung des Integrationsweges

$$\int_a^b f(x)\,\mathrm{d}x = -\int_b^a f(x)\,\mathrm{d}x$$

Zerlegung des Integrationsweges

$$\int_a^b f(x)\,\mathrm{d}x = \int_a^c f(x)\,\mathrm{d}x + \int_c^b f(x)\,\mathrm{d}x$$

1.8.2 Unbestimmtes Integral

$$I(x) = \int_a^x f(u)\,\mathrm{d}u$$

Hauptsatz der Differential- und Integralrechnung

$$\frac{F(x)}{\mathrm{d}x} = f(x) \Leftrightarrow F(x) = \int f(x)\,\mathrm{d}x$$

Differenzieren und Integrieren sind inverse Rechenoperationen. Ist

$$F(x) = \int f(x)\,\mathrm{d}x$$

eine Stammfunktion von $f(x)$, so gilt

$$\int_a^b f(x)\,\mathrm{d}x = F(b) - F(a)$$

1.8.3 Rechenregeln der Integralrechnung

Konstanter Faktor

$$\int c f(x)\,dx = c \int f(x)\,dx$$

Integration einer Summe

$$\int [f_1(x) \pm f_2(x)]\,dx = \int f_1(x)\,dx \pm \int f_2(x)\,dx$$

Produktintegration (partielle Integration)

$$\int f_1(x) f_2'(x)\,dx = f_1(x) f_2(x) - \int f_1'(x) f_2(x)\,dx$$

Beispiel

$$\int x \cos x\,dx = x \sin x - \int 1 \cdot \sin x\,dx$$
$$= x \sin x - \cos x + c$$

mit $u(x) = x$ und $v'(x) = \sin x$ ◄

Integration durch Substitution

$$\int g[(f(t)] \cdot f'(t)\,dt = \int g(x)\,dx$$

mit $x = f(t)$ und $dx = f'(t)\,dt$.

Beispiel

$$\int 4x \cos x^2\,dx = 2 \sin x^2 + c$$

Der Integrand ist das Produkt aus der Ableitung der Funktion $f(x) = x^2$ (bis auf einen Faktor) und einer Funktion $g[f(x)] = \cos(x^2)$ dieser Funktion. Die Probe erfolgt mit der Kettenregel.

$$f(x) = 2 \sin x^2 \quad f'(x) = 2 \cos x^2 \cdot 2x = 4x \cos x^2 \quad ◄$$

1.8.4 Numerische Integration

Trapezregel

$$\int_a^b f(x)\,dx = \frac{b-a}{n}\left(\frac{1}{2}y_0 + y_1 + y_2 + \cdots + y_{n-1} + \frac{1}{2}y_n\right)$$

(n gleich breite Streifen)

Simpson-Regel (Beispiel hierzu s. Abschn. 1.9.6)

$$\int_a^b f(x)\,dx = \frac{b-a}{3n}\left(\begin{array}{l}y_0 + 4y_1 + 2y_2 + 4y_3 + \cdots + \\ +2y_{n-2} + 4y_{n-1} + y_n\end{array}\right)$$

(gerade Anzahl gleich breiter Streifen)

Gauß-Regel

Die Stützstellen werden durch Lösen eines nichtlinearen Gleichungssystems optimiert, damit Polynome beliebigen Grades exakt integriert werden. n Gauß-Punkte integrieren ein Polynom vom Grad $2n-1$ exakt. Die Stützstellen werden üblicherweise für Integrationsgrenzen -1 und 1 bestimmt und tabelliert. Zur Berücksichtigung allgemeiner Grenzen erfolgt eine Koordinatentransformation. Die Gauß-Regel ist das übliche Verfahren zur Berechnung von Elementmatrizen im Rahmen der Finite-Elemente-Methode.

$$\int_{-1}^{1} f(x)\,dx = \sum_{i=1}^{n} f(x_i) w_i$$

Gleichungssystem für zwei Gauß-Punkte

$$\int_{-1}^{1} 1\,dx = 2 \quad \rightarrow \quad w_1 + w_2 = 2$$
$$\int_{-1}^{1} x\,dx = 0 \quad \rightarrow \quad x_1 w_1 + x_2 w_2 = 0$$
$$\int_{-1}^{1} x^2\,dx = \frac{2}{3} \quad \rightarrow \quad x_1^2 w_1 + x_2^2 w_2 = \frac{2}{3}$$
$$\int_{-1}^{1} x^3\,dx = 0 \quad \rightarrow \quad x_1^3 w_1 + x_2^3 w_2 = 0$$

Gleichungssystem für drei Gauß-Punkte

$$\int_{-1}^{1} 1\,dx = 2 \quad \rightarrow \quad w_1 + w_2 + w_3 = 2$$
$$\int_{-1}^{1} x\,dx = 0 \quad \rightarrow \quad x_1 w_1 + x_2 w_2 + x_3 w_3 = 0$$
$$\int_{-1}^{1} x^2\,dx = \frac{2}{3} \quad \rightarrow \quad x_1^2 w_1 + x_2^2 w_2 + x_3^2 w_3 = \frac{2}{3}$$
$$\int_{-1}^{1} x^3\,dx = 0 \quad \rightarrow \quad x_1^3 w_1 + x_2^3 w_2 + x_3^3 w_3 = 0$$
$$\int_{-1}^{1} x^4\,dx = \frac{2}{5} \quad \rightarrow \quad x_1^4 w_1 + x_2^4 w_2 + x_3^4 w_3 = \frac{2}{5}$$
$$\int_{-1}^{1} x^5\,dx = 0 \quad \rightarrow \quad x_1^5 w_1 + x_2^5 w_2 + x_3^5 w_3 = 0$$

Tafel 1.7 Stützstellen und Gewichte der Gauß-Integration

n	Stützstellen x	Gewichte w
2	$-\sqrt{\dfrac{1}{3}}$	1
	$\sqrt{\dfrac{1}{3}}$	1
3	$-\sqrt{\dfrac{3}{5}}$	$\dfrac{5}{9}$
	0	$\dfrac{8}{9}$
	$\sqrt{\dfrac{3}{5}}$	$\dfrac{5}{9}$
4	$-\sqrt{\dfrac{3}{7}+\dfrac{2}{7}\sqrt{\dfrac{6}{5}}}$	$\dfrac{18-\sqrt{30}}{36}$
	$-\sqrt{\dfrac{3}{7}-\dfrac{2}{7}\sqrt{\dfrac{6}{5}}}$	$\dfrac{18+\sqrt{30}}{36}$
	$\sqrt{\dfrac{3}{7}-\dfrac{2}{7}\sqrt{\dfrac{6}{5}}}$	$\dfrac{18+\sqrt{30}}{36}$
	$\sqrt{\dfrac{3}{7}+\dfrac{2}{7}\sqrt{\dfrac{6}{5}}}$	$\dfrac{18-\sqrt{30}}{36}$
5	$-\dfrac{1}{3}\sqrt{5+2\sqrt{\dfrac{10}{7}}}$	$\dfrac{322-13\sqrt{70}}{900}$
	$-\dfrac{1}{3}\sqrt{5-2\sqrt{\dfrac{10}{7}}}$	$\dfrac{322+13\sqrt{70}}{900}$
	0	$\dfrac{128}{225}$
	$\dfrac{1}{3}\sqrt{5-2\sqrt{\dfrac{10}{7}}}$	$\dfrac{322+13\sqrt{70}}{900}$
	$\dfrac{1}{3}\sqrt{5+2\sqrt{\dfrac{10}{7}}}$	$\dfrac{322-13\sqrt{70}}{900}$

Beispiel

Gesucht: Näherungswert für das Integral

$$\int_0^3 e^{x^2}\,\mathrm{d}x$$

mit vier Gauß-Stützstellen.

$$x(x^*=-1)=0 \qquad\qquad x(x^*=1)=3$$
$$\rightarrow x = 1{,}5x^* + 1{,}5 \qquad\qquad \mathrm{d}x = 1{,}5\,\mathrm{d}x^*$$

	x^*	w	x	$e^{x^2}\cdot w\cdot 1{,}5$
1	$-0{,}8611363$	$0{,}3478548$	$0{,}208295$	$0{,}545$
2	$-0{,}3399810$	$0{,}6521451$	$0{,}990028$	$2{,}607$
3	$0{,}3399810$	$0{,}6521451$	$2{,}009971$	$55{,}588$
4	$0{,}8611363$	$0{,}3478548$	$2{,}791704$	$1265{,}356$
				$1324{,}096$

Ein auf fünf signifikante Stellen genauer Wert des Integrals (mittels Reihenentwicklung erhalten) ist $I = 1444{,}5$. Für einen genaueren Wert mittels Gauß-Verfahren müssten mehr Stützstellen hinzugenommen werden. ◄

1.8.5 Grundintegrale (ohne Integrationskonstanten)

$$\int x^m\,\mathrm{d}x = \frac{x^{m+1}}{m+1} \quad m\neq -1$$

$$\int \frac{1}{1+x^2}\,\mathrm{d}x = \arctan x$$

$$\int \frac{1}{x}\,\mathrm{d}x = \ln x \quad x>0$$

$$\int e^x\,\mathrm{d}x = e^x$$

$$\int \frac{1}{\sqrt{1-x^2}}\,\mathrm{d}x = \arcsin x \quad |x|<1$$

$$\int a^x\,\mathrm{d}x = \frac{a^x}{\ln a} \quad a\neq 1,\ a>0$$

$$\int \sin x\,\mathrm{d}x = -\cos x$$

$$\int \cos x\,\mathrm{d}x = \sin x$$

$$\int \sinh x\,\mathrm{d}x = \cosh x$$

$$\int \cosh x\,\mathrm{d}x = \sinh x$$

$$\int \frac{1}{\sqrt{x^2+1}}\,\mathrm{d}x = \ln(x+\sqrt{x^2+1}) = \operatorname{arsinh} x$$

$$\int \frac{1}{\sqrt{x^2-1}}\,\mathrm{d}x = \ln(x+\sqrt{x^2-1}) = \operatorname{arcosh} x$$

$$\int \frac{1}{1-x^2}\,\mathrm{d}x = \frac{1}{2}\ln\left|\frac{1+x}{1-x}\right| = \operatorname{artanh} x$$

1.8.6 Integrationsformeln (ohne Integrationskonstanten)

Rationale Integranden

$$\int (ax+b)^n\,\mathrm{d}x = \frac{(ax+b)^{n+1}}{a(n+1)} \quad \text{für } n\neq -1$$

$$\int \frac{1}{ax+b}\,\mathrm{d}x = \frac{1}{a}\ln|ax+b|$$

$$\int \frac{1}{(ax+b)^2}\,\mathrm{d}x = -\frac{1}{a(ax+b)}$$

$$\int \frac{1}{ax^2+b}\,\mathrm{d}x = \frac{1}{\sqrt{ab}}\arctan\left(\sqrt{\frac{a}{b}}\,x\right) \quad ab>0$$

$$\int \frac{1}{ax^2-b}\,\mathrm{d}x = \frac{1}{\sqrt{ab}}\ln\left|\frac{\sqrt{ab}-ax}{\sqrt{ab}+ax}\right| \quad ab>0$$

Im Weiteren sei $D = ac - b^2$

$$\int \frac{1}{ax^2 + 2bx + c}\, dx = \begin{cases} \frac{1}{\sqrt{D}} \arctan \frac{ax+b}{\sqrt{D}} & D > 0 \\ \frac{1}{2\sqrt{-D}} \ln \left| \frac{\sqrt{-D} - b - ax}{\sqrt{-D} + b + ax} \right| & D < 0 \\ -\frac{1}{ax+b} & D = 0 \end{cases}$$

$$\int \frac{\alpha x + \beta}{ax^2 + 2bx + c}\, dx = \frac{\alpha}{2a} \ln |ax^2 + 2bx + c|$$
$$+ \frac{\beta a - \alpha b}{a} \int \frac{1}{ax^2 + bx + c}\, dx$$

$$\int \frac{1}{(ax^2 + 2bx + c)^n}\, dx = \frac{1}{2D(n-1)} \frac{ax+b}{(ax^2 + 2bx + c)^{n-1}}$$
$$+ \frac{(2n-3)a}{2D(n-1)} \int \frac{dx}{(ax^2 + 2bx + c)^{n-1}}$$

$$\int \frac{\alpha x + \beta}{(ax^2 + 2bx + c)^n}\, dx = \frac{-\alpha}{2a(n-1)} \frac{1}{(ax^2 + 2bx + c)^{n-1}}$$
$$+ \frac{\beta a - \alpha b}{a} \frac{dx}{(ax^2 + 2bx + c)^n}$$

Irrationale Integranden

$$\int \sqrt{ax + b}\, dx = \frac{2}{3a}(ax + b)^{3/2}$$

$$\int \frac{1}{\sqrt{ax + b}}\, dx = \frac{2}{a}\sqrt{ax + b}$$

$$\int \sqrt{x^2 + a^2}\, dx = \frac{x}{2}\sqrt{x^2 + a^2} + \frac{a^2}{2}\ln(x + \sqrt{x^2 + a^2})$$

$$\int x^2 \sqrt{x^2 + a^2}\, dx = \frac{1}{3}(x^2 + a^2)^{3/2}$$

$$\int \frac{\sqrt{x^2 + a^2}}{x}\, dx = \sqrt{x^2 + a^2} - a \ln \frac{a + \sqrt{x^2 + a^2}}{x}$$

$$\int x^2 \sqrt{x^2 + a^2}\, dx = \frac{x}{4}(x^2 + a^2)^{3/2}$$
$$- \frac{a^2}{8}\left[x\sqrt{x^2 + a^2} + a^2 \ln(x + \sqrt{x^2 + a^2}) \right]$$

$$\int \frac{1}{\sqrt{x^2 + a^2}}\, dx = \ln(x + \sqrt{x^2 + a^2})$$

$$\int \frac{x}{\sqrt{x^2 + a^2}}\, dx = \sqrt{x^2 + a^2}$$

$$\int \frac{x^2}{\sqrt{x^2 + a^2}}\, dx = \frac{x}{2}\sqrt{x^2 + a^2} - \frac{a^2}{2}\ln(x + \sqrt{x^2 + a^2})$$

$$\int \frac{1}{x\sqrt{x^2 + a^2}}\, dx = -\frac{1}{a}\ln \frac{a + \sqrt{x^2 + a^2}}{x}$$

$$\int \frac{1}{x^2\sqrt{x^2 + a^2}}\, dx = -\frac{\sqrt{x^2 + a^2}}{a^2 x}$$

$$\int \sqrt{a^2 - x^2}\, dx = \frac{x}{2}\sqrt{a^2 - x^2} + \frac{a^2}{2}\arcsin \frac{x}{a}$$

$$\int x\sqrt{a^2 - x^2}\, dx = -\frac{1}{3}(a^2 - x^2)^{3/2}$$

$$\int x^2\sqrt{a^2 - x^2}\, dx = -\frac{x}{4}(a^2 - x^2)^{3/2}$$
$$+ \frac{a^2}{8}\left(x\sqrt{a^2 - x^2} + a^2 \arcsin \frac{x}{a} \right)$$

$$\int \frac{1}{\sqrt{a^2 - x^2}}\, dx = \arcsin \frac{x}{a}$$

$$\int \frac{x}{\sqrt{a^2 - x^2}}\, dx = -\sqrt{a^2 - x^2}$$

$$\int \sqrt{x^2 - a^2}\, dx = \frac{x}{2}\sqrt{x^2 - a^2} - \frac{a^2}{2}\ln(x + \sqrt{x^2 - a^2})$$

$$\int x\sqrt{x^2 - a^2}\, dx = \frac{1}{3}(x^2 - a^2)^{3/2}$$

$$\int \frac{\sqrt{x^2 - a^2}}{x}\, dx = \sqrt{x^2 - a^2} - a \arccos \frac{a}{x}$$

$$\int \frac{1}{\sqrt{x^2 - a^2}}\, dx = \ln(x + \sqrt{x^2 - a^2})$$

$$\int \frac{x}{\sqrt{x^2 - a^2}}\, dx = \sqrt{x^2 - a^2}$$

Transzendente Integranden

$$\int \ln x\, dx = x \ln x - x$$

$$\int (\ln x)^n\, dx = \int u^n e^u\, du \quad \text{mit } u = \ln x$$

$$\int x^n \ln x\, dx = \frac{x^{n+1}}{n+1} \ln x - \frac{x^{n+1}}{(n+1)^2} \quad \text{für } n \neq -1$$

$$\int \frac{\ln x}{x}\, dx = \frac{1}{2}(\ln x)^2$$

$$\int \frac{1}{x \ln x}\, dx = \ln |\ln x|$$

$$\int \tan x\, dx = -\ln |\cos x|$$

$$\int \cot x\, dx = \ln |\sin x|$$

$$\int \sin^2 x\, dx = -\frac{1}{4}\sin 2x + \frac{x}{2}$$

$$\int \cos^2 x\, dx = \frac{1}{4}\sin 2x + \frac{x}{2}$$

$$\int \tan^2 x\, dx = \tan x - x$$

$$\int \sin^n x\, dx = -\frac{\sin^{n-1} x \cos x}{n} + \frac{n-1}{n} \int \sin^{n-2} x\, dx$$

$$\int \cos^n x\, dx = -\frac{\cos^{n-1} x \sin x}{n} + \frac{n-1}{n} \int \cos^{n-2} x\, dx$$

$$\int \sin(ax+b)\,\mathrm{d}x = -\frac{1}{a}\cos(ax+b)$$

$$\int \cos(ax+b)\,\mathrm{d}x = \frac{1}{a}\sin(ax+b)$$

$$\int \sin ax \cos bx\,\mathrm{d}x = -\frac{\cos(a+b)x}{2(a+b)} - \frac{\cos(a-b)x}{2(a-b)} \ (a^2 \neq b^2)$$

$$\int \cos ax \cos bx\,\mathrm{d}x = -\frac{\sin(a-b)x}{2(a-b)} + \frac{\sin(a+b)x}{2(a+b)} \ (a^2 \neq b^2)$$

$$\int \sin ax \sin bx\,\mathrm{d}x = -\frac{\sin(a-b)x}{2(a-b)} - \frac{\sin(a+b)x}{2(a+b)} \ (a^2 \neq b^2)$$

$$\int \frac{1}{\sin x}\,\mathrm{d}x = \ln\left|\tan\frac{x}{2}\right|$$

$$\int \frac{1}{1+\cos x}\,\mathrm{d}x = \tan\frac{x}{2}$$

$$\int \frac{1}{\cos x}\,\mathrm{d}x = \ln\left|\tan\left(\frac{x}{2}+\frac{\pi}{4}\right)\right|$$

$$\int \frac{1}{1-\cos x}\,\mathrm{d}x = -\cot\frac{x}{2}$$

$$\int \sin x \cos x\,\mathrm{d}x = \frac{1}{2}\sin^2 x$$

$$\int \frac{1}{\sin x \cos x}\,\mathrm{d}x = \ln|\tan x|$$

$$\int x^n \sin x\,\mathrm{d}x = -x^n \cos x + n\int x^{n-1}\cos x\,\mathrm{d}x$$

$$\int x^n \cos x\,\mathrm{d}x = x^n \sin x - n\int x^{n-1}\sin x\,\mathrm{d}x$$

$$\int e^{ax}\cos bx\,\mathrm{d}x = \frac{e^{ax}}{a^2+b^2}(a\cos bx + b\sin bx)$$

$$\int e^{ax}\sin bx\,\mathrm{d}x = \frac{e^{ax}}{a^2+b^2}(a\sin bx - b\cos bx)$$

$$\int e^{ax}\cos^2 bx\,\mathrm{d}x = \frac{e^{ax}}{2a} + \frac{e^{ax}}{a^2+4b^2}\left(\frac{a}{2}\cos 2bx + b\sin 2bx\right)$$

$$\int e^{ax}\sin^2 bx\,\mathrm{d}x = \frac{e^{ax}}{2a} - \frac{e^{ax}}{a^2+4b^2}\left(\frac{a}{2}\cos 2bx + b\sin 2bx\right)$$

$$\int \arcsin x\,\mathrm{d}x = x\arcsin x + \sqrt{1-x^2}$$

$$\int \arccos x\,\mathrm{d}x = x\arccos x - \sqrt{1-x^2}$$

$$\int \arctan x\,\mathrm{d}x = x\arctan x - \frac{1}{2}\ln(1+x^2)$$

$$\int \mathrm{arccot}\,x\,\mathrm{d}x = x\,\mathrm{arccot}\,x + \frac{1}{2}\ln(1+x^2)$$

$$\int \mathrm{arsinh}\,x\,\mathrm{d}x = x\,\mathrm{arsinh}\,x - \sqrt{1+x^2}$$

$$\int \mathrm{arcosh}\,x\,\mathrm{d}x = x\,\mathrm{arcosh}\,x - \sqrt{x^2-1}$$

$$\int \mathrm{artanh}\,x\,\mathrm{d}x = x\,\mathrm{artanh}\,x + \frac{1}{2}\ln(1-x^2)$$

$$\int \mathrm{arcoth}\,x\,\mathrm{d}x = x\,\mathrm{arcoth}\,x + \frac{1}{2}\ln(x^2-1)$$

1.9 Anwendung der Differential- und Integralrechnung

1.9.1 Tangente und Normale der Kurve einer Funktion

Tangente im Punkt $(x_1; y_1)$

$$y = y_1 + f'(x_1)\cdot(x - x_1)$$

Normale im Punkt $(x_1; y_1)$

$$y = y_1 - \frac{x - x_1}{f'(x_1)}$$

1.9.2 Eigenschaften der Kurven von Funktionen

Maximum

$$y' = 0 \quad \text{und} \quad y'' < 0$$

Minimum

$$y' = 0 \quad \text{und} \quad y'' > 0$$

Rechtskrümmung

$$y'' < 0$$

Linkskrümmung

$$y'' > 0$$

Wendepunkt

$$y'' \ \text{ändert das Vorzeichen}$$

Beispiel

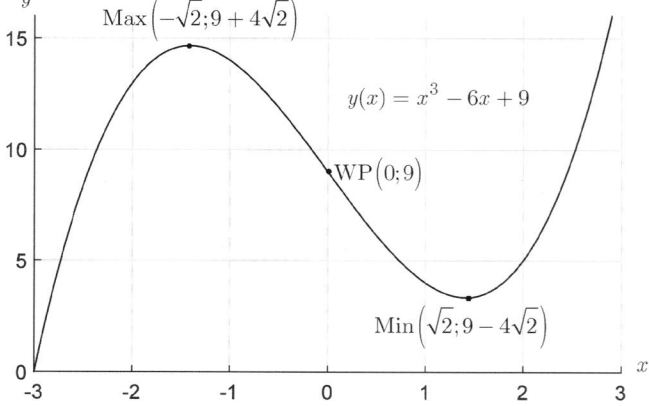

Abb. 1.34 Funktion, Extremwerte und Wendepunkt

Gesucht: Extremwerte und Wendepunkte der Funktion

$$y = x^3 - 6x + 9$$

Ableitungen

$$y' = 3x^2 - 6 \quad y'' = 6x \quad y''' = 6$$

Extremwerte

$$
\begin{aligned}
y' = 0 &\quad \rightarrow 3x^2 - 6 = 0 \rightarrow x = \pm\sqrt{2} \\
y''(-\sqrt{2}) = -6\sqrt{2} < 0 &\quad \rightarrow \text{Maximum in } (-\sqrt{2}; 9 + 4\sqrt{2}) \\
y''(\sqrt{2}) = 6\sqrt{2} > 0 &\quad \rightarrow \text{Minimum in } (\sqrt{2}; 9 - 4\sqrt{2}) \\
y'' = 0 \rightarrow 6x = 0 \rightarrow x = 0 & \\
y''' = 6 \neq 0 &\quad \rightarrow \text{Wendepunkt in } (0; 9) \quad \blacktriangleleft
\end{aligned}
$$

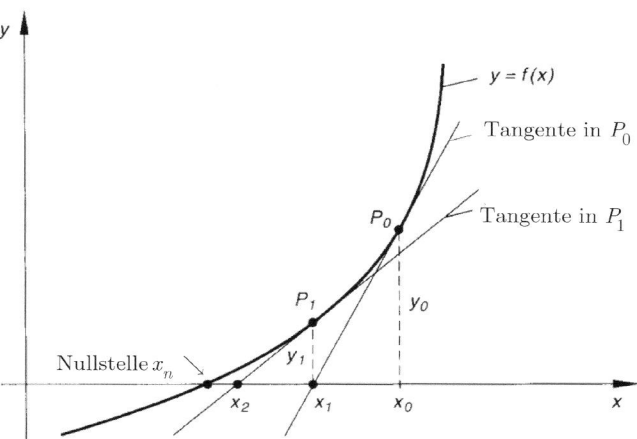

Abb. 1.36 Lösung einer nichtlinearen Gleichung

Beispiel

Gesucht: Form, damit Rinne aus vier gleich breiten Blechstreifen möglichst viel Wasser fasst.

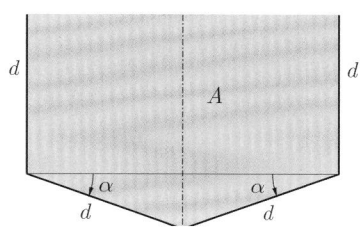

Abb. 1.35 Rinne aus vier gleich breiten Blechstreifen

$$
\begin{aligned}
A &= d \cdot 2d \cos\alpha + d \sin\alpha \cdot d \cos\alpha \\
&= d^2 (2\cos\alpha + \sin\alpha \cos\alpha) \\
A' &= d^2 (-2\sin\alpha - \sin\alpha \cos\alpha + \cos\alpha \cos\alpha) \\
&= d^2 (\sin^2\alpha - \cos^2\alpha + 2\sin\alpha) \\
A' &= 0 \rightarrow \sin^2\alpha - (1 - \sin^2\alpha) + 2\sin\alpha = 0 \\
0 &= 2\sin^2\alpha + 2\sin\alpha - 1 \\
\sin\alpha &= -\frac{1}{2} \pm \sqrt{\frac{1}{4} + \frac{1}{2}} = \frac{-1 \pm \sqrt{3}}{2} \\
\alpha &= 21{,}47° \\
\max A &= d^2 \cdot 2{,}202 > d^2 \text{ (Rechteck)} \quad \blacktriangleleft
\end{aligned}
$$

Beispiel

Gesucht ist die Lösung der Gleichung $\cos x = x$ bzw. die Nullstelle von $f(x) = x - \cos x$

i	x_i	$f(x_i)$	$f'(x_i)$	Δx_{i+1}	x_{i+1}	$\left\lvert \dfrac{x_{i+1} - x_i}{x_{i+1}} \right\rvert$
0	0,000	−1,000	1,000	1,000	1,000	1,000
1	1,000	0,460	1,841	−0,250	0,750	0,333
2	0,750	0,019	1,682	−0,011	0,739	0,015
3	0,739	0,000	1,673	0,000	0,739	0,000

$\blacktriangleleft$

1.9.4 Krümmung, Krümmungsradius, Krümmungskreis

Krümmung

$$
\kappa = \lim_{\Delta s \to 0} \frac{\Delta\alpha}{\Delta s} = \frac{d\alpha}{ds}
$$

$$
= \frac{y''}{(1 + y'^2)^{3/2}}
\begin{cases}
> 0 & \text{Linkskrümmung} \\
= 0 & \text{möglicher Wendepunkt} \\
< 0 & \text{Rechtskrümmung}
\end{cases}
$$

Krümmungsradius

$$
\rho = \frac{1}{\kappa} = \frac{(1 + y'^2)^{3/2}}{y''}
\begin{cases}
> 0 & \text{Linkskrümmung} \\
< 0 & \text{Rechtskrümmung}
\end{cases}
$$

Krümmungsmittelpunkt

$$
x_M = x - y' \frac{1 + y'^2}{y''} \quad y_M = y + \frac{1 + y'^2}{y''}
$$

1.9.3 Lösung nichtlinearer Gleichungen mit dem Newton-Verfahren

$$
x_{i+1} = x_i + \Delta x_{i+1} \quad \Delta x_{i+1} = -\frac{f(x_i)}{f'(x_i)}
$$

mit Anfangswert x_0

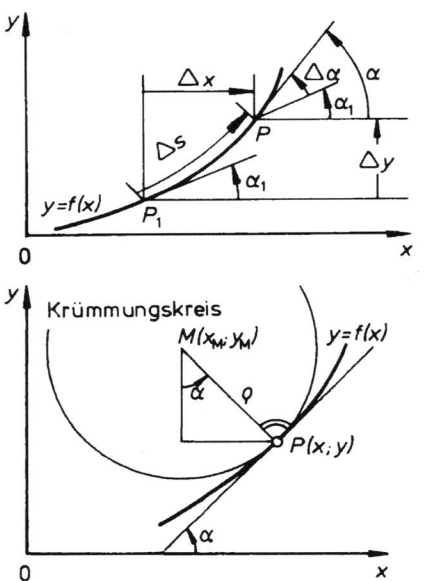

Abb. 1.37 Krümmung, Krümmungsradius und Krümmungskreis

Beispiel

Die Krümmung $\kappa(x)$ der Biegelinie $w(x)$ ist proportional zum Schnittbiegemoment $M(x)$ und umgekehrt proportional zur Biegesteifigkeit $EI(x)$ ($E =$ Elastizitätsmodul, $I(x) =$ auf die y-Achse bezogenes Flächenmoment zweiten Grades des Trägerquerschnitts).

$$\kappa(x) = \frac{1}{\rho(x)} = \frac{w''}{(1 + w'^2)^{3/2}} = -\frac{M(x)}{EI(x)}$$

(nichtlinearisierte Differentialgleichung der Biegelinie) ◄

1.9.5 Unbestimmte Ausdrücke

$$\lim_{x \to a} \frac{f(x)}{g(x)} = \lim_{x \to a} \frac{f'(x)}{g'(x)} \quad \text{Regel von l'Hospital}$$

Beispiel

$$\lim_{x \to 0} x^2 \ln x = \text{„}0 \cdot (-\infty)\text{“} = ?$$

Umformung auf einen Ausdruck ∞/∞

$$x^2 \ln x = \frac{\ln x}{1/x^2}$$

$$f(x) = \ln x \qquad f'(x) = 1/x$$

$$g(x) = 1/x^2 \qquad g'(x) = -2/x^3$$

$$\lim_{x \to 0} x^2 \ln x = \lim_{x \to 0} \frac{1/x}{-2/x^3} = \lim_{x \to 0}(-x^2/2) = 0 \quad \blacktriangleleft$$

1.9.6 Geometrische Größen

Fläche

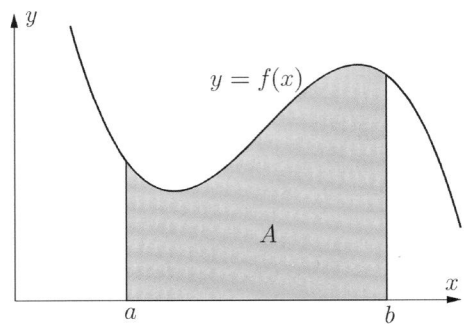

Abb. 1.38 Integral als Fläche

$$A = \int_A dA = \int_a^b f(x)\, dx$$

Bogenlänge

$$s = \int_s ds = \int_a^b \sqrt{1 + y'^2}\, dx$$

Beispiel

Gesucht Länge der Parabel $y = x^2$ zwischen den Punkten $x = 0$ und $x = 5$.

Es gilt:

$$\int \sqrt{x^2 + a^2}\, dx = \frac{x}{2}\sqrt{x^2 + a^2} + \frac{a^2}{2}\ln\left(x + \sqrt{x^2 + a^2}\right)$$

Daher

$$s = \int_0^5 \sqrt{1 + y'^2}\, dx = \int_0^5 \sqrt{1 + (2x)^2}\, dx$$

$$= 2 \int_0^5 \sqrt{\frac{1}{4} + x^2}\, dx$$

$$= 2\left[\frac{x}{2}\sqrt{\frac{1}{4} + x^2} + \frac{1}{8}\ln\left(x + \sqrt{\frac{1}{4} + x^2}\right)\right]_0^5$$

$$= 5\sqrt{\frac{1}{4} + 25} + \frac{1}{4}\ln\left(5 + \sqrt{\frac{1}{4} + 25}\right) - \frac{1}{4}\ln\frac{1}{2}$$

$$= 25{,}8742 \quad \blacktriangleleft$$

Volumen

$$V = \int\limits_V \mathrm{d}V$$

Beispiel

Fläche zwischen x-Achse und Funktion $y(x) = x^3 + x^2 + 1$ in den Grenzen $a = 5$ und $b = 8$.

$$A = \int\limits_5^8 \left(x^3 + x^2 + 1\right) \mathrm{d}x$$

$$= \frac{1}{4}x^4 + \frac{1}{3}x^3 + x \bigg|_5^8$$

$$= \frac{1}{4} \cdot 8^4 + \frac{1}{3} \cdot 8^3 + 8 - \frac{1}{4} \cdot 5^4 - \frac{1}{3} \cdot 5^3 - 5$$

$$= 999{,}75 \quad \blacktriangleleft$$

Beispiel

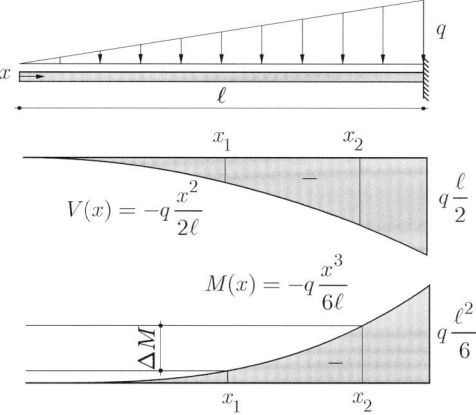

Abb. 1.39 Kragarm unter Dreieckslast

Vergleich des Inhalts der Querkraftfläche $A_{V,1-2}$ mit dem Momentenzuwachs ΔM_{1-2} auf der Länge $x_2 - x_1$.

$$\mathrm{d}A_V = V(x)\,\mathrm{d}x = -q\frac{x^2}{2\ell}\,\mathrm{d}x$$

$$A_V = \int\limits_{x_1}^{x_2} V(x)\,\mathrm{d}x$$

$$= -\frac{q}{2\ell} \int\limits_{x_1}^{x_2} x^2\,\mathrm{d}x = -\frac{q}{6\ell}(x_2^3 - x_1^3)$$

$$\Delta M = M(x_2) - M(x_1)$$

$$= -q\frac{x_2^3}{6\ell} + q\frac{x_1^3}{6\ell} = -\frac{q}{6\ell}(x_2^3 - x_1^3) \quad \blacktriangleleft$$

Beispiel

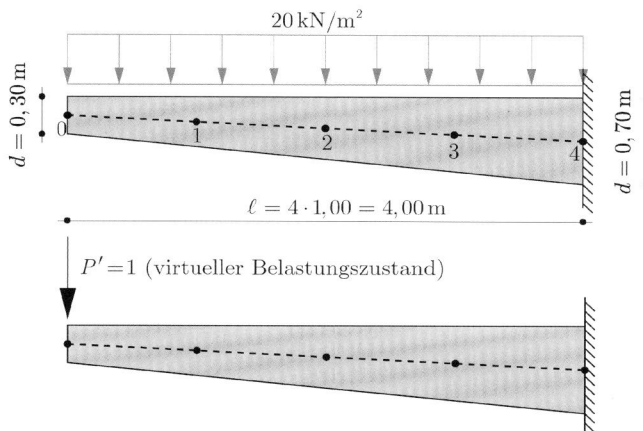

Abb. 1.40 Gevouteter Kragarm unter Gleichlast

Gesucht ist die Enddurchbiegung des Stahlbetonkragarms ($E = 30\,\text{GPa}$) mit linear veränderlicher Höhe und konstanter Breite $b = 0{,}30\,\text{m}$.

$$w = \int\limits_0^\ell \frac{1}{E\,I(x)} M(x) M'(x)\,\mathrm{d}x$$

$$E\,I_0 \cdot w = \int\limits_0^\ell M(x) M'(x) \frac{I_0}{I(x)}\,\mathrm{d}x$$

$$\frac{I_0}{I(x)} = \left(\frac{0{,}70}{d(x)}\right)^3$$

$$E\,I_0 = 30 \cdot 10^6 \cdot \frac{1}{12} \cdot 0{,}30 \cdot 0{,}70^3 = 257.250\,\text{kNm}^2$$

$$M(x) = -20 \cdot x^2/2 = -10x^2 \quad M'(x) = -x$$

Das Integral

$$\int\limits_0^\ell M(x) M'(x) \frac{I_0}{I}\,\mathrm{d}x$$

wird mit der Simpson-Regel bestimmt (s. Abschn. 1.8.4).

Pkt.	x	$d(x)$	$I_0/I(x)$	$M(x)$	$M'(x)$	k	$k(I_0/I)$ $M(x)M'(x)$
	m	m		kNm	m		kNm²
0	0,0	0,30	12,70	0	0	1	0
1	1,0	0,40	5,359	−10,0	−1,0	4	214,36
2	2,0	0,50	2,744	−40,0	−2,0	2	439,04
3	3,0	0,60	1,588	−90,0	−3,0	4	1715,04
4	4,0	0,70	1,000	−160,0	−4,0	1	640,00
							3008,4

$k =$ „Simpson-Faktoren".

$$w = \frac{1{,}0}{3} \cdot \frac{3008{,}4 \, \text{kNm}^3}{257.250 \, \text{kNm}^2} = 0{,}0039 \, \text{m} = 3{,}9 \, \text{mm}$$

Bemerkung: Schon eine grobe Einteilung liefert genügend genaue Werte, wie die folgenden Ergebnisse zeigen:

$$n = 2 \quad w = 3{,}934 \, \text{mm}$$
$$n = 4 \quad w = 3{,}898 \, \text{mm}$$
$$n = 6 \quad w = 3{,}901 \, \text{mm}$$
$$n = 8 \quad w = 3{,}902 \, \text{mm} \quad \blacktriangleleft$$

1.9.7 Differenzieren und Integrieren in Polarkoordinaten

$$r = f(\varphi)$$
$$x = r \cos(\varphi) \quad y = r \sin(\varphi)$$
$$r' = \frac{\mathrm{d}r}{\mathrm{d}\varphi} \quad r'' = \frac{\mathrm{d}r'}{\mathrm{d}\varphi}$$
$$y' = \frac{\dfrac{\mathrm{d}}{\mathrm{d}\varphi} r \sin\varphi}{\dfrac{\mathrm{d}}{\mathrm{d}\varphi} r \cos\varphi} = \frac{r' \sin\varphi + r \cos\varphi}{r' \cos\varphi - r \sin\varphi}$$
$$y'' = \frac{r^2 + 2r'^2 - r\,r''}{(r' \cos\varphi - r \sin\varphi)^3}$$

Krümmung

$$\kappa = \frac{y''}{(1 + y'^2)^{3/2}} = \frac{r^2 + 2r'^2 - r\,r''}{(r^2 + r'^2)^{3/2}}$$

Fläche

$$A = \int_{\varphi_1}^{\varphi_2} \int_{0}^{r(\varphi)} r \, \mathrm{d}r \, \mathrm{d}\varphi = \frac{1}{2} \int_{\varphi_1}^{\varphi_2} r^2(\varphi) \, \mathrm{d}\varphi$$

Bogenlänge

$$s = \int_{\varphi_1}^{\varphi_2} \sqrt{r^2 + r'^2}$$

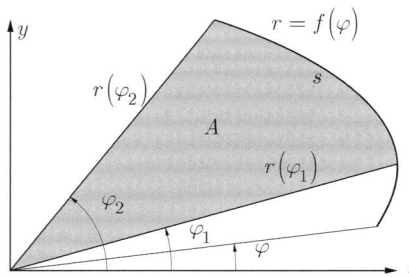

Abb. 1.41 Polarkoordinaten

Beispiel

$$r(\varphi) = \varphi \sin\varphi \quad 0 \le \varphi \le 2\pi$$

Gesucht: $y' = \mathrm{d}y/\mathrm{d}x$ an der Stelle $\varphi = \pi/4 = 45°$.

$$r(\pi/4) = \frac{\sqrt{2}}{8}\pi$$
$$r' = (\varphi \sin\varphi)' = \sin\varphi + \varphi \cos\varphi$$
$$r'(\pi/4) = \frac{\sqrt{2}}{2}\left(1 + \frac{\pi}{4}\right)$$
$$y' = \frac{r' \sin(\varphi) + r \cos(\varphi)}{r' \cos(\varphi) - r \sin(\varphi)}$$
$$y'(\pi/4) = \frac{\pi}{2} + 1$$
$$A = \frac{1}{2}\int_{\pi}^{2\pi} r^2(\varphi)\,\mathrm{d}\varphi - \frac{1}{2}\int_{0}^{\pi} r^2(\varphi)\,\mathrm{d}\varphi$$
$$F = \frac{1}{2}\int \varphi^2 \sin^2\varphi \, \mathrm{d}\varphi$$
$$= \frac{1}{16}\sin(2\varphi) - \frac{1}{8}\varphi \cos(2\varphi)$$
$$\quad - \frac{1}{8}\varphi^2 \sin(2\varphi) + \frac{1}{12}\varphi^3 + c$$
$$A = F(2\pi) - 2F(\pi) - F(0) = \frac{1}{2}\pi^3 \quad \blacktriangleleft$$

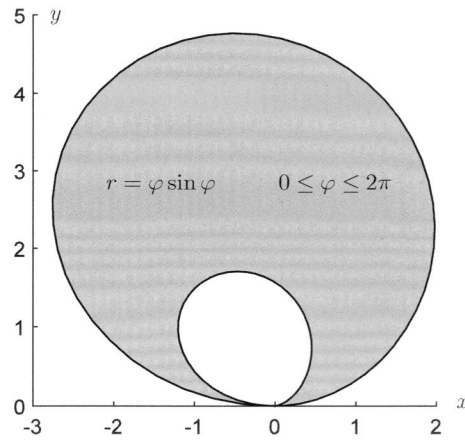

Abb. 1.42 Integration in Polarkoordinaten

Beispiel

$$r(\varphi) = \sin\varphi \quad 0 \le \varphi \le 2\pi$$

Die Funktion beschreibt einen Kreis mit Radius 0,5 um den Mittelpunkt $(0; 0{,}5)$.

$$r'(\varphi) = \cos\varphi \quad r''(\varphi) = -\sin\varphi$$

$$\kappa = \frac{r^2 + 2r'^2 - rr''}{(r^2 + r'^2)^{3/2}}$$

$$= \frac{\sin^2\varphi + 2\cos^2\varphi + \sin^2\varphi}{(\sin^2\varphi + \cos^2\varphi)^{3/2}}$$

$$= \frac{2}{1} = 2$$

Daher $\kappa(\varphi) = \kappa = 1/0{,}5 = 2$ wie erwartet. ◀

1.9.8 Potenzreihen

Allgemein

$$f(x) = \sum_{i=0}^{\infty} \frac{f^{(i)}(x_0)}{i!}(x - x_0)^i$$

$$= f(x_0) + \frac{f'(x_0)}{1!}(x - x_0) + \frac{f''(x_0)}{2!}(x - x_0)^2 + \dots$$

Reihenentwicklung einiger Funktionen

$$\sin x = \sum_{i=0}^{\infty}(-1)^i \frac{x^{2i+1}}{(2i+1)!}$$

$$= x - \frac{x^3}{3!} + \frac{x^5}{5!} - \dots \quad x \in \mathbb{R}$$

$$\cos x = \sum_{i=0}^{\infty}(-1)^i \frac{x^{2i}}{(2i)!}$$

$$= 1 - \frac{x^2}{2!} + \frac{x^4}{4!} - \dots \quad x \in \mathbb{R}$$

$$e^x = \sum_{i=0}^{\infty} \frac{x^i}{i!}$$

$$= 1 + x + \frac{x^2}{2!} + \frac{x^3}{3!} + \dots \quad x \in \mathbb{R}$$

$$\ln x = \sum_{i=0}^{\infty}(-1)^i \frac{(x-1)^i}{i}$$

$$= x - 1 - \frac{(x-1)^2}{2} + \frac{(x-1)^3}{3} - \dots \quad 0 < x \le 2$$

$$\arcsin x = \sum_{i=0}^{\infty} \frac{1}{2^{2i}}\binom{2i}{i}\frac{x^{2i+1}}{2i+1}$$

$$= x + \frac{1}{6}x^3 + \frac{3}{40}x^5 + \frac{5}{112}x^7 + \dots \quad |x| < 1$$

$$\arctan x = \sum_{i=0}^{\infty}(-1)^i \frac{x^{2i+1}}{2i+1}$$

$$= x - \frac{x^3}{3} + \frac{x^5}{5} - \dots \quad |x| < 1$$

$$\sinh x = \sum_{i=0}^{\infty} \frac{x^{2i+1}}{(2i+1)!}$$

$$= x + \frac{x^3}{3!} + \frac{x^5}{5!} + \dots \quad x \in \mathbb{R}$$

$$\cosh x = \sum_{i=0}^{\infty} \frac{x^{2i}}{(2i)!}$$

$$= 1 + \frac{x^2}{2!} + \frac{x^4}{4!} + \dots \quad x \in \mathbb{R}$$

$$(1+x)^n = \sum_{i=0}^{n}\binom{n}{i}x^i \quad n > 0$$

1.10 Funktionen zweier Variablen

1.10.1 Darstellung

Funktionen zweier Veränderlicher können durch eine Fläche im Raum oder Höhenlinien dargestellt werden.

Beispiel

$$z = f(x,y) = -xy\,e^{-x^2-y^2} \quad -2 \le x \le 2 \; -2 \le y \le 2 \quad ◀$$

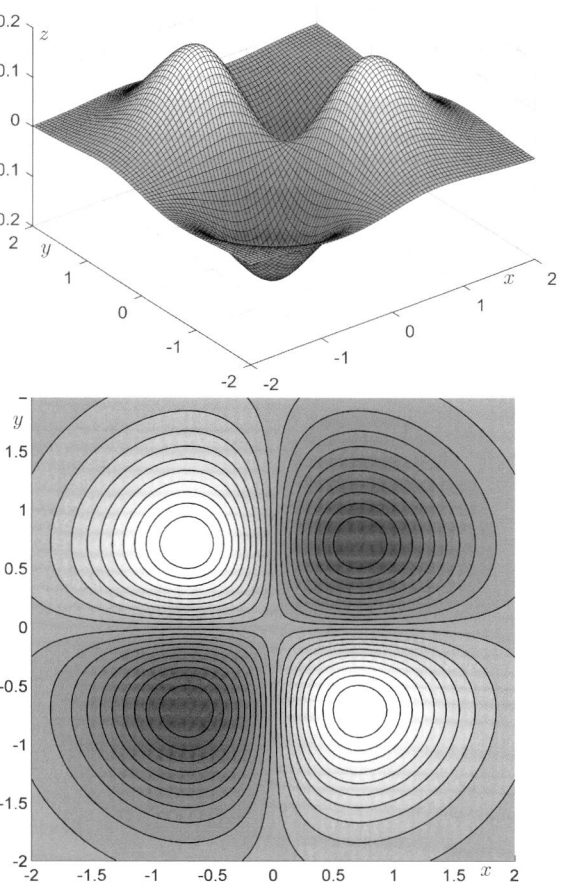

Abb. 1.43 Darstellung von Funktionen zweier Veränderlicher

1.10.2 Partielle Ableitungen/Gradient

$$z = f(x, y)$$

$$\lim_{\Delta x \to 0} \frac{f(x + \Delta x, y) - f(x, y)}{\Delta x} = \frac{\partial z}{\partial x} = \frac{\partial f(x, y)}{\partial x} = f_x$$

$$\lim_{\Delta y \to 0} \frac{f(x, y + \Delta y) - f(x, y)}{\Delta y} = \frac{\partial z}{\partial y} = \frac{\partial f(x, y)}{\partial y} = f_y$$

Bei der Bildung höherer Ableitungen kann bei stetigen Funktionen und Ableitungen die Reihenfolge des Differenzierens vertauscht werden (z. B. $f_{xy} = f_{yx}$).

Totales Differential

$$\mathrm{d}z = f_x \, \mathrm{d}x + f_y \, \mathrm{d}y$$

Der Gradient ist ein Vektor mit den partiellen Ableitungen der Funktion. Er gibt die Richtung der stärksten Steigung an und zeigt somit in jedem Punkt x, y senkrecht zu den Höhenlinien. Sein Betrag gibt den Betrag der Steigung an.

Beispiel

Gesucht: Richtung und Betrag des Gradienten der Funktion

$$f(x, y) = x^3 + x^2 y^3 - 2y^2$$

im Punkt $(1; 1)$.

$$\nabla f = \begin{bmatrix} \dfrac{\partial f(x, y)}{\partial x} \\ \dfrac{\partial f(x, y)}{\partial y} \end{bmatrix} = \begin{bmatrix} 3x^2 + 2x y^3 \\ 3x^2 y^2 - 4y \end{bmatrix}$$

$$\nabla f(1,1) = \begin{bmatrix} 3 \cdot 1^2 + 2 \cdot 1 \cdot 1^3 \\ 3 \cdot 1^2 \cdot 1^2 - 4 \cdot 1 \end{bmatrix} = \begin{bmatrix} 5 \\ -1 \end{bmatrix}$$

$$|\nabla f(1,1)| = \sqrt{5^2 + 1^2} = 5{,}099 \quad \blacktriangleleft$$

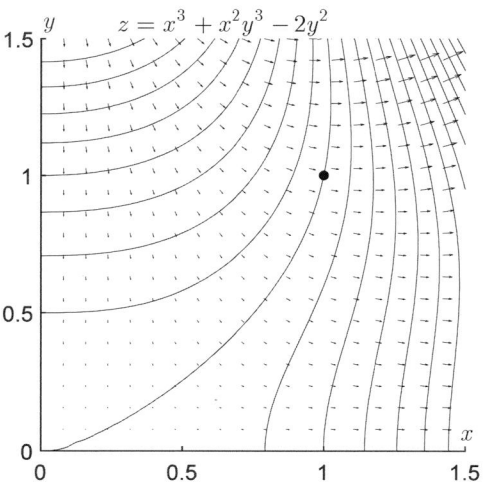

Abb. 1.44 Höhenlinien und Gradient

1.10.3 Integration

Alle Verfahren, die bei eindimensionaler Integration Anwendung finden, können auch im Zweidimensionalen benutzt werden (Mittelpunkt-, Trapez-, Simpson-, Gaußregel etc.) mit m bzw. n Stützstellen entlang der beiden Richtungen.

Integration über Rechteck

$$I = \int\limits_a^b \int\limits_c^d f(x, y) \, \mathrm{d}y \, \mathrm{d}x = \sum_{i=1}^{m} \sum_{j=1}^{n} f(x_i, y_j) w_i w_j$$

x_i, y_i: Stützstellen, w_i, w_j: Gewichte

Beispiel

Gesucht ist der exakte Wert (analytische Integration) und ein Näherungswert (Mittelpunktsregel mit zwei Stützstellen je Richtung) für das Volumen, das durch das Quadrat $0 \le x \le 2$, $0 \le y \le 2$ und die Funktion $z = 16 - x^2 - 2y^2$ gebildet wird.

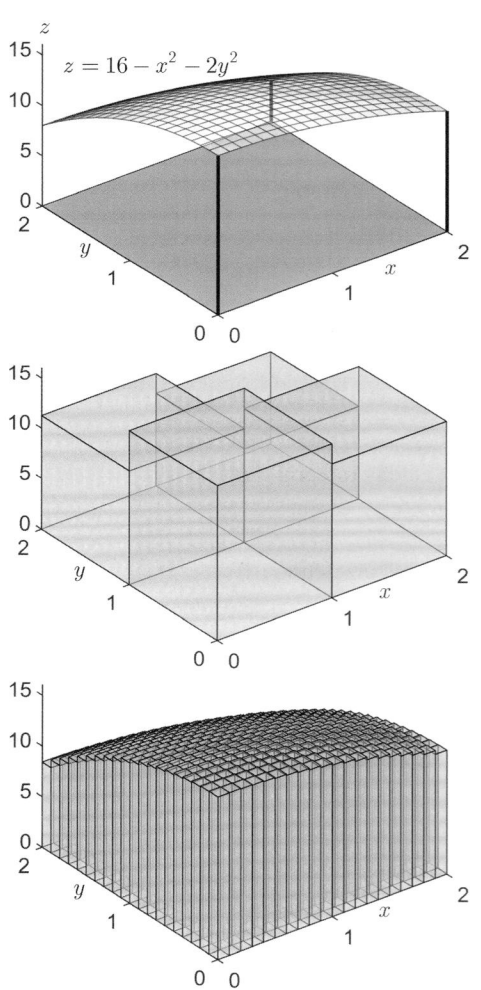

Abb. 1.45 Volumen und Mittelpunktmethode mit grober und feiner Einteilung

Analytische Integration

$$V = \int_0^2 \int_0^2 f(x,y)\, dy\, dx$$

$$= \int_0^2 \int_0^2 \left(16 - x^2 - 2y^2\right) dy\, dx$$

$$= \int_0^2 \left(16y - x^2 y - \frac{2}{3} y^3\right)_0^2 dx$$

$$= \int_0^2 \left(16 \cdot 2 - x^2 \cdot 2 - \frac{2}{3} \cdot 2^3 - 0\right) dx$$

$$= \left(32x - \frac{2}{3} x^3 - \frac{16}{3} x\right)_0^2$$

$$= 64 - 16 = 48$$

Numerische Integration

$$V \approx \sum_{i=1}^2 \sum_{j=1}^2 f(x_i, y_j) w_i w_j \Delta A$$

$$= [f(0,5; 0,5) + f(0,5; 1,5)$$
$$\quad + f(1,5; 0,5) + f(1,5; 1,5)] \Delta A$$

$$= (15,25 + 11,25 + 13,25 + 9,25) = 49 \quad \blacktriangleleft$$

Integration über beliebigen Bereich

$$I = \int_a^b \int_{f_1(x)}^{f_2(x)} f(x,y)\, dy\, dx \approx \sum_{i=1}^m \sum_{j=1}^n f\left[x_i, y_j(x_i)\right] w_i w_j$$

Die Grenzen der inneren Integration sind nicht konstant, sondern sind eine Funktion der „äußeren" Variablen.

Beispiel

Gesucht ist das Integral der Funktion

$$f(x,y) = x + 2y$$

über die gekennzeichnete Fläche.

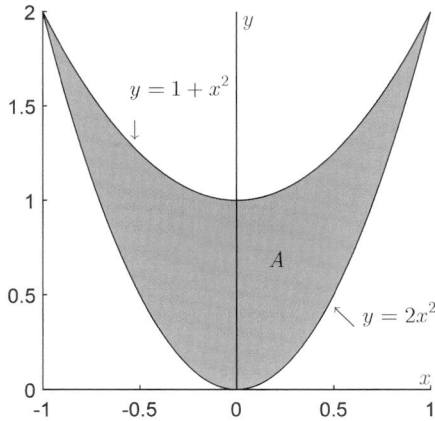

Abb. 1.46 Darstellung des Integrationsbereichs

$$\iint_A (x + 2y)\, dA = \int_{-1}^1 \int_{2x^2}^{1+x^2} (x + 2y)\, dy\, dx$$

$$= \int_{-1}^1 \left(xy + y^2\right)_{y=2x^2}^{y=1+x^2} dx$$

$$= \int_{-1}^1 \left[x \cdot (1 + x^2) + (1 + x^2)^2 - x(2x^2) - (2x^2)^2\right] dx$$

$$= \int_{-1}^1 \left(-3x^4 - x^3 + 2x^2 + x + 1\right) dx$$

$$= \int_{-1}^1 \left(-\frac{3}{5} x^5 - \frac{x^4}{4} + \frac{2}{3} x^2 + \frac{1}{2} x^2 + x\right)_{x=-1}^{x=1} dx = \frac{32}{15} \quad \blacktriangleleft$$

1.10.4 Nichtlineare Gleichungssysteme

Das Vorgehen ist analog zu nichtlinearen skalaren Gleichungen (s. Abschn. 1.9.3). Statt der skalaren Ableitung $f'(x)$ wird die Jacobi-Matrix $\partial \mathbf{f}/\partial \mathbf{x}$ benötigt.

$$\mathbf{f}(\mathbf{x}) = \mathbf{0}$$

$\mathbf{x} = \begin{bmatrix} x_1 & x_2 & \dots & x_n \end{bmatrix}^T$	Vektor der Unbekannten
$\mathbf{f} = \begin{bmatrix} f_1 & f_2 & \dots & f_n \end{bmatrix}^T$	Vektor der Funktionswerte
$\mathbf{x}_0 = \begin{bmatrix} x_{1,0} & x_{2,0} & \dots & x_{n,0} \end{bmatrix}^T$	Vektor der Anfangswerte
$\Delta \mathbf{x} = -\mathbf{J}^{-1} \cdot \mathbf{f}$	Vektor der inkrementellen Änderungen

$$\mathbf{J} = \begin{bmatrix} \dfrac{\partial f_1}{\partial x_1} & \dfrac{\partial f_1}{\partial x_2} & \cdots & \dfrac{\partial f_1}{\partial x_n} \\[2mm] \dfrac{\partial f_2}{\partial x_1} & \dfrac{\partial f_2}{\partial x_2} & \cdots & \dfrac{\partial f_2}{\partial x_n} \\[1mm] \vdots & & & \\[1mm] \dfrac{\partial f_n}{\partial x_1} & \dfrac{\partial f_n}{\partial x_2} & \cdots & \dfrac{\partial f_n}{\partial x_n} \end{bmatrix}$$
Jakobimatrix

$$\Delta \mathbf{x} = \begin{bmatrix} \Delta x_1 & \Delta x_2 & \dots & \Delta x_n \end{bmatrix}^T$$

Beispiel

Gesucht: Lösung des Gleichungssystems (Anfangswert = Nullpunkt)

$$f_1(x_1, x_2) = 3x_1 + 7x_2 + (x_1 + 2)^{\frac{1}{2}} + (x_2 + 2)^{\frac{2}{3}} - 70$$

$$f_2(x_1, x_2) = 5x_1 + 3x_2 + (x_1 + 1)^{\frac{2}{3}} + (x_2 + 3)^{\frac{1}{2}} - 60$$

$$\mathbf{x}_0 = \begin{bmatrix} 0 \\ 0 \end{bmatrix}$$

$$\mathbf{f}_0 = \begin{bmatrix} 3 \cdot 0 + 7 \cdot 0 + (0 + 2)^{\frac{1}{2}} + (0 + 3)^{\frac{2}{3}} - 70 \\ 5 \cdot 0 + 3 \cdot 0 + (0 + 1)^{\frac{3}{3}} + (0 + 3)^{\frac{1}{2}} - 60 \end{bmatrix}$$

$$= \begin{bmatrix} -66,9984 \\ -57,2679 \end{bmatrix}$$

Tafel 1.8 Nichtlineares Gleichungssystem mit zwei Unbekannten

i	0	1	2
$\mathbf{x}_i$	$\begin{bmatrix} 0 \\ 0 \end{bmatrix}$	$\begin{bmatrix} 6{,}6646 \\ 5{,}9301 \end{bmatrix}$	$\begin{bmatrix} 6{,}9999 \\ 6{,}90000 \end{bmatrix}$
$\mathbf{f}(\mathbf{x}_i)$	$\begin{bmatrix} -66{,}998 \\ -57{,}268 \end{bmatrix}$	$\begin{bmatrix} -1{,}5755 \\ -2{,}0112 \end{bmatrix}$	$\begin{bmatrix} -0{,}0006 \\ -0{,}0008 \end{bmatrix}$
$\mathbf{J}(\mathbf{x}_i)$	$\begin{bmatrix} 3{,}354 & 7{,}529 \\ 5{,}667 & 3{,}289 \end{bmatrix}$	$\begin{bmatrix} 3{,}170 & 7{,}334 \\ 5{,}338 & 3{,}167 \end{bmatrix}$	$\begin{bmatrix} 3{,}167 & 7{,}333 \\ 5{,}333 & 3{,}167 \end{bmatrix}$
$\Delta \mathbf{x}_{i+1}$	$\begin{bmatrix} 6{,}6646 \\ 5{,}9301 \end{bmatrix}$	$\begin{bmatrix} 0{,}3353 \\ 0{,}0699 \end{bmatrix}$	$\begin{bmatrix} 0{,}0001 \\ 0{,}0000 \end{bmatrix}$
$\mathbf{x}_{i+1}$	$\begin{bmatrix} 6{,}665 \\ 5{,}930 \end{bmatrix}$	$\begin{bmatrix} 6{,}999 \\ 6{,}000 \end{bmatrix}$	$\begin{bmatrix} 7{,}000 \\ 6{,}000 \end{bmatrix}$
$\sqrt{\dfrac{\Delta \mathbf{x}_i^T \Delta \mathbf{x}_i}{\mathbf{x}_i^T \mathbf{x}_i}}$	1,0000	0,0370	0,0000

$$
\begin{bmatrix} \dfrac{\partial f_1}{\partial x_1} & \dfrac{\partial f_1}{\partial x_2} \\[2mm] \dfrac{\partial f_2}{\partial x_1} & \dfrac{\partial f_2}{\partial x_2} \end{bmatrix}
$$

$$
= \begin{bmatrix} 3 + \dfrac{1}{2}(x_1 + 2)^{-\frac{1}{2}} & 7 + \dfrac{2}{3}(x_2 + 2)^{-\frac{1}{3}} \\[2mm] 5 + \dfrac{2}{3}(x_1 + 1)^{-\frac{1}{3}} & 3 + \dfrac{1}{2}(x_2 + 3)^{-\frac{1}{2}} \end{bmatrix}_{x_1 = x_2 = 0}
$$

$$
= \begin{bmatrix} 3 + \dfrac{1}{2}\dfrac{1}{\sqrt{2}} & 7 + \dfrac{2}{3}\dfrac{1}{\sqrt[3]{2}} \\[2mm] 5 + \dfrac{2}{3} & 3 + \dfrac{1}{2}\dfrac{1}{\sqrt{3}} \end{bmatrix}
$$

$$
= \begin{bmatrix} 3{,}3536 & 7{,}5291 \\ 5{,}6667 & 3{,}2887 \end{bmatrix}
$$

$$
\begin{bmatrix} 66{,}9984 \\ 57{,}2679 \end{bmatrix} = \begin{bmatrix} 3{,}3536 & 7{,}5291 \\ 5{,}6667 & 3{,}2887 \end{bmatrix} \Delta \mathbf{x}_1
$$

$$
\Delta \mathbf{x}_1 = \begin{bmatrix} 6{,}6646 \\ 5{,}9301 \end{bmatrix}
$$

$$
\mathbf{x}_1 = \mathbf{x}_0 + \Delta \mathbf{x}_1 = \begin{bmatrix} 0 \\ 0 \end{bmatrix} + \begin{bmatrix} 6{,}6646 \\ 5{,}9301 \end{bmatrix} = \begin{bmatrix} 6{,}6646 \\ 5{,}9301 \end{bmatrix}
$$

Tafel 1.8 fasst die gezeigte und zwei weitere Iterationen zusammen. ◄

1.10.5 Flächen zweiter Ordnung

Punkte im Raum, für die die Gleichung

$$
c_1 x^2 + c_2 y^2 + c_3 z^2 + c_4 x + c_5 y + c_6 z + c_7 = 0
$$

gilt, werden als Flächen zweiter Ordnung bezeichnet. Da in obiger Gleichung gemischte Terme xy, xz, yz fehlen, gilt

diese nur für Flächen, bei denen die Hauptachsen den Koordinatenachsen entsprechen. Flächen zweiter Ordnung, die gegenüber den Koordinatenachsen gedreht sind, können stets mit Hilfe einer Berechnung der Eigenwerte und Eigenvektoren auf Hauptachsen transformiert werden.

$$
\frac{x^2}{a^2} + \frac{y^2}{b^2} + \frac{z^2}{c^2} = 1 \qquad \text{Ellipsoid}
$$

$$
\frac{x^2}{a^2} + \frac{y^2}{b^2} - \frac{z^2}{c^2} = 1 \qquad \text{Einschaliges Hyperboloid}
$$

$$
\frac{x^2}{a^2} + \frac{y^2}{b^2} - \frac{z^2}{c^2} = -1 \qquad \text{Zweischaliges Hyperboloid}
$$

$$
\frac{x^2}{a^2} + \frac{y^2}{b^2} - z = 0 \qquad \text{Elliptisches Paraboloid}
$$

$$
\frac{x^2}{a^2} - \frac{y^2}{b^2} - z = 0 \qquad \text{Hyperbolisches Paraboloid}
$$

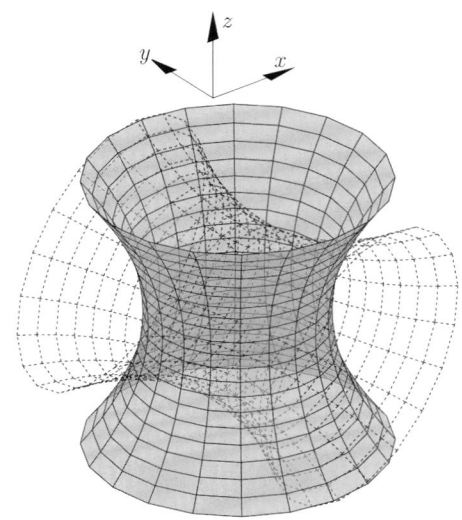

Abb. 1.47 Einschaliges Hyperboloid (in Hauptachsenform und gedreht)

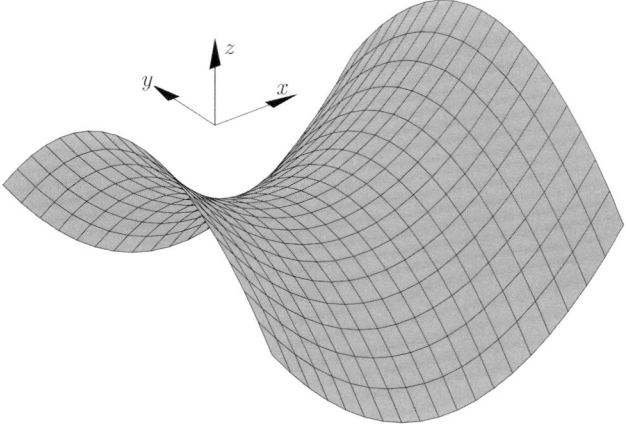

Abb. 1.48 Hyperbolisches Paraboloid (in Hauptachsenform)

1.11 Differentialgleichungen

1.11.1 Begriffe

Eine Gleichung, die außer den Variablen auch deren Ableitungen enthält, heißt Differentialgleichung. Bei einer gewöhnlichen Differentialgleichung

$$f(x, y', y'', \ldots, y^{(m)})$$

hängt die gesuchte Funktion nur von einer Variablen ab, bei einer partiellen Differentialgleichung hängt die gesuchte Funktion von mehreren Variablen ab. Ist die m-te Ableitung die höchste in der Differentialgleichung vorkommende Ableitung, so ist die Differentialgleichung von m-ter Ordnung. Funktionen, die mit ihren Ableitungen die Differentialgleichung erfüllen, heißen Lösungen der Differentialgleichung. Die allgemeine Lösung einer Differentialgleichung m-ter Ordnung enthält m Integrationskonstanten.

1.11.2 Trennung der Variablen

Eine Differentialgleichung der Form

$$y' = \frac{dy}{dx} = f_1(x)f_2(y)$$

heißt trennbar und kann geschrieben werden als

$$\frac{dy}{f_2(y)} = f_1(x)\,dx \quad f_2(y) \neq 0$$

Nach Integration ergibt sich

$$\int \frac{dy}{f_2(y)} = \int f_1(x)\,dx$$

Meist können die sich ergebenden Stammfunktionen $F_1(x)$ und $F_2(y)$ nach y aufgelöst werden.

Beispiel

Gesucht: Lösung der Differentialgleichung $y' = -x/y$ mit der Anfangsbedingung $y(0) = 3$.

$$\frac{dy}{dx} = -\frac{x}{y}$$

$$y\,dy = -x\,dx$$

$$\int_0^y y^*\,dy^* = -\int_3^x x^*\,dx^*$$

$$\frac{1}{2}\left(y^2 - 0^2\right) = -\frac{1}{2}\left(x^2 - 3^2\right)$$

$$x^2 + y^2 = 9 \quad \text{(Kreisgleichung)} \blacktriangleleft$$

Beispiel

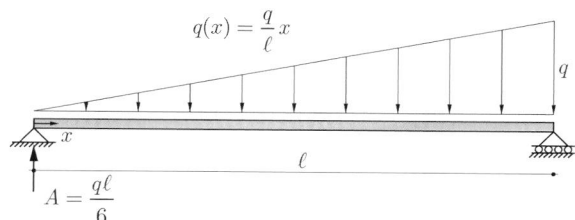

Abb. 1.49 Träger auf zwei Stützen unter Dreieckslast

Gesucht: Funktion der Querkraft-, Momenten- und Biegelinie $V(x)$, $M(x)$ und $w(x)$ für den gezeigten Einfeldträger.

$$V'(x) = -q(x) = -\frac{q}{\ell}x$$

$$V(x) = -\int \frac{q}{\ell}x\,dx$$

$$= -\int \frac{q}{2\ell}x^2 + c_1$$

Randbedingung

$$V(0) = \frac{q\ell}{6} \rightarrow c_1 = \frac{q\ell}{6}$$

$$V(x) = \frac{q\ell}{6} - \frac{q}{2\ell}x^2$$

$$M'(x) = V(x)$$

$$M(x) = \int \left(\frac{q\ell}{6} - \frac{q}{2\ell}x^2\right) dx$$

$$= \frac{q\ell}{6}x - \frac{q}{6\ell}x^3 + c_2$$

Randbedingung

$$M(0) = 0 \rightarrow c_2 = 0$$

$$M(x) = \frac{q\ell}{6}x - \frac{q}{6\ell}x^3$$

$$w''(x) = -\frac{M(x)}{EI} = -\frac{q}{EI}\left(\frac{\ell}{6}x - \frac{1}{6\ell}x^3\right)$$

$$w'(x) = -\frac{q}{EI}\left(\frac{\ell}{12}x^2 - \frac{1}{24\ell}x^4 + c_3\right)$$

$$w(x) = -\frac{q}{EI}\left(\frac{\ell}{36}x^3 - \frac{1}{120\ell}x^5 + c_3 x + c_4\right)$$

Randbedingung

$$w(0) = 0 \rightarrow c_4 = 0$$

$$w(\ell) = 0 \rightarrow c_3 = -\frac{7\ell^3}{360}$$

$$w(x) = \frac{q}{360EI}\left(7\ell^3 x - 10\ell x^3 + \frac{3}{\ell}x^5\right) \blacktriangleleft$$

1.11.3 Lineare Differentialgleichung mit konstanten Koeffizienten

$$\sum_{i=0}^{m} a_i y^{(i)}(x) = g(x)$$

Ihre Lösung ist

$$y(x) = y_{\mathrm{h}}(x) + y_{\mathrm{p}}(x)$$

wobei $y_{\mathrm{h}}(x)$ die Lösung der homogenen Differentialgleichung

$$\sum_{i=0}^{m} a_i y^{(i)}(x) = 0$$

ist. Sie hat die Form

$$y_{\mathrm{h}}(x) = \sum_{i=1}^{m} C_i e^{p_i x}$$

Die Koeffizienten p_i sind die Lösungen der charakteristischen Gleichung (Nullstellen des charakteristischen Polynoms)

$$\sum_{i=0}^{m} a_i p^i = 0$$

wobei $p_1 \neq p_2 \neq \ldots \neq p_n$. Wenn mehrfache Nullstellen vorhanden sind, gilt

$$y_{\mathrm{h}}(x) = \left(B_0 + B_1 x + B_2 x^2 + \ldots + B_{k-1} x^{k-1} \right) e^{p_1 x}$$
$$+ \sum_{i=k+1}^{m} C_i e^{p_i x}$$

$y_{\mathrm{p}}(x)$ ist die partikuläre Lösung der Differentialgleichung. Für sie wird ein Ansatz in Form der rechten Seite, das heißt in Form der Störfunktion $g(x)$ gemacht.

Störfunktion $g(x)$	Ansatz $y_{\mathrm{p}}(x)$
$b e^{ax}$	$c e^{ax}$
$b_0 + b_1 x + \ldots b_r x^r$	$c_0 + c_1 x + \ldots c_r x^r$
$A \sin ax$ oder $A \cos ax$	$B_1 \sin ax + B_2 \cos ax$
$A e^{ax} \sin bx$ oder $A e^{ax} \cos bx$	$e^{ax}(B_1 \sin bx + B_2 \cos bx)$

Bei Übereinstimmung der Störfunktion mit einer Lösung der homogenen Differentialgleichung werden die Größen B im Ansatz durch $B x^r$ ersetzt, wobei sich r nach dem Einsetzen des Ansatzes in die Differentialgleichung ergibt.

Beispiel

Gesucht ist die allgemeine Lösung der Differentialgleichung

$$\ddot{y} - 4y = 2x.$$

Homogene Differentialgleichung

$$\ddot{y} - 4y = 0$$

Charakteristische Gleichung

$$p^2 - 4 = 0$$

Lösungen

$$p_1 = 2 \quad p_2 = -2$$

Inhomogene Differentialgleichung

$$\ddot{y} - 4y = 2x$$

Ansatz

$$y_{\mathrm{p}} = c_0 + c_1 x$$

Einsetzen in die Differentialgleichung und Koeffizientenvergleich

$$c_0 = 0 \quad c_1 = -0{,}5$$

Allgemeine Lösung

$$y(x) = C_1 e^{2x} + C_2 e^{-2x} - 0{,}5x \quad \blacktriangleleft$$

Beispiel

Gesucht ist die Lösung der Differentialgleichung der freien (ungedämpften) Schwingung $m\ddot{x}(t) + cx(t) = 0$ mit $m = $ Masse und $c = $ Steifigkeit (Federkonstante). Punkte bedeuten Ableitungen nach der Zeit.

Charakteristische Gleichung

$$p^2 + \omega^2 = 0 \quad \text{mit } \omega^2 = c/m$$

Lösungen

$$p_1 = i\omega \quad p_2 = -i\omega$$

(Reelle) Lösung der Differentialgleichung

$$x(t) = C_1 e^{i\omega} + C_2 e^{-i\omega}$$
$$= A \cos(\omega t) + B \sin(\omega t) \quad \blacktriangleleft$$

1.12 Interpolation

Funktionen (meist Polynome) werden an Werte angepasst, die an vorgegebenen Stützstellen existieren.

1.12.1 Lagrange-Interpolation

1.12.1.1 Lineare Interpolation

$$f(x) = f(x_1) + \frac{f(x_2) - f(x_1)}{x_2 - x_1} (x - x_1)$$

Trennung nach Funktionswerten $f(x_1)$ und $f(x_2)$.

$$p(x) = \left(1 - \frac{x - x_1}{x_2 - x_1}\right) f(x_1) + \left(\frac{x - x_1}{x_2 - x_1}\right) f(x_2)$$
$$= L_1(x) \cdot f(x_1) + L_2(x) \cdot f(x_2)$$

mit

$$L_1(x) = \frac{x - x_2}{x_1 - x_2} \quad L_2(x) = \frac{x - x_1}{x_2 - x_1}$$

Das Interpolationspolynom $L_i(x)$ hat den Wert 1 an der Stützstelle x_i und den Wert 0 an allen anderen Stützstellen.

$$L_1(x = x_1) = 1 \quad L_1(x = x_2) = 0$$
$$L_2(x = x_1) = 0 \quad L_2(x = x_2) = 1$$

1.12.1.2 Quadratische Interpolation

$$p(x) = L_1(x) \cdot f_1 + L_2(x) \cdot f_2 + L_3(x) \cdot f_3$$

mit

$$L_1(x) = \frac{(x - x_2)(x - x_3)}{(x_1 - x_2)(x_1 - x_3)}$$
$$L_1(x_1) = 1 \quad L_1(x_2) = 0 \quad L_1(x_3) = 0$$
$$L_2(x) = \frac{(x - x_1)(x - x_3)}{(x_2 - x_1)(x_2 - x_3)}$$
$$L_2(x_1) = 0 \quad L_2(x_2) = 1 \quad L_2(x_3) = 0$$
$$L_3(x) = \frac{(x - x_1)(x - x_2)}{(x_3 - x_1)(x_3 - x_2)}$$
$$L_3(x_1) = 0 \quad L_3(x_2) = 0 \quad L_3(x_3) = 1$$

Für die Stützstellen $x_1 = 0$, $x_2 = 0{,}5$, $x_3 = 1$ erhält man

$$L_1(x) = 2x^2 - 3x + 1 \quad L_2(x) = -4x^2 + 4x$$
$$L_3(x) = 2x^2 - x$$

1.12.1.3 Allgemeines Bildungsgesetz
Für beliebige n Stützstellen gilt

$$L_i(x) = \prod_{j=1, j \neq i}^{n} \frac{x - x_i}{x_i - x_j}$$

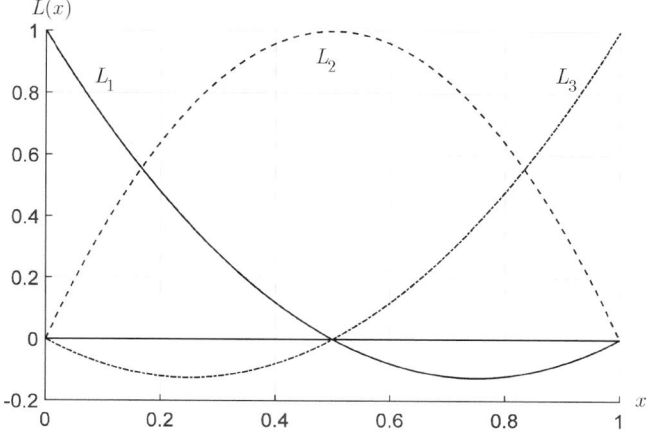

Abb. 1.50 Quadratische Lagrange-Polynome für die Stützstellen $x_1 = 0$, $x_2 = 0{,}5$, $x_3 = 1$

1.13 Wahrscheinlichkeitstheorie, Statistik und Fehlerrechnung

1.13.1 Mittelwert und Standardabweichung

Arithmetischer Mittelwert
Der Mittelwert (der durchschnittliche Wert) $\bar{x}$ einer Stichprobe der Größe n ist

$$\bar{x} = \frac{1}{n} \sum_{i=1}^{n} x_i$$

Geometrischer Mittelwert (seltener benutzt)

$$\bar{x}_G = \sqrt[n]{x_1 \, x_2 \ldots x_n}$$

Harmonischer Mittelwert (seltener benutzt)

$$\bar{x}_H = \frac{n}{\sum\limits_{i=1}^{n} 1/x_i}$$

Standardabweichung
Der aus dem Quadrat der Abweichungen errechnete Wert

$$s_x^2 = \frac{1}{n-1} \sum_{i=1}^{n} (x_i - \bar{x})^2$$

einer Stichprobe der Größe n heißt Varianz der Stichprobe und ist ein Maß für die Streuung der Stichprobenwerte um ihren Mittelwert. Die Standardabweichung s ist die Wurzel aus der Varianz. Oft kann mit dem Ausdruck

$$s_x^2 = \frac{1}{n-1} \left(\sum_{i=1}^{n} x_i^2 - n \cdot \bar{x}^2 \right)$$

für die Varianz bequemer gerechnet werden. Warum bei Berechnung der Varianz durch die Zahl $n - 1$ und nicht durch die näher liegende Zahl n dividiert wird, kann hier nicht begründet werden.

Standardabweichung des Mittelwerts

Bei verschiedenen Messreihen von gleichem Umfang n streuen die jeweiligen Mittelwerte $\bar{x}$ wie die einzelnen Messwerte um den wahren Mittelwert μ.

$$s_{\bar{x}} = \sqrt{\frac{1}{n(n-1)} \sum_{i=1}^{n} (x_i - \bar{x})^2} = \frac{s_x}{\sqrt{n}}$$

1.13.2 Grundlagen der Kombinatorik, Kombinationen und Variationen

1.13.2.1 Häufigkeit

Bei n-maliger Durchführung eines Zufallsexperiments tritt das Zufallsereignis A k-mal auf. Die relative Häufigkeit von A ist dann

$$h(A) = \frac{k}{n}$$

$$p(A) = \lim_{n \to \infty} h(A) = \text{Wahrscheinlichkeit von } A$$

1.13.2.2 Kombinationen ohne Zurücklegen

Der Ausdruck

$$N(n,k) = \binom{n}{k} = \frac{n!}{k!\,(n-k)!} \quad k \leq n$$

gibt die Anzahl der Möglichkeiten an, *ohne* Berücksichtigung der Reihenfolge (= Kombination) und *ohne* Zurücklegen k Zahlen aus insgesamt n verschiedenen Zahlen auszuwählen.

Beispiel

$k = 2, n = 5$

$$N(5,2) = \binom{5}{2} = \frac{5!}{2!\,(5-2)!} = \frac{5 \cdot 4}{1 \cdot 2} = 10 \quad \blacktriangleleft$$

Tafel 1.9 Kombinationen ohne Zurücklegen, $n = 5$, $k = 2$

1	1	1	1	2	2	2	3	3	4
2	3	4	5	3	4	5	4	5	5

1.13.2.3 Kombinationen mit Zurücklegen

Der Ausdruck

$$N(n,k) = \binom{n+k-1}{k}$$

gibt die Anzahl der Möglichkeiten an, *ohne* Berücksichtigung der Reihenfolge und *mit* Zurücklegen k Zahlen aus insgesamt n verschiedenen Zahlen auszuwählen, wobei auch $k > n$ sein darf.

Beispiel

$k = 2, n = 5$

$$N(5,2) = \binom{5+2-1}{2} = \binom{6}{2}$$

$$= \frac{6!}{2!\,(6-2)!} = \frac{6 \cdot 5}{1 \cdot 2} = 15 \quad \blacktriangleleft$$

Tafel 1.10 Kombinationen mit Zurücklegen, $n = 5$, $k = 2$

1	1	1	1	1	2	2	2	2	3	3	3	4	4	5
1	2	3	4	5	2	3	4	5	3	4	5	4	5	5

1.13.2.4 Variation ohne Zurücklegen

Der Ausdruck

$$N(n,k) = \frac{n!}{(n-k)!} \quad k \leq n$$

gibt die Anzahl der Möglichkeiten an, *mit* Berücksichtigung der Reihenfolge und *ohne* Zurücklegen k Zahlen aus insgesamt n verschiedenen Zahlen auszuwählen.

Beispiel

$k = 2, n = 5$

$$N(5,2) = \frac{5!}{(5-2)!} = 4 \cdot 5 = 20 \quad \blacktriangleleft$$

Tafel 1.11 Variation ohne Zurücklegen, $n = 5$, $k = 2$

1	1	1	1	2	2	2	2	3	3	3	3	4	4	4	4	5	5	5	5
2	3	4	5	1	3	4	5	1	2	4	5	1	2	3	5	1	2	3	4

1.13.2.5 Variation mit Zurücklegen

Der Ausdruck

$$N(n,k) = n^k$$

gibt die Anzahl der Möglichkeiten an, *mit* Berücksichtigung der Reihenfolge und *mit* Zurücklegen k Zahlen aus insgesamt n verschiedenen Zahlen auszuwählen, wobei auch $k > n$ sein darf.

Beispiel

$k = 2, n = 5$

$$N(5,2) = 5^2 = 25 \quad \blacktriangleleft$$

Tafel 1.12 Variation mit Zurücklegen, $n = 5$, $k = 2$

1	1	1	1	1	2	2	2	2	2	3	3	3	3	3	4	4	4	4	4	5	5	5	5	5
1	2	3	4	5	1	2	3	4	5	1	2	3	4	5	1	2	3	4	5	1	2	3	4	5

Zwei Personen wählen unabhängig voneinander und rein zufällig aus einer Liste von 49 Bauwerken sechs Bauwerke aus, wobei jedes Bauwerk nur einmal vorkommen darf und es auf die Reihenfolge nicht ankommt. Wie groß ist die Wahrscheinlichkeit P, dass es genau zwei Bauwerke gibt, die auf beiden Listen auftreten?

Die gesuchte Wahrscheinlichkeit ist gleich der Anzahl K der Möglichkeiten, die zwei gemeinsamen Bauwerke unter den 49 möglichen auszuwählen, dividiert durch die Anzahl K_1 der Möglichkeiten, sechs Bauwerke unter den 49 möglichen zu wählen. Die Zahl K ist wiederum das Produkt aus der Anzahl K_2 der Möglichkeiten, die zwei gemeinsamen Bauwerke unter den gewählten sechs anzuordnen, multipliziert mit der Anzahl K_3 der Möglichkeiten, die verbleibenden $6 - 2 = 4$ nicht gemeinsamen Bauwerke unter den verbleibenden $49 - 6 = 43$ nicht gewählten Bauwerken anzuordnen.

$$K_1 = \binom{49}{6} = \frac{49!}{6!\,(49-6)!} = 13.983.816$$

$$K_2 = \binom{6}{2} = \frac{6!}{2!\,(6-2)!} = 15$$

$$K_3 = \binom{43}{4} = \frac{43!}{4!\,(43-4)!} = 123.410$$

$$P = \frac{K}{K_1} = \frac{K_2 \cdot K_3}{K_1} = \frac{15 \cdot 123.410}{13.983.816} = 0{,}132$$

Dieses Ergebnis erhält man auch, wenn man die hypergeometrische Wahrscheinlichkeitsverteilung anwendet, auf die hier nicht näher eingegangen wird. ◄

1.13.3 Wahrscheinlichkeitsverteilung einer Zufallsgröße

1.13.3.1 Diskrete Zufallsvariable
Dichtefunktion

$$f(x) = P(X = x_i) = \begin{cases} p_i & x = x_i \\ 0 & \text{sonst} \end{cases} \qquad \sum p_i = 1$$

Verteilungsfunktion

$$F(x) = P(X \le x_n) = \sum_{x_i = \le x} p_i \quad 0 \le F(x) \le 1$$

$X =$ Augensumme nach zwei Würfen mit $2 \le X \le 12$

Da alle 36 Würfelkombinationen gleich wahrscheinlich sind, ergibt sich die Wahrscheinlichkeitsdichte aus

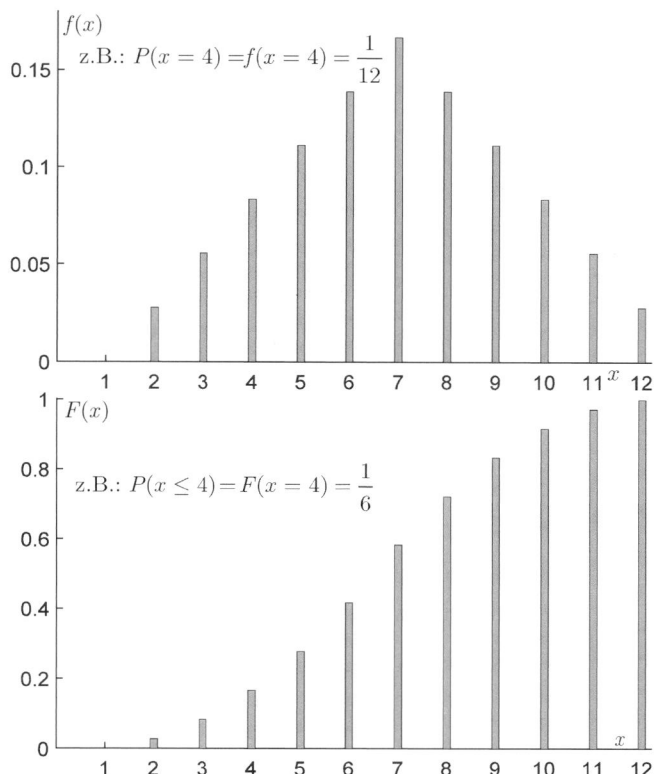

Abb. 1.51 Dichte- und Verteilungsfunktion der Zufallsvariablen $X =$ Augensumme nach zwei Würfen

der Anzahl der Kombinationen, eine bestimmte Summe x zu erhalten. Beispielsweise ergibt sich die Summe $x = 6$ durch die fünf Kombinationen $(1; 5)$, $(2; 4)$, $(3; 3)$, $(4; 2)$ und $(5; 1)$, so dass $f(x = 6) = 5/36$ ◄

1.13.3.2 Stetige Zufallsvariable
Dichtefunktion

$$f(x) = P(x \le X \le x + \mathrm{d}x)$$

$$\int\limits_{-\infty}^{\infty} f(x)\,\mathrm{d}x = 1$$

$$f(x) = F'(x)$$

Verteilungsfunktion

$$F(x) = P(X \le x) = \int\limits_{-\infty}^{x} f(x^*)\,\mathrm{d}x^*$$

$$P(a \le X \le b) = F(b) - F(a) = \int\limits_{a}^{b} f(x)\,\mathrm{d}x$$

Ein Funktionswert der Verteilungsfunktion gibt somit die Wahrscheinlichkeit an, dass die Zufallsvariable X kleiner ist als der Wert x.

Normalverteilung

Die Normalverteilung ist eine stetige Verteilung mit der Wahrscheinlichkeitsdichte

$$f(x) = \frac{1}{\sigma\sqrt{2\pi}} e^{-\frac{1}{2}\left(\frac{x-\mu}{\sigma}\right)^2}$$

Die Parameter μ und σ sind der Erwartungswert bzw. die Standardabweichung. Mit der Substitution $z = (x - \mu)/\sigma$ wird die Normalverteilung normiert. Es ergibt sich für die Wahrscheinlichkeitsdichte

$$\varphi(z) = \frac{1}{\sqrt{2\pi}} e^{-\frac{1}{2}z^2}$$

und für die Verteilungsfunktion

$$P(Z \leq z) = \Phi(z) = \frac{1}{\sqrt{2\pi}} \int_{-\infty}^{z} e^{-\frac{1}{2}z^{*2}}\, \mathrm{d}z^*$$

Die Verteilungsfunktion der Normalverteilung ist ein Integral, das nicht geschlossen lösbar ist, sich aber durch die Reihenentwicklung

$$\begin{aligned}\Phi(z) &= \frac{1}{\sqrt{2\pi}} \int_{-\infty}^{z} e^{-\frac{1}{2}z^{*2}}\, \mathrm{d}z^* \\ &= 0{,}5 + \frac{1}{\sqrt{2\pi}} \sum_{i=0}^{\infty} (-1)^i \frac{z^{2i+1}}{(2i+1)\cdot 2^i \cdot i!} \\ &= 0{,}5 + \frac{1}{\sqrt{2\pi}}\left(z - \frac{z^3}{3\cdot 2\cdot 1!} + \frac{z^5}{5\cdot 4\cdot 2!} - \frac{z^7}{7\cdot 8\cdot 3!}\right. \\ &\quad \left. + \frac{z^9}{9\cdot 16\cdot 4!} - \frac{z^{11}}{11\cdot 32\cdot 5!} + \ldots\right) \quad -\infty < z < \infty\end{aligned}$$

leicht berechnen lässt. Das Ergebnis ist weitläufig tabelliert.

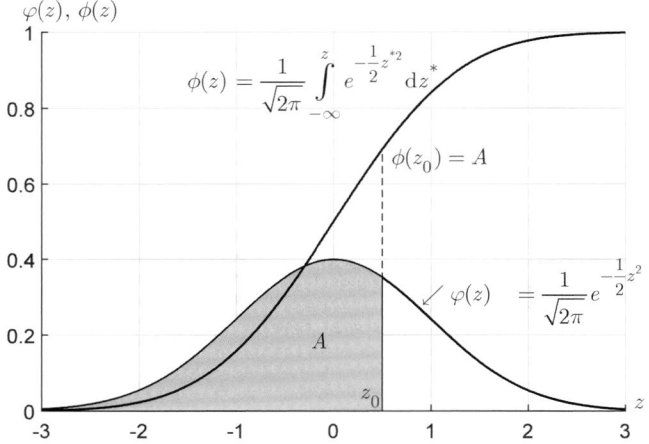

Abb. 1.52 Dichte- und Verteilungsfunktion der Normalverteilung

Beispiel

$$\begin{aligned}\Phi(-1) &\approx 0{,}5 + \frac{1}{\sqrt{2\pi}}\left(-1 + \frac{1}{6} - \frac{1}{40} + \frac{1}{336}\right. \\ &\quad \left. - \frac{1}{3456} + \frac{1}{42.240} - \frac{1}{599.040}\right) \\ &= 0{,}5000 - 0{,}3414 = 0{,}1586 \quad ◀\end{aligned}$$

Tafel 1.13 Einige Zahlenwerte der Normalverteilung

z	$\varphi(z)$	$\Phi(z)$	z	$\varphi(z)$	$\Phi(z)$
0,0	0,3989	0,5000	1,2	0,1942	0,8849
0,1	0,3970	0,5398	1,4	0,1497	0,9192
0,2	0,3910	0,5793	1,6	0,1109	0,9452
0,3	0,3814	0,6179	1,8	0,0790	0,9641
0,4	0,3683	0,6554	2,0	0,0540	0,9772
0,5	0,3521	0,6915	2,2	0,0355	0,9861
0,6	0,3332	0,7257	2,4	0,0224	0,9918
0,7	0,3123	0,7580	2,6	0,0136	0,9953
0,8	0,2897	0,7881	2,8	0,0079	0,9974
0,9	0,2661	0,8159	3,0	0,0044	0,9987
1,0	0,2420	0,8413	3,2	0,0024	0,9993

Tafel 1.14 Einige Zahlenwerte der inversen Normalverteilung (Quantilwerte)

P (%)	$z = \Phi^{-1}(P)$	P (%)	$z = \Phi^{-1}(P)$
50,0	0,00000	92,5	1,43953
60,0	0,25335	95,0	1,64485
62,5	0,31864	96,0	1,75069
70,0	0,52440	97,0	1,88079
80,0	0,84162	97,5	1,95996
85,0	1,03643	98,0	2,05375
87,5	1,15035	99,0	2,32635
90,0	1,28155	99,9	3,09023

Beispiel

Gesucht unter Annahme einer Normalverteilung: (a) Grenzen als Funktion von Mittelwert und Standardabweichung (symmetrisch um den Mittelwert), zwischen denen 95% der Werte einer Normalverteilung liegen; (b) Wert, der mit einer Wahrscheinlichkeit von 5% unterschritten wird.

(a)

$$\begin{aligned}z &= \Phi^{-1}(0{,}975) \\ &= 1{,}95996 \\ x_{\min} &= \mu - 1{,}9556\,\sigma \\ x_{\max} &= \mu + 1{,}9556\,\sigma \quad ◀\end{aligned}$$

(b)

$$\begin{aligned}z &= \Phi^{-1}(0{,}95) \\ &= 1{,}64485 \\ x_{5\,\%} &= \mu - 1{,}64485\,\sigma\end{aligned}$$

Tafel 1.15 Überschreitungswahrscheinlichkeit $P_{\ddot{u}}(z) = 1 - \Phi(z)$

z	–,–0	–,–1	–,–2	–,–3	–,–4	–,–5	–,–6	–,–7	–,–8	–,–9
0,0	0,5000	0,4960	0,4920	0,4880	0,4840	0,4801	0,4761	0,4721	0,4681	0,4641
0,1	0,4602	0,4562	0,4522	0,4483	0,4443	0,4404	0,4364	0,4325	0,4286	0,4247
0,2	0,4207	0,4168	0,4129	0,4090	0,4052	0,4013	0,3974	0,3936	0,3897	0,3859
0,3	0,3821	0,3783	0,3745	0,3707	0,3669	0,3632	0,3594	0,3557	0,3520	0,3483
0,4	0,3446	0,3409	0,3372	0,3336	0,3300	0,3264	0,3228	0,3192	0,3156	0,3121
0,5	0,3085	0,3050	0,3015	0,2981	0,2946	0,2912	0,2877	0,2843	0,2810	0,2776
0,6	0,2743	0,2709	0,2676	0,2643	0,2611	0,2578	0,2546	0,2514	0,2483	0,2451
0,7	0,2420	0,2389	0,2358	0,2327	0,2297	0,2266	0,2236	0,2207	0,2177	0,2148
0,8	0,2119	0,2090	0,2061	0,2033	0,2005	0,1977	0,1949	0,1922	0,1894	0,1867
0,9	0,1841	0,1814	0,1788	0,1762	0,1736	0,1711	0,1685	0,1660	0,1635	0,1611
1,0	0,1587	0,1562	0,1539	0,1515	0,1492	0,1469	0,1446	0,1423	0,1401	0,1379
1,1	0,1357	0,1335	0,1314	0,1292	0,1271	0,1251	0,1230	0,1210	0,1190	0,1170
1,2	0,1151	0,1131	0,1112	0,1093	0,1075	0,1057	0,1038	0,1020	0,1003	0,0985
1,3	0,09680	0,09510	0,09342	0,09176	0,09012	0,08851	0,08692	0,08534	0,08379	0,08227
1,4	0,08076	0,07927	0,07781	0,07636	0,07493	0,07353	0,07215	0,07078	0,06944	0,06811
1,5	0,06681	0,06552	0,06426	0,06301	0,06178	0,06057	0,05938	0,05821	0,05705	0,05592
1,6	0,05480	0,05370	0,05262	0,05155	0,05050	0,04947	0,04846	0,04746	0,04648	0,04552
1,7	0,04457	0,04363	0,04272	0,04182	0,04093	0,04006	0,03921	0,03837	0,03754	0,03673
1,8	0,03593	0,03515	0,03438	0,03363	0,03289	0,03216	0,03144	0,03074	0,03006	0,02938
1,9	0,02872	0,02807	0,02743	0,02681	0,02619	0,02559	0,02500	0,02442	0,02385	0,02330
2,0	0,02275	0,02222	0,02169	0,02118	0,02068	0,02018	0,01970	0,01923	0,01876	0,01831
2,1	0,01787	0,01743	0,01700	0,01659	0,01618	0,01578	0,01539	0,01501	0,01463	0,01426
2,2	0,01391	0,01355	0,01321	0,01288	0,01255	0,01223	0,01191	0,01161	0,01131	0,01101
2,3	0,010726	0,010446	0,010172	0,009905	0,009644	0,009389	0,009139	0,008896	0,008658	0,008426
2,4	0,008199	0,007978	0,007762	0,007551	0,007346	0,007145	0,006949	0,006758	0,006571	0,006389
2,5	0,006212	0,006038	0,005870	0,005705	0,005545	0,005388	0,005236	0,005087	0,004942	0,004801
2,6	0,004663	0,004529	0,004398	0,004271	0,004147	0,004027	0,003909	0,003795	0,003683	0,003575
2,7	0,003469	0,003366	0,003266	0,003169	0,003074	0,002982	0,002892	0,002805	0,002720	0,002637
2,8	0,002557	0,002479	0,002403	0,002329	0,002258	0,002188	0,002120	0,002054	0,001990	0,001928
2,9	0,001868	0,001809	0,001752	0,001697	0,001643	0,001591	0,001540	0,001491	0,001443	0,001397
3,0	0,001352	0,001308	0,001266	0,001225	0,001185	0,001146	0,001109	0,001072	0,001037	0,001003
3,1	0,000970	0,000937	0,000906	0,000876	0,000847	0,000818	0,000791	0,000764	0,000738	0,000713
3,2	0,000689	0,000666	0,000643	0,000621	0,000600	0,000579	0,000559	0,000540	0,000521	0,000503
3,3	0,000485	0,000468	0,000452	0,000436	0,000421	0,000406	0,000392	0,000378	0,000364	0,000351
3,4	0,000339	0,000327	0,000315	0,000304	0,000293	0,000282	0,000272	0,000262	0,000253	0,000244

1.13.4   Binomialverteilung

Die Binomialverteilung ist eine diskrete Verteilung mit der Wahrscheinlichkeitsdichte

$$P(X = x) = f(x) = \binom{n}{x} p^x \cdot (1 - p)^{n-x} \quad x = 0, \ldots, n$$

Sie hat den Erwartungswert

$$\mu = np$$

und die Standardabweichung

$$\sigma = np(1 - p)$$

Die Verteilungsfunktion ergibt sich zu

$$P(X \leq x) = F(x) = \sum_{i=0}^{x} \binom{n}{i} p^i \cdot (1 - p)^{n-i} \quad x = 0, \ldots, n$$

Beispiel

In einer Lieferung von 100 Stück befinden sich 5 defekte Stücke ($p = 0,05$). Wie groß ist die Wahrscheinlichkeit, bei einer Stichprobe von 3 Stück (mit Zurücklegen) 0, 1, 2 oder 3 defekte Stücke zu erhalten?

$$f(0) = \binom{3}{0} 0,05^0 \cdot 0,95^{3-0}$$
$$= 1 \cdot 0,05^0 \cdot 0,95^3 = 0,8574$$

$$F(0) = 0,8574$$

$$f(1) = \binom{3}{1} 0,05^1 \cdot 0,95^{3-1}$$
$$= 3 \cdot 0,05^1 \cdot 0,95^2 = 0,1354$$

$$F(1) = 0,8574 + 0,1354 = 0,9928$$

$$f(2) = \binom{3}{2} 0,05^2 \cdot 0,95^{3-2}$$
$$= 3 \cdot 0,05^2 \cdot 0,95^1 = 0,0071$$

$$F(2) = 0,9928 + 0,0071 = 0,9999$$

$$f(3) = \binom{3}{3} 0,05^3 \cdot 0,95^{3-3}$$
$$= 1 \cdot 0,05^3 \cdot 0,95^0 = 0,0001$$

$$F(3) = 0,9999 + 0,0001 = 1,0000$$

Mit 99,28 %-iger Wahrscheinlichkeit wird höchstens 1 defektes Stück entnommen. ◄

1.13.5 Statistik

Beispiel

Gesucht: Mittelwert $\overline{x}$, Standardabweichung s, 5 % - Quantile und Vertrauensbereich für Mittelwert und Standardabweichung ($S = 95\%$) der folgenden Stichprobe.

i	x_i (MN/m^2)	x_i^2 (MN^2/m^4)
1	36,5	1332,2
2	39,4	1552,4
3	40,0	1600,0
4	33,7	1135,7
5	38,4	1474,6
6	29,5	870,2
7	31,6	998,6
8	34,2	1169,6
$\sum$	283,3	10.133

$$\overline{x} = \frac{283,3}{8} = 35,413$$

$$s^2 = \frac{1}{7}(10133 - 8 \cdot 35,413^2) = 14,421$$

$$s = 3,800$$

$$x_{5\%} = 35,41 - 1,6449 \cdot 3,80 = 29,16$$

$$t_s s / \sqrt{n} = 2,365 \cdot 3,80 / \sqrt{8} = 3,180$$

$$\mu_{\min} = 35,41 - 3,180 = 32,23$$

$$\mu_{\max} = 35,41 + 3,180 = 38,59$$

$$(n-1)\frac{s^2}{c_1^2} = 7 \cdot \frac{14,421}{1,690^2} = 35,34$$

$$(n-1)\frac{s^2}{c_2^2} = 7 \cdot \frac{14,421}{16,013^2} = 0,3937$$

$$s_{\min} = \sqrt{0,3937} = 0,627$$

$$s_{\max} = \sqrt{35,34} = 5,94$$

Bemerkungen: Der Vertrauensbereich für $\overline{x}$ wird mit der symmetrischen t-Verteilung (auch *Student*verteilung genannt), der für s mit der Chi-Quadratverteilung (nicht symmetrisch) bestimmt. Aus Tafel 1.16 ergibt sich mit $f = 7$ und einem 2,5 %-Quantilwert zu jeder Seite der Wert $t = 2,365$. Aus Tafel 1.17 ergeben sich mit $f = 7$ die Werte $c_1 = 1,690$ (bei 2,5 %) und $c_2 = 16,013$ (bei 97,5 %). ◄

Tafel 1.16 Quantilwerte t der t-Verteilung in Abhängigkeit vom Freiheitsgrad f

f	p (%) 90	95	97,5	99	99,5
1	3,078	6,314	12,706	31,821	63,657
2	1,886	2,920	4,303	6,965	9,925
3	1,638	2,353	3,182	4,541	5,841
4	1,533	2,132	2,776	3,747	4,604
5	1,476	2,015	2,571	3,365	4,032
6	1,440	1,943	2,447	3,143	3,707
7	1,415	1,895	2,365	2,998	3,499
8	1,397	1,860	2,306	2,896	3,355
9	1,383	1,833	2,262	2,821	3,250
10	1,372	1,812	2,228	2,764	3,169
15	1,341	1,753	2,131	2,602	2,947
20	1,325	1,725	2,086	2,528	2,845
25	1,316	1,708	2,060	2,485	2,787
30	1,310	1,697	2,042	2,457	2,750
35	1,306	1,690	2,030	2,438	2,724
40	1,303	1,684	2,021	2,423	2,704
45	1,301	1,679	2,014	2,412	2,690
50	1,299	1,676	2,009	2,403	2,678
∞	1,282	1,645	1,960	2,326	2,576

Die t-Verteilung ist symmetrisch, d. h. wie bei der Normalverteilung gilt $t(1 - p, f) = -t(p, f)$

Tafel 1.17 Quantilwerte der Chi-Quadrat-Verteilung in Abhängigkeit vom Freiheitsgrad f

f	p (%)									
	0,5	1	2,5	5	10	90	95	97,5	99	99,5
1	0,000	0,000	0,001	0,004	0,016	2,706	3,841	5,024	6,635	7,879
2	0,010	0,020	0,051	0,103	0,211	4,605	5,991	7,378	9,210	10,597
3	0,072	0,115	0,216	0,352	0,584	6,251	7,815	9,348	11,345	12,838
4	0,207	0,297	0,484	0,711	1,064	7,779	9,488	11,143	13,277	14,860
5	0,412	0,554	0,831	1,145	1,610	9,236	11,070	12,833	15,086	16,750
6	0,676	0,872	1,237	1,635	2,204	10,645	12,592	14,449	16,812	18,548
7	0,989	1,239	1,690	2,167	2,833	12,017	14,067	16,013	18,475	20,278
8	1,344	1,646	2,180	2,733	3,490	13,362	15,507	17,535	20,090	21,955
9	1,735	2,088	2,700	3,325	4,168	14,684	16,919	19,023	21,666	23,589
10	2,156	2,558	3,247	3,940	4,865	15,987	18,307	20,483	23,209	25,188
15	4,601	5,229	6,262	7,261	8,547	22,307	24,996	27,488	30,578	32,801
20	7,434	8,260	9,591	10,851	12,443	28,412	31,410	34,170	37,566	39,997
25	10,520	11,524	13,120	14,611	16,473	34,382	37,652	40,646	44,314	46,928
30	13,787	14,953	16,791	18,493	20,599	40,256	43,773	46,979	50,892	53,672
35	17,192	18,509	20,569	22,465	24,797	46,059	49,802	53,203	57,342	60,275
40	20,707	22,164	24,433	26,509	29,051	51,805	55,758	59,342	63,691	66,766
45	24,311	25,901	28,366	30,612	33,350	57,505	61,656	65,410	69,957	73,166
50	27,991	29,707	32,357	34,764	37,689	63,167	67,505	71,420	76,154	79,490

1.13.5.1 Korrelation und Regression

Aus den Beobachtungswerten $(x_i; y_i)$ einer verbundenen Stichprobe, die in einem x-y-Koordinatensystem dargestellt werden können, werden Mittelwert, Standardabweichung und Kovarianz bestimmt.

$$\overline{x} = \frac{1}{n} \sum x_i \quad s_x^2 = \frac{1}{n-1} \sum (x_i - \overline{x})^2 \quad s_x = \sqrt{s_x^2}$$

$$\overline{y} = \frac{1}{n} \sum y_i \quad s_y^2 = \frac{1}{n-1} \sum (y_i - \overline{y})^2 \quad s_y = \sqrt{s_y^2}$$

$$m_{xy} = \frac{1}{n-1} \sum (x_i - \overline{x})(y_i - \overline{y})$$

Empirischer Korrelationskoeffizient

$$r = \frac{m_{xy}}{s_x s_y} \quad \begin{cases} r = 0 & \text{kein linearer Zusammenhang} \\ |r| = 1 & \text{linearer Zusammenhang} \end{cases}$$

Empirische Regressionsgerade

$$y(x) = \overline{y} + r \frac{s_y}{s_x} \cdot (x - \overline{x})$$

Beispiel

Ermittlung einer Regressionsgeraden

i	x_i	y_i	$(x_i - \overline{x})^2$	$(y_i - \overline{y})^2$	$(x_i - \overline{x})(y_i - \overline{y})$
1	4,100	28,000	17,140	9,000	12,420
2	6,200	32,000	4,162	1,000	−2,040
3	7,900	30,500	0,116	0,250	0,170
4	10,500	34,000	5,108	9,000	6,780
5	12,500	30,500	18,148	0,250	−2,130
$\sum$	41,200	155,000	44,672	19,500	15,200

$$\overline{x} = \frac{41,2}{5} = 8,24 \qquad \overline{y} = \frac{155}{5} = 31,00$$

$$s_x^2 = \frac{44,67}{4} = 11,17 \quad s_y^2 = \frac{19,50}{4} = 4,88$$

$$s_x = 3,342 \qquad s_y = 2,208$$

$$m_{xy} = \frac{15,20}{4} = 3,80$$

$$r = \frac{3,80}{3,342 \cdot 2,208} = 0,5150$$

$$y(x) = 31,00 + \frac{0,5150 \cdot 2,208}{3,342}(x - 8,24)$$

$$= 28,20 + 0,3402\, x \quad \blacktriangleleft$$

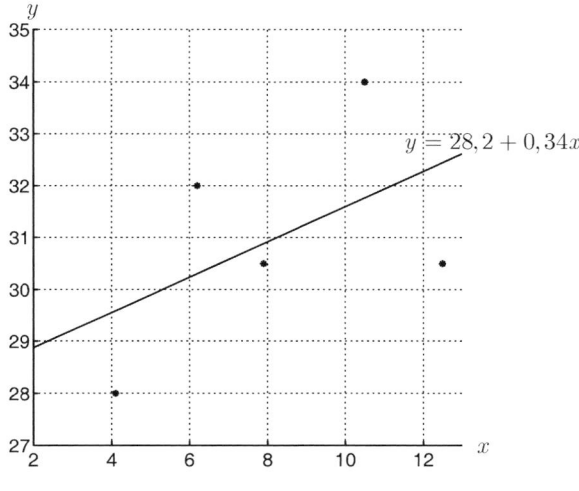

Abb. 1.53 Regressionsgerade

1.13.6 Fehlerfortpflanzung

$$y = f(x_1, \ldots, x_n)$$

$$s_y = \sqrt{\sum_{i=1}^{n} \left(\frac{\partial f}{\partial x_i} \cdot s_i \right)^2}$$

s_i Standardabweichung der Einzelgrößen x_i

$\partial f / \partial x_i$ Partielle Ableitung der Funktion y nach x_i

s_y Standardabweichung der abgeleiteten Größe y

Beispiel (konsistente Einheiten vorausgesetzt)

$y = \dfrac{x_1}{x_2 x_3^2}$ (angelehnt an Biegespannungsformel $\sigma \propto \dfrac{M}{bh^2}$)

$$x_1 = 2 \qquad x_2 = 1 \qquad x_3 = 3$$

$$s_1 = 0{,}20 \quad s_2 = 0{,}15 \quad s_3 = 0{,}18$$

$$\frac{\partial y}{\partial x_1} = \frac{1}{x_2 x_3^2} = \frac{1}{1 \cdot 3^2} = \frac{1}{9}$$

$$\frac{\partial y}{\partial x_2} = -\frac{x_1}{x_2^2 x_3^2} = -\frac{2}{1^2 \cdot 3^2} = -\frac{2}{9}$$

$$\frac{\partial y}{\partial x_3} = -2\frac{x_1}{x_2 x_3^3} = -2\frac{2}{1 \cdot 3^3} = -\frac{4}{27}$$

$$s_y^2 = \left(\frac{1}{9} \cdot 0{,}20 \right)^2 + \left(-\frac{2}{9} \cdot 0{,}15 \right)^2 + \left(-\frac{4}{27} \cdot 0{,}18 \right)^2$$

$$= 0{,}002316$$

$$s_y = 0{,}0481$$

Näherung: Bei kleinen Standardabweichungen relativ zum Mittelwert, d. h. bei kleinen Variationskoeffizienten kann der Gradient näherungsweise durch den mit den Standardabweichungen gebildeten Differenzenquotienten ersetzt werden. Für das Beispiel:

$$y = \frac{2}{1 \cdot 3^2} = \frac{2}{9}$$

$$v_1 = \frac{0{,}20}{2} = 0{,}10 \quad v_2 = \frac{0{,}15}{1} = 0{,}15$$

$$v_3 = \frac{0{,}18}{3} = 0{,}06$$

$$\frac{\partial y}{\partial x_1} s_1 \approx y(x_1 + s_1, x_2, x_3) - y = y(1 + v_1) - y$$

$$\frac{\partial y}{\partial x_2} s_2 \approx y(x_1, x_2 + s_2, x_3) - y = \frac{y}{1 + v_2} - y$$

$$\frac{\partial y}{\partial x_3} s_3 \approx y(x_1, x_2, x_3 + s_3) - y = \frac{y}{(1 + v_3)^2} - y$$

$$s_y^2 = y^2 \left[v_1^2 + \left(\frac{1}{1 + v_2} - 1 \right)^2 + \left(\frac{1}{(1 + v_3)^2} - 1 \right)^2 \right]$$

$$= \left(\frac{2}{9} \right)^2 \left[0{,}10^2 + \left(\frac{1}{1{,}15} - 1 \right)^2 + \left(\frac{1}{1{,}06^2} - 1 \right)^2 \right]$$

$$= \frac{4}{81} \cdot 0{,}03911$$

$$= 0{,}001932$$

$$s_y = 0{,}0439 \approx 0{,}0481 \quad \blacktriangleleft$$

1.14 Mathematische Grundlagen des Sicherheitskonzepts bei der Bemessung mit Teilsicherheitsbeiwerten

1.14.1 Das einfache Bauteil

Es wird ein Bauteilwiderstand $R > 0$ und eine von diesem statistisch unabhängige Einwirkung $E > 0$ mit den Dichtefunktionen $f_R(r)$ und $f_E(e)$ betrachtet. Die Versagenswahrscheinlichkeit p_f ergibt sich aus dem Faltungsintegral

$$p_f = P(R - E \leq 0) = \int_0^\infty \int_0^e f_{RS}(r, e)\, \mathrm{d}r\, \mathrm{d}e$$

$$= \int_0^\infty \int_0^e f_R(r) f_E(e)\, \mathrm{d}r\, \mathrm{d}e = \int_0^\infty F_R(e) f_E(e)\, \mathrm{d}e$$

oder alternativ

$$p_f = P(R - E \leq 0) = \int_0^\infty \int_r^\infty f_{RS}(r, e)\, \mathrm{d}e\, \mathrm{d}r$$

$$= \int_0^\infty \int_r^\infty f_E(e) f_R(r)\, \mathrm{d}e\, \mathrm{d}r = 1 - \int_0^\infty F_E(r) f_R(r)\, \mathrm{d}r$$

In den Normen wird die Versagenswahrscheinlichkeit p_f in der Regel durch den einfacher handhabbaren Sicherheitsindex β angegeben, wobei der Zusammenhang zwischen den beiden Größen über die Standardnormalverteilung gegeben ist.

$$p_f = \Phi(-\beta) \Leftrightarrow \beta = \Phi^{-1}(1 - p_f)$$

Alternativ kann ein Sicherheitsabstand $g = R - E$ definiert werden. Die Versagenswahrscheinlichkeit beträgt dann

$$p_f = P(g \leq 0) = F_g(0)$$

Der Zustand $g = 0$ wird im Allgemeinen als Grenzzustandsfläche bezeichnet. Für den einfachen Fall eines normalverteilten Widerstands und einer normalverteilten Einwirkung ist auch der Sicherheitsabstand normalverteilt, und es gilt

$$p_f = \Phi\left(-\frac{\mu_g}{\sigma_g} \right) \quad \mu_g = \mu_R - \mu_E \quad \sigma_g = \sqrt{\sigma_R^2 + \sigma_E^2}$$

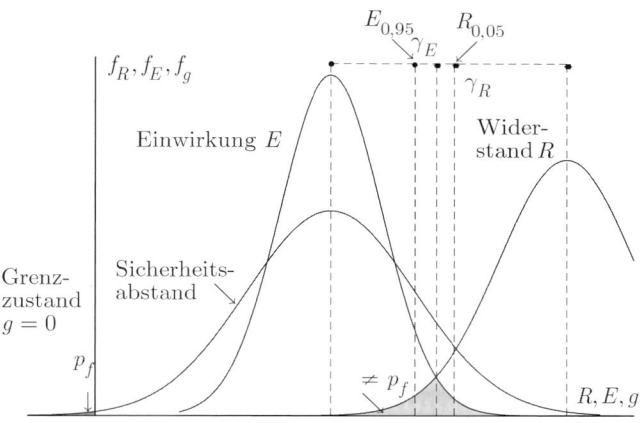

Abb. 1.54 Sicherheitskonzept im Bauwesen

Tafel 1.18 Versagenswahrscheinlichkeit und Sicherheitsindex nach [2]

β	$p_f = \Phi(-\beta)$	p_f	$\beta = \Phi^{-1}(1 - p_f)$
0	0,5	0,5	0
1	$1{,}587 \cdot 10^{-1}$	10^{-1}	1,282
2	$2{,}275 \cdot 10^{-2}$	10^{-2}	2,327
3	$1{,}350 \cdot 10^{-3}$	10^{-3}	3,091
4	$3{,}169 \cdot 10^{-5}$	10^{-4}	3,791
5	$2{,}871 \cdot 10^{-7}$	10^{-5}	4,265
6	$9{,}901 \cdot 10^{-10}$	10^{-6}	4,753
7	$1{,}288 \cdot 10^{-12}$	10^{-7}	5,199
8	$1{,}145 \cdot 10^{-16}$	10^{-8}	5,612

Tafel 1.19 Zielwert des Zuverlässigkeitsindex β nach [2]

Grenzzustand	Zielwert des Zuverlässigkeitsindex	
	1 Jahr	50 Jahre
Tragfähigkeit	4,7	3,8
Ermüdung		1,5 bis 3,8
Gebrauchstauglichkeit	2,9	1,5

Standardnormalraum

Transformation der Zufallsvariablen

$$\bar{E} = \frac{E - \mu_E}{\sigma_E} \quad \bar{R} = \frac{R - \mu_R}{\sigma_R}$$

Der Sicherheitsindex

$$\beta = \frac{\mu_R - \mu_E}{\sqrt{\sigma_R^2 + \sigma_E^2}}$$

ist der Abstand der transformierten Grenzzustandsfläche

$$\sigma_E \cdot \bar{E} - \sigma_R \cdot \bar{R} + \mu_E - \mu_R = 0$$

vom Koordinatenursprung. Der Bemessungspunkt hat die Koordinaten

$$\bar{E}^* = \alpha_E \cdot \beta \quad \bar{R}^* = \alpha_R \cdot \beta$$

mit den Sensitivitätsfaktoren

$$\alpha_E = \frac{\sigma_E}{\sqrt{\sigma_E^2 + \sigma_R^2}} \quad \alpha_R = -\frac{\sigma_R}{\sqrt{\sigma_E^2 + \sigma_R^2}}$$

bzw. nach Rücktransformation

$$E^* = \mu_E + \alpha_E \cdot \beta \cdot \sigma_E \quad R^* = \mu_R + \alpha_R \cdot \beta \cdot \sigma_R$$

Die Vorzeichen der Wichtungsfaktoren α sind in der Literatur nicht einheitlich definiert (hier wird ein positives Vorzeichen auf der Einwirkungsseite und ein negatives Vorzeichen auf der Widerstandsseite gewählt). Eine deterministische Bemessung mit der Einwirkung E^* und dem Widerstand R^* hat die Sicherheit β bzw. die Versagenswahrscheinlichkeit $p_f = \Phi(-\beta)$.

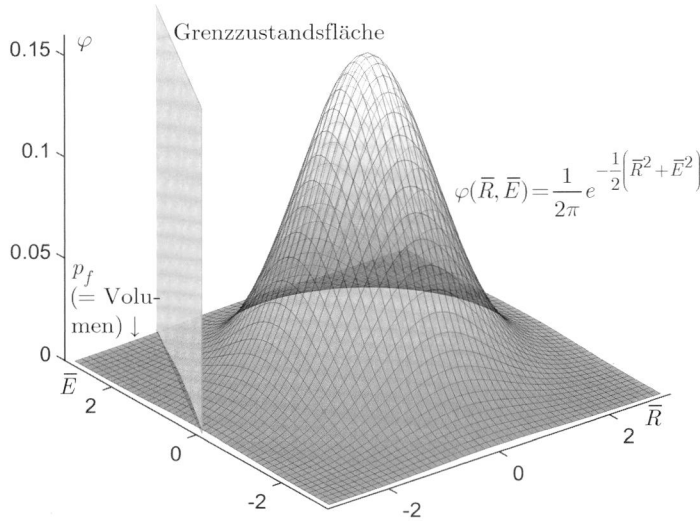

$$\varphi(\bar{R}, \bar{E}) = \frac{1}{2\pi} e^{-\frac{1}{2}\left(\bar{R}^2 + \bar{E}^2\right)}$$

Abb. 1.55 Das R-E-Beispiel im Standardnormalraum

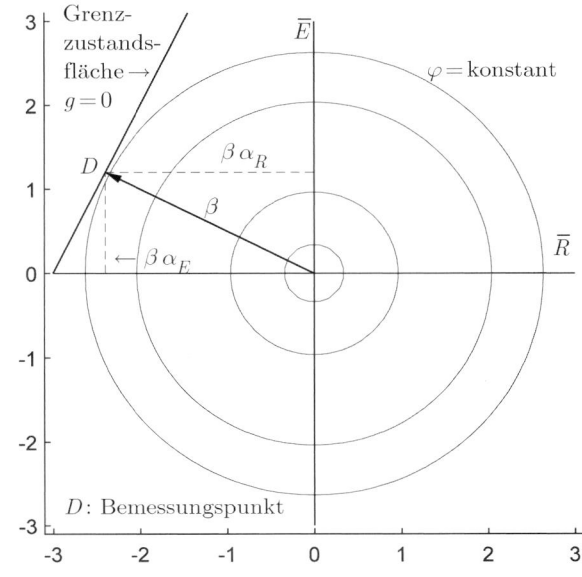

1.14.2 Allgemeines Bauteil

Die Versagenswahrscheinlichkeit wird durch das n-dimensionale Integral

$$p_f = \int\limits_{g(\mathbf{x})<0} f(\mathbf{x})\, \mathrm{d}\mathbf{x}$$

angegeben, wobei $f(\mathbf{x}) = f(x_1, \ldots, x_n)$ die gemeinsame Wahrscheinlichkeitsdichtefunktion der Zufallsvariablen ist. Eine Berechnung dieses Integrals ist aus mehreren Gründen problematisch. Zum einen ist die gemeinsame Wahrscheinlichkeitsdichtefunktion infolge unzureichender statistischer Informationen über die Basiszufallsvariablen meist nicht bekannt. Dazu kommt das Problem, dass selbst bei bekannten Funktionen $f(\mathbf{x})$ und $g(\mathbf{x})$ die direkte Berechnung des Integrals, das sich oft über kompliziert berandete Bereiche hohe Dimension erstreckt, außerordentlich aufwändig ist.

1.14.3 Die Zuverlässigkeitsmethode erster Ordnung

Die Zuverlässigkeitsmethode erster Ordnung (*FORM = First Oder Reliability Method*) ist eine Näherungsmethode zur rechnerischen Ermittlung von Versagenswahrscheinlichkeiten für lineare und nichtlineare sowie normal- und nicht normalverteilte Probleme mit statistisch abhängigen bzw. unabhängigen Zufallsvariablen $\mathbf{x}$. Die Variablen $\mathbf{x}$ werden zu standardnormalverteilten Variablen $\mathbf{y}$ (d. h. statistisch unabhängige normalverteilte Variablen mit Mittelwert Null und Standardabweichung eins) transformiert. Die Grenzzustandsfläche wird im sogenannten Bemessungspunkt $\mathbf{y}^*$, dem Punkt auf der Grenzzustandsfläche mit minimalem Abstand zum Ursprung, linearisiert.

$$p_f \approx \int\limits_{g(\mathbf{x})<0} \varphi(\mathbf{y})\, \mathrm{d}\mathbf{y} = \Phi(-\beta)$$

mit der Dichtefunktion

$$\varphi_n(\mathbf{y}) = \frac{1}{(2\pi)^{n/2}} e^{-\frac{1}{2}\mathbf{y}^T\mathbf{y}}$$

1.14.4 Nachweisverfahren mit Teilsicherheitsbeiwerten

Beim Nachweis mit Teilsicherheitsbeiwerten γ ist nach [2] zu zeigen, dass bei Ansatz der Bemessungswerte auf Einwirkungs- und Widerstandsseite alle maßgebenden Grenzzustände eingehalten werden, wobei die Bemessungswerte aus charakteristischen Werten durch Multiplikation auf der

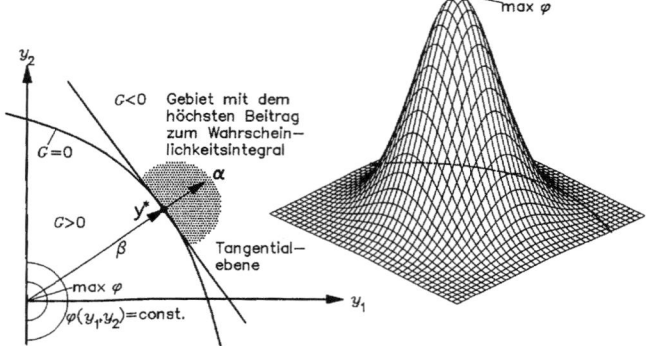

Abb. 1.56 Die Zuverlässigkeitsmethode erster Ordnung bei zwei Zufallsvariablen

Einwirkungs- und Division auf der Widerstandsseite ermittelt werden. Die Ergebnisse der Zuverlässigkeitsmethode erster Ordnung können zur Kalibrierung der Teilsicherheitsbeiwerte herangezogen werden. Diese ergeben sich nach [1] zu

$$\gamma_E = \frac{1 + \beta\alpha_E V_E}{1 + k_E \cdot V_E} \qquad \gamma_R = \frac{1 + k_R \cdot V_R}{1 + \beta\alpha_R V_R}$$

so dass gilt

$$E_d = \gamma_E E_k \qquad\qquad R_d = \frac{R_k}{\gamma_R}$$

$$E_k = \mu_E + k_E \cdot \sigma_E = \mu_E (1 + k_E \cdot V_E)$$

$$R_k = \mu_R + k_R \cdot \sigma_R = \mu_R (1 + k_R \cdot V_R)$$

$$\alpha_E = \frac{\sigma_E}{\sqrt{\sigma_E^2 + \sigma_R^2}} \qquad \alpha_R = \frac{-\sigma_R}{\sqrt{\sigma_E^2 + \sigma_R^2}}$$

$$E^* = \mu_E + \alpha_E \cdot \beta \cdot \sigma_E \qquad R^* = \mu_R + \alpha_R \cdot \beta \cdot \sigma_R$$

$$\gamma_R = \frac{1 + k_R \cdot V_R}{1 + \beta\alpha_R V_R} \qquad \gamma_E = \frac{1 + \beta\alpha_E V_E}{1 + k_E \cdot V_E}$$

E Einwirkung
R Bauteilwiderstand
γ_E, γ_R Teilsicherheitsbeiwerte
V_E, V_R Variationskoeffizienten
σ_E, σ_R Standardabweichungen
E_k, R_k charakteristische Werte
k_E, k_R Anzahl Standardabweichungen zwischen Mittelwert und Quantilwert
α_E, α_R Wichtungsfaktoren ($\alpha_E > 0, \alpha_R < 0$)

1.14.5 Sensitivität bei kleinen Wahrscheinlichkeiten

Die berechnete Versagenswahrscheinlichkeit kann in hohem Maße (u. U. Größenordnungen) davon abhängen, welche Verteilungsfunktion für den Widerstand angesetzt wird.

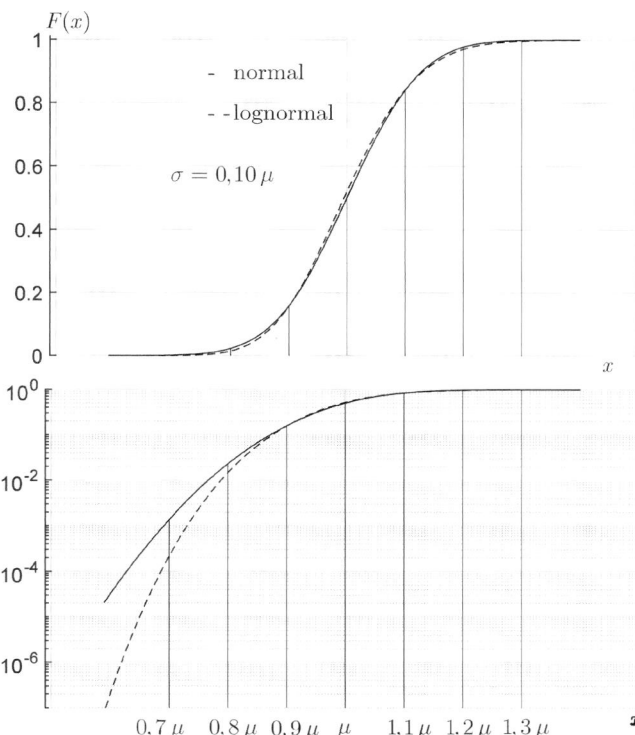

Abb. 1.57 Normal- und Lognormalverteilung

Unterschied Normalverteilung-Lognormalverteilung
Ist der Logarithmus einer Zufallsvariablen x normalverteilt, so ist x logarithmisch normalverteilt mit der Dichtefunktion

$$\varphi(x) = \frac{1}{x\, b\sqrt{2\pi}} e^{-\frac{(\ln x - a)^2}{2b^2}}$$

$$\mu = e^{a+\frac{1}{2}b^2} \qquad \text{Mittelwert}$$

$$\sigma = \sqrt{(e^{b^2}-1)\, e^{2a+b^2}} \qquad \text{Standardabweichung}$$

$$a = \ln\left(\frac{\mu^2}{\sqrt{\mu^2+\sigma^2}}\right)$$

$$b = \sqrt{\ln\left(1+\frac{\sigma^2}{\mu^2}\right)}$$

Die Parameter a und b sind der Mittelwert bzw. die Standardabweichung der normalverteilten Variable

$$y = \ln(x)$$

Normal- und Lognormalverteilung unterscheiden sich bei gleichem Mittelwert und gleicher Standardabweichung bei kleinen Wahrscheinlichkeiten, d. h. am unteren Rand der Ver-

teilungsfunktion massiv (tail sensitivity problem). Da der Bauteilwiderstand oft als lognormalverteilte Variable modelliert wird, kommt diesem Umstand besondere Bedeutung zu. Nur mit logarithmischem Maßstab auf der Ordinate wird diese Abweichung in der graphischen Darstellung der beiden Verteilungsfunktionen erkennbar (vgl. Abb. 1.57).

Da die Festlegung der erforderlichen Sicherheiten in Form des Sicherheitsindex nicht nur von nationalen Erfahrungen und Anforderungen, sondern in wesentlichem Maße vom mechanischen und, wie gerade erwähnt, vom probabilistischen Modell sowie von der angestrebten Lebensdauer abhängt, dient diese hauptsächlich zur Entwicklung konsistenter Bemessungsregeln und nicht unbedingt als explizite Angabe der vorhandenen Versagenswahrscheinlichkeit [1].

1.14.6 Monte-Carlo-Simulation

Bei der Monte-Carlo-Simulationsmethode werden für eine Folge von Parametern, die unter Berücksichtigung ihrer statistischen Verteilung generiert werden, wiederholt deterministische Berechnungen durchgeführt. Die gesuchten statistischen Eigenschaften der Antwortgrößen wie Mittelwert, Standardabweichung, Überschreitungswahrscheinlichkeit werden aus den erhaltenen Stichproben bestimmt. Die einfache Anwendbarkeit auf Ingenieurprobleme jeglicher Art sowie die Möglichkeit, jede gewünschte Genauigkeit durch eine hinreichend große Anzahl simulierter Realisationen erreichen zu können, haben sich als Vorteile dieser Methode herausgestellt. Da jedoch die Ermittlung kleiner Versagenswahrscheinlichkeiten, wie sie insbesondere im konstruktiven Ingenieurbau gewöhnlich gefordert werden, eine hohe Anzahl von deterministischen Programmläufen erforderlich macht (zum Teil mehrere Millionen), ist eine Anwendung besonders im Hinblick auf nichtlineare Probleme im Allgemeinen unwirtschaftlich.

Beispiel
Vergleich der Wahrscheinlichkeitsdichtefunktion der Normalverteilung mit Ergebnissen der Simulation normalverteilter Zufallsvariablen.

Es werden 10^4 und 10^7 Zufallsvariable generiert und in Abb. 1.58 und 1.59 die zugehörigen Häufigkeitsdiagramm betrachtet. Man erkennt, dass im ersten Fall einige der gewählten 100 Klassen nicht einen einzigen Treffer der 10000 aufweisen, so dass die Ergebnisse unbrauchbar werden für eine Wahrscheinlichkeit von etwa $\Phi(-3)$. Bei 10^7 Zufallsvariablen passt sich das Histogramm auch in den Randbereichen zufriedenstellend an die Dichtefunktion an. ◄

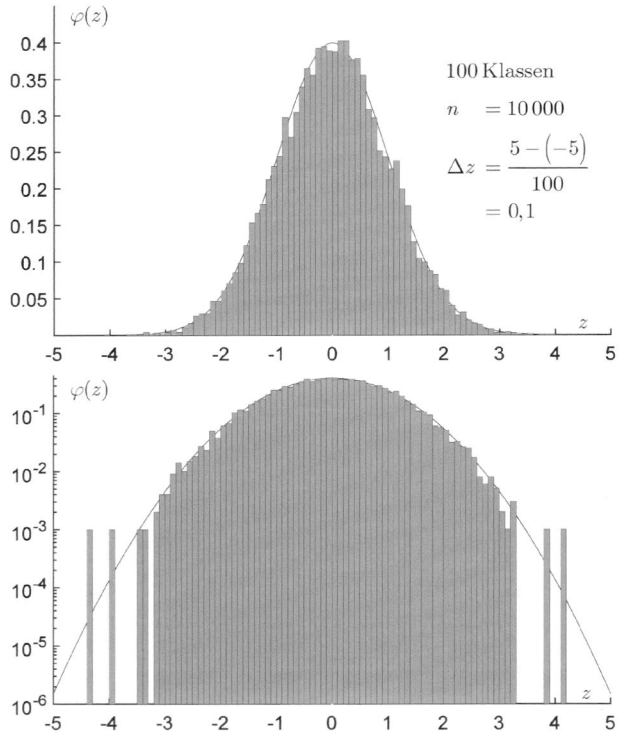

Abb. 1.58 Histogram generierter Zufallszahlen (standardnormalverteilt $n = 10^4$) in linearer und semilogarithmischer Darstellung und Vergleich mit zugehöriger Dichtefunktion

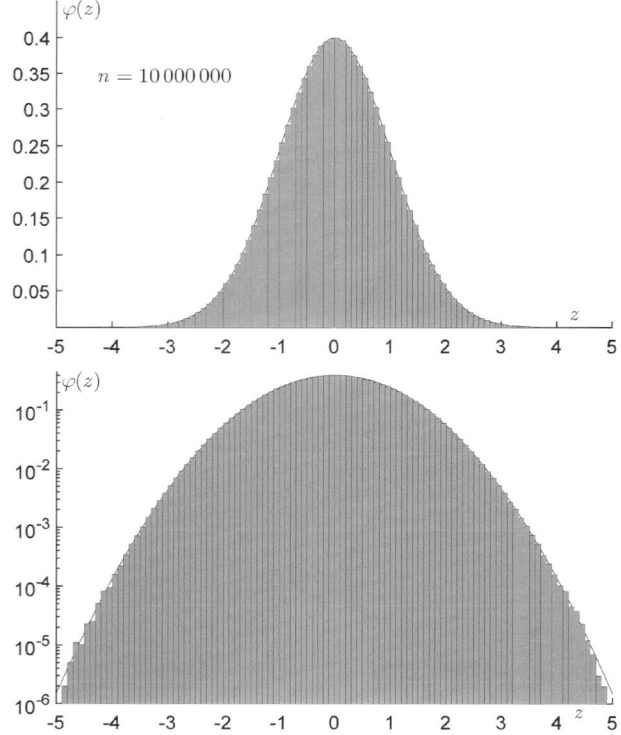

Abb. 1.59 Histogram generierter Zufallszahlen (standardnormalverteilt $n = 10^7$) in linearer und semilogarithmischer und Vergleich mit zugehöriger Dichtefunktion

1.14.7 Ermittlung charakteristischer Werte durch Belastungsversuche

Die Wahrscheinlichkeit, dass bei einem Stichprobenumfang n die Anzahl der Erfolge gleich k ist, berechnet sich bei großer Grundgesamtheit (d. h. „mit Zurücklegen = ohne Zurücklegen ") nach der Binomialverteilung und beträgt

$$p(x = k, q, n) = \binom{n}{k} q^k \cdot (1 - q)^{n-k}$$

wobei q die Wahrscheinlichkeit ist, dass bei einer Stichprobe ein Erfolg auftritt (Einzelwahrscheinlichkeit). Wird nun eine festgelegte Versuchslast als ein bestimmter Quantilwert q des Bauteilwiderstands interpretiert, ist die Wahrscheinlichkeit, dass das getestete Bauteil allen n Versuchen standhält (Wahrscheinlichkeit für n Misserfolge, d. h. Null Erfolge)

$$p(x = 0, q, n) = \binom{n}{0} q^0 \cdot (1 - q)^{n-0} = (1 - q)^n$$

Diese Wahrscheinlichkeit ist nach [3] die Wahrscheinlichkeit, dass die Versuchslast größer ist als der Quantilwert R_q der Grundgesamtheit, d. h. die Irrtumswahrscheinlichkeit. Je nach gesuchten bzw. gegebenen Größen q, p, n ergeben sich die folgenden drei Beziehungen aus der obigen Gleichung

$$p = (1 - q)^n \quad n = \frac{\ln p}{\ln(1 - q)} \quad q = 1 - p^{1/n}$$

n Anzahl der Versuche

q Quantilwert des Widerstands, z. B. $q = 0,05$ für 5 %-Quantile

p Irrtumswahrscheinlichkeit

$1 - p$ Wahrscheinlichkeit, dass der Quantilwert größer ist als die aufgebrachte Versuchlast

Mit steigender Versuchsanzahl n verringert sich also entweder der vorhergesagte Quantilwert q bei gleichbleibender Irrtumswahrscheinlichkeit p oder es reduziert sich bei konstantem Quantilwert die Irrtumswahrscheinlichkeit.

Tafel 1.20 Quantilwerte in Abhängigkeit von der Versuchsanzahl für eine Irrtumswahrscheinlichkeit von 12,5 %

n	$q(\%)$	$z(q) = \Phi^{-1}(q)$
1	87,50	1,150
2	64,64	0,376
3	50,00	0
5	34,02	−0,412
8	22,89	−0,743
10	18,77	−0,886
20	9,87	−1,289
50	4,07	−1,742

Charakteristischer Übertragungsfaktor

Für lognormalverteilte Widerstände gilt

$$\gamma_{\text{ü,k}} = \frac{R_{\text{q}}}{R_{\text{q,5\%}}} = \exp\{v_R\,[z(q) + 1{,}6449]\}$$

Gesamtübertragungsfaktor

$$\gamma_{\text{R,ü}} = \gamma_{\text{ü,k}} \cdot \gamma_{\text{R}} = \frac{R_{\text{q}}}{R_{\text{d}}}$$

Beispiel

(a) Wie groß ist die Wahrscheinlichkeit, dass der Median des Widerstands (50 %-Quantilwert) größer ist als die Versuchslast, wenn sechs Stichproben aus einer großen Grundgesamtheit entnommen und getestet werden?

(b) Wie oft müsste getestet werden, um mit gleicher Wahrscheinlichkeit die Versuchslast als den 5 %-Quantilwert zu interpretieren.

$$(a) \quad p = (1 - 0{,}5)^6 = \frac{1}{64} = 1{,}56\,\%$$

Mit einer Wahrscheinlichkeit von $100 - 1{,}56 = 98{,}4\,\%$ ist der Median größer als die Versuchslast.

$$(b) \quad n = \frac{\ln p}{\ln (1 - q)} = \frac{-\ln 64}{\ln (1 - 0{,}05)} = 81$$

Werden rund 80 Versuche durchgeführt, ist mit einer Wahrscheinlichkeit von 98,4 % der 5 %-Quantilwert größer als die Versuchslast. ◄

Beispiel

15 getestete Bauteile einer großen Grundgesamtheit halten einer Versuchsziellast von 75 kN stand. Gesucht: Bemessungswert R_{d} des Bauteilwiderstands bei einem Variationskoeffizient von 20 % und einer Irrtumswahrscheinlichkeit von $p = 12{,}5\,\%$. Der anzusetzende Teilsicherheitsbeiwert betrage $\gamma_R = 1{,}2$.

Der mit 15 Versuchen erzielte Quantilwert beträgt

$$q = 1 - p^{\frac{1}{n}} = 1 - 0{,}125^{\frac{1}{15}} = 0{,}1294$$

Es gilt

$$z(q) = \Phi^{-1}(q) = \Phi^{-1}(0{,}1294) = -1{,}1290$$

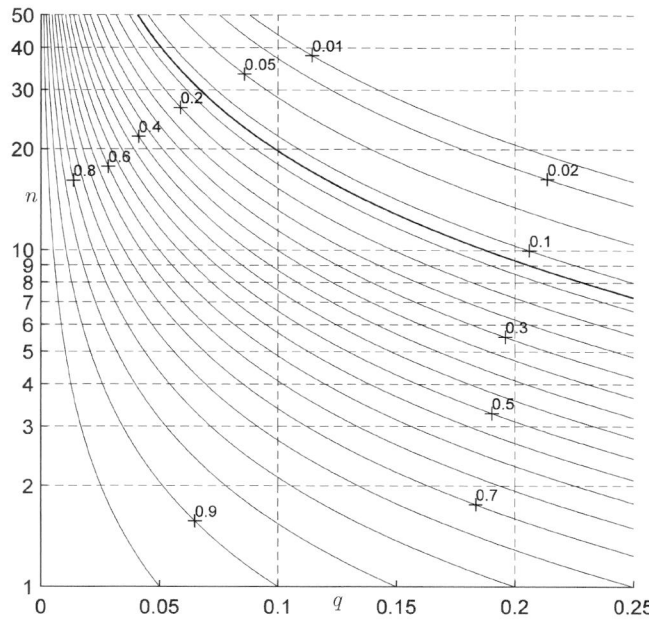

Abb. 1.60 Höhenlinien der Irrtumswahrscheinlichkeit p als Funktion der Versuchsanzahl n und des Quantilwerts q (dicke Höhenlinie = $p = 0{,}125$, siehe Tafel 1.20)

Daraus ergibt sich ein Übertragungswert von

$$\gamma_{\text{ü,k}} = \frac{R_q}{R_{q,5\%}} = \exp\{v_R\,[z(q) + 1{,}6449]\}$$
$$= e^{0{,}2(-1{,}1290 + 1{,}6449)} = 1{,}109$$

sowie ein Gesamtübertragungswert

$$\gamma_{\text{R,ü}} = \gamma_{\text{ü,k}} \cdot \gamma_{\text{R}} = 1{,}109 \cdot 1{,}2 = 1{,}331$$

Somit gilt

$$R_{\text{d}} = \frac{75}{1{,}331} = 56{,}4\,\text{kN} \quad ◄$$

Literatur

1. Vismann, U.: *Zuverlässigkeitstheoretische Verifikation von Bemessungskriterien im Stahlbetonbau*, Berichte aus dem Konstruktiven Ingenieurbau, Technische Universität München, 1995

2. DIN EN 1990, Eurocode 0: Grundlagen der Tragwerksplanung

3. Marx S., Grünberg J., Schacht, G.: *Methoden zur Bewertung experimenteller Ergebnisse bei kleinem Stichprobenumfang*. Ernst & Sohn, Beuth, Beton und Stahlbetonbau 114 (2019), Heft 1

Vermessung

Prof. Dr.-Ing. Rainer Joeckel

Inhaltsverzeichnis

Anmerkung   Entsprechend DIN 18709 werden die dort angeführten Bezeichnungen verwendet.

2.1   Grundlagen

Die vermessungstechnischen Arbeiten gliedern sich in
- Horizontal- oder Lagemessungen und
- Vertikal- oder Höhenmessungen

In der Regel bezieht man sich dabei auf ein *Lagefestpunktfeld* und ein *Höhenfestpunktfeld*.

R. Joeckel (✉)
Stuttgart, Deutschland
E-Mail: rainer.joeckel@hft-stuttgart.de

Bei bautechnischen Vermessungen sind die beiden Aufgaben:
- Erfassung (Punktaufnahme) und
- Absteckung (Übertragung des Bauentwurfs in das Gelände)

von besonderer Bedeutung.

Die Vermessung bildet die Grundlage für die Planung und Durchführung von Bauvorhaben.

2.1.1   Das Lagefestpunktfeld

Das Lagefestpunktfeld umfasst ein enges Netz koordinierter Punkte, von denen aus Absteckung und Punktaufnahme durchgeführt werden können. Die Punkte sind zum Teil noch im Gauß-Krüger-Meridianstreifensystem (GK-System) koordiniert. Die Umstellung in allen Bundesländern auf das transversale Mercatorsystem (UTM-System) steht kurz vor dem Abschluss.

GK-System   Das GK-System erlaubt eine winkeltreue jedoch nicht längentreue Abbildung des Erdellipsoids in die Ebene. Das GK-System ist in 3°-breite Meridianstreifen eingeteilt. In der Mitte der Meridianstreifen liegen die Bezugsmeridiane L_0.

Für das Gebiet der Bundesrepublik Deutschland sind die Bezugsmeridiane $L_0 = 6°, 9°, 12°$ und $15°$ östlich Greenwich in östlicher Richtung durchnummeriert und mit einer Kennzahl K_z versehen.

$$K_z = L_0/3°$$

Die Gauß-Krüger-Koordinaten eines Punktes nennt man Rechts- und Hochwert.

$$\text{Rechtswert} = R = \text{Ordinate} = R_0 + Y$$

Mit

R_0 Ordinatenwert des Bezugsmeridians $= (K_z + 0{,}5) \cdot 10^6 \, \text{m}$

Y Abstand des Punktes vom Bezugsmeridian (Lotlänge). Östlich vom Bezugsmeridian ist Y positiv, westlich davon negativ (Abb. 2.1).

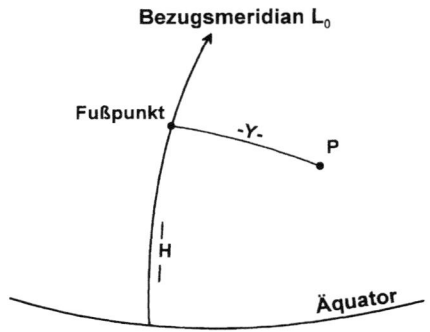

Abb. 2.1 GK-Koordinaten

Beispiele

Ein Punkt A liegt 23.415,25 m östlich vom 9°-Meridian

$$R_0 = (9°/3° + 0,5) \cdot 10^6 \, \text{m} = 3.500.000 \, \text{m}$$
$$R_A = R_0 + Y_A = 3.523.415,25 \, \text{m}$$

Ein Punkt B liegt 77.216,82 m westlich vom 12°-Meridian

$$R_0 = (12°/3° + 0,5) \cdot 10^6 \, \text{m} = 4.500.000 \, \text{m}$$
$$R_B = R_0 + Y_B = 4.422.783,18 \, \text{m} \quad \blacktriangleleft$$

Hochwert = H = Abszisse = Länge des Bezugsmeridians vom Äquator bis zum Lotfußpunkt.

Beispiel

$$H = 5.617.316,17 \, \text{m} \quad \blacktriangleleft$$

Gauß-Krüger-Koordinaten sind ebene rechtwinklige Koordinaten. Bei der Abbildung einer auf der Erdoberfläche gemessenen Strecke in die Gauß-Krüger-Ebene muss eine Verzerrungskorrektur angebracht werden (siehe Abschn. 2.3.3).

UTM-System Das UTM-System erlaubt ebenfalls eine winkeltreue Abbildung des Erdellipsoids in die Ebene. Das UTM-System ist in 6° breite Meridianstreifen eingeteilt. In der Mitte der Meridianstreifen liegen die Bezugsmeridiane L_0. Für das Gebiet der Bundesrepublik Deutschland sind die Bezugsmeridiane $L_0 = 3°, 9°$ und 15° östlich Greenwich in östlicher Richtung durchnummeriert und mit einer Zonennummer Z versehen.

$$Z = \frac{L_0 + 3°}{6°} + 30$$

Die UTM-Koordinaten eines Punktes nennt man Ost- und Nord-Wert.

$$\text{Ostwert} = E = \text{Ordinate} = E_0 + Y$$

mit
$E_0 \quad (Z + 0,5) 10^6 \, \text{m}$
$Y \quad$ Abstand des Punktes vom Bezugsmeridian. Östlich vom Bezugsmeridian ist Y positiv, westlich davon negativ.

Beispiel

Ein Punkt C liegt 107.325,16 m westlich vom 9°-Meridian.

$$Z = 32$$
$$E_0 = 32.500.000 \, \text{m}$$
$$E_C = 32.392.674,84 \quad \blacktriangleleft$$

Nordwert = N = Abszisse = Lange des Bezugsmeridians vom Äquator bis zum Lotfußpunkt.

Beispiel

$$N = 5.489.217,12 \, \text{m} \quad \blacktriangleleft$$

Die Koordinaten des Festpunktfeldes können über die Landesvermessungsämter der Bundesländer bezogen werden. Die einzelnen Landesvermessungsämter sind über das Internetportal www.adv-online.de zu erreichen.

Die Festpunktfelder der Länder bestehen derzeit noch aus dem trigonometrischen Punktfeld (TP-Feld) mit einem durchschnittlichen Punktabstand von ca. 1 km. Das TP-Feld ist durch das Aufnahmepunktfeld (AP-Feld) weiter verdichtet. In Ortslagen beträgt der durchschnittliche Punktabstand des AP-Feldes ca. 200 m. Reicht diese Punktdichte für ein Bauvorhaben nicht aus, so muss z. B. durch Polygonierung (siehe Abschn. 2.3) das Punktfeld weiter verdichtet werden.

Die Punktverdichtung (sowohl nach Lage und Höhe) kann aber auch durch satellitengestützte Vermessung erfolgen. Dazu kann unter anderem der bundesweit zur Verfügung stehende Satellitenpositionierungsdienst SA*POS*® eingesetzt werden. Hierzu ist ein GPS-Empfänger und eine Verbindung zu einer Referenzstation über Langwelle, UKW oder Mobiltelefon (GSM) erforderlich.

SA*POS*® bietet folgende Dienste an:
- Echtzeit-Positionierungs-Service (EPS)
  mit einer Genauigkeit von 0,5 m bis 3 m. Dieser Dienst kann über UKW, Langwelle oder 2 m-Funk genutzt werden.
- Hochpräziser-Echtzeit-Positionierungs-Service (HEPS)
  mit einer Genauigkeit von 1 cm bis 5 cm. Durch Vernetzung der SA*POS*®-Referenzstationen kann diese Genauigkeit auf 1 bis 2 cm gesteigert werden. Hier werden Korrekturdaten über Mobiltelefon (GSM) oder 2 m-Funk übertragen.
- Geodätisch Hochpräziser Positionierungs-Service (GHPS)
  Hier lassen sich Genauigkeiten im Subzentimeterbereich erzielen.

Einzelheiten über die erforderliche Hardware-Konfiguration und die angebotenen Dienste sind über die Internet-Adresse www.sapos.de zu erfahren.

2.1.2 Das Höhenfestpunktfeld

Die gesamte Bundesrepublik ist mit einem Netz stabiler Höhenfestpunkte überzogen. Meist werden die Höhenfestpunkte durch waagrechte Höhenbolzen, die in Bauwerksfundamenten angebracht sind, verkörpert. Der Abstand der Höhenfestpunkte beträgt in Ortslagen etwa 300 m. Bei diesem geringen Punktabstand ist ein Höhenanschluss durch Liniennivellement (siehe Abschn. 2.7) immer schnell durchführbar. Bei Baumaßnahmen empfiehlt es sich, immer an zwei Höhenfestpunkten anzuschließen.

Die Höhen einiger alter Bundesländer beziehen sich derzeit noch auf die Bezugsfläche „Normal Null" (NN), die an den Amsterdamer Pegel angeschlossen ist. Die Höhen der neuen Bundesländer beziehen sich zum Teil noch auf den Pegel Kronstadt (bei St. Petersburg). Man bezeichnet sie als Höhen über Höhen-Null (HN). Die HN-Bezugsfläche liegt ca. 16 cm unter der NN-Bezugsfläche. Im Übergangsbereich kann dies zu Problemen bei der Höhenübertragung führen. Inzwischen ist eine Umstellung auf ein bundesweit einheitliches Höhensystem (Normalhöhen) fast abgeschlossen.

Da die Höhenwerte der verschiedenen Systeme nicht identisch sind, muss gewährleistet sein, dass sich sämtliche Höhenpunkte eines Projektes auf ein einheitliches Höhensystem beziehen.

Die Höhen des Festpunktfeldes können von den Landesvermessungsämtern der Bundesländer über die Internetadresse www.adv-online.de bezogen werden.

2.2 Grundaufgaben

2.2.1 Berechnung des Richtungswinkels und der Entfernung (siehe Abb. 2.2)

Gegeben: $P_1(Y_1, X_1)$
$P_2(Y_2, X_2)$
Gesucht: $t_{1,2}$ und $S_{1,2}$

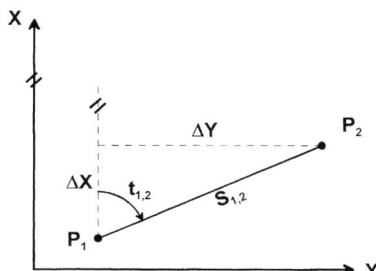

Abb. 2.2 Richtungswinkel und Entfernung

Lösung:

$$\Delta Y = Y_2 - Y_1$$
$$\Delta X = X_2 - X_1$$
$$S_{1,2} = \sqrt{\Delta X^2 + \Delta Y^2} \tag{2.1}$$
$$t_{1,2} = \arctan \frac{\Delta Y}{\Delta X} \tag{2.2}$$

Der Richtungswinkel t muss immer im Intervall $0 \text{ gon} \leq t < 400 \text{ gon}$ liegen. Je nach Vorzeichen von ΔY und ΔX wird er in einem der Quadranten I bis IV liegen (siehe Abb. 2.3 und Tafel 2.1).

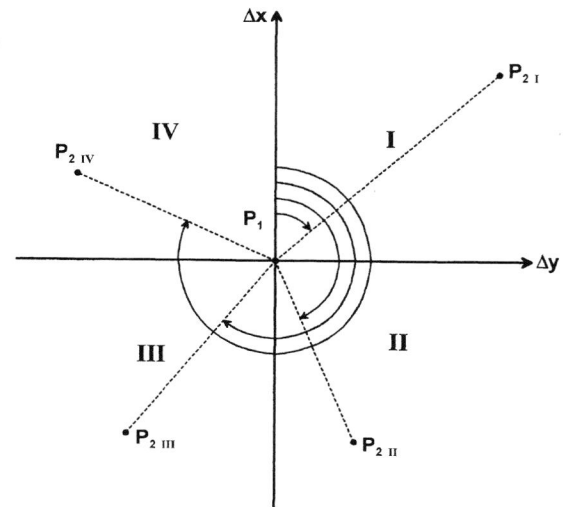

Abb. 2.3 Quadranten

Tafel 2.1 Quadrantenfestlegung

Quadrant	ΔY	ΔX	Richtungswinkel $t = \arctan \frac{\Delta Y}{\Delta X}$
I	+	+	t
II	+	−	$t + 200 \text{ gon}$
III	−	−	$t + 200 \text{ gon}$
IV	−	+	$t + 400 \text{ gon}$

Bei einigen Taschenrechnern wird der Richtungswinkel t im Intervall: $-200 \text{ gon} \leq t \leq 200 \text{ gon}$ ausgegeben. Um den quadrantengerechten Richtungswinkel zu bekommen, muss bei negativem Vorzeichen dann 400 gon dazuaddiert werden.

Geschlossene Formel für quadrantengerechte Richtungswinkel:

$$\Delta Y = Y_2 - Y_1 + 1 \cdot 10^{-a}$$
$$\Delta X = X_2 - X_1 + 1 \cdot 10^{-a}$$

a entspricht der Stellenzahl, mit der gerechnet wird (z. B. $a = 8$ bei achtstelliger Genauigkeit).

$$t \,[\text{gon}] = \frac{200}{\pi} \arctan \frac{\Delta Y}{\Delta X} + 200$$
$$- (1 + \text{sgn} \,\Delta X) \cdot \text{sgn} \,\Delta Y \cdot 100 \tag{2.3a}$$

oder für Taschenrechner mit voreingestellter Winkeleinheit „Gon":

$$t\,[\text{gon}] = \arctan\frac{\Delta Y}{\Delta X} + 200$$
$$- (1 + \operatorname{sgn}\Delta X) \cdot \operatorname{sgn}\Delta Y \cdot 100 \qquad (2.3b)$$

Die meisten Taschenrechner verfügen über die „Signum"-Funktion ($\operatorname{sgn} x$), wobei gilt:

$$\operatorname{sgn} x = \begin{cases} 1 & \text{für } x > 0 \\ 0 & \text{für } x = 0 \\ -1 & \text{für } x < 0 \end{cases}$$

Beispiele

ΔY	ΔX	t
$+50,15$	$+48,27$	$51,216$ gon
$+27,83$	$-65,12$	$174,289$ gon
$-39,46$	$-47,74$	$243,973$ gon
$-62,39$	$+28,28$	$327,093$ gon

◄

2.2.2 Polarpunktberechnung

Gegeben: Standpunkt $S(Y_S, X_S)$
           Anschlusspunkt $A(Y_A, X_A)$
Gemessen: α_n, S_n
Gesucht: $P_n(Y_n, X_n)$ (siehe Abb. 2.4)
Lösung:

$$t_{S,A} = \arctan\frac{Y_A - Y_S}{X_A - X_S} \qquad (2.4)$$

$t_{S,A}$ muss im Intervall $0 \leq t < 400$ gon liegen (siehe Abschn. 2.2.1!)

$$t_n = t_{S,A} + a_n \qquad (2.5)$$

falls $t_n \geq 400$ gon dann 400 gon abziehen.

$$Y_n = Y_S + S_n \cdot \sin t_n \qquad (2.6)$$
$$X_n = X_S + S_n \cdot \cos t_n \qquad (2.7)$$

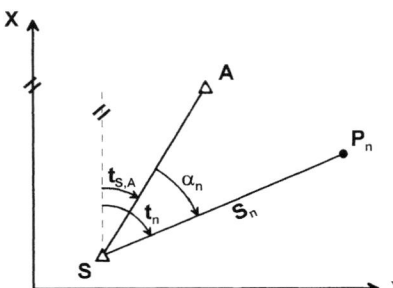

Abb. 2.4 Polarpunktberechnung

$$Y_S = 100,00\,\text{m} \qquad Y_A = 150,00\,\text{m}$$
$$X_S = 100,00\,\text{m} \qquad X_A = 150,00\,\text{m}$$
$$a_n = 27,000\,\text{gon} \qquad S_n = 100,00\,\text{m}$$
$$t_{S,A} = 50,000\,\text{gon} \qquad t_n = 77,000\,\text{gon}$$
$$Y_n = 193,544\,\text{m} \qquad X_n = 135,347\,\text{m}$$

Diese Aufgabe lässt sich auch umkehren:
Punkte mit gegebenen Y, X-Koordinaten sollen polar abgesteckt werden. Dann ist gesucht: α_n und S_n
Lösung:

$$t_n = \arctan\frac{Y_n - Y_S}{X_n - X_S}$$
$$a_n = t_n - t_{S,A}$$
$$S_n = \sqrt{(Y_n - Y_S)^2 + (X_n - X_S)^2} \quad ◄$$

2.2.3 Höhenübertragung mit dem Tachymeter

Gemessen: Zenitwinkel Z
           Schrägstrecke S
           Instrumentenhöhe i
           Zielhöhe t
Gesucht: Höhenunterschied ΔH (siehe Abb. 2.5)
Lösung:

$$\Delta H = S \cdot \cos Z + i - t \qquad (2.8)$$

Für $S > 200$ m muss die Erdkrümmung und die Refraktion berücksichtigt werden:

$$\Delta H = S \cdot \cos Z + \frac{S^2}{2R} \cdot 0,87 + i - t \qquad (2.9)$$

mit $R = $ Erdradius $= 6.380.000$ m

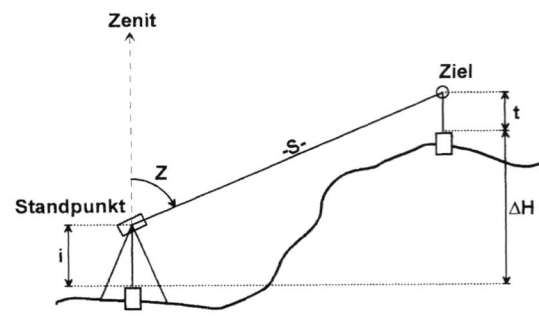

Abb. 2.5 Trigonometrische Höhenübertragung

Beispiel

$$S = 295{,}15\,\text{m} \quad Z = 93{,}105\,\text{gon}$$
$$i = 1{,}355\,\text{m} \quad t = 1{,}585\,\text{m}$$
$$\Delta H = 31{,}904 + 0{,}006 + 1{,}355 - 1{,}585 = 31{,}680\,\text{m} \quad \blacktriangleleft$$

2.2.4 Transformationen

Sehr oft werden Bauwerkskoordinaten in einem lokalen Koordinatensystem berechnet, das keinen Bezug zum übergeordneten Koordinatensystem der Vermessungsverwaltungen hat. Soll dieses Bauwerk dann vom übergeordneten Koordinatensystem aus abgesteckt werden, so muss eine Transformation erfolgen. Für eine Transformation von einem Ausgangssystem in ein Zielsystem sind in der Regel vier Transformationsparameter erforderlich. Diese vier Parameter müssen zuvor mithilfe identischer Punkte ermittelt werden. Identische Punkte sind in beiden Systemen koordiniert.

Transformation mit zwei identischen Punkten Um Punkte des Systems 1 (Ausgangssystem y, x) in das System 2 (Zielsystem Y, X) zu überführen, hat man vier Freiheitsgrade (siehe Abb. 2.6):

Y_0 Verschiebung parallel zur Y-Achse
X_0 Verschiebung parallel zur X-Achse
α Drehung
M Maßstabsänderung

Mit den folgenden Transformationsgleichungen lassen sich Punkte des Systems 1 in das System 2 transformieren:

$$Y = Y_0 + M \cdot \sin\alpha \cdot x + M \cdot \cos\alpha \cdot y$$
$$X = X_0 + M \cdot \cos\alpha \cdot x - M \cdot \sin\alpha \cdot y$$

oder mit $o = M \cdot \sin\alpha$ und $a = M \cdot \cos\alpha$ folgt:

$$Y = Y_0 + o \cdot x + a \cdot y \tag{2.10}$$
$$X = X_0 + a \cdot x - o \cdot y \tag{2.11}$$

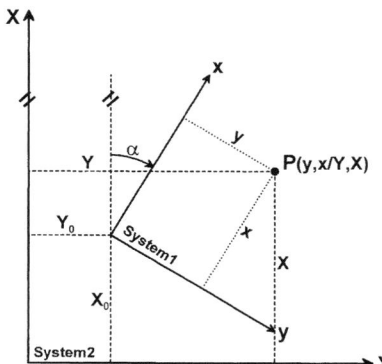

Abb. 2.6 4-Parameter-Transformation

Mit den Koordinaten von zwei identischen Punkten $P_1(y_1, x_1 / Y_1, X_1)$ und $P_2(y_2, x_2 / Y_2 / X_2)$ ergeben sich die Parameter wie folgt:

$$o = \frac{(x_2 - x_1)(Y_2 - Y_1) - (y_2 - y_1)(X_2 - X_1)}{(x_2 - x_1)^2 + (y_2 - y_1)^2} \tag{2.12}$$
$$a = \frac{(X_2 - x_1)(X_2 - X_1) + (y_2 - y_1)(Y_2 - Y_1)}{(x_2 - x_1)^2 + (y_2 - y_1)^2} \tag{2.13}$$

bzw.

$$M = \sqrt{a^2 + o^2} \tag{2.14}$$
$$\alpha = \arctan\left(\frac{o}{a}\right) \tag{2.15}$$
$$Y_0 = Y_1 - o \cdot x_1 - a \cdot y_1 \tag{2.16}$$
$$X_0 = X_1 - a \cdot x_1 + o \cdot y_1 \tag{2.17}$$

Für die Transformation von System 2 in das System 1 (Rücktransformation) folgt:

$$y = \frac{a}{M^2}(Y - Y_0) - \frac{o}{M^2}(X - X_0) \tag{2.18}$$
$$x = \frac{a}{M^2}(X - X_0) + \frac{o}{M^2}(Y - Y_0) \tag{2.19}$$

Beispiel

Punkt-Nr.	y	x	Y	X
Identische Punkte				
287	−24,02	30,93	492,95	755,49
288	60,32	−80,15	367,51	816,38
Neupunkt				
350	34,76	87,52	−	−

$$o = 0{,}452314 \qquad M = 0{,}999763$$
$$a = -0{,}891593 \qquad \alpha = 170{,}1121\,\text{gon}$$
$$Y_0 = 457{,}544 \qquad X_0 = 772{,}202$$
$$Y_{350} = 466{,}14 \qquad X_{350} = 678{,}45$$

Rücktransformation mit (2.18) und (2.19) ergibt wieder:

$$y_{350} = 34{,}76 \quad x_{350} = 87{,}52 \quad \blacktriangleleft$$

Transformationen mit mehr als zwei identischen Punkten (Helmert-Transformation) Die Koordinaten der identischen Punkte P_1 bis P_n werden hierfür auf den Schwerpunkt bezogen.

$$y_S = \frac{1}{n}\sum_{i=1}^{n} y_i \qquad x_S = \frac{1}{n}\sum_{i=1}^{n} x_i$$
$$Y_S = \frac{1}{n}\sum_{i=1}^{n} Y_i \qquad X_S = \frac{1}{n}\sum_{i=1}^{n} X_i$$
$$\overline{y}_i = y_i - y_S \qquad \overline{x}_i = x_i - x_S$$
$$\overline{Y}_i = Y_i - Y_S \qquad \overline{X}_i = X_i - X_S$$

Berechnung der Transformationsparameter:

$$o = \frac{\sum\limits_{i=1}^{n} (\bar{x}_i \bar{Y}_i - \bar{y}_i \bar{X}_i)}{\sum\limits_{i=1}^{n} (\overline{x}_i^2 + \overline{y}_i^2)} \qquad (2.20)$$

$$a = \frac{\sum\limits_{i=1}^{n} (\bar{y}_i \overline{Y}_i - \bar{x}_i \overline{X}_i)}{\sum\limits_{i=1}^{n} (\overline{x}_i^2 + \overline{y}_i^2)} \qquad (2.21)$$

bzw.

$$M = \sqrt{a^2 + o^2} \quad \alpha = \arctan\left(\frac{o}{a}\right)$$

$$Y_0 = Y_S - o \cdot x_S - a \cdot y_S \qquad (2.22)$$

$$X_0 = X_S - a \cdot x_S + o \cdot y_S \qquad (2.23)$$

Formeln für die Transformation von System 1 in das System 2:

$$Y = Y_0 + o \cdot x + a \cdot y \qquad (2.24)$$

$$X = X_0 + a \cdot x - o \cdot y \qquad (2.25)$$

Kontrolle bei der Helmert-Transformation:

Werden auch die identischen Punkte mit (2.24) und (2.25) transformiert, so erhält man die Verbesserungen v_y und v_x mit:

$$v_y = Y - Y_0 - o \cdot x - a \cdot y \qquad (2.26)$$

$$v_x = X - X_0 - a \cdot x + o \cdot y \qquad (2.27)$$

Für die Verbesserungen der n identischen Punkte gilt:

$$\sum\limits_{i=1}^{n} v_{y_i} = \sum\limits_{i=1}^{n} v_{x_i} = 0 \qquad (2.28)$$

Aus diesen Verbesserungen lässt sich auch eine Standardabweichung für die Koordinaten im System 2 ableiten:

$$S_y = S_x = \sqrt{\frac{\sum\limits_{i=1}^{n} (v_{x_i}^2 + v_{y_i}^2)}{2n - 4}} \qquad (2.29)$$

Für die Transformation von System 2 in das System 1 (Rücktransformation) gilt:

$$y = \frac{a(Y - Y_0) - o(X - X_0)}{a^2 + o^2} \qquad (2.30)$$

$$x = \frac{a(X - X_0) + o(Y - Y_0)}{a^2 + o^2} \qquad (2.31)$$

Beispiel

Punkt-Nr.	y	x	Y	X
Identische Punkte				
287	−24,02	30,93	492,95	755,49
288	60,32	−80,15	367,51	816,38
209	−157,36	194,14	685,81	670,22
275	6,48	−9,26	447,58	777,51
Neupunkt				
350	34,76	87,52	–	–

$$y_S = -28{,}645 \qquad x_S = 33{,}915$$
$$Y_S = 498{,}462 \qquad X_S = 754{,}900$$

Punkt-Nr.	$\bar{y}$	$\bar{x}$	$\bar{Y}$	$\bar{X}$
287	4,625	−2,985	−5,512	0,590
288	88,965	−114,065	−130,952	61,480
209	−128,715	160,225	187,348	−84,680
275	35,125	−43,175	−50,882	−22,610

$$\sum\limits_{i=1}^{4} (\bar{x}_i \bar{Y}_i - \bar{y}_i \bar{X}_i) = 30.002{,}097$$

$$\sum\limits_{i=1}^{4} (\bar{y}_i \bar{Y}_i + \bar{x}_i \bar{X}_i) = -59.135{,}883$$

$$\sum\limits_{i=1}^{4} (\bar{x}_i^2 - \bar{y}_i^2) = 66.293{,}344$$

$$o = 0{,}452566 \qquad M = 1{,}0002697$$
$$a = -0{,}892034 \qquad \alpha = 170{,}1105 \, \text{gon}$$
$$Y_0 = 457{,}561 \qquad X_0 = 772{,}190$$
$$v_{y_1} = -0{,}036 \, \text{m} \qquad v_{x_1} = +0{,}020 \, \text{m}$$
$$v_{y_2} = +0{,}029 \, \text{m} \qquad v_{x_2} = -0{,}007 \, \text{m}$$
$$v_{y_3} = +0{,}017 \, \text{m} \qquad v_{x_3} = -0{,}006 \, \text{m}$$
$$v_{y_4} = -0{,}010 \, \text{m} \qquad v_{x_4} = +0{,}007 \, \text{m}$$

Probe: $\sum = 0 \qquad \sum = 0$

Standardabweichung:

$$S_x = S_y = \sqrt{\frac{0{,}00306}{4}} = 0{,}028 \, \text{m}$$
$$Y_{350} = 466{,}16 \quad X_{350} = 678{,}39$$

Rücktransformation dieser Koordinaten mit (2.30) und (2.31):

$$Y_{350} = 34{,}76 \quad X_{350} = 87{,}52 \quad \blacktriangleleft$$

2.2.5 Achsenschnitte

- Schnitt zweier geradliniger Achsen
  Gegeben: $A(Y_A, X_A)$, $B(Y_B, X_B)$, $C(Y_C, X_C)$,
  $\qquad\qquad D(Y_D, X_D)$
  Gesucht: $S(Y_S, X_S)$ (siehe Abb. 2.7)
  Lösung:

$$k_1 = \frac{Y_B - Y_A}{X_B - X_A} \qquad (2.32)$$

$$k_2 = \frac{Y_D - Y_C}{X_D - X_C} \qquad (2.33)$$

$$X_S = X_A + \frac{(Y_C - Y_A) - k_2(X_C - X_A)}{k_1 - k_2} \qquad (2.34)$$

$$Y_S = Y_A + k_1(X_S - X_A) \qquad (2.35)$$

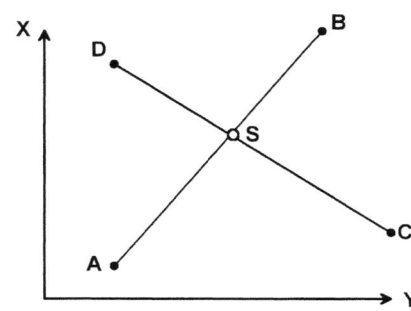

Abb. 2.7 Schnitt Gerade-Gerade

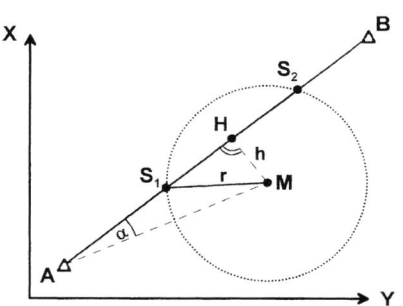

Abb. 2.8 Schnitt Gerade-Kreis

$$\overline{HS} = \overline{HS}_1 = \overline{HS}_2 = \sqrt{r^2 - h^2} \qquad (2.38)$$

$$\overline{AH} = \sqrt{\overline{AM}^2 - h^2} \qquad (2.39)$$

$$\overline{AS}_1 = \overline{AH} - \overline{HS} \quad \text{bzw.} \quad \overline{AS}_2 = \overline{AH} + \overline{HS} \quad (2.40)$$

$$Y_{S_1} = Y_A + \overline{AS}_1 \cdot \sin t_{A,B} \quad \text{bzw.}$$

$$Y_{S_2} = Y_A + \overline{AS}_2 \cdot \sin t_{A,B} \qquad (2.41)$$

$$X_{S_1} = X_A + \overline{AS}_1 \cdot \sin t_{A,B} \quad \text{bzw.}$$

$$X_{S_2} = X_A + \overline{AS}_2 \cdot \cos t_{A,B} \qquad (2.42)$$

In der Regel kann der Bearbeiter aus der geometrischen Anordnung der Punkte klar entscheiden, welche der beiden Lösungen gesucht ist.
Kontrolle: $\overline{S_1 M} = \overline{S_2 M} = r$

Beispiel

Punkt	Y	X
A	360,20	2934,77
B	480,19	2990,33
C	400,17	3000,19
D	484,79	2970,88
S	458,13	2980,11

$$k_1 = 2,15965$$
$$k_2 = -2,88707 \quad \blacktriangleleft$$

- Schnitt einer geradlinigen Achse mit Kreis
  Gegeben: $A(Y_A, X_A)$, $B(Y_B, X_B)$,
  $\qquad\qquad$ Kreismittelpunkt $M(Y_M, X_M)$, Radius r
  Gesucht: $S_1(Y_{S_1}, X_{S_1})$ bzw. $S_2(Y_{S_2}, X_{S_2})$
  $\qquad\qquad$ (siehe Abb. 2.8)
  Lösung: Berechnung der Strecke $\overline{AM}$ und der Richtungswinkel $t_{A,B}$ und $t_{A,M}$ aus den gegebenen Koordinaten (siehe Abschn. 2.2.1).

$$\alpha = |t_{A,M} - t_{A,B}| \qquad (2.36)$$

$$h = \overline{AM} \cdot \sin \alpha \qquad (2.37)$$

Beispiel

Punkt	Y	X
A	391,70	713,51
B	514,56	680,94
M	500,66	738,08
$r = 58,80\,\text{m}$		
S_1	460,29	695,33
S_2	514,55	680,94

$$\alpha = 30,6165\,\text{gon}$$

$\overline{AM} = 111,696\,\text{m}$	$h = 51,670\,\text{m}$
$\overline{HS} = 28,065\,\text{m}$	$\overline{AH} = 99,026\,\text{m}$
$\overline{AS}_1 = 70,962\,\text{m}$	$\overline{AS}_2 = 127,091\,\text{m} \quad \blacktriangleleft$

2.3 Festpunktverdichtung durch Polygonierung

Reicht die Dichte des amtlichen Festpunktfeldes für die Absteckung eines Bauwerks nicht aus, so muss das Festpunktfeld durch Einschaltung weiterer koordinierter Punkte verdichtet werden.

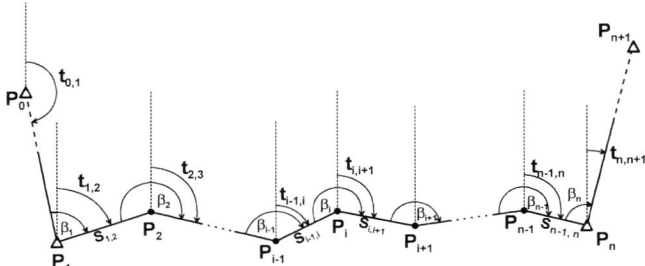

Abb. 2.9 Polygonzug

Dies kann z. B. mithilfe eines Polygonzuges (Abb. 2.9) geschehen. Vor allem für die Absteckung von Straßenachsen ist der Polygonzug zur Schaffung trassennaher Vermessungspunkte geeignet.

2.3.1 Der beidseitig angeschlossene Polygonzug

Die wichtigste Polygonzugsvariante ist der beidseitig angeschlossene Polygonzug. Hierbei können zwischen die beiden gegebenen Festpunkte P_1 und P_n die Neupunkte P_2 bis P_{n-1} durch Winkel- und Streckenmessung eingeschaltet werden (siehe Abb. 2.9). Außerdem sind hierbei die Anschlusspunkte P_0 und P_{n+1} für die Anschlussrichtungen erforderlich.

Gegeben: Koordinaten der Anschlusspunkte P_0, P_1, P_n, P_{n+1}

Gemessen: Brechungswinkel $\beta_1, \beta_2, \ldots, \beta_n$
Strecken $S_{1,2}, S_{2,3}, \ldots, S_{n-1,n}$

Gesucht: Koordinaten der Neupunkte P_2 bis P_{n-1}

Lösung:

- Berechnung der An- und Abschlussrichtungswinkel

$$t_{0,1} = \arctan \frac{y_1 - y_0}{x_1 - x_0} \qquad (2.43)$$

$$t_{n,n+1} = \arctan \frac{y_{n+1} - y_n}{x_{n+1} - x_n} \qquad (2.44)$$

Die Richtungswinkel t müssen im Intervall $0\,\text{gon} \leq t < 400\,\text{gon}$ liegen (siehe Abschn. 2.2.1)

- Berechnung der Winkelabschlussverbesserung v_β und der ausgeglichenen Richtungswinkel.

Ausgehend vom Anschlussrichtungswinkel t_{01} können alle weiteren Richtungswinkel der Polygonseiten wie folgt berechnet werden:

$$\begin{array}{l} t_{1,2} = t_{0,1} - 200\,\text{gon} + \beta_1 \ (\pm 400\,\text{gon}) \\[4pt] t_{2,3} = t_{1,2} - 200\,\text{gon} + \beta_2 \ (\pm 400\,\text{gon}) \\[4pt] \quad\vdots \\[4pt] t_{i,i+1} = t_{i-1,i} - 200\,\text{gon} + \beta_i \ (\pm 400\,\text{gon}) \\[4pt] \quad\vdots \end{array} \qquad (2.45)$$

Ergibt sich $t_{i,i+1} \geq 400\,\text{gon}$, dann $400\,\text{gon}$ abziehen!
Ergibt sich $t_{i,i+1} < 0\,\text{gon}$, dann $400\,\text{gon}$ dazuzählen!

Der Richtungswinkel $t_{i,i+1}$ lässt sich auch aus dem Anschlussrichtungswinkel $t_{0,1}$ und der Summe der Brechungswinkel berechnen:

$$\begin{array}{l} t_{1,2} = t_{0,1} - 200\,\text{gon} + \beta_1 \ (\pm 400\,\text{gon}) \\[4pt] t_{2,3} = t_{0,1} - 2 \cdot 200\,\text{gon} + \beta_1 + \beta_2 \ (\pm 400\,\text{gon}) \\[4pt] \quad\vdots \\[4pt] t_{i,i+1} = t_{0,1} - i \cdot 200\,\text{gon} + \sum_{k=1}^{i} \beta_k \ (\pm 400\,\text{gon}) \\[4pt] \quad\vdots \end{array} \qquad (2.46)$$

Aufgrund von Ungenauigkeiten in den Brechungswinkeln β und Restfehlern in den Anschlusskoordinaten wird die nach (2.46) berechnete Abschlussrichtung nicht mit der nach (2.44) aus Koordinaten berechneten übereinstimmen. Diese Abweichung kann als Winkelabschlussverbesserung v_β wie folgt berechnet werden:

$$\begin{aligned} v_\beta &= t_{n,n+1} - \left(t_{0,1} - n \cdot 200\,\text{gon} + \sum_{k=1}^{n} \beta_k (\pm 400\,\text{gon}) \right) \\ &= \text{„SOLL} - \text{IST“} \end{aligned} \qquad (2.47)$$

Falls v_β innerhalb der Fehlergrenzen (siehe Abschn. 2.3.2) liegt, erfolgt eine gleichmäßige Verteilung der Abschlussverbesserungen auf die einzelnen Brechungswinkel und man erhält die endgültigen und ausgeglichenen Richtungswinkel $\bar{t}$ nach (2.45).

$$\bar{t}_{i,i+1} = \bar{t}_{i-1,i} - 200\,\text{gon} + \beta_i + \frac{v_\beta}{n} \ (\pm 400\,\text{gon}) \qquad (2.48)$$

- Berechnung der Koordinatenabschlussverbesserungen und der ausgeglichenen Koordinaten der Neupunkte.

Mit den ausgeglichenen Richtungswinkeln $\bar{t}$ und den Strecken S erhält man die Koordinatenunterschiede:

$$\Delta Y_{i,i+1} = Y_{i+1} - Y_i = S_{i,i+1} \cdot \sin \bar{t}_{i,i+1} \qquad (2.49)$$

$$\Delta X_{i,i+1} = X_{i+1} - X_i = S_{i,i+1} \cdot \cos \bar{t}_{i,i+1} \qquad (2.50)$$

Aufgrund der Ungenauigkeiten in den Strecken, in den ausgeglichenen Richtungswinkeln und in den Anschlusskoordinaten wird die Summe der nach (2.49) und (2.50) berechneten Koordinatenunterschiede nicht mit den Sollwerten $Y_n - Y_1$ und $X_n - X_1$ übereinstimmen. Man berechnet deshalb die Koordinatenanschlussverbesserungen v_y und v_x nach folgenden Gleichungen:

$$v_Y = (Y_n - Y_1) - \sum_{k=1}^{n-1} Y_{k,k+1} \qquad (2.51)$$

$$v_X = (X_n - X_1) - \sum_{k=1}^{n-1} X_{k,k+1} \qquad (2.52)$$

Diese Verbesserungen werden nun proportional zu den Seitenlängen auf die einzelnen Koordinatenunterschiede verteilt:

$$v_{\Delta Y_{i,i+1}} = \frac{S_{i,i+1}}{\sum S} \cdot v_Y \qquad (2.53)$$

$$v_{\Delta X_{i,i+1}} = \frac{S_{i,i+1}}{\sum S} \cdot v_X \qquad (2.54)$$

Somit folgt für die endgültigen und ausgeglichenen Koordinaten der Neupunkte:

$$Y_{i+1} = Y_i + \Delta Y_{i,i+1} + v_{\Delta Y_{i,i+1}} \qquad (2.55)$$

$$X_{i+1} = X_i + \Delta X_{i,i+1} + v_{\Delta X_{i,i+1}} \qquad (2.56)$$

Setzt man diese Berechnung bis zum Abschlusspunkt P_n fort, so ergibt sich die Kontrolle:

$$Y_n = Y_{n\,SOLL} \qquad X_n = X_{n\,SOLL}$$

2.3.2 Fehlergrenzen beim Polygonzug

Die nach (2.51) und (2.52) berechneten Koordinatenverbesserungen v_y und v_x werden in Längsverbesserung L und Querverbesserung Q umgerechnet:

$$L = \frac{v_y(Y_n - Y_1) + v_x(X_n - X_1)}{\overline{P_1 P_n}}$$

$$Q = \frac{v_y(X_n - X_1) + v_x(Y_n - Y_1)}{\overline{P_1 P_n}}$$

mit

$$\overline{P_1 P_n} = \sqrt{(Y_n - Y_1)^2 + (X_n - X_1)^2}$$

L, Q und die nach (2.47) berechnete Winkelabschlussverbesserung v_β müssen innerhalb der vorgeschriebenen Fehlergrenzen (B.-W.) liegen:
Zulässige Winkelabweichung ZW in [mgon]:

$$ZW_2 = \sqrt{\frac{600^2}{(\sum s)^2}(n-1)^2 \cdot n + 10^2}$$

$$\text{für Genauigkeitsstufe 2}$$

$$ZW_1 = \frac{2}{3}ZW_2 \quad \text{für Genauigkeitsstufe 1}$$

Zulässige Längsabweichung ZL in [m]:

$$ZL_2 = \sqrt{0{,}03^2(n-1) + 0{,}06^2} \quad \text{für Genauigkeitsstufe 2}$$

$$ZL_1 = \frac{2}{3}ZL_2 \qquad \text{für Genauigkeitsstufe 1}$$

Zulässige lineare Querabweichung ZQ in [m]:

$$ZQ_2 = \sqrt{0{,}003^2 \cdot n^3 + 0{,}00005^2 \cdot S_G^2 + 0{,}06^2}$$

$$\text{für Genauigkeitsstufe 2}$$

$$ZQ_1 = \frac{2}{3}ZQ_2 \quad \text{für Genauigkeitsstufe 1}$$

Dabei bedeuten:

n	Zahl der Brechungswinkel
$\sum s$	Summe der Polygonseiten in Metern
S_G	Strecke $\overline{P_1 P_n}$ in Metern
Genauigkeitsstufe 1	Gebiete mit hohem Grundstückswert
Genauigkeitsstufe 2	übrige Gebiete

2.3.3 Streckenreduktionen

Werden die Polygonzüge im Gauß-Krüger- oder UTM-Koordinatensystem berechnet, müssen die gemessenen Strecken in diese Rechenebenen abgebildet werden. Bei dieser Abbildung treten Verzerrungen auf, die berücksichtigt werden müssen.

Außerdem muss berücksichtigt werden, wenn die mittlere Höhe des Messgebietes von der Höhe des Meeresspiegels abweicht.

Streckenreduktion ΔS bei Gauß-Krüger-Systemen (Tafel 2.2):

$$\Delta S = S\left(\frac{Y^2}{2R^2} - \frac{h}{R}\right) \qquad (2.57)$$

Streckenreduktion bei UTM-Systemen:

$$\Delta S = S\left(\frac{Y^2}{2R^2} - \frac{h}{R} - 0{,}0004\right) \qquad (2.58)$$

Für die reduzierte Strecke $\bar{S}$ folgt dann:

$$\bar{S} = S + \Delta S \qquad (2.59)$$

Dabei bedeuten:
S gemessene Horizontalstrecke
R Erdradius (6380 km)
Y Entfernung des Messgebietes vom Bezugsmeridian
h mittlere Höhe über dem Meeresspiegel

Tafel 2.2 Streckenreduktion ΔS [mm] für 100 m-Strecke bei *GK-Systemen*

h [m]	Y [km]						
	0	20	40	60	80	100	120
0	0	0,5	2,0	4,4	7,9	12,3	17,7
200	−3,1	−2,6	−1,2	1,3	4,7	9,1	14,6
400	−6,2	−5,8	−4,3	−1,8	1,6	6,0	11,4
600	−9,4	−8,9	−7,4	−5,0	−1,5	2,9	8,3
800	−12,5	−12,0	−10,6	−8,1	−4,7	−0,3	5,1
1000	−15,7	−15,2	−13,7	−11,3	−7,8	−3,4	2,0

$$S = 265{,}500\,\text{m} \quad Y = 20\,\text{km} \quad h = 600\,\text{m}$$

Aus Tafel 2.2 für 100 m-Strecke:

$$\Delta S = -8{,}9\,\text{mm}$$

Reduktion für $S = 265{,}500\,\text{m}$

$$\Delta S = 2{,}655 \cdot (-8{,}9) = -24\,\text{mm}$$
$$\bar{S} = 265{,}476\,\text{m}$$

Für die Streckenreduktion bei UTM-Systemen sind von den Werten der Tafel 2.2 jeweils 40 mm abzuziehen:

für 100 m-Strecke: $\Delta S = -48{,}9\,\text{mm}$

für $S = 265{,}500\,\text{m}$: $S = 2{,}655 \cdot (-48{,}9) = -130\,\text{mm}$

$$\bar{S} = 265{,}370\,\text{m} \quad \blacktriangleleft$$

Beispiel zur Polygonzugsberechnung

Gegeben: Koordinaten der Anschlusspunkte P_0, P_1, P_5, P_6

Punkt	Y [m]	x [m]
P_0	927,64	5431,00
P_1	406,23	4234,58
P_5	293,59	3681,46
P_6	382,17	3780,26

Gemessen: Brechungswinkel β_1 bis β_5
Reduzierte Horizontalstrecken $S_{1,2}, S_{2,3}, S_{3,4}, S_{4,5}$

Punkt	β [gon]	S [m]
P_1	203,2750	
		157,33
P_2	188,1460	
		109,98
P_3	172,0410	
		161,56
P_4	226,7470	
		152,08
P_5	30,1530	
		$\sum S = 580{,}95$

Gesucht: Koordinaten der Neupunkte P_2, P_3 und P_4

Abb. 2.10 Lage des Polygonzugs

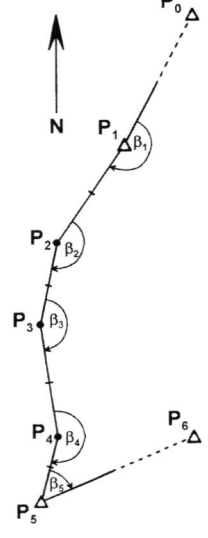

(2.43):	$t_{0,1} = 226{,}1644\,\text{gon}$	$ZW_2 = 0{,}0136\,\text{gon} = 13{,}6\,\text{mgon}$
(2.44):	$t_{5,6} = 46{,}5312\,\text{gon}$	$ZW_1 = 0{,}0091\,\text{gon} = 9{,}1\,\text{mgon}$
(2.47):	$v_\beta = 0{,}0048\,\text{gon} = 4{,}8\,\text{mgon}$	$\dfrac{v_\beta}{5} = 0{,}00096\,\text{gon}$

	$\bar{t}$ (2.48)	ΔY (2.49)	ΔX (2.50)	$v_{\Delta Y}$ (2.53)	$v_{\Delta X}$ (2.54)	Y (2.55)	X (2.56)
P_0							
	226,1644						
P_1						**406,23**	**4234,58**
	229,4404	−70,191	−140,804	0,011	−0,003		
P_2						336,050	4093,773
	217,5873	−29,998	−105,810	0,008	−0,002		
P_3						306,060	3987,961
	189,6293	26,202	−159,421	0,011	−0,003		
P_4						332,273	3828,537
	216,3772	−38,693	−147,075	0,010	−0,002		
P_5						**293,59**	**3681,46**
	46,5312						
P_6							
		$\sum \Delta Y = -112{,}68$	$\sum \Delta X = -553{,}11$			$Y_5 - Y_1 = -112{,}64$	$X_5 - X_1 = -553{,}12$
		$v_Y = 0{,}04\,\text{m}$	$v_X = -0{,}01\,\text{m}$				
		$L = 0{,}002\,\text{m}$	$Q = -0{,}041\,\text{m}$				
		$ZL_2 = 0{,}085\,\text{m}$	$ZQ_2 = 0{,}074\,\text{m}$				
		$ZL_1 = 0{,}057\,\text{m}$	$ZQ_1 = 0{,}050\,\text{m}$				

2.4 Freie Standpunktwahl mit Helmert-Transformation

Mit dem Verfahren „Freie Standpunktwahl (Freie Stationierung)" ist es möglich, von einem beliebigen nicht koordinierten Standpunkt aus Punkte aufzunehmen bzw. abzustecken (siehe auch Abschn. 2.2.2 und Abb. 2.11).

Bedingung ist hierbei, es muss Sichtverbindung zu drei bis vier koordinierten Vermessungspunkten bestehen.

2.4.1 Stationierung durch Anschluss an koordinierte Punkte

Es werden die Richtungen r_i, die Zenitwinkel Z_i und die Schrägstrecken S_i zu den n Anschlusspunkten (= identische Punkte) gemessen.

- Berechnung der ebenen rechtwinkligen Koordinaten y, x des Standpunktsystems aus den räumlichen Polarkoordinaten r, Z, S:

$$y_i = S_i \cdot \sin Z_i \cdot \sin r_i \qquad (2.60)$$
$$x_i = S_i \cdot \sin Z_i \cdot \cos r_i \qquad (2.61)$$

An den Strecken S_i sollten die Reduktionen (Abschn. 2.3.3) schon angebracht sein. Werden sie nicht angebracht, so werden sie vom Maßstab M der Helmert-Transformation aufgefangen.

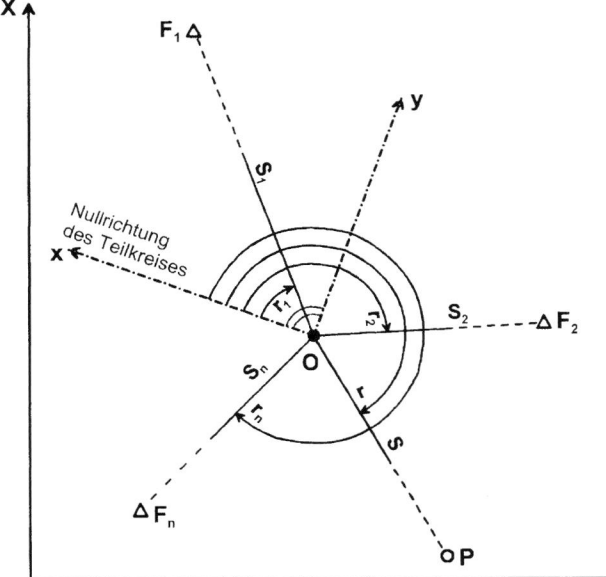

Abb. 2.11 Freie Standpunktwahl. F_i im System Y, X koordinierte Festpunkte (Anschlusspunkte, Passpunkte); P aufzunehmender bzw. abzusteckender Punkt; O „freier" Standpunkt; Y, X Koordinaten des übergeordneten Systems; y, x Koordinaten des Standpunktsystems: O ist der Nullpunkt $(0,0)$ des Systems, die „Nullrichtung" des Tachymeters gibt die x-Achse vor, senkrecht dazu liegt die y-Achse; r_i gemessene Richtungen; S_i gemessene Schräg- bzw. Horizontalstrecken (bei den neuen Tachymetern können auch Horizontalstrecken gemessen werden); Z_i gemessene Zenitwinkel

- Ermittlung der Parameter der Helmert-Transformation o, a, bzw. M, α und Y_0, X_0 nach (2.20) bis (2.23). Dabei M überprüfen. M muss nahe bei 1 liegen. Die beiden Parameter Y_0 und X_0 stellen die Koordinaten des Messinstruments im übergeordneten System dar.
- Überprüfung der Stationierung
Dazu die Verbesserungen v_{y_i}, v_{x_i} und die Standardabweichungen S_y und S_x mit (2.26) bis (2.29) berechnen.
Der Verbesserungsvektor v_L mit $v_L = \sqrt{v_y^2 + v_x^2}$, stellt die Klaffungen (Abweichungen zwischen Soll- und Ist-Lage) der identischen Punkte nach der Transformation dar. Die Klaffungen für einen identischen Punkt dürfen in Baden-Württemberg bei Genauigkeitsstufe 1 den Betrag 3 cm und bei Genauigkeitsstufe 2 den Betrag 4 cm nicht übersteigen.

2.4.2 Aufnahme der Neupunkte

Messung von r, Z, S zu den nichtidentischen Punkten
- Berechnung rechtwinkliger ebener Koordinaten bezogen auf den Instrumentenstandpunkt mit (2.60) und (2.61):

$$y = S \cdot \sin Z \cdot \sin r$$
$$x = S \cdot \sin Z \cdot \cos r$$

- Transformation der Neupunkte in das übergeordnete System mit (2.24) und (2.25):

$$Y = Y_0 + o \cdot x + a \cdot y$$
$$X = X_0 + a \cdot x - o \cdot y$$

2.4.3 Absteckung mit Freier Standpunktwahl

Die zuvor für ein Objekt berechneten Gauß-Krüger-Koordinaten (Y, X) sollen mit Freier Standpunktwahl abgesteckt werden. Hierzu ist wieder wie in Abschn. 2.4.1 dargestellt eine Stationierung erforderlich, um die Transformationsparameter zu erhalten.
- Transformation der im Gauß-Krüger-Koordinatensystem (Y, X) gegebenen Objektkoordinaten in das System des Instrumentenstandpunkts (y, x) durch Rücktransformation mit (2.30) und (2.31).

$$y = \frac{a(Y - Y_0) - o(X - X_0)}{a^2 + o^2}$$
$$x = \frac{a(X - X_0) + o(Y - Y_0)}{a^2 + o^2}$$

- Berechnung ebener Polarkoordinaten (r, S) aus den rechtwinkligen Koordinaten (y, x):

$$r = \arctan \frac{y}{x}$$
$$S = \sqrt{y^2 + x^2}$$

Die Strecken S sind hierbei Horizontalstrecken. Mit allen neueren Tachymetern können direkt Horizontalstrecken gemessen werden.

2.5 Geländeaufnahme

In der Regel werden die zur Verfügung stehenden topographischen Karten für die Planung und Durchführung eines Bauvorhabens zu kleinmaßstäblich sein, sodass für das in Frage kommende Gebiet eine topographische Geländeaufnahme erforderlich wird.

Das auszuwählende Aufnahmeverfahren ist von der Form und Größe des Bauobjektes abhängig.

Für alle Planungsvorhaben und für großflächige Bauobjekte kann die Tachymetrie, die satellitengestützte Punktaufnahme oder auch die Photogrammetrie in Frage kommen.

Für langgestreckte Objekte wie Straßen, Eisenbahnlinien, Kanäle usw. eignet sich auch die Längs- und Querprofilaufnahme.

Bei der tachymetrischen Aufnahme oder bei der Aufnahme mit Satellitenempfängern ist es das Ziel, das Gelände möglichst genau aber mit möglichst wenigen Aufnahmepunkten zu erfassen. Hierzu müssen vor allem die Strukturpunkte: Kuppen-, Mulden- und Sattelpunkte, die Geripplinien (Rücken- oder Tallinien) und die Geländebruchkanten erfasst werden. Die Aufnahmepunktdichte hängt von der Geländeform ab und sollte zwischen 10 m und 20 m liegen.

Bei der tachymetrischen Aufnahme werden die Punkte polar nach Lage (Abschn. 2.2.2) und Höhe (Abschn. 2.2.3) aufgenommen. Das Tachymeter kann dabei auf koordinierten Vermessungspunkten aufgestellt werden, es kann aber auch mit Freier Standpunktwahl gearbeitet werden. Als neuestes Verfahren zur Geländeerfassung kommt auch das Terrestrische Laserscanning (TLS) in Frage.

Das Ergebnis dieser Aufnahmen ist ein dreidimensionaler Punkthaufen (Digitales Geländemodell). In diesem Digitalen Geländemodell können, falls erforderlich, auch Höhenlinien interpoliert werden.

Bei sehr großflächigen Bauvorhaben ist die photogrammetrische Geländeerfassung zu empfehlen. Dazu ist nicht unbedingt eine Neubefliegung des Geländes erforderlich, da die Vermessungsverwaltungen der Länder flächendeckend aktuelle Luftbilder anbieten können. Einige Bundesländer können inzwischen auch ein flächendeckendes, für Bauplanungen ausreichend genaues Digitales Geländemodell anbieten. Internetportale: www.adv-online.de und www.terramapserver.de.

Soll eine vorhandene Straße ausgebaut werden oder für eine neu gebaute Straße eine Volumenberechnung erfolgen, so bietet sich die Längs- und Querprofilaufnahme an. Entlang der Straßenachse wird das Längsprofil und senkrecht dazu werden die Querprofile gelegt (Abb. 2.12).

Die Aufnahme der Profilpunkte kann hier wiederum tachymetrisch und zwar am besten mit Freier Standpunktwahl erfolgen. Im freien Gelände ist auch eine Punktaufnahme mit Satellitenempfängern möglich.

2.6 Absteckung

Abzusteckende Objekte werden vom Bauingenieur oder Vermessungsingenieur in einem geeigneten rechtwinkligen Koordinatensystem berechnet. Das heißt, Gebäudeeckpunkte, Pfeilerpunkte, Auflagerpunkte, Achspunkte usw. werden in einem günstig gewählten lokalen Koordinatensystem koordiniert. Dieses lokale System wird meist einen geometrischen Bezug zu schon vorhandenen Bauwerken (z. B. parallel zu einer Gebäudeachse) oder zu vorhandenen Aufnahmepunkten der Vermessungsverwaltung (z. B. die Verbindungslinie zweier Aufnahmepunkte gibt eine Achsrichtung vor) haben. Hier sind zwei Fälle zu unterscheiden:

a) Die im lokalen System berechneten Objektpunkte sollen auch in diesem lokalen System abgesteckt werden.

b) Die Objektpunkte sollen vom Aufnahmepunktfeld der Vermessungsverwaltungen aus abgesteckt werden.

Im Fall a) können die Objektpunkte nach dem Polarverfahren (Abschn. 2.2.2) abgesteckt werden. Dazu erforderlich ist ein in diesem System koordinierter Standpunkt und mindestens ein Anschlusspunkt. Als Instrumentenstandpunkt kann hier z. B. der Ursprung des lokalen Systems gewählt werden. Dies kann jedoch in der Örtlichkeit zu Schwierigkeiten führen. Wesentlich flexibler ist die Absteckung mit Freier Standpunktwahl (Abschn. 2.4.3). Hier kann der Instrumentenstandpunkt so ausgewählt werden (z. B. auf einem

Abb. 2.12 Profile

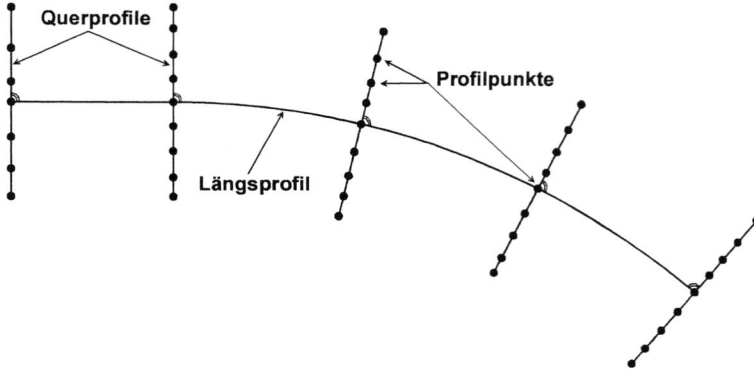

Erdhügel), dass das gesamte Objekt mit einer Instrumentenaufstellung abgesteckt werden kann. Voraussetzung sind hierzu allerdings im lokalen System koordinierte Anschlusspunkte.

Im Fall b) müssen die lokalen Koordinaten über identische Punkte mittels Helmert-Transformation (Abschn. 2.2.4) in das übergeordnete Koordinatensystem der Vermessungsverwaltung überführt werden. Anschließend wird nur noch in diesem System gearbeitet. Die Absteckung kann dann mit dem Polarverfahren (Abschn. 2.2.2) vorgenommen werden, wobei die Punkte des Aufnahmepunktfeldes sowohl als Instrumentenstandpunkt als auch als Anschlusspunkte dienen. Auch hier kann wesentlich flexibler und eleganter mit der Freien Standpunktwahl gearbeitet werden (Abschn. 2.4.3). Als neuestes Verfahren käme auch das satellitengestützte Absteckverfahren in Echtzeit (z. B. das Verfahren HEPS von SA$POS^{®}$) in Frage (siehe Abschn. 2.1.1).

2.7 Liniennivellement

Für eine Höhenbestimmung oder Höhenübertragung mit mm-Genauigkeit reicht die tachymetrische Höhenbestimmung (Abschn. 2.2.3) meist nicht mehr aus. Hier ist dann ein Liniennivellement zu empfehlen.

Das Liniennivellement wird mit einem Nivellierinstrument und am besten mit zwei Nivellierlatten durchgeführt. Der Gesamthöhenunterschied ΔH zwischen Anfangs- und Endpunkt wird dabei in kleine Teilhöhenunterschiede Δh zerlegt (Abb. 2.13). Jede Instrumentenaufstellung mit Ablesung zur Rückwärtslatte (R) und zur Vorwärtslatte (V) ergibt einen Teilhöhenunterschied Δh mit:

$$\Delta h = R - V \qquad (2.62)$$

und damit

$$\Delta H = \sum \Delta h \qquad (2.63)$$

Rückblickzielweite und Vorblickzielweite sollen dabei gleich groß sein (Abb. 2.13).

Aufgabe: Es soll die Höhe des Neupunktes N durch Anschluss an die gegebenen Höhenfestpunkte A und E bestimmt werden.

Gegeben: H_A, H_E
Gemessen: $R_1, V_1, R_2, V_2, \ldots, R_n, V_n$
Gesucht: H_N (Abb. 2.13)
Lösung:

$$\boxed{\begin{aligned} \Delta h_1 &= R_1 - V_1 \\ \Delta h_2 &= R_2 - V_2 \\ &\ \ \vdots \\ \Delta h_n &= R_n - V_n \end{aligned}}$$

$$\sum \Delta h = \sum R - \sum V = \Delta H \qquad (2.64)$$

Aufgrund von Messfehlern und Ungenauigkeiten in den Anschlusspunkten wird ΔH nicht genau mit dem Sollhöhenunterschied $H_E - H_A$ übereinstimmen. Für die Bestimmung der Neupunkthöhe H_N berücksichtigt man die Höhenverbesserung v_H mit:

$$v_H = (H_E - H_A) - \Delta H \qquad (2.65)$$

Liegt v_H innerhalb des Grenzwerts (2.67), so verteilt man v_H auf die Teilhöhenunterschiede Δh und erhält schließlich die ausgeglichenen Teilhöhenunterschiede $\overline{\Delta h}$:

$$\overline{\Delta h}_1 = \Delta h_1 + \frac{v_H}{n}$$

$$\vdots \qquad (2.66)$$

$$\overline{\Delta h}_n = \Delta h_n + \frac{v_H}{n}$$

Abb. 2.13 Liniennivellement

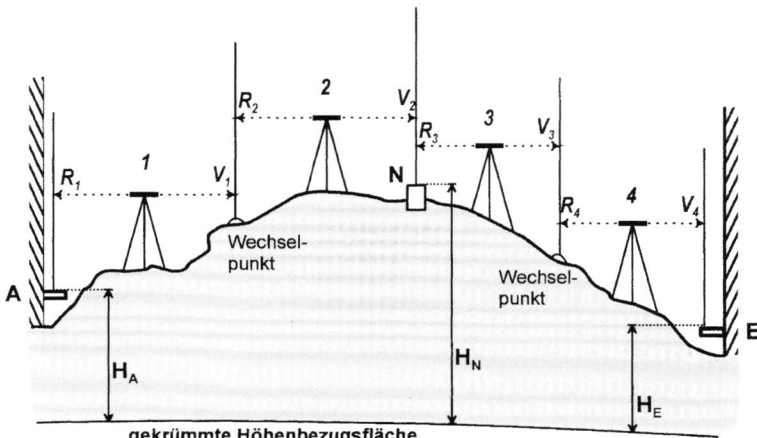

Die Höhe des Neupunkts N (Abb. 2.13) ergibt sich dann in unserem Beispiel zu:

$$H_N = H_A + \overline{\Delta h_1} + \overline{\Delta h_2}$$

Zur Kontrolle rechnet man weiter bis zum Endpunkt E und es muss sich dann genau die gegebene Höhe H_E ergeben.

Nivellement-Regeln:
- Immer an *zwei* bekannten Höhenfestpunkten anschließen
- Zur Genauigkeitssteigerung und zur zusätzlichen Kontrolle hin und zurück nivellieren
- Gleiche Zielweiten im Vor- und Rückblick einhalten
- Nicht unter 0,3 m an der Nivellierlatte anzielen
- Auf Wechselpunkten Unterlegplatten („Frösche") verwenden

Grenzwert nach RAS-Verm:

Grenzwert für den Widerspruch zwischen Messergebnis und vorgegebenem Höhenunterschied:

$$F\,[\text{mm}] = 2 + 5\sqrt{S} \qquad (2.67)$$

S ist hierbei die Gesamtlänge des Liniennivellements (Summe aller Zielweiten in [km]), wobei die Zielweite ungefähr aus den Schrittzahlen abgeleitet wird.

Zahlenbeispiel (Tafel 2.3):

$$H_A = 213{,}245\,\text{m} \qquad H_E = 212{,}860\,\text{m}$$

$$\sum R - \sum V = -0{,}389$$

$$v_H = -0{,}385 + 0{,}389 = 0{,}004\,\text{m}$$

$$F = 2 + 5\sqrt{0{,}28} = 5\,\text{mm}$$

$$\frac{v_H}{4} = 0{,}001\,\text{m}$$

2.8 Achsberechnung

Achsen von Verkehrswegen bestehen unter anderem aus Geraden, Klotoiden und Kreisbögen.

Bei der **Kreisbogenberechnung** geht man in der Regel vom Bogenanfangspunkt A und der dort angelegten Tangente aus. Nach Abb. 2.14 folgt:

$$l_t = r \cdot \tan\frac{\alpha}{2} \qquad (2.68)$$

$$l_{ts} = r \cdot \tan\frac{\alpha}{4} \qquad (2.69)$$

$$f = \frac{r}{\cos\frac{\alpha}{2}} - r \qquad (2.70)$$

$$h_f = r - r \cdot \cos\frac{\alpha}{2} \qquad (2.71)$$

$$l_s = 2 \cdot r \cdot \sin\frac{\alpha}{2} \qquad (2.72)$$

$$l_b = \frac{\pi \cdot r \cdot \alpha\,[\text{gon}]}{200} \qquad (2.73)$$

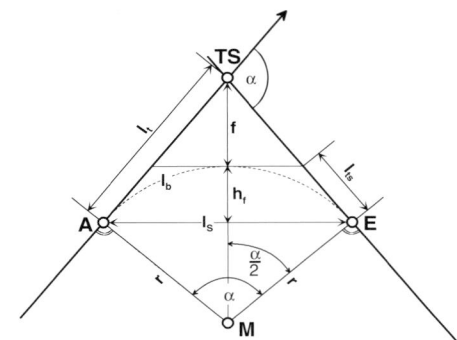

Abb. 2.14 Kreisbogenelemente

Tafel 2.3 Zahlenbeispiel Höhenberechnung

Punkt	Ablesung: „rückwärts" R	Ablesung: „vorwärts" V	$\Delta h = R - V$	$\frac{v_H}{n}$	Höhe	Zielweiten [m]
A					**213,245**	
	3,052	0,785	2,267	0,001		35/35
	2,983	0,827	2,156	0,001		35/35
N					217,670	
	1,234	2,769	−1,535	0,001		30/30
	0,485	3,762	−3,277	0,001		40/40
E					**212,860**	
	$\sum R = 7{,}754$	$\sum V = 8{,}143$	$\sum \Delta h = -0{,}389$ (IST)		$H_E - H_A = -0{,}385$ (SOLL)	

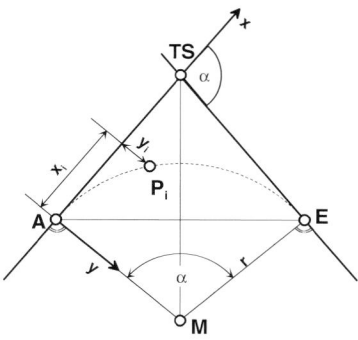

Abb. 2.15 Bogenpunkt P_i

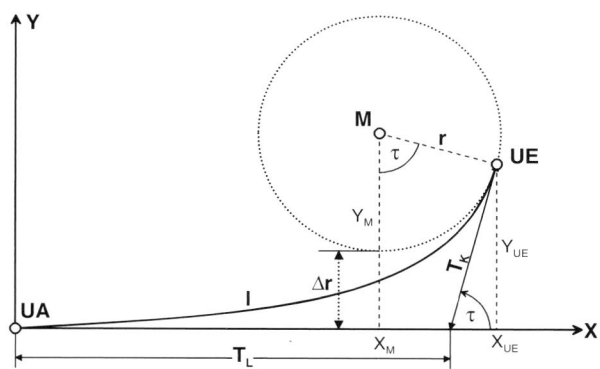

Abb. 2.17 Klotoide

Für einen beliebigen Bogenpunkt P_i wird für ein auf der Tangente vorgegebenes x_i die Ordinate y_i nach (2.74) bestimmt Abb. 2.15.

$$y_i = r - \sqrt{r^2 - x_i^2} \qquad (2.74)$$

Will man die Bogenpunkte gleichabständig mit der Bogenlänge l angeben, legt man den jeweiligen Mittelpunktswinkel β mit

$$\beta = \frac{200 \cdot l}{\pi \cdot r} = 63{,}661977 \cdot \frac{l}{r} \quad \text{in gon} \qquad (2.75)$$

fest (Abb. 2.16). Für jeden Einzelpunkt gilt dann

$$x_i = r \cdot \sin(i \cdot \beta) \qquad (2.76)$$
$$y_i = r \cdot [1 - \cos(i \cdot \beta)] \qquad (2.77)$$

i Anzahl der Einzelbögen l, die vom Bogenanfang A mit gleichem Winkel β abgesetzt werden,

x_i die Abszisse des Bogenpunktes P_i auf der Tangente $A \to$ TS,

y_i Ordinate des Punktes P_i senkrecht zur Bogentangente.

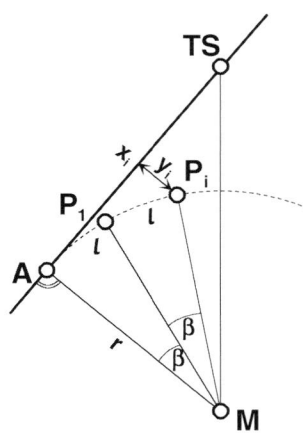

Abb. 2.16 Bogenabsteckung

Die **Klotoide** als Übergangsbogen (Abb. 2.17) folgt dem Bildungsgesetz

$$A^2 = r \cdot l \qquad (2.78)$$

wobei:

A Klotoidenparameter

r Krümmungsradius an der Stelle UE

l Klotoidenlänge von UA bis UE

Zur Absteckung der Klotoide von der Haupttangente (X-Achse) aus gibt Schnädelbach [14] bei vorgegebenen X-Werten folgende Gebrauchsformeln an:

$$Y = \frac{x^3}{6 \cdot A^2} \left(1 - 0{,}205 \left(\frac{X}{A}\right)^4\right)^{-0{,}27875} \qquad (2.79)$$

$$l = X \left(1 - 0{,}205 \left(\frac{X}{A}\right)^4\right)^{-0{,}12195} \qquad (2.80)$$

$$\tau = \arctan \left(\frac{1}{2} \left(\frac{X}{A}\right)^2 \cdot \left(1 - 0{,}27371 \left(\frac{X}{A}\right)^4\right)^{-0{,}487134}\right)$$
$$(2.81a)$$

oder

$$\tau\,[\text{rad}] = \frac{l^2}{2A^2} = \frac{l}{2r} = \frac{A^2}{2r^2} \quad \text{und}$$
$$\tau\,[\text{gon}] = \tau\,[\text{rad}] \cdot \frac{200}{\pi} \qquad (2.81b)$$

Restfehler bis zur Kennstelle $A = r = l$

$$\Delta Y \leq 2 \cdot 10^{-6} \cdot A, \quad \Delta \tau \leq 0{,}02\,\text{mgon} \quad \text{(für 2.81a)},$$
$$\Delta l \leq 5 \cdot 10^{-6} \cdot A.$$

Tafel 2.4 Koeffizienten des Klotoidenpolynoms

i	a_i	b_i
1	$1{,}000000000 \cdot 10^{-0}$	$1{,}666666667 \cdot 10^{-1}$
2	$-2{,}500000000 \cdot 10^{-2}$	$-2{,}976190476 \cdot 10^{-3}$
3	$2{,}893518519 \cdot 10^{-4}$	$2{,}367424242 \cdot 10^{-5}$
4	$-1{,}669337607 \cdot 10^{-6}$	$-1{,}033399471 \cdot 10^{-7}$
5	$5{,}698894141 \cdot 10^{-9}$	$2{,}832783637 \cdot 10^{-10}$
6	$-1{,}281497360 \cdot 10^{-11}$	$-5{,}318467304 \cdot 10^{-13}$
7	$2{,}038745799 \cdot 10^{-14}$	$7{,}260490737 \cdot 10^{-16}$

Für vorgegebene Streckenlängen l auf der Klotoide gilt nach Desenritter [5]:

$$X = A \cdot \sum_{i=1}^{n} a_i \cdot l_e^{4i-3} \qquad (2.82)$$

$$Y = A \cdot \sum_{i=1}^{n} b_i \cdot l_e^{4i-1} \qquad (2.83)$$

mit

$$l_e = \frac{l}{A}$$

Die Koeffizienten entnimmt man der Tafel 2.4. Sehr hohe Genauigkeit erzielt man, wenn man die ersten sieben Glieder berücksichtigt.

Für $l_e \leq 1$ bei sechsstelliger Genauigkeit reichen die folgenden Näherungsformeln aus:

$$X = A\left(\left(\frac{l_e^4}{3474{,}1} - \frac{1}{40}\right)l_e^4 + 1\right)l_e \qquad (2.84)$$

$$Y = A\left(\left(\frac{l_e^4}{42410} - \frac{1}{336}\right)l_e^4 + \frac{1}{6}\right)l_e^3 \qquad (2.85)$$

Weitere bei der Klotoidenberechnung wichtige Größen (Abb. 2.17) erhält man wie folgt:

$$X_M = X_{UE} - r \cdot \sin \tau \qquad (2.86)$$

$$\Delta r = Y_{UE} - r(1 - \cos \tau) \qquad (2.87)$$

$$T_K = \frac{Y_{UE}}{\sin \tau} \qquad (2.88)$$

$$T_L = X_{UE} - Y_{UE} \cdot \cot \tau \qquad (2.89)$$

Beispiel

Gegeben sei $A = 250{,}00$ m. Gesucht werden r, X, Y, T_K, T_L, X_M und Δr für die Bogenlänge $l = 50{,}00$ m.

Nach (2.78) ist $r = \frac{A^2}{l} = \frac{62.500}{50} = 1250{,}00$ m.

Es wird mit $l_e = \frac{50}{250} = 0{,}2$ nach (2.82) und (2.83)

$$X = 0{,}199992 \cdot 250 = 49{,}998 \text{ m},$$

$$Y = 0{,}00133329 \cdot 250 = 0{,}333 \text{ m}.$$

Mit (2.81a) und (2.81b) berechnet man den Tangentenwinkel

$$\tan \tau = 0{,}5 \cdot \left(\frac{49{,}998}{250}\right)^2$$
$$\cdot \left(1 - 0{,}27371 \cdot \left(\frac{49{,}998}{250}\right)^4\right)^{-0{,}487137}$$
$$= 0{,}0200027$$

Damit ist der Tangentenwinkel der Klotoide

$$\tau = 1{,}27324 \text{ gon}$$

Die übrigen Werte erhält man aus (2.86) bis (2.89).

$$X_M = 49{,}998 - 1250 \cdot 0{,}01999 = 25{,}00 \text{ m}$$
$$\Delta r = 0{,}333 - 1250 \cdot (1 - 0{,}9998) = 0{,}083 \text{ m}$$
$$T_K = \frac{0{,}333}{0{,}01999} = 16{,}666 \text{ m},$$
$$T_L = 49{,}998 - 0{,}333 \cdot \frac{0{,}9998}{0{,}01999} = 33{,}335 \text{ m}. \quad \blacktriangleleft$$

Man kann zwei Klotoiden und einen Kreisbogen zu einem **symmetrischen Übergangsbogen** zusammenfassen (Abb. 2.18).

Hierbei sind die Klotoidenparameter $A_1 = A_2 = A$, der Kreisbogenradius r und der Tangentenschnittwinkel γ vorgegeben.

Hier sind vor allem die auf die Tangenten bezogenen Anfangs- und Endpunkte A und E sowie die Trassenlänge von A nach E gesucht:

$$t = (r + \Delta r) \cdot \tan \frac{\gamma}{2} \qquad (2.90)$$

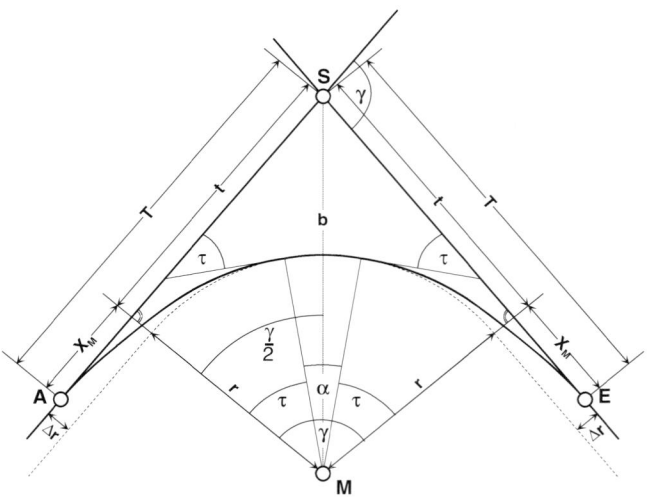

Abb. 2.18 Symmetrischer Übergangsbogen

dabei wird Δr nach (2.87) berechnet.

$$T = \overline{AS} = \overline{SE} = t + X_{\mathrm{M}} \qquad (2.91)$$

X_{M} folgt aus (2.86).

$$\alpha = \gamma - 2\tau \qquad (2.92)$$

τ folgt aus (2.81b) wobei $l = \frac{A^2}{r}$.

Für das Kreisbogenstück b folgt:

$$b = r \cdot \alpha\,[\mathrm{gon}] \cdot \frac{\pi}{200} \qquad (2.93)$$

und damit für die Trassenlänge $L_{\mathrm{Ü}}$ des symmetrischen Übergangsbogens von A bis E:

$$L_{\mathrm{Ü}} = 2l + b \qquad (2.94)$$

Sind die beiden Klotoidenparameter A_1 und A_2 nicht gleich, so spricht man von einem **unsymmetrischen Übergangsbogen** (Abb. 2.19). Es sind dann A_1, A_2, r und γ vorgegeben.

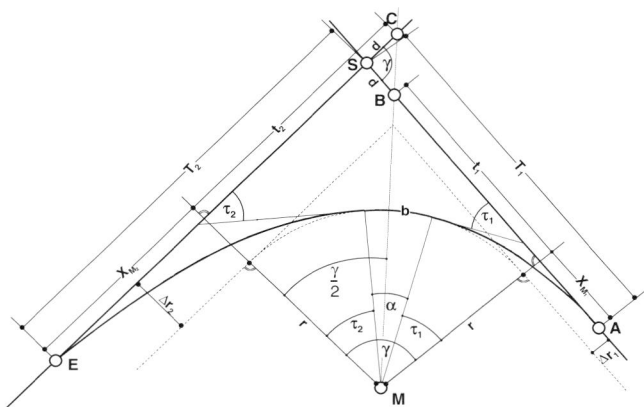

Abb. 2.19 Unsymmetrischer Übergangsbogen

Zur Berechnung der Tangentenlängen $\overline{SA}$ und $\overline{SE}$ und der Trassenlänge von A nach E geht man wie folgt vor:

$$t_1 = (r + \Delta r) \cdot \tan\frac{\gamma}{2} \qquad (2.95)$$

$$t_2 = (r + \Delta r_2) \cdot \tan\frac{\gamma}{2} \qquad (2.96)$$

Δr_1 bzw. Δr_2 werden nach (2.87) in Abhängigkeit von r und A_1 bzw. r und A_2 berechnet.

Aus Abb. 2.20 folgt

$$d = \overline{SB} = \overline{SC} = \frac{\Delta r_2 - \Delta r_1}{\sin\gamma} \qquad (2.97)$$

und damit

$$T_1 = \overline{SA} = X_{\mathrm{M}_1} + t_1 + d \qquad (2.98)$$

$$T_2 = \overline{SE} = X_{\mathrm{M}_2} + t_2 - d \qquad (2.99)$$

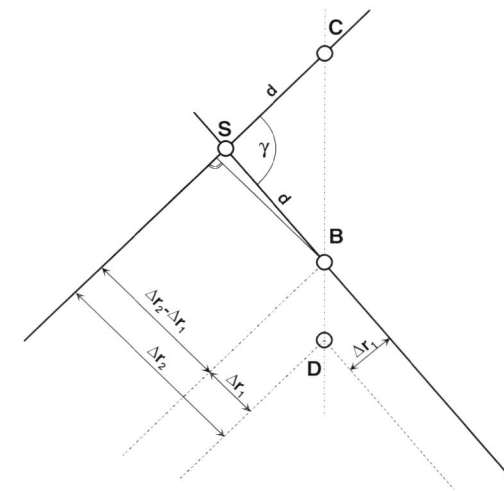

Abb. 2.20 Detailskizze zum unsymmetrischen Übergangsbogen

X_{M_1} bzw. X_{M_2} werden nach (2.86) in Abhängigkeit von r und A_1 bzw. r und A_2 berechnet.

$$\alpha = \gamma - (\tau_1 + \tau_2) \qquad (2.100)$$

τ_1 bzw. τ_2 werden nach (2.81b) in Abhängigkeit von r und A_1 bzw. r und A_2 berechnet wobei $l_1 = \frac{A_1^2}{r}$ und $l_2 = \frac{A_2^2}{r}$.

$$b = r \cdot \alpha\,[\mathrm{gon}] \cdot \frac{\pi}{200} \qquad (2.101)$$

Die Trassenlänge $L_{\mathrm{Ü}}$ für den unsymmetrischen Übergangsbogen von A nach E ergibt sich dann zu

$$L_{\mathrm{Ü}} = l_1 + b + l_2 \qquad (2.102)$$

2.9 Mengenberechnung

Zwei Anwendungen der Mengenberechnung sind von besonderer Bedeutung:
- Berechnung von Flächen
- Berechnung von Baukörpervolumen

Flächenberechnung Der Flächeninhalt polygonal begrenzter Flächen kann nach der Gauß'schen Flächenformel aus Koordinaten berechnet werden (Abb. 2.21).

$$A = \frac{1}{2}\sum_{i=1}^{n}(X_i \cdot (Y_{i+1} - Y_{i-1})) \qquad (2.103a)$$

oder gleichwertig

$$A = \frac{1}{2}\sum_{i=1}^{n}(Y_i \cdot (X_{i-1} - X_{i+1})) \qquad (2.103b)$$

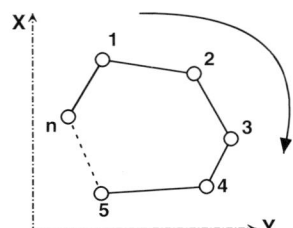

Abb. 2.21 Flächenberechnung

Die Koordinaten der Punkte, die die Flächen begrenzen (Abb. 2.21) werden dabei im Uhrzeigersinn nacheinander eingegeben.

$$\text{für}\quad i = n \quad \text{folgt für}\quad i+1 = 1 \quad \text{und}$$
$$\text{für}\quad i = 1 \quad \text{folgt für}\quad i-1 = n$$

Für Straßen-Querprofilflächen A (Abb. 2.22) verwendet man als Abszissen Y den Abstand von der Bauwerkachse und als Ordinate Z die Höhe über NN.

$$A = \frac{1}{2}\sum_{i=1}^{n}(Z_i \cdot (Y_{i+1} - Y_{i-1})) \qquad (2.104)$$

Flächenerfassung durch Digitalisieren Auf einem Digitalisiertisch werden die Flächenbegrenzungslinien punktweise abgefahren und automatisch registriert. Nach völligem Umfahren der Fläche erfolgt nach (2.103a) und (2.103b) automatisch die Flächenangabe. Hierbei müssen schon koordinierte Punkte als Passpunkte mit erfasst werden, um Maßstab und eventuellen Papierverzug zu berücksichtigen.

Mengenermittlung Um die Menge eines Baukörpers zu berechnen, der von zwei Querprofilen mit den Querschnittsflächen A_1 und A_2 begrenzt wird, verwendet man bei gerader

Abb. 2.22 Mengenberechnung aus Querprofilen

Achse die Formel

$$V = \frac{A_1 + A_2}{2}\cdot l \qquad (2.105)$$

l ist der Abstand der beiden Querprofile, gemessen in der Achse.

Wenn die Querschnittsflächen nicht symmetrisch zur Achse angeordnet sind, so muss besonders bei kleinen Achsradien r der Flächenschwerpunktsabstand Y_S von der Achse berücksichtigt werden.

$$Y_S = \frac{\frac{1}{6}\sum_{i=1}^{n}((Y_i^2 + Y_i \cdot Y_{i+1} + Y_{i+1}^2)\cdot(Z_i - Z_{i+1}))}{A}$$
$$(2.106)$$

Bei gekrümmter Achse ist ein Verbesserungsfaktor anzusetzen.

$$k = \frac{r - Y_S}{r}$$

r Radius an der Station des Querprofils wobei $r > 0$ für Rechtskurve und $r < 0$ für Linkskurve

Die verbesserte Menge ist dann

$$V_V = V \cdot k_{\text{Mittel}} \qquad (2.107)$$
$$k_{\text{Mittel}} = (k_i + k_{i+1})\cdot 0{,}5$$

Geländequerprofile müssen so gelegt werden, dass sie den Verlauf des Geländes genügend genau repräsentieren, um eine genaue Leistungsberechnung zu ermöglichen.

Beispiel

Die Fläche der in Abb. 2.22 dargestellten Querprofile ist zu bestimmen und der Abtrag dazwischen zu berechnen.

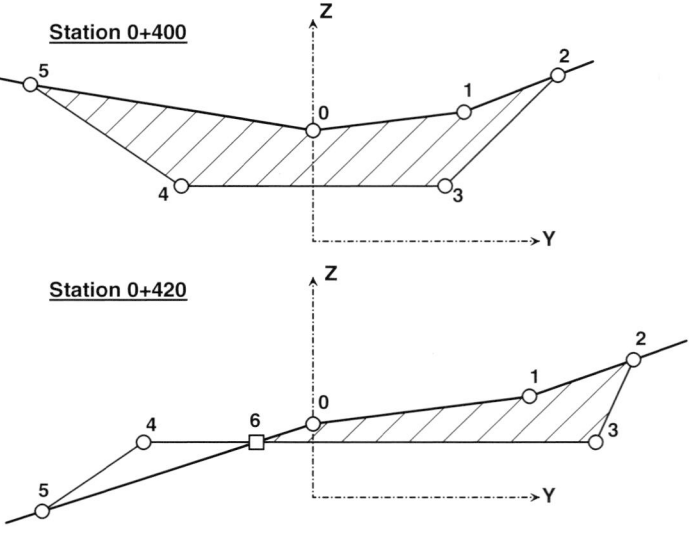

Die Profile liegen in einer Rechtskurve mit $r = 300,00$ m. Bei Station $0 + 420$ entsteht ein Anschnittsprofil. Der Ausgleich durch Quertransport soll nicht vorgenommen werden. Die Mengen sind getrennt zu ermitteln. Hier wird nur der Abtrag weiter berücksichtigt.

Station $0 + 400$:

Punkt-Nr.	Achsabstand Y	Höhe Z
0	0,00	500,00
1	7,75	500,19
2	10,50	501,40
3	7,00	499,07
4	−7,00	498,88
5	−11,30	501,75

Station $0 + 420$:

Punkt-Nr.	Achsabstand Y	Höhe Z
0	0,00	500,50
1	6,50	501,00
2	12,35	502,25
3	10,85	500,75
4	−7,00	500,30
5	−10,00	497,96

Der Schnittpunkt 6 des Planums mit dem Gelände $(0 + 420)$ ist nach (2.32) bis (2.35) zu berechnen:

$$k_1 = \frac{Y_0 - Y_5}{Z_0 - Z_5} = 3,937008$$

$$k_2 = \frac{Y_4 - Y_3}{Z_4 - Z_3} = 39,66667$$

$$Z_6 = Z_5 + \frac{(Y_3 - Y_5) - k_2(Z_3 - Z_5)}{(k_1 - k_2)} = 500,47 \text{ m}$$

$$Y_6 = Y_5 + k_1(Z_6 - Z_5) = -0,10 \text{ m}$$

Die Flächenberechnung für Profil $0 + 400$ ergibt:

$$A_{0123450} = 24,983 \text{ m}^2$$

Die Schwerpunktlage wird für Profil $0 + 400$ in der folgenden Form bestimmt (siehe Tafel 2.5):

$$Y_{S400} = \frac{-252,1729400}{6 \cdot 24,983} = -1,682 \text{ m}$$

Das heißt, der Flächenschwerpunkt liegt $-1,682$ m von der Achse entfernt. Für den Kreisbogen (Rechtskurve) mit $r = 300,00$ m ergibt dies einen Korrekturwert

$$k_{400} = \frac{300 + 1,68}{300} = 1,0056$$

Auf gleiche Weise verfährt man mit Profil $0 + 420$. Die Profilfläche für den Abtrag ist dabei von den Punkten 0, 1, 2, 3, 6, 0 begrenzt.

$$A_{012360} = 5,500 \text{ m}^2$$
$$Y_{S420} = 8,292 \text{ m}$$
$$k_{420} = 0,9724$$
$$k_{\text{Mittel}} = \frac{1,0056 + 0,9724}{2} = 0,9890$$

Zwischen den beiden Profilen liegt dann die Aushubmenge

$$V = \frac{24,983 + 5,500}{2} \cdot 20 \cdot 0,9890 = 301,48 \text{ m}^3$$

Ohne Berücksichtigung des Korrekturfaktors würde die Berechnung $V = 304,83 \text{ m}^3$, also $3,35 \text{ m}^3$ mehr, ergeben. ◄

Mengenermittlung mit digitalem Geländemodell Die Grundlage eines digitalen Geländemodells (DGM) bilden regelmäßig oder auch beliebig verteilte Geländepunkte (Y, X, Z) und zusätzliche Informationen wie z. B. Geländelinien (Abb. 2.23).

Solche Geländelinien können Bruchlinien, Böschungskanten usw. sein. Werden die Geländelinien durch eine ausreichende Zahl von Aufnahmepunkten miterfasst, so lassen sich im DGM Dreiecksmaschen bilden, die auch den

Tafel 2.5 Schwerpunktlage für Profil $0 + 400$

Von Punkt i nach Punkt $i + 1$	Y_i	Y_{i+1}	$Y_i \cdot Y_{i+1}$	Y_i^2	Y_{i+1}^2	Summe	$Z_i - Z_{i+1}$	Produkt
0–1	0,00	7,75	0,00	0,00	60,063	60,063	−0,19	11,4119
1–2	7,75	10,50	81,375	60,063	110,250	251,688	−1,21	−304,4525
2–3	10,50	7,00	73,50	110,25	49,00	232,750	2,33	542,3075
3–4	7,00	−7,00	−49,00	49,00	49,00	49,00	0,19	9,3100
4–5	−7,00	−11,30	79,10	49,00	127,69	255,790	−2,87	−734,1173
5–0	−11,30	0,00	0,00	127,69	0,00	127,690	1,75	223,4575
						Summe		−252,1729

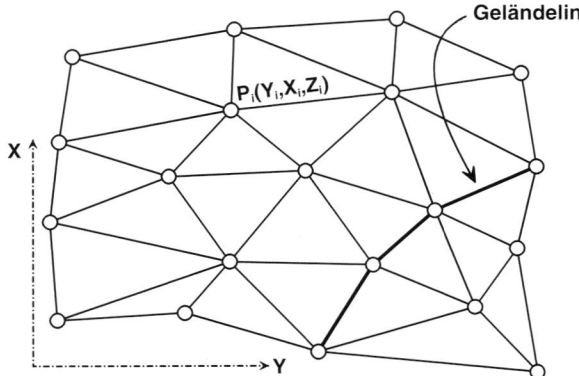

Abb. 2.23 Digitales Geländemodell mit Geländelinie

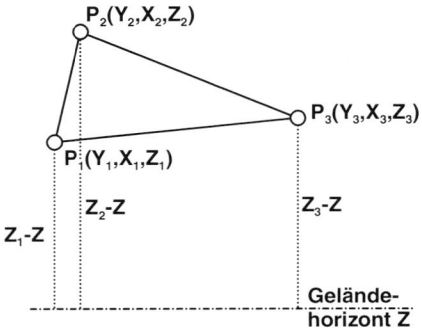

Abb. 2.24 Durch Dreiecksmasche vorgegebenes Prismenvolumen

Verlauf der Geländelinien berücksichtigen (Abb. 2.23). Die Geländeoberfläche kann dann durch ebene Dreiecke angenähert werden.

Soll z. B. eine Abtragsmenge bis zum Geländehorizont mit Höhe Z abgetragen werden, so lässt sich die Abtragsmenge durch dreieckige Prismen annähern (Abb. 2.24).

Die dreieckige Grundfläche A_P des Prismas im Horizont Z erhält man nach (2.103a) und (2.103b).

$$A_P = \frac{1}{2}(X_1(Y_2 - Y_3) + X_2(Y_3 - Y_1) + X_3(Y_1 - Y_2))$$

Die mittlere Prismenhöhe ergibt sich zu

$$h_m = \frac{1}{3}(Z_1 + Z_2 + Z_3 - 3Z) \qquad (2.108)$$

damit erhalten wir als Prismenvolumen V_P:

$$V_P = A_P \cdot h_m \qquad (2.109)$$

Die Gesamtabtragsmenge V ergibt sich dann als Summe aller Prismenvolumen

$$V = \sum V_P \qquad (2.110)$$

Einzelheiten und Besonderheiten der Mengenermittlung können den **Regelungen für die elektronische Bauabrechnung – Verfahrensbeschreibung (REB-VB)** entnommen werden. Hier sind vor allem interessant:

- REB-VB 21.003 „Massenberechnung aus Querprofilen"
- REB-VB 21.013 „Massenberechnung zwischen Begrenzungslinien"
- REB-VB 22.013 „Massen und Oberflächen aus Prismen"
- REB-VB 22.114 „Ermittlung von Rauminhalten und Flächen aus Horizonten"

Literatur

1. DIN 18709-1, 10.95, Begriffe, Kurzzeichen und Formelzeichen im Vermessungswesen – Teil 1: Allgemeines
2. DIN 18709-2, 04.86, Begriffe, Kurzzeichen und Formelzeichen im Vermessungswesen – Teil 1: Ingenieurvermessung,
3. Baumann: Vermessungskunde. Bonn: Ferd. Dümmlers Verlag, Band 1, 5. Aufl. 1999, Band 2, 6. Aufl. 1999
4. Breuer/Hirle/Joeckel: Freie Stationierung. Dt. Verein für Vermessungswesen, Landesverein Baden-Württemberg e. V., 1983
5. Desenritter: DV-gerechte Funktionen für Klothoidenberechnungen, Straßen- und Tiefbau, H. 37, 3/1983, Isernhagen: Giesel Verlag für Publizität, 1983
6. Gruber/Joeckel: Formelsammlung für das Vermessungswesen, 20. Aufl. 2020, Wiesbaden: Springer Vieweg
7. Möser: Handbuch Ingenieurgeodäsie, Ingenieurbau. Heidelberg: Wichmann Verlag, 2016
8. Möser/Müller/Schlemmer/Werner: Handbuch Ingenieurgeodäsie, Straßenbau. Heidelberg: Wichmann Verlag, 2002
9. Joeckel/Stober/Huep: Elektronische Entfernungs- und Richtungsmessung und ihre Integration in aktuelle Positionierungsverfahren. 5. Aufl. 2008, Heidelberg: Wichmann
10. Resnik/Bill: Vermessungskunde für den Planungs-, Bau- und Umweltbereich. 4. Aufl. 2018, Berlin: VDE Verlag
11. Osterloh: Erdmassenberechnung. 4. Aufl. Wiesbaden: Bauverlag, 1985
12. Osterloh: Straßenplanung mit Klothoiden und Schleppkurven. 5. Aufl. Wiesbaden: Bauverlag, 1991
13. Richtlinien für die Anlage von Straßen RAS, Teil: Vermessung (RAS-Verm), 2001, Forschungsgesellschaft für das Straßen- und Verkehrswesen VGSV, 2001
14. Schnädelbach: Zur Berechnung von Schnittpunkten mit der Klothoide. Zeitschrift für Vermessungswesen, 3/1983
15. Witte/Sparla: Vermessungskunde und Grundlagen der Statistik für das Bauwesen. 9. Aufl. 2019, Heidelberg: Wichmann
16. Vermessungswesen: Normen (DIN Taschenbuch 111). 8. Aufl. 2020, Berlin: Beuth

Internetportale

17. www.adv-online.de: Arbeitsgemeinschaft der Vermessungsverwaltungen
18. www.bkg.bund.de: Bundesamt für Kartographie und Geodäsie
19. www.geoportal.de: Geodateninfrastruktur Deutschland (GDI-DE)
20. www.geodatenzentrum.de: WebAtlasDE und DOP-Viewer
21. www.sapos.de: Satellitenpositionierungsdienst der deutschen Landesvermessung
22. www.hoetra2016.nrw.de: Höhentransformationsmodell

Baubetrieb

3

Prof. Dr.-Ing. Alexander Malkwitz

Inhaltsverzeichnis

A. Malkwitz (✉)
Universität Duisburg-Essen
Essen, Deutschland
E-Mail: alexander.malkwitz@uni-due.de

3.1 Öffentliches Baurecht

Die Planung und Errichtung von Bauwerken sowie die Nutzung von Grund und Bodens ist in der Bundesrepublik Deutschland durch Gesetze und Verordnungen reglementiert. Als Teilbereich des Öffentlichen Rechts regelt das zweigeteilte öffentliche Baurecht die Zulässigkeit und die Grenzen der baulichen Nutzung von Grund und Boden, sowie der Eigenschaften baulicher Anlagen. Im Bauplanungsrecht wird die Art und das Maß der baulichen Nutzung festgelegt. Das Bauordnungsrecht als spezifisches Landesrecht regelt die spezifischen technischen Anforderungen an Bauwerke und Ausführungsprozesse. Zusätzlich existieren weitere baurechtliche Vorschriften, die auch als Baunebenrecht bezeichnet werden.

3.1.1 Bauplanungsrecht

Das Bauplanungsrecht regelt die Nutzung des Bodens mit dem Ziel, eine geordnete und planmäßige Entwicklung der Räume sicherzustellen. Dieses Städtebaurecht ist in der Bundesrepublik Deutschland grundsätzlich Bundesrecht. Rechtliche Grundlage sind dafür vor allem das Baugesetzbuch (BauGB), die Baunutzungsverordnung (BauNVo), die Planzeichenverordnung (PlanZVO) und die Immobilienwerter-

U. Vismann (Hrsg.), *Wendehorst Bautechnische Zahlentafeln*, https://doi.org/10.1007/978-3-658-32218-2_3

Tafel 3.1 Bauplanungsrecht

Gesetz oder Rechtsvorschrift	Inhalt
Baugesetzbuch (BauGB) vom 23.6.1960, zuletzt geändert 03.11.2017	Erstes Kapitel: Allgemeines Städtebaurecht 1. Bauleitplanung 2. Sicherung der Bauleitplanung 3. Regelung der baulichen und sonstigen Nutzung 4. Bodenordnung, Entschädigung 5. Enteignung 6. Erschließung 7. Maßnahmen Zweites Kapitel: Besonderes Städtebaurecht 1. Städtebauliche Sanierungsmaßnahmen 2. Städtebauliche Entwicklungsmaßnahmen 3. Stadtumbau 4. Soziale Stadt 5. Private Initiativen 6. Erhaltungssatzung und städtebauliche Gebote 7. Sozialplan und Härteausgleich 8. Miet- und Pachtverhältnisse 9. Städtebauliche Maßnahmen i.Zs.m. Maßnahmen zur Verbesserung der Agrarstruktur Drittes Kapitel: Sonstige Vorschriften 1. Wertermittlung 2. Allg. Vorschriften, Zuständigkeiten, Verwaltungsverfahren, Planerhaltung 3. Verfahren vor den Kammern der Baulandsachen Viertes Kapitel: Überleitungs- und Schlussvorschriften 1. Überleitungsvorschriften 2. Schlussvorschriften
Baunutzungsverordnung (BauNVO) vom 26.6.1962, zuletzt geändert 21.11.2017	Erster Abschnitt: Art der baulichen Nutzung Zweiter Abschnitt: Maß der baulichen Nutzung Dritter Abschnitt: Bauweise, bebaubare Grundstücksfläche Vierter Abschnitt: entfallen Fünfter Anschnitt: Überleitungs- und Schlussvorschriften
Planzeichenverordnung (PlanZV) vom 18.12.1990, zuletzt geändert 04.05.2017	1. Planunterlagen 2. Planzeichen (für Bauleitpläne) 3. Überleitungsvorschrift
Raumordnungsgesetz (ROG) vom 22.12.2008, zuletzt geändert 20.07.2017	1. Allgemeine Vorschriften 2. Raumordnung der Länder 3. Raumordnung im Bund 4. Ergänzende Vorschriften und Schlussvorschriften Raumordnungspläne, Regionalpläne, Flächennutzungspläne, Beteiligte bei der Aufstellung von Raumordnungsplänen, Raumordnungsverfahren, Bekanntmachungen, Zuständigkeiten, …
Immobilienwertermittlungsverordnung (ImmoWertV) vom 19.05.2010	1. Anwendungsbereich, Begriffsbestimmung, allg. Verfahrensgrundsätze 2. Bodenrichtwerte und erforderliche Daten 3. Wertermittlungsverfahren 1. Vergleichsverfahren, Bodenwertermittlung 2. Ertragswertverfahren 3. Sachwertverfahren 4. Schlussvorschrift

mittlungsverordnung (ImmoWertV), ergänzt durch weitere spezielle Regelungen. Die Nutzung des Bodens wird dabei primär durch die Bauleitplanung mit Flächennutzungsplänen und Bebauungsplänen im allgemeinen Städtebaurecht und in der Baunutzungsverordnung über die Festlegung von Art und Maß der baulichen Nutzung geregelt.

Beispiel

Art und Maß der baulichen Nutzung gem. Baunutzungsverordnung (BauNVO)

Entsprechend der Baunutzungsverordnung (BauNVO) können in einem Bebauungsplan verschiedene Baugebiete unterschieden werden und z. B. mit Hilfe der folgenden Kennzahlen die Art und das Maß der baulichen Nutzung festgelegt werden:

Tafel 3.2 Obergrenzen baulicher Nutzung von Baugebieten nach § 17 BauNVO (2017)

1		2	3	4
	Baugebiet	Grundflächenzahl (GRZ)	Geschossflächenzahl (GFZ)	Baumassenzahl (BMZ)
in	Kleinsiedlungsgebieten (WS)	0,2	0,4	–
in	reinen Wohngebieten (WR) allgem. Wohngebieten (WA) Ferienhausgebieten	0,4	1,2	–
in	besonderen Wohngebieten (WB)	0,6	1,6	–
in	Dorfgebieten (MD) Mischgebieten (MI)	0,6	1,2	–
in	urbanen Gebieten (MU)	0,8	3,0	–
in	Kerngebieten (MK)	1,0	3,0	–
in	Gewerbegebieten (GE) Industriegebieten (GI) sonstigen Sondergebieten	0,8	2,4	10,0
in	Wochenendhausgebieten	0,2	0,2	–

Grundflächenzahl (GRZ): Die GRZ gibt an, wieviel Quadratmeter Grundfläche je Quadratmeter Grundstücksfläche im Sinne des § 19 Absatz 3 zulässig sind (§ 19 BauNVO)

Geschossflächenzahl (GFZ): Die GFZ gibt an, wieviel Quadratmeter Geschossfläche je Quadratmeter Grundstücksfläche im Sinne des § 19 (3) zulässig sind (§ 20 BauNVO)

Baumassenzahl (BMZ): Die BMZ gibt an, wieviel Kubikmeter Baumasse je Quadratmeter Grundstücksfläche im Sinne des § 19 (3) zulässig sind (§ 21 BauNVO)

Neben diesen Kennzahlen gibt es weitere Kriterien, die das Maß der baulichen Nutzung festlegen können, wie z. B. Höhenbeschränkungen, ... ◀

3.1.2 Bauordnungsrecht

Aufbauend auf dem Bauplanungsrecht regelt das Bauordnungsrecht die Anforderungen an ein Bauwerk. Das Bauordnungsrecht ist in den Landesbauordnungen geregelt und grundsätzlich Landesrecht. Daher existiert für jedes Bundesland eine andere Landesbauordnung. Die einzelnen Landesbauordnungen orientieren sich dabei an der Musterbauordnung, die als Standard- und Mindestbauordnung von den Sachverständigen der Arbeitsgemeinschaft für Städtebau, den für Bau- und Wohnungswesen zuständigen Ministern und Senatoren der 16 Bundesländer (ARGEBAU), ausgearbeitet worden ist. Allerdings weichen die Landesbauordnungen in einzelnen Regelungen teilweise deutlich von der Musterbauordnung ab.

3.1.3 Baunebenrecht

Das Baunebenrecht enthält eine Vielzahl von weiteren Vorschriften die neben dem Bauordnungsrecht die Rechtmäßigkeit der Errichtung, Änderungen oder Nutzung baulicher Anlagen betreffen. Dies können sowohl Bundes- als auch Landes- oder kommunale Gesetze und Vorschriften sein. In der Liste sind einige Bereiche und Verordnungen beispielhaft angegeben.

Tafel 3.3 Bauordnungsrecht

Gesetz oder Rechtsvorschrift	Inhalt
Musterbauordnung (MBO) vom November 2002, zuletzt geändert am 13.05.2016	1. Allgemeine Vorschriften 2. Grundstück und seine Bebauung 3. Bauliche Anlagen 4. Die am Bau Beteiligten 5. Bauaufsichtsbehörden, Verfahren 6. Ordnungswidrigkeiten, Rechtsvorschriften, Übergangs- und Schlussvorschriften

Tafel 3.4 Baunebenrecht

Rechtsbereich	Gesetz oder Vorschrift
Bauplanungsrecht	Gesetz zur Ausführung des Baugesetzbuches (AGBauGB) Umwandlungsverordnung (UmwandV) Bundesimmissionsschutzgesetz (BImSchG) Technische Anforderung Lärm (TA Lärm) Landesimmissionsschutzgesetze ...

Tafel 3.4 (Fortsetzung)

Rechtsbereich	Gesetz oder Vorschrift
Naturschutzrecht	Bundesnaturschutzgesetz (BNatSchG) Pflanzenschutzgesetz (PflSchG) Landesnaturschutzgesetze Landeswaldgesetze Baumschutzverordnungen …
Denkmalrecht	Denkmalschutzgesetze
Vermessungsrecht	Gesetze über die Landesvermessung und das Liegenschaftskataster
Verkehr, Tiefbau, Straßenrecht	Straßenverkehrsgesetz (StVG) Bundesfernstraßengesetz (FStrG) Landesstraßengesetz (LStrG) Straßenbaufinanzierungsgesetz (StrFinG) Fernstraßenausbaugesetz (FStrAbG) Bundeswasserstraßengesetz (WaStrG) Eisenbahnkreuzungsgesetz (EKrG) Personenbeförderungsgesetz (PBefG) …
Umweltrecht	Bundes-Immissionsschutzgesetz (BImSchG) Bundes-Bodenschutzgesetz (BBodSchG) Kreislaufwirtschaftsgesetz (KrWG) Umweltauditgesetz (UAG) Umweltinformationsgesetz (UIG) Gesetz über die Umweltverträglichkeitsprüfung (UVPG)
Abfallrecht	Kreislaufwirtschaftsgesetz (KrWG) Abfallverzeichnisverordnung (AVV) Verpackungsverordnung (VerpackV) Gewerbeabfallverordnung (GewAbfV) Klärschlammverordnung (AbfKlärV) Bioabfallverordnung (BioAbfV) …
Energieeinsparung, Klima-schutz, erneuerbare Energien	Energieverbrauchsrelevante-Produkte-Gesetz (EVPG) Energieeinsparungsgesetz (EnEG) Erneuerbare-Energien-Gesetz (EEG) Erneuerbare-Energien-Wärmegesetz (EEWärmeG) Treibhausgas-Emissionshandelsgesetz (TEHG)
Gesundheitswesen, Veterinär/Lebensmittelrecht	Trinkwasserverordnung (TrinkwV) Arbeitsschutzgesetz (ArbSchG) Lebensmittelbasisverordnung Lebensmittelinformationsverordnung Lebensmittelkennzeichnungsverordnung (LMKV) Lebensmittel-, Bedarfsgegenstände- und Futtermittelgesetzbuch (LFGB)
Wohnungswesen	Gesetz über das Wohnungseigentum und das Dauerwohnrecht (WEG)
Gewerberecht	Gewerbeordnung (GewO) Handwerksordnung (HwO) Gaststättengesetz (GastG) Ladenöffnungsgesetze
Wasserrecht	Wasserhaushaltsgesetz (WHG) Landeswassergesetze EU-Wasserrahmenrichtlinie Wasserverbandsgesetz (WVG) Abwasserverordnung (AbwV)
Arbeitsschutz	Arbeitsschutzgesetz (ArbSchG) Produktsicherheitsgesetz (ProdSG) Arbeitssicherheitsgesetz (ASiG) Arbeitsstättenverordnung (ArbStättV) Baustellenverordnung (BaustellV) Betriebssicherheitsverordnung (BetrSichV)
…	

Vergabe unter Schwellenwert

Haushaltsrecht

Verwaltungsvorschriften

VOB/A Abschnitt 1

Vergabe über Schwellenwert

EU Vertrag / Europäische Vergaberichtlinien

Gesetz gegen Wettbewerbsbeschränkung (GWB) Teil 4

VgV	VSVgV	SektVO	KonzVgV

VOB/A Abschnitt 2	VOB/A Abschnitt 3

Abb. 3.1 Übersicht Vergaberecht

3.2 Vergaberecht

Öffentliche Auftraggeber sind im Verfahren für die Vergabe von Bauleistungen nicht frei, sondern müssen sich an die Vorgaben des Vergaberechts halten. Dazu gibt es sowohl europäische als auch nationale Vorschriften. Grundsätzlich unterscheiden sich die anzuwendenden Vorschriften nach dem Volumen der Vergabe. Dafür sind Schwellenwerte festgelegt worden. Für die Vergabe von Bauleistungen sind dabei vor allem die Sektorenverordnung (SektVO) und die Vergabeverordnung (VgV) relevant, die alle öffentlichen Auftraggeber einhalten müssen.

Aktueller Stand der Vorschriften:

Tafel 3.5 Übersicht einzelner Vergabevorschriften

Gesetz oder Rechtsvorschrift	Aktueller Stand
Gesetz gegen Wettbewerbsbeschränkungen GWB Teil 4	Vom 26. Juni 2013, zuletzt geändert 12.7.2018
Vergabeverordnung (VgV)	Vom 12. April 2016, zuletzt geändert 12.7.2019
Vergabeverordnung für die Bereiche Verteidigung und Sicherheit (VSVgV)	Vom 12. Juli 2012, zuletzt geändert 12.7.2019
Sektorenverordnung (SektVO)	Vom 12. April 2016, zuletzt geändert 10.7.2018
Konzessionsvergabeverordnung (KonzVgV)	Vom 12. April 2016, zuletzt geändert 10.7.2018
Vergabe- und Vertragsordnung für das Bauwesen Teil A (VOB/A) Ausgabe 2019	Vom 19.2.2019, anzuwenden ab 1. März 2019

3.2.1 Schwellenwerte

Die jeweiligen Schwellenwerte ergeben sich für öffentliche Aufträge und Wettbewerbe, die von öffentlichen Auftraggebern vergeben werden, aus Artikel 4 der Richtlinie 2014/24/EU in der jeweils geltenden Fassung. Bei der Schätzung des Auftragswerts ist vom voraussichtlichen Gesamtwert der vorgesehenen Leistung ohne Umsatzsteuer auszugehen. Alle zwei Jahre wird von der EU-Kommission die Höhe der Schwellenwerte für die Anwendung des EU-Vergaberechts überprüft. Die aktuellen Werte sind zum 1.1.2020 in Kraft getreten.

Tafel 3.6 Schwellenwerte

Auftragsart	Schwellenwert ab 1.1.2020
Liefer- und Dienstleistungsaufträge Oberer und Oberster Bundesbehörden	139.000 €
Liefer- und Dienstleistungsaufträge sonstiger öffentlicher Auftraggeber	214.000 €
Liefer- und Dienstleistungsaufträge von Sektorenauftraggebern	428.000 €
Bauaufträge	5.350.000 €
Konzessionsvergaben	5.350.000 €

3.2.2 Sektorenverordnung (SektVO) und Vergabeverordnung (VgV)

Diese Verordnung trifft nähere Bestimmungen über das einzuhaltende Vergabeverfahren bei der dem Teil 4 des Gesetzes gegen Wettbewerbsbeschränkungen unterliegenden Vergabe von Aufträgen und die Ausrichtung von Wettbewerben zum Zwecke von Tätigkeiten auf dem Gebiet der Trinkwasser- und Energieversorgung und des Verkehrs (Sektorentätigkeiten) durch Sektorenauftraggeber. Diese Verordnung ist nicht anzuwenden auf die Vergabe von verteidigungs- oder sicherheitsspezifischen öffentlichen Aufträgen (§ 1 SektVO).

Der Auftraggeber kann für die Vergabe eines Auftrags eine Innovationspartnerschaft mit dem Ziel der Entwicklung einer innovativen Leistung und deren anschließenden Erwerb eingehen. Der Beschaffungsbedarf, der der Innovationspartnerschaft zugrunde liegt, darf nicht durch auf dem Markt bereits verfügbare Leistungen befriedigt werden können (§ 18 SektVO).

Es sind einige besondere Methoden und Instrumente im Vergabeverfahren möglich: Rahmenvereinbarungen (§ 19 SektVO), dynamische Beschaffungssysteme (§ 20 SektVO), elektronische Auktionen (§ 23 SektVO), elektronische Kataloge (§ 25 SektVO).

Der Auftraggeber kann zur Eignungsfeststellung ein Qualifizierungssystem für Unternehmen einrichten und betreiben. Der Zuschlag wird auf das wirtschaftlichste Angebot erteilt. Der Auftraggeber kann vorgeben, dass das Zuschlagskriterium „Kosten" auf der Grundlage der Lebenszykluskosten der Leistung berechnet wird (§ 52 SektVO). Der Auftraggeber gibt die Methode zur Berechnung der Lebenszykluskosten und die zur Berechnung vom Unternehmen zu übermittelnden Informationen in der Auftragsbekanntmachung oder den Vergabeunterlagen an.

Die Vergabeverordnung (VgV) trifft Bestimmungen über das einzuhaltende Verfahren bei der dem Teil 4 des Gesetzes gegen Wettbewerbsbeschränkungen unterliegenden Vergabe von öffentlichen Aufträgen und bei der Ausrichtung von Wettbewerben durch den öffentlichen Auftraggeber. Dabei sind wie in der Sektorenverordnung auch Innovationspartnerschaften sowie die besonderen Methoden und Instrumente im Vergabeverfahren möglich. Der öffentliche Auftraggeber kann außerdem vorgeben, dass das Zuschlagskriterium „Kosten" auf der Grundlage der Lebenszykluskosten der Leistung berechnet wird, dazu ist die Berechnungsmethodik der Lebenszykluskosten vorzugeben.

3.2.3 VOB/A

Die VOB/A ist ein Teil der VOB, die insgesamt in drei Teile aufgeteilt ist: Teil A (VOB/A) Allgemeine Vergabe, Teil B (VOB/B) Allgemeine Vertragsbestimmungen für die Ausführung von Bauleistungen und Teil C (VOB/C) Allgemeine technische Vertragsbestimmungen für Bauleistungen.

Die VOB/A regelt die Vergabe von Bauleistungen. Der Regelungsbereich der VOB/A endet mit dem Zustandekommen des Bauvertrages.

Tafel 3.7 Inhalt der VOB/A (2019)

VOB/A 2019		
Abschnitt 1 Basisparagraphen	Abschnitt 2	Abschnitt 3
§ 1 Bauleistungen	§ 1 EU Anwendungsbereich	§ 1 VS Anwendungsbereich
§ 2 Grundsätze	§ 2 EU Grundsätze	§ 2 VS Grundsätze
§ 3 Arten der Vergabe	§ 3 EU Arten der Vergabe	§ 3 VS Arten der Vergabe
§ 3a Zulässigkeitsvoraussetzungen	§ 3a EU Zulässigkeitsvoraussetzungen	§ 3a VS Zulässigkeitsvoraussetzungen
§ 3b Ablauf der Verfahren	§ 3b EU Ablauf der Verfahren	§ 3b VS Ablauf der Verfahren
§ 4 Vertragsarten	§ 4 EU Vertragsarten	§ 4 VS Vertragsarten
§ 4a Rahmenvereinbarungen	§ 4a EU Rahmenvereinbarungen	§ 4a VS Rahmenvereinbarungen
	§ 4b EU Besondere Instrumente und Methoden	
§ 5 Vergabe nach Losen, Einheitliche Vergabe	§ 5 EU Einheitliche Vergabe, Vergabe nach Losen	§ 5 VS Einheitliche Vergabe, Vergabe nach Losen
§ 6 Teilnehmer am Wettbewerb	§ 6 EU Teilnehmer am Wettbewerb	§ 6 VS Teilnehmer am Wettbewerb
§ 6a Eignungsnachweise	§ 6a EU Eignungsnachweise	§ 6a VS Eignungsnachweise
§ 6b Mittel der Nachweisführung, Verfahren	§ 6b EU Mittel der Nachweisführung, Verfahren	§ 6b VS Mittel der Nachweisführung, Verfahren
	§ 6c EU Qualitätssicherung und Umweltmanagement	§ 6c VS Qualitätssicherung und Umweltmanagement
	§ 6d EU Kapazitäten anderer Unternehmen	§ 6d VS Kapazitäten anderer Unternehmen
	§ 6e EU Ausschlussgründe	§ 6e VS Ausschlussgründe
	§ 6f EU Selbstreinigung	§ 6f VS Selbstreinigung
§ 7 Leistungsbeschreibung	§ 7 EU Leistungsbeschreibung	§ 7 VS Leistungsbeschreibung
§ 7a Technische Spezifikationen	§ 7a EU Technische Spezifikationen, Testberichte, Zertifizierungen, Gütezeichen	§ 7a VS Technische Spezifikationen
§ 7b Leistungsbeschreibung mit Leistungsverzeichnis	§ 7b EU Leistungsbeschreibung mit Leistungsverzeichnis	§ 7b VS Leistungsbeschreibung mit Leistungsverzeichnis
§ 7c Leistungsbeschreibung mit Leistungsprogramm	§ 7c EU Leistungsbeschreibung mit Leistungsprogramm	§ 7c VS Leistungsbeschreibung mit Leistungsprogramm

Tafel 3.7   (Fortsetzung)

VOB/A 2019		
Abschnitt 1 Basisparagraphen	Abschnitt 2	Abschnitt 3
§ 8 Vergabeunterlagen	§ 8 EU Vergabeunterlagen	§ 8 VS Vergabeunterlagen
§ 8a Allgemeine, Besondere und Zusätzliche Vertragsbedingungen	§ 8a EU Allgemeine, Besondere und Zusätzliche Vertragsbedingungen	§ 8a VS Allgemeine, Besondere und Zusätzliche Vertragsbedingungen
§ 8b Kosten- und Vertrauensregelung, Schiedsverfahren	§ 8b Kosten- und Vertrauensregelung, Schiedsverfahren	§ 8b VS Kosten- und Vertrauensregelung, Schiedsverfahren
§ 9 Ausführungsfristen, Einzelfristen, Verzug	§ 9 EU Ausführungsfristen, Einzelfristen, Verzug	§ 9 VS Ausführungsfristen, Einzelfristen, Verzug
§ 9a Vertragsstrafen, Beschleunigungsvergütung	§ 9a EU Vertragsstrafen, Beschleunigungsvergütung	§ 9a VS Vertragsstrafen, Beschleunigungsvergütung
§ 9b Verjährung der Mängelansprüche	§ 9b EU Verjährung der Mängelansprüche	§ 9b VS Verjährung der Mängelansprüche
§ 9c Sicherheitsleistung	§ 9c EU Sicherheitsleistung	§ 9c VS Sicherheitsleistung
§ 9d Änderung der Vergütung	§ 9d EU Änderung der Vergütung	§ 9d VS Änderung der Vergütung
§ 10 Angebots-, Bewerbungs-, Bindefristen	§ 10 EU Fristen	§ 10 VS Fristen
	§ 10a EU Fristen im offenen Verfahren	§ 10a VS frei
	§ 10b EU Fristen im nicht offenen Verfahren	§ 10b VS Fristen im nicht offenen Verfahren
	§ 10c EU Fristen im Verhandlungsverfahren	§ 10c VS Fristen im Verhandlungsverfahren
	§ 10d EU Fristen im wettbewerblichen Dialog und bei der Innovationspartnerschaft	§ 10d VS Fristen im wettbewerblichen Dialog
§ 11 Grundsätze der Informationsübermittlung	§ 11 EU Grundsätze der Informationsübermittlung	§ 11 VS Grundsätze der Informationsübermittlung
§ 11a Anforderungen an elektronische Mittel	§ 11a EU Anforderungen an elektronische Mittel	§ 11a VS Anforderungen an elektronische Mittel
	§ 11b EU Ausnahmen von der Verwendung elektronischer Mittel	
§ 12 Auftragsbekanntmachung	§ 12 EU Vorinformation, Auftragsbekanntmachung	§ 12 VS Vorinformation, Auftragsbekanntmachung
§ 12a Versand der Vergabeunterlagen	§ 12a EU Versand der Vergabeunterlagen	§ 12a VS Versand der Vergabeunterlagen
§ 13 Form und Inhalt der Angebote	§ 13 EU Form und Inhalt der Angebote	§ 13 VS Form und Inhalt der Angebote
§ 14 Öffnung der Angebote, Öffnungstermin bei ausschließlicher Zulassung elektronischer Angebote	§ 14 EU Öffnung der Angebote, Öffnungstermin	§ 14 VS Öffnung der Angebote, Öffnungstermin
§ 14a Öffnung der Angebote, Eröffnungstermin bei Zulassung schriftlicher Angebote		
§ 15 Aufklärung des Angebotsinhalts	§ 15 EU Aufklärung des Angebotsinhalts	§ 15 VS Aufklärung des Angebotsinhalts
§ 16 Ausschluss von Angeboten	§ 16 EU Ausschluss von Angeboten	§ 16 VS Ausschluss von Angeboten
§ 16a Nachforderung von Unterlagen	§ 16a EU Nachforderung von Unterlagen	§ 16a VS Nachforderung von Unterlagen
§ 16b Eignung	§ 16b EU Eignung	§ 16b VS Eignung
§ 16c Prüfung	§ 16c EU Prüfung	§ 16c VS Prüfung
§ 16d Wertung	§ 16d EU Wertung	§ 16d VS Wertung
§ 17 Aufhebung der Ausschreibung	§ 17 EU Aufhebung der Ausschreibung	§ 17 VS Aufhebung der Ausschreibung
§ 18 Zuschlag	§ 18 EU Zuschlag	§ 18 VS Zuschlag
§ 19 Nicht berücksichtigte Bewerbungen und Angebote	§ 19 EU Nicht berücksichtigte Bewerbungen und Angebote	§ 19 VS Nicht berücksichtigte Bewerbungen und Angebote
§ 20 Dokumentation, Informationspflicht	§ 20 EU Dokumentation	§ 20 VS Dokumentation
§ 21 Nachprüfungsstellen	§ 21 EU Nachprüfungsbehörden	§ 21 VS Nachprüfungsbehörden
§ 22 Änderungen während der Vertragslaufzeit	§ 22 EU Auftragsänderungen während der Vertragslaufzeit	§ 22 VS Auftragsänderungen während der Vertragslaufzeit
§ 23 Baukonzessionen		
§ 24 Vergabe im Ausland		

Vergabe unter Schwellenwert §3 VOB/A Abschnitt 1
Öffentliche Ausschreibung
Beschränkte Ausschreibung
Freihändige Vergabe
Direktauftrag

Vergabe über Schwellenwert §3 VOB/A Abschnitt 2 und 3
Offenes Verfahren (nur Abschnitt 2)
Nicht offenes Verfahren
Verhandlungsverfahren
Wettbewerblicher Dialog
Innovationspartnerschaft (nur Abschnitt 2)

Abb. 3.2 Vergabearten nach § 3 VOB/A (2019), Abschnitt 1, 2, 3

In § 3 der VOB/A sind unterschiedliche Vergabearten festgelegt worden, die ein öffentlicher Auftraggeber unter definierten Voraussetzungen wählen kann.

Dabei ist die öffentliche Ausschreibung bei Vergabe unter dem Schwellenwert das Regelverfahren. Können die Vergabearten nicht frei gewählt werden, ist die Art der Vergabe an Voraussetzungen, wie z. B. die Projektgröße, gebunden. Dabei wurden beim sogenannten Wohngipfel am 21.9.2018 einige Wertgrenzen befristet bis 31.12.2021 erhöht.

Tafel 3.8 Wertgrenzen für Vergabearten nach VOB/A (2019)

Vergabeverfahren	Wertgrenzen (netto ohne Umsatzsteuer)
Freihändige Vergabe	100.000 € (nur für Wohnzwecke bis 31.12.2021) 10.000 €
Beschränkte Ausschreibung	50.000 € (Ausbaugewerke) 100.000 € (Tief-, Verkehrswege, Ingenieurbau) 1.000.000 € (Wohnzwecke befristet bis 31.12.2021)
Direktauftrag	3.000 €

3.3 Bauvertragsrecht

3.3.1 Werkvertragsrecht und VOB/B, VOB/C

Bauverträge sind meist Werkverträge und daher gilt das Werkvertragsrecht des BGB. Dieses umfasst die in Tafel 3.9 aufgeführten Regelungen.

Diese allgemeinen Vorschriften zum Werkvertragsrecht haben allerdings ein niedrig komplexes Werk im Blick, weshalb sie bei der Erstellung von Bauwerken nicht ausreichen. So wird etwa vorausgesetzt, dass der Besteller sein Werk vor Beginn der Ausführung bei Bestellung vollständig beschreibt, der Auftragnehmer dieses danach herstellt und nach vollkommen mangelfreier Übergabe in Rechnung stellt und dieses bezahlt wird. Aufgrund der Größe von Bauvorhaben

Tafel 3.9 BGB Werkvertragsrecht Allgemeine Vorschriften nach BGB (2002/2019)

BGB Werkvertragsrecht Allgemeine Vorschriften	
§ 631	Vertragstypische Pflichten beim Werkvertrag
§ 632	Vergütung
§ 632a	Abschlagszahlungen
§ 633	Sach- und Rechtsmangel
§ 634	Rechte des Bestellers bei Mängeln
§ 634a	Verjährung der Mängelansprüche
§ 635	Nacherfüllung
§ 636	Besondere Bestimmungen für Rücktritt und Schadensersatz
§ 637	Selbstvornahme
§ 638	Minderung
§ 639	Haftungsausschluss
§ 640	Abnahme
§ 641	Fälligkeit der Vergütung
§ 641a	(weggefallen)
§ 642	Mitwirkung des Bestellers
§ 643	Kündigung bei unterlassener Mitwirkung
§ 644	Gefahrtragung
§ 645	Verantwortlichkeit des Bestellers
§ 646	Vollendung statt Abnahme
§ 647	Unternehmerpfandrecht
§ 647a	Sicherungshypothek des Inhabers einer Schiffswerft
§ 648	Kündigungsrecht des Bestellers
§ 648a	Kündigung aus wichtigem Grund
§ 649	Kostenanschlag
§ 650	Anwendung des Kaufrechts

lassen sich diese Voraussetzungen bei Bauwerken meist nicht einhalten. Der Gesetzgeber hat daher für Bauverträge erstmals ein spezielles Werkvertragsrecht erlassen, welches zum 1.1.2019 in Kraft trat. Dieses beinhaltet die folgenden speziellen Regelungen.

Tafel 3.10 BGB Werkvertragsrecht Bauvertrag nach BGB (2002/2019)

BGB Werkvertragsrecht – Bauvertrag	
§ 650a	Bauvertrag
§ 650b	Änderung des Vertrags; Anordnungsrecht des Bestellers
§ 650c	Vergütungsanpassung bei Anordnungen nach § 650b Absatz 2
§ 650d	Einstweilige Verfügung
§ 650e	Sicherungshypothek des Bauunternehmers
§ 650f	Bauhandwerkersicherung
§ 650g	Zustandsfeststellung bei Verweigerung der Abnahme; Schlussrechnung
§ 650h	Schriftform der Kündigung

In diesem Bauvertragsrecht sind einige für die Branche neue Regelungen enthalten, bei denen sich in den nächsten Jahren noch zeigen muss, wie diese in der Praxis umgesetzt und gelebt werden.

3.3.2 VOB/B

Neben dem Werkvertragsrecht, welches im BGB geregelt ist, spielen in der Praxis die VOB/B „Allgemeine Vertragsbedingungen für die Erstellung von Bauleistungen" eine entscheidende Rolle. Dabei stellt die VOB/B allgemeine Geschäftsbedingungen dar, die gesondert explizit vereinbart werden müssen und zusätzlich der Inhaltskontrolle der §§ 305–310 des BGB unterliegen. Wird die VOB/B von den Vertragspartnern nicht als Ganzes ohne Veränderung vereinbart, sondern werden einzelne Regelungen angepasst, muss dies geprüft werden.

Die VOB/B spezifiziert dabei das allgemeine Werkvertragsrecht in für die Erstellung von Bauleistungen relevanten Bereichen. Die VOB/B umfasst die in Tafel 3.11 aufgeführten Regelungen.

Wesentliche Regelungen umfassen auch die Behandlung von geänderten Leistungen und von gestörten Bauabläufen.

Tafel 3.11 Inhalt der VOB/B (2019)

VOB/B 2019	
§ 1	Art und Umfang der Leistung
§ 2	Vergütung
§ 3	Ausführungsunterlagen
§ 4	Ausführung
§ 5	Ausführungsfristen
§ 6	Behinderung und Unterbrechung der Ausführung
§ 7	Verteilung der Gefahr
§ 8	Kündigung durch den Auftraggeber
§ 9	Kündigung durch den Auftragnehmer
§ 10	Haftung der Vertragsparteien
§ 11	Vertragsstrafe
§ 12	Abnahme
§ 13	Mängelansprüche
§ 14	Abrechnung
§ 15	Stundenlohnarbeiten
§ 16	Zahlung
§ 17	Sicherheitsleistung
§ 18	Streitigkeiten

Sowohl aufgrund der Komplexität der Vorgänge als auch der teilweise sehr langen Realisierungszeiträumen mit einer baubegleitenden Planung kommt es sehr häufig zu Änderungen der geforderten Leistung gegenüber der ursprünglich vereinbarten Leistung, wie auch zu Störungen im Bauablauf. Diese Sachverhalte können dann zu Ansprüchen der Unternehmer hinsichtlich zusätzlicher Vergütung und zusätzlicher Bauzeit führen. Diese Forderungen und deren Vereinbarungen werden Nachträge genannt. Die in Tafel 3.12 aufgeführten beispielhaften Anspruchsgrundlagen bestehen in der VOB/B, wobei durch Gerichtsurteile einige spezifische Auslegungen zu beachten sind.

Wichtig und spezifisch sind auch die Regelungen zur Abnahme von Bauleistungen, die in § 12 VOB/B geregelt sind.

Tafel 3.12 Anspruchsgrundlagen für geänderte Vergütung und Behinderungen VOB/B (2019)

Anspruchsgrundlage VOB/B	Voraussetzung	Anspruch
§ 2 Abs. 3	Einheitspreisvertrag, Mengenabweichung > 10 % ohne Veränderung des Bauentwurfs	Neuer Preis unter Berücksichtigung der Mehr- und Minderkosten
§ 2 Abs. 4	Einheitspreisvertrag, Übernahme von vertraglichen Leistungen durch den AG	Vereinbarte Vergütung abzüglich ersparter Aufwendungen und sonstiger Erwerb (gem. § 8 Abs. 1 Nr. 2)
§ 2 Abs. 5	Einheitspreisvertrag, Änderung des Bauentwurfs oder andere Anordnung des AG	Neuer Preis unter Berücksichtigung von Mehr- und Minderkosten
§ 2 Abs. 6	Einheitspreisvertrag, Forderung einer nicht vorgesehenen Leistung	Besondere Vergütung nach den Grundlagen der Preisermittlung für die vertraglichen Leistungen und den besonderen Kosten der geforderten Leistung

Tafel 3.12 (Fortsetzung)

Anspruchsgrundlage VOB/B	Voraussetzung	Anspruch
§ 2 Abs. 7 Nr. 1	Abweichen der geforderten Leistung von der geforderten Leistung bei einem Pauschalvertrag so erheblich, dass ein Festhalten des Preises nicht zumutbar ist	Neuer Preis unter Berücksichtigung von mehr- und Minderkosten
§ 2 Abs. 7 Nr. 2	Übernahme einer vertraglichen Leistung, Änderung des Bauentwurfes oder andere Anordnung des AG, Forderung einer nicht vorgesehenen Leistung bei einem Pauschalvertrag	Vergütung entsprechend § 2 Abs. 4, 5 und 6
§ 2 Abs. 8 Nr. 2	Leistung wird ohne Auftrag ausgeführt, Leistung wird nachträglich anerkannt, war für die Erfüllung des Vertrages erforderlich oder entsprach dem mutmaßlichen Willen des AG und unverzüglich angezeigt wurden	Vergütung entsprechend § 2 Abs. 5 und 6
§ 2 Abs. 8 Nr. 3	Geschäftsführung ohne Auftrag, Leistung notwendig, keine Anzeige	Anspruch entsprechend den Regelungen der Geschäftsführung ohne Auftrag (BGB 677 ff.)
§ 2 Abs. 9 Nr. 1	Verlangen nicht vertraglich vereinbarter Planungsleistungen	Vergütung
§ 2 Abs. 9 Nr. 2	Prüfung von nicht durch den An erstellten technischen Berechnungen durch den AN	Kostenübernahme
§ 2 Abs. 10	Stundenlohnarbeiten, die ausdrücklich vor Beginn vereinbart waren	Stundenlohnvergütung gem. § 15 VOB/B
§ 6 Abs. 2	Vorliegen einer Behinderung durch einen Umstand aus dem Risikobereich des AG, durch Streik oder Aussperrung, oder durch höhere Gewalt, die gem. § 6 Abs. 1 angezeigt wurde	Verlängerung der Ausführungsfrist (Berechnung nach § 6 Abs. 4)
§ 6 Abs. 6	Behinderung die von einem Vertragsteil zu vertreten ist und gem. § 6 Abs. 1 angezeigt wurde	Ersatz des entstandenen Schadens, bei Vorsatz oder grober Fahrlässigkeit inkl. entgangener gewinn
§ 6 Abs. 6 mit § 642 BGB	Behinderung durch eine unterlassene Mitwirkungshandlung des AG mit entstandenem Annahmeverzug und die gem. § 6 Abs. 1 angezeigt wurde	Angemessenen Entschädigung

Abb. 3.3 Abnahme nach § 12 VOB/B (2019)

Tafel 3.13 Folgen der Abnahme

Folgen der Abnahme
Werkvertrag erfüllt
Umkehr der Beweislast
Beginn der Verjährungsfrist für Mängelansprüche
Fälligkeitsvoraussetzung für die Vergütung
Übergang der Gefahr
Ausschluss der Vertragsstrafe bei fehlendem Vorbehalt
Entfall der Schutzpflicht gem. § 4 Abs. 5 VOB/B

3.3.3 VOB/C

Die VOB/C „Allgemeine technische Vertragsbedingungen für Bauleistungen (ATV)" sind technische Vertragsbedingungen, die für die Bauleistungen in einem VOB Vertrag gelten. Die einzelnen technischen Vertragsbedingungen sind separat nach einzelnen Gewerken in einzelne ATV gefasst. Dabei wird jeder Leistungsbereich in einer eigenen DIN-Norm normiert. Jede dieser ATV ist in derselben Gliederung aufgebaut.

Tafel 3.14 Gliederung der ATVs der VOB/C (2019)

Gliederung einer ATV der VOB/C	Inhalt
0 Hinweise für das Aufstellen der Leistungsbeschreibung	• Angaben zur Baustelle • Angaben zur Ausführung • Einzelangaben bei Abweichung von den ATV • Einzelangaben zu Neben- und Besonderen Leistungen • Abrechnungseinheiten
1 Geltungsbereich	• Leistungsbereich für den die ATV gültig ist • Abgrenzung des Gültigkeitsbereiches zu anderen ATV der VOB/C • Ergänzend gilt nachrangig DIN 18299
2 Stoffe, Bauteile	• Angaben zu Stoffen und Bauteilen sowie den gelten DIN-Normen • Weitere Beschreibung der Stoffe und Bauteile (z. B. weitere Gliederung, Prüfungen, . . .)
3 Ausführung	• Einzelbestimmungen zur Ausführung (z. B. Bauverfahren, Vorgehen, Toleranzen, . . .) • Mitgeltende Vorschriften und DIN-Normen • Besonderheiten für den Leistungsbereich
4 Nebenleistungen, besondere Leistungen	• Abgrenzung von Nebenleistung und besonderen Leistungen • Nebenleistungen: gehören zur vertraglichen Leistung (auch ohne Erwähnung) • Besondere Leistungen: gehören nur zur vertraglichen Leistung, wenn sie in der Leistungsbeschreibung besonders erwähnt sind
5 Abrechnung	• Grundsätzlich ist nach DIN 18299 die Leistung aus Zeichnungen zu ermitteln • Spezielle Abrechnungsregeln für die Leistungsbereiche

Die VOB/C enthält dabei die folgenden einzelnen DIN-Normen für die jeweiligen Gewerke.

Tafel 3.15 Inhalt der VOB/C (2019)

VOB/C 2019			
DIN 18299	Allgemeine Regelungen für Bauarbeiten jeder Art	DIN 18318	Pflasterdecken und Plattenbeläge, Einfassungen
DIN 18300	Erdarbeiten	DIN 18319	Rohrvortriebsarbeiten
DIN 18301	Bohrarbeiten	DIN 18320	Landschaftsbauarbeiten
DIN 18302	Arbeiten zum Ausbau von Bohrungen	DIN 18321	Düsenstrahlarbeiten
DIN 18303	Verbauarbeiten	DIN 18322	Kabelleitungstiefbauarbeiten
DIN 18304	Ramm-, Rüttel- und Pressarbeiten	DIN 18323	Kampfmittelräumungsarbeiten
DIN 18305	Wasserhaltungsarbeiten	DIN 18324	Horizontalspülbohrarbeiten
DIN 18306	Entwässerungskanalarbeiten	DIN 18325	Gleisbauarbeiten
DIN 18307	Druckrohrleitungsarbeiten	DIN 18326	Renovierungsarbeiten an Entwässerungskanälen
DIN 18308	Drän- und Versickerarbeiten	DIN 18329	Verkehrssicherungsarbeiten
DIN 18309	Einpressarbeiten	DIN 18330	Mauerarbeiten
DIN 18311	Nassbaggerarbeiten	DIN 18331	Betonarbeiten
DIN 18312	Untertagebauarbeiten	DIN 18332	Naturwerksteinarbeiten
DIN 18313	Schlitzwandarbeiten mit stützenden Flüssigkeiten	DIN 18333	Betonwerksteinarbeiten
DIN 18314	Spritzbetonarbeiten	DIN 18334	Zimmer- und Holzbauarbeiten
DIN 18315	Verkehrswegebauarbeiten – Oberbauschichten ohne Bindemittel	DIN 18335	Stahlbauarbeiten
		DIN 18336	Abdichtungsarbeiten
DIN 18316	Verkehrswegebauarbeiten – Oberbauschichten mit hydraulischen Bindemitteln	DIN 18338	Dachdeckungsarbeiten
		DIN 18339	Klempnerarbeiten
DIN 18317	Verkehrswegebauarbeiten – Oberbauschichten aus Asphalt	DIN 18340	Trockenbauarbeiten
		DIN 18345	Wärmedämm-Verbundsysteme

Tafel 3.15 (Fortsetzung)

VOB/C 2019		DIN 18366	Tapezierarbeiten
DIN 18349	Betonerhaltungsarbeiten	DIN 18379	Raumlufttechnische Anlagen
DIN 18350	Putz- und Stuckarbeiten	DIN 18380	Heizanlagen und zentrale Wassererwärmungs-anlagen
DIN 18351	Vorgehängte Hinterlüftete Fassaden	DIN 18381	Gas-, Wasser- und Entwässerungsanlagen innerhalb von Gebäuden
DIN 18352	Fliesen- und Plattenarbeiten	DIN 18382	Elektro-, Sicherheits- und Informationstechnische Anlagen
DIN 18353	Estricharbeiten	DIN 18384	Blitzschutz-, Überspannungsschutz- und Erdungs-anlagen
DIN 18354	Gussasphaltarbeiten	DIN 18385	Aufzugsanlagen, Fahrtreppen und Fahrsteige sowie Förderanlagen
DIN 18355	Tischlerarbeiten	DIN 18386	Gebäudeautomation
DIN 18356	Parkett- und Holzpflasterarbeiten	DIN 18421	Dämm- und Brandschutzarbeiten an technischen Anlagen
DIN 18357	Beschlagarbeiten	DIN 18451	Gerüstarbeiten
DIN 18358	Rollladenarbeiten	DIN 18459	Abbruch- und Rückbauarbeiten
DIN 18360	Metallbauarbeiten		
DIN 18361	Verglasungsarbeiten		
DIN 18363	Maler- und Lackiererarbeiten – Beschichtungen		
DIN 18364	Korrosionsschutzarbeiten an Stahlbauten		
DIN 18365	Bodenbelagarbeiten		

3.3.4 FIDIC Vertragswerke

Neben den deutschen Vertragstypen haben sich internationale Vertragstypen herausgebildet. Diese basieren häufig auf den durch die Organisation „Fédération Internationale des Ingénieurs Conseils" bzw. „International Federation of Consulting Engineers" entwickelten standardisierten Musterverträgen. Die FIDIC ist ein internationaler Dachverband von nationalen Verbänden beratender Ingenieure im Bauwesen und hat ihr Büro in Genf, Schweiz. Die FIDIC Musterverträge sind durch verschiedenfarbige Einbände der Vertragsmuster unterschieden worden.

Tafel 3.16 FIDIC Musterverträge

FIDIC Vertragstypen	Bezeichnung	Vertragstyp
Green Book (1st Ed. 1999)	Short Form of Contract recommended for engineering and building work of relatively small capital value	Bauvertrag in Kurzform (für kleinere Projekte)
Red Book (2nd Ed. 2017)	Conditions of Contract for Construction for Building and Engineering Works Designed by the Employer	Bauvertrag für Bauleistungen ohne Planung
Orange Book (1st Ed. 1995)	Conditions of Contract for Design-Build and Turnkey	GU-Vertrag inklusive Planungsleistungen
Yellow Book (2nd Ed. 2017)	Conditions of Contract for Plant and Design-Build for Electrical and Mechanical Plant and for Building and Engineering Works Designed by the Contractor	Anlagenbauvertrag für elektrische und mechanische sowie Bauleistungen inklusive Planungsleistungen
Silver Book (1st Ed. 1999)	Conditions of Contract for EPC/Turnkey Projects	GU Vertrag bzw. Planungs-, Einkaufs- und Bauvertrag inklusive Planungsleistungen für Prozess, Kraftwerks und Infrastrukturprojekte
White Book (4th Ed. 2006)	Client-Consultant Agreement	Beratervertrag
Gold Book (1st Ed. 2008)	Conditions of Contract for Design, Build and Operate Projects	Vertrag für Planung, Bau und Betrieb von Anlagen

3.4 Projektplanung

Um ein Projekt durchzuführen, sind zunächst die Leistungen fachmännisch zu beschreiben, die Kosten und die Projektzeit zu planen und die Architekten und Ingenieure einzuplanen.

3.4.1 Leistungsbeschreibung

Die geforderte Bauleistung muss für die Planung beschrieben werden. Dazu soll die Leistung bereits in der Ausschreibung nach VOB/A § 7b in der Regel durch eine Baubeschreibung und ein Leistungsverzeichnis erläutert werden. Alternativ kann die Bauleistung auch durch ein Leistungsprogramm allgemeiner beschrieben, und funktional ausgeschrieben werden. Allerdings ist es notwendig, selbst wenn funktional ausgeschrieben wurde, später für die Planung der Arbeiten ein Leistungsverzeichnis zu erstellen, welches die Leistungen detailliert auflistet.

Ein Leistungsverzeichnis ist eine tabellarisch strukturierte Baubeschreibung, in der die erforderlichen Leistungen in teilstandardisierten Einzelpositionen aufgelistet sind. Es beinhaltet mindestens die folgenden Informationen:
- Vorbemerkungen
- Positionsnummer
- Menge (auch Masse genannt)
- Mengeneinheit
- Beschreibung der Leistung
- Einheitspreis (EP)
- Gesamtpreis (GP)

> **Beispiel**
> **Beispiel für ein Leistungsverzeichnis**
> Siehe Abb. 3.4. ◄

Da sich oft noch nicht alle Arbeiten und Ausführungsmethoden genau festlegen lassen, besteht die Möglichkeit verschiedene Varianten in ein Leistungsverzeichnis aufzunehmen. Außerdem können Zulagen zu vorherigen Positionen aufgenommen werden. Daraus ergibt sich, dass in einem Leistungsverzeichnis verschiedene Positionsarten verwendet werden (Tafel 3.17).

Damit die Positionen der Leistungsbeschreibung alle relevanten Informationen enthalten, wurden standardisierte, vorformulierte Kataloge von Leistungspositionstexten entwickelt. Ein Beispiel dafür ist das Standardleistungsbuch (STLB-Bau – Dynamische Bau Daten) (STLB-Bau online 2016), welches ausschließlich elektronisch vorliegt. Die folgenden Gewerke sind im STLB enthalten (Tafel 3.18).

Leistungsverzeichnis

LB 000 - Baustelleneinrichtung
01	Baustelleneinrichtung vorhalten für Leistungen des AN	pauschal
02	Einrichten und Räumen der Baustelle für Leistungen des AN, einschl. Freimachen des Geländes	pauschal

LB 002 - Erdarbeiten
03	Boden für Fundamente profilgerecht lösen, Boden wird Eigentum des AN und ist zu beseitigen, Aushub ab Geländeoberfläche, Bodenklasse 3 bis 6	1.000 m³

LB 013 - Beton- und Stahlbetonarbeiten
04	Ortbeton der Sauberkeitsschichten, aus unbewehrten Beton als Normalbeton DIN 1045 C 12/15, Dicke über 5 bis 10 cm	70 m³
05	Ortbeton des Streifenfundamentes, obere Betonfläche geneigt, aus Stahlbeton als Normalbeton DIN 1045 C 20/25	420 m³
06	Ortbeton der Stützwand, eine Seitenfläche geneigt, aus Stahlbeton als Normalbeton DIN 1045 C 20/25, Dicke über 30 bis 60 cm	490 m³
07	Schalung des Streifenfundamentes, Höhe bis 1,00 m	240 m²

LB 013 - Beton- und Stahlbetonarbeiten
08	Schalung der Wand, Seitenfläche geneigt, als glatte Schalung, Betonfläche sichtbar bleibend, möglichst absatzfrei, einschl. zusätzlicher Maßnahmen beim Herstellen und Verarbeiten des Beton, Höhe bis 6,00 m	2.200 m²
09	Betonstabstahl S, Durchmesser über 10 bis 20 mm, Längen bis 14,00 m, liefern, schneiden, biegen und verlegen	70,5 t
10	Betonstahlmatten M, Ausführung als Listenmatten, liefern, schneiden, biegen und verlegen	12,5 t
11	Fugenband mit Randverstärkung aus PVC	110 m

LB 019 - Abdichtung gegen drückendes Wasser
12	Abdichtung gegen seitliche Feuchtigkeit auf Wänden, Ausführungshöhe bis 7,00 m, aus 3 Kaltaufstrichen aus Bitumenlösung, Flächen senkrecht, Untergrund Beton	1.080 m²

Abb. 3.4 Beispiel für ein Leistungsverzeichnis [Drees, Kalkulation von Baupreisen, S. 128]

Tafel 3.17 Positionsarten eines Leistungsverzeichnisses

Positionsarten	Beschreibung
Leistungsposition	beschreibt Leistungen, die in jedem Fall ausgeführt werden, solange nicht auf eine andere Positionsart verwiesen wird
Eventualposition	beschreibt Leistungen, bei denen nicht sicher ist, ob diese zur Ausführung kommen
Alternativposition	beschreibt Leistungen, die an Stelle einer anderen im Leistungsverzeichnis beschriebenen Position zur Ausführung kommen können
Zulageposition	wird zusätzlich zu einer anderen Position abgerechnet, wenn Arbeiten besondere Erschwernisse enthalten
Leitposition	beschreibt Leistungen, die in nachfolgenden Positionen detailliert werden

Tafel 3.18 Leistungsbereich Standardleistungsbuch (STLB Bau. Dynamische Baudaten Online; Stand 04/2019)

LB	Gewerke nach STLB-Bau	LB	Gewerke nach STLB-Bau	LB	Gewerke nach STLB-Bau
000	Sicherheitseinrichtungen, Baustelleneinrichtungen	030	Rollladenarbeiten	053	Niederspannungsanlagen – Kabel/Leitungen, Verlegesysteme, Installationsgeräte
001	Gerüstarbeiten	031	Metallbauarbeiten		
002	Erdarbeiten	032	Verglasungsarbeiten	054	Niederspannungsanlagen – Verteilersysteme und Einbaugeräte
003	Landschaftsbauarbeiten	033	Baureinigungsarbeiten		
004	Landschaftsbauarbeiten – Pflanzen	034	Maler- und Lackierarbeiten – Beschichtungen	055	Sicherheits- und Ersatzstromversorgungsanlagen
005	Brunnenbauarbeiten und Aufschlussbohrungen	035	Korrosionsschutzarbeiten an Stahlbauten	057	Gebäudesystemtechnik
006	Spezialtiefbauarbeiten	036	Bodenbelagarbeiten	058	Leuchten und Lampen
007	Untertagebauarbeiten	037	Tapezierarbeiten	059	Sicherheitsbeleuchtungsanlagen
008	Wasserhaltungsarbeiten	038	Vorgehängte hinterlüftete Fassaden	060	Sprech-, Ruf-, Antennenempfangs-, Uhren- und elektroakustische Anlagen
009	Entwässerungskanalarbeiten	039	Trockenbauarbeiten		
010	Drän- und Versickerarbeiten	040	Wärmeversorgungsanlagen – Betriebseinrichtungen	061	Kommunikationsnetze
011	Abscheider- und Kleinkläranlagen			062	Kommunikationsanlagen
012	Mauerarbeiten	041	Wärmeversorgungsanlagen – Leitungen, Armaturen, Heizflächen	063	Gefahrenmeldeanlagen
013	Betonarbeiten			064	Zutrittskontroll-, Zeiterfassungssysteme
014	Natur-, Betonwerksteinarbeiten	042	Gas- und Wasseranlagen – Leitungen, Armaturen	069	Aufzüge
016	Zimmer- und Holzbauarbeiten			070	Gebäudeautomation
017	Stahlbauarbeiten	043	Druckrohrleitungen für Gas, Wasser und Abwasser	075	Raumlufttechnische Anlagen
018	Abdichtungsarbeiten			078	Kälteanlagen für raumlufttechnische Anlagen
019	Kampfmittelräumarbeiten	044	Abwasseranlagen – Leitungen, Abläufe, Armaturen		
020	Dachdeckungsarbeiten			080	Straßen, Wege, Plätze
021	Dachabdichtungsarbeiten	045	Gas-, Wasser- und Entwässerungsanlagen – Ausstattung, Elemente, Fertigbäder	081	Betonerhaltungsarbeiten
022	Klempnerarbeiten			082	Bekämpfender Holzschutz
023	Putz- und Stuckarbeiten, Wärmedämmsysteme	046	Gas-, Wasser- und Entwässerungsanlagen – Betriebseinrichtungen	084	Abbruch-, Rückbau- und Schadstoffsanierungsarbeiten
024	Fliesen- und Plattenarbeiten	047	Dämm- und Brandschutzarbeiten an technischen Anlagen	085	Rohrvortriebsarbeiten
025	Estricharbeiten			087	Abfallentsorgung, Verwertung und Beseitigung
026	Fenster, Außentüren	049	Feuerlöschanlagen, Feuerlöschgeräte		
027	Tischlerarbeiten	050	Blitzschutz-/Erdungsanlagen, Überspannungsschutz	090	Baulogistik
028	Parkett-, Holzpflasterarbeiten			091	Stundenlohnarbeiten
029	Beschlagarbeiten	051	Kabelleitungstiefbauarbeiten	096	Bauarbeiten an Bahnübergängen
		052	Mittelspannungsanlagen	097	Bauarbeiten an Gleisen und Weichen
				098	Witterungsschutzmaßnahmen

Tafel 3.19 Definitionen für Grundflächen und Rauminhalten nach DIN 277-1

Kennzahl	Bezeichnung	Definition
Grundflächen des Bauwerkes		
BGF	Bruttogrundfläche	Gesamtfläche aller Grundrissebenen des Bauwerkes
KGF	Konstruktions-Grundfläche	Teilfläche der Brutto-Grundfläche (BGF), die sämtliche Grundflächen der aufgehenden Baukonstruktionen des Bauwerks umfasst
NRF	Netto-Raumfläche	Teilfläche der Brutto-Grundfläche (BGF), die sämtliche Grundflächen der nutzbaren Räume aller Grundrissebenen des Bauwerks umfasst
NUF	Nutzungsfläche	Teilfläche der Netto-Raumfläche (NRF), die der wesentlichen Zweckbestimmung des Bauwerks dient
TF	Technikfläche	Teilfläche der Netto-Raumfläche (NRF) für die technischen Anlagen zur Versorgung und Entsorgung des Bauwerks
VF	Verkehrsfläche	Teilfläche der Netto-Raumfläche (NRF) für die horizontale und vertikale Verkehrserschließung des Bauwerks
Rauminhalte des Bauwerkes		
BRI	Brutto-Rauminhalt	Gesamtvolumen des Bauwerks
KRI	Konstruktions-Rauminhalt	Teilvolumen des Brutto-Rauminhalts (BRI), das von den Baukonstruktionen des Bauwerks eingenommen wird
NRI	Netto-Rauminhalt	Teilvolumen des Brutto-Rauminhalts (BRI), dass sämtliche nutzbaren Räume aller Grundrissebenen des Bauwerks umfasst
Grundflächen Grundstück		
GF	Grundstücksfläche	Fläche, die durch die Grundstücksgrenzen gebildet wird und die im Liegenschaftskataster sowie im Grundbuch ausgewiesen ist
BF	Bebaute Fläche	Teilfläche der Grundstücksfläche (GF), die durch ein Bauwerk oberhalb der Geländeoberfläche überbaut oder überdeckt oder unterhalb der Geländeoberfläche unterbaut ist
UF	Unbebaute Fläche	Teilfläche der Grundstücksfläche (GF), die nicht durch ein Bauwerk überbaut, überdeckt oder unterbaut ist
AF	Außenanlagenfläche	Teilfläche der Grundstücksfläche (GF), die sich außerhalb eines Bauwerks bzw. bei unterbauter Grundstücksfläche über einem Bauwerk befindet

3.4.2 Ermittlung von Grundflächen und Rauminhalten von Bauwerken im Hochbau (nach DIN 277-1:2016-01)

Die DIN 277-1:2016-01 „Grundflächen und Rauminhalte im Bauwesen" definiert Kennzahlen und Regeln für die Ermittlung von Grundflächen und Rauminhalten im Hochbau (Tafel 3.19).

Diese Kennzahlen hängen wie in Abb. 3.5 dargestellt zusammen.

Zusätzlich sind in der DIN 277-01:2016-01 weitere Detaillierungen der Kennzahlen definiert, die bei Bedarf genutzt werden können. So kann etwa die Nutzungsfläche (NUF) weiter untergliedert werden in die NUF1: Wohnen und Aufenthalt, NUF2: Büroarbeit, NUF3: Produktion, Hand- und Maschinenarbeit, Forschung und Entwicklung, NUF4: Lagern, verteilen und verkaufen, NUF5: Bildung, Unterricht und Kultur, NUF6: heilen und Pflegen, NUF7: Sonstige Nutzungen. Ebenso gibt es weitere Unterteilungsmöglichkeiten für die Konstruktionsgrundflächen (KGF) und Bruttogrundflächen (BGF).

Konkrete Vorgaben zur Ermittlung der einzelnen Kennzahlen sind in Teil 6 der 277:1-2016-1 definiert.

3.4.3 Kostenplanung (nach DIN 276:2018-12)

Die DIN 276:2018-12 gilt für die Kostenplanung im Bauwesen sowohl für Hochbauten als auch für Ingenieurbauten, Infrastrukturanlagen und Freiflächen. Diese Norm umfasst die Kosten für den Neubau, den Umbau und die Modernisierung von Bauwerken. Sie gilt nicht für Nutzungskosten, diese sind in der DIN 18960 genormt (siehe 1. Anwendungsbereich DIN 276:2018-12).

Die Kosten werden dabei in Kostengruppen untergliedert.

Tafel 3.20 Kostengruppen nach DIN 276 nach erster Gliederungsebene

Kostengruppen in erster Gliederungsebene	
100	Grundstück
200	Vorbereitende Maßnahmen
300	Bauwerk – Baukonstruktionen
400	Bauwerk – Technische Anlagen
500	Außenanlagen und Freiflächen
600	Ausstattung und Kunstwerke
700	Baunebenkosten
800	Finanzierung

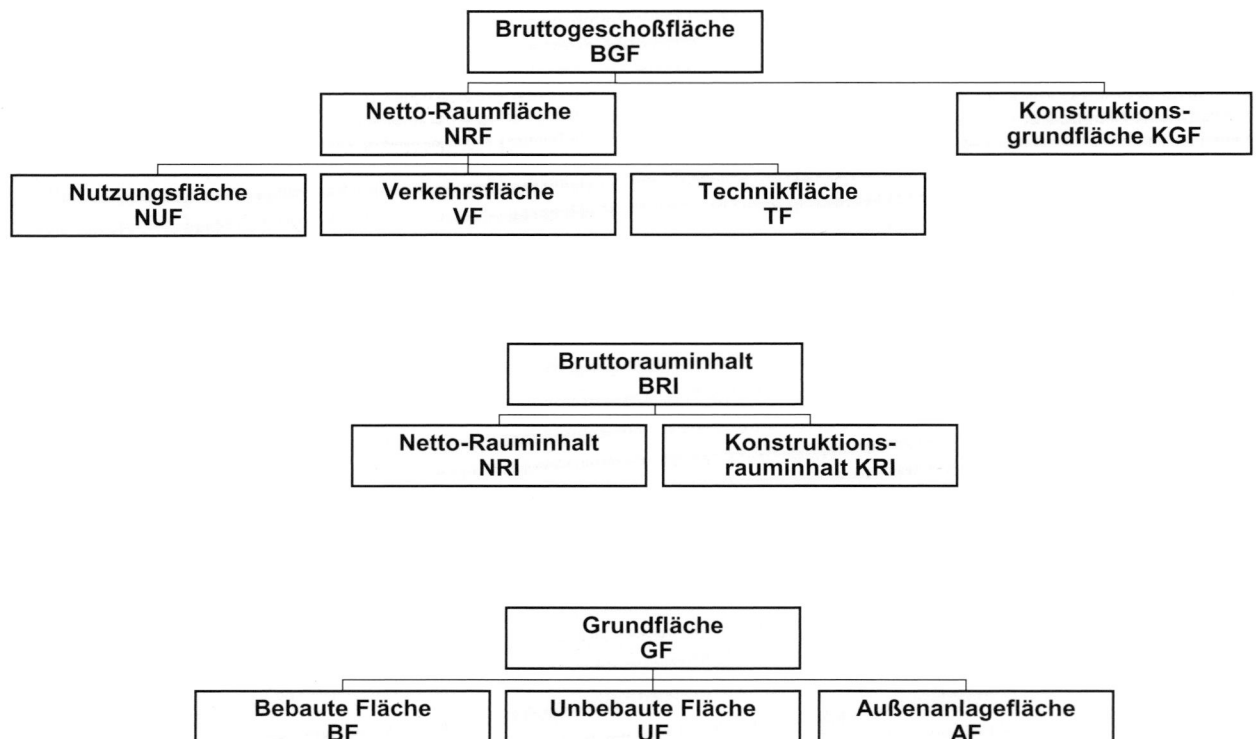

Abb. 3.5 Kennzahlenstruktur nach DIN 277-01

Danach werden die Kostengruppen weiter detailliert in zwei Kostenuntergruppen (2. Und 3. Gliederungsebene).

Beispiel

Kostengliederung in zweiter und dritter Gliederungsebene für die Kostengruppen 300 und 400

Siehe Tafel 3.21.

Es werden entsprechend dem Projektfortschritt verschiedene Stufen der Kostenermittlung unterschieden. Bei Bedarf können die Kostengruppen 300 und 400 zu Bauwerkskosten zusammengefasst werden. Es ist jeweils anzugeben ob die Werte mit Umsatzsteuer („Brutto-Angabe") oder ohne Umsatzsteuer („Netto-Angabe") angegeben werden (Tafel 3.22). ◄

3.4.4 Projektterminplanung

Neben den Kosten sind auch die Projekttermine frühzeitig zu planen. Analog zur Kostenermittlung werden entsprechend dem Projektfortschritt zunächst sehr grobe Terminplanungen vorgenommen, die anschließend zunehmend detailliert werden. Typischerweise wird mit einem groben Terminrahmen am Projektbeginn gestartet, dieser wird immer weiter zu detaillierten Terminplänen verfeinert (Tafel 3.23).

Tafel 3.21 Kostengruppen 300 und 400 in zweiter und dritter Gliederungsebene

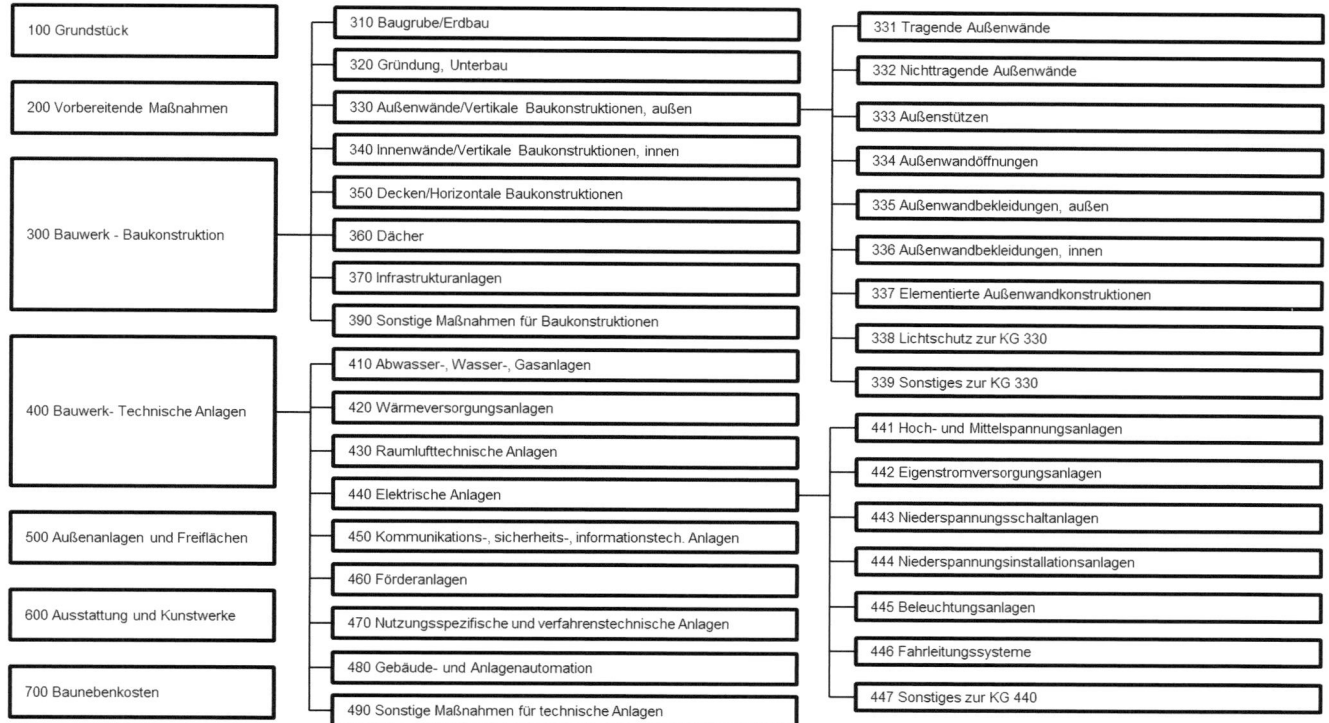

Tafel 3.22 Stufen der Kostenermittlung nach DIN 276

Stufen der Kostenermittlung	Ziel	Gliederungstiefe
Kostenrahmen	Entscheidung über die Bedarfsplanung, Wirtschaftlichkeits- und Finanzierungsüberlegungen, Festlegung Kostenvorgabe	erste Gliederungsebene
Kostenschätzung	Entscheidung über Vorplanung	zweite Gliederungsebene
Kostenberechnung	Entscheidung über die Entwurfsplanung	dritte Gliederungsebene
Kostenvoranschlag (kann mehrfach ausgeführt werden)	Entscheidung über die Ausführungsplanung und Vorbereitung der Vergabe	dritte Gliederungsebene zzgl. nach techn. Merkmalen und herstellermäßigen Gesichtspunkten weiter untergliedert, geordnet nach Vergabeeinheiten
Kostenanschlag (kann mehrfach ausgeführt werden)	Entscheidung über Vergabe und die Ausführung	geordnet nach Vergabeeinheiten des Kostenvoranschlages
Kostenfeststellung	Nachweis der entstandenen Kosten	dritte Gliederungsebene

Tafel 3.23 Stufen der Terminplanung

Stufen der Terminplanung	Ziel	Charakteristik
Rahmenterminplan	Gesamtüberblick über das Projekt, Ableitung von wesentlichen Meilensteinen	Festlegung weniger wesentlicher Projekttermine
Generalterminplan	Gesamtüberblick über das gesamte Projekt, Ableitung Vertragstermine, Ableitung kritischer Weg	Logischer Terminplan mit wesentlichen Abhängigkeiten
Grobterminplan	Gesamtüberblick über das Projekt oder wesentlicher Teilleistungen mit logischer Ablaufstruktur	Projektterminplan auf hoher Ebene, in dem die wichtigsten Bauleistungen und Meilensteine des Projektes oder wesentlicher Teilleistungen dargestellt sind
Detailterminplan (in verschiedenen Detaillierungsstufen)	Planung von Teilleistungen eines Projektes, oft mit Ausweis des kritischen Pfades und technischen Abhängigkeiten	Teilweise sehr umfangreiche Terminpläne, meist logisch verknüpft, die eine konkrete Planung und Steuerung der Arbeiten ermöglichen

3.5 Bauproduktionsplanung

3.5.1 Produktionsablaufplanung

Als Bauablaufplanung beschreibt man die Erarbeitung der für die erfolgreiche Erstellung einer Bauleistung erforderlichen Tätigkeiten sowie deren technisch logische Verknüpfung, aus der sich dann die notwendige Reihenfolge der einzelnen Tätigkeiten ergibt. Werden die einzelnen Tätigkeiten mit Zeitdauern und Terminen versehen, wird dies als Terminplanung bezeichnet. In der Terminplanung haben sich im Wesentlichen die folgenden Darstellungsformen und Methodiken durchgesetzt: Balkenplan, Linienplan (Weg-Zeit Diagramm), Terminliste und die Netzplantechnik.

3.5.1.1 Balkenplan

Der Balkenplan stellt die Arbeiten als Liste entlang der horizontal dargestellten Zeitachse dar, in der Grundform ohne jegliche Darstellung von Abhängigkeiten.

Beispiel

Darstellung eines Terminplanes als Balkenplanes
Siehe Abb. 3.6. ◄

3.5.1.2 Weg-Zeit Diagramm

In einem Weg Zeit Diagramm werden neben den reinen Arbeiten entlang einer Zeitachse auch die Lokalität bzw. der Ort der Arbeiten mit dargestellt. Dies ist insbesondere bei Linienbaustellen, wie z. B. im Straßenbau relevant, da diese zusätzlichen Informationen des Ortes eine gute Grundlage für die Planung der Produktion ermöglicht. Damit können auch technische Abhängigkeiten teilweise mit eingeplant werden.

Beispiel

Siehe Abb. 3.7. ◄

Vorgang	Dauer	Anfang	Ende	44. KW							45. KW							46. KW						
				Mo	Di	Mi	Do	Fr	Sa	So	Mo	Di	Mi	Do	Fr	Sa	So	Mo	Di	Mi	Do	Fr	Sa	So
				26.10.	27.10.	28.10.	29.10.	30.10.	31.10.	1.11.	2.11.	3.11.	4.11.	5.11.	6.11.	7.11.	8.11.	9.11.	10.11.	11.11.	12.11.	13.11.	14.11.	15.11.
Pos. 103 Decke																								
Rüstung vorbereiten	2 Tage	26.10.	27.10.																					
Rüstung stellen	3 Tage	27.10.	29.10.																					
Decke schalen	4 Tage	27.10.	30.10.																					
Aussparungen schalen	1 Tag	2.11.	2.11.																					
Bewehrung verlegen	4 Tage	2.11.	5.11.																					
Decke betonieren	1 Tag	6.11.	6.11.																					
Ausschalfrist	10 Tage	7.11.	22.11.																					
Decke ausschalen	3 Tage	23.11.	25.11.																					

Abb. 3.6 Balkenplan

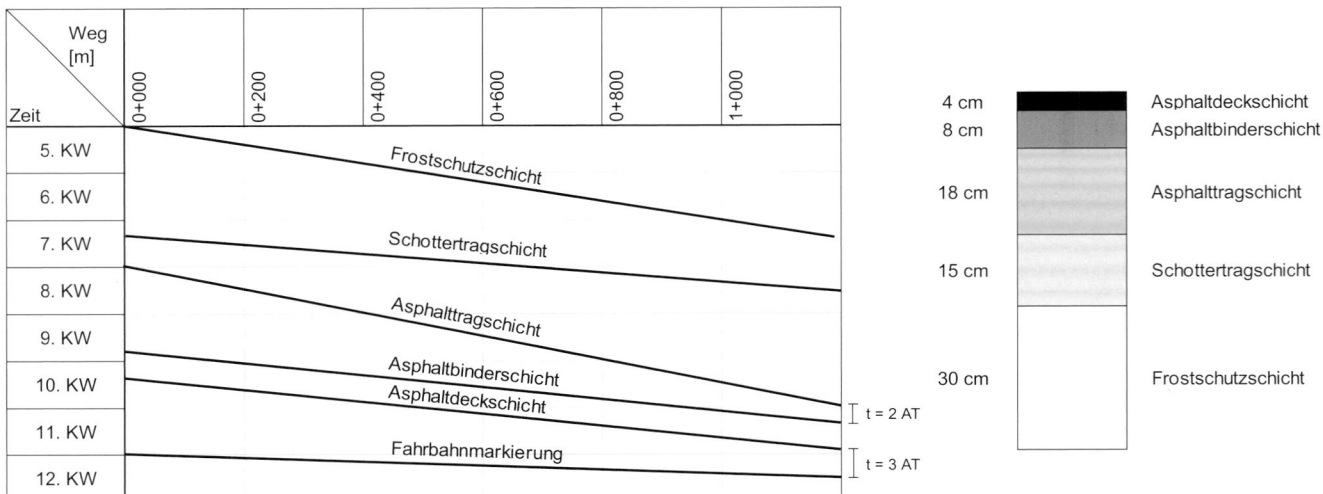

t = 2 AT: notwendige Arbeitspause von 2 Arbeitstagen

Abb. 3.7 Beispiel Weg Zeit Diagramm für ein Straßenbauprojekt

Tafel 3.24 Anordnungsbeziehungen bei Netzplänen

Anordnungsbeziehungen	Logik	Beispiel
Normalfolge (Ende–Anfang)	Anfang des Folgeprozess anhängig vom Ende des vorherigen Prozesses	Wand betonieren startet erst nach Ende Schalarbeiten Wand
Anfangsfolge (Anfang–Anfang)	Anfang des Folgeprozess anhängig vom Anfang des vorherigen Prozesses	Typische Taktplanungsprozesse: Beginn des Einbaues der Frostschutzschicht nach Beginn des Einbaues der Tragschicht
Endfolge (Ende–Ende)	Ende des Folgeprozess anhängig vom Ende des vorherigen Prozesses	Zweite Beschichtung von Stahlträger muss 2 Stunden nach Erstbeschichtung aufgebracht sein
Sprungfolge (Ende–Anfang)	Ende des Folgeprozess anhängig vom Anfang des vorherigen Prozesses	Der Betrieb der alten Grundwasserhaltung (der Folgeprozess) kann erst abgeschaltet werden, wenn die neue Grundwasserhaltung fertiggestellt ist

Tafel 3.25 Pufferzeiten bei Netzplänen

Pufferarten	Logik	Berechnung
Gesamtpuffer (GP)	Zeitspanne, um die ein Vorgang verschoben werden kann, ohne den Endtermin zu beeinflussen	$GP_i = SAZ_i - FAZ_i$
Freier Puffer (FP)	Zeitspanne, um die ein Vorgang verschoben werden kann, ohne die früheste Lage der direkten Nachfolger zu beeinflussen	$FP_i = FAZ_j - FAZ_i$
Unabhängiger Puffer (UP)	Zeitspanne um die ein Vorgang verschoben werden kann, wenn er zum spätmöglichsten Zeitpunkt ausgeführt wird, ohne die früheste Lage der direkten Nachfolger zu beeinflussen	$UP_i = FAZ_j - SEZ_i - 1 - D_i$
Freier Rückwärtspuffer (FRP)	Zeitspanne, um die der Vorgang ausgehend von seinem spätmöglichsten Anfangszeitpunkt, jedoch unter der Bedingung, dass alle vorhergehenden Vorgänge auf dem spätmöglichsten Termin liegen, verschoben werden kann	$FRP_i = SAZ_j - SAZ_i - 1 - D_i$

3.5.1.3 Netzplan

Für die Bauproduktionsplanung hat sich die Netzplantechnik durchgesetzt. Die Besonderheit eines Netzplanes besteht darin, dass neben den eigentlichen Arbeiten auch die technischen oder sonstigen Abhängigkeiten berücksichtigt werden. Damit kann die Abfolge der einzelnen Arbeiten berechnet werden und aus der Berechnung kann erkannt werden, wann welche Arbeiten überhaupt nur ausgeführt werden können. Diese Abhängigkeiten werden in der Netzplantechnik Anordnungsbeziehungen genannt. Dabei sind lediglich 4 verschiedene Anordnungsbeziehungen möglich (Tafel 3.24).

Bei der Berechnung eines Netzplanes kann es nun Vorgänge geben, die zeitlich exakt fixiert sind und in einem möglichen Zeitraum durchgeführt werden müssen oder es gibt Zeitspannen an denen Vorgänge eingeplant werden können, d. h. diese könne entweder früher oder später ausgeführt werden, ohne den Endtermin des Projektes zu beeinflus-

sen. Diese Freiheitsgrade oder auch Verschiebemöglichkeiten einzelner Vorgänge werden in der Netzplantechnik Puffer genannt. Die Pufferzeiten ergeben sich aus der berechneten spätesten Lage eines Vorgangs, die möglich ist, ohne den Endtermin des Projektes zu beeinflussen und der berechneten frühesten Lage eines Vorganges. Aufgrund der Logik sind verschiedene Pufferarbeiten möglich (Tafel 3.25).

Vorgänge mit der Pufferzeit 0 werden kritisch genannt, da eine Verschiebung dieser Vorgänge den Endtermin eines Projektes verschiebt. Die Abfolge kritischer Vorgänge wird kritischer Pfad genannt, d. h. entlang dieses Pfades hat jede Verzögerung direkte Auswirkung auf den geplanten Projektfertigstellungstermin.

Beispiel

Siehe Abb. 3.8. ◄

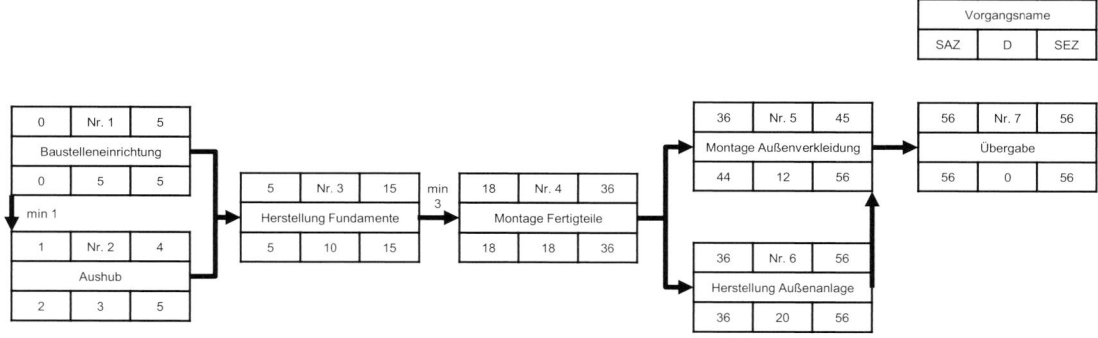

Abb. 3.8 Netzplan

3.5.2 Ressourcenplanung

Im Rahmen der Ressourcenplanung wird die Menge der erforderlichen Produktionsmittel, also Personal, Material, Geräte sowie Nachunternehmer geplant.

3.5.2.1 Personaleinsatzplanung

Um den notwendigen Personaleinsatz planen zu können werden für die Personaleinsatzplanung Aufwandswerte genutzt, die einen Zusammenhang zwischen der zu erbringenden Bauleistung und des erforderlichen Personaleinsatzes herstellen, also:

$$\text{Aufwandswert} = \text{Arbeitszeit/Menge (z. B. h/m}^2 \text{ Schalung)}$$

Jedes Bauunternehmen nutzt üblicherweise aus eigener Erfahrung gewonnene Aufwandswerte. Daneben werden vom Zeittechnik-Verlag GmbH Aufwandswerte die durch Arbeitsstudien (Zeitmessung) ermittelt wurden publiziert. Diese sind gemäß § 3 des Rahmentarifvertrags für Leistungslohn im Baugewerbe maßgebend und von den Tarifvertragsparteien (Arbeitgeber – Gewerkschaft) anerkannt.

Tafel 3.26 Aufwandswerte Schalarbeiten/Wände (ARH Gesamtausgabe Hochbau (2015))

Schalarbeiten Wände										
Schal-system	Menge	Höhe	Einmaliger Einsatz				Mehrmaliger Einsatz			
			Transportieren	Einschalen	Ausschalen	Summe	Transportieren	Einschalen	Ausschalen	Summe
	(m²)	(m)	(Std./m²)							
Schalplatten auf Schalträger	Bis 50	bis 2,50	0,05	0,60	0,20	0,85	0,05	0,50	0,20	0,75
		2,50 bis 3,25		0,65	0,22	0,92		0,55	0,22	0,82
		3,25 bis 5,00		0,80	0,25	1,10		0,70	0,25	1,00
	Über 50 bis 100	bis 2,50	0,05	0,55	0,18	0,78	0,05	0,45	0,18	0,68
		2,50 bis 3,25		0,60	0,20	0,85		0,50	0,20	0,75
		3,25 bis 5,00		0,75	0,25	1,05		0,65	0,25	0,95
	Über 100	bis 2,50	0,05	0,45	0,15	0,65	0,05	0,35	0,15	0,55
		2,50 bis 3,25		0,50	0,17	0,72		0,40	0,17	0,62
		3,25 bis 5,00		0,65	0,20	0,90		0,55	0,20	0,80

Tafel 3.27 Aufwandswerte Betonierarbeiten (ARH Gesamtausgabe Hochbau (2015))

Betonierarbeiten Transportbeton Wände, Brüstungen, Lichtschachtwände, Attikas				Autobetonpumpe Betonklasse F1–F4	
Abmessung	Rüstzeit (Std./BA)	Unbewehrte Bauteile (Std./m³)		Bewehrte Bauteile (Std./m³)	
		Pumpenleistung			
		bis 20 m³/Std.	über 20 m³/Std.	bis 20 m³/Std.	über 20 m³/Std.
$d = $ bis 10 cm	1,50	–	–	1,65	–
$d = $ über 10 bis 15 cm		1,05	–	1,25	–
$d = $ über 15 bis 20 cm		0,62	–	0,95	–
$d = $ über 20 bis 30 cm		0,50	–	0,45	–
$d = $ über 30 bis 50 cm		0,38	–	0,45	–

Tafel 3.28 Aufwandswerte Mauerarbeiten (ARH Gesamtausgabe Hochbau (2015))

Mauerarbeiten mit kleinförmigen Steinen Kalksandstein-Mauerwerk									
						Volles Mauerwerk		Gegliedertes Mauerwerk	
						Stoßfugen Nut- und Feder			
Wand-dicke	Steinformat	Abmessungen ($l \times b \times h$)	Roh-dichte-klassen	Materialbedarf		Flächenwert	Volumenwert	Flächenwert	Volumenwert
(cm)		(mm)		Steine	Mörtel	(h/m²)	(h/m³)	(h/m²)	(h/m³)
11,5	4 DF (115)	248 × 115 × 238	1,2–2,2	16 Stk/m² 139,5 Stk/m³	7,0 L/m³ 60,0 L/m³	0,55	4,80	0,60	5,20
15,0	5 DF (150)	248 × 150 × 238	1,2–2,2	16 Stk/m² 107 Stk/m³	9,0 L/m³ 60,0 L/m³	0,60	4,00	0,65	4,35
24,0	4 DF (240)	248 × 240 × 113	1,2–2,2	31 Stk/m² 128 Stk/m³	29,0 L/m³ 120,0 L/m³	0,47	1,95	0,55	2,30
30,0	5 DF (300)	248 × 300 × 113	1,2–2,2	32,5 Stk/m² 107 Stk/m³	36,0 L/m³ 120,0 L/m³	0,59	1,95	0,69	2,30

Tafel 3.29 Aufwandswerte Bewehrungsarbeiten (ARH Gesamtausgabe Hochbau (2015))

Material		Verlegen [Std./t]					
∅	Gewicht [kg/m]	Flächige Bauteile		Stabförmige Bauteile		Fundamente	
		Waagerecht	Senkrecht	Waagerecht	Senkrecht	Einzel- u. Streifenf.	Platten
6	0,222	31,50	34,50	35,50	37,00	25,00	22,5
8	0,395	27,00	30,50	31,50	33,00	22,00	19,00
10	0,617	22,00	25,50	26,50	28,00	18,00	14,00
12	0,888	19,50	23,00	24,00	25,50	16,50	12,50
14	1,210	18,00	20,50	21,50	23,00	15,00	11,00
Beton-stahl-matten	Bis 2,0 kg/m^2	28,0	31,5	–	–	–	–
	Über 2,0 bis 3,0 kg/m^2	19,0	21,5	–	–	–	–
	Über 3,0 bis 4,0 kg/m^2	15,0	16,5	–	–	–	–
	Über 4,0 bis 6,0 kg/m^2	11,5	12,5	–	–	–	–
	Über 6,0 bis 10,0 kg/m^2	9,0	10,0	–	–	–	–
	Über 10,0 kg/m^2	7,5	8,5	–	–	–	–

Beispiel

Für eine zu erstellende Betonwand soll die notwendige Arbeitszeit ermittelt werden.

Werte:

Länge Wand: 6,0 m

Höhe Wand: 3,90 m

Wandstärke: 55 cm

Ermittlung:

Fläche $= 6 \cdot 3,9 = 23,4 \, \text{m}^2 < 50 \, \text{m}^2$

$\sum$ Aufwandswerte (Transportieren, Einschalen, Ausschalen) $= 1,10$ Std./m^2

Arbeitszeit $= 2 \cdot 1,10 \cdot 23,4 = 51,48$ Stunden (für einen Arbeiter)

z. B. bei einer 4er-Kolonne $= 12,87$ Stunden, d. h. 1.5 Tage ◄

3.5.2.2 Geräteeinsatzplanung

Bei geräteintensiven Arbeiten, z. B. Erdarbeiten steht die Leistungsermittlung der Geräte im Vordergrund. Hierfür werden etwa Leistungswerte wie diese in der Baugeräteliste (BGL, 1. Auflage, 2015) enthalten sind, verwendet.

$$\text{Leistungswert} = \text{Menge/Arbeitszeit (z. B. m}^3\text{/h Gerät)}$$

Die Baugeräteliste (BGL 2015) ist beinhaltet alle für die Bauausführung und Baustelleneinrichtung gängigen Gerätearten und Gerätegrößen. Nicht enthalten sind Baustellenausstattungen sowie Werkzeuge. Neben der Leistungsplanung der Geräte sind auch kalkulatorische Ansätze in der BGL enthalten. Alle Baugeräte werden dabei in Gerätehauptgruppen und weitere Untergruppen eingeteilt. Parallel dazu gibt es aber auch im Zeittechnik-Verlag GmbH veröffentlichte Werte auch für geräteintensive Arbeiten, die auf separaten Studien ermittelt wurden.

Tafel 3.30 Gerätegruppen in der Baugeräteliste (2015)

Gerätehauptgruppen	Untergruppen
A Geräte zur Materialausbereitung	A.0 Geräte zum Dosieren A.1 Geräte zur Materialzerkleinerung . . .
B Geräte zur Herstellung, zum Transport und zur Verteilung von Beton, Mörtel und Putz	B.0 Geräte zur Dosierung und Zuführungseinrichtungen für Zement B.1 Geräte zur Dosierung und Zuführungseinrichtungen für Zement und Bindemittel . . .
C Hebezeuge	C.0 Turmdrehkrane C.1 Sonstige stationäre und gleisgebundene Krane . . .
D Geräte für Erdbewegung und Bodenverdichtung	D.0 Seilbagger und Zubehör D.1 Hydraulikbagger und Zubehör . . .

Tafel 3.30   (Fortsetzung)

Gerätehauptgruppen	Untergruppen
E Straßenbaugeräte	E.0 Geräte zur Herstellung von Heißasphalt E.1 Geräte zur Herstellung von Kaltasphalt . . .
F Gleisoberbaugeräte	F.1 Bettungsreinigungsmaschinen F.2 Verlege- und/oder Umbauzüge . . .
G Schwimmende Geräte	G.0 Schwimmbagger und schwimmende Transportanlagen G.1 Saugbagger und Zubehör . . .
H Geräte für Tunnel- und Stollenbau	H.0 Hydraulische Bohrwagen für Tunnelvortrieb H.1 Geräte für den Ausbau bei Tunnelvortrieben . . .
J Ramm- und Ziehgeräte, Geräte für Injektions- arbeiten	J.0 Rammgeräte J.1 Rammbären und Zubehör . . .
K Bohrgeräte, Schlitzwandgeräte	K.0 Gesteinsbohrmaschinen und Zubehör K.1 Hydraulische Dreh- und Schlagbohranlagen und Zubehör . . .
L Geräte für horizontalen Rohrvortrieb und Geräte für Pipelinebau	L.0 Rohrvortriebsanlagen, nicht begehbar L.1 Geräte für horizontalen Rohrvortrieb, begehbar . . .
M Geräte und Anlagen zur Dekontamination und zum Umweltschutz	M.0 Anlagen und Geräte zur Dekontamination von Böden, Aushubmaterial und Bauschutt M.1 Anlagen und Geräte zur Luftreinigung und Abgasreinigung . . .
P Transportfahrzeuge	P.0 Personenkraftwagen P.1 Transporter . . .
Q Druckluftgeräte, Druckluftwerkzeuge	Q.0 Schraubenkompressoren, fahrbar Q.1 Schraubenkompressoren, stationär . . .
R Geräte für Energieerzeugung, Energieumwand- lung und Energieverteilung	R.0 Stromaggregate R.1 Transformatoren . . .
S Hydraulikzylinder und Hydraulikaggregate	S. 0 Hydraulik-Flachzylinder, ohne Stellring S. 1 Hydraulik-Zylinder, einfachwirkend . . .
T Kreisel- und Kolbenpumpen, Rohrleitungen	T.0 Kreiselpumpen T.1 Kolbenpumpen . . .
U Schalungen und Rüstungen	U.0 Schalungen U.1 Stützen und Rüstungen . . .
W Maschinen und Geräte für Werkstattbetrieb	W.0 Maschinen für Metallbearbeitung W.1 Maschinen für Blechbearbeitung . . .
X Baustellenunterkünfte, Container	X.0 Baracken X.1 Baustellenunterkünfte in Zellenbauweise, transportabel . . .
Y Geräte für Vermessung, Labor, Büro, Kommu- nikation, Überwachung, Küche	Y.0 Vermessungsgeräte Y.1 Laborgeräte . . .

D.1.01   Hydraulikbagger auf Rädern
MOBILBAGGER HYD

Beschreibung:
Grundgerät mit Dieselmotor, Luftbereifung, Allradantrieb, einschl. Hydraulikzylinder für Auslegerunterteil,
Fahrerkabine ROPS

Ausleger siehe D.1.4, Grabgefäße siehe D.1.6
Mit: Kamera Rückraumüberwachung
Ohne: Ausleger, Löffelstiel, Schnellwechsler, Arbeitswerkzeug, Abstützung

Verschleißteil(e): Bereifung, Schürfleiste am Planierschild

Kenngröße(n): Motorleistung (kW)

Nr.	Motorleistung	Tieflöffelinhalt	Gewicht	Mittlerer Neuwert	Monatliche Reparaturkosten	Monatlicher Abschreibungs- und Verzinsungsbetrag	
	kW	m³	kg	Euro	Euro	von Euro	bis
D.1.01.0040	40	0,30	7500	89400,00	1430,00	1790,00	1970,00
D.1.01.0060	60	0,55	12500	132500,00	2120,00	2650,00	2920,00
D.1.01.0080	80	0,65	14000	178500,00	2850,00	3570,00	3920,00
D.1.01.0100	100	0,90	18000	223000,00	3570,00	4460,00	4910,00
D.1.01.0150	150	1,70	27000	335500,00	5350,00	6700,00	7400,00
D.1.01.0200	200	2,50	42000	447000,00	6700,00	8500,00	9400,00

Abb. 3.9 Baugeräteliste [BGL 2015, S. D19]

Beispiel

Leistungsberechnung eines Hydraulikbaggers

Eine Baugrube von 4000 m³ soll innerhalb von einer Arbeitswoche (40 Stunden) ausgehoben werden. Es ist der benötigte Tieflöffelinhalt und die passende Hydraulikbaggerklasse zu wählen.

Baggerleistung gemäß DIN ISO 9245:

$Q_A = V_R \cdot f_L \cdot n \cdot f_E$ mit:

Q_A = Nutzleistung in m³ je Stunde

f_L = Ladefaktor

= Füllungsfaktor/Auflockerungsfaktor

V_R = Fassungsvermögen der Arbeitsausrüstung in m³

n = Arbeitsspiele je Stunde

f_E = Nutzleistungsfaktor

Vorermittlung:

Arbeitsspiele je Stunde: 180 Spiele
(d. h. 20 sec. pro Baggerspiel)
Füllungsfaktor: 0,90
Nutzleistungsfaktor: 0,55
Auflockerung: 40 %

Berechnung:

Ladefaktor: 0,90/1,40 = 0,64
Mindestleistung (feste Masse):
4000 m³/40 Stunden = 100 m³/Stunde
Nutzleistung (feste Masse):
$Q_A = V_R \cdot 0,64 \cdot 180 \cdot 0,55 = 100$ m³/Stunde
$\rightarrow V_R = 1,58$ m³ ◄

3.5.2.3   Material- und Nachunternehmerplanung

Die Material- und Nachunternehmerplanung hat für die Baustelle vor allem in Bezug auf die Planung, Koordination und Optimierung der Lieferkette, auch Supply Chain genannt, eine besonders wichtige Bedeutung. Zur Material- und Nachunternehmerplanung gehört es die erforderlichen Materialien mit minimierter Lagerhaltung, richtiger Qualität und hoher Zuverlässigkeit, zur richtigen Zeit auf der Baustelle vorrätig zu haben und die Nachunternehmer ebenfalls zur richtigen Zeit, operativ einsetzbar auf der Baustelle zu haben.

Tafel 3.31 Supply Chain Aufgabenbereiche

Supply Chain Bereiche	Aufgaben
Bedarfsermittlung/ Beschaffung	• Massenermittlung • Ausschreibung • Verhandlung und Vergabe
Abruf/Disposition	• Terminplanung auf der Baustelle • Materialdisposition • Festlegung Abrufzeitpunkt/Abrufmenge
Inbound	• Lieferung und Transport • Materialeingangskontrolle • Rücksendung bei Mangel • Zwischenlagerung • Vormontage • Transport um Einbauort
Entsorgung	• Sammlung und Sortierung Abfallstoffe • Lagerung Abfallstoffe • Abtransport der Abfallstoffe

3.5.3 Baustelleneinrichtungsplanung

Im Rahmen der Bauproduktionsplanung muss auch die Baustellenproduktion vorgedacht werden d. h. die Baustelleneinrichtung muss entsprechend der auszuführenden Bauleistungen geplant werden. Eine durchdachte Planung der Baustellenprozesse sorgt nicht nur für eine effiziente Leistungserstellung, sondern ist auch die Basis für eine sichere Produktion bei Einhaltung der Arbeits- und Gesundheitsschutzvorschriften. Bei der Planung der Baustelleinrichtung

sind daher eine Reihe von Gesetzen und Vorschriften zu beachten (Tafel 3.32).

Um die Planung der Baustelleneinrichtung für alle Beteiligten eindeutig darzustellen, wird ein Baustelleneinrichtungsplan erarbeitet. Dieser umfasst zum Beispiel die Lage von Kränen, Unterkünften, Lagerplätzen, Zufahrtswegen etc. Zur Darstellung in Baustelleneinrichtungsplänen werden üblicherweise die in Abb. 3.11 dargestellten Symbole und Darstellungen verwendet.

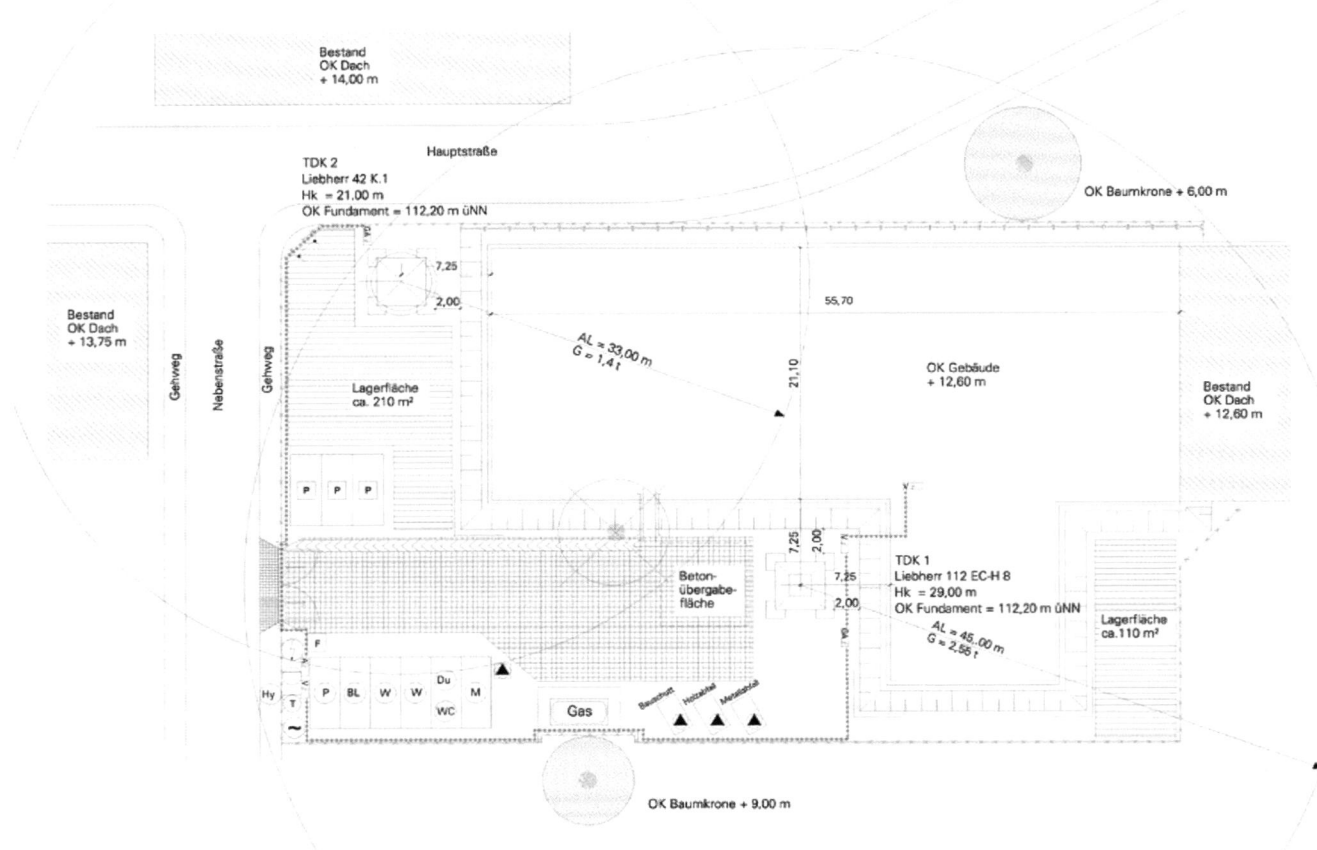

Abb. 3.10 Beispiel Baustelleneinrichtungsplan [Bundesanstalt für Arbeitsschutz und Arbeitsmedizin], auch verfügbar unter: www.baua.de/de/Publikationen/Broschueren/A84.pdf?__blob=publicationFile&v=12, zuletzt geprüft am 13.03.2017

Tafel 3.32 Gesetze und Regelungen für die Baustelleneinrichtungsplanung

Gesetz oder Regelung	Wesentliche Regelungen
Bürgerliches Gesetzbuch (BGB) vom 18.08.1896, zuletzt geändert 31.01.2019	Verweis auf § 823 BGB Schadensersatzpflicht durch Verletzung der Verkehrssicherungspflicht
Arbeitsschutzgesetz (ArbSchG) vom 07.08.1996, zuletzt geändert 31.08.2015	Sicherung und Verbesserung der Sicherheit und des Gesundheitsschutzes der Beschäftigten bei der Arbeit; Pflichten des Arbeitgebers und der Beschäftigten
Arbeitsstättenverordnung (ArbStättV) vom 12.08.2004, zuletzt geändert 18.10.2017	Sicherheit und Gesundheitsschutz der Beschäftigten beim Einrichten und Betreiben von Arbeitsstätten, Anforderungen an Arbeitsstätten, Verantwortlichkeit des Arbeitgebers
Arbeitsstättenregeln (ASR)	Konkretisieren die Anforderungen der Arbeitsstättenverordnung (ArbStättV) und werden laufend bekannt gemacht und aktualisiert
Baustellenverordnung (BaustellV) vom 10.06.1998, zuletzt geändert 27.06.2017	Verbesserung von Sicherheit und Gesundheitsschutz der Beschäftigten auf Baustellen, Planung der Ausführung des Bauvorhabens, Sicherheits- und Gesundheitsschutzplan (SiGe-Plan), SiGe-Koordinator, Pflichten des Arbeitgebers und sonstiger Personen

Tafel 3.32 (Fortsetzung)

Gesetz oder Regelung	Wesentliche Regelungen
Betriebssicherheitsverordnung (BetrSichV) vom 03.02.2015, zuletzt geändert 30.04.2019	Gefährdungsbeurteilung und Schutzmaßnahmen, Anforderungen an Bereitstellung, Benutzung und Beschaffenheit, Prüfung der Arbeitsmittel, überwachungsbedürftige Anlagen, Prüfbescheinigung, Mindestvorschriften für Arbeitsmittel; Konkretisierung durch Technische Regeln für Betriebssicherheit TRBS
Straßenverkehrs-Ordnung (StVO) vom 06.03.2013, zuletzt geändert 06.06.2019	Verkehrsregeln, Sicherungsarbeiten bei Einschränkungen und Gefährdungen, verkehrsrechtliche Anordnungen, Verkehrszeichen
Wasserhaushaltsgesetz (WHG) vom 31.07.2009, zuletzt geändert 04.12.2018	Nachhaltige Gewässerbewirtschaftung, gemeinsame Bestimmungen über die Gewässer, Erlaubnis- und Bewilligungserfordernis, Anforderungen an das Einleiten von Abwasser
Bundes-Immissionsschutzgesetz (BImSchG) vom 15.03.1974, zuletzt geändert 08.04.2019	Schutz vor bzw. Vermeidung und Verminderung von schädlichen Umwelteinwirkungen wie Luftverunreinigungen, Geräusche, Erschütterungen u. dgl., Errichtung und Betrieb von Anlagen, Pflichten der Betreiber, Kommission für Anlagensicherheit
Gewerbeabfallverordnung (GewAbfV) vom 18.04.2017, zuletzt geändert 05.07.2017	Definitionen, Sammlung, Getrennthaltung, Vorbehandlung, Recycling, Wiederverwendung und sonstige Verwertung
Weitere Technische Normen (ZTV) z. B. DIN, RSA, RAS, . . .	Baugruben und Gräben, Arbeits- und Schutzgerüste, Fahrbare Arbeitsbühnen aus vorgefertigten Bauteilen, Richtlinien für die Sicherung von Arbeitsstellen an Straßen, Richtlinien für die Anlage von Straßen, . . .

Abb. 3.11 Symbole für Baustelleneinrichtungsplan [Bundesanstalt für Arbeitsschutz und Arbeitsmedizin], auch verfügbar unter: www. baua.de/de/Publikationen/ Broschueren/A84.pdf?__blob= publicationFile&v=12, zuletzt geprüft am 13.03.2017

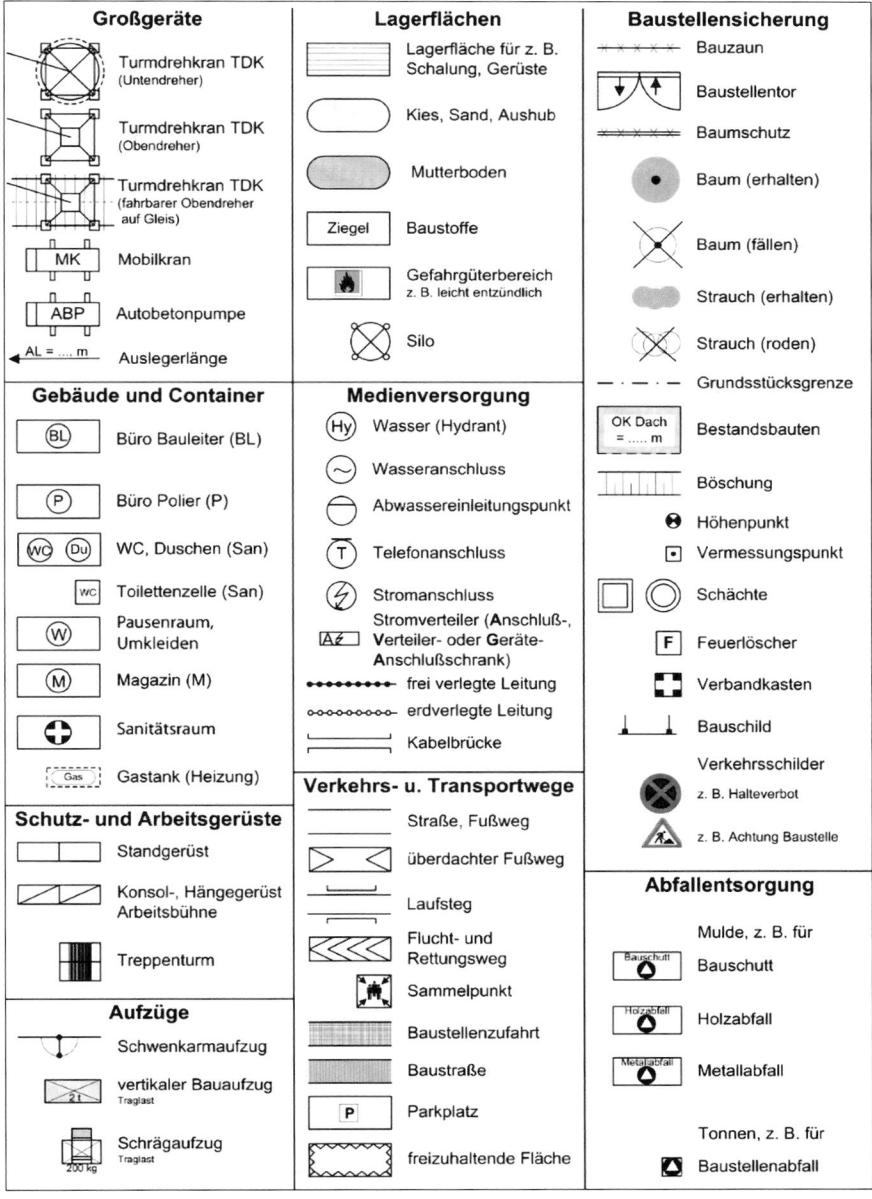

Tafel 3.33 Kalkulationsarten

Kalkulationsarten	Ziel	Inhalte
Auftragskalkulation	Ermittlung der voraussichtlichen Kosten für ein Angebot	Kalkulation der erwarteten Kosten bei der im Angebot vorgesehenen Bauleistung
Vertragskalkulation	Ermittlung der voraussichtlichen Kosten nach Auftragserteilung	Alle während der Verhandlung vereinbarten Änderungen zum Angebot werden in der Kalkulation berücksichtigt, Vertragskalkulation ist die Basis für die Auftragsabwicklung
Arbeitskalkulation	Wiederkehrende Ermittlung der voraussichtlichen Kosten eines Auftrags während der Projektabwicklung	Ermittlung der bereits angefallenen Kosten eines Auftrages und Ermittlung der noch notwendigen Kosten zum Abschlu0 des Projektes, beinhaltet sowohl Ist-Kosten wie auch prognostizierte Kosten
Nachtragskalkulation	Ermittlung der voraussichtlichen Kosten eines Nachtrages	Falls Abweichungen zum Vertrag entstehen werden die abweichenden Bauleistungen nach den im Vertrag vereinbarten Grundlagen ermittelt
Nachkalkulation	Ermittlung der Kosten eines Auftrages zur Ermittlung von Fehlern oder Ungenauigkeiten der ursprünglichen Vertragskalkulation	Ermittlung der Kosten nach Abwicklung des Auftrages, enthält nur Ist-Kosten

3.6 Kalkulation

Im Rahmen der Kosten- und Leistungsrechnung ist die Bauauftragsrechnung oder auch Kalkulation die auftragsbezogene Kostenermittlung.

3.6.1 Kalkulationsarten

Während eines Auftrages werden dabei zu unterschiedlichen Zeitpunkten die Kosten kalkuliert. Beginnend zur Erstellung eines Angebotes bis zur nachträglichen Ermittlung der Kosten eines Bauauftrages, dies wird als Nachkalkulation bezeichnet (Tafel 3.33).

3.6.2 Kalkulationsverfahren Kalkulation über die Angebotsendsumme

Es gibt für die Kalkulation von Bauleistungen verschiedene Verfahren der Kostenermittlung. Als übliches Verfahren hat sich die Zuschlagskalkulation über die Endsumme durchgesetzt, die daher hier dargestellt wird. Dabei werden die Kosten grundsätzlich unterteilt in Kosten, die einer konkreten Leistung direkt zugerechnet werden können, den Einzelkosten, sowie den Kosten die nur dem gesamten Projekt oder sogar nur dem Bauunternehmen als Ganzes zuzurechnen sind, den Gemeinkosten.

Einzelkosten der Teilleistungen setzen sich dabei in der Regel aus Lohn-, Material-, Geräte und Nachunternehmerkosten zusammen. Einzelkosten der Teilleistungen können sich dabei aus ganz unterschiedlichen Kostenarten zusammensetzen. Nach der KLR Bau (2016) werden die folgenden Kostenarten unterschieden:

Tafel 3.34 Kostenarten nach KLR Bau (2016)

Kostenartengruppen nach KLR (Langbezeichnung)
Lohn- und Gehaltskosten
Fremdarbeiten
Kosten der Bau- und Fertigungsstoffe
Kosten für Fertigerzeugnisse
Kosten des Rüst-, Schal- und Verbaumaterials (RSV) einschließlich der Bauhilfsstoffe
Kosten der Geräte und der Betriebsstoffe
Kosten der Geschäfts-, Betriebs- und Baustellenausstattung
Kosten der technischen Bearbeitung und Projektentwicklung
Kosten der Nachunternehmerleistungen
Kosten der Immobilienbewirtschaftung
Sonstige Kosten

Anschließend werden die Gemeinkosten bestehend aus den Baustellengemeinkosten, den Allgemeinen Geschäftskosten, sowie einem Ansatz für den Gewinn, summarisch ermittelt. Um die Gemeinkosten den einzelnen Positionen eines Leistungsverzeichnisses zurechnen zu können, müssen diese notgedrungen geschlüsselt werden, d. h. pauschal verteilt werden. Es hat sich dafür bewährt zunächst pauschale Zuschlagssätze für Material, Gerät und Nachunternehmerleistungen frei zu wählen (etwa 15 oder 20 %) und anschließend den noch nicht verteilten Rest auf die Lohnkosten umzulegen. Meist führt dies dazu, dass die Lohnkosten den höchsten Zuschlag erhalten, was gerechtfertigt sein kann, wenn dieser Kostenblock den meisten Aufwand etwa im Unternehmen erzeugt (z. B. für Lohnabrechnungen, Krankmeldungen, Ein- und Ausstellungen, Schulungen etc.). Insgesamt kann dies im folgenden Schaubild (Abb. 3.12) dargestellt werden.

Abb. 3.12 Darstellung Kalkulation über die Angebotsendsumme

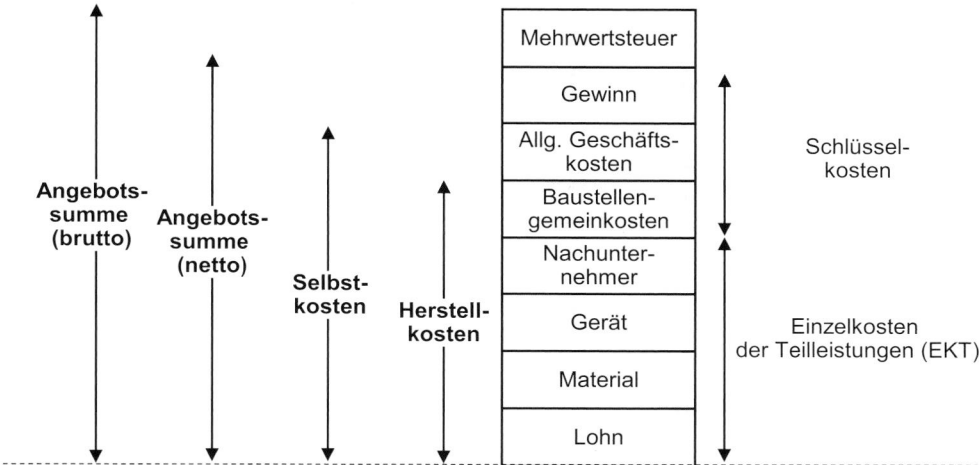

Beispiel

Kalkulation über die Angebotsendsumme

Es soll ein einfaches Projekt mit nur einer Leistungsposition kalkuliert werden, das Einschalen einer Decke mit 1.000 m² nach folgenden Vorermittlungen:

- Aufwandswert 0,5 h/m², Mittellohn 40 €/h, Materialkosten 25 €/m², Gerätekosten 5 €/m²
- Baustellengemeinkosten sind mit psch. 2.500 € anzusetzen
- Allg. Geschäftskosten sind mit 10 % und Gewinn mit 5 % der Angebotssumme anzusetzen
- Schlüsselkosten werden zu 20 % auf Materialkosten, zu 15 % auf Gerätekosten und der Rest auf Lohn umgelegt

Zu kalkulieren ist die Angebotssumme netto, der Einheitspreis, sowie der Kalkulationsmittellohn ◄

1. Ermittlung Angebotssumme netto

	Position	h/ME	Lohn €/ME	Material €/ME	Geräte €/ME	NU €/ME	Summe
1.000 m²	Decke einschalen	0,50	20,00	25,00	5,00	0,00	

	Position	h	Lohn €	Material €	Geräte €	NU €	Summe €
1.000 m²	Decke einschalen	500,00	20.000,00	25.000,00	5.000,00	0,00	50.000,00

Baustellengemeinkosten			2.500,00
Selbstkosten			52.500,00
Allgemeine Geschäftskosten		10%	6.176,47
Gewinn		5%	3.088,24
Angebotssumme netto			61.764,71

2. Ermittlung des Einheitspreises

Schlüsselkosten

Baustellengemeinkosten	2.500,00
Allgemeine Geschäftskosten	6.176,47
Gewinn	3.088,24
Gesamt	11.764,71
davon	
Material 20%	5.000,00
Geräte 15%	750,00
Rest auf Lohn	6.014,71 das sind 30%

	Position	h/ME	Lohn €/ME	Material €/ME	Geräte €/ME	NU €/ME	Summe €/ME
1.000 m²	Decke einschalen	0,50	26,01	30,00	5,75	0,00	61,76

3. Ermittlung Kalkulationsmittellohn

ergibt sich zu: (20.000€ + 6.014,71 €)/500h = 52,03 €/h

Abb. 3.13 Beispiel Kalkulation

Abb. 3.14 Ermittlungsmethodik und Arten des Kalkulationsmittellohnes

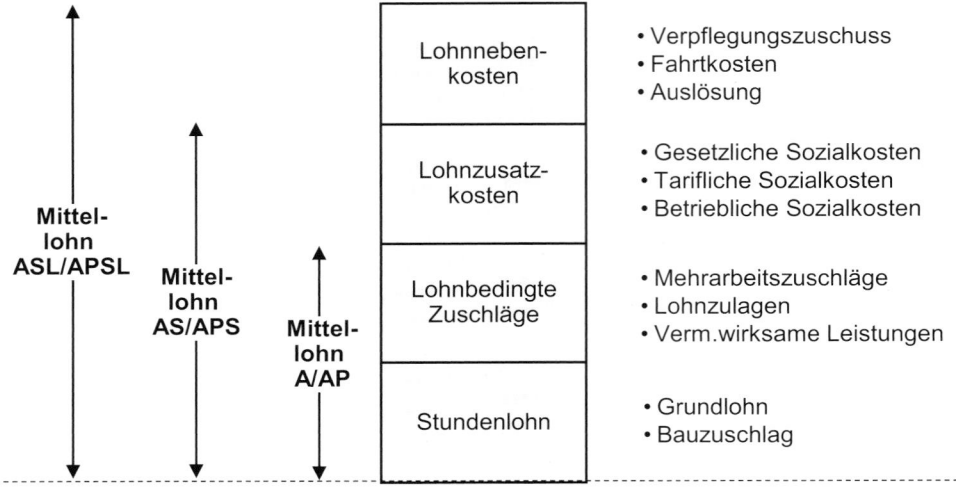

3.6.3 Lohnkosten

Da zu Beginn der Angebotskalkulation noch nicht final entschieden wird welche Mitarbeiter auf der Baustelle eingesetzt werden sollen, wird üblicherweise mit dem Mittellohn einer geplanten Kolonne kalkuliert. Dafür ermittelt der Kalkulator auf Basis der notwendigen Arbeiten die erforderlichen Qualifikationen und die Größe der Kolonnen. Mit den für jede Qualifikationsstufe zu zahlenden Löhnen kann dann der Mittellohn der Kolonne berechnet werden. Dabei kann entweder der Polier mit eingerechnet werden oder die Kolonne ohne Berücksichtigung des Poliers kalkuliert werden. Kalkulationsmittellöhne werden dabei zusätzlich unterschieden, je nachdem welche Anteile der gesamt zu kalkulierenden Lohnkosten, in den Mittelohn einbezogen sind (Abb. 3.14).

- Mittellohn A: Mittellohn für gewerbliche Arbeitnehmer ohne Polieranteil
- Mittellohn AP: Mittellohn incl. Polieranteil
- Mittellohn AS: Mittellohn incl. Sozialkosten ohne Polieranteil

- Mittellohn APS: Mittellohn incl. Sozialkosten incl. Polieranteil
- Mittellohn ASL: Mittellohn incl. Sozialkosten und Lohnnebenkosten ohne Polieranteil
- Mittellohn APSL: Mittellohn incl. Sozialkosten und Lohnnebenkosten incl. Polieranteil

Der Lohn wird im Bundesrahmentarifvertrag für das Bauwesen (BRTV) tariflich festgelegt. Dabei werden 6 Lohngruppen unterschieden (Tafel 3.35).

Neben dem Gesamttarifstundenlohn sind lohnbedingte Zuschläge, etwa für erschwerte Arbeitsbedingungen (Nachtarbeit, Höhenarbeit, Schmutzarbeit, … etc.) oder auch für Mehrarbeit (z. B. Überstundenzuschlag), hinzuzuaddieren.

Die Lohnzusatzkosten ergeben sich aus den jeweils geltenden Beiträgen für die gesetzlichen Sozialkosten (wie etwa Beiträge (Arbeitnehmer und Arbeitgeberbeiträge) für Rentenversicherung, Krankenkasse, Arbeitslosenversicherung, …) und tarifliche oder betriebliche Sozialkosten.

Lohnnebenkosten ergeben sich ebenfalls aus dem Tarifvertrag oder sonstigen vom Arbeitgeber gewährten Beiträgen.

Tafel 3.35 Lohngruppen und Tarifstundenlohn nach Entgelttabelle Nr. 1 (10/2018)

Lohngruppe	Berufsgruppe	Hinweise	Tariflohnstunden TL [€]	Bauzuschlag BZ [€]	Gesamttarifstundenlohn GTL [€]
1	– Werker – Maschinenwerker	Erhalten den Mindestlohn, ungelernte Arbeitskräfte, Arbeiten nach Anweisung	11,52	0,68	12,20
2	– Fachwerker – Baugeräteführer – Berufskraftfahrer	Fachlich begrenzte Arbeit nach Anweisung, Anerkannte Ausbildung, Vorhandensein von Fertigkeiten und Kenntnissen	14,35	0,85	15,20
3	– Facharbeiter – Baugeräteführer – Berufskraftfahrer	Facharbeiten des jeweiligen Berufsbildes, nach 3-jähriger Facharbeiterausbildung: LG 3	17,83	1,05	18,88
4	– Spezialfacharbeiter – Baumaschinenführer	Selbstständiges Ausführen der Facharbeiten, Prüfung als Baumaschinenführer	19,48	1,15	20,63
5	– Vorarbeiter – Baumaschinen-Vorarbeiter	Vorarbeiter Weiterbildung und Polier, Führung einer Gruppe von Arbeitnehmern	20,44	1,21	21,65
6	– Werkpolier – Baumaschinen-Facharbeiter	Führung und Anleitung einer Gruppe von Arbeitnehmern	22,38	1,32	23,70

3.6.4 Kosten für Bau- und Fertigungsstoffe, Rüst-, Schal- und Verbaumaterial

Die Bau- und Fertigungsstoffkosten ergeben sich in der Regel direkt aus den Angeboten der Lieferanten. Je nach Angebot sind die Kosten für den Transport auf die Baustellen enthalten (frei Baustelle). Bei Abholung im Werk müssen diese noch zusätzlich angesetzt werden. Für Verschnitt, Bruch und Verlust ist nach Erfahrung ein %-Wert (meist 2–5 %) anzusetzen. Dabei muss allerdings beachtet werden, dass zu viel Material immer Zusatzkosten auf der Baustelle auslöst (Rücktransport, Vernichtung, etc.), sodass die Bestellmengen möglichst sorgfältig geplant werden sollten.

3.6.5 Gerätekosten

Bei der Kalkulation der Gerätekosten wird unterschieden in die Kosten für:

- Abschreibung
- Reparatur
- Verzinsung des eingesetzten Kapitals
- Betriebsstoffe
- Gerätebedienung

Gerätekosten können dabei einzelnen Positionen des Leistungsverzeichnisses direkt zugeordnet werden, insbesondere wenn ein Gerät nur für eine Position genutzt wird (z. B. Erdaushub). Geräte, die für eine Vielzahl von Arbeiten genutzt werden (z. B. Hochbaukran), können den Gemeinkosten zugeordnet werden.

Als Grundlage für die Ermittlung der Kosten von Abschreibung, Reparatur und Verzinsung des eingesetzten Kapitals, kann der A+V Wert direkt der BGL entnommen werden. Die BGL gibt dabei grundsätzlich Kostenspannen an. Für eine konkrete Bauaufgabe kann dann aufgrund von Erfahrungswerten eingeschätzt werden, ob eher ein Mittelwert, ein höherer oder ein niedrigerer Wert realistisch ist.

3.6.5.1 Kosten der Fremdarbeit und der Nachunternehmerleistungen

Diese Kosten ergeben sich entweder direkt aus den Kosten vorliegender Angebote oder werden separat kalkuliert, wobei Erfahrungswerte genutzt werden. Werden diese Leistungen einzeln kalkuliert, gilt dieselbe Vorgehensweise wie oben dargestellt für die Ermittlung der Lohn-, Geräte und Materialkosten. Gemeinkosten sind auch zu berücksichtigen. Auf jeden Fall muss auch bei Vorliegen konkreter Angebote von Nachunternehmern eine Abschätzung des Nachtragsrisikos erfolgen und eine Summe dafür einkalkuliert werden.

3.6.6 Baustellengemeinkosten

Die Baustellengemeinkosten umfassen alle auf der Baustelle anfallenden Kosten, die nicht direkt einer Position zugerechnet werden. In der Regel sind dies Kosten für die Bauleitung, deren PKW, sowie evtl. auch Kosten der technischen Bearbeitung für die Baustelle, wie etwa die Arbeitsvorbereitung oder auch die Vorhaltung von Geräten die nicht einzelnen Positionen zugerechnet werden können, insbesondere wenn zum Beispiel keine Position für die Kalkulation der Baustelleneinrichtung existiert.

Baustellengemeinkosten werden üblicherweise als absolute Summen kalkuliert.

Tafel 3.36 Typische Inhalte der Baustellengemeinkosten ohne Berücksichtigung Baustelleneinrichtung

Übersicht Baustellengemeinkosten	
Baustellengehälter	Gehalt Polier Gehalt Bauleiter . . .
Betriebskosten	PKW Bauleitung . . .
Technische Bearbeitung	Arbeitsvorbereitung (soweit nicht in AGK enthalten) Konstruktive Bearbeitung (soweit nicht in AGK enthalten) Kosten des Prüfingenieurs . . .
Gerätevorhaltekosten	Abschreibung und Verzinsung Reparaturkosten Material Magazin Kleingeräte Sonstige Gerätevorhaltekosten . . .

3.6.7 Allgemeine Geschäftskosten und Gewinn

Die Allgemeinen Geschäftskosten sind Kosten, die für den Betrieb des Unternehmens insgesamt anfallen, wie etwa die kaufmännische Abteilung, Personalabteilung, Technische Bereiche, Geschäftsführung etc.. Diese Kosten fallen insgesamt an und können daher nicht direkt einem Projekt zugerechnet werden. Daher werden diese Kosten meist jährlich ermittelt und dann durch die erreichte Bauleistung des Jahres geteilt. Der sich ergebende %-Satz wird dann als Ansatz für die Allgemeinen Geschäftskosten bei jeder Kalkulation zusätzlich addiert.

Der angestrebte Gewinn bei der Ausführung des Bauauftrages wird ebenfalls als prozentualer Zuschlag in die Kalkulation mit aufgenommen. Die Erzielung eines Gewinns ist für jedes Unternehmen notwendig, um das im Unternehmen gebundene Eigenkapital zu verzinsen.

3.7 Arbeits- und Gesundheitsschutz auf Baustellen

3.7.1 Allgemeine Vorschriften

3.7.1.1 Arbeitsschutzgesetz

Der Arbeits- und Gesundheitsschutz von Beschäftigten ist für alle Branchen durch unterschiedliche gesetzliche Regelungen geregelt. Grundsätzliches Gesetz ist dabei das Arbeitsschutzgesetz (ArbSchG), welches für alle Tätigkeitsbereiche gilt. Es regelt die grundlegenden Arbeitsschutzpflichten des Arbeitgebers, die Pflichten und die Rechte der Beschäftigten sowie die Überwachung des Arbeitsschutzes. Auf dieser Basis sind dann weitere Verordnungen erlassen worden, die spezifische Regelungen für einzelne Bereiche oder Branchen regeln.

Tafel 3.37 Auszug aus dem Arbeitsschutzgesetz (1996/2015)

Auszug Arbeitsschutzgesetz	Inhalt
Abschnitt 1	**Allgemeine Vorschriften**
§ 1 Ziel und Anwendungsbereich	• Sicherheit und Gesundheitsschutz der Beschäftigten bei der Arbeit zu sichern/verbessern • gilt in allen Tätigkeitsbereichen • …
§ 2 Begriffsbestimmungen	• Maßnahmen des Arbeitsschutzes im Sinne dieses Gesetzes sind Maßnahmen – zur Verhütung von Unfällen bei der Arbeit – arbeitsbedingten Gesundheitsgefahren – einschließlich Maßnahmen der menschengerechten Gestaltung der Arbeit • …
2 Abschnitt	**Grundpflichten des Arbeitgebers**
§ 3 Grundpflichten	• Ausreichende/angemessene Informationen anhand der Gefährdungsbeurteilung in einer für die Beschäftigten verständlichen Form und Sprache • Der Arbeitgeber ist verpflichtet – Maßnahmen des Arbeitsschutzes zu treffen, die Sicherheit und Gesundheit der Beschäftigten bei der Arbeit beeinflussen – Maßnahmen auf Wirksamkeit zu überprüfen – Maßnahmen auf sich ändernde Gegebenheiten anzupassen – Verbesserung von Sicherheit/Gesundheitsschutz der Beschäftigten anzustreben • Zur Planung und Durchführung der Maßnahmen hat der Arbeitgeber unter Berücksichtigung der Art der Tätigkeiten und der Zahl der Beschäftigten – für eine geeignete Organisation zu sorgen – die erforderlichen Mittel bereitzustellen – Vorkehrungen zu treffen, dass die Maßnahmen erforderlichenfalls bei allen Tätigkeiten und eingebunden in die betrieblichen Führungsstrukturen beachtet werden – sicherzustellen, dass die Beschäftigten ihren Mitwirkungspflichten nachkommen können • …
§ 4 Allgemeine Grundsätze	• Die Arbeit ist so zu gestalten, dass eine Gefährdung für das Leben sowie die physische und die psychische Gesundheit möglichst vermieden und die verbleibende Gefährdung möglichst gering gehalten wird • Gefahren sind an ihrer Quelle zu bekämpfen • bei den Maßnahmen sind der Stand von Technik, Arbeitsmedizin und Hygiene sowie sonstige gesicherte arbeitswissenschaftliche Erkenntnisse zu berücksichtigen • Maßnahmen sind mit dem Ziel zu planen, Technik, Arbeitsorganisation, sonstige Arbeitsbedingungen, soziale Beziehungen und Einfluss der Umwelt auf den Arbeitsplatz sachgerecht zu verknüpfen • individuelle Schutzmaßnahmen sind nachrangig zu anderen Maßnahmen • spezielle Gefahren für besonders schutzbedürftige Beschäftigtengruppen sind zu berücksichtigen • den Beschäftigten sind geeignete Anweisungen zu erteilen • mittelbar oder unmittelbar geschlechtsspezifisch wirkende Regelungen sind nur zulässig, wenn dies aus biologischen Gründen zwingend geboten ist
§ 5 Beurteilung der Arbeitsbedingungen	• Der Arbeitgeber hat durch eine Beurteilung der für die Beschäftigten mit ihrer Arbeit verbundenen Gefährdung zu ermitteln, welche Maßnahmen des Arbeitsschutzes erforderlich sind • Der Arbeitgeber hat die Beurteilung je nach Art der Tätigkeiten vorzunehmen • Eine Gefährdung kann sich insbesondere ergeben durch – die Gestaltung/Einrichtung der Arbeitsstätte/des Arbeitsplatzes, – physikalische, chemische und biologische Einwirkungen – die Gestaltung/Auswahl/Einsatz von Arbeitsmitteln/Arbeitsstoffen/Maschinen/Geräten/Anlagen sowie den Umgang damit – die Gestaltung von Arbeits-/Fertigungsverfahren/Arbeitsabläufen/Arbeitszeit und deren Zusammenwirken – unzureichende Qualifikation und Unterweisung der Beschäftigten – psychische Belastungen bei der Arbeit

Tafel 3.37 (Fortsetzung)

Auszug Arbeitsschutzgesetz	Inhalt

§ 6 Dokumentation	• Der Arbeitgeber muss über Unterlagen verfügen, aus denen
	  – das Ergebnis der Gefährdungsbeurteilung
	  – die von ihm festgelegten Maßnahmen des Arbeitsschutzes
	  – das Ergebnis ihrer Überprüfung
	  ersichtlich sind
	• Unfälle in seinem Betrieb, bei denen ein Beschäftigter getötet oder so verletzt wird, dass er stirbt oder für mehr als drei Tage völlig oder teilweise arbeits- oder dienstunfähig wird, hat der Arbeitgeber zu erfassen

§ 7 Übertragung von Aufgaben	• ...
§ 8 Zusammenarbeit mehrerer Arbeitgeber	• ...
§ 9 Besondere Gefahren	• ...
§ 10 Erste Hilfe und sonstige Notfallmaßnahmen	• ...
§ 11 Arbeitsmedizinische Vorsorge	• ...
§ 12 Unterweisung	• ...
§ 13 Verantwortliche Personen	• ...
§ 14 Unterrichtung und Anhörung der Beschäftigten des öffentlichen Dienstes	• ...
Dritter Abschnitt	**Pflichten und Rechte der Beschäftigten**
Vierter Abschnitt	**Verordnungsermächtigungen**
Fünfter Abschnitt	**Gemeinsame deutsche Arbeitsschutzstrategie**
Sechster Abschnitt	**Schlussvorschriften**

3.7.1.2 Arbeitsstättenverordnung

Die Arbeitsstättenverordnung dient der Sicherheit und dem Schutz der Gesundheit der Beschäftigten beim Einrichten und Betreiben von Arbeitsstätten (Tafel 3.38).

Die Berufsgenossenschaft Bau hat spezielle Handlungs- und Praxishilfen zur Durchführung der Gefährdungsbeurteilung bei verschiedenen Bauarbeiten und Baugewerken für Baustellen erstellt. Diese können genutzt werden, um konkrete Gefährdungsbeurteilungen zu erstellen.

3.7.1.3 Arbeitszeitgesetz

Zweck des Gesetzes ist es unter anderem, die Sicherheit und den Gesundheitsschutz bei der Arbeitszeitgestaltung zu gewährleisten (Tafel 3.39).

Tafel 3.38 Auszug aus der Arbeitsstättenverordnung (2004/2017)

Auszug Arbeitsstättenverordnung	Inhalt
§ 3 Gefährdungsbeurteilung	• Beurteilung Arbeitsbedingungen: Festzustellen, ob Beschäftigte Gefährdungen beim Einrichten und Betreiben von Arbeitsstätten ausgesetzt sind oder ausgesetzt sein können • Mögliche Gefährdungen der Sicherheit/Gesundheit beurteilen, Auswirkungen der Arbeitsorganisation/Arbeitsabläufe berücksichtigen • Physischen/Psychischen Belastungen berücksichtigen • Maßnahmen zum Schutz der Beschäftigten gemäß den Vorschriften dieser Verordnung/Stand der Technik, Arbeitsmedizin und Hygiene festzulegen. Sonstige gesicherte arbeitswissenschaftliche Erkenntnisse sind zu berücksichtigen. • Gefährdungsbeurteilung muss fachkundig durchgeführt werden • Gefährdungsbeurteilung vor Aufnahme der Tätigkeiten dokumentieren
§ 3a Einrichten und Betreiben von Arbeitsstätten	• Arbeitsstätten einrichten/betreiben, dass Gefährdungen für die Sicherheit und die Gesundheit der Beschäftigten möglichst vermieden und verbleibende Gefährdungen möglichst gering gehalten werden • Maßnahmen nach § 3 Absatz 1 durchzuführen (unter Berücksichtigung Stand der Technik, Arbeitsmedizin/Hygiene, ergonomischen Anforderungen, vom Bundesministerium für Arbeit und Soziales nach § 7 Absatz 4 Regeln und Erkenntnisse) • Menschen mit Behinderungen: Belangt berücksichtigen (Barrierefreiheit, Sanitär-, Pausen- und Bereitschaftsräumen, Türen, Verkehrswege, Fluchtwege, ...) die von den Beschäftigten mit Behinderungen benutzt werden.

Tafel 3.38 (Fortsetzung)

Auszug Arbeitsstättenverordnung	Inhalt
...	

§ 6 Unterweisung von Beschäftigten	• Ausreichende/angemessene Informationen anhand der Gefährdungsbeurteilung in einer für die Beschäftigten verständlichen Form und Sprache zur Verfügung zu stellen über
	  – das bestimmungsgemäße Betreiben der Arbeitsstätte
	  – alle gesundheits-/sicherheitsrelevanten Fragen im Zusammenhang mit ihrer Tätigkeit
	  – Maßnahmen, die durchgeführt werden müssen
	  – arbeitsplatzspezifische Maßnahmen
	• Unterweisung, nach Absatz 1 muss sich auf Maßnahmen im Gefahrenfall erstrecken, insbesondere auf
	  – die Bedienung von Sicherheits- und Warneinrichtungen
	  – die Erste Hilfe und die dazu vorgehaltenen Mittel und Einrichtungen
	  – den innerbetrieblichen Verkehr
	• Unterweisung muss sich auf Brandverhütung/Verhaltensmaßnahmen im Brandfall erstrecken, insbesondere auf die Nutzung der Fluchtwege und Notausgänge
	• Beschäftigte, die Aufgaben der Brandbekämpfung übernehmen, sind in die Bedienung der Feuerlöscheinrichtungen zu unterweisen
	• Unterweisungen müssen vor Aufnahme der Tätigkeit stattfinden, danach mindestens jährlich zu wiederholen und wenn sich die Tätigkeiten der Beschäftigten, die Arbeitsorganisation, die Arbeits- und Fertigungsverfahren oder die Einrichtungen und Betriebsweisen in der Arbeitsstätte wesentlich verändern und die Veränderung mit zusätzlichen Gefährdungen verbunden ist

Tafel 3.39 Auszug Arbeitszeitgesetz (1994/2016)

Auszug Arbeitszeitgesetz	Inhalt
§ 2 Begriffsbestimmungen	• Arbeitszeit im Sinne dieses Gesetzes ist die Zeit vom Beginn bis zum Ende der Arbeit ohne die Ruhepausen, ... • Nachtzeit im Sinne dieses Gesetzes ist die Zeit von 23 bis 6 Uhr, ... • ...
§ 3 Arbeitszeit der Arbeitnehmer	• Werktägliche Arbeitszeit der Arbeitnehmer darf acht Stunden nicht überschreiten • Kann auf bis zu zehn Stunden nur verlängert werden, wenn innerhalb von sechs Kalendermonaten oder innerhalb von 24 Wochen im Durchschnitt acht Stunden werktäglich nicht überschritten werden
§ 4 Ruhepausen	• Die Arbeit ist durch Ruhepausen von mindestens 30 Minuten (Arbeitszeit > 6–9 Stunden) und 45 Minuten (Arbeitszeit > 9 Stunden) insgesamt zu unterbrechen • Ruhepausen nach Satz 1 können in Zeitabschnitte von jeweils mindestens 15 Minuten aufgeteilt werden • Länger als sechs Stunden hintereinander dürfen Arbeitnehmer nicht ohne Ruhepause beschäftigt werden
§ 5 Ruhezeit	• Nach Beendigung der täglichen Arbeitszeit ununterbrochene Ruhezeit von > 11 Stunden
§ 6 Nachtarbeit	• Nach gesicherten arbeitswissenschaftlichen Erkenntnissen über die menschengerechte Gestaltung der Arbeit festzulegen • Arbeitszeit darf acht Stunden nicht überschreiten. Sie kann auf bis zu zehn Stunden nur verlängert werden, wenn abweichend von § 3 innerhalb von einem Kalendermonat oder innerhalb von vier Wochen im Durchschnitt acht Stunden werktäglich nicht überschritten werden • Der Arbeitgeber hat den Nachtarbeitnehmer auf dessen Verlangen bei Vorliegen bestimmter Voraussetzungen auf einen für ihn geeigneten Tagesarbeitsplatz umzusetzen • Für die während der Nachtzeit geleisteten Arbeitsstunden eine angemessene Zahl bezahlter freier Tage oder einen angemessenen Zuschlag auf das ihm hierfür zustehende Bruttoarbeitsentgelt zu gewähren
...	...

3.7.2 Baustellenverordnung

Für den Arbeits- und Gesundheitsschutz auf Baustellen ist dabei vor allem die Verordnung über Sicherheit und Gesundheitsschutz auf Baustellen (Baustellenverordnung – BaustellV, vom 10.6.1998 zuletzt geändert am 27.6.2017) relevant (Tafel 3.40).

3.7.3 Regeln zum Arbeitsschutz auf Baustellen (RAB)

Aufbauend auf der Baustellenverordnung sind Regeln zum Arbeitsschutz auf Baustellen (RAB) vom Ausschuss für Sicherheit und Gesundheitsschutz auf Baustellen (ASGB) erarbeitet worden. Diese Regeln stellen eine Konkretisie-

Tafel 3.40 Auszug Baustellenverordnung (1998/2017)

Baustellenverordnung	Inhalt
§ 1 Ziele, Begriffe	• Ziel: Verbesserung der Sicherheit- und des Gesundheitsschutzes auf Baustellen
§ 2 Planung des Bauvorhabens	• Grundsätze nach § 4 des Arbeitsschutzgesetzes • Für jede Baustelle (> 30 Arbeitstage und > 20 Beschäftigte oder > 500 Personentage) zwei Wochen vor Einrichtung Vorankündigung erforderlich (Angaben nach Anhang I) • Bei erforderlicher Vorankündigung oder bei besonders gefährlichen Arbeiten nach Anhang II, **Sicherheits- und Gesundheitsschutzplan**

§ 3 Koordinierung	• Für Baustellen, auf denen Beschäftigte mehrerer Arbeitgeber tätig werden, sind **Koordinatoren** zu bestellen
	• Bauherr durch die Beauftragung geeigneter Koordinatoren nicht von seiner Verantwortung entbunden
	• Koordinator hat
	  – die in § 2 Abs. 1 vorgesehenen Maßnahmen zu koordinieren
	  – den Sicherheits- und Gesundheitsschutzplan auszuarbeiten
	  – die erforderlichen Angaben zum Sicherheit und Gesundheitsschutz zusammenzustellen
	  – die Anwendung der allg. Grundsätze nach § 4 Arbeitsschutzgesetzes zu koordinieren
	  – darauf zu achten, dass Pflichten nach dieser Verordnung erfüllt werden
	  – den Sicherheits- und Gesundheitsschutzplan bei Bedarf anzupassen
	  – die Zusammenarbeit der Arbeitgeber zu organisieren
	  – die Überwachung der ordnungsgemäßen Anwendung der Arbeitsverfahren durch die Arbeitgeber zu koordinieren

§ 4 Beauftragung	• Maßnahmen nach § 2 und § 3 Abs. 1 Satz 1 hat der Bauherr zu treffen (kann einen Dritten beauftragen)

§ 5 Pflichten des Arbeitgebers	• Arbeitgeber haben Maßnahmen des Arbeitsschutzes zu treffen, insbesondere
	  – Instandhaltung der Arbeitsmittel
	  – Lagerung/Entsorgung Arbeitsstoffe, Abfälle, Gefahrstoffe
	  – Anpassung Ausführungszeiten
	  – Zusammenarbeit zwischen Arbeitgebern/Unternehmern auf der Baustelle und anderen betrieblichen Tätigkeiten auf dem Gelände
	• Hinweise des Koordinators/Sicherheits- und Gesundheitsschutzplan zu berücksichtigen
	• Beschäftigte über die sie betreffenden Schutzmaßnahmen informieren

§ 6 Pflichten sonstiger Personen	• Auf einer Baustelle tätigen Unternehmer ohne Beschäftigte haben die Arbeitsschutzvorschriften einzuhalten, Hinweise des Koordinators sowie den Sicherheits- und Gesundheitsschutzplan zu berücksichtigen
§ 7 Ordnungswidrigkeiten und Strafvorschriften	
§ 8 Inkrafttreten	
Anhang I	1. Ort der Baustelle, 2. Name und Anschrift des Bauherrn, 3. Art des Bauvorhabens, 4. Name und Anschrift des anstelle des Bauherrn verantwortlichen Dritten, 5. Name und Anschrift des Koordinators, 6. voraussichtlicher Beginn und voraussichtliche Dauer der Arbeiten, 7. voraussichtliche Höchstzahl der Beschäftigten auf der Baustelle, 8. Zahl der Arbeitgeber und Unternehmer ohne Beschäftigte 9. Angabe der bereits ausgewählten Arbeitgeber und Unternehmer ohne Beschäftigte.

Anhang II	Besonders gefährliche Arbeiten im Sinne des § 2 Abs. 3 sind:
	1. Arbeiten, bei denen die Beschäftigten der Gefahr des Versinkens, des Verschüttet Werdens in Baugruben/Gräben mit einer Tiefe > 5 m oder des Absturzes aus einer Höhe > 7 m ausgesetzt sind
	2. Arbeiten, bei denen Beschäftigte ausgesetzt sind gegenüber
	  a) biologischen Arbeitsstoffen Risikogruppen 3 oder 4 Biostoffverordnung oder
	  b) Stoffen oder Gemischen im Sinne der Gefahrstoffverordnung, die eingestuft sind als akut toxisch Kategorie 1 oder 2, krebserzeugend, Keimzellmutagen oder reproduktionstoxisch jeweils Kategorie 1A oder 1B, entzündbare Flüssigkeit Kategorie 1 oder 2, explosiv oder Erzeugnis mit Explosivstoff
	3. Arbeiten mit ionisierenden Strahlungen, die die Festlegung von Kontroll- oder Überwachungsbereichen im Sinne des Strahlenschutzgesetzes und der auf dessen Grundlage erlassenen Rechtsverordnungen erfordern
	4. Arbeiten < 5 m Abstand von Hochspannungsleitungen,
	5. Arbeiten, bei denen die unmittelbare Gefahr des Ertrinkens besteht,
	6. Brunnenbau, unterirdische Erdarbeiten und Tunnelbau,
	7. Arbeiten mit Tauchgeräten,
	8. Arbeiten in Druckluft,
	9. Arbeiten, bei denen Sprengstoff oder Sprengschnüre eingesetzt werden,
	10. Aufbau oder Abbau von Massivbauelementen mit mehr als 10 t Einzelgewicht.

rung staatlicher Arbeitsschutzvorschriften dar und gelten als Stand der Technik. Darin sind Erkenntnisse zusammengestellt, wie die im Arbeitsschutzgesetz und in der Baustellenverordnung gestellten Anforderungen erfüllt werden können.

Zurzeit existierten die folgenden Regelungen.

Tafel 3.41 Übersicht über die RAB

Regeln zum Arbeitsschutz auf Baustellen (RAB)	
RAB 01	Gegenstand, Zustandekommen, Aufbau, Anwendung und Wirksamwerden der RAB
RAB 10	Begriffsbestimmungen (Konkretisierung von Begriffen der BaustellV)
RAB 25	Arbeiten in Druckluft (Konkretisierung zur Druckluftverordnung)
RAB 30	Geeigneter Koordinator (Konkretisierung zu § 3 BaustellV)
RAB 31	Sicherheits- und Gesundheitsschutzplan (SiGePlan)
RAB 32	Unterlage für spätere Arbeiten (Konkretisierung zu § 3 Abs. 2 Nr. 3 BaustellV)
RAB 33	Allgemeine Grundsätze nach § 4 des Arbeitsschutzgesetzes bei Anwendung der Baustellenverordnung

3.7.3.1 Koordinator (RAB 30)

In der RAB 30 sind die Tätigkeiten des nach Baustellenverordnung erforderlichen Koordinators detailliert beschrieben, sowie die erforderliche Qualifikation des Koordinators festgelegt. Die Aufgaben des Koordinators werden nach der Planungsphase der Ausführung und der Ausführungsphase unterschieden.

Tafel 3.42 Aufgaben des Koordinators während der Planungsphase (Auszug) (RAB 30 3.1)

Aufgaben Koordinator während Planungsphase (RAB30 3.1)
• Koordinierung Maßnahmen aus den allg. Grundsätzen nach § 4 Arbeitsschutzgesetz bei Planung der Ausführung
• Feststellen sicherheits- und gesundheitsschutzrelevanter Wechselwirkungen zwischen den Arbeiten und der einzelnen Gewerke auf der Baustelle und anderen betrieblichen Tätigkeiten
• Aufzeigen von Möglichkeiten zur Vermeidung von Sicherheits- und Gesundheitsrisiken
• Sicherheits- und Gesundheitsschutzplan ausarbeiten und an Planungsprozess anpassen
• Beraten bei der Planung der Baustelleneinrichtung
• ggf. Erstellen einer Baustellenordnung
• Beraten bei Planung sicherheitstechnischer Einrichtungen für mögliche spätere Arbeiten an der baulichen Anlage und Zusammenstellen der Unterlagen mi den erforderlichen Angaben für die sichere und gesundheitsgerechte Durchführung dieser Arbeiten
• Hinwirken auf das Berücksichtigen von Leistungen zu Sicherheit und Gesundheitsschutz in Ausschreibung, Vergabe- und Bauvertragsunterlagen

Tafel 3.42 (Fortsetzung)

Aufgaben Koordinator während Planungsphase (RAB30 3.1)
• Beraten bei der Terminplanung/Abstimmung Bauausführungszeiten, um Gefahren, die durch ein zeitliches Nebeneinander hervorgerufen werden können, zu vermeiden
• ggf. Mitwirken beim Erstellen der Vorankündigung und deren Übermittlung an die nach Landesrecht zuständige Behörde (z. B. Gewerbeaufsichtsamt oder Amt für Arbeitsschutz)

Tafel 3.43 Aufgaben Koordinator während Ausführungsphase (Auszug) (RAB 30 3.2)

Aufgaben Koordinator während Ausführungsphase (RAB30 3.2)
• Gegebenenfalls Aushängen und Anpassen der Vorankündigung
• Bekannt machen, Anpassen und Fortschreiben des Sicherheits- und Gesundheitsschutzplanes
• Hinwirken auf seine Einhaltung/Umsetzung der erf. Arbeitsschutzmaßnahmen
• Information/Erläuterung Maßnahmen für Sicherheit und Gesundheitsschutz ggü. Auftragnehmern (einschließlich der Nachunternehmer und der Unternehmer ohne Beschäftigte)
• Organisieren Zusammenwirkens der bauausführenden Unternehmen hinsichtlich Sicherheit und Gesundheitsschutz (z. B. Sicherheitsbesprechungen und -begehungen mit Dokumentation/ Auswerten Ergebnisse)
• Koordinierung Überwachung der ordnungsgemäßen Anwendung der Arbeitsverfahren durch die Arbeitgeber
• Hinwirken auf Einhaltung Baustellenordnung und Baustelleneinrichtungsplanes zur Vermeidung Gefährdungen
• Berücksichtigung sicherheits- und gesundheitsschutzrelevanter Wechselwirkungen zwischen Arbeiten auf der Baustelle und anderen betrieblichen Tätigkeiten oder Einflüssen auf oder in der Nähe von Baustellen
• Koordinieren der Anwendung der allgemeinen Grundsätze nach § 4 Arbeitsschutzgesetz

Zusätzlich ist das Qualifikationsprofil des Koordinators beschrieben.

Tafel 3.44 Qualifikationsanforderungen Koordinator (RAB 30 4.)

Qualifikationsanforderungen Koordinator (RAB30 4)
• Geeigneter Koordinator im Sinne der BaustellenV ist, wer – über ausreichend und einschlägige baufachliche Kenntnisse – arbeitsschutzfachliche Kenntnisse – Koordinatorenkenntnisse – berufliche Erfahrungen in der Planung und/oder der Ausführung von Bauvorhaben verfügt um die in § 3 Abs. 3 und 3 BaustellenV genannten Aufgaben fachgerecht erledigen zu können und außerdem – bereit ist, sich für Sicherheit und Gesundheitsschutz auf der Baustelle aktiv einzusetzen – fähig ist, Arbeitsabläufe systematisch, vorausschauend und gewerkeübergreifend zu durchdenken – anbahnende Gefährdungen erkennt – ein hohes Maß an Sozialkompetenz besitzt

3.7.3.2 Sicherheits- und Gesundheitsplan (SiGePlan) (RAB31)

Tafel 3.45 Anforderungen an einen SiGe Plan nach RAB 31

Anforderungen SiGePlan (RAB31)	
Arbeitsabläufe	Ermitteln und benennen der nach Gewerken gegliederten Arbeitsabläufe, z. B. in Anlehnung an VOB Teil C DIN 18300 ff. unter Berücksichtigung der DIN 18299
Gefährdungen	Aus den relevanten gewerkbezogenen Gefährdungen sind die gewerkübergreifenden Gefährdungen zu ermitteln und zu dokumentieren
Räumliche und zeitliche Zuordnung der Arbeitsabläufe	Darstellung von möglichen Wechselwirkungen zwischen den nach Gewerken gegliederten Arbeitsabläufen, z. B. in Form von Bauzeitenplänen
Maßnahmen	Festlegen und dokumentieren der Maßnahmen, die zur Vermeidung bzw. Verringerung der zuvor ermittelten gewerkeübergreifenden Gefährdungen notwendig sind
Arbeitsschutzbestimmungen	Die BaustellV fordert in § 2 Abs. 3 Satz 2, dass der SiGePlan für die betreffende Baustelle die anzuwendenden Arbeitsschutzbestimmungen erkennen lassen muss

3.8 Projektmanagement

3.8.1 Projektorganisation

Die Projektorganisation wird unterteilt in die Aufbau- und Ablauforganisation. In der Aufbauorganisation wird die Struktur einer Projektorganisation definiert. Die Aufbauorganisation wird anbei in den bekannten Organigrammen dargestellt.

In der Ablauforganisation wird festgelegt, in welcher Art und Weise die Aufgaben erledigt werden, also insbesondere welche Prozesse und Arbeitsschritte erforderlich sind, Wer diese verantwortet, mitarbeitet und über die Ergebnisse informiert wird. Zur Dokumentation wird dabei manchmal ein Flussdiagramm genutzt oder eine Prozessfunktionsmatrix (Abb. 3.16).

Zur Strukturierung eines komplexen Projekts wird ein Projektstrukturplan angelegt. Der gesamte Projektumfang wird dabei in einzelne Teileelemente, wie zum Beispiel Teil-

projekte und Arbeitspakete, untergliedert. Dabei müssen im Projektstrukturplan der gesamte Leistungsumfang und alle notwendigen Arbeiten enthalten sein. Die einzelnen Elemente des Projektstrukturplanes können anschließend geplant und abgearbeitet werden. Dies hilft ein komplexes Projekt strukturiert abzuarbeiten.

3.8.2 Projektcontrolling und KLR Bau

Im Rahmen des Projektcontrollings wird die Einhaltung der Projektziele geplant, überwacht und kontrolliert. Wesentliche Hilfsmittel sind dabei die kontinuierliche fortgeschriebene Arbeitskalkulation, die Terminplankontrolle und die Qualitätskontrolle als wesentliche Projektziele. Dazu wurde vom Hauptverband der deutschen Bauindustrie die Kosten- und Leistungsrechnung Bau (KLR Bau) erarbeitet, die die Erfassung von kosten und Leistungen von Bauunternehmen unter Berücksichtigung der bautypischen Besonderheiten definiert.

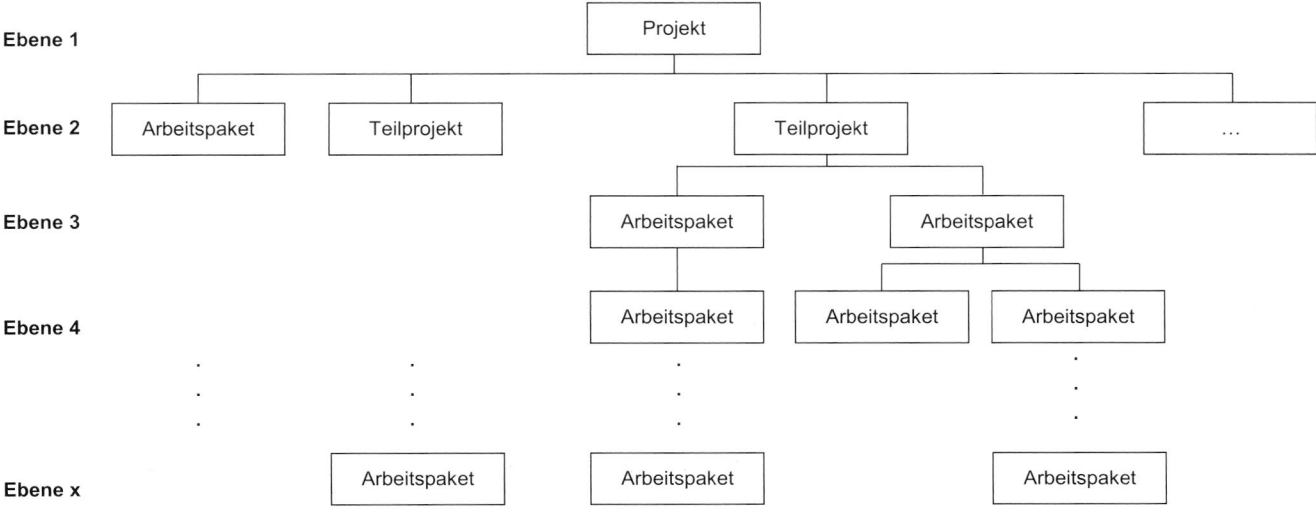

Abb. 3.15 Projektstrukturplan

Tätigkeit	GF	:	:	Einkauf	Technik	Controlling	FRW	Personalwesen	NL Leitung	Arbeitsvorbereitung	Kalkulation	Projektleiter	Bauleiter	Polier	NU/Lieferant	IT Format
...																
Projektausführung																
1　...																
2　**Projektübergabe**																
Startgespräch durchführen	M			M	M	M	M	M	M	M	M	V	M	M		
...											M	V	M			
Projekt QMplan vereinbaren									V		M					
Projektstartgespräch mit Kunden durchführen									V			V				
Jour Fixe durchführen												V	M	M	(M)	
Terminplan verantwortlich übernehmen					M						M	V				
Arbeitskalkulation verantwortlich übernehmen						M					M	V				
...					M						M	V				
...									M			V				
Baustelle einrichten																
Baustelleneinrichtung prüfen/anpassen													V	M		
Baustelle einrichten													M	V		
...																
3　**Ausführungsdisposition (fortlaufend)**																
...																
...																
...																
4　**Fortschreibung Terminplanung (fortlaufend)**																
Meilensteine detaillieren												V				
Bauablaufkonzept prüfen, detaillieren, anpassen										M		V	M			
Status Isttermine feststellen										I		M	V	M		
Terminplanung fortschreiben										I	M	M	V			
Bauabschnitte festlegen und planen												M	V		I	
Feinplanung Projektablauf durchführen												I	V	M	I	
Soll - Ist Vergleich Feinplanung durchführen										I	I	M	V		I	
...																
...																

Abb. 3.16 Beispiel einer Prozessfunktionsmatrix

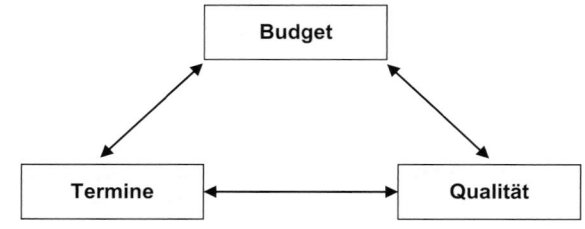

Abb. 3.17 Projektziele

3.8.2.1　Budget

Die Einhaltung des Projektbudgets wird üblicherweise über die mitlaufende Arbeitskalkulation überwacht und gesteuert. Die Arbeitskalkulation entsteht aus der Vertragskalkulation.

Wesentlicher Bestandteil der Arbeitskalkulation ist die Ermittlung der Kosten, die sich üblicherweise direkt aus der Buchhaltung sowie der Abgrenzung ergeben und die Ermittlung der Bauleistung. Die erbrachte Bauleistung muss üblicherweise auf der Baustelle ermittelt und anschließend gemeldet werden. Neben der hauptvertraglichen Leistung sind auch Leistungen aus Nachträgen zu bewerten. Die Leistung ist dabei definiert als eine in Geldeinheiten bewertete erlösfähige betriebliche Bauleistung. Dafür hat der Hauptverband der Bauindustrie in der Kosten- und Leistungsrechnung Bau (KLR Bau) einen Standard entwickelt.

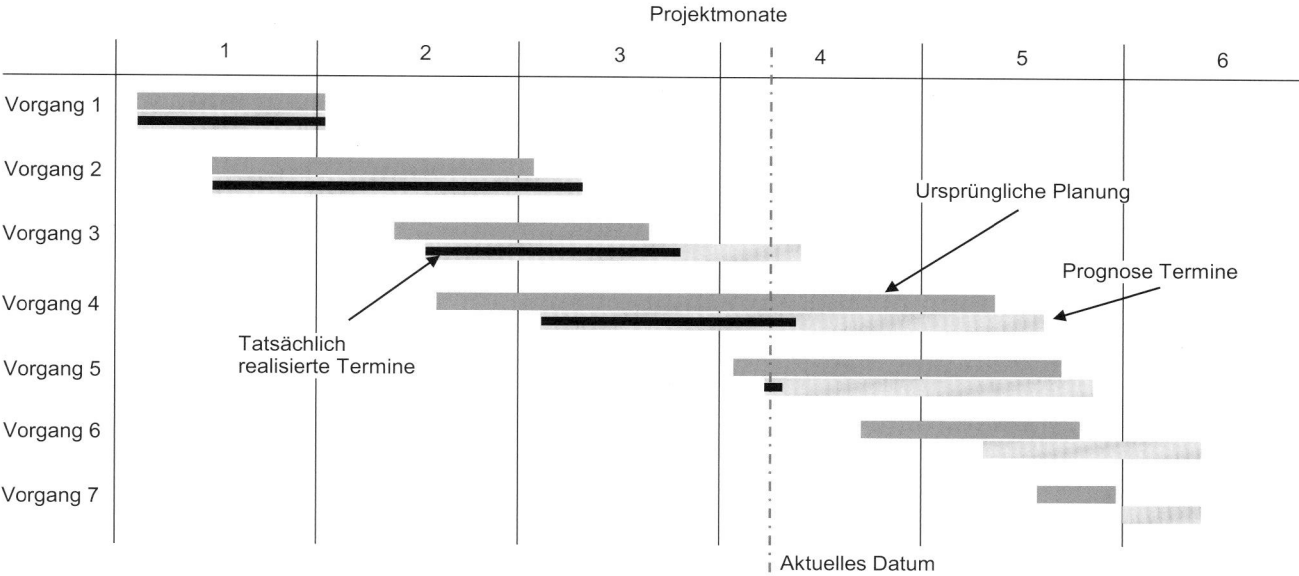

Abb. 3.18 Logik des Termincontrollings

3.8.2.2 Termine

Das Steuern des Bauablaufes mit Hilfe von Terminplänen ist eine zentrale Aufgabe des Baumanagements. Dabei soll nicht nur eine reine Kontrolle, ob etwa einzelne Termine erreicht wurden, erfolgen, sondern es sollten projektbegleitend Termine nachgehalten und prognostiziert werden, die ein aktives Steuern und Gegensteuern bei Verzügen erlauben. Es hat sich dabei bewährt die folgenden Terminparameter anzuwenden:
- Soll- oder Plantermine: ursprüngliche Terminplanung
- Ist Termine: tatsächlich realisierte Termine
- Prognose Termine: Termine, die zu einem bestimmten Termin im Projekt auf Basis des bereits erreichten, neu geplant werden

Dabei sollten nicht nur die reinen Ausführungstermine in der Terminplanung enthalten sein, sondern alle zur Abwicklung der für das Projekt notwendigen Tätigkeiten enthalten sein (also etwa auch Ausschreibungs- und Vergabetermine oder auch Planungstermine). Außerdem ist es gerade bei Störungen im Bauablauf für die Beurteilung der durch die Störung ausgelösten Schäden entscheidend, die Terminplanung eng und realitätsnah nachzuverfolgen und zu bewerten.

3.8.2.3 Qualität

Zur umfassenden Sicherung der Qualität von Tätigkeiten in Unternehmen, sind Qualitätsmanagementsysteme erarbeitet worden. Dabei geht es bei diesen Systemen nicht nur um die Sicherstellung der eigentlichen Produktqualität, sondern auch darum diese Qualität sicher, wiederholbar und nachhaltig zu erreichen. Zusätzlich sollen Fehler systematisch erkannt und Gegenmaßnahmen eingeleitet werden, um sich im Rahmen eines selbststeuernden Systems immer weiter zu entwickeln. Dazu ist die Normenfamilie DIN ISO 9000 entwickelt worden.

Dazu werden von Unternehmen Qualitätsmanagementsysteme eingeführt. Ein Qualitätsmanagementsystem soll dabei mit klarer Kundenorientierung alle Tätigkeiten umfassen, die notwendig sind, um die Ziele und den angestrebten Kundennutzen zu erreichen. Ein wesentlicher Grundsatz ist dabei der prozessorientierte Ansatz. Auf Basis der DIN EN ISO 9000 werden die folgenden Grundsätze definiert, die in einem Qualitätsmanagementsystem angelegt sein sollten (aus DIN EN ISO 9000, Abschn. 2.3 Grundsätze des Qualitätsmanagements):

Tafel 3.46 Übersicht über Qualitätsmanagementnormen	Übersicht Normen Qualitätsmanagement	
	DIN EN ISO 9000:2015	Qualitätsmanagementsysteme – Grundlagen
	DIN EN ISO 9001:2015	Qualitätsmanagementsysteme – Anforderungen
	DIN EN ISO 9004:2009	Leiten und Lenken für den nachhaltigen Erfolg einer Organisation – Ein Qualitätsmanagementansatz
	DIN EN ISO 19011:2011	Leitfaden zur Auditierung von Managementsystemen
	DIN EN ISO/IEC 17021	Konformitätsbewertung – Anforderung an Stellen, die Managementsysteme auditieren und zertifizieren

- Kundenorientierung: Erfüllen der Kundenforderungen mit dem Ziel die Kundenerwartungen zu übertreffen
- Führung: Schaffen der Übereinstimmung von Zweck und Ausrichtung der Qualitätsziele
- Engagement von Personen: Verbessern der Organisation durch kompetente, befugte und engagierte Personen
- Prozessorientierter Ansatz: Steuern von Tätigkeiten als zusammenhängende Prozesse
- Verbesserung: Fortlaufendes verbessern des Leistungsniveaus
- Faktengestützte Entscheidungsfindung: Entscheiden auf Basis von Daten und Informationen
- Beziehungsmanagement: Führen und steuern von Beziehungen zu interessierten Parteien

3.8.3 Projektphasen und Leistungsbilder Architekten/Ingenieure

3.8.3.1 Leistungsbilder Architekten und Ingenieure (HOAI)

Für den Einsatz von Architekten und Ingenieuren hat sich seit langem die HOAI als Grundlage bewährt bzw. war als zwingendes Preisrecht vorgeschrieben. Auf Basis der HOAI wurden sogenannte Leistungsbilder vereinbart, für die mit dem in der HOAI vorgegebene Ermittlungsverfahren ein Honorar zu ermitteln war. Allerdings hat der Europäische Gerichtshof (EuGH) am 4. Juli 2019 entschieden, dass die verbindliche Vorgabe von Mindest- und Höchstsätzen von Honoraren in der HOAI gegen EU-Recht (Az.: C-377/17) verstößt. Inwieweit die HOAI in Zukunft überhaupt noch für die Honorarermittlung genutzt werden kann, ist daher abzuwarten. Die in der HOAI beschriebenen Leistungsbilder sind jedoch weiterhin sehr wertvoll für die Vereinbarung von Leistungsumfängen von Architekten und Ingenieuren und können weiter genutzt werden.

Die HOAI unterteilt ein Projekt je nach Leistungsbild in unterschiedliche Leistungsphasen. Für das Leistungsbild Gebäude und Innenräume wird das Leistungsbild beispielhaft in die folgenden 9 Phasen unterteilt.

Für die verschiedenen Leistungen jeder einzelnen Phase, je Projekttyp, sind die zur ordnungsgemäßen Erfüllung eines Auftrags notwendigen Leistungen, in sogenannten Leistungsbildern definiert (Grundleistungen). Daneben können weitere sogenannte besondere Leistungen vereinbart werden. Dazu sind in den Leistungsbildern der HOAI auch besondere Leistungen aufgeführt, die aber nicht abschließend sind.

Abb. 3.19 Projektphasen HOAI für Leistungsbild Gebäude und Innenräume

Tafel 3.47 Leistungsbilder in der HOAI (2013)

Leistungsbilder HOAI	Leistungsbild	Leistungsphasen
§ 3 Beratungsleistungen	Anlage 1	
§ 18 Flächennutzungsplan	Anlage 2	1: Vorentwurf, 2: Entwurf zur Auslegung, 3: Plan zur Beschlussfassung
§ 19 Bebauungsplan	Anlage 3	1: Vorentwurf, 2: Entwurf zur Auslegung, 3: Plan zur Beschlussfassung
§ 23 Landschaftsplan	Anlage 4	1: Klären der Aufgabenstellung und Ermitteln des Leistungsumfangs, 2: Planungsgrundlagen, 3: Vorläufige Fassung, 4: Abgestimmte Fassung
§ 24 Grünordnungsplan	Anlage 5	1: Klären der Aufgabenstellung und Ermitteln des Leistungsumfangs, 2: Planungsgrundlagen, 3: Vorläufige Fassung, 4: Abgestimmte Fassung
§ 25 Landschaftsrahmenplan	Anlage 6	1: Klären der Aufgabenstellung und Ermitteln des Leistungsumfangs, 2: Planungsgrundlagen, 3: Vorläufige Fassung, 4: Abgestimmte Fassung
§ 26 Landschaftspflegerischer Begleitplan	Anlage 7	1: Klären der Aufgabenstellung und Ermitteln des Leistungsumfangs, 2: Planungsgrundlagen, 3: Vorläufige Fassung, 4: Abgestimmte Fassung
§ 27 Pflege- und Entwicklungsplan	Anlage 8	1: Klären der Aufgabenstellung und Ermitteln des Leistungsumfangs, 2: Planungsgrundlagen, 3: Vorläufige Fassung, 4: Abgestimmte Fassung
§ 34 Gebäude und Innenräume	Anlage 10 Nummer 10.1	siehe 9 Phasen Abbildung 9
§ 39 Leistungsbild Freianlagen	Anlage 11 Nummer 11.1	siehe 9 Phasen Abbildung 9
§ 43 Ingenieurbauwerke	Anlage 12 Nummer 12.1	siehe 9 Phasen Abbildung 9, aber 8: Bauoberleitung
§ 47 Verkehrsanlagen	Anlage 13 Nummer 13.1	siehe 9 Phasen Abbildung 9, aber 8: Bauoberleitung
§ 51 Tragwerksplanung	Anlage 14 Nummer 14.1	Phasen 1–6
§ 55 Technische Ausrüstung	Anlage 15 Nummer 15.1	siehe 9 Phasen Abbildung 9

Abb. 3.20 Projektstufen nach AHO Heft 9 (2014)

```
1 Projektvor-  2 Planung  3 Aus-        4 Ausführung  5 Projekt-
  bereitung                 führungs-                   abschluss
                            vor-
                            bereitung
```

3.8.3.2 Leistungsbilder Projektsteuerung (AHO Heft 9, 4. Auflage 2014)

Analog zur HOAI hat der Ausschuss der Architekten und verbände für die Honorarordnung (AHO), in der Fachkommission Projektsteuerung/Projektmanagement in Anlehnung an die HOAI ein eigenes Leistungsbild für Projektmanagementleistungen in der Bau- und Immobilienwirtschaft erarbeitet. Dazu wurde eine eigene Strukturierung der Projekte in 5 Projektstufen und 5 Handlungsbereiche zu Grunde gelegt. Darin werden zwischen dem Leistungsbild der Projektsteuerung und Projektleitung unterschieden.

Tafel 3.48 Handlungsbereiche AHO Heft 9 (2014)

Handlungsbereich AHO Heft 9
A Organisation, Information, Koordination und Dokumentation
B Qualitäten und Quantitäten
C Kosten und Finanzierung
D Termine, Kapazitäten und Logistik
E Verträge und Versicherungen

3.8.3.3 Projektmanagementleistungen im Anlagenbau

Aufbauend darauf hat der Deutsche Verband für Projektmanagement in der Bau- und Immobilienwirtschaft e. V. (DVP) auch ein Leistungsbild für Projektmanagementleistungen im Anlagenbau entwickelt, welches die spezifischen Besonderheiten bei Anlagenbauprojekten berücksichtigt. Die Projektstufen wurden dafür an die Besonderheiten des Anlagenbaus angepasst, des Weiteren wurden auch die Leistungsumfänge separat beschrieben und definiert. Für jede Projektstufe wurden 5 Handlungsbereiche definiert. Auf die Vorgabe von Honorarwerten, wurde allerdings vor dem Hintergrund der Problematik der Vorgabe von Honorarwerten, bewusst verzichtet.

> **Beispiel**
>
> **Grundleistungen und besondere Leistungen in den Handlungsbereichen in den beiden Projektphasen Projektvorbereitung und Basic Engineering**
> Siehe Tafel 3.51. ◄

Tafel 3.49 Handlungsbereiche Projektstufe 1 Projektvorbereitung nach AHO Heft 9 (2014)

Handlungsbereich AHO Heft 9 Projektstufe 1 Projektvorbereitung	Inhalt
A Organisation, Information, Koordination und Dokumentation	Grundleistungen: – Ermitteln, Abstimmen und Dokumentation der Organisationsvorgaben – Entwickeln und Abstimmen der Grundlagen – Mitwirken bei der Festlegung der Projektziele und Dokumentation der Projektvorgaben – Vorschlagen und Abstimmen der Kommunikationsstruktur – Vorschlagen und Abstimmen des Entscheidungsmanagements – Vorschlagen und Abstimmen des Änderungsmanagements – Mitwirken beim Risikomanagement – Mitwirken bei der Auswahl eines Projektkommunikationssystems Besondere Leistungen: – Koordination von speziellen Organisationseinheiten – Erstellen von Vorlagen und Berichterstattung – Einrichten eines Projektkommunikationssystems – Erstellen der Grundlagen zur Planung, übergreifende Überwachung – Konzipieren, Vorbereiten und Abstimmen von Risikomanagementsystemen – Mitwirken bei den Vorbereitungen behördlicher Genehmigungsverfahren – Erstellen eines Konzepts zur Erfassung aller betroffenen Dritten
B Qualitäten und Quantitäten	Grundleistungen: – Überprüfen der bestehenden Grundlagen zur Bedarfsplanung auf Vollständigkeit und Plausibilität – Mitwirken bei der Klärung der Standortfragen, bei der Beschaffung von Unterlagen, bei der Grundstücksbeurteilung – Überprüfen der Ergebnisse der Grundlagenermittlung der Planungsbeteiligten Besondere Leistungen: – Erstellen und Abstimmen einer Bedarfsplanung – Durchführen einer differenzierten Anfrage bzgl. der Infrastruktur und Beschaffen der Unterlagen – Vorbereiten und Durchführen von Ideen-, Programm- und Realisierungswettbewerben – Strukturieren der Prozesse zur Formulierung und Umsetzen der Nachhaltigkeitsstrategie

Tafel 3.49 (Fortsetzung)

Handlungsbereich AHO Heft 9 Projektstufe 1 Projektvorbereitung	Inhalt
C Kosten und Finanzierung	Grundleistungen: – Mitwirken bei der Erstellung des Kostenrahmens für Nutzungskosten – Mitwirken bei der Ermittlung und Beantragung von Investitions- und Fördermitteln – Prüfen und Freigabevorschläge bzgl. der Rechnungen der Planungsbeteiligten – Abstimmen und Einrichten der Kostenverfolgung Besondere Leistungen: – Erstellen von Wirtschaftlichkeitsuntersuchungen – Verwenden von auftraggeberseitig vorgegebenen EDV-Programmen mit besonderen Anforderungen in Bezug auf Dokumentation
D Termine, Kapazitäten und Logistik	Grundleistungen: – Aufstellen und Abstimmen eines Terminrahmens – Aufstellen und Abstimmen des Steuerungsterminplans – Erfassen logischer Einflussgrößen unter Berücksichtigung relevanter Standort- und Rahmenbedingungen
E Verträge und Versicherungen	Grundleistungen: – Mitwirken bei der Erstellung einer Vergabe- und Vertragsstruktur – Vorbereiten und Abstimmen der Inhalte der Planverträge – Mitwirken bei der Auswahl der zu Beteiligenden – Vorschlagen der Vertragstermine und -fristen – Mitwirken bei der Erstellung eines Versicherungskonzeptes

Abb. 3.21 Projektstufen nach DVP Anlagenbau (Malkwitz et al., Projektmanagement im Anlagenbau (2017))

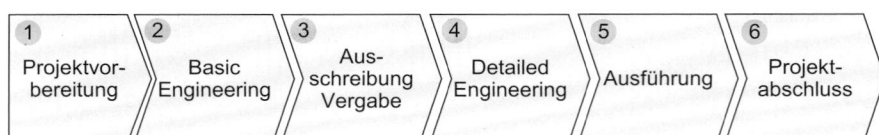

Tafel 3.50 Handlungsbereiche DVP Anlagenbau (Malkwitz et al., Projektmanagement im Anlagenbau (2017))

Handlungsbereiche nach DVP
A Organisation, Information, Integration und Genehmigungen
B Qualitäten und Quantitäten
C Kosten und Finanzierung
D Termine, Kapazitäten und Logistik
E Verträge und Versicherungen

Tafel 3.51 Grundleistungen und besondere Leistungen in den Handlungsbereichen in den beiden Projektphasen Projektvorbereitung und Basic Engineering

Grundleistungen	Besondere Leistungen (nicht abschließend)
1. Handlungsbereich A: Mitwirken bei der Festlegung der Projektziele anhand der Projektvorgaben Entwickeln und Abstimmen der Organisationsregeln und der Projektstrukturplanung Vorschlagen und Abstimmen des Entscheidungs- und Änderungsmanagements Koordinieren der Genehmigungs- und etwaiger Zertifizierungs- und Lizensierungsverfahren Abstimmen und Veranlassen der Engineering-Prozesse Vorbereiten des Inbetriebnahmekonzeptes Entwickeln und Abstimmen der Dokumentationsstruktur Implementieren des Risikomanagements Mitwirken beim HSE-Management (Health, Safety, Environment)	**1. Handlungsbereich A:** Veranlassen der Identifikation der Stakeholder und Erstellung der Stakeholderliste Analysieren und Bewerten der Anforderungen aus Bauen im Bestand (Brownfield) Projekte im Ausland Implementieren und Betreiben eines Projekt-Kommunikations-Management-Systems (Projektraum) Identifizieren der Anforderung an die operative Projektsteuerung mehrerer zusammenhängender Projekte

Tafel 3.51 (Fortsetzung)

Grundleistungen	Besondere Leistungen (nicht abschließend)
Handlungsbereich B: Überprüfen der bestehenden Grundlagen zur Bedarfsplanung auf Vollständigkeit und Plausibilität Mitwirken bei der Klärung der Standortfragen, bei der Beschaffung der standortrelevanten Unterlagen und bei der Grundstücksbeurteilung hinsichtlich Nutzung in privatrechtlicher und öffentlich-rechtlicher Hinsicht Koordinieren von generellen Qualitätsanforderungen und Spezifikationen aus Normen/ Regelwerken und auftraggeberspezifischen Vorgaben Überprüfen der Ergebnisse der Grundlagenermittlung der Planungsbeteiligten	**Handlungsbereich B:** Erstellen und Abstimmen einer Bedarfsplanung Veranlassen einer differenzierten Anfrage bzgl. der Infrastruktur und Beschaffung der relevanten Informationen und Unterlagen Klären und Erfassen der technischen Normen und der Zertifizierungsprozesse Klären und Erfassen von Quantitäten und Qualitäten zur Umsetzung einer Nachhaltigkeitsstrategie Mitwirken bei der Festlegung von Anforderungen an Wartung, Betrieb und Ersatzteilversorgung Klären und Erfassen von Quantitäten und Qualitäten der Anforderungen aus dem HSE Konzept Überprüfen der Grundlagenermittlung Klären und Erfassen landesspezifischer Einflussgrößen Erstellen und Koordinieren von Qualitätsanforderungen Prüfen von Anlagen hinsichtlich HSE-Anforderungen
Handlungsbereich C: Planung von Investitionssummen und Nutzungskosten Überprüfen und Freigabevorschläge bzgl. der Rechnungen der Projektbeteiligten (außer ausführenden Unternehmen) zur Zahlung Abstimmen und Einrichten der projektspezifischen Kostenverfolgung	**Handlungsbereich C:** Verwenden von auftraggeberseitig vorgegebenen IT-Programmen Mitwirken bei der Erstellung von Wirtschaftlichkeitsuntersuchungen
Handlungsbereich D: Klären und Erfassen der terminlichen und kapazitativen Rahmenbedingungen, z. B. hinsichtlich geplanten Produktionsbeginnes, möglicher Störungen und Unterbrechungen des laufenden Betriebes und Genehmigungsprozesse etc. Klären und Erfassen der geplanten Eigenleistungen des Auftraggebers Aufstellen und Abstimmen des generellen Terminrahmens für das Gesamtprojekt in Form eines Rahmenterminplans sowie Herstellung von dazu erforderlichen Gremienvorlagen Aufstellen eines Steuerterminplans für die Phase des Basic Engineering mit Herausarbeitung der notwendigen Ausschreibungs- und Vergabezeitpunkte für die Planungsleistungen Klären und Erfassen logistischer Einflussgrößen unter Berücksichtigung relevanter Standortgegebenheiten und sonstiger Rahmenbedingungen	**Handlungsbereich D:** Klären und Erfassen von bereits geplanten Stillstandszeiten für den laufenden Betrieb Grundsätzliches Bewerten terminlicher Auswirkungen alternativer Vergabearten, z. B. Einzel- oder Generalvergabe Präsentieren des generellen Terminrahmens in Gremiensitzungen Klären und Erfassen logistischer Einflussgrößen im Ausland unter Berücksichtigung relevanter Standortgegebenheiten und sonstiger Rahmenbedingungen Klären und Erfassen landesspezifischer Einflussgrößen im Ausland
Handlungsbereich E: Organisieren der Erstellung einer Vergabe- und Vertragsstruktur für das Gesamtprojekt Vorbereiten und Abstimmen der Inhalte der Verträge für Engineering und Ausführung Mitwirken bei der Entscheidung der Form der Ausschreibung Klären des Rahmenterminplans im Hinblick auf Verträge für Engineering und Ausführung Mitwirken bei der Klärung des Versicherungskonzeptes	**Handlungsbereich E:** Erfassen notwendiger Schnittstellenregelungen bei gewerkeweiser Vergabe Abstimmen von besonderen rechtlichen Vorgaben aus Auslandsbau Abstimmen von besonderen rechtlichen Vorgaben aus Bauen im Bestand
2. Handlungsbereich A: Überprüfen der Wirksamkeit der Projektorganisation anhand der Zielvorgaben Umsetzen der Organisationsregeln und der Projektstrukturplanung Koordinieren des Entscheidungs- und Änderungsmanagements Koordinieren der Genehmigungs- sowie etwaiger Zertifizierungs- und Lizensierungsverfahren Analysieren, Bewerten und Steuern der Engineering-Prozesse Erarbeiten eines Inbetriebnahmekonzeptes Überwachen der Umsetzung der Projektdokumentation Mitwirken beim Risikomanagement Mitwirken beim HSE-Management (Health, Safety, Environment)	**Handlungsbereich A:** Implementieren des Stakeholdermanagements Mitwirken bei der Umsetzung der Anforderungen aus Bauen im Bestand Projekte im Ausland Betreiben und Anpassen des Projekt-Kommunikations-Management-Systems (Projektraum) Entwickeln und Implementieren der operativen Projektsteuerungsstruktur mehrerer zusammenhängender Projekte

Tafel 3.51 (Fortsetzung)

Grundleistungen	Besondere Leistungen (nicht abschließend)
Handlungsbereich B: Abstimmen des Umfangs, der Qualitätsanforderungen und des Detailierungsgrades des Basic Engineerings sowie der zu erarbeitenden Dokumente Koordinieren der Erstellung des Basic Engineerings mit allen Beteiligten und Einholen notwendiger Auftraggeberentscheidungen Analysieren und Bewerten der Leistungen der Planungsbeteiligten Steuern der Planung im Rahmen der Methode BIM und der BIM Administration	**Handlungsbereich B:** Steuern und Prüfen der Planung hinsichtlich der Erfüllung eines vorgegebenen Nachhaltigkeitssystems Koordinieren von Anforderungen besonderer Zertifizierungsprozesse an das Basic Engineering Koordinieren und Erfassen von Quantitäten und Qualitäten zum Umsetzen einer Nachhaltigkeitsstrategie Klären und Erfassen landesspezifischer Einflussgrößen, z. B. Normen, Zertifizierungen, HSE Steuern und Prüfen der Planung hinsichtlich der Erfüllung eines vorgegebenen Nachhaltigkeitssystems
Handlungsbereich C: Überprüfen der Kostenschätzung der Planer sowie Veranlassen etwaiger Gegensteuermaßnahmen Projektübergreifende Kostensteuerung zur Einhaltung der Kostenziele Steuern des Mittelbedarfs und des Mittelabflusses Überprüfen und Freigabevorschläge bezüglich der Rechnungen der Projektbeteiligten (außer ausführenden Unternehmen) zur Zahlung Fortschreiben der projektspezifischen Kostenverfolgung (kontinuierlich)	**Handlungsbereich C:** Mitwirken bei der Erstellung weiterer Kostenschätzungen/Kostenberechnungen Mitwirken bei einem Value Engineering der geplanten Anlage
Handlungsbereich D: Fortschreiben des Rahmenterminplans für das Gesamtprojekt unter regelmäßiger Einbeziehung der Erkenntnisse aus dem Basic Engineering Verfolgen und Fortschreiben des Steuerterminplans für das Basic Engineering Terminsteuerung des Basic Engineering Aufstellen und Abstimmen eines Steuerterminplans für die Phasen der Ausschreibung und Vergabe und des Detailed Engineering Aufstellen und Abstimmen einer generellen Projektschnittstellenliste, sowohl in organisatorischer als auch in technischer und lokaler Hinsicht Aktualisieren der Erfassung logistischer Einflussgrößen	**Handlungsbereich D:** Aufstellen von weiteren Rahmenterminplänen für alternative Vergabekonzepte Präsentieren alternativer Rahmenterminpläne in Gremiensitzungen und Mitwirkung bei der Herbeiführung von Entscheidungen Aufstellen und Abstimmen eines gesonderten Ausschreibungs- und Vergabeterminplans für alle nach dem Basic Engineering zu vergebenden Leistungen Mitwirken an der Erstellung eines Logistikkonzepts Klären besonderer logistischer Maßnahmen im Abgleich mit öffentlichen Belangen sowie Anlieger- und Nachbarschaftsinteressen Klären logistischer Maßnahmen im Abgleich mit besonderen Anforderungen im Ausland

3.9 Digitalisierung der Planungs- und Projektmanagementprozesse

Seit Jahren werden Lösungen und Anwendungen zur Digitalisierung der Planungs- und Baustellenprozesse entwickelt. Ein häufig verwendetes Schlagwort dazu ist das Building Information Modelling. Neben der Softwareentwicklung sind in den letzten Jahren auch Normungsarbeiten vorangetrieben worden und mittlerweile liegen die ersten Normen vor. Grundidee ist insgesamt, dass zunächst ein (virtuelles) Modell des zu erstellenden Bauwerkes erstellt wird, welches oft dreidimensional sein wird. Alle Informationen, die nun benötigt werden, um dieses Bauwerk zu planen, zu erstellen und zu betreiben werden nun ausschließlich in dieses Modell eingepflegt. Es ist sofort ersichtlich, dass dies den großen Vorteil hat, dass alle Daten miteinander verknüpft sind und alle Beteiligten auf dieselbe Datenbasis zugreifen können. Datendifferenzen zum Beispiel bei den Massen zwischen dem Ausführungsplan und dem Leistungsverzeichnis gibt es dann nicht mehr. Außerdem können Planungsungenauigkeiten früher und besser erkannt werden. Insgesamt soll es dabei zu einem effizienteren Bauprozess und in der Folge auch zu niedrigeren Kosten entlang der gesamten Wertschöpfungskette kommen.

3.9.1 Begriffe und Begriffsverständnis

In den Digitalisierungsprojekten haben sich mittlerweile eine ganz eigene Begriffswelt etabliert, mit einer Vielzahl von Abkürzungen und englischen und deutschen Begriffen. Teilweise decken sich die Inhalte, teilweise weichen diese aber auch etwas voneinander ab. Um die verwendeten Begriffe verständlich zu machen sind die wesentlichen Abkürzungen und Begriffe in Tafel 3.52 kurz dargestellt und erläutert. Dabei kann es durchaus vorkommen, dass diese auch etwas unterschiedlich verwendet und genutzt werden.

3.9.2 Informationsanforderungen

In einem ersten Schritt sind die Informationsanforderungen zu definieren. Auf Basis der vom Projektinitiator zu definie-

Tafel 3.52 Überblick über Begriffe in Digitalen Projekten nach DIN 19650 (DIN EN ISO 19650-1 und DIN EN ISO 19650-2)

	Deutscher Begriff	Englischer Begriff	Bedeutung
BIM	Bauwerksinformations-modellierung	Building Information Modelling	Nutzung einer untereinander zur Verfügung gestellten digitalen Repräsentation eines Assets zur Unterstützung von Planungs-, Bau- und Betriebsprozessen als zuverlässige Entscheidungsgrundlage
IR	Informationsanforderungen	Information Requirements	Festlegung für was, wann, wie und für wen Informationen erstellt werden sollen
OIR	Organisatorische Informations-anforderungen	Organizational Information Requirements	Informationsanforderungen in Bezug auf organisatorische Ziele
AIR	Asset Informationsanforderungen	Asset Information Requirements	Informationsanforderungen in Bezug auf den Betrieb des Assets
PIR	Projektinformations-anforderungen	Project Information Requirements	Informationsanforderungen in Bezug auf die Bereitstellung eines Assets
EIR	Austausch Informations-anforderungen	Exchange Information Requirements	Informationsanforderungen im Zusammenhang mit einer Informationsbestellung
AIM	Asset-Informationsmodell	Asset Information Model	Informationsmodell für die Betriebsphase
PIM	Projekt-Informationsmodell	Project Information Model	Informationsmodell für die Bereitstellungsphase
	Statuscode		Metadaten, die die Eignung des Inhalts eines Informationscontainers beschreiben
CDE	Gemeinsame Datenumgebung	Common Data Environment	Vereinbarte Umgebung für Informationen für ein bestimmtes Projekt oder für ein Asset, um jeden Informationscontainer über einen verwalteten Prozess zu sammeln, zu verwalten und zu verbreiten
LOIN	Informationsbedarfstiefe	Level of Information Need	Vorgabe, die den Umfang und die Anzahl der Untergliederung der Informationen definiert
	BIM-Abwicklungsplan	BIM Execution Planning	Ein Plan, in dem erläutert wird, wie die Aspekte des Informationsmanagements der Informationsbestellung vom Bereitstellungsteam durchgeführt werden
	Meilenstein der Informations-bereitstellung		Geplantes Ereignis für einen vordefinierten Informationsaustausch
MIDP	Master-Informationsbereit-stellungsplan	Master Information Delivery Plan	Plan, der alle relevanten aufgabenbezogenen Informationsbereitstellungspläne enthält
TIDP	Aufgabenbezogener Informationsbereitstellungsplan	Task Information Delivery Plan	Plan von Informationscontainern und Bereitstellungsterminen für ein bestimmtes Aufgabenteam

Abb. 3.22 Hierarchie der Informationsanforderungen (DIN EN ISO 19650-1)

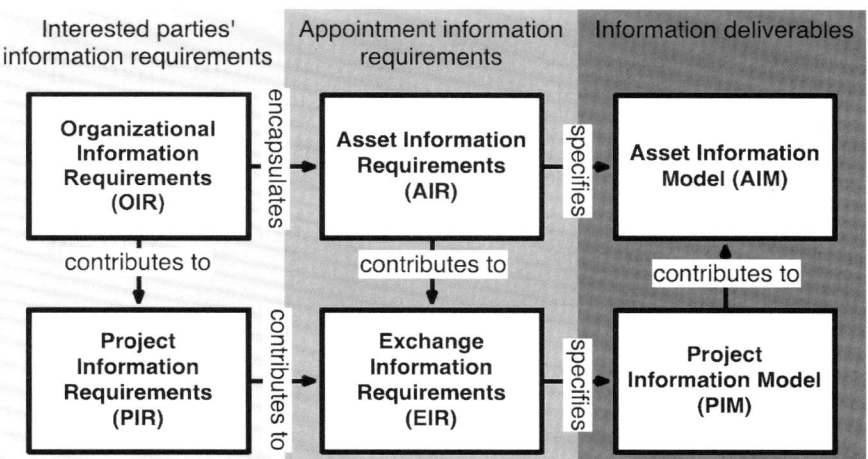

Tafel 3.53 Typische Inhalte eines BAP

Typische Inhalte BIM Abwicklungsplan	
BIM Ziele und Nutzen	z. B. Projektziele, …
Rollen und Verant-wortlichkeiten	z. B. in Planung, Ausführung, BIM Management, …
Spezifikation der Bau-werksmodelle	z. B. Modellstruktur, Dateiformate, Anwendungen, …
Umsetzungsprozess	z. B. Informationslieferung, Grad der zu liefernden Information (Detaillevel, Prüflevel etc.), Prüfzyklen, …
Technologie	z. B. zu verwendende Software, Hardwareanforderungen, Formatierung, Dateiaustauchformate, …
Kollaborationsprozess	z. B. Struktur Teammeetings, Informations-lieferung, Grad der Informationslieferung, Prüfzyklen, …
Bauwerksmodell	z. B. Modellierungsstandards und -regeln, …
…	…

renden Ziele des Projektes sind Vorgaben zu definieren, die in den Datenmodellen abzubilden sind bzw. sind Informationen zu definieren, die erarbeitet werden sollen. Während diese bislang meist als Auftraggeberinformationsanforderungen bezeichnet wurden, hat die Norm DIN EN ISO 19650-1 die Informationsanforderungen stärker strukturiert.

Dabei wird zwischen den organisatorischen oder auch strategischen Informationsanforderungen und den Informationsanforderungen des Bauwerkes selbst, sowie den Modellanforderungen unterschieden. Diese Informationsanforderungen werden dann Teil der Ausschreibungsunterlagen.

3.9.3 BIM Abwicklungsplan

Auf Basis der Informationsanforderungen beschreibt der BIM Abwicklungsplan die Realisierung der Informationsanforderungen im Projekt und regelt wer welche Informationen erarbeitet.

Literatur

1. Ahrens, H.; Bastian, K.; Muchowski, L. (2014) Handbuch Projektsteuerung – Baumanagement, Stuttgart, Fraunhofer IRB Verlag
2. Berner, F.; Kochendörfer, B.; Schach, R. (2012) Grundlagen der Baubetriebslehre 1: Baubetriebswirtschaft (Leitfaden des Baubetriebs und der Bauwirtschaft), 2. Auflage, Stuttgart/Berlin/Dresden: Springer Vieweg Verlag
3. Berner, F.; Kochendörfer, B.; Schach, R. (2014) Grundlagen der Baubetriebslehre 2: Baubetriebsplanung, 2. Auflage, Stuttgart/Berlin/Dresden: Springer Vieweg Verlag
4. Berner, F.; Kochendörfer, B.; Schach, R. (2015) Grundlagen der Baubetriebslehre 3: Baubetriebsführung, 2. Auflage, Stuttgart/Berlin/Dresden: Springer Vieweg Verlag
5. Bundesanstalt für Arbeitsschutz und Arbeitsmedizin (o.D.) Wirtschaftliche und sichere Baustelleneinrichtung, Dortmund, BAuA
6. Drees, G.; Krauß, S.; Berthold, C. (2019) Kalkulation von Baupreisen: Hochbau, Tiefbau, schlüsselfertiges Bauen, mit kompletten Berechnungsbeispielen, 13., aktualisierte und erweiterte Auflage, Berlin/Wien/Zürich: Beuth Verlag GmbH
7. Zilch, K. (Hrsg.); Diederichs, C. J. (Hrsg.); Beckmann, K. J. (Hrsg.); Gertz, C. (Hrsg.); (2020) Handbuch für Bauingenieure: Technik, Organisation und Wirtschaftlichkeit, 3. Auflage, Wiesbaden: Springer Vieweg Verlag
8. Hauptverband der Deutschen Bauindustrie e. V. (HDB), (Hrsg.) (2015) BGL Baugeräteliste 2015 – technisch-wirtschaftliche Baumaschinendaten, 1. Auflage, Bauverlag BV GmbH
9. Hauptverband der Deutschen Bauindustrie e. V. (HDB), (Hrsg.) Zentralverband Deutsches Baugewerbe e. V. (ZDB), (Hrsg.) (2016) KLR-Bau Kosten- und Leistungsrechnung der Bauunternehmen, 8. Auflage, Verlagsgesellschaft Rudolf Müller GmbH & Co. KG
10. Kluge, I. Die Baustellenverordnung in der Praxis. SiGeKo-Erfahrungen, Artikel aus: Beratende Ingenieure Jg. 35, Nr. 11/12, 2005 S. 44–49
11. Kochendörfer, B.; Liechen, J.; Viering, M. (2018) Bau-Projektmanagement, Wiesbaden, 5. Auflage, Springer Vieweg Verlag
12. Krause, T.; Ulke, B. (2016) Zahlentafeln für den Baubetrieb, 9. Auflage, Aachen: Springer Vieweg Verlag
13. Malkwitz, A.; Mittelstädt, N.; Bierwisch, J.; Ehlers, J.; Helbig, T.; Steding, R. (2017) Projektmanagement im Anlagenbau, Berlin, Springer Vieweg Verlag
14. Würfele, F.; Bielefeld, B.; Gralla, M (2012) Bauobjektüberwachung, 2. Auflage, Dortmund: Springer Vieweg Verlag
15. Zentralverband des Deutschen Baugewerbes e. V., (Hrsg.); Hauptverband der Deutschen Bauindustrie e. V., (Hrsg.); Industriegewerkschaften Bauen-Agrar-Umwelt, (Hrsg.) (2015) ARH Gesamtausgabe Hochbau, Neu-Isenburg: Zeittechnik-Verlag GmbH

Gesetze, Normen und Richtlinien

16. o. V. AHO-Schriftenreihe (Heft 9), 4., vollständig überarbeitete Auflage „Leistungsbild und Honorierung Projektmanagementleistungen in der Bau- und Immobilienwirtschaft", Stand: Mai 2014
17. o. V. Arbeitsschutzgesetz vom 7. August 1996 (BGBl. I S. 1246), das zuletzt durch Artikel 427 der Verordnung vom 31. August 2015 (BGBl. I S. 1474) geändert worden ist
18. o. V. Arbeitsstättenverordnung vom 12. August 2004 (BGBl. I S. 2179), die zuletzt durch Artikel 5 Absatz 1 der Verordnung vom 18. Oktober 2017 (BGBl. I S. 3584) geändert worden ist
19. o. V. Arbeitszeitgesetz (ArbZG) vom 6. Juni 1994 (BGBl. I S. 1170, 1171), das zuletzt durch Artikel 12a des Gesetzes vom 11. November 2016 (BGBl. I S. 2500) geändert worden ist
20. o. V. Baugesetzbuch in der Fassung der Bekanntmachung vom 3. November 2017 (BGBl. I S. 3634)
21. o. V. Baunutzungsverordnung in der Fassung der Bekanntmachung vom 21. November 2017 (BGBl. I S. 3786)
22. o. V. Bauordnung für das Land Nordrhein-Westfalen – Landesbauordnung – (BauO NRW) in der Fassung der Bekanntmachung vom 21. Juli 2018
23. o. V. Baustellenverordnung vom 10. Juni 1998 (BGBl. I S. 1283), die zuletzt durch Artikel 27 des Gesetzes vom 27. Juni 2017 (BGBl. I S. 1966) geändert worden ist

24. o. V. Betriebssicherheitsverordnung vom 3. Februar 2015 (BGBl. I S. 49), die zuletzt durch Artikel 1 der Verordnung vom 30. April 2019 (BGBl. I S. 554) geändert worden ist

25. o. V. Bundes-Immissionsschutzgesetz in der Fassung der Bekanntmachung vom 17. Mai 2013 (BGBl. I S. 1274), das zuletzt durch Artikel 1 des Gesetzes vom 8. April 2019 (BGBl. I S. 432) geändert worden ist

26. o. V. Bundesrahmentarifvertrag für das Baugewerbe (BRTV) vom 28. September 2018

27. o. V. Bürgerliches Gesetzbuch (BGB) in der Fassung der Bekanntmachung vom 2. Januar 2002 (BGBl. I S. 42, 2909; 2003 I S. 738), das zuletzt durch Artikel 1 des Gesetzes vom 21. Dezember 2019 (BGBl. I S. 2911) geändert worden ist

28. o. V. Chemikaliengesetz in der Fassung der Bekanntmachung vom 28. August 2013 (BGBl. I S. 3498, 3991), das zuletzt durch Artikel 2 des Gesetzes vom 18. Juli 2017 (BGBl. I S. 2774) geändert worden ist

29. o. V. DIN 276: Kosten im Bauwesen; Fassung 12/2018

30. o. V. DIN 277: Grundflächen und Rauminhalte im Bauwesen, Teil 1 Hochbau, Fassung 01/2016

31. o. V. DIN EN ISO 19650-1: Organisation und Digitalisierung von Informationen zu Bauwerken und Ingenieurleistungen, einschließlich Bauwerksinformationsmodellierung (BIM) – Informationsmanagement mit BIM – Teil 1: Begriffe und Grundsätze, Fassung 08/2019

32. o. V. DIN EN ISO 19650-2: Organisation und Digitalisierung von Informationen zu Bauwerken und Ingenieurleistungen, einschließlich Bauwerksinformationsmodellierung (BIM) – Informationsmanagement mit BIM – Teil 2: Planungs-, Bau- und Inbetriebnahmephase, Fassung 08/2019

33. o. V. DIN 69901: Projektmanagement – Projektmanagementsysteme – Teil 5: Begriffe, Fassung 01/2009

34. o. V. Entgelttabelle Nr. 1 Bauhauptleistungen, Anlage zu 231HB/232HB (Übersicht der Entgelttabellen gemäß Ziffer 1.1.1), Fassung 10/2018

35. o. V. Gefahrstoffverordnung vom 26. November 2010 (BGBl. I S. 1643, 1644), die zuletzt durch Artikel 148 des Gesetzes vom 29. März 2017 (BGBl. I S. 626) geändert worden ist

36. o. V. Gewerbeabfallverordnung vom 18. April 2017 (BGBl. I S. 896), die durch Artikel 2 Absatz 3 des Gesetzes vom 5. Juli 2017 (BGBl. I S. 2234) geändert worden ist

37. o. V. Immobilienwertermittlungsverordnung vom 19. Mai 2010 (BGBl. I S. 639)

38. o. V. Musterbauordnung vom November 2002, zuletzt geändert durch den Beschluss der Bauministerkonferenz vom 13.05.2016

39. o. V. Planzeichenverordnung vom 18. Dezember 1990 (BGBl. 1991 I S. 58), die zuletzt durch Artikel 3 des Gesetzes vom 4. Mai 2017 (BGBl. I S. 1057) geändert worden ist

40. o. V. PSA-Benutzungsverordnung vom 4. Dezember 1996 (BGBl. I S. 1841)

41. o. V. Regel zum Arbeitsschutz auf Baustellen 01, [BArbBl. 1/2001, S. 77 ff.] Stand: 02.11.2000

42. o. V. Regel zum Arbeitsschutz auf Baustellen 30, [BArbBl. 6/2003, S. 64 ff.] Stand: 27.03.2003

43. o. V. Regel zum Arbeitsschutz auf Baustellen 31, [BArbBl. 3/2004, S. 59 ff.] Stand: 12.11.2003

44. o. V. Raumordnungsgesetz vom 22. Dezember 2008 (BGBl. I S. 2986), das zuletzt durch Artikel 2 Absatz 15 des Gesetzes vom 20. Juli 2017 (BGBl. I S. 2808) geändert worden ist

45. o. V. Sektorenverordnung vom 12. April 2016 (BGBl. I S. 624, 657), die zuletzt durch Artikel 5 des Gesetzes vom 10. Juli 2018 (BGBl. I S. 1117) geändert worden ist

46. o. V. Straßenverkehrs-Ordnung vom 6. März 2013 (BGBl. I S. 367), die zuletzt durch Artikel 4a der Verordnung vom 6. Juni 2019 (BGBl. I S. 756) geändert worden ist

47. o. V. Verordnung (EU) 2015/2342 der Kommission vom 15. Dezember 2015 zur Änderung der Richtlinie 2004/18/EG des Europäischen Parlaments und des Rates im Hinblick auf die Schwellenwerte für Auftragsvergabeverfahren

48. o. V. Verordnung über die Honorare für Architekten- und Ingenieurleistungen (Honorarordnung für Architekten und Ingenieure – HOAI) in der Fassung vom 10.07.2013, in Kraft getreten am 17.07.2013

49. o. V. Vergabeverordnung vom 12. April 2016 (BGBl. I S. 624), die zuletzt durch Artikel 1 der Verordnung vom 12. Juli2019 (BGBl. I S. 1081) geändert worden ist

50. o. V. Vergabe- und Vertragsordnung für Bauleistungen Teil A: Allgemeine Bestimmungen für die Vergabe von Bauleistungen, Ausgabe 2019, Bekanntmachung vom 31. Januar 2019 (BAnz AT 19.02.2019 B2)

51. o. V. Vergabe- und Vertragsordnung für Bauleistungen Teil B: Allgemeine Vertragsbedingungen für die Ausführung von Bauleistungen, Ausgabe 2016, Bekanntmachung vom 7. Januar 2016 (BAnz AT 19.01.2016 B3), geändert durch Berichtigung vom 21. März 2016 (BAnz AT 01.04.2016 B1)

52. o. V. Vergabe- und Vertragsordnung für Bauleistungen Teil C: Allgemeine Technische Vertragsbedingungen für Bauleistungen (ATV), Ausgabe 2019

53. o. V. Wasserhaushaltsgesetz vom 31. Juli 2009 (BGBl. I S. 2585), das zuletzt durch Artikel 2 des Gesetzes vom 4. Dezember 2018 (BGBl. I S. 2254) geändert worden ist

Internetquellen

54. STLB Bau 08.02.2017 http://www.stlb-bau-online.de/Ausschreibungstexte/Leistungsbereiche/1

Lastannahmen, Einwirkungen

4

Prof. Dr.-Ing. Winfried Roos

Inhaltsverzeichnis

W. Roos (✉)
TH Köln
Köln, Deutschland
E-Mail: winfried.roos@th-koeln.de

© Springer Fachmedien Wiesbaden GmbH, ein Teil von Springer Nature 2021
U. Vismann (Hrsg.), *Wendehorst Bautechnische Zahlentafeln*, https://doi.org/10.1007/978-3-658-32218-2_4

Technische Baubestimmungen

DIN EN 1990		12.2010	Eurocode: Grundlagen der Tragwerksplanung
	/NA	12.2010	Nationaler Anhang zu DIN EN 1990
	/NA/A1	08.2012	Nationaler Anhang zu DIN EN 1990, Änderung A1
DIN EN 1991			Eurocode 1: Einwirkungen auf Tragwerke
-1			Teil 1: Allgemeine Einwirkungen auf Tragwerke
-1-1		12.2010	Teil 1-1: Wichten, Eigengewicht und Nutzlasten im Hochbau
	/NA	12.2010	Nationaler Anhang zu DIN EN 1991-1-1
	/NA/A1	05.2015	Änderung A1
-1-2		12.2010	Teil 1-2: Brandeinwirkungen auf Tragwerke
	Ber. 1	08.2013	Berichtigung 1
	/NA	09.2015	Nationaler Anhang zu DIN EN 1991-1-2
-1-3		12.2010	Teil 1-3: Schneelasten
	/A1	12.2015	Änderung A1
	/NA	04.2019	Nationaler Anhang zu DIN EN 1991-1-3
-1-4		12.2010	Teil 1-4: Windlasten
	/NA	12.2010	Nationaler Anhang zu DIN EN 1991-1-4
-1-5		12.2010	Teil 1-5: Temperatureinwirkungen
	/NA	12.2010	Nationaler Anhang zu DIN EN 1991-1-5
-1-6		12.2010	Teil 1-6: Einwirkungen während der Bauausführung
	Ber. 1	08.2013	Berichtigung 1
	/NA	12.2010	Nationaler Anhang zu DIN EN 1991-1-6
-1-7		12.2010	Teil 1-7: Außergewöhnliche Einwirkungen
	/A1	08.2014	Änderung A1
	/NA	09.2019	Nationaler Anhang zu DIN EN 1991-1-7
-2		12.2010	Teil 2: Verkehrslasten auf Brücken
	/NA	08.2012	Nationaler Anhang zu DIN EN 1991-2
DIN 1055			Einwirkungen auf Tragwerke
-1		06.2002	Teil 1: Wichten und Flächenlasten von Baustoffen, Bauteilen und Lagerstoffen
-2		11.2010	Teil 2: Bodenkenngrößen
-3		03.2006	Teil 3: Eigen- und Nutzlasten für Hochbauten
-4		03.2005	Teil 4: Windlasten
		03.2006	Berichtigung 1 zu DIN 1055-4: 2005-03
-5		07.2005	Teil 5: Schnee- und Eislasten
DIN 1072		12.1985	Straßen- und Wegbrücken; Lastannahmen
		05.1988	Beiblatt 1 zu DIN 1072: 1985-12
DIN 4149		04.2005	Bauten in deutschen Erdbebengebieten – Lastannahmen, Bemessung und Ausführung üblicher Hochbauten

4.1 Grundlagen der Tragwerksplanung

nach DIN EN 1990: 2010-12; DIN EN 1990/NA: 2010-12; DIN EN 1990/NA/A1: 2012-08

4.1.1 Allgemeines

Die Entwicklung des Eurocode-Programms begann im Jahr 1975 mit dem Ziel, innerhalb der europäischen Gemein-schaft technische Handelshemmnisse zu beseitigen und die technischen Normen zu harmonisieren. Im Rahmen dieses Programms wurden harmonisierte technische Regelwerke für die Tragwerksplanung von Bauwerken erarbeitet. Insgesamt umfasst das Programm folgende Normen, die in der Regel aus mehreren Teilen bestehen:

EN 1990 Eurocode 0 *Grundlagen der Tragwerksplanung*
EN 1991 Eurocode 1 *Einwirkungen auf Tragwerke*
EN 1992 Eurocode 2 *Entwurf, Berechnung und Bemessung von Stahlbetonbauten*

EN 1993 Eurocode 3 *Entwurf, Berechnung und Bemessung von Stahlbauten*

EN 1994 Eurocode 4 *Entwurf, Berechnung und Bemessung von Stahl-Beton-Verbundbauten*

EN 1995 Eurocode 5 *Entwurf, Berechnung und Bemessung von Holzbauten*

EN 1996 Eurocode 6 *Entwurf, Berechnung und Bemessung von Mauerwerksbauten*

EN 1997 Eurocode 7 *Entwurf, Berechnung und Bemessung in der Geotechnik*

EN 1998 Eurocode 8 *Auslegung von Bauwerken gegen Erdbeben*

EN 1999 Eurocode 9 *Entwurf, Berechnung und Bemessung von Aluminiumkonstruktionen*

Die Eurocodes beinhalten allgemeine Regelungen für den Entwurf, die Berechnung und die Bemessung von vollständigen Tragwerken und Einzelbauteilen, die sich für die übliche Anwendung eignen. Dabei wird unterschieden zwischen *Prinzipien* (sind grundsätzlich gültig; Kennzeichnung durch den Buchstaben P nach der Absatznummerierung) und *Anwendungsregeln* (sind allgemein anerkannte Regeln, die den Prinzipien folgen; abweichende Anwendungsregeln sind zulässig).

Die Nationale Fassung eines Eurocodes enthält den vollständigen Text mit möglicherweise einer nationalen Titelseite und einem nationalen Vorwort sowie einem Nationalen Anhang.

Der Nationale Anhang (NA) darf nur Hinweise zu den Parametern geben, die im Eurocode für nationale Entscheidungen offen gelassen wurden (z. B. Zahlenwerte für Teilsicherheitsbeiwerte, Vorschriften zur Anwendung der informativen Anhänge, ergänzende Regelungen, sofern diese den Eurocodes nicht widersprechen). Diese national festzulegenden Parameter (NDP) gelten für die Tragwerksplanung von Hochbauten und Ingenieurbauten in dem Land, in dem sie erstellt werden.

Derzeit (Stand Frühjahr 2021) sind die Eurocodes 0 bis 7 und 9 als Technische Baubestimmungen eingeführt.

Vor diesem Hintergrund basieren in dem Kapitel „**Lastannahmen, Einwirkungen**" die Abschn. 4.1 bis 4.5 sowie 4.8 auf den Regelungen der Eurocodes 0 (EN 1990) und 1 (EN 1991). Die entsprechenden Regelungen der vorangegangenen nationalen Normen können dem Kapitel 7, Abschnitte 1 bis 5, der 33. Auflage der Bautechnischen Zahlentafeln entnommen werden.

EN 1990 beinhaltet Prinzipien und Anforderungen zur Tragsicherheit, Gebrauchstauglichkeit und Dauerhaftigkeit von Tragwerken. Sie beruht auf dem Konzept der Bemessung nach Grenzzuständen mit Teilsicherheitsbeiwerten und

bildet die Grundlage der Eurocodes EN 1991 bis EN 1999. Ziel ist das Erreichen eines akzeptablen Zuverlässigkeitsniveaus, wobei folgende Annahmen vorausgesetzt sind:

- Wahl des Tragsystems und Tragwerksplanung durch entsprechend qualifizierte und erfahrene Personen.
- Bauausführung durch geschultes und erfahrenes Personal.
- Sicherstellung einer sachgerechten Aufsicht und Güteüberwachung während der Bauausführung.
- Verwendung von Baustoffen und Erzeugnissen entsprechend den Angaben in EN 1990 bis EN 1999 oder den maßgebenden Ausführungsnormen, Werkstoff- und Produktnormen.
- Sachgerechte Instandhaltung des Tragwerks.
- Nutzung des Tragwerks entsprechend den Planungsannahmen.

4.1.2 Anforderungen

Grundsätzlich ist ein Tragwerk so zu planen und auszuführen, dass es während der Errichtung und in der vorgesehenen Nutzungszeit mit angemessener Zuverlässigkeit und Wirtschaftlichkeit den möglichen Einwirkungen und Einflüssen standhält sowie die geforderten Anforderungen an die Gebrauchstauglichkeit eines Bauwerks oder eines Bauteils erfüllt.

Im Rahmen der Planung und Berechnung des Tragwerks sind die Aspekte ausreichende Tragfähigkeit, Gebrauchstauglichkeit und Dauerhaftigkeit zu berücksichtigen. Des Weiteren muss im Brandfall für die geforderte Feuerwiderstandsdauer eine ausreichende Tragsicherheit vorhanden sein. Darüber hinaus muss sichergestellt sein, dass bei außergewöhnlichen Ereignissen wie Explosionen, Anprall oder menschlichem Versagen keine Schadensfolgen entstehen, die in keinem Verhältnis zur Schadensursache stehen.

Die erforderliche Zuverlässigkeit eines Tragwerks ist durch den Entwurf und die Bemessung nach EN 1990 bis EN 1999 sowie durch die Anwendung geeigneter Ausführungs- und Qualitätsmanagementmaßnahmen sicherzustellen. Dabei können differenzierte Zuverlässigkeitsniveaus z. B. für die Tragfähigkeit oder die Gebrauchstauglichkeit zur Anwendung kommen (vgl. Abschn. 4.1.3).

In Tafel 4.1 sind Anhaltswerte für Planungsgrößen der Nutzungsdauer klassifiziert. Dabei sichern die in den bauartenspezifischen Bemessungsnormen enthaltenen Regelungen zur Gewährleistung der Dauerhaftigkeit bei angemessenem Instandhaltungsaufwand in der Regel während der vorgesehenen Nutzungsdauer die geforderte Tragfähigkeit und Gebrauchstauglichkeit ohne wesentliche Beeinträchtigung der Nutzungseigenschaften.

Tafel 4.1 Klassifizierung der Nutzungsdauer

Klasse der Nutzungsdauer	Planungsgröße der Nutzungsdauer (in Jahren)	Beispiele
1	10	Tragwerke mit befristeter Standzeit
2	10–25	Austauschbare Tragwerksteile, z. B. Kranbahnträger, Lager
3	15–30	Landwirtschaftlich genutzte und ähnliche Tragwerke
4	50	Gebäude und andere gewöhnliche Tragwerke
5	100	Monumentale Gebäude, Brücken und andere Ingenieurbauwerke

Folgende Aspekte sind im Hinblick auf die Gewährleistung der Dauerhaftigkeit eines Tragwerks und seiner Bauteile zu berücksichtigen:

- vorgesehene/vorhersehbare zukünftige Nutzung,
- geforderte Entwurfskriterien,
- erwartete Umweltbedingungen; diese sind in der Planungsphase zu erfassen, sodass ihr Einfluss auf die Dauerhaftigkeit festgelegt werden kann und geeignete Maßnahmen zum Schutz von Baustoffen und Bauprodukten ergriffen werden können,
- Zusammensetzung, Eigenschaften und Verhalten der Baustoffe und Bauprodukte,
- Baugrundeigenschaften,
- Wahl der Tragsysteme,
- Bauteilgeometrie und bauliche Durchbildung,
- Qualität von Bauausführung und -überwachung,
- Instandhaltung während der planmäßigen Nutzungsdauer,
- ggf. besondere Schutzmaßnahmen.

4.1.3 Struktur des Nachweiskonzeptes

Die bei der Planung und Berechnung eines Tragwerks anzusetzenden Einwirkungen und Umgebungseinflüsse, die Widerstandswerte der verwendeten Baustoffe und Bauprodukte sowie auch die geometrischen Eigenschaften sind Streuungen unterworfen. Aus diesem Grund kann der „Versagensfall (Nichterreichen einer gestellten Anforderung)" im Allgemeinen nicht mit absoluter Sicherheit ausgeschlossen werden; es müssen daher angemessene Zuverlässigkeiten festgelegt werden um insbesondere auch für ähnliche Tragwerke ein möglichst einheitliches Sicherheitsniveau zu erzielen.

Dabei wäre es in wirtschaftlicher Hinsicht wenig sinnvoll, die Zuverlässigkeit z. B. für Anforderungen an das Erscheinungsbild oder an die Funktion eines Tragwerks ähnlich hoch festzulegen wie z. B. für Anforderungen an die Sicherheit von Personen oder an die Sicherheit des Tragwerks.

Diese grundlegenden Gedanken sind im Nachweiskonzept der EN 1990 in Form einer semiprobabilistischen Betrachtungsweise umgesetzt; die Bemessung erfolgt mittels der Methode mit Teilsicherheitsbeiwerten, wobei die Basisvariablen (Einwirkungen, Widerstände, geometrische Eigenschaften; vgl. Abschn. 4.1.4) durch Anwendung von Teilsicherheitsbeiwerten und Kombinationsbeiwerten als Bemessungswerte für die maßgebenden Grenzzustandsnachweise dargestellt werden. Es werden nach EN 1990 zwei Grenzzustände unterschieden:

- **Grenzzustände der Tragfähigkeit (GZT)**

  Dies sind Zustände, bei deren Überschreiten durch Einsturz oder andere Versagensformen die Sicherheit von Menschen und die Sicherheit des Tragwerks gefährdet ist. Auf die entsprechenden Nachweise wird in Abschn. 4.1.5 eingegangen. Die dabei festgelegten Teilsicherheitsbeiwerte gelten für eine Einstufung des Bauwerks in Zuverlässigkeitsklasse RC 2 gemäß EN 1990, Anhang B, mit den zugehörigen Zielwerten für den Zuverlässigkeitsindex β für verschiedene Bemessungssituationen, festgelegt für die Bezugszeiträume 1 Jahr und 50 Jahre gemäß EN 1990, Anhang C.

- **Grenzzustände der Gebrauchstauglichkeit (GZG)**

  Dies sind Zustände, bei deren Überschreiten festgelegte Nutzungsanforderungen (z. B. Grenzdurchbiegungen, Grenzrissbreiten im Stahlbetonbau etc.) nicht erreicht werden. Auf die entsprechenden Nachweise wird in Abschn. 4.1.6 eingegangen. Der zugehörige Zielwert für den Zuverlässigkeitsindex β für nicht umkehrbare Anforderungen, ist – im Vergleich zu den Grenzzuständen der Tragfähigkeit – wesentlich geringer (EN 1990, Anhang C).

Die Struktur des Bemessungskonzeptes sowie die maßgebenden Bemessungssituationen für die Grenzzustände sind in Tafel 4.2 zusammengefasst. Dabei ist die Bemessung für die jeweiligen Grenzzustände mit geeigneten Modellen für das Tragsystem und für die Belastung durchzuführen und es ist nachzuweisen, dass kein Grenzzustand überschritten wird:

Bemessungswert einer Auswirkung E_d

$\leq$ Bemessungswert eines Widerstandes R_d bzw.

$\leq$ Bemessungswert eines Gebrauchstauglichkeitskriteriums C_d.

Das Gesamtvorgehen bei der Bemessung zeigt Abb. 4.1. Für den häufig vorkommenden Fall einer linear-elastischen Berechnung des Tragwerks darf entsprechend Abb. 4.2 vorgegangen werden.

Tafel 4.2 Struktur des Bemessungskonzeptes

Grenzzustand	Tragfähigkeit	Gebrauchstauglichkeit
Anforderungen	Sicherheit von Personen Sicherheit des Tragwerks	Wohlbefinden von Personen Funktion des Tragwerks Erscheinungsbild
Nachweiskriterien	Verlust der Lagesicherheit Festigkeitsversagen Stabilitätsversagen Versagen durch Materialermüdung	Verformungen und Verschiebungen Schwingungen Schäden (einschließlich Rissbildung) Schäden durch Materialermüdung
Bemessungssituationen	Ständige vorübergehende außergewöhnliche Erdbeben	Charakteristische häufige quasi-ständige
Beanspruchung	Bemessungswert der Beanspruchung z. B.: destabilisierende Einwirkungen, Schnittgrößen	Bemessungswert der Beanspruchung z. B.: Spannungen, Rissbreiten, Verformungen
Widerstand	Bemessungswert des Tragwiderstandes (Beanspruchbarkeit) z. B.: stabilisierende Einwirkungen, Materialfestigkeiten, Querschnittswiderstände	Bemessungswert des Gebrauchstauglichkeitskriteriums z. B.: Dekompression, Grenzwerte für Spannungen, Rissbreiten, Verformungen

Abb. 4.1 Einzelschritte bei der Bemessung

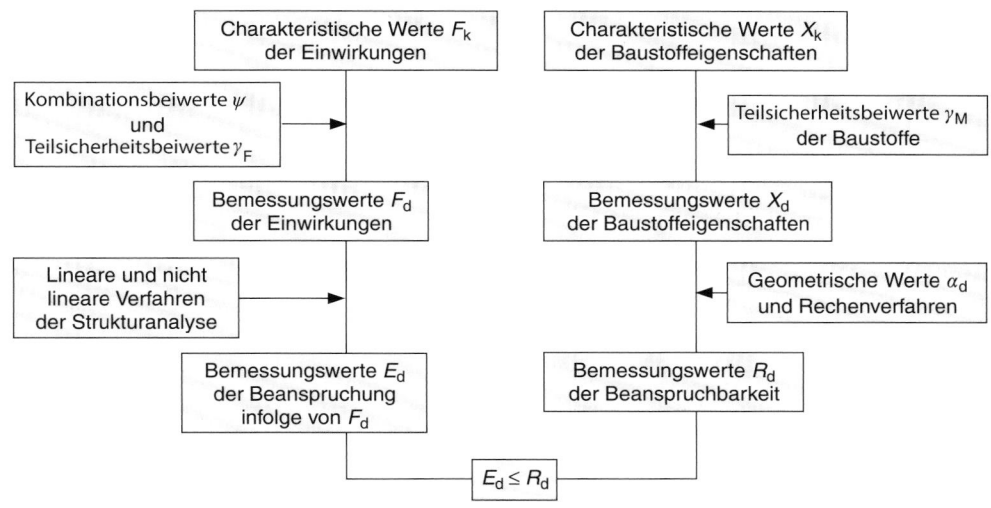

Abb. 4.2 Einzelschritte bei der Bemessung: linear-elastische Berechnung des Tragwerks

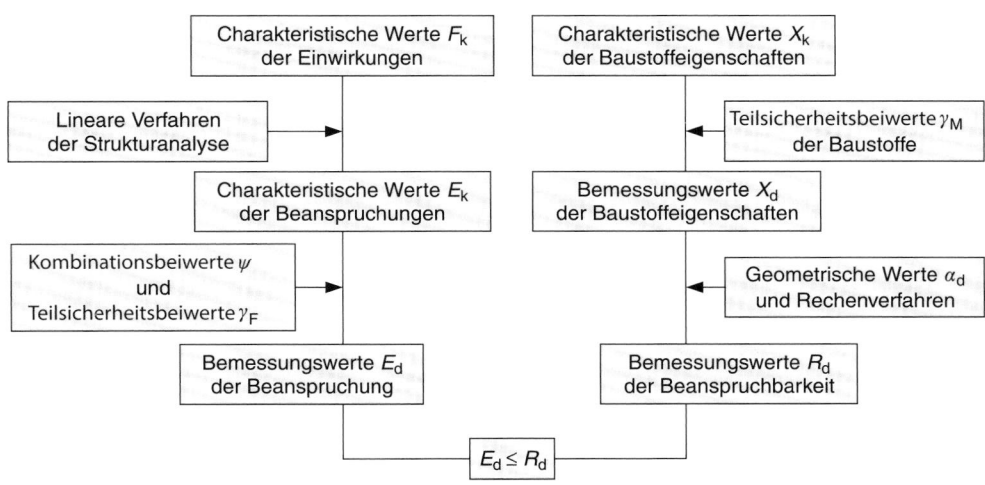

4.1.4 Basisvariable und Bemessungswerte

4.1.4.1 Einwirkungen/Auswirkungen von Einwirkungen

Wichtigstes Kriterium für die Einteilung von Einwirkungen ist ihre zeitliche Veränderung; danach wird unterschieden in:

- Ständige Einwirkungen (G), z. B. Eigengewicht, indirekte Einwirkungen aus Schwinden oder ungleichmäßigen Setzungen
- Veränderliche Einwirkungen (Q), z. B. Nutzlasten, Wind- und Schneelasten
- Außergewöhnliche Einwirkungen (A), z. B. Explosionen oder Fahrzeuganprall.

Der **charakteristische Wert** F_k einer Einwirkung ist der wichtigste repräsentative Wert. Dieser ist in EN 1991 als Mittelwert, als oberer oder unterer Wert oder als Nennwert festgelegt. Der charakteristische Wert einer **ständigen** Einwirkung ist bei kleiner Streuung von G als ein einziger Wert G_k (i. Allg. als Mittelwert) anzusetzen; bei größerer Streuung von G und auch bei kleiner Streuung für den Fall, dass das Tragwerk empfindlich auf die Veränderung von G reagiert, sind ein oberer Wert $G_{k,sup}$ und ein unterer Wert $G_{k,inf}$ anzusetzen. Der charakteristische Wert Q_k einer **veränderlichen** Einwirkung ist als einziger Wert auf Basis einer statistischen Verteilung oder auch als Nennwert (statistische Verteilung unbekannt) festgelegt. **Außergewöhnliche** Einwirkungen sowie **Erdbeben**einwirkungen sind durch Nennwerte festgelegt.

Für die veränderlichen Einwirkungen sind als weitere repräsentative Werte festgelegt:

- Kombinationswert $\psi_0 \cdot Q_k$
- häufiger Wert $\psi_1 \cdot Q_k$
- quasi-ständiger Wert $\psi_2 \cdot Q_k$.

Einwirkungskombinationen sind sowohl für die Grenzzustände der Tragfähigkeit (vgl. Abschn. 4.1.5.3) als auch für die Grenzzustände der Gebrauchstauglichkeit (vgl. Abschn. 4.1.6.2) festgelegt. Treten dabei Schnee und Wind *beide* als Begleiterscheinungen neben einer nichtklimatischen Leiteinwirkung auf, braucht bei Orten bis NN $+1000$ m nur Schnee *oder* Wind bei den Kombinationsregeln angesetzt zu werden.

Die Zahlenwerte für Kombinationsbeiwerte im Hochbau sind im NA entsprechend Tafel 4.3 festgelegt. Dabei darf die Kombination mehrkomponentiger Einwirkungen (z. B. Nutzlasten in mehrgeschossigen Gebäuden) mit anderen veränderlichen Einwirkungen wie folgt berücksichtigt werden:

- Die charakteristischen Werte der einzelnen Komponenten (Kategorien; vgl. Abschn. 4.3.4.1) bzw. ihre vorherrschenden Werte dürfen vereinfachend in voller Höhe addiert werden.
- Die Auswirkung der aufsummierten Nutzlasten darf bei der Lastweiterleitung in mehrgeschossigen Hochbauten abgemindert werden (vgl. Abschn. 4.3.4.1).

Tafel 4.3 Zahlenwerte für Kombinationsbeiwerte im Hochbau

Einwirkung	ψ_0	ψ_1	ψ_2
Nutzlasten im Hochbau[a,b]			
Kategorie A: Wohn- und Aufenthaltsräume	0,7	0,5	0,3
Kategorie B: Büros	0,7	0,5	0,3
Kategorie C: Versammlungsräume	0,7	0,7	0,6
Kategorie D: Verkaufsräume	0,7	0,7	0,6
Kategorie E: Lagerräume	1,0	0,9	0,8
Kategorie F: Verkehrsflächen, Fahrzeuglast ≤ 30 kN	0,7	0,7	0,6
Kategorie G: Verkehrsflächen, 30 kN $\leq$ Fahrzeuglast ≤ 160 kN	0,7	0,5	0,3
Kategorie H: Dächer	0	0	0
Schnee- und Eislasten[c]			
Orte bis zu NN$+1000$ m	0,5	0,2	0
Orte über NN$+1000$ m	0,7	0,5	0,2
Windlasten[d]	0,6	0,2	0
Temperatureinwirkungen (nicht Brand)[e]	0,6	0,5	0
Baugrundsetzungen[f]	1,0	1,0	1,0
Sonstige Einwirkungen[g,h]	0,8	0,7	0,5

[a] Kategorien siehe DIN EN 1991-1-1.
[b] Abminderungsbeiwerte für Nutzlasten in mehrgeschossigen Hochbauten siehe DIN EN 1991-1-1.
[c] Siehe DIN EN 1991-1-3.
[d] Siehe DIN EN 1991-1-4.
[e] Siehe DIN EN 1991-1-5.
[f] Siehe DIN EN 1997.
[g] Flüssigkeitsdruck ist im Allgemeinen als eine veränderliche Einwirkung zu behandeln, für die die ψ-Beiwerte standortbedingt festzulegen sind. Flüssigkeitsdruck, dessen Größe durch geometrische Verhältnisse oder aufgrund hydrologischer Randbedingungen begrenzt ist, darf als ständige Einwirkung behandelt werden, wobei alle ψ-Beiwerte gleich 1,0 zu setzen sind.
[h] ψ-Beiwerte für Maschinenlasten sind betriebsbedingt festzulegen.

- Die weiteren repräsentativen Werte bzw. ihre begleitenden Bemessungswerte werden mit den jeweiligen Kombinationsbeiwerten berechnet.

Horizontallasten sowie Lasten der Kategorien T, Z und K (siehe Abschn. 4.3.4 bis 4.3.6) sind im Hinblick auf Einwirkungskombinationen den in Tafel 4.3 angegebenen Kategorien für Nutzlasten im Hochbau zuzuordnen.

Bei der **Auswirkung von Einwirkungen** (E) handelt es sich um Beanspruchungen von Bauteilen (z. B. Schnittkräfte, Momente, Spannungen, Dehnungen) oder um Reaktionen des Gesamttragwerks (z. B. Durchbiegungen, Verdrehungen), die durch Einwirkungen hervorgerufen werden. Dabei werden die charakteristischen Werte unabhängiger Auswirkungen E_{Fk} – diese sollten bei der linear-elastischen Berechnung des Tragwerks angewendet werden – aus den charakteristischen Werten der unabhängigen Einwirkungen F_k am Tragwerk bestimmt. Gleiches gilt für die repräsentativen Werte einer unabhängigen Auswirkung. Die charakteristischen Werte E_{Fk} – insbesondere die Schnittgrößen zwischen Bauwerk und Baugrund – werden bei der Bemessung der Gründung benötigt (vgl. Kap. 14).

Wie in Abschn. 4.1.3 erläutert, werden die Nachweise in den Grenzzuständen mit Bemessungswerten geführt.

Der **Bemessungswert F_d** einer Einwirkung ergibt sich dann aus dem maßgebenden repräsentativen Wert der Einwirkung F_{rep} durch Multiplikation mit dem Teilsicherheitsbeiwert γ_F, durch den ungünstige Größenabweichungen der Einwirkung berücksichtigt werden:

$$F_d = \gamma_F \cdot F_{rep}$$

Dabei ist F_{rep} allgemein definiert als $\psi \cdot F_k$, wobei der Kombinationsbeiwert ψ je nach Bemessungssituation entweder 1,0 ist oder als ψ_0, ψ_1 oder ψ_2 aus Tafel 4.3 zu entnehmen ist.

Der **Bemessungswert für die Auswirkung einer Einwirkung E_d** kann bei Betrachtung einer Einwirkungskombination (vgl. Abschn. 4.1.5.3 und 4.1.6.2) in der Regel wie folgt dargestellt werden:

$$E_d = E\left(\gamma_{F,1} \cdot F_{rep,1}; \gamma_{F,2} \cdot F_{rep,2}; \ldots; a_{d,1}; a_{d,2}; \ldots\right)$$

mit:
$\gamma_{F,i}$ Teilsicherheitsbeiwert für Einwirkungen unter Berücksichtigung von Modellunsicherheiten *und* Größenabweichungen (vgl. Abschn. 4.1.5.1)
$a_{d,i}$ Bemessungswerte der geometrischen Größen (vgl. Abschn. 4.1.4.3).

Bei linear-elastischer Berechnung des Tragwerks ergeben sich die Bemessungswerte der unabhängigen Auswirkungen $E_{Fd,i}$ analog zu den Bemessungswerten der unabhängigen Einwirkungen $F_{d,i}$; in diesem Fall darf der Bemessungswert einer Beanspruchung E_d durch Superposition der Bemessungswerte der unabhängigen Auswirkungen berechnet werden:

$$E_d = E_{Fd,1} + E_{Fd,2} + \ldots$$

4.1.4.2 Eigenschaften von Baustoffen, Bauprodukten und Bauteilen

Die Eigenschaften von Baustoffen, Bauprodukten und Bauteilen werden i. Allg. als **charakteristische Werte X_k** (Baustoffe, Bauprodukte) bzw. **R_k** (Bauteile) angegeben; sie sind nach den gültigen Prüfnormen und genormten Verfahren zu bestimmen. Die Festlegung der Werte erfolgt i. Allg. auf Basis von statistischen Verteilungen (z. B. Druckfestigkeit Beton als 5-%-Fraktile; Elastizitätsmoduli und Kriechbeiwerte Beton als Mittelwerte); wenn nicht genügend statistische Daten zur Verfügung stehen, dürfen auch Nennwerte verwendet werden. Die Baustoff- und Produkteigenschaften werden in den Normen EN 1992 bis EN 1999 sowie in den maßgebenden harmonisierten Europäischen Technischen Produktnormen oder in anderen Dokumenten angegeben.

Der **Bemessungswert X_d** einer Baustoff- oder Produkteigenschaft ergibt sich dann aus dem charakteristischen Wert durch Multiplikation mit dem Umrechnungsbeiwert η (Berücksichtigung des Unterschiedes zwischen Probeneigenschaften und maßgebenden Eigenschaften im Bauteil) und durch Division mit dem Teilsicherheitsbeiwert γ_M, durch den ungünstige Größenabweichungen der Baustoff- oder Produkteigenschaft vom charakteristischen Wert sowie Streuungen des Umrechnungsbeiwertes η berücksichtigt werden:

$$X_d = \eta \cdot X_k / \gamma_M$$

Der **Bemessungswert R_d** der Tragfähigkeit eines Bauteiles darf wie folgt vereinfacht werden:

$$R_d = R\left(\eta_1 \cdot X_{k,1}/\gamma_{M,1}; \eta_2 \cdot X_{k,2}/\gamma_{M,2}; \ldots a_{d,1}; a_{d,2}; \ldots\right)$$

mit:
$\gamma_{M,i}$ Teilsicherheitsbeiwert für Bauteileigenschaften unter Berücksichtigung von Modellunsicherheiten, geometrischen Abweichungen *und* Größenabweichungen der Baustoff- oder Produkteigenschaften; Festlegung erfolgt in den Bemessungsnormen, wobei der Wert $\gamma_{M,i}$ den Faktor η_i mit enthalten darf
$a_{d,i}$ Bemessungswerte der geometrischen Größen (vgl. Abschn. 4.1.4.3).

4.1.4.3 Geometrische Größen

Die bei der Tragwerksplanung in Ausführungszeichnungen angegebenen Maße werden als **charakteristische Werte a_k** verwendet; es handelt sich hierbei um Nennmaße. Wenn die statistische Verteilung ausreichend bekannt ist, dürfen geometrische Angaben auch als festgelegte Fraktilwerte verwendet werden. Auf Maßtoleranzen an Schnittstellen zwischen Bauteilen aus verschiedenen Baustoffen ist zu achten.

Die **Bemessungswerte a_d** von geometrischen Größen dürfen als Nennwerte a_{nom} angenommen werden, d. h. der Bemessungswert entspricht i. Allg. dem charakteristischen Wert. Sind Abweichungen von Einfluss, sind die geometrischen Bemessungswerte wie folgt festzulegen:

$$a_d = a_{nom} \pm \Delta_a$$

Dabei berücksichtigt Δ_a die Möglichkeit ungünstiger Abweichungen von charakteristischen Werten oder Nennwerten sowie kumulative Wirkungen anderer Abweichungen.

4.1.5 Nachweise für Grenzzustände der Tragfähigkeit

4.1.5.1 Allgemeines

Bei der Tragwerksplanung werden folgende Grenzzustände der Tragfähigkeit unterschieden:

- EQU: Verlust der Lagesicherheit des Tragwerks oder eines seiner Teile, betrachtet als starrer Körper;
- STR: Versagen oder übermäßige Verformungen des Tragwerks oder seiner Teile einschließlich der Gründungselemente, wobei die Tragfähigkeit von Baustoffen und Bauteilen entscheidend ist;
- GEO: Versagen oder übermäßige Verformungen des Baugrundes, wobei die Festigkeiten von Boden oder Fels wesentlich an der Tragsicherheit beteiligt sind;
- FAT: Ermüdungsversagen des Tragwerks oder seiner Teile; die maßgebenden Kombinationen der Einwirkungen sind in EN 1992 bis EN 1999 angegeben.

Bei den Nachweisen für Grenzzustände der Tragfähigkeit sind für die Ermittlung der Bemessungswerte der Einwirkungen Teilsicherheitsbeiwerte und Kombinationsbeiwerte festgelegt.

Die Zahlenwerte für Kombinationsbeiwerte im Hochbau sind in Tafel 4.3 angegeben. Die Zahlenwerte für die Teilsicherheitsbeiwerte sind in den Tafeln 4.4, 4.5 und 4.6 angegeben; die in diesen Tafeln enthaltenen Zahlenwerte gelten für die Zuverlässigkeitsklasse RC 2 (vgl. Abschn. 4.1.3).

Tafel 4.4 Teilsicherheitsbeiwerte für Einwirkungen (EQU) (Gruppe A)

Einwirkung	Symbol	Situationen	
		P/T	A/E
Ständige Einwirkungen: Eigenlast des Tragwerks und von nicht tragenden Bauteilen, ständige Einwirkungen, die vom Baugrund herrühren, Grundwasser und frei anstehendes Wasser			
Destabilisierend	$\gamma_{G,dst}$	1,10	1,00
Stabilisierend	$\gamma_{G,stb}$	0,90	0,95
Bei kleinen Schwankungen der ständigen Einwirkungen, wenn durch Kontrolle die Unter- bzw. Überschreitung von ständigen Lasten mit hinreichender Zuverlässigkeit ausgeschlossen wird			
Destabilisierend	$\gamma_{G,dst}$	1,05	1,00
Stabilisierend	$\gamma_{G,stb}$	0,95	0,95
Ständige Einwirkungen für den kombinierten Nachweis der Lagesicherheit, der den Widerstand der Bauteile (z. B. Zugverankerungen) einschließt			
Destabilisierend	$\gamma_{G,dst}^*$	1,35	1,00
Stabilisierend	$\gamma_{G,stb}^*$	1,15	0,95
Destabilisierende veränderliche Einwirkungen	γ_Q	1,50	1,00
Außergewöhnliche Einwirkungen	γ_A	–	1,00

Dabei werden die Teilsicherheitsbeiwerte für Einwirkungen

- in ständigen oder vorübergehenden Bemessungssituationen aus den jeweiligen mit „P/T" gekennzeichneten Spalten,
- in außergewöhnlichen Bemessungssituationen oder bei Erdbeben aus den jeweiligen mit „A/E" gekennzeichneten Spalten der Tafeln entnommen. Die genannten Bemessungssituationen sind in Abschn. 4.1.5.3 erläutert.

Die bei den Nachweisen für Grenzzustände der Tragfähigkeit für die Ermittlung der Bemessungswerte der Eigenschaften von Baustoffen, Bauprodukten und Bauteilen zu verwendenden Teilsicherheitsbeiwerte γ_M sowie auch der Teilsicherheitsbeiwert für Vorspannung γ_P sind den jeweiligen Bemessungsnormen EN 1992 bis EN 1999 zu entnehmen.

Tafel 4.5 Teilsicherheitsbeiwerte für Einwirkungen (STR/GEO) (Gruppe B)

Einwirkung	Symbol	Situationen	
		P/T	A/E
Unabhängige ständige Einwirkungen			
Auswirkung ungünstig[a,b]	$\gamma_{G,sup}$	1,35	1,00
Auswirkung günstig[a,b]	$\gamma_{G,inf}$	1,00	1,00
Unabhängige veränderliche Einwirkungen			
Auswirkung ungünstig[b,c]	γ_Q	1,50	1,00
Außergewöhnliche Einwirkungen	γ_A	–	1,00

[a] Beim Nachweis des Grenzzustands für das Versagen des Trägwerks werden die charakteristischen Werte aller ständigen Einwirkungen gleichen Ursprungs (unabhängige ständige Einwirkung) mit dem Faktor $\gamma_{G,sup}$ multipliziert, wenn die insgesamt resultierende Auswirkung auf die betrachtete Beanspruchung ungünstig ist, jedoch mit dem Faktor $\gamma_{G,inf}$, wenn die insgesamt resultierende Auswirkung günstig ist.
[b] Zur Wahl der Teilsicherheitsbeiwerte beim Nachweis von geotechnischen Zuständen siehe DIN 1054: 2009.
[c] Bei günstiger Auswirkung ist $\gamma_Q = 0$.

Tafel 4.6 Teilsicherheitsbeiwerte für Einwirkungen (GEO) (Gruppe C)

Einwirkung	Symbol	Situationen	
		P/T	A/E
Unabhängige ständige Einwirkungen			
Auswirkung ungünstig[a]	γ_G	1,00	1,00
Auswirkung günstig[a]	γ_G	1,00	1,00
Unabhängige veränderliche Einwirkungen			
Auswirkung ungünstig[b]	γ_Q	1,30	1,00
Außergewöhnliche Einwirkungen	γ_A	–	1,00

[a] Beim Nachweis des Grenzzustands für das Versagen des Trägwerks werden die charakteristischen Werte aller ständigen Einwirkungen gleichen Ursprungs (unabhängige ständige Einwirkung) mit dem Faktor $\gamma_{G,sup}$ multipliziert, wenn die insgesamt resultierende Auswirkung auf die betrachtete Beanspruchung ungünstig ist, jedoch mit dem Faktor $\gamma_{G,inf}$, wenn die insgesamt resultierende Auswirkung günstig ist.
[b] Bei günstiger Auswirkung ist $\gamma_Q = 0$.

4.1.5.2 Nachweis der Lagesicherheit und der Tragfähigkeit

Die **Lagesicherheit eines Tragwerks (EQU)** ist nachgewiesen, wenn der Bemessungswert der Auswirkung der destabilisierenden Einwirkungen $E_{d,dst}$ den Bemessungswert der Auswirkung der stabilisierenden Einwirkungen $E_{d,stb}$ nicht überschreitet:

$$E_{d,dst} \leq E_{d,stb}$$

Die bei diesen Nachweisen anzusetzenden Teilsicherheitsbeiwerte sind in Tafel 4.4 angegeben. Es ist zu beachten, dass die charakteristischen Werte aller destabilisierend wirkenden *Anteile* der ständigen Einwirkungen mit dem Faktor $\gamma_{G,dst}$ und die charakteristischen Werte aller stabilisierend wirkenden *Anteile* mit dem Faktor $\gamma_{G,stb}$ multipliziert werden.

Ist für die Lagesicherheit in der Bemessungssituation P/T der Widerstand eines Bauteils (z. B. Zugverankerung) erforderlich, so ergibt sich der zugehörige Bemessungswert der Verankerungskraft $E_{d,anch}$ zu:

$$E_{d,anch} = E_{d,dst} - E_{d,stb}$$

Im Falle linear-elastischer Berechnung folgt:

$$E_{d,anch} = E_{G_{k,dst}} \cdot \gamma_{G,dst}^* + E_{Q_k} \cdot \gamma_Q - E_{G_{k,stb}} \cdot \gamma_{G,stb}^*$$

Darüber hinaus ist der Bemessungswert der Verankerungskraft bei günstiger Auswirkung aller ständigen Einwirkungen mit $\gamma_{G,inf}$ gemäß Tafel 4.5 zu bestimmen; der größere Bemessungswert ist dann nachzuweisen.

Bei **Nachweisen für Grenzzustände der Tragfähigkeit von Querschnitten, Bauteilen oder Verbindungen (STR oder GEO)** ist zu zeigen, dass der Bemessungswert der Auswirkung der Einwirkungen E_d den Bemessungswert der zugehörigen Tragfähigkeit R_d nicht überschreitet:

$$E_d \leq R_d$$

Bei Tragsicherheitsnachweisen für Bauteile (STR), die keine geotechnischen Einwirkungen enthalten, sind die Teilsicherheitsbeiwerte Tafel 4.5 zu entnehmen. Dabei werden Einwirkungen infolge Zwang grundsätzlich als veränderliche Einwirkungen $Q_{k,i}$ eingestuft. Flüssigkeitsdruck darf nur dann, wenn dessen Größe durch geometrische Verhältnisse oder aufgrund hydrologischer Randbedingungen begrenzt ist, als ständige Einwirkung behandelt werden; ansonsten ist er als veränderliche Einwirkung zu behandeln. Baugrundsetzungen sollten wie ständige Einwirkungen mit ungünstiger Auswirkung behandelt werden.

Tragsicherheitsnachweise für Bauteile (STR) wie Fundamente, Pfähle, Wände des Fundamentkörpers etc., die auch geotechnische Einwirkungen und Bodenwiderstände (GEO) beinhalten, sind sowohl für die geotechnischen Einwirkungen als auch für die übrigen Einwirkungen aus dem oder auf das Tragwerk ausschließlich mit den Teilsicherheitsbeiwerten nach Tafel 4.5 zu führen.

Bei Nachweisen von Grenzzuständen des Baugrundversagens (GEO) sind die Teilsicherheitsbeiwerte der Einwirkungen Tafel 4.6 zu entnehmen. Hierzu gehören der Nachweis der Stabilität des Baugrunds für Hochbauten, der Böschungs- oder Geländebruch. Der Nachweis der Gleitsicherheit einer Gründung ist jedoch mit den Teilsicherheitswerten nach Tafel 4.5 zu führen.

4.1.5.3 Kombinationen von Einwirkungen

Für jeden kritischen Lastfall sind für die Berechnung des Bemessungswertes E_d der Auswirkungen der Einwirkungen folgende Kombinationen der unabhängigen, gleichzeitig auftretend angenommenen Einwirkungen zu bestimmen:

Ständige oder vorübergehende Bemessungssituationen (Grundkombinationen)

$$E_d = E\left\{ \sum_{j \geq 1} \gamma_{G,j} \cdot G_{k,j} \,\text{„+"}\, \gamma_p \cdot P \,\text{„+"}\, \gamma_{Q,1} \cdot Q_{k,1} \right.$$
$$\left. \text{„+"} \sum_{i > 1} \gamma_{Q,i} \cdot \psi_{0,i} \cdot Q_{k,i} \right\}$$

Es bedeuten:
„+" „ist zu kombinieren mit"
$\sum$ „gemeinsame Auswirkung von".
Bei linear-elastischer Berechnung des Tragwerks dürfen die Bemessungswerte der Auswirkungen der Einwirkungen wie folgt berechnet werden:

$$E_d = \sum_{j \geq 1} \gamma_{G,j} \cdot E_{Gk,j} + \gamma_p \cdot E_{Pk} + \gamma_{Q,1} \cdot E_{Qk,1}$$
$$+ \sum_{i > 1} \gamma_{Q,i} \cdot \psi_{0,i} \cdot E_{Qk,i}$$

Dabei kann der charakteristische Wert der vorherrschenden unabhängigen veränderlichen Auswirkung $E_{Qk,1}$ wie folgt bestimmt werden:

$$\gamma_{Q,1} \cdot (1 - \psi_{0,1}) \cdot E_{Qk,1}$$
$$= \text{Max. oder Min.} \left\{ \gamma_{Q,i} \cdot (1 - \psi_{0,i}) \cdot E_{Qk,1} \right\}$$

Außergewöhnliche Bemessungssituationen

$$E_d = E\left\{ \sum_{j \geq 1} G_{k,j} \,\text{„+"}\, P \,\text{„+"}\, A_d \,\text{„+"}\, \psi_{1,1} \cdot Q_{k,1} \right.$$
$$\left. \text{„+"} \sum_{i > 1} \psi_{2,i} \cdot Q_{k,i} \right\}$$

Die Bemessungswerte der veränderlichen Einwirkungen in außergewöhnlichen Bemessungssituationen und bei Erdbeben werden als Begleiteinwirkungen angesetzt. Für Fahrzeuganprall, Explosion oder Erdbeben darf in obiger Gleichung $\psi_{2,1}$ an Stelle von $\psi_{1,1}$ angesetzt werden.

Bei linear-elastischer Berechnung des Tragwerks dürfen die Bemessungswerte der Auswirkungen der Einwirkungen wie folgt berechnet werden:

$$E_{dA} = \sum_{j \geq 1} \gamma_{GA,j} \cdot E_{Gk,j} + E_{Pk} + E_{Ad} + \gamma_{QA,1} \cdot \psi_{1,1} \cdot E_{Qk,1}$$
$$+ \sum_{i \geq 1} \gamma_{QA,i} \cdot \psi_{2,i} \cdot E_{Qk,i}$$

Dabei kann der charakteristische Wert der vorherrschenden unabhängigen veränderlichen Auswirkung $E_{Qk,1}$ wie folgt bestimmt werden:

$$\gamma_{QA,1} \cdot (\psi_{1,1} - \psi_{2,1}) \cdot E_{Qk,1}$$
$$= \text{Max. oder Min.} \left\{ \gamma_{QA,i} \cdot (\psi_{1,i} - \psi_{2,i}) \cdot E_{Qk,i} \right\}$$

Bemessungssituationen bei Erdbeben

$$E_d = E \left\{ \sum_{j \geq 1} G_{k,j} \, „+" \, P \, „+" \, A_{Ed} \, „+" \, \sum_{i \geq 1} \psi_{2,i} \cdot Q_{k,i} \right\}$$

Bei linear-elastischer Berechnung des Tragwerks dürfen die Bemessungswerte der Auswirkungen der Einwirkungen wie folgt berechnet werden:

$$E_{dE} = \sum_{j \geq 1} E_{Gk,j} + E_{Pk} + E_{AEd} + \sum_{i \geq 1} \psi_{2,i} \cdot E_{Qk,i}$$

4.1.6 Nachweise für Grenzzustände der Gebrauchstauglichkeit

4.1.6.1 Allgemeines

Es ist nachzuweisen, dass der Bemessungswert C_d der Grenze für das maßgebende Gebrauchstauglichkeitskriterium mindestens gleich dem Bemessungswert E_d der Auswirkung der Einwirkungen in der Dimension des Gebrauchstauglichkeitskriteriums aufgrund der maßgeblichen Einwirkungskombination nach Abschn. 4.1.6.2 ist:

$$E_d \leq C_d$$

Für Bauwerke des Hochbaus sind in DIN EN 1990 Hinweise zu Verformungen und Schwingungen enthalten, die als Gebrauchstauglichkeitskriterien angesehen und für die Grenzwerte vereinbart werden können. Weitere Gebrauchstauglichkeitskriterien sind in den Bemessungsnormen geregelt. Besonderer Beachtung bedürfen dabei Grenzzustände der Gebrauchstauglichkeit, bei deren Überschreitung mit

Schäden zu rechnen ist und deren bleibende Einhaltung eine Voraussetzung für die dauerhafte Einhaltung eines Grenzzustandes der Tragfähigkeit darstellt (z. B. Rissbreitenbeschränkung im Stahlbeton- und Spannbetonbau).

Bei den Nachweisen für Grenzzustände der Gebrauchstauglichkeit sind für die Ermittlung der Bemessungswerte der Einwirkungen alle Teilsicherheitsbeiwerte γ_F zu 1,0 angenommen.

Die Zahlenwerte für Kombinationsbeiwerte im Hochbau sind in Tafel 4.3 angegeben.

Die Teilsicherheitsbeiwerte γ_M für die Baustoff-, Bauprodukt- und Bauteileigenschaften sind ebenfalls mit 1,0 anzunehmen, soweit in den Bemessungsnormen EN 1992 bis EN 1999 keine gegenteiligen Angaben gemacht werden.

4.1.6.2 Kombinationen von Einwirkungen

Folgende Kombinationen von Einwirkungen kommen für Gebrauchstauglichkeitsnachweise in Frage:

Charakteristische Kombination

$$E_d = E \left\{ \sum_{j \geq 1} G_{k,j} \, „+" \, P_k \, „+" \, Q_{k,1} \, „+" \, \sum_{i > 1} \psi_{0,i} \cdot Q_{k,i} \right\}$$

Die charakteristische Kombination wird i. d. R. für nicht umkehrbare Auswirkungen am Tragwerk verwendet.

Bei linear-elastischer Berechnung des Tragwerks dürfen die Bemessungswerte der Auswirkungen der Einwirkungen wie folgt berechnet werden:

$$E_{d,char} = \sum_{j \geq 1} E_{Gk,j} + E_{Pk} + E_{Qk,1} + \sum_{i > 1} \psi_{0,i} \cdot E_{Qk,i}$$

Dabei kann der charakteristische Wert der vorherrschenden unabhängigen veränderlichen Auswirkung $E_{Qk,1}$ wie folgt bestimmt werden:

$$(1 - \psi_{0,1}) \cdot E_{Qk,1} = \text{Max. oder Min.} \left\{ (1 - \psi_{0,i}) \cdot E_{Qk,i} \right\}$$

Häufige Kombination

$$E_d = E \left\{ \sum_{j \geq 1} G_{k,j} \, „+" \, P_k \, „+" \, \psi_{1,1} \cdot Q_{k,1} \right.$$
$$\left. „+" \, \sum_{i \geq 1} \psi_{2,i} \cdot Q_{k,i} \right\}$$

Die häufige Kombination wird i. d. R. für umkehrbare Auswirkungen am Tragwerk verwendet.

Bei linear-elastischer Berechnung des Tragwerks dürfen die Bemessungswerte der Auswirkungen der Einwirkungen wie folgt berechnet werden:

$$E_{d,frequ} = \sum_{j \geq 1} E_{Gk,j} + E_{Pk} + \psi_{1,1} \cdot E_{Qk,1} + \sum_{i \geq 1} \psi_{2,i} \cdot E_{Qk,i}$$

Dabei kann der charakteristische Wert der vorherrschenden unabhängigen veränderlichen Auswirkung $E_{Qk,1}$ wie folgt bestimmt werden:

$$(\psi_{1,1} - \psi_{2,1}) \cdot E_{Qk,1}$$
$$= \text{Max. oder Min.} \left\{ (\psi_{1,i} - \psi_{2,i}) \cdot E_{Qk,i} \right\}$$

Quasi-ständige Kombination

$$E_d = E \left\{ \sum_{j \geq 1} G_{k,j} \,\text{„+"}\, P_k \,\text{„+"}\, \sum_{i \geq 1} \psi_{2,i} \cdot Q_{k,i} \right\}$$

Die quasi-ständige Kombination wird i. d. R. für Langzeitauswirkungen, z. B. für das Erscheinungsbild des Bauwerks, verwendet.

Bei linear-elastischer Berechnung des Tragwerks dürfen die Bemessungswerte der Auswirkungen der Einwirkungen wie folgt berechnet werden:

$$E_{d,perm} = \sum_{j \geq 1} E_{Gk,j} + E_{Pk} + \sum_{i \geq 1} \psi_{2,i} \cdot E_{Qk,i}$$

4.2 Eigenlasten von Baustoffen, Bauteilen und Lagerstoffen

nach DIN EN 1991-1-1: 2010-12; DIN EN 1991-1-1/NA: 2010-12; DIN EN 1991-1-1/NA/A1: 2015-05

Bei den nachfolgend angeführten Wichten und Flächenlasten handelt es sich um charakteristische Werte nach DIN EN 1990. Mit * gekennzeichnete Werte wurden aus DIN 1055 übernommen, da entsprechende Angaben in DIN EN 1990 fehlen.

4.2.1 Wichten und Flächenlasten von Baustoffen und Bauteilen

4.2.1.1 Beton und Mörtel

Tafel 4.7 Wichten für Beton und Mörtel (Rechenwerte in kN/m³, bei Frischbeton und bei bewehrtem Leichtbeton um 1 kN/m³ erhöhen)

Leichtbeton	Rohdichteklasse LC						
	1,0	1,2	1,4	1,6	1,8	2,0	
	9–10	10–12	12–14	14–16	16–18	18–20	
Normalbeton							24
Stahlbeton							25
Schwerbeton							> 28*
Zementmörtel							19–23
Gipsmörtel							12–18
Kalkzementmörtel							18–20
Kalkmörtel							12–18

4.2.1.2 Mauerwerk

Tafel 4.8 Wichten für Natursteine und Mauerwerk aus Natursteinen

Gegenstand	Wichte [kN/m³]
Amphibolit*	30
Basalt	27–31
Diabas*	29
Diorit	27–31
Dolomit*	28
Gabbro	27–31
Gneis	30
Granit	27–30
Granulit*	30
Grauwacke	21–27
Kalkstein	20
Kalkstein, dicht	20–29
Konglomerate*	26
Marmor*	28
Muschelkalk*	28
Porphyr	27–30
Quarzit*	27
Rhyolith*	26
Sandstein	21–27
Schiefer	28
Serpentin*	27
Syenit	27–30
Trachyt	26
Travertin*	26
Tuffstein	20

Tafel 4.9 Wichten für Mauerwerk aus künstlichen Steinen mit Normal-, Leicht- und Dünnbettmörtel

Rohdichte	Wichte[a] [kN/m³]
0,31–0,35	5,5
0,36–0,40	6,0
0,41–0,45	6,5
0,46–0,50	7,0
0,51–0,55	7,5
0,56–0,60	8,0
0,61–0,65	8,5
0,66–0,70	9,0
0,71–0,75	9,5
0,76–0,80	10,0
0,81–0,90	11,0
0,91–1,0	12,0
1,01–1,2	14,0
1,21–1,4	16,0
1,41–1,6	16,0
1,61–1,8	18,0
1,81–2,0	20,0
2,01–2,2	22,0
2,21–2,4	24,0
2,41–2,6	26,0

[a] Die Werte schließen den Fugenmörtel und die übliche Feuchte ein. Bei Mauersteinen mit einer Rohdichte $\leq 1,4$ dürfen bei Verwendung von Leicht- und Dünnbettmörtel die charakteristischen Werte um 1 kN/m³ vermindert werden.

4.2.1.3 Bauplatten und Planbauplatten aus unbewehrtem Porenbeton sowie Dach-, Wand- und Deckenplatten aus bewehrtem Porenbeton

Tafel 4.10 Bauplatten und Planbauplatten aus unbewehrtem Porenbeton nach DIN 4166

Zeile	Rohdichteklasse	Wichte[a] [kN/m³]
1	0,35	4,5
2	0,40	5,0
3	0,45	5,5
4	0,50	6,0
5	0,55	6,5
6	0,60	7,0
7	0,65	7,5
8	0,70	8,0
9	0,80	9,0

[a] Die Werte schließen den Fugenmörtel und die übliche Feuchte ein. Bei Verwendung von Leicht- und Dünnbettmörtel dürfen die charakteristischen Werte um 0,5 kN/m³ vermindert werden.

Tafel 4.11 Dach-, Wand- und Deckenplatten aus bewehrtem Porenbeton nach DIN 4223

Zeile	Rohdichteklasse	Wichte [kN/m³]
1	0,40	5,2
2	0,45	5,7
3	0,50	6,2
4	0,55	6,7
5	0,60	7,2
6	0,65	7,8
7	0,70	8,4
8	0,80	9,5

4.2.1.4 Wandbauplatten aus Gips und Gipskartonplatten

Tafel 4.12 Flächenlasten für Gips-Wandbauplatten nach DIN EN 12859 und Gipskartonplatten nach DIN 18180

Gegenstand	Rohdichteklasse	Flächenlast je cm Dicke [kN/m²]
Porengips-Wandbauplatten	0,7	0,07
Gips-Wandbauplatten	0,9	0,09
Gipskartonplatten	–	0,09

4.2.1.5 Putze ohne und mit Putzträgern

Tafel 4.13 Flächenlasten für Putze ohne und mit Putzträgern

Gegenstand	Flächenlast [kN/m²]
Drahtputz (Rabitzdecken und Verkleidungen)*, 30 mm Mörteldicke aus	
Gipsmörtel	0,50
Kalk-, Gipskalk- oder Gipssandmörtel	0,60
Zementmörtel	0,80
Gipskalkputz	
Auf Putzträgern (z. B. Ziegeldrahtgewebe, Streckmetall) bei 30 mm Mörteldicke	0,50
Auf Holzwolleleichtbauplatten mit einer Dicke von 15 mm und Mörtel mit einer Dicke von 20 mm	0,35
Auf Holzwolleleichtbauplatten mit einer Dicke von 25 mm und Mörtel mit einer Dicke von 20 mm	0,45
Gipsputz, Dicke 15 mm	0,18
Kalk-, Kalkgips- und Gipssandmörtel, Dicke 20 mm	0,35
Kalkzementmörtel, Dicke 20 mm	0,40
Leichtputz nach DIN 18550-4, Dicke 20 mm	0,30
Putz aus Putz- und Mauerbinder nach DIN 4211, Dicke 20 mm	0,40
Rohrdeckenputz (Gips), Dicke 20 mm	0,30
Wärmedämmputzsystem (WDPS) Dämmputz	
Dicke 20 mm	0,24
Dicke 60 mm	0,32
Dicke 100 mm	0,40
Wärmedämmbekleidung aus Kalkzementputz mit einer Dicke von 20 mm und Holzwolleleichtbauplatten	
Plattendicke 15 mm	0,49
Plattendicke 50 mm	0,60
Plattendicke 100 mm	0,80
Wärmedämmverbundsystem (WDVS) aus 15 mm dickem bewehrtem Oberputz und Schaumkunststoff nach DIN V 18164-1 und DIN 18164-2 oder Faserdämmstoff nach DIN V 18165-1 und DIN 18165-2	0,30
Zementmörtel, Dicke 20 mm	0,42

4.2.1.6 Metalle

Tafel 4.14 Metalle

Gegenstand	Wichte [kN/m^3]
Aluminium	27,0
Aluminiumlegierung*	28,0
Blei	112,0–114,0
Bronze	83,0–85,0
Kupfer-Zink-Legierung*	85,0
Kupfer-Zinn-Legierung*	85,0
Gusseisen	71,0–72,5
Kupfer	87,0–89,0
Magnesium*	18,5
Messing	83,0–85,0
Nickel*	89,0
Schmiedeeisen	76,0
Stahl	77,0–78,5
Zink	71,0–72,0
Zinn*	74,0

4.2.1.7 Holz und Holzwerkstoffe

Tafel 4.15 Holz und Holzwerkstoffe

Gegenstand	Wichte [kN/m^3]
Holz (Festigkeitsklassen, siehe EN 338)	
Festigkeitsklasse C14	3,5
Festigkeitsklasse C16	3,7
Festigkeitsklasse C18	3,8
Festigkeitsklasse C22	4,1
Festigkeitsklasse C24	4,2
Festigkeitsklasse C27	4,5
Festigkeitsklasse C30	4,6
Festigkeitsklasse C35	4,8
Festigkeitsklasse C40	5,0
Festigkeitsklasse D30	6,4
Festigkeitsklasse D35	6,7
Festigkeitsklasse D40	7,0
Festigkeitsklasse D50	7,8
Festigkeitsklasse D60	8,4
Festigkeitsklasse D70	10,8
Brettschichtholz (Festigkeitsklassen, siehe EN 1194)	
GL24h	3,7
GL28h	4,0
GL32h	4,2
GL36h	4,4
GL24c	3,5
GL28c	3,7
GL32c	4,0
GL36c	4,2

Tafel 4.15 (Fortsetzung)

Gegenstand	Wichte [kN/m^3]
Sperrholz	
Weichholz-Sperrholz	5,0
Birken-Sperrholz	7,0
Laminate und Tischlerplatten	4,5
Spanplatten	
Spanplatten	7,0–8,0
Zementgebundene Spanplatten	12,0
Sandwichplatten	7,0
Holzfaserplatten	
Hartfaserplatten	10,0
Faserplatten mittlerer Dichte	8,0
Leichtfaserplatten	4,0

4.2.1.8 Fußboden- und Wandbeläge

Tafel 4.16 Flächenlasten von Fußboden- und Wandbelägen

Gegenstand	Flächenlast je cm Dicke [kN/m^2/cm]
Asphaltbeton	0,24
Asphaltmastix	0,18
Gussasphalt	0,23
Betonwerksteinplatten, Terrazzo, kunstharzgebundene Werksteinplatten	0,24
Estrich	
Calciumsulfatestrich (Anhydritestrich, Natur-, Kunst- und REA[a]-Gipsestrich)	0,22
Gipsestrich	0,20
Gussasphaltestrich	0,23
Industrieestrich	0,24
Kunstharzestrich	0,22
Magnesiaestrich nach DIN 272 mit begehbarer Nutzschicht bei ein- oder mehrschichtiger Ausführung	0,22
Unterschicht bei mehrschichtiger Ausführung	0,12
Zementestrich	0,22
Glasscheiben	0,25
Acrylscheiben	0,12
Gummi	0,15
Keramische Wandfliesen (Steingut einschließlich Verlegemörtel)	0,19
Keramische Bodenfliesen (Steinzug und Spaltplatten, einschließlich Verlegemörtel)	0,22
Kunststoff-Fußbodenbelag	0,15
Linoleum	0,13
Natursteinplatten (einschließlich Verlegemortel)	0,30
Teppichboden	0,03

[a] Rauchgasentschwefelungsanlage.

4.2.1.9 Sperr-, Dämm- und Füllstoffe

Tafel 4.17 Flächenlasten von losen Stoffen

Gegenstand	Flächenlast je cm Dicke [kN/m^2/cm]
Bimskies, geschüttet	0,07
Blähglimmer, geschüttet	0,02
Blähperlit	0,01
Blähschiefer und Blähton, geschüttet	0,15
Faserdämmstoffe nach DIN V 18165-1 und DIN 18165-2 (z. B. Glas-, Schlacken-, Steinfaser)	0,01
Faserstoffe, bituminiert, als Schüttung	0,02
Gummischnitzel	0,03
Hanfscheben, bituminiert	0,02
Hochofenschaumschlacke (Hüttenbims), Steinkohlenschlacke, Koksasche*	0,14
Hochofenschlackensand	0,10
Kieselgur	0,03
Korkschrot, geschüttet	0,02
Magnesia, gebrannt	0,10
Schaumkunststoffe	0,01

Tafel 4.18 Flächenlasten von Platten, Matten und Bahnen

Gegenstand	Flächenlast je cm Dicke [kN/m^2/cm]
Asphaltplatten	0,22
Holzwolle-Leichtbauplatten nach DIN 1101	
Plattendicke ≤ 100 mm	0,06
Plattendicke > 100 mm	0,04
Kieselgurplatten	0,03
Korkschrotplatten aus imprägniertem Kork nach DIN 18161-1, bitumiert	0,02
Mehrschicht-Leichtbauplatten nach DIN 1102, unabhängig von der Dicke	
Zweischichtplatten	0,05
Dreischichtplatten	0,09
Korkschrotplatten aus Backkork nach DIN 18161-1	0,01
Perliteplatten	0,02
Polyurethan-Ortschaum nach DIN 18159-1	0,01
Schaumglas (Rohdichte 0,07 g/cm^3) in Dicken von 4 cm bis 6 cm mit Pappekaschierung und Verklebung	0,02
Schaumkunststoffplatten nach DIN V 18164-1 und DIN 18164-2	0,004

4.2.1.10 Dachdeckungen

Die Rechenwerte gelten für 1 m^2 Dachfläche ohne Sparren, Pfetten und Dachbinder.

Tafel 4.19 Flächenlasten für Deckungen aus Dachziegeln, Dachsteinen und Glasdeckstoffen

Gegenstand	Flächenlasten[a] [kN/m^2]
Dachsteine aus Beton mit mehrfacher Fußverrippung und hochliegendem Längsfalz	
Bis 10 Stück/m^2	0,50
Über 10 Stück/m^2	0,55

Tafel 4.19 (Fortsetzung)

Gegenstand	Flächenlasten[a] [kN/m^2]
Dachsteine aus Beton mit mehrfacher Fußverrippung und tiefliegendem Längsfalz	
Bis 10 Stück/m^2	0,60
Über 10 Stück/m^2	0,65
Biberschwanzziegel 155 mm × 375 mm und 180 mm × 380 mm und ebene Dachsteine aus Beton im Biberformat	
Spießdach (einschließlich Schindeln)	0,60
Doppeldach und Kronendach	0,75
Falzziegel, Reformpfannen, Falzpfannen, Flachdachpfannen	0,55
Glasdeckstoffe	Bei gleicher Dachdeckungsart wie in vorangegangenen Zeilen
Großformatige Pfannen bis 10 Stück/m^2	0,50
Kleinformatige Biberschwanzziegel und Sonderformate (Kirchen-, Turmbiber usw.)	0,95
Krempziegel, Hohlpfannen	0,45
Krempziegel, Hohlpfannen in Pappdocken verlegt	0,55
Mönch- und Nonnenziegel (mit Vermörtelung)	0,90
Strangfalzziegel	0,60

[a] Die Flächenlasten gelten, soweit nicht anders angegeben, ohne Vermörtelung, aber einschließlich der Lattung. Bei einer Vermörtelung sind 0,1 kN/m^2 zuzuschlagen.

Tafel 4.20 Flächenlasten von Schieferdeckung

Gegenstand	Flächenlasten [kN/m^2]
Altdeutsche Schieferdeckung und Schablonendeckung auf 24 mm Schalung, einschließlich Vordeckung und Schalung	
In Einfachdeckung	0,50
In Doppeldeckung	0,60
Schablonendeckung auf Lattung, einschließlich Lattung	0,45

Tafel 4.21 Flächenlasten von Faserzement-Dachplatten nach DIN EN 494

Gegenstand	Flächenlast [kN/m^2]
Deutsche Deckung auf 24 mm Schalung, einschließlich Vordeckung und Schalung	0,40
Doppeldeckung auf Lattung, einschließlich Lattung	0,38[a]
Waagerechte Deckung auf Lattung, einschließlich Lattung	0,25[a]

[a] Bei Verlegung auf Schalung sind 0,1 kN/m^2 zu addieren.

Tafel 4.22 Flächenlasten von Faserzement-Wellplatten nach DIN EN 494

Gegenstand	Flächenlast [kN/m^2]
Faserzement-Kurzwellplatten	0,24[a]
Faserzement-Wellplatten	0,20[a]

[a] Ohne Pfetten, jedoch einschließlich Befestigungsmaterial.

Tafel 4.23 Flächenlasten von Metalldeckungen

Gegenstand	Flächenlast [kN/m²]
Aluminiumblechdach (Aluminium 0,7 mm dick, einschließlich 24 mm Schalung)	0,25
Aluminiumblechdach aus Well-, Trapez- und Klemm-rippenprofilen	0,05
Doppelstehfalzdach aus Titanzink oder Kupfer, 0,7 mm dick, einschließlich Vordeckung und 24 mm Schalung	0,35
Stahlpfannendach (verzinkte Pfannenbleche)	
Einschließlich Lattung	0,15
Einschließlich Vordeckung und 24 mm Schalung	0,30
Stahlblechdach aus Trapezprofilen	–[a]
Wellblechdach (verzinkte Stahlbleche, einschließlich Befestigungsmaterial)	0,25

[a] Nach Angabe des Herstellers.

Tafel 4.24 Flächenlasten von sonstigen Deckungen

Gegenstand	Flächenlast [kN/m²]
Deckung mit Kunststoffwellplatten (Profilformen nach DIN EN 494), ohne Pfetten, einschließlich Befestigungsmaterial	
Aus faserverstärkten Polyesterharzen (Rohdichte 1,4 g/cm³), Plattendicke 1 mm	0,03
Wie vor, jedoch mit Deckkappen aus glasartigem Kunststoff (Rohdichte 1,2 g/cm³)	0,06
Plattendicke 3 mm	0,08
PVC-beschichtetes Polyestergewebe, ohne Tragwerk	
Typ I (Reißfestigkeit 3,0 kN/5 cm Breite)	0,0075
Typ II (Reißfestigkeit 4,7 kN/5 cm Breite)	0,0085
Typ III (Reißfestigkeit 6,0 kN/5 cm Breite)	0,01
Rohr- oder Strohdach, einschließlich Lattung	0,70
Schindeldach, einschließlich Lattung	0,25
Sprossenlose Verglasung	
Profilbauglas, einschalig	0,27
Profilbauglas, zweischalig	0,54
Zeltleinwand, ohne Tragwerk	0,03

Tafel 4.25 Flächenlasten von Dach- und Bauwerksabdichtungen mit Bitumen- und Kunststoffbahnen sowie Elastomerbahnen

Gegenstand	Flächenlast [kN/m²]
Bahnen im Lieferzustand	
Bitumen- und Polymerbitumen-Dachdichtungsbahn nach DIN 52130 und DIN 52132	0,04
Bitumen- und Polymerbitumen-Schweißbahn nach DIN 52131 und DIN 52133	0,07
Bitumen-Dichtungsbahn mit Metallbandeinlage nach DIN 18190-4	0,03
Nackte Bitumenbahn nach DIN 52129	0,01
Glasvlies-Bitumen-Dachbahn nach DIN 52143	0,03
Kunststoffbahnen, 1,5 mm Dicke	0,02

Tafel 4.25 (Fortsetzung)

Gegenstand	Flächenlast [kN/m²]
Bahnen in verlegtem Zustand	
Bitumen- und Polymerbitumen-Dachdichtungsbahn nach DIN 52130 und DIN 52132, einschließlich Klebemasse bzw. Bitumen- und Polymerbitumen-Schweißbahn nach DIN 52131 und DIN 52133, je Lage	0,07
Bitumen-Dichtungsbahn nach DIN 18190-4, einschließlich Klebemasse, je Lage	0,06
Nackte Bitumenbahn nach DIN 52129, einschließlich Klebemasse, je Lage	0,04
Glasvlies-Bitumen-Dachbahn nach DIN 52143, einschließlich Klebemasse, je Lage	0,05
Dampfsperre, einschließlich Klebemasse bzw. Schweißbahn, je Lage	0,07
Ausgleichsschicht, lose verlegt	0,03
Dachabdichtungen und Bauwerksabdichtungen aus Kunststoffbahnen, lose verlegt, je Lage	0,02
Schwerer Oberflächenschutz auf Dachabdichtungen	
Kiesschüttung, Dicke 5 cm	1,0

4.2.2 Lagerstoffe

4.2.2.1 Baustoffe als Lagerstoffe

Tafel 4.26 Wichten und Böschungswinkel für Baustoffe als Lagerstoffe

Gegenstand	Wichte [kN/m³]	Böschungs-winkel[a]
Betonit		
Lose	8,0	40°
Gerüttelt	11,0	–
Blähton, Blähschiefer*	15,0[b]	30°
Braunkohlenfilterasche	15,0	20°
Flugasche	10,0–14,0	25°
Gesteinskörnung		
Für Leichtbeton	9,0–20,0	30°
Für Normalbeton	20,0–30,0	30°
Für Schwerbeton	> 30,0	30°
Gips, gemahlen	15,0	25°
Glas, in Tafeln	25,0	–
Glas, gekörnt	22,0	–
Drahtglas	26,0	–
Acrylglas	12,0	–
Hochofenstückschlacke	17,0	40°
Hochofenschlacke, gekörnt	12,0	30°
Hüttenbims	9,0	35°
Kalk, gebrannt		
In Stücken*	13,0	45°
Gemahlen	13,0	25–27°
Gelöscht*	6,0	25°

Tafel 4.26 (Fortsetzung)

Gegenstand	Wichte [kN/m³]	Böschungs- winkel[a]
Kalkstein	13,0	25°
Kesselasche*	13,0	30°
Koksasche*	7,5	25°
Kies und Sand, Schüttung	15,0–20,0	35°
Kunststoffe; Polyethylen, Polystyrol als Granulat	6,4	30°
Polyvinylchlorid als Pulver	5,9	40°
Polyesterharze	11,8	–
Leimharze	13,0	–
Magnesit (kaustisch gebrannte Magnesia), gemahlen	12,0	–
Stahlwerkschlacke (Körnungen und Mineralstoffgemische)*	22,0	40°
Schaumlava, gebrochen, erdfeucht*	10,0	35°
Trass, gemahlen, lose geschüttet*	15,0	25°
Vermiculit		
Blähglimmer als Zuschlag für Beton	1,0	–
Glimmer	6,9–9,0	–
Zement, gemahlen, lose geschüttet	16,0	28°
In Säcken	15,0	
Zementklinker*	18,0	26°
Ziegelsand, Ziegelsplitt und Ziegelschotter, erdfeucht	15,0	35°

[a] Die Böschungswinkel gelten für lose Schüttung.
[b] Höchstwert, der in der Regel unterschritten wird.

4.2.2.2 Gewerbliche und industrielle Lagerstoffe

Tafel 4.27 Wichten und Böschungswinkel von gewerblichen und industriellen Lagerstoffen

Gegenstand	Wichte [kN/m³]	Böschungs- winkel
Aktenregale und -schränke, gefüllt	6,0	–
Akten und Bücher, geschichtet	8,5	–
Bitumen	14,0	–
Eis, in Stücken	8,5	–
Eisenerz		
Raseneisenerz	14,0	40°
Brasilerz	39,0	40°
Fasern, Zellulose, in Ballen gepresst	12,0	0°
Faulschlamm		
Bis 30 % Volumenanteil an Wasser	12,5	20°
Über 50 % Volumenanteil an Wasser	11,0	0°
Fischmehl	8,0	45°
Gummi	10,0–17,0	–
Holzspäne, lose geschüttet	2,0	45°
Holzspäne		
In Säcken, trocken	3,0	–
Lose, trocken	2,5	45°
Lose, feucht	5,0	45°

Tafel 4.27 (Fortsetzung)

Gegenstand	Wichte [kN/m³]	Böschungs- winkel
Holzwolle		
Lose	1,5	45°
Gepresst	4,5	–
Karbid in Stücken	9,0	30°
Kleider und Stoffe, gebündelt oder in Ballen	11,0	–
Kork, gepresst	3,0	–
Leder, Häute und Felle, geschichtet oder in Ballen	10,0	–
Linoleum nach DIN EN 548, in Rollen	13,0	–
Papier		
Geschichtet	11,0	–
In Rollen	15,0	–
Porzellan oder Steingut, gestapelt	11,0	–
PVC-Beläge nach DIN EN 649, in Rollen	15,0	–
Soda		
Geglüht	25,0	45°
Kristallin	15,0	40°
Steinsalz		
Gebrochen	22,0	45°
Gemahlen	12,0	40°
Wolle, Baumwolle, gepresst, luftgetrocknet	13,0	–

Tafel 4.28 Wichten von Flüssigkeiten

Gegenstand	Wichten [kN/m³]
Getränke	
Bier	10,0
Milch	10,0
Süßwasser	10,0
Wein	10,0
Pflanzenöle	
Rizinusöl	9,3
Glyzerin	12,3
Leinöl	9,2
Olivenöl	8,8
Organische Flüssigkeiten und Säuren	
Alkohol	7,8
Äther	7,4
Salzsäure 40 %-ig (Massenanteil)	11,8
Brennspiritus	7,8
Salpetersäure 91 %-ig (Massenanteil)	14,7
Schwefelsäure 30 %-ig (Massenanteil)	13,7
Schwefelsäure 87 %-ig (Massenanteil)	17,7
Terpentin	8,3
Kohlenwasserstoffe	
Anilin	9,8
Benzol	8,8
Steinkohleteer	10,8–12,8

Tafel 4.28 (Fortsetzung)

Gegenstand	Wichten [kN/m³]
Kohlenwasserstoffe	
Kreosot	10,8
Naphtha	7,8
Paraffin	8,3
Leichtbenzin	6,9
Erdöl	9,8–12,8
Dieselöl	8,3
Heizöl	7,8–9,8
Schweröl	12,3
Schmieröl	8,8
Benzin, als Kraftstoff	7,4
Flüssiggas	
Butangas	5,7
Propangas	5,0
Weitere Flüssigkeiten	
Quecksilber	133
Bleimennige	59
Bleiweiß in Öl	38
Schlamm (Volumenanteil über 50 % Wasser)	10,8

Tafel 4.29 Wichten und Böschungswinkel von festen Brennstoffen

Gegenstand	Wichten [kN/m³]	Böschungs-winkel
Holzkohle		
Lufterfüllt	4	–
Luftfrei	15	–
Steinkohle		
Pressbriketts, geschüttet	8	35
Pressbriketts, gestapelt	13	–
Eierbriketts	8,3	30
Steinkohle als Rohkohle, grubenfeucht	10	35
Kohle, gewaschen	12	–
Steinkohle als Staubkohle	7	25
Koks	4,0–6,5	35–45
Mittelgut im Steinbruch	12,3	35
Waschberge im Zechenbetrieb	13,7	35
Andere Kohlensorten	8,3	30–35
Brennholz	5,4	45
Braunkohle		30
Briketts, geschüttet	7,8	–
Briketts, gestapelt	12,8	30–40
Erdfeucht	9,8	35
Trocken	7,8	25–40
Staub	4,9	40
Braunkohlenschwelkoks	9,8	
Torf		
Schwarz, getrocknet, dicht verpackt	6–9	–
Schwarz, getrocknet, lose gekippt	3–6	45

Tafel 4.30 Wichten und Böschungswinkel von landwirtschaftlichen Schütt- und Stapelgütern

Gegenstand	Wichte [kN/m³]	Böschungs-winkel
Anwelksilage*	5,5	0°
Feuchtsilage (Maiskörner)*	16,0	0°
Flachs, gestapelt oder in Ballen gepresst*	3,0	–
Grünfutter, lose gelagert*	4,0	–
Halmfuttersilage, nass*	11,0	0°
Häute und Felle	8,0–9,0	–
Heu		
In Ballen	1,0–3,0	–
Gewalzte Ballen	6,0–7,0	–
Hopfen	1,0–2,0	25°
In Säcken*	1,7	–
In zylindrischen Hopfenbüchsen*	4,7	–
Gepresst oder in Tuch eingenäht	2,9	–
Körner, ungemahlen (≤ 14 % Feuchtigkeitsgehalt, falls nicht anders angegeben)		
Allgemein	7,8	30°
Gerste	7,0	30°
Braugerste (feucht)	8,8	–
Grassamen	3,4	30°
Mais, geschüttet	7,4	30°
Mais in Säcken	5,0	–
Hafer	5,0	30°
Rübsamen	6,4	25°
Roggen	7,0	30°
Weizen, geschüttet	7,8	30°
Weizen in Säcken	7,5	–
Kraftfutter*		
Getreide- und Malzschrot	4,0	45°
Grünfutterbriketts Durchmesser 50 mm bis 80 mm	4,5	50°
Grünfuttercops Durchmesser 15 mm bis 30 mm	6,0	45°
Grünmehlpellets Durchmesser 4 mm bis 8 mm	7,5	45°
Grünmehl- und Kartoffelflocken	1,5	45°
Kleie und Troblako	3,0	45°
Ölkuchen	10,0	–
Ölschrot und Kraftfuttergemische	5,5	45°
Malz*	5,5	20°
Spreu*	1,0	–
Stroh		
Lose (trocken)	0,7	–
In Niederdruckballen oder kurz gehäckselt (bis 5 cm)*	0,8	–
In Hochdruckballen, garngebunden*	1,1	–
In Hochdruckballen, drahtgebunden*	2,7	–
Tabak, gebündelt oder in Ballen	3,5–5,0	–

Tafel 4.30 (Fortsetzung)

Gegenstand	Wichte [kN/m^3]	Böschungs- winkel
Torf		
Trocken, lose, geschüttet	1,0	35°
Trocken, in Ballen komprimiert	5,0	–
Feucht	9,5	–
Wolle		
Lose	3,0	–
In Ballen	7,0-13,0	–
Zuckerrüben		
Trockenschnitzel	2,9	35°
Roh	7,6	–
Nassschnitzel	10,0	–

Tafel 4.31 Wichten und Böschungswinkel von Düngemitteln

Gegenstand	Wichte [kN/m^3]	Böschungs- winkel
Naturdünger		
Mist (mindestens 60 % Feststoffe)	7,8	–
Mist (mit trockenem Stroh)	9,3	45°
Trockener Geflügelmist	6,9	45°
Jauche (maximal 20 % Feststoffe)	10,8	–
Kunstdünger		
NPK – Düngemittel, gekörnt	8,0–12,0	25°
Thomasmehl	13,7	35°
Phosphat, gekörnt	10,0–16,0	30°
Kalisulfat	12,0–16,0	28°
Harnstoffe	7,0–8,0	24°

Tafel 4.32 Wichten und Böschungswinkel von Nahrungsmitteln

Gegenstand	Wichte [kN/m^3]	Böschungs- winkel
Butter, verpackt, in Kartons*	8,0	–
Eier, in Behältern	4,0–5,0	–
Fische in Kisten*	8,0	–
Gefrierfleisch*	7,0	–
Gemüse, grün		
Kohl	4,0	–
Salat	5,0	–
Hülsenfrüchte		
Bohnen	8,1	35°
Allgemein	7,4	30°
Sojabohnen	7,8	–
Kaffee in Säcken*	7,0	–
Kakao in Säcken*	6,0	–
Kartoffeln		
Lose	7,6	35°
In Kisten	4,4	–
Konserven aller Art*	8,0	–

Tafel 4.32 (Fortsetzung)

Gegenstand	Wichte [kN/m^3]	Böschungs- winkel
Mehl		
Abgepackt in Tüten auf Paletten und in Sacken	5,0	–
Lose (geschüttet)	6,0	25°
Obst und Früchte		
Äpfel		
Lose	8,3	30°
In Kisten	6,5	–
Kirschen	7,8	–
Birnen	5,9	–
Himbeeren, in Schalen	2,0	–
Erdbeeren, in Schalen	1,2	–
Tomaten	6,8	–
Wurzelgemüse		
Allgemein	8,8	–
Rote Beete	7,4	40°
Möhren	7,8	35°
Zwiebeln	7	35°
Rüben	7	35°
Zucker		
Fest und abgepackt in Tüten auf Paletten und in Säcken	16,0	–
Lose (geschüttet)	7,8–10,0	35°

4.3 Nutzlasten für Hochbauten

nach DIN EN 1991-1-1:2010-12; DIN EN 1991-1-1/NA: 2010-12; DIN EN 1991-1-1/NA/A1: 2015-05

4.3.1 Allgemeines

Eigenlast ist die Summe der in der Regel ständig vorhandenen unveränderlichen Einwirkungen, also das Gewicht der tragenden oder stützenden Bauteile und der unveränderlichen, von den tragenden Bauteilen dauernd aufzunehmenden Lasten (z. B. Auffüllungen, Fußbodenbeläge, Putz und dgl.).

Nutzlast ist die veränderliche oder bewegliche Einwirkung auf das Bauteil (z. B. Personen, Einrichtungsstücke, unbelastete leichte Trennwände, Lagerstoffe, Maschinen, Fahrzeuge).

Als „vorwiegend ruhend" gelten statische Einwirkungen und solche nicht ruhenden Einwirkungen, die für die Tragwerksplanung als ruhende Einwirkung betrachtet werden dürfen. Das sind alle Nutzlasten mit Ausnahme der weiter unten ausdrücklich als „nicht vorwiegend ruhend" definierten Einwirkungen. Insbesondere gelten die Nutzlasten in Werkstätten und Fabriken als vorwiegend ruhend, soweit

nicht im Einzelfall stoßende oder sehr häufig sich wiederholende Lasten wirken.

Als „nicht vorwiegend ruhend" gelten stoßende und sich
häufig wiederholende Lasten, z. B. aus Betrieb mit Gegenge-
wichtsstaplern, aus Fahrzeuglasten nach DIN 1072 oder aus
Hubschrauberlasten.

Anprallasten von Fahrzeugen oder außergewöhnliche
Lasten aus Maschinenbetrieb sind EN 1991-1-7 zu entnehmen. Nutzlasten von Brücken werden in Abschn. 4.8 behandelt.

4.3.2 Abgrenzung von Eigen- und Nutzlast, Trennwandzuschlag

Die charakteristischen Werte der Eigenlasten des Tragwerks
und von nicht tragenden Teilen des Bauwerks sind aus
den Wichten bzw. Flächenlasten der Baustoffe nach DIN
EN 1991-1-1 zu ermitteln (vgl. Abschn. 4.2).

Die Eigenlasten von z. B. losen Kies- und Bodenschüttungen auf Dächern oder Decken sind veränderliche Einwirkungen. Dies gilt insbesondere dann, wenn diese Einwirkungen
z. B. infolge von Reparaturarbeiten vorübergehend entfernt
werden können, und wenn sie sich auf die Standsicherheit
des Bauwerks oder einzelner Teile des Tragwerks auswirken
können.

Statt eines genauen Nachweises darf der Einfluss leichter
unbelasteter Trennwände bis zu einer Höchstlast von 5 kN/m
Wandlänge durch einen gleichmäßig verteilten Zuschlag zur
Nutzlast (Trennwandzuschlag) berücksichtigt werden. Aus-
genommen sind Wände, die parallel zu den Balken von
Decken ohne ausreichende Querverteilung stehen.

Als Zuschlag zur Nutzlast ist bei Wänden, die einschließlich des Putzes höchstens eine Last von 3 kN/m Wandlänge
erbringen, mindestens 0,8 kN/m², bei Wänden, die mehr als
eine Last von 3 kN/m und von höchstens 5 kN/m Wandlänge
erbringen, mindestens 1,2 kN/m² anzusetzen. Bei Nutzlasten
von 5 kN/m² und mehr ist dieser Zuschlag nicht erforderlich.

Lasten infolge beweglicher Trennwände müssen als Nutzlast behandelt werden.

4.3.3 Bekanntgabe zulässiger Nutzlasten

In Gebäuden und baulichen Anlagen, die in Kategorie E eingeordnet werden, ist in jedem Raum die nach Tafel 4.33 bzw.
Tafel 4.36 angenommene Nutzlast anzugeben. Bei Decken,
die von Personenfahrzeugen oder von Gabelstaplern befahren werden, ist an den Einfahrten der Räume die zulässige
Gesamtlast nach Tafel 4.35 bzw. Tafel 4.36 anzugeben.

An den Zufahrten von Decken, die von schwereren Fahrzeugen (z. B. solche nach Abschn. 4.3.5.4) befahren werden,
ist die zulässige Gesamtlast des Fahrzeugs der entsprechenden Brückenklasse nach DIN 1072 anzugeben (siehe
Abschn. 4.7).

4.3.4 Lotrechte vorwiegend ruhende Nutzlasten

4.3.4.1 Gleichmäßig verteilte Nutzlasten und Einzellasten für Decken, Balkone und Treppen

Die charakteristischen Werte gleichmäßig verteilter Nutzlasten für Decken, Treppen und Balkone sind in Tafel 4.33
enthalten.

Alle Lasten dieser Tafel 4.33 gelten als vorwiegend ruhende Lasten. Tragwerke, die durch Menschen zu Schwingungen angeregt werden können, sind gegen die auftretenden
Resonanzeffekte auszulegen.

Falls der Nachweis der örtlichen Mindesttragfähigkeit
erforderlich ist (z. B. bei Bauteilen ohne ausreichende Querverteilung der Lasten), so ist er mit den charakteristischen
Werten für die Einzellast Q_k nach Tafel 4.33 ohne Überlagerung mit der Flächenlast q_k zu führen. Die Aufstandsfläche
für Q_k umfasst ein Quadrat mit einer Seitenlänge von 5 cm.

Wenn konzentrierte Lasten aus Lagerregalen, Hubeinrich-
tungen, Tresoren usw. zu erwarten sind, muss die Einzellast
für diesen Fall gesondert ermittelt und zusammen mit den
gleichmäßig verteilten Nutzlasten beim Tragsicherheitsnachweis berücksichtigt werden.

Für die Lastweiterleitung auf sekundäre Tragglieder (Unterzüge, Stützen, Wände, Gründungen usw.) dürfen die Nutzlasten wie folgt abgemindert werden:

$$q_k' = \alpha_A \cdot q_k$$

Dabei ist
q_k die Nutzlast nach Tafel 4.33; wird q_k mit einem Trenn-
     wandzuschlag nach Abschn. 4.3.2 ermittelt, so darf die-
     ser ebenfalls mit abgemindert werden.
q_k' die abgeminderte Nutzlast
α_A der Abminderungsbeiwert nach folgenden Gleichungen:
     Abminderungsbeiwert α_A für die Kategorien A, B und Z

$$\alpha_A = 0,5 + \frac{10}{A} \leq 1,0$$

Abminderungsbeiwert α_A für die Kategorien C bis E1.1

$$\alpha_A = 0,7 + \frac{10}{A} \leq 1,0$$

Dabei ist A die Einzugsfläche des sekundären Traggliedes
in m² (siehe hierzu Abb. 4.3 und 4.4). Bei einem mehrfeldrigen statischen System ist die Einzugsfläche für jedes Feld
getrennt zu ermitteln. Vereinfacht dürfen alle Felder mit dem
ungünstigsten Abminderungsfaktor (siehe hierzu Abb. 4.5)
abgemindert werden.

Wenn für die Bemessung der vertikalen Tragglieder Nutzlasten aus mehreren Stockwerken maßgebend sind, dürfen
die Nutzlasten der Kategorien A bis D, E1.1, E1.2, E2.1 bis
E2.5, T und Z mit einem Faktor α_n abgemindert werden.

Tafel 4.33 Lotrechte Nutzlasten für Decken, Treppen und Balkone

Kate-gorie		Nutzung	Beispiele	q_k [kN/m²]	Q_k [kN]
A	A1	Spitzböden	Für Wohnzwecke nicht geeigneter, aber zugänglicher Dächraum bis 1,80 m lichter Höhe.	1,0	1,0
	A2	Wohn- und Aufenthaltsräume	Räume mit ausreichender Querverteilung der Lasten. Räume und Flure in Wohngebäuden, Bettenräume in Krankenhäusern, Hotelzimmer einschl. zugehöriger Küchen und Bäder.	1,5	–
	A3		Wie A2, aber ohne ausreichende Querverteilung der Lasten.	2,0[c]	1,0
B	B1	Büroflächen, Arbeitsflächen, Flure	Flure in Bürogebäuden, Büroflächen, Arztpraxen ohne schweres Gerät, Stationsräume, Aufenthaltsräume einschl. der Flure, Kleinviehställe.	2,0	2,0
	B2		Flure in Krankenhäusern, Hotels, Altenheimen, Internaten usw.; Küchen u. Behandlungsräume in Krankenhäusern einschl. Operationsräume ohne schweres Gerät; Kellerräume in Wohngebäuden.	3,0	3,0
	B3		Wie B1 und B2, jedoch mit schwerem Gerät	5,0	4,0
C	C1	Räume, Versammlungsräume und Flächen, die der Ansammlung von Personen dienen können (mit Ausnahme von unter A, B, D und E festgelegten Kategorien)	Flächen mit Tischen; z. B. Kindertagesstätten, Kinderkrippen, Schulräume, Cafes, Restaurants, Speisesäle, Lesesäle, Empfangsräume, Lehrerzimmer.	3,0	4,0
	C2		Flächen mit fester Bestuhlung; z. B. Flächen in Kirchen, Theatern oder Kinos, Kongresssäle, Hörsäle, Versammlungsräume, Wartesäle	4,0	4,0
	C3		Frei begehbare Flächen; z. B. Museumsflächen, Ausstellungsflächen usw. und Eingangsbereiche in öffentlichen Gebäuden und Hotels, nicht befahrbare Hofkellerdecken sowie die zur Nutzungskategorie C1 bis C3 gehörigen Flure.	5,0	4,0
	C4		Sport- und Spielflächen; z. B. Tanzsäle, Sporthallen, Gymnastik- und Kraftsporträume, Bühnen.	5,0	7,0
	C5		Flächen für große Menschenansammlungen; z. B. in Gebäuden wie Konzertsälen, Terrassen und Eingangsbereiche sowie Tribünen mit fester Bestuhlung.	5,0	4,0
	C6		Flächen mit regelmäßiger Nutzung durch erhebliche Menschenansammlungen, Tribünen ohne feste Bestuhlung	7,5	10
D	D1	Verkaufsräume	Flächen von Verkaufsräumen bis 50 m² Grundflache in Wohn-, Büro und vergleichbaren Gebäuden.	2,0	2,0
	D2		Flächen in Einzelhandelsgeschäften und Warenhäusern.	5,0	4,0
	D3		Flächen wie D2, jedoch mit erhöhten Einzellasten infolge hoher Lagerregale.	5,0	7,0
E	E1.1	Fabriken und Werkstätten, Ställe, Lagerräume und Zugänge	Flächen in Fabriken[a] und Werkstätten[a] mit leichtem Betrieb und Flächen in Großviehställen	5,0	4,0
	E1.2		Allgemeine Lagerflächen, einschließlich Bibliotheken.	6,0[b]	7,0
	E2.1		Flächen in Fabriken[a] und Werkstätten[a] mit mittlerem oder schwerem Betrieb.	7,5[b]	10,0
T[d]	T1	Treppen und Treppenpodeste	Treppen und Treppenpodeste in Wohngebäuden, Bürogebäuden und von Arztpraxen ohne schweres Gerät.	3,0	2,0
	T2		Alle Treppen und Treppenpodeste, die nicht in T1 oder T3 eingeordnet werden können.	5,0	2,0
	T3		Zugänge und Treppen von Tribünen ohne feste Sitzplätze, die als Fluchtweg dienen.	7,5	3,0
Z[d]		Zugänge, Balkone und Ähnliches	Dachterrassen, Laubengänge, Loggien usw., Balkone, Ausstiegspodeste.	4,0	2,0

[a] Nutzlasten in Fabriken und Werkstätten gelten als vorwiegend ruhend. Im Einzelfall sind sich häufig wiederholende Lasten je nach Gegebenheit als nicht vorwiegend ruhende Lasten nach Abschn. 4.3.5 einzuordnen.

[b] Bei diesen Werten handelt es sich um Mindestwerte. In Fällen, in denen höhere Lasten vorherrschen, sind die höheren Lasten anzusetzen.

[c] Für die Weiterleitung der Lasten in Räumen mit Decken ohne ausreichende Querverteilung auf stützende Bauteile darf der angegebene Wert um 0,5 kN/m² abgemindert werden.

[d] Hinsichtlich der Einwirkungskombinationen sind die Einwirkungen der Nutzungskategorie des jeweiligen Gebäudes oder Gebäudeteils zuzuordnen.

Der Faktor α_n beträgt für:
Kategorien A bis D, Z: $\alpha_n = 0,7 + 0,6/n$
Kategorien E1.1, E1.2, E2.1 bis E2.5, T: $\alpha_n = 1,0$
Dabei ist n die Anzahl der Geschosse (> 2) oberhalb der belasteten Stützen und Wände mit der gleichen Nutzungskategorie.

Der Faktor α_A darf für ein Bauteil nicht gleichzeitig mit dem Faktor α_n angesetzt werden. Es darf aber der günstigere der beiden Werte angesetzt werden.

In mehrgeschossigen Gebäuden ist die Nutzlast aller Geschosse bei der Ermittlung der Einwirkungskombination insgesamt als eine unabhängige veränderliche Einwirkung aufzufassen.

Wenn der charakteristische Wert der Nutzlasten in Kombination mit anderen Einwirkungen durch einen Kombinationsbeiwert ψ abgemindert wird, darf eine Abminderung mit dem Faktor α_n nicht angesetzt werden.

Abb. 4.3 Lasteinzugsflächen für die Schnittgrößenermittlung von Mittel- und Randfeldern (hier $A_2 > A_1 > A_3$)

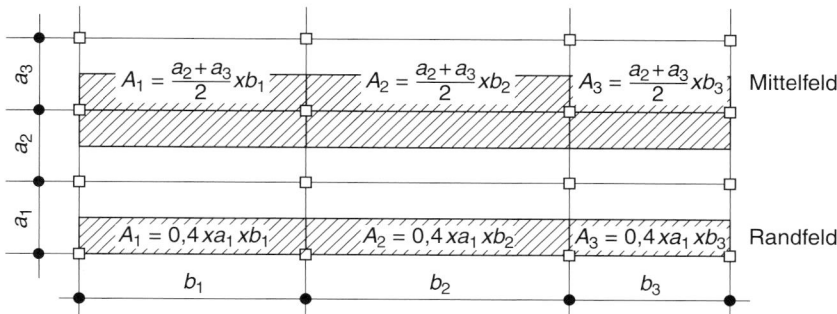

Abb. 4.4 Lastabminderung mit feldweise unterschiedlichen α_i-Werten (hier $\alpha_3 > \alpha_1 > \alpha_2$)

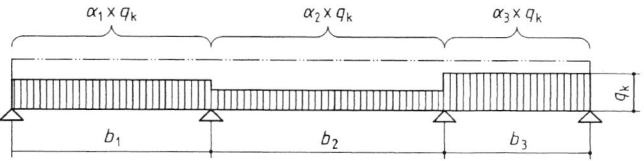

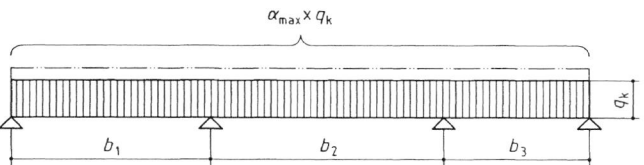

Abb. 4.5 Lastabminderung mit einheitlichen a_i-Werten (hier vereinfacht $\alpha_{max} = \alpha_3$)

4.3.4.2 Gleichmäßig verteilte Nutzlasten und Einzellasten für Dächer

Die Lasten entsprechend Abschn. 4.3.4.2 gelten als vorwiegend ruhende Lasten.

Der charakteristische Wert einer Mannlast auf Dächern ist in Tafel 4.34 angegeben. Falls der Nachweis der örtlichen Mindesttragfähigkeit erforderlich ist, so ist er mit den charakteristischen Werten für die Einzellast Q_k nach Tafel 4.34 zu führen. Die Aufstandsfläche für Q_k umfasst ein Quadrat mit einer Seitenlänge von 5 cm.

Für Begehungsstege, die Teil eines Fluchtweges sind, ist eine Nutzlast von 3 kN/m² anzusetzen.

Befahrbare Dächer oder Dächer für Sonderbetrieb sind in den Abschn. 4.3.4.3 und 4.3.5 geregelt.

Eine Überlagerung der Einwirkungen nach Tafel 4.34 mit den Schneelasten ist nicht erforderlich.

Bei Dachlatten sind zwei Einzellasten von je 0,5 kN in den äußeren Viertelpunkten der Stützweite anzunehmen. Für hölzerne Dachlatten mit Querschnittsabmessungen, die sich erfahrungsgemäß bewährt haben, ist bei Sparrenabständen bis etwa 1 m kein Nachweis erforderlich.

Leichte Sprossen dürfen mit einer Einzellast von 0,5 kN in ungünstigster Stellung berechnet werden, wenn die Dächer nur mithilfe von Bohlen und Leitern begehbar sind.

Tafel 4.34 Nutzlasten für Dächer

1	2	3
Kategorie	Nutzung	Q_k [kN]
H	Nicht begehbare Dächer, außer für übliche Erhaltungsmaßnahmen, Reparaturen	1,0

4.3.4.3 Nutzlasten für Parkhäuser und Flächen mit Fahrzeugverkehr

Die charakteristischen Werte gleichmäßig verteilter Nutzlasten bzw. von Achslasten für Parkhäuser und Flächen mit Fahrzeugverkehr sind in Tafel 4.35 enthalten. Die Lasten dieser Tafel 4.35 gelten als vorwiegend ruhende Lasten.

Bei Anwendung der Achslast gilt Abb. 4.6.

Die Flächenlast oder die Achslast Q_k ist alternativ anzusetzen.

Tafel 4.35 Lotrechte Nutzlasten für Parkhäuser und Flächen mit Fahrzeugverkehr

Kate-gorie	Nutzung	q_k [kN/m²]		Q_k [kN]
F1	Verkehrs- und Parkflächen für leichte Fahrzeuge (Gesamtlast ≤ 30 kN)	3,0[b,c]	oder	20[a]
F2	Zufahrtsrampen	5,0[c]	oder	20[a]

[a] In den Kategorien F1 und F2 können die Achslast ($Q_k = 20$ kN) oder die Radlasten ($0,5 Q_k = 10$ kN) für den Nachweis örtlicher Beanspruchungen (z. B. Querkraft am Auflager oder Durchstanzen unter einer Radlast) maßgebend werden.

[b] Kann bei statischen Systemen die Einflussfläche A_{EF} (in m²) eindeutig bestimmt werden, darf die Flächenlast wie folgt abgemindert werden:

$$2{,}2 + 35/A_{EF} \le 3{,}0 \text{ kN/m}^2$$
$$\ge 2{,}5 \text{ kN/m}^2$$

Alternativ darf auf der sicheren Seite liegend die Einflussfläche A_{EF} auch als Einzugsfläche A nach Abb. 4.3 bestimmt werden.

[c] Für die Lastweiterleitung auf Stützen, Wände und Fundamente ist ein Wert von 2,5 kN/m² ausreichend.

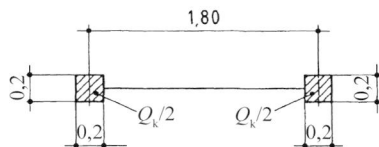

Abb. 4.6 Maße für die Anwendung von Achslasten

Die Zufahrten zu Flächen, die für die Kategorie F bemessen sind, müssen durch Vorrichtungen begrenzt werden, die die Durchfahrt schwererer Fahrzeuge verhindern.

4.3.5 Gleichmäßig verteilte Nutzlasten und Einzellasten bei nicht vorwiegend ruhenden Einwirkungen

4.3.5.1 Allgemeines
Die gleichmäßig verteilten Nutzlasten q_k nach Tafel 4.36 und Tafel 4.38 sind ohne Schwingbeiwert anzusetzen.

Die Einzellasten Q_k nach Tafel 4.36 und Tafel 4.38 sind mit den Schwingbeiwerten φ (nach Abschn. 4.3.5.2) zu vervielfachen.

4.3.5.2 Schwingbeiwerte
Der Schwingbeiwert beträgt $\varphi = 1{,}4$, sofern kein genauerer Nachweis geführt wird. Für überschüttete Bauwerke ist $\varphi = 1{,}4 - 0{,}1 \cdot h_{\ddot{u}} \geq 1{,}0$.

Dabei ist $h_{\ddot{u}}$ die Überschüttungshöhe in m.

Der Schwingbeiwert φ für Flächen nach Abschn. 4.3.5.4 ist in DIN 1072 enthalten (vgl. Abschn. 4.7).

4.3.5.3 Flächen für Betrieb mit Gabelstaplern
Lagerflächen und Flächen für industrielle Nutzung sind zunächst in die Kategorien E1.1, E1.2, E2.1 gemäß Tafel 4.33 unterteilt. Darüber hinaus werden die Kategorien E2.2 bis E2.5 im Falle einer Nutzung mit Gabelstaplern unterschieden (Tafel 4.36).

Lagerflächen, auf denen Gabelstapler eingesetzt werden, sind je nach den Betriebsverhältnissen für einen Gabelstapler in ungünstigster Stellung mit den in Betracht kommenden Einzellasten Q_k und ringsherum für eine gleichmäßig verteilte Nutzlast q_k nach Tafel 4.36 zu bemessen; dabei werden die Gabelstaplerklassen FL1 bis FL6 definiert (Tafel 4.37 in Verbindung mit Abb. 4.7).

Die Gleichlast q_k ist außerdem in ungünstiger Zusammenwirkung – feldweise veränderlich – anzusetzen, sofern die Nutzung als Lagerfläche nicht ungünstiger ist.

Muss damit gerechnet werden, dass Decken sowohl von Gabelstaplern als auch von Fahrzeugen der Kategorie F oder

Tafel 4.37 Abmessungen von Gabelstaplern nach FL-Klassen

Gabelstapler-klasse	a [m]	b [m]	l [m]	Eigengewicht (Netto) [kN]	Hublasten [kN]
FL1	0,85	1,00	2,60	21	10
FL2	0,95	1,10	3,00	31	15
FL3	1,00	1,20	3,30	44	25
FL4	1,20	1,40	4,00	60	40
FL5	1,50	1,90	4,60	90	60
FL6	1,80	2,30	5,10	110	80

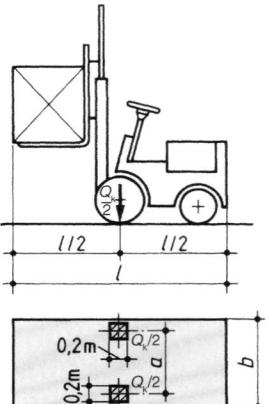

Abb. 4.7 Abmessungen von Gabelstaplern

von Fahrzeugen nach Abschn. 4.3.5.4 befahren werden, so ist die ungünstiger wirkende Nutzlast anzusetzen.

Horizontallasten infolge Beschleunigung und Bremsen von Gapelstaplern können mit 30 % der Achslast angesetzt werden ($0{,}3 \cdot Q_k$; ohne φ).

4.3.5.4 Flächen für Fahrzeugverkehr auf Hofkellerdecken und planmäßig befahrene Deckenflächen
Hofkellerdecken und andere Decken, die planmäßig von Fahrzeugen befahren werden, sind für die Lasten der Brückenklassen 16/16 bis 30/30 nach DIN 1072 (vgl. Abschn. 4.7) zu berechnen.

Hofkellerdecken, die nur im Brandfall von Feuerwehrfahrzeugen befahren werden, sind für die Brückenklasse 16/16 nach DIN 1072 zu berechnen. Dabei ist jedoch nur ein Einzelfahrzeug in ungünstigster Stellung anzusetzen; auf den umliegenden Flächen ist die gleichmäßig verteilte Last der Hauptspur in Rechnung zu stellen. Der nach DIN 1072 geforderte Nachweis für eine einzelne Achslast von 110 kN darf entfallen. Die Nutzlast darf als vorwiegend ruhend eingestuft werden.

4.3.5.5 Flächen für Hubschrauberlandeplätze
Für Hubschrauberlandeplätze auf Decken sind entsprechend den zulässigen Abfluggewichten der Hubschrauber die Regelbelastungen der Tafel 4.38 zu entnehmen.

Tafel 4.36 Nutzlasten auf Lagerflächen mit Gabelstaplern

Nutzungs-kategorien	Gabelstap-lerklasse	Zulässige Gesamtlast[a] [kN]	Nutzlast	
			Q_k [kN]	q_k [kN/m²]
E2.2	FL1	31	26	12,5
E2.3	FL2	46	40	15,0
E2.4	FL3	69	63	17,5
E2.5	FL4	100	90	20,0
	FL5	150	140	20,0
	FL6	190	170	20,0

[a] Summe aus Eigengewicht (netto) und Hublasten gemäß Tafel 4.37.

Tafel 4.38 Hubschrauber-Regellasten auf Dachflächen der Kategorie K

Kategorie		Zulässiges Abfluggewicht [t]	Hubschrauber Regellast Q_k [kN]	Seitenlängen einer quadratischen Aufstandsfläche [cm]
HC[a]	HC1	3	30	20
	HC2	6	60	30
	HC3	12	120	30

[a] Die Einwirkungen sind wie diejenigen der Kategorie G zu kombinieren.

Außerdem sind die Bauteile auch für eine gleichmäßig verteilte Nutzlast von $5 \, kN/m^2$ mit Volllast der einzelnen Felder in ungünstigster Zusammenwirkung – feldweise veränderlich – zu berechnen. Der ungünstigste Wert ist maßgebend. Diese gleichmäßig verteilte Nutzlast darf für die Weiterleitung in stützende Bauteile auf $3 \, kN/m^2$ reduziert werden, wenn eine Befahrung der Dachfläche aufgrund der baulichen Gegebenheiten nicht möglich ist.

Als Horizontallasten sind eine Nutzlast Q_k nach Tafel 4.38 sowie eine Nutzlast $q_k = 1,0 \, kN/m$ in der Ebene der Start- und Landefläche und des umgebenden Sicherheitsstreifens an der für den untersuchten Querschnitt eines Bauteils jeweils ungünstigsten Stelle anzunehmen. Für den mindestens 10 cm hohen Überrollschutz ist am oberen Rand eine Horizontallast von 10 kN anzunehmen.

4.3.6 Horizontale Nutzlasten

4.3.6.1 Horizontale Lasten auf Zwischenwände und Absturzsicherungen

Die charakteristischen Werte gleichmäßig verteilter horizontaler Nutzlasten, die in Höhe von bis zu 1,2 m wirken, sind in Tafel 4.39 enthalten.

Die horizontalen Nutzlasten nach Tafel 4.39 sind in Absturzrichtung in voller Höhe und in der Gegenrichtung mit 50 % (mindestens jedoch 0,5 kN/m) anzusetzen.

Tafel 4.39 Horizontale Lasten auf Zwischenwände und Absturzsicherungen

Spalte	1	2
Zeile	Belastete Fläche nach Kategorie	Horizontale Nutzlast q_k [kN/m]
1	A, B1, H, F1 bis F4[b], T1, Z[a]	0,5
2	B2, B3, C1 bis C4, D, E1.1[c], E1.2[c], E2.1 bis E2.5[c], Z[a], FL1 bis FL6[b], HC, T2	1,0
3	C5, C6, T3	2,0

[a] Kategorie Z entsprechend der Einstufung in die Gebäudekategorie.
[b] Anprall wird durch konstruktive Maßnahmen ausgeschlossen.
[c] Bei Flächen der Kategorie E1.1, E1.2, E2.1 bis E2.5, die nur zu Kontroll- und Wartungszwecken begangen werden, sind die Lasten in Abstimmung mit dem Bauherrn festzulegen ($\geq 0,5 \, kN/m$).

4.3.6.2 Horizontallasten zur Erzielung einer ausreichenden Längs- und Quersteifigkeit

Neben der vorgeschriebenen Windlast und etwaigen anderen waagerecht wirkenden Lasten sind zum Erzielen einer ausreichenden Längs- und Quersteifigkeit folgende beliebig gerichtete Horizontallasten zu berücksichtigen:

Für Tribünenbauten und ähnliche Sitz- und Steheinrichtungen ist eine in Fußbodenhöhe angreifende Horizontallast von 1/20 der lotrechten Nutzlast anzusetzen.

Bei Gerüsten ist eine in Schalungshöhe angreifende Horizontallast von 1/100 aller lotrechten Lasten anzusetzen.

Zur Sicherung gegen Umkippen von Einbauten, die innerhalb von geschlossenen Bauwerken stehen und keiner Windbeanspruchung unterliegen, ist eine Horizontallast von 1/100 der Gesamtlast in Höhe des Schwerpunktes anzusetzen.

4.4 Windlasten

nach DIN EN 1991-1-4: 2010-12; DIN EN 1991-1-4/NA: 2010-12

4.4.1 Allgemeines; Schwingungsanfälligkeit

DIN EN 1991-1-4 enthält Regeln und Verfahren für die Berechnung der charakteristischen Windlasten auf Hoch- und Ingenieurbauwerke bis zu einer Höhe von 300 m sowie auf deren einzelne Bauteile und Anbauten. Abgespannte Masten und Fachwerkmaste sowie Türme werden in DIN EN 1993-3-1 behandelt.

Windlasten werden als veränderliche, freie Einwirkungen eingestuft; die bei der Bemessung anzusetzenden Windlasten werden als unabhängige Einwirkungen betrachtet. Die nach DIN EN 1991-1-4 ermittelten Geschwindigkeitsdrücke sind charakteristische Größen (jährliche Überschreitungswahrscheinlichkeit 0,02).

Windlasten müssen sowohl für das gesamte Bauwerk als auch für Teile des Bauwerks (Bauteile, Fassadenelemente) ermittelt werden. Sind Bauwerke durch massive Wände und Decken ausreichend ausgesteift, kann i. d. R. auf einen Nachweis der Gesamtkonstruktion infolge Windbeanspruchung verzichtet werden.

Windlasten werden in DIN EN 1991-1-4 als **Winddrücke** und **Windkräfte** erfasst. Dabei ist die Windlast unabhängig von der Himmelsrichtung mit dem vollen Rechenwert des Geschwindigkeitsdruckes wirkend zu berechnen.

Bei ausreichend steifen, **nicht schwingungsanfälligen** Tragwerken oder Bauteilen kann die Windwirkung durch Ansatz einer statischen Ersatzlast, festgelegt auf Grundlage von Böengeschwindigkeiten, erfasst werden; die zugehörigen Regelungen des vereinfachten Nachweisverfahrens sind nachfolgend dargestellt.

Bei **schwingungsanfälligen** Konstruktionen wird die in Windrichtung entstehende Böenwirkung einschließlich böenerregter Resonanzschwingungen durch eine statische Ersatzlast erfasst; diese beruht auf dem Böengeschwindigkeitsdruck, der mit einem Strukturbeiwert angepasst wird. Das Verfahren ist in DIN EN 1991-1-4/NA, Anhang NA.C, geregelt.

Ein Bauwerk gilt im Sinne der Norm als nicht schwingungsanfällig, wenn seine Verformungen unter Berücksichtigung der dynamischen Wirkung der Windkräfte die Verformungen aus statischer Windlast um nicht mehr als 10% überschreiten.

Ohne besondere Nachweise dürfen übliche Wohn-, Büro- und Industriegebäude mit einer Höhe bis zu 25 m und ihnen in Form oder Konstruktion ähnliche Gebäude in der Regel als nicht schwingungsanfällig angenommen werden. Als Kragträger wirkende Baukonstruktionen – z. B. Türme und Schornsteine – dürfen als nicht schwingungsanfällig angesehen und mit dem vereinfachten Verfahren berechnet werden, wenn sie die folgende Bedingung erfüllen:

$$\frac{x_s}{h} \le \frac{\delta}{\left(\sqrt{\frac{h_{ref}}{h} \cdot \frac{h+b}{b}} + 0{,}125 \cdot \sqrt{\frac{h}{h_{ref}}}\right)^2} \quad \text{mit } h_{ref} = 25\,\text{m}$$

x_s die Kopfpunktverschiebung unter Eigenlast in Windrichtung wirkend angenommen, in m;

δ das logarithmische Dämpfungsdekrement nach DIN EN 1991-1-4, Anhang F;

b die Breite des Bauwerks, in m;

h die Höhe des Bauwerks, in m.

Das logarithmische Dämpfungsdekrement δ für die Grundbiegeschwingungsform kann wie folgt abgeschätzt werden:

$$\delta = \delta_s + \delta_a + \delta_d$$

δ_s das logarithmische Dekrement der Strukturdämpfung;

δ_a das logarithmische Dekrement der aerodynamischen Dämpfung für die Grundeigenform;

δ_d das logarithmische Dekrement der Dämpfung infolge besonderer Maßnahmen (zum Beispiel Schwingungsdämpfer).

Näherungswerte für das logarithmische Dekrement der Strukturdämpfung δ_s können Tafel 4.40 entnommen werden (weitere Werte enthält DIN EN 1991-1-4, Anhang F, Tabelle F.2).

Das logarithmische Dekrement der aerodynamischen Dämpfung δ_a für Schwingungen in Windrichtung kann abgeschätzt werden zu:

$$\delta_a = \frac{\varrho \cdot b \cdot c_f}{2 \cdot n_1 \cdot m_e} v_m(z_s)$$

ϱ die Luftdichte $\varrho = 1{,}25\,\text{kg/m}^3$;

b die Breite der dem Wind ausgesetzten Bauwerksfläche, in m;

Tafel 4.40 Näherungswerte für δ_s von Bauwerken für die Grundschwingungsform

Bauwerkstyp		Bauwerksdämpfung δ_s
Gebäude in Stahlbetonbauweise		0,10
Gebäude in Stahlbauweise		0,05
Gebäude in gemischter Bauweise (Beton + Stahl)		0,08
Türme und Schornsteine in Stahlbetonbauweise		0,03
Stahlbrücken und Türme in Stahlfachwerkbauweise	Geschweißt	0,02
	Vorgespannte Schrauben	0,03
	Rohe Schrauben	0,05
Verbundbrücken		0,04
Brücken in Massivbauweise	Vorgespannt ohne Risse	0,04
	Mit Rissen	0,10
Seile	Paralleldrahtbündel	0,006
	Spiralförmig angeordnete Drähte	0,02

c_f der aerodynamische Kraftbeiwert in Windrichtung (siehe Abschn. 4.4.6);

$v_m(z_s)$ die mittlere Windgeschwindigkeit $v_m(z)$ (siehe Tafel 4.43)

z_s die Bezugshöhe (siehe Abb. 4.8)

m_e die äquivalente Masse je Längeneinheit für die Grundschwingung in Windrichtung; DIN EN 1991-1-4, Anhang F

n_1 die Eigenfrequenz für die Grundschwingung in Windrichtung; DIN EN 1991-1-4, Anhang F

Falls besondere Maßnahmen zur Dämpfungserhöhung angebracht werden, ist das zusätzliche Dämpfungsdekrement δ_d mithilfe geeigneter theoretischer oder experimenteller Verfahren zu ermitteln.

4.4.2 Windzonen, Windgeschwindigkeit v und Geschwindigkeitsdruck q

Grundlegend für die Berechnung der Windbelastung von Bauwerken ist der zu einer gegebenen Windgeschwindigkeit v gehörige Geschwindigkeitsdruck q:

$$q = \frac{1}{2}\varrho \cdot v^2 = \frac{v^2}{1600}$$

ϱ Luftdichte in kg/m^3; (Rechenwert $\varrho = 1{,}25\,\text{kg/m}^3$)

v Windgeschwindigkeit in m/s

q Geschwindigkeitsdruck in kN/m^2

Für die Windzonen WZ1 bis WZ4 enthält Tafel 4.41 die zeitlich gemittelten Windgeschwindigkeiten $v_{b,0}$ und zugehörige Geschwindigkeitsdrücke $q_{b,0}$. Die angegebenen Werte gelten für eine Höhe von 10 m über Grund in ebenem, offenem Gelände (Geländekategorie II nach Tafel 4.42). Bei exponierten Gebäudestandorten kann eine Erhöhung erforderlich werden (DIN EN 1991-1-4/NA, Anhang B.4).

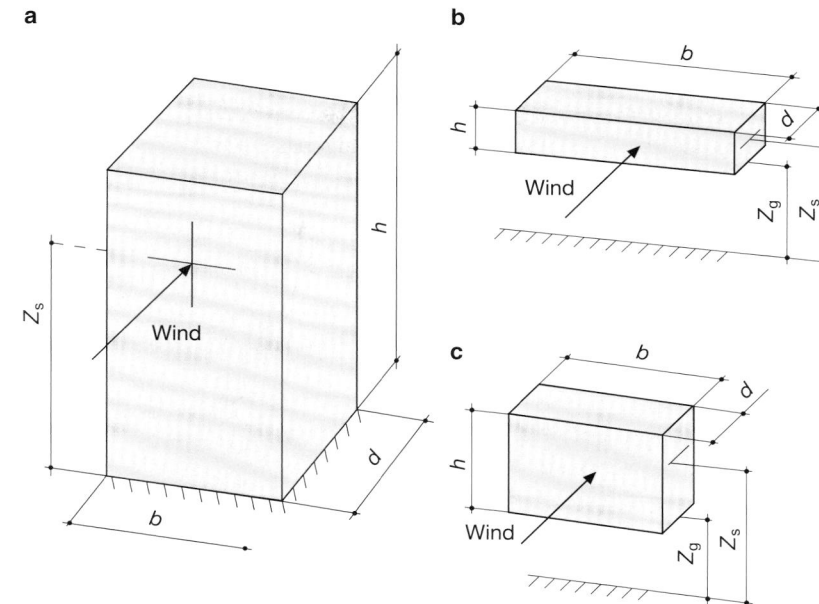

Abb. 4.8 Lage des Angriffspunktes der resultierenden Windkraft. **a** Gebäude, Schornsteine, Türme u. Ä., $z_s = 0,6 \cdot h \geq z_{min}$, **b** Brücken, Freileitungen u. Ä., $z_s = z_g + 0,5 \cdot h \geq z_{min}$, **c** Hochbehälter u. Ä., $z_s = z_g + 0,5 \cdot h \geq z_{min}$

Tafel 4.41 Windzonenkarte für das Gebiet der Bundesrepublik Deutschland

Windzone	$v_{b,0}$ (m/s)	$q_{b,0}$ (kN/m^2)
WZ 1	22,5	0,32
WZ 2	25,0	0,39
WZ 3	27,5	0,47
WZ 4	30,0	0,56

Tafel 4.42 Geländekategorien

Geländekategorie I Offene See; Seen mit mindestens 5 km freier Fläche in Windrichtung; glattes, flaches Land ohne Hindernisse $z_0 = 0{,}01$ m $\alpha = 0{,}12$	
Geländekategorie II Gelände mit Hecken, einzelnen Gehöften, Häusern oder Bäumen, z. B. landwirtschaftliches Gebiet $z_0 = 0{,}05$ m $\alpha = 0{,}16$	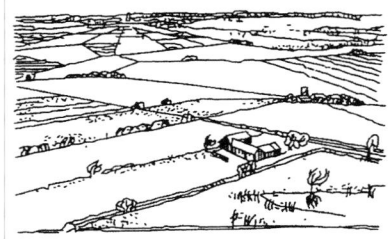
Geländekategorie III Vorstädte, Industrie- oder Gewerbegebiete; Wälder $z_0 = 0{,}30$ m $\alpha = 0{,}22$	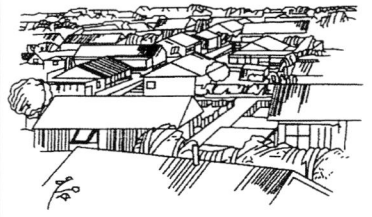
Geländekategorie IV Stadtgebiete, bei denen mindestens 15% der Fläche mit Gebäuden bebaut sind, deren mittlere Höhe 15 m überschreitet $z_0 = 1{,}05$ m $\alpha = 0{,}30$	

Eine Zuordnung der Windzonen nach Verwaltungsgrenzen kann z. B. im Internet unter www.dibt.de abgerufen werden.

Der Geschwindigkeitsdruck ist zu erhöhen, wenn der Bauwerksstandort oberhalb einer Meereshöhe von 800 m über NN liegt. Der Erhöhungsfaktor beträgt $(0{,}2 + H_s/1000)$, wobei H_s die Meereshöhe in Meter ist. Oberhalb von $H_s = 1100$ m sind besondere Überlegungen erforderlich, ebenso für Kamm- und Gipfellagen der Mittelgebirge.

Bei vorübergehenden Zuständen kann eine Abminderung des Geschwindigkeitsdruckes vorgenommen werden (DIN EN 1991-1-4/NA, Anhang B, Tabelle NA.B.5).

Die Basiswindgeschwindigkeit v_b ergibt sich aus den in Tafel 4.41 angegebenen Grundwerten $v_{b,0}$ unter Berücksichtigung von Richtungsfaktor c_{dir} und Jahreszeitenbeiwert c_{season} zu:

$$v_b = c_{dir} \cdot c_{season} \cdot v_{b,0}$$

Für c_{dir} und c_{season} werden die Werte 1,0 angesetzt (in Ausnahmefällen können sie auch genauer bestimmt werden).

Die mittlere Windgeschwindigkeit v_m wird mit der Basiswindgeschwindigkeit bestimmt. Dabei hängen die Profile der mittleren Windgeschwindigkeit und der zugehörigen Turbulenzintensität von der Geländerauigkeit und der Topographie in der Umgebung des Bauwerksstandortes ab.

Für baupraktische Zwecke werden 4 Geländekategorien entsprechend Tafel 4.42 sowie 2 Mischprofile („Küste": Übergangsbereich zwischen Geländekategorie I und II; „Binnenland": Übergangsbereich zwischen Geländekategorie II und III) unterschieden. Auf der sicheren Seite liegend kann in den küstennahen Gebieten sowie auf den Nord- und Ostseeinseln die Geländekategorie I, im Binnenland die Geländekategorie II angesetzt werden.

In der Regel wird der **Böengeschwindigkeitsdruck** für die Windlastermittlung bei nicht schwingungsanfälligen Konstruktionen benutzt.

In Tafel 4.43 sind die Profile der mittleren Windgeschwindigkeit v_m, der Turbulenzintensität I_v und des Böengeschwindigkeitsdruckes für die 4 Geländekategorien zusammengestellt.

Der **Böengeschwindigkeitsdruck** als Ausgangswert zur Bestimmung von Winddrücken (siehe Abschn. 4.4.3) und von Windkräften (siehe Abschn. 4.4.4) bei nicht schwingungsanfälligen Bauwerken und Bauteilen kann wie folgt ermittelt werden:

- Ansatz eines vereinfachten, über die Höhe konstanten Geschwindigkeitsdruckes;
- Ansatz eines mit der Höhe über Grund anwachsenden Geschwindigkeitsdruckes.

Vereinfachte Annahmen für den Böengeschwindigkeitsdruck bei Bauwerken bis zu einer Höhe von 25 m über Grund Der Geschwindigkeitsdruck nach Tafel 4.44 darf konstant über die gesamte Gebäudehöhe angenommen werden. Die für die Küste angegebenen Werte gelten für küstennahe Gebiete in einem Streifen entlang der Küste mit 5 km Breite landeinwärts sowie auf den Inseln der Ostsee. Auf den Inseln der Nordsee ist das vereinfachte Verfahren nur bis zu einer Gebäudehöhe von 10 m zugelassen.

Höhenabhängiger Böengeschwindigkeitsdruck im Regelfall Für Bauwerke, die sich in größere Höhen als 25 m über Grund erstrecken, ist der Einfluss von Bodenrauigkeit und Topographie auf das Profil des Geschwindigkeitsdruckes zu berücksichtigen. Dieser Einfluss kann mit den Gleichungen entsprechend Tafel 4.45 erfasst werden. Da große Gebiete mit gleichförmiger Bodenrauigkeit in Deutschland selten vorkommen, treten überwiegend Mischprofile der 4 Geländekategorien nach Tafel 4.42 auf; in Tafel 4.45 sind als Regelfall 3 Profile angegeben. Der Geschwindigkeitsdruck $q_b = q_{b,0}$ ist Tafel 4.41 zu entnehmen.

Abweichend von den Gleichungen entsprechend Tafel 4.45 darf der Einfluss der Bodenrauigkeit auf Grundlage von Tafel 4.43 genauer bewertet werden (weitere Erläuterungen gemäß DIN EN 1991-1-4/NA, Anhang B).

Tafel 4.43 Profile der mittleren Windgeschwindigkeit, der Turbulenzintensität, des Böengeschwindigkeitsdruckes und der Böengeschwindigkeit in ebenem Gelände fur 4 Geländekategorien

Geländekategorie	I	II	III	IV
Mindesthöhe z_{min}	2,00 m	4,00 m	8,00 m	16,00 m
Mittlere Windgeschwindigkeit v_m für $z > z_{min}$	$1,18 \cdot v_b(z/10)^{0,12}$	$1,00 \cdot v_b(z/10)^{0,16}$	$0,77 \cdot v_b(z/10)^{0,22}$	$0,56 \cdot v_b(z/10)^{0,30}$
v_m/v_b für $z < z_{min}$	0,97	0,86	0,73	0,64
Turbulenzintensität I_v für $z > z_{min}$	$0,14 \cdot (z/10)^{-0,12}$	$0,19 \cdot (z/10)^{-0,16}$	$0,28 \cdot (z/10)^{-0,22}$	$0,43 \cdot (z/10)^{-0,30}$
I_v für $z < z_{min}$	0,17	0,22	0,29	0,37
Böengeschwindigkeitsdruck q_p für $z > z_{min}$	$2,6 \cdot q_b(z/10)^{0,19}$	$2,1 \cdot q_b(z/10)^{0,24}$	$1,6 \cdot q_b(z/10)^{0,31}$	$1,1 \cdot q_b(z/10)^{0,40}$
q_p/q_b für $z < z_{min}$	1,9	1,7	1,5	1,3
Böengeschwindigkeit v_p für $z > z_{min}$	$1,61 \cdot v_b(z/10)^{0,095}$	$1,45 \cdot v_b(z/10)^{0,120}$	$1,27 \cdot v_b(z/10)^{0,155}$	$1,05 \cdot v_b(z/10)^{0,200}$
v_p/v_b für $z < z_{min}$	1,38	1,30	1,23	1,15

Tafel 4.44 Vereinfachte Geschwindigkeitsdrücke für Bauwerke bis 25 m Höhe

Windzone	Geschwindigkeitsdruck q_p in kN/m^2 bei einer Gebäudehöhe h in den Grenzen von		
	$h \leq 10\,m$	$10\,m < h \leq 18\,m$	$18\,m < h \leq 25\,m$
1 Binnenland	0,50	0,65	0,75
2 Binnenland	0,65	0,80	0,90
Küste und Inseln der Ostsee	0,85	1,00	1,10
3 Binnenland	0,80	0,95	1,10
Küste und Inseln der Ostsee	1,05	1,20	1,30
4 Binnenland	0,95	1,15	1,30
Küste der Nord- und Ostsee und Inseln der Ostsee	1,25	1,40	1,55
Inseln der Nordsee	1,40	–	–

Tafel 4.45 Über die Höhe z veränderlicher Böengeschwindigkeitsdruck q_p für Bauwerke bis 300 m Höhe

Im Binnenland	In küstennahen Gebieten sowie auf den Inseln der Ostsee	Auf den Inseln der Nordsee
Mischprofil der Geländekategorien II und III	Mischprofil der Geländekategorien I und II	Geländekategorie I
$z \leq 7\,m$: $q_p(z) = 1,5 \cdot q_b$	$z \leq 4\,m$: $q_p(z) = 1,8 \cdot q_b$	$z \leq 2\,m$: $q_p(z) = 1,1\,kN/m^2$
$7\,m < z \leq 50\,m$: $q_p(z) = 1,7 \cdot q_b\left(\frac{z}{10}\right)^{0,37}$	$4\,m < z \leq 50\,m$: $q_p(z) = 2,3 \cdot q_b\left(\frac{z}{10}\right)^{0,27}$	$2\,m < z \leq 300\,m$:
$50\,m < z \leq 300\,m$: $q_p(z) = 2,1 \cdot q_b\left(\frac{z}{10}\right)^{0,24}$	$50\,m < z \leq 300\,m$: $q_p(z) = 2,6 \cdot q_b\left(\frac{z}{10}\right)^{0,19}$	$q_p(z) = 1,5 \cdot q_b\left(\frac{z}{10}\right)^{0,19}\,kN/m^2$

4.4.3 Winddruck w bei nicht schwingungsanfälligen Konstruktionen

Die Angaben zum Winddruck gelten für ausreichend steife Konstruktionen (böenerregte Resonanzschwingungen vernachlässigbar). Windsog ist als „negativer Winddruck" erfasst (siehe Abb. 4.9).

Der auf eine bestimmte Oberfläche eines Bauwerks wirkende Winddruck w hängt nicht nur vom Geschwindigkeitsdruck $q_p(z_e)$ sondern auch von der Form des Bauwerks sowie der Lage der betrachteten Fläche ab und kann sich auch innerhalb einer Fläche von Teilbereich zu Teilbereich ändern. Diese letztgenannte Abhängigkeit wird ganz allgemein berücksichtigt durch den aerodynamischen **Druck**beiwert c_p (p = pressure), für Außenflächen c_{pe} (e = extern) und für Innenflächen offener Bauwerke c_{pi} (i = intern).

Es gilt

- für den Winddruck w_e auf die Außenfläche eines Bauwerks

$$w_e = c_{pe} \cdot q_p(z_e)$$

c_{pe} Druckbeiwert

$q_p(z_e)$ zur Höhe z_e gehörender Geschwindigkeitsdruck nach Abschn. 4.4.2

z_e Bezugshöhe nach Abschn. 4.4.5

- für den Winddruck w_i auf eine Oberfläche im Inneren eines Bauwerks

$$w_i = c_{pi} \cdot q_p(z_i)$$

Aerodynamische Druckbeiwerte c_p für einzelne Flächen oder Teilflächen häufig vorkommender Baukörper enthält Abschn. 4.4.5.

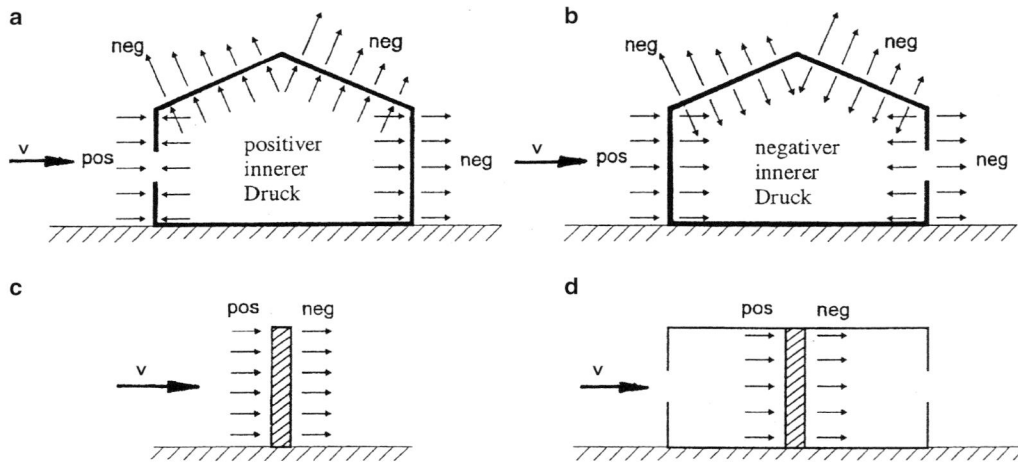

Abb. 4.9 Druck auf Bauwerksflächen. **a** luvseitig offen, **b** leeseitig offen, **c** freistehende Wand, **d** Innenwand in einem offenen Gebäude

Die Nettodruckbelastung infolge Winddruck auf eine Wand, ein Dach oder ein Bauteil ist die Resultierende von Innen- und Außendruck.

4.4.4 Windkräfte bei nicht schwingungsanfälligen Konstruktionen

Auf Oberflächen eines Baukörpers im Wind wirken Druck- und Sogkräfte senkrecht zu Flächen und Reibungskräfte tangential an umströmten Flächen. Die Gesamtwindkraft, die auf einen Baukörper oder ein Körperteil wirkt, wird wie folgt ermittelt:

- aus Kräften, ermittelt mit Kraftbeiwerten (siehe Abschn. 4.4.4.1),
- aus Kräften, ermittelt mit Winddrücken und Reibungsbeiwerten (siehe Abschn. 4.4.4.2).

4.4.4.1 Resultierende Windkräfte, berechnet mit Kraftbeiwerten

Die resultierende Gesamtwindkraft F_w auf einen Baukörper wird wie folgt berechnet:

$$F_w = c_s c_d \cdot c_f \cdot q_p\left(z_e\right) \cdot A_{ref}$$

$c_s c_d$ Strukturbeiwert; bei nicht schwingungsanfälligen Konstruktionen 1,0; alternativ genauere Ermittlung nach DIN EN 1991-1-4/NA, Anhang C.3
c_f aerodynamischer Kraftbeiwert nach Abschn. 4.4.6
$q_p(z_e)$ Geschwindigkeitsdruck in der Höhe z_e nach Abschn. 4.4.2
A_{ref} Bezugsfläche für den Kraftbeiwert nach Abschn. 4.4.6
Alternativ kann die Windkraft durch vektorielle Addition der auf die Körperabschnitte wirkenden Windkräfte bestimmt

werden:

$$F_{wj} = c_s c_d \cdot \sum c_{fj} \cdot q_p\left(z_{ej}\right) \cdot A_j$$

z_{ej} zur Fläche A_j gehörende Höhe
c_{fj} aerodynamischer Kraftbeiwert im Teilabschnitt j

4.4.4.2 Windkräfte, berechnet mit Winddrücken und Reibungsbeiwerten

Die resultierende Windkraft F_w kann durch vektorielle Addition der Kräfte $F_{w,e}$ aus dem Außenwinddruck, $F_{w,i}$ aus dem Innenwinddruck und der Reibungskraft F_{fr} bestimmt werden:

$$F_{w,e} = c_s c_d \cdot \sum w_e \cdot A_{ref}$$
$$F_{w,i} = \sum w_i \cdot A_{ref}$$
$$F_{fr,j} = c_{fr,j} \cdot q_p\left(z_e\right)_j \cdot A_{fr,j}$$

$c_s c_d$ Strukturbeiwert (siehe Abschn. 4.4.4.1)
w_e, w_i Winddrücke auf einen Körperabschnitt in der Höhe z_e, z_i (siehe Abschn. 4.4.3)
A_{ref} Bezugsfläche des Körperabschnittes
c_{fr} Reibungsbeiwert
A_{fr} Außenfläche, die parallel vom Wind angeströmt wird
Reibungskräfte F_{fr} wirken tangential an einer umströmten Fläche eines Baukörpers. Sie dürfen in der Regel gegenüber den auf andere Flächen des gleichen Baukörpers gleichzeitig wirkenden Druckkräften vernachlässigt werden. Bei flächenartigen Baukörpern wie z. B. freistehende Überdachungen geringer Konstruktionshöhe und lange Wände, werden – wenn sie parallel zur Fläche angeströmt werden – Reibungskräfte bedeutsam.

Reibungsbeiwerte für einige Materialien bzw. Oberflächen enthält Tafel 4.46.

Bezugsfläche ist die vom Wind bestrichene Fläche.

Tafel 4.46 Reibungsbeiwerte c_{fr} für Wände, Brüstungen und Dachflächen

Obefläche	Reibungsbeiwert c_{fr}
Glatt (z. B. Stahl, glatter Beton)	0,01
Rau (z. B. rauer Beton, geteerte Flächen)	0,02
Sehr rau (z. B. gewellt, gerippt, gefaltet)	0,04

Für Wände gilt

$$A_{fr} = 2h \cdot l$$

h die Höhe der Wand;
l Länge der Wand.

Für freistehende Überdachungen gilt

$$A_{fr} = 2b \cdot l$$

b die Breite der Überdachung;
l die Länge der Überdachung.
Bezugshöhe z_e ist bei freistehenden Dächern die Dachhöhe, bei Wänden die Oberkante der Wand.

4.4.5 Aerodynamische Druckbeiwerte

4.4.5.1 Allgemeines

Aerodynamische Druckbeiwerte werden angegeben für Baukörper als Innen- und Außendruckbeiwerte bzw. für freistehende Dächer und Wände als Gesamtdruckbeiwerte. Die Außendruckbeiwerte c_{pe} für Bauwerke und Bauteile hängen von der Größe der Lasteinzugsfläche A ab. In den nachfolgenden Tafeln sind zwei Werte angegeben: $c_{pe,1}$ für kleine Flächen ($A \leq 1\,\text{m}^2$) und $c_{pe,10}$ für große Flächen ($A \geq 10\,\text{m}^2$). Für Flächen mittlerer Größe ($1\,\text{m}^2 < A < 10\,\text{m}^2$) wird quasi logarithmisch interpoliert. Es gilt (siehe Abb. 4.10):

$$A \leq 1\,\text{m}^2: \quad c_{pe} = c_{pe,1}$$

$$1\,\text{m}^2 < A < 10\,\text{m}^2: \quad c_{pe} = c_{pe,1} + \left(c_{pe,10} - c_{pe,1}\right) \log A$$

$$A \geq 10\,\text{m}^2: \quad c_{pe} = c_{pe,10}$$

Die Werte für Lasteinzugsflächen $< 10\,\text{m}^2$ sind ausschließlich für die Berechnung der Ankerkräfte von unmittelbar durch Windwirkung belasteten Bauteilen, den Nachweis der Verankerungen und ihrer Unterkonstruktion zu verwenden.

Bei Dachüberständen kann für den Unterseitendruck der Wert der anschließenden Wandfläche und auf der Oberseite

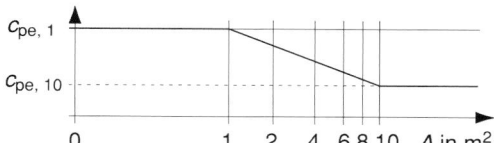

Abb. 4.10 Abhängigkeit des Druckbeiwertes c_{pe} von der Größe der untersuchten Lasteinflussfläche A

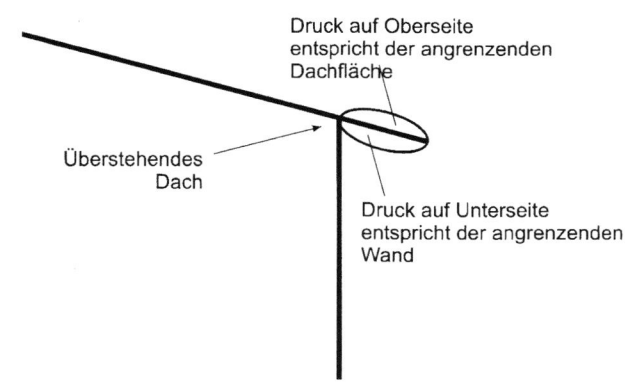

Abb. 4.11 Drücke bei Dachüberständen

der Druck der angrenzenden Dachfläche angenommen werden (siehe Abb. 4.11).

4.4.5.2 Vertikale Wände von Baukörpern mit rechteckigem Grundriss

Tafel 4.47 enthält Druckbeiwerte c_p sowohl für die luv- und leeseitigen Wände D und E eines im Windstrom liegenden Baukörpers als auch für die beiden anderen von Wind überstrichenen („seitlichen") Wandflächen, die dabei in bis zu je drei senkrechte Streifen A, B und C zerlegt werden, siehe Abb. 4.12.

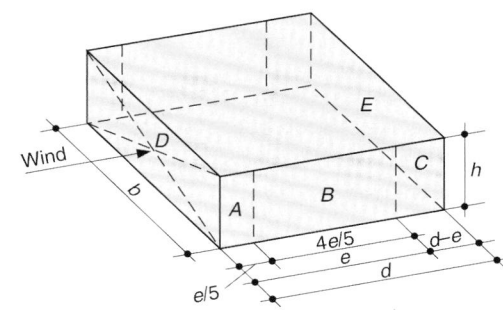

Abb. 4.12 Bezeichnung der Wände und Wandteile sowie Aufteilung der bestrichenen Seitenwände. $e = b$ oder $2h$, der kleinere Wert ist maßgebend (b = Breite der luvseitigen Wand)

Tafel 4.47 Außendruckbeiwerte für vertikale Wände rechteckiger Gebäude

Bereich	A		B		C		D		E	
h/d	$c_{pe,10}$	$c_{pe,1}$	$c_{pe,10}$	$c_{pe,1}$	$c_{pe,10}$	$c_{pe,1}$	$c_{pe,10}$	$c_{pe,1}$	$c_{pe,10}$	$c_{pe,1}$
5	−1,4	−1,7	−0,8	−1,1	−0,5	−0,7	+0,8	+1,0	−0,5	−0,7
1	−1,2	−1,4	−0,8	−1,1	−0,5		+0,8	+1,0	−0,5	
≤ 0,25	−1,2	−1,4	−0,8	−1,1	−0,5		+0,7	+1,0	−0,3	−0,5

Für einzeln in offenem Gelände stehende Gebäude können im Sogbereich auch größere Sogkräfte auftreten.

Zwischenwerte dürfen linear iterpoliert werden.

Für Gebäude mit $h/d > 5$ ist die Gesamtwindlast anhand der Kraftbeiwerte aus Abschn. 4.4.6.1 zu ermitteln.

Drei Beispiele zur Aufteilung der vom Wind bestrichenen „Seiten"-Wände:

(a) Niedriges Gebäude, $b = 20\,\mathrm{m}$, $d = 10\,\mathrm{m}$, $h = 6\,\mathrm{m}$.

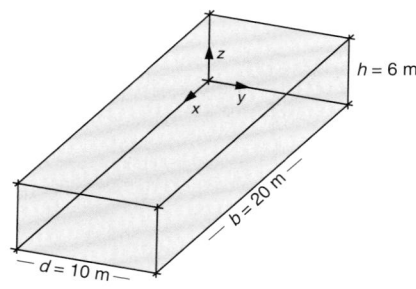

(a1) Wind auf Schmalseite (Wind parallel x)

$$e = \begin{cases} = d = 10\,\mathrm{m} \\ = 2h = 12\,\mathrm{m} \end{cases} = 10\,\mathrm{m}$$
$$e/5 = 2\,\mathrm{m}$$

(a2) Wind auf Breitseite (Wind parallel y)

$$e = \begin{cases} = b = 20\,\mathrm{m} \\ = 2h = 12\,\mathrm{m} \end{cases} = 12\,\mathrm{m}$$
$$e/5 = 2,4\,\mathrm{m}$$

(b) Höheres Gebäude, $b = 20\,\mathrm{m}$, $d = 10\,\mathrm{m}$, $h = 15\,\mathrm{m}$.

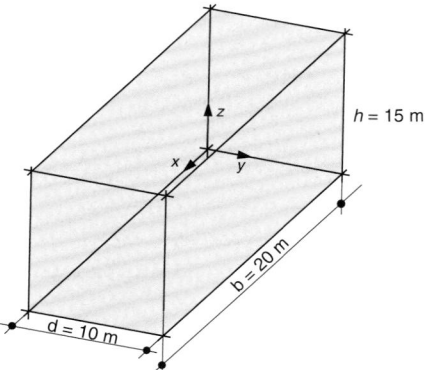

(b1) Wind auf Schmalseite (Wind parallel x)

$$e = \begin{cases} = d = 10\,\mathrm{m} \\ = 2h = 30\,\mathrm{m} \end{cases} = 10\,\mathrm{m}$$
$$e/5 = 2\,\mathrm{m}$$

(b2) Wind auf Breitseite (Wind parallel y)

$$e = \begin{cases} = b = 20\,\mathrm{m} \\ = 2h = 30\,\mathrm{m} \end{cases} = 20\,\mathrm{m}$$
$$e/5 = 4\,\mathrm{m}$$

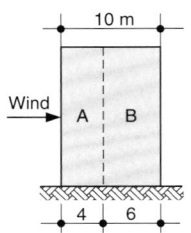

(c) Höheres und schmales Gebäude, $b = 20\,\mathrm{m}$, $d = 4\,\mathrm{m}$, $h = 15\,\mathrm{m}$.

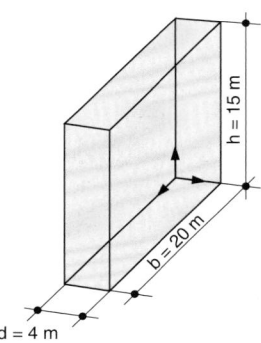

(c1) analog oben

(c2) Wind auf Breitseite (Wind parallel y)

$$e = \begin{cases} = b = 20\,\mathrm{m} \\ = 2h = 30\,\mathrm{m} \end{cases} = 20\,\mathrm{m}$$
$$e/5 = 4\,\mathrm{m}$$

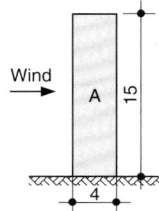

Abb. 4.13 Bezugshöhe z_e und Geschwindigkeitsdruck $q_p(z)$ für senkrechte Gebäudewände. b ist die Breite der angeblasenen Gebäudewand (Wind hier senkrecht auf Zeichenebene)

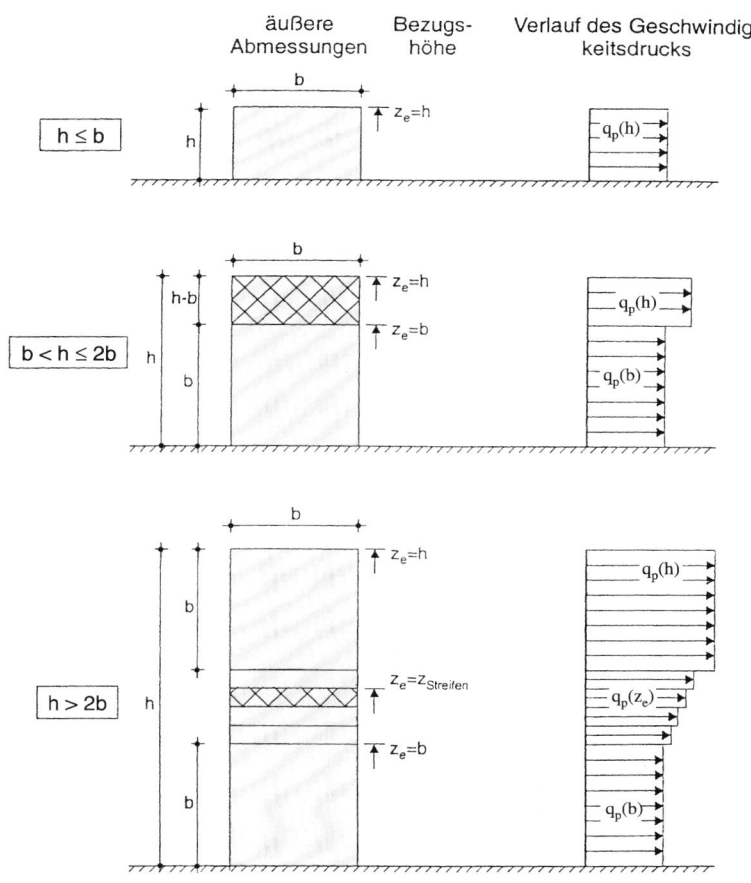

Für den Geschwindigkeitsdruck $q_p(z)$ gilt Folgendes (siehe Abb. 4.13):

- ist die Höhe h der angeströmten Fläche $b \cdot h$ nicht größer als ihre Breite b, dann gilt für die ganze Fläche der zu ihrem oberen Rand gehörende Geschwindigkeitsdruck $q_p(h)$.
- ist die Höhe h der angeströmten Fläche $b \cdot h$ größer als b und kleiner bzw. gleich $2b$, dann wird diese Fläche zweigeteilt und es gilt
  - für die untere Teilfläche $b \cdot b$ der zu ihrem oberen Teilflächenrand gehörende Geschwindigkeitsdruck $q_p(b)$
  - für die obere Teilfläche $b \cdot (h - b)$ der zum oberen Flächenrand gehörende Geschwindigkeitsdruck $q_p(h)$
- Ist die Höhe h der angeströmten Fläche $h \cdot b$ größer als $2b$, dann wird diese Fläche nach Maßgabe von Abb. 4.13 in mehr als zwei Teilbereiche geteilt und es gilt
  - für den unteren Teilbereich $b \cdot b$ der Geschwindigkeitsdruck $q_p(b)$,
  - für den oberen Teilbereich $b \cdot b$ der Geschwindigkeitsdruck $q_p(h)$, und
  - für den oder die Teilbereiche dazwischen der Geschwindigkeitsdruck an ihrem jeweiligen oberen Teilbereichsrand $q_p(z_e)$; dabei ist der Zwischenbereich in eine angemessene Anzahl von Streifen zu unterteilen.

4.4.5.3 Flachdächer bzw. Dächer mit weniger als 5° Neigung

Für Flachdächer mit verschiedenen Trauf-Formen – scharfkantig, abgerundet, abgeschrägt, Attika – enthält Tafel 4.48 die Druckbeiwerte c_{pe} für die luvseitigen Eckbereiche F, den luvseitigen Randbereich G, den Hauptbereich H und den leeseitigen Bereich I (siehe Abb. 4.14).

Bei Flachdächern mit Attika oder abgerundetem Traufbereich darf für Zwischenwerte h_p / h und r / h linear interpoliert werden.

Bei Flachdächern mit mansarddachartigem Traufbereich darf für Zwischenwerte von α zwischen $\alpha = 30°$, $45°$ und $60°$ linear interpoliert werden. Für $\alpha > 60°$ darf zwischen den Werten für $\alpha = 60°$ und den Werten für Flachdächer mit rechtwinkligem Traufbereich linear interpoliert werden.

Im Bereich I, für den positive und negative Werte angegeben werden, sollten beide Werte berücksichtigt werden.

Für die Schräge des mansarddachartigen Traufbereichs selbst werden die Außendruckbeiwerte in Tafel 4.50 „Außendruckbeiwerte für Sattel- und Trogdächer" Anströmrichtung $\theta = 0°$, Bereiche F und G, in Abhängigkeit von dem Neigungswinkel des mansarddachartigen Traufbereichs angegeben. Bei mansardenartig abgeschrägten Traufbereichen mit einem horizontalen Maß weniger als $e/10$ sollten die Werte für scharfkantige Traufbereiche verwendet werden.

Tafel 4.48 Außendruckbeiwerte für Flachdächer

| | | Bereich | | | | | | | |
| | | F | | G | | H | | I | |
		$c_{pe,10}$	$c_{pe,1}$	$c_{pe,10}$	$c_{pe,1}$	$c_{pe,10}$	$c_{pe,1}$	$c_{pe,10}$	$c_{pe,1}$
Scharfkantiger Traufbereich		$-1{,}8$	$-2{,}5$	$-1{,}2$	$-2{,}0$	$-0{,}7$	$-1{,}2$	$+0{,}2/-0{,}6$	
Mit Attika	$h_p/h = 0{,}025$	$-1{,}6$	$-2{,}2$	$-1{,}1$	$-1{,}8$	$-0{,}7$	$-1{,}2$	$+0{,}2/-0{,}6$	
	$h_p/h = 0{,}05$	$-1{,}4$	$-2{,}0$	$-0{,}9$	$-1{,}6$	$-0{,}7$	$-1{,}2$	$+0{,}2/-0{,}6$	
	$h_p/h = 0{,}10$	$-1{,}2$	$-1{,}8$	$-0{,}8$	$-1{,}4$	$-0{,}7$	$-1{,}2$	$+0{,}2/-0{,}6$	
Abgerundeter Traufbereich	$r/h = 0{,}05$	$-1{,}0$	$-1{,}5$	$-1{,}2$	$-1{,}8$	$-0{,}4$		$\pm0{,}2$	
	$r/h = 0{,}10$	$-0{,}7$	$-1{,}2$	$-0{,}8$	$-1{,}4$	$-0{,}3$		$\pm0{,}2$	
	$r/h = 0{,}20$	$-0{,}5$	$-0{,}8$	$-0{,}5$	$-0{,}8$	$-0{,}3$		$\pm0{,}2$	
Abgeschrägter Traufbereich	$\alpha = 30°$	$-1{,}0$	$-1{,}5$	$-1{,}0$	$-1{,}5$	$-0{,}3$		$\pm0{,}2$	
	$\alpha = 45°$	$-1{,}2$	$-1{,}8$	$-1{,}3$	$-1{,}9$	$-0{,}4$		$\pm0{,}2$	
	$\alpha = 60°$	$-1{,}3$	$-1{,}9$	$-1{,}3$	$-1{,}9$	$-0{,}5$		$\pm0{,}2$	

Abb. 4.14 Aufteilung der Dachfläche bei Flachdächern. $e = b$ oder $2h$, der kleinere Wert ist maßgebend (b = Breite der luvseitigen Wand)

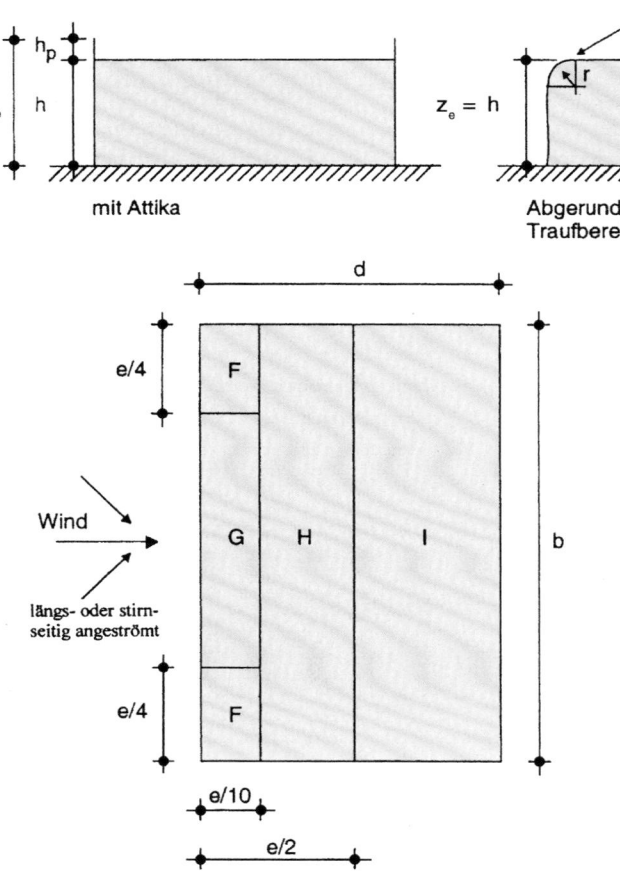

Für den abgerundeten Traufbereich selbst werden die Außendruckbeiwerte entlang der Krümmung durch lineare Interpolation entlang der Kurve zwischen dem Wert an der vertikalen Wand und auf dem Dach ermittelt.

Beispiel für die Aufteilung der Dachfläche:

Gebäudeabmessungen $b = 10\,\text{m}$, $d = 20\,\text{m}$, $h = 6{,}00\,\text{m}$.

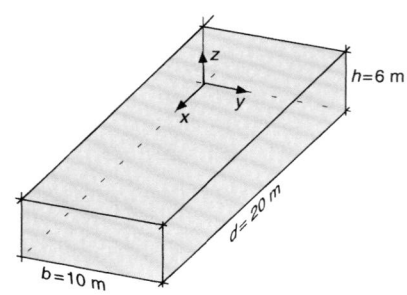

(a) Wind auf Schmalseite (Wind parallel x)

$$e = \begin{cases} = b = 10\ \text{m} \\ = 2h = 12\ \text{m} \end{cases} = 10\ \text{m}$$

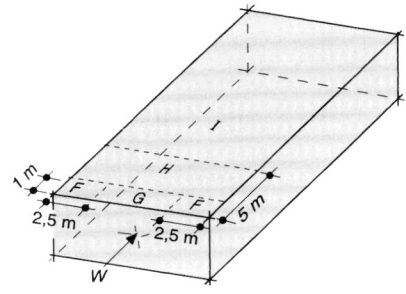

(b) Wind auf Breitseite (Wind parallel y)

$$e = \begin{cases} = d = 20\ \text{m} \\ = 2h = 12\ \text{m} \end{cases} = 12\ \text{m}$$

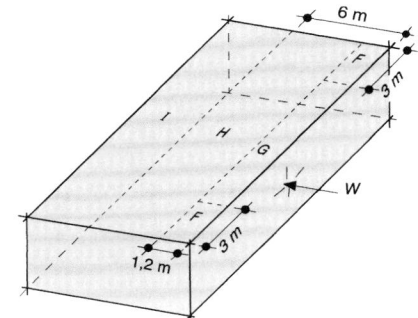

4.4.5.4 Pultdächer

Das Dach einschließlich der überstehenden Teile ist in Bereiche nach Abb. 4.15 einzuteilen. Die Bezugshöhe z_e ist mit $z_e = h$ anzusetzen. Die Druckbeiwerte für jeden Bereich werden in Tafel 4.49 angegeben.

Für die Anströmrichtung $\Theta = 0°$ und bei Neigungswinkeln von $\alpha = +5°$ bis $+45°$ ändert sich der Druck schnell zwischen positiven und negativen Werten; daher werden sowohl der positive als auch der negative Wert angegeben. Für Dachneigungen zwischen den angegebenen Werten darf linear interpoliert werden, sofern nicht das Vorzeichen der Druckbeiwerte wechselt. Der Wert Null ist für Interpolationszwecke angegeben.

Tafel 4.49 Außendruckbeiwerte für Pultdächer

Neigungswinkel α	Anströmrichtung $\Theta = 0°$						Anströmrichtung $\Theta = 180°$					
	Bereich						Bereich					
	F		G		H		F		G		H	
	$c_{pe,10}$	$c_{pe,1}$	$c_{pe,10}$	$c_{pe,1}$	$c_{pe,10}$	$c_{pe,1}$	$c_{pe,10}$	$c_{pe,1}$	$c_{pe,10}$	$c_{pe,1}$	$c_{pe,10}$	$c_{pe,1}$
5°	−1,7	−2,5	−1,2	−2,0	−0,6	−1,2	2,3	−2,5	−1,3	−2,0	−0,8	−1,2
	+0,0		+0,0		+0,0							
15°	−0,9	−2,0	−0,8	−1,5	−0,3		−2,5	−2,8	−1,3	−2,0	−0,9	−1,2
	+0,2		+0,2		+0,2							
30°	−0,5	−1,5	−0,5	−1,5	−0,2		−1,1	−2,3	−0,8	−1,5	−0,8	
	+0,7		+0,7		+0,4							
45°	−0,0		−0,0		−0,0		−0,6	−1,3	−0,5		−0,7	
	+0,7		+0,7		+0,6							
60°	+0,7		+0,7		+0,7		−0,5	−1,0	−0,5		−0,5	
75°	+0,8		+0,8		+0,8		−0,5	−1,0	−0,5		−0,5	

Neigungswinkel α	Anströmrichtung $\Theta = 90°$									
	Bereich									
	F_{hoch}		F_{tief}		G		H		I	
	$c_{pe,10}$	$c_{pe,1}$	$c_{pe,10}$	$c_{pe,1}$	$c_{pe,10}$	$c_{pe,1}$	$c_{pe,10}$	$c_{pe,1}$	$c_{pe,10}$	$c_{pe,1}$
5°	−2,1	−2,6	−2,1	−2,4	−1,8	−2,0	−0,6	−1,2	−0,5	
15°	−2,4	−2,9	−1,6	−2,4	−1,9	−2,5	−0,8	−1,2	−0,7	−1,2
30°	−2,1	−2,9	−1,3	−2,0	−1,5	−2,0	−1,0	−1,3	−0,8	−1,2
45°	−1,5	−2,4	−1,3	−2,0	−1,4	−2,0	−1,0	−1,3	−0,9	−1,2
60°	−1,2	−2,0	−1,2	−2,0	−1,2	−2,0	−1,0	−1,3	−0,7	−1,2
75°	−1,2	−2,0	−1,2	−2,0	−1,2	−2,0	−1,0	−1,3	−0,5	

Abb. 4.15 Einteilung der Dachflächen bei Pultdächern

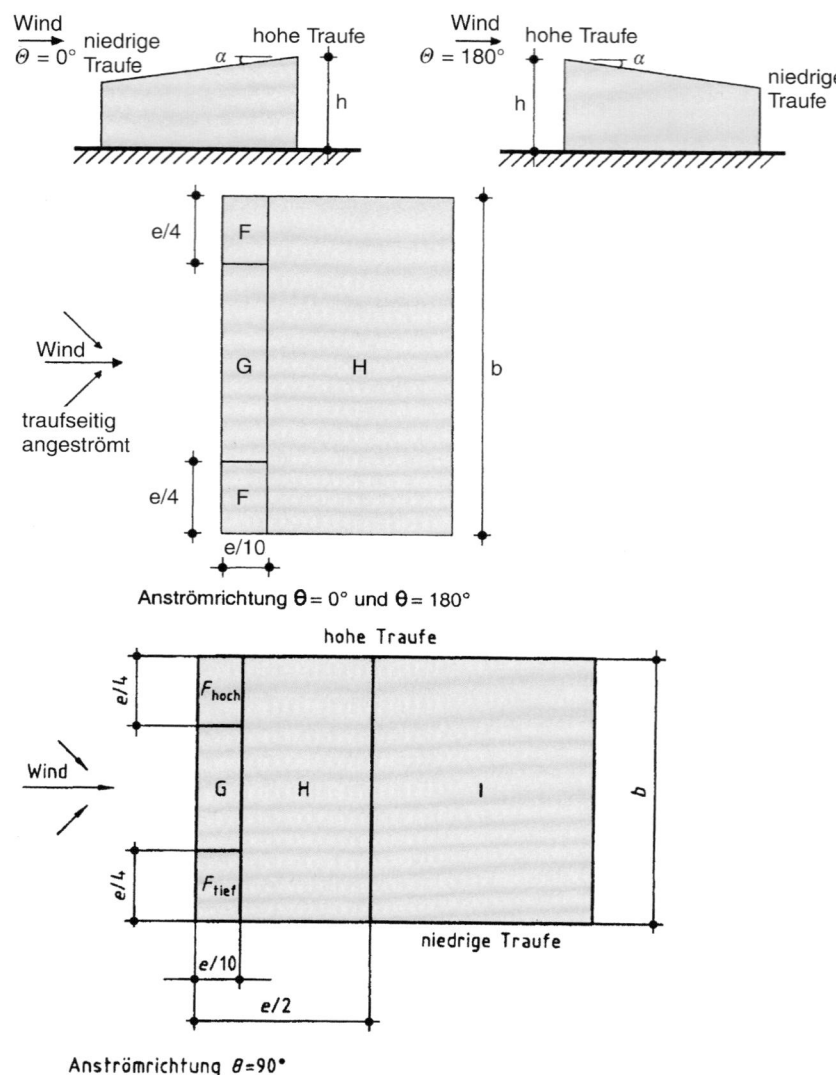

Anströmrichtung **θ** = 0° und **θ** = 180°

Anströmrichtung *θ*=90°

4.4.5.5 Sattel- und Trogdächer

Das Dach wird in Bereiche nach Abb. 4.16 eingeteilt.

Die Bezugshöhe ist $z_e = h$ wie dargestellt. Die Druckbeiwerte für jeden Bereich sind in Tafel 4.50 angegeben.

Für die Anströmrichtung $\Theta = 0°$ und einen Neigungswinkel von $\alpha = -5°$ bis $+45°$ ändert sich der Druck schnell
zwischen positiven und negativen Werten; daher werden sowohl der positive als auch der negative Wert angegeben. Bei
solchen Dächern sind vier Fälle zu berücksichtigen, bei denen jeweils die kleinsten bzw. größten Werte für die Bereiche

F, G und H mit den kleinsten bzw. größten Werten der Bereiche I und J kombiniert werden. Das Mischen von positiven
und negativen Werten auf einer Dachfläche ist nicht zulässig.
Für Dachneigungen zwischen den angegebenen Werten darf
linear interpoliert werden, sofern nicht das Vorzeichen der
Druckbeiwerte wechselt. Zwischen den Werten $\alpha = +5°$
und $\alpha = -5°$ darf nicht interpoliert werden; stattdessen sind
die Werte für Flachdächer nach Abschn. 4.4.5.3 zu benutzen.
Der Wert Null ist für Interpolationszwecke angegeben.

Abb. 4.16 Einteilung der Dachflächen bei Sattel- und Trogdächern

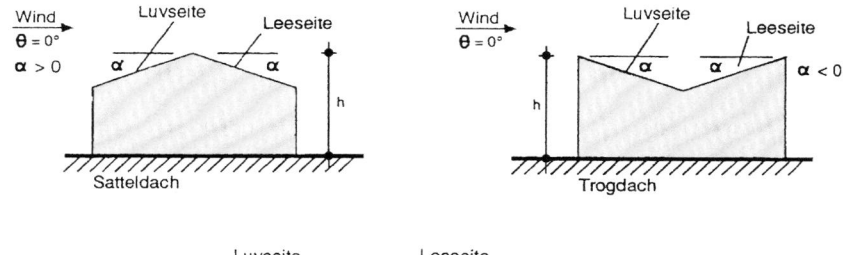

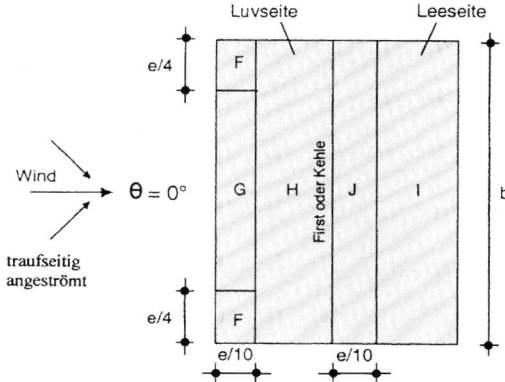

Anströmrichtung Θ= 0°

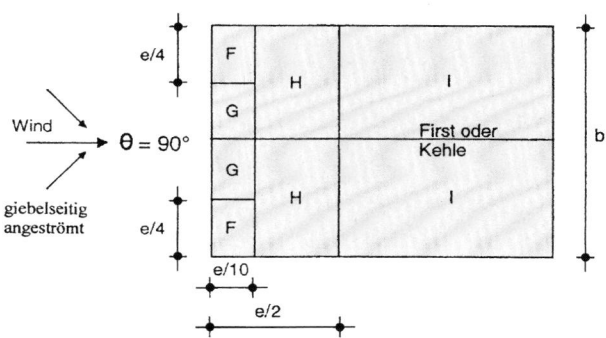

Tafel 4.50 Außendruckbeiwerte für Sattel- und Trogdächer

Neigungswinkel α	Anströmrichtung $\Theta = 0°$									
	Bereich									
	F		G		H		I		J	
	$c_{pe,10}$	$c_{pe,1}$	$c_{pe,10}$	$c_{pe,1}$	$c_{pe,10}$	$c_{pe,1}$	$c_{pe,10}$	$c_{pe,1}$	$c_{pe,10}$	$c_{pe,1}$
−45°	−0,6		−0,6		−0,8		−0,7		−1,0	−1,5
−30°	−1,1	−2,0	−0,8	−1,5	−0,8		−0,6		−0,8	−1,4
−15°	−2,5	−2,8	−1,3	−2,0	−0,9	−1,2	−0,5		−0,7	−1,2
−5°	−2,3	−2,5	−1,2	−2,0	−0,8	−1,2	−0,6		−0,6	
							+0,2		+0,2	
5°	−1,7	−2,5	−1,2	−2,0	−0,6	−1,2	−0,6		−0,6	
	+0,0		+0,0		+0,0				+0,2	
15°	−0,9	−2,0	−0,8	−1,5	−0,3		−0,4		−1,0	−1,5
	+0,2		+0,2		+0,2		+0,0		+0,0	
30°	−0,5	−1,5	−0,5	−1,5	−0,2		−0,4		−0,5	
	+0,7		+0,7		+0,4		+0,0		+0,0	
45°	+0,0		+0,0		+0,0		−0,2		−0,3	
	+0,7		+0,7		+0,6		+0,0		+0,0	
60°	+0,7		+0,7		−0,7		−0,2		−0,3	
75°	+0,8		+0,8		+0,8		−0,2		−0,3	

Tafel 4.50 (Fortsetzung)

Neigungswinkel α	Anströmrichtung $\Theta = 90°$							
	Bereich							
	F		G		H		I	
	$c_{pe,10}$	$c_{pe,1}$	$c_{pe,10}$	$c_{pe,1}$	$c_{pe,10}$	$c_{pe,1}$	$c_{pe,10}$	$c_{pe,1}$
−45°	−1,4	−2,0	−1,2	−2,0	−1,0	−1,3	−0,9	−1,2
−30°	−1,5	−2,1	−1,2	−2,0	−1,0	−1,3	−0,9	−1,2
−15°	−1,9	−2,5	−1,2	−2,0	−0,8	−1,2	−0,8	−1,2
−5°	−1,8	−2,5	−1,2	−2,0	−0,7	−1,2	−0,6	−1,2
5°	−1,6	−2,2	−1,3	−2,0	−0,7	−1,2	−0,6	
15°	−1,3	−2,0	−1,3	−2,0	−0,6	−1,2	−0,5	
30°	−1,1	−1,5	−1,4	−2,0	−0,8	−1,2	−0,5	
45°	−1,1	−1,5	−1,4	−2,0	−0,9	−1,2	−0,5	
60°	−1,1	−1,5	−1,2	−2,0	−0,8	−1,0	−0,5	
75°	−1,1	−1,5	−1,2	−2,0	−0,8	−1,0	−0,5	

4.4.5.6 Walmdächer

Das Dach ist in Bereiche nach Abb. 4.17 einzuteilen. Die Bezugshöhe z_e ist mit $z_e = h$ anzusetzen. Die Druckbeiwerte für jeden Bereich werden in Tafel 4.51 angegeben.

Für die Anströmrichtung $\Theta = 0°$ und einen Neigungswinkel von $\alpha = +5°$ bis $+45°$ ändert sich der Druck auf der Luvseite schnell zwischen positiven und negativen Werten; daher werden sowohl der positive als auch der negative Wert angegeben. Bei solchen Dächern sind zwei Fälle separat zu berücksichtigen: 1. ausschließlich positive Werte und 2. ausschließlich negative Werte. Das Mischen von positiven und negativen Werten auf einer Dachfläche ist nicht zulässig.

Für Werte der Dachneigung zwischen den angegebenen Werten darf linear interpoliert werden, sofern nicht das Vorzeichen der Druckbeiwerte wechselt. Der Wert Null ist für Interpolationszwecke angegeben.

Die luvseitige Dachneigung ist maßgebend für die Druckbeiwerte.

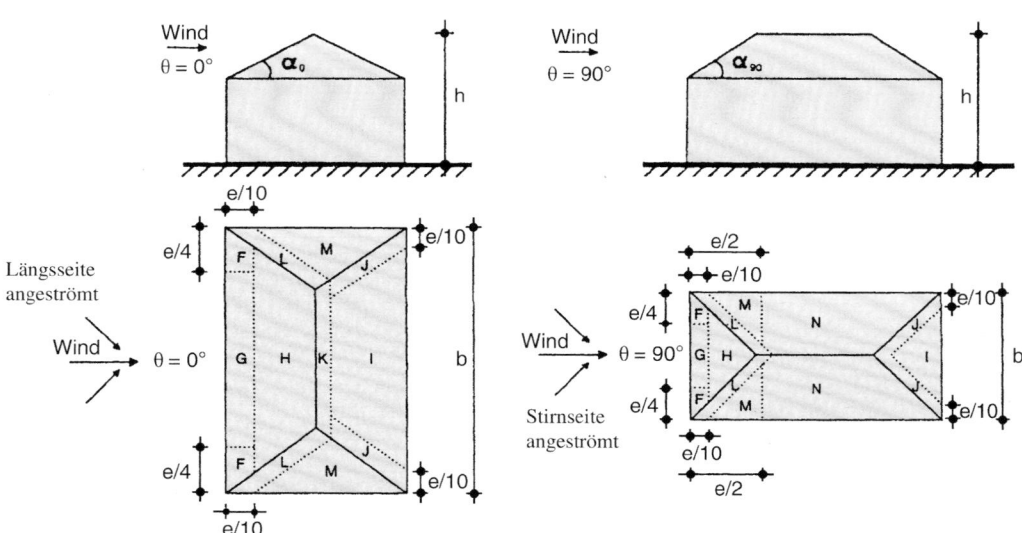

Abb. 4.17 Einteilung der Dachflächen bei Walmdächern. $e = b$ oder $2h$, der kleinere Wert ist maßgebend (b = Breite der luvseitigen Wand)

Tafel 4.51 Außendruckbeiwerte für Walmdächer

Neigungswinkel α α_0 für $\Theta = 0°$ α_{90} für $\Theta = 90°$	Anströmrichtung $\Theta = 0°$ und $\Theta = 90°$																	
	Bereich																	
	F		G		H		I		J		K		L		M		N	
	$c_{pe,10}$	$c_{pe,1}$	$c_{pe,10}$	$c_{pe,1}$	$c_{pe,10}$	$c_{pe,1}$	$c_{pe,10}$	$c_{pe,1}$	$c_{pe,10}$	$c_{pe,1}$	$c_{pe,10}$	$c_{pe,1}$	$c_{pe,10}$	$c_{pe,1}$	$c_{pe,10}$	$c_{pe,1}$	$c_{pe,10}$	$c_{pe,1}$
+5°	−1,7	−2,5	−1,2	−2,0	−0,6	−1,2	−0,3		−0,6		−0,6		−1,2	−2,0	−0,6	−1,2	−0,4	
	+0,0		+0,0		+0,0													
+15°	−0,9	−2,0	−0,8	−1,5	−0,3		−0,5		−1,0	−1,5	−1,2	−2,0	−1,4	−2,0	−0,6	−1,2	−0,3	
	+0,2		+0,2		+0,2													
+30°	−0,5	−1,5	−0,5	−1,5	−0,2		−0,4		−0,7	−1,2	−0,5		−1,4	−2,0	−0,8	−1,2	−0,2	
	+0,5		+0,7		+0,4													
+45°	−0,0		−0,0		−0,0		−0,3		−0,6		−0,3		−1,3	−2,0	−0,8	−1,2	−0,2	
	+0,7		+0,7		+0,6													
+60°	+0,7		+0,7		+0,7		−0,3		−0,6		−0,3		−1,2	−2,0	−0,4		−0,2	
+75°	+0,8		+0,8		+0,8		−0,3		−0,6		−0,3		−1,2	−2,0	−0,4		−0,2	

4.4.5.7 Sheddächer

Für Sheddächer werden die Druckbeiwerte aus den Werten für Pultdächer bzw. für Trogdächer abgeleitet und gemäß Abb. 4.18 wie folgt angepasst:

- Für Sheddächer nach Abb. 4.18a, b werden die Druckbeiwerte für Pultdächer nach Abschn. 4.4.5.4 benutzt. Bei Anströmrichtung parallel zu den Firsten gelten die Werte der Tafel 4.49, Anströmrichtung $\Theta = 90°$. Für die Anströmrichtungen $\Theta = 0°$ und $\Theta = 180°$ werden die Werte der Tafel 4.49 mit den Faktoren gemäß Abb. 4.18 abgemindert. Für die Konfiguration b müssen, abhängig vom Vorzeichen des Druckbeiwertes c_{pe} der ersten Dachfläche, zwei Fälle untersucht werden.

Abb. 4.18 Außendruckbeiwerte bei Sheddächern

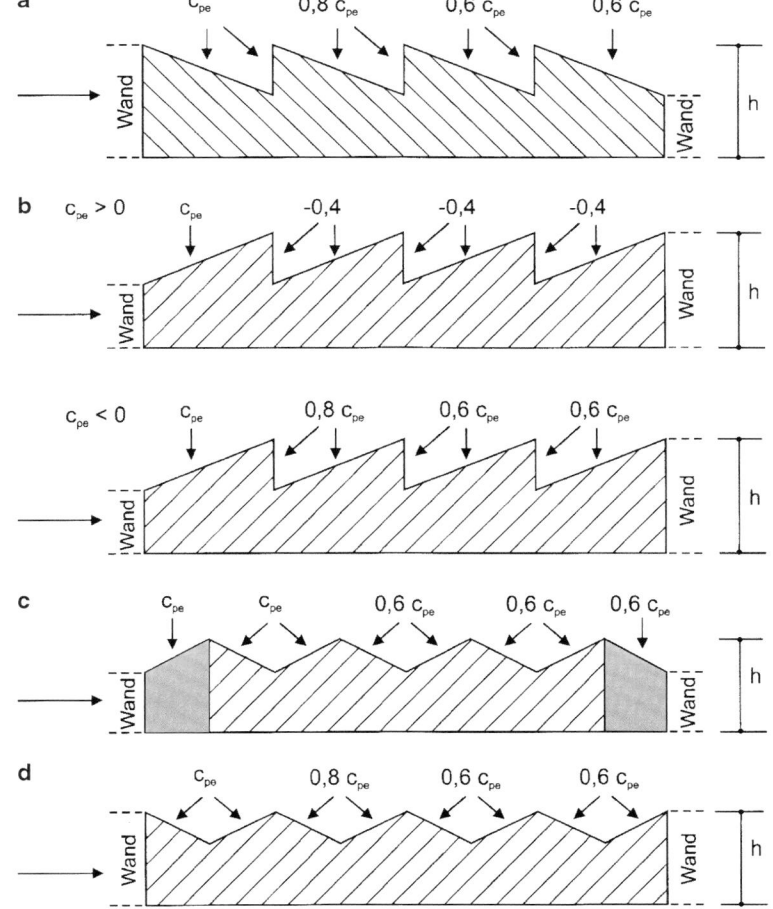

- Für Sheddächer nach Abb. 4.18c, d werden die Druck-beiwerte für Trogdächer nach Abschn. 4.4.5.5 benutzt. Bei Anströmrichtung parallel zu den Firsten gelten die Werte der Tafel 4.50, Anströmrichtung $\Theta = 90°$. Für die Anströmrichtungen $\Theta = 0°$ und $\Theta = 180°$ werden die Werte der Tafel 4.50, Anströmrichtung $\Theta = 0°$, mit den Faktoren gemäß Abb. 4.18 abgemindert. Für die Konfiguration c ist der erste c_{pe}-Wert der c_{pe}-Wert eines Pultdaches, die folgenden c_{pe}-Werte sind jene eines Trog-daches.

Die Bereiche F, G und J sind nur für die erste, luvseitige Dachfläche zu benutzen.

Für die übrigen Dachflächen sind die Bereiche H und I zu benutzen. Die Bezugshöhe z_e ist mit $z_e = h$ anzusetzen.

4.4.5.8　Gekrümmte Dächer

Für kreiszylindrisch gekrümmte Dächer sind in Abb. 4.19 Druckbeiwerte für verschiedene Dachbereiche angegeben. Die angegebenen Verteilungen sind als Einhüllende zu verstehen, die nicht notwendigerweise gleichzeitig auftreten und auch nicht zur gleichen Windrichtung gehören müssen. Die tatsächliche momentane Druckverteilung kann je nach betrachteter Schnittgröße ungünstiger wirken. Wenn die Windlast das Bemessungsergebnis wesentlich bestimmt, kann es daher erforderlich sein, zusätzliche Winddruckverteilungen zu untersuchen.

Für den Bereich A gemäß Abb. 4.19 gilt:
- für $0 < h/d < 0,5$ ist der $c_{pe,10}$-Wert durch lineare Interpolation zu ermitteln;
- für $0,2 \leq f/d \leq 0,3$ und $h/d \geq 0,5$ müssen zwei $c_{pe,10}$-Werte berücksichtigt werden;
- das Diagramm gilt nicht für Flachdächer.

Die Druckbeiwerte für die Wandflächen von rechteckigen Gebäuden mit gekrümmten Dachflächen sind Abschn. 4.4.5.2 zu entnehmen.

In DIN EN 1991-1-4 sind des Weiteren Druckbeiwerte für Kuppeln mit kreisrunder Basis angegeben.

4.4.5.9　Vordächer

Regelungen zu Druckbeiwerten für Vordächer wurden über einen normativen nationalen Anhang in DIN EN 1991-1-4/NA eingebracht. Der Geltungsbereich umfasst ebene, an eine Gebäudewand angeschlossene Vordächer mit einer Auskragung von maximal 10 m und einer Dachneigung von bis zu ±10° aus der Horizontalen.

Vordächer sind jeweils sowohl für eine abwärts gerichtete (positive) als auch für eine aufwärts gerichtete (negative) Kraftwirkung zu untersuchen. Die zugehörigen resultierenden Druckbeiwerte $c_{p,net}$ sind in Tafel 4.52 angegeben; die Bezeichnungen und Abmessungen sind Abb. 4.20 zu entnehmen. Die Bezugshöhe z_e ist der Mittelwert aus der Trauf- und Firsthöhe des Gebäudes.

Abb. 4.19 Außendruckbeiwerte $c_{pe,10}$ für gekrümmte Dächer von Baukörpern mit rechteckigem Grundriss

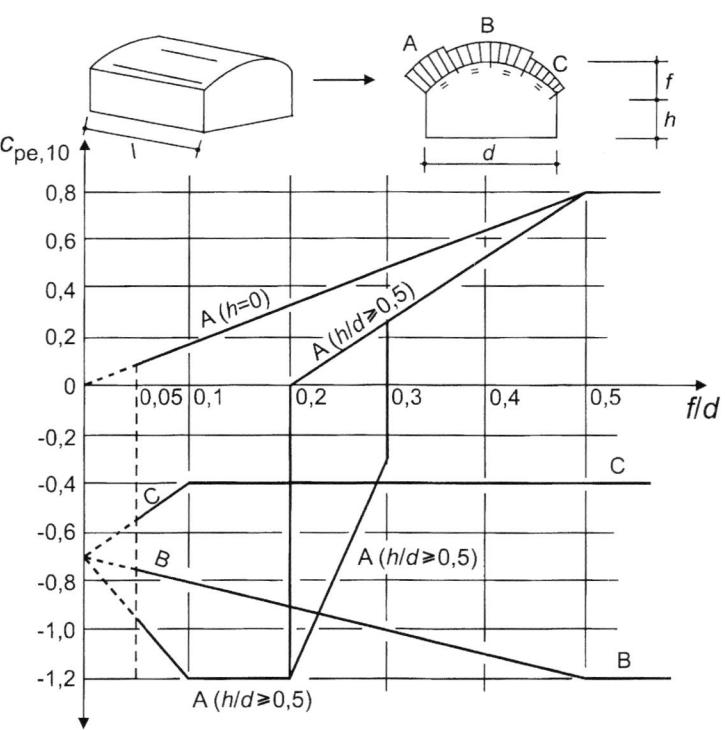

Tafel 4.52 Werte $c_{p,net}$ für den resultierenden Druck an Vordächern

Höhenverhältnis h_1/h	Bereich					
	A			B		
	Abwärtslast	Aufwärtslast		Abwärtslast	Aufwärtslast	
		$h_1/d_1 \leq 1{,}0$	$h_1/d_1 \geq 3{,}5$		$h_1/d_1 \leq 1{,}0$	$h_1/d_1 \geq 3{,}5$
$\leq 0{,}1$	1,1	−0,9	−1,4	0,9	−0,2	−0,5
0,2	0,8	−0,9	−1,4	0,5	−0,2	−0,5
0,3	0,7	−0,9	−1,4	0,4	−0,2	−0,5
0,4	0,7	−1,0	−1,5	0,3	−0,2	−0,5
0,5	0,7	−1,0	−1,5	0,3	−0,2	−0,5
0,6	0,7	−1,1	−1,6	0,3	−0,4	−0,7
0,7	0,7	−1,2	−1,7	0,3	−0,7	−1,0
0,8	0,7	−1,4	−1,9	0,3	−1,0	−1,3
0,9	0,7	−1,7	−2,2	0,3	−1,3	−1,6
1,0	0,7	−2,0	−2,5	0,3	−1,6	−1,9

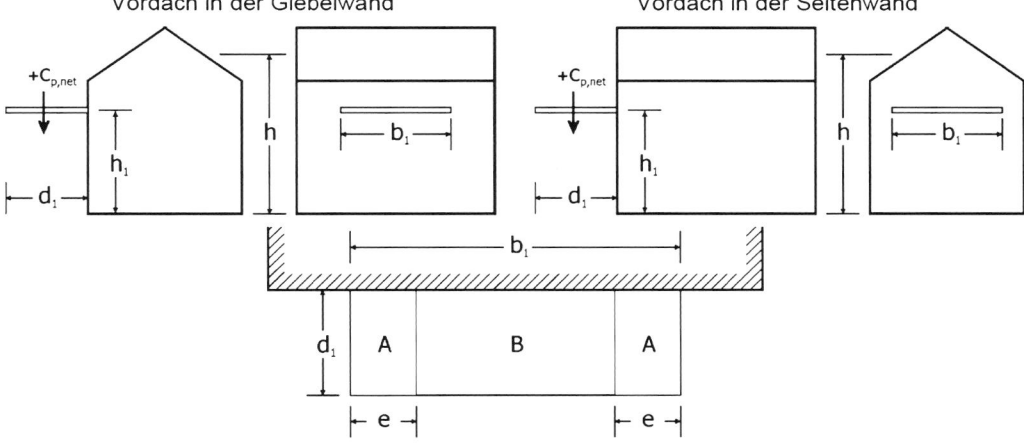

Abb. 4.20 Abmessungen und Einteilung der Flächen für Vordächer. $e = d_1/4$ oder $b_1/2$, der kleinere Wert ist maßgebend

Die angegebenen Werte gelten unabhängig vom horizontalen Abstand des Vordaches von einer Gebäudeecke. Zwischenwerte, sowohl für $1{,}0 < h_1/d_1 < 3{,}5$ als auch für h_1/h sind linear zu interpolieren.

4.4.5.10 Innendruck

In Räumen mit durchlässigen Außenwänden ist der Innendruck zu berücksichtigen, wenn er ungünstig wirkt. Innen- und Außendruck sind gleichzeitig wirkend anzunehmen. Wirkt der Innendruck entlastend, so ist er zu Null zu setzen.

Bis zu einer Grundundichtigkeit von 1 % braucht der Innendruck nicht berücksichtigt zu werden, wenn die Öffnungsanteile über die Flächen der Außenwände annähernd gleichmäßig verteilt sind.

Der Innendruckbeiwert c_{pi} ist von Größe und Verteilung der Öffnungen in der Gebäudehülle abhängig. Für den Fall, dass an mindestens zwei Seiten eines Gebäudes (Fassade oder Dach) die Gesamtfläche der Öffnungen je Seite mehr als 30 % der betrachteten Seitenfläche betragen, gelten diese beiden Seiten als „gänzlich offene Seiten"; die Windlast auf dieses Gebäude ist dann entsprechend den Regelungen der Abschn. 4.4.5.12 (freistehende Dächer) und 4.4.5.13 (freistehende Wände) zu ermitteln.

Für den Grenzzustand der Tragfähigkeit dürfen Gebäudeöffnungen wie Fenster oder Türen als geschlossen angesehen werden, sofern sie nicht betriebsbedingt bei Sturm geöffnet werden müssen.

Bei einem *Gebäude mit einer dominanten Fläche* (= Gesamtfläche der Öffnungen dieser Seite ist mindestens doppelt so groß, wie die Summe aller Öffnungen und Undichtigkeiten in den restlichen Seitenflächen) ist der Innendruck von dem Außendruck, der auf die Öffnungen der dominanten Seitenfläche wirkt, abhängig. Es gilt:

- $c_{pi} = 0{,}75 \cdot c_{pe}$ für den Fall, dass die Gesamtfläche der Öffnungen in der dominanten Seite doppelt so groß wie die Summe aller Öffnungen in den restlichen Seitenflächen ist;
- $c_{pi} = 0{,}90 \cdot c_{pe}$ für den Fall, dass die Gesamtfläche der Öffnungen in der dominanten Seite mindestens dreimal so groß wie die Summe aller Öffnungen in den restlichen Seitenflächen ist;

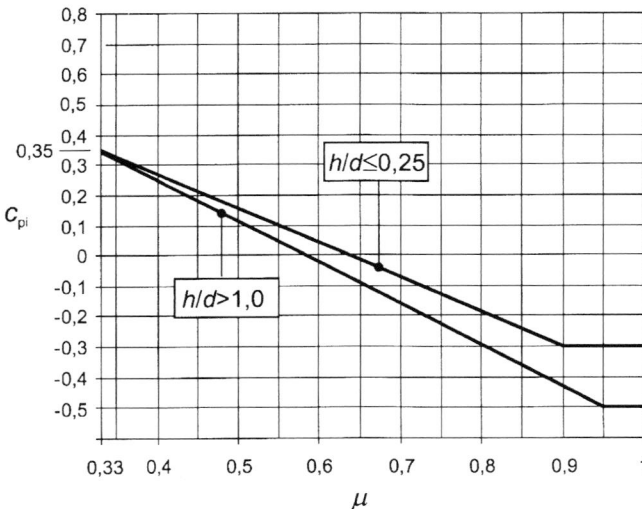

Abb. 4.21 Innendruckbeiwerte bei gleichförmig verteilten Öffnungen

Abb. 4.22 Eckdetails mehrschaliger Außenwände. **a** geschlossener Randbereich, **b** offener Randbereich

- ist die Gesamtfläche der Öffnungen in der dominanten Seite kleiner als das Dreifache, jedoch größer als das Doppelte der Summe aller Öffnungen in den restlichen Seitenflächen, so darf der c_{pi}-Wert linear interpoliert werden;
- der c_{pe}-Wert ist jeweils der Außendruckbeiwert der dominanten Seite; liegen dabei die Öffnungen in Bereichen unterschiedlicher Außendruckbeiwerte (vgl. Abschn. 4.4.5.2), so ist ein mit den Öffnungsflächen gewichteter Mittelwert für c_{pe} zu bilden.

Bei Gebäuden *ohne eine dominante Fläche* ist der c_{pi}-Wert anhand von Abb. 4.21 zu ermitteln. Dabei ist der c_{pi}-Wert abhängig von der Höhe h und der Tiefe d des Gebäudes, sowie vom Flächenparameter μ für jede Anströmrichtung:

$$\mu = \frac{\text{Gesamtfläche der Öffnungen in den leeseitigen und windparallelen Flächen mit } c_{pe} \leq 0}{\text{Gesamtfläche der Öffnungen aller Wände}}$$

Dies gilt für Fassaden und Dächer von Gebäuden mit und ohne Zwischenwände. Lässt sich kein sinnvoller Flächenparameter μ ermitteln oder ist die Berechnung nicht möglich, so ist der c_{pi}-Wert als der ungünstigere Wert aus $+0{,}2$ und $-0{,}3$ anzunehmen.

Bei $0{,}25 < h/d \leq 1$ darf linear interpoliert werden.

Als Bezugshöhe z_i für den Innendruck ist die Bezugshöhe z_e für den Außendruck der Seitenflächen anzusetzen, deren Öffnungen zur Entstehung des Innendruckes führen.

4.4.5.11 Winddruck auf mehrschalige Wand- und Dachflächen

Die Windlasten auf mehrschalige Wand- und Dachflächen sind für jede Schale getrennt zu berechnen, wobei grundsätz-

lich zwischen porösen und dichten Schalen zu unterscheiden ist. Eine Schale ist als dicht anzusehen, wenn deren Porosität (= Verhältnis der Summe aller Öffnungsflächen zur Gesamtfläche der Seite) kleiner 0,1 % ist.

Ist nur eine Schale porös, ist die Windlast auf die dichte Schale nach Abschn. 4.4.3 als Differenz der Innen- und Außendrücke zu berechnen (s. auch Abb. 4.9).

Ist mehr als eine Schale porös, ist die Windlast abhängig von den Steifigkeiten der Schalen, den Außen- und Innendrücken, dem Schalenabstand, der Porosität der Schalen und den Öffnungen in seitlichen Begrenzungswänden der Schicht zwischen den Schalen. Als erste Näherung wird empfohlen, die Windeinwirkung auf die Schale mit der größten Steifigkeit als Differenz der Innen- und Außendrücke zu berechnen.

Für Fälle, bei denen die seitlichen Begrenzungswände der Zwischenschicht luftdicht ausgebildet sind (Fall (a) gemäß Abb. 4.22: entlang der vertikalen Gebäudekanten ist eine dauerhaft wirksame, vertikale Luftsperre angeordnet) und bei denen der lichte Abstand der Schalen kleiner als 100 mm ist (Wärmedämmungen eingeschlossen, wenn diese nicht belüftet sind), können folgende Näherungen angewendet werden:

- Fall: dichte Innenschale/poröse Außenschale (Porosität $\geq$ 0,75 %) mit gleichmäßig verteilten Öffnungen
  - Innenschale: $c_{p,net} = c_{pe} - c_{pi}$
  - Außenschale: $c_{p,net} = \pm 0{,}5$
- Fall: dichte Innenschale/dichte, steifere Außenschale
  - Innenschale: $c_{p,net} = c_{pi}$
  - Außenschale: $c_{p,net} = c_{pe} - c_{pi}$
- Fall: poröse Innenschale mit gleichmäßig verteilten Öffnungen/dichte Außenschale
  - Innenschale: $c_{p,net} = 1/3 \cdot c_{pi}$
  - Außenschale: $c_{p,net} = c_{pe} - c_{pi}$
- Fall: dichte, steifere Innenschale/dichte Außenschale
  - Innenschale: $c_{p,net} = c_{pe} - c_{pi}$
  - Außenschale: $c_{p,net} = c_{pe}$

4.4.5.12 Druck- und Kraftbeiwerte für freistehende Dächer

Freistehende Dächer sind Dächer, an die sich nach unten keine durchgehenden Wände anschließen, wie z. B. Tankstellendächer oder Bahnsteigüberdachungen.

Die Windeinwirkung auf ein freistehendes Dach wird maßgeblich vom Versperrungsgrad φ unterhalb des Daches ($=$ Verhältnis der versperrten Fläche zur Gesamtquerschnittsfläche unterhalb des Daches) beeinflusst (siehe Abb. 4.23). Beide Flächen sind senkrecht zur Anströmrichtung zu ermitteln.

Die Tafeln 4.53 und 4.54 enthalten die Kraftbeiwerte c_f der resultierenden Windkraft sowie die resultierenden Gesamtdruckbeiwerte $c_{p,net}$ (maximaler lokaler Druck für alle Anströmrichtungen) für freistehende Pultdächer und für freistehende Sattel- und Trogdächer. Es gelten folgende Anmerkungen:

- Die in den Tafeln für $\varphi = 0$ und für $\varphi = 1$ angegebenen Werte berücksichtigen die resultierende Windbelastung auf der Ober- und Unterseite des Daches für alle Anströmrichtungen. Zwischenwerte dürfen interpoliert werden.

Abb. 4.23 Umströmung freistehender Dächer. **a** Leeres, freistehendes Dach ($\varphi = 0$), **b** durch Lagergut leeseitig versperrtes Dach ($\varphi = 1$)

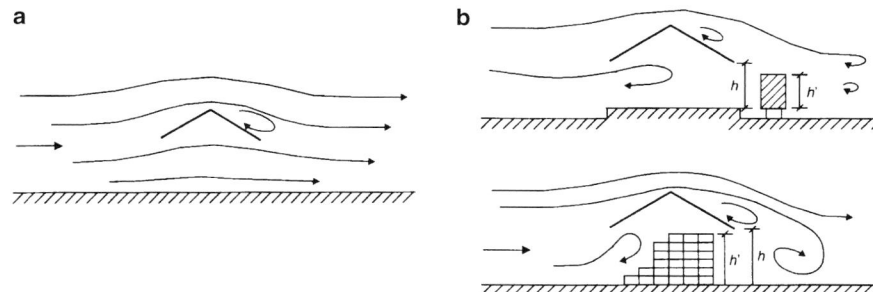

Tafel 4.53 Werte $c_{p,net}$ und c_f für freistehende Pultdächer

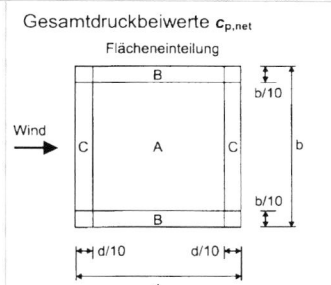

Gesamtdruckbeiwerte $c_{p,net}$

Neigungswinkel α	Versperrungsgrad φ	Kraftbeiwert c_f	Bereich A	Bereich B	Bereich C
0°	Maximum alle φ	+0,2	+0,5	+1,8	+1,1
	Minimum $\varphi = 0$	−0,5	−0,6	−1,3	−1,4
	Minimum $\varphi = 1$	−1,3	−1,5	−1,8	−2,2
5°	Maximum alle φ	+0,4	+0,8	+2,1	+1,3
	Minimum $\varphi = 0$	−0,7	−1,1	−1,7	−1,8
	Minimum $\varphi = 1$	−1,4	−1,6	−2,2	−2,5
10°	Maximum alle φ	+0,5	+1,2	+2,4	+1,6
	Minimum $\varphi = 0$	−0,9	−1,5	−2,0	−2,1
	Minimum $\varphi = 1$	−1,4	−1,6	−2,6	−2,7
15°	Maximum alle φ	+0,7	+1,4	+2,7	+1,8
	Minimum $\varphi = 0$	−1,1	−1,8	−2,4	−2,5
	Minimum $\varphi = 1$	−1,4	−1,6	−2,9	−3,0
20°	Maximum alle φ	+0,8	+1,7	+2,9	+2,1
	Minimum $\varphi = 0$	−1,3	−2,2	−2,8	−2,9
	Minimum $\varphi = 1$	−1,4	−1,6	−2,9	−3,0
25°	Maximum alle φ	+1,0	+2,0	+3,1	+2,3
	Minimum $\varphi = 0$	−1,6	−2,6	−3,2	−3,2
	Minimum $\varphi = 1$	−1,4	−1,5	−2,5	−2,8
30°	Maximum alle φ	+1,2	+2,2	+3,2	+2,4
	Minimum $\varphi = 0$	−1,8	−3,0	−3,8	−3,6
	Minimum $\varphi = 1$	−1,4	−1,5	−2,2	−2,7

Tafel 4.54 Werte $c_{p,net}$ und c_f für freistehende Sattel- und Trogdächer

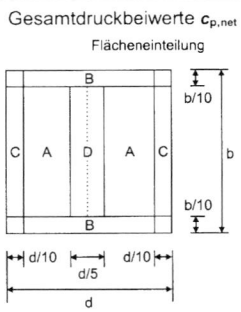

Gesamtdruckbeiwerte $c_{p,net}$
Flächeneinteilung

Neigungs-winkel α [%]	Versperrungsgrad φ	Kraftbeiwert c_f	Bereich A	Bereich B	Bereich C	Bereich D
$-20°$	Maximum alle φ	$+0{,}7$	$+0{,}8$	$+1{,}6$	$+0{,}6$	$+1{,}7$
	Minimum $\varphi = 0$	$-0{,}7$	$-0{,}9$	$-1{,}3$	$-1{,}6$	$-0{,}6$
	Minimum $\varphi = 1$	$-1{,}3$	$-1{,}5$	$-2{,}4$	$-2{,}4$	$-0{,}6$
$-15°$	Maximum alle φ	$+0{,}5$	$+0{,}6$	$+1{,}5$	$+0{,}7$	$+1{,}4$
	Minimum $\varphi = 0$	$-0{,}6$	$-0{,}8$	$-1{,}3$	$-1{,}6$	$-0{,}6$
	Minimum $\varphi = 1$	$-1{,}4$	$-1{,}6$	$-2{,}7$	$-2{,}6$	$-0{,}6$
$-10°$	Maximum alle φ	$+0{,}4$	$+0{,}6$	$+1{,}4$	$+0{,}8$	$+1{,}1$
	Minimum $\varphi = 0$	$-0{,}6$	$-0{,}8$	$-1{,}3$	$-1{,}5$	$-0{,}6$
	Minimum $\varphi = 1$	$-1{,}4$	$-1{,}6$	$-2{,}7$	$-2{,}6$	$-0{,}6$
$-5°$	Maximum alle φ	$+0{,}3$	$+0{,}5$	$+1{,}5$	$+0{,}8$	$+0{,}8$
	Minimum $\varphi = 0$	$-0{,}5$	$-0{,}7$	$-1{,}3$	$-1{,}6$	$-0{,}6$
	Minimum $\varphi = 1$	$-1{,}3$	$-1{,}5$	$-2{,}4$	$-2{,}4$	$-0{,}6$
$+5°$	Maximum alle φ	$+0{,}3$	$+0{,}6$	$+1{,}8$	$+1{,}3$	$+0{,}4$
	Minimum $\varphi = 0$	$-0{,}6$	$-0{,}6$	$-1{,}4$	$-1{,}4$	$-1{,}1$
	Minimum $\varphi = 1$	$-1{,}3$	$-1{,}3$	$-2{,}0$	$-1{,}8$	$-1{,}5$
$+10°$	Maximum alle φ	$+0{,}4$	$+0{,}7$	$+1{,}8$	$+1{,}4$	$+0{,}4$
	Minimum $\varphi = 0$	$-0{,}7$	$-0{,}7$	$-1{,}5$	$-1{,}4$	$-1{,}4$
	Minimum $\varphi = 1$	$-1{,}3$	$-1{,}3$	$-2{,}0$	$-1{,}8$	$-1{,}8$
$+15°$	Maximum alle φ	$+0{,}4$	$+0{,}9$	$+1{,}9$	$+1{,}4$	$+0{,}4$
	Minimum $\varphi = 0$	$-0{,}8$	$-0{,}9$	$-1{,}7$	$-1{,}4$	$-1{,}8$
	Minimum $\varphi = 1$	$-1{,}3$	$-1{,}3$	$-2{,}2$	$-1{,}6$	$-2{,}1$
$+20°$	Maximum alle φ	$+0{,}6$	$+1{,}1$	$+1{,}9$	$+1{,}5$	$+0{,}4$
	Minimum $\varphi = 0$	$-0{,}9$	$-1{,}2$	$-1{,}8$	$-1{,}4$	$-2{,}0$
	Minimum $\varphi = 1$	$-1{,}3$	$-1{,}4$	$-2{,}2$	$-1{,}6$	$-2{,}1$
$+25°$	Maximum alle φ	$+0{,}7$	$+1{,}2$	$+1{,}9$	$+1{,}6$	$+0{,}5$
	Minimum $\varphi = 0$	$-1{,}0$	$-1{,}4$	$-1{,}9$	$-1{,}4$	$-2{,}0$
	Minimum $\varphi = 1$	$-1{,}3$	$-1{,}4$	$-2{,}0$	$-1{,}5$	$-2{,}0$
$+30°$	Maximum alle φ	$+0{,}9$	$+1{,}3$	$+1{,}9$	$+1{,}6$	$+0{,}7$
	Minimum $\varphi = 0$	$-1{,}0$	$-1{,}4$	$-1{,}9$	$-1{,}4$	$-2{,}0$
	Minimum $\varphi = 1$	$-1{,}3$	$-1{,}4$	$-1{,}8$	$-1{,}4$	$-2{,}0$

- $+$-Werte bedeuten eine nach unten, $-$-Werte eine nach oben gerichtete resultierende Windlast.
- Leeseits der maximalen Versperrung sind $c_{p,net}$-Werte für $\varphi = 0$ anzusetzen.
- Bei der Bemessung von Dachelementen und Verankerungen ist der $c_{p,net}$-Wert zu verwenden.
- Reibungskräfte sind zu berücksichtigen (siehe Abschn. 4.4.4.2).

Die Lage der resultierenden Windkräfte ist gemäß den Abb. 4.24 und 4.25 definiert:

- Bei freistehenden Pultdächern ist die Lage der resultierenden Windkraft gemäß Abb. 4.24 als Abstand von der luvseitigen Seite definiert.
- Bei freistehenden Sattel- oder Trogdächern ist die resultierende Windkraft gemäß Abb. 4.25 jeweils in der Mitte der geneigten Dachfläche anzusetzen. Zusätzlich ist für

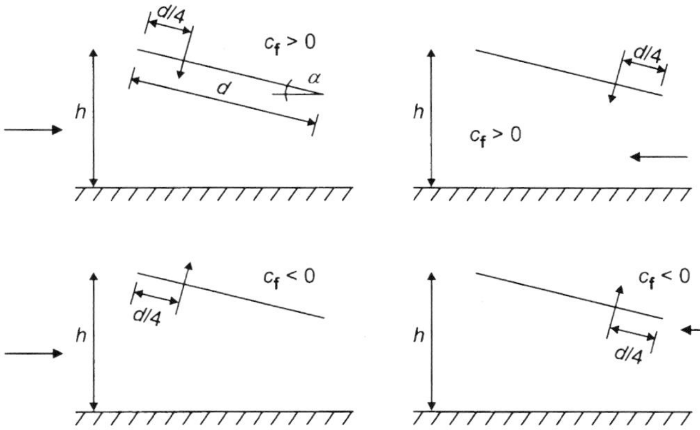

Abb. 4.24 Lage der resultierenden Windkraft bei freistehenden Pultdächern

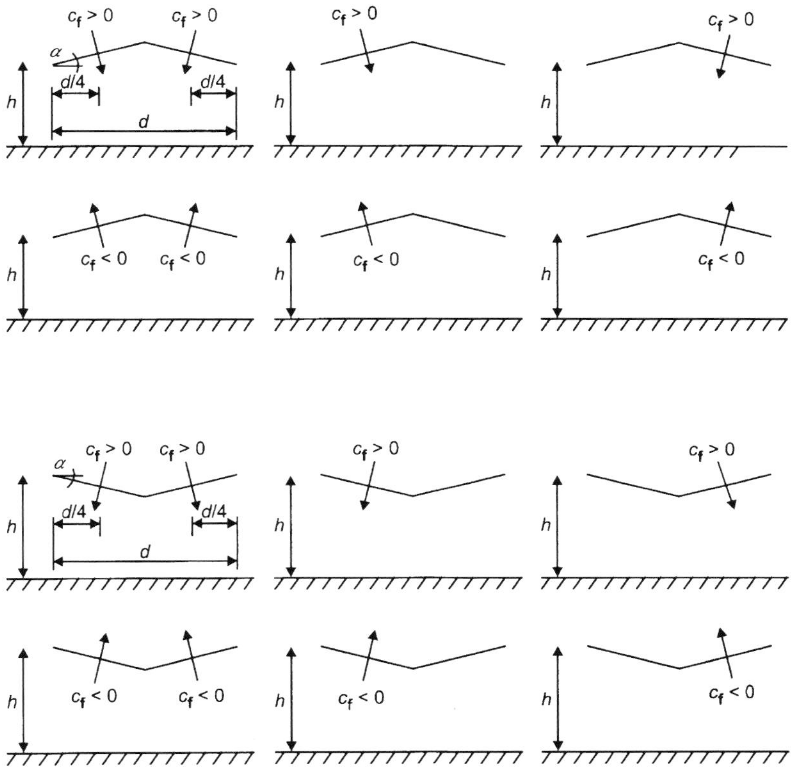

Abb. 4.25 Lage der resultierenden Windkräfte bei freistehenden Sattel- und Trogdächern

ein solches Dach eine einseitige Belastung der Dachfläche infolge minimaler oder maximaler Windlast anzusetzen. Die Referenzhöhe z_e entspricht der Höhe h entsprechend den Abb. 4.24 und 4.25. Zu Regelungen für Sheddächer sei auf DIN EN 1991-1-4, Abschn. 7.3, verwiesen. Für zweischalige freistehende Dächer sind die Regeln in Abschn. 4.4.5.11 anzuwenden.

4.4.5.13 Druckbeiwerte für freistehende Wände und Brüstungen

Die Wand bzw. Brüstung ist vom jeweiligen Ende aus in Bereiche nach Abb. 4.26 zu unterteilen. Beiwerte für den resultierenden Druck $c_{p,net}$ für freistehende Wände und Brüstungen sind in Tafel 4.55 angegeben.

Ein Völligkeitsgrad von $\varphi = 1$ gilt für vollkommen geschlossene Wände, $\varphi = 0,8$ gilt für Wände, die zu 20 % offen sind. Die Bezugsfläche ist in beiden Fällen die Gesamtfläche der Wand.

Für Völligkeitsgrade φ zwischen 0,8 und 1,0 können die Beiwerte linear interpoliert werden.

Falls der betrachteten Wand luvseitig andere Wände, die gleich groß oder größer sind, vorgelagert sind, kann bereichsweise ein zusätzlicher Abschattungsfaktor angewendet werden. Der Wert für den Abschattungsfaktor hängt vom Abstand X der beiden Wände, von ihrer Höhe h und vom Völligkeitsgrad φ der luvseitigen, abschattenden Wand ab. Die Werte sind in Abb. 4.27 dargestellt.

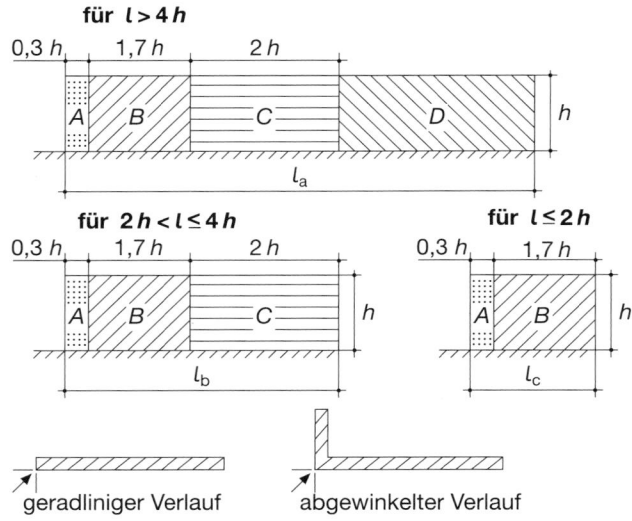

Abb. 4.26 Flächeneinteilung bei freistehenden Wänden und Brüstungen

Tafel 4.55 Beiwerte für den resultierenden Druck $c_{p,net}$ für freistehende Wände und Brüstungen

Völligkeits-grad	Zone		A	B	C	D
$\varphi = 1$	Gerade Wand	$l/h \leq 3$	2,3	1,4	1,2	1,2
		$l/h = 5$	2,9	1,8	1,4	1,2
		$l/h \geq 10$	3,4	2,1	1,7	1,2
	Abgewinkelte Wand mit Schenkellänge $\geq h^{a,b}$		±2,1	±1,8	±1,4	±1,2
$\varphi = 0,8$			±1,2	±1,2	±1,2	±1,2

[a] Für Längen des abgewinkelten Wandstücks zwischen 0 und h darf linear interpoliert werden.
[b] Positive und negative Werte nicht mischen.

Abb. 4.27 Abschattungsfaktor ψ_s für Winddrücke auf hintereinander liegende Wände. x Abstand der Wände, h Höhe der luvseitigen Wand

Der resultierende Druck auf die abgeschattete Wand ergibt sich zu:

$$c_{p,net,s} = \psi_s c_{p,net}$$

ψ_s Abschattungsfaktor
$c_{p,net}$ Druckbeiwert für freistehende Wände.
Die Endbereiche der abgeschatteten Wand sind auf einer Länge, die gleich der Höhe h ist, für die volle Windbelastung nachzuweisen.

4.4.6 Aerodynamische Kraftbeiwerte

Nachfolgend sind für einige ausgewählte Bauteile die aerodynamischen Kraftbeiwerte zusammengestellt. Weitere Kraftbeiwerte für polygonale Querschnitte, Kreiszylinder oder Kugeln können DIN EN 1991-1-4, Abschnitt 7 entnommen werden.

4.4.6.1 Kraftbeiwerte für Bauteile mit rechteckigem Querschnitt

Für den Kraftbeiwert c_f von Bauteilen mit rechteckigem Querschnitt bei Anströmung senkrecht zu einer Querschnittsseite ist

$$c_f = \psi_r \cdot \psi_\lambda \cdot c_{f,0}$$

$c_{f,0}$ Grundkraftbeiwert nach Abb. 4.28
ψ_λ Abminderungsfaktor nach Abb. 4.35 (siehe Abschn. 4.4.8)
ψ_r Abminderungsbeiwert nach Abb. 4.29.

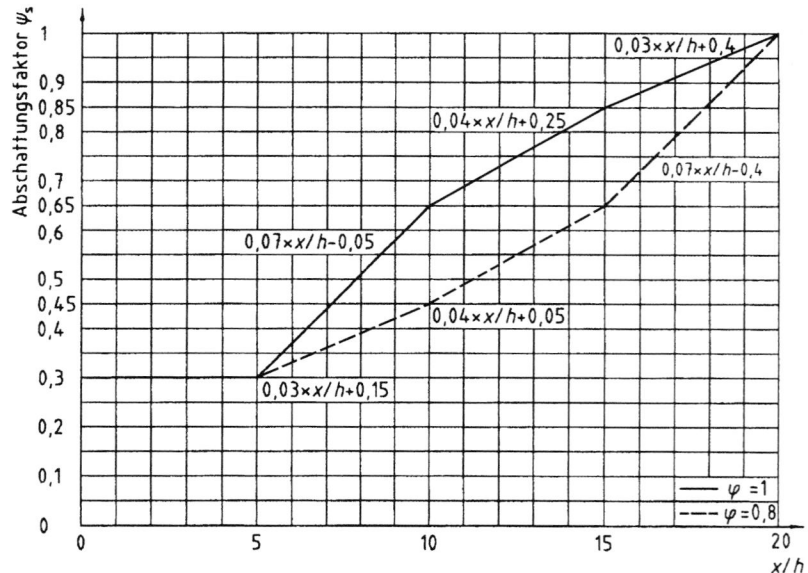

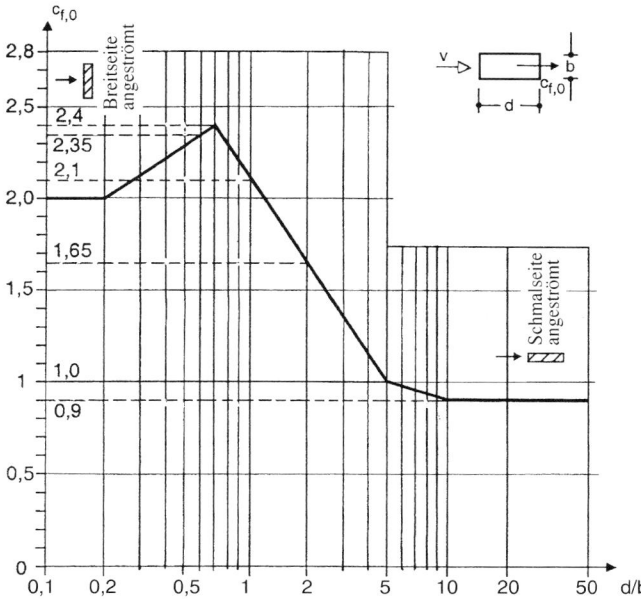

Abb. 4.28 Grundkraftbeiwerte $c_{f,0}$ von scharfkantigen Rechteckquerschnitten

Der Grundkraftbeiwert $c_{f,0}$ gilt für scharfkantige quaderförmige Baukörper unendlicher Schlankheit λ.

Der Abminderungsfaktor ψ_λ berücksichtigt die effektive Schlankheit des scharfkantigen Rechteckquerschnitts (siehe Abschn. 4.4.8).

Die Abhängigkeit des Kraftbeiwertes c_f vom Grad der Abrundung der Kanten des Quaders regelt der Abminderungsbeiwert ψ_r. Dessen Abhängigkeit von der Abrundung zeigt Abb. 4.29.

Die Bezugsfläche A_{ref} ist gleich $l \cdot b$ (l = Länge des betrachteten Abschnittes). Die Bezugshöhe z_e ist gleich der Höhe der Oberkante des betrachteten Abschnittes über Geländeoberkante. Für die Lage des Angriffspunkts der resultierenden Windlast gilt Abb. 4.8.

4.4.6.2 Kraftbeiwerte für Anzeigentafeln

Liegt die Unterkante der Anzeigentafel (Fläche $b \cdot h$; siehe Abb. 4.30) mindestens $h/4$ über Gelände, dann beträgt $c_f = 1,80$. Dieser Wert darf auch bei $z_g < h/4$ und $b/h \leq 1$ angewendet werden.

Abb. 4.29 Abminderungsbeiwert ψ_r für einen quadratischen Querschnitt mit abgerundeten Ecken

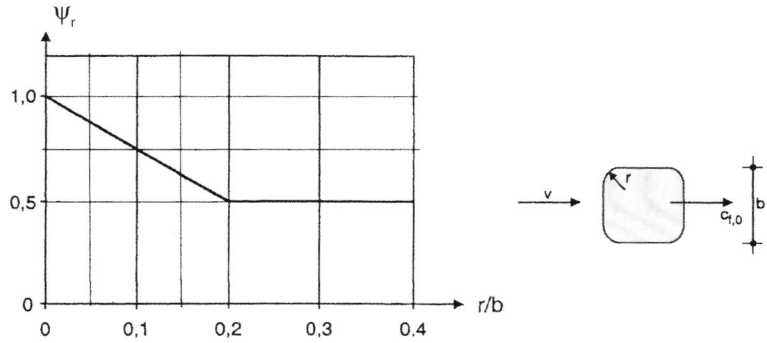

Abb. 4.30 Anzeigetafeln

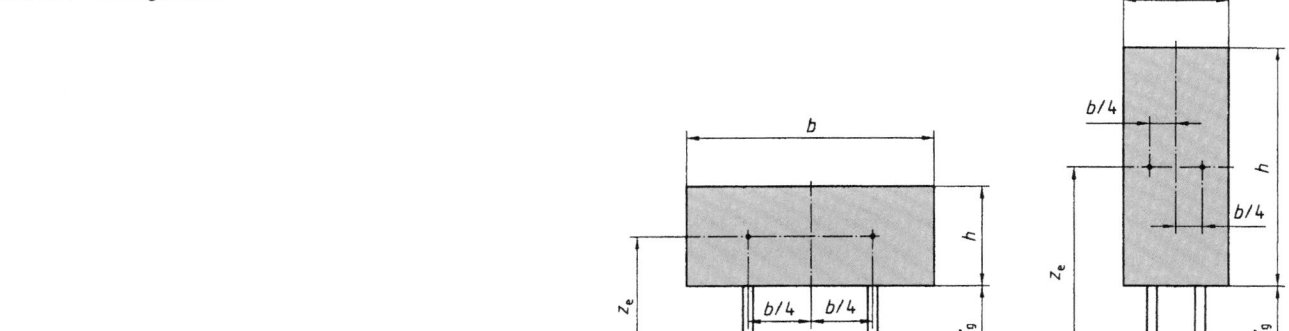

Die resultierende Kraft senkrecht zur angeströmten Rechteckfläche $b \cdot h$ der Anzeigentafel ist in Höhe des Flächenschwerpunktes mit einer horizontalen Ausmitte von $e = 0{,}25b$ sowohl zur einen als auch zur anderen Seite anzusetzen.

Ist der Abstand der Unterkante der Tafel geringer als $h/4$ und das Verhältnis $b/h > 1$, dann ist die Tafel wie eine freistehende Wand zu behandeln (siehe Abschn. 4.4.5.13).

4.4.6.3 Kraftbeiwerte für Flaggen

Tafel 4.56 enthält Festlegungen für Kraftbeiwerte c_f und Bezugsflächen A_{ref} bei Flaggen. Die Formel für flatternde Flaggen schließt dynamische Kräfte aufgrund des Flattereffektes mit ein; dabei sind:

m_f Masse je Flächeneinheit der Flagge
ϱ Luftdichte, 1,25 kg/m^3
z_e Höhe bis zur Oberkante der Flagge über Geländeoberkante.

4.4.6.4 Kraftbeiwerte für Fachwerke, Gitter und Gerüste

Der Kraftbeiwert c_f für Fachwerke, Gitter und Gerüste ist:

$$c_f = c_{f,0} \cdot \psi_\lambda$$

$c_{f,0}$ Grundkraftbeiwert für Fachwerke mit unendlicher Schlankheit gemäß Abb. 4.31, 4.32 und 4.33
ψ_λ Abminderungsfaktor zur Berücksichtigung der Schlankheit (siehe Abschn. 4.4.8, Abb. 4.36).

Tafel 4.56 Kraftbeiwerte c_f für Flaggen

Flaggen	A_{ref}	c_f
allseitig befestigte Flaggen 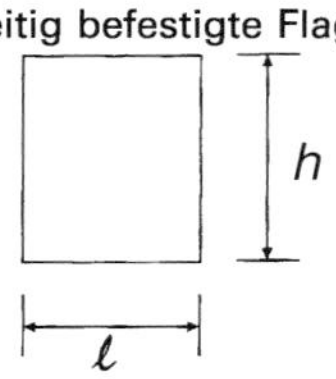 h ℓ Kraft wirkt senkrecht auf Flaggenebene	$h \cdot l$	1,8
a frei flatternde Flaggen 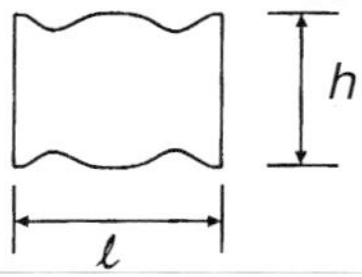 h ℓ	$h \cdot l$	$0{,}02 + 0{,}7 \cdot \dfrac{m_f}{\varrho \cdot h} \cdot \left(\dfrac{A_{ref}}{h^2} \right)^{-1{,}25}$
b 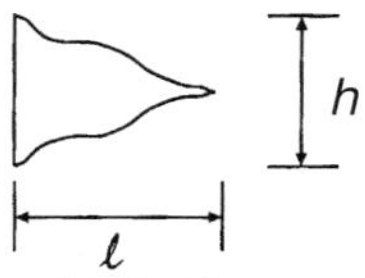 h ℓ Kraft wirkt in Flaggenebene	$0{,}5 \cdot h \cdot l$	

Abb. 4.31 Grundkraftbeiwert $c_{f,0}$ für ein ebenes Fachwerk aus abgewinkelten scharfkantigen Profilen in Abhängigkeit vom Völligkeitsgrad φ

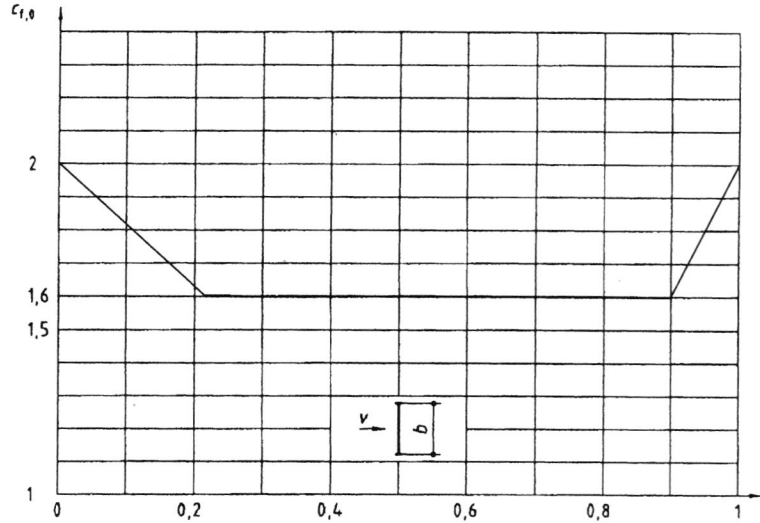

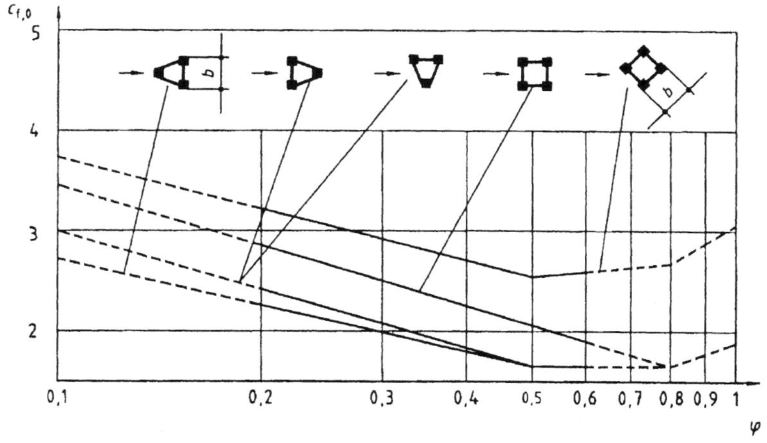

Abb. 4.32 Grundkraftbeiwert $c_{f,0}$ für ein räumliches Fachwerk aus abgewinkelten und scharfkantigen Profilen in Abhängigkeit vom Völligkeitsgrad φ

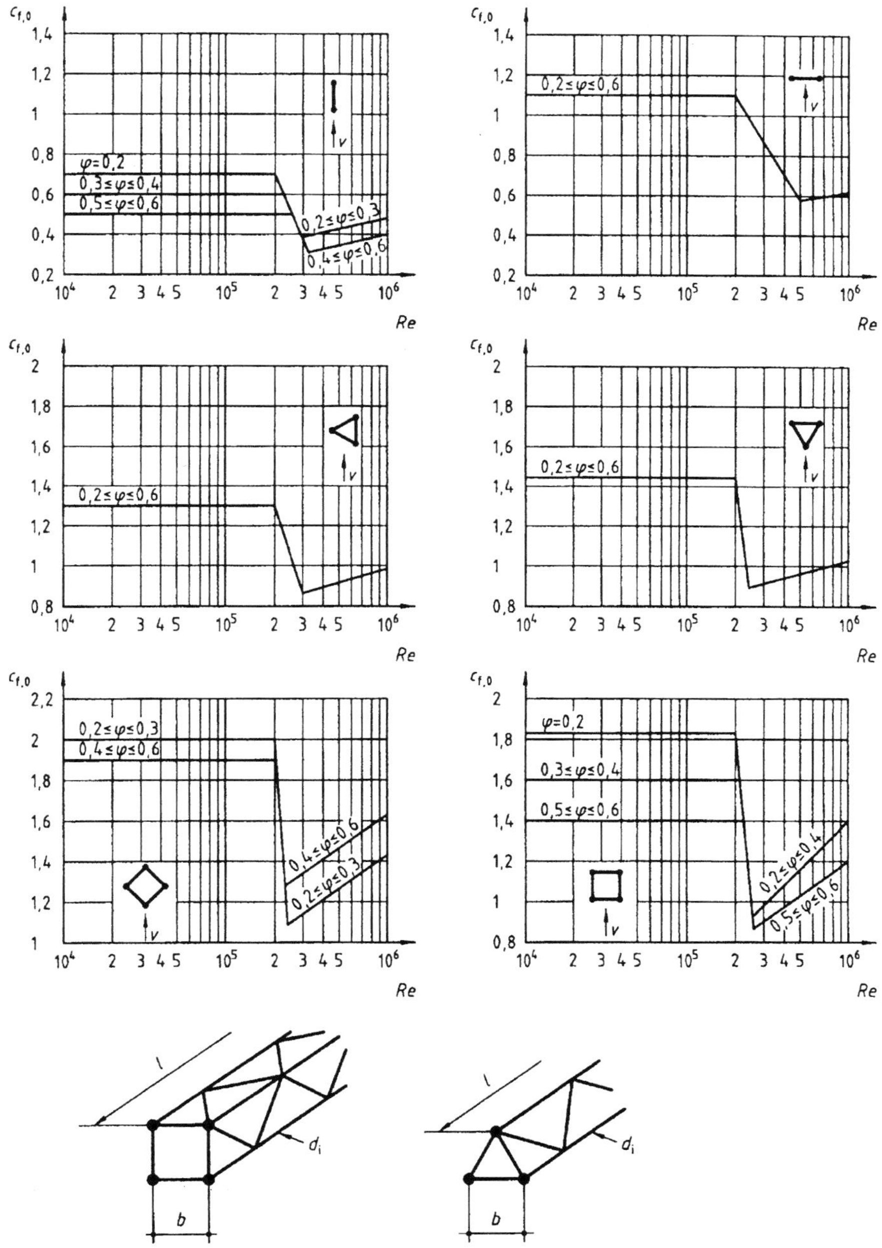

Abb. 4.33 Grundkraftbeiwert $c_{f,0}$ für ebene und räumliche Fachwerke aus Profilen mit kreisförmigem Querschnitt

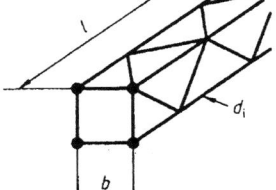

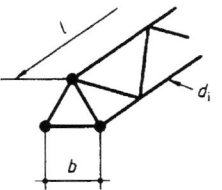

Die Bezugsfläche A_{ref} ist gleich der Fläche A (Summe der projizierten Flächen der Stäbe und Knotenbleche der betrachteten Seite; bei räumlichen Fachwerken ist die Luvseite zu betrachten). Die Bezugshöhe z_e ist gleich der Höhe der Oberkante des betrachteten Abschnitts.

Der in den Abb. 4.31, 4.32 und 4.33 verwendete Völligkeitsgrad φ ist gemäß Abschn. 4.4.8, Abb. 4.36, definiert.

Die in Abb. 4.33 verwendete Reynoldszahl Re ist wie folgt definiert:

$$\text{Re} = (v \cdot b)/\nu \quad \text{mit } v = ((2 \cdot q_{\text{p}})/\varrho)^{1/2}$$

Dabei sind

ν kinematische Zähigkeit, $\nu = 15 \cdot 10^{-6}\,\text{m}^2/\text{s}$
q_{p} Geschwindigkeitsdruck gemäß Abschn. 4.4.2
b Stabbreite des größten Gurtstabes, in m
ϱ Luftdichte; $1{,}25\,\text{kg/m}^3$.

4.4.7 Abminderung der Windkräfte auf hintereinander liegende gleiche Stäbe, Tafeln oder Fachwerke

DIN EN 1991-1-4 enthält hierzu keine Angaben; es wird die Anwendung der nachfolgend erläuterten Regelungen nach DIN 1055-4 empfohlen.

Die gesamte Windkraft, die auf hintereinander liegende Baukörper wirkt, ist geringer als die Summe der Einzelkräfte. Die Abminderung der Gesamtkraft erfolgt durch Verminderung der Bezugsfläche A (vgl. Tafel 4.57) mit dem Abminderungsfaktor η (vgl. Abb. 4.34).

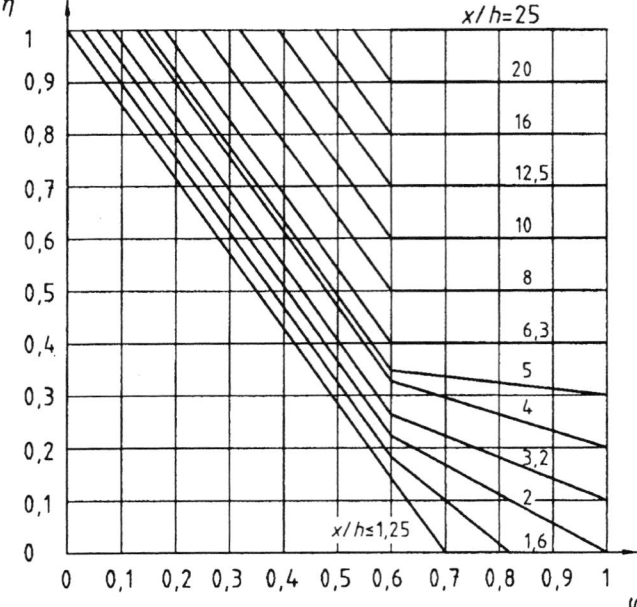

Abb. 4.34 Abminderungsfaktor η für die Summe der Windkräfte auf hintereinander liegende gleiche Baukörper in Abhängigkeit vom Verhältnis x/h und vom Völligkeitsgrad φ (bei vollwandigen Baukörpern: $\varphi = 1$; sonst siehe Abschn. 4.4.8)

Dabei wird vorausgesetzt, dass die Einzelbaukörper an den Enden gehalten sind und im Übrigen frei umströmt werden. Näherungsweise darf die Abminderung nach diesem Abschnitt auch für den Fall vorgenommen werden, dass die hintereinander liegenden Baukörper unter einer geschlossenen Decke liegen.

Tafel 4.57 Bezugsfläche A und Kraftbeiwert c_{f} für hintereinander liegende Baukörper	Form und Lage des Baukörpers	Bezugsfläche A	Kraftbeiwert c_{f}
	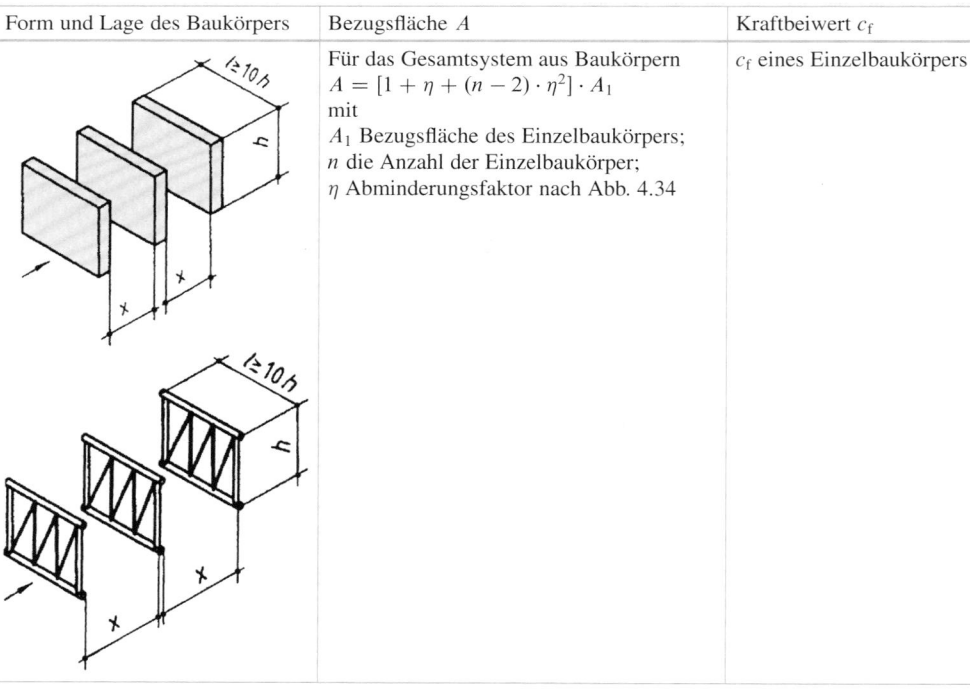	Für das Gesamtsystem aus Baukörpern $A = [1 + \eta + (n-2) \cdot \eta^2] \cdot A_1$ mit A_1 Bezugsfläche des Einzelbaukörpers; n die Anzahl der Einzelbaukörper; η Abminderungsfaktor nach Abb. 4.34	c_{f} eines Einzelbaukörpers

Die Abminderung gilt für Queranströmung und für eine Schräganströmung bis 5°. Sie darf auch bei annähernd gleichen Einzelbaukörpern angewandt werden, wenn für A_1 die Bezugsfläche des größten Einzelbaukörpers angesetzt wird. Bei unterschiedlichen Abständen x der Einzelbaukörper darf näherungsweise der Größtabstand als einheitlicher Abstand angesetzt werden.

4.4.8 Effektive Schlankheit für unterschiedliche Bauwerke und Baukörperformen

Tafel 4.58 enthält Formeln zur Berechnung der effektiven Schlankheit λ für unterschiedliche Bauwerke und Baukörperformen. Abb. 4.35 liefert den Abminderungsfaktor ψ_λ in Abhängigkeit von der effektiven Schlankheit λ und der Völligkeit φ. Zur Definition des Völligkeitsgrades φ siehe Abb. 4.36.

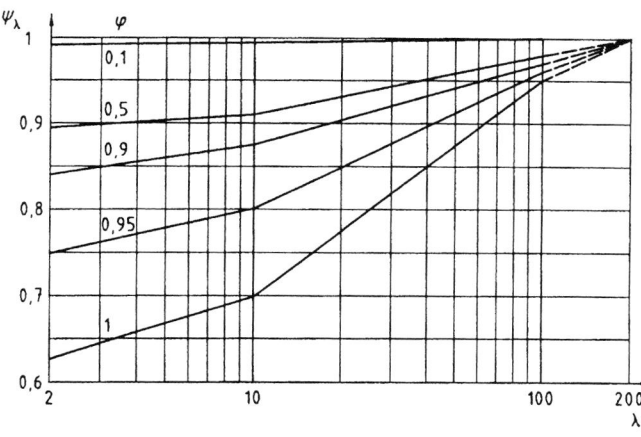

Abb. 4.35 Abminderungsfaktor ψ_λ in Abhängigkeit der effektiven Schlankheit λ und für verschiedene Völligkeitsgrade φ

Tafel 4.58 Effektive Schlankheit λ für Zylinder-, Vieleck-, Brücken- und Rechteckquerschnitte sowie für Anzeigetafeln, scharfkantige Bauteile und Fachwerkkonstruktionen

Lage des Baukörpers, Anströmung senkrecht zur Zeichenebene	Effektive Schlankheit λ
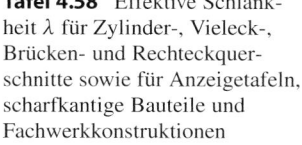 für $l > b$	$\lambda = l/b$ oder $\lambda = 2$, der größere Wert ist maßgebend
für $b \leq l$	Für polygonale, rechteckige und scharfkantige Querschnitte sowie für Fachwerke: für $l \geq 50\,\mathrm{m}$ ist $\lambda = 1{,}4l/b$ oder $\lambda = 70$, der kleinere Wert ist maßgebend für $l < 15\,\mathrm{m}$ ist $\lambda = 2l/b$ oder $\lambda = 70$, der kleinere Wert ist maßgebend
für $b \leq l$	Für Kreiszylinder: für $l \geq 50\,\mathrm{m}$ ist $\lambda = 0{,}7l/b$ oder $\lambda = 70$, der kleinere Wert ist maßgebend für $l < 15\,\mathrm{m}$ ist $\lambda = l/b$ oder $\lambda = 70$, der kleinere Wert ist maßgebend
	Zwischenwerte dürfen linear interpoliert werden.
	Für $l \geq 50\,\mathrm{m}$ ist $\lambda = 0{,}7l/b$ oder $\lambda = 70$, der größere Wert ist maßgebend für $l < 15\,\mathrm{m}$ ist $\lambda = l/b$ oder $\lambda = 70$, der größere Wert ist maßgebend Zwischenwerte dürfen linear interpoliert werden

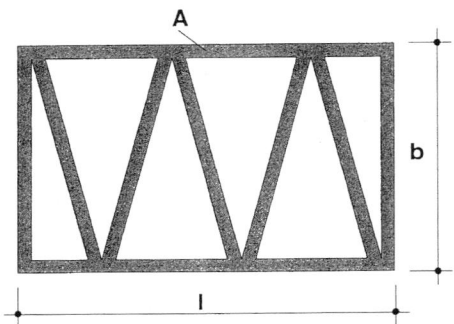

Abb. 4.36 Zur Definition des Völligkeitsgrades φ

Der Völligkeitsgrad φ ist wie folgt definiert (siehe Abb. 4.36):

$$\varphi = A/A_c$$

A die Summe der projizierten Flächen der einzelnen Teile;
A_c die eingeschlossene Fläche $A_c = l \cdot b$.

4.5 Schneelasten

nach DIN EN 1991-1-3:2010-12; DIN EN 1991-1-3/NA: 2019-04; DIN EN 1991-1-3/A1: 2015-12

4.5.1 Charakteristische Werte der Schneelasten

Der charakteristische Wert der Schneelast s_k ist als eine unabhängige veränderliche Einwirkung zu betrachten.

Die charakteristischen Werte der Schneelasten auf dem Boden sind in Abhängigkeit von der Schneelastzone und der Geländehöhe über dem Meeresniveau nach Abb. 4.37 und 4.38 zu berechnen. Für Bauten in Höhenlagen von mehr als 1500 m müssen in jedem Einzelfall von der zuständigen Behörde entsprechende Rechenwerte festgelegt werden.

Im norddeutschen Tiefland können vereinzelt Schneelasten bis zum mehrfachen Wert der sich nach Abb. 4.37 ergebenden charakteristischen Schneelasten auftreten. Die dort von den örtlichen Behörden festgelegten Rechenwerte sind dann zusätzlich als außergewöhnliche Einwirkungen nach DIN EN 1990 zu berücksichtigen. Gleiches gilt für bestimmte Lagen der Schneelastzone 3 (etwa Oberharz, Hochlagen des Fichtelgebirges, Bayerischer Wald).

Eine Zuordnung der Schneelastzonen und des Bereichs des „Norddeutschen Tieflands" nach Verwaltungsgrenzen kann z. B. im Internet unter www.dibt.de abgerufen werden.

Die charakteristischen Werte in den Zonen 1a und 2a ergeben sich jeweils durch Erhöhung der Werte aus den Zonen 1 und 2 mit einem Faktor 1,25. Die Sockelbeträge werden in gleicher Weise angehoben.

4.5.2 Schneelast auf Dächern

4.5.2.1 Allgemeines

Die Schneelast auf dem Dach ist in Abhängigkeit von der Dachform und der charakteristischen Schneelast s_k auf dem Boden nach folgender Gleichung zu ermitteln:

$$s_i = \mu_i \cdot s_k$$

μ_i Formbeiwert der Schneelast;
s_k charakteristischer Wert der Schneelast auf dem Boden in kN/m^2.

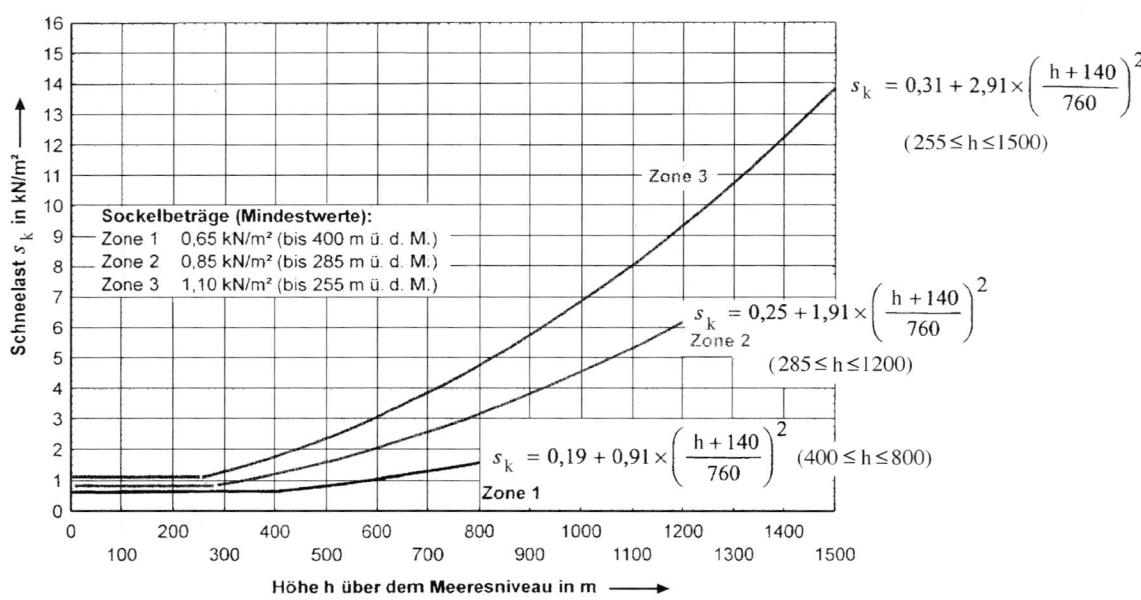

Abb. 4.37 Charakteristischer Wert der Schneelast s_k auf dem Boden für Zone 1, Zone 2 und Zone 3

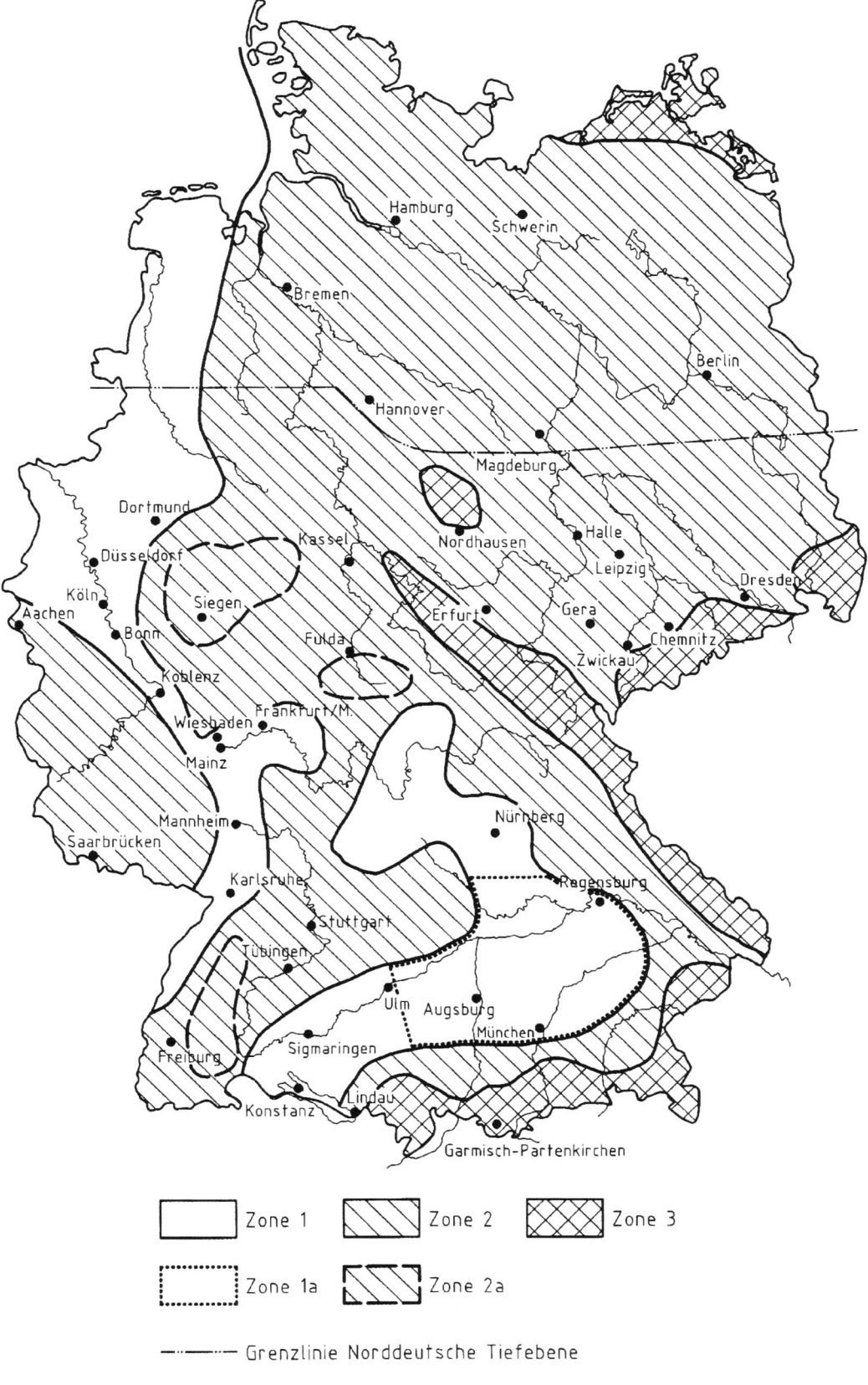

Abb. 4.38 Schneelastzonenkarte

Die Last ist als lotrecht wirkend anzunehmen und bezieht sich auf die waagerechte Projektion der Dachfläche. Die Formbeiwerte zur Berechnung der Schneelasten auf dem Dach gelten für ausreichend wärmegedämmte Konstruktionen ($U < 1\,\mathrm{W/(m^2\,K)}$) mit üblicher Dacheindeckung, näherungsweise auch für Glaskonstruktionen.

Alle nachfolgenden Festlegungen zu Schneelasten (einschließlich Schneeverwehungen) sind in der ständigen/ vorübergehenden Bemessungssituation zu berücksichtigen. Allein in der norddeutschen Tiefebene ist die zuvor erwähnte, dort speziell festgelegte außergewöhnliche Schneelast zusätzlich in der außergewöhnlichen Bemessungssituation zu berücksichtigen. Die Bemessungssituationen sind in DIN EN 1990 geregelt (siehe Abschn. 4.1.5). Die Kombinationsbeiwerte für Schneelasten gemäß DIN EN 1990 (siehe Abschn. 4.1.4.1, Tafel 4.3) werden in DIN EN 1991-1-3 bestätigt.

Für den Fall aufgeständerter Solarthermie- und Photovoltaikanlagen auf Dächern bis 10° Neigung sei auf neu in DIN EN 1991-1-3/NA, Ausgabe 04-2019, aufgenommene ergänzende Regelungen hingewiesen (dort als NCI zu 5.3.1(2)).

Formbeiwerte für Pult-, Sattel- und Sheddächer sind in Tafel 4.59 angegeben. Dabei wird davon ausgegangen, dass der Schnee ungehindert vom Dach abrutschen kann. Befindet sich an der Traufe eine Brüstung, ein Schneefanggitter oder ein anderes Hindernis, dann ist als Formbeiwert der Schneelast mindestens $\mu = 0{,}8$ zu wählen.

4.5.2.2 Pultdächer
Abb. 4.39 zeigt den anzusetzenden Formbeiwert für die Schneelast auf Pultdächern; der Wert $\mu_1(\alpha)$ ist in Tafel 4.59 angegeben.

4.5.2.3 Satteldächer
Es sind die drei Lastbilder (a) bis (c) nach Abb. 4.40 zu betrachten. Das ungünstigste ist für die Bemessung maßgebend.

Die Formbeiwerte $\mu_2(\alpha_1)$; $\mu_2(\alpha_2)$ der Schneelast sind in Tafel 4.59 angegeben.

4.5.2.4 Gereihte Sattel- und Sheddächer
Neben den Schneelastfällen ohne Windeinwirkung (a) ist bei aneinandergereihten Dächern und Sheddächern auch der in Abb. 4.41 gezeigte Verwehungslastfall (b) zu berücksichtigen.

Die Formbeiwerte μ_2 und μ_3 sind in Tafel 4.59 angegeben.

Tafel 4.59 Formbeiwerte für Schneelasten

Neigungswinkel α der Dachfläche	$0° \leq \alpha \leq 30°$	$30° < \alpha < 60°$	$\alpha \geq 60°$
$\mu_1(\alpha)$	$\mu_1(0°) = 0{,}8$	$\mu_1(0°)\,\dfrac{(60° - \alpha)}{30°}$	$0{,}0$
$\mu_2(\alpha)$	$0{,}8$	$0{,}8\,\dfrac{(60° - \alpha)}{30°}$	$0{,}0$
$\mu_3(\alpha)$	$0{,}8 + 0{,}8\,\alpha/30°$	$1{,}6$	$1{,}6$

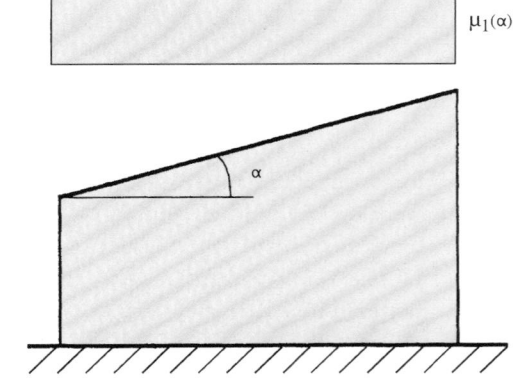

Abb. 4.39 Formbeiwerte für Pultdächer

(a) beidseitig volle Schneelast (keine Windeinwirkung)
$\mu_2(\alpha_1)$ $\mu_2(\alpha_2)$

(b) links halbe, rechts volle Schneelast (Windeinwirkung)
$0{,}5\,\mu_2(\alpha_1)$ $\mu_2(\alpha_2)$

(c) links volle, rechts halbe Schneelast (Windeinwirkung)
$\mu_2(\alpha_1)$ $0{,}5\,\mu_2(\alpha_2)$

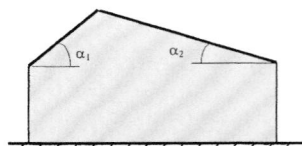

Abb. 4.40 Formbeiwerte für das Satteldach

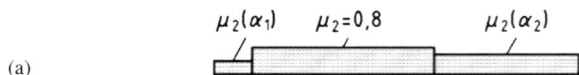

(a)

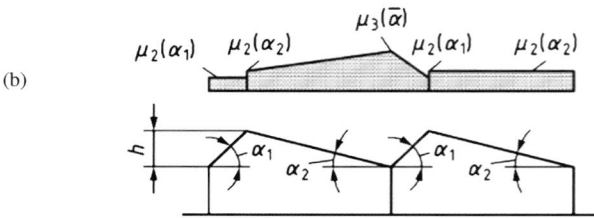

(b)

Für die Innenfelder maßgebend ist dabei der mittlere Neigungswinkel $\bar{\alpha} = 0{,}5\,(\alpha_1 + \alpha_2)$

Abb. 4.41 Formbeiwerte für gereihte Sattel- und Sheddächer

Der Formbeiwert μ_3 (siehe Tafel 4.59) braucht nicht höher angesetzt zu werden als

$$\frac{\gamma \cdot h}{s_k} + \mu_2$$

γ Wichte des Schnees, die für diese Berechnung zu $2\,\text{kN/m}^3$ angenommen werden kann;

h Höhenlage des Firstes über der Traufe in m;

s_k charakteristische Schneelast in kN/m^2.

Hinweis: Die Schneelast auf steil stehende Fensterflächen oder auf angrenzende Bauteile kann sinngemäß nach Abschn. 4.5.2.9 ermittelt werden.

4.5.2.5 Tonnendächer

Tonnendächer sind entweder für gleichmäßige Schneelast (a) oder, wenn dies ungünstiger ist, für die in Abb. 4.42 dargestellte unsymmetrische Schneelast (b) zu untersuchen. Mit Tonnendächern sind alle zylindrischen Formen mit beliebiger konvex gekrümmter Leitkurve gemeint. Die Neigung der Tangente an dem Anschlusspunkt zu den vertikalen Bauteilen ist ebenfalls beliebig.

Abb. 4.43 und Tafel 4.60 zeigen die Formbeiwerte μ_4 für Tonnendächer. Dabei wird davon ausgegangen, dass der Schnee ungehindert vom Tonnendach abgleiten kann.

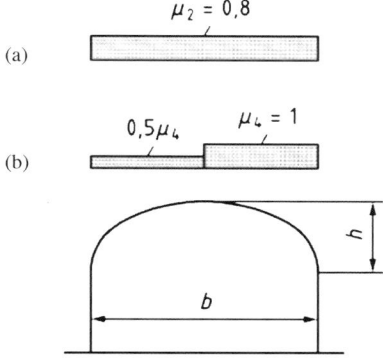

Abb. 4.42 Formbeiwerte für Schneelasten auf Tonnendächern

Abb. 4.43 Formbeiwerte der Schneelast für Tonnendächer

Tafel 4.60 Formbeiwerte der Schneelast für Tonnendächer

Verhältnis h/b	$< 0{,}18$	$\geq 0{,}18$
Formbeiwert μ_4	$0{,}2 + 10\,h/b$	$2{,}0$

4.5.2.6 Höhensprünge an Dächern

Häufig kommt es auf den Dächern unterhalb des Höhensprunges durch Anwehen oder Abrutschen des Schnees vom obenliegenden Dach zu einer Anhäufung von Schnee. Für diesen Fall ist auf dem tiefer liegenden Dach der Lastfall nach Abb. 4.44 zu berücksichtigen.

$\mu_1 = 0{,}8$ (das tiefer liegende Dach wird als flach angenommen)

$\mu_2 = \mu_W + \mu_S$

$\quad \geq 0{,}8$ und $\leq 2{,}4$ (allgemein)

$\quad \geq 0{,}8$ und $\leq 2{,}0$ (seitlich offene und für Räumung zugängliche Vordächer $b_2 \leq 3\,\text{m}$)

$\quad \geq 1{,}2$ und $\leq 6{,}45/s_k^{0,9}$ (alpine Region bei $s_k > 3{,}0\,\text{kN/m}^2$)

μ_W ist der Formbeiwert der Schneelast aus Verwehung (ab $h > 0{,}5\,\text{m}$ zu berücksichtigen):

$$\mu_W = \frac{b_1 + b_2}{2 \cdot h} \quad \text{jedoch nicht größer als} \quad \mu_W = \frac{\gamma \cdot h}{s_k}$$

γ Wichte des Schnees, hier $2\,\text{kN/m}^3$;

h Höhe des Dachsprunges in m;

s_k charakteristische Schneelast in kN/m^2;

b_1 und b_2 Dachlängen nach Abb. 4.44.

μ_S ist der Formbeiwert der abrutschenden Schneelast:

- Neigung des oberen Daches $\alpha \leq 15°$: $\mu_S = 0$
- Neigung des oberen Daches $\alpha > 15°$: μ_S ist aus einer Zusatzlast zu bestimmen, die zu $50\,\%$ der größten resultierenden Gesamtschneelast auf der anschließenden Dachseite des oberen Daches anzunehmen ist.

Bei Anordnung von Schneefanggittern darf auf den Ansatz von μ_S verzichtet werden (siehe auch Abschn. 4.5.2.9).

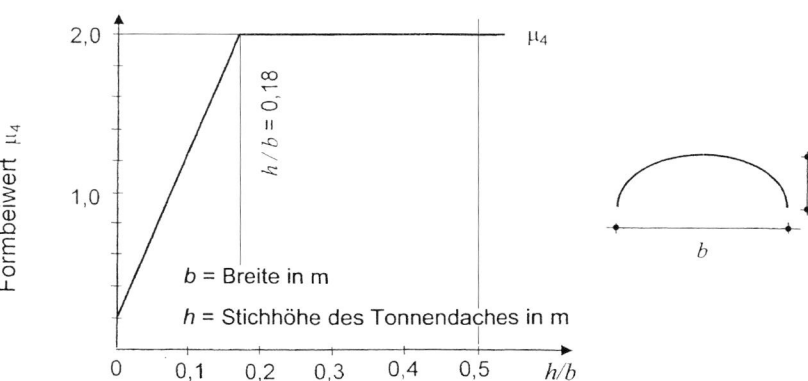

b = Breite in m

h = Stichhöhe des Tonnendaches in m

Abb. 4.44 Lastbild der Schneelast an Höhensprüngen

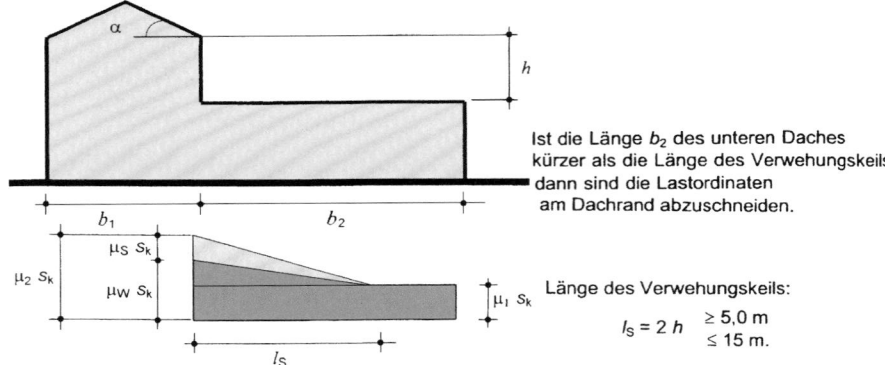

Ist die Länge b_2 des unteren Daches
kürzer als die Länge des Verwehungskeils
dann sind die Lastordinaten
am Dachrand abzuschneiden.

Länge des Verwehungskeils:

$l_S = 2\,h \quad \begin{matrix} \geq 5{,}0\ \text{m} \\ \leq 15\ \text{m.} \end{matrix}$

4.5.2.7 Verwehungen an Wänden und Aufbauten

An Dachaufbauten kann es durch Windverwehungen zu
Schneeanhäufungen kommen.

Die Formbeiwerte der Schneelast und die Länge der Ver-
wehungskeile sind wie folgt anzunehmen (siehe Abb. 4.45):

$$\mu_1 = 0{,}8, \quad \mu_2 = \gamma h / s_k \quad \begin{matrix} \geq 0{,}8 \\ \leq 2{,}0 \end{matrix}$$

γ Wichte des Schnees (hier 2,0 kN/m^3);
s_k charakteristische Schneelast auf dem Boden in kN/m^2;
h Höhe des Aufbaus in m.

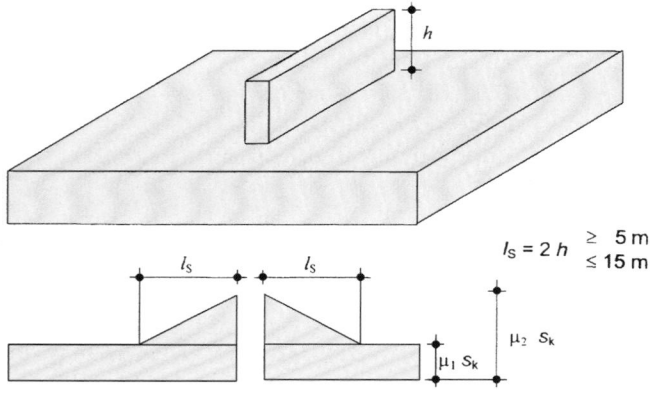

$l_S = 2\,h \quad \begin{matrix} \geq 5\ \text{m} \\ \leq 15\ \text{m} \end{matrix}$

Abb. 4.45 Lastbild der Schneelast an Wänden und Aufbauten

4.5.2.8 Schneeüberhang an der Traufe

Bei der Bemessung der auskragenden Teile eines Daches ist
zusätzlich zur Schneelast auf dem Kragarm der überhängen-
de Schnee an der Traufe zu berücksichtigen. Die Last des
Schneeüberhangs ist als Linienlast an der Trauflinie anzusetzen und wird berechnet:

$$S_e = 0{,}4 \cdot s_i^2 / \gamma$$

S_e Schneelast des Überhanges je m Traufe in kN/m;
s_i Schneelast für das Dach in kN/m^2;
γ Wichte des Schnees; Rechenwert hier 3 kN/m^3.

Bei Anordnung von Schneefanggittern darf auf den
Ansatz der Linienlast verzichtet werden (siehe auch
Abschn. 4.5.2.9).

4.5.2.9 Schneelasten auf Schneefanggitter und Dachaufbauten

Für den Nachweis der Schneefanggitter ist die Reibung zwischen Schnee und Dachfläche zu vernachlässigen. Die Kraft
F_s, die von einer rutschgefährdeten Schneemasse in Gleitrichtung je Einheit der Breite ausgeübt wird, beträgt (siehe
Abb. 4.46):

$$F_s = \mu_i s_k b \sin\alpha$$

μ_i größter Formbeiwert der Schneelast nach Tab. 4.59 für die
betrachtete Dachfläche (unverwehter Schnee);
s_k charakteristische Schneelast auf dem Boden in kN/m^2;
b Grundrissentfernung zwischen Gitter bzw. Dachaufbau
und First in m;
α Dachneigungswinkel von der Waagerechten aus gemessen.

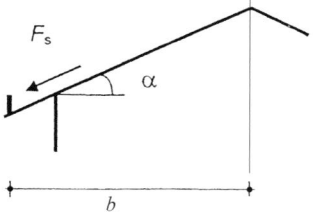

Abb. 4.46 Schneelast auf Schneefanggitter

4.6 Eislasten

nach DIN 1055-5:2005-07; DIN EN 1991-1-3/NA: 2019-04

DIN EN 1991-1-3 enthält keine Regelungen zu Eislasten. Im Nationalen Anhang, Ausgabe 04/2019, wurden die
Regelungen nach DIN 1055-5 als „NCI Anhang NA.F" aufgenommen.

Die Vereisung (Eisregen oder Raueis) hängt von den
meteorologischen Verhältnissen wie Lufttemperatur, relati-

Abb. 4.47 Allseitiger Eismantel

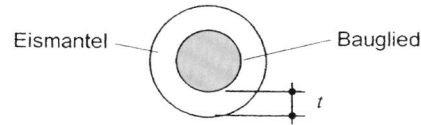

ve und absolute Luftfeuchtigkeit sowie Wind ab, die mit der Geländeform und der Geländehöhe über NN stark wechseln.

Wegen der vielfältigen Einflussfaktoren können zur Art und Stärke des Eisansatzes allgemeine Angaben nur bis zu Höhenlagen ≤ 600 m ü. NN und bis zu Bauwerkshöhen von 50 m über Gelände gemacht werden. In allen anderen Fällen und für besonders exponierte Lagen ist bereits in der Planung in Abstimmung mit der zuständigen Behörde festzulegen, welcher Eisansatz zu berücksichtigen ist.

Bei filigranen Bauteilen kann für die Bemessung ein Eislastansatz anstelle des Schneelastansatzes maßgebend werden. Neben dem erhöhten Gewicht ist dabei auch die größere Windangriffsfläche zu beachten.

4.6.1 Vereisungsklassen

Die Art des Eisansatzes hängt von den meteorologischen Bedingungen ab, die während des Vereisungsvorganges am Bauort herrschen. Für die Berechnung werden zwei typische Fälle klassifiziert:

Vereisungsklassen G Es wird eine allseitige Ummantelung der Bauteile mit Klareis (gefrierende Nebellagen) oder Glatteis (gefrierender Regen) angenommen, die durch die Dicke der Eisschicht in Zentimeter charakterisiert ist (siehe Abb. 4.47). So bedeutet z. B. die Vereisungsklasse G 1 einen allseitigen Eisansatz von $t = 1$ cm und entsprechend für G2 mit $t = 2$ cm. Für das Gebiet der Bundesrepublik Deutschland sind die Vereisungsklassen G 1 oder G 2 maßgebend.

Die Eisrohwichte für Klareis und Glatteis ist mit 9 kN/m^3 anzusetzen.

Vereisungsklassen R Die vorherrschende Windrichtung während der Vereisung des Bauwerks führt zum Aufbau einer einseitigen gegen den Wind anwachsenden kompakten Raueisfahne. Sie ist in Tafel 4.61 durch das Gewicht des an einem dünnen Stab angelagerten Eises definiert. Dies gilt für Stäbe beliebiger Querschnittsform bis zu einer Profilbreite von 300 mm.

Tafel 4.61 Vereisungsklassen Raueis

Vereisungsklasse	Eisgewicht an einem Stab ($\varnothing \leq 300$ mm) [kN/m]
R 1	0,005
R 2	0,009
R 3	0,016
R 4	0,028
R 5	0,050

Im Flachland und bis in die unteren Lagen der Mittelgebirge der Bundesrepublik Deutschland sind die Vereisungsklassen R 1 bis R 3 maßgebend. In Anlehnung an die Windgeschwindigkeit gilt das in Tafel 4.61 angegebene Eisgewicht in 10 m Höhe über Gelände. Im Falle abweichender Bauteilhöhen ist der Höhenfaktor k_z nach Abschn. 4.6.3 zu berücksichtigen. Die Eisrohwichte für Raueis ist mit 5 kN/m^3 anzusetzen.

Die schematisierten Formen einer anwachsenden kompakten Raueisfahne sind für nicht verdrehbare Stabquerschnitte in Abb. 4.48 dargestellt. Bei verdrehbaren Querschnitten (Seilen) kann es durch die Rotation zu einer allseitigen Eisanlagerung (Eiswalze) kommen. Die Schichtdicke kann aus den Eisgewichten nach Tafel 4.61 berechnet werden.

Mit wachsender Querschnittsbreite nimmt die Länge der Eisfahne ab, jedoch nur bis zu einer Breite von 300 mm. Für breitere Querschnitte ist der Wert für 300 mm anzunehmen, sodass sich für diese Bauteile höhere Eisgewichte je Längeneinheit ergeben.

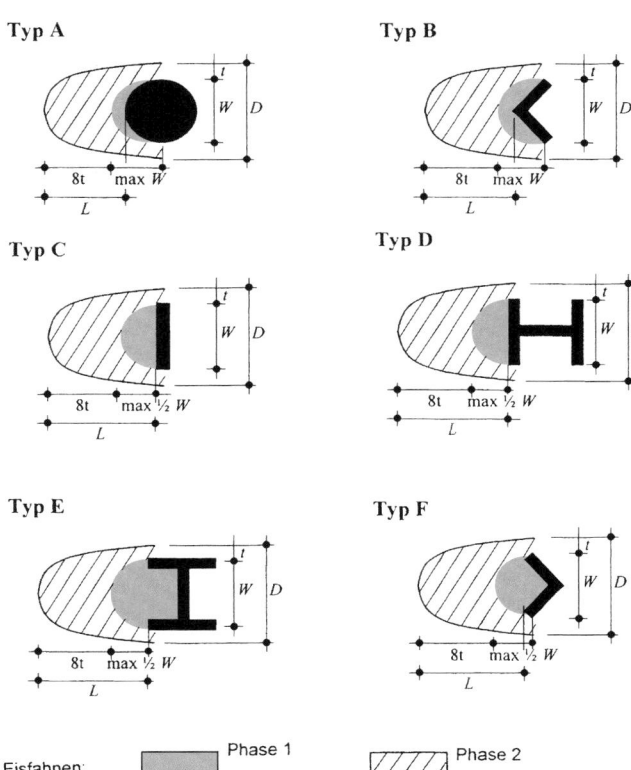

Abb. 4.48 Raueisfahnen vor Stäben mit unterschiedlicher Querschnittsform

Abb. 4.49 Eiszonenkarte der
Bundesrepublik Deutschland

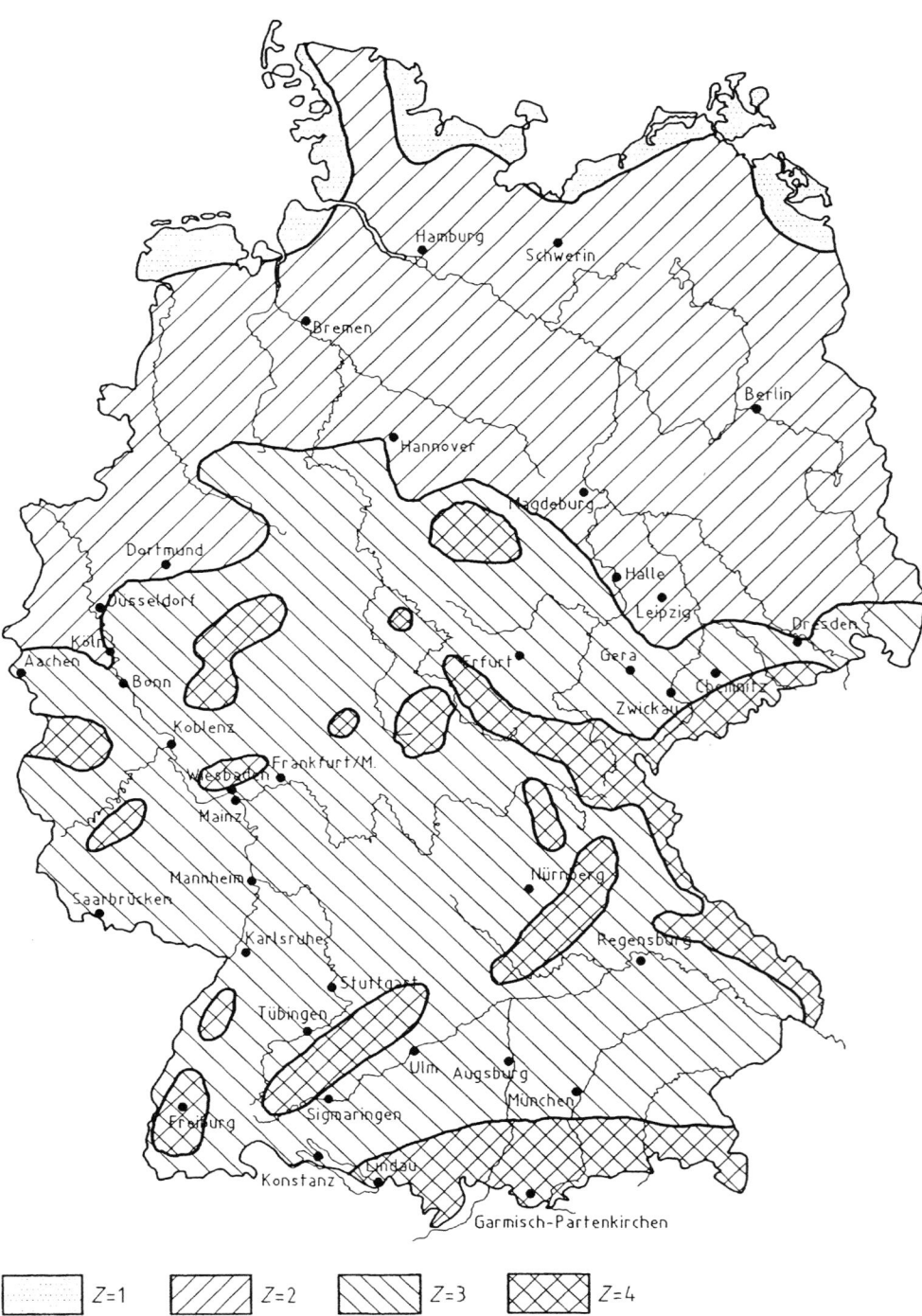

Z=1   Z=2   Z=3   Z=4

Tafel 4.62 Eisfahnenbildung an Stäben des Typs A, B, C u. D

Stabquerschnitt Typ A, B, C u. D								
Stabbreite W [mm]		10		30		100		300
Eisklasse	Eisgewicht [kN/m]	Eisfahnen [mm]						
		L	D	L	D	L	D	L	D
R 1	0,005	56	23	36	35	13	100	4	300
R 2	0,009	80	29	57	40	23	100	8	300
R 3	0,016	111	37	86	48	41	100	14	300

Tafel 4.63 Eisfahnenbildung an Stäben des Typs E u. F

Stabquerschnitt Typ E u. F								
Stabbreite W [mm]		10		30		100		300
Eisklasse	Eisgewicht [kN/m]	Eisfahnen [mm]						
		L	D	L	D	L	D	L	D
R 1	0,005	55	22	29	34	0	100	0	300
R 2	0,009	79	28	51	39	0	100	0	300
R 3	0,016	111	36	81	47	9	100	0	300

Für Fachwerke ergibt sich die Eislast als Summe der Eislasten der Einzelstäbe, wobei geometrische Überschneidungen abgezogen werden können.

Die Maße der Eisfahnen für die in Abb. 4.48 dargestellten Stabtypen können den Tafeln 4.62 und 4.63 entnommen werden.

4.6.2 Vereisungsklassen und Eiszonen

Aufgrund der meteorologischen und topographischen Verhältnisse wird Deutschland nach Abb. 4.49 in vier Eiszonen unterteilt.

Für die dargestellten Zonen sind die in Tafel 4.64 aufgeführten Vereisungsklassen zu untersuchen.

Tafel 4.64 Vereisungsklassen im Gebiet der Bundesrepublik Deutschland

Zone	Region	Vereisungsklasse
1	Küste	G 1, R 1
2	Binnenland	G 2, R 1
3	Mittelgebirge $h \leq 400$ m ü. d. M.	R 2
4	Mittelgebirge 400 m $< h \leq 600$ m ü. d. M.	R 3

Die Vereisungsklassen decken normale Verhältnisse ab. In besonders exponierten oder gut abgeschirmten Lagen kann die maßgebende Vereisungsklasse zutreffender durch ein meteorologisches Gutachten festgelegt werden. Für Höhenlagen oberhalb 600 m über NN ist die Vereisungsklasse grundsätzlich durch ein Gutachten in Abstimmung mit der zuständigen Behörde festzulegen.

4.6.3 Eisansatz in größeren Höhen über Gelände

Für R-Klassen gilt, dass bedingt durch die anwachsende Windgeschwindigkeit der Eisansatz mit der Höhe über Gelände zunimmt. Für Bauteile bis 50 m über Gelände ist die Menge des Eisansatzes mit dem Höhenfaktor

$$k_{\mathrm{z}} = 1 + \frac{h - 10}{100}$$

zu vervielfältigen (siehe Abb. 4.50). Die Höhe h ist in m einzusetzen.

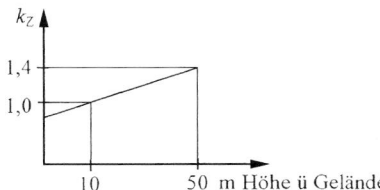

Abb. 4.50 Höhenfaktor k_{z}

Für G-Klassen kann der Eisansatz mit Klareis für Bauteile bis zu 50 m über Gelände als gleichbleibend angesetzt werden.

4.6.4 Windlast auf vereiste Baukörper

Die Windlast auf vereiste Baukörper ist nach DIN EN 1991-1-4 zu bestimmen.

Durch Eisansatz ändert sich die Querschnittsform der Bauteile und damit der Windkraftbeiwert und die Bezugsfläche, bei Fachwerken auch der Völligkeitsgrad. Dies ist in der Berechnung zu berücksichtigen.

In den Vereisungsklassen G ist mit den allseitig geometrisch vergrößerten Querschnitten zu rechnen. Ausgehend von den Windkraftbeiwerten c_{f0} ohne Eisansatz können in Abb. 4.51 die veränderten Werte c_{fi} für Eisansatz abgelesen oder linear interpoliert werden. Die Windkraftbeiwerte tendieren mit zunehmender Vereisung auf einen einheitlichen Wert hin.

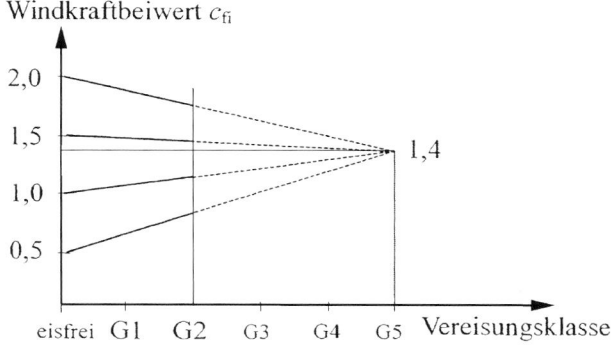

Abb. 4.51 Veränderte Windkraftbeiwerte c_{fi} bei allseitigem Eisansatz

Bei den Raueisklassen R ist ungünstig davon auszugehen, dass der Wind quer zu den Raueisfahnen bläst; die veränderten Windkraftbeiwerte c_{fi} sind Abb. 4.52 zu entnehmen.

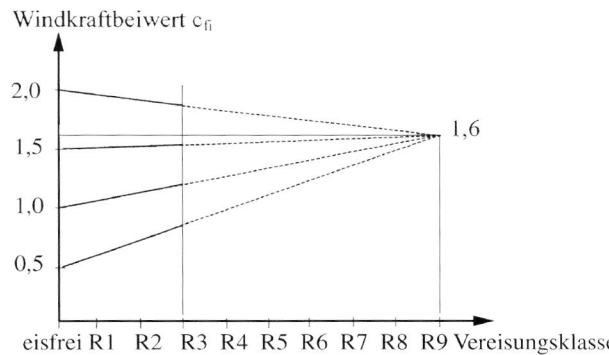

Abb. 4.52 Veränderte Windkraftbeiwerte c_{fi} bei Raueis

Für dünne und für stabförmige Bauglieder bis zur Breite von 300 mm können die vergrößerten Windangriffsflächen den Tafeln 4.62 und 4.63 entnommen werden.

4.7 Lastannahmen für Straßen- und Wegbrücken

nach DIN 1072: 1985-12; DIN 1072 Beiblatt 1: 1988-05

4.7.1 Allgemeines

In der neuen Normenreihe der DIN EN 1991 wird in Teil 1-1 an zwei Stellen, die für die praktische Anwendung von Bedeutung sind, noch auf DIN 1072 verwiesen:

- DIN EN 1991-1-1/NA, 6.3.2.3, „Schwingbeiwerte" (siehe vorliegend Abschn. 4.3.5.2)
- DIN EN 1991-1-1/NA, 3.3.3, „Flächen für Fahrzeugverkehr auf Hofkellerdecken und planmäßig befahrene Deckenflächen" (siehe vorliegend Abschn. 4.3.5.4).

Dabei wird Bezug genommen auf Lasten der Brückenklassen 16/16 bis 30/30 nach DIN 1072, wobei auch der zugehörige Schwingbeiwert von Bedeutung ist; auf diese Aspekte wird in Abschn. 4.7.2 kurz eingegangen.

4.7.2 Verkehrsregellasten

In DIN 1072 sind die Straßen- und Wegbrücken je nach Belastbarkeit in Brückenklassen eingeteilt. Dabei ist zwischen den Regelklassen (siehe Tafel 4.65) und den Nachrechnungsklassen (siehe Tafel 4.66) unterschieden.

Die Zuordnung der Verkehrsregellasten zur Brückenfläche erfolgt durch Aufteilung in eine Hauptspur, eine unmittelbar daneben angeordnete Nebenspur sowie die außerhalb

Tafel 4.65 Verkehrsregellasten der Regelklassen (Maße in m)

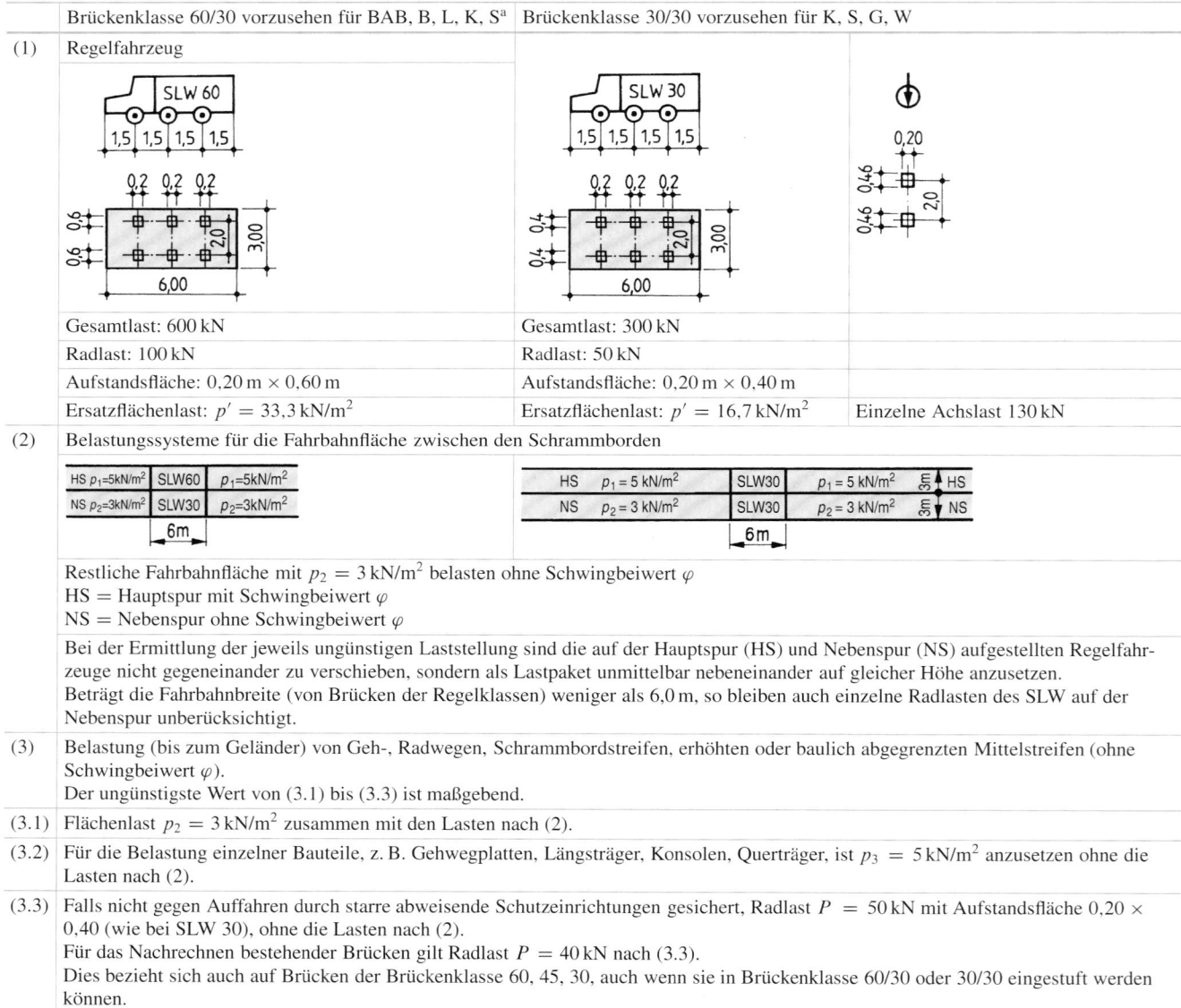

		Brückenklasse 60/30 vorzusehen für BAB, B, L, K, S[a]	Brückenklasse 30/30 vorzusehen für K, S, G, W	
(1)	Regelfahrzeug			
		Gesamtlast: 600 kN	Gesamtlast: 300 kN	
		Radlast: 100 kN	Radlast: 50 kN	
		Aufstandsfläche: 0,20 m × 0,60 m	Aufstandsfläche: 0,20 m × 0,40 m	
		Ersatzflächenlast: $p' = 33{,}3$ kN/m²	Ersatzflächenlast: $p' = 16{,}7$ kN/m²	Einzelne Achslast 130 kN
(2)	Belastungssysteme für die Fahrbahnfläche zwischen den Schrammborden			
	Restliche Fahrbahnfläche mit $p_2 = 3$ kN/m² belasten ohne Schwingbeiwert φ HS = Hauptspur mit Schwingbeiwert φ NS = Nebenspur ohne Schwingbeiwert φ			
	Bei der Ermittlung der jeweils ungünstigen Laststellung sind die auf der Hauptspur (HS) und Nebenspur (NS) aufgestellten Regelfahrzeuge nicht gegeneinander zu verschieben, sondern als Lastpaket unmittelbar nebeneinander auf gleicher Höhe anzusetzen. Beträgt die Fahrbahnbreite (von Brücken der Regelklassen) weniger als 6,0 m, so bleiben auch einzelne Radlasten des SLW auf der Nebenspur unberücksichtigt.			
(3)	Belastung (bis zum Geländer) von Geh-, Radwegen, Schrammbordstreifen, erhöhten oder baulich abgegrenzten Mittelstreifen (ohne Schwingbeiwert φ). Der ungünstigste Wert von (3.1) bis (3.3) ist maßgebend.			
(3.1)	Flächenlast $p_2 = 3$ kN/m² zusammen mit den Lasten nach (2).			
(3.2)	Für die Belastung einzelner Bauteile, z. B. Gehwegplatten, Längsträger, Konsolen, Querträger, ist $p_3 = 5$ kN/m² anzusetzen ohne die Lasten nach (2).			
(3.3)	Falls nicht gegen Auffahren durch starre abweisende Schutzeinrichtungen gesichert, Radlast $P = 50$ kN mit Aufstandsfläche $0{,}20 \times 0{,}40$ (wie bei SLW 30), ohne die Lasten nach (2). Für das Nachrechnen bestehender Brücken gilt Radlast $P = 40$ kN nach (3.3). Dies bezieht sich auch auf Brücken der Brückenklasse 60, 45, 30, auch wenn sie in Brückenklasse 60/30 oder 30/30 eingestuft werden können.			

[a] BAB = Bundesautobahnen; B = Bundesstraßen; L = Landesstraßen (Land- bzw. Staatsstraßen bzw. L I. O); S = Stadt- bzw. Gemeindestraßen; K = Kreisstraßen (L II. O); G = Gemeindewege; W = Wirtschaftswege.

Tafel 4.66 Verkehrsregellasten der Nachrechnungsklassen (Maße in m)

Brückenklassen 16/16, 12/12[a], 9/9, 6/6 und 3/3

1 Lastkraftwagen (LKW)

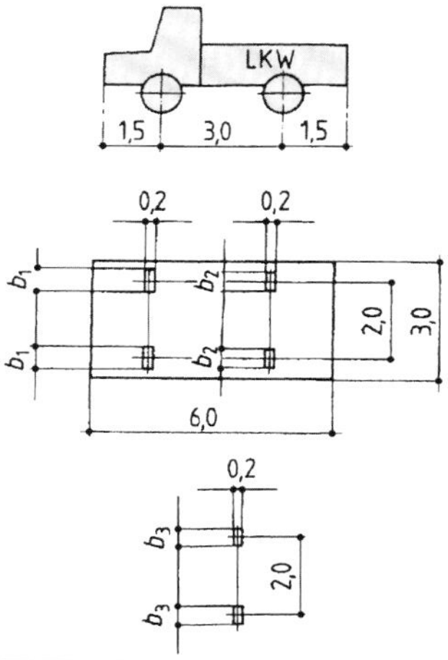

Brückenklasse		16/16	12/12	9/9	6/6	3/3
Gesamtlast kN		160	120	90	60	30
Ersatzflächenlast p' kN/m²		8,9	6,7	5,0	4,0	3,0
Vorderräder	Radlast kN	30	20	15	10	5
	Aufstandsbreite b_1	0,26	0,20	0,18	0,14	0,14
Hinterräder	Radlast kN	50	40	30	20	10
	Aufstandsbreite b_2	0,40	0,30	0,26	0,20	0,20
Eine einzelne Achse	Last kN	110	110	90	60	30
	Aufstandsbreite b_3	0,40	0,40	0,30	0,26	0,20

2 Lastschema für die Fahrbahnfläche zwischen den Schrammborden

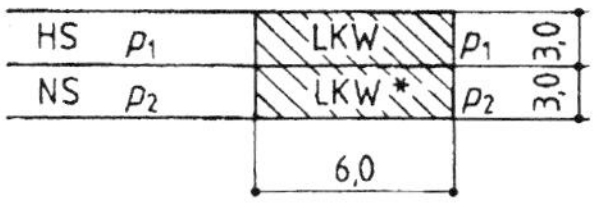

Brückenklasse	16/16[b]	12/12	9/9	6/6	3/3
p_1 kN/m²	5,0	4,0	4,0	4,0	3,0
p_2 kN/m²	3,0	3,0	3,0	2,0	2,0

3 Lastschema für die übrigen Brückenflächen bis zu den Geländern (Geh- und Radwege, Schrammbordstreifen, erhöhte oder baulich abgegrenzte Mittelstreifen).
Der ungünstigste Wert der Zeile 3, Aufzählungen a bis c, ist ohne Schwingbeiwert φ einzusetzen.

a) p_2 nach Zeile 2 zusammen mit den übrigen Lasten nach Zeile 2, dabei HS mit Schwingbeiwert φ

b) $p_3 = 5$ kN/m² ohne Lasten der Zeile 2 (Nur für die Belastung einzelner Bauteile, z. B. Gehwegplatten, Längsträger, Konsolen, Querträger)

c) Falls nicht gegen Auffahren durch steife abweisende Schutzeinrichtung gesichert (nur für die Belastung einzelner Bauteile entsprechend Zeile 3, Aufzählung b):

Radlast $P = 40$ kN
Aufstandsfläche $0,2 \times 0,3$ } Nur bei bestehenden Brücken der Brückenklasse 16/16 und 12/12
ohne Lasten der Zeile 2

Radlast $P = 50$ kN
Aufstandsfläche $0,2 \times 0,4$ } Nur bei neuen Brücken der Brückenklasse 12/12[a]
ohne Lasten der Zeile 2

* Gegebenenfalls auch einzelne Radlasten
HS Hauptspur mit Schwingbeiwert φ
NS Nebenspur ohne Schwingbeiwert φ
Restflächen mit p_2 ohne Schwingbeiwert φ
[a] Die Lastannahmen der Brückenklassen 12/12 für das Nachrechnen bestehender Straßen und Wegbrücken können vom Baulastträger auch für das Berechnen neuer Brücken zugelassen werden.
[b] Es dürfen auch Werte aus Rechenwerken mit einer Aufteilung der Radlasten (Vorderachse : Hinterachse) im Verhältnis 1 : 2 benutzt werden.

dieser Spuren liegende Fläche; die Breite von Haupt- und Nebenspur beträgt jeweils 3 m.

Detaillierte Angaben zu Lastgrößen und Lastanordnung können den Tafeln 4.65 bzw. 4.66 entnommen werden.

Die Verkehrsregellasten der Hauptspur sind mit einem Schwingbeiwert φ zu vervielfachen; dieser beträgt
- bei Bauwerken ohne Überschüttung (siehe Abb. 4.53)

$$\varphi = 1,4 - 0,008 \cdot l_\varphi \geq 1,0$$

- bei überschütteten Bauwerken

$$\varphi = 1,4 - 0,008 \cdot l_\varphi - 0,1\, h_{ü} \geq 1,0$$

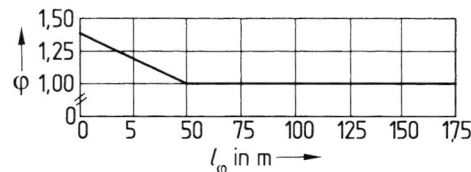

Abb. 4.53 Schwingbeiwert l_φ bei Bauwerken ohne Überschüttung

mit
l_φ maßgebende Länge in m und
$h_{ü}$ Überschüttungshöhe in m

Maßgebende Längen l_φ sind:

- beim Berechnen der Schnittgrößen aus unmittelbarer Belastung eines Bauteiles die Stützweite bzw. die Länge der Auskragung dieses Bauteiles, bei kreuzweise gespannten Platten die kleinere Stützweite;
- beim Berechnen der Schnittgrößen aus mittelbarer Belastung eines Bauteiles entweder dessen Stützweite oder die der Tragglieder, die die Verkehrslast auf das Bauteil übertragen; dabei darf der größere Wert für l_φ angesetzt werden;
- bei Traggliedern, die sowohl durch Anteile aus mittelbarer als auch aus unmittelbarer Belastung beansprucht werden, für jeden dieser Anteile der für ihn maßgebende Wert l_φ;
- bei durchlaufenden Trägern ohne und mit Gelenken das arithm. Mittel aller Stützweiten; für Lasten unmittelbar auf Kragarmen oder in Feldern, deren Stützweite geringer ist als das 0,7-fache der größten Stützweite, ist als maßgebende Länge die Länge des Kragarmes bzw. die Stützweite des jeweils kleineren Feldes zu nehmen.

4.8 Einwirkungen auf Brücken

nach DIN EN 1991-2: 2010-12; DIN EN 1991-2/NA: 2012-08

4.8.1 Allgemeines

Die bauaufsichtliche Einführung der europäischen Regelwerke im Brückenbau erfolgte mit ARS 22/2012 zum 1. Mai 2013. Damit wurde der bis dahin gültige DIN-Fachbericht 101 „Einwirkungen auf Brücken" (siehe 34. Auflage der Bautechnischen Zahlentafeln, Abschn. 8) ersetzt durch die Eurocodes 0 und 1 (siehe Abschn. 4.1.1). Spezielle brückenspezifische Regelungen sind dabei insbesondere enthalten in DIN EN 1990 (Grundlagen der Tragwerksplanung), DIN EN 1991-2 (Verkehrslasten auf Brücken), DIN EN 1991-1-4 (Windlasten), DIN EN 1991-1-5 (Temperatureinwirkungen) sowie DIN EN 1991-1-7 (Außergewöhnliche Einwirkungen) mit den jeweiligen zugehörigen, zum Teil brückenspezifischen nationalen Anhängen.

4.8.2 Grundlagen der Tragwerksplanung

Basis bildet das Sicherheitskonzept nach DIN EN 1990 mit den entsprechenden Regelungen für Nachweise in den Grenzzuständen der Tragfähigkeit und der Gebrauchstauglichkeit; nachfolgend werden die im vorangegangenen Abschn. 4.1 erläuterten Regelungen ergänzt um die brückenspezifischen nationalen Regelungen entsprechend DIN EN 1990/NA/A1.

Brücken sind im Hinblick auf ihre planmäßige Nutzungsdauer der Klasse 5 gemäß Tafel 4.1 (siehe Abschn. 4.1) zuzuordnen; Lager und Übergangskonstruktionen sind in Klasse 3 einzuordnen.

Für Nachweise in den Grenzzuständen der Tragfähigkeit sind die Einwirkungskombinationen gemäß Abschn. 4.1.5.3 und für Nachweise in den Grenzzuständen der Gebrauchstauglichkeit gemäß Abschn. 4.1.6.2 zu bestimmen.

Tafel 4.67 enthält die in den verschiedenen Bemessungssituationen in den Grenzzuständen der Tragfähigkeit anzusetzenden Teilsicherheitsbeiwerte. Hierzu ist folgendes anzumerken:

- Die Tafel gilt für Grenzzustände der Tragfähigkeit im Hinblick auf Versagen oder übermäßige Verformungen des Tragwerks oder seiner Teile, dabei sowohl für Bauteile ohne geotechnische Einwirkungen (STR) als auch für Bauteile mit geotechnischen Einwirkungen und Bodenwiderständen (GEO); für Nachweise der Lagesicherheit (EQU) sei auf DIN EN 1990/NA/A1 verwiesen.
- Bei Vorspannung gilt der Faktor, der in den Eurocodes für die Bemessung empfohlen wird; hier angegeben sind die Werte gemäß DIN EN 1992-1-1 bei linearen Verfahren mit ungerissenen Querschnitten.

Tafel 4.67 Teilsicherheitsbeiwerte für Einwirkungen: Grenzzustände der Tragfähigkeit für Straßenbrücken

Einwirkung	Bezeichnung	Bemessungssituation	
		S/V	A
Ständige Einwirkungen: Eigengewicht von tragenden und nicht-tragenden Bauteilen, Boden, Grundwasser und freifließendes Wasser, bewegliche Lasten usw.			
Ungünstig	γ_{Gsup}	1,35	1,00
Günstig	γ_{Ginf}	1,00	1,00
Vorspannung	γ_p	1,00	1,00
Setzungen[a]	$\gamma_{G,set}$	1,20	–
Einwirkungen aus Straßen- und Fußgängerverkehr			
Ungünstig	γ_Q	1,35/1,50[b]	1,00
Günstig		0	0
Temperatur			
Ungünstig	γ_Q	1,35	1,00
Günstig		0	0
Die anderen veränderlichen Einwirkungen			
Ungünstig	γ_Q	1,50	1,00
Günstig		0	0
Außergewöhnliche Einwirkungen	γ_A	–	1,00

S – Ständige Bemessungssituation,
V – Vorübergehende Bemessungssituation,
A – Außergewöhnliche Bemessungssituation.
[a] Gemäß ARS 22/2012, Anlage 4, darf bei Betonbrücken $\gamma_{G,set} = 1,0$ angesetzt werden.
[b] Gemäß ARS 22/2012, Anlage 2, für vertikale Einwirkungen aus Fußgängerverkehr; nicht jedoch in Verbindung mit Tafel 4.71, gr1a, Fußnote b.

Tafel 4.68 Kombinationsbeiwerte für Straßenbrücken

Einwirkung	Bezeichnung		ψ_0	ψ_1	ψ_2
Verkehrslasten	$gr\,1$ (LM 1)[b]	TS	0,75	0,75	0,2
		UDL[a]	0,40	0,40	0,2
	$gr\,2$ (Horiz. Lasten)		0	0	0
	$gr\,3$ (Fußg. Lasten)		0	0,4	0
	$gr\,4$ (LM 4)		0	–	0
Windlasten	F_{Wk}[b]		0,6	0,2	0
Temperatur	T_k		0,8[c]	0,6	0,5

[a] Die Beiwerte für die gleichmäßig verteilte Belastung beziehen sich nicht nur auf die Flächenlast des LM 1, sondern auch auf die in Tafel 4.71 angegebene abgeminderte Last aus Fußgänger- und Radwegbrücken.
[b] Ständige Bemessungssituationen.
[c] Gemäß ARS 22/2012, Anlage 2, für Nachweise im GZT sind Abminderungen gemäß den Eurocodes für die Bemessung möglich.

- Einwirkungen aus ungleichmäßigen Setzungen sind nur in Bemessungssituationen mit ungünstiger Wirkung zu berücksichtigen; hier angegeben ist der Wert bei linearelastischen Berechnungen.

Tafel 4.68 zeigt die für Straßenbrücken festgelegten ψ-Beiwerte. Bei Verkehrseinwirkungen gelten sie, soweit zu berücksichtigen, sowohl für die in Abschn. 4.8.3.4 angegebenen Verkehrslastgruppen als auch für die dominanten Komponenten der Einwirkungen dieser Gruppen, wenn diese getrennt zu betrachten sind.

Für weitere Angaben zu Einwirkungen aus und während der Bauausführung sei auf DIN EN 1990/NA/A1 verwiesen.

4.8.3 Einwirkungen aus Straßenverkehr und andere für Straßenbrücken besondere Einwirkungen

4.8.3.1 Allgemeines

Der Anwendungsbereich der in DIN EN 1991-2 mit zugehörigem NA festgelegten Einwirkungen für Straßenbrücken umfasst Bauwerke mit Belastungslängen (max. Länge einer zusammenhängenden Einflusslinie gleichen Vorzeichens) bis 200 m. Für Belastungslängen über 200 m kann angenommen werden, dass die Anwendung des Lastmodells 1 auf der sicheren Seite liegt.

Als Fahrbahn ist die Breite w zwischen den Schrammborden definiert, wenn die Schrammbordhöhe ≥ 75 mm beträgt. In allen anderen Fällen entspricht die Breite w der lichten Weite zwischen den inneren Grenzen der Rückhaltesysteme für Fahrzeuge.

Für Entwurf, Berechnung und Bemessung wird die Fahrbahn in rechnerische Fahrstreifen unterteilt; die Breite w_1 der rechnerischen Fahrstreifen und die größtmögliche Gesamtzahl (ganzzahlig) n_1 solcher Fahrstreifen ist in Tafel 4.69 geregelt.

Tafel 4.69 Anzahl und Breite von Fahrstreifen

Fahrbahnbreite w	Anzahl der rechnerischen Fahrstreifen	Breite eines rechnerischen Fahrstreifens	Breite der Restfläche
$w < 5,4$ m	$n_1 = 1$	3 m	$w - 3$ m
$5,4$ m $\leq w < 6$ m	$n_1 = 2$	$w/2$	0
6 m $\leq w$	$n_1 = \text{Int}(w/3)$	3 m	$w - 3,0 \cdot n_1$

Bezüglich Lage und Nummerierung der rechnerischen Fahrstreifen gelten folgende Regelungen (siehe auch Abb. 4.54):
- Die Anzahl der zu berücksichtigenden belasteten Fahrstreifen, ihre Lage auf der Fahrbahn und ihre Nummerierung sind für jeden Einzelnachweis so zu wählen, dass sich die ungünstigsten Beanspruchungen aus den Lastmodellen ergeben.
- Der am ungünstigsten wirkende Fahrstreifen trägt die Nr. 1, der als zweitungünstigst wirkende Fahrstreifen trägt die Nr. 2 usw.
- Besteht die Fahrbahn aus zwei getrennten Richtungsfahrbahnen auf **einem Überbau**, so sollte für die gesamte Fahrbahn nur eine Nummerierung vorgenommen werden.
- Wenn die Fahrbahn aus zwei getrennten Teilen auf **zwei unabhängigen Überbauten** besteht, sollte für jeden Überbau eine eigenständige Nummerierung vorgesehen werden.

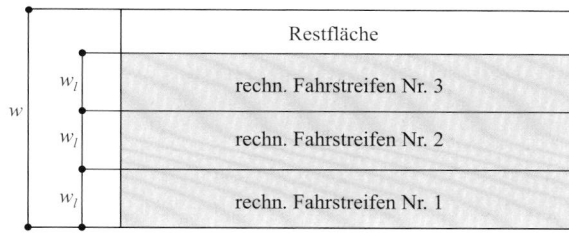

Abb. 4.54 Beispiel einer Fahrstreifennummerierung

Die Anordnung der nachfolgend definierten Lastmodelle erfolgt in den rechnerischen Fahrstreifen in ungünstigster Stellung (Länge der Belastung und Stellung in Längsrichtung); die Doppelachsen sind in Querrichtung als nebeneinander stehend anzunehmen. Im Falle von Einzellasten wird eine Lastverteilung durch Belag und Betonplatte unter einem Winkel von 45° bis zur Mittellinie der Betonplatte angenommen (im Falle einer orthotropen Fahrbahnplatte bis zur Mittellinie des Fahrbahndeckbleches).

4.8.3.2 Vertikallasten – charakteristische Werte

In DIN EN 1991-2 werden vier Lastmodelle beschrieben; davon kommen gemäß NA in Deutschland nur die Lastmodelle 1 und 4 zur Anwendung:

Lastmodell 1 Das Lastmodell besteht aus der Doppelachse (Tandem-System TS) und aus der gleichmäßig verteilten Belastung (UDL). In jedem rechnerischen Fahrstreifen 1 bis 3 sollte eine Doppelachse aufgestellt werden, wobei die Doppelachsen in Querrichtung gekoppelt sind; es sollten nur vollständige Doppelachsen angeordnet werden. Die Fahrstreifen 1 bis 3 sind ohne Restfläche unmittelbar nebeneinander anzuordnen.

In Tafel 4.70 sind die charakteristischen Werte für die Achslasten Q_{ik} sowie für die gleichmäßig verteilten Flächenlasten q_{ik} zusammengestellt; die dynamischen Erhöhungsfaktoren sind bereits enthalten. Diese charakteristischen Werte sind mit sogenannten Anpassungsfaktoren zu multiplizieren; die im NA für Deutschland festgelegten Werte für α_{Qi} und α_{qi} sind ebenfalls in Tafel 4.70 angegeben.

Tafel 4.70 LM 1: charakteristische Werte und Anpassungsfaktoren

Stellung	Doppelachse TS		Gleichmäßig verteilte Last UDL	
	Achslast Q_{ik} [kN]	α_{Qi}	q_{ik} (oder q_{rk}) in kN/m²	α_{qi}
Fahrstreifen 1	300	1,0	9,0	1,33
Fahrstreifen 2	200	1,0	2,5	2,4
Fahrstreifen 3	100	1,0	2,5	1,2
Andere Fahrstreifen	0	–	2,5	1,2
Restfläche (q_{rk})	0	–	2,5	1,2

Abb. 4.55 zeigt beispielhaft eine Lastanordnung gemäß Lastmodell 1 mit den anzusetzenden Werten für die Achslasten ($\alpha_{Qi} \cdot Q_{ik}$) sowie für die gleichmäßig verteilten Lasten ($\alpha_{qi} \cdot q_{ik}$).

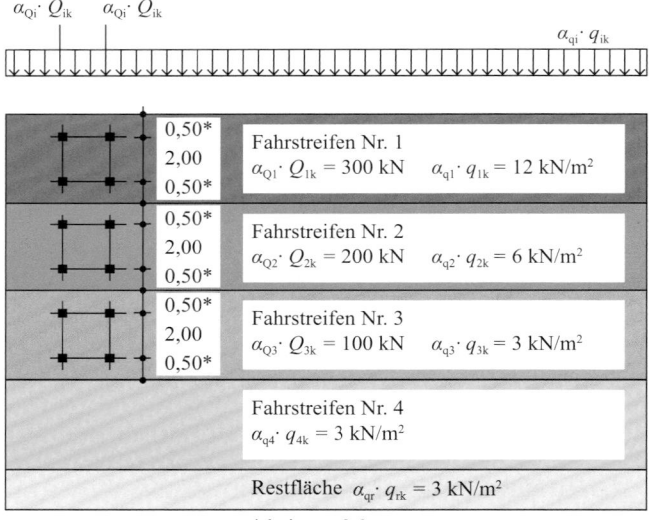

Abb. 4.55 Lastmodell 1

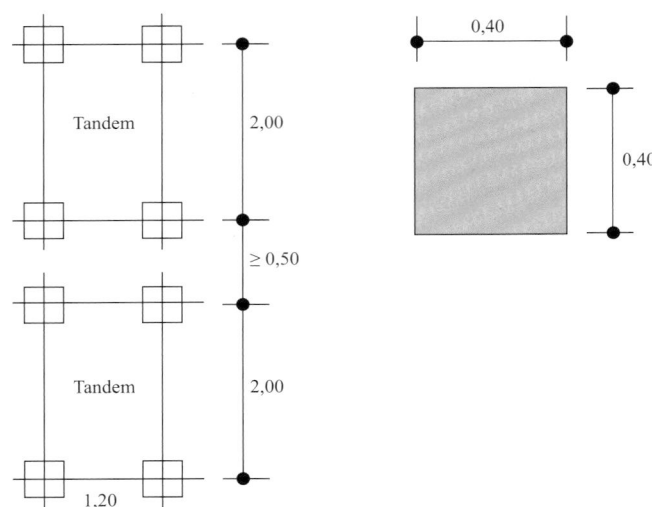

Abb. 4.56 Anwendung der Doppelachse für lokale Nachweise

Abb. 4.56 zeigt die Anwendung der Doppelachse für lokale Nachweise; dabei dürfen benachbarte Doppelachsen enger angeordnet werden.

Lastmodell 4 Über dieses Lastmodell (Flächenlast $5\,\text{kN/m}^2$) soll, soweit im Einzelfall erforderlich, Menschengedränge dargestellt werden; es gilt für globale Nachweise und nur für vorübergehende Bemessungssituationen.

4.8.3.3 Horizontallasten – charakteristische Werte

Die **Lasten aus Bremsen und Anfahren** sind in Längsrichtung in Höhe der Oberkante des fertigen Belags wirkend anzunehmen; der charakteristische Wert Q_{lk} (positiv und negativ anzusetzen) ist anteilig zu den maximalen vertikalen Lasten des in Fahrstreifen 1 vorgesehenen Lastmodells 1 festgelegt:

$$Q_{lk} = 0,6 \cdot \alpha_{Q1} \cdot (2 \cdot Q_{1k}) + 0,1 \cdot \alpha_{q1} \cdot q_{1k} \cdot w_1 \cdot L$$
$$360 \cdot \alpha_{Q1} \leq Q_{lk} \leq 900 \quad \text{in kN}$$

mit

L Länge des Überbaus (zu berücksichtigender Teil).

Die **Zentrifugallasten** sind in Höhe der Oberkante des fertigen Belags in Querrichtung, radial zur Fahrbahnachse wirkend, anzunehmen; der charakteristische Wert von Q_{tk} (in kN) ist wie folgt festgelegt:

$$
\begin{aligned}
Q_{tk} &= 0,2 \cdot Q_v && \text{bei } r < 200\,\text{m} \\
&= 40 \cdot Q_v / r && \text{bei } 200\,\text{m} \leq r \leq 1500\,\text{m} \\
&= 0 && \text{bei } r > 1500\,\text{m}
\end{aligned}
$$

mit

r horizontaler Radius der Fahrbahnmittellinie (in m)

Q_v Gesamtlast aus den vertikalen Einzellasten der Doppelachsen von Lastmodell 1.

Tafel 4.71 Festlegung von Verkehrslastgruppen

		Fahrbahn				Geh- und Radwege auf Brücken [a]
Lastart		Vertikallasten		Horizontallasten		Nur Vertikallasten
Lastmodell		Lastmodell 1	Menschengedränge	Brems- und Anfahrlasten	Zentrifugallasten	Gleichmäßig verteilte Belastung
Lastgruppe	gr 1a	Charakteristischer Wert				Abgeminderter Wert [b]
	gr 2	Häufiger Wert		Charakteristischer Wert	Charakteristischer Wert	
	gr 3					Charakteristischer Wert
	gr 4		Charakteristischer Wert			Charakteristischer Wert [c]
	gr 6 [d]	0,5 facher charakteristischer Wert		0,5 facher charakteristischer Wert	0,5 facher charakteristischer Wert	Charakteristischer Wert [c]

Dominante Komponente der Einwirkung (gekennzeichnet als zur Gruppe gehörige Komponente)

[a] Siehe Abschn. 4.8.4.
[b] Der abgeminderte Wert darf mit 3 kN/m² angesetzt werden.
[c] Es sollte nur ein Fußweg belastet werden, falls dies ungünstiger ist als der Ansatz von zwei belasteten Fußwegen.
[d] Auswechseln von Lagern

4.8.3.4 Verkehrslastgruppen für Straßenbrücken

Die Gleichzeitigkeit des Ansatzes der Vertikallasten (Lastmodelle entsprechend Abschn. 4.8.3.2), der Horizontallasten (siehe Abschn. 4.8.3.3) sowie der für Fußgänger- und Radwegbrücken festgelegten Lasten (siehe Abschn. 4.8.4) wird entsprechend den in Tafel 4.71 angegebenen, sich gegenseitig ausschließenden Gruppen berücksichtigt.

4.8.3.5 Lastmodelle für Ermüdungsberechnungen

Der über die Brücke fließende Verkehr führt zu einem Spannungsspektrum, das Ermüdung herbeiführen kann. Für Ermüdungsnachweise ist die Festlegung einer Verkehrskategorie (Anzahl der Streifen mit Lastkraftverkehr; Anzahl der Lastkraftwagen pro Jahr und LKW-Streifen) erforderlich; es ist ein Ermüdungslastmodell anzuwenden. Weitergehende Regelungen sind DIN EN 1991-2, Abschn. 4.6 zu entnehmen.

4.8.3.6 Außergewöhnliche Einwirkungen

Als außergewöhnliche Situationen sind zu berücksichtigen:

Fahrzeuganprall an Überbauten, Pfeiler oder andere stützende Bauteile Die Regelungen zu Anpralllasten auf

Pfeiler und andere stützende Bauteile sind DIN EN 1991-1-7 zu entnehmen. Dabei sind die anzusetzenden äquivalenten statischen Anprallkräfte aus Straßenfahrzeugen Tab. NA.2-4.1 des Nationalen Anhangs zu entnehmen.

Abb. 4.57 zeigt die Lage des Lastangriffspunktes. Dabei ist im Fall von Lkw $h = 1,25$ m und im Fall von Pkw $h = 0,5$ m anzusetzen; die Anprallfläche beträgt maximal $b \times h = 0,5$ m $\times$ 0,2 m.

Anpralllasten auf Überbauten aus Straßenverkehr unter Brücken sind nur beim Nachweis der Lagesicherheit des Überbaus zu berücksichtigen; die Anpralllasten dürfen dabei vereinfachend 20 cm oberhalb UK Überbau angesetzt werden.

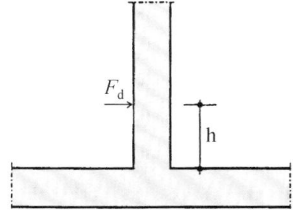

Abb. 4.57 Geometrie des Angriffes der Anpralllast

Abb. 4.58 Anordnung von Lasten auf Geh- und Radwegen von Straßenbrücken

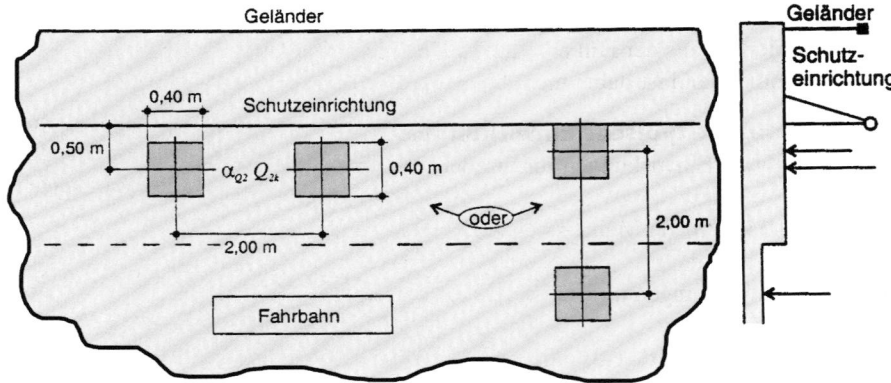

Fahrzeuge auf Geh- und Radwegen von Straßenbrücken
Wird eine **starre** Schutzeinrichtung vorgesehen, so ist eine Berücksichtigung der Achslast hinter der Schutzeinrichtung nicht erforderlich. In diesem Fall ist eine außergewöhnliche Achslast $\alpha_{Q2} \cdot Q_{2k}$ in ungünstigster Anordnung entsprechend Abb. 4.58 zu berücksichtigen; sie wirkt nicht gleichzeitig mit anderen Verkehrslasten auf der Fahrbahn. Hinter der Schutzeinrichtung ist jedoch mindestens die Einzellast Q_{fwk} gemäß Abschn. 4.8.4 anzunehmen.

Im Falle einer **deformierbaren** Schutzeinrichtung gelten die gleichen Regelungen bezüglich Last und Anordnung, jetzt jedoch bis 1 m hinter der Schutzeinrichtung. Bei **ganz fehlender** Schutzeinrichtung gelten die Regelungen bis zum Überbaurand.

Anpralllasten auf Schrammborde Größe und Anordnung der in Querrichtung wirkend anzunehmenden Horizontalkraft aus Fahrzeuganprall an Schrammborde ist in Abb. 4.59 dargestellt. Gleichzeitig mit der Anpralllast sollte eine vertikale Verkehrslast von $0,75 \cdot \alpha_{Q1} \cdot Q_{1k}$ angenommen werden.

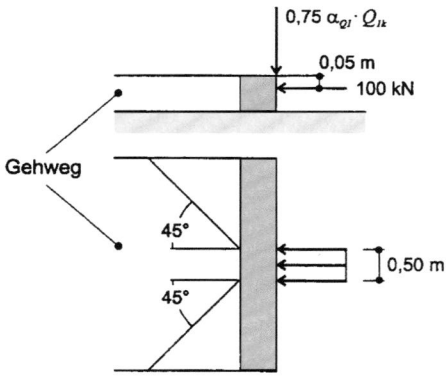

Abb. 4.59 Fahrzeuganprall an Schrammborde

Anpralllasten auf Fahrzeugrückhaltesysteme Durch Fahrzeugrückhaltesysteme werden vertikale und horizontale Lasten in den Brückenüberbau übertragen.

Für die Tragwerksbemessung ist eine auf den Überbau übertragene, quer zur Fahrtrichtung wirkende Horizontalkraft, verteilt auf eine Länge von 0,5 m, anzunehmen. Die Last wirkt 0,10 m unter Oberkante Schutzeinrichtung mindestens jedoch 1,0 m über Fahrbahn bzw. Gehweg. Gleichzeitig mit der Horizontalkraft ist eine vertikale Einzellast von $0,75 \cdot \alpha_{Q1} \cdot Q_{1k}$ anzusetzen. Empfohlene Werte für durch Fahrzeugrückhaltesysteme übetragene Horizontalkräfte können einer Tabelle in DIN EN 1991-2/NA entnommen werden.

4.8.3.7 Einwirkungen auf Geländer
Es ist eine horizontal und vertikal wirkende Linienlast von 1,0 kN/m in Oberkante Geländer anzunehmen; dies gilt sowohl für Fuß-, Rad- und Dienstwege auf Brücken als auch für Geh- und Radwegbrücken.

4.8.3.8 Lastmodelle für Hinterfüllungen
Für die Fahrbahn hinter Widerlagerwänden, Flügelwänden etc. gelten die charakteristischen Vertikallasten entsprechend Abschn. 4.8.3.2; vereinfachend können die Lasten der Doppelachsen ($2 \cdot \alpha_{Qi} \cdot Q_{ik}$) auf einer Belastungsfläche von 3,0 m (quer) $\times$ 5,0 m (längs) durch eine Flächenlast ersetzt werden. Für die Lastausbreitung in Hinterfüllungen und im Erdkörper gilt DIN EN 1997.

Falls nicht anderweitig festgelegt, sollte keine Horizontallast in Oberkante Fahrbahn im Bereich der Hinterfüllung angenommen werden. Für die Bemessung von Kammerwänden gelten die Lastsätze entsprechend Abb. 4.60 (Bremslast in

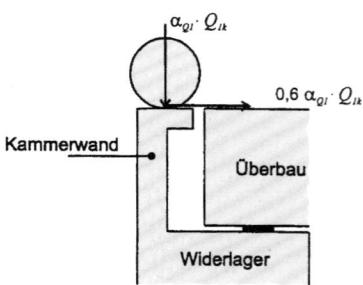

Abb. 4.60 Lasten für Kammerwände

Längsrichtung, gleichzeitig wirkend mit vertikaler Achslast und mit Erddruck aus der Hinterfüllung). Die Fahrbahn hinter der Kammerwand ist dabei nicht belastet.

4.8.3.9 Weitere typische Einwirkungen

Weitere typische Einwirkungen für Straßenbrücken sind:
- Fahrbahnbeläge
  $\Delta g = 0,5\,\text{kN/m}^2$ für Mehreinbau Fahrbahnbelag bei Ausgleichsgradiente
- Versorgungsleitungen und andere ruhende Lasten
- Schneelasten
  gemäß DIN EN 1991-1-3; nur bei überdachten Brücken, bei beweglichen Brücken sowie bei Nachweisen von Bauzuständen
- Anheben zum Auswechseln von Lagern
  Anhebemaß 1 cm; je Auflagerlinie für sich berücksichtigen; vorübergehende Bemessungssituation mit Verkehrslasten der Lastgruppe *gr* 6 (siehe Abschn. 4.8.3.4)

4.8.4 Einwirkungen für Fußgängerwege, Radwege und Fußgängerbrücken

Es sollten, soweit erforderlich, drei voneinander unabhängige Lastmodelle für die ständige und vorübergehende Bemessungssituation angewendet werden: eine gleichmäßig verteilte Last q_{fk}, eine Einzellast Q_{fwk} sowie Lasten aus Dienstfahrzeugen Q_{serv}.

Die charakteristischen Werte der gleichmäßig verteilten Last q_{fk} sind mit $5,0\,\text{kN/m}^2$ (bzw. reduzierte Werte gemäß Abb. 4.61) und die der Einzellast Q_{fwk} mit 10 kN (Aufstandsfläche 0,1 m × 0,1 m) anzunehmen.

Bezüglich detaillierter Darstellung der Einwirkungen für Fußgängerwege, Radwege und Fußgängerbrücken sei auf DIN EN 1991-2, Abschnitt 5, verwiesen.

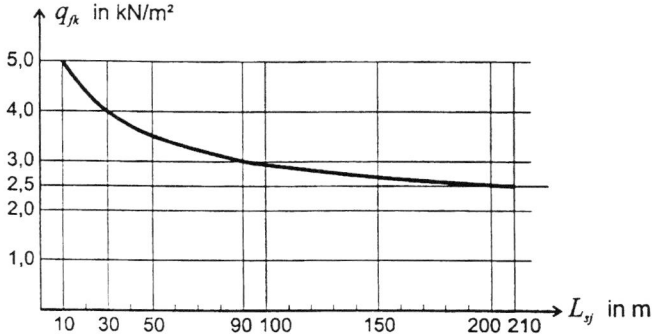

Abb. 4.61 Gleichmäßig verteilte Last in Abhängigkeit von der Belastungslänge

4.8.5 Einwirkungen aus Eisenbahnverkehr und andere für Eisenbahnbrücken typische Einwirkungen

Siehe DIN EN 1991-2, Abschnitt 6.

4.8.6 Windeinwirkungen auf Brücken

In DIN EN 1991-1-4, Abschnitt 8, sind Windeinwirkungen für ein- und mehrfeldrige Brücken mit konstanter Bauhöhe und einem Überbau geregelt. Das dort u. a. erläuterte vereinfachte Verfahren ist in Deutschland in Anhang NA.N behandelt; hierauf beziehen sich die nachfolgenden Ausführungen.

Die anzusetzenden Windeinwirkungen (charakteristische Werte) sind in Abhängigkeit der Windzonen und der Geländekategorie in den Tafeln 4.72a bis d zusammengestellt; die Zuordnung des Bauwerkes zur Windzone erfolgt nach der Windzonenkarte (siehe Abschn. 4.4.2, Tafel 4.41).

Die in den Tafeln aufgeführten Werte gelten für Höhen bis 100 m über GOF; bei größeren Höhen sollten verfeinerte Untersuchungen durchgeführt werden. Die Angaben gelten nur für nicht schwingungsanfällige Deckbrücken und für nicht schwingungsanfällige Bauteile.

Für zeitlich begrenzte Bauzustände dürfen die charakteristischen Werte der Tafeln durch Multiplikation mit folgenden Faktoren reduziert werden:
- Faktor 0,55 für die Tafel 4.72a, c sowie Faktor 0,4 für die Tafel 4.72b, d bei Bauzuständen, die nicht länger als 1 Tag dauern; es muss sichergestellt sein, dass die Windgeschwindigkeiten unter 18 m/s bleiben.
- Faktor 0,8 für die Tafel 4.72a, c sowie Faktor 0,55 für die Tafel 4.72b, d bei Bauzuständen, die nicht länger als 1 Woche dauern; es muss sichergestellt sein, dass die Windgeschwindigkeiten unter 22 m/s bleiben.
  In den Tafeln bedeuten:
b Überbau: die Gesamtbreite der Deckbrücke
  Unterbau: die Stützen- bzw. Pfeilerabmessungen parallel zur Windrichtung
d Überbau: bei Brücken ohne Verkehr und ohne Lärmschutzwand die Höhe von Unterkante Tragkonstruktion bis Oberkante Kappe (einschließlich ggf. vorhandener Brüstung oder Gleitwand); bei Brücken mit Verkehrsband oder mit Lärmschutzwand die Höhe von Unterkante Tragkonstruktion bis Oberkante Verkehrsband bzw. Lärmschutzwand
  Unterbau: Stützen- bzw. Pfeilerabmessung senkrecht zur Windrichtung
z_{e} die größte Höhe der Windresultierenden über GOF oder über mittlerem Wasserstand

4.8.7 Temperatureinwirkungen bei Brückenüberbauten

Temperatureinwirkungen sind in DIN EN 1991-1-5 geregelt. Sie werden als freie veränderliche Einwirkungen angesehen; im Übrigen sind es indirekte Einwirkungen.

Tafel 4.72 Windeinwirkung w in kN/m² auf Brücken **a** für Windzonen 1 und 2 (Binnenland), **b** auf Brücken für Windzonen 3 und 4 (Binnenland), **c** auf Brücken für Windzonen 1 und 2 (Küstennähe), **d** für Windzonen 3 und 4 (Küstennähe)

a	Ohne Verkehr und ohne Lärmschutzwand			Mit Verkehr[a] oder mit Lärmschutzwand		
	Auf Überbauten					
b/d^b	$z_e \leq 20$ m	20 m $< z_e \leq 50$ m	50 m $< z_e \leq 100$ m	$z_e \leq 20$ m	20 m $< z_e \leq 50$ m	50 m $< z_e \leq 100$ m
$\leq 0{,}5$	1,75	2,45	2,90	1,45	2,05	2,40
$= 4$	0,95	1,35	1,60	0,80	1,10	1,30
≥ 5	0,95	1,35	1,60	0,60	0,85	1,00
	Auf Stützen und Pfeilern[c]					
b/d^b	$z_e \leq 20$ m		20 m $< z_e \leq 50$ m		50 m $< z_e \leq 100$ m	
$\leq 0{,}5$	1,70		2,35		2,80	
≥ 5	0,75		1,05		1,25	

b	Ohne Verkehr und ohne Lärmschutzwand			Mit Verkehr[a] oder mit Lärmschutzwand		
	Auf Überbauten					
b/d^b	$z_e \leq 20$ m	20 m $< z_e \leq 50$ m	50 m $< z_e \leq 100$ m	$z_e \leq 20$ m	20 m $< z_e \leq 50$ m	50 m $< z_e \leq 100$ m
$\leq 0{,}5$	2,55	3,55	4,20	2,10	2,95	3,45
$= 4$	1,40	1,95	2,25	1,15	1,60	1,90
≥ 5	1,40	1,95	2,25	0,90	1,25	1,45
	Auf Stützen und Pfeilern[c]					
b/d^b	$z_e \leq 20$ m		20 m $< z_e \leq 50$ m		50 m $< z_e \leq 100$ m	
$\leq 0{,}5$	2,40		3,40		4,00	
≥ 5	1,05		1,50		1,75	

c	Ohne Verkehr und ohne Lärmschutzwand			Mit Verkehr[a] oder mit Lärmschutzwand		
	Auf Überbauten					
b/d^b	$z_e \leq 20$ m	20 m $< z_e \leq 50$ m	50 m $< z_e \leq 100$ m	$z_e \leq 20$ m	20 m $< z_e \leq 50$ m	50 m $< z_e \leq 100$ m
$\leq 0{,}5$	2,20	2,85	3,20	1,85	2,35	2,65
$= 4$	1,20	1,55	1,75	1,00	1,30	1,45
≥ 5	1,20	1,55	1,75	0,80	1,00	1,10
	Auf Stützen und Pfeilern[c]					
b/d^b	$z_e \leq 20$ m		20 m $< z_e \leq 50$ m		50 m $< z_e \leq 100$ m	
$\leq 0{,}5$	2,15		2,75		3,10	
≥ 5	0,95		1,20		1,35	

d	Ohne Verkehr und ohne Lärmschutzwand			Mit Verkehr[a] oder mit Lärmschutzwand		
	Auf Überbauten					
b/d^b	$z_e \leq 20$ m	20 m $< z_e \leq 50$ m	50 m $< z_e \leq 100$ m	$z_e \leq 20$ m	20 m $< z_e \leq 50$ m	50 m $< z_e \leq 100$ m
$\leq 0{,}5$	3,20	4,10	4,65	2,60	3,35	3,80
$= 4$	1,75	2,20	2,50	1,45	1,85	2,10
≥ 5	1,75	2,20	2,50	1,10	1,40	1,60
	Auf Stützen und Pfeilern[c]					
b/d^b	$z_e \leq 20$ m		20 m $< z_e \leq 50$ m		50 m $< z_e \leq 100$ m	
$\leq 0{,}5$	3,05		3,90		4,45	
≥ 5	1,35		1,70		1,95	

[a] Es gilt der Kombinationsbeiwert $\psi_0 = 0{,}4$ (Windzone 3 + 4) und $\psi_0 = 0{,}55$ (Windzone 1 + 2).
[b] Bei Zwischenwerten kann geradlinig interpoliert werden.
[c] Bei quadratischen Stützen- oder Pfeilerquerschnitten mit abgerundeten Ecken, bei denen das Verhältnis $r/d \geq 0{,}20$ beträgt, können die Windeinwirkungen auf Pfeiler und Stützen um 50 % reduziert werden. Für $0 < r/d < 0{,}2$ darf linear interpoliert werden. Dabei ist r der Radius der Ausrundung.

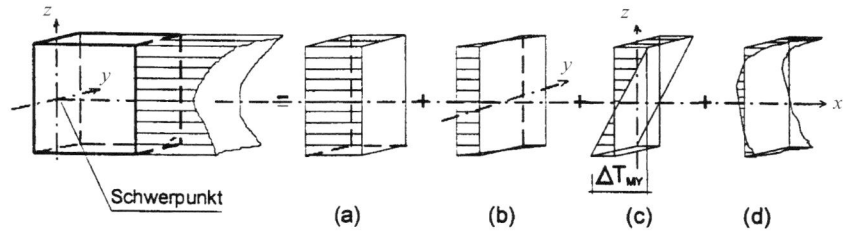

Abb. 4.62 Anteile des Temperaturprofils. **a** Konstanter Temperaturanteil, ΔT_N; **b** Linear veränderlicher Temperaturanteil in der x-y-Ebene, $\Delta T_{\text{M}z}$; **c** Linear veränderlicher Temperaturanteil in der x-z-Ebene, $\Delta T_{\text{M}y}$; **d** Nicht-lineare Temperaturverteilung, ΔT_E

Die Temperaturverteilung innerhalb des Bauteilquerschnitts führt zu Verformungen dieses Bauteils; sind Verformungen behindert, entstehen Spannungen im Bauteil. Das Temperaturprofil in einem einzelnen Bauteil kann in die Anteile entsprechend Abb. 4.62 aufgeteilt werden.

Temperaturunterschiede bei Brücken sind in DIN EN 1991-1-5, Abschnitt 6, geregelt. Dabei wird bei den Brückenüberbauten hinsichtlich der Festlegung zugehöriger Temperatureinwirkungen zwischen Typ 1 (Stahlüberbau), Typ 2 (Verbundüberbau) und Typ 3 (Betonüberbau) unterschieden.

Konstanter Temperaturanteil – charakteristische Werte Die Differenz zwischen dem minimalen und maximalen Niveau der konstanten Temperaturanteile verursacht in Tragwerken ohne Verformungsbehinderung eine Längenänderung.

In Deutschland können die maximalen/minimalen konstanten Temperaturanteile $T_\text{e,max}/T_\text{e,min}$ angenommen werden zu $+53\,°\text{C}/-27\,°\text{C}$ (Typ 1), $+41\,°\text{C}/-20\,°\text{C}$ (Typ 2) sowie zu $+39\,°\text{C}/-16\,°\text{C}$ (Typ 3).

Die Aufstelltemperatur T_0 (i. d. R. Annahme von $10\,°\text{C}$), die während der Tragwerkserstellung im Bauteil vorherrscht, darf als Bezugswert für die Berechnung von Längenänderungen verwendet werden.

Damit ergeben sich die Werte der maximalen Temperaturschwankungen zu

$$\Delta T_\text{N,con} = T_0 - T_\text{e,min} \qquad \text{(Verkürzung)},$$

$$\Delta T_\text{N,exp} = T_\text{e,max} - T_0 \qquad \text{(Ausdehnung)},$$

$$\Delta T_\text{N} = T_\text{e,max} - T_\text{e,min} \qquad \text{(Gesamtschwankung)}.$$

Linearer Temperaturunterschied – charakteristische Werte Im Allgemeinen braucht die lineare Temperaturverteilung nur in vertikaler Richtung berücksichtigt zu werden. Dabei werden die linearen Temperaturunterschiede zwischen Ober- und Unterseite des Brückenüberbaus durch die Werte $\Delta T_\text{M,heat}$ (Oberseite wärmer als Unterseite) und $\Delta T_\text{M,cool}$

Tafel 4.73 Linear veränderliche Temperaturunterschiede für unterschiedliche Überbauarten von Straßen-, Fußgänger- und Eisenbahnbrücken

Überbautyp	Oberseite wärmer als Unterseite	Unterseite wärmer als Oberseite
	$\Delta T_\text{M,heat}$ in K	$\Delta T_\text{M,cool}$ in K
Typ 1 Stahlüberbau aus Hohlkasten, Fachwerk oder Plattenbalken	18	13
Typ 2 Verbundüberbau: Betonplatte auf einem Hohlkasten, Fachwerk oder Plattenbalken aus Stahl	15	18
Typ 3 Betonüberbauten aus:		
Betonhohlkasten	10	5
Betonplattenbalken	15	8
Betonplatte	15	8

(Unterseite wärmer als Oberseite) beschrieben (siehe Tafel 4.73).

Die in Tafel 4.73 angegebenen Werte gelten bei einer Belagsdicke von $50\,\text{mm}$; bei abweichenden Dicken sind die Werte der Tafel 4.73 mit den Faktoren k_sur entsprechend Tafel 4.74 zu multiplizieren.

Bei gleichzeitiger Betrachtung des konstanten Temperaturanteils ΔT_N als auch des linearen Temperaturunterschiedes ΔT_M gilt der ungünstigere Fall aus:

$$\Delta T_\text{M} + \omega_\text{N}\Delta T_\text{N} \quad \text{oder} \quad \Delta T_\text{N} + \omega_\text{M}\Delta T_\text{M}$$

mit $\omega_\text{N} = 0,35$; $\omega_\text{M} = 0,75$.

Soweit Unterschiede der konstanten Temperaturanteile zwischen verschiedenen Bauteilen zu berücksichtigen sind, ist dieser Unterschied mit $\Delta T = 15\,\text{K}$ anzusetzen (z. B. Zugband – Bogen/Hänger oder Schrägkabel – Überbau).

Tafel 4.74 Faktoren k_{sur} zur Berücksichtigung unterschiedlicher Belagsdicken (gemäß ARS 22/2012, Anlage 3)

Straßen, Fußgänger- und Eisenbahnbrücken

Dicke des Oberbelages mm	Typ 1		Typ 2		Typ 3	
	Oben wärmer als unten k_{sur}	Unten wärmer als oben k_{sur}	Oben wärmer als unten k_{sur}	Unten wärmer als oben k_{sur}	Oben wärmer als unten k_{sur}	Unten wärmer als oben k_{sur}
Ohne Belag	1,6[a]	0,6	1,1	0,9	1,5[a]	1,0
50	1,0	1,0	1,0	1,0	1,0	1,0
80	0,82	1,1	1,0	1,0	0,82	1,0
100	0,7	1,2	1,0	1,0	0,7	1,0
150	0,7	1,2	1,0	1,0	0,5	1,0
Schotter (600 mm)	0,6	1,4	0,8	1,2	0,6	1,0

[a] Diese Werte stellen den oberen Grenzwert für dunkle Farben dar.

4.9 Erdbebenlasten auf Hochbauten

nach DIN 4149:2005-04

4.9.1 Allgemeines

Als Erdbeben werden alle natürlich und ohne menschliches Zutun zustande gekommenen Erschütterungen des Erdbodens bezeichnet, von der Mercalli-Sieberg-Intensität 1 bis zur Intensität 12 (siehe Tafel 4.75).

Bei einem Beben der Intensität 7 erreicht die horizontale Bodenbeschleunigung – sie ist ein Maß für die Beanspruchung von Bauten – Werte um $0,2 \, m/s^2$.

Bei der Beantwortung der Frage, ob eine Region erdbebengefährdet ist oder nicht, spielt nicht nur die Intensität der auftretenden Beben, sondern auch ihre Häufigkeit eine Rolle. In einer gegebenen Region treten schwerere Beben selten, leichtere häufig und sehr leichte fast ständig auf. DIN 4149 macht Angaben zur Sicherung von Bauten gegen ein Beben, das **statistisch ein Mal in 475 Jahren** auftritt (Referenz-Wiederkehrperiode). Das ist gleichbedeutend mit einer Auftretenswahrscheinlichkeit von etwa 10 Prozent in 50 Jahren.

4.9.2 Erdbebenzonen

Beben der Mercalli-Sieberg-Intensität 1 bis 5 werden von Bauten, die nach den allgemeingültigen Regeln der Baukunst erstellt wurden bzw. werden, schadlos ertragen. Beben höherer Intensität werden von baulichen Anlagen nur dann schadlos überstanden, wenn bei ihrem Entwurf besondere Regeln beachtet und bei ihrer Konstruktion und Errichtung besondere Maßnahmen und Vorkehrungen getroffen werden. Auf dem Gebiet der Bundesrepublik Deutschland sind in Abständen von fünfhundert Jahren keine Beben der Intensität 9 bis 12 beobachtet worden, weshalb die in Abb. 4.63 dargestellte Erdbebenzonenkarte für Deutschland neben einer Übergangszone 0 nur die Erdbebenzonen 1, 2 und 3 ausweist.

Die zu den Zonen gehörenden Intensitätsintervalle zeigt Tafel 4.76. Sie enthält als zonenspezifische Lastparameter auch die Bemessungswerte der zugehörigen horizontalen Bodenbeschleunigung α_g.

Für die Zuordnung einzelner Kreise und Gemeinden zu den Erdbebenzonen können Informationen z. B. im Internet unter www.dibt.de abgerufen werden.

Tafel 4.75 Mercalli-Sieberg-Intensität

Intensität	Erscheinung
1	Nur von Seismographen registriert, sonst unmerklich
2	Sehr leicht; nur von wenigen Personen gespürt
3	Leicht; nur von einem kleinen Teil der Bevölkerung als Beben wahrgenommen
4	Mäßig; nicht von allen Menschen der Region wahrgenommen, leichtes Klirren von Gläsern
5	Ziemlich stark; in Wohnungen allgemein festgestellt, hängende Gegenstände pendeln
6	Stark; von jedermann mit Schrecken verspürt, leichte Schäden an wenig solide gebauten Häusern
7	Sehr stark; zahlreiche leicht gebaute Häuser werden geringfügig beschädigt
8	Zerstörend; freistehende Mauern stürzen um, mittelschwere Schäden an vielen Häusern
9	Verwüstend; einzelne Bauten zerstört
10	Vernichtend; viele solide gebaute Gebäude zerstört, Schienen verbogen, Bodenspalten, Felsstürze
11	Katastrophe; Brücken und Dämme zerstört; nur ganz wenige sehr solide Bauten bleiben stehen
12	Große Katastrophe; kein Werk von Menschenhand bleibt stehen

Tafel 4.76 Zuordnung von Intensitätsintervallen und Bemessungswerten der Bodenbeschleunigung zu den Erdbebenzonen

Zone	Intensitätsintervalle	Bemessungswert der Bodenbeschleunigung a_g [m/s^2]
0	$6 \leq I < 6,5$	–
1	$6,5 \leq I < 7$	0,4
2	$7 \leq I < 7,5$	0,6
3	$7,5 \leq I < 8$	0,8

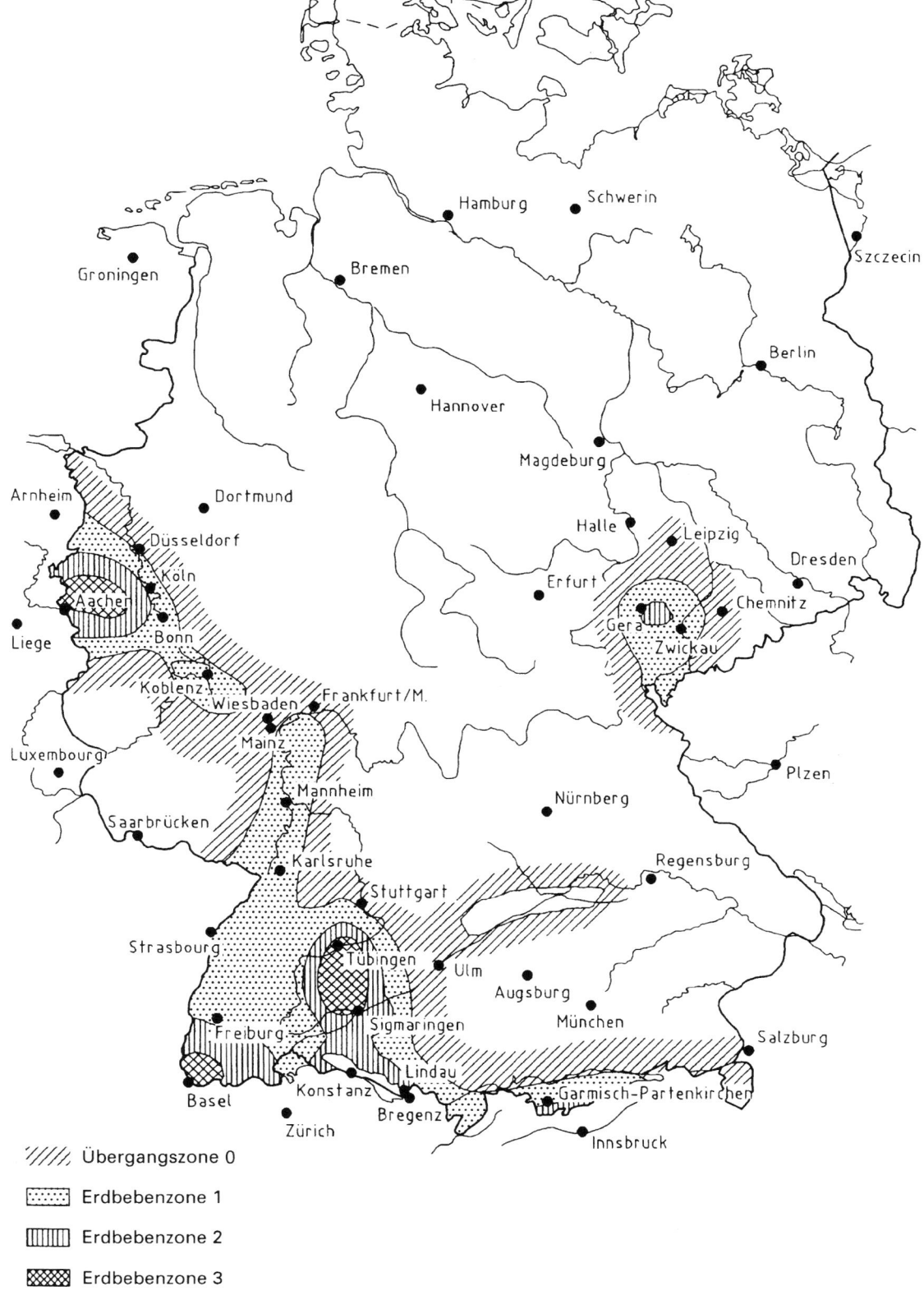

///// Übergangszone 0

▒▒▒ Erdbebenzone 1

||||| Erdbebenzone 2

▨▨▨ Erdbebenzone 3

Abb. 4.63 Erdbebenzonen der Bundesrepublik Deutschland

Tafel 4.77 Baugrundklassen

Baugrundklasse	A	B	C
Merkmal	Unverwitterte (bergfrische) Festgesteine mit hoher Festigkeit. Dominierende Scherwellengeschwindigkeiten liegen höher als etwa 800 m/s	Mäßig verwitterte Festgesteine bzw. Festgesteine mit geringerer Festigkeit oder grobkörnige (rollige) bzw. gemischtkörnige Lockergesteine mit hohen Reibungseigenschaften in dichter Lagerung bzw. in fester Konsistenz (z. B. glazial vorbelastete Lockergesteine). Dominierende Scherwellengeschwindigkeiten liegen etwa zwischen 350 m/s und 800 m/s	Stark bis völlig verwitterte Festgesteine oder grobkörnige (rollige) bzw. gemischtkörnige Lockergesteine in mitteldichter Lagerung bzw. in mindestens steifer Konsistenz oder feinkörnige (bindige) Lockergesteine in mindestens steifer Konsistenz. Dominierende Scherwellengeschwindigkeiten liegen etwa zwischen 150 m/s und 350 m/s

4.9.3 Untergrundverhältnisse, Geologie und Baugrund

Innerhalb einer Erdbebenzone hängt die Wirkung eines Bebens auf ein Bauwerk ab u. a. von den geologischen Untergrundverhältnissen des Standortes und vom Baugrund. Als „Baugrund" gilt hier die oberflächennahe Bodenschicht bis zu einer Tiefe von 20 m, wobei der Boden bis zu einer Tiefe von 3 m außer Betracht bleibt.

Tafel 4.77 beschreibt die Baugrundklassen A bis C. Die Schichten darunter bilden den geologischen Untergrund.

Wenn sich der Baugrund nicht nach Tafel 4.77 einordnen lässt, insbesondere wenn als Baugrund tiefgründig unverfestigte Ablagerungen in lockerer Lagerung (z. B. lockerer Sand) bzw. in weicher oder breiiger Konsistenz (z. B. Seeton, Schlick) vorhanden sind (dominierende Scherwellengeschwindigkeiten liegen unter 150 m/s), ist der Einfluss auf die Erdbebeneinwirkungen gesondert zu untersuchen und zu berücksichtigen.

Die Einstufung eines Standortes in eine Baugrundklasse kann entfallen, wenn solch ungünstige Baugrundverhältnisse ausgeschlossen werden können und die Erdbebeneinwirkung unter Annahme der Baugrundklasse C bestimmt wird.

Der Bauwerksstandort und die Art des Untergrundes sollten im Allgemeinen keine Risiken bezüglich Grundbruch, Hangrutschung und Setzung infolge Bodenverflüssigung oder Bodenverdichtung bei Erdbeben bieten.

Im Zweifelsfall ist die Einstufung eines Standortes in die Baugrundklasse durch weitergehende Untersuchungen zu bestimmen.

Tafel 4.78 beschreibt die geologischen Untergrundklassen R, T und S.

Abb. 4.64 ordnet das Gebiet der deutschen Erdbebenzonen den verschiedenen geologischen Untergrundklassen zu. Für die Zuordnung einzelner Kreise und Gemeinden zu den Untergrundklassen können Informationen z. B. im Inter-

Tafel 4.78 Geologische Untergrundklassen

Untergrundklasse	Merkmal
R	Gebiete mit felsartigem Gesteinsuntergrund
T	Übergangsbereiche zwischen den Gebieten der Untergrundklasse R und der Untergrundklasse S, sowie Gebiete relativ flachgründiger Sedimentbecken
S	Gebiete tiefer Beckenstrukturen mit mächtiger Sedimentfüllung

net unter www.dibt.de abgerufen werden (weitere Hinweise auch unter www.gfz-potsdam.de).

Die Kombination von Baugrund und geologischem Untergrund führt zur Definition der „Untergrundverhältnisse"; es können A-R, B-R, C-R, B-T, C-T sowie C-S vorkommen.

4.9.4 Gebäudekategorien

Hochbauten sind entsprechend ihrer Bedeutung für den Schutz der Allgemeinheit und im Hinblick auf die mit einem Einsturz verbundenen Folgen (z. B. Gefahr für Leib und Leben, Kulturgüter und Sachwerte) einer der vier Bedeutungskategorien nach Tafel 4.79 zuzuordnen. Die jeweils zugehörigen Bedeutungsbeiwerte γ_1 werden bei der Beschreibung der Erdbebeneinwirkung berücksichtigt (siehe Abschn. 4.9.7).

4.9.5 Allgemeine Anforderungen an die Regelmäßigkeit des Bauwerks

Bei den Nachweisen für den Lastfall Erdbeben wird zwischen regelmäßigen und unregelmäßigen Bauwerken unterschieden.

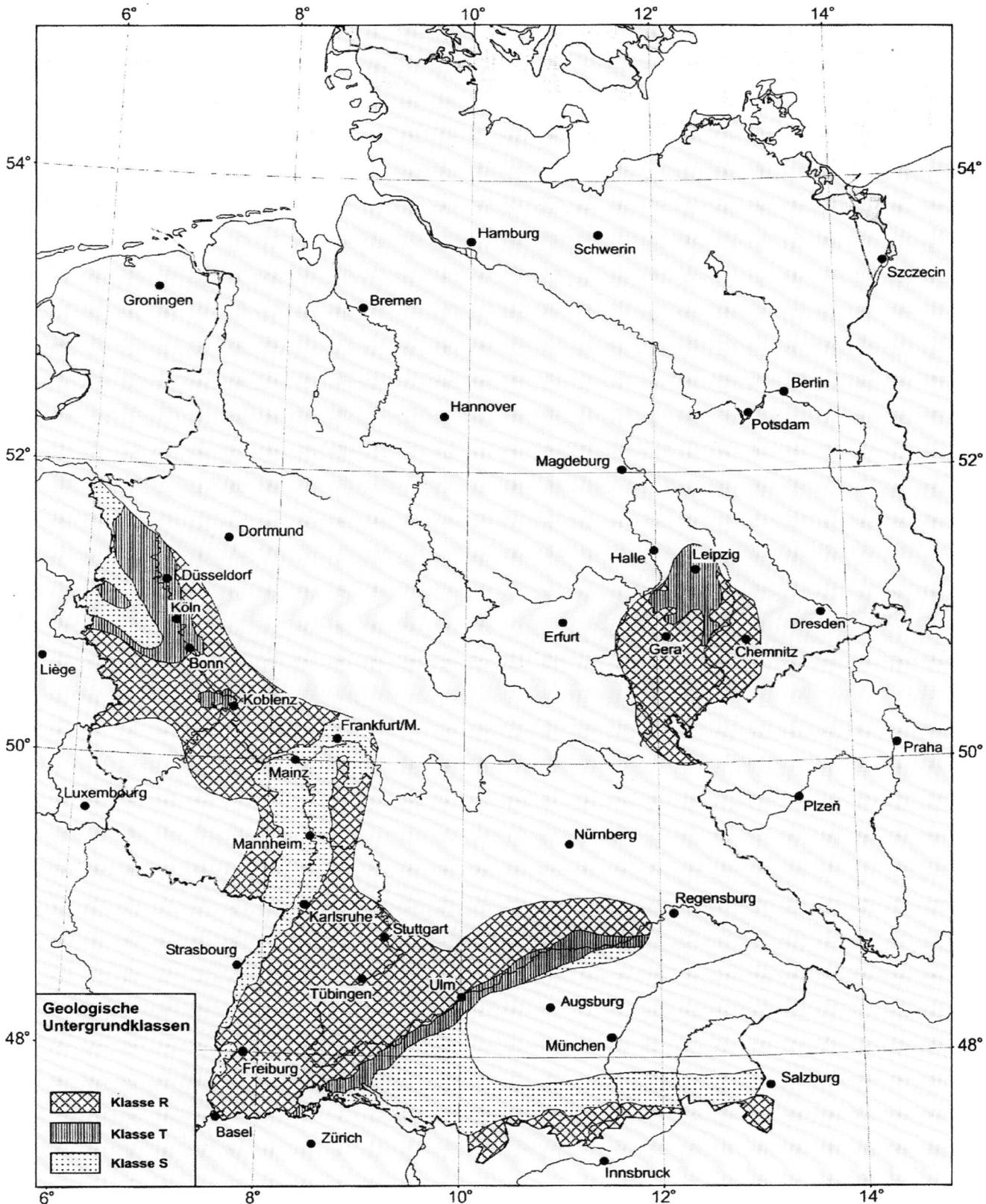

Abb. 4.64 Geologische Untergrundklassen in den Erdbebenzonen der Bundesrepublik Deutschland

Tafel 4.79 Bedeutungskategorien für Hochbauten und Bedeutungsbeiwerte γ_1

Bedeutungskategorie	Bauwerke	Bedeutungsbeiwert γ_1
I	Bauwerke von geringer Bedeutung für die öffentliche Sicherheit, z. B. landwirtschaftliche Bauten usw.	0,8
II	Gewöhnliche Bauten, die nicht zu den anderen Kategorien gehören, z. B. Wohngebäude	1,0
III	Bauwerke, deren Widerstandsfähigkeit gegen Erdbeben im Hinblick auf die mit einem Einsturz verbundenen Folgen wichtig ist, z. B. große Wohnanlagen, Verwaltungsgebäude, Schulen, Versammlungshallen, kulturelle Einrichtungen, Kaufhäuser usw.	1,2
IV	Bauwerke, deren Unversehrtheit im Erdbebenfall von Bedeutung für den Schutz der Allgemeinheit ist, z. B. Krankenhäuser, wichtige Einrichtungen des Katastrophenschutzes und der Sicherheitskräfte, Feuerwehrhäuser usw.	1,4

Aus zweierlei Gründen ist für Bauten in Erdbebengebieten eine gewisse Regelmäßigkeit, Klarheit und Einfachheit im Grund- und Aufriss anzustreben:

Erstens verhalten sich Bauten mit vergleichsweise regelmäßigem Grund- und Aufriss günstiger bei Erdbeben, was wirtschaftlich in einem günstigeren Verhaltensbeiwert zum Ausdruck kommt. Zweitens lässt sich das Verhalten von Bauten mit vergleichsweise regelmäßigem Grund- und Aufriss bei Erdbeben rechnerisch einfacher erfassen und beschreiben. (siehe Tafel 4.80).

Kriterien für Regelmäßigkeit im Grundriss:
- Das Gebäude ist im Grundriss bezüglich der Horizontalsteifigkeit und der Massenverteilung um zwei zueinander senkrechte Achsen nahezu symmetrisch.
- Die Grundrissform ist einfach und kompakt, hat z. B. keine H- oder X-Form. Gegebenenfalls wird eine komplexere Grundrissform durch Fugen in kompakte Grundrissformen zerlegt. Das Aussteifungssystem wird nicht durch Nischen, rückspringende Ecken u. Ä. beeinträchtigt.
- In jedem Geschoss sind die Stützen und Wände durch Decken miteinander verbunden, die statisch nicht nur als Platten sondern auch als Scheiben wirksam sind.
- Die Steifigkeit der Decken in ihrer Ebene muss im Vergleich zur Horizontalsteifigkeit der durch die Decken gekoppelten Stützen und Wände ausreichend groß sein, sodass sich die Verformung der Decke nur unwesentlich auf die Verteilung der horizontalen Kräfte auf die aussteifenden Bauteile auswirkt.
- Jedes Geschoss muss ausreichend torsionssteif sein.

Kriterien für Regelmäßigkeit im Aufriss:
- Alle an der Aufnahme von Horizontallasten beteiligten Tragwerksteile (z. B. Kerne, tragende Wände oder Rahmen) verlaufen ohne Unterbrechung von der Gründung bis zur Oberkante des Gebäudes.
- Die Horizontalsteifigkeit und die Masse der einzelnen Geschosse bleiben konstant oder verringern sich nur allmählich ohne größere Sprünge mit zunehmender Höhe.
- Bei Skelettbauten bleibt das Verhältnis der tatsächlich vorhandenen Tragfähigkeit für Horizontallasten zur rechnerisch erforderlichen Tragfähigkeit für aufeinander folgende Geschosse möglichst gleich.
- Wenn Rücksprünge vorhanden sind, gelten die Bedingungen gemäß DIN 4149: Bild 1.

4.9.6 Grundlegende Anforderungen an bauliche Anlagen in Erdbebengebieten

- Für das Tragwerk sollen statische Systeme gewählt werden, die die Erdbebenkräfte auf direktem Wege ableiten.
- Aussteifende Tragwerksteile sollen in beiden Hauptrichtungen vergleichbare Tragfähigkeit und Verformbarkeit haben.
- Steifigkeitssprünge von einem Geschoss zum nächsten sollen vermieden werden.
- Alle Geschossdecken eines Geschosses sollen auf gleicher Höhe liegen.

Tafel 4.80 Auswirkung der Regelmäßigkeit des Tragwerks auf die Erdbebenauslegung

Grundriss	Aufriss	Rechenmodell	Schwingungsberechnung	Verhaltensbeiwert q^{a}
Regelmäßig	Regelmäßig	Eben	I. d. R. vereinfacht (Grundschwingungsform)	Referenzwert
Regelmäßig	Unregelmäßig	Eben	Mehrere Schwingungsformen	U. U. abgemindert
Unregelmäßig	Regelmäßig	I. d. R. räumlich	I. d. R. mehrere Schwingungsformen	Referenzwert
Unregelmäßig	Unregelmäßig	Räumlich	Mehrere Schwingungsformen	U. U. abgemindert

[a] siehe Norm, Abschnitte 8 bis 11: Besondere Regeln für Beton-, Stahl-, Holz- und Mauerwerksbauten.

- Das Tragwerk soll um die senkrechte Achse möglichst torsionssteif sein. Massen sollen möglichst nahe an der senkrechten Drillruheachse liegen.
- Die gewählte Konstruktion soll wenig empfindlich gegen Imperfektionen und Auflagerbewegungen sein.
- Geschossdecken sollen horizontale Trägheitskräfte problemlos auf die aussteifenden Elemente verteilen.
- Die Gründungskonstruktion soll alle Gründungsteile bei Erdbebenanregung ggf. einheitlich verschieben.
- Die Tragkonstruktion soll duktil (zäh) sein und Energie hysteretisch dissipieren (vernichten) können.
- Die oberen Geschosse sollen frei von großen Massen sein.
- Komplexe Strukturen sollen durch Fugen in dynamisch voneinander unabhängig agierende Einheiten zerlegt werden.

Die Erfüllung dieser Anforderungen macht einen rechnerischen Nachweis der Gebrauchstauglichkeit überflüssig.

4.9.7 Regeldarstellung der Erdbebeneinwirkung

Das „elastische Bodenbeschleunigungs-Antwortspektrum" (Abb. 4.65) beschreibt die Antwort (Beschleunigung) eines elastisch sich verformenden Bauwerks auf ein Beben. Es beschreibt somit die Einwirkung auf Tragwerke, die bei Erdbebeneinwirkung im linear-elastischen Bereich verbleiben, ohne dass Energie anders als durch viskose Dämpfung dissipiert wird. Eine mögliche Reduzierung der eingetragenen Energie durch hysteretische Energiedissipation im Bauwerk vermindert die Beschleunigung der Bauwerksmassen und damit die auf das Bauwerk wirkenden Trägheitskräfte.

Dies wird vereinfachend durch Abminderung der elastischen Antwortspektren auf das Niveau der Bemessungsspektren berücksichtigt.

Tafel 4.81 zeigt die Berechnungsvorschriften für das elastische Antwortspektrum $S_e(T)$ und Tafel 4.82 diejenigen

Tafel 4.81 Elastisches Antwortspektrum $S_e(T)$

Bereich	Elastisches Antwortspektrum $S_e(T)$
$T_A \leq T \leq T_B$	$S_e(T) = a_g \cdot \gamma_1 \cdot S \cdot (1 + (T/T_B) \cdot (\eta \cdot \beta_o - 1))$
$T_B \leq T \leq T_C$	$S_e(T) = a_g \cdot \gamma_1 \cdot S \cdot \eta \cdot \beta_o$
$T_C \leq T \leq T_D$	$S_e(T) = a_g \cdot \gamma_1 \cdot S \cdot \eta \cdot \beta_o \cdot T_C/T$
$T_D \leq T$	$S_e(T) = a_g \cdot \gamma_1 \cdot S \cdot \eta \cdot \beta_o \cdot T_C \cdot T_D/T^2$

Tafel 4.82 Bemessungsspektrum $S_d(T)$

Bereich	Bemessungsspektrum $S_d(T)$
$0 \leq T \leq T_B$	$S_d(T) = a_g \cdot \gamma_1 \cdot S \cdot (1 + (T/T_B) \cdot ((\beta_o/q) - 1))$
$T_B \leq T \leq T_C$	$S_d(T) = a_g \cdot \gamma_1 \cdot S \cdot (\beta_o/q)$
$T_C \leq T \leq T_D$	$S_d(T) = a_g \cdot \gamma_1 \cdot S \cdot (\beta_o/q) \cdot (T_C/T)$
$T_D \leq T$	$S_d(T) = a_g \cdot \gamma_1 \cdot S \cdot (\beta_o/q) \cdot (T_C \cdot T_D/T^2)$

Tafel 4.83 Werte der Parameter zur Beschreibung des horizontalen und vertikalen Elastischen Antwortspektrums

Untergrund-verhältnisse	S	Horizontal			Vertikal		
		T_B [s]	T_C [s]	T_D [s]	T_B [s]	T_C [s]	T_D [s]
A-R	1,00	0,05	0,20	2,00	0,05	0,20	2,00
B-R	1,25	0,05	0,25	2,00	0,05	0,20	2,00
C-R	1,50	0,05	0,30	2,00	0,05	0,20	2,00
B-T	1,00	0,10	0,30	2,00	0,10	0,20	2,00
C-T	1,25	0,10	0,40	2,00	0,10	0,20	2,00
C-S	0,75	0,10	0,50	2,00	0,10	0,20	2,00

für das Bemessungsspektrum $S_d(T)$ in Abhängigkeit von der Schwingungsdauer T des zum Bauwerk gehörenden Einmassenschwingers im Verhältnis zu den Boden- und Untergrundparametern S, T_B, T_C, T_D (siehe auch Abb. 4.65). Tafel 4.83 liefert die Werte dieser Boden- und Untergrundparameter für die verschiedenen Untergrundverhältnisse.

Zum Nachweis der horizontalen Erdbebeneinwirkung werden in der Regel zwei zueinander orthogonale Richtungen des Gebäudequerschnitts, bei Ansatz des gleichen elastischen Antwortspektrums, untersucht. Die vertikale Komponente der Erdbebeneinwirkung kann ebenfalls durch das angegebene Antwortspektrum beschrieben werden, wobei der Bemessungswert der Bodenbeschleunigung mit dem Faktor 0,7 abzumindern ist.

Es ist

T	die Schwingungsdauer des zum Bauwerk gehörenden linearen Einmassenschwingers in s
a_g	der Bemessungswert der Bodenbeschleunigung, siehe Tafel 4.76
γ_1	Bedeutungsbeiwert nach Tafel 4.79
β_o	der Verstärkungsbeiwert der Spektralbeschleunigung mit dem Referenzwert $\beta_o = 2,5$ für 5 % viskose Dämpfung

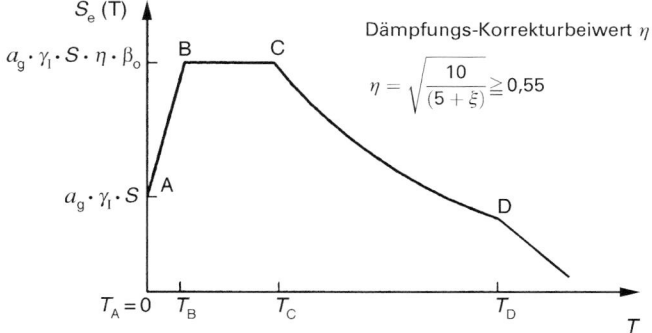

Abb. 4.65 Elastisches Antwortspektrum

T_B, T_C, T_D die zu den Untergrundverhältnissen gehörenden Kontrollperioden in s, siehe Tafel 4.83; $T_A = 0$

S der Untergrundparameter, siehe Tafel 4.83

η der Dämpfungskorrekturbeiwert mit dem Referenzwert $\eta = 1$ für 5 % viskose Dämpfung ($\xi = 5$)

S_e Ordinate des elastischen Antwortspektrums in m/s^2

S_d Ordinate des Bemessungsspektrums in m/s^2

q der Verhaltensbeiwert, siehe Norm, Abschnitte 8 bis 11: Besondere Regeln für Beton-, Stahl-, Holz- und Mauerwerksbauten.

4.9.8 Kombination der Erdbebeneinwirkung mit anderen Einwirkungen

Für die Ermittlung des Bemessungswertes E_{dAE} der Beanspruchungen gelten die Kombinationsregeln für die Bemessungssituation Erdbeben nach DIN EN 1990, Abschn. 4.1.5.3.

Für die neben dem Bemessungswert infolge von Erdbeben A_{Ed} zu berücksichtigenden Vertikallasten gilt

$$\sum G_{kj} \oplus \sum \psi_{Ei} \cdot Q_{ki}$$

(Bezeichnungen siehe Abschn. 4.1.5.3)

Dabei berücksichtigen die Kombinationsbeiwerte ψ_{Ei} die Wahrscheinlichkeit, dass die veränderlichen Lasten $\psi_{2i} \cdot Q_{ki}$ während des Erdbebens nicht in voller Größe vorhanden sind:

$$\psi_{Ei} = \varphi \cdot \psi_{2i}$$

ψ_{2i} nach Abschn. 4.1, Tafel 4.3
φ nach Tafel 4.84.

4.9.9 Vereinfachtes Antwortspektrenverfahren zur Bestimmung der Erdbebenkräfte

Bauwerke, die sich durch zwei ebene Modelle, eines für jede Grundrisshauptrichtung, darstellen lassen und deren Verhalten durch Beiträge höherer Schwingungsformen nicht wesentlich beeinflusst wird, können mithilfe dieses vereinfachten Verfahrens berechnet werden. Zu ihnen gehören Bauwerke, die die o. a. Kriterien für die Regelmäßigkeit im Grund- und Aufriss erfüllen oder die (nur) die Grundrisskriterien erfüllen und Grundschwingzeiten $T_1 \leq 4T_C$ (T_C nach Tafel 4.83) haben. Bei ihnen ergibt sich die Gesamterdbebenkraft F_b für jede Hauptrichtung zu

$$F_b = S_d(T_1) \cdot M \cdot \lambda$$

$S_d(T_1)$ die Ordinate des Bemessungsspektrums bei T_1

T_1 die Grundschwingzeit des Bauwerks

M die Gesamtmasse des Bauwerks

λ ein Korrekturfaktor mit dem Wert $\lambda = 0{,}85$ für $T \leq 2T_C$ für Gebäude mit mehr als 2 Geschossen und $\lambda = 1{,}0$ in allen anderen Fällen.

Anmerkung Der Beiwert λ berücksichtigt die Tatsache, dass in Gebäuden mit mindestens drei Stockwerken und Verschiebungsfreiheitsgraden in jeder horizontalen Richtung die effektive modale Masse der Grundeigenform durchschnittlich um 15 % kleiner ist als die gesamte Gebäudemasse.

Die Grundschwingzeit T_1 beider ebener Modelle des Bauwerks darf vereinfacht z. B. mit dem Rayleigh-Verfahren bestimmt werden.

Von der Gesamterdbebenkraft F_b entfällt auf jedes Geschoss i die folgende Erdbebenkraft F_i

$$F_i = F_b(s_i \cdot m_i) / \sum (s_j \cdot m_j)$$

m_i, m_j die Massen der Geschosse i und j

s_i, s_j die Horizontalverschiebungen der Massen m_i, m_j in der Grundschwingungsform.

Tafel 4.84 Beiwert für φ zur Berechnung von ψ_{Ei}

Art der veränderlichen Einwirkung	Geschoss		φ
	Nutzung	Lage	
Nutzlasten und Verkehrslasten in Lagerräumen, Bibliotheken, Werkstätten und Fabriken mit schwerem Betrieb, Warenhäusern, Parkhäusern	–	–	1,0
Nutzlasten und Verkehrslasten in sonstigen Gebäuden (Wohnhäuser, Bürogebäude, Krankenhäuser usw.)	Alle Geschosse sind unabhängig voneinander genutzt	Oberstes Geschoss	1,0
		Andere Geschosse	0,5
	Mehrere Geschosse haben eine in Beziehung stehende Nutzung	Oberstes Geschoss	1,0
		Andere Geschosse	0,7

Die Grundschwingungsformen der beiden ebenen Bauwerksmodelle können mittels baudynamischer Verfahren berechnet werden.

Die auf das Geschoss i entfallende Erdbebenkraft F_i kann vereinfacht auch so berechnet werden:

$$F_i = F_b \left(z_i \cdot m_i \right) / \sum \left(z_j \cdot m_j \right)$$

z_i, z_j die Höhen der Geschossmassen m_i, m_j in m.

4.9.10 Nachweis der Standsicherheit

Für den Nachweis der Standsicherheit sind die Bemessungssituation infolge Erdbeben im Grenzzustand der Tragfähigkeit nach DIN EN 1990, Abschn. 4.1.5.3 zusammen mit den Entwurfsempfehlungen (siehe Abschn. 4.9.6) zu berücksichtigen.

Bauartenunabhängig darf der Tragfähigkeitsnachweis für die seismische Lastkombination nach Abschn. 4.9.8 mit dem Bemessungsspektrum für lineare Berechnung nach Abschn. 4.9.7 unter Annahme im Wesentlichen linearelastischen Verhaltens mit dem Verhaltensbeiwert $q = 1{,}0$ für die horizontale und die vertikale Richtung geführt werden.

Für Hochbauten der Bedeutungskategorien I bis III nach Tafel 4.79 können die Nachweise im Grenzzustand der Tragfähigkeit als erbracht angesehen werden, wenn nachfolgende Bedingungen erfüllt sind:

- Die nach Abschn. 4.9.9 für die Kombination nach Abschn. 4.9.8 mit einem Verhaltensbeiwert $q = 1{,}0$ ermittelte horizontale Gesamterdbebenkraft ist kleiner als die maßgebende Horizontalkraft aus den anderen zu untersuchenden Einwirkungskombinationen (z. B. mit Windlasten), für die das Bauwerk für die ständige und vorübergehende Bemessungssituation bemessen wird.
- Die Entwurfsempfehlungen (siehe Abschn. 4.9.6) sind eingehalten worden.

Bei Wohn- und ähnlichen Gebäuden (z. B. Bürogebäude) kann auf den rechnerischen Nachweis für den Grenzzustand der Tragfähigkeit verzichtet werden, wenn folgende Bedingungen eingehalten sind:

- Die Anzahl der Vollgeschosse über Gründungsniveau überschreitet nicht die Werte der Tafel 4.85 (oberstes

Geschoss kein Vollgeschoss, wenn die für die Erdbebeneinwirkungen zu berücksichtigende Masse $\leq 50\,\%$ der des darunterliegenden Vollgeschosses ist; Kellergeschoss bzw. Geschoss über Gründungsniveau bleibt unberücksichtigt, sofern es als steifer Kasten ausgebildet und auf einheitlichem Niveau gegründet ist).

- Die grundlegenden Anforderungen gemäß Abschn. 4.9.6 sind erfüllt.
- Bei Bauten in den Erdbebenzonen 2 und 3 sind zusätzlich die Regelmäßigkeitskriterien gemäß Abschn. 4.9.5 erfüllt.
- Die Geschosshöhe ist $\leq 3{,}50$ m.
- Für Mauerwerksbauten sind die konstruktiven Regeln nach Abschn. 4.9.11.4 eingehalten.

4.9.11 Besondere Regeln für Mauerwerksbauten

4.9.11.1 Allgemeines

Mauerwerksbauten sind Bauten, bei denen die Horizontallasten überwiegend über tragende Wände aus Mauerwerk abgetragen werden. Tragende Wände, die der Aussteifung gegen horizontale Einwirkungen dienen, werden im Folgenden als Schubwände bezeichnet.

Für Hochbauten aus Mauerwerk in den Erdbebenzonen 1 bis 3 gelten neben den Festlegungen von DIN 4149 zusätzlich diejenigen nach DIN 1053-1, DIN 1053-3 und DIN 1053-4.

Für nicht tragende Außenschalen von zweischaligem Mauerwerk nach DIN 1053-1 in Gebäuden, die Tafel 4.85 (siehe Abschn. 4.9.10) entsprechen, ist ein rechnerischer Nachweis für den Lastfall Erdbeben nicht erforderlich.

In Abhängigkeit von der Art des für erdbebenwiderstandsfähige Bauteile verwendeten Mauerwerks sind die Mauerwerksbauten einem der folgenden Bauwerkstypen zuzuordnen:

- Bauwerke aus unbewehrtem Mauerwerk;
- Bauwerke aus eingefasstem Mauerwerk;
- Bauwerke aus bewehrtem Mauerwerk.

4.9.11.2 Besondere Anforderungen an die Mauerwerksbaustoffe

Für Hochbauten aus Mauerwerk in den deutschen Erdbebengebieten dürfen alle Mauersteine und Mauermörtel für Mauerwerk nach DIN 1053-1 verwendet werden.

In den Erdbebenzonen 2 und 3 müssen Mauersteine für Schubwände aus Mauerwerk nach DIN 1053, die keine in Wandlängsrichtung durchlaufenden Innenstege haben, in der in Wandlängsrichtung vorgesehenen Steinrichtung eine mittlere Steindruckfestigkeit von mindestens $2{,}5\,\text{N/mm}^2$ aufweisen. Der kleinste Einzelwert einer Versuchsreihe aus sechs Prüfkörpern muss mindestens $2{,}0\,\text{N/mm}^2$ betragen. Die Prüfung ist nach DIN EN 772-1 durchzuführen.

Tafel 4.85 Bedeutungskategorie und zulässige Anzahl der Vollgeschosse für Hochbauten ohne rechnerischen Standsicherheitsnachweis

Erdbebenzone	Bedeutungskategorie	Maximale Anzahl der Vollgeschosse
1	I bis III	4
2	I und II	3
3	I und II	2

4.9.11.3 Allgemeine Konstruktionsregeln

Abschn. 4.9.6 ist zu berücksichtigen.

Hochbauten aus Mauerwerk sind in allen Vollgeschossen durch Geschossdecken mit Scheibenwirkung auszusteifen.

Die Aussteifungswirkung muss in allen Horizontalrichtungen gegeben sein. Wände können nur dann zur Aussteifung herangezogen werden, wenn die Mindestanforderungen nach Tafel 4.86 erfüllt sind.

Bezüglich „zusätzlicher Konstruktionsregeln" für eingefasstes Mauerwerk und für bewehrtes Mauerwerk siehe Norm, Abschnitte 11.4 und 11.5.

Tafel 4.86 Mindestanforderungen an aussteifende Wände

Erdbebenzone	Wanddicke t in cm	$\dfrac{\text{Knicklänge } h_k}{\text{Wanddicke } t}$	Wandlänge l in cm
1	Nach DIN 1053-1		≥ 74
2	$\geq 15^a$	≤ 18	≥ 98
3	$\geq 17{,}5$	≤ 15	≥ 98

^{a} Wände der Wanddicke ≥ 115 mm dürfen zusätzlich berücksichtigt werden, wenn $h_k/t \leq 15$ ist. Knicklänge nach DIN 1053-1.

4.9.11.4 Konstruktive Regeln für Mauerwerksbauten ohne rechnerischen Nachweis des Grenzzustandes der Tragfähigkeit für den Lastfall Erdbeben

Für Hochbauten aus Mauerwerk, die zusätzlich zu den Bestimmungen in Abschn. 4.9.11.1 bis 4.9.11.3 den im Folgenden angegebenen Festlegungen entsprechen, ist ein rechnerischer Nachweis im Grenzzustand der Tragfähigkeit für den Lastfall Erdbeben nicht erforderlich.

Der Gebäudegrundriss muss kompakt und annähernd rechteckig ausgebildet sein. Das Verhältnis zwischen kürzerer Seite b und längerer Seite l des Bauwerks bzw. eines durch Gebäudefugen begrenzten Bauwerksabschnitts muss $b/l \geq 0{,}25$ betragen.

Die Anzahl der Vollgeschosse über Gründungsniveau darf die in Tafel 4.85 (siehe Abschn. 4.9.10) angegebenen Werte nicht überschreiten. Die maximale Geschosshöhe beträgt 3,50 m.

Die aussteifenden Wände sind so anzuordnen, dass der Steifigkeitsmittelpunkt und der Massenschwerpunkt nahe beieinander liegen und eine ausreichende Torsionssteifigkeit sichergestellt ist.

Die aussteifenden Wände müssen über alle Geschosse durchgehen. In Dachgeschossen kann die Aussteifung stattdessen durch andere konstruktive Maßnahmen sichergestellt werden.

Die aussteifenden Wände müssen den überwiegenden Teil der vertikalen Lasten tragen. Die vertikalen Lasten sollten auf die aussteifenden Wände in beiden Gebäuderichtungen verteilt werden.

Das Gebäude ist in beiden Gebäuderichtungen durch genügend lange Schubwände ausreichend auszusteifen. Hierfür sind jeweils die in Tafel 4.87 angegebenen Mindestwerte für die auf die Geschossgrundrissfläche bezogene Schubwandquerschnittsfläche der aussteifenden Wände einzuhalten.

In jeder Gebäuderichtung müssen mindestens zwei Schubwände mit einer Länge von jeweils mindestens 1,99 m angeordnet werden.

Für Bemessungswerte $a_g \cdot S \cdot \gamma_1 > 0{,}09 \cdot g \cdot k$ (siehe Abschn. 4.9.8) müssen mindestens 50 % der erforderlichen Wandquerschnittsflachen nach Tafel 4.87 aus Wänden mit mindestens 1,99 m Länge bestehen.

Die Verwendung der Steinfestigkeitsklasse 2 für Außenwände ist zulässig, wenn in jeder Richtung wenigstens 50 % der erforderlichen Wandquerschnittsfläche der Schubwände aus Mauerwerk der Festigkeitsklasse 4 oder höher bestehen. Die Gesamtquerschnittsfläche der Schubwände muss dann die in Tafel 4.87 für die Steinfestigkeitsklasse 4 geltenden Werte einhalten.

Tafel 4.87 Mindestanforderungen an die auf die Geschossgrundrissfläche bezogene Querschnittsfläche von Schubwänden je Gebäuderichtung

Anzahl der Vollgeschosse	$a_g \cdot S \cdot \gamma_1 \leq 0{,}06\, g \cdot k^a$			$a_g \cdot S \cdot \gamma_1 \leq 0{,}09\, g \cdot k^a$			$a_g \cdot S \cdot \gamma_1 \leq 0{,}12\, g \cdot k^a$		
	Steinfestigkeitsklasse nach DIN 1053-1^{b,c}								
	4	6	≥ 12	4	6	≥ 12	4	6	≥ 12
1	0,02	0,02	0,02	0,03	0,025	0,02	0,04	0,03	0,02
2	0,035	0,03	0,02	0,055	0,045	0,03	0,08	0,05	0,04
3	0,065	0,04	0,03	0,08	0,065	0,05	Kein vereinfachter Nachweis zulässig (KvNz)		
4	KvNz	0,05	0,04	KvNz					

^{a} Für Gebäude, bei denen mindestens 70 % der betrachteten Schubwände in einer Richtung länger als 2 m sind, beträgt der Beiwert $k = 1 + (l_{ay} - 2)/4 \leq 2$. Dabei ist l_{ay} die mittlere Wandlänge der betrachteten Schubwände in m. In allen anderen Fällen beträgt $k = 1$. Der Wert γ_1 wird nach Abschn. 4.9.4 bestimmt.

^{b} Bei Verwendung unterschiedlicher Steinfestigkeitsklassen, z. B. für Innen- und Außenwände, sind die Anforderungswerte im Verhältnis der Flächenanteile der jeweiligen Steinfestigkeitsklasse zu wichten.

^{c} Zwischenwerte dürfen linear interpoliert werden.

4.9.12 Besondere Regeln für Gründungen üblicher Hochbauten

Der Zusammenhalt des Bauwerks bzw. der jeweils dynamisch unabhängigen Teile eines Bauwerks im Gründungsbereich muss sichergestellt sein.

Die vorstehende Anforderung kann als erfüllt betrachtet werden, wenn alle einzelnen Gründungselemente (z. B. Einzelfundamente) in ein und derselben horizontalen Ebene angeordnet und z. B. durch eine ausreichend dimensionierte fundamentnahe Sohlplatte oder Zerrbalken für alle zu betrachtenden Lastrichtungen zug- und druckfest miteinander verbunden sind.

Liegt Baugrund der Klasse A vor, so kann in allen Erdbebenzonen auf diese Kopplung verzichtet werden. In Erdbebenzone 1 gilt dies auch für Baugrund der Klasse B.

Zerrbalken müssen eine Mindestlängsbewehrung aus 4 ⌀ 12 BSt 500 S oder gleichwertig, die im anzuschließenden Fundamentkörper entsprechend zu verankern sind, aufweisen. Sinngemäß sind fundamentnahe Sohlplatten auszubilden und in den zu betrachtenden Lastrichtungen anzuschließen. Können Zerrbalken oder Sohlplatten nicht ausgeführt werden, so sind unter Berücksichtigung der maximal möglichen Relativverschiebung zwischen den einzelnen Gründungskörpern weitere in dieser Norm nicht geregelte Nachweise zu führen.

In Streifenfundamenten unter gemauerten Wänden ist eine konstruktive Mindestbewehrung von 4 ⌀ 12 BSt 500 S vorzusehen.

Möglichst zu vermeiden sind Gründungen
- in unterschiedlicher Tiefe, wenn der Baugrund in den verschiedenen Gründungstiefen bei Erdbeben deutlich voneinander abweichende Bewegungen erfahren kann,
- auf unterschiedlichen Gründungselementen, die ein deutlich voneinander abweichendes Verformungsverhalten zeigen,
- auf verschiedenartigem Baugrund mit deutlich voneinander abweichendem Verformungsverhalten,
- an stärker geneigten Hängen.

4.9.13 Besondere Regeln für Beton-, Stahl- und Holzbauten

Siehe Norm, Abschnitte 8, 9 und 10.

Baumechanik und Baustatik

5

Prof. Dr.-Ing. Ansgar Neuenhofer

Inhaltsverzeichnis

5.1 Begriffe und Formelzeichen

5.1.1 Grundlagen nach DIN 1080 Teil 1

Formelzeichen werden aus Hauptzeichen und, wenn zur Vermeidung von Missverständnissen erforderlich, zusätzlich noch durch Nebenzeichen gebildet (Tafel 5.1).

Nebenzeichen werden als Fuß- oder Kopfzeiger an die Hauptzeichen angefügt. Kopfzeiger sind jedoch wegen der Gefahr der Verwechslung mit einer Potenz möglichst zu vermeiden oder eindeutig zu kennzeichnen, z. B. durch runde Klammern.

Tafel 5.1 Hauptzeichen (Verwendung von Buchstaben)

Buchstaben	Verwendung für folgende Bedeutungen
Lat. Großbuchstaben	Last- und Schnittgrößen (Kraft, Moment); Leistung; Arbeit; Fläche; Flächengrößen; Volumen; Verformungsmodul; Temperatur
Lat. Kleinbuchstaben	Länge; Geschwindigkeit; Beschleunigung: Streckenlast; Flächenlast auf die Länge oder Fläche bezogene Schnittgrößen, Masse; Verschiebungen
Griech. Kleinbuchstaben	Verhältnisgrößen; Koeffizienten; Wichte; Dichte; Spannungen; Festigkeit; Verzerrung; Verkrümmung; Verdrehung; Wärmeleitfähigkeit

A. Neuenhofer (✉)
TH Köln
Köln, Deutschland
E-Mail: ansgar.neuenhofer@th-koeln.de

© Springer Fachmedien Wiesbaden GmbH, ein Teil von Springer Nature 2021
U. Vismann (Hrsg.), *Wendehorst Bautechnische Zahlentafeln*, https://doi.org/10.1007/978-3-658-32218-2_5

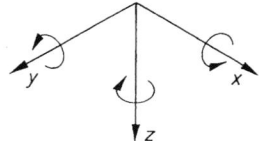

Abb. 5.1 Positive Koordinaten und Richtungssinne

5.1.2 Regeln für die Orientierung

Koordinaten Bauwerke als Ganzes werden einem globalen Koordinatensystem (z. B X, Y, Z), einzelne Bauwerksteile einem lokalen Koordinatensystem (z. B. x, y, z) zugeordnet. Bei lokalen Systemen für Stäbe liegen die x-Achse in der Stabrichtung, die y- und die z-Achse in der Querschnittsfläche (Abb. 5.1).

Kraftgrößen (Kräfte, Momente) In Komponentendarstellung sind Lastgrößen positiv, wenn sie den Richtungssinn der Koordinatenachsen haben. Positive Komponenten von Schnittgrößen (Schnittkräfte, Schnittmomente) haben auf positiven Schnittflächen den Richtungssinn der Koordinatenachsen, auf negativen Schnittflächen zeigen sie entgegengesetzt (Abb. 5.2).

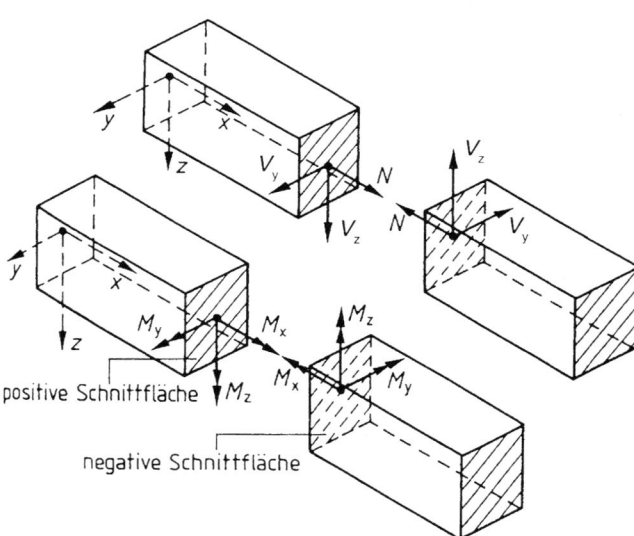

Abb. 5.2 Positive Schnittgrößen

Spannungen Spannungskomponenten werden durch zwei Fußzeiger gekennzeichnet. Der erste gibt die Orientierung der Bezugsfläche (Richtung der Flächennormalen), der zweite die Orientierung der Spannungskomponente an. (Häufig wird auch statt σ_{xx} nur σ_x usw. geschrieben.) Positive Spannungskomponenten haben auf positiven Schnittflächen den Richtungssinn der Koordinatenachse, auf neg. Schnittflächen zeigen sie entgegengesetzt.

Verschiebungsgrößen Positive Verschiebungsgrößen (Verschiebungen, Verdrehungen) haben den Richtungssinn der Koordinatenachsen.

Verzerrungen Sie werden wie die Spannungskomponenten orientiert, die an ihnen Arbeit verrichten. Sie werden mit entsprechenden Fußzeigern versehen.

5.2 Flächenwerte

5.2.1 Allgemeines

Flächeninhalt $A = \int \mathrm{d}A$

5.2.1.1 Allgemeines orthogonales Bezugssystem $\overline{y}, \overline{z}$

Flächenmoment ersten Grades

$$S_{\overline{y}} = \int \overline{z}\,\mathrm{d}A \qquad S_{\overline{z}} = \int \overline{y}\,\mathrm{d}A$$

Koordinaten des Schwerpunkts

$$\overline{y}_S = \frac{S_{\overline{z}}}{A} \qquad \overline{z}_S = \frac{S_{\overline{y}}}{A}$$

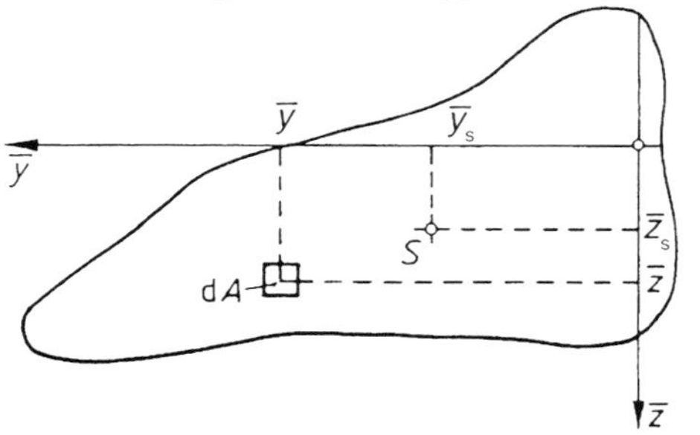

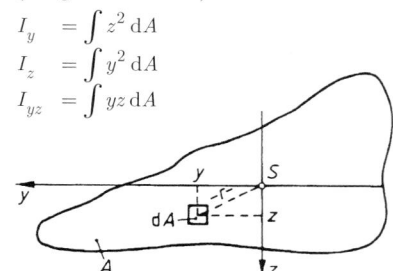

Abb. 5.3 Allgemeines Bezugssystem

5.2.1.2 Schwerpunktsachsen y, z

Flächenmomente zweiten Grades
(Trägheitsmomente)

$$\begin{aligned}
I_y &= \int z^2\,\mathrm{d}A \\
I_z &= \int y^2\,\mathrm{d}A \\
I_{yz} &= \int yz\,\mathrm{d}A
\end{aligned}$$

Abb. 5.4 Schwerpunktsachsen

Polares Flächenmoment zweiten Grades

$$I_{\mathrm{p}} = \int r^2 \mathrm{d}A = \int \left(y^2 + z^2\right)\mathrm{d}A = I_y + I_z$$

Flächenmomente zweiten Grades
um parallel aus dem Schwerpunkt
verschobene Achsen $\overline{y}$ und $\overline{z}$
(Satz von Steiner)

$$I_{\overline{y}} = \int \overline{z}^2 \, dA = I_y + A \cdot z_0^2$$
$$I_{\overline{z}} = \int \overline{y}^2 \, dA = I_z + A \cdot y_0^2$$
$$I_{\overline{yz}} = \int \overline{yz} \, dA = I_{yz} + A \cdot y_0 \cdot z_0$$

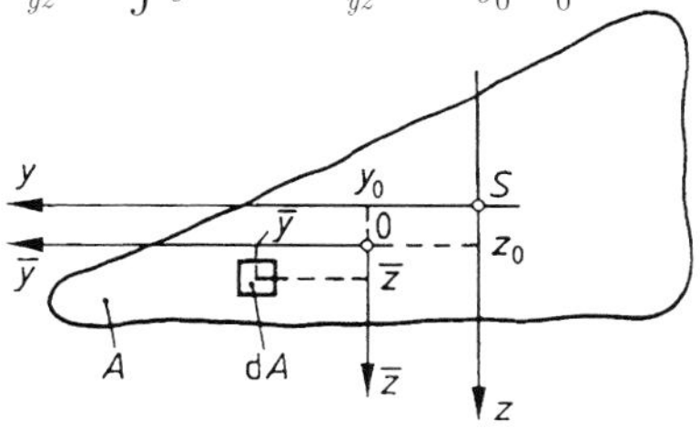

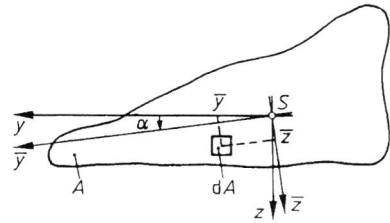

Abb. 5.5 Parallel aus dem Schwerpunkt S verschobene Achsen

Flächenmomente zweiten Grades
um beliebig gedrehte Achsen

$$I_{\overline{y}} = \int \overline{z}^2 \, dA = I_y \cdot \cos^2 \alpha + I_z \cdot \sin^2 \alpha - I_{yz} \sin 2\alpha$$
$$I_{\overline{z}} = \int \overline{y}^2 \, dA = I_y \cdot \sin^2 \alpha + I_z \cdot \cos^2 \alpha + I_{yz} \sin 2\alpha$$
$$I_{\overline{yz}} = \int \overline{yz} \, dA = \frac{1}{2}\left(I_y - I_z\right)\sin^2 \alpha + I_{yz} \cos 2\alpha$$

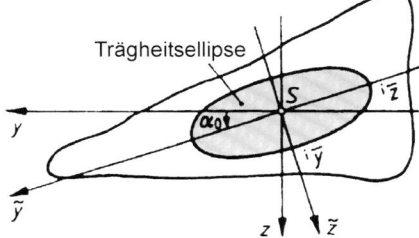

Abb. 5.6 Gedrehte Achsen

5.2.1.3 Hauptachsen $\tilde{y}, \tilde{z}$

Orientierung der Hauptachsen $\tilde{y}, \tilde{z}\,(I_{\tilde{y}\tilde{z}} = 0)$

$$\tan 2\alpha_0 = \frac{2I_{yz}}{I_z - I_y}$$

Hauptträgheitsmomente

$$\left.\begin{array}{l} I_{max} \\ I_{min} \end{array}\right\} = \frac{I_y + I_z}{2} \pm \frac{I_y - I_z}{2}\sqrt{1 + \tan^2 \alpha_0}$$

Trägheitsellipse

Abb. 5.7 Hauptachsen

5.2.2 Aus Teilflächen zusammengesetzte Flächen (Abb. 5.8)

Flächeninhalt
$$A = A_1 + A_2 + \dots$$

Statische Momente (Flächenmomente ersten Grades)
$$S_y = A_1 \cdot z_{S1} + A_2 \cdot z_{S2} + \dots$$
$$S_z = A_1 \cdot y_{S1} + A_2 \cdot y_{S2} + \dots$$

Trägheitsmomente (Flächenmomente zweiten Grades)
$$I_y = I_{y1} + A_1 \cdot z_{S1}^2 + I_{y2} + A_2 \cdot z_{S2}^2 + \dots$$
$$I_z = I_{z1} + A_1 \cdot y_{S1}^2 + I_{z2} + A_2 \cdot y_{S2}^2 + \dots$$
$$I_{yz} = I_{yz1} + A_1 \cdot y_{S1} \cdot z_{S1} + I_{yz2} + A_2 \cdot y_{S2} \cdot z_{S2} + \dots$$

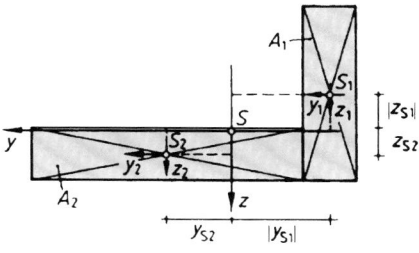

Abb. 5.8 Flächenwerte zusammengesetzter Flächen

5.2.3 Polygonal berandete Flächen; n-Ecke

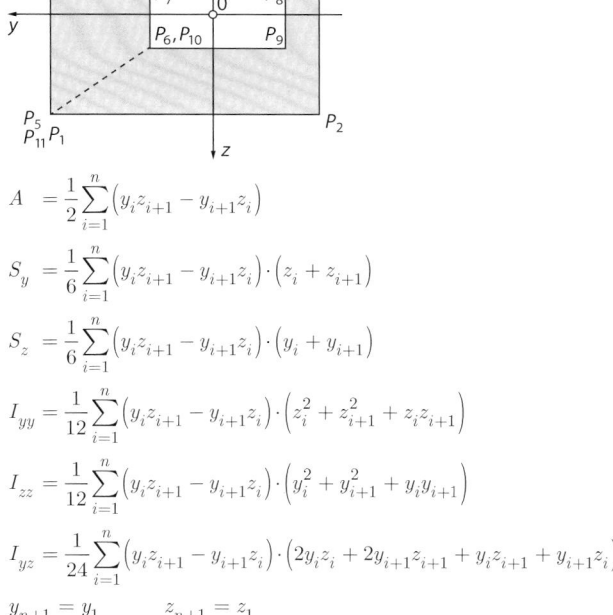

$$A = \frac{1}{2}\sum_{i=1}^{n}\left(y_i z_{i+1} - y_{i+1} z_i\right)$$

$$S_y = \frac{1}{6}\sum_{i=1}^{n}\left(y_i z_{i+1} - y_{i+1} z_i\right)\cdot\left(z_i + z_{i+1}\right)$$

$$S_z = \frac{1}{6}\sum_{i=1}^{n}\left(y_i z_{i+1} - y_{i+1} z_i\right)\cdot\left(y_i + y_{i+1}\right)$$

$$I_{yy} = \frac{1}{12}\sum_{i=1}^{n}\left(y_i z_{i+1} - y_{i+1} z_i\right)\cdot\left(z_i^2 + z_{i+1}^2 + z_i z_{i+1}\right)$$

$$I_{zz} = \frac{1}{12}\sum_{i=1}^{n}\left(y_i z_{i+1} - y_{i+1} z_i\right)\cdot\left(y_i^2 + y_{i+1}^2 + y_i y_{i+1}\right)$$

$$I_{yz} = \frac{1}{24}\sum_{i=1}^{n}\left(y_i z_{i+1} - y_{i+1} z_i\right)\cdot\left(2y_i z_i + 2y_{i+1} z_{i+1} + y_i z_{i+1} + y_{i+1} z_i\right)$$

$$y_{n+1} = y_1 \qquad z_{n+1} = z_1$$

Abb. 5.9 Polygonal berandete Fläche; Nummerierung der Eckpunkte

Tafel 5.2 Flächen- und Widerstandsmomente für die Schwerachse

Querschnitt	Schwerachsen-abstand e	Flächenmoment 2. Grades I	Widerstands-moment $W = I/e$
1. 2. 	1. $\dfrac{h}{2}$ 2. $\dfrac{H}{2}$	1. $\dfrac{bh^3}{12}$ 2. $\dfrac{b}{12}(H^3 - h^3)$	1. $\dfrac{bh^2}{6}$ 2. $\dfrac{b}{6H}(H^3 - h^3)$
3. 4. 	3. $\dfrac{a}{2}$ 4. $\dfrac{a}{2}\sqrt{2}$	3. $\dfrac{a^4}{12}$ 4. $\dfrac{a^4}{12}$	3. $\dfrac{a^3}{6}$ 4. $0{,}1179\,a^3$
5. 6. 	5. $0{,}866\,r$ 6. r	5. $0{,}5413\,r^4$ 6. $0{,}5413\,r^4$	5. $\dfrac{5}{8}r^3 = 0{,}625\,r^3$ 6. $0{,}5413\,r^3$
7. 	$0{,}9239\,r$	$0{,}6381\,r^4$	$0{,}6906\,r^3$
8. 	$e_1 = \dfrac{h}{3}$ $e_2 = \dfrac{2}{3}h$	$I_y = \dfrac{bh^3}{36}$ $I_z = \dfrac{hb^3}{48}$	$W_{yo} = \dfrac{bh^2}{24}$ $W_{yu} = \dfrac{bh^2}{12}$ $W_z = \dfrac{hb^2}{24}$
9. 	$e_1 = \dfrac{h}{3}$ $e_2 = \dfrac{2}{3}h$	$I_y = \dfrac{b \cdot h^3}{36}$ $I_z = \dfrac{hb^3}{36}$ $I_{yz} = -\dfrac{b^2 h^2}{72}$	$W_{yo} = \dfrac{bh^2}{24}$ $W_{yu} = \dfrac{bh^2}{12}$
10. 11. 	10. $\dfrac{d}{2}$ 11. $\dfrac{D}{2}$	10. $\dfrac{\pi d^4}{64} \approx 0{,}05\,d^4$ 11. $\dfrac{\pi}{64}(D^4 - d^4)$	10. $\dfrac{\pi d^3}{32} \approx 0{,}1\,d^3$ 11. $\dfrac{\pi}{32} \cdot \dfrac{D^4 - d^4}{D}$

Tafel 5.2   (Fortsetzung)

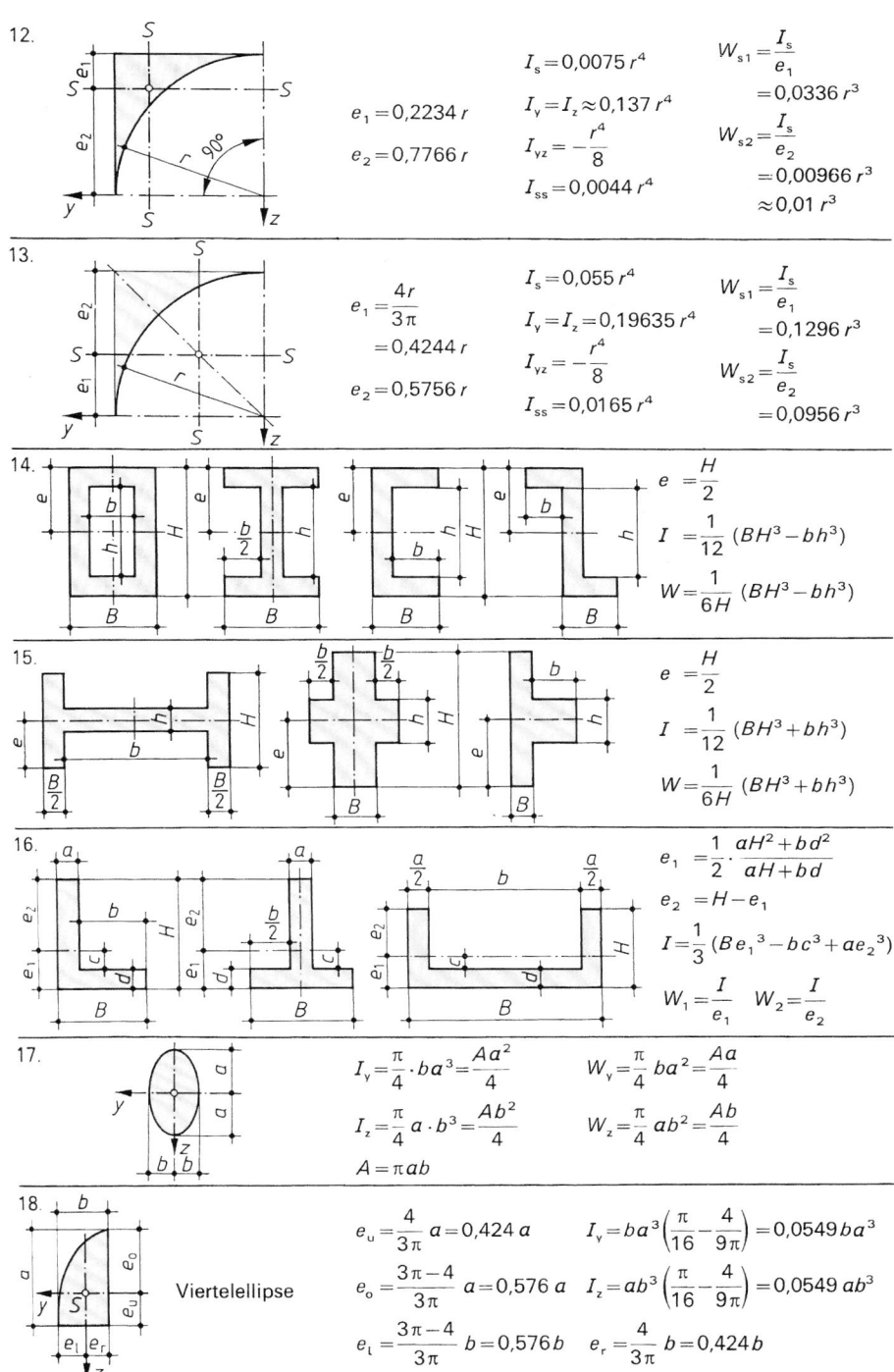

12.

$e_1 = 0,2234\,r$

$e_2 = 0,7766\,r$

$I_s = 0,0075\,r^4$

$I_y = I_z \approx 0,137\,r^4$

$I_{yz} = -\dfrac{r^4}{8}$

$I_{ss} = 0,0044\,r^4$

$W_{s1} = \dfrac{I_s}{e_1}$

$\quad = 0,0336\,r^3$

$W_{s2} = \dfrac{I_s}{e_2}$

$\quad = 0,00966\,r^3$

$\quad \approx 0,01\,r^3$

13.

$e_1 = \dfrac{4r}{3\pi}$

$\quad = 0,4244\,r$

$e_2 = 0,5756\,r$

$I_s = 0,055\,r^4$

$I_y = I_z = 0,19635\,r^4$

$I_{yz} = -\dfrac{r^4}{8}$

$I_{ss} = 0,0165\,r^4$

$W_{s1} = \dfrac{I_s}{e_1}$

$\quad = 0,1296\,r^3$

$W_{s2} = \dfrac{I_s}{e_2}$

$\quad = 0,0956\,r^3$

14.

$e = \dfrac{H}{2}$

$I = \dfrac{1}{12}\,(BH^3 - bh^3)$

$W = \dfrac{1}{6H}\,(BH^3 - bh^3)$

15.

$e = \dfrac{H}{2}$

$I = \dfrac{1}{12}\,(BH^3 + bh^3)$

$W = \dfrac{1}{6H}\,(BH^3 + bh^3)$

16.

$e_1 = \dfrac{1}{2}\cdot\dfrac{aH^2 + bd^2}{aH + bd}$

$e_2 = H - e_1$

$I = \dfrac{1}{3}\,(Be_1{}^3 - bc^3 + ae_2{}^3)$

$W_1 = \dfrac{I}{e_1} \quad W_2 = \dfrac{I}{e_2}$

17.

$I_y = \dfrac{\pi}{4}\cdot ba^3 = \dfrac{Aa^2}{4}$

$I_z = \dfrac{\pi}{4}\,a\cdot b^3 = \dfrac{Ab^2}{4}$

$A = \pi ab$

$W_y = \dfrac{\pi}{4}\,ba^2 = \dfrac{Aa}{4}$

$W_z = \dfrac{\pi}{4}\,ab^2 = \dfrac{Ab}{4}$

18.   Viertelellipse

$e_u = \dfrac{4}{3\pi}\,a = 0,424\,a$

$e_o = \dfrac{3\pi - 4}{3\pi}\,a = 0,576\,a$

$e_l = \dfrac{3\pi - 4}{3\pi}\,b = 0,576\,b$

$I_y = ba^3\left(\dfrac{\pi}{16} - \dfrac{4}{9\pi}\right) = 0,0549\,ba^3$

$I_z = ab^3\left(\dfrac{\pi}{16} - \dfrac{4}{9\pi}\right) = 0,0549\,ab^3$

$e_r = \dfrac{4}{3\pi}\,b = 0,424\,b$

Schwerpunktlagen weiterer Flächen s. Kapitel Mathematik

Tafel 5.3 Torsionsflächen-
momente zweiten Grades und
Torsionswiderstandsmomente

Querschnittsform		I_T	W_T	Ort von max τ
Kreis		$\dfrac{\pi d^4}{32}$	$\dfrac{\pi d^3}{16}$	Am Umfang
Kreisring		$\dfrac{\pi}{32}(d^4 - d_\mathrm{i}^4)$	$\dfrac{\pi}{16}\dfrac{d^4 - d_\mathrm{i}^4}{d}$	Am äußeren Um-fang
Dünnwandiger Kreisring $t \ll d$ $d_\mathrm{m} = d - t$		$\dfrac{\pi d_\mathrm{m}^3 t}{4}$	$\dfrac{\pi d_\mathrm{m}^2 t}{2}$	Über Ringdicke nahezu konstant
Ellipse		$\dfrac{\pi}{16}\dfrac{a^3 b^3}{a^2 + b^2}$	$\pi\dfrac{a b^2}{16}$	Schnittpunkt des Umfangs mit kurzer Achse
Sechseck		$0{,}133\,d^4$	$0{,}188\,d^3$	Mitte der Seiten
Achteck		$0{,}130\,d^4$	$0{,}185\,d^3$	

Rechteck ($d > b$): $\alpha b^3 d$ | $\beta b^2 d$ | Mitten der längeren Seiten

d/b	1,00	1,25	1,50	2,00	3,00	4,00	6,00	10,00	∞
α	0,140	0,171	0,196	0,229	0,263	0,281	0,299	0,313	0,333
β	0,208	0,221	0,231	0,246	0,267	0,282			

Walzquerschnitte: $\eta\,\tfrac{1}{3}\sum(d \cdot b^3)$ | $\eta\,\dfrac{1}{3\max b}\sum(d \cdot b^3)$ | Mitte der Längs-seiten des dick-sten Rechtecks

Profil	I	$\sqsubset$	L	T	+
η	1,30	1,12	1,00	1,12	1,17

Kastenquerschnitt $t_1, t_2 \ll b$ $t_3, t_4 \ll d$	$\dfrac{4bd}{\dfrac{1}{b}\left(\dfrac{1}{t_1}+\dfrac{1}{t_2}\right)+\dfrac{1}{d}\left(\dfrac{1}{t_3}+\dfrac{1}{t_4}\right)}$	$2bd\min t$	Mitte der dünnsten Wand
Geschlossener dünnwandiger Querschnitt	allgemein: $\dfrac{4A_\mathrm{m}^2}{\oint\dfrac{ds}{t}}$ für $t = $ const: $\dfrac{4A_\mathrm{m}^2 t}{U}$ A_m ist die Fläche, die von der Wandachse einge-schlossen wird.	$2A_m\min t$	An der dünnsten Stelle des Rings

5.3 Spannungen und Verzerrungen; Körperelement

5.3.1 Allgemeines

Zwischen den beiden Ufern eines Schnittes durch ein bean-spruchtes Bauteil wirken über die Fläche verteilte Kräfte, die Spannungen (Einheit z. B. MPa). Schräg auf eine Schnittflä-che wirkende Spannungen werden in Normalspannungen σ, die senkrecht zur Schnittfläche wirken, und Schubspannun-gen τ, die in der Ebene der Schnittfläche wirken, zerlegt. Die Schubspannungen werden meist noch in Komponenten pa-rallel zu den Querschnittsachsen zerlegt. Ein aus einem bean-spruchten Bauteil herausgeschnittenes kleines Volumenele-ment verändert durch Verzerrungen seine Form und Größe. Es wird in Richtung der drei Kantenlängen im Allgemeinen unterschiedlich stark gedehnt (Dehnung ε). Ein ursprünglich rechter Winkel zwischen den Kanten des Volumenelements wird verändert (Gleitungen γ). Ursache für Spannungen und Verzerrungen sind die Einwirkungen (Äußere Kräfte, Zwängungen, Temperaturänderung usw.). Den Zusammen-hang zwischen Spannungen und Verzerrungen beschreibt das Spannungs-Dehnungs-Gesetz (z. B. das Hookesche Gesetz).

5.3.2 Einachsiger Spannungszustand

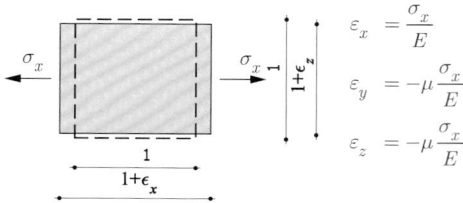

$$\varepsilon_x = \frac{\sigma_x}{E}$$

$$\varepsilon_y = -\mu\frac{\sigma_x}{E}$$

$$\varepsilon_z = -\mu\frac{\sigma_x}{E}$$

Abb. 5.10 Einachsiger Spannungszustand

5.3.3   Ebener Spannungszustand

a) Normalspannungen

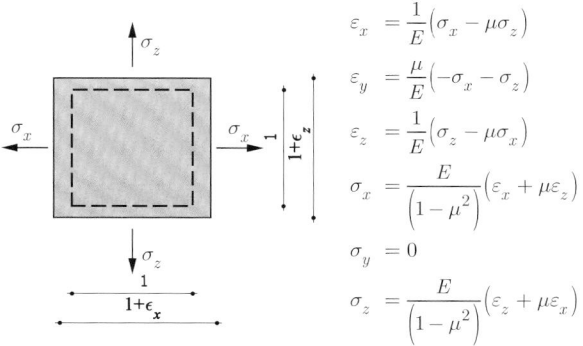

$$\varepsilon_x = \frac{1}{E}\left(\sigma_x - \mu\sigma_z\right)$$

$$\varepsilon_y = \frac{\mu}{E}\left(-\sigma_x - \sigma_z\right)$$

$$\varepsilon_z = \frac{1}{E}\left(\sigma_z - \mu\sigma_x\right)$$

$$\sigma_x = \frac{E}{\left(1-\mu^2\right)}\left(\varepsilon_x + \mu\varepsilon_z\right)$$

$$\sigma_y = 0$$

$$\sigma_z = \frac{E}{\left(1-\mu^2\right)}\left(\varepsilon_z + \mu\varepsilon_x\right)$$

Abb. 5.11   Ebener Spannungszustand; Normalspannungen

b) Schubspannungen

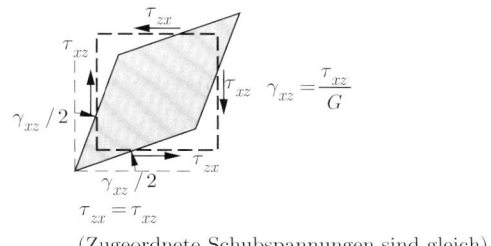

$$\gamma_{xz} = \frac{\tau_{xz}}{G}$$

$$\tau_{zx} = \tau_{xz}$$

(Zugeordnete Schubspannungen sind gleich)

Abb. 5.12   Ebener Spannungszustand; Schubspannungen

Spannungen auf einem gedrehten Element

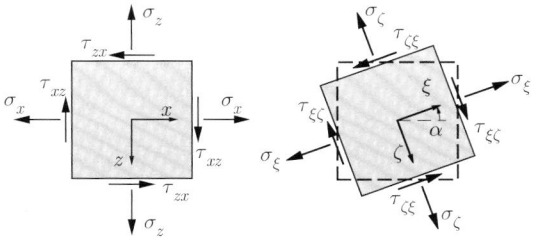

$$\sigma_\zeta(\alpha) = \frac{1}{2}\left(\sigma_z + \sigma_x\right) + \frac{1}{2}\left(\sigma_z - \sigma_x\right)\cos 2\alpha + \tau_{xz}\sin 2\alpha$$

$$\sigma_\xi(\alpha) = \frac{1}{2}\left(\sigma_z + \sigma_x\right) - \frac{1}{2}\left(\sigma_z - \sigma_x\right)\cos 2\alpha - \tau_{xz}\sin 2\alpha$$

$$\tau_{\zeta\xi}(\alpha) = -\frac{1}{2}\left(\sigma_z - \sigma_x\right)\sin 2\alpha + \tau_{xz}\cos 2\alpha$$

Abb. 5.13   Spannungen auf gedrehten Flächen

Alternativ können die Spannungen auf gedrehten Flächen über eine Matrixtransformation bestimmt werden.

$$\begin{bmatrix} \sigma_\xi & \tau_{\xi\zeta} \\ \tau_{\zeta\xi} & \sigma_\zeta \end{bmatrix} = \mathbf{T}^T \begin{bmatrix} \sigma_x & \tau_{xz} \\ \tau_{zx} & \sigma_z \end{bmatrix} \mathbf{T} \quad \text{mit} \quad \mathbf{T} = \begin{bmatrix} \cos\alpha & \sin\alpha \\ -\sin\alpha & \cos\alpha \end{bmatrix}$$

Orientierung des Elements mit Hauptnormalspannungen

$$\tan 2\alpha_0 = \frac{-2\tau_{xz}}{\sigma_x - \sigma_z}$$

In der Ebene der Hauptspannungen treten keine Schubspannungen auf ($\tau_{\zeta\xi} = 0$).

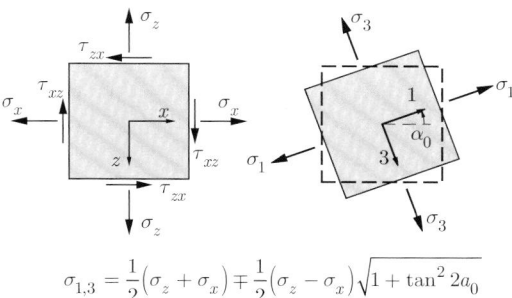

$$\sigma_{1,3} = \frac{1}{2}\left(\sigma_z + \sigma_x\right) \mp \frac{1}{2}\left(\sigma_z - \sigma_x\right)\sqrt{1 + \tan^2 2a_0}$$

Abb. 5.14   Hauptnormalspannungen

Die die Hauptspannungen liefernde Matrizentransformation ist

$$\begin{bmatrix} \sigma_1 & 0 \\ 0 & \sigma_3 \end{bmatrix} = \mathbf{T}^T \begin{bmatrix} \sigma_x & \tau_{xz} \\ \tau_{zx} & \sigma_z \end{bmatrix} \mathbf{T} \quad \text{mit} \quad \mathbf{T} = \begin{bmatrix} \cos\alpha_0 & \sin\alpha_0 \\ -\sin\alpha_0 & \cos\alpha_0 \end{bmatrix}$$

Orientierung des Elements mit Hauptschubspannungen

$$\tan 2\alpha_1 = \frac{\sigma_x - \sigma_z}{2\tau_{xz}}$$

Hauptschubspannungen

$$\left.\begin{array}{l} \tau_{\max} \\ \tau_{\min} \end{array}\right\} = \mp\sqrt{\frac{1}{4}\left(\sigma_x - \sigma_z\right)^2 + \tau_{xz}^2}$$

Beziehungen zwischen den Materialkonstanten

$$G = \frac{E}{2\left(1+\mu\right)}, \quad \mu = \frac{E}{2G} - 1, \quad \frac{E}{3} \le G \le \frac{E}{2}$$

Tafel 5.4   Elastizitätsmoduln in MPa[a]

Baustoff	E
Baustahl	210.000
Betonstahl	200.000
Stahlguss	169.000
Aluminium	70.000
Glas	60.000 bis 73.000
Normalbeton	27.000 bis 37.000
Mauerwerk	1500 bis 10.000
Nadelholz ‖ zur Faser	~ 11.000
Nadelholz ⊥ zur Faser	~ 370
Eiche u. Buche ‖ zur Faser	~ 12.000
Eiche u. Buche ⊥ zur Faser	~ 800

[a] Genaue Werte: siehe Werkstoffnormen

5.4 Spannungen und Schnittgrößen in homogenen Querschnitten

5.4.1 Allgemeines

Die zwischen den beiden Ufern eines Schnittes durch ein beanspruchtes stabförmiges Bauteil wirkenden Spannungen lassen sich durch eine einzige resultierende Schnittkraft S darstellen, deren Wirkungslinie die Schnittebene in einem Punkt P schneidet. Die Zerlegung dieser Kraft an der Stelle P liefert die Normalkraft N (wirkt senkrecht zum Querschnitt) und die Querkräfte V_y und V_z (wirken in der Querschnittsebene). Parallelverschiebung von N in die Schwerlinie liefert zusätzlich die Momente M_y und M_z. Parallelverschiebung von V_y und V_z in den Schwerpunkt des Querschnitts liefert das Torsionsmoment M_x (Abb. 5.15). Für die folgenden Beziehungen zwischen Schnittgrößen und zugehörigen Spannungen gelten die Voraussetzungen:

- die Beanspruchung liegt im elastischen Bereich, das Hookesche Gesetz hat Gültigkeit,
- die Stabachse ist gerade oder nur schwach gekrümmt,
- der Querschnitt ändert sich im Bereich nicht oder nur allmählich; Querschnittssprünge, Durchbrüche, Aussparungen existieren nicht,
- im betrachteten Bereich werden keine größeren Kräfte eingeleitet,
- die Verzerrungen infolge Querkraft werden vernachlässigt (Querschnitte bleiben eben und senkrecht zur Stabachse)

5.4.2 Normalspannungen

5.4.2.1 Normalkraft N in der Schwerlinie

Eine im Schwerpunkt wirkende Normalkraft N erzeugt die Normalspannungen (Abb. 5.16)

$$\sigma_x = \frac{N}{A}$$

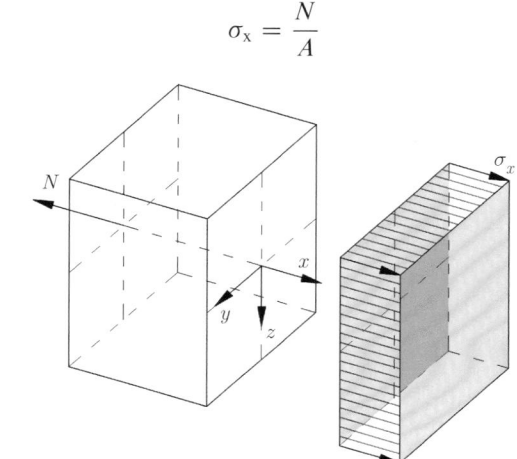

Abb. 5.16 Spannungen infolge Normalkraft

5.4.2.2 Einachsige Biegung M_y

Ist y eine Schwerpunktshauptachse des Querschnitts eines homogenen Stabs, erzeugt das Biegemoment M_y die Normalspannungen

$$\sigma_x(z) = \frac{M_y}{I_y} z$$

Die Spannungsnulllinie ist die y-Achse. In den am weitesten von der Spannungsnulllinie entfernten Querschnittspunkten P_1 und P_2 betragen die Spannungen mit den vorzeichenbehafteten Widerstandsmomenten

$$W_{y,1} = \frac{I_y}{z_1} \quad \text{und} \quad W_{y,2} = \frac{I_y}{z_2}$$

$$\sigma_{x1} = \frac{M_y}{W_{y1}} \quad \text{und} \quad \sigma_{x2} = \frac{M_y}{W_{y2}}$$

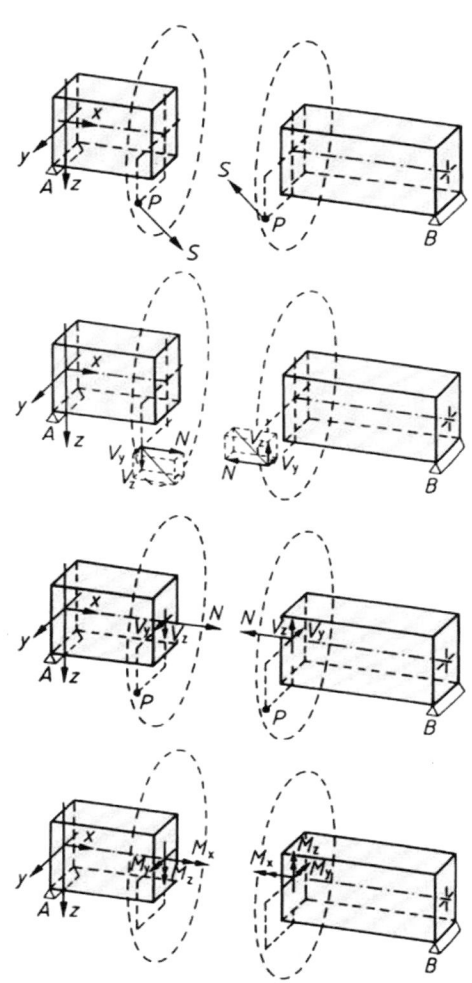

Abb. 5.15 Schnittgrößen

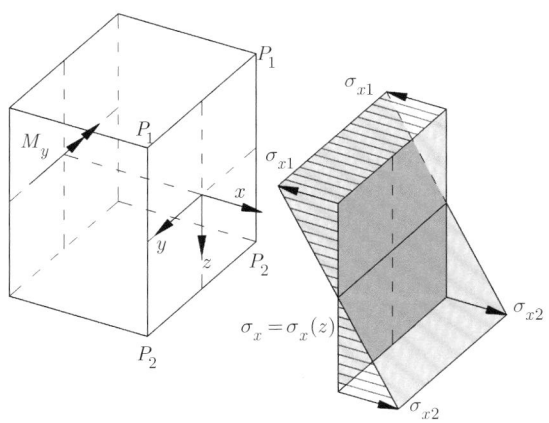

Abb. 5.17 Spannungen infolge Biegemoment M_y

5.4.2.3 Einachsige Biegung mit Normalkraft

Unter der Einwirkung von einachsiger Biegung und Normalkraft gilt für die Spannungsverteilung über den Querschnitt

$$\sigma_x(z) = \frac{N}{A} + \frac{M_y}{I_y}z$$

was für P_1 und P_2 zu

$$\sigma_{x1} = \frac{N}{A} + \frac{M_y}{W_{y1}} \quad \text{und} \quad \sigma_{x2} = \frac{N}{A} + \frac{M_y}{W_{y2}}$$

führt.

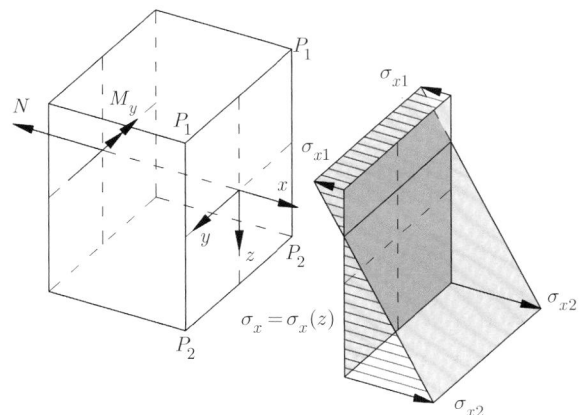

Abb. 5.18 Spannungen infolge einachsiger Biegung mit Normalkraft

5.4.2.4 Zweiachsige Biegung

Sind y und z Schwerpunktshauptachsen, ergeben sich durch die beiden Biegemomente die Spannungen

$$\sigma_x(y,z) = \frac{M_y}{I_y}z - \frac{M_z}{I_z}y$$

Die Spannungsnulllinie

$$y = \frac{M_y}{M_z}\frac{I_z}{I_y}z$$

verläuft durch den Schwerpunkt S. Sie bildet mit der y-Achse den Winkel

$$\alpha = \arctan\left(\frac{M_z}{M_y}\frac{I_y}{I_z}\right)$$

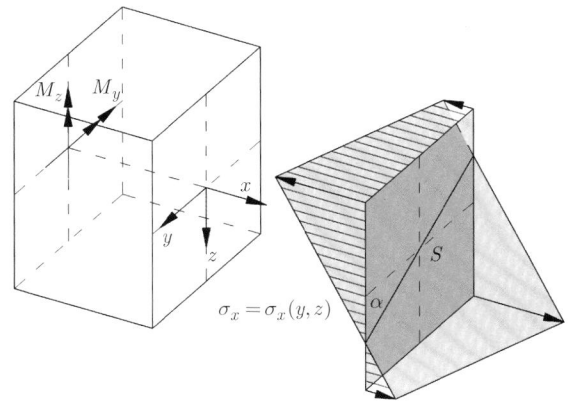

Abb. 5.19 Spannungen infolge zweiachsiger Biegung

5.4.2.5 Zweiachsige Biegung mit Normalkraft

a) Verwendung von Hauptachsen Sind y und z Schwerpunktshauptachsen, ergeben sich infolge zweiachsiger Biegung mit Normalkraft die Spannungen (Abb. 5.20)

$$\sigma_x(y,z) = \frac{N}{A} + \frac{M_y}{I_y}z - \frac{M_z}{I_z}y$$

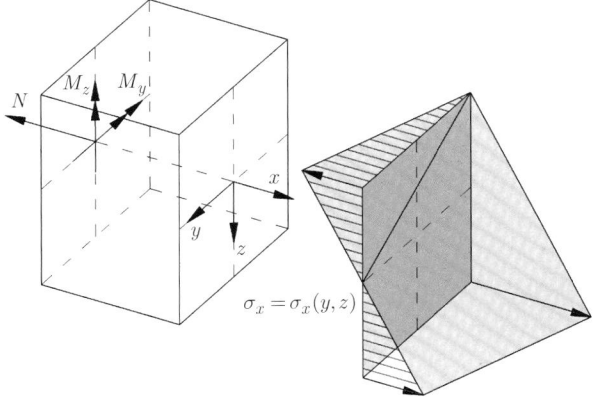

Abb. 5.20 Spannungen infolge zweiachsiger Biegung mit Normalkraft

b) Verwendung von beliebig orientierten Schwerpunkts-achsen Sind y und z Schwerpunktsachsen (aber keine Hauptachsen) ergibt sich

$$\sigma_x(y,z) = \frac{N}{A} + \frac{(I_z \cdot z - I_{yz} \cdot y)M_y - (I_y \cdot y - I_{yz} \cdot z)M_z}{I_y I_z - I_{yz}^2}$$

c) Spannungen eines Vorzeichens, Querschnittskern Zu jedem Angriffspunkt von N in der Querschnittsebene gehört eine bestimmte Lage der Spannungsnulllinie. Der Ort aller Angriffspunkte, für die die Spannungen im Querschnitt ein einheitliches Vorzeichen haben (nur Druck- oder nur Zug-spannungen), wird als Querschnittskern bezeichnet.

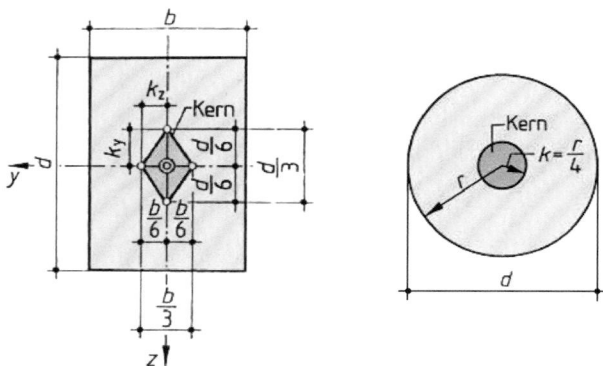

Abb. 5.21 Kern eines Rechteck- und Vollkreisquerschnitts

5.4.3 Schubspannungen

5.4.3.1 Querkraft V_z in Richtung der Hauptachse z

a) Schubspannungen Ist z eine Hauptachse und verläuft die Wirkungslinie von V_z durch den Schubmittelpunkt der Querschnittsfläche, so gehören zu V_z die Schubspannungen

$$\tau_{xz}(z) = \tau_{zx}(z) = \frac{V_z \cdot S_y}{I_y \cdot b}$$

S_y ist das Flächenmoment ersten Grades der Fläche, die sich unterhalb der betrachteten Koordinate z befindet.

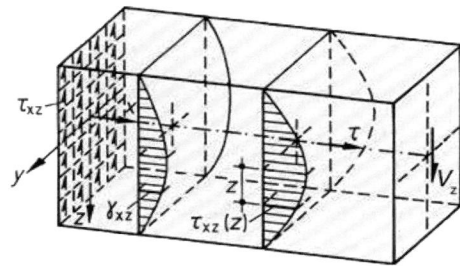

Abb. 5.22 Querkraft V_z

Das Maximum des Flächenmoments ersten Grades ergibt sich für einen Schnitt entlang der Schwerlinie des Querschnitts, so dass die größten Schubspannungen dort auftreten.

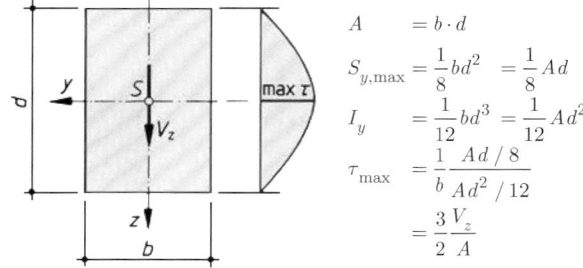

$$
\begin{aligned}
A &= b \cdot d \\
S_{y,\max} &= \frac{1}{8}bd^2 = \frac{1}{8}Ad \\
I_y &= \frac{1}{12}bd^3 = \frac{1}{12}Ad^2 \\
\tau_{\max} &= \frac{1}{b}\frac{Ad/8}{Ad^2/12} \\
&= \frac{3}{2}\frac{V_z}{A}
\end{aligned}
$$

Abb. 5.23 Schubspannungsverteilung τ_{xz} im Rechteckquerschnitt ◄

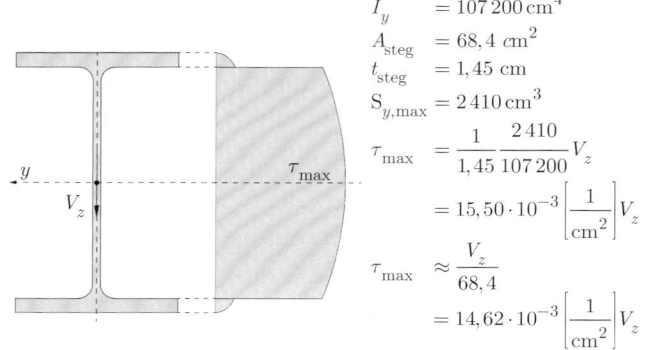

$$
\begin{aligned}
I_y &= 107\,200\,\mathrm{cm}^4 \\
A_{\text{steg}} &= 68,4\,\mathrm{cm}^2 \\
t_{\text{steg}} &= 1,45\,\mathrm{cm} \\
S_{y,\max} &= 2\,410\,\mathrm{cm}^3 \\
\tau_{\max} &= \frac{1}{1,45}\frac{2\,410}{107\,200}V_z \\
&= 15,50 \cdot 10^{-3}\left[\frac{1}{\mathrm{cm}^2}\right]V_z \\
\tau_{\max} &\approx \frac{V_z}{68,4} \\
&= 14,62 \cdot 10^{-3}\left[\frac{1}{\mathrm{cm}^2}\right]V_z
\end{aligned}
$$

Abb. 5.24 Schubspannungen im HE 500 B ◄

b) Schubfluss Die in einer zur Schwerlinie bzw. Stabach-se parallelen Schnittfläche der Breite b und der Länge L wirkenden Schubspannungen τ können zusammengefasst werden zum Schubfluss, der auf die Länge bezogenen Schub-kraft

$$T' = \tau \cdot b$$

Integration des Schubflusses über eine Länge ℓ liefert die auf dieser Länge im betrachteten Schnitt zu übertragende Schub-kraft (Abb. 5.25)

$$T = \int_\ell T' \, \mathrm{d}x$$

c) S-förmige Vorwölbung Wegen der parabolischen Ver-teilung der Schubspannung über die Profilhöhe kommt es zu einem entsprechenden Verlauf der Schubverzerrungen, was zu einer Verwölbung des Querschnitts führt. Bei größeren Querkräften ist somit die Voraussetzung vom Ebenbleiben der Querschnitte nicht mehr erfüllt.

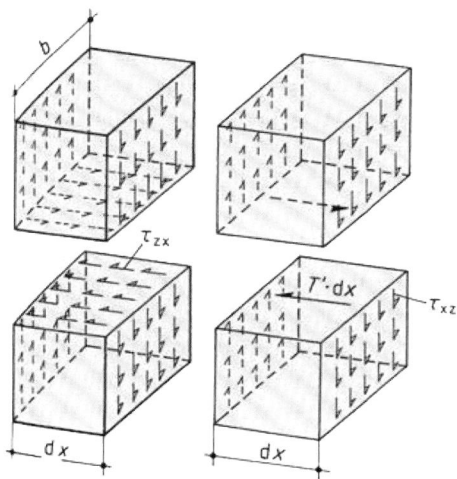

Abb. 5.25 Schubkraft T

d) Schubmittelpunkt Damit die Querlast eines Stabes nur Biegung und keine Torsion hervorruft, muss ihre Wirkungslinie den Querschnitt im Schubmittelpunkt schneiden. Bei doppelt symmetrischen Querschnitten fallen Schubmittelpunkt und Schwerpunkt zusammen, bei einfach symmetrischen Querschnitten liegt der Schubmittelpunkt auf der Symmetrieachse. Beim ⊥ und L-Profil liegt der Schubmittelpunkt im Schnittpunkt der Mittellinien der beiden rechteckförmigen Teilquerschnitte. Für zwei andere häufig verwendete Profile zeigt Abb. 5.26 die Lage des Schubmittelpunkts.

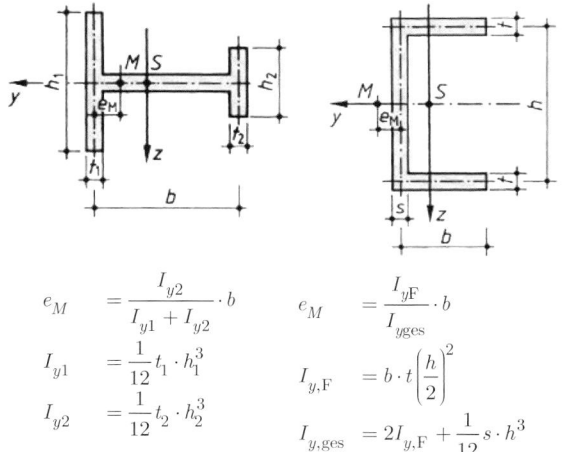

$$e_M = \frac{I_{y2}}{I_{y1}+I_{y2}} \cdot b \qquad e_M = \frac{I_{yF}}{I_{yges}} \cdot b$$
$$I_{y1} = \frac{1}{12} t_1 \cdot h_1^3 \qquad I_{y,F} = b \cdot t \left(\frac{h}{2}\right)^2$$
$$I_{y2} = \frac{1}{12} t_2 \cdot h_2^3 \qquad I_{y,ges} = 2 I_{y,F} + \frac{1}{12} s \cdot h^3$$

Abb. 5.26 Schubmittelpunkt

5.4.3.2 Torsionsmoment M_x

a) Allgemeines Die Querschnitte eines beliebigen auf Torsion beanspruchten Profils werden im Allg. nicht nur in ihrer Ebene gedreht sondern auch aus ihrer Ebene heraus verwölbt (Wölbkrafttorsion). Wölbfreie Torsion (St. Venantsche Torsion) tritt nur im Kreis- und Kreisringquerschnitt auf.

b) St. Venantsche Torsion Zwischen den Querschnittsflächen eines auf Torsion beanspruchten Stabes mit Kreis- oder Kreisringquerschnitt treten nur Tangentialspannungen in Umfangsrichtung auf. Die außen auftretende größte Tangentialspannung τ_{max} ist mit dem Torsionsmoment $M_T = M_x$ und dem Torsionswiderstandsmoment W_T (Tafel 5.3) durch die Beziehung

$$\tau_{max} = \frac{M_T}{W_T}$$

verknüpft. Diese einfache Beziehung kann auch bei anderen Profilen mit guter Näherung verwendet werden, um die größte Schubspannung aus St. Venantscher Torsion zu berechnen.

c) Wölbkrafttorsion Zu den bei Verwölbung des Querschnitts auftretenden Spannungen gibt die Speziallliteratur Auskunft.

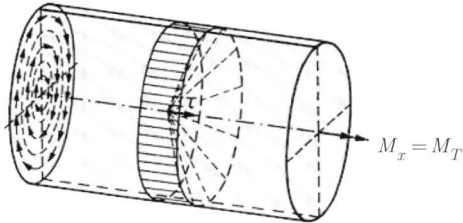

Abb. 5.27 Torsion

5.5 Nicht-homogene Querschnitte; versagende Zugzone

5.5.1 Nicht-homogene Querschnitte

a) Allgemeines Besteht der Querschnitt aus verschiedenen Materialien, sind die Berechnungen mit ideellen Querschnittswerten durchzuführen. Hier sollen nur zwei verschiedene Materialien betrachtet werden. Ein Material wird als Grundmaterial betrachtet mit dem Elastizitätsmodul E_1. Material 2 hat den E-Modul E_2. Das Verhältnis der E-Moduln ist

$$n = \frac{E_2}{E_1}$$

b) ideeller Schwerpunkt Die Flächenwerte des zweiten Materials werden mit den n-fachen Werten bei der Bestimmung des Schwerpunkts berücksichtigt. Die Schnittgrößen greifen im ideellen Schwerpunkt an.

c) ideelle Flächenwerte Bei der Berechnung der ideellen Fläche A_i und dem ideellen Flächenmoment zweiten Grades I_{yi} sind die Flächenwerte von Material 2 mit den n-fachen Werten zu berücksichtigen.

d) Berechnung der Normalspannung Im Bereich von Material 1 wird die Spannung mit den üblichen Formeln aber mit den ideellen Querschnittswerten berechnet. Gleiches gilt für Material 2 jedoch müssen die Spannungen noch mit n multipliziert werden.

Beispiel

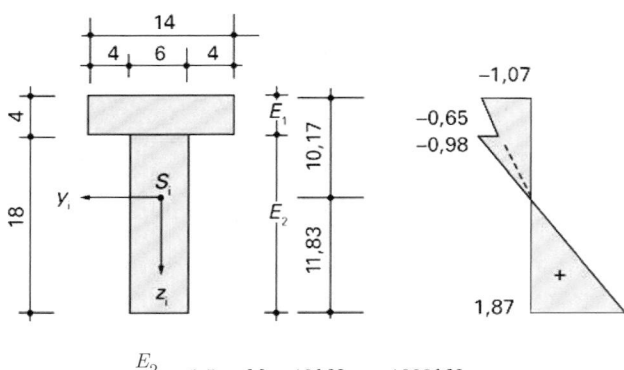

$$n = \frac{E_2}{E_1} = 1{,}5 \qquad M = 10\,\text{kNm} = 1000\,\text{kNcm}$$

Ideelle Flächenwerte

$$A_i = 4 \cdot 14 + 1{,}5 \cdot 6 \cdot 18 = 56 + 1{,}5 \cdot 108 = 218\,\text{cm}^2$$

Schwerpunkt von Oberkante

$$z_S = \frac{56 \cdot 2 + 1{,}5 \cdot 108 \cdot 13}{56 + 1{,}5 \cdot 108} = 10{,}17\,\text{cm}$$

Trägheitsmoment

$$I_{yi} = 14 \cdot \frac{4^3}{12} + 14 \cdot 4 \cdot 8{,}17^2 + 1{,}5 \cdot \left(6 \cdot \frac{18^3}{12} + 6 \cdot 18 \cdot 2{,}83^2 \right)$$
$$= 9484\,\text{cm}^4$$

Spannungen

Oberkante (Material 1)

$$\sigma = \frac{1000}{9484} \cdot (-10{,}17) = -1{,}07\,\frac{\text{kN}}{\text{cm}^2}$$

Unterkante (Material 2)

$$\sigma = 1{,}5 \cdot \frac{1000}{9484} \cdot 11{,}93 = 1{,}87\,\frac{\text{kN}}{\text{cm}^2}$$

Abb. 5.28 Querschnitt und Spannungsverteilung ◀

5.5.2 Querschnitte mit versagender Zugzone

a) Allgemeines Ausmittig im Querschnitt wirkende Druckkräfte können auch dann übertragen werden, wenn der Baustoff keine Zugspannungen aufnehmen kann (z. B. Mauerwerk und Baugrund). Solange die Druckkraft im Kern des

Querschnitts wirkt, ist der gesamte Querschnitt gedrückt und es gelten die Beziehungen des Abschn. 5.4. Wirkt die Druckkraft außerhalb des Kerns, müssen hierfür neue Beziehungen zwischen den Spannungen und der resultierenden Schnittkraft entwickelt werden. Für den häufig auftretenden Fall des Rechteckquerschnitts werden diese im Folgenden angegeben.

b) Angriffspunkt der Druckkraft liegt auf einer Symmetrieachse Mit den Bezeichnungen von Abbildung Abb. 5.29 lautet die Beziehung zwischen der größten Kantenpressung $\sigma_{\max}$ und der Druckkraft D, die im Abstand c vom Querschnittsrand wirkt

$$\sigma_{\max} = \frac{2D}{3ac}$$

Die Spannungsnulllinie hat den Abstand $3c$ von diesem Querschnittsrand. Auf der Restlänge $b - 3c$ bis zum gegenüberliegenden Rand existiert eine klaffende Fuge. Diese würde sich z. B. bis zum Flächenschwerpunkt öffnen bei $c = b/6$ (Abb. 5.29).

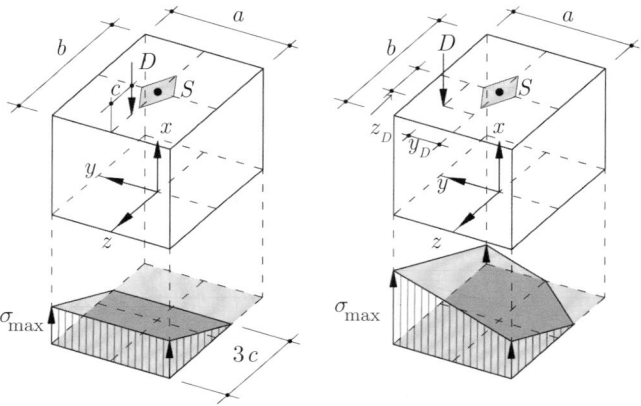

Abb. 5.29 Einachsig und zweiachsig ausmittiger Druck

c) Angriffspunkt der Druckkraft liegt nicht auf der Symmetrieachse Je nach Lage des Angriffspunkts der resultierenden Druckkraft ist die Grundfläche des Spannungskörpers beim Rechteckquerschnitt ein Vier- oder Fünfeck. Das Volumen des Spannungskörpers ist der Druckkraft äquivalent. Die maximale Druckspannung ergibt sich mithilfe der Beziehung nach Tafel 5.5 zu

$$\sigma_{\max} = \frac{\mu D}{ab}$$

Tafel 5.5 μ-Werte

z_D/b	0,00	0,02	0,04	0,06	0,08	0,10	0,12	0,14	0,16	0,18	0,20	0,22	0,24	0,26	0,29	0,30	0,32
0,32	3,70	3,93	4,17	4,43	4,70	4,99											
0,30	3,33	3,54	3,75	3,98	4,23	4,49	4,78	5,09	5,43								
0,28	3,03	3,22	3,41	3,62	3,84	4,08	4,35	4,63	4,94	5,28	5,66						
0,26	2,78	2,95	3,13	3,32	3,52	3,74	3,98	4,24	4,53	4,84	5,19	5,57					
0,24	2,56	2,72	2,88	3,06	3,25	3,46	3,68	3,92	4,18	4,47	4,79	5,15	**5,55**				
0,22	2,38	2,53	2,68	2,84	3,02	3,20	3,41	3,64	3,88	4,15	4,44	**4,77**	5,15	5,57			
0,20	2,22	2,36	2,50	2,66	2,82	2,99	3,18	3,39	3,62	3,86	**4,14**	4,44	4,79	5,19	5,66		
0,18	**2,08**	2,21	2,35	2,49	2,64	2,80	2,98	3,17	3,38	**3,61**	3,86	4,15	4,47	4,84	5,28		
0,16	1,96	2,08	2,21	2,34	2,48	2,63	2,80	2,97	**3,17**	3,38	3,62	3,88	4,18	4,53	4,94	5,43	
0,14	1,84	1,96	2,08	2,21	2,34	2,48	2,63	**2,79**	2,97	3,17	3,39	3,64	3,92	4,24	4,63	5,09	
0,12	1,72	1,84	1,96	2,08	2,21	2,34	**2,48**	2,63	2,80	2,98	3,18	3,41	3,68	3,98	4,35	4,78	
0,10	1,60	1,72	1,84	1,96	2,08	**2,20**	2,34	2,48	2,63	2,80	2,99	3,20	3,46	3,74	4,08	4,49	4,99
0,08	1,48	1,60	1,72	1,84	**1,96**	2,08	2,21	2,34	2,48	2,64	2,82	3,02	3,25	3,52	3,84	4,23	4,70
0,06	1,36	1,48	1,60	**1,72**	1,84	1,96	2,08	2,21	2,34	2,49	2,66	2,84	3,06	3,32	3,62	3,98	4,43
0,04	1,24	1,36	**1,48**	1,60	1,72	1,84	1,96	2,08	2,21	2,35	2,50	2,68	2,88	3,13	3,41	3,75	4,17
0,02	1,12	**1,24**	1,36	1,48	1,60	1,72	1,84	1,96	2,08	2,21	2,36	2,53	2,72	2,95	3,22	3,54	3,93
0,00	**1,00**	1,12	1,24	1,36	1,48	1,60	1,72	1,84	1,96	2,08	2,22	2,38	2,56	2,78	3,03	3,33	3,70
	0,00	0,02	0,04	0,06	0,08	0,10	0,12	0,14	0,16	0,18	0,20	0,22	0,24	0,26	0,29	0,30	0,32

y_D/a

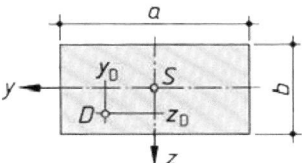

Abb. 5.30 Zu Tafel 5.5

5.6 Belastung, Querkaft, Biegemoment

Die Gleichgewichtsbetrachtung eines Balkenelements (siehe Abb. 5.31) liefert die Differentialbeziehungen

$$q(x) = -\frac{dV(x)}{dx} \quad \text{bzw.} \quad V(x) = -\int q(x)\,dx + c_1$$

$$V(x) = \frac{dM(x)}{dx} \quad \text{bzw.} \quad M(x) = \int V(x)\,dx + c_2$$

Die Belastung ist somit die negative erste Ableitung der Querkraft (die Querkraft ist das Integral über die negative Belastung) und die Querkraft die erste Ableitung des Biegemoments (das Biegemoment ist das Integral über die Querkraft).

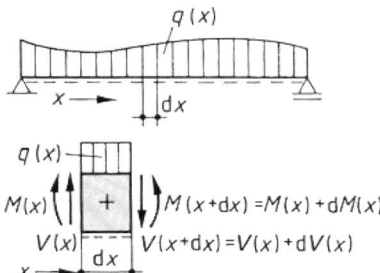

Abb. 5.31 Balkenelement

5.7 Verformungen des Einzelstabs

5.7.1 Längenänderung

Die Längenänderung $\Delta\ell$ eines Stabes unter Einwirkung einer Normalkraft N oder einer gleichmäßigen Temperaturänderung T beträgt

$$\Delta\ell = \varepsilon \cdot \ell \quad \text{mit} \quad \varepsilon = \frac{N}{EA} \quad \text{bzw.} \quad \varepsilon = \alpha_T \cdot T$$

Tafel 5.6 Temperaturdehnzahlen α_T bei normalen Temperaturen (nicht im Brandfall)

Baustoff	α_T in $10^{-6} \cdot 1/°C$
Baustahl	12
Betonstahl	10
Stahlguss	zirka 12
Aluminium	zirka 20
Glas	3 bis 9
Normalbeton	10
Mauerwerk	6 bis 10
Holz $\parallel$ zur Faser	2,5 bis 5
Holz $\perp$ zur Faser	25 bis 60

N Normalkraft

T gleichmäßig im ganzen Querschnitt auftretende Temperaturänderung

A Querschnittsfläche

E Elastizitätsmodul

α_T Temperaturdehnzahl

ℓ Stablänge

$\Delta\ell$ Längenänderung des Stabes

ε Dehnung

5.7.2 Drehung der Querschnitte um die Stabachse

Die Querschnitte eines Stabs werden gegeneinander verdreht durch ein um die Stabachse drehendes Moment, das Torsionsmoment $M_\mathrm{T} = M_\mathrm{x}$. Über die Beziehung zwischen Torsionsmoment, Drehwinkel und Torsionssteifigkeit gibt Abb. 5.32 Auskunft.

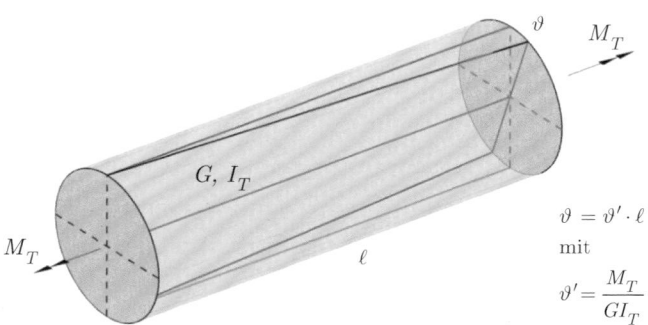

$$\vartheta = \vartheta' \cdot \ell$$
mit
$$\vartheta' = \frac{M_T}{GI_T}$$

Abb. 5.32 Torsion

M_T Torsionsmoment
I_T Torsionsträgheitsmoment
G Gleitmodul
ℓ Stablänge bzw. Abstand zweier betrachteter Querschnitte
ϑ Winkel, um den sich zwei Querschnitte gegeneinander verdrehen
ϑ' Drillung (auf die Länge bezogene Drehung)

5.7.3 Verschiebung der Querschnitte senkrecht zur Stabachse (Biegelinie)

Unter der Einwirkung von Querlasten, ausmittiger Längsbelastung oder Temperatur werden die Querschnitte eines Stabes senkrecht zur Stabachse zur sogenannten Biegelinie verschoben und verdreht. Der Einfluss von Querkräften auf die Biegelinie wird üblicherweise vernachlässigt.

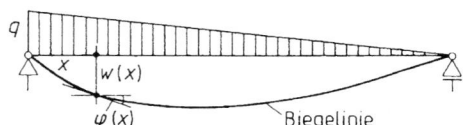

Abb. 5.33 Biegelinie

a) Ungleichmäßige Temperaturänderung Unterschiedliche Temperaturänderungen T_1 und T_2 an zwei gegenüberliegenden Querschnittsseiten werden zerlegt in eine gleichmä-

ßige Temperaturänderung T auf Höhe der Schwerlinie siehe Abschn. 5.7.1 und eine Temperaturdifferenz $\Delta T = T_2 - T_1$ (Abb. 5.34). Letztere führt am zwängungsfrei (statisch bestimmt) gelagerten Stab zur Krümmung

$$\frac{1}{R} = \frac{\Delta T \cdot \alpha_\mathrm{T}}{h}$$

Bei statisch unbestimmter Lagerung treten infolge Temperaturänderung auch Zwängungsmomente auf.

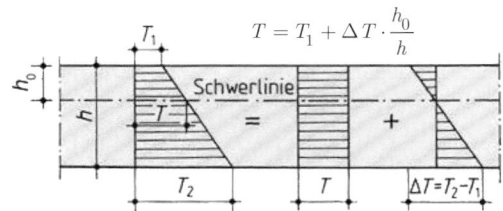

Abb. 5.34 Temperaturänderung

b) Querlasten Die Differentialgleichung der Biegelinie ergibt sich aus der Betrachtung des gekrümmten Balkenelements in Abb. 5.35.

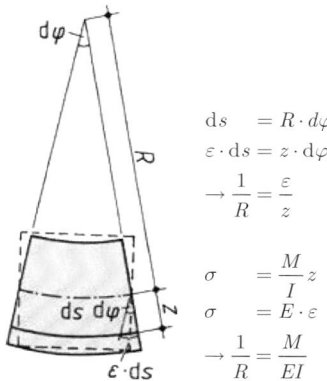

$$\mathrm{d}s = R \cdot \mathrm{d}\varphi$$
$$\varepsilon \cdot \mathrm{d}s = z \cdot \mathrm{d}\varphi$$
$$\rightarrow \frac{1}{R} = \frac{\varepsilon}{z}$$
$$\sigma = \frac{M}{I} z$$
$$\sigma = E \cdot \varepsilon$$
$$\rightarrow \frac{1}{R} = \frac{M}{EI}$$

Abb. 5.35 Gebogenes Stabelement

Der exakte Ausdruck für die Krümmung

$$\frac{1}{R} = \frac{-w''}{(1 + w'^2)^{3/2}}$$

liefert unter Annahne der üblichen baustatischen Linearisierung ($w' \ll 1$)

$$\frac{1}{R} = -w''(x) = \frac{M(x)}{EI}$$

Ableitungen dieser Beziehung ergeben

$$w'''(x) = -\frac{V(x)}{EI}$$

und

$$w^{IV}(x) = \frac{q(x)}{EI}$$

Daraus folgt, dass die *EI*-fache Biegelinie entweder durch viermalige Integration der Belastungsfunktion, dreimalige Integration der negativen Querkraftfunktion oder zweifache Integration der negativen Momentenfunktion ermittelt werden kann.

Beispiel

Gesucht ist die Biegelinie eines Balkens auf zwei Stützen unter Gleichlast

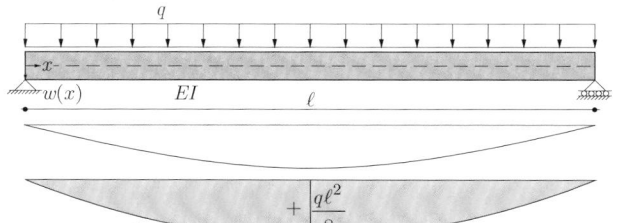

$$M(x) = q\left(\frac{1}{2}\ell x - \frac{1}{2}x^2\right)$$

$$EIw''(x) = -M(x) = -q\left(\frac{1}{2}\ell x - \frac{1}{2}x^2\right)$$

$$EIw'(x) = -q\left(\frac{1}{4}\ell x^2 - \frac{1}{6}x^3 + c_1\right)$$

$$EIw(x) = -q\left(\frac{1}{12}\ell x^3 - \frac{1}{24}x^4 + c_1 x + c_2\right)$$

Randbedingungen und Bestimmung der Konstanten

$w(0) = 0 \rightarrow c_2 = 0$

$w(\ell) = 0 \rightarrow c_1 = \dfrac{q\ell^3}{24}$

Somit lautet die Funktion der Biegelinie

$$w(x) = \frac{q\ell^4}{24\,EI}\left[\left(\frac{x}{\ell}\right)^4 - 2\left(\frac{x}{\ell}\right)^3 + \frac{x}{\ell}\right]$$

$$w_{\max} = w\left(\frac{\ell}{2}\right) = \frac{5\,q\ell^4}{384\,EI}$$

Abb. 5.36 Biegelinie des Einfeldträgers unter Gleichlast ◀

5.8 Knicken in einer Ebene (Eulerfälle)

Knicken wird durch die Differentialgleichung der Biegelinie in der Form

$$w'''(x) + \frac{F_k}{EI}\,w'(x) = 0$$

beschrieben, deren Lösung für die kritische Last (Knicklast)

$$F_k = \frac{\pi^2 EI}{s_k^2}$$

lautet. Wichtige Parameter bei Knicknachweisen sind der Trägheitsradius

$$i = \sqrt{\frac{I}{A}}$$

die Knicklänge s_k sowie der Schlankheitsgrad

$$\lambda = \frac{s_k}{i}$$

Hinsichtlich Lagerung und zugehöriger Knicklänge des Einzelstabs wird zwischen vier sogenannten Eulerfällen unterschieden (Abb. 5.37).

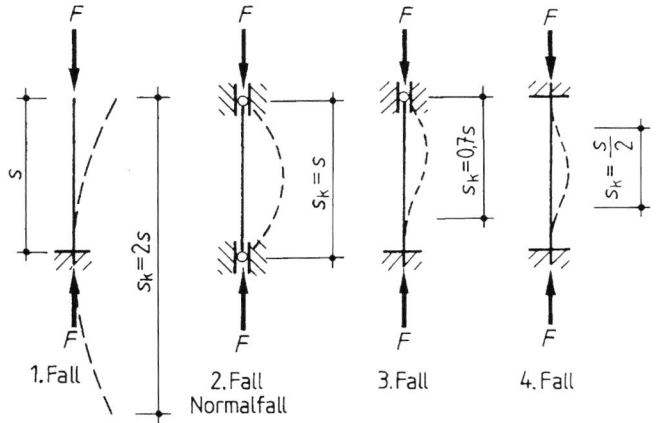

Abb. 5.37 Eulerfälle

Einzelheiten zur Behandlung des Knickproblems in der Bemessung enthalten die Abschnitte für die jeweiligen Bauweisen. Knickprobleme für Stabsysteme werden im Abschn. 5.21 angesprochen.

5.9　Statisch bestimmte Tragwerke

5.9.1　Einfache Balken

Tafel 5.7　Kragträger und Träger auf zwei Stützen

Belastungsfall	Auflagerkräfte	Biegemomente	Durchbiegung
1.	$B = F$	$M(x) = -Fx$ $M_B = -Fl$	$w = \dfrac{1}{3} \cdot \dfrac{Fl^3}{EI} = \dfrac{1}{3} \cdot \dfrac{|M_B| l^2}{EI}$
2.	$B = ql$	$M(x) = -\dfrac{qx^2}{2}$ $M_B = -\dfrac{ql^2}{2}$	$w = \dfrac{1}{8} \cdot \dfrac{ql^4}{EI} = \dfrac{1}{4} \cdot \dfrac{|M_B| l^2}{EI}$
3.	$B = \dfrac{ql}{2}$	$M(x) = -\dfrac{qx^3}{6l}$ $M_B = -\dfrac{ql^2}{6}$	$w = \dfrac{1}{30} \cdot \dfrac{ql^4}{EI} = \dfrac{1}{5} \cdot \dfrac{|M_B| l^2}{EI}$
4.	$A = F\dfrac{b}{l}$ $B = F\dfrac{a}{l}$	$M(x) = A \cdot x$ für $0 \le x \le a$ $M(x) = B(l-x)$ für $a \le x \le l$ $\max M = F \cdot a \cdot b / l$	$w_1 = \dfrac{1}{3} \cdot \dfrac{F}{EI} \cdot \dfrac{a^2 b^2}{l}$
5. $a = b = \dfrac{l}{2}$	$A = B = \dfrac{F}{2}$	$M(x) = \dfrac{F}{2}x$ $\max M = \dfrac{Fl}{4}$	$w = \dfrac{1}{48} \cdot \dfrac{Fl^3}{EI} = \dfrac{1}{12} \cdot \dfrac{\max M\, l^2}{EI}$ (s. Tafel 5.9)
6.	$A = B = F$	$\max M = Fa$	$w = \dfrac{Fa}{24EI}(3l^2 - 4a^2)$ (s. Tafel 5.9)
7.	$A = B = \dfrac{ql}{2}$	$M(x) = \dfrac{qx}{2}(l-x)$ $\max M = \dfrac{ql^2}{8}$	$w = \dfrac{5}{384} \cdot \dfrac{ql^4}{EI} = \dfrac{1}{9{,}6} \cdot \dfrac{\max M\, l^2}{EI}$ (s. Tafel 5.9)
8.	$A = \dfrac{1}{6}ql$ $B = \dfrac{1}{3}ql$	$M(x) = \dfrac{qlx}{6}\left(1 - \dfrac{x^2}{l^2}\right)$ $\max M = \dfrac{ql^2}{15{,}6}$ bei $x = 0{,}577\,l$	$w = 0{,}00652\,\dfrac{ql^4}{EI}$ bei $x = 0{,}5193\,l$
9.	$A = \dfrac{qbc}{l}$ $B = \dfrac{qac}{l}$	$\max M = \dfrac{qabc}{2l^2}(2l-c)$ bei $x = \dfrac{A}{q} + d$	$w_1 = \dfrac{qc}{384lEI} \cdot (lc^3 - 16abc^2 + 128a^2b^2)$ bei $x = a$
10. $a = b = \dfrac{l}{2}$	$A = B = \dfrac{qc}{2}$	$\max M = \dfrac{qc}{8}(2l-c)$	$w = \dfrac{q \cdot c}{96EI}(2l^3 - lc^2 + 0{,}25c^3)$

Tafel 5.7 (Fortsetzung)

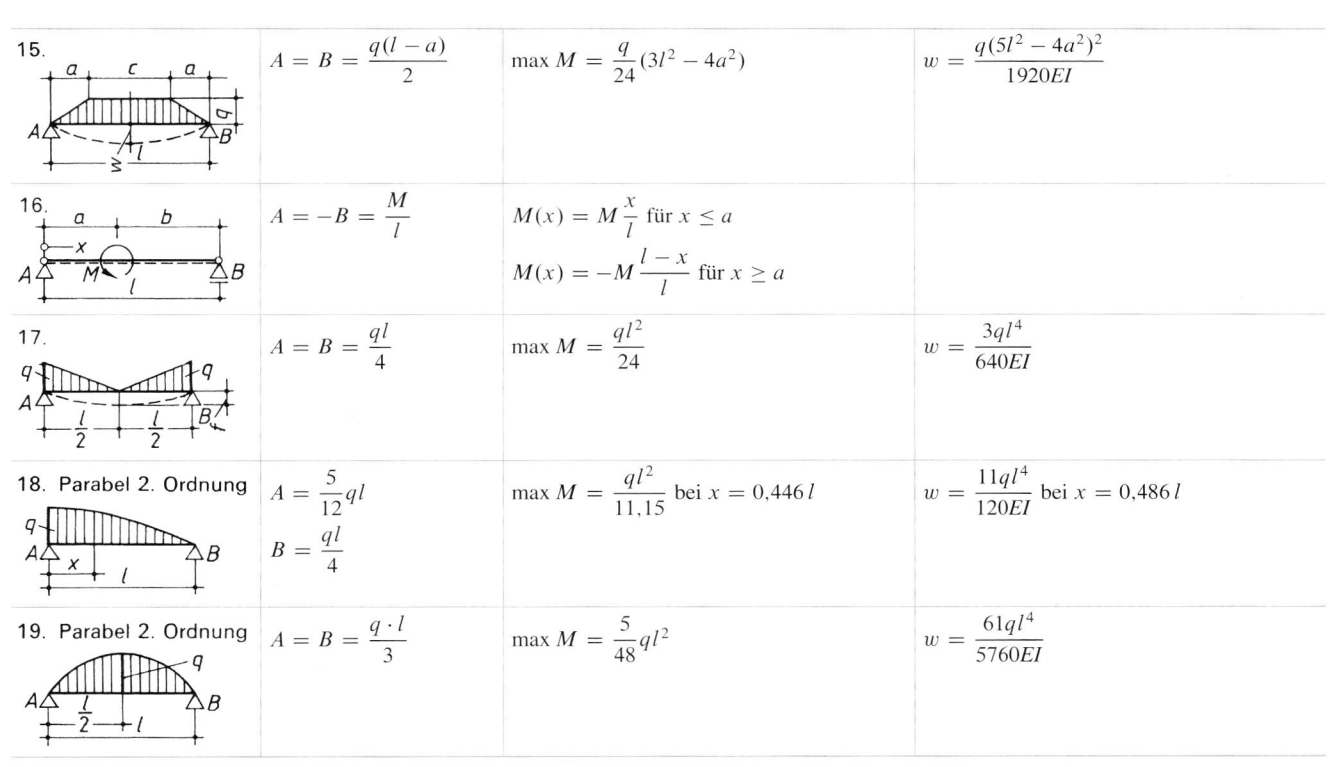

Belastungsfall	Auflagerkräfte	Biegemomente	Durchbiegung
11.	$A = \dfrac{qc}{2l}(2l - c)$ $B = \dfrac{qc^2}{2l}$	$x \le c:\ M(x) = A \cdot x - \dfrac{qx^2}{2}$ $\max M = \dfrac{qc^2}{8l^2}(2l - c)^2$ bei $x = \dfrac{A}{q}$	$w = \dfrac{q \cdot b \cdot c^3}{24EI}\left(4 - 3\dfrac{c}{l}\right)$ bei $x = c$
12. $c = \dfrac{l}{2}$	$A = \dfrac{3}{8}ql$ $B = \dfrac{1}{8}ql$	$\max M = \dfrac{9}{128}ql^2$	$w = \dfrac{5}{768} \cdot \dfrac{q \cdot l^4}{EI}$ bei $x = l/2$
13.	$A = B = \dfrac{ql}{4}$	$x \le \dfrac{l}{2}:\ M(x) = \dfrac{qlx}{2}\left(\dfrac{1}{2} - \dfrac{2}{3}\cdot\dfrac{x^2}{l^2}\right)$ $x \ge \dfrac{l}{2}:\ M = M(x \leftarrow l - x)$ $\max M = \dfrac{ql^2}{12}$	$w = \dfrac{1}{120}\cdot\dfrac{ql^4}{EI}$
14.	$A = (2q_A + q_B)\dfrac{l}{6}$ $B = (q_A + 2q_B)\dfrac{l}{6}$	Mit $q = \dfrac{1}{2}(q_A + q_B)$ ist $\max M = \dfrac{q \cdot l^2}{n}$ bei $x = \xi \cdot l$	Für $q_A/q_B = 0$ s. Fall 8 für $q_A/q_B = 1{,}0$ s. Fall 7

q_A/q_B	0	0,1	0,2	0,3	0,4	0,5	0,6	0,7	0,8	0,9	1
ξ	0,577	0,566	0,554	0,544	0,535	0,528	0,521	0,515	0,509	0,504	0,500
n	7,79	7,86	7,90	7,94	7,96	7,98	7,99	7,99	8,00	8,00	8,00

Belastungsfall	Auflagerkräfte	Biegemomente	Durchbiegung
15.	$A = B = \dfrac{q(l - a)}{2}$	$\max M = \dfrac{q}{24}(3l^2 - 4a^2)$	$w = \dfrac{q(5l^2 - 4a^2)^2}{1920EI}$
16.	$A = -B = \dfrac{M}{l}$	$M(x) = M\dfrac{x}{l}$ für $x \le a$ $M(x) = -M\dfrac{l - x}{l}$ für $x \ge a$	
17.	$A = B = \dfrac{ql}{4}$	$\max M = \dfrac{ql^2}{24}$	$w = \dfrac{3ql^4}{640EI}$
18. Parabel 2. Ordnung	$A = \dfrac{5}{12}ql$ $B = \dfrac{ql}{4}$	$\max M = \dfrac{ql^2}{11,15}$ bei $x = 0{,}446\,l$	$w = \dfrac{11ql^4}{120EI}$ bei $x = 0{,}486\,l$
19. Parabel 2. Ordnung	$A = B = \dfrac{q \cdot l}{3}$	$\max M = \dfrac{5}{48}ql^2$	$w = \dfrac{61ql^4}{5760EI}$

Tafel 5.8 Träger auf zwei Stützen mit Kragarm

Belastungsfall	Auflagerkräfte	Biegemomente	Durchbiegung
20.	$A = -\dfrac{Fc}{l}$ $B = \dfrac{F(l+c)}{l}$	$x \le l:\ M(x) = A\cdot x = -\dfrac{Fcx}{l}$ $M_B = -Fc$	$w = \dfrac{Fl^2}{9EI}\cdot\dfrac{c}{\sqrt{3}}$ bei $x = 0{,}577\,l$ $w_1 = \dfrac{Fc^2}{3EI}(l+c)$
21.	$A = \dfrac{q}{2l}(l^2 - c^2)$ $B = \dfrac{q}{2l}(l+c)^2$	$\max M_F = \dfrac{q}{8l^2}(l^2 - c^2)^2$ $M_B = -\dfrac{qc^2}{2}$ $c = (\sqrt{2} - 1)l:\ \max M_F = |M_B|$	$w = \dfrac{ql^2}{384EI}(5l^2 - 12c^2)$ bei $x = \dfrac{l}{2}$ $w_1 = \dfrac{qc}{24EI}[c^2(4l + 3c) - l^3]$
22.	$A = B = F$	$M_A = M_B = -Fc$	$w = \dfrac{Fl^2 c}{8EI}$ bei $\dfrac{l}{2}$ $w_1 = \dfrac{Fc^2}{3EI}\left(c + \dfrac{3l}{2}\right)$
23.	$A = B = \dfrac{q}{2}(l + 2c)$	$M(x) = A\cdot x\left(1 - \dfrac{c}{x} - \dfrac{x}{l + 2c}\right)$ für $x \le c$ wird $M(x) = -\dfrac{qx^2}{2}$ $M_A = M_B = -\dfrac{qc^2}{2}$ $M_C = \dfrac{ql^2}{2}\left(\dfrac{1}{4} - \dfrac{c^2}{l^2}\right)$ für $c = 0{,}3535\,l$ wird $M_A = M_C = \pm\dfrac{ql^2}{16}$	$w = \dfrac{1}{16}\cdot\dfrac{ql^4}{EI}\left(\dfrac{5}{24} - \dfrac{c^2}{l^2}\right)$ $w_1 = \dfrac{1}{24}\cdot\dfrac{ql^4}{EI}\cdot\left(3\dfrac{c^4}{l^4} + 6\dfrac{c^3}{l^3} - \dfrac{c}{l}\right)$

Tafel 5.9 Erforderliche Flächenmomente 2. Grades bei Durchbiegungsbeschränkungen. Ergänzung zu Fall 5, 6, 7, erf $I_y = k \cdot M \cdot l$, vorh $w = c \cdot \text{vorh}\,\sigma \cdot l^2/h$, M in kN m, l in m, vorh σ in N/mm^2 und h in cm einsetzen. Dann ergibt sich: erf I_y in cm^4 und vorh w in cm

zul w	Faktoren k für					
	Baustahl ($E = 210.000$ N/mm^2)			Nadelholz ($E = 10.000$ N/mm^2)		
$l/200$	7,94	10,1	9,92	167	213	208
$l/300$	11,9	15,2	14,9	250	319	313

$c =$	Nur für symmetrische Querschnitte					
	0,0079	0,0101	0,0099	0,167	0,213	0,208
$a = l/l_k$	$M_k = F\cdot l_k$	$M_k = q\cdot l_k^2/2$	$M = q\cdot l^2/8$	$M_k = F\cdot l_k$	$M_k = q\cdot l_k^2/2$	$M = q\cdot l^2/8$
$l_k/200$	$31{,}7\cdot(1+a)$	$31{,}7\cdot(0{,}75+a)$	$-31{,}7$	$667\cdot(1+a)$	$667\cdot(0{,}75+a)$	-667
$l_k/300$	$47{,}6\cdot(1+a)$	$47{,}6\cdot(0{,}75+a)$	$-47{,}6$	$1000\cdot(1+a)$	$1000\cdot(0{,}75+a)$	-1000
	erf $I_y = k\cdot M_k\cdot l_k$		erf $I_y = k\cdot M\cdot l$	erf $I_y = k\cdot M_k\cdot l_k$		erf $I_y = k\cdot M\cdot l$

Für andere Verhältnisse von w: interpolieren. Kragträger: $a = 0$

5.9.2 Schräger Balken (Dachsparren)

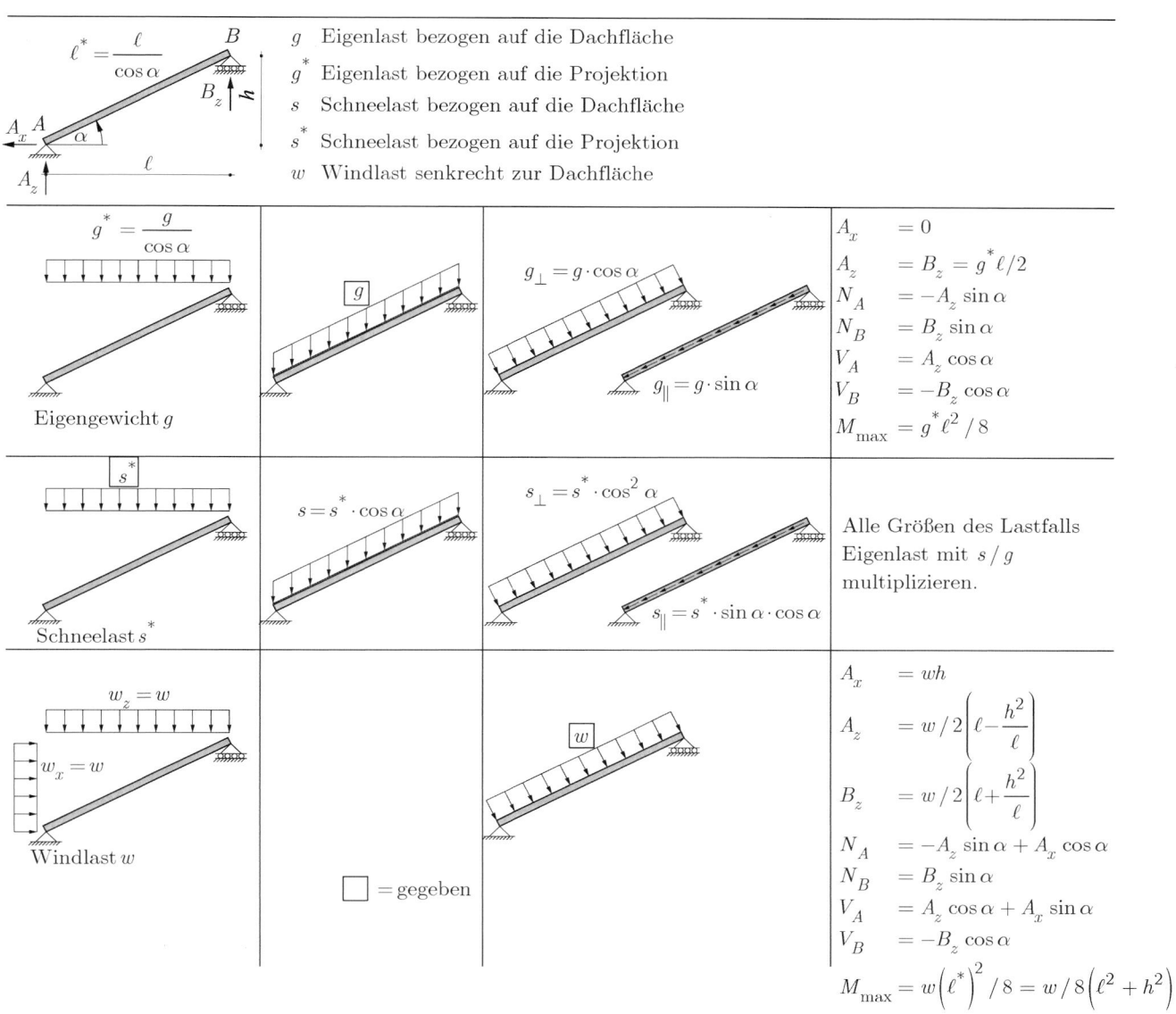

Abb. 5.38 Lastumrechnung sowie Auflager- und Schnittkräfte des schrägen Balkens für Eigen-, Schnee- und Windlast

5.9.3 Gelenkträger unter Gleichlast

Tafel 5.10 Gelenkträger unter Gleichlast

Ausführung, Gelenke	Auflagerkräfte	Biegemomente
1. $A \triangle\ \overline{M}_1\ B \circ\ \overline{M}_2\ \triangle C$ M_B, b_2 l ; l $b_2 = 0{,}1716\,l$	$A = 0{,}4142\,q\,l$ $B = 1{,}1716\,q\,l$ $C = 0{,}4142\,q\,l$	$M_1 = M_2 = -M_B$ $= 0{,}0858\,q\,l^2$
2 a. $A \triangle\ \overline{M}_1\ B\ M_2\ C\ \overline{M}_3\ D$ M_B, M_C, b_1, c_3 l ; l ; l $b_1 = c_3 = 0{,}125\,l$	$A = D = 0{,}4375\,q\,l$ $B = C = 1{,}0625\,q\,l$	$M_1 = 0{,}0957\,q\,l^2$ $M_2 = -M_B = -M_C$ $= 0{,}0625\,q\,l^2$
2 b. $A \triangle\ \overline{M}_1\ B\ \overline{M}_2\ C\ \overline{M}_3\ D$ M_B, M_C, b_2, c_2 l ; l ; l $b_2 = c_2 = 0{,}22\,l$	$A = D = 0{,}4142\,q\,l$ $B = C = 1{,}0858\,q\,l$	$M_1 = -M_B = -M_C$ $= 0{,}0858\,q\,l^2$ $M_2 = 0{,}0392\,q\,l^2$
3. $A \triangle\ \overline{M}_1\ B\ \overline{M}_2\ C\ \overline{M}_3\ D\ \overline{M}_4\ E$ M_B, M_C, M_D, b_2, c_2, d_4 l ; l ; l ; l $b_2 = 0{,}2035\,l$; $c_2 = 0{,}157\,l$; $d_4 = 0{,}125\,l$	$A = 0{,}4142\,q\,l$ $B = 1{,}1090\,q\,l$ $C = 0{,}9768\,q\,l$ $D = 1{,}0625\,q\,l$ $E = 0{,}4375\,q\,l$	$M_1 = -M_B$ $= 0{,}0858\,q\,l^2$ $M_2 = 0{,}0511\,q\,l^2$ $M_3 = -M_C = M_3 = -M_D$ $= 0{,}0625\,q\,l^2$ $M_4 = 0{,}0957\,q\,l^2$

4. Fünffeld-Gerberträger

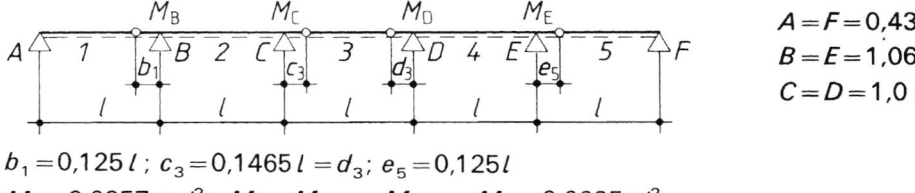

$A = F = 0{,}4375\,ql$;
$B = E = 1{,}0625\,ql$;
$C = D = 1{,}0\,ql$

$b_1 = 0{,}125\,l$; $c_3 = 0{,}1465\,l = d_3$; $e_5 = 0{,}125\,l$
$M_1 = 0{,}0957\,q \cdot l^2$; $M_2 = M_3 = -M_B = -M_C = 0{,}0625\,ql^2$

5. Sechsfeld-Gerberträger

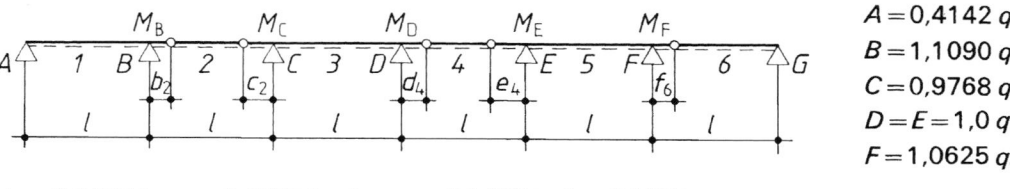

$A = 0{,}4142\,ql$
$B = 1{,}1090\,ql$
$C = 0{,}9768\,ql$
$D = E = 1{,}0\,ql$
$F = 1{,}0625\,ql$

$b_2 = 0{,}2035\,l$; $c_2 = 0{,}1570\,l$; $d_4 = e_4 = 0{,}1465\,l$; $f_6 = 0{,}125\,l$
$M_1 = -M_B = 0{,}0858\,ql^2$; $M_2 = 0{,}0511\,q\,l^2$; $M_6 = 0{,}0957\,q\,l^2$
$M_3 = M_4 = M_5 = -M_C = -M_D = -M_E = -M_F = 0{,}0625\,q \cdot l^2$

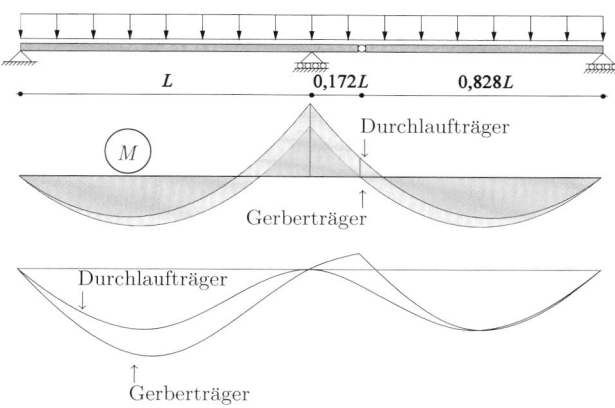

Abb. 5.39 Biege- und Momentenlinie für Zweifeld-Gerberträger und Vergleich mit Durchlaufsystem

Da die Gelenke nicht in den Momentennullpunkten des entsprechenden Durchlaufträgers angeordnet sind, hat die Biegelinie des Gerberträgers in den Gelenken Knicke.

5.9.4 Fachwerke

5.9.4.1 Stabkraftverlauf in gewöhnlichen Fachwerken

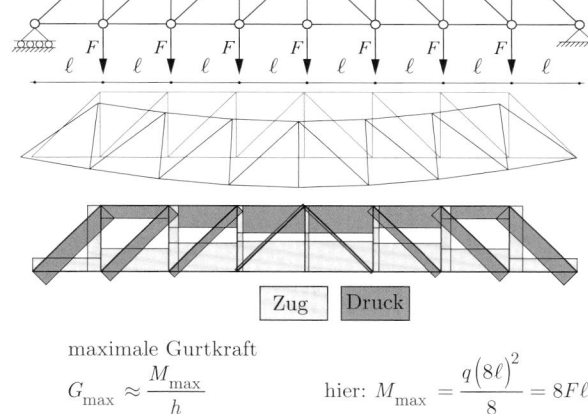

maximale Gurtkraft

$$G_{max} \approx \frac{M_{max}}{h} \qquad \text{hier: } M_{max} = \frac{q(8\ell)^2}{8} = 8F\ell$$

maximale Diagonalkraft

$$D_{max} = V\frac{\sqrt{\ell^2 + h^2}}{h} \qquad \text{hier: } V = 3,5\,F$$

Abb. 5.40 Biegelinie und Stabkraftverlauf in parallelgurtigem Fachwerk

Die Anpassung der Fachwerkhöhe an den Momentenverlauf kann den Verlauf der Stabkräfte günstig beeinflussen.

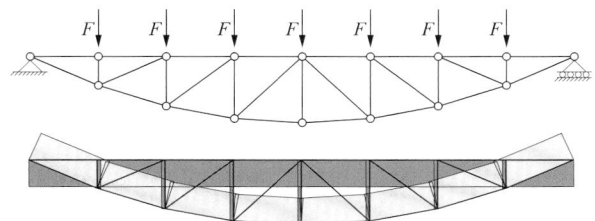

Abb. 5.41 Stabkraftverlauf im Fischbauch-Fachwerk

5.9.4.2 Ritterschnitt

Beispiel

Gesucht: Kräfte in den Stäben 1, 2 und 3 des gezeigten Fachwerks.

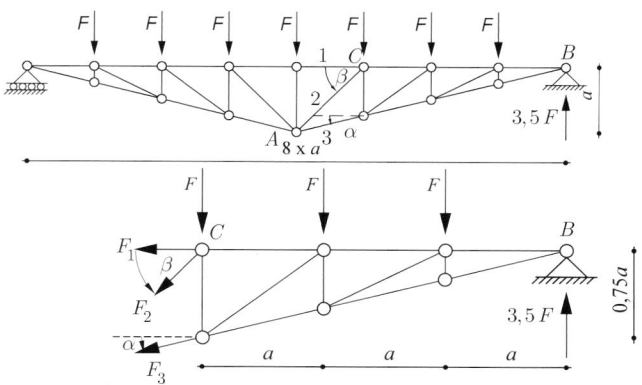

$$\cos\alpha = \frac{4}{\sqrt{17}} = 0,9701 \quad \sin\beta = 0,7071$$

$$\sum M_A = 0 = F(3,5\cdot 4 - 1 - 2 - 3) + F_1\cdot 1 \qquad \rightarrow F_1 = -8\,F$$

$$\sum M_B = 0 = F(1 + 2 + 3) + F_2\cdot 0,7071\cdot 3 \qquad \rightarrow F_2 = -2,83\,F$$

$$\sum M_C = 0 = F(3,5\cdot 3 - 1 - 2) - F_3\cdot 0,75\cdot 0,9701 \qquad \rightarrow F_3 = 10,3\,F$$

Abb. 5.42 Ritterschnitt ◄

5.9.5 Dreigelenkrahmen

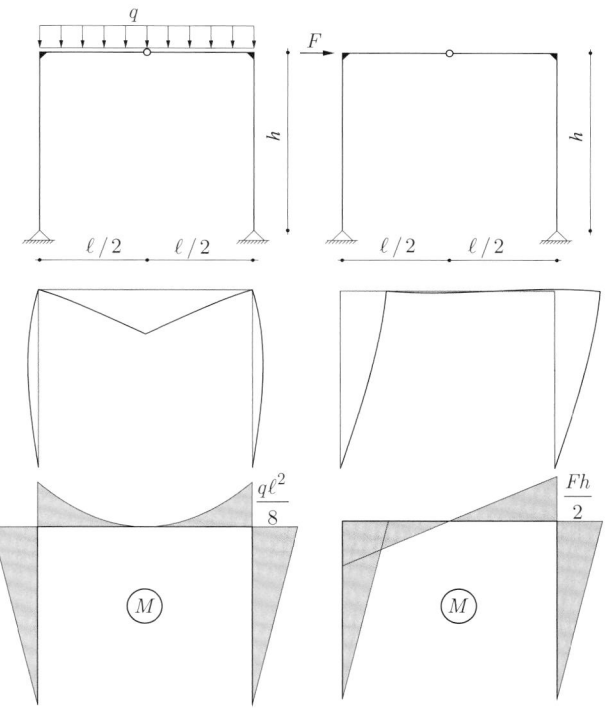

Abb. 5.43 Qualitative Biege- und Momentenlinie des Dreigelenkrahmens für zwei Lastfälle

5.9.6 Räumliche Tragwerke

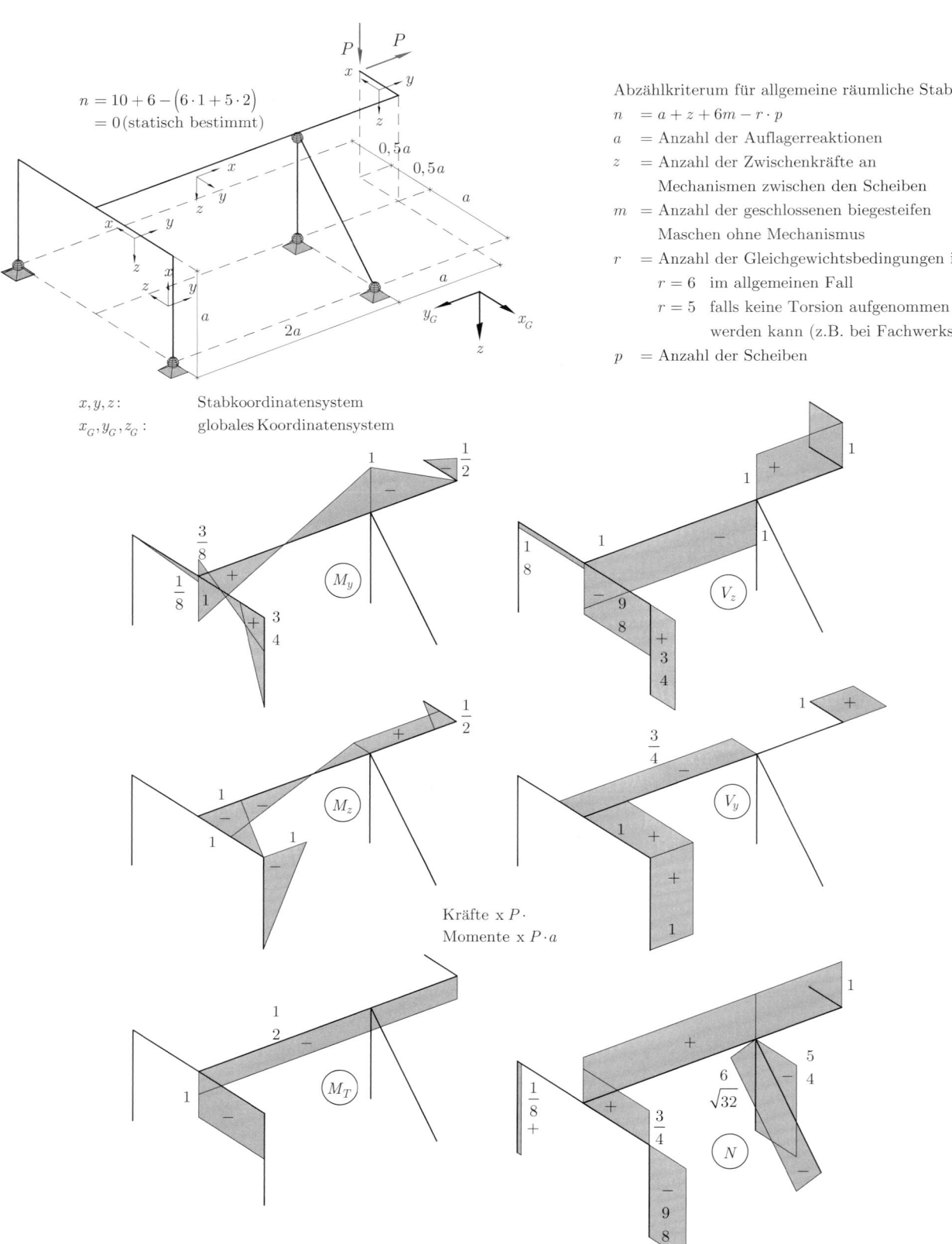

$n = 10 + 6 - \left(6 \cdot 1 + 5 \cdot 2\right)$
$\quad = 0\,(\text{statisch bestimmt})$

Abzählkriterum für allgemeine räumliche Stabwerke

$n \;\; = a + z + 6m - r \cdot p$

$a \;\; = $ Anzahl der Auflagerreaktionen

$z \;\; = $ Anzahl der Zwischenkräfte an
$\qquad$ Mechanismen zwischen den Scheiben

$m \;\; = $ Anzahl der geschlossenen biegesteifen
$\qquad$ Maschen ohne Mechanismus

$r \;\; = $ Anzahl der Gleichgewichtsbedingungen im Raum
$\qquad r = 6 \;\;$ im allgemeinen Fall
$\qquad r = 5 \;\;$ falls keine Torsion aufgenommen
$\qquad\qquad$ werden kann (z.B. bei Fachwerkstäben)

$p \;\; = $ Anzahl der Scheiben

$x, y, z:$ $\qquad\qquad$ Stabkoordinatensystem
$x_G, y_G, z_G:$ $\qquad$ globales Koordinatensystem

Kräfte x $P \cdot$
Momente x $P \cdot a$

Abb. 5.44 Räumlicher Rahmen

5.10 Formänderungsberechnung

Oft ist bei der Tragwerksberechnung nicht die gesamte Biegelinie zu ermitteln sondern nur die Verschiebung und Verdrehung an bestimmten Orten. Solche Einzelweggrößen können mit dem Prinzip der virtuellen Arbeit (oder kurz Arbeitssatz)

$$P'\Delta = \int \left[\frac{MM'}{EI} + \frac{NN'}{EA} + \kappa \frac{VV'}{GA} + \alpha_T \left(N'T_0 + M' \frac{\Delta T}{h} \right) \right] \mathrm{d}x$$
$$+ \text{Stützensenkung} + \text{Federn}$$
$$M'\varphi = \dots \text{(siehe oben)}$$

bestimmt werden. Hierzu wird zur Berechnung einer Verschiebung die fiktive Kraft $P' = 1$ und zur Berechnung einer Verdrehung das fiktive Moment $M' = 1$ angebracht. Es bedeuten:

P', M' virtuelle Kraft, virtuelles Moment
Δ, φ gesuchte Einzelverformung
N, V, M Schnittgrößen infolge tatsächlicher Belastung
N', V', M' Schnittgrößen infolge virtueller Belastung
A, I, κ, h Querschnittswerte
E, G, α_T Materialwerte

Bei Biegetragwerken kann der Einfluss aus Querkräften und Normalkräften oft vernachlässigt werden. In räumlichen Tragwerken muss der Arbeitssatz um drei weitere Schnittgrößen ergänzt werden.

Gesucht: Horizontale Verschiebung u_A des Punktes A.

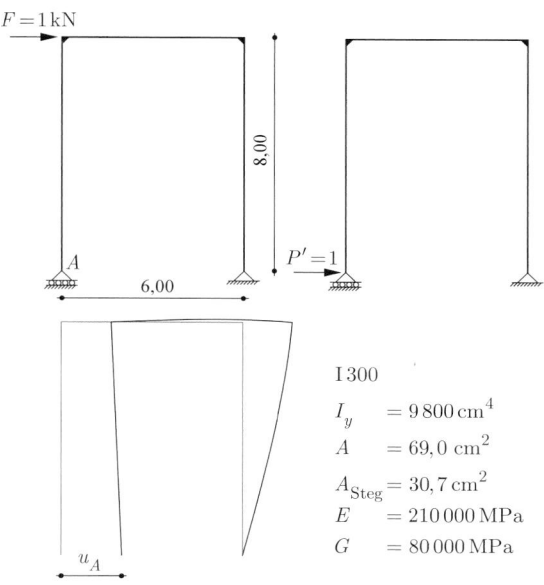

Abb. 5.45 Beispiel Formänderungsberechnung, wirkliches und virtuelles System, Biegelinie sowie Querschnitts- und Materialwerte

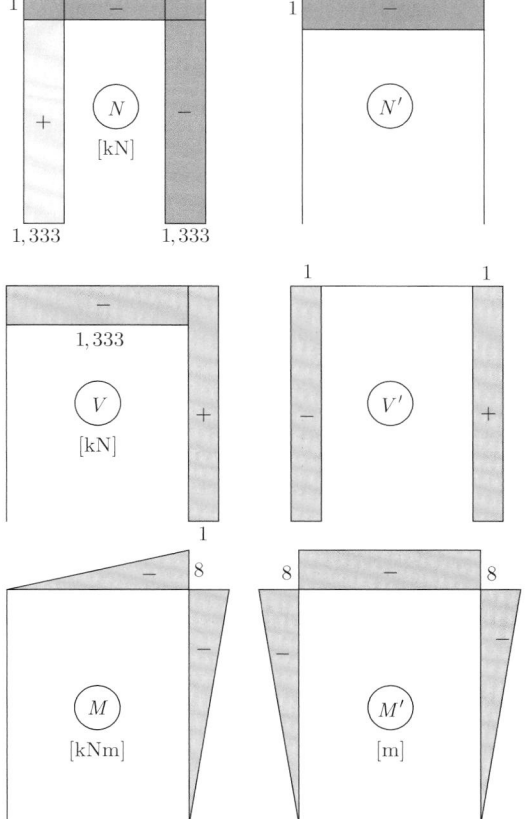

Abb. 5.46 Schnittgrößen infolge wirklicher und virtueller Belastung

Auswertung mithilfe der Tafel 5.11.

$$u_A = \int \left(\frac{MM'}{EI} + \frac{NN'}{EA} + \kappa \frac{VV'}{GA} \right) dx \qquad \left(\frac{A}{\kappa} \approx A_{\text{Steg}} \right)$$

$$+ \underbrace{\frac{1}{21.000 \cdot 69} (-1) \cdot (-1) \cdot 6{,}00}_{\text{aus } N}$$

$$+ \underbrace{\frac{1}{8000 \cdot 30{,}7} (-1) \cdot (-1) \cdot 8{,}00}_{\text{aus } V}$$

$$+ \underbrace{\frac{1}{210 \cdot 98} \left(\frac{1}{3} \cdot (-8) \cdot (-8) \cdot 8{,}00 + \frac{1}{2} \cdot (-8) \cdot (-8) \cdot 6{,}00 \right)}_{\text{aus } M}$$

$$= 4{,}14 \cdot 10^{-6} + 32{,}6 \cdot 10^{-6} + 0{,}0176$$

$$= 0{,}0177 \, \text{m} \quad \blacktriangleleft$$

Beispiel

Gesucht: Gelenkrotation (Knick) im Punkt A für den gezeigten Gerberträger.

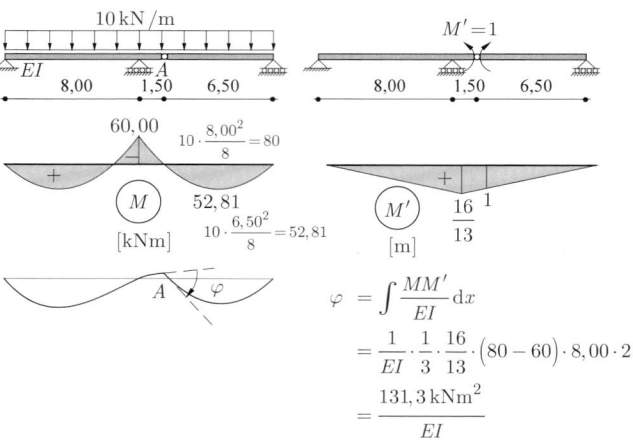

$$\varphi = \int \frac{MM'}{EI} dx$$

$$= \frac{1}{EI} \cdot \frac{1}{3} \cdot \frac{16}{13} \cdot \left(80 - 60 \right) \cdot 8{,}00 \cdot 2$$

$$= \frac{131{,}3 \, \text{kNm}^2}{EI}$$

Auswertung mithilfe der Tafel 5.11. ◀

5.11　Integrationstafeln

Tafel 5.11 Wert der Integrale $\int f_i \cdot f_k \, dx = l \cdot$ Tafelwert

$f_i \backslash f_k$	Rechteck	Dreieck	Dreieck $(l/2,\ l/2)$	Dreieck $(\gamma l,\ \delta l)$	Trapez $(f_{k1},\ f_{k2})$	Kubische Parabel	Kubische Parabel	$\int f_i \cdot f_i\, dx$
Rechteck f_i	$f_i f_k$	$\frac{1}{2} f_i f_k$	$\frac{1}{2} f_i f_k$	$\frac{1}{2} f_i f_k$	$\frac{1}{2} f_i (f_{k1}+f_{k2})$	$\frac{1}{4} f_i f_k$	$\frac{1}{4} f_i f_k$	f_i^2
Dreieck f_i	$\frac{1}{2} f_i f_k$	$\frac{1}{3} f_i f_k$	$\frac{1}{4} f_i f_k$	$\frac{1}{6}(1+\gamma) f_i f_k$	$\frac{1}{6} f_i (f_{k1}+f_{k2})$	$\frac{2}{15} f_i f_k$	$\frac{1}{5} f_i f_k$	$\frac{1}{3} f_i^2$
Dreieck f_i	$\frac{1}{2} f_i f_k$	$\frac{1}{6} f_i f_k$	$\frac{1}{4} f_i f_k$	$\frac{1}{6}(1+\delta) f_i f_k$	$\frac{1}{6} f_i (2f_{k1}+f_{k2})$	$\frac{7}{60} f_i f_k$	$\frac{1}{20} f_i f_k$	$\frac{1}{3} f_i^2$
Dreieck $(l/2,\ l/2)$ f_i	$\frac{1}{2} f_i f_k$	$\frac{1}{4} f_i f_k$	$\frac{1}{3} f_i f_k$	$\frac{1}{12}\frac{3-4\gamma^2}{\delta} f_i f_k$ für $\gamma \le \delta$	$\frac{1}{4} f_i (f_{k1}+f_{k2})$	$\frac{5}{32} f_i f_k$	$\frac{3}{32} f_i f_k$	$\frac{1}{3} f_i^2$
Dreieck $(\gamma l,\ \delta l,\ \alpha\cdot\delta)$ f_i	$\frac{1}{2} f_i f_k$	$\frac{1}{6}(1+\alpha) f_i f_k$	$\frac{1}{12}\frac{3-4\alpha^2}{\beta} f_i f_k$ für $\alpha \le \beta$	$\frac{1}{6}\frac{2\alpha-\alpha^2-\gamma^2}{\delta} f_i f_k$ für $\alpha \ge \gamma$	$\frac{1}{6}f_i[(1+\beta)f_{k1}+(1+\alpha)f_{k2}]$	$\frac{1}{20}(1+\alpha)\cdot\left(\frac{7}{3}-\alpha^2\right)\cdot f_i f_k$	$\frac{1}{20}(1+\alpha)\cdot(1+\alpha^2)\cdot f_i f_k$	$\frac{1}{3} f_i^2$
Trapez $f_{i1}\ f_{i2}$	$\frac{1}{2}(f_{i1}+f_{i2})f_k$	$\frac{1}{6}(f_{i1}+2f_{i2})f_k$	$\frac{1}{4} f_k(f_{i1}+f_{i2})$	$\frac{1}{6} f_k[(1+\delta)f_{i1}+(1+\gamma)f_{i2}]$	$\frac{1}{6}[(2f_{k1}+f_{k2})f_{i1}+(f_{k1}+2f_{k2})f_{i2}]$	$\frac{1}{60}(7f_{i1}+8f_{i2})\cdot f_k$	$\frac{1}{20}(f_{i1}+4f_{i2})\cdot f_k$	$\frac{1}{3}(f_{i1}^2+f_{i2}^2+f_{i1}f_{i2})$
Quadratische Parabel f_i	$\frac{2}{3} f_i f_k$	$\frac{1}{3} f_i f_k$	$\frac{5}{12} f_i f_k$	$\frac{1}{3}(1+\gamma\delta)\cdot f_i f_k$	$\frac{1}{3} f_i (f_{k1}+f_{k2})$			
Quadratische Parabel f_i	$\frac{2}{3} f_i f_k$	$\frac{5}{12} f_i f_k$	$\frac{17}{48} f_i f_k$	$\frac{1}{12}(5-\delta-\delta^2)f_i f_k$	$\frac{1}{12}f_i(3f_{k1}+5f_{k2})$			
Quadratische Parabel f_i	$\frac{2}{3} f_i f_k$	$\frac{1}{4} f_i f_k$	$\frac{17}{48} f_i f_k$	$\frac{1}{12}(5-\gamma-\gamma^2)f_i f_k$	$\frac{1}{12}f_i(5f_{k1}+3f_{k2})$			
Quadratische Parabel f_i	$\frac{1}{3} f_i f_k$	$\frac{1}{4} f_i f_k$	$\frac{7}{48} f_i f_k$	$\frac{1}{12}(1+\gamma+\gamma^2)f_i f_k$	$\frac{1}{12}f_i(f_{k1}+3f_{k2})$			
Quadratische Parabel f_i	$\frac{1}{3} f_i f_k$	$\frac{1}{12} f_i f_k$	$\frac{7}{48} f_i f_k$	$\frac{1}{12}(1+\delta+\delta^2)f_i f_k$	$\frac{1}{12}f_i(3f_{k1}+f_{k2})$			

Beispiel:

gesucht: w

$M = -q\frac{l^2}{6} = f_k$

$\overline{M} = -1 \cdot l = f_i$

$E \cdot J \cdot w = $ Tafelwert $\cdot l \cdot f_i \cdot f_k$

$E \cdot J \cdot w = \frac{1}{5}\cdot l \cdot \left(-q\frac{l^2}{6}\right)\cdot(-l) = q\frac{l^4}{30}$

(siehe auch Tafel 5.7, 3. Fall)

5.12 Statisch unbestimmte Träger

Tafel 5.12 Eingespannte Träger

Belastungsfall	Auflagerkräfte	Biegemomente	Durchbiegung
1.	$A = \dfrac{Fb^2}{2l^3}(2l + a)$ $B = \dfrac{Fa}{2l^3}(3l^2 - a^2)$	$M_B = -\dfrac{Fab}{2l^2}(l + a)$ $M_C = \dfrac{Fab^2}{2l^3}(2l + a)$	$w_C = \dfrac{Fa^2b^3}{12EIl^3}(3l + a)$
2.	$A = \dfrac{5}{16}F$ $B = \dfrac{11}{16}F$	$M_B = -\dfrac{3}{16}Fl$ $M_C = \dfrac{5}{32}Fl$	$w_C = \dfrac{7}{768} \cdot \dfrac{Fl^3}{EI}$ $w = \dfrac{1}{48\sqrt{5}} \cdot \dfrac{Fl^3}{EI}$ bei $x = 0{,}447\,l$
3.	$A = \dfrac{3}{8}ql$ $B = \dfrac{5}{8}ql$	$M_{(x)} = \dfrac{qlx}{2}\left(\dfrac{3}{4} - \dfrac{x}{l}\right)$ $M_B = -\dfrac{ql^2}{8}$ $M_C = \dfrac{9}{128}ql^2$ bei $x = \dfrac{3}{8}l$	$w \approx \dfrac{2}{369} \cdot \dfrac{ql^4}{EI}$ bei $x = 0{,}4215\,l$
4.	$A = \dfrac{1}{10}ql$ $B = \dfrac{2}{5}ql$	$M_{(x)} = \dfrac{qlx}{2}\left(\dfrac{1}{5} - \dfrac{x^2}{3l^2}\right)$ $M_B = -\dfrac{ql^2}{15}$ $M_C = \dfrac{ql^2}{33{,}54}$ bei $x = 0{,}447\,l$	$w \approx \dfrac{1}{420} \cdot \dfrac{ql^4}{EI}$ bei $x = 0{,}447\,l$
5.	$A = \dfrac{Fb^2}{l^3}(l + 2a)$ $B = \dfrac{Fa^2}{l^3}(l + 2b)$	$M_A = -F\dfrac{ab^2}{l^2}$ $M_B = -F\dfrac{a^2b}{l^2}$ $\max M = M_C = 2F\dfrac{a^2b^2}{l^3}$	$w_C = \dfrac{1}{3l^3} \cdot \dfrac{Fa^3b^3}{EI}$ $w = \dfrac{2}{3(3l - 2a)^2} \cdot \dfrac{Fa^2b^3}{EI}$ bei $x = \dfrac{l^2}{3l - 2a}$
6.	$A = B = \dfrac{F}{2}$	$M_{(x)} = \dfrac{F}{2}\left(x - \dfrac{l}{4}\right)$ $M_A = M_B = -\dfrac{Fl}{8}$ $\max M = \dfrac{Fl}{8}$	$w = \dfrac{1}{192} \cdot \dfrac{Fl^3}{EI} = \dfrac{\max M\, l^2}{24EI}$
7.	$A = B = F$	$M_A = M_B = -\dfrac{Fa}{l}(l - a)$ $\max M = \dfrac{Fa^2}{l}$	

Tafel 5.12 (Fortsetzung)

Belastungsfall	Auflagerkräfte	Biegemomente	Durchbiegung
8.	$A = B = \dfrac{ql}{2}$	$M(x) = -\dfrac{ql^2}{2}\left(\dfrac{1}{6} - \dfrac{x}{l} + \dfrac{x^2}{l^2}\right)$ $\min M = M_A = M_B = -\dfrac{ql^2}{12}$ $\max M = \dfrac{ql^2}{24}$	$\max w = \dfrac{1}{384}\cdot\dfrac{ql^4}{EI}$
9.	$A = \dfrac{3}{20}ql$ $B = \dfrac{7}{20}ql$	$M(x) = -\dfrac{ql^2}{60}\left(2 - 9\dfrac{x}{l} + 10\dfrac{x^3}{l^3}\right)$ $M_A = -\dfrac{ql^2}{30}$ $\min M = M_B = -\dfrac{ql^2}{20}$ $\max M = \dfrac{ql^2}{46{,}6}$ bei $x = 0{,}548\,l$	$\max w = \dfrac{1}{764}\cdot\dfrac{ql^4}{EI}$ bei $x = 0{,}525\,l$
10.	$A = B = \dfrac{ql}{4}$	$\min M = M_A = M_B = -\dfrac{5}{96}ql^2$ $\max M = \dfrac{ql^2}{32}$	$\max w \approx \dfrac{1}{549}\cdot\dfrac{ql^4}{EI}$
11.	$A = B = \dfrac{q(l-a)}{2}$	$\min M = M_A = M_B$ $\quad = -\dfrac{q}{12}\left(l^2 - 2a^2 + \dfrac{a^3}{l}\right)$ $\max M = \dfrac{q}{24}\left(l^2 - \dfrac{2a^3}{l}\right)$	$\max w = \dfrac{q}{1920EI}\left(5l^4 - 20a^3 l + 16a^4\right)$
12.	$A = -B = 6\,M\dfrac{ab}{l^3}$	$M_A = -M\dfrac{b}{l^2}(3a - l)$ $M_B = M\dfrac{a}{l^2}(3b - l)$	
13. Stützensenkung	$A = -B = -\dfrac{12EI}{l^3}\Delta w$	$M_A = -M_B = \dfrac{6EI}{l^2}\Delta w$	
14. ungl. Erwärmung	$A = B = 0$	$M_A = M_B = -\dfrac{EI}{h}\alpha_T \Delta T$ $h =$ Trägerhöhe	

5.13 Belastungsglieder und Volleinspannmomente

Tafel 5.13 Belastungsglieder und Volleinspannmomente

$$\frac{l}{6EI}\cdot L = \varphi_A \qquad \varphi_B = \frac{l}{6EI}\,R$$

Nr. Lastfall	L	R	M_A	M_B	M_A	M_B
1	$\dfrac{ql^2}{4}$	$\dfrac{ql^2}{4}$	$\dfrac{ql^2}{12}$	$\dfrac{ql^2}{12}$	$\dfrac{ql^2}{8}$	$\dfrac{ql^2}{8}$
2	$\dfrac{qc^2}{4l^2}(2l-c)^2$	$\dfrac{qc^2}{4l^2}(2l^2-c^2)$	$-\dfrac{qc^2}{12l^2}(6b^2+4bc+c^2)$	$-\dfrac{qc^3}{12l^2}(4b+c)$	$-\dfrac{qc^2}{8l^2}(l+b)^2$	$-\dfrac{qc^2}{8l^2}(2l^2-c^2)$
3	$\dfrac{9}{64}ql^2$	$\dfrac{7}{64}ql^2$	$\dfrac{11}{192}ql^2$	$\dfrac{5}{192}ql^2$	$\dfrac{9}{128}ql^2$	$\dfrac{7}{128}ql^2$
4	$\dfrac{qc\cdot b}{l^2}\left(l^2-b^2-\dfrac{c^2}{4}\right)$	$\dfrac{qca}{l^2}\left(l^2-a^2-\dfrac{c^2}{4}\right)$	$-\dfrac{qc}{12l^2}\bigl[(4l^2-c^2)(2b-a)-4(2b^3-a^3)\bigr]$	$-\dfrac{qc}{12l^2}\bigl[(4l^2-c^2)(2a-b)-4(2a^3-b^3)\bigr]$	$-\dfrac{qbc}{8l^2}\bigl[4(l^2-b^2)-c^2\bigr]$	$-\dfrac{qac}{8l^2}\bigl[4(l^2-a^2)-c^2\bigr]$
5	$\dfrac{qc}{8l}(3l^2-c^2)$	$\dfrac{qc}{8l}(3l^2-c^2)$	$-\dfrac{qc}{24l}(3l^2-c^2)$	$-\dfrac{qc}{24l}(3l^2-c^2)$	$-\dfrac{qc}{16l}(3l^2-c^2)$	$-\dfrac{qc}{16l}(3l^2-c^2)$
6	$\dfrac{qc^2}{3l}\left(2l-2.25c+0.6\dfrac{c^2}{l}\right)$	$\dfrac{qc^2}{3l}\left(l-0.6\dfrac{c^2}{l}\right)$	$\dfrac{qc^2}{3l}\left(l-1.5c+0.6\dfrac{c^2}{l}\right)$	$\dfrac{qc^3}{4l}\left(1-0.8\dfrac{c}{l}\right)$	$\dfrac{qc^2}{6l}\left(2l-2.25c+0.6\dfrac{c^2}{l}\right)$	$\dfrac{qc^2}{6}\left(1-0.6\dfrac{c^2}{l^2}\right)$
7	$\dfrac{qc^2}{3l}\left(l-0.6\dfrac{c^2}{l}\right)$	$\dfrac{qc^2}{3l}\left(2l-2.25c+0.6\dfrac{c^2}{l}\right)$	$\dfrac{qc^3}{4l}\left(1-0.8\dfrac{c}{l}\right)$	$\dfrac{qc^2}{3l}\left(l-1.5c+0.6\dfrac{c^2}{l}\right)$	$\dfrac{qc^2}{6}\left(1-0.6\dfrac{c^2}{l^2}\right)$	$\dfrac{qc^2}{6l}\left(2l-2.25c+0.6\dfrac{c^2}{l}\right)$
8	$\dfrac{5}{32}ql^2$	$\dfrac{5}{32}ql^2$	$\dfrac{5}{96}ql^2$	$\dfrac{5}{96}ql^2$	$\dfrac{5}{64}ql^2$	$\dfrac{5}{64}ql^2$
9	$\dfrac{7}{60}ql^2$	$\dfrac{8}{60}ql^2$	$\dfrac{1}{30}ql^2$	$\dfrac{1}{20}ql^2$	$\dfrac{7}{120}ql^2$	$\dfrac{8}{120}ql^2$
10	$\dfrac{qc^2}{2l}(l-0.5c)$	$\dfrac{qc^2}{2l}(l-0.5c)$	$\dfrac{qc^2}{6l}(l-0.5c)$	$\dfrac{qc^2}{6l}(l-0.5c)$	$\dfrac{qc^2}{6l}(1-0.5c)$	$\dfrac{qc^2}{6l}(1-0.5c)$
11	$\dfrac{q}{4}\left(l^2-2a^2+\dfrac{a^3}{l}\right)$	$\dfrac{q}{4}\left(l^2-2a^2+\dfrac{a^3}{l}\right)$	$\dfrac{q}{12}\left(l^2-2a^2+\dfrac{a^3}{l}\right)$	$\dfrac{q}{12}\left(l^2-2a^2+\dfrac{a^3}{l}\right)$	$\dfrac{q}{8}\left(l^2-2a^2+\dfrac{a^3}{l}\right)$	$\dfrac{q}{8}\left(l^2-2a^2+\dfrac{a^3}{l}\right)$
12	$\dfrac{1}{5}ql^2$	$\dfrac{1}{5}ql^2$	$\dfrac{1}{15}ql^2$	$\dfrac{1}{15}ql^2$	$\dfrac{1}{10}ql^2$	$\dfrac{1}{10}ql^2$
13	$\dfrac{10}{60}ql^2$	$\dfrac{11}{60}ql^2$	$\dfrac{1}{20}ql^2$	$\dfrac{1}{15}ql^2$	$\dfrac{10}{120}ql^2$	$\dfrac{11}{120}ql^2$
14	$\dfrac{1}{15}ql^2$	$\dfrac{1}{12}ql^2$	$\dfrac{1}{60}ql^2$	$\dfrac{1}{30}ql^2$	$\dfrac{1}{30}ql^2$	$\dfrac{1}{24}ql^2$

Tafel 5.13 (Fortsetzung)

Kopfbeziehungen (gelenkig gelagerter Träger):
$$\frac{l}{6EI}\cdot L = \varphi_A \qquad \varphi_B = \frac{l}{6EI}\,R$$

Linke Spaltengruppe: beidseitig gelenkig gelagerter Träger (Lastglieder L, R).
Mittlere Spaltengruppe: beidseitig eingespannter Träger (M_A, M_B).
Rechte Spalte: bei A eingespannt, bei B gelenkig gelagert (M_A).

Nr.	Lastfall	L	R	M_A	M_B	M_A
15	F bei a / b	$\dfrac{Fab}{l^2}(l+b)$	$\dfrac{Fab}{l^2}(l+a)$	$-\dfrac{Fab^2}{l^2}$	$-\dfrac{Fa^2b}{l^2}$	$-\dfrac{Fab}{2l^2}(l+b)$
16	F in $\tfrac{l}{2}$	$\dfrac{3}{8}Fl$	$\dfrac{3}{8}Fl$	$-\dfrac{Fl}{8}$	$-\dfrac{Fl}{8}$	$-\dfrac{3}{16}Fl$
17	F bei a (symm.)	$\dfrac{3Fa}{l}(l-a)$	$\dfrac{3Fa}{l}(l-a)$	$-\dfrac{Fa}{l}(l-a)$	$-\dfrac{Fa}{l}(l-a)$	$-\dfrac{3Fa}{2l}(l-a)$
18	$(n-1)\cdot F$, Abstand a	$\dfrac{Fa}{4}(n^2-1)$	$\dfrac{Fa}{4}(n^2-1)$	$-\dfrac{Fl}{12}\!\left(n-\dfrac{1}{n}\right)$	$-\dfrac{Fl}{12}\!\left(n-\dfrac{1}{n}\right)$	$-\dfrac{Fl}{8}\!\left(n-\dfrac{1}{n}\right)$
19	$2\,F$ in Dritteln ($\tfrac{l}{3}$)	$\dfrac{2}{3}Fl$	$\dfrac{2}{3}Fl$	$-\dfrac{2}{9}Fl$	$-\dfrac{2}{9}Fl$	$-\dfrac{Fl}{3}$
20	$3\,F$ in Vierteln ($\tfrac{l}{4}$)	$\dfrac{15}{16}F\cdot l$	$\dfrac{15}{16}Fl$	$-\dfrac{5}{16}Fl$	$-\dfrac{5}{16}Fl$	$-\dfrac{15}{32}Fl$
21	$4\,F$ in Fünfteln ($\tfrac{l}{5}$)	$\dfrac{6}{5}Fl$	$\dfrac{6}{5}Fl$	$-\dfrac{2}{5}Fl$	$-\dfrac{2}{5}Fl$	$-\dfrac{3}{5}Fl$
22	F, Abstand a ($\tfrac{a}{2}$ am Rand)	$\dfrac{Fa}{4}\!\left(n^2+\dfrac{1}{2}\right)$	$\dfrac{F\cdot a}{4}\!\left(n^2+\dfrac{1}{2}\right)$	$-\dfrac{Fl}{12}\!\left(n+\dfrac{1}{2n}\right)$	$-\dfrac{Fl}{12}\!\left(n+\dfrac{1}{2n}\right)$	$-\dfrac{Fl}{8}\!\left(n+\dfrac{1}{2n}\right)$
23	M in $\tfrac{l}{2}$	$\dfrac{M}{4}$	$-\dfrac{M}{4}$	$-\dfrac{M}{4}$	$+\dfrac{M}{4}$	$-\dfrac{M}{8}$
24	M bei a / b	$\dfrac{M}{l^2}(l^2-3b^2)$	$\dfrac{M}{l^2}(l^2-3a^2)$	$\dfrac{Mb}{l^2}(3a-l)$	$\dfrac{Ma}{l^2}(3b-l)$	$-\dfrac{M}{2l^2}(l^2-3b^2)$
25	M am Ende	M	$2M$	O	$-M$	$-\dfrac{M}{2}$
26	M_1 bei A, M_2 bei B	$2M_1+M_2$	M_1+2M_2	$-M_1$	$-M_2$	$-M_1-\dfrac{1}{2}M_2$
27	Stützensenkung $\Delta w=w_A-w_B$	$\dfrac{6EI}{l^2}(w_B-w_A)$	$-\dfrac{6EI}{l^2}(w_B-w_A)$	$\dfrac{6EI}{l^2}\Delta w$	$\dfrac{6EI}{l^2}\Delta w$	$\dfrac{3EI}{l^2}\Delta w$
28	Temperatur ΔT	$3EI\alpha_T\dfrac{\Delta T}{h}$	$3EI\alpha_T\dfrac{\Delta T}{h}$	$-EI\alpha_T\dfrac{\Delta T}{h}$	$-EI\alpha_T\dfrac{\Delta T}{h}$	$-\dfrac{3}{2}EI\alpha_T\dfrac{\Delta T}{h}$

Anmerkung In die Formeln dieser Seiten stets die tatsächlichen (geometrischen) Feldlängen einsetzen; auch dann, wenn wegen unterschiedlicher Flächenmomente zweiten Grades mit reduzierten (mechanischen) Feldlängen gearbeitet wird.

5.14 Zweifeldträger mit beliebigem Verhältnis der Stützweiten

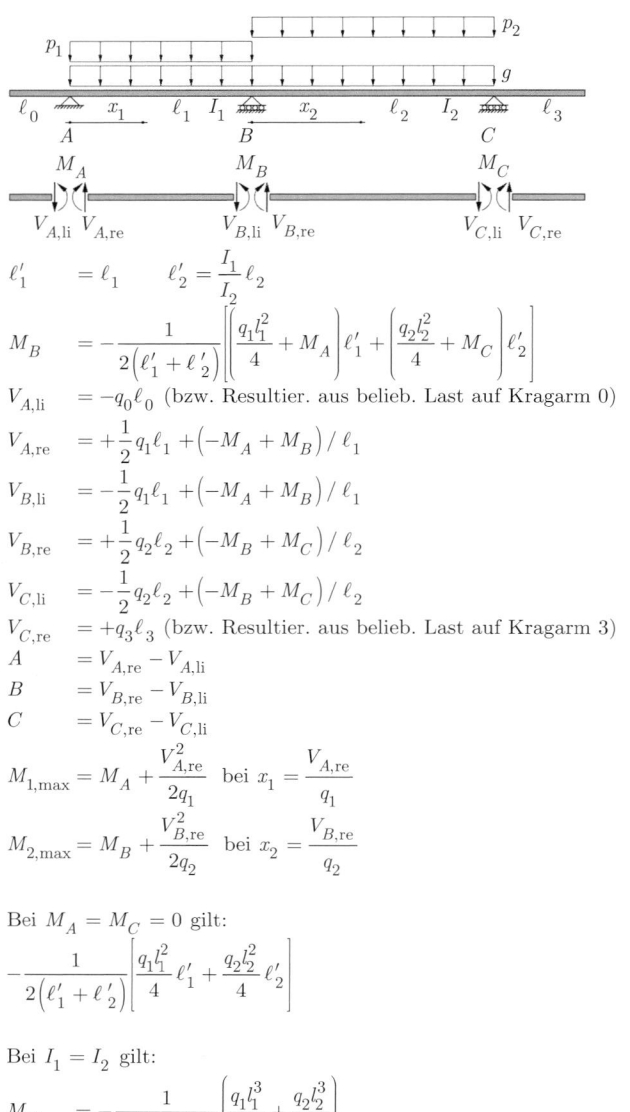

$$\ell_1' = \ell_1 \qquad \ell_2' = \frac{I_1}{I_2}\ell_2$$

$$M_B = -\frac{1}{2\left(\ell_1' + \ell_2'\right)}\left[\left(\frac{q_1 l_1^2}{4} + M_A\right)\ell_1' + \left(\frac{q_2 l_2^2}{4} + M_C\right)\ell_2'\right]$$

$V_{A,\text{li}} = -q_0 \ell_0$ (bzw. Resultier. aus belieb. Last auf Kragarm 0)

$$V_{A,\text{re}} = +\frac{1}{2}q_1\ell_1 + \left(-M_A + M_B\right)/\ell_1$$

$$V_{B,\text{li}} = -\frac{1}{2}q_1\ell_1 + \left(-M_A + M_B\right)/\ell_1$$

$$V_{B,\text{re}} = +\frac{1}{2}q_2\ell_2 + \left(-M_B + M_C\right)/\ell_2$$

$$V_{C,\text{li}} = -\frac{1}{2}q_2\ell_2 + \left(-M_B + M_C\right)/\ell_2$$

$V_{C,\text{re}} = +q_3\ell_3$ (bzw. Resultier. aus belieb. Last auf Kragarm 3)

$A = V_{A,\text{re}} - V_{A,\text{li}}$

$B = V_{B,\text{re}} - V_{B,\text{li}}$

$C = V_{C,\text{re}} - V_{C,\text{li}}$

$$M_{1,\max} = M_A + \frac{V_{A,\text{re}}^2}{2q_1} \quad \text{bei } x_1 = \frac{V_{A,\text{re}}}{q_1}$$

$$M_{2,\max} = M_B + \frac{V_{B,\text{re}}^2}{2q_2} \quad \text{bei } x_2 = \frac{V_{B,\text{re}}}{q_2}$$

Bei $M_A = M_C = 0$ gilt:

$$-\frac{1}{2\left(\ell_1' + \ell_2'\right)}\left[\frac{q_1 l_1^2}{4}\ell_1' + \frac{q_2 l_2^2}{4}\ell_2'\right]$$

Bei $I_1 = I_2$ gilt:

$$M_B = -\frac{1}{2\left(\ell_1 + \ell_2\right)}\left(\frac{q_1 l_1^3}{4} + \frac{q_2 l_2^3}{4}\right)$$

Abb. 5.47 Zweifeldträger

Tafel 5.14 Beiwerte für g, p_1 und p_2 zur Berechnung von M_B ($M_A = M_C = 0$, $I_1 = I_2$)

$\ell_1 : \ell_2$	Stützmoment M_b		
	Aus g	Aus p	
	Volllast	Feld 1	Feld 2
1 : 1	−0,1250	−0,0625	−0,0625
1 : 1,05	−0,1316	−0,0610	−0,0706
1 : 1,1	−0,1388	−0,0595	−0,0793
1 : 1,15	−0,1466	−0,0581	−0,0885
1 : 1,2	−0,1550	−0,0568	−0,0982
1 : 1,25	−0,1641	−0,0556	−0,1085
1 : 1,3	−0,1738	−0,0543	−0,1195
1 : 1,35	−0,1841	−0,0532	−0,1309
1 : 1,4	−0,1950	−0,0521	−0,1429
1 : 1,45	−0,2066	−0,0510	−0,1556
1 : 1,5	−0,2188	−0,0500	−0,1688
1 : 1,55	−0,2316	−0,0490	−0,1826
1 : 1,6	−0,2450	−0,0481	−0,1969
1 : 1,65	−0,2591	−0,0472	−0,2119
1 : 1,7	−0,2738	−0,0463	−0,2275
1 : 1,75	−0,2891	−0,0455	−0,2436
1 : 1,8	−0,3050	−0,0446	−0,2604
1 : 1,85	−0,3216	−0,0439	−0,2777
1 : 1,9	−0,3388	−0,0431	−0,2957
1 : 1,95	−0,3566	−0,0424	−0,3142
1 : 2	−0,3750	−0,0417	−0,3333
1 : 2,05	−0,3941	−0,0410	−0,3531
1 : 2,1	−0,4138	−0,0403	−0,3735
1 : 2,15	−0,4341	−0,0397	−0,3944
1 : 2,2	−0,4550	−0,0391	−0,4159
1 : 2,25	−0,4766	−0,0385	−0,4381
1 : 2,3	−0,4988	−0,0379	−0,4609
1 : 2,35	−0,5216	−0,0373	−0,4843
1 : 2,4	−0,5450	−0,0368	−0,5082
1 : 2,45	−0,5690	−0,0362	−0,5328
1 : 2,5	−0,5938	−0,0357	−0,5581
1 : 2,55	−0,6191	−0,0352	−0,5839
1 : 2,6	−0,6450	−0,0347	−0,6103
1 : 2,65	−0,6716	−0,0342	−0,6374
1 : 2,7	−0,6988	−0,0338	−0,6650
1 : 2,75	−0,7265	−0,0333	−0,6932
1 : 2,8	−0,7550	−0,0329	−0,7221
1 : 2,85	−0,7841	−0,0325	−0,7516
1 : 2,9	−0,8138	−0,0321	−0,7817
1 : 2,95	−0,8441	−0,0316	−0,8125
1 : 3	−0,8750	−0,0313	−0,8437
	$g \cdot \ell_1^2$	$p_1 \cdot \ell_1^2$	$p_2 \cdot \ell_1^2$

Streckenlast in Feld 1: $q_1 = g + p_1$
Streckenlast in Feld 2: $q_2 = g + p_2$

Beispiel

Gesucht: $M_{B,min}$, $M_{1,max}$ für Zweifeldträger

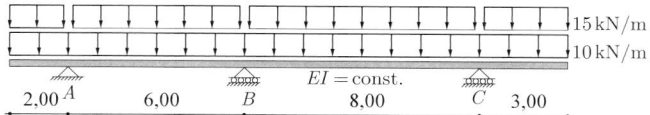

Abb. 5.48 Zweifeldträger unter ständiger und feldweise veränderlicher Last

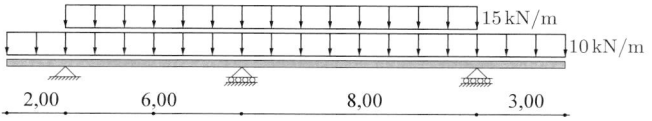

Abb. 5.49 Laststellung für $M_{B,min}$

$$M_A = -10 \cdot \frac{2,00^2}{2} = -20,00 \, \text{kNm}$$

$$M_C = -10 \cdot \frac{3,00^2}{2} = -45,00 \, \text{kNm}$$

$$M_{B,min} = -\frac{1}{2 \cdot (6,00 + 8,00)}$$

$$\cdot \left[\left(25 \cdot \frac{6,00^2}{4} - 20,00 \right) \cdot 6,00 \right.$$

$$\left. + \left(25 \cdot \frac{8,00^2}{4} - 45,00 \right) \cdot 8,00 \right]$$

$$= -145,4 \, \text{kNm}$$

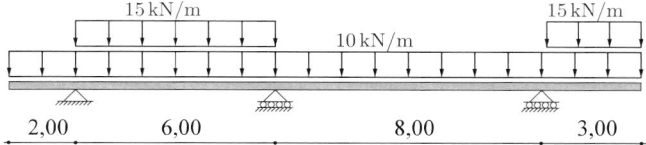

Abb. 5.50 Laststellung für $M_{1,max}$

$$M_A = -10 \cdot \frac{2,00^2}{2} = -20,00 \, \text{kNm}$$

$$M_C = -25 \cdot \frac{3,00^2}{2} = -112,5 \, \text{kNm}$$

$$M_B = -\frac{1}{2 \cdot (6,00 + 8,00)}$$

$$\cdot \left[\left(25 \cdot \frac{6,00^2}{4} - 20,00 \right) \cdot 6,00 \right.$$

$$\left. + \left(10 \cdot \frac{8,00^2}{4} - 112,50 \right) \cdot 8,00 \right]$$

$$= -57,50 \, \text{kNm}$$

$$V_{A,re} = \frac{1}{2} \cdot 25 \cdot 6,00 + (20,00 - 57,50)/6,00 = 68,75 \, \text{kN}$$

$$M_{1,max} = -20,00 + \frac{68,75^2}{2 \cdot 25} = 74,53 \, \text{kNm} \quad \blacktriangleleft$$

5.15 Zweifeldträger mit gleichen Stützweiten und feldweiser Belastung

Tafel 5.15 enthält die Koeffizienten k zur Ermittlung der Größtwerte der Feld- und Stützmomente, Auflager- und Querkräfte. Voraussetzung sind konstantes Trägheitsmoment und gleiche Stützweite, doch kann Tafel 5.15 auch bei ungleichen Stützweiten benutzt werden, wenn $\ell_{min} \geq 0,8 \, \ell_{max}$ ist.

Die statischen Größen an den Innenstützen (Momente, Auflager- und Querkräfte) werden dann mit den Mittelwerten der jeweils benachbarten Stützweiten berechnet, z. B. $C = kq(\ell_2 + \ell_3)/2$. Die Koeffizienten k gelten spiegelbildlich auch für die rechte Trägerhälfte, für die Querkräfte jedoch mit umgekehrten Vorzeichen; z. B. beim Träger mit drei gleichen Öffnungen: $M_1 \triangleq M_3$, $A \triangleq D$, $V_{Bl} \triangleq -V_{Cr}$ usw.

Abb. 5.51 Durchlaufträger

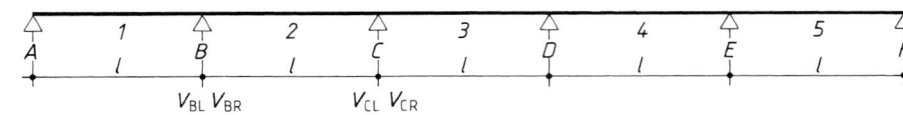

V_{BL} V_{BR} V_{CL} V_{CR}

Tafel 5.15 Durchlaufträger

Belastung 1 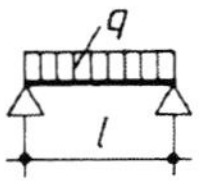	Belastung 2 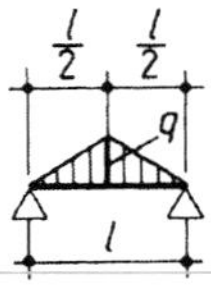	Belastung 3 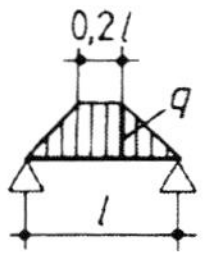	Belastung 4 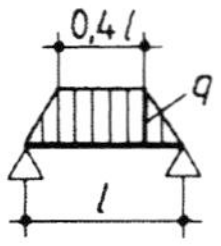	Belastung 5 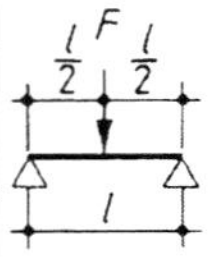	Belastung 6 

Es gilt für	Momente	Kräfte	Durchsenkung
Belastung 1 … 4	$k \cdot q l^2$	$k \cdot q l$	$10^{-2} \cdot k \cdot q l^4 / E I$
Belastung 5 … 6	$k \cdot F l$	$k \cdot F$	$10^{-2} \cdot k \cdot F l^3 / E I$

Belastungsschema	Statische Größe	Belastung					
		1	2	3	4	5	6
2 gleiche Felder							
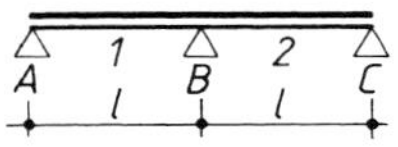	M_1	0,070	0,048	0,056	0,063	0,156	(0,222/0,111)
	min M_B	−0,125	−0,078	−0,093	−0,106	−0,187	−0,333
	A	0,375	0,172	0,207	0,244	0,313	0,667
	max B	1,250	0,656	0,786	0,912	1,375	2,667
	min V_{BI}	−0,625	−0,328	−0,393	−0,456	−0,687	−1,333
	w_1	0,542	0,357	0,423	0,476	0,932	1,521
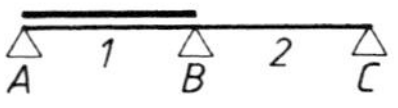	max M_1	0,096	0,065	0,076	0,085	0,203	(0,278/0,222)
	M_B	−0,062	−0,039	−0,046	−0,053	−0,094	−0,167
	max A	0,438	0,211	0,254	0,297	0,406	0,833
	min C	−0,062	−0,039	−0,046	−0,053	−0,094	−0,167
	w_1	0,915	0,591	0,702	0,793	1,501	2,517
3 gleiche Felder							
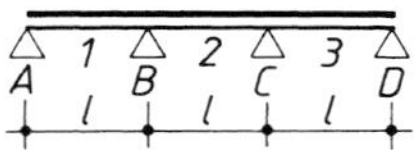	M_1	0,080	0,054	0,064	0,071	0,175	(0,244/0,156)
	M_2	0,025	0,021	0,024	0,025	0,100	0,067
	M_B	−0,100	−0,062	−0,074	−0,085	−0,150	−0,267
	A	0,400	0,188	0,226	0,265	0,350	0,733
	B	1,100	0,563	0,674	0,785	1,150	2,267
	V_{BI}	−0,600	−0,313	−0,374	−0,435	−0,650	−1,267
	V_{Br}	0,500	0,250	0,300	0,350	0,500	1,000
	w_1	0,688	0,449	0,533	0,601	1,157	1,913
	w_2	0,052	0,052	0,060	0,063	0,208	0,216
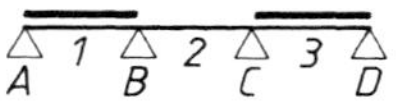	max M_1	0,101	0,068	0,080	0,090	0,213	(0,289/0,244)
	M_B	−0,050	−0,031	−0,037	−0,042	−0,075	−0,133
	max A	0,450	0,219	0,263	0,308	0,425	0,867
	w_1	0,992	0,639	0,759	0,858	1,617	2,722
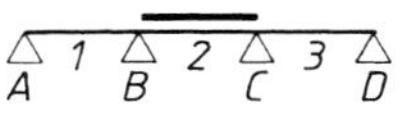	max M_2	0,075	0,052	0,061	0,068	0,175	0,200
	M_B	−0,050	−0,031	−0,037	−0,042	−0,075	−0,133
	min A	−0,050	−0,031	−0,037	−0,042	−0,075	−0,133
	w_2	0,677	0,443	0,525	0,592	1,146	1,883
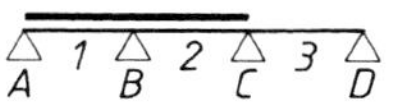	min M_B	−0,117	−0,073	−0,087	−0,099	−0,175	−0,311
	M_C	−0,033	−0,021	−0,025	−0,028	−0,050	−0,089
	max B	1,200	0,625	0,749	0,869	1,300	2,533
	min V_{BI}	−0,617	−0,323	−0,387	−0,449	−0,675	−1,311
	max V_{Br}	0,583	0,302	0,362	0,421	0,625	1,222
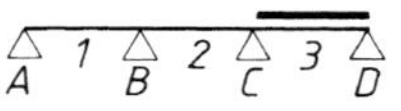	max M_B	0,017	0,010	0,012	0,014	0,025	0,044
	M_C	−0,067	−0,042	−0,050	−0,056	−0,100	−0,178
	max V_{BI}	0,017	0,010	0,012	0,014	0,025	0,044
	max V_{Br}	−0,083	−0,052	−0,062	−0,071	−0,125	−0,222

Tafel 5.15   (Fortsetzung)

Belastungsschema	Statische Größe	Belastung					
		1	2	3	4	5	6

4 gleiche Felder

Belastungsschema	Statische Größe	1	2	3	4	5	6
A 1 B 2 C 3 D 4 E	M_1	0,077	0,052	0,062	0,069	0,170	(0,238/0,143)
	M_2	0,036	0,028	0,032	0,035	0,116	(0,079/0,111)
	M_B	−0,107	−0,067	−0,080	−0,091	−0,161	−0,286
	M_C	−0,071	−0,045	−0,053	−0,060	−0,107	−0,190
	A	0,393	0,183	0,220	0,259	0,339	0,714
	B	1,143	0,589	0,706	0,821	1,214	2,381
	C	0,929	0,455	0,547	0,639	0,893	1,810
	V_{Bl}	−0,607	−0,317	−0,380	−0,441	−0,661	−1,286
	V_{Br}	0,536	0,272	0,327	0,380	0,554	1,095
	V_{Cl}	−0,464	−0,228	−0,273	−0,320	−0,446	−0,905
	w_1	0,646	0,422	0,501	0,565	1,092	1,800
	w_2	0,189	0,137	0,162	0,178	0,411	0,581
A 1 B 2 C 3 D 4 E	max M_1	0,100	0,067	0,079	0,088	0,210	(0,286/0,238)
	M_B	−0,054	−0,033	−0,040	−0,045	−0,080	−0,143
	M_C	−0,036	−0,022	−0,027	−0,030	−0,054	−0,095
	max A	0,446	0,217	0,260	0,305	0,420	0,857
	w_1	0,970	0,626	0,743	0,840	1,584	2,663
A 1 B 2 C 3 D 4 E	max M_2	0,081	0,055	0,065	0,072	0,183	(0,206/0,222)
	M_B	−0,054	−0,033	−0,040	−0,045	−0,080	−0,143
	M_C	−0,036	−0,022	−0,027	−0,030	−0,054	−0,095
	min A	−0,054	−0,033	−0,040	−0,045	−0,080	−0,143
	w_2	0,744	0,485	0,575	0,649	1,247	2,062
A 1 B 2 C 3 D 4 E	min M_B	−0,121	−0,075	−0,090	−0,102	−0,181	−0,321
	M_C	−0,018	−0,011	−0,013	−0,015	−0,027	−0,048
	M_D	−0,058	−0,036	−0,043	−0,049	−0,087	−0,155
	max B	1,223	0,640	0,766	0,889	1,335	2,595
	min V_{Bl}	−0,621	−0,325	−0,390	−0,452	−0,681	−1,321
	min V_{Br}	0,603	0,314	0,376	0,437	0,654	1,274
A 1 B 2 C 3 D 4 E	max M_B	0,013	0,008	0,010	0,011	0,020	0,036
	M_C	−0,054	−0,033	−0,040	−0,045	−0,080	−0,143
	M_D	−0,049	−0,031	−0,037	−0,042	−0,074	−0,131
	min B	−0,080	−0,050	−0,060	−0,068	−0,121	−0,214
	max V_{Bl}	0,013	0,008	0,010	0,011	0,020	0,036
	min V_{Br}	−0,067	−0,042	−0,050	−0,057	−0,100	−0,179
A 1 B 2 C 3 D 4 E	M_B	−0,036	−0,022	−0,027	−0,030	−0,054	−0,095
	min M_C	−0,107	−0,067	−0,080	−0,091	−0,161	−0,286
	max C	1,143	0,589	0,706	0,821	1,214	2,381
	min V_{Cl}	−0,571	−0,295	−0,353	−0,410	−0,607	−1,190
A 1 B 2 C 3 D 4 E	M_B	−0,071	−0,045	−0,053	−0,060	−0,107	−0,190
	max M_C	0,036	0,022	0,027	0,030	0,054	0,095
	min C	−0,214	−0,134	−0,159	−0,181	−0,321	−0,571
	max V_{Cl}	0,107	0,067	0,080	0,091	0,161	0,286

Tafel 5.15 (Fortsetzung)

Belastungsschema	Statische Größe	Belastung					
		1	2	3	4	5	6

5 gleiche Felder

Belastungsschema	Statische Größe	1	2	3	4	5	6
	M_1	0,078	0,053	0,062	0,069	0,171	(0,240/0,146)
	M_2	0,033	0,026	0,030	0,032	0,112	(0,076/0,099)
	M_3	0,046	0,034	0,040	0,043	0,132	0,123
	M_B	−0,105	−0,066	−0,078	−0,089	−0,158	−0,281
	M_C	−0,079	−0,049	−0,059	−0,067	−0,118	−0,211
	A	0,395	0,184	0,222	0,261	0,342	0,719
	B	1,132	0,582	0,698	0,811	1,197	2,351
	C	0,974	0,484	0,580	0,678	0,961	1,930
	V_{Bl}	−0,605	−0,316	−0,378	−0,439	−0,658	−1,281
	V_{Br}	0,526	0,266	0,320	0,372	0,539	1,070
	V_{Cl}	−0,474	−0,234	−0,280	−0,328	−0,461	−0,930
	V_{Cr}	0,500	0,250	0,300	0,350	0,500	1,000
	w_1	0,657	0,429	0,509	0,574	1,109	1,829
	w_2	0,153	0,115	0,135	0,148	0,358	0,484
	w_3	0,315	0,217	0,256	0,285	0,603	0,918
	max M_1	0,100	0,067	0,080	0,089	0,211	(0,287/0,240)
	max M_3	0,086	0,059	0,069	0,077	0,191	0,228
	M_B	−0,053	−0,033	−0,039	−0,045	−0,079	−0,140
	M_C	−0,039	−0,025	−0,029	−0,033	−0,059	−0,105
	max A	0,447	0,217	0,261	0,305	0,421	0,860
	w_1	0,976	0,629	0,747	0,845	1,593	2,679
	w_3	0,809	0,525	0,623	0,703	1,343	2,234
	max M_2	0,079	0,055	0,064	0,071	0,181	(0,205/0,216)
	M_B	−0,053	−0,033	−0,039	−0,045	−0,079	−0,140
	M_C	−0,039	−0,025	−0,029	−0,033	−0,059	−0,105
	min A	−0,053	−0,033	−0,039	−0,045	−0,079	−0,140
	w_2	0,727	0,474	0,562	0,634	1,220	2,015
	min M_B	−0,120	−0,075	−0,089	−0,101	−0,179	−0,319
	M_C	−0,022	−0,013	−0,016	−0,018	−0,032	−0,057
	M_D	−0,044	−0,028	−0,033	−0,037	−0,066	−0,118
	M_E	−0,051	−0,032	−0,038	−0,044	−0,077	−0,137
	max B	1,218	0,636	0,762	0,884	1,327	2,581
	min V_{Bl}	−0,620	−0,325	−0,389	−0,451	−0,679	−1,319
	max V_{Br}	0,598	0,311	0,373	0,433	0,647	1,262
	max M_B	0,014	0,009	0,011	0,012	0,022	0,038
	M_C	−0,057	−0,036	−0,043	−0,049	−0,086	−0,153
	M_D	−0,035	−0,022	−0,026	−0,029	−0,052	−0,093
	M_E	−0,054	−0,034	−0,040	−0,046	−0,081	−0,144
	min B	−0,086	−0,054	−0,064	−0,073	−0,129	−0,230
	max V_{Bl}	0,014	0,009	0,011	0,012	0,022	0,038
	min V_{Br}	−0,072	−0,045	−0,053	−0,061	−0,107	−0,191
	M_B	−0,035	−0,022	−0,026	−0,029	−0,052	−0,093
	min M_C	−0,111	−0,070	−0,083	−0,094	−0,167	−0,297
	M_D	−0,020	−0,013	−0,015	−0,017	−0,031	−0,054
	M_E	−0,057	−0,036	−0,043	−0,049	−0,086	−0,153
	max C	1,167	0,605	0,725	0,842	1,251	2,447
	min V_{Cl}	−0,576	−0,298	−0,357	−0,415	−0,615	−1,204
	max V_{Cr}	0,591	0,307	0,368	0,427	0,636	1,242
	M_B	−0,071	−0,044	−0,053	−0,060	−0,106	−0,188
	max M_C	0,032	0,020	0,024	0,027	0,048	0,086
	M_D	−0,059	−0,037	−0,044	−0,050	−0,088	−0,156
	M_E	−0,048	−0,030	−0,036	−0,041	−0,072	−0,128
	min C	−0,194	−0,121	−0,144	−0,164	−0,291	−0,517
	max V_{Cl}	0,103	0,064	0,077	0,087	0,154	0,274
	min V_{Cr}	−0,091	−0,057	−0,068	−0,077	−0,136	−0,242

5.16 Einflusslinien

5.16.1 Allgemeines

Die Einflusslinie einer statischen Größe Z ist eine Kurve, deren Ordinaten η an der Angriffsstelle einer wandernden Einzellast nach Multiplikation mit dem Wert der Last den zu dieser Laststellung gehörigen Wert der statischen Größe liefert. Nach dem Arbeitssatz der Baustatik ist die Einflusslinie für eine Schnittgröße an einem bestimmten Ort gleich der Biegelinie, die sich einstellt, wenn zuerst ein zur Schnittgröße komplementärer Mechanismus an diesem Ort eingefügt wird und dann in diesem Mechanismus eine Einheitsverformung eingeprägt wird. Dann ergeben sich positive Einflussordinaten unterhalb des Lastgurts und negative Einflussordinaten oberhalb. Beispielsweise ist die Einflusslinie für das Schnittmoment an einer beliebigen Stelle eines Tragwerks gleich der Biegelinie, die sich ergibt, wenn an dieser Stelle ein Gelenk eingefügt wird und dann ein Knick der Größe eins eingeprägt wird. Statisch bestimmte Systeme werden durch Einfügen von Mechanismen kinematisch verschieblich. Einflusslinien für Schnittkräfte statisch bestimmter Tragwerke sind daher abschnittsweise linear (der eingeprägten Verformung wird kein Widerstand entgegengesetzt). Einflusslinien für Schnittgrößen statisch unbestimmter Stabwerke sind stets kubische Parabeln. Die Einflusslinie für eine Verschiebung an einer Stelle ergibt sich als Biegelinie infolge einer Einheitslast an der betrachteten Stelle in Richtung der betrachteten Verschiebung. Analoges gilt für die Einflusslinie für eine Verdrehung.

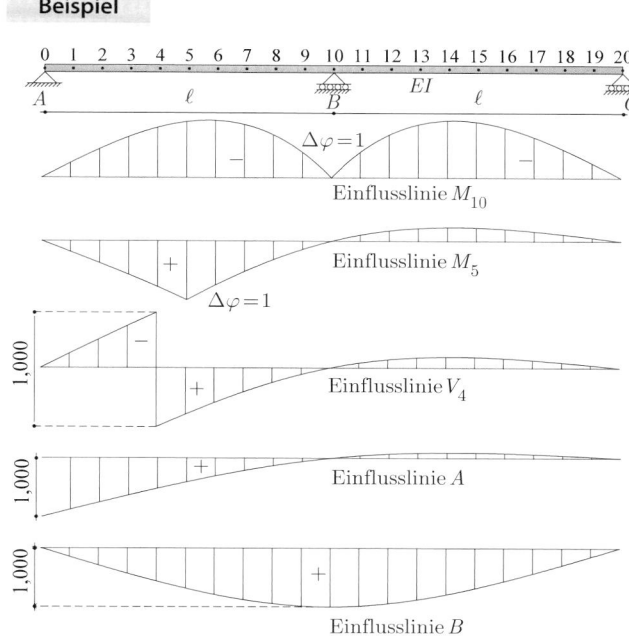

Beispiel

Abb. 5.52 Verschiedene Einflusslinien (qualitativ) des Zweifeldträgers mit gleichen Stützweiten ◄

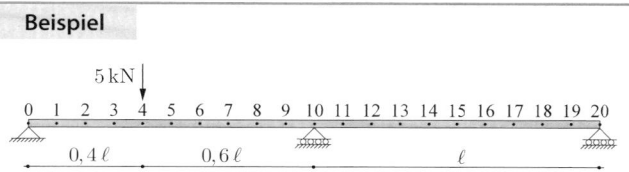

Beispiel

Abb. 5.53 Auswertung der Einflusslinien

Tafel 5.16 Einflussordinaten

Steht die Last $F = 1$kN in den Punkten		dann entstehen Biegemomente $M = F\eta l$ in kNm in den Punkten												Querkräfte in kN		Auflagerkräfte in kN		
Punkten	x/l	1	2	3	4	5	6	7	8	9	10	11	V_0	V_{10}	A	B	C
A 0	0	0	0	0	0	0	0	0	0	0	0	0	1,0000	0	1,0000	0	0
1	0,1	0,0875	0,0751	0,0626	0,0501	0,0376	0,0252	0,0127	0,0002	−0,0123	−0,0248	−0,0223	0,8753	0,0248	0,8753	0,1495	−0,0248
2	0,2	0,0752	0,1504	0,1256	0,1008	0,0760	0,0512	0,0264	0,0016	−0,0232	−0,0480	−0,0432	0,7520	0,0480	0,7520	0,2960	−0,0480
3	0,3	0,0632	0,1264	0,1895	0,1527	0,1159	0,0791	0,0422	0,0054	−0,0314	−0,0683	−0,0614	0,6318	0,0683	0,6318	0,4365	−0,0683
4	0,4	0,0516	0,1032	0,1548	0,2064	0,1580	0,1096	0,0612	0,0128	−0,0356	−0,0840	−0,0756	0,5160	0,0840	0,5160	0,5680	−0,0840
5	0,5	0,0406	0,0812	0,1219	0,1625	0,2031	0,1438	0,0844	0,0250	−0,0344	−0,0938	−0,0844	0,4063	0,0938	0,4063	0,6875	−0,0938
6	0,6	0,0304	0,0608	0,0912	0,1216	0,1520	0,1824	0,1128	0,0432	−0,0264	−0,0960	−0,0864	0,3040	0,0960	0,3040	0,7920	−0,0960
7	0,7	0,0211	0,0422	0,0632	0,0843	0,1054	0,1265	0,1475	0,0686	−0,0103	−0,0893	−0,0803	0,2108	0,0893	0,2108	0,8785	−0,0893
8	0,8	0,0128	0,0256	0,0384	0,0512	0,0640	0,0768	0,0896	0,1024	0,0152	−0,0720	−0,0648	0,1280	0,0720	0,1280	0,9440	−0,0720
9	0,9	0,0057	0,0115	0,0172	0,0229	0,0286	0,0344	0,0401	0,0458	0,0515	−0,0428	−0,0385	0,0572	0,0428	0,0572	0,9855	−0,0428
B 10	1,0	0	0	0	0	0	0	0	0	0	0	0	0	1,0000	0	1,0000	0
11	1,1	−0,0043	−0,0086	−0,0128	−0,0171	−0,0214	−0,0257	−0,0299	−0,0342	−0,0385	−0,0428	0,0515	−0,0428	0,9428	−0,0428	0,9855	0,0572
12	1,2	−0,0072	−0,0144	−0,0216	−0,0288	−0,0360	−0,0432	−0,0504	−0,0576	−0,0648	−0,0720	0,0152	−0,0720	0,8720	−0,0720	0,9440	0,1280
13	1,3	−0,0089	−0,0179	−0,0268	−0,0357	−0,0446	−0,0536	−0,0625	−0,0714	−0,0803	−0,0893	−0,0103	−0,0893	0,7893	−0,0893	0,8785	0,2108
14	1,4	−0,0096	−0,0192	−0,0288	−0,0384	−0,0480	−0,0576	−0,0672	−0,0768	−0,0864	−0,0960	−0,0264	−0,0960	0,6960	−0,0960	0,7920	0,3040
15	1,5	−0,0094	−0,0188	−0,0281	−0,0375	−0,0469	−0,0563	−0,0656	−0,0750	−0,0844	−0,0938	−0,0344	−0,0938	0,5938	−0,0938	0,6875	0,4063
16	1,6	−0,0084	−0,0168	−0,0252	−0,0336	−0,0420	−0,0504	−0,0588	−0,0672	−0,0756	−0,0840	−0,0356	−0,0840	0,4840	−0,0840	0,5680	0,5160
17	1,7	−0,0068	−0,0137	−0,0205	−0,0273	−0,0341	−0,0410	−0,0478	−0,0546	−0,0614	−0,0683	−0,0314	−0,0683	0,3683	−0,0683	0,4365	0,6318
18	1,8	−0,0048	−0,0096	−0,0144	−0,0192	−0,0240	−0,0288	−0,0336	−0,0384	−0,0432	−0,0480	−0,0232	−0,0480	0,2480	−0,0480	0,2960	0,7520
19	1,9	−0,0025	−0,0050	−0,0074	−0,0099	−0,0124	−0,0149	−0,0173	−0,0198	−0,0223	−0,0248	−0,0123	−0,0248	0,1248	−0,0248	0,1495	0,8753
C 20	2,0	0	0	0	0	0	0	0	0	0	0	0	0	0	0	0	1,0000
													V_0	V_{10}	A	B	C

$\ell_1 = \ell_2 = 7{,}00\,\text{m}$
$F = 5{,}0\,\text{kN}$ im Punkt 4, $x/\ell = 0{,}4$
Gesucht: A, B, M_4, M_{10}, M_{16}

$$A = 0{,}516 \cdot 5{,}0 = 2{,}58\,\text{kN}$$
$$B = 0{,}568 \cdot 5{,}0 = 2{,}84\,\text{kN}$$
$$M_4 = 0{,}2064 \cdot 5{,}0 \cdot 7{,}00 = 7{,}22\,\text{kNm}$$
$$M_{10} = -0{,}0840 \cdot 5{,}0 \cdot 7{,}00 = -2{,}94\,\text{kNm}$$
$$M_{16} = -0{,}0336 \cdot 5{,}0 \cdot 7{,}00 = -1{,}176\,\text{kNm} \quad \blacktriangleleft$$

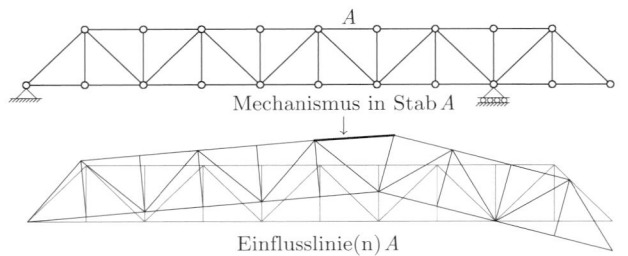

Mechanismus in Stab A

Einflusslinie(n) A

Abb. 5.54 Qualitative Einflusslinien für statisch bestimmtes Fachwerk

Abb. 5.54 zeigt die abschnittweise lineare Biegelinie infolge eines (Normalkraft)Mechanismus in Stab A. Die vertikale Durchbiegung des Obergurts ist dann die Einflusslinie für die Stabkraft A infolge einer Wanderlast auf dem Obergurt, die vertikale Durchbiegung des Untergurts ist die Einflusslinie für die Stabkraft A infolge einer Wanderlast auf dem Untergurt. Die horizontale Komponente der Biegelinie der Gurte ist die Einflusslinie für horizontale Lasten auf dem jeweiligen Gurt (gewöhnlich von geringem Interesse).

5.17 Rahmenformeln

Hilfsgröße

$$c = \frac{I_R}{I_S} \cdot \frac{h}{l}$$

I_R = Trägheitsmoment des Riegelquerschnitts
I_S = Trägheitsmoment des Stielquerschnitts
h = Höhe des Rahmens
l = Stützweite

Tafel 5.17 Rahmenformeln

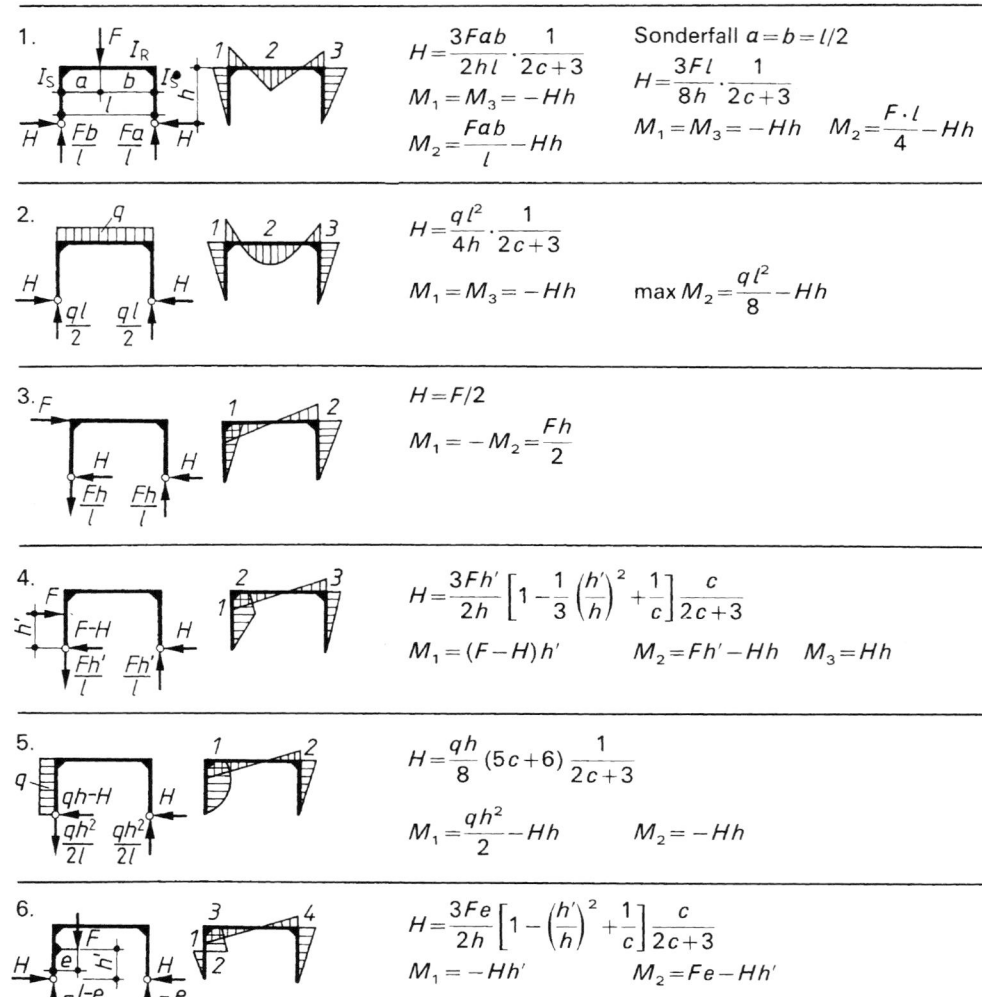

Tafel 5.17 (Fortsetzung)

7. Belastung durch Moment am Riegel

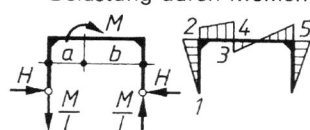

$$H = \frac{3M}{2h} \cdot \frac{b-a}{l} \cdot \frac{1}{2c+3} \qquad M_2 = M_5 = -H \cdot h$$

$$M_3 = -Hh - M\frac{a}{l} \qquad M_4 = -Hh + M\frac{b}{l}$$

Ist $a > b$, so wird H negativ, d.h. ist von innen nach außen gerichtet, wenn M, wie eingezeichnet, rechtsdrehend.

8. gleichmäßige Erwärmung um $T°C$

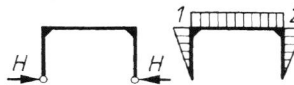

$$H = \frac{3EI_R\alpha_T T}{h^2} \cdot \frac{1}{2c+3} \qquad M_1 = M_2 = -Hh$$

9.

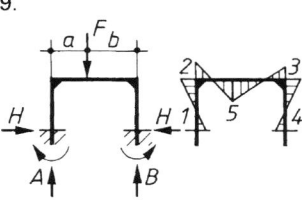

$$A = \frac{Fb}{l}\left[1 + \frac{a(b-a)}{l^2(6c+1)}\right] \qquad B = F - A \qquad H = \frac{3Fab}{2hl}\cdot\frac{1}{c+2}$$

$$\left.\begin{array}{l}M_1 =\\ M_4 =\end{array}\right\} = \frac{Fab}{2l}\left[\frac{1}{c+2} \mp \frac{b-a}{l(6c+1)}\right]$$

$$\left.\begin{array}{l}M_2 =\\ M_3 =\end{array}\right\} = -\frac{Fab}{l}\left[\frac{1}{c+2} \pm \frac{b-a}{2l(6c+1)}\right]$$

$$M_5 = \frac{1}{l}(Fab + bM_2 + aM_3)$$

Sonderfall $a = b = \frac{l}{2}$: $\qquad A = B = \frac{F}{2} \qquad H = \frac{3Fl}{8h}\cdot\frac{1}{c+2}$

$$M_1 = M_4 = \frac{H\cdot h}{3} \qquad M_2 = M_3 = -2M_1 \qquad M_5 = \frac{Fl}{4} + M_2$$

10.

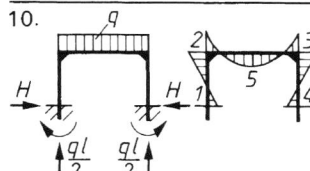

$$H = \frac{ql^2}{4h}\cdot\frac{1}{c+2} \qquad M_1 = M_4 = \frac{ql^2}{12}\cdot\frac{1}{c+2}$$

$$M_2 = M_3 = -2M_1 \qquad M_5 = \frac{ql^2}{8} + M_2$$

11.

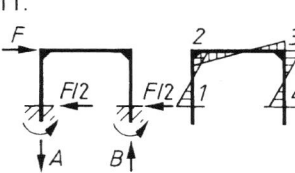

$$A = -B = \frac{Fh}{l}\cdot\frac{3c}{6c+1}$$

$$M_1 = M_4 = \frac{Fh}{2}\cdot\frac{3c+1}{6c+1}$$

$$M_2 = -M_3 = \frac{Fh}{2}\cdot\frac{3c}{6c+1}$$

12.

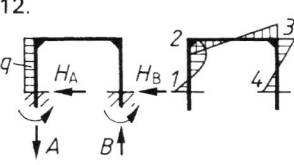

$$B = -A = \frac{q\cdot h^2}{l}\cdot\frac{c}{6c+1}; \quad H_A = -\frac{q\cdot h}{8}\cdot\frac{6c+13}{c+2}; \quad H_B = \frac{q\cdot h}{8}\cdot\frac{2c+3}{c+2}$$

$$\left.\begin{array}{l}M_1 =\\ M_4 =\end{array}\right\} = \frac{qh^2}{4}\left[-\frac{c+3}{6(c+2)} \mp \frac{4c+1}{6c+1}\right]$$

$$\left.\begin{array}{l}M_2 =\\ M_3 =\end{array}\right\} = \frac{qh^2}{4}\left[-\frac{c}{6(c+2)} \pm \frac{2c}{6c+1}\right]$$

13.

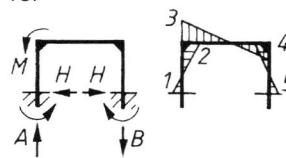

$$A = -B = \frac{6M}{l}\cdot\frac{c}{6c+1} \qquad H = -\frac{3M}{2h}\cdot\frac{1}{c+2}$$

$$\left.\begin{array}{l}M_1 =\\ M_5 =\end{array}\right\} = -\frac{M}{2}\left(\frac{1}{c+2} \mp \frac{1}{6c+1}\right)$$

$$\left.\begin{array}{l}M_2 =\\ M_4 =\end{array}\right\} = \frac{M}{2}\left(\frac{2}{c+2} + \frac{1}{6c+1}\right) \qquad M_3 = -(M - M_2)$$

14. gleichmäßige Erwärmung um $T°C$

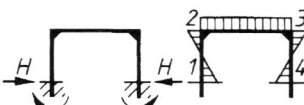

$$H = \frac{3EI_R\alpha_T T}{h^2}\cdot\frac{2c+1}{c(c+2)}$$

$$M_1 = M_4 = -\frac{3EI_R\alpha_T T}{h}\cdot\frac{c+1}{c(c+2)}$$

$$M_2 = M_3 = M_1 - Hh \quad (\text{negativ})$$

5.18 Kehlbalkendach

Tafel 5.18 Kehlbalkendach

	Belastungen	V_A	V_B	N_{DE}	H_A	H_B	M_D	M_E
a)		$\dfrac{g \cdot l}{2}$	$\dfrac{g \cdot l}{2}$	$-\dfrac{1+\gamma}{16\gamma \tan\varphi}\, g \cdot l$	$\dfrac{1+4\alpha+\gamma}{16\alpha \tan\varphi}\, g \cdot l$	$\dfrac{1+4\alpha+\gamma}{16\alpha \tan\varphi}\, g \cdot l$	$\dfrac{3\gamma-1}{32}\, g \cdot l^2$	$\dfrac{3\gamma-1}{32}\, g \cdot l^2$
b)		$\dfrac{3}{8}\, s \cdot l$	$\dfrac{1}{8}\, s \cdot l$	$-\dfrac{1+\gamma}{32\gamma \tan\varphi}\, s \cdot l$	$\dfrac{1+4\alpha+\gamma}{32\alpha \tan\varphi}\, s \cdot l$	$\dfrac{1+4\alpha+\gamma}{32\alpha \tan\varphi}\, s \cdot l$	$\dfrac{7\gamma-1}{64}\, s \cdot l^2$	$-\dfrac{1+\gamma}{64}\, s \cdot l^2$
c)		$\dfrac{\alpha}{2}\, g_u \cdot l$	$\dfrac{\alpha}{2}\, g_u \cdot l$	$-\dfrac{\alpha(3\beta+1)}{16\beta \tan\varphi}\, g_u \cdot l$	$\dfrac{\alpha(\alpha+4)}{16 \tan\varphi}\, g_u \cdot l$	$\dfrac{\alpha(\alpha+4)}{16 \tan\varphi}\, g_u \cdot l$	$-\dfrac{\alpha^3}{32}\, g_u \cdot l^2$	$-\dfrac{\alpha^3}{32}\, g_u \cdot l^2$
d)[a]		$\dfrac{3-\tan^2\varphi}{8}\, w \cdot l$	$\dfrac{1+\tan^2\varphi}{8}\, w \cdot l$	$-\dfrac{1+\gamma}{32\gamma} \cdot \dfrac{1+\tan^2\varphi}{\tan\varphi}\, w \cdot l$	$\dfrac{k_1}{16}\, w \cdot l$	$\dfrac{k_2}{16}\, w \cdot l$	$\dfrac{k_3}{64}\, w \cdot l^2$	$\dfrac{k_4}{64}\, w \cdot l^2$
e)[a]		$\dfrac{3-\tan^2\varphi + x(1+\tan^2\varphi)}{8}\, w_l \cdot l$	$\dfrac{1+\tan^2\varphi + x(3-\tan^2\varphi)}{8}\, w_l \cdot l$	$-\dfrac{(1+\gamma)(1+\tan^2\varphi)(1+x)}{32\gamma \cdot \tan\varphi}\, w_l \cdot l$	$\dfrac{k_1 + x k_2}{16}\, w_l \cdot l$	$\dfrac{k_2 + x k_1}{16}\, w_l \cdot l$	$\dfrac{k_3 - x k_4}{64}\, w_l \cdot l^2$	$\dfrac{-k_4 + x k_3}{64}\, w_l \cdot l^2$
f)		$g_k \cdot b = \dfrac{\beta}{2} g_k \cdot l$	$g_k \cdot b = \dfrac{\beta}{2} g_k \cdot l$	$-\dfrac{g_k \cdot b}{\tan\varphi} = -\dfrac{\beta}{2\tan\varphi} g_k \cdot l$	$\dfrac{g_k \cdot b}{\tan\varphi} = \dfrac{\beta}{2\tan\varphi} g_k \cdot l$	$\dfrac{g_k \cdot b}{\tan\varphi} = \dfrac{\beta}{2\tan\varphi} g_k \cdot l$	0	0
g)		$\dfrac{2b+a}{l} F = \left(\beta + \dfrac{\alpha}{2}\right) F$	$\dfrac{a}{l} F = \dfrac{\alpha}{2} F$	$-\dfrac{F}{2\tan\varphi}$	$\dfrac{F}{2\tan\varphi}$	$\dfrac{F}{2\tan\varphi}$	$\dfrac{\gamma \cdot l}{4} F$	$-\dfrac{\gamma \cdot l}{4} F$

[a] $k_1 = \dfrac{2}{\tan\varphi} - 6\tan\varphi + \dfrac{1+\gamma}{2\alpha} \cdot \dfrac{1+\tan^2\varphi}{\tan\varphi}$, $\quad k_2 = \dfrac{1+\tan^2\varphi}{\tan\varphi} \cdot \left(2 + \dfrac{1+\gamma}{2\alpha}\right)$, $\quad k_3 = (1+\tan^2\varphi)(7\gamma-1)$, $\quad k_4 = (1+\tan^2\varphi)(1+\gamma)$

5.19 Schnittgrößenermittlung statisch unbestimmter Systeme

5.19.1 Grad der statische Unbestimmtheit

Abzählkriterium für allgemeine ebene Stabwerke

$n \quad = a + z + 3m - 3p$

$a \quad$ = Anzahl der Auflagerreaktionen

$z \quad$ = Anzahl der Zwischenkräfte an

Mechanismen zwischen den Scheiben

$m \quad$ = Anzahl der geschlossenen biegesteifen

Maschen ohne Mechanismus

$p \quad$ = Anzahl der Scheiben

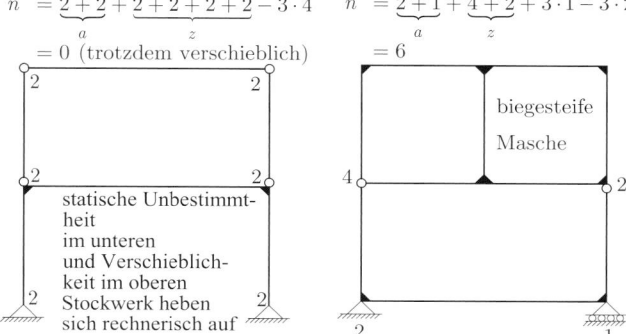

Abb. 5.55 Abzählkriterium für ebene Stabtragwerke

In einem Gelenk, in dem m Stäbe zusammentreffen, werden $2m - 1$ Zwischenkräfte übertragen. Das Abzählkriterium ist lediglich ein notwendiges aber kein hinreichendes Kriterium für die Stabilität des Tragwerks, d. h. aus einem Wert $n \geq 0$ folgt nicht automatisch die Stabilität des Systems (Abb. 5.55).

5.19.2 Kraftgrößenverfahren

Ein n-fach statisch unbestimmtes System wird durch Einfügen von n Mechanismen, d. h. das Lösen von n Bindungen wie z. B. das Entfernen von Auflagern oder das Einfügen von Gelenken statisch bestimmt gemacht. Dieses statisch bestimmte Grundsystem erlaubt dann Verformungen, die am ursprünglichen Tragwerk nicht möglich sind. Deshalb werden an den n Mechanismen unbekannte Kraftgrößen x_i angesetzt, die zu den unverträglichen Verformungen komplementär. Durch die Bedingung, dass die unverträglichen Verformungen infolge der äußeren Einwirkungen durch die statisch Unbestimmten rückgängig gemacht werden müssen, werden n Gleichungen für die n Unbekannten gewonnen. Diese Gleichungen werden als Verträglichkeitsbedingungen

bezeichnet. Da das Kraftgrößenverfahren auf dem Superpositionsprinzip beruht, ist es nur bei linearem Tragverhalten anwendbar.

Rechengang

1. Grad n der statischen Unbestimmtheit bestimmen und statisch bestimmtes Grundsystem wählen. Einführen von n statisch unbestimmten, unbekannten Kraftgrößen. $x_i, i = 1 \ldots n$.
2. Schnittkraftlinien am statisch bestimmten Grundsystem ermitteln getrennt für die Einwirkungen („0-System") und die Unbekannten x_i („1-System", „2-System", ..., „n-System").
3. Formänderungswerte δ_{ij} und δ_{i0} mit dem Prinzip der virtuellen Kräfte (Arbeitssatz) zu

$$\delta_{ij} = \frac{1}{EI} \int M_i M_j \, dx + \frac{1}{EA} \int N_i N_j \, dx + \frac{1}{GA} k \int V_i V_j \, dx$$

$$\delta_{i0} = \frac{1}{EI} \int M_i M_0 \, dx + \frac{1}{EA} \int N_i N_0 \, dx$$
$$+ \frac{1}{GA} k \int V_i V_0 \, dx + \int M_i \frac{\alpha_T \Delta T}{h} \, dx$$
$$+ \text{Stützensenkung} + \text{Federn}$$

ermitteln, Verträglichkeitsbedingungen

$$x_1 \delta_{11} + x_2 \delta_{12} + \ldots + x_n \delta_{1n} + \delta_{10} = 0$$
$$x_1 \delta_{21} + x_2 \delta_{22} + \ldots + x_n \delta_{2n} + \delta_{20} = 0$$
$$\vdots$$
$$x_n \delta_{n1} + x_2 \delta_{n2} + \ldots + x_n \delta_{nn} + \delta_{n0} = 0$$

aufstellen und Gleichungssystem lösen.

Der erste Index einer Formänderung δ_{ij} gibt deren Ort, deren Art (Verschiebung oder Verdrehung) und die positive Richtung an, der zweite Index die Ursache der Formänderung.

4. Superposition: Die endgültigen Schnittgrößen S ergeben sich durch Überlagerung

$$S = S_0 + x_1 S_1 + \ldots + x_n S_n$$

Oft empfiehlt es sich, die Überlagerung nur für die Biegemomente durchzuführen, um anschließend direkt die endgültigen Quer- und Normalkräfte durch Gleichgewicht (Freischneiden) zu erhalten.

Beispiel

Gesucht: Schnittkräfte für den gezeigten Rahmen sowie die Verdrehung im Punkt A. Nur Biegeverformungen sollen berücksichtigt werden.

Das Tragwerk ist einfach statisch unbestimmt. Als Unbekannte wird die horizontale Auflagerkraft am rechten Fußpunkt gewählt.

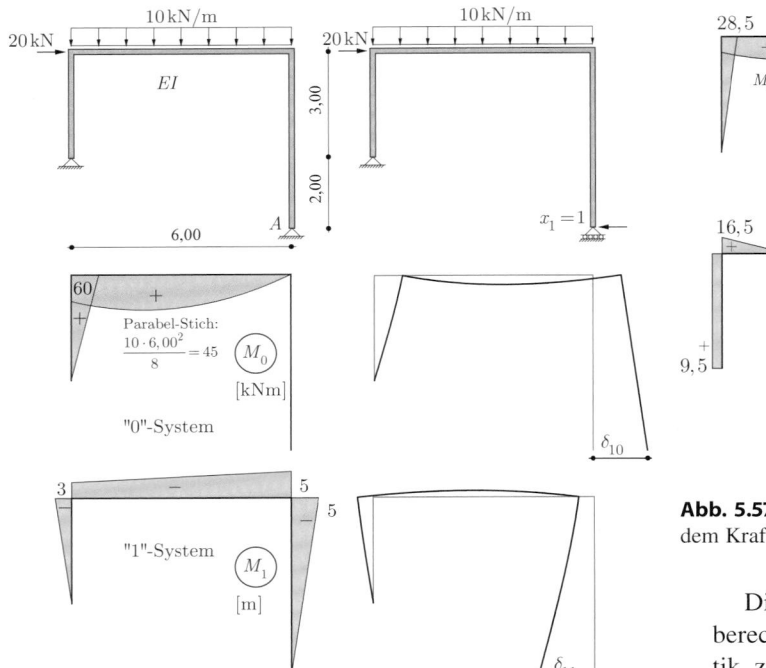

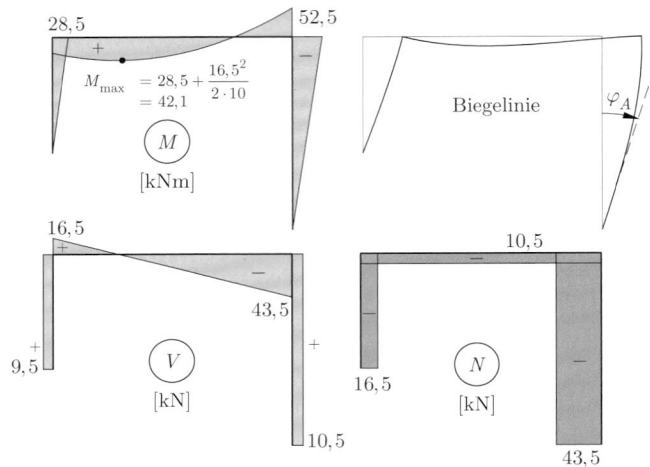

Abb. 5.57 Einfach statisch unbestimmter Rahmen; Berechnung mit dem Kraftgrößenverfahren; endgültige Schnittgrößen und Biegelinie

Abb. 5.56 Einfach statisch unbestimmter Rahmen; Berechnung mit dem Kraftgrößenverfahren; Berechnung des statisch bestimmten Grundsystems

$$EI\delta_{11} = \int M_1 \cdot M_1 \, dx$$
$$= \frac{1}{3}\left[3^2 \cdot 3,00 + (3^2 + 5^2 + 3 \cdot 5) \cdot 6,00 + 5^2 \cdot 5,00\right]$$
$$= 148,67$$
$$EI\delta_{10} = \int M_1 \cdot M_0 \, dx$$
$$= -\frac{1}{3}\left[60 \cdot 3 \cdot 3,00 + 45 \cdot (3+5) \cdot 6,00 + 60 \cdot 3 \cdot 6,00\right]$$
$$- \frac{1}{6} \cdot 60 \cdot 5 \cdot 6,00$$
$$= -1560 \,\mathrm{kNm^3}$$
$$x_1 = -\frac{\delta_{10}}{\delta_{11}} = -\frac{-1560}{148,67} = 10,49 \,\mathrm{kN}$$
$$M = M_0 + x_1 M_1$$

Die Verdrehung im Punkt A wird mit dem Arbeitssatz berechnet. Dabei kann der Reduktionssatz der Baustatik zur Anwendung kommen. Dieser besagt, dass die virtuelle Schnittkraftfläche für ein beliebiges reduziertes System ermittelt werden darf, das aus dem ursprünglichen Tragwerk durch Weglassen von Tragwerksteilen oder Festhaltungen hervorgeht.

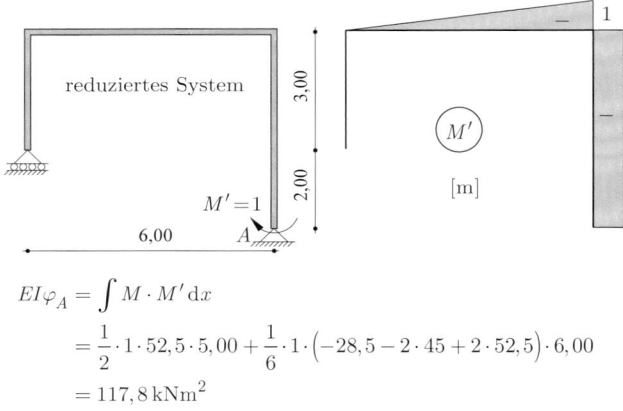

$$EI\varphi_A = \int M \cdot M' \, dx$$
$$= \frac{1}{2} \cdot 1 \cdot 52,5 \cdot 5,00 + \frac{1}{6} \cdot 1 \cdot \left(-28,5 - 2 \cdot 45 + 2 \cdot 52,5\right) \cdot 6,00$$
$$= 117,8 \,\mathrm{kNm^2}$$

Abb. 5.58 Einfach statisch unbestimmter Rahmen; Berechnung mit dem Kraftgrößenverfahren; Fußpunktverdrehung mit Arbeitssatz am reduzierten System ◄

Beispiel

Gesucht: Schnittkräfte für den gezeigten Durchlaufträger. Nur Biegeverformungen sollen berücksichtigt werden. Das Tragwerk ist zweifach statisch unbestimmt. Als Unbekannte werden die beiden Stützmomente gewählt.

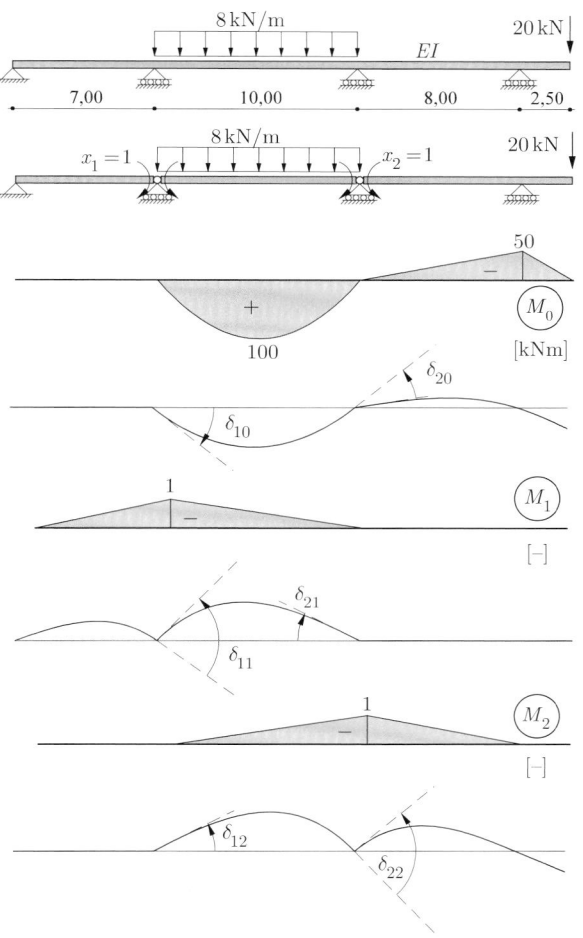

Abb. 5.59 Zweifach statisch unbestimmter Träger; Berechnung mit dem Kraftgrößenverfahren

Formänderungswerte

$$\delta_{11} = \frac{1}{3} \cdot 1^2 \cdot (10{,}00 + 7{,}00) = \frac{17}{3}$$

$$\delta_{22} = \frac{1}{3} \cdot 1^2 \cdot (10{,}00 + 8{,}00) = 6$$

$$\delta_{12} = \frac{1}{6} \cdot 1 \cdot 1 \cdot 10{,}00 = \frac{5}{3}$$

$$\delta_{21} = \delta_{12}$$

$$\delta_{10} = -\frac{1}{3} \cdot 1 \cdot 100 \cdot 10{,}00 = -\frac{1000}{3}$$

$$\delta_{20} = -\frac{1}{3} \cdot 1 \cdot 100 \cdot 10{,}00 + \frac{1}{6} \cdot 1 \cdot 50 \cdot 8{,}00 = -\frac{800}{3}$$

Verträglichkeitsbedingungen und Lösung

$$\delta_{11} x_1 + \delta_{12} x_2 + \delta_{10} = 0$$

$$\delta_{21} x_1 + \delta_{22} x_2 + \delta_{20} = 0$$

$$\begin{bmatrix} 17 & 5 \\ 5 & 18 \end{bmatrix} \begin{bmatrix} x_1 \\ x_2 \end{bmatrix} = \begin{bmatrix} 1000 \\ 800 \end{bmatrix}$$

$$x_1 = 49{,}82 \text{ kNm}$$

$$x_2 = 30{,}61 \text{ kNm}$$

Endgültige Momente

$$M = M_0 + x_1 M_1 + x_2 M_2$$

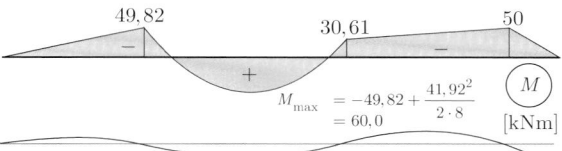

Endgültige Querkräfte V aus M

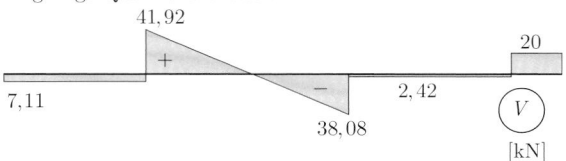

Abb. 5.60 Zweifach statisch unbestimmter Träger; Berechnung mit dem Kraftgrößenverfahren; endgültige Schnittgrößen und Biegelinie ◄

5.19.3 Weggrößenverfahren für Stabtragwerke

Beim Weggrößenverfahren sind die Knotenverschiebungen und -verdrehungen (auch Freiheitsgrade genannt) die Unbekannten. Zunächst wird für jeden Stab eine Beziehung zwischen den Stabendverschiebungen (i. a. gleich den Knotenverschiebungen) und den Stabendschnittgrößen hergeleitet. An den Knoten des Tragwerks werden in Richtung der Freiheitsgrade die Gleichgewichtsbedingungen aufgestellt.

Bei ebenen Stabtragwerken weist jeder Knoten drei Freiheitsgrade auf. Die Anzahl der Gleichgewichtsbedingungen an den Knoten entspricht der Anzahl der Freiheitsgrade. Aus der Lösung des entstehenden Gleichungssystems ergeben sich die Knotenverschiebungen. Die Schnittkräfte ergeben sich durch Rückrechnung aus den Knotenverschiebungen. Der in Abb. 5.61 gezeigte Rahmen hat vier Knoten und damit insgesamt 12 Freiheitsgrade, von denen fünf festgehalten sind, d. h. die Verschiebung ist zu Null vorgegeben, so dass die sieben „freien" Freiheitsgrade durch Lösung eines Gleichungssystems mit sieben Unbekannten bestimmt werden.

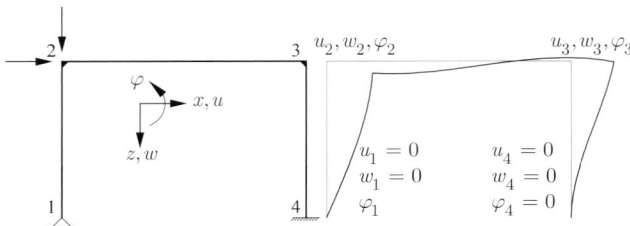

Abb. 5.61 Weggrößenverfahren: Koordinatensystem, Knoten, Stäbe, Knotenverschiebungen (Freiheitsgrade), Festhaltungen

Die Vorzeichenvereinbarung des Weggrößenverfahrens (kurz WGV-Vorzeichen) orientiert sich an den Koordinatenrichtungen und weicht daher von der Vorzeichenvereinbarung bei Schnittkraftlinien ab (kurz Statik-Vorzeichen) (Abb. 5.62).

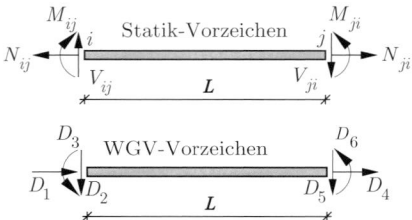

Abb. 5.62 Vorzeichenvereinbarung für Schnittkräfte

5.19.3.1 Allgemeines Weggrößenverfahren

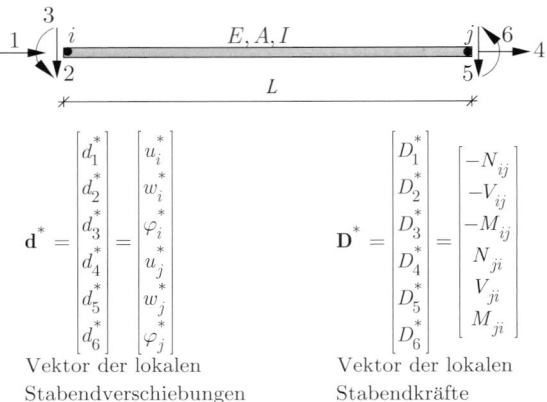

$$\mathbf{d}^* = \begin{bmatrix} d_1^* \\ d_2^* \\ d_3^* \\ d_4^* \\ d_5^* \\ d_6^* \end{bmatrix} = \begin{bmatrix} u_i^* \\ w_i^* \\ \varphi_i^* \\ u_j^* \\ w_j^* \\ \varphi_j^* \end{bmatrix} \qquad \mathbf{D}^* = \begin{bmatrix} D_1^* \\ D_2^* \\ D_3^* \\ D_4^* \\ D_5^* \\ D_6^* \end{bmatrix} = \begin{bmatrix} -N_{ij} \\ -V_{ij} \\ -M_{ij} \\ N_{ji} \\ V_{ji} \\ M_{ji} \end{bmatrix}$$

Vektor der lokalen Stabendverschiebungen   Vektor der lokalen Stabendkräfte

Abb. 5.63 Das ebene Stabelement mit sechs Freiheitsgraden

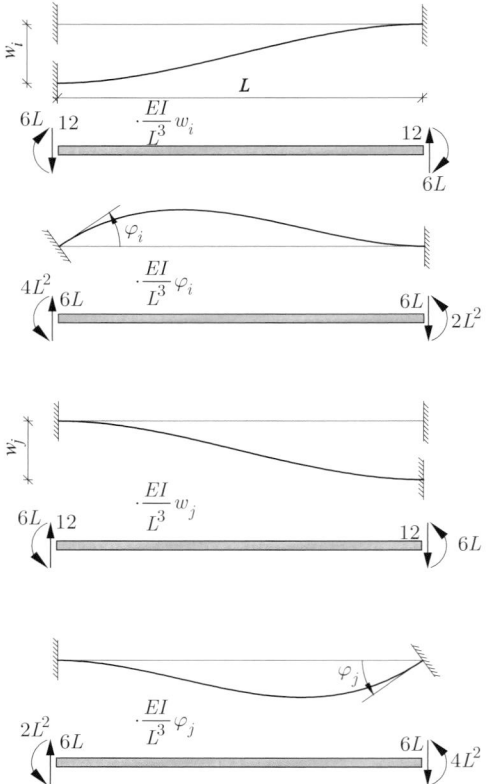

Abb. 5.64 Stabendverschiebungen und zugehörige Stabendkräfte (nur die vier Biegefreiheitsgrade gezeigt, nicht die zwei Axialfreiheitsgrade) für das ebene Stabelement mit sechs Freiheitsgraden

Lokale Elementsteifigkeitsmatrix

$$\mathbf{K}^* = \frac{EI}{L^3} \begin{bmatrix} 0 & 0 & 0 & 0 & 0 & 0 \\ 0 & 12 & -6L & 0 & -12 & -6L \\ 0 & -6L & 4L^2 & 0 & 6L & 2L^2 \\ 0 & 0 & 0 & 0 & 0 & 0 \\ 0 & -12 & 6L & 0 & 12 & 6L \\ 0 & -6L & 2L^2 & 0 & 6L & 4L^2 \end{bmatrix}$$

$$+ \frac{EA}{L} \begin{bmatrix} 1 & 0 & 0 & -1 & 0 & 0 \\ 0 & 0 & 0 & 0 & 0 & 0 \\ 0 & 0 & 0 & 0 & 0 & 0 \\ -1 & 0 & 0 & 1 & 0 & 0 \\ 0 & 0 & 0 & 0 & 0 & 0 \\ 0 & 0 & 0 & 0 & 0 & 0 \end{bmatrix}$$

$$\mathbf{D}^* = \mathbf{K}^* \mathbf{d}^*$$

Transformation vom globalen ins lokale Koordinatensystem

$$x^* = x \cos \alpha + z \sin \alpha$$
$$z^* = -x \sin \alpha + z \cos \alpha$$
$$\varphi^* = \varphi$$

$$\begin{bmatrix} x^* \\ z^* \\ \varphi^* \end{bmatrix} = \begin{bmatrix} \cos \alpha & \sin \alpha & 0 \\ -\sin \alpha & \cos \alpha & 0 \\ 0 & 0 & 1 \end{bmatrix} \begin{bmatrix} x \\ z \\ \varphi \end{bmatrix}$$

Transformationsmatrix

$$\mathbf{T} = \begin{bmatrix} \cos \alpha & \sin \alpha & 0 & 0 & 0 & 0 \\ -\sin \alpha & \cos \alpha & 0 & 0 & 0 & 0 \\ 0 & 0 & 1 & 0 & 0 & 0 \\ 0 & 0 & 0 & \cos \alpha & \sin \alpha & 0 \\ 0 & 0 & 0 & -\sin \alpha & \cos \alpha & 0 \\ 0 & 0 & 1 & 0 & 0 & 1 \end{bmatrix}$$

Globale Elementsteifigkeitsmatrix
$$\mathbf{K} = \mathbf{T}^T \cdot \mathbf{K}^* \cdot \mathbf{T}$$

Globale Stabendkräfte
$$\mathbf{D} = \mathbf{T}^T \cdot \mathbf{D}^*$$

Globale Stabendverschiebungen
$$\mathbf{d} = \mathbf{T}^T \cdot \mathbf{d}^*$$

Gesamtsteifigkeitsmatrix

Die System- oder Gesamtsteifigkeitsmatrix wird zusammengesetzt durch „Einspeichern" der globalen Elementsteifigkeitsmatrizen an die richtige Stelle. Abb. 5.65 zeigt schematisch den Prozess des Zusammenbaus der vier Stabsteifigkeitsmatrizen und des Lastvektors. Die grauen Zeilen und Spalten der Gesamtsteifigkeitsmatrix entsprechen den festgehaltenen Freiheitsgraden, die „leeren" Matrixelemente haben den Wert Null. Der Lastvektor ergibt sich aus den Festeinspanngrößen infolge F an den Knoten 3 und 4, den Festeinspanngrößen infolge q an den Knoten 2 und 4, der Knotenlast H am Knoten 3 sowie der Knotenlast M am Knoten 2.

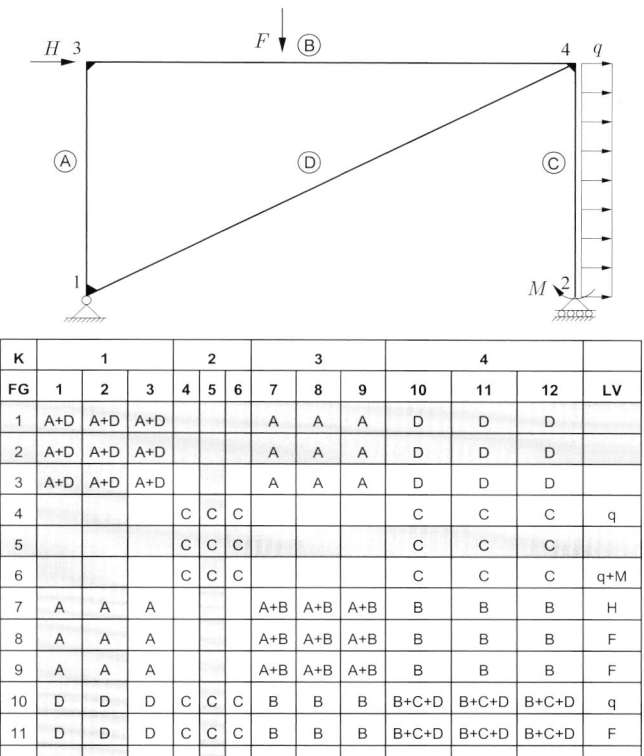

K	1			2			3			4			
FG	1	2	3	4	5	6	7	8	9	10	11	12	LV
1	A+D	A+D	A+D				A	A	A	D	D	D	
2	A+D	A+D	A+D				A	A	A	D	D	D	
3	A+D	A+D	A+D				A	A	A	D	D	D	
4				C	C	C				C	C	C	q
5				C	C	C				C	C	C	
6				C	C	C				C	C	C	q+M
7	A	A	A				A+B	A+B	A+B	B	B	B	H
8	A	A	A				A+B	A+B	A+B	B	B	B	F
9	A	A	A				A+B	A+B	A+B	B	B	B	F
10	D	D	D	C	C	C	B	B	B	B+C+D	B+C+D	B+C+D	q
11	D	D	D	C	C	C	B	B	B	B+C+D	B+C+D	B+C+D	F
12	D	D	D	C	C	C	B	B	BB	B+C+D	B+C+D	B+C+D	F+q

Abb. 5.65 Zusammenbau der Gesamtsteifigkeitsmatrix und des Lastvektors; K = Knoten; FG = Freiheitsgrad; LV = Lastvektor

Stabendmechanismen

Die Vorgabe von bestimmten Stabendkräften zu Null wird als Stabendmechanismus bezeichnet. Diese können in Form eines Normalkraft-, Querkraft- oder Biegemechanismus (Gelenk) auftreten. Liegen Stabendmechanismen vor, kommen zusätzliche (innere) Freiheitsgrade ins Spiel, die auf Stabebene durch sogenannte statische Kondensation eliminiert werden können. Im Rahmen der Abb. 5.66 treten in den Knoten 1, 3, 4, 6 nur ein Drehwinkel, in den Knoten 2, 5, 7 zwei Drehwinkel auf. Auch bei einem Vollgelenk wie im Knoten 7, sollten nie alle Stäbe mit einem Endmechanismus versehen werden, da dann der Knoten keine Drehsteifigkeit mehr aufweist und das Gleichungssystem singulär wird, weil der entsprechende Hauptdiagonaleintrag in der Gesamtsteifigkeitsmatrix Null wird. So sollte im Knoten 7 entweder Stab VI oder Stab VII einen Mechanismus erhalten, aber nicht beide Stäbe. Zwischen Stäben I und V existiert eine biegesteife Verbindung, so dass der rechte Winkel in der Biegelinie erhalten bleibt (kein Knick) und ein Moment übertragen wird. Zwischen Stäben I und II bzw. II und V bildet sich ein Knick. Ähnliches gilt an Knoten 5 allerdings kann hier in der Stütze ein Moment übertragen werden, so dass der Knick zwischen Riegel V und Stütze III/IV entsteht. Die Biegelinie der Stütze III geht im Knoten 5 mit gleicher Neigung in die Biegelinie der Stütze IV über.

5.19.3.2 Drehwinkelverfahren

Das Drehwinkelverfahren ist ein auf die Handrechnung zugeschnittenes Weggrößenverfahren. Die Verformungen infolge Normalkraft werden vernachlässigt. Es wird üblicherweise zwischen verschieblichen (Knotenverdrehungen und -verschiebungen) und unverschieblichen System (nur Knotenverdrehungen) unterschieden. Bei verschieblichen Systemen werden die beiden Endverschiebungen w_i und w_j senkrecht zum Stand zum Stabdrehwinkel ψ_{ij} zusammengefasst. Bei unverschieblichen Systemen ergeben sich die Knotendrehwinkel aus dem Momentengleichgewicht an den Knoten. Bei verschieblichen Systemen sind zur Gewinnung zusätzlicher Gleichungen weitere Gleichgewichtsbedingungen oder eine Arbeitsgleichung erforderlich.

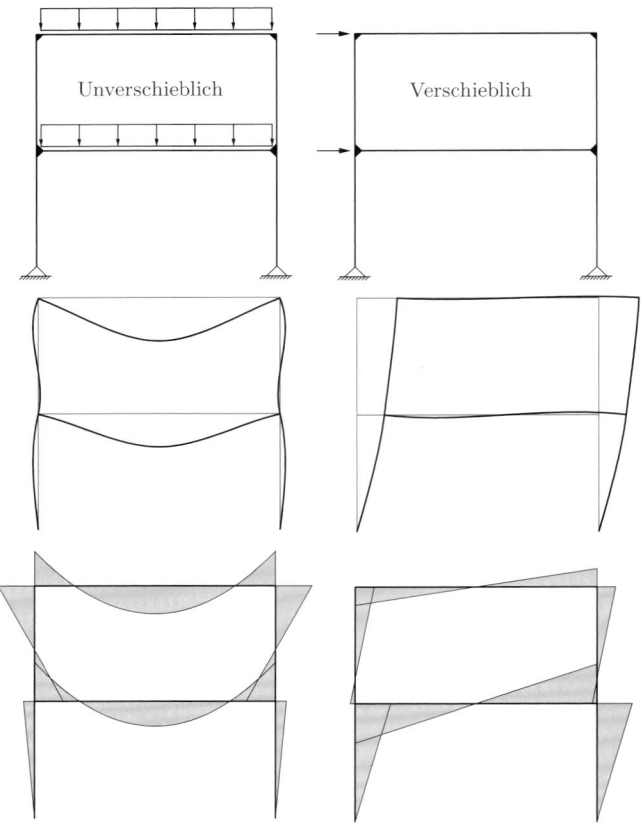

Abb. 5.67 Unverschiebliches (nur Knotenverdrehungen) und verschiebliches (Knotenverschiebungen und -verdrehungen) Tragwerk

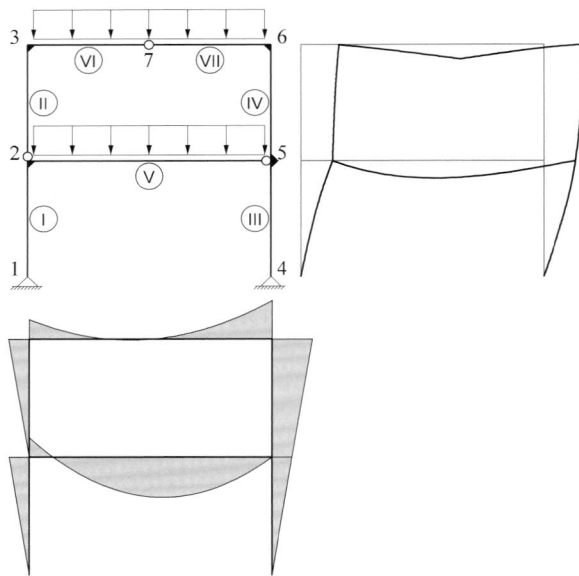

Abb. 5.66 Stabendmechanismen und ihre Auswirkung auf Biege- und Momentenlinie

Analog zum allgemeinen Weggrößenverfahren werden auch beim Drehwinkelverfahren zunächst Beziehungen zwischen den Stabendkräften und Stabendverschiebungen hergeleitet. Gemäß Abb. 5.68 werden von den sechs Endkräften nur die beiden Endmomente, von den sechs Endverschiebungen nur die beiden Drehwinkel und die Verschiebungen senkrecht zur Stabachse betrachtet. Letztere werden zu einem Stabdrehwinkel zusammengefasst.

Rechengang

1. Unbekannte Knotendrehwinkel φ und Stabdrehwinkel ψ festlegen;
2. Festeinspannmomente bestimmen;
3. Stabendmomente M_{ij} und M_{ji} mit den Ausdrücken der Abb. 5.68 als Funktion von φ und ψ ausdrücken;
4. Gleichgewichtsbedingungen aufstellen und Gleichungssystem nach φ und ψ auflösen;
5. Stabendmomente durch Einsetzen von φ und ψ in 3. bestimmen;
6. Vorzeichen anpassen und Momentenlinie M zeichnen;
7. Querkräfte V (aus Stabendmomenten) und Normalkräfte N (üblicherweise über Knotengleichgewicht) berechnen;

Elimination des Stabenddrehwinkels bei gelenkiger Endlagerung

Liegt eine einseitig gelenkige Endlagerung an einem Stabende vor (z. B. am Knoten j), kann der dortige Stabenddrehwinkel φ_j über die Bedingung $M_{ji} = 0$ eliminiert werden, um daraus eine Momenten-Verdrehungs-Beziehung für den einseitig eingespannten Stab herzuleiten (Abb. 5.69). Auch das Festeinspannmoment muss entsprechend modifiziert werden.

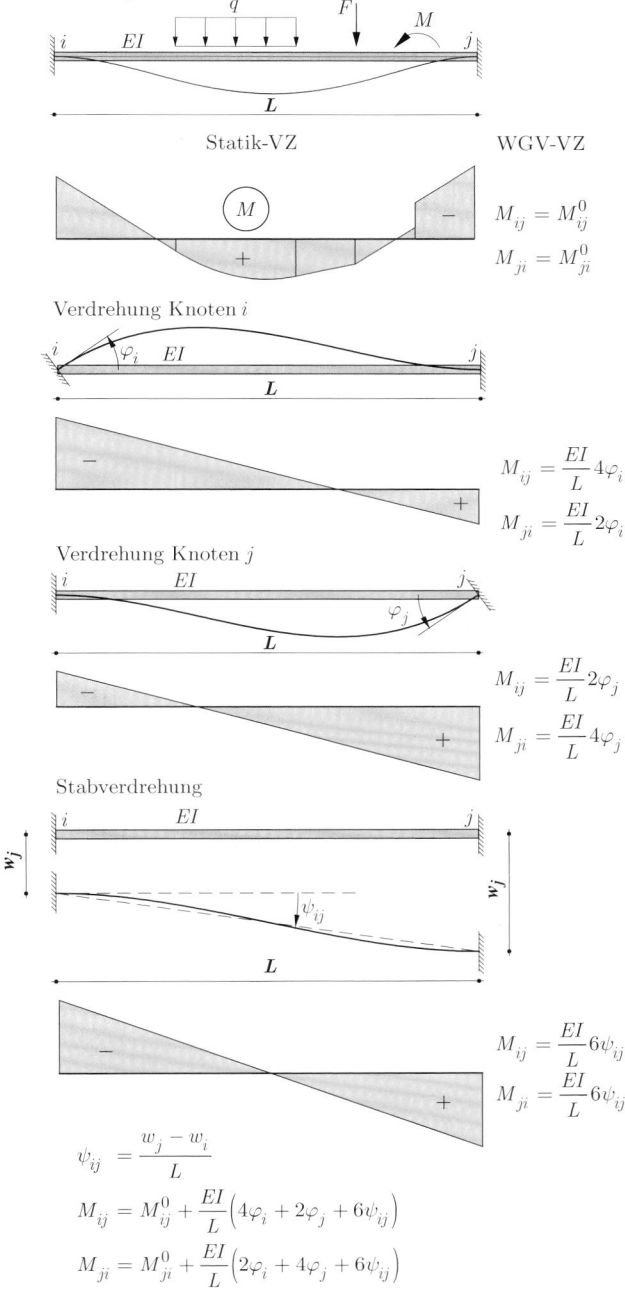

Abb. 5.68 Die Beziehungen des Drehwinkelverfahrens

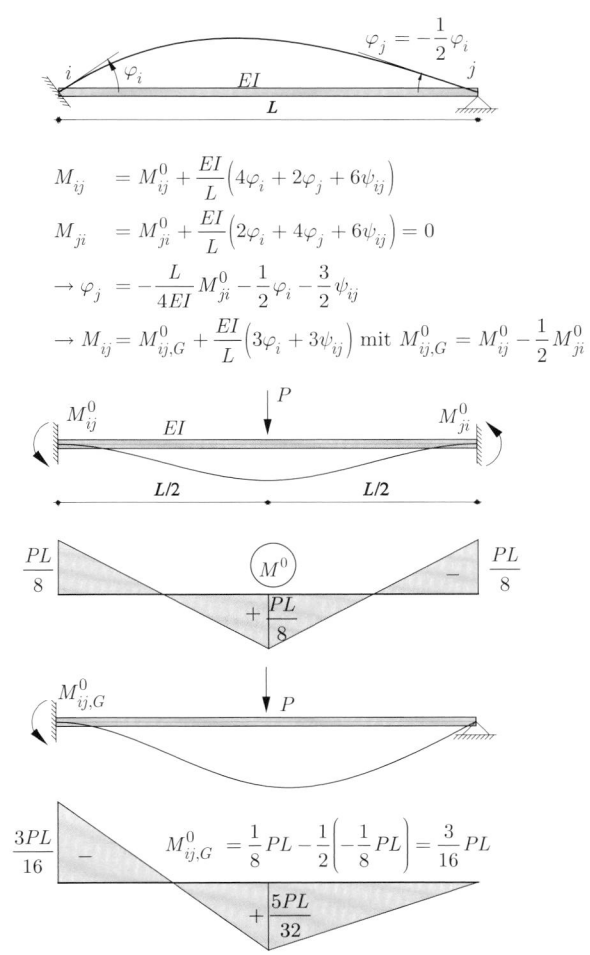

Abb. 5.69 Modifikation der Beziehungen des Drehwinkelverfahrens für einseitig eingespannten Stab

Beispiel (unverschiebliches System)

Der Durchlaufträger ist unverschieblich (d. h. es treten nur Knotenverdrehungen aber keine Knotenverschiebungen auf) und dreifach geometrisch unbestimmt. Unbekannt sind die Knotendrehwinkel φ_A, φ_B und φ_C. Der Knotendrehwinkel φ_A kann vorab gemäß Abb. 5.69 eliminiert werden.

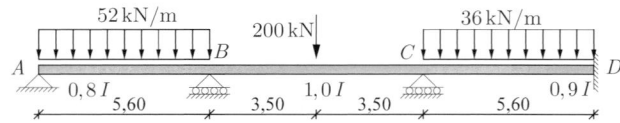

Abb. 5.70 Durchlaufträger

Festeinspannmomente in kNm

$$M_{BA}^0 = -52 \cdot \frac{5,60^2}{8} = -203,8$$

$$M_{BC}^0 = 200 \cdot \frac{7,00}{8} = 175,0$$

$$M_{CB}^0 = -200 \cdot \frac{7,00}{8} = -175,0$$

$$M_{CD}^0 = 36 \cdot \frac{5,60^2}{12} = 94,1$$

$$M_{DC}^0 = -36 \cdot \frac{5,60^2}{12} = -94,1$$

Stabendmomente als Funktion von φ

$$EI = 56 \quad \text{(beliebig gewählt)}$$

$$
\begin{aligned}
M_{BA} &= M_{BA}^0 + \frac{EI}{L_{AB}} 3\varphi_B \\
&= -203,8 + \frac{0,8 \cdot 56}{5,60} \cdot 3\varphi_B \\
&= -203,8 + 24\varphi_B
\end{aligned}
$$

$$
\begin{aligned}
M_{BC} &= M_{BC}^0 + \frac{EI}{L_{BC}} (4\varphi_B + 2\varphi_C) \\
&= 175,0 + \frac{56}{7,00} \cdot (4\varphi_B + 2\varphi_C) \\
&= 175,0 + 32\varphi_B + 16\varphi_C
\end{aligned}
$$

$$
\begin{aligned}
M_{CB} &= M_{CB}^0 + \frac{EI}{L_{BC}} (2\varphi_B + 4\varphi_C) \\
&= -175,0 + \frac{56}{7,00} \cdot (2\varphi_B + 4\varphi_C) \\
&= -175,0 + 16\varphi_B + 32\varphi_C
\end{aligned}
$$

$$
\begin{aligned}
M_{CD} &= M_{CD}^0 + \frac{EI}{L_{CD}} 4\varphi_C \\
&= 94,1 + \frac{0,9 \cdot 56}{5,60} \cdot 4\varphi_C \\
&= 94,1 + 36\varphi_C
\end{aligned}
$$

$$
\begin{aligned}
M_{DC} &= M_{DC}^0 + \frac{EI}{L_{CD}} 2\varphi_C \\
&= -94,1 + \frac{0,9 \cdot 56}{5,60} \cdot 2\varphi_C \\
&= -94,1 + 18\varphi_C
\end{aligned}
$$

Momentengleichgewicht in den Knoten B und C

$$
\begin{aligned}
\sum M_B &= M_{BA} + M_{BC} \\
&= -203,8 + 24\varphi_B + 175,0 + 32\varphi_B + 16\varphi_C \\
&= -28,8 + 56\varphi_B + 16\varphi_C \\
&= 0
\end{aligned}
$$

$$
\begin{aligned}
\sum M_C &= M_{CB} + M_{CD} \\
&= -175,0 + 16\varphi_B + 32\varphi_C + 94,1 + 36\varphi_C \\
&= -80,9 + 16\varphi_B + 68\varphi_C \\
&= 0
\end{aligned}
$$

Lösung

$$\varphi_B = 0,1876 \quad \text{bzw.} \quad \varphi_B = \frac{56 \cdot 0,1876}{EI} = \frac{10,51\,\text{kNm}^2}{EI}$$

$$\varphi_C = 1,146 \quad \text{bzw.} \quad \varphi_C = \frac{56 \cdot 1,146}{EI} = \frac{64,17\,\text{kNm}^2}{EI}$$

Rückrechnung auf φ_A

$$
\begin{aligned}
M_{AB} &= M_{AB}^0 + \frac{EI}{L_{AB}} (4\varphi_A + 2\varphi_B) \\
&= 52 \cdot \frac{5,60^2}{12} + \frac{0,8 \cdot 56}{5,60} (4\varphi_A + 2\varphi_B) \\
&= 135,9 + 32\varphi_A + 16 \cdot 0,1876 \\
&= 0 \\
\rightarrow \varphi_A &= -4,341 \quad \text{bzw.}
\end{aligned}
$$

$$\varphi_A = -\frac{56 \cdot 4,341}{EI} = -\frac{243,1\,\text{kNm}^2}{EI}$$

Stabendmomente in kNm

$$M_{BA} = -203,8 + 24 \cdot 0,1876 = -199,3$$
$$M_{BC} = 175,0 + 32 \cdot 0,1876 + 16 \cdot 1,146 = 199,3$$
$$M_{CB} = -175,0 + 16 \cdot 0,1876 + 32 \cdot 1,146 = -135,4$$
$$M_{CD} = 94,1 + 36 \cdot 1,146 = 135,4$$
$$M_{DC} = -94,1 + 18 \cdot 1,146 = -73,5 \quad \blacktriangleleft$$

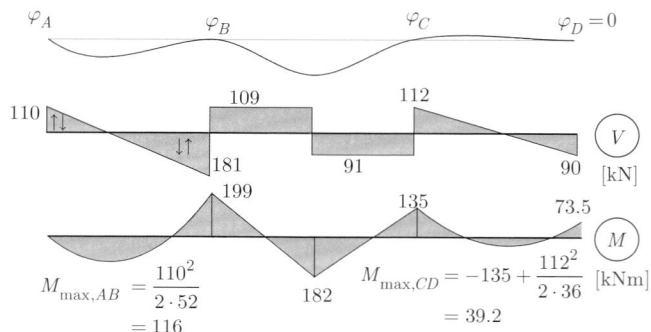

Abb. 5.71 Durchlaufträger: Biege-, Querkraft- und Momentenlinie

Beispiel für verschiebliches System

Das System ist einfach verschieblich, d. h. es tritt ein unabhängiger Stabdrehwinkel ψ auf. Zusätzlich muss der Knotendrehwinkel φ_B berechnet werden. Die beiden Stabendverdrehungen φ_{CB} und φ_{CD} können eliminiert werden, in dem die Stäbe BC und CD als einseitig eingespannt betrachtet werden.

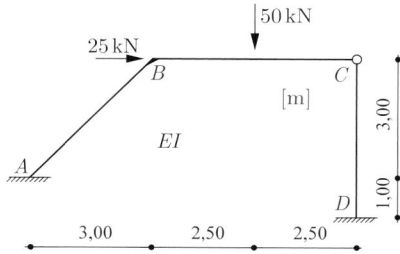

Abb. 5.72 Verschieblicher Rahmen

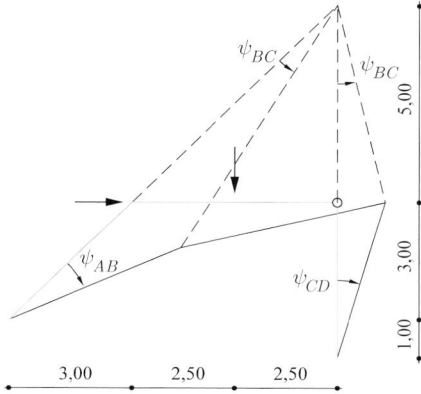

Abb. 5.73 Polplan zur Bestimmung der Stabdrehwinkel

Beziehung zwischen den Stabdrehwinkeln

$$\psi_{AB} = \psi$$
$$\psi_{BC} = -\frac{3{,}00}{5{,}00}\psi_{AB}$$
$$= -0{,}60\psi$$
$$\psi_{CD} = -\frac{5{,}00}{4{,}00}\psi_{BC}$$
$$= 0{,}75\psi$$

Festeinspannmomente

$$M_{BC}^0 = \frac{3}{16}\cdot 50\cdot 5{,}00 = 46{,}88\,\text{kNm}$$

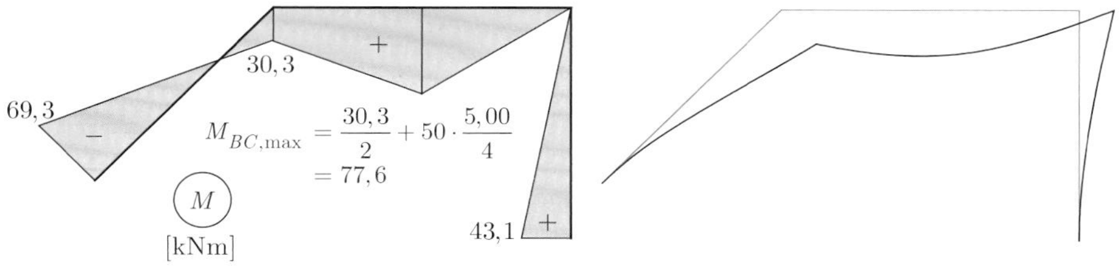

Abb. 5.74 Momentenlinie und qualitative Biegelinie

Stabendmomente als Funktion von φ_B und ψ

$$EI = 100 \quad \text{(beliebig gewählt)}$$
$$M_{AB} = \frac{100}{4{,}243}\cdot(2\varphi_B + 6\psi_{AB})$$
$$= 47{,}14\varphi_B + 141{,}42\psi$$
$$M_{BA} = \frac{100}{4{,}243}\cdot(4\varphi_B + 6\psi_{AB})$$
$$= 94{,}28\varphi_B + 141{,}42\psi$$
$$M_{BC} = M_{BC}^0 + \frac{100}{5{,}000}\cdot(3\varphi_B + 3\psi_{BC})$$
$$= 46{,}88 + 60{,}0\varphi_B - 36{,}00\psi$$
$$M_{DC} = \frac{100}{4{,}000}\cdot 3\psi_{CD}$$
$$= 56{,}25\psi$$

Gleichgewicht und Lösung

$$\sum M_B = M_{BA} + M_{BC}$$
$$= 94{,}28\varphi_B + 141{,}42\psi + 46{,}88$$
$$+ 60{,}00\varphi_B - 36{,}00\psi$$
$$= 46{,}88 + 154{,}28\varphi_B + 105{,}42\psi$$
$$= 0$$
$$\sum W' = (M_{AB} + M_{BA})\,\psi'_{AB} + M_{BC}\psi'_{BC} + M_{DC}\psi'_{CD}$$
$$- 25\cdot 3{,}00\psi'_{AB} + 50\cdot 2{,}50\psi'_{BC}$$
$$= (47{,}14\varphi_B + 141{,}42\psi + 94{,}28\varphi_B + 141{,}42\psi)$$
$$\cdot 1{,}00 + (46{,}88 + 60{,}00\varphi_B - 36{,}00\psi)(-0{,}60)$$
$$+ 56{,}25\psi\cdot 0{,}75 - 75 - 75$$
$$= 105{,}42\varphi_B + 346{,}63\psi - 178{,}11$$
$$= 0$$
$$\rightarrow \varphi_B = -0{,}8268,\ \psi = 0{,}7653 \quad \text{bzw.}$$
$$\varphi_B = -\frac{100\cdot 0{,}8268}{EI} = -\frac{82{,}68\,\text{kNm}^2}{EI}$$
$$\psi = \frac{100\cdot 0{,}7653}{EI} = \frac{76{,}53\,\text{kNm}^2}{EI}$$

Stabendmomente

$$M_{AB} = 47{,}14\cdot(-0{,}8268) + 141{,}42\cdot 0{,}7653 = 69{,}3$$
$$M_{BA} = 94{,}28\cdot(-0{,}8268) + 141{,}42\cdot 0{,}7653 = 30{,}3$$
$$M_{BC} = 46{,}88 + 60{,}00\cdot(-0{,}8268) - 36{,}00\cdot 0{,}7653$$
$$= -30{,}3$$
$$M_{DC} = 56{,}25\cdot 0{,}7653 = 43{,}1 \quad \blacktriangleleft$$

$$M_{BC,\text{max}} = \frac{30{,}3}{2} + 50\cdot\frac{5{,}00}{4} = 77{,}6$$

5.20 Vorspannung

Der Lastfall Vorspannung führt bei statisch bestimmten Systemen zu einem reinen Eigenspannungszustand, bei dem keine Auflagerkräfte auftreten. In statisch unbestimmten Systemen treten zusätzlich Zwängungskräfte auf. Zur Schnittkraftermittlung stehen bei statisch bestimmten wie unbestimmten Systemen zwei Methoden zur Verfügung.

5.20.1 Ansatz der Vorspann- und Auflagerkräfte

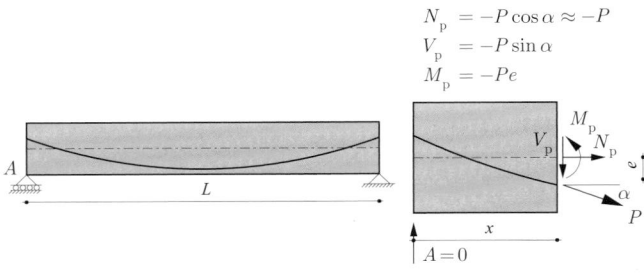

$$N_p = -P\cos\alpha \approx -P$$
$$V_p = -P\sin\alpha$$
$$M_p = -Pe$$

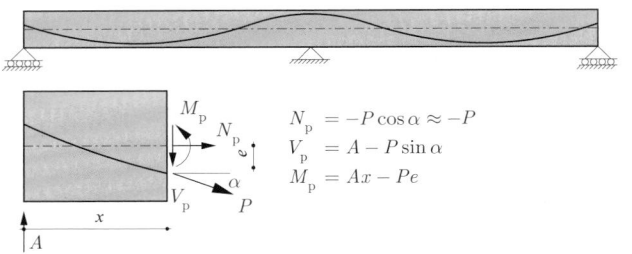

$$N_p = -P\cos\alpha \approx -P$$
$$V_p = A - P\sin\alpha$$
$$M_p = Ax - Pe$$

Abb. 5.75 Schnittgrößen infolge Vorspannung

5.20.2 Ansatz der Verankerungskräfte und Umlenkkräfte

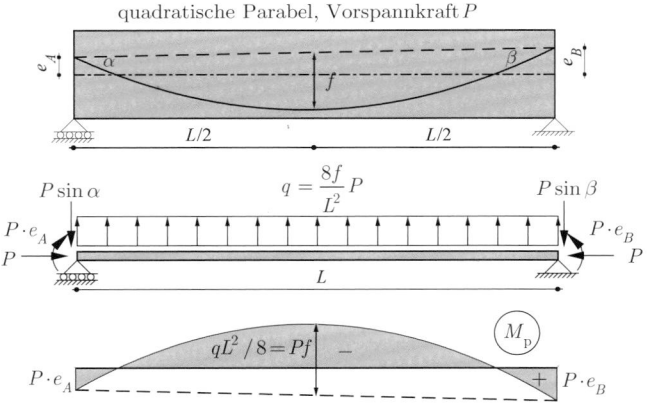

Abb. 5.76 Verankerungskräfte, Umlenkkräfte und Biegemomente infolge Vorspannung

Beispiel

Bestimmung der Biegemomente infolge Vorspannung

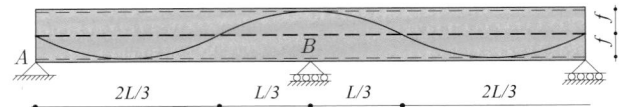

Abb. 5.77 Verankerungskräfte, Umlenkkräfte und Biegemomente infolge Vorspannung

1. Berechnung mit statisch bestimmten und statisch unbestimmten Anteil der Vorspannung (Kraftgrößenverfahren)

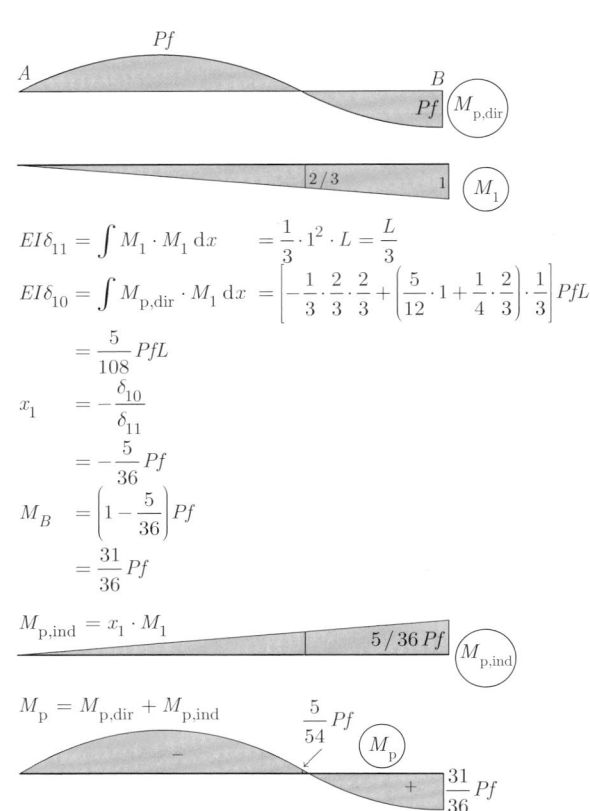

$$EI\delta_{11} = \int M_1 \cdot M_1 \, dx = \frac{1}{3}\cdot 1^2 \cdot L = \frac{L}{3}$$

$$EI\delta_{10} = \int M_{p,dir} \cdot M_1 \, dx = \left[-\frac{1}{3}\cdot\frac{2}{3}\cdot\frac{2}{3} + \left(\frac{5}{12}\cdot 1 + \frac{1}{4}\cdot\frac{2}{3}\right)\cdot\frac{1}{3}\right]PfL$$

$$= \frac{5}{108}PfL$$

$$x_1 = -\frac{\delta_{10}}{\delta_{11}}$$

$$= -\frac{5}{36}Pf$$

$$M_B = \left(1 - \frac{5}{36}\right)Pf$$

$$= \frac{31}{36}Pf$$

$$M_{p,ind} = x_1 \cdot M_1$$

$$M_p = M_{p,dir} + M_{p,ind}$$

Abb. 5.78 Momente infolge Vorspannung mit Ansatz des statisch bestimmten und statisch unbestimmten Anteils

2. Berechnung mit Verankerungs- und Umlenkkräften (Kraftgrößenverfahren)

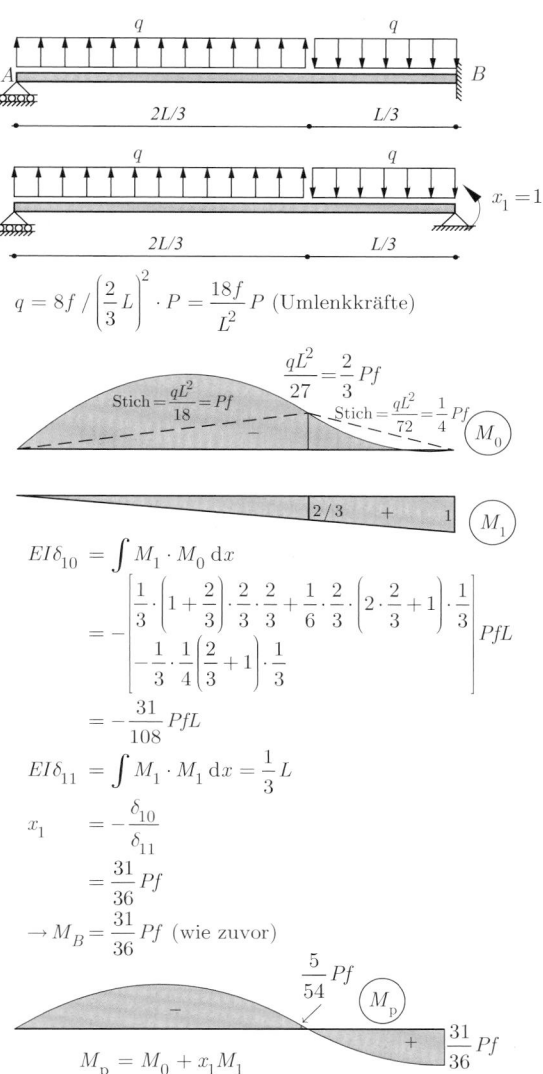

$$q = 8f \Big/ \left(\frac{2}{3}L\right)^2 \cdot P = \frac{18f}{L^2}P \quad \text{(Umlenkkräfte)}$$

$$EI\delta_{10} = \int M_1 \cdot M_0 \, \mathrm{d}x$$

$$= - \begin{vmatrix} \frac{1}{3}\cdot\left(1+\frac{2}{3}\right)\cdot\frac{2}{3}\cdot\frac{2}{3}+\frac{1}{6}\cdot\frac{2}{3}\cdot\left(2\cdot\frac{2}{3}+1\right)\cdot\frac{1}{3} \\ -\frac{1}{3}\cdot\frac{1}{4}\left(\frac{2}{3}+1\right)\cdot\frac{1}{3} \end{vmatrix} PfL$$

$$= -\frac{31}{108}PfL$$

$$EI\delta_{11} = \int M_1 \cdot M_1 \, \mathrm{d}x = \frac{1}{3}L$$

$$x_1 = -\frac{\delta_{10}}{\delta_{11}}$$

$$= \frac{31}{36}Pf$$

$$\rightarrow M_B = \frac{31}{36}Pf \quad \text{(wie zuvor)}$$

$$M_p = M_0 + x_1 M_1$$

Abb. 5.79 Momente infolge Vorspannung mit Ansatz der Umlenkkräfte

Beide Ansätze liefern die gleichen Momente M_p infolge Vorspannung. ◄

$P = 100\,\text{kN}, \quad e = 0,7\,\text{m} \quad g = 0,5\,\text{m} \quad \beta = 0,6$

$$\alpha = \frac{2\cdot 0,6 - 1}{0,6} - \frac{0,5\cdot\left(0,6-1\right)^2}{0,7\cdot 0,6}$$
$$= 0,1429$$

$$f = e + g$$
$$= 0,7 + 0,5$$
$$= 1,2\,\text{m}$$

$$M_{B,p,dir} = g \cdot P$$
$$= 0,5 \cdot 100$$
$$= 50,0\,\text{kNm}$$

$$M_{B,p,ind} = \frac{1}{4}\begin{Bmatrix} 1,2\cdot\left[5 - 0,6\cdot\left(2-0,1429\right) - 0,1429\cdot\left(4-0,1429\right)\right] \\ -0,50\cdot\left[5 + 0,6\cdot\left(2-0,6\right)\right] \end{Bmatrix}\cdot 100$$
$$= \frac{1}{4}\left\{1,2\cdot 3,3347 - 0,50\cdot 5,84\right\}\cdot 100$$
$$= 0,2704 \cdot 100$$
$$= 27,04\,\text{kNm}$$

$$M_{B,p} = 50,0 + 27,04$$
$$= 77,04\,\text{kNm}$$

$$q_1 = \frac{2\cdot 0,7}{\left(1-0,6\right)^2 \cdot \ell^2}\cdot 100$$
$$= \frac{875\,\text{kNm}}{\ell^2}$$

$$q_2 = \frac{2\cdot 0,7\cdot 1,2}{\left(2\cdot 1,2\cdot 0,6 - 0,5\cdot 0,6^2 - 1,2\right)\cdot \ell^2}\cdot 100$$
$$= \frac{2\,800\,\text{kNm}}{\ell^2}$$

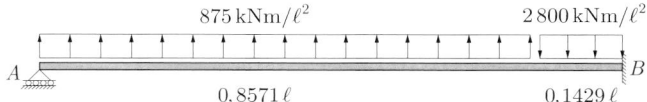

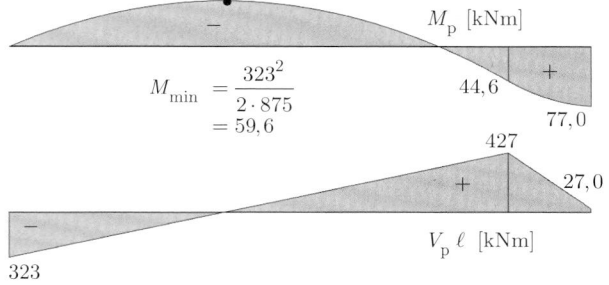

$$M_{min} = \frac{323^2}{2\cdot 875}$$
$$= 59,6$$

◄

Tafel 5.19 Volleinspannmomente und Umlenkkräfte infolge Vorspannung

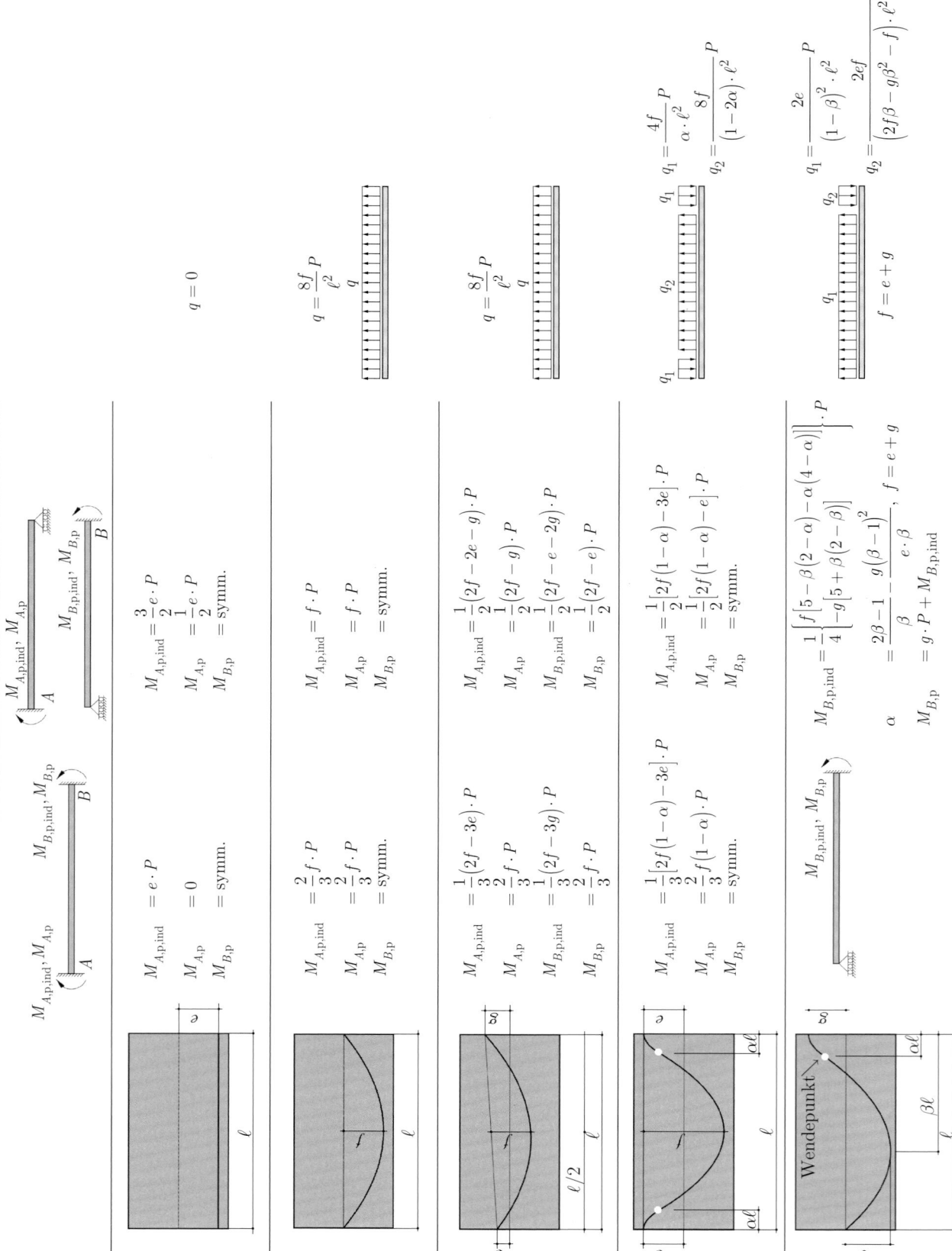

5.21 Theorie zweiter Ordnung

5.21.1 Einleitung

Bei der Berechnung von Tragwerken nach der Theorie zweiter Ordnung werden die Gleichgewichtsbetrachtungen am verformten System durchgeführt (bei der Theorie erster Ordnung am unverformten System). Druckkräfte bewirken eine Vergrößerung der Biegemomente und der Verformungen, Zugkräfte verringern diese. Es ist nicht üblich, die Verringerung der Elemente durch Zugkräfte zu berücksichtigen. Die Vergrößerung der Momente durch Druckkräfte muss berücksichtigt werden, wenn sie 10 % übersteigt. Bei der Berechnung sind die charakteristischen Belastungen mit Sicherheitsbeiwerten zu vergrößern. Das Superpositionsprinzip gilt nur bei gleichbleibender Längskraft F.

5.21.2 Differentialgleichung

Die Differentialgleichung für die Biegelinie $w(x)$ nach Theorie zweiter Ordnung lautet

$$w''(x) + \kappa^2 w(x) = \frac{M^1(x)}{EI} \quad \text{mit} \quad \kappa^2 = \frac{F}{EI}$$

wobei $M_1(x)$ das Moment nach Theorie erster Ordnung ist.

Das Moment nach Theorie zweiter Ordnung ist

$$M(x) = -EIw''(x)$$

Beispiel

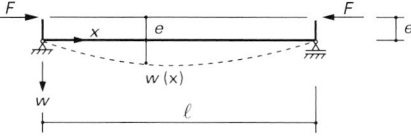

Für das skizziere System ist das Moment nach Theorie erster Ordnung

$$M^1(x) = F \cdot e$$

Allgemeine Lösung der Differentialgleichung

$$w(x) = A \sin(\kappa x) + B \cos(\kappa x) - e$$

Randbedingungen

$$w(x = 0) = 0 = A \cdot 0 + B - e$$
$$\rightarrow B = e$$
$$w(x = \ell) = 0 = A \cdot \sin(\kappa \ell) + e \cos(\kappa \ell) - e$$
$$\rightarrow A = e \cdot \frac{1 - \cos(\kappa \ell)}{\sin(\kappa \ell)}$$

Biegelinie

$$\rightarrow w(x) = e \cdot \left[\frac{1 - \cos(\kappa \ell)}{\sin(\kappa \ell)} \sin(\kappa x) + \cos(\kappa x) - 1 \right]$$
$$w_{\max} = w(x = 0,5\ell)$$
$$= e \cdot \left[\frac{1}{\cos\left(\frac{\kappa \ell}{2}\right)} - 1 \right]$$
$$M_{\max} = F \cdot (e + w_{\max}) \quad \blacktriangleleft$$

5.21.3 Weggrößenverfahren zweiter Ordnung

Beim Weggrößenverfahren zweiter Ordnung werden mit der Lösung der Differentialgleichung die Steifigkeitsmatrix zweiter Ordnung $\mathbf{K}^{II}$ und der Lastvektor bestimmt. Die Steifigkeitsmatrix hängt durch die Stabkennzahl ε von den Normalkräften ab.

$$\mathbf{K}^{II} =$$

$$\frac{EI}{\ell^3} \begin{bmatrix} 0 & 0 & 0 & 0 & 0 & 0 \\ 0 & 2(A'+B')-\varepsilon^2 & -(A'+B')\ell & 0 & -2(A'+B')+\varepsilon^2 & -(A'+B')\ell \\ 0 & -(A'+B')\ell & A'\ell^2 & 0 & (A'+B')\ell & B'\ell^2 \\ 0 & 0 & 0 & 0 & 0 & 0 \\ 0 & -2(A'+B')+\varepsilon^2 & (A'+B')\ell & 0 & 2(A'+B')-\varepsilon^2 & (A'+B')\ell \\ 0 & -(A'+B')\ell & B'\ell^2 & 0 & (A'+B')\ell & A'\ell^2 \end{bmatrix}$$

$$+ \frac{EA}{\ell} \begin{bmatrix} 1 & 0 & 0 & -1 & 0 & 0 \\ 0 & 0 & 0 & 0 & 0 & 0 \\ 0 & 0 & 0 & 0 & 0 & 0 \\ -1 & 0 & 0 & 1 & 0 & 0 \\ 0 & 0 & 0 & 0 & 0 & 0 \\ 0 & 0 & 0 & 0 & 0 & 0 \end{bmatrix}$$

$$A' = \frac{\varepsilon(\sin\varepsilon - \varepsilon\cos\varepsilon)}{2(1 - \cos\varepsilon) - \varepsilon\sin\varepsilon}$$
$$B' = \frac{\varepsilon(\varepsilon - \sin\varepsilon)}{2(1 - \cos\varepsilon) - \varepsilon\sin\varepsilon}$$
$$\varepsilon = \kappa\ell = \ell\sqrt{\frac{F}{EI}}$$

Zur Bestimmung des Lastvektors (Festeinspanngrößen zweiter Ordnung) wird auf die Speziallliteratur verwiesen.

Für gegebene Normalkräfte ergibt sich mit diesem Ansatz die im Rahmen der üblichen baustatischen Vereinfachungen exakte Lösung.

5.21.4 Verfahren mit Abtriebskräften

Das Verfahren mit Abtriebskräften ein für die meisten baupraktischen Zwecke ausreichend genaues Näherungsverfahren. Das Gleichgewicht am verformten System wird zurückgeführt auf die Betrachtung des unverformten Systems unter zusätzlichen Kräften, den Abtriebskräften.

Es werden zunächst unter γ-fachen Lasten die Schnittgrößen und Verschiebungen u^{I} nach Theorie erster Ordnung berechnen. Mit u^{I} werden (meist horizontale) Abtriebskräfte berechnet, die durch die Drucknormalkräfte zu einem ersten Zusatzmoment ΔM_1^{II} und einer ersten Zusatzverschiebung Δu_1^{II} führen. Diese haben weitere Abtriebskräfte und zusätzliche Verschiebungen zur Folge und so weiter. Dieser Prozess konvergiert, das heißt die Biegemomente und Verschiebungen werden mit jedem Iterationsschritt kleiner, wenn die Druckkraft kleiner als die Knicklast ist. Je geringer die Druckkraft relativ zur Knicklast, desto schneller konvergiert die Iteration. Jedes zusätzliche Biegemoment und jede zusätzliche Verschiebung unterscheiden sich von dem jeweils vorhergehenden Wert um den gleichen Faktor α. Die Verschiebung nach Theorie zweiter Ordnung ist somit als geometrische Reihe darstellbar.

$$
\begin{aligned}
M^{\mathrm{II}} &= M^{\mathrm{I}} + \Delta M_1^{\mathrm{II}} + \Delta M_2^{\mathrm{II}} + \ldots \\
&= M^{\mathrm{I}} + \Delta M_1^{\mathrm{II}} \left(1 + a + a^2 + \ldots \right) \\
&= M^{\mathrm{I}} + \Delta M_1^{\mathrm{II}} \frac{1}{1-\alpha} \qquad \text{nicht } M^{\mathrm{I}} \frac{1}{1-\alpha} \text{ !!!} \\
u^{\mathrm{II}} &= u^{\mathrm{I}} + \Delta u_1^{\mathrm{II}} + \Delta u_2^{\mathrm{II}} + \ldots \\
&= u^{\mathrm{I}} \left(1 + a + a^2 + \ldots \right) \\
&= u^{\mathrm{I}} \frac{1}{1-\alpha}
\end{aligned}
$$

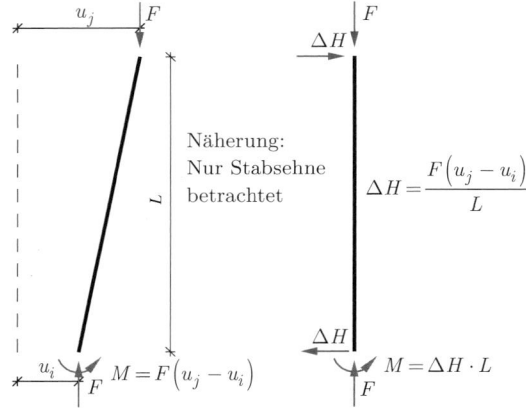

Abb. 5.80 Abtriebskräfte ersetzen das Kippmoment aus Theorie zweiter Ordnung

Gesucht: Momentenlinie zweiter Ordnung für den gezeigten Rahmen

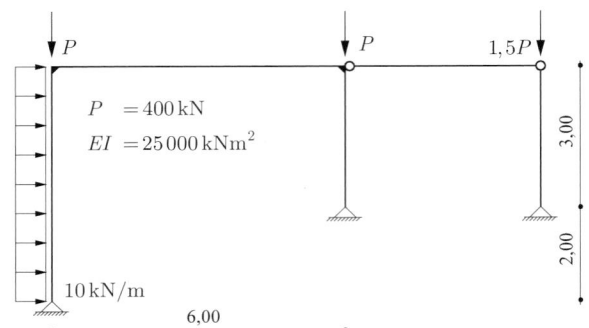

Abb. 5.81 Rahmen zur Berechnung nach Theorie zweiter Ordnung

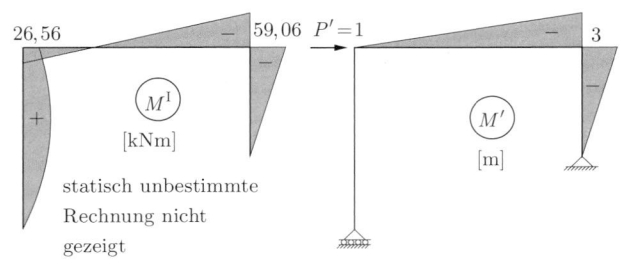

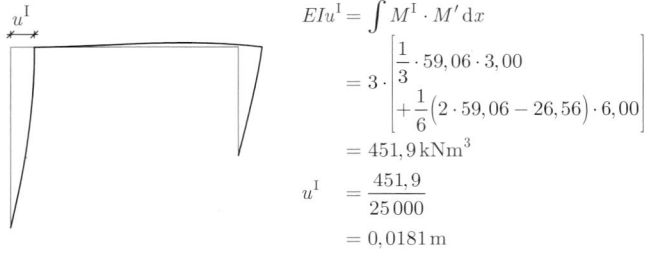

$$
\begin{aligned}
EIu^{\mathrm{I}} &= \int M^{\mathrm{I}} \cdot M' \, \mathrm{d}x \\
&= 3 \cdot \left[\frac{1}{3} \cdot 59{,}06 \cdot 3{,}00 \right. \\
&\qquad \left. + \frac{1}{6} \left(2 \cdot 59{,}06 - 26{,}56 \right) \cdot 6{,}00 \right] \\
&= 451{,}9 \, \mathrm{kNm}^3 \\
u^{\mathrm{I}} &= \frac{451{,}9}{25\,000} \\
&= 0{,}0181 \, \mathrm{m}
\end{aligned}
$$

Abb. 5.82 Moment und Verschiebung erster Ordnung

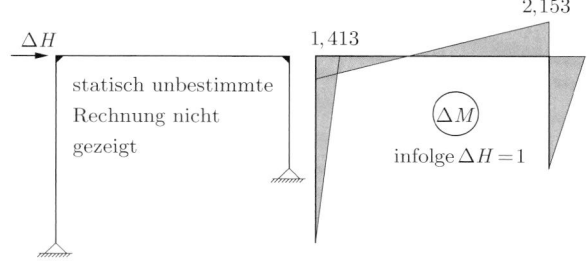

Abb. 5.83 Moment infolge Abtriebskraft

$$EI\delta = \int M^2 dx$$

$$= \frac{1}{3}\begin{bmatrix} 1,413^2 \cdot 5,00 \\ +(1,413^2 + 2,153^2 - 1,413 \cdot 2,153) \cdot 6,00 \\ +2,153^2 \cdot 3,00 \end{bmatrix}$$

$$= 15,111\,\mathrm{m}^3$$

$$\Delta H_1 = \left(\frac{400}{5,00} + \frac{400 + 1,5 \cdot 400}{3,00}\right)\frac{\mathrm{kN}}{\mathrm{m}} \cdot 0,0181\,\mathrm{m}$$

$$= 7,471\,\mathrm{kN}$$

$$\Delta u_1^{\mathrm{II}} = \frac{1}{25.000\,\mathrm{kNm}^2} \cdot 7,471\,\mathrm{kN} \cdot 15,111\,\mathrm{m}^3$$

$$= 0,00452\,\mathrm{m}$$

$$\alpha = \frac{1}{1 - \frac{0,00452}{0,0181}} = 1,333$$

$$u^{\mathrm{II}} = \alpha u^{\mathrm{I}} = 1,333 \cdot 0,0181 = 0,024\,\mathrm{m}$$

$$\Delta H = 1,333 \cdot \Delta H_1 = 1,333 \cdot 7,471 = 9,96\,\mathrm{kN}$$

$$M_{\mathrm{links}}^{\mathrm{II}} = 26,56 + 9,96 \cdot 1,413 = 40,6\,\mathrm{kNm}$$

$$M_{\mathrm{rechts}}^{\mathrm{II}} = 59,06 + 9,96 \cdot 2,153 = 80,5\,\mathrm{kNm}$$

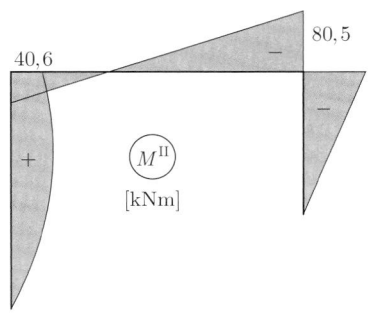

Abb. 5.84 Moment zweiter Ordnung ◄

Müssen mehrere Abtriebskräfte angesetzt werden (z. B. bei mehreren Stockwerken), erhöht sich der Rechenaufwand beträchtlich (Abb. 5.85).

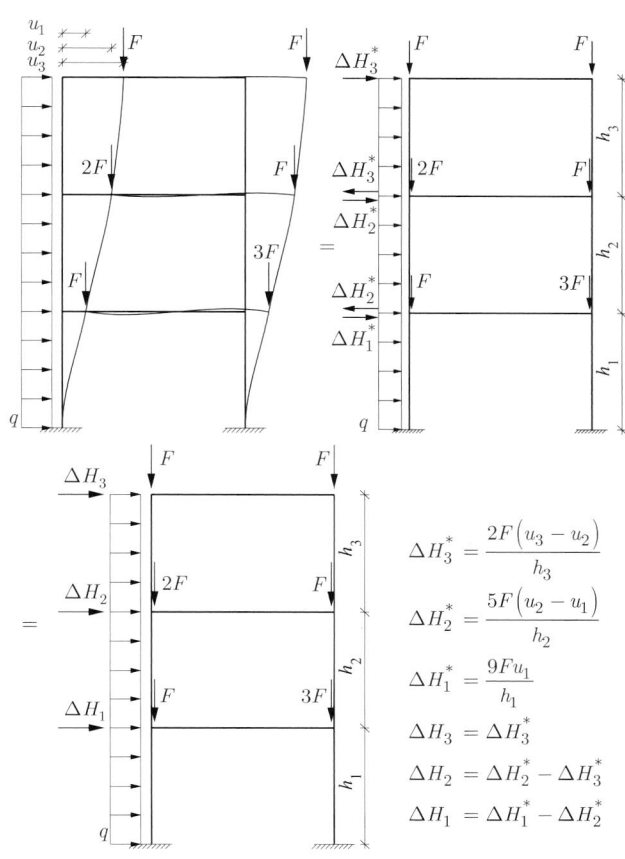

$$\Delta H_3^* = \frac{2F\left(u_3 - u_2\right)}{h_3}$$

$$\Delta H_2^* = \frac{5F\left(u_2 - u_1\right)}{h_2}$$

$$\Delta H_1^* = \frac{9Fu_1}{h_1}$$

$$\Delta H_3 = \Delta H_3^*$$

$$\Delta H_2 = \Delta H_2^* - \Delta H_3^*$$

$$\Delta H_1 = \Delta H_1^* - \Delta H_2^*$$

Abb. 5.85 Ansatz der Abtriebskräfte in mehrstöckigem Rahmen

5.21.5 Knickproblem

Sämtliche in Zusammenhang mit der Theorie zweiter Ordnung beschriebene Berechnungsverfahren können zur Bestimmung der Knicklast angewendet werden. Beim Drehwinkelverfahren zweiter Ordnung sowie dem allgemeinen Weggrößenverfahren muss die sogenannte Knickdeterminate zu Null gesetzt werden, was zu einer nichtlinearen skalaren Gleichung für die Stabkennzahl ε bzw. die Knicklast F_k führt (nichtlineares Knickproblem). Man erhält im Rahmen der üblichen baustatischen Voraussetzungen die exakte Lösung. Das Verfahren mit Abtriebskräften führt auf ein Eigenwertproblem (lineares Knickproblem), dessen Eigenwerte die Knicklasten und dessen Eigenvektoren die Knickfigur ergeben (höhere Eigenwerte haben keine baupraktische Bedeutung). Wird lediglich eine Abtriebskraft angesetzt (ein Freiheitsgrad) ergibt sich eine lineare Gleichung für die Knicklast (siehe nachfolgendes Beispiel).

Beispiel

Gesucht: Knicklast F_k des gezeigten Rahmens

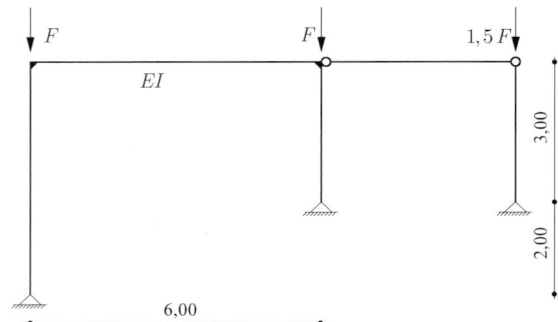

Abb. 5.86 Rahmen zur Knicklastberechnung

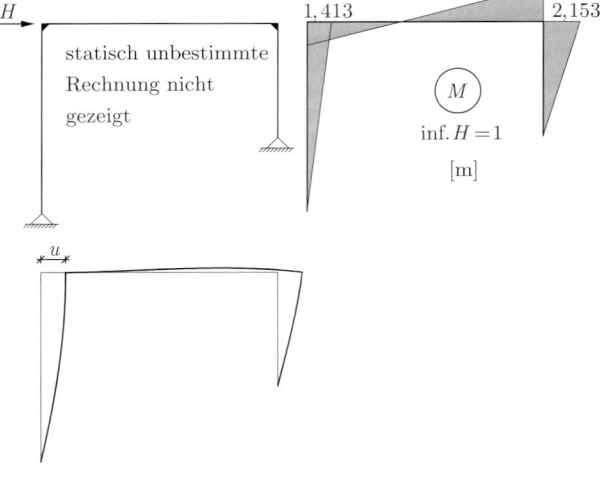

$$EIu = H \int M^2 \, dx$$

$$= \frac{1}{3} \left[\begin{array}{l} 1{,}413^2 \cdot 5{,}00 \\ + \left(1{,}413^2 + 2{,}153^2 - 1{,}413 \cdot 2{,}153 \right) \cdot 6{,}00 \\ + 2{,}153^2 \cdot 3{,}00 \end{array} \right]$$

$$= 15{,}14H$$

$$H = \left(\frac{F}{5{,}00} + \frac{2{,}5F}{3{,}00} \right) \cdot u$$

$$= 1{,}0333F \cdot u$$

$$u = 1{,}0333F \cdot u \cdot \frac{15{,}14}{EI}$$

$$F = F_k$$

$$= \frac{EI}{15{,}14 \cdot 1{,}0333}$$

$$= \frac{EI}{15{,}6 \, \mathrm{m}^2} \blacktriangleleft$$

Räumliche Aussteifungen

6

Prof. Dr.-Ing. Ansgar Neuenhofer

Inhaltsverzeichnis

A. Neuenhofer (✉)
TH Köln
Köln, Deutschland
E-Mail: ansgar.neuenhofer@th-koeln.de

© Springer Fachmedien Wiesbaden GmbH, ein Teil von Springer Nature 2021
U. Vismann (Hrsg.), *Wendehorst Bautechnische Zahlentafeln*, https://doi.org/10.1007/978-3-658-32218-2_6

6.1 Aussteifungselemente und ihre Wirkungsweise

6.1.1 Allgemeines

Bauwerke müssen so konstruiert und durchgebildet werden, dass nicht nur für die lotrechten Einwirkungen sondern auch für die Horizontallasten ein Lastpfad von der Krafteinleitung durch das Tragwerk hin zu der Gründung besteht, der den Anforderungen an Festigkeit und Steifigkeit genügt. Beispiele für horizontale Einwirkungen sind Lasten aus Wind, Erdbebenlasten, Anprall sowie ungewollter Schiefstellung. Im Allgemeinen nehmen sowohl für den Lastfall Erdbeben als auch für Wind die Horizontalkräfte mit zunehmendem Abstand zum Gelände zu, so dass die Belastung annähernd linear veränderlich ist. Es ergibt sich daher für die Querkraft und das Kippmoment ein ungefähr quadratischer bzw. kubischer Verlauf über die Bauwerkshöhe. Abbildung 6.1 zeigt schematisch ein nicht ausgesteiftes System mit insgesamt sieben Ebenen, die in einem 4×3-Raster angeordnet sind. Das Tragwerk weist sieben unabhängige Starrkörperverschiebungen auf. Es fehlen sieben Diagonalstäbe, um es zu stabilisieren.

Am einfachsten kann das Tragwerk ausgesteift werden, indem je eine Diagonale die sieben Ebenen stabilisiert (vgl. Abb. 6.2a). Da Diagonalen im Inneren eines Gebäudes architektonisch unerwünscht sind, werden i. Allg. die horizontalen Ebenen durch horizontale Aussteifung als Starrkörper ausgebildet, so dass nur drei Diagonalstäbe als vertikale Aussteifung verbleiben müssen (vgl. Abb. 6.2b).

Eine vertikale Aussteifung mit drei Diagonalen, d. h. der statisch erforderlichen Anzahl von Aussteifungselementen, hat allerdings den Nachteil, dass das Tragwerk torsionsanfällig wird. Eine Last, die an einer nicht ausgesteiften Ebene wirkt, kann erst nach einem „langen Spaziergang" abgetragen werden (vgl. Abb. 6.3a). Daher werden gewöhnlich mehr vertikale Aussteifungselemente verwendet als statisch notwendig, was zu einer direkten Lastabtragung führt (vgl. Abb. 6.3b).

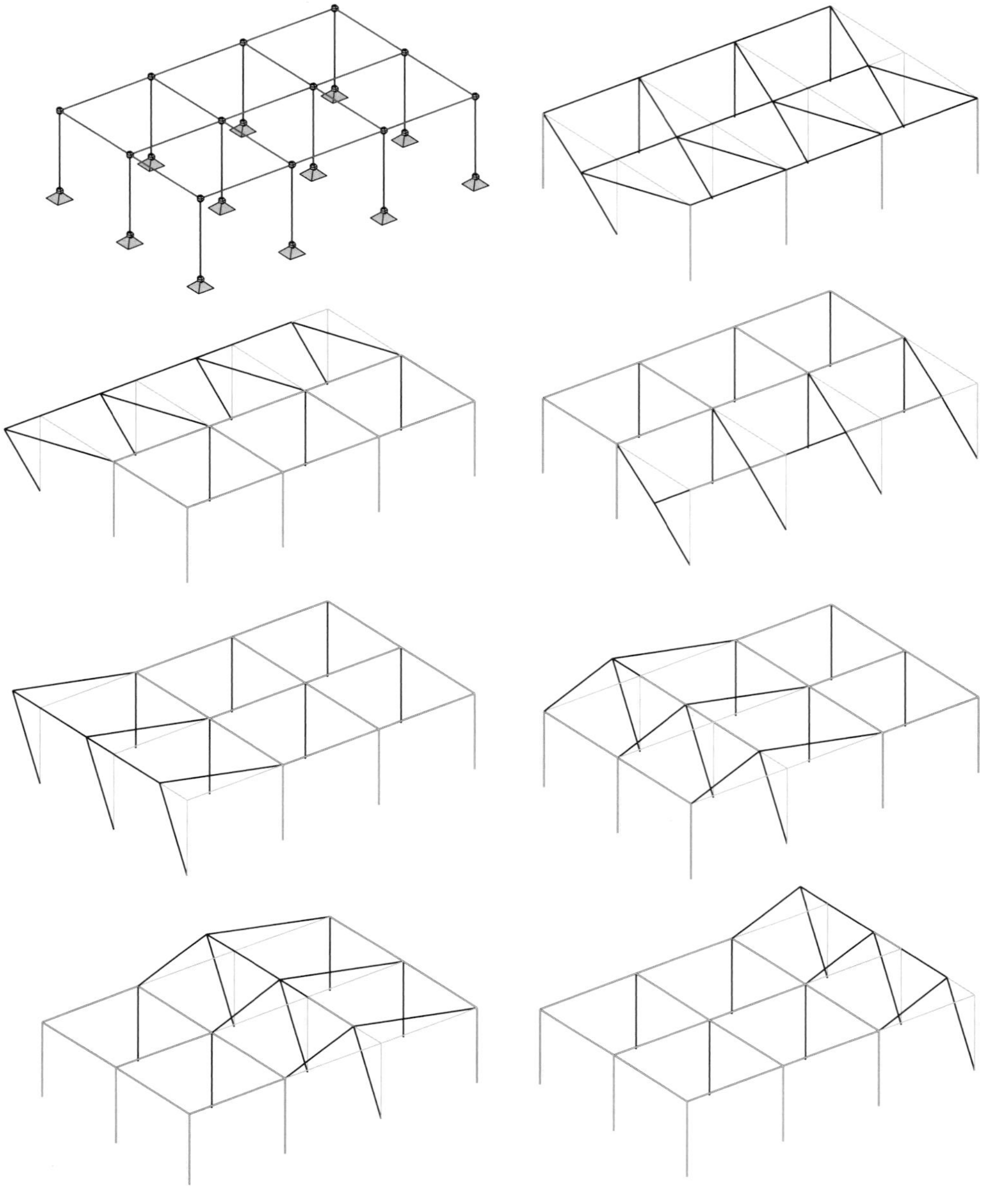

Abb. 6.1 Siebenfach labiles
Tragwerk

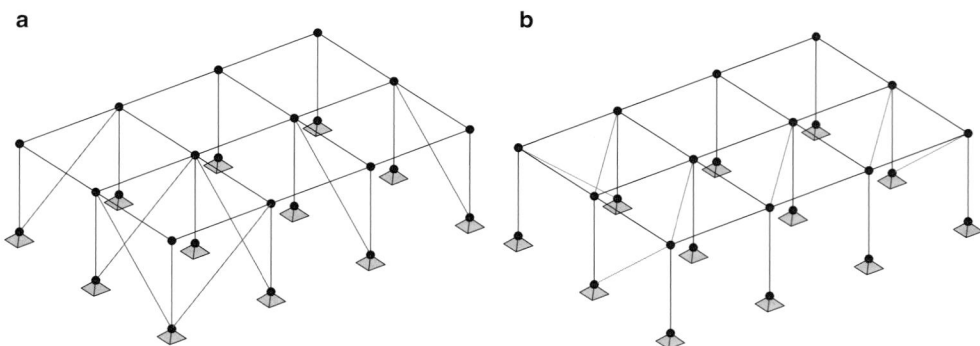

Abb. 6.2 Stabiles Tragwerk:
a durch vertikale Aussteifung;
b durch vertikale und horizontale
Aussteifung

a   b

Abb. 6.3 Stabiles Tragwerk: **a** minimale vertikale Aussteifung mit drei Wanddiagonalen; **b** vertikale Aussteifung mit vier Wanddiagonalen zur Vermeidung von Torsion

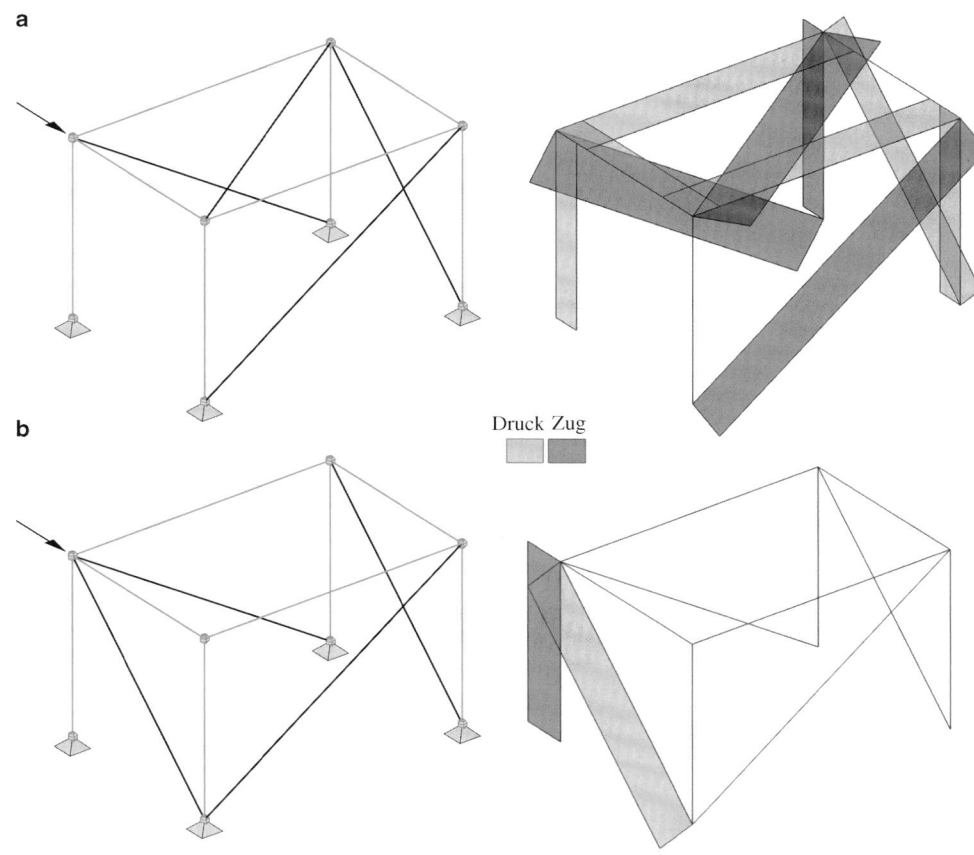

6.1.2   Horizontale Aussteifung

Die horizontale Aussteifung dient dazu, die Horizontallasten von ihrem Angriffspunkt zu den vertikalen Aussteifungselementen weiterzuleiten. Die gängigsten horizontalen Aussteifungselemente sind der Verband (Abb. 6.4) sowie die klassische Stahlbetondecke.

6.1.2.1   Verband

Ein Verband wirkt wie ein horizontales Fachwerk. Es treten nur Normalkräfte auf. Die Gurtkräfte sind in Feldmitte maximal, die Diagonalkräfte an den Auflagern (siehe Abb. 6.5). Die vertikale Aussteifung dient als Auflager für das horizontale Fachwerk, so dass die Horizontalkomponenten der vertikalen Aussteifung die Horizontalkräfte aufnehmen. Das

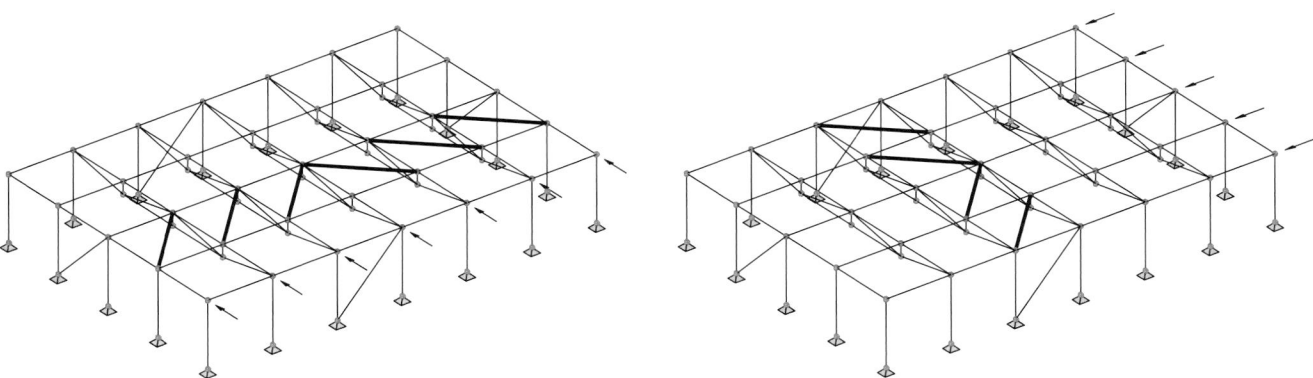

Abb. 6.4 Mit Verband horizontal ausgesteiftes Bauwerk (vertikale Aussteifung hier ebenfalls als Verband)

Abb. 6.5 Qualitativer Normal-
kraftverlauf in ausgesteiftem
Tragwerk

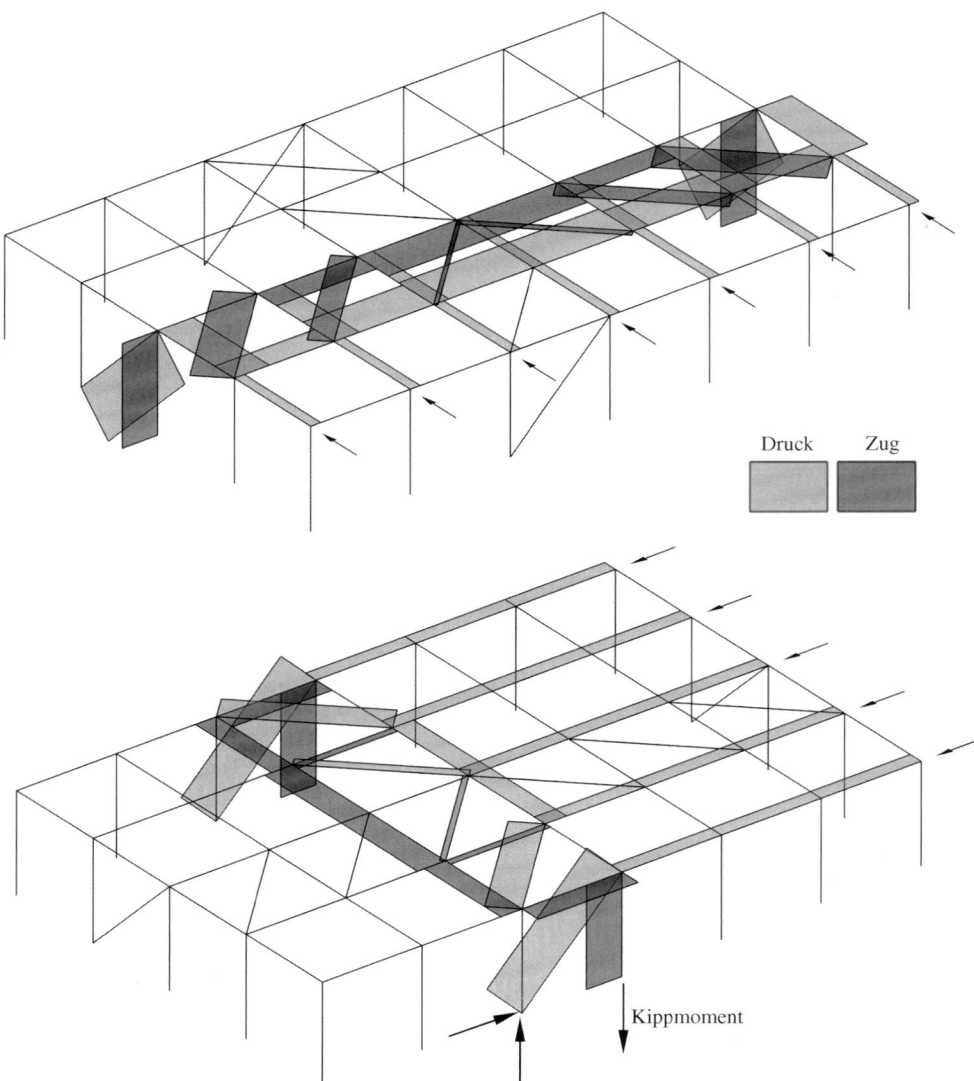

Kippmoment wird durch das Kräftepaar aufgenommen, das durch die Vertikalkomponente in der Diagonalen und der zugehörigen Stützenkraft gebildet wird.

6.1.2.2 Deckenscheibe

Wird eine Decke herangezogen, um die Horizontallasten an die vertikalen Aussteifungselemente weiterzuleiten, wirkt diese im Allgemeinen als Scheibe. Die Spannungsverteilung in der aussteifenden Scheibe hängt unter anderem ab von der Form der Scheibe, der Anordnung der vertikalen Aussteifungselemente, der relativen Steifigkeit von Scheibe und vertikalen Aussteifungselementen sowie der Lastverteilung (Druck/Sog auf die Scheibenumrisse bei Windbelastung, gleichmäßig verteilte Massenkräfte bei Erdbebenbelastung). Besondere Bedeutung kommt dem Verhältnis zwischen der Steifigkeit der vertikalen Aussteifungselemente und der Steifigkeit der Deckenscheiben zu. Abbildung 6.6 skizziert zwei extreme Situationen: (a) Die Steifigkeit der Decke in Scheibenrichtung ist groß im Vergleich zu der Steifigkeit der vertikalen Aussteifungselemente. Die Deckenscheibe erfährt somit nur kleine Verformungen und kann vereinfachend als starr in der Berechnung angesetzt werden. (b) Die Steifigkeit der Decke in Scheibenrichtung ist klein im Vergleich zu der Steifigkeit der vertikalen Aussteifungselemente. Die Deckenscheibe erfährt signifikante Verformungen, was in der Berechnung berücksichtigt werden muss (siehe Abb. 6.7). Zur genaueren Bestimmung der Spannungsverhältnisse in der Deckenscheibe (insbesondere bei Aussparungen) sowie der Aufteilung der Belastung auf die vertikalen Aussteifungselemente kann eine Berechnung mit Finiten Elementen nützlich sein.

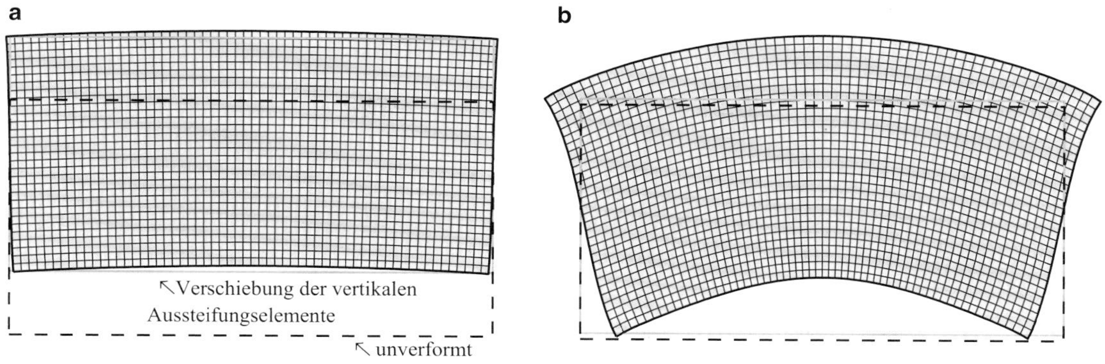

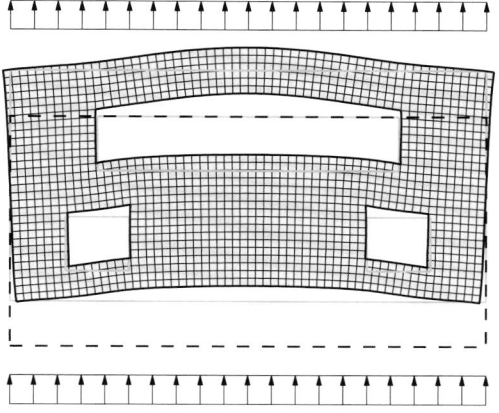

Abb. 6.6 Deckenscheibe als horizontales Aussteifungselement. **a** Verformung in vertikalen Aussteifungselementen dominiert; **b** Verformung in Deckenscheibe dominiert

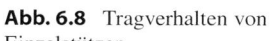

6.1.3 Vertikale Aussteifung

6.1.3.1 Einzelstützen (Abb. 6.8)
Aufgrund der geringen Steifigkeit kommt eine Aussteifung mit Einzelstützen nur für niedrige Gebäude in Frage.

6.1.3.2 Wandscheiben (Abb. 6.9, 6.10)
Schlanke Wände (H/L groß) verhalten sich wie gewöhnliche Kragstützen mit vernachlässigbaren Schubverformungen, bei gedrungenen Wänden (H/L klein) sind die Schubverformungen signifikant.

Abb. 6.7 Deckenscheibe mit Öffnungen

Abb. 6.8 Tragverhalten von Einzelstützen.

$$k_i = \frac{3E I_i}{H^3} \qquad v = \frac{F}{\sum_{i=1}^n k_i}$$

$$V_i = \frac{k_i}{\sum_{i=1}^n k_i} \qquad F = \frac{I_i}{\sum_{i=1}^n I_i} F$$

$$M_i = V_i \cdot H \qquad = k_i \cdot v$$

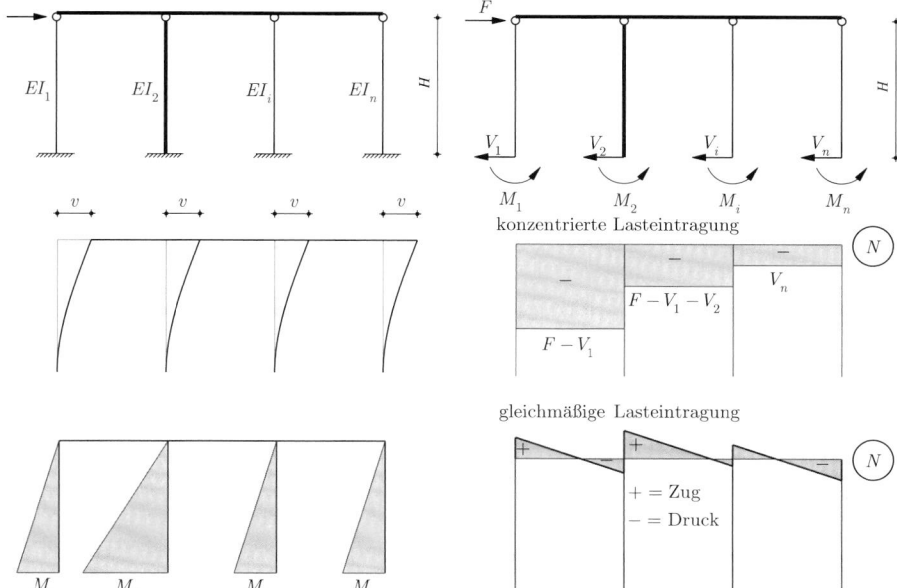

Abb. 6.9 Tragverhalten von Wandscheiben

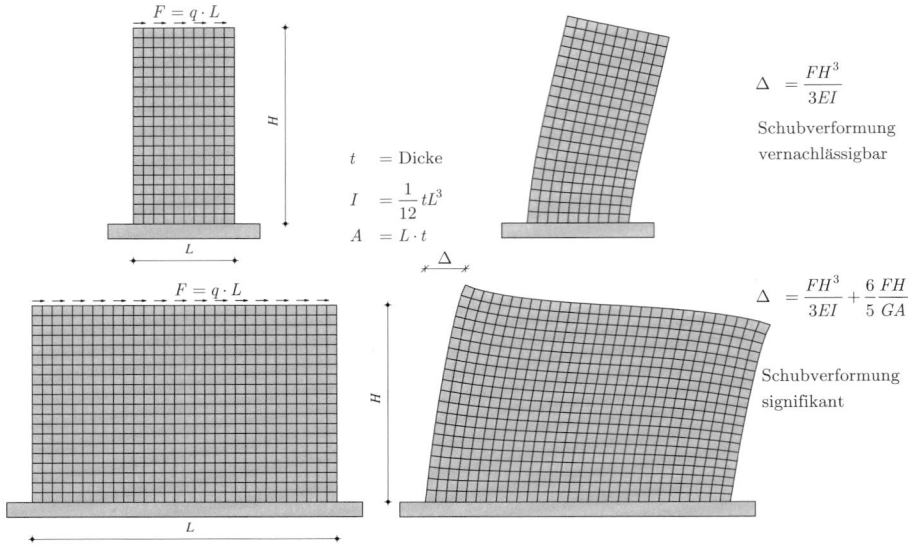

t = Dicke

$I = \frac{1}{12} t L^3$

$A = L \cdot t$

$\Delta = \frac{FH^3}{3EI}$

Schubverformung vernachlässigbar

$\Delta = \frac{FH^3}{3EI} + \frac{6}{5} \frac{FH}{GA}$

Schubverformung signifikant

Abb. 6.10 Beitrag von Biege- und Schubverformung zur Gesamtverformung

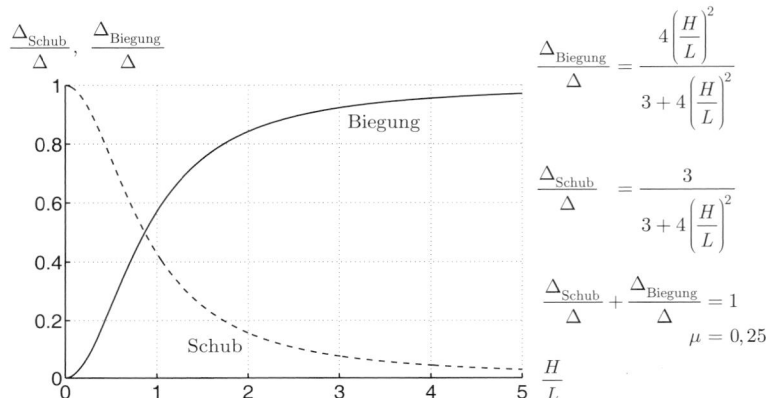

$$\frac{\Delta_{\text{Biegung}}}{\Delta} = \frac{4\left(\dfrac{H}{L}\right)^2}{3 + 4\left(\dfrac{H}{L}\right)^2}$$

$$\frac{\Delta_{\text{Schub}}}{\Delta} = \frac{3}{3 + 4\left(\dfrac{H}{L}\right)^2}$$

$$\frac{\Delta_{\text{Schub}}}{\Delta} + \frac{\Delta_{\text{Biegung}}}{\Delta} = 1$$

$$\mu = 0{,}25$$

6.1.3.3 Rahmen (Abb. 6.11, 6.12)

In Rahmen wird das Kippmoment durch Biegung in den Stützen sowie durch ein Kräftepaar in den Stützen aufgenommen. Eingespannte Rahmen sind deutlich steifer als gelenkig gelagerte. Die Einspannung ist in der Regel jedoch konstruktiv aufwändig und kostspielig. Stockwerkrahmen sind hochgradig statisch unbestimmt. Die Berechnung der Schnittgrößen und der Verschiebungen erfolgt i. Allg. elektronisch.

Abb. 6.11 Dreigelenkrahmen, Zweigelenkrahmen und eingespannter Rahmen

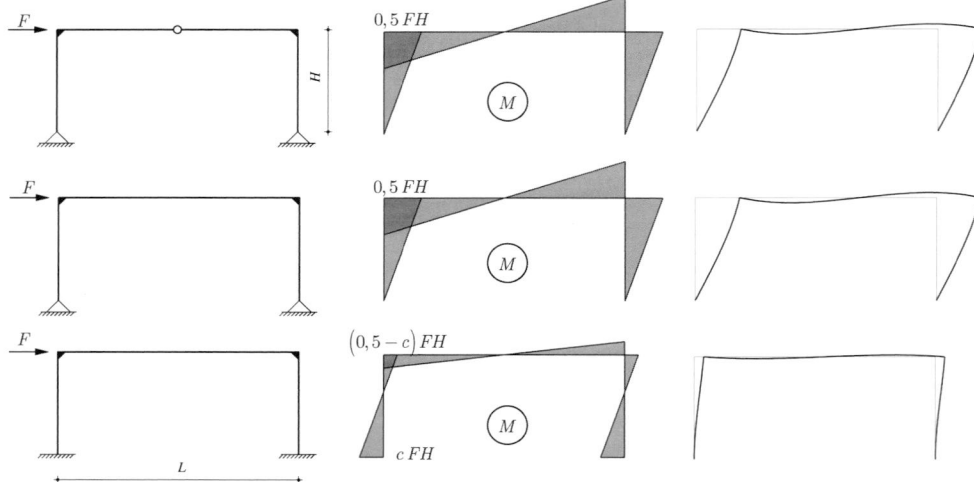

Abb. 6.12 Biegelinie und qualitative Schnittkraftlinien eines Mehrgeschossrahmens

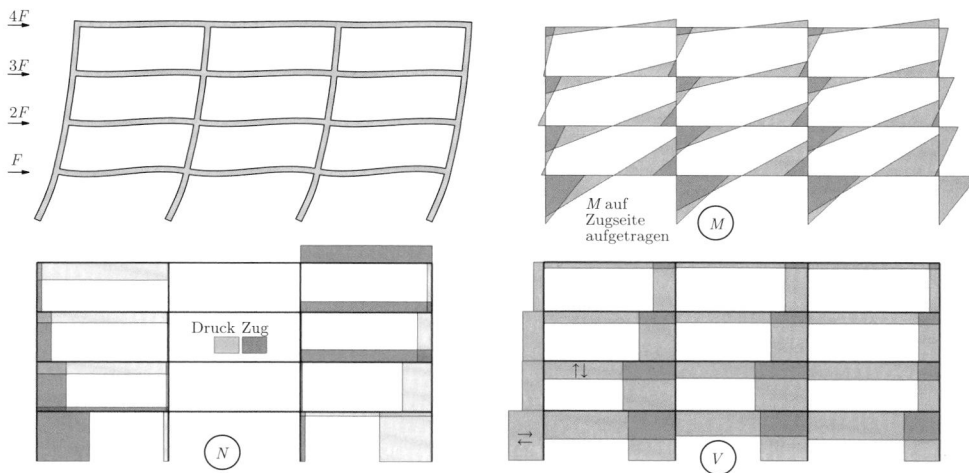

6.1.3.4 Verband (Abb. 6.13, 6.14)

Es existieren zahlreiche verschiedene Anordnungsmöglichkeiten für die Diagonalstäbe. Bei der hier gezeigten Variante erzeugt die Horizontallast je nach Richtung Zug- oder Druckkräfte, so dass die Diagonalstäbe auch als Knickstäbe zu bemessen sind. Das gezeigte System ist statisch bestimmt, eine Gleichgewichtsbetrachtung liefert:

$$D_i = \sum_{j=1}^{i} F_j / \cos\alpha \qquad\qquad 1 \le i \le n \quad \text{Zug}$$

$$S_i = S_{i-1} + D_{i-1}\sin\alpha \quad S_1 = 0 \quad 2 \le i \le n \quad \text{Zug}$$

$$T_i = T_{i-1} + D_i\sin\alpha \qquad T_0 = 0 \quad 1 \le i \le n \quad \text{Druck}$$

$$H_i = D_i\cos\alpha = \sum_{j=1}^{i} F_j \qquad\qquad 1 \le i \le n \quad \text{Druck}$$

Für andere Arten von Verbänden können ähnliche Gleichungen aufgestellt werden.

Tafel 6.1 Beispiel: Verbandaussteifung, Stabkräfte (Vielfaches von F, $\sin\alpha = 0{,}6 \cos\alpha = 0{,}8$)

i	F_i	$\sum F_i$	D_i	S_i	H_i	T_i
1	4,00	4,00	5,00	0	4,00	3,00
2	3,00	7,00	8,75	3,00	7,00	8,25
3	2,00	9,00	11,25	8,25	9,00	15,00
4	1,00	10,00	12,50	15,00	10,00	22,50

Sind die Aussteifungselemente versetzt angeordnet, treten große Normalkräfte auf, weil die Horizontalkräfte aus den oberen Geschossen bis zum nächsten Aussteifungselement weitergeleitet werden müssen (vgl. Abb. 6.14). Dies trifft nicht nur auf Tragwerke zu, die durch Verbände ausgesteift werden, sondern ebenso auf die zuvor beschriebenen Aussteifungselemente.

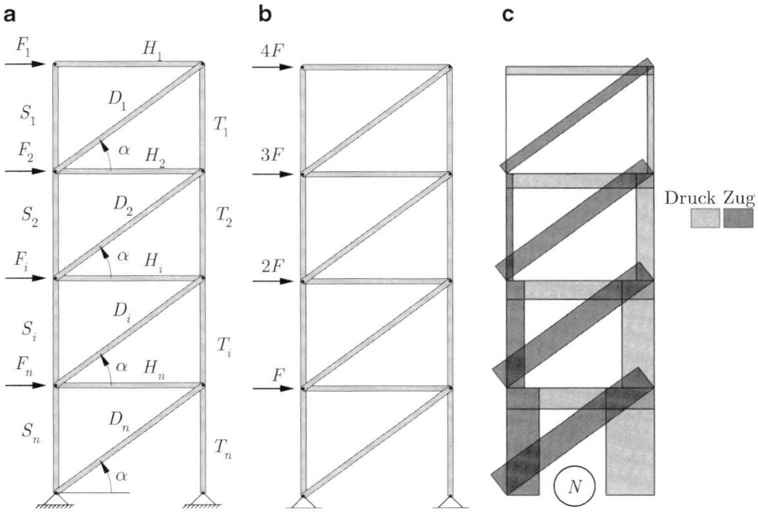

Abb. 6.13 Fachwerkaussteifung: **a** allgemeine Bezeichnungen der Kräfte; **b, c** Beispiel

Abb. 6.14 a Ungünstig und
b günstig ausgesteiftes Tragwerk
sowie zugehörige Normalkraft-
verläufe

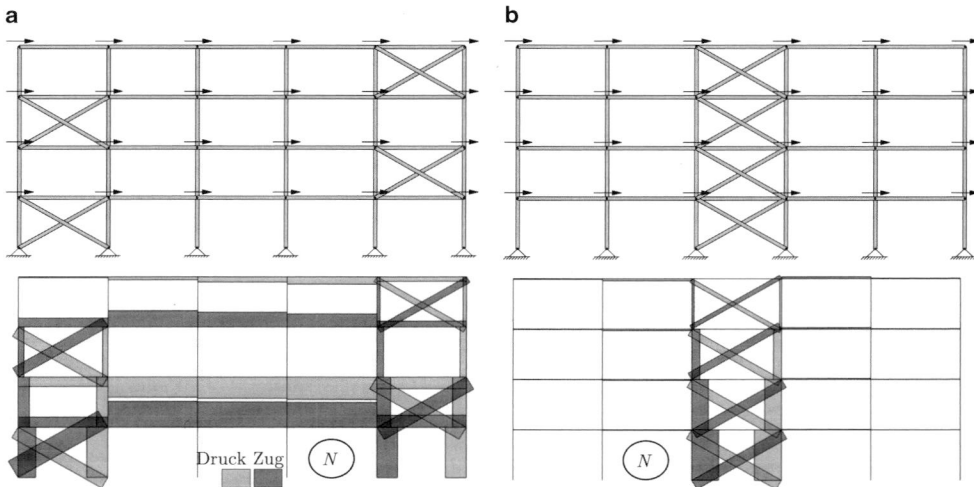

6.1.3.5 Kern (Abb. 6.15)

Ein Aussteifungskern trägt zur Steifigkeit in allen Richtungen bei. Als Hohlkastenquerschnitt ist er besonders torsionssteif. Allerdings setzen Öffnungen die Torsionssteifigkeit
bedeutend herab.

6.1.3.6 Outrigger-System (Abb. 6.16)

In Outrigger-Systemen übertragen steife Riegel (die Outrig-
ger), die in bestimmter Höhe angebracht sind und sich oft
über ein ganzes Stockwerk erstrecken, einen Teil des Kipp-
moments auf ausgewählte Stützen, sogenannte Megastützen.
Dadurch reduziert sich die Biegebeanspruchung im Kern wie
Abb. 6.16 zeigt. Der Schub verbleibt dabei i. Allg. im Kern.

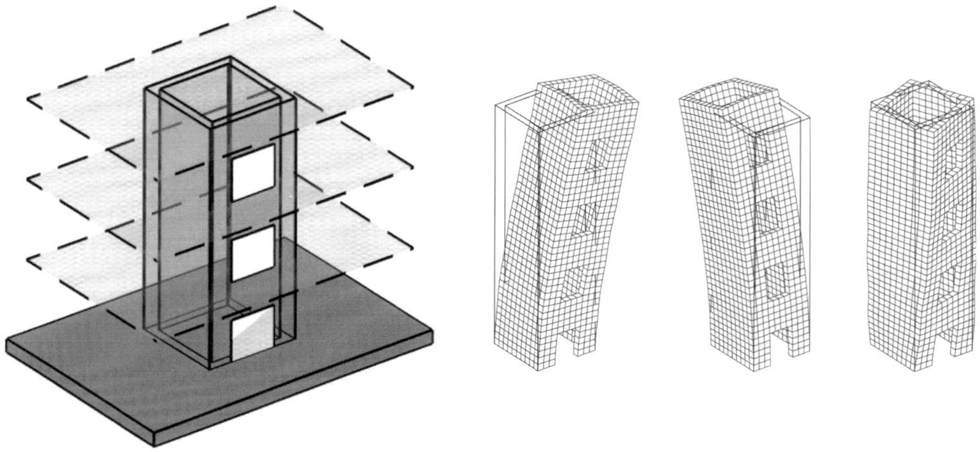

Abb. 6.15 Kern als Aussteifungselement

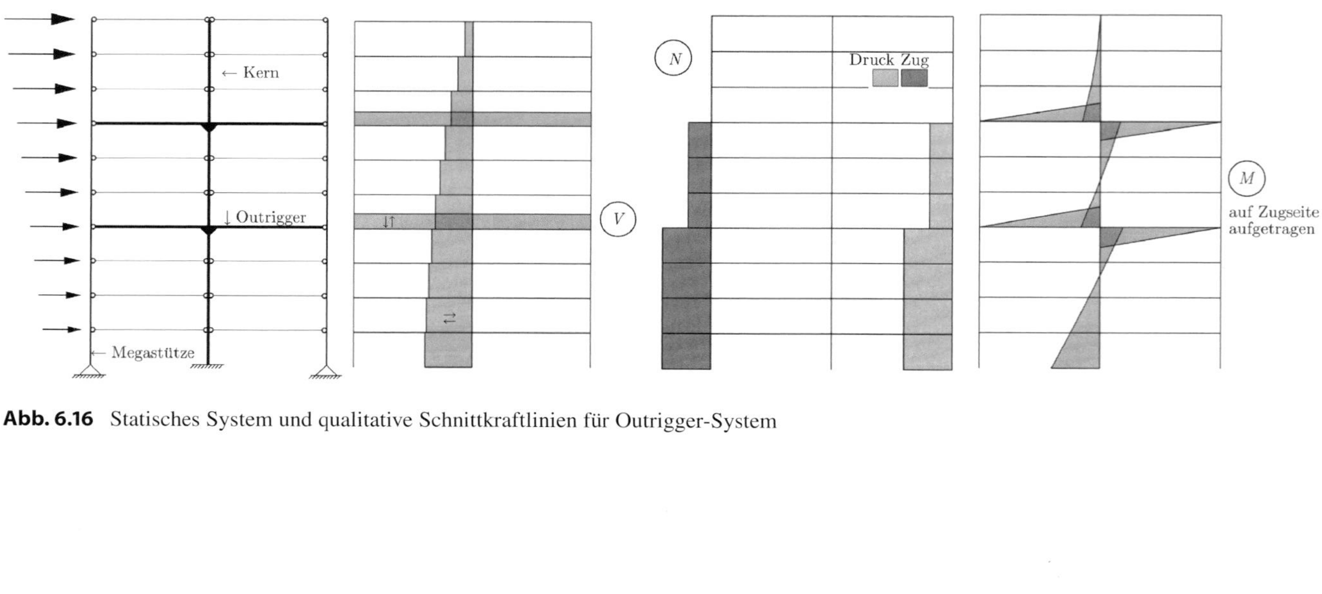

Abb. 6.16 Statisches System und qualitative Schnittkraftlinien für Outrigger-System

6.1.4 Anordnung von Aussteifungselementen

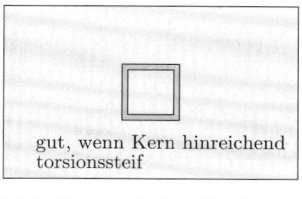

gut, wenn Kern hinreichend torsionssteif

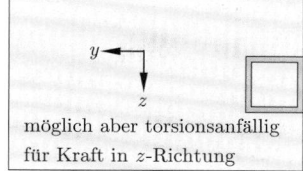

möglich aber torsionsanfällig für Kraft in z-Richtung

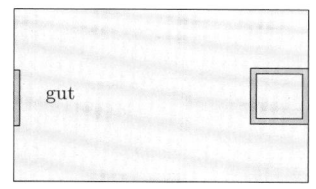

gut

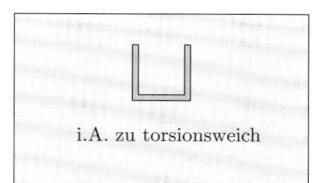

i.A. zu torsionsweich

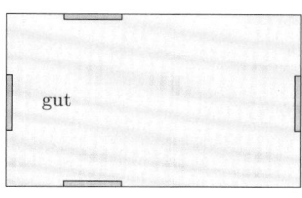

gut

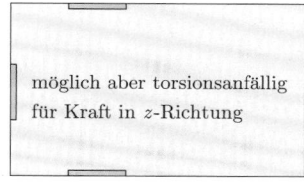

möglich aber torsionsanfällig für Kraft in z-Richtung

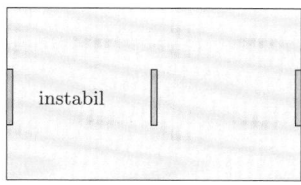

instabil

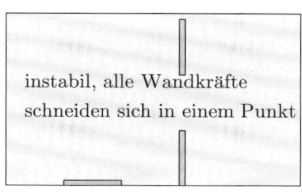

instabil, alle Wandkräfte schneiden sich in einem Punkt

Abb. 6.17 Anordnungen der Gebäudeaussteifung im Grundriss

6.2 Schnittgrößenermittlung von Wandaussteifungen

6.2.1 Voraussetzungen

- Die Wandscheiben besitzen lediglich in ihrer Ebene Steifigkeit (Scheibenwirkung), die Steifigkeit senkrecht zur Ebene (Plattenwirkung) wie auch ihre Torsionssteifigkeit wird vernachlässigt. Unter diesen Annahmen erfährt die Wand eine Querkraft in Richtung der Wand und das zugehörige Biegemoment. In jedem Geschoss werden die anfallenden Horizontalkräfte auf die einzelnen Wände verteilt, was zu einer Querkraftänderung ΔV führt.

- Die Geschossdecken sind starr in ihrer Ebene, die Steifigkeit in Plattenrichtung wird vernachlässigt.
  Es tritt daher keine Rahmenwirkung zwischen den einzelnen Aussteifungselementen auf, und es werden nur Horizontalkräfte übertragen, die sich aus der Verträglichkeit der Horizontalverschiebungen der Aussteifungselemente ergeben.
- Der Einfluss der Wölbkrafttorsion bleibt unberücksichtigt.
- Der Einfluss von Schubverformungen auf die Schnittgrößen wird vernachlässigt, da das Verhältnis von Wandhöhe zu Wandlänge im Allgemeinen hinreichen groß ist und somit von einem Ebenbleiben der Querschnitte ausgegangen werden kann.

6.2.2 Statisch bestimmte Anordnung

6.2.2.1 Allgemeines

Unter den oben getroffenen Annahmen liegt eine statisch bestimmte Gebäudeaussteifung dann vor, wenn das Bauwerk durch genau drei Wandscheiben ausgesteift ist. Zwei davon können an einer Kante miteinander verbunden sein und so einen abgewinkelten, T-förmigen oder gekreuzten Querschnitt bilden. Die Scheibenebenen dürfen sich nicht in einem Punkt schneiden und nicht parallel angeordnet sein (vgl. Abb. 6.17). Zwar liegt auch dann eine statisch bestimmte Aussteifung vor, wenn alle drei Scheiben zu einem einzigen zusammenhängenden Querschnitt verbunden sind, in diesem Fall ist aber eine Bestimmung des Schubmittelpunkts erforderlich, die in den folgenden Abschnitten behandelt wird. Aus den auf die Geschossplatten einwirkenden Kräften F_Y, F_Z, M_X können mit Hilfe der drei Gleichgewichtsbedingungen die in Scheibenrichtung wirkenden Querkräfte V berechnet werden.

Bilden Wandscheiben einen zusammenhängenden Querschnitt, können die Gleichgewichtsbedingungen analog angewandt werden. Bei der Spannungsermittlung, die der Schnittgrößenermittlung folgt, muss jedoch beachtet werden, dass die Achsen Y und Z normalerweise nicht die Hauptachsen des winkelartigen Wandquerschnitts sind, so dass sich die Spannungsermittlung schwieriger gestaltet als bei getrennten Wandscheiben.

Abb. 6.18 Schnittgrößen in aussteifender Wand

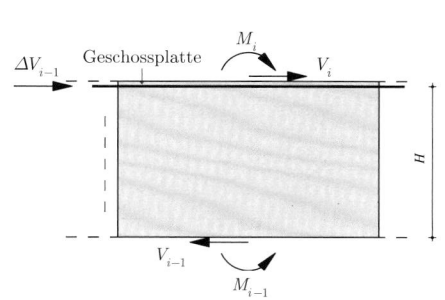

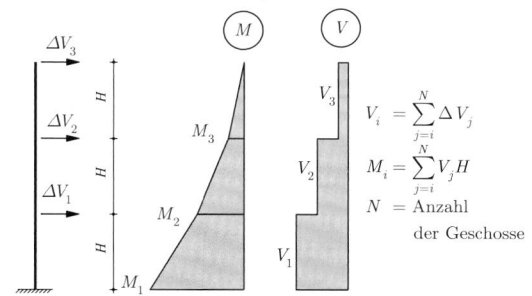

Wandmomente und -querkräfte

$$V_i = \sum_{j=i}^{N} \Delta V_j$$

$$M_i = \sum_{j=i}^{N} V_j H$$

N = Anzahl der Geschosse

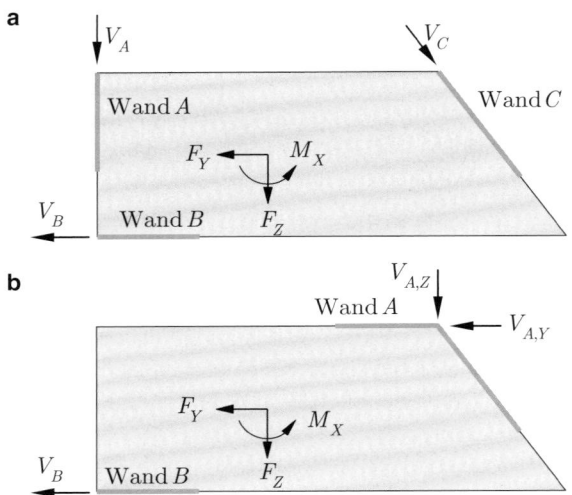

Abb. 6.19 Statisch bestimmte Anordnung von Aussteifungselementen. **a** Drei getrennte Wände; **b** Zwei Wände bilden zusammenhängenden Querschnitt

6.2.2.2 Beispiel (siehe Abb. 6.20)

Gesucht: Biegemomente und Querkräfte in den Wänden infolge einer gegebenen Windlast von $1{,}40\,\text{kN/m}^2$ (drei Geschosse, Geschosshöhe $= 3{,}00\,\text{m}$).

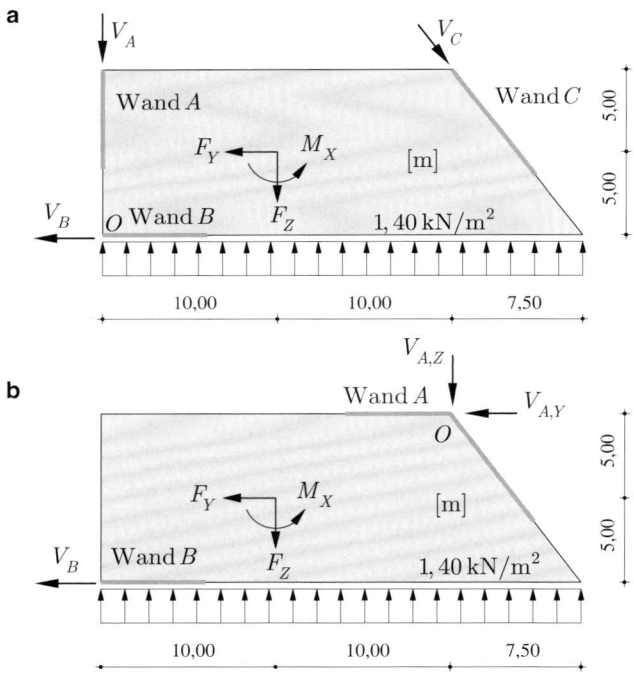

Abb. 6.20 Beispiel: Statisch bestimmte Bauwerksaussteifung; **a** Drei getrennte Wände; **b** Zwei Wände bilden zusammenhängenden Querschnitt

Gleichgewicht   Getrennte Wandscheiben

$$\sum F_\text{Y} = 0 = F_\text{Y} + V_\text{B} - V_\text{C} \cdot 0{,}6$$

$$\sum F_\text{Z} = 0 = F_\text{Z} + V_\text{A} + V_\text{C} \cdot 0{,}8$$

$$\sum M_{\text{O},\text{X}} = 0 = F_\text{Y} \cdot 5{,}00 - F_\text{Z} \cdot 10{,}00$$
$$+ M_\text{X} - V_\text{C} \cdot 0{,}8 \cdot 27{,}50$$

$$V_\text{A} = -\frac{1}{110}\left(20 F_\text{Y} + 70 F_\text{Z} + 4\frac{1}{[\text{m}]} M_\text{X}\right)$$

$$V_\text{B} = -\frac{1}{110}\left(95 F_\text{Y} + 30 F_\text{Z} - 3\frac{1}{[\text{m}]} M_\text{X}\right)$$

$$V_\text{C} = -\frac{1}{110}\left(25 F_\text{Y} - 50 F_\text{Z} + 5\frac{1}{[\text{m}]} M_\text{X}\right)$$

$$(6.1)$$

Tafel 6.2 Lastaufteilung und Schnittgrößen für Anordnung (a)

Geschoss	Kraft [kN] F_Z	Moment [kN m] M_X	Lastaufteilung nach (6.1) [kN] ΔV_A	ΔV_B	ΔV_C
3	−57,5	215,6			
2	−115,0	431,3	57,5	43,1	71,9
1	−115,0	431,3	57,5	43,1	71,9

Geschoss	Querkraft [kN] V_A	V_B	V_C	Moment [kN m] M_A	M_B	M_C
3	28,8	21,6	35,9	86,3	64,7	107,8
2	86,3	64,7	107,8	345,0	258,8	431,3
1	143,8	107,8	179,7	776,3	582,2	970,3

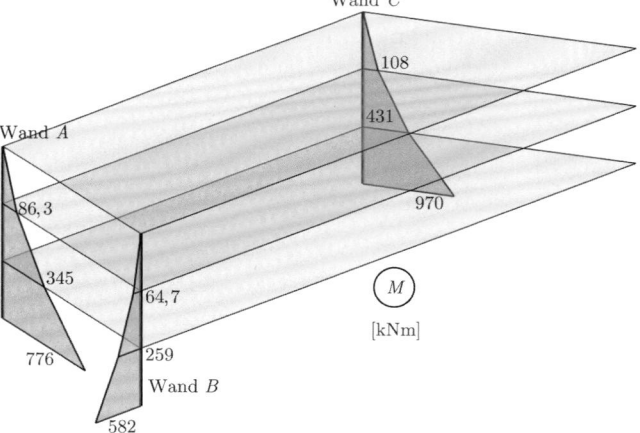

Abb. 6.21 Biegemomente in Aussteifungswänden (auf Zugseite der Wand aufgetragen), Anordnung (a)

Zusammenhängende Wandscheiben

$$\sum F_Y = 0 = F_Y + V_B + V_{A,Y}$$

$$\sum F_Z = 0 = F_Z + V_{A,Z}$$

$$\sum M_O = 0 = M_X - V_B \cdot 10{,}00 - F_Y \cdot 5{,}00 + F_Z \cdot 10{,}00$$

$$V_{A,Y} = -0{,}5 F_Y - F_Z - 0{,}1 \frac{1}{[\text{m}]} M_X$$

$$V_{A,Z} = -F_Z$$

$$V_B = -0{,}5 F_Y + F_Z + 0{,}1 \frac{1}{[\text{m}]} M_X \qquad (6.2)$$

Tafel 6.3 Lastaufteilung und Schnittgrößen für Anordnung (b)

Geschoss	Kraft [kN] F_Z	Moment [kN m] M_X	Lastaufteilung nach (6.2) [kN] $\Delta V_{A,Y}$	$\Delta V_{A,Z}$	ΔV_B
3	−57,5	215,6	−35,9	57,5	35,9
2	−115,0	431,3	−71,9	115,0	71,9
1	−115,0	431,3	−71,9	115,0	71,9

Geschoss	Querkraft [kN] $V_{A,Y}$	$V_{A,Z}$	V_B	Moment [kN m] $M_{A,Y}$	$M_{A,Z}$	M_B
3	−35,9	57,5	35,9	172,5	107,8	107,8
2	−107,8	172,5	107,8	690,0	431,3	431,3
1	−179,7	287,5	179,7	1552	970,3	970,3

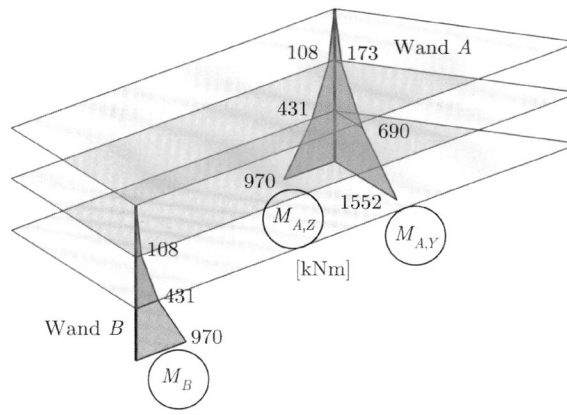

Abb. 6.22 Biegemomente in Aussteifungswänden (auf Zugseite der Wand aufgetragen), Anordnung (b)

Geschosskräfte

$$F_Z = -1{,}4 \, \text{kN/m}^2 \cdot 27{,}50 \, \text{m} \cdot 3 \, \text{m}$$
$$= -115 \, \text{kN} \quad (\text{Geschoss 1 und 2})$$
$$F_Z = -1{,}4 \, \text{kN/m}^2 \cdot 27{,}50 \, \text{m} \cdot 3 \, \text{m}/2$$
$$= -57{,}5 \, \text{kN} \quad (\text{Geschoss 3})$$
$$M_X = 115 \, \text{kN} \cdot (27{,}50/2 - 10{,}00) \, \text{m}$$
$$= 431{,}3 \, \text{kN m} \quad (\text{Geschoss 1 und 2})$$
$$M_X = 57{,}5 \, \text{kN} \cdot (27{,}50/2 - 10{,}00) \, \text{m}$$
$$= 215{,}6 \, \text{kN m} \quad (\text{Geschoss 3})$$

6.2.3 Statisch unbestimmte Anordnung

6.2.3.1 Annahmen zum Verformungsverhalten

6.2.3.1.1 Affines Verformungsverhalten (Abb. 6.23)

Die Abtragung der Horizontallasten erfolgt über unabhängige Kragarme. Die Geschossdecke verteilt die Horizontalbelastung auf die Wände entsprechend ihrer Steifigkeiten. Der Anteil der Horizontallast, der auf ein Aussteifungselement entfällt, ändert sich über die Höhe des Bauwerks nicht.

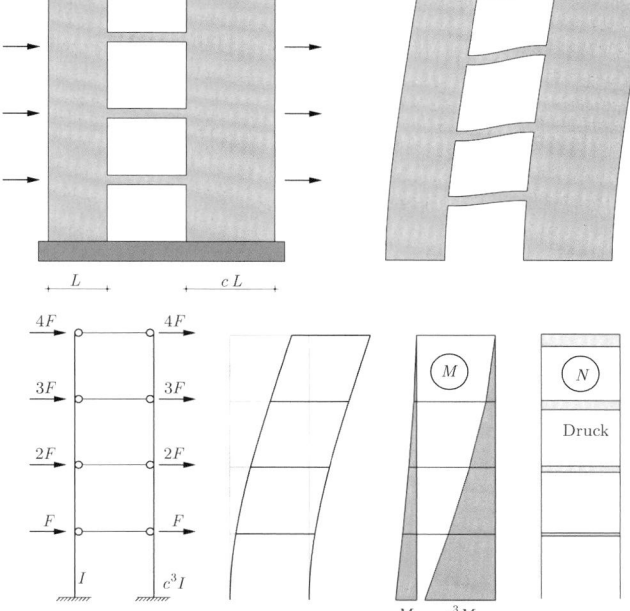

Abb. 6.23 Affines Verformungsverhalten

6.2.3.1.2 Nicht-affines Verformungsverhalten (Abb. 6.24)

Unterschiedliches Verformungsverhalten der aussteifenden Bauteile führt zu einer Wechselwirkung mit entsprechender

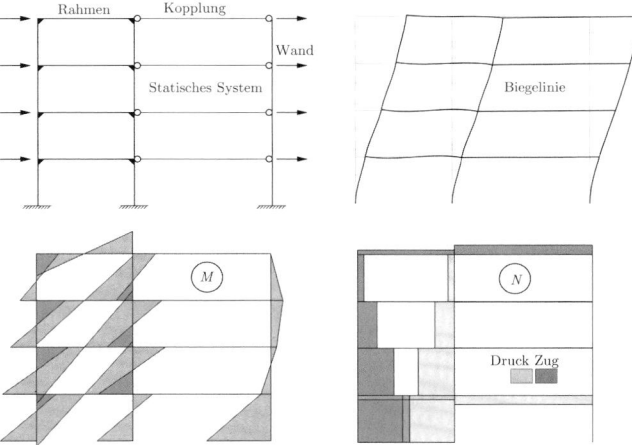

Abb. 6.24 Nicht-affines Verformungsverhalten

Umverteilung der Kräfte. So gibt im oberen Teil des unten skizzierten Tragsystems die Wandscheibe Last an den Rahmen ab (es entsteht Zug im Kopplungselement), im unteren Teil ist das Verhalten genau umgekehrt, d. h. der Rahmen gibt Kraft an die Wandscheibe ab (es entsteht Druck im Kopplungselement). Bei nicht-affinem Verformungsverhalten ist die Schnittgrößenermittlung im Allgemeinen aufwändig. Auf sie wird hier nicht weiter eingegangen. Ein Beispiel zu diesem Thema befindet sich im Beispielband.

6.2.3.2 Schnittgrößen bei affinem Verformungsverhalten (einfache Anordnung von Wandscheiben)

6.2.3.2.1 Voraussetzungen
- Wie unter Abschn. 6.2.1 erwähnt
- Wände parallel zu Bauwerksachsen, d. h. $I_{yz} = 0$ für alle Wände.

6.2.3.2.2 Trägheitsmoment und Lage des Schubmittelpunkts

$$I = \frac{1}{12} \cdot t \cdot L^3$$

$$Y_M = \frac{\sum I_{y,i} \cdot Y_i}{\sum I_{y,i}}$$

(6.3)

$$Z_M = \frac{\sum I_{z,i} \cdot Z_i}{\sum I_{z,i}}$$

6.2.3.2.3 Aufteilung der Horizontaleinwirkungen

$$V_{y,i} = \frac{I_{z,i}}{\sum I_{z,i}} F_{Y,M}$$
$$- \frac{I_{z,i} \cdot \Delta Z_i}{\sum \Delta Y_i^2 I_{y,i} + \sum \Delta Z_i^2 I_{z,i}} M_{X,M}$$

$$V_{Z,i} = \frac{I_{y,i}}{\sum I_{y,i}} F_{Z,M}$$
$$+ \frac{I_{y,i} \cdot \Delta Y_i}{\sum \Delta Y_i^2 I_{y,i} + \sum \Delta Z_i^2 I_{z,i}} M_{X,M}$$

(6.4)

Es bedeuten:
t	Wanddicke
L	Wandlänge
I	Trägheitsmoment der Wand
	$I = I_y$ für Wände in z-Richtung,
	$I = I_z$ für Wände in y-Richtung
Y_i, Z_i	Abstand der Wand i vom beliebig gewählten Ursprung, O
	Y_i für Wände in z-Richtung, Z_i für Wände in y-Richtung

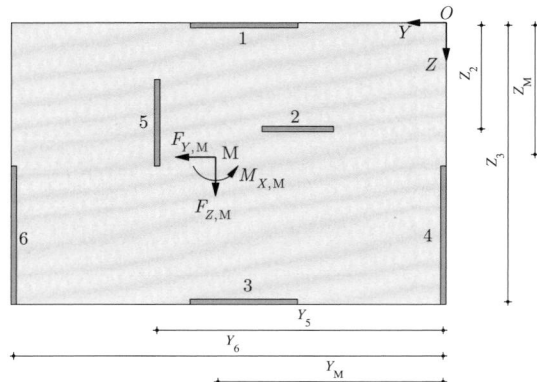

Abb. 6.25 Anordnung von Wänden parallel zu Hauptachsen des Tragwerks

$V_{y,i}, V_{z,i}$	Querkraft in Wand i
$F_{Y,M}, F_{Z,M}, M_{X,M}$	auf den Schubmittelpunkt bezogene Einwirkungen
Y_M, Z_M	Koordinaten des Schubmittelpunkts
$\Delta Y_i, \Delta Z_i$	Abstand der Wand i vom Schubmittelpunkt ($\Delta Y_i = Y_i - Y_M$, $\Delta Z_i = Z_i - Z_M$)

6.2.3.2.4 Beispiel (Abb. 6.26, Tafel 6.4)
Gesucht: Einflusszahlen für die Lastaufteilung infolge Einheitsbelastung $F_{Y,M} = 1$, $F_{Z,M} = 1$, $M_{X,M} = 1$ im Schubmittelpunkt M.

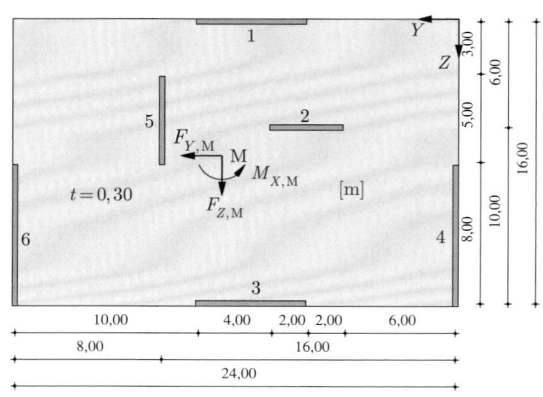

Abb. 6.26 Beispiel: Lastaufteilung

Schubmittelpunkt

$$Y_M = \frac{\sum_{i=1}^{3} I_{y,i} \cdot Y_i}{\sum_{i=1}^{3} I_{y,i}} = \frac{361,5\,\mathrm{m}^5}{28,73\,\mathrm{m}^4} = 12,58\,\mathrm{m}$$

$$Z_M = \frac{\sum_{i=1}^{3} I_{z,i} \cdot Z_i}{\sum_{i=1}^{3} I_{z,i}} = \frac{97,86\,\mathrm{m}^5}{12,40\,\mathrm{m}^4} = 7,89\,\mathrm{m}$$

Tafel 6.4 Berechnungen zu Querschnittswerten, Schubmittelpunkt und Lastaufteilung

Wände in Y-Richtung

Wand i	L [m]	$I_{z,i}$ [m⁴]	Z_i [m]	$I_{z,i} \cdot Z_i$ [m⁵]	$\Delta Z = Z_i - Z_M$ [m]	$I_{z,i} \cdot \Delta Z^2$ [m⁶]	$\dfrac{I_{z,i}}{\sum I_{z,i}}$	$\dfrac{-I_{z,i} \cdot \Delta Z_i}{\sum \Delta Y_i^2 I_{y,i} + \sum \Delta Z_i^2 I_{z,i}}$ [1/m]
1	6,00	5,40	0,15	0,81	−7,74	323,66	0,4355	0,009442
2	4,00	11,60	6,15	9,84	−1,74	4,85	0,1290	0,000629
3	6,00	15,40	16,15	87,21	8,26	368,26	0,4355	−0,010071
$\sum$	16,00	12,40		97,66		696,8	1 (ok)	0 (ok)

Wände in Z-Richtung

Wand i	L [m]	$I_{y,i}$ [m⁴]	Y_i [m]	$Y_{y,i} \cdot y_i$ [m⁵]	$\Delta Y = Y_i - Y_M$ [m]	$I_{y,i} \cdot \Delta Y^2$ [m⁶]	$\dfrac{I_{y,i}}{\sum I_{y,i}}$	$\dfrac{-I_{y,i} \cdot \Delta Y_i}{\sum \Delta Y_i^2 I_{y,i} + \sum \Delta Z_i^2 I_{z,i}}$ [1/m]
4	8,00	12,80	0,15	1,92	−12,44	1973,31	0,4456	−0,035948
5	5,00	3,13	16,15	50,47	3,56	39,71	0,1088	0,002516
6	8,00	12,80	24,15	309,12	11,56	1711,94	0,4456	0,033432
$\sum$		28,73		361,5		3731,0	1 (ok)	0 (ok)

Tafel 6.5 Einflusszahlen für die Wände infolge Einheitsbelastung im Schubmittelpunkt

Schnittkraft	Wand i	Infolge $F_{Y,M} = 1$	Infolge $F_{Z,M} = 1$	Infolge $M_{X,M} = 1$
V_y	1	0,4355	0	0,009442/m
	2	0,1290	0	0,000629/m
	3	0,4355	0	−0,010071/m
V_z	4	0	0,4456	−0,035948/m
	5	0	0,1088	0,002516/m
	6	0	0,4456	0,033432/m

Näherungsweise Berechnung Bei geraden Wandabschnitten sind alle Querschnittswerte stets ein Integral über ein Produkt aus zwei linearen Funktionen. Produktintegrale sind beispielsweise vom Kraftgrößenverfahren der Baustatik her bekannt.

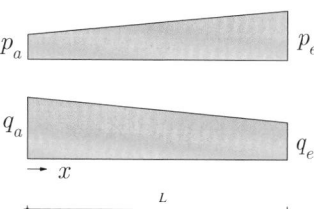

Abb. 6.27 Beitrag eines Wandabschnitts. p_a: Anfangswert Faktor 1, p_e: Endwert Faktor 1, q_a: Anfangswert Faktor 2, q_e: Endwert Faktor 2

Allgemeiner Fall:

$$\int_0^L p(x) \cdot q(x)\, dx = \frac{1}{6}[p_a \cdot (2 \cdot q_a + q_e) + p_e \cdot (2 \cdot q_e + q_a)] \cdot L$$

Spezialfälle:

$$\int_0^L p(x) \cdot p(x)\, dx = \frac{1}{3}[p_a^2 + p_a p_e + p_e^2] \cdot L$$

$$\int_0^L p(x) \cdot q\, dx = \frac{1}{2}[p_a + p_e] \cdot q \cdot L$$

6.2.3.3 Schnittgrößen bei affinem Verformungsverhalten (komplexere Anordnung von Wandscheiben)

Bei komplexer Anordnung von Wandscheiben, die sich dadurch auszeichnet, dass Wandscheiben zusammenhängen oder nicht parallel zu den Bauwerksachsen ausgerichtet sind, gestaltet sich die Ermittlung der Querschnittswerte, die Berechnung des Schubmittelpunkts wie auch die Lastaufteilung deutlich schwieriger als zuvor.

6.2.3.3.1 Biegequerschnittswerte

Für die Berechnung der Querschnittswerte werden die Wandquerschnitte am einfachsten auf die dickenbelegte Wandmittellinie reduziert (Querschnittsskelett). Dabei ergibt sich im Vergleich zu der in Kap. 5 dargestellten Methode zur Ermittlung der Flächenwerte ein geringfügiger Unterschied. Dieser ist üblicherweise vernachlässigbar, wie das folgende Beispiel zeigt:

Abb. 6.28 Exakte Querschnitts-
geometrie, dickenbelegter
Querschnitt und zugehörige Koordinaten

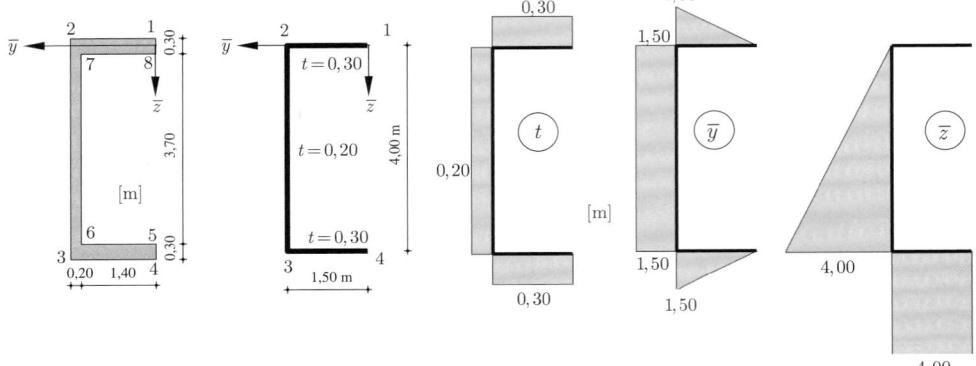

Beispiel: Vgl. Abb. 6.28

Vorgehen:

- Wahl eines beliebigen Koordinatensystems $\bar{y}, \bar{z}$
- Auftragen der Größen $t, \bar{y}, \bar{z}$
- Integrieren
- Umrechnung der Trägheitsmomente auf die Schwere-
achse

Schwerpunkt

$$\bar{y}_S = \frac{\int \bar{y}\, dA}{A} = \frac{1,875}{1,700} = 1,1029\, \text{m}$$

$$\bar{z}_S = \frac{\int \bar{z}\, dA}{A} = \frac{3,400}{1,700} = 2,0000\, \text{m}$$

Auf Schwereachse bezogene Trägheitsmomente

$$I_y = \int z^2\, dA = I_{\bar{y}} - \bar{z}_S^2 \cdot A$$
$$= 11,467 - 2,000^2 \cdot 1,700 = 4,667\, \text{m}^4$$

$$I_z = \int y^2\, dA = I_{\bar{z}} - \bar{y}_S^2 \cdot A$$
$$= 2,475 - 1,1029^2 \cdot 1,700 = 0,4070\, \text{m}^4$$

$$I_{yz} = \int yz\, dA = I_{\bar{y}\bar{z}} - \bar{y}_S \cdot \bar{z}_S \cdot A$$
$$= 3,750 - 1,1029 \cdot 2,000 \cdot 1,700 = 0$$

Genäherte Querschnittswerte (exakte Querschnittswerte)

$$A = 1,700\, \text{m}^2 \quad (1,700)$$
$$S_{\bar{y}} = 3,400\, \text{m}^3 \quad (3,400)$$
$$S_{\bar{z}} = 1,875\, \text{m}^3 \quad (1,878)$$
$$I_{\bar{y}} = 11,467\, \text{m}^4 \quad (11,491)$$
$$I_{\bar{z}} = 2,475\, \text{m}^4 \quad (2,487)$$
$$I_{\bar{y}\bar{z}} = 3,750\, \text{m}^4 \quad (3,756)$$
$$I_y = 4,667\, \text{m}^4 \quad (4,691)$$
$$I_z = 0,4070\, \text{m}^4 \quad (0,4120)$$

Tafel 6.6 Berechnung der Querschnittswerte

Abschnitt	L [m]	t [m]	$A = Lt$ [m²]
1	1,50	0,30	0,45
2	4,00	0,20	0,80
3	1,50	0,30	0,45
$\sum$			**1,70**

Abschnitt	$\bar{y}_a$ [m]	$\bar{y}_e$ [m]	$\frac{1}{2}(\bar{y}_a + \bar{y}_e)A$ [m³]
1	0	1,50	0,3375
2	1,50	1,50	1,200
3	1,50	0	0,3375
$\sum$			**1,875**

Abschnitt	$\bar{z}_a$ [m]	$\bar{z}_e$ [m]	$\frac{1}{2}(\bar{z}_a + \bar{z}_e)A$ [m³]
1	0	0	0
2	0	4,00	1,600
3	4,00	4,00	1,800
$\sum$			**3,400**

Abschnitt	$\frac{1}{3}[\bar{y}_a^2 + \bar{y}_a\bar{y}_e + \bar{y}_e^2]A$ [m⁴]	$\frac{1}{3}[\bar{z}_a^2 + \bar{z}_a\bar{z}_e + \bar{z}_e^2]A$ [m⁴]
1	0,3375	0
2	1,8000	4,2667
3	0,3375	7,2000
$\sum$	**2,475**	**11,467**

Abschnitt	$\frac{1}{6}[\bar{y}_a(2\bar{z}_a + \bar{z}_e) + \bar{y}_e(2\bar{z}_e + \bar{z}_a)]A$ [m⁴]
1	0
2	2,4000
3	1,3500
$\sum$	**3,7500**

6.2.3.3.2 Schubmittelpunkt des Einzelquerschnitts

Zur Bestimmung des Schubmittelpunkts eines Wandquerschnitts müssen neben den üblichen Biegequerschnittswerten auch die sogenannte Einheitsverwölbung ω bestimmt werden.

Vorgehen:

- Wahl eines beliebigen Pols P und eines beliebigen auf dem Querschnittsskelett liegenden Ursprungs O einer Laufkoordinate s
- Trage $\bar{\omega}$ auf. Wir erhalten die Größe $\bar{\omega}$ an einem Punkt auf dem Querschnitt, indem das Produkt aus der Koordinate s und dem senkrechten Abstand zum Pol bis zu diesem Punkt integriert wird (siehe Rechengang unten)
- Das Integral $\int \omega \, dA$ muss verschwinden. Bereinige deshalb $\bar{\omega}$, indem $1/A \int \bar{\omega} \, dA$ von $\bar{\omega}$ subtrahiert wird.

Pol P und Ursprung O werden willkürlich in Punkt 1 gewählt.

$$A = 2 \cdot 1{,}50 \cdot 0{,}30 + 4{,}00 \cdot 0{,}20$$
$$= 2 \cdot 0{,}45 + 0{,}80 = 1{,}70 \, \text{m}^2$$
$$\bar{\omega}_1 = 0$$
$$\bar{\omega}_2 = 0 + 1{,}50 \cdot 0 = 0$$
$$\bar{\omega}_3 = 0 + 4{,}00 \cdot 1{,}50 = 6{,}00 \, \text{m}^2$$
$$\bar{\omega}_4 = 6{,}00 + 1{,}50 \cdot 4{,}00 = 12{,}00 \, \text{m}^2$$

Beispiel: Vgl. Abb. 6.29

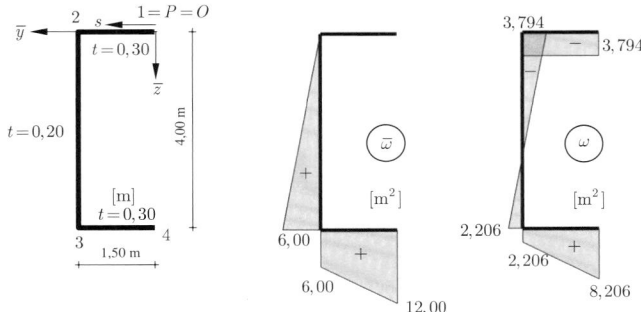

Abb. 6.29 Einheitsverwölbung

Integriere:

$$\frac{1}{A} \int \bar{\omega} \, dA = \frac{1}{1{,}70} \left[\frac{1}{2} \cdot 6{,}00 \cdot 4{,}00 \cdot 0{,}20 \right.$$
$$\left. + \frac{1}{2} \cdot (6{,}00 + 12{,}00) \cdot 1{,}50 \cdot 0{,}30 \right]$$
$$= 3{,}794 \, \text{m}^2$$

Bereinige:

$$\omega_1 = 0 - 3{,}794 = -3{,}794 \, \text{m}^2$$
$$\omega_2 = 0 - 3{,}794 = -3{,}794 \, \text{m}^2$$
$$\omega_3 = 6{,}00 - 3{,}794 = 2{,}206 \, \text{m}^2$$
$$\omega_4 = 12{,}000 - 3{,}794 = 8{,}206 \, \text{m}^2$$

Integriere zur Probe:

$$\int \omega \, dA = -3{,}794 \cdot 1{,}50 \cdot 0{,}30$$
$$+ \frac{1}{2} \cdot (2{,}206 - 3{,}794) \cdot 4{,}00 \cdot 0{,}20$$
$$+ \frac{1}{2} \cdot (2{,}206 + 8{,}206) \cdot 1{,}50 \cdot 0{,}30$$
$$= -1{,}7073 - 0{,}6352 + 2{,}3427$$
$$= 0 \rightarrow \text{ok}$$

Die Koordinaten des Schubmittelpunkts M relativ zum gewählten Pol P (nicht relativ zum gewählten Koordinatenursprung) ergeben sich zu

$$\bar{y}_M = \frac{A_{\omega \bar{y}} I_z - A_{\omega \bar{z}} I_{yz}}{I_y I_z - I_{yz} I_{yz}} \qquad \bar{z}_M = \frac{A_{\omega \bar{z}} I_y - A_{\omega \bar{y}} I_{yz}}{I_y I_z - I_{yz} I_{yz}}$$

$$A_{\omega \bar{y}} = \int \omega \bar{z} \, dA \qquad A_{\omega \bar{z}} = \int \omega \bar{y} \, dA$$

$$I_y = \int z^2 \, dA \quad I_z = \int y^2 \, dA \quad I_{yz} = \int yz \, dA$$

$$\bar{y}_M = \frac{A_{\omega \bar{y}} I_z - A_{\omega \bar{z}} I_{yz}}{I_y I_z - I_{yz} I_{yz}} = \frac{9{,}70 \cdot 0{,}4070 - 0}{4{,}667 \cdot 0{,}4070 - 0}$$
$$= 2{,}078 \, \text{m}$$

$$\bar{z}_M = \frac{A_{\omega \bar{z}} I_y - A_{\omega \bar{y}} I_{yz}}{I_y I_z - I_{yz} I_{yz}} = \frac{(0{,}8140) \cdot 4{,}667 - 0}{4{,}667 \cdot 0{,}4070 - 0}$$
$$= 2{,}000 \, \text{m} \quad \text{(wie erwartet wegen Symmetrie)}$$

Tafel 6.7 Berechnung des Schubmittelpunkts

Abschnitt	ω_a	ω_e
1	−3,794	−3,794
2	−3,794	2,206
3	2,206	8,206
$\sum$		

Abschnitt	$A_{\omega \bar{y}} = \frac{1}{6}[\omega_a(2\bar{y}_a + \bar{y}_e) + \omega_e(2\bar{y}_e + \bar{y}_a)]A$
1	−1,2805
2	−0,9529
3	−1,4195
$\sum$	−0,8140

Abschnitt	$A_{\omega \bar{z}} = \frac{1}{6}[\omega_a(2\bar{z}_a + \bar{z}_e) + \omega_e(2\bar{z}_e + \bar{z}_a)]A$
1	0
2	0,3294
3	9,3706
$\sum$	9,700

Probe: Wähle zuvor bestimmten Schubmittelpunkt als Pol P: Dann muss $\bar{y}_M = \bar{z}_M = 0$ sein.

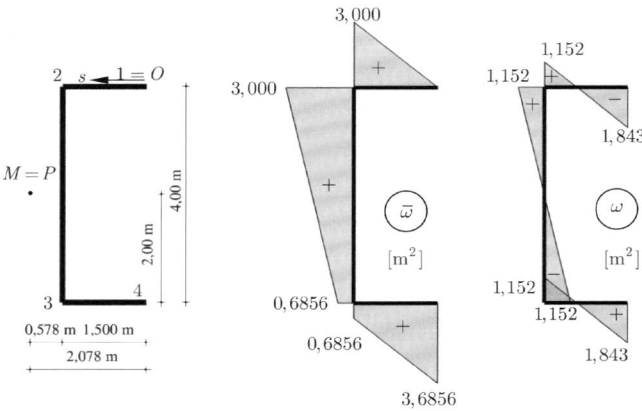

Abb. 6.30 Einheitsverwölbung mit Pol im Schubmittelpunkt

Tafel 6.8 Probe zur Schubmittelpunktsberechnung

Abschnitt	ω_a	ω_e
1	−1,843	−1,152
2	1,152	−1,152
3	−1,152	1,843
$\sum$		

Abschnitt	$A_{\omega\bar{y}} = \frac{1}{6}[\omega_a(2\bar{y}_a + \bar{y}_e) + \omega_e(2\bar{y}_e + \bar{y}_a)A]$
1	−0,0531
2	0
3	0,0531
$\sum$	0 (ok)

Abschnitt	$A_{\omega\bar{z}} = \frac{1}{6}[\omega_a(2\bar{z}_a + \bar{z}_e) + \omega_e(2\bar{z}_e + \bar{z}_a)A]$
1	0
2	−0,6172
3	0,6170
$\sum$	0 (ok)

6.2.3.3.3 Schubmittelpunkt des Gesamtsystems

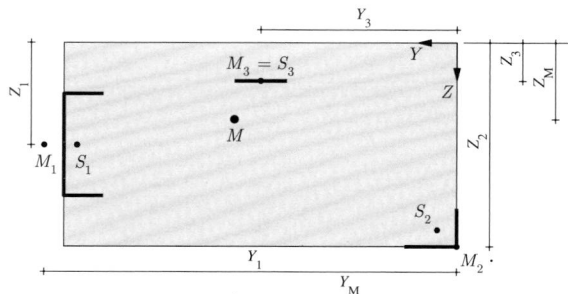

Abb. 6.31 Schubmittelpunkt des Gesamtsystems

Mit bekannten Trägheitsmomenten I_y, I_z und I_{yz} der Aussteifungselemente und Lage Y_i, Z_i ihrer Schubmittelpunkte ergibt sich der Schubmittelpunkt des Gesamtsystems zu

$$
\begin{aligned}
Y_M &= \frac{\left(\sum I_{y,i} \cdot Y_i - \sum I_{yz,i} \cdot Z_i\right) \cdot \sum I_{z,i}}{\sum I_{y,i} \cdot \sum I_{z,i} - \left(\sum I_{yz,i}\right)^2} \\
&\quad - \frac{\left(\sum I_{yz,i} \cdot Y_i - \sum I_{z,i} \cdot Z_i\right) \cdot \sum I_{yz,i}}{\sum I_{y,i} \cdot \sum I_{z,i} - \left(\sum I_{yz,i}\right)^2} \\
Z_M &= \frac{\left(\sum I_{y,i} \cdot Y_i - \sum I_{yz,i} \cdot Z_i\right) \cdot \sum I_{yz,i}}{\sum I_{y,i} \cdot \sum I_{z,i} - \left(\sum I_{yz,i}\right)^2} \\
&\quad - \frac{\left(\sum I_{yz,i} \cdot Y_i - \sum I_{z,i} \cdot Z_i\right) \cdot \sum I_{y,i}}{\sum I_{y,i} \cdot \sum I_{z,i} - \left(\sum I_{yz,i}\right)^2}
\end{aligned} \tag{6.5}
$$

6.2.3.4 Aufteilung der Horizontaleinwirkungen

Die Querkräfte in den Aussteifungswänden infolge der Einwirkungen $F_{Y,M}$, $F_{Z,M}$, $M_{X,M}$ im Schubmittelpunkt ergeben sich zu

$$
\begin{aligned}
V_{y,i} &= \frac{b \cdot A - c \cdot C}{D} F_{Y,M} + \frac{c \cdot B - b \cdot C}{D} F_{Z,M} \\
&\quad + \frac{c \cdot \Delta Y_i - b \cdot \Delta Z_i}{E} M_{X,M} \\
V_{z,i} &= \frac{c \cdot A - a \cdot C}{D} F_{Y,M} + \frac{a \cdot B - c \cdot C}{D} F_{Z,M} \\
&\quad + \frac{a \cdot \Delta Y_i - c \cdot \Delta Z_i}{E} M_{X,M}
\end{aligned}
$$

mit

$$
\begin{aligned}
a &= I_{y,i} & A &= \sum I_{y,i} \\
b &= I_{z,i} & B &= \sum I_{z,i} \\
c &= I_{yz,i} & C &= \sum I_{yz,i} \\
D &= \sum I_{y,i} \cdot \sum I_{z,i} - \left(\sum I_{yz,i}\right)^2 \\
&= A \cdot B - C^2 \\
E &= \sum \Delta Y_i^2 I_{y,i} + \sum \Delta Z_i^2 I_{z,i} - 2 \sum \Delta Y_i \Delta Z_i I_{yz,i}
\end{aligned} \tag{6.6}
$$

Es bedeuten:

$I_{y,i}, I_{z,i} I_{yz,i}$	Trägheitsmomente des aussteifenden Bauteils i um seine Schwereachse
Y_i, Z_i	Koordinaten des Schubmittelpunkts des aussteifenden Bauteils bezüglich eines beliebig gewählten globalen Ursprungs O
$V_{y,i}, V_{z,i}$	Querkraft im aussteifenden Bauteil i
$F_{Y,M}, F_{Z,M}, M_{X,M}$	auf den Schubmittelpunkt M bezogenen Einwirkungen
Y_M, Z_M	Koordinaten des Schubmittelpunkts des Gesamtsystems
$\Delta Y_i, \Delta Z_i$	Abstand des Schubmittelpunkts des Gesamtsystems vom Schubmittelpunkt des Bauteils i in Y- bzw. Z-Richtung

Unter Vernachlässigung von I_{yz} oder falls die Hauptachsen aller Aussteifungselemente mit den globalen Koordinatenrichtungen zusammenfallen, so dass $I_{yz} = 0$ gilt, vereinfachen sich (6.5) und (6.6) zu (6.3) bzw. (6.4).

Ein Beispiel zu einer komplexeren Anordnung von Aussteifungswänden befindet sich im Beispielband.

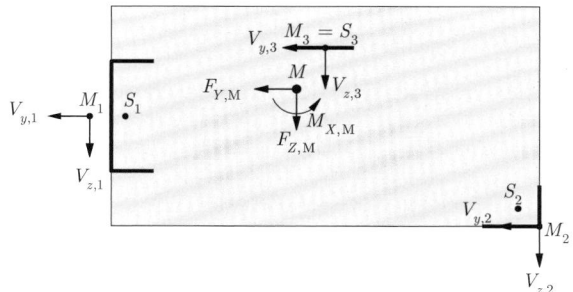

Abb. 6.32 Aufteilung der Einwirkungen im Schubmittelpunkt auf die Aussteifungselemente

6.2.4 Unverschieblichkeit ausgesteifter Tragwerke

6.2.4.1 Allgemeines

Nach DIN EN 1992-1 können Tragwerke als unverschieblich betrachtet werden (d. h. ein Nachweis nach Theorie 2. Ordnung kann entfallen), wenn folgende Bedingungen eingehalten werden:

$$\frac{F_{V,Ed} \cdot L^2}{\sum E_{cd} \cdot I_c} \leq K_1 \cdot \frac{n_S}{n_S + 1{,}6}$$

Das Kriterium muss für jede der beiden Hauptachsen des Tragwerks eingehalten werden. Zusätzlich muss bei Tragwerken, deren Aussteifungselemente nicht annähernd symmetrisch angeordnet sind oder nicht vernachlässigbare Verdrehungen zulassen, gelten

$$\frac{1}{\left(\frac{1}{L} \cdot \sqrt{\frac{E_{cd} \cdot I_\omega}{\sum_j F_{V,Ed,j} \cdot r_j^2}} + \frac{1}{2{,}28} \cdot \sqrt{\frac{G_{cd} \cdot I_T}{\sum_j F_{V,Ed,j} \cdot r_j^2}}\right)^2} \leq K_1 \cdot \frac{n_S}{n_S + 1{,}6}$$

Dabei ist:

L die Gesamthöhe des Gebäudes oberhalb der Einspannung;

n_S die Anzahl der Geschosse;

$F_{V,Ed}$ die gesamte vertikale Last im Gebrauchszustand (auf aussteifende und ausgesteifte Bauteile);

$F_{V,Ed,j}$ der Bemessungswert der Vertikallast der aussteifenden und ausgesteiften Bauteile j mit $\gamma_F = 1{,}0$;

E_{cd} der Bemessungswert des Elastizitätsmoduls von Beton;

I_c das Trägheitsmoment des ungerissenen Betonquerschnitts der aussteifenden Bauteile;

r_j der Abstand der Stütze j vom Schubmittelpunkt des Gesamtsystems;

$E_{cd}I_\omega$ die Summe der Nennwölbsteifigkeiten aller gegen Verdrehung aussteifenden Bauteile (Bemessungswert);

$G_{cd}I_T$ die Summe der Torsionssteifigkeiten aller gegen Verdrehung aussteifenden Bauteile (St. Venant'sche Torsionssteifigkeit, Bemessungswert);

K_1 0,31 (empfohlener Wert).

$$GI_T = \sum_i G_i \cdot I_{T,i} \qquad G = \frac{E}{2(1 + \mu)}$$

G Schubmodul des Betons
μ Querkontraktionszahl des Betons
I_T St. Venant'sches Torsionsflächemoment (siehe Kap. 5)

6.2.4.2 Beispiel

8 Geschosse à 3,00 m
Die gesamte vertikale Last beträgt

$$F_{V,Ed} = 10{,}0\,kN/m^2 \cdot 24{,}00\,m \cdot 16{,}00\,m \cdot 8 = 30.720\,kN$$

Mit den Werten aus Tafel 6.4 für die Summe der Trägheitsmomente ergibt sich y-Richtung

$$\frac{F_{V,Ed} \cdot L^2}{\sum E_{cd} \cdot I_c} = \frac{30.720\,kN \cdot 24^2\,m^2}{26.700 \cdot 10^3\,kN/m^2 \cdot 12{,}40\,m^4} = 0{,}0534$$

$$K_1 \cdot \frac{n_S}{n_S + 1{,}6} = 0{,}31 \cdot \frac{8}{8 + 1{,}6} = 0{,}258$$

$$0{,}0534 \leq 0{,}258 \rightarrow \text{in Ordnung}$$

z-Richtung

$$\frac{F_{V,Ed} \cdot L^2}{\sum E_{cd} \cdot I_c} = \frac{30.720\,kN \cdot 24^2\,m^2}{26.700 \cdot 10^3\,kN/m^2 \cdot 28{,}73\,m^4} = 0{,}0231$$

$$K_1 \cdot \frac{n_S}{n_S + 1{,}6} = 0{,}31 \cdot \frac{8}{8 + 1{,}6} = 0{,}258$$

$$0{,}0231 \leq 0{,}258 \rightarrow \text{in Ordnung}$$

Die Aussteifungselemente sind annähernd symmetrisch angeordnet. Ein Nachweis der Verdrehungssteifigkeit kann entfallen.

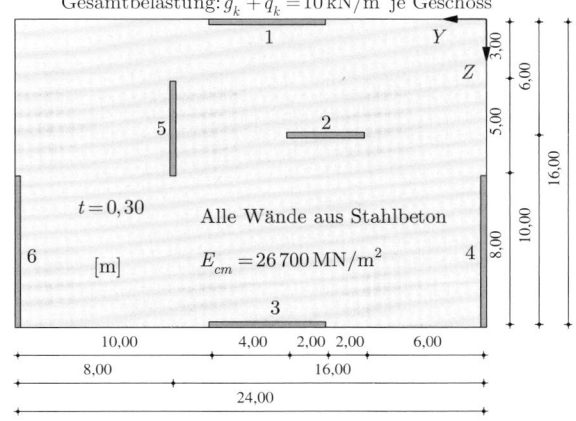

Abb. 6.33 System zum Nachweis der Unverschieblichkeit (vgl. Abschn. 6.2.3.2.4)

6.3 Dynamik

6.3.1 Grundlagen, Begriffe

Größe	Formelzeichen	Einheit
Zeit	t	s
Masse	m	kg
Weg	x	m
Geschwindigkeit	$v = \dfrac{dx}{dt} = \dot{x}$	m/s
Beschleunigung	$a = \dfrac{dv}{dt} = \dot{v} = \ddot{x}$	m/s^2 (Erdbeschleunigung $g = 9{,}81\,\frac{m}{s^2} \approx 10\,\frac{m}{s^2}$)
Kraft	$F = m \cdot a$	kg m/s^2 = N
Gewichtskraft	$G = m \cdot g$	kg m/s^2 = N
Federsteifigkeit	$k = F/x$	kg/s^2 = N/m
Kinetische Energie	$E = m \cdot \dfrac{v^2}{2}$	kg m^2/s^2 = N m
Potentielle Energie	$E = G \cdot x$	kg m^2/s^2 = N m
Federenergie	$E = k \cdot \dfrac{x^2}{2}$	kg m^2/s^2 = N m
Impuls	$I = m \cdot v = \int F(t)\,dt$	k m/s = N s

6.3.2 Einmassenschwinger (ungedämpft)

Differenzialgleichung	$m \cdot \ddot{x}(t) + k \cdot x(t) = F(t)$
Lösung für die freie Schwingung ($F(t) = 0$)	$x(t) = x_0 \cdot \cos(\omega \cdot t) + v_0 \cdot \dfrac{\sin(\omega \cdot t)}{\omega}$
Mit der Eigenkreisfrequenz	$\omega = \sqrt{\dfrac{k}{m}}$ in 1/s
Mit der Eigenfrequenz	$f = \dfrac{\omega}{2\pi}$ in Hz
Mit der Eigenschwingzeit	$T = \dfrac{1}{f} = \dfrac{2\pi}{\omega}$ in s

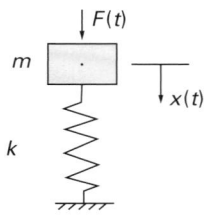 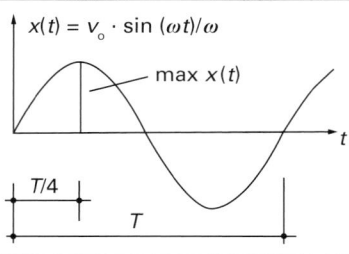

Ungedämpfter Einmassenschwinger

$$\max x(t) = \frac{v_0}{\omega} \qquad \max v(t) = v_0 \qquad \max \ddot{x}(t) = v_0 \cdot \omega$$

Lösung für $F(t) = 0$, $x_0 = 0$ und $I = m \cdot v_0$

$$m = 100\,\text{kg} \quad k = 10.000\,\text{N/m} = 10.000\,\text{kg/s}^2$$

$$G = m \cdot g \quad w = \sqrt{\frac{k}{m}} = \sqrt{\frac{10.000\,\text{kg/s}^2}{100\,\text{kg}}} = 10\,\text{s}^{-1}$$

$$T = \frac{2\pi}{\omega} = 0{,}628\,\text{s} \quad f = \frac{1}{T} = 1{,}59\,\text{Hz}$$

Alternativ: f als Funktion der statischen Verschiebung x_{stat}

$$f = \frac{1}{2\pi}\sqrt{\frac{k}{m}} = \frac{1}{2\pi}\sqrt{\frac{G/x_{\text{stat}}}{G/g}} = \frac{1}{2\pi}\sqrt{\frac{g}{x_{\text{stat}}}}$$

$$= \frac{\sqrt{981}}{2\pi}\sqrt{\frac{1}{x_{\text{stat}}\,[\text{cm}]}} \approx \frac{5}{\sqrt{x_{\text{stat}}\,[\text{cm}]}}$$

$$x_{\text{stat}} = \frac{G}{k} \quad \blacktriangleleft$$

6.3.3 Niedrigste Eigenfrequenzen

Länge l [m]
Biegesteifigkeit $E \cdot I_{\text{y}}$ [N m^2]
Gesamtmasse m [kg]
Einfeldträger, Frequenz f [Hz] $= \alpha \cdot \sqrt{E \cdot I_{\text{y}}/(m \cdot l^3)}$

$\alpha = 0{,}563$

$\alpha = 1{,}571$

$\alpha = 2{,}458$

$\alpha = 3{,}561$

Quadratische Platte ($\mu = 0$), Frequenz f [Hz] $= \alpha \cdot \sqrt{E \cdot h^3/(m \cdot l^2)}$

$\alpha = 0{,}907$

$\alpha = 1{,}654$

Kreisplatte ($\mu = 0$), Frequenz f [Hz] $= 0{,}811 \cdot \sqrt{E \cdot h^3/(m \cdot D^2)}$

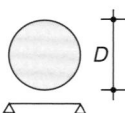

6.3.4 Dunkerley-Näherungsformel für Zweimassenschwinger

Sind zwei Massenanteile auf einem elastischen System und die Eigenfrequenzen mit den einzelnen Massenanteilen f_1 und f_2 bekannt, so gilt näherungsweise für die Eigenfrequenz des gesamten Systems

$$1/f_{\text{ges}}^2 \approx 1/f_1^2 + 1/f_2^2$$

Beispiel

Baustahl $E = 210 \cdot 10^9 \, \frac{\text{N}}{\text{m}^2}$, HEB 240, $I_y = 11.260 \cdot 10^{-8} \, \text{m}^4$

$$E \cdot I_y = 23{,}646 \cdot 10^6 \, \text{N m}^2$$

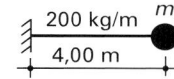

1. nur gleichmäßig verteilte Masse $m_1 = 200 \cdot 4{,}00 = 800 \, \text{kg}$

$$f_1 = 0{,}563 \cdot \sqrt{\frac{23{,}646 \cdot 10^6}{800 \cdot 4{,}00^3}} = 12{,}08 \, \text{Hz}$$

2. nur Endmasse $m_2 = 2000 \, \text{kg}$

$$k = \frac{x}{F} = \frac{3 \cdot E \cdot I_y}{l^3}$$

$$f_2 = \frac{1}{2\pi} \cdot \sqrt{\frac{k}{m_2}} = 0{,}276 \cdot \sqrt{\frac{E \cdot I_y}{m_2 \cdot l^3}}$$

$$f_2 = 0{,}276 \cdot \sqrt{\frac{23{,}646 \cdot 10^6}{800 \cdot 4{,}00^3}} = 3{,}75 \, \text{Hz}$$

$$1/f_{\text{ges}}^2 \approx 1/f_1^2 + 1/f_2^2 = 1/12{,}08^2 + 1/3{,}75^2 = 0{,}0780$$

$$f_{\text{ges}} = \frac{1}{\sqrt{0{,}0780}} = 3{,}58 \, \text{Hz}$$

 ◄

6.3.5 Antwortspektrum

Wird ein Einmassenschwinger einer dynamischen Beanspruchung unterworfen (z. B. Impuls oder Erdbeben) und dann die maximale Antwort (Weg, Geschwindigkeit oder Beschleunigung) in Abhängigkeit der Eigenschwingdauer des Einmassenschwingers aufgetragen, so erhält man das sogenannte **Anwortspektrum**.

Beispiel

Antwortspektrum eines Impulses $I = m \cdot v_0$

$$\max x(t) = \max\left(v_0 \cdot \frac{\sin(\omega \cdot t)}{\omega}\right) = \frac{v_0}{\omega}$$

$$\max v(t) = \omega \cdot \max x(t) = v_0$$

$$\max a(t) = \omega^2 \cdot \max x(t) = \omega \cdot v_0$$

$$\max a(t) \, [\text{m/s}^2]$$

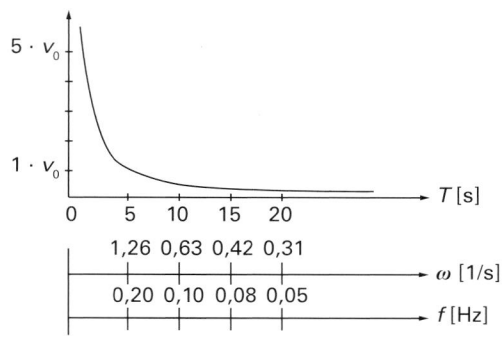

Antwortspektrum für Erdbeben, siehe Abschn. 6.4.4! ◄

6.4 Berechnung von Aussteifungselementen bei dynamischer Belastung (Lastfall Erdbeben)

6.4.1 Allgemeines

Bewegungsgleichung des Mehrmassenschwingers für Erdbebeneinwirkung

$$\mathbf{M}\ddot{\boldsymbol{u}}(t) + \mathbf{C}\dot{\boldsymbol{u}}(t) + \mathbf{K}\boldsymbol{u}(t) = -\mathbf{M}\boldsymbol{r}\ddot{u}_{\text{B}}(t)$$

Entkoppelte Bewegungsgleichungen in Modalkoordinaten

$$\ddot{q}_j(t) + 2\zeta_j\omega_j\dot{q}(t) + \omega_j^2 q(t) = -\Gamma_j \ddot{u}_{\text{B}}(t)$$

mit

$$\Gamma_j = \frac{\boldsymbol{\varphi}_j^{\text{T}}\mathbf{M}\boldsymbol{r}}{\boldsymbol{\varphi}_j^{\text{T}}\mathbf{M}\boldsymbol{\varphi}_j}$$

Modale Superposition

$$\boldsymbol{u}(t) = \boldsymbol{\Phi}\boldsymbol{q}(t) = \sum_{j=1}^{N} \boldsymbol{u}_j(t)$$

$$\boldsymbol{q}(t) = \begin{bmatrix} q_1(t) & \cdots & q_N(t) \end{bmatrix}^{\text{T}}$$

Tragwerksantwort in Eigenform j

$$\boldsymbol{u}_j(t) = \boldsymbol{\varphi}_j q_j(t)$$

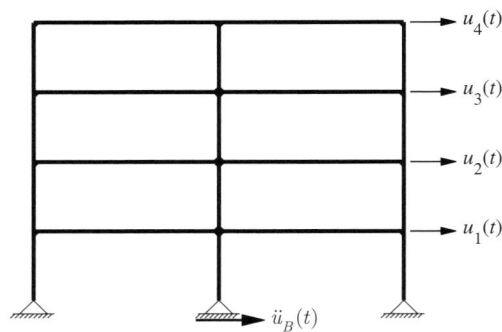

Abb. 6.34 Vierstöckiger Rahmen als Beispiel

Bezeichnungen

N	Anzahl der Eigenformen
$\ddot{u}_B$	Bodenbeschleunigung
$\boldsymbol{u}, \dot{\boldsymbol{u}}, \ddot{\boldsymbol{u}}$	Vektor der Knotenverschiebungen, -geschwindigkeiten und -beschleunigungen
$\boldsymbol{u}_j$	Antwort in Eigenform j
$\mathbf{M}$	Massenmatrix
$\mathbf{C}$	Dämpfungsmatrix
$\mathbf{K}$	Steifigkeitsmatrix
$\boldsymbol{\Phi}$	Matrix der Eigenformen
$\boldsymbol{\varphi}_j$	Vektor der Eigenform j
$\boldsymbol{r}$	Einflussvektor (Verschiebung der Freiheitsgrade bei Einheitsbodenverschiebung u_B)
q_j	Antwort in Modalkoordinaten (Eigenform j)
ω_j	Eigenkreisfrequenz j
T_j	Eigenschwingzeit j
ζ_j	Dämpfungsmaß für Eigenform j
Γ_j	Anteilsfaktor für Eigenform j
D_j	Spektralverschiebung für Eigenform j
$A_j = D_j \cdot \omega_j^2$	Spektralbeschleunigung für Eigenform j
ϱ_{ij}	Korrelationskoeffizient für Eigenformen i und j

6.4.2 Modalanalyse

Eine Transformation auf Modalkoordinaten mit der Transformationsmatrix $\boldsymbol{\Phi}$ entkoppelt die Bewegungsgleichungen, falls für die Dämpfungsmatrix ein Ansatz der Form $\mathbf{C} = \alpha_1 \mathbf{M} + \alpha_2 \mathbf{K}$ gemacht wird. Es ergeben sich N skalare Gleichungen wie oben dargestellt. Die Koeffizienten α_1 und α_2 werden dabei so bestimmt, dass zu zwei Eigenkreisfrequenzen ω_i und ω_j Dämpfungsmaße ζ_i und ζ_j gewählt werden.

6.4.3 Zeitverlaufsverfahren

Beim Zeitverlaufsverfahren wird die Tragwerksantwort zu einem vorgegebenen Bodenbeschleunigungs-Zeit-Verlauf als Funktion der Zeit bestimmt (Abb. 6.35). Ein we-

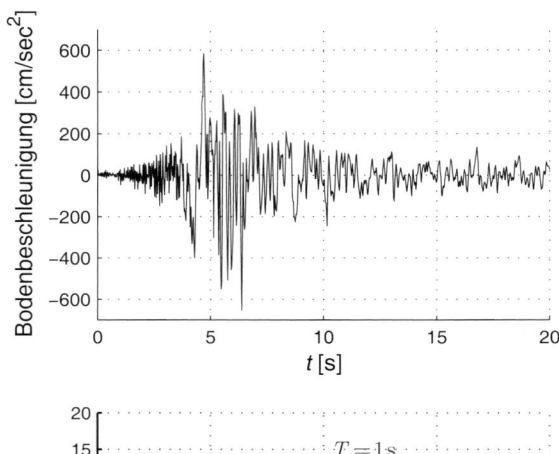

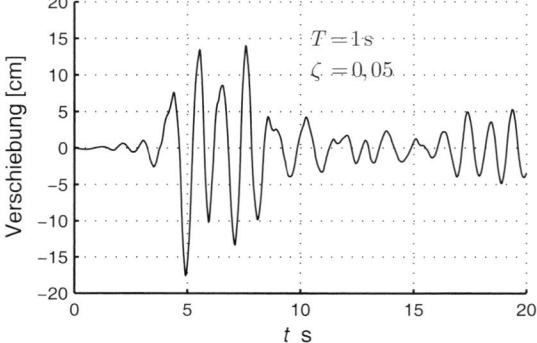

Abb. 6.35 Bodenbeschleunigungs-Zeit-Verlauf und entsprechende Antwort eines Einmassenschwingers

sentlicher Nachteil des Verfahrens besteht darin, dass die Ergebnisse einem einzelnen ausgewählten Seismogramm (Bodenbeschleunigungs-Zeit-Verlauf) zugeordnet sind. Ein alternativer, gleichermaßen zutreffender Beschleunigungsverlauf führt üblicherweise zu stark abweichenden Ergebnissen. Um statistisch aussagekräftige Ergebnisse zu erhalten, müssen daher mehrere mögliche Erdbeben untersucht werden, was einen erheblichen Berechnungsaufwand verursacht.

Bei einem linearen Modell, kann die Integration der Bewegungsgleichung entweder direkt oder durch eine modale Analyse erfolgen. Üblicherweise haben nur einige wenige Eigenformen signifikanten Einfluss auf die Tragwerksantwort. Durch Vernachlässigung höherer Eigenformen ohne merkliches Gewicht wird der Berechnungsaufwand bei modaler Überlagerung gegenüber einer direkten Integration der Bewegungsgleichungen entscheidend reduziert. Bei nichtlinearem Tragverhalten kommt nur die direkte Integration der Bewegungsgleichung in Frage, weil das Superpositionsprinzip nicht gilt, auf dem eine Modalanalyse beruht.

6.4.4 Antwortspektrenverfahren

Beim Antwortspektrenverfahren werden die Maximalwerte der Tragwerksantwort mit Hilfe eines Bemessungsantwort-

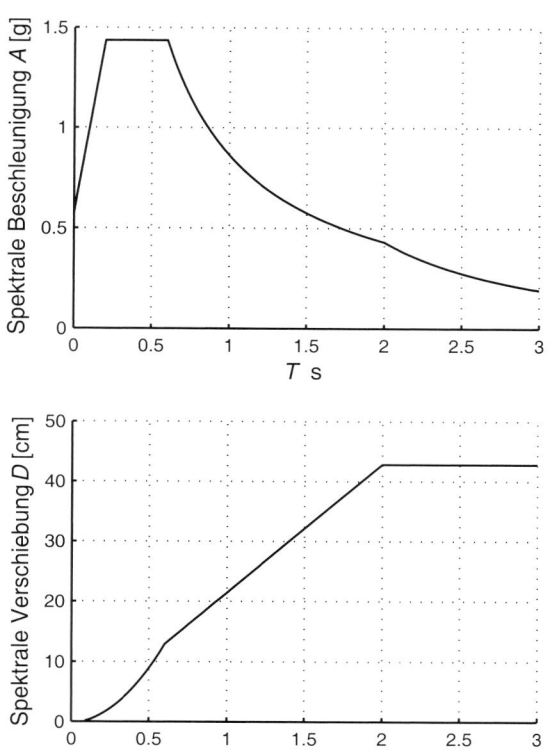

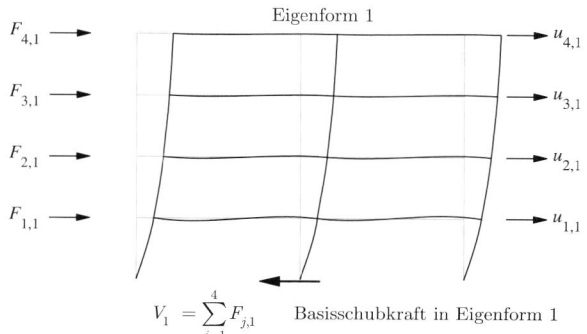

$$V_1 = \sum_{j=1}^{4} F_{j,1} \qquad \text{Basisschubkraft in Eigenform 1}$$

Rechenablauf

- Bestimme Massenmatrix $\mathbf{M}$ und Steifigkeitsmatrix $\mathbf{K}$
- Löse Eigenwertproblem $\det(\mathbf{K} - \omega^2 \mathbf{M}) = 0$, um Eigenfrequenzen ω_j und zugehörige Eigenformen $\boldsymbol{\varphi}_i$ sowie modale Beteiligungsfaktoren Γ_j zu bestimmen

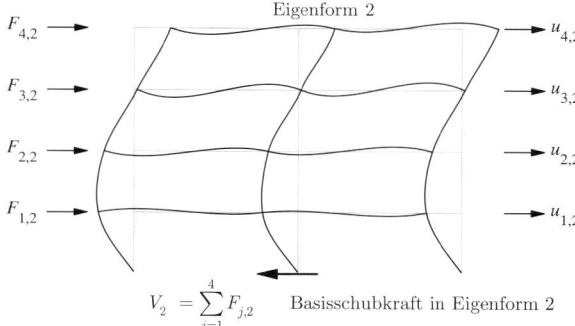

$$V_2 = \sum_{j=1}^{4} F_{j,2} \qquad \text{Basisschubkraft in Eigenform 2}$$

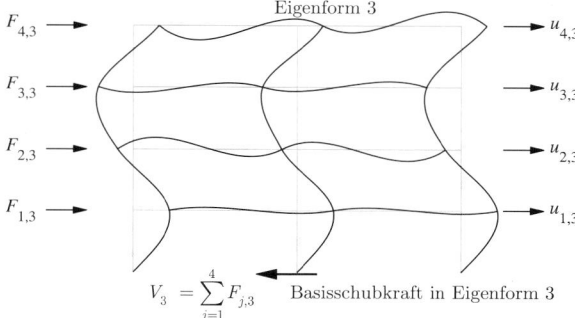

$$V_3 = \sum_{j=1}^{4} F_{j,3} \qquad \text{Basisschubkraft in Eigenform 3}$$

Abb. 6.36 Spektrale Beschleunigung und Verschiebung (Eurocode 8)

spektrums (Abb. 6.36) getrennt für jede Modalform bestimmt und anschließend überlagert (vgl. Abb. 6.37). Da die Wahrscheinlichkeit gering ist, dass die Maximalwerte der Modalantwort zur gleichen Zeit auftreten, ist es im Allgemeinen zu konservativ, die Absolutwerte der maximalen Modalantwort einfach zu addieren. Vielmehr kommen verschiedene modale Kombinationsregeln zum Einsatz, die ihren Ursprung in der Wahrscheinlichkeitstheorie haben. Da das Antwortspektrenverfahren auf einer Modalanalyse und damit auf dem Superpositionsprinzip beruht, ist es nur auf ein lineares Tragwerksmodell anwendbar.

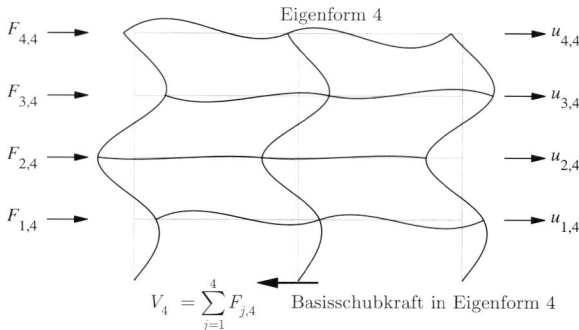

$$V_4 = \sum_{j=1}^{4} F_{j,4} \qquad \text{Basisschubkraft in Eigenform 4}$$

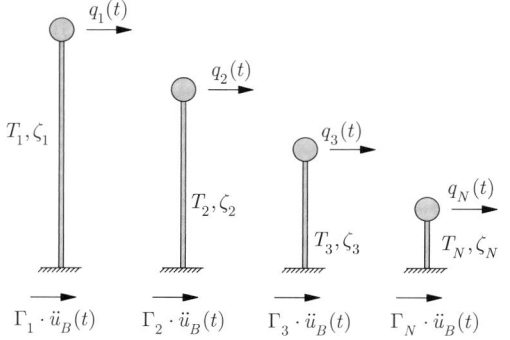

Abb. 6.37 Prinzip der modalen Superposition.
$\boldsymbol{q}(t) = [q_1(t), q_2(t), \ldots, q_N(t)]^{\mathrm{T}}$, $\boldsymbol{u}(t) = \boldsymbol{\Phi} \boldsymbol{q}(t)$:
$\boldsymbol{u}(t) = \boldsymbol{\Phi}_1 \cdot q_1(t) + \boldsymbol{\Phi}_2 \cdot q_2(t) + \boldsymbol{\Phi}_3 \cdot q_3 + \ldots + \boldsymbol{\Phi}_N \cdot q_N(t) = \boldsymbol{\Phi} \boldsymbol{q}(t)$

Abb. 6.38 Eigenformen und zugehörige Kräfte und Verschiebungen eines vierstöckigen Rahmens

- Bestimme Spektralbeschleunigungen A_j sowie Spektralverschiebungen $D_j = A_j/\omega_j^2$ für gewähltes modales Dämpfungsmaß ζ_j
- Bestimme interessierende Antwortgröße R wie Basisschubkraft, Kippmoment, relative Geschossverschiebungen etc. getrennt für jede Modalform
- Überlagere Ergebnisse zu jeder Eigenform entweder mit der SRSS-Regel (square-root-of-sum-of-squares)

$$R = \sqrt{R_1^2 + R_2^2 + \ldots + R_N^2} = \sqrt{\sum_{j=1}^{N} R_j^2}$$

oder der CQC-Regel (complete quadratic combination)

$$R = \sqrt{R_1^2 + R_2^2 + \ldots + R_N^2 + 2R_1R_2\varrho_{12} + 2R_1R_3\varrho_{13} + \ldots}$$

$$= \sqrt{\sum_{i=1}^{N}\sum_{j=1}^{N} R_1 R_j \varrho_{ij}}$$

Einige Antwortgrößen:
- Verschiebung des Geschosses i in Eigenform j:

$$u_{i,j} = \varphi_{i,j} \cdot \Gamma_j \cdot D_j$$

- relative Geschossverschiebung (zwischen Geschossen $i-1$) in Eigenform j:

$$\Delta u_{i,j} = (\varphi_{i,j} - \varphi_{i-1,j}) \cdot \Gamma_j \cdot D_j$$

- Geschosskräfte in Eigenform j:

$$\boldsymbol{F}_j = \mathbf{K} \cdot \boldsymbol{u}_j = \boldsymbol{\varphi}_j \cdot \Gamma_j \cdot D_j$$

6.5 Einige Hinweise für die elektronische Berechnung mit Baustatikprogrammen

6.5.1 Allgemeines

Falls die Steifigkeit der Geschossplatten (in Scheibenrichtung) signifikant größer ist als die Steifigkeit der Aussteifungselemente, ist es sinnvoll, die in der Geschossebene liegenden Knoten zu einer starren Einheit zusammenzufassen. Die Geschossebene hat dann nur noch drei Freiheitsgrade, weil die Verschiebungen aller auf der Scheibe liegenden Punkte eine Funktion der beiden Verschiebungen sowie der Verdrehung um die vertikale Achse sind (Master-Slave Beziehung).

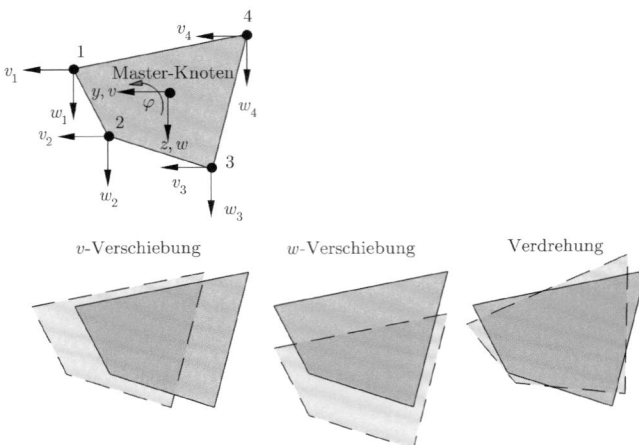

Abb. 6.39 Drei Freiheitsgrade der Geschossplatte

Für das in Abb. 6.39 gezeigte Beispiel ergibt sich

$$
\begin{aligned}
v_1 &= v - z_1 \cdot \varphi & w_1 &= w + y_1 \cdot \varphi \\
v_2 &= v - z_2 \cdot \varphi & w_2 &= w + y_2 \cdot \varphi \\
v_3 &= v - z_3 \cdot \varphi & w_3 &= w + y_3 \cdot \varphi \\
v_4 &= v - z_4 \cdot \varphi & w_4 &= w + y_4 \cdot \varphi
\end{aligned}
$$

oder

$$
\begin{bmatrix} v_i \\ w_i \end{bmatrix} = T_i \begin{bmatrix} v \\ w \\ \varphi \end{bmatrix} \quad \text{mit } T_i = \begin{bmatrix} 1 & 0 & -z_i \\ 0 & 1 & y_i \end{bmatrix}
$$

$T_i =$ Transformationsmatrix für Knoten i

6.5.2 Ebenes Stabwerksmodell

Falls die Aussteifungselemente symmetrisch angeordnet sind, kann eine Berechnung getrennt für die beiden Hauptrichtungen erfolgen. Falls alle Aussteifungselemente gleiches (affines) Verformungsverhalten aufweisen, führt eine elektronische Berechnung als ebenes Stabwerk zu dem gleichen Ergebnis wie die in Kap. 25 beschriebene Lastaufteilung. Ein ebenes Stabwerksmodell bietet sich insbesondere dann an, wenn die Aussteifungselemente verschiedenes Verformungsverhalten aufweisen (z. B. Rahmen und Wände), denn dann ist die einfache Lastaufteilung nicht möglich.

6.5.3 Räumliches Stabwerksmodell

Falls die Aussteifungselemente unsymmetrisch angeordnet sind, ist das Tragwerk als räumliches System zu be-

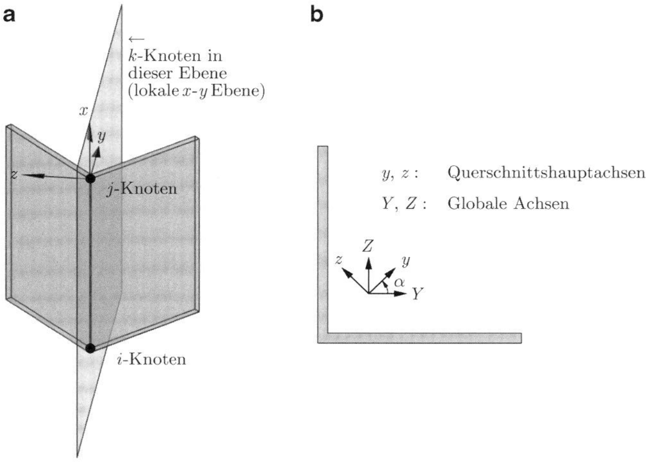

a

←
k-Knoten in
dieser Ebene
(lokale x-y Ebene)

x

y

z

j-Knoten

i-Knoten

b

y, z :   Querschnittshauptachsen

Y, Z :   Globale Achsen

Z

z y

α

Y

Abb. 6.40 Zwei Varianten zur Definition des lokalen Koordinatensystems für räumliche Stabwerksberechnung: **a** Angabe eines dritten Knotens, **b** Angabe eines Winkels

trachten, das Verschiebungen und Verdrehungen aufweist. Auch hier sind die Ergebnisse identisch mit der zuvor beschriebenen „Handrechenmethode" vorausgesetzt, die Aussteifungselemente weisen gleiches Verformungsverhalten auf.

Bei einem räumlichen Modell kommt der Definition des lokalen Koordinatensystems, d. h. der Definition der Querschnittshauptachsen besondere Bedeutung zu. Die Definition des lokalen Koordinatensystems erfolgt in den Softwareprodukten üblicherweise entweder durch einen dritten Knoten k, der zusammen mit den beiden Knoten i und j, die die Orientierung der lokalen x-Achse definieren, die Ausrichtung der lokalen x-y-Ebene angibt oder durch die Angabe eines Winkels, der die Drehung der Hauptachsen um die Stabachse beschreibt (vgl. Abb. 6.40). Falls Schubmittelpunkt und Schwerpunkt nicht zusammenfallen, muss der Anwender der Modellierung besondere Aufmerksamkeit schenken.

6.5.4 Schalenmodell

Bei einem Schalenmodell entfällt die Problematik des lokalen Koordinatensystems. Die Modellerstellung und die Interpretation der Berechnungsergebnisse sind allerdings aufwändiger als bei einem Stabwerksmodell, da die Schnittgrößen zunächst als Spannungen und nicht als Kräfte und Momente ausgegeben werden. Nach Definition von Schnittebenen durch den Benutzer kann die Integration der Spannungen zu den Spannungsresultierenden, den Schnittgrößen, erfolgen. Kenntnisse der Finite-Elemente-Methode sind zur zuverlässigen Bearbeitung von Schalenmodellen unerlässlich. Bei bedeutenden Unregelmäßigkeiten im Querschnitt der Aussteifungselemente, was eine Abschätzung der Steifigkeit erschwert, kann ein Schalenmodell hilfreich sein. In vielen Situationen aber wird ein Schalenmodell gegenüber einem Stabmodell nur geringe zusätzliche Information über das Tragverhalten liefern.

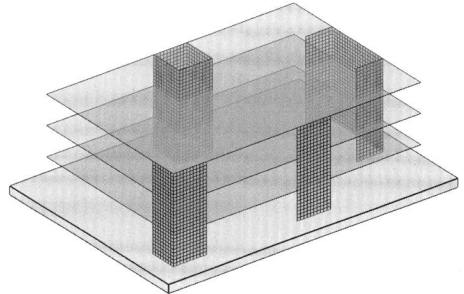

Abb. 6.42 Aussteifungselemente als Schalenmodell

6.5.5 Volumenmodell

Ein Tragwerksmodell mit Volumenelementen kommt wohl nur für besondere Problemstellungen (wie z. B. dicke Aussteifungselemente, Schadensanalysen, Explosionseinwirkungen etc.) infrage (sofern das Softwarepaket überhaupt finite Volumenelemente enthält). Der Berechnungsaufwand und der Umfang von Ergebnisdaten sind immens und im Ingenieuralltag kaum wirtschaftlich zu rechtfertigen.

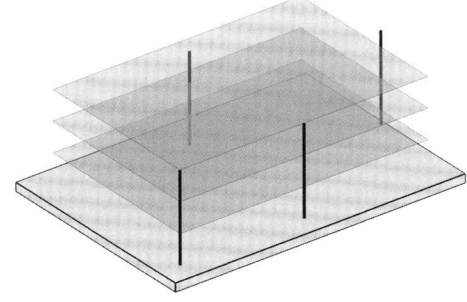

Abb. 6.41 Aussteifungselemente als Stabmodell

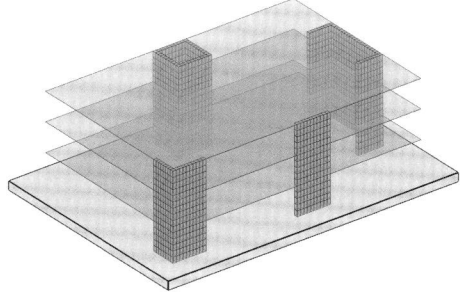

Abb. 6.43 Aussteifungselemente als Volumenmodell

Literatur

1. König, G.; Liphardt, S.: Hochhäuser aus Stahlbeton. Betonkalender. Ausgabe 2003, 92. Jahrgang. Ernst & Sohn. Berlin.

2. Theile, V.; Röhr, M.; Meyer, J.: Geschossbauten – Verwaltungsgebäude. Betonkalender. Ausgabe 2003, 92. Jahrgang. Ernst & Sohn. Berlin.

3. Neuenhofer, A. (2017). Aussteifung von Tragwerken. In U. Vismann (Hrsg.), *Wendehorst, Beispiele aus der Baupraxis* (6. Aufl.). Wiesbaden: Springer Vieweg.

Beton

Dipl.-Ing. Roland Pickhardt

Inhaltsverzeichnis

R. Pickhardt (✉)
InformationsZentrum Beton GmbH
Beckum, Deutschland
E-Mail: roland.pickhardt@beton.org

7.1 Allgemeines

Gemäß Muster-Verwaltungsvorschrift Technische Baube-stimmungen (2020/1) bildet weiterhin die DIN EN 206-1:2001-07 in Verbindung mit der DIN 1045-2:2008-08 als nationale Anwendungsregel die bauordnungsrechtli-che Grundlage für das Bauprodukt Beton. Die DIN EN 206:2021-06 wird derzeit in Deutschland bauordnungsrecht-lich *nicht* eingeführt. In den nachstehenden Abschnitten sind die aus dieser nationalen Anwendungsregel vorgegebenen Änderungen eingebaut. Die Beziehung zwischen den ver-schiedenen Normen und Richtlinien ergibt sich aus Abb. 7.1.

7.2 Begriffe, Symbole, Abkürzungen

7.2.1 Begriffe

Gesteinskörnungen: Körnige, natürliche bzw. industriell hergestellte, gebrochene oder ungebrochene, oder vor-her beim Bauen verwendete und rezyklierte, mineralische Stoffe.

Zement: Hydraulisches Bindemittel. Fein gemahlener, anor-ganischer Stoff. Ergibt mit Wasser gemischt Zementleim, der auch unter Wasser erhärtet und raumbeständig bleibt.

wirksamer Wassergehalt: Gesamtwassermenge abzüglich von der Gesteinskörnung aufgenommene Wassermenge im Frischbeton (wirksamer Wassergehalt = Oberflächen-feuchte + Zugabewasser abzgl. Kernfeuchte bzw. Saug-wasser).

Wasserzementwert: Masseverhältnis wirksamer Wasser-menge zur Zementmenge im Frischbeton.

Zusatzmittel: Flüssige, pulverförmige oder granulatartige Stoffe, die dem Beton während des Mischens in gerin-gen Mengen, bezogen auf den Zementgehalt, zugegeben werden, um durch chemische und/oder physikalische Wirkung Eigenschaften des Frisch- oder Festbetons zu verändern.

© Springer Fachmedien Wiesbaden GmbH, ein Teil von Springer Nature 2021
U. Vismann (Hrsg.), *Wendehorst Bautechnische Zahlentafeln*, https://doi.org/10.1007/978-3-658-32218-2_7

Abb. 7.1 Beziehung zwischen
den Normen DIN EN 206-1 und
DIN 1045-2 sowie Richtlinien
und mitgeltenden Normen

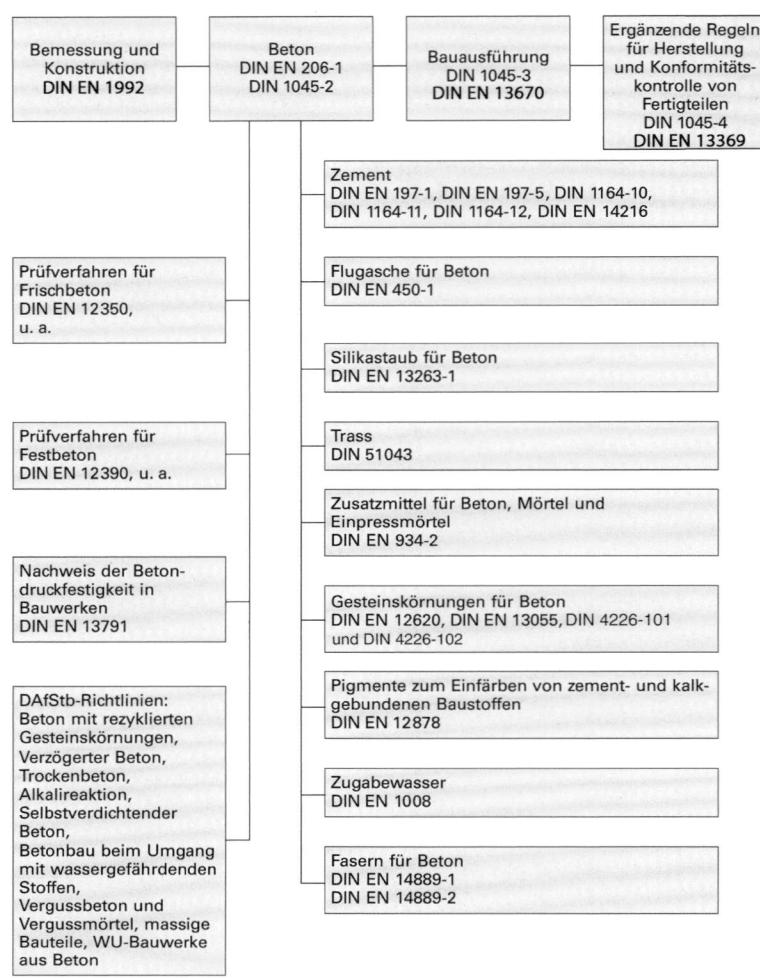

Zusatzstoff: Fein verteilter anorganischer Stoff, der im Beton verwendet wird, um bestimmte Eigenschaften zu beeinflussen.

äquivalenter Wasserzementwert: Masseverhältnis des wirksamen Wassergehalts zur Summe aus dem Zementgehalt und k-fach anrechenbaren Anteil von Zusatzstoffen.

Mehlkorngehalt: Summe aus Zementgehalt, Zusatzstoffgehalt und dem Kornanteil der Gesteinskörnung bis 0,125 mm.

Beton: Durch Mischen von Zement, Gesteinskörnung, Wasser und eventuell Zusatzmitteln, Zusatzstoffen oder Fasern erzeugter Baustoff.

Frischbeton: Fertig gemischter Beton, der noch verarbeitet und verdichtet werden kann.

Festbeton: Erhärteter Beton mit einer gewissen Festigkeit.

Beton nach Eigenschaften: Beton mit festgelegten Eigenschaften und ggf. zusätzlichen Anforderungen, für deren Bereitstellung und Erfüllung der Hersteller verantwortlich ist.

Beton nach Zusammensetzung: Beton mit festgelegter Zusammensetzung und ggf. vorgegebenen Ausgangsstoffen, für deren Einhaltung der Hersteller verantwortlich ist.

Standardbeton: Beton mit festgelegter Zusammensetzung durch vorgegebenen Mindestzementgehalt; Anwendung nur für natürliche Gesteinskörnungen, für bestimmte Druckfestigkeitsklassen und Expositionsklassen, ohne Betonzusätze.

Kubikmeter Beton: Bezugsgröße für die Bestellung von Beton. Beschreibt die Menge Frischbeton, die nach vollständiger Verdichtung ein Volumen von 1 m³ einnimmt. Bei mechanischer Rütteleinwirkung ist die vollständige Verdichtung erreicht, wenn keine größeren Luftblasen mehr an der Betonoberfläche erscheinen.

Charakteristische Festigkeit: Erwarteter Festigkeitswert. 5 % der Grundgesamtheit aller Festigkeitsmesswerte fallen unterhalb dieses Festigkeitswertes.

Erstprüfung: Prüfung vor Herstellungsbeginn, um zu ermitteln, wie ein neuer Beton (oder Betonfamilie) zusammengesetzt sein muss, um die geforderten Frisch- und Festbetoneigenschaften sicherzustellen.

Expositionsklasse: Klassifizierung von chemischen und physikalischen Umgebungsbedingungen, denen ein Bauteil ausgesetzt sein kann und die auf Beton, Bewehrung oder metallische Einbauteile einwirken können und nicht Lasten im Sinne der Tragwerksplanung sind.

Feuchtigkeitsklasse: Einstufung der Umgebungsbedingungen, die vom Planer hinsichtlich einer möglichen schädigenden Alkali-Kieselsäure-Reaktion bei Beton nach Eigenschaften und Standardbeton immer festzulegen ist.

7.2.2 Symbole und Abkürzungen

Expositionsklassen

X0   kein Korrosions- oder Angriffsrisiko
XC...   Korrosionsgefahr durch Karbonatisierung (**Carbo**nation)
XD...   Korrosionsgefahr durch Chloride, kein Meerwasser (**D**eicing)
XS...   Korrosionsgefahr durch Chloride aus Meerwasser (**S**eawater)
XF...   Gefahr von Frostangriff mit oder ohne Taumittel (**F**reezing)
XA...   chemischer Angriff (Chemical **A**ttack)
XM...   mechanischer Angriff des Betons durch Verschleiß (**M**echanical abrasion)

Feuchtigkeitsklassen

WO kein Feuchtigkeitsrisiko, Beton weitgehend trocken
WF Beton, der häufig oder längere Zeit feucht ist
WA wie WF, aber zusätzlich mit häufiger oder langzeitiger Alkalizufuhr von außen
WS WS in DIN EN 1992-1-1 nicht enthalten, nur für hochbeanspruchte Betonfahrbahnen nach TL Beton-StB

Konsistenzklassen

S1 bis S5   Setzmaß
V0 bis V4   Setzzeitmaß (Vébé)
C0 bis C3   Verdichtungsmaß
F1 bis F6   Ausbreitmaß

C.../...   Druckfestigkeitsklassen für Normal- und Schwerbeton
LC.../...   Druckfestigkeitsklassen für Leichtbeton
$f_{ck,cyl}$ charakteristische Betondruckfestigkeit, geprüft am Zylinder
$f_{c,cyl}$ Betondruckfestigkeit, geprüft am Zylinder
$f_{ck,cube}$ charakteristische Betondruckfestigkeit, geprüft am Würfel
$f_{c,cube}$ Betondruckfestigkeit, geprüft am Würfel
$f_{c,dry}$ Betondruckfestigkeit von Probekörpern, gelagert nach DIN EN 12390-2/Anhang NA (Trockenlagerung)
f_{cm} mittlere Druckfestigkeit des Betons
$f_{cm,j}$ mittlere Druckfestigkeit des Betons im Alter von j Tagen
f_{ci} einzelnes Prüfergebnis für die Druckfestigkeit von Beton
f_{tk} charakteristische Spaltzugfestigkeit von Beton
f_{tm} mittlere Spaltzugfestigkeit von Beton
f_{ti} einzelnes Prüfergebnis für die Spaltzugfestigkeit von Beton
D...   Rohdichteklasse von Leichtbeton
D_{max} Nennwert des Größtkorns der Gesteinskörnung
σ Schätzwert für die Standardabweichung einer Gesamtheit
s_n Standardabweichung von aufeinander folgenden Prüfergebnissen
w/z Wasserzementwert
z Zementgehalt im Beton
f Flugaschegehalt im Beton
s Silikastaubgehalt im Beton
k Faktor für die Berücksichtigung der Mitwirkung eines Zusatzstoffes
k_f k-Wert zur Anrechnung von Flugstaub
k_s k-Wert zur Anrechnung von Silikastaub
$(w/z)_{eq}$ äquivalenter Wasserzementwert

7.3 Ausgangsstoffe

7.3.1 Zement

Zement ist ein hydraulisches Bindemittel, das heißt ein fein gemahlener, anorganischer Stoff, der mit Wasser gemischt Zementleim ergibt, welcher durch Hydratation erstarrt und erhärtet und nach dem Erhärten auch unter Wasser fest und raumbeständig bleibt. Die hydraulische Erhärtung von Zement beruht vorwiegend auf der Hydratation von Calciumsilikaten, jedoch können auch andere chemische Verbindungen an der Erhärtung beteiligt sein, wie z. B. Aluminate.

DIN EN 197-1 unterteilt Zemente in fünf Hauptzementarten. Dies sind:
CEM I   Portlandzement
CEM II   Portlandkompositzement
CEM III   Hochofenzement
CEM IV   Puzzolanzement
CEM V   Kompositzement.

Zemente werden im Weiteren entsprechend ihrer Festigkeitsklassen (siehe Tafel 7.1) sowie nach der Zugabemenge ihrer Hauptbestandteile (siehe Tafel 7.2) unterschieden. Darüber hinaus werden sie noch nach ihrer Anfangsfestigkeit unterteilt in

- niedrige Anfangsfestigkeit (Kennbuchstabe **L** = Low, nur für Hochofenzemente nach DIN EN 197-1)
- normale Anfangsfestigkeit (Kennbuchstabe **N** = Normal)
- hohe Anfangsfestigkeit (Kennbuchstabe **R** = Rapid).

Tafel 7.1 Zementfestigkeitsklassen und Zementnormen

Festig-keits-klasse	Norm	Druckfestigkeit [N/mm²]			
		Anfangsfestigkeit		Normfestigkeit	
		2 Tage	7 Tage	28 Tage	
22,5ᵃ	DIN EN 14216	–	–	≥ 22,5	≤ 42,5
32,5 Lᵇ	DIN EN 197-1	–	≥ 12,0		
32,5 N	DIN EN 197-1	–	≥ 16,0	≥ 32,5	≤ 52,5
32,5 R	DIN EN 197-1	≥ 10,0	–		
42,5 Lᵇ	DIN EN 197-1	–	≥ 16,0		
42,5 N	DIN EN 197-1	≥ 10,0	–	≥ 42,5	≤ 62,5
42,5 R	DIN EN 197-1	≥ 20,0	–		
52,5 Lᵇ	DIN EN 197-1	≥ 10,0	–		
52,5 N	DIN EN 197-1	≥ 20,0	–	≥ 52,5	–
52,5 R	DIN EN 197-1	≥ 30,0	–		

ᵃ Sonderzement mit sehr niedriger Hydratationswärme.
ᵇ Nur für Hochofenzemente.

Sonderzemente (Zement mit zusätzlichen oder besonderen Eigenschaften) für bestimmte Bauaufgaben werden zusätzlich nach folgenden Eigenschaften unterschieden:

LH Zemente mit niedriger Hydratationswärme

VLH Zemente nach DIN EN 14216 mit sehr niedriger Hydratationswärme

SR Zemente mit hohem Sulfatwiderstand

(na) Zemente mit niedrigem wirksamen Alkaligehalt

FE Zemente mit frühem Erstarren

SE Zemente mit schnellem Erstarren

HO Zemente mit erhöhtem Anteil organischer Bestandteile.

Die neuen Zementarten CEM II/C-M und CEM VI mit weiter reduzierten Klinkergehalten bis zu 50 % bzw. 35 % sind ab Juli 2021 in der DIN EN 197-5 [12] genormt. Ihr Einsatz im Beton nach DIN EN 206-1/DIN 1045-2 wird durch Anwendungszulassungen geregelt.

Tafel 7.2 Normalzemente und ihre Zusammensetzung nach DIN EN 197-1

Zementart				Hauptbestandteile neben Portlandzementklinker	
Hauptart	Benennung	Kurzzeichen		Art	Anteil [M.-%]
CEM I	Portlandzement	CEM I		–	0
CEM II	Portlandhüttenzement	CEM II/A-S		Hüttensand (S)	6–20
		CEM II/B-S			21–35
	Portlandsilicastaubzement	CEM II/A-D		Silicastaub (D)	6–10
	Portlandpuzzolanzement	CEM II/A-P		Natürliches Puzzolan (P)	6–20
		CEM II/B-P			21–35
		CEM II/A-Q		Natürlich getempertes Puzzolan (Q)	6–20
		CEM II/B-Q			21–35
	Portlandflugaschezement	CEM II/A-V		Kieselsäurereiche Flugasche (V)	6–20
		CEM II/B-V			21–35
		CEM II/A-W		Kalkreiche Flugasche (W)	6–20
		CEM II/B-W			21–35
	Portlandschieferzement	CEM II/A-T		Gebrannter Schiefer (T)	6–20
		CEM II/B-T			21–35
	Portlandkalksteinzement	CEM II/A-L		Kalkstein (L)	6–20
		CEM II/B-L			21–35
		CEM II/A-LL		Kalkstein (LL)	6–20
		CEM II/B-LL			21–35
	Portlandkompositzementᵃ	CEM II/A-M		Alle Hauptbestandteile sind möglich (S, D, P, Q, V, W, T, L, LL)	12–20
		CEM II/B-M			21–35
CEM III	Hochofenzement	CEM III/A		Hüttensand (S)	36–65
		CEM III/B			66–80
		CEM III/C			81–95
CEM IV	Puzzolanzementᵃ	CEM IV/A		Silicastaub, Puzzolane und Flugasche (D, P, Q, V, W)	11–35
		CEM IV/B			36–55
CEM V	Kompositzement	CEM V/A		Hüttensand (S)	18–30
				Puzzolane (P, Q), Flugasche (V)	18–30
		CEM V/Bᵇ		Hüttensand (S)	31–49
				Puzzolane (P, Q), Flugasche (V)	31–49

ᵃ Der Anteil von Silicastaub ist auf 10 M.-% begrenzt.
ᵇ Der Klinkeranteil muss zwischen 20 und 38 M.-% liegen.

7.3.2 Gesteinskörnungen

Gesteinskörnungen werden entsprechend ihrer Herkunft, dem Gefüge und der Kornrohdichte eingeteilt. Sie können natürlich, industriell hergestellt oder rezykliert sein. Nach der Kornrohdichte wird unterschieden in leichte, normale und schwere Gesteinskörnungen. Leichte Gesteinskörnungen mit einer Kornrohdichte kleiner als $2000\,\mathrm{kg/m^3}$ eignen sich für die Herstellung von Leichtbeton und sind in DIN EN 13055 geregelt.

Gesteinskörnungen für Normal- und Schwerbeton müssen den Anforderungen der DIN EN 12620 entsprechen. Prüfverfahren für allgemeine und geometrische Eigenschaften sind in DIN EN 932 und DIN EN 933 geregelt. Weitere Verfahren z. B. zur Prüfung physikalischer Eigenschaften oder zur Verwitterungsbeständigkeit finden sich in DIN EN 1097 und DIN EN 1367.

Für die Verwendung rezyklierter Gesteinskörnungen sind zudem die DAfStb-Richtlinie „Beton nach DIN EN 206-1 und DIN 1045-2 mit rezyklierten Gesteinskörnungen nach DIN EN 12620" sowie die DIN 4226-101 und -102 „Rezyklierte Gesteinskörnungen für Beton nach DIN EN 12620" zu beachten.

Gesteinskörnungen werden unterschieden in feine Gesteinskörnungen (Sand), grobe Gesteinskörnungen und Korngemische (Mischungen grober und feiner Gesteinskörnungen). Die bisher üblichen Begriffe Sand bzw. Brechsand, Kies bzw. Splitt oder Edelsplitt und Grobkies bzw. Schotter werden zwar in den Normen nicht mehr oder nur zum Teil genutzt, sind aber im Sprachgebrauch noch üblich, da sie nicht zuletzt auch zwischen natürlich gerundetem und gebrochenem Korn unterscheiden. Siehe auch Tafel 7.3.

Sieblinien Die Gesteinskörnungen erfüllen im Normalbeton die Funktion eines Stützgerüstes, dessen Lückenvolumen minimiert und mit Zementleim ausgefüllt wird. Die Kornzusammensetzung von Korngemischen wird durch Sieblinien gekennzeichnet. In DIN 1045-2 sind Regelsieblinien für ein Größtkorn von 8 mm, 16 mm, 32 mm und 63 mm festgelegt (Abb. 7.2 und 7.3), anhand derer eine erste Abschätzung der zu erwartenden Verarbeitungseigenschaften der Betone vorgenommen werden kann.

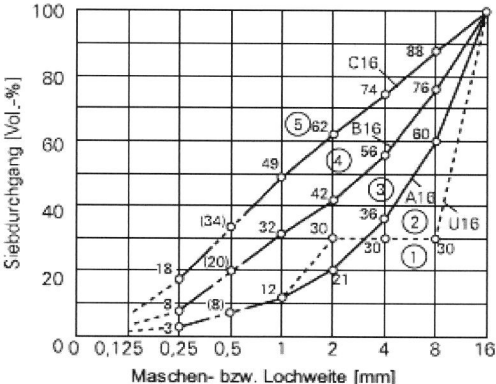

Abb. 7.2 Sieblinien mit Größtkorn 16 mm, nach [3]

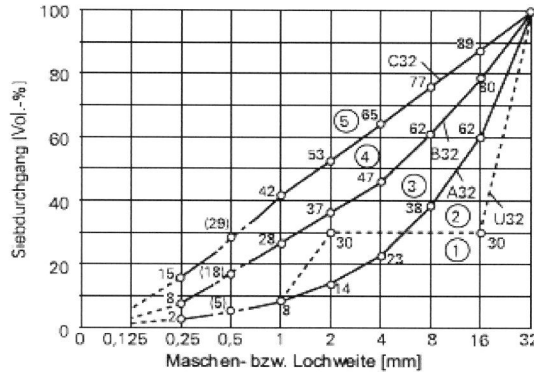

Abb. 7.3 Sieblinien mit Größtkorn 32 mm, nach [3]

Wasseranspruch Für die Verarbeitbarkeit des Betons ist der Wasseranspruch von Bedeutung. Unter dem Wasseranspruch eines Korngemischs versteht man die Wassermenge, die für 1 m³ mit diesem Korngemisch hergestellten Betons mit vorgegebener Konsistenz (ohne verflüssigende Zusatzmittel) erforderlich ist. Die Wassermenge setzt sich aus dem Zugabewasser und der an der Gesteinskörnung haftenden Oberflächenfeuchte zusammen. Das in den Eigenporen der Gesteinskörnung vorhandene oder aufgenommene Wasser (Kernfeuchte) spielt für die Verarbeitbarkeit und beim Wasseranspruch keine Rolle.

Tafel 7.3 Traditionelle Bezeichnungen für Gesteinskörnungen im Betonbau [10]

Gesteinskörnung mit		Traditionelle Bezeichnung der Korngruppen		
		Gesteinskörnung		
unterer Siebgröße d [mm]	oberer Siebgröße D [mm]	nicht gebrochen (natürlich)	gebrochen	
			natürlich	rezykliert
0	≤ 4	Sand	Brechsand	Betonbrechsand, Bauwerkbrechsand
≥ 4	≤ 32	Kies	Splitt, Edelsplitt	Betonsplitt, Bauwerksplitt
32	45	Grobkies	Schotter	

Tafel 7.4 Wasseranspruch in kg/m³ Frischbeton (Richtwerte für den wirksamen Wassergehalt) [10]

Sieblinie	Körnungsziffer k [a, c]	D-Summe [b, c]	Konsistenzbezeichnungen		
			steif	plastisch	weich [d]
A32	5,48	352	130	150	170
B32	4,20	480	150	170	190
C32	3,30	570	170	190	210
A16	4,60	440	140	160	180
B16	3,66	534	160	180	200
C16	2,75	625	190	210	230
A8	3,63	537	160	180	200
B8	2,90	610	190	205	230
C8	2,27	673	210	230	250

[a] Körnungsziffer: Summe der in Prozent angegebenen Rückstände auf den Sieben 0,25; 0,5; 1; 2; 4; 8; 16; 31,5 und 63 mm geteilt durch 100.
[b] D-Summe: Summe der in Prozent angegebenen Durchgänge durch die Siebe 0,25; 0,5; 1; 2; 4; 8; 16; 31,5 und 63 mm.
[c] Zusammenhang zwischen D-Summe (D) und Körnungsziffer (k) für die aufgeführten neun Siebe:
$k = (900 - D)/100$
$D = 900 - 100k$
[d] Beton weicherer Konsistenz nur durch Einsatz von Fließmitteln.

Tafel 7.4 gibt Richtwerte für den Wasseranspruch in Abhängigkeit von der Kornzusammensetzung und der Betonkonsistenz an. Zusätzlich sind die Kennwerte der Kornverteilung (Körnungsziffer k und D-Summe) und ihr Zusammenhang angegeben. Der Wasseranspruch ist zudem abhängig von der Herkunft der Gesteinskörnung, vom Mehlkorngehalt, der Kornform sowie der Rauigkeit der Kornoberfläche. Er kann in ungünstigen Fällen bis zu etwa 20 kg/m³ höher liegen.

7.3.3 Zugabewasser

Für die Herstellung von Beton gilt Trinkwasser sowie in der Natur vorkommendes Wasser und aufbereitetes Brauchwasser als geeignet, soweit es nicht Bestandteile enthält, die das Erhärten oder andere Eigenschaften des Betons ungünstig beeinflussen oder den Korrosionsschutz der Bewehrung beeinträchtigen. Die Anforderungen an Zugabewasser regelt DIN EN 1008.

Die Verwendung von Restwasser aus dem Frischbetonrecycling ist ebenfalls in DIN EN 1008 beschrieben. DIN 1045-2 [3] enthält zusätzliche Anforderungen an die Produktionskontrolle bei der Verwendung von Restwasser. Für die Herstellung hochfester Betone und für Beton mit Luftporenbildnern (LP-Beton) darf Restwasser nicht verwendet werden.

7.3.4 Zusatzmittel

Siehe auch Abschn. 7.2.1 Begriffe.

In Beton nach DIN EN 206-1/DIN 1045-2 dürfen nur Betonzusatzmittel mit einer Leistungserklärung auf Grundlage der DIN EN 934-2 verwendet werden. Erforderliche Leistungen und Merkmale werden in der DAfStb-Richtlinie „Anforderungen an Ausgangsstoffe zur Herstellung von Beton nach DIN EN 206-1 in Verbindung mit DIN 1045-2" zusammengestellt.

Als mögliche Zusatzmittel können im Beton zum Beispiel eingesetzt werden (Auswahl mit Angabe der Art und des informativen Kurzzeichens):
- Betonverflüssiger (BV)
- Fließmittel (FM)
- Stabilisierer (ST)
- Luftporenbildner (LP)
- Erstarrungsbeschleuniger (BE)
- Erhärtungsbeschleuniger (BE)
- Verzögerer (VZ)
- Dichtungsmittel (DM)
- Verzögerer/Fließmittel (FM)
- Viskositätsmodifizierer (VMA)

Geringe Mengen an Betonzusatzmitteln (bis 3 l/m³) können bei der Stoffraumrechnung vernachlässigt werden. Die Gesamtmenge an Zusatzmittel darf weder die vom Zusatzmittelhersteller empfohlene Höchstdosierung noch 50 g je kg Zement (bei Zugabe eines Mittels) überschreiten. Bei Zugabe mehrerer Zusatzmittel und bei Hochfesten Betonen gelten höhere Grenzwerte.

7.3.5 Zusatzstoffe

Betonzusatzstoffe sind pulverförmige anorganische Stoffe, ggf. als Suspension aufbereitet, die dem Beton in größerer Menge zugegeben werden, um bestimmte Eigenschaften zu beeinflussen.

Zusatzstoffe Typ I (nahezu inaktiv): z. B. Kalksteinmehl, Pigmente
Zusatzstoffe Typ II (puzzolanisch oder latent hydraulisch): z. B. Flugasche, Silicastaub.

7.3.6 Fasern

Fasern werden dem Beton zugegeben, um die Festigkeitseigenschaften sowie die Duktilität bei hoher Beanspruchung zu erhöhen. Rissbildungseigenschaften sollen ebenfalls günstig beeinflusst werden. Fasern werden im Allgemeinen als Stahlfasern (DIN EN 14889-1) oder Polymerfasern (DIN EN 14889-2) im Beton verwendet. Auch alkaliresistente Glasfasern kommen für einen Einsatz infrage. Im Allgemeinen erfolgt die Verwendung von Fasern nach einer Produktnorm oder einer allgemeinen bauaufsichtlichen Zulassung.

7.4 Eigenschaften und Anforderungen an den Beton

7.4.1 Betonzusammensetzung

Beton besteht aus
- Zement
- Gesteinskörnung (alt: Zuschlag)
- Zugabewasser
- evtl. Zusatzmittel, Zusatzstoffe und Fasern

Die Zusammensetzung soll entsprechend den Anforderungen gewählt und auf die Verarbeitbarkeit abgestimmt werden. Dabei sind u. a. folgende Anforderungen einzuhalten (siehe auch die nachfolgenden Abschn. 7.4.2–7.4.4).

Zementart entsprechend der Verwendungsart, der Bauteilabmessungen, der Umweltbedingungen (Expositionsklassen) des Bauwerkes und der Wärmeentwicklung des Betons im Bauwerk.

Zementgehalt nach Tafel 7.11.

Max. Wasserzementwert nach Tafel 7.11.

Korngröße des Gesteinskorns so wählen, dass beim Einbringen des Betons kein Entmischen stattfindet. Der maximale Nennwert sollte folgende Werte nicht überschreiten:
- 1/3 (besser 1/5) der kleinsten Bauteilabmessung
- lichter Abstand der Bewehrungsstäbe abzüglich 5 mm (bei $D_{max} \geq 16$ mm)

Chloridgehalt des Betons Höchstzulässige Werte in M.-% bezogen auf den Zementgehalt:

Unbewehrter Beton $\leq 1,0$ %
Stahlbeton $\leq 0,4$ %
Spannbeton $\leq 0,2$ %

7.4.2 Frischbetoneigenschaften

Klassifizierung entsprechend seiner Konsistenz nach Tafel 7.5 anhand folgender Prüfungen:
- Ausbreitmaß nach DIN EN 12350-5
- Verdichtungsmaß nach DIN EN 12350-4
- Setzzeit (Vébé) nach DIN EN 12350-3
- Setzmaß nach DIN EN 12350-2

Die Konsistenzklassen der Tafel 7.5 sind nicht direkt vergleichbar. In besonderen Fällen darf auch ein Zielwert der Konsistenz vereinbart werden. In Deutschland sind vorzugsweise das Ausbreitmaß und für steifere Konsistenzen das Verdichtungsmaß zu verwenden.

Weitere Eigenschaften:
- Luftgehalt nach DIN EN 12350-7
- Wasserzementwert und Zementgehalt nach Gewichtsanteilen.
- Betontemperatur
  Frischbeton: ≤ 30 °C
  Beim Mischen und Einbringen: ≥ 5 °C (≥ 10 °C, wenn $z < 240$ kg/m^3 oder bei LH-Zementen).

Tafel 7.5 Konsistenzklassen des Betons

Prüfung	Klasse	Kennzeichnung		Beschreibung
Ausbreitmaß	F 1	Ausbreitmaß in mm (Durchmesser)	≤ 340	Steif
	F 2		350 bis 410	Plastisch
	F 3		420 bis 480	Weich
	F 4		490 bis 550	Sehr weich
	F 5		560 bis 620	Fließfähig
	F 6		≥ 630[a]	Sehr fließfähig
Verdichtungsmaß	C 0	Verdichtungsmaß	$\geq 1,46$	Sehr steif
	C 1		1,45 bis 1,26	Steif
	C 2		1,25 bis 1,11	Plastisch
	C 3		1,10 bis 1,04	Weich
	C 4[b]		$< 1,04$	–
Setzzeit (Vébé)	V 0	Setzzeit in s	≥ 31	
	V 1		30 bis 21	
	V 2		20 bis 11	
	V 3		10 bis 6	
	V 4		5 bis 3	
Setzmaß	S 1	Setzmaß in mm (auf 10 mm gerundet)	10 bis 40	
	S 2		50 bis 90	
	S 3		100 bis 150	
	S 4		160 bis 210	
	S 5		≥ 220	

[a] Bei Ausbreitmaßen über 700 mm ist die DAfStb-Richtlinie „Selbstverdichtender Beton" zu beachten.
[b] C4 gilt nur für Leichtbeton.

7.4.3 Festbetoneigenschaften

7.4.3.1 Druckfestigkeit

Charakteristische Festigkeit mit dem Wert, unterhalb dem erwartungsgemäß 5 % der Gesamtheit aller möglichen Festigkeitsmessungen liegen.

Bestimmung an Probekörpern nach DIN EN 12390-1 mit Lagerung nach DIN EN 12390-2 im Alter von 28 Tagen.

- Würfel ($f_{ck,cube}$) mit 150 mm Kantenlänge
- Zylinder ($f_{ck,cyl}$) mit $d = 150$ mm Durchmesser und $h = 300$ mm Höhe. Für die Druckfestigkeitsklassen des Betons gelten die Zuordnungen gemäß Tafel 7.6 und 7.7.

Dabei sieht die DIN EN 12390-2 eine Probekörperlagerung im Wasserbad oder Feuchtekammer bis zum Prüftermin vor ($\hateq f_{c,cube}$ oder $f_{c,cyl}$, Referenzlagerung). Abweichend beschreibt der nationale Anhang (NA) der Norm die in Deutschland übliche Lagerung von Probekörpern mit einem Tag in der Form, sechs Tage im Wasserbad und vom siebten Tag an bis zum Prüftermin luftgelagert ($\hateq f_{c,dry}$, Trockenlagerung).

Bei Würfeln mit einer Lagerung abweichend von DIN EN 12390-2 gilt für die Druckfestigkeit

$$f_{c,cube} = 0{,}92 \cdot f_{c,dry} \text{ bis C50/60}$$

und

$$f_{c,cube} = 0{,}95 \cdot f_{c,dry} \text{ ab C55/67}$$

Wenn Würfel mit einer Kantenlänge von 100 mm geprüft werden, so sind die Prüfwerte auf Würfel mit der Kantenlänge von 150 mm wie folgt umzurechnen:

$$f_{c,dry(150\,mm)} = 0{,}97 \cdot f_{c,dry(100\,mm)}$$

Sofern nichts anderes festgelegt wurde, ist die Druckfestigkeit an Probekörpern im Alter von 28 Tagen zu bestimmen. Für besondere Anwendungen kann es sinnvoll oder erforderlich sein, die Druckfestigkeit zu einem früheren oder späteren Zeitpunkt oder nach Lagerung unter besonderen Bedingungen (z. B. Wärmebehandlung) zu bestimmen. Die Festigkeitsentwicklung kann zeitabhängig anhand von Druckfestigkeitsprüfungen bestimmt werden.

7.4.3.2 Druckfestigkeit von Beton im Bauwerk

Die Prüfung von Beton im Bauwerk erfolgt nach DIN EN 12504 an Bohrkernproben, durch zerstörungsfreie Prüfung mit einem Rückprallhammer, durch Bestimmung der Ausziehkraft oder durch Bestimmung der Ultraschallgeschwindigkeit. Die Bewertung der Druckfestigkeit von Beton in Bauwerken oder in Bauwerksteilen ist in DIN EN 13791 geregelt.

Tafel 7.6 Druckfestigkeitsklassen für Normal- und Schwerbeton

Druckfestigkeits-klasse	Charakteristische Mindestdruckfestigkeit von Zylindern $f_{ck,cyl}$ [N/mm^2]	Charakteristische Mindestdruckfestigkeit von Würfeln $f_{ck,cube}$ [N/mm^2]
C8/10	8	10
C12/15	12	15
C16/20	16	20
C20/25	20	25
C25/30	25	30
C30/37	30	37
C35/45	35	45
C40/50	40	50
C45/55	45	55
C50/60	50	60
C55/67[a]	55	67
C60/75	60	75
C70/85	70	85
C80/95	80	95
C90/105[b]	90	105
C100/115[b]	100	115

$f_{ck,cyl}$ wird in DIN EN 1992 mit f_{ck} bezeichnet.
[a] Ab C55/67 hochfester Beton.
[b] Allgemeine bauaufsichtliche Zulassung oder Zustimmung im Einzelfall erforderlich.

Tafel 7.7 Druckfestigkeitsklassen für Leichtbeton

Druckfestigkeits-klasse	Charakteristische Mindestdruckfestigkeit von Zylindern $f_{ck,cyl}$ [N/mm^2]	Charakteristische Mindestdruckfestigkeit von Würfeln[a] $f_{ck,cube}$ [N/mm^2]
LC8/9	8	9
LC12/13	12	13
LC16/18	16	18
LC20/22	20	22
LC25/28	25	28
LC30/33	30	33
LC35/38	35	38
LC40/44	40	44
LC45/50	45	50
LC50/55	50	55
LC55/60[b]	55	60
LC60/66	60	66
LC70/77[c]	70	77
LC80/88[c]	80	88

[a] Es dürfen andere Werte verwendet werden, wenn das Verhältnis zwischen diesen Werten und der Referenzfestigkeit von Zylindern mit genügender Genauigkeit festgestellt und dokumentiert worden ist.
[b] Ab LC55/67 hochfester Leichtbeton.
[c] Allgemeine bauaufsichtliche Zulassung oder Zustimmung im Einzelfall erforderlich.

7.4.3.3 Zugfestigkeit

Die **Biegezugfestigkeit** wird an Balken mit quadratischem Querschnitt bestimmt. Geprüft wird entweder mit Zweipunkt-Lasteintragung oder mit mittiger Lasteintragung.

Die **Spaltzugfestigkeit** wird in der Regel an Zylindern bestimmt. Die Prüfung erfolgt nach EN 12390-6 an Probekörpern im Alter von 28 Tagen.

7.4.3.4 Verschleißwiderstand

Bei Beton mit Anforderungen an hohen Verschleißwiderstand müssen die Grenzwerte zu Druckfestigkeitsklasse, Zementgehalt, Wasserzementwert und Gesteinskörnungen nach Tafel 7.11, ggf. im Besonderen für die Expositionsklasse XM, eingehalten sein.

Der Mehlkorngehalt ist auf $400\,kg/m^3$ bei einem Zementgehalt $\leq 300\,kg/m^3$ und auf $450\,kg/m^3$ bei einem Zementgehalt $\leq 350\,kg/m^3$ begrenzt.

Körner aller Gesteinskörnungen, die für die Herstellung von Beton in den Expositionsklassen XM verwendet werden, sollten eine mäßig raue Oberfläche und eine gedrungene Gestalt haben. Das Gesteinskorngemisch sollte möglichst grobkörnig sein.

7.4.3.5 Wassereindringwiderstand

Wenn der Beton einen hohen Wassereindringwiderstand haben muss, so muss er

- bei Bauteildicken über 0,40 m einen Wasserzementwert $w/z \leq 0{,}70$ aufweisen;
- bei Bauteildicken bis 0,40 m einen Wasserzementwert $w/z \leq 0{,}60$ sowie mindestens einen Zementgehalt von $280\,kg/m^3$ (bei Anrechnung von Zusatzstoffen $270\,kg/m^3$) aufweisen. Die Mindestdruckfestigkeitsklasse C25/30 ist einzuhalten.

Außerdem sollte die DAfStb-Richtlinie „Wasserundurchlässige Bauwerke aus Beton (WU-Richtlinie)" beachtet werden.

7.4.3.6 Rohdichte

Einteilung entsprechend der Trockenrohdichte des Betons

- Leichtbeton (LC): 800 bis $2000\,kg/m^3$ (ofentrocken) sowie nach Tafel 7.8
- Normalbeton: > 2000 bis $2600\,kg/m^3$ (ofentrocken)
- Schwerbeton: $> 2600\,kg/m^3$ (ofentrocken)

7.4.4 Anforderungen an die Dauerhaftigkeit (Expositionsklassen)

Beton mit ausreichender Dauerhaftigkeit soll

- den Bewehrungsstahl vor Korrosion schützen
- den Umweltbedingungen standhalten.

Hierfür sind folgende Maßnahmen sicherzustellen:

- Wahl der Ausgangsstoffe und der Betonzusammensetzung entsprechend der erforderlichen Festigkeit, den zutreffenden Expositionsklassen und der Feuchtigkeitsklasse.
- Sach- und materialgerechte Verarbeitung des Betons bei seiner Herstellung und dem Einbau (Mischen, Einbringen, Verdichten).
- Ausreichende Nachbehandlung.
- Überwachung des Betons entsprechend der zutreffenden Überwachungsklasse.

Chemische und physikalische Umgebungsbedingungen, denen ein Bauteil ausgesetzt sein kann und die auf den Beton oder die Bewehrung einwirken können und nicht Lastannahmen im Sinne der Tragwerksplanung sind, werden durch Expositionsklassen und Feuchtigkeitsklassen erfasst. Ihre Einstufung erfolgt nach Tafeln 7.9 und 7.10.

Eine ähnliche Tabelle befindet sich auch in DIN EN 1992-1-1/NA, Tabelle 4.1. Eine gute Übersicht zur Festlegung der Expositions- und Feuchtigkeitsklassen gibt auch die Darstellung in Abb. 7.4 (entnommen aus dem Zement-Merkblatt B9, 1.2020, www.beton.org [9]).

Die Tafel 7.10 macht ergänzende Angaben für die Wahl der Expositionsklassen bei chemischem Angriff durch natürliche Böden und Grundwasser. Hinsichtlich Vorkommen und Wirkungsweise siehe in diesem Zusammenhang auch DIN 4030-1.

Die Tafeln 7.11 und 7.12 sind [3] entnommen und beschreiben die Grenzwerte für die Zusammensetzung des Betons bzw. die Anwendungsbereiche für verschiedene Zemente in Abhängigkeit von der Expositionsklasse.

Tafel 7.8 Klasseneinteilung von Leichtbeton nach der Rohdichte

Rohdichteklasse	D 1,0	D 1,2	D 1,4	D 1,6	D 1,8	D 2,0
Rohdichtebereich [kg/m³]	≥ 800 und ≤ 1000	> 1000 und ≤ 1200	> 1200 und ≤ 1400	> 1400 und ≤ 1600	> 1600 und ≤ 1800	> 1800 und ≤ 2000

Die Rohdichte von Leichtbeton darf auch durch einen Zielwert festgelegt werden.

Tafel 7.9 Expositionsklassen und Feuchtigkeitsklassen

Klasse	Beschreibung der Umgebung	Beispiele für die Zuordnung von Expositionsklassen
1 Kein Korrosions- oder Angriffsrisiko		
Für Bauteile ohne Bewehrung oder eingebettetes Metall in nicht betonangreifender Umgebung kann die Expositionsklasse X0 zugeordnet werden		
X0	Beton ohne Bewehrung oder eingebettetes Metall: alle Umgebungsbedingungen außer XF, XA, XM	Fundamente ohne Bewehrung ohne Frost; Innenbauteile ohne Bewehrung
	Beton mit Bewehrung oder eingebettetem Metall: sehr trocken	Beton in Gebäuden mit sehr geringer Luftfeuchte (relative Luftfeuchte RH $\leq$ 30 %)
2 Bewehrungskorrosion, ausgelöst durch Karbonatisierung		
Wenn Beton, der Bewehrung oder anderes eingebettetes Metall enthält, Luft und Feuchte ausgesetzt ist, muss die Expositionsklasse wie folgt zugeordnet werden:		
Anmerkung 1 Die Feuchtebedingung bezieht sich auf den Zustand innerhalb der Betondeckung der Bewehrung oder anderen eingebetteten Metalls; in vielen Fällen kann jedoch angenommen werden, dass die Bedingungen in der Betondeckung den Umgebungsbedingungen entsprechen. In diesen Fällen darf die Klasseneinteilung nach der Umgebungsbedingung als gleichwertig angenommen werden. Dies braucht nicht der Fall zu sein, wenn sich zwischen dem Beton und seiner Umgebung eine Sperrschicht befindet.		
XC1	Trocken oder ständig nass	Bauteile in Innenräumen mit üblicher Luftfeuchte (einschließlich Küche, Bad und Waschküche in Wohngebäuden); Beton, der ständig in Wasser getaucht ist
XC2	Nass, selten trocken	Teile von Wasserbehältern; Gründungsbauteile
XC3	Mäßige Feuchte	Bauteile, zu denen die Außenluft häufig oder ständig Zugang hat, z. B. offene Hallen, Innenräume mit hoher Luftfeuchtigkeit z. B. in gewerblichen Küchen, Bädern, Wäschereien, in Feuchträumen von Hallenbädern und in Viehställen; Dachflächen mit flächiger Abdichtung; Verkehrsflächen mit flächiger unterlaufsicherer Abdichtung (mit Instandhaltungsplan)
XC4	Wechselnd nass und trocken	Außenbauteile mit direkter Beregnung
3 Bewehrungskorrosion, verursacht durch Chloride, ausgenommen Meerwasser		
Wenn Beton, der Bewehrung oder anderes eingebettetes Metall enthält, chloridhaltigem Wasser, einschließlich Taumittel, ausgenommen Meerwasser, ausgesetzt ist, muss die Expositionsklasse wie folgt zugeordnet werden:		
XD1	Mäßige Feuchte	Bauteile im Sprühnebelbereich von Verkehrsflächen; Einzelgaragen; befahrene Verkehrsflächen mit vollflächigem Oberflächenschutz (mit Instandhaltungsplan)
XD2	Nass, selten trocken	Solebäder; Bauteile, die chloridhaltigen Industrieabwässern ausgesetzt sind
XD3	Wechselnd nass und trocken	Teile von Brücken mit häufiger Spritzwasserbeanspruchung; Fahrbahndecken; befahrene Verkehrsflächen mit rissvermeidenden Bauweisen ohne Oberflächenschutz oder ohne Abdichtung (mit Instandhaltungsplan); befahrene Verkehrsflächen mit dauerhaftem lokalen Schutz von Rissen (mit Instandhaltungsplan, siehe auch DAfStb-Richtlinie „Schutz und Instandsetzung von Betonbauteilen")
4 Bewehrungskorrosion, verursacht durch Chloride aus Meerwasser		
Wenn Beton, der Bewehrung oder anderes eingebettetes Metall enthält, Chloriden aus Meerwasser oder salzhaltiger Seeluft ausgesetzt ist, muss die Expositionsklasse wie folgt zugeordnet werden:		
XS1	Salzhaltige Luft, aber kein unmittelbarer Kontakt mit Meerwasser	Außenbauteile in Küstennähe
XS2	Unter Wasser	Bauteile in Hafenanlagen, die ständig unter Wasser liegen
XS3	Tidebereiche, Spritzwasser- und Sprühnebelbereiche	Kaimauern in Hafenanlagen
5 Frostangriff mit und ohne Taumittel		
Wenn durchfeuchteter Beton erheblichem Angriff durch Frost-Tau-Wechsel ausgesetzt ist, muss die Expositionsklasse wie folgt zugeordnet werden:		
XF1	Mäßige Wassersättigung, ohne Taumittel	Außenbauteile
XF2	Mäßige Wassersättigung, mit Taumittel	Bauteile im Sprühnebel- oder Spritzwasserbereich von taumittelbehandelten Verkehrsflächen, soweit nicht XF 4; Betonbauteile im Sprühnebelbereich von Meerwasser
XF3	Hohe Wassersättigung, ohne Taumittel	Offene Wasserbehälter; Bauteile in der Wasserwechselzone von Süßwasser
XF4	Hohe Wassersättigung, mit Taumittel	Verkehrsflächen, die mit Taumitteln behandelt werden; Überwiegend horizontale Bauteile im Spritzwasserbereich von taumittelbehandelten Verkehrsflächen; Räumerlaufbahnen von Kläranlagen; Meerwasserbauteile in der Wasserwechselzone

Tafel 7.9 (Fortsetzung)

Klasse	Beschreibung der Umgebung	Beispiele für die Zuordnung von Expositionsklassen

6 Betonkorrosion durch chemischen Angriff

Wenn Beton chemischem Angriff durch natürliche Böden, Grundwasser, Meerwasser nach Tafel 7.10 oder Abwasser ausgesetzt ist, muss die Expositionsklasse wie folgt zugeordnet werden:

Anmerkung 2 Bei XA3 oder stärker und bei hoher Fließgeschwindigkeit von Wasser und Mitwirkung von Chemikalien nach Tafel 7.10 sind Schutzmaßnahmen für den Beton – wie Schutzschichten oder dauerhafte Bekleidungen – erforderlich, sofern ein Gutachten nicht eine andere Lösung vorschlägt. Bei Anwesenheit anderer angreifender Chemikalien als nach Tafel 7.10 bzw. chemisch verunreinigtem Untergrund sind die Auswirkungen des chemischen Angriffs zu klären und ggf. Schutzmaßnahmen festzulegen

Klasse	Beschreibung der Umgebung	Beispiele für die Zuordnung von Expositionsklassen
XA1	Chemisch schwach angreifende Umgebung nach Tafel 7.10	Behälter von Kläranlagen; Güllebehälter
XA2	Chemisch mäßig angreifende Umgebung nach Tafel 7.10 und Meeresbauwerke	Betonbauteile, die mit Meerwasser in Berührung kommen; Bauteile in betonangreifenden Böden
XA3	Chemisch stark angreifende Umgebung nach Tafel 7.10	Industrieabwasseranlagen mit chemisch angreifenden Abwässern; Futtertische der Landwirtschaft; Kühltürme mit Rauchgasableitung

7 Betonkorrosion durch Verschleißbeanspruchung

Wenn Beton einer erheblichen mechanischen Beanspruchung ausgesetzt ist, muss die Expositionsklasse wie folgt zugeordnet werden:

Klasse	Beschreibung der Umgebung	Beispiele für die Zuordnung von Expositionsklassen
XM1	Mäßige Verschleißbeanspruchung	Tragende oder aussteifende Industrieböden mit Beanspruchung durch luftbereifte Fahrzeuge
XM2	Starke Verschleißbeanspruchung	Tragende oder aussteifende Industrieböden mit Beanspruchung durch luft- oder vollgummibereifte Gabelstapler
XM3	Sehr starke Verschleißbeanspruchung	Tragende oder aussteifende Industrieböden mit Beanspruchung durch elastomer- oder stahlrollenbereifte Gabelstapler; Oberflächen, die häufig mit Kettenfahrzeugen befahren werden; Wasserbauwerke in geschiebebelasteten Gewässern, z. B. Tosbecken

8 Betonkorrosion infolge Alkali-Kieselsäurereaktion

Anhand der zu erwartenden Umgebungsbedingungen ist der Beton einer der vier nachfolgenden Feuchtigkeitsklassen zuzuordnen:

Klasse	Beschreibung der Umgebung	Beispiele für die Zuordnung von Expositionsklassen
WO	Beton, der nach normaler Nachbehandlung nicht längere Zeit feucht und nach dem Austrocknen während der Nutzung weitgehend trocken bleibt	Innenbauteile des Hochbaus; Bauteile, auf die Außenluft, nicht jedoch z. B. Niederschläge, Oberflächenwasser, Bodenfeuchte einwirken können und/oder die nicht ständig einer relativen Luftfeuchte von mehr als 80 % ausgesetzt werden.
WF	Beton, der während der Nutzung häufig oder längere Zeit feucht ist	Ungeschützte Außenbauteile, die z. B. Niederschlägen, Oberflächenwasser oder Bodenfeuchte ausgesetzt sind; Innenbauteile des Hochbaus für Feuchträume, wie z. B. Hallenbäder, Wäschereien und andere gewerbliche Feuchträume, in denen die relative Luftfeuchte überwiegend höher als 80 % ist; Bauteile mit häufiger Taupunktunterschreitung, wie z. B. Schornsteine, Wärmeübertragerstationen, Filterkammern und Viehställe; massige Bauteile gemäß DAfStb-Richtlinie „Massige Bauteile aus Beton", deren kleinste Abmessung 0,80 m überschreitet (unabhängig vom Feuchtezutritt).
WA	Beton, der zusätzlich zu der Beanspruchung nach Klasse WF häufiger oder langzeitiger Alkalizufuhr von außen ausgesetzt ist	Bauteile mit Meerwassereinwirkung; Bauteile unter Tausalzeinwirkung ohne zusätzliche hohe dynamische Beanspruchung (z. B. Spritzwasserbereiche, Fahr- und Stellflächen in Parkhäusern); Bauteile von Industriebauten und landwirtschaftlichen Bauwerken (z. B. Güllebehälter) mit Alkalisalzeinwirkung; Betonfahrbahnen der Belastungsklasse 0,3 bis 1,0.
WS[a]	Beton, der hoher dynamischer Beanspruchung und direktem Alkalieintrag ausgesetzt ist	Bauteile unter Tausalzeinwirkung mit zusätzlicher hoher dynamischer Beanspruchung (z. B. Betonfahrbahnen der Belastungsklasse 1,8 und höher)

[a] Die Feuchtigkeitsklasse WS ist nicht in DN EN 1992-1-1 enthalten. WS wird nur für hochbeanspruchte Betonfahrbahnen nach TL Beton-StB angewendet.

Abb. 7.4 Expositionsklassen [9]

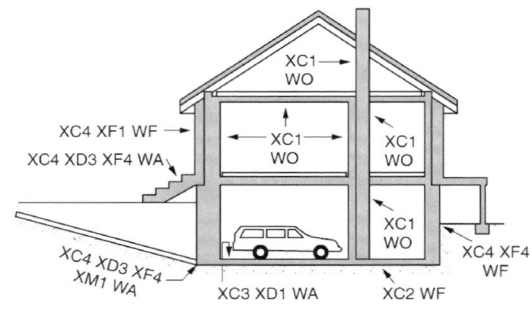

Beispiele für mehrere, gleichzeitig zutreffende Expositions- und Feuchtigkeitsklassen an einem Wohnhaus

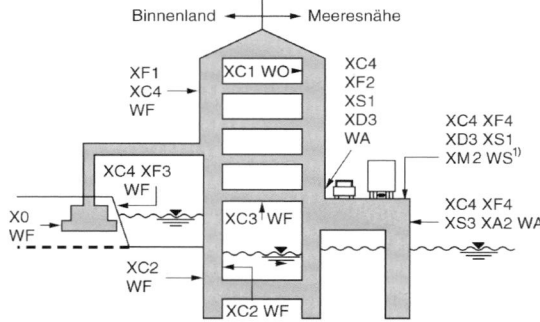

¹⁾ Gemäß TL Beton-StB und ARS

Beispiele für mehrere, gleichzeitig zutreffende Expositions- und Feuchtigkeitsklassen im Hoch- und Ingenierubau

Tafel 7.10 Grenzwerte für Expositionsklassen bei chemischem Angriff durch Böden und Grundwasser nach [2, 3].
Werte gültig für natürliche Böden und Grundwasser mit einer Wasser-/Bodentemperatur zwischen 5 °C und 25 °C sowie bei einer sehr geringen Fließgeschwindigkeit (näherungsweise wie für hydrostatische Bedingungen).
Der schärfste Wert für jedes einzelne Merkmal ist maßgebend. Liegen zwei oder mehrere angreifende Merkmale in derselben Klasse, davon mindestens eines im oberen Viertel (bei pH im unteren Viertel), ist die Umgebung der nächsthöheren Klasse zuzuordnen. Ausnahme: Nachweis über eine spezielle Studie, dass dies nicht erforderlich ist

Chemisches Merkmal	Referenzprüfverfahren	XA1	XA2	XA3
Grundwasser				
SO_4^{2-} mg/l[e]	EN 196-2	$\geq$ 200 und $\leq$ 600	> 600 und $\leq$ 3000	> 3000 und $\leq$ 6000
pH-Wert[f]	ISO 4316	$\leq$ 6,5 und $\geq$ 5,5	< 5,5 und $\geq$ 4,5	< 4,5 und $\geq$ 4,0
CO_2 mg/l angreifend[f]	DIN 4030-2	$\geq$ 15 und $\leq$ 40	> 40 und $\leq$ 100	> 100 bis zur Sättigung
NH_4^+ mg/l[d]	ISO 7150-1 oder ISO 7150-2	$\geq$ 15 und $\leq$ 30	> 30 und $\leq$ 60	> 60 und $\leq$ 100
Mg^{2+} mg/l	ISO 7980	$\geq$ 300 und $\leq$ 1000	> 1000 und $\leq$ 3000	> 3000 bis zur Sättigung
Boden				
SO_4^{2-} mg/kg[a]	EN 196-2[b]	$\geq$ 2000 und $\leq$ 3000[c]	> 3000[c] und $\leq$ 12.000	> 12.000 und $\leq$ 24.000
Säuregrad	DIN 4030-2	> 200 Bauman-Gully	In der Praxis nicht anzutreffen	

[a] Tonböden mit einer Durchlässigkeit von weniger als 10^{-5} m/s dürfen in eine niedrigere Klasse eingestuft werden.

[b] Das Prüfverfahren beschreibt die Auslaugung von SO_4^{2-} durch Salzsäure; Wasserauslaugung darf stattdessen angewandt werden, wenn am Ort der Verwendung des Betons Erfahrung hierfür vorhanden ist.

[c] Falls die Gefahr der Anhäufung von Sulfationen im Beton – zurückzuführen auf wechselndes Trocknen und Durchfeuchten oder kapillares Saugen – besteht, ist der Grenzwert von 3000 mg/kg auf 2000 mg/kg zu vermindern.

[d] Gülle kann, unabhängig vom NH_4^+-Gehalt, in die Expositionsklasse XA1 eingeordnet werden.

[e] Falls der Sulfatgehalt des Grundwassers > 600 mg/l beträgt, ist dieser im Rahmen der Festlegung des Betons anzugeben.

[f] Für angreifende Wässer mit pH-Wert < 5,5 oder mit > 40 mg/l CO_2 darf die Selbstheilung der Risse bei der Planung von WU-Bauwerken nicht angesetzt werden (nach WU-Richtlinie).

Tafel 7.11 Grenzwerte für die Zusammensetzung des Betons nach DIN 1045-2 [3]

a

Nr.	Expositionsklassen	Kein Korrosions- oder Angriffsrisiko	Bewehrungskorrosion — Durch Karbonatisierung verursachte Korrosion				Bewehrungskorrosion — Durch Chloride verursachte Korrosion — Chloride außer aus Meerwasser			Bewehrungskorrosion — Durch Chloride verursachte Korrosion — Chloride aus Meerwasser		
		X0[a]	XC1	XC2	XC3	XC4	XD1	XD2	XD3	XS1	XS2	XS3
1	Höchstzulässiger w/z	–	0,75	0,75	0,65	0,60	0,55	0,50	0,45	Siehe XD1	Siehe XD2	Siehe XD3
2	Mindestdruckfestigkeitsklasse[b]	C8/10	C16/20	C16/20	C20/25	C25/30	C30/37[d]	C35/45[d,e]	C35/45[d]			
3	Mindestzementgehalt[c] in kg/m³	–	240	240	260	280	300	320	320			
4	Mindestzementgehalt[c] bei Anrechnung von Zusatzstoffen in kg/m³	–	240	240	240	270	270	270	270			
5	Mindestluftgehalt in %	–	–	–	–	–	–	–	–			
6	Andere Anforderungen	–	–	–	–	–	–	–	–			

b Betonkorrosion

Nr.	Expositionsklassen	Frostangriff						Aggressive chemische Umgebung			Verschleißbeanspruchung[h]		
		XF1	XF2	XF2	XF3	XF3	XF4	XA1	XA2	XA3	XM1	XM2	XM3
1	Höchstzulässiger w/z	0,60	0,55[g]	0,50[g]	0,55	0,50	0,50[g]	0,60	0,50	0,45	0,55	0,55	0,45
2	Mindestdruckfestigkeitsklasse[b]	C25/30	C25/30	C35/45[e]	C25/30	C35/45[e]	C30/37	C25/30	C35/45[d,e]	C35/45[d]	C30/37[d]	C30/37[d]	C35/45[d]
3	Mindestzementgehalt[c] in kg/m³	280	300	320	300	320	320	280	320	320	300[i]	300[i]	320[i]
4	Mindestzementgehalt[c] bei Anrechnung von Zusatzstoffen in kg/m³	270	270[g]	270[g]	270	270[g]	270[g]	270	270	270	270	270	270
5	Mindestluftgehalt in %	–	f	–	f	–	f,j	–	–	–	–	–	–
6	Andere Anforderungen	F_4	MS_{25}	MS_{25}	F_2	F_2	MS_{18}	–	–	–	–	Oberflächenbehandlung des Betons[k]	Einstreuen von Hartstoffen nach DIN 1100

(Zeile 6, Frostangriff: Gesteinskörnungen für die Expositionsklassen XF1 bis XF4)

[a] Nur für Beton ohne Bewehrung oder eingebettetes Metall.

[b] Gilt nicht für Leichtbeton.

[c] Bei einem Größtkorn der Gesteinskörnung von 63 mm darf der Zementgehalt um 30 kg/m³ reduziert werden.

[d] Bei Verwendung von Luftporenbeton, z. B. aufgrund gleichzeitiger Anforderungen aus der Expositionsklasse XF, eine Festigkeitsklasse niedriger. In diesem Fall darf Fußnote e nicht angewendet werden.

[e] Bei langsam und sehr langsam erhärtenden Betonen ($r < 0{,}30$) eine Festigkeitsklasse niedriger. Die Druckfestigkeit zur Einteilung in die geforderte Druckfestigkeitsklasse ist auch in diesem Fall an Probekörpern im Alter von 28 Tagen zu bestimmen. In diesem Fall darf Fußnote d nicht angewendet werden.

[f] Der mittlere Luftgehalt im Frischbeton unmittelbar vor dem Einbau muss bei einem Größtkorn der Gesteinskörnung von 8 mm $\geq$ 5,5 V.-%, 16 mm $\geq$ 4,5 V.-%, 32 mm $\geq$ 4,0 V.-% und 63 mm $\geq$ 3,5 V.-% betragen. Einzelwerte dürfen diese Anforderungen um höchstens 0,5 V.-% unterschreiten.

[g] Die Anrechnung auf den Mindestzementgehalt und den Wasserzementwert ist nur bei Verwendung von Flugasche zulässig. Weitere Zusatzstoffe des Typs II dürfen zugesetzt, aber nicht auf den Zementgehalt oder den w/z angerechnet werden. Bei gleichzeitiger Zugabe von Flugasche und Silikastaub ist eine Anrechnung auch für die Flugasche ausgeschlossen.

[h] Es dürfen nur Gesteinskörnungen nach DIN EN 12620 unter Beachtung der Festlegungen von DIN 1045-2 verwendet werden. Sonst Opferbeton erforderlich.

[i] Höchstzementgehalt 360 kg/m³, jedoch nicht bei hochfesten Betonen.

[j] Erdfeuchter Beton mit w/z = 0,40 darf ohne Luftporen hergestellt werden.

[k] z. B. Vakuumieren und Flügelglätten des Betons

[l] Zusätzliche Schutzmaßnahmen erforderlich. Siehe auch Tafel 7.9, Anmerkung 2.

Tafel 7.12 Anwendungsbereiche für Zemente zur Herstellung von Beton nach DIN 1045-2 [3]

Expositionsklassen
× = gültiger Anwendungsbereich
○ = für die Herstellung nach dieser Norm nicht anwendbar

Zement			XO	XC1	XC2	XC3	XC4	XD1	XD2	XD3	XS1	XS2	XS3	XF1	XF2	XF3	XF4	XA1	XA2	XA3^d	XM1	XM2	XM3	Spannstahlverträglichkeit
CEM I			×	×	×	×	×	×	×	×	×	×	×	×	×	×	×	×	×	×	×	×	×	×
CEM II	A/B	S	×	×	×	×	×	×	×	×	×	×	×	×	×	×	×	×	×	×	×	×	×	×
	A	D	×	×	×	×	×	×	×	×	×	×	×	×	×	×	×	×	×	×	×	×	×	×
	A/B	P/Q	×	×	×	×	×	×	×	×	×	×	×	×	×	×	○	×	×	×	×	×	×	○
	A/B	V^f	×	×	×	×	×	×	×	×	×	×	×	×	×	×	×	×	×	×	×	×	×	×
	A	W^f	×	×	×	○	○	×	○	○	×	○	○	○	○	○	○	×	○	○	×	○	○	○
	B	W^f	×	○	×	○	○	○	○	○	○	○	○	○	○	○	○	○	○	○	○	○	○	○
	A/B	T	×	×	×	×	×	×	×	×	×	×	×	×	×	×	×	×	×	×	×	×	×	×
	A	LL	×	×	×	×	×	×	×	×	×	×	×	×	×	×	×	×	×	×	×	×	×	×
	B	LL	×	×	×	○	○	○	○	○	×	○	○	○	○	○	○	×	○	○	○	○	○	×
	A	L	×	×	×	×	×	×	×	×	×	×	×	×	×	×	×	×	×	×	×	×	×	×
	B	L	×	×	×	○	○	○	○	○	×	○	○	○	○	○	○	×	○	○	○	○	○	×
	A	M^{e,f}	×	×	×	×	×	×	×	×	×	×	×	×	×	×	×	×	×	×	×	×	×	○
	B	M^{e,f}	×	×	×	×	×	×	×	×	×	×	×	×	×	×	○	×	○	○	×	×	○	○
CEM III	A		×	×	×	×	×	×	×	×	×	×	×	×	×	×	×^{b}	×	×	×	×	×	○	×
	B		×	×	×	○	×	×	×	×	×	×	×	×	×	×	×^{c}	×	×	×	○	×	○	×
	C		×	○	×	○	○	×	×	○	×	×	○	○	○	○	○	×	×	×	○	○	○	○
CEM IV	A^{e,f}		×	○	×	○	○	○	○	○	○	○	×	○	○	○	○	○	×	×	○	○	○	○
	B^{e,f}		×	○	×	○	○	○	○	○	○	○	×	○	○	○	○	○	×	×	○	○	○	○
CEM V	A^{e,f}		×	○	×	○	○	○	○	○	○	○	○	○	○	○	○	○	×	×	○	○	○	○
	B^{e,f}		×	○	×	○	○	○	○	○	○	○	○	○	○	○	○	○	×	×	○	○	○	○

^{a} Sollen Zemente, die nach dieser Tabelle nicht anwendbar sind, verwendet werden, bedürfen sie einer Anwendungszulassung (az). Erweiterte Anwendungsbereiche für CEM II-M-, CEM IV-, CEM V- und VLH-Zemente siehe auch DIN 1045-2, Tab. F.3.2 bis F.3.4.
^{b} Festigkeitsklasse ≥ 42,5 oder Festigkeitsklasse ≥ 32,5 R mit einem Hüttensand-Massenanteil von ≤ 50 %
^{c} CEM III/B darf nur für die folgenden Anwendungsfälle verwendet werden:
a) Meerwasserbauteile: $w/z \leq 0{,}45$; Mindestfestigkeitsklasse C35/45 und $z \geq 340\,\mathrm{kg/m^3}$
b) Räumerlaufbahnen $w/z \leq 0{,}35$; Mindestfestigkeitsklasse C40/50 und $z \geq 360\,\mathrm{kg/m^3}$; Beachtung von DIN EN 12255-1/DIN 19569-2 Kläranlagen
Auf Luftporen kann in beiden Fällen verzichtet werden.
^{d} Bei chemischem Angriff durch Sulfat (ausgenommen bei Meerwasser) muss oberhalb der Expositionsklasse XA1 Zement mit hohem Sulfatwiderstand (CEM I-SR 3 oder niedriger, CEM III/B-SR, CEM III/C-SR) verwendet werden. Zur Herstellung von Beton mit hohem Sulfatwiderstand darf bei einem Sulfatgehalt des angreifenden Wassers von $SO_4^{2-} \leq 1500\,\mathrm{mg/l}$ anstelle der genannten SR-Zemente eine Mischung aus Zement und Flugasche verwendet werden. Sulfatgehalte oberhalb 600 mg/l sind im Rahmen der Festlegung des Betons anzugeben.
^{e} Spezielle Kombinationen können günstiger sein.
^{f} Zemente zur Herstellung von Betonen nach DIN 1045-2 dürfen nur Flugaschen mit bis zu 5 % Glühverlust enthalten.

7.5 Festlegung des Betons

Beton darf als „Beton nach Eigenschaften" oder als „Beton nach Zusammensetzung" beschrieben werden, wobei jeweils Mindestangaben und, wenn besondere Bedingungen zu erfüllen sind, zusätzliche Angaben erforderlich sind (siehe auch Abschn. 7.2.1 Begriffe). Es müssen alle relevanten Eigenschaften an den Beton durch den Verfasser der Festlegungen (Planer, Bauausführender) aufgestellt und an den Hersteller übergeben werden (z. B. Leistungsbeschreibung).

Für untergeordnete Bauteile kommt auch „Standardbeton" in Betracht.

7.5.1 Beton nach Eigenschaften

Vom Planer sind folgende grundlegende Anforderungen festzulegen. Der Hersteller des Betons ist für die Erfüllung der Anforderungen verantwortlich.
- Druckfestigkeitsklasse
- Größtkorn der Gesteinskörnung (Nennwert)
- Expositionsklassen und Feuchtigkeitsklasse
- Chloridgehalt oder Verwendungsangabe (unbew. Beton, Stahlbeton, Spannbeton)
- Konsistenzklasse
- Rohdichteklasse (nur für Leichtbeton) oder ggf. Zielwert der Rohdichte (nur für Leicht- oder Schwerbeton).

Zusätzliche Anforderungen können sein:
- Besondere Arten oder Klassen von Zement oder Gesteinskörnungen
- Festigkeitsentwicklung
- Wärmeentwicklung während der Hydratation
- besondere Anforderungen an die Gesteinskörnung
- besondere Anforderungen an die Temperatur des Frischbetons
- Luftporen (LP-Bildner)
- andere zusätzliche technische Anforderungen.

7.5.2 Beton nach Zusammensetzung

Die Ausgangsstoffe und deren Zusammensetzung werden vom Verfasser der Festlegungen (Planer, Bauausführender) vorgeschrieben, der Hersteller liefert nach diesen Angaben, übernimmt aber keine Verantwortung für die Eigenschaften des Betons. Grundlegende Anforderungen sind:
- Zementgehalt/m^3 Beton
- Art, Festigkeitsklasse und Herkunft des Zements
- Konsistenzbereich von Frischbeton oder Wasserzementwert
- Gesteinskörnung (Art, maximaler Chloridgehalt, Größtkorn, Sieblinie)
- Art, Menge und Herkunft von Zusatzmitteln, Zusatzstoffen oder Fasern.

Zusätzliche Angaben für Eigenschaften der Betonzusammensetzung können sein:
- Herkunft weiterer Ausgangsstoffe
- Zusätzliche Anforderungen an die Gesteinskörnung
- Frischbetontemperatur
- andere zusätzliche technische Anforderungen.

7.5.3 Standardbeton

Standardbeton ist durch folgende Angaben festzulegen:
- Druckfestigkeitsklasse
- Expositionsklasse und Feuchtigkeitsklasse
- Nennwert des Größtkorns der Gesteinskörnung
- Konsistenzbezeichnung (steif, plastisch, weich)
- Festigkeitsentwicklung, falls erforderlich.

Standardbeton darf nur für Bauwerke aus unbewehrtem und bewehrtem Normalbeton in den Expositionsklassen X0, XC1 und XC2 und Druckfestigkeitsklassen bis C16/20 verwendet werden.

7.6 Transport, Verarbeitung und Nachbehandlung

7.6.1 Transport und Entladen

Nachteilige Veränderungen des Frischbetons, z. B. Entmischen, Bluten oder Verlust von Zementleim, müssen während des Beladens, des Transports und des Entladens sowie während des Förderns auf der Baustelle gering gehalten werden. Bei der Übergabe des Betons muss die vereinbarte Konsistenz vorhanden sein.

Fahrmischer oder Fahrzeuge mit Rührwerk sollten 90 Minuten nach der ersten Wasserzugabe zum Zement, Fahrzeuge ohne Mischer oder Rührwerk für die Beförderung von Beton steifer Konsistenz 45 Minuten nach der ersten Wasserzugabe zum Zement vollständig entladen sein. Beschleunigtes oder verzögertes Erstarren des Betons in Folge von Witterungseinflüssen bzw. der Zusammensetzung des Betons sind zu berücksichtigen. Unmittelbar vor dem Entladen ist der Beton nochmals durchzumischen.

Vor Entladen des Betons muss der Hersteller dem Verwender einen Lieferschein übergeben, auf dem mindestens folgende Angaben enthalten bzw. handschriftlich nachzutragen sind:
- Name des Transportbetonwerkes
- Lieferscheinnummer
- Beladezeit, bzw. Zeitpunkt des ersten Kontakts zwischen Zement und Wasser
- KFZ-Kennzeichen des Lieferfahrzeuges
- Name des Abnehmers
- Baustellenbezeichnung und Lage
- Menge des Betons in Kubikmetern

- Bauaufsichtliches Übereinstimmungszeichen unter Angabe von DIN EN 206-1 und DIN 1045-2
- Zeitpunkt des Eintreffens des Betons auf der Baustelle
- Zeitpunkt des Beginns des Entladens
- Zeitpunkt des Beendens des Entladens.

Für Beton nach Eigenschaften (Regelfall) noch zusätzlich:
- Druckfestigkeitsklasse
- Expositionsklasse(n) und Feuchtigkeitsklasse
- Art der Verwendung des Betons (unbewehrter Beton, Stahlbeton, Spannbeton) oder Klasse des Chloridgehalts
- Konsistenzklasse oder Zielwert der Konsistenz
- Zementart und -festigkeitsklasse
- Art der Zusatzmittel und Zusatzstoffe
- Besondere Eigenschaften, falls gefordert
- Nennwert des Größtkorns der Gesteinskörnung
- Rohdichteklasse oder Zielwert der Rohdichte bei Leichtbeton oder Schwerbeton
- Festigkeitsentwicklung des Betons
- Gegebenenfalls Art und Menge der Fasern.

7.6.2 Fördern, Einbringen und Verdichten

Für das Fördern des Betons durch Pumpen sollte auf die Verwendung von Leichtmetallrohren verzichtet werden. Während des Förderns bzw. Einbringens und Verdichtens muss das Entmischen des Betons so gering wie möglich sein. Die freie Fallhöhe des Betons beim Einbringen ist im Regelfall auf etwa 1,50 m zu begrenzen, z. B. durch den Einsatz von Einbaurohren oder Einbauschläuchen. Hochfester Beton kann bei fließfähiger Konsistenz und dicht liegender Bewehrung im Einzelfall durchaus mit freien Fallhöhen von ca. 2 m bis 3 m eingebaut werden ohne zu entmischen. Dies setzt besonders sorgfältige Verdichtung voraus.

Der Beton muss vollständig verdichtet werden. Trotzdem kann er noch einzelne Luftporen enthalten. Die Bewehrungsstäbe sind dicht mit Beton zu umhüllen. Bei Verwendung von Innenrüttlern sollte die Rüttelflasche noch in die untere, bereits verdichtete Schicht eindringen (Vernadeln). Beim Einbau in Lagen darf das Betonieren daher nur so lange unterbrochen werden, bis die zuletzt eingebaute Schicht noch nicht erstarrt ist.

Bei besonderen Verhältnissen (schnelle Steiggeschwindigkeit, hoher Wassergehalt, geringes Wasserrückhaltevermögen, Sichtbetonflächen, wasserundurchlässige Bauteile) empfiehlt sich ein Nachverdichten des Betons.

7.6.3 Nachbehandlung und Schutz des Betons

Beton ist bis zum genügenden Erhärten gegen schädigende Einflüsse, z. B. Austrocknen und starkes Abkühlen, zu schützen. Nach Abschluss des Verdichtens und der Oberflächenbearbeitung des Betons ist die Oberfläche unverzüglich nachzubehandeln. Soll die Rissbildung an der freien Oberfläche infolge Frühschwinden vermieden werden, ist eine zwischenzeitliche Nachbehandlung vor der Oberflächenbearbeitung durchzuführen.

Gebräuchliche Verfahren für das Feuchthalten des Betons sind (auch in Kombination):
- Belassen in der Schalung
- Abdecken mit Folien, die an Kanten und Stößen gesichert sind
- Auflegen von Wasser speichernden Abdeckungen unter ständigem Feuchthalten
- Aufrechterhalten eines sichtbaren Wasserfilms auf der Betonoberfläche (Besprühen, Fluten)
- Aufsprühen von Nachbehandlungsmitteln mit nachgewiesener Eignung (unzulässig in Arbeitsfugen und bei später zu beschichtenden Oberflächen, sofern nicht entfernt).

Die Dauer der Nachbehandlung richtet sich – ohne genaueren Nachweis der Festigkeit – nach der Expositionsklasse, der Oberflächentemperatur (bzw. der Frischbetontemperatur) und der Festigkeitsentwicklung des Betons, die als zusätzliche Anforderung festgelegt werden kann bzw. dem Lieferschein zu entnehmen ist. Die Mindestdauer der Nachbehandlung für alle Expositionsklassen außer X0, XC1 und XM enthält Tafel 7.13.

Für Beton der Expositionsklasse XM muss die Nachbehandlungsdauer nach dieser Tafel verdoppelt werden. Bei der

Tafel 7.13 Mindestnachbehandlungsdauer[a] in Tagen; außer X0, XC1 und XM

Oberflächen-temperatur ϑ in °C[e]	Festigkeitsentwicklung des Betons[c] $r = f_{cm2}/f_{cm28}$[d]			
	Schnell	Mittel	Langsam	Sehr langsam
	$r \geq 0,50$	$r \geq 0,30$	$r \geq 0,15$	$r < 0,15$
$\vartheta \geq 25$	1	2	2	3
$25 > \vartheta \geq 15$	1	2	4	5
$15 > \vartheta \geq 10$	2	4	7	10
$10 > \vartheta \geq 5$[b]	3	6	10	15

[a] Bei mehr als 5 h Verarbeitbarkeitszeit ist die Nachbehandlungsdauer angemessen zu verlängern.
[b] Bei Temperaturen unter 5 °C ist die Nachbehandlungsdauer um die Zeit zu verlängern, während deren die Temperatur unter 5 °C lag.
[c] Aus Mittelwerten der Druckfestigkeit nach 2 und 28 Tagen, ermittelt nach DIN EN 12390-3, entweder bei der Erstprüfung oder aus bekanntem Verhältnis von Betonen vergleichbarer Zusammensetzung (gleicher Zement, gleicher Wasserzementwert). Wird bei besonderen Anwendungen die Druckfestigkeit zu einem späteren Zeitpunkt als 28 Tage bestimmt, ist statt f_{cm28} die mittlere Druckfestigkeit zum entsprechend späteren Zeitpunkt anzusetzen.
[d] Zwischenwerte dürfen eingeschaltet werden.
[e] Anstelle der Oberflächentemperatur des Betons darf die Lufttemperatur angesetzt werden.

Tafel 7.14 Mindestdauer der Nachbehandlung in Tagen[a] für die Expositionsklassen XC2, XC3, XC4 und XF1 – Alternativverfahren in Abhängigkeit der Frischbetontemperatur[b]

Frischbeton-temperatur ϑ_{fb} zum Einbauzeitpunkt in °C	Festigkeitsentwicklung des Betons[c] $r = f_{cm2}/f_{cm28}$[d]		
	schnell $r \geq 0,50$	mittel $r \geq 0,30$	langsam $r \geq 0,15$
$\vartheta_{fb} \geq 15$	1	2	4
$15 > \vartheta_{fb} \geq 10$	2	4	7
$10 > \vartheta_{fb} \geq 5$	4	8	14

[a] Nachbehandlungsdauer bei Verarbeitbarkeitszeit > 5 h angemessen verlängern.
[b] Bei Vewendung von Stahlschalung und an ungeschalten Oberflächen muss ein übermäßiges Auskühlen des Betons im Anfangsstadium der Erhärtung durch Schutzmaßnahmen ausgeschlossen werden.
[c] Aus Mittelwerten der Druckfestigkeit nach 2 und 28 Tagen, ermittelt nach DIN EN 12390-3, entweder bei der Erstprüfung oder aus dem bekannten Verhältnis von Betonen vergleichbarer Zusammensetzung (gleicher Zement, gleicher Wasserzementwert). Wird bei besonderen Anwendungen die Druckfestigkeit zu einem späteren Zeitpunkt als 28 Tage bestimmt, ist statt f_{cm28} die mittlere Druckfestigkeit zum entsprechend späteren Zeitpunkt anzusetzen.
[d] Zwischenwerte dürfen ermittelt werden.

Expositionsklasse X0 und XC1 muss der Beton mindestens einen halben Tag nachbehandelt werden, wenn die Verarbeitbarkeitszeit < 5 h und die Betonoberflächentemperatur $\geq 5\,°C$ beträgt. Ansonsten ist die Nachbehandlungsdauer angemessen zu verlängern.

Tafel 7.14 enthält ein Alternativverfahren für eine vereinfachte Bestimmung der Nachbehandlungsdauer für Betone der Expositionsklassen XC2, XC3, XC4 und XF1. Sie wird durch eine einmalige Messung der Frischbetontemperatur zum Einbauzeitpunkt und durch die Festigkeitsentwicklung des Betons bestimmt.

7.7 Überwachung von Beton auf Baustellen

Für **Standardbeton** gelten gewisse Einschränkungen und Grenzwerte. Seine Anwendung ist auf wenige Druckfestigkeits- und Expositionsklassen beschränkt. Der Hersteller des Betons ist dafür verantwortlich, die Normvorgaben für den Zementgehalt einzuhalten. Die bei der Herstellung und Verarbeitung vorgeschriebenen Überwachungen sind vergleichsweise gering.

Bei der Verwendung von **Beton nach Zusammensetzung** gibt der Besteller des Betons dem Hersteller die Betonzusammensetzung vor. Im Allgemeinen ist der Besteller das ausführende Bauunternehmen. Die Verwendung von Beton nach Zusammensetzung erfordert besonders betontechnologisch qualifiziertes Personal und ein entsprechend ausgerüstetes Prüflabor für die Durchführung der Erstprüfung und aller weiteren Prüfungen, die im Rahmen der Betonherstellung erforderlich sind.

Bei der Verarbeitung von **Beton nach Eigenschaften** bestellt das ausführende Unternehmen den Beton beim Transportbetonhersteller anhand der festgelegten Frisch- und Festbetoneigenschaften sowie der geforderten Expositionsklassen. Der Betonhersteller ermittelt aus diesen Vorgaben die normgerechte und technisch erforderliche Betonzusammensetzung und gewährleistet die bestellten Betoneigenschaften.

Beton nach Eigenschaften ist der in der Praxis überwiegend verwendete Beton. Aus diesem Grunde wird nachstehend vor allem die Überwachung von Beton nach Eigenschaften auf der Baustelle behandelt.

7.7.1 Überwachung durch das Bauunternehmen (Betone der Überwachungsklassen 1, 2 und 3)

Je nach Betonbaumaßnahme wird zur Qualitätssicherung des Betons ein unterschiedlich hoher Überwachungsaufwand gefordert. DIN EN 13670/DIN 1045-3 formuliert mit den Überwachungsklassen 1, 2 und 3 ein mehrstufiges Überwachungssystem (Tafel 7.15). Für die Zuordnung ist die höchste zutreffende Überwachungsklasse maßgebend.

Bei der Verarbeitung von Beton der Überwachungsklassen 2 und 3 muss zusätzlich zu einer weiter reichenden Überwachung durch das Bauunternehmen (siehe Abschn. 7.7.2) eine Überwachung durch eine dafür anerkannte Überwachungsstelle nach Abschn. 7.7.3 durchgeführt werden (Abb. 7.5).

Nachfolgend stehen die in der Norm vorgesehenen Prüfungen und Dokumentationen durch das ausführende Bauunternehmen für die Gewerke Schalen, Bewehren und Betonieren im Vordergrund.

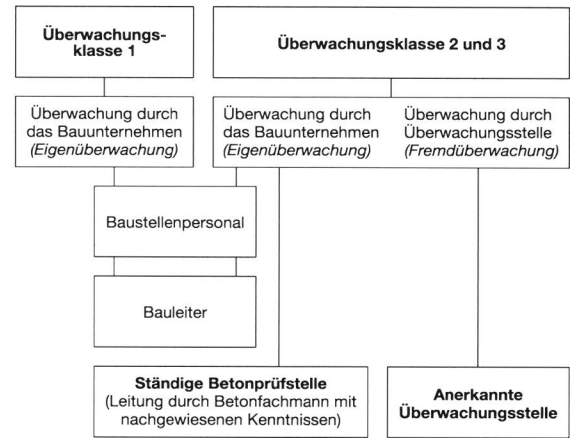

Abb. 7.5 Organisation und Verantwortlichkeit der Überwachung des Einbaus von Betonen nach Eigenschaften der Überwachungsklassen 1, 2 und 3

Tafel 7.15 Überwachungsklassen für Beton

Gegenstand	Überwachungsklasse 1	Überwachungsklasse 2[a]	Überwachungsklasse 3[a]
Druckfestigkeitsklasse für Normal- und Schwerbeton	$\leq$ C25/30[b]	$\geq$ C30/37 und $\leq$ C50/60	$\geq$ C55/67
Druckfestigkeitsklasse für Leichtbeton der Rohdichteklasse			
D1,0 bis D1,4	Nicht anwendbar	$\leq$ LC25/28	$\geq$ LC30/33
D1,6 bis D2,0	$\leq$ LC25/28	LC 30/33 und LC 35/38	$\geq$ LC40/44
Expositionsklasse	X0, XC, XF1	XS, XD, XA, XM[c], XF2, XF3, XF4	–
Besondere Betoneigenschaften	–	– Beton für wasserundurchlässige Baukörper (z. B. Weiße Wannen)[d] – Unterwasserbeton – Beton für hohe Gebrauchstemperaturen $T \leq 250\,°C$ – Strahlenschutzbeton (außerhalb des Kernkraftwerkbaus) – für besondere Anwendungsfälle (z. B. Verzögerter Beton, Selbstverdichtender Beton (SVB), Betonbau beim Umgang mit wassergefährdenden Stoffen) sind DAfStb-Richtlinien anzuwenden.	–

[a] Das Bauunternehmen muss im Rahmen der Eigenüberwachung über eine ständige Betonprüfstelle verfügen. Fremdüberwachung durch anerkannte Überwachungsstelle erforderlich.
[b] Spannbeton der Festigkeitsklasse C25/30 ist stets Überwachungsklasse 2.
[c] Gilt nicht für übliche Industrieböden.
[d] Beton mit hohem Wassereindringwiderstand darf in die Überwachungsklasse 1 eingeordnet werden, wenn der Baukörper der Beanspruchungsklasse 2 der WU-Richtlinie ausgesetzt ist und wenn in der Projektbeschreibung nichts anderes festgelegt ist.

7.7.1.1 Überwachung von Gerüsten und Schalungen

Die Festlegung des Ausschalzeitpunktes liegt in der Verantwortung der Bauleitung. Vor dem Ausrüsten bzw. Ausschalen ist zu prüfen, ob der Beton eine ausreichende Festigkeit besitzt. Wenn die Überprüfung der Festigkeit durch Erhärtungsprüfungen oder eine Reifeberechnung erfolgt, sollten die Ergebnisse dokumentiert werden. Die Zeiten des Ausrüstens und Ausschalens, die Lufttemperatur und die Witterungsverhältnisse sind ungeachtet der Überwachungsklasse aufzuzeichnen.

7.7.1.2 Überwachung des Bewehrens

Vor dem Betonieren ist, unabhängig von der geltenden Überwachungsklasse, zu überprüfen, ob

- Stahlsorte, Anzahl, Durchmesser und Lage der Bewehrung den Angaben der Bewehrungszeichnungen entsprechen,
- Stoß- und Übergreifungslängen eingehalten sowie mechanische Verbindungen ordnungsgemäß ausgeführt sind,
- die erforderliche Betondeckung durch geeignete Abstandhalter und Unterstützungen erreicht wird,
- die Bewehrung keine Verunreinigungen (z. B. Öl, Farbe, Schmutz) und keinen losen Rost aufweist,
- die Bewehrung gegen Verschieben während des Betonierens ausreichend befestigt und gesichert ist,
- die Anordnung der Bewehrung das Einbringen und Verdichten des Betons nicht behindert (Einfüllöffnungen, Rüttellücken).

Änderungen der Bewehrungsführung aus baubetrieblichen oder aus anderen Gründen sind nur in Abstimmung mit dem Tragwerksplaner oder verantwortlichen Ingenieur zulässig. Schweißarbeiten an Betonstahl dürfen nur durch Unternehmen bzw. durch Personal mit entsprechendem Eignungsnachweis durchgeführt werden.

7.7.1.3 Überwachung des Betonierens

Neben den gemäß geltender Überwachungsklassen geforderten Frisch- und Festbetonprüfungen sind, begleitend zur Betonverarbeitung und unabhängig von der Überwachungsklasse, folgende Daten aufzuzeichnen:

- Lufttemperatur (Maximum/Minimum) und Witterungsverhältnisse während des Betonierens einzelner Abschnitte,
- Bauabschnitt und Bauteil,
- Art und Dauer der Nachbehandlung.

7.7.1.4 Überprüfung der Frisch- und Festbetoneigenschaften

Die geforderten Prüfungen an Frisch- und Festbeton sind für *Standardbeton, Beton nach Eigenschaften* und *Beton nach Zusammensetzung* unterschiedlich und abhängig von der Überwachungsklasse. Die durchzuführenden Prüfungen sind in DIN EN 13670/DIN 1045-3, Anhang NB, geregelt. Die Proben für die Prüfungen müssen zufällig ausgewählt und nach DIN EN 12350-1 entnommen werden.

Bei der Verarbeitung von *Standardbeton* sind lediglich Lieferschein, Konsistenz und die Gleichmäßigkeit des ange-

Tafel 7.16 Beton nach Eigenschaften: Umfang und Häufigkeit der Prüfungen der Frisch- und Festbetoneigenschaften

Gegenstand	Prüfverfahren	Anforderung	Häufigkeit für Überwachungsklasse		
			1	2	3
Lieferschein	Augenscheinprüfung	Übereinstimmung mit der Festlegung	Jedes Lieferfahrzeug		
Konsistenz[a]	Augenscheinprüfung	Normales Aussehen, wie festgelegt	Stichprobe	Jedes Lieferfahrzeug	
	DIN EN 12350-2, DIN EN 12350-3, **DIN EN 12350-4**, **DIN EN 12350-5**	Wie festgelegt	In Zweifelsfällen	– beim ersten Einbringen jeder Betonzusammensetzung – bei der Herstellung von Probekörpern für die Festigkeitsprüfung – in Zweifelsfällen	
Frischbetonrohdichte von Leicht- und Schwerbeton	DIN EN 12350-6	Wie festgelegt	– bei der Herstellung von Probekörpern für die Festigkeitsprüfung – in Zweifelsfällen		
Gleichmäßigkeit des Betons	Augenscheinprüfung	Homogenes Erscheinungsbild	Stichprobe	Jedes Lieferfahrzeug	
	Vergleich von Eigenschaften	Stichproben müssen die gleichen Eigenschaften aufweisen	In Zweifelsfällen		
Druckfestigkeit	Siehe Abschn. 7.7.1.5	Wie festgelegt, mit den Annahmekriterien (siehe Tafel 7.18)	In Zweifelsfällen	3 Proben je 300 m^3 oder je 3 Betoniertage	3 Proben je 50 m^3 oder je Betoniertag
Luftgehalt von Luftporenbeton	DIN EN 12350-7 für Normal- und Schwerbeton sowie ASTM C 173 für Leichtbeton	Wie festgelegt	Nicht zutreffend	– zu Beginn jedes Betonierabschnitts – in Zweifelsfällen	
Frischbetontemperatur	Temperaturmessung	Wie festgelegt[b,c,d]	In Zweifelsfällen	Bei Lufttemperaturen unter +5 °C und über +30 °C beim Einbau des Betons	
Andere Eigenschaften	In Übereinstimmung mit Normen und Richtlinien, oder wie vorab vereinbart	–	–	–	–

[a] in Abhängigkeit vom gewählten Prüfverfahren; fett gedruckt: in Deutschland bevorzugte Prüfverfahren
[b] Bei Lufttemperaturen zwischen +5 °C und −3 °C darf die Temperatur des Betons beim Einbringen +5 °C nicht unterschreiten. Sie darf +10 °C nicht unterschreiten, wenn der Zementgehalt im Beton kleiner als 240 kg/m^3 oder wenn Zemente mit niedriger Hydrationswärme verwendet werden.
[c] Bei Lufttemperaturen unter −3 °C muss die Betontemperatur beim Einbringen mindestens +10 °C betragen. Sie sollte anschließend wenigstens 3 Tage auf mindestens +10 °C gehalten werden. Ansonsten ist der Beton solange zu schützen, bis eine ausreichende Festigkeit erreicht ist.
[d] Die Frischbetontemperatur darf im Allgemeinen +30 °C nicht überschreiten, sofern nicht durch geeignete Maßnahmen sichergestellt ist, dass keine nachteiligen Folgen zu erwarten sind.

lieferten Betons gemäß Tafel 7.16 sowie die Funktionsfähigkeit der Verdichtungsgeräte zu prüfen.

Bei der Verwendung von *Beton nach Eigenschaften* sind die in Tafel 7.16 und 7.17 aufgeführten Prüfungen durchzuführen.

Bei *Beton nach Zusammensetzung* führt der Hersteller des Betons im Rahmen seiner Konformitätskontrolle keine Überprüfung der geforderten Betoneigenschaften durch. Den Nachweis für das Erreichen dieser Eigenschaften übernimmt der Verwender des Betons (Bauunternehmen) im Rahmen der Überwachung auf der Baustelle. Art, Anforderung und Umfang der Prüfungen orientieren sich für alle Überwachungsklassen an den sonst für Beton nach Eigenschaften im Transportbetonwerk geltenden Konformitätskriterien nach DIN EN 206-1/DIN 1045-2. Das ausführende Bauunternehmen muss darüber hinaus, ungeachtet der Überwachungsklasse, eine ständige Betonprüfstelle hinzuziehen (siehe 7.7.2.1). Diese kann eine unternehmenseigene oder eine externe, vertraglich gebundene Prüfstelle sein.

7.7.1.5 Prüfung der Druckfestigkeit für Beton nach Eigenschaften bei Verwendung von Transportbeton

Im Rahmen der Überwachung durch den Betonhersteller (Transportbetonwerk) und das Bauunternehmen gelten bestimmte Fachbegriffe und Prinzipien: Der Transportbetonhersteller bestätigt im Rahmen seiner Überwachungsleistung die „Konformität" seiner Produktion mit der geforderten Druckfestigkeit. Das Bauunternehmen überprüft die „Identität" des gelieferten Betons mit dieser „konformen" Grundgesamtheit (Indentitätsprüfung bzw. Überwachungsprüfung). Für jeden verarbeiteten Beton der Überwachungsklasse 2 und 3 sind auf der Baustelle mindestens drei Proben zu entnehmen und zwar:

- bei Überwachungsklasse 2 jeweils für höchstens 300 m^3 oder je drei Betoniertage,
- bei Überwachungsklasse 3 jeweils für höchstens 50 m^3 oder je Betoniertag.

Tafel 7.17 Umfang und Häufigkeit der Überprüfung technischer Einrichtungen

Gegenstand	Prüfverfahren	Anforderung	Häufigkeit für Überwachungsklasse		
			1	2	3
Verdichtungsgeräte	Funktionskontrolle	Einwandfreies Arbeiten	In angemessenen Zeitabständen	Bei Beginn der Betonierarbeiten, dann mindestens monatlich	Je Betoniertag
Mess- und Laborgeräte	Funktionskontrolle	Ausreichende Messgenauigkeit	Bei Inbetriebnahme, dann in angemessenen Zeitabständen		Je Betoniertag

Maßgebend ist die Anforderung, welche die größere Anzahl von Proben ergibt. Die Proben müssen etwa gleichmäßig über die Betonierzeit verteilt und aus verschiedenen Lieferfahrzeugen entnommen werden. Aus jeder Probe ist ein Probekörper zur Prüfung der Druckfestigkeit herzustellen. Zusammensetzungsvarianten mit gleichen Ausgangsstoffen, gleichem w/z-Wert, aber anderem Größtkorn gelten als ein Beton.

Bei Betonen der Überwachungsklasse 1 ist eine Überprüfung der Druckfestigkeit für Beton nach Eigenschaften nur in Zweifelsfällen notwendig (siehe Tafel 7.16).

Die Druckfestigkeitsprüfung erfolgt nach DIN EN 12390, Teile 1 bis 4 sowie nach den Regelungen der DIN EN 206-1/ DIN 1045-2, Abschn. 5.5.1.2 (z. B. Prüfkörperabmessungen, Lagerungsbedingungen). Für Betone üblicher Zusammensetzung werden im Allgemeinen Würfel mit einer Kantenlänge von 150 mm verwendet. Von 150 mm Kantenlänge abweichende Probekörper erfordern eine Korrektur der Druckfestigkeitsergebnisse über einen Umrechnungsfaktor (siehe Abschn. 7.4.3.1).

Die Lagerung der Probekörper erfolgt bis zur Prüfung in einer Feuchtekammer oder unter Wasser (Referenzlagerung). Alternativ – und in Deutschland üblich – können die Probekörper im Alter von 7 Tagen aus dem Wasserbad oder der Feuchtekammer entnommen werden und bis zur Prüfung bei zugfreier Raumluft (15 °C bis 22 °C) gelagert werden (sog. „Trockenlagerung"). Die bei der Trockenlagerung ermittelten Druckfestigkeitswerte sind gegenüber der Referenzlagerung abzumindern. Hierzu kann der nach DIN 1045-2 für Normalbeton aufgeführte Abminderungsfaktor von 0,92 verwendet werden (für hochfesten Beton 0,95) (siehe Abschn. 7.4.3.1).

Die Identität des Betons wird durch Vergleich der ermittelten Druckfestigkeiten mit so genannten „Annahmekriterien" festgestellt. Die Annahmekriterien für die Ergebnisse der Druckfestigkeitsprüfung sind in Tafel 7.18 aufgeführt. Der Beton ist anzunehmen, wenn Mittel- und Einzelwertkriterium erfüllt sind. Damit gilt die Identität des durch die Stichprobe repräsentierten Betons (Baustelle) mit der Grundgesamtheit (Transportbetonwerk) als nachgewiesen. Grundsätzlich besteht die Möglichkeit, vorhandene Prüfergebnisse in kleinere Gruppen aufeinander folgender Werte

Tafel 7.18 Annahmekriterien für Ergebnisse der Druckfestigkeitsprüfung

Anzahl der Einzelwerte	Mittelwert[a] f_{cm} in N/mm^2	Einzelwert[c] f_{ci} in N/mm^2
3 bis 4	$\geq f_{ck} + 1$	$\geq f_{ck} - 4$
5 bis 6	$\geq f_{ck} + 2$	$\geq f_{ck} - 4$
> 6	$\geq f_{ck} + (1{,}65 - 2{,}58/\sqrt{n}) \cdot \sigma^b$	$\geq f_{ck} - 4$

[a] Mittelwert von n nicht überlappenden Einzelwerten.
[b] Standardabweichung der Stichprobe für $n \geq 35$, wobei gilt: $\sigma \geq 3\,N/mm^2$ für Überwachungsklasse 2 und $\sigma \geq 5\,N/mm^2$ für Überwachungsklasse 3; bei Stichproben $n < 35$ gilt $\sigma \geq 4\,N/mm^2$.
[c] für ÜK 3: $\geq 0{,}9 \cdot f_{ck}$

(mind. 3) aufzuteilen, so dass für die jeweiligen Mittelwerte die zugehörigen Anforderungen für *3 bis 4*, für *5 bis 6* oder für *> 6* Einzelwerte herangezogen werden dürfen.

Wenn der Nachweis der Identität nicht gelingt, sind weitere Maßnahmen erforderlich, um die Standsicherheit bzw. Gebrauchstauglichkeit des Bauwerks sicherzustellen. Ob Nachprüfungen mit dem Rückprallhammer, die Entnahme von Bohrkernen oder ein erneuter statischer Nachweis auf Grundlage der verminderten Festigkeiten infrage kommen, ist im Einzelfall abzustimmen.

7.7.2 Weitergehende Bestimmungen für die Überwachung durch das Bauunternehmen bei Einbau von Betonen der Überwachungsklassen 2 und 3

Für die Überwachung des Einbaus von Betonen der Überwachungsklassen 2 und 3 wird das bekannte Konzept aus Eigenüberwachung (Überwachung durch das Bauunternehmen) und Fremdüberwachung (Überwachung durch eine dafür anerkannte Überwachungsstelle) fortgesetzt.

Baustellen, auf denen Betone der Überwachungsklassen 2 oder 3 verarbeitet werden, sind an deutlich sichtbarer Stelle unter Angabe von „DIN EN 13670/DIN 1045-3" und der Überwachungsstelle zu kennzeichnen.

7.7.2.1 Ständige Betonprüfstelle

Wird Beton nach Eigenschaften der Überwachungsklassen 2 oder 3 (oder Beton nach Zusammensetzung) verarbeitet, muss das Bauunternehmen über eine ständige Betonprüfstelle verfügen, die

- mit allen Geräten und Einrichtungen zur Durchführung der Prüfungen nach Tafel 7.16 ausgestattet ist und
- von einem in der Betontechnik erfahrenen Fachmann geleitet wird, der die dafür notwendigen erweiterten betontechnologischen Kenntnisse durch eine Bescheinigung einer hierfür anerkannten Stelle nachweisen kann.

Bedient sich das Bauunternehmen einer externen, also nicht unternehmenseigenen Prüfstelle, so sind die Prüfungsaufgaben der Prüfstelle in einem Überwachungsvertrag zu übertragen. Dieser muss eine Mindestlaufzeit von einem Jahr haben. Die Überwachungsleistungen für das ausführende Unternehmen dürfen nicht durch eine Prüfstelle erfolgen, welche auch den Betonhersteller überwacht oder von diesem wirtschaftlich abhängig ist.

Aufgaben der ständigen Betonprüfstelle sind:

- Beratung des Bauunternehmens und der Baustelle,
- Durchführungen der Prüfungen gemäß Tafel 7.16, soweit diese nicht durch das Personal der Baustelle durchgeführt werden,
- Funktionsprüfungen der Geräteausstattung der Baustelle nach Tafel 7.17 vor Beginn der Betonarbeiten,
- laufende Überprüfungen und Beratung bei Verarbeitung und Nachbehandlung des Betons,
- Beurteilung und Auswertung der Prüfergebnisse und Mitteilung der Ergebnisse an das Bauunternehmen und dessen Bauleitung,
- Schulung des Baustellenfachpersonals.

7.7.2.2 Aufzeichnungen

Beim Einbau von Beton der Überwachungsklassen 2 und 3 sind folgende Angaben zu dokumentieren und nach Abschluss der Arbeiten mindestens fünf Jahre aufzubewahren:

- Zeitpunkt und Dauer der einzelnen Betoniervorgänge,
- Lufttemperatur und Witterungsverhältnisse bei der Ausführung einzelner Betonierabschnitte oder Bauteile bis zum Ausschalen und Ausrüsten,
- Art und Dauer der Nachbehandlung,
- Frischbetontemperatur bei Lufttemperatur unter $+5\,°C$ und über $+30\,°C$,
- Namen der Lieferwerke und Nummern der Lieferscheine mit Zuordnung zum Bauabschnitt oder Bauteil sowie ein Verzeichnis (Liste) der gelieferten Betone,
- Ergebnisse der Frisch- und Festbetonprüfungen gemäß Tafel 7.16.

Nach Beendigung der Betonarbeiten sind die Ergebnisse aller Prüfungen nach Tafel 7.16 an den Betonen der Überwachungsklassen 2 und 3 der bauüberwachenden Behörde und der Überwachungsstelle zu übergeben. Auf dieser Basis erstellt die anerkannte Überwachungsstelle einen Endbericht über die überwachte Baumaßnahme.

7.7.2.3 Anzeigepflicht des Bauunternehmens

Das Bauunternehmen hat der Überwachungsstelle schriftlich mitzuteilen:

- die ständige Betonprüfstelle mit Angabe des Prüfstellenleiters,
- einen Wechsel des Prüfstellenleiters,
- die Inbetriebnahme jeder Baustelle, auf der Betone der Überwachungsklassen 2 und 3 eingebaut werden, mit Angabe des Bauleiters,
- einen Wechsel des Bauleiters,
- Angaben zur Festlegung der vorgesehenen Betone nach DIN EN 206-1 und DIN 1045-2 sowie der Überwachungsklassen der Betone nach Tafel 7.15,
- die voraussichtlichen Betonmengen,
- den voraussichtlichen Beginn und das voraussichtliche Ende der Betonierzeiten,
- eine Unterbrechung der Betonierarbeiten von mehr als vier Wochen,
- die Wiederinbetriebnahme einer Baustelle nach einer Unterbrechung von mehr als vier Wochen.

7.7.3 Überwachung des Einbaus von Betonen der Überwachungsklassen 2 und 3 durch eine dafür anerkannte Überwachungsstelle

Die Verarbeitung von Betonen der Überwachungsklassen 2 und 3 ist durch eine dafür anerkannte Überwachungsstelle zu überprüfen. Bei Aufnahme der Überwachung wird geprüft, ob das Bauunternehmen über Fachkräfte mit hinreichender Sachkunde und Erfahrung sowie über die erforderliche Geräteausstattung verfügt.

Umfang der Überwachung sowie Häufigkeit und Probenahme sind in DIN EN 13670/DIN 1045-3 im Anhang ND geregelt.

Die Ergebnisse der Überprüfung durch die Überwachungsstelle sind in einem Bericht festzuhalten. Dieser ist auf der Baustelle und bei der Überwachungsstelle aufzubewahren und den Beauftragten der zuständigen Behörde auf Verlangen vorzulegen.

Literatur

1. DIN EN 1992-1-1, 2011-01, Eurocode 2: Bemessung und Konstruktion von Stahlbeton- und Spannbetontragwerken – Teil 1-1: Allgemeine Bemessungsregeln und Regeln für den Hochbau und Nationaler Anhang (NA) – National festgelegte Parameter, 2013-04, inkl. Änderungen A1, 2015-03 und NA/A1, 2015-12

2. DIN EN 206-1, 2001-07, Beton – Teil 1: Festlegungen, Eigenschaften, Herstellung und Konformität, inkl. Änderung A2, 2005-09

3. DIN 1045-2, 2008-08, Tragwerke aus Beton, Stahlbeton und Spannbeton – Teil 2: Beton – Festlegung, Eigenschaften, Herstellung und Konformität – Anwendungsregeln zu DIN EN 206-1

4. DIN EN 13670, 2011-03, Ausführung von Tragwerken aus Beton

5. DIN 1045-3, 2012-03, Tragwerke aus Beton, Stahlbeton und Spannbeton – Teil 3: Bauausführung – Anwendungsregeln zu DIN EN 13670, inkl. Berichtigung 1, 2013-07

6. Heft 526, Deutscher Ausschuss für Stahlbeton (DAfStb), Erläuterungen zu den Normen DIN EN 206-1, DIN 1045-2, DIN 1045-3, DIN 1045-4 und DIN EN 12620, Beuth-Verlag, Berlin, 2011

7. DIN EN 197-1, 2011-11, Zement – Teil 1: Zusammensetzung, Anforderungen und Konformitätskriterien von Normalzement

8. M. Biscoping, R. Pickhardt: Zement-Merkblatt B5 „Überwachen von Beton auf Baustellen", 2014-10, Hrsg.: InformationsZentrum Beton GmbH, Düsseldorf (Download unter www.beton.org)

9. R. Osterheld: Zement-Merkblatt B9 „Expositionsklassen für Betonbauteile im Geltungsbereich des EC2", 2020-01, Hrsg.: InformationsZentrum Beton GmbH, Düsseldorf (Download unter www.beton.org)

10. R. Pickhardt, T. Bose, A. Weisner: Beton – Herstellung nach Norm – Arbeitshilfe für Ausbildung, Planung und Baupraxis", 22. Aufl., Verlag Bau+Technik, Erkrath 2020

11. T. Richter, M. Peck, R. Pickhardt: Bauteilkatalog – Planungshilfe für dauerhafte Betonbauteile, 9. Aufl., Verlag Bau+Technik, Erkrath 2016

12. DIN EN 197-5, 2021-07, Zement – Teil 5: Portlandkompositzement CEM II/C-M und Kompositzement CEM VI

Eine gute Wahl:
SCHRAUBVERBINDUNGEN FÜR BETONFERTIGTEILE

peikko®

STÜTZEN-SCHUH

ANKER-BOLZEN

Adidas Halftime
by COBE architects

DAS ORIGINAL VON PEIKKO:
Stützenverbindungen mit Schraubanschluss

- Einfache Planung
- Umfassend geprüft, zuverlässig und sicher
- Schnelle Montage
- Tragfähigkeit wie ein Ortbeton-Stützenanschluss
- Hohe Wirtschaftlichkeit
- Anwendung in Erdbebengebieten zugelassen

Prof. Dr.-Ing. Ulrich Vismann

Inhaltsverzeichnis

8.1 Allgemeines

8.1.1 Einführung

Inzwischen sind die Eurocodes mit Ausnahme von Eurocode 8 (Erdbebenbemessung) in allen Bundesländern bauaufsichtlich eingeführt. Hinsichtlich der Anwendung der Eurocodes in Deutschland sind aber zusätzlich immer auch die Erlasse der einzelnen Bundesländer zu beachten (weitere Details hierzu siehe www.dibt.de). Für den Bereich des Stahl- und Spannbetonbaus ist die Anwendung des Eurocode 2 seit dem 1. Juli 2012 in Deutschland verbindlich, es liegen somit vielfache praktische Erfahrungen im Umgang mit dem umfangreichen Normenwerk vor. Vor diesem Hintergrund gibt es natürlich auch inzwischen Änderungen und Korrekturen [2, 4]. Das hier vorliegende Kapitel „Stahlbeton- und Spannbetonbau" im Wendehorst ist komplett auf die aktuellen Regelungen des Eurocode 2 inkl. des deutschen nationalen Anhanges angepasst, alle Aktualisierungen (Stand Juni 2020) sind eingearbeitet. Im Detail sind darüber hinaus in der aktualisierten 37. Auflage dieses Buches wiederum umfangreiche Ergänzungen eingearbeitet worden.

Der originale Normentext des Eurocode 2 ist für den Anwender in der Praxis und die Studierenden im Prinzip kaum zu verwenden, da zumindest immer zwei Dokumente parallel gelesen werden müssen, nämlich die eigentliche Norm [1] sowie der zugehörige nationale Anhang [2]. Darüber hinaus sind dann die jeweiligen A1-Änderungen [2, 4] zu

U. Vismann (✉)
FH Aachen
Aachen, Deutschland
E-Mail: u.vismann@kv-statik.de

© Springer Fachmedien Wiesbaden GmbH, ein Teil von Springer Nature 2021
U. Vismann (Hrsg.), *Wendehorst Bautechnische Zahlentafeln*, https://doi.org/10.1007/978-3-658-32218-2_8

beachten. Um dieses Dilemma zu überbrücken, wurden vom Beuth Verlag mit [16] sogenannte verwobene Dokumente bereitgestellt. Dieses Dokument ist immer noch sehr umfangreich und beinhaltet neben den Regelungen zum Stahlbetonbau auch diejenigen zum Spannbetonbau. Eine weitere Vereinfachung bietet die sogenannte Kurzfassung des Eurocodes [17], mit der die Regelungen den Eurocode 2 zum reinen Stahlbetonbau zusammengefasst werden. Zu allen Dokumenten sind weitere Hintergrundinformationen in [11] und [18] enthalten. Wesentlich kompakter und übersichtlicher ist daher natürlich der Wendehorst, der als Tafelwerk alle relevanten Normeninhalte praxisgrecht zusammenfasst.

Der Vergleich des EC 2 mit der DIN 1045-1 zeigt, dass die Bemessungsaufgaben vom Grundtenor her weitgehend identisch sind, im Detail jedoch sind viele Einzelheiten anders formuliert und bezeichnet; einige Bemessungsaufgaben wurden auch komplett neu formuliert. Die im Vergleich zur DIN 1045-1 geänderten Definitionen, Begriffe und Formelzeichen erschweren gerade in der Einarbeitungsphase die Handhabung des neuen Regelwerkes. Hier kann dieses Bautabellenbuch als übersichtliches Nachschlagewerk wertvolle Hilfe leisten. Auf die folgenden wesentlichen Bestandteile und Änderungen des Eurocodes gegenüber der DIN 1045-1 soll hier besonders hingewiesen werden:

- Der Nationale Anhang für Deutschland ist umfangreich und muss parallel zur eigentlichen Norm beachtet werden. Einige Anhänge der Norm werden z. B. durch den Nationalen Anhang wieder außer Kraft gesetzt.
- Leichtbetonbauteile, Fertigteile und unbewehrte Betonteile sind nicht wie in DIN 1045-1 mit im Text verwoben, sondern in den jeweils separaten Kap. 10, 11 und 12 der Norm enthalten.
- Im Heft 600 des DAfStb [11] sind weitere Erläuterungen und Hinweise zum Eurocode veröffentlicht. Im Jahr 2018 sind zudem mit dem Heft 630 [13] neue Erläuterungen zur Bemessung im GZT und GZG erschienen, im Jahr 2019 wurden mit dem Heft 631 [14] neue Hilfsmittel zur Schnittgrößenermittlung und zu besonderen Detailnachweisen veröffentlicht. Diese sind in der vorliegenden Neuauflage des Wendhorst bereits eingearbeitet.
- Die Nachweise zum Durchstanzen sind in wesentlichen Teilen neu formuliert.
- Druckkräfte werden zum Teil mit positivem Vorzeichen berücksichtigt. Hier muss der Anwender sich mit Ingenieurverstand von Fall zu Fall vergegenwärtigen, mit welchem Vorzeichen die Längskräfte in die Bemessungsgleichungen eingehen.
- Auf den modifizierten Teilsicherheitsbeiwert für höherfeste Betone wird verzichtet. Die Parameter der Spannungs-Dehnungslinien wurden angepasst. Auch die Formulierung des E-Moduls E_{cm} ist geändert. Vor diesem Hintergrund können die Bemessungstafeln nach DIN 1045-1 für höherfeste Betone ($> C50$) nicht mehr verwendet werden.

- Bei unbewehrtem Beton ist anstelle eines erhöhten Teilsicherheitsbeiwertes ein modifizierter Abminderungsfaktor zur Bestimmung des Bemessungswertes der Betondruckfestigkeit eingeführt.
- Die Schwindmaße im Eurocode sind im Allg. etwas geringer als in der DIN 1045-1.
- Für Betonstahl gilt die neue DIN 488. Die Bezeichnung wurde von BSt 500 auf B 500 geändert.
- Der Nachweis der Verformungsbegrenzung über zulässige Biegeschlankheiten ist neu formuliert und führt tendenziell zu größeren Deckenstärken.
- Die konstruktiven Regeln sind vielfach mit neuen Bezeichnungen versehen.

8.2 Begriffe, Formelzeichen, SI-Einheiten

8.2.1 Begriffe

- **üblicher Hochbau**: Hochbau mit vorwiegend ruhenden und gleichmäßig verteilten Nutzlasten bis $5\,\mathrm{kN/m^2}$, Einzellasten bis 7 kN und Personenkraftwagen.
- **vorwiegend ruhende Einwirkung**: statische Einwirkung oder nicht ruhende Einwirkung, die jedoch für die Tragwerksplanung als ruhende Einwirkung angesehen werden darf.
- **nicht vorwiegend ruhende Einwirkung**: stoßende Einwirkung oder sich häufig wiederholende Einwirkung, die eine vielfache Beanspruchungsänderung während der Nutzungsdauer des Tragwerks oder des Bauteils hervorruft. (z. B. Kran-, Kranbahn-, Gabelstaplerlasten, Verkehrslasten auf Brücken).
- **vorwiegend auf Biegung beanspruchtes Bauteil**: Bauteil mit einer bezogenen Exzentrizität im Grenzzustand der Tragfähigkeit von $e_{\mathrm{d}}/h \geq 3{,}5$.
- **Druckglied**: Vorwiegend auf Druck beanspruchtes, stab- oder scheibenförmiges Bauteil mit einer bezogenen Exzentrizität im Grenzzustand der Tragfähigkeit von $e_{\mathrm{d}}/h < 3{,}5$.
- **Normalbeton**: Beton mit einer Trockenrohdichte zwischen 2000 und $2600\,\mathrm{kg/m^3}$; Betonfestigkeitsklassen C12/15 bis C100/115 (In diesem Beitrag wird vorwiegend Normalbeton bis C50/60 behandelt).
- **Leichtbeton**: Trockenrohdichte zwischen 800 und $2000\,\mathrm{kg/m^3}$.
- **hochfester Beton**: (auch hochfester Normalbeton) Beton mit Festigkeitsklassen $\geq$ C55/67 bzw. $\geq$ LC55/60.
- **Spannglied mit sofortigem Verbund**: Im Spannbett gespanntes Spannglied, das nach dem Spannen einbetoniert wird.
- **Spannglied mit nachträglichem Verbund**: In einem einbetonierten Hüllrohr liegendes Spannglied, das nach dem Erhärten des Betons gespannt und durch Ankerkörper an den Enden verankert wird. Danach wird der Hohlraum im Hüllrohr durch Einpressmörtel gefüllt.

- **internes (externes) Spannglied ohne Verbund**: innerhalb (außerhalb) des Betonquerschnitts liegendes Zugglied aus Spannstahl, das nach dem Erhärten des Betons gespannt wird und mit dem Tragwerk durch Verankerungen und Umlenksättel verbunden ist und im Bereich von Spanngliedkrümmungen Umlenkkräfte auf den Beton ausübt.
- **Dekompression**: Grenzzustand, bei dem ein Teil des Betonquerschnitts unter der maßgebenden Einwirkungskombination unter Druckspannungen steht.
- **Grenzzustand der Tragfähigkeit (GZT)**: Derjenige Zustand, bei dessen Überschreitung rechnerisch der Einsturz oder andere Formen des Tragwerksversagens eintreten.
- **Grenzzustand der Gebrauchstauglichkeit (GZG)**: Derjenige Zustand, bei dessen Überschreitung festgelegte Nutzungsanforderungen eines Tragwerkes oder eines Tragwerksteils nicht mehr erfüllt werden oder eine dauerhafte Tragfähigkeit nicht mehr sichergestellt ist.
- **Einwirkung**: Lasten, die als Kräfte oder Zwänge in Form von Temperatur oder Setzungen auf ein Bauwerk wirken.
- **charakteristischer Wert**: Werte der Einwirkungen, die in einschlägigen Bestimmungen festgelegt werden.
- **Bemessungswert**: Werte, die sich durch Multiplikation der charakteristischen Werte mit einem Sicherheitsbeiwert und ggf. einem Kombinationsbeiwert ergeben.
- **Duktilität**: plastische Dehnfähigkeit von Betonstahl, Spannstahl und Stahl- bzw. Spannbeton.
- **Relaxation**: mit Relaxation wird bei Spannstählen das allmähliche Absinken der Spannung bei gleichbleibender Dehnung bezeichnet.
- **unbewehrte oder gering bewehrte Bauteile**: Bauteile ohne Bewehrung oder mit einer geringeren als die jeweilige Mindestbewehrung (siehe Abschn. 8.9).

8.2.2 Bautechnische Unterlagen

Zu den bautechnischen Unterlagen gehören die für die Ausführung des Bauwerks notwendigen Zeichnungen, die statische Berechnung und – wenn für die Bauausführung erforderlich – eine ergänzende Projektbeschreibung sowie etwaige bauaufsichtlich erforderliche Verwendbarkeitsnachweise für Bauprodukte bzw. Bauarten (z. B. allgemeine bauaufsichtliche Zulassungen).

8.2.2.1 Zeichnungen
Die Bauteile, die einzubauende Betonstahlbewehrung und die Spannglieder sowie alle Einbauteile sind auf den Zeichnungen eindeutig und übersichtlich darzustellen und zu bemaßen. Die Darstellungen müssen mit den Angaben in der statischen Berechnung übereinstimmen und alle für die Aus-

führung der Bauteile und für die Prüfung der Berechnungen erforderlichen Maße enthalten. Auf zugehörige Zeichnungen ist hinzuweisen.

Pflichtangaben für Bewehrungszeichnungen
- Festigkeitsklassen, Expositionsklassen und ggf. weitere Anforderungen für den Beton (z. B. WU)
- Betonstahl- und Spannstahlsorten
- Anzahl, Durchmesser, Form und Lage der Bewehrungsstäbe; gegenseitiger Abstand und Übergreifungslänge an Stößen und Verankerungslängen; Anordnung, Maße und Ausbildung von Schweißstellen; Typ und Lage der mechanischen Verbindungsmittel
- Rüttelgassen, Lage von Betonieröffnungen
- das Herstellungsverfahren der Vorspannung; Anzahl, Typ und Lage der Spannglieder sowie der Spanngliedverankerungen und Spanngliedkopplungen sowie zugehörige Betonstahlbewehrung; Typ und Durchmesser der Hüllrohre; Angaben zum Einpressmörtel
- bei gebogenen Bewehrungsstäben die erforderlichen Biegerollendurchmesser
- Maßnahmen zur Lagesicherung der Betonstahlbewehrung und der Spannglieder sowie Anordnung, Maße und Ausführung der Unterstützungen der oberen Betonstahlbewehrungslage und der Spannglieder
- das Verlegemaß c_v der Bewehrung, das sich aus dem Nennmaß der Betondeckung c_{nom} ableitet sowie das Vorhaltemaß Δc_{dev} der Betondeckung
- die Fugenausbildung
- gegebenenfalls besondere Maßnahmen zur Qualitätssicherung.

8.2.2.2 Statische Berechnungen
Das Tragwerk und die Lastabtragung sind textlich zu beschreiben. Die Tragfähigkeit und die Gebrauchstauglichkeit der baulichen Anlage und ihrer Bauteile sind in der statischen Berechnung übersichtlich und **leicht prüfbar** nachzuweisen. Mit numerischen Methoden erzielte Rechenergebnisse sollten grafisch dargestellt werden.

Für besondere Rechenwege, insbesondere wenn diese nicht Normativ erfasst sind, und für abweichende außergewöhnliche Gleichungen ist die Fundstelle genau anzugeben, sofern diese allgemein zugänglich ist. Ansonsten sind die Ableitungen so weit zu entwickeln, dass ihre Richtigkeit geprüft werden kann.

8.2.2.3 Baubeschreibung
Angaben, die für die Bauausführung oder für die Prüfung der Zeichnungen oder der statischen Berechnung notwendig sind und aus den Zeichnungen nicht ohne Weiteres entnommen werden können, müssen in einer Baubeschreibung enthalten und erläutert sein.

8.2.3 Formelzeichen

Eine Auswahl wesentlicher Formelzeichen und abgeleiteter Zeichen ist unten aufgeführt.

8.2.3.1 Einzelne Formelzeichen

Lateinische Großbuchstaben

A Fläche; Querschnitt; außergewöhnliche Einwirkung
C Festigkeitsklasse Beton
D Biegerollendurchmesser
E Elastizitätsmodul; Auswirkung der Einwirkung
F Einwirkung
G Schubmodul; ständige Einwirkung
GZG Grenzzustand der Tragfähigkeit
  (= ULS Ultimate Limit State)
GZT Grenzzustand der Gebrauchstauglichkeit
  (= SLS Serviceability Limit State)
I Flächenmoment 2. Grades
L Länge
LC Festigkeitsklasse Leichtbeton
M Biegemoment
N Normalkraft
P Vorspannkraft
Q veränderliche Einwirkung
R Widerstand
S Schnittgrößen, Flächenmoment ersten Grades
T Torsionsmoment
V Querkraft

Lateinische Kleinbuchstaben

a Abstand; Auflagerbreite; geometrische Angabe
Δa Abweichung für eine geometrische Angabe
b Breite eines Querschnitts, oder Gurtbreite eines T oder L-Querschnitts
c Betondeckung; Rauigkeitsbeiwert
d statische Nutzhöhe; Durchmesser
e Lastausmitte (Exzentrizität)
f Festigkeit
h Höhe; Dicke; Gesamthöhe eines Querschnitts
i Trägheitsradius
k Beiwert, Faktor
l oder (L) Länge, Stützweite, Spannweite
m Moment je Längeneinheit
n Normalkraft je Längeneinheit
s Stababstand
t Zeitpunkt; Wanddicke
u Umfang eines Betonquerschnitts mit der Fläche A_c
v Querkraft je Längeneinheit
x Höhe der Druckzone
z Hebelarm der inneren Kräfte

Griechische Buchstaben

α Winkel; Verhältnis; Wärmedehnzahl
β Winkel; Verhältnis; Beiwert; Abminderung; Querkraft; Ausbreitwinkel
γ Teilsicherheitsbeiwert Inkrement, Zuwachs/Umlagerungsverhältnis
δ Inkrement, Zuwachs/Umlagerungsverhältnis
ε Dehnung
φ Kriechbeiwert
λ Schlankheit
μ Reibungsbeiwert zwischen Spannglied und Hüllrohr
ν Querdehnzahl; Abminderungsbeiwert der Druckfestigkeit für gerissenen Beton
ϱ Ofentrockene Dichte des Betons in kg/m^3
σ Normalspannung
τ Schubspannung aus Torsion
θ Winkel
ξ Verhältnis der Verbundfestigkeit von Spannstahl zu der von Betonstahl; bezogene Druckzonenhöhe
ψ Kombinationsbeiwert einer veränderlichen Einwirkung
Δ Differenz.

Indizes

b, d Verbund
c Beton; Druck; Kriechen
cal Rechenwert
col Stütze (column)
cr crack
d Bemessungswert
dev deviation (Abweichung)
dir direkt
E Beanspruchung
e Exzentrizität
Ed Bemessungswert Beanspr.
eff wirksam (effective)
erf erforderlich
fat Ermüdung
G ständige Einwirkung als Einzellast
g ständige Einwirkung als Linien- oder Flächenlast
ind indirekt
inf unterer (inferior)
k charakteristisch
m mittlerer Wert
p Vorspannung
perm ständig (permanent)
pl unbewehrt (plain)
prov vorhanden (provided)
Q veränderliche Einwirkung als Einzellast
q veränderliche Einwirkung als Linien- oder Flächenlast
R rechn. Systemwiderstand
Rd Bemessungswiderstand

r   Riss
red   reduziert
rqd   erforderlich (required)
s   Betonstahl; Schwinden
sup   oberer (superior)
t   Zug
vorh   vorhanden
y   Fließgrenze (yield)

8.2.3.2   Abgeleitete Formelzeichen

Lateinische Großbuchstaben mit Indizes

A_c Betonquerschnittsfläche
A_p Spannstahlfläche
A_s Betonstahlfläche
A_{s1} Zugbewehrungsfläche
A_{s2} Druckbewehrungsfläche
$A_{s,min}$ Querschnittsfläche der Mindestbewehrung
A_{sw} Schubbewehrungsfläche
D_{Ed} Schädigungssumme (Ermüdung)
$E_c, E_{c(28)}$ Elastizitätsmodul für Normalbeton als Tangente im Ursprung der Spannungs-Dehnungs-Linie allgemein und nach 28 Tagen
$E_{c,eff}$ effektiver Elastizitätsmodul des Betons
$E_c(t)$ Elastizitätsmodul für Normalbeton als Tangente im Ursprung der Spannungs-Dehnungs-Linie nach t Tagen
E_{cm} mittlerer Elastizitätsmodul für Normalbeton (Sekantenmodul)
E_p Elastizitätsmodul für Spannstahl
E_s Elastizitätsmodul für Betonstahl
F_d Bemessungswert einer Einwirkung
F_k charakteristischer Wert einer Einwirkung
G_k charakteristischer Wert einer ständigen Einwirkung
M_{Ed} Bemessungswert des einwirkenden Biegemoments
M_{Rd} Bemessungswert des aufnehmbaren Biegemoments
N_{Ed} Bemessungswert der einwirkenden Normalkraft (Zug oder Druck)
N_{Rd} Bemessungswert der aufnehmbaren Normalkraft
P_d Bemessungswert der Vorspannkraft
P_k charakteristischer Wert der Vorspannkraft
P_{m0} Mittelwert der Vorspannkraft unmittelbar nach der Krafteinleitung in den Beton
P_{mt} Mittelwert der Vorspannkraft zum Zeitpunkt t
P_0 aufgebrachte Höchstkraft am Spannanker nach dem Spannen
Q_k charakteristischer Wert der veränderlichen Einwirkung

Q_{fat} charakteristischer Wert der veränderlichen Einwirkung beim Nachweis gegen Ermüdung
T_{Ed} Bemessungswert des einwirkenden Torsionsmoments
T_{Rd} Bemessungswert des aufnehmbaren Torsionsmoments
V_{Ed} Bemessungswert der einwirkenden Querkraft
$V_{Rd,c}$ Bemessungswert der aufnehmbaren Querkraft ohne Schubbewehrung
$V_{Rd,max}$ Bemessungswert der durch die Druckstrebenfestigkeit aufnehmbaren Querkraft
$V_{Rd,sy}$ Bemessungswert der durch die Schubbewehrung aufnehmbaren Querkraft.

Lateinische Kleinbuchstaben mit Indizes

a_1 Versatzmaß Zugkraftdeckung
b_{eff} mitwirkende Plattenbreite
b_w Stegbreite eines T, I oder L-Querschnitts
c_j Rauigkeitsbeiwert in Verbundfugen
c_{min} Mindestbetondeckung
c_{nom} Betondeckung Nennmaß
c_v Verlegemaß der Bewehrung
d_g Durchmesser des Größtkorns einer Gesteinskörnung
$\varnothing_p$ Nenndurchmesser bei Spanngliedern
$\varnothing_s$ Stabdurchmesser
$\varnothing_n$ Vergleichsdurchmesser Gesamtlastausmitte
e_i zusätzliche ungewollte Ausmitte (imperfection)
e_{tot} Gesamtlastausmitte
f_{cd} Bemessungswert der einaxialen Betondruckfestigkeit
f_{ck} charakteristische Zylinderdruckfestigkeit des Betons nach 28 Tagen
f_{cm} Mittelwert der Zylinderdruckfestigkeit des Betons
f_{ctd} Bemessungswert der zentrischen Betonzugfestigkeit
f_{ctk} charakteristischer Wert der zentrischen Betonzugfestigkeit
f_{ctm} Mittelwert der zentrischen Zugfestigkeit des Betons
f_p Zugfestigkeit des Spannstahls
f_{pk} charakteristischer Wert der Zugfestigkeit des Spannstahls
$f_{p0.1}$ 0,1 %-Dehngrenze des Spannstahls
$f_{p0.1k}$ charakteristischer Wert der 0,1 %-Dehngrenze des Spannstahls
$f_{p0.2k}$ charakteristischer Wert der 0,2 %-Dehngrenze des Betonstahls
f_t Zugfestigkeit des Betonstahls
f_{tk} charakteristischer Wert der Zugfestigkeit des Betonstahls
f_y Streckgrenze des Betonstahls
f_{yd} Bemessungswert der Streckgrenze des Betonstahls
f_{yk} charakteristischer Wert der Streckgrenze des Betonstahls

f_{ywd} Bemessungswert der Streckgrenze von Querkraftbewehrung

l_{eff} effektive Stützweite

$l_{b,rqd}$ Grundmaß der Verankerungslänge

l_o Übergreifungslänge

s_w Abstand der Schubbewehrung

x_d Druckzonenhöhe nach der Schnittgrößenumlagerung.

Griechische Kleinbuchstaben mit Indizes

γ_A Teilsicherheitsbeiwert für außergewöhnliche Einwirkungen A

γ_C Teilsicherheitsbeiwert für Beton

$\gamma_{C,fat}$ Teilsicherheitsbeiwert für Beton beim Nachweis gegen Ermüdung

γ_F Teilsicherheitsbeiwert für Einwirkungen, F

$\gamma_{F,fat}$ Teilsicherheitsbeiwerte für Einwirkungen beim Nachweis gegen Ermüdung

γ_G Teilsicherheitsbeiwert für ständige Einwirkungen, G

γ_M Teilsicherheitsbeiwerte für eine Baustoffeigenschaft unter Berücksichtigung von Streuungen der Baustoffeigenschaft selbst sowie geometrischer Abweichungen und Unsicherheiten des verwendeten Bemessungsmodells (Modellunsicherheiten)

γ_P Teilsicherheitsbeiwert für Einwirkungen infolge Vorspannung, P, sofern diese auf der Einwirkungsseite berücksichtigt wird

γ_Q Teilsicherheitsbeiwert für veränderliche Einwirkungen, Q

γ_S Teilsicherheitsbeiwert für Betonstahl und Spannstahl

$\gamma_{s,fat}$ Teilsicherheitsbeiwert für Betonstahl und Spannstahl beim Nachweis gegen Ermüdung

ε_c Dehnung des Betons

ε_{c1} Dehnung des Betons unter der Maximalspannung f_c

ε_{cu} rechnerische Bruchdehnung des Betons

ε_p Spannstahldehnung

ε_s Betonstahldehnung

ε_u rechnerische Bruchdehnung des Beton- oder Spannstahls

ε_{uk} charakteristische Dehnung des Beton- oder Spannstahls unter Höchstlast

ϱ_{1000} Verlust aus Relaxation (in %), 1000 Stunden nach Aufbringung der Vorspannung bei einer mittleren Temperatur von 20 °C

ϱ_l geometrisches Bewehrungsverhältnis der Längsbewehrung

ϱ_w geometrisches Bewehrungsverhältnis der Querkraftbewehrung

σ_c Spannung im Beton

σ_{cp} Spannung im Beton aus Normalkraft oder Vollspannung

σ_{cu} Spannung im Beton bei der rechnerischen Bruchdehnung des Betons ε_{cu}

σ_s Betonstahlspannung

$\varphi(t, t_0)$ Kriechzahl, die die Kriechverformung zwischen den Zeitpunkten t und t_0 beschreibt, bezogen auf die elastische Verformung nach 28 Tagen

$\varphi(\infty, t_0)$ Endkriechzahl

ψ_0 Kombinationsbeiwert für seltene Werte

ψ_1 Kombinationsbeiwert für häufige Werte

ψ_2 Kombinationsbeiwert für quasi-ständige Werte

8.2.4 SI-Einheiten

Folgende mit der ISO 1000 bzw. DIN 1301-1 übereinstimmende SI-Einheiten werden für Berechnungen empfohlen:

Längen	m, mm
Querschnittsflächen	cm^2, mm^2
Kräfte, Einwirkungen	kN, kN/m, kN/m^2
Wichte	kN/m^3
Spannungen und Festigkeiten	N/mm^2 ($=$ N/mm^2 $=$ MPa), kN/cm^2 ($=$ 10 N/mm^2)
Momente	kN m

8.3 Baustoffeigenschaften

Die physikalischen Eigenschaften für die zur Verwendung kommenden Baustoffe sind in Tafel 8.1 zusammengestellt.

8.3.1 Beton

Normalbeton ist Beton mit geschlossenem Gefüge, der aus festgelegten Gesteinskörnungen hergestellt wird und so zusammengesetzt und verdichtet ist, dass außer den künstlich erzeugten kein nennenswerter Anteil an eingeschlossenen Luftporen vorhanden ist. Seine Trockenrohdichte beträgt 2000 bis 2600 kg/m^3.

8.3.1.1 Betondruck- und Betonzugfestigkeit

Der Bemessung der Bauteile liegen die charakteristischen Zylinderdruckfestigkeiten f_{ck} zugrunde. Die Betondruckfestigkeit ist als der Bemessungswert definiert, der bei statistischer Auswertung aller Druckfestigkeitsergebnisse von Beton im Alter von 28 Tagen nur in 5 % aller Fälle (5 % Fraktile) unterschritten wird.

Die Druckfestigkeitswerte f_{ck} können entweder an Zylindern (300 mm Höhe, 150 mm Durchmesser) als $f_{ck,zyl}$ oder an Würfeln (150 mm Kantenlänge) als $f_{ck,cube}$ ermittelt werden. Da die Bemessungsregeln auf den Werten der Zylinderfestigkeit basieren, gilt im Weiteren $f_{ck,zyl} = f_{ck}$.

Tafel 8.1 Physikalische Eigenschaften von Beton, Stahlbeton und Spannbeton aus Normalbeton: Betonstahl und Spannstahl

Physikalische Eigenschaft	Normalbeton		Stahl	
	Beton (unbewehrt)	Stahlbeton Spannbeton	Betonstahl	Spannstahl
Dichte ϱ [kg/m^3]	2400	2500	7850	7850
Wärmedehnzahl [K^{-1}]	$10 \cdot 10^{-6}$			
Querdehnzahl ν [–]	0,2 für elastische Dehnungen 0 wenn Rissbildung in Beton unter Zugbeanspruchung zulässig ist			

Die Bezeichnung C steht für Normalbeton, LC für Leichtbeton. Die beiden Zahlen hinter den Bezeichnungen verweisen auf die Zylinder- bzw. Würfelfestigkeit $C f_{ck,cyl}/f_{ck,cube}$ oder $LC f_{ck,cyl}/f_{ck,cube}$. Im Folgenden wird aufgrund der Relevanz in der Praxis im Wesentlichen nur Normalbeton bis zur Festigkeitsklasse C50/60 betrachtet. Die Betonzugfestigkeit wird für den einachsigen Spannungszustand angegeben. Wegen der großen Streuung der Zugfestigkeitswerte werden hierfür sowohl die Mittelwerte f_{ctm} als auch die unteren und oberen charakteristischen Grenzwerte $f_{ctk;0,05}$ bzw. $f_{ctk;0,95}$ angegeben.

Die analytischen Beziehungen für die rechnerischen Betonkennwerte ((8.1) bis (8.7)) beziehen sich auf ein Betonalter von $t = 28d$. Da die Formeln nicht „Einheitenrein" sind, müssen alle Festigkeitswerte in [N/mm^2] eingesetzt werden.

$$f_{cm} = f_{ck} + 8 \quad [\text{N/mm}^2] \tag{8.1}$$
charakteristische Druckfestigkeit

$$f_{ctm} = 0,30 f_{ck}^{(2/3)} \quad [\text{bis C50/60}] \tag{8.2}$$
Mittelwert der Zugfestigkeit

$$f_{ctm} = 2,12 \ln(1 + f_{cm}/10) \quad [\text{ab C55/67}] \tag{8.3}$$

$$f_{ctk;0,05} = 0,70 f_{ctm} \quad [5\,\%\text{-Quantil}] \tag{8.4}$$
5 % Quantil der Zugfestigkeit

$$f_{ctk;0,95} = 1,30 f_{ctm} \quad [95\,\%\text{-Quantil}] \tag{8.5}$$
95 % Quantil der Zugfestigkeit

$$f_{ctm,fl} = (1,6 - h\,[\text{mm}]/1000) \cdot f_{ctm} \geq f_{ctm} \tag{8.6}$$
Biegezugfestigkeit

$$E_{cm} = 22.000 \cdot (f_{cm}/10)^{0,3} \tag{8.7}$$
Sekantenmodul

Die Tafeln 8.2 und 8.3 enthalten die Festigkeitswerte in tabellarischer Form.

Die angegebenen E-Moduln für Beton entsprechen Richtwerten für Sekantenmoduln zwischen $\sigma_c = 0$ und $0,4 f_{cm}$ eines Betons mit quarzithaltigen Gesteinskörnungen. Bei Kalkstein- und Sandsteinkörnungen sollten die Werte um 10 % bzw. 30 % reduziert, bei Basaltgesteinskörnungen um 20 % erhöht werden. In besonderen Fällen kann es sinnvoll sein, genauere Werte zu ermitteln. Weitere Erläuterungen enthalten [10, 11].

Im Allgemeinen sind die Festigkeitswerte des Betons auf ein Betonalter von 28 Tagen bezogen. Für bestimmte Anwendungsfälle (insbesondere im Spannbetonbau) ist aber auch die zeitliche Entwicklung der Materialeigenschaften des Betons von Bedeutung. Diese Werte können auf der Grundlage von Prüfergebnissen bestimmt werden, eine erste

Tafel 8.2 Festigkeits- und Formänderungskennwerte von hochfestem Normalbeton $\leq$ C50/60

Kenngröße	Festigkeitsklassen								
	C12/15[a]	C16/20	C20/25	C25/30	C30/37	C35/45	C40/50	C45/55	C50/60
f_{ck} in N/mm^2	**12**	**16**	**20**	**25**	**30**	**35**	**40**	**45**	**50**
$f_{ck,cube}$ in N/mm^2	15	20	25	30	37	45	50	55	60
f_{cm} in N/mm^2	20	24	28	33	38	43	48	53	58
f_{ctm} in N/mm^2	1,6	1,9	2,2	2,6	2,9	3,2	3,5	3,8	4,1
$f_{ctk;0,05}$ in N/mm^2	1,1	1,3	1,5	1,8	2	2,2	2,5	2,7	2,9
$f_{ctk;0,95}$ in N/mm^2	2	2,5	2,9	3,3	3,8	4,2	4,6	4,9	5,3
E_{cm} in N/mm^2	27.000	29.000	30.000	31.000	33.000	34.000	35.000	36.000	37.000
ε_{c1} in ‰	1,8	1,9	2,1	2,2	2,3	2,4	2,5	2,55	2,6
ε_{cu1} in ‰	3,5 (siehe Abb. 8.1)								
n in ‰	2,0 (siehe Abb. 8.2)								
ε_{c2} in ‰	2,0 (siehe Abb. 8.2)								
ε_{cu2} in ‰	3,5 (siehe Abb. 8.2)								
ε_{c3} in ‰	1,75 (siehe Abb. 8.3)								
ε_{cu3} in ‰	3,5 (siehe Abb. 8.3)								

[a] Die Festigkeitsklasse C12/15 darf nur bei vorwiegend ruhender Einwirkung verwendet werden.

Tafel 8.3 Festigkeits- und Formänderungskennwerte von hochfestem Normalbeton $\geq$ C55/67

Kenngröße	Festigkeitsklassen					
	C55/67	C60/75	C70/85	C80/95	C90/105	C100/115[a]
f_{ck} in N/mm^2	**55**	**60**	**70**	**80**	**90**	**100**
$f_{ck,cube}$ in N/mm^2	67	75	85	95	105	115
f_{cm} in N/mm^2	63	68	78	88	98	108
f_{ctm} in N/mm^2	4,2	4,4	4,6	4,8	5	5,2
$f_{ctk;0,05}$ in N/mm^2	3	3,1	3,2	3,4	3,5	3,7
$f_{ctk;0,95}$ in N/mm^2	5,5	5,7	6	6,3	6,6	6,8
E_{cm} in N/mm^2	38.000	39.000	41.000	42.000	44.000	45.000
ε_{c1} in ‰	2,5	2,6	2,7	2,8	2,8	2,8
ε_{cu1} in ‰	3,2	3,0	2,8	2,8	2,8	2,8
n in ‰	1,75	1,60	1,45	1,4	1,4	1,4
ε_{c2} in ‰	2,2	2,3	2,4	2,5	2,6	2,6
ε_{cu2} in ‰	3,1	2,9	2,7	2,6	2,6	2,6
ε_{c3} in ‰	1,8	1,9	2,0	2,2	2,3	2,4
ε_{cu3} in ‰	3,1	2,9	2,7	2,6	2,6	2,6

[a] Die Werte für C100/115 folgen nicht den analytischen Beziehungen, sie wurden von diesen unabhängig festgelegt.

Abschätzung kann allerdings auch mit den folgenden Beziehungen erfolgen:

Betondruckfestigkeit zum Zeitpunkt t:

$$f_{ck}(t) = f_{cm}(t) - 8 \,[\text{N/mm}^2] \quad \text{für } 3\,\text{d} < t < 28\,\text{d}$$
$$f_{ck}(t) = f_{ck} \qquad\qquad\qquad\qquad \text{für } t \geq 28\,\text{d} \tag{8.8}$$

Für Werte $t < 3\,\text{d}$ sind Versuche erforderlich. Die Betonfestigkeit im Alter t hängt von verschiedenen Einflussparametern ab. Bei einer mittleren Temperatur von $20\,^\circ\text{C}$ und Lagerung nach DIN 12390 kann $f_{cm}(t)$ wie folgt bestimmt werden.

$$f_{cm}(t) = \beta_{cc}(t) \cdot f_{cm} \tag{8.9}$$

$\beta_{cc}(t)$ Beiwert für das Betonalter $= e^{s\left[1 - \sqrt{28/t}\right]}$

$f_{cm}(t)$ Mittlere Druckfestigkeit des Betons im Alter von t Tagen

f_{cm} Mittlere Druckfestigkeit des Betons im Alter von 28 Tagen, siehe Tafeln 8.2 und 8.3

t betrachtetes Betonalter in Tagen ($3\,\text{d} < t < 28\,\text{d}$)

s Beiwert für den Zementtyp

    = 0,20 für Zemente CEM 42,5 R, CEM 52,5 N, CEM 52,5 R (Klasse R)

    = 0,25 für Zemente CEM 32,5 R, CEM 42,5 N, (Klasse N)

    = 0,38 für Zemente CEM 32,5 N (Klasse S)

    = 0,20 generell für hochfeste Betone

Betonzugfestigkeit zum Zeitpunkt t:

$$f_{ctm}(t) = [\beta_{cc}(t)]^\alpha \cdot f_{ctm} \tag{8.10}$$

$\beta_{cc}(t)$ siehe oben

α Beiwert

    = 1,0 für $t < 28$ Tage

    = 2/3 für $t \geq 28$ Tage

Elastizitätsmodul zum Zeitpunkt t:

$$E_{cm}(t) = \left[\frac{f_{cm}(t)}{f_{cm}}\right]^{0,3} \cdot E_{cm} \tag{8.11}$$

8.3.1.2 Spannungs-Dehnungs-Linien

Es gibt eine Spannungs-Dehnungs-Linie für nichtlineare Schnittgrößenermittlungsverfahren und Verformungsberechnungen (Abb. 8.1) sowie drei für die Querschnittsbemessung (Abb. 8.2, 8.3 und 8.4). In den Tafeln 8.2 und 8.3 sind die erforderlichen Parameter zur Bestimmung der Spannungsdehnungslinien aufgeführt.

Schnittgrößenermittlung und Verformungsberechnung (siehe Abb. 8.1)

Die Spannungs-Dehnungs-Linie gilt für $0 < |\varepsilon_c| < \varepsilon_{cu1}$

$$\sigma_c = f_{cm}\left(\frac{k \cdot \eta - \eta^2}{1 + (k-2)\eta}\right) \tag{8.12}$$

$$\eta = \varepsilon_c / \varepsilon_{c1}$$

$$k = 1,05 \cdot E_{cm} \cdot |\varepsilon_{c1}| / f_{cm}$$

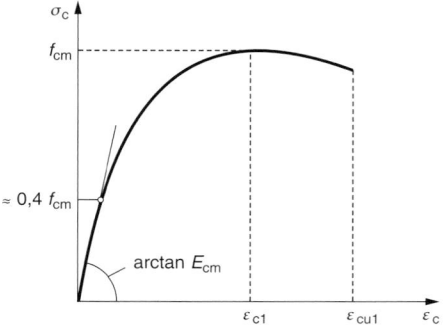

Abb. 8.1 Diagramm nur für Verformungsberechnungen

Querschnittsbemessung (siehe Abb. 8.2)

Für das Parabel-Rechteck-Diagramm gilt für $0 \leq \varepsilon_c < \varepsilon_{c2}$

$$\sigma_c = f_{cd} \left[1 - \left(1 - \frac{\varepsilon_c}{\varepsilon_{c2}} \right)^n \right] \qquad (8.13)$$

und für $\varepsilon_{c2} \leq \varepsilon_c \leq \varepsilon_{cu2}$

$$\sigma_c = f_{cd}$$

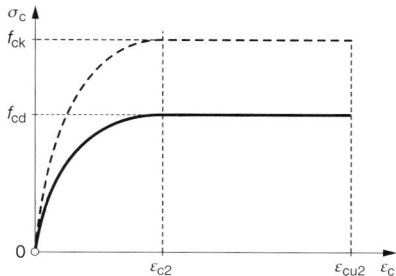

Abb. 8.2 Parabel-Rechteck-Diagramm

Dabei sind der Exponent n sowie die Dehnungen ε_{c2} und ε_{cu2} gemäß Tafel 8.2 bzw. 8.3 einzusetzen.

Für Querschnittsbemessungen dürfen aber auch die folgenden vereinfachten Spannungs-Dehnungs-Beziehungen angewandt werden (siehe Abb. 8.3 und 8.4).

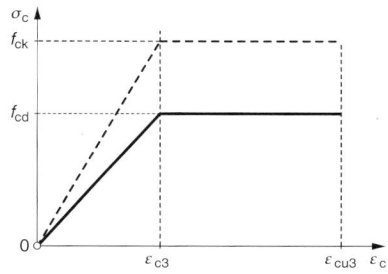

Abb. 8.3 Bilineare Spannungs-Dehnungs-Linie

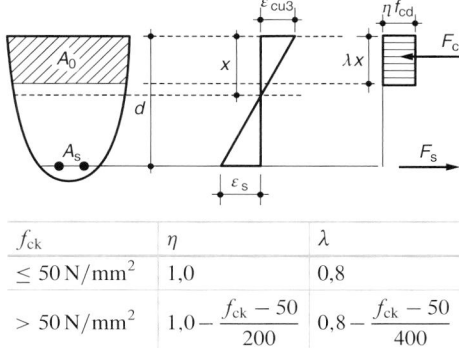

f_{ck}	η	λ
$\leq 50\,\mathrm{N/mm^2}$	1,0	0,8
$> 50\,\mathrm{N/mm^2}$	$1,0 - \dfrac{f_{ck} - 50}{200}$	$0,8 - \dfrac{f_{ck} - 50}{400}$

Abb. 8.4 Spannungsblock.
Anmerkung Sofern die Querschnittsbreite zum gedrückten Rand hin abnimmt, ist $\eta \cdot f_{cd}$ zusätzlich mit dem Faktor 0,9 abzumindern

Der Bemessungswert (GZT) der **Betondruckfestigkeit** f_{cd} ist durch folgende Formel zu bestimmen

$$f_{cd} = \alpha_{cc} \cdot \frac{f_{ck}}{\gamma_C} \qquad (8.14)$$

α_{cc} Abminderungsbeiwert zur Berücksichtigung von Langzeitwirkungen auf die Druckfestigkeit
  = 0,85 im Allgemeinen
  = 1,0 bei Kurzzeitbelastungen (z. B. Anprall)
$\alpha_{cc} = \alpha_{cc,pl} = 0,7$ bei unbewehrtem Beton
γ_C Teilsicherheitsbeiwert für bewehrten Beton
  = 1,5 im Allgemeinen
  = 1,3 in außergewöhnlichen Bemessungssituationen
  = 1,35 bei ständig überwachten Fertigteilproduktionen
  (Verwendung sollte mit dem Werk abgestimmt werden)
Der Bemessungswert (GZT) der **Betonzugfestigkeit** entspricht:

$$f_{ctd} = \alpha_{ct} \cdot \frac{f_{ctk;0,05}}{\gamma_C} \qquad (8.15)$$

α_{ct} berücksichtigt die Langzeitauswirkungen und beträgt 0,85. **Hinweis:** Bei der Ermittlung von der Verbundspannung f_{bd} ist $\alpha_{ct} = 1,0$.

In bestimmten Fällen von Gebrauchstauglichkeitsnachweisen wird die Biegezugfestigkeit des bewehrten Betons benötigt. Diese ist stark von der Gesamthöhe des Bauteils abhängig und kann als Mittelwert oder charakteristischer Wert aus der zugehörigen axialen Zugfestigkeit, wie folgt abgeleitet werden:

$$f_{ctm,fl} = (1,6 - h/1000) \cdot f_{ctm} \quad \text{bzw.}$$
$$f_{ctk,fl} = (1,6 - h/1000) \cdot f_{ctk} \qquad (8.16)$$

h Gesamthöhe des Bauteils in mm.

Die üblicherweise zu verwendenden Bemessungswerte der Betonfestigkeiten nach (8.14) und (8.15) sind in Tafel 8.4 zusammengestellt.

8.3.1.3 Kriechen und Schwinden

Unter **Kriechen** versteht man die zeitabhängige Änderung der Verformungen bei konstanter, d. h. andauernder Spannung. Unter dem Begriff **Schwinden** versteht man die Verkürzung des Betons infolge Feuchtigkeitsverlust.

Die Effekte aus Kriechen und Schwinden müssen dann berücksichtigt werden, wenn ihr Einfluss wesentlich ist. Für die Nachweise im Grenzzustand der Gebrauchstauglichkeit ist hiervon im Allgemeinen auszugehen, im Grenzzustand der Tragfähigkeit gilt dies bei Stabilitätsnachweisen nach Theorie II. Ordnung und bei vorgespannten Tragwerken. Im Allgemeinen kann man davon ausgehen, das Kriechen und Schwinden voneinander unabhängig sind.

Tafel 8.4 Teilsicherheitsbeiwerte, Bemessungswerte der Festigkeiten für Beton

Festigkeits-klasse	C12/15	C16/20	C20/25	C25/30	C30/37	C35/45	C40/50	C45/55	C50/60	C55/67	C60/75	C70/85	C80/95	C90/105	C100/115
γ_C	1,5	1,5	1,5	1,5	1,5	1,5	1,5	1,5	1,5	1,5	1,5	1,5	1,5	1,5	1,5
α_{cc}	0,85	0,85	0,85	0,85	0,85	0,85	0,85	0,85	0,85	0,85	0,85	0,85	0,85	0,85	0,85
f_{cd} in N/mm^2	6,80	9,07	11,33	14,17	17,00	19,83	22,67	25,50	28,33	31,16	34,00	39,66	45,33	51,00	56,66
f_{ctd} in N/mm^2	0,62	0,76	0,88	1,02	1,15	1,27	1,39	1,51	1,62	1,72	1,82	2,02	2,21	2,39	2,56

Unter der Voraussetzung, dass die Betondruckspannung beim Aufbringen der Belastung zum Zeitpunkt t_0 den Wert von $0,45 \cdot f_{ck,j}$ (dabei ist $f_{ck,j}$ die Zylinderdruckfestigkeit des Betons zum Belastungszeitpunkt t_0) nicht überschreitet und die mittlere relative Luftfeuchtigkeit (RH) zwischen 40 % und 100 % und die Umgebungstemperaturen zwischen $-40\,°C$ und $+40\,°C$ liegen, darf die **Kriechdehnung** ε_{cc} des Betons zum Zeitpunkt $t = \infty$ bei einer zeitlich konstanten kriecherzeugenden Spannung σ_c mit der nachfolgenden Formel bestimmt werden:

$$\varepsilon_{cc}(\infty, t_0) = \varphi(\infty, t_0) \cdot \frac{\sigma_c}{1,05 \cdot E_{cm}} \qquad (8.17)$$

Die Kriechzahl φ ist auf den Tangentenmodul E_c bezogen, welcher hier mit $E_c = 1,05 \cdot E_{cm}$ berücksichtigt ist. Die **Endkriechzahl** $\varphi(\infty, t_0)$ ist aus Tafel 8.5 bzw. Abb. 8.5 abzulesen. Dabei ist die wirksame Bauteildicke $h_0 = 2 \cdot A_c/u$ mit der Querschnittsfläche A_c und dem Umfang u (bei Kastenträgern einschließlich 50 % des inneren Umfangs). σ_c ist die zeitlich konstante, kriecherzeugende Betondruckspannung.

Wenn die kriecherzeugende Druckspannung bei Belastungsbeginn t_0 größer als $0,45 f_{ck}(t_0)$ ist (z. B. bei Vorspannung mit sofortigem Verbund), muss die Nichtlinearität des Kriechens erfasst werden. Dies geschieht durch eine Modifikation der linearen Kriechzahl $\varphi(\infty; t_0)$:

$$\varphi_{nl}(\infty, t_0) = \varphi(\infty, t_0) \cdot e^{1,5(k_\sigma - 0,45)} \qquad (8.18)$$

Dabei ist

$\varphi_{nl}(\infty, t_0)$ die dann maßgebende nichtlineare Kriechzahl
$k_\sigma = \frac{\sigma_c}{f_{ck}(t_0)}$ das Verhältnis von kriecherzeugender Druckspannung zu charakteristischer Betondruckfestigkeit bei Belastungsbeginn.

Die gesamte **Schwinddehnung** ε_{cs} setzt sich aus zwei Anteilen zusammen, der Trocknungsschwinddehnung ε_{cd} und der autogenen Schwinddehnung ε_{ca}.

$$\varepsilon_{cs} = \varepsilon_{cd} + \varepsilon_{ca} \qquad (8.19)$$

Die Trocknungsschwinddehnung vollzieht sich relativ langsam, da sie direkt von der Wassermigration durch den erhärteten Beton abhängt. Das autogene Schwinden tritt im Wesentlichen in den ersten Tagen nach der Betonage auf und wird in Abhängigkeit der Betonfestigkeit als lineare Funktion beschrieben. Der Endwert beträgt $\varepsilon_{ca,\infty} = 2,5 \cdot (f_{ck} - 10) \cdot 10^{-6}$. Dieser Anteil sollte insbesondere in den Fällen berücksichtigt werden, wo frischer Beton auf bereits erhärteten Beton aufgebracht wird. In Tafel 8.6 sind einige Endschwindmaße $\varepsilon_{cs,\infty}$ für Normalbeton angegeben. Allgemein handelt es sich um Mittelwerte mit einem Variationskoeffizienten von 30 %.

In Anlehnung an die früher übliche tabellarische Darstellung von Kriech- und Schwindzahlen der DIN 4227 geben die Tafeln 8.5 und 8.6 entsprechende Werte wieder.

Für die Bestimmung der Kriechzahl φ_t sowie der Schwindmaße ε_{cs} zu einem beliebigen Zeitpunkt t sind die

Tafel 8.5 Endkriechzahlen[a] $\varphi(\infty, t_0)$, Zement 32,5R bzw. 42,5N, C20/25 (C30/37)

Alter bei Belastungsbeginn t_0 in Tagen	Wirksame Bauteildicke $h_0 = \frac{2 A_c}{u}$ (in cm)					
	5	15	60	5	25	60
	Trockene Umgebungsbedingungen (innen) RH = 50 %			Feuchte Umgebungsbedingungen (außen) RH = 80 %		
1	6,78 (5,54)	5,57 (4,57)	4,54 (3,75)	4,43 (3,67)	3,77 (3,13)	3,51 (2,93)
7	4,73 (3,87)	3,89 (3,20)	3,17 (2,62)	3,10 (2,56)	2,63 (2,19)	2,45 (2,05)
28	3,64 (2,98)	2,99 (2,46)	2,44 (2,02)	2,38 (1,97)	2,02 (1,69)	1,89 (1,58)
90	2,91 (2,38)	2,34 (1,97)	1,95 (1,61)	1,91 (1,58)	1,62 (1,35)	1,51 (1,26)

[a] Klammerwerte in der Tafel gelten für C30/37.

a Trockene Innenräume, relative Luftfeuchte = 50%

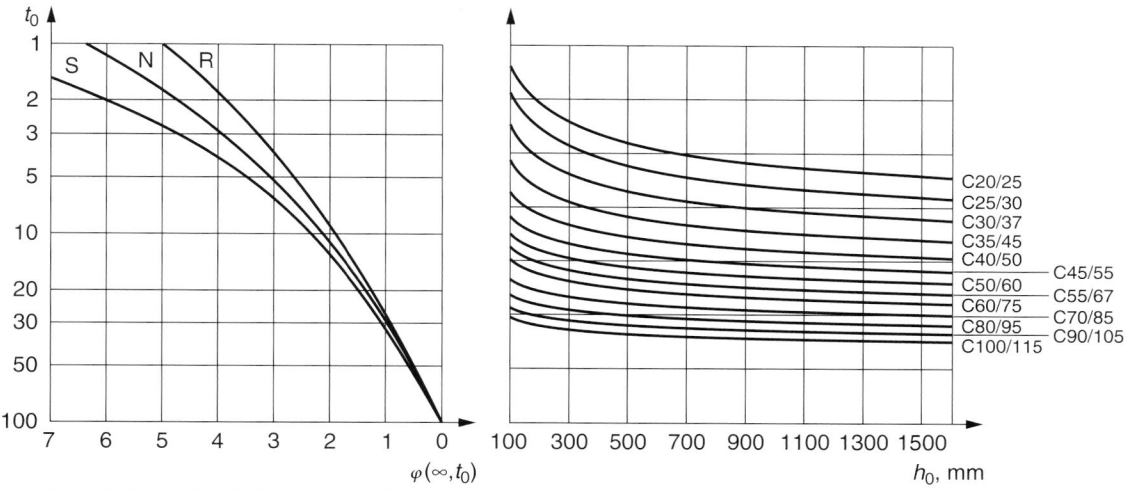

b Außenluft, relative Luftfeuchte = 80%

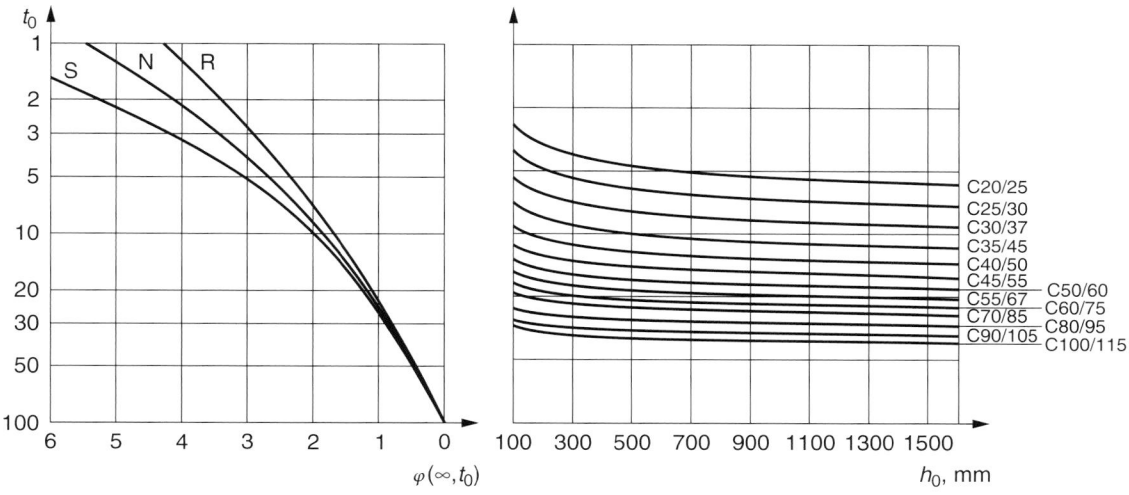

Ablesehinweis:

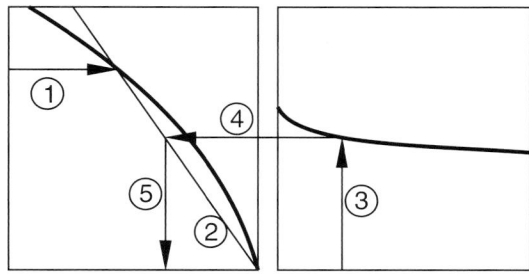

ANMERKUNG
– der Schnittpunkt der Linien 4 und 5 kann auch
  über dem Punkt 1 liegen
– für $t_0 > 100$ darf $t_0 = 100$ angenommen werden
  (Tangentenlinie ist zu verwenden)

Zementklassen
R : CEM 42,5 R, 52,5 N 52,5 R
N : CEM 32,5 R, 42,5 N
S : CEM 32,5 N

Abb. 8.5 Nomogramme zu Bestimmung der Endkriechzahl $\varphi(\infty, t_0)$

Tafel 8.6 Endschwindmaße[a] $\varepsilon_{cs,\infty}$ in ‰ für ausgewählte Betonfestigkeitsklassen

Betonfestigkeitsklasse	Wirksame Bauteildicke $h_0 = \frac{2A_c}{u}$ (in cm)					
	5	15	60	5	25	60
	Trockene Umgebungsbedingungen (innen) RH $= 50\%$			Feuchte Umgebungsbedingungen (außen) RH $= 80\%$		
Zementklasse R (CEM 42,5 R, 52,5 N, 52,5 R)						
C20/25	0,77	0,71	0,53	0,44	0,36	0,32
C30/37	0,72	0,67	0,52	0,42	0,35	0,31
C40/50	0,67	0,63	0,49	0,41	0,34	0,31
C50/60	0,64	0,60	0,48	0,40	0,34	0,31
Zementklasse N (CEM 32,5 R, 42,5 N)						
C20/25	0,57	0,53	0,41	0,33	0,27	0,24
C30/37	0,53	0,50	0,39	0,32	0,27	0,24
C40/50	0,50	0,47	0,37	0,31	0,27	0,24
C50/60	0,48	0,45	0,37	0,31	0,27	0,25
Zementklasse S (CEM 32,5 N)						
C20/25	0,47	0,43	0,33	0,27	0,22	0,19
C30/37	0,44	0,41	0,32	0,27	0,22	0,20
C40/50	0,41	0,39	0,31	0,26	0,23	0,21
C50/60	0,40	0,38	0,31	0,27	0,23	0,22

[a] Im Eurocode sind Schwindmaße ohne Vorzeichen angegeben. Sie sind jedoch als Verkürzung des Betons aufzufassen.

analytischen Beziehungen gemäß (8.20) bzw. Tafel 8.7 zu verwenden. Weitere Hinweise siehe auch Eurocode 2, Anhang B [1, 2].

Die Gesamtverformung des Betons $\varepsilon_c(t)$ ergibt sich aus:

$$\varepsilon_c(t) = \varepsilon_{c,el}(t_0) + \varepsilon_{cs}(t, t_s) + \varepsilon_{cc}(t, t_0) \qquad (8.20)$$

Dabei ist bei zeitlich konstanter Spannung:

$\varepsilon_{c,el}(t_0)$ elastische Dehnung zum Zeitpunkt t_0 (= Belastungsbeginn)

$$\varepsilon_{c,el} = \frac{\sigma_c(t_0)}{E_{cm}(t_0)}$$

$\varepsilon_{cs}(t, t_s)$ Schwinddehnungen zum betrachteten Zeitpunkt t bei Trocknungsbeginn t_s

$\varepsilon_{cc}(t, t_0)$ Kriechdehnung zum betrachteten Zeitpunkt t bei Belastungsbeginn t_0

$$\varepsilon_{cc}(\infty, t_o) = \varphi(t, t_0) \cdot \frac{\sigma_c(t_0)}{E_c}$$
$$= \varphi(t, t_0) \cdot \frac{\sigma_c(t_0)}{1,05 \cdot E_{cm}}$$

$\sigma_c(t_0)$ zeitlich konstante kriecherzeugende Betonspannung *mit* Belastungsbeginn bei t_0

$\varphi(t, t_0)$ Kriechzahl (siehe Tafel 8.7)

E_c Tangentenmodul des Betons $\approx 1,05 \cdot E_{cm}$

Die Gesamtverformung des Betons $\varepsilon_c(t)$ strebt mit zunehmendem t dem rechnerischen Endwert $\varepsilon_{c\infty}$ entgegen.

In vielen Fällen kann vereinfachend zur Berücksichtigung des zeitabhängigen Betonverhaltens mit dem sogenannten effektiven Elastizitätsmodul (8.21) gerechnet werden:

$$E_{c,eff} = \frac{E_{cm}}{1 + \varphi(t, t_0)} \qquad (8.21)$$

8.3.2 Betonstahl

Betonstahl kann als Stabstahl, als Betonstahl in Ringen, als Gitterträger und als Matten zur Bewehrung von Betonbauten verwendet werden. Er ist nach Stahlsorte, Klasse, Duktilität, Maß, Oberflächenbeschaffenheit und Schweißbarkeit einzuteilen. Die Lieferlängen betragen üblicherweise bis zu 12 m, maximal 15 m. Größere Sonderlängen bis 31 m können ggf. auf Anfrage bestellt werden. Betonstähle sind in Deutschland nach DIN 488 [9] genormt oder sie müssen einer allgemeinen bauaufsichtlichen Zulassung entsprechen. Bei der Verwendung von Betonstählen nach bauaufsichtlicher Zulassung für Betonfestigkeiten ab C70/85 muss dies explizit in der Zulassung geregelt sein.

In der DIN 488-1 werden zwei Betonstahlsorten beschrieben, die nunmehr mit B500A und B500B anstelle von bisher BSt 500 (A) bzw. BSt 500 (B) bezeichnet werden. Die Normbezeichnung lautet z. B. für einen Nenndurchmesser von 20 mm: Betonstabstahl DIN 488-B500B-20. Die Einordnung kann nach Tafel 8.8 erfolgen.

Gerippter Betonstahl ist nur in der Ausführung mit hoher Duktilität (Betonstahl B500B) zugelassen. Bewehrungsdraht wird dagegen nur mir normaler Duktilität (Betonstahl

Tafel 8.7 Ermittlung von Kriechzahl und Schwindmaß zu einem beliebigen Zeitpunkt

Kriechzahl $\varphi(t, t_0)$	$\varphi(t, t_0) = \varphi_0 \cdot \beta_c(t, t_0)$
	mit $\varphi_0 = \varphi_{RH} \cdot \beta(f_{cm}) \cdot \beta(t_0)$; Grundzahl des Kriechens
	$\beta_c(t, t_0)$ beschreibt die zeitliche Entwicklung der Kriechverformung
	$\beta_c(t, t_0) = \left(\dfrac{(t - t_0)}{\beta_H + (t - t_0)} \right)^{0,3}$; t, t_0 in Tagen
	$\beta_H = 1,5 \cdot \left[1 + (0,012 \cdot RH)^{18} \right] \cdot h_0 + 250 \cdot \alpha_3 \leq 1500 \cdot \alpha_3$
	$\varphi_{RH} = \left[1 + \dfrac{1 - RH/100}{\sqrt[3]{h_0/1000}} \cdot \alpha_1 \right] \cdot \alpha_2$;
	$\beta(f_{cm}) = 16,8 / \sqrt{f_{cm}}$
	$\beta(t_0) = \dfrac{1}{[0,1 + (t_{0,eff})^{0,2}]}$
	hierbei ist für Beton mit $f_{cm} \leq 35\,\text{N/mm}^2$ $\alpha_1 = \alpha_2 = \alpha_3 = 1,0$ ansonsten gilt:
	$\alpha_1 = [35/f_{cm}]^{0,7}$; $\alpha_2 = [35/f_{cm}]^{0,2}$; $\alpha_3 = [35/f_{cm}]^{0,5}$
	α_i sind Beiwerte zur Berücksichtigung des Einflusses der Betonfestigkeit
	$h_0 = 2A_c/u$ [mm] = wirksame Bauteildicke
	t_0 bzw. $t_{0,T}$ = das tatsächliche Betonalter bei Belastungsbeginn in Tagen in Abhängigkeit von der Zementart und Temperatur
	$t_{0,eff} = t_{0,T} \cdot \left[\dfrac{9}{2 + (t_{0T})^{1,2}} + 1 \right]^{\alpha} \geq 0,5$ Tage, (wirksames Betonalter: Zementart)
	$\alpha \rightarrow$ siehe unten
	Der Einfluss der Temperatur ($T \neq 20\,^\circ C$) während des Abbindens (0° bis 80°) wird in obiger Gleichung sowie für $\beta(t_0)$ berücksichtigt, indem mit t_{0T} gemäß folgender Gleichung berechnet wird:
	$t_{0T} = \sum_{i=1}^{n} \left(e^{-\left[\frac{4000}{273 + T(\Delta t_i)} - 13,65 \right]} \cdot \Delta t_i \right)$; $T(\Delta t_i)$ = Temperatur in $^\circ C$ im Zeitintervall Δt_i [d]
Schwindmaß $\varepsilon_{cs}(t, t_s)$	$\varepsilon_{cs}(t, t_s) = \varepsilon_{ca}(t) + \varepsilon_{cd}(t, t_s)$
	$\varepsilon_{ca}(t) = \beta_{as}(t) \cdot \varepsilon_{ca}(\infty)$
	$\varepsilon_{cd}(t) = \beta_{ds}(t, t_s) \cdot k_h \cdot \varepsilon_{cd,0}$
	$\varepsilon_{ca}(\infty) = 2,5 \cdot \left(f_{ck} \left[\dfrac{N}{mm^2} \right] - 10 \right) \cdot 10^{-6}$
	$\varepsilon_{cd0} = 0,85 \cdot \left[(220 + 110 \cdot \alpha_{ds1}) \cdot e^{-(\alpha_{ds2} \cdot f_{cm}/10)} \right] \cdot 10^{-6} \cdot \beta_{RH}(RH)$
	$\beta_{RH}(RH) = 1,55 \cdot \left[1 - (RH/100)^3 \right]$
	$\beta_{ds}(t, t_s) = (t - t_s) / \left[(t - t_s) + 0,04 \cdot \sqrt{(h_0)^3} \right]$
	$\beta_{as}(t) = 1 - e^{(-0,2\sqrt{t})}$

Die Parameter der vorgenannten Gleichungen sind:

t Betonalter zum betrachteten Zeitpunkt t [d]

t_0 tatsächliches Betonalter bei Belastungsbeginn [d]

t_s Betonalter zu Beginn des Schwindens (bzw. der Austrocknung) [d]

t_1 Bezugsgröße 1 Tag

$t_{0,T}$ wirksames Betonalter bei Belastungsbeginn [d] zur Berücksichtigung der Temperatur

$t_{0,eff}$ wirksames Betonalter bei Belastungsbeginn [d]

RH   relative Luftfeuchte der Umgebung [%]

h_0 $= 2A_c/u$ = wirksame Bauteildicke

   mit A_c = Querschnittsfläche des Betons,

   u = Umfang, welcher der Trocknung ausgesetzt ist.

   Bei Kastenträgern einschließlich 50 % des inneren Umfangs

f_{cm} mittlere Zylinderdruckfestigkeit $= f_{ck} + 8$ [N/mm^2]

α Beiwert zur Berücksichtigung der Festigkeitsentwicklung des Betons, in Abhängigkeit des Zementtyps (siehe unten)

k_h Koeffizient in Abhängigkeit der wirksamen Bauteildicke h_0 (siehe unten)

Die Gleichungen gelten für einen Belastungsbeginn > 24 h, lineares Kriechen und mittlere relative Luftfeuchtigkeiten zwischen 40 und 100 %. Die mittlere Temperatur muss zwischen $-10\,^\circ C$ und $30\,^\circ C$ liegen. Der Variationskoeffizient der Ergebnisse beträgt ca. 20 %. Für Leichtbeton gelten weitere Anpassungsfaktoren (siehe EC 2, Anhang B [1, 2])

Beiwerte α, α_{ds1}, α_{ds2},

Zementtyp	Merkmal	Festigkeitsklassen	α	α_{ds1}	α_{ds2}
S	langsam erhärtend	32,5 N	-1	3	0,13
N	normal oder schnell erhärtet	32,5 R, 42,5 N	0	4	0,12
R	schnell erhärtend und hochfest	42,5 R, 52,5 N, 52,5 R	$+1$	6	0,11

Beiwerte k_h

h_0	k_h
100	1,0
200	0,85
300	0,75
≥ 500	0,70

Tafel 8.8 Einordnung der Betonstähle nach DIN 488 [9]

Bezeichnung	Lieferform	Durchmesser [mm]	Streckgrenze f_{yk} [N/mm²]	Streckgrenzen-verhältnis $(f_t/f_y)_k$	Grenzdehnung ε_{uk} [‰]
B500A	Stab	6 8 10 12 14 16 20 25 28 32 40	500	1,05 normal duktil	25
B500B	Stab	6 8 10 12 14 16 20 25 28 32 40	500	1,08 hoch duktil	50
B500A	Matte	4 4,5 5 5,5 6 6,5 7 7,5 8 8,5 9 9,5 10 11 12	500	1,05 normal duktil	25
B500B	Matte	4 4,5 5 5,5 6 6,5 7 7,5 8 8,5 9 9,5 10 11 12 14 16	500	1,08 hoch duktil	50

Tafel 8.9 Erlaubte Schweißverfahren und deren Anwendung nach EC 2-1-1/NA 3.2.5 [2]

Belastungsart	Schweißverfahren	Nr.[d]	Zugstäbe	Druckstäbe[b]
Vorwiegend ruhend	Abbrennstumpfschweißen (RA)	24	Stumpfstoß	
	Lichtbogenhandschweißen (E) und Metall-Lichtbogenschweißen (MF)	111 114	Stumpfstoß mit $\varnothing_s \geq 20$ mm, Laschen-, Überlapp-, Kreuzungsstoß[c], Verbindungen mit anderen Stahlteilen	
	Metall-Aktivgasschweißen (MAG)[a]	135	Laschen-, Überlapp-, Kreuzungsstoß[c], Verbindungen mit anderen Stahlteilen	
		136	–	Stumpfstoß $\varnothing_s \geq 20$ mm
	Reibschweißen (FR)	42	Stumpfstoß und Verbindungen mit anderen Stahlteilen	
	Widerstandspunktschweißen (RP) (mit Einpunktschweißmaschine)	21	Überlappstoß bis 28 mm Kreuzungsstoß bis 28 mm[a]	
Nicht vorwiegend ruhend	Abbrennstumpfschweißen (RA)	24	Stumpfstoß	
	Lichtbogenhandschweißen (E)	111	–	Stumpfstoß $\varnothing_s \geq 14$ mm
	Metall-Aktivgasschweißen (MAG)	136	–	Stumpfstoß $\varnothing_s \geq 14$ mm

[a] Zulässiges Verhältnis der Stabnenndurchmesser sich kreuzender Stäbe $\geq 0,57$.
[b] Falls ungleiche Stabdurchmesser miteinander verschweißt werden, dürfen diese nur eine Durchmessergröße auseinanderliegen.
[c] Für tragende Verbindungen $\varnothing_s \leq 16$ mm.
[d] Ordnungsnummern der Schweißverfahren nach DIN EN ISO 4063.

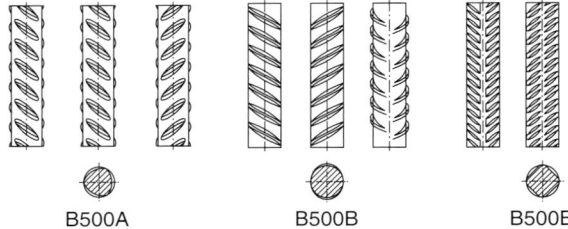

Abb. 8.6 Kennzeichnung der Stahlsorte

B500A) hergestellt. Betonstahl in Ringen, Betonstahlmatten und Gitterträger sind in beiden Duktilitätsklassen lieferbar. Bei der Verwendung der Duktilitätsklasse B ist mit dem Verfahren der linear-elastischen Schnittgrößenermittlung nach EC 2 eine Umlagerung von bis zu 30 % möglich, in der Duktilitätsklasse A jedoch nur bis zu 15 %.

Die Kennzeichnung der Stahlsorte erfolgt über die aufgewalzte Oberflächengestalt nach Abb. 8.6. Die Stahlsorte B500A hat 3 Rippenreihen, die Stahlsorte B500B hat 2 oder 4 Rippenreihen.

Das DIBT erteilt den jeweiligen Herstellerwerken zudem ein Werkkennzeichen, welches in einem Abstand von maxi-

mal 1,5 m wiederholend durch fehlende oder dickere Rippen in die Schrägrippenreihen eingewalzt wird.

Schweißverfahren für Bewehrungsstäbe müssen der Tafel 8.9 entsprechen und dürfen nur an Betonstählen mit entsprechender Schweißeignung durchgeführt werden. Es dürfen nur Stäbe zusammengeschweißt werden, die sich maximal in einer Durchmessergröße unterscheiden. Betonstähle, hergestellt nach DIN 488 sind generell schweißgeeignet. Schweißarbeiten dürfen nur von Betrieben durchgeführt werden, die einen Eignungsnachweis nach DIN EN ISO 17660 besitzen und müssen von Personen mit entsprechender Ausbildung ausgeführt werden.

8.3.2.1 Festigkeiten

Charakteristische Werte sind **Streckgrenze** f_{yk} und **Zugfestigkeit** f_{tk}. Für Betonstähle mit nicht ausgeprägter Streckgrenze darf der Wert bei 0,2 % Dehnung angesetzt werden ($f_{0,2k}$). Alle angegebenen Festigkeitswerte gelten für einen Temperaturbereich zwischen -40 °C und $+100$ °C.

Die Bemessungswerte für den Betonstahl im GZT ergeben sich durch Division der charakteristischen Werte der Spannungsdehnungslinie durch den Teilsicherheitsbeiwert

Abb. 8.7 Typische und rechnerische Spannungs-Dehnungs-Linie für den Betonstahl.
a Warmgewalzter Betonstahl,
b Annahmen für die Querschnittsbemessung

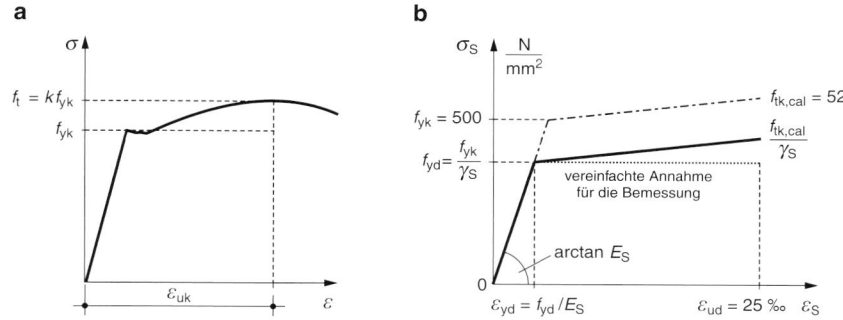

Tafel 8.10 Bemessungswerte von Betonstahl B500

Teilsicherheitsbeiwert γ_S	B500A	B500B
	1,15	1,15
Streckgrenze[a] f_y		
– charakteristischer Wert f_{yk}	500 N/mm²	500 N/mm²
– Bemessungswert f_{yd}	435 N/mm²	435 N/mm²
Dehnung an Streckgrenze ε_{sy}		
– charakteristischer Wert	2,5 ‰	2,5 ‰
– Bemessungswert	2,175 ‰	2,175 ‰
Zugfestigkeit f_t		
– charakteristischer Wert $f_{tk,cal}$	525 N/mm²	525 N/mm²
– Bemessungswert f_{td}	456 N/mm²	456 N/mm²
Grenzdehnung ε_u		
– charakteristischer Wert ε_{uk}	25 ‰	50 ‰
– Bemessungswert ε_{du}	25 ‰	25 ‰
Streckgrenzenverhältnis $(f_t/f_y)_k$	1,05	1,08
Elastizitätsmodul E_s	200.000 N/mm²	200.000 N/mm²
Wärmedehnzahl α_t	$10 \cdot 10^{-6} \frac{1}{K}$	$10 \cdot 10^{-6} \frac{1}{K}$

[a] Für B500B gilt zusätzlich: $f_{y,ist}/f_{yk} \leq 1{,}3$. $f_{y,ist}$ entspricht der im Zugversuch bestimmten Streckgrenze.

$\gamma_s = 1{,}15$. Dabei kann entweder die geneigte obere Linie 1 oder die horizontale Linie 2 nach Abb. 8.7b der Bemessung zugrunde gelegt werden.

Für nichtlineare Schnittgrößenermittlungen sind möglichst wirklichkeitsnahe Materialkennlinien von Bedeutung. Insofern werden im Eurocode für diese Fälle separate Kennlinien angegeben. Details siehe EC 2-1-1/NA 3.2.7.(5) [2].

Tafel 8.10 enthält die Zusammenstellung der Festigkeitswerte für Betonstahl.

Dauerschwingfestigkeit Die Dauerschwingfestigkeit von Betonstahl ist kein reiner Materialkennwert sondern hängt maßgeblich von der Kerbwirkung und vom Belastungsniveau ab. Die Kerbwirkung resultiert aus der Heterogenität des Stahlgefüges und aus markanten äußeren Kerben (z. B. bei Schweißpunkten). DIN 488 [9] enthält entsprechende Angaben zu den Parametern zur Beschreibung der Dauerschwingfestigkeit der Betonstahlprodukte. Ermüdungsnachweise selber sind in Abschn. 8.6.6.6 beschrieben.

8.3.3 Spannstahl

Als Spannstahl können Drähte, Stäbe und Litzen verwendet werden. Spannstahl zeichnet sich im Vergleich zum Betonstahl durch eine deutlich höhere Festigkeit aus und ist grundsätzlich nicht schweißgeeignet. Er ist nach Stahlsorte, Klasse (Relaxationsverhalten), Maß und Oberflächenbeschaffenheit einzuteilen. Für Spannstähle sowie die Bauteile eines Vorspannsystems (Verankerungen, Kupplungen, Hüllrohre etc.) sind generell bauaufsichtliche Zulassungen erforderlich. Eine detaillierte Liste der gültigen Zulassungen kann beim DIBT (www.dibt.de) nachgeschlagen werden.

8.3.3.1 Festigkeiten

Charakteristische Werte sind die 0,1 %-Dehngrenze $f_{p0,1k}$ und die Zugfestigkeit f_{pk}. Die Bezeichnung der Stahlgüte erfolgt durch die vorgestellten Buchstaben „St", gefolgt von der 0,1 % Dehngrenze und der Zugfestigkeit, letztere durch einen Schrägstrich getrennt (z. B. St 1570/1770). Spannstähle müssen eine angemessene Dehnfähigkeit haben, wobei die charakteristische Dehnung bei Höchstlast ε_{uk} vom Hersteller angegeben wird. Die Bemessung kann unter Ansatz des Nenndurchmessers oder des Nennwertes der Querschnittsfläche erfolgen.

Auf Grundlage der typischen Spannungsdehnungslinie für den Spannstahl darf für die Ermittlung der Schnittgrößen und für die Querschnittsbemessung eine idealisierte rechnerische Spannungsverteilung nach Abb. 8.8 angenommen werden.

Die Bemessungswerte für den Spannstahl ergeben sich durch Division der charakteristischen Werte der Spannungsdehnungslinie durch Teilsicherheitsbeiwerte γ_s (s. Abschn. 8.4). Dabei kann entweder die Linie 1 (geneigter oberer Ast) oder die Linie 2 (horizontaler oberer Ast) gemäß Abb. 8.8 der Querschnittsbemessung zugrunde gelegt werden. Die Spannstahldehnung ist dabei auf $\varepsilon_{ud} = \varepsilon_p^{(0)} + 0{,}025 \leq 0{,}9 \cdot \varepsilon_{uk}$ zu begrenzen. $\varepsilon_p^{(0)}$ ist die Vordehnung des Spannstahls, ε_{uk} entspricht der Gesamtdehnung bei Höchstlast und muss für Spannstahl ≥ 35 ‰ sein.

In Tafel 8.11 sind die wesentlichen Festigkeitseigenschaften von üblichen Spannstählen exemplarisch zusammengestellt. Es gelten aber immer die Werte der verwendeten Zu-

Abb. 8.8 Typische und rechnerische Spannungs-Dehnungs-Linie für den Spannstahl

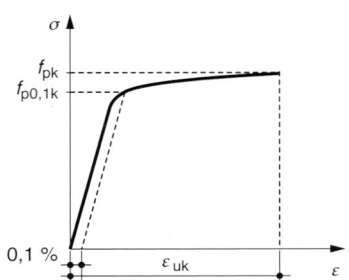 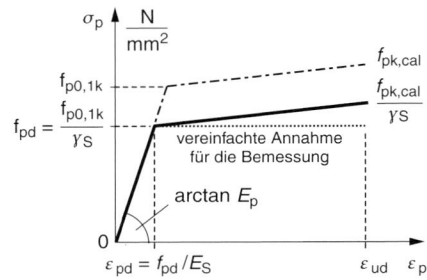

Tafel 8.11 Bemessungswerte von üblichen Spannstählen[a]

	ST 1470/1670 kaltgezogener Spannstahldraht, glatt	ST 1570/1770 kaltgezogener Spannstahldraht, profiliert, Spannstahllitzen	ST 1660/1860 Spannstahllitzen
Teilsicherheitsbeiwert γ_s	1,15	1,15	1,15
0,1 %-Dehngrenze[a] $R_{p0,1}$			
– charakt. Wert $f_{p0,1k}$	1420 N/mm²	1500 N/mm²	1600 N/mm²
– Bemessungswert f_{pd}	1235 N/mm²	1304 N/mm²	1391 N/mm²
0,2 %-Dehngrenze[a] $R_{p0,2}$			
– charakt. Wert $f_{p0,2k}$	1470 N/mm²	1570 N/mm²	1660 N/mm²
Zugfestigkeit R_m			
– charakt. Wert f_{pk}	1670 N/mm²	1770 N/mm²	1860 N/mm²
– Bemessungswert f_{pk}/γ_S	1452 N/mm²	1539 N/mm²	1617 N/mm²
Dehnung an der Dehngrenze $f_{p0,1}$			
– charakteristischer Wert	6,93 ‰	7,31 (7,69)[b] ‰	8,20 ‰
– Bemessungswert	6,02 ‰	6,36 (6,69)[b] ‰	7,13 ‰
Grenzdehnung ε_u			
– charakt. Wert ε_{uk}	35 ‰	35 ‰	35 ‰
– Bemessungswert ε_{ud}	$\varepsilon_p^{(0)} + 25\,‰ \leq 0{,}9\varepsilon_{uk}$	$\varepsilon_p^{(0)} + 25\,‰ \leq 0{,}9\varepsilon_{uk}$	$\varepsilon_p^{(0)} + 25\,‰ \leq 0{,}9\varepsilon_{uk}$
Duktilitätseigenschaften	$(f_p/f_{p0,1})_k \geq 1{,}1$ nachträglicher Verbund, ohne Verbund: Hochduktil sofortiger Verbund: Normalduktil		
Elastizitätsmodul E_p	205.000 N/mm² (Draht, Stäbe) 195.000 N/mm² (Litze)		195.000 N/mm
Typische Rechenwerte für Spannstahlrelaxation	50 Jahre	100 Jahre	
$-\sigma_{p0}/f_{pk} = 0{,}5$	< 1,0 %	< 1,0 %	
$-\sigma_{p0}/f_{pk} = 0{,}55$	1,0 %	1,2 %	
$-\sigma_{p0}/f_{pk} = 0{,}60$	2,5 %	2,80 %	
$-\sigma_{p0}/f_{pk} = 0{,}65$	4,5 %	5,0 %	
$-\sigma_{p0}/f_{pk} = 0{,}70$	6,5 %	7,0 %	
$-\sigma_{p0}/f_{pk} = 0{,}75$	9,0 %	10,0 %	
$-\sigma_{p0}/f_{pk} = 0{,}80$	13,0 %	14,0 %	
Wärmedehnzahl α_t	$10 \cdot 10^{-6}\,K^{-1}$		
Dichte	7850 kg/m³		
Gültigkeitsbereich	$-40\,°C$ bis $+100\,°C$		

[a] Diese Werte sind als exemplarisch zu verstehen. In Deutschland gelten die Werte der bauaufsichtlichen Zulassungen für Spannstähle (siehe www.dibt.de).
[b] Spannstahllitzen

lassungen. Spannstähle zeigen je nach Art unterschiedliches Relaxationsverhalten. Unter **Relaxation** versteht man die zeitabhängige Spannungsabnahme bei konstanter Dehnung. Die Relaxationskennwerte $\psi_P(t)$ sind abhängig von der Ausnutzung des Spannstahls (σ_{p0}/f_{pk}) und müssen den jeweili-

gen bauaufsichtlichen Zulassungen der Spannsysteme bzw. des Spannstahls entnommen werden. Der Spannkraftverlust infolge Relaxation $\Delta\sigma_{pr}(t)$ zum betrachteten Zeitpunkt t berechnet sich dann zu $\Delta\sigma_{pr}(t) = \sigma_{p0} \cdot \psi_p(t)$, wobei σ_{p0} die Anfangsspannung im Spannstahl zum Zeitpunkt t_0 ist.

Beim Vorspannen mit Spanngliedern im nachträglichen Verbund oder ohne Verbund muss der Beton zum Zeitpunkt des Vorspannens eine bestimmte Mindestdruckfestigkeit aufweisen. Diese Mindestwerte für Teilvorspannen und endgültiges Vorspannen sind ebenfalls den bauaufsichtlichen Zulassungen der Spannsysteme zu entnehmen.

Es ist zu beachten, dass bei der Anwendung vorgespannter Konstruktionen außerhalb des üblichen Hochbaus spezielle Regeln und Normen gelten, beispielsweise für den Brückenbau der Eurocode 2, Teil 2. Auch bei nichtlinearer Schnittgrößenermittlung gelten besondere Spannungsdehnungslinien (siehe EC 2-1-1/NA 3.3.6.(9)) [3].

8.3.4 Spannglieder

Bezüglich der Anforderungen an die Eigenschaften, die Prüfverfahren und die Verfahren zur Bescheinigung der Konformität von unten genannten Baustoffen wird auf die einschlägigen Normen verwiesen.

Für Verankerungen (Ankerkörper) und Kopplungen zur Verbindung einzelner Spanngliedabschnitte zu durchlaufenden Spanngliedern von vorgespannten Tragwerken mit nachträglichem Verbund gilt:

- Die Verwendung erfolgt auf Grundlage von bauaufsichtlichen Zulassungen
- Für die bauliche Durchbildung gelten die Abschn. 8.8.2 und 8.9
- Die Festigkeits-, Verformungs- und Dauerfestigkeitseigenschaften müssen erfüllt sein durch
  a) entsprechende Wahl der Geometrie und Baustoffeigenschaft
  b) sinnvolle Begrenzung der Bruchdehnung
  c) Verankerung in Bereichen, die nicht anderweitig hochbelastet sind
- Ausreichende Kraftübertragung muss gewährleistet sein.

Für Spannkanäle und Hüllrohre von vorgespannten Tragwerken mit nachträglichem Verbund gilt
- Die Verwendung erfolgt auf Grundlage von bauaufsichtlichen Zulassungen
- Hüllrohre sollen aus Baustoffen bestehen, die in einschlägigen Normen festgelegt sind
- Das Profil der Hüllrohre muss eine einwandfreie Kraftübertragung gewährleisten.

8.4 Allgemeine Grundlagen zur Tragwerksplanung

Generell gelten die Grundlagen der DIN EN 1990, wobei für Beton-Stahlbeton- und Spannbetontragwerke folgende Anforderungen zu erfüllen sind:
- Die Bemessung in den Grenzzuständen unter Berücksichtigung der Tragwiderstände, der Dauerhaftigkeit und Gebrauchstauglichkeit nach EC 2-1-1/NA
- Die Berücksichtigung der Einwirkungen nach DIN EN 1991 sowie Lastkombination mit Kombinationsbeiwerten und Teilsicherheitsbeiwerten nach DIN EN 1990 bzw. EC 2-1-1/NA
- Erfüllung der Anforderungen an den Feuerwiderstand.

An dieser Stelle (siehe Tafeln 8.12 und 8.13) werden daher lediglich die wesentlichen Teilsicherheitsbeiwerte des EC 2-1-1/NA, soweit sie speziell für die Bemessung im Stahl- und Spannbetonbau gelten, zusammengestellt.

Einwirkungen auf Tragwerke, Teilsicherheitsbeiwerte und Lastkombinationen werden allgemein im Kap. 4 „Lastannahmen, Einwirkungen" dieses Buches behandelt.

Für Beton- und Stahlbetonbauteile im üblichen Hochbau (außer Lagerräume und Baugrundsetzungen) dürfen gegenüber DIN EN 1990 vereinfachte Einwirkungskombinationen angewendet werden.

Tafel 8.12 Teilsicherheitsbeiwerte im GZT für Einwirkungen γ_F

	Teilsicherheitsbeiwert		Kommentar
	günstige Auswirkung	ungünstige Auswirkung	
ständige Einwirkungen G_k	$\gamma_G = 1{,}0$	$\gamma_G = 1{,}35$	Sind günstige und ungünstige ständige Einwirkungen als unabhängige Anteile zu berücksichtigen (z. B. beim Nachweis der Lagesicherheit) so gilt $\gamma_{G,sup} = 1{,}1$ und $\gamma_{G,inf} = 0{,}9$.
veränderliche Einwirkung Q_k	$\gamma_Q = 0$	$\gamma_Q = 1{,}5$	Bei Fertigteilen gilt für Bauzustände $\gamma_G = \gamma_Q = 1{,}15$. Einwirkungen aus Krantransport und Schalungshaftung sind dabei zu berücksichtigen.
Vorspannung P	$\gamma_P = 1{,}0$		Bei der Bestimmung der Spaltzugbewehrung gilt $\gamma_P = 1{,}35$. Bei nichtlinearen Verfahren gelten besondere Regeln (EC 2-1-1/NA, 2.4.2.2)
Zwang (z. B. aus Temperatur oder Setzung)	$\gamma_{ZW} = 0$	$\gamma_{ZW} = 1{,}5$	Bei linearer-elastischer Schnittgrößenermittlung mit den Steifigkeiten der ungerissenen Querschnitte darf mit $\gamma_{ZW} = 1{,}0$ und dem mittleren Elastizitätsmodul E_{cm} gerechnet werden.
Schwinden	$\gamma_{SH} = 0$	$\gamma_{SH} = 1{,}0$	
Ermüdung	$\gamma_{F,fat} = 1{,}0$		

Tafel 8.13 Teilsicherheitsbeiwerte im GZT für Baustoffe γ_M

	Teilsicherheitsbeiwert			Kommentar
	Ständig und vorübergehend	Außergewöhnlich	Ermüdung	
Beton	$\gamma_C = 1{,}5$	$\gamma_C = 1{,}3$	$\gamma_{C,fat} = 1{,}5$	Bei Fertigteilen mit werksmäßiger und ständig über-wachter Betonherstellung durch eine Überprüfung der Betonfestigkeit an jedem fertigen Bauteil darf $\gamma_C = 1{,}35$ im GZT angesetzt werden.
Betonstahl, Spannstahl	$\gamma_S = 1{,}15$	$\gamma_S = 1{,}0$	$\gamma_{S,fat} = 1{,}15$	

Tafel 8.14 Kombinationsbei-werte ψ für Hochbauten (weitere Details siehe Kap. 4)

Einwirkung	ψ_0	ψ_1	ψ_2
Nutzlasten			
Kategorie A: Wohn- und Aufenthaltsräume	0,7	0,5	0,3
Kategorie B: Büroräume	0,7	0,5	0,3
Kategorie C: Versammlungsräume	0,7	0,7	0,6
Kategorie D: Verkaufsräume	0,7	0,7	0,6
Kategorie E: Lagerräume	1,0	0,9	0,8
Verkehrslasten			
Kategorie F: Fahrzeuggewicht $\leq 30\,\text{kN}$	0,7	0,7	0,6
Kategorie G: $30\,\text{kN} < \text{Fz.-Gewicht} \leq 160\,\text{kN}$	0,7	0,5	0,3
Kategorie H: Dächer	0	0	0
Schneelasten			
Orte bis zu NN + 1000 m	0,5	0,2	0
Orte über NN + 1000 m	0,7	0,5	0,2
Windlasten	0,6	0,5	0
Temperatureinwirkungen (nicht Brand)	0,6	0,5	0
Baugrundsetzungen	1,0	1,0	1,0
Sonstige veränderliche Einwirkungen	0,8	0,7	0,5
Vereinfachte Kombinationsbeiwerte (siehe (8.22)–(8.24))			
Kategorie A–D, F, G; Schnee, Wind, Temperatur	0,7	0,7	0,6
Kategorie E; Baugrundsetzungen	1,0	1,0	1,0

Grenzzustand der Tragfähigkeit

• Ständige und vorübergehende Kombination

$$E_d = \sum_{j\geq 1} 1{,}35 \cdot E_{Ek,j} + 1{,}5 \cdot E_{Qk,1} + 1{,}5 \cdot \sum_{i>1} 0{,}7 \cdot E_{Q,i} \tag{8.22}$$

Grenzzustand der Gebrauchstauglichkeit

• häufige Kombination (z. B. für Spannungsbegrenzung)

$$E_{d,frequ} = \sum_{j\geq 1} E_{Gk,j} + 0{,}7 \cdot \sum_{i\geq 1} E_{Qk,i} \tag{8.23}$$

• quasi-ständige Kombination (z. B. für Rissbreiten oder Verformungen)

$$E_{d,perm} = \sum_{j\geq 1} E_{Gk,j} + 0{,}6 \cdot \sum_{i\geq 1} E_{Qk,i} \tag{8.24}$$

Ansonsten sind die im Hochbau gültigen üblichen Kombinationsbeiwerte in Tafel 8.14 zusammengestellt.

8.5 Schnittgrößenermittlung

Zur Bestimmung von Schnittgrößen werden Tragwerke idealisiert.

a) Durch Zerlegung der Tragwerke in einzelne Bauteile (geometrische Idealisierung) werden statische Systeme gebildet.

b) Die Idealisierung des Material- und Tragverhaltens erfolgt durch Annahme verschiedener Rechenverfahren
   • linear-elastische Berechnung
   • linear-elastische Berechnung mit Umlagerung
   • Plastizitätstheorie
   • nichtlineare Verfahren

c) Im Bereich von örtlich konzentrierten Beanspruchungen (z. B. Auflager, Einzellasten, Verankerungszonen, Kreuzungspunkte von Bauteilen und unstetigen Querschnittsteilen) können weitere Berechnungen erforderlich sein.

Im Stahlbetonbau stellt der Ansatz mit einer linear-elastischen Schnittgrößenermittlung mit ungerissenen Querschnittssteifigkeiten insbesondere für den GZT eine zunächst grobe Vereinfachung, in der Regel aber ausreichend genaue Methode dar. Im Falle von Zwangsbeanspruchungen und Torsionsbeanspruchungen führt dieser Ansatz jedoch zu unrealistisch großen und damit unwirtschaftlichen Schnittgrößen. In diesen Fällen sollte die Steifigkeit in den gerissenen Bereichen reduziert werden.

Eine Schnittgrößenermittlung nach Theorie II. Ordnung ist unter Verwendung der linearen Meterialeigenschaften problematisch, da die damit einhergehende Überschätzung der tatsächlichen Steifigkeiten die Tragwerksverformungen und somit auch die sich daraus ergebenden Zusatzschnittgrößen womöglich unterschätzt. Hier bietet der EC 2 [1] für unverschiebliche rahmenartige Tragwerke geeignete Näherungsverfahren (siehe Abschn. 8.6.6).

8.5.1 Lastfälle und Lastfallkombinationen

Die für die Bemessung eines Tragwerkes maßgebende Einwirkungskombination ist durch Untersuchung einer ausreichenden Anzahl von Lastfällen zu bestimmen.

Dabei dürfen Einwirkungskombinationen vereinfacht angenommen werden, wenn sie alle kritischen Bemessungsbedingungen erfassen. Berechnungen erfolgen sowohl im Grenzzustand der Tragfähigkeit als auch im Grenzzustand der Gebrauchstauglichkeit.

Zur Ermittlung der maßgeblichen Beanspruchungskombination darf im allgemeinen Hochbau bei durchlaufenden Balken oder Platten mit gleichmäßig verteilten Lasten und linearer Schnittgrößenermittlung die folgende vereinfachte Laststellung untersucht werden (siehe Abb. 8.9).

- Belastung der Felder abwechselnd mit den Bemessungslasten ($\gamma_Q \cdot Q_k + \gamma_G \cdot G_k + P_m$) bzw. ($\gamma_G \cdot G_k + P_m$)
- Belastung von zwei beliebig nebeneinander liegenden Feldern mit den Bemessungslasten ($\gamma_Q \cdot Q_k + \gamma_G \cdot G_k + P_m$) und allen anderen Feldern mit ($\gamma_G \cdot G_k + P_m$) bzw. abwechselnd mit ($\gamma_Q \cdot Q_k + \gamma_G \cdot G_k + P_m$).

Dabei wird bei nicht vorgespannten Bauteilen die ständige Last in allen Feldern mit dem oberen Wert für γ_G angesetzt. Auf die Einhaltung der Konstruktionsregeln für die Mindestbewehrung (siehe Abschn. 8.9.2) wird in diesem Zusammenhang explizit hingewiesen.

Für den Nachweis der Lagesicherheit wird in diesem Zusammenhang auf die Regelungen der DIN EN 1990 (siehe auch Kap. 4) hingewiesen. Hier sind die ständigen Lasten ggf. auch mit ihrer günstigen Wirkung zu erfassen. Zudem gelten beim Nachweis der Lagesicherheit andere Teilsicherheitsbeiwerte.

Die Stützkräfte von einachsig gespannten Platten, Rippendecken, Balken und Plattenbalken dürfen unter der Annahme ermittelt werden, dass die Bauteile (unter Vernachlässigung der Durchlaufwirkung) frei drehbar gelagert sind. Die Durchlaufwirkung sollte jedoch stets für das erste Innen-

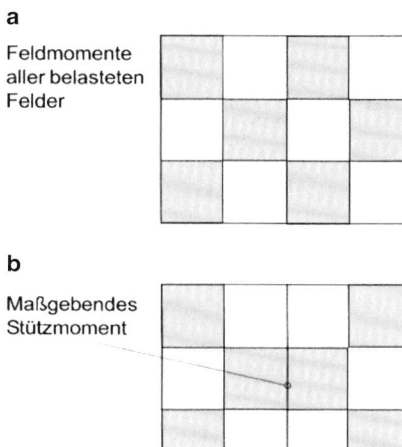

Abb. 8.9 Vereinfachte Lastanordnung im Hochbau. *Grau* hinterlegte Flächen sind zusätzlich mit den veränderlichen Flächenlasten beansprucht

auflager sowie solche Innenauflager berücksichtigt werden, bei denen das Stützweitenverhältnis benachbarter Felder mit annähernd gleicher Steifigkeit außerhalb des Bereichs $0{,}5 < l_{\mathrm{eff},1} / l_{\mathrm{eff},2} < 2{,}0$ liegt. Für die ständigen Einwirkungen aus Eigenlast ist der Teilsicherheitsbeiwert γ_G über alle Felder (mit Ausnahme für den Nachweis der Lagesicherheit) gleich. Die maßgebenden Querkräfte dürfen bei üblichen Hochbauten für Vollbelastung aller Felder ermittelt werden, wenn das Stützweitenverhältnis benachbarter Felder mit annähernd gleicher Steifigkeit $0{,}5 < l_{\mathrm{eff},1} / l_{\mathrm{eff},2} < 2{,}0$ beträgt.

Ansonsten sind die ungünstigsten Beanspruchungssituationen unter Berücksichtigung der Kombinationsregeln gemäß DIN EN 1990 (siehe Kap. 4) für den Grenzzustand der Tragfähigkeit und Gebrauchstauglichkeit zu ermitteln. Die Berechnung der unterschiedlichsten Lastfallkombinationen kann sehr umfangreich werden und wird heute in aller Regel durch Computerprogramme erledigt.

8.5.2 Imperfektionen

Im Grenzzustand der Tragfähigkeit sind die Auswirkungen von möglichen Imperfektionen zu berücksichtigen. Wird der Einfluss der Tragwerksimperfektionen auf geometrische Ersatzimperfektionen zurückgeführt, so kann die Schnittgrößenermittlung am zunächst unbelasteten, unverformten Tragwerk als Ganzes über eine Schiefstellung gegen die Vertikale unter dem Winkel θ_i im Bogenmaß berücksichtigt werden.

$$\theta_i = \theta_0 \cdot \alpha_h \cdot \alpha_m \qquad (8.25)$$

θ_0 Grundwert ($= 1/200$)
α_h Abminderungsbeiwert der Höhe $0 \le \alpha_h = 2/\sqrt{l} \le 1{,}0$
(l = Länge o. Höhe in [m])

α_m Abminderungsbeiwert der Anzahl der Bauteile $\alpha_m = \sqrt{0,5 \cdot (1 + 1/m)}$

m Anzahl der vertikalen Bauteile

Für die Definition von l und m gemäß (8.25) gilt:

- Auswirkungen auf eine Einzelstütze: $m = 1$, $l =$ Länge der Stütze
- Auswirkungen auf ein Aussteifungssystem:

  $m =$ Anzahl der vertikalen Bauteile, die zur horizontalen Belastung des Aussteifungssystems beitragen.
  Für m dürfen nur diejenigen vertikalen Bauteile angesetzt werden, die mindestens 70 % des Bemessungswertes der mittleren Längskraft $N_{Ed,m} = F_{Ed}/m$ aufnehmen. F_{Ed} entspricht dabei der Summe der Längskräfte aller lotrechten Bauteile im Geschoss

  $l =$ Gebäudehöhe

- Auswirkungen auf Decken- und Dachscheiben, die horizontale Kräfte verteilen:

  $m =$ Anzahl der vertikalen Bauteile im betrachteten Geschoss, die zur horizontalen Gesamtbelastung auf die betrachtete Scheibe beitragen

  $l =$ Stockwerkshöhe.

Auf Grundlage der Schiefstellungen werden Ersatzhorizontalkräfte ermittelt und als Beanspruchungsgrößen auf das Tragwerk angesetzt. Der Ansatz dieser Kräfte in

- lotrechte aussteifende Bauteile
- nicht ausgesteifte Rahmensysteme
- waagerechte aussteifende Bauteile

ist in den Abb. 8.10 bis 8.12 erläutert.

Lotrechte aussteifende Bauteile sind für Ersatzhorizontalkräfte nach (8.26) zu bemessen (siehe Abb. 8.10).

$$\Delta H_j = \sum_{i=1}^{n} V_{ji} \cdot \theta_i \qquad (8.26)$$

ΔH_j Ersatzhorizontalkraft in der Ebene j

$\sum_{i=1}^{n} V_{ji}$ Summe der jeweils anteilig je Geschossebene j entstehenden vertikalen Bemessungskräfte

θ_i Schiefstellung nach (8.25).

Falls mit bereits aufaddierten Geschosslasten gerechnet wird, gilt $\Delta H_j = \theta_i \cdot (N_b - N_a)$ anstelle von (8.26).

Tragwerke ohne lotrechte aussteifende Bauteile (z. B. Rahmen, siehe Abb. 8.11) sind auch für Ersatzhorizontalkräfte nach (8.26) zu bemessen.

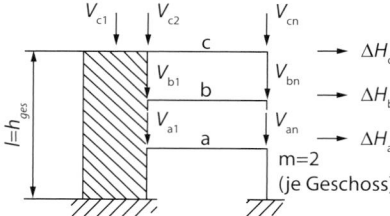

Abb. 8.10 Lotrechte aussteifende Bauteile

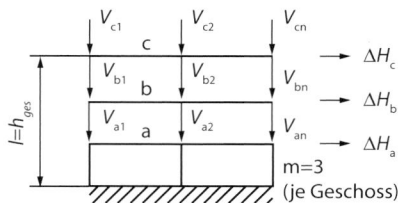

Abb. 8.11 Tragwerke ohne Aussteifung

Waagerechte aussteifende Bauteile (z. B. Decken bzw. Dachscheiben) übertragen Stabilisierungskräfte von den lotrechten Bauteilen zu den aussteifenden Bauteilen. Sie sind für eine Ersatzhorizontallast H_i gemäß Abb. 8.12 zu bemessen. Auf die Weiterleitung dieser Kräfte (z. B. bei der Bemessung von lotrecht aussteifenden Bauteilen) kann verzichtet werden. Für die Schiefstellung ist der Winkel θ_i anzusetzen:

$$\theta_i = \theta_0 = 0,008/\sqrt{2m} \qquad \text{für Deckenscheiben} \qquad (8.27a)$$

$$\theta_i = \theta_0 = 0,008/\sqrt{m} \qquad \text{für Dachscheiben} \qquad (8.27b)$$

$$\alpha_h = \alpha_m = 1$$

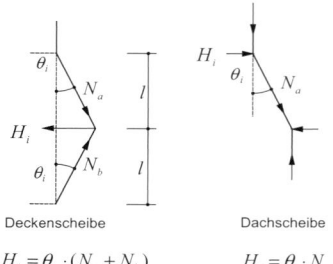

Abb. 8.12 Waagerechte aussteifende Bauteile

H_i Ersatzhorizontalkraft in waagerecht aussteifenden Bauteilen

N_b, N_a Bemessungswerte der Beanspruchungen

m die Anzahl der auszusteifenden Tragwerksteile im betrachteten Geschoss.

Imperfektionen müssen im GZG im Allgemeinen nicht erfasst werden.

Bei Einzelstützen (siehe auch Abschn. 8.6.6) dürfen die Auswirkungen der Imperfektion alternativ entweder über die Lastausmitte $e_i = \theta_i \cdot l_0/2$ mit l_0 als Knicklänge gemäß Abschn. 8.6.6.2 oder als Ersatzhorizontalkraft H_i in der Position, welche das maximale Moment erzeugt mit

$$H_i = \theta_i \cdot N \qquad \text{für nicht ausgesteifte Stützen}$$

$$H_i = 2 \cdot \theta_i \cdot N \qquad \text{für ausgesteifte Stützen}$$

erfasst werden (Abb. 8.13). Der Ansatz einer Ersatzhorizontalkraft eignet sich insbesondere auch für statisch unbestimmte Systeme.

Bei Wänden und Einzelstützen in ausgesteiften Systemen darf vereinfacht immer $e_i = l_0/400$ verwendet werden (entspricht $\alpha_h = 1$).

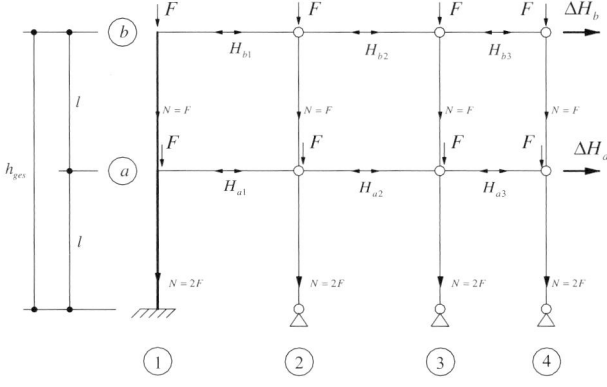

Abb. 8.13 Einzelstützen.
a nicht ausgesteift,
b ausgesteift

Beispiel 8.1

Tragwerk mit aussteifenden (Stütze in Achse ①) und auszusteifenden Bauteilen (Stützen in Achse ②, ③, ④).

Geschosshöhe $l = 3{,}7$ m, Knotenlasten F:

Lotrecht aussteifendes Bauteil:

$$\alpha_h = 2/\sqrt{2 \cdot 3{,}7} = 0{,}735$$

$$\alpha_m = \sqrt{0{,}5 \cdot (1 + 1/4)} = 0{,}791$$

$$\theta_i = \frac{1}{200} \cdot 0{,}735 \cdot 0{,}791 = 2{,}906 \cdot 10^{-3}$$

$$\Delta H_a = 2{,}906 \cdot 10^{-3} \cdot 4F = 11{,}624F$$

$$\Delta H_b = 2{,}906 \cdot 10^{-3} \cdot 4F = 11{,}624F$$

Diese Kräfte sind für die Bemessung des aussteifenden Bauteils (Stütze in Achse 1) als Ersatzhorizontalkräfte anzusetzen.

Waagerecht aussteifende Bauteile (Dach- und Deckenscheiben):

Ebene a:

$$\theta_{i,4} = 0{,}008/\sqrt{2 \cdot 1} = 5{,}657 \cdot 10^{-3}$$

$$H_{a3} = 3F \cdot 5{,}657 \cdot 10^{-3} = 16{,}97 \cdot 10^{-3} \cdot F$$

$$\theta_{i,3} = 0{,}008/\sqrt{2 \cdot 2} = 4{,}0 \cdot 10^{-3}$$

$$H_{a1} = 6F \cdot 4{,}0 \cdot 10^{-3} = 24{,}00 \cdot 10^{-3} \cdot F$$

$$\theta_{i,2} = 0{,}008/\sqrt{2 \cdot 3} = 3{,}266 \cdot 10^{-3}$$

$$H_{a1} = 9F \cdot 3{,}266 \cdot 10^{-3} = 29{,}39 \cdot 10^{-3} \cdot F$$

Ebene b:

$$\theta_{i,4} = 0{,}008/\sqrt{1} = 8{,}0 \cdot 10^{-3}$$

$$H_{b3} = 1F \cdot 8{,}0 \cdot 10^{-3} = 8{,}0 \cdot 10^{-3} \cdot F$$

$$\theta_{i,3} = 0{,}008/\sqrt{2} = 5{,}657 \cdot 10^{-3}$$

$$H_{b2} = 2F \cdot 5{,}657 \cdot 10^{-3} = 11{,}31 \cdot 10^{-3} \cdot F$$

$$\theta_{i,2} = 0{,}008/\sqrt{3} = 4{,}619 \cdot 10^{-3}$$

$$H_{b1} = 3F \cdot 4{,}619 \cdot 10^{-3} = 13{,}86 \cdot 10^{-3} \cdot F$$

Diese Kräfte sind für die Bemessung der Scheibentragwirkung als eigenständige, nicht durch Kombinationsfaktoren abzumindernde Lasten, anzusetzen. Bei der Bemessung des aussteifenden Bauteils (Stütze in Achse 1) sind diese Kräfte nicht zu berücksichtigen. ◀

8.5.3   Auswirkungen nach Theorie II. Ordnung

Für Hochbauten dürfen Auswirkungen nach Theorie II. Ordnung vernachlässigt werden, wenn das Verhältnis $M_{II}/M_I < 1{,}10$ ist. Ansonsten und bei anderen Bauten, bei denen der Einfluss von Bedeutung ist, müssen die Auswirkungen nach Theorie II. Ordnung berücksichtigt werden (Gleichgewichtszustand unter Berücksichtigung des verformten Tragwerkes).

Kriterien für die Beurteilung, ob ein System nach Theorie II. Ordnung nachzuweisen ist oder vereinfachte Nachweise für Einzelstützen möglich sind, können Abschn. 8.6.6 entnommen werden. Im Übrigen wird auf das Kap. 6 dieses Buches sowie [11] verwiesen.

8.5.4   Zeitabhängige Wirkungen

Zeitabhängige Wirkungen sind in Rechnung zu stellen, wenn der Einfluss von Bedeutung ist. Dies ist insbesondere bei vorgespannten Systemen, nachträglich ergänzten Querschnitten und Nachweisen nach Theorie II. Ordnung der Fall.

Auch bei genaueren Verformungsbetrachtungen im GZG können zeitabhängige Wirkungen erheblichen Einfluss haben. In diesem Zusammenhang wird auf die einschlägige Fachliteratur verwiesen [16].

8.5.5 Tragwerksidealisierung

Für die gängigen Formen von Tragwerksteilen gelten die in Tafel 8.15 aufgezeichneten Bedingungen.

Tafel 8.15 Einteilung von Tragwerksteilen (l Stützweite, l_{min} kleinste Stützweite, h Querschnittshöhe, b Querschnittsbreite, b_{max} größte Querschnittsabmessung, b_{min} kleinste Querschnittsabmessung)

Funktion	Bedingung
Balken	$l/h \geq 3; b/h < 5$
Stütze	$b_{max}/b_{min} \leq 4; l \geq 3 \cdot h$
Scheibe/Wand	$b_{max}/b_{min} > 4$
Wandartiger Träger	$l/h < 3$
Platte	$l_{min}/h \geq 3; b/h \geq 5$

Platten dürfen als einachsig gespannt angenommen werden, wenn die Belastung gleichmäßig verteilt ist und wenn zwei nahezu parallele Ränder ohne Auflagerung oder bei allseitiger Stützung einer Rechteckplatte das Stützweitenverhältnis $l_{max}/l_{min} > 2$ ist.

Rippen- oder Kassettendecken dürfen als Vollplatten berechnet werden, wenn die Gurtplatte zusammen mit den Rippen ausreichend torsionssteif ist und die Bedingungen in Abb. 8.14 erfüllt sind.

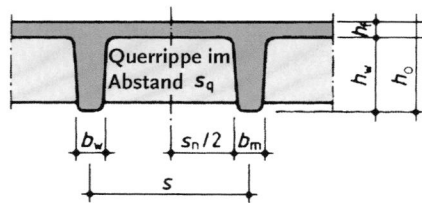

Abb. 8.14 Berechnung von Rippen- und Kassettendecken als Vollplatten. $s \leq 150\,cm$, $h_w \leq 4b_m$, $h_f \geq s_n/10 \geq 5\,cm$, $s_q \leq 10h_0$, $s_n \triangleq$ lichter Abstand zwischen den Rippen, $s_q \triangleq$ Abstand der Querrippen, h_f darf auf 4 cm verringert werden, wenn massive Füllkörper zwischen den Rippen vorhanden sind

8.5.5.1 Stützweite von Platten und Balken
Für die wirksame Stützweite (siehe Abb. 8.15) gilt

$$l_{eff} = l_n + \sum_i a_i$$

l_n lichte Stützweite
a_i Abstand der Auflagerlinien von der Auflagervorderkante.

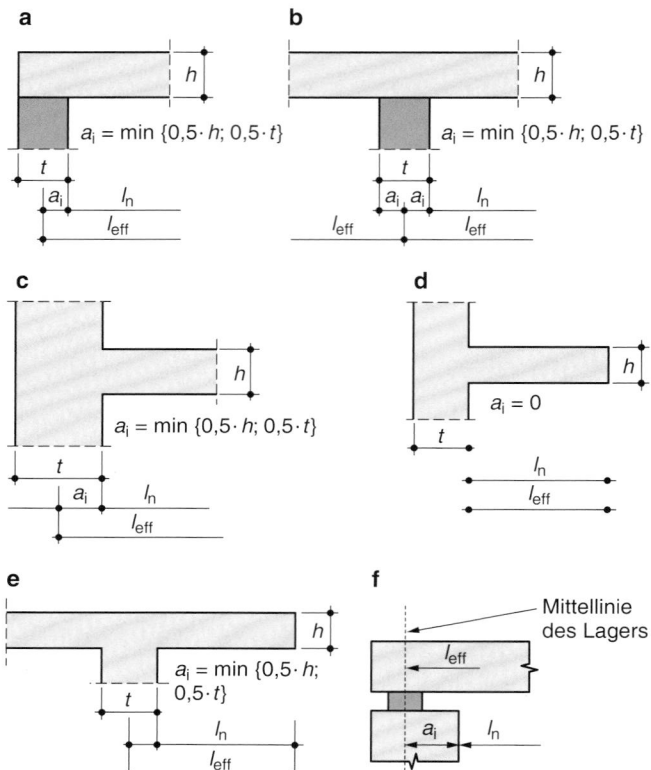

Abb. 8.15 Wirksame Stützweiten l_{eff}.
a Endauflager ohne Einspannung,
b Mittenauflager,
c Endauflager mit voller Einspannung,
d Kragarm (Einzelträger),
e Kragarm (Durchlaufträger),
f Auflagerkonstruktion mit Lager

8.5.5.2 Lagerungsart (direkt oder indirekt)
Bei direkter Lagerung wird die Auflagerkraft des gestützten Bauteils durch senkrechte Druckspannungen an der Unterkante eingeleitet (siehe Abb. 8.16). Das ist günstig für die Querkraftaufnahme und für eine geringe notwendige Verankerungslänge im Auflagerbereich.

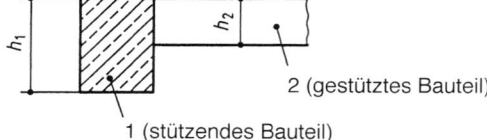

Abb. 8.16 Direkte und indirekte Lagerung. $(h_1 - h_2) \geq h_2$ direkte Lagerung, $(h_1 - h_2) < h_2$ indirekte Lagerung

8.5.5.3 Mitwirkende Plattenbreite
Die mitwirkende Plattenbreite b_{eff} (siehe Abb. 8.17) von Plattenbalken darf vereinfachend feldweise konstant über die gesamte Feldlänge angenommen werden.

$$b_{eff} = \sum_i b_{eff,i} + b_w \leq b$$

mit

$$b_{\text{eff,i}} = 0{,}2 b_{\text{i}} + 0{,}1 l_0 \leq 0{,}2 l_0$$
$$\leq b_{\text{i}}$$

(8.28)

Dabei ist (siehe Abb. 8.17 und Abb. 8.18)
l_0 die wirksame Stützweite
b_{i} die tatsächlich vorhandene Gurtbreite
b_{w} die Stegbreite.

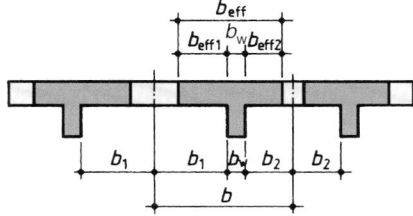

Abb. 8.17 Plattenbalken, mitwirkende Plattenbreite

Bei ungefähr gleichen Steifigkeiten der Einzelfelder, ungefähr gleichmäßig verteilten Belastungen und einem Stützweitenverhältnis benachbarter Felder von $0{,}8 < l_1 / l_2 < 1{,}25$ darf die wirksame Stützweite Abb. 8.18 entnommen werden.

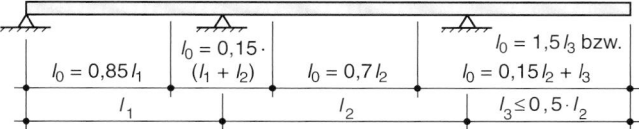

Abb. 8.18 Definition von l_0 (Abstand der Momentennullpunkte) zur Bestimmung von b_{eff}. Bei kurzen Kragarmen ($l_3 / l_2 < 0{,}3$) gilt: $l_0 = 1{,}5 \cdot l_3$

Bei veränderlicher Plattendicke darf in (8.28) die Stegbreite b_{w} durch die wirksame Stegbreite $b_{\text{w}} + b_{\text{v}}$ ersetzt werden (Abb. 8.19).

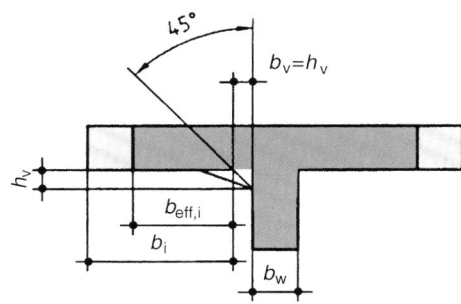

Abb. 8.19 Plattenbalken mit veränderlicher Plattendicke

In Lasteinleitungszonen von konzentriert eingeleiteten Vorspannkräften darf der Ausbreitungswinkel in Abb. 8.20 zu $\beta = 33{,}7°$ angenommen werden.

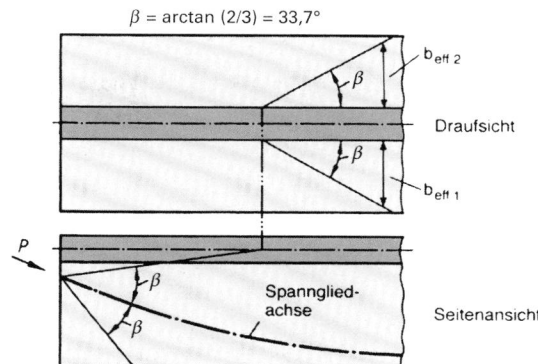

Abb. 8.20 Ausbreitung von Vorspannkräften

8.5.5.4   Kennwerte des ungerissenen Querschnitts

Im Stahl- und Spannbetonbau werden drei Querschnittstypen unterschieden (siehe auch Abb. 8.21):

- **Bruttoquerschnitt**
  Entspricht dem homogenen Betonquerschnitt. Enthaltene Beton- und Spannstahl wird nicht berücksichtigt. Sie werden zur Vereinfachung oder zur Vorbemessung verwendet, wenn die Stahlquerschnitte noch nicht bekannt sind. Zur Kennzeichnung wird Index c verwendet.

$$A_{\text{c}} = \sum_j A_{\text{c}}^j ;$$

(8.29)

$$\overline{z}_{\text{c}} = \frac{\sum_j A_{\text{c}}^j \cdot \tilde{z}_{\text{c}}^j}{A_{\text{c}}}$$

(8.30)

$$I_{\text{cy}} = \sum_j I_{\text{cy}}^j + \sum_j A_{\text{c}}^j \cdot \left(\overline{z}_{\text{c}}^j \right)^2$$

(8.31)

Dabei ist:
A_{c}^j Bruttofläche des Teilquerschnitts j
$\tilde{z}_{\text{c}}^j$ Koordinate des Schwerpunktes des Teilquerschnittes j mit Bezug auf ein beliebig gewähltes Querschnittskoordinatensystem
$\overline{z}_{\text{c}}$ Koordinate des Gesamtquerschnittsschwerpunktes im gewählten Querschnittskoordinatensystem ($\tilde{z}_{\text{c}}$)
z_{c}^j Koordinate des Schwerpunktes des Teilquerschnittes j im Koordinatensystem des Gesamtquerschnittsschwerpunktes

$$z_{\text{c}}^j = \tilde{z}_{\text{c}}^j - \overline{z}_{\text{c}}$$

- **Nettoquerschnitt**
  Entspricht dem Bruttoquerschnitt unter Abzug der Bewehrung (Beton- und Spannstahl, ggf. auch Hüllrohrquerschnitten). Sie werden bei der Berechnung zur Interaktion von Beton und Bewehrung (Kriechen, Schwinden, Vorspannung) verwendet. Zur Kennzeichnung wird Index n

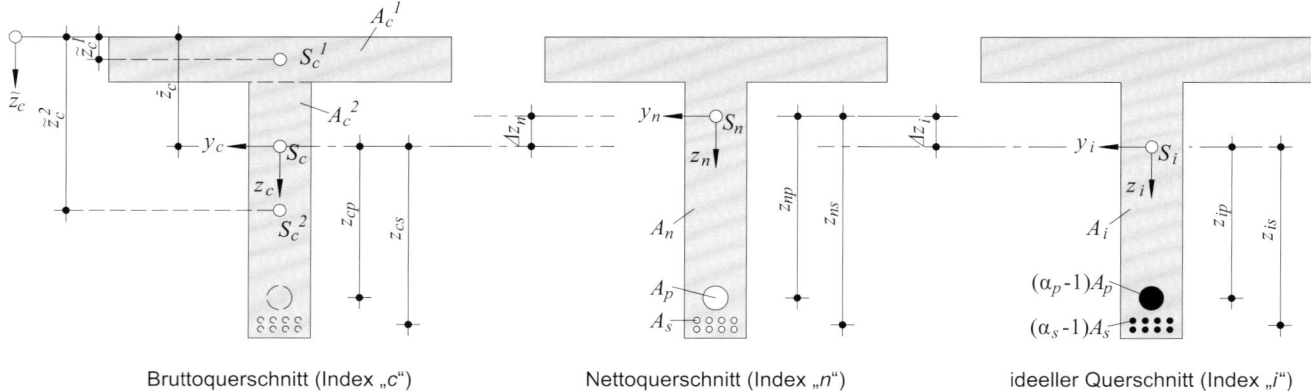

Abb. 8.21 Querschnittswerte und Bezeichnungen

verwendet. Mit Bezug auf das Schwerpunktskoordinatensystem des Bruttoquerschnitts erhält man die Werte:

$$A_{\mathrm{n}} = A_{\mathrm{c}} - \sum_{j} A_{\mathrm{s}}^{j} - \sum_{k} A_{\mathrm{p}}^{k}, \qquad (8.32)$$

$$\Delta z_{\mathrm{n}} = -\frac{\sum_{j} A_{\mathrm{s}}^{j} z_{\mathrm{cs}}^{j} + \sum_{k} A_{\mathrm{p}}^{k} z_{\mathrm{cp}}^{k}}{A_{\mathrm{n}}}, \qquad (8.33)$$

$$I_{\mathrm{ny}} = I_{\mathrm{cy}} + A_{\mathrm{c}} \Delta z_{\mathrm{n}}^{2} - \sum_{j} A_{\mathrm{s}}^{j} (z_{\mathrm{ns}}^{j})^{2} - \sum_{k} A_{\mathrm{p}}^{k} (z_{\mathrm{np}}^{k})^{2}. \qquad (8.34)$$

Im Spannbetonbau werden auch Nettoquerschnittswerte unter Abzug der leeren Hüllrohrflächen benötigt. In diesem Fall müssen obige Beziehungen entsprechend angepasst werden.

- **Ideeller Querschnitt**
  Entspricht dem realen Verbundquerschnitt. Im Verbund liegende Beton-und Spannstahlflächen werden unter Berücksichtigung ihrer mechanischen Eigenschaften erfasst. Diese werden über das Verhältnis der E-Moduli des Stahls zum Beton mit $\alpha_{\mathrm{s}} = \frac{E_{\mathrm{s}}}{E_{\mathrm{cm}}}$ und $\alpha_{\mathrm{p}} = \frac{E_{\mathrm{p}}}{E_{\mathrm{cm}}}$ erfasst. Zur Kennzeichnung wird Index i verwendet. Mit Bezug auf das Schwerpunktskoordinatensystem des Bruttoquerschnitts erhält man die Werte:

$$A_{\mathrm{i}} = A_{\mathrm{c}} + (\alpha_{\mathrm{s}} - 1)A_{\mathrm{s}} + (\alpha_{\mathrm{p}} - 1)A_{\mathrm{p}}, \qquad (8.35)$$

$$\Delta z_{\mathrm{i}} = \frac{(\alpha_{\mathrm{s}} - 1) \sum_{j} A_{\mathrm{s}}^{j} z_{\mathrm{cs}}^{j} + (\alpha_{\mathrm{p}} - 1) \sum_{k} A_{\mathrm{p}}^{k} z_{\mathrm{cp}}^{k}}{A_{\mathrm{i}}}, \qquad (8.36)$$

$$I_{\mathrm{i,y}} = I_{\mathrm{cy}} + A_{\mathrm{c}} \Delta z_{\mathrm{i}}^{2} + (\alpha_{\mathrm{s}} - 1) \sum_{j} A_{\mathrm{s}}^{j} (z_{\mathrm{is}}^{j})^{2}$$
$$+ (\alpha_{\mathrm{p}} - 1) \sum_{k} A_{\mathrm{p}}^{k} (z_{\mathrm{ip}}^{k})^{2}. \qquad (8.37)$$

Im Spannbetonbau werden die Anteile der Betonstahlbewehrung in obigen Gleichungen vielfach vernachlässigt.

8.5.6 Berechnungsverfahren

Grundbedingungen der Anwendung aller Berechnungsverfahren ist, dass der Gleichgewichtszustand jederzeit sichergestellt ist. Dabei genügt in der Regel die Anwendung von Theorie I. Ordnung (Gleichgewichtszustand am nicht verformten Tragwerk, Theorie II. Ordnung s. Abschn. 8.5.3). Sind Tragwerke durch Fugen in Abschnitte unterteilt (Abschnittslänge im Regelfall $< 30\,\mathrm{m}$), so brauchen die Einflüsse aus Zwangsverformungen (Temperatureinwirkung, Schwinden) dann nicht berücksichtigt werden, wenn Verformungen nicht zu Schäden führen.

8.5.6.1 Grenzzustände der Gebrauchstauglichkeit und Tragfähigkeit

Für die Ermittlung der Schnittgrößen sind folgende Verfahren zulässig:

a) **Grenzzustand der Gebrauchstauglichkeit**
   - Elastizitätstheorie (ungerissene Querschnitte mit Elastizitätsmodul E_{cm})
   - Rissbildungen im Beton dürfen bei günstiger Auswirkung und müssen bei deutlich ungünstigem Einfluss auf das Tragverhalten berücksichtigt werden.

b) **Grenzzustand der Tragfähigkeit**
   Hier dürfen verschiedene Berechnungsverfahren angewendet werden
   - linear-elastisch
   - linear-elastisch mit begrenzter Umlagerung
   - nichtlinear unter Berücksichtigung der nicht linearen Verformungseigenschaften von Stahlbeton- und Spannbetonquerschnitten
   - plastisch (Plastizitätstheorie).

Anmerkung Die nichtlinearen und plastischen Verfahren der Schnittgrößenermittlung sind in der Praxis wenig verbreitet und sollten daher nur in begründeten Fällen angewendet werden.

8.5.6.2 Vereinfachungen

Für die Ermittlungen der Schnittgrößen sind folgende Vereinfachungen zulässig:

- Querdehnzahl darf den Wert Null erhalten
- durchlaufende Platten und Balken dürfen als frei drehbar gelagert angenommen werden
- Das Stützmoment darf bei frei drehbar gelagerter Rechnung ausgerundet und bei monolithischem Verbund des zu stützenden Bauteiles mit dem Bemessungsmoment am Auflagerrand angenommen werden, wobei letzteres Moment größer als 65 % des Auflagermomentes bei Volleinspannung (Mindestbemessungsmoment) sein sollte. Allgemein ergeben sich die in Abb. 8.22 angegebenen Bemessungswerte nach (8.38) bis (8.40).

$$|M_{Ed,red}| = |M_{Ed}| - F_{Ed,sup}| \cdot b_{sup}/8 \qquad (8.38)$$

(siehe Abb. 8.22a).

$$|M_{Ed,li}| = |M_{Ed}| - |V_{d,li}| \cdot b_{sup}/2 > \min|M_d| \qquad (8.39)$$

$$|M_{Ed,re}| = |M_{Ed}| - |V_{d,re}| \cdot b_{sup}/2 > \min|M_d| \qquad (8.40)$$

(siehe Abb. 8.22b).

Bei gleichmäßig verteilter Einwirkung ist das Mindestbemessungsmoment $\min M_d$.

a

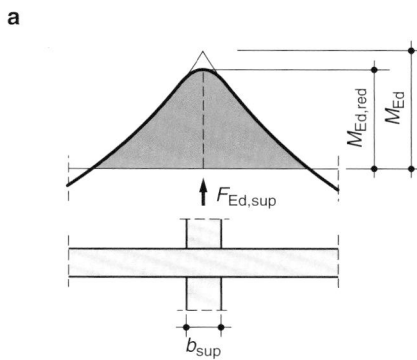

b

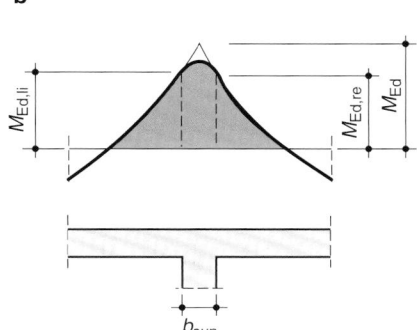

Abb. 8.22 Ausrundung des Stützmomentes.
a Frei drehbare Lagerung, $M_{Ed,red}$ nach (8.38),
b monolithischer Verbund, $M_{Ed,li}$, $M_{Ed,re}$ nach (8.39) bzw. (8.40)

- erste Innenstütze im Endfeld (einseitige Einspannung)

$$\min M_d = (q_d + g_d) \cdot l_n^2/12 \qquad (8.41)$$

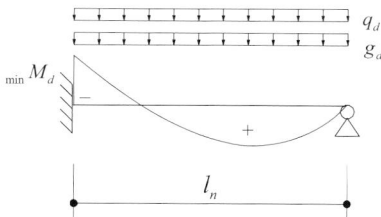

- übrige Innenstützen (beidseitige Einspannung)

$$\min M_d = (q_d + g_d) \cdot l_n^2/18 \qquad (8.42)$$

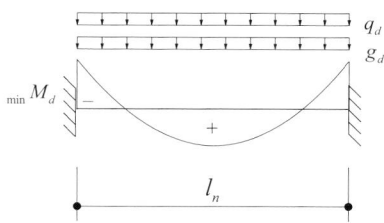

In den Gleichungen (8.38) bis (8.42) bedeuten:

M_{Ed}	Bemessungswert ohne Abminderung
$M_{Ed,red}$	reduzierte Bemessungswerte
$M_{Ed,li}$; $M_{Ed,re}$	reduzierte Bemessungswerte
$F_{Ed,sup}$	Auflagerreaktion (Bemessungswert)
$V_{d,re}$; $V_{d,li}$	Querkraft rechts bzw. links (Bemessungswert)
b_{sup}	Auflagerbreite
l_n	lichte Stützweite.

Bei indirekter Lagerung ist die Abminderung auf das Anschnittmoment nur zulässig, wenn das stützende Bauteil eine Vergrößerung der statischen Nutzhöhe des gestützten Bauteils mit einer Neigung von mindestens 1 : 3 zulässt.

Auflagerreaktionen bei einachsig gespannten Platten dürfen auf Grundlage einer frei drehbaren Lagerung unter Vernachlässigung der Durchlaufwirkung ermittelt werden.

Ausnahme:

- Erste Innenauflager
- Spannweite der angrenzenden Felder weichen mehr als 50 % voneinander ab.

8.5.6.3 Schnittgrößenermittlung bei Balken und Rahmen

Bei der linearen Berechnung müssen alle Auswirkungen einer Momentenumlagerung bei der Bemessung berücksichtigt werden. Die sich aus der Momentenumlagerung ergebenden Schnittgrößen müssen mit den aufgebrachten Lasten im Gleichgewicht stehen.

Tafel 8.16 Umlagerungsfaktoren $\delta = M_{\text{umgelagert}} / M_{\text{vorher}}$

Betonfestig-keitsklasse	Betonstahl	
	Hochduktil (B)	Normalduktil (A)
Bis C50/60	$\geq 0,64 + 0,8 \cdot \dfrac{x_{\text{u}}}{d} \geq 0,70$	$\geq 0,64 + 0,8 \cdot \dfrac{x_{\text{u}}}{d} \geq 0,85$
Ab C55/67	$\geq 0,72 + 0,8 \cdot \dfrac{x_{\text{u}}}{d} \geq 0,80$	$= 1,0$ (keine Umlagerung)

Der Nachweis des Rotationsvermögens braucht für Durchlaufträger mit annähernd gleichen Steifigkeiten und Stützweitenverhältnissen benachbarter Felder von 0,5 bis 2 sowie in Riegeln von unverschieblichen Rahmen und vorwiegend auf Biegung beanspruchten Bauteilen nicht geführt werden, wenn das Verhältnis δ des umgelagerten Momentes zum Ausgangsmoment vor der Umlagerung die Bedingungen gemäß Tafel 8.16 in Abhängigkeit der Betonfestigkeitsklassen und der verwendeten Stahlsorten erfüllt.

Dabei ist x_{u}/d das Verhältnis der Druckzonenhöhe $x = x_{\text{u}}$ zur statischen Höhe d des betrachteten Querschnitts nach Umlagerung im GZT. Eine Umlagerung von der Stütze zum Feld ist damit nur möglich, wenn z. B. für Beton $\leq$ C50/60 die bezogene Druckzonenhöhe $x_{\text{u}}/d \leq 0,45$ ist. Insofern ist dieser Wert als generelle Grenze bei der Bemessung einzuhalten, sofern nicht gesonderte konstruktive Maßnahmen zur Sicherung der Betondruckzone (enge Verbügelung) getroffen werden. Praktisch bedeutet dies, dass folgende konstruktive Regeln dann eingehalten sein müssen [11]:

- Mindestbügeldurchmesser 10 mm
- Bügelabstände max. $0,25\,h$ bzw 200 mm längs und 400 mm quer

Alternativ kann auch ein expliziter Rotationsnachweis nach EC 2, Abschn. 8.5.6.3 geführt werden. Dies gilt auch, wenn das o. g. Stützweitenverhältnis nicht eingehalten wird.

Die möglichen Umlagerungsverhältnisse δ sind in Abhängigkeit der bezogenen Momentenbeanspruchung μ_{Eds} in den Bemessungstabellen im Abschn. 8.10 mit angegeben.

Bei Eckknoten unverschieblicher Rahmen ist die Umlagerung auf $\delta = 0,9$ begrenzt [11].

Bei verschieblichen Rahmen, vorgespannten Rahmenecken, bei Tragwerken aus unbewehrtem Beton und bei unbewehrten Kontaktfugen sind keine Umlagerungen der Momente erlaubt.

8.5.6.3.1 Biegemomente in Rahmentragwerken
nach DAfStb-Heft 240 [12]

Der bei Außerachtlassen einer ggf. vorhandenen elastischen Einspannung der Durchlaufkonstruktion in das Endlauflager (z. B. Unterzug/Stahlbetonstütze oder Deckenplatte/Wand oder Deckenplatte/Randunterzug) sich im Endfeld rechnerisch ergebende Momentenverlauf tritt im wirklichen Bauteil nicht auf. Er muss ggf. nachträglich den wirklichen Verhältnissen angepasst werden. Für rahmenartige Tragwerke ist das sog. $c_{\text{o}}/c_{\text{u}}$-Verfahren anwendbar (siehe Abb. 8.23):

Mit dem Einspannmoment M_{R}^{o} des beidseitig voll eingespannten Endfeldes unter Volllast und den Verteilungszahlen

$$c_{\text{o}} = \frac{l_{\text{R}}}{h_{\text{o}}} \cdot \frac{I_{\text{So}}}{I_{\text{R}}} \quad \text{und} \quad c_{\text{u}} = \frac{l_{\text{R}}}{h_{\text{u}}} \cdot \frac{I_{\text{Su}}}{I_{\text{R}}}$$

und dem Lastwert

$$\alpha = \frac{q_{\text{d}}}{g_{\text{d}} + q_{\text{d}}} = \frac{\gamma_{\text{Q}} \cdot q_{\text{k}}}{\gamma_{\text{G}} \cdot g_{\text{k}} + \gamma_{\text{Q}} \cdot q_{\text{k}}}$$

ergeben sich das Riegel-End-Moment

$$M_{\text{R}} = \frac{c_{\text{o}} + c_{\text{u}}}{3(c_{\text{o}} + c_{\text{u}}) + 2,5} \cdot (3 + \alpha) \cdot M_{\text{R}}^{\text{o}}$$

und die Stützen-Momente

$$M_{\text{So}} = \frac{-c_{\text{o}}}{3(c_{\text{o}} + c_{\text{u}}) + 2,5} \cdot (3 + \alpha) \cdot M_{\text{R}}^{\text{o}}$$

$$M_{\text{Su}} = \frac{c_{\text{u}}}{3(c_{\text{o}} + c_{\text{u}}) + 2,5} \cdot (3 + \alpha) \cdot M_{\text{R}}^{\text{o}}$$

Alternativ zum $c_{\text{o}}/c_{\text{u}}$-Verfahren wird in Heft 631 [14] ein alternatives Verfahren in Anlehnung an den EC 6 vorgestellt. Weitere Details siehe dort.

8.5.6.4 Schnittgrößenermittlung bei Platten

Dieser Abschnitt gilt für alle linienförmig gestützen Platten, die in zwei Achsrichtungen beansprucht sind. Für einachsig gespannte Platten gilt Abschn. 8.5.6.3.
Zulässige Berechnungsverfahren sind:

- lineare Berechnung mit oder ohne Umlagerung (Grenzzustände der Gebrauchstauglichkeit und der Tragfähigkeit)
- plastische Berechnung (Grenzzustand der Tragfähigkeit)
- numerische Verfahren auf der Grundlage nicht linearer Baustoffeigenschaften.

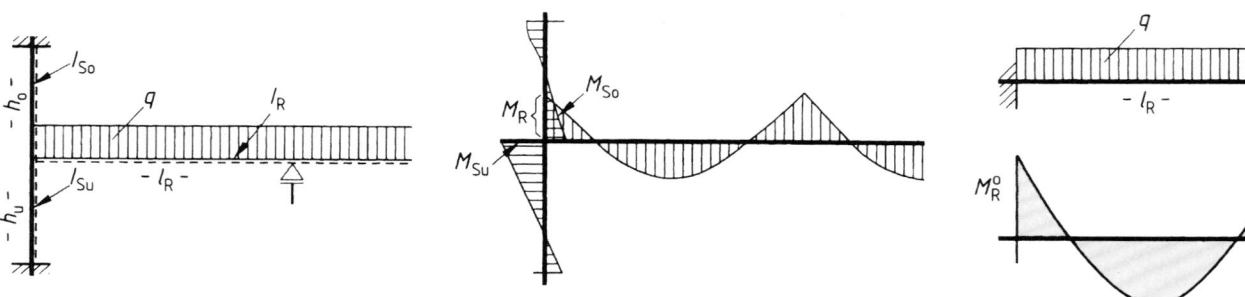

Abb. 8.23 Rahmenartiges Tragwerk $c_{\text{o}}/c_{\text{u}}$-Verfahren

Die lineare Berechnung kann unter den in Abschn. 8.5.6.3 angegebenen Berechnungsverfahren für Balken angewendet werden.

Auf den direkten Nachweis des Rotationsvermögens darf verzichtet werden, wenn ausreichende Verformungsfähigkeit vorhanden ist. Betonstähle mit hoher Duktilität können ohne weitere Nachweise verwendet werden.

Für das Verhältnis von Stützmoment zu Feldmoment gilt

$$0,5 \leq M_S/M_F \leq 2,0$$

Die bezogene Druckzonenhöhe darf im GZT folgende Werte nicht überschreiten

$$x/d = 0,15 \quad \text{ab C55/67}$$
$$x/d = 0,25 \quad \text{bis C50/60}$$

x Höhe der Druckzone
d Nutzhöhe.

Bei der plastischen Berechnung kommen theoretisch zwei Verfahren zur Anwendung,
- Bruchlinientheorie (kinematisches Verfahren)
- Streifenverfahren (statisches Verfahren).

Beide Verfahren sind in der Praxis wenig verbreitet und sollten daher nur bei ausreichender Erfahrung angewendet werden.

8.5.6.4.1 Schnittgrößen und Auflagerkräfte von vierseitig gelagerten Platten unter Gleichlast

Vierseitig gelagerte Rechteckplatten, deren größere Stützweite nicht größer als das Zweifache der kleineren ist, sind als zweiachsig gespannt zu berechnen und auszubilden.

Die vierseitig gestützte Einfeldplatte Als Bezugssystem dient ein rand-paralleles x-y-System, wobei die x-Achse dem kürzeren Rand parallel ist (Abb. 8.24). Der kürzere Rand hat die Länge l_x. Das Biegemoment m_x erzeugt Spannungen in x-Richtung, das Biegemoment m_y erzeugt Spannungen in y-Richtung. Die Lastabtragung in x-Richtung liefert die Stützkräfte $\bar{q}_x$ entlang dem längeren Rand; die Lastabtragung in y-Richtung liefert die Stützkräfte $\bar{q}_y$ entlang dem kürzeren Rand.

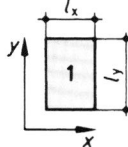

Abb. 8.24 Vierseitig gelagerte Platte

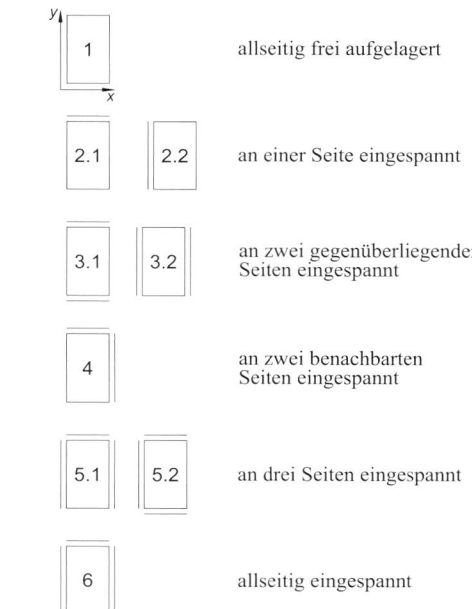

Abb. 8.25 Stützungen

Allgemein gilt: Größen in direktem Zusammenhang
- mit der Lastabtragung in x-Richtung tragen den Index x;
- mit der Lastabtragung in y-Richtung tragen den Index y.

Die einzelnen Ränder der Einfeldplatte können frei drehbar gelagert oder fest ein gespannt sein. Abb. 8.25 zeigt die möglichen Lagerungsfälle. Ecken, in denen zwei frei drehbare Ränder zusammenstoßen, nennt man freie Ecken.

Plattenmomente werden angegeben in der allgemeinen Form

$$m_i = \frac{q \cdot l_x^2}{k_i}$$

m_{xm} Plattenmoment m_x in Feldmitte (maximal)
$m_{y\,max}$ größtes Feldmoment m_y
$m_{x\,erm}$ Einspannmoment in der Mitte des längeren Randes (minimal)
$m_{y\,erm}$ Einspannmoment in der Mitte des kürzeren Randes (minimal)
$m_{x\,er\,min}$ kleinstes Einspannmoment entlang dem eingespannten längeren Rand
$m_{y\,er\,min}$ kleinstes Einspannmoment entlang dem eingespannten kürzeren Rand
k_i Tafel 8.17
q Flächenlast der Platte aus Eigengewicht und ggf. veränderlicher Last.

Tafel 8.17 enthält die k_i-Werte für
a) volle Drilltragfähigkeit (drillsteife Platte),
b) herabgesetzte Drilltragfähigkeit,
c) Drilltragfähigkeit = 0 (drillweiche Platte).

Tafel 8.17 Beiwerte k_i zur Berechnung der Biegemomente in Einfeldplatten

Stützung	Drill-trag-fähig-keit	Beiwerte k_i Stützweitenverhältnis $\varepsilon = l_y/l_x$												
			1,0	1,10	1,20	1,30	1,40	1,50	1,60	1,70	1,80	1,90	2,0	∞
1	a	$k_{x\,m}$	27,2	22,4	19,1	16,8	15,0	13,7	12,7	11,9	11,3	10,8	10,4	
		$k_{y\,max}$	27,2	27,9	29,1	30,9	32,8	34,7	36,1	37,3	38,5	39,4	40,3	
	b	$k_{x\,m}$	20,0	16,6	14,5	13,0	11,9	11,1	10,6	10,2	9,8	9,5	9,3	
		$k_{y\,max}$	20,0	20,7	22,1	24,0	26,2	28,3	30,2	31,9	33,4	34,7	35,9	
	c	$k_{x\,m}$	13,1	10,9	9,6	8,7	8,2	7,8	7,5	7,3	7,2	7,2	7,1	
		$k_{y\,max}$	13,1	13,5	14,4	15,8	17,7	19,9	21,7	23,5	24,2	24,9	25,5	
2.1	a	$k_{x\,m}$	41,2	31,9	25,9	21,7	18,8	16,6	15,0	13,8	12,8	12,0	11,4	
		$k_{y\,max}$	29,4	28,8	28,9	29,7	30,8	32,3	33,6	34,9	36,2	37,5	38,8	
		$k_{y\,erm}$	−11,9	−10,9	−10,1	−9,6	−9,2	−8,9	−8,7	−8,5	−8,4	−8,3	−8,2	
	b	$k_{x\,m}$	34,3	25,9	20,6	17,0	14,1	12,8	11,6	10,8	10,1	9,6	9,3	
		$k_{y\,max}$	23,5	22,7	22,4	23,1	24,1	25,5	26,9	28,5	30,2	31,7	33,2	
	c	$k_{x\,m}$	22,6	17,2	13,9	11,8	10,4	9,5	8,8	8,3	8,0	7,8	7,6	
		$k_{y\,max}$	16,9	15,5	15,3	15,6	16,3	17,2	18,4	19,9	21,6	23,7	23,5	
		$k_{y\,erm}$	−8,4	−7,7	−7,3	−7,1	−7,1	−7,1	−7,1	−7,2	−7,3	−7,4	−7,5	
2.2	a	$k_{x\,m}$	31,4	27,3	24,5	22,4	21,0	19,8	19,0	18,3	17,8	17,4	17,1	
		$k_{y\,max}$	41,2	45,1	48,8	51,8	54,3	55,6	56,8	57,8	58,6	59,0	59,2	
		$k_{x\,erm}$	−11,9	−10,9	−10,2	−9,7	−9,3	−9,0	−8,8	−8,6	−8,4	−8,3	−8,3	
	b	$k_{x\,m}$	25,1	22,4	20,6	19,2	18,4	17,7	17,3	16,8	16,5	16,3	16,1	
		$k_{y\,max}$	34,3	38,7	43,2	46,5	49,4	51,2	53,1	54,3	55,3	55,9	56,4	
	c	$k_{x\,m}$	16,3	14,8	13,8	13,2	12,8	12,6	12,5	12,5	12,5	12,6	12,7	
		$k_{y\,max}$	22,6	25,6	29,7	33,3	36,4	37,7	38,9	40,0	41,0	42,0	42,0	
		$k_{x\,erm}$	−8,4	−7,8	−7,3	−7,1	−6,9	−6,8	−6,8	−6,8	−6,8	−6,8	−6,9	
3.1	a	$k_{x\,m}$	63,3	46,1	35,5	28,5	23,7	20,4	17,9	16,0	14,6	13,4	12,5	
		$k_{y\,max}$	35,1	32,9	31,7	31,2	31,4	32,1	33,3	34,9	37,1	39,7	42,4	
		$k_{y\,erm}$	−14,3	−12,7	−11,5	−10,7	−10,0	−9,5	−9,2	−8,9	−8,7	−8,5	−8,4	
	c	$k_{x\,m}$	41,0	28,8	21,8	17,3	14,4	11,7	11,0	10,0	9,3	8,8	8,4	
		$k_{y\,max}$	23,1	20,7	19,2	18,5	18,3	18,6	19,4	20,5	22,1	24,2	26,8	
		$k_{y\,erm}$	−10,8	−9,6	−8,7	−8,1	−7,7	−7,5	−7,4	−7,3	−7,3	−7,3	−7,5	
3.2	a	$k_{x\,m}$	35,1	31,7	29,4	27,8	26,6	25,8	25,2	24,7	24,4	24,3	24,1	
		$k_{y\,max}$	61,7	67,2	71,5	73,5	74,6	75,8	77,0	77,0	77,0	77,0	77,0	
		$k_{x\,erm}$	−14,3	−13,5	−13,0	−12,6	−12,3	−12,2	−12,0	−12,0	−12,0	−12,0	−12,0	
	c	$k_{x\,m}$	23,1	21,8	21,1	20,9	20,8	20,8	20,9	21,2	21,4	21,7	22,0	
		$k_{y\,max}$	41,0	48,1	52,1	54,2	55,8	57,5	59,0	60,0	59,2	57,9	57,5	
		$k_{x\,erm}$	−10,8	−10,4	−10,2	−10,0	−10,0	−10,0	−10,1	−10,2	−10,3	−10,3	−10,5	
4	a	$k_{x\,m}$	42,7	35,1	30,0	26,5	24,1	22,2	21,0	19,9	19,1	18,4	17,9	
		$k_{y\,max}$	40,2	42,0	44,0	47,6	51,0	53,0	54,8	56,3	57,7	59,0	60,2	
		$k_{x\,er\,min}$	−14,3	−12,7	−11,5	−10,7	−10,0	−9,6	−9,2	−8,9	−8,7	−8,5	−8,4	
		$k_{y\,er\,min}$	−14,3	−13,6	−13,1	−12,8	−12,6	−12,4	−12,3	−12,2	−12,2	−12,2	−12,2	
	b	$k_{x\,m}$	37,1	30,7	26,3	23,5	21,5	20,0	19,1	18,3	17,7	17,2	16,9	
		$k_{y\,max}$	35,0	36,7	38,6	41,2	45,5	47,8	49,8	51,7	53,4	55,1	56,8	
	c	$k_{x\,max}$	23,4	19,4	17,0	15,5	14,5	13,8	13,4	13,1	13,0	12,9	12,9	
		$k_{y\,max}$	23,4	24,3	26,3	28,3	31,2	33,9	35,7	37,5	39,1	40,8	42,3	

Tafel 8.17 (Fortsetzung)

Stützung	Drill-trag-fähig-keit	Beiwerte k_i											
		Stützweitenverhältnis $\varepsilon = l_y/l_x$											
		1,0	1,10	1,20	1,30	1,40	1,50	1,60	1,70	1,80	1,90	2,0	∞
5.1	a	k_{xm} 44,1	37,9	33,8	31,0	29,0	27,6	26,5	25,7	25,1	24,7	24,5	
		k_{ymax} 55,9	60,3	66,2	69,0	72,0	75,2	78,7	82,5	86,8	91,7	97,0	
		k_{xermin} −16,2	−14,8	−13,9	−13,2	−12,7	−12,5	−12,3	−12,2	−12,1	−12,0	−12,0	
		k_{xerm} −18,3	−17,7	−17,5	−17,5	−17,5	−17,5	−17,5	−17,5	−17,5	−17,5	−17,5	
	c	k_{xm} 28,8	25,6	23,7	22,6	21,9	21,6	21,4	21,4	21,4	21,6	21,7	
		k_{ymax} 36,3	40,0	46,1	49,0	51,9	54,7	57,4	59,9	59,1	58,2	57,5	
		k_{xermin} −12,9	−11,8	−11,1	−10,7	−10,5	−10,3	−10,3	−10,3	−10,3	−10,3	−10,3	
		k_{yerm} −15,3	−15,5	−15,9	−16,2	−16,6	−16,9	−17,1	−17,4	−17,6	−17,9	−18,1	
5.2	a	k_{xm} 59,5	46,1	37,5	31,8	28,0	25,2	23,3	21,7	20,5	19,5	18,7	
		k_{ym} 44,1	43,7	44,8	46,9	50,3	55,0	61,6	70,4	79,6	89,8	101,0	
		k_{xerm} −18,3	−15,4	−13,5	−12,2	−11,2	−10,6	−10,1	−9,7	−9,4	−9,0	−8,8	
		k_{yermin} −110,2	−14,8	−13,9	−13,3	−13,0	−12,7	−12,6	−12,5	−12,4	−12,3	−12,3	
	c	k_{xmax} 36,3	27,9	22,7	19,4	17,3	15,9	14,9	14,2	13,8	13,5	13,5	
		k_{ymax} 28,8	27,8	28,1	29,5	31,8	35,2	39,9	46,0	52,7	57,6	60,8	
		k_{xerm} −15,3	−12,7	−10,9	−9,7	−8,9	−8,3	−7,9	−7,6	−7,4	−7,2	−7,1	
		k_{yermin} −12,9	−12,0	−11,5	−11,3	−11,2	−11,3	−11,4	−11,6	−11,8	−11,9	−12,2	
6	a	k_{xm} 56,8	46,1	39,4	34,8	31,9	29,6	28,1	26,9	26,0	25,4	25,0	
		k_{ymax} 56,8	60,3	65,8	73,6	83,4	93,5	98,1	101,3	103,3	104,6	105,0	
		k_{xerm} −19,4	−17,1	−15,5	−14,5	−13,7	−13,2	−12,8	−12,5	−12,3	−12,1	−12,0	
		k_{yerm} −19,4	−18,4	−17,9	−17,6	−17,5	−17,5	−17,5	−17,5	−17,5	−17,5	−17,5	
	c	k_{xm} 39,1	32,2	28,2	25,6	24,0	23,0	22,3	22,0	21,9	21,9	21,9	
		k_{ymax} 39,1	41,4	45,6	52,0	61,1	72,5	81,2	86,5	92,6	97,5	94,5	
		k_{xerm} −16,3	−14,2	−12,8	−11,9	−11,3	−10,9	−10,6	−10,5	−10,5	−10,5	−10,5	
		k_{yerm} −16,3	−15,9	−15,9	−16,1	−16,3	−16,6	−17,0	−17,3	−17,6	−17,8	−18,1	

a: volle Drilltragfähigkeit; b: verminderte Drilltragfähigkeit; c: Drilltragfähigkeit = 0.

Volle Drilltragfähigkeit ist bei Stahlbetonvollplatten gegeben, wenn
- die freien Ecken gegen Abheben gesichert sind (Nachweis),
- im Bereich der freien Ecke(n) in der Platte die geforderte Drillbewehrung angeordnet wird und
- in den Eckbereichen der Platte keine größeren Aussparungen vorhanden sind.

Die Sicherheit gegen Abheben ist z. B. gegeben, wenn die dauernd vorhandene Auflast im Eckbereich mindestens 1/16 der Gesamtlast der Platte beträgt.

Ist eine der o. g. Bedingungen nicht erfüllt, so sind die k_i-Werte für (b) herabgesetzte Drilltragfähigkeit zu verwenden, was zu größeren Feldmomenten führt (Stützmomente einfachheitshalber wie bei (a)).

Fertigteilplatten mit statisch mitwirkender Ortbetonschicht und zweiachsig gespannte Rippendecken sind als (c) drillweich (Drilltragfähigkeit = 0) zu berechnen. Gleichwohl können auch hier Abhebekräfte in den Ecken auftreten, da die Drilltragfähigkeit nicht vollständig ausfällt (Ecken konstruktiv verankern).

Ein Bild über den Verlauf der aus Tafel 8.17 errechneten Plattenmomente gibt Tafel 8.18. Die Werte der Tafel 8.17 gelten für isotrope Platten, also für Platten mit gleicher Plattensteifigkeit in allen Richtungen. Haben z. B. bei zweiachsig gespannten Rippendecken die Rippen in Längs- und Querrichtung unterschiedliche Abstände, dann ist die Platte orthogonal anisotrop, man sagt auch orthotrop. Für solche Platten dürfen die Werte der Tafel 8.17 nicht verwendet werden.

Bei der Berechnung der Werte der Tafel 8.17 wurde die Querdehnzahl $\mu = 0$ gesetzt. Feldmomente für $\mu \neq 0$ (z. B. $\mu = 0{,}2$) lassen sich aus den mit Tafel 8.23 errechneten Werten so berechnen:

$$m_{x,\mu} = \frac{1}{(1-\mu^2)}(m_{y,\mu=0} + \mu \cdot m_{x,\mu=0})$$

$$m_{y,\mu} = \frac{1}{(1-\mu^2)}(m_{x,\mu=0} + \mu \cdot m_{y,\mu=0})$$

$$m_{xy,\mu} = (1-\mu)m_{xy,\mu=0}.$$

Tafel 8.18 Verlauf der Plattenmomente

Volle Drilltragfähigkeit (drillsteif) Verlauf der Biege- und Drillmomente für $\varepsilon = 1{,}5$	Drilltragfähigkeit = 0 (drillweich) Verlauf der Biegemomente
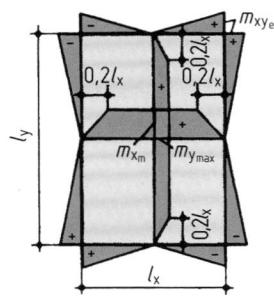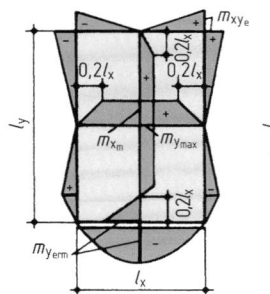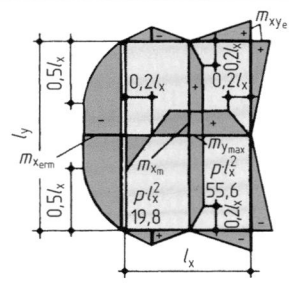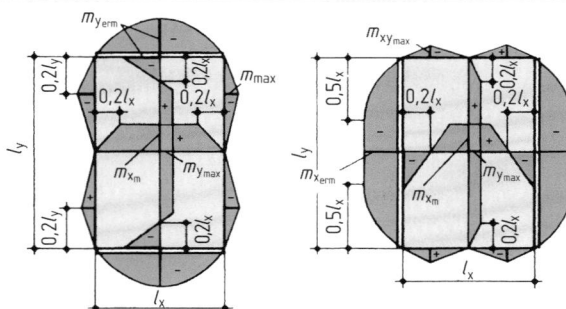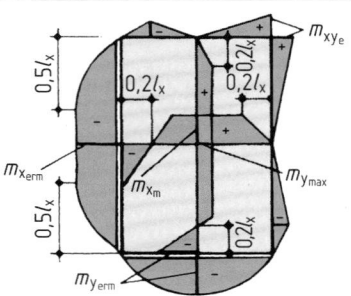	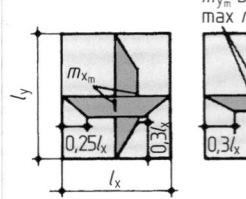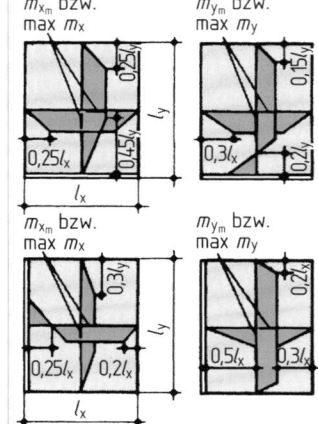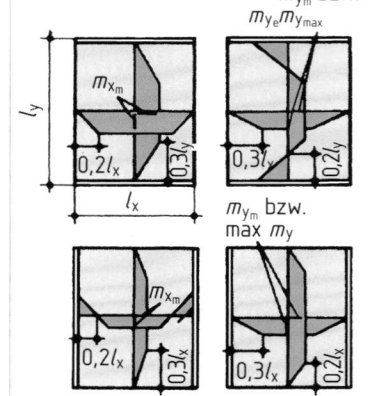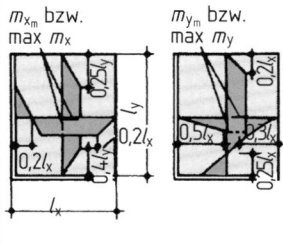

Tafel 8.18 (Fortsetzung)

Volle Drilltragfähigkeit (drillsteif) Verlauf der Biege- und Drillmomente für $\varepsilon = 1{,}5$	Drilltragfähigkeit = 0 (drillweich) Verlauf der Biegemomente

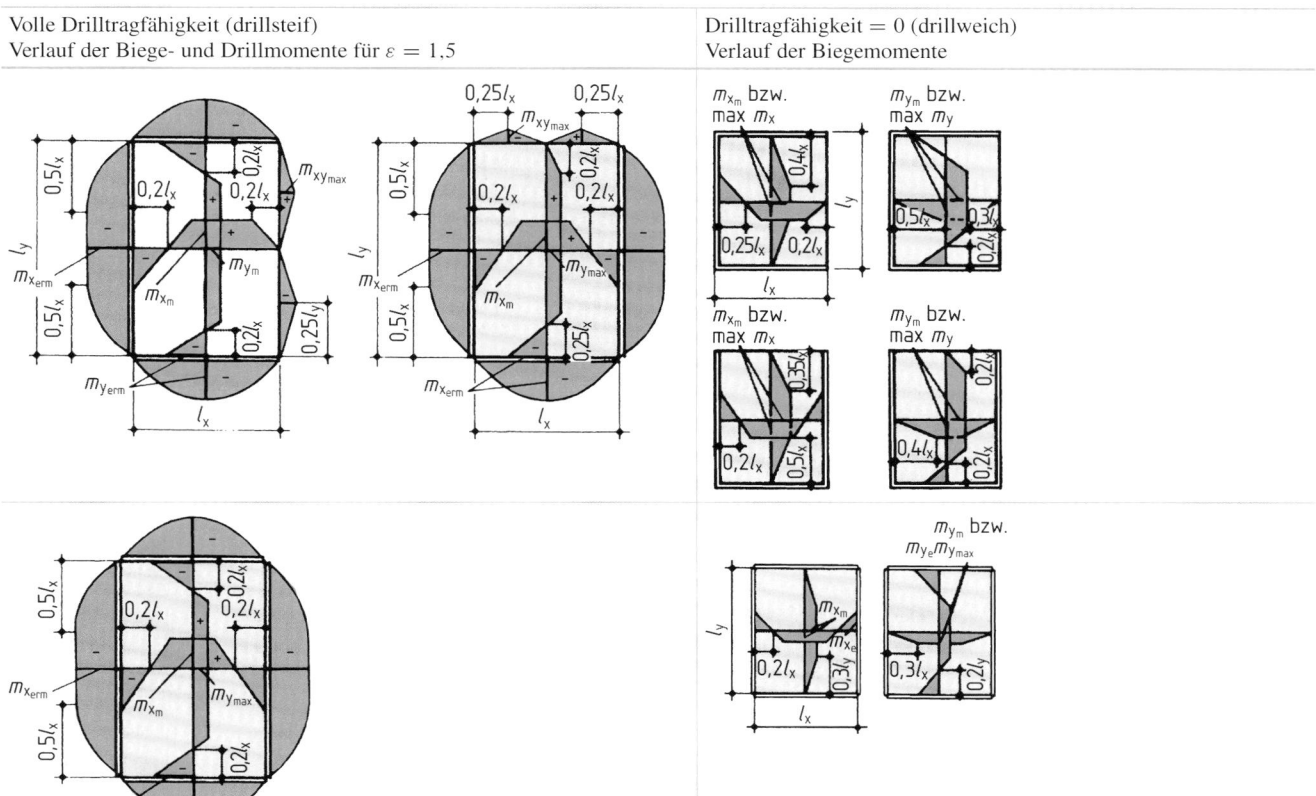

Zur **Ermittlung der Schnittgrößen in Randunterzügen** vierseitig gelagerter Platten dürfen die Stützkräfte näherungsweise mit den Lastbildern berechnet werden, die sich aus der Zerlegung der Plattenfläche in Trapeze und Dreiecke ergeben (siehe Abb. 8.26). Stoßen an einer Ecke Plattenränder mit gleichartiger Stützung zusammen, so beträgt der Zerlegungswinkel 45°; stößt ein voll eingespannter mit einem frei drehbar gelagerten Rand zusammen, so beträgt der am eingespannten Rand anliegende Zerlegungswinkel 60°. Für die verschiedenen Stützungen ergeben sich die maximalen Lastordinaten des freien und eingespannten Randes in der Form

$$\max \overline{q} = m \cdot q \cdot l_x$$

m aus Tafel 8.19.

Wenn die Gleichlast q einer zweiachsig gespannten Platte auf die beiden Tragrichtungen aufgeteilt werden muss, so kann das mit den Lastaufteilungsfaktoren k_x und k_y nach Tafel 8.20 erfolgen

$$q_x = k_x \cdot q; \quad q_y = k_y \cdot q.$$

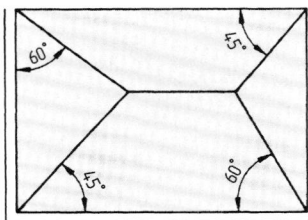

Abb. 8.26 Lastaufteilung zur Berechnung der Stützkräfte

Tafel 8.19 Koeffizienten m für maximale Lastordinaten

	1	2.1	2.2	3.1	3.2	4	5.1	5.2	6
Frei drehbar gelagerter Rand	0,50	0,50	0,365	0,50	0,29	0,365	0,29	0,365	–
Fest eingespannter Rand	–	0,865	0,635	0,865	0,50	0,635	0,50	0,635	0,50

Tafel 8.20 Lastaufteilungsfaktoren k_x und k_y

y ↑ □1 □4 □6	2.1	2.2	3.1	3.2	5.1	5.2
$k_x=$ $\left(1+\dfrac{1}{\varepsilon^4}\right)^{-1}$	$\left(1+\dfrac{1}{0,4\cdot\varepsilon^4}\right)^{-1}$	$\left(1+\dfrac{1}{2,5\cdot\varepsilon^4}\right)^{-1}$	$\left(1+\dfrac{1}{0,2\cdot\varepsilon^4}\right)^{-1}$	$\left(1+\dfrac{1}{5\cdot\varepsilon^4}\right)^{-1}$	$\left(1+\dfrac{1}{2\cdot\varepsilon^4}\right)^{-1}$	$\left(1+\dfrac{1}{0,5\cdot\varepsilon^4}\right)^{-1}$
$k_y=$ $(1+\varepsilon^4)^{-1}$	$(1+0,4\cdot\varepsilon^4)^{-1}$	$(1+2,5\cdot\varepsilon^4)^{-1}$	$(1+0,2\cdot\varepsilon^4)^{-1}$	$(1+5\cdot\varepsilon^4)^{-1}$	$(1+2\cdot\varepsilon^4)^{-1}$	$(1+0,5\cdot\varepsilon^4)^{-1}$
$e=1,0$ $k_x=0,500$	$k_x=0,286$	$k_x=0,714$	$k_x=0,167$	$k_x=0,833$	$k_x=0,667$	$k_x=0,333$
$k_y=0,500$	$k_y=0,714$	$k_y=0,286$	$k_y=0,833$	$k_y=0,167$	$k_y=0,333$	$k_y=0,667$
$e=1,1$ $k_x=0,594$	$k_x=0,369$	$k_x=0,785$	$k_x=0,226$	$k_x=0,880$	$k_x=0,745$	$k_x=0,423$
$k_y=0,406$	$k_y=0,631$	$k_y=0,215$	$k_y=0,774$	$k_y=0,120$	$k_y=0,255$	$k_y=0,577$
$e=1,2$ $k_x=0,675$	$k_x=0,453$	$k_x=0,838$	$k_x=0,293$	$k_x=0,912$	$k_x=0,806$	$k_x=0,509$
$k_y=0,325$	$k_y=0,547$	$k_y=0,162$	$k_y=0,707$	$k_y=0,088$	$k_y=0,194$	$k_y=0,491$
$e=1,3$ $k_x=0,741$	$k_x=0,533$	$k_x=0,877$	$k_x=0,364$	$k_x=0,935$	$k_x=0,851$	$k_x=0,588$
$k_y=0,259$	$k_y=0,467$	$k_y=0,123$	$k_y=0,636$	$k_y=0,065$	$k_y=0,149$	$k_y=0,412$
$e=1,4$ $k_x=0,793$	$k_x=0,606$	$k_x=0,906$	$k_x=0,434$	$k_x=0,951$	$k_x=0,885$	$k_x=0,658$
$k_y=0,207$	$k_y=0,394$	$k_y=0,094$	$k_y=0,566$	$k_y=0,049$	$k_y=0,115$	$k_y=0,342$
$e=1,5$ $k_x=0,835$	$k_x=0,669$	$k_x=0,927$	$k_x=0,503$	$k_x=0,962$	$k_x=0,910$	$k_x=0,717$
$k_y=0,165$	$k_y=0,331$	$k_y=0,073$	$k_y=0,497$	$k_y=0,038$	$k_y=0,090$	$k_y=0,283$
$e=1,6$ $k_x=0,868$	$k_x=0,724$	$k_x=0,942$	$k_x=0,567$	$k_x=0,970$	$k_x=0,929$	$k_x=0,766$
$k_y=0,132$	$k_y=0,276$	$k_y=0,058$	$k_y=0,433$	$k_y=0,030$	$k_y=0,071$	$k_y=0,234$
$e=1,7$ $k_x=0,893$	$k_x=0,770$	$k_x=0,954$	$k_x=0,626$	$k_x=0,977$	$k_x=0,944$	$k_x=0,807$
$k_y=0,107$	$k_y=0,230$	$k_y=0,046$	$k_y=0,374$	$k_y=0,023$	$k_y=0,056$	$k_y=0,193$
$e=1,8$ $k_x=0,913$	$k_x=0,808$	$k_x=0,963$	$k_x=0,677$	$k_x=0,981$	$k_x=0,955$	$k_x=0,840$
$k_y=0,087$	$k_y=0,192$	$k_y=0,037$	$k_y=0,323$	$k_y=0,019$	$k_y=0,045$	$k_y=0,160$
$e=1,9$ $k_x=0,929$	$k_x=0,839$	$k_x=0,970$	$k_x=0,723$	$k_x=0,985$	$k_x=0,963$	$k_x=0,867$
$k_y=0,071$	$k_y=0,161$	$k_y=0,030$	$k_y=0,277$	$k_y=0,015$	$k_y=0,037$	$k_y=0,133$
$e=2,0$ $k_x=0,941$	$k_x=0,865$	$k_x=0,976$	$k_x=0,762$	$k_x=0,988$	$k_x=0,970$	$k_x=0,889$
$k_y=0,059$	$k_y=0,135$	$k_y=0,024$	$k_y=0,238$	$k_y=0,012$	$k_y=0,030$	$k_y=0,111$

Bei Platten mit nur teilweisen Einspannungen kann der Zerlegungswinkel nach dem Grad der Einspannung zwischen 45° und 60° angenommen werden. Aus der Zerlegung der Lastenflüsse mit den Winkeln 45° und 60° ergeben sich die in Tafel 8.21 dargestellten detaillierten Lastbilder. In [12] bzw. [14] wird empfohlen, sofern die Eckabhebekräfte R_e gemäß Tafel 8.21 nicht gesondert berücksichtigt werden, eine rechteckförmige Ersatzlast (gestrichelte Lastbilder in Tafel 8.21) anzusetzen.

Eckabhebekräfte In Ecken, die aus zwei gelenkig gelagerten Rändern gebildet werden, ist eine Platte gegen Abheben zu verankern. Die entsprechende Abhebekraft R_e errechnet sich aus dem Drillmoment zu $R_e = 2 \cdot |m_{xy}|$. Sie kann auch näherungsweise zu 1/16 der gesamten Plattenlast angesetzt werden. Alternativ können die genaueren Werte der drillsteifen Platte auch mit Hilfe der Tafel 8.22 bestimmt werden.

Zweiachsig gespannte durchlaufende Platten In der Baupraxis sind Einfeldplatten (z. B. Garagendecke) die Ausnahme und Mehrfeldplatten – Plattensysteme (z. B. Geschossdecke) – die Regel.

Platten zwischen Stahlträgern oder Stahlbetonfertigbalken dürfen nur dann als durchlaufend gerechnet werden, wenn die Oberkante der Platte mindestens 4 cm über der Trägeroberkante liegt und die Bewehrung zur Deckung der Stützmomente über die Träger hinweggeführt wird.

Bei der Berechnung eines Systems von zweiachsig gespannten Platten wird ausgegangen von den bekannten Ergebnissen der Analyse von Einfeldplatten.

Die Plattenmomente durchlaufender, zweiachsig gespannter Platten, deren Stützweitenverhältnis $\min l\,/\max l$ in einer Durchlaufrichtung nicht kleiner als 0,75 ist, dürfen nach dem Verfahren der Belastungsumordnung berechnet werden, s. Abb. 8.27.

Tafel 8.21 Ersatzlastbilder zur Ermittlung der Auflagerkräfte von Randunterzügen bei Gleichstreckenlast $F_\mathrm{d} = g_\mathrm{d} + q_\mathrm{d} = \gamma_\mathrm{G} \cdot g_\mathrm{k} + \gamma_\mathrm{Q} \cdot q_\mathrm{k}$. Eckabhebekräfte siehe Tafel 8.22

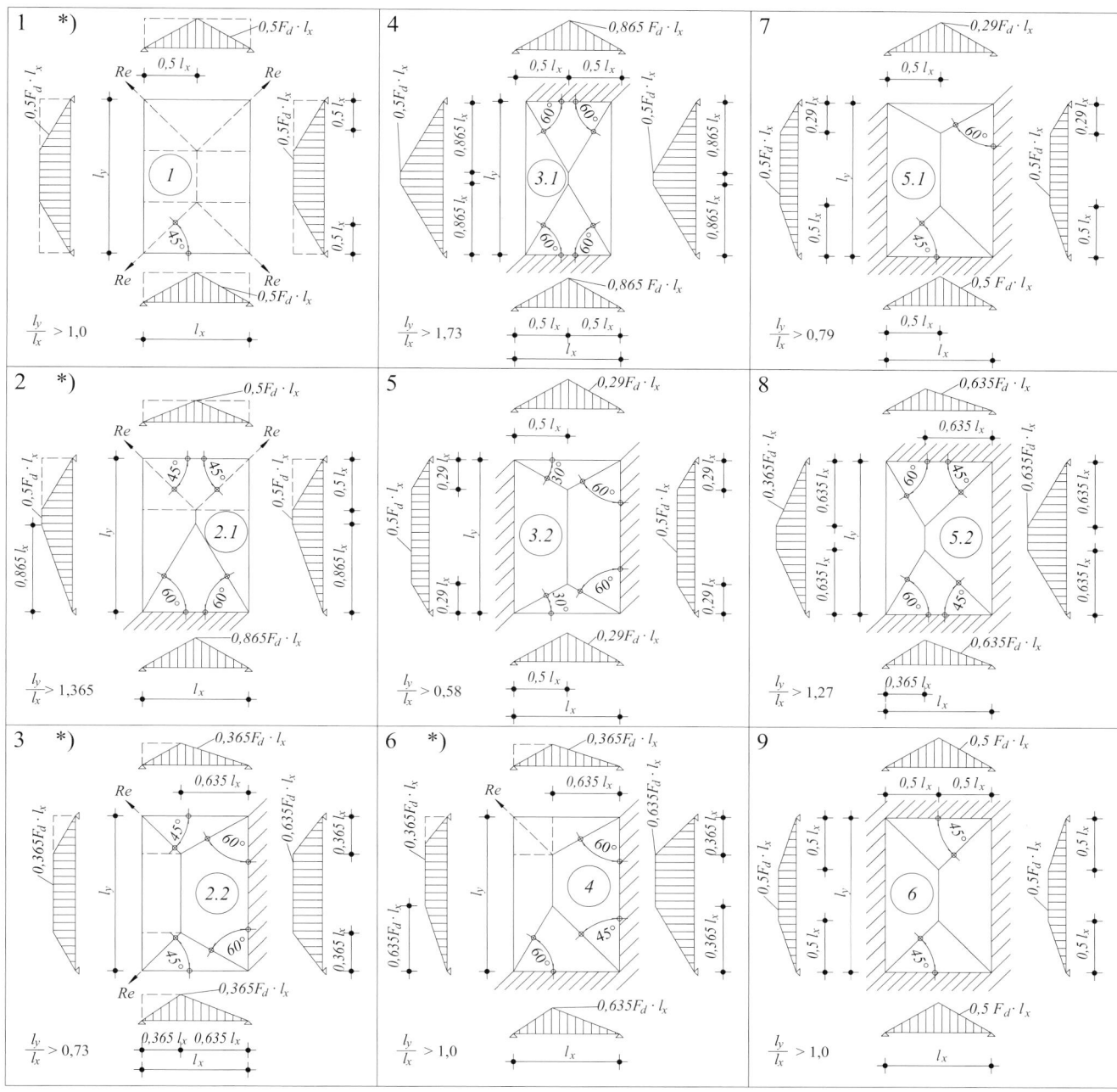

*) Gestricheltes Lastbild maßgebend, wenn Eckabhebekräfte nicht gesondert erfasst werden, vgl. DAfStb-Heft 240;2.3.4.
1) Werden die angegebenen Grenzwerte l_y / l_x unter- bzw. überschritten, werden die Achsbezeichnungen gewechselt.

Maximale Feldmomente des stärker umrandeten Feldes von Abb. 8.27 ergeben sich unter der links dargestellten Belastung (schraffierte Felder belastet). Rechts wirkt die gleiche Belastung in anderer Aufteilung. Wie man sieht, lassen sich die **maximalen Feldmomente** des elastisch eingespannten Plattenfeldes des Plattensystems an einer Einfeldplatte mit fest eingespannten und frei drehbar gelagerten Rändern ermitteln, die man wie folgt belastet:

$g + q/2$ auf Einfeldplatte, die an allen Rändern fest eingespannt ist, wo Nachbarfelder anschließen, liefert m'_Feld

$q/2$ auf Einfeldplatte, die an allen Rändern frei drehbar gelagert ist, liefert m''_Feld

$$\max m_\mathrm{Feld} = m'_\mathrm{Feld} + m''_\mathrm{Feld}$$

Abb. 8.27 Belastungsumordnung

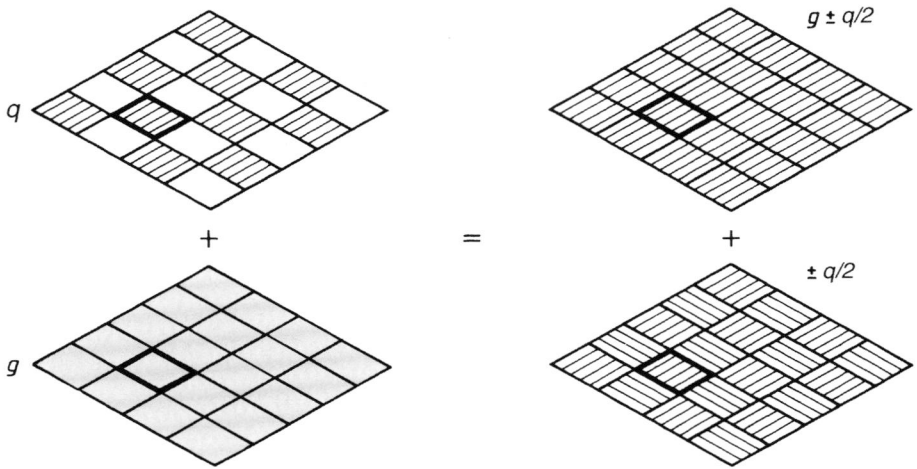

Tafel 8.22 Beiwerte k_A zur Berechnung der Eckabhebekräfte vierseitig gelagerter Platten nach Czerny BK 1996 [15], Hahn [30] bzw. eigenen FEM-Berechnungen: $R_e = F_d \cdot l_x^2 / k_A$; $F_d = \gamma_G \cdot g_k + \gamma_Q \cdot q_k$

Stützung	1 [15]	2.1 [15]	2.2 [15]	4 (FEM)	4 [30]
$\varepsilon_e = l_y / l_x$					
1,00	10,80	13,10	13,10	15,34	17,55
1,05	10,30	12,20	12,70	14,33	16,71
1,10	9,85	11,60	12,40	13,77	15,95
1,15	9,50	10,90	12,20	13,32	15,26
1,20	9,20	10,50	12,00	12,94	14,63
1,25	8,95	10,00	11,80	12,64	14,04
1,30	8,75	9,70	11,70	12,32	13,50
1,35	8,55	9,30	11,60	12,11	13,00
1,40	8,40	9,10	11,50	12,00	12,54
1,45	8,25	8,80	11,40	11,81	12,10
1,50	8,15	8,70	11,40	11,97	11,70
1,55	8,05	8,50	11,30	11,60	11,32
1,60	7,95	8,40	11,30	11,52	10,97
1,65	7,85	8,20	11,20	11,47	10,64
1,70	7,80	8,10	11,20	11,42	10,32
1,75	7,75	8,00	11,20	11,38	10,03
1,80	7,70	7,90	11,20	11,35	9,75
1,85	7,65	7,80	11,20	11,33	9,49
1,90	7,65	7,80	11,20	11,30	9,24
1,95	7,60	7,70	11,20	11,29	9,00
2,00	7,55	7,70	11,20	11,28	8,78

Das **minimale Stützmoment** zwischen zwei Plattenfeldern eines Plattensystems darf wie folgt berechnet werden:
(a) Man berechnet die beiden (Voll-)Einspannmomente m_{S1} und m_{S2} der beiden benachbarten Einfeldplatten.
(b) Man berechnet das arithmetische Mittel

$$m_S = \frac{1}{2}(m_{S1} + m_{S2}).$$

(c) Man berechnet den Wert „75 Prozent des betragsmäßig größeren (Voll-)Einspannmomentes".
(d) Man vergleicht die unter (b) und (c) berechneten Werte miteinander und wählt den betragsmäßig größeren Wert als maßgebendes Stützmoment.
(e) bei $l_1 = l_2 > 5$ ist zwischen m_{S1} und m_{S2} nicht zu mitteln:
Der betragsmäßig größere Wert ist allein für die Bemessung maßgebend.

Ein Kragarm kann hinsichtlich der Stützungsart des angrenzenden Feldes dann als einspannend angesetzt werden, wenn das Kragmoment aus Eigenlast größer ist als das halbe Volleinspannmoment des Feldes bei Belastung durch $g + q$. Sinngemäß ist zu verfahren, wenn andere einspannende Systeme, z. B. dreiseitig gelagerte Platten angrenzen.

Auf die oben beschriebene Weise können auch die Plattenmomente eines Plattensystems mithilfe der k-Werte von Tafel 8.17 berechnet werden. Die hierbei erforderlich werdende Überlagerung haben Pieper und Martens [29] überflüssig gemacht, indem sie generell eine 50prozentige Einspannung ($\frac{g+q/2}{g+q} = 0{,}50$) annehmen und dafür die Koeffizienten angeben (siehe Tafel 8.23). Die Koeffizienten dieser Tafel dürfen bei annähernd gleicher Dicke d aller Platten benutzt werden, solange $q \leq \frac{2}{3}(g + q)$ bzw. $q \leq 2g$ ist.

Vorgehensweise

Feldmomente: $m_{fx} = (g_d + q_d) \cdot \dfrac{l_x^2}{k_{xm}}$,

$m_{fy} = (g_d + q_d) \cdot \dfrac{l_x^2}{k_{y\,max}}$

Stützmomente: $m_{sx} = -(g_d + q_d) \cdot \dfrac{l_x^2}{k_{x\,erm}}$,

$m_{sy} = -(g_d + q_d) \cdot \dfrac{l_x^2}{k_{y\,erm}}$

Tafel 8.23 Momentenzahlen nach Pieper und Martens

Stützung	Drilltragfähigkeit	Beiwerte k_i											
		Stützweitenverhältnis $\varepsilon = l_y / l_x$											
		1,0	1,10	1,20	1,30	1,40	1,50	1,60	1,70	1,80	1,90	2,0	$> \infty$
1	a	$k_{x\,m}$ 27,2	22,4	19,1	16,8	15,0	13,7	12,7	11,9	11,3	10,8	10,4	8,0
		$k_{y\,max}$ 27,2	27,9	29,1	30,9	32,8	34,7	36,1	37,3	38,5	39,4	40,3	*
	b	$k_{x\,m}$ 20,0	16,6	14,5	13,0	11,9	11,1	10,6	10,2	9,8	9,5	9,3	8,0
		$k_{y\,max}$ 20,0	20,7	22,1	24,0	26,2	28,3	30,2	31,9	33,4	34,7	35,9	*
2.1	a	$k_{x\,m}$ 32,8	26,3	22,0	18,9	16,7	15,0	13,7	12,8	12,0	11,4	10,9	8,0
		$k_{y\,max}$ 29,1	29,2	29,8	30,6	31,8	33,5	34,8	36,1	37,3	38,4	39,5	*
		$k_{y\,erm}$ −11,9	−10,9	−10,1	−9,6	−9,2	−8,9	−8,7	−8,5	−8,4	−8,3	−8,2	−8,0
	b	$k_{x\,m}$ 26,4	21,4	18,2	15,9	14,3	13,0	12,1	11,5	10,9	10,4	10,1	8,0
		$k_{y\,max}$ 22,4	22,8	23,9	25,1	26,7	28,6	30,4	32,0	33,4	34,8	36,2	*
2.2	a	$k_{x\,m}$ 29,1	24,6	21,5	19,2	17,5	16,2	15,2	14,4	13,8	13,3	12,9	10,2
		$k_{y\,max}$ 32,8	34,5	36,8	38,8	40,9	42,7	44,1	45,3	46,5	47,2	47,9	*
		$k_{x\,erm}$ −11,9	−10,9	−10,2	−9,7	−9,3	−9,0	−8,8	−8,6	−8,4	−8,3	−8,3	−8,0
	b	$k_{x\,m}$ 22,4	19,2	17,2	15,7	14,7	13,9	13,2	12,7	12,3	12,0	11,8	10,2
		$k_{y\,max}$ 26,4	28,1	30,3	32,7	35,1	37,3	39,1	40,7	42,2	43,3	44,8	*
3.1	a	$k_{x\,m}$ 38,0	30,2	24,8	21,1	18,4	16,4	14,8	13,6	12,7	12,0	11,4	8,0
		$k_{y\,max}$ 30,6	30,2	30,3	31,0	32,2	33,8	35,9	38,3	41,1	44,9	46,3	*
		$k_{y\,erm}$ −14,3	−12,7	−11,5	−10,7	−10,0	−9,5	−9,2	−8,9	−8,7	−8,5	−8,4	−8,0
3.2	a	$k_{x\,m}$ 30,6	26,3	23,2	20,9	19,2	17,9	16,9	16,1	15,4	14,9	14,5	12,0
		$k_{y\,max}$ 38,0	39,5	41,4	43,5	45,6	47,6	49,1	50,3	51,3	52,1	52,9	*
		$k_{x\,erm}$ −14,3	−13,5	−13,0	−12,6	−12,3	−12,2	−12,0	−12,0	−12,0	−12,0	−12,0	−12,0
4	a	$k_{x\,m}$ 33,2	27,3	23,3	20,6	18,5	16,9	15,8	14,9	14,2	13,6	13,1	10,2
		$k_{y\,max}$ 33,2	34,1	35,5	37,7	39,9	41,9	43,5	44,9	46,2	47,2	48,3	*
		$k_{x\,er\,min}$ −14,3	−12,7	−11,5	−10,7	−10,0	−9,6	−9,2	−8,9	−8,7	−8,5	−8,4	−8,0
		$k_{y\,er\,min}$ −14,3	−13,6	−13,1	−12,8	−12,6	−12,4	−12,3	−12,2	−12,2	−12,2	−12,2	−11,2
	b	$k_{x\,m}$ 26,7	22,1	19,2	17,2	15,7	14,6	13,8	13,2	12,7	12,3	12,0	10,2
		$k_{y\,max}$ 26,7	27,6	29,2	31,4	33,8	36,2	38,1	39,8	41,4	42,8	44,2	*
5.1	a	$k_{x\,m}$ 33,6	28,2	24,4	21,8	19,8	18,3	17,2	16,3	15,6	15,0	14,6	12,0
		$k_{y\,max}$ 37,3	38,7	40,4	42,7	45,1	47,5	49,5	51,4	53,3	55,1	58,9	*
		$k_{x\,er\,min}$ −16,2	−14,8	−13,9	−13,2	−12,7	−12,5	−12,3	−12,2	−12,1	−12,0	−12,0	−12,0
		$k_{y\,erm}$ −18,3	−17,7	−17,5	−17,5	−17,5	−17,5	−17,5	−17,5	−17,5	−17,5	−17,5	−17,5
5.2	a	$k_{x\,m}$ 37,3	30,3	25,3	22,0	19,5	17,7	16,4	15,4	14,6	13,9	13,4	10,2
		$k_{y\,m}$ 33,6	34,1	35,1	37,3	39,8	43,1	46,6	52,3	55,5	60,5	66,1	*
		$k_{x\,erm}$ −18,3	−15,4	−13,5	−12,2	−11,2	−10,6	−10,1	−9,7	−9,4	−9,0	−8,9	−8,0
		$k_{y\,er\,min}$ −16,2	−14,8	−13,9	−13,3	−13,0	−12,7	−12,6	−12,5	−12,4	−12,3	−12,3	−11,2
6	a	$k_{x\,m}$ 36,8	30,2	25,7	22,7	20,4	18,7	17,5	16,5	15,7	15,1	14,7	12,0
		$k_{y\,max}$ 36,8	38,1	40,4	43,5	47,1	50,6	52,8	54,5	56,1	57,3	58,3	*
		$k_{x\,erm}$ −19,4	−17,1	−15,5	−14,5	−13,7	−13,2	−12,8	−12,5	−12,3	−12,1	−12,0	−12,0
		$k_{y\,erm}$ −19,4	−18,4	−17,9	−17,6	−17,5	−17,5	−17,5	−17,5	−17,5	−17,5	−17,5	−17,5

a: volle Drilltragfähigkeit, b: reduzierte Drilltragfähigkeit.

Bei unterschiedlichen Einspannmomenten an angrenzenden Plattenfeldern wird dann wie folgt gemittelt:

- Stützweitenverhältnis der beiden betroffenen Platten liegt zwischen $0{,}2 \leq l_i / l_j \leq 5$

$$\left|m_{s\,ij}\right| = \max \begin{cases} 0{,}5 \cdot \left|m_{s\,j} + m_{s\,j}\right| \\ 0{,}75 \cdot \max\left\{\left|m_{s\,i}\right| ; \left|m_{s\,j}\right|\right\} \end{cases}$$

- Stützweitenverhältnis der beiden betroffenen Platten liegt außerhalb des o. g. Bereiches, d. h. $l_i / l_j < 2$ oder $l_i / l_j > 5$

$$\left|m_{s\,ij}\right| = \max\left\{\left|m_{s\,i}\right| ; \left|m_{s\,j}\right|\right\}$$

Auf Basis dieser Schnittgrößen erfolgt dann die Biegebemessung im GZT, d. h. eine Umlagerung darf nicht mehr durchgeführt werden.

Tafel 8.24 Momentenzahlen f_x [a]

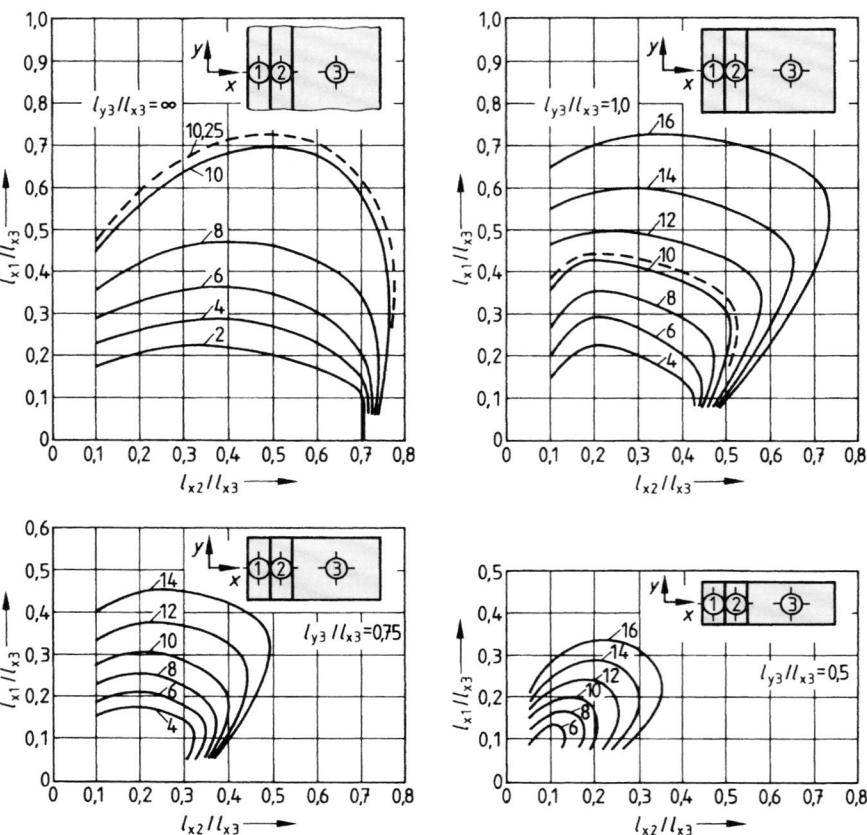

[a] Zwischenwerte können innerhalb einer Tafel und zwischen zwei Tafeln linear eingeschaltet werden. Im Allgemeinen genügt es jedoch die Tafel zu verwenden, deren Seitenverhältnis im Feld 3 dem vorhandenen am nächsten liegt. Wird die Tafel mit dem niedrigen Wert $l_{y3} = l_{x3}$ gewählt, so ist etwas reichlicher zu bewehren.

Sonderfall Folgt in einem Plattensystem auf zwei kleine Felder ein großes (Abb. 8.28), dann werden die Verhältnisse z. B. in Feld 1 nicht nur durch Feld 2, sondern auch durch Feld 3 beeinflusst.

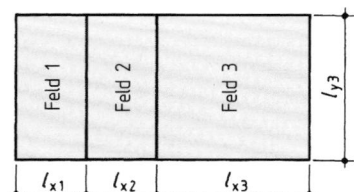

Abb. 8.28 Auf zwei kleine Felder folgt ein großes

Man verfährt dann so:
- Tafel 8.24 Momentenzahl f_{x1} entnehmen;
- wenn $f_{x1} > 10{,}25$ oder das Stützweitenverhältnis nicht mehr notiert, dann wie im Normalfall Tafel 8.17 oder Tafel 8.23 verwenden;

- anderenfalls ergibt sich
  - das Feldmoment in Feld 1

$$m_{f_{x1}} = \frac{(g + q) \cdot l_{x1}^2}{f_{x1}}$$

  - die Endauflagerkraft des Feldes 1

$$A = \sqrt{2(g + q) \cdot m_{f_{x1}}}$$

  - das Stützmoment zwischen den Feldern 1 und 2

$$m_b = A l_{x1} - \frac{(g + q) \cdot l_{x1}^2}{2}$$

  - das Feldmoment in Feld 2

$$m_{f_{x2}} = \frac{(g + q) \cdot l_{x2}^2}{12}$$

(wenn $m_b > m_{f_{x2}}$, dann ist m_b im Feld 2 maßgebend).

Beispiel 8.2 (siehe Abb. 8.29)

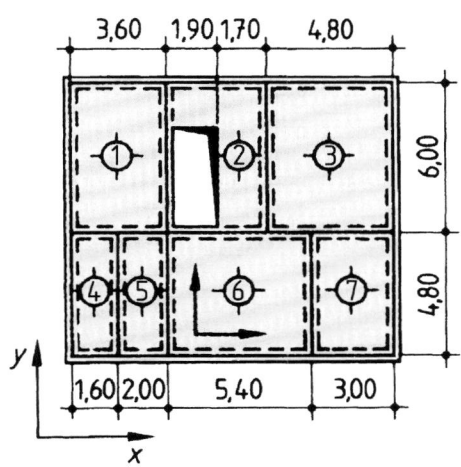

Abb. 8.29 Plattensystem, Beispiel

$$g_d = 7,45\,\text{kN/m}^2; \quad q = 2,25\,\text{kN/m}^2$$
$$g_d + q_d = 9,70\,\text{kN/m}^2; \quad 2,25 < 9,70/3.$$

Berechnung der Momente s. Tafeln 8.25 und 8.26.

Zu Platte 6:

$$\varepsilon' = l'_y = l'_x = 1,13$$

Zu Platte 4:

$$l_{y3} = l_{x3} = 4,80/5,40 = 0,88 \approx 1,0$$
$$l_{x1} = l_{x3} = 1,60/5,40 = 0,296;$$
$$l_{x2} = l_{x3} = 2,0/5,40 = 0,37;$$

Nach Tafel 8.17 $f_{x1} = 7,9$. Die Indizes geben hier nicht die Plattennummer sondern das 1. bzw. 3. Feld an.

Zu Platte 2:

Kragmoment $m_{sxo} = -9,7 \cdot 1,7^2/2 = -14,01\,\text{kN m/m}$.

Das Plattenfeld 2 kann auch in andere statische Systeme aufgelöst werden z. B. in dreiseitig gelagerte Platten.

f_x und m_{fx} für Platte 4 nach Tafel 8.24. f_x und m_{fx} für Platte 5 nach oberer Gleichung für Feld 2. Alle anderen Werte nach Tafel 8.17. ◄

Tafel 8.25 Feldmomente in kN m/m

PL-Nr.	Stützung	l_x / l'_y	l_y / l'_x	$\varepsilon = l_y/l_x$ / $\varepsilon' = l'_y/l'_x$	f_x	f_y	s_x	s_y	m_{fx}	m_{fy}	m_{sox}	m_{soy}
1	2	3,60 / –	6,00 / –	1,67 / –	13,1	35,7	–	8,7	9,59	3,52	– / –	−14,44
2	Krag	1,70	–	–	–	–	2,0	–	–	–	−14,01	–
3	4	4,80 / –	6,00 / –	1,25 / –	22,0	36,6	11,1	13,0	10,15	6,10	−20,12	−17,18
4	4	1,60 / –	4,80 / –	3,00 / –	7,9	*	8,0	11,2	3,14	*	−3,10	−2,22
5	5	2,00 / –	4,80 / –	2,40 / –	12,0	*	12,0	17,5	3,23	*	−3,23	−2,22
6		– / 5,40	– / 4,80	– / 1,13	34,4	28,8	14,5	14,8	6,49	7,76	−15,41	−15,09
7	4	3,00 / –	4,80 / –	1,60 / –	15,8	43,5	9,2	12,3	5,52	2,01	−9,48	−7,09

Tafel 8.26 Stützmomente in kN m/m

m	Rand i–k							
	x-Richtung				y-Richtung			
	2–3	4–5	5–6	6–7	1–4	1–5	(2) 3–6	3–7
$m_{so} = m_{ik}$	−14,01	−3,10	−3,23	−15,41	−14,44	−14,44	−17,18	−17,18
$m_{so} = m_{ki}$	−20,12	−3,23	−15,41	−9,48	−2,22	−2,22	−15,09	−7,09
$\frac{m_{ik}+m_{ki}}{2}$		−3,17	−9,32	−12,44	Wegen der T-förmigen Wandstücke Volleinspannung maßgebend			
$0,75 \min m_{so}$		−2,42	−11,55	−11,55				
$\min m_s$	−14,01	−3,17	−11,55	−12,44	−14,44	−14,44	−17,18	−17,18

8.5.6.4.2 Dreiseitig gelagerte Platten nach Hahn [30]

Dreiseitig frei drehbar gestützte Platte (Abb. 8.30)

$$\varepsilon = l_y / l_x; \quad D = \overline{\omega}_r \cdot E \cdot d^3$$

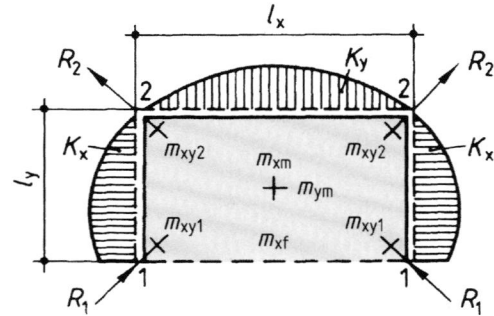

Abb. 8.30 Gleichlast

Lastfall 1 Gleichlast q

$$K = q \cdot l_x l_v$$

Momente $\quad m_i = K : f_i$

Durchbiegung $\quad \omega_r = K \cdot l_x^2 : D$

Auflagerkräfte $\quad K_x = v_x \cdot K; K_y = v_y \cdot K_i$

Verteilung der Auflagerkräfte s. Abb. 8.30

Eckkräfte $\quad R_1 = 2m_{xy1}; R_2 = 2m_{xy2}$ (Zug).

Lastfall 2 Randlast q_x (Abb. 8.31)

$$S = q_x l_x$$

Momente $\quad m_i = S : f_i$

Durchbiegung $\quad \omega_r = S \cdot l_x^2 : D$.

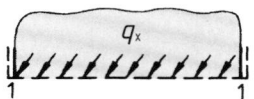

Abb. 8.31 Randlast

Lastfall 3 Randmoment μ (Abb. 8.32)

Momente $\quad m_i = \mu : f_i$

Durchbiegung $\quad \omega_r = \mu l_x^2 : D$

Auflagerkräfte $\quad K_x = v_x \cdot \mu; K_y = v_y \cdot \mu;$

Verteilung der Auflagerkräfte s. Abb. 8.32

Eckkräfte $\quad R_1 = |\varrho_1 \cdot \mu|; R_2 = \varrho_2 \cdot \mu.$

Die zugehörigen Beiwerte sind in Tafel 8.27 angegeben.

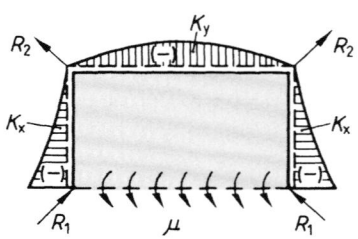

Abb. 8.32 Randmoment

Tafel 8.27 Dreiseitig frei drehbar gestützte Platte

$\varepsilon =$	1,5	1,4	1,3	1,2	1,1	1,0	0,9	0,8	0,7	0,6	0,5	0,4	0,3	0,25
Fall 1 Gleichlast														
f_{xr}	12,6	11,9	11,3	10,7	10,2	9,8	9,4	9,1	9,1	9,2	9,8	11,0	13,7	16,2
f_{xm}	15,3	14,9	14,5	14,1	13,8	13,7	13,6	13,8	14,2	15,2	17,0	20,2	26,3	31,5
f_{ym}	62,4	58,4	54,2	50,0	45,9	41,7	37,1	33,2	29,9	27,4	25,9	26,3	29,7	33,7
$\pm f_{xy2}$	22,3	20,6	19,3	17,9	16,7	15,4	14,1	12,9	11,8	10,8	10,1	9,4	8,8	8,6
$\pm f_{xy1}$	412	300	220	161	118	86,5	63,6	47,0	35,0	26,3	20,2	15,8	12,8	11,6
$\overline{\omega}_r$	9,10	8,70	8,35	8,05	7,80	7,60	7,45	7,35	7,35	7,40	7,65	8,25	9,90	1,60
v_x	0,45	0,45	0,44	0,43	0,42	0,39	0,39	0,37	0,34	0,31	0,28	0,22	0,16	0,13
v_y	0,28	0,30	0,32	0,34	0,36	0,44	0,44	0,49	0,54	0,59	0,64	0,72	0,80	0,84
Fall 2 Randlast														
f_{xr}	4,1	4,1	4,1	4,1	4,1	4,1	4,1	4,2	4,3	4,5	4,9	5,6	6,9	8,1
f_{xm}	18,0	16,1	14,3	13,1	11,9	10,9	10,2	9,6	9,4	9,3	9,7	10,8	13,1	16,1
f_{ym}	36,2	33,0	30,8	29,2	27,9	27,2	27,2	29,3	32,8	39,4	52,5	91,0	200	500
$\pm f_{xy2}$	65,0	51,5	40,5	32,4	25,6	20,4	16,0	12,6	10,2	8,3	6,9	5,8	5,2	4,9
$\overline{\omega}_r$	3,10	3,10	3,10	3,10	3,10	3,10	3,05	3,05	3,10	3,35	3,70	4,45	5,75	7,00
Fall 3 Randmoment														
f_{xr}	2,95	2,94	2,93	2,92	2,91	2,90	2,85	2,80	2,74	2,65	2,50	2,35	2,20	2,08
f_{xm}	−18,2	−18,4	−18,8	−20,5	−23,2	−31,0	−69	105	30,0	12,5	7,9	5,7	4,6	4,2
$-f_{ym}$	32,1	22,4	16,5	12,8	9,8	7,6	6,1	4,8	3,4	3,1	2,5	2,2	2,1	2,0
$\overline{\omega}_r$	2,00	2,00	2,00	2,00	2,00	2,00	1,95	1,90	1,85	1,78	1,71	1,63	1,54	1,49
$-v_x$						1,19	1,39	1,52	1,55	1,52	1,49	1,46	1,36	1,20
$-v_y$						0,62	0,64	0,70	0,78	0,80	0,80	0,70	0,50	0,28
ϱ_1						1,25	1,55	1,78	1,94	1,03	2,15	2,35	2,65	2,96
$-\varrho_2$						−0,25	−0,16	−0,09	−0,01	0,11	0,26	0,54	1,04	1,52

Beispiel 8.3 (zur Anwendung von Tafel 8.27)

$$l_y = 2{,}10\,\text{m}; \quad l_x = 3{,}00\,\text{m}; \quad \varepsilon = 0{,}70;$$

Gleichlast $q = 8{,}5\,\text{kN/m}^2$ Lastfall 1;

Randlast $q_x = 7{,}2\,\text{kN/m}$ Lastfall 2;

$$K = 8{,}50 \cdot 2{,}10 \cdot 3{,}0 = 53{,}55\,\text{kN};$$

$$S = 7{,}2 \cdot 3{,}0 = 21{,}6\,\text{kN};$$

$$m_{xr} = 53{,}55/9{,}1 + 21{,}6/4{,}3 = 10{,}90\,\text{kN/m};$$

$$m_{xm} = 53{,}55/14{,}2 + 21{,}6/9{,}4 = 6{,}07\,\text{kN m/m};$$

$$m_{ym} = 53{,}55/29{,}9 - 21{,}6/32{,}8 = 1{,}13\,\text{kN m/m};$$

$$m_{xy2} = \pm 53{,}55/11{,}8 \pm 21{,}6/10{,}2$$

$$= \pm 6{,}66\,\text{kN m/m};$$

$$m_{xy1} = 53{,}55/35 = 1{,}53\,\text{kN m/m}. \quad \blacktriangleleft$$

Dreiseitig gestützte Platte mit Einspannung der drei Ränder   (Abb. 8.33)

$$\varepsilon = l_y / l_x$$

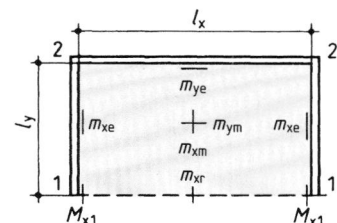

Abb. 8.33 Biegemomente

Lastfall 1   Gleichlast q

$$K = q \cdot l_x \cdot l_y;$$

$$m_i = K / f_i;$$

$$K_x = v_x \cdot K;$$

$$K_y = v_y \cdot K;$$

Abb. 8.34 Stützkräfte

Lastfall 2   Dreieckslast; max q am Rand 2–2; $q = 0$ am Rand 1–1;

$$K = 0{,}5 \cdot \max q \cdot l_x \cdot l_y;$$

$$m_i = K : f_i$$

Lastfall 3   Randlast:

$$S_{1-1} = q_{1-1} \cdot l_x;$$

$$m_i = S_{1-1} / f_i$$

Die zugehörigen Beiwerte sind in Tafel 8.28 angegeben.

Tafel 8.28   Dreiseitig gestützte Platte mit Einspannung der drei Ränder

$\varepsilon =$	1,5	1,4	1,3	1,2	1,1	1,0	0,9	0,8	0,7	0,6	0,5	0,4	0,3	0,25
Fall 1 Gleichlast														
f_{xr}	35,8	33,4	31,0	28,6	26,4	24,3	22,4	20,9	19,9	19,8	21,3	26,8	46,4	77,0
f_{xm}	39,8	38,3	37,0	35,8	34,9	34,3	34,0	34,3	35,6	38,6	45,6	63,6	126	228
f_{ym}	163	152	141	130	119	109	99,5	91,0	83,4	80,0	83,4	108	208	417
$-f_{x1}$	17,8	16,6	15,3	14,1	12,8	11,6	10,4	9,3	8,2	7,4	6,8	6,8	7,6	8,6
$-f_{xe}$	18,7	17,8	17,0	16,2	15,6	15,0	14,5	14,3	14,2	14,7	15,8	18,1	23,0	27,2
$-f_{ye}$	26,4	24,6	22,8	21,1	19,3	17,6	15,8	14,2	12,6	11,1	9,8	9,0	9,0	9,6
v_x	0,42	0,41	0,40	0,39	0,38	0,37	0,35	0,34	0,32	0,30	0,27	0,23	0,19	0,17
v_y	0,16	0,18	0,20	0,22	0,24	0,26	0,30	0,32	0,36	0,40	0,46	0,54	0,62	0,66
Fall 2 Dreieckslast max q. Rand 2–2														
f_{xr}	115	100	86,3	73,7	63,0	54,1	46,8	41,4	37,9	36,6	38,9	48,7	85,5	143
f_{xm}	42,4	41,5	41,1	41,0	41,3	42,2	44,0	46,8	51,4	59,2	74,2	110	230	430
f_{ym}	80,6	76,2	71,3	66,7	62,5	58,8	56,9	54,0	56,5	59,1	69,0	91,0	172	17,7
$-f_{xe}$	19,1	18,4	17,8	17,3	16,9	16,6	16,5	16,7	17,2	18,3	20,3	23,9	30,7	36,5
$-f_{ye}$	7,8	17,0	16,3	15,6	14,9	14,2	13,5	13,0	12,5	12,0	11,7	11,7	12,6	13,8
Fall 3 Randlast S_{1-1}														
f_{xr}	7,0	7,0	7,1	7,1	7,2	7,2	7,3	7,3	7,4	7,9	9,2	13,0	21,2	33,5
f_{xm}	143	112	85	63	47,5	35,5	28,2	24,0	22,1	23,3	27,1	34,3	54	84
$-f_{ym}$	22	22	22	22	22	22	22	21	21	19	17	15	13	12
$-f_{x1}$	2,3	2,3	2,3	2,2	2,2	2,2	2,1	2,1	2,1	2,2	2,2	2,6	3,3	4,1
$-f_{xe}$	262	165	102	68	47,1	35,8	27,0	20,5	15,8	13,2	12,1	12,5	13,9	15,6
$-f_{ye}$	$\sim\infty$	–	–	–	250	120	59	35	20	12,4	8,6	5,9	5,3	5,2

Beispiel 8.4 (zur Anwendung von Tafel 8.28)

$$l_y = 4{,}80\,\text{m};$$

$$l_x = 6{,}00\,\text{mm};$$

$$\varepsilon = 0{,}80;$$

Dreieck $\max q = 12{,}5\,\text{kN/m}^2$ Lastfall 2;

$$K = 0{,}5 \cdot 12{,}5 \cdot 6{,}00 \cdot 4{,}80 = 180\,\text{kN}$$

$$m_{xr} = 180/41{,}4 = 4{,}35\,\text{kN\,m/m}$$

$$m_{xm} = 180/46{,}8 = 3{,}85\,\text{kN\,m/m}$$

$$m_{ym} = 180/54{,}0 = 3{,}33\,\text{kN\,m/m}$$

$$m_{x1} = -180/24{,}6 = -7{,}32\,\text{kN\,m/m}$$

$$m_{xe} = -180/16{,}7 = -10{,}78\,\text{kN\,m/m}$$

$$m_{ye} = -180/13{,}0 = -13{,}85\,\text{kN\,m/m} \blacktriangleleft$$

8.5.6.4.3 Punkt- und Linienlasten auf einachsig gespannten Platten; rechnerische Lastverteilungsbreite b_m

Ohne genaueren Nachweis darf die rechnerische Lastverteilungsbreite b_m nach Tafel 8.29 ermittelt werden. Dabei gilt für die Lasteintragungsbreite t (siehe Abb. 8.35)

$$t = b_0 + 2d_1 + d$$

b_0 Lastaufstandsbreite
d_1 lastverteilende Deckschicht
d Plattendicke.

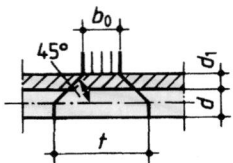

Abb. 8.35 Lasteintragungsbreite t

Tafel 8.29 Rechnerische Lastverteilungsbreite unter konzentrierten Lasten [12]

Statisches System Schnittgröße	Rechnerische Lastverteilungsbreite b_m	Gültigkeitsgrenzen			Mitwirkende Breite b_m gültig für durchgehende Linienlast ($t_x = l$)	
		x	t_y	t_x	$t_y = 0{,}05l$	$t_y = 0{,}1l$
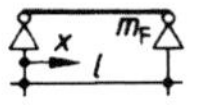	$t_y + 2{,}5 \cdot x \cdot \left(1 - \dfrac{x}{l}\right)$	$0 < x < l$	$\leq 0{,}8l$	$\leq l$	$b_m = 1{,}36l$	
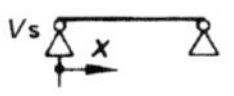	$t_y + 0{,}5 \cdot x$ [a]	$0 < x < l$	$\leq 0{,}8l$	$\leq l$	$b_m = 0{,}25l$	$b_m = 0{,}30l$
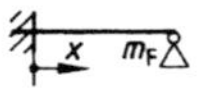	$t_y + 1{,}5 \cdot x \cdot \left(1 - \dfrac{x}{l}\right)$	$0 < x < l$	$\leq 0{,}8l$	$\leq l$	$b_m = 1{,}01l$	
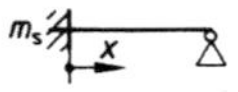	$t_y + 0{,}5 \cdot x \cdot \left(2 - \dfrac{x}{l}\right)$	$0 < x < l$	$\leq 0{,}8l$	$\leq l$	$b_m = 0{,}67l$	
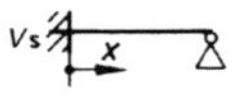	$t_y + 0{,}3 \cdot x$ [a]	$0{,}2l < x < l$	$\leq 0{,}4l$	$\leq 0{,}2l$	$b_m = 0{,}25l$	$b_m = 0{,}30l$
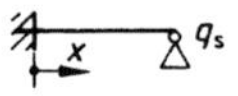	$t_y + 0{,}4 \cdot (l - x)$	$l < x < 0{,}8l$	$\leq 0{,}4l$	$\leq 0{,}2l$	$b_m = 0{,}17l$	$b_m = 0{,}21l$
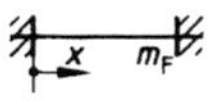	$t_y + x \cdot \left(1 - \dfrac{x}{l}\right)$	$0 < x < l$	$\leq 0{,}8l$	$\leq l$	$b_m = 0{,}86l$	
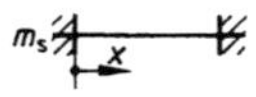	$t_y + 0{,}5 \cdot x \cdot \left(2 - \dfrac{x}{l}\right)$	$0 < x < l$	$\leq 0{,}4l$	$\leq l$	$b_m = 0{,}52l$	
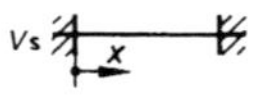	$t_y + 0{,}3 \cdot x$ [a]	$0{,}2l < x < l$	$\leq 0{,}4l$	$\leq 0{,}2l$	$b_m = 0{,}21l$	$b_m = 0{,}25l$
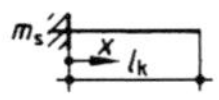	$0{,}2l_k + 1{,}5 \cdot x,\ t_y + 1{,}5 \cdot x$	$0 < x < l_k$	$t_y < 0{,}2l_k,$ $0{,}2l_k \leq t_y \leq 0{,}8l_k$	$\leq l_k$	$b_m = 1{,}35l$	
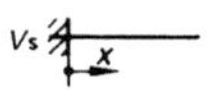	$0{,}2l_k + 0{,}3 \cdot x$ [a]	$0{,}2l_k < x < l_k$	$t_y < 0{,}2l_k,$ $0{,}2l_k \leq t_y \leq 0{,}4l_k$	$\leq 0{,}2l_k$	$b_m = 0{,}36l$	$b_m = 0{,}43l$

[a] Beachte neue Festlegungen zur mitwirkenden Breite für Querkraft

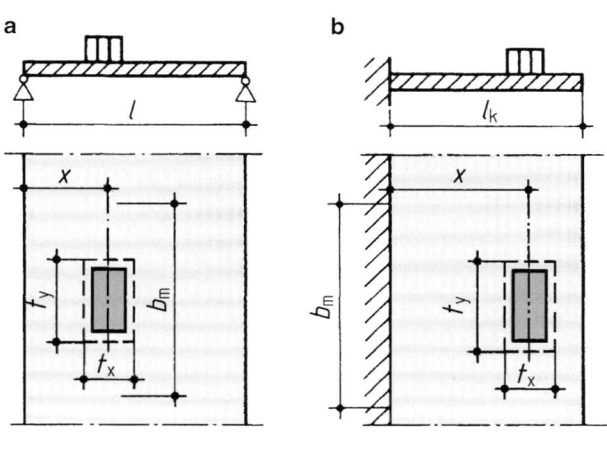

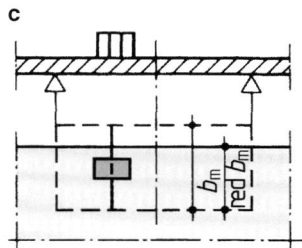

Abb. 8.36 Beispiel für Lastverteilungsbreiten.
a b_m für Feldmomente,
b b_m für Stützmoment bei Kragplatten,
c Reduzierte b_m bei Lasten in Randnähe

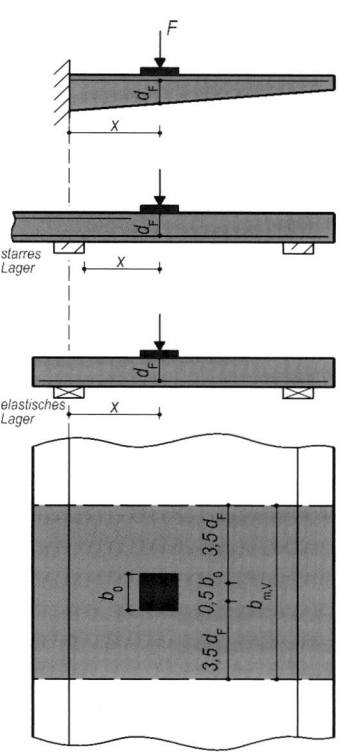

Abb. 8.37 Mittragende Breite $b_{m,V}$ für Querkraft

Die Abb. 8.36a und b zeigen Beispiele für b_m. Für Lasten in Randnähe ergibt sich eine reduzierte rechnerische Lastverteilungsbreite red b_m nach Abb. 8.36c.

Für die Berechnung des Biegemomentes m und der Querkraft v gilt

$$m = \frac{M}{b_m}; \quad v = \frac{V}{b_m}$$

l Stützweite der Platte
l_k Kragweite der Platte
x Abstand des Lastschwerpunktes vom Auflager
t_x Lasteintragungsbreite in x-Richtung
t_y Lasteintragungsbreite senkrecht zur x-Richtung
m Plattenmoment je m Breite (m_F bzw. m_s)
M größtes Balkenmoment (Feldmoment M_F bzw. Stützmoment M_s) der auf die Länge t_x gleichmäßig verteilten Gesamtlast
V Balkenquerkraft am Auflager
v Plattenquerkraft je m Breite am Auflager
b_m rechnerische Lastverteilungsbreite a. d. Stelle des max. Feldmomentes bzw. am Auflager.

Neuere Forschungen haben gezeigt, dass die in Tafel 8.28 angegeben mitwirkenden rechnerischen Lastverteilungsbreiten für Querkraft zu konservativ festgelegt sind. Daher sind in Heft 631 [14] hierzu neue Festlegungen getroffen werden, die zukünftig anstelle der hier noch in Tafel 8.28 angegebene

Werte verwendet werden sollten. Mit den Definitionen nach Abb. 8.37 ist:

$$b_{m,V} = \begin{cases} 7 \cdot d_F + 0{,}5 \cdot b_0 & \text{für } x > 2{,}5 \cdot d_F \\ 7 \cdot d_F + 1{,}0 \cdot b_0 & \text{für } x \leq 2{,}5 \cdot d_F \end{cases} \quad (8.43)$$

Dabei ist
d_F statische Nutzhöhe im Bereich der Einzellast mit $d_F \leq 0{,}4$ m
b_0 Breite der Last senkrecht zur Lastabtragungsrichtung
x Abstand der Last zum Auflagerrand, bzw. bei verformbaren Lagern zur Auflagerachse

Mit $x >$ bzw. $\leq 2{,}5 \cdot d_F$ wird in (8.43) entschieden, ob es sich um eine auflagernahe Lasteinwirkung handelt.

Mit $b_{m,V}$ wird die Querkraft infolge der Einzellast F in eine äquivalente Querkraft je Meter umgerechnet. Für den Fall, dass mehrere Einzellasten nebeneinander mit einem Abstand $c_y \leq b_{m,V}$ (siehe Abb. 8.38) auftreten, entsteht eine Konzentration der Querkraft im Überschneidungsbereich. Dieser Einfluss kann über die Abminderungen gemäß Gleichung (8.44)–(8.46) erfasst werden:

$$b_{m,V,ges} = b_{m,V,i} + c_y - \min \left\{ \frac{b_{\ddot{u}}}{2}; \frac{c_y}{2} \right\} \quad (8.44)$$

$$\frac{b_{m,V,i}}{2} \leq c_y \leq b_{m,V,i} \rightarrow b_{m,V,ges} = 0{,}5 \cdot b_{m,V,i} + 1{,}5 \cdot c_y \quad (8.45)$$

$$\frac{b_{m,V,i}}{2} > c_y \rightarrow b_{m,V,ges} = b_{m,V,i} + 0{,}5 \cdot c_y \quad (8.46)$$

Dabei ist

$b_{m,V,ges}$ gesamte mitragende Breite zweier nebeneinander liegender Einzellasten

$b_{m,V,i}$ mitragende Breite der Einzellast i nach (8.43)

c_y seitlicher Achsabstand zwischen den Einzellasten

$b_ü$ Überschneidungsbereich der mittragenden Breiten

Da die Querkrafttragfähigkeit für auflagernahe Einzellasten ($x \leq 2,5 \cdot d$) grundsätzlich unterschätzt wird, kann in diesen Fällen auf die Abminderungen nach (8.44)–(8.46) verzichtet werden.

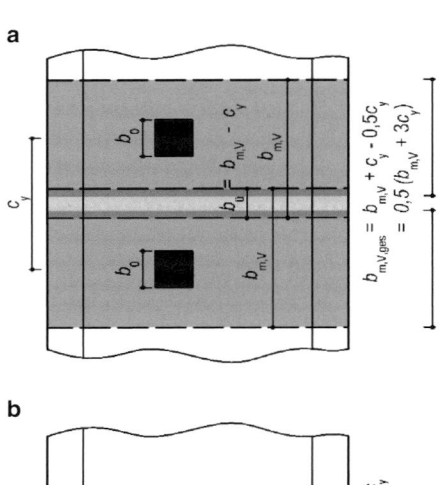

a

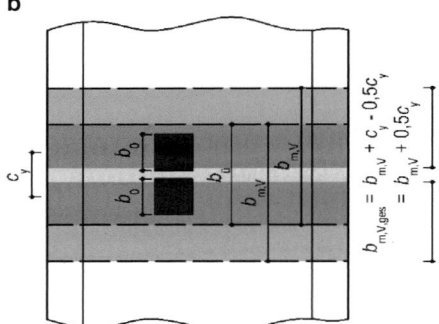

b

Abb. 8.38 Überlagerung der mittragenden Breiten von nebeneinander liegenden Lasten F.
a $c_y > b_ü$
b $c_y \leq b_ü$

8.5.6.4.4 Punktförmig gestützte Platten

Allgemeine Grundlagen Platten sind punktförmig gestützt, wenn sie unmittelbar auf Stützen aufgelagert sind. Dabei können die Stützköpfe verstärkt (Pilzdecken) oder unverstärkt (Flachdecken) ausgebildet werden. Die Stützen können gelenkig oder biegesteif an die Platte angeschlossen werden. Üblicherweise wird in der Berechnung ein gelenkiger Anschluss angenommen. Die o.g. Stützenkopfverstärkungen (Pilzdecken) sind in der heutigen Baupraxis eher eine Ausnahme.

Schnittgrößen Bei rechteckigem Stützenraster mit Stützweiten

$$0,8 \leq l_x / l_y \leq 1,25$$

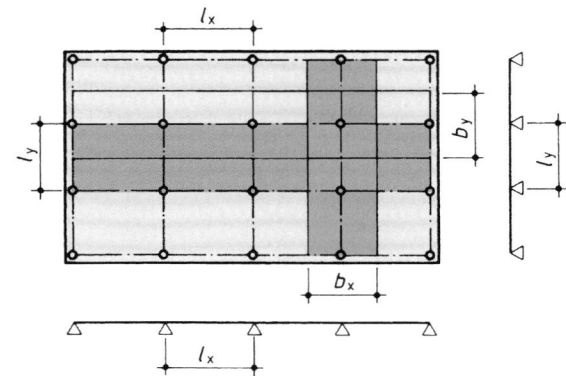

Abb. 8.39 Ersatzträger als Durchlaufträger bei gelenkigen Anschlüssen Stützen/Platte. b_x Belastungsbreite in x-Richtung, b_y Belastungsbreite in y-Richtung

und vorwiegend lotrechter Belastung kann für die Ermittlung der Schnittgrößen das in Abb. 8.39 dargestellte Näherungsverfahren verwendet werden. Die Flachdecke wird durch zwei sich kreuzende Scharen von Durchlaufträgern oder bei biegesteifer Unterstützung durch Rahmen ersetzt. Als Stützweite wird der Abstand der Unterstützungen und als Systembreite der entsprechende Stützenabstand senkrecht zur Trägerrichtung angenommen. Die Systeme werden in beide Richtungen jeweils mit der gesamten Last feldweise in ungünstiger Stellung belastet.

Der Einfluss der Stützenkopfverstärkungen ist zu berücksichtigen, wenn der Durchmesser der Verstärkung $\geq 0,3$ min l und die Neigung der Unterseiten $\geq 1 : 3$ ist.

Die Schnittgrößen sind im Bereich der jeweiligen Systembreite zu verteilen, wobei das Deckenfeld in einen inneren Feldstreifen und zwei äußere Gurtstreifen zerlegt wird (siehe Abb. 8.40) [12, 14] (Gurtstreifenverfahren).

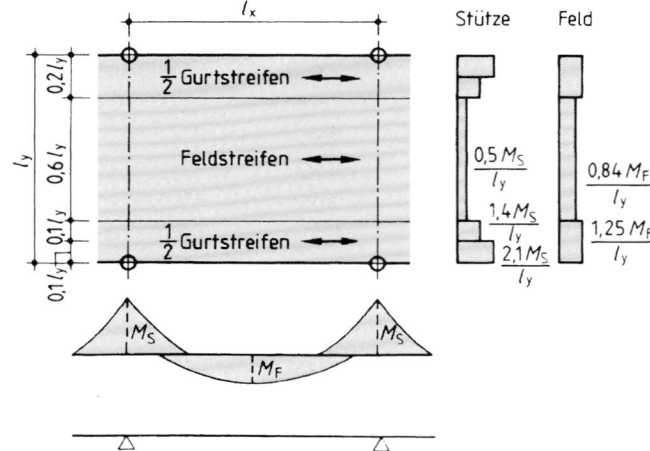

Abb. 8.40 Schnittgrößen in Pilz- und Flachdecken (dargestellt für die x-Richtung)

Wird eine Flachdecke an einem Rand stetig unterstützt, so darf bei Anwendung des Gurtstreifenverfahrens in dem unmittelbar an diesem Rand liegenden halben Gurtstreifen und dem parallel zum stetig unterstützen Rand die Bewehrung gegenüber derjenigen des Feldstreifens eines Innenfeldes um 25 % vermindert werden.

In [13] wird ein weiteres, aus der Plattentheorie hergeleitetes Näherungsverfahren für Flachdecken mit vorwiegend rechteckigem Stützenraster und Gültigkeit in einem Stützweitenverhältnis von $0,67 \leq l_1/l_2 \leq 1,50$ vorgestellt. Aufgrund der Tatsache, dass derartige Deckensysteme heute überwiegend mit der FE-Methode berechnet werden, wird an dieser Stelle daher auf weitere Erläuterungen verzichtet.

8.5.6.5 Schnittgrößenermittlung von Wänden und in ihrer Ebene beanspruchten Bauteilen

Schnittgrößen von Bauteilen, für die die Annahme einer linearen Dehnungsverteilung nicht zutrifft, dürfen nach folgenden Verfahren ermittelt werden:

- lineare Berechnung (Grenzzustände der Gebrauchstauglichkeit und der Tragfähigkeit)
- elastische-plastische Berechnung
- Berechnungen unter Zugrundelegung nichtlinearen Materialverhaltens.

Bei der linearen Berechnung müssen die Auswirkungen von Zwang (z. B. Wärmeeinwirkungen oder Auflagersetzungen) und von Theorie II. Ordnung berücksichtigt werden, wenn sie von Bedeutung sind. Kommen numerische Methoden auf Grundlage der Elastizitätstheorie zur Anwendung, so sind die Auswirkungen einer Rissbildung in hochbelasteten Bauteilen zu verfolgen (z. B. durch Verringerung der Steifigkeiten in den betroffenen Bereichen).

Bei der Berechnung nach der Plastizitätstheorie dürfen Bauteile durch Idealisierung in statisch bestimmte Stabwerke mit fiktiven Druck- und Zugstreben betrachtet werden, wobei dann alle Kräfte aus Gleichgewichtsbedingungen ermittelt werden.

Folgende Nachweise sind zu führen:

- Aufnahme der Zugkräfte durch Bewehrung mit ausreichender Verankerung, dabei ist der Bemessungswert der Stahlspannung auf $\sigma_{sd} \leq f_{yd}$ begrenzt.
- Nachweis der Betondruckspannungen in den Druckstreben, wobei für die zulässige Bemessungsdruckspannung

von Normalbeton gilt:

$$\sigma_{Rd,max} = 1,00 \cdot f_{cd} \quad \text{für ungerissene Betondruckzone}$$
$$\sigma_{Rd,max} = 0,75 \cdot f_{cd} \quad \text{für Druckstreben parallel zu Rissen}$$

- Kontrolle örtlich auftretender Spannungen (z. B. aus konzentrierten Einzellasten).

Hinweise zur Bemessung von Wänden und insbesondere auch wandartigen Trägern sind z. B. Heft 240 DAfStb [12] oder im Betonkalender 2001 [15] enthalten.

8.5.6.5.1 Schnittgrößen wandartiger Träger, Scheiben

Nach EC 2 gilt folgende geometrische Definition für wandartige Träger ($l_{eff} < 3h$, siehe Abb. 8.41). Früher (DIN 1045) galt hier eine Grenze von $l_{eff} < 5h$.

l_{eff} bezeichnet hier die den nach den Regeln der Stabstatik zu ermittelnden Abstand der Momentennullpunkte. Damit kann diese Definition sowohl für Einfeld- als auch Mehrfeldsysteme und Kragarme herangezogen werden. Nach [14] gelten damit folgenden Anwendungsgrenzen, wobei hier l die Stützweite des Systems bzw. l_K die Kraglänge bezeichnet:

- Einfeldträger: $l < 3h$
- Zweifeldträger/Endfelder von Durchlaufträgern: $l < h/0,3$
- Innenfelder von Durchlaufträgern: $l < h/0,2$
- Kragträger: $l_K < 1,5h$

Wandartige Träger sind scheibenartige, parallel zu ihrer Mittelfläche beanspruchte Bauteile, die im Gegensatz zu klassischen Wänden nicht kontinuierlich sondern nur an diskreten Punkten gelagert sind. Während Wände daher vorwiegend auf Druck beansprucht werden, werden wandartige Träger vorwiegend auf Biegung beansprucht. Allerdings trifft in diesem Fall die Annahme der technischen Biegelehre mit einer linearen Dehnungsverteilung über die Querschnittshöhe nicht mehr zu (siehe Abb. 8.42).

Das Tragverhalten wandartiger Träger wird maßgeblich durch den Ort des Lastangriffs (Lasteintrag von oben oder unten) sowie die Art der Lagerung (unten gestützt oder seitlich über die Wandhöhe verteilt) bestimmt. Für die Schnittgrößenermittlung werden in der Praxis Stabwerksmodelle, welche sich an die Hauptspannungstrajektorien einer linearelastischen Schnittgrößenermittlung nach der Scheibentheorie im Zustand I anlehnen (Schlaich Schäfer, BK 2011 [15])

Abb. 8.41 Geometrische Definition für wandartige Träger bzw. Balken

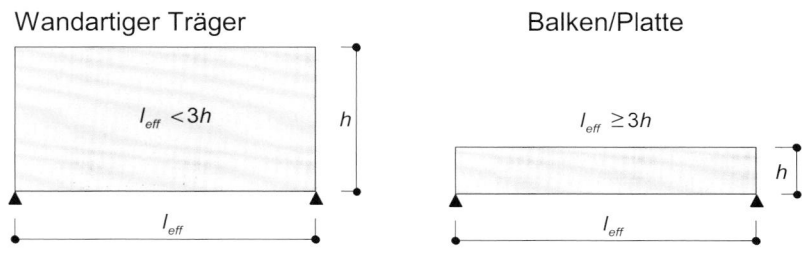

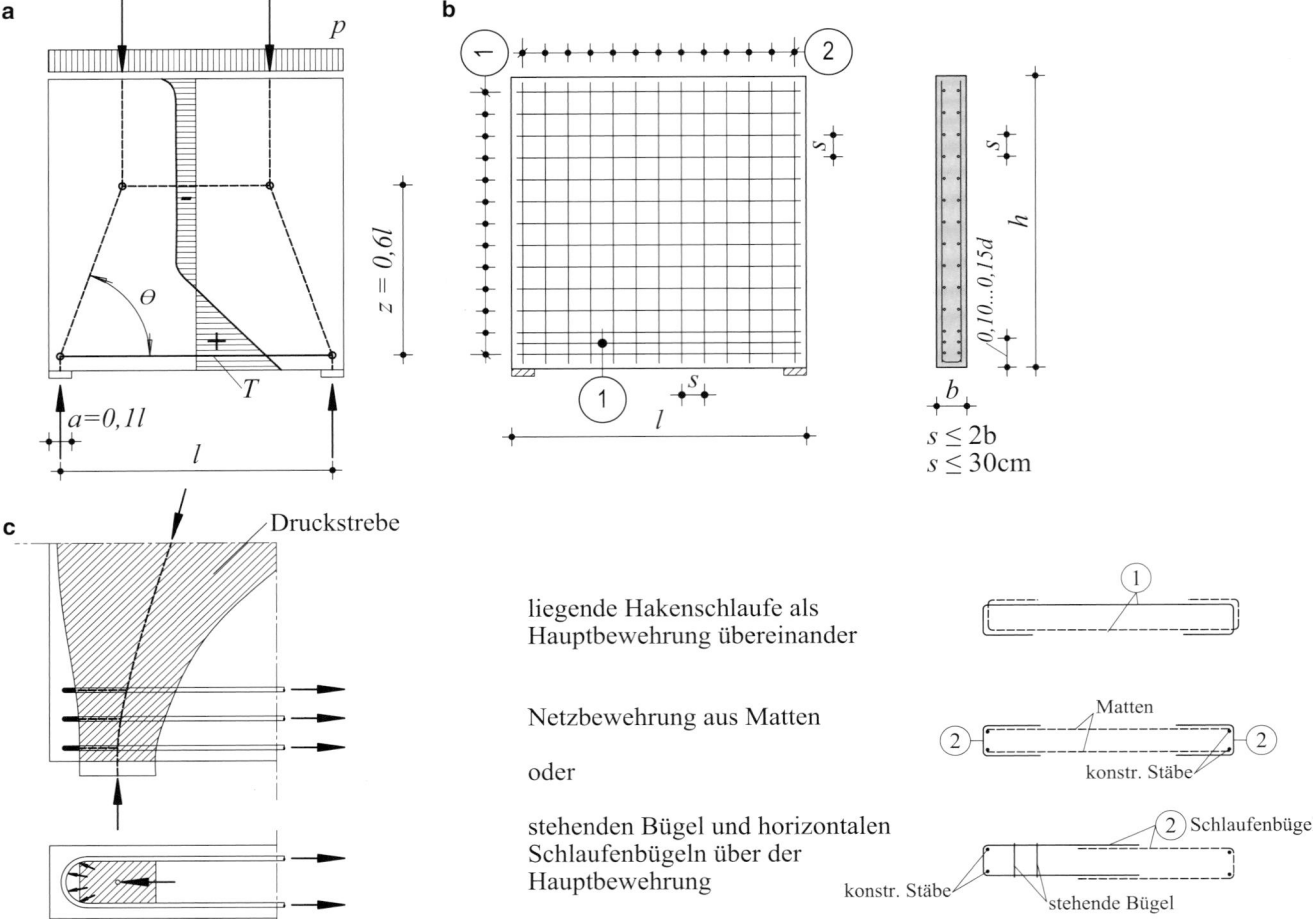

Abb. 8.42 Wandartiger Träger, Modell, Bewehrung, Auflagerbereich (nach BK 2001 [15]).
a Modell,
b Bewehrung,
c Auflagerbereich (Knotenpunkt)

oder ein in der Praxis verbreitetes Näherungsverfahren nach Heft 240 DAfStb [12] bzw. Heft DAfStb 631 [14] verwendet. Bei diesem Näherungsverfahren werden zunächst die Biegemomente im Feld und über der Stütze nach der Biegetheorie wie für Balkentragwerke ermittelt und diese dann unter Ansatz der Hebelarme nach Tafel 8.30 in innere Zug- und Druckgurtkräfte umgerechnet (siehe (8.47)). Dabei können beliebige Laststellungen erfasst werden. Die Bemessung nach diesem Verfahren ist für normalfesten Beton bis C50/60 zugelassen [11].

Tafel 8.30 Wandartige Träger, Hebelarm der inneren Kräfte

System	Geometrie	Hebelarm der inneren Kräfte
Einfeldträger	$0,5 \leq h/l < 1,0$	$z_F = 0,3 \cdot h \cdot (3 - h/l)$
	$h/l \geq 1,0$	$z_F = 0,6 \cdot l$
Zweifeldträger und Endfelder von Durchlaufträgern	$0,4 \leq h/l < 1,0$	$z_F = z_S = 0,5 \cdot h \cdot (1,9 - h/l)$
	$h/l \geq 1,0$	$z_F = z_S = 0,45 \cdot h$
Innenfelder von Durchlaufträgern	$0,3 \leq h/l < 1,0$	$z_F = z_S = 0,5 \cdot h \cdot (1,8 - h/l)$
	$h/l \geq 1,0$	$z_F = z_S = 0,4 \cdot l$
Kragträger	$2/3 \leq h/l_k < 2,0$	$z_S = 0,65 \cdot l_k + 0,1 \cdot h$
	$h/l_k \geq 2,0$	$z_S = 0,85 \cdot l_k$

h = Bauhöhe,
l = Stützweite,
l_k = Kragarmlänge,
z_F = Hebelarm im Feld,
z_S = Hebelarm über der Stütze

Resultierende Zugkraft im Feld:	$F_{td,F} = \dfrac{M_{Ed,F}}{z_F}$	
Resultierende Zugkraft über der Stütze:	$F_{td,S} = \dfrac{M_{Ed,S}}{z_S}$	(8.47)
Resultierende Zugkraft am Kragarm:	$F_{td,K} = \dfrac{M_{Ed,K}}{z_K}$	

Tafel 8.31 Erhöhungsfaktoren für Endauflagerkräfte [13] wandartiger Träger

h/l	0,25	0,4	0,7	$\geq 1,0$
Erhöhungsfaktor	1,0	1,08	1,13	1,15

Die Auflagerkräfte der wandartigen Träger können im Zuge dieses Näherungsverfahrens ebenfalls nach der Balkentheorie ermittelt werden. Bei Endauflagern von mehrfeldrigen wandartigen Trägern müssen die Auflagerkräfte aber mit den in Tafel 8.31 angegebenen Faktoren vergrößert werden. Die zugehörigen Auflagerkräfte an der ersten Innenstütze dürfen um den halben Betrag dieser Erhöhung reduziert werden. Die so ermittelten Auflagerkräfte gelten nur für starre Lagerung. Schon geringe Unterschiede in der Nachgiebigkeit der Stützungen können zu erheblichen Umlagerungen der Schnittgrößen führen. Insofern ist die Vermeidung von statisch unbestimmten Lagerungen vorteilhaft.

In Heft 631 [14] sind zusätzlich auch Tafelwerte zur Bestimmung der resultierenden Zugkräfte für wandartige Träger als einfeldrige, zweifeldrige, durchlaufende und auskragende Systeme enthalten.

Zugstreben   Die aus einem Fachwerkmodell oder nach oben beschriebenem Näherungsverfahren ermittelten Zugstrebenkräfte müssen durch eine ausreichende, in der Regel nicht gestaffelte Bewehrung abgedeckt werden. Ggf. sind an Krafteinleitungsstellen oder Einschnürungen entstehende Querzugkräfte durch entsprechende Bewehrung abzudecken (siehe auch EC 2, 6.5.3 [1]). Auf die Verankerung der Zugkräfte in den Knoten ist besonders zu achten. Auf die in [12] Abschn. 4.2.3 angegebene Schrägbewehrung darf verzichtet werden, wenn die orthogonale Bewehrung jeweils 100 % der Querkraft aufnehmen kann.

Druckstreben   Die Hauptdruckspannungen können näherungsweise nach Heft 631 [14] nachgewiesen werden. Der globale Sicherheitsfaktor 2,1 aus DIN 1045, Ausgabe 1988 wird dabei für Einwirkungen mit $\gamma_F = 1,4$ und für Widerstände mit $\gamma_M = \gamma_C = 1,5$ angenommen ($1,5 \cdot 1,4 = 2,1$). Fasst man $_{zul}F$ bzw. $_{zul}Q$ aus [12] als Bemessungswerte F_{Rd} bzw. V_{Rd} auf, sind diese mit den Schnittgrößen aus den γ-fachen charakteristischen Einwirkungen zu vergleichen. Auf der Widerstandsseite darf dann für $\beta_R = \alpha_{cc} \cdot f_{ck}$ und $\beta_s = f_{yk}$ eingesetzt werden. Die Gleichungen aus [12] lauten dann (siehe (8.48)):

- Innenauflager

$$F_{Ed} \leq F_{Rd} = \left(0,9 \cdot \alpha_{cc} \cdot f_{ck} \cdot A_c + f_{yk} \cdot A_s\right)/\gamma_C \quad (8.48a)$$

- Endauflager

$$F_{Ed} \leq F_{Rd} = \left(0,8 \cdot \alpha_{cc} \cdot f_{ck} \cdot A_c + f_{yk} \cdot A_s\right)/\gamma_C \quad (8.48b)$$

- Querkraft am Auflager

$$\begin{aligned} V_{Ed} \leq V_{Rd} &= (0,21/\gamma_C) \cdot \alpha_{cc} \cdot f_{ck} \cdot l \cdot b \\ &= 0,21 \cdot f_{cd} \cdot l \cdot b \leq 0,21 \cdot f_{cd} \cdot h \cdot b \end{aligned} \quad (8.48c)$$

Ein gesonderter Nachweis der Schubspannungen ist dann nicht erforderlich, sofern die weiteren konstruktiven Regeln eingehalten werden.

Nach EC 2 werden im Allgemeinen für Stabwerksmodelle auch separate Grenzwerte $\sigma_{Rd,max}$ für Druckstrebennachweise genannt (siehe hierzu Eurocode 2, Kap. 6.5, [1] bis [4]). In der Regel ist dann aber die Bemessung der Knoten maßgebend.

Konstruktive Durchbildung   Die Hauptbewehrung wird üblicherweise nach Abb. 8.43 im wandartigen Träger verteilt. Die statisch erforderliche Bewehrung der Zugstäbe aus den Bemessungsmodellen ist für das Gleichgewicht in den Knoten durch Aufbiegungen, U-förmige Bügel oder Ankerkörper (selten) vollständig zu verankern, sofern keine ausreichende Verankerungslänge l_{bd} zwischen Knoten und Wandende vorhanden ist. Weitere allgemeine Konstruktionsregeln sind in Tafel 8.32 zusammengefasst.

Hinweise zur FE-Modellierung von wandarteigen Trägern   Die Berechnung mit der FE-Methode erfolgt in der Regel linear-elastisch im Zustand I. Für Scheibentragwerke werden die damit ermittelten Bewehrungsverteilungen nicht zutreffend erfasst. Hier müssen die in geeigneten Schnitten ermittelten Zugkräfte durch Integration der Zugspannungen bestimmt werden. Die so ermittelten Kräfte sind durch geeignete Bewehrungen abzudecken (Zugkeildeckung), die dann im Schwerpunkt der Zugspannungsflächen anzuordnen sind. Es ist aber zu beachten, dass z. B. bei der Feldbewehrung diese an der Trägerunterseite konzentriert angeordnet werden muss und ausdrücklich nicht nach dem rechnerischen Zugkeil zu verteilen ist. Zu beachten ist bei der FE-Modellierung auch eine realistische Abbildung der Lagerbreiten und Lagersteifigkeiten.

8.5.6.6   Vorgespannte Tragwerke

Die Wirkung der Vorspannung kann als eine Einwirkung aus Anker- und Umlenkkräften (d. h. als eine einwirkende Schnittgröße) oder alternativ als Dehnungszustand mit entsprechender Vorkrümmung betrachtet werden (siehe Abb. 8.44). Statische Methoden zur Ermittlung der Schnittgrößen aus Vorspannung können dem Kap. 5 entnommen werden. Bei Anwendung linear-elastischer Verfahren der Schnittgrößenermittlung sollte die statisch unbestimmte Auswirkung der Vorspannung (Index ind) als Einwirkung berücksichtigt werden.

Bei statisch bestimmt gelagerten Tragwerken können die Schnittgrößen aus Vorspannung direkt aus den Gleich-

Mehrfeldrige Systeme

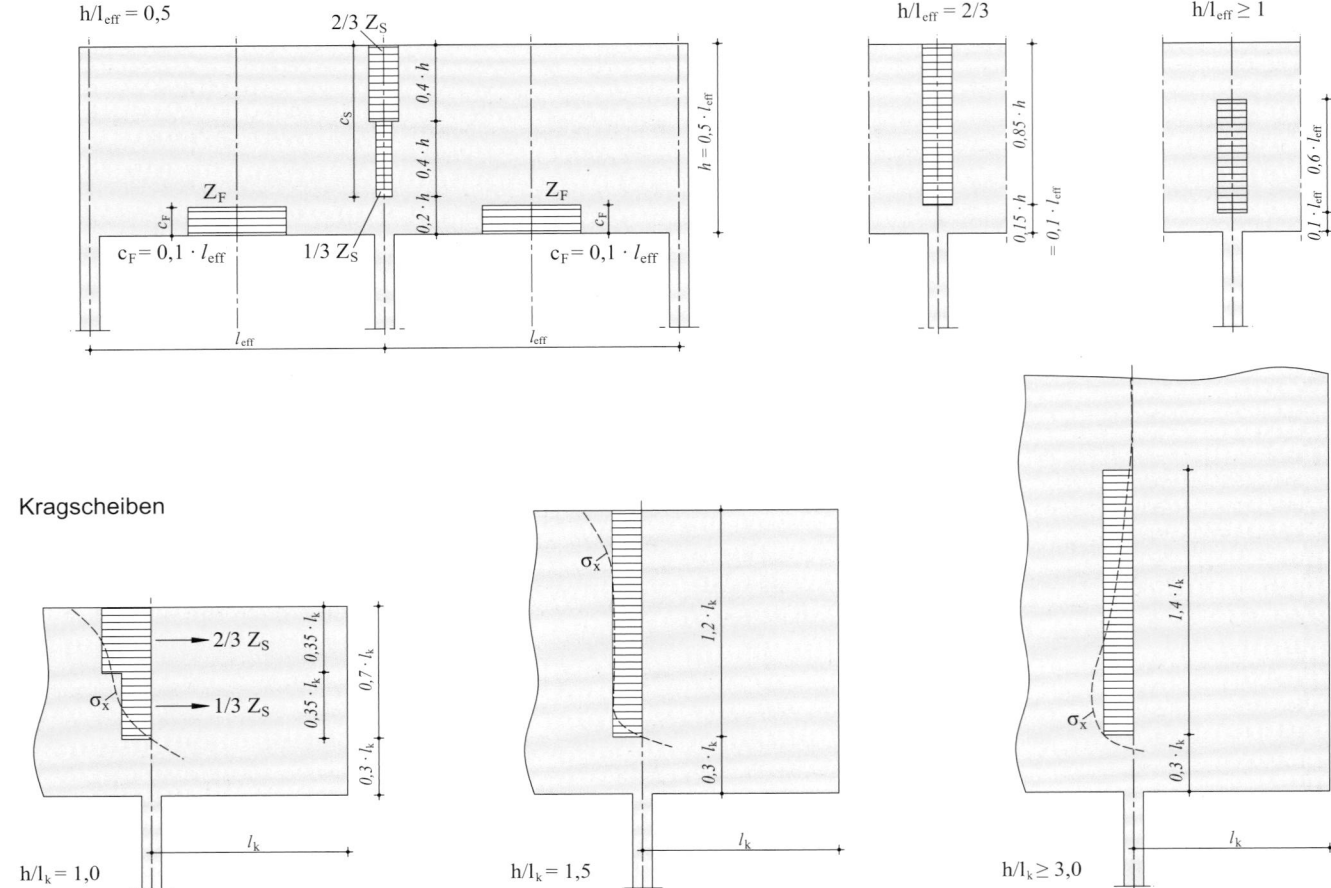

Abb. 8.43 Verteilung der Hauptbewehrung nach Heft 631 [14]

Tafel 8.32 Konstruktive Ausbildung von wandartigen Trägern	Feldbewehrung	– Vollständig über die Auflager führen und dort verankern – Anordnung über eine Höhe von $0,1h$ bzw. $0,1l$ (der kleinere Wert ist maßgebend)
	Stützbewehrung Kragbewehrung	– siehe Abb. 8.43
	Netzbewehrung	– je Außenfläche und Richtung: $A_{s,db\,min} = 0,075 \cdot A_c \geq 1,5\,cm^2/m$ – Maschenweit $\leq 300\,mm$ $\qquad\qquad \leq$ zweifache Wanddicke
	Mindestwanddicken	nach Tafel 8.84

gewichtsbedingungen am Querschnitt bestimmt werden (Abb. 8.45).

Bei statisch unbestimmten Systemen ist eine entsprechende statisch unbestimmte Berechnung unter Ansatz der Umlenk- und Ankerkräfte aus der Vorspannwirkung erforderlich (Abb. 8.46). In baupraktisch üblichen Fällen ist $f/l_i \leq 1/12$, so dass bei parabolischer Spanngliedführung die Umlenkkräfte mit ausreichender Genauigkeit mit $u_p = P_{mt} \cdot \frac{8 \cdot f}{l_i^2}$ angesetzt werden können. Ansonsten gilt $u_p(x) = P_{mt}(x) \cdot \frac{1}{R(x)}$, wobei $R(x)$ der Krümmungsradius des Spanngliedes an der Stelle x ist. Die Schnittgrößenermittlung

selber kann dann mit den üblichen baustatischen Methoden, Tabellenwerken oder Stabwerksprogrammen durchgeführt werden.

Der Index „dir" weist auf die statisch bestimmte Wirkung der Vorspannung hin.

Die am statisch unbestimmten System ermittelten Schnittgrößen aus Vorspannung werden im Allgemeinen dann wieder in einen statisch bestimmten Anteil (Index *dir*) und einen statisch unbestimmten Anteil (Index *ind*) aufgeteilt.

Weitere Hinweise und Beispiele zur Schnittgrößenermittlung infolge Vorspannung sind auch im Kap. 5, Baumechanik und Baustatik dieses Buches enthalten.

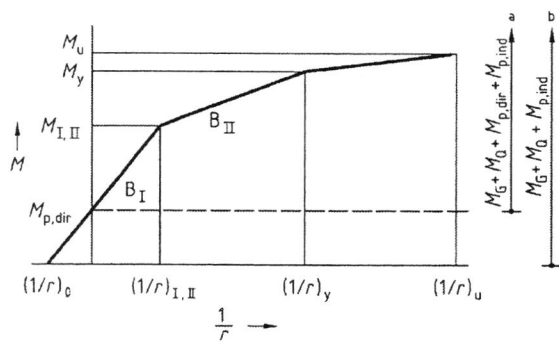

Abb. 8.44 Momenten-Krümmungsbeziehung für Spannbetonquerschnitte.

B_I, B_{II} Biegesteifigkeit im ungerissenen (Zustand I) bzw. gerissenen Zustand (Zustand II) $= dM/d(1/r)$,
$(1/r)_0$ Vorkrümmung infolge Vorspannung,
$M_{p,dir}$ statisch bestimmter Anteil des Moments aus Vorspannung,
$M_{p,ind}$ statisch unbestimmter Anteil des Moments aus Vorspannung,
$M_{I,II}$ Moment beim Übergang von Zustand I zu Zustand II,
M_y Fließmoment,
M_u Bruchmoment,
$(1/r)_{I,II}$ zu $M_{I,II}$ gehörende Krümmung $= M_{I,II}/B_I$,
a einwirkende Momente, Vorspannung als Einwirkung,
b einwirkende Momente, Vorspannung als Vorkrümmung

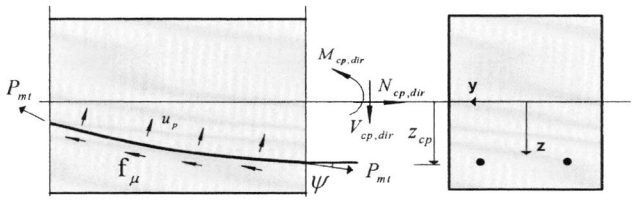

Abb. 8.45 Schnittgrößen aus Vorspannung, statisch bestimmte Systeme. $N_{cp,dir} \cong -P_{mt}$, $M_{cp,dir} \cong -P_{mt} \cdot z_{cp}$, $V_{cp,dir} = -P_{mt} \cdot \sin(\psi)$ ($\psi \ll 1$)

Abb. 8.46 Schnittgrößen aus Vorspannung, statisch unbestimmte Systeme

8.5.6.6.1 Vorspannkraft

Die zulässigen Spannstahlspannungen betragen:

- während des Spannvorganges

$$P_{max} = A_p \cdot \sigma_{p,max} = A_p \cdot \min \begin{cases} 0{,}80 f_{pk} \\ 0{,}90 f_{p0,1k} \end{cases} \quad (8.49)$$

- nach dem Absetzen der Spannpresse (unter Berücksichtigung der sofortigen Verluste)

$$P_{m0}(x) = A_p \cdot \sigma_{pm0}(x) = A_p \cdot \min \begin{cases} 0{,}75 f_{pk} \\ 0{,}85 f_{p0,1k} \end{cases} \quad (8.50)$$

Der Mittelwert $P_{m0}(x)$ der Vorspannkraft muss unter Berücksichtigung der Spannkraftverluste infolge Reibung $\Delta P_\mu(x)$, der elastischen Bauteilverkürzung ΔP_{el}, sowie des Verankerungsschlupfes ΔP_{sl} und ggf. der Kurzzeitrelaxation ΔP_r des Spannstahls ermittelt werden. Zu einem beliebigen weiteren Zeitpunkt t sind für $P_{mt}(x)$ zudem die zeitabhängigen Verluste aus Kriechen, Schwinden und Langzeitrelaxation $\Delta P_t(t)$ zu erfassen. Damit ist $P_{mt}(x) = P_{m0}(x) - \Delta P_{c+s+r}(x)$

$$P_{mt}(x) = P_0 - \Delta P_\mu(x) - \Delta P_{el} - \Delta P_{sl} - \Delta P_r - \Delta P_t(t) \quad (8.51)$$

Dabei ist:

P_{m0} Mittelwert der Vorspannkraft zum Zeitpunkt $t = 0$ unmittelbar nach dem Absetzen der Pressenkraft auf den Anker

$P_{mt}(x)$ Mittelwert der Vorspannkraft zur Zeit t an der Stelle x

P_0 Aufgebrachte Höchstkraft am Spannanker während des Spannens ($P_0 \leq P_{max}$)

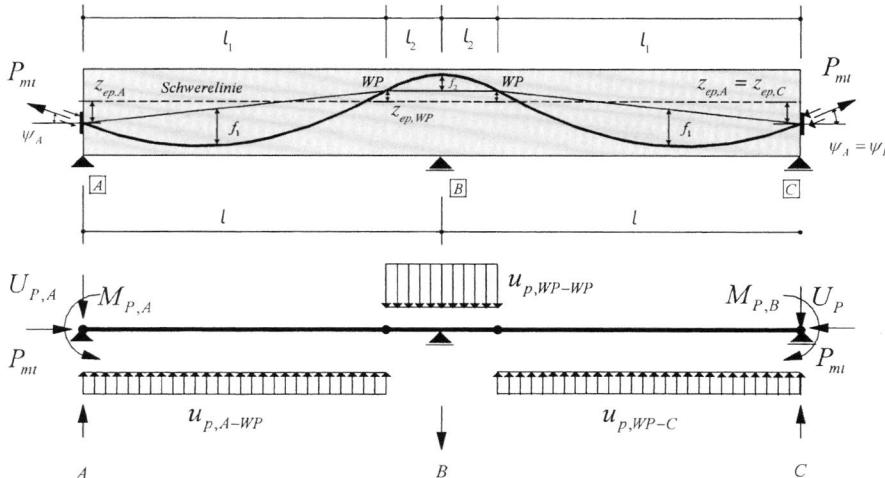

ΔP_{el} Spannkraftverlust infolge elastischer Verformung des Bauteils bei der Spannkraftübertragung

ΔP_r Kurzzeitrelaxation (insbesondere bei Vorspannung mit sofortigem Verbund)

$\Delta P_t(t)$ Spannkraftverlust infolge Kriechen, Schwinden und Langzeitrelaxation

$\Delta P_\mu(x)$ Spannkraftverlust infolge Reibung (i. Allg. nicht bei sofortigem Verbund)

ΔP_{sl} Spannkraftverlust infolge Verankerungsschlupf (nicht bei sofortigem Verbund).

Ein Überspannen ist nur bei einer Genauigkeit der Spannpresse von $\pm 5\,\%$ bezogen auf $P_{m\infty}$ zulässig. Zum Überspannen darf P_{max} dann auf den Wert $0{,}95 \cdot f_{p0,1k} \cdot A_p$ angehoben werden (z. B. bei Auftreten einer unerwartet hohen Reibung, siehe diesbezüglich auch [11]).

Unabhängig hiervon ist die planmäßige Vorspannkraft bei nachträglichem Verbund so zu begrenzen, dass auch bei erhöhten Reibungsverlusten die gewünschte Vorspannkraft (8.51) erreicht werden kann. Dazu ist P_{max} zusätzlich mit dem Faktor $k_\mu = \mathrm{e}^{-\mu \cdot (\theta + k \cdot x) \cdot (\varkappa - 1)}$ abzumindern. Dabei ist $\varkappa$ ein Vorhaltemaß zur Sicherung der Überspannungsreserve mit $\varkappa = 1{,}5$ bei ungeschützter Lage des Spannstahl im Hüllrohr bis zu 3 Wochen bzw. $\varkappa = 2{,}0$ bei größeren Zeiträumen.

Die **Spannkraftverluste aus Reibung** $\Delta P_\mu(x)$ werden mit einem Ansatz aus der Seilreibung ermittelt zu:

$$\Delta P_\mu(x) = P_0 \cdot (1 - \mathrm{e}^{-\mu(\theta + k \cdot x)}) \qquad (8.52)$$

Dabei ist:

μ Reibungsbeiwert zwischen Spannglied und Hüllrohr

θ Summe der planmäßigen Umlenkwinkel über die Länge x (unabhängig von Richtung und Vorzeichen)

k ungewollter Umlenkwinkel (pro Längeneinheit), abhängig von der Art des Spannglieds [rad/m]

x Länge des Spanngliedes, i. A. gemessen ab dem Spannanker bis zur betrachteten Stelle x.

Sofern genauere Angaben fehlen, gilt bei internen Spanngliedern im nachträglichen Verbund für den Reibungsbeiwert (Hüllrohr zu ca. 50 % ausgefüllt):

- kaltgezogener Draht: $\mu = 0{,}17$ (intern),
- Litzen: $\mu = 0{,}19$ (intern),
- gerippter Stab: $\mu = 0{,}65$ (intern),
- glatter Rundstab: $\mu = 0{,}33$ (intern).

Einfluss auf die Größe des ungewollten Umlenkwinkels k [°/m] besitzen die Abstände der Unterstützungen und die Biegesteifigkeit von Hüllrohr und Spannglied. Rechenwerte hierzu sind ebenfalls den bauaufsichtlichen Zulassungen zu entnehmen. Üblich sind Werte von $0{,}3 < k < 0{,}8$ [°/m] ($= 0{,}005 < k < 0{,}014$ [rad/m]). Generell gelten für μ und k aber die Werte der allgemeinen bauaufsichtlichen Zulassungen.

Die tatsächliche Summe der Umlenkwinkel $\sum_i \theta_i$ wird über den Verlauf des Spannglieds ermittelt (siehe Abb. 8.47):

$$\theta_i = |\arctan(z'_{cp}(x_0)) - \arctan(z'_{cp}(x_1))|$$

Die **Spannkraftverluste aus Kriechen, Schwinden und Relaxation** werden für idealisiert angenommene einsträngige Vorspannung im Verbund ermittelt aus:

$$\begin{aligned}\Delta P_{c+s+r} &= A_p \cdot \Delta\sigma_{p,c+s+r} \\ &= A_p \cdot \frac{\varepsilon_{cs}(t, t_0) \cdot E_p + 0{,}8\Delta\sigma_{pr} + \alpha_p \cdot \varphi(t, t_0) \cdot (\sigma_{c,QP})}{1 + \alpha_p \frac{A_p}{A_c}\left(1 + \frac{A_c}{I_c} \cdot z_{cp}^2\right) \cdot [1 + 0{,}8 \cdot \varphi(t, t_0)]}\end{aligned}$$
$$(8.53)$$

Dabei ist:

$\Delta\sigma_{p,c+s+r}$ Spannungsänderung im betrachteten Querschnitt in den Spanngliedern aus K, S, R an der Stelle x zum Zeitpunkt t

$\varepsilon_{cs}(t, t_0)$ Schwinddehnung des Betons

α_p E_p / E_{cm}; E-Modul Spannstahl zu E-Modul Beton

$\Delta\sigma_{pr}$ Spannungsänderung in den Spanngliedern an der Stelle x infolge Relaxation ($\Delta\sigma_{pr} < 0$). $\Delta\sigma_{pr}$ ist mit den Angaben aus der zugehörigen bauaufsichtlichen Zulassung des Spannverfahrens in Abhängigkeit von σ_p/f_{pk} zu bestimmen. Dabei ist σ_p die anfängliche Spannstahlspannung aus Vorspannung und quasi-ständigen Einwirkungen mit $\sigma_p = \sigma_p(G + P_{m0} + \Psi_2 \cdot Q)$

$\varphi(t, t_0)$ Kriechzahl

$\sigma_{c,QP}$ Betonspannung in Höhe der Spannglieder infolge der quasi-ständigen Beanspruchung mit, $\sigma_{c,QP} = \sigma_c(G + P_{m0} + \psi_2 \cdot Q)$. In Bauzuständen sind ggf. nur die maßgebenden Lasten anzusetzen.

I_c Flächenmoment 2. Grades der Betonquerschnittsfläche

Z_{cp} Abstand zwischen dem Schwerpunkt des Betonquerschnitts und den Spanngliedern.

Abb. 8.47 Planmäßige Umlenkwinkel

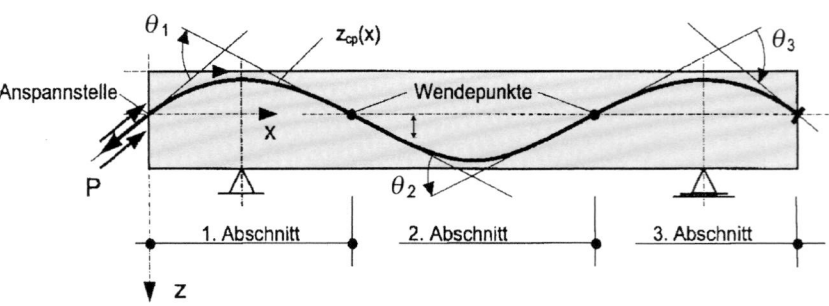

Abb. 8.48 Relaxationsverluste
nach 1000 h bei 20 °C

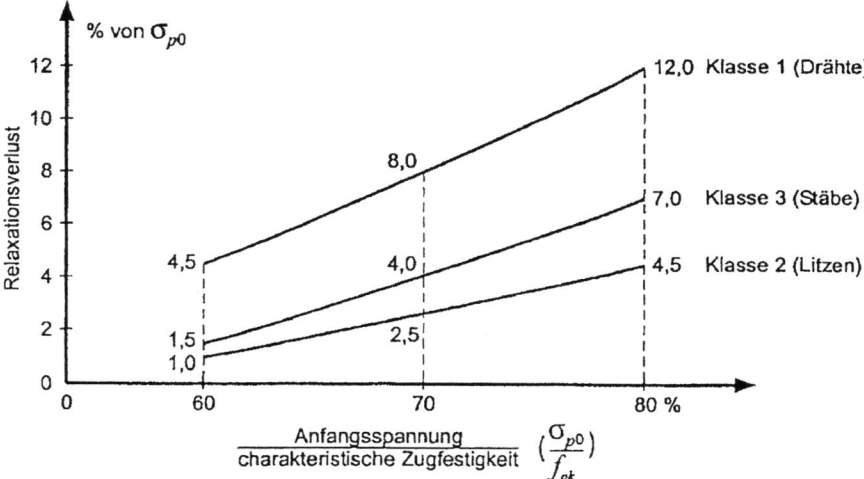

Sofern keine genaueren Angaben vorliegen, können die Relaxationsverluste auf der Basis der Angaben in Tafel 8.33 bzw. Abb. 8.48 abgeschätzt werden.

Tafel 8.33 Genäherte Beziehung zwischen Relaxationsverlusten und Zeit bis 1000 h

Zeit in h	1	5	20	100	200	500	1000
Relaxationsverluste in % des Wertes bei 1000 h	15	25	35	55	65	85	100

Gleichung (8.53) gilt für Spannglieder im Verbund, wenn die Spannungen für den betrachteten Querschnitt eingesetzt werden sowie für Spannglieder ohne Verbund, wenn gemittelte Werte der Spannung verwendet werden.

Bei einer Keilverankerung von Spannlitzen tritt ein sogenannter Keilschlupf von ca. $\Delta_{sl} = 2$ bis 10 mm auf (festziehen der Keile in die Ankerplatte, genaue Werte gemäß Zulassung). Es kommt zu einem Abfall der Spannkraft am Spannanker (siehe Abb. 8.49). Der **Spannkraftverlust** ΔP_{sl} **aus Keilschlupf** kann bei bekannter Nachlasslänge l_{sl} näherungsweise mit (8.54) berechnet werden:

$$l_{sl} = \sqrt{\frac{\Delta l_{sl} \cdot E_p}{\sigma_{p0} \cdot \mu \cdot \left(\left|\frac{1}{r}\right|\right) + k}} \qquad (8.54)$$

bei parabolischem Verlauf ist $\left|\frac{1}{r}\right| \cong \left|\frac{8f}{l^2}\right|$

σ_{p0} Spannkraft an der Spannpresse vor dem Absetzen
Δl_{sl} Keilschlupf (Verkürzung)
l_{sl} Nachlasslänge
E_p E-Modul des Spannstahls
k ungewollter Umlenkwinkel
r Krümmungsradius des Spanngliedes auf der Länge l_{sl}.
Dabei ist darauf zu achten, ob l_{sl} kleiner oder größer der Spanngliedlänge l ist. Damit ergibt sich dann der Spannkraftverlust aus Keilschlupf zu:

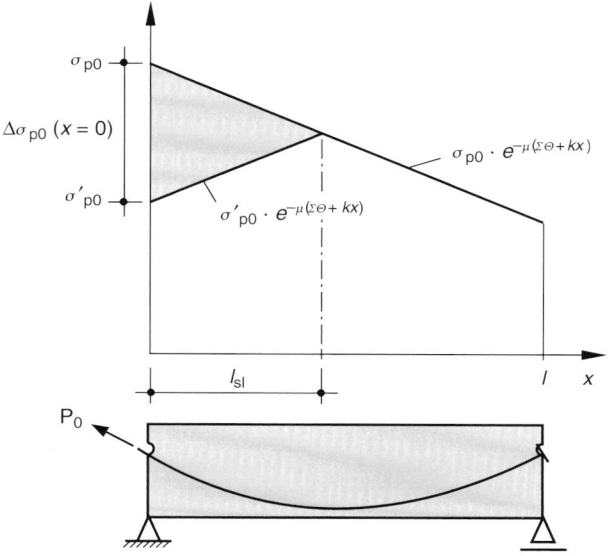

Abb. 8.49 Verlauf der Spannstahlspannungen

a) $l_{sl} \leq l$

$$\Delta P_{sl} = A_p \cdot \Delta\sigma_{sl} \cong A_p \cdot 2 \cdot \frac{\Delta l_{sl} \cdot E_p}{l_{sl}} \qquad (8.55a)$$

b) $l_{sl} > l$, bei $x = l/2$ gilt:

$$\Delta P_{sl} \cong A_p \cdot \Delta\sigma_{sl} = A_p \cdot \frac{\Delta l_{sl} \cdot E_p}{l} \qquad (8.55b)$$

Die **Spannkraftverluste aus elastischer Bauteilverkürzung** ΔP_{el} können bei Bauteilen mit sofortigem Verbund über eine Steifezahl α_{pi} ermittelt werden. Es gilt mit $P^{(0)}$ als Verankerungskraft der Spanndrähte im Spannbett:

$$\Delta P_c = P^{(0)} \cdot \alpha_{pi};$$

$$\alpha_{pi} = \alpha_p \cdot \frac{A_p}{A_i} \cdot \left(1 + \frac{A_i}{I_i} z_{ip}^2\right); \quad \alpha_p = \frac{E_p}{E_{cm}} \qquad (8.56)$$

Bei mehrsträngiger Vorspannung wird auf die einschlägige Fachliteratur hingewiesen [21].

Bei Vorspannung mit nachträglichem Verbund oder ohne Verbund wird direkt gegen den erhärteten Beton vorgespannt. Dabei tritt die elastische Bauteilverkürzung direkt beim Aufbringen der Vorspannkraft auf und wird somit als Verlust an Vorspannkraft nicht mehr wahrgenommen. Bei mehrsträngiger Vorspannung, deren einzelne Stränge nacheinander vorgespannt werden ist allerdings zu beachten, dass beim Vorspannen des zweiten bzw. der folgenden Spannglieder die Vorspannkraft der bereits vorgespannten Spannglieder über die elastische Bauteilverkürzung beeinflusst wird. Näherungsweise kann dieser Effekt als Mittelwert ΔP_{el} für jedes Spannglied wie folgt bestimmt werden:

$$\Delta P_{el} = A_p \cdot E_p \cdot \sum \left[\frac{j \cdot \Delta\sigma_c(t)}{E_{cm}(t)} \right] \quad (8.57)$$

$\Delta\sigma_c$ Spannungsänderung im Schwerpunkt der Spannglieder zum Zeitpunkt t

j Beiwert mit $j = (n-1)/2n$. n ist die Anzahl identischer, nacheinander gespannter Spannglieder. Näherungsweise gilt $j = 0{,}5$. Für Spannungsänderungen infolge der ständigen Einwirkungen nach dem Vorspannen ist $j = 1{,}0$.

Der **Bemessungswert der Vorspannkraft** P_d im Grenzzustand der Tragfähigkeit (GZT) wird aus dem Mittelwert der Vorspannkraft unter Berücksichtigung des Teilsicherheitsbeiwertes $\gamma_P = 1{,}0$ bestimmt, d. h. $P_d = \gamma_P \cdot P_{mt}$.

Bei Spanngliedern ohne Verbund muss ein ggf. auftretender Spannungszuwachs $\Delta\sigma_{p,ULS}$ im Spannstahl über eine Verformungsberechnung des Gesamtsystems bestimmt werden. Vereinfachend darf dieser Spannungszuwachs bei exzentrisch geführten, internen Spanngliedern pauschal mit $\Delta\sigma_{p,ULS} = 100\,N/mm^2$ angesetzt werden. Bei linear elastischer Schnittgrößenermittlung darf $\Delta\sigma_{p,ULS}$ auch komplett unberücksichtigt bleiben.

Für die Nachweise im Grenzzustand der Gebrauchstauglichkeit (GZG) z. B. Dekompressions- und Rissbreitennachweis sind mögliche Streuungen der Vorspannkraft durch Ansatz eines oberen und unteren Grenzwertes zu berücksichtigen. Die **charakteristischen Werte der Vorspannkraft** betragen damit:

oberer Grenzwert: $P_{k,sup} = r_{sup} \cdot P_{mt}$

unterer Grenzwert: $P_{k,inf} = r_{inf} \cdot P_{mt}$ (8.58)

Als Parameter für die Streuungsfaktoren sind anzunehmen:

Verbund	sofortiger, ohne	nachträglicher
r_{sup}	1,05	1,10
r_{inf}	0,95	0,90

Ansonsten wird im GZG mit dem Mittelwert der Vorspannkraft $P_k = P_{mt}$ gerechnet.

8.6 Bemessung im Grenzzustand der Tragfähigkeit

Tragwerke sind derart zu bemessen, dass sie während der vorgesehenen Nutzungsdauer ihre Funktion hinsichtlich der Gebrauchstauglichkeit, Tragfähigkeit und Dauerhaftigkeit voll erfüllen.

Die für die Bemessung maßgebenden Festigkeitswerte sind in Abschn. 8.3 zusammengestellt. Diese dürfen für den Beton- und Spannstahl auf Grundlage des Nenndurchmessers und des Nennquerschnittes ermittelt werden. Für den Beton werden im allgemeinen Bruttoquerschnittswerte angesetzt. Bei hochfestem Beton und im Spannbetonbau müssen hiervon abweichend ggf. Nettoquerschnitte oder auch ideelle Querschnittswerte berücksichtigt werden. Im Rahmen der Bemessungsaufgaben können für den Betonstahl die Werte der Streckgrenze und der Zugfestigkeit sowohl bei Druck- als auch Zugbeanspruchung angesetzt werden.

Die in dem folgenden Abschn. 8.6.2 beschriebenen Nachweise gelten zunächst für ungestörte Bereiche von Balken, Platten und ähnlichen Bauteilen, in denen die Querschnitte näherungsweise eben bleiben. In den sogenannten Diskontinuitätsbereichen können z. B. mit Hilfe von Stabwerksmodellen gesonderte Betrachtungen erforderlich sein.

8.6.1 Dauerhaftigkeit und Betondeckung

Bauten und Bauteile sind nicht nur direkt einwirkenden Lasten – also äußeren Kräften – ausgesetzt, sondern auch chemischen und physikalischen Angriffen sowie indirekten Einwirkungen, s. z. B. Tafel 8.34.

In Abhängigkeit von den Umweltbedingungen werden Bauten und Bauteile bestimmten Expositionsklassen zugeordnet (s. Tafel 8.35).

Von der Umwelt- bzw. Expositionsklasse, in die ein Bauwerk oder Bauteil einzuordnen ist, hängen die Werte für

Tafel 8.34 Beispiele von chemischen und physikalischen Angriffen und indirekten Einwirkungen; Expositionen

Chemischer Angriff	Nutzung eines Gebäudes zur Lagerung von Flüssigkeiten
	Umweltbedingungen aggressiv
	Tragwerk ist Gasen oder Lösungen (z. B. Säurelösungen) ausgesetzt
	Ungeeignete Baustoffeigenschaften (z. B. Alkali-Kieselsäure-Reaktion (AKR) von Gesteinskörnungen)
Physikalischer Angriff	Abnutzung
	Frost-Tau-Wechselwirkung
	Eindringen von Wasser
Indirekte Einwirkungen	Zwangseinwirkungen durch Verformungen (z. B. durch bes. Lasten, Temperatur, Kriechen und Schwinden)

Tafel 8.35 Expositionsklassen

1	2	3	4
Klasse	Beschreibung der Umgebung	Beispiele für die Zuordnung von Expositionsklassen (informativ)	Mindestbeton-festigkeitsklasse
1 Kein Korrosions- oder Angriffsrisiko			
X0	Für Beton ohne Bewehrung oder eingebettetes Metall: alle Expositionsklassen, ausgenommen Frostangriff, Verschleiß oder chemischer Angriff	Fundamente ohne Bewehrung ohne Frost, Innenbauteile ohne Bewehrung	C12/15
	Für Beton mit Bewehrung oder eingebettetem Metall: sehr trocken	Beton in Gebäuden mit sehr geringe Luftfeuchte ($\leq 30\,\%$)	
2 Bewehrungskorrosion, ausgelöst durch Karbonatisierung[a]			
XC1	Trocken oder ständig nass	Bauteile in Innenräumen mit üblicher Luftfeuchte (einschließlich Küche, Bad und Waschküche in Wohngebäuden); Beton, der ständig in Wasser getaucht ist	C16/20
XC2	Nass, selten trocken	Teile von Wasserbehältern; langzeitig wasserbenetzte Oberflächen; vielfach bei Gründungen	C16/20
XC3	Mäßige Feuchte	Bauteile, zu denen die Außenluft häufig oder ständig Zugang hat, z. B. offene Hallen, Innenräume mit hoher Luftfeuchtigkeit z. B. in gewerblichen Küchen, Bädern, Wäschereien, in Feuchträumen von Hallenbädern und in Viehställen; Dachflächen mit flächiger Abdichtung; Verkehrsflächen mit flächiger unterlaufsicherer Abdichtung[b]	C20/25
XC4	Wechselnd nass und trocken	Wasserbenetzte Oberflächen (wenn nicht XC[c]), z. B. Außenbauteile mit direkter Beregnung	C25/30
3 Bewehrungskorrosion, ausgelöst durch Chloride, ausgenommen Meerwasser			
XD1	Mäßige Feuchte	Bauteile im Sprühnebelbereich von Verkehrsflächen; Einzelgaragen; befahrene Verkehrsflächen mit vollflächigem Oberflächenschutz[c]	C30/37[d]
XD2	Nass, selten trocken	Solebäder; Bauteile, die chloridhaltigen Industriewässern ausgesetzt sind	C35/45[d] oder [e]
XD3	Wechselnd nass und trocken	Teile von Brücken mit häufiger Spritzwasserbeanspruchung; Fahrbahndecken; befahrene Verkehrsflächen mit rissvermeidenden Bauweisen ohne Oberflächenschutz oder ohne Abdichtung[c]; befahrene Verkehrsflächen mit dauerhaftem lokalen Schutz von Rissen[b, c]	C35/45[d]
4 Bewehrungskorrosion, ausgelöst durch Chloride aus Meerwasser			
XS1	Salzhaltige Luft, aber kein unmittelbarer Kontakt mit Meerwasser	Außenbauteile in Küstennähe	C30/37[d]
XS2	Unter Wasser	Teile von Meeresbauwerken, die ständig unter Wasser liegen	C35/45[d] oder [e]
XS3	Tidebereiche, Spritzwasser- und Sprühnebelbereiche	Teile von Meeresbauwerken, z. B. Kaimauern in Hafenanlagen	C35/45[d]
5 Betonangriff durch Frost mit und ohne Taumittel			
XF1	Mäßige Wassersättigung ohne Taumittel	Außenbauteile	C25/30
XF2	Mäßige Wassersättigung mit Taumittel oder Meerwasser	Bauteile im Sprühnebel- oder Spritzwasserbereich von taumittelbehandelten Verkehrsflächen, soweit nicht XF4; Betonbauteile im Sprühnebelbereich von Meerwasser	C25/30 LP[f] C35/45[e]
XF3	Hohe Wassersättigung ohne Taumittel	offene Wasserbehälter; Bauteile in der Wasserwechselzone von Süßwasser	C25/30 LP[f] C35/45[e]
XF4	Hohe Wassersättigung mit Taumittel	Verkehrsflächen, die mit Taumitteln behandelt werden; überwiegend horizontale Bauteile im Spritzwasserbereich von taumittelbehandelten Verkehrsflächen; Räumerlaufbahnen von Kläranlagen; Meerwasserbauteile in der Wasserwechselzone	C30/37 LP[f, g, h]
6 Betonangriff durch chemischen Angriff der Umgebung[i]			
XA1	Chemisch schwach angreifende Umgebung	Behälter von Kläranlagen; Güllebehälter	C25/30
XA2	Chemisch mäßig angreifende Umgebung und Meeresbauwerke	Bauteile, die mit Meerwasser in Berührung kommen; Bauteile in betonangreifenden Böden	C35/45[d] oder [e]
XA3	Chemisch stark angreifende Umgebung	Industrieabwasseranlagen mit chemisch angreifenden Abwässern; Futtertische der Landwirtschaft; Kühltürme mit Rauchgasableitung	C35/45[d]

Tafel 8.35 (Fortsetzung)

1	2	3	4
Klasse	Beschreibung der Umgebung	Beispiele für die Zuordnung von Expositionsklassen (informativ)	Mindestbeton-festigkeitsklasse

7 Betonangriff durch Verschleißbeanspruchung [6]

XM1	Mäßige Verschleißbeanspruchung	Tragende oder aussteifende Industrieböden mit Beanspruchung durch luftbereifte Fahrzeuge	C30/37[d]
XM2	Starke Verschleißbeanspruchung	Tragende oder aussteifende Industrieböden mit Beanspruchung durch luft- oder vollgummibereifte Gabelstapler	C30/37[d, j] C35/45[d]
XM3	Sehr starke Verschleißbeanspruchung	Tragende oder aussteifende Industrieböden mit Beanspruchung durch elastomer- oder stahlrollenbereifte Gabelstapler; Oberflächen, die häufig mit Kettenfahrzeugen befahren werden; Wasserbauwerke in geschiebe-belasteten Gewässern, z. B. Tosbecken	C35/45[d]

8 Betonkorrosion infolge Alkali-Kieselsäurereaktion[k]

Anhand der zu erwartenden Umgebungsbedingungen ist der Beton einer der drei folgenden Feuchtigkeitsklassen zuzuordnen.

WO	Beton, der nach normaler Nachbehandlung nicht längere Zeit feucht und nach dem Austrocknen während der Nutzung weitgehend trocken bleibt	– Innenbauteile des Hochbaus; – Bauteile, auf die Außenluft, nicht jedoch z. B. Niederschläge, Oberflächenwasser, Bodenfeuchte einwirken können und (oder) die nicht ständig einer relativen Luftfeuchte von mehr als 80 % ausgesetzt werden.	–
WF	Beton, der während der Nutzung häufig oder längere Zeit feucht ist	– Ungeschützte Außenbauteile, die z. B. Niederschlägen, Oberflächenwasser oder Bodenfeuchte ausgesetzt sind; – Innenbauteile des Hochbaus für Feuchträume, wie z. B. Hallenbäder, Wäschereien und andere gewerbliche Feuchträume, in denen die relative Luftfeuchte überwiegend höher als 80 % ist; – Bauteile mit häufiger Taupunktunterschreitung, wie z. B. Schornsteine, Wärmeübertragerstationen, Filterkammer und Viehställe; – Massige Bauteile gemäß DAfStb-Richtlinie „Massige Bauteile aus Beton", deren kleinste Abmessung 0,80 m überschreitet (unabhängig vom Feuchtezutritt).	–
WA	Beton, der zusätzlich zu der Beanspruchung nach Klasse WF häufiger oder langzeitiger Alkalizufuhr von außen ausgesetzt ist	– Bauteile mit Meerwassereinwirkung; Bauteile unter Tausalzeinwirkung ohne zusätzliche hohe dynamische Beanspruchung (z. B. Spritzwasserbereiche, Fahr- und Stellflächen in Parkhäusern); – Bauteile von Industriebauten und landwirtschaftlichen Bauwerken (z. B. Güllebehälter) mit Alkalisalzeinwirkung.	–

[a] Die Feuchteangaben beziehen sich auf den Zustand innerhalb der Betondeckung der Bewehrung. Im Allgemeinen kann angenommen werden, dass die Bedingungen in der Betondeckung den Umgebungsbedingungen des Bauteils entsprechen. Dies braucht nicht der Fall zu sein, wenn sich zwischen dem Beton und seiner Umgebung eine Sperrschicht befindet.

[b] Für die Sicherstellung der Dauerhaftigkeit ist ein Instandhaltungsplan im Sinne der DAfStb-Richtlinie „Schutz und Instandsetzung von Betonbauteilen" aufzustellen.

[c] Für die Planung und Ausführung des dauerhaften lokalen Schutzes von Rissen gilt DAfStb-Richtlinie „Schutz und Instandsetzung von Betonbauteilen".

[d] Bei Verwendung von Luftporenbeton, z. B. aufgrund gleichzeitiger Anforderungen aus der Expositionsklasse XF, eine Festigkeitsklasse niedriger; siehe auch Fußnote [f].

[e] Bei langsam und sehr langsam erhärtenden Betonen ($r < 0,30$ nach DIN EN 206-1) eine Festigkeitsklasse im Alter von 28 Tagen niedriger. Die Druckfestigkeit zur Einteilung in die geforderte Druckfestigkeitsklasse ist auch in diesem Fall an Probekörpern im Alter von 28 Tagen zu bestimmen.

[f] Diese Mindestbetonfestigkeitsklassen gelten für Luftporenbeton mit Mindestanforderungen an den mittleren Luftgehalt im Frischbeton nach DIN 1045-2 unmittelbar vor dem Einbau.

[g] Erdfeuchter Beton mit $w/z \leq 0,40$ auch ohne Luftporen.

[h] Bei Verwendung eines CEM III/B nach DIN 1045-2: Tabelle F.3.1, Fußnote [c]) für Räumerlaufbahnen in Beton ohne Luftporen mindestens C40/50 (hierbei gilt: $w/z \leq 0,35$, $z \geq 360\,\text{kg/m}^3$).

[i] Grenzwerte für die Expositionsklassen bei chemischem Angriff siehe DIN EN 206-1 und DIN 1045-2.

[j] Diese Mindestbetonfestigkeitsklasse erfordert eine Oberflächenbehandlung des Betons nach DIN 1045-2, z. B. Vakuumieren und Flügelglätten des Betons.

[k] Für hochbeanspruchten Betonfahrbahnen ist nach TL Beton-Stb eine Expositionsklasse WS definiert, für Beton im Kontakt mit Trinkwasser eine Expositionsklasse XTWB nach DVGW W300-4. Weitere Details siehe jeweils dort.

Tafel 8.36 Empfohlene Zuordnung zwischen Feuchtigkeits- und Expositionsklasse

	1	2	3	4
	Expositionsklasse	Umgebungsbedingungen	Feuchtigkeitsklasse[a,b,c]	Bemerkung
1	XC1	Immer trocken Immer nass	WO WF	Massige trockene Bauteile mit b bzw. $h \geq 800$ mm in WF
2	XC3	Mäßige Feuchte	WO oder WF	Beurteilung im Einzelfall
3	XC2, XC4, XF1, XF3	Nass, selten trocken, wechselnd nass und trocken, mäßige bis sehr hohe Wassersättigung, ohne Taumittel	WF	–
4	XF2, XF4, XD2, XD3, XS2, XS3	Mäßige bis sehr hohe Wassersättigung, mit Taumittel bzw. Salzwasser, nass, selten trocken, wechselnd nass und trocken	WA	Eintrag von Alkalien von außen (z. B. Chloride)
5	XD1, XS1, XA	Mäßige Feuchte	WF[d] oder WA	Beurteilung im Einzelfall

[a] Im Regelungsbereich der ZTV-ING sind alle Bauteile im Bereich von Bundesfernstraßen in die Feuchtigkeitsklasse WA einzustufen.
[b] Infolge der Bauteilabmessungen kann eine abweichende Einstufung erforderlich werden.
[c] Werden Bauteile ein- oder mehrseitig abgedichtet, ist dies bei der Wahl der Feuchtigkeitsklasse zu beachten.
[d] Dies gilt, wenn die Alkalibelastung von außen gering ist.

Betondeckung und Mindestbetonfestigkeitsklasse sowie die Betonrezeptur ab.

Eine angemessene Dauerhaftigkeit gilt als sichergestellt, wenn folgende Anforderungen erfüllt bzw. eingehalten sind:

- die Nachweise im GTZ und GZG (siehe Abschn. 8.6 und 8.7),
- die konstruktiven Regeln erfüllt sind (siehe Abschn. 8.8 und 8.9),
- Wahl der Expositionsklassen und Betondeckung nach diesem Kapitel bzw. EC 2,
- Zusammensetzung und Eigenschaften des Betons nach DIN EN 206-1: 2001-07 und DIN 1045-2:2008-08 (siehe auch Kap. 7 dieses Tafelwerks),
- Bauausführung nach DIN 1045-3 bzw. DIN EN 13670,
- Bauwerk bzw. Bauteil unterliegt einer geplanten Instandhaltung, inklusive Inspektion, Wartung und Instandsetzung (siehe hierzu DAfStb-Richtlinie „Schutz und Instandsetzung von Betonbauteilen").

8.6.1.1 Expositionsklassen und Mindestbetonfestigkeit

Umgebungsbedingungen werden hinsichtlich der Angriffsrisiken aus Bewehrungskorrosion und Betonkorrosion unterschieden. Für jedes Betontragwerk ist aufgrund seiner Umgebungsbedingungen eine entsprechende Expositions- und Feuchtigkeitsklassenzuordnung zu treffen. Dabei ist vom Tragwerksplaner eine klare Zuordnung für die beiden Angriffsrisiken Bewehrungskorrosion und Betonkorrosion festzulegen. Auf die Berücksichtigung der Fußnoten der Tafel 8.35 wird hier ausdrücklich hingewiesen.

Weiterführende vertiefte Hinweise zur Wahl und Einordnung der Bauteile in entsprechende Expositionsklassen sind z. B. im Bauteilkatalog [23] enthalten. Die Anwendung dieses Kataloges kann hier sehr empfohlen werden, da viele konkrete Hinweise und Beispiele aufgeführt sind (www.beton.org).

Die Festlegung der Feuchtigkeitsklassen W erfolgt nach den Umgebungsbedingungen. Für einige Fälle wird in [11] eine Zuordnung zwischen der Feuchtigkeitsklasse und der Expositionsklasse empfohlen (siehe Tafel 8.36).

Die Feuchtigkeitsklassen sind in den Ausführungsunterlagen anzugeben, sie haben jedoch keine direkten Auswirkungen auf die Bemessung sondern geben einen Hinweis zur Betonherstellung.

8.6.1.2 Betondeckung

Die Betondeckung wird von der Außenkante der außen liegenden Bewehrung bis zur nächsten Betonoberfläche gemessen. Eine Mindestbetondeckung c_{min} ist einzuhalten,

- um die einbetonierte Bewehrung gegen Korrosion zu schützen (Dauerhaftigkeit),
- um die Verbundkräfte sicher zu übertragen und
- um den Feuerwiderstand zu gewährleisten (siehe Kap. 16)

Die Betondeckung zur Sicherung des Feuerwiderstandes ist in DIN EN 1992-1-2/NA geregelt (siehe auch Kap. 16 in diesem Buch). Die Mindestbetondeckung zur Sicherstellung eines ausreichenden Korrosionsschutzes ist in Tafel 8.37 angegeben. Gleichzeitig ist dort auch das Vorhaltemaß Δc_{dev} angegeben (dev = deviation (Abweichung)). Die Mindestbetondeckung c_{min} ist um das Vorhaltemaß zu erhöhen, um Ausführungstoleranzen zu berücksichtigen. Damit ergibt sich dann das Betondeckungsnennmaß c_{nom}. Handelsübliche Abstandhalter zur Sicherstellung der Betondeckung gibt es in gewissen Abmessungen, im Allgemeinen 5 mm Schritte. Das sich hieraus ergebende Verlegemaß c_v, welches auf den Ausführungsplänen angegeben werden muss, darf nicht kleiner als c_{nom} gewählt werden.

$$c_v \geq c_{nom} = c_{min} + \Delta c_{dev}; \quad c_{min} \geq \varnothing_s \text{ oder } \varnothing_n \quad (8.59)$$

Auf die Beachtung der Fußnoten der Tafel 8.37 wird hier explizit hingewiesen.

Um auch noch die Verbundkräfte sicher zu übertragen, darf c_{min} nicht kleiner sein als in Tafel 8.38 angegeben.

Ist die Verbundbedingung maßgebend für die Wahl von c_{min}, so darf generell das Vorhaltemaß $\Delta c_{dev} = 10$ mm verwendet werden.

Tafel 8.37 Mindestbetondeckung c_{min} zum Schutz gegen Korrosion und Vorhaltemaß Δc_{dev}

Expositionsklasse	Mindestbetondeckung c_{min} mm[a, b]		Vorhaltemaß Δc_{dev} [mm]
	Betonstahl	Spannglieder im sofortigen Verbund und im nachträglichen Verbund[c]	
XC1	10	20	10
XC2	20	30	15
XC3	20	30	
XC4	25	35	
XD1, XD2, XD3[d]	40	50	
XS1, XS2, XS3	40	50	
XM1	c_{min} + 5 mm[e]	c_{min} + 5 mm[e]	Δc_{dev}
XM2	c_{min} + 10 mm[e]	c_{min} + 10 mm[e]	Δc_{dev}
XM3	c_{min} + 15 mm[e]	c_{min} + 15 mm[e]	Δc_{dev}

[a] Die Werte dürfen für Bauteile, deren Betonfestigkeit um 2 Festigkeitsklassen höher liegt, als nach Tafel 8.35 mindestens erforderlich ist, um 5 mm vermindert werden. Für Bauteile der Expositionsklasse XC1 ist diese Abminderung nicht zulässig.

[b] Wird Ortbeton kraftschlüssig mit einem Fertigteil verbunden, dürfen die Werte an den der Fuge zugewandten Rändern auf 5 mm im Fertigteil und auf 10 mm (bzw. 5 mm bei rauer Fuge) im Ortbeton verringert werden. Die Bedingungen zur Sicherstellung des Verbundes müssen jedoch eingehalten werden, sofern die Bewehrung im Bauzustand ausgenutzt wird. Auf das Vorhaltemaß der Betondeckung darf auf beiden Seiten der Verbundfuge verzichtet werden. Für Bewehrungsstäbe, welche bei rauer oder verzahnter Verbundfuge direkt auf der Fugenoberfläche liegen, gilt mäßiger Verbund. Im Bereich von Elementfugen bei Halbfertigteilen ist c_{nom} einzuhalten.

[c] Die Mindestbetondeckung bezieht sich bei Spanngliedern im nachträglichen Verbund auf die Oberfläche des Hüllrohrs.

[d] Im Einzelfall können besondere Maßnahmen zum Korrosionsschutz der Bewehrung nötig sein.

[e] Alternativ kann die zusätzliche Opferbetonschicht durch eine geeignete Betonzusammensetzung nach DIN 1045-2 kompensiert werden.

Tafel 8.38 Mindestbetondeckung c_{min} zur Sicherung des Verbundes

Betonstahl[a] c_{min} [mm]	Spannstahl c_{min} [mm]		
$\geq \varnothing_s$ bzw. $\geq \varnothing_n$	Sofortiger Verbund (Litzen oder profilierte Drähte)	Nachträglicher Verbund	
		Runde Hüllrohre	Rechteckige Hüllrohre $a \cdot b$ mit ($a < b$)
$2,5 \varnothing_p$		$\varnothing_p \leq 80$ mm	$= \max\{a, b/2\} \leq 80$ mm

[a] Falls d_g (Größtkorndurchmesser) größer als 32 mm ist c_{min} um 5 mm zu erhöhen.

Tafel 8.39 Betondeckungsmaße c_{nom} und Verlegemaße c_v für übliche Stabdurchmesser

Expositionsklasse	Indikative Mindestbetonfestigkeitsklasse		Stabdurchmesser $\varnothing_s$ in mm						
			≤ 10	12	14	16	20	25	28
XC1	C16/20	c_{min}	20	22	24	26	30	35	38
		c_v	20	25	25	30	30	35	40
XC2, XC3	C16/20, C20/25	c_{min}	35	35	35	35	35	35	38
		c_v	35	35	35	35	35	35	40
XC4	C25/30	c_{min}	40	40	40	40	40	40	38
		c_v	40	40	40	40	40	40	40
XD1, XD2, XD3, XS1, XS2, XS3	C30/37, C35/45, C35/45	c_{min}	55	55	55	55	55	55	55
		c_v	55	55	55	55	55	55	55

In der Tafel 8.39 kann das Maß c_{nom} direkt in Abhängigkeit der Expositionsklasse und des Stabdurchmessers abgelesen werden.

Bei besonderen Qualitätskontrollen darf das Vorhaltemaß Δc_{dev} reduziert werden. Die Merkblätter des deutschen Beton- und Bautechnik Vereins (DBV) „Betondeckung und Bewehrung" und „Abstandhalter" enthalten hierzu weitere Angaben.

Das Vorhaltemaß Δc_{dev} ist zu erhöhen, wenn gegen unebene Flächen betoniert wird. Eine Erhöhung um das Differenzmaß der Unebenheiten ist dann zu wählen, mindestens aber 20 mm. Wird direkt auf den Baugrund betoniert, dann ist das Vorhaltemaß um mindestens 50 mm zu vergrößern.

Bei der Bestimmung der statischen Nutzhöhe d, die zur Bemessung benötigt wird, ist vom Verlegemaß c_v auszugehen.

Beispiel 8.5

Balkenhöhe $h = 60\,\mathrm{cm}$

Expositionsklasse XC1 (trocken oder ständig nass)

Bügel mit $\varnothing_\mathrm{s} = 12\,\mathrm{mm}$ umschließen die einlagige Zugbewehrung mit $\varnothing_\mathrm{s} = 28\,\mathrm{mm}$

Aus Tafel 8.35 Mindestbetonfestigkeitsklasse: C16/20

Aus Tafel 8.36 $c_\mathrm{min} = 10\,\mathrm{mm}$ und $\Delta c_\mathrm{dev} = 10\,\mathrm{mm}$

Betondeckungen:

Bezogen auf die Bügelaußenkante $c_\mathrm{min} = 12\,\mathrm{mm} = \varnothing_\mathrm{s,Bügel}$

$$\rightarrow c_\mathrm{nom} = 12 + 10 = 22\,\mathrm{mm}$$

(Direkte Ablesung aus Tafel 8.39 ebenfalls möglich!)

Bezogen auf die Zugbewehrung $c_\mathrm{min} = 28\,\mathrm{mm} = \varnothing_\mathrm{s,Stab}$

$$\rightarrow c_\mathrm{nom} = 28 + 10 = 38\,\mathrm{mm}$$

(Direkte Ablesung aus Tafel 8.39 ebenfalls möglich!)

Bezogen auf die Bügelaußenkante der Bügel ergibt sich dann

$$\rightarrow c_\mathrm{nom} = 38 - 12 = 26\,\mathrm{mm}$$

Dieser Wert ist maßgebend!

Es wird unterstellt, dass es nur handelsübliche Betonabstandhalter in Abmessungsschritten von 5 mm gibt.

Dann ist das Verlegemaß von $c_\mathrm{v} = 30\,\mathrm{mm}$ zu wählen. Die statische Nutzhöhe ergibt sich dann hier zu:

$$
\begin{aligned}
d &= h - c_\mathrm{v} - \varnothing_\mathrm{s,Bügel} - 1/2 \cdot \varnothing_\mathrm{s,Stab}\\
&= 60{,}0 - 3{,}0 - 1{,}2 - 1/2 \cdot 2{,}8\\
&= 54{,}4\,\mathrm{cm}
\end{aligned}
$$

Die Ergebnisse sind in Abb. 8.50 dargestellt.   ◀

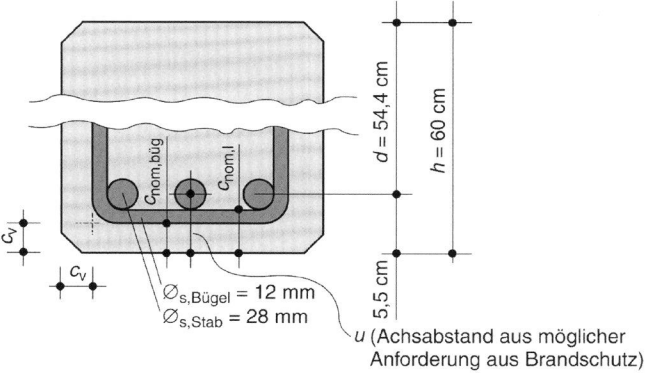

Abb. 8.50 Bewehrungsdarstellung im Querschnitt

Bei der Verwendung von **Elementdecken** werden im Hochbau häufige Zulagebewehrungen direkt auf die Fertigteiloberflächen verlegt. Um in diesen Fällen eine praktikable Lösung vorzuhalten, ist das hierbei gestörte Verbundverhalten durch eine Vergrößerung der Verankerungs-

bzw. Übergreifungslänge (mäßiger Verbund) zu berücksichtigen. Im Bereich der Elementfuge ist c_nom einzuhalten. Die Halb-Fertigteiloberfläche muss dem Kriterium „rauh" oder „verzahnt" entsprechen (vgl. Abschn. 8.6.3.6). Sollen gute Verbundbedingungen gelten, so müssen die in Abb. 8.51b dargestellten Randbedingungen eingehalten sein. $c_\mathrm{min} > \varnothing_\mathrm{s}$ (Verbundbedingungen) muss aber eingehalten werden.

8.6.2   Biegung und Längskraft

Für Bauteile mit im Verbund liegender Bewehrung, die mit Biegung, Biegung mit Längskraft oder Längskraft allein belastet sind, erfolgt die Ermittlung der aufnehmbaren Schnittgrößen unter folgenden Annahmen:

- Ebenbleiben der Querschnitte
- Zug-, Druckbewehrung und Beton haben, wenn sie in gleicher Höhe liegen, gleich große Dehnung bzw. Zusatzdehnung
- Zugfestigkeit des Betons wird vernachlässigt
- Für die Betondruckspannungen gelten die rechnerischen Spannungsdehnungslinien nach Abb. 8.1 bzw. 8.2 und 8.3, für Betonstahl und Spannstahl die rechnerischen Spannungsdehnungslinien nach Abb. 8.7 bzw. 8.8.
- Die Bemessung erfolgt auf Grundlage des Dehnungsdiagrammes nach Abb. 8.52.
- Die Vordehnung $\varepsilon_\mathrm{p}^{(0)}$ der Spannglieder wird im allg. bei der Spannungsermittlung im Spannstahl berücksichtigt.

Bei den anzusetzenden Dehnungen nach Abb. 8.52 ist zu beachten:

a) Die betragsmäßig größten Betondehnungen ε_cu2 bzw. ε_cu3 (Normalbeton) sind für Normalbeton den Tafeln 8.2 und 8.3 zu entnehmen.

b) Ist der Querschnitt vollständig überdrückt, dann darf die Dehnung im Punkt C von Abb. 8.52 nur den Wert ε_c2 (Normalbeton) bzw. ε_c3 erreichen.

c) Bei einer nur geringen Exzentrizität ($e_\mathrm{d}/h \leq 0{,}1$) darf bei Normalbeton vereinfacht $\varepsilon_\mathrm{c2} = -0{,}0022 = -2{,}2\,‰$ angesetzt werden, damit wird die günstige Wirkung des Kriechens berücksichtigt.

d) In vollständig überdrückten Querschnittsteilen, wie Platten von Plattenbalken oder Kastenträgern, ist die Dehnung in der Plattenmitte auf den Wert ε_c2 (Normalbeton) bzw. ε_c3 beschränkt. Siehe Tafel 8.2 oder 8.3 für Normalbeton. Allerdings braucht die Tragfähigkeit des gesamten Querschnitts nicht kleiner angesetzt zu werden, als die Tragfähigkeit des Steges mit der gesamten Höhe und einer Dehnungsverteilung entsprechend Abb. 8.52.

e) Für die Betonstahldehnung ε_s gilt: $\varepsilon_\mathrm{s} \leq 25\,‰ = \varepsilon_\mathrm{ud}$, für die Spannstahldehnung ε_p gilt: $\varepsilon_\mathrm{p} \leq \varepsilon_\mathrm{p}^{(0)} + 25\,‰ = \varepsilon_\mathrm{ud}$.

Generell gilt bei der Querschnittsbemessung das Prinzip „Riss vor Bruch". Daher sind Stahlbetonbauteile in der Zugzone mit einer Mindestbewehrung auszustatten (siehe Abschn. 8.9).

Abb. 8.51 Bewehrung im Halbfertigteil. **a** Bewehrung direkt aufgelegt (mäßige Verbundbedingungen), **b** Bewehrung mit c_{min} aufgelegt (gute Verbundbedingungen)

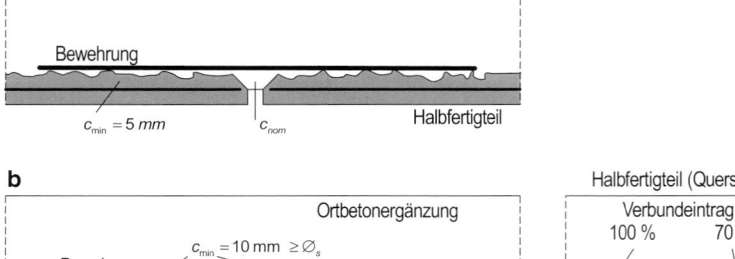

Abb. 8.52 Grenzen der Dehnungsverteilung im GZT

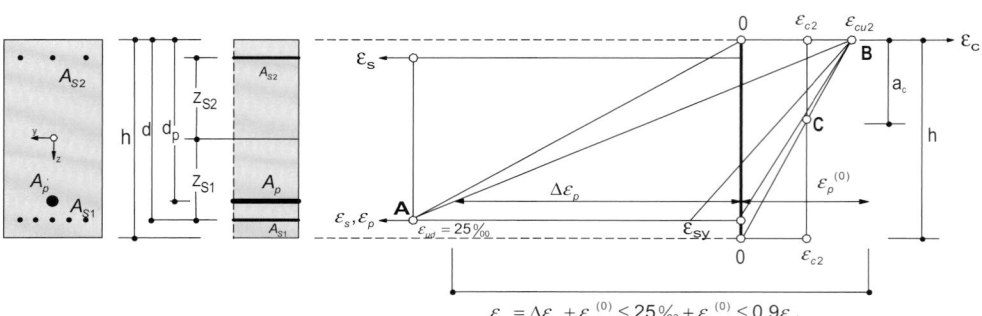

8.6.2.1 Bemessung für mittigen Zug oder Zugkraft mit kleiner Ausmitte

Die Bewehrungsermittlung erfolgt ohne weitere Hilfsmittel durch Anwendung des Hebelgesetzes nach Abb. 8.53 und (8.61a) und (8.61b). Dabei wird vorausgesetzt, dass die äußere Wirkungslinie der Zugkraft N_{Ed} innerhalb der Bewehrungslagen liegt, d. h. $|e_d| < |z_{si}|$.

$$e_d = \frac{M_{Ed}}{N_{Ed}} \tag{8.60}$$

$$A_{s2} = N_{Ed} \frac{Z_{s1} - e_d}{\sigma_{sd}(Z_{s1} + Z_{s2})} \tag{8.61a}$$

$$A_{s1} = N_{Ed} \frac{Z_{s2} + e_d}{\sigma_{sd}(Z_{s1} + Z_{s2})} \tag{8.61b}$$

$$\sigma_{sd} = 1{,}05 \cdot f_{yd} = 456\,\text{MN/m}^2 \tag{8.61c}$$

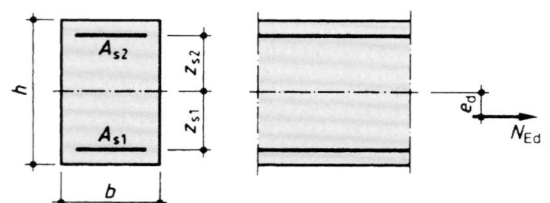

Abb. 8.53 Bemessung für mittigen Zug und Zugkraft mit kleiner Ausmitte

Wird eine symmetrische Bewehrungsanordnung angestrebt, so ergibt sich $A_{s1} = A_{s2}$ aus dem Größtwert der Gleichungen (8.61a) und (8.61b). Bei zentrischer Zugkraft gilt $A_{s,tot} = N_{Ed}/\sigma_{sd}$.

Beispiel 8.6

Bemessung eines Zugstabes für folgende Vorgaben:
Abmessungen: $b/h = 24/40$ cm
Bemessungsschnittgrößen:

$$M_{Ed} = 30\,\text{kN m}, \quad N_{Ed} = 300\,\text{kN}$$

Betonstahl:

B500, $z_{s1} = z_{s2} = 15$ cm, $e_d = 10$ cm

Lösung

$$A_{s2} = 0{,}300 \cdot \frac{0{,}15 - 0{,}10}{456(0{,}15 + 0{,}15)} \cdot 10^4 = 1{,}10\,\text{cm}^2$$

$$A_{s1} = 0{,}300 \cdot \frac{0{,}15 + 0{,}10}{456(0{,}15 + 0{,}15)} \cdot 10^4 = 5{,}48\,\text{cm}^2$$

Die so ermittelte Bewehrung ist zusätzlich hinsichtlich der Gebrauchstauglichkeitseigenschaften (Rissbreitenbegrenzung, Spannungsbegrenzung) zu prüfen. Diese Nachweise sind hierbei vielfach bemessungsentscheidend. ◄

8.6.2.2 Bemessung für mittige Druckkraft

Besteht keine Knickgefahr und greift die Druckkraft im Schwerpunkt eines symmetrisch bewehrten Querschnitts an, dann kann die aufnehmbare Druckkraft (Bauteilwiderstand) N_{Rd} mit den Festigkeitswerten f_{cd} und f_{yd} für den Beton und den Betonstahl mit (8.62) bestimmt werden. Der Nachweis erfolgt mit (8.63).

$$-N_{\text{Rd}} = A_{\text{c,netto}} \cdot f_{\text{cd}} + A_s \cdot f_{\text{yd}}$$
$$= A_{\text{c,brutto}} \cdot f_{\text{cd}} + A_s \cdot (f_{\text{yd}} + f_{\text{cd}}) \qquad (8.62)$$
$$|N_{\text{Ed}}| \leq |N_{\text{Rd}}| \qquad (8.63)$$

Die Bruttofläche des Betonquerschnitts $A_{\text{c,brutto}}$ ist die gesamte Fläche inklusive der Betonstahlfläche A_s. Die Nettofläche $A_{\text{c,netto}}$ ist die reine Betonfläche (ohne die Betonstahlfläche). Es gilt der Zusammenhang: $A_{\text{c,netto}} = A_{\text{c,brutto}} - A_s$. Wird statt der Nettofläche vereinfachend mit der Bruttofläche gerechnet, dann bewegt man sich nicht auf der sicheren Seite!

Beispiel 8.7

Für den in Abb. 8.54 gegebenen Querschnitt ist die aufnehmbare mittige Druckkraft N_{Rd} ist gesucht.

$$b/h = 24/40\,\text{cm}; \qquad A_{\text{s,tot}} = 22\,\text{cm}^2$$

Baustoffe: B500; C30/37

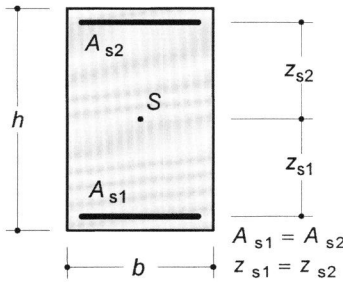

Abb. 8.54 Querschnitt

Lösung

$$A_{\text{c,brutto}} = 24 \cdot 40 = 960\,\text{cm}^2$$
$$A_{\text{c,netto}} = 960 - 22 = 938\,\text{cm}^2$$

Abb. 8.55 Umrechnung in „versetzte" Schnittgrößen

$$f_{\text{cd}} = 0{,}85 \cdot 30/1{,}5 = 17\,\text{MN/m}^2 = 1{,}7\,\text{kN/cm}^2$$
$$f_{\text{yd}} = 500/1{,}15 = 435\,\text{MN/m}^2 = 43{,}5\,\text{kN/cm}^2$$
$$-N_{\text{Rd}} = 938 \cdot 1{,}7 + 22 \cdot 43{,}5 = 2550\,\text{kN}$$

Hinweis: Eine Berechnung mit der Bemessungstafel BT 7a ergibt für eine Bemessung mit der mittigen Druckkraft von 2550 kN:

$$\mu_{\text{Ed}} = 0 \qquad \nu_{\text{Ed}} = \frac{-2{,}55}{0{,}24 \cdot 0{,}40 \cdot 17} = -1{,}56$$

Ablesung

$$\omega_{\text{tot}} = 0{,}56 \qquad f_{\text{yd}}/f_{\text{cd}} = 25{,}59$$

Erforderliche Bewehrung

$$A_{\text{s,tot}} = 0{,}56 \cdot \frac{24 \cdot 40}{25{,}59} = 21\,\text{cm}^2$$

Weil der Bemessungstafel BT 7a Bruttoflächen zugrunde liegen (und nicht wie es korrekt wäre Nettoflächen!), ergibt sich die Differenz zwischen 22 cm² und 21 cm² bei der Betonstahlfläche.

Der exakte Wert ergibt sich wenn $(f_{\text{yd}} - f_{\text{cd}})/f_{\text{cd}} = 24{,}59$ anstatt von $f_{\text{yd}}/f_{\text{cd}}$ benutzt wird.

$$A_{\text{s,tot}} = \ldots = 21{,}9\,\text{cm}^2 \approx 22\,\text{cm}^2 \quad \blacktriangleleft$$

8.6.2.3 Bemessung für Biegung mit Längskraft

Die Bewehrungsermittlung erfolgt mit Hilfe von Bemessungstafeln bzw. Diagrammen. Diese sind im Abschn. 8.9 für Rechteckquerschnitte und Plattenbalken abgedruckt.

Für die Anwendung einiger Bemessungstafeln (BT) müssen die Schnittgrößen M_{Ed} und N_{Ed}, die als Ergebnis der statischen Berechnung im allgemeinen auf die Schwereachse eines Querschnitts bezogen sind, auf die Schwerelinie der gezogenen Stahllage (Index s) bezogen werden, s. Abb. 8.55.

Beispiele zur Bemessung für Biegung und Längskraft unter Anwendung der entsprechenden Bemessungstafeln (BT) aus Abschn. 8.10.

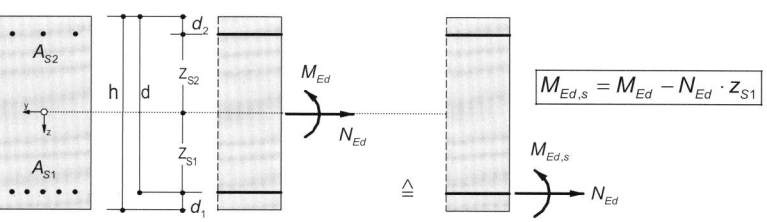

Längskraft als Zugkraft positiv

Beispiel 8.8

Anwendung BT 1 für Querschnitte mit rechteckiger Druckzone. Bemessung für folgende Vorgaben:

Abmessungen: $b/d/h = 24/35/40\,\text{cm}$
Beton: C20/25; Betonstahl: B500
Bemessungsschnittgrößen

$$M_{\text{Ed}} = 78{,}2\,\text{kN m}, \quad N_{\text{Ed}} = 0$$

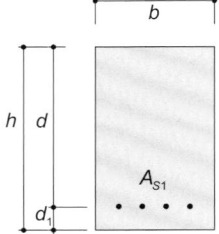

Lösung

$$f_{\text{cd}} = \alpha_{\text{cc}} \cdot f_{\text{ck}}/\gamma_{\text{C}} = 0{,}85 \cdot 20/1{,}5 = 11{,}33\,\text{MN/m}^2$$
$$f_{\text{yd}} = f_{\text{yk}}/\gamma_{\text{S}} = 500/1{,}15 = 435\,\text{MN/m}^2$$
$$M_{\text{Eds}} = 78{,}20\,\text{kN m } (N_{\text{Ed}} = 0)$$
$$\mu_{\text{Eds}} = 0{,}0782 \cdot \frac{1}{0{,}24 \cdot 0{,}35^2 \cdot 11{,}33} = 0{,}235$$
$$\omega = 0{,}2735 \quad (\text{aus BT 1a, nach Interpolation})$$
$$\xi = 0{,}338 \le 0{,}45$$
$$\rightarrow \text{ keine Druckbewehrung, d. h. } A_{\text{s2}} = 0$$
$$A_{\text{s}} = 0{,}2735 \cdot \frac{11{,}33}{435} \cdot 0{,}24 \cdot 0{,}35 \cdot 10^4$$
$$= 5{,}98\,\text{cm}^2 \quad (A_{\text{s1}} = A_{\text{s}}; A_{\text{s2}} = 0) \quad \blacktriangleleft$$

Beispiel 8.9

Anwendung BT 6 für Plattenbalken. Bemessung für folgende Vorgaben:

Abmessungen: $b_{\text{eff}} = 1{,}50\,\text{m}$ $b_{\text{w}} = 30\,\text{cm}$
$h_{\text{f}} = 11\,\text{cm}$ $d = 55\,\text{cm}$

Beton: C20/25; Betonstahl: B500
Bemessungsschnittgrößen:

$$M_{\text{Ed}} = 1000\,\text{kN m} \quad N_{\text{Ed}} = 0$$

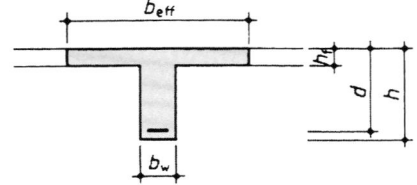

Lösung

$$f_{\text{cd}} = 0{,}85 \cdot 20/1{,}5 = 11{,}33\,\text{MN/m}^2$$
$$f_{\text{yd}} = 500/1{,}15 = 435\,\text{MN/m}^2$$
$$M_{\text{Eds}} = 1000\,\text{kN m}$$
$$\mu_{\text{Eds}} = \frac{1{,}000}{1{,}50 \cdot 0{,}55^2 \cdot 11{,}33} = 0{,}195$$
$$h_{\text{f}}/d = 11/55 = 0{,}20$$
$$b_{\text{eff}}/b_{\text{w}} = 1{,}50/0{,}30 = 5{,}0$$

Aus Tabelle BT 6:

$$\omega_1 = 0{,}2210 \quad (\text{nach Interpolation})$$
$$A_{\text{s}} = \frac{1}{f_{\text{yd}}} (\omega_1 \cdot b_{\text{eff}} \cdot d \cdot f_{\text{cd}} + N_{\text{Ed}})$$
$$= \frac{1}{435} (0{,}2210 \cdot 150 \cdot 55 \cdot 11{,}33) = 47{,}50\,\text{cm}^2 \quad \blacktriangleleft$$

Beispiel 8.10

Anwendung BT 1 (beim Plattenbalken)
Plattenbalkenquerschnitt, einfache Bewehrung

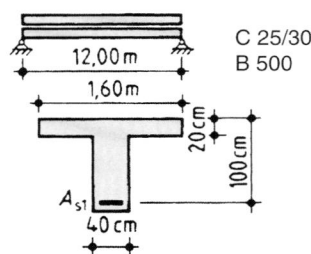

Verkehr: $q_{\text{k}} = 45\,\text{kN/m}$
Eigengewicht: $g_{\text{k}} = 35\,\text{kN/m}$
Bemessungsmoment:

$$M_{\text{Ed}} = (35 \cdot 1{,}35 + 45 \cdot 1{,}50) \cdot 12{,}00^2/8$$
$$M_{\text{Ed}} = 2065{,}5\,\text{kN m} = M_{\text{Eds}}$$

Bemessung (aus BT 1)

$$f_{\text{cd}} = 0{,}85 \cdot 25/1{,}5 = 14{,}16\,\text{N/mm}^2$$
$$\mu_{\text{Eds}} = \frac{2{,}0655}{1{,}60 \cdot 1{,}0^2 \cdot 14{,}16} = 0{,}091$$

$$\xrightarrow{\text{BT 1a}} \begin{cases} \omega_1 = 0{,}0958 \\ \xi < 0{,}131 \\ \sigma_{\text{Sd}} = 456{,}5 \end{cases}$$

Überprüfung der Lage der Nulllinie

$$x = \xi \cdot d = 13{,}1\,\text{cm} < 20\,\text{cm}$$
$$\rightarrow \text{ Nulllinie in der Platte}$$

Bemessung wie beim Rechteckquerschnitt

$$_{erf}A_{s1} = \frac{1}{456,5} \cdot (0,0958 \cdot 160 \cdot 100 \cdot 14,16)$$

$$= 47,55\,\text{cm}^2 \quad \blacktriangleleft$$

Beispiel 8.11

Anwendung BT 1b für Rechteckquerschnitt mit Druckbewehrung

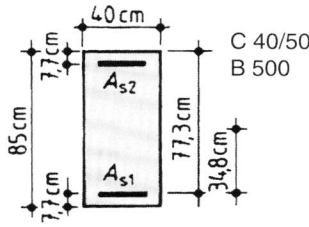

C 40/50
B 500

$$M_{Ed} = 1780\,\text{kN\,m} \qquad N_{Ed} = -1000\,\text{kN}$$

$$M_{Ed,s} = 1780 + 1000 \cdot 0,348 \quad M_{Ed,s} = 2128\,\text{kN\,m}$$

Bemessung ($x/d < 0,45$):

$$f_{cd} = 0,85 \cdot 40/1,5 = 22,67\,\text{N/mm}^2$$

$$\mu_{Eds} = \frac{2,128}{0,40 \cdot 0,773^2 \cdot 22,67} = 0,3927$$

$$> \mu_{Eds,lim} = 0,296$$

Druckbewehrung erforderlich

$$d_2/d = 0,1 \xrightarrow{\text{BT 1b}} \begin{cases} \omega_1 = 0,47200 & \sigma_{s1d} = 436,8 \\ \omega_2 = 0,10703 & \sigma_{s2d} = -435,3 \end{cases}$$

$$_{erf}A_{s1} = \frac{1}{436,8} \cdot (0,4720 \cdot 0,40 \cdot 0,773 \cdot 22,67 - 1,0) \cdot 10^4$$

$$= 52,85\,\text{cm}^2$$

$$_{erf}A_{s2} = \frac{1}{435,3} \cdot (0,10703 \cdot 0,40 \cdot 0,773 \cdot 22,67) \cdot 10^4$$

$$= 17,23\,\text{cm}^2 \quad \blacktriangleleft$$

Beispiel 8.12

Plattenschnittgrößen (mit und ohne Umlagerung) sowie Bemessung

$$g_k \cdot 1,35 + q_k \cdot 1,50 = 70\,\text{kN/m}^2$$

$$f_{cd} = 14,16\,\text{N/mm}^2$$

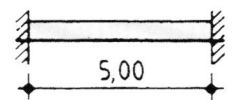

C25/30
B 500
Platte: $d = 20$ cm
(statische Höhe)

Lineare Schnittgrößenermittlung ohne Umlagerung:
  Stützen:

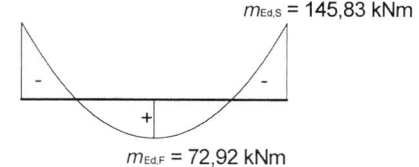

$m_{Ed,s} = 145,83$ kNm

$m_{Ed,F} = 72,92$ kNm

$$m_{Ed} = -70 \cdot 5,00^2/12$$

$$= -145,83\,\text{kN\,m/m}$$

$$\mu_{Eds} = \frac{0,1458}{1,0 \cdot 0,20^2 \cdot 14,16}$$

$$= 0,257 \xrightarrow{\text{BT 1A}} \begin{cases} \omega_1 = 0,3076 \\ \sigma_{s1d} = 438,2 \\ \delta_{zul} = 0,94 \end{cases}$$

$$_{erf}a_{s1} = \frac{1}{438,2} \cdot (0,3048 \cdot 100 \cdot 20 \cdot 14,16)$$

$$= 19,70\,\text{cm}^2$$

Feld:

$$m_{Ed} = m_{Eds} = +70 \cdot 5,00^2/24$$

$$= 72,92\,\text{kN\,m/m}$$

$$\mu_{Eds} = \frac{0,07292}{1,0 \cdot 0,20^2 \cdot 14,16}$$

$$= 0,1287 \xrightarrow{\text{BT 1a}} \begin{cases} \omega_1 = 0,1386 \\ \sigma_{s1d} = 448,8 \end{cases}$$

$$_{erf}a_{s1} = \frac{1}{448,8} \cdot (0,1386 \cdot 100 \cdot 20 \cdot 14,16)$$

$$= 8,75\,\text{cm}^2$$

Lineare Schnittgrößenermittlung mit Umlagerung:
  Stützen: (s. oben)

$$\delta \cdot m_{Ed} = -0,95 \cdot 145,83$$

$$= -138,54\,\text{kN\,m/m}$$

$$\mu_{Eds} = \frac{0,1385}{1,0 \cdot 0,20^2 \cdot 14,16}$$

$$= 0,245 \xrightarrow{\text{BT 1a}} \begin{cases} \omega_1 = 0,2735 \\ \sigma_{s1d} = 439,2 \\ \xi = 0,338 \end{cases}$$

Kontrolle:

$$\delta_{zul} = 0,64 + 0,8 \cdot \xi = 0,64 + 0,8 \cdot 0,338$$

$$= 0,91 < 0,95$$

$$_{erf}a_{s1} = \frac{1}{439,2} \cdot (0,2735 \cdot 100 \cdot 20 \cdot 14,16)$$

$$= 17,64\,\text{cm}^2/\text{m}$$

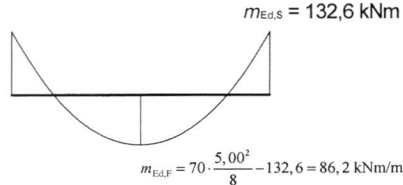

$$m_{\text{Ed,s}} = 132{,}6 \text{ kNm}$$

$$m_{\text{Ed,F}} = 70 \cdot \frac{5{,}00^2}{8} - 132{,}6 = 86{,}2 \text{ kNm/m}$$

Feld:

$$m_{\text{Ed}} = m_{\text{Eds}} = 80{,}21 \text{ kN m/m}$$

$$\mu_{\text{Eds}} = \frac{0{,}0802}{1{,}0 \cdot 0{,}20^2 \cdot 14{,}16}$$

$$= 0{,}1416 \xrightarrow{\text{BT 1a}} \begin{cases} \omega_1 = 0{,}1537 \\ \sigma_{\text{s1d}} = 446{,}9 \end{cases}$$

$$_{\text{erf}}a_{\text{s1}} = \frac{1}{446{,}9} \cdot (0{,}1537 \cdot 100 \cdot 20 \cdot 14{,}16)$$

$$= 9{,}74 \text{ cm}^2/\text{m} \quad \blacktriangleleft$$

Beispiel 8.13

Anwendung BT 0 (allg. Bemessungsdiagramm) für Rechteckquerschnitte

Abmessungen: $b/d/h = 24/35/40$ cm

Baustoffe: C20/25 und B 500

Bemessungsschnittgrößen:

$$M_{\text{Ed}} = 0{,}0782 \text{ MN m}, \qquad N_{\text{Ed}} = 0$$

Lösung

$$f_{\text{cd}} = 0{,}85 \cdot 20/1{,}5 = 11{,}33 \text{ MN/m}^2;$$

$$M_{\text{Eds}} = 0{,}0782 + 0 = 0{,}0782 \text{ MN m}$$

$$\mu_{\text{Eds}} = \frac{0{,}0782}{0{,}24 \cdot 0{,}35^2 \cdot 11{,}33} = 0{,}235$$

$$< \mu_{\text{Eds, lim}} = 0{,}296$$

Ablesung aus BT 0:

$$\xi = 0{,}86; \quad \sigma_{\text{s1}} = 439 \text{ MN/m}^2$$

$$z = 0{,}86 \cdot 0{,}35 = 0{,}301 \text{ m};$$

$$A_{\text{s1}} = \frac{0{,}0782}{0{,}301} \cdot \frac{10^4}{439} = 5{,}92 \text{ cm}^2$$

Hinweis: Dieses Beispiel entspricht dem Beispiel 8.8 im Abschn. 8.6.2.3! ◀

Beispiel 8.14

Anwendung BT 0 (allg. Bemessungsdiagramm) mit Druckbewehrung.

Rechteckquerschnitt mit den Abmessungen:

$$b/d/d_2/h = 40/77{,}3/7{,}7/85 \text{ cm}$$

Baustoffe: C40/50 und B500

Bemessungsschnittgrößen:

LF 1 $M_{\text{Ed}} = 1{,}78 \text{ MN m}, \qquad N_{\text{Ed}} = -1{,}0 \text{ MN}$,

LF 2 $M_{\text{Ed}} = 1{,}43 \text{ MN m}, \qquad N_{\text{Ed}} = +0{,}50 \text{ MN}$,

Lösung

$$f_{\text{cd}} = 0{,}85 \cdot 40/1{,}5 = 22{,}67 \text{ MN/m}^2;$$

$$z_{\text{s1}} = 85/2 - (85 - 77{,}3) = 34{,}8 \text{ cm}$$

LF 1 $M_{\text{Eds}} = 1{,}78 - (-1{,}0) \cdot 0{,}348 = 2{,}128 \text{ MN m}$

$$\mu_{\text{Eds}} = \frac{2{,}128}{0{,}40 \cdot 0{,}773^2 \cdot 22{,}67} = 0{,}393$$

$$> \mu_{\text{Eds, lim}} = 0{,}296$$

Ablesung aus BT 0 für $d_2/d = 7{,}7/77{,}3 \approx 0{,}10$

$$\xi_{\text{lim}} = 0{,}813;$$

$$\sigma_{\text{s1,lim}} = 436{,}8 \text{ MN/m}^2, \quad \sigma_{\text{s2,lim}} = 435{,}3 \text{ MN/m}^2$$

$$z_{\text{lim}} = 0{,}813 \cdot 0{,}773 = 0{,}628 \text{ m}$$

$$M_{\text{Eds,lim}} = 0{,}296 \cdot 0{,}40 \cdot 0{,}773^2 \cdot 22{,}67 = 1{,}604 \text{ MN m}$$

$$\Delta M_{\text{Eds}} = 2{,}128 - 1{,}604 = 0{,}524 \text{ MN m}$$

$$A_{\text{s1}} = \left(\frac{1{,}604}{0{,}628} - 1{,}00 + \frac{0{,}524}{0{,}773 - 0{,}777} \right) \cdot \frac{10^4}{436{,}8}$$

$$= 52{,}8 \text{ cm}^2$$

$$A_{\text{s2}} = \frac{0{,}524}{0{,}773 - 0{,}077} \cdot \frac{10^4}{435{,}3} = 17{,}3 \text{ cm}^2$$

Hinweis: Dieses Beispiel entspricht dem Beispiel 8.11 im Abschn. 8.6.2.3!

LF 2 $M_{\text{Eds}} = 1{,}43 - 0{,}5 \cdot 0{,}348 = 1{,}256 \text{ MN}$

$$\mu_{\text{Eds}} = \frac{1{,}256}{0{,}40 \cdot 0{,}773^2 \cdot 22{,}67}$$

$$= 0{,}232 < \mu_{\text{Eds,lim}} = 0{,}296$$

→ im LF 2 ist eine Druckbewehrung nicht erforderlich
Ablesung aus BT 0

$$\xi = 0{,}86 \rightarrow z = 0{,}86 \cdot 0{,}773 = 0{,}665 \text{ m},$$

$$\sigma_{\text{s1d}} = 440 \text{ N/nm}^2$$

$$A_{\text{s1}} = \left(\frac{1{,}256}{0{,}665} + 0{,}5 \right) \frac{1}{440} \cdot 10^4 = 54{,}29 \text{ cm}^2$$

Erforderliche Bewehrung insgesamt aus LF 1 und LF 2

$$A_{\text{s1}} = 54{,}29 \text{ cm}^2, \quad A_{\text{s2}} = 17{,}3 \text{ cm}^2$$

Anmerkung: Die vorhandene Druckbewehrung wurde im LF 2 nicht berücksichtigt. ◀

8.6.2.4 Bemessung für Längsdruckkraft mit kleiner Ausmitte

Die Bewehrungsermittlung erfolgt mithilfe von Interaktionsdiagrammen, welche im Abschn. 8.10 für **Rechteckquerschnitte mit symmetrischer Bewehrung** abgedruckt sind. Für überwiegenden Längsdruck oder Längszug bzw. überwiegende Biegebeanspruchung mit wechselnden Vorzeichen wird in der Regel eine symmetrische Bewehrung angeordnet.

Für geringe Ausmitten mit $e_d/h \leq 0{,}1$ darf für Normalbeton $\varepsilon_{c2} = 2{,}2\,‰$ ausgenutzt werden, d. h. $\sigma_{sd} = f_{yd}$, ansonsten gilt $\varepsilon_{c2} = 2{,}0\,‰$, womit die Streckgrenze des Stahls nicht ausgenutzt werden kann ($\sigma_{sd} = 0{,}002 \cdot E_s$). Für Querschnitte mit Drucknormalkraft ist bei der Bemessung immer eine Mindestausmitte $e_0 = h/30\,\text{cm} \geq 2{,}0\,\text{cm}$ anzusetzen. Bei Bauteilen nach Theorie II. Ordnung sind die entsprechenden Imperfektionen maßgebend.

Beispiel 8.15

Anwendung BT 3c (Interaktionsdiagramm)
  Rechteckquerschnitt, umlaufend symmetrisch bewehrt
  Abmessungen: $b/h/d_1/d_1 = 25/35/5/5\,\text{cm}$
  Baustoffe: C30/37, B500A
  Bemessungsschnittgrößen im GZT:

$$N_{Ed} = 2600{,}00\,\text{kN} \quad (\text{Druckkraft})$$

Lösung

$$f_{cd} = 0{,}85 \cdot \frac{30}{1{,}5} = 17\,\text{N/mm}^2$$

Mindestausmitte $e_0 = h/30\,\text{cm} = 35/30 = 1{,}17 < 2{,}0\,\text{cm}$ d. h. 2 cm sind maßgebend

$$N_{Ed} = -2600\,\text{kN}$$
$$M_{Ed} = 0{,}02 \cdot 2600 = 52\,\text{kN m}$$
$$\nu_{Ed} = \frac{-2{,}6}{0{,}25 \cdot 0{,}35 \cdot 17} = -1{,}74$$
$$\mu_{Ed} = \frac{0{,}052}{0{,}25 \cdot 0{,}35^2 \cdot 17} = 0{,}10$$

Ablesen aus BT 3c $d_1/d \sim 0{,}15$

$$\omega_{tot} = 1{,}09 \rightarrow A_{s,tot} = 1{,}09 \cdot \frac{25 \cdot 35}{25{,}59} = 37{,}27\,\text{cm}^2$$

d. h. je Querschnittseite 18,63 cm (3⌀28) ◄

Kreisquerschnitte Kreisquerschnitte werden in der Regel wie Rechteckquerschnitte mit symmetrischer Bewehrung bemessen. Im Abschn. 8.10 ist eine entsprechende Bemessungshilfe für den Vollquerschnitt angegeben.

8.6.2.5 Bemessung vorgespannter Querschnitte

Die Bemessung bei Vorspannung mit sofortigem oder nachträglichem Verbund kann im GZT (nach Herstellung des Verbundes) analog der Querschnittsbemessung für Stahlbeton erfolgen. Dabei sind die unterschiedlichen Höhenlagen von schlaffer und vorgespannter Bewehrung sowie die unterschiedlichen Stahlfestigkeiten zu berücksichtigen. Die Spannstahldehnung setzt sich aus der Vordehnung $\varepsilon_p^{(0)}$ und der Zusatzdehnung $\Delta\varepsilon_p$ zusammen. Eine Bemessung für Querschnitte mit rechteckiger Druckzone kann z. B. mit Hilfe des allgemeinen Bemessungsdiagramms (BT 0) durchgeführt werden.

Bei Vorspannung ohne Verbund (gilt auch für Vorspannung mit nachträglichem Verbund vor Herstellung des Verbundes) ist die Vorspannwirkung generell als äußere Einwirkung zu betrachten. Aufgrund des nicht vorhandenen Verbundes ist der Spannungszuwachs im Spannstahl von der Verformung des gesamten statischen Systems abhängig. Dieser Spannungszuwachs kann bei exzentrisch geführten internen Spanngliedern vereinfacht mit $\Delta\sigma_{P,ULS} = 100\,\text{N/mm}^2$ angenommen werden. Bei Tragwerken mit externen Spanngliedern darf dieser Spannungszuwachs auch komplett vernachlässigt werden, sofern die Schnittgrößenermittlung linear-elastisch erfolgt. In [18] wird darauf hingewiesen, dass der Spannungszuwachs für vorgespannte Kragarme nur mit $50\,\text{N/mm}^2$, für meldfeldige Flachdecken hingegen mit $350\,\text{N/mm}^2$ angesetzt werden sollte.

8.6.3 Querkraft

Unabhängig von den nachstehend aufgeführten Nachweisen ist in Balken mit $b/h < 5$ immer eine Mindestquerkraftbewehrung nach Abschn. 8.9.1.1 anzuordnen.

Ausnahmen
- Platten (Voll-, Rippen-, Hohlplatten) mit ausreichendem Querabtrag der Lasten.
- Bauteile von untergeordneter Bedeutung (z. B. Sturz mit Spannweite < 2 m).
  Hierbei wird vorausgesetzt, dass sich oberhalb des Sturzes ein Druckgewölbe ausbilden und der Gewölbeschub aufgenommen werden kann. Generell sind in Deutschland für Flachstürze bauaufsichtliche Zulassungen erforderlich.

Insbesondere bei Rippendecken darf auf die Mindestquerkraftbewehrung verzichtet werden, wenn folgende Bedingungen eingehalten sind:
- vorwiegend ruhende Lasten mit $q_k \leq 3\,\text{kN/m}^2$ bzw. $Q_k \leq 3\,\text{kN}$ (Lasten nach Kategorie A bis B2 nach DIN EN 1991-1-1/NA, Wohn-, Büro- und Arbeitsflächen)
- maximaler lichter Rippenabstand $\leq 700\,\text{mm}$
- minimale Plattendicke 1/10 des lichten Rippenabstandes bzw. $\geq 50\,\text{mm}$

- Querbewehrung in der Platte mindestens 3∅6 je m
- durchlaufende Feldbewehrung in den Rippen mit ∅ ≤ 16 mm
- keine Brandschutzanforderungen.

Bei Rippendecken mit Brandschutzanforderungen oder im Bereich einer Druckzone unten in den Rippen (Durchlaufsysteme), sind stets Bügel anzuordnen.

8.6.3.1 Bemessungsverfahren

Für die Bemessung gilt

$$V_{Ed} \leq V_{Rd} = \begin{cases} V_{Rd,c} & \text{Bemessungswert der aufnehmbaren Querkraft ohne Querkraftbewehrung} \\ V_{Rd,s} & \text{Bemessungswert der aufnehmbaren Querkraft mit Querkraftbewehrung} \\ V_{Rd,max} & \text{Bemessungswert der durch Druckstreben aufnehmbaren Querkraft} \end{cases}$$

(8.64)

Wenn $V_{Ed} > V_{Rd,c}$ ist, ist immer ein expliziter Nachweis von $V_{Ed} \leq V_{Rd,s}$ erforderlich; $V_{Ed} \leq V_{Rd,max}$ ist generell einzuhalten. Die Querkraftnachweise dürfen bei zweiachsig gespannten Platten getrennt für jede Spannrichtung geführt werden. Wenn in diesen Fällen Querkraftbewehrung erforderlich wird, ist diese aus beiden Richtungen zu addieren. Für Plattentragwerke mit $V_{Ed} \leq V_{Rd,c}$ braucht $V_{Rd,max}$ nicht mehr zusätzlich nachgewiesen werden [11].

Hinweis Die Nachweise zur Querkraftbemessung sind stark an Rechteckquerschnitten orientiert. Dabei wird vorausgesetzt, dass die Querkräfte einachsig in Querschnittshauptrichtung angreifen. Bei geneigten Querkräften, dem sogenannten „schiefen Schub", können gesonderte Bemessungsverfahren notwendig werden. Hierzu sind in [24] geeignete Bemessungsdiagramme veröffentlicht. Zur Querkaftbemessung von reinen Kreisquerschnitten wird auf die Bemessungsdiagramme in [25] verwiesen.

8.6.3.2 Einwirkende Querkraft V_{Ed}

Die einwirkende Querkraft ist nach Abschn. 8.5 zu ermitteln. Dabei sind die folgenden Einflüsse zu beachten:

a) Lagerungsart
Siehe Abschn. 8.5.5.2. Bei gleichmäßig verteilter Belastung und direkter Auflagerung ist die einwirkende Querkraft für den Nachweis von $V_{Rd,c}$ und $V_{Rd,s}$ im Abstand d vom Auflagerrand anzusetzen. Für den Nachweis von $V_{Rd,max}$ ist bei direkter Lagerung die Querkraft am Auflagerrand maßgebend. Bei indirekter Lagerung ist im Allgemeinen für alle Nachweise die Querkraft in der Auflagerachse maßgebend. Ausnahmen hierzu sind im Heft 600 [11] formuliert.

b) Auflagernahe Einzellast
Bei Trägern mit **direkter Lagerung** und oberseitiger Lasteintragung gilt eine Einzellast als auflagernah, wenn

sie die Bedingung $0,5d \leq a_v \leq 2d$ erfüllt. a_v ist der Abstand zum Auflagerrand (bzw. zur Auflagerachse bei verformbaren Lagern). In diesem Fall darf die aus der Einzellast resultierende Querkraft mit dem Faktor β zur bemessungsrelevanten Querkraft für den Nachweis von $V_{Rd,c}$ und $V_{Rd,s}$ abgemindert werden. Für $a_v < 0,5d$ ist in der Gleichung für β der Wert $a_v = 0,5d$ anzusetzen. Für den Nachweis von $V_{Rd,max}$ ist diese Abminderung nicht zulässig.

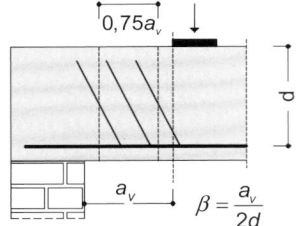

$$\beta = \frac{a_v}{2d}$$

Es wird vorausgesetzt, dass die in Nachweis nach (8.66) angesetzte Längsbewehrung vollständig im Auflager verankert ist. Nachzuweisen ist dann:

- für Bauteile ohne Querkraftbewehrung $V_{Ed} \leq V_{Rd,c}$ unter Berücksichtigung von β $V_{Ed} \leq 0,5 \cdot b_w \cdot d \cdot \nu \cdot f_{cd}$ als Druckstrebennachweis ohne Ansatz von β.
  Dabei ist $\nu = 0,675 \cdot (1,1 - f_{ck}/500) \geq 0,675$
- für Bauteile mit Querkraftbewehrung $V_{Ed} \leq V_{Rd,max}$ nach (8.70) bzw. (8.74) ohne Ansatz von β
  $A_{sw} = \frac{V_{Ed}}{f_{ywd} \cdot \sin \alpha}$ mit Ansatz von β.
  Diese Bewehrung muss in einem mittleren Bereich von $0,75a_v$ verlegt sein.

c) Bauteile mit geneigten Gurten und geneigten Spanngliedern
Bei entsprechenden Trägern wird die einwirkende Querkraft durch die Komponenten der Gurt- und Spanngliedkräfte in Querkraftrichtung erhöht oder vermindert (siehe Abb. 8.56 und (8.65))

$$V_{Ed} = V_{Ed,0} - V_{ccd} - V_{td} - V_{pd} \quad (8.65)$$

$V_{Ed,0}$　Grundbemessungswert der auf den Querschnitt einwirkenden Querkraft

V_{Ed}　Bemessungswert der einwirkenden Querkraft (maßgebend für die Nachweise der Querkrafttragfähigkeit)

V_{ccd}　Bemessungswert der Querkraftkomponente in der Druckzone $= \frac{M_{Eds}}{z} \cdot \tan \psi_{cc}$; $M_{Eds} = M_{Ed} - N_{Ed} \cdot z_s$

V_{td}　Bemessungswert der Querkraftkomponente aus der Stahlzugkraft $= \left(\frac{M_{Eds}}{z} + N_{Ed}\right) \cdot \tan \psi_t$

V_{pd}　Bemessungswert der Querkraftkomponente aus der Spannstahlkraft im GZT $= F_{pd} \cdot \sin \psi_p$. (Hinweis: In den für Querkraftnachweise maßgebenden Schnitten wird die Streckgrenze im Spannstahl oft nicht erreicht, zeitabhängige Verluste sind zu berücksichtigen.)

Abb. 8.56 Querkraftanteile für Träger mit geneigten Gurten bzw. geneigtem Spannglied (ohne Druckbewehrung). *1* Wirkungslinie der Betondruckkraft, *2* Schwereachse der Spannglieder, *3* Schwereachse der Betonstahlbewehrung, *4* Nulllinie

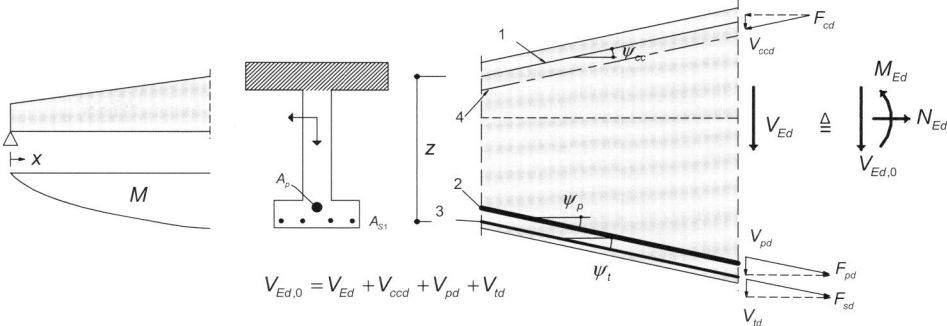

$$V_{Ed,0} = V_{Ed} + V_{ccd} + V_{pd} + V_{td}$$

Gezeigt ist in Abb. 8.56 der Fall mit Querkraftverminderung. Mit gleichsinnigem Verlauf von Moment $|M|$ und innerem Hebelarm z wird ein Teil der einwirkenden Querkraft unmittelbar über die geneigten Gurtkräfte aufgenommen und braucht im Nachweis der Querkrafttragfähigkeit nicht berücksichtigt werden. Im umgekehrten Fall, d. h. wenn die Verläufe von $|M|$ und z gegensinnig sind, tritt eine Erhöhung der einwirkenden Querkraft auf. Die muss berücksichtigt werden [19].

Der Querkraftanteil einer ggf. vorhandenen Druckbewehrung ist analog zu V_{ccd} in (8.65) zu berücksichtigen.

8.6.3.3 Bauteile ohne rechnerisch erforderliche Querkraftbewehrung ($V_{Ed} \leq V_{Rd,c}$)

Bei Plattentragwerken des üblichen Hochbaus kann vielfach auf eine Querkraftbewehrung mit dem Nachweis, dass $V_{Ed} \leq V_{Rd,c}$ gilt, verzichtet werden. Zusätzlich ist generell auch $V_{Ed} \leq V_{Rd,max}$ nachzuweisen. Der Nachweis für $V_{Rd,max}$ ist aber in diesem Zusammenhang im Allgemeinen nicht bemessungsentscheidend, bei Plattentragwerken darf daher auf diesen Nachweis verzichtet werden [11].

$$V_{Rd,c} = \left[\frac{0{,}15}{\gamma_C} \cdot k \cdot (100 \cdot \varrho_1 \cdot f_{ck})^{1/3} + 0{,}12 \cdot \sigma_{cp} \right] \cdot b_w \cdot d$$
$$\geq (v_{min} + 0{,}12 \cdot \sigma_{cp}) \cdot b_w \cdot d \; [\text{MN}] \qquad (8.66)$$

Der Mindestwert ist dabei unabhängig von der Längszugbewehrung. In (8.66) sind:

γ_C der Teilsicherheitsbeiwert für bewehrten Beton (i. Allg. = 1,5)

k $= 1 + \sqrt{200/d} \leq 2{,}0$ mit d in mm zur Berücksichtigung der Bauteilhöhe

ϱ_1 der Längsbewehrungsgrad mit $\varrho_1 = \frac{A_{sl}}{b_w \cdot d} \leq 0{,}02$

A_{sl} die Fläche der Zugbewehrung, die mindestens um das Maß $l_{bd} + d$ über den betrachteten Querschnitt hinaus geführt und dort wirksam verankert wird (siehe Abb. 8.57). Bei Vorspannung mit sofortigem Verbund darf die Spannstahlfläche voll auf A_{s1} angerechnet werden

b_w die kleinste Querschnittsbreite innerhalb der Zugzone des Querschnitts in [m]

d die statische Nutzhöhe der Biegebewehrung im betrachteten Querschnitt in [m]

f_{ck} der charakteristische Wert der Betondruckfestigkeit in N/mm²

σ_{cp} der Bemessungswert der Betonlängsspannung in Höhe des Schwerpunkts des Querschnitts mit $\sigma_{cd} = \frac{N_{Ed}}{A_c} \leq 0{,}2 \cdot f_{cd}$ in N/mm² (Betonzugspannungen sind in (8.67) negativ einzusetzen)

N_{Ed} der Bemessungswert der Längskraft im Querschnitt infolge äußerer Einwirkungen oder Vorspannung ($N_{Ed} > 0$ als Längsdruckkraft)

$$v_{min} = \begin{cases} (0{,}0525/\gamma_C) \cdot \sqrt{k^3 \cdot f_{ck}} & \text{für } d \leq 600 \text{ mm} \\ (0{,}0375/\gamma_C) \cdot \sqrt{k^3 \cdot f_{ck}} & \text{für } d > 800 \text{ mm} \end{cases}$$

Zwischenwerte können linear interpoliert werden.

Zusätzlich zum Nachweis der Querkrafttragfähigkeit nach (8.66) ist die ohne Abminderung einer auflagernahen Einzellast einwirkende Querkraft V_{Ed} zu begrenzen auf $V_{Ed} \leq 0{,}5 \cdot b_w \cdot d \cdot v \cdot f_{cd}$ mit $v = 0{,}675$ allgemein für Querkraft und $v = 0{,}525$ für Torsion (siehe Abschn. 8.6.4). Diese Begrenzung der Druckstrebentragfähigkeit wird in der Regel nur bei sehr hohen auflagernahen Einzellasten maßgebend. Für Betone $\geq$ C55/67 gelten besondere Regeln.

Abb. 8.57 Definition von A_{sl} für die Ermittlung von ϱ_1 in (8.66)

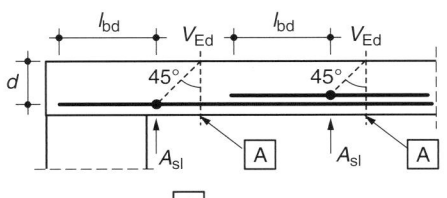 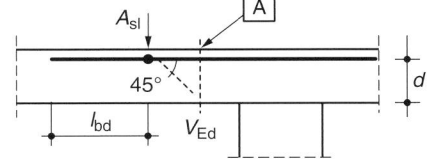

A betrachteter Querschnitt

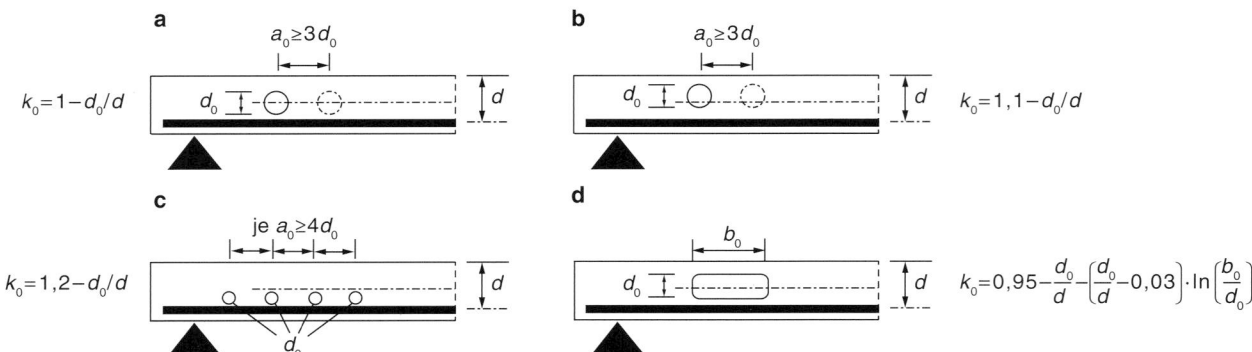

Abb. 8.58 Erfassung von Öffnungen beim Nachweis der Querkrafttragfähigkeit [11]. **a** Runde Öffnung mit $0,2 \leq d_0/d \leq 0,35$ auf der Zugseite, **b** runde Öffnung mit $0,2 \leq d_0/d \leq 0,35$ und mit Achse $\geq 0,2d_0$ von der Schwerelinie in Richtung Druckzone, **c** kleine runde Öffnungen $0,1 \leq d_0/d \leq 0,2$, **d** rechteckige Öffnung $b_0/d_0 < 4$ $(d_0 \leq d/4)$

Die Tragfähigkeit von Stahlbetondecken ohne Querkraftbewehrung mit in den Querschnitten integrierten Öffnungen (kommt in der Praxis häufig für TGA-Leitungen vor) kann nach (8.66) durch Abminderung der Werte $C_{Rd,c} = 1,5/\gamma_C$ bzw. v_{min} durch den Faktor k_0 gemäß Abb. 8.58 erfolgen.

Die günstige Wirkung von Längsdruckspannungen sollte in diesen Fällen vernachlässigt, Längszuspannungen müssen aber erfasst werden. Beim Nachweis der Biegetragfähigkeit ist auf den Erhalt der erforderlichen Druckzonenhöhe zu achten.

Bei einer Gruppenanordnung von nebeneinanderliegenden runden Öffnungen dürfen die Gleichungen nach Abb. 8.58 für Einzelöffnungen angewendet werden, wenn die gegenseitigen Mindestabstände a_0 eingehalten sind. Andernfalls sind die Einzelöffnungen zu einer umschließenden rechteckigen Öffnung zusammenzufassen (Abb. 8.58d). Der Abstand der Öffnungen zu Einzellasten sollte mindestens d entsprechen. Leerrohrgruppen in Platten $h \leq 40$ cm mit kleinen Öffnungen $d_0/d \leq 0,1$ und Achsabständen $a_0 \geq 4d_0$ haben keinen Einfluss auf den Wert von $V_{Rd,c}$.

Gleichung (8.66) lautet dann:

$$V_{Rd,c} = \left[\frac{0,15}{\gamma_C} \cdot k_0 \cdot k \cdot (100 \cdot \varrho_l \cdot f_{ck})^{1/3} + 0,12 \cdot \sigma_{cp}\right] \cdot b_w \cdot d$$
$$\geq (v_{min} \cdot k_0 + 0,12 \cdot \sigma_{cp}) \cdot b_w \cdot d \text{ MN} \quad (8.67)$$

k_0 siehe Abb. 8.58, weitere Werte siehe (8.66).

Bei ungerissenen (d. h. $\sigma_c \leq f_{ctk;0,05}/\gamma_C$), einfeldrigen, statisch bestimmt gelagerten Bauteilen mit Längsdruckkräften (im allg. aus Vorspannung) darf die Querkrafttragfähigkeit ohne Querkraftbewehrung alternativ nach (8.68) nachgewiesen werden.

$$V_{Rd,c} = \frac{I \cdot b_w}{S}\sqrt{(f_{ctd})^2 + \alpha_1 \cdot \sigma_{cp} \cdot f_{ctd}} \quad (8.68)$$

Mit

I Flächenträgheitsmoment (Flächenmoment 2. Grades)

S Statisches Moment (Flächenmoment 1. Grades)

α_1 $= l_x/l_{pt2} \leq 1$ bei Vorspannung mit sofortigem Verbund $= 1$ in den übrigen Fällen

l_x Abstand des betrachteten Querschnitts vom Beginn der Übertragungslänge des Spanngliedes

l_{pt2} oberer Bemessungswert der Übertragungslänge des Spanngliedes

b_w Querschnittsbreite in der Schwereachse unter Berücksichtigung etwaiger Hüllrohre (siehe (8.70))

$f_{ctd} = \alpha_{ct} \cdot f_{ctk;0,05}/\gamma_C = 0,57 \cdot f_{ctk;0,05}$ mit $\alpha_{ct} = 0,85$ und $\gamma_C = 1,50$.

Eine Anwendung dieser Nachweisform ist im Wesentlichen nur bei vorgespannten Konstruktion und Druckgliedern sinnvoll. Auf eine ggf. erforderliche Mindestquerkraftbewehrung sowie Spaltzugbewehrung ist zu achten. Auf den Nachweis nach (8.68) darf bei o. g. Voraussetzungen verzichtet werden, wenn der betrachtete Querschnitt näher am Auflager liegt als der Schnittpunkt zwischen der Schwereachse und einer vom Auflagerrand im Winkel von 45° geneigten Linie. Bei veränderlichen Stegbreiten kann der maßgebende Schnitt auch außerhalb des Schwerpunktes liegen.

8.6.3.4 Bauteile mit rechnerisch erforderlicher Querkraftbewehrung

Generell ist in Balken und Plattenbalken sowie Platten mit $b/h < 5$, unabhängig davon ob der Nachweis $V_{Ed} \leq V_{Rd,c}$ erfüllt ist, zumindest eine Mindestquerkraftbewehrung erforderlich. Für den Fall $V_{Ed} > V_{Rd,c}$ ist die erforderliche Querkraftbewehrung explizit zu ermitteln und die Druckstrebentragfähigkeit mit $V_{Ed} \leq V_{Rd,max}$ nachzuweisen. Dazu wird das Fachwerkmodell in Abb. 8.59 verwendet.

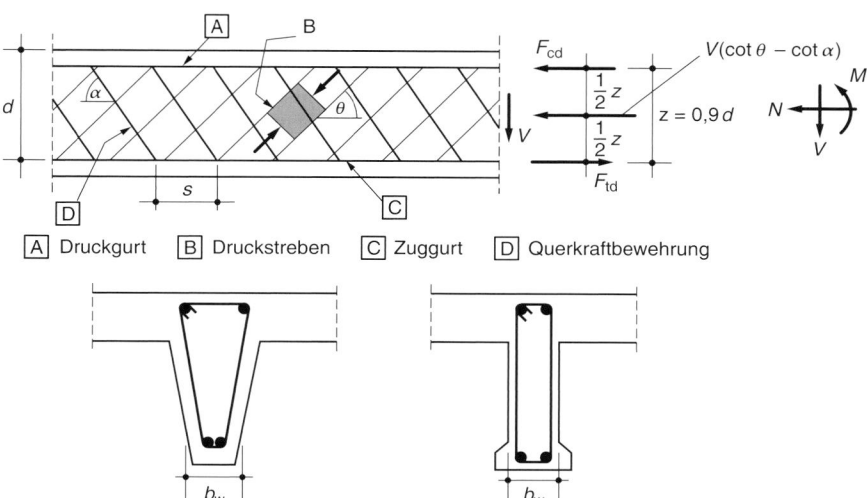

A Druckgurt   B Druckstreben   C Zuggurt   D Querkraftbewehrung

Abb. 8.59 Fachwerkmodell und Formelzeichen für querkraftbewehrte Bauteile. α Winkel zwischen Querkraftbewehrung und der rechtwinklig zur Querkraft verlaufenden Bauteilachse, θ Winkel zwischen Betondruckstreben und der rechtwinklig zur Querkraft verlaufenden Bauteilachse, F_{td} Bemessungswert der Zugkraft in der Längsbewehrung, F_{cd} Bemessungswert der Betondruckkraft in Richtung der Längsachse des Bauteils, b_w kleinste Querschnittsbreite zwischen Zug- und Druckgurt, z innerer Hebelarm bei einem Bauteil mit konstanter Höhe, der zum Biegemoment im betrachteten Bauteil gehört

8.6.3.4.1 Wahl der Druckstrebenneigung θ

Die Druckstrebenneigung θ (siehe Abb. 8.60) darf zwischen den Winkeln $\theta = 18{,}4°$ ($\cot\theta = 3{,}0$) und $\theta = 45°$ ($\cot\theta = 1{,}0$) liegen und kann nach folgender Formel (8.69) bestimmt werden:

$$1{,}0 \leq \cot\theta \leq \frac{1{,}2 + 1{,}4\sigma_{cp}/f_{cd}}{1 - V_{Rd,cc}/V_{Ed}} \leq 3{,}0 \qquad (8.69)$$

mit

$$V_{Rd,cc} = c \cdot 0{,}48 \cdot f_{ck}^{1/3} \cdot \left(1 - 1{,}2 \cdot \frac{\sigma_p}{f_{cd}}\right) \cdot b_w \cdot z \qquad (8.70)$$

Wobei:

c Rauigkeitsbeiwert $= 0{,}5$

$\sigma_{cp} = N_{Ed}/A_c$ (als Zugspannung negativ einsetzen)

N_{Ed} Bemessungswert der Längskraft im Querschnittsschwerpunkt.

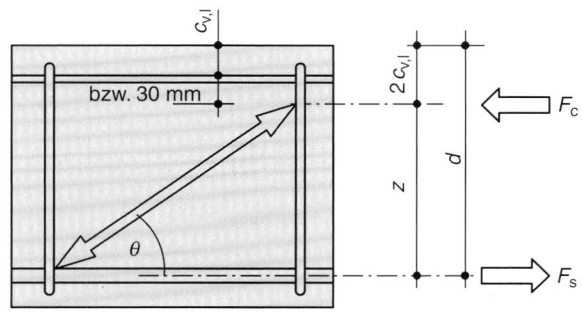

Abb. 8.60 Innerer Hebelarm z beim Querkraftnachweis

Bei geneigter Querkraftbewehrung darf auch eine flacher geneigte Druckstrebe mit $\cot\theta = 0{,}58$ ($\theta = 60°$) ausgenutzt werden, die untere Grenze in (8.69) beträgt dann 0,58. Bei Längszugbelastung sollte $\cot\theta = 1$ eingehalten werden.

Für den inneren Hebelarm darf angesetzt werden: $z = 0{,}9 \cdot d$. Alternativ kann z aus der Biegebemessung im GZT an der betrachteten Stelle bestimmt werden. Es darf jedoch kein größerer Wert als $z = d - 2c_{v,l} \geq d - c_{v,l} - 30\,\text{mm}$ angesetzt werden (siehe Abb. 8.60). Dabei ist $c_{v,l}$ das Verlegemaß der Längsbewehrung. Bei einem Querschnitt, der vollständig unter Zugbeanspruchung steht, darf für z der Abstand der Zugbewehrungen angesetzt werden, sofern Bügel die Längszugbewehrungen umfassen.

Ein kleiner Winkel θ, also ein großer Wert für $\cot\theta$, ermöglicht eine geringe Querkraftbewehrung, verursacht aber eine höhere Druckstrebenbeanspruchung sowie ein größeres Versatzmaß a_l (siehe Abschn. 8.9.1.1). Vereinfachend können immer auch folgende Anhaltswerte für $\cot\theta$ angesetzt werden:

$\cot\theta = 1{,}2$ bei reiner Biegung oder bei Biegung mit Längskraft

$\cot\theta = 1{,}0$ bei Biegung mit Längszug.

8.6.3.4.2 Nachweis der maximalen Druckstrebentragfähigkeit $V_{Ed} \leq V_{Rd,max}$

$$V_{Rd,max} = b_w \cdot z \cdot \nu_1 \cdot f_{cd} \cdot \frac{\cot\theta + \cot\alpha}{1 + \cot^2\theta} \qquad (8.71)$$

wobei

$\nu_1 = 0{,}75 \cdot (1{,}1 - f_{ck}/500) \leq 0{,}75$ (Festigkeitsabminderungsbeiwert $= 0{,}75$ bei Beton $\leq$ C50/60)

b_w kleinste Querschnittsbreite zwischen Zug- und Druck-gurt.

Bei vorgespannten Querschnitten mit verpressten Hüll-rohren mit einer Durchmessersumme $\sum \varnothing_h > b_w/8$ muss der Bemessungswert der Druckstrebentragfähigkeit $V_{Rd,max}$ unter Berücksichtigung des Nennwertes $b_{w,nom}$ der Querschnittsbreite für die ungünstigste Hüllrohrlage mit $\varnothing_h$ als äußerem Hüllrohrdurchmesser ermittelt wer-den.

Dabei ist:

$$b_{w,nom} = b_w - 0,5 \sum \varnothing_h \quad \text{bis C50/60 (bzw. LC50/55)}$$

$$b_{w,nom} = b_w - 1,0 \sum \varnothing_h \quad \text{ab C55/67 (bzw. LC55/60)}$$

Für nebeneinanderliegende nicht verpresste Hüllrohre oder Vorspannung ohne Verbund gilt:

$$b_{w,nom} = b_w - 1,20 \sum \varnothing_h$$

z innerer Hebelarm (siehe Abschn. 8.6.3.4.1).

8.6.3.4.3 Nachweis der erforderlichen Querkraftbewehrung $V_{Ed} \leq V_{Rd,S}$

$$_{\text{erf}}a_{sw} = \frac{A_{sw}}{s} = \frac{V_{Ed}}{f_{ywd} \cdot z \cdot (\cot \theta + \cot \alpha) \cdot \sin \alpha} \quad (8.72)$$

wobei

s Bügelabstand

a_{sw} Bewehrungsquerschnitt je Längeneinheit

$f_{ywd} = f_{yd}$ (die mit zunehmender plastischer Dehnung auf-tretende Verfestigung darf nicht angesetzt werden)

z innerer Hebelarm (siehe Abschn. 8.6.3.4.1).

8.6.3.4.4 Vereinfachte Formeln für den Nachweis der Querkrafttragfähigkeit

Für den häufig vorkommenden Fall

- Normalbeton bis C50/60, $\gamma_C = 1,5$
- keine Längskraft ($\sigma_{cp} = 0$)
- $z = 0,9 \cdot d$
- senkrechte Querkraftbewehrung (Bügel); $\alpha = 90°$; Druckstrebenneigung $1 \leq \cot \theta \leq 3,0$

lassen sich die Formeln (8.66) bis (8.72) wie folgt vereinfa-chen:

$$V_{Rd,c} = \max \begin{cases} 0,1 \cdot k \cdot (100 \cdot \varrho_l \cdot f_{ck})^{1/3} \cdot b_w \cdot d \\ 0,035 \cdot \sqrt{k^3 \cdot f_{ck}} \cdot b_w \cdot d & \text{für } d \leq 600 \text{ mm} \\ 0,025 \cdot \sqrt{k^3 \cdot f_{ck}} \cdot b_w \cdot d & \text{für } d > 800 \text{ mm} \end{cases}$$
$$(8.73)$$

$$1,0 \leq \cot \theta \leq \frac{1,2}{1 - V_{Rd,cc}/V_{Ed}} \leq 3,0 \quad (8.74)$$

mit $V_{Rd,cc} = 0,216 \cdot f_{ck}^{1/3} \cdot b_w \cdot d$ und

$$V_{Rd,max} = \frac{0,3826 \cdot b_w \cdot d \cdot f_{ck}}{\cot \theta + \tan \theta} \quad (8.75)$$

$$_{\text{erf}}a_{sw} = \frac{A_{sw}}{s} = \frac{V_{Ed}}{f_{yd} \cdot 0,9 \cdot d \cdot \cot \theta} \quad (8.76)$$

Beispiel 8.16

Querkraftnachweis ohne erforderliche Querkraftbe-wehrung

Beton C25/30, Plattenquerschnitt:

$$b/d/h = 100/15,1/18 \text{ cm}, \quad c_{v,l} = 2,0 \text{ cm}$$

Zugbewehrung R335A,

$$a_{sx} = 3,35 \text{ cm}^2/\text{m} \quad (\varnothing_s = 8),$$

$$a_{sy} = 1,13 \text{ cm}^2/\text{m} \quad (\varnothing_s = 6)$$

Der Nachweis erfolgt hier nur für die x-Richtung.
Einwirkende Querkraft:
$V_{Ed,x} = 41,5 \text{ kN/m}$ am Auflagerrand
$V_{Ed,x} = 39,4 \text{ kN/m}$ im Abstand d vom Auflagerrand

$$k = 1 + \sqrt{\frac{200}{151}} = 2,15 > 2,0$$

$$\varrho_l = \frac{3,35}{100 \cdot 15,1} = 0,00222 < 0,02$$

$$f_{ck} = 25 \text{ N/mm}^2$$

$$V_{Rd,c} = \max \begin{cases} 0,1 \cdot 2,0 \cdot (100 \cdot 0,00222 \cdot 25)^{1/3} \cdot 0,151 \\ \quad = 0,0534 \text{ MN/m} = 535 \text{ kN/m} \\ 0,035\sqrt{2^3 \cdot 25} \cdot 0,151 \\ \quad = 0,0747 \text{ MN/m} = 74,7 \text{ kN/m} \end{cases}$$

$V_{Rd,ct} = 74,70 > 39,4 \text{ kN/m}$

$\rightarrow$ Querkraftbewehrung nicht erforderlich!

Eine Mindestquerkraftbewehrung ist aufgrund des Plattenquerschnittes ($b/h = 100/18 = 5,55 > 5$) nicht erforderlich. Auf den Nachweis für $V_{Rd,max}$ darf hier ver-zichtet werden. ◄

Beispiel 8.17

Querkraftnachweis mit erf. Querkraftbewehrung
Beton C20/25,

$$b_w/d/h = 24/83/90 \text{ cm}, \quad c_{v,l} = 5,8 \text{ cm}$$

Zugbewehrung $3\varnothing_s = 25$ mit $14,7 \text{ cm}^2$; ausreichend verankert

Einwirkende Querkraft

$V_{Ed} = 250\,\mathrm{kN}$ am Auflagerrand

$V_{Ed} = 213\,\mathrm{kN}$ im Abstand d vom Auflagerrand

$$z = 0{,}9d = 0{,}9 \cdot 0{,}83 = \underline{0{,}747\,\mathrm{m}}$$
$$< 0{,}90 - 2 \cdot 0{,}058 = 0{,}784\,\mathrm{m}$$
$$\geq 0{,}90 - 0{,}058 - 0{,}030 = 0{,}812\,\mathrm{m}$$

$$k = 1 + \sqrt{\frac{200}{830}} = 1{,}49 < 2{,}0$$

$$\sigma_l = \frac{14{,}7}{24 \cdot 83} = \underline{0{,}0074} < 0{,}02$$

$$f_{ck} = 20\,\mathrm{N/mm^2}\,(f_{ck})^{1/3} = 2{,}71$$

$$V_{Rd,c} = \max \begin{cases} 0{,}1 \cdot 1{,}49 \cdot (100 \cdot 0{,}0074 \cdot 20)^{1/3} \cdot 0{,}24 \cdot 0{,}83 \\ \quad = 0{,}0729\,\mathrm{MN} = \underline{72{,}9\,\mathrm{kN}} \\ 0{,}025\sqrt{1{,}49^3 \cdot 20} \cdot 0{,}24 \cdot 0{,}83 \\ \quad = 0{,}0405\,\mathrm{MN} = 40{,}5\,\mathrm{kN} \end{cases}$$

$$V_{Rd,c} = 72{,}9 < 213\,\mathrm{kN} = V_{Ed}$$

$\rightarrow$ Querkraftbewehrung erforderlich!

Es werden senkrecht stehende Bügel als Querkraftbewehrung eingebaut.

Druckstrebenneigung:

$$V_{Rd,cc} = 0{,}216 \cdot 20^{1/3} \cdot 0{,}24 \cdot 0{,}83 = 0{,}1166\,\mathrm{MN}$$
$$= 116{,}6\,\mathrm{kN}$$

$$1{,}0 \leq \cot\theta \leq \frac{1{,}2}{1 - 116{,}6/213} = 2{,}65 \leq 3{,}0$$

Gewählt:

$$\cot\theta = 2{,}65 \quad \theta = 20{,}67°$$

$$V_{Rd,max} = \frac{0{,}3825}{2{,}65 + 1/2{,}65} \cdot 20 \cdot 0{,}24 \cdot 0{,}83 = 0{,}5034\,\mathrm{MN}$$
$$= 503{,}4\,\mathrm{kN} > 250\,\mathrm{kN} = V_{Ed}$$

(Für den Nachweis von $V_{Rd,max}$ ist die einwirkende Querkraft am Auflagerrand maßgebend.)

Querkraftbewehrung:

$$a_{sw} = \frac{A_{sw}}{s} = \frac{0{,}213}{435 \cdot 0{,}9 \cdot 0{,}83 \cdot 2{,}65} \cdot 10^4 = 2{,}47\,\frac{\mathrm{cm^2}}{\mathrm{m}}$$

Gewählt: 2-schnittige, senkrecht stehende Bügel, $\varnothing_s = 8$, Bügelabstand 30 cm, vorh. $a_{sw} = 3{,}35 > 2{,}47\,\mathrm{cm^2/m}$.

Überprüfung Mindestquerkraftbewehrung und Bügelabstand

$$_{\min}\varrho_w = 0{,}7\,\text{‰} = 0{,}0007,$$
$$_{\min}a_{sw} = 0{,}0007 \cdot 245 \cdot 100 = 1{,}68 < 2{,}46\,\mathrm{cm^2/m}$$
$$\frac{V_{Ed}}{V_{Rd,max}} = \frac{213}{503{,}4} = 0{,}423 \rightarrow \max s = 30\,\mathrm{cm} \quad \blacktriangleleft$$

8.6.3.5 Schubkräfte zwischen Balkensteg und Gurten

Der Anschluss von Gurten an Stegen, manchmal auch Schulterschub genannt, kann mithilfe des Bemessungsmodells nach Abb. 8.61 berechnet werden.

Abb. 8.61 Anschluss zwischen Gurten und Steg

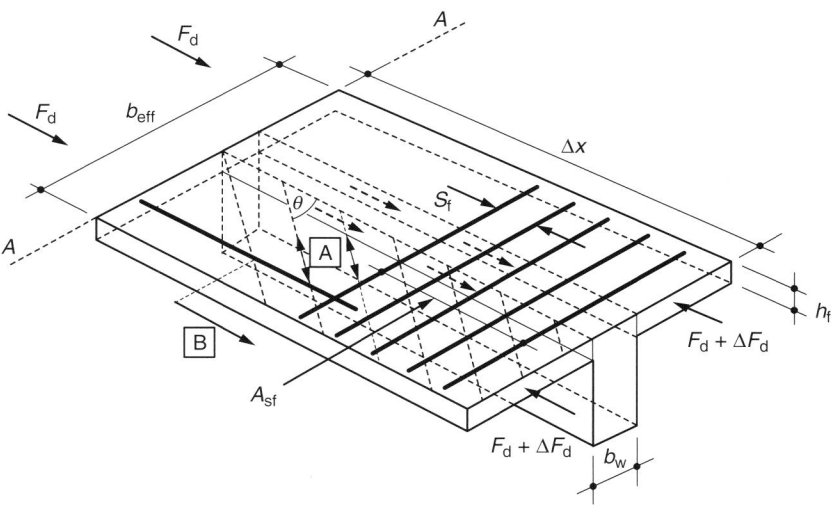

A Druckstreben   B hinter diesem projizierten Punkt verankerter Längsstab

Der Nachweis ist vom Ansatz her mit den Formeln (8.70) bis (8.72) bzw. (8.73) bis (8.76) zu führen. Dabei sind folgende Änderungen zu beachten: einwirkende Längsschubkraft:

$$V_{Ed} = \Delta F_d$$

ΔF_d entspricht der Längskraftdifferenz in einem einseitigen Gurtabschnitt der Länge Δx.

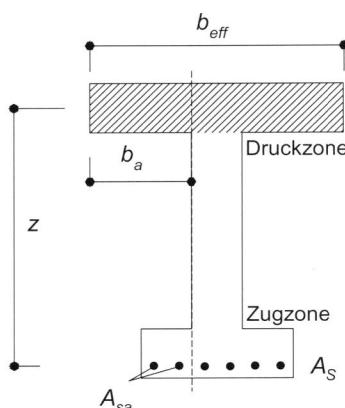

- Druckgurtanschluss:

$$\Delta F_d = \Delta F_{cd} = \frac{\Delta M_{Ed}}{z} \cdot \frac{F_{ca}}{F_{cd}} \cong \frac{\Delta M_{Ed}}{z} \cdot \frac{b_a}{b_{eff}}$$

- Zuggurtanschluss:

$$\Delta F_d = \Delta F_{sd} = \frac{\Delta M_{Ed}}{z} \cdot \frac{A_{sa}}{A_s}$$

Dabei ist:

ΔM_{Ed} Änderung des Biegemomentes innerhalb der Länge Δx

Δx Länge eines Gurtabschnittes, maximal der halbe Abstand zwischen Momentennullpunkt und Momentenhöchstwert, bei Einzellasten ist Δx höchstens der Abstand zwischen den Einzellasten

z Hebelarm der inneren Kräfte (siehe Abschn. 8.6.3.4.1)

F_{ca} Betondruckkraft im anzuschließenden Gurtabschnitt

F_{cd} gesamte Betondruckkraft

A_{sa} Stahlfläche im anzuschließenden Gurtabschnitt

A_s gesamte Stahlfläche im Zuggurt.

Zur Ermittlung der Druckstrebenneigung θ_f darf für σ_{cp} die mittlere Betonlängsspannung im anzuschließenden Gurtabschnitt mit der Länge Δx angesetzt werden.

$$\sigma_{cp} = 0,5 \cdot \Delta F_d / (b_a \cdot h_f),$$
$$V_{Rd,cc} = c \cdot 0,48 \cdot f_{ck}^{1/3} (1 - 1,2 \sigma_{cp}/f_{cd}) \cdot h_f \cdot \Delta x.$$

Vereinfachend darf in Zuggurten mit $\cot \theta = 1,0$, in Druckgurten mit $\cot \theta = 1,2$ gerechnet werden. Für die senkrecht zur Fuge angeordnete Anschlussbewehrung A_{sf} (siehe Abb. 8.61) erhält man unter Ansatz der geometrischen Größen $b_w = h_f = $ Gurtdicke am Anschluss und $z = 0,9 \cdot d = \Delta x$ aus den Gleichungen in (8.70) bis (8.72) bzw. (8.73) bis (8.76).

$$V_{Rd,max} = \frac{h_f \cdot \Delta x \cdot \nu_1 \cdot f_{cd}}{\tan \theta_f + \cot \theta_f} \leq V_{Ed} = \Delta F_d,$$
$$a_{sf} = \frac{A_{sf}}{s_f} = \frac{V_{Ed}}{f_{yd} \cdot \Delta x \cdot \cot \theta_f} \tag{8.77}$$

$\nu_1 = 0,75 \cdot (1,1 - f_{ck}/500) \leq 0,75$ (Festigkeitsabminderungsbeiwert $= 0,75$ bei Beton $\leq$ C50/60).

Mit der Bestimmung der genauen Druckstrebenneigung kann in Druckgurten eine deutliche Abminderung der erforderlichen Bewehrung erreicht werden. Mit den vereinfachten Annahmen zur Druckstrebenneigung gilt:

- Druckgurtanschluss:

$$V_{Rd,max} = 0,492 \cdot h_f \cdot \Delta x \cdot \nu_1 \cdot f_{cd} \leq \Delta F_d$$
$$a_{sf} = \frac{\Delta F_d}{f_{yd} \cdot \Delta x \cdot 1,2} \tag{8.78a}$$

- Zuggurtanschluss:

$$V_{Rd,max} = 0,5 \cdot h_f \cdot \Delta x \cdot \nu_1 \cdot f_{cd} \leq \Delta F_d$$
$$a_{sf} = \frac{\Delta F_d}{f_{yd} \cdot \Delta x} \tag{8.78b}$$

Auf die Anschlussbewehrung kann verzichtet werden, wenn gilt:

$$V_{Ed} = 0,4 \cdot h_f \cdot \Delta x \cdot f_{ctd};$$
$$f_{ctd} = \alpha_{ct} \cdot f_{ctk;0,05}/\gamma_C \xrightarrow{\text{i. Allg.}} = 0,85 \cdot f_{ctk;0,05}/1,5 \tag{8.79}$$

Die nach (8.77) ermittelte Bewehrung ist hälftig auf die Plattenober- und unterseite aufzuteilen.

Unabhängig hiervon ist eine ggf. erforderliche Bewehrung aus Plattenbiegung bzw. eine entsprechende Mindestbewehrung nach Abschn. 8.8 erforderlich.

Bei kombinierter Beanspruchung durch Querbiegung und durch Schubkräfte zwischen Gurt und Steg gilt: Die obere Querbiegebewehrung darf vollständig auf den erforderlichen 50 %-Anteil der Schubbewehrung nach (8.77) angerechnet werden. Der untere 50 %-Anteil der Schubbewehrung nach (8.77) ist in jedem Fall vorzusehen.

Wenn Querkraftbewehrung in der Gurtplatte erforderlich wird, sollte der Nachweis der Druckstreben senkrecht (Platte) und längs (Scheibe) des Plattenanschnittes in linearer Interaktion geführt werden:

$$[V_{Ed}/V_{Rd,max}]_{Platte} + [V_{Ed}/V_{Rd,max}]_{Scheibe} \leq 1,0 \tag{8.80}$$

Beispiel 8.18

Anschluss eines Druckgurtes, s. Abb. 8.62
Beton C40/50, Stahl B500A
Biegebemessung in Feldmitte

$$M_{Ed} = (1{,}35 \cdot 40 + 1{,}5 \cdot 17) \cdot 8{,}5^2/8 = 718{,}0\,\text{kN}\,\text{m}$$

$$\mu_{Eds} = \frac{0{,}718}{0{,}90 \cdot 0{,}75^2 \cdot 22{,}67} = 0{,}0625;$$

Ablesung aus BT 1a

$$\zeta = 0{,}965 \rightarrow z = 0{,}965 \cdot 0{,}75 = 0{,}724\,\text{m},$$

$$\sigma_{s1d} = 456{,}5\,\text{N/mm}^2$$

$$\xi = 0{,}089 \rightarrow x = 0{,}089 \cdot 0{,}75 = 0{,}067\,\text{m} < h_f$$

$$A_{s1} = \left(\frac{0{,}718}{0{,}724}\right)\frac{1}{456{,}5} \cdot 10^4 = 21{,}72\,\text{cm}^2$$

Entlang des Trägers liegt die Dehnungsnulllinie in der Platte. Als Länge der nachzuweisenden Gurtabschnitte wird der halbe Abstand zwischen Momentennullpunkt und -maximum, d. h. $\Delta x = 8{,}5/4 = 2{,}125\,\text{m}$ angenommen, wobei hier exemplarisch der Abstand zwischen Nullpunkt und Viertelspunkt nachgewiesen wird.

$$V_{Ed} = \Delta F_d = \frac{\Delta M_{Eds}}{Z} \cdot \frac{b_{eff,i}}{b_{eff}}$$
$$= \frac{538{,}5 - 0}{0{,}724} \cdot \frac{0{,}3}{0{,}9} = 248\,\text{kN}$$

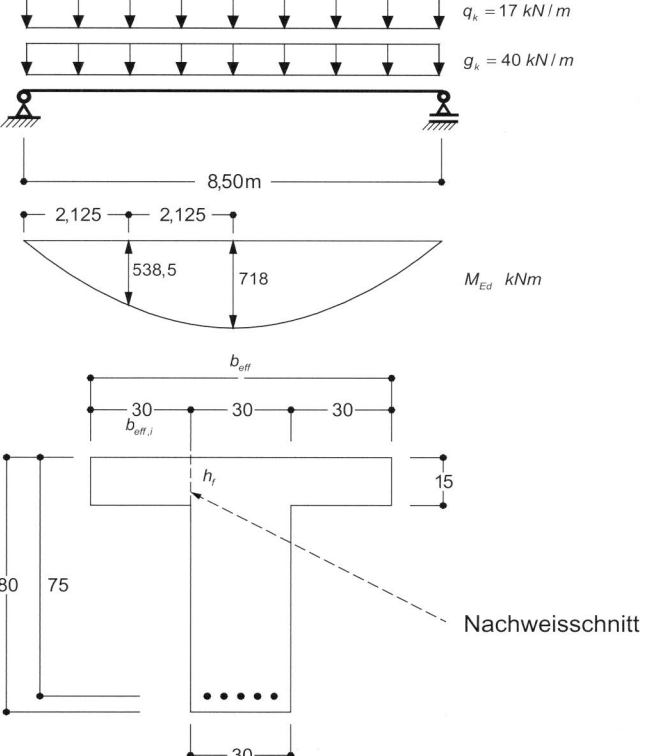

Abb. 8.62 Anschluss eines Druckgurtes

Die Tragfähigkeit kann dann nach (8.77) nachgewiesen werden. Vereinfachte Annahme: $\cot\theta_f = 1{,}2$

- Erforderliche Anschlussbewehrung:

$$a_{sf} = \frac{V_{Ed}}{\Delta x \cdot f_{yd} \cdot \cot\theta_f} = \frac{0{,}248}{2{,}125 \cdot 435 \cdot 1{,}2}$$
$$= 2{,}24 \cdot 10^{-4}\,\text{m}^2/\text{m} = 2{,}24\,\text{cm}^2/\text{m}$$

- Nachweis der Druckstrebentragfähigkeit

$$V_{Rd,max} = \frac{h_f \cdot \Delta x \cdot \nu_1 \cdot f_{cd}}{\tan\theta_f + \cot\theta_f}$$
$$= \frac{0{,}15 \cdot 2{,}125 \cdot 0{,}75 \cdot 22{,}67}{1/1{,}2 + 1{,}2} = 2{,}665\,\text{MN}$$
$$\gg 0{,}248\,\text{MN}$$

Auf die Anschlussbewehrung kann nicht verzichtet werden, da mit (8.78a) und (8.78b)

$$V_{Ed} = 0{,}248 > 0{,}4 \cdot h_f \cdot \Delta x \cdot f_{ctd}$$
$$= 0{,}4 \cdot 0{,}15 \cdot 2{,}125 \cdot (0{,}85 \cdot 2{,}5/1{,}5)$$
$$= 0{,}181\,\text{MN}$$

Die Bewehrung ist auf die Plattenober- und -unterseite hälftig aufzuteilen. Die Mindestschubbewehrung und ggf. Bewehrung aus Plattenbiegung muss berücksichtigt werden. ◄

8.6.3.6 Kraftübertragung in Schubfugen

Die Übertragung von Schubkräften in Fugen zwischen zu unterschiedlichen Zeitpunkten hergestellten Betonierabschnitten (z. B. zwischen Fertigteilen und Ortbeton, zwei Fertigteilen oder in einer Arbeitsfuge) wird maßgeblich von der Rauigkeit und Oberflächenbeschaffenheit der Fuge bestimmt. Es gelten folgende Definitionen:

sehr glatt Bei Betonage gegen Stahl, Kunststoff oder Holz. Unbehandelte Fugenoberflächen sollten bei der Verwendung von Beton im ersten Betonierabschnitt mit fließfähiger oder sehr fließfähiger Konsistenz (Ausbreitmaße ≥ F5) als **sehr glatte Fugen** eingestuft werden.

glatt Abgezogene oder im Gleit- bzw. Extruderverfahren hergestellte Oberflächen. Auch bei Oberflächen, welche nach dem Verdichten ohne weitere Behandlung verbleiben.

rau Oberflächen, welche mindestens eine 3 mm durch Rechen erzeugte Rauigkeit im Abstand von ca. 40 mm oder durch in der Oberfläche mit > 3 mm freigelegte Gesteinskörnungen aufweisen. Alternativ darf die Oberfläche eine definierte Rauigkeit aufweisen (Rautiefe $R_t \geq 1{,}5\,\text{mm}$, Profilkuppenhöhe $R_p \geq 1{,}1\,\text{mm}$, siehe Heft 600 [11]).

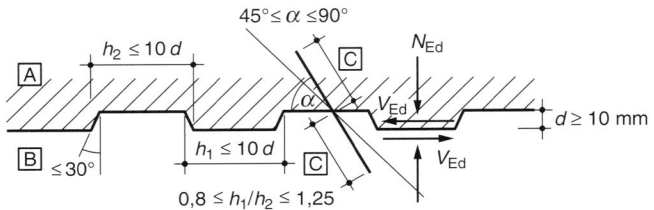

$45° \leq \alpha \leq 90°$

$h_2 \leq 10\,d$

$\boxed{A}$

$\boxed{B}$ $\leq 30°$

$h_1 \leq 10\,d$

$0{,}8 \leq h_1/h_2 \leq 1{,}25$

N_{Ed} $\boxed{C}$

α V_{Ed}

$\boxed{C}$ V_{Ed}

$d \geq 10$ mm

$\boxed{A}$ 1. Betonabschnitt $\boxed{B}$ 2. Betonabschnitt

$\boxed{C}$ Verankerung der Bewehrung

Abb. 8.63 Verzahnte Fugenausbildung

verzahnt Wenn die Geometrie der Verzahnung dem Abb. 8.63 entspricht. Ebenfalls bei Gesteinskörnungen mit $d_g \geq 16$ mm und einem freiliegenden Korngerüst von 6 mm. Alternativ darf die Oberfläche eine definierte Rauigkeit aufweisen (Rautiefe $R_t \geq 3{,}0$ mm, Profilkuppenhöhe $R_p \geq 2{,}2$ mm, siehe Heft 600 [11]).

Es ist nachzuweisen, dass der Bemessungswert der einwirkenden Schubkraft je Längeneinheit kleiner gleich dem aufnehmbaren Wert ist: $v_{Edi} \leq v_{Rdi}$.

Der Bemessungswert v_{Edi} in der Kontaktfläche berechnet sich zu:

$$v_{Edi} = \frac{F_{cdi}}{F_{cd}} \cdot \frac{V_{Ed}}{z \cdot b_i} = \beta \cdot \frac{V_{Ed}}{z \cdot b_i} \qquad (8.81)$$

mit

F_{cdi} Bemessungswert des über die Schubfuge zu übertragenden Längskraftanteils

F_{cd} Bemessungswert der Gurtlängskraft infolge Biegung am betrachteten Querschnitt mit $F_{cd} = M_{Ed}/z$

V_{Ed} Bemessungswert der einwirkenden Querkraft

z $= 0{,}9 \cdot d$, innerer Hebelarm des zusammengesetzten Querschnitts. Ist die Verbundbewehrung jedoch gleichzeitig auch Querkraftbewehrung, so gilt für z Abschn. 8.6.3.4.1

b_i Breite der Fuge, siehe auch Abb. 8.64, Index i für „Interface"

β in der Druckzone ist $\beta = F_{cdi}/F_{cd} \leq 1$, in der Zugzone gilt $\beta = 1$.

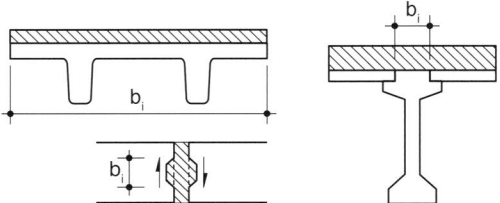

b_i

b_i

b_i

Abb. 8.64 Beispiele für Fugen

Tafel 8.40 Beiwerte c, μ, ν

Fugenoberfläche	c^c	μ	ν^d
Verzahnt	0,50	0,9	0,70
Rau	$0{,}40^a$	0,7	0,50
Glatt	$0{,}20^a$	0,6	0,20
Sehr glatt	0	0,5	0^b

[a] in den Fällen, in denen die Fuge infolge Einwirkungen rechtwinklig zur Fuge unter Zug steht, ist bei glatten oder rauen Fugen $c = 0$ zu setzen. Dies gilt auch bei Fugen zwischen nebeneinander liegenden Fertigteilen ohne Verbindung durch Mörtel- oder Kunstharzfugen wegen des nicht vorhandenen Haftverbundes.
[b] der Reibungsanteil $\mu \cdot \sigma_n$ in (8.82) darf ausgenutzt werden; jedoch nur bis $\sigma_n \leq 0{,}1 \cdot f_{cd}$
[c] Bei dynamischer oder Ermüdungsbeanspruchung ist $c = 0$ anzunehmen (keine Adhäsion)
[d] Für Festigkeitsklassen > C50/55 sind alle Werte von ν mit dem Faktor $\nu_2 = (1{,}1 - f_{ck}/500)$ zu multiplizieren.

Der Bemessungswert der aufnehmbaren Schubkraft v_{Rdi} in der Kontaktfläche berechnet sich additiv aus drei Traganteilen (Adhäsion, Reibung, Bewehrung) zu:

$$v_{Rdi} = c \cdot f_{ctd} + \mu \cdot \sigma_n + \varrho \cdot f_{yd} \cdot (1{,}2\mu \cdot \sin\alpha + \cos\alpha)$$
$$\leq 0{,}5 \cdot \nu \cdot f_{cd} \qquad (8.82)$$

mit

c, μ Rauigkeitsbeiwert, Reibungsbeiwert nach Tafel 8.40

f_{ctd} Bemessungswert der Betonzugfestigkeit des 1. oder 2. Betonierabschnittes (der kleinere Wert ist maßgebend), mit $f_{ctd} = \alpha_{ct} \cdot f_{ctk;0,05}/\gamma_C$; $\alpha_{ct} = 0{,}85$

σ_n kleinste Normalspannung senkrecht zur Fuge (als Druckspannung positiv), welche gleichzeitig mit der Querkraft wirken kann. $\sigma_n = n_{Ed}/b < 0{,}6 f_{cd}$ (n_{Ed} entspricht dem unteren Bemessungswert der längenbezogenen Normalkraft, siehe auch Abb. 8.63). Ist σ_n eine Zugspannung, so ist in (8.82) der Wert $c \cdot f_{ctd} = 0$ anzusetzen.

ϱ geom. Bewehrungsgrad $= A_s/A_i$

A_s die Verbundfuge kreuzende Bewehrungsfläche

A_i gesamte Verbundfläche

α zu A_s gehöriger Winkel nach Abb. 8.63, $45° \leq \alpha \leq 90°$

ν Abminderungsfaktor für die Festigkeit gemäß Tafel 8.40.

Für sehr glatte Fugen darf v_{Rdi} den Wert von $v_{Rdi,max} = 0{,}5 \cdot \nu \cdot f_{cd} = 0{,}1 \cdot f_{cd}$ für glatte Fugen nach (8.82) nicht überschreiten.

Soll die Verbindung in der Fuge durch Bewehrung sichergestellt werden, dürfen die Summe Traganteile der Einzelelemente der Bewehrung (mit $45° \leq \alpha \leq 135°$) angesetzt werden (z. B. bei Gitterträgern). Bei biegebeanspruchten Bauteilen darf eine abgestufte Verteilung (siehe Abb. 8.65) gewählt werden. Bei Scheibenbeanspruchung kann die Bewehrung auch konzentriert angeordnet werden. Generell muss die Verbundbewehrung auf beiden Seiten der Verbundfuge nach den Bewehrungsregeln verankert werden.

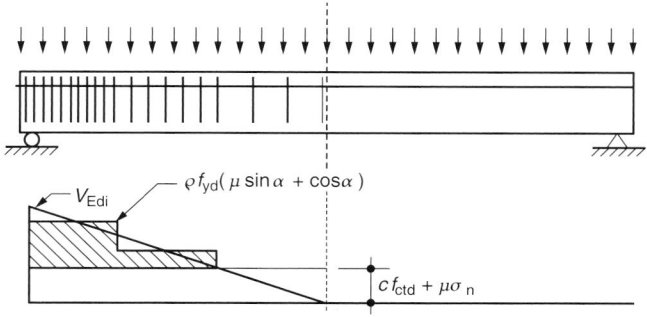

Abb. 8.65 Querkraftdiagramm mit Darstellung der erf. Verbundbewehrung

Die Verbundbewehrung für Platten mit Ortbetonergänzungen ohne rechnerisch erforderliche Querkraftbewehrung ($V_{\mathrm{Rd,c}} \geq V_{\mathrm{Ed}}$) wird nach den folgenden Konstruktionsregeln verlegt:

- in Spannrichtung: $2,5\,h \leq 300\,\mathrm{mm}$
- quer zur Spannrichtung: $5\,h \leq 750\,\mathrm{mm}$ ($\leq 375\,\mathrm{mm}$ vom Rand)

Wird die Verbundbewehrung zugleich als Querkraftbewehrung (in Bauteilen mit $V_{\mathrm{Rd,c}} < V_{\mathrm{Ed}}$) angesetzt, so sind die Konstruktionsregeln für Querkraftbewehrung einzuhalten. In diesem Fall beträgt der maximale Abstand quer zur Spannrichtung 400 mm für Deckenhöhen bis 400 mm, ansonsten gilt Tafel 8.74.

Bei Überzügen ist in den Arbeitsfugen von einer Zugbeanspruchung oberhalb des angehängten Bauteils auszugehen. Insofern kann der Adhäsionsanteil mit $c_j > 0$ für raue oder glatte Fugen nicht angesetzt werden. Eine Schubkraftübertragung ist daher nur über eine ausreichend verzahnte Fuge und die Bewehrung möglich.

Bei überwiegend auf Biegung beanspruchten Bauteilen mit Fugen rechtwinklig zur Systemachse (beispielsweise Arbeitsfugen am Fuß von Winkelstützwänden) wirkt die Fuge wie ein Biegeriss. Hier sind die Fugen rau oder verzahnt auszuführen. Die Nachweise sind entsprechend Abschn. 8.6.3.3 und 8.6.3.4 zu führen. Dabei sollte die Ermittlung von $V_{\mathrm{Rdc,c}}$, $V_{\mathrm{Rd,cc}}$ und $V_{\mathrm{Rd,max}}$ im Verhältnis $c/0,5$ abgemindert werden. Bei Bauteilen mit Querkraftbewehrung ist die Abminderung mindestens bis zum Abstand von $l_e = 0,5 \cdot \cot\theta \cdot d$ beiderseits der Fuge vorzunehmen. Bei überdrückten Querschnitten (z. B. Kellerwand unter Obergeschossen) kann auch der Reibungsanteil $\mu \cdot \sigma_n \cdot b \cdot h$ allein angesetzt werden. Weitere Hinweise und Beispiele sind in [11] und [23] enthalten.

8.6.4 Torsion

Eine vollständige Torsionsbemessung ist nur erforderlich, wenn das statische Gleichgewicht eines Tragwerkes von der Torsionssteifigkeit seiner einzelnen Bauteile abhängt. Torsionsbeanspruchungen, welche bedingt durch die Einhaltung von Verträglichkeitskriterien auftreten, aber für die Standsicherheit des Systems nicht notwendig sind, können für die rechnerischen Nachweise im GZT unbeachtet bleiben. Ggf. ist aber zu berücksichtigen, dass Torsion in stat. unbestimmten Bauteilen auftritt und damit zu Rissbildungen führen kann (Grenzzustand der Gebrauchstauglichkeit).

In jedem Fall sollte immer eine Mindestbewehrung nach Abschn. 8.9.1.1 und 8.9.1.2 zur Vermeidung von Rissbildungen angeordnet werden.

Alle rechnerischen Nachweise erfolgen für den GZT.

Es ist, über die Mindestquerkraftbewehrung nach Abschn. 8.9.1.2 hinaus, für näherungsweise rechteckige Vollquerschnitte keine Querkraft- und Torsionsbewehrung erforderlich, wenn die beiden nachfolgenden Bedingungen eingehalten sind.

$$T_{\mathrm{Ed}} \leq V_{\mathrm{Ed}} \cdot b_{\mathrm{w}}/4{,}5 \qquad (8.83)$$

$$V_{\mathrm{Ed}} \cdot \left(1 + \frac{4{,}5 \cdot T_{\mathrm{Ed}}}{V_{\mathrm{Ed}} \cdot b_{\mathrm{w}}}\right) \leq V_{\mathrm{Rd,c}} \qquad (8.84)$$

Dabei ist $V_{\mathrm{Rd,c}}$ nach (8.66) zu bestimmen. Können (8.83) und (8.84) nicht erfüllt werden, so muss neben dem Einbau der Mindestbewehrung ein expliziter Nachweis auf Querkraft und Torsion geführt werden.

Bei reiner Torsion erfolgt die Ermittlung der Torsionstragfähigkeit unter der Annahme eines geschlossenen, dünnwandigen Querschnitts. Vollquerschnitte werden hierzu durch gleichwertige dünnwandige Querschnitte ersetzt. Gegliederte Querschnitte (z. B. T-Querschnitte) können in Teilquerschnitte, welche dann wiederum durch dünnwandige Querschnitte zu ersetzen sind, zerlegt werden. Die Gesamttorsionstragfähigkeit entspricht dann der Summe der Tragfähigkeiten der Einzelelemente. Angreifende Torsionsmomente können im Verhältnis der Torsionssteifigkeiten der ungerissenen Einzelquerschnitte $I_{\mathrm{T,i}}$ aufgeteilt werden, d. h. $T_{\mathrm{Ed,i}} = (I_{\mathrm{T,i}}/\sum I_{\mathrm{T,i}}) \cdot T_{\mathrm{Ed}}$.

Die Bestimmung der effektiven Wanddicke $t_{\mathrm{ef,i}}$ der äquivalenten Hohlkastenquerschnitte erfolgt nach Abb. 8.66 wie folgt:

$$t_{\mathrm{ef,i}} = \min \begin{cases} \text{doppelter Abstand von der Außenfläche} \\ \text{bis zur Mittellinie der Längsbewehrung} \\ \text{vorhandene Bauteildicke} \end{cases}$$

Bei Hohlkasten mit Wanddicken $\leq b/6$ bzw. $\leq h/6$ und beidseitiger Wandbewehrung kann die gesamte Wanddicke für $t_{\mathrm{ef,i}}$ angesetzt werden.

Abb. 8.66 Definition der effektiven Wanddicke $t_{ef,i}$ [11]. **a** Schlanker Hohlkastenquerschnitt, **b** gedrungener Hohlkastenquerschnitt

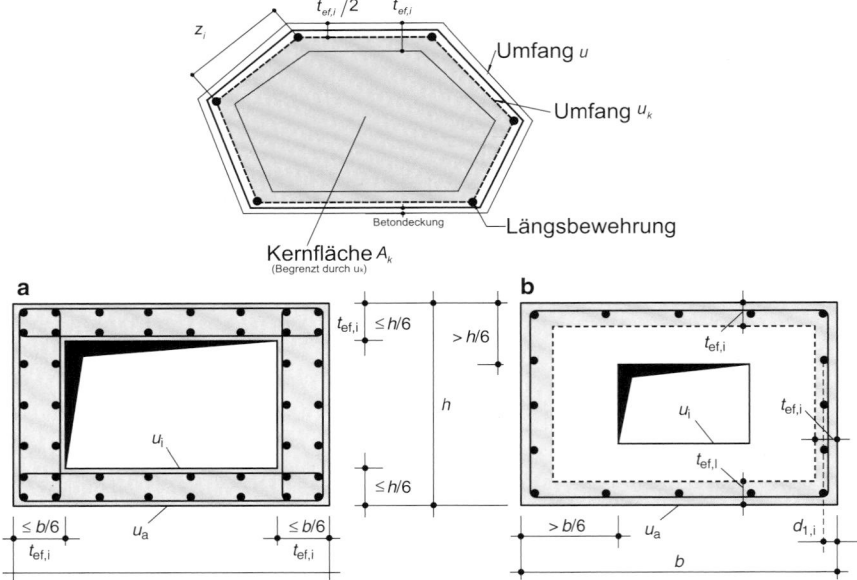

8.6.4.1 Bemessungsverfahren bei reiner Torsion

Der **Nachweis bei reiner Torsion** (kommt in der Praxis selten vor) erfolgt in Analogie zum Querkraftnachweis durch den Vergleich des einwirkenden Torsionsmomentes T_{Ed} mit der Tragfähigkeit der Druckstreben $T_{Rd,max}$ bzw. der Zugstreben $T_{Rd,s}$

$$T_{Ed} \leq \begin{cases} T_{Rd,max} \\ T_{Rd,s} \end{cases} \qquad (8.85)$$

Für die Druckstrebentragfähigkeit gilt:

$$T_{Rd,max} = \frac{2 \cdot \nu \cdot f_{cd} \cdot A_k \cdot t_{ef,i}}{\cot\theta + \tan\theta} \qquad (8.86)$$

ν 0,525 (Abminderungsfaktor bei reiner Torsion). Bei Kastenquerschnitten mit Bewehrung an den Innen- und Außenseiten der Wände gemäß Abb. 8.66a darf $\nu = 0{,}75$ angesetzt werden. Für Betonfestigkeitsklassen $\geq$ C55/67 ist ν mit dem Faktor $\nu_2 = (1{,}1 - f_{ck}/500)$ zu multiplizieren.

f_{cd} Bemessungswert der Betondruckfestigkeit im GZT = $\alpha_{cc} \cdot f_{ck}/\gamma_C$

A_k Betonfläche, welche durch die Mittellinie umschlossen wird (einschließlich innerer Hohlbereiche). Die Mittellinie ist über $t_{ef,i}/2$ definiert (siehe auch Abb. 8.66, oben)

$t_{ef,i}$ effektive Wandstärke des Ersatzhohlkastens

θ Druckstrebenneigung, welche für Torsion allein im Allg. zu $\theta = 45°$ ($\cot\theta = 1$) angenommen wird.

Für die Zugstrebentragfähigkeit ist die Tragfähigkeit der Längsbewehrung und der Bügelbewehrung zu unterscheiden, der kleinere Wert ist maßgebend:

$$T_{Rd,s} = \min \begin{cases} T_{Rd,sw} = 2 \cdot A_k \cdot f_{yd} \cdot (A_{sw}/s_w) \cdot \cot\theta \\ \qquad\qquad\qquad\qquad\qquad \text{Bügel} \\ T_{Rd,sl} = 2 \cdot A_k \cdot f_{yd} \cdot (\sum A_{sl}/u_k) \cdot \tan\theta \\ \qquad\qquad\qquad\qquad\qquad \text{Längsbewehrung} \end{cases}$$
$$(8.87)$$

Dabei ist

A_{sw} Querschnittsfläche der Bügelbewehrung im Abstand s

$\sum A_{sl}$ Gesamte Querschnittsfläche der Torsionslängsbewehrung

s_w Bügelabstand in Längsrichtung

u_k Umfang der Kernfläche A_k (siehe Abb. 8.66)

f_{yd} Bemessungswert der Stahlstreckgrenze im GZT = f_{yk}/γ_S.

8.6.4.2 Bemessungsverfahren bei Querkraft und Torsion

Der **Nachweis bei kombinierter Beanspruchung aus Torsion und Querkraft** (der Regelfall in der Praxis) basiert auf jeweils separaten Nachweisen für beide Einwirkungsgrößen. Dabei muss allerdings die Druckstrebenneigung θ für die Torsions- und Querkraftbemessung einheitlich angesetzt werden. Hierfür gelten die Grenzen nach (8.69), wobei dort als einwirkende Querkraft $V_{Ed} = V_{Ed,T+V}$ diejenige aus Torsion und Querkraft anzusetzen ist. $V_{\text{Rd,cc}}$ in (8.69) ist für $t_{\text{ef,i}}$ anstelle b_{w} zu ermitteln.

Damit ist:

$$1{,}0 \le \cot\theta \le \frac{1{,}2 + 1{,}4 \cdot \sigma_{\text{cp}}/f_{\text{cd}}}{1 - V_{\text{Rd,cc}}/V_{\text{Ed,T+V}}} \le 3{,}0$$

$$V_{\text{Rd,cc}} = c \cdot 0{,}48 \cdot f_{\text{ck}}^{1/3} \cdot (1 - 1{,}2\sigma_{\text{cp}}/f_{\text{cd}}) \cdot t_{\text{ef}} \cdot z$$

Bei geneigter Querkraftbewehrung ist $0{,}58 \le \cot\theta \le 3{,}0$ zulässig.

Die einzelnen Formelbestandteile sind mit (8.69) und (8.70) erläutert. Die einwirkende Querkraft ist dann nach (8.88):

$$V_{\text{Ed,T+V}} = V_{\text{Ed,T}} + V_{\text{Ed}} \cdot \frac{t_{\text{ef,i}}}{b_{\text{w}}} \qquad (8.88)$$

$V_{\text{Ed,T}}$ die aus dem Torsionsmoment T_{Ed} resultierende Querkraft in einem Abschnitt der Länge z_i nach der 1. Bredt'schen Formel mit $V_{\text{Ed,T}} = \frac{T_{\text{Ed}} \cdot z_i}{2 \cdot A_k}$ (siehe auch Abb. 8.66)

z_i die Höhe der betrachteten Wand i, definiert durch den Abstand der Schnittpunkte der Wandmittellinie mit den Mittellinien der angrenzenden Wände

V_{Ed} einwirkende Querkraft.

Nach vereinfachten Annahmen darf die erforderliche Torsionsbewehrung aber auch unabhängig von der für die Querkraftbemessung gewählten Druckstrebenneigung für $\theta = 45°$ ($\cot\theta = 1$) ermittelt werden. Die gesamte Torsionsbewehrung besteht aus einer Bewehrung rechtwinklig zur Bauteilachse A_{sw} (i. Allg. Bügel) im Abstand von s_{w} und einer Torsionslängsbewehrung $\sum A_{\text{sl}}$, verteilt über den Umfang u_k der Kernfläche A_k. Bei kleineren Querschnitten darf die Torsionslängsbewehrung auch an den Wandecken konzentriert werden. Aus (8.87) erhält man dann die erf. Torsionsbewehrung zu:

$$\text{erf} \frac{A_{\text{sw}}}{s_{\text{w}}} = a_{\text{sw}} = \frac{T_{\text{Ed}}}{2 \cdot A_k \cdot f_{\text{yd}} \cdot \cot\theta} \quad \text{Bügel}$$

$$\text{erf} \frac{\sum A_{\text{sl}}}{u_k} = a_{\text{sl}} = \frac{T_{\text{Ed}}}{2 \cdot A_k \cdot f_{\text{yd}} \cdot \tan\theta} \quad \text{Längsbewehrung}$$

(8.89)

Die mit der gewählten Druckstrebenneigung ermittelten Bewehrungsmengen für Biegung (nach Abschn. 8.6.2), Torsion (8.89) und Querkraft (8.72) sind getrennt zu ermitteln und zu addieren. Die Torsionslängsbewehrung in Druckgurten darf entsprechend der vorhandenen Druckkräfte abgemindert werden. Das heißt, wenn die Zugspannungen aus Torsion von Längsdruckspannungen aus Biegung überdrückt werden, kann auf die Torsionslängsbewehrung in der Druckzone verzichtet werden.

Der **Druckstrebennachweis** für die kombinierte Beanspruchung erfolgt nach der folgenden Interaktionsbeziehung:

$$\left(\frac{T_{\text{Ed}}}{T_{\text{Rd,max}}}\right)^j + \left(\frac{V_{\text{Ed}}}{V_{\text{Rd,max}}}\right)^j \le 1 \qquad (8.90)$$

wobei

$j = 1$ für Kastenquerschnitte,

$j = 2$ für Kompaktquerschnitte,

$T_{\text{Rd,max}}$ nach (8.86), $V_{\text{Rd,max}}$ nach (8.71).

Beispiel 8.19

Bemessung für Biegung, Querkraft und Torsion [16], s. Abb. 8.67

Beton C30/37, Stahl B500

System, Belastung und Schnittgrößen

Nachweisführung an der Einspannstelle

$$f_{\text{cd}} = 0{,}85 \cdot \frac{35}{1{,}5} = 17\,\text{N/mm}^2$$

$$d = 0{,}50 - 0{,}06 = 0{,}44\,\text{m}$$

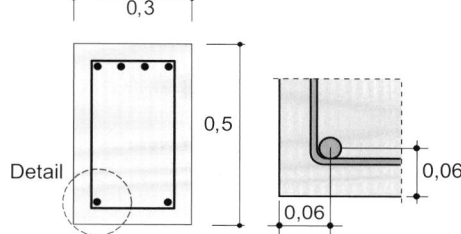

Nachweisführung an der Einspannstelle

Biegebemessung

$$\mu_{\text{Eds}} = \frac{0{,}210}{0{,}3 \cdot 0{,}44^2 \cdot 17} = 0{,}213; \quad \text{Ablesung aus BT 1a}$$

$$\zeta = 0{,}875 \rightarrow z = 0{,}875 \cdot 0{,}44 = 0{,}385\,\text{m},$$

$$A_{\text{sl}} = \left(\frac{0{,}210}{0{,}385}\right) \cdot \frac{1}{435} \cdot 10^4 = 12{,}54\,\text{cm}^2$$

Überprüfung, ob eine kombinierte Bemessung für Querkraft und Torsion entfallen kann:

$$T_{\text{Ed}} = 40 \ge \frac{110 \cdot 0{,}30}{4{,}5} = 7{,}333\,\text{kN\,m};$$

$$V_{\text{Rd,c}} = \left[0{,}1 \cdot \left(1 + \sqrt{\frac{200}{440}}\right) \cdot \left(100 \cdot \frac{12{,}54}{30 \cdot 50} \cdot 17\right)^{1/3}\right] \cdot 0{,}3 \cdot 0{,}44$$

$$= 0{,}0535\,\text{MN}$$

$$110 \cdot \left(1 + \frac{4{,}5 \cdot 40}{110 \cdot 0{,}3}\right) = 710\,\text{kN} > V_{\text{Rd,c}} = 533\,\text{kN}$$

Abb. 8.67 Beispiel zur Bemessung für Biegung, Querkraft und Torsion

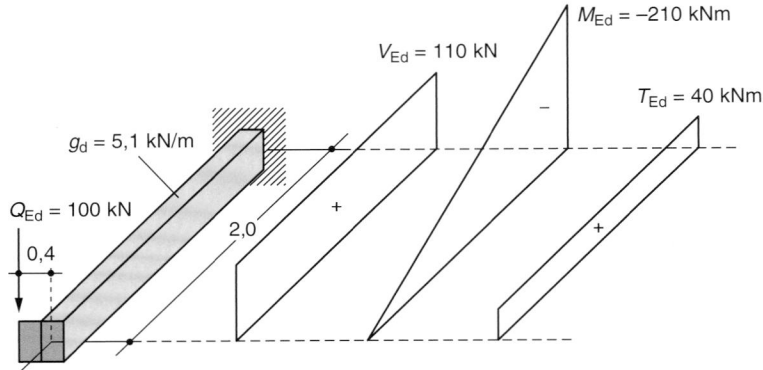

$\rightarrow$ Nachweis nicht erbracht, expliziter Nachweis für Torsion erforderlich! Geometrie des Ersatzhohlkastens (nach Abb. 8.66)

$$t_{\text{eff}} = 2 \cdot 0{,}06 = 0{,}12 \, \text{m},$$
$$u_{\text{k}} = 2 \cdot [(0{,}3 - 0{,}12) + (0{,}5 - 0{,}12)] = 1{,}12 \, \text{m}$$

Kernquerschnitt:

$$A_{\text{k}} = (0{,}3 - 0{,}12) \cdot (0{,}5 - 0{,}12) = 0{,}0684 \, \text{m}^2$$

Querkraftanteil aus Torsion in der vertikalen Wand

$$V_{\text{Ed,T}} = \frac{T_{\text{Ed}} \cdot z}{2 \cdot A_{\text{k}}} = \frac{40 \cdot 0{,}385}{2 \cdot 0{,}0684} = 112{,}57 \, \text{kN}$$

$$V_{\text{Ed,T+V}} = 112{,}57 + 110 \cdot \frac{0{,}12}{0{,}30} = 156{,}57 \, \text{kN}$$

Ermittlung der Druckstrebenneigung (einheitlich für $T + V$)

$$V_{\text{Rd,cc}} = [0{,}5 \cdot 0{,}48 \cdot (30)^{1/3}] \cdot 0{,}12 \cdot 0{,}385 = 0{,}0354 \, \text{MN}$$

$$1{,}0 \leq \cot\theta \leq \frac{1{,}2}{1 - 34{,}5/156{,}57}$$
$$= 1{,}539 \leq 3{,}0,$$

gewählt: $\cot\theta = 1{,}50$

Bemessung für Querkraft allein:

$$\text{erf} \frac{A_{\text{sw}}}{s} = a_{\text{sw}} = \frac{V_{\text{Ed}}}{z \cdot f_{\text{yd}} \cdot \cot\theta} = \frac{0{,}110}{0{,}385 \cdot 435 \cdot 1{,}5} \cdot 10^4$$
$$= 4{,}38 \, \text{cm}^2/\text{m}$$

$$V_{\text{Rd,max}} = \frac{\nu_1 \cdot f_{\text{cd}} \cdot b_{\text{w}} \cdot z}{\cot\theta + \tan\theta} = \frac{0{,}75 \cdot 17 \cdot 0{,}30 \cdot 0{,}385}{1{,}5 + 1/1{,}5}$$
$$= 0{,}680 \, \text{MN}$$

Bemessung für Torsion allein:

Bügel:

$$\text{erf} \frac{A_{\text{sw}}}{s} = a_{\text{sw}} = \frac{T_{\text{Ed}}}{2 \cdot A_{\text{k}} \cdot f_{\text{yd}} \cdot \cot\theta}$$

$$= \frac{0{,}040}{2 \cdot 0{,}0684 \cdot 435 \cdot 1{,}5} \cdot 10^4 = 4{,}48 \, \frac{\text{cm}^2}{\text{m}}$$

Längsbewehrung:

$$\text{erf} \frac{\sum A_{\text{sl}}}{u_{\text{k}}} = a_{\text{sl}} = \frac{T_{\text{Ed}}}{2 \cdot A_{\text{k}} \cdot f_{\text{yd}} \cdot \tan\theta}$$

$$= \frac{0{,}040}{2 \cdot 0{,}0684 \cdot 435 \cdot 1/1{,}5} \cdot 10^4 = 10{,}08 \, \frac{\text{cm}^2}{\text{m}}$$

Druckstrebe:

$$T_{\text{Rd,max}} = \frac{2 \cdot \nu \cdot f_{\text{cd}} \cdot A_{\text{k}} \cdot t_{\text{ef,i}}}{\cot\theta + \tan\theta}$$

$$= \frac{2 \cdot 0{,}75 \cdot 17 \cdot 0{,}0684 \cdot 0{,}12}{1{,}5 + 1/1{,}5}$$

$$= 0{,}0966 \, \text{MN m}$$

Druckstrebennachweis bei kombinierter Beanspruchung:

$$\left(\frac{T_{\text{Ed}}}{T_{\text{Rd,max}}}\right)^j + \left(\frac{V_{\text{Ed}}}{V_{\text{Rd,max}}}\right)^j = \left(\frac{40}{96{,}60}\right)^2 + \left(\frac{110}{680}\right)^2$$

$$= 0{,}198 \leq 1$$

Erforderliche Bewehrung:

- Bügel:

$$a_{sw} = \frac{A_{sw,V}}{s_w} + \frac{2 \cdot A_{sw,T}}{s_w}$$
$$= 4{,}38 + 2 \cdot 4{,}48 = 13{,}34 \, cm^2/m$$

gewählt: Bügel $\varnothing 12$, $e = 15\,cm$ $(15{,}08\,cm^2/m)$

- Längsbewehrung:
  Die Längsbewehrung wird zu je einem Drittel auf den Zug- und Druckgurt sowie die Steghöhe verteilt.
  Zuggurt: $A_{sl} = 12{,}54 + 10{,}08 \cdot 1{,}12/3 = 16{,}30\,cm^2$, gewählt $4\varnothing 25$
  Stege: $A_{sl} = 10{,}08 \cdot 1{,}12/3 = 3{,}76\,cm^2$, gewählt $2\varnothing 12$ je Seite
  Druckgurt: $A_{sl} = 10{,}08 \cdot 1{,}12/3 = 3{,}76\,cm^2$, gewählt $4\varnothing 12$.
  Die Torsionslängsbewehrung wird nicht mit der Biegedruckkraft aufgerechnet, da die Biegebeanspruchung im Gegensatz zur Torsionsbeanspruchung über die Trägerlänge abnimmt. ◄

8.6.5 Durchstanzen

Bei der unmittelbaren Auflagerung von Platten auf Stützen besteht generell die Gefahr des Durchstanzens infolge konzentrierter Lasteinleitung. Das gleiche Phänomen tritt z. B. auch an Wandenden und Wandecken, Stützen auf Einzelfundamenten oder Pfahlkopfplatten auf. In diesen Bereichen ist daher der Nachweis zu erbringen, dass die aufnehmbare Querkraft v_{Rd} längs festgelegter Rundschnitte kleiner als die entsprechend einwirkende Querkraft v_{Ed} ist.

Der Durchstanznachweis erfolgt damit längs festgelegter Rundschnitte, außerhalb dieser Rundschnitte gelten die Regeln der Querkraftbemessung nach Abschn. 8.6.3.

8.6.5.1 Bemessungsverfahren und einwirkende Querkraft

Die generelle Nachweisgleichung lautet (8.91):

$$v_{Ed} = \frac{\beta \cdot V_{Ed}}{u_i \cdot d} \le v_{Rd} \qquad (8.91)$$

V_{Ed} Bemessungswert der einwirkenden Querkraft, eine Reduzierung für auflagernahe Einzellasten ist nicht möglich. Bei Fundamenten kann jedoch die günstige Wirkung der Bodenpressung berücksichtigt werden (s. u.).

u_i Umfang eines Rundschnittes nach Abb. 8.68 und 8.69

d mittlere Nutzhöhe der Platte $d = 0{,}5 \cdot (d_x + d_y)$

β Beiwert zur Berücksichtigung der Auswirkung von Lastausmitten. Vereinfacht gelten bei unverschieblichen Systemen mit Stützweitenverhältnissen

$$0{,}8 \le l_1/l_2 \le 1{,}25$$

folgende Werte:
$\beta = 1{,}10$ Innenstützen
$\beta = 1{,}40$ Randstützen
$\beta = 1{,}50$ Eckstützen
$\beta = 1{,}35$ Wandenden
$\beta = 1{,}20$ Wandecken.

Für verschiebliche Systeme oder Stützweitenverhältnisse außerhalb der genannten Grenzen kann der Lasterhöhungsfaktor β nach EC 2-1-1/NA Abschn. 6.4.3 (3) [3] oder [11] bestimmt werden.

Der flächenbezogene Bemessungswert v_{Rd} [N/mm^2] der Querkrafttragfähigkeit in (8.91) längs eines Rundschnittes einer Platte ist über die folgenden Grenztragfähigkeiten definiert:

$v_{Rd,c}$ Flächenbezogener Bemessungswert der Querkrafttragfähigkeit längs des kritischen Rundschnitts ohne Durchstanzbewehrung.

Abb. 8.68 Bemessungsmodell für den Nachweis der Sicherheit gegen Durchstanzen

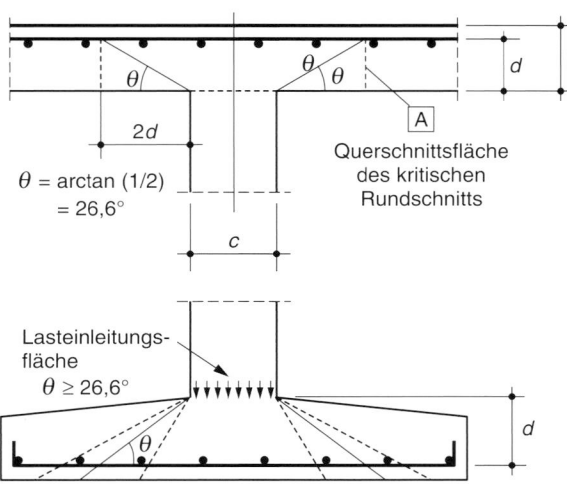
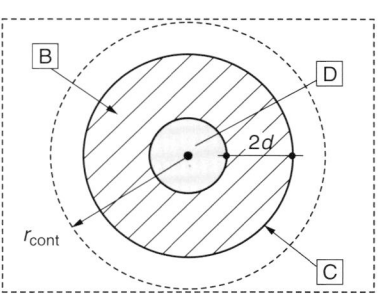

B   Fläche A_{cont} innerhalb des kritischen Rundschnitts

C   kritischer Rundschnitt u_1

D   Lasteinleitungsfläche A_{load}

r_{cont} weitere Rundschnitte

Abb. 8.69 Berücksichtigung des Vertikalanteils aus Vorspannung

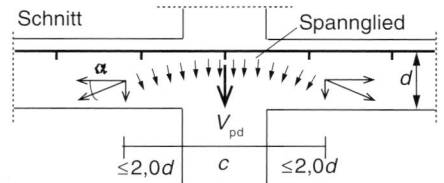
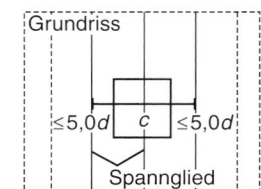

$v_{\mathrm{Rd,c,out}}$ Flächenbezogener Bemessungswert der Querkrafttragfähigkeit im äußeren Rundschnitt außerhalb des durchstanzbewehrten Bereiches.

$v_{\mathrm{Rd,cs}}$ Flächenbezogener Bemessungswert der Querkrafttragfähigkeit mit Durchstanzbewehrung längs innerer Nachweisschnitte.

$v_{\mathrm{Rd,max}}$ Flächenbezogener Bemessungswert der maximalen Querkrafttragfähigkeit längs des kritischen Rundschnitts.

Erforderliche Nachweise im Überblick:

- Platten und Fundamente ohne Durchstanzbewehrung
Nachweis, dass im kritischen Rundschnitt

$$v_{\mathrm{Ed}} \leq v_{\mathrm{Rd,c}}$$

- Platten und Fundamente mit Durchstanzbewehrung
Nachweis, dass im kritischen Rundschnitt u_1:

$$v_{\mathrm{Ed}} \leq v_{\mathrm{Rd,max}}$$

Nachweis, dass in weiteren Rundschnitten:

$$v_{\mathrm{Ed}} \leq v_{\mathrm{Rd,cs}}$$

Nachweis, dass im äußeren Rundschnitt u_{out}:

$$v_{\mathrm{Ed}} \leq v_{\mathrm{Rd,c,out}}$$

Durchstanzen bei Fundamenten Die oben angegebenen Regeln gelten zunächst für Platten mit gleichmäßig verteilten Lasten. Bei Fundamenten oder Bodenplatten erhöht die Bodenpressung innerhalb des kritischen Rundschnitts den Durchstanzwiderstand. Die einwirkende Querkraft V_{Ed} darf deshalb um die günstige Wirkung des Sohldruckes in der Fläche A_{cont} innerhalb des kritischen Rundschnitts (siehe Abb. 8.68) reduziert werden. Allerdings sind in diesen Fällen

die Rundschnitte in einem Abstand $< 2d$ separat und ggf. iterativ zu bestimmen (siehe Gleichungen zur Bestimmung von v_{Rd}). Bei Decken- und Fundamentplatten mit Vorspannung darf ein günstiger Einfluss der vertikalen Komponente V_{pd} von geneigten Spanngliedern, welche die Querschnittsfläche des betrachteten Rundschnitts schneiden, berücksichtigt werden (siehe Abb. 8.69). Es dürfen jedoch nur die Spannglieder angerechnet werden, die innerhalb eines Abstandes von $0,5d$ von der Stütze angeordnet sind.

8.6.5.1.1 Lasteinleitungsfläche und kritischer Rundschnitt

Der kritische Rundschnitt u_1 darf im Allgemeinen in einem Abstand von $2,0d$ von der Lasteinleitungsfläche angenommen werden. Die kritische Fläche A_{crit} ist die Fläche innerhalb des kritischen Rundschnittes u_1. Weitere Rundschnitte sind immer affin zu u_1 anzunehmen. Die folgenden Darstellungen zeigen die häufig vorkommenden Fälle (Abb. 8.70). Die Festlegungen gelten für Lasteinzugsflächen A_{load} mit folgenden Kriterien:

- rechteckig und kreisförmig mit einem Umfang $u_0 \leq 12d$ und einem Seitenverhältnis $a/b \leq 2$
- beliebig, aber sinngemäß mit den oben genannten Formen begrenzt
- bei Rundstützen mit $u_0 > 12d$ sind querkraftbeanspruchte Flachdecken nach Abschn. 8.6.3 nachzuweisen. Dabei darf in (8.66) der Faktor $0,15/\gamma_C$ ersetzt werden durch $(12d/u_0) \cdot 0,18/\gamma_C > 0,15/\gamma_C$.

Die Rundschnitte benachbarter Lasteinzugsflächen dürfen sich nicht überschneiden. In [12] wird hierzu ergänzt: Treten Überschneidungen zwischen zwei Rundschnitten auf, so ist der gesamte Rundschnittumfang der kleinsten Umhüllenden unter Berücksichtigung der Umfangsbegrenzung der Lasteinzugsfläche von $12d$ im Durchstanznachweis in Ansatz zu bringen.

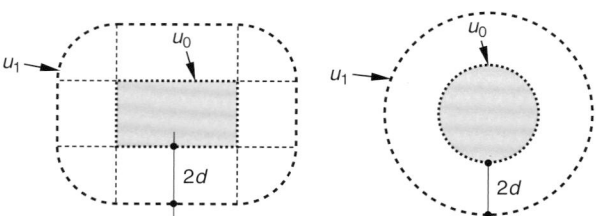
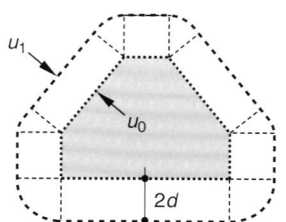
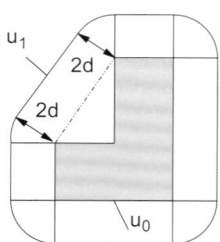

Abb. 8.70 Rundschnitt u_0 um Lasteinleitungsflächen und kritischer Rundschnitt u_1 im Abstand $2,0d$

Abb. 8.71 Kritischer Rundschnitt u_1 bei ausgedehnten Auflagerflächen

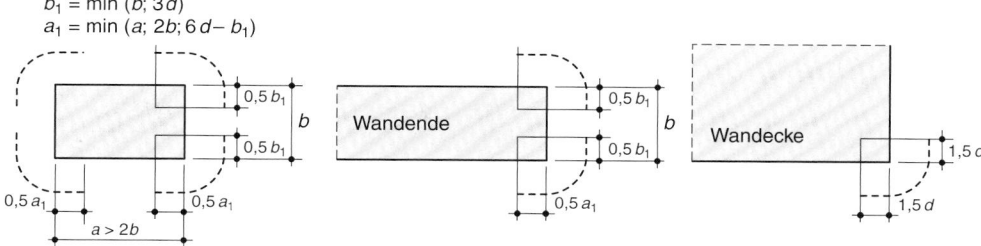

$b_1 = \min\,(b;\,3d)$
$a_1 = \min\,(a;\,2b;\,6d - b_1)$

Abb. 8.72 Kritischer Rundschnitt u_1 in der Nähe von Öffnungen bzw. freien Rändern

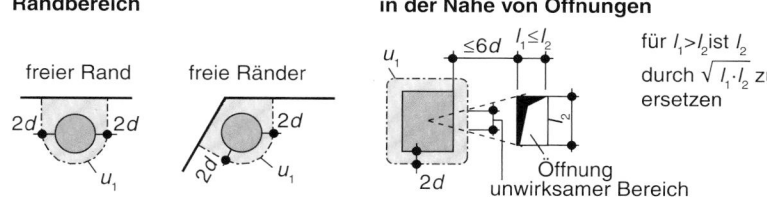

Bei ausgedehnten Auflagerflächen, bei denen sich die Querkräfte auf die Ecken der Auflagerflächen konzentrieren, sind die Rundschnitte gemäß Abb. 8.71 zu wählen.

Für Lasteinleitungsflächen in der Nähe von Öffnungen mit einem Randabstand $< 6d$ oder im Bereich von freien Rändern ist ein der Öffnung bzw. dem freien Rand zugewandter Teil als unwirksam zu betrachten. Details können dem Abb. 8.72 entnommen werden.

Für Platten mit runden oder rechteckigen Stützenkopfverstärkungen wird auf die Details im EC-2-1-1/NA, Abschn. 6.4.2 (8) [3] verwiesen.

8.6.5.2 Platten und Fundamente ohne Durchstanzbewehrung

Für die Querschnittsfläche im kritischen Rundschnitt ist nachzuweisen dass $v_{Ed} \leq v_{Rd,c}$ [N/mm²]. Der Durchstanzwiderstand beträgt:

$$v_{Rd,c} = [C_{Rd,c} \cdot k \cdot (100 \cdot \varrho_l \cdot f_{ck})^{1/3} + 0{,}1 \cdot \sigma_{cp}]$$
$$\geq [v_{min} + 0{,}1 \cdot \sigma_{cp}] \qquad (8.92)$$

$C_{Rd,c}$ $= 0{,}18/\gamma_C$
bei Flachdecken und Bodenplatten mit $u_0/d \geq 4$
$= (0{,}18/\gamma_C) \cdot (0{,}1 \cdot u_0/d + 0{,}6)$
bei Flachdecken für Innenstützen mit $u_0/d < 4$
k $= 1 + \sqrt{200/d} \leq 2{,}0$ mit d in mm
d $= 0{,}5 \cdot (d_x + d_y)$, mittlere Nutzhöhe
ϱ_l $= \sqrt{\varrho_{l,x} \cdot \varrho_{l,y}} \leq \begin{cases} 0{,}02 \\ 0{,}5 \cdot f_{cd}/f_{yd} \end{cases}$

$\varrho_{l,x}, \varrho_{l,y}$ Bewehrungsgrade der verankerten Zugbewehrung in x- bzw. y-Richtung als Mittelwerte im Bereich der Stützenabmessung zuzüglich $3d$ pro Seite,

$$\varrho_{l,x} = \frac{a_{sl,x}}{d}, \quad \varrho_{l,y} = \frac{a_{sl,y}}{d}$$

σ_{cp} Bemessungswert der Betonnormalspannung im krit. Rundschnitt [N/mm²] (als Zugspannung negativ)

$$\sigma_{cp} = \frac{\sigma_{c,x} + \sigma_{c,y}}{2} \leq 2{,}0 \,\frac{MN}{m^2},$$

wobei

$$\sigma_{c,x} = \frac{N_{Ed,x}}{A_{c,x}}, \quad \sigma_{c,y} = \frac{N_{Ed,y}}{A_{c,y}}$$

z. B. infolge Vorspannung
v_{min} $= (0{,}0525/\gamma_C) \cdot \sqrt{k^3 \cdot f_{ck}}$ für $d \leq 600$ mm
$= (0{,}0375/\gamma_C) \cdot \sqrt{k^3 \cdot f_{ck}}$ für $d > 800$ mm,
Zwischenwerte interpolieren.

Für Fundamente gilt ergänzend Die Querkrafttragfähigkeit ist hier in kritischen Rundschnitten in einem Abstand $\leq 2d$ nachzuweisen. Dabei ist der Abstand a_{crit} des maßgebenden Rundschnittes (siehe Abb. 8.73) iterativ mit (8.93) zu ermitteln. Bei sehr gedrungenen Fundamenten mit $a_\lambda < d$ kann ein Durchstanznachweis entfallen.

Die resultierende Einwirkung beträgt $V_{Ed,red} = V_{Ed} - \Delta V_{Ed}$, wobei ΔV_{Ed} die resultierende, nach oben gerichtete Sohlspannung (ohne Fundamenteigengewicht) innerhalb des kritischen Rundschnittes ist. Die eigentliche Nachweisgleichung lautet dann:

$$v_{Ed} = \frac{\beta \cdot V_{Ed,red}}{u \cdot d} \leq v_{Rd,c} \qquad (8.93)$$

$v_{Rd,c} = C_{Rd,c} \cdot k \cdot (100 \varrho_l \cdot f_{ck})^{1/3} \cdot 2 \cdot d/a \geq v_{min} \cdot 2 \cdot d/a$
$C_{Rd,c} = 0{,}15/\gamma_C$ bei Stützenfundamenten und Bodenplatten
β $= 1{,}10$ Lasterhöhungsfaktor bei zentrischer Last
für exzentrische Last ist β nach EC-2-1-1/NA, Abschn. 6.4.4, [3] bzw. [11], zu bestimmen

Abb. 8.73 Rundschnitt und
Abzug der Sohlpressung

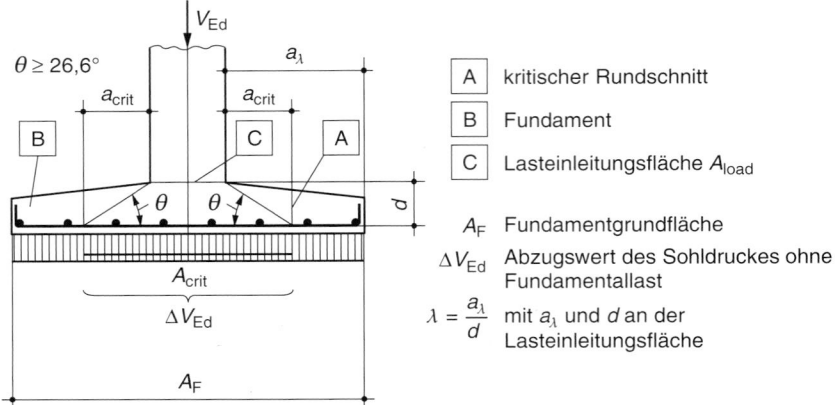

a   Abstand vom Stützenrand bis zum betrachteten Rund-
     schnitt
     für $\lambda = (a_\lambda/d) > 2$ gilt $a = a_{crit}$ im Abstand $1,0d$
     (schlanke Fundamente, Bodenplatten)
     für $\lambda = (a_\lambda/d) \leq 2$ gilt $a = a_{crit}$ durch Iteration
     ungünstigst zu bestimmen
restliche Parameter wie bei (8.92).

Innerhalb des iterativ bestimmten Rundschnitts darf die
Summe der Bodenpressungen zu 100 % entlastend angesetzt
werden. Wird zur Vereinfachung der Rechnung der konstante Rundschnitt im Abstand $1,0d$ angenommen, dürfen 50 %
der Summe der Bodenpressungen innerhalb des konstanten
Rundschnitts entlastend angenommen werden, d. h. in (8.93)
ist $V_{Ed,red} = V_{Ed} - 0,5 \cdot \Delta V_{Ed}$.

Anstelle einer Iteration kann a_{crit} auch mit folgendem Nomogramm (Abb. 8.74) in Abhängigkeit der Werte c/d und
L/c graphisch bestimmt werden. Oberhalb der gepunkteten
Linie gilt $a_\lambda/d > 2 \to a_{crit} = d$.

**Tragfähigkeit eines Fundamentes ohne Durchstanzbe-
wehrung**

Beton C25/30, Stahl B500 A

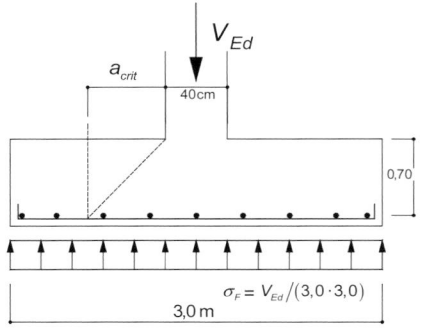

Zentrisch belastetes Stützenfundament mit quadratischer
Stütze $c = 40$ cm und quadratischen Fundamentabmessungen

Abb. 8.74 Nomogramm zur
Bestimmung von a_{crit} bei zentrisch belasteten Fundamenten.
Oberhalb der gepunkteten Linie
gilt: $a_{crit} = d$

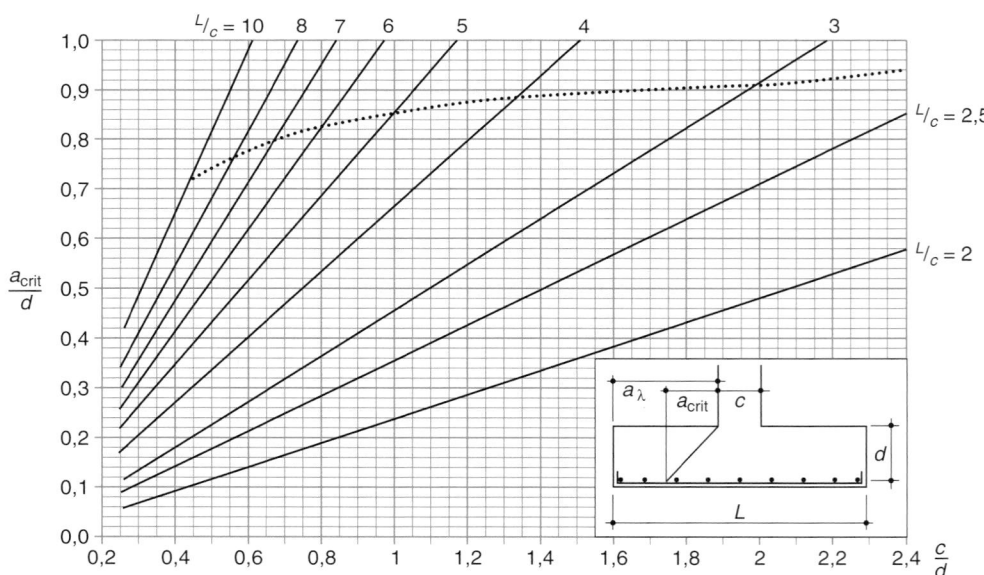

Längsbewehrungsgrad $\varrho_l = 0,5\,\%$
Mittlere Nutzhöhe $d = 70\,\text{cm}$ $f_{ck} = 25\,\text{N/mm}^2$

$$\lambda = a_\lambda/d = 0,5 \cdot (3,0 - 0,4)/0,7 = 1,857 < 2$$

$$\rightarrow \text{Iteration von } a_{crit} \text{ erforderlich}$$

$$V_{Ed,red} = V_{Ed} - \Delta V_{Ed} = V_{Ed} - \sigma_F \cdot A_{crit} \le V_{Rd,c}$$

$$V_{Ed} - \frac{V_{Ed}}{3 \cdot 3} \cdot A_{crit} = V_{Ed} \cdot \left(1 - \frac{1}{9} \cdot A_{crit}\right) \le V_{Rd,c}$$

$$\rightarrow V_{Ed} = \frac{V_{Rd,c}}{(1 - A_{crit}/9)}$$

$$V_{Rd,c} = 0,15/\gamma_C \cdot k \cdot (100 \cdot \varrho_l \cdot f_{ck})^{1/3} \cdot 2 \cdot d/a \cdot (d \cdot u)$$

$$\ge v_{min} \cdot 2 \cdot d/a \cdot (d \cdot u)$$

$$k = 1 + \sqrt{200/d} = 1 + \sqrt{200/700} = 1,534 \le 2,0,$$

$$v_{min} = 0,030 \cdot \sqrt{1,544^3 \cdot 25} = 0,285$$

$$V_{Rd,c} = 0,1 \cdot 1,534 \cdot (100 \cdot 0,005 \cdot 25)^{1/3} \cdot 2 \cdot d^2 \cdot u/a$$

$$\ge 0,285 \cdot 2 \cdot d^2 \cdot u/a$$

$$V_{Rd,c} = 0,349 \cdot u/a \ge 0,279 \cdot u/a$$

$$u = 4 \cdot c + 2 \cdot a \cdot \pi,$$

$$A = c^2 + 4 \cdot a \cdot c + \pi \cdot a^2$$

An dieser Stelle muss a entweder iterativ mit den obigen Gleichungen ermittelt werden oder $a = a_{crit}$ kann mit Hilfe von Abb. 8.73 vorab bestimmt werden. Eingangswerte für Abb. 8.74

$$L/c = 3/0,4 = 7,5, \quad c/d = 0,4/0,7 = 0,571$$

$$\xrightarrow{\text{ablesen aus Abb. 8.74}} a_{crit}/d = 0,72$$

$$\rightarrow a_{crit} = 0,72 \cdot 0,70 = 0,504\,\text{m}$$

$$u = 4 \cdot 0,4 + 2 \cdot 0,504 \cdot \pi = 4,767\,\text{m},$$

$$A = 0,4^2 + 4 \cdot 0,504 \cdot 0,4 + \pi \cdot 0,504^2 = 1,764\,\text{m}^2$$

$$V_{Rd,c} = 0,349 \cdot 4,767/0,504 = 3,30\,\text{MN}$$

$$\beta \cdot V_{Ed} \le \frac{V_{Rd,c}}{(1 - A_{crit}/9)} = \frac{3,30}{1 - 1,764/9} = 4,104\,\text{MN}$$

$$\rightarrow V_{Ed} \le \frac{4,104}{1,10} = 3,73\,\text{MN} \quad \blacktriangleleft$$

8.6.5.3 Platten oder Fundamente mit Durchstanzbewehrung

Kann der Nachweis $v_{Ed} \le v_{Rd,c}$ [N/mm^2] im kritischen Rundschnitt nach (8.92) nicht erbracht werden, so ist in der Regel eine Durchstanzbewehrung vorzusehen. Dazu sind folgende Nachweise zu führen:

$$v_{Ed} \le \begin{cases} v_{Rd,max} & \text{Bemessungswert der max. Querkraft-tragfähigkeit im krit. Rundschnitt } u_1 \\ v_{Rd,cs} & \text{Durchstanzwiderstand der Platte mit Durchstanzbewehrung} \\ v_{Rd,c,out} & \text{Querkrafttragfähigkeit der Platte im äußeren Rundschnitt o. Bewehrung} \end{cases} \tag{8.94}$$

Die **Maximaltragfähigkeit** $v_{Rd,max}$ im kritischen Rundschnitt (im Abstand $u_1 = 2d$ zum Stützenrand) entspricht der 1,4-fachen Tragfähigkeit ohne Durchstanzbewehrung nach (8.91) und ist wie folgt nachzuweisen:

$$v_{Ed,u_1} \le v_{Rd,max} = 1,4 \cdot v_{Rd,c,u_1} = 1,4 \cdot v_{Rd,c} \tag{8.95}$$

Die günstige Wirkung von Betondruckspannungen σ_{cp} infolge Vorspannung darf bei diesem Nachweis in $v_{Rd,c}$ nicht angesetzt werden.

Der Nachweis der **Tragfähigkeit $v_{Rd,cs}$ bei der Anordnung von Durchstanzbewehrung** erfolgt zunächst bezogen auf den kritischen Umfang im Abstand $u_1 = 2d$ zum Stützenrand mit (8.96):

$$v_{Rd,cs} = 0,75 \cdot v_{Rd,c} + 1,5 \cdot \frac{d}{s_r} \cdot \frac{A_{sw} \cdot f_{ywd,ef} \cdot \sin\alpha}{u_1 \cdot d}$$
$$\le v_{Rd,max} \tag{8.96}$$

$v_{Rd,c}$ nach (8.92)

s_r radialer Abstand der Durchstanzbewehrungsreihen in [mm] mit $s_r \le 0,75d$. Für aufgebogene Durchstanzbewehrung ist für das Verhältnis $d/s_r = 0,53$ anzusetzen. Die aufgebogene Bewehrung darf mit $f_{swd,ef} = f_{ywd}$ ausgenutzt werden.

A_{sw} Querschnittsfläche in [mm^2] der Durchstanzbewehrung in einer Bewehrungsreihe (Rundschnitt) um die Stütze. Durch Umstellung der Gleichung (8.96) ergibt sich die erforderliche Bewehrung zu

$$A_{sw} = \frac{(v_{Ed} - 0,75 \cdot v_{Rd,c}) \cdot u_1 \cdot d}{1,5 \cdot (d/s_r) \cdot f_{ywd,ef} \cdot \sin\alpha} \quad \text{für Bügel}$$

$$A_{sw} = \frac{(v_{Ed} - 0,75 \cdot v_{Rd,c}) \cdot u_1 \cdot d}{0,795 \cdot f_{ywd} \cdot \sin\alpha} \quad \text{für Schrägstäbe}$$

$f_{ywd,ef}$ Bemessungswert der effektiven Festigkeit der Durchstanzbewehrung infolge schlechter Verankerung von Bügeln in dünnen Platten
$f_{ywd,ef} = 250 + 0,25 \cdot d \le f_{ywd}$; ($d$ in [mm] einsetzen)

α Winkel zwischen Durchstanzbewehrung und Plattenebene. Schrägstäbe sollten eine Neigung von $45° \le \alpha \le 90°$ haben. Sie dürfen in einem Bereich bis $\le 1,5d$ vom Stützenrand angeordnet werden (siehe Abb. 8.75).

d Mittelwert der statischen Nutzhöhen in den orthogonalen Richtungen in [mm].

Die nach (8.96) ermittelte Durchstanzbewehrung ist um den Faktor $K_{sw,i}$ in der ersten und zweiten Bewehrungsreihe zu erhöhen.

1. Reihe (mit $0,3d \le s_0 \le 0,5d$)

$$K_{sw,1} = 2,5$$

2. Reihe (mit $s_r \le 0,75d$)

$$K_{sw,2} = 1,4$$

3. und alle weiteren Reihen (mit $s_r \le 0,75d$)

$$K_{sw,3} = 1,0 = K_{sw,i>3}$$

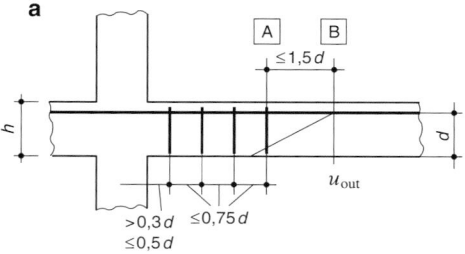

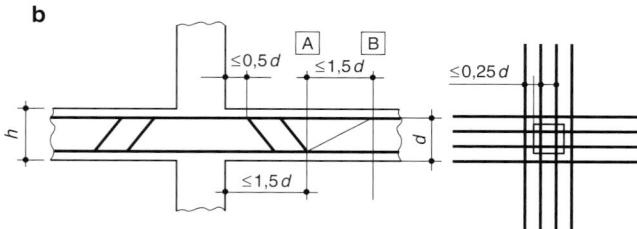

A letzter Rundschnitt, der noch Durchstanzbewehrung benötigt

B letzter Rundschnitt, der keine Durchstanzbewehrung benötigt

Abb. 8.75 Nachweisschnitte und Konstruktive Durchbildung der Durchstanzbewehrung. **a** Bügelabstände bei Flachdecken, **b** Abstände aufgebogener Stäbe

Die ermittelte Durchstanzbewehrung ist je Rundschnitt gemäß Abb. 8.75 solange anzuordnen, bis der Nachweis ohne Durchstanzbewehrung geführt werden kann. Im kritischen Rundschnitt (i. d. R. dritte Bewehrungsreihe) darf der tangentiale Abstand der Bewehrung nicht mehr als $1,5d$ betragen.

Im äußersten Rundschnitt u_out im Abstand von $1,5d$ zur letzten Bewehrungsreihe ist der Nachweis zu führen, dass

$$v_\text{Ed} = \frac{\beta \cdot V_\text{Ed}}{u_\text{out} \cdot d} \leq v_\text{Rd,c,out} \qquad (8.97)$$

ist.

$v_\text{Rd,c,out}$ ist nach (8.66) mit $C_\text{Rd,c} = 0,15/\gamma_C$ als Querkrafttragfähigkeit ohne Querkraftbewehrung zu bestimmen.

Empfohlene Vorgehensweise beim Durchstanznachweis:

a) Berechnung von $v_\text{Rd,c}$ und Überprüfung, ob Durchstanzbewehrung erf. ist

b) Berechnung von $v_\text{Rd,max} = 1,4 \cdot v_\text{Rd,c}$ und Überprüfung der Tragfähigkeit

c) Abgrenzung des durchstanzbewehrten Bereiches über

$$u_\text{out} = \frac{\beta \cdot V_\text{Ed}}{v_\text{Rd,c} \cdot d}$$

d) Bestimmung der erf. Bewehrung A_sw je Reihe

$$A_\text{sw,i} = K_\text{sw,i} \cdot (v_\text{Ed} - 0,75 \cdot v_\text{Ed,c}) \cdot \frac{s_\text{r} \cdot u_1}{1,5 \cdot f_\text{ywd,ef}};$$

$$\alpha = 90°$$

e) Anordnung der Bewehrung unter Beachtung der Konstruktionsregeln.

Hinweis In der Praxis werden vielfach spezielle Bewehrungselemente (Kopfbolzenleisten, evtl. auch Gitterträger)

als Durchstanzbewehrung angeordnet. Hier gelten die zugehörigen bauaufsichtlichen Zulassungen. Die Hersteller stellen ebenfalls entsprechende Bemessungssoftware zur Verfügung. Bei der Anordnung von Gitterträgern ist insofern besondere Sorgfalt erforderlich, als dass es sich in Bezug auf die Querschnittshöhe um sogenannte Passformen handelt. Die Einbaubarkeit der gesamten Bewehrung ist daher genau zu prüfen. Ein entsprechender Hinweis auf dem Bewehrungsplan ist sinnvoll.

Mindestdurchstanzbewehrung Wenn Durchstanzbewehrung erforderlich wird, ist als Querschnitt je Bügelschenkel (oder Gleichwertig) mindestens anzusetzen:

$$A_\text{sw,min} = A_\text{s} \cdot \sin a = \frac{0,08}{1,5} \cdot \frac{\sqrt{f_\text{ck}\,[\text{N/mm}^2]}}{f_\text{yk}\,[\text{N/mm}^2]} \cdot s_\text{r} \cdot s_\text{t} \qquad (8.98)$$

wobei

$A_\text{sw,min}$ erforderliche Fläche eines Bewehrungselementes (z. B. Bügelschenkel) in [mm²]

s_r radialer Abstand der Durchstanzbewehrungsreihen in [mm]

s_t tangentialer Abstand der einzelnen Bewehrungselemente einer Reihe in [mm]

α Winkel zwischen Durchstanzbewehrung und Hauptbewehrung, d. h. bei vertikalen Bügeln $\alpha = 90°$.

Für Fundamente mit Durchstanzbewehrung gilt ergänzend Aufgrund der steileren Neigung der Druckstreben in Fundamenten gelten folgende erweiterte Festlegungen:

Die reduzierte einwirkende Querkraft $V_\text{Ed,red} = V_\text{Ed} - \Delta V_\text{Ed}$ (siehe (8.93)) ist von den ersten beiden Bewehrungsreihen neben A_load ohne Abzug des Betontraganteils $v_\text{Rd,c}$ aufzunehmen. Die erforderliche Bewehrungsmenge $A_\text{sw,1+2}$ ist gleichmäßig auf beide Reihen in die Abständen $s_0 = 0,3d$ und $s_0 + s_1 = 0,3d + 0,5d = 0,8d$ zu verteilen.

Dabei gilt bei Anordnung von:
Bügelbewehrung:

$$A_\text{sw,1+2} = \frac{\beta \cdot V_\text{Ed,red}}{f_\text{ywd,ef}} \qquad (8.99)$$

aufgebogene Bewehrung:

$$A_\text{sw,1+2} = \frac{\beta \cdot V_\text{Ed,red}}{1,3 \cdot f_\text{ywd,ef} \cdot \sin \alpha} \qquad (8.100)$$

Falls weitere Bewehrungsreihen erforderlich sein sollten, sind je Reihe 33 % der Bewehrung $A_\text{sw,1+2}$ vorzusehen. Der Abzugswert der Sohlpressung ΔV_Ed darf dabei mit der Fundamentfläche innerhalb der betrachteten Bewehrungsreihe angesetzt werden. Die radialen Abstände s_r zwischen der ersten bis dritten Bewehrungsreihe sind bei gedrungenen Fundamenten auf $0,5d$ zu begrenzen (siehe Abb. 8.76).

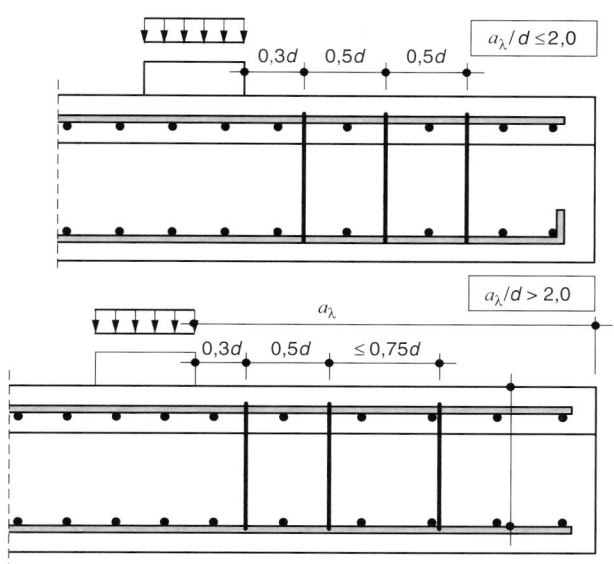

Abb. 8.76 Abstand der Durchstanzbewehrung bei Fundamenten

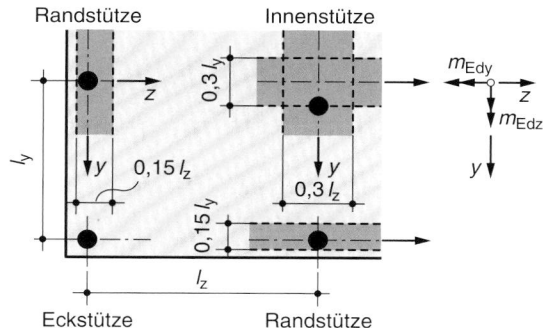

Abb. 8.77 Biegemomente m_{Edz} und m_{Edy} in Platten-Stützen-Verbindungen und mitwirkende Plattenbreite zur Ermittlung der aufnehmbaren Biegemomente

8.6.5.4 Mindestbemessungsmomente für Platten-Stützen-Verbindungen

Zur Sicherung der Querkrafttragfähigkeit sind die Platten im Bereich der Stützen (siehe Abb. 8.77) für folgende Mindestmomente in z- und y-Richtung zu bemessen, sofern nicht die Schnittgrößenermittlung zu höheren Werten führt:

$$m_{Edz} \geq \eta_z \cdot V_{Ed}$$
$$m_{Edy} \geq \eta_y \cdot V_{Ed} \qquad (8.101)$$

V_{Ed} Aufzunehmende Querkraft
η_z, η_y Momentenbeiwert nach Tafel 8.41.

Beim Nachweis der aufnehmbaren Biegemomente können nur Bewehrungsstäbe berücksichtigt werden, die außerhalb der kritischen Querschnittsfläche verankert sind.

Beispiel 8.21

Tragfähigkeit eines Fundamentes mit Durchstanzbewehrung

Zentrisch belastetes Stützenfundament mit quadratischer Stütze $c = 40\,\text{cm}$ und quadratischen Fundamentabmessungen

Beton C25/30, Stahl B500 A

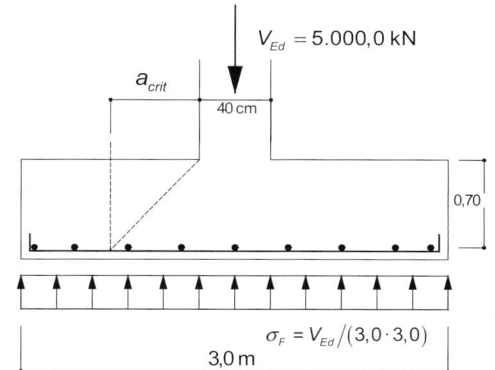

Tafel 8.41 Momentenbeiwerte η

Lage der Stütze	η_z für m_{Edz}			η_y für m_{Edy}		
	Zug an der Plattenoberseite[a]	Zug an der Plattenunterseite[a]	Mitwirkende Plattenbreite	Zug an der Plattenoberseite[a]	Zug an der Plattenunterseite[a]	Mitwirkende Plattenbreite
Innenstütze	0,125	0	$0{,}3l_y$	0,125	0	$0{,}3l_z$
Randstütze, Plattenrand parallel zur z-Achse	0,25	0	$0{,}15l_y$	0,125	0,125	(je m Plattenbreite)
Randstütze, Plattenrand parallel zur y-Achse	0,125	0,125	(je m Plattenbreite)	0,25	0	$0{,}15l_z$
Eckstütze	0,50	0,5	(je m Plattenbreite)	0,5	0,5	(je m Plattenbreite)

[a] Mit Plattenoberseite wird die der Lasteinleitungsfläche gegenüberliegende Seite der Platte bezeichnet, mit Plattenunterseite dementsprechend die andere Seite.

Längsbewehrungsgrad:

$$\varrho_l = 0,5\,\%$$

Mittlere Nutzhöhe:

$$d = 70\,\text{cm} \quad f_{ck} = 25\,\text{N/mm}^2$$

Tragfähigkeit ohne Durchstanzbewehrung:

$$\beta \cdot V_{Ed} = 4,104\,\text{MN}$$

(siehe Beispiel 12.20), d. h. mit $\beta \cdot V_{Ed} = 1,1 \cdot 5,0 = 5,5\,\text{MN}$ ist Durchstanzbewehrung erforderlich.

Maximaltragfähigkeit

$$V_{Rd,max} = 1,4 \cdot 4,1 = 5,745\,\text{MN} \le 5,5\,\text{MN}$$

Der Abstand des kritischen Rundschnittes wurde im Beispiel 12.20 zu $a_{crit} = 0,504\,\text{m}$ bestimmt. $A_{crit} = 0,4^2 + 4 \cdot 0,504 \cdot 0,4 + \pi \cdot 0,504^2 = 1,764\,\text{m}^2$.

Erforderliche Durchstanzbewehrung

$$f_{ywd,ef} = 250 + 0,25d = 250 + 0,25 \cdot 700$$
$$= 425 < 435\,\text{N/mm}^2$$
$$V_{Ed,red} = V_{Ed} - \sigma_F \cdot A_{krit} = V_{Ed} \cdot (1 - A_{krit}/A)$$
$$= 5,0 \cdot (1 - 1,764/9) = 4,02\,\text{MN}$$
$$A_{sw,1+2} = \frac{\beta \cdot V_{Ed,red}}{f_{ywd,ef}} = \frac{1,1 \cdot 4,02}{425} \cdot 10^4 = 104\,\text{cm}^2$$

Die Anordnung erfolgt in der ersten Reihe bei $u_1 = 0,3d = 0,21\,\text{m}$ sowie in der zweiten Reihe bei $u_2 = 0,8d = 0,56\,\text{m}$ vom Stützenrand mit jeweils $104/2 = 52\,\text{cm}^2$. Diese Bewehrungsmenge ist gleichmäßig auf den Umfang der beiden Reihen zu verteilen

$$u_1 = 4 \cdot 0,4 + 2 \cdot \pi \cdot 0,21 = 2,92\,\text{m}$$
$$\rightarrow 52/2,92 = 17,8\,\text{cm}^2/\text{m} \quad \text{z. B.} \oslash 20/17$$
$$u_2 = 4 \cdot 0,4 + 2 \cdot \pi \cdot 0,56 = 5,12\,\text{m}$$
$$\rightarrow 52/5,12 = 10,16\,\text{cm}^2/\text{m} \quad \text{z. B.} \oslash 16/17$$

Überprüfung, ob außerhalb des Rundschnittes ebenfalls Durchstanzbewehrung erforderlich ist:

$$A_2 = 0,4^2 + 4 \cdot 0,56 \cdot 0,4 + \pi \cdot 0,56^2 = 2,041\,\text{m}^2$$
$$V_{Rd,c} = 0,1 \cdot 1,577 \cdot (0,5 \cdot 25)^{1/3} = 0,366\,\text{MN}$$
$$V_{Ed,red} = V_{Ed} \cdot (1 - A_2/A) = 5,0 \cdot (1 - 2,041/9)$$
$$= 3,8866\,\text{MN}$$
$$u_{out} = \beta \cdot V_{Ed,red}/(v_{Rd,c} \cdot d) = 1,1 \cdot 3,866/(0,366 \cdot 0,7)$$
$$= 16,6\,\text{m}$$
$$> u_2 + 1,5d = 4 \cdot 0,4 + 2 \cdot \pi \cdot (0,56 + 1,5 \cdot 0,7)$$
$$= 11,72\,\text{m}$$

d. h. es ist eine weitere Bewehrungsreihe erforderlich. Für Fundamente mit einer Schubschlankheit $\lambda = a_\lambda/d = 1,3/0,70 = 1,85 < 2$ ist diese im Abstand $0,5d$ zur zweiten Bewehrungsreihe anzuordnen:

$$a_3 = (0,8 + 0,5) \cdot d = 0,91\,\text{m},$$
$$u_3 = 4 \cdot 0,4 + 2 \cdot \pi \cdot 0,91 = 7,32\,\text{m}$$

Erforderliche Bewehrungsmenge:

$$A_{sw,3} = 0,33 \cdot A_{sw,1+2} = 0,33 \cdot 104$$
$$= 34,32\,\text{cm}^2 \,\hat{=}\, 34,32/7,32 = 4,69\,\text{cm}^2/\text{m}$$

z. B. $\oslash 12/20$

Überprüfung, ob außerhalb des dritten Rundschnittes noch Durchstanzbewehrung erforderlich ist:

$$A_3 = 0,4^2 + 4 \cdot 0,91 \cdot 0,4 + \pi \cdot 0,91^2 = 4,218\,\text{m}^2$$
$$V_{Ed,red} = V_{Ed} \cdot (1 - A_3/A) = 5,0 \cdot (1 - 4,218/9)$$
$$= 2,657\,\text{MN}$$
$$u_{out} = \beta \cdot V_{Ed,red}/(v_{Rd,c} \cdot d) = 1,1 \cdot 2,657/(0,366 \cdot 0,7)$$
$$= 11,40\,\text{m}$$
$$> u_{3+1,5d} = 4 \cdot 0,4 + 2 \cdot \pi \cdot (0,91 + 1,5 \cdot 0,7)$$
$$= 13,92\,\text{m}$$

Eine weitere Bewehrungsreihe ist nicht erforderlich. ◀

8.6.6 Stabförmige Bauteile unter Biegung und Längsdruck (Theorie II. Ordnung)

Für schlanke Tragwerke bzw. Bauteile, die vorwiegend auf Druck beansprucht und deren Tragfähigkeit wesentlich durch ihre Verformung derart beeinflusst werden, dass die Momente aus Theorie II. Ordnung zu einer Erhöhung der Momente aus Theorie I. Ordnung führen ($M^{II}/M^I > 1,1$), ist ein Nachweis nach diesem Abschnitt erforderlich. In der Bemessungspraxis handelt es sich hierbei um die sogenannten Knicksicherheitsnachweise.

8.6.6.1 Einteilung des Tragwerks und der Tragwerksteile

Der zu führende Nachweis hängt in erster Linie von der Nachgiebigkeit des Tragwerkes ab. Dabei wird unterschieden in **ausgesteifte** und **unausgesteifte** Tragwerke (siehe Abb. 8.10 und 8.11). Bei ausgesteiften Tragwerken brauchen die auszusteifenden Bauteile nicht unter Berücksichtigung der horizontalen Kräfte bemessen werden, da diese komplett vom Aussteifungssystem übernommen werden. Aussteifende Bauteile selber sollten unverschieblich (s. u.) sein und sind daher im Allg. nach Theorie I. Ordnung zu bemessen (Tafel 8.42).

Tafel 8.42 Einteilung der Tragwerke und Regeln der Nachweisführung

Aussteifende Bauteile im Tragwerk vorhanden?			
Ja		Nein	
Ausgesteift? Prüfung nach den Kriterien b) (8.102) und ggf. c) (8.103)		**Nicht ausgesteift?** Prüfung nach dem Kriterium[a] a) $R_\mathrm{d}^{\mathrm{II}} < 0,9 \cdot R_\mathrm{d}^{\mathrm{I}}$	
Ja	Nein	Ja	Nein
Unverschieblich	**Verschieblich**	**Verschieblich**	**Unverschieblich**
Berechnung nach Theorie I. Ordnung	Auswirkungen auf das Gesamttragwerk nach Theorie II. Ordnung sind zu berücksichtigen		Berechnung nach Theorie I. Ordnung

[a] R^{I} Tragfähigkeit, berechnet nach Theorie I. Ordnung;
R^{II} Tragfähigkeit, berechnet nach Theorie II. Ordnung.

Je nach ihrer Empfindlichkeit gegenüber Auswirkungen nach Theorie II. Ordnung sind Tragwerke zusätzlich als **verschieblich** (verformungsempfindlich) oder **unverschieblich** einzustufen. Die Verschieblichkeit ist hinsichtlich der Translation und Rotation zu betrachten. Als unverschieblich gelten:

a) Tragwerke, bei denen der Einfluss von Knotenverschiebungen auf die Bemessungsschnittgrößen der einzelnen Bauteile vernachlässigt werden können (10 %-Regel), z. B. auch Rahmen ohne aussteifende Bauteile, die aber diese Bedingung erfüllen.

b) Ausgesteifte Tragwerke, bei denen die Aussteifung durch annähernd symmetrisch im Bauwerk verteilte Wände oder Kerne erfolgt (d. h. hohe Rotationssteifigkeit), und diese hinsichtlich der horizontalen Steifigkeiten das folgende Kriterium erfüllen (siehe auch EC 2, 5.8.3 [1]):

$$\frac{F_{\mathrm{V,Ed}} \cdot L^2}{\sum E_{\mathrm{cd}} \cdot I_{\mathrm{c}}} \leq K_1 \cdot \frac{n_{\mathrm{s}}}{n_{\mathrm{s}} + 1,6} \qquad (8.102)$$

Dabei ist:

$F_{\mathrm{V,Ed}}$ Summe aller lotrechten Lasten im Gebrauchszustand $\gamma_{\mathrm{F}} = 1,0$, d. h. sowohl auf ausgesteifte als auch aussteifende Bauteile

L Gesamthöhe des Bauwerkes über der Einspannebene

E_{cd} Bemessungswert des Elastizitätsmoduls $E_{\mathrm{cd}} = E_{\mathrm{cm}}/1,2$

I_{c} Trägheitsmoment des ungerissenen Betonquerschnitts (Zustand I) der aussteifenden Bauteile

K_1 = 0,31. Wenn sichergestellt ist, das die aussteifenden Bauteile im GZT ungerissen bleiben (d. h. f_{ctm} wird nicht überschritten) kann $K_1 = 0,62$ angesetzt werden.

n_{s} Anzahl der Geschosse.

In Bezug auf (8.102) sind folgende Kriterien zusätzlich zu beachten:

- Ausreichender Torsionswiderstand (wird durch die Forderung nach annähernd symmetrischer Anordnung der Aussteifungselemente erfüllt)

- Schubkraftverformungen können vernachlässigt werden

- Starre Gründungen in der Einspannebene

- Annähernd konstante Steifigkeiten der Aussteifungselemente über die Bauwerkshöhe

- Die Gesamtlast nimmt pro Stockwerk annähernd gleichmäßig zu

c) Wenn die lotrecht aussteifenden Bauteile nicht annähernd symmetrisch angeordnet sind oder nicht vernachlässigbare Verdrehungen zulassen, muss zusätzlich zur Translationssteifigkeit nach (8.102) auch die Verdrehsteifigkeit aus der Kopplung der Wölbsteifigkeit E_{cd} und der Torsionssteifigkeit $E_{\mathrm{cd}} \cdot I_{\mathrm{T}}$ der (8.103) genügen, um das System als unverschieblich annehmen zu können.

$$\left[\frac{1}{L} \cdot \sqrt{\frac{E_{\mathrm{cd}} \cdot I_{\omega}}{\sum_j F_{\mathrm{V,Ed},j} \cdot r_j^2}} + \frac{1}{2,28} \cdot \sqrt{\frac{G_{\mathrm{cd}} \cdot I_{\mathrm{T}}}{\sum_j F_{\mathrm{V,Ed},j} \cdot r_j^2}} \right]^{-2}$$
$$\leq K_1 \cdot \frac{n_{\mathrm{s}}}{n_{\mathrm{s}} + 1,6} \qquad (8.103)$$

Dabei ist:

$L, K_1, E_{\mathrm{cd}}, I_{\mathrm{c}}, n_{\mathrm{s}}$ wie bei (8.102)

$E_{\mathrm{cd}} \cdot I_{\omega}$ Summe der Nennwölbsteifigkeiten aller gegen Verdrehung aussteifenden Bauteile (Bemessungswert)

$E_{\mathrm{cd}} \cdot I_{\mathrm{T}}$ Summe der Torsionssteifigkeiten aller gegen Verdrehung aussteifenden Bauteile (St. Venant'sche Torsion, Bemessungswert)

r_j Abstand der Stütze j vom Schubmittelpunkt des Gesamtsystems

$F_{\mathrm{v,Ed},j}$ Bemessungswert der Vertikallast der aussteifenden und ausgesteiften Bauteile j mit $\gamma_{\mathrm{F}} = 1,0$.

Für von den Punkten b) und c) abweichende Fälle wird auf ergänzende Hinweise im EC 2-1-1, Anhang H [1] verwiesen. Ist ein Tragwerk verschieblich, d. h. können die oben genannten Kriterien nicht erfüllt werden, so sind alle Nachweise am Gesamtsystem nach Theorie II. Ordnung zu führen.

Tafel 8.43 Einteilung der Bauteile und Regeln der Nachweisführung

Einzeldruckglieder als einzelne Stützen oder als Einzeldruckglieder betrachtete Teiles eines Tragwerkes		
$l_0 = \beta \cdot l_{col}$; $\lambda = l_0/i$; Überprüfung **Schlankheitskriterium** $\lambda > \lambda_{lim} = \max\left(25; \frac{16}{\sqrt{n}}\right)$? (siehe (8.106))		
Ja		**Nein**
Schlankes Bauteil Gegenseitige Verschiebung der Stabenden von Bedeutung?		**Gedrungenes Bauteil**
Ja Schlankes, verschiebliches Bauteil	**Nein** Schlankes, unverschiebliches Bauteil	**Unverschieblich**
Nachweis nach Theorie II. Ordnung erforderlich (z. B. Verfahren mit Nennkrümmungen oder genaue Berechnung)		**Nachweis nach Theorie I. Ordnung ausreichend** Bemessung mit N_{Ed}, $M_{Ed,min} = N_{Ed} \cdot e_0$; $e_0 = \max\{h/30, 20\,mm\}$

Ausführliche Hinweise finden sich auch im Kap. 6 dieses Buches, weitere Beispiele sind in [20] enthalten.

Die Bemessung von einzelnen Druckgliedern, welche nach den obigen Kriterien zu einem als unverschieblich ausgesteiften üblichen Hochbau gehören, wird nur bei sehr schlanken Bauteilen in nennenswerter Weise von der Tragwerksverformung beeinflusst. Unverschiebliche Tragwerke oder Einzeldruckglieder, die als nicht schlank gelten (siehe Abschn. 8.6.6.2), brauchen daher nicht nach Theorie II. Ordnung bemessen zu werden. Bei verschieblichen Tragwerken sind hingegen die Tragwerksverformungen im Allgemeinen immer zu berücksichtigen. Für die Bemessung von Einzeldruckgliedern hat sich daher ein Nachweisverfahren in Abhängigkeit der Ersatzlänge l_0 bewährt.

8.6.6.2 Einzeldruckglieder

Als Einzeldruckglieder werden bezeichnet
- einzelstehende Stützen
- Druckglieder, die in einem unverschieblichen Tragwerk gelenkig oder biegesteif angeschlossen sind
- Druckglieder, die als aussteifendes Bauteil dienen und schlank sind.

Durch einen Vergleich der Schlankheit mit Grenzwerten (siehe Tafel 8.43) wird entschieden, ob die Auswirkungen nach Theorie II. Ordnung zu berücksichtigen sind. Die Schlankheit λ eines Druckgliedes errechnet sich aus:

$$\lambda = l_0/i$$

wobei
$i = \sqrt{I/A}$ Flächenträgheitsradius des ungerissenen Betonquerschnitts
$\quad i = 0,289 \cdot h$ für Rechteckquerschnitte
$\quad i = 0,25 \cdot h$ für Kreisquerschnitte
$l_0 = \beta \cdot l_{col}$ Ersatzlänge (Knicklänge) mit
$\quad l_{col}$ Stützlänge zwischen den idealisierten Einspannstellen
$\quad \beta$ Knickbeiwert: Verhältnis von Ersatzlänge zu Stützenlänge.

Für Standardfälle kann β aus den in der Mechanik bekannten Euler-Fällen übertragen werden (siehe Abb. 8.78). Im Falle regelmäßiger Rahmen mit elastischen Einspannungen an den Stützenden kann der Knickbeiwert β mit Hilfe der folgenden Nomogramme (Abb. 8.79) bzw. von (8.106) und (8.107) bestimmt werden.

Die Nomogramme basieren auf den folgenden Gleichungen für:
a) ausgesteifte Bauteile:

$$l_0 = 0,5 \cdot l_{col} \cdot \sqrt{\left(1 + \frac{k_1}{0,45 + k_1}\right) \cdot \left(1 + \frac{k_2}{0,45 + k_2}\right)} \tag{8.104}$$

b) nicht ausgesteifte Bauteile:

$$l_0 = l_{col} \cdot \max\left\{\sqrt{\left(1 + 10\frac{k_1 \cdot k_2}{k_1 + k_2}\right)}; \left(1 + \frac{k_1}{1 + k_1}\right) \cdot \left(1 + \frac{k_2}{1 + k_2}\right)\right\} \tag{8.105}$$

Dabei ist:
k_i bezogene Einspanngrade der Enden 1 und 2 mit

$$k_i = \frac{\sum E I_{col} l_{col}}{\sum M_R};$$

$\sum E I_{col}/l_{col}$ ist die Summe der Stabsteifigkeiten der zu stabilisierenden Stiele, $\sum M_R$ ist die Summe der Drehwiderstandsmomente (siehe Abb. 8.79) der *einspannenden* Bauteile (stabilisierende Riegel) infolge einer Einheitsverdrehung bzw. Verschiebung am Knoten i.

Zur Berücksichtigung des Steifigkeitsabfalls infolge Rissbildung wird empfohlen, für Druckglieder die Steifigkeit im Zustand I, für überwiegend auf Biegung beanspruchte Bauteile jedoch nur 50 % der Steifigkeit nach Zustand I zur Bestimmung von k_i anzusetzen.

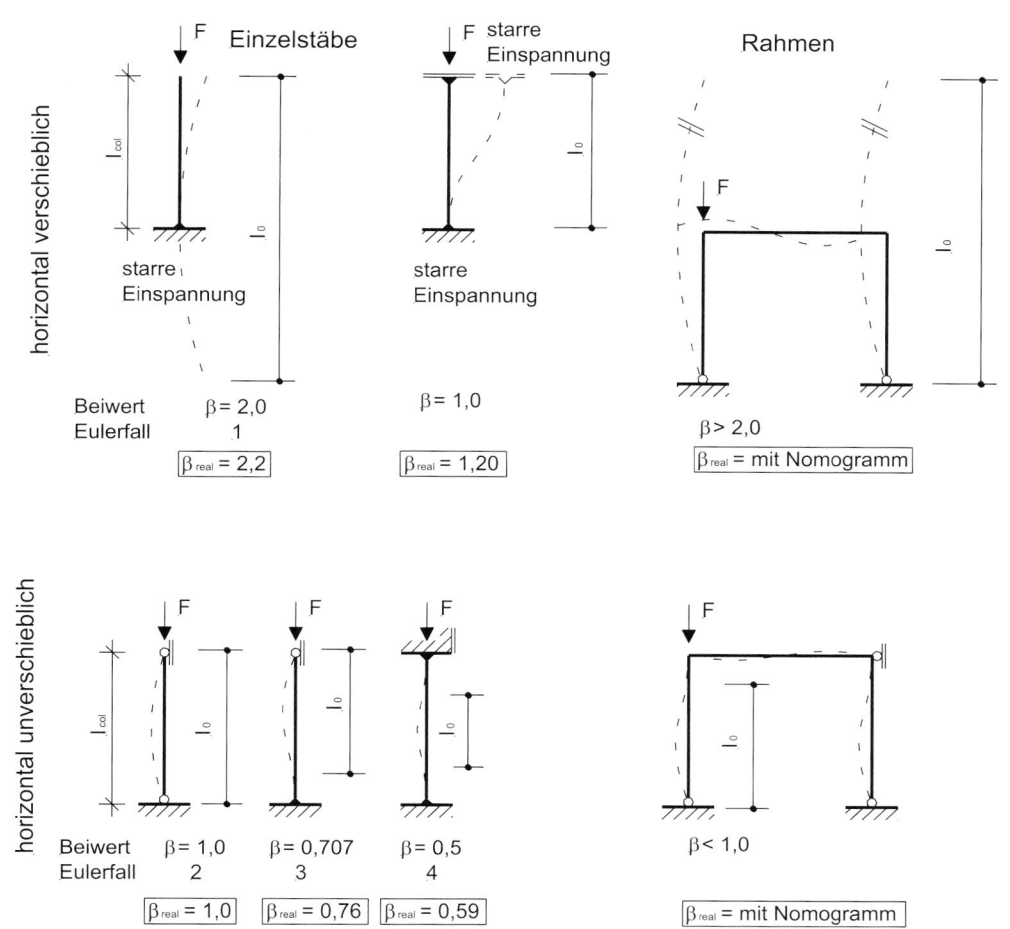

Abb. 8.78 Bestimmung der Ersatzlängen für Standardfälle

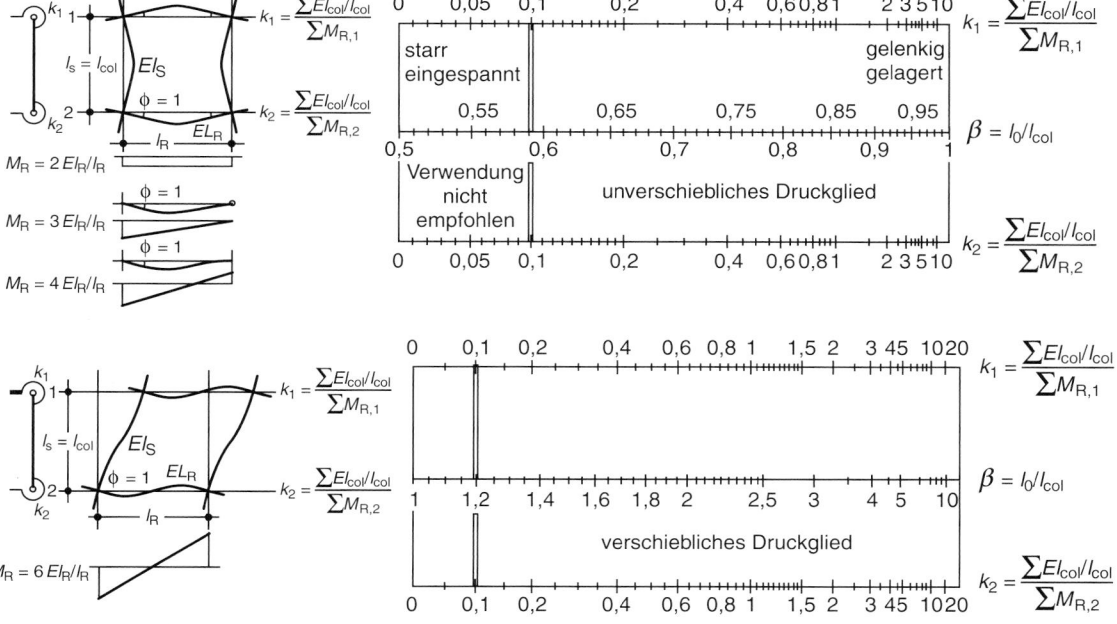

Abb. 8.79 Nomogramme zur Berechnung der Ersatzlänge von Einzeldruckgliedern [U. Quast, BK 2004] [15]

Es gilt z. B. für k_i und l_0:

- Stab beidseitig gelenkig:

$$\sum M_R = 0; \quad k_i = \infty, \quad l_0 = l_{col}$$

nach (8.104)

- Stab beidseitig starr eingespannt:

$$\sum M_R = \infty; \quad k_i = 0, \quad l_0 = 0{,}5 \cdot l_{col}$$

($k_i = 0$ ist ein theoretischer Wert, der in der Praxis nicht vorkommt. Daher sollte immer mindestens $k_i = 0{,}1$ angesetzt werden $\rightarrow l_0 = 0{,}59 \cdot l_{col}$ nach (8.103) bzw. $\rightarrow l_0 = 1{,}22 \cdot l_{col}$ nach (8.105))

- Stab auf der einen Seite gelenkig gelagert, auf der anderen starr eingespannt:

$$k_1 = \infty, \quad k_2 = 0, \quad l_0 = 0{,}71 \cdot l_{col}$$

bzw. real mit $k_2 = 0{,}1 \rightarrow l_0 = 0{,}76 \cdot l_{col}$ nach (8.104):

- Stab beidseitig elastisch eingespannt, verschiebliches System:

$$k_2 = \frac{20/4{,}25}{0{,}5 \cdot (3 \cdot 28/4{,}5 + 3 \cdot 28/6{,}3)} = 0{,}294$$

$$k_1 = \frac{20/4{,}25}{0{,}5 \cdot (4 \cdot 28/4{,}5 + 3 \cdot 28/6{,}3)} = 0{,}246$$

$$l_0 = \beta \cdot l_{col} = 1{,}53 \cdot 4{,}25 = 6{,}50\,\text{m}$$

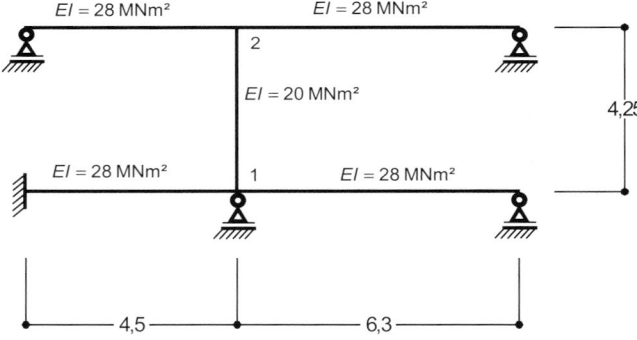

Weitere Hinweise zur Knicklängenbestimmung enthält Heft 600 des DAfStb [11].

Schlankheitskriterium Sofern $\lambda \leq \lambda_{lim}$ ist, gilt die betrachtete Einzelstütze als gedrungen. Hier kann auf einen Nachweis nach Theorie II. Ordnung verzichtet werden.

$$\lambda_{lim} = \begin{cases} 25 & \text{für } |n| \geq 0{,}41 \\ 16/\sqrt{|n|} & \text{für } |n| < 0{,}41 \end{cases} \quad (8.106)$$

λ Schlankheit l_0/i
n Bezogene Längskraft nach (8.107)
l_0 Ersatzlänge des Druckgliedes
i Flächenträgheitsradius $= \sqrt{I/A}$.

Für n gilt

$$n = N_{Ed}/(f_{cd} \cdot A_c) \quad (8.107)$$

N_{Ed} Bemessungswert der aufzunehmenden Normalkraft
A_c Betonquerschnitt der Stütze
f_{cd} Bemessungswert der Betondruckfestigkeit.

Für Druckglieder mit zweiachsiger Lastausmitte darf dieses Kriterium für jede Richtung einzeln betrachtet werden. Die Nachweise nach Theorie II. Ordnung können dann ggf. in beiden Richtungen entfallen oder sie sind in einer oder beiden Richtungen zu führen.

Sofern $\lambda > \lambda_{lim}$ ist, gilt die betrachtete Einzelstütze als schlank. Hier ist ein Nachweis nach Theorie II. Ordnung erforderlich. Nach EC 2-1-1, Kap. 5.8 [1] kann dies mit drei verschiedenen Berechnungsverfahren erfolgen:

1. **Allgemeines Verfahren**
   Dies basiert auf einer nichtlinearen Schnittgrößenermittlung, welche die geometrische Nichtlinearität nach Theorie II. Ordnung enthält. Dieses Verfahren ist im Allgemeinen in den entsprechenden Bemessungsprogrammen der Softwarehersteller implementiert und wird im Rahmen dieses Tafelwerkes nicht näher erläutert.

2. **Näherungsverfahren auf der Grundlage von Nennsteifigkeiten**
   Dieses Verfahren kann gemäß nationalem Anhang in Deutschland entfallen.

3. **Näherungsverfahren auf der Grundlage von Nennkrümmungen** (entspricht weitgehend dem Modellstützenverfahren nach DIN 1045-1) [5]. Dieses Verfahren eignet sich vorwiegend für Einzelstützen und wird im Folgenden näher erläutert.

8.6.6.2.1 Vereinfachtes Bemessungsverfahren mit Nennkrümmungen

Mit diesem Verfahren wird das Bemessungsmoment einer überwiegend normalkraftbeanspruchten Stütze nach Theorie II. Ordnung auf der Grundlage einer geschätzten Maximalkrümmung bestimmt. Anschließend kann die Querschnittsbemessung der Stütze mit den üblichen Bemessungshilfsmitteln erfolgen.

Für rechteckige bzw. kreisförmige Druckglieder mit einer Lastausmitte $e_0 \geq 0{,}1h$ kann hierbei auf Grundlage einer fußeingespannten und am Kopf frei verschieblichen Modellstütze nach Abb. 8.80 bemessen werden. Für andere Querschnittsformen und $e_0 < 0{,}1h$ ist dieses Verfahren ebenfalls anwendbar, liefert im Allgemeinen aber unwirtschaftliche Ergebnisse.

Die Bemessung des kritischen Querschnittes A–A in Abb. 8.80 erfolgt unter der Längskraft N_{Ed} und der Gesamtausmitte e_{tot} mit

$$e_{tot} = e_0 + e_i + e_2 \quad (8.108)$$

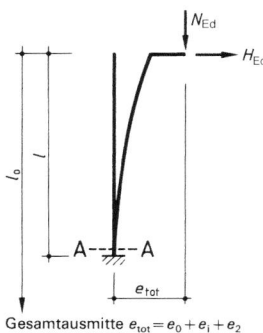

Gesamtausmitte $e_{tot} = e_0 + e_i + e_2$

Abb. 8.80 Modellstütze

a) e_0 Lastausmitte nach Theorie I. Ordnung

$$e_0 = M_{Ed0}/N_{Ed}$$

M_{Ed0} Bemessungswert des aufzunehmenden Biegemomentes nach Theorie I. Ordnung

N_{Ed} Bemessungswert der aufzunehmenden Längskraft. Bei unverschieblich gelagerten Bauteilen ohne Querlasten zwischen den Stabenden darf im Rahmen dieses Nachweises in (8.108) mit einer Ersatzausmitte $e_0 = e_{0e}$ gerechnet werden (siehe Abb. 8.81). Es gilt dann:

Fall I $\qquad e_{01} = e_{02} = e_{0e}$

Fall II und III $\quad |e_{02}| > |e_{01}|$

$$e_{0e} = \max \begin{cases} 0{,}6 \cdot e_{02} + 0{,}4 \cdot e_{01} \\ 0{,}4 \cdot e_{02} \end{cases}$$

wobei e_{01} und e_{02} mit Vorzeichen einzusetzen sind.

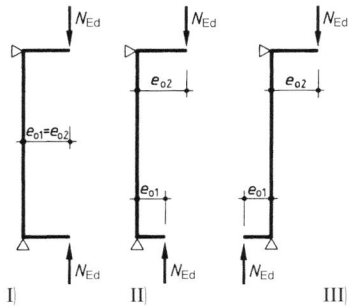

Abb. 8.81 Berechnung der Lastausmitte e_0

b) e_i ungewollte Lastausmitte (Imperfektion)

$$e_i = \theta_i \cdot \frac{l_0}{2}$$

l_0 Ersatzlänge der Stütze.

$$\theta_i = \frac{1}{200} \cdot \alpha_h; \quad 0 \le \alpha_h = \frac{2}{\sqrt{l_{col}\,[m]}} \le 1{,}0$$

c) e_2 Stabauslenkung nach Theorie II. Ordnung

$$e_2 = K_1 \cdot l_0^2 \cdot \frac{1}{r} \cdot \frac{1}{c}$$
$$K_1 = \lambda/10 - 2{,}5 \quad \text{für } 25 \le \lambda \le 35$$
$$K_1 = 1 \quad \text{für } \lambda > 35$$

$1/r$ entspricht der Stabkrümmung im kritischen Querschnitt

$$\frac{1}{r} = K_r \cdot K_\varphi \cdot \frac{1}{r_0}$$
$$\frac{1}{r_0} = \frac{2 \cdot \varepsilon_{yd}}{0{,}9 \cdot d} \qquad K_r = \frac{N_{ud} - N_{Ed}}{N_{ud} - N_{bal}} \le 1$$

K_φ zur Berücksichtigung des Kriechens (s. Abschn. 8.6.6.2.2)

ε_{yd} = f_{yd}/E_s. Bemessungswert der Dehnung der Bewehrung an der Streckgrenze

d Nutzhöhe des Querschnitts in der Stabilitätsrichtung

N_{ud} Bemessungswert der Grenztragfähigkeit des Querschnitts unter zentrischem Druck $N_{ud} = (f_{cd} \cdot A_c + f_{yd} \cdot A_s)$

N_{Ed} Bemessungswert der aufzunehmenden Längskraft

N_{bal} Längsdruckkraft, unter der die Momentengrenztragfähigkeit eines Querschnittes am größten ist $N_{bal} \cong 0{,}4 \cdot f_{cd} \cdot A_c$ (Rechteckquerschnitte mit symmetrischer Bewehrung)

K_r = 1 liegt immer auf der sicheren Seite. Im Falle $K_r < 1$ und $n = N_{Ed}/(A_c \cdot f_{cd}) > 0{,}5$ ist im Allgemeinen ein iteratives Vorgehen erforderlich

c = 10 Beiwert zur Beschreibung des Krümmungsverlaufes entlang des Stabes. Bei konstantem Querschnitt wird mit $c = 10$ gerechnet. Wenn das Moment entlang der Stabachse konstant ist, ist in der Regel ein kleinerer Wert anzusetzen, dabei ist $c = 8$ der untere Grenzwert. Abb. 8.82 (Kordina/Quast, BK 2001 [15]) beschreibt, dass der Krümmungsverlauf umso rechteckiger ist, je kleiner die H-Last und je kleiner die bezogene Zusatzausmitte e_2/h ist.

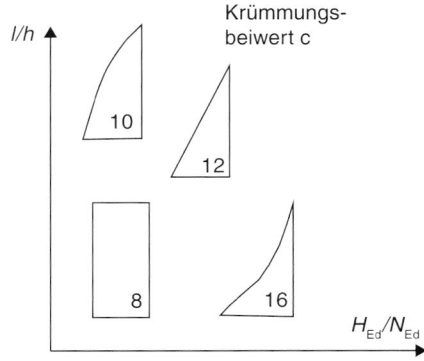

Abb. 8.82 Krümmungsbeiwert in Abhängigkeit des Krümmungsverlaufs

8.6.6.2.2 Berücksichtigung des Kriechens über K_φ

Die Auswirkungen des Kriechens werden mit dem Faktor k_φ wie folgt erfasst:

$$K_\varphi = 1 + \beta \cdot \varphi_{\text{eff}} \geq 1,0$$

Dabei ist:

φ_{eff} effektive Kriechzahl $= \varphi(\infty, t_0) \cdot \dfrac{M_{0Eqp}}{M_{0Ed}}$ mit

$\quad \varphi(\infty, t_0)$ Endkriechzahl nach Tafel 8.5

$\quad M_{0Eqp}$ Moment nach Theorie I. Ordnung in der quasi-ständigen Kombination (GZG inkl. Imperfektion)

$\quad M_{0Ed}$ Moment nach Theorie I. Ordnung in der Bemessungskombination (GZT inkl. Imperfektion).

$\quad$ Wenn M_{0Eqp}/M_{0Ed} variiert, darf das Verhältnis für den Querschnitt mit dem maximalen Moment oder ein repräsentativer Wert verwendet werden.

β zur Berücksichtigung des Einflusses der Stützenschlankheit $\beta = 0,35 + f_{ck}/200 - \lambda/150 \geq 0$.

Wenn die folgenden drei Bedingungen erfüllt sind, dürfen die Kriechauswirkungen hier vernachlässigt werden, d. h. $\varphi_{\text{eff}} = 0 \to K_\varphi = 1$

1. $\varphi(\infty, t_0) \leq 2$
2. $\lambda \leq 75$
3. $M_{0Ed}/N_{Ed} > h$.

In unverschieblichen Tragwerken dürfen Kriechauswirkungen in der Regel auch vernachlässigt werden, wenn die Stützen an beiden Enden monolithisch mit lastabtragenden Bauteilen verbunden sind. Bei verschieblichen Tragwerken darf das Kriechen ebenfalls unberücksichtigt bleiben, wenn $\lambda < 50$ ist und gleichzeitig die bezogene Lastausmitte im GZT $e_0/h > 2$ (d. h. $M_{0Ed}/N_{Ed} > 2h$) ist.

Beispiel 8.22

Bemessung einer Kragstütze (die Stütze sei senkrecht zur Zeichenebene gehalten)

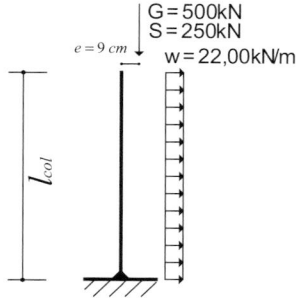

Abmessungen:

$$b/h = 45/45 \text{ cm}, \quad l_{col} = 3,30 \text{ m}$$

Beton C30/37, $f_{cd} = 17,00 \text{ N/mm}^2$
Betonstahl B500, $d = 40,5 \text{ cm}$

Vorwerte:

$$l_0 = \beta \cdot l_{col} = 2,2 \cdot 3,3 = 7,26 \text{ m}$$

$$i = \sqrt{I/A} = 0,289 \cdot 0,45 = 0,13 \text{ m}$$

$$\lambda = l_0/i = 7,26/0,13$$
$$= 55,8 > 25 \ (n \geq 0,41) \to \text{KSNW erforderlich}$$

Imperfektion und Zusatzmoment M_i

$$\alpha_h = \frac{2}{\sqrt{l_{col}}} = \frac{2}{\sqrt{3,3}} = 1,101 > 1,$$

$$\theta_i = \frac{1}{200} \cdot \alpha_h = 0,005$$

$$\to e_i = \theta_i \cdot \frac{l_0}{2} = 0,005 \cdot \frac{7,26}{2} = 0,0182 \text{ m}$$

$$M_i = |N| \cdot e_i = |N| \cdot 0,0182 \quad [\text{kN m}]$$

Charakteristische Einwirkungen an der Einspannstelle

	Ständig	Veränderlich	Veränderlich
	G	S	w
N [kN]	−500,00	−250,00	0
M_0 [kN m]	45,00	22,50	119,79
M_i [kN m]	9,08	4,04	0
$M = M_0 + M_a$	54,08	27,04	119,79
$\psi_0/\psi_1/\psi_2$		0,7/0,5/0,2	0,6/0,5/0

Mögliche Lastfallkombinationen (GZT)
1. $1,35 \cdot G + 1,5 \cdot (S + \psi_0 \cdot w)$

$$N_{Ed} = -1,35 \cdot 500 - 1,5 \cdot 250 = -1050 \text{ kN};$$

$$M_{Ed0} = 1,35 \cdot 45 + 1,5 \cdot (22,50 + 0,6 \cdot 119,79)$$
$$= 202,31 \text{ kN m}$$

$$\to e_0 = \frac{202,31}{1050} = 0,193 \text{ m};$$

$$\frac{e_0}{h} = \frac{0,193}{0,45} = 0,428 < 2$$

2. $1,35 \cdot G + 1,5 \cdot (w + \psi_0 \cdot S)$

$$N_{Ed} = -1,35 \cdot 500 - 1,5 \cdot 0,7 \cdot 250 = -937,5 \text{ kN};$$

$$M_{Ed0} = 1,35 \cdot 45 + 1,5 \cdot (119,79 + 0,7 \cdot 22,5)$$
$$= 264,06 \text{ kN m}$$

$$\to e_0 = \frac{264,06}{937,50} = 0,282 \text{ m};$$

$$\frac{e_0}{h} = \frac{0,282}{0,45} = 0,626 < 2$$

3. $1,0 \cdot G + 1,5 \cdot w$

$$N_{Ed} = -1,0 \cdot 500 - 500 \, \text{kN};$$
$$M_{1Ed} = 1,0 \cdot 45 + 1,5 \cdot 119,79 = 224,68 \, \text{kN m}$$
$$\rightarrow e_0 = \frac{224,68}{500,00} = 0,449 \, \text{m};$$
$$\frac{e_0}{h} = \frac{0,449}{0,45} = 0,998 < 2$$

Aus $e_0/h \leq 2$ und $\lambda > 50$ folgt, dass der Kriecheinfluss berücksichtigt werden muss. Zu betrachtende Lastfallkombinationen zur Berücksichtigung des Kriecheinflusses unter Berücksichtigung der Imperfektion:

$$M_{0Eqp} = G + \psi_{2,S} \cdot S + \psi_{2,w} \cdot w$$
$$= 54,08 + 0,2 \cdot 27,04 + 0 \cdot 119,79$$
$$= 59,49 \, \text{kN m}$$
$$M_{0Ed} = 1,35 \cdot G + 1,5 \cdot (w + \psi_0 \cdot S)$$
$$= 1,35 \cdot 54,08 + 1,5 \cdot (119,79 + 0,7 \cdot 27,04)$$
$$= 281,09 \, \text{kN m}$$

Endkriechzahl:

$$RH = 50\,\%,$$
$$h_0 = 2A_c/u = 2 \cdot 45^2/(4 \cdot 45) = 22,5 \, \text{cm}$$

CEM 32,5 N, $t_0 = 28d$, → Tafel 8.5 bzw. Abb. 8.5:

$$\varphi(\infty, t_0) = 2,38$$
$$\varphi_{eff} = \varphi(\infty, t_0) \cdot M_{0Eqp}/M_{0Ed}$$
$$= 2,38 \cdot 59,49/281,09 = 0,504$$
$$\beta = 0,35 + f_{ck}/200 - \lambda/150 \geq 0$$
$$\rightarrow \beta = 0,35 + 30/200 - 55,8/150 = \underline{0,128}$$
$$K_\varphi = 1 + \beta \cdot \varphi_{eff} = 1 + 0,128 \cdot 0,504 = 1,0645$$

Lastausmitte e_2 nach Theorie II. Ordnung:

$$e_2 = k_1 \cdot l_0^2 \cdot \frac{1}{r} \cdot \frac{1}{10}$$
$$K_1 = 1; \quad K_2 = 1;$$
$$\frac{1}{r_0} = \frac{2 \cdot \varepsilon_{yd}}{0,9d} = \frac{2 \cdot 2,175 \cdot 10^{-3}}{0,9 \cdot 0,405} = 0,01193$$
$$\frac{1}{r} = 1,0 \cdot 1,0645 \cdot 0,01193 = 0,0127$$
$$\rightarrow e_2 = 1,0 \cdot 7,26^2 \cdot 0,0127/10 = 0,067 \, \text{m}$$

Geschätzter Bewehrungsgehalt $\sim 1\,\%$, d. h. $45^2 \cdot 0,01 = 20 \, \text{cm}^2$

$$N_{ud} \cong -(17 \cdot 0,45^2 + 435 \cdot 20 \cdot 10^{-4}) = -4,31 \, \text{MN},$$
$$N_{bal} \cong -0,4 \cdot (17 \cdot 0,45^2) = -1,377 \, \text{MN}$$

d. h.

$$K_r = (-4,31 + 1,050)/(-4,31 + 1,377) = 1,11 > 1,0.$$

Im Fall $|N_{bal}| \geq |N_{Ed}|$ kann demnach generell mit $K_r = 1,0$ gerechnet werden. Sollte $|N_{bal}| < |N_{Ed}|$ sein, so ist im Sinne einer wirtschaftlichen Bemessung ein iteratives Vorgehen zur Ermittlung von K_r sinnvoll. Hierzu wird in einem ersten Schritt der Bewehrungsgehalt des Querschnitts zur genauen Bestimmung von K_r geschätzt (siehe oben). Sollte das endgültige Bemessungsergebnis von diesem Schätzwert abweichen, so kann durch schrittweise bessere Schätzungen eine Übereinstimmung zwischen Schätzwert und endgültigem Bemessungsergebnis erreicht werden. Die Annahme $K_r = 1,0$ liegt immer auf der sicheren Seite.

Die eigentliche Bemessung erfolgt nun mit Hilfe der Bemessungstabellen (BT) des Abschn. 8.10 für symmetrisch bewehrte Querschnitte ($d_1/d = 4,5/45 = 0,1 \rightarrow$ BT 2b):

LK 1:

$$e_{tot} = e_0 = e_1 + e_2$$
$$= 0,193 + 0,0182 + 0,067 = 0,2782$$
$$N_{Ed} = -1050 \, \text{kN};$$
$$M_{Ed} = N_{Ed} \cdot e_{tot} = 1050 \cdot 0,2782 = 292,11 \, \text{kN m}$$
$$\nu_{Ed} = \frac{N_{Ed}}{b \cdot h \cdot f_{cd}} = \frac{-1,050}{0,45^2 \cdot 17} = -0,305;$$
$$\mu_{Ed} = \frac{M_{Ed}}{b \cdot h^2 \cdot f_{cd}} = \frac{0,292}{0,45^3 \cdot 17} = 0,189$$

Ablesen aus BT 2b: → $\omega_{tot} = 0,21$

LK 2:

$$e_{tot} = e_0 = e_1 + e_2$$
$$= 0,282 + 0,0182 + 0,067 = 0,3672$$
$$N_{Ed} = -937,5 \, \text{kN};$$
$$M_{Ed} = N_{Ed} \cdot e_{tot} = 937,5 \cdot 0,3672 = 344,25 \, \text{kN m}$$
$$\nu_{Ed} = \frac{N_{Ed}}{b \cdot h \cdot f_{cd}} = \frac{-0,9375}{0,45^2 \cdot 17} = -0,272;$$
$$\mu_{Ed} = \frac{M_{Ed}}{b \cdot h^2 \cdot f_{cd}} = \frac{0,344}{0,45^3 \cdot 17} = 0,222$$

Ablesen aus BT 2b: → $\omega_{tot} = 0,31$

LK 3:

$$e_{tot} = e_0 + e_1 + e_2$$
$$= 0,449 + 0,0182 + 0,067 = 0,5342$$
$$N_{Ed} = -500 \, \text{kN};$$
$$M_{Ed} = N_{Ed} \cdot e_{tot} = 500 \cdot 0,5342 = 267,10 \, \text{kN m}$$
$$\nu_{Ed} = \frac{N_{Ed}}{b \cdot h \cdot f_{cd}} = \frac{-0,500}{0,45^2 \cdot 17} = -0,145;$$
$$\mu_{Ed} = \frac{M_{Ed}}{b \cdot h^2 \, f_{cd}} = \frac{0,267,10}{0,45^2 \cdot 17} = 0,172$$

Ablesen aus BT 2b: $\rightarrow \omega_{\text{tot}} = 0{,}275$

Damit wird LK 2 für die Bemessung maßgebend. Die erforderliche Stützbewehrung beträgt:

$$_{\text{erf}} A_{\text{s,tot}} = \omega \cdot A_{\text{c}}/(f_{\text{yd}}/f_{\text{cd}})$$
$$= 0{,}31 \cdot 45^2/(435/17) = 24{,}53\,\text{cm}^2$$

gewählt: je Seite $4\varnothing_{\text{s}} = 20\,\text{mm} = 8\varnothing 20\,(25{,}12\,\text{cm}^2)$. ◄

8.6.6.3 Druckglieder mit zweiachsiger Lastausmitte

Allgemein können diese Druckglieder nach dem allgemeinen Verfahren bemessen werden. In bestimmten Fällen sind aber für Rechteckquerschnitte getrennte Nachweise (ohne Beachtung der zweiachsigen Ausmitte und unter Ansatz der gesamten Querschnittsbewehrung) nach Abschn. 8.6.6.2 in jeder Achsrichtung y und z möglich. Dazu ist zu prüfen, ob einerseits die bezogenen Ausmitten e_{0y}/b und e_{0z}/h eine der beiden folgenden Bedingungen in (8.109) erfüllen (entspricht einem Lastangriffspunkt im dunkleren Bereich der Abb. 8.83):

$$\frac{e_{0z}/h}{e_{0y}/b} \le 0{,}2 \quad \text{oder} \quad \frac{e_{0y}/b}{e_{0z}/h} \le 0{,}2 \qquad (8.109)$$

und andererseits für die Schlankheitsverhältnisse (8.110) erfüllt ist:

$$\frac{\lambda_{\text{y}}}{\lambda_{\text{z}}} \le 2 \quad \text{und} \quad \frac{\lambda_{\text{z}}}{\lambda_{\text{y}}} \le 2 \qquad (8.110)$$

e_{0i}, λ_i sind die Lastausmitten nach Theorie I. Ordnung bzw. die Schlankheiten bezogen auf die entsprechenden Achsen $i = y$ bzw. z. Bei vom Rechteck abweichenden Querschnittsformen dürfen ebenfalls getrennte Nachweise geführt werden, wenn in (8.109) die Größen h und b mit den Werten eines äquivalenten Rechteckquerschnitts mit $b_{\text{eq}} = i_{\text{y}} \cdot \sqrt{12}$

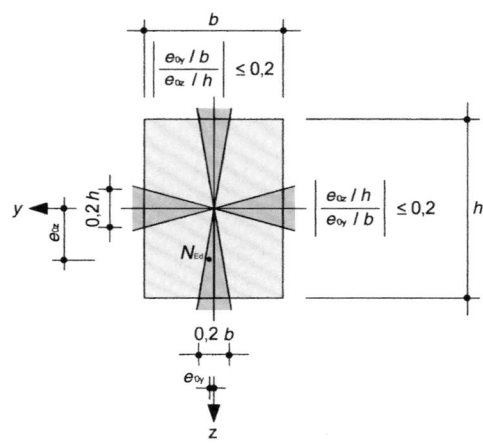

Abb. 8.83 Voraussetzung für getrennten Nachweis

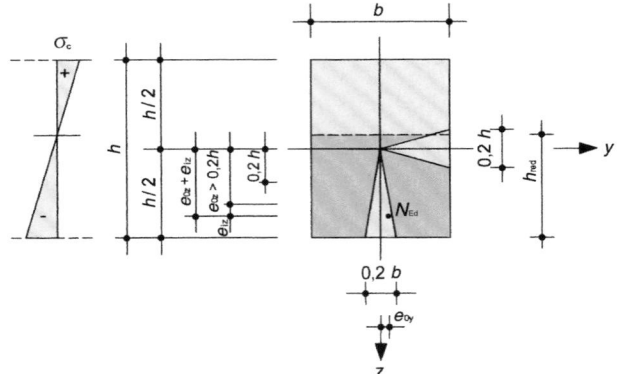

Abb. 8.84 Bedingungen für getrennte Nachweise in Richtung der beiden Hauptachsen

und $h_{\text{eq}} = i_{\text{z}} \cdot \sqrt{12}$ und ersetzt werden. $i_{\text{y}}, i_{\text{z}}$ sind die entsprechenden Trägheitsradien des Querschnitts.

Bei Rechteckquerschnitten mit $e_{0z}/h > 0{,}2$ ist ein getrennter Nachweis nur dann erlaubt, wenn für den Nachweis um die schwächere Hauptachse z nach Abb. 8.84 die Dicke h auf h_{red} abgemindert wird. Dabei wird h_{red} auf Grundlage einer linearen Spannungsverteilung nach folgender Formel ermittelt.

$$h_{\text{red}} = \frac{h}{2} + \frac{h^2}{12(e_{0z} + e_{\text{iz}})} \le h \qquad (8.111)$$

e_{iz} ungewollte Ausmitte e_{i} in z-Richtung.

Können die Regeln für einen getrennten Richtungsnachweis nicht erfüllt werden, kann alternativ zum allgemeinen Nachweis der Stütze mit zweiachsiger Lastausmitte (i. Allg. per EDV) auch der folgende vereinfachte Nachweis verwendet werden:

$$\left(\frac{M_{\text{Edz}}}{M_{\text{Rdz}}}\right)^a + \left(\frac{M_{\text{Edy}}}{M_{\text{Rdy}}}\right)^a \le 1{,}0 \qquad (8.112)$$

Dabei ist:

$M_{\text{Edz/y}}$ das Bemessungsmoment um die z- bzw. y-Achse nach Theorie II. Ordnung

$M_{\text{Rdz/y}}$ der Biegewiderstand des Querschnitts um die z- bzw. y-Achse

a Exponent
- für runde und elliptische Querschnitte $a = 2$
- für rechteckige Querschnitte

$N_{\text{Ed}}/N_{\text{Rd}}$	0,1	0,7	1,0
$a =$	1,0	1,5	2,0

Zwischenwerte interpolieren.

mit N_{Ed} als Bemessungswert der Normalkraft und $N_{\text{Rd}} = A_{\text{c}} \cdot f_{\text{cd}} + A_{\text{s}} \cdot f_{\text{yd}}$.

Tafel 8.44 Knicklängenbeiwert für verschiedene Lagerungsbedingungen

Lagerungsbedingungen	Zeichnung	Gleichung	Faktor β	
Zweiseitig gehalten			$\beta = 1{,}0$ für alle Verhältnisse von l_w/b	
Dreiseitig gehalten		$\beta = \dfrac{1}{1 + \left(\frac{l_w}{3b}\right)^2}$	b/l_w 0,2 0,4 0,6 0,8 1,0 1,5 2,0 5,0	β 0,26 0,59 0,76 0,85 0,90 0,95 0,97 1,00
Vierseitig gehalten		Wenn $b \geq l_w$ $\beta = \dfrac{1}{1 + \left(\frac{l_w}{b}\right)^2}$ Wenn $b < l_w$ $\beta = \dfrac{1}{2 \cdot \left(\frac{l_w}{b}\right)}$	b/l_w 0,2 0,4 0,6 0,8 1,0 1,5 2,0 5,0	β 0,10 0,20 0,30 0,40 0,50 0,69 0,80 0,96

Ⓐ Deckenplatten Ⓑ Freier Rand Ⓒ Querwand.

8.6.6.4 Kippen von schlanken Trägern

Auf einen genauen Nachweis des seitlichen Ausweichens schlanker Träger nach Theorie II. Ordnung darf verzichtet werden, wenn folgende Bedingungen eingehalten werden:

- ständige Bemessungssituation:

$$b \geq \sqrt[4]{\left(\frac{l_{0t}}{50}\right)^3 \cdot h} \quad \text{und} \quad b \geq h/2{,}5 \qquad (8.113)$$

- vorübergehende Bemessungssituation:

$$b \geq \sqrt[4]{\left(\frac{l_{0t}}{70}\right)^3 \cdot h} \quad \text{und} \quad b \geq h/3{,}5 \qquad (8.114)$$

mit:

l_{0t} Länge des Druckgurtes zwischen seitlichen Abstützungen

b Breite des Druckgurtes

h Gesamthöhe des Trägers im mittleren Bereich von l_{0t}.

Die mit (8.113) und (8.114) angegebenen Näherungslösungen sollen nach [11] nur bis Trägerspannweiten $l_0 \leq 30$ m angewendet werden. Die Auflagerkonstruktion ist so zu bemessen, dass mindestens ein Torsionsmoment von $T_{Ed} = V_{Ed} \cdot l_{eff}/300$ aufgenommen werden kann. V_{Ed} entspricht dem Bemessungswert der Querkraft im Auflager senkrecht zur Trägerachse, l_{eff} der effektiven Stützweite.

Falls die Nachweise nach (8.113) bzw. (8.114) nicht geführt werden können, ist im Allg. ein genauer Nachweis (mit EDV-Unterstützung) nach Theorie II. Ordnung unter Ansatz einer Imperfektion von $1/300$ der Gesamtträgerlänge zu führen. Die Auflagergabel ist dann entsprechend nachzuweisen. Weitere Hinweise finden sich in (K. Zilch, BK 2004 [15]).

8.6.6.5 Druckglieder aus unbewehrtem Beton

Die Schlankheit von unbewehrten Stützen und Wänden ist $\lambda = l_0/i$ (Erklärungen s. Abschn. 8.6.6.2). Die Knicklänge $l_0 = \beta \cdot l_{col} = \beta \cdot l_w$ mit $l_w = $ lichte Höhe des Bauteils wird dabei in Abhängigkeit folgender Definitionen für β bestimmt:

- allgemein $\beta = 1{,}0$ für Stützen (allgemein)
- für Kragstützen oder Wände $\beta = 2{,}0$
- anders gelagerte Wände gemäß Tafel 8.44 bzw. Abb. 8.85

Anwendungshinweise zu Tafel 8.44

- für zweiseitig gehaltene Wände, die am Kopf- und Fußende biegesteif angeschlossen sind, dürfen die Tafelwerte für β mit dem Faktor 0,85 abgemindert werden.
- Höhe von Wandöffnungen $< \frac{1}{3}l_w$ oder Öffnungsfläche $< \frac{1}{10}$ der Wandfläche. Ansonsten sind idealisierend abschnittsweise 2-seitig gehaltene Wände zu betrachten.

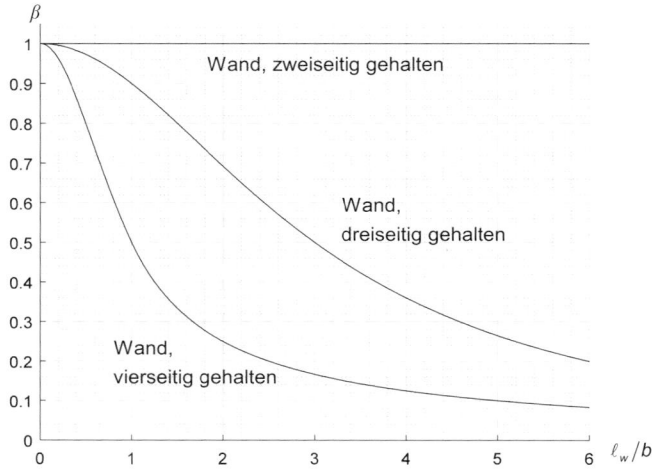

Abb. 8.85 Knicklängenbeiwert β nach Tafel 8.44

- Die Werte β sind angemessen zu vergrößern, wenn die Querbiegeträgfähigkeit der Wände durch Schlitze oder Aussparungen beeinträchtigt wird.
- Querwände können als aussteifend gelten, wenn:
  - ihre Gesamtdicke den Wert $0,5 \cdot h_w$ nicht unterschreitet (h_w = Dicke der auszusteifenden Wand)
  - sie die gleiche Höhe l_w besitzen wie die auszusteifende Wand
  - ihre Länge l_{ht} mindestens $l_w/5$ der lichten Höhe der auszusteifenden Wand beträgt
  - innerhalb der Lange l_{ht} der Querwand keine Öffnungen vorhanden sind.

Grenzen für die Schlankheit λ Unbewehrte Druckglieder (Stützen oder Wände) sind unabhängig vom Schlankheitsgrad λ als schlank anzusehen. In Abhängigkeit von λ gelten zudem folgende Nachweisregeln:

- für $l_0/h < 2,5$ ($\hat{=} \lambda \leq 8,6$ bei Rechteckquerschnitten) kann auf eine Schnittgrößenermittlung nach Theorie II. Ordnung verzichtet werden
- generell gilt: $l_0/h \leq 25$ bzw. $\lambda \leq 86$ = maximal zulässige Schlankheit.

Vereinfachtes Nachweisverfahren für unbewehrte Stützen und Wände Die im GZT aufnehmbare Längsdruckkraft unbewehrter Wände und Stützen in unverschieblich ausgesteiften Tragwerken beträgt:

$$N_{Rd} = b \cdot h_w \cdot f_{cd,pl} \cdot \Phi \qquad (8.115)$$

Dabei ist
N_{Rd} Bemessungswert der aufnehmbaren Normalkraft

$f_{cd,pl}$ Bemessungswert der Betondruckfestigkeit für unbewehrten Beton

$$f_{cd,pl} = \alpha_{cc,pl} \cdot f_{ck}/\gamma_C \quad \text{mit} \quad \alpha_{cc,pl} = 0,7$$

h_w Gesamtdicke des Querschnitts
b Gesamtbreite des Querschnitts
Φ Beiwert zur Berücksichtigung der Auswirkungen nach Theorie II. Ordnung mit (siehe Abb. 8.86)

$$\Phi = 1,14 \cdot (1 - 2e_{tot}/h_w) - 0,02 l_0/h \quad \text{und}$$
$$0 \leq \Phi \leq 1 - 2 \cdot e_{tot}/h_w.$$

e_{tot} Gesamtausmitte mit $e_{tot} = e_0 + e_i + e_\varphi$
  e_0 Lastausmitte nach Theorie I. Ordnung, ggf. unter Berücksichtigung der Biegemomente aus Einspannungen in benachbarte Bauteile sowie aus Windwirkungen
  e_i die ungewollte zusätzliche Lastausmitte infolge geometrischer Imperfektionen, vereinfachend mit $e_i = l_0/400$.
  e_φ Exzentrizität infolge von Kriechen (e_φ darf im Allgemeinen vernachlässigt werden).

Zur Sicherstellung eines ausreichend duktilen Bauteilverhaltens gilt für stabförmige, unbewehrte Bauteile mit Rechteckquerschnitt zudem: $e_{tot}/h_w < 0,4$.

Hinweis Der Bundesverband der Deutschen Transportbetonindustrie e.V. hat eine Typenstatik mit hilfreichen Bemessungsdiagrammen für unbewehrte Kellerwände im Wohnungsbau unter www.beton.org veröffentlicht.

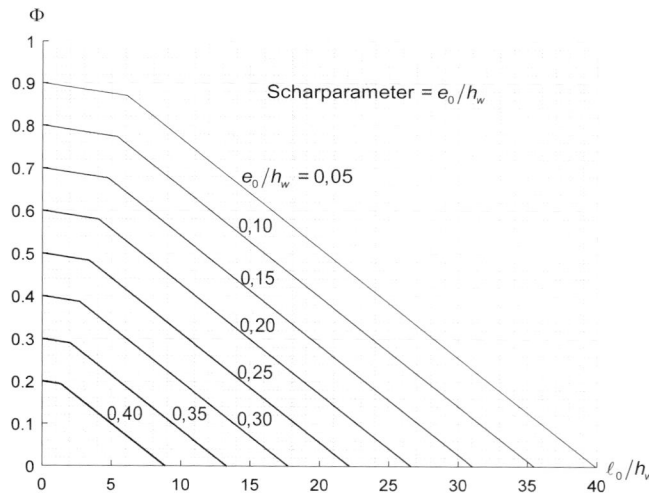

Abb. 8.86 Abminderungsbeiwert Φ für (8.115) (Theorie II. Ordnung ist in der Auswertung bereits mit $l_0/400$ erfasst)

Beispiel 8.23

unbewehrte Kragstütze, $b/h = 40/40$ cm mit exzentrischer Belastung. Die Stütze ist senkrecht zur Zeichenebene gehalten.

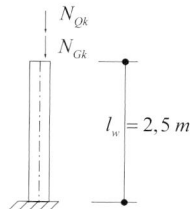

Baustoffe: Beton C20/25
Belastung: $N_{Gk} = 110$ kN
               $N_{Qk} = 80$ kN
Exzentrizität: $e_0 = 10$ cm
Einwirkende Schnittgrößen

$$N_{Ed} = 1,35 \cdot 110 + 1,5 \cdot 80 = 268,50 \text{ kN}$$
$$M_{Ed} = 0,1 \cdot 268,50 = 26,85 \text{ kNm}$$

Knicklänge und Schlankheit

$$\beta = 2,0, \quad l_0 = 2,0 \cdot 2,5 = 5,0 \text{ m},$$
$$i = 0,289 \cdot 0,40 = 0,1156$$
$$\lambda = l_0 / i = 5/0,1156 = 43,25 \leq 86 = \lambda_{max}$$

→ Theorie II. Ordnung muss berücksichtigt werden
   Aufnehmbare Längsdruckkraft

$$N_{Rd} = b \cdot h_w \cdot f_{cd,pl} \cdot \Phi \quad \text{(siehe (8.115))}$$
$$f_{cd,pl} = 0,7 \cdot 20/1,5 = 9,33 \text{ N/mm}^2$$
$$e_{tot} = e_0 + e_i + e_\varphi$$
$$= 0,10 + 5/400 + 0 = 0,1125 \text{ m}$$
$$e_{tot}/h_w = 0,1125/0,40 = 0,281,$$
$$l_0/h_w = 5,00/0,40 = 12,50 \xrightarrow{(8.115)} \Phi = 0,249$$

Alternativ mit Ablesung aus Abb. 8.86

$$e_0/h_w = 0,10/0,40 = 0,25,$$
$$l_0/h_w = 12,50 \xrightarrow{\text{Abb. 8.86}} \Phi \approx 0,25$$
$$N_{Rd} = 0,4 \cdot 0,4 \cdot 9,33 \cdot 0,25 = 0,373 \text{ MN}$$

Nachweis der Tragfähigkeit

$$N_{Ed} = 268,50 \text{ kN} \leq N_{Rd} = 373 \text{ kN} \quad \blacktriangleleft$$

8.6.6.6   Ermüdungsnachweise

Tragende Stahl- und Spannbetonbauteile, die beträchtlichen und häufig auftretenden Spannungsänderungen unterworfen sind, haben eine begrenzte Lebensdauer. Sie müssen daher gegen Materialermüdung nachgewiesen werden. Der Ermüdungsnachweis für Betonbauteile entspricht einem Betriebsfestigkeitsnachweis, wobei Bauteile zu betrachten sind, bei denen der Anteil der nicht vorwiegend ruhenden Belastung nicht vernachlässigt werden kann. Dies betrifft insbesondere z. B. Türme, Kranbahnen, Brückenbauwerke oder Industrieanlagen mit dynamisch wirkenden Maschinen. Im allgemeinen Hochbau treten derartige Ermüdungsbeanspruchungen eher selten auf, daher sind Ermüdungsnachweise hier nicht zu führen.

Im Rahmen dieser bautechnischen Zahlentafeln werden daher nur die Grundzüge des Nachweises zusammengefasst und die Formeln für ein vereinfachtes Verfahren (Stufe 1, siehe Abb. 8.87) wiedergegeben. Im Übrigen wird auf die Regelungen des EC 2-1-1, 6.8 verwiesen.

Ermüdungsnachweise sind Tragfähigkeitsnachweise (GZT), allerdings auf Gebrauchslastniveau. Spannungen sind auf der Grundlage gerissener Querschnitte ($f_{ct} = 0$) zu bestimmen. Das unterschiedliche Verbundverhalten von Betonstahl und Spannstahl kann dabei über den Faktor η erfasst werden.

$$\eta = \frac{A_s + A_p}{A_s + A_p \cdot \sqrt{\xi \cdot (\varnothing_s / \varnothing_p)}} \tag{8.116}$$

Dabei ist
ξ Verhältnis der Verbundfestigkeit nach Tafel 8.49
$\varnothing_s$ Betonstahldurchmesser
$\varnothing_p$ äquivalenter Spannstahldurchmesser, wobei
      $\varnothing_p = 1,6 \cdot \sqrt{Ap}$ für Bündelspannglieder,
      $\varnothing_p = 1,75 \cdot \varnothing_{wire}$ für Einzellitzen mit 7 Drähten,
      $\varnothing_p = 1,2 \cdot \varnothing_{wire}$ für Einzellitzen mit 3 Drähten,
      $\varnothing_{wire}$ = Drahtdurchmesser.
Bei der Bemessung für Querkraft darf die Druckstrebenneigung θ wie mit Hilfe eines Stabwerksmodells oder mit (8.117) bestimmt werden:

$$\tan \theta_{fat} = \sqrt{\tan \theta} \leq 1 \tag{8.117}$$

wobei θ der Druckstrebenneigung aus der Bemessung im GZT entspricht. Für $\theta > 45°$ sollte $\theta_{fat} = \theta$ angesetzt werden.

Als Einwirkungskombination ist die jeweils ungünstigste Grundkombination (ständige und nichtzyklische veränderliche Einwirkungen) mit den zyklischen Einwirkungen Q_{fat}

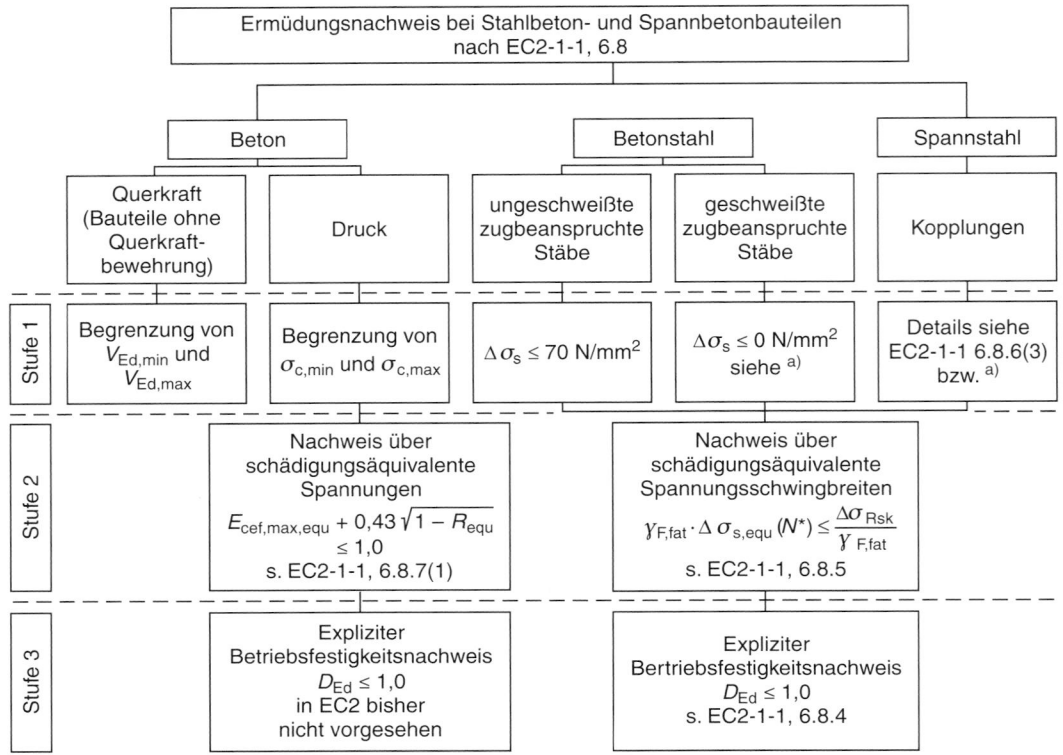

Abb. 8.87 Grundsätzliche Nachweisstufen für den Ermüdungsnachweis [16]

wie folgt zu überlagern:

$$E_{d,frequ} = E\left\{\sum_{j\geq 1} G_{k,j} \oplus P_k \oplus \psi_{1,1} \cdot Q_{k,1}\right.$$
$$\left.\oplus \sum_{i>1} \psi_{2,1} \cdot Q_{k,i} \oplus Q_{fat}\right\}$$

$Q_{k,1}$, $Q_{k,i}$ sind dabei nichtzyklische veränderliche Einwirkungen, Q_{fat} ist die maßgebende Ermüdungsbelastung. In der Grundkombination sind ggf. auch ungünstige Auswirkungen einer wahrscheinlichen Stützensenkung sowie Temperatureinwirkung zu erfassen.

Beim **vereinfachten Ermüdungsnachweis (Stufe 1)** ist für den Stahl eine maximale Spannungsschwingbreite $\Delta\sigma_{c,frequ} \leq 70\,\mathrm{N/mm^2}$ einzuhalten, für den Beton sind zulässige Ober- und Unterspannungen nachzuweisen. Abb. 8.87 ist zu entnehmen, dass bei geschweißten Bewehrungsstäben unter Zugbeanspruchungen immer ein Nachweis nach Stufe 2 oder 3 zu führen ist.

Für die **Betondruckbeanspruchungen** $\sigma_{c,min}$ und $\sigma_{c,max}$ gilt in Stufe 1:

$$\frac{\sigma_{c,max}}{f_{cd,fat}} \leq 0,5 + 0,45 \cdot \frac{\sigma_{c,min}}{f_{cd,fat}}$$
$$\leq \begin{cases} 0,9 & \text{für } f_{ck} \leq 50\,\mathrm{N/mm^2} \\ 0,8 & \text{für } f_{ck} > 50\,\mathrm{N/mm^2} \end{cases} \quad (8.118)$$

$\sigma_{c,max}$ maximale Betondruckspannung in der häufigen Kombination (als Druckspannung positiv)

$\sigma_{c,min}$ minimale Betondruckspannung, am selben Ort wie $\sigma_{c,max}$. Ist $\sigma_{c,min}$ hier eine Zugspannung, so gilt: $\sigma_{c,min} = 0$

$f_{cd,fat}$ Bemessungswert der Ermüdungsfestigkeit von Beton

$$f_{cd,fat} = \beta_{cc}(t_0) \cdot f_{cd} \cdot (1 - f_{ck}/250)$$

(f_{cd} bzw. f_{ck} in $\mathrm{N/mm^2}$)

$\beta_{cc}(t_0)$ Beiwert für die Nacherhärtung,

$$\beta_{cc}(t_0) = e^{[s \cdot (1 - \sqrt{28/t_0})]}$$

t_0 Betonalter in Tagen bei Beginn der zyklischen Belastung

s Beiwert für den Zement

$s = 0{,}20$ für Zementklasse R

$s = 0{,}25$ für Zementklasse N

$s = 0{,}38$ für Zementklasse S.

Für die **Druckstreben von querkraftbeanspruchten Bauteilen mit Querkraftbewehrung** darf (8.118) ebenfalls verwendet werden. Dabei darf der Bemessungswert der Ermüdungsfestigkeit mit dem Faktor $\nu_1 = 0{,}75 \cdot (1{,}1 - f_{ck}/500) \leq 0{,}75$ reduziert werden.

Für die **Druckstreben von querkraftbeanspruchten Bauteilen ohne Querkraftbewehrung** gilt:

mit $V_{Ed,min}/V_{Ed,max} \geq 0$:

$$\left| \frac{V_{Ed,max}}{V_{Rd,c}} \right| \leq 0{,}5 + 0{,}45 \cdot \left| \frac{V_{Ed,min}}{V_{Rd,c}} \right|$$

$$\leq \begin{cases} 0{,}9 & \text{für } f_{ck} \leq 50\,\text{N/mm}^2 \\ 0{,}8 & \text{für } f_{ck} > 50\,\text{N/mm}^2 \end{cases} \quad (8.119)$$

mit $V_{Ed,min}/V_{Ed,max} < 0$:

$$\left| \frac{V_{Ed,max}}{V_{Rd,c}} \right| \leq 0{,}5 - \left| \frac{V_{Ed,min}}{V_{Rd,c}} \right| \quad (8.120)$$

Dabei ist:

$V_{Ed,max}$ maximale Querkraft in der häufigen Kombination

$V_{Ed,min}$ minimale Querkraft in der häufigen Kombination im Querschnitt von $V_{Ed,max}$

$V_{Rd,c}$ Bemessungswert der aufnehmbaren Querkraft nach (8.66).

8.6.7 Unbewehrter oder gering bewehrter Beton

Beton ohne eine Bewehrung oder Beton mit einer geringeren Bewehrung als die erforderliche Mindestbewehrung nach Abschn. 8.8 wird als unbewehrter Beton behandelt. Auch für die Bewehrung in diesem „unbewehrten Beton" sind die erforderlichen Betondeckungen einzuhalten!

Die Bemessung erfolgt auf der Grundlage der in Abschn. 8.3.1 angegebenen Betonfestigkeitsklassen für lineare Dehnungsverteilungen. Im EC 2 gilt ein einheitlicher Teilsicherheitsbeiwert für alle Betonfestigkeitsklassen mit $\gamma_C = 1{,}5$. Allerdings wird die Betondruckfestigkeit für unbewehrten Beton über den Faktor $\alpha_{cc} = \alpha_{cc,pl} = 0{,}7$ zur Berücksichtigung der geringeren Umlagerungsfähigkeit im Querschnitt mit $f_{cd,pl} = \alpha_{cc,pl} \cdot f_{ck}/\gamma_C$ abgemindert. Der Bemessungswert der Betonzugfestigkeit wird ebenfalls entsprechend mit $\alpha_{ct} = \alpha_{ct,plain} = 0{,}7$ reduziert, d. h. $f_{ctd,pl} = \alpha_{ct,pl} \cdot f_{ctk;0,05}/\gamma_C$. Schnittgrößen sollten im Allgemeinen nur linear und ohne Umlagerungen ermittelt werden. Bei Biegung mit Längskraft darf keine höhere Festigkeit als C35/45 bzw. LC20/22 angesetzt werden. Die Festigkeitswerte sind in Tafel 8.45 zusammengestellt.

8.6.7.1 Nachweise für Biegung und Längskraft

Es gelten die folgenden Grundlagen:

- Betonzugfestigkeit wird nicht angesetzt
- Spannungs-Dehnungs-Linien nach Abschn. 8.3.1.2, Abb. 8.2 und 8.3.

Die aufnehmbare Normalkraft eines Rechteckquerschnitts mit einachsiger Lastausmitte e ist:

$$N_{Rd} = f_{cd,pl} \cdot b \cdot h_w \cdot (1 - 2e/h_w) \quad (8.121)$$

Dabei ist

b die Gesamtbreite des Querschnitts (siehe Abb. 8.88)

h_w die Gesamtdicke des Querschnitts (siehe Abb. 8.88)

e die Lastausmitte von N_{Ed} in Richtung von h_w.

Für stabförmige unbewehrte Bauteile mit Rechteckquerschnitt wird gefordert, dass im GZT die Ausmitte der Längskraft auf $e_d/h < 0{,}4$ begrenzt wird. Dabei ist $e_d = e_{tot}$ gemäß Abschn. 8.6.6.2.1, d. h. zusätzlich zur Ausmitte e_0 ist die ungewollte Ausmitte e_i und e_2 zu berücksichtigen. In diesem Zusammenhang wird auf das vereinfachte Verfahren für Einzeldruckglieder und Wände nach Abschn. 8.6.6.5 verwiesen.

Für Nachweise bei Querkraftbeanspruchung und Torsion wird auf den Normentext in [1] und [2] verwiesen. Dabei ist zunächst nachzuweisen, dass die Betonzugfestigkeit nicht infolge Rissbildung ausfällt.

Tafel 8.45 Festigkeitswerte von unbewehrtem Beton

Kenngröße	Festigkeitsklassen					
	C12/15	C16/20	C/20/25	C25/30	C30/37	$\geq$ C35/456
f_{ck} [N/mm^2]	12	16	20	25	30	35
$\alpha_{cc,pl}$	0,70	0,70	0,70	0,70	0,70	0,70
γ_C	1,5	1,5	1,5	1,5	1,5	1,5
$f_{cd,pl}$ [N/mm^2]	5,6	7,5	9,3	11,7	14	16,3
$f_{ctd,pl}$ [N/mm^2]	0,77	0,93	1,08	1,26	1,42	1,57

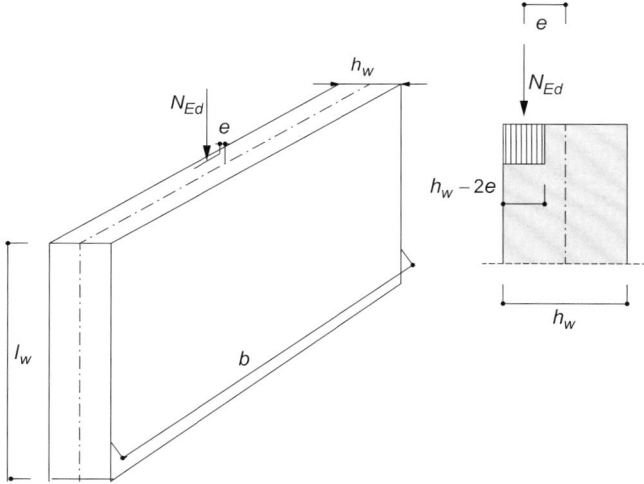

Abb. 8.88 Bezeichnungen bei unbewehrten Wänden

8.7 Bemessung im Grenzzustand der Gebrauchstauglichkeit

Die Dauerhaftigkeit und Gebrauchstauglichkeit von Stahlbeton- und Spannbetonbauteilen wird durch Einhaltung von Spannungs- und Verformungsgrenzen sowie zulässigen Rissbreiten im Gebrauchszustand sichergestellt. Die zugehörigen Schnittgrößenermittlungen erfolgen im Allgemeinen linear-elastisch.

8.7.1 Begrenzung der Spannungen

Betondruckspannungen sind zur Vermeidung übermäßiger Schädigungen des Betongefüges, Beton- und Spannstahlspannungen zur Vermeidung nichtelastischer Verformungen wie folgt zu begrenzen (Tafel 8.46).

Oben genannte Begrenzungen der Spannungen können für nicht vorgespannte Tragwerke als eingehalten gelten, wenn folgende Bedingungen erfüllt sind:
a) Bemessung für den Grenzzustand der Tragfähigkeit nach Abschn. 8.6.
b) Mindestbewehrung nach Abschn. 8.9.1.1
c) Bauliche Durchbildung nach Abschn. 8.9
d) Schnittgrößen im Grenzzustand der Tragfähigkeit sind um nicht mehr als 15 % umgelagert.

8.7.1.1 Spannungsermittlung für bewehrte Querschnitte

Im **Zustand I** (ungerissene Querschnitte) werden die Spannungen in üblicher Weise mit den idellen Querschnittswerten A_i und I_i des Querschnitts bestimmt:

Betonspannung:

$$\sigma_c = \frac{N}{A_i} + \frac{M}{I_i} \cdot z \qquad (8.122)$$

Stahlspannung:

$$\sigma_s = \alpha_e \cdot \left(\frac{N}{A_i} + \frac{M}{I_i} \cdot z \right) \qquad (8.123)$$

Tafel 8.46 Spannungsgrenzwerte im GZG

Nachweis	Lastsituation	Erläuterung	Grenzwert
Betonspannung[a] σ_c	Seltene Kombination (rare)	gilt in den Expositionsklassen XD, XF und XS sofern keine besonderen Maßnahmen in der Betondruckzone wie Betondeckungserhöhung oder Umschnürungsbewehrung	$\sigma_{c,\text{rare}} \leq 0{,}60 f_{ck}$
	Quasi-ständige Kombination (perm)	Wird dieser Grenzwert überschritten, ist nichtlineares Kriechen zu berücksichtigen (siehe (8.18))	$\sigma_{c,\text{rare}} \leq 0{,}45 f_{ck}$
	Vorgespannte Bauteile je nach Anforderungsklasse bzw. Expositionsklasse	Zur Gewährleistung der Dauerhaftigkeit	Dekompressionsnachweis
	Vorgespannte Bauteile bei der Spannkraftübertragung	Allgemein	$\sigma_c \leq 0{,}60 f_{ck}(t)$ [b]
		Vorspannung mit sofortigem Verbund	$\sigma_c \leq 0{,}70 f_{ck}(t)$ [c]
Betonstahlspannungen σ_s	Seltene Kombination (rare)	Allgemein	$\sigma_{s,\text{rare}} \leq 1{,}0 f_{yk}$
		Zugspannungen aus Zwang	$\sigma_{s,\text{rare}} \leq 0{,}8 f_{yk}$
Spannstahlspannungen σ_p	Quasi-ständige Kombination (perm)	Nach Abzug aller Spannkraftverluste mit dem Mittelwert P_{mt} der Vorspannung	$\sigma_{p,\text{perm}} \leq 0{,}65 f_{pk}$
	Seltene Kombination (rare)	Nach dem Lösen der Verankerung bzw. dem Absetzen der Pressenkraft mit dem Mittelwert P_{mt} der Vorspannung	$\sigma_{p,\text{rare}} \leq \begin{cases} 0{,}80 f_{pk} \\ 0{,}90 f_{p0.1k} \end{cases}$

[a] Im Bereich von Verankerungen und Auflagern darf auf die Nachweise der Betondruckspannungen verzichtet werden sofern die Allgemeinen Bewehrungsregeln eingehalten werden. Lasteinleitungen (z. B. im Spannbetonbau) sind aber selbstverständlich nachzuweisen.
[b] $f_{ck}(t)$ ist die Druckfestigkeit des Betons zum Zeitpunkt der Spannkraftübertragung.
[c] Zur Vermeidung von Längsrissen muss $f_{ck}(t)$ durch die Erfahrung des Herstellers belegt werden (siehe DAfStb, Heft 600) [11].

Bei der Spannungsermittlung von Betonquerschnitten sollte von einem gerissenen Querschnitt (**Zustand II**) ausgegangen werden, falls unter der seltenen Lastkombination am gezogenen Querschnittsrand die Betonzugfestigkeit $f_{ct,eff}$ überschritten wird. Der Wert von $f_{ct,eff}$ darf mit der zentrischen Zugfestigkeit f_{ctm} nach Tafel 8.2 oder der Biegezugfestigkeit $f_{ctm,fl}$ nach (8.16) angenommen werden, wenn die Mindestbewehrung nach Abschn. 8.9.1.1 ebenfalls jeweils mit der entsprechenden Zugfestigkeit bestimmt wird. Die Spannungsermittlung für den Zustand II erfolgt dann, unabhängig vom betrachteten Lastfall, unter folgenden Bedingungen:

a) Beton übernimmt keine Zugspannungen.
b) Elastisches Verhalten von Beton auf Druck und elastisches Verhalten von Stahl.
c) Das Verhältnis der E-Module von Stahl zu Beton wird häufig zu $\alpha_e = E_s/E_{cm} = 15$ angenommen.
d) Sollen Kriecheinflüsse berücksichtigt werden, dann ist als Betonelastizitätsmodul der Wert $E_{cm}/(1+\varphi)$ mit der Kriechzahl φ zu nehmen.
e) Die Schnittgrößen sind für die jeweilige Lastkombination zu bestimmen, z. B. seltene oder quasi-ständige Lastkombination.

Näherungsweise kann die Stahlspannung im **Zustand II** in der Zugbewehrung nach Abb. 8.89 mit (8.124) berechnet werden:

Stahlspannung:

$$\sigma_{s1} = \left(\frac{M_s}{z} + N \right) \cdot \frac{1}{A_{s1}} \qquad (8.124)$$

Dabei ist:

M_s Moment bezogen auf die Zugbewehrung

$$M_s = M - N \cdot z_{s1}$$

N als Zugkraft positiv

z innerer Hebelarm aus der Bemessung im GZT, vereinfacht $= 0.9 \cdot d$.

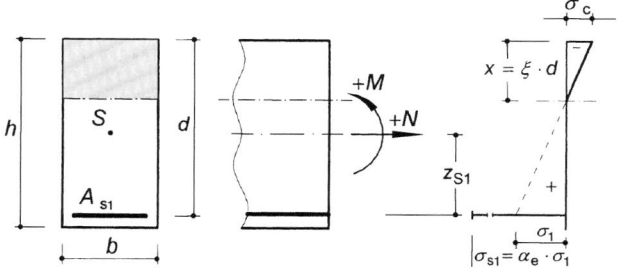

Abb. 8.89 Spannungen im Zustand II im Grenzzustand der Gebrauchstauglichkeit

Die genaue Berechnung der Spannungen bei **reiner Biegung** erfolgt für **Rechteckquerschnitte** mit (8.125) bis (8.128):

Druckzonenhöhe:

$$x = \frac{\alpha_e \cdot A_{S1}}{b} \cdot \left(-1 + \sqrt{1 + \frac{2 \cdot b \cdot d}{\alpha_e \cdot A_{s1}}} \right) \qquad (8.125)$$

innerer Hebelarm:

$$z = d - \frac{x}{3} \qquad (8.126)$$

Betonspannung:

$$\sigma_c = - \frac{2 \cdot M}{b \cdot x \cdot z} \qquad (8.127)$$

Stahlspannung:

$$\sigma_{s1} = \frac{M}{z \cdot A_{s1}} = |\sigma_c| \cdot \alpha_e \cdot \left(\frac{d-x}{x} \right) \qquad (8.128)$$

wobei für $t = 0$:

$$\alpha_e = \frac{E_s}{E_{cm}}$$

bzw. für $t = \infty$:

$$\alpha_e = \frac{E_s}{E_{c,eff}} = \frac{E_s}{[E_{cm}/(1+\varphi_\infty)]}$$

ist.

Bei Rechteckquerschnitten **mit Druckbewehrung und reiner Biegebeanspruchung** ($N = 0$) gilt entsprechend:

$$\sigma_c = - \frac{M}{\frac{b \cdot x}{6} \cdot (3d - x) + \alpha_e \cdot A_{s2} \cdot (d - d_2) \cdot \frac{x - d_2}{x}} \qquad (8.129)$$

$$\sigma_{s1} = |\sigma_c| \cdot \frac{\alpha_e \cdot (d-x)}{x} \qquad (8.130)$$

$$x = \frac{\alpha_e \cdot (A_{s1} + A_{s2})}{b} \qquad (8.131)$$
$$+ \sqrt{\left(\frac{\alpha_e \cdot (A_{s1} + A_{s2})}{b} \right)^2 + \frac{2\alpha_e}{b}(A_{s1} \cdot d + A_{s2} \cdot d_2)}$$

Die genaue Berechnung der Spannungen bei **Biegung mit Längskraft** erfolgt iterativ. Man setzt in die obigen Gleichungen (8.125) bis (8.128) statt der Stahlfläche A_s nur den vom auf die Zugbewehrung bezogenen Moment M_s alleine verursachten Stahlanteil

$$A_{sM} = A_s - \frac{N}{\sigma_{s1}} \qquad (8.132)$$

und statt des Momentes M das auf die Zugbewehrung bezogene Moment $M_s = M - N \cdot z_{s1}$ ein. Da die Stahlspannung σ_{s1} in den Gleichungen zuerst unbekannt ist, wird sie geschätzt, dann mit (8.125), (8.126) und (8.128) berechnet und mit der geschätzten Spannung verglichen. Mit der verbesserten Stahlspannung wird nun solange der Rechengang wiederholt, bis beide Werte genügend genau übereinstimmen.

Beispiel 8.24

Spannungsermittlung bei reiner Biegung

Beton C30/37

$$E_{cm} = 33.000\,\text{N/mm}^2 \quad \text{(siehe Tafel 8.2)};$$

$$\text{Kriechzahl: } \varphi = 1{,}7$$

$$\sigma_{cd} = 17$$

$$\frac{E_{cm}}{1+\varphi} = \frac{33.000}{1+1{,}7} = 12.222\,\text{N/mm}^2$$

Betonstahl B500

$$E_s = 200.000\,\text{N/mm}^2$$

$$\alpha_e = \frac{200.000}{12.222} = 16{,}36$$

Rechteckquerschnitt mit $b = 25\,\text{cm}$ und $d = 40\,\text{cm}$

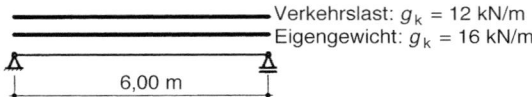
Verkehrslast: $g_k = 12\,\text{kN/m}$
Eigengewicht: $g_k = 16\,\text{kN/m}$
6,00 m

Bemessung im Grenzzustand der Tragfähigkeit

$$M_{Ed} = (1{,}35 \cdot 12 + 1{,}50 \cdot 16) \cdot \frac{6{,}00^2}{8} = 181\,\text{kN m}$$

mit Bemessungstafel BT 2a

$$\mu_{Eds} = \frac{M_{Eds}}{b \cdot d^2 \cdot f_{cd}} = \frac{0{,}181}{0{,}25 \cdot 0{,}40^2 \cdot 17} = 0{,}266$$
$$\rightarrow \omega = 0{,}316, k_z = 0{,}836$$

erf. Biegebewehrung:

$$A_{s1} = \omega \cdot b \cdot d \cdot (f_{cd}/f_{yd})$$
$$= 0{,}316 \cdot 25 \cdot 40 \cdot 17/435 = 12{,}34\,\text{cm}^2$$

innerer Hebelarm:

$$z = k_z \cdot d = 0{,}836 - 0{,}40 = 0{,}334\,\text{m}$$

Spannungsnachweis im Grenzzustand der Gebrauchstauglichkeit

Seltene Lastkombination

Kombinationsbeiwert für Verkehrslast $\psi_0 = 0{,}7$

$$M = (1{,}0 \cdot 12 + 0{,}7 \cdot 16) \cdot \frac{6{,}00^2}{8} = 104{,}4\,\text{kN m}$$

Näherungsrechnung für die Stahlspannung:

$$\sigma_{s1} \approx \frac{104{,}4}{0{,}334} \cdot \frac{1}{12{,}56} = 24{,}9\,\text{kN/cm}^2$$

Genaue Berechnung:

Druckzonenhöhe:

$$x = \frac{16{,}36 \cdot 12{,}56}{25} \cdot \left(-1 + \sqrt{1 + \frac{2 \cdot 25 \cdot 40}{16{,}36 \cdot 12{,}56}}\right)$$
$$= 18{,}71\,\text{cm}$$

Innerer Hebelarm:

$$z = 40 - \frac{18{,}71}{3} = 33{,}8\,\text{cm}$$

Betonspannung:

$$\sigma_c = -\frac{2 \cdot 104{,}4 \cdot 100}{25 \cdot 18{,}71 \cdot 33{,}8} = -1{,}32\,\text{kN/cm}^2$$

Stahlspannung:

$$\sigma_{s1} = \frac{104{,}4 \cdot 100}{33{,}8 \cdot 12{,}56} = 24{,}6\,\text{kN/cm}^2$$

Die zulässigen Spannungswerte

$$|\sigma_c| = 0{,}60 \cdot f_{ck} = 0{,}60 \cdot 30 = 18\,\text{kN/cm}^2$$

und

$$\sigma_s = f_{yk} = 43{,}5\,\text{kN/cm}^2$$

sind hier eingehalten.

Wenn dieses Beispiel ohne den Kriecheinfluss berechnet wird, dann ergibt sich:

$$\alpha_e = \frac{200.000}{33.000} = 6{,}06;$$
$$x = 12{,}86\,\text{cm}; \quad z = 35{,}7\,\text{cm};$$
$$\sigma_c = -1{,}81\,\text{kN/cm}^2; \quad \sigma_{s1} = 23{,}3\,\text{kN/cm}^2 \quad \blacktriangleleft$$

Beispiel 8.25

Spannungsermittlung bei Biegung und Längskraft, iterative Vorgehensweise

Rechteckquerschnitt $b/h/d_1 = 30/50/5\,cm$

Beton   C40/50, B500B, $A_{s1} = 12\,cm^2$, $\alpha_e = 15$

Belastung $M_k = 135\,kNm$, $N_k = -40\,kN$ (quasi-ständige Kombination)

Geschätzte Stahlspannung $\sigma_{s1} = 250\,N/mm^2$

1. Iteration

$$A_{sM} = A_{s1} - \frac{N}{\sigma_{s1}} = 12 - \frac{-40}{25} = 13,60\,cm^2,$$

$$z_{s1} = 50/2 - 5 = 20\,cm$$

$$M_{s1} = M - N \cdot z_{s1} = 135 - (-40) \cdot 0,2 = 143\,kNm$$

$$x = \frac{\alpha_e \cdot A_{s1}}{b} \cdot \left(-1 + \sqrt{1 + \frac{2 \cdot b \cdot d}{\alpha_e \cdot A_{s1}}} \right)$$

$$= \frac{15 \cdot 13,6}{30} \cdot \left(-1 + \sqrt{1 + \frac{2 \cdot 30 \cdot 45}{15 \cdot 13,6}} \right)$$

$$= 18,86\,cm$$

$$z = d - x/3 = 40 - 18,86/3 = 38,71\,cm$$

$$\sigma_{s1} = \frac{M_s}{z \cdot A_{sM}} = \frac{143}{0,3871 \cdot 13,60} \cdot 10$$

$$= 271,63\,MN/m^2 \neq 250\,MN/m^2$$

2. Iteration mit $\sigma_{s1} = 271,63\,N/mm^2$

$$A_{sM} = A_{s1} - \frac{N}{\sigma_{s1}} = 12 - \frac{-40}{27,16} = 13,47\,cm^2$$

$$x = \frac{15 \cdot 13,47}{30} \cdot \left(-1 + \sqrt{1 + \frac{2 \cdot 30 \cdot 45}{15 \cdot 13,47}} \right)$$

$$= 18,79\,cm$$

$$z = d - x/3 = 40 - 18,79/3 = 38,74\,cm$$

$$\sigma_{s1} = \frac{M_s}{z \cdot A_{sM}} = \frac{143}{0,3874 \cdot 13,47} \cdot 10$$

$$= 274,04\,MN/m^2 \neq 271,60\,MN/m^2$$

3. Iteration mit $\sigma_{s1} = 274,04\,N/mm^2$

$$A_{sM} = A_{s1} - \frac{N}{\sigma_{s1}} = 12 - \frac{-40}{27,40} = 13,46\,cm^2$$

$$x = \frac{15 \cdot 13,46}{30} \cdot \left(-1 + \sqrt{1 + \frac{2 \cdot 30 \cdot 45}{15 \cdot 13,46}} \right)$$

$$= 18,78\,cm$$

$$z = d - x/3 = 40 - 18,78/3 = 38,74\,cm$$

$$\sigma_{s1} = \frac{M_s}{z \cdot A_{sM}} = \frac{143}{0,3874 \cdot 13,48} \cdot 10$$

$$= 274,25\,MN/m^2 \approx 274,04\,MN/m^2$$

Resultierende Spannungen

$$\text{Beton:} \quad \sigma_{s1} = \frac{M_s}{z \cdot A_{s1}} + \frac{N}{A_{s1}}$$

$$= \left(\frac{143}{0,3874 \cdot 12,0} + \frac{-40}{12} \right) \cdot 10$$

$$= 274,27\,MN/m^2$$

$$\text{Stahl:} \quad \sigma_c = \frac{2 \cdot M_s}{b \cdot x \cdot z} = \frac{2 \cdot 0,143}{0,30 \cdot 0,1878 \cdot 0,3874}$$

$$= 13,10\,MN/m^2 \leq 0,45 \cdot f_{ck} = 18 \quad \blacktriangleleft$$

8.7.1.2 Dekompressionsnachweis für vorgespannte Bauteile

Der Nachweis der Dekompression kann auf zwei verschiedene Art und Weisen geführt werden:

a) Vereinfachter Nachweis im Zustand I, dass in der maßgebenden Lastkombination (einschließlich Vorspannung) der Querschnitt vollständig überdrückt ist.

b) Genauer Nachweis, dass in der maßgebenden Lastkombination (einschließlich Vorspannung) der Betonquerschnitt um das Spannglied im Bereich von 100 mm oder 1/10 der Querschnittshöhe unter Druckspannungen steht. Der jeweils größere Bereich ist maßgebend (siehe auch Abb. 8.90).

Wesentliches Ziel des Dekompressionsnachweises ist der besondere Korrosionsschutz der empfindlichen Spannglieder durch ausschließen von Rissen im Spanngliedbereich. Daher werden die entsprechenden Anforderungen an die Spannbetonbauteile auch im Zusammenhang mit den Anforderungen an die Rissbreitenbeschränkung definiert (siehe Tafel 8.47).

Der Dekompressionsnachweis wird im Allgemeinen als Entwurfskriterium für die Dimensionierung der erforderlichen Spannstahlmenge herangezogen, da er bei überwiegender Biegebeanspruchung nur durch eine entsprechende Vorspannung erfüllt werden kann. Dabei liegt der o. g. vereinfachte Dekompressionsnachweis auf der sicheren Seite und wird in der Praxis überwiegend verwendet. Dabei wird

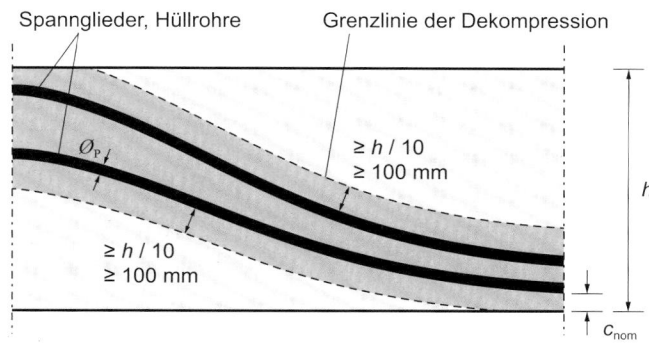

Abb. 8.90 Grenzlinien beim genauen Nachweis der Dekompression

Abb. 8.91 Spannungsbilder zum Dekompressionsnachweis

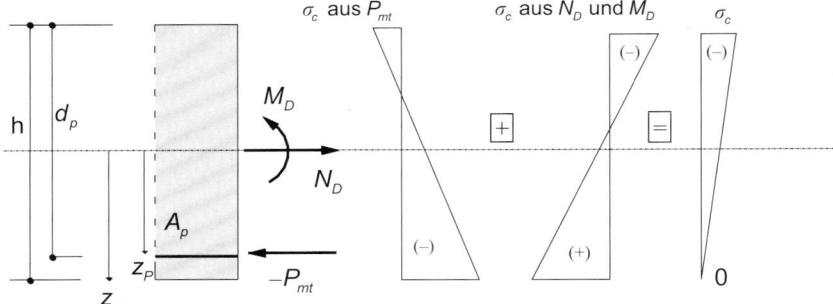

wie folgt vorgegangen:

$$\sigma_{c} = \frac{N_{D} + N_{p}}{A_{c}} + \frac{M_{D} + M_{p}}{I_{c}} \cdot z_{u} \overset{!}{=} 0 \qquad (8.133)$$

Der Nachweis ist grundsätzlich unter Berücksichtigung der charakteristischen Werte der Vorspannung zu führen, d. h. mit $P_{k,sup} = r_{sup} \cdot P_{mt}$ bzw. $P_{k,inf} = r_{inf} \cdot P_{mt}$. Formal sind für den Nachweis bei im Verbund liegenden Querschnitten die ideellen Querschnittswerte anzusetzen. Im Rahmen des Entwurfs liegen diese im Allgemeinen noch nicht vor, man rechnet dann zunächst mit den Bruttoquerschnitten. Ggf. muss dann iterativ vorgegangen werden.

Die Schnittgrößen infolge äußerer Einwirkungen N_{D} und M_{D} in (8.133), die die Wirkung der Vorspannung in der betrachteten Faser aufheben, werden auch als Dekompressionsschnittgrößen bezeichnet.

Wird (8.133) nach der Vorspannkraft aufgelöst so erhält man beispielsweise bei einem statisch bestimmten System die erforderliche charakteristische Vorspannkraft aus der Betrachtung eines unteren Querschnittrandes:

$$_{erf}P_{k,inf} = \frac{\frac{N_{Ed}}{A_{i}} + \frac{M_{Ed} \cdot z_{iu}}{I_{i}}}{\frac{1}{A_{i}} + \frac{z_{ip} \cdot z_{iu}}{I_{i}}} \qquad (8.134)$$

und mit (8.135) die erforderliche Spannstahlmenge zu

$$_{erf}A_{p} = \frac{_{erf}P_{k,inf}}{r_{inf} \cdot \sigma_{pmt}} \qquad (8.135)$$

Bei einer dem Momentenverlauf angepassten Spanngliedführung und nachgewiesener Dekompression an dem, dem Spannglied nächsten gelegenen Querschnittsrand ist der Nachweis gegen Dekompression am gegenüber liegenden Querschnittsrand bei üblichen Verhältnissen zwischen Eigen- und Nutzlast in der Regel eingehalten [18]. Insbesondere bei geraden Spanngliedführungen kann das Überdrücken auch des abliegenden Querschnittrandes unwirtschaftlich sein. In diesen Fällen kann der genauere Nachweis hilfreich sein. Dieser erfolgt dann im Zustand II, wobei auf der Zugseite die Nachweise zur Rissbreitenbeschränkung entsprechend der Expositionsklasse vorzunehmen sind.

Im Endbereich eines vorgespannten Bauteils darf der Nachweis der Dekompression entfallen. Die Länge des Endbereiches in bei Vorspannung mit nachträglichem Verbund und Vorspannung ohne Verbund gleich der Länge der Lastausbreitungszone, bei Vorspannung mit sofortigem Verbund gleich der Lasteintragungslänge l_{disp} (siehe Abschn. 8.8.2). Die Gebrauchstauglichkeit ist in diesen Bereichen durch den Nachweis der Rissbreitenbeschränkung zu führen (z. B. mit Hilfe von Stabwerksmodellen).

Für Bauzustände können abweichende Anforderungen an den Nachweis der Dekompression gelten.

8.7.2 Begrenzung der Rissbreiten

Rissbildung ist in Betonzugzonen nahezu unvermeidbar. Die Rissbreite ist jedoch so zu begrenzen, dass die ordnungsgemäße Nutzung des Tragwerkes sowie sein Erscheinungsbild und die Dauerhaftigkeit als Folge von Rissen nicht beeinträchtigt werden.

Die zulässigen Grenzwerte der Rissbreiten zur Sicherstellung der Dauerhaftigkeit von Stahlbeton- und Spannbetonbauteilen ohne besondere Anforderungen (z. B. bzgl. Wasserundurchlässigkeit) sind in Abhängigkeit der Expositionsklassen in Tafel 8.47 angegeben.

Für Bauteile mit ausschließlicher Vorspannung ohne Verbund gelten die Anforderungen für Stahlbeton, bei einer Kombination von Vorspannung mit und ohne Verbund gelten die Anforderungen von Spanngliedern im Verbund.

Zur Rissbreitenbegrenzung sind folgende Nachweise zu führen:

- **Mindestbewehrung** zur Begrenzung der Rissbreite infolge Zwang gemäß Abschn. 8.7.2.1
- **Begrenzung der Rissbreite infolge Last** für die maßgebende Einwirkungskombination gemäß Tafel 8.47 durch
  a) direkte Berechnung (siehe hierzu einschlägige Fachliteratur) oder alternativ
  b) Begrenzung von Stabdurchmesser bzw. Stababstand gemäß Abschn. 8.7.2.1.

Es ist zu beachten, dass bei Platten in der Expositionsklasse XC1 mit $h \leq 20$ cm, welche durch Biegung ohne wesentlichen zentrischen Zug beansprucht werden, keine Nachweise

Tafel 8.47 Grenzwerte w_{max} für die rechnerische Rissbreite w_k

Expositionsklasse	Stahlbeton und Vorspannung ohne Verbund	Vorspannungen mit nachträglichem Verbund	Vorspannung mit sofortigem Verbund	
	Mit Einwirkungskombination			
	Quasi-ständig	Häufig	Häufig	Selten
X0, XC1	0,4[a]	0,2	0,2	
XC2–XC4	0,3	0,2[b, c]	0,2[b]	
XS1–XS3, XD1, XD2, XD3[d]			Dekompression[e]	0,2

[a] Bei den Expositionsklassen X0 und XC1 hat die Rissbreite keinen Einfluss auf die Dauerhaftigkeit und dieser Grenzwert wird i. Allg. zur Wahrung eines akzeptablen Erscheinungsbildes gesetzt. Fehlen entsprechende Anforderungen an das Erscheinungsbild, darf dieser Grenzwert erhöht werden.
[b] Zusätzlich ist der Nachweis der Dekompression unter der quasi-ständigen Einwirkungskombination zu führen.
[c] Wenn der Korrosionsschutz anderweitig sichergestellt wird (Hinweise hierzu in den Zulassungen der Spannverfahren), darf der Dekompressionsnachweis entfallen.
[d] Bei Bauteilen der Expositionsklasse XD3 können besondere Maßnahmen erforderlich sein.
[e] Dekompression bedeutet in diesem Zusammenhang, dass der Betonquerschnitt um das Spannglied in einem Bereich von 100 mm bzw. 1/10 der Querschnittshöhe (der größere Bereich ist maßgebend) unter Druckspannungen steht. Die Spannungen sind im Zustand II nachzuweisen.

zur Begrenzung der Rissbreite notwendig sind, wenn darüber hinaus die Festlegungen nach Abschn. 8.9.2 eingehalten sind und keine strengere Begrenzung der Rissbreite (wie z. B. für WU-Bauteile) erforderlich ist. Werden Betonstahlmatten mit einem Querschnitt $a_s \geq 6{,}0\,\text{cm}^2/\text{m}$ in zwei Ebenen gestoßen, so ist im Stoßbereich der Nachweis der Rissbreitenbegrenzung mit einer um 25 % erhöhten Stahlspannung zu führen.

Die im EC 2 vorgesehenen rechnerischen Nachweisverfahren zur Rissbreitenbegrenzung erlauben keine exakte Berechnung der Rissbreite. Vielmehr werden Anhaltswerte ermittelt, deren gelegentliche, geringfügige Überschreitung im Bauwerk nicht ausgeschlossen ist. Dies ist unter Beachtung der sonstigen Normenregeln zur Konstruktion und Bemessung im Allgemeinen unbedenklich und entspricht dem anerkannten Stand der Technik.

8.7.2.1 Mindestbewehrung zur Begrenzung der Rissbreite

In Bauteilen, die durch Zugspannungen aus indirekten Einwirkungen (Zwang) oder Eigenspannungen beansprucht werden können, muss eine Mindestbewehrung zur ausreichenden Begrenzung der Rissbreite vorgesehen werden. Dies bedeutet, dass zur Begrenzung von Zwangsrissbreiten die infolge der Rissschnittgröße mit $\sigma_c = f_{ct,eff}$ am betrachteten Rand auftretenden Stahlspannungen entsprechend stärker zu begrenzen sind. Die hierbei infrage kommenden Zwangsbeanspruchungen können sowohl infolge äußerem als auch innerem sowie frühem oder spätem Zwang auftreten, d. h. es sind ggf. auch statisch bestimmte Systeme zu erfassen. In der Regel ist somit nur dann die hier beschriebene Mindestbewehrung zur Begrenzung der Rissbreite vorzusehen,

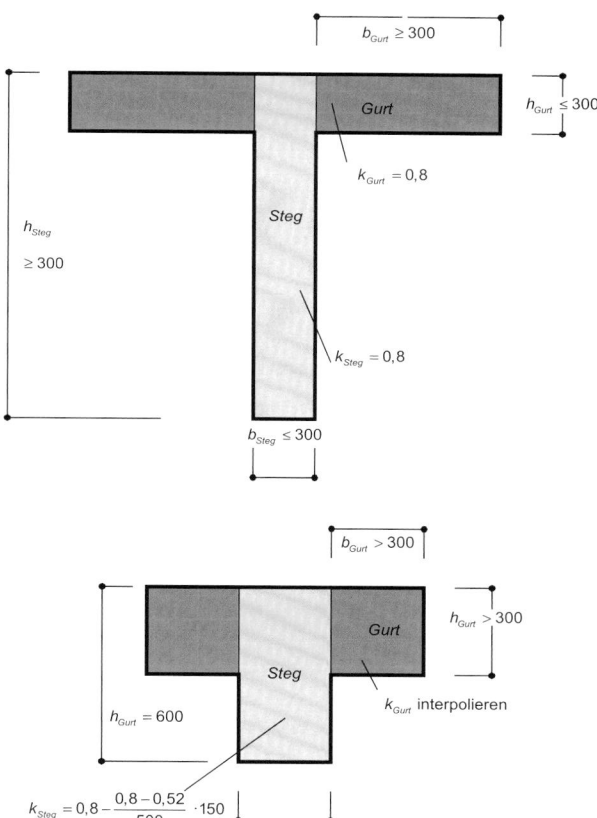

Abb. 8.92 Aufteilung profilierter Querschnitte zum Nachweis der Mindestbewehrung

wenn eine Rissbildung infolge nicht explizit berücksichtigter Zwangeinwirkung oder Eigenspannung nicht auszuschließen ist. Außerdem braucht die Mindestbewehrung nicht angeordnet werden, wenn Bauteile mit konstruktiven, den Zwang reduzierenden Maßnahmen oder dünne biegebeanspruchte Platten mit $h \leq 200\,\text{mm}$ als Innenbauteile in Expositionsklasse XC1 geplant werden. Bei einer nichtlinearen Berechnung unter Berücksichtigung aller Zwang erzeugenden Einwirkungen, z. B. aus Temperatur, Setzungen, Schwinden und bei realistischer Abschätzung der Festhaltungen, z. B. durch Anbindung an steife Nachbarbauteile, kann die Rissbreitenbegrenzung direkt oder indirekt ohne gesonderte Mindestbewehrung nachgewiesen werden [28].

In Bauteilen mit Vorspannung mit Verbund ist die Mindestbewehrung zur Rissbreitenbegrenzung nicht in Bereichen erforderlich, in denen im Beton unter der seltenen Einwirkungskombination und unter den maßgebenden charakteristischen Werten der Vorspannung Betondruckspannungen am Querschnittsrand auftreten, die dem Betrag nach größer als $1\,\text{N/mm}^2$ sind.

Bei profilierten Querschnitten wie Hohlkästen oder Plattenbalken ist die Mindestbewehrung für jeden Teilquerschnitt (Gurte und Stege) einzeln nachzuweisen (Abb. 8.92).

Die als Mindestbewehrung definierte Querschnittsbewehrung der Zugbewehrung $A_{\text{s,min}}$ ergibt sich zu

$$A_{\text{s,min}} = k_c \cdot k \cdot f_{\text{ct,eff}} \cdot \frac{A_{\text{ct}}}{\sigma_s} \qquad (8.136)$$

wobei k_c den Einfluss der Spannungsverteilung innerhalb des Querschnitts bei Erstrissbildung und k nichtlinear verteilte Eigenspannungen berücksichtigt. Im Einzelnen betragen

$$k_c = 0,4 \cdot \left[1 - \frac{\sigma_c}{k_1 \cdot (h/h^*) \cdot f_{\text{ct,eff}}} \right] \leq 1,0 \qquad (8.137)$$

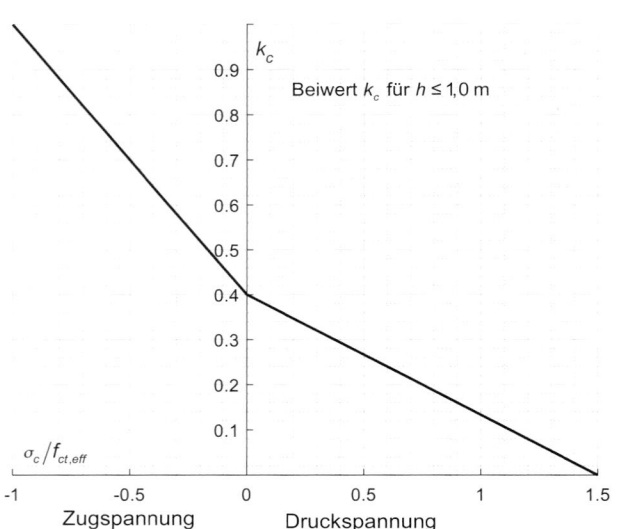

für rechteckige Querschnitte und Stege von Plattenbalken und Hohlkasten ($k_c = 0,4$ bei reiner Biegung, $k_c = 1,0$ bei reinem Zug)

$$k_c = 0,9 \cdot \frac{F_{\text{cr,Gurt}}}{A_{\text{ct}} \cdot f_{\text{ct,eff}}} \geq 0,5 \qquad (8.138)$$

für Zuggurte von Plattenbalken und Hohlkasten mit $F_{\text{cr,Gurt}} =$ Zuggurtkraft im Zustand I, ermittelt mit $f_{\text{ct,eff}}$. In Zuggurten mit ungleichmäßiger Spannungsverteilung sollte die Zuggurtkraft anteilig auf die Bewehrungslagen verteilt werden.

$A_{\text{s,min}}$ Mindestbetonstahlbewehrung der Zugzone. Diese ist überwiegend am gezogenen Rand des Querschnitts oder Teilquerschnitts anzuordnen, wobei aber auch ein angemessener Anteil über die Zugzone zu verteilen ist, um breite Sammelrisse zu vermeiden.

σ_c Betonspannung in Höhe der Schwerlinie des Querschnitts oder Teilquerschnitts im ungerissenen Zustand unter der Einwirkungskombination, die am Gesamtquerschnitt zur Erstrissbildung führt ($\sigma_c = N_{\text{Ed}}/A_c > 0$ bei Druckspannungen)

k_1 Beiwert zur Berücksichtigung von Längskräften bei der Spannungsverteilung
     $k_1 = 1,5$ bei Drucknormalkraft
     $k_1 = 2 \cdot h^*/(3 \cdot h)$ bei Zugnormalkraft

h Höhe des Querschnitts oder Teilquerschnitts
h^* $= h$ für $h < 1,0\,\text{m}$
     $= 1,0$ für $h \geq 1,0\,\text{m}$

k a) bei Zugspannungen infolge im Bauteil selbst hervorgerufenen Zwangs (z. B. Eigenspannungen infolge Abfließen der Hydratationswärme):
     $k = 0,8$ für $h \leq 300\,\text{mm}$
     $k = 0,52$ für $h \geq 800\,\text{mm}$

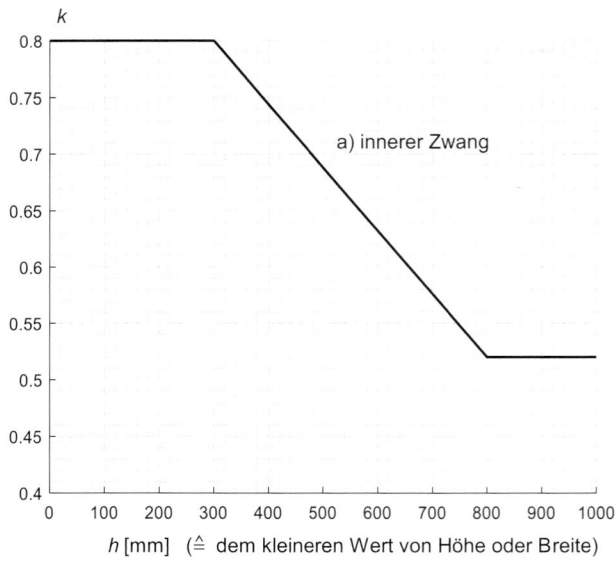

Zwischenwerte dürfen linear interpoliert werden. Dabei ist für h der kleinere Wert von Höhe oder Breite des Querschnitts oder Teilquerschnitts zu setzen.

b) bei Zugspannungen infolge außerhalb des Bauteils hervorgerufenen Zwangs (z. B. Stützensenkung): $k = 1{,}0$

A_{ct} Fläche der Betonzugzone (Zustand I) unmittelbar vor der Rissbildung, ggf. auch betrachteter Teilquerschnitt der Betonzugzone

$f_{ct,eff}$ die wirksame Zugfestigkeit $f_{ctm}(t)$ des Betons zum betrachteten Zeitpunkt. Im Allg. ist $f_{ct,eff} = f_{ctm}$. Es sollte jedoch die Zugfestigkeit angesetzt werden, die bei zu erwartender Rissbildung vorhanden ist. Bei Rissbildungen aus Abfließen der Hydratationswärme (Zwang) mit einem Betonalter von 3 bis $5d$ hat sich herausgestellt, dass die früher getroffene pauschale Annahme mit $f_{ct,eff} = 0{,}5 \cdot f_{ctm}$ für heute am Markt verfügbare Betone nicht mehr flächendeckend zutrifft. In [4] wurde diese Regelung daher gestrichen. Stattdessen kann in Abhängigkeit der Erhärtungsgeschwindigkeit und der Bauteildicke die maßgebende Festigkeit $f_{ctm}(t)$ gemäß Tafel 8.48 angesetzt werden. Die getroffenen Annahmen sind mit entsprechenden Hinweisen in der Baubeschreibung, in den Leistungsverzeichnissen sowie auf den Ausführungsplänen zu nennen. Wenn der Zeitpunkt der Rissbildung nicht mit Sicherheit innerhalb der ersten $28d$ liegt, sollte mindestens mit $f_{ct,eff} = 3{,}0\,\text{N/mm}^2$ gerechnet werden.

Hinweise:

– Bei Innenbauteilen in der Expositionsklasse XC1 kommen üblicherweise Betone mit mittlerer bzw. schneller Festigkeitsentwicklung zum Einsatz.

– Im Brückenbau soll weiterhin mit dem Ansatz mit $f_{ct,eff} = 0{,}5\,f_{ctm}$ gerechnet werden. Siehe auch z. B. ZTV-ING bzw. EC 2, Teil 2, Brückenbau.

σ_s die zulässige Spannung in der Betonstahlbewehrung zur Begrenzung der Rissbreite in Abhängigkeit vom Grenzdurchmesser $\varnothing_s^*$ nach (8.139) oder Tafel 8.51. (8.139) drückt den Zusammenhang zwischen Rissbreite, Stahlspannung und Betonzugfestigkeit aus. Sie kann als Ersatz für die in Tafel 8.51 angegebenen, dort auf $f_{ct,eff} = 2{,}9\,\text{N/mm}^2$ bezogenen Werte genommen werden, wobei dann die Modifikation der Grenzdurchmesser bei abweichenden Betonzugfestigkeiten entfällt.

$$\sigma_s = \sqrt{6 \cdot \frac{w_k \cdot f_{ct,eff} \cdot E_s}{\varnothing_s}} \leq f_{yk} \qquad (8.139)$$

E_s $200.000\,\text{MN/m}^2$, E-Modul Betonstahl

$\varnothing_s$ gewählter Stabdurchmesser der Betonstahlbewehrung

– ggf. auch Ersatzdurchmesser bei unterschiedlichen Stabdurchmessern

$$\varnothing_{eq} = \sum \left(n_i \cdot \varnothing_i^2\right) \Big/ \sum \left(n_i \cdot \varnothing_i\right)$$

Tafel 8.48 Empfohlene Anhaltswerte der Betonzugfestigkeit bei Zwang aus Abfließen der Hydratationswärme [28]

1	2	3	4	5
Festigkeitsentwicklung des Betons	Bauteildicke h			
	$\leq 0{,}30\,\text{m}$	$\leq 0{,}80\,\text{m}$	$\leq 2{,}0\,\text{m}$	$> 2{,}0\,\text{m}$
langsam ($r < 0{,}30$)[a, b]	–[c]	$0{,}60\,f_{ctm}$	$0{,}70\,f_{ctm}$[d]	$0{,}80\,f_{ctm}$[d]
mittel ($r < 0{,}50$)[a]	$0{,}65\,f_{ctm}$	$0{,}75\,f_{ctm}$	$0{,}85\,f_{ctm}$	$0{,}95\,f_{ctm}$
schnell ($r \geq 0{,}50$)[a]	$0{,}80\,f_{ctm}$	$0{,}90\,f_{ctm}$	$1{,}00\,f_{ctm}$	$1{,}00\,f_{ctm}$

[a] Die Festigkeitsentwicklung des Betons wird durch das Verhältnis $r = f_{cm}(2d)/f_{cm}(28d)$ beschrieben, das bei der Eignungsprüfung oder auf der Grundlage eines bekannten Verhältnisses von Beton vergleichbarer Zusammensetzung (d. h. gleicher Zement, gleicher w/z-Wert) ermittelt wurde. Wird bei besonderen Anwendungen die Druckfestigkeit zu einem späteren Zeitpunkt $f > 28$ Tage bestimmt, ist das Verhältnis der mittleren Druckfestigkeit nach 2 Tagen $f_{cm}(2d)$ zur mittleren Druckfestigkeit zum Zeitpunkt der Bestimmung der Druckfestigkeit $f_{cm}(t)$ zu ermitteln oder es ist vom Betonhersteller eine Festigkeitsentwicklungskurve bei 20 °C zwischen 2 Tagen und dem Zeitpunkt der Bestimmung der Druckfestigkeit anzugeben.

[b] Bei Festigkeitsklassen $\geq$ C30/37 ist es i. d. R. nicht möglich, das Festigkeitsverhältnis $r < 0{,}30$ bezogen auf 28 Tage zu begrenzen. In diesen Fällen ist es erforderlich, den Zeitpunkt des Nachweises der Festigkeitsklasse auf einen späteren Zeitpunkt (z. B. 56 Tage) zu vereinbaren.

[c] Die Auslegung der Bewehrung bei dünnen Bauteilen auf eine langsame Festigkeitsentwicklung ist nicht sinnvoll. Es sollte grundsätzlich mindestens eine mittlere Festigkeitsentwicklung angenommen werden.

[d] Der empfohlene Anhaltswert für massige Bauteile ist erst bei der Verwendung von langsam erhärtenden Betonen mit einem Prüfalter von 91 Tagen zu erwarten.

– ggf. auch Vergleichsdurchmesser bei Stabbündeln mit n-Stäben ($n \leq 3$)

$$\varnothing_n = \sqrt{\sum \left(n \cdot \varnothing_i^2 \right)} \leq 55\,\text{mm}$$

– Durchmesser des Einzelstabes bei Betonstahlmatten mit Doppelstäben

f_{yk} 500 MN/m² für Betonstahl B500

Die Begrenzung der Rissbreite nach Tafel 8.51 für eine Zwangbeanspruchung erfolgt dann über die folgende Modifikation der Grenzdurchmesser

$$\varnothing_s = \max \begin{cases} \varnothing_s^* \cdot \dfrac{k_c \cdot k \cdot h_{cr}}{4 \cdot (h-d)} \cdot \dfrac{f_{ct,eff}}{2,9} \\[2ex] \varnothing_s^* \cdot \dfrac{f_{ct,eff}}{2,9} \end{cases} \quad (8.140)$$

$\varnothing_s$ modifizierter Stabdurchmesser
$\varnothing_s^*$ Grenzdurchmesser nach Tafel 8.51
h Bauteilhöhe
d Statische Höhe
h_{cr} Höhe der Zugzone im Querschnitt bzw. Teilquerschnitt vor Rissbildung ($h_{cr} = 0,5\,h$ bei zentr. Zug und beidseitiger Bewehrungslage, $h_{cr} = h$ bei einer mittigen Bewehrungslage, siehe auch Abb. 8.93).

a

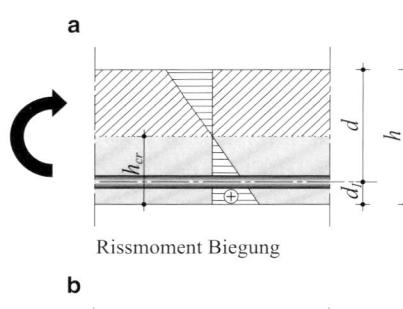

Rissmoment Biegung

b

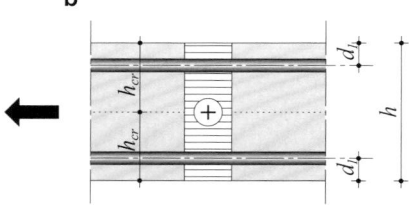

Mindestbewehrung zentrischer Zug (positiv)

Abb. 8.93 Modifikation des Stabdurchmessers bei Zwang [26]

Bei Anwendung der Gleichung (8.136) darf der gewählte Stabdurchmesser $\varnothing_s$ rechnerisch in (8.139) wie folgt modifiziert werden:

$$\varnothing_{s,\,mod} = \varnothing_s \cdot \frac{4 \cdot (h-d)}{k_c \cdot k \cdot h_{cr}} \leq \varnothing_s \quad (8.141)$$

Eine im Verbund liegende Vorspannbewehrung darf in einem Abstand $\leq 150\,\text{mm}$ vom Spannglied zur Begrenzung der Rissbreite auf die Mindestbewehrung nach (8.140) bzw. (8.141) mit dem Anteil von $\xi_1 \cdot A_p' \cdot \Delta\sigma_p$ angerechnet werden.

Dabei ist:

A_p' Querschnittsfläche der in $A_{c,eff}$ im Verbund liegenden Spannstahlbewehrung
$A_{c,eff}$ Wirkungsbereich der Bewehrung. $A_{c,eff}$ entspricht der Betonfläche um die Zugbewehrung mit $A_{c,eff} = h_{c,ef} \cdot b$ mit $h_{c,ef} = \min\{2,5 \cdot (h-d), (h-x)/2, h/2\}$. Siehe auch Abb. 8.94.
x Druckzonenhöhe im Zustand I
ξ_1 mit den Stabdurchmessern gewichtetes Verhältnis der Verbundfestigkeit

$$\xi_1 = \sqrt{\xi \cdot \varnothing_s / \varnothing_p}$$

ξ Verhältnis der Verbundfestigkeit von Spannstahl zu Betonstahl gemäß Tafel 8.49
$\varnothing_s$ größter Einzeldurchmesser des Betonstahls
$\varnothing_p$ äquivalenter Durchmesser des Spannstahls (gemäß (8.116))
$\Delta\sigma_p$ Spannungsänderung im Spannstahl bezogen auf den Zustand des ungedehnten Betons.

(8.136) lautet dann:

$$A_{s,min} \cdot \sigma_s + \xi_1 \cdot A_p' \cdot \Delta\sigma_p = k_c \cdot k \cdot f_{ct,eff} \cdot A_{ct} \quad (8.142)$$

Hinweis $h_{c,ef} = 2,5 \cdot (h-d)$ gilt für eine konzentrierte Bewehrungsanordnung und dünne Bauteile mit $h/(h-d) < 10$ bei Biegung und $h/(h-d) < 5$ bei zentrischem Zwang. Bei dickeren Bauteilen kann der Wirkungsbereich bis auf $h_{c,ef} = 5 \cdot (h-d)$ anwachsen (siehe Abb. 8.94). Wenn die Bewehrung nicht innerhalb des Grenzbereiches $h_{c,ef} = (h-x)/3$ liegt, sollte dieser auf $h_{c,ef} = (h-x)/2$ vergrößert werden.

Tafel 8.49 Verhältnis der Verbundfestigkeit ξ

	Spannglieder sofortiger Verbund				Spannglieder nachträglicher Verbund			
	$\leq$ C50/60	C55/67	C60/75	$\geq$ C70/85	$\leq$ C50/60	C55/67	C60/75	$\geq$ C70/85
Glatte Stäbe	–	–	–	–	0,3	0,26	0,23	0,15
Litzen	0,6	0,53	0,45	0,3	0,5	0,44	0,38	0,25
Profilierte Stäbe	0,7	0,61	0,53	0,35	0,6	0,53	0,45	0,30
Gerippte Stäbe	0,8	0,7	0,6	0,4	0,7	0,61	0,53	0,35

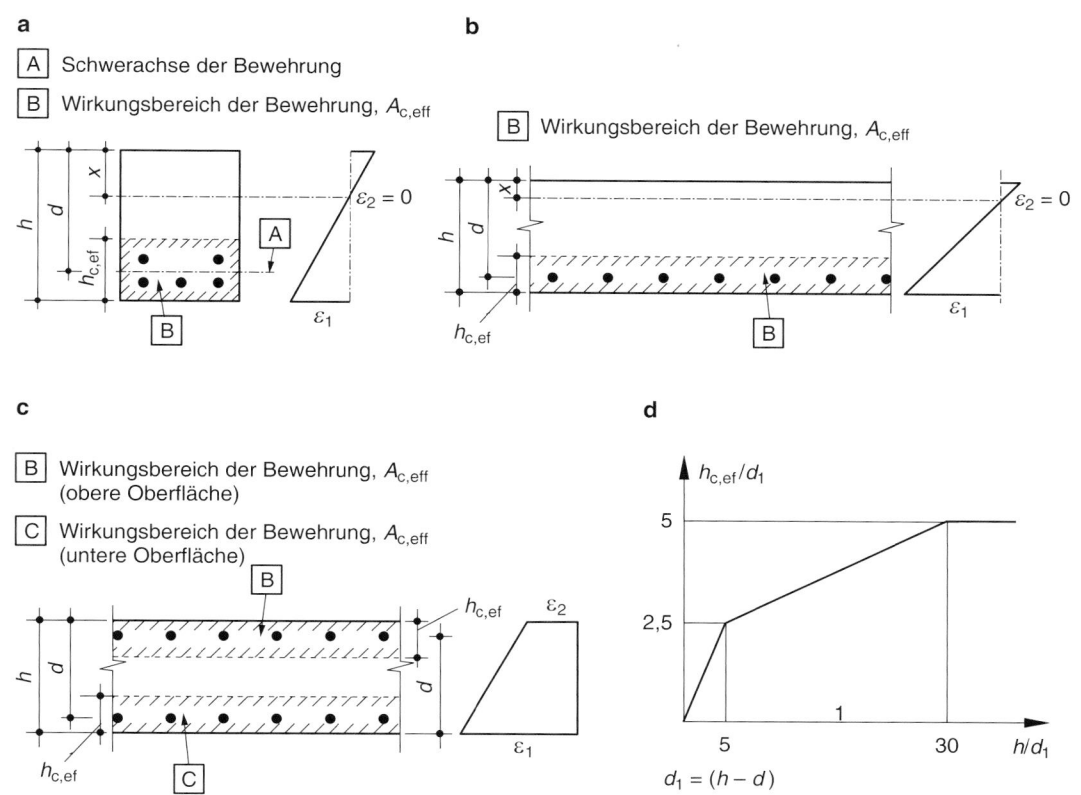

Abb. 8.94 Wirkungsbereich $A_{c,eff}$ der Bewehrung. **a** Träger, **b** Platte/Decke, **c** Bauteil unter Zugbeanspruchung, **d** Vergrößerung der Höhe $h_{c,ef}$ des Wirkungsbereichs der Bewehrung bei zunehmender Bauteildicke (nur für zentrischen Zug bei dickeren Bauteilen)

Mindestbewehrung bei dickeren Bauteilen Bei massigen Bauteilen wie z. B. Widerlagerwände im Brückenbau oder Betonbauteile des Wasserbaus, bei denen eine Rissbildung aus frühem Zwang (abfließen der Hydratationswärme) zu erwarten ist, können nach (8.136) erhebliche Bewehrungsmengen erforderlich werden. Hier darf die Mindestbewehrung unter zentrischem Zwang für die Begrenzung der Rissbreite je Bauteilseite unter Berücksichtigung einer effektiven Randzone $A_{c,eff}$ mit der folgenden Gleichung bestimmt werden:

$$A_{s,min} = f_{ct,eff} \cdot A_{c,eff}/\sigma_s \geq k \cdot f_{ct,eff} \cdot A_{ct}/f_{yk} \qquad (8.143)$$

Dabei ist:

$A_{c,eff}$ Wirkungsbereich der Bewehrung, $A_{c,eff} = h_{c,ef} \cdot b$ (gemäß Abb. 8.94)

A_{ct} Fläche der Betonzugzone je Bauteilseite, für Rechteckquerschnitte ist $A_{ct} = 0.5 \cdot b \cdot h$.

Der Grenzdurchmesser $\varnothing_s^*$ zur Bestimmung der Stahlspannung σ_s in (8.143) muss in Abhängigkeit von $f_{ct,eff}$ mit (8.144) modifiziert werden oder es wird mit (8.139) gearbeitet.

$$\varnothing_s = \varnothing_s^* \cdot \frac{f_{ct,eff} \, [\text{N/mm}^2]}{2.9 \, [\text{N/mm}^2]} \qquad (8.144)$$

Es ist in jedem Fall aber nicht mehr Mindestbewehrung erforderlich, als sich nach (8.136) und (8.139) ergeben hatte.

Langsam erhärtende Betone mit geringerer Hydratationswärmeentwicklung können ebenfalls zur Reduktion der erforderlichen Mindestbewehrung führen. Für Betone mit $r = f_{cm,2}/f_{cm,28} \leq 0.3$ darf daher die erforderliche Mindestbewehrung mit dem Faktor 0,85 abgemindert werden. Eine solche Vorgehensweise ist in den Ausführungsunterlagen zu dokumentieren.

Beispiel 8.26

Mindestbewehrung für eine 200 mm dicke Wand C30/37 (XC4) mit zentrischem Zwang

zentrischer Zug: $\quad k_c = 1{,}0$

$h = 200$ mm: $\quad k = 0{,}8$ (innerer Zwang)

gewählte Bewehrung $\varnothing_s = 10$ mm, der Stababstand ist zu bestimmen

zulässige Rissbreite $\quad w_k = 0{,}3$ mm

a) später Zwang $> 28d$

$$f_{ct,eff} = 3{,}0 \, \text{N/mm}^2 > 2{,}9 \, \text{N/mm}^2$$

$$\sigma_s = \sqrt{6 \cdot \frac{0{,}3 \cdot 3{,}0 \cdot 200.000}{10}} = 329 \, \text{N/mm}^2$$

mit (8.143):

$$A_{s,min} = 1{,}0 \cdot 0{,}8 \cdot 3{,}0 \cdot 20 \cdot 100/329$$
$$= 14{,}6\,cm^2/m < \varnothing_s 10/100\,mm \text{ je Wandseite}$$

b) nur früher Zwang aus Hydratation.

Beton mit mittlerer Festigkeitsentwicklung (siehe Tafel 8.48)

$$f_{ct,eff} = 0{,}65 \cdot f_{ctm} = 0{,}65 \cdot 2{,}9\,N/mm^2$$
$$= 1{,}9\,N/mm^2$$

$$\sigma_s = \sqrt{6 \cdot \frac{0{,}3 \cdot 1{,}9 \cdot 200.000}{10}} = 262\,N/mm^2$$

mit (8.143):

$$A_{s,min} = 1{,}0 \cdot 0{,}8 \cdot 1{,}9 \cdot 20 \cdot 100/262$$
$$= 11{,}6\,cm^2/m < \varnothing_s 10/125\,mm \text{ je Wandseite} \blacktriangleleft$$

8.7.2.2 Begrenzung der Rissbreite ohne besondere Berechnung

Rissbreiten können auf zulässige Werte begrenzt werden, wenn die Stabdurchmesser oder die Stababstände in Abhängigkeit der vorhandenen Stahlspannung begrenzt werden. Bei Rissbildung infolge Zwang sind dabei die Grenzdurchmesser nach Tafel 8.51 mit (8.141) einzuhalten, bei Rissbildung infolge äußerer Lasten entweder die Grenzdurchmesser nach Tafel 8.51 mit (8.141) oder die Stababstände nach Tafel 8.50.

Der Grenzdurchmesser der Bewehrungsstäbe nach Tafel 8.51 darf in Abhängigkeit von der Bauteilhöhe und muss in Abhängigkeit von der wirksamen Betonzugfestigkeit $f_{ct,eff}$ folgendermaßen modifiziert werden:

$$\varnothing_s = \max \begin{cases} \varnothing_s^* \cdot \dfrac{\sigma_s \cdot A_s}{4 \cdot (h-d) \cdot b \cdot f_{ct,0}} \\ \varnothing_s^* \cdot \dfrac{f_{ct,eff}}{f_{ct,0}} \end{cases} \qquad (8.145)$$

Dabei ist
$\varnothing_s$ der modifizierte Grenzdurchmesser
$\varnothing_s^*$ der Grenzdurchmesser nach Tafel 8.51
σ_s die Betonstahlspannung im Zustand II in der maßgebenden Lastkombination
A_s die Querschnittsfläche der Betonstahlbewehrung
h die Bauteilhöhe
d die statische Nutzhöhe
b die Breite der Zugzone
$f_{ct,0}$ die Zugfestigkeit des Betons, auf die die Werte nach Tafel 8.51 bezogen sind ($f_{ct,0} = 2{,}9\,N/mm^2$).

Bei im Verbund liegenden Spanngliedern ist die Betonstahlspannung σ_s in (8.145) für die maßgebende Einwirkungskombination unter Berücksichtigung des unterschiedlichen

Tafel 8.50 Höchstwerte der Stababstände von Betonstählen[a]

Stahlspannung σ_s [N/mm²]	Hochstabstände der Stäbe in mm in Abhängigkeit vom Rechenwert der Rissbreite w_k		
	$w_k = 0{,}4\,mm$	$w_k = 0{,}3\,mm$	$w_k = 0{,}2\,mm$
160	300	300	200
200	300	250	150
240	250	200	100
280	200	150	50
320	150	100	–
360	100	50	–

[a] Die Tafelwerte basieren auf folgenden Annahmen: einlagige Bewehrung, $d_1 = 4\,cm$. Bauteile, die mit diesen Annahmen nicht konform sind, sollten mit der Durchmessertafel 8.51 bemessen werden.

Tafel 8.51 Grenzdurchmesser $\varnothing_s^*$ bei Betonstählen ($\sigma_s = \sqrt{6 \cdot w_k \cdot E_s \cdot f_{ct,0}/\varnothing_s^*}$)[a]

Stahlspannung σ_s [N/mm²]	Grenzdurchmesser der Stäbe in mm in Abhängigkeit vom Rechenwert der Rissbreite w_k				
	$w_k = 0{,}4\,mm$	$w_k = 0{,}3\,mm$	$w_k = 0{,}2\,mm$	$w_k = 0{,}15\,mm$	$w_k = 0{,}1\,mm$
160	54	41	27	20	14
180	43	32	21	16	11
200	35	26	17	13	9
220	29	22	14	11	7
240	24	18	12	9	6
260	21	15	10	8	5
280	18	13	9	7	4
300	15	12	8	6	4
320	14	10	7	5	3
340	12	9	6	5	3
360	11	8	5	4	3
400	9	7	4	3	
450	7	5	3	3	

[a] Die Tafelwerte basieren auf folgenden Annahmen: $f_{ct,0} = f_{ct,eff} = 2{,}9\,N/mm^2$, $E_s = 200.000\,N/mm^2$.

Verbundverhaltens von Betonstahl und Spannstahl wie folgt anzusetzen:

$$\sigma_s = \sigma_{s2} + 0{,}4 f_{ct,eff} \left(\frac{1}{\varrho_{eff}} - \frac{1}{\varrho_{tot}} \right) \qquad (8.146)$$

σ_{s2} Betonstahlspannung bzw. Spannungszuwachs im Spannstahl im Zustand II unter Annahme eines starren Verbundes
ϱ_{eff} effektiver Bewehrungsgrad $= (A_s + \xi_1^2 \cdot A_p')/A_{c,eff}$; $\xi_1 = \sqrt{\xi \cdot \varnothing_s/\varnothing_{p'}}$, ξ s. Tafel 8.49
ϱ_{tot} geometrischer Bewehrungsgrad $= (A_s + A_p')/A_{c,eff}$
A_p' Spanngliedfläche im Wirkungsbereich $A_{c,eff}$ der Bewehrung
$A_{c,eff}$ siehe Abb. 8.94.

Der **Wirkungsbereich der Bewehrung** $A_{c,eff}$ ist die Betonfläche um die Zugbewehrung mit der Höhe $h_{c,eff}$, wobei $h_{c,eff} = $ dem Minimum von $2{,}5 \cdot (d-h) = 2{,}5 \cdot d_1$, $(h-x)/3$

und $h/2$ entspricht. Der Ansatz mit $h_{c,eff} = 2{,}5 \cdot (d - h) = 2{,}5 \cdot d_1$ gilt nur für eine konzentrierte Bewehrungsanordnung und dünne Bauteile mit:

- $h/d_1 \leq 10 \rightarrow h_{eff} = 0{,}25 \cdot h$ bei Biegung
- $h/d_1 \leq 5 \rightarrow h_{c,eff} = 0{,}5 \cdot h$ bei zentrischem Zwang

Bei dickeren Bauteilen gilt:

- $5 \leq h/d_1 < 30 \rightarrow h_{eff} = 0{,}1 \cdot h + 2 \cdot d_1$
- $h/d \geq 30 \rightarrow h_{c,eff} = 5 \cdot d_1$

Abb. 8.94 zeigt typische Fälle für den Wirkungsbereich der Bewehrung.

Bei hohen Trägern ($h > 100$ cm), bei denen die Zugbewehrung auf einen kleinen Teil der Querschnittshöhe konzentriert ist, sollte eine zusätzliche Oberflächenbewehrung zur Begrenzung der Rissbreite an den ansonsten unbewehrt gebliebenen Seitenflächen der Zugzone gleichmäßig angeordnet werden. Die erforderliche Querschnittsfläche dieser Bewehrung darf den Wert nach (8.136) mit $k = 0{,}5$ und $\sigma_s = f_{yk}$ nicht unterschreiten. Abstand und Durchmesser können durch geeignete Vereinfachung in Anlehnung an Tafel 8.50 und 8.51 bestimmt werden.

8.7.2.3 Berechnung der Rissbreite

Die in den vorstehenden Kapiteln angegebenen Regeln zur Begrenzung der Rissbreite sind praxisgerecht, sodass eine gesonderte Berechnung der Rissbreiten nur sehr selten erforderlich sein wird.

Für genauere Nachweise kann die charakteristische Rissbreite w_k jedoch auch explizit berechnet werden. Es gilt:

$$w_k = s_{r,max} \cdot (\varepsilon_{sm} - \varepsilon_{cm}) \qquad (8.147)$$

$s_{r,max}$ maximaler Rissabstand bei abgeschlossenem Rissbild

ε_{sm} die mittlere Dehnung der Bewehrung unter der maßgebenden Einwirkungskombination unter Berücksichtigung des Betons auf Zug zwischen den Rissen

ε_{cm} mittlere Dehnung des Betons zwischen den Rissen

Der maximale Rissabstand $s_{r,max}$ wird bei abgeschlossenem Rissbild mit Gleichung (8.148) ermittelt

$$s_{r,max} = \frac{\varnothing_s}{3{,}6 \cdot \rho_{eff}} \leq \frac{\sigma_s \cdot \varnothing_s}{3{,}6 \cdot f_{ct,eff}} \qquad (8.148)$$

$\varnothing_s$ Stabdurchmesser, bzw. ggf. der äquivalente Stabdurchmesser bei verschiedenen Stäben

$$\varnothing_{eq} = \sum (n_i \cdot \varnothing_i^2) / \sum (n_i \cdot \varnothing_i)$$

Bei Betonstahlmatten ist $s_{r,max}$ auf maximal zwei Maschenweiten zu begrenzen.

Die Differenz der mittleren Dehnungen erhält man aus:

$$(\varepsilon_{sm} - \varepsilon_{cm}) = \frac{\sigma_s - k_t \cdot \frac{f_{ct,eff}}{\rho_{eff}} \cdot (1 + \alpha_e \cdot \rho_{eff})}{E_s} \geq 0{,}6 \cdot \frac{\sigma_s}{E_s} \qquad (8.149)$$

$\rho_{eff} = (A_s + \xi_1^2 \cdot A_p') / A_{c,eff}$ (siehe auch (8.146))

$f_{ct,eff}$ wirksame Zugfestigkeit zum Zeitpunkt der Rissbildung, ohne Ansatz einer Mindestzugfestigkeit

α_e E_s/E_c

k_t Faktor zur Berücksichtigung eines Dauerstandseffektes = 0,4 bei Langzeiteinwirkung (Regelfall). Bei Kurzzeiteinwirkung darf $k_t = 0{,}6$ angesetzt werden. Letzteres sollte aber ein Ausnahmefall sein.

σ_s Spannung der Zugbewehrung im Zustand II

A_p' Spanngliedfläche im Wirkungsbereich $A_{c,eff}$

A_s Betonstahlfläche.

Bei Bauteilen, die nur einem im Bauteil selbst hervorgerufenem Zwang unterworfen sind (z. B. Abfließen der Hydratationswärme) darf die Dehnungsdifferenz unter Ansatz von $\sigma_s = \sigma_{sr}$ ermittelt werden. $\sigma_{sr} = k_c \cdot k \cdot f_{cteff} \cdot A_{ct}/A_s$ entspricht der Spannung der Zugbewehrung, die auf der Grundlage eines gerissenen Querschnitts für eine Einwirkungskombination berechnet wird, welche zur Erstrissbildung führt.

Wenn die Rissbreiten für Beanspruchungen berechnet werden, bei denen die Zugspannungen aus einer Kombination von Zwang und Lastbeanspruchung herrühren, dürfen die Gleichungen dieses Abschnitts verwendet werden. Jedoch sollte die Dehnung infolge Lastbeanspruchung, die auf Grundlage eines gerissenen Querschnitts berechnet wurde, um den Wert infolge des Zwangs erhöht werden.

Wenn die resultierende Dehnung infolge Zwang im gerissenen Zustand den Wert 0,8 ‰ nicht überschreitet, ist es im Allgemeinen ausreichend, die Rissbreite für den größeren Wert der Spannung aus Last oder Zwang zu ermitteln.

Weitere Hinweise siehe auch EC 2, 7.3.4 [1–4] und Heft 600 [11].

8.7.3 Begrenzung der Verformung

Die Verformung eines Bauteils oder Tragwerks darf seine ordnungsgemäße Funktion und sein Erscheinungsbild – also die Gebrauchstauglichkeit – nicht beeinträchtigen. Dabei wird allgemein zwischen dem Durchhang f, der Durchbiegung w und einer möglichen Überhöhung $ü$ (siehe Abb. 8.95) unterschieden.

Der größte auftretende Durchhang $_{vorh} f$ von Balken und Platten darf in der quasiständigen Lastkombination den Grenzwert $l/250$ nicht überschreiten, wobei l entweder die Länge der Verbindungslinie der Auflager (die Stützweite) oder die Länge des 2,5fachen Kragträgers (gemessen vom Ende des Kragträgers bis zum rechnerischen Auflager) ist.

Es gilt also

$$\max f \leq l/250 \qquad (8.150)$$

Der maximale Durchhang eines Kragträgers sollte zudem den des benachbarten Feldes nicht überschreiten. Zum Ausgleich von Durchbiegungen sind Überhöhungen bei der Herstellung von Platten und Balken mit einem „Stich" bis zu $l/250$ zulässig.

In Fällen, in denen der Durchhang weder die Gebrauchseigenschaften beeinträchtigt noch besondere Anforderungen an das Erscheinungsbild gestellt werden, dürfen diese Grenzwerte auch erhöht werden.

Abb. 8.95 Definition: Durchhang f, Durchbiegung w und
Überhöhung $\ddot{u}$

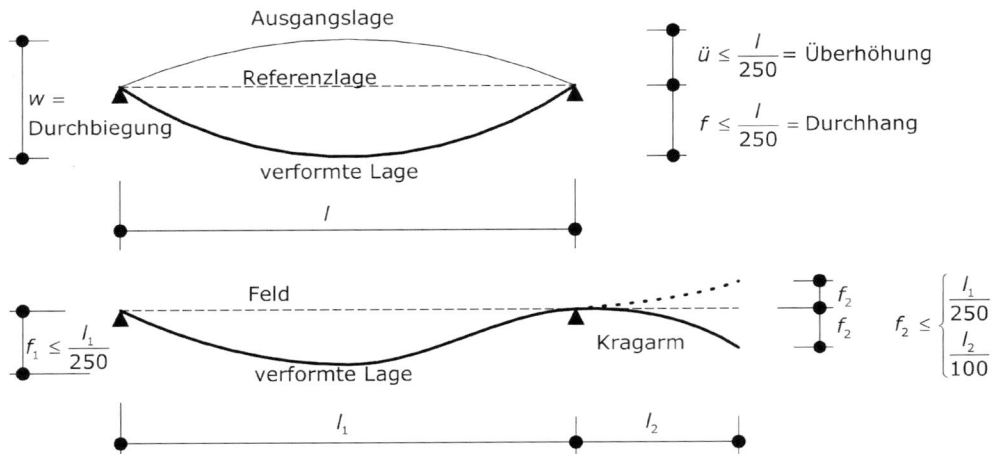

Die gesamte Durchbiegung w kann zur genaueren Betrachtung in die einzelnen Anteile aus Überhöhung $\ddot{u}$,
den Durchbiegungsanteil aus ständigen Lasten w_1 und den
Durchbiegungszuwachs aus Langzeiteinwirkungen w_2 sowie
den Durchbiegungsanteilen aus veränderlichen Einwirkungen w_3 aufgeteilt werden.

Wenn das betrachtete Bauteil Elemente zu tragen hat,
die bei diesen Verformungen Schaden nehmen können (z. B.
nichttragende Trennwände oder Verglasungen), so ist eine
weitergehende Begrenzung der Durchbiegung w nötig. In
solchen Fällen soll der Grenzwert $w \leq l/500$ eingehalten werden. Es ist zu beachten, dass sich dieser Grenzwert
auf die auftretenden Verformungen nach Einbau der verformungsempfindlichen Ausbauelemente bezieht.

Verformungsnachweise für überwiegend biegebeanspruchte Bauteile können entweder durch eine explizite
Durchbiegungsberechnung (siehe hierzu EC 2, Kap. 7.4.3 [1]
bzw. DAfStb Heft 600 [11]) oder, wie in der Praxis im
allgemeinen üblich, als vereinfachte indirekte Nachweise
durch die Einhaltung von zulässigen Grenzwerten der Biegeschlankheit l/d geführt werden.

Für Spannbetonbauteile sind die Biegeschlankheitskrite-
rien nicht geeignet, hier sollte eine explizite Verformungsberechnung durchgeführt werden [11].

8.7.3.1 Verformungsnachweise durch Begrenzung der Biegeschlankheit

Hierzu sind für Balken und Platten folgende Grenzwerte in
Abhängigkeit des Zugbewehrungsgrades einzuhalten:

$$\frac{l}{d} \leq \begin{cases} K \cdot \left[11 + 1{,}5 \cdot \sqrt{f_{ck}} \cdot \dfrac{\varrho_0}{\varrho} + 3{,}2 \cdot \sqrt{f_{ck}} \cdot \left(\dfrac{\varrho_0}{\varrho} - 1 \right)^{3/2} \right] \\ \qquad\qquad\qquad\qquad\qquad\qquad\qquad \text{für } \varrho \leq \varrho_0 \\ K \cdot \left[11 + 1{,}5 \cdot \sqrt{f_{ck}} \cdot \dfrac{\varrho_0}{\varrho - \varrho'} + \dfrac{1}{12} \cdot \sqrt{f_{ck}} \cdot \sqrt{\dfrac{\varrho'}{\varrho}} \right] \\ \qquad\qquad\qquad\qquad\qquad\qquad\qquad \text{für } \varrho > \varrho_0 \end{cases}$$

(8.151)

Dabei ist:

l/d Grenzwert der Biegeschlankheit (Verhältnis von
Stützweite zu Nutzhöhe)

K Beiwert zur Ermittlung der Ersatzstützweite nach Tafel 8.52

f_{ck} in N/mm^2

Tafel 8.52 Beiwerte K sowie Grundwerte der zul. Biegeschlankheit in Abhängigkeit üblicher statischer Systeme[a]

Statisches System	K	Beton C30/37 hoch beansprucht $\varrho = 1{,}5\,\%$	Beton C30/37 gering beansprucht $\varrho = 0{,}5\,\%$
Frei drehbar gelagerter Einfeldträger; gelenkig gelagerte einachsig oder zweiachsig gespannte Platte	1,0	$l/d = 14$	$l/d = 20$
Endfeld eines Durchlaufträgers oder einer einachsig gespannten durchlaufenden Platte; Endfeld einer zweiachsig gespannten Platte, die kontinuierlich über einer längeren Seite durchläuft	1,3	$l/d = 18$	$l/d = 26$
Mittelfeld eines Balkens oder einer einachsig oder zweiachsig gespannten Platte	1,5	$ld = 20$	$l/d = 30$
Platte, die ohne Unterzüge auf Stützen gelagert ist (Flachdecke) (auf Grundlage der größeren Spannweite)	1,2	$l/d = 17$	$l/d = 24$
Kragträger	0,4	$l/d = 6$	$l/d = 8$

[a] Die Beiwerte K gelten für durchlaufende Systeme mit annähernd gleichen Steifigkeiten benachbarter Felder, sofern das Stützweitenverhältnis im
Bereich $0{,}8 \leq l_{eff.1}/l_{eff.2} \leq 1{,}25$ liegt. Sind diese Bedingungen nicht eingehalten, darf mit $K = l_{eff}/l_0$ gerechnet werden, wobei l_0 dem Abstand
der Momentennullpunkte in der quasi-ständigen Lastkombination entspricht.

Tafel 8.53 Referenzbewehrungsgrad in Abhängigkeit der Betonfestigkeitsklasse

	C12/15	C16/20	C20/25	C25/30	C30/37	C35/45	C40/50	C45/55	C50/60
ϱ_0	0,35 %	0,40 %	0,45 %	0,50 %	0,55 %	0,59 %	0,63 %	0,67 %	0,71 %

ϱ_0 Referenzbewehrungsgrad mit

$$\varrho_0 = 10^{-3} \cdot \sqrt{f_{ck}\ [\mathrm{N/mm^2}]}$$

bzw. Tafel 8.53

ϱ erforderlicher Bewehrungsgrad der Zugbewehrung im GZT an der Stelle des maximalen Feldmomentes bzw. bei Kragträgern an der Einspannstelle

ϱ' erforderlicher Bewehrungsgrad der Druckbewehrung im GZT an der Stelle des maximalen Feldmomentes bzw. bei Kragträgern an der Einspannstelle.

Im allgemeinen Hochbau gilt für den Bewehrungsgrad vielfach $\varrho < \varrho_0$, so dass im Allgemeinen dann (8.151) ausgewertet werden muss. Unter Umständen kann, da der Bewehrungsgrad bzw. die Querschnittshöhe zunächst abgeschätzt werden muss, ein iteratives Vorgehen bei der Bestimmung der notwendigen Querschnittshöhe erforderlich sein.

Die Abb. 8.96 und 8.97 zeigen eine graphische Auswertung von (8.151) unter Berücksichtigung des Grenzwertes $l/(d \cdot K) = 35$ nach (8.152).

Der Gleichung (8.151) liegt rechnerisch eine Stahlspannung im Gebrauchszustand (im Allgemeinen in der quasi-

Abb. 8.96 Grenzwerte der Biegeschlankheiten nach (8.151) ohne Druckbewehrung ($\varrho' = 0$)

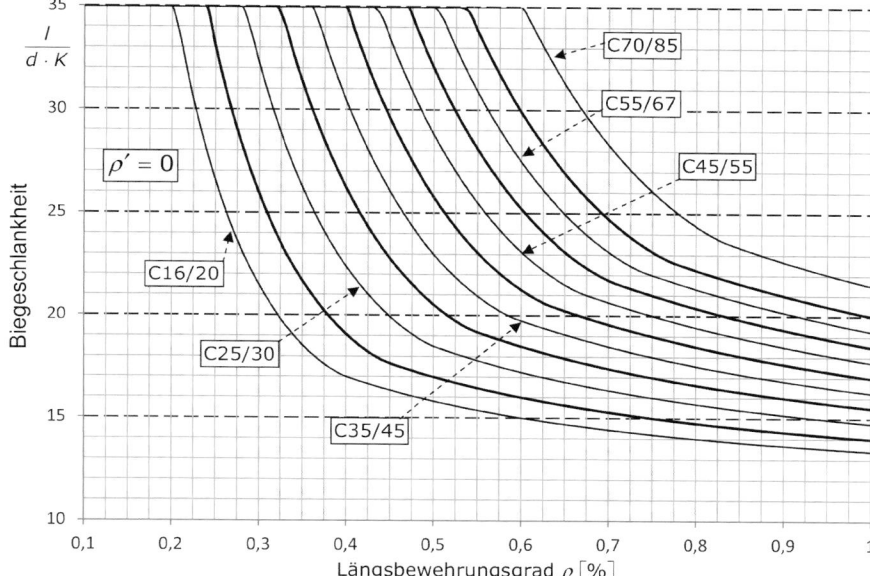

Abb. 8.97 Grenzwerte der Biegeschlankheiten nach (8.151) ohne Druckbewehrung ($\varrho' = 0$)

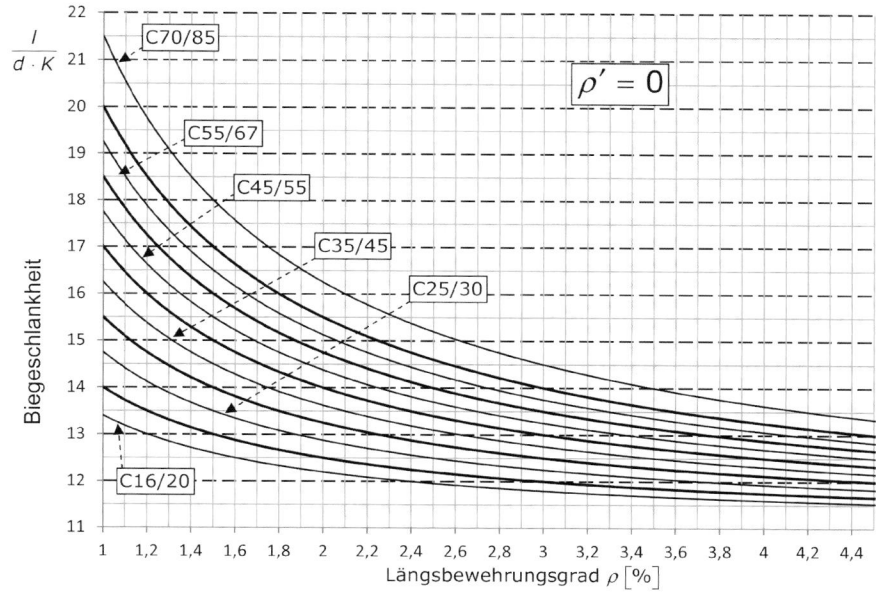

ständigen Lastkombination) von $\sigma_s = 310\,\text{N/mm}^2$ (gerissener Rechteckquerschnitt) zugrunde. Daher sind die Werte von l/d nach (8.151) ggf. in Abhängigkeit des tatsächlichen Stahlspannungsniveaus σ_s im GZG sowie der Querschnittsform mit den Faktoren k_i zu modifizieren.

$$k_1 = \frac{310\,\text{N/mm}^2}{\sigma_s} \sim \frac{500}{f_{yk}} \cdot \frac{A_{s,prov}}{A_{s,req}}$$

für den Einfluss der Stahlspannung. In Heft 600 [11] wird empfohlen, den Wert mit $k_1 \leq 1,1$ zu begrenzen.

$$k_2 = 0,8$$

für gliederte Querschnitte (z. B. Plattenbalken) mit $b_{eff}/b_w > 3$.

Für Bauteile mit verformungsempfindlichen Ausbauelementen gilt zusätzlich:

$k_3 = 7,0/l$ für Balken und Platten mit Stützweiten $> 7,0$ m
$k_3 = 8,5/l$ für Flachdecken mit Stützweiten $> 8,5$ m.

l entspricht der effektiven Stützweite nach Abschn. 8.5.5.1 in Metern.

Die Biegeschlankheit nach (8.151) sollte unter Berücksichtigung der Beiwerte K zur Bestimmung der Ersatzstützweite nach Tafel 8.52 zusätzlich auf die Maximalwerte der nach DIN 1045 bisher bekannten Werte mit

$$\frac{l}{d} \leq \begin{cases} k \cdot 35 & \text{allgemein} \\ k^2 \cdot \frac{150}{l} & \text{ergänzend, falls verformungsempfindliche} \\ & \text{Bauteile betroffen sind} \end{cases}$$

$$(8.152)$$

begrenzt werden.

In Tafel 8.52 sind die Beiwerte K sowie exemplarisch die Auswertungen der (8.151) für häufige Fälle, d. h. für C30/37, $\sigma_s = 310\,\text{N/mm}^2$, geringe und mäßig bewehrte Querschnitte $\varrho < 0,5\,\%$ bzw. hochbewerte Querschnitte $\varrho = 1,5\,\%$ angegeben.

Hinweise zur Anwendung der Tafelwerte 8.52 bzw. Abb. 8.96 und 8.97:

- Die Tafelwerte K liegen i. Allg. auf der sicheren Seite. Genaue rechnerische Nachweise führen daher häufig zu dünneren Bauteilen
- Für vierseitig gelagerte Platten ist der Nachweis mit der kürzeren Stützweite zu führen. Bei Flachdecken ist die größere Stützweite maßgebend
- Für dreiseitig gelagerte Platten ist die Stützweite parallel zum freien Rande bzw. ggf. die „Kraglänge" maßgebend.

Bei Bauteilen aus Leichtbeton sind die Grundwerte der Biegeschlankheiten nach (8.151) bzw. (8.152) mit dem Faktor $(\varrho/2200)^{0,3}$ abzumindern.

Beim Nachweis der Verformung mit Hilfe der Biegeschlankheiten kann alternativ wie folgt vorgegangen werden:

a) Über eine Schätzung des erforderlichen Längsbewehrungsgrades (z. B. mit $\varrho \leq \varrho_{lim}$ bei Deckenplatten) wird die Nutzhöhe über die Biegeschlankheit ermittelt. Bei der darauf folgenden Biegebemessung zeigt sich, sofern der tatsächliche Längsbewehrungsgrad geringer ist als der geschätzte, dass der Nachweis erfüllt ist, sofern er höher ist, muss die Biegeschlankheit reduziert werden.

b) Mit einem bekannten Querschnitt wird die Bemessung im GZT durchgeführt. Über den erforderlichen Längsbewehrungsgrad wird die Biegeschlankheit ermittelt und mit dem vorhandenen Querschnitt verglichen.

Im Rahmen von Vordimensionierungen eignet sich auch die folgende Empfehlung von Krüger/Mertzsch (Beton- und Stahlbetonbau 97, Heft 11, 2002 [24]) zur schnellen Ermittlung von Biegeschlankheiten unter Berücksichtigung sowohl der allgemeinen als auch der erhöhten Durchbiegungsanforderungen. Die erforderliche Nutzhöhe kann demnach mit $_{erf}d = k_c \cdot (l_i/\lambda_i)$ bestimmt werden. Dabei ist:

λ_i die Grenzschlankheit nach Tafel 8.54
$l_i = \alpha_i \cdot l_{eff}$ ideelle Stützweite von Balkentragwerken und Flachdecken mit a_i nach Tafel 8.55

Tafel 8.54 Beiwerte λ_i

		l_i	λ_i
$\frac{l}{250}$	Platten	$\leq 4,0$ m	30,0
		7,0 m	24,0
		12,0 m	19,0
	Balken	$\leq 4,0$ m	28,0
		7,0 m	25,0
		12,0 m	19,0[a]
$\frac{l}{500}$	Platten	$\leq 4,0$ m	23,0
		7,0 m	17,0
		12,0 m	13,0
	Balken	$\leq 4,0$ m	16,0
		7,0 m	14,0
		12,0 m	13,0

Zwischenwerte können linear interpoliert werden.
[a] Bei gering belasteten Balken ist eine Erhöhung bis auf 22 möglich.

Tafel 8.55 α_i-Werte zur Bestimmung von l_i

Statisches System	α_i
1. frei drehbar gelagerter Einfeldträger	1,00
2. Endfeld eines Durchlaufträgers	0,80
3. Mittelfeld eines Balkens	0,70
4. Kragträger	2,50
5. Platte, die ohne Unterzüge auf Stützen gelagert ist (Flachdecke mit der größeren Spannweite)	0,85

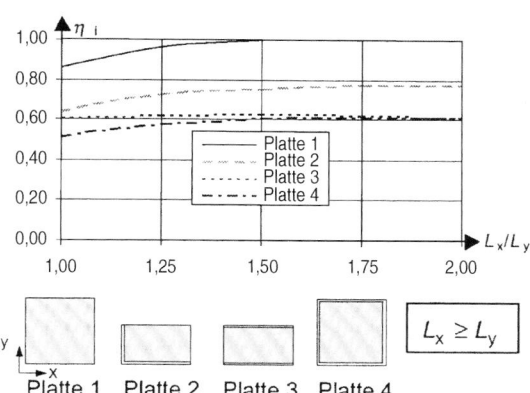

Abb. 8.98 Beiwert h_i zur Berücksichtigung der Plattengeometrie

$l_i = \eta_i \cdot l_{\text{eff}}$ ideelle Stützweite von Plattentragwerken ($l_{\text{eff}} = \min l = L_y$ sowie η_i nach Abb. 8.98)

$k_c \approx (20/f_{\text{ck}})^{1/6}$ Faktor zur Berücksichtigung der Betonfestigkeit (f_{ck} in N/mm^2).

Alle Werte gelten für Beton mit $f_{\text{ck}} \geq 20\,\text{N/mm}^2$ und einer Kriechzahl $\varphi \leq 2.5$. Die Verkehrslast der Platten sollte $\leq 5.0\,\text{kN/m}^2$ sein.

Beispiel 8.27

a) Zweiachsig gespannte Platte (Vordimensionierung)

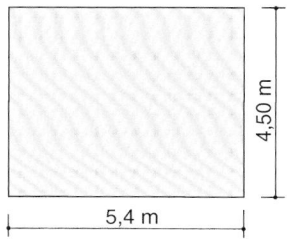

4,50 m

5,4 m

Beton C25/30, B500B

$$L_x/L_y = 5.40/4.50 = 1.20; \xrightarrow[\text{Platte 1}]{\text{Abb. 8.98}} \eta_i = 0.92$$

$$l_i = 0.92 \cdot 4.50 = 4.14\,\text{m},$$

$$k_c = (20/25)^{1/6} = 0.963$$

$$\text{zul}\,f = l/250 \rightarrow \lambda_i = 29.72 \text{ (interpoliert)}$$

$$\text{erf}\,d = 0.963 \cdot 4.14/29.72 = 0.135\,\text{m}$$

$$\text{gewählt: } h = 16\,\text{cm}$$

$$\text{zul}\,f = l/500 \rightarrow \lambda_i = 22.72 \text{ (interpoliert)}$$

$$\text{erf}\,d = 0.963 \cdot 4.14/22.72 = 0.175\,\text{m}$$

$$\text{gewählt: } h = 20\,\text{cm}$$

Nachweis nach EC 2 (gemäß (8.151))

Bemessungsergebnis:

$$\varrho = 0.28\,\% < \varrho^0 = 10^{-3} \cdot \sqrt{25} = 0.005 = 0.5\,\%$$

Tafel 8.52: $K = 1.0$, Modifikationsbeiwert $k_1 = 1.0$

$$\frac{l}{d} = 1.0 \cdot \left[11 + 1.5 \cdot \sqrt{25} \cdot \frac{0.5}{0.28} \right.$$
$$\left. + 3.2 \cdot \sqrt{25} \cdot \left(\frac{0.5}{0.28} - 1 \right)^{3/2} \right]$$
$$= 35.54$$

Für $\text{zul}\,f = l/250$ ist zusätzlich zu prüfen:

Grenzwert nach (8.152): $l/d = 1.0 \cdot 35 = 35$ (hier maßgebend)

$$\rightarrow \text{erf}\,d = 4.5/35 = 0.129\,\text{m}$$

d. h. $h = 16\,\text{cm}$ ausreichend.

Für $\text{zul}\,w = l/500$ ist zusätzlich zu prüfen:

Grenzwert nach (8.152): $l/d = 1.0^2 \cdot 150/4.5 = 33.33$ (hier maßgebend)

$$\rightarrow \text{erf}\,d = 4.5/33.33 = 0.135\,\text{m}$$

d. h. es wäre auch eine etwas geringere Plattenstärke als $h = 20\,\text{cm}$ ausreichend. Der Nachweis der Biegeschlankheit wäre dann in Abhängigkeit des tatsächlichen Bewehrungsgrades neu zu führen.

b) Dreifeldträger (Vordimensionierung)

6,0 m — 8,5 m — 6,0 m

Beton C30/37, B 500 B
Rechteckquerschnitt
Endfeld:

$$l_i = \alpha_i \cdot l_{\text{eff}} = 0.8 \cdot 6.00 = 4.80\,\text{m}$$

Mittelfeld:

$$l_i = \alpha_i \cdot l_{\text{eff}} = 0.7 \cdot 8.50 = 5.95\,\text{m}$$

Maßgebend ist somit das Mittelfeld:

$$k_c = (20/30)^{1/6} = 0,935$$

$$_{zul}f = l/250 \rightarrow \lambda_i = 26,05 \text{ (interpoliert)}$$

$$_{eff}d = 0,935 \cdot 5,95/36,05 = 0,215\,\text{m},$$

$$h = 26\,\text{cm}$$

$$_{zul}f = l/250 \rightarrow \lambda_i = 14,7 \text{ (interpoliert)}$$

$$_{eff}d = 0,935 \cdot 5,95/14,7 = 0,378\,\text{m},$$

$$h = 42\,\text{cm}$$

Nachweis nach EC 2 (gemäß (8.151))
Bemessungsergebnis:

$$\varrho = 0,405\,\% < \varrho^0 = 10^{-3} \cdot \sqrt{30} = 0,00548 = 0,548\,\%$$

Tafel 8.52: $K = 1,0$, Modifikationsbeiwert $k_1 = 1,0$, $k_3 = 7/8,5 = 0,823$

$$\frac{l}{d} = 1,5 \cdot \left[11 + 1,5 \cdot \sqrt{30} \cdot \frac{0,548}{0,405} \right.$$
$$\left. + 3,2 \cdot \sqrt{30} \cdot \left(\frac{0,548}{0,405} - 1 \right)^{3/2} \right]$$
$$= 38,69$$

Für $_{zul}f = l/250$ ist zusätzlich zu prüfen:
Grenzwert nach (8.152): $l/d = 1,5 \cdot 35 = 52,50$
(38,69 maßgebend)

$$\rightarrow _{erf}d = 8,5/38,69 = 0,22\,\text{m}$$

d. h. $h = 26\,\text{cm}$ etwa ausreichend.
Für $_{zul}w = l/500$ ist zusätzlich zu prüfen:
Grenzwert nach (8.152):

$$l/d = 1,5^2 \cdot 150/8,5 = 39,70$$

Mit $k_3 = 0,823$ modifizierte Schlankheit:

$$l/d = 38,69 \cdot 0,823 = 31,84 \text{ (maßgebend)}$$
$$\rightarrow _{erf}d = 8,5/31,84 = 0,267\,\text{m}$$

d. h. es wäre auch eine etwas geringere Balkenstärke als $h = 42\,\text{cm}$ möglich.
Der Nachweis der Biegeschlankheit ist dann nach wiederholter Bemessung mit geändertem Bewehrungsgrad neu zu führen. ◄

8.8 Allgemeine Bewehrungs- und Konstruktionsgrundlagen

Dieser Abschnitt gilt für Normalbeton mit Bewehrungen aus Betonstabstählen, Betonstahlmatten und Spannstählen bei überwiegend ruhender Belastung. Der Lastfall „Fahrzeuganprall" im üblichen Hochbau ist ebenfalls eingeschlossen. Bei
- dynamischen Einwirkungen
- Ermüdungsbeanspruchung
- speziellen, z. B. beschichteten Bewehrungen
- Leichtbeton

können zusätzliche Anforderungen bestehen.

8.8.1 Betonstahl

8.8.1.1 Stababstände
Der lichte Abstand a von Betonstahl (Stabdurchmesser $\varnothing_S$) in horizontaler und in vertikaler Richtung darf nicht kleiner als 20 mm sein und muss mindestens gleich dem größeren Stabdurchmesser ($\varnothing_S$ bzw. $\varnothing_n$) sein. Wird ein Beton mit einer größten Gesteinskörnung von $d_g > 16$ mm benutzt, so darf der lichte Abstand a auch nicht kleiner als $d_g + 5$ mm sein. Im Bereich von Übergreifungsstößen gelten andere Werte (siehe Abschn. 8.8.1.6).

In jedem Fall soll a so groß gewählt werden, dass der Beton ausreichend verdichtet werden kann und der Verbund gesichert ist. Dazu sind ggf. Rüttelgassen vorzusehen. Bei mehrlagiger Bewehrung sind die Stäbe vertikal übereinander im Abstand a anzuordnen.

Die in Abb. 8.99 angegebenen Abstände stellen somit Mindestabstände dar, die aus praktischen Erwägungen heraus so nur in begrenzten Bereichen vorgesehen werden sollten.

8.8.1.2 Biegen von Betonstahl
Die infolge des Biegens von Betonstählen auftretenden Beanspruchungen sowohl beim Stahl als auch beim Beton (Umlenkpressungen) erfordern entsprechende Nachweise. Für den Nachweis der Bewehrungsbeanspruchung gelten die in Tafel 8.56 und 8.57 zusammengestellten Mindestbiegerollendurchmesser D_{min}.

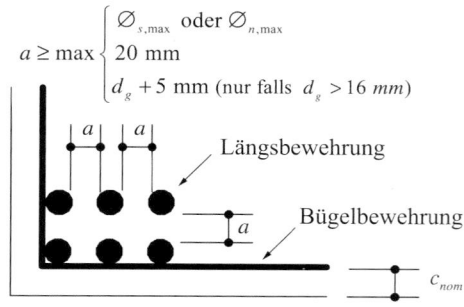

Abb. 8.99 Stababstände im Betonquerschnitt

Tafel 8.56 Mindestwerte der Biegerollendurchmesser D_{min} für Stäbe

Betonstahl	Haken, Winkelhaken, Schlaufen, Bügel		Schräge Stäbe und sonst. Krümmungen		
	Stabdurchmesser $\varnothing_s$		Mindestmaß der Betondeckung seitlich		
	< 20 mm	≥ 20 mm	> 100 mm und $> 7\varnothing_s$	> 50 mm und $> 3\varnothing_s$	≤ 50 mm oder $\leq 3\varnothing_s$
Rippenstäbe B 500	$4\varnothing_s$	$7\varnothing_s$	$10\varnothing_s$	$15\varnothing_s$	$20\varnothing_s$

Tafel 8.57 Mindestwerte der Biegerollendurchmesser D_{min} für geschweißte Bewehrung

Für	Vorwiegend ruhende Einwirkungen		Nicht vorwiegend ruhende Einwirkungen	
	Schweißung außerhalb	Schweißung innerhalb	Schweißung auf der Außenseite	Schweißung auf der Innenseite
	des Biegebereiches		der Biegung	
$a < 4\varnothing_s$	$20\varnothing_s$	$20\varnothing_s$	$100\varnothing_s$	$500\varnothing_s$
$a \geq 4\varnothing_s$	Werte nach Tafel 8.56			

a entspricht dem Abstand zwischen Biege- und Schweißstelle.

Tafel 8.58 Hin- und Zurückbiegen von Betonstabstählen und Betonstahlmatten[a]

Bedingung/Parameter		Kaltbiegen		Warmbiegen B500 $> 500\,°C$
		Hin- und Zurückbiegen	Mehrfachbiegen an einer Stelle	Hin- und Zurückbiegen
vorwiegend ruhende Belastung	$\varnothing_s$	≤ 14 mm	generell nicht zulässig	–
	D_{min}	$\geq 6\varnothing_s$		–
	f_{yd}	$\leq 0{,}8 f_{yd}$ im GZT		$\leq 217\,\text{N/mm}^2$
	V_{Ed}	$\leq 0{,}3 \cdot V_{Rd,max}$[b] für $\alpha = 90°$		–
		$\leq 0{,}2 \cdot V_{Rd,max}$[b] für $\alpha < 90°$		
nicht vorwiegend ruhende Belastung	$\varnothing_s$	≤ 14 mm		–
	D_{min}	$\geq 15\varnothing_s$		–
	f_{yd}	$\leq 0{,}8 f_{yd}$ im GZT		$\leq 217\,\text{N/mm}^2$
	$\Delta\sigma_s$	$\leq 50\,\text{N/mm}^2$		$\leq 50\,\text{N/mm}^2$
	V_{Ed}	$\leq 0{,}3 \cdot V_{Rd,max}$[b] für $\alpha = 90°$		
		$\leq 0{,}2 \cdot V_{Rd,max}$[b] für $\alpha < 90°$		

[a] Siehe auch: DBV-Merkblatt „Rückbiegen von Betonstahl und Anforderungen an Verwahrkästen".
[b] α = Neigung der Zugstrebe. Vereinfachend darf $V_{Rd,max}$ mit $\theta = 40°$ bestimmt werden.

Der Nachweis der Betonbeanspruchung im Krümmungsbereich kann ebenfalls über die Einhaltung eines Mindestbiegerollendurchmessers D_{min} nach (8.153) erfolgen:

$$D_{min} \geq \frac{F_{bt}}{f_{cd}} \cdot \left(\frac{1}{a_b} + \frac{1}{2 \cdot \varnothing_s} \right) \qquad (8.153)$$

F_{bt} Zugkraft des Stabes im GZT am Krümmungsbeginn

a_b kleinerer Wert aus halbem Schwerpunkt-Abstand der Krümmungsebenen benachbarter Stäbe und dem Abstand der Krümmungsebene zur Bauteiloberfläche (im Allg. $= 0{,}5 \cdot \varnothing_s$ + Betondeckung)

f_{cd} Bemessungswert der Betondruckfestigkeit, aber $< 31{,}17\,\text{N/mm}^2$ ($\hat{=} C55/67$).

Für Haken, Winkelhaken und Schlaufen kann dieser Nachweis mit den Werten nach Tafel 8.56 und 8.57 als erbracht angesehen werden, sofern gilt:

- entweder die erforderliche Verankerungslänge nach dem Ende der Krümmung ist $< 5 \cdot \varnothing_s$
- oder die Krümmungsebene liegt nicht nahe der Betonoberfläche und innerhalb der Krümmung ist ein Querstab mit $\varnothing_{s,quer} \geq \varnothing_s$ angeordnet.

Das Hin- und Zurückbiegen von Betonstählen ist an enge Grenzen gebunden. Diese sind in Tafel 8.58 zusammengefasst.

8.8.1.3 Verbundbereiche und Bemessungswert der Verbundspannung

Die Verbundbedingungen sind abhängig von den Bauteilabmessungen sowie der Beschaffenheit der Bewehrungsstäbe und deren Lage im Bauteil während des Betonierens. Unterschieden wird zwischen guten (vgl. Tafel 8.59) und mäßigen (alle anderen) Verbundbedingungen.

Ein guter Verbund darf auch für liegend hergestellte stabförmige Bauteile mit Querschnittsabmessungen ≤ 50 cm angenommen werden, sofern diese mit einem Außenrüttler verdichtet werden. Bei Gleitbauverfahren ist im Allg. von mäßigen Verbundeigenschaften auszugehen.

Der Bemessungswert der Verbundspannungen $f_{bd} = 2{,}25 \cdot \eta_1 \cdot f_{ctk;0,05}/\gamma_C$ ist in Tafel 8.60 angegeben. Dabei ist $\eta_1 = 1$ bei guten Verbundbedingungen, $\eta_1 = 0{,}7$ bei mäßigen Verbundbedingungen. Aufgrund der höheren Sprö-

Tafel 8.59 Bedingungen für guten Verbundbereich[a]

Stablage zur Waagerechten während des Betonierens	Bauteildicke h in cm	Stablage[b]
0 bis 45°	≤ 30	alle Stäbe
	> 30 ≤ 60	alle Stäbe die 30cm von unten liegen
	> 60	alle Stäbe die $\geq$30cm von oben liegen
45 bis 90°	Ohne Begrenzung	alle Stäbe mit $45 < \alpha \leq 90°$

[a] Alle anderen Stablagen gehören in den mäßigen Verbundbereich.
[b] Betonierrichtung ist immer von unten nach oben.

Tafel 8.60 Bemessungswerte der Verbundspannung f_{bd} [N/mm²] für Betonstahl mit $\varnothing_s \leq 32$ mm

	charakteristische Betondruckfestigkeit f_{ck} in N/mm²														
	12	16	20	25	30	35	40	45	50	55	60	70	80	90	100
guter Verbund	1,65	2,00	2,32	2,69	3,04	3,37	3,68	3,99	4,28	4,43	4,57	4,57	4,57	4,57	4,57
mäßiger Verbund	1,16	1,40	1,62	1,89	2,13	2,36	2,58	2,79	2,99	3,10	3,20	3,20	3,20	3,20	3,20

Tafel 8.61 Grundwert der Verankerungslänge $l_{b,rqd}/\varnothing_s$ in [cm] für Stabstahl B 500[a].
Ablesebeispiel: C20/25, guter Verbund, $\varnothing_s = 12$ mm, $l_{b,rqd} = 4{,}68 \cdot 12 = 56{,}2$ cm

	charakteristische Betondruckfestigkeit f_{ck} in N/mm²										
	12[b]	16	20	25	30	35	40	45	50	55	60–100
guter Verbund	6,58	5,43	4,68	4,04	3,57	3,22	2,95	2,73	2,54	2,46	2,38
mäßiger Verbund	9,40	7,76	6,69	5,77	5,11	4,61	4,21	3,90	3,63	3,51	3,40

[a] Ist bei der Querschnittsbemessung an der betrachteten Verankerungsstelle der ansteigende Ast der Stahlkennlinie berücksichtigt worden, so ist der Wert von $l_{b,req}$ aus dieser Tafel mit dem Faktor $\sigma_{sd}/f_{yd} \leq 1{,}05$ zu vergrößern.
[b] Beton C12/15 darf nur für Bauteile verwendet werden, bei denen keinerlei Korrosionsgefahr besteht, d. h. im Allgemeinen werden bewehrte Bauteile nicht in dieser Festigkeitsklasse ausgeführt.

digkeit wird die Verbundfestigkeit für Betone > C55/67 auf den Wert von C60/75 begrenzt.

Bei Stabdurchmessern größer 32 mm sind die Werte der Tafel 8.60 mit $(132 - \varnothing_s$ [mm]$)/100$ zu multiplizieren.

8.8.1.4 Verankerungen

Der **Grundwert der Verankerungslänge** $l_{b,rqd}$ beträgt:

$$l_{b,rqd} = \frac{\varnothing_s}{4} \cdot \frac{f_{yd}}{f_{bd}} \qquad (8.154)$$

f_{yd} Bemessungswert der Streckgrenze
f_{bd} Grundwert der Verbundspannung nach Tafel 8.60
$\varnothing_s$ Stabdurchmesser bzw. bei Doppelstäben $= \varnothing_n = \varnothing_s \cdot \sqrt{2}$.
Der auf den Stabdurchmesser bezogene Grundwert ist in Tafel 8.61 zusammengestellt, im Abschn. 8.10 sind entsprechende Tafelwerte detailliert aufgeführt.

Der **Bemessungswert der Verankerungslänge**[1] $l_{bd} = l_{b,eq}$ für Stäbe, Drähte und Betonstahlmatten aus Rippenstäben wird aus dem Grundwert nach (8.154) wie folgt mit abgeleitet:

$$l_{b,eq} = \alpha_a \cdot l_{b,rqd} \cdot \frac{A_{s,erf}}{A_{s,vorh}} \geq l_{b,min} \qquad (8.155)$$

[1] Formal wird im EC 2 zwischen dem Bemessungswert der Verankerungslänge l_{bd} und der sogenannten Ersatzverankerungslänge $l_{b,eq}$ unterschieden. Dies war bisher in Deutschland nicht üblich und ist aus Sicht des Verfassers auch nicht praxisgerecht. Daher wird an dieser Stelle die bisher auch übliche Berechnung mit der vom Ende der Biegeform gemessenen Verankerungslänge $l_{b,eq}$ empfohlen. Diese Vorgehensweise wird im EC 2 als „vereinfachte Alternative" bezeichnet. Die im EC 2 hier verwendeten Beiwerte α_1 und α_2 werden zum Beiwert α_a zusammengefasst und in Tafel 8.62 beschrieben. Nur der Vollständigkeit halber werden hier auch die Formeln für l_{bd} mit angegeben.

Tafel 8.62 Zulässige Verankerungsarten von Betonstahl und α_a-Werte

Art und Ausbildung der Verankerung			Beiwert α_a	
			Zugstäbe[a]	Druckstäbe
a) Gerade Stabenden 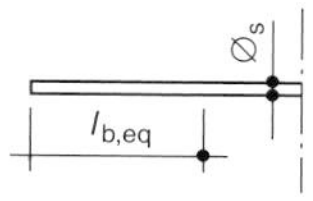			1,0	1,0
b) Haken 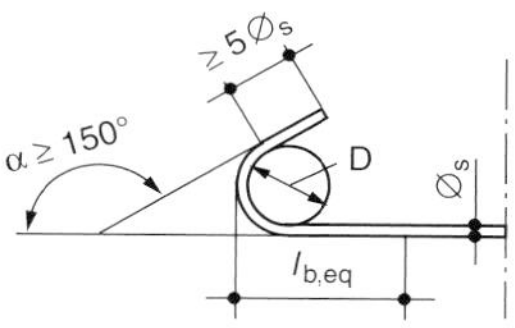 / c) Winkelhaken 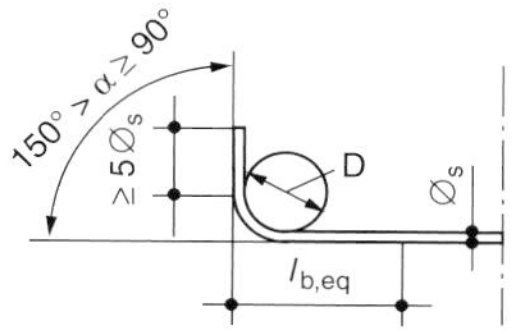 / d) Schlaufen 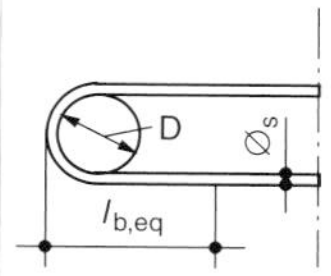			0,7[b] (1,0)	Nicht zulässig
e) Gerade Stabenden mit mindestens einem angeschweißten Stab[c] innerhalb $l_{b,eq}$ 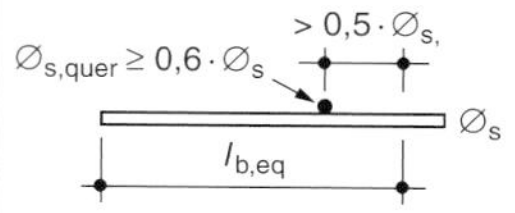			0,7	0,7
f) Haken / g) Winkelhaken / h) Schlaufen (Draufsicht)			0,5 (0,7)	Nicht zulässig
Mit jeweils mindestens einem angeschweißten Stab[c] innerhalb $l_{b,eq}$ vor dem Krümmungsbeginn				
i) Gerade Stabenden mit mindestens zwei angeschweißten Stäben[c] innerhalb $l_{b,eq}$ (Stababstand $s < 100$ mm und $\geq 5\varnothing_s$ und ≥ 50 mm) nur zulässig bei Einzelstäben mit $\varnothing_s \leq 16$ mm und bei Doppelstäben mit $\varnothing_s \leq 12$ mm			0,5	0,5

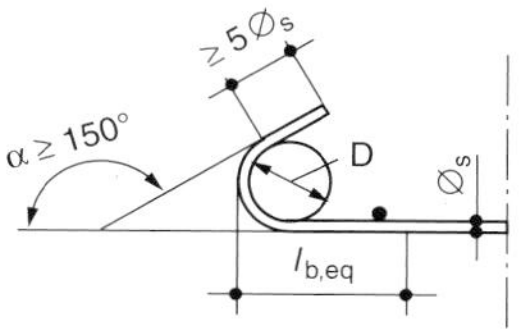

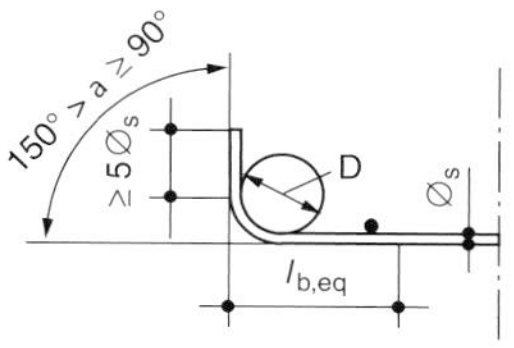

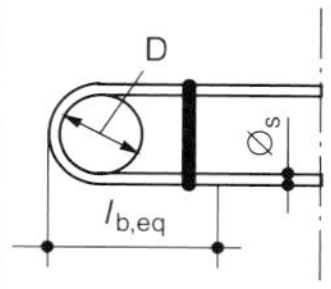

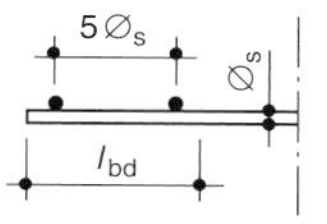

[a] Die in Klammern angegebenen Werte gelten, wenn im Krümmungsbereich rechtwinklig zur Krümmungsebene die Betondeckung weniger als $3\varnothing_s$ beträgt oder kein Querdruck oder keine enge Verbügelung vorhanden ist.

[b] Bei Schlaufenverankerungen mit Biegerollendurchmesser $D \geq 15\varnothing_s$ darf der Wert α_a auf 0,5 reduziert werden.

[c] Für angeschweißte Stäbe gilt: $\varnothing_{s,Quer} \geq 0,6 \cdot \varnothing_s$. Sie sind als tragende Verbindungen auszuführen.

$l_{b,eq}$ Ersatzverankerungslänge (ist dem Bemessungswert l_{bd} äquivalent)

α_a Beiwert zur Berücksichtigung der Verankerungsart nach Tafel 8.62

$l_{b,min}$ Mindestverankerungslänge
bei Zugstäben $l_{b,min} \geq \max\{0,3 \cdot l_{b,rqd}; 10 \cdot \varnothing_s\}$
bei Druckstäben $l_{b,min} \geq \max\{0,6 \cdot l_{b,rqd}; 10 \cdot \varnothing_s\}$

Verankerungen mit gebogenen Druckstäben sind unzulässig. Im Verankerungsbereich von Bewehrungsstäben ist eine Bewehrung quer zur Stabrichtung zur Aufnahme von Zugspannungen anzuordnen. Wenn die üblichen konstruktiven Maßnahmen ergriffen werden, z. B. Bügel bei Stützen und Balken, Querbewehrung bei Platten und Wänden, so ist dies im Allgemeinen für die hier angesprochene Querbewehrung ausreichend.

Sollen spezielle Ankerköper verwendet werden, so ist hierfür vielfach eine bauaufsichtliche Zulassung erforderlich, ggf. kann allerdings auch genauer rechnerischer Nachweis ausreichend sein. Für angeschweißte Ankerplatten gilt DIN EN ISO 17660 „Schweißen von Betonstahl".

Bemessungswert der Verankerungslänge l_{bd}: Für die Praxis wird empfohlen, die Verankerungen über den äquivalenten Wert mit der Ersatzverankerungslänge $l_{b,eq}$ (s. o.) zu bestimmen.

Der Grundwert der Verankerungslänge $l_{b,rqd}$ darf bei gebogenen Stäben nur dann über die Krümmung nach Abb. 8.100 gemessen werden, wenn der größere Biegerollendurchmesser nach Tafel 8.56 für Schrägaufbiegungen eingehalten ist. Ansonsten gelten die Angaben gemäß Tafel 8.62.

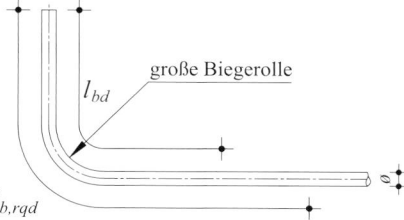

Abb. 8.100 Grundwert der Verankerungslänge, gemessen entlang der Mittellinie

Tafel 8.63 Beiwerte α_i zur Berechnung der Verankerungslänge l_{bd}

Einfluss	Art der Verankerung	Zugstab	Druckstab
Biegeform α_1	gerades Stabende	$\alpha_1 = 1$	$\alpha_1 = 1,0$
	Haken, Winkelhaken, Schlaufen	$c_d \geq 3\varnothing_s : \alpha_1 = 0,7$ $c_d \leq 3\varnothing_s : \alpha_1 = 1,0^a$	
Betondeckung α_2	gerades Stabende	$\alpha_2 = 1$	$\alpha_2 = 1,0$
	Haken, Winkelhaken, Schlaufen	$\alpha_2 = 1$	$\alpha_2 = 1,0$
nicht angeschweißte Querbewehrung α_3 [b]	alle Arten	$\alpha_3 = 1 - K \cdot \lambda$ mit $0,7 \leq \alpha_3 \leq 1,0$	$\alpha_3 = 1,0$
angeschweißte Querstäbe α_4	alle Arten	$\alpha_4 = 0,7$	$\alpha_4 = 0,7$
Querdruck α_5	alle Arten	$\alpha_5 = 1 - 0,04p$ mit $0,7 \leq \alpha_5 \leq 1,0$	–

[a] $\alpha_1 = 0,7$ darf eingesetzt werden, wenn Querdruck oder eine enge Verbügelung vorhanden ist.
[b] Im Allgemeinen ist es wegen des geringen Einflusses zweckmäßig mit $\alpha_3 = 1,0$ zu rechnen.

Die allgemeine Gleichung für l_{bd} nach EC 2-1-1/NA, 8.4.4 [15] berücksichtigt weitere Faktoren und lautet:

$$l_{bd} = \alpha_1 \cdot \alpha_2 \cdot \alpha_3 \cdot \alpha_4 \cdot \alpha_5 \cdot l_{b,rqd} \cdot \frac{A_{s,erf}}{A_{s,vorh}} \geq l_{b,min} \quad (8.156)$$

α_1 entspricht α_a (Verankerungsart) nach Tafel 8.62 bzw. Tafel 8.63.

α_2 Beiwert zur Erfassung der Betondeckung (α_2 ist in der Regel 1,0).

α_3 Beiwert zur Erfassung der Querbewehrung

α_4 entspricht α_a (angeschweißte Querstäbe) nach Tafel 8.62 bzw. Tafel 8.63.

α_5 Beiwert zur Erfassung von Querdruckspannungen
$= 2/3$ bei direkter Lagerung
$= 2/3$ falls eine allseitige, durch Bewehrung gesicherte Betondeckung $\geq 10\varnothing_s$ vorhanden ist. Dies gilt nicht für Übergreifungsstöße mit einem Achsabstand der Stöße $s \leq 10\varnothing_s$.
$= 1,5$ wenn rechtwinklig zur Bewehrungsebene Querzug eine Rissbildung parallel zum Bewehrungsstab ermöglicht. Bei vorwiegend ruhender Beanspruchung und einer Rissbreitenbeschränkung auf $w_k \leq 0,2$ mm darf auf die Erhöhung verzichtet werden.

Bei Querdruck siehe Tafel 8.63

$l_{b,min}$ Mindestverankerungslänge bei Zugstäben ist $l_{b,min} \geq \max\{0,3 \cdot \alpha_1 \cdot \alpha_4 \cdot l_{b,rqd}; 10 \cdot \varnothing_s\}$. Die Mindestverankerungslänge bei direkter Lagerung ist

$$l_{b,dir} = \max\{2/3 \cdot l_{b,min}; 6,7 \cdot \varnothing_s\},$$

bei Druckstäben ist

$$l_{b,min} \geq \max\{0,6 \cdot l_{b,rqd}; 10 \cdot \varnothing_s\}$$

Bei direkter Lagerung darf l_{bd} auch geringer als $l_{b,min}$ angesetzt werden, falls ein Querstab innerhalb der Auflagerung (mindestens 15 mm vom Lageranschnitt entfernt) angeschweißt ist.

Anmerkungen:

$\lambda \quad = (\sum A_{st} - \sum A_{st,min})/A_s$

$\sum A_{st}$ Querschnittsfläche der Querbewehrung entlang l_{bd}

$\sum A_{st,min}$ Querschnittsfläche der Mindestquerbewehrung ($= 0,25 A_s$ für Balken und 0 für Platten)

A_s Querschnittsfläche des größten verankerten Einzelstabs

p Querdruck in N/mm^2 im GZT innerhalb l_{bd}

c_d der kleinere Wert aus Betondeckung und lichtem Abstand zwischen zwei Stäben (bei Haken, Winkelhaken und Schlaufen: senkrecht zur Krümmungsebene gemessen)

K Beiwert für die Wirksamkeit der Querbewehrung
$= 0,1$ wenn der zu verankernde Stab an zwei Seiten von Querbewehrung um schlossen wird (Stab in einer Bügelecke)
$= 0,05$ wenn die Querbewehrung zwischen Stab und Bauteiloberfläche liegt
$= 0$ wenn die Querbewehrung innerhalb des zu verankernden Stabes liegt.

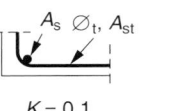 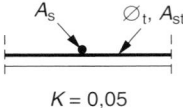 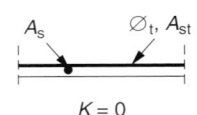

α_1 und α_2 dürfen nicht gleichzeitig angesetzt werden.

Bei Schlaufenverankerungen mit $c_d > 3\varnothing_s$ und Biegerollendurchmessern $D \geq 15\varnothing_s$ darf $\alpha_1 = 0,5$ gesetzt werden.

Falls eine allseitig durch Bewehrung gesicherte Betondeckung von mindestens $10\varnothing_s$ vorhanden ist, darf $\alpha_5 = 2/3$ angenommen werden. Dies gilt nicht für Übergreifungsstöße mit einem Achsabstand der Stöße $s \leq 10\varnothing_s$.

Der Beiwert α_5 ist auf 1,5 zu erhöhen, wenn rechtwinklig zur Bewehrungsebene ein Querzug vorhanden ist, der eine Rissbildung parallel zur Bewehrungsachse im Verankerungsbereich erwarten lässt. Wird bei vorwiegend ruhenden Einwirkungen die Breite der Risse parallel zu den Stäben auf $w_k = 0,2$ mm im GZG begrenzt, darf auf diese Erhöhung verzichtet werden. Verankerungen mit gebogenen Druckstäben sind unzulässig.

Abb. 8.101 Verankerung und Schließen von Bügeln.
a Haken,
b Winkelhaken,
c gerade Stabenden mit zwei angeschweißten Querstäben,
d gerade Stabenden mit einem angeschweißten Querstab,
e, f Schließen in der **Druckzone**,
g, h Schließen in der **Zugzone**
(l_0 mit $\alpha_1 = 0{,}7$ nach Tafel 8.63 mit Haken oder Winkelhaken am Bügelende),
i Schließen bei Plattenbalken im Bereich der Platte.
1 Verankerungselemente nach **a** bzw. **b**,
2 Kappenbügel,
3 Betondruckzone,
4 Betonzugzone,
5 obere Querbewehrung,
6 untere Bewehrung der anschließenden Platte.
Anmerkung Für **c** und **d** darf in der Regel die Betondeckung nicht weniger als 3Ø oder 50 mm betragen

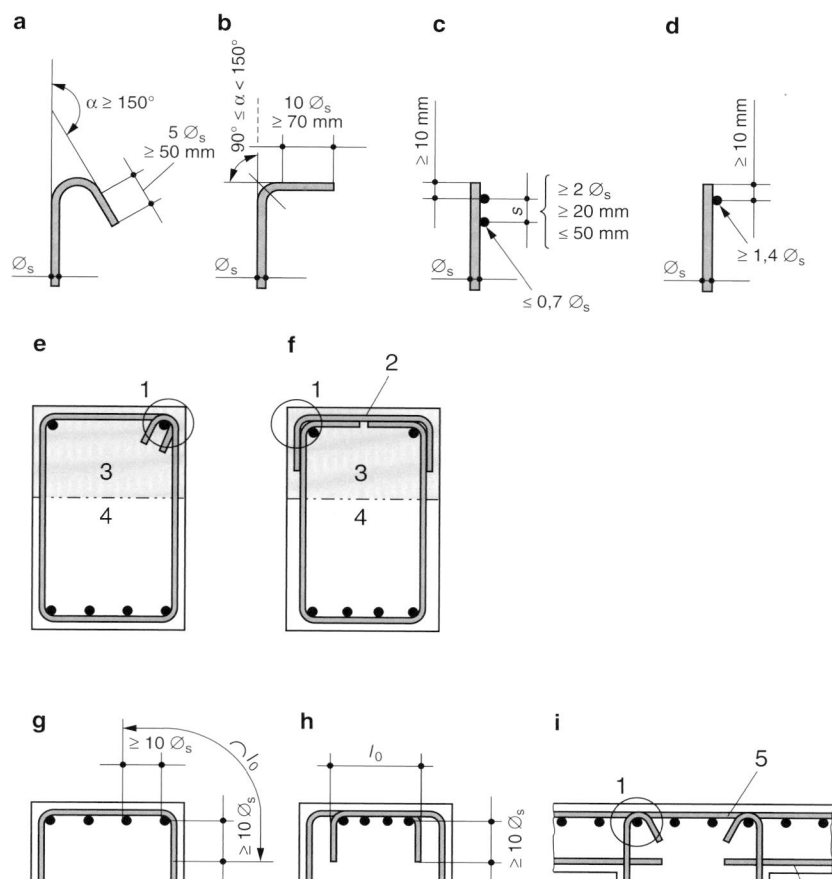

8.8.1.5 Verankerungen von Bügeln und Querkraftbewehrung

Um eine ausreichende Verankerung zu gewährleisten, müssen Bügel den Zuggurt umfassen und in der Druckzone mit Haken, Winkelhaken oder angeschweißten Querstäben ausgestattet sein. In den Bügelecken sowie bei Haken und Winkelhaken sollten stets Längsstäbe angeordnet werden. Bezüglich der Ausbildung der Verankerung sowie des Schließens der Bügel in der Druck- bzw. Zugzone gilt Abb. 8.101. Bei Plattenbalken dürfen die Bügel im Bereich der Platte mittels durchgehender Querstäbe geschlossen werden, wenn $V_{Ed} \leq 2/3 \cdot V_{Rd,max}$ eingehalten ist.

8.8.1.6 Bewehrungsstöße

Üblicherweise erfolgt die Kraftübertragung zwischen zwei Bewehrungsstäben mit einem Übergreifungsstoß. Alternativ sind Schweißverbindungen oder andere mechanische Verbindungsmittel mit bauaufsichtlicher Zulassung möglich. Hin-

sichtlich der Stoßanordnung und -ausbildung gelten folgende Prinzipien:

- Stöße sind in der Regel versetzt anzuordnen.
- Stöße sollten möglichst in weniger stark beanspruchten Querschnitten liegen (insbesondere nicht in plastischen Gelenken).
- Stöße sollten in der Regel im Querschnitt symmetrisch angeordnet sein.
- Stöße müssen den Konstruktionsregeln der Tafel 8.64 entsprechen. Bezüglich der Stoßenden gilt Tafel 8.62. 100 % der Zugstäbe dürfen mit diesen Regeln in einer Lage gestoßen werden. Für Stäbe in mehreren Lagen ist dieser Anteil auf 50 % beschränkt.
- Druckstäbe und Querbewehrung dürfen in einem Querschnitt gestoßen werden. Bzgl. eines Kontaktstoßes für Druckstäbe in Stützen gelten besondere Regeln (EC 2-1-1/NA, 8.7.2. (5) [1])

Tafel 8.64 Ausbildung von Übergreifungsstößen

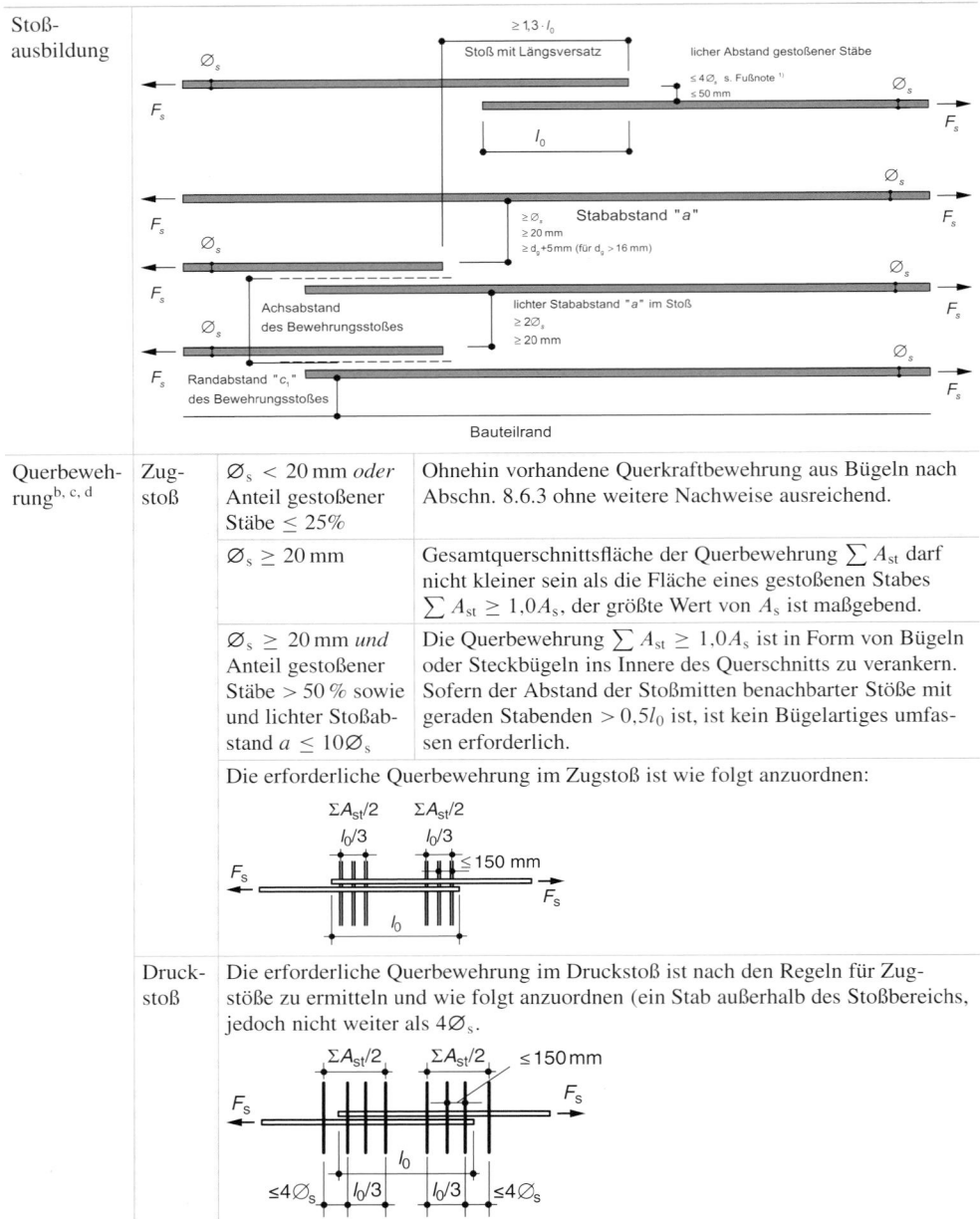

Querbewehrung[b, c, d]	Zug-stoß	$\varnothing_s < 20\,$mm *oder* Anteil gestoßener Stäbe $\leq 25\%$	Ohnehin vorhandene Querkraftbewehrung aus Bügeln nach Abschn. 8.6.3 ohne weitere Nachweise ausreichend.
		$\varnothing_s \geq 20\,$mm	Gesamtquerschnittsfläche der Querbewehrung $\sum A_{st}$ darf nicht kleiner sein als die Fläche eines gestoßenen Stabes $\sum A_{st} \geq 1{,}0A_s$, der größte Wert von A_s ist maßgebend.
		$\varnothing_s \geq 20\,$mm *und* Anteil gestoßener Stäbe $> 50\%$ sowie und lichter Stoßabstand $a \leq 10\varnothing_s$	Die Querbewehrung $\sum A_{st} \geq 1{,}0A_s$ ist in Form von Bügeln oder Steckbügeln ins Innere des Querschnitts zu verankern. Sofern der Abstand der Stoßmitten benachbarter Stöße mit geraden Stabenden $> 0{,}5l_0$ ist, ist kein Bügelartiges umfassen erforderlich.

Die erforderliche Querbewehrung im Zugstoß ist wie folgt anzuordnen:

Die erforderliche Querbewehrung im Druckstoß ist nach den Regeln für Zugstöße zu ermitteln und wie folgt anzuordnen (ein Stab außerhalb des Stoßbereichs, jedoch nicht weiter als $4\varnothing_s$.

[a] Gestoßene Stäbe dürfen sich innerhalb der Übergreifungslänge berühren. Ist aber der lichte Abstand zwischen zwei gestoßenen Stäben $> 4\varnothing_s$ bzw. 50 mm, so ist die Übergreifungslänge l_0 um den diesen Wert übersteigenden Betrag zu verlängern.
[b] In flächenartigen Bauteilen muss die Querbewehrung bügelartig ausgebildet werden, falls $a \leq 5\varnothing_s$, sie darf jedoch auch gerade sein, wenn die Übergreifungslänge um 30 % erhöht wird.
[c] Werden bei mehrlagiger Bewehrung mehr als 50 % des Querschnitts der einzelnen Lagen in einem Schnitt gestoßen, so sind die Übergreifungsstöße durch Bügel zu umschließen, die für die Kraft aller gestoßenen Stäbe zu bemessen sind.
[d] In vorwiegend biegebeanspruchten Bauteilen ab der C70/85 sind Übergreifungsstöße durch Bügel zu umschließen, wobei die Summe der Querschnittsfläche der orthogonalen Schenkel gleich der Querschnittsfläche der gestoßenen Längsbewehrung sein muss.

Tafel 8.65 Beiwert α_6 zur Erfassung des Anteils gestoßener Stäbe

Stoßdarstellung			Anteil der ohne Längsversatz gestoßenen Stäbe am Querschnitt einer Bewehrungslage	
			$\leq 33\,\%$	$> 33\,\%$
	Zug-stoß	$\varnothing_s < 16\,\text{mm}$	$1{,}2^a$	$1{,}4^a$
		$\varnothing_s \geq 16\,\text{mm}$	$1{,}4^a$	$2{,}0^b$
	Druckstoß		$1{,}0$	$1{,}0$

^{a} Falls $c_1 \geq 4\varnothing_s$ und $a \geq 8\varnothing_s$ gilt: $\alpha_6 = 1{,}0$.
^{b} Falls $c_1 \geq 4\varnothing_s$ und $a \geq 8\varnothing_s$ gilt: $\alpha_6 = 1{,}4$.

Im Bereich von Übergreifungsstößen ist **Querbewehrung** erforderlich, um Querzugkräfte aufzunehmen. Diese ist gemäß Tafel 8.64 zu ermitteln und anzuordnen.

Die **Übergreifungslänge l_0** ergibt sich aus dem Grundmaß der Verankerungslänge zu:

$$l_0 = \alpha_1 \cdot \alpha_3 \cdot \alpha_5 \cdot \alpha_6 \cdot l_{b,rqd} \cdot \frac{A_{s,erf}}{A_{s,vorh}} \geq l_{0,min} \qquad (8.157)$$

$l_{b,rqd}$ Grundmaß der Verankerungslänge nach (8.154)
α_1 Beiwert zur Erfassung der Verankerungsart (siehe Tafel 8.63 bzw. alternativ α_a nach Tafel 8.62)
α_3 Beiwert zur Erfassung der Querbewehrung, Tafel 8.63 Für die Berechnung von α_3 ist in der Regel $\sum A_{st,min} = 1{,}0 \cdot A_s \cdot (\sigma_{sd}/f_{yd})$ anzunehmen, wobei A_s der Querschnittsfläche eines gestoßenen Stabes entspricht.
α_5 Beiwert zur Erfassung von Querdruckspannungen (Erläuterung siehe (8.156)) (Für Übergreifungsstöße ist α_5 in der Regel 1,0)
α_6 Übergreifungslängenbeiwert nach Tafel 8.65
$l_{0,min}$ Mindestmaß der Übergreifungslänge bei Zugstäben

$$l_{0,min} \geq \max\{0{,}3 \cdot \alpha_1 \cdot \alpha_6 \cdot l_{b,rqd}; 15 \cdot \varnothing_s; 200\,\text{mm}\},$$

α_1 nach Tafel 8.62, $l_{b,rqd}$ nach (8.154).
Sofern keine angeschweißten Querstäbe vorhanden sind (α_4) kann (8.157) wie folgt vereinfacht werden:

$$l_0 = \alpha_6 \cdot l_{bd} = \alpha_6 \cdot l_{b,eq} \geq l_{0,min} \qquad (8.158)$$

l_{bd} Bemessungswert der Verankerungslänge bzw. Ersatzverankerungslänge $l_{b,eq}$ nach (8.156) bzw. (8.155) (ohne Berücksichtigung von angeschweißten Querstäben)
α_6 Übergreifungslängenbeiwert nach Tafel 8.65
$l_{0,min}$ Mindestmaß der Übergreifungslänge (siehe Erläuterungen zu (8.157)).

Stöße von Betonstahlmatten können durch Verschränkung (Ein-Ebenen-Stoß) oder als Zwei-Ebenen-Stoß ausgeführt werden (siehe Abb. 8.102). Zusätzlich ist bei R-Matten zwischen dem Stoß der Hauptbewehrung (Tragstoß) und der Querbewehrung (Verteilerstoß) zu unterscheiden. Stöße durch Verschränkung kommen in der Praxis des allgemeinen Hochbaus seltener vor. Die zugehörigen Übergreifungslängen sind nach (8.157) bzw. (8.158) zu bestimmen, wobei aber $l_{0,min}$ den Abstand der Mattenquerbewehrung nicht unterschreiten darf. In (8.157) darf hier der günstige Einfluss angeschweißter Querbewehrung nicht angesetzt werden ($\alpha_3 = 1{,}0$). Bei Ermüdungsbeanspruchung ist eine Verschränkung der Betonstahlmatten nach Abb. 8.102a die Regelausführung.

Üblicherweise wird im allg. Hochbau der **Zwei-Ebenen-Stoß für Betonstahlmatten** ausgeführt. Dieser ist nach Tafel 8.66 auszubilden. Die Übergreifungslänge der Hauptbewehrung im Zwei-Ebenen-Stoß beträgt:

$$l_0 = \alpha_7 \cdot l_{b,rqd} \geq l_{0,min} \qquad (8.159)$$

$l_{b,rqd}$ Grundwert der Verankerungslänge nach (8.154)
α_7 Beiwert für den Mattenquerschnitt

$$1{,}0 \leq \alpha_7 = 0{,}4 + \frac{a_{s,vorh}\,[\text{cm}^2/\text{m}]}{8} \leq 2{,}0$$

$a_{s,vorh}$ die vorhandene Bewehrungsmenge im betrachteten Schnitt
$l_{0,min}$ Mindestwert der Übergreifungslänge mit

$$l_{0,min} = \max\{0{,}3 \cdot \alpha_7 \cdot l_{b,rqd}; s_q; 200\,\text{mm}\}$$

s_q der Abstand der angeschweißten Querstäbe.

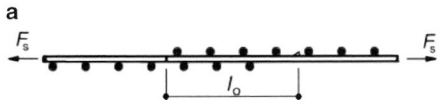
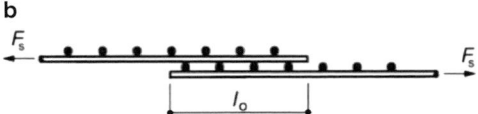

Abb. 8.102 Übergreifungsstöße von geschweißten Betonstahlmatten. **a** Verschränkung von Betonstahlmatten (Längsschnitt), **b** Zwei-Ebenen-Stoß von Betonstahlmatten (Längsschnitt)

Tafel 8.66 Stoßausbildung für Betonstahlmatten (Zwei-Ebenen-Stoß)[a]

Stoß	Bedingung	Zul. Stoßanteil	Übergreifungslänge[c]		
Hauptbewehrung	$A_s/s_l = a_s \leq 12\,\text{cm}^2/\text{m}$	100 %	Nach (8.63) $l_0 = \alpha_7 \cdot l_{b,rqd} \geq l_{0,min}$		
	$A_s/s_l = a_s > 12\,\text{cm}^2/\text{m}^2$	60 %			
Querbewehrung (Verteilerstoß)	Innerhalb der Übergreifungslänge müssen mindestens zwei Längsstäbe der Hauptbewehrung liegen.	100 %	$\varnothing_{s,q} \leq 6\,\text{mm}$	$l_0 \geq$	$\begin{cases} 150\,\text{mm} \\ s_l \end{cases}$
			$6 < \varnothing_{s,q} \leq 8{,}5$	$l_0 \geq$	$\begin{cases} 250\,\text{mm} \\ 2 \cdot s_l \end{cases}$
			$8{,}5 < \varnothing_{s,q} \leq 12$	$l_0 \geq$	$\begin{cases} 350\,\text{mm} \\ 2 \cdot s_l \end{cases}$
			$\varnothing_{s,q} \leq 12\,\text{mm}$	$l_0 \geq$	$\begin{cases} 500\,\text{mm} \\ 2 \cdot s_l \end{cases}$

[a] Eine zusätzliche Querbewehrung im Stoßbereich ist nicht erforderlich.
[b] Bei mehrlagiger Bewehrung ist ein Vollstoß nur bei der inneren Bewehrungslage zulässig, wobei der Anteil der gestoßenen Matten $\leq 60\,\%$ der erforderlichen Bewehrung beträgt.
[c] $\varnothing_{s,q}$ Stabdurchmesser der Querbewehrung, s_l, s_q Stababstände in Längs- und Querrichtung.

Zusätzlich zu den Angaben der Tafel 8.66 sind folgende Regeln einzuhalten:

- Stöße müssen in Bereichen liegen, in denen die Stahlspannung im GZT nur zu 80 % ausgenutzt wird. Sofern dies nicht eingehalten wird, ist die Biegebemessung mit der am weitesten von der Zugseite entfernten Bewehrungslage durchzuführen. Für den Nachweis der Rissbreite ist in diesem Fall eine um 25 % erhöhe Stahlspannung anzusetzen.
- Sofern $\alpha_s \leq 6\,\text{cm}^2/\text{m}$ ist, kann auf eine bügelartige Umfassung des Stoßes verzichtet werden.
- Bei mehrlagiger Mattenbewehrung sind die Stöße der einzelnen Mattenlagen um mindestens $1{,}3 \cdot l_0$ zu versetzen.

8.8.1.7 Stöße, zusätzliche Regeln für Rippenstäbe mit $\varnothing_s > 32\,\text{mm}$

Die wesentlichen Abmessungen, Stababstände und Betondeckung sind in Tafel 8.67 angegeben. Daneben soll die Rissbeschränkung entweder durch Anordnung einer Hauptbewehrung oder durch Nachweis nach Abschn. 8.7.2 erfolgen. Als Festigkeitsklasse können C20/25 bis C80/95 eingesetzt werden. Die Bemessungswerte der Verbundspannungen f_{bd} nach Tafel 8.60 sind mit dem Faktor $(132 - \varnothing_s)/100$ zu multiplizieren.

Weitere detaillierte Vorgaben und Ergänzungen zu diesem Thema sind in EC-2-1-1/NA 8.8 [2] enthalten.

8.8.1.8 Zusätzliche Bewehrungsregeln für Stabbündel aus Rippenstäben

Als Bemessungsgrundlage dient ein Ersatzstab mit dem Durchmesser $\varnothing_n$ und gleicher Fläche bzw. gleichem Schwerpunkt des Stabbündels nach (8.160).

$$\varnothing_n = \varnothing_s \sqrt{n_b} \leq \begin{cases} 55\,\text{mm} \\ 28\,\text{mm ab C70/85} \end{cases} \qquad (8.160)$$

$n_b \leq 4$ für lotrechte Stäbe unter Druck und Stäbe in einem Übergreifungsstoß
$n_b \leq 3$ in allen anderen Fällen
$\varnothing_s \leq 28\,\text{mm}$.

In einem Stabbündel müssen alle Stäbe die gleichen Eigenschaften haben. Stäbe mit verschiedenen Durchmessern dürfen gebündelt werden, wenn das Verhältnis der Durchmesser $\leq 1{,}7$ ist. Für Stabbündel gelten die allgemeinen Bewehrungsregeln (s. Abschn. 8.8.1), wobei als Eingangswert jeweils der Vergleichsdurchmesser anzusetzen ist. Für den lichten Abstand zwischen den einzelnen Bündeln ist jedoch vom Außendurchmesser auszugehen. Die Betondeckung darf nicht weniger als $\varnothing_n$ betragen. Zwei sich berührende, übereinander liegende Stäbe müssen nicht als Stabbündel behandelt werden.

In der Praxis müssen weitere detaillierte Vorgaben gemäß EC-2-1-1/NA 8.9 [2] beachtet werden.

8.8.2 Spannglieder

Die **Betondeckung** der Spannglieder bzw. Hüllrohre ist nach Abschn. 8.6.1 und Tafel 8.37 festzulegen. Für die lichten Abstände untereinander gelten die Werte in Tafel 8.68. Zusätzlich sind bei Spanngliedern auch immer die zugehörigen bauaufsichtlichen Zulassungen zu beachten.

8.8.2.1 Krafteinleitungsbereiche

Bei der Berechnung der Bereiche mit konzentrierten Lasteinleitungen ist insbesondere auf die Einhaltung des Gleichgewichts aller Kräfte sowie auf die Aufnahme der Querkräfte aus Verankerung und von Druckstreben aus Vorspannung zu achten.Wenn konzentrierte Kräfte in ein Bauteil eingeleitet werden, so ist im Allgemeinen eine örtliche Zusatzbewehrung zur Aufnahme der entstehenden Spaltzugkräfte vorzusehen. Für typische Fälle bei der Lasteinleitung von Einzellasten enthält Abschn. 8.9.9.3 konkrete Bemessungsregeln.

Tafel 8.67 Zusätzliche Regeln für Rippenstäbe mit $\varnothing_s > 32$ mm

Bauteilabmessungen	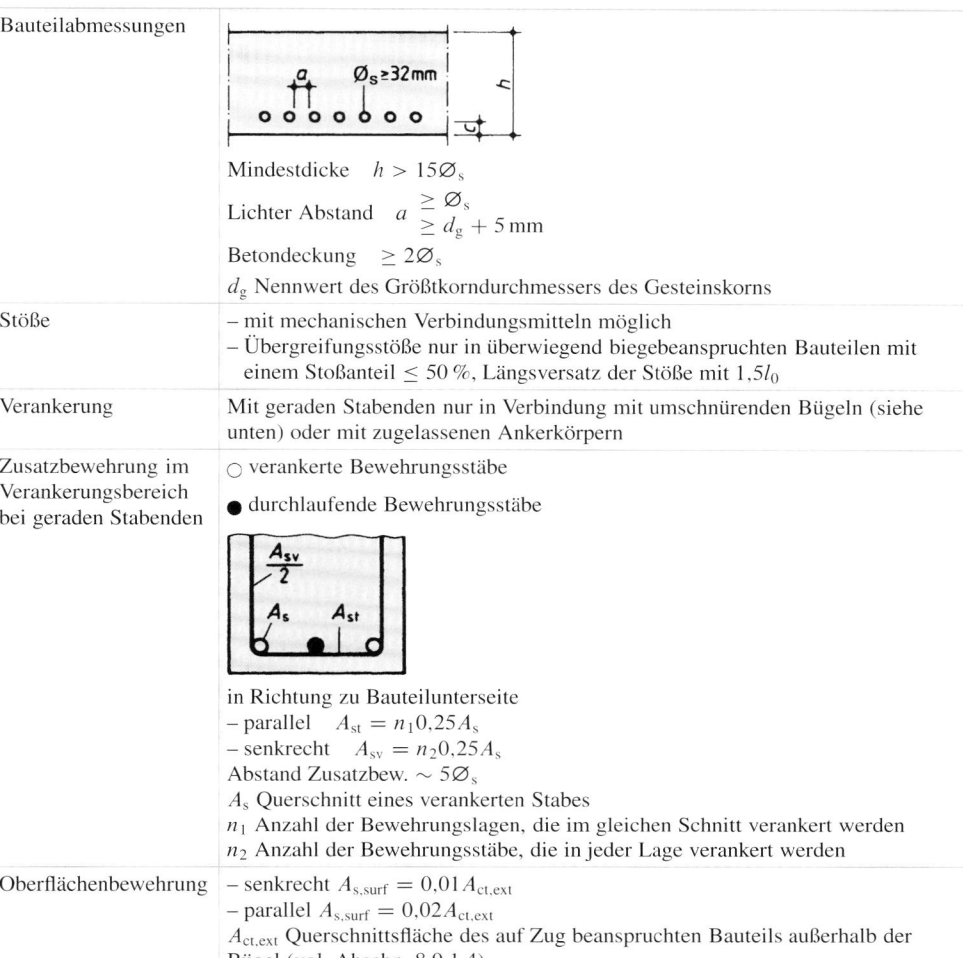
	Mindestdicke $h > 15\varnothing_s$
	Lichter Abstand $a \begin{array}{l} \geq \varnothing_s \\ \geq d_g + 5\,\text{mm} \end{array}$
	Betondeckung $\geq 2\varnothing_s$
	d_g Nennwert des Größtkorndurchmessers des Gesteinskorns
Stöße	– mit mechanischen Verbindungsmitteln möglich – Übergreifungsstöße nur in überwiegend biegebeanspruchten Bauteilen mit einem Stoßanteil $\leq 50\,\%$, Längsversatz der Stöße mit $1,5l_0$
Verankerung	Mit geraden Stabenden nur in Verbindung mit umschnürenden Bügeln (siehe unten) oder mit zugelassenen Ankerkörpern
Zusatzbewehrung im Verankerungsbereich bei geraden Stabenden	○ verankerte Bewehrungsstäbe ● durchlaufende Bewehrungsstäbe in Richtung zu Bauteilunterseite – parallel $A_{st} = n_1 0,25 A_s$ – senkrecht $A_{sv} = n_2 0,25 A_s$ Abstand Zusatzbew. $\sim 5\varnothing_s$ A_s Querschnitt eines verankerten Stabes n_1 Anzahl der Bewehrungslagen, die im gleichen Schnitt verankert werden n_2 Anzahl der Bewehrungsstäbe, die in jeder Lage verankert werden
Oberflächenbewehrung	– senkrecht $A_{s,surf} = 0,01 A_{ct,ext}$ – parallel $A_{s,surf} = 0,02 A_{ct,ext}$ $A_{ct,ext}$ Querschnittsfläche des auf Zug beanspruchten Bauteils außerhalb der Bügel (vgl. Abschn. 8.9.1.4)

Tafel 8.68 Lichte Mindestabstände von Spanngliedern und Hüllrohren[a]

Vorspannung		Lichte Mindestabstände a		
sofortiger Verbund		Spann-glieder	senk-recht	$a \begin{array}{l} \geq 2\varnothing_p \\ \geq d_g \end{array}$
	$\geq 2\varnothing_p$ $\geq d_g$ $\geq 2\varnothing_p$ $\geq d_g + 5$ mm ≥ 20 mm		waage-recht	$a \begin{array}{l} \geq 2\varnothing_p \\ \geq d_g + 5\,\text{mm} \\ \geq 20\,\text{mm} \end{array}$
nachträglicher Verbund sowie interne Spannglieder ohne Verbund		Hüll-rohre	senk-recht	$a \geq \max\{d_g;\ \varnothing_H;\ 40\,\text{mm}\}$
$\geq \varnothing_H$ ≥ 40 mm $\varnothing_H$ $\geq \varnothing_H$ $\geq d_g + 5$ mm ≥ 50 mm $\geq \varnothing_H$ $\geq d_g$ ≥ 40 mm = äußerer Hüllrohrdurchmesser			waage-recht	$a \geq \max\{d_g + 5;\ \varnothing_H;\ 50\,\text{mm}\}$

[a] Zwischen im Verbund liegenden Spanngliedern und verzinkten Bauteilen müssen mindestens 20 mm Beton vorhanden sein, eine metallische Verbindung darf nicht bestehen.

Abb. 8.103 Übertragung der
Vorspannung, Längenparameter

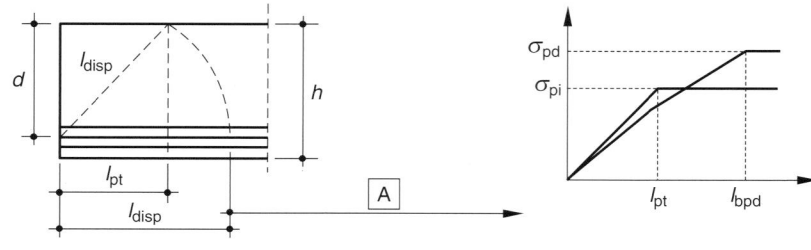

A | Lineare Spannungsverteilung im Bauteilquerschnitt

8.8.2.1.1 Verankerung bei Vorspannung mit sofortigem Verbund

Auf die Anordnung einer Spaltzugbewehrung darf bei einfachen Fällen (z. B. Spannbetonhohlplatten) verzichtet werden, wenn die Spaltzugspannung den Wert $f_{ctd} = \alpha_{ct} \cdot f_{ctk;0,05}/\gamma_C$ ($\alpha_{ct} = 0,85$) nicht überschreitet. Gegebenenfalls ist die Festigkeit $f_{ctd}(t)$ zum betrachteten Zeitpunkt zu berücksichtigen.

Bei der Verankerung von Spanndrähten im sofortigem Verbund wird unterschieden zwischen (siehe auch Abb. 8.103):

- **Übertragungslänge** l_{pt} (Grundwert) über die eine Spannkraft P_0 voll auf den Beton übertragen wird mit

$$l_{pt} = \alpha_1 \cdot \alpha_2 \cdot \varnothing_p \cdot \frac{\sigma_{pm0}}{f_{bpt}} \qquad (8.161)$$

α_1 = 1,0 bei stufenweisem Eintragen der Vorspannung, 1,25 bei schlagartigem Eintragen der Vorspannung

α_2 = 0,25 für Spannstahl mit runden Querschnitten, = 0,19 für Spannstahllitzen mit 3 und 7 Drähten

$\varnothing_p$ Nenndurchmesser der Litze bzw. des Drahtes

σ_{spm0} Spannung im Spannstahl direkt nach dem Absetzen der Spannkraft

f_{bpt} Verbundspannung beim Absetzen der Spannkraft (siehe Tafel 8.69)

$$f_{bpt} = \eta_{p1} \cdot \eta_1 \cdot f_{ctd}(t)$$

η_{p1} = 2,7 für Spannstahl mit runden Querschnitten,
= 2,85 für Litzen ($A_P < 100\,mm^2$) und profilierte Drähte $\varnothing_p \leq 8\,mm$

η_1 = 1,0 bei guten Verbundbedingungen, 0,7 sonst

$f_{ctd}(t)$ = Bemessungswert der Betonzugfestigkeit zum Zeitpunkt des Absetzens der Spannkraft = $\alpha_{ct} \cdot 0,7 \cdot f_{ctm}(t)/\gamma_{c'}$, $\alpha_{ct} = 0,85$.

- **Bemessungswert der Übertragungslänge** $l_{ptd} = l_{pt1}$ bzw l_{pt2} ist der je nach Bemessungssituation ungünstigere Wert von $l_{pt1} = 0,8 \cdot l_{pt}$ bzw. $l_{pt2} = 1,2 \cdot l_{pt}$. Im Allgemeinen wird der niedrigere Wert zum Nachweis örtlicher Spannungen beim Absetzen der Spannkraft, der höhere für Grenzzustände der Tragfähigkeit (Querkraft, Verankerung etc.) verwendet.

Tafel 8.69 Verbundspannungen f_{bpt}, sofortiger Verbund

Betondruck- und Betonzugfestigkeit in N/mm² zum Zeitpunkt der Spannkraftübertragung			Verbundspannung in [N/mm²]					
			f_{bpt}				f_{bpd}	
			Litzen und profilierte Drähte mit $\varnothing_p \leq 8\,mm$		Profilierte Drähte mit $\varnothing_p > 8\,mm$		Litzen mit 7 Drähten und profilierte Drähte	
$f_{ck}(t)$	$f_{cm}(t)$	$f_{ctm}(t)$	Guter Verbund	Mäßiger Verbund	Guter Verbund	Mäßiger Verbund	Guter Verbund	Mäßiger Verbund
20	28	2,21	2,5	1,8	2,4	1,7	–	–
25	33	2,56	2,9	2,0	2,7	1,9	1,4	1,0
30	38	2,90	3,3	2,3	3,1	2,2	1,6	1,1
35	43	3,21	3,6	2,5	3,4	2,4	1,8	1,2
40	48	3,51	4,0	2,8	3,8	2,6	1,9	1,4
45	53	3,8	4,3	3,0	4,1	2,8	2,1	1,5
50	58	4,07	4,6	3,2	4,4	3,1	2,3	1,6
60	68	4,35	4,9	3,4	4,7	3,3	2,4	1,7
70	78	4,61	5,2	3,6	4,9	3,5	2,4	1,7
80	88	4,84	5,5	3,8	5,2	3,6	2,4	1,7
90	98	5,04	5,7	4,0	5,4	3,8	2,4	1,7
100	108	5,2	6,0	4,3	5,7	4,0	2,4	1,7

Abb. 8.104 Spannstahlspannungen im Verankerungsbereich, sofortiger Verbund. **a** Übertragungslänge, ungerissen, **b** Übertragungslänge, gerissen. *1* beim Absetzen der Spannkraft, *2* im GTZ ohne Rissbildung in der Übertragung, *3* mit Rissbildung in der Übertragungslänge, *4* Stelle des ersten Biegerisses

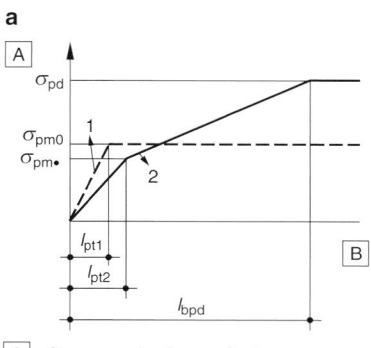
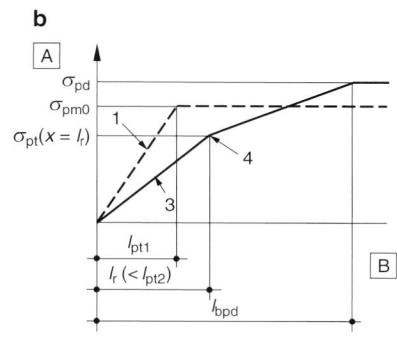

| A | Spannung im Spannglied |
| B | Abstand vom Ende |

- **Eintragungslänge** l_{disp} innerhalb der die maximale Betonspannung in eine linear Verteilte über den gesamten Betonquerschnitt übergeht, (disp → dispersion length)

$$l_{disp} = \sqrt{l_{pt}^2 + d^2}$$

- **Verankerungslänge** l_{bpd}, innerhalb der die maximale Spanngliedkraft im GZT vollständig verankert ist.

  Bei der Verankerung von Spanndrähten wird davon ausgegangen, dass außerhalb der Eintragungslänge die Betonspannungen einen linearen Verlauf aufweisen.

  Die Verankerungslänge l_{bpd} im GZT bestimmt sich in Abhängigkeit der zu erwartenden Rissbildungsbereiche. Es wird unterschieden zwischen Rissbildung, definiert durch das Überschreiten von $f_{ctk;0,05}$ außerhalb oder innerhalb des Verankerungsbereichs. Dabei ist $f_{ctk;0,05}$ wegen der Sprödigkeit bei höheren Festigkeitsklassen auf den Wert für C60/75 zu begrenzen.

- **Ungerissener Verankerungsbereich**

  Es kann auf einen Nachweis der Verankerung verzichtet werden (Abb. 8.104a).

- **gerissener Verankerungsbereich**

  Rissbildung außerhalb der Übertragungslänge $l_{ptd} = l_{pt2}$
  Gesamtverankerungslänge für das Spannglied mit einer Spannung von σ_{pd}

$$l_{bpd} = l_{pt2} + \alpha_2 \cdot \varnothing_p \cdot \frac{(\sigma_{pd} - \sigma_{pm\infty})}{f_{bpd}} \quad (8.162)$$

Rissbildung innerhalb der Übertragungslänge $l_{ptd} = l_{pt2}$

$$l_{bpd} = l_r + \alpha_2 \cdot \varnothing_p \cdot \frac{\sigma_{pd} - \sigma_{pt}(x = l_r)}{f_{bpd}} \quad (8.163)$$

α_2	siehe (8.161)
l_{pt2}	oberer Bemessungswert der Übertragungslänge
l_r	Länge des ungerissenen Verankerungsbereichs
σ_{pd}	Spannung im Spannglied $= f_{0,1k}/\gamma_S$
$\sigma_{pm\infty}$	Spannung im Spannglied nach Abzug der Spannungsverluste

f_{bpd} Verbundfestigkeit für die Verankerung im GZT $=$
$$f_{bpd} = \eta_{p2} \cdot \eta_1 \cdot f_{ctd}$$
$\eta_{p2} = 1,4$ für profilierte Drähte mit 7 Litzen und Litzen ($A_p < 100\,mm^2$)
η_{p2}-Werte für andere Arten von Spanngliedern sind den Zulassungen zu entnehmen.
η_1 siehe (8.161). Dieser Bemessungswert der Verbundspannung ist auf den Maximalwert eines C60/75 begrenzt (siehe Tafel 8.69).

Überschreiten die Betonzugspannungen den Wert $f_{ctk;0,05}$, so ist auch nachzuweisen, dass die vorhandene Zugkraftlinie die Zugkraftdeckungslinie aus der Zugkraft von Spannstahl und Betonstahl nicht überschreitet. Die Zugkraft im Spannstahl ist nach Abb. 8.104 zu ermitteln. Außerhalb der Übertragungslänge l_{bpd} bzw. nach dem ersten Riss ($x > l_r$) sind dabei wegen der schlechteren Verbundbedingungen die Werte für mäßigen Verbund nach Tafel 8.69 anzusetzen. Die zu verankernde Zugkraft F_{Ed} in der Entfernung x vom Bauteilende beträgt:

$$F_{Ed}(x) = \frac{M_{Ed}(x)}{z} + \frac{1}{2} \cdot V_{Ed}(x) \cdot (\cot\theta - \cot\alpha) \quad (8.164)$$

dabei ist:
$M_{Ed}(x)$ Bemessungswert des aufzunehmenden Biegemomentes an der Stelle x
$V_{Ed}(x)$ Bemessungswert der zugehörigen Querkraft an der Stelle x
z innerer Hebelarm
θ, α Neigung der Druckstrebe bzw. Zugstrebe.

Hinweis Bei zyklischer Beanspruchung sind beim Nachweis der Verankerungslänge besondere Regeln zu beachten (siehe EC 2-1-1/NA, 8.10.2.3) [2].

8.8.2.1.2 Verankerung bei Vorspannung mit nachträglichem und ohne Verbund

Lasteinleitungszonen können im Allgemeinen nach der Elastizitätstheorie berechnet werden. Alternativ kann auch der

Winkel der Lastausbreitung zu $\beta = 33{,}7°$ angenommen werden (siehe auch Abschn. 8.5.5.3).

Die im Verankerungsbereich erforderliche Spaltzug- und Zusatzbewehrung ist der allgemeinen bauaufsichtlichen Zulassung für das Spannverfahren zu entnehmen. Der Nachweis der Kraftaufnahme und -weiterleitung im Tragwerk ist mit einem geeigneten Verfahren (z. B. mit Stabwerksmodellen) zu führen. Wird hier mit einer Spannungsbegrenzung im GZT von $\sigma_{sd} \leq 300 \, \text{N/mm}^2$ gearbeitet, kann erwartet werden, dass angemessene Rissbreiten nicht überschritten werden. Siehe auch Abschn. 8.9.9.3.

8.9 Konstruktionsregeln für spezielle Bauteile

Neben den Nachweisen zur Tragfähigkeit, Gebrauchstauglichkeit und Dauerhaftigkeit (Abschn. 8.6) sowie den allgemeinen Konstruktionsregeln im Stahl- und Spannbetonbau (Abschn. 8.8) bestehen für die bauliche Durchbildung von einzelnen Bauteilen aus dem Bereich des Hochbaus spezielle Konstruktionsregeln, die im Folgenden zusammengefasst dargestellt werden.

8.9.1 Balken

8.9.1.1 Längsbewehrung

Die Längsbewehrung ist mit einem Mindest- bzw. Höchstquerschnitt nach untenstehenden Gleichungen auszubilden, wobei der charakteristische Wert des Betonstahles f_{yk} in N/mm^2 einzusetzen ist. Die **Mindestbewehrung** versteht sich dabei als Sicherung eines ausreichend duktilen Bauteilverhaltens nach dem Prinzip „Riss vor Bruch" (Robustheitsbewehrung). Bei vorgespannten Bauteilen darf hierbei die Wirkung der Vorspannung nicht berücksichtigt werden. Die Anordnung der Mindestbewehrung erfolgt nach Tafel 8.70.

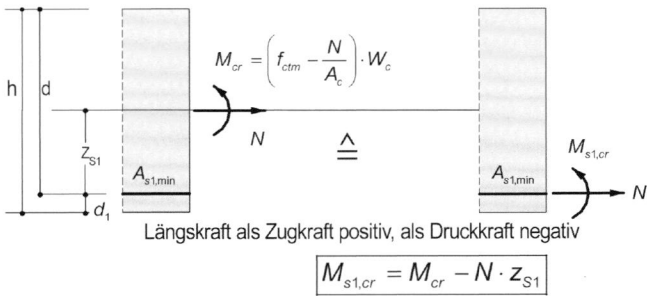

$$M_{cr} = \left(f_{ctm} - \frac{N}{A_c} \right) \cdot W_c$$

Längskraft als Zugkraft positiv, als Druckkraft negativ

$$M_{s1,cr} = M_{cr} - N \cdot z_{S1}$$

Abb. 8.105 Rissmoment eines Querschnitts mit äußerer Längskraft

$$A_{sl,min} \geq \frac{W_c}{z_{II}} \cdot \frac{f_{ctm}}{f_{yk}} = \frac{M_{cr}}{z_{II}} \cdot \frac{1}{f_{yk}} \qquad (8.165)$$

W_c Widerstandsmoment des Bruttobetonquerschnitts im Zustand I $= I_c / z_c$ am betrachteten Zugrand des Querschnitts

z_{II} innerer Hebelarm im Zustand II

f_{yk} charakteristischer Wert der Streckgrenze des Betonstahls, i. Allg. $= 500 \, \text{N/mm}^2$

M_{cr} Rissmoment $= W_c \cdot f_{ctm}$.

Für Rechteckquerschnitte mit $z_{II} = 0{,}8d$ und $d = 0{,}9h$ gilt damit näherungsweise $A_{sl,min} \approx 0{,}26 \cdot b \cdot d \cdot f_{ctm} / f_{yk}$. Diese Formulierung findet sich im EC-2 [1].

Eine gegebenenfalls vorhandene Längskraft kann bei der Ermittlung der Mindestbewehrung gemäß Abb. 8.105 erfasst werden.

Die Längskraft N ist dabei ohne Teilsicherheitsbeiwert (GZG, seltene Kombination) ungünstigst anzusetzen, d. h. für Druckkräfte die kleinste, für Zugkräfte der größte Wert (N als Zugkraft positiv). Längskräfte aus Vorspannung dürfen nicht berücksichtigt werden, es darf jedoch 1/3 der im Verbund liegenden Spannstahlfläche auf die erforderliche Mindestbewehrung angerechnet werden (siehe Tafel 8.70).

Tafel 8.70 Anordnung der Mindestlängsbewehrung

Allgemein	– In der Zugzone gleichmäßig über die Breite sowie anteilig über die Zugzonenhöhe – Hochgeführte Bewehrung und hochgeführte Spannglieder dürfen nicht berücksichtigt werden – Verankerung am End- und Innenauflager jeweils mit der Mindestverankerungslänge – Stöße sind für die volle Zugkraft auszubilden
Feldbewehrung	– Die untere Mindestbewehrung ist zwischen den Endauflagern durchzuführen
Stützbewehrung	– In beiden anschließenden Feldern über die Länge von mindestens 1/4 der Stützweite – Bei Kragarmen über die gesamte Kragarmlänge
$A_{s,vorh} < A_{s,min}$	– Sind als unbewehrte bzw. gering bewehrte Querschnitte zu behandeln
Gründungsbauteile, erddruckbeanspruchte Wände	– Es darf auf die Mindestbewehrung verzichtet werden, wenn das duktile Bauteilverhalten durch Umlagerung des Sohldrucks bzw. Erddrucks sichergestellt werden kann. Dies ist in der Regel bei Gründungsbauteilen zu erwarten. – Der Verzicht auf die Mindestbewehrung ist im Rahmen der Tragwerksplanung immer explizit zu begründen.
Vorgespannte Bauteile	– 1/3 der im Verbund liegenden Spannstahlfläche darf auf die Mindestbewehrung nach (8.130) angerechnet werden, wenn mindestens zwei Spannglieder vorhanden sind und die angerechneten Spannglieder nicht mehr als 0,2 h oder 250 mm (der kleinere Wert ist maßgebend) von der Betonstahlbewehrung entfernt liegt.

Tafel 8.71 Konstruktionsregeln für Balken

	Allgemein	– $A_{s,max}$ ist auch im Bereich von Übergreifungsstößen einzuhalten

	Umschnürung der Druckzone[a] zur Sicherung ausreichender Duktilität	– Falls $x/d > 0{,}45$ und Beton $\leq$ C50/60
		  • Bügeldurchmesser $\varnothing_s \geq 10$ mm
		  • Bügelabstand längs $s_l \leq 0{,}25\,h$ bzw. 20 cm
		  • Bügelabstand quer $s_q \leq h$ bzw. 60 cm
		– Falls $x/d > 0{,}35$ und Beton $\geq$ C55/67
		  • Bügeldurchmesser $\varnothing_s \geq 10$ mm
		  • Bügelabstand längs $s_l \leq 0{,}25\,h$ bzw. 20 cm
		  • Bügelabstand quer $s_q \leq h$ bzw. 40 cm

	Sicherung der Druckbewehrung	– Eine im GZT erforderliche Druckbewehrung mit dem Stabdurchmesser $\varnothing_s$ ist durch Querbewehrung mit einem Stababstand $\leq 15\varnothing_s$ zu sichern.
	Konstruktive Einspannbewehrung	– Rechnerisch nicht berücksichtige Einspannungen (z. B. bei monolithischer Herstellung aber Annahme einer gelenkigen Lagerung) sind für ein Moment zu bemessen, welches 25 % des benachbarten Feldmomentes entspricht – Diese Bewehrung muss, vom Auflagerrand gemessen mindestens über 0,25-fache Länge des Endfeldes verlegt werden. – Eine Mindestbewehrung nach (8.165) oder (8.166) ist hier nicht erforderlich.
	Ausgelagerte Bewehrung bei Plattenbalken und Hohlkastenquerschnitten	– An Zwischenauflagern darf die Zugbewehrung höchstens auf einer Breite entsprechend der halben effektiven Gurtbreite $b_{eff,i}$ (siehe Abbildung bzw. Abschn. 8.5.5.3) neben den Steg ausgelagert werden. 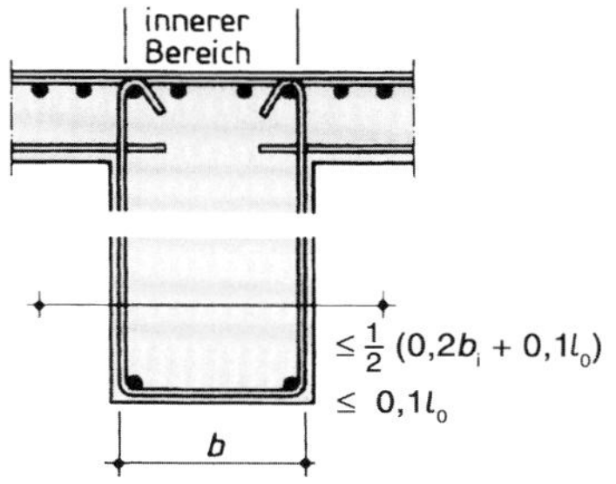 innerer Bereich $\leq \frac{1}{2}\,(0{,}2b_i + 0{,}1l_0)$ $\leq 0{,}1l_0$ b

[a] Diese Regelung entspricht der DIN 1045-1 bzw. [11]. Sie ist in dieser Form in EC 2 nicht explizit enthalten.

$$A_{s1,min} = \left(\frac{M_{s1,cr}}{z_{II}} + N\right) \cdot \frac{1}{f_{yk}}$$

$$= \frac{M_{cr} + N \cdot (z_{II} - z_{s1})}{z_{II} \cdot f_{yk}}$$

$$= \frac{f_{ctm} \cdot W_c + N \cdot (z_{II} - z_{s1} - W_c/A_c)}{z_{II} \cdot f_{yk}} \quad (8.166)$$

Wobei (siehe Abb. 8.105):

$$M_{cr} = \left(f_{ctm} - \frac{N}{A_c}\right) \cdot W_c$$

$$M_{s1,cr} = M_{cr} - N \cdot z_{s1}$$

z_{s1} Abstand der Mindestbewehrung von der Schwereachse
Die **maximale Bewehrungsmenge** (Zug- und Druckbewehrung) in einem Querschnitt beträgt

$$A_{s,max} = 0{,}08 \cdot A_c \quad (8.167)$$

A_c Betonquerschnitt.
Ansonsten gelten für Stahlbetonbalken die in Tafel 8.71 zusammengefassten Konstruktionsregeln.

Die Biegebemessung erfolgt üblicherweise nur an den höchstbeanspruchten Querschnitten. Im Sinne einer wirtschaftlichen Bewehrungsführung kann es sinnvoll sein, die Bewehrungsmengen entlang der Bauteilachse zu staffeln. Mit Hilfe der Zugkraftlinie bzw. der **Zugkraftdeckungslinie** kann hier die in jedem Querschnitt erforderliche Bewehrung graphisch nachgewiesen werden (Abb. 8.106). Im allgemei-

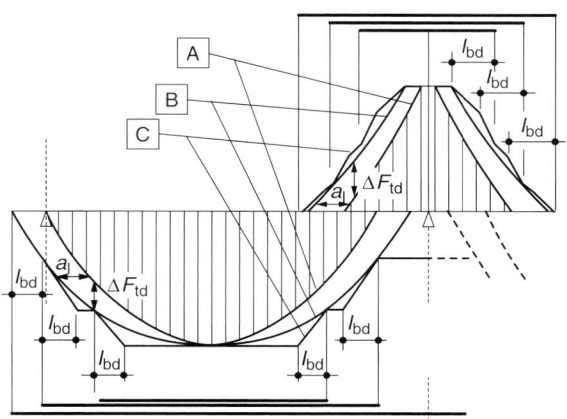

A Umhüllende für $M_{Ed}/z + N_{Ed}$ B Einwirkende Zugkraft F_s

C Aufnehmbare Zugkraft F_{Rs}

Abb. 8.106 Zugkraft und Zugkraftdeckungslinie, Tragfähigkeit der Bewehrung innerhalb der Verankerungslängen

Tafel 8.72 Konstruktionsregeln für die Zugkraftdeckung und Verankerung

Allgemein	– Die Tragfähigkeit der einzelnen Stäbe innerhalb der Verankerungslänge darf unter der Annahme eines linearen Kraftverlaufs angenommen werden (siehe Abb. 8.106). Als Vereinfachung und auf der sicheren Seite kann dies auch vernachlässigt werden (konstanter Verlauf). Dies war in der bisherigen Praxis nach DIN 1045-1 üblich. – Bei einer Schnittgrößenermittlung nach E-Theorie (Umlagerung $\leq 15\,\%$) darf auf einen Nachweis der Zugkraftdeckung im GZG verzichtet werden.
Verankerung allgemein (außerhalb von Auflagern)	– $l \geq 1{,}0 l_{bd}$ Falls an der betrachteten Stelle der Stahl oberhalb von f_{yd} bis f_{td} ausgenutzt wird, ist dies bei der Ermittlung von l_{bd} zu berücksichtigen
Verankerungen für aufgebogene Querkraftbewehrung	– in der Zugzone: $\geq 1{,}3 l_{bd}$ – in der Druckzone: $\geq 0{,}7 l_{bd}$ Gemessen vom Schnittpunkt zwischen den Achsen des aufgebogenen Stabes und der Längsbewehrung
Verankerung der unteren Bewehrung am Endauflager	– bis zum Endauflager sind mindestens 25 % der Feldbewehrung zu führen und dort zu verankern – zu verankernde Zugkraft an Gelenken: $$F_{Ed} = |V_{Ed}| \cdot \frac{a_l}{z} + N_{Ed} \geq \frac{|V_{Ed}|}{2}$$ – Die Verankerung ist gemäß den folgenden Darstellungen anzuordnen. **a** direkte Lagerung $$l_{bd,dir} = \alpha_1 \cdot \alpha_4 \cdot \alpha_5 \cdot l_{b,rqd} \cdot \frac{A_{s,erf}}{A_{s,vorh}} \geq \frac{2}{3} \cdot l_{b,min} = \frac{2}{3} \cdot l_{b,eq} \geq \max\{0{,}2 \cdot l_{b,rqd}; 6{,}7 \cdot \varnothing_s\}$$ $$l_{b,rqd} = \frac{\varnothing_s}{4} \cdot \frac{f_{yd}}{f_{bd}}$$ **b** indirekte Lagerung $$l_{bd,ind} = \alpha_1 \cdot \alpha_4 \cdot \alpha_5 \cdot l_{b,rqd} \cdot \frac{A_{s,erf}}{A_{s,vorh}} \geq l_{b,min} = l_{b,eq} \geq \max\{0{,}3 \cdot l_{b,rqd}; 10 \cdot \varnothing_s\}$$ Die Verankerungslänge beginnt immer am Auflagerrand. Die Bewehrung ist mindestens über die rechnerische Auflagerlinie zu führen.
Verankerung der unteren Bewehrung am Zwischenauflager	– bis zum Zwischenauflager sind mindestens 25 % der Feldbewehrung zu führen und zu verankern – Verankerungslänge $\geq 6\varnothing_s$ oder bei Haken und Winkelhaken mindestens $> D$ für Stäbe $> 16\,\mathrm{mm}$, ansonsten $2D$ (D = Biegerollendurchmesser). 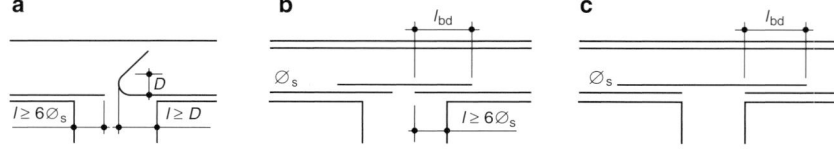 – Verankerungen nach b und c können auch mögliche positive Momente aufnehmen (z. B. infolge Setzungen). Die Erfordernis einer derartigen Bewehrung ist ggf. mit dem Bauherrn explizit zu vereinbaren.

nen Fall ist dieser Nachweis sowohl im GZT als auch im GZG erforderlich. Bei der Bestimmung der Zugkraft F_{sd} muss die Auswirkung der Querkraft in Form eines zusätzlichen Anteils $\Delta F_{sd,v}$ berücksichtigt werden.

$$F_{sd} = \left(\frac{M_{Eds}}{z} + N_{Ed}\right) + \Delta F_{sd,v}$$
$$= \left(\frac{M_{Eds}}{z} + N_{Ed}\right) + \frac{V_{Ed}}{2} \cdot (\cot\theta - \cot\alpha) \quad (8.168)$$

Der zusätzliche Zugkraftanteil $\Delta F_{sd,v}$ wird zeichnerisch über ein horizontales Verschieben der Zugkraft ($M_{Eds}/z + N_{Ed}$) um das Versatzmaß a_1 in Richtung abnehmender Zugkraft erfasst. Für das Versatzmaß gilt:

$$a_1 = \begin{cases} \frac{z}{2} \cdot (\cot\theta - \cot\alpha) & \text{Bauteile mit Querkraftbewehrung} \\ 1{,}0 \cdot d & \text{Bauteile ohne Querkraftbewehrung} \end{cases} \quad (8.169)$$

θ Druckstrebenneigung nach Abschn. 8.6.3.4

α Zugstrebenneigung (vertikale Bügel $\alpha = 90°$)

z innerer Hebelarm $\approx 0{,}9 \cdot d$ (bzw. entsprechend dem Wert aus der Biegebemessung)

N_{Ed} Längskraft im betrachteten Querschnitt (als Druckkraft negativ)

$M_{Ed,s}$ Versatzmoment = ($M_{Ed} - N_{Ed} \cdot z_{s1}$) im betrachteten Querschnitt

V_{Ed} Querkraft im betrachteten Querschnitt.

Bei einer Anordnung der Zugbewehrung in der Gurtplatte außerhalb des Steges von Plattenbalken ist a_1 jeweils um den Abstand der einzelnen Stäbe vom Steganschnitt zu verlängern.

8.9.1.2 Querkraftbewehrung

Die Neigung der Schubbewehrung zur Bauteilachse sollte zwischen 45 und 90 liegen. Mögliche Kombinationen von Schubbewehrungen sind in Abb. 8.107 dargestellt.

Bügel sind ausreichend zu verankern, an der Außenseite von Stegen dürfen nur Rippenstäbe gestoßen werden. Der Durchmesser von glatten Rundstäben soll 12 mm nicht überschreiten. Für die Mindestbewehrung $A_{sw,min}$ bei balkenartigen Tragwerken gilt

$$\frac{A_{sw,min}}{s_w} = a_{sw,min} = \varrho_w \cdot b_w \cdot \sin\alpha \quad (8.170)$$

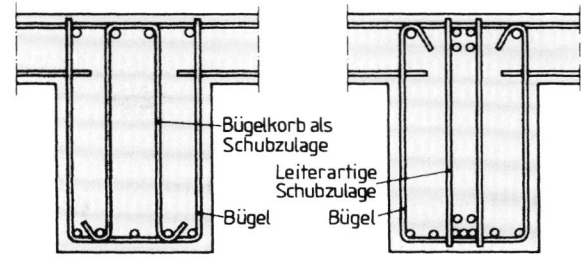

Abb. 8.107 Beispiele von Kombinationen für Schubbewehrungen. Kombinationen (der Anteil der Bügel muss $\geq 50\,\%$ der notwendigen Schubbewehrung sein): Bügel (umfassen Längsbewehrung und Druckzone), Schrägstäbe, Schubzulagen (ohne Umschließung der Längsbewehrung), z. B. Körbe, Leitern usw. (ausreichende Verankerung erforderlich)

A_{sw} Querschnittsfläche der Schubbewehrung je Länge s_w

ϱ_w Bewehrungsgrad in Abhängigkeit der verwendeten Betonfestigkeitsklasse nach Tafel 8.73. Bei gegliederten Querschnitten mit vorgespanntem Zuggurt ist ϱ_w nach Tafel 8.73 mit dem Faktor 1,6 zu vergrößern ($\varrho_{w,min}$).

s_w Abstand der Schubbewehrung

b_w Stegbreite

α Winkel zwischen Schubbewehrung und Hauptbewehrung.

Der maximale Abstand von Bügeln oder anderen Schubbewehrungen s_{max} ist vom Verhältnis der Schubbeanspruchung V_{Ed} zum höchsten Bemessungswert der Querkraft $V_{Rd,max}$, der ohne Versagen der Druckstreben aufgenommen werden kann, abhängig (siehe Tafel 8.74).

Querkraftdeckung Formal ist die Querkraftbewehrung so entlang der Stabachse anzuordnen, dass an jeder Stelle die Bemessungsquerkraft abgedeckt wird. Dazu können Bügelabstände oder Bügeldurchmesser entsprechend den o. g. Regeln angepasst werden.

Wie aus DIN 1045 bekannt, darf gemäß [11] bei oben eingetragener Gleichstreckenlast die Querkraftlinie wie in Abb. 8.108 eingeschnitten werden (diese Regelung ist explizit im EC 2 [1] bis [4] nicht enthalten). Dabei muss die Einschnittsfläche A_E kleiner gleich der Auftragsfläche A_A sein. Es wird immer mit einer Auftragsfläche im Abstand d von der Auflagervorderkante begonnen. Die Abschnittslängen von Auftrags- und Einschnittsfläche sind maximal $d/2$. Bei unten angehängter Last darf nicht eingeschnitten werden, es sei denn, die entsprechende Aufhängebewehrung wird addiert.

Tafel 8.73 Mindestquerkraftbewehrungsgrade ϱ_w, $\varrho_{w,min} = 0{,}16 \cdot f_{ctm}/f_{yk}$

| | Charakteristische Betondruckfestigkeit f_{ck} in N/mm² | | | | | | | | | | | | | | |
	12	16	20	25	30	35	40	45	50	55	60	70	80	90	100
ϱ_w in ‰ allgemein	0,51	0,61	0,70	0,83	0,93	1,02	1,12	1,21	1,31	1,34	1,41	1,47	1,54	1,60	1,66
$\varrho_{w,min}$ in % vorgespannter Zuggurt	0,81	0,98	1,13	1,31	1,48	1,64	1,80	1,94	2,08	2,16	2,23	2,36	2,48	2,58	2,68

Tafel 8.74 Maximaler Abstand von Bügeln und anderen Schubbewehrungen

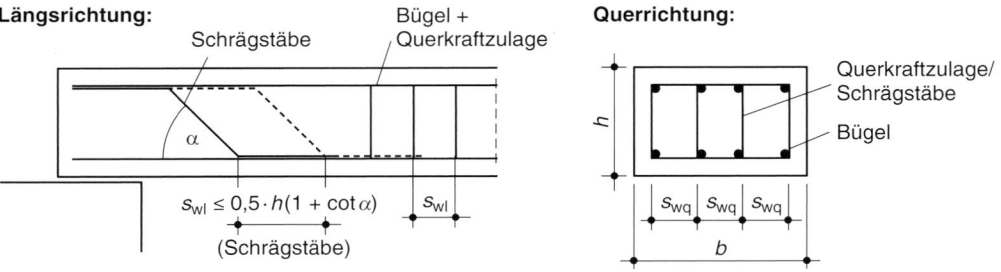

Querkraftausnutzung[a]	≤ C50/60	> C50/60	≤ C50/60	> C50/60	Schrägstäbe (alle Festigkeitsklassen)
	Längsabstand[b]		Querabstand		Längsabstand
$V_{Ed} < 0{,}30 V_{Rd,max}$	0,7h bzw. 300 mm	0,7h bzw. 200 mm	h bzw. 800 mm	h bzw. 600 mm	$S_{max} \leq 0{,}5 \cdot h \cdot (1 + \cot\alpha)$
$0{,}30 V_{Rd,max} < V_{Ed} < 0{,}60 V_{Rd,max}$	0,5h bzw. 300 mm	0,5h bzw. 200 mm	h bzw. 600 mm	h bzw. 400 mm	
$V_{Ed} > 0{,}60 V_{Rd,max}$	0,25h bzw. 200 mm				

[a] $V_{Rd,max}$ darf näherungsweise mit $\theta = 40°$ ($\cot\theta = 1{,}2$) ermittelt werden.

[b] Bei Balken mit $h < 200$ mm und $V_{Ed} < V_{Rd,c}$ braucht der Bügelabstand nicht kleiner als 150 mm zu sein.

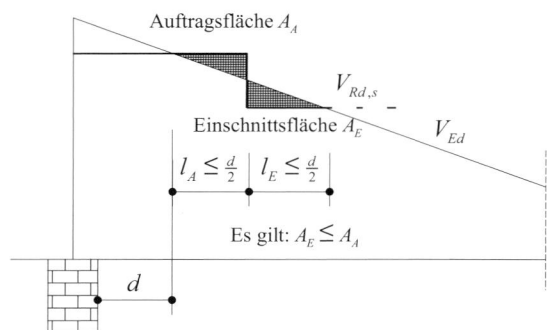

Abb. 8.108 Zulässiges Einschneiden der Querkraftdeckungslinie bei Tragwerken des üblichen Hochbaus

8.9.1.3 Torsionsbewehrung

Als Torsionsbewehrung ist ein rechtwinkliges Bewehrungsnetz aus Bügeln und Längsstäben vorzusehen. Dabei gelten die Bedingungen nach Tafel 8.75.

8.9.1.4 Oberflächenbewehrung

Zur Vermeidung von Betonabplatzungen und zur Begrenzung der Rissbreite ist für Stahlbetonbauteile bei größeren Stabdurchmessern eine Oberflächenbewehrung erforderlich. Es gelten die Regeln nach Tafel 8.76.

Bei **Bauteilen mit Vorspannung ist stets eine Oberflächenbewehrung** nach Tafel 8.77 anzuordnen. Für die Grundwerte ϱ sind dabei die Werte aus Tafel 8.73 einzusetzen. Die Oberflächenbewehrung ist in der Zug- und Druckzone von Platten in Form von Bewehrungsnetzen anzuordnen, die aus zwei sich annähernd rechtwinklig kreuzenden Bewehrungslagen mit der jeweils nach Tafel 8.77 erforderlichen Querschnittsfläche bestehen. Dabei darf der Stababstand 200 mm nicht überschreiten.

Auf die Oberflächenbewehrung darf angerechnet werden:

- die im Bereich der zweifachen Betondeckung im sofortigen Verbund liegenden Spannstähle
- die im GZT oder GZG erforderliche Betonstahlbewehrung.

Tafel 8.75 Ausbildung der Torsionsbewehrung	Ausbildung Torsionsbügel	– Winkel zur Bauteilachse 90° – geschlossen – durch Übergreifen verankert – die Hakenlänge sollte generell mindestens $10\varnothing_s$ betragen	Empfohlene Torsionsbügelform (im übrigen gilt Abb. 8.101g, h)
	Mindestbewehrung	– Angaben in Abschn. 8.9.1.2 gelten sinngemäß	
	Bügelabstände	– $s_{max} = u_k/8$ (u_k Umfang des Kernquerschnittes) – Die Abstände nach Tafel 8.74 sind einzuhalten	
	Längsstäbe	– über den inneren Umfang der Bügel verteilen mit $a < 350$ mm, mindestens jedoch 1 Stab je Querschnittsecke	

Tafel 8.76 Konstruktionsregeln für Oberflächenbewehrung (Stahlbeton)

Allgemein	Erforderlich, wenn für die Hauptbewehrung gilt – Stäbe größer $\varnothing_s = 32$ mm – Stabbündel mit $\varnothing_{s,v} = 32$ mm – Bei einer Betondeckung > 70 mm ist in der Regel für eine erhöhte Dauerhaftigkeit eine Oberflächenbewehrung unabhängig von Stabdurchmesser der Hauptbewehrung mit einer Querschnittsfläche von $A_{s,surfmin} = 0,005\,A_{ct,ext}$ in beiden Richtungen vorzusehen
Beispiele für die Anordnung der Oberflächenbewehrung	 x ist die Höhe der Druckzone im GTZ
Konstruktionsregeln	– Durchmesser ≤ 10 mm (Stäbe oder Matten) – Querschnittsfläche der Oberflächenbewehrung $A_{s,surf}$ parallel und orthogonal zur Zugbewehrung anordnen – Der Stababstand sollte in Längs- und Querrichtung < 150 mm sein – Die Regeln zur Betondeckung sind zu beachten – Mindestoberflächenbewehrung $A_{s,surfmin} = 0,02\,A_{ct,ext}$ (Dabei ist $A_{ct,ext}$ die Querschnittsfläche unter Zug außerhalb der Bügel, siehe Abbildung oben) – Längs- und Querstäbe der Oberflächenbewehrung dürfen im Sinne der statisch erforderlichen Bewehrung angesetzt werden

Tafel 8.77 Mindestoberflächenbewehrung für die verschiedenen Bereiche eines vorgespannten Bauteils

	Platten, Gurtplatten und breite Balken ($b_w > h$) je m		Balken mit $b_w \leq h$ und Stege von Plattenbalken und Kastenträgern	
	Bauteile in Umgebungsbedingungen der Expositionsklassen XC1 bis XC4	Bauteile in Umgebungsbedingungen der Expositionsklassen	Bauteile in Umgebungsbedingungen der Expositionsklassen XC1 bis XC4	Bauteile in Umgebungsbedingungen der Expositionsklassen
– bei Balken an jeder Seitenfläche – bei Platten mit $h \geq 1,0$ m an jedem gestützten oder nicht gestützten Rand[a]	$0,5\varrho h$ bzw. $0,5\varrho h_f$	$1,0\varrho h$ bzw. $1,0\varrho h_f$	$0,5\varrho b_w$ je m	$1,0\varrho b_w$ je m
– in der Druckzone von Balken und Platten am äußeren Rand[b,c] – in der vorgedrückten Zugzone von Platten[a,b,c]	$0,5\varrho h$ bzw. $0,5\varrho h_f$	$1,0\varrho h$ bzw. $1,0\varrho h b_w$	–	$1,0\varrho h_f$
– in Druckgurten mit $h > 120$ mm (obere und untere Lage je für sich)[a]	–	$1,0\varrho h_f$	–	–

[a] Eine Oberflächenbewehrung größer als $3,35$ cm²/m je Richtung ist nicht erforderlich.
[b] Bei Platten aus Fertigteilen mit einer Breite $< 1,2$ m darf die Oberflächenbewehrung in Querrichtung entfallen.
[c] Bei Bauteilen in der Expositionsklasse XC1 darf die Oberflächenbewehrung am äußeren Rand der Druckzone entfallen.

8.9.2 Vollplatten aus Ortbeton

Die hier zusammengefassten Konstruktionsregeln gelten für ein- oder zweiachsig gespannte Vollplatten mit b bzw. $l_{eff} > 5h$. Sie dürfen aber auch für Platten mit $l_{eff} \geq 3h$ angewandt werden. Es gelten folgende Mindestabmessungen (Tafel 8.78).

Tafel 8.78 Mindestabmessungen für Vollplatten

Allgemein	$h \geq 70$ mm
– mit aufgebogener Querkraftbewehrung	$h \geq 160$ mm
– mit Bügeln als Querkraftbewehrung	$h \geq 200$ mm
– mit Durchstanzbewehrung	$h \geq 200$ mm

8.9.2.1 Biegebewehrung in Platten
Für die Biegebewehrung gelten die Bedingungen der Tafel 8.79.

8.9.2.2 Querkraftbewehrung in Platten
Die bauliche Durchbildung erfolgt sinngemäß nach Abschn. 8.9.1.2, allerdings sind die in Tafel 8.80 genannten Konstruktionsregeln zu berücksichtigen.

Querkraftbewehrungen in Platten dürfen auch als ein- oder zweischnittige Bügel mit Haken verankert werden. Bügel mit 90°-Winkelhaken gelten als Querkraftzulage. Bei Platten mit Brandschutzanforderungen ($\geq$ R 90) dürfen 90°-Winkelhaken nicht auf der brandbeanspruchten Seite angeordnet werden.

Tafel 8.79 Ausbildung der Biegebewehrung bei Vollplatten

Mindestbewehrung[a] Höchstbewehrung	Gleichungen (8.165) und (8.167) gelten sinngemäß (siehe Abschn. 8.9.1.1)
Hauptbewehrung	Abschn. 8.9.1.1 gilt sinngemäß. Das Versatzmaß ist mit $a_l = d$ anzunehmen, bei querkraftbewehrten Platten ist $a_l = 0{,}5 \cdot z \cdot (\cot\theta - \cot\alpha) \geq d$ $s_{max} = 250\,\text{mm}$ für $h \geq 250\,\text{mm}$ und $150\,\text{mm}$ für $h \leq 150\,\text{mm}$; Zwischenwerte interpolieren!
Querbewehrung	$a_s \geq 20\,\%$ der Hauptbewehrung $s_{max} = 250\,\text{mm}$ bei Betonstahlmatten gilt: $\varnothing_{s,quer} \geq 5\,\text{mm}$
Bewehrung am Auflager 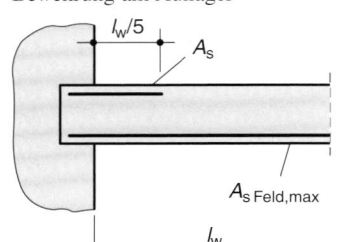	$\geq 50\,\%$ der erforderlichen Feldbewehrung bis zum Aufleger führen und dort verankern Bei teilweise nicht berücksichtigter Endeinspannung ist obere Bewehrung nach folgenden Regeln anzuordnen – $A_s \geq 0{,}25 A_{s\,\text{Feld,max}}$ – $l \geq l_w/5$ (vom Auflagerrand) – Aus konstruktiven Erwägungen heraus wird diese Bewehrung auch bei frei drehbaren Endauflagern angeordnet. Über Zwischenauflagern muss diese Bewehrung durchlaufen

Drillbewehrung[b]	Drillsteife Platten müssen eine ausreichende Sicherung der Plattenecken gegen Abheben aufweisen. Dies kann angenommen werden, wenn an der Plattenecke eine Auflast von mindestens 1/16 der auf das betrachtete Plattenfeld entfallenden Gesamtlast vorhanden ist oder aber die Ecke für diese Last gegen Abheben baukonstruktiv (z. B. durch biegesteife Verbindung mit einem Unterzug oder mit einer benachbarten Platte) gesichert ist. In diesen Fällen ist eine Drillbewehrung nach folgenden Regeln zu bemessen bzw. anzuordnen:
	– Wenn die Plattenschnittgrößen unter Ansatz der Drillsteifigkeit ermittelt werden, so ist die Bewehrung in den Plattenecken unter Berücksichtigung dieser Drillmomente zu bemessen.
	– Ist die Platte mit Randbalken oder benachbarten Deckenfeldern biegesteif verbunden, so brauchen die zugehörigen Drillmomente nicht nachgewiesen werden und keine Drillbewehrung angeordnet werden.
	– Die Drillbewehrung darf vereinfacht durch eine parallel zu den Plattenrändern verlaufende obere und untere Netzbewehrung ersetzt werden. Konstruktionsdetails siehe auch Abb. 8.98. Dabei gilt:
	  • Ecken mit zwei frei aufliegenden Rändern: $a_{s,x}$ in beiden Richtungen, oben und unten auf einer Länge von $0{,}3_{min}l$.
	  • Ecken, in denen ein frei aufliegender und ein eingespannter Rand zusammenstoßen: $0{,}5 \cdot a_{s,x}$ rechtwinklig zum freien Rand.
	  • Diese Eckbewehrung ist auch bei vierseitig gelagerten Platten, deren Schnittgrößen als einachsig gespannt oder unter Vernachlässigung der Drillsteifigkeit ermittelt wurden, anzuordnen.
	In den heute üblichen Plattenbemessungen mit Hilfe der Finite-Elemente-Analyse werden die entsprechenden Drillmomente automatisch mit erfasst. In diesem Zusammenhang ist natürlich auf die Sicherung der Plattenecken gegen Abheben zu achten

Bewehrung freier Ränder 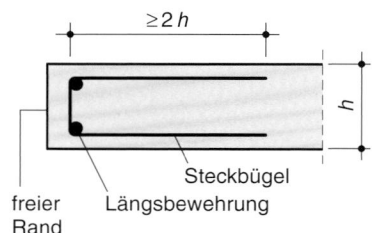	An ungestützten freien Rändern – Längs- und Querbewehrung erforderlich mit $l \geq 2h$. – Vorhandene Bewehrung darf angerechnet werden Bei Fundamenten und innen liegenden Bauteilen des üblichen Hochbaus darf auf diese Bewehrung verzichtet werden. Bei vorgespannten Platten: $a_{s,R} \geq 2{,}0 \cdot \varrho_w \cdot h$ mit $\varrho_w = \varrho_{w,min} = 0{,}16 \cdot f_{ctm}/f_{yk}$ nach Tafel 8.73

[a] Bei zweiachsig gespannten Platten braucht die Mindestbewehrung nach Abschn. 8.9.1.1 nur in der Hauptspannrichtung angeordnet werden.

[b] Abb. 8.109 zeigt exemplarisch die Anordnung von Drillbewehrung für verschiedene Lagerungsfälle.

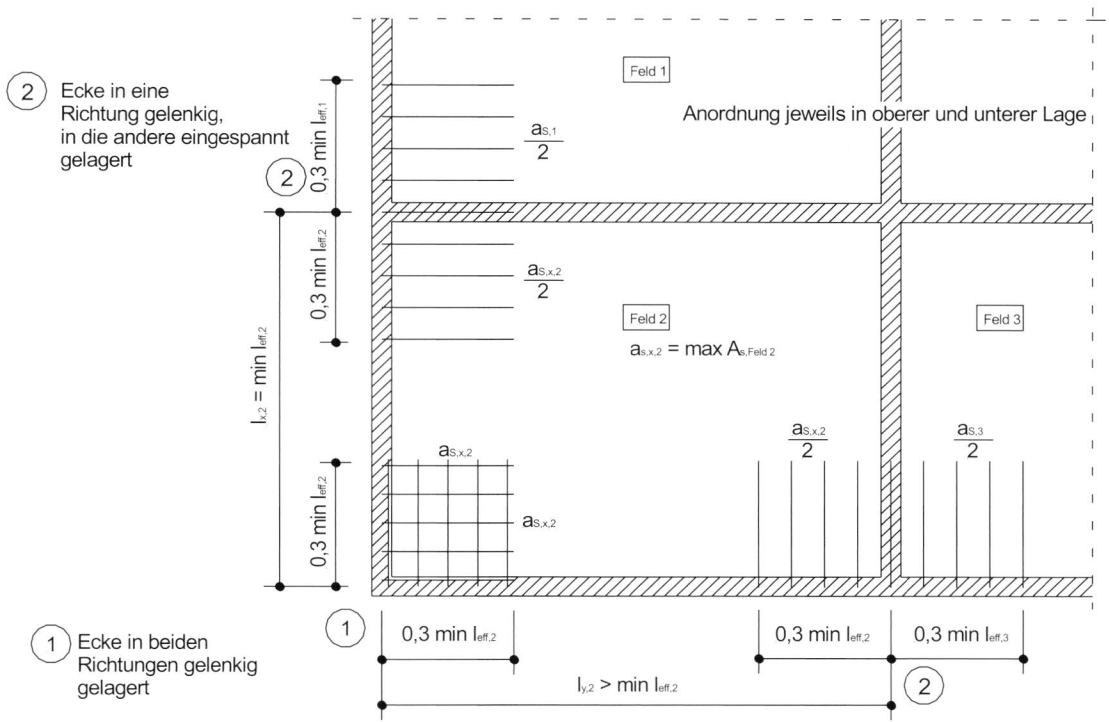

Abb. 8.109 Anordnung der Drillbewehrung

Tafel 8.80 Konstruktionsregeln für Querkraftbewehrung in Platten

Bedingung	Konstruktionsregel
$b/h < 4$	Bauteil ist als Balken zu behandeln (siehe Abschn. 8.9.1)
$V_{Ed} \leq V_{Rd,c}$ und $b/h > 5$	Keine Querkraftbewehrung erforderlich
$V_{Ed} > V_{Rd,c}$ und $b/h > 5$	Der 0,6-fache Wert der Mindestquerkraftbewehrung für Balken (siehe Tafel 8.73) ist als Mindestquerkraftbewehrung der Platte erforderlich
$V_{Ed} \leq V_{Rd,c}$ und $5 \geq b/h \geq 4$	Mindestquerkraftbewehrung der Platte ist zwischen 0-fachen bis 1,0-fachen Wert der für Balken erforderlichen Mindestquerkraftbewehrung (siehe Tafel 8.73) zu interpolieren
$V_{Ed} > V_{Rd,c}$ und $5 \geq b/h \geq 4$	Mindestquerkraftbewehrung der Platte ist zwischen 0,6-fachen bis 1,0-fachen Wert der für Balken erforderlichen Mindestquerkraftbewehrung (siehe Tafel 8.73) zu interpolieren
$V_{Ed} \leq 1/3 \cdot V_{Rd,max}$	Die Querkraftbewehrung darf vollständig aus aufgebogenen Stäben oder Querkraftzulagen bestehen
$V_{Ed} > 1/3 \cdot V_{Rd,max}$	Mindestens 50 % der aufzunehmenden Querkraft müssen durch Bügel abgedeckt werden
$V_{Ed} \leq 0,3 \cdot V_{Rd,max}$	Längsabstand der Bügel $s_{max} = 0,7 \cdot h$, Querabstand $s_{max} = h$
$0,3 \cdot V_{Rd,max} < V_{Ed} \leq 0,6 \cdot V_{Rd,max}$	Längsabstand der Bügel $s_{max} = 0,5 \cdot h$, Querabstand $s_{max} = h$
$V_{Ed} > 0,6 \cdot V_{Rd,max}$	Längsabstand der Bügel $s_{max} = 0,25\, h$, Querabstand $s_{max} = h$
Generell	Längsabstand von aufgebogenen Stäben $s_{max} = h$

8.9.2.3 Deckengleiche Balken bei unterbrochener Stützung

Bei linienförmiger Plattenlagerung treten in der Praxis häufig Stützungsunterbrechungen z. B. bei Tür- und Fensteröffnungen auf. Werden die Schnittgrößen unter Vernachlässigung dieser Stützungsunterbrechung ermittelt (wie das im allgemeinen bei der Anwendung von Tafelwerken für Plattenschnittgrößen der Fall ist), so kann der hieraus resultierende Einfluss im Nachgang auf konstruktive Weise nach Tafel 8.81 Berücksichtigung finden (siehe auch DAfStb, Heft 631 [14]). Eingangswert ist die Länge der fehlenden Stützung l im Verhältnis zur Plattendicke h.

Die Schnittgrößenermittlung mit unterbrochenen Stützungen wird heute in der Regel innerhalb eines FE-Modells bei der Plattenberechnung erfasst. In diesen Fällen erübrigt sich natürlich die hier beschriebene Betrachtungsweise.

Tafel 8.81 Konstruktionsregeln für deckengleiche Balken

Bedingung	Konstruktionsregel
$l/h \leq 7$	Wahl einer konstruktiven Bewehrung (ohne rechnerischen Nachweis)
$7 < \frac{l}{h} \leq 15$	Die unterbrochene Stützung kann durch einen deckengleichen Balken ersetzt werden, dessen Berechnung und Bemessung nach folgendem Näherungsverfahren durchgeführt wird. Der Balken wird mit der Breite $b_{M,F}$ für die Momentenbeanspruchung im Feld, und $b_{M,S}$ für die Momentenbeanspruchung an der Einspannung bemessen. Für die Querkraftbemessung wird die Breite b_v angesetzt.

Mitwirkende Breite	Zwischenauflager	Endauflager
Stütze	$b_{M,S} = 0,25 \cdot l$	$b_{M,S} = 0,125 \cdot l$
Feld	$b_{M,F} = 0,50 \cdot l$	$b_{M,F} = 0,25 \cdot l$
Querkraft[a]	$b_v = t + h$	$b_v = t + 0,5h$

Die Lasteinflussfläche wird gemäß Darstellung gewählt.

a Innenbereich (Zwischenauflager)   **b** Randbereich (Endauflager)

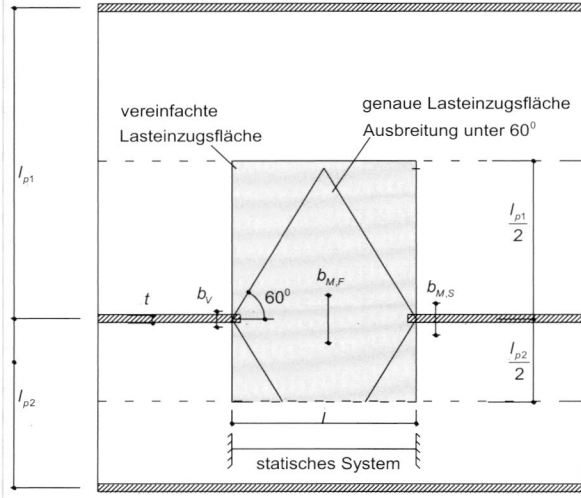
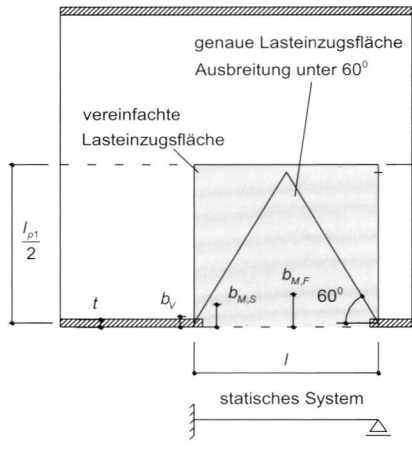

Bewehrung

Die aus der Balkenbemessung erforderliche Stütz-, Feld- und Querkraftbewehrung ist in Richtung der Stützweite des dgl. Balkens einzubauen. Rechtwinklig zur unterbrochenen Stützung ist zunächst die Bewehrung wie bei Platten mit durchlaufender Unterstützung unten und bei Innenauflagern auch oben anzuordnen. Zusätzlich ist eine Verstärkung der Stützbewehrung bei Innenauflagern nach folgender Darstellung erforderlich, und zwar nur ab $l = 10d$ linear bis auf 40 % bei $l = 15d$. An Endauflagern sind Steckbügel wie angegeben erforderlich.

a Zwischenauflager   **b** Endauflager

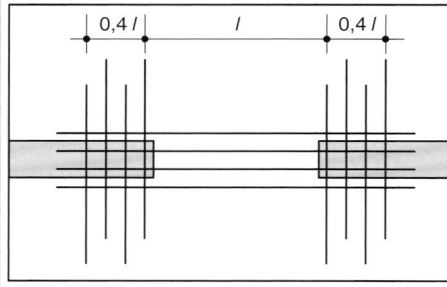
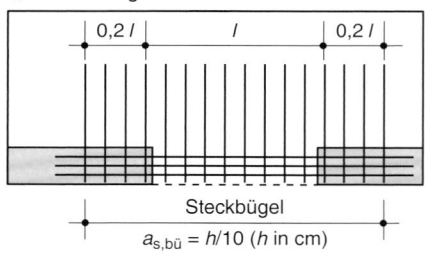

$\frac{l}{h} > 15$	Das Tragverhalten ist nach der Plattentheorie (z. B. mit FEM) genau zu untersuchen. Alternativ kann auch ein Unter- oder Überzug mit explizitem statischem Nachweis angeordnet werden.

[a] Anstelle einer Querkraftbemessung sollte grundsätzlich am Wandende ein Druchstanznachweis geführt werden. Auf eine Mindestquerkraftbewehrung bei $V_{Ed} \leq V_{Rd,c}$ darf im Sinne der Plattentragwirkung verzichtet werden.

8.9.2.4 Bewehrung von Platten mit punktförmiger Stützung (Flachdecken)

Zur Vermeidung eines fortschreitenden Versagens ist stets ein Teil der Feldbewehrung in der unteren Lage über die Stützstreifen im Bereich von Innen- und Randstützen hinwegzuführen bzw. dort zu verankern. Die hierzu erforderliche Bewehrung (auch **Abreiß- oder Kollapsbewehrung**) muss mindestens eine Querschnittsfläche von $A_s = V_{Ed}/f_{yk}$ aufweisen und ist im Bereich der Lasteinleitungsfläche (bei Stützenkopfverstärkungen in der Platte) anzuordnen. V_{Ed} ist der Bemessungswert der in die Platte eingeleiteten Querkraft ermittelt unter Ansatz von $\gamma_F = 1{,}0$, Abminderungen

Tafel 8.82 Konstruktionsregeln für punktförmig gestützte Platten

Mindestplattendicke	Platten mit Durchstanzbewehrung 20 cm
Abreißbewehrung	$A_s = V_{Ed}/f_{yk}$, $\gamma_F = 1{,}0$, Anordnung in der unteren Lage, bei Innenstützen jeweils in Richtung der beiden Gurtstreifen, bei Randstützen parallel zum Rand. Bei elastisch gebetteten Bodenplatten darf auf diese Abreißbewehrung verzichtet werden.
Feldbewehrung	Mindestens 50 % der unten liegenden ist je Tragrichtung bis zu den Auflagerachsen zu führen
Stützbewehrung über Innenstützen	Werden keine genaueren Gebrauchstauglichkeitsnachweise geführt, so ist über Innenstützen 50 % der Querschnittsfläche aus der Biegebewehrung (= die über der Stütze erforderliche Bewehrung, um das gesamte negative Moment aufzunehmen) beidseitig der Stütze auf einer Breite mit der 0,125-fachen effektiven Spannweite der angrenzenden Deckenfelder anzuordnen
Stützbewehrung über Randstützen	Bewehrungen, die Biegemomente der Platte auf Eck- oder Randstützen übertragen, sind innerhalb der mitwirkenden Breite b_e nach den folgenden Abbildungen einzulegen. **a** Randstütze — c_z, c_y, y, A, $b_e = c_z + y$ **b** Eckstütze — c_z, c_y, y, z, A, $b_e = z + y/2$, $\boxed{A}$ Plattenrand ANMERKUNG y darf $> c_y$ sein ANMERKUNG z darf $> c_z$ sein und $y > c_y$ **Anmerkung** y ist der Abstand vom Plattenrand bis zur Innenseite der Stütze
Lasteinleitungsfläche	An freiem Rand bzw. mit Randabstand $< d$ Anordnung einer besonderen Randbewehrung (Steckbügel) mit einem Abstand $s_w \leq 100$ mm längs des freien Randes

Durchstanzbewehrung	– Anordnung zwischen der Lasteinleitungsfläche/Stütze bis zum Abstand von $1{,}5d$ innerhalb des Rundschnittes, an dem die Querkraftbewehrung nicht mehr benötigt wird. Im Allg. sind mindestens zwei konzentrische Reihen von Bügelschenkeln im Abstand $\leq 0{,}75d$ erforderlich. Siehe auch Abb. 8.75.
	– Es müssen mindestens 50 % der Längsbewehrung in tangentialer und radialer Richtung von den Durchstanzbügeln umschlossen werden.
	– Querkraftzulagen sind als Durchstanzbewehrung nicht zulässig.
	– Im Bereich der ausgerundeten Verlegeumfänge sind gewisse Lagetoleranzen ($\pm d$) der Bügel zulässig, allerdings nicht in der ersten Bügelreihe direkt neben der Leisteinleitungsfläche. Details siehe Heft 600 DAfStb [11].
	– Stabdurchmesser sind auf die mittlere statische Höhe d wie folgt abzustimmen:
	  • Bügel: $\varnothing_s \leq 0{,}05d$
	  • Schrägaufbiegungen $\varnothing_s \leq 0{,}08d$ ($45° \leq \alpha \leq 60°$)
	– Innerhalb des kritischen Rundschnittes darf der tangentiale Abstand der Bügelschenkel nicht mehr als $1{,}5d$ betragen, außerhalb gilt $2{,}0d$
	– Bei aufgebogenen Stäben darf eine Bewehrungsreihe als ausreichend betrachtet werden
	– Mindestbewehrung eines Bügelschenkels
	
	$$A_{sw,min} = A_s \cdot \sin\alpha = s_r \cdot s_t \cdot \frac{0{,}08}{1{,}5} \cdot \frac{\sqrt{f_{ck}[\text{N/mm}^2]}}{f_{yk}[\text{N/mm}^2]}$$
	
	– Mindestbewehrung einer Bügelreihe:
	
	$$A_{sw,min} = A_s \cdot \sin\alpha = s_r \cdot u_i \cdot \frac{0{,}08}{1{,}5} \cdot \frac{\sqrt{f_{ck}[\text{N/mm}^2]}}{f_{yk}[\text{N/mm}^2]}$$
	
	α ist der Winkel zwischen der Durchstanzbewehrung und der Längsbewehrung, d. h. bei vertikalen Bügeln ist $\alpha = 90°$
	s_r, s_t Bügelabstand radial bzw. tangential, bei Schrägstäben ist $s_r = d$.
	u_i = Umfang des Rundschnittes i

von V_{Ed} sind nicht zulässig. Auf diese Abreißbewehrung darf bei elastisch gebetteten Bodenplatten wegen der Boden-Bauwerk-Interaktion verzichtet werden. Generell sind auch die Mindestbiegemomente für den Durchstanzbereich nach Abschn. 8.6.5.4 zu beachten.

Ist bei Bügeln als Durchstanzbewehrung rechnerisch nur eine Bewehrungsreihe erforderlich, so ist stets eine zweite Reihe mit der Mindestbewehrung $\varrho_w = A_{sw}/(s_w \cdot u) \geq \min \varrho_w$ vorzusehen. Dabei ist $s_w = 0,75d$ anzunehmen.

Die bauliche Durchbildung erfolgt sinngemäß nach Abschn. 8.9.2.1, allerdings sind die in Tafel 8.82 genannten Konstruktionsregeln zu berücksichtigen.

Die Anordnung der Durchstanzbewehrung (mit Bügeln oder Schrägstäben) ist ebenfalls in Abb. 8.75 dargestellt. In der Praxis werden als Durchstanzbewehrung aufgrund Ihrer besonderen Effizienz vielfach auch Kopfbolzenleisten eingesetzt. Diese können nach entsprechender bauaufsichtlicher Zulassung bemessen werden. Die Hersteller bieten hier zur Unterstützung im Allgemeinen auch eine kostenlose Bemessungssoftware an. Bei Deckensystemen, die mit Halbfertigteilen hergestellt werden (sogenannte Filigrandecken) werden vielfach auch spezielle Gitterträger als Filigran-Durchstanzbewehrungselemente nach bauaufsichtlicher Zulassung eingesetzt. Diese werden dann bereits bei der Produktion der Halbfertigteile eingebaut. Stahlbaumäßige Lösungen durch einbetonierte Elemente (z. B. Europilz®) folgen dem Prinzip der Stützenkopfverstärkung. Der Durchstanzkegel wird signifikant vergrößert. Ein weiterer Vorteil kann hierbei in der Realisierung geringerer Stützenabmessungen liegen.

8.9.3 Vorgefertigte Deckensysteme

Auf die Querverteilung der Lasten ist bei vorgefertigten, nebeneinander liegenden Deckensystemen besonders zu beachten. Dabei können z. B. folgende Konstruktionen (siehe Abb. 8.110) gewählt werden:

Allgemein sind folgende Punkte zu beachten:

- Die Querverteilung bei Punkt- und Linienlasten ist durch Berechnung oder Versuche nachzuweisen.

- Bei gleichmäßig verteilter Belastung q_{Ed} (kN/m^2) ist die entlang der Fuge wirkende Querkraft pro Längeneinheit: $v_{Ed} = q_{Ed} \cdot b_e/3 \cdot b_e$ ist die Breite des Bauteils.

- Werden Fertigteilplatten mit einer (statisch mitwirkenden) Ortbetonschicht versehen (siehe Abschn. 8.6.3.6), so muss die Ortbetonergänzung mindestens 40 mm stark sein. Eine Querbewehrung darf sowohl im Fertigteil als auch in der Ortbetonergänzung liegen.

- Bei zweiachsig gespannten Platten darf für die Beanspruchung rechtwinklig zur Fuge nur die Bewehrung berücksichtigt werden, die durchläuft oder gestoßen ist (siehe Abb. 8.111). Voraussetzung für die Berücksichtigung der gestoßenen Bewehrung ist, dass der Durchmesser der Bewehrungsstäbe $d_s \leq 14$ mm, der Bewehrungsquerschnitt $a_s \leq 10$ cm^2/m und der Bemessungswert der Querkraft $V_{Ed} \leq 0,3 \cdot V_{Rd,max}$ ist. Darüber hinaus ist der Stoß durch Bewehrung (z. B. mit Bügeln) nach Tafel 8.64 im Abstand höchstens der zweifachen Deckendicke zu sichern. Der Betonstahlquerschnitt dieser Bewehrung im fugenseitigen Stoßbereich ist dabei für die Zugkraft der gestoßenen Längsbewehrung zu bemessen. Wer den Gitterträger verwendet, sind immer auch die allgemeinen bauaufsichtlichen Zulassungen zu beachten.

- Die günstige Wirkung der Drillsteifigkeit darf bei der Schnittgrößenermittlung nur berücksichtigt werden, wenn sich innerhalb des Drillbereiches von $0,3l$ ab der Ecke keine Stoßfuge der Fertigteilplatten befindet oder wenn die Fuge durch eine Verbundbewehrung im Abstand von höchstens 100 mm vom Fugenrand gesichert wird. Die Aufnahme der Drillmomente ist nachzuweisen. Die Aufnahme der Drillmomente braucht nicht nachgewiesen werden, wenn die Platte mit einem Randbalken oder benachbarten Deckenfeldern biegesteif verbunden ist.

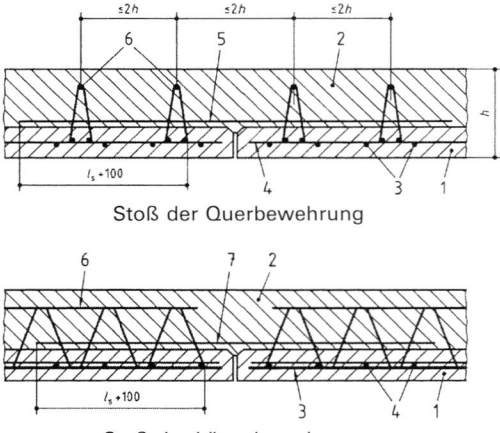

Stoß der Querbewehrung

Stoß der Längsbewehrung

Abb. 8.111 Möglicher Tragstoß bei zweiachsig gespannten Halbfertigteildecken. _1_ Fertigteilplatte, _2_ Ortbeton, _3_ Längsbewehrung, _4_ statisch erforderliche Querbewehrung (in der Fertigteilplatte), _5_ statisch erforderliche Querbewehrung (Stoßzulage), _6_ Gitterträger (es gelten die allgemeinen bauaufsichtlichen Zulassungen), _7_ Längsbewehrung (Stoßzulage)

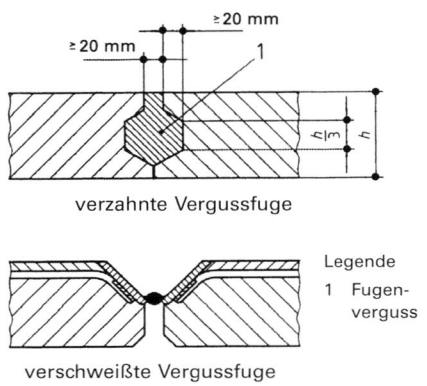

verzahnte Vergussfuge

Legende
1 Fugen-
   verguss

verschweißte Vergussfuge

Abb. 8.110 Deckenverbindungen zur Querkraftübertragung

- Bei Endauflagern ohne Wandauflast ist eine Verbundsicherungsbewehrung von mindestens 6 cm²/m entlang der Auflagerlinie anzuordnen. Diese sollte auf einer Breite von 0,75 m angeordnet werden.
- Aus Fertigteilen zusammengesetzte Decken können auch als tragfähige Scheiben angesetzt werden, wenn die Scheibentragfunktion (z. B. durch Ringanker und Zuganker) nachgewiesen ist. Die Fertigteilfugen müssen druckfest miteinander verbunden sein. Die Zuganker müssen dabei durch Bewehrungsstäbe in den Fugen zwischen den Fertigteilen oder in der Ortbetonergänzung gebildet werden.
- Wenn an Fertigteilplatten mit Ortbetonergänzung planmäßig und dauerhaft Lasten angehängt werden, sollte die Verbundsicherung im unmittelbaren Lasteinleitungsbereich nachgewiesen werden.
- Bei Vollplatten aus Fertigteilen mit einer Breite $b \leq 1,0$ m darf die Querbewehrung nach Tafel 8.79 entfallen.

8.9.4 Stützen und Druckglieder

Stützen und Druckglieder mit dem Seitenverhältnis $b/h \leq 4$ ($b \geq h$) sind nach Tafel 8.83 auszubilden. Der Mindestwert der Zugbewehrung ist nach (8.171) und der maximale zulässige Bewehrungsquerschnitt nach (8.172) zu ermitteln

$$A_{s,min} = 0{,}15 \frac{|N_{Ed}|}{f_{yd}} \qquad (8.171)$$

$$A_{s,max} = 0{,}09 A_c \qquad (8.172)$$

A_c Gesamtquerschnitt der Betonfläche
N_{Ed} Bemessungswert der Längskraft
f_{yd} Bemessungswert der Streckgrenzen des Betonstahles.

Tafel 8.83 Bauliche Durchbildung von Stützen und Druckglieder mit $b/h \geq 4$ ($b \geq h$)

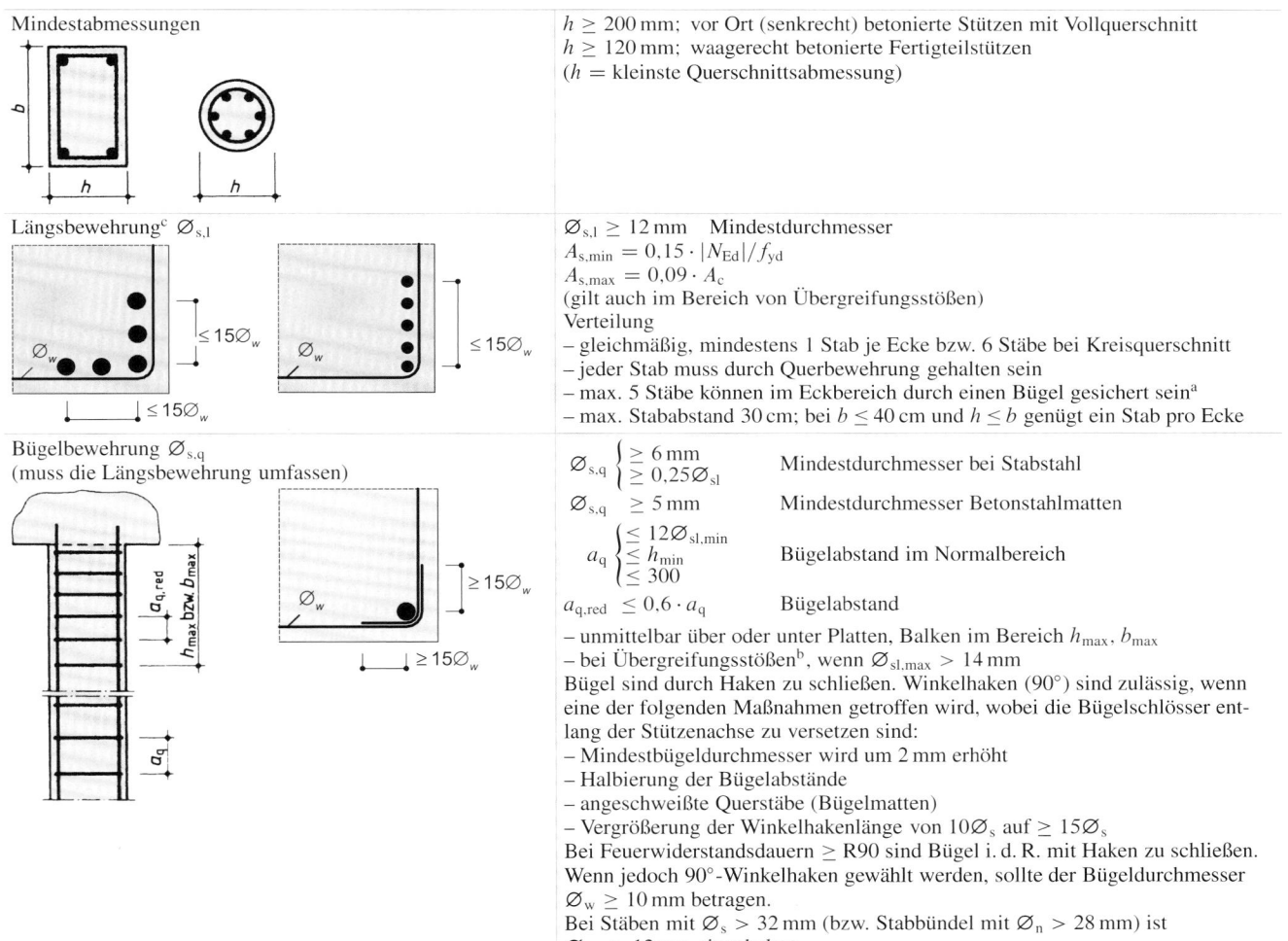

Mindestabmessungen	$h \geq 200$ mm; vor Ort (senkrecht) betonierte Stützen mit Vollquerschnitt $h \geq 120$ mm; waagerecht betonierte Fertigteilstützen (h = kleinste Querschnittsabmessung)
Längsbewehrung[c] $\varnothing_{s,l}$	$\varnothing_{s,l} \geq 12$ mm Mindestdurchmesser $A_{s,min} = 0{,}15 \cdot |N_{Ed}|/f_{yd}$ $A_{s,max} = 0{,}09 \cdot A_c$ (gilt auch im Bereich von Übergreifungsstößen) Verteilung – gleichmäßig, mindestens 1 Stab je Ecke bzw. 6 Stäbe bei Kreisquerschnitt – jeder Stab muss durch Querbewehrung gehalten sein – max. 5 Stäbe können im Eckbereich durch einen Bügel gesichert sein[a] – max. Stababstand 30 cm; bei $b \leq 40$ cm und $h \leq b$ genügt ein Stab pro Ecke
Bügelbewehrung $\varnothing_{s,q}$ (muss die Längsbewehrung umfassen)	$\varnothing_{s,q} \begin{cases} \geq 6 \text{ mm} \\ \geq 0{,}25\varnothing_{sl} \end{cases}$ Mindestdurchmesser bei Stabstahl $\varnothing_{s,q} \geq 5$ mm Mindestdurchmesser Betonstahlmatten $a_q \begin{cases} \leq 12\varnothing_{sl,min} \\ \leq h_{min} \\ \leq 300 \end{cases}$ Bügelabstand im Normalbereich $a_{q,red} \leq 0{,}6 \cdot a_q$ Bügelabstand – unmittelbar über oder unter Platten, Balken im Bereich h_{max}, b_{max} – bei Übergreifungsstößen[b], wenn $\varnothing_{sl,max} > 14$ mm Bügel sind durch Haken zu schließen. Winkelhaken (90°) sind zulässig, wenn eine der folgenden Maßnahmen getroffen wird, wobei die Bügelschlösser entlang der Stützenachse zu versetzen sind: – Mindestbügeldurchmesser wird um 2 mm erhöht – Halbierung der Bügelabstände – angeschweißte Querstäbe (Bügelmatten) – Vergrößerung der Winkelhakenlänge von $10\varnothing_s$ auf $\geq 15\varnothing_s$ Bei Feuerwiderstandsdauern $\geq$ R90 sind Bügel i. d. R. mit Haken zu schließen. Wenn jedoch 90°-Winkelhaken gewählt werden, sollte der Bügeldurchmesser $\varnothing_w \geq 10$ mm betragen. Bei Stäben mit $\varnothing_s > 32$ mm (bzw. Stabbündel mit $\varnothing_n > 28$ mm) ist $\varnothing_{s,q} \geq 12$ mm einzuhalten

[a] Weitere Längsstäbe und solche, deren Abstand vom Eckbereich den 15-fachen Bügeldurchmesser überschreitet, sind durch zusätzliche Querbewehrung zu sichern. Diese Querbewehrung darf maximal auf den Abstand $2a_q$ verlegt werden.
[b] Es sind mindestens 3 gleichmäßig auf der Stoßlänge angeordnete Stäbe erforderlich. Wenn im Bereich des Übergreifungsstoßes im GTZ überwiegend Biegebeanspruchung vorliegt, ist die Querbewehrung für Übergreifungsstöße zu beachten (siehe Tafel 8.64).
[c] Bei Richtungsänderung der Längsstäbe (z. B. bei Veränderung des Stützenquerschnitts) sind die Abstände der Querbewehrung unter Berücksichtigung der auftretenden Querzugkräfte zu bestimmen. Diese Auswirkungen dürfen für Richtungsänderungen $\leq 1/12$ vernachlässigt werden.

Tafel 8.84 Ausbildung von Stahlbetonwänden

Mindestwanddicken **unbewehrter** Wände	durchlaufende Decken	nicht durchlaufende Decken
C12/15 (Ortbeton)	140 mm	200 mm
ab C16/20 (Ortbeton)	120 mm	140 mm
ab C16/20 (Fertigteil)	100 mm	120 mm
Mindestwanddicken **bewehrter** Wände	durchlaufende Decken	nicht durchlaufende Decken
ab C16/20 (Ortbeton)	100 mm	120 mm
ab C16/20 (Fertigteil)	80 mm	100 mm
vertikale Bewehrung	Die Stahlquerschnittsfläche der vertikalen Wandbewehrung muss zwischen $A_{s,v\,min}$ $A_{s,v\,max}$ liegen. $A_{s,v\,min} = 0{,}15 \cdot N_{Ed}/f_{yd} \geq 0{,}0015A_c$ $A_{s,v\,max} = 0{,}04A_c$ Zusätzlich gilt: – Im Bereich von Stößen: $A_{s,v\,max} = 1/40{,}08A_c$ – Bei schlanken Wänden ($\lambda \geq \lambda_{lim}$) nach Abschn. 8.6.6.2 oder falls $\lvert N_{Ed}\rvert \geq 0{,}3 \cdot f_{cd} \cdot A_c$ ist vereinfacht $A_{s,v\,min} = 0{,}003A_c$ Allerdings darf $A_{s,v\,min}$ hier auch belastungsabhängig mit $A_{s,v\,min} = 0{,}15 \cdot \lvert N_{Ed}\rvert / f_{yd} \geq 0{,}0015A_c$ bestimmt werden. Jeweils die Hälfte dieser Bewehrung sollte an jeder Außenseite liegen.		
horizontale Bewehrung $A_{s,h}$	$A_{s,h\,min} = 0{,}2 \cdot A_{s,v}$ $\varnothing_{s,v} \geq 0{,}25 \cdot \varnothing_{s,v}$ Zusätzlich gilt: – Bei schlanken Wänden ($\lambda \geq \lambda_{lim}$) nach Abschn. 8.6.6.2 oder falls $\lvert N_{Ed}\rvert \geq 0{,}3 \cdot f_{cd} \cdot A_c$ ist $A_{s,h\,min} = 0{,}50A_{s,v}$ Die horizontale Bewehrung sollte im Allgemeinen außenliegend angeordnet sein.		
Stababstände	Vertikal a_v $$a_v \leq \begin{cases} 2b \\ 300\ \text{mm} \end{cases}$$ horizontal a_h $a_h \leq 350$ mm		
Querbewehrung	Falls $A_{s,v} \leq 0{,}02A_c$ ist eine Querbewehrung gemäß folgenden Regeln vorzusehen – Außenliegende Hauptbewehrung ist durch 4 S-Haken je m² zu verbinden – Für Tragstäbe ≤ 16 mm mit einer Betondeckung $\geq 2\varnothing_s$ dürfen die S-Haken entfallen. In diesem Fall (und stets bei Betonstahlmatten) dürfen Druckstäbe auch außen liegen. – Außenliegende Hauptbewehrung dicker Wände können auch mit Steckbügeln im Innern der Wand mit $0{,}5l_{b,rqd}$ verankert werden. – An freien Rändern von Wänden mit einer Bewehrung $A_s \geq 0{,}003A_c$ je Wandseite müssen die Eckstäbe durch Steckbügel mit einer Schenkellänge $\geq 2b$ gesichert werden.		
unbewehrte Wände	Aussparungen, Schlitze, Durchbrüche und Hohlräume sind bei der Bemessung zu berücksichtigen. Für lotrechte Schlitze und Aussparungen ist ein nachträgliches Einstemmen zulässig, wenn gilt: – Wanddicke ≥ 120 mm – Schlitztiefe $t = \min\{30\,\text{mm}; 1/6\,\text{Wanddicke}\}$ – Schlitzbreite $\leq$ Wanddicke – Abstand der Schlitze $\geq 2{,}0$ m		

8.9.5 Betonwände

Stahlbetonwände mit dem Verhältnis der waagerechten Länge zur Dicke von $l/b \geq 4$ und einer Bewehrung auf Grundlage des Tragfähigkeitsnachweises sind nach Tafel 8.84 auszubilden. Für Wände mit überwiegender Plattenbiegung gelten die Regeln nach Abschn. 8.9.2. Bei Wänden aus Halbfertigteilen sind allgemeine bauaufsichtliche Zulassungen zu beachten.

8.9.6 Wandartige Träger

Die Berechnung erfolgt üblicherweise mit der FE-Methode bzw. Stabwerkmodellen, siehe z. B. Betonkalender 2001, Konstruieren im Stahlbetonbau [15]. Auf die Besonderheiten bei der Berechnung mit der FE-Methode wird an dieser Stelle ausdrücklich hingewiesen [22].

Ein Näherungsverfahren nach Heft 631 [14] zur Schnittgrößenermittlung und Bemessung sowie die konstruktiven Regeln sind in Abschn. 8.5.6.5 ausführlich beschrieben.

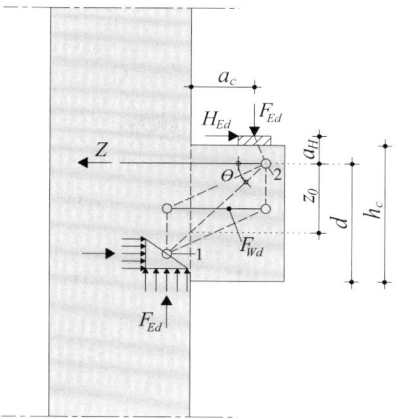

Abb. 8.112 Konsole $a_c/h_c \leq 0{,}5$, Stabwerksmodell und Bewehrungsführung

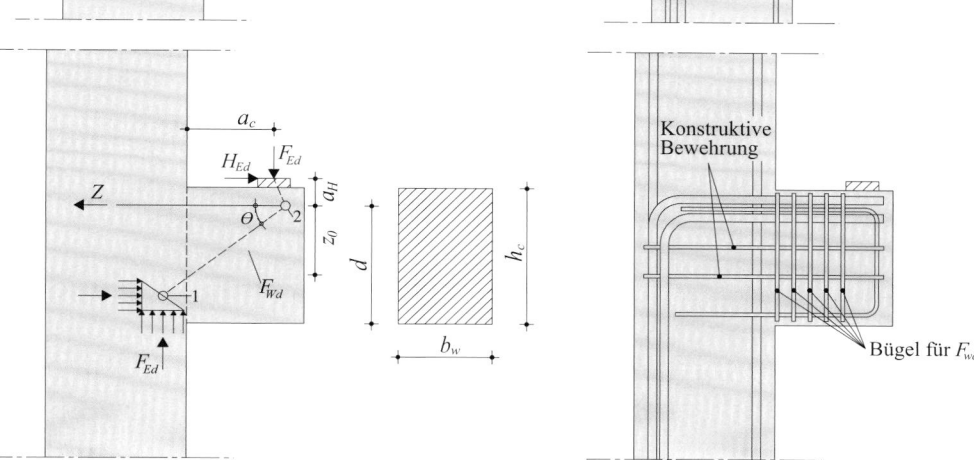

Abb. 8.113 Konsole $a_c/h_c > 0{,}5$, Stabwerksmodell und Bewehrungsführung

8.9.7 Konsolen

Das Tragverhalten von Konsolen ist abhängig von ihrer Schlankheit, ausgedrückt durch das Verhältnis a_c/h_c (siehe Abb. 8.112 und 8.113). a_c entspricht dem Abstand der Last zur Vorderkante der Stütze, h_c entspricht der Höhe der Konsole. Die Bemessung von Konsolen erfolgt üblicherweise auf der Grundlage von Stabwerkmodellen, da es sich um einen typischen Diskontinuitätsbereich handelt. Für $a_c/h_c > 1{,}5$ kann eine Bemessung als Kragträger erfolgen.

An dieser Stelle werden einige grundlegende Bemessungsschritte nach Heft 600 [11] des DAfStb wiedergegeben.

Der Nachweis dieser Konsolen erfolgt in 4 Schritten:

1. Nachweis für die Querkraft der Konsole

$$V_{Ed} = F_{Ed} \leq V_{Rd,max} = 0{,}5 \cdot v \cdot b_w \cdot z \cdot \frac{f_{ck}}{\gamma_C} \quad (8.173)$$

$$v \geq (0{,}7 - f_{ck}/200) \geq 0{,}5, \quad z = 0{,}9d$$

2. Nachweis der Zuggurtkraft

$$Z_{Ed} = F_{Ed} \cdot \frac{a_c}{z_0} + H_{Ed} \cdot \frac{a_H + z_0}{z_0}$$

$$\rightarrow {}_{erf}A_s = \frac{Z_{Ed}}{f_{yd}} \quad (8.174)$$

wobei $a_c/z_0 \geq 0{,}4$. Die Lage der Druckstrebe wird über z_0 beschrieben mit $z_0 = d \cdot (1 - 0{,}4 \cdot V_{Ed}/V_{Rd,max})$. Zur Berücksichtigung behinderter Verformungen ist mindestens eine Horizontalkraft $H_{Ed} = 0{,}2 \cdot F_{Ed}$ anzusetzen.

3. Nachweis der Lastpressung und Verankerung des Zugbandes im Knoten 2
Die Verankerungslänge beginnt unter der Innenkante der Lagerplatte. Die Verankerung kann mit liegenden Schlaufen oder Ankerkörpern erfolgen.

4. Anordnung von Bügeln
   a) Für $a_c/h_c \leq 0{,}5$ und $V_{Ed} > 0{,}3 \cdot V_{Rd,max}$ nach (8.75)
   Es sind geschlossene horizontale oder geneigte Bügel mit einem Gesamtquerschnitt von mindestens 50 % der Gurtbewehrung (Abb. 8.112) anzuordnen.
   b) Für $a_c/h_c > 0{,}5$ und $V_{Ed} > V_{Rd,c}$ nach (8.73)
   Es sind geschlossene horizontale oder geneigte Bügelkräfte von insgesamt $F_{Wd} = 0{,}7 \cdot F_{Ed}$ (Abb. 8.113) anzuordnen.
   c) Der Nachweis zur Weiterleitung der Kräfte aus der Konsole in der anschließenden Stütze ist wie für Rahmenknoten zu führen.

Weitere detaillierte Hinweise und Bemessungsvorgaben in Abhängigkeit einer Einteilung in gedrungene ($a_c/h_c \leq 0{,}5$), schlanke ($0{,}5 < a_c/h_c \leq 1{,}0$) und sehr schlanke ($1{,}0 < a_c/h_c \leq 1{,}5$) Konsolen sind z. B. im Betonkalender 2007 [15] zusammengestellt.

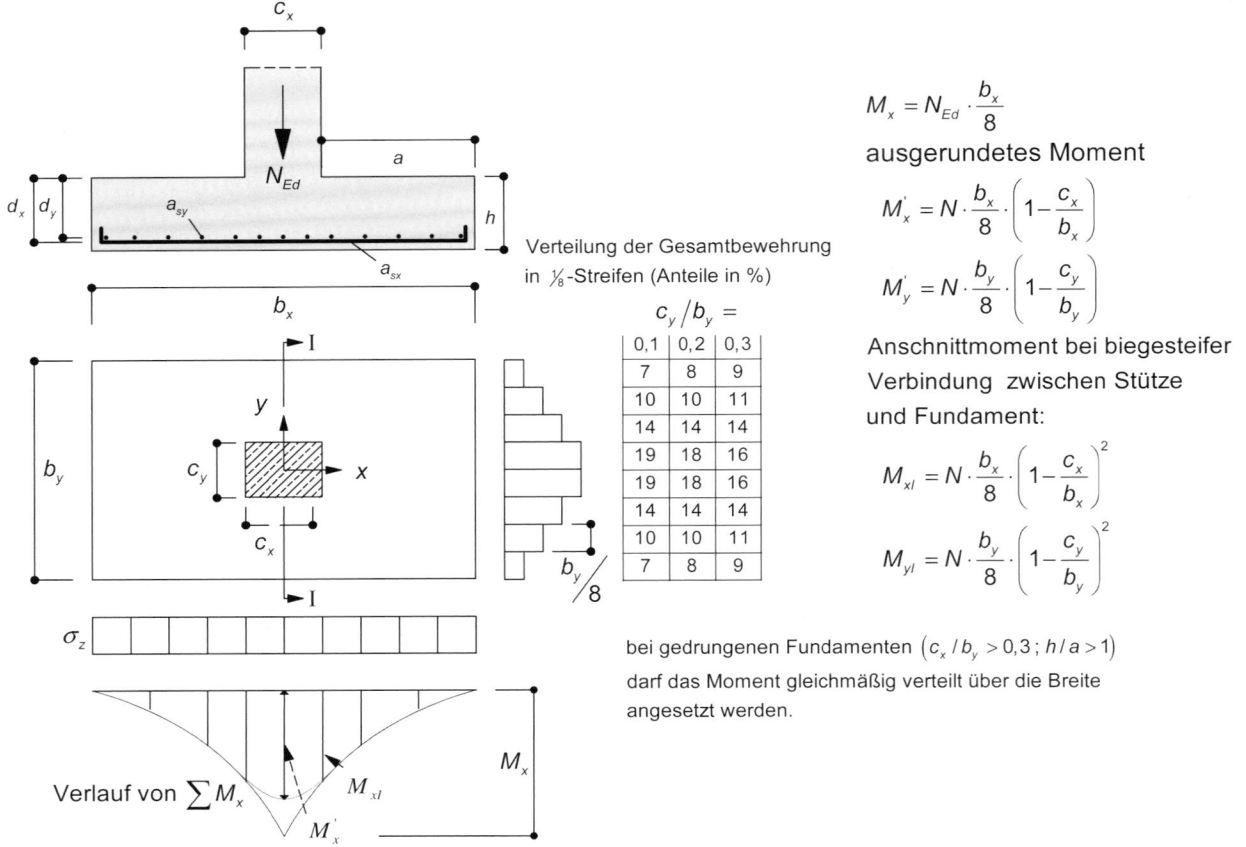

The equations visible on the right side of the figure:

$$M_x = N_{Ed} \cdot \frac{b_x}{8}$$

ausgerundetes Moment

$$M_x' = N \cdot \frac{b_x}{8} \cdot \left(1 - \frac{c_x}{b_x}\right)$$

$$M_y' = N \cdot \frac{b_y}{8} \cdot \left(1 - \frac{c_y}{b_y}\right)$$

Anschnittmoment bei biegesteifer Verbindung zwischen Stütze und Fundament:

$$M_{xI} = N \cdot \frac{b_x}{8} \cdot \left(1 - \frac{c_x}{b_x}\right)^2$$

$$M_{yI} = N \cdot \frac{b_y}{8} \cdot \left(1 - \frac{c_y}{b_y}\right)^2$$

bei gedrungenen Fundamenten $(c_x / b_y > 0,3\,;\ h/a > 1)$ darf das Moment gleichmäßig verteilt über die Breite angesetzt werden.

Verteilung der Gesamtbewehrung in $\frac{1}{8}$-Streifen (Anteile in %)

$c_y/b_y =$		
0,1	0,2	0,3
7	8	9
10	10	11
14	14	14
19	18	16
19	18	16
14	14	14
10	10	11
7	8	9

Abb. 8.114 Momentenverlauf und Bewehrungsverteilung im Fundament [12]

8.9.8 Fundamente

Fundamente stellen die Verbindung zwischen dem Überbau und dem Baugrund her. Sie werden überwiegend als Ortbetonkonstruktion erstellt. Als Konstruktionsform werden überwiegend rechteckige Einzel- bzw. Streifenfundamente ausgeführt, für Fertigteil- und Stahlstützen auch Köcher- und Blockfundamente. Grundsätzlich besteht bei diesen Fundamentarten auch die Gefahr des Durchstanzens (siehe Abschn. 8.6.5), Entwurfsziel sollte es i. d. R. in diesem Zusammenhang aber sein, Fundamente ohne Durchstanzbewehrung auszuführen.

8.9.8.1 Bewehrte Einzelfundamente

Die für die Stahlbetonbemessung maßgebenden Schnittgrößen ergeben sich aus der Sohldruckverteilung. Für die praktische Anwendung werden diese nach dem Spannungstrapezverfahren (lineare Verteilung des Sohldruckes) bestimmt (siehe auch Kap. 14, Abschn. 14.7). Mit bekannter Sohldruckverteilung werden in der Praxis nach Heft 240 [12] die Schnittgrößen für die Fundamentbemessung bestimmt (siehe Abb. 8.114). Dabei ist zu berücksichtigen, dass weder das Eigengewicht des Fundamentes noch eine gleichmäßig verteilte Erdauflast Biegemomente oder Querkräfte im Fundament hervorrufen.

Eine vereinfachte Verteilung der Momente gemäß Abb. 8.114 kann erreicht werden, wenn jeweils zwei Streifen zusammengefasst werden. Bei exzentrischer Fundamentbelastung oder zusätzlichen Momentenbeanspruchungen aus der Stütze sind die Fundamentschnittgrößen aus einer trapez- oder dreiecksförmigen Sohlspannungsverteilung zu ermitteln (Spannungstrapezverfahren). Weitere generelle Konstruktionsregeln sind in Tafel 8.85 zusammengefasst. Der Durchstanznachweis ist nach Abschn. 8.6.5 zu führen.

8.9.8.2 Köcherfundamente/Blockfundamente

Köcherfundamente müssen vertikale Lasten, Biegemomente und Horizontalkräfte aus den Stützen in den Baugrund übertragen können. Der Köcher muss groß genug sein, um ein einwandfreies Verfüllen mit Beton unter und seitlich der Stütze zu ermöglichen.

Derartige Fundamente werden häufig für Fertigteilstützen als Blockfundamente wegen des geringen Schalungsaufwandes eingesetzt. Besondere Beachtung muss dabei die Einbindung der Stütze in das Fundament bekommen. Bei der Vergussfuge zwischen Stütze und Fundament ist

Tafel 8.85 Konstruktionsregeln für bewehrte Streifen- und Einzelfundamente

Bewehrungsführung	– Bewehrung generell ohne Abstufung bis zum Rand führen – Bei Kreisfundamenten darf die Hauptbewehrung orthogonal und in der Mitte des Fundamentes auf einer Breite von $(50 \pm 10)\,\%$ des Fundamentdurchmessers konzentriert werden. – Wenn die Einwirkungen zu Zug an der Fundamentoberseite führen (z. B. wenn ein Klaffen der Sohlfuge auftritt, sodass an der Fundamentoberseite aus Eigengewicht und ggf. Auflasten Zugspannungen entstehen), ist hierfür ebenfalls Bewehrung nach den allgemeinen Bemessungsregeln vorzusehen
Mindeststabdurchmesser	– Mattenbewehrung: $\varnothing_{s,min} = 6\,mm$ – Stabstahl: $\varnothing_{s,min} = 10\,mm$
Verankerung der Bewehrung	Die zu verankernde Zugkraft ist $F_s = R \cdot z_e / z_i$ Dabei ist R die Resultierende des Sohldrucks innerhalb der Länge x; z_e der äußere Hebelarm, d. h. der Abstand zwischen R und der Vertikalkraft N_{Ed}; N_{Ed} die Vertikalkraft, die den gesamten Sohldruck zwischen den Schnitten A und B erzeugt; z_i der innere Hebelarm, d. h. der Abstand zwischen der Bewehrung und der horizontalen Kraft F_s; F_s die Druckkraft, die der maximalen Zugkraft $F_{s,max}$ entspricht. Vereinfachungen: $e = 0,15b$ $z_i = 0,9d$, bei geraden Stäben: $x_{min} = h/2$
Zerrbalken	Werden angeordnet, um die Wirkung einer Lastausmitte auf die Fundamente auszugleichen. Mindeststabdurchmesser – Mattenbewehrung: $\varnothing_{s,min} = 6\,mm$ – Stabstahl: $\varnothing_{s,min} = 10\,mm$ – Minimale lotrechte Last $\geq 10\,kN/m$, falls die Einwirkungen eines Bodenverdichtungsgerätes Beanspruchungen hervorrufen könnten
Randverbügelung	Eine Randverbügelung der Fundamentaußenflächen ist nicht erforderlich
Robustheitsbewehrung	An der Unterseite von Fundamenten ist in der Regel keine Robustheitsbewehrung erforderlich [11]
Einzelfundamente auf Fels	Die Aufnahme von Spaltzugkräften ist nachzuweisen, wenn der Sohldruck im GZT $> 5\,MN/m^2$ ist. (Details siehe EC 2, 9.8.4 [1], [2])

üblich, zunächst die Fuge unter dem Stützenfuß zu vergießen, um sicherzustellen, dass der Beton auch unter den Stützenfuß läuft. Die Sicherung mit Keilen o. ä. wird erst entfernt, wenn der Verguss erhärtet ist. Anschließend wird der Verguss ergänzt. In diesem Zusammenhang ist auch der Durchstanzkegel im Bauzustand zu betrachten. Bei Blockfundamenten ist ein Durchstanznachweis des Köcherbodens im Bauzustand mit unvergossener Stütze zu führen. Zur Montage der Stütze wird diese vielfach auf einen Zentrierdorn gestellt, welcher die Eigenlast der Stütze punktförmig einleitet [31].

Fundamente mit aufgesetztem Köcher haben gegenüber den Blockfundamenten in der Praxis an Bedeutung verloren. In [31] findet sich ggf. ein ausführliches Bemessungsbeispiel.

Allgemeine Angaben zur Bewehrungsführung bei Einzelfundamenten sind in Tafel 8.85 zusammengefasst.

Köcherfundament mit profilierter Oberfläche

Köcher mit speziell ausgebildeten Profilierungen oder Verzahnungen dürfen als mit der Stütze monolithisch verbunden angenommen werden. Für die Übergreifung der vertikalen

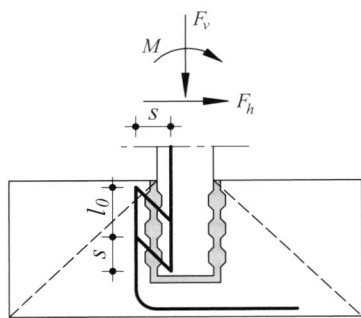

Abb. 8.115 Köcherfundament/Blockfundament mit profilierter Oberfläche

Zugbeanspruchung von der Stütze auf das Fundament spielt der horizontale Abstand s (siehe Abb. 8.115) zwischen dem Zugstab in der Stütze und dem entsprechenden Zugstab im Fundament eine besondere Rolle. Die Übergreifung ist dabei um diesen Abstand s zu erhöhen. Falls im Fundament und in der Stütze unterschiedliche Stabdurchmesser verwendet werden, ist der jeweils größere Wert für l_0 maßgebend. Als Biegerollendurchmesser ist für den Stehbügel im Fundament $10\varnothing_s$ erforderlich. Zusätzlich ist für den Übergreifungsstoß auch eine Horizontalbewehrung erforderlich. Auch aus der Einspannung ergibt sich eine erforderliche horizontale Zugkraft, die durch geschlossene Bügel, welche über die Köcherhöhe gleichmäßig verteilt sind, aufgenommen werden kann.

Im Kommentar zum EC 2 [18] wird darauf hingewiesen, dass die Verlängerung der Übergreifung um das Achsmaß s auf der sicheren Seite liegt. Alternativ ist eine Verlängerung von l_0 in Bezug auf den lichten Abstand der Stäbe a nach folgender Regel (siehe auch Tafel 8.64, Fußnote a) möglich.

- Verlängerung der Übergreifung um max $\begin{cases} a - 4\varnothing_s \\ a - 50\,\text{mm} \end{cases}$:

Bei der Ermittlung des Übergreifungsstoßes darf zudem in Blockfundamenten aufgrund der allseitigen Querdehnungsbehinderung eine um 50 % erhöhte Verbundspannung angesetzt werden. Im Heft 600 [11] wird darauf hingewiesen, dass für den Übergreifungstoß nur der Zugkraftanteil angesetzt werden muss, der über die Druckstrebe auf die vertikale Köcherbewehrung übertragen wird. Der Rest der Stützenzugkraft wird dann über eine innere Druckstrebe in die Druckzone der Stütze übertragen (siehe Abb. 8.116).

Für die Verzahnung der Fugenausbildung gelten die Regeln gemäß Abb. 8.63. Bezüglich der Betondeckung zwischen Ortbeton bzw. Vergussbeton und Fertigteil sind im Fertigteil an dem der Verbundfuge zugewandten Seite $c_{\min} = 5\,\text{mm}$ und im Ortbeton $c_{\min} = 10\,\text{mm}$ einzuhalten (siehe auch Abb. 8.51).

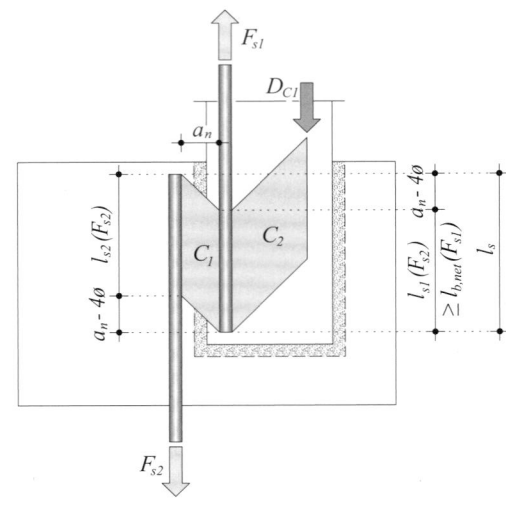

Abb. 8.116 Modell der Kraftübertragung [11]

Köcherfundament mit glatter Oberfläche

Die Kräfte und Momente der Stütze werden in das Fundament über entsprechende Druckkräfte F1, F2 und F3 (siehe Abb. 8.117) eingeleitet. Dabei müssen über den Vergussbeton entsprechende Reibungskräfte übertragen werden.

Es gelten folgende Konstruktionsregeln und Hinweise:

- Die Einbindetiefe l sollte größer als $1,5h$ sein
- Reibungsbeiwert in der Vergussfuge $\mu \leq 0,3$
- konstruktive Durchbildung der Bewehrung für F1 an der Oberseite der Köcherwand
- Übertragung von F1 entlang der Seitenwände in das Fundament
- Verankerung der Hauptbewehrung in Stütze und Köcher
- Durchstanzwiderstand der Fundamentplatte unter der Stützenlast, wobei der Füllbeton unter dem Fertigteil berücksichtigt werden darf.

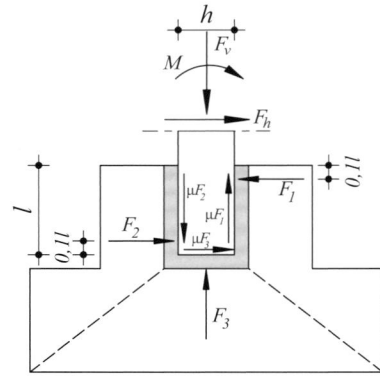

Abb. 8.117 Köcherfundament mit glatter Oberfläche

8.9.8.3 Unbewehrte Einzel- und Streifenfundamente

Unbewehrte, zentrisch belastete Einzel- und Streifenfundamente werden vorzugsweise für gering belastete Bauteile eingesetzt. Bei höheren Lasten oder sehr geringen zulässigen Bodenpressungen ergeben sich so große Fundamenthöhen, dass unbewehrte Fundamente unwirtschaftlich werden. Für den Nachweis ausreichender Tragfähigkeit (GZT) unbewehrter Fundamente gelten die folgenden Annahmen:

- Die Querschnitte bleiben eben.
- Die in (8.175) anzusetzende erhöhte Zugfestigkeit ist $f_{ctd} = \alpha_{cc} \cdot f_{ctk;0,05}/\gamma_C = 0{,}85 \cdot f_{ctk;0,05}/\gamma_C$ f_{ctd} anstelle des für unbewehrten Beton sonst üblichen Wertes $f_{ctd,pl} = \alpha_{cc,pl} \cdot f_{ctk;0,05}/\gamma_C = 0{,}7 \cdot f_{ctk;0,05}/\gamma_C$ berücksichtigt die infolge der Boden-Bauwerks-Interaktion geringere Gefahr des spröden Versagens der Fundamente (Umlagerungen des Sohldrucks sind möglich).
- Die Betondruckspannungen sind aus den für die Bemessung maßgebenden Spannungs-Dehnungs-Linien zu bestimmen (Parabel-Rechteck-Diagramm).
- Es darf keine höhere Festigkeitsklasse des Betons als C35/45 angesetzt werden.

Wegen der gedrungenen Form des auskragenden Fundamentteils (siehe Abb. 8.118) kann von einem Eben bleiben des Querschnitts nicht sicher ausgegangen werden. Daher wird bei der Bestimmung des Widerstandsmomentes die Querschnittshöhe nur zu 85 % angesetzt und die erforderlichen Fundamentabmessungen wie folgt bestimmt:

$$h \geq ü \cdot \frac{1}{0{,}85} \cdot \sqrt{\frac{3 \cdot \sigma_{Bd}}{f_{ctd}}} \qquad (8.175)$$

σ_{Bd} Bodenpressung im GZT (γ_F-fach) [N/mm²]
$$f_{ctd} = \alpha_{cc} \cdot \frac{f_{ctk;0,05}}{\gamma_C} = 0{,}85 \cdot \frac{f_{ctk;0,05}}{1{,}5}$$
h Fundamenthöhe
$ü$ Fundamentüberstand.

Es wird empfohlen, das Verhältnis $h/ü \geq 1$, d. h. $\alpha \geq 45°$ zu wählen. Fundamente mit $h/ü \geq 2$ dürfen generell unbewehrt ausgeführt werden.

Unabhängig vom Ergebnis nach (8.175) ist auf eine frostsichere Gründungstiefe zu achten.

8.9.9 Sonderfälle der Bemessung und Konstruktion

8.9.9.1 Indirekte Auflager

In Kreuzungsbereichen von Haupt- und Nebenträgern sind wechselseitige Auflagerreaktionen durch Aufhängebewehrungen vollständig aufzunehmen.

Diese Bewehrung sollte aus Bügeln bestehen, die die Hauptbewehrung des Hauptträgers umfassen, wobei einige Bügel aus dem Kreuzungsbereich nach Abb. 8.119 ausgelagert werden können.

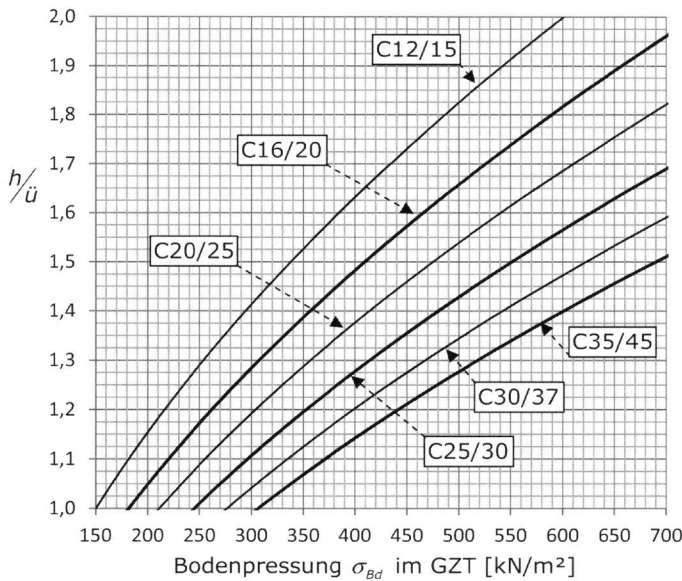
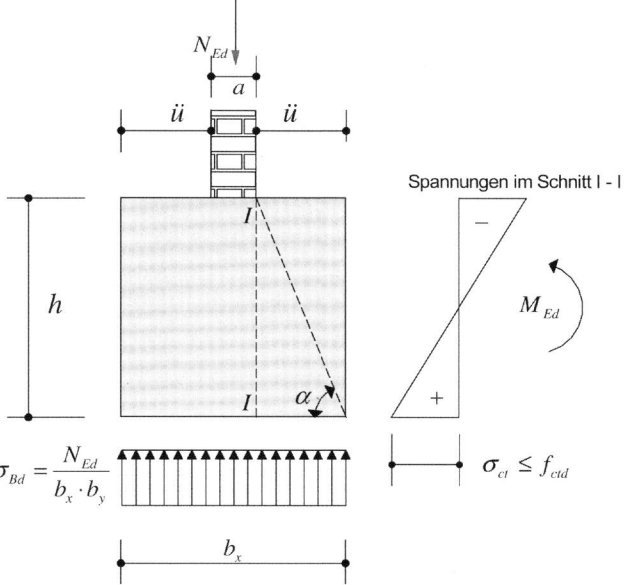

Abb. 8.118 Unbewehrte Fundamente und zulässige Lastausbreitung $h/ü$

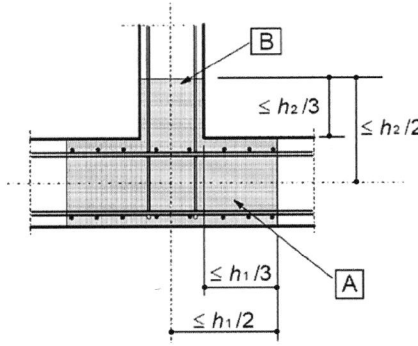

A — stützender Träger mit Höhe h_1

B — unterstützter Träger mit Höhe h_2
($h_1 \geq h_2$)

Abb. 8.119 Kreuzungsbereich bei indirekten Auflagern

8.9.9.2 Teilflächenbelastung

Die aufnehmbare Teilflächenbelastung F_{Rdu} aus der Belastung auf einer Teilfläche A_{c0} beträgt

$$F_{Rdu} = A_{c0} \cdot f_{cd} \cdot \sqrt{A_{c1}/A_{c0}} \leq 3{,}0 \cdot f_{cd} \cdot A_{c0} \quad (8.176)$$

A_{c0} Belastungsfläche

A_{c1} maximal rechnerische Verteilungsfläche mit geometrischer Ähnlichkeit zu A_{c0}. Bedingungen für A_{c1} siehe auch Abb. 8.120 und Tafel 8.86

8.9.9.3 Spalt- und Randzugkräfte bei Teilflächenbelastungen

Bei Teilflächenbeanspruchungen treten im Lasteintragungsbereich Querzugspannungen auf, welche durch eine geeignete Bewehrung aufzunehmen sind. Die Nachweise können grundsätzlich über Stabwerkmodelle geführt werden z. B. Schlaich/Schäfer, BK 2011 [15]. Für einige Fälle enthält auch das Heft 240 [12] in der Praxis sehr bewährte Modell, wovon hier die beiden häufigsten Situationen in Tafel 8.87 wiedergegeben werden.

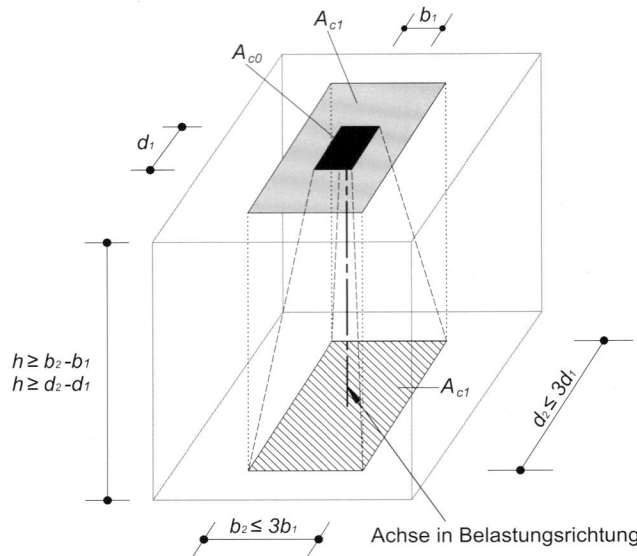

Abb. 8.120 Beispiel für das Verhältnis A_{c0} zu umgebendem Beton

8.9.9.4 Umlenkkräfte

In Bereichen mit Richtungsänderungen von inneren Zug- oder Druckkräften muss die Aufnahme der entstehenden Umlenkkräfte sichergestellt werden. Weiterführende Hinweise können Heft 525 DAfStb [10] und Heft 600 [11] entnommen werden.

8.9.10 Schadensbegrenzung bei außergewöhnlichen Einwirkungen

Bei außergewöhnlichen Ereignissen ist eine Schädigung des Tragwerks in einem zur ursprünglichen Ursache unverhältnismäßig großen Ausmaß zu vermeiden. Daher zielen die Konstruktionsregeln im Stahl- und Spannbetonbau auch darauf ab, immer ein Versagen mit Vorankündigung zu erreichen. Der zufällige Ausfall einzelner Bauteile oder das Auftreten örtlicher Schädigungen sollte nicht zum Versagen des Gesamttragwerks führen.

Die grundsätzliche Anordnung dieser Ankersysteme ist in Abb. 8.121 dargestellt, Tafel 8.88 enthält die zugehörigen Konstruktionshinweise.

Tafel 8.86 Bedingungen für Teilflächenbelastungen

geometrische Bedingungen für A_{c0} und A_{c1}	– Für die zur Lastverteilung in Belastungsrichtung zur Verfügung stehende Höhe gelten die Bedingungen gemäß Abb. 8.120 $h \geq b_2 - b_1$ und $h \geq d_2 - d_1$ – Der Schwerpunkt der Fläche A_{c1} muss in Belastungsrichtung mit dem Schwerpunkt der Belastungsfläche für A_{c0} übereinstimmen – Geometrisch ähnlich, d. h. $b_1/d_1 = b_2/d_2$ – Es ist mindestens eine A_{c0} umgebende Betonfläche mit den Abmessungen aus der Projektion von für A_{c1} auf die Lasteinleitungsebene erforderlich – Bei mehreren Druckkräften dürfen sich die rechnerischen Verteilungsflächen innerhalb der Höhe h nicht überschneiden
Spaltzugkräfte	– Spaltzugkräfte sind durch Bewehrung aufzunehmen (Bügel oder Haarnadeln). Siehe auch Tafel 8.87 – Wird auf eine entsprechende Bewehrung verzichtet, sollte die Teilflächenlast auf $F_{Rdu} \leq 0{,}6 \cdot f_{cd} \cdot A_{c0}$ begrenzt werden

Tafel 8.87 Bemessungsmodelle für Spaltzugbeanspruchungen

Lastfall und Bemessungsgröße	Darstellung
Mittig angreifende Druckkraft $F_{sd} = \dfrac{N_{Ed}}{4} \cdot \left(1 - \dfrac{b_1}{h_s}\right)$ $A_{s,erf} = \dfrac{F_{Sd}}{f_{yd}}$ Die Einfassungsbewehrung für $F_{sd,R}$ am Rand wird konstruktiv gewählt.	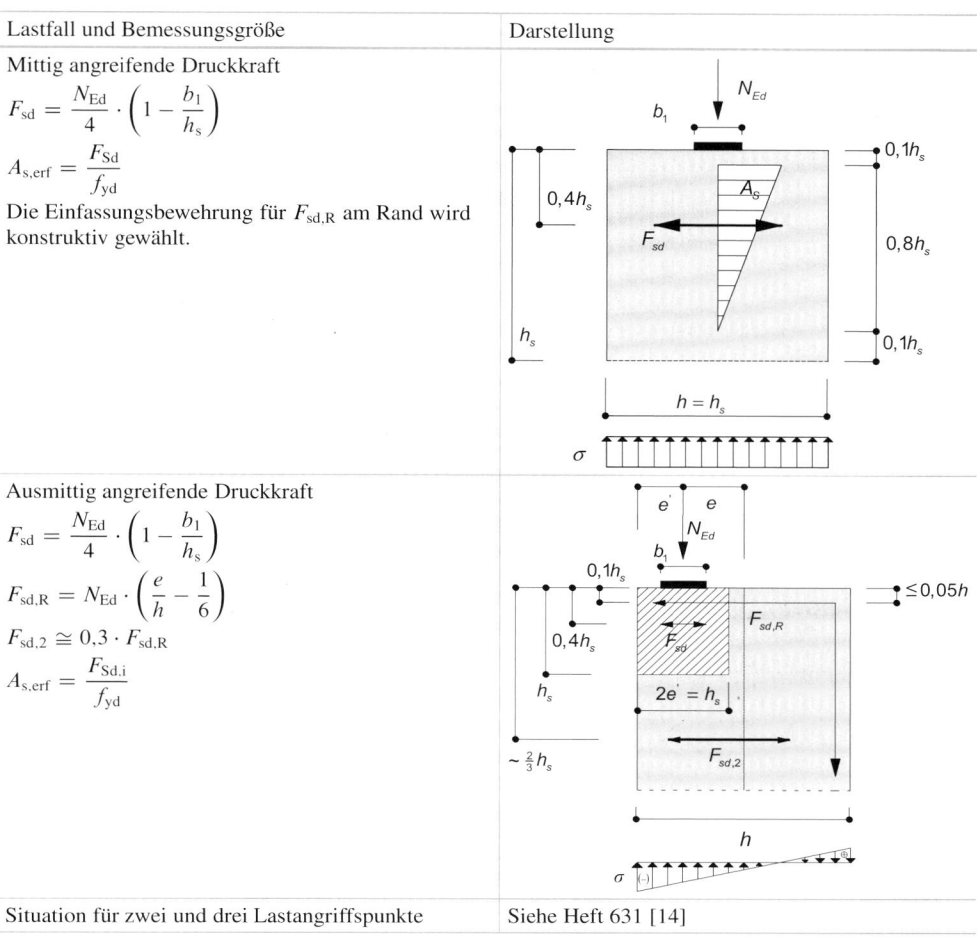
Ausmittig angreifende Druckkraft $F_{sd} = \dfrac{N_{Ed}}{4} \cdot \left(1 - \dfrac{b_1}{h_s}\right)$ $F_{sd,R} = N_{Ed} \cdot \left(\dfrac{e}{h} - \dfrac{1}{6}\right)$ $F_{sd,2} \cong 0,3 \cdot F_{sd,R}$ $A_{s,erf} = \dfrac{F_{Sd,i}}{f_{yd}}$	
Situation für zwei und drei Lastangriffspunkte	Siehe Heft 631 [14]

Abb. 8.121 Zuganker für außergewöhnliche Einwirkungen

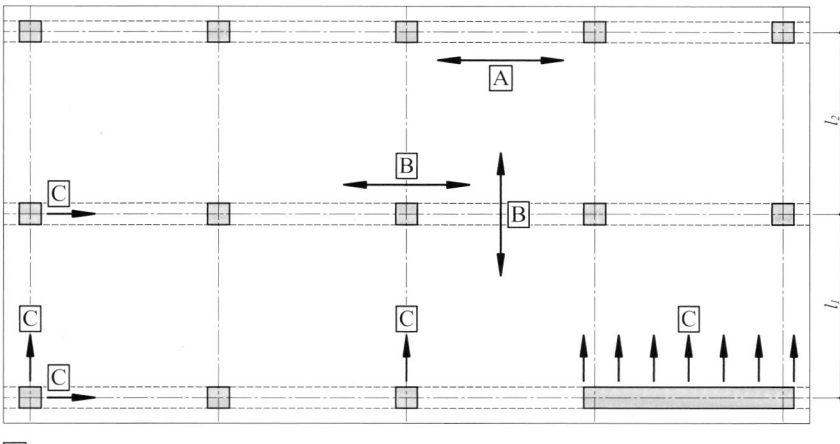

A Ringanker
B innen liegende Zuganker
C horizontale Stützen oder Wandzuganker

Alternativ ist es auch möglich, eine Bemessung für außergewöhnliche Ereignisse nach DIN EN 1991-1-7 (außergewöhnliche Einwirkungen) vorzunehmen. Die Anwendung der konstruktiven Regeln ist aber wesentlich praxistauglicher.

Im üblichen Hochbau sind zur Schadensbegrenzung bei außergewöhnlichen Einwirkungen **Ringanker**, im Fertigteilbau sind zusätzlich **innenliegende Zuganker** und horizontale **Stützen oder Wandzuganker** vorzusehen. Die Materialfestigkeiten dürfen dabei bis zu ihrer charakteristischen Festigkeit ausgenutzt werden.

Tafel 8.88 Konstruktionsregeln für Zuganker

Allgemein	– Zuganker sind als Mindestbewehrung und nicht als zusätzliche Bewehrung zu der aus der Bemessung erforderlichen Bewehrung vorgesehen – Für die Bemessung der Zugglieder darf f_{yk} ausgenutzt werden

Ringanker	– In jeder Decken- oder Dachebene durchlaufend bzw. umlaufend innerhalb eines Randabstandes von 1,2 m
	– Aufnehmbare Zugkraft $T_{tie,per} = l_i \cdot 10\,kN/m \geq 70\,kN^a$
	    $T_{tie,per}$ Zugkraft im Ringanker
	    l_i Spannweite des Endfeldes [m], rechtwinklig zum Ringanker (siehe auch Abb. 8.121)
	    d. h. es sind mindestens $A_{s,min} = 70/50 = 1,4\,cm^2$ erforderlich (z. B. $2\varnothing_s\,10$ mm oder $1\varnothing_s\,14$ mm).
	– Vorhandene Bewehrung in Ortbetondecken in einem Randstreifen von 1,2 m darf angerechnet werden.
	– Stöße der entsprechenden Bewehrung sind mit $l_0 = 2 \cdot l_{b,red}$ auszubilden, wobei auch hier f_{yk} ausgenutzt werden darf.
	– Der Stoßbereich ist mit Bügeln, Steckbügeln oder Wendeln in einem Abstand $s \leq 100$ mm zu umfassen. Alternativ können auch Schweißverbindungen oder mechanische Verbindungen ausgeführt werden.
	– Bei Bügelmatten darf der o. g. Abstand der Querbewehrung auf $s \leq 150$ mm vergrößert werden [11].
	– Tragwerke mit Innenrändern (z. B. in einem Atrium) müssen ebenfalls Ringanker nach obigen Regeln aufweisen

Innenliegende Zuganker	– In jeder Decken- und Dachebene in zwei zueinander ungefähr rechtwinkligen Richtungen
	– In der gesamten Bauteillänge durchlaufend und in den umlaufenden Ringankern verankern oder alternativ in den horizontalen Zugankern zu Stützen oder Wänden fortsetzen
	– Können auch insgesamt oder teilweise verteilt in den Platten oder Wänden angeordnet werden
	– In Wänden innerhalb von 0,5 m über oder unter den jeweiligen Deckenplatten
	– Bemessungswert $T_{tie,int} = 20\,kN/m$
	– Bei Decken ohne Aufbeton (z. B. Spannbetonhohldielen), in denen die Zuganker nicht verteilt angeordnet werden können, dürfen diese konzentriert in den Fugen angeordnet werden.
	    Mindestkraft: $T_{tie} = 20\,kN/m \cdot (l_1 + l_2)/2 \geq 70\,kN^a$
	    d. h. es sind mindestens $A_{s,min} = 70/50 = 1,4\,cm^2$ erforderlich (z. B. $2\varnothing_s\,10$ mm oder $1\varnothing_s\,14$ mm).
	    l_1, l_2 Spannweiten der Deckenplatten auf beiden Seiten senkrecht zur Fuge in [m] (siehe Abb. 8.121)
	– Die bei Decken ohne Aufbeton gemäß erstem Spiegelstrich rechtwinklig zu vorgenanntem Zuganker anzuordnenden Zuganker dürfen ebenfalls entweder in Vergussfugen oder aber in unterstützenden Wänden oder Unterzügen verlegt werden, sofern eine Verbindung zur Decke – zumindest durch ausreichende Reibungskräfte – sichergestellt ist

Horizontale Stützen- und Wandzuganker	– Randstützen der Außenwände sind in jeder Decken- und Dachebene horizontal im Tragwerk zu verankern
	– Zugkraft der Zuganker
	    $F_{tie,fac} = 10\,kN/m$ je Fassadenmeter
	    $F_{tie,col} = 150\,kN$ je Stütze
	– Eckstützen sind in zwei Richtungen zu verankern. Ggf. vorhandene Ringanker dürfen hier angerechnet werden.
	– Am oberen Rand tragender Innentafeln sollte mindestens eine Bewehrung von $0,7\,cm^2/m$ in den Zwischenraum zwischen den Deckentafeln eingreifen. Diese Bewehrung darf an zwei Punkten vereinigt werden, bei Wandtafeln bis zu einer Länge von 2,5 m genügt ein Anschlusspunkt in Wandmitte. Diese Bewehrung darf durch andere gleichwertige Maßnahmen ersetzt werden.
	– Für Hochhäuser und Großtafelbauten gelten weitere spezielle Regeln (siehe hierzu EC 2, 9.10.2.4 [1])

^{a} Im Gegensatz zur DIN 1045 wurde der ehemalige obere Grenzwert von 70 kN in EC 2 zu einem unteren Grenzwert deklariert. Weitere Hinweise siehe auch [18]

8.10 Bemessungstafeln

Im Folgenden werden die wesentlichen graphischen und tabellarischen Bemessungshilfsmittel für den Stahlbetonbau wiedergegeben. Die Tafel 8.89 gibt einen Überblick über die Anwendungsbereiche, auf die besonders zu achten sind.

Alle hier wiedergegebenen Bemessungsdiagramme gelten für folgende Randbedingungen und Definitionen:

- Betondruckfestigkeit im GZT $= f_{cd} = \alpha_{cc} \cdot f_{ck}/\gamma_C$ mit $\alpha_{cc} = 0,85$ und $\gamma_C = 1,5$.
- Parabel-Rechteck-Diagramm, Zugfestigkeit wird vernachlässigt
- Bilineare Stahlkennlinie B500, $f_{yk} = 500\,N = mm^2$, $f_{tk} = 525\,N = mm^2$, $\gamma_S = 1,15$, $\varepsilon_{su} \leq 25\,‰$
- Druckkräfte sind mit negativem Vorzeichen, Zugkräfte mit positivem Vorzeichen anzunehmen (diese Regelung ist im EC 2 vielfach umgekehrt).

In den Bemessungshilfen wird üblicherweise mit Bruttobetonflächen gerechnet. Bei Querschnitten mit Druckbewehrung wäre korrekterweise hier eigentlich die Nettoquerschnittsfläche anzusetzen. Die exakte Druckbewehrung ergibt sich aber auch dann, wenn die mit Bruttowerten ermit-

telte Druckbewehrung noch mit dem Faktor $f_{yd}/(f_{yd} - f_{cd})$ vergrößert wird. In der Praxis kann dieser Einfluss für Betone bis C50/60 im Allg. vernachlässigt werden, bei höherfesten Betonen sollte dieser Einfluss jedoch berücksichtigt werden.

Die folgenden Bemessungsdiagramme BT 2 bis BT 5 berücksichtigen korrekterweise aber generell bereits die Nettoquerschnittswerte [33].

Historisch bedingt fanden zur Querschnittsbemessung vielfach auch die sogenannten k_h- bzw. k_d-Tafeln eine breite Anwendung. Die Ablesung der hier wiedergegeben Bemessungstafeln mit dimensionslosen Beiwerten ist, insbesondere auch bei Querschnitten mit Druckbewehrung etwas einfacher. Darüber hinaus sind die dimensionslosen Beiwerte auch international verbreitet. Aus diesem Grund und zur Vermeidung unnötiger Redundanzen wird auf die Wiedergabe von k_d-Tafeln in diesem Buch verzichtet.

Für die Bemessung von Betonbauteilen im Brandfall gibt es ebenfalls verschiedene Bemessungshilfsmittel. Diesbezüglich wird hier zunächst auf das Kap. 16 in diesem Buch verwiesen. Weiterführende Hinweise sind zudem im Heft 630 des DAfStb [13] zu finden.

Tafel 8.89 Übersicht der Anwendungsbereiche der Bemessungshilfen

Betonquerschnitt	Anwendungsbereich	Bemessungstafeln BT	
		Besondere Merkmale	Nr.
	Reine Biegung und Biegung mit Längskraft	Allgemeines Bemessungsdiagramm $\leq$ C50	BT 0
		Tafel ohne und mit Druckbew. $\leq$ C50	BT 1a bis BT 1d
	a) Biegung mit überwiegend Längsdruck bzw. Längszug mit geringer Ausmitte b) überwiegend Biegezug mit wechselnden Vorzeichen	Interaktionsdiagramm mit $A_{s1} = A_{s2}$ $d_1/h = 0{,}05; 0{,}10; 0{,}15; 0{,}20; 0{,}25$ bis C50/60, Bemessung unter Berücksichtigung der Nettoquerschnitte	BT 2a bis 2e
	a) Biegung mit überwiegend Längsdruck bzw. Längszug mit geringer Ausmitte b) Überwiegend Biegezug mit wechselnden Vorzeichen	Interaktionsdiagramm mit $A_{s,tot}/4$ auf jeder Querschnittsseite verteilt $d_1/h = 0{,}05; 0{,}10; 0{,}15; 0{,}20; 0{,}25$ bis C50/60, Bemessung unter Berücksichtigung der Nettoquerschnitte	BT 3a bis 3d
	Biegung und Längskraft	Interaktionsdiagramm mit gleichmäßig über dem Umfang verteilter Bewehrung $A_{s,tot}$ $d_1/h = 0{,}05; 0{,}10; 0{,}15; 0{,}20; 0{,}25$ bis C50/60, Bemessung unter Berücksichtigung der Nettoquerschnitte	BT 4a bis 4e
	Biegung mit Längskraft	Interaktionsdiagramm mit gleichmäßig über dem Umfang verteilter Bewehrung $A_{s,tot}$ $r_i/r = 0{,}90; d_1/(r-r_i) = 0{,}50$ $r_i/r = 0{,}80; d_1/(r-r_i) = 0{,}50$ $r_i/r = 0{,}80; d_1/(r-r_i) = 0{,}30$ $r_i/r = 0{,}70; d_1/(r-r_i) = 0{,}50$ $r_i/r = 0{,}70; d_1/(r-r_i) = 0{,}30$ bis C50/60, Bemessung unter Berücksichtigung der Nettoquerschnitte	BT 5a bis 5e
	Biegung mit Längskraft	Tafeln bis C50/60	BT 6a und 6b
	Plattenquerschnitte ohne Querkraftbewehrung, Mindestquerkrafttragfähigkeit $v_{Rd,c,min}$	Diagramme bis C50/60, statische Höhe d bis 1000 m, $\sigma_{cp} = 0$	BT 7
	Plattenquerschnitte ohne Querkraftbewehrung, Querkrafttragfähigkeit $v_{Rd,c}$	Diagramme bis C50/60, statische Höhe d bis 200 mm, $\sigma_{cp} = 0$	BT 8
	Plattenquerschnitte ohne Querkraftbewegung, Mindestquerkrafttragfähigkeit $v_{Rd,c,min}$ und zugehöriger Längsbewehrungsgrad ϱ_l	Tafelwerte bis C50/60, statische Höhe d bis 300 mm, $\sigma_{cp} = 0$	BT 9
	Querschnitte mit Querkraftbewehrung, erf. Querkrafttragfähigkeit ϱ_w	Tafelwerte bis C50/60, senkrechte Bügel, minimale Druckstrebenneigung, $\sigma_{cp} = 0$	BT 10
	Querschnitte mit Querkraftbewehrung, erf. Querkrafttragfähigkeit ϱ_w	Tafelwerte bis C50/60, senkrechte Bügel, Druckstrebenneigung $40° \leq \theta \leq 45°$, $\sigma_{cp} = 0$	BT 11

8

Tafel 8.90 BT 0 Allgemeines Bemessungsdiagramm für Rechteckquerschnitte bis C50/60 B 500

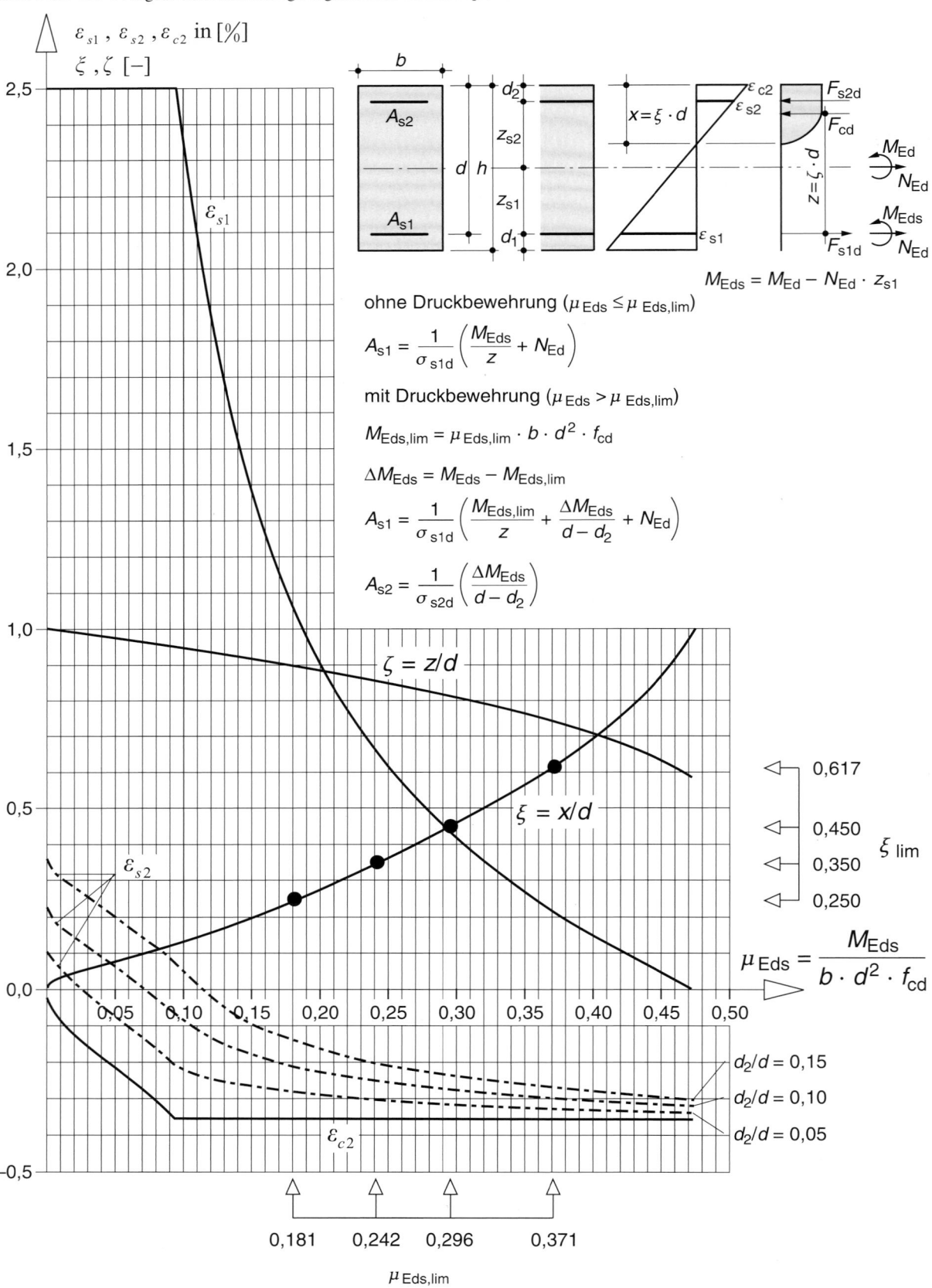

Tafel 8.91 BT 1a Bemessungstafel mit dimensionslosen Beiwerten für den Rechteckquerschnitt
Beton C12/15 bis C50/60, Betonstahl B 500, $\gamma_S = 1{,}15$

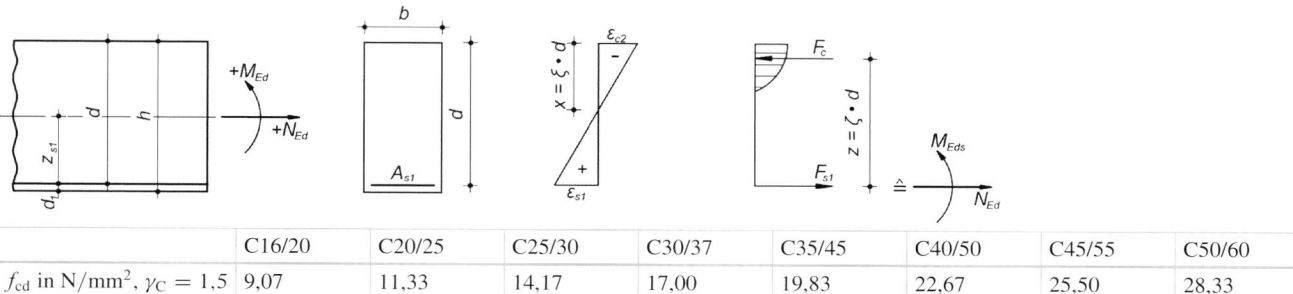

	C16/20	C20/25	C25/30	C30/37	C35/45	C40/50	C45/55	C50/60
f_{cd} in N/mm², $\gamma_C = 1{,}5$	9,07	11,33	14,17	17,00	19,83	22,67	25,50	28,33

$$M_{Eds} = M_{Ed} - N_{Ed} \cdot z_{s1}, \quad \mu_{Eds} = \frac{M_{Eds}}{b \cdot d^2 \cdot f_{cd}} \xrightarrow{\text{Ablesung } \omega_1} A_{s1} = \frac{1}{\sigma_{sd}} (\omega_1 \cdot b \cdot d \cdot f_{cd} + N_{Ed})$$

μ_{Eds} [–]	ω_1 [–]	$\xi = x/d$ [–]	$\zeta = z/d$ [–]	ε_{c2} [‰]	ε_{s1} [‰]	$\sigma_{sd} = f_{yd}$ [N/mm²]	σ_{sd} [N/mm²]	δ_{zul} Hochduktil	δ_{zul} Normalduktil
0,01	**0,0101**	0,030	0,990	−0,77	25,00	434,8	456,5	0,70	0,85
0,02	**0,0203**	0,044	0,985	−1,15	25,00	434,8	456,5	0,70	0,85
0,03	**0,0306**	0,055	0,980	−1,46	25,00	434,8	456,5	0,70	0,85
0,04	**0,0410**	0,066	0,976	−1,76	25,00	434,8	456,5	0,70	0,85
0,05	**0,0515**	0,076	0,971	−2,06	25,00	434,8	456,5	0,70	0,85
0,06	**0,0621**	0,086	0,967	−2,37	25,00	434,8	456,5	0,71	0,85
0,07	**0,0728**	0,097	0,962	−2,68	25,00	434,8	456,5	0,72	0,85
0,08	**0,0836**	0,107	0,956	−3,01	25,00	434,8	456,5	0,73	0,85
0,09	**0,0946**	0,118	0,951	−3,35	25,00	434,8	456,5	0,73	0,85
0,10	**0,1057**	0,131	0,946	−3,50	23,29	434,8	454,9	0,74	0,85
0,11	**0,1170**	0,145	0,940	−3,50	20,71	434,8	452,4	0,76	0,85
0,12	**0,1285**	0,159	0,934	−3,50	18,55	434,8	450,4	0,77	0,85
0,13	**0,1401**	0,173	0,928	−3,50	16,73	434,8	448,6	0,78	0,85
0,14	**0,1518**	0,188	0,922	−3,50	15,16	434,8	447,1	0,79	0,85
0,15	**0,1638**	0,202	0,916	−3,50	13,80	434,8	445,9	0,80	0,85
0,16	**0,1759**	0,217	0,910	−3,50	12,61	434,8	444,7	0,81	0,85
0,17	**0,1882**	0,232	0,903	−3,50	11,55	434,8	443,7	0,83	0,85
0,18	**0,2007**	0,248	0,897	−3,50	10,62	434,8	442,7	0,84	0,85
0,19	**0,2134**	0,264	0,890	−3,50	9,78	434,8	442,0	0,85	0,85
0,20	**0,2263**	0,280	0,884	−3,50	9,02	434,8	441,3	0,86	0,86
0,21	**0,2395**	0,296	0,877	−3,50	8,33	434,8	440,6	0,88	0,88
0,22	**0,2529**	0,312	0,870	−3,50	7,71	434,8	440,0	0,89	0,89
0,23	**0,2665**	0,329	0,863	−3,50	7,13	434,8	439,5	0,90	0,90
0,24	**0,2804**	0,346	0,856	−3,50	6,60	434,8	439,5	0,92	0,92
0,25	**0,2946**	0,364	0,849	−3,50	6,12	434,8	438,5	0,93	0,93
0,26	**0,3091**	0,382	0,841	−3,50	5,67	434,8	438,1	0,95	0,95
0,27	**0,3239**	0,400	0,834	−3,50	5,25	434,8	437,7	0,96	0,96
0,28	**0,3391**	0,419	0,826	−3,50	4,86	434,8	437,3	0,98	0,98
0,29	*0,3546*	*0,438*	*0,818*	*−3,50*	*4,49*	*434,8*	*437,0*	*0,99*	*0,99*
0,30	**0,3706**	0,458	0,810	−3,50	4,15	434,8	436,7		
0,31	**0,3869**	0,478	0,801	−3,50	3,82	434,8	436,4		
0,32	**0,4038**	0,499	0,793	−3,50	3,52	434,8	436,1		
0,33	**0,4211**	0,520	0,784	−3,50	3,23	434,8	435,8		
0,34	**0,4391**	0,542	0,774	−3,50	2,95	434,8	435,5		
0,35	**0,4576**	0,565	0,765	−3,50	2,69	434,8	435,3		
0,36	**0,4768**	0,589	0,755	−3,50	2,44	434,8	435,0		
0,37	*0,4968*	*0,614*	*0,745*	*−3,50*	*2,20*	*434,8*	*434,8*		
0,38	**0,5177**	0,640	0,734	−3,50	1,97	394,5[a]	394,5		
0,39	**0,5396**	0,667	0,723	−3,50	1,75	350,1[a]	350,1		
0,40	**0,5627**	0,695	0,711	−3,50	1,54	307,1[a]	307,1		

[a] Streckgrenze wird nicht ausgenutzt, daher unwirtschaftlicher Bemessungsbereich.

Tafel 8.92 BT 1b Bemessungstafel mit dimensionslosen Beiwerten für den Rechteckquerschnitt mit Druckbewehrung

Beton C12/15 bis C50/60, $x/d = 0{,}25$, Betonstahl B 500, $\gamma_S = 1{,}15$

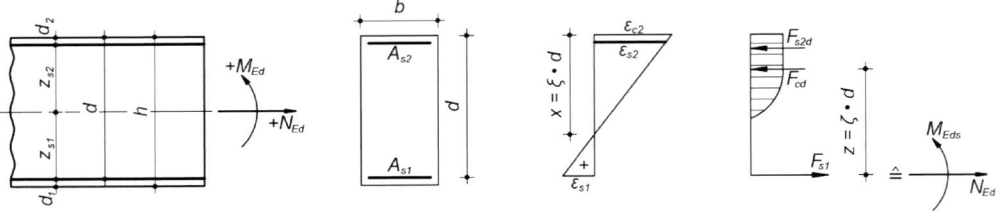

	C16/20	C20/25	C25/30	C30/37	C35/45	C40/50	C45/55	C50/60
f_{cd} in N/mm², $\gamma_C = 1{,}5$	9,07	11,33	14,17	17,00	19,83	22,67	25,50	28,33

$$M_{Eds} = M_{Ed} - N_{Ed} \cdot z_{s1}, \quad \mu_{Eds} = \frac{M_{Eds}}{b \cdot d^2 \cdot f_{cd}} \xrightarrow{\text{Ablesung } \omega_1, \omega_2} A_{s1} = \frac{1}{\sigma_{s1d}}(\omega_1 \cdot b \cdot d \cdot f_{cd} + N_{Ed}), \quad A_{s2} = \frac{1}{|\sigma_{s2d}|}(\omega_2 \cdot b \cdot d \cdot f_{cd})$$

C12/15 bis C50/60, $\xi = 0{,}25$, $\sigma_{s1d} = 442{,}7$ N/mm²

μ_{Eds}	$d_2/d = 0{,}05$ $\varepsilon_{s1}/\varepsilon_{s2} = 10{,}5/-2{,}8\,‰$ $\sigma_{s2d} = -435{,}4$ N/mm²		$d_2/d = 0{,}10$ $\varepsilon_{s1}/\varepsilon_{s2} = 10{,}5/-2{,}1\,‰$ $\sigma_{s2d} = -420{,}1$ N/mm²		$d_2/d = 0{,}15$ $\varepsilon_{s1}/\varepsilon_{s2} = 10{,}5/-1{,}4\,‰$ $\sigma_{s2d} = -280{,}0$ N/mm²		$d_2/d = 0{,}20$ $\varepsilon_{s1}/\varepsilon_{s2} = 10{,}5/-0{,}7\,‰$ $\sigma_{s2d} = -140{,}2$ N/mm²	
	ω_1	ω_2	ω_1	ω_2	ω_1	ω_2	ω_1	ω_2
0,18	0,202	0,000	0,202	0,000	0,202	0,000	0,202	0,000
0,19	0,211	0,009	0,212	0,010	0,213	0,010	0,213	0,011
0,20	0,222	0,020	0,223	0,021	0,224	0,022	0,226	0,023
0,21	0,233	0,030	0,234	0,032	0,236	0,034	0,238	0,036
0,22	0,243	0,041	0,245	0,043	0,248	0,046	0,251	0,048
0,23	0,254	0,051	0,256	0,054	0,260	0,057	0,263	0,061
0,24	0,264	0,062	0,268	0,065	0,271	0,069	0,276	0,073
0,25	0,275	0,072	0,279	0,076	0,283	0,081	0,288	0,086
0,26	0,285	0,083	0,290	0,087	0,295	0,093		
0,27	0,296	0,093	0,301	0,099	0,307	0,104		
0,28	0,306	0,104	0,312	0,110	0,318	0,116		
0,29	0,317	0,114	0,323	0,121	0,330	0,128		
0,30	0,327	0,125	0,334	0,132	0,342	0,140		
0,31	0,338	0,135	0,345	0,143	0,354	0,151		
0,32	0,348	0,146	0,356	0,154	0,366	0,163		
0,33	0,359	0,157	0,368	0,165	0,377	0,175		
0,34	0,369	0,167	0,379	0,176	0,389	0,187		
0,35	0,380	0,178	0,390	0,187	0,401	0,198		
0,36	0,390	0,188	0,401	0,199	0,413	0,210		
0,37	0,401	0,199	0,412	0,210	0,424	0,222		
0,38	0,411	0,209	0,423	0,221	0,436	0,234		
0,39	0,422	0,220	0,434	0,232	0,448	0,246		
0,40	0,433	0,230	0,445	0,243	0,460	0,257		
0,41	0,443	0,241	0,456	0,254	0,471	0,269		
0,42	0,454	0,251	0,468	0,265	0,483	0,281		
0,43	0,464	0,262	0,479	0,276	0,495	0,293		
0,44	0,475	0,272	0,490	0,287	0,507	0,304		
0,45	0,485	0,283	0,501	0,299	0,518	0,316		
0,46	0,496	0,293	0,512	0,310	0,530	0,328		
0,47	0,506	0,304	0,523	0,321	0,542	0,340		
0,48	0,517	0,314	0,534	0,332	0,554	0,351		
0,49	0,527	0,325	0,545	0,343	0,566	0,363		
0,50	0,538	0,335	0,556	0,354				
0,51	0,548	0,346	0,568	0,365				
0,52	0,559	0,357	0,579	0,376				
0,53	0,569	0,367	0,590	0,387				
0,54	0,580	0,378	0,601	0,399				
0,55	0,590	0,388	0,612	0,410				

Tafel 8.93 BT 1c Bemessungstafel mit dimensionslosen Beiwerten für den Rechteckquerschnitt mit Druckbewehrung

Beton C12/15 bis C50/60, $x/d = 0{,}45$, Betonstahl B 500, $\gamma_{\mathrm{S}} = 1{,}15$

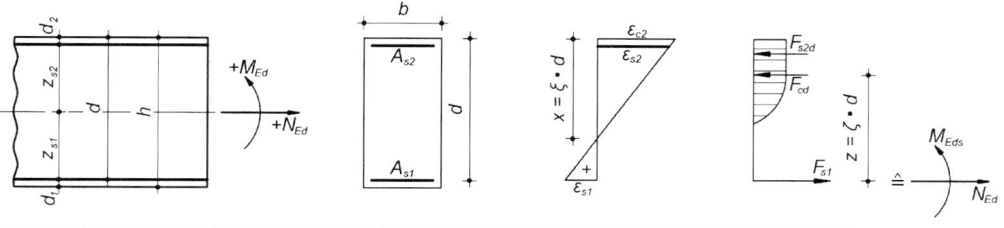

	C16/20	C20/25	C25/30	C30/37	C35/45	C40/50	C45/55	C50/60
f_{cd} in N/mm², $\gamma_{\mathrm{C}} = 1{,}5$	9,07	11,33	14,17	17,00	19,83	22,67	25,50	28,33

$$M_{\mathrm{Eds}} = M_{\mathrm{Ed}} - N_{\mathrm{Ed}} \cdot z_{\mathrm{s1}}, \quad \mu_{\mathrm{Eds}} = \frac{M_{\mathrm{Eds}}}{b \cdot d^2 \cdot f_{\mathrm{cd}}} \xrightarrow{\text{Ablesung } \omega_1, \omega_2} A_{\mathrm{s1}} = \frac{1}{\sigma_{\mathrm{s1d}}} (\omega_1 \cdot b \cdot d \cdot f_{\mathrm{cd}} + N_{\mathrm{Ed}}), \quad A_{\mathrm{s2}} = \frac{1}{|\sigma_{\mathrm{s2d}}|} (\omega_2 \cdot b \cdot d \cdot f_{\mathrm{cd}})$$

C12/15 bis C50/60, $\xi = 0{,}45$, $\sigma_{\mathrm{s1d}} = 436{,}8$ N/mm²

μ_{Eds}	$d_2/d = 0{,}05$ $\varepsilon_{\mathrm{s1}}/\varepsilon_{\mathrm{s2}} = 4{,}3/{-}3{,}1\,‰$ $\sigma_{\mathrm{s2d}} = -435{,}7$ N/mm²		$d_2/d = 0{,}10$ $\varepsilon_{\mathrm{s1}}/\varepsilon_{\mathrm{s2}} = 4{,}3/{-}2{,}7\,‰$ $\sigma_{\mathrm{s2d}} = -435{,}3$ N/mm²		$d_2/d = 0{,}15$ $\varepsilon_{\mathrm{s1}}/\varepsilon_{\mathrm{s2}} = 4{,}3/{-}2{,}3\,‰$ $\sigma_{\mathrm{s2d}} = -434{,}9$ N/mm²		$d_2/d = 0{,}20$ $\varepsilon_{\mathrm{s1}}/\varepsilon_{\mathrm{s2}} = 4{,}3/{-}1{,}9\,‰$ $\sigma_{\mathrm{s2d}} = -388{,}8$ N/mm²	
	ω_1	ω_2	ω_1	ω_2	ω_1	ω_2	ω_1	ω_2
0,30	0,368	0,004	0,369	0,004	0,369	0,005	0,369	0,005
0,31	0,379	0,015	0,380	0,015	0,381	0,016	0,382	0,017
0,32	0,389	0,025	0,391	0,027	0,392	0,028	0,394	0,030
0,33	0,400	0,036	0,402	0,038	0,404	0,040	0,407	0,042
0,34	0,410	0,046	0,413	0,049	0,416	0,052	0,419	0,055
0,35	0,421	0,057	0,424	0,060	0,428	0,063	0,432	0,067
0,36	0,432	0,067	0,435	0,071	0,439	0,075	0,444	0,080
0,37	0,442	0,078	0,446	0,082	0,451	0,087	0,457	0,092
0,38	0,453	0,088	0,457	0,093	0,463	0,099	0,469	0,105
0,39	0,463	0,099	0,469	0,104	0,475	0,110	0,482	0,117
0,40	0,474	0,109	0,480	0,115	0,486	0,122	0,494	0,130
0,41	0,484	0,120	0,491	0,127	0,498	0,134	0,507	0,142
0,42	0,495	0,130	0,502	0,138	0,510	0,146	0,519	0,155
0,43	0,505	0,141	0,513	0,149	0,522	0,158	0,532	0,167
0,44	0,516	0,151	0,524	0,160	0,534	0,169	0,544	0,180
0,45	0,526	0,162	0,535	0,171	0,545	0,181	0,557	0,192
0,46	0,537	0,173	0,546	0,182	0,557	0,193	0,569	0,205
0,47	0,547	0,183	0,557	0,193	0,569	0,205	0,582	0,217
0,48	0,558	0,194	0,569	0,204	0,581	0,216	0,594	0,230
0,49	0,568	0,204	0,580	0,215	0,592	0,228	0,607	0,242
0,50	0,579	0,215	0,591	0,227	0,604	0,240	0,619	0,255
0,51	0,589	0,225	0,602	0,238	0,616	0,252	0,632	0,267
0,52	0,600	0,236	0,613	0,249	0,628	0,263	0,644	0,280
0,53	0,610	0,246	0,624	0,260	0,639	0,275	0,657	0,292
0,54	0,621	0,257	0,635	0,271	0,651	0,287	0,669	0,305
0,55	0,632	0,267	0,646	0,282	0,663	0,299	0,682	0,317
0,56	0,642	0,278	0,657	0,293	0,675	0,310	0,694	0,330
0,57	0,653	0,288	0,669	0,304	0,686	0,322	0,707	0,342
0,58	0,663	0,299	0,680	0,315	0,698	0,334	0,719	0,355
0,59	0,674	0,309	0,691	0,327	0,710	0,346	0,732	0,367
0,60	0,684	0,320	0,702	0,338	0,722	0,358	0,744	0,380

Tafel 8.94 BT 1d Bemessungstafel mit dimensionslosen Beiwerten für den Rechteckquerschnitt mit Druckbewehrung

Beton C12/15 bis C50/60, $x/d = 0{,}617$, Betonstahl B 500, $\gamma_S = 1{,}15$

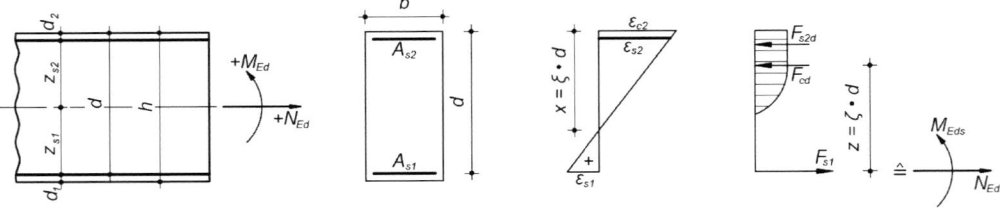

	C16/20	C20/25	C25/30	C30/37	C35/45	C40/50	C45/55	C50/60
f_{cd} in N/mm², $\gamma_C = 1{,}5$	9,07	11,33	14,17	17,00	19,83	22,67	25,50	28,33

$$M_{Eds} = M_{Ed} - N_{Ed} \cdot z_{s1}, \quad \mu_{Eds} = \frac{M_{Eds}}{b \cdot d^2 \cdot f_{cd}} \xrightarrow{\text{Ablesung } \omega_1, \omega_2} A_{s1} = \frac{1}{\sigma_{s1d}}(\omega_1 \cdot b \cdot d \cdot f_{cd} + N_{Ed}), \quad A_{s2} = \frac{1}{|\sigma_{s2d}|}(\omega_2 \cdot b \cdot d \cdot f_{cd})$$

C12/15 bis C50/60, $\xi = 0{,}617$, $\sigma_{s1d} = 434{,}8$ N/mm²

	$d_2/d = 0{,}05$		$d_2/d = 0{,}10$		$d_2/d = 0{,}15$		$d_2/d = 0{,}20$	
	$\varepsilon_{s1}/\varepsilon_{s2} = 4{,}3/-3{,}1\,‰$		$\varepsilon_{s1}/\varepsilon_{s2} = 4{,}3/-2{,}7\,‰$		$\varepsilon_{s1}/\varepsilon_{s2} = 4{,}3/-2{,}3\,‰$		$\varepsilon_{s1}/\varepsilon_{s2} = 4{,}3/-1{,}9\,‰$	
	$\sigma_{s2d} = -435{,}7$ N/mm²		$\sigma_{s2d} = -435{,}3$ N/mm²		$\sigma_{s2d} = -434{,}9$ N/mm²		$\sigma_{s2d} = -388{,}8$ N/mm²	
μ_{Eds}	ω_1	ω_2	ω_1	ω_2	ω_1	ω_2	ω_1	ω_2
0,37	0,498	0,000	0,498	0,000	0,498	0,000	0,498	0,000
0,38	0,509	0,009	0,509	0,010	0,510	0,010	0,510	0,011
0,39	0,519	0,020	0,520	0,021	0,521	0,022	0,523	0,023
0,40	0,530	0,030	0,531	0,032	0,533	0,034	0,535	0,036
0,41	0,540	0,041	0,542	0,043	0,545	0,046	0,548	0,048
0,42	0,551	0,051	0,554	0,054	0,557	0,057	0,560	0,061
0,43	0,561	0,062	0,565	0,065	0,569	0,069	0,573	0,073
0,44	0,572	0,072	0,576	0,076	0,580	0,081	0,585	0,086
0,45	0,582	0,083	0,587	0,087	0,592	0,093	0,598	0,098
0,46	0,593	0,093	0,598	0,099	0,604	0,104	0,610	0,111
0,47	0,603	0,104	0,609	0,110	0,616	0,116	0,623	0,123
0,48	0,614	0,114	0,620	0,121	0,627	0,128	0,635	0,136
0,49	0,624	0,125	0,631	0,132	0,639	0,140	0,648	0,148
0,50	0,635	0,135	0,642	0,143	0,651	0,151	0,660	0,161
0,51	0,645	0,146	0,654	0,154	0,663	0,163	0,673	0,173
0,52	0,656	0,157	0,665	0,165	0,674	0,175	0,685	0,186
0,53	0,667	0,167	0,676	0,176	0,686	0,187	0,698	0,198
0,54	0,677	0,178	0,687	0,187	0,698	0,198	0,710	0,211
0,55	0,688	0,188	0,698	0,199	0,710	0,210	0,723	0,223
0,56	0,698	0,199	0,709	0,210	0,721	0,222	0,735	0,236
0,57	0,709	0,209	0,720	0,221	0,733	0,234	0,748	0,248
0,58	0,719	0,220	0,731	0,232	0,745	0,246	0,760	0,261
0,59	0,730	0,230	0,742	0,243	0,757	0,257	0,773	0,273
0,60	0,740	0,241	0,754	0,254	0,769	0,269	0,785	0,286

Tafel 8.95 BT 2a Interaktionsdiagramm für Rechteckquerschnitte mit symmetrisch zweiseitiger Bewehrung (unter Ansatz der Nettobetondruckfläche und des ansteigenden Astes der Spannungs-Dehnungs-Linie des Betonstahls ermittelt)

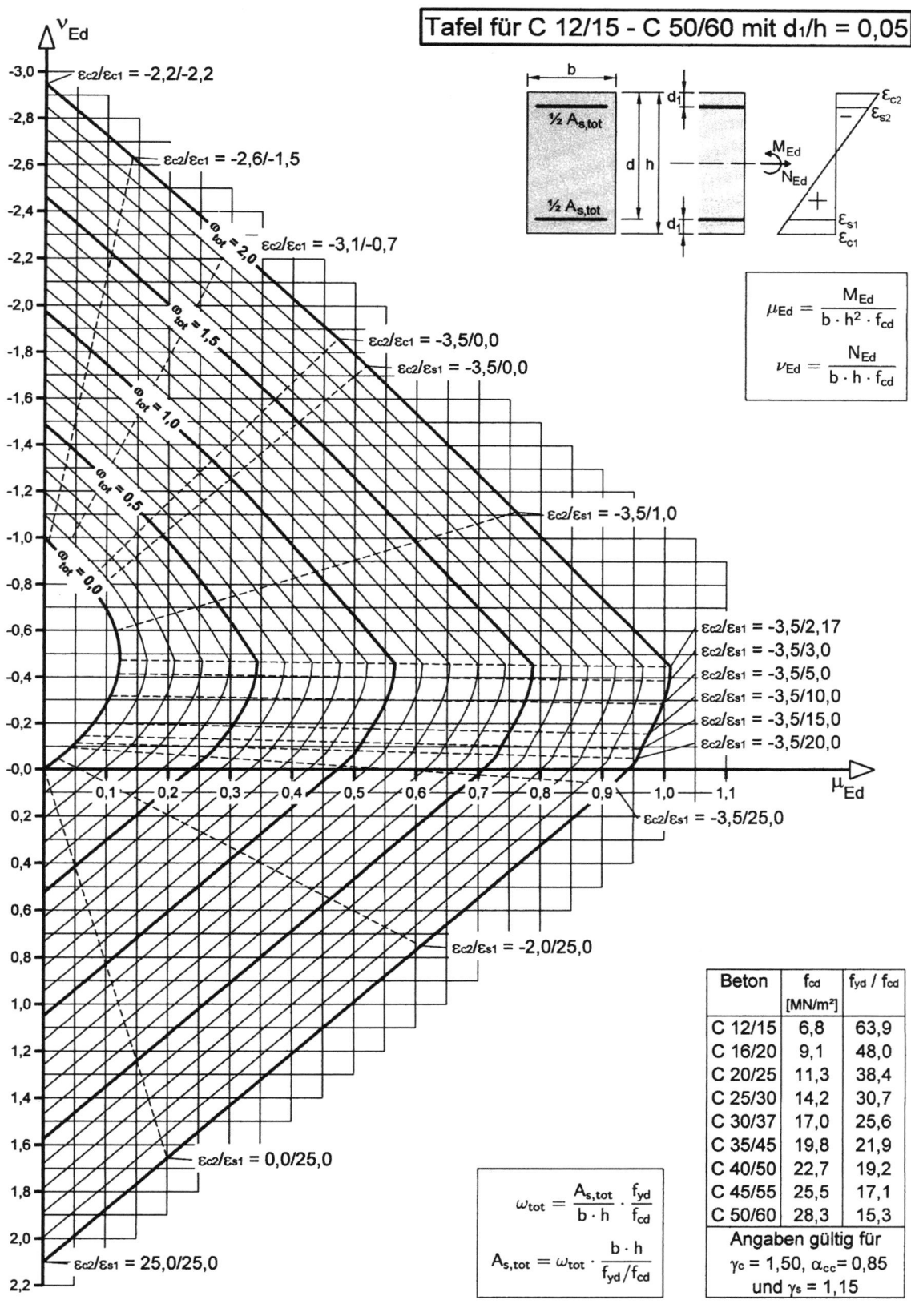

Tafel für C 12/15 - C 50/60 mit $d_1/h = 0,05$

$$\mu_{Ed} = \frac{M_{Ed}}{b \cdot h^2 \cdot f_{cd}}$$

$$\nu_{Ed} = \frac{N_{Ed}}{b \cdot h \cdot f_{cd}}$$

$$\omega_{tot} = \frac{A_{s,tot}}{b \cdot h} \cdot \frac{f_{yd}}{f_{cd}}$$

$$A_{s,tot} = \omega_{tot} \cdot \frac{b \cdot h}{f_{yd}/f_{cd}}$$

Beton	f_{cd} [MN/m²]	f_{yd} / f_{cd}
C 12/15	6,8	63,9
C 16/20	9,1	48,0
C 20/25	11,3	38,4
C 25/30	14,2	30,7
C 30/37	17,0	25,6
C 35/45	19,8	21,9
C 40/50	22,7	19,2
C 45/55	25,5	17,1
C 50/60	28,3	15,3
Angaben gültig für		
$\gamma_c = 1,50$, $\alpha_{cc} = 0,85$		
und $\gamma_s = 1,15$		

Tafel 8.96 BT 2b Interaktionsdiagramm für Rechteckquerschnitte mit symmetrisch zweiseitiger Bewehrung (unter Ansatz der Nettobetondruck-fläche und des ansteigenden Astes der Spannungs-Dehnungs-Linie des Betonstahls ermittelt)

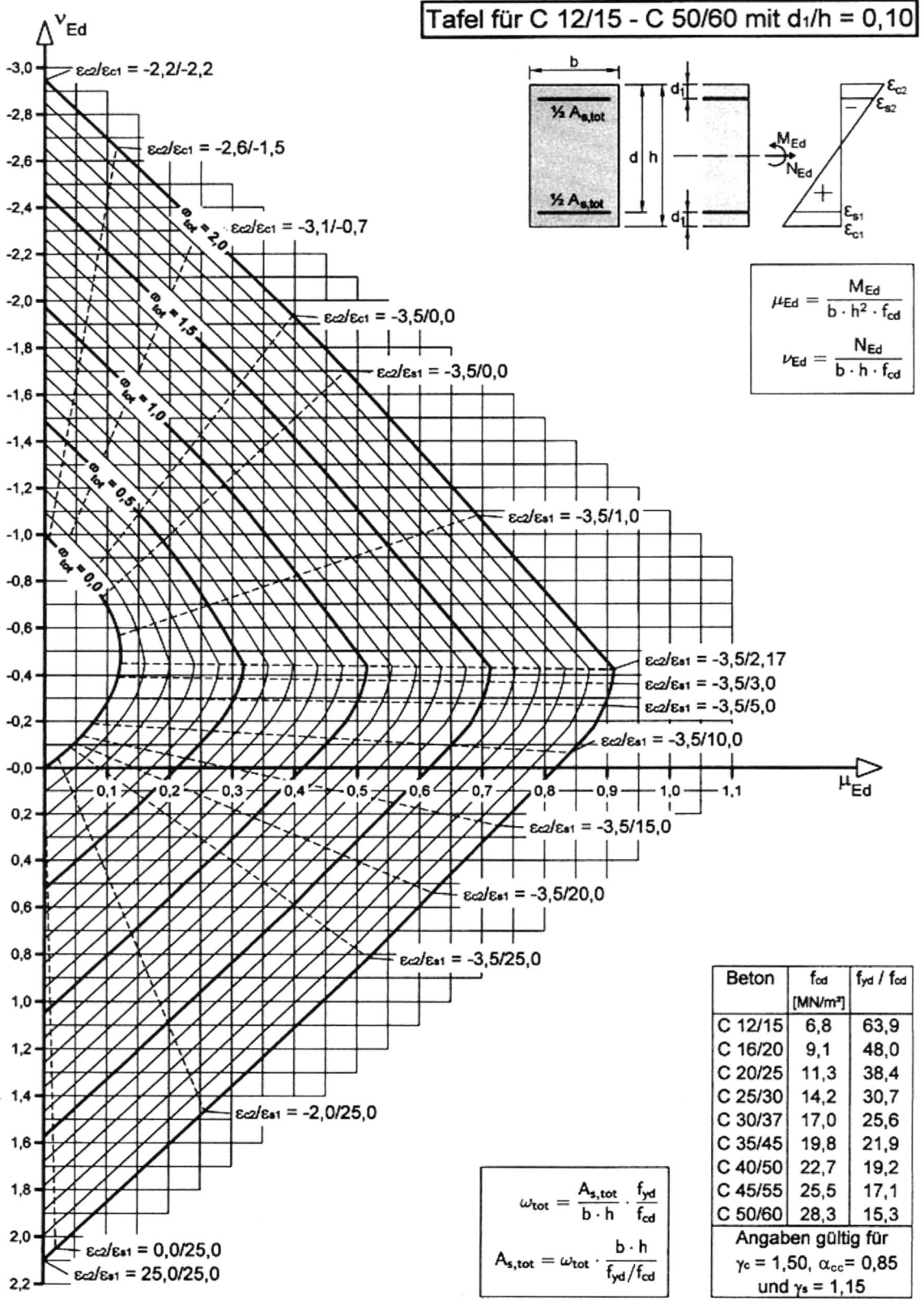

Tafel für C 12/15 - C 50/60 mit $d_1/h = 0,10$

$$\mu_{Ed} = \frac{M_{Ed}}{b \cdot h^2 \cdot f_{cd}}$$

$$\nu_{Ed} = \frac{N_{Ed}}{b \cdot h \cdot f_{cd}}$$

$$\omega_{tot} = \frac{A_{s,tot}}{b \cdot h} \cdot \frac{f_{yd}}{f_{cd}}$$

$$A_{s,tot} = \omega_{tot} \cdot \frac{b \cdot h}{f_{yd}/f_{cd}}$$

Beton	f_{cd} [MN/m²]	f_{yd} / f_{cd}
C 12/15	6,8	63,9
C 16/20	9,1	48,0
C 20/25	11,3	38,4
C 25/30	14,2	30,7
C 30/37	17,0	25,6
C 35/45	19,8	21,9
C 40/50	22,7	19,2
C 45/55	25,5	17,1
C 50/60	28,3	15,3
Angaben gültig für		
$\gamma_c = 1,50$, $\alpha_{cc} = 0,85$		
und $\gamma_s = 1,15$		

Tafel 8.97 BT 2c Interaktionsdiagramm für Rechteckquerschnitte mit symmetrisch zweiseitiger Bewehrung (unter Ansatz der Nettobetondruck-fläche und des ansteigenden Astes der Spannungs-Dehnungs-Linie des Betonstahls ermittelt)

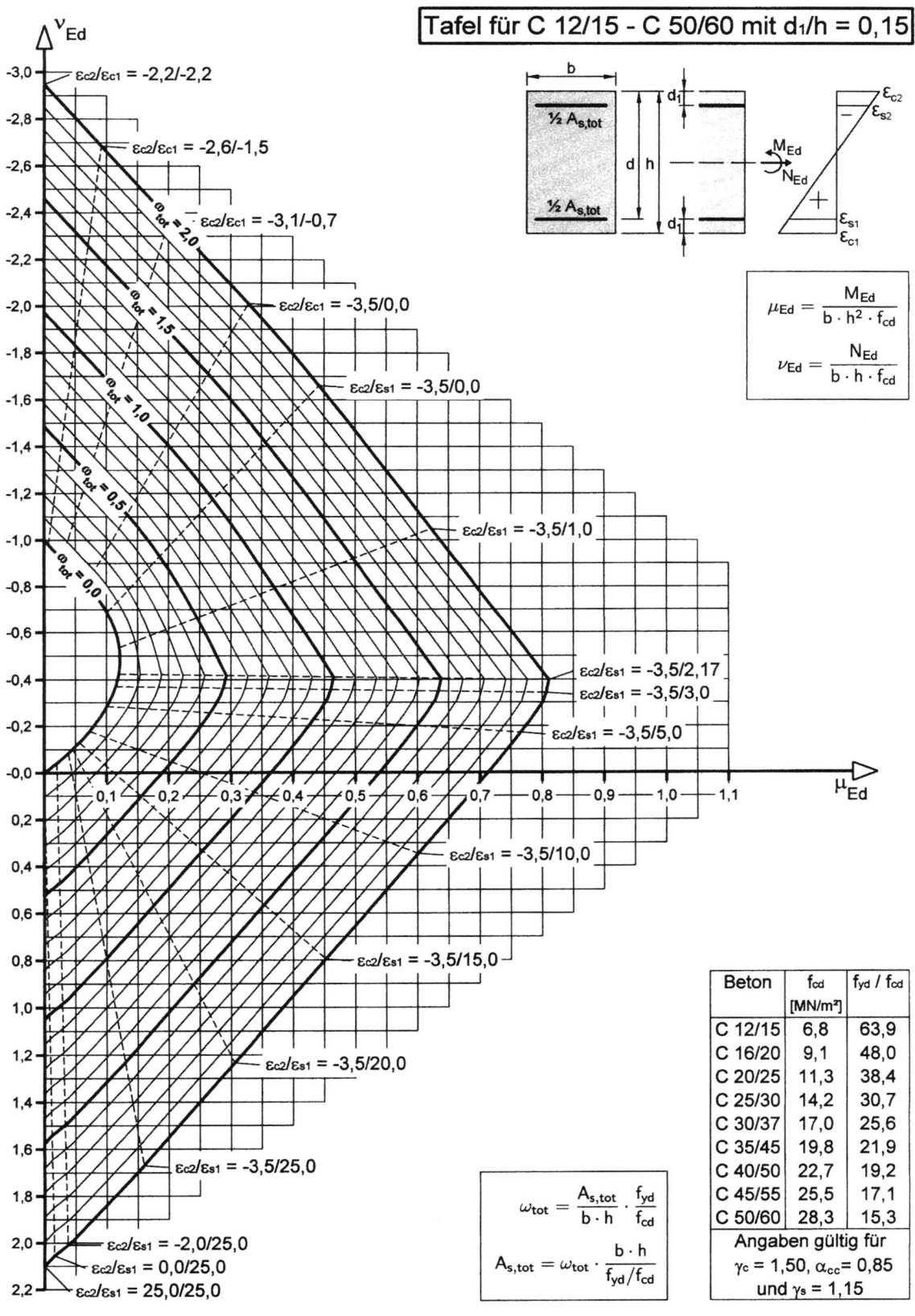

Tafel für C 12/15 - C 50/60 mit $d_1/h = 0,15$

$$\mu_{Ed} = \frac{M_{Ed}}{b \cdot h^2 \cdot f_{cd}}$$

$$\nu_{Ed} = \frac{N_{Ed}}{b \cdot h \cdot f_{cd}}$$

$$\omega_{tot} = \frac{A_{s,tot}}{b \cdot h} \cdot \frac{f_{yd}}{f_{cd}}$$

$$A_{s,tot} = \omega_{tot} \cdot \frac{b \cdot h}{f_{yd}/f_{cd}}$$

Beton	f_{cd} [MN/m²]	f_{yd}/f_{cd}
C 12/15	6,8	63,9
C 16/20	9,1	48,0
C 20/25	11,3	38,4
C 25/30	14,2	30,7
C 30/37	17,0	25,6
C 35/45	19,8	21,9
C 40/50	22,7	19,2
C 45/55	25,5	17,1
C 50/60	28,3	15,3
Angaben gültig für $\gamma_c = 1,50$, $\alpha_{cc} = 0,85$ und $\gamma_s = 1,15$		

Tafel 8.98 BT 2d Interaktionsdiagramm für Rechteckquerschnitte mit symmetrisch zweiseitiger Bewehrung (unter Ansatz der Nettobetondruck-fläche und des ansteigenden Astes der Spannungs-Dehnungs-Linie des Betonstahls ermittelt)

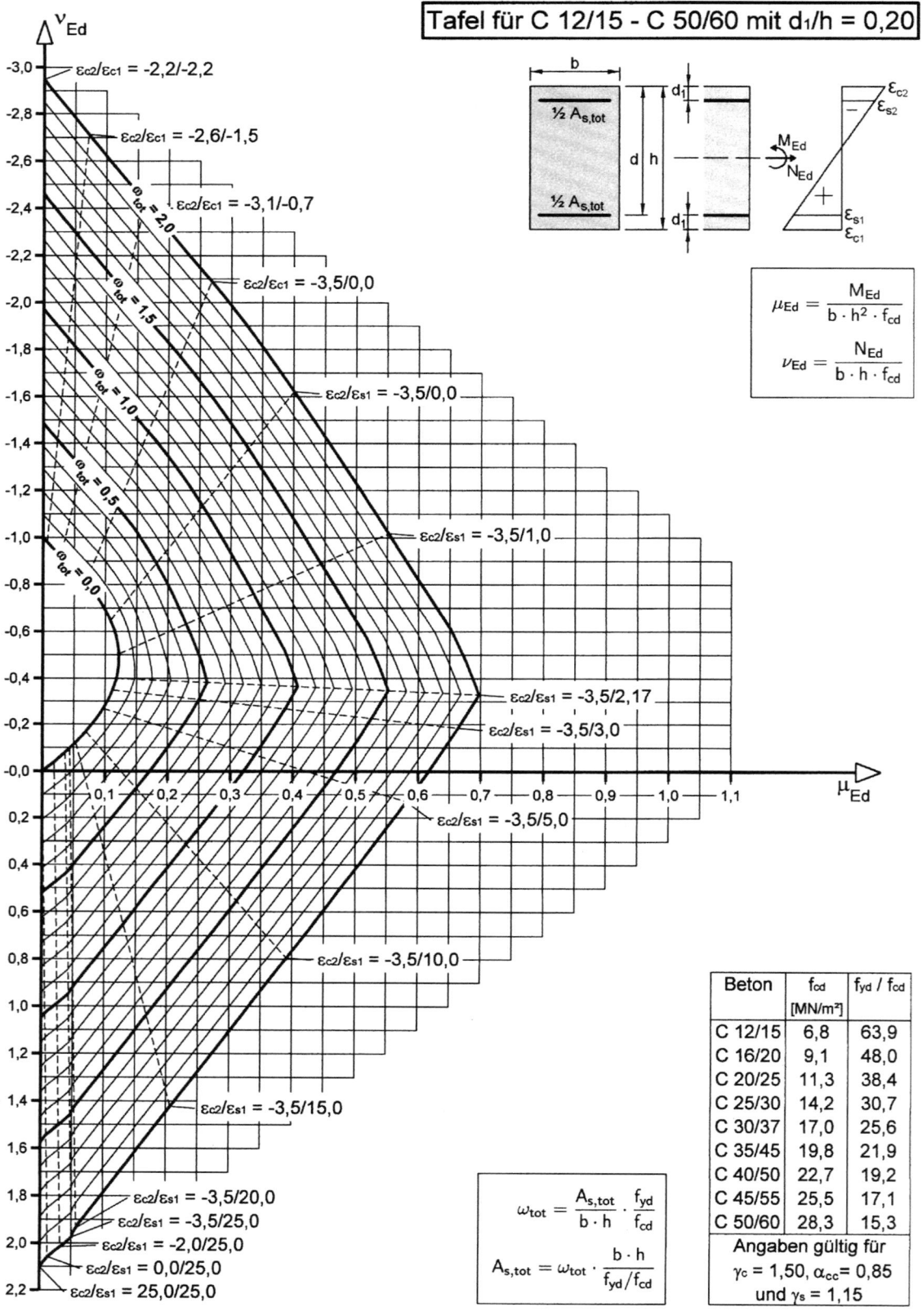

Tafel 8.99 BT 2e Interaktionsdiagramm für Rechteckquerschnitte mit symmetrisch zweiseitiger Bewehrung (unter Ansatz der Nettobetondruckfläche und des ansteigenden Astes der Spannungs-Dehnungs-Linie des Betonstahls ermittelt)

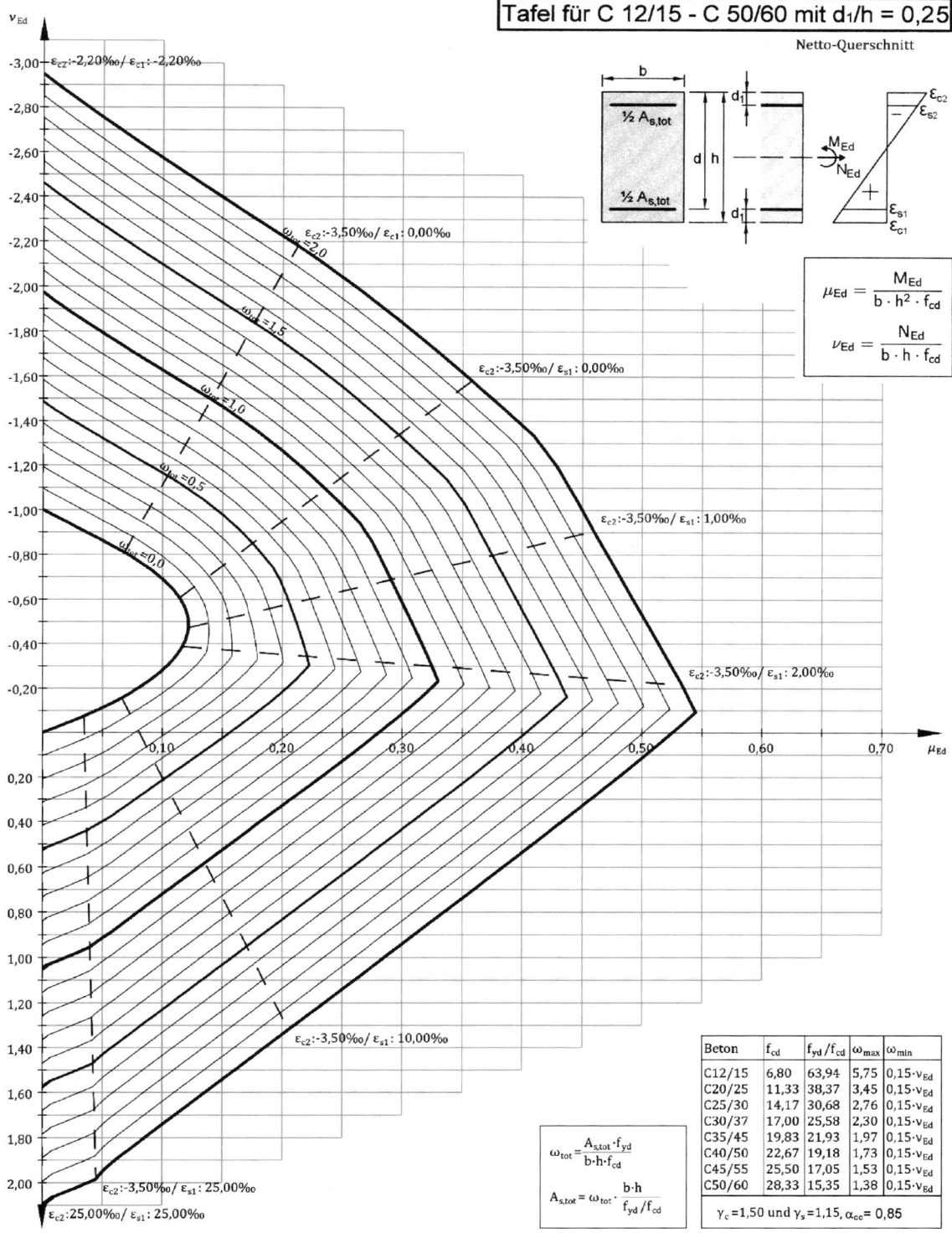

$$\mu_{Ed} = \frac{M_{Ed}}{b \cdot h^2 \cdot f_{cd}}$$

$$\nu_{Ed} = \frac{N_{Ed}}{b \cdot h \cdot f_{cd}}$$

$$\omega_{tot} = \frac{A_{s,tot} \cdot f_{yd}}{b \cdot h \cdot f_{cd}}$$

$$A_{s,tot} = \omega_{tot} \cdot \frac{b \cdot h}{f_{yd} / f_{cd}}$$

Beton	f_{cd}	f_{yd}/f_{cd}	ω_{max}	ω_{min}
C12/15	6,80	63,94	5,75	$0,15 \cdot \nu_{Ed}$
C20/25	11,33	38,37	3,45	$0,15 \cdot \nu_{Ed}$
C25/30	14,17	30,68	2,76	$0,15 \cdot \nu_{Ed}$
C30/37	17,00	25,58	2,30	$0,15 \cdot \nu_{Ed}$
C35/45	19,83	21,93	1,97	$0,15 \cdot \nu_{Ed}$
C40/50	22,67	19,18	1,73	$0,15 \cdot \nu_{Ed}$
C45/55	25,50	17,05	1,53	$0,15 \cdot \nu_{Ed}$
C50/60	28,33	15,35	1,38	$0,15 \cdot \nu_{Ed}$

$\gamma_c = 1,50$ und $\gamma_s = 1,15$, $\alpha_{cc} = 0,85$

Tafel 8.100 BT 3a Interaktionsdiagramm für Rechteckquerschnitte mit symmetrisch umlaufender Bewehrung (unter Ansatz der Nettobeton-druckfläche und des ansteigenden Astes der Spannungs-Dehnungs-Linie des Betonstahls ermittelt)

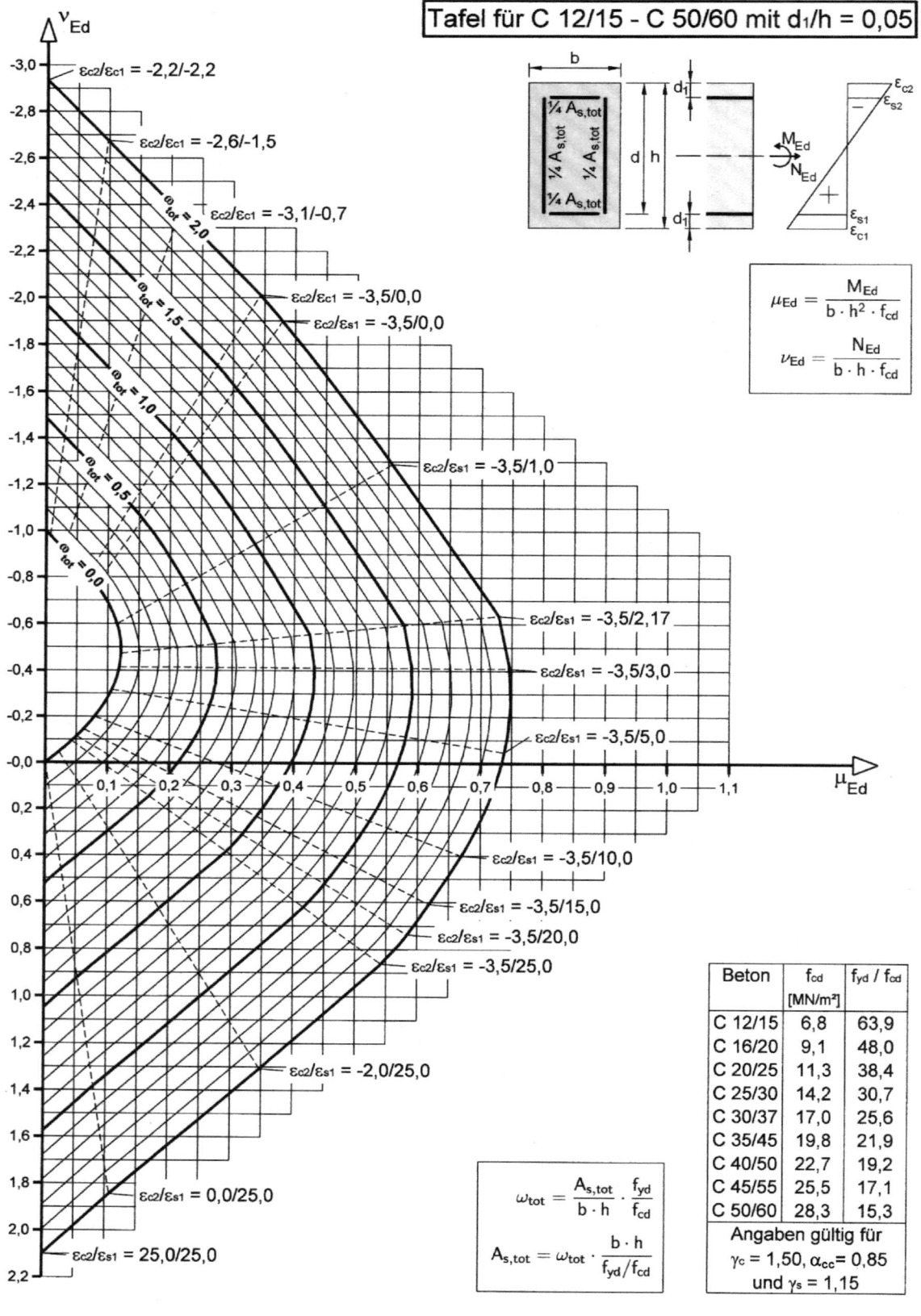

Tafel 8.101 BT 3b Interaktionsdiagramm für Rechteckquerschnitte mit symmetrisch umlaufender Bewehrung (unter Ansatz der Nettobetondruckfläche und des ansteigenden Astes der Spannungs-Dehnungs-Linie des Betonstahls ermittelt)

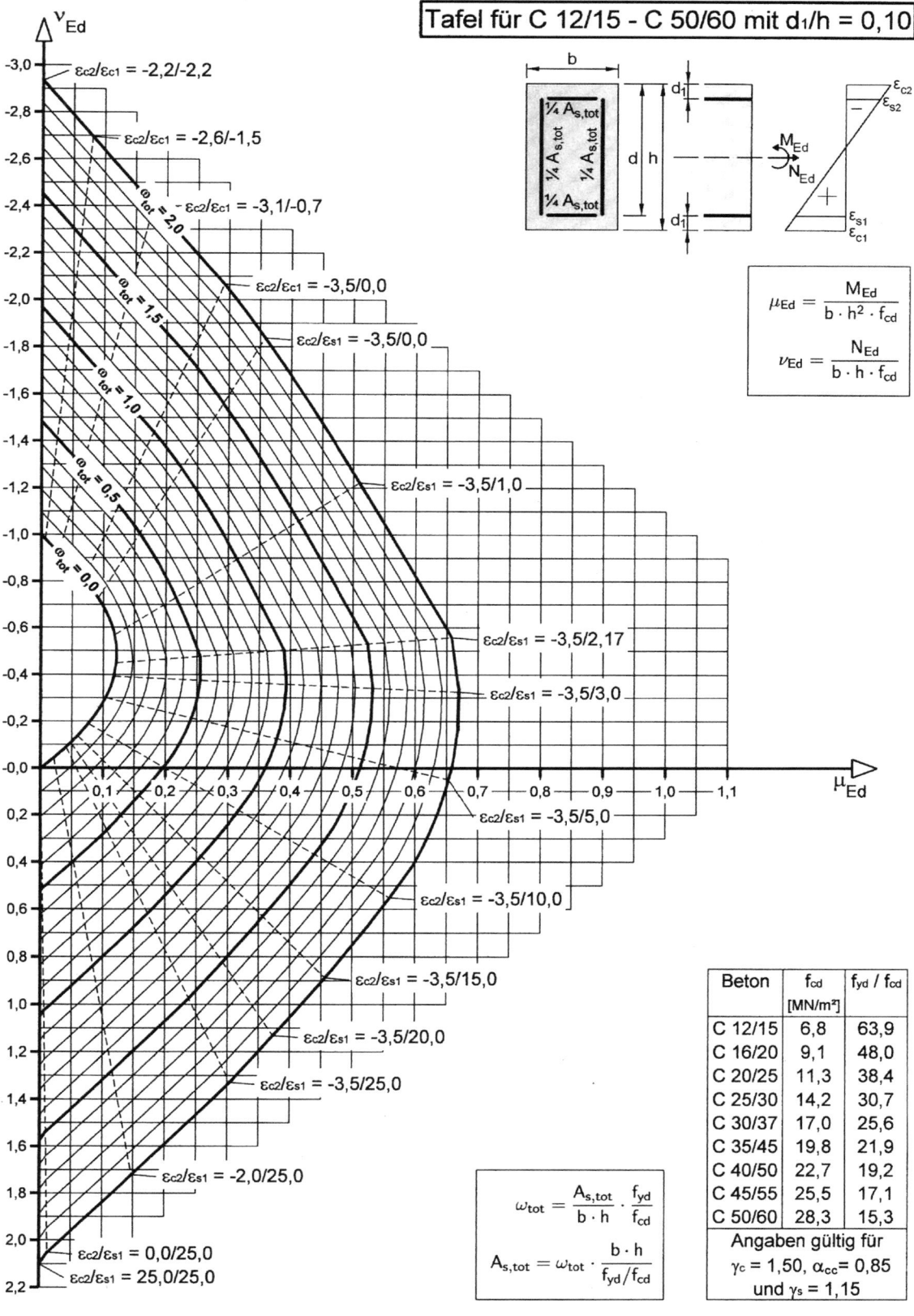

Tafel für C 12/15 - C 50/60 mit $d_1/h = 0,10$

$$\mu_{Ed} = \frac{M_{Ed}}{b \cdot h^2 \cdot f_{cd}}$$

$$\nu_{Ed} = \frac{N_{Ed}}{b \cdot h \cdot f_{cd}}$$

$\varepsilon_{c2}/\varepsilon_{c1} = -2,2/-2,2$
$\varepsilon_{c2}/\varepsilon_{c1} = -2,6/-1,5$
$\varepsilon_{c2}/\varepsilon_{c1} = -3,1/-0,7$
$\varepsilon_{c2}/\varepsilon_{c1} = -3,5/0,0$
$\varepsilon_{c2}/\varepsilon_{s1} = -3,5/0,0$
$\varepsilon_{c2}/\varepsilon_{s1} = -3,5/1,0$
$\varepsilon_{c2}/\varepsilon_{s1} = -3,5/2,17$
$\varepsilon_{c2}/\varepsilon_{s1} = -3,5/3,0$
$\varepsilon_{c2}/\varepsilon_{s1} = -3,5/5,0$
$\varepsilon_{c2}/\varepsilon_{s1} = -3,5/10,0$
$\varepsilon_{c2}/\varepsilon_{s1} = -3,5/15,0$
$\varepsilon_{c2}/\varepsilon_{s1} = -3,5/20,0$
$\varepsilon_{c2}/\varepsilon_{s1} = -3,5/25,0$
$\varepsilon_{c2}/\varepsilon_{s1} = -2,0/25,0$
$\varepsilon_{c2}/\varepsilon_{s1} = 0,0/25,0$
$\varepsilon_{c2}/\varepsilon_{s1} = 25,0/25,0$

$\omega_{tot} = 2,0$
$\omega_{tot} = 1,5$
$\omega_{tot} = 1,0$
$\omega_{tot} = 0,5$
$\omega_{tot} = 0,0$

Beton	f_{cd} [MN/m²]	f_{yd}/f_{cd}
C 12/15	6,8	63,9
C 16/20	9,1	48,0
C 20/25	11,3	38,4
C 25/30	14,2	30,7
C 30/37	17,0	25,6
C 35/45	19,8	21,9
C 40/50	22,7	19,2
C 45/55	25,5	17,1
C 50/60	28,3	15,3
Angaben gültig für		
$\gamma_c = 1,50$, $\alpha_{cc} = 0,85$		
und $\gamma_s = 1,15$		

$$\omega_{tot} = \frac{A_{s,tot}}{b \cdot h} \cdot \frac{f_{yd}}{f_{cd}}$$

$$A_{s,tot} = \omega_{tot} \cdot \frac{b \cdot h}{f_{yd}/f_{cd}}$$

Tafel 8.102 BT 3c Interaktionsdiagramm für Rechteckquerschnitte mit symmetrisch umlaufender Bewehrung (unter Ansatz der Nettobetondruckfläche und des ansteigenden Astes der Spannungs-Dehnungs-Linie des Betonstahls ermittelt)

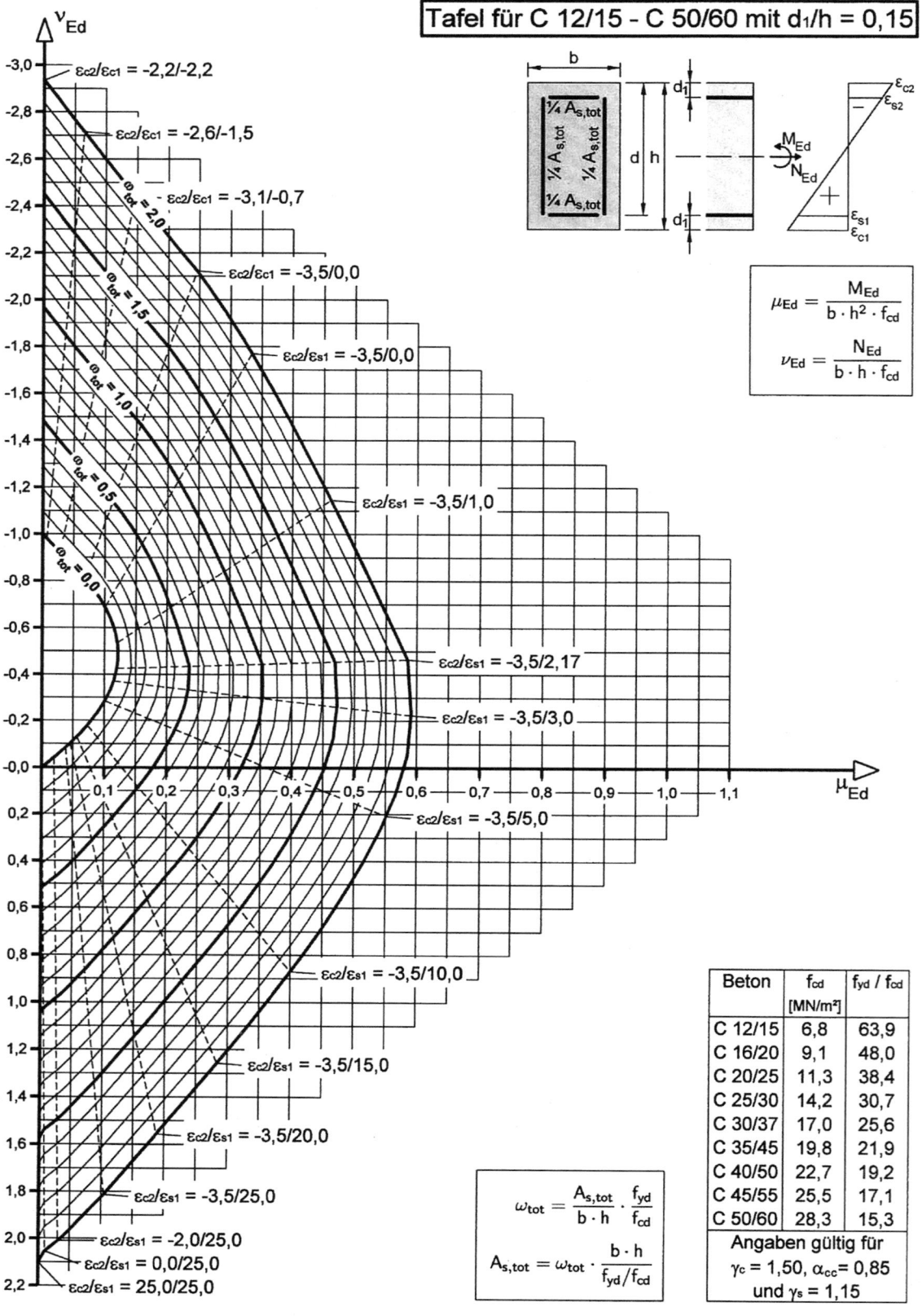

Beton	f_{cd} [MN/m²]	f_{yd} / f_{cd}
C 12/15	6,8	63,9
C 16/20	9,1	48,0
C 20/25	11,3	38,4
C 25/30	14,2	30,7
C 30/37	17,0	25,6
C 35/45	19,8	21,9
C 40/50	22,7	19,2
C 45/55	25,5	17,1
C 50/60	28,3	15,3

Angaben gültig für $\gamma_c = 1{,}50$, $\alpha_{cc} = 0{,}85$ und $\gamma_s = 1{,}15$

$$\mu_{Ed} = \frac{M_{Ed}}{b \cdot h^2 \cdot f_{cd}}$$

$$\nu_{Ed} = \frac{N_{Ed}}{b \cdot h \cdot f_{cd}}$$

$$\omega_{tot} = \frac{A_{s,tot}}{b \cdot h} \cdot \frac{f_{yd}}{f_{cd}}$$

$$A_{s,tot} = \omega_{tot} \cdot \frac{b \cdot h}{f_{yd}/f_{cd}}$$

Tafel 8.103 BT 3d Interaktionsdiagramm für Rechteckquerschnitte mit symmetrisch umlaufender Bewehrung (unter Ansatz der Nettobeton-druckfläche und des ansteigenden Astes der Spannungs-Dehnungs-Linie des Betonstahls ermittelt)

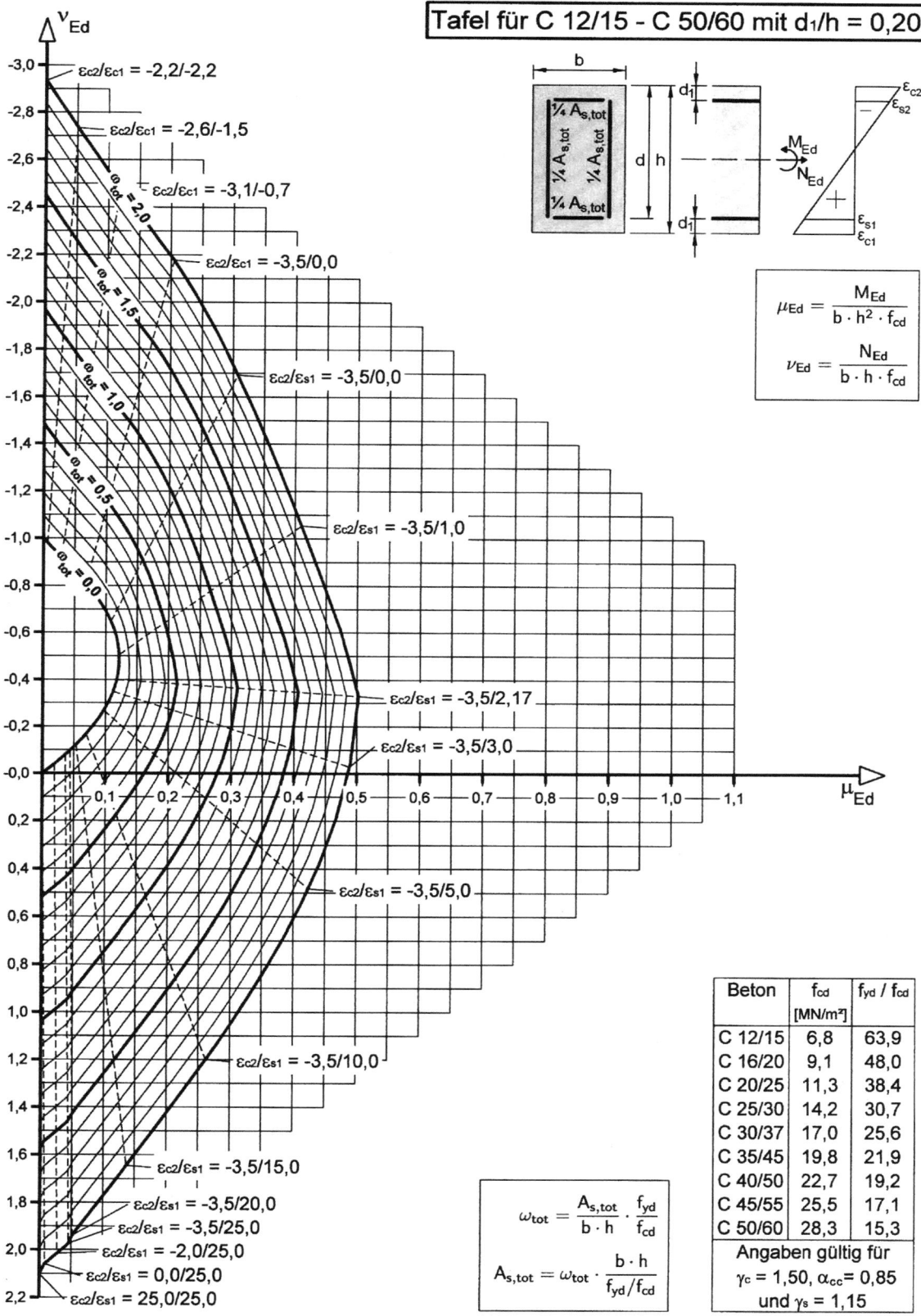

Tafel für C 12/15 – C 50/60 mit $d_1/h = 0,20$

$$\mu_{Ed} = \frac{M_{Ed}}{b \cdot h^2 \cdot f_{cd}}$$

$$\nu_{Ed} = \frac{N_{Ed}}{b \cdot h \cdot f_{cd}}$$

$$\omega_{tot} = \frac{A_{s,tot}}{b \cdot h} \cdot \frac{f_{yd}}{f_{cd}}$$

$$A_{s,tot} = \omega_{tot} \cdot \frac{b \cdot h}{f_{yd}/f_{cd}}$$

Beton	f_{cd} [MN/m²]	f_{yd}/f_{cd}
C 12/15	6,8	63,9
C 16/20	9,1	48,0
C 20/25	11,3	38,4
C 25/30	14,2	30,7
C 30/37	17,0	25,6
C 35/45	19,8	21,9
C 40/50	22,7	19,2
C 45/55	25,5	17,1
C 50/60	28,3	15,3
Angaben gültig für		
$\gamma_c = 1,50$, $\alpha_{cc} = 0,85$		
und $\gamma_s = 1,15$		

Tafel 8.104 BT 4a Interaktionsdiagramm für Kreisquerschnitte mit gleichmäßig verteilter, umlaufender Bewehrung (unter Ansatz der Nettobetondruckfläche und des ansteigenden Astes der Spannungs-Dehnungs-Linie des Betonstahls ermittelt)

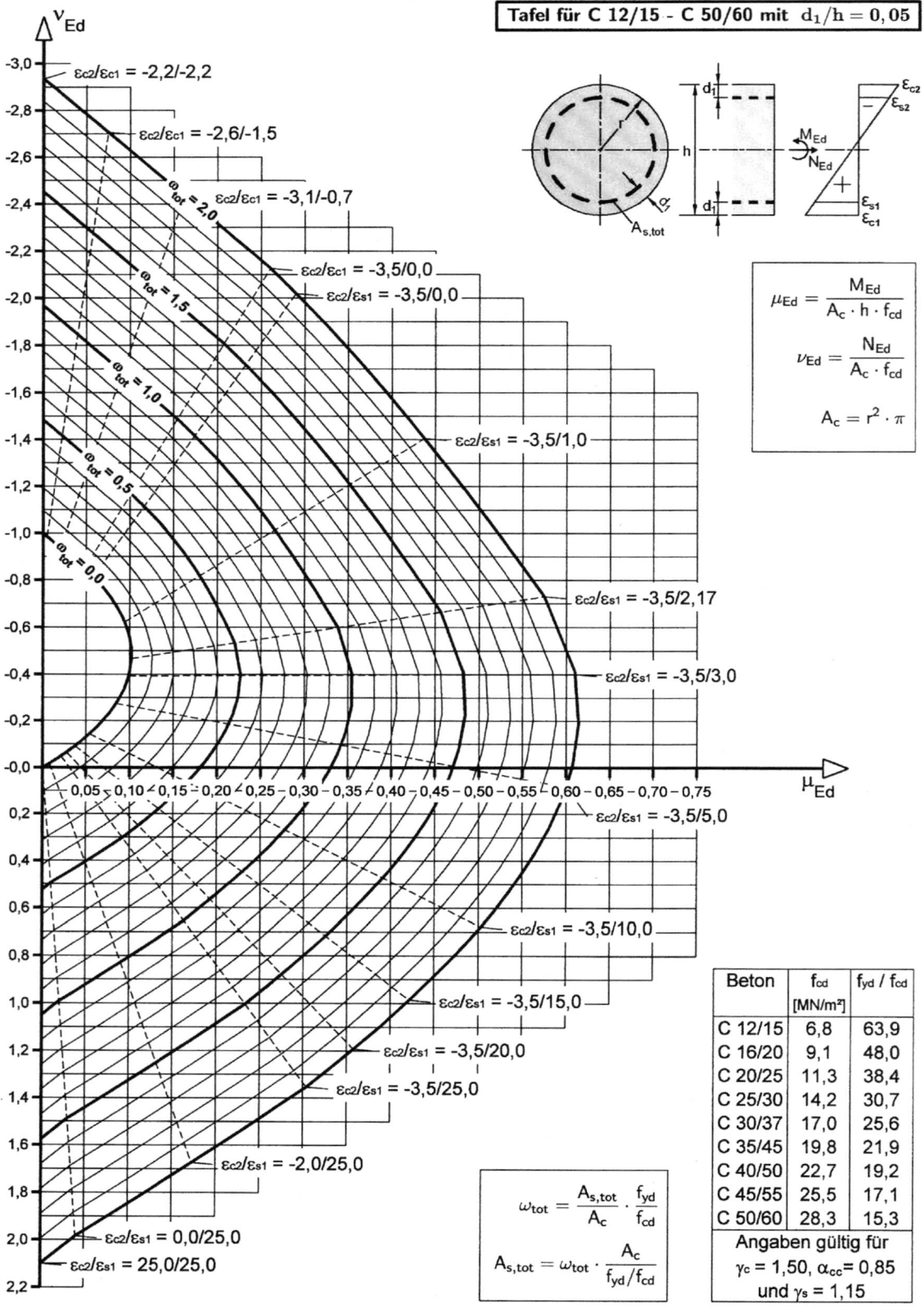

Beton	f_{cd} [MN/m²]	f_{yd} / f_{cd}
C 12/15	6,8	63,9
C 16/20	9,1	48,0
C 20/25	11,3	38,4
C 25/30	14,2	30,7
C 30/37	17,0	25,6
C 35/45	19,8	21,9
C 40/50	22,7	19,2
C 45/55	25,5	17,1
C 50/60	28,3	15,3
Angaben gültig für		
$\gamma_c = 1,50$, $\alpha_{cc} = 0,85$		
und $\gamma_s = 1,15$		

Tafel für C 12/15 - C 50/60 mit $d_1/h = 0,05$

$$\mu_{Ed} = \frac{M_{Ed}}{A_c \cdot h \cdot f_{cd}}$$

$$\nu_{Ed} = \frac{N_{Ed}}{A_c \cdot f_{cd}}$$

$$A_c = r^2 \cdot \pi$$

$$\omega_{tot} = \frac{A_{s,tot}}{A_c} \cdot \frac{f_{yd}}{f_{cd}}$$

$$A_{s,tot} = \omega_{tot} \cdot \frac{A_c}{f_{yd}/f_{cd}}$$

Tafel 8.105 BT 4b Interaktionsdiagramm für Kreisquerschnitte mit gleichmäßig verteilter, umlaufender Bewehrung (unter Ansatz der Nettobetondruckfläche und des ansteigenden Astes der Spannungs-Dehnungs-Linie des Betonstahls ermittelt)

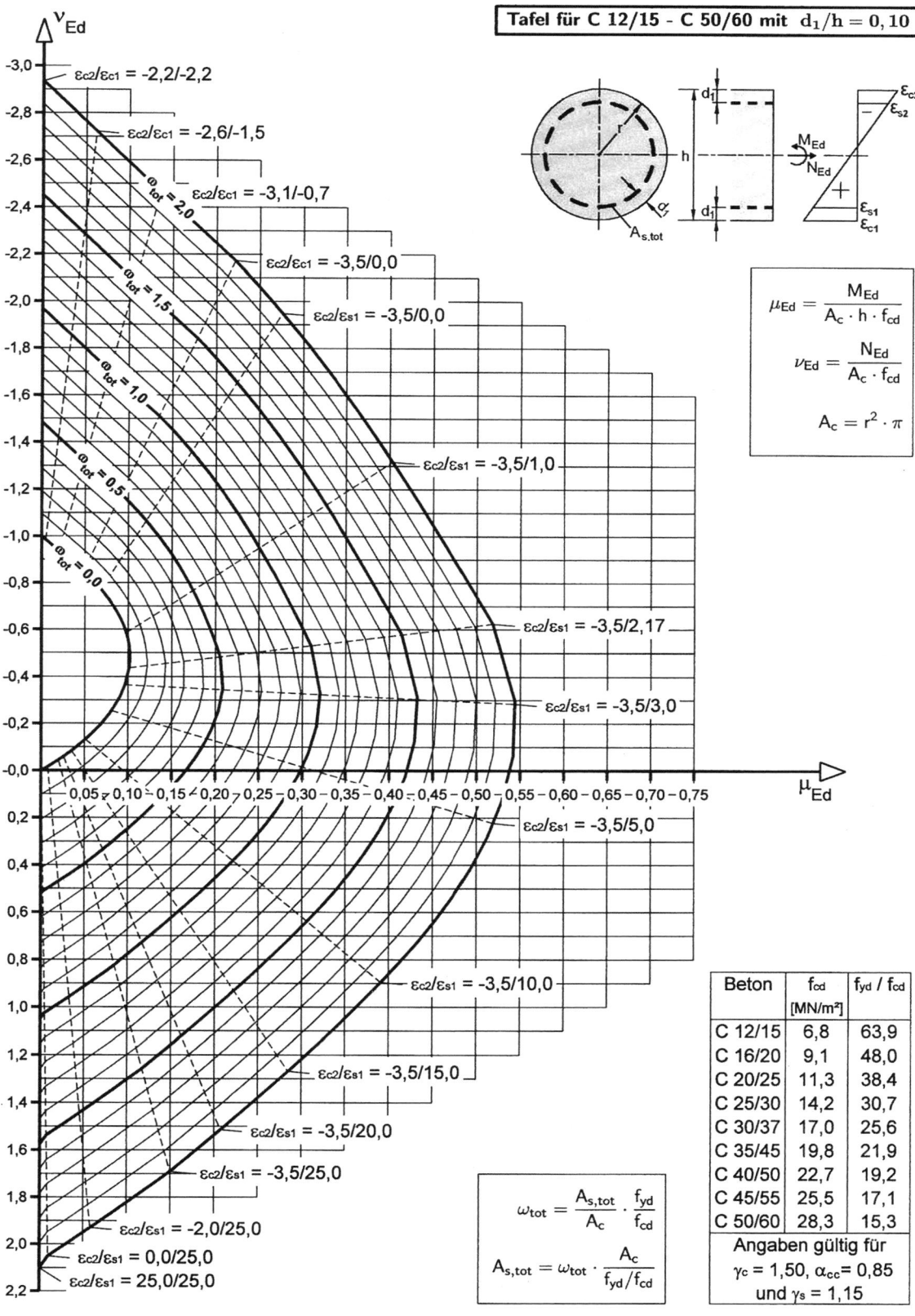

Tafel für C 12/15 - C 50/60 mit $d_1/h = 0{,}10$

$$\mu_{Ed} = \frac{M_{Ed}}{A_c \cdot h \cdot f_{cd}}$$

$$\nu_{Ed} = \frac{N_{Ed}}{A_c \cdot f_{cd}}$$

$$A_c = r^2 \cdot \pi$$

Beton	f_{cd} [MN/m²]	f_{yd}/f_{cd}
C 12/15	6,8	63,9
C 16/20	9,1	48,0
C 20/25	11,3	38,4
C 25/30	14,2	30,7
C 30/37	17,0	25,6
C 35/45	19,8	21,9
C 40/50	22,7	19,2
C 45/55	25,5	17,1
C 50/60	28,3	15,3

Angaben gültig für
$\gamma_c = 1{,}50$, $\alpha_{cc} = 0{,}85$
und $\gamma_s = 1{,}15$

$$\omega_{tot} = \frac{A_{s,tot}}{A_c} \cdot \frac{f_{yd}}{f_{cd}}$$

$$A_{s,tot} = \omega_{tot} \cdot \frac{A_c}{f_{yd}/f_{cd}}$$

Tafel 8.106 BT 4c Interaktionsdiagramm für Kreisquerschnitte mit gleichmäßig verteilter, umlaufender Bewehrung (unter Ansatz der Nettobetondruckfläche und des ansteigenden Astes der Spannungs-Dehnungs-Linie des Betonstahls ermittelt)

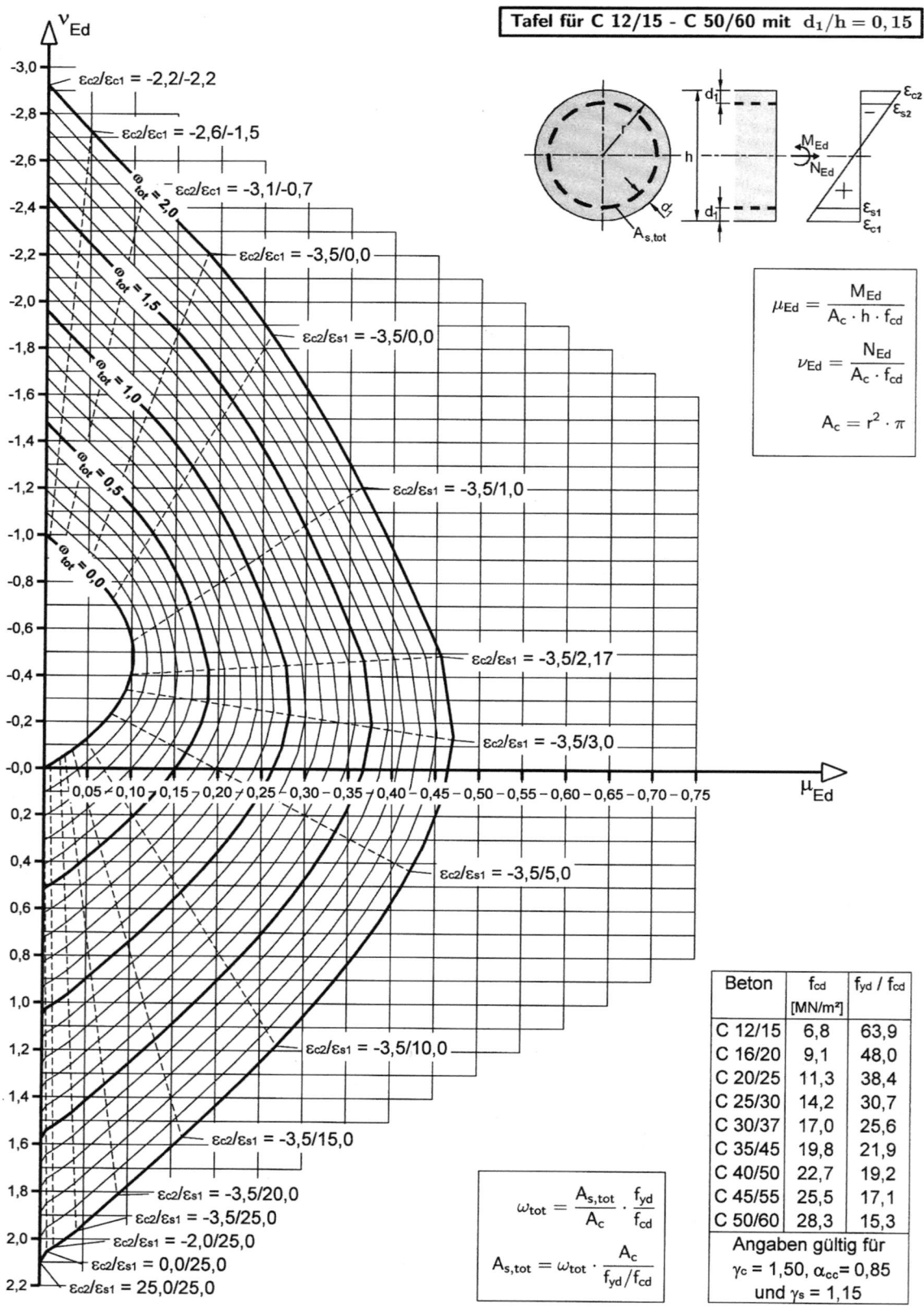

Tafel für C 12/15 - C 50/60 mit $d_1/h = 0,15$

$$\mu_{Ed} = \frac{M_{Ed}}{A_c \cdot h \cdot f_{cd}}$$

$$\nu_{Ed} = \frac{N_{Ed}}{A_c \cdot f_{cd}}$$

$$A_c = r^2 \cdot \pi$$

Beton	f_{cd} [MN/m²]	f_{yd}/f_{cd}
C 12/15	6,8	63,9
C 16/20	9,1	48,0
C 20/25	11,3	38,4
C 25/30	14,2	30,7
C 30/37	17,0	25,6
C 35/45	19,8	21,9
C 40/50	22,7	19,2
C 45/55	25,5	17,1
C 50/60	28,3	15,3

Angaben gültig für
$\gamma_c = 1,50$, $\alpha_{cc} = 0,85$
und $\gamma_s = 1,15$

$$\omega_{tot} = \frac{A_{s,tot}}{A_c} \cdot \frac{f_{yd}}{f_{cd}}$$

$$A_{s,tot} = \omega_{tot} \cdot \frac{A_c}{f_{yd}/f_{cd}}$$

Tafel 8.107 BT 4d Interaktionsdiagramm für Kreisquerschnitte mit gleichmäßig verteilter, umlaufender Bewehrung (unter Ansatz der Nettobetondruckfläche und des ansteigenden Astes der Spannungs-Dehnungs-Linie des Betonstahls ermittelt)

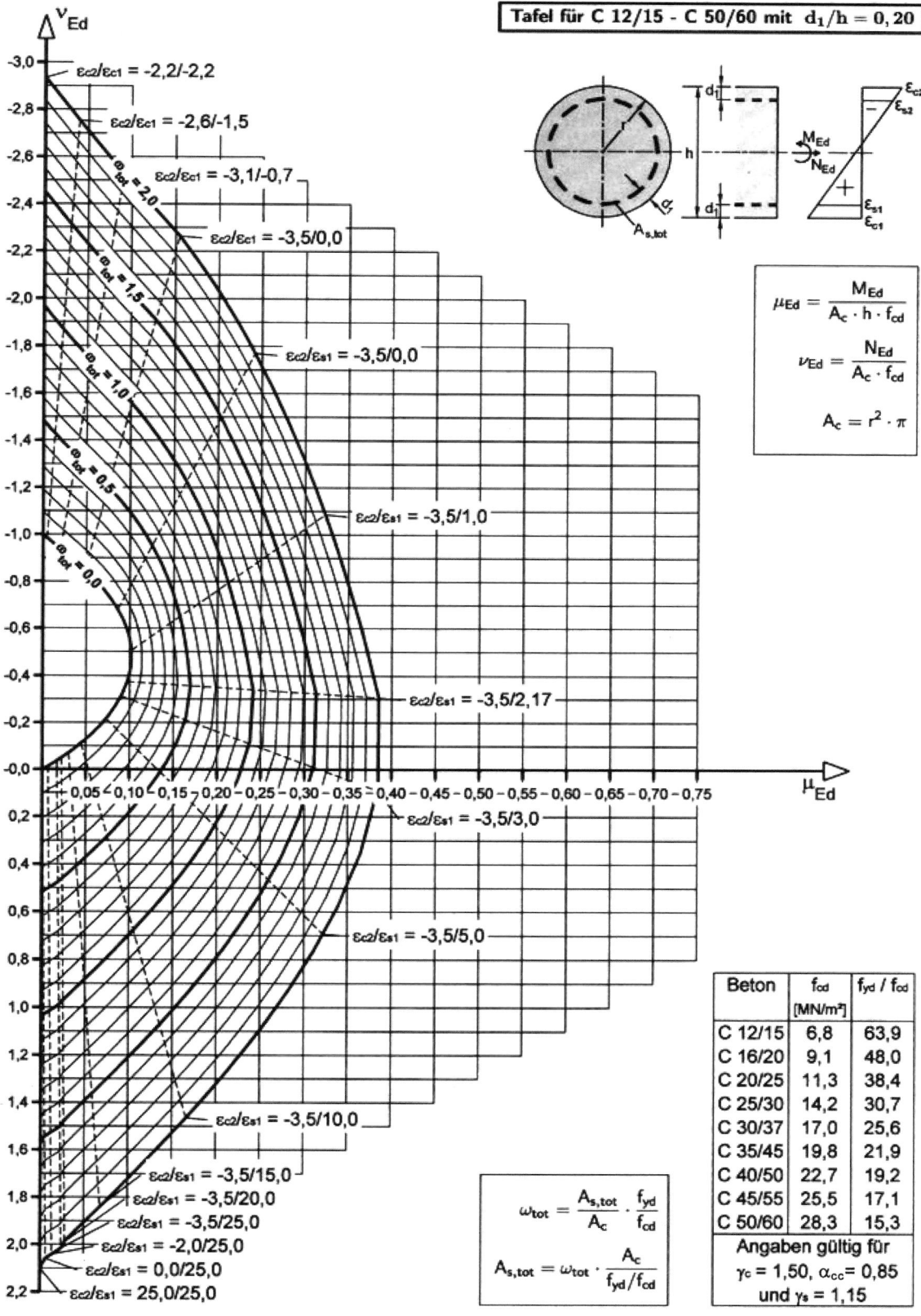

Tafel 8.108 BT 4e Interaktionsdiagramm für Rechteckquerschnitte mit symmetrisch umlaufender Bewehrung (unter Ansatz der Nettobeton-druckfläche und des ansteigenden Astes der Spannungs-Dehnungs-Linie des Betonstahls ermittelt)

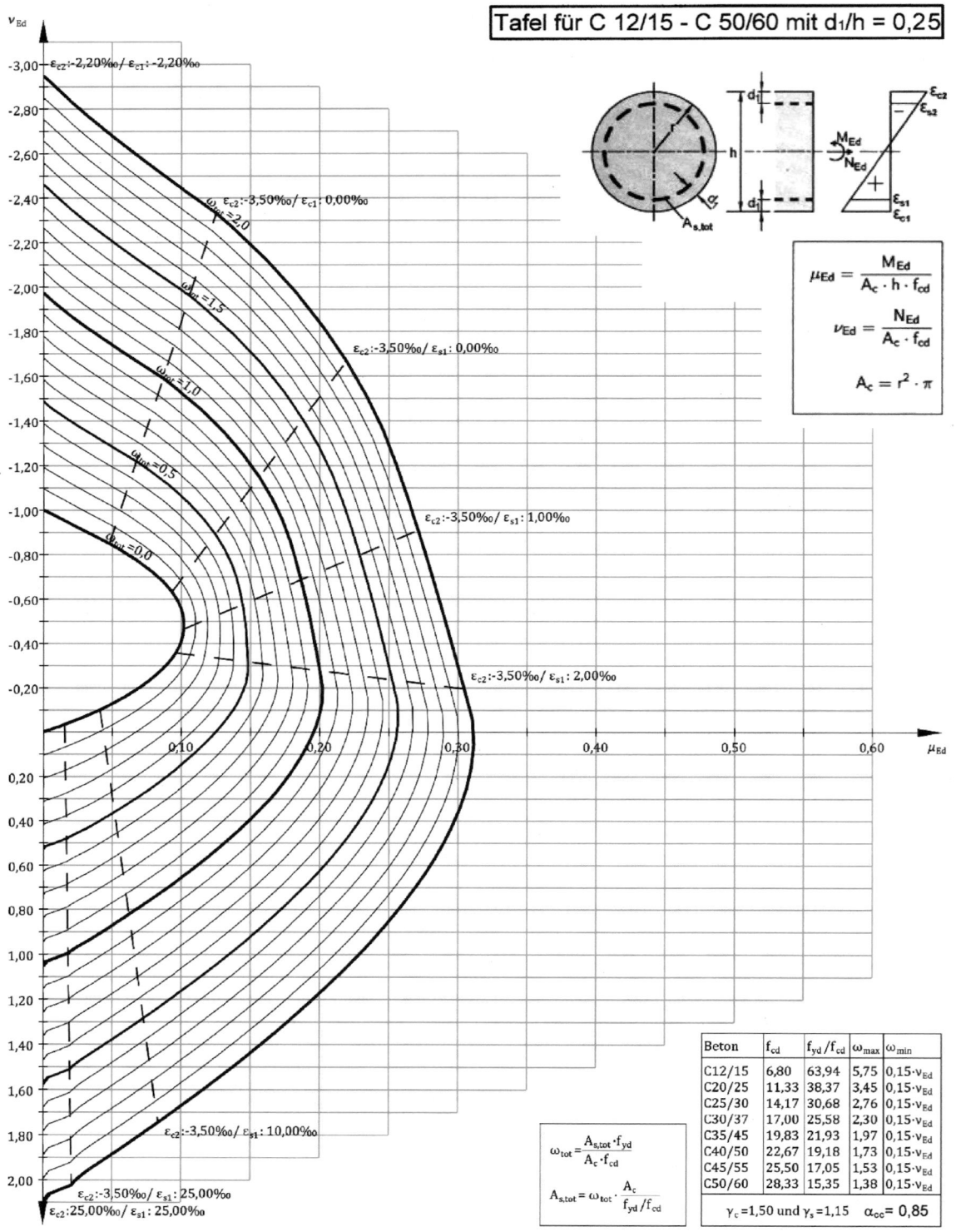

$$\mu_{Ed} = \frac{M_{Ed}}{A_c \cdot h \cdot f_{cd}}$$

$$\nu_{Ed} = \frac{N_{Ed}}{A_c \cdot f_{cd}}$$

$$A_c = r^2 \cdot \pi$$

$$\omega_{tot} = \frac{A_{s,tot} \cdot f_{yd}}{A_c \cdot f_{cd}}$$

$$A_{s,tot} = \omega_{tot} \cdot \frac{A_c}{f_{yd}/f_{cd}}$$

Beton	f_{cd}	f_{yd}/f_{cd}	ω_{max}	ω_{min}
C12/15	6,80	63,94	5,75	0,15·ν_{Ed}
C20/25	11,33	38,37	3,45	0,15·ν_{Ed}
C25/30	14,17	30,68	2,76	0,15·ν_{Ed}
C30/37	17,00	25,58	2,30	0,15·ν_{Ed}
C35/45	19,83	21,93	1,97	0,15·ν_{Ed}
C40/50	22,67	19,18	1,73	0,15·ν_{Ed}
C45/55	25,50	17,05	1,53	0,15·ν_{Ed}
C50/60	28,33	15,35	1,38	0,15·ν_{Ed}

$\gamma_c = 1,50$ und $\gamma_s = 1,15$ $\alpha_{cc} = 0,85$

Tafel 8.109 **BT 5a** Interaktionsdiagramm für Kreisringquerschnitte mit gleichmäßig verteilter, umlaufender Bewehrung (unter Ansatz der Nettobetondruckfläche und des ansteigenden Astes der Spannungs-Dehnungs-Linie des Betonstahls ermittelt)

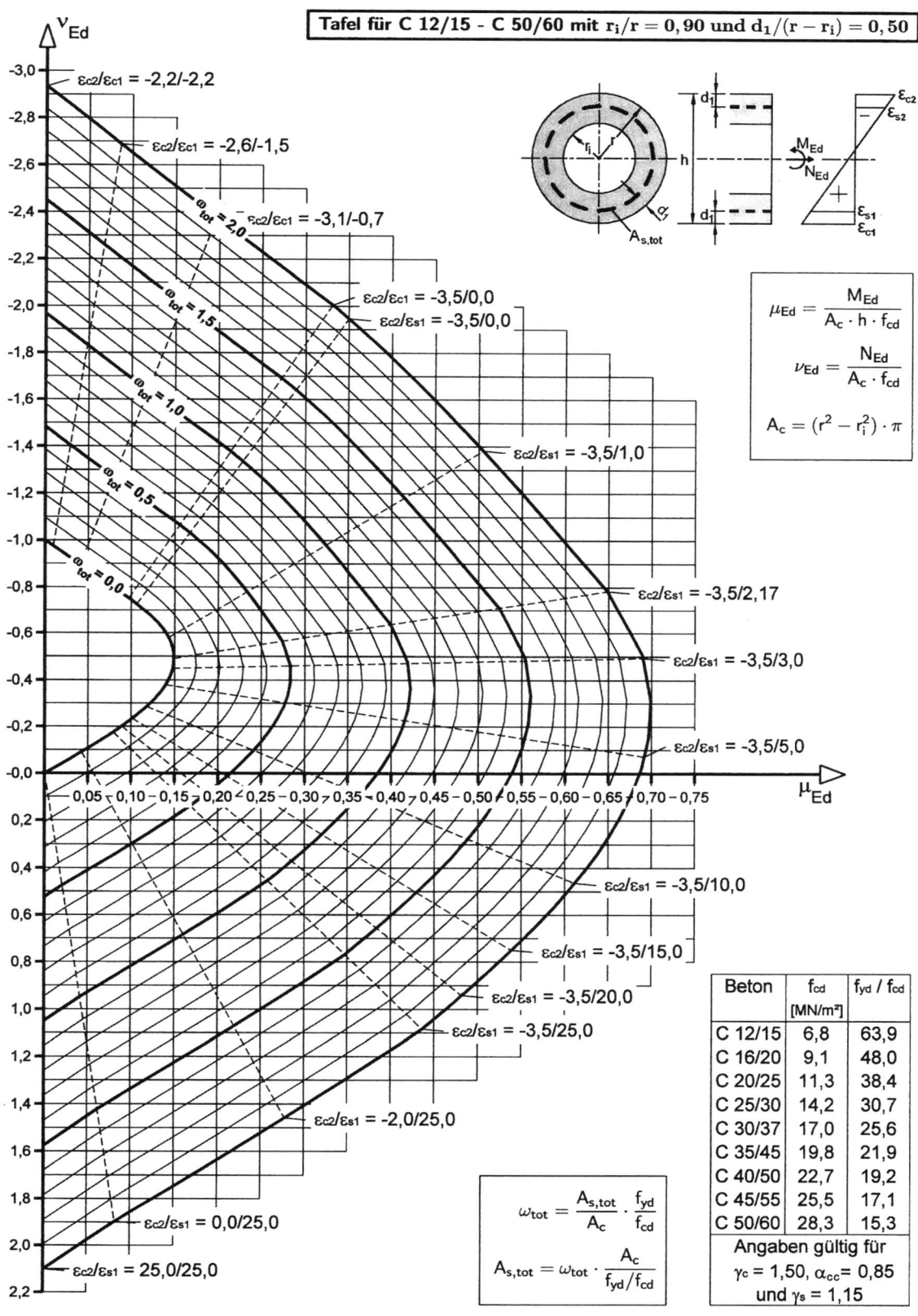

Tafel für C 12/15 - C 50/60 mit $r_i/r = 0,90$ und $d_1/(r - r_i) = 0,50$

$$\mu_{Ed} = \frac{M_{Ed}}{A_c \cdot h \cdot f_{cd}}$$

$$\nu_{Ed} = \frac{N_{Ed}}{A_c \cdot f_{cd}}$$

$$A_c = (r^2 - r_i^2) \cdot \pi$$

$$\omega_{tot} = \frac{A_{s,tot}}{A_c} \cdot \frac{f_{yd}}{f_{cd}}$$

$$A_{s,tot} = \omega_{tot} \cdot \frac{A_c}{f_{yd}/f_{cd}}$$

Beton	f_{cd} [MN/m²]	f_{yd} / f_{cd}
C 12/15	6,8	63,9
C 16/20	9,1	48,0
C 20/25	11,3	38,4
C 25/30	14,2	30,7
C 30/37	17,0	25,6
C 35/45	19,8	21,9
C 40/50	22,7	19,2
C 45/55	25,5	17,1
C 50/60	28,3	15,3
Angaben gültig für		
$\gamma_c = 1,50$, $\alpha_{cc} = 0,85$		
und $\gamma_s = 1,15$		

Tafel 8.110 **BT 5b** Interaktionsdiagramm für Kreisringquerschnitte mit gleichmäßig verteilter, umlaufender Bewehrung (unter Ansatz der Netto-betondruckfläche und des ansteigenden Astes der Spannungs-Dehnungs-Linie des Betonstahls ermittelt)

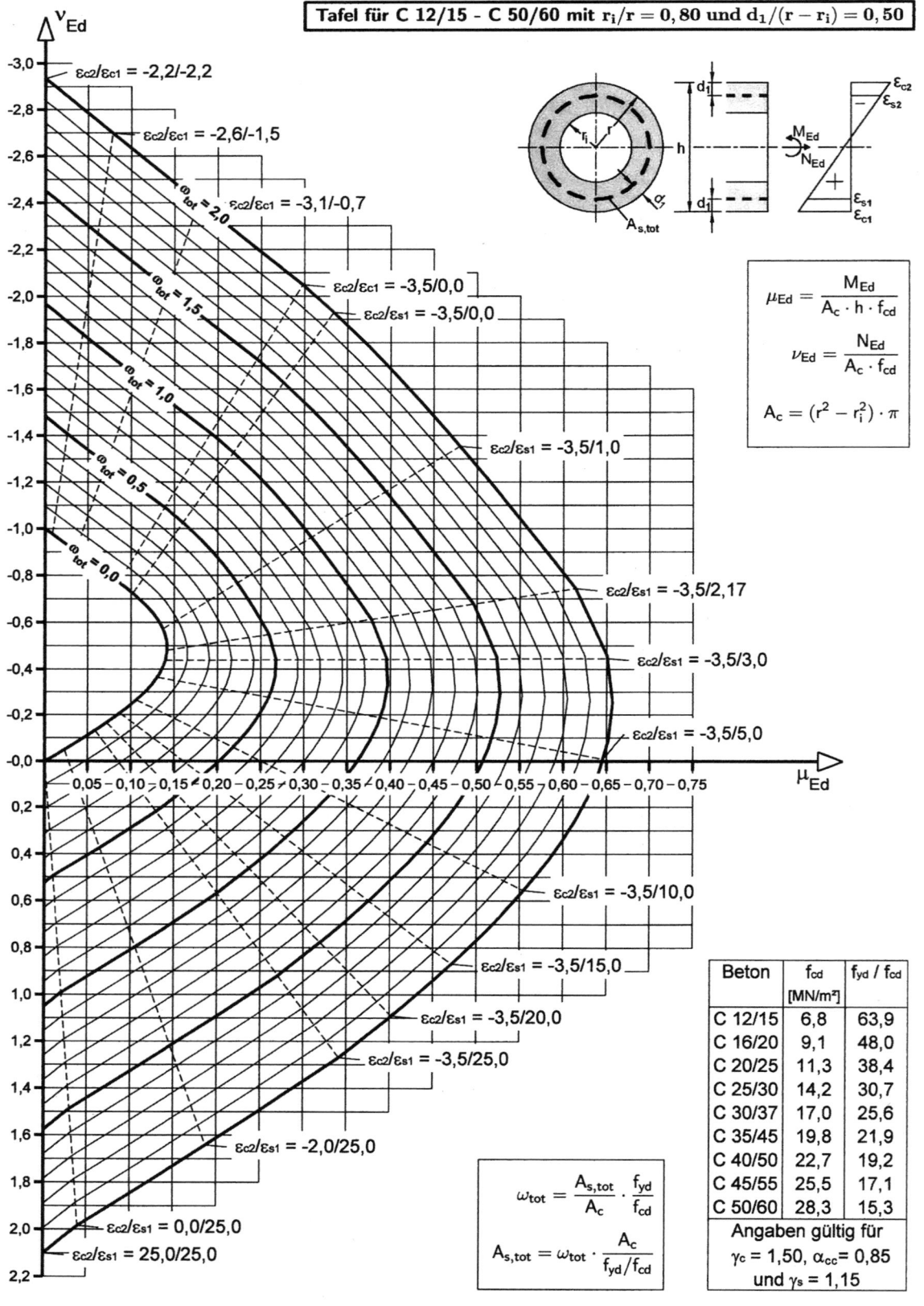

Tafel für C 12/15 - C 50/60 mit $r_i/r = 0,80$ und $d_1/(r - r_i) = 0,50$

$$\mu_{Ed} = \frac{M_{Ed}}{A_c \cdot h \cdot f_{cd}}$$

$$\nu_{Ed} = \frac{N_{Ed}}{A_c \cdot f_{cd}}$$

$$A_c = (r^2 - r_i^2) \cdot \pi$$

Beton	f_{cd} [MN/m²]	f_{yd} / f_{cd}
C 12/15	6,8	63,9
C 16/20	9,1	48,0
C 20/25	11,3	38,4
C 25/30	14,2	30,7
C 30/37	17,0	25,6
C 35/45	19,8	21,9
C 40/50	22,7	19,2
C 45/55	25,5	17,1
C 50/60	28,3	15,3
Angaben gültig für		
$\gamma_c = 1,50$, $\alpha_{cc} = 0,85$		
und $\gamma_s = 1,15$		

$$\omega_{tot} = \frac{A_{s,tot}}{A_c} \cdot \frac{f_{yd}}{f_{cd}}$$

$$A_{s,tot} = \omega_{tot} \cdot \frac{A_c}{f_{yd}/f_{cd}}$$

Tafel 8.111 BT 5c Interaktionsdiagramm für Kreisringquerschnitte mit gleichmäßig verteilter, umlaufender Bewehrung (unter Ansatz der Netto-betondruckfläche und des ansteigenden Astes der Spannungs-Dehnungs-Linie des Betonstahls ermittelt)

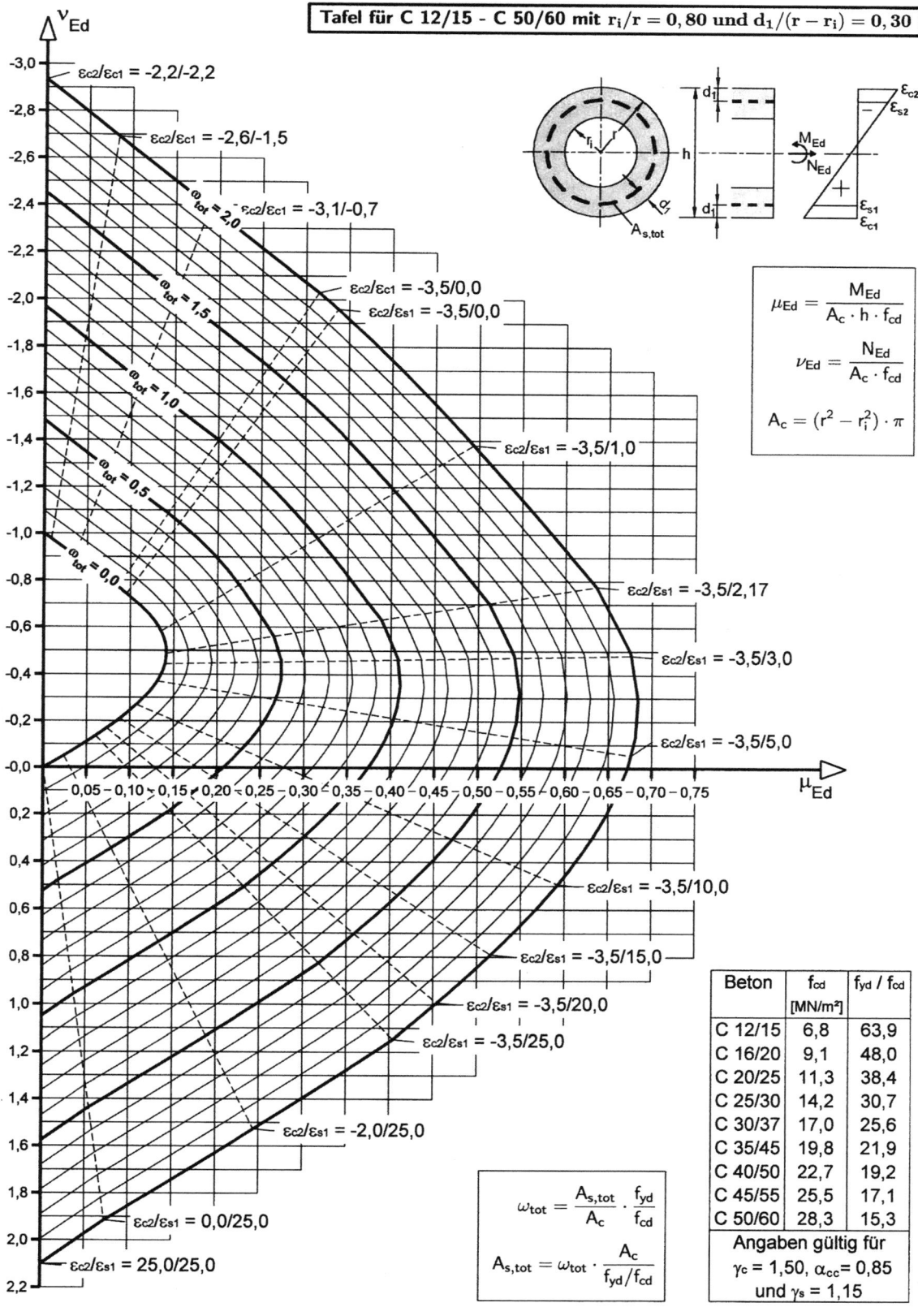

Tafel für C 12/15 - C 50/60 mit $r_i/r = 0,80$ und $d_1/(r - r_i) = 0,30$

$$\mu_{Ed} = \frac{M_{Ed}}{A_c \cdot h \cdot f_{cd}}$$

$$\nu_{Ed} = \frac{N_{Ed}}{A_c \cdot f_{cd}}$$

$$A_c = (r^2 - r_i^2) \cdot \pi$$

Beton	f_{cd} [MN/m²]	f_{yd} / f_{cd}
C 12/15	6,8	63,9
C 16/20	9,1	48,0
C 20/25	11,3	38,4
C 25/30	14,2	30,7
C 30/37	17,0	25,6
C 35/45	19,8	21,9
C 40/50	22,7	19,2
C 45/55	25,5	17,1
C 50/60	28,3	15,3
Angaben gültig für		
$\gamma_c = 1,50$, $\alpha_{cc} = 0,85$		
und $\gamma_s = 1,15$		

$$\omega_{tot} = \frac{A_{s,tot}}{A_c} \cdot \frac{f_{yd}}{f_{cd}}$$

$$A_{s,tot} = \omega_{tot} \cdot \frac{A_c}{f_{yd}/f_{cd}}$$

Tafel 8.112 BT 5d Interaktionsdiagramm für Kreisringquerschnitte mit gleichmäßig verteilter, umlaufender Bewehrung (unter Ansatz der Netto-betondruckfläche und des ansteigenden Astes der Spannungs-Dehnungs-Linie des Betonstahls ermittelt)

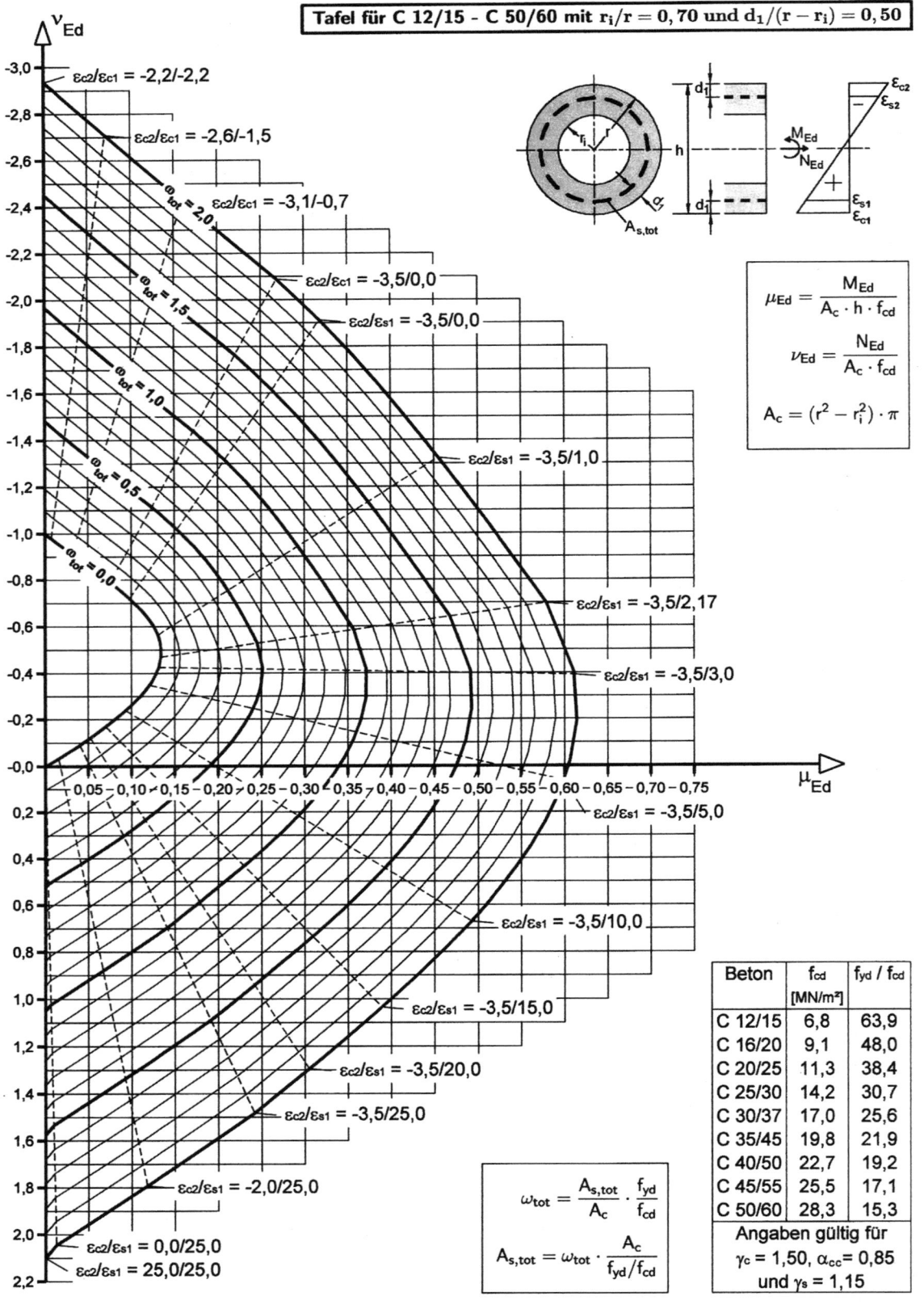

Tafel für C 12/15 - C 50/60 mit $r_i/r = 0,70$ und $d_1/(r - r_i) = 0,50$

$$\mu_{Ed} = \frac{M_{Ed}}{A_c \cdot h \cdot f_{cd}}$$

$$\nu_{Ed} = \frac{N_{Ed}}{A_c \cdot f_{cd}}$$

$$A_c = (r^2 - r_i^2) \cdot \pi$$

$$\omega_{tot} = \frac{A_{s,tot}}{A_c} \cdot \frac{f_{yd}}{f_{cd}}$$

$$A_{s,tot} = \omega_{tot} \cdot \frac{A_c}{f_{yd}/f_{cd}}$$

Beton	f_{cd} [MN/m²]	f_{yd} / f_{cd}
C 12/15	6,8	63,9
C 16/20	9,1	48,0
C 20/25	11,3	38,4
C 25/30	14,2	30,7
C 30/37	17,0	25,6
C 35/45	19,8	21,9
C 40/50	22,7	19,2
C 45/55	25,5	17,1
C 50/60	28,3	15,3
Angaben gültig für $\gamma_c = 1,50$, $\alpha_{cc} = 0,85$ und $\gamma_s = 1,15$		

Tafel 8.113 **BT 5e** Interaktionsdiagramm für Kreisringquerschnitte mit gleichmäßig verteilter, umlaufender Bewehrung (unter Ansatz der Netto-betondruckfläche und des ansteigenden Astes der Spannungs-Dehnungs-Linie des Betonstahls ermittelt)

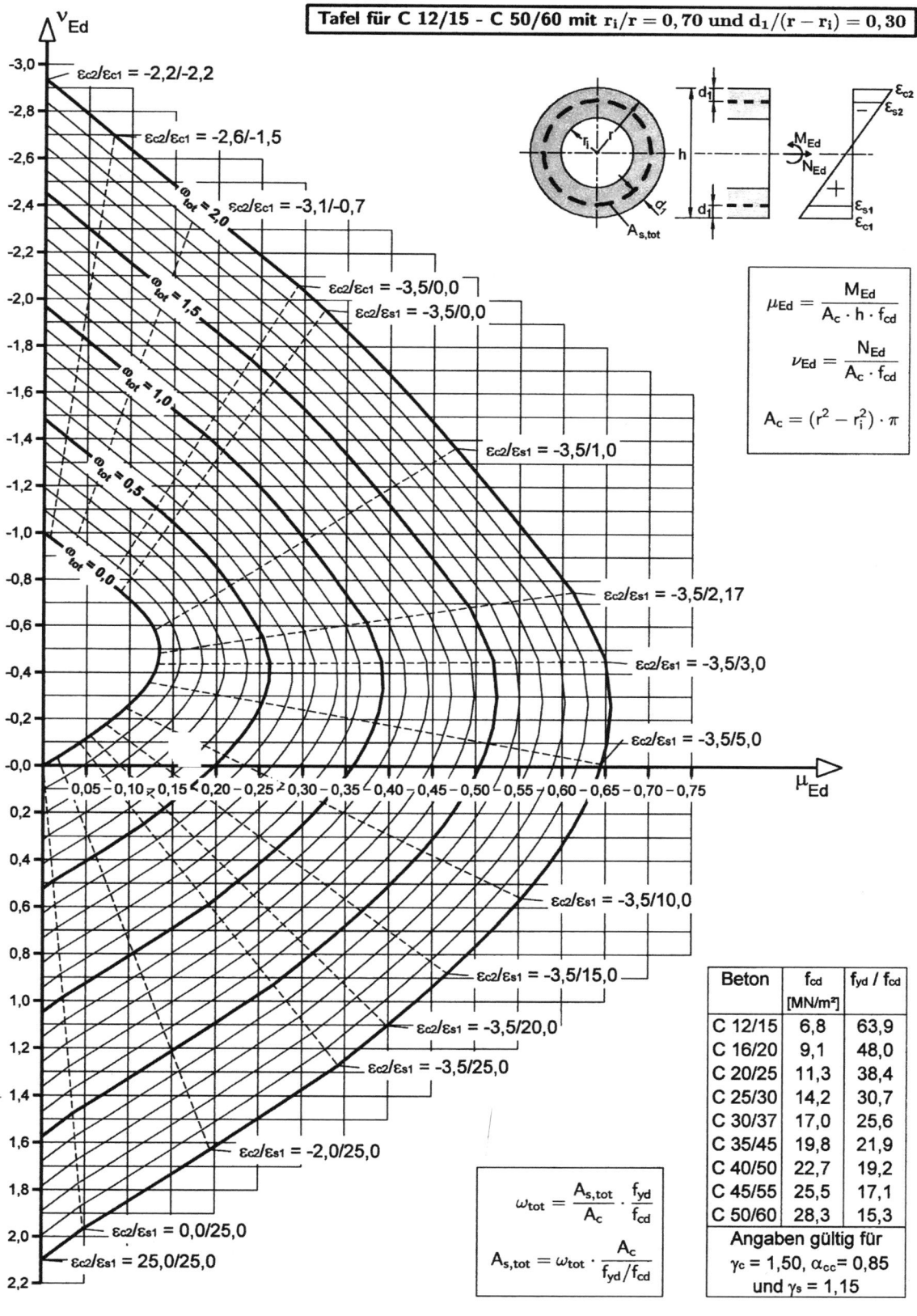

Tafel für C 12/15 - C 50/60 mit $r_i/r = 0,70$ und $d_1/(r - r_i) = 0,30$

$$\mu_{Ed} = \frac{M_{Ed}}{A_c \cdot h \cdot f_{cd}}$$

$$\nu_{Ed} = \frac{N_{Ed}}{A_c \cdot f_{cd}}$$

$$A_c = (r^2 - r_i^2) \cdot \pi$$

$\varepsilon_{c2}/\varepsilon_{c1} = -2,2/-2,2$
$\varepsilon_{c2}/\varepsilon_{c1} = -2,6/-1,5$
$\omega_{tot} = 2,0$
$\varepsilon_{c2}/\varepsilon_{c1} = -3,1/-0,7$
$\omega_{tot} = 1,5$
$\varepsilon_{c2}/\varepsilon_{c1} = -3,5/0,0$
$\varepsilon_{c2}/\varepsilon_{s1} = -3,5/0,0$
$\omega_{tot} = 1,0$
$\omega_{tot} = 0,5$
$\varepsilon_{c2}/\varepsilon_{s1} = -3,5/1,0$
$\omega_{tot} = 0,0$
$\varepsilon_{c2}/\varepsilon_{s1} = -3,5/2,17$
$\varepsilon_{c2}/\varepsilon_{s1} = -3,5/3,0$
$\varepsilon_{c2}/\varepsilon_{s1} = -3,5/5,0$
$\varepsilon_{c2}/\varepsilon_{s1} = -3,5/10,0$
$\varepsilon_{c2}/\varepsilon_{s1} = -3,5/15,0$
$\varepsilon_{c2}/\varepsilon_{s1} = -3,5/20,0$
$\varepsilon_{c2}/\varepsilon_{s1} = -3,5/25,0$
$\varepsilon_{c2}/\varepsilon_{s1} = -2,0/25,0$
$\varepsilon_{c2}/\varepsilon_{s1} = 0,0/25,0$
$\varepsilon_{c2}/\varepsilon_{s1} = 25,0/25,0$

Beton	f_{cd} [MN/m²]	f_{yd}/f_{cd}
C 12/15	6,8	63,9
C 16/20	9,1	48,0
C 20/25	11,3	38,4
C 25/30	14,2	30,7
C 30/37	17,0	25,6
C 35/45	19,8	21,9
C 40/50	22,7	19,2
C 45/55	25,5	17,1
C 50/60	28,3	15,3
Angaben gültig für $\gamma_c = 1,50$, $\alpha_{cc} = 0,85$ und $\gamma_s = 1,15$		

$$\omega_{tot} = \frac{A_{s,tot}}{A_c} \cdot \frac{f_{yd}}{f_{cd}}$$

$$A_{s,tot} = \omega_{tot} \cdot \frac{A_c}{f_{yd}/f_{cd}}$$

Tafel 8.114 BT 6a Bemessungstafel mit dimensionslosen Beiwerten für den Plattenbalkenquerschnitt

C12/15 - C50/60, γ_C=1,5, α_{CC}=0,85, B 500, γ_s=1,15

(die ω_1-Werte berücksichtigen den ansteigenden Ast der Stahlkennlinie)

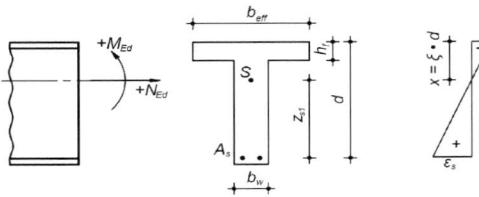

$$M_{Eds} = M_{Ed} - N_{Ed} \cdot z_{s1}$$

(N_{Ed} als Druckkraft negativ)

$$\mu_{Eds} = \frac{M_{Eds}}{b_{eff} \cdot d^2 \cdot f_{cd}}$$

$$A_{s1} = \frac{1}{f_{yd}} \cdot \left(\omega_1 \cdot b_{eff} \cdot d \cdot f_{cd} + N_{Ed} \right)$$

$h_f/d = 0,05$

ω_1 - Werte für b_{eff}/b_w =

μ_{Eds}	1	2	3	5	≥ 10
0,01	0,0096	0,0096	0,0096	0,0096	0,0096
0,02	0,0193	0,0193	0,0193	0,0193	0,0193
0,03	0,0292	0,0291	0,0291	0,0291	0,0291
0,04	0,0390	0,0390	0,0390	0,0390	0,0390
0,05	0,0490	0,0490	0,0490	0,0489	0,0489
0,06	0,0591	0,0593	0,0600	0,0609	0,0623
0,07	0,0693	0,0709	0,0720	0,0734	0,0766
0,08	0,0797	0,0827	0,0842	0,0867	
0,09	0,0901	0,0947	0,0969	0,1013	
0,10	0,1011	0,1070	0,1102	0,1630	
0,11	0,1125	0,1197	0,1243		
0,12	0,1240	0,1328	0,1395		
0,13	0,1358	0,1465			
0,14	0,1476	0,1607			
0,15	0,1597	0,1755			
0,16	0,1720	0,1912			
0,17	0,1844				
0,18	0,1971				
0,19	0,2099		Im grau hinterlegten Bereich gilt $x/d \le 0,45$		
0,20	0,2230				
0,21	0,2363				
0,22	0,2498				
0,23	0,2636				
0,24	0,2777				
0,25	0,2921				
0,26	0,3067				
0,27	0,3217				
0,28	0,3371				
0,29	0,3528				
0,30	0,3690				
0,31	0,3855				
0,32	0,4026				
0,33	0,4202				
0,34	0,4383				
0,35	0,4571				
0,36	0,4766				
0,37	0,4968				

$h_f/d = 0,10$

ω_1 - Werte für b_{eff}/b_w =

μ_{Eds}	1	2	3	5	≥ 10
0,01	0,0096	0,0096	0,0096	0,0096	0,0096
0,02	0,0193	0,0193	0,0193	0,0193	0,0193
0,03	0,0292	0,0292	0,0292	0,0292	0,0292
0,04	0,0390	0,0390	0,0390	0,0390	0,0390
0,05	0,0490	0,0490	0,0490	0,0490	0,0490
0,06	0,0591	0,0591	0,0591	0,0591	0,0591
0,07	0,0693	0,0693	0,0693	0,0693	0,0693
0,08	0,0797	0,0796	0,0796	0,0796	0,0796
0,09	0,0901	0,0901	0,0903	0,0905	0,0907
0,10	0,1011	0,1024	0,1029	0,1036	0,1045
0,11	0,1125	0,1147	0,1155	0,1167	0,1189
0,12	0,1240	0,1272	0,1284	0,1306	0,2807
0,13	0,1358	0,1399	0,1418	0,1458	
0,14	0,1476	0,1529	0,1560		
0,15	0,1597	0,1664	0,1710		
0,16	0,1720	0,1804	0,1975		
0,17	0,1844	0,1951			
0,18	0,1971	0,2104	Im grau hinterlegten Bereich gilt $x/d \le 0,45$		
0,19	0,2099				
0,20	0,2230				
0,21	0,2363				
0,22	0,2498				
0,23	0,2636				
0,24	0,2777				
0,25	0,2921				
0,26	0,3067				
0,27	0,3217				
0,28	0,3371				
0,29	0,3528				
0,30	0,3690				
0,31	0,3855				
0,32	0,4026				
0,33	0,4202				
0,34	0,4383				
0,35	0,4571				
0,36	0,4766				
0,37	0,4968				

Tafel 8.115 BT 6b Bemessungstafel mit dimensionslosen Beiwerten für den Plattenbalkenquerschnitt

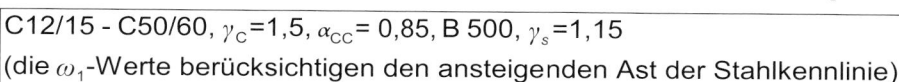

C12/15 - C50/60, γ_C=1,5, α_{CC}= 0,85, B 500, γ_s=1,15

(die ω_1-Werte berücksichtigen den ansteigenden Ast der Stahlkennlinie)

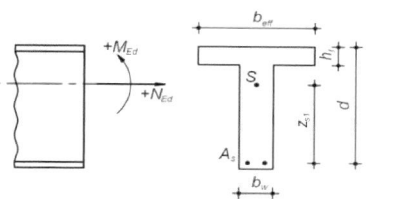 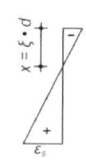

$$M_{Eds} = M_{Ed} - N_{Ed} \cdot z_{s1}$$

(N_{Ed} als Druckkraft negativ)

$$\mu_{Eds} = \frac{M_{Eds}}{b_{eff} \cdot d^2 \cdot f_{cd}}$$

$$A_{s1} = \frac{1}{f_{yd}} \cdot (\omega_1 \cdot b_{eff} \cdot d \cdot f_{cd} + N_{Ed})$$

$h_f/d = 0,15$ — ω_1-Werte für b_{eff}/b_w =

μ_{Eds}	1	2	3	5	≥ 10
0,01	0,0096	0,0096	0,0096	0,0096	0,0096
0,02	0,0193	0,0193	0,0193	0,0193	0,0193
0,03	0,0292	0,0292	0,0292	0,0292	0,0292
0,04	0,0390	0,0390	0,0390	0,0390	0,0390
0,05	0,0490	0,0490	0,0490	0,0490	0,0490
0,06	0,0591	0,0591	0,0591	0,0591	0,0591
0,07	0,0693	0,0693	0,0693	0,0693	0,0693
0,08	0,0797	0,0797	0,0797	0,0797	0,0797
0,09	0,0901	0,0901	0,0901	0,0901	0,0901
0,10	0,1011	0,1011	0,1011	0,1011	0,1011
0,11	0,1125	0,1125	0,1125	0,1125	0,1125
0,12	0,1240	0,1240	0,1240	0,1240	0,1241
0,13	0,1358	0,1359	0,1360	0,1362	0,1363
0,14	0,1476	0,1486	0,1490	0,1494	0,1500
0,15	0,1597	0,1615	0,1622	0,1631	0,1648
0,16	0,1720	0,1746	0,1758	0,1777	0,3780
0,17	0,1844	0,1881	0,1901	0,1962	
0,18	0,1971	0,2021	0,2052		
0,19	0,2099	0,2166	0,2215		
0,20	0,2230	0,2318			
0,21	0,2363	0,2477	Im grau hinterlegten		
0,22	0,2498		Bereich gilt $x/d ≤ 0,45$		
0,23	0,2636				
0,24	0,2777				
⋮	⋮	⇒ s. Tabellenwerte für $h_f/d = 0,05$			
0,37	0,4968				

$h_f/d = 0,20$ — ω_1-Werte für b_{eff}/b_w =

μ_{Eds}	1	2	3	5	≥ 10
0,01	0,0096	0,0096	0,0096	0,0096	0,0096
0,02	0,0193	0,0193	0,0193	0,0193	0,0193
0,03	0,0292	0,0292	0,0292	0,0292	0,0292
0,04	0,0390	0,0390	0,0390	0,0390	0,0390
0,05	0,0490	0,0490	0,0490	0,0490	0,0490
0,06	0,0591	0,0591	0,0591	0,0591	0,0591
0,07	0,0693	0,0693	0,0693	0,0693	0,0693
0,08	0,0797	0,0797	0,0797	0,0797	0,0797
0,09	0,0901	0,0901	0,0901	0,0901	0,0901
0,10	0,1011	0,1011	0,1011	0,1011	0,1011
0,11	0,1125	0,1125	0,1125	0,1125	0,1125
0,12	0,1240	0,1240	0,1240	0,1240	0,1240
0,13	0,1358	0,1358	0,1358	0,1358	0,1358
0,14	0,1476	0,1476	0,1476	0,1476	0,1476
0,15	0,1597	0,1597	0,1597	0,1597	0,1597
0,16	0,1720	0,1720	0,1720	0,1720	0,1720
0,17	0,1844	0,1846	0,1847	0,1848	0,1850
0,18	0,1971	0,1979	0,1982	0,1986	0,1991
0,19	0,2099	0,2116	0,2122	0,2131	0,2147
0,20	0,2230	0,2256	0,2267	0,2288	
0,21	0,2363	0,2401	0,2422		
0,22	0,2498	0,2552	Im grau hinterlegten		
0,23	0,2636	0,2711	Bereich gilt $x/d ≤ 0,45$		
0,24	0,2777				
⋮	⋮	⇒ s. Tabellenwerte für $h_f/d = 0,05$			
0,37	0,4968				

$h_f/d = 0,30$ — ω_1-Werte für b_{eff}/b_w =

μ_{Eds}	1	2	3	5	≥ 10
0,01	0,0096	0,0096	0,0096	0,0096	0,0096
⋮	⋮	⇒ s. Tabellenwerte für $h_f/d = 0,15$			
0,12	0,1240	0,1240	0,1240	0,1240	0,1240
0,13	0,1358	0,1358	0,1358	0,1358	0,1358
0,14	0,1476	0,1476	0,1476	0,1476	0,1476
0,15	0,1597	0,1597	0,1597	0,1597	0,1597
0,16	0,1720	0,1720	0,1720	0,1720	0,1720
0,17	0,1844	0,1844	0,1844	0,1844	0,1844
0,18	0,1971	0,1971	0,1971	0,1971	0,1971
0,19	0,2099	0,2099	0,2099	0,2099	0,2099
0,20	0,2230	0,2230	0,2230	0,2230	0,2230
0,21	0,2363	0,2363	0,2363	0,2363	0,2363
0,22	0,2498	0,2498	0,2498	0,2498	0,2498
0,23	0,2636	0,2636	0,2635	0,2635	0,2635
0,24	0,2777	0,2777	0,2777	0,2778	0,2778
0,25	0,2921	0,2926	0,2928	0,2929	0,2931
0,26	0,3067	0,3081	0,3085	0,3091	0,3744
0,27	0,3217	0,3242			
0,28	0,3371				
0,29	0,3528	Im grau hinterlegten			
0,30	0,3690	Bereich gilt $x/d ≤ 0,45$			
0,31	0,3855				
0,32	0,4026				
⋮	⋮	⇒ s. Tabellenwerte für $h_f/d = 0,05$			
0,37	0,4968				

$h_f/d = 0,40$ — ω_1-Werte für b_{eff}/b_w =

μ_{Eds}	1	2	3	5	≥ 10
0,01	0,0096	0,0096	0,0096	0,0096	0,0096
⋮	⋮	⇒ s. Tabellenwerte für $h_f/d = 0,15$			
0,12	0,1240	0,1240	0,1240	0,1?40	0,1240
0,13	0,1358	0,1358	0,1358	0,1358	0,1358
0,14	0,1476	0,1476	0,1476	0,1476	0,1476
0,15	0,1597	0,1597	0,1597	0,1597	0,1597
0,16	0,1720	0,1720	0,1720	0,1720	0,1720
0,17	0,1844	0,1844	0,1844	0,1844	0,1844
0,18	0,1971	0,1971	0,1971	0,1971	0,1971
0,19	0,2099	0,2099	0,2099	0,2099	0,2099
0,20	0,2230	0,2230	0,2230	0,2230	0,2230
0,21	0,2363	0,2363	0,2363	0,2363	0,2363
0,22	0,2498	0,2498	0,2498	0,2498	0,2498
0,23	0,2636	0,2636	0,2636	0,2636	0,2636
0,24	0,2777	0,2777	0,2777	0,2777	0,2777
0,25	0,2921	0,2921	0,2921	0,2921	0,2921
0,26	0,3067	0,3067	0,3067	0,3067	0,3067
0,27	0,3217	0,3217	0,3217	0,3217	0,3217
0,28	0,3371	0,3370	0,3370	0,3370	0,3370
0,29	0,3528	0,3526	0,3525	0,3525	0,3524
0,30	0,3690	0,3686	0,3685	0,3684	0,3684
0,31	0,3855				
0,32	0,4026				
⋮	⋮	⇒ s. Tabellenwerte für $h_f/d = 0,05$			
0,37	0,4968				

Tafel 8.116 BT 7 $v_{\mathrm{Rd,c,min}}$ Mindestquerkrafttragfähigkeit, Bauteile ohne Querkraftbewehrung, $\sigma_{\mathrm{cp}} = 0$, $V_{\mathrm{Rd,c,min}} = v_{\mathrm{Rd,c,min}} \cdot b_{\mathrm{w}} \cdot d$, Ablesewert $v_{\mathrm{Rd,c,min}}$ in MN/m^2

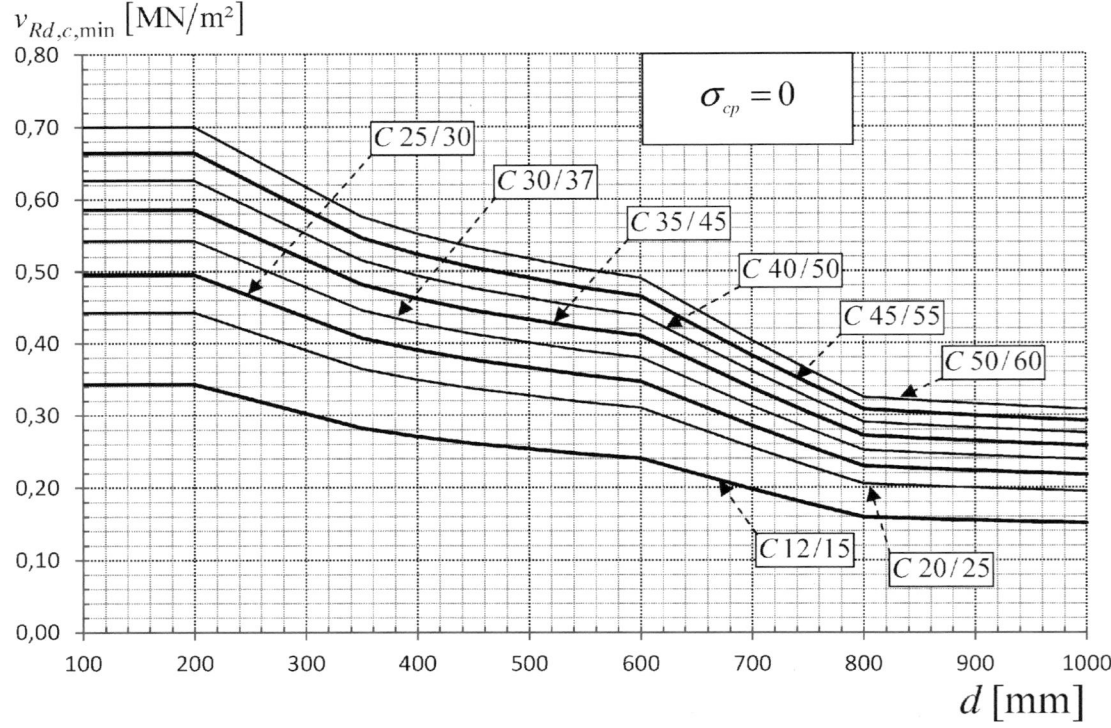

Tafel 8.117 BT 8 $v_{\mathrm{Rd,c}}$ Querkrafttragfähigkeit, Bauteile ohne Querkraftbewehrung, $\sigma_{\mathrm{cp}} = 0$, $d \le 200\,\mathrm{mm}$, $V_{\mathrm{Rd,c}} = v_{\mathrm{Rd,c}} \cdot b_{\mathrm{w}} \cdot d$, Ablesewert $v_{\mathrm{Rd,c}}$ in MN/m^2

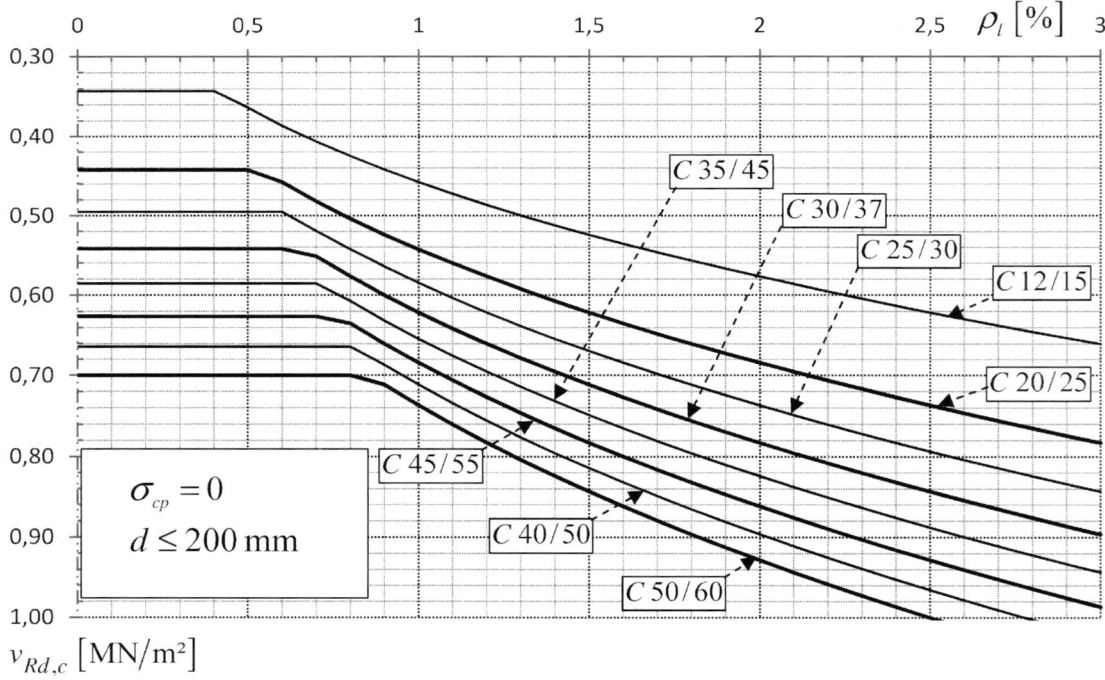

Tafel 8.118 BT 9 $v_{Rd,c,min}$ Mindestquerkrafttragfähigkeit und zugehöriger Längsbewehrungsgrad ϱ_1 [%], Bauteile ohne Querkraftbewehrung, $\sigma_{cp} = 0$, $\gamma_C = 1{,}5$, d bis 30 cm, $V_{Rd,c,min} = v_{Rd,c,min} \cdot b_w \cdot d$; Ablesewert $v_{Rd,c,min}$ in MN/m²

d	Beton	C12/15	C16/20	C20/25	C25/30	C30/37	C35/40	C40/50	C45/55	C50/60
≤ 20 cm	$v_{Rd,c,min}$	0,343	0,396	0,443	0,495	0,542	0,586	0,626	0,664	0,700
	ϱ_1 [%]	**0,420**	**0,485**	**0,542**	**0,606**	**0,664**	**0,717**	**0,767**	**0,813**	**0,858**
21 cm	$v_{Rd,c,min}$	0,337	0,389	0,435	0,486	0,532	0,575	0,615	0,652	0,687
	ϱ_1 [%]	**0,413**	**0,476**	**0,533**	**0,595**	**0,652**	**0,705**	**0,753**	**0,799**	**0,842**
22 cm	$v_{Rd,c,min}$	0,331	0,382	0,427	0,478	0,523	0,565	0,604	0,641	0,676
	ϱ_1 [%]	**0,406**	**0,468**	**0,524**	**0,585**	**0,641**	**0,693**	**0,740**	**0,785**	**0,828**
23 cm	$v_{Rd,c,min}$	0,326	0,376	0,420	0,470	0,515	0,556	0,595	0,631	0,665
	ϱ_1 [%]	**0,399**	**0,461**	**0,515**	**0,576**	**0,631**	**0,681**	**0,728**	**0,773**	**0,814**
24 cm	$v_{Rd,c,min}$	0,321	0,370	0,414	0,463	0,507	0,548	0,586	0,621	0,655
	ϱ_1 [%]	**0,393**	**0,454**	**0,507**	**0,567**	**0,621**	**0,671**	**0,717**	**0,761**	**0,802**
25 cm	$v_{Rd,c,min}$	0,316	0,365	0,408	0,456	0,500	0,540	0,577	0,612	0,645
	ϱ_1 [%]	**0,387**	**0,447**	**0,500**	**0,559**	**0,612**	**0,661**	**0,707**	**0,750**	**0,791**
26 cm	$v_{Rd,c,min}$	0,312	0,360	0,403	0,450	0,493	0,532	0,569	0,604	0,636
	ϱ_1 [%]	**0,382**	**0,441**	**0,493**	**0,551**	**0,604**	**0,652**	**0,697**	**0,740**	**0,780**
27 cm	$v_{Rd,c,min}$	0,308	0,355	0,397	0,444	0,487	0,526	0,562	0,596	0,628
	ϱ_1 [%]	**0,377**	**0,435**	**0,487**	**0,544**	**0,596**	**0,644**	**0,688**	**0,730**	**0,769**
28 cm	$v_{Rd,c,min}$	0,304	0,351	0,392	0,439	0,480	0,519	0,555	0,588	0,620
	ϱ_1 [%]	**0,372**	**0,430**	**0,481**	**0,537**	**0,589**	**0,636**	**0,680**	**0,721**	**0,760**
29 cm	$v_{Rd,c,min}$	0,300	0,347	0,388	0,433	0,475	0,513	0,548	0,581	0,613
	ϱ_1 [%]	**0,368**	**0,425**	**0,475**	**0,531**	**0,582**	**0,628**	**0,672**	**0,712**	**0,751**
30 cm	$v_{Rd,c,min}$	0,297	0,343	0,383	0,428	0,469	0,507	0,542	0,575	0,606
	ϱ_1 [%]	**0,364**	**0,420**	**0,469**	**0,525**	**0,575**	**0,621**	**0,664**	**0,704**	**0,742**

Tafel 8.119 BT 10 Querkraftbewehrungsgrad, $\varrho_w = A_{sw}/s_w \cdot b_w$ [%], Bauteile mit Querkraftbewehrung, $\sigma_{cp} = 0$, $\gamma_C = 1{,}5$, senkrechte Querkraftbewehrung, minimale Druckstrebenneigung, $a_{sw} = b_w \cdot \varrho_w$; Ablesewert ϱ_w in %

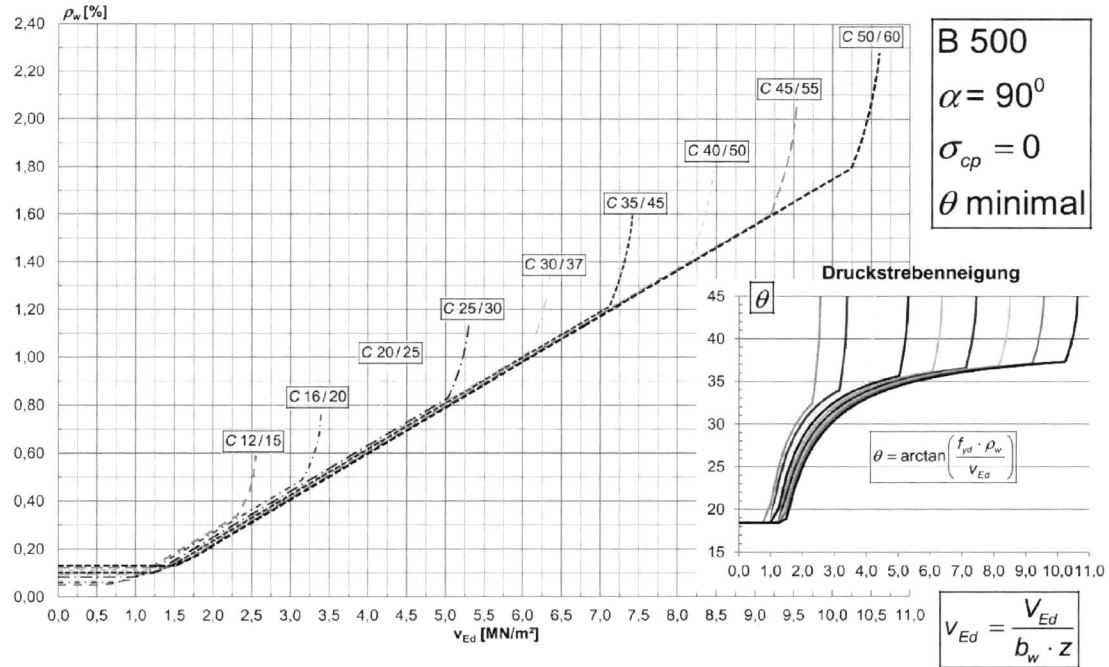

Tafel 8.120 BT 11 Querkraftbewehrungsgrad, $\varrho_{\mathrm{w}} = A_{\mathrm{sw}}/s_{\mathrm{w}} \cdot b_{\mathrm{w}}$ [%], Bauteile mit Querkraftbewehrung, $\sigma_{\mathrm{cp}} = 0$, $\gamma_{\mathrm{C}} = 1{,}5$, senkrechte Querkraftbewehrung, Druckstrebenneigung $40° \leq \theta \leq 45°$, $a_{\mathrm{sw}} = b_{\mathrm{w}} \cdot \varrho_{\mathrm{w}}$; Ablesewert ϱ_{w} in %

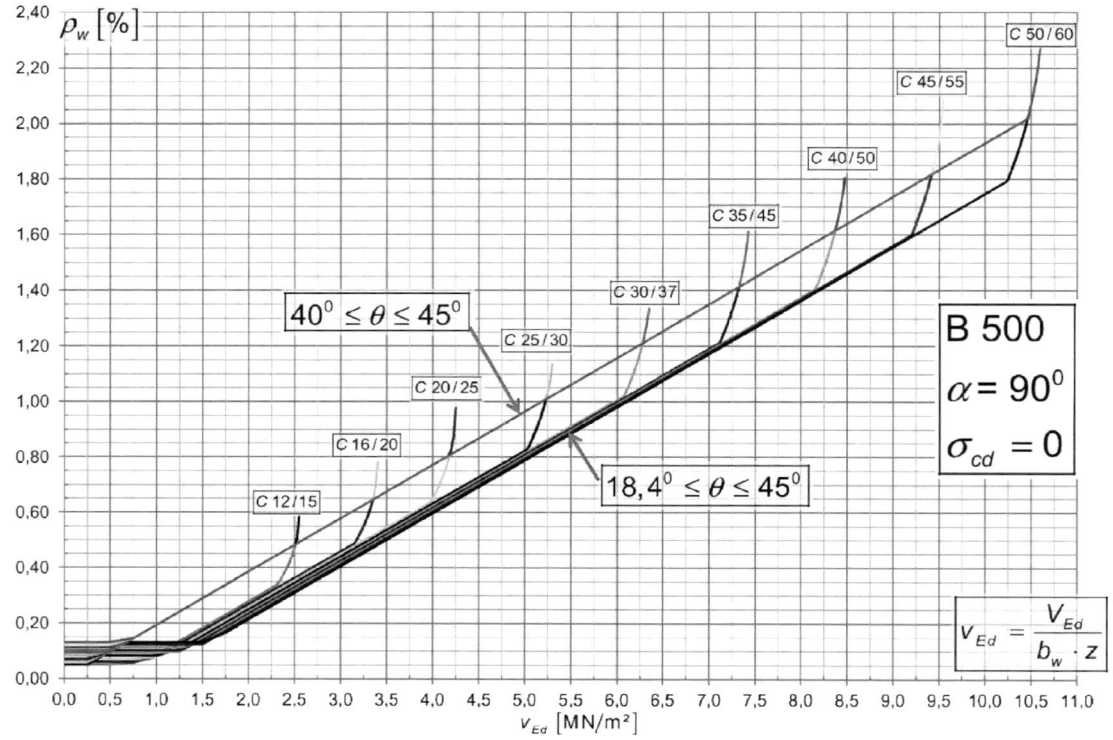

8.11   Betonstahltabellen und Konstruktionstafeln

Tafel 8.121 Nennwerte von Betonstahl B 500

Nenndurchmesser $\varnothing_{\mathrm{s}}$ in mm	Nennquerschnitt A_{s} in cm^2	Nenngewicht in kg/m
4,0	0,126	0,099
4,5	0,159	0,125
5,0	0,196	0,154
5,5	0,238	0,187
6,0	**0,283**	**0,222**
6,5	0,332	0,260
7,0	0,385	0,302
7,5	0,442	0,347
8,0	**0,503**	**0,395**
8,5	0,567	0,445
9,0	0,636	0,499
9,5	0,709	0,556
10,0	**0,785**	**0,617**
10,5	0,866	0,680
11,0	0,950	0,746
11,5	1,039	0,815
12,0	**1,131**	**0,888**
14,0	**1,54**	**1,21**
16,0	**2,01**	**1,58**
20,0	**3,14**	**2,47**
25,0	**4,91**	**3,85**
28,0	**6,16**	**4,83**

Tafel 8.122   Querschnitte von Plattenbewehrungen a_s in cm^2/m, s = Stababstand n = Stabzahl

s in cm	Stabdurchmesser $\varnothing_s$ in mm									n je m
	6	8	10	12	14	16	20	25	28	
5	5,65	10,05	15,71	22,62	30,79	40,21	62,83	98,17	–	20,00
5,5	5,14	9,14	14,28	20,56	27,99	36,56	57,12	89,25	–	18,18
6	4,71	8,38	13,09	18,85	25,66	33,51	52,36	81,81	102,63	16,67
6,5	4,35	7,73	12,08	17,40	23,68	30,93	48,33	75,52	94,73	15,38
7	4,04	7,18	11,22	16,16	21,99	28,72	44,88	70,12	87,96	14,29
7,5	3,77	6,70	10,47	15,08	20,52	26,81	41,9	65,4	82,1	13,3
8,0	3,53	6,28	9,82	14,14	19,24	25,13	39,3	61,4	77,0	12,5
8,5	3,33	5,91	9,24	13,31	18,11	23,65	37,0	57,9	72,5	11,8
9,0	3,14	5,59	8,73	12,57	17,10	22,34	34,9	54,5	68,4	11,1
9,5	2,98	5,29	8,27	11,90	16,20	21,16	33,1	51,6	64,8	10,5
10,0	2,83	5,03	7,85	11,31	15,39	20,11	31,4	49,1	61,6	10,0
10,5	2,69	4,79	7,48	10,77	14,66	19,15	29,9	46,6	58,7	9,5
11,0	2,57	4,57	7,14	10,28	13,99	18,28	28,6	44,7	56,0	9,1
11,5	2,46	4,37	6,83	9,84	13,39	17,49	27,3	42,7	53,6	8,7
12,0	2,36	4,19	6,54	9,42	12,83	16,76	26,2	40,8	51,3	8,3
12,5	2,26	4,02	6,28	9,05	12,32	16,09	25,1	39,3	49,3	8,0
13,0	2,17	3,87	6,04	8,70	11,84	15,47	24,2	37,8	47,4	7,7
13,5	2,09	3,72	5,82	8,38	11,40	14,90	23,3	36,3	45,6	7,4
14,0	2,02	3,59	5,61	8,08	11,00	14,36	22,4	35,1	44,0	7,1
14,5	1,95	3,47	5,42	7,80	10,62	13,87	21,7	33,9	42,5	6,9
15,0	1,89	3,35	5,24	7,54	10,26	13,41	20,9	32,7	41,1	6,7
15,5	1,82	3,24	5,07	7,30	9,93	12,97	20,3	31,7	39,7	6,5
16,0	1,77	3,14	4,91	7,07	9,62	12,57	19,64	30,7	38,5	6,3
16,5	1,71	3,05	4,76	6,85	9,33	12,19	19,04	29,7	37,3	6,1
17,0	1,66	2,96	4,62	6,65	9,05	11,83	18,48	29,0	36,2	5,9
17,5	1,62	2,87	4,49	6,46	8,79	11,49	17,95	28,0	35,2	5,7
18,0	1,57	2,79	4,36	6,28	8,55	11,17	17,46	27,3	34,2	5,6
18,5	1,53	2,72	4,25	6,11	8,32	10,87	16,98	26,5	33,3	5,4
19,0	1,49	2,65	4,13	5,95	8,10	10,58	16,54	25,8	32,4	5,3
19,5	1,45	2,58	4,03	5,80	7,89	10,31	16,11	25,2	31,6	5,1
20,0	1,41	2,51	3,93	5,65	7,69	10,05	15,72	24,6	30,8	5,0
20,5	1,38	2,45	3,83	5,52	7,50	9,80	15,32	23,9	30,0	4,9
21	1,35	2,39	3,74	5,39	7,33	9,57	14,96	23,4	29,3	4,8
21,5	1,32	2,34	3,65	5,26	7,16	9,35	14,61	22,8	28,6	4,6
22	1,29	2,28	3,57	5,14	7,00	9,14	14,28	22,3	28,0	4,5
22,5	1,26	2,23	3,49	5,03	6,84	8,94	13,96	21,8	27,4	4,4
23	1,23	2,19	3,41	4,92	6,69	8,74	13,66	21,3	26,8	4,3
23,5	1,20	2,14	3,34	4,81	6,55	8,56	13,37	20,9	26,2	4,2
24	1,18	2,09	3,27	4,71	6,41	8,38	13,09	20,4	25,7	4,2
24,5	1,15	2,05	3,21	4,61	6,28	8,21	12,82	20,0	25,1	4,1
25	1,13	2,01	3,14	4,52	6,16	8,04	12,57	19,6	24,6	4,0

8

Tafel 8.123 Querschnitte von Balkenbewehrungen A_s in cm²

$\varnothing_s$ in mm	Stabanzahl											
	1	2	3	4	5	6	7	8	9	10	11	12
6	0,28	0,57	0,85	1,13	1,42	1,70	1,98	2,26	2,55	2,83	3,11	3,40
8	0,50	1,01	1,51	2,01	2,52	3,02	3,52	4,02	4,53	5,03	5,53	6,04
10	0,79	1,57	2,36	3,14	3,93	4,71	5,50	6,28	7,07	7,85	8,64	9,42
12	1,13	2,26	3,39	4,52	5,65	6,78	7,91	9,04	10,17	11,30	12,43	13,56
14	1,54	3,08	4,62	6,16	7,70	9,24	10,78	12,32	13,86	15,40	16,94	18,48
16	2,01	4,02	6,03	8,04	10,05	12,06	14,07	16,08	18,09	20,10	22,11	24,12
20	3,14	6,28	9,42	12,56	15,70	18,84	21,98	25,12	28,26	31,40	34,54	37,68
25	4,91	9,82	14,73	19,64	24,55	29,46	34,37	39,28	44,19	49,10	54,01	58,92
28	6,16	12,32	18,48	24,64	30,80	36,96	43,12	49,28	55,44	61,60	67,76	73,92

Tafel 8.124 Größte Anzahl von Stahleinlagen in einer Lage (b_w = Balkenbreite)

b_w in cm	Durchmesser der Stahleinlagen d_s in mm						
	10	12	14	16	20	25	28
10	1	1	1	1	1	–	–
15	3	3	2	2	2	1	1
20	(5)	4	4	4	3	2	2
25	6	6	5	5	4	3	3
30	8	7	7	6	6	4	4
35	(10)	9	8	8	7	5	5
40	11	10	10	9	8	6	6
45	13	12	11	11	9	7	7
50	(15)	14	13	12	11	8	8
60	18	17	16	15	13	10	9
Ø Bügel	6 mm				8 mm	10 mm	

Betondeckung der Bügel $c_{bü}$ = 3,0 cm. Bei den Werten in Klammern werden die geforderten Abstände geringfügig unterschritten.

Tafel 8.125 Stahlquerschnitte $a_{Bügel}$ in cm²/m für zweischnittige Bügel

$\varnothing_s$ in mm	Stababstand der 2-schnittigen Bügel in cm													
	10,0	11,0	12,0	13,0	14,0	15,0	16,0	17,0	18,0	19,0	20,0	22,0	23,0	25,0
5	3,9	3,6	3,3	3,0	2,8	2,6	2,5	2,3	2,2	2,1	2,0	1,8	1,7	1,6
6	5,7	5,1	4,7	4,3	4,0	3,8	3,5	3,3	3,1	3,0	2,8	2,6	2,5	2,3
8	10,1	9,1	8,4	7,7	7,2	6,7	6,3	5,9	5,6	5,3	5,0	4,6	4,4	4,0
10	15,7	14,3	13,1	12,1	11,2	10,5	9,8	9,2	8,7	8,3	7,9	7,1	6,8	6,3
12	22,6	20,6	18,8	17,4	16,2	14,1	14,1	13,3	12,6	11,9	11,3	10,3	9,8	9,0
14	30,8	28,0	25,7	23,7	22,0	19,2	19,2	18,1	17,1	16,2	15,4	14,0	13,4	12,3
16	40,2	36,6	33,5	30,9	28,7	25,1	25,1	23,7	22,3	21,2	20,1	18,3	17,5	16,1

Tafel 8.126 Querschnitte $A_{sbü}$ in cm^2 für zweischnittige Bügel

$\varnothing_s$ in mm	Anzahl der Bügel														
	1	2	3	4	5	6	7	8	9	10	11	12	13	14	15
5	0,4	0,8	1,2	1,6	2,0	2,4	2,7	3,1	3,5	3,9	4,3	4,7	5,1	5,5	5,9
6	0,6	1,1	1,7	2,3	2,8	3,4	4,0	4,5	5,1	5,7	6,2	6,8	7,4	7,9	8,5
8	1,0	2,0	3,0	4,0	5,0	6,0	7,0	8,0	9,0	10,1	11,1	12,1	13,1	14,1	15,1
10	1,6	3,1	4,7	6,3	7,9	9,4	11,0	12,6	14,1	15,7	17,3	18,8	20,4	22,0	23,6
12	2,3	4,5	6,8	9,0	11,3	13,6	15,8	18,1	20,4	22,6	24,9	27,1	29,4	31,7	33,9
14	3,1	6,2	9,2	12,3	15,4	18,5	21,6	24,6	27,7	30,8	33,9	36,9	40,0	43,1	46,2
16	4,0	8,0	12,1	16,1	20,1	24,1	28,1	32,2	36,2	40,2	44,2	48,3	52,3	56,3	60,3

Tafel 8.127 Grundwert der Verankerungslänge $l_{b,rqd}$ [cm] für Stabstahl B 500[a], $f_{yd} = 435\,\text{N/mm}^2$

$\varnothing_s$ in mm	Verbund	Charakteristische Betondruckfestigkeit f_{ck} in N/mm^2										
		12[b]	16	20	25	30	35	40	45	50	55	60–100
6	gut	40	33	28	24	21	19	18	16	15	15	14
	mäßig	56	47	40	35	31	28	25	23	22	21	20
8	gut	53	43	37	32	29	26	24	22	20	20	19
	mäßig	75	62	54	46	41	37	34	31	29	28	27
10	gut	66	54	47	40	36	32	30	27	25	25	24
	mäßig	94	78	67	58	51	46	42	39	36	35	34
12	gut	79	65	56	48	43	39	35	33	31	29	29
	mäßig	113	93	80	69	61	55	51	47	44	42	41
14	gut	92	76	66	57	50	45	41	38	36	34	33
	mäßig	132	109	94	81	71	64	59	55	51	49	48
16	gut	105	87	75	65	57	52	47	44	41	39	38
	mäßig	150	124	107	92	82	74	67	62	58	56	54
20	gut	132	109	94	81	71	64	59	55	51	49	48
	mäßig	188	155	134	115	102	92	84	78	73	70	68
25	gut	165	136	117	101	89	81	74	68	64	61	59
	mäßig	235	194	167	144	128	115	105	97	91	88	85
28	gut	184	152	131	113	100	90	83	76	71	69	67
	mäßig	263	217	187	161	143	129	118	109	102	98	95

[a] Ist bei der Querschnittsbemessung an der betrachteten Verankerungsstelle der ansteigende Ast der Stahlkennlinie berücksichtigt worden, so ist der Wert von $l_{b,rqd}$ aus dieser Tafel mit dem Faktor $\sigma_{sd}/f_{yd} \leq 1{,}05$ zu vergrößern.

[b] Beton C12/15 darf nur für Bauteile verwendet werden, bei denen keinerlei Korrosionsgefahr besteht, d. h. im Allgemeinen werden bewehrte Bauteile nicht in dieser Festigkeitsklasse ausgeführt.

Weitere Konstruktionstafeln zu den Themen:
- Verbundbedingungen siehe Tafel 8.59
- Verbundspannungen siehe Tafel 8.60
- Biegerollendurchmesser siehe Tafeln 8.56 und 8.57
- Verankerungsarten siehe Tafeln 8.62 und 8.63
- Bewehrungsstöße siehe Tafeln 8.64 bis 8.66.

Tafel 8.128 Lieferprogramm für Lagermatten ab Januar 2008 (Info: Institut für Betonstahlbewehrung e.V.)

Mattentyp	Querschnitte längs quer cm²/m	Länge / Breite m	Gewicht je Matte / je m² kg	Mattenaufbau in Längsrichtung und Querrichtung Stababstände mm	Stabdurchmesser Innenbereich / Randbereich mm	Anzahl der Längsrandstäbe (Randeinsparung) links rechts	Überstände Anfang/Ende links/rechts mm
Q188A	1,88 / 1,88		41,7 / 3,02	150 · / 150 ·	6,0 / 6,0		75 / 25
Q257A	2,57 / 2,57		56,8 / 4,12	150 · / 150 ·	7,0 / 7,0		75 / 25
Q335A	3,35 / 3,35	6,00 / 2,30	74,3 / 5,38	150 · / 150 ·	8,0 / 8,0		75 / 25
Q424A	4,24 / 4,24		84,4 / 6,12	150 · / 150 ·	9,0 / 7,0 — / 9,0	4 / 4	75 / 25
Q524A	5,24 / 5,24		100,9 / 7,31	150 · / 150 ·	10,0 / 7,0 — / 10,0	4 / 4	75 / 25
Q636A	6,36 / 6,28	6,00 / 2,35	132,0 / 9,36	100 · / 125 ·	9,0 / 7,0 — / 10,0	4 / 4	62,5 / 25
R188A	1,88 / 1,13		33,6 / 2,43	150 · / 250 ·	6,0 / 6,0		125 / 25
R257A	2,57 / 1,13		41,2 / 2,99	150 · / 250 ·	7,0 / 6,0		125 / 25
R335A	3,35 / 1,13	6,00 / 2,30	50,2 / 3,64	150 · / 250 ·	8,0 / 6,0		125 / 25
R424A	4,24 / 2,01		67,2 / 4,87	150 · / 250 ·	9,0 / 8,0 — / 8,0	2 / 2	125 / 25
R524A	5,24 / 2,01		75,7 / 5,49	150 · / 250 ·	10,0 / 8,0 — / 8,0	2 / 2	125 / 25

Tafel 8.129 Mattenübergreifung für Lagermatten im Zwei-Ebenen-Stoß nach der Maschenregel

Q-Matten

Typ	Tragstoß in Längsrichtung C							Tragstoß in Querrichtung C						
	20/25	25/30	30/37	35/45	40/50	45/55	50/60	20/25	25/30	30/37	35/45	40/50	45/55	50/60
Verbundbereich I														
Q-188A	1	1	1	1	1	1	1	2	2	2	1	1	1	1
Q-257A	2	1	1	1	1	1	1	2	2	2	2	2	1	1
Q-335A	2	2	1	1	1	1	1	3	2	2	2	2	2	2
Q-424A	2	2	2	1	1	1	1	3	3	3	3	3	3	3
Q-524A	3	2	2	2	2	1	1	3	3	3	3	3	3	3
Q-636A	4	3	3	2	2	2	2	6	5	4	4	3	3	3
Verbundbereich II														
Q-188A	2	2	2	1	1	1	1	3	2	2	2	2	2	2
Q-257A	3	2	2	2	1	1	1	3	3	3	2	2	2	2
Q-335A	3	3	2	2	2	2	1	4	3	3	3	2	2	2
Q-424A	4	3	3	2	2	2	2	4	4	3	3	3	3	3
Q-524A	4	4	3	3	2	2	2	5	4	4	3	3	3	3
Q-636A	5	4	4	3	3	3	2	8	7	6	5	5	5	5

R-Matten

Typ	Tragstoß in Längsrichtung C							Tragstoß in Querrichtung C						
	20/25	25/30	30/37	35/45	40/50	45/55	50/60	20/25	25/30	30/37	35/45	40/50	45/55	50/60
Verbundbereich I														
R-188A	1	1	1	1	1	1	1	1	1	1	1	1	1	1
R-257A	1	1	1	1	1	1	1	1	1	1	1	1	1	1
R-335A	1	1	1	1	1	1	1	1	1	1	1	1	1	1
R-424A	1	1	1	1	1	1	1	2	2	2	2	2	2	2
R-524A	1	1	1	1	1	1	1	2	2	2	2	2	2	2
Verbundbereich II														
R-188A	1	1	1	1	1	1	1	1	1	1	1	1	1	1
R-257A	1	1	1	1	1	1	1	1	1	1	1	1	1	1
R-335A	2	1	1	1	1	1	1	1	1	1	1	1	1	1
R-424A	2	2	1	1	1	1	1	2	2	2	2	2	2	2
R-524A	2	2	2	1	1	1	1	2	2	2	2	2	2	2

8

Tafel 8.130 Übergreifungslängen l_s [cm] für Lagermatten im Zwei-Ebenen-Stoß

Q-Matten

Typ	Tragstoß in Längsrichtung							Tragstoß in Querrichtung						
	C							C						
	20/25	25/30	30/37	35/45	40/50	45/55	50/60	20/25	25/30	30/37	35/45	40/50	45/55	50/60
Verbundbereich I														
Q-188A	29	25	22	20	20	20	20	29	25	22	20	20	20	20
Q-257A	34	29	26	23	21	20	20	34	29	26	23	21	20	20
Q-335A	38	33	29	26	24	22	21	38	33	29	26	24	22	21
Q-424A	43	37	33	29	27	25	23	50	50	50	50	50	50	50
Q-524A	50	43	39	34	31	29	27	50	50	50	50	50	50	50
Q-636A	51	44	39	35	32	30	28	57	48	43	38	35	35	35
Verbundbereich II														
Q-188A	41	35	32	28	26	24	22	41	35	32	28	26	24	22
Q-257A	48	41	37	32	30	28	26	48	41	37	32	30	28	26
Q-335A	55	47	42	37	34	32	29	55	47	42	37	34	32	29
Q-424A	61	52	47	42	38	35	33	61	52	50	50	50	50	50
Q-524A	72	61	55	49	45	41	39	72	61	55	50	50	50	50
Q-636A	73	62	56	50	46	42	39	81	69	62	55	50	50	50

R-Matten

Typ	Tragstoß in Längsrichtung							Tragstoß in Querrichtung						
	C							C						
	20/25	25/30	30/37	35/45	40/50	45/55	50/60	20/25	25/30	30/37	35/45	40/50	45/55	50/60
Verbundbereich I														
R-188A	29	25	25	25	25	25	25	15	15	15	15	15	15	15
R-257A	34	29	26	25	25	25	25	15	15	15	15	15	15	15
R-335A	38	33	29	26	25	25	25	15	15	15	15	15	15	15
R-424A	43	37	33	29	27	25	25	25	25	25	25	25	25	25
R-524A	50	43	39	34	31	29	27	25	25	25	25	25	25	25
Verbundbereich II														
R-188A	41	35	32	28	26	24	22	15	15	15	15	15	15	15
R-257A	48	41	37	32	30	28	26	15	15	15	15	15	15	15
R-335A	55	47	42	37	34	32	29	15	15	15	15	15	15	15
R-424A	61	52	47	42	38	35	33	25	25	25	25	25	25	25
R-524A	72	61	55	49	45	41	39	25	25	25	25	25	25	25

Literatur

1. DIN EN 1992-1-1 Eurocode 2: Bemessung und Konstruktion von Stahlbeton- und Spannbetontragwerken, Teil 1-1: Allgemeine Bemessungsregeln und Regeln für den Hochbau, Januar 2011

2. DIN EN 1992-1-1/A1 Eurocode 2: Bemessung und Konstruktion von Stahlbeton- und Spannbetontragwerken, Teil 1-1: Allgemeine Bemessungsregeln und Regeln für den Hochbau, Änderung 1, März 2015

3. DIN EN 1992-1-1/NA Nationaler Anhang, National festgelegte Parameter zu Eurocode 2, Bemessung und Konstruktion von Stahlbeton- und Spannbetontragwerken, Teil 1-1, Allgemeine Bemessungsregeln und Regeln für den Hochbau, April 2013

4. DIN EN 1992-1-1/NA/A1 Nationaler Anhang, National festgelegte Parameter zu Eurocode 2, Bemessung und Konstruktion von Stahlbeton- und Spannbetontragwerken, Teil 1-1, Allgemeine Bemessungsregeln und Regeln für den Hochbau, Änderung 1, Dezember 2015

5. DIN 1045-1 Tragwerke aus Beton, Stahlbeton und Spannbeton – Teil 1: Bemessung und Konstruktion, 08/2008

6. DIN 1045-2 Tragwerke aus Beton, Stahlbeton und Spannbeton – Teil 2 Beton; Festlegung, Eigenschaften, Herstellung und Konformität, 08/2008

7. DIN 1045-3 Tragwerke aus Beton, Stahlbeton und Spannbeton – Teil 3 Bauausführung, 08/2008

8. DIN 1045-4 Tragwerke aus Beton, Stahlbeton und Spannbeton – Teil 4, Ergänzende Regeln für die Herstellung und die Konformität von Fertigteilen, 07/2001

9. DIN 488, Teile 1–6 Betonstahl, 08/2009

10. DAfStb Heft 525 Erläuterungen zu DIN 1045-1, Beuth Verlag, 2. Auflage 2010

11. DAfStb Heft 600 Erläuterungen zu DIN EN 1992-1-1 und DIN EN 1992-1-1/NA (Eurocode 2), 1. Auflage, Beuth Verlag, 2012

12. DAfStb Heft 240 Hilfsmittel zur Berechnung der Schnittgrößen und Formänderungen von Stahlbetontragwerken, Berlin, Beuth Verlag, 3. Auflage, 1991

13. DAfStb Heft 630 Bemessung nach DIN EN 1992 in den Grenzzuständen der Tragfähigkeit und der Gebrauchstauglichkeit, 1. Auflage, Beuth Verlag, 2018

14. DAfStb Heft 631 Hilfsmittel zur Schnittgrößenermittlung und zu besonderen Detailnachweisen bei Stahlbetontragwerken, 1. Auflage, Beuth Verlag, 2019

15. Betonkalender Verlag Ernst & Sohn, verschiedene Jahrgänge, Abkürzung im Text: z. B. „Autor, BK 2004 [15]"

16. Handbuch Eurocode 2 Betonbau, Band 1, Allgemeine Regeln. Vom DIN konsolidierte Fassung. 1. Auflage 2012. Deutsches Institut für Normung e. V. Beuth Verlag GmbH. ISBN 978-3-410-20826-6

17. Fingerloos, F, Hegger, J., Zilch, K.: *Kurzfassung des Eurocode 2 für Stahlbetontragwerke im Hochbau.* Ernst & Sohn, Beuth, 1. Auflage 2012

18. Fingerloos, F, Hegger, J., Zilch, K.: *Eurocode 2 für Deutschland, DIN EN 1992-1-1, Teil 1-1. Allgemeine Bemessungsregeln und Regeln für den Hochbau mit nationalem Anhang. Kommentierte Fassung.* Ernst & Sohn, Beuth, 2. Auflage 2016

19. Zilch, K. Zehetmaier, G.: *Bemessung im konstruktiven Betonbau*, 2. überarbeitete und erweiterte Auflage, Springer, 2010

20. Vismann, U. (Hrsg.), *Wendehorst, Beispiele aus der Baupraxis*, 7. Auflage, Springer Vieweg, 2021

21. Rombach, G.: *Spannbetonbau*, 2. Auflage, Ernst & Sohn, 2010

22. Rombach, G.: *Anwendung der Finite-Elemente-Methode im Betonbau*, 2. Auflage, Verlag Ernst & Sohn, 2007

23. Peck, Pickhardt, Richter: *Bauteilkatalog, Planungshilfe für dauerhafte Betonbauteile*, 9. Auflage 2016. Betonmarketing Deutschland GmbH, Erkrath. www.beton.org.

24. Mark, P., Birtel, V., Stangenberg, F.: *Bemessungshilfen und Konstruktion bei geneigten Querkräften*, Beton- und Stahlbetonbau 102, Heft 2 und Heft 5, 2007. Verlag Ernst und Sohn

25. Bender, M., Mark, P.: *Zur Querkraftbemessung bei Kreisquerschnitten*, Beton- und Stahlbetonbau 101, Heft 2 und Heft 5, 2006. Verlag Ernst und Sohn

26. Goris, Hegger, *Stahlbetonbau Aktuell 2013*, Beuth Verlag, Berlin 2013

27. Krüger, W. Mertzsch, O.: *Beitrag zur Verformungsberechnung von überwiegend auf Biegung beanspruchten bewehrten Betonquerschnitten*. Beton- Stahlbetonbau 97 (2002), Heft 11

28. DBV-Merkblatt „Begrenzung der Rissbildung im Stahlbeton- und Spannbetonbau", Deutscher Beton- und Bautechnik-Verein E. V., Fassung Mai 2016

29. Pieper, K.; Martens, P.: Durchlaufende vierseitig gestützte Platten im Hochbau. Beton- und Stahlbetonbau 61(1961), S 158 und 62 (1967), S. 150

30. Hahn, J.: Durchlaufträger, Rahmen, Platten und Balken auf elastischer Bettung, 12. Auflage, Werner Verlag 1976

31. Hegger, J, Mark, P. *Stahlbetonbau* Bauwerk Beuth 2017. Kapitel D Praxisgerechtes Konstruieren und Bewehren am Beispiel.

32. Deutscher Beton- und Bautechnik-Verein e. V. *Beispiele zur Bemessung nach Eurocode 2*. Band 1 Hochbau, Verlag Ernst und Sohn, Berlin 2011

33. Küppers, M., Vismann, U. *Masterarbeit zur Stützenbemessung im Massivbau*, FH-Aachen, 2014

Sonderkonstruktionen des Betonbaus

9

Prof. Dr.-Ing. Michael Horstmann

Inhaltsverzeichnis

9.1 WU-Konstruktionen für Tragwerksplaner

9.1.1 Abgrenzung zu anderen üblichen Abdichtungsformen

Teilweise oder vollständig in das Erdreich eingebettete Gebäudeteile bedürfen in der Regel einer Abdichtung gegen den äußeren Feuchte- bzw. Wasserzutritt. Hautförmige, außenliegende Bauwerksabdichtungen sind in den Normenteilen der DIN 18533 ([1], früher DIN 18195) geregelt und werden wegen der häufig verwendeten, bitumenbasierten Abdichtungsstoffe auch „schwarze Wannen" genannt (Abb. 9.1). Trag- und Abdichtungsfunktion werden von unterschiedlichen Schichten des Bauteilaufbaus sichergestellt. Insofern werden an hinter den Abdichtungen liegende Wände und Bodenplatten aus Stahlbeton keine über die Regelungen der DIN EN 1992-1-1 (EC2) [2] hinausgehenden Anforderungen an die Gebrauchstauglichkeit gestellt. Die zum Funktionsprinzip des Verbundwerksstoff Stahlbeton zugehö-

M. Horstmann (✉)
Frankfurt University of Applied Sciences
Frankfurt am Main, Deutschland
E-Mail: michael.horstmann@fb1.fra-uas.de

rige Rissbildung wird akzeptiert, so lange die Rissbreiten die zur Sicherstellung der Dauerhaftigkeit zulässigen Werte (Rechenwert der Rissbreite für XC 2: $w_k = 0{,}3$ mm) nicht überschreiten. Die in DIN 18533 geregelten, außenliegenden Abdichtungen überbrücken diese Rissbreiten.

Die vorgenannten Ausführungen gelten auch für die sogenannte „braune Wanne", die nicht normativ geregelt ist und

Starre Abdichtungen

WU-Konstruktionen („Weiße Wanne")
- Betonkonstruktion übernimmt Trag- & Abdichtungsfunktion

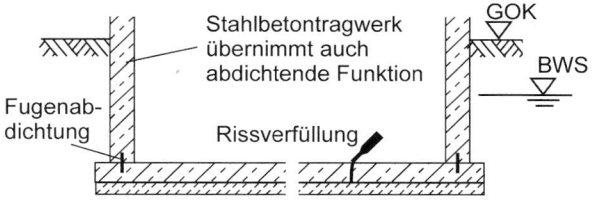

Hautförmige Abdichtungen

„Schwarze Wanne"
- Trennung von Tragfunktion und Abdichtung
- Ausführung nach DIN 18533-1/-2/-3

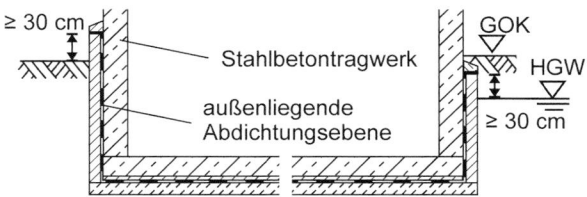

„Braune Wanne"
- Bentonitabdichtung (Tonmineralmatten)

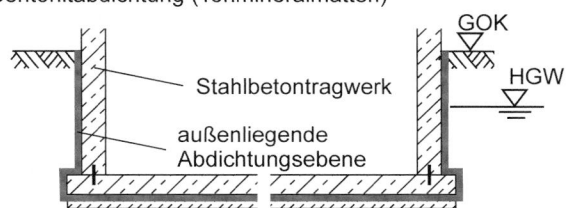

Abb. 9.1 WU-Konstruktionen und andere Abdichtungsformen

Abb. 9.2 Bestandteile einer
WU-Konstruktion

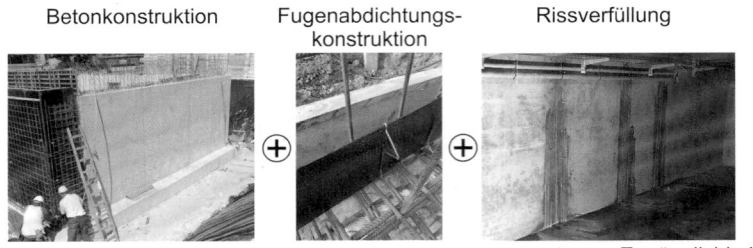

Betonkonstruktion   Fugenabdichtungs-   Rissverfüllung
konstruktion

Voraussetzung: Zugänglichkeit!

bei der außenliegende Matten mit Betonitfüllung die Abdichtungsebene herstellen.

Bei wasserundurchlässigen Betonbauwerken übernimmt die erdberührte Stahlbetonkonstruktion in Verbindung mit planmäßigen Fugenabdichtungen und nachträglichen Rissverfüllungen (Abb. 9.2) neben der Tragwerksfunktion auch die Abdichtung. Da örtliche Wasserdurchtritte und Diffusionsprozesse nicht vollständig auszuschließen sind, wird keine wasserdichte Abdichtung, sondern eine definierte Wasserundurchlässigkeit angestrebt. Das häufig verwendete Synonym „Weiße Wanne" beschreibt zutreffend den ursprünglichen Einsatzbereich der helltönigen Betonkonstruktion als Behälterbauwerk, das von innen wasserbeansprucht wird. Demgegenüber dienen WU-Konstruktionen nach heutigem Verständnis mehrheitlich dazu, in von außen wasserbeanspruchten und erdberührten Bauwerksteilen meist hochwertige Raumnutzungen sicherzustellen. Dies löst besonders hohe Anforderungen an die Gebrauchstauglichkeit der zur flächigen Abdichtung herangezogenen Stahlbetonkonstruktion und im Speziellen an die Begrenzung oder Vermeidung der Rissbildung aus, die weit über die Gebrauchstauglichkeitsregelungen der DIN EN 1992-1-1 hinausgehen.

WU-Konstruktionen haben in den letzten Jahrzehnten zunehmend die hautförmigen Abdichtungen verdrängt. Sie weisen gegenüber den hautförmigen Abdichtungen einen entscheidenden Vorteil auf: bei WU-Konstruktionen stellt die Wasserdurchtrittsstelle an der Bauteilinnenseite auch die Fehlstelle in der Abdichtung dar. Unter der Voraussetzung, dass wasserführende Risse an der Bauteilinnenseite zugänglich bleiben, können diese Fehlstellen zielsicher vom Gebäudeinneren her abgedichtet werden. Bei hautförmigen Abdichtungen sind diese Stellen im Falle unerwünschter Um- und Hinterläufigkeiten nicht ortsgleich. Dies erschwert erheblich die zielsichere Sanierung von Fehlstellen in schwarzen Wannen. Die Instandsetzung von Wandabdichtungen ist grundsätzlich möglich, bedingt jedoch die Freilegung des ursprünglichen Arbeitsraums, um an die Abdichtung zu gelangen. Unter der Bodenplatte liegende Abdichtungsbereiche sind hingegen nicht mehr zugänglich und nur noch mit aufwendigen Sonderverfahren instand zu setzen. Vielfach sind in der Baupraxis daher auch WU-Bodenplatten in Kombination mit schwarz abgedichteten Wänden anzutreffen. Für

die verwendete Abdichtung sind dann die Anforderungen in DIN 18533-1 [1] für den Übergang auf ein WU-Bauteil zu beachten.

Abdichtungen nach DIN 18533 werden vom allgemein für die Abdichtungsaufgabe verantwortlichen Objektplaner geplant. Die Planung von WU-Konstruktionen hingegen wird in der Regel nicht eigenständig vom Objektplaner leistbar sein, der stattdessen einen sachverständigen Tragwerksplaner oder einen spezialisierten WU-Planer für die konstruktive Auslegung und die rechnerischen Nachweise hinzuzieht, ohne jedoch die Koordinierungsverantwortung zu verlieren.

Seit einigen Jahren werden an die Beschaffenheit von WU-Konstruktionen in technischer und juristischer Sicht zunehmend höhere Anforderungen gestellt. Oftmals unterscheiden sich die bauherrenseitigen Anforderungen an die Nutzungsfähigkeit gegenwärtiger WU-Konstruktionen kaum von denen oberirdischer Geschosse. Im Gegenteil werden häufig bewusst besonders sensible Bereiche wie Serverzentren, Forschungslabore oder Medizintechnik in Untergeschossen verortet, da dort strenge Anforderungen an Raumklima oder Schwingungsbegrenzungen leichter einzuhalten sind. Derart hochwertig genutzte WU-Konstruktionen sind anspruchsvolle Bauwerke, die neben einer in sich geschlossenen WU-Konzeption durch den planenden Ingenieur, die auch die Aufklärung des Bauherrn über das verbleibende Durchfeuchtungsrisiko umfasst, eine gleichermaßen sorgfältige und umsichtige Ausführung durch eine qualifizierte Baufirma erfordern.

9.1.2 Regelwerksituation

Für die Planung und Ausführung von teilweise oder vollständig ins Erdreich eingebettete WU-Bauwerke/-Bauteile sowie Decken und Dächer des allgemeinen Hoch-/Wirtschaftsbaus stellt die WU-Richtlinie des Deutschen Ausschusses für Stahlbeton (DAfStb) in Verbindung mit [2, 11] die anerkannte Regel der Technik dar. Sie wurde erstmals 2003 [3] eingeführt, 2006 berichtigt [3] und mit der Novellierung 2017 [4] um WU-Dächer erweitert. Die WU-Richtlinie wird durch folgende Begleitschriften ergänzt:

[A] Heft 555, DAfStb (2006, [5])

Das Heft 555 enthält die vollständige WU-Richtlinie 2003 einschließlich der Änderungen von 2006 und eine abschnittsweise Kommentierung zur Auslegung der Richtlinie. Das H555 wird zur WU-Richtlinie 2017 neu herausgegeben. Erste Erläuterungen sind in [6] enthalten, die Überarbeitung von H555 wird voraussichtlich nicht vor Ende 2021 erscheinen.

[B] DBV-Merkblatt „Hochwertige Nutzung von Untergeschossen" (2009, [7])

Das Merkblatt führt weitergehende Differenzierungen der hochwertigen Nutzungsklasse A (Abschn. 9.1.5.3) ein und gibt bauphysikalische und TA-technische Maßnahmen an, um diese Klassifizierungen zu erreichen. Weiterhin werden beispielhaft WU-verträgliche Wand- und Bodenaufbauten dargestellt. Die konstruktive Auslegung der Betonkonstruktion und die Wahl der Entwurfsgrundsätze bleiben von dieser Differenzierung jedoch weitgehend unberührt. Durch die Verweise der WU-Richtlinie 2017 auf das Merkblatt wird dieses in der juristischen Bedeutung aufgewertet.

[C] DBV-Merkblatt „WU-Dächer" (2013, [8])

Das Merkblatt gibt Hinweise zur Planung und Ausführung von WU-Dächern.

9.1.3 Begriffe, Symbole und Abkürzungen

9.1.3.1 Begriffe

Beton nach Eigenschaften Vom Planer sind grundlegende Anforderungen an den Beton festzulegen. Der Hersteller des Betons ist für die Erfüllung der Anforderungen verantwortlich.

Beton nach Zusammensetzung Die Ausgangsstoffe und deren Zusammensetzung werden vom Verfasser der Festlegungen (Planer, Bauausführender) vorgeschrieben, der Hersteller liefert nach diesen Angaben, übernimmt aber keine Verantwortung für die Eigenschaften des Betons.

Beton mit hohem Wassereindringwiderstand (auch: WU-Beton) Gemäß DIN 1045-2, Abschnitt 5.5.3 [11] sind die Anforderungen an Betone mit einem hohen Wassereindringwiderstand bei Bauteildicken bis 40 cm wie folgt definiert: $(w/z)_{eq} \leq 0,60$, Mindestzementgehalt $280\,kg/m^3$, bei Anrechnung von Zusatzstoffen $270\,kg/m^3$, Mindestdruckfestigkeitsklasse C25/30, vgl. DIN EN 206-1 [11]. Bei Ausnutzung der Mindestdicken (Mindestdicken + maximal 15 %) und Beanspruchungsklasse 1 nach WU-Richtlinie [3, 4]: $(w/z)_{eq} \leq 0,55$.

Rissverfüllung (auch: Injektion oder Verpressen) Das Abdichten von wasserführenden Trennrissen oder sonstigen

Undichtigkeiten nach [3, 4] durch Verfüllung mit Materialien gemäß DAfStb-Richtlinie „Schutz und Instandsetzung von Betonbauteilen" (Instandsetzungsrichtlinie) [12]. Rissverfüllungen werden in der Regel vom Gebäudeinneren her durchgeführt. Dazu muss die Zugänglichkeit zur Bauteiloberfläche gegeben sein.

Wasserundurchlässigkeit Qualitative oder quantitative Angabe zur Begrenzung des Wasserdurchtritts durch Beton, Fugen, Einbauteile und Risse ($\neq$ wasserdicht)

TA-Planung Planung der Technischen Ausrüstung (früher: TGA-Planung für Technische Gebäudeausrüstung), d. h. alle fest im Haus installierten Anlagen und Einrichtungen z. B. Elektrotechnik, Raumluft-/Wärme-/Aufzugs- und Sanitärtechnik

Biegeriss Riss mit größerer Risstiefe, der nicht durch die gesamte Dicke des Bauteils verläuft und der den Querschnitt in einen gerissenen und ungerissenen Bereich (mit einer Druckzone) teilt [4].

Trennriss Riss durch den gesamten Bauteilquerschnitt [4]

WU-Dach (Weißes Dach bzw. Weiße Decke) Decken- oder Dachkonstruktion als Bestandteil der Außenhülle von Hochbauten, erdüberdeckten Untergeschossen und Tiefgaragen usw., bei der die tragende Betonkonstruktion in Kombination mit einer Fugen- bzw. Rissabdichtung die abdichtende Funktion übernimmt [4].

9.1.3.2 Symbole und Abkürzungen

Lateinische Großbuchstaben

EWK Einwirkungskombination nach DIN EN 1990
M Moment
N Normalkraft
R Behinderungsgrad einer Verformung
T Temperatur
V Querkraft

Lateinische Großbuchstaben mit Indizes

A_c Betonquerschnittsfläche
A_{ct} zugbeanspruchte Betonquerschnittsfläche vor der Rissbildung
A_s Betonstahlfläche
E_B Steifemodul Baugrund
E_{cm} mittlerer Elastizitätsmodul für Normalbeton (Sekantenmodul) nach 28 d
$E_{cm,eff}(t)$ effektiver Elastizitätsmodul des Betons zum betrachteten Zeitpunkt t in Tagen
E_s Elastizitätsmodul für Betonstahl
T_{01} erste Nullspannungstemperatur
T_{02} zweite Nullspannungstemperatur

Lateinische Kleinbuchstaben mit Indizes

d	statische Nutzhöhe
d_g	Durchmesser des Größtkorns einer Gesteinskörnung
$\varnothing_s$	Stabdurchmesser der Bewehrung
f_{ck}	charakteristische Zylinderdruckfestigkeit des Betons nach 28 Tagen
f_{ctk}	charakteristischer Wert der zentrischen Betonzugfestigkeit ($= f_{ctk,5\%}$)
f_{ctm}	Mittelwert der zentrischen Zugfestigkeit des Betons nach 28 d
$f_{ct,eff}$	effektive Zugfestigkeit des Betons zum betrachteten Zeitpunkt
f_y	Streckgrenze des Betonstahls
f_{yk}	charakteristischer Wert (5 %-Quantile) der Streckgrenze des Betonstahls
x	Druckzonenhöhe
w_k	Rechenwert der Rissbreite
w/z	Wasser-Zement-Wert
$(w/z)_{eq}$	äquivalenter Wasser-Zement-Wert
z	innerer Hebelarm
	Zementgehalt

Griechische Groß- und Kleinbuchstaben mit Indizes

α_t	Dehnungskoeffizient
$\Delta u, \Delta l$	Längsverformungen
Δw	Vertikalverformungen
ΔT_N	konstante Temperaturänderung über die Querschnittshöhe
γ_c	Wichte Beton
σ_c	Spannung im Beton
σ_{ct}	Zugspannung im Beton
σ_s	Spannung im Betonstahl

9.1.4 Grundlagen für den Entwurf der WU-Konzeption

9.1.4.1 Allgemeine Problembeschreibung: Rissbildung infolge Zwangbeanspruchungen

Der Stahlbetonbau wird allgemein auch als gerissene Bauweise bezeichnet. Die im Vergleich zur Druckfestigkeit geringe Zugfestigkeit des Betons bewirkt, dass zugbeanspruchte Querschnittsbereiche aufreißen, sobald die Betonzugfestigkeit überschritten wird. Zur Aufnahme von Zugkräften wird daher eine Betonstahlbewehrung in zugbeanspruchten Querschnittsteilen angeordnet. Sie wirkt sich bei üblichen Bewehrungsgraden nur geringfügig auf die Risslast des Betonquerschnitts aus und wird erst mit der Rissbildung durch den Aufbau nennenswerter Spannungen aktiviert. Die Bildung von Biege- und Trennrissen wird allgemein akzeptiert

und beeinträchtigt nicht die Dauerhaftigkeit, solange die Rissbreiten für die in DIN EN 1992-1-1, 7.3.1 in Abhängigkeit von der Expositionsklasse festgelegten, rechnerischen Grenzwerte von $w_k = 0,3$–$0,4$ mm (Spannbeton $0,2$ mm) ausgelegt werden.

Bei WU-Konstruktionen stellen Risse jedoch potenzielle Wasserdurchtrittsstellen dar. Baupraktisch sind in diesen Konstruktionen drei typische Rissformen (Abb. 9.3) zu beobachten [10]:

1. Oberflächige und oberflächennahe Risse (Abb. 9.3 A.)
   - Ungerichtete Risse geringer Tiefe infolge von Eigenspannungen (Abb. 9.4) z. B. aus Frühschwinden, rascher Austrocknung und Abkühlung (z. B. Schlagregen auf zuvor aufgeheizten Flächen); bei dickeren Platten ausgeprägtere Rissbildung;
   - gerichtete Risse infolge von Frischbetonsetzungen an der Bewehrung, Risstiefe etwa bis zu Bewehrungsebene;
   - **beide Formen führen allein nicht zur Beeinträchtigung der Wasserundurchlässigkeit**, jedoch zur Beeinträchtigung der für die Dauerhaftigkeit bedeutsamen Betonrandzone und sind durch eine geeignete Nachbehandlung und Begrenzung der Frischbetontemperatur vermeidbar.
2. Biegerisse (Abb. 9.3 B.)
   - entstehen infolge Lastbeanspruchungen und ggf. Biegezwang (Plattenverwölbungen mit Eigengewichtsaktivierung), sind bei überwiegend aus Last biegebeanspruchten Stahlbetonbauteilen wie Bodenplatten nicht vermeidbar;
   - **bei ausreichender Druckzonenhöhe unter Gebrauchslasten keine Beeinträchtigung der Wasserundurchlässigkeit.**
3. Trennrisse (Abb. 9.3 C.)
   - entstehen vorwiegend infolge zentrischen Zwangs oder in Kombination mit gleichsinnigen Spannungen aus Biegezwang;
   - **Bereits bei geringen Breiten wasserführend, daher zu vermeiden oder in Anzahl und/oder Breite zu begrenzen.**

Die Unterscheidung zwischen Trenn- und Biegerissen ist bei direkt anstehendem Wasserdruck einfach möglich, da die Trennrisse dann wasserführend sind. Eine zielsichere Identifizierung von während der Bauzeit trockenen, aber nach Nutzungsbeginn potenziell wasserführenden Trennrissen ist bei Bodenplatten auch bei Einbeziehung der Schnittkraftverläufe aus direkten Lasten nicht immer möglich [13].

Für die Erreichung der angestrebten Wasserundurchlässigkeit ist die Kontrolle von Biegerissen und insbesondere von Trennrissen von höchster Bedeutung. Eine erfolgreiche WU-Konzeption muss sich daher mit rissauslösenden Zwang-

Abb. 9.3 Häufige Rissarten bei
WU-Konstruktionen und Grund-
parameter der WU-Konzeption

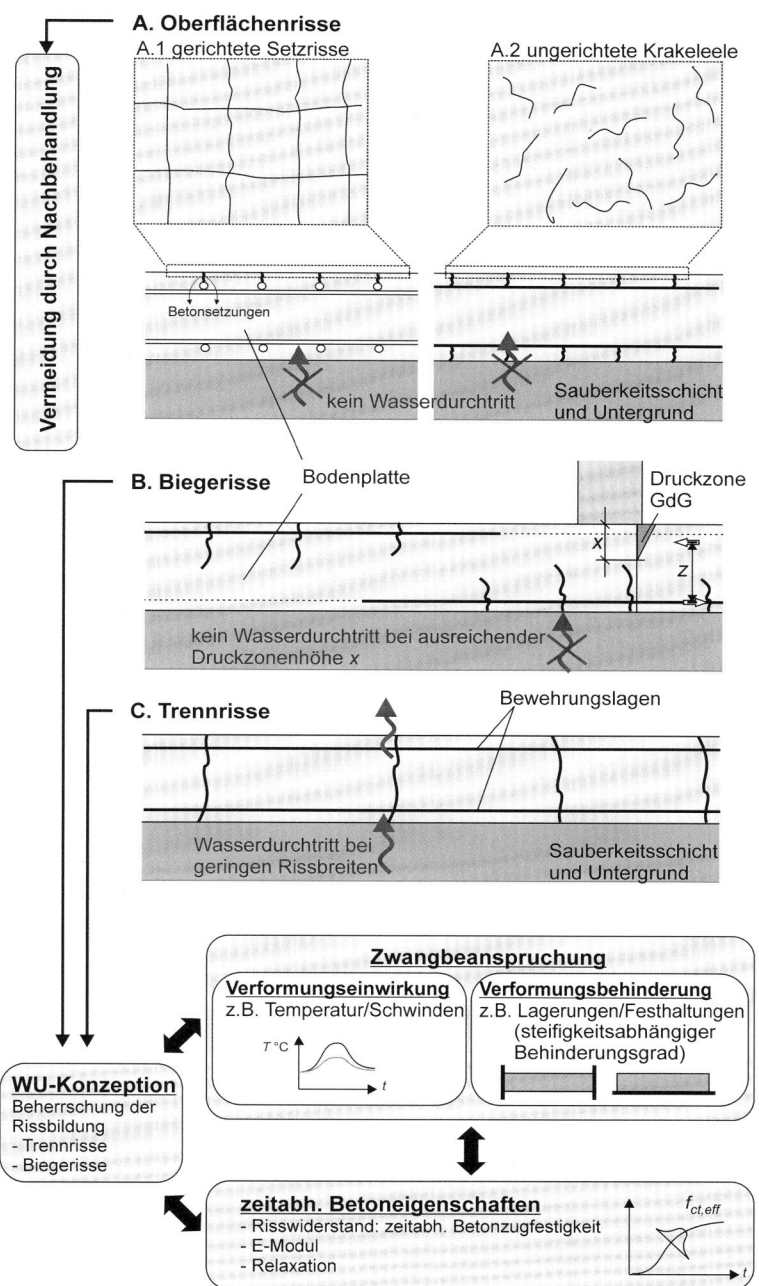

beanspruchungen auseinandersetzen. Betonbauteile können
sowohl während der Erhärtung als auch während der Nutzung Verformungseinwirkungen erfahren, bei deren Behinderung Zwangbeanspruchungen in Bauteilen entstehen. Die
während der Erhärtung entstehenden Zwangbeanspruchungen treffen dabei auf nur geringe Betonzugfestigkeiten. Verformungseinwirkungen wie z. B. Temperaturabkühlungen &
Schwinden sind in ihrer zeitlichen Entwicklung und Größe nur näherungsweise beschreibbar, gleichzeitig aber wie
die zeitliche Entwicklung der Betoneigenschaften (E-Modul,
Zugfestigkeit) von zentraler Bedeutung für die Einschätzung
der Rissbildung von WU-Konstruktionen.

9.1.4.2   Zwangbeanspruchungen als Rissursache

Zwangursachen und -arten

Zwangbeanspruchungen werden als indirekte Einwirkungen
bezeichnet. Es existieren jedoch keine allgemeingültigen Begriffsdefinitionen zu deren Beschreibung. In Abhängigkeit
der Auswirkungen auf die Querschnitts- oder Bauteilebene
werden Zwangbeanspruchungen häufig wie folgt unterschieden (z. B. [10, 14]).

- **Innerer Zwang** entsteht, wenn sich aufgezwungene Verformungen auf Querschnittsebene nicht frei einstellen
  können und zu einem Eigenspannungszustand führen.

Abb. 9.4 Zentrischer Zwang, Biegezwang und Eigenspannungen infolge oberseitiger Abkühlung bei vereinfachender Annahme einer konstanten Erhärtungstemperatur [16, 17]

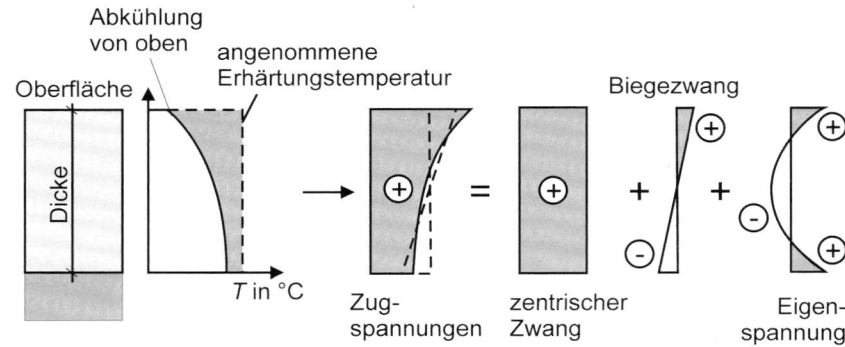

Das statische System des Bauteils ist für das Auftreten innerer Zwangsspannungen unwesentlich. Da Eigenspannungen keine resultierenden Schnittgrößen im Querschnitt erzeugen, ist innerer Zwang nicht unmittelbar in der Bemessung zu berücksichtigen. Innerer Zwang kann zu Betonzugspannungen an den Querschnittsrändern führen, die die verbleibende (effektive) Zugtragfähigkeit des Querschnitts herabsetzen und unter ungünstigen Umständen die Rissbildung einleiten.

- **Äußerer Zwang** entsteht, wenn einem Bauteil Verformungen von außen aufgezwungen oder freie Verformungen durch angrenzende Bauteile oder Lager teilweise (teilweiser Zwang) oder vollständig (voller Zwang) behindert werden. Im Unterschied zu innerem Zwang entstehen im Querschnitt von statisch unbestimmten Systemen Schnittgrößen und Auflagerreaktionen. Äußerer Zwang kann aus Setzungsdifferenzen benachbarter Stützungen, Bauteilverformungen infolge Schwinden oder Temperaturänderungen entstehen und setzt eine statisch unbestimmte, der Verformung entgegenwirkende Lagerung des Bauteils voraus. Bei monolithischen WU-Konstruktionen liegen im Grunde immer statisch unbestimmte Systeme mit in Grenzen einstellbaren Behinderungsgraden vor. Die Entwicklung von Zwangbeanspruchungen ist steifigkeitsproportional, d. h. je dehn-/biegesteifer ein Bauteil, desto größer bei gleicher Verformungseinwirkung und gleichem Behinderungsgrad die Zwangbeanspruchung. Sie kann demnach verringert werden, wenn die Verformungseinwirkungen, deren Behinderungen oder die Bauteilsteifigkeiten vermindert werden.

Risserzeugend sind vor allem Temperaturabkühlungen und bei trockenen Umgebungsbedingungen auch Schwindverkürzungen. Deren Einwirkungsverläufe sind meist nichtlinear über die Querschnittshöhe (Abb. 9.4) und lassen sich in folgende Zwangarten aufgliedern.

- Zentrischer Zwang (Trennrissgefahr):
  Gleichmäßig über die Querschnittshöhe wirkender Anteil aus Abkühlung oder Schwinden, der zur Verkürzung des Bauteils führt. Behinderungen dieser Verformungen durch Festhaltungen oder Reibung zu Untergründen führen zu zentrischen Zugspannungen (Tafel 9.1).

- Biegezwang (Biegerissgefahr):
  Linear veränderlicher Anteil, der zu Verwölbungen führt, bei deren Behinderung (z. B. Eigengewichtsaktivierung) Biegespannungen entstehen (Tafel 9.1).

- Eigenspannungen (Oberflächenrissgefahr)
  Nichtlinearer Anteil ohne resultierende Schnittgröße, ausgeprägt bei dicken Bauteilen mit $h > 80$ cm (Tafel 9.1) und mit wechselnden Vorzeichen nach [10, 17].

Die vorgenannten Zwanganteile treten meist kombiniert auf. In vielen vereinfachten Betrachtungsweisen wird nur die vorherrschende Zwangbeanspruchung betrachtet. Überwiegend ist dies dann der zentrische Zwang.

Zwangzeitpunkte

Zwangbeanspruchungen werden häufig nach dem Zeitpunkt des Auftretens unterschieden in:

- Früher Zwang (ca. 1–7 Tage nach der Betonage üblicher Bauteildicken): Spannungen im erhärtenden Beton aus dem Abfließen der Hydratationswärme;

- Später Zwang (nach frühem Zwang auftretend, hauptsächlich nach Erreichen der Normfestigkeit nach 28d [10]): Spannungen aus tages-/jahreszeitlichen Temperaturwechseln und Trocknungsschwinden.

Hinweis: Nach der Definition in DIN EN 1992-1-1, 7.3 treten späte Zwänge nach 28d oder später, also nach Erreichen der Normfestigkeiten, auf. Diese Definition bewirkt, dass bei spätem Zwang die volle, mittlere Normzugfestigkeit f_{ctm} für die Ermittlung der Mindestbewehrung anzusetzen ist. Bezüglich des tatsächlichen Auftretens später Zwänge ist diese zeitliche Abgrenzung nicht zutreffend, da diese in Abhängigkeit der Bauteilabmessungen, Betone und Umgebungsbedingungen auch unmittelbar nach dem Abfließen der Hydratationswärme eintreten können.

Die zeitliche Abgrenzung von frühem und spätem Zwang ist auch in der Literatur nicht einheitlich und basiert überwiegend auf der Vorstellung, dass sich der frühe Zwang infolge Rissbildung und vor allem Relaxation größtenteils abbaut, bevor der späte Zwang das Spannungsniveau im Bauteil erneut vergrößert. Diese Vorstellung führt dazu, dass keine Überlagerung von frühem und spätem Zwang vorgenommen und vielfach nur für frühen Zwang bemessen

Tafel 9.1 Beispiele für Zwang-beanspruchungen (nach [10, 13–15])

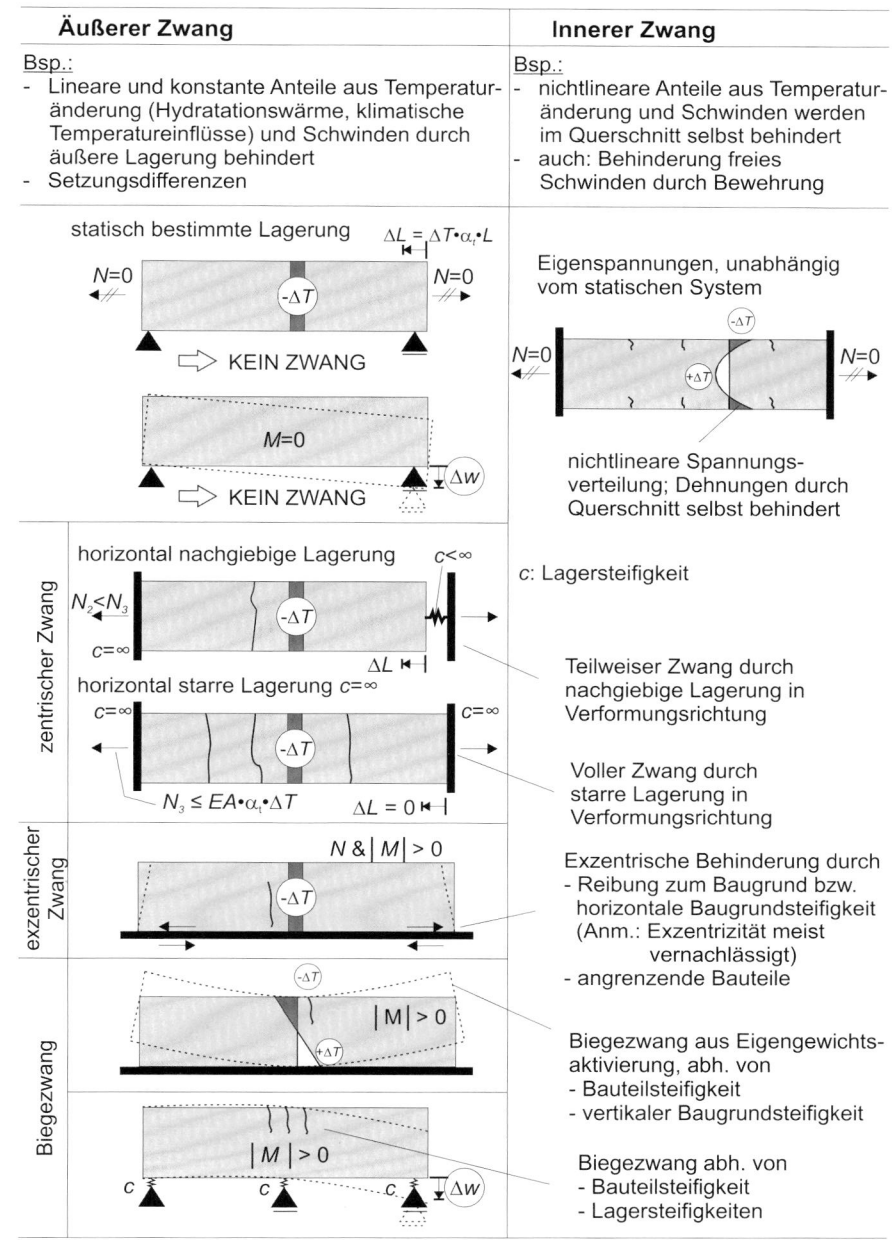

Äußerer Zwang	Innerer Zwang
Bsp.: - Lineare und konstante Anteile aus Temperatur-änderung (Hydratationswärme, klimatische Temperatureinflüsse) und Schwinden durch äußere Lagerung behindert - Setzungsdifferenzen	Bsp.: - nichtlineare Anteile aus Temperatur-änderung und Schwinden werden im Querschnitt selbst behindert - auch: Behinderung freies Schwinden durch Bewehrung

wird. Neuere Reißrahmenversuche [18, 19] deuten darauf hin, dass die Relaxation keinen wesentlichen Abbau früher Zwangbeanspruchung herbeiführt, so dass ein großer Teil des Hydratationszwangs als eingeprägte Spannung im Bauteil verbleibt und durch späte Zwänge überlagert wird (Abb. 9.5).

Früher Zwang (Abfließen der Hydratationswärme)

In der frühen Phase der Betonerhärtung bildet sich zunächst der E-Modul vorauseilend vor den Festigkeiten (Abb. 9.6) aus. Die Zugfestigkeit entwickelt sich geringfügig schneller als die Druckfestigkeit. In der frühen Erhärtungsphase steht somit einer sich rasch aufbauenden Bauteilsteifigkeit

als Grundlage des Zwangaufbaus eine relativ geringe Zugfestigkeit gegenüber.

In den ersten 24 bis 48 Stunden treten insbesondere bei dickeren Bauteilen (ab ca. 80 cm) Eigenspannungszustände auf, die infolge Frühschwinden, ungleichmäßiger Abtrocknung oder Abkühlung (Temperatursturz über Nacht, Abkühlung Plattenoberseite oder Aufheizung an Plattenunterseite z. B. auf Wärmedämmungen) entstehen. Es können sich auf der Betonoberfläche ungerichtete, netzartige Risse nach Abb. 9.3 A.2 bilden, die sich durch Nachbehandlung vermeiden lassen.

Mit der Entwicklung der Hydratationswärme im Querschnitt und mit der parallelen Entwicklung des E-Moduls (ab

Abb. 9.5 Qualitative Überlegungen zum zeitlichen Auftreten und zur Überlagerung von Zwangbeanspruchungen (abgeleitet aus [9, 10, 18, 19])

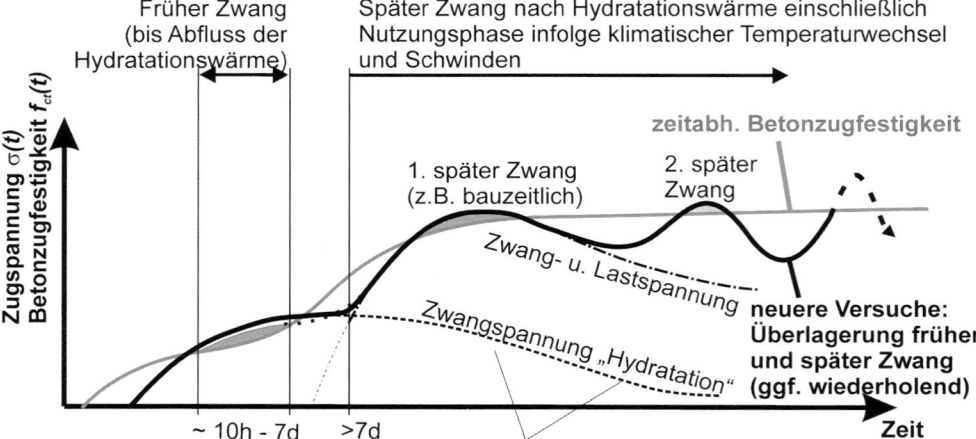

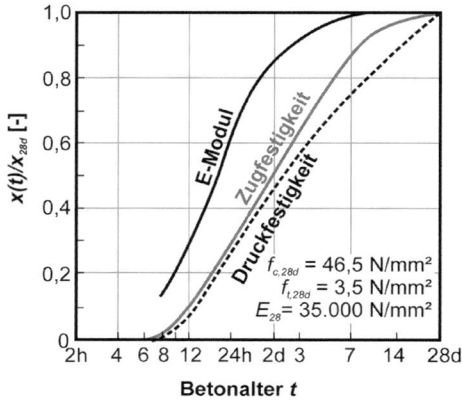

Abb. 9.6 Beispielhafte, zeitliche Entwicklung der Betoneigenschaften [21]

1. Nullspannungstemperatur T_{01}) entstehen im Querschnitt zunächst Druckspannungen (Abb. 9.7), die nach Überschreiten des Temperaturmaximums und der folgenden Abkühlung abgebaut werden. Die Temperatur, ab der die Druckspannungen vollständig abgebaut sind, wird als 2. Nullspannungstemperatur bezeichnet (T_{02} in Abb. 9.7). Mit weiterer Abkühlung bis zur Ausgleichstemperatur (je nach Bauteildicke im Betonalter von 2 d bis 7 d, bei dicken Bauteilen mit Massenbetonen ggf. später) werden Zugspannungen im Querschnitt aufgebaut. Je rascher die Abkühlung erfolgt, desto schneller werden Zugspannungen aufgebaut, die bei Erreichen der zeitabhängigen Betonzugfestigkeit zur Rissbildung führen (kritische Temperaturdifferenz).

Baupraktische Erfahrungen in [10] zeigen, dass Rissbildungen tatsächlich häufig bereits infolge frühen Zwangs auftreten. Auf dieser Grundlage und motiviert aus der Begrenzung der Bewehrungsmenge aus Zwang wird die Mindestbewehrung vielfach nur für frühen Zwang als maßgebenden Zeitpunkt ausgelegt, ohne das mögliche Auftreten später

Zwänge ausreichend zu bewerten. Treten unberücksichtigte späte Zwänge auf, bedeutet dies für die weitere Entwicklung der Rissbildung in der Nutzungsphase, dass zunächst vorhandene Risse aus der Hydratationsphase auf ggf. unzulässige Werte aufgeweitet werden, bevor sich neue Risse in den Nachbarbereichen mit zwischenzeitlich erhöhter Betonzugfestigkeit bilden. Daher sieht DIN EN 1992-1-1, 7.3 bei zwangbeanspruchten Bauteilen zunächst grundsätzlich die Bemessung für späten Zwang vor.

Später Zwang

Späte Zwangbeanspruchungen treten nach dem Abfließen der Hydratationswärme auf und werden in der Nutzungsphase insbesondere durch jahreszeitliche Temperaturwechsel und Schwindverkürzungen trocken gelagerter Bauteile hervorgerufen. Die resultierenden Spannungen ergänzen sich bei ungerissenen Bauteilen zu den eingeprägten Spannungen aus dem Abfließen der Hydratationswärme, wie neuere Untersuchungen zeigen [10, 18]. Zum Zeitpunkt des späten Zwangs sind Bodenplatten nicht nur durch ihr Eigengewicht, sondern durch weitere Bauwerkslasten beansprucht, die eine erhöhte Reibung zum Baugrund, Setzungen und entsprechend vergrößerte Verformungsbehinderungen bewirken können.

Langfristig und wiederholt gefährdet sind vor allem solche Bauteile, zu denen die Außenluft Zutritt hat wie z. B. Bodenplatten und Wände freibelüfteter Tiefgaragen oder freibewitterte Rampen. Diese Bauteile werden über den gesamten Nutzungszeitraum durch tages- und jahreszeitliche Temperaturwechsel unterschiedlicher Größe beansprucht, so dass auch Jahre nach der Herstellung Rissbildungen in verformungsbehinderten Bauteilen nicht auszuschließen sind. Bei Gebäuden, in denen im Endzustand keine Temperaturschwankungen zu erwarten sind, kann dennoch temperaturbedingter später Zwang ggf. einmalig während der Bauphase auftreten z. B. bis zur Herstellung der wetterfesten Hülle. In

Abb. 9.7 Früher Zwang aus Abfließen der Hydratationswärme bei behinderter Verformung [16, 22]

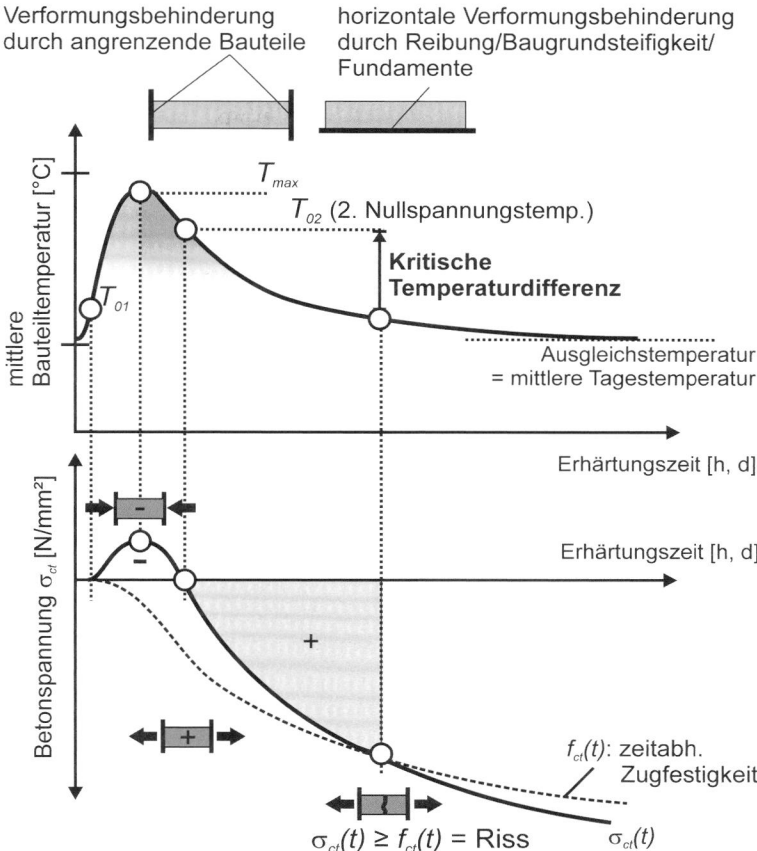

diesem Stadium ist der Ausbau noch nicht vorhanden, so dass aus diesem einmaligen späten Temperaturzwang resultierende Risse unproblematisch sind, wenn diese vor dem Ausbau verschlossen werden.

Schwindbeanspruchungen erdberührter Betonbauteile sind bei tatsächlich vorhandener Wasserbeanspruchung als vergleichsweise gering einzuschätzen [4, 5]. Für dünne Bauteile mit trockener Lagerung (z. B. bei Fehleinschätzung der Wasserbeanspruchung) ergeben sich relevante Zwangkräfte aus dem Trocknungsschwinden, die aufgrund des langzeitigen Aufbaus jedoch merklich durch Relaxation abgebaut werden [10]. Bei dicken Bauteilen ist eine Austrocknung des Bauteilinneren unwahrscheinlich und das Trocknungsschwinden stellt vor allem ein Oberflächenproblem (Eigenspannungen) dar [10].

9.1.4.3 Berücksichtigung von Zwangbeanspruchungen im sonstigen Hochbau

Zwangbeanspruchungen lassen sich im Gegensatz zu direkten Einwirkungen (Lastbeanspruchungen) nicht unmittelbar aus den Normteilen der DIN EN 1991 oder aus Tabellenwerken als 95 %/98 %-Quantilwerte für die Bemessung des Tragwerks übernehmen. Nur vereinzelt halten Normen und Richtlinien (z. B. [23]) Temperaturbeanspruchungen für

die Tragwerksplanung bereit. Vielfach besteht das Problem für den Tragwerksplaner darin, die Zwangbeanspruchungen qualitativ und quantitativ zutreffend einzuschätzen.

Im üblichen Hochbau werden Zwangbeanspruchungen daher selten direkt in der Bemessung von Massivbaukonstruktionen berücksichtigt. Stattdessen werden mit dem in DIN EN 1992-1-1, 7.3 hinterlegten Rissbreitenmodell vereinfachend Mindestbewehrungen so bestimmt, dass für die Rissschnittgröße des Querschnitts die zulässige rechnerische Rissbreite w_k nicht überschritten wird. Das Modell unterstellt, dass die Rissbildung zwischen Erstriss und abgeschlossenem Rissbild im Rahmen der Zugfestigkeitsstreuungen quasi auf gleichbleibendem Risskraftniveau für den baupraktisch relevanten Dehnungsbereich stattfindet (Abb. 9.8 A.). Gemäß H466 [24] ist eine Überlagerung von Last und Zwang erst durchzuführen, wenn die Dehnung aus Zwang 0,8 ‰ übersteigt. Sie kann also unter gewöhnlichen Bedingungen entfallen. Zur Begrenzung der Rissbreiten auf die für die Expositionsklasse zulässigen Werte müssen die Stahlspannungen im Riss auf Werte deutlich unterhalb der Streckgrenze begrenzt und mit diesen die erforderlichen Mindestbewehrungsquerschnitte bestimmt werden (Abb. 9.8 A.). Die so ermittelte Mindestbewehrung stellt häufig die maßgebende Bewehrungsmenge für ein Bauteil dar und übertrifft die im Grenzzustand der

Abb. 9.8 Grundprinzipien des Rissbreitenmodells in DIN EN 1992-1-1, 7.3 (A. nach [10, 14, 17]; B. Formeln aus [2])

A. Last-Verformungskurve bei Verformungssteuerung (Zwangbeanspruchung) für dünnes Bauteil

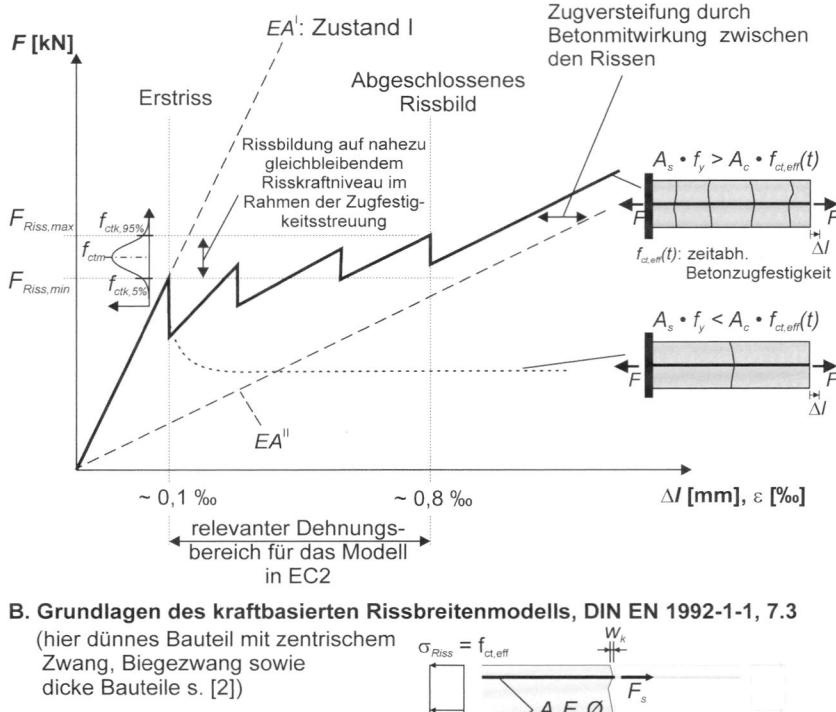

B. Grundlagen des kraftbasierten Rissbreitenmodells, DIN EN 1992-1-1, 7.3
(hier dünnes Bauteil mit zentrischem Zwang, Biegezwang sowie dicke Bauteile s. [2])

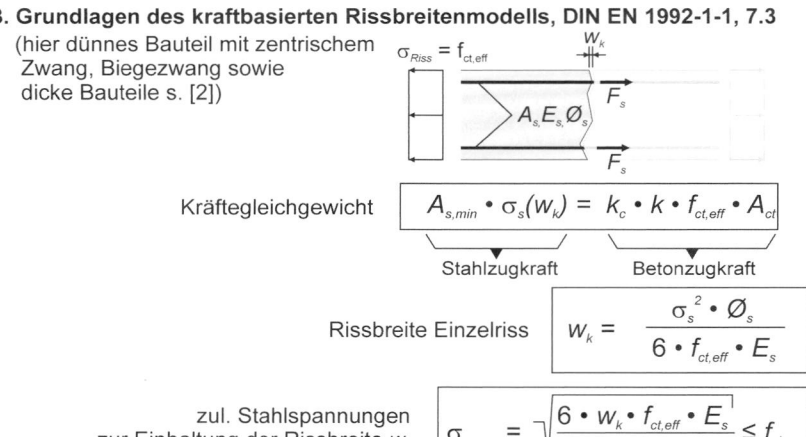

Kräftegleichgewicht

$$A_{s,min} \cdot \sigma_s(w_k) = k_c \cdot k \cdot f_{ct,eff} \cdot A_{ct}$$

Stahlzugkraft   Betonzugkraft

Rissbreite Einzelriss

$$w_k = \frac{\sigma_s^2 \cdot \varnothing_s}{6 \cdot f_{ct,eff} \cdot E_s}$$

zul. Stahlspannungen zur Einhaltung der Rissbreite w_k

$$\sigma_{s,max} = \sqrt{\frac{6 \cdot w_k \cdot f_{ct,eff} \cdot E_s}{\varnothing_s}} \leq f_{yk}$$

Tragfähigkeit bestimmte Bewehrung bis auf wenige Zulagebereiche.

Zusammengefasst wird ein Verformungsproblem durch ein pragmatisches, kraftbasiertes Nachweisformat gelöst. Das Modell in DIN EN 1992-1-1 behandelt unendlich lange Bauteile, bei denen im Gegensatz zu Bauteilen kurzer Länge ein Einzelriss (s. Abb. 9.8 A.) nicht zu einem nennenswerten Abbau der Zwangkraft führt. Die Aufgabe der Mindestbewehrung ist es, eine sukzessive Rissbildung zu ermöglichen, um die aufzunehmende Verformung (praxisrelevanter Dehnungsbereich in Abb. 9.8 A.) auf mehrere Risse mit begrenzter Breite zu verteilen. Da die Zugfestigkeit im Bauteil stark streut und die Rissbildung an den Stellen mit geringer Zugfestigkeit ($\sim f_{ctk,5\%}(t)$) auftritt, ist es ausreichend, die Mindestbewehrung mit der mittleren Zugfestigkeit $f_{ctm}(t)$ zu ermitteln [25].

9.1.4.4 Berücksichtigung von Zwangbeanspruchungen bei WU-Konstruktionen und ableitbare Entwurfsziele/-anforderungen

Die zuvor beschriebene Reduzierung der Zwangberücksichtigung auf einen reinen Rissbreitennachweis für die Rissschnittgröße ohne weitergehende konstruktive Überlegungen lässt sich nur auf diejenigen WU-Konstruktionen übertragen, für die der EGS [b] nach Abschn. 9.1.6.2 anwendbar ist. Bei hochwertig genutzten und druckwasserbeanspruchten WU-Konstruktionen mit den EGS [a] und [c] nach Abschn. 9.1.6.2 sind Risse jedoch zu vermeiden oder in ihrer Anzahl gering zu halten. Diese Anforderungen treffen häufig zu, wie die Abschn. 9.1.6.3 und 9.1.6.4 zeigen. Insofern muss sich der planende Ingenieur sowohl mit der Zwangeinschätzung als auch mit der vielfach im Massivbau vernachlässigten Zugfestigkeit des Betons auseinandersetzen, um die WU-Konzeption von hochwertig genutzten Konstruktionen mit Druckwasserbeanspruchung zielsicher und richtlinienkonform aufzusetzen (Abb. 9.3, unten). Hierbei sollte weniger der Versuch der exakten Ermittlung der Zwangbeanspruchungen im Vordergrund stehen, die aufgrund der vielfältigen und streuenden Einflussparameter und begrenzten Modellgenauigkeiten kaum gelingen kann, sondern vielmehr die auf Zwang ausgerichtete, konstruktive Gestaltung des Bauwerks. Für die Planung von WU-Konstruktionen lassen sich folgende Entwurfsanforderungen und -ziele formulieren:

- Begrenzung bzw. Vermeidung der Rissbildung durch eine verformungs- und steifigkeitsbasierte Konstruktionsweise;
- Wahl geometrisch einfacher Tragwerkskonstruktionen mit eindeutigem Lastfluss zur Vermeidung übermäßiger Rissbildung aus Lastbeanspruchung;
- Bestimmung von Bewehrungsgehalten/-führungen, die eine fehlstellenfreie Betonage ermöglichen (insbesondere in Durchstanzbereichen);
- Vermeidung von TA-Leitungsverzügen innerhalb der Bodenplatte;
- Entwurf eines lückenlosen, geschlossenen Fugenabdichtungssystems mit geeigneten Bauprodukten.

Grundsätzlich gilt: je einfacher die Konstruktion in Geometrie und Lastabtrag, desto geringer ist das Risiko unplanmäßiger Rissbildungen und desto einfacher ist die Erstellung eines lückenlosen Fugenabdichtungssystems.

9.1.5 Allgemeine Planungsaufgaben und -verantwortlichkeiten nach WU-Richtlinie

9.1.5.1 Allgemeines

WU-Konstruktionen sind gemäß der WU-Richtlinie zu planen und auszuführen. Die Richtlinie regelt in Kapitel 4 allgemein die Aufgaben der Planung:

a) Bedarfsplanung (dokumentierte Nutzungsanforderungen);
b) Festlegung Beanspruchungsklassen/Bestimmung Betonangriff;
c) Festlegung Nutzungsklassen und -beginn;
d) Bauteilbezogene Auswahl des Entwurfsgrundsatzes;
e) Festlegung der aus d) folgenden konstruktiven, betontechnologischen und ausführungstechnischen Maßnahmen;
f) Wahl von Bauteilabmessungen, Bewegungsfugen, Sollrissfugen;
g) Bemessung und Bewehrungskonstruktion;
h) Planung von Einbauteilen und Durchdringungen;
i) Planung von Bauablauf, Betonierabschnitten, Arbeitsfugen einschließlich Qualitätssicherungsmaßnahmen;
j) Planung geschlossenes Fugenabdichtungssystem;

k) Planung/Ausschreibung der Abdichtung für planmäßige und unplanmäßige Trennrisse;
l) Dokumentation aller Planungsentscheidungen in einem WU-Konzept und Weitergabe an alle Beteiligten;
m) Beschreibung der für die Nutzung folgenden Einschränkungen (Risikoanalyse aus Entwurfsgrundsatz).

Eine verbindliche Zuordnung der Baubeteiligten zu diesen Planungsschritten trifft die WU-Richtlinie 2017 nicht, um Eingriffe in die Honorarordnung zu vermeiden. In den folgenden Punkten präzisiert sie jedoch unmissverständlich die Zuständigkeiten:

- „Die Koordination für ein WU-Bauwerk obliegt dem Objektplaner. Die Planung ist von diesem unter Beteiligung von Fachplanern durchzuführen" [4].
  Hinweis: Die Planung der Gebäudeabdichtung ist zunächst allgemein eine Grundleistung der Objektplanung.
- „Der Objektplaner und der TA-Planer müssen eine gegebenenfalls erforderliche Zugänglichkeit zur luftseitigen Oberfläche der WU-Bauteile planerisch ermöglichen" [4].
  Hinweis: Diese Erfordernis ist bei allen WU-Konstruktionen gegeben, insbesondere bei solchen mit BKL-1. Die Richtlinie reflektiert das gegenwärtig häufig anzutreffende Problem, dass luftseitige Oberflächen der WU-Konstruktion nicht mehr mit verhältnismäßigem Aufwand (Entfernung hochwertiger Beläge oder nicht demontierbare TA-Anlagen) für Rissverfüllarbeiten zugänglich sind.

Für die detailliertere Ausgestaltung der Planungsaufgaben a)–m) hält die WU-Richtlinie 2017 eine **unverbindliche Empfehlung** für das Zusammenwirken und die detaillierte Aufgabenteilung der üblichen Baubeteiligten unter Koordination des Objektplaners (Tafel 9.2) bereit. Die Planungsbestandteile, bei denen nach dieser Empfehlung idealer Weise der Tragwerksplaner verantwortlich oder mitwirkend planen soll, sind in Tafel 9.2 grau hinterlegt und werden in Abschn. 9.1.6 eingehender beschrieben.

Die übrigen, allgemeinen Planungsaufgaben werden nachfolgend für den Gesamtkontext umrissen.

9.1.5.2 Bedarfsplanung und Bauherrenberatung

In der Bedarfsplanung werden die Anforderungen und Erwartungen des Bauherrn an das zu errichtende Bauwerk ermittelt. Neben der Formulierung eines Nutzungsbedarfsprogramms z. B. in Form eines Raumbuchs werden die grundlegende Kubatur und der erdberührte Bauwerksanteil bestimmt. Vielfach erfolgt die Bedarfsplanung dabei nicht im Vorfeld des Projekts, sondern erst in den Leistungsphasen 1 bis 2 nach Zusammenstellung des Fachplanerteams. Die Entscheidung über die Abdichtungsart (z. B. hautförmige Abdichtung nach DIN 18533 oder WU-Bauwerk) sollte auf Basis eines qualifizierten Baugrundgutachtens und nach eingehender Beratung des Bauherrn bereits in dieser frü-

Tafel 9.2 Orientierungshilfe für Zuständigkeiten (nach [4], Planungsteile Tragwerksplaner grau hinterlegt)

S / Z	1 Aufgabe	2 Verantwortlich [1]	3 Mitwirkung
1	Bedarfsplanung	BH	OP
2	Koordinierung	OP	
3	Festlegung der Nutzungsanforderungen, Definition Raumklima einschl. zulässiger Grenzwerte	BH	OP
4	Festlegung der Nutzungsklasse	OP	BH
5	Festlegung der Abdichtungsart (z.B. Entscheidung über weiße/schwarze Wanne)	BH	OP/TWP
6	Vorgaben zu flexibler Umnutzbarkeit	BH	OP
7	EnEV-Nachweis, Bemessung Wärmedämmung, Nachweis Tauwasser und Wärmebrücken	BPhy	OP/TWP
8	Angabe von Beanspruchungsklasse und Bemessungs- wasserstand (BWS)	BGG	
9	Angabe chemische Zusammensetzung des anstehenden Wassers	BGG	
10	Festlegung Bauteilabmessungen und Lagerungsbedingungen	TWP	OP
11	Entwurfsgrundsatz (EGS) gemäß WU-Richtlinie (event. differenziert nach Bauteilen) und alle erforderlichen Maßnahmen zur Umsetzung	TWP	OP
12	Aufklärung des Bauherrn über Konsequenzen aus EGS	OP	TWP
13	Risikoverteilung hinsichtlich EGS	BH	OP/TWP/BU
14	Planung aus dem EGS erforderlich werdender Rissverfüll- arbeiten	TWP	OP/SKP/ BU
15	Planung Zugänglichkeit für Abdichtungsarbeiten während der Nutzung	OP	TA
16	Planung verträglicher Oberflächenbeläge/Beschichtungen	OP	BH/BPhy
17	Planung und Konstruktion von Dehn-/Arbeits-/Sollrissfugen	TWP	OP/BU[3]
18	Detailplanung von Dehn-/Arbeits-/Sollrissfugen	OP	TWP/BU
19	Planung Heizungs-, Klima-, Lüftungskonzept	TA	OP
20	Festlegung Betondruckfestigkeitsklasse	TWP	BU
21	Rechenwert Betonzugfestigkeit des jungen Betons	TWP	BU
22	Betonzusammensetzung	BU	TWP
23	Planung und Durchführung der Nachbehandlung	BU	
24	Festlegung von Füllgut und Verfahren zur Abdichtung wasser- führender Risse oder Fehlstellen	SKP	OP/TWP
25	Planung Zeitpunkt Abstellen Wasserhaltung und Zeitpunkt der Dichtheitsprüfung (Auftriebssicherheit)	TWP	BGG/OP/ BU

BGG: Baugrundgutachter   OP: Objektplaner   SKP: Sachkundiger Planer [2]
BPhy: Bauphysiker   TWP: Tragwerksplaner   BU: Bauausführender
BH: Bauherr   TA: TA-Planer

[1] beinhaltet Verpflichtung zur Einbindung der Mitwirkenden und Beschaffung der Informationen
[2] Sachkundiger Planer nach DAfStb-Richtlinie „Schutz und Instandsetzung von Betonbauteilen"
[3] Mitwirkung des Bauausführenden nur bei Festlegung der Arbeitsfugen

hen Projektphase unter Abwägung der spezifischen Vor- und Nachteile der Abdichtungsarten getroffen und dokumentiert werden. In vielen Fällen sind Bauherren fachfremde Auftraggeber, denen die Risiken der Abdichtungsarten unbekannt sind. Die WU-Richtlinie berücksichtigt die aufgrund vielfältiger bautechnischer Einflüsse und trotz sorgfältiger Planung und Ausführung schwer zu kontrollierende Rissnei-

gung des Werkstoffs Stahlbeton insoweit, dass unerwünschte Rissbildungen, deren Durchfeuchtungen den Nutzungsanforderungen widersprechen, nachträglich abgedichtet werden müssen. Für die nachträgliche Abdichtung mit Rissinjektionen müssen die Innenflächen der WU-Konstruktionen zugänglich sein bzw. mit verhältnismäßigem Aufwand zugänglich gemacht werden.

Die Verhältnismäßigkeit wird dabei z. B. an Kosten für zu entfernende oder zu ersetzende Wand- und Bodenaufbauten sowie an Nutzungsausfällen bewertet. Insofern ist die Abstimmung verträglicher Ausbauqualitäten auf die WU-Konstruktion unumgänglich. Der Planer kann nur durch eingehende Beratung, eine vollumfänglich dokumentierte Bauherrenaufklärung über die Risiken der Bauweise, richtlinienkonforme Planung sowie durch entsprechende Dokumentation aller Planungsleistungen vermeiden, isoliert für einzelne Nachteile seiner Planung selbst dann zu haften, wenn diesen Nachteilen vom Bauherrn gewünschte Vorteile gegenüberstehen [26].

9.1.5.3 Festlegung von Nutzungsklassen (NKL)

Mit Nutzungsklassen (NKL) werden Anforderungen an das Raumklima und den Feuchtezustand der luftseitigen Bauteiloberflächen einer WU-Konstruktion beschrieben. In Tafel 9.3 sind die in der WU-Richtlinie 2017 unterschiedenen Nutzungsklassen A und B sowie die in [6] benannten Anwendungsbeispiele und Konkretisierungen des Nutzungsbeginns dargestellt. Der Nutzungsbeginn ist der Zeitpunkt, ab dem die Nutzungsanforderungen einzuhalten sind, d. h. ab dem:

- die luftseitige Bauteiloberfläche durch einen Belag und sonstigen Ausbau (auch TA-Geräte und ggf. Entkopplungsplatten) verdeckt wird;
- der Raum seiner vorgesehenen Nutzung zugeführt wird.

In der Bauphase bei zugänglicher Konstruktion können temporär auch andere Nutzungsanforderungen gelten (Tafel 9.3).

Die WU-Richtlinie weist explizit darauf hin, dass zur Sicherstellung der Anforderungen der NKL-A hinsichtlich eines trockenen Raumklimas und zur Vermeidung von Tauwasser weiterführende Maßnahmen erforderlich sein können. Die Richtlinie verweist auf die weitergehende Differenzierung der NKL-A in [7] und der dortigen Unterteilung in die Nutzungsklassen A_0, A*–A*** (Tafel 9.4). Die dort angegebene Nutzungsklasse A** stellt den üblichen Fall im Wohnungsbau (auch Kellerräume zu Wohnungen) dar. Die mit steigender Klassifizierung erforderlichen, weiterführenden Maßnahmen betreffen EnEV-konforme Dämmung, Heizungs- und Klimatechnik. Mit diesen Maßnahmen lässt sich auch Kondensfeuchte vermeiden, die häufig als Undichtigkeit der WU-Konstruktion fehlbewertet wird. Für die statisch-konstruktive Auslegung der WU-Konstruktion sind die Differenzierungen der NKL-A in [7] jedoch unerheblich.

Bei WU-Dächern sollte die NKL-A gewählt werden, d. h. sowohl bei darunter liegender, hochwertiger Nutzung als auch bei Tiefgaragen. Bei Letzteren werden Bodenplatte und Wände meist in die NKL-B eingeordnet; für das WU-Dach ist dies nicht zweckmäßig, da das durch Risse durchlaufende Wasser Kalk bindet und beim Herabtropfen auf Fahrzeuge Lackbeschädigungen verursachen kann.

Tafel 9.3 Nutzungsklassen gemäß den Erläuterungen in [6, 13] zur WU-Richtlinie 2017

Nutzungsklasse A (NKL-A): Kein Durchtritt von flüssigem Wasser	Nutzungsklasse B (NKL-B): Begrenzter Wasserdurchtritt zulässig
Ab Nutzungsbeginn in NKL-A oder ab feuchteempfindlichem Ausbaubeginn oder vertraglich definiertem Zeitpunkt: – keine Feuchtstellen auf der luftseitigen Bauteiloberfläche durch Wasserdurchtritt[a, b, c] – keine – auch nicht temporär – wasserführenden Risse und Fugen	Ab Nutzungsbeginn in NKL-B oder während der (Rohbau-)Bauzeit: – feuchte Flecken auf der luftseitigen Bauteiloberfläche zulässig – temporär bis zur Selbstheilung wasserführende Risse[d] – Risse mit längerfristig feuchten Rissufern, jedoch keine Wasseransammlungen auf der wasserabgewandten Bauteiloberfläche[a]
Anwendungsbeispiele – Standard für Wohnungs- und Bürobau – Lagerräume mit hochwertiger Nutzung (z. B. feuchteempfindliche Lagerstoffe)	Anwendungsbeispiele – Einzelgaragen, Tiefgaragen[e] – Installations- und Versorgungsschächte/-kanäle – Hausanschlussräume – Lagerräume mit geringen Anforderungen

[a] Bei Wassertropfen auf der Bauteiloberfläche muss geprüft werden, ob es sich ggf. um Oberflächentauwasser handelt.

[b] Unterhalb einer innenseitig vorgesehenen Dampfsperre kann sich infolge der Dampfdruckverhältnisse eine hohe Ausgleichsfeuchte des Betons ausbilden, welche die Betonoberfläche dunkel erscheinen lässt, wenn die Dampfsperre entfernt wird. Der Grund hierfür ist die verhinderte Abführung der Baufeuchte und hängt nicht mit der gewählten Art der Abdichtung des Bauwerks zusammen.

[c] Mit einem Papiertest kann zuverlässig festgestellt werden, ob es sich bei den dunklen Flecken um Feuchtstellen handelt. Ein lose an der Betonoberfläche anliegendes saugfähiges Papier (z. B. Zeitung, Löschblatt, Papierhandtuch) darf sich nicht infolge Feuchtigkeitsaufnahme dunkel verfärben.

[d] Der Zeitpunkt des Abschlusses der Selbstheilung muss mit den Nutzungsanforderungen des Bauwerks vereinbar sein.

[e] Es sind ggf. zusätzliche Anforderungen und Maßnahmen bei gleichzeitiger Einwirkung von Chloriden aus Tausalzen gemäß DIN EN 1992-1-1/NA, DIN 1045-2, DAfStb-Heft 600 und DBV-Merkblatt „Parkhäuser und Tiefgaragen" (2018) zu beachten.

Tafel 9.4 Weitergehende Differenzierung der NKL-A, aus [7]

Unterklasse	Raumnutzung	Raumklima (i. d. R.)	Beispiele (informativ)	Maßnahmen[b] (informativ)
A***	anspruchsvoll	warm, sehr geringe Luftfeuchte, geringe Schwankungsbreite der Klimawerte	Archive, Bibliotheken, Technikräume mit feuchteempfindlichen Geräten (Labor, EDV usw.), Lager für stark feuchte- oder temperaturempfindliche Güter	Wärmedämmung nach EnEV[c], Heizung, Zwangslüftung, Klimaanlage (Luftentfeuchtung)
A**	normal	warm, geringe Luftfeuchte, mäßige Schwankungsbreite der Klimawerte	Räume für den dauerhaften Aufenthalt von Menschen wie Versammlungs-, Büro-, Wohn-, Aufenthalts- oder Umkleideräume, Verkaufsstätten; Lager für feuchteempfindliche Güter, Technikzentralen	Wärmedämmung nach EnEV[c], Heizung, Zwangslüftung, ggf. Klimaanlage
A*	einfach	warm bis kühl, natürliche Luftfeuchte, große Schwankungsbreite der Klimawerte	Räume für den zeitweiligen Aufenthalt von wenigen Menschen; ausgebaute Kellerräume wie Hobbyräume, Werkstätten, Waschküche im Einfamilienhaus, Wäschtrockenraum; Abstellräume	Wärmedämmung nach EnEV[c], ggf. ohne Heizung, natürliche Lüftung (Fenster, Lichtschächte, ggf. nutzerunabhängig)
A⁰ [a]	untergeordnet	keine Anforderungen	einfache Technikräume (z. B. Hausanschlussraum)	–

[a] entspricht der WU-Richtlinie [4], 5.3 (2), u. U. ist eine Einordnung in Nutzungsklasse B möglich
[b] baukonstruktive Anforderungen an die Zugänglichkeit der umschließenden Bauteile sind immer zu beachten
[c] EnEV: Energiesparverordnung

9.1.5.4 Festlegung von Beanspruchungsklassen (BKL)

Mit der Festlegung der Beanspruchungsklasse wird die Feuchte- bzw. Wasserbeanspruchung eines WU-Bauwerks/-Bauteils definiert. Die Beanspruchungsklasse einschließlich des Bemessungswasserstandes sollte im Rahmen eines qualifizierten Baugrundgutachtens bestimmt werden. Der Bemessungswasserstand (BWS) ist der höchste innerhalb der planmäßigen Nutzungsdauer zu erwartende Wasserstand (Grundwasser, Schichtenwasser, Hochwasser) unter Berücksichtigung eines angemessenen Sicherheitszuschlags. Er ist unter Berücksichtigung langjähriger Beobachtungen und zu erwartender zukünftiger Gegebenheiten (z. B. ein zu erwartender Anstieg des Grundwasserstandes infolge der Abschaltung der Grundwasserabsenkung in Tagebaugebieten) zu ermitteln. Kann durch das Baugrundgutachten kein gesicherter Maximalwert für den Bemessungswasserstand bestimmt werden, soll dieser gemäß [4] auf Höhe der Geländeoberkante angenommen werden.

Die WU-Richtlinie 2017 unterscheidet zwei Beanspruchungsklassen (Tafel 9.5):

- In BKL-2 werden „Bodenfeuchte" und „an der Wand ablaufendes Wasser" als nichtdrückende Lastfälle eingeordnet, d. h. der Bemessungswasserstand liegt unterhalb des betrachteten Bauteils.
- In BKL-1 sind unter dem Begriff „ständig und zeitweise drückendes Wasser" alle nicht in BKL-2 erfassten Beanspruchungsarten zusammengefasst.

Diese Verallgemeinerung der BKL-1 wird in [6] durch Zuordnung der aus H555 bekannten Lastfälle aufgelöst (vgl. Tafel 9.5).

Tafel 9.5 Wasserbeanspruchungen zugeordnet zu Beanspruchungsklassen, aus [6]

Beanspruchungsklasse 1 (BKL-1)	Beanspruchungsklasse 2 (BKL-2)
Kontakt des WU-Betonbauteils mit anstehendem Wasser – Grundwasser – Hochwasser – Schichtenwasser (auch nur zeitweise aufstauend) – zeitweise anstehendes Wasser auf horizontalen und geneigten Flächen (WU-Dächer)	Kontakt des WU-Betonbauteils mit Feuchte oder herabsickerndem Wasser – feuchtes Erdreich (außer WU-Dächer) – Sickerwasser bei stark durchlässigem Boden oder dauerhaft rückstaufreier Dränage (nichtstauend)

Abb. 9.9 enthält Beispiele zur Festlegung der Beanspruchungsklassen und Hilfestellungen, in welchen Fällen für Bodenplatten und Wände die BKL-1 und ein statisch wirksamer Wasserdruck zu berücksichtigen ist.

Im Vergleich zum einfachen Grundwasserfall (A1) ist bei temporären Hochwasserständen (A2) oder sonstigen Wasserwechselzonen zu beachten, dass diese maßgebend für die Festlegung der Beanspruchungsklasse und Bemessungswasserstände der Bauteile sind, jedoch Einschränkungen bei der Auswahl der Entwurfsgrundsätze mit sich bringen, wenn die Wasserbeanspruchung (z. B. HQ100) nicht vor dem Nutzungsbeginn (bzw. Ausbau) ansteht. In diesen Fällen können Trennrisse vor Nutzungsbeginn ggf. nicht sicher detektiert werden (z. B. bei EGS [c] nach Abschn. 9.1.6.2.), da diese nicht wasserführend sind. Dies gilt auch für vereinfachend auf Höhe der Geländeoberkante angenommene Wasserstände.

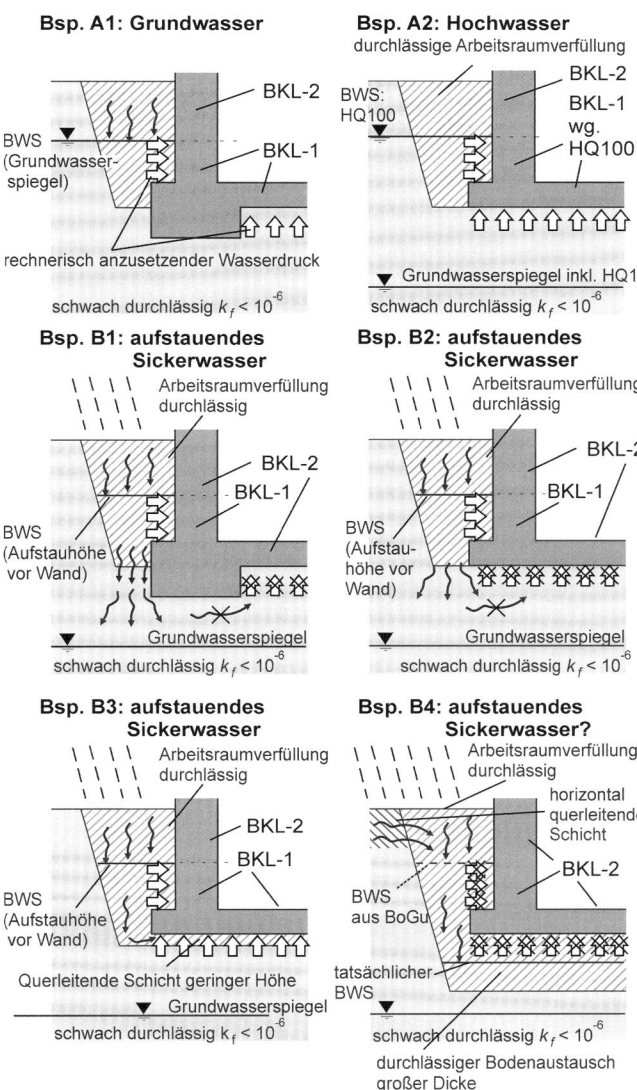

Bsp. A1: Grundwasser

BKL-2

BKL-1

BWS (Grundwasser-spiegel)

rechnerisch anzusetzender Wasserdruck

schwach durchlässig $k_f < 10^{-6}$

Bsp. A2: Hochwasser
durchlässige Arbeitsraumverfüllung

BWS: HQ100

BKL-2

BKL-1 wg. HQ100

Grundwasserspiegel inkl. HQ1

schwach durchlässig $k_f < 10^{-6}$

Bsp. B1: aufstauendes Sickerwasser

Arbeitsraumverfüllung durchlässig

BKL-2
BKL-1

BWS (Aufstauhöhe vor Wand)

Grundwasserspiegel

schwach durchlässig $k_f < 10^{-6}$

Bsp. B2: aufstauendes Sickerwasser

Arbeitsraumverfüllung durchlässig

BKL-2

BKL-1

BWS (Aufstau-höhe vor Wand)

Grundwasserspiegel

schwach durchlässig $k_f < 10^{-6}$

Bsp. B3: aufstauendes Sickerwasser

Arbeitsraumverfüllung durchlässig

BKL-2
BKL-1

BWS (Aufstauhöhe vor Wand)

Querleitende Schicht geringer Höhe
Grundwasserspiegel

schwach durchlässig $k_f < 10^{-6}$

Bsp. B4: aufstauendes Sickerwasser?

Arbeitsraumverfüllung durchlässig

horizontal querleitende Schicht

BKL-2

BWS aus BoGu

tatsächlicher BWS

schwach durchlässig $k_f < 10^{-6}$

durchlässiger Bodenaustausch großer Dicke

Durchlässigkeitsbereiche von Böden nach DIN 18130

k_f [m/s][1]	Bereich	Bodenart
$k_f \leq 10^{-8}$	sehr schwach durchlässig	toniger Schluff
$10^{-8} < k_f \leq 10^{-6}$	schwach durchlässig	Fein- bis Mittelschluff
$10^{-6} < k_f \leq 10^{-4}$	durchlässig	Mittel- bis Grobschluff
$10^{-4} < k_f \leq 10^{-2}$	stark durchlässig	Sand
$k_f > 10^{-2}$	sehr stark durchlässig	Kies

[1] Durchlässigkeitsbeiwert

Abb. 9.9 Beispiele für Beanspruchungsklassen, abgeleitet aus [27, 28] sowie Durchlässigkeitsbeiwerte/-bereiche nach DIN 18130-1 [29]

In allen Beispielen außer B4 ist für den Wandabschnitt unterhalb des BWS ein statisch wirksamer Wasserdruck und die BKL-1 anzusetzen. Grundsätzlich kann ein Bauteil durch den Bemessungswasserstand in zwei Beanspruchungsklassen zerteilt werden. Es ist empfehlenswert, das gesamte Wandbauteil für die BKL-1 auszulegen.

Für Bodenplatten nach B1 und B2 ist weder Wasserdruck noch die BKL-1 anzusetzen, da eine horizontale Querleitung nicht stattfindet. Bei B3 hingegen wird durch eine durchlässige Schicht geringer Höhe unterhalb der Bodenplatte ein Wasserdruck aufgebaut. Kapillarbrechende Schichten großer Dicke (B4), wie sie z. B. bei einem Bodenaustausch vorkommen, können ggf. soviel Speichervolumen zur Verfügung stellen, dass sich kein Wasserdruck unterhalb der Bodenplatte und vor der Wand aufbaut. Hierbei ist der Einfluss durchlässiger und querleitender, horizontaler Bodenschichten (B4) zu berücksichtigen, da diese ggf. Niederschlagswasser aus größeren Einzugsflächen zuleiten.

Hinweis: Die Beanspruchungen „Bodenfeuchte" und „an der Wand ablaufendes Wasser" sind in den wenigsten Baugrundgutachten vorzufinden. Nach Erfahrung des Autors wird auch in Fällen, in denen offenkundig kein drückendes Wasser ansteht, oftmals in den Baugrundgutachten der Lastfall „zeitweise aufstauendes Sickerwasser" sowie BKL-1 für Wände und Bodenplatten ausgewiesen. Vor dem Hintergrund der Beispiele in Abb. 9.9 *sollte der Tragwerksplaner diese Vorgaben hinterfragen, da neben dem deutlich erhöhten Aufwand für die WU-Konzeption auch ein entsprechender Wasserdruck bei der Wand- und Bodenplattenbemessung zu berücksichtigen ist. Bei nicht zutreffender Einschätzung der Feuchtezustände kann das Trocknungsschwinden bei dünnen Bauteilen relevante Zwangbeanspruchungen auslösen.*

9.1.5.5 Angabe der chemischen Zusammensetzung des anstehenden Wassers/Bodens

Neben der Angabe der Beanspruchungsklasse und des Bemessungswasserstandes sollte das Baugrundgutachten auch eine Analyse des am Bauwerk anstehenden Wassers beinhalten. Die möglicherweise im Wasser oder Boden enthaltenen chemischen Stoffe können den Beton angreifen (siehe Tafel 7.10). Eine hohe XA-Expositionsklasse löst einen geringen w/z-Wert, eine hohe Betondruckfestigkeitsklasse und entsprechend hohe Betonzugfestigkeit sowie Mindestbewehrung aus (s. a. Abschn. 9.1.6.5). Bei kalklösender Kohlensäure und Überschreitung der Grenzwerte in Tafel 9.7 ist die Anwendung des EGS [b] (s. Abschn. 9.1.6.2) ausgeschlossen, da die unterstellte Selbstheilung der Risse nicht zu erwarten ist.

9.1.5.6 Planung von Einbauteilen und Durchdringungen

WU-Bauteile werden durch TA-Leitungen und Einbauteile durchdrungen, um das Gebäude technisch zu erschließen oder die Betonkonstruktion zu errichten. Für Grundleitungen, Blitzableiter, Pumpensümpfe, Schalungsanker usw. sollten folgende Grundsätze beachtet werden:

- Allgemein sollten nur Einbauteile verwendet werden, deren Eignung (z. B. durch ein allgemeines bauaufsicht-

A. Wasserundurchlässige Spannstelle Wand (Vertikalschnitt)

Schalungszustand | Endzustand

Spannstange und
Spannteller

Schalung

vergrößerter Wasserumlaufweg

eingeklebter
Betonstopfen

aufgeschweißte
Wassersperre

Wasser

Schraubkonus
(wird beim Ausschalen
entfernt)

verlorener
Ankerstab

ggf. wasserführender Betonierschatten unter Anker durch
Wassersperre unterbrochen

B. Rohrdurchführung Bodenplatte mit Dichtkragen (Vertikalschnitt)

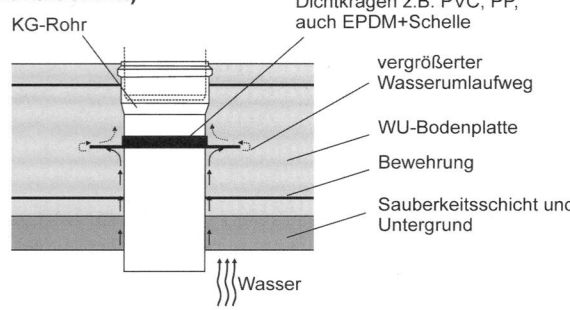

KG-Rohr

Dichtkragen z.B. PVC, PP,
auch EPDM+Schelle

vergrößerter
Wasserumlaufweg

WU-Bodenplatte

Bewehrung

Sauberkeitsschicht und
Untergrund

Wasser

C. Rohrdurchführung Wand mit Ringraumdichtung (Vertikalschnitt)

„Futterrohr" z.B. aus Faserzement
oder Kunststoff mit Dichtlippen

C.1 Ortbetonwand | C.2 Elementwand

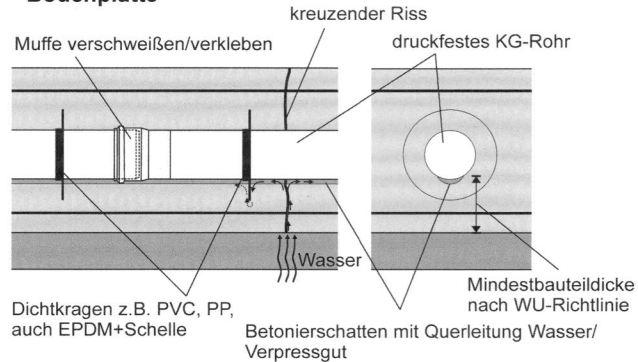

Variante Futterrohr
Variante Kernbohrung

Wasser

KG-Rohr

Wasser

Wasser

Wasser

Kernbohrung
mit Diamantkrone

Ringraumdichtung in
verschiedenen Dicken

Ringraumdichtung entweder
in Ortbeton- oder Fertigschale
platziert, je nachdem wo
Dichtebene

D. Maßnahmen bei unvermeidbarem Leitungsverzug in Bodenplatte

kreuzender Riss

Muffe verschweißen/verkleben

druckfestes KG-Rohr

Wasser

Dichtkragen z.B. PVC, PP,
auch EPDM+Schelle

Betonierschatten mit Querleitung Wasser/
Verpressgut

Mindestbauteildicke
nach WU-Richtlinie

Abb. 9.10 Beispielprinzipien für Einbauteile und Durchführungen

liches Prüfzeugnis) nachgewiesen ist. Hinweise zu geeigneten Systemen finden sich z. B. in [30, 31].

- Es sind für WU-Bauteile konzipierte Schalungshülsen/-Spannanker zu verwenden (s. Abb. 9.10 A.), damit Spannstellen in Wänden nicht zu Fehlstellen werden. Geeignete Spannanker dichten z. B. über die Vergrößerung des Wasserumlaufwegs (Wassersperren) ab und sind druckwassergeprüft.
- Alle Durchdringungen sollten i. d. R. senkrecht zur Bauteilebene und auf kürzestem Wege erfolgen (s. Abb. 9.10 B. und C.). Für schräge Durchdringungen sind spezielle Bauproduktlösungen verfügbar. Nachträgliche Kernbohrungen sind möglich, wenn diese mit einer Diamantbohrkrone erstellt werden und zur Abdichtung gegen die Bohrwandung ein geeignetes Bauprodukt verwendet wird (z. B. Abb. 9.10 C., bei Elementwänden ggf. größere Ringraumdichtungen erforderlich (C.2)). Bei der Planung der Kernbohrungen ist deren Lage so zu wählen, dass keine Fugenabdichtungen (Abschn. 9.1.6.6) durchbohrt werden.

Häufig wird in Projekten gefordert, Grundleitungen innerhalb der Bodenplatte zu verziehen. Solche Leitungsführungen parallel oder in leichtem Gefälle zur Bodenplattenebene begünstigen die Rissbildung entlang der Leitungsachse und sind daher bei Entwürfen mit rissvermeidender Bauweise (EGS [a], s. Abschn. 9.1.6.2) zu vermeiden. Sie sind jedoch auch bei Entwurfsgrundsätzen mit geplanter Rissbildung (EGS [b] und [c], s. Abschn. 9.1.6.2) nachteilig, da die unter den Leitungen entstehenden Betonierschatten bei kreuzenden Rissen wasserführend sein können. Bei entsprechender Anzahl und Lage der Grundleitungen können weitverzweigte Wasserwegungen entstehen (Abb. 9.10 D.). Die planmäßige Verpressung dieser Risse führt dazu, dass eine große Menge Verpressgut injiziert wird und dieses ggf. die Grundleitungen eindrückt oder aufgrund der hohen Viskosität über die Muffenstöße in die Leitungen eindringt.

Vor diesem Hintergrund sind die bei vielen Bauausführenden und TA-Planern unbeliebten Leitungsverlegungen unterhalb der Bodenplatte, deren Gefälle entsprechende Grabungstiefen bedingen, unbedingt vorzuziehen. Sollten Leitungsverzüge in der Bodenplatte unvermeidbar sein, so ist eine abschnittsweise Schottung durch regelmäßig entlang der Leitungen angeordnete Abdichtungskragen (Abb. 9.10 D.) zur Unterbrechung der Betonierschatten unterhalb druckfester Rohre und eine Versiegelung der Muffenstöße zu empfehlen.

Die Anforderungen an Einbauteile sind zu dokumentieren und in der Ausschreibung zu berücksichtigen.

9.1.5.7 Dokumentation der Planung (und Ausschreibung)

Alle Planungs- und Beratungsleistungen sind zu dokumentieren. Ziel dieser Dokumentation ist einerseits der Nachweis dieser Leistungen gegenüber dem Auftraggeber und andererseits die Sicherstellung des Informationsflusses zwischen den Baubeteiligten. Eine qualitätvolle Bauausführung setzt voraus, dass alle Merkmale der WU-Konstruktion aus den Planunterlagen unmissverständlich hervorgehen und auch ausgeschrieben sind, um bereits in der Arbeitsvorbereitung Hindernisse ausräumen zu können.

Bewährt haben sich schriftliche Dokumentationen der WU-Planung in Verbindung mit Plänen, aus denen Nutzungs-/Beanspruchungsklasse, Entwurfsgrundsätze, Fugenabdichtungen und deren Verläufe, Betonierabschnitte und grundlegende Anforderungen an den Beton (nach Eigenschaften) eindeutig und widerspruchsfrei hervorgehen.

9.1.6 Aufgaben der Tragwerksplanung gemäß Anhang A der WU-Richtlinie

9.1.6.1 Festlegung Bauteilabmessungen (Wände, Bodenplatten, Dächer) und zugehöriger Betoneigenschaften

Die Bauteilabmessungen von Stahlbetonkonstruktionen werden in der Regel vom Tragwerksplaner im Rahmen der Entwurfsplanung unter Berücksichtigung von Tragfähigkeit, Gebrauchstauglichkeit und auch Herstellbarkeit in der Entwurfsplanung ermittelt und vom Objektplaner übernommen.

Bei WU-Bauteilen wird durch die Einhaltung von Mindestbauteildicken in Kombination mit Anforderungen an den Beton (hoher Wassereindringwiderstand, $(w/z_{eq}) \leq 0{,}55$ und Mindestzementgehalt) die Wasserundurchlässigkeit des ungerissenen Betonquerschnitts erreicht. Das Arbeitsmodell in Abb. 9.11 unterteilt den Querschnitt in vier Bereiche und unterstellt, dass kein Kapillartransport von Wasser erfolgt, wenn der Kernbereich zwischen Kapillar- und Druckbereich ausreichend dick ist. Der langfristige Diffusionstransport durch den Bauteilquerschnitt wird gemäß [4, 32] auf Werte begrenzt, die geringer als Feuchteeinträge infolge der Nutzung (Personen, Pflanzen etc.) sind [7].

Hinweis: Während des abhängig von der Bauteildicke mehrere Monate bis wenige Jahre andauernden Austrock-

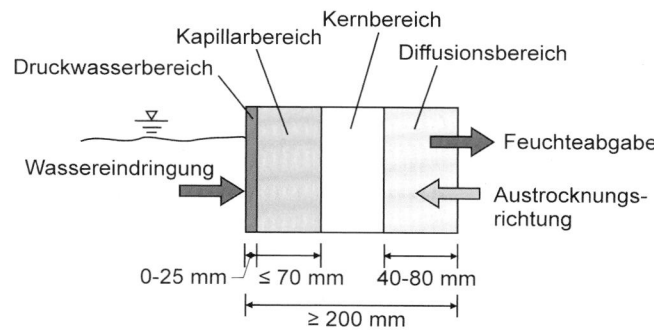

Abb. 9.11 Arbeitsmodell für Feuchtebedingungen in einem Betonbauteil-Querschnitt unter einseitiger Beaufschlagung mit drückendem Wasser (Beton B35wu, $w/z \leq 0{,}55$, heute C 30/37) [32]

nens der Baufeuchte [7] *ist zunächst mit einer vergrößerten Diffusionsabgabe in den Innenraum zu rechnen, bis sich der in Abb. 9.11 dargestellte Zustand mit nur noch sehr geringem Diffusionsstrom einstellt. Die Austrocknung der Baufeuchte ist für die Planung verträglicher Wand- und Bodenaufbauten von hoher Relevanz und unabhängig von der gewählten Abdichtungsart (WU-Konstruktion, schwarze Wanne).*

Die über das zuvor beschriebene Modell abgeleiteten Mindestdicken von WU-Bauteilen sind in Tafel 9.6 in Abhängigkeit der Ausführungsart, der Beanspruchungsklasse, des Bauteiltyps und der zugehörigen Grundanforderungen an den Beton dargestellt. Vom $(w/z)_{eq}$-Wert von 0,55 darf bei BKL-1 erst abgewichen werden, wenn die Bauteilabmessungen mindestens 15 % größer als die Mindestabmessungen in Tafel 9.6 gewählt werden.

Durch die Einhaltung von Mindestdicken soll auch die fehlstellenfreie Betonierbarkeit und systemgerechte Platzierung von Fugenabdichtungen sichergestellt werden, die ihrerseits wichtig für die Wasserundurchlässigkeit des Gesamtbauwerks sind. Dies gilt insbesondere für die Anschlussfugen von Wänden an Bodenplatten, deren unsorgfältige Planung und Ausführung eine der Hauptschadensursachen bei WU-Konstruktionen sind. Für BKL-1 werden daher sowohl für Ortbeton- als auch Elementwände in Abhängigkeit des Größtkorns d_g Anforderungen an die lichten Innenmaße $b_{w,i}$ zur Sicherstellung der Betonierbarkeit über Einfüllrohre und des fachgerechten Einbaus innenliegender Fugenabdichtungen gestellt.

Die in Tafel 9.6 benannte Mindestdicke der Ortbetonergänzung von 120 mm lässt sich demnach nur in Elementwänden ohne Bewehrung in der Ortbetonergänzung und bei einem Füllbeton mit 8 mm Größtkorn realisieren. In der Regel werden die Anforderungen an $b_{w,i}$ zu größeren Wanddicken führen als die in Tafel 9.6 angegebenen Mindestabmessungen.

Hinweis: Bei WU-Wänden mit BKL-1 ist allgemein eine Bauteildicke $\geq 30\,cm$ zu empfehlen.

Tafel 9.6 Mindestdicken von WU-Bauteilen (nach [4, 6], ohne Vollfertigteile) und Anforderungen an den Beton

Bauteiltyp / Anforderung	Ortbetonwände			Elementwände				Bodenplatten (nur Ortbeton)		WU-Dächer ohne Wärmedämmung Ortbeton	Elementdecke
Grundanforderungen Beton	Mindestdruckfestigkeitsklasse ≥ C25/30[1], $(w/z)_{eq}$ ≤ 0,55, Beton mit hohem Wassereindringwiderstand (Ortbeton und Elementschalen!), z ≥ 280 kg/m³, Konsistenz F3 oder weicher										
Beanspruchungsklasse	BKL-1		BKL-2	BKL-1			BKL-2	BKL-1	BKL-2	stets BKL-1	
Mindestbauteildicke[5] d_{min} in mm für $[(w/z)_{eq}]$	240[2] [≤ 0,55]		200 [≤ 0,60]	240[2] [≤ 0,55]			240 (200[3]) [≤ 0,60]	250 [≤ 0,55]	150 [≤ 0,60]	200 [≤ 0,55]	240[4] [≤ 0,55]
Mindestwert in mm für abweichendes $[(w/z)_{eq}]$	≥ 1,15 · d_{min} = 276 [≤ 0,60]			≥ 1,15 · d_{min} = 276 [≤ 0,60]				≥ 1,15 · d_{min} = 288 [≤ 0,60]		≥ 1,15 · d_{min} = 230 [≤ 0,60]	≥ 1,15 · d_{min} = 276 [≤ 0,60]
Anforderung an lichte Innenmaße $b_{w,i}$ in mm (für Wände mit BKL-1)	≥ 120	≥ 140	≥ 180	≥ 120	≥ 140	≥ 180	≥ 120				Ortbetonergänzung ≥ 180 mm
Größtkorn d_g in mm	8	16	32[2]	8	16	32[2]					

Erläuterung zu $b_{w,i}$:

A) $b_{w,i}$ zwischen 2. Lage Bewehrung wegen Betonierbarkeit bei innenliegender Fugenabdichtung
B) $b_{w,i}$ zwischen horizontaler Bewehrung wegen Betonierbarkeit mit Betonierschlauch und Verdichtung mit Rüttelflasche bei außenliegender Fugenabdichtung
C) $b_{w,i}$ zwischen 2. Lage Bewehrung wegen Betonierbarkeit bei innenliegender Fugenabdichtung (bei außenliegender Abdichtung zwischen horizontaler Bewehrung)
D) $b_{w,i}$ zwischen vertikaler Anschlussbewehrung wegen Betonierbarkeit bei innenliegender Fugenabdichtung
E) $b_{w,i}$ zwischen Elementwandplatten bei nur vertikaler Anschlussbewehrung und außenliegender Fugenabdichtung

A) / B) Abdichtung innenliegend / Abdichtung außenliegend
C) / D) / E) Abdichtung innenliegend / Abdichtung außenliegend

Sonstige Anforderungen und Anmerkungen:

h = min {b;30cm}

Ortbeton-/Elementwände: Anschlussmischung 0/8 (bei Fallhöhen > 1m und bei Ausnutzung Mindestdicken bei Elementwänden zwingend, jedoch grundsätzlich immer empfehlenswert)

[1] beachten: C25/30 + w/z ≤ 0,55 ergibt die Festigkeitswerte eines C30/37 (Rissbreitennachweis); Überwachungsklasse: grundsätzlich ÜK2! bei C25/30WU und BKL-2 noch ÜK1 möglich;
[2] Größtkorn bei Ausnutzung der Mindestwanddicken (d < 1,15 · d_{min}): d_g ≤ 16 mm
[3] Unter Beachtung besonderer betontechnischer und ausführungstechnischer Maßnahmen ist eine Abminderung auf 200 mm möglich
[4] Bei WU-Dächern mit Wärmedämmung können Werte um 20 mm verringert werden
[5] Eine Ausnutzung der Mindestbauteildicke im Sinne der WU-Rili liegt auch noch für Dicken von d < 1,15 · d_{min} vor

9.1.6.2 Entwurfsgrundsätze (EGS)

Übersicht Entwurfsgrundsätze

Die drei Entwurfsgrundsätze (EGS) der WU-Richtlinie 2017 (Abb. 9.12) stellen die zentralen Steuerungselemente der WU-Konzeption dar und behandeln im Wesentlichen den Umgang mit (wasserführenden) Trennrissen.

EGS [a]: Vermeidung von Trennrissen

Bei EGS [a] sollen durch konstruktive, betontechnologische und ausführungstechnische Maßnahmen wasserführende Trennrisse vermieden werden. Dieses Ziel stellt im Hinblick auf den allgemein als gerissenen Verbundwerkstoff betrachteten Stahlbeton zunächst einen Widerspruch dar und macht daher den Entwurfsgrundsatz besonders anspruchsvoll, da zur Vermeidung von Trennrissen die Zwangbeanspruchungen der Konstruktion weitestmöglich reduziert werden müssen. Da auch bei diesem Entwurfsgrundsatz unplanmäßige Trennrisse entstehen können, kann keine Trennrissfreiheit zugesichert werden (Rissvermeidung ≠ Rissfreiheit). Während mit betontechnologischen und ausführungstechnischen Maßnahmen (Abschn. 9.1.6.3) die Verformungseinwirkungen in Grenzen reduziert werden, sind insbesondere die konstruktiven Maßnahmen (Abschn. 9.1.6.4)

zur Reduzierung der Verformungsbehinderungen von hoher Bedeutung für die Zielerreichung. Größere Bodenplatten bzw. Wandabschnitte sind daher mit Bewegungsfugen in Abschnittsgrößen zu unterteilen, mit denen die Zwangbeanspruchungen beherrschbar sind.

*Hinweis: Als rechnerisches Risskriterium wurde in der WU-Richtlinie 2003 der Mittelwert der zeitabhängigen Betonzugfestigkeit $f_{ctm}(t)$ mit den einwirkenden Zwangspannungen verglichen. Mit der WU-Richtlinie 2017 ist bei EGS [a] nachzuweisen, dass die Zwangspannungen $\sigma_{ct}(t)$ den charakteristischen Rechenwert der zeitabhängigen Betonzugfestigkeit $f_{ctk,5\%}(t) = 0,7 \cdot f_{ctm}(t)$ [4] **zu keinem Zeitpunkt** überschreiten. Diese Verschärfung ist z. B. bei größeren Vorhaben mit ausgedehnten Bodenplatten gleichbedeutend mit*

- *der Reduzierung der Plattenabmessungen zwischen den Bewegungsfugen auf 70 % bzw.*
- *der Vergrößerung der Bewegungsfugenlängen und den damit verbundenen Kosten um den Faktor $1/0,7 = 1,43$ (+ 43 %).*

EGS [b]: Festlegung von (geringen) Trennrissbreiten mit Selbstheilung

Bei EGS [b], der für die Kombination von BKL-1 und NKL-A nicht anwendbar ist, werden die rechnerischen Trenn-

Abb. 9.12 Entwurfsgrundsätze gemäß WU-Richtlinie mit Anforderungen an Trennrissbildungen

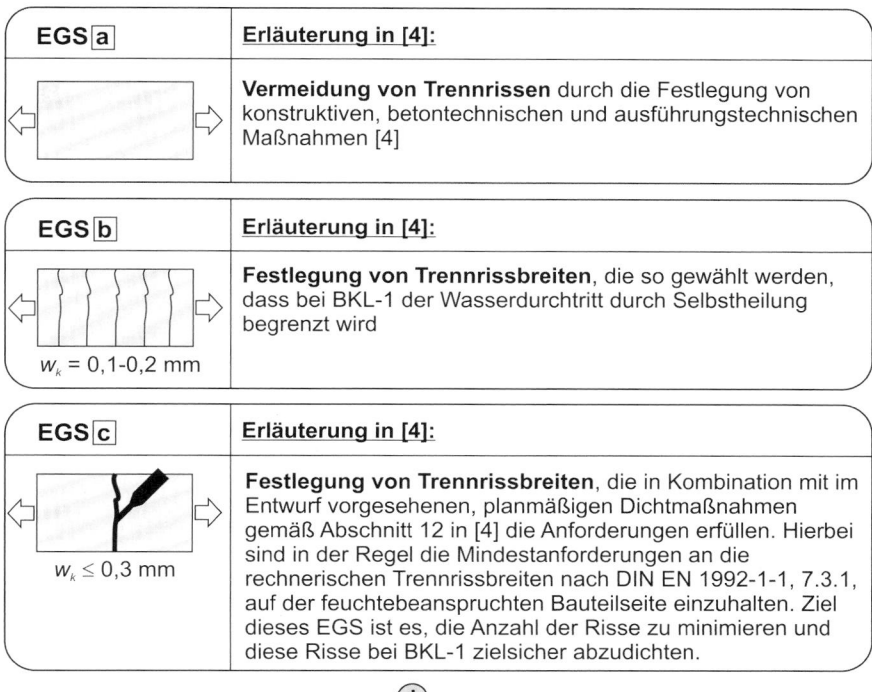

EGS a	Erläuterung in [4]:
	Vermeidung von Trennrissen durch die Festlegung von konstruktiven, betontechnischen und ausführungstechnischen Maßnahmen [4]

EGS b	Erläuterung in [4]:
w_k = 0,1-0,2 mm	**Festlegung von Trennrissbreiten**, die so gewählt werden, dass bei BKL-1 der Wasserdurchtritt durch Selbstheilung begrenzt wird

EGS c	Erläuterung in [4]:
$w_k \leq$ 0,3 mm	**Festlegung von Trennrissbreiten**, die in Kombination mit im Entwurf vorgesehenen, planmäßigen Dichtmaßnahmen gemäß Abschnitt 12 in [4] die Anforderungen erfüllen. Hierbei sind in der Regel die Mindestanforderungen an die rechnerischen Trennrissbreiten nach DIN EN 1992-1-1, 7.3.1, auf der feuchtebeanspruchten Bauteilseite einzuhalten. Ziel dieses EGS ist es, die Anzahl der Risse zu minimieren und diese Risse bei BKL-1 zielsicher abzudichten.

⊕

Für alle EGS: Planung und Ausschreibung von Dichtmaßnahmen für
1. unplanmäßige Risse (EGS a),
2. bei planmäßigen Rissen mit unplanmäßig großer Rissbreite (EGS b), die sich nicht selbst heilen.
3. planmäßige Risse bei EGS c , die mit planmäßigen Maßnahmen abzudichten sind.

rissbreiten so gering (w_k = 0,1–0,2 mm) gehalten, dass bei begrenzten Wassersäulenhöhen und Druckgefällen nach Tafel 9.7 sowie bei geeigneter chemischer Zusammensetzung (Fußnoten Tafel 9.7) des stetig, in nicht zu großer Geschwindigkeit und über einen ausreichend langen Zeitraum durch die Risse hindurch tretenden Wassers eine Selbstheilung einsetzt.

Für den Selbstheilungsprozess ist eine dauerhaft anstehende Druckwasserbeanspruchung erforderlich (nicht sichergestellt in Wasserwechselzonen). Der erforderliche Wasserdurchfluss verbietet die Aufbringung von Wand- und Bodenausbauten. Selbstgeheilte Risse trocknen ggf. nie vollständig ab bzw. können bei ungünstiger Änderung der Zwangbeanspruchungen (zulässige Rissbreitenänderung: $\Delta w_k \leq 0,1 w_k$) erneut aufreißen z. B. bei freibelüfteten Tiefgaragen. Die Anwendung des Entwurfsgrundsatzes bedingt eine Wasseranalyse (Abschn. 9.1.5.5) im Rahmen des Baugrundgutachtens, um die chemischen Voraussetzungen für den Selbstheilungsprozess zu klären (Tafel 9.7 mit Tafel 7.10).

Der EGS [b] ist in besonderem Maße abhängig von der Rissbreitenbegrenzung. Bei der Berechnung der Mindestbewehrung und der bauseitigen Beurteilung der Risse ist zu beachten: Mit dem in DIN EN 1992-1-1, 7.3 hinterlegten Riss-

breitenmodell ist es nicht möglich, Rissbreiten „exakt" zu ermitteln. Die Rechenwerte der Rissbreite w_k sind zunächst als Anhalts- und Hilfswerte eines Näherungsverfahrens zu verstehen, mit dem Mindestbewehrungen bestimmt werden, die das Auftreten unzulässiger breiter Einzelrisse verhindern sollen, welche die Dauerhaftigkeit oder das Erscheinungsbild nachteilig beeinflussen. Bei Beachtung der sonstigen Normenregeln werden geringfügige Überschreitungen der Rissbreite aber als unbedenklich angesehen [10]. Mit abnehmender Rissbreite w_k nach Tafel 9.7 erzeugt das Verfahren einen überproportional anwachsenden Mindestbewehrungsquerschnitt, da die querschnittsbestimmende Stahlspannung σ_s quadratisch in der Berechnungsgleichung von w_k berücksichtigt (s. Abb. 9.8) wird. Gleichzeitig nimmt auch die Aussagegenauigkeit des Näherungsverfahrens bei geringeren Rissbreiten ab, die infolge streuender Einflussfaktoren nur mit einer gewissen Wahrscheinlichkeit eingehalten und am Bauteil durchaus überschritten werden können. Bei einer rechnerischen Rissbreite von w_k = 0,4 mm handelt es sich um einen 95 %-Quantilwert, während bei einer Rissbreite von w_k = 0,1 mm nur noch ein 70 %-Quantil erreicht wird, d. h. 30 % der Risse werden größere Rissbreiten aufweisen (Abb. 9.13). Dabei ist zu beachten, dass die rechnerischen Rissbreiten w_k grundsätzlich auf Höhe der Bewehrungslage

Tafel 9.7 Definition Druckgefälle (oben) und Rechenwerte
der Trennrissbreiten bei NKL-B
und EGS [b], wenn der Wasser-
durchtritt durch Selbstheilung
der Risse begrenzt werden soll
(unten, [4])

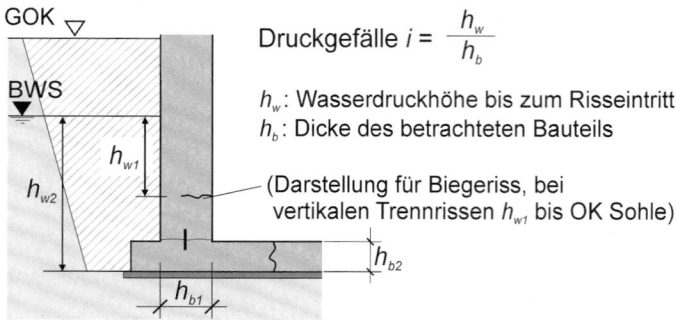

Druckgefälle $i = \dfrac{h_w}{h_b}$

h_w: Wasserdruckhöhe bis zum Risseintritt
h_b: Dicke des betrachteten Bauteils

(Darstellung für Biegeriss, bei
vertikalen Trennrissen h_{w1} bis OK Sohle)

Druckgefälle h_w/h_b[a]	Maximale Druckhöhe h_w[a]	Zulässige Rissbreite w_k[b]
≤ 10	3,0 m	0,20 mm
> 10 bis ≤ 15	6,0 m	0,15 mm
> 15 bis ≤ 25	10,0 m	0,10 mm

[a] h_w = Druckhöhe des Wassers in m; h_b = Bauteildicke in m
[b] Für angreifendes Wasser mit > 40 mg/l CO_2 (kalklösende Kohlensäure) oder mit pH-Wert
     < 5,5 darf die Selbstheilung der Risse nicht in Ansatz gebracht werden

Abb. 9.13 Aussagegenauigkeit des Rissbreitenmodells für
rechnerische Rissbreiten w_k in
Stahlbetonkonstruktionen (nach
[15], rechts [14])

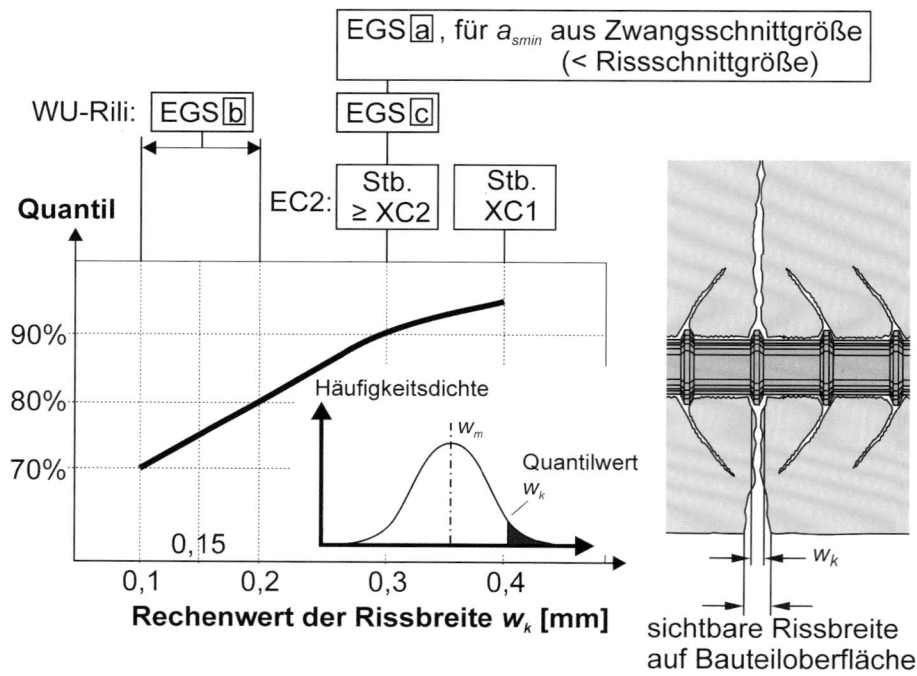

gelten. Die am Bauwerk messbaren Risse können die rechnerischen Werte um bis 0,1–0,2 mm überschreiten.

*Hinweis: In der Praxis ist noch immer eine breite Anwen-
dung des EGS [b] bei hochwertig genutzten Konstruktionen
mit NKL-A/BKL-1 festzustellen. Dies ist bereits seit Einführung der WU-Richtlinie 2003 nicht zulässig. Dass die
Anzahl der bekannten Schadensfälle nicht mit der Häufigkeit der Fehlplanungen korreliert, ist nach Auffassung des
Autors in der ebenso häufigen Fehleinschätzung der Wasserbeanspruchung beim Lastfall aufstauendes Sickerwasser zu
begründen (Abschn. 9.1.5.4).*

**EGS [c]: Festlegung von (großen) Trennrissbreiten mit
planmäßigen Dichtmaßnahmen**
Bei EGS [c] wird die Trennrissbildung mit dem Ziel gesteuert, dass behinderte Verformungen sich in gezielt angeordneten Sollrissen sowie einigen wenigen, breiten Trennrissen in der Betonkonstruktion abbauen, die gut nachträglich verpressbar sind. Zum Zeitpunkt der Wasserbeanspruchung müssen die Innenflächen der Betonkonstruktion für
die (ggf. mehrfach) erforderliche Rissabdichtung zugänglich
sein. EGS [c] wurde nach der WU-Richtlinie 2003 häufig als
Sonderfall des EGS [b] mit einer zulässigen rechnerischen

Rissbreite von $w_k = 0{,}3$ mm interpretiert. Die WU-Richtlinie 2017 stellt klar, dass auch bei EGS [c] zwangmindernde betontechnologische, ausführungstechnische und konstruktive Maßnahmen (z. B. Sollrisse) anzuwenden sind, um die Anzahl der nachträglich abzudichtenden Risse in der Konstruktion zu minimieren (s. a. Abb. 9.12). Das Abdichten der Risse ist zu planen und sollte unbedingt vor Nutzungsbeginn erfolgen. Steht die Wasserbeanspruchung nicht vor Nutzungsbeginn an, können Biege- und Trennrisse ggf. nicht zielsicher unterschieden werden bzw. später wasserführende Trennrisse werden nicht erkannt. In diesem Fall kann für BKL-1 und NKL-A vorsorglich die Abdichtung aller sichtbaren Risse vor der Nutzung erwogen werden.

Risikoverteilung EGS, planerisch zugehörige Dichtmaßnahmen und Zugänglichkeitsvoraussetzung

Für **alle** Entwurfsgrundsätze sind planmäßige Dichtmaßnahmen nach [4], Kapitel 12 für unerwartet entstandene Trennrisse bzw. für Trennrisse, deren Breite über dem entwurfsmäßig festgelegten Wert liegt, vorzusehen (s. auch Abb. 9.12). Selbst bei umfänglicher Planung und qualitätvoller Ausführung verbleibt somit für die Nutzungsphase ein Restrisiko, dass Risse entstehen, welche die Anforderungen der Nutzungsklasse nicht erfüllen. Für die nachträgliche Abdichtung dieser Risse, die vorwiegend von den Bauteilinnenflächen her durch Rissverfüllarbeiten nach Kapitel 12 der Richtlinie erfolgt, müssen die Innenflächen der WU-Konstruktion mit verhältnismäßigem Aufwand zugänglich sein, damit der in Abschn. 9.1.1 beschriebene Vorteil der einfachen Instandsetzung von Fehlstellen in von WU-Konstruktionen erhalten bleibt.

Die Zugänglichkeit zu Rissen ist bei Konstruktionen mit NKL-B vielfach kein Problem, da die luftseitigen Oberflächen auch in der Nutzung häufig zugänglich bleiben z. B. bei Parkgaragen (auch Bodenplatten mit OS-Systemen). Bei hochwertig genutzten WU-Konstruktionen der NKL-A allerdings werden die luftseitigen Oberflächen regelmäßig durch Wand- und Bodenaufbauten oder TA-Geräte verdeckt. Wassereintrittsstellen sind dann nicht unmittelbar sichtbar und deren Auffindung bzw. Beseitigung erfordert die raumweise Freilegung der luftseitigen Oberfläche. Die Verhältnismäßigkeit der zu schaffenden Zugänglichkeit als juristischer Dehnungsparameter wird z. B. an den Kosten für zu entfernende oder zu ersetzende Wand- und Bodenaufbauten sowie an Nutzungsausfällen orientiert. Insofern ist eine vollumfängliche, dokumentierte Aufklärung des Bauherrn über die Risiken der Bauweise und eine Abstimmung verträglicher Aufbauten unumgänglich. Es sind folgende Abstimmungen zur Risikominimierung zu empfehlen:

- ggf. Verzicht auf schwimmende Bodenaufbauten mit Wasserquerleitungen, d. h. Abwägung des Verlusts der Trittschallisolierung mit vergleichsweise geringen negativen Auswirkungen und Gewinn der Zugänglichkeit zur

luftseitigen Oberfläche (z. B. Bodenplatte + staubbindender Anstrich oder Bodenplatte und mit aufreißender Verbundestrich).
- Verzicht auf Fußbodenheizungen oder sehr hochwertige Bodenaufbauten, deren Entfernung und Ersatz mit hohen Kosten verbunden sind. Verträgliche Aufbauten, die auch das Austrocknen der Baufeuchte schadensfrei zulassen, sind z. B. [7] zu entnehmen.
- TA-Anlagen sind mit ausreichendem Abstand (mind. 50 cm [7]) zu den WU-Bauteilen aufzustellen, d. h.
  - Ggf. Doppelböden/Aufständerungen auf der Bodenplatte erforderlich;
  - Montagen an WU-Wänden sind zu vermeiden, an Innenwänden zu bevorzugen.

Dies gilt insbesondere für solche Anlagen, die aus betrieblichen Gründen nicht demontiert werden können, d. h. die dauerhaft und ausnahmslos die Zugänglichkeit versperren z. B. Lüftungsanlagen in Laboren oder Netz-Ersatz-Aggregaten (NEA).

Hinweis: In vielen Projekten ist festzustellen, dass infolge der dem Rohbau nachlaufenden Planung und Ausführung der TA-Gewerke die o. g. Vorgaben nicht beachtet werden, selbst wenn diese dokumentiert und kommuniziert wurden. Daher wurde in der WU-Richtlinie 2017 die Sicherstellung der Zugänglichkeit explizit in die Planungsverantwortungen des Objekt- und TA-Planers verschoben.

Anwendung der EGS in Abhängigkeit der NKL/BKL

Die EGS sind nicht für alle Kombinationen von NKL und BKL gleichermaßen sinnvoll einsetzbar. In Abb. 9.14 sind mögliche Kombinationen dargestellt.

BKL-1 & NKL-A: Es sind nur die EGS [a] und [c] anwendbar. Für den EGS [a] ist nachzuweisen, dass die rechnerischen Zwangspannungen im Beton nicht den Zeitwert der charakteristischen Zugfestigkeit erreichen. Für EGS [c] sind alle Trennrisse vor Nutzungsbeginn zu verschließen. Können Biege- und Trennrisse wegen fehlenden Wasserdrucks nicht zielsicher unterschieden werden, kann die vorsorgliche Abdichtung aller Risse erwogen werden.

BKL-1 & NKL-B: Es sind alle EGS anwendbar. Der hohe Aufwand des EGS [a] kann sinnvoll sein, wenn innerhalb des Bauteils (z. B. Bodenplatte) auch Bereiche mit NKL-A vorliegen und ein Wechsel der EGS konstruktiv nicht sinnvoll ist. Bei den EGS [b] und [c] darf in Verbindung mit NKL-B die Rissheilung bzw. die planmäßige Rissabdichtung auch nach dem Nutzungsbeginn erfolgen.

BKL-2: Es sind für beide NKL jeweils alle EGS anwendbar. Da kein drückendes Wasser ansteht, ist der Aufwand für den EGS [a] oft nicht gerechtfertigt. Bei EGS [b] sind die Rissbreiten in Wänden und Bodenplatte für NKL-A auf

Abb. 9.14 Anwendung der EGS in Abhängigkeit der BKL und NKL (nach [6] mit Ergänzungen)

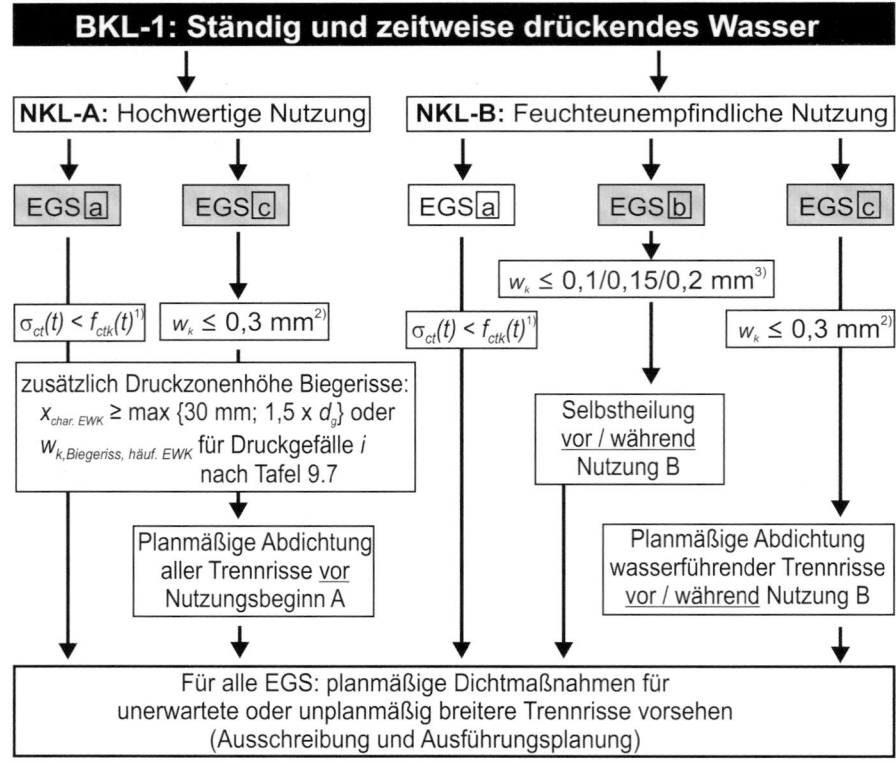

Erläuterungen:

EGS besonders geeignete EGS-Wahl nach Erfahrung des Autors

[1] Rissvermeidungskriterium nach [4], Mindestbewehrung für Zwangschnittgröße
   (< Rissschnittgröße) mit $w_k = 0{,}3$ mm nach DIN EN 1992-1-1, 7.3.1 auslegen
[2] nach [2] mit quasi-stä. EWK für XC2, an XC1-Innenseite auch $w_k = 0{,}4$ mm zulässig
[3] Rissbreiten in Abh. des Druckgefälles i (häuf. EWK)
[4] seit WU-Rili 2017 für Bodenplatten (zuvor 0,3 mm) und Wände einzuhalten,
   Begrenzung des lokalen Wasserdampfdurchtritts (häuf. EWK)
[5] Auslegung für Rissbreite $w_k = 0{,}3$ mm (DIN EN 1992-1-1, 7.3.1) oder größer;
   Risse ≤ 0,2 mm bleiben unverpresst (quasi-stä. EWK)

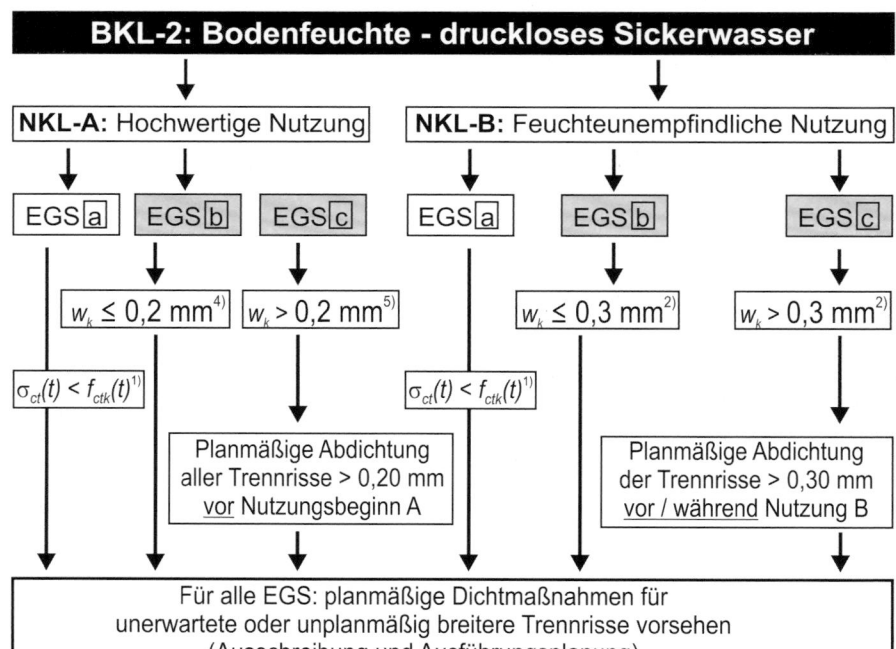

$w_k = 0{,}2\,\text{mm}$, für NKL-B auf $w_k = 0{,}3\,\text{mm}$ zu begrenzen. Bei EGS [c] sollen bei NKL-A alle Risse mit einer Breite $> 0{,}2\,\text{mm}$ abgedichtet werden, bei NKL-B ab einer Breite von 0,3 mm. Die Auslegung der rechnerischen Rissbreite darf jedoch für beide NKL für $w_k = 0{,}3/0{,}4\,\text{mm}$ (erdseitige Bewehrung mit XC2, luftseitige Bewehrung mit XC1) erfolgen.

WU-Dächer: Bei WU-Dächern (stets BKL-1; NKL-A immer empfehlenswert) darf der EGS [b] nicht angewendet werden. Bei hohen Bewehrungsgraden infolge großer Überschüttungslasten kann der EGS [c] nicht immer zielsicher umgesetzt werden, da sich die angestrebten, wenigen Risse mit großer Breite nicht einstellen können. Im Ergebnis ist daher für WU-Dächer häufig der EGS [a] zu wählen.

Grenzen des EGS [a]

Der anspruchsvolle EGS [a] ist bei wenig tragfähigem Baugrund in Kombination mit NKL-A und BKL-1 nur mit Einschränkungen geeignet, da durch Fugenteilungen in größeren Bodenplatten nicht die volle Bodenplattensteifigkeit zur gleichmäßigen Einleitung der Bauwerkslasten in den Untergrund zur Verfügung steht (Abb. 9.15). Die Herstellung der Verformungsverträglichkeit zwischen den Plattenabschnitten ist durch die Tragfähigkeit üblicher Verdornungen begrenzt. Bei EGS [c] steht hingegen die volle Plattensteifigkeit zur großflächigen und gleichmäßigen Lasteinleitung der Gebäudelasten in den wenig tragfähigen Baugrund zur Verfügung.

Der EGS [a] kann auch bei Sondergründungen risikobehaftet sein, wenn die Rückstellkräfte aus z. B. Baugrundreibungen, seitlichen Pfahlbettungen, Einspannwirkungen und schräg gestellten Pfählen nicht ausreichend genau betrachtet werden. Es sollte nicht per se unterstellt werden, dass geringere Verformungsbehinderungen vorliegen als bei flächiger Auflagerung auf tragendem Baugrund.

9.1.6.3 Betontechnologische und ausführungstechnische Maßnahmen zur Umsetzung der EGS

Übersicht

Die WU-Richtlinie 2017 [4] sieht folgende betontechnologischen Maßnahmen vor:
- Festlegung von Betonrezepturen mit niedriger Hydratationswärmeentwicklung (gegebenenfalls ergänzt durch wärmehaltende Nachbehandlung);
- Kühlung des Frischbetons;
- Betonage mit möglichst niedrigen Frischbetontemperaturen.

Als ausführungstechnische Maßnahmen werden die Folgenden in [4] benannt:
- Frühzeitig einsetzende Nachbehandlung;
- Schutz vor direkter Sonneneinstrahlung;

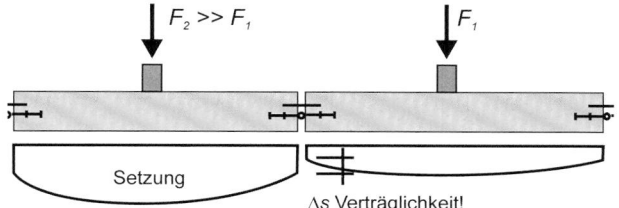

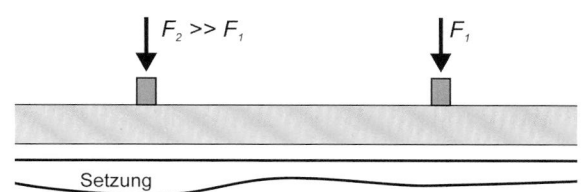

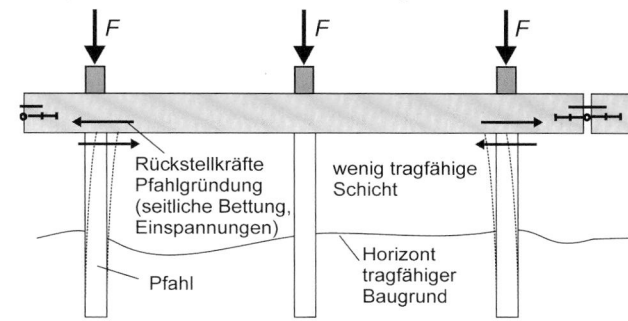

Abb. 9.15 Anwendungsgrenzen des EGS [a] bei wenig tragfähigem Baugrund (nach [16])

- Wahl des richtigen Betonierzeitpunktes;
- Wärmehaltende Maßnahmen nach Überschreiten des Temperaturmaximums.

Der überwiegende Anteil der Maßnahmen zielt auf die Verringerung der Verformungseinwirkungen, d. h. im Wesentlichen auf eine Verringerung der Temperaturabkühlung infolge abfließender Hydratationswärme ab (s. Abb. 9.16 A. und B.).

Mit zusätzlichen wärmehaltenden Maßnahmen wird die Abkühlung des jungen Betons verlangsamt, damit sich die Zwangspannungen langsamer als die Zugfestigkeit entwickeln (Abb. 9.16 C.). Die weiteren aufgeführten Ausführungsmaßnahmen, allen voran die Nachbehandlung, reduzieren zudem die Eigenspannungen, die ansonsten z. B. infolge rascher Austrocknung oder Auskühlung entstehen.

Wirkung betontechnologischer Maßnahmen

Bei üblichen Hochbauten, die überwiegend mit Transportbetonen hergestellt werden, ist folgendes zur Wirksamkeit und

Abb. 9.16 Zwangreduzierung durch betontechnologische und ausführungstechnische Maßnahmen, nach [16, 22]

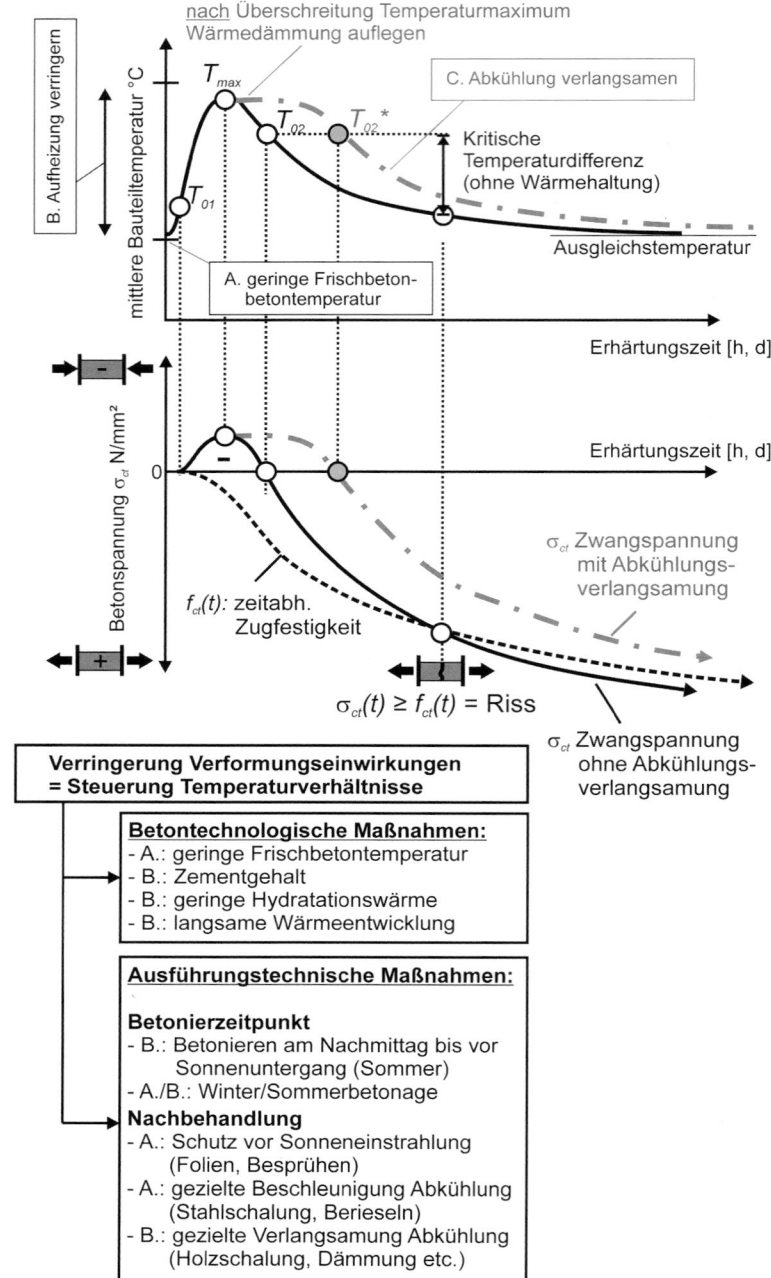

Verfügbarkeit betontechnologischer Maßnahmen zu beachten:

• Eine geringe Frischbetontemperatur stellt einerseits eine niedrige Ausgangstemperatur für die Entwicklung der mittleren Bauteiltemperatur (Abb. 9.16) dar und wirkt sich andererseits auch günstig auf eine geringere Hydratationswärmeentwicklung (geringere Reaktivität) aus. Es ergibt sich eine geringere Maximaltemperatur T_{max} (Abb. 9.16) sowie eine geringere kritische Temperaturdifferenz. Eine aktive Frischbetonkühlung durch Kühlung der Ausgangsstoffe (s. Tafel 9.8), Eiszugabe oder

mit Stickstoff ist bei den meisten Transportbetonwerken aufgrund zu hoher Kosten bei gleichzeitig zu geringer Nachfrage nicht verfügbar. Sie ist i. d. R. nur bei Großbaustellen mit großen Betoniermengen und mobilen Betonmischanlagen umsetzbar und wirtschaftlich abzubilden. Daher ist bei Transportbeton die witterungsbedingte Temperatur bei Auslieferung zu unterstellen, die im Allgemeinen höher als die Lufttemperatur ist (einfache Abschätzung: +5 K). In warmen Sommern kann die Abfahrtemperatur ab Werk über 30 °C betragen [33]. Die häufig von Planern unter Annahme aktiver Kühlmöglichkeiten ganz-

Tafel 9.8 Kühlung Ausgangsstoffe zur Verringerung der Frischbeton-temperatur

Kühlung Betonbestandteil um 10 K	Änderung der Frischbeton-temperatur um
Gesteinskörnung	$-(7-8\,K)$ [6]
Zement	$-(1-2\,K)$ [6]
Zugabewasser	$-(1-2\,K)$ [6]
Fahrmischer (Sommertag)	$+(2\,K)$
Betonpumpe	$+(1-2\,K)$

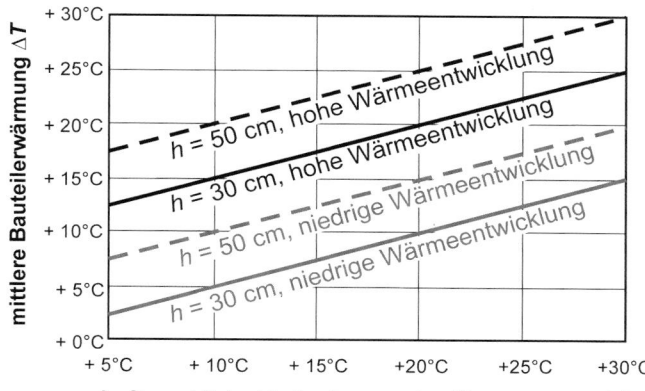

Abb. 9.17 Einfluss der Wärmeentwicklung des Betons auf die Bauteil-erwärmung infolge Hydratation [6]

jährlich vorgegebene Frischbetontemperatur von 15 °C lässt sich nur bei Lufttemperaturen von ca. 10–12 °C einhalten.

- Verwendung von Betonen mit geringen Zementgehalten abweichend zur DIN EN 206-1, die mit Verwendungsnachweisen (allg. bauaufs. Zulassungen) eingebaut werden. Diese weisen geringe Wärmeentwicklungen und geringe Frühfestigkeiten (= geringe Mindestbewehrung für frühen Zwang, s. auch Abschn. 9.1.7) auf, sind aber ggf. bei öffentlichen Auftraggebern und geforderter Produktneutralität nicht zielsicher ausschreibbar.
  Hinweis: Als Sondervorschlag der Baufirma eingesetzt, können mit diesen Betonen bei großen Bauvorhaben mit EGS [b] und [c] erhebliche Mengen an Mindestbewehrung eingespart werden.
- Sinnvoll ist die Vorgabe der Festigkeitsentwicklung des Betons:
  - Sommer und warme Frühjahr- und Herbsttage: langsame Festigkeitsentwicklung (CEM III + FA zur Reduktion Zementgehalt)
  - Winter und kühlere Witterung: mittlere Festigkeitsentwicklung (CEM I und CEM II)

  Bei der Vorgabe von Betonen mit langsamer Festigkeitsentwicklung und geringer Wärmeentwicklung ist zu beachten, dass CEM III-Zemente nicht flächendeckend in Deutschland zu jeder Jahreszeit verfügbar sind und deren lokale Verfügbarkeit abgefragt werden sollte. Werden Betone mit langsamer Festigkeitsentwicklung vorgegeben,
  - ergibt sich eine geringe Wärmeentwicklung durch die verwendeten CEM III-Zemente (Abb. 9.16 B. und 9.17) und ggf. Flugaschezugabe;
  - ist ggf. ein späteres Nachweisalter (56d, 91d) mit dem Überwacher und Bauherrn abzustimmen;
  - verlängern sich Ausschalfristen und Nachbehandlungsdauer (ohne Vorgabe der Festigkeitsentwicklung wird die Baustelle daher Betone mit normaler oder schneller Festigkeitsentwicklung wählen);
  - erhöht sich die Nacherhärtung nach dem Prüfzeitpunkt erheblich.

Zusammengefasst sind die am Markt bei den Transportbetonwerken abrufbaren betontechnologischen Maßnahmen stark begrenzt. Empfehlenswert und sinnvoll ist die Vorgabe

einer langsamen Festigkeitsentwicklung im Frühjahr, Sommer und Herbst bei warmen Witterungen (z. B. Definition in [25]: Frischbetontemp. $\geq$ 15 °C und mittlere Lufttemperatur im Erhärtungszeitraum > 10 °C).

Wirkung ausführungstechnischer Maßnahmen

Ausführungstechnische Maßnahmen können die vorgenannten betontechnologischen Maßnahmen sinnvoll ergänzen.

- Jahreszeitlicher Betonierzeitpunkt
  Das Betonieren zu kühlen Jahreszeiten mit geringen Schwankungen der Tageslufttemperatur ist besonders günstig, da sowohl die Frischbetontemperatur als auch die Wärmeentwicklung infolge der verlangsamten Hydratationsgeschwindigkeit gering sind. Bodenplatten, die bei kühler Witterung hergestellt wurden, weisen auch bei späteren Temperaturwechseln in der Nutzung nur wenige Risse auf. Die zur Rissdehnung von Beton ($\varepsilon_c \sim$ 0,1–0,15 ‰, s. Abb. 9.8) korrespondierende Temperaturabkühlung von 10–15 K im Vergleich zur Aufstelltemperatur ($\sim$ Umgebungstemperatur beim Abfließen der Hydratationswärme) wird in der Nutzung oft nicht erreicht. Besonders ungünstig ist im Umkehrschluss die Herstellung bei hohen Temperaturen.
- Tageszeitlicher Betonierzeitpunkt
  Die Verlegung des Betonierens in den Nachmittag oder Abend kann die Wärmezugewinne infolge des Fahrmischers und der Strahlungswärme verringern. Für die Transportbetonwerke sind Nachbetonagen selbst bei höherem Betonpreis unattraktiv, da die Ruhezeitregelungen der Fahrzeugführer zu Schichtausfällen führen.
- Nachbehandlung/Schutz vor Wärmeeinstrahlung und schlagartiger Auskühlung
  Die frühzeitig einsetzende und ausreichend lange andauernde Nachbehandlung (bei langsamer Festigkeitsentwicklung länger, s. Tafel 7.13) ist essentiell zur Vermeidung schneller Austrocknung/Verdunstung/Auskühlung

und der sonst auftretenden Oberflächenrisse (Eigenspannungen) bzw. zur Sicherstellung der geforderten Dichtigkeit und Dauerhaftigkeit der Betonrandzone. Die Aufheizung der Oberflächen durch Sonneneinstrahlung sollte bautechnisch insbesondere bei dünnen Bauteilen vermieden werden, da deren Temperaturprofil sich rasch der Oberflächentemperatur anpasst, während dickere Bauteile auf die täglichen Temperaturschwankungen kaum reagieren.

- Wärmehaltende Maßnahmen (Abb. 9.16 C.)
Durch Auflegung einer wärmedämmenden Folie (Luftpolsterfolie) nach Überschreitung des Temperaturmaximums kann der Abkühlprozess und der Aufbau der Zwangspannungen verlangsamt werden, um diese unterhalb der Betonzugfestigkeitsentwicklung zu halten. Die Größe der Temperaturabkühlung und der resultierenden Zwangbeanspruchung wird jedoch nicht verringert (Abb. 9.16 C.). Die günstige Beeinflussung der Rissbildung von Bodenplatten infolge wärmehaltender Maßnahmen wird von Bauausführenden in der Praxis vielfach bestätigt. Neuere Untersuchungen [18, 19] zeigen jedoch, dass in den Reißrahmenversuchen im Labormaßstab die Rissbildung durch wärmehaltende Maßnahmen nicht zielsicher auszuschließen ist.

9.1.6.4 Konstruktive Maßnahmen zur Umsetzung der EGS

Die konstruktiven Maßnahmen sind für die erfolgreiche Umsetzung der EGS [a] und [c] unverzichtbar und verfolgen die Reduzierung von Verformungsbehinderungen. Konstruktive Maßnahmen weisen in der Einzelbetrachtung aller drei Maßnahmen den höchsten Wirkungsgrad bzgl. der Reduzierung der Rissbildung auf. Sie können durch betontechnologische und ausführungstechnische Maßnahmen sinnvoll ergänzt werden, die aber teilweise erst im Rahmen eines (Beton)Startgesprächs kurz vor der Ausführung in Wirkung und Umsetzbarkeit greifbar werden. Demgegenüber bieten die konstruktiven Maßnahmen für den planenden Ingenieur den Vorteil, dass sie bereits zum frühen Planungszeitpunkt in ihrer Wirkung zuverlässig beschreibbar und bewertbar sind. Sie greifen vielfach signifikant in die statischen Systeme von Bodenplatte, Kellerwände, WU-Dach und Gebäudeaussteifungen sowie in die Bewehrungsplanung ein, so dass der Entwurf der WU-Konstruktion einschließlich der zugehörigen konstruktiven Maßnahmen spätestens zur Leistungsphase 3 erfolgen sollte.

Verringerung der Verformungsbehinderungen von Bodenplatten

Bodenplatten liegen flächig auf dem Baugrund auf und stehen mit diesem sowohl in vertikaler (Bodenpressungen) als auch horizontaler Richtung (Reibung und horizontale Bau-

grundnachgiebigkeit) in Wechselwirkung. Je nach Plattendicke und Lagerungsbedingung entstehen unterschiedliche Zwangbeanspruchungen:

- Zentrische Zwangbeanspruchungen entstehen vorwiegend aus der horizontalen Interaktion mit dem Baugrund oder durch Einspannung in benachbarte Bauteile (s. a. Tafel 9.1 und 9.9).
- Biegezwänge entstehen insbesondere bei dicken Platten ($h > 80$ cm, Grenzbereich zum Übergang auf massige Bauteile nach DAfStb-Rili [34]) aus dem Aufschüsseln bzw. Verwölben der Bodenplatte infolge von Temperaturunterschieden zwischen Ober- und Unterseite und der Aktivierung des Eigengewichts (Tafel 9.1).

Die zentrischen Zwänge sind umso größer, je stärker horizontale Verformungen der Platte z. B. durch monolithische Verbindungen zu Einzel- oder Streifenfundamenten behindert werden (Tafel 9.9 A.1 und A.2). Für die Umsetzung der EGS [a] und [c] sind daher Platten mit ebener Unterseite und begrenzter Reibung zum Untergrund erforderlich. Die Reibung zum Untergrund bzw. auf der Sauberkeitsschicht kann durch die Ausbildung von Gleitschichten reduziert werden (Tafel 9.9). Bei Baugründen mit geringen Steifemoduln E_B und entsprechend geringen Rückstellkräften ist der Zwangaufbau ebenfalls stark verringert. Bei EGS [a] sind ausgedehnte Bodenplatten mit Bewegungsfugen in Abschnitte zu unterteilen, für deren Länge eine rechnerische Rissfreiheit ermittelbar ist. Die für die Modelle in Abschn. 9.1.7.2 erforderlichen Reibungsbeiwerte und Steifemoduln sind in Tafel 9.9 angegeben.

In größeren Gebäuden sind Vertiefungen unterhalb der Bodenplatte z. B. in Form von Aufzugsunterfahrten, Übergabeschächten und Pumpensümpfen oft nicht vermeidbar und können allein aus den Fluchtwegerfordernissen des Brandschutzes heraus meist nicht im Verformungsruhepunkt der ebenen Bodenplatte angeordnet werden (Abb. 9.18 A.1 und A.2). Auch Randlagen von Vertiefungen verschieben den Festhaltepunkt ungünstig und vergrößern die Verschiebungswege Δu einseitig (Abb. 9.18 A.3). Damit Unterfahrten und Pumpensümpfe nicht zu Verkrallungen mit dem Baugrund führen, sind diese entweder abzufugen oder zum Ruhepunkt der ebenen Platte hin weich zu ummanteln (Abb. 9.18 A.). Abfugungen der Unterfahrten aussteifender Aufzugskerne sind konstruktiv nicht sinnvoll (s. a. Abb. 9.23).

Sprunghafte Geometrieänderungen im Grundriss und Querschnitt von Bodenplatten führen zu Trennrissen infolge der Spannungsänderungen und -umlenkungen. Durch Anvoutungen lässt sich bei Querschnittsänderungen (Abb. 9.18 B.1) die Rissneigung reduzieren, allerdings nicht gänzlich vermeiden. Durch Sollrisselemente oder auch Bewegungsfugen können an diesen Stellen jedoch gezielt Verformungseinwirkungen abgebaut bzw. Trennrisse vorgegeben werden (Abb. 9.18 B.1 und B.2).

Tafel 9.9 Lagerungsbedingungen von Bodenplatten

A: Hohe Verformungsbehinderungen

A.1: Streifenfundamente

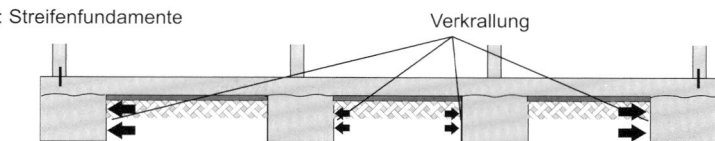

A.2: mehrfache Bodenplattenabfaltungen

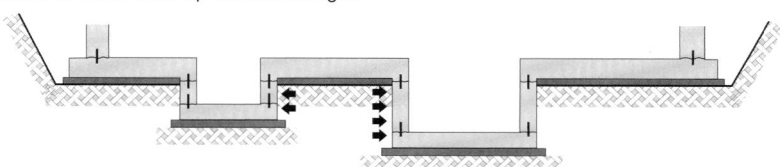

B: Geringere Verformungsbehinderungen

B.1: Unterseitig ebene Bodenplatte auf
  i) Gleitreibungsschicht oder
  ii) nachgiebigem Baugrund

i) Gleitreibungsschicht zwischen Sauberkeitsschicht und
Bodenplatte oder zwischen Sauberkeitsschicht und Baugrund

$\Delta u \rightarrow$ $\leftarrow \Delta u$

ii) horizontal nachgiebiger Baugrund

Pressung σ_0

Reibung R

Δu angenommener Ruhepunkt

Zwangnormalkraft aus Reibung

$$N = \sigma_0 \cdot \mu \cdot 1\,\text{m/m} \cdot L/2$$

L

B.2 Ausgewählte Reibungsbeiwerte aus [9,10] (Anhaltswerte, obere Werte empfohlen)

Untergrund	Gleitschicht/Trennlage	Reibungsbeiwert μ [-] für 1. Verschiebung
Sauberkeitsschicht auf Mineralgemisch (Kies) ohne Sandbettung	keine Trennlage	~ 1,4-2,1
Sauberkeitsschicht auf feinkörn. Sandbett 6-10 cm, Korndurchmesser < 0,35 mm	keine Trennlage	~ 0,7
Sauberkeitsschicht, rau abgezogen	2-lagige PE-Folie (0,2 mm) auf Sauberkeitsschicht	h_{BoPla} = 30 cm → ~2,0 h_{BoPla} = 150 cm → ~1,3
Perimeterdämmung auf Sauberkeitsschicht (10 cm), flügelgeglättet mit hoher Ebenheit (halbe Werte nach DIN 18202, Tab. 3, Z. 3) und beliebigem Baugrund	Schichtenfolge ↓: Sohlplatte, Folie, Dämmung, Unterbeton	h_{BoPla} ≤ 30 cm → ~0,8 h_{BoPla} ≥ 80 cm → ~0,5
Sauberkeitsschicht (10 cm), flügelgeglättet mit hoher Ebenheit (halbe Werte nach DIN 18202, Tab. 3, Z. 3)	2-lagige PEHD-Folie (je 0,75 mm mit innenliegendem Vlies) auf Sauberkeitsschicht	~0,6-1,0
	Bitumenschweißbahn, stumpf gestoßen	h_{BoPla} = 30 cm → ~0,45 h_{BoPla} > 100 cm → ~0,2

B.3 Steifemoduln nach [10,35] zur Bestimmung der horizontalen Baugrundnachgiebigkeit

Bodenart		Steifemodul E_B [MN/m²]
Fels	kompakt	> 1000
Schotter		150-300
Sand	locker, rund / locker, eckig	20-50 / 40-80
	mitteldicht, rund / mitteldicht, eckig	50-100 / 80-150
Kies	ohne Sand	100-200
Ton	weich / steif / halbfest	1-2,5 / 2,5-5 / 5-10
Mergel	fest	30-100
Lehm	weich / halbfest	4-8 / 5-20
Schluff		3-10

Abb. 9.18 Bodenplatten: Zwangbeanspruchungen durch Vertiefungen und Geometrieänderungen (B: nach [9])

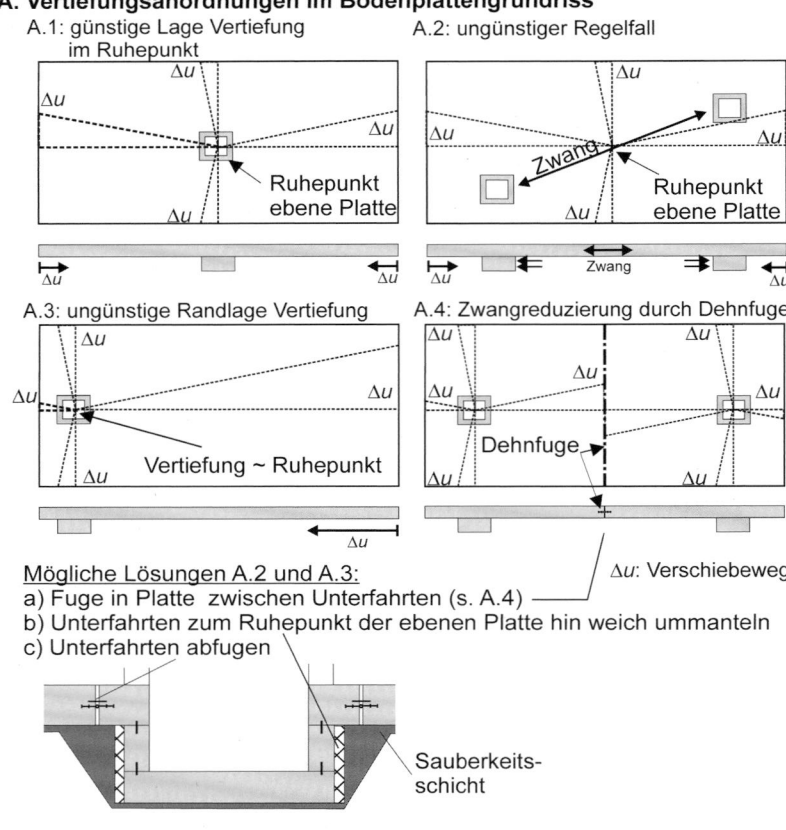

A. Vertiefungsanordnungen im Bodenplattengrundriss

A.1: günstige Lage Vertiefung im Ruhepunkt

A.2: ungünstiger Regelfall

A.3: ungünstige Randlage Vertiefung

A.4: Zwangreduzierung durch Dehnfuge

Δu: Verschiebeweg

Mögliche Lösungen A.2 und A.3:
a) Fuge in Platte zwischen Unterfahrten (s. A.4)
b) Unterfahrten zum Ruhepunkt der ebenen Platte hin weich ummanteln
c) Unterfahrten abfugen

B. Geometriebedingte Risse in Bodenplatten

B.1 Querschnittsänderungen (Schnitte)

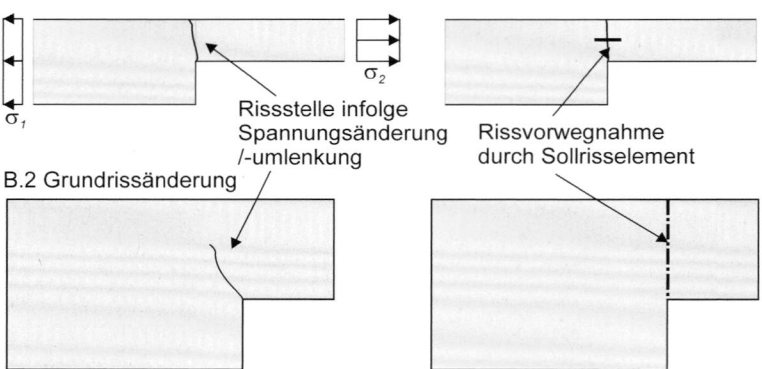

B.2 Grundrissänderung

Planung und Konstruktion von Arbeits-, Sollriss- und Bewegungsfugen (konstruktive Aspekte)

Fugen in WU-Konstruktionen ergeben sich:

- aus baubetrieblichen Abläufen (Arbeitsfugen in Bodenplatten, Wänden und zwischen Bodenplatten- und Wandabschnitten),
- aus konstruktiven Maßnahmen, um die Verformungsbehinderungen und Rissgefahr zu reduzieren (Bewegungs- und Sollrissfugen).

Alle Fugen sind planmäßig festzulegen und entwurfsgemäß auszuführen [4]. Für ungewollte Arbeitsfugen als Folge un-

vorhersehbarer Arbeitsunterbrechungen gelten die gleichen Grundsätze wie für die entwurfsgemäße Ausführung [4]. Die konstruktiven Wirkungen der in Abb. 9.19 zusammengestellten, wesentlichen Fugenarten lassen sich wie folgt beschreiben:

- **Bewegungsfugen (auch Dehnfugen):** In Bewegungsfugen werden Betonquerschnitt und Bewehrung vollständig unterbrochen (Abb. 9.19 A.1) und vom Stahlbetonquerschnitt keine Schnittkräfte ($N = M = V = 0$) übertragen. Eine vertikale Verformungsgleichheit aneinandergrenzender Plattenabschnitte und die zugehörige Quer-

Abb. 9.19 A. konstruktive Fugenarten, B. Zwangbeanspruchungen
bei abschnittsweiser Herstellung
ausgedehnter Bodenplatten [22],
C. Hydratationsgasse [4, 10]
(Fugenabdichtungen in Tafel 9.13)

**A. Wesentliche konstruktive Fugenarten innerhalb von Bodenplatten
(Wände analog)**
A.1 Dehnfuge (auch „Bewegungsfuge")

ggf. Verdornung für vertikale Querkraftübertragung (horizontale
Querkraft und Normalkraft durch Gleit-
hülsen ausgeschaltet)

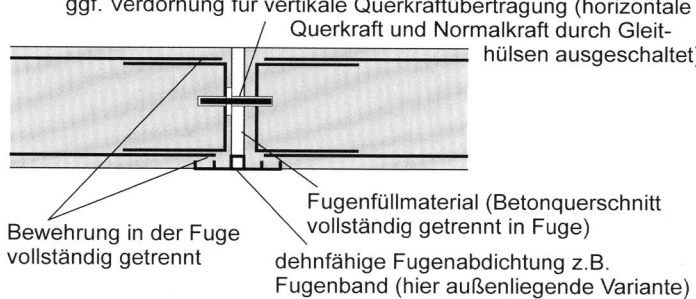

Bewehrung in der Fuge
vollständig getrennt

Fugenfüllmaterial (Betonquerschnitt
vollständig getrennt in Fuge)

dehnfähige Fugenabdichtung z.B.
Fugenband (hier außenliegende Variante)

A.2 Arbeitsfuge in Bauteilebene   Fugenabdichtung

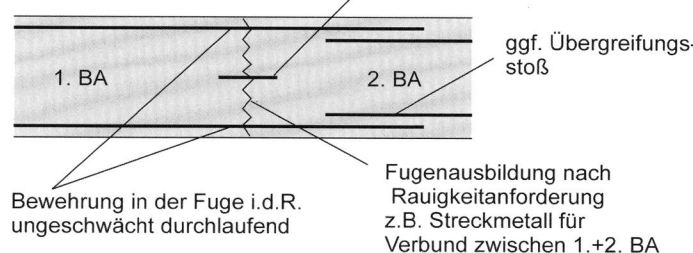

ggf. Übergreifungs-
stoß

Bewehrung in der Fuge i.d.R.
ungeschwächt durchlaufend

Fugenausbildung nach
Rauigkeitanforderung
z.B. Streckmetall für
Verbund zwischen 1.+2. BA

A.3 Sollrissfuge (auch „Scheinfuge")

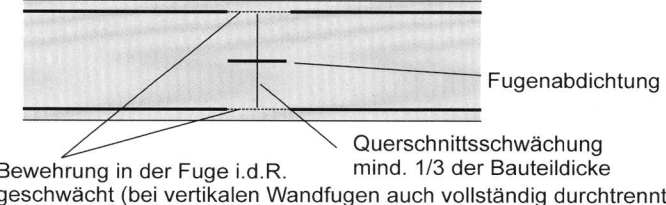

Fugenabdichtung

Querschnittsschwächung
mind. 1/3 der Bauteildicke

Bewehrung in der Fuge i.d.R.
geschwächt (bei vertikalen Wandfugen auch vollständig durchtrennt)

**B. Zwangbeanspruchungen aus Betonierabschnittsbildung
(Grundrisse)**

B.1 Teilung durch Dehnfugen   B.2 Teilung durch Arbeits-/Sollrissfugen

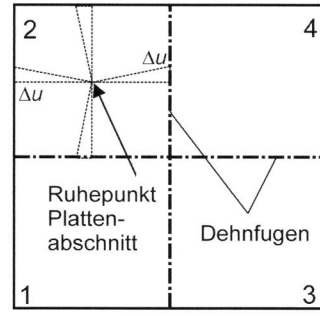

Ruhepunkt
Platten-
abschnitt

Dehnfugen

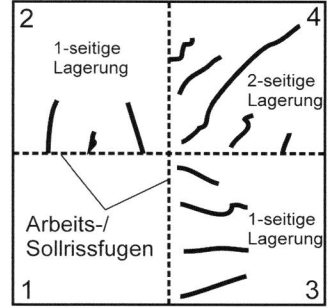

1-seitige
Lagerung

2-seitige
Lagerung

Arbeits-/
Sollrissfugen

1-seitige
Lagerung

C. Hydratationsgasse   doppelte Arbeitsfuge mit Fugenabdichtung
z.B. beschichtetes Fugenblech, bei kreuzenden
Gassen besser
außenliegende
Arbeitsfugenbänder

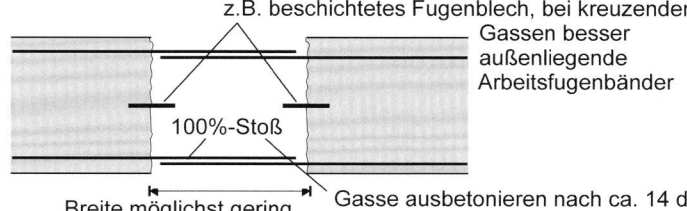

100%-Stoß

Breite möglichst gering,
Empfehlung in [10]: ≤ 2 x Bauteildicke
(abh. von Stoßlänge)

Gasse ausbetonieren nach ca. 14 d

kraftübertragung werden bei Erfordernis durch Verdornungen sichergestellt, die in den anderen Richtungen gleitend sind. Als dehnfähige Fugenabdichtungen kommen meist innen- und außenliegende Dehnfugenbänder zum Einsatz (s. a. Abschn. 9.1.6.6).

Bewegungsfugen sollen gemäß der WU-Richtlinie [4] möglichst vermieden werden, da sie eine begrenzte Lebensdauer aufweisen sowie wartungs- und schadensanfällig sind. Sie sind aber beim EGS [a] unverzichtbar, um

– große Platten in Abschnitte zu unterteilen, die sich unabhängig voneinander verformen können und deren Interaktionslängen mit dem Untergrund entsprechend verringert sind (Abb. 9.18 A.4);

– WU-Dächer von benachbarten Gebäudeteilen zu entkoppeln (s. a. Abb. 9.23).

- **Arbeitsfugen:** Arbeitsfugen ergeben sich aus dem bautrieblichen Arbeitsablauf, begrenzen den Betonierabschnitt in seinen Abmessungen und übertragen Schnittkräfte ($N, M, V > 0$). Sie werden auch in oberirdischen Stahlbetonkonstruktionen wie z. B. Decken oder Wänden zur Einteilung von Betonierabschnitten genutzt.

Typische Arbeitsfugen bei WU-Konstruktionen sind:

– die waagerechte Fuge zwischen Bodenplatte (Sohle) und aufgehenden Wänden,

– die vertikale Fuge zwischen benachbarten Wandabschnitten oder

– Fugen, die größere Bodenplatten in kleinere Betonierabschnitte teilen.

Arbeitsfugen (Abb. 9.19 A.2) innerhalb eines Bauteils sollten in gering beanspruchten Bereichen angeordnet werden. Zwischen der ungeschwächt durchlaufenden Bewehrung werden Schalungen, Streckmetalle oder gelochte Bleche zur Abstellung verwendet, mit denen ggf. Rauigkeitsvorgaben der Tragwerksplanung nach EC2, 6.2.5 umgesetzt werden. Bei geschalten Fugen sind die Fugenaufbereitungen nach DIN 1045-3 [36] (Entfernung Verunreinigungen, loser Beton, Zementschlämme; Freilegung Korngerüst; Vornässen) umzusetzen. Die Haftzugfestigkeit in der Fuge ist geringer als die Betonzugfestigkeit des ungestörten Querschnitts (jedoch größer als bei Sollrissfugen), so dass ein Aufreißen der Fuge zu erwarten und diese abzudichten ist. Arbeitsfugen in Wänden und Bodenplatten werden überwiegend bei EGS [b] verwendet.

- **Sollrissfugen (auch Scheinfugen)**: Sollrissfugen stellen gezielte Querschnittsschwächungen an planmäßig definierten Stellen dar, an denen infolge von großen Bauteillängen und Querschnitts-/Grundrissänderungen Trennrisse erwartet werden oder vorgegeben werden sollen. Die Querschnittsschwächung (Abb. 9.19 A.3) erfolgt z. B. in Form von Trennblechen, die mindestens 1/3 des Betonquerschnitts unterbrechen und sicherstellen, dass bereits geringe Zwangnormalkräfte eine Rissöffnung hervorrufen. Im Gegensatz zu Arbeitsfugen wird also die Zugübertragung durch den Beton in der Fuge planmäßig möglichst

gering gehalten. Weiterer Unterschied ist, dass die Bewehrung in Sollrissen i. d. R. geschwächt wird, um gezielt Verformungen abzubauen (Wände: ggf. vollständig durchtrennt). Sollrisselemente werden überwiegend bei EGS [c] oder im Bereich von Querschnittsänderungen eingesetzt, um mit ersten, bereits abgedichteten Sollrissen Verformungseinwirkungen zu mindern, so dass sich in den Konstruktionsbereichen zwischen den Sollrissen nur wenige weitere Risse mit nachträglich erforderlicher Abdichtung einstellen. Für die erdseitige Bewehrung ist auch in Sollrissen eine rechnerische Rissbreite von $w_k = 0,3$ mm aus der Dauerhaftigkeitsanforderung des EC2 einzuhalten, für die luftseitige Bewehrung können bei XC1 Rissbreiten von $w_k \geq 0,4$ mm zugelassen werden.

Die in Abb. 9.19 B.2 dargestellte Rissbildung bei abschnittsweiser Herstellung von Bodenplatten ist bei großem Altersunterschied zwischen benachbarten Abschnitten besonders ausgeprägt. Baupraktisch ist selbst bei feldweisem Vorlauf der Bewehrungsarbeiten nicht sicherstellbar, dass die Plattenabschnitte mit genügend kleinem Altersunterschied hergestellt werden, um die von den Fugen ausgehende Rissbildung sicher auszuschließen (s. a. Abb. 9.6, E-Modul nach 2d bereits ~ 90 %). In der WU-Richtlinie [4] und [6] werden Hydratationsgassen als mögliche konstruktive Lösung aufgeführt. Hierbei werden zwei Arbeitsfugen mit möglichst geringem Abstand zueinander so ausgebildet, dass gerade noch ein Vollstoß der Bewehrung möglich ist (Abb. 9.19 C.). Bis zum Ausbetonieren der Gasse können sich die Plattenabschnitte zwischen den Gassen frei verformen (analog zur Bewegungsfuge in Abb. 9.19 A.1) und die Zwangspannungen der Abschnitte aus dem Abfließen der Hydratationswärme werden deutlich reduziert. Nach Abklingen der Hydratationswärme (nach 10–14 Tagen) werden die Gassen z. B. mit einem Beton mit langsamer Festigkeitsentwicklung bzw. geringer Wärmeentwicklung geschlossen. Es besteht die Gefahr einer Querrissbildung in der Gasse, die bei geringen Gassenbreiten und günstigen Bedingungen als Mikrorisse infolge der sich überschneidenden Querdehnungsbehinderung nicht wasserführend sind. Wenn infolge des Vollstoßes großer Durchmesser eine große Gassenbreite erforderlich ist und der günstige Einfluss der von den beidseitigen Arbeitsfugen ausgehenden Verformungsbehinderung abnimmt, können wasserführende Trennrisse in der Gasse auftreten. Die Gasse kann zusätzlich durch eine entsprechend breite Frischbetonverbundbahn (s. Abschn. 9.1.8) gesichert werden. In der Baupraxis liegen gegenläufige Erfahrungen und Auffassungen bzgl. Hydratationsgassen vor, da

- sie den Bauablauf durch zusätzliche Arbeitsschritte verzögern bzw. die Herstellung der WU-Wände stören;

- eine Unfallsicherung der Gasse erforderlich wird;

- ein hoher Aufwand zur Sauberhaltung und Reinigung der Gassen entsteht;

- unter ungünstigen Bedingungen Querrisse in der Gasse entstehen können.

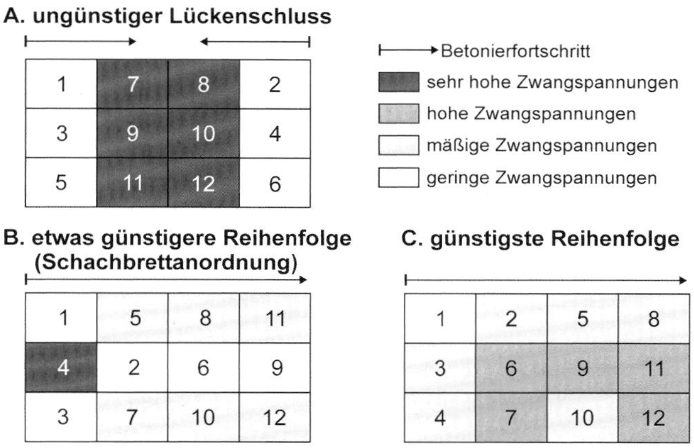

A. ungünstiger Lückenschluss

B. etwas günstigere Reihenfolge (Schachbrettanordnung)

C. günstigste Reihenfolge

Abb. 9.20 Beeinflussung von Zwangspannungen in Bodenplatten durch Betonierabschnittsfolgen, nach [10]

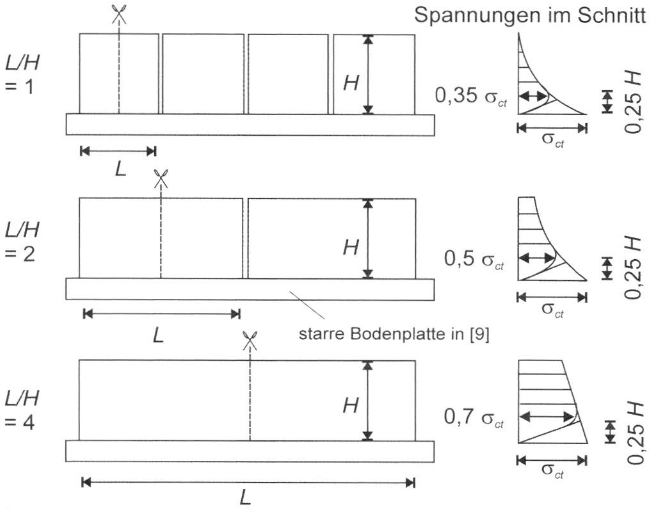

Abb. 9.21 Zwangspannungen in Wandmitte in Abhängigkeit des L/H-Verhältnisses (nach [9])

Die Festlegung von sinnvollen Betonierabschnittsgrößen und -reihenfolgen (Bsp. in Abb. 9.20) sowie die Planung der zugehörigen Sollriss- und Arbeitsfugen sollten aufgrund der engen Verknüpfung mit der Bewehrungs- und Fugenabdichtungsplanung unbedingt durch den Tragwerksplaner und nicht durch das ausführende Unternehmen erfolgen.

Bei der Aufteilung sind gedrungene Platten mit $L_2 \leq 2 \cdot L_1$ vorteilhaft. In Abb. 9.20 sind ungünstige und günstigere Abfolgen aus [10] zur Begrenzung der Zwänge dargestellt. Lückenschlüsse sowie dreiseitige Behinderungen sind besonders ungünstig. Die Festlegung der Betonierreihenfolge ist immer ein Kompromiss. Größere Bodenplatten sind ohne Dehnfugen oder Hydratationsgassen nicht zwängungsfrei herstellbar und es können Risse nach Abb. 9.19 B.2 auftreten.

Verringerung der Verformungsbehinderungen von Wänden

Wände von WU-Untergeschossen werden in der Regel auf eine bereits mehrere Tage erhärtete Bodenplatte aufbetoniert und sind über bewehrte Arbeitsfugen schubfest mit dieser verbunden. Die Bodenplatte stellt daher für die Wand bei abfließender Hydratationswärme eine exzentrisch angreifende Verformungsbehinderung (analog zu Abb. 9.19 B.2, 1. und 2. Abschnitt) dar und führt zu zentrischen Zwangbeanspruchungen, die über die Wandhöhe veränderlich sind. Einfache Modelle unterstellen dabei eine starre Bodenplatte (Abb. 9.21), detailliertere Modelle berücksichtigen die Steifigkeitsverhältnisse von Wand und Bodenplatte. Unabhängig davon gilt bei allen Modellen: Je größer das L/H-Verhältnis, desto größer sind Maximalwert und Völligkeit der über die Wandhöhe wirkenden Spannungen (Abb. 9.21). Bei kurzen Wandabschnittslängen und geringen L/H-Verhältnissen hingegen nehmen die Spannungen insgesamt und in Richtung Wandkrone ab. Der Maximalwert am Wandfuß bleibt hiervon unberührt, ist aber nicht maßgebend, da dort infol-

ge der Verformungsbehinderung durch die Bodenplatte nur Mikrorisse entstehen, die nicht wasserführend sind.

Seit Jahrzehnten werden z. B. auf der Grundlage von [24, 50] und den früheren Ausgaben von [9] für Ortbetonwände baupraktisch die L/H-Verhältnisse durch (unbewehrte) Sollrissfugen (seltener: Dehnfugen) auf 1,5–2,0 begrenzt, um Rissbildungen in den dazwischen liegenden Wandabschnitten zu vermeiden. In [6] und den dortigen Erläuterungen zur WU-Richtlinie 2017 wird für Ortbetonwände $L/H \leq 2$, für Elementwände $L/H \leq 3$ empfohlen.

Neben der Bodenplatte können auch angrenzende Baugrubeneinfassungen erhebliche Verformungsbehinderungen für Wände darstellen, wenn diese in Ortbeton und mit einhäuptigen Schalungen gegen die makroraue Oberfläche z. B. von überschnittenen Bohrpfahlwänden gegossen werden. Durch Zwickelglättung in Verbindung mit Dämmplatten und Folientrennungen lassen sich die Verformungsbehinderungen minimieren.

Eine Alternative zur Herstellung von Wänden aus Ortbeton stellen teilvorgefertigte Elementwände dar, die aufgrund des schnellen Baufortschritts und der reduzierten Schalungsvorhaltung Vorteile im Bauablauf bieten und häufig auch unmittelbar angrenzend zu Baugrubeneinfassungen oder Bestandsbauwerken vorteilhaft eingesetzt werden. Die Abmessungen der Elementwände sind aufgrund von Herstellung, Transport und Montage begrenzt. In der Regel beträgt die geringere Plattenabmessung wegen der Tischbreiten im Herstellwerk etwa 2,4 m bis ca. 3,0 m. Bei Geschosshöhen von mehr als 3 m ist daher eine stehende Aufstellung erforderlich, aus der sich automatisch eine enge Fugenteilung und geringe L/H-Verhältnisse ergeben (Abb. 9.22 A.). Unter der Voraussetzung, dass die Wände in der statischen Be-

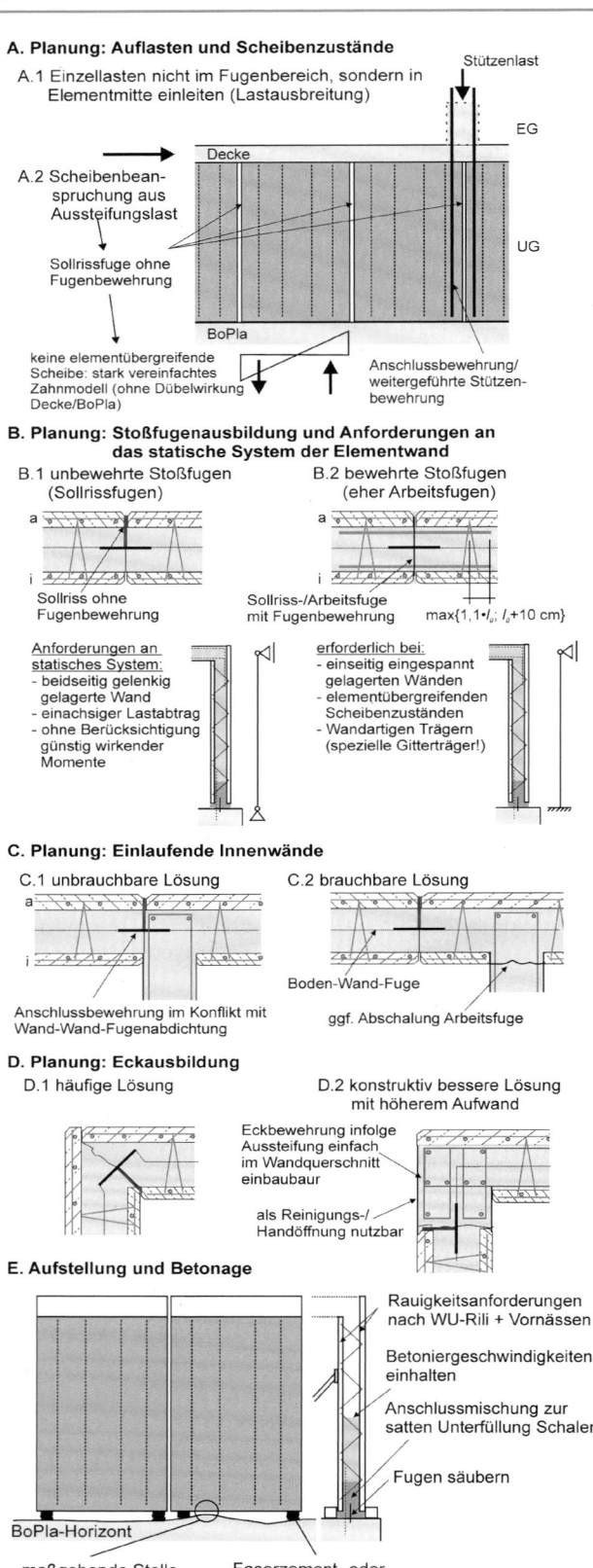

A. Planung: Auflasten und Scheibenzustände

A.1 Einzellasten nicht im Fugenbereich, sondern in Elementmitte einleiten (Lastausbreitung)

A.2 Scheibenbean-spruchung aus Aussteifungslast

Sollrissfuge ohne Fugenbewehrung

keine elementübergreifende Scheibe: stark vereinfachtes Zahnmodell (ohne Dübelwirkung Decke/BoPla)

B. Planung: Stoßfugenausbildung und Anforderungen an das statische System der Elementwand

B.1 unbewehrte Stoßfugen (Sollrissfugen)

Sollriss ohne Fugenbewehrung

Anforderungen an statisches System:
- beidseitig gelenkig gelagerte Wand
- einachsiger Lastabtrag
- ohne Berücksichtigung günstig wirkender Momente

B.2 bewehrte Stoßfugen (eher Arbeitsfugen)

Sollriss-/Arbeitsfuge mit Fugenbewehrung   max{1,1·l_g; l_g+10 cm}

erforderlich bei:
- einseitig eingespannt gelagerten Wänden
- elementübergreifenden Scheibenzuständen
- Wandartigen Trägern (spezielle Gitterträger!)

C. Planung: Einlaufende Innenwände

C.1 unbrauchbare Lösung

Anschlussbewehrung im Konflikt mit Wand-Wand-Fugenabdichtung

C.2 brauchbare Lösung

Boden-Wand-Fuge

ggf. Abschalung Arbeitsfuge

D. Planung: Eckausbildung

D.1 häufige Lösung

D.2 konstruktiv bessere Lösung mit höherem Aufwand

Eckbewehrung infolge Aussteifung einfach im Wandquerschnitt einbaubar

als Reinigungs-/Handöffnung nutzbar

E. Aufstellung und Betonage

Rauigkeitsanforderungen nach WU-Rili + Vornässen

Betoniergeschwindigkeiten einhalten

Anschlussmischung zur satten Unterfüllung Schalen

Fugen säubern

BoPla-Horizont

maßgebende Stelle für Unterklotzung (Mindesthöhe 3 cm)

Faserzement- oder Kunststoffunterklotzung (h = 3-5 cm)

Abb. 9.22 Hinweise zur Verwendung von Elementwänden (nach [30, 31], a: außen; i: innen)

rechnung als einachsig spannende und gelenkig gelagerte Bauteile bemessen wurden und keine wesentlichen Scheibenkräfte elementübergreifend zu übertragen sind (A.2/B.2), kann in den vertikalen Stoßfugen eine abgedichtete Sollrissfuge ohne horizontale Fugenbewehrung ausgebildet werden. Die Zwangbeanspruchung der Wände ist aufgrund der engen Fugenteilung und der bauartbedingten geringeren Hydratationswärmentwicklung sowohl bei frühem als auch bei spätem Zwang (z. B. in frei belüfteten Tiefgaragen) gering [6, 37].

Die Entscheidung, ob Ortbetonwände oder Elementwände ausgeführt werden, sollte bereits frühzeitig in der Planung und keinesfalls erst durch den Bauausführenden in der Arbeitsvorbereitung getroffen werden, da kurzfristige Umplanungen Risiken bzgl. der Fugenabdichtungsplanung und der Ausführbarkeit hochbewehrter Zonen in aussteifenden Wänden bergen. Bei der Kontrolle der werkseitigen Stellpläne sollte überprüft werden:

- Fugenabstände (L/H-Verhältnis) und -position: nicht unter aufgehenden Stützen (Abb. 9.22 A.1) und nicht im Bereich einlaufender Innenwände (C.1 und C.2);
- ggf. Bereiche bei kräftiger Aussteifungsbewehrung in Ortbeton ausführen (z. B. Ecke in D.1 und D.2);
- kleinteilige Elementteilungen (= unnötig hohe Fugenanzahl) infolge mangelnder Krantragfähigkeit am Auslegerende sind zu vermeiden.

In der Ausführung und Ausschreibung sind weiterhin die Anforderungen der WU-Richtlinie, Kapitel 11.2.2 [4] zu beachten (Abb. 9.22 E.):

- mittlere Rautiefe $R_t \geq 1,5$ mm und deren fortlaufende Überwachung in der Produktion;
- beschädigungsfreie und fachgerechte Montage;
- Vornässen der Schalen und Einhaltung von Oberflächentemperaturen;
- Aufständerhöhe mindestens 30 mm [4];
- fachgerechte Betonage (unter Berücksichtigung der zulässigen Geschwindigkeiten).

Eine ausreichende Bauteildicke (Empfehlung: $h \geq 30$ cm), sorgfältige Verarbeitung sowie die Einhaltung der zuvor genannten Anforderungen vorausgesetzt (vgl. auch Hinweise in [30, 31]), weisen Elementwände nach Erfahrung des Autors ein sehr günstiges Verhalten bei WU-Konstruktionen auf.

Verringerung der Verformungsbehinderung von WU-Dächern

WU-Dächer (BKL-1/NKL-A) werden häufig über freibelüfteten Tiefgaragen größerer Bauprojekte eingesetzt, da das WU-Dach im Bauzustand direkt befahrbar ist und als Lagerfläche für die aufgehende Bebauung genutzt werden kann. Viele WU-Dächer erfahren sowohl bauzeitlich (ohne Überschüttung) als auch in Abhängigkeit der Überschüttungshöhe während der Nutzung späte Zwangbeanspruchungen infolge jahreszeitlicher Temperaturwechsel und aus Schwindverkürzungen. Wegen der meist großen Auflasten und der korrespondierenden Bewehrungsmengen ist der EGS [c] praktisch kaum umsetzbar und stattdessen häufig der EGS [a] zu wählen [8].

Um die Verformungsbehinderungen zu reduzieren, können nach [8] u. a. folgende konstruktive Maßnahmen ergriffen werden:

- Bewegungsfugen im Übergang zu benachbarten Gebäudeteilen, d. h. Trennung des WU-Dachs von der aufgehenden Bebauung durch dehnfähige Wandanschlüsse mit gleitender Auflagerung auf Konsolen (Abb. 9.23 B. und B.1);
- Bewegungsfugen in der Decke (Abb. 9.23 B.2).

Die gleitende Auflagerung des WU-Dachs an der aufgehenden Bebauung (B.1) sowie zusätzliche Bewegungsfugen im WU-Dach (B.2) können sich auf dessen Scheibenwirkung und das räumliche System der Gebäudeaussteifung auswirken, da ggf. nicht alle UG-Wände angesprochen werden. In ungünstigen Fällen kann das oft verwendete Modell des steifen Kellerkastens (A.) nicht mehr voll angesetzt werden und die Aussteifungsschnittgrößen von Kernen und Wänden verändern sich ungünstig (B.). In diesen Fällen kann sich auch das statische System für die Außenwände ungünstig verändern. Dies ist z. B. bei der Bemessung von Elementwänden zu beachten, bei denen die vertikalen Stoßfugen nur dann als unbewehrte Sollrisse ausgeführt werden dürfen, wenn die Wände an Kopf und Fuß gelenkig gehalten sind (Abb. 9.22 B.).

Zusammenfassung konstruktive Maßnahmen

Die konstruktiven Maßnahmen weisen eine große Bandbreite zur günstigen Beeinflussung der Zwangbeanspruchungen in WU-Konstruktionen auf. Während Verformungseinwirkungen nur begrenzt durch betontechnologische und ausführungstechnische Maßnahmen reduzierbar sind, wirken sich konstruktive Maßnahmen sehr effektiv auf Verformungsbehinderungen aus und sind gut planbar, wenn sie zu einem frühen Zeitpunkt in der Tragwerksplanung berücksichtigt werden. Dabei sollte zunächst immer die Konstruktion einschließlich der maßgebenden Details entworfen werden, bevor diese durch rechnerische Nachweise nach Abschn. 9.1.7 ergänzt wird.

9.1.6.5 Planung von Betoneigenschaften

Mindestdruckfestigkeitsklassen aus WU- und Expositionsanforderungen

Für WU-Konstruktionen ist mindestens eine Betondruckfestigkeitsklasse von C25/30 zu wählen (s. Tafel 9.6). Für die Rissbreitennachweise ist zu beachten, dass WU-Beton C25/30 in Verbindung mit $w/z \leq 0,55$ (bei Ausnutzung Mindestdicken nach Tafel 9.6) eher die Festigkeitseigenschaften eines C30/37 aufweist. Vielfach ist als Resultat von Durchstanznachweisen oder aber auch infolge der Umge-

bungsbedingungen eine höhere Betondruckfestigkeitsklasse erforderlich. Hohe Expositionsklassen lösen sehr geringe w/z-Werte von $w/z \leq 0,45$ (Tafel 7.11) verbunden mit hohen Mindestzementgehalten (ungünstig hinsichtlich Wärmeentwicklung, Schwinden) aus. Diese Betone können signifikant größere Festigkeiten entwickeln als die in DIN EN 206 für diese Klassen geforderten Mindestdruckfestigkeitsklassen. Für die Klassen XD3, XS3, XA3 werden nach [33] bei Einsatz von 42,5er-Zementen Festigkeiten erreicht, welche die ohnehin hohe Mindestdruckfestigkeitsklasse C35/45 um eine Klasse übersteigen. Dies ist für Tragfähigkeitsbemessungen vielfach unschädlich, für Rissbreitennachweise für EGS [b] und [c] jedoch relevant. Betontechnologische Maßnahmen zur Sicherstellung hoher Dauerhaftigkeitsanforderungen widersprechen somit den betontechnologischen Maßnahmen zur Reduzierung der Verformungseinwirkungen. Der Tragwerksplaner sollte daher die Wahl unnötig hoher Expositionsklassen unbedingt vermeiden.

Abschätzung der zeitabhängigen Zugfestigkeit

Im Rahmen der rechnerischen Nachweise für die Rissvermeidung und die rissbreitenbegrenzende Mindestbewehrung sind die zeitliche Entwicklung der Zugfestigkeit und der Risszeitpunkt ausreichend genau abzuschätzen. Bis vor wenigen Jahren war es üblich, die Betonzugfestigkeit für die Nachweise zum frühen Zwang nach 5 Tagen pauschal mit $0,5 \cdot f_{ctm}$ abzuschätzen und diese Annahme auf den Ausführungsplänen zu vermerken. Dem Ausführenden und dessen Betonzulieferern oblag es dann, diese Anforderungen umzusetzen. Insbesondere aufgrund der seit DIN 1045-1 (2001) erhöhten Dauerhaftigkeitsanforderungen an die Betone (verringerte w/z-Werte und größere Mindestzementgehalte, s. Tafel 7.11) und Veränderungen bei den Betonausgangsstoffen (Zementfestigkeitsklassen, Mahlfeinheiten) weisen die heute erhältlichen Betone tendenziell höhere Frühfestigkeiten gegenüber den noch vor einigen Jahren verwendeten Betonen auf [15, 39]. In Tafel 9.10 A. sind Empfehlungen aus der Literatur für rechnerische Anhaltswerte der Zugfestigkeit in Abhängigkeit der Erhärtungszeit, Umgebungstemperatur und der Bauteildicke zusammengefasst. Bei niedrigen Umgebungstemperaturen von ca. 5° und den korrespondierenden geringen Frischbetontemperaturen stellt sich eine deutlich verlangsamte Festigkeitsentwicklung ein.

Auf Basis der Darstellungen in Tafel 9.10 A. stellen die Schätzwerte in [39] (0,65 nach 3d, 0,75 nach 5d, 0,85 nach 7d) obere Grenzwerte der Festigkeitsentwicklung dar und sollten bei fehlender Kenntnis der Rezeptur zur Ermittlung der Mindestbewehrung herangezogen werden. Bei dickeren bis massigen Bauteilen sind Erhärtungsbedingungen gegeben, die zu einer rascheren Festigkeitsentwicklung und zu einer verlangsamten Abkühlung führen. Daher gibt Tafel 9.10 B. für dickere Bauteile größere Frühzugfestigkeiten zur Ermittlung der Mindestbewehrung an.

Abb. 9.23 Einfluss konstruktiver Maßnahmen für WU-Dächer
auf statische Systeme der Aussteifung und der Außenwände
(B.1 und B.2 abgeleitet aus [8])

A. TG-Decke monolithisch angeschlossen

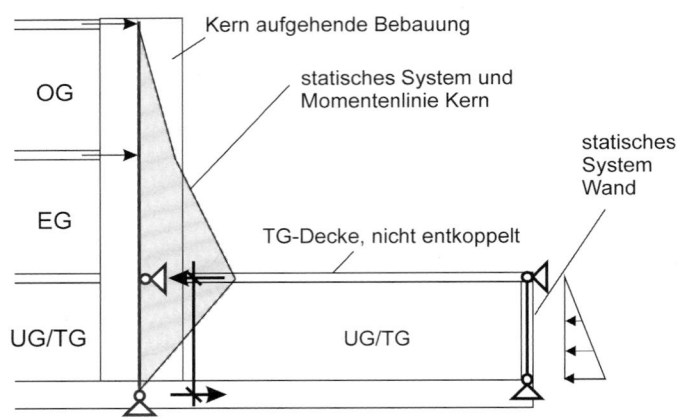

B. TG-Decke als WU-Dach nach EGS a

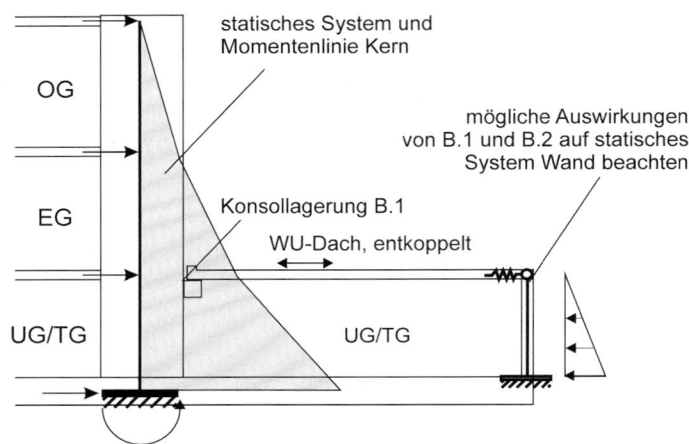

B.1 Dehnfuge als Wandanschluss (Prinzipdetail, Variante mit Aufkantung)

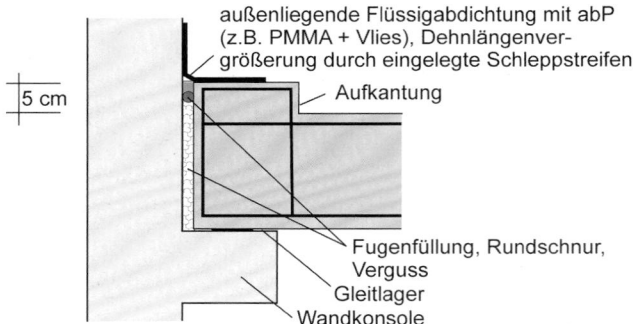

B.2 Dehnfuge in Decke (Prinzipdetail, Variante mit Aufvoutung)

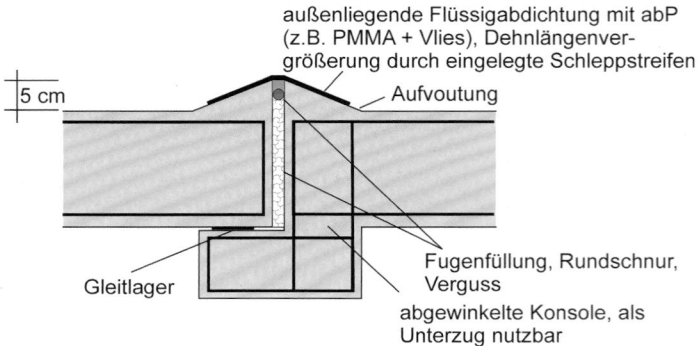

Tafel 9.10 Anhaltswerte für die zeitabhängige Entwicklung der Betonzugfestigkeit (A: [2, 5, 14, 38–40]; B: aus [15])

A. Zugfestigkeitsentwicklung Betone nach Erhärtungszeit/-temperatur und Festigkeitsentwicklung Beton

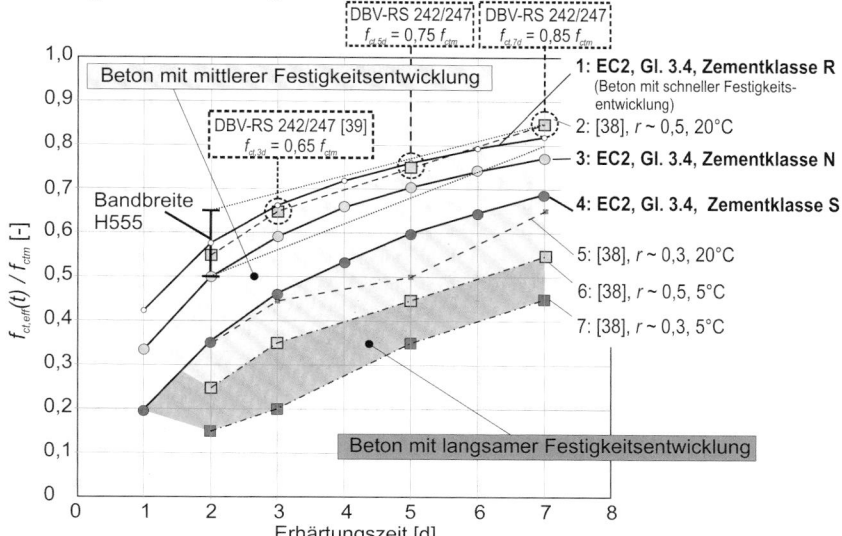

B. (Obere) Zeitwerte der Betonzugfestigkeit für die Ermittlung der Mindestbewehrung in Abhängigkeit von Bauteildicke und Festigkeitsentwicklung

S	1		2	3	4	5
Z	Festigkeitsentwicklung des Betons		Bauteildicke h			
			≤ 0,30 m	≤ 0,80 m	≤ 2,0 m	> 2,0 m
1	langsam	$(r < 0{,}30)^{1)\,2)}$	$-^{3)}$	$0{,}60\,f_{ctm}$	$0{,}70\,f_{ctm}{}^{4)}$	$0{,}80\,f_{ctm}{}^{4)}$
2	mittel	$(r < 0{,}50)^{1)}$	$0{,}65\,f_{ctm}$	$0{,}75\,f_{ctm}$	$0{,}85\,f_{ctm}$	$0{,}95\,f_{ctm}$
3	schnell	$(r ≥ 0{,}50)^{1)}$	$0{,}80\,f_{ctm}$	$0{,}90\,f_{ctm}$	$1{,}0\,f_{ctm}$	$1{,}0\,f_{ctm}$

[1] Die Festigkeitsentwicklung der Betons wird durch das Verhältnis $r = f_{cm}(2d)/f_{cm}(28d)$ beschrieben, das bei der Eignungsprüfung oder auf der Grundlage eines bekannten Verhältnisses von Beton vergleichbarer Zusammensetzung (d.h. gleicher Zement, gleicher w/z-Wert) ermittelt wurde.

Wird bei besonderen Anwendungen die Druckfestigkeit zu einem späteren Zeitpunkt $t > 28$ Tage bestimmt, ist das Verhältnis der mittleren Druckfestigkeit nach 2 Tagen $f_{cm}(2d)$ zur mittleren Druckfestigkeit zum Zeitpunkt der Bestimmung der Druckfestigkeit $f_{cm}(t)$ zu ermitteln oder es ist vom Betonhersteller eine Festigkeitsentwicklungskurve bei 20°C zwischen 2 Tagen und dem Zeitpunkt der Bestimmung der Druckfestigkeit anzugeben.

[2] Bei Festigkeitsklassen ≥ C30/37 ist es i.d.R. nicht möglich, das Festigkeitsverhältnis $r < 0{,}30$ bezogen auf 28 Tage zu begrenzen. In diesen Fällen ist es erforderlich, den Zeitpunkt des Nachweises der Festigkeitsklasse auf einen späteren Zeitpunkt (z.B. 56 Tage) zu vereinbaren.

[3] Die Auslegung der Bewehrung bei dünnen Bauteilen auf eine langsame Festigkeitsentwicklung ist nicht sinnvoll. Es sollte grundsätzlich mindestens eine mittlere Festigkeitsentwicklung angenommen werden.

[4] Der empfohlene Anhaltswert für massige Bauteile ist erst bei der Verwendung von langsam erhärtenden Betonen mit einem Prüfalter von 91 Tagen zu erwarten.

Die Angabe der Zeitwerte der Zugfestigkeit z. B. 0,65 f_{ctm} nach Tafel 9.10 B. auf den Planunterlagen als Vorgabe für die Betonrezeptur ist nicht empfehlenswert, da die Betonzulieferer auch diese Werte häufig ablehnen. Statt dessen empfiehlt sich die Vorgabe der Festigkeitsentwicklung auf den Plänen, für die dann in Abhängigkeit der Bauteildicke die Mindestbewehrung mit den in Tafel 9.10 B. angegebenen Zeitwerten durch den Tragwerksplaner bestimmt wird.

Schwinden

Das Endschwindmaß setzt sich aus dem autogenen Schwinden und dem Trocknungsschwinden zusammen (s. (8.19)). Bei üblichen, normalfesten Betonen ist das autogene Schwinden meist vernachlässigbar und das Trocknungsschwinden maßgebend. Bei trockenen Umgebungsbedingun-

gen (mit Bitumen verklebte Dämmungen oder bei Fehleinschätzung Wasserbeanspruchung) nimmt das Schwinden relevante Werte an. Es lässt sich am wirkungsvollsten durch geringe Zementleimgehalte (größeres Größtkorn günstig, hohe XD/XA/XS-Anforderungen ungünstig, da mehr Zementgehalt) begrenzen. Viele Schwindreduzierer sind nicht dauerhaft wirksam und verändern das Endschwindmaß nur geringfügig. Planerische Vorgaben von unbehinderten Endschwindmaßen von deutlich unter 0,5 mm/m sind bauseitig in der Regel nicht umsetzbar (Abb. 9.24). Bei der Begrenzung des Wassergehalts ist zu beachten, dass ein Mindestanspruch von $w = 165$–$170\,\mathrm{kg/m^3}$ besteht, damit der Beton verarbeitbar bleibt. Je $10\,\mathrm{kg/m^3}$ zusätzlichem Wassergehalt steigt das Schwindmaß um 0,1 mm/m. Durch die Bewehrung wird das freie Schwindmaß behindert (innerer Zwang). Für

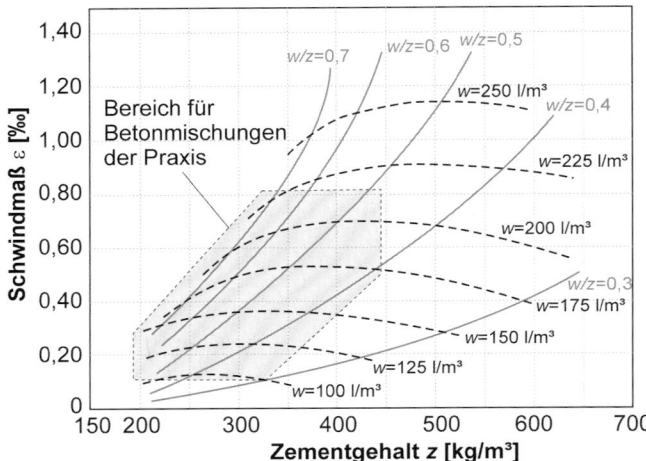

Abb. 9.24 Schwindmaße in Abh. des Wassergehaltes (Werte für 5d Feuchtlagerung, danach 50 % rel. LF, aus [10])

einen Bewehrungsgrad von 1,5 % verringert sich das Endschwindmaß um ca. 10 % [10].

Planerische Vorgaben an den Beton

Zusammenfassend sind folgende Vorgaben an den Transportbeton sinnvoll:

- Druckfestigkeitsklasse und erforderliche Expositionsklassen;
- Beton mit hohem Wassereindringwiderstand;
- Festigkeitsentwicklung nach Tafel 9.10 B.;
- schwindarmer Beton ohne Vorgabe eines Endwertes.

Vorgaben bestimmter Zugfestigkeitswerte und E-Moduln sind meist nicht umsetzbar. Vorgaben der Rezeptur (und damit eines Betons nach Zusammensetzung) sollten nur durch Planer mit entsprechender Sachkunde vorgenommen werden.

9.1.6.6 Planung geschlossenes Fugenabdichtungssystem in Arbeits-, Sollriss- und Bewegungsfugen

Allgemeines

Konstruktions- und bauablaufbedingte Fugen in WU-Konstruktionen erfordern gemäß der WU-Richtlinie im Regelfall Fugenabdichtungen (Ausnahme: s. Arbeitsfugen ohne Einbauteile). Die Planung eines geschlossenen Fugenabdichtungssystems ist von höchster Bedeutung für die Wasserundurchlässigkeit der Gesamtkonstruktion.

Für die Abdichtung der in Abb. 9.19 beschriebenen Bewegungs-, Sollriss- und Arbeitsfugen stehen verschiedene Systeme zur Auswahl (s. a. detaillierte Beschreibungen in [30, 31]). Tafel 9.11 zeigt eine unvollständige Auswahl an Fugenabdichtungen, die nachfolgend beschrieben werden.

Genormte oder in der WU-Richtlinie geregelte Fugenabdichtungen

Fugenbänder aus Elastomeren und Thermoplasten sind in Normen geregelt und werden seit Jahrzehnten zur Abdichtung aller drei o. g. Fugenarten eingesetzt. Die Fugenbänder können innen- und außenliegend angeordnet werden, die Auswahl kann nach DIN 18197 [41] erfolgen. Fugenbänder binden jeweils hälftig in die Betonierabschnitte ein (Tafel 9.11). Dies bedingt bei Wand-Bodenplatten-Arbeitsfugen entweder aufwendig herzustellende Aufkantungen oder Bewehrungsanpassungen in der Bodenplatte. Fugenbandabdichtungen bestehen aus werkseitig vorgefertigten Formteilen und Werkstößen, die auf der Baustelle durch Stumpfstöße geschlossen werden (Abb. 9.25). Der Fugenbandverlauf ist detailliert zu planen. Wechsel zwischen innen- und außenliegenden Fugenbändern können leicht zu Fehlstellen in der geschlossenen Abdichtung führen.

Unbeschichtete Fugenbleche sind in der WU-Richtlinie geregelt. Die Abdichtungswirkung nach dem Einbettungsprinzip wird durch Fugenbewegungen herabgesetzt. Es sind kurzzeitige Wasserumläufigkeiten möglich, bis eine Selbstheilung einsetzt. Sie eignen sich daher vorwiegend für Arbeitsfugen ohne Fugenbewegungen, d. h. für bewehrte Bodenplatten-Wand-Fugen (Tafel 9.11). In Arbeits- und Sollrissfugen mit signifikanter Rissöffnung sind sie nur eingeschränkt einsetzbar.

Arbeitsfugen ohne Einbauteile (nicht in Tafel 9.11 dargestellt): Bei NKL-B und NKL-A+BKL-2 darf gemäß [4] auf eine Fugenabdichtung horizontaler Arbeitsfugen (BoPla-Wand und Wand-Decke) verzichtet werden, wenn die Fuge bewehrt ist, das Korngerüst der Fuge freigelegt und die Fuge vor dem Betonieren einer Anschlussmischung vorgenässt wird. Grundsätzlich ist diese Form der Fugenaufbereitung bei allen Wand-Bodenplatten-Anschlüssen bei BKL-1 zusätzlich zu einem Fugenabdichtungseinbauteil zu empfehlen, da dieser Fugentyp am häufigsten undicht ist.

Arbeitsfugen innerhalb von Wänden und Bodenplatten sind grundsätzlich als Risse zu betrachten und auf eine Fugenabdichtung zu verzichten ist nicht ratsam, da in Arbeitsfugen ungünstigere Bedingungen für die Selbstheilung als in Rissen vorliegen [10].

Fugenabdichtungen mit allgemeinem bauaufsichtlichen Prüfzeugnis (abP)

Neben den vorgenannten, klassischen Systemen sind Fugenabdichtungsprodukte am Markt verfügbar, die Vorteile beim Einbau (Entfall Aufkantung in der Arbeitsfuge Bodenplatte/Wand bzw. Entfall der Bewehrungsanpassung der Bodenplatte) bieten und deren Verwendbarkeit über allgemeine bauaufsichtliche Prüfzeugnisse nachgewiesen wird. Das Prüfzeugnis beschreibt die Verwendbarkeit in Abhängigkeit der Fugenart, der Beanspruchungsklasse bzw. der Wasserdrucksäule, der zulässigen Verformungen usw. Die

Tafel 9.11 Auswahl an Fugenabdichtungen für Bewegungs-, Sollriss- und Arbeitsfugen (zusammengestellt aus [5, 30, 31, 42] in Wänden und Bodenplatten (BoPla))

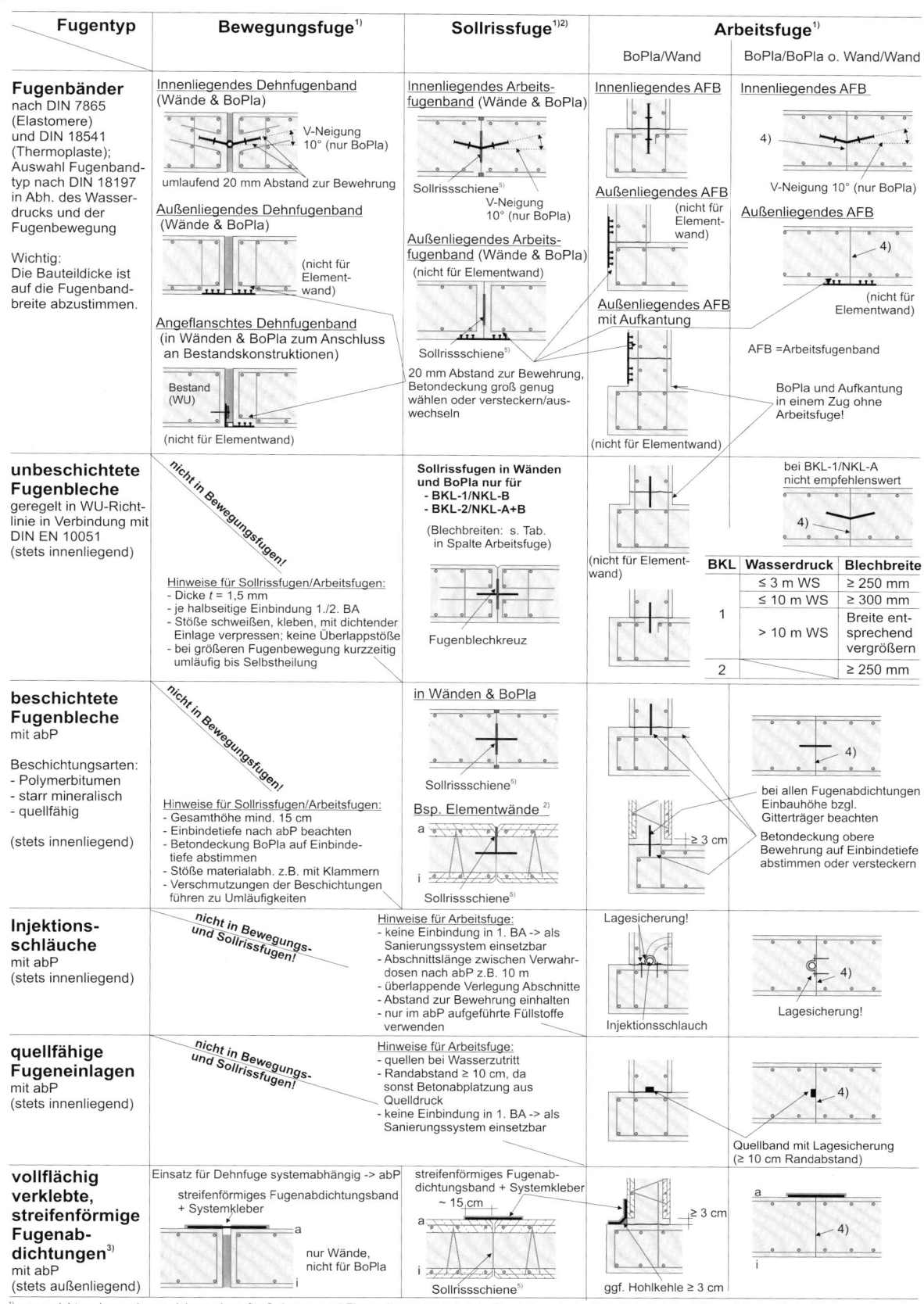

1) wenn nicht anders gekennzeichnet, dann für Ortbeton- und Elemenbauweise möglich; Darstellung in der Tabelle beispielhaft für meist eine Variante
2) Stoßfugen von Elementwänden werden im Regelfall als Sollrisse ausgebildet; 3) Untergrundvorbehandlung nach abP; 4) z.B. Schalung, Streckmetallabstellung oder Lochbleche; 5) bei Wänden Sollrissschiene häufig mit ebener Geometrie und glatten, geschlossenen Schienenbereichen, bei Bodenplatten für größere Querkraftübertragung auch in Trapezblechform; a: außen bzw. erdseitig, i: innen

Abb. 9.25 Geschlossenes
Fugenbandsystem aus werks-
vorgefertigten Formteilen und
Baustellenstößen [41]

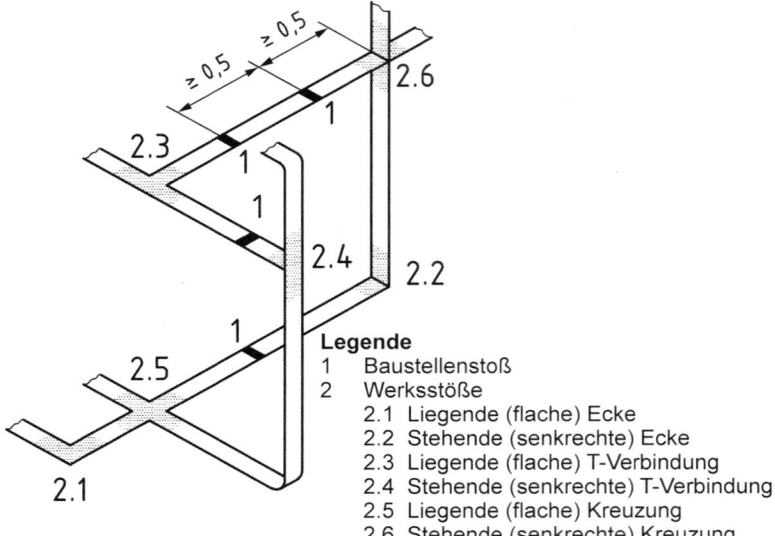

Legende
1   Baustellenstoß
2   Werksstöße
  2.1 Liegende (flache) Ecke
  2.2 Stehende (senkrechte) Ecke
  2.3 Liegende (flache) T-Verbindung
  2.4 Stehende (senkrechte) T-Verbindung
  2.5 Liegende (flache) Kreuzung
  2.6 Stehende (senkrechte) Kreuzung

Verformungsfähigkeit ohne Verlust der abdichtenden Wirkung ist vor allem für Bewegung- und Sollrissfugen von
Bedeutung, während bei bewehrten Arbeitsfugen i. d. R. nur
geringe Fugenöffnungen auftreten. Weiterhin enthalten abPs
die Verarbeitungsvorschriften der Hersteller, die häufig auf
den Baustellen missachtet werden. Dies gilt insbesondere
für die Befestigung bzw. Lagesicherung der Fugenabdichtung in Arbeitsfugen oder auf der Bodenplattenbewehrung.
Die abPs bescheinigen keinesfalls die funktionelle Gleichwertigkeit verschiedener Systeme, sondern lediglich die bauordnungsrechtliche Verwendbarkeit. Insofern sollte bei der
Auswahl (des Leitproduktes) zum Planungszeitpunkt und
zum Zeitpunkt der Ausführung darauf geachtet werden, dass
das Abdichtungssystem die gestellten Anforderungen erfüllt.

Beschichtete Fugenbleche mit abP nehmen Fugenver-
formungen bis zur Größenordnung von Sollrissen in der
Beschichtung (Arten: s. Tafel 9.11) auf. Eine temporäre Umläufigkeit wie bei unbeschichteten Blechen wird vermieden.
Beschichtete Bleche müssen nicht hälftig in die Betonierabschnitte einbinden. Aufkantungen oder Bewehrungsunter-
brechungen in der Bodenplatten-Wand-Fuge entfallen. Dennoch erfordern die Einbindetiefen (ca. 30–50 mm) meist eine
größere Betondeckung der oberen Bodenplattenbewehrung
oder rückspringende Randversteckerungen (Tafel 9.11).

Verpresste Injektionsschlauchsysteme füllen Fehlstellen und Hohlräume in der Arbeitsfuge dauerhaft mit einem
Füllstoff. Sie sind in der Arbeitsfuge in der Lage zu fixie-
ren und werden auch als Sekundärdichtung in Ergänzung
zu anderen Fugenabdichtungen angewendet (dann zwischen
Primärdichtung und Luftseite). Die maximalen Schlauchlän-
gen zwischen den Verwahrdosen und geeignete Füllstoffe
(i. d. R. PUR-Harz, Zementleim, Zementsuspension) sind im
abP geregelt. Da die Systeme keiner Einbindung in den

1. Bauabschnitt erfordern, werden sie häufig auch als Sa-
nierungsmaßnahme verwendet, wenn der Einbau anderer
Fugenabdichtung fehlerhaft war oder vergessen wurde. Die
Randbedingungen für die Wirksamkeit mehrfach verpress-
barer Schlauchsysteme sollten beim Hersteller hinterfragt
werden.

Quellfähige Fugeneinlagen quellen bei Wasserzutritt auf
und erzeugen einen Anpressdruck gegen die Fugenflanken.
Die Eignung für Wasserwechselzonen ist dem abP zu entnehmen. Sie erfordern eine satte Betonummantelung und
können größere Fehlstellen wie Kiesnester nicht abdichten.
Wie Injektionsschläuche werden sie direkt auf der Arbeitsfuge aufgebracht und lagefixiert. Um Betonabplatzungen zu
vermeiden, sollte der Randabstand zu den Wandoberflächen
mindestens 10 cm betragen.

Vollflächig verklebte, streifenförmige Abdichtungen
bestehen aus einer streifenförmigen Kunststoffabdichtung,
die mit geeigneten Klebstoffen außenseitig auf die Fuge geklebt werden und in der Regel auch von diesen eingehüllt
werden. Der Klebeuntergrund muss eine ausreichende Festigkeit aufweisen und frei von Rissen, Beschädigungen und
Verschmutzungen sein bzw. ist durch eine Untergrundbear-
beitung in diesen Zustand zu versetzen.

Planung von Fugenabdichtungen

Das Fugenabdichtungskonzept ist Teil der WU-Konzeption
und muss bereits parallel zur Auswahl des Entwurfsgrundsatzes der daraus folgenden konstruktiven Maßnahmen geplant werden. Dies sollte spätestens zur Entwurfsplanung der
Tragwerksplanung erfolgen. In [30, 31] sind die folgenden
Entwurfsprinzipien benannt:

- Die Fugenabdichtung der verschiedenen Fugen muss
  kompatibel sein und ein geschlossenes „lückenloses" Abdichtungssystem ergeben.

Abb. 9.26 BIM-Ausschnitt eines WU-Untergeschosses mit Anschluss an eine Bestandskonstruktion

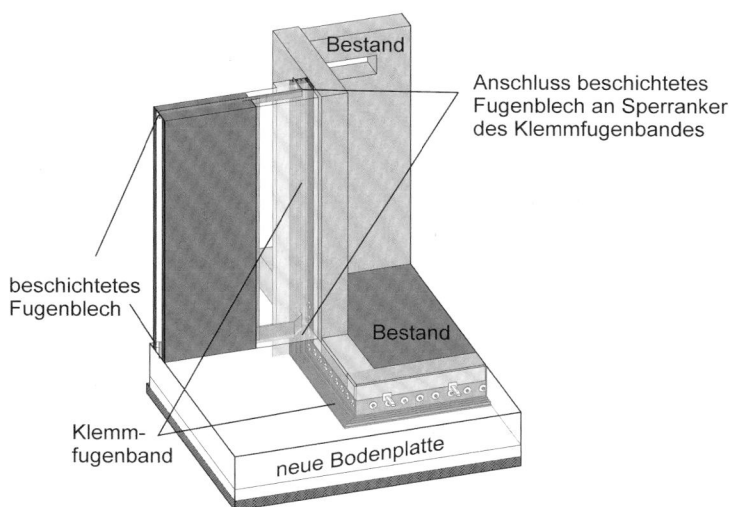

beschichtetes Fugenblech

Anschluss beschichtetes Fugenblech an Sperranker des Klemmfugenbandes

Bestand

Bestand

Klemmfugenband

neue Bodenplatte

- Dichtungstechnisch gesehen sollten die Fugenabdichtungen in der Arbeitsfuge zwischen Bodenplatte und Wand und mit den vertikalen Fugenabdichtungen der Wandfugen in einer Ebene liegen.
- Bei innenliegender Fugenabdichtung in der Bodenplatten-Wand-Fuge muss die Bewehrung auf die Fugenabdichtung abgestimmt sein, d. h., es muss ein ausreichender Abstand zwischen Anschlussbewehrung bzw. Fertigteilschalen und Abdichtung eingeplant werden.
- Bewegungs- und Dehnfugen sollten nur dort angeordnet werden, wo sie aus technischen Erfordernissen für das Bauwerk unerlässlich sind [4].
  Hinweis: Bewegungsfugen sind bei EGS [a] oft erforderlich, um ausgedehnte Bodenplatten zu unterteilen und WU-Dächer von der aufgehenden Bebauung zu trennen.
- Die freien Enden des Fugenabdichtungssystems sollten mindestens 30 cm über den Bemessungswasserstand geführt werden.
- Stöße und Anschlüsse sind nach den Vorgaben der Normen bzw. abPs wasserdicht auszuführen.
- Die Kombination mehrerer Fugenabdichtungsarten in einem Bauwerk setzt eine nachgewiesene Kompatibilität voraus z. B. Anschluss von Fugenblechen an Klemmfugenbänder/Fugenbänder.

Für ein lückenloses Fugenabdichtungssystem ist die Ausarbeitung der unter den vorgenannten Gesichtspunkten ausgewählten Fugenabdichtungssysteme auf Planunterlagen einschließlich der Details unerlässlich. Die Fugenabdichtungsverläufe und -details können auf einem eigenen Plan, aber auch auf dem Schalplan dargestellt werden, um die Bewehrungsplanung mit abzustimmen. Bei komplizierteren Bauteilgeometrien und Versprüngen können BIM-fähige 3D-CAD-Programme sehr hilfreich sein, um Fehlstellen und Lücken in der Fugenabdichtung, die insbesondere beim Wechsel von Systemen entstehen, bereits in der Planung zu erkennen (Abb. 9.26).

9.1.6.7 Planung von Füllgut und Verfahren zur Abdichtung von Rissen und Fehlstellen

Bei allen EGS können entweder planmäßig oder trotz sorgfältiger, richtlinienkonformer Planung und Bauausführung unplanmäßige Trennrisse (und Fehlstellen) entstehen, die mit den Nutzungsanforderungen nicht vereinbar sind:

- bei EGS [a] sind dies unplanmäßige Trennrisse.
- bei EGS [b] sind dies planmäßige Trennrisse, die jedoch unplanmäßig große Rissbreite aufweisen, die eine Selbstheilung nicht zulassen.
- bei EGS [c] sind dies planmäßige Trennrisse, für die planmäßige Abdichtungsmaßnahmen zwingend zum Entwurfskonzept gehören.

Die Nutzungsanforderungen werden grundsätzlich von wasserführenden Trennrissen oder undichten Fugenabdichtungen gefährdet. Sind Risse nicht wasserführend, da ggf. der Bemessungswasserstand nicht ansteht oder kann nicht zielsicher zwischen Trenn- und Biegerissen differenziert werden, ist die Verfüllung aller gerichteten Risse zu erwägen. Je nach Lage, Ort und Ursache des Wasserdurchtritts können mehrmalige oder weitere abdichtende Injektionen zu einem späteren Zeitraum erforderlich sein ([42] und [4], Abschnitt 12.3).

Das Dichten von Rissen und die Instandsetzung von Fehlstellen bei WU-Konstruktion sind nur möglich, wenn die Zugänglichkeit zu den Rissen herstellbar ist. In der Regel wird die Dichtung durch Injektion (unter Druck) abdichtender Stoffe von der Luftseite her erfolgen. Hierbei sind die Regelungen der DAfStb-Richtlinie „Schutz und Instandsetzung von Betonbauteilen" zu beachten und abdichtende Stoffe des Teils 2 dieser Richtlinie in Abhängigkeit der Breite und des Feuchtezustands der Risse zu verwenden. Bei WU-Konstruktionen mit wiederholt auftretendem späten Zwang ist eine dehnfähige Verfüllung bei kühlen Temperaturen (Anwendungstemperatur $\geq 6\,°C$ = maximal große Rissöffnung) z. B. mit niedrigviskosen PUR-Harzen zu emp-

Tafel 9.12 Ausführungsvarianten für befahrene Parkflächen aus Stahlbeton oder Spannbeton [43]

Variante	Variante A		Variante B		Variante C	
Beschreibung	ohne flächiges Oberflächenschutz-system oder ohne Abdichtung (jedoch mit besonderer Maßnahme bei Rissen und Fugen)		mit flächigem Oberflächenschutz-system [d]		mit flächiger, rissüberbrückender Abdichtung und Schutzschicht [d]	
Untervariante	A1	A2	B1	B2	C1	C2
	rissvermeidende Bauweise	lokaler Schutz der Risse und Fugen[b] (z. B. rissüber-brückende Bandage)	vollflächig starr beschichtet: OS 8 mit begleitender Rissbehandlung[b] (z. B. rissüber-brückende Bandage)	vollflächig riss-überbrückend beschichtet: OS 10 mit Nutzschicht oder OS 11	OS 10 oder unterlaufsichere[c] bahnenförmige Abdichtung, jeweils mit Dichtungs- und Schutzschicht aus Gussasphalt	unterlaufsichere[c] zweilagige bahnenförmige Abdichtung mit Schutzschicht
Entwurfsgrundsatz	a	c	c	b	a, b	a, b
Expositions-/ Feuchtigkeitsklasse	XD3, XC4, WA (ggf. XF2 oder XF4)		XD1, XC3, WF (ggf. XF1)		XC3, WF (ggf. XF1)	
Mindestbeton-deckung c_{min}	Betonstahl 40 mm Spannstahl 50 mm		Betonstahl 40 mm Spannstahl 50 mm		Betonstahl 20 mm Spannstahl 30 mm	
Inspektion[a]	Jährlich in den ersten 5 Jahren, danach mindestens:					
	alle 2 Jahre	jährlich	jährlich	jährlich	alle 2 Jahre	alle 2 Jahre

[a] Für alle Varianten ist ein Instandhaltungsplan im Sinne der DAfStb-Richtlinie Schutz und Instandhaltung von Betonbauteilen erforderlich.
[b] Planung und Ausführung des dauerhaften lokalen Schutzes von Rissen und Fugen nach DAfStb-Richtlinie Schutz und Instandhaltung von Betonbauteilen.
[c] Voraussetzung für die Unterlaufsicherheit einer direkt auf dem Betonuntergrund aufgebrachten Abdichtungsschicht ist eine vollflächige, dauerhaft kraftschlüssige Verbindung zur Betonunterlage. Der Betonuntergrund ist dazu vor Aufbringen der Abdichtungsbahn durch Kugelstrahlen vorzubereiten und mit Epoxidharz zu behandeln (Verfahren und Stoffe nach ZTV ING, Teil 7, Abschnitt 1: 2003-01, Abschnitt 2: 2010-04, Abschnitt 3: 2003-01).
[d] Alternative Produkte oder Bauarten sind möglich, wenn deren Gleichwertigkeit mit den Oberflächenschutzsystemen oder Abdichtungen nachgewiesen wird.
Anmerkung: Sobald die in Vorbereitung befindliche DAfStb-Instandhaltungs-Richtlinie bauaufsichtlich eingeführt ist, ist diese als Grundlage der Planung, Ausschreibung und Ausführung von Oberflächenschutzsystemen zu verwenden.

fehlen [42]. Weiterführende Hinweise sind [12, 42] zu entnehmen.

Hinweis: Die Instandsetzungsrichtlinie wird künftig durch die Instandhaltungsrichtlinie des DAfStb ersetzt.

Die Planung der nachträglichen Abdichtung von Trennrissen und Fehlstellen ist Teil der WU-Konzeption und untrennbar mit der Auswahl der EGS verbunden. Sie ist daher auf Plänen und in sonstigen Dokumentationen anzugeben und auch auszuschreiben.

9.1.6.8 Zusätzliche Anforderungen bei der Planung von befahrenen WU-Konstruktionen (Parkgaragen)

Sehr häufig stellen WU-Bodenplatten auch den unteren Abschluss einer Parkgarage dar und werden direkt von Fahrzeugen befahren. Neben der WU-Anforderung sind erhöhte Anforderungen an die Dauerhaftigkeit der befahrenen Bodenplattenkonstruktion zu berücksichtigen.

Zur Planung von Parkgaragen hält das DBV-Merkblatt „Parkhäuser und Tiefgaragen" [43] Planungsvarianten basierend auf Entwurfsgrundsätzen bereit, die in ihrer Auslegung zu den Entwurfsgrundsätzen der WU-Richtlinie korrespon-

dieren, jedoch nicht die Wasserundurchlässigkeit, sondern die Risskontrolle in Abstimmung auf Dauerhaftigkeitsanforderungen bzw. Oberflächenschutzsysteme behandeln.

Gemäß [43] ist eine Rissbreitenbegrenzung nach EGS [b] in Kombination mit den abnutzungsresistenten und starren OS8-Beschichtungssystemen nicht zweckmäßig, da eine behinderte Verformungseinwirkung aus Schwinden und Temperatur bei EGS [b] durch eine Vielzahl kleiner Risse abgebaut wird, die mit einer ebenso großen Anzahl an Sanierungsstellen (Rissverpressung und Bandagierung) gleichzusetzen sind. Der EGS [b] ist sinnvoll bei rissüberbrückenden OS-Systemen und bei befahrenen WU-Bodenplatten nur dann einzusetzen, wenn eine anstehende Druckwasserbeanspruchung der Bodenplatte für das gewählte System keine Blasenbildung infolge der rückwärtigen Beanspruchung durch die Risse hindurch erwarten lässt. Grundsätzlich sind nach Auffassung des Autors bei Bodenplatten mit großer Wasserdruckbeanspruchung die EGS [a] und [c] zu bevorzugen, bei der planmäßig entweder keine oder nur wenige Risse zugelassen werden. Bei der Auswahl der Planungsvariante sollte auch berücksichtigt werden, dass die Expositionsklasse XD3 sehr geringe w/z-Werte auslöst, die regelmäßig zu bedeutend größeren Beton(zug)festigkeiten als die für XD3 angegebene Mindestdruckfestigkeitsklasse C35/45 führen (s. a. Abschn. 9.1.6.5).

9.1.7 Rechnerische Nachweiskonzepte begleitend zum konstruktiven Entwurf

9.1.7.1 Übersicht aktueller Nachweiskonzepte

Als Ergänzung zur Entwurfsausgestaltung mit konstruktiven, betontechnologischen und ausführungstechnischen Maßnahmen sind begleitende, rechnerische Nachweise erforderlich. Der exakte Nachweis der Konstruktion oder einzelner Bauteile unter Berücksichtigung der streuenden, zeitlich veränderlichen, ortsabhängigen Zwangbeanspruchungen bzw. Betonzugfestigkeit ist selbst mit modernen, nichtlinearen und zeitdiskreten Rechenverfahren kaum möglich und der damit verbundene Aufwand nur für Sonderkonstruktionen zu rechtfertigen.

Die zur Verfügung stehenden analytischen Nachweiskonzepte weisen stets deutliche Vereinfachungen bzgl. der Zwangermittlung und der Bestimmung der zugehörigen Mindestbewehrung auf. Grundsätzlich stehen den Tragwerksplanern derzeit die drei analytischen Verfahrenstypen nach Tafel 9.13 zur Verfügung.

Die Auswahl des Verfahrens ist abhängig vom verwendeten EGS und der Komplexität der WU-Konstruktion. Die für EGS [b] und [c] verwendbare Rissbreitenbegrenzung nach DIN EN 1992-1-1, 7.3 stellt als Verfahrenstyp A die einfachste Stufe dar und gehört zum vertrauten Handwerkszeug der Tragwerksplaner.

Beim Verfahrenstyp B werden die Verformungseinwirkung und -behinderung sowie die resultierende Zwangbeanspruchung näherungsweise ermittelt, um bei EGS [a] die rechnerische Rissfreiheit abzuschätzen. Der Nachweis der Mindestbewehrung für die nicht rissauslösende Zwangschnittgröße erfolgt häufig mit dem Mindestbewehrungsmodell nach EC2, 7.3.1, kann aber auch mit dem alternativen Mindestbewehrungsmodell der Verformungskompatibilität in [44, 45] erfolgen.

Beim relativ neuen Verfahrenstyp C auf Basis der Verformungskompatibilität wird unter Berücksichtigung vieler Parameter und möglichst genauer Abbildung der Steifigkeitsverhältnisse die Verformungskompatibilität zwischen Zwangbeanspruchungen und der Aufnahme der einwirkenden Verformungen in Rissen durch das zugehörige, eigenständige Mindestbewehrungsmodell betrachtet [17].

Im Rahmen dieses Beitrags soll der Fokus auf die Nachweiskonzepte des Verfahrenstyps B aus der Literatur gelegt werden, mit denen die konstruktive Auslegung näherungsweise und mit geringem Aufwand überprüft werden kann.

Tafel 9.13 Vergleich analytischer Bemessungsverfahren

Typ	Verfahrenstyp A	Verfahrenstyp B	Verfahrenstyp C
Beschreibung	Rissbreitenbegrenzung auf Basis der Rissschnittgröße (kraftbasierter Nachweis nach EC2, 7.3.1)	2-teilige Verfahren: 1. Abschätzung der Zwangbeanspruchung (für EGS [a] z. B. nach [9, 10]) und 2. Rissbreitenbegrenzung nach EC2, 7.3.1 für verminderten Zwang	Durchgängiges Verfahren auf Basis der Verformungskompatibilität mit verformungsbasierter Zwang-/Bewehrungsermittlung [17–19, 44–48]
Nachweisformat	Zwangermittlung: – Bewehrungsermittlung: kraftbasiert	Zwangermittlung: kraft-/verformungsbasiert Bewehrungsermittlung: kraftbasiert	Zwang- und Bewehrungsermittlung: verformungsbasiert
EGS	[b], [c]	[a]	[a], [b], [c]
Erläuterungen	– unberücksichtigt: statisches System, Bauteillänge, Verformungseinwirkungen, Reduktion von Zwangkräften infolge Rissbildung und Einfluss Betontechnologie; – bei großen Bauteildicken Überschätzung des Bewehrungsanspruchs (z. B. in Bauteilen Wasserbau [25]); – Unterscheidung früher/später Zwang erfolgt über angesetzte Betonzugfestigkeit; – bei WU-Konstruktionen meist zentrischer Zwang unterstellt	– näherungsweise berücksichtigt: Bauteilabmessungen, Lagerungsbedingungen und betontechnologische/thermische Einflüsse bei Zwangermittlung; – früher/später Zwang näherungsweise in einem Modell erfassbar; – je nach Modellvereinfachung kompensierender Ansatz der Relaxation erforderlich für Nachweis rechnerischer Rissfreiheit; – bei WU-Konstruktionen meist zentrischer Zwang unterstellt; – Bewehrungsermittlung f. Zwangschnittgröße < Rissschnittgröße	– analytisches Verfahren, abgeleitet aus parametrisierten, zeitdiskreten, nicht-linearen 3D-FEM-Simulationen unter Berücksichtigung diskreter Rissbildung; – Bauteilgeometrien (z. B. Bodenplattenlängen), betontechnologische und thermische Einflüsse sowie Schwinden werden berücksichtigt; – früher und später Zwang in einem Modell erfasst; – Bodenplatten: mit steigender Dicke Zunahme von Eigenspannungen und Biegezwang; zentrischer Zwang nur bei felsigem Baugrund maßgebend; – Wände: überwiegend zentrischer Zwang; – Eigenständiges Mindestbewehrungsmodell auf Basis von DIN EN 1992-1-1 zur Herstellung der Verformungskompatibilität, insbesondere für dicke Bauteile reduzierte Mindestbewehrungsmengen

Hinweise zum Nachweisumfang beim EGS [a]

Für den EGS [a] ist nachzuweisen, dass die WU-Konstruktion rechnerisch keine Trennrisse aufweist. Es muss folglich eine Einschätzung der Zwangspannung/-schnittgröße (< Rissspannung/-schnittgröße) nach den Verfahrenstypen B oder C erfolgen. Für den EGS [a] sind die Nachweise umfangreich und umfassen:

- Festlegung von Abschnittslängen bei Bodenplatten/Wänden und Nachweis der rechnerischen Trennrissfreiheit;
- Auswahl von Dehnfugenbändern bei abgefugten Bodenplatten nach DIN 18197 inkl. Berechnung der Verformungswege;
- Nachweis der Mindestbewehrung für die reduzierte Zwangbeanspruchung in Wänden/Bodenplatten;
- Nachweis der Druckzonenhöhe für NKL-A und BKL-1 in der charakteristischen Einwirkungskombination nach Abb. 8.89. und (8.125); alternativ: Nachweis Biegerissbreite mit Werten nach Tafel 9.7 in der häufigen Kombination.

9.1.7.2 Nachweis der rechnerischen Trennrissfreiheit für Bodenplatten nach EGS [a]

Bodenplatten unter Annahme überwiegend zentrischer Zwang (Verfahrenstyp B)

In der Praxis wird für dünne und ausgedehnte Platten als Spannungsverteilung vor der Rissbildung in der Regel stark vereinfachend eine zentrische Zwangbeanspruchung angenommen, die infolge der Verformungsbehinderung durch den Untergrund entsteht. Die Biegebeanspruchung infolge des exzentrischen Angriffs der Behinderungsebene und des Temperaturgradienten wird vernachlässigt. Der Nachweis für eine überwiegend zentrische Zwangbeanspruchung wird oft auch damit begründet, dass unter Biegezwang mit dem Mindestbewehrungsmodell nach EC2, 7.3 geringere Bewehrungsgehalte als unter zentrischem Zwang ermittelt werden und letztlich Trennrisse die Wasserundurchlässigkeit negativ beeinflussen.

Die Nachweise dürfen getrennt für die beiden Ausdehnungsrichtungen x und y einer Platte geführt werden.

Zentrische Zwangkraft aus Reibungsmodell [9]

(in x-Richtung, y-Richtung analog durch Austausch Indizes)

Beim häufig verwendeten Reibungsmodell (Abb. 9.27 A.) wird der Baugrund starr idealisiert, so dass sich die Verformungsbehinderung aus der in der Kontaktfläche zwischen Platte bzw. Sauberkeitsschicht und Untergrund wirkenden Reibkraft ergibt. Der Erfolg des Modells ist auf die Einfachheit des Nachweisformats zurückzuführen, da als einzige Unbekannte eine Reibungsziffer zu schätzen ist, die Verformungseinwirkung selbst aber nicht ermittelt werden muss. Der Nachweis lässt sich grob genähert auch für späten Zwang mit zusätzlichen Gebäudeauflasten führen.

$$n_{\text{ct,x,}\mu} = \mu_{\text{d}} \cdot (A_{\text{c}} \cdot \gamma_{\text{c}} + q) \cdot L_{\text{x,eff}} \quad [\text{kN/m}] \qquad (9.1)$$

μ_{d} Bemessungswert Reibung: $\mu_{\text{d}} = 1{,}25$ [9] $\cdot \mu$, mit μ aus Tafel 9.9

A_{c} $= h_{\text{c}} \cdot 1\,\text{m/m}$ (Betonquerschnittsfläche in m^2/m)

γ_{c} Wichte von Stahlbeton ($25\,\text{kN/m}^3$)

q ggf. zusätzliche Flächenlast zur Platteneigenlast, z. B. Baulasten (z. B. [9]: $q = 2\,\text{kN/m}^2$ im Bauzustand) oder auch inkl. Sauberkeitsschicht, falls dortige Gleitfuge zum Baugrund maßgebend

$L_{\text{x,eff}}$ Abstand des freien Rands der Bodenplatte zum gedachten Verformungsruhepunkt in x-Richtung, bei ebenen Platten ohne Festhaltepunkt $L_{\text{x}}/2$ (Abb. 9.27 und 9.18)

Zentrische Zwangkraft aus Baugrundmodell [17, 48]

(in x-Richtung, y-Richtung analog durch Austausch Indizes)

Die Annahme eines starren Baugrundes ist nur für Fels zutreffend. Das Modell mit horizontal nachgiebigem Baugrund (Abb. 9.27 B.) berücksichtigt die Verformungsbehinderung über die Dehnsteifigkeitsverhältnisse von Bodenplatte und dem aktivierten Baugrundkörper und ermittelt für steigende Plattendicken und mäßige Baugrundsteifigkeiten geringere Zwangnormalkräfte als das Reibungsmodell. Das Modell berücksichtigt auch die Verformungseinwirkung ε_{o} aus Temperaturänderung (z. B. dem Abfließen

Abb. 9.27 Modelle für zentrischen Zwang: Reibungsmodell auf starrem Untergrund und Modell mit Berücksichtigung der horizontalen Baugrundsteifigkeit, nach [17]

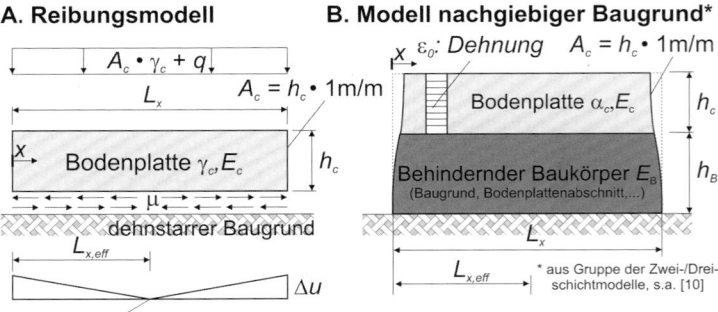

gedachter Verformungsruhepunkt ($\Delta u = 0$), bei Vertiefungen s. Abb. 9.18

Tafel 9.14 Einfluss der Gesteinskörnung auf E-Modul und Temperaturdehnzahl (wassergesättigt – lufttrocken) des Betons [2]

Gesteinskörnung	Wärmedehnzahl Beton α_t [10^{-6}/K]	Beiwert E-Modul Beton α_E [–]
Basalt	7–9	1,2
Quarz, Quarzit	11–13	1,0
dichter Kalkstein	6–8	1,2
Sandstein	11–13	0,7

der Hydratationswärme) oder Schwinden (ε_{cs} nach Tafel 8.6).

$$n_{ct,x,E_B} = -\varepsilon_0 \cdot E_{cm,mod} \cdot A_c \cdot a_x \quad [\text{kN/m}] \qquad (9.2)$$

ε_0 unbehinderte Dehnung aus Verformungseinwirkung, z. B. abfließende Hydratationswärme oder Schwinden ε_{cs}
für Hydratationswärme: $\varepsilon_{\Delta T} = \Delta T_N \cdot \alpha_t$

α_t Temperaturdehnungszahl nach Tafel 9.14;
falls Gesteinskörnung unbekannt: konservative Annahme aus [10] für jungen Beton: $12 \cdot 10^{-6}$; für späten Zwang und älteren Beton: $10 \cdot 10^{-6}$ nach [10]

ΔT_N Anhaltswert für gleichmäßige Temperaturabkühlung aus Tafel 9.16 oder konservative Schätzwerte aus [10, 24] (weitere in [5]):

$$= 10\text{–}15\,\text{K} \quad (h_c \leq 30\,\text{cm})$$
$$= 15\text{–}25\,\text{K} \quad (30 < h_c \leq 60\,\text{cm})$$
$$= 20\text{–}40\,\text{K} \quad (\text{massige Bauteile mit } h_c > 60\,\text{cm}) \qquad (9.3)$$

(untere Werte: Zemente mit niedriger und langsamer Wärmentwicklung, obere Werte: Zemente mit größerer Wärmeentwicklung)

h_c Bauteildicke nach Abb. 9.27

$E_{cm,mod}$ modifizierter E-Modul der Wand [2]

$$E_{cm,mod} = \alpha_E \cdot E_{cm} \qquad (9.4)$$

E_{cm} Richtwert Sekantenmodul Beton nach Tafel 8.2. Die E-Moduln sind von den lokal verwendeten Gesteinskörnungen abhängig, Streubreiten s. Tafel 9.14

α_E Beiwert nach Tafel 9.14; falls Gesteinskörnung unbekannt: $\alpha_E \sim 1,0$

a_x Behinderungsgrad in x-Richtung

$$a_x = \frac{1}{1 + \frac{E_{cm,mod} \cdot h_c \cdot L_y}{E_B \cdot A_{B,eff,x}}} \qquad (9.5)$$

E_B Steifemodul des Baugrunds nach Tafel 9.9

$A_{B,eff,x}$ aktivierte Baugrundfläche (nach [48])

$$A_{B,eff,x} \approx \left(L_y + 2 \cdot 0,6 \cdot \frac{2}{3} \cdot L_{x,eff} \right) \cdot \frac{2}{3} \cdot L_{x,eff} \qquad (9.6)$$

A_c, $L_{eff,x}$ s. Reibungsmodell bzw. Abb. 9.27
L_y tatsächliche Bodenplattenabmessung in Querrichtung (y-Richtung)

Nachweis der rechnerischen Trennrissfreiheit nach [4, 9, 10, 51]

(Indizes für Nachweis in x-Richtung)

Vereinfachend kann die kleinere Zwangkraft aus (9.1) und (9.2) als maßgebend betrachtet werden. Die maßgebende Betonzugspannung $\sigma_{ct,x}(t)$ ermittelt sich zu:

$$\sigma_{ct,x}(t) = \frac{n_{ct,x,min}}{A_c} \qquad (9.7)$$

$n_{ct,x,min}$ kleinerer Wert aus (9.1) und (9.2)
A_c s. (9.1)
Rechnerisches Risskriterium nach WU-Richtlinie 2017 [4]:

$$\sigma_{ct,x}(t) < f_{ctk,eff}(t) \qquad (9.8)$$

$f_{ctk,eff}(t)$ charakteristische Betonzugfestigkeit zum Zeitpunkt t (Ermittlung wie für $f_{ctm,eff}$ in [9])
früher Zwang [9]:

$$f_{ctk,eff}(t) = k_{ct}(t) \cdot k_j \cdot f_{ctk,5\%} \qquad (9.9)$$

später Zwang: $f_{ctk,eff}(t) = f_{ctk,5\%}$ mit $f_{ctk,5\%}$ ($= 0,7 f_{ctm}$) aus Tafel 8.2

$k_{ct(t)}$ Zeitwert der Betonzugfestigkeit aus Tafel 9.15 [9] mit wirksamer Bauteildicke $h_0 = 2 \cdot A_c/u$

k_j Jahreszeitfaktor, Erfahrungswerte aus [9]
= 1,0 bei mittleren Tagestemp. 10–15 °C (Frühjahr/Herbst),
= 0,9 bei geringeren Temperaturen im Winter,
= 1,1 bei Tagestemp. $\sim$ 20 °C (Sommer),
= 1,2 bei Tagestemp. $\sim$ 25 °C (Sommer).

Strengeres Risskriterium nach [10, 51] (in Anlehnung an [23]) mit sehr geringer Risswahrscheinlichkeit:

$$\sigma_{ct,x}(t) < 0,8 \cdot f_{ctk,eff}(t) \qquad (9.10)$$

Das strengere Risskriterium berücksichtigt den Unterschied zwischen Labor- und Bauteilfestigkeit sowie die starke Verformungszunahme ab diesem Ausnutzungsgrad und wird für den Nachweis der rechnerischen Trennrissfreiheit von Bodenplatten und Wänden empfohlen. Die Ableitung der Zugtragfähigkeit des Querschnitts aus (8.136) führt über den Faktor k zu einer vergleichbaren Abminderung.

Tafel 9.15 Schätzwerte für den kritischen Zeitpunkt t_{crit} der Rissentstehung, Zugfestigkeitsbeiwert $k_{ct(t)}$, Zeitbeiwert für E-Modul $k_{Ec(t)}$ (zusammengefasste Angaben aus [9])

$h_0{}^a$ [m]	Beiwerte $t_{crit}{}^b$ [h]/$k_{c,t(t)}$ [–]/$k_{Ec(t)}$ [–] in Abhängigkeit der Betonfestigkeitsentwicklung					
	langsam $r < 0{,}3$		mittel $r < 0{,}5$		schnell $r \geq 0{,}5$	
	BoPla	Wand	BoPla	Wand	BoPla	Wand
0,20	51/0,51/–	60/0,55/0,77	46/0,65/–	55/0,69/0,84	42/0,76/–	50/0,80/0,86
0,30	54/0,52/–	63/0,56/0,77	49/0,66/–	58/0,70/0,84	44/0,77/–	53/0,81/0,86
0,40	56/0,53/–	67/0,58/0,78	51/0,67/–	60/0,71/0,85	46/0,78/–	55/0,82/0,87
0,60	61/0,55/–	71/0,60/0,79	56/0,70/–	66/0,73/0,85	51/0,80/–	60/0,83/0,87
0,80	66/0,58/–	76/0,61/0,80	61/0,71/–	71/0,75/0,85	56/0,82/–	66/0,85/0,88
1,00	73/0,60/–	84/0,64/0,80	66/0,73/–	76/0,76/0,85	61/0,84/–	71/0,85/0,88
1,20	78/0,62/–	89/0,65/0,81	70/0,74/–	81/0,77/0,86	66/0,85/–	76/0,86/0,88

^{a} wirksame Bauteildicke $h_0 = 2 \cdot A_c/u$ (bei Abkühlung zu nur einer Seite, z. B. Bodenplatten: $h_0 = 2 \cdot h_c$, sonst $h_0 = h_c$)
^{b} t_{crit}-Werte für mittlere Tagestemp. 10–15 °C

Hinweis: gemäß [5], Erläuterung zu 8.3 darf die einwirkende Zwangspannung $\sigma_{ct,x}(t)$ infolge Relaxation und Kriechen mit folgenden Faktoren vermindert werden:
- Dünne Bauteile < 30 cm, früher Zwang: $k_{(\varphi+\psi)} = 0{,}55$
- Bauteile ≥ 30 cm, früher Zwang: $k_{(\varphi+\psi)} = 0{,}65$
- Später Zwang: $k_{(\varphi+\psi)} = 0{,}80$

Vor dem Hintergrund der Erläuterungen zu Abb. 9.5 sollten die Relaxationswerte beim Nachweis der rechnerischen Rissfreiheit mit Bedacht gewählt werden. Beiwerte unterhalb 0,65 sollten nach Auffassung des Autors nicht in Ansatz gebracht werden. Für Bodenplatten wird in [9] vorgeschlagen, die Relaxation nur zur Ermittlung der Mindestbewehrung für die reduzierte Zwangsschnittgröße anzusetzen. Bei Wänden sind übliche L/H-Verhältnisse mit den Nachweisformaten in Abschn. 9.1.7.3 i. d. R. nur mit Ansatz der Relaxation nachweisbar.

Nachweis der Mindestbewehrung für Zwangschnittgröße, die geringer als die Rissschnittgröße ist (nach [9])

(für dünne Bauteile im Sinne von Abb. 8.94 und (8.136))

Betonzwangspannung, ggf. nach [9] mit $k_{(\varphi+\psi)}$ abgemindert

$$\sigma_{ct,x,red}(t) = k_{(\varphi+\psi)} \cdot \sigma_{ct,x}(t) \qquad (9.11)$$

$\sigma_{ct,x}(t)$ Zwangspannung nach (9.7)
Zulässige Stahlspannung für Mindestbewehrungsnachweis

$$\sigma_{s,x} = \sqrt{6 \cdot w_k \cdot \sigma_{ct,x,red}(t) \cdot E_s / \varnothing_s} \leq f_{yk} \qquad (9.12)$$

w_k Rissbreite für den Nachweis des verminderten Zwangs i. d. R. mit $w_k = 0{,}3$ mm für XC2 an Plattenunterseite ($w_k = 0{,}4$ mm für XC1 an Plattenoberseite möglich!)
Mindestbewehrung für reduzierten Zwang dünnes Bauteil (je Bauteilseite und Richtung)

$$A_{s,min} = k_c \cdot k \cdot \sigma_{ct,x,red}(t) \cdot A_{ct}/\sigma_{s,x} \qquad (9.13)$$

k_c $= 1{,}0$ für zentrischen Zwang
k $= \begin{cases} 0{,}80 & h_c \leq 0{,}30 \text{ m} \\ 0{,}52 & h_c \geq 0{,}80 \text{ m} \end{cases}$, jedoch $k = 1{,}0$
nach [5] bei WU-Bodenplatten mit:
- $h_c \leq 30$ cm,
- Plattenlänge > 20 m (ohne reibungsmindernde Maßnahmen),
- Lagerung auf Baugrund mit $E_B > 20$ MN/m^2.
A_{ct} $= h_c/2 \cdot 1$ m/m
Überprüfung dickes/dünnes Bauteil nach Abb. 8.94 erforderlich!
Bei $h_{c,eff} \leq h_c/2$: dickes Bauteil nach (8.143).
$\varnothing_s$, E_s, f_{yk} Stabdurchmesser, E-Modul und Streckgrenze der Betonstahlbewehrung

Hinweis: Nachweis für dickere Bauteile nach Abb. 8.94 und (8.143) unter Berücksichtigung der veränderten Rissmechanik dicker Bauteile.

Vergleich mit dem Verfahren der Verformungskompatibilität (Verfahrenstyp C)

In der Praxis werden auch dicke Bodenplatten vereinfachend für zentrischen Zwang nach dem vorangegangenen Abschnitt bemessen. In den Erläuterungen des Hefts 555 [5] zu Abschnitt 7 der WU-Richtlinie [3] ist der Hinweis gegeben, dass bei dickeren Platten der Biegezwang überwiegen kann. Das Bemessungsmodell auf Basis der Verformungskompatibilität [17–19, 44–47] bildet die bei Bodenplatten vorhandene Interaktion aus zentrischem Zwang und Biegezwang ab und bestimmt die Mindestbewehrungen für dünne und dicke Bauteile derart, dass die Verformungskompatibilität zwischen Verformungseinwirkungen und der Rissbildung hergestellt wird. Das Modell wird auch als umfangreiches, analytisches Bemessungsverfahren [48] begleitend zur österreichischen WU-Richtlinie [49] für den rechnerischen Nachweis der Rissfreiheit eingesetzt.

Für eine Bodenplatte existieren gemäß [48] die in Abb. 9.28 dargestellten, zwei kritischen Zeitpunkte bzgl. ei-

Abb. 9.28 Kritische Nachweis-
zeitpunkte bei Bodenplatten
[17, 48]

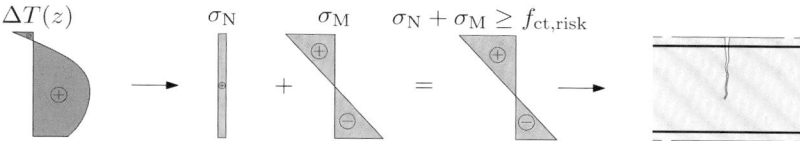

A. Wahrscheinliches Szenario von Biegerissen an der Oberseite
(Aufschüsseln und Eigengewichtsaktivierung unabhängig vom Baugrund,
Rissbildung bei etwa bei Temperaturmaximum)

B. Seltenes Szenario von Trennrissen über gesamte Plattenhöhe
(nur bei sehr steifem Baugrund (Fels) oder dünne Platten mit sehr großer, flächiger
Ausdehnung, Rissbildung bei Erreichen der Ausgleichstemperatur)

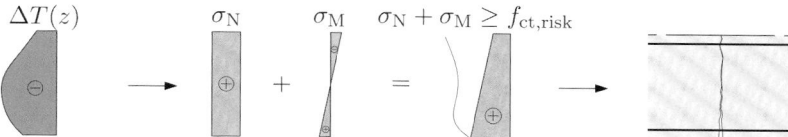

ner möglichen Rissbildung. In [51] wird das Modell auch um späte Zwänge erweitert, die den vollen frühen Zwängen überlagert werden. Da die Trennrissbildung in Bodenplatten nach dem Modell sehr unwahrscheinlich ist (Abb. 9.28 B.), werden in [51] nur noch die größeren Biegezwänge an der Plattenoberseite (Abb. 9.28 A.) rechnerisch nachgewiesen und die Bewehrung an der Plattenunterseite als konstruktive Oberflächenbewehrung gewählt.

Im Vergleich zu den vereinfachten Nachweisen mit zentrischem Zwang und der Mindestbewehrungsbestimmung nach DIN EN 1992-1-1, 7.3 werden durch das Modell auf Basis der Verformungskompatibilität [20]:

- die Zwangkräfte realitätsnäher bestimmt;
- nur im Ausnahmefall größere Bewehrungen ermittelt, d. h. die im letzten Abschnitt vorgestellten Verfahren mit zentrischem Zwang liegen in der Regel auf der sicheren Seite. Diese Einschätzung in [20] entspricht auch den Ergebnissen eigener Vergleichsrechnungen mit den Modellen.

Aus Sicht des Autors ist das Verfahren der Verformungskompatibilität bei schwierigeren Fragestellungen mit höheren Genauigkeitsanforderungen geeigneter, während bei gewöhnlichen Aufgaben die einfachen zentrischen Zwangnachweise ausreichend sind, um die in erster Linie wichtige Ausdetaillierung der Konstruktion rechnerisch zu begleiten.

9.1.7.3   Nachweis der Trennrissfreiheit für Wände nach EGS [a]

Wände weisen baupraktisch und auch rechnerisch eine viel größere Trennrissneigung als Bodenplatten auf. Mit rechnerischen Nachweisen der Trennrissfreiheit von Wänden werden Abstände vertikaler, unbewehrter Sollrissfugen (oder Dehnfugen) bestimmt, die langgestreckte Wände in Abschnittslängen unterteilen, bei denen zwischen den abgedichteten Fugen keine weiteren Risse erwartet werden (s. a. Abb. 9.21). Für Ortbetonwände sollte das L/H-Verhältnis 1,5 bis maximal 2,0 nicht überschreiten.

Die vorhandenen Rechenmodelle in [9, 10, 17, 24, 50] zur Ermittlung der maßgebenden zentrischen Zwangbeanspruchungen unterscheiden sich wesentlich durch die Berücksichtigung der Steifigkeitsverhältnisse zwischen verformungsbehinderter Wand und der behindernden Bodenplatte.

Nachweis der rechnerischen Trennrissfreiheit von Ortbetonwänden nach [9, 10] (Verfahrenstyp B)

Zentrische, frühe Zwangspannung aus dem Abfließen der Hydratationswärme nach [9]

Das Nachweiskonzept unterstellt eine dehn- und biegestarre Bodenplatte. Diese Annahme macht das Modell einerseits sehr einfach, da keine Geometrieeinflüsse aus der Bodenplatte zu berücksichtigen sind, aber auch sehr konservativ, so dass Wandabschnitte mit $L/H = 1,5$–$2,0$ nur mit Ansatz einer spannungsmindernden Relaxation $k_{(\varphi+\psi)}$ nachweisbar sind. Modellbegründet ist die Größe der am Wandfuß in Abb. 9.21 ermittelbaren Zwangspannung unabhängig von der Wandlänge. Sie wird jedoch nicht maßgebend, da diese aufgrund der rissbreitenbegrenzenden Wirkung der Bodenplatte nicht zu wasserführenden Rissen führt. Für die Bewertung der Rissgefahr wird pauschal die Zwangspannung auf $\frac{1}{4}$ der Wandhöhe herangezogen und das tatsächliche Länge-Höhe-Verhältnis über einen Abminderungsbeiwert $k_{ct,d}$ berücksichtigt.

Zwangspannung am Wandfuß in Abb. 9.21:

$$\sigma_{ct(t)} = k_{(\varphi+\psi)} \cdot (\alpha_t \cdot \Delta T_N) \cdot k_{Ec(t)} \cdot E_{cm,mod} \qquad (9.14)$$

$k_{(\varphi+\psi)}$ Abminderungsbeiwert zur Berücksichtigung von Kriechen und Relaxation des Betons (s. Erläuterungen zu (9.10))

α_t s. Erläuterung zu (9.2)

ΔT_N Anhaltswert für die mittlere Bauteilabkühlung aus Tafel 9.16, konservativ errechnet aus Maximaltemperatur T_{max} und Ausgleichstemperatur in Abb. 9.16; alternativ nach (9.3)

Tafel 9.16 Anhaltswerte für Bauteilabkühlung von Wänden in Holzschalung, Abfließen der Hydratationswärme (aus [9], bei Wänden mit Stahlschalung und Sohlplatten näherungsweise ansetzbar)

Jahreszeit	Mittlere Lufttemperatur [°C][a]	Bauteildicke h_c [cm]	ΔT_N [K] in Abhängigkeit der Betonfestigkeitsentwicklung[b]		
			langsam $r < 0{,}3$	mittel $r < 0{,}5$	schnell $r \geq 0{,}5$
Sommer	15–25	30	13	17	20
		50	18	22	25
Frühling/Herbst	10–20	30	10	14	17
		50	16	20	23
Winter	5–10	30	8	12	15
		50	13	17	20

[a] Frischbetontemperatur i. d. R. ca. 5 K größer als Lufttemperatur
[b] Werte näherungsweise für abweichende Bauteildicken extrapolierbar, Erläuterung r-Wert in Tafel 9.10
Für größere Lufttemperaturen gilt näherungsweise: $+5\,°C$ Lufttemperatur $\rightarrow \Delta T_N$ um 2,5 K vergrößern [5]

Tafel 9.17 Beiwert $k_{ct,d}$ aus [9]

L/H (Wandlänge/Wandhöhe)	Beiwert $k_{ct,d}$ [–]
≤ 1	0,35
≤ 2	0,50
≤ 3	0,60
≤ 4	0,70
≤ 6	0,85

$k_{Ec(t)}$ Zeitwertbeiwert E-Modul zum Zeitpunkt t_{crit} nach Tafel 9.15
$E_{cm,mod}$ s. Bodenplattennachweise
Maßgebende Zwangspannung auf $\frac{1}{4}$ der Wandhöhe H zur Ermittlung der Rissgefährdung:

$$\sigma_{ct,d} = k_{ct,d} \cdot \sigma_{ct(t)} \qquad (9.15)$$

$k_{ct,d}$ Beiwert zur Berücksichtigung des L/H-Verhältnisses nach Tafel 9.17 und Abb. 9.21
Eine Erweiterung des Klammerterms in (9.14) um Dehnungseinwirkungen aus späten Zwängen ist möglich.

Zentrische, frühe Zwangspannung aus dem Abfließen der Hydratationswärme nach [10]

Das aus mehreren Forschungsarbeiten zusammengetragene Nachweiskonzept in [10] bestimmt die Zwangbeanspruchungen in Wänden unter Berücksichtigung einer äußeren Dehnbehinderung $R_L(t)$ durch die Bodenplatte und einer inneren Dehnbehinderung R_H über die Wandhöhe (Abb. 9.29).

Die äußere Behinderung $R_L(t)$ bildet die Dehnsteifigkeitsverhältnisse von Bodenplatte und Wand näherungsweise ab.

$$R_L(t) = \frac{1}{1 + \frac{E_w(t) \cdot A_w}{E_F \cdot A_F}} \qquad (9.16)$$

$E_W(t)$ E-Modul Wandbeton $E_w(t) = k_{Ec}(t) \cdot E_{cm,mod}$, analog zu (9.14)

E_F E-Modul Bodenplatte ($\sim E_{cm}$ nach Tafel 8.2)
A_W, A_F Querschnittsflächen nach Abb. 9.29
Die Bodenplattenfläche A_F wird unter Berücksichtigung einer mitwirkenden Plattenbreite b_F bestimmt, deren Wirkung bei Randstellung der WU-Wand (s. Abb. 9.29) nach den Ausführungen in [10, 51] aus der folgenden Bedingung abgeschätzt wird zu:

$$\frac{A_W}{A_F} = \max \begin{cases} \frac{h_W}{h_F} \\ \frac{A_W}{b_F \cdot h_F} \end{cases} \quad \text{mit } b_F = \frac{L}{2} + h_W \qquad (9.17)$$

Wie Abb. 9.29 erkennen lässt, ist der Behinderungsgrad $R_L(t)$ für übliche Verhältnisse selbst bei Ansatz $E_W(t) = E_{cm} (= E_F)$ deutlich geringer als 1,0. Die Annahme einer dehnstarren Bodenplatte wie in [9] angenommen ist somit sehr konservativ.

Die innere Behinderung R_H kann aus Abb. 9.29 in Abhängigkeit des L/H-Verhältnisses abgelesen werden. Für die Bewertung der Trennrissgefährdung wird in [10] die Nachweishöhe in Abb. 9.29 wie folgt angenommen:

$$y = 0{,}1 \cdot L \qquad (9.18)$$

Die Ablesung von R_H in Abb. 9.29 erfolgt dann für $(y/H) = 0{,}1 \cdot L/H$.

Die maßgebende Zwangspannung in Wandmitte (bei $L/2$) ermittelt sich zu:

$$\sigma_{ct}(t) = k_{(\varphi + \psi)} \cdot (\alpha_t \cdot \Delta T_N) \cdot R_L(t) \cdot R_H \cdot k_{Ec(t)} \cdot E_{cm,mod} \qquad (9.19)$$

Der Klammerterm in (9.19) kann zur Berücksichtigung später Zwangbeanspruchungen z. B. um eine Schwinddehnung ε_{cs} ergänzt werden. Das Verfahren eignet sich auch zur Abschätzung der Rissneigung benachbarter Bodenplattenabschnitte. Dann ist sinngemäß $A_{2.BA}/A_{F.1.BA} = h_{2.BA}/h_{1.BA}$ in (9.16) zu berücksichtigen.

Abb. 9.29 Behinderungsgrade R_H und R_L für die Zwangermittlung in Wänden (nach [10])

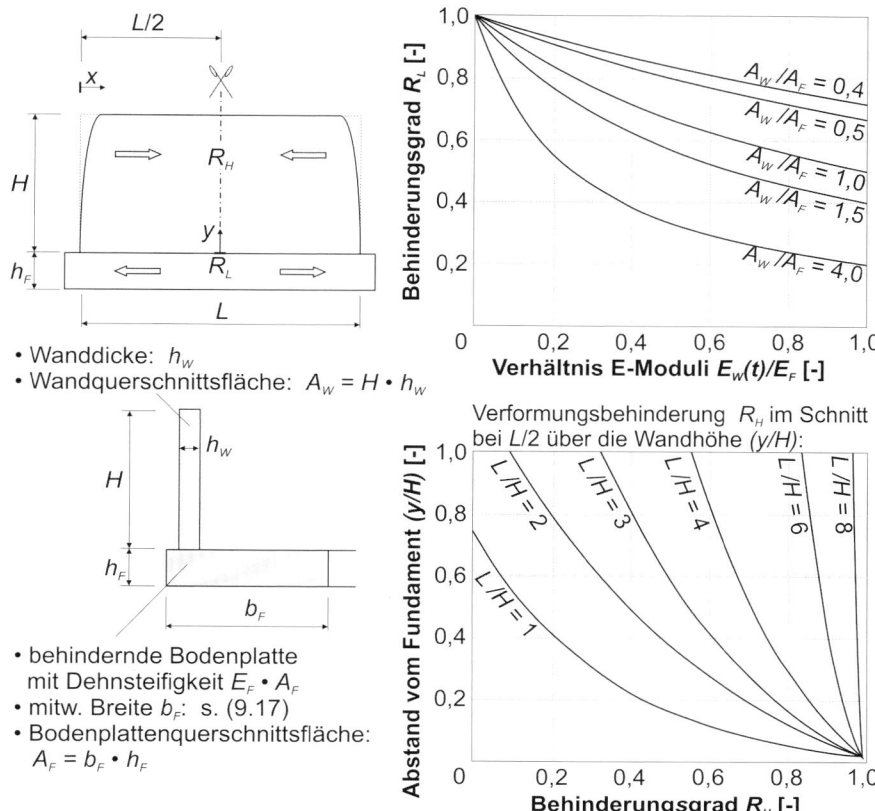

- Wanddicke: h_w
- Wandquerschnittsfläche: $A_w = H \cdot h_w$

- behindernde Bodenplatte mit Dehnsteifigkeit $E_F \cdot A_F$
- mitw. Breite b_F: s. (9.17)
- Bodenplattenquerschnittsfläche: $A_F = b_F \cdot h_F$

Nachweis der rechnerischen Trennrissfreiheit nach [4, 9, 10] und der Mindestbewehrung

Der Nachweis der rechnerischen Trennrissfreiheit erfolgt analog zu den Bodenplatten nach (9.10). Der Nachweis der Mindestbewehrung für die verminderte Zwangsspannung (< Rissspannung) wird für dünne Wandbauteile in Analogie zu den Bodenplatten mit den (9.11)–(9.13) geführt (Relaxation nur einmal berücksichtigen!). Die Mindestbewehrung kann über die Höhe gestaffelt werden. Wie bei den Bodenplatten sind dickere Bauteile nach Abb. 8.94 und (8.143) gemäß DIN EN 1992-1-1, 7.3.1 unter Berücksichtigung der veränderten Rissmechanik nachzuweisen.

Hinweise zum Nachweis der rechnerischen Trennrissfreiheit von Elementwänden

Es existieren keine analytischen Verfahren für den Nachweis der Rissvermeidung von Elementwänden. In [37] wurde das günstige Verhalten von Elementwänden bei Zwangbeanspruchungen infolge Abfließen der Hydratationswärme durch parametrisierte, thermische und strukturelle FEM-Berechnungen mit Volumenelementen nachgewiesen. Die vorgefertigten Außenschalen bedingen eine geringe, wärmebringende Ortbetonmenge und führen einen signifikanten Anteil der sich aufbauenden Wärme ab. Das Abfließen der Hydratationswärme des Kernbetons führt zu Druckspannungen in den Fertigschalen und zu nur geringen Zugspannun-

gen im Kernbeton, so dass Risse für $L/H \leq 3$ nur in den wie Sollrisse wirkenden Stoßfugen zu erwarten sind, die daher vorzugsweise unbewehrt und mit einer Fugenabdichtung versehen sind. Für die Ermittlung der horizontalen Mindestbewehrung in den Fertigschalen wird in [9] als konservative Näherung vorgeschlagen, das in (9.14) und (9.15) vorgestellte Nachweisverfahren auf die Kernbetonschichtdicke zu beziehen und eine hierzu korrespondierende Temperaturänderung aus (9.13) oder Tafel 9.16 zu wählen.

Vergleich mit dem Verfahren der Verformungskompatibilität (Verfahrenstyp C)

Das Verfahren auf Basis der Verformungskompatibilität [17–19, 44–47] bildet die Interaktion zwischen der sich verkürzenden Wand und der behindernden Bodenplatte durch Berücksichtigung der Dehn- und Biegesteifigkeitsverhältnisse ab. In der Wand entstehen bei abfließender Hydratationswärme in Abhängigkeit der Dehn- und Biegesteifigkeitsverhältnisse Zwangnormalkräfte N_w und zugehörige Biegemomente M_W (Abb. 9.30).

Das Verkürzungsbestreben der Wand und die Verkrümmungsverträglichkeit führen zu einer Verdrehung und Eigengewichtsaktivierung des Gesamtsystems. Das resultierende äußere Moment aus Eigengewicht wächst mit zunehmendem Randabstand so lange an, bis die Rückverformung aus der Aktivierung des Eigengewichts ein gleichmäßiges Aufliegen

A. Modellvorstellung Verformungskompatibilität
A.1 Innere Zwangschnittgrößen Wand / Fundament infolge
     Abkühlung Wand

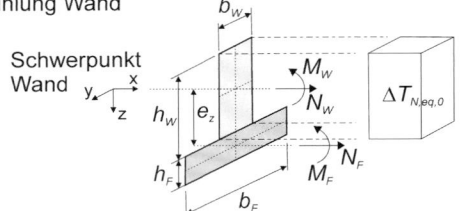

A.2 Überlagerung mit Eigengewichtsaktivierung

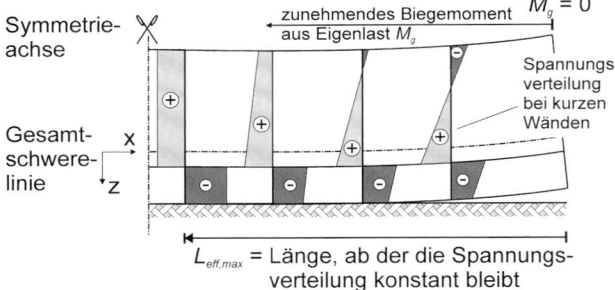

$L_{eff,max}$ = Länge, ab der die Spannungsverteilung konstant bleibt

Abb. 9.30 Modell für die Verformungskompatibilität von Wänden (nach [17, 48])

in der Lagerfuge erzwungen hat. Ab diesem Punkt wächst das äußere Moment mit weiterem Randabstand nicht mehr an und die konstante Spannungsverteilung in den Teilquerschnitten ändert sich nicht mehr. Die zentrische Zwangbeanspruchung ist dann nur noch vom Dehnsteifigkeitsverhältnis der Teilquerschnitte abhängig.

Das Modell ermöglicht die Berücksichtigung von weiteren Randbedingungen wie z. B. belastende Querwände und Bodenplattenüberstände. Eine Relaxation wird im Modell nicht berücksichtigt. Insofern ist wie bei den Bodenplatten eine genauere Einschätzung der Zwangschnittgrößen und Ermittlung der Mindestbewehrung gegeben, allerdings mit einem größeren Rechenaufwand verbunden. Das Verfahren nach [10] stellt aus Sicht des Autors einen guten Kompromiss aus Genauigkeit und Rechenaufwand dar.

9.1.7.4 Nachweis von Wänden und Bodenplatten nach EGS [b] und [c]

Für den Nachweis nach diesen Entwurfsgrundsätzen wird in aller Regel der Verfahrenstyp A eingesetzt. Analog zu den Beschreibungen in den Abschn. 9.1.7.2 und 9.1.7.3 kann die zugehörige Mindestbewehrung für Wände und Bodenplatten unter der stark vereinfachten Annahme zentrischer Zwangbeanspruchungen ermittelt werden. Dabei sollten die Betonzugfestigkeiten nach Tafel 9.10 in Abhängigkeit der vorgegebenen Festigkeitsentwicklung und Bauteildicke verwendet werden. Berechnungsbeispiele finden sich in Abschn. 8.7.2.1.

9.1.8 Frischbetonverbundsysteme als ergänzende Maßnahme zu WU-Konstruktionen

Frischbetonverbundsysteme (FBV-Systeme) werden zunehmend bei NKL-A und BKL-1 als ergänzende Maßnahme zu WU-Konstruktionen eingesetzt [52], um das verbleibende Durchfeuchtungsrisiko zu reduzieren. Unter dem Begriff werden einlagige, wasserseitige Bahnen mit Dichtschichten aus Kunststoff oder elastomermodifiziertem Bitumen verstanden, die zu einer flächigen Haut gefügt werden und einen hinterlaufsicheren Verbund zum Frischbeton eingehen.

Die Anwendung von Frischbetonverbundsystemen ist trotz vorhandener allgemeiner bauaufsichtlicher Prüfzeugnisse weder im Zusammenhang mit DIN 18533 [1] noch der WU-Richtlinie [4] geregelt. Eine Anwendung bei WU-Konstruktionen mit den EGS [a] und [c] widerspricht den anerkannten Regeln der Technik nicht, wenn die WU-Konstruktion in allen Merkmalen (Zugänglichkeit, Abdichtung aller erkannten Trennrisse) vollständig die Anforderungen der WU-Richtlinie umsetzt. Die aktuell fehlende anerkannte Regel der Technik soll das in Vorbereitung befindliche DBV-Merkblatt Frischbetonverbundsysteme enthalten [52]. Der Auftraggeber muss durch Aufklärung und Beratung in die Lage versetzt werden, die Mehrkosten der Zusatzmaßnahme zur Risikominimierung mit den Kosten eines eventuellen Feuchtedurchtritts beim Verzicht auf das FBV-System seinem Bedarf entsprechend abzuwägen und eine entsprechende Entscheidung zu treffen. Dies gilt umso mehr, wenn eine Sonderbauweise mit dem Bauherrn vereinbart werden soll, die nicht den anerkannten Regeln der Technik entspricht, da bei der WU-Konstruktion von den Vorgaben der WU-Richtlinie abgewichen werden soll (z. B. Zugänglichkeit nicht mehr herstellbar oder Verzicht auf Rissverpressung bei EGS [a] und [c]) und das FBV-System nicht nur als zusätzliche Maßnahme eingesetzt wird.

Die am Markt verfügbaren Frischbetonverbundsysteme weisen große Unterschiede in der Leistungsfähigkeit auf. Sie bedürfen einer besonderen Sorgfalt in der Ausführung, die nach Auffassung des Autors nur durch Fachunternehmen sichergestellt werden kann. Von besonderer Bedeutung ist neben der für die Verbundwirkung erforderlichen Bahnensauberkeit, dass die Längs- und Querstöße unter Berücksichtigung der Witterung zu fügen sind, um aus den Bahnen ein flächiges, fehlstellenfreies System zu erzeugen. Im Sinne dieses Systemgedankens sind auch Eckausbildungen sowie sämtliche Durchdringungen wie z. B. Blitzerder, Rohrdurchführungen usw. abzudichten. Nur bei sorgfältiger Planung und Ausführung ist nach Auffassung des Autors eine Verringerung des Durchfeuchtungsrisikos gegenüber einer WU-Konstruktion ohne FBV-System gegeben.

Literatur

1. DIN 18533:2017-07 Abdichtung von erdberührten Bauteilen – Teil 1, 2 und 3. Beuth Verlag.

2. Fingerloos, F.; Hegger, J.; Zilch, K.: Eurocode 2 für Deutschland. DIN EN 1992-1-1 Bemessung und Konstruktion von Stahlbeton- und Spannbetontragwerken – Teil 1-1: Allgemeine Bemessungsregeln und Regeln für den Hochbau mit Nationalem Anhang, 2., überarbeite Auflage 2016 + DIN EN 1992-1-1/NA/A1:2015-12.

3. DAfStb-Richtlinie Wasserundurchlässige Bauwerke aus Beton (WU-Richtlinie), Ausgabe November 2003 + Berichtigung März 2006, Beuth Verlag.

4. DAfStb-Richtlinie Wasserundurchlässige Bauwerke aus Beton, Ausgabe Dezember 2017, Beuth Verlag.

5. Deutscher Ausschuss für Stahlbeton: Erläuterungen zur DAfStb-Richtlinie Wasserundurchlässige Bauwerke aus Beton, Heft 555, Beuth Verlag, 2006

6. Alfes, C.; Fingerloos, F.; Flohrer, C.: Hinweise und Erläuterungen zur Neuausgabe der DAfStb-Richtlinie Wasserundurchlässige Bauwerke aus Beton, Betonkalender 2018, Bd. 2, S. 175–226

7. DBV-Merkblatt Hochwertige Nutzung von Untergeschossen, 2009. Deutscher Beton- und Bautechnik-Verein.

8. DBV-Merkblatt WU-Dächer, 2013. Deutscher Beton- und Bautechnik-Verein.

9. Lohmeyer, G.; Ebeling, K.: Weiße Wannen – einfach und sicher. Konstruktion und Ausführung wasserundurchlässiger Bauwerke aus Beton. 11. Auflage, Verlag Bau+Technik GmbH, 2018

10. Röhling, S.; Meichsner, H.: Rissbildungen im Stahlbetonbau, Ursachen – Auswirkungen – Maßnahmen. Fraunhofer IRB Verlag, 2018.

11. DIN EN 206-1:2001-07: Beton – Teil 1: Festlegung, Eigenschaften, Herstellung und Konformität mit DIN EN 206-1/A1-Änderung: 2004-10 und DIN EN 206-1/A2-Änderung: 2005-09 mit DIN 1045-2:2008-08, Tragwerke aus Beton, Stahlbeton und Spannbeton – Teil 2: Beton – Festlegung, Eigenschaften, Herstellung und Konformität – Anwendungsregeln zu DIN EN 206-12

12. Deutscher Ausschuss für Stahlbeton e. V.: DAfStb-Richtlinie Schutz und Instandsetzung von Betonbauteilen. Teile 1 bis 4. Ausgabe Oktober 2001. Beuth Verlag.

13. Alfes, C. et. al.: Die neue DAfStb-WU-Richtlinie – Neuerungen und Grundlagen von WU-Betonkonstruktionen. In: DBV-Heft 43: WU-Bauwerke aus Beton. Deutscher Beton- und Bautechnik-Verein. S. 35–51.

14. Zilch, K; Zehetmaier, G.: Bemessung im konstruktiven Betonbau. 2. Auflage, Springer Verlag, 2010.

15. DBV-Merkblatt: Begrenzung der Rissbildung im Stahlbeton- und Spannbetonbau, Fassung Mai 2016.

16. Krause, H.-J.; Horstmann, M.: Planung und Bemessung von WU-Konstruktionen – Entwurfsgrundsätze und deren statisch konstruktive Umsetzung. In: Wasserundurchlässige Bauwerke aus Beton. Beton- und Stahlbetonbau Spezial 02/2018, S. 20–35.

17. Schlicke, D.: Mindestbewehrung für Zwangbeanspruchten Beton. Festlegung unter Berücksichtigung der erhärtungsbedingten Spannungsgeschichte und der Bauteilgeometrie, Dissertation, TU Graz, 2014.

18. Turner, K.; Schlicke, D.; Nguyen, V.T.: Zwangbeanspruchung von Stahlbetonbauteilen – Neue Erkenntnisse aus der systematischen Untersuchung mit Zwangrahmen für bewehrten Beton. In: Beton- und Stahlbetonbau 111 (2016), Heft 5, S. 301–309.

19. Heinrich, P. J.: Effiziente Erfassung viskoelastischer Eigenschaften bei der Spannungsermittlung von gezwängten Betonbauteilen. Dissertation TU Graz, 2018.

20. Schlicke, D., Turner, K., & Nguyen, V. T. (2016). Mindestbewehrung und konstruktive Ausbildung von WU-Bauwerken. In Beton Graz '16: 3. Grazer Betonkolloquium (pp. 119–128). Verlag der Technischen Universität Graz.

21. Weigler, H.; Karl, S. : Junger Beton. Beanspruchung – Festigkeit – Verformung. Betonwerk + Fertigteil-Technik 40 (1974), Nr. 6, S. 392–401 und Nr. 7, S. 481–484.

22. Verband deutscher Betoningenieure E. V.: Report 12, Maßnahmen zur Verminderung der Zwangsbeanspruchungen infolge Hydratationswärme, 2005.

23. DAfStb-Richtlinie Betonbau beim Umgang mit wassergefährdenden Stoffen – Teile 1–3; Ausgabe März 2011.

24. König, G./Tue, N. V.: Grundlagen und Bemessungshilfen für die Rißbreitenbegrenzung imStahlbeton und Spannbeton. DAfStb-Heft 466, Beuth Verlag, 1996.

25. BAW-Merkblatt „Rissbreitenbegrenzung für Zwang in massiven Wasserbauwerken (MRZ)", Abteilung Bautechnik, Referat Massivbau B1, Bundesanstalt für Wasserbau (BAW), Ausgabe 2019.

26. Becker, H.-R.; Horstmann, M. et al.: Wasserundurchlässige Bauwerke aus Beton. Empfehlungen für die Zusammenarbeit von Bauherr, Planer, Fachplaner und Ausführenden. In: Beton 7+8/2018, S. 280 – 291.

27. Krajewski, W.: Wassereinwirkung auf der Unterseite von Bodenplatten in gering durchlässigem Baugrund. In: Aachener Bausachverständigentage 2017, Bauwerks-, Dach- und Innenabdichtung: Alles geregelt? S. 41–48.

28. Oswald, R.: Gebäudeabdichtung im Mauerwerksbau, Mauerwerkstage 2013, Wienerberger.

29. DIN 18130-1:1998-05; Baugrund, Untersuchung von Bodenproben – Bestimmung des Wasserundurchlässigkeitsbeiwerts – Teil 1: Feldversuche.

30. Hohmann, R.: Elementwände im drückenden Wasser. Stuttgart, Fraunhofer IRB Verlag, 2016.

31. Hohmann, R.: Abdichtung bei wasserundurchlässigen Bauwerken aus Beton. 2. überarbeitete und erweiterte Auflage, Stuttgart, Fraunhofer IRB Verlag, 2009.

32. Positionspapier des Deutschen Ausschusses für Stahlbeton zur DAfStb-Richtlinie „Wasserundurchlässige Bauwerke aus Beton" – Feuchtetransport durch WU-Konstruktionen. – Ausgabe 2006.

33. Krell, J.: Betondaumenwerte für Tragwerksplaner – Eine Planungshilfe. 63. Betontage, Kongressband, BFT-International 02/2019, S. 88–89.

34. DAfStb-Richtlinie – Massige Bauteile aus Beton – Teil 1: Ergänzungen zu DIN 1045-1 – Teil 2: Änderungen und Ergänzungen zu DIN EN 206-1 und DIN 1045-2 – Teil 3: Änderungen und Ergänzungen zu DIN 1045-3. Beuth Verlag.

35. Empfehlungen des Arbeitsausschusses „Ufereinfassungen" Häfen und Wasserstraßen EAU 1990, Ernst und Sohn.

36. DIN 1045-3: Tragwerke aus Beton, Stahlbeton und Spannbeton – Teil 3: Bauausführung – Anwendungsregeln zu DIN EN 13670, Ausgabe 2012-03, einschl. Berichtigung 1:2013-07.

37. Kerkeni, N.; Hegger, J.; Kahmer H.: Mindestbewehrung von weißen Wannen aus Doppelwänden. Beton- und Stahlbetonbau 97, 2002, Heft 1, S. 1–7.

9

38. Betonmarketing Nordost: Risse – Vermeidung, Begrenzung, Bewertung. In: Tagungsunterlage Beton-Seminare 2015.

39. DBV-Rundschreiben 242, Juni 2014 und 247, Dezember 2015. Deutscher Beton- und Bautechnik-Verein.

40. Fingerloos, F.: Früher oder später Zwang – Kann man die Rissbreiten dabei zielsicher begrenzen? In: Tagungsband 11. Symposium Betonverformungen beherrschen – Grundlage für schadensfreie Bauwerke, Karlsruher Institut für Technologie (KIT), März 2015.

41. DIN 18197:2018-01 Abdichten von Fugen in Beton mit Fugenbändern.

42. Hohmann, R.: Planmäßige Verpressung von Rissen und Sanierung von schadhaften Bauwerken. Teil 1: Verpressung von Rissen, Arbeits- und Stoßfugen bei WU-Konstruktionen. Der Bausachverständige, 1/2016, S. 15–22.

43. DBV-Merkblatt „Parkhäuser und Tiefgaragen", 2018. Deutscher Beton- und Bautechnik-Verein.

44. Bödefeld, J.; Ehmann, R.; Schlicke, D.; Tue, N.V.: Mindestbewehrung zur Begrenzung der Rissbreiten in Stahlbetonbauteilen infolge des Hydratationsprozesses. Teil 1: Risskraftbasierter Nachweis in DIN EN 1992-1-1. In: Beton- und Stahlbetonbau 107 (2012), Heft 1, S. 32–37.

45. Bödefeld, J.; Ehmann, R.; Schlicke, D.; Tue, N.V.: Mindestbewehrung zur Begrenzung der Rissbreiten in Stahlbetonbauteilen infolge des Hydratationsprozesses. Teil 2: Neues Konzept auf Grundlage der Verformungskompatibilität. In: Beton- und Stahlbetonbau 107 (2012), Heft 2, S. 79–85.

46. Schlicke, D.; Tue, N.V.: Mindestbewehrung zur Begrenzung der Rissbreite unter Berücksichtigung des tatsächlichen Bauteilverhaltens. Teil 1: Verformungsbasiertes Bemessungsmodell und Anwendung für Bodenplatten. In: Beton- und Stahlbetonbau 111 (2016), Heft 3, S. 120–131.

47. Schlicke, D.; Tue, N.V.: Mindestbewehrung zur Begrenzung der Rissbreite unter Berücksichtigung des tatsächlichen Bauteilverhaltens. Teil 2: Anwendung für Wände auf Fundamenten und Abgrenzung zum Risskraftnachweis nach EC2. In: Beton- und Stahlbetonbau 111 (2016), Heft 4, S. 210–220.

48. Österreichische Bautechnik Vereinigung (öbv): Analytisches Bemessungsverfahren für die Weiße Wanne optimiert. Merkblatt Juli 2017, Gründruck.

49. Österreichische Bautechnik Vereinigung (öbv): Wasserundurchlässige Betonbauwerke – Weiße Wannen. Richtlinie Juli 2017, Gründruck.

50. Rostasy, F. S. und Henning, W. (1990). Zwang und Rissbildung in Wänden auf Fundamenten, Heft 407, Deutscher Ausschuss für Stahlbeton.

51. Tue, N. V.; Schlicke, D.: Zwangbeanspruchung und Rissbreitenbeschränkung in Stahlbetonbauteilen auf Grundlage der Verformungskompatibilität. Betonkalender 2020: Wasserbau, Konstruktion und Bemessung, Bd. 2. Ernst und Sohn, S. 833–887.

52. DBV-Heft 44 „Frischbetonverbundsysteme (FBV-Systeme) – Sachstand und Handlungsempfehlungen", Fassung Oktober 2018, Deutscher Beton- und Bautechnik-Verein. (DBV-Merkblatt in Vorbereitung).

Mauerwerk und Putz

10

Prof. Dr.-Ing. Wolfram Jäger

Inhaltsverzeichnis

10.1 Maßordnung im Hochbau nach DIN 4172 (9.15)

Baunormzahlen (s. Tafel 10.1) sind die Zahlen für Baurichtmaße und die daraus abgeleiteten Einzel-, Rohbau- und Ausbaumaße. Sie sind anzuwenden, wenn nicht besondere Gründe dies verbieten.

Baurichtmaße sind die theoretischen Grundlagen für die Baumaße der Praxis, sie sind nötig, um alle Bauteile planmäßig zu verbinden.

Nennmaße sind Maße zur Kennzeichnung von Größe, Gestalt und Lage eines Bauteils oder Bauwerks. Sie sind bei

Tafel 10.1 Baunormzahlen

Reihen vorzugsweise für								
den Rohbau				Einzelmaße	den Ausbau			
a	b	c	d	e	f	g	h	i
25	$\frac{25}{2}$	$\frac{25}{3}$	$\frac{25}{4}$	$\frac{25}{10}=\frac{5}{2}$	5	2×5	4×5	5×5
				2,5				
				5	5			
			$6\frac{1}{4}$	7,5				
		$8\frac{1}{3}$		10	10	10		
	$12\frac{1}{2}$		$12\frac{1}{2}$	12,5				
		$16\frac{2}{3}$		15	15			
			$18\frac{3}{4}$	17,5				
				20	20	20	20	
				22,5				
25	25	25	25	25	25			25
				27,5				
			$31\frac{1}{4}$	30	30	30		
				32,5	35			
		$33\frac{1}{3}$		35				
	$37\frac{1}{2}$		$37\frac{1}{2}$	37,5				
		$41\frac{2}{3}$		40	40	40	40	
			$43\frac{3}{4}$	42,5				
				45	45			
				47,5				
50	50	50	50	50	50	50		50

Tafel 10.2 Kleinmaße nach DIN 323 Bl. 1 (8.74)

in cm	2,5		2	1,6		1,25		1		
in mm	8	6,3	5	4	3,2	2,5	2	1,6	1,25	1

Bauarten ohne Fugen gleich den Baurichtmaßen. Bei Bauarten mit Fugen ergeben sie sich aus den Baurichtmaßen durch Abzug oder Zuschlag des Fugenanteils.

W. Jäger (✉)
Radebeul, Deutschland
E-Mail: ji@jaeger-ingenieure.de

© Springer Fachmedien Wiesbaden GmbH, ein Teil von Springer Nature 2021
U. Vismann (Hrsg.), *Wendehorst Bautechnische Zahlentafeln*, https://doi.org/10.1007/978-3-658-32218-2_10

Tafel 10.3 Beispiele von Steinmaßen in cm

	Baurichtmaß	Fuge	Nennmaß
Steinlänge	25	1	24
Steinbreite	25/2	1	11,5
Steinhöhe	25/3	1,23	7,1
	25/4	1,05	5,2

z. B.
Betonbau
Wanddicke: Richtmaß = 25 cm, Nennmaß = 25 cm
Raumbreite: Richtmaß = 400 cm, Nennmaß = 400 cm
Mauerwerk
Wanddicke: Richtmaß = 25 cm, Nennmaß = 24 cm
Raumbreite: Richtmaß = 400 cm, Nennmaß = 401 cm.

Fugen und Verband Bauteile (Mauersteine, Bauplatten usw.) sind so zu bemessen, dass ihre Baurichtmaße im Verband Baunormzahlen sind. Verbandsregeln, Verarbeitungsfugen und Toleranzen sind dabei zu beachten.

10.2 Mauersteine und Mauermörtel

Nach der **Materialart** werden bei *Mauersteinen* nach Tafel 10.4 unterschieden.

Nach der **Steinart** werden unterschieden:

- *Mauersteine* mit Höhen ≤ 123 mm
  - Vollsteine, Lochanteil einschl. Grifflöcher $\leq 15\%$
  - Lochsteine, Lochanteil einschl. Grifflöcher $> 15\%$
- *Blocksteine* mit Höhen > 123, vorwiegend mit 238 mm
  - Vollblöcke, Lochanteil einschl. Grifflöcher $\leq 15\%$
  - Vollblöcke mit Schlitzen, Schlitzanteil einschl. Grifflöcher $\leq 10\%$
  - Hohlblöcke mit Kammern
  - Hochlochsteine, Lochanteil 15–50% der Lagerfläche
  - Elemente bis zu einer Länge von 1 m

Tafel 10.4 Normen für Mauersteine

	EN[a]	AN[b]	RN[c]
Mauer-ziegel	DIN EN 771-1 (11.15)	DIN 20000-401 (01.17)	DIN 105-100 (1.12)
Kalksand-steine	DIN EN 771-2 (11.15)	DIN 20000-402 (01.17)	DIN V 106 (6.15)
Poren-betonsteine	DIN EN 771-4 (11.15)	DIN 20000-404 (4.18)	
Leicht-betonsteine	DIN EN 771-3 (11.15)	DIN V 20000-403 (11.19)	DIN V 18151-100 (10.05), DIN V 18 152-100 (10.05)
Normal-betonsteine	DIN EN 771-3 (11.15)	DIN V 20000-403 (11.19)	DIN V 18153-100 (10.05)

[a] Europäische Norm (als DIN mit Zusatz EN, vgl. [26]).
[b] Anwendungsnorm gibt an, unter welchen Bedingungen die CE-gekennzeichneten Produkte in Deutschland angewendet werden können.
[c] Restnorm enthält zusätzliche Eigenschaften, Festlegungen sowie Klassifizierungen von Eigenschaftswerten; ergänzt die europäische Norm so, dass bisherige uneingeschränkte Nutzung der Mauerwerksbaustoffe möglich ist.

Tafel 10.5 Steinmaße in mm mit vermörtelter Stoßfuge[a]

Länge[b,c]	Breite	Höhe[c]
240	115	52
300	175	71
365	240	113
490	300	175
	365	238

[a] für einige Steinsorten auch abweichende Maße, u. a. größere Längen.
[b] **Steine mit Knirschvermauerung** sind 5 mm länger und haben an den Stirnseiten Mörteltaschen
Steine mit Nut- und Federsystem (Verzahnung an den Stirnseiten) sind 7 bis 9 mm länger. Die Stoßfugen bleiben unvermörtelt.
[c] **Plansteine** für Dünnbettvermauerung sind je 9 mm länger und höher.

Tafel 10.6 Format-Kurzzeichen (Beispiele)

Format-Kurzzeichen	Maße in mm		
	l	b	h
1 DF (Dünnformat)	240	115	52
NF (Normalformat)	240	115	71
2 DF	240	115	113
3 DF	240	175	113
4 DF	240	240	113
5 DF	240	300	113
6 DF	240	365	113
8 DF	240	240	238
10 DF	240	300	238
12 DF	240	365	238
15 DF	365	300	238
18 DF	365	365	238
16 DF	490	240	238
20 DF	490	300	238

- *Plansteine*, *Planelemente* für Dünnbettvermauerung (erhöhte Anforderungen hinsichtlich der Grenzabmaße); Unterteilung wie Blocksteine.

Steinmaße Für **Steine mit vermörtelten Stoßfugen** können die Maße der Tafel 10.5 miteinander kombiniert werden.

Steinformate werden als Vielfache des Dünnformats angegeben. Beispiele praxisüblicher Formate enthält Tafel 10.6. Die Steinbreite entspricht immer der Wanddicke. Wo Längen und Breiten austauschbar sind, ist dem Kurzzeichen die Steinbreite hinzuzufügen.

Zum Beispiel: 10 DF (240) entspricht Steinformat $300 \times 240 \times 238$.

Die Zuordnung der einzelnen Steinarten sowie der Eigenlast von Mauerwerk zur Steinrohdichte sind Kap. 4 zu entnehmen.

Mauermörtel nach DIN EN 998-2 (02-17), DIN V 20000-412 (3.04), DIN V 18580 (3.07).

Abb. 10.1 Mauermaße (s. auch Tafel 10.3)

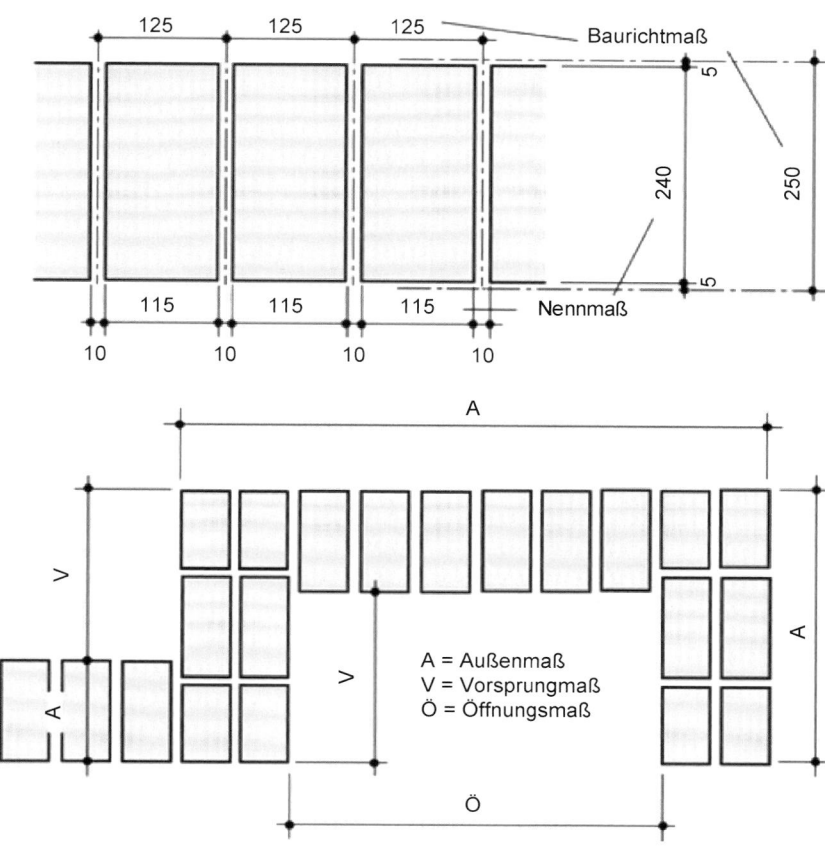

Tafel 10.7 Planungsmaße für Mauerwerk

Kopfzahl	Längenmaße[a] in m			Schichten	Höhenmaße in m bei Steindicken in mm					
	A	Ö	V		52	71	113	155	175	238
1	0,115	0,135	0,125	1	0,0625	0,0833	0,125	0,1666	0,1875	0,250
2	0,240	0,260	0,250	2	0,1250	0,1667	0,250	0,3334	0,3750	0,500
3	0,365	0,385	0,375	3	0,1875	0,2500	0,375	0,5000	0,5625	0,750
4	0,490	0,510	0,500	4	0,2500	0,3333	0,500	0,6666	0,7500	1,000
5	0,615	0,635	0,625	5	0,3125	0,4167	0,625	0,8334	0,9375	1,250
6	0,740	0,760	0,750	6	0,3750	0,5000	0,750	1,0000	1,1250	1,500
7	0,865	0,885	0,875	7	0,4375	0,5833	0,875	1,1666	1,3125	1,750
8	0,990	1,010	1,000	8	0,5000	0,6667	1,000	1,3334	1,5000	2,000
9	1,115	1,135	1,125	9	0,5625	0,7500	1,125	1,5000	1,6875	2,250
10	1,240	1,260	1,250	10	0,6240	0,8333	1,250	1,6666	1,8750	2,500
11	1,365	1,385	1,375	11	0,6875	0,9175	1,375	1,8334	2,0625	2,750
12	1,490	1,510	1,500	12	0,7500	1,0000	1,500	2,0000	2,2500	3,000
13	1,615	1,635	1,625	13	0,8125	1,0833	1,625	2,1666	2,4375	3,250
14	1,740	1,760	1,750	14	0,8750	1,1667	1,750	2,3334	2,6250	3,500
15	1,865	1,885	1,875	15	0,9375	1,2500	1,875	2,5000	2,8125	3,750
16	1,990	2,010	2,000	16	1,0000	1,3333	2,000	2,6666	3,0000	4,000
17	2,115	2,135	2,125	17	1,0625	1,4167	2,125	2,8334	3,1875	4,250
18	2,240	2,260	2,250	18	1,1250	1,5000	2,250	3,0000	3,3750	4,500
19	2,365	2,385	2,375	19	1,1875	1,5833	2,375	3,1666	3,5625	4,750
20	2,490	2,510	2,500	20	1,2500	1,6667	2,500	3,3334	3,7500	5,000

[a] A = Außenmaße, Ö = Öffnungsmaße, V = Vorsprungmaße.

Tafel 10.8 Rohdichten und Festigkeiten handelsüblicher genormter Mauersteine[a]

Steinart	Rohdichteklasse in kg/dm³	Festigkeitsklasse in N/mm²										
		1,6	2	4	6	8	12	20	28	36	48	60
Mauerziegel DIN EN 771-1[b]	0,6				×							
Mz Vollziegel	0,7			×	×							
HLz Hochlochziegel	0,8			×	×	×	×					
VMz Vormauer-Vollziegel	0,9				×	×	×					
VHLz Vormauer-Hochlochziegel	1,0				×	×	×	×				
KMz Vollklinker	1,2						×	×				
KHLz Hochlochklinker	1,4						×	×	×			
HLzW Leichthochlochziegel[c]	1,6						×	×	×			×
	1,8						×	×	×	×	×	×
	2,0						×	×	×	×		×
	2,2								×			×
Kalksandsteine DIN EN 771-2[b]	1,2						×					
KS Vollsteine, Vollblöcke	1,4						×	×				
KSL Lochsteine, Hohlblöcke	1,6						×	×	×			
KS Vm Vormauersteine	1,8						×	×	×			
KS Vb Verblender	2,0						×	×	×			
KS XL Planelemente	2,2							×	×			
Porenbetonsteine DIN EN 771-4[b]	0,4		×	×								
PB Blocksteine	0,5		×	×								
PP Plansteine	0,6			×	×							
	0,7				×	×						
	0,8				×	×						
Leichtbeton-Hohlblöcke DIN EN 771-3[b]	0,35	×										
1 K Hbl bis 6 K Hbl	0,4	×	×									
nK = Anzahl der Kammern	0,45		×	×								
	0,5		×	×	×							
	0,55		×	×	×							
	0,6		×	×	×							
	0,65				×							
	0,7		×	×	×							
	0,8		×	×	×							
	0,9		×	×								
	1,0		×	×								
	1,2			×	×							
Leichtbeton-Vollsteine DIN EN 771-3[b]	0,55		×									
V Vollsteine	0,6		×									
	0,65			×								
	0,7		×	×								
	0,8		×	×	×							
	0,9		×	×	×	×						
	1,0		×	×	×	×						
	1,2		×	×	×	×						
	1,4			×	×	×						
	1,6				×	×	×					
	1,8				×	×	×					
	2,0				×	×	×	×				

Tafel 10.8 (Fortsetzung)

Steinart	Rohdichteklasse in kg/dm³	Festigkeitsklasse in N/mm²										
		1,6	2	4	6	8	12	20	28	36	48	60
Leichtbeton-Vollblöcke DIN EN 771-3[b]	0,40	×										
Vbl Vollblöcke	0,45	×	×									
Vbl S Vollblöcke, geschlitzt	0,5		×									
Vbl S-W Vollblöcke, geschlitzt[d]	0,55		×									
	0,6		×	×								
	0,65			×								
	0,7		×	×	×							
	0,8		×	×	×							
	0,9		×	×	×							
	1,0		×	×	×	×						
	1,2		×	×	×							
	1,4		×	×	×							
	1,6				×		×					
	1,8				×		×	×				
	2,0						×	×				
	2,2							×				
Steine aus Normalbeton DIN EN 771-3[b]	0,8		×									
Hbn Hohlblocksteine	0,9		×	×								
	1,0			×								
	1,2			×	×							
	1,4				×	×						
	1,6				×	×	×					
	1,8				×	×	×					
	2,0				×	×	×					
	2,2				×	×	×					
	2,4				×	×	×					

[a] genormte Steine oder Steine mit bauaufsichtlicher Zulassung.
[b] es gelten weiter die zugehörigen AN bwz. RN (s. Tabelle am Anfang des Abschnitts).
[c] z. T. feinere Untergliederung in AN bzw. RN.
[d] mit zusätzlichen Anforderungen an die Wärmedämmung.

Tafel 10.9 Baustoffbedarf (Steine und Mörtel) für Maurerarbeiten unter Verwendung von Normalmauermörtel

Steinformat		Maße in cm Länge × Breite × Höhe	Anzahl der Schichten je 1 m Höhe	Wand-dicke cm	Je m² Wand		Je m³ Mauerwerk	
					Steine Stück	Mörtel Liter	Steine Stück	Mörtel Liter
Lochsteine (für Vollsteine bis zu 10 % Mörtel weniger)	DF	24 × 11,5 × 5,2	16	11,5	66	29	573	242
				24	132	68	550	284
				36,5	198	109	541	300
	NF	24 × 11,5 × 7,1	12	11,5	50	26	428	225
				24	99	64	412	265
				36,5	148	101	406	276
	2 DF	24 × 11,5 × 11,3	8	11,5	33	19	286	163
				24	66	49	275	204
				36,5	99	80	271	220
	3 DF	24 × 17,5 × 11,3	8	17,5	33	28	188	160
				24	45	42	185	175
	4 DF	24 × 24 × 11,3	8	24	33	39	137	164
	8 DF	24 × 24 × 23,8	4	24	16	20	69	99
Block- und Hohlblocksteine		49,5 × 175 × 23,8	4	17,5	8	16	46	84
		49,5 × 24 × 23,8	4	24	8	22	33	86
		49,5 × 30 × 23,8	4	30	8	26	27	88
		37 × 24 × 23,8	4	24	12	26	50	110
		37 × 30 × 23,8	4	30	12	32	42	105
		24,5 × 36,5 × 23,8	4	36,5	16	36	45	100

10.3 Mauerwerk, Berechnung und Ausführung nach Eurocode 6

Der Eurocode 6 für Mauerwerk auf der Basis des Teilsicherheitskonzeptes liegt in allen seinen Teilen als europäische Norm in deutscher Übersetzung vor und wurde vom Normenausschuss Bauwesen im DIN als deutsche Fassung gemeinsam mit den zugehörigen Nationalen Anhängen veröffentlicht und im März 2014 bauaufsichtlich eingeführt.

Mauerwerk kann nach Eurocode 6 mit Hilfe der vereinfachten Berechnungsmethoden nach DIN EN 1996-3 (s. Abschn. 10.3.4) oder nach den allgemeinen Regeln nach DIN EN 1996-1-1 (s. Abschn. 10.3.5) berechnet werden.

10.3.1 Baustoffe

Innerhalb eines Geschosses möglichst kein oder nur eingeschränkter Wechsel von Steinarten und Mörtelgruppen. Steine und Mörtel, die unmittelbar der Witterung ausgesetzt bleiben, müssen frostwiderstandsfähig sein.

10.3.1.1 Mauermörtel

Mauermörtel zur Verwendung für Mauerwerk nach DIN EN 1996-1-1/NA/2019-12 muss den folgenden Normen entsprechen:

- **Werk-Mauermörtel:** DIN EN 998-2/2017-02 und DIN 20000-412/2019-06
- **Baustellenmauermörtel:** DIN 18580/2019-04

Werk-Mauermörtel wird in einem Werk zusammengesetzt und gemischt. Es kann sich hierbei um „Werk-Trockenmörtel" handeln, der fertig gemischt im Silo oder Sack auf die Baustelle kommt und lediglich die Zugabe von Wasser erfordert, oder um „Werk-Frischmörtel", der im Fahrmischer gebrauchsfertig geliefert wird und für eine angegebene Zeitspanne verarbeitbar ist. Eine weitere Unterart des Werkmauermörtels ist der überwiegend in Norddeutsch-

land hergestellte „Werk-Vormörtel", bei dem es sich um ein Gemisch aus Sand und Kalk handelt, dem auf der Baustelle nach Anweisung des Herstellers eine vorgegebene Menge Zement und Wasser zugegeben wird. Daneben gibt es noch den „Mehrkammer-Silomörtel" bei dem die Mörtelkomponenten in getrennten Kammern eines Silos enthalten sind und am Mischerauslauf des Silos verarbeitungsfertiger Mörtel entnommen werden kann.

Werk-Mauermörtel muss mit dem CE-Zeichen gekennzeichnet sein. Herstellerseitig müssen in der Leistungserklärung mindestens die in der DIN 20000-412 genannten Eigenschaften deklariert sein, damit der Mörtel in Deutschland verwendet werden kann.

Baustellenmauermörtel wird auf der Baustelle als Mauermörtel nach Rezept oder nach Eignungsprüfung zur dortigen Verwendung hergestellt. Die Herstellung von Baustellenmauermörtel ist nur für Normalmauermörtel zulässig. Einfache Mischungszusammensetzungen („Rezepte") sind in der DIN 18580 aufgeführt.

Es wird zwischen den folgenden Mörtelarten unterschieden:

Normalmauermörtel werden nach steigender Mindestdruckfestigkeit in die Mörtelklassen M 1, M 2,5, M 5, M 10, M 15 und M 20 eingeteilt. Bei Verwendung von Normalmauermörtel beträgt die Solldicke der Lagerfuge 12 mm (bei vermörtelten Stoßfugen 10 mm).

Die Eigenschaften von Normalmauermörtel sind in der Tafel 10.10 zusammengefasst.

Leichtmauermörtel verbessern die wärmedämmenden Eigenschaften von Mauerwerk und werden vor allem in Verbindung mit wärmedämmenden Steinen eingesetzt. In Deutschland werden Leichtmauermörtel entsprechend des Bemessungswertes ihrer Wärmeleitfähigkeit in die Gruppen „LM 21" und „LM 36" eingeteilt (LM 21: $\lambda = 0,21$ W/(m K); LM 36: $\lambda = 0,36$ W/(m K)). Wie bei Normalmauermörtel beträgt bei Verwendung von Leichtmauermörtel die Soll-

Tafel 10.10 Anforderungen an Normalmauermörtel

Mörtelklasse nach DIN EN 998-2	Erforderliche Mörteleigenschaften nach DIN EN 998-2 und DIN 20000-412					
	Alte Bezeichnung nach DIN 1053	Trockenrohdichte kg/m³	Verbundfestigkeit[a, b] N/mm²	Chloridgehalt M.-%	Brandverhaltensklasse	Fugendruckfestigkeit
M 1	I	> 1300	–	≤ 0,1	A 1	Siehe Tafel 10.12
M 2,5	II		≥ 0,04			
M 5	IIa		≥ 0,08			
M 10	III		≥ 0,10			
M 15	–		≥ 0,11			
M 20	IIIa		≥ 0,12			

[a] Charakteristische Anfangsscherfestigkeit (Haftscherfestigkeit) geprüft nach DIN EN 1052-3, Verfahren B. Zusätzlich ist eine Herstellerangabe erforderlich, mit welchen Steinen die deklarierte Verbundfestigkeit erreicht wurde.

[b] Die Prüfung der Anfangsscherfestigkeit (Haftscherfestigkeit) kann unter Verwendung von Referenzsteinen erfolgen. Als Referenzsteine gelten Kalksandsteine DIN V 106-KS12-2,0-NF (ohne Lochung bzw. Grifföffnung) mit einer Eigenfeuchte von 3 % bis 5 % (Masseanteile), zu beziehen von der Zapf Kalksandsteinwerk Amberg GmbH & Co. KG, Schafhofer Weg 8, D-92263 Ebermannsdorf. Diese Angabe dient nur zur Unterrichtung der Anwender dieses Dokuments und bedeutet keine Anerkennung des genannten Produkts durch DIN. Gleichwertige Produkte dürfen verwendet werden, wenn sie nachweisbar zu den gleichen Ergebnissen führen.

Tafel 10.11 Anforderungen an Leichtmauermörtel

Mörtelklasse nach DIN EN 998-2	Erforderliche Mörteleigenschaften nach DIN EN 998-2 und DIN 20000-412								
	Bezeichnung nach Mörtelart	Trocken-rohdichte	Wärmeleit-fähigkeit[b]	Verbund-festigkeit[c, d]	Chlorid-gehalt	Brand-verhaltens-klasse	Fugen-druck-festigkeit	Verformbarkeit[e]	
								Längsdeh-nungsmodul E_1	Querdeh-nungsmodul E_q
		kg/m³	W/(m K)	N/mm²	M.-%			N/mm²	N/mm²
M 5	LM 21	≤ 700	≤ 0,18	≥ 0,08	≤ 0,1	A 1	Siehe Tafel 10.12	≥ 2000	≥ 7500
M 10[a]				≥ 0,10				–	–
M 5	LM 36	> 700 und ≤ 1000	≤ 0,27	≥ 0,08				≥ 3000	≥ 15.000
M 10[a]				≥ 0,10				–	–

[a] Mindestanforderung für Leichtmauermörtel, für den kein Nachweis der Verformbarkeit vorliegt. Für die Bemessung des Mauerwerks wird der Mörtel wie ein Leichtmauermörtel der Mörtelklasse M 5 behandelt.

[b] $\lambda_{10,dry,mat}$ ($P = 90\%$) nach DIN EN 1745

[c] Charakteristische Anfangsscherfestigkeit (Haftscherfestigkeit) geprüft nach DIN EN 1052-3, Verfahren B. Zusätzlich ist eine Herstellerangabe erforderlich, mit welchen Steinen die deklarierte Verbundfestigkeit erreicht wurde.

[d] Die Prüfung der Anfangsscherfestigkeit (Haftscherfestigkeit) kann unter Verwendung von Referenzsteinen erfolgen. Als Referenzsteine gelten Kalksandsteine DIN V 106-KS12-2,0-NF (ohne Lochung bzw. Grifföffnung) mit einer Eigenfeuchte von 3 % bis 5 % (Masseanteile), zu beziehen von der Zapf Kalksandsteinwerk Amberg GmbH & Co. KG, Schafhofer Weg 8, D-92263 Ebermannsdorf. Diese Angabe dient nur zur Unterrichtung der Anwender dieses Dokuments und bedeutet keine Anerkennung des genannten Produkts durch DIN. Gleichwertige Produkte dürfen verwendet werden, wenn sie nachweisbar zu den gleichen Ergebnissen führen.

[e] Nach DIN 18555-4

Tafel 10.12 Mindestanforderungen an die Fugendruckfestigkeit von Normalmauermörtel und Leichtmauermörtel im Alter von 28 nach DIN 20000-412

Mörtelklasse nach DIN EN 998-2	Fugendruckfestigkeit[a] nach DIN 18555-9 in N/mm²		
	Verfahren I	Verfahren II	Verfahren III
M 1	–	–	–
M 2,5	1,25	2,5	1,75
M 5	2,5	5,0	3,5
M 10	5,0	10,0	7,0
M 15	7,5	15,0	10,5
M 20	10,0	20,0	14,0

[a] Die Prüfung der Fugendruckfestigkeit kann mit Referenzsteinen erfolgen Referenzsteine sind Kalksandsteine DIN V 106-KS12-2,0-NF (ohne Lochung bzw. Grifföffnung) mit einer Eigenfeuchte von 3 % bis 5 % (Masseanteile), zu beziehen von der Zapf Kalksandsteinwerk Amberg GmbH & Co. KG, Schafhofer Weg 8, D-92263 Ebermannsdorf. Diese Angabe dient nur zur Unterrichtung der Anwender dieses Dokuments und bedeutet keine Anerkennung des genannten Produkts durch DIN. Gleichwertige Produkte dürfen verwendet werden, wenn sie nachweisbar zu den gleichen Ergebnissen führen.

dicke der Lagerfuge 12 mm (bei vermörtelten Stoßfugen 10 mm).

Leichtmauermörtel darf sich unter Last nicht übermäßig verformen, da sonst die Tragfähigkeit des Mauerwerks beeinträchtigt wird. Deshalb ist in Deutschland ein Nachweis der Verformungseigenschaften (Längs- und Querdehnungsmodul) erforderlich, wenn Leichtmauermörtel der Mörtelklasse M 5 verwendet wird. Liegt der Nachweis nicht vor, ist Leichtmauermörtel mindestens der Mörtelklasse M 10 zu verwenden. Für die Bemessung des Mauerwerks wird der Mörtel dann jedoch aufgrund des fehlenden Nachweises der

Verformbarkeit wie ein Leichtmauermörtel der Mörtelklasse M 5 behandelt.

Die Eigenschaften von Leichtmauermörtel sind in der Tafel 10.11 zusammengefasst.

Dünnbettmörtel werden für die Vermauerung von Mauersteinen mit sehr geringen Maßabweichungen in der Steinhöhe (±1,0 mm) verwendet (Plansteine). Sie werden mit einem geeigneten Werkzeug, z. B. Mörtelschlitten oder Zahnkelle, aufgetragen. Bei Vermauerung der Steine mit Dünnbettmörtel muss die Dicke der Lagerfugen und der Stoßfugen (bei vermörtelten Stoßfugen) 1 mm bis 3 mm betragen.

Die Eigenschaften von Dünnbettmörtel sind in der Tafel 10.13 zusammengefasst.

10.3.1.2 Mauersteine

Es dürfen nur genormte Steine oder solche mit bauaufsichtlicher Zulassung verwendet werden. Normsteine sind Vollsteine nach DIN EN 771-1 bis DIN EN 771-4 in Verbindung mit DIN 20000-401, -402 und DIN 20000-404 sowie DIN V 20000-403 und DIN 105-100, DIN V 106, DIN V 18152-100, DIN V 18153-100 und Lochsteine nach DIN EN 771-1 bis DIN EN 771-3 in Verbindung mit DIN 20000-401, -402, -404, DIN V 20000-403, DIN 105-100, DIN V 106, DIN V 18151-100 sowie DIN V 18153-100.

In Außenschalen dürfen Kalksandsteine mit Oberflächenbeschichtungen nur verwendet werden, wenn deren Frostwiderstandsfähigkeit unter erhöhter Beanspruchung nach DIN EN 771-2 bzw. nach DIN V 106 nachgewiesen wurde.

Bei Zulassungssteinen sind die Auflagen für die Anwendung im Zulassungsbescheid zu beachten (s. Abschn. 10.2, Zulassungen über Hersteller oder DIBt (www.dibt.de) erhältlich).

Tafel 10.13 Anforderungen an Dünnbettmörtel

Mörtelklasse nach DIN EN 998-2	Erforderliche Mörteleigenschaften nach DIN EN 998-2 und DIN 20000-412						
	Trockenrohdichte[a] kg/m^3	Verbundfestigkeit[b, c] N/mm^2	Chloridgehalt M.-%	Brandverhaltens-klasse	Größtkorn[a]	Verarbeitbar-keitszeit[a]	Korrigierbar-keitszeit[a]
M 10	≥ 1300	$\geq 0{,}20$	$\leq 0{,}1$	A 1	$\leq 1{,}0$ mm	≥ 7 min	≥ 4 h

[a] Zusätzliche Anforderungen gemäß Muster-Verwaltungsvorschrift Technische Baubestimmungen (MV V TB)
[b] Charakteristische Anfangsscherfestigkeit (Haftscherfestigkeit) geprüft nach DIN EN 1052-3, Verfahren B. Zusätzlich ist eine Herstellerangabe erforderlich, mit welchen Steinen die deklarierte Verbundfestigkeit erreicht wurde.
[c] Die Prüfung der Anfangsscherfestigkeit (Haftscherfestigkeit) kann unter Verwendung von Referenzsteinen erfolgen. Als Referenzsteine gelten Kalksandsteine DIN V 106-KS12-2,0-NF (ohne Lochung bzw. Grifföffnung) mit einer Eigenfeuchte von 3 % bis 5 % (Masseanteile), zu beziehen von der Zapf Kalksandsteinwerk Amberg GmbH & Co. KG, Schafhofer Weg 8, D-92263 Ebermannsdorf. Diese Angabe dient nur zur Unterrichtung der Anwender dieses Dokuments und bedeutet keine Anerkennung des genannten Produkts durch DIN. Gleichwertige Produkte dürfen verwendet werden, wenn sie nachweisbar zu den gleichen Ergebnissen führen.

10.3.2 Sicherheitskonzept

Die Sicherheit von Mauerwerk ist in der Regel im Grenzzustand der Tragfähigkeit nachzuweisen. In diesem Zustand muss an jedem Ort eines Bauteils gewährleistet sein, dass der Bemessungswert der Beanspruchungen E_d in einem Querschnitt den Bemessungswert des Tragwiderstandes R_d in diesem Querschnitt nicht überschreitet:

$$E_d < R_d \qquad (10.1)$$

E_d Bemessungswert einer Schnittgröße infolge von Einwirkungen
R_d zugehöriger Bemessungswert des Tragwiderstandes.

Für den Bemessungswert des Tragwiderstandes bzw. der Beanspruchbarkeit R_d werden Tragwerksdaten (Abmessungen und Stoffkenngrößen) und ein geeigneter Algorithmus zur Bestimmung des Tragwiderstandes benötigt. Für den Bemessungswert der Beanspruchung E_d sind die maßgebenden Einwirkungen zu berücksichtigen.

10.3.2.1 Einwirkungen

Die charakteristischen Werte E_k der Einwirkungen (im Gebrauchszustand) sind DIN EN 1990, dem zugehörigen nationalen Anhang DIN EN 1990/NA und den Einwirkungsnormen DIN EN 1991 mit den Nationalen Anhängen zu entnehmen, beispielsweise für Wind- und Schneelasten, Verkehrslasten und Eigengewichtslasten. Aus ihnen werden Bemessungswerte im Grenzzustand der Tragfähigkeit E_d durch Multiplikation mit Teilsicherheitsbeiwerten γ_f für ständige und vorübergehende Einwirkungen nach Tafel 10.14 errechnet.

$$E_d = \gamma_f \cdot E_k \qquad (10.2)$$

Diese Bemessungswerte E_d werden nach Kombinationsregeln der DIN EN 1990 unter Verwendung sogenannter Kombinationsbeiwerte ψ_i aus der gleichen Norm zu Bemessungssituationen kombiniert, siehe Abschnitt Lastannahmen und Einwirkungen.

Tafel 10.14 Teilsicherheitsbeiwert γ_F für ständige und veränderliche Einwirkungen auf Tragwerke nach DIN EN 1990/NA (12.10)

Auswirkung	Ständige Einwirkung G	Veränderliche Einwirkung Q
Günstig	1,0	0
Ungünstig	1,35	1,5
Außergewöhnliche Bemessungssituation	1,0	1,0

- Ständige und vorübergehende Bemessungssituation (Vereinfachung nach EC 6):

$$E_d = E\left\{\sum_{j\geq 1} \gamma_{G,j} \cdot G_{k,j} \oplus \sum_{i\geq 1} \gamma_{Q,i} \cdot Q_{k,i}\right\} \qquad (10.3)$$

- Außergewöhnliche Bemessungssituation:

$$E_{dA} = E\left\{\sum_{j\geq 1} \gamma_{GA,j} \cdot G_{k,j} \oplus A_d \oplus \psi_{1,1} \cdot Q_{k,1}\right.$$
$$\left. \oplus \sum_{i> 1} \psi_{2,i} \cdot Q_{k,i}\right\} \qquad (10.4)$$

γ_G Teilsicherheitsbeiwert für ständige Einwirkungen
γ_Q Teilsicherheitsbeiwert für veränderliche Einwirkungen
$G_{k,j}$ charakteristische Werte der ständigen Einwirkungen
$Q_{k,j}$ charakteristische Werte der veränderlichen Einwirkungen
A_d Bemessungswert einer außergewöhnlichen Einwirkung
ψ_0, ψ_1, ψ_2 Kombinationsbeiwerte
$\oplus$ „in Kombination mit".

10.3.2.2 Tragwiderstand

Der Bemessungswert R_d des Tragwiderstandes im Grenzzustand der Tragfähigkeit wird mit einem geeigneten Algorithmus aus den Abmessungen des Bauteils und den Baustoffkennwerten berechnet.

Charakteristische Werte der Baustoffeigenschaften X_k sind nach festgelegten Verfahren zu ermitteln oder Normen bzw. bauaufsichtlichen Zulassungsbescheiden zu entnehmen.

Für die Berechnung des Tragwiderstandes werden die Bemessungswerte der Baustoffeigenschaften benötigt (vgl. Abschn. 10.3.3).

Abminderung der Bemessungsdruckfestigkeit bei:

- Wandquerschnitten $< 0{,}1\,\mathrm{m}^2$ um $(0{,}7 + 3A)$, dabei ist A die belastete Bruttoquerschnittsfläche in m^2; für Wandquerschnitte aus getrennten Steinen mit einem Lochanteil $> 35\,\%$ und Wandquerschnitten, die durch Schlitze oder Aussparungen geschwächt sind, beträgt der Faktor 0,8.

- Langzeitwirkungen und weiterer Einflüsse über den Dauerstandsfaktor ζ; für eine dauernde Beanspruchung infolge von Eigengewicht, Schnee- und Verkehrslasten gilt $\zeta = 0{,}85$; für kurzzeitige Beanspruchungsarten darf $\zeta = 1{,}0$ gesetzt werden.

10.3.2.3 Vereinfachte Einwirkungskombinationen nach DIN EN 1996-1-1/NA (5.12)

Bei Wohn- und Bürogebäuden darf der Bemessungswert der einwirkenden Normalkraft im Allgemeinen vereinfacht mit den folgenden Einwirkungskombinationen bestimmt werden:

$$N_{\mathrm{Ed}} = 1{,}35 \cdot N_{\mathrm{Gk}} + 1{,}5 \cdot N_{\mathrm{Qk}} \qquad (10.5)$$

In Hochbauten mit Decken aus Stahlbeton, die mit charakteristischen Nutzlasten einschließlich Trennwandzuschlag von maximal $3\,\mathrm{kN/m}^2$ belastet sind, darf vereinfachend angesetzt werden:

$$N_{\mathrm{Ed}} = 1{,}4 \cdot (N_{\mathrm{Gk}} + N_{\mathrm{Qk}}) \qquad (10.6)$$

Im Fall größerer Biegemomente, z. B. bei Windscheiben, ist auch der Lastfall $M_{\max} + N_{\min}$ zu berücksichtigen. Dabei gilt:

$$\min N_{\mathrm{Ed}} = 1{,}0 \cdot N_{\mathrm{Gk}} \qquad (10.7)$$

Bei der Berechnung des Wand-Decken-Knotens dürfen die ständigen Lasten (G) in allen Deckenfeldern und allen Geschossen mit dem gleichen Teilsicherheitsbeiwert γ_{G} multipliziert werden und die halbe Nutzlast darf wie eine ständige Last angesetzt werden.

10.3.2.4 Begrenzung der planmäßigen Exzentrizitäten

Grundsätzlich dürfen klaffende Fugen infolge der planmäßigen Exzentrizität der einwirkenden charakteristischen Lasten in der charakteristischen Bemessungssituation (ohne Berücksichtigung der ungewollten Ausmitte, der Kriechausmitte und der Stabauslenkung nach Theorie II. Ordnung) rechnerisch höchstens bis zum Schwerpunkt des Gesamtquerschnittes entstehen. Bei horizontaler Scheibenbeanspruchung in Längsrichtung von Wänden mit den Abmessungen

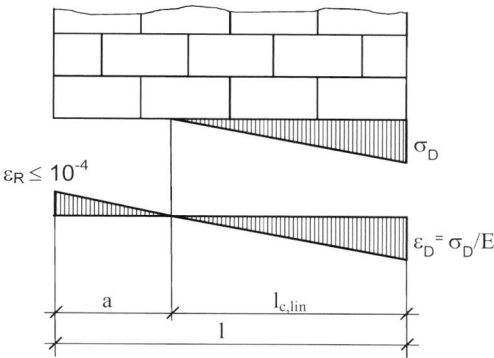

Abb. 10.2 Begrenzung der Randdehnung bei Windscheiben. l Länge der Wandscheibe, $l_{\mathrm{c,lin}}$ überdrückte Länge, σ_{D} Kantenpressung auf Basis eines linear-elastischen Stoffgesetzes, ε_{D} rechnerische Randstauchung, ε_{R} rechnerische Randdehnung, E Kurzzeit-Elastizitätsmodul als Sekantenmodul

$l_{\mathrm{w}}/h_{\mathrm{w}} < 0{,}5$ gilt das für die häufige Bemessungssituation, wobei l_{w} die Länge der Windscheibe und h_{w} deren Höhe ist.

Sofern beim Nachweis der Querkrafttragfähigkeit in Scheibenrichtung der Rechenwert der Haftscherfestigkeit in Ansatz gebracht wird, ist bei Windscheiben mit einer Ausmitte $e > l/6$ zusätzlich nachzuweisen, dass die rechnerische Randdehnung aus der Scheibenbeanspruchung auf der Seite der Klaffung $\varepsilon_{\mathrm{R}} = \varepsilon_{\mathrm{D}} \cdot a/l_{\mathrm{c,lin}}$ für charakteristische Bemessungssituationen nach DIN EN 1990 (12.10), 6.5.3 (2) a) den Wert $\varepsilon_{\mathrm{R}} = 10^{-4}$ nicht überschreitet (siehe Abb. 10.2). Der Elastizitätsmodul für Mauerwerk darf hierfür zu $E = 1000\,f_{\mathrm{k}}$ angenommen werden.

10.3.3 Mauerwerksfestigkeiten

Mauerwerksfestigkeiten sind charakteristische Größen oder Bemessungswerte.

a) Charakteristische Größen
   Charakteristische Größen werden als 5 %-Quantilwerte angegeben.

b) Bemessungswerte
   Die Bemessungswerte X_{d} der Baustoffeigenschaften werden i. Allg. erhalten, indem man die charakteristischen Werte X_{k} durch den Teilsicherheitsbeiwert γ_{M} für die Baustoffeigenschaften dividiert und mit einem Abminderungsfaktor ζ multipliziert.

$$X_{\mathrm{d}} = \zeta \cdot \frac{X_{\mathrm{k}}}{\gamma_{\mathrm{M}}} \qquad (10.8)$$

X_{d} Bemessungswert der Baustoffeigenschaft
ζ Abminderungsfaktor zur Berücksichtigung der Langzeitwirkung (dauernde Druckbeanspruchung infolge von Eigengewicht, Schnee- und Verkehrslasten $\zeta = 0{,}85$, alle andere Beanspruchungen $\zeta = 1$)

Tafel 10.15 Teilsicherheitsbeiwerte γ_M für die Baustoffeigenschaften nach DIN EN 1996-1-1/NA (5.12)

Material	γ_M	
	Bemessungssituation	
	Ständig und vorübergehend	Außergewöhnlich[a]
Unbewehrtes Mauerwerk aus Steinen der Kategorie I und Mörtel nach Eignungsprüfung[b,c]	1,5	1,3
Bewehrtes Mauerwerk aus Steinen der Kategorie I und Mörtel nach Eignungsprüfung[b]	10,0[d]	10,0[d]
Unbewehrtes Mauerwerk aus Steinen der Kategorie I und Mörtel nach Rezeptmörtel[c,e]	1,5	1,3
Bewehrtes Mauerwerk aus Steinen der Kategorie I und Mörtel nach Rezeptmörtel[b]	10,0[d]	10,0[d]
Verankerung von Bewehrungsstahl	10,0[d]	
Bewehrungsstahl und Spannstahl	10,0[d]	
Ergänzungsbauteile nach DIN EN 845-1	Nach Zulassung	
Stürze nach DIN EN 845-2	Nach Zulassung	

[a] für die Bemessung im Brandfall siehe DIN EN 1996-1-2.
[b] siehe NCI zu Abschn. 3.2.2 (nach DIN EN 1996-1-1/NA).
[c] Randstreifenvermörtelung ist für tragendes Mauerwerk nicht anwendbar.
[d] In Einzelfällen können in Abstimmung mit der zuständigen Bauaufsichtsbehörde abweichende Werte vereinbart werden.
[e] Gilt nur für Baustellenmörtel nach DIN V 18580.

X_k charakteristischer Wert der Baustoffeigenschaft
γ_M Teilsicherheitsbeiwert für die Baustoffeigenschaften s. Tafel 10.15.
Bei Verwendung von Mauersteinen nach **bauaufsichtlicher Zulassung** sind die dort angegebenen Werte zu verwenden.

10.3.3.1 Charakteristische Druckfestigkeit

Die charakteristische Druckfestigkeit von Mauerwerk ist definiert als Festigkeit, die im Kurzzeitversuch an Prüfkörpern nach DIN EN 1052-1 gewonnen, als 5 %-Quantile ausgewertet und auf die theoretische Schlankheit 0 bezogen ist.

Tafel 10.16 Rechenwerte für die Druckfestigkeit von Mauermörtel DIN EN 1996-1-1/NA (12.19)

Mauermörtel nach DIN 20000-412 oder DIN V 18580[a]		Druckfestigkeit f_m [N/mm²]
Normalmauermörtel mit Nachweis über die Erfüllung der Anforderungen an die Fugendruckfestigkeit	M 2,5	2,5
	M 5	5,0
	M 10	10,0
	M 20	20,0
Leichtmauermörtel[b] mit Nachweis über die Begrenzung der Verformbarkeit und Nachweis über die Erfüllung der Anforderungen an die Fugendruckfestigkeit	M 5	5,0
Leichtmauermörtel[b] ohne Nachweis über die Begrenzung der Verformbarkeit und Nachweis über die Erfüllung der Anforderungen an die Fugendruckfestigkeit	M 10	5,0
Dünnbettmörtel (DM)	M 10	10,0

[a] Eine Zuordnung der bisherigen Mörtelbezeichnungen (MG: I; II; IIa; III und IIIa nach der Normenreihe DIN 1053) ist in DIN 20000-412:2019-06, Anhang A, enthalten.
[b] LM 21 oder LM 36 nach DIN 20000-412:2019-06, Tabelle A.1.

10.3.3.1.1 Charakteristische Druckfestigkeit nach DIN EN 1996-1-1/NA

Nach DIN EN 1996-1-1 sind für Rezeptmauerwerk (RM) die charakteristischen Festigkeiten f_k mit Hilfe von (10.9) und Tafel 10.16 bis Tafel 10.24 in Abhängigkeit von den Steinfestigkeitsklassen und den Mörtelgruppen zu ermitteln.

$$f_k = K \cdot f_b^\alpha \cdot f_m^\beta \qquad (10.9)$$

f_k charakteristische Druckfestigkeit von Mauerwerk in N/mm²;
K, α, β Konstanten;
f_b normierte Mauersteindruckfestigkeit in Lastrichtung in N/mm²;
f_m Druckfestigkeit des Mauermörtels in N/mm².

Tafel 10.17 Rechenwerte für die umgerechnete mittlere Steindruckfestigkeit f_{st} in Abhängigkeit von der Druckfestigkeitsklasse DIN EN 1996-1-1/NA (12.19)

Druckfestigkeitsklasse der Mauersteine und Planelemente	Umgerechnete mittlere Mindestdruckfestigkeit f_{st} [N/mm²]
2	2,5
4	5,0
6	7,5
8	10,0
10	12,5
12	15,0
16	20,0
20	25,0
28	35,0
36	45,0
48	60,0
60	75,0

Tafel 10.18 Parameter zur Ermittlung der Druckfestigkeit von Einsteinmauerwerk aus Hochlochziegeln mit Lochung A (HLzA), Lochung B (HLzB), Lochung E (HLzE)[a], Mauertafelziegeln T1, sowie Kalksand-Loch- und Hohlblocksteinen mit Normalmauermörtel nach DIN EN 1996-1-1/NA (12.19)

Mittlere Steindruckfestigkeit [N/mm^2]	Mörtelart Normalmauermörtel	Parameter		
		K	α	β
$5,0 \leq f_{st} < 10,0$	M 2,5	0,68	0,605	0,189
	M 5			
	M 10	0,70		
	M 20			
$10,0 \leq f_{st} \leq 75,0$	M 2,5[b]	0,69	0,585	0,162
	M 5[b]	0,79		
	M 10			
	M 20			

[a] Zur Ermittlung der f_k-Werte von Hochlochziegeln mit Lochung E (HlzE) nach DIN 20000-401 sind die zugehörigen Parameter entsprechend der Mörtelklassen M 5 und M 10 nach Tabelle NA.2 und der Druckfestigkeitsklassen 8 bis 20 nach Tabelle NA.3 anzusetzen.
[b] Die Druckfestigkeit des Mauerwerks darf nicht größer angenommen werden als für Steinfestigkeiten $f_{st} = 25 \, \text{N/mm}^2$.

Tafel 10.19 Parameter zur Ermittlung der Druckfestigkeit von Einsteinmauerwerk aus Hochlochziegeln mit Lochung W (HLzW), Mauertafelziegeln T2, T3 und T4 sowie Langlochziegeln (LLz) mit Normalmauermörtel nach DIN EN 1996-1-1/NA (12.19)

Mittlere Steindruckfestigkeit [N/mm^2]	Mörtelart Normalmauermörtel	Parameter		
		K	α	β
$5,0 \leq f_{st} < 10,0$	M 2,5	0,54	0,605	0,189
	M 5			
	M 10	0,56		
	M 20			
$10,0 \leq f_{st} \leq 75,0$	M 2,5[a]	0,55	0,585	0,162
	M 5[a]	0,63		
	M 10[a]			
	M 20[a]			

[a] Die Druckfestigkeit des Mauerwerks darf bei Mauerwerk aus Hochlochziegeln mit Lochung W und Mauertafelziegeln T4 nicht größer angenommen werden als für Steinfestigkeiten $f_{st} = 15 \, \text{N/mm}^2$ und bei Mauerwerk aus Mauertafelziegeln T2 und T3 nicht größer als für $f_{st} = 25 \, \text{N/mm}^2$.

Tafel 10.20 Parameter zur Ermittlung der Druckfestigkeit von Einsteinmauerwerk aus Vollziegeln sowie Kalksand-Vollsteinen und Kalksand-Blocksteinen mit Normalmauermörtel nach DIN EN 1996-1-1/NA (12.19)

Steinart	Mörtelart Normalmauermörtel	Parameter		
		K	α	β
Vollziegel, KS-Vollsteine, KS-Blocksteine	M 2,5[a], M 5[a]	0,95	0,585	0,162
	M 10[b], M 20[b]			

[a] Die Druckfestigkeit des Mauerwerks darf nicht größer angenommen werden als für die Steinfestigkeiten $f_{st} = 45 \, \text{N/mm}^2$.
[b] Die Druckfestigkeit des Mauerwerks darf nicht größer angenommen werden als für die Steinfestigkeiten $f_{st} = 60 \, \text{N/mm}^2$.

Tafel 10.21 Parameter zur Ermittlung der Druckfestigkeit von Einsteinmauerwerk aus Kalksand-Plansteinen und Kalksand-Planelementen mit Dünnbettmörtel nach DIN EN 1996-1-1/NA (12.19)

Steinart		Mörtelart	Parameter		
			K	α	β
KS-Planelemente	KS-XL	DM[a]	1,70	0,630	–
	KS-XL-N, KS-XL-E		0,80	0,800	–
KS-Plansteine	KS-P	DM[b]			
	KS L-P	DM[c]	1,15	0,585	–

[a] Die Druckfestigkeit des Mauerwerks darf nicht größer angenommen werden als für Steinfestigkeiten $f_{st} = 35 \, \text{N/mm}^2$.
[b] Die Druckfestigkeit des Mauerwerks darf nicht größer angenommen werden als für Steinfestigkeiten $f_{st} = 45 \, \text{N/mm}^2$.
[c] Die Druckfestigkeit des Mauerwerks darf nicht größer angenommen werden als für Steinfestigkeiten $f_{st} = 25 \, \text{N/mm}^2$.

Tafel 10.22 Parameter zur Ermittlung der Druckfestigkeit von Einsteinmauerwerk aus Mauerziegeln und Kalksandsteinen mit Leichtmauermörtel nach DIN EN 1996-1-1/NA (12.19)

Mittlere Steindruckfestigkeit [N/mm²]	Mörtelart	Parameter		
		K	α	β
$2,5 \leq f_{st} < 5,0$	LM 21	0,74	0,495	–
	LM 36	0,85		
$5,0 \leq f_{st} < 7,5$	LM 21	0,74		
	LM 36	1,00		
$7,5 \leq f_{st} \leq 35,0$	LM 21[a]	0,81		
	LM 36[b]	1,05		

[a] Die Druckfestigkeit des Mauerwerks darf nicht größer angenommen werden als für Steinfestigkeiten $f_{st} = 15\,\text{N/mm}^2$.
[b] Die Druckfestigkeit des Mauerwerks darf nicht größer angenommen werden als für Steinfestigkeiten $f_{st} = 10\,\text{N/mm}^2$.

Tafel 10.23 Parameter zur Ermittlung der Druckfestigkeit von Einsteinmauerwerk aus Leichtbeton- und Betonsteinen nach DIN EN 1996-1-1/NA (12.19)

Steinart		Mittlere Steindruckfestigkeit [N/mm²]	Mörtelart Normalmauermörtel/ Leichtmauermörtel	Parameter		
				K	α	β
Vollsteine	V, Vbl	–	M 2,5[a], M 5[a], M 10[a], M 20[a]	0,67	0,74	0,13
	Vbl S, Vbl SW	$2,5 \leq f_{st} < 10,0$	M 2,5[a], M 5[a]	0,68	0,605	0,189
			M 10[a], M 20[a]	0,70		
		$10,0 \leq f_{st} < 75,0$	M 5[a], M 10[a], M 20[a]	0,79	0,585	0,162
	Vn, Vbn Vm, Vmb	–	M 2,5[a], M 5[a], M 10[a], M 20[a]	0,95	0,585	0,162
Lochsteine	Hbl, Hbn	–	M 2,5[a], M 5[a], M 10[a], M 20[a]	0,74	0,63	0,10
Voll- und Lochsteine		–	LM21[b], LM36[c]	0,79	0,66	–

[a] Die umgerechnete mittlere Steindruckfestigkeit darf nicht größer angenommen werden als die dreifache Mörtelfestigkeit $f_{st} \leq 3 f_m$. Die Mörtelfestigkeit darf nicht größer angenommen werden als $f_m \leq 10\,\text{N/mm}^2$.
[b] Die Druckfestigkeit des Mauerwerks darf nicht größer angenommen werden als für die umgerechnete mittlere Steindruckfestigkeiten $f_{st} = 10\,\text{N/mm}^2$.
[c] Die umgerechnete mittlere Steindruckfestigkeit darf nicht größer angenommen werden als die dreifache Mörtelfestigkeit $f_{st} \leq 3 f_m$.

Tafel 10.24 Parameter zur Ermittlung der Druckfestigkeit von Einsteinmauerwerk aus Porenbeton mit Dünnbettmörtel nach DIN EN 1996-1-1/NA (12.19)

Steinart	Mittlere Steindruckfestigkeit [N/mm²]	Mörtelart	Parameter		
			K	α [a]	β
Vollsteine aus Porenbeton	$2,5 \leq f_{st} < 5,0$	DM	0,90	0,76	–
	$5,0 \leq f_{st} \leq 10,0$		0,90	0,75	–

[a] Für die Steindruckfestigkeitsklasse-Rohdichtekombination 4/0,5 gilt $\alpha = 0,66$.
Für die Steindruckfestigkeitsklasse-Rohdichtekombination 6/0,6 gilt $\alpha = 0,70$.

Tafel 10.25 Parameter zur Ermittlung der Druckfestigkeit von Einsteinmauerwerk aus Planhochlochziegeln mit Lochung B (PHLzB) und E (PHLzE) mit Dünnbettmörtel nach DIN EN 1996-1-1/NA (12.19)

Steinart	Mittlere Steindruckfestigkeit [N/mm²]	Mörtelart Dünnbettmörtel	Parameter		
			K	α	β
Planhochlochziegel PHLzB und PHLzE	$7,5 \leq f_{st} < 10,0$	DM	0,75	0,70	–
	$10,0 \leq f_{st} < 12,5$		0,73		
	$12,5 \leq f_{st} < 15,0$		0,71		
	$15,0 \leq f_{st} < 20,0$		0,70		
	$20,0 \leq f_{st} < 25,0$		0,68		
	$25,0 = f_{st}$		0,66		

10.3.3.1.2 Charakteristische Druckfestigkeit nach DIN EN 1996-3/NA

In DIN EN 1996-3 sind in Anhang NA.D die charakteristischen Festigkeiten f_k in tabellarischer Form aufbereitet und können Tafel 10.26 bis Tafel 10.34 in Abhängigkeit von den Steinfestigkeitsklassen und den Mörtelgruppen entnommen werden.

Die charakteristische Festigkeit für Verbandsmauerwerk mit Normalmauermörtel ist durch Multiplikation des Tabellenwertes mit 0,80 zu ermitteln. Verbandsmauerwerk ist Mauerwerk mit mehr als einem Stein in Richtung der Wanddicke.

Tafel 10.26 Charakteristische Druckfestigkeit f_k in N/mm² von Einsteinmauerwerk aus Hochlochziegeln mit Lochung A (HLzA), Lochung B (HLzB), Lochung E (HLzE)[a], Mauertafelziegeln T1 sowie Kalksand-Loch- und Hohlblocksteinen mit Normalmauermörtel nach DIN EN 1996-3/NA (12.19)

Steindruck-festigkeitsklasse	f_k [N/mm²]			
	M 2,5	M 5	M 10	M 20
4	2,1	2,4	2,9	–
6	2,7	3,1	3,7	–
8	3,1	3,9[a]	4,4[a]	–
10	3,5	4,5[a]	5,0[a]	5,6
12	3,9	5,0[a]	5,6[a]	6,3
16	4,6	5,9[a]	6,6[a]	7,4
20	5,3	6,7[a]	7,5[a]	8,4
28	5,3	6,7	9,2	10,3
36	5,3	6,7	10,6	11,9
48	5,3	6,7	12,5	14,1
60	5,3	6,7	14,3	16,0

[a] Hochlochziegel mit Lochung E (HLzE) nur bei Druckfestigkeitsklassen 8 bis 20 und Mörtelklassen M 5 und M 10.

Tafel 10.27 Charakteristische Druckfestigkeit f_k in N/mm² von Einsteinmauerwerk aus Hochlochziegeln mit Lochung W (HLzW), Mauertafelziegeln (T2, T3 und T4) sowie Langlochziegeln (LLz) mit Normalmauermörtel nach DIN EN 1996-3/NA (12.19)

Steindruck-festigkeitsklasse	f_k [N/mm²]			
	M 2,5	M 5	M 10	M 20
4	1,7	2,0	2,3	2,6
6	2,2	2,5	2,9	3,3
8	2,5	3,2	3,5	4,0
10	2,8	3,6	4,0	4,5
12	3,1	4,0	4,5	5,0
16	3,7 (3,1)	4,7 (4,0)	5,3 (4,5)	5,9 (5,0)
20	4,2 (3,1)	5,4 (4,0)	6,0 (4,5)	6,7 (5,0)

Werte in Klammern gelten für Mauerwerk aus Hochlochziegeln mit Lochung W (HLzW) und Mauertafelziegeln T4.

Tafel 10.28 Charakteristische Druckfestigkeit f_k in N/mm² von Einsteinmauerwerk aus Vollziegeln sowie Kalksand-Vollsteinen und Kalksand-Blocksteinen mit Normalmauermörtel nach DIN EN 1996-3/NA (12.19)

Steindruck-festigkeitsklasse	f_k [N/mm²]			
	M 2,5	M 5	M 10	M 20
4	2,8	–	–	–
6	3,6	4,0	–	–
8	4,2	4,7	–	–
10	4,8	5,4	6,0	–
12	5,4	6,0	6,7	7,5
16	6,4	7,1	8,0	8,9
20	7,2	8,1	9,1	10,1
28	8,8	9,9	11,0	12,4
36	10,2	11,4	12,7	14,3
48	10,2	11,4	15,1	16,9
60	10,2	11,4	15,1	16,9

Tafel 10.29 Charakteristische Druckfestigkeit f_k in N/mm² von Einsteinmauerwerk aus Kalksand-Plansteinen und Kalksand-Planelementen mit Dünnbettmörtel nach DIN EN 1996-3/NA (12.19)

Steindruck-festigkeitsklasse	f_k [N/mm²]			
	Planelemente		Plansteine	
	KS XL	KS XL-N, KS XL-E	KS P	KS L-P
4	2,9	2,9	2,9	2,9
6	4,0	4,0	4,0	3,7
8	5,0	5,0	5,0	4,4
10	6,0	6,0	6,0	5,0
12	9,4	7,0	7,0	5,6
16	11,2	8,8	8,8	6,6
20	12,9	10,5	10,5	7,6
28	16,0	13,8	13,8	7,6
36	16,0	13,8	16,8	7,6
48	16,0	13,8	16,8	7,6
60	16,0	13,8	16,8	7,6

Tafel 10.30 Charakteristische Druckfestigkeit f_k in N/mm² von Einsteinmauerwerk aus Mauerziegeln und Kalksandsteinen mit Leichtmauermörtel nach DIN EN 1996-3/NA (12.19)

Steindruckfestigkeitsklasse	f_k [N/mm²]	
	LM 21	LM 36
2	1,2	1,3
4	1,6	2,2
6	2,2	2,9
8	2,5	3,3
10	2,8	3,3
12	3,0	3,3
16	3,0	3,3
20	3,0	3,3
28	3,0	3,3

Tafel 10.31 Charakteristische Druckfestigkeit f_k in N/mm^2 von Einsteinmauerwerk aus Leichtbeton- und Betonsteinen mit Normalmauermörtel nach DIN EN 1996-3/NA (12.19)

Leichtbeton-steine	Steindruck-festigkeitsklasse	f_k [N/mm^2]		
		M 2,5	M 5	M 10 und M 20
Hbl, Hbn	2	1,4	1,5	1,7
	4	2,2	2,4	2,6
	6	2,9	3,1	3,3
	8	2,9	3,7	4,0
	10	2,9	4,3	4,6
	12	2,9	4,8	5,1
V, Vbl	2	1,5	1,6	1,8
	4	2,5	2,7	3,0
	6	3,4	3,7	4,0
	8	3,4	4,5	5,0
	10	3,4	5,4	5,9
	12	3,4	6,1	6,7
	16	3,4	6,1	8,3
	20	3,4	6,1	9,8
Vn, Vbn Vm, Vmb	4	2,8	2,9	2,9
	6	3,6	4,0	4,0
	8	3,6	4,7	5,0
	10	3,6	5,4	6,0
	12	3,6	6,0	6,7
	16	3,6	6,0	8,0
	≥ 20	3,6	6,0	9,1

Tafel 10.32 Charakteristische Druckfestigkeit f_k in N/mm^2 von Einsteinmauerwerk aus Leichtbeton-Vollblöcken mit Schlitzen Vbl S, Vbl SW mit Normalmauermörtel nach DIN EN 1996-3/NA (12.19)

Steindruckfestigkeitsklasse	f_k [N/mm^2]		
	Mörtelgruppe		
	II	IIa	III, IIIa
2	1,4	1,6	1,8
4	2,1	2,4	2,9
6	2,7	3,1	3,7
8	2,7	3,9	4,4
10	2,7	4,5	5,0
12	2,7	5,0	5,6

Tafel 10.33 Charakteristische Druckfestigkeit f_k in N/mm^2 von Einsteinmauerwerk aus Voll- und Lochsteinen aus Leichtbeton mit Leichtmauermörtel nach DIN EN 1996-3 (12.19)

Steindruckfestigkeitsklasse	f_k [N/mm^2]
	LM 21 und LM 36
2	1,4
4	2,3
6	3,0
8	3,6

Tafel 10.34 Charakteristische Druckfestigkeit f_k in N/mm^2 von Einsteinmauerwerk aus Porenbetonsteinen mit Dünnbettmörtel nach DIN EN 1996-3/NA (12.19)

Steindruckfestigkeitsklasse	f_k [N/mm^2]
2	1,8
4[a]	3,0
6[b]	4,1
8	5,1

[a] Für die Steindruckfestigkeitsklasse-Rohdichtekombination 4/0,5 gilt $f_k = 2,6$ N/mm^2.

[b] Für die Steindruckfestigkeitsklasse-Rohdichtekombination 6/0,6 gilt $f_k = 3,7$ N/mm^2.

10.3.3.2 Charakteristische Schubfestigkeit

Die charakteristische Schubfestigkeit wird aus den Eingangsgrößen Haftscherfestigkeit, Bemessungswert der Druckspannung und Steinzugfestigkeit ermittelt und stellt den 5 %-Quantilwert dar. Die eingehenden Baustoffkenngrößen sind dabei Mittelwerte. Die Haftscherfestigkeit f_{vk0} ist nach Tafel 10.35 zu bestimmen.

a) Scheibenschub

$$f_{vk} = f_{vlt} = \min \begin{cases} f_{vlt1} \\ f_{vlt2} \end{cases} \quad (10.10)$$

Reibungsversagen:

$$f_{vlt1} = f_{vk0} + 0,4 \cdot \sigma_{Dd} \qquad \text{vermörtelte Stoßfuge} \quad (10.11)$$

$$f_{vlt1} = \frac{1}{2} \cdot f_{vk0} + 0,4 \cdot \sigma_{Dd} \quad \text{unvermörtelte Stoßfuge} \quad (10.12)$$

Steinzugversagen:

$$f_{vlt2} = 0,45 \cdot f_{bt,cal} \cdot \sqrt{1 + \frac{\sigma_{Dd}}{f_{bt,cal}}} \quad (10.13)$$

Für Mauerwerk aus Porenbetonplansteinen mit glatten Stirnflächen und vollflächig vermörtelten Stoßfugen kann der Wert nach (10.13) mit dem Faktor 1,2 erhöht werden.

f_{vk0} Haftscherfestigkeit nach Tafel 10.35;

σ_{Dd} Bemessungswert der zugehörigen Druckspannung an der Stelle der maximalen Schubspannung. Für Recht-

Tafel 10.35 Werte für die Haftscherfestigkeit f_{vk0} von Mauerwerk ohne Auflast nach DIN EN 1996-1-1/NA (12.19)

f_{vk0} [N/mm^2]					
Normalmauermörtel mit einer Festigkeit f_m [N/mm^2]				Dünnbettmörtel (Lagerfugendicke 1 bis 3 mm)	Leichtmauer-mörtel
2,5	5	10	20		
0,08	0,18	0,22	0,26	0,22	0,18

eckquerschnitte gilt $\sigma_{Dd} = N_{Ed}/A$, dabei ist A der überdrückte Querschnitt; im Regelfall ist die minimale Einwirkung $N_{Ed} = 1{,}0\,N_{Gk}$ maßgebend;

$f_{bt,cal}$ rechnerische Steinzugfestigkeit, mit:

$f_{bt,cal} = 0{,}020 \cdot f_{st}$ für Hohlblocksteine

$f_{bt,cal} = 0{,}026 \cdot f_{st}$ für Hochlochsteine und Steine mit Grifflöchern oder Grifftaschen

$f_{bt,cal} = 0{,}032 \cdot f_{st}$ für Vollsteine ohne Grifflöcher oder Grifftaschen

$f_{bt,cal} = \frac{0{,}082}{1{,}25} \cdot \frac{1}{0{,}7+(f_{st}/25)^{0{,}5}} \cdot f_{st}$, f_{st} in N/mm² für Porenbetonplansteine der Länge ≥ 498 mm und der Höhe ≥ 248 mm

f_{st} umgerechnete mittlere Steindruckfestigkeit.

Bei Ansatz der Anfangsscherfestigkeit f_{vk0} in (10.11) ist der Randdehnungsnachweis nach Abschn. 10.3.2.4 zu führen.

b) Plattenschub

$f_{vlt1} = 0{,}6 \cdot \sigma_{Dd}$ oder

$f_{vlt1} = f_{vk0} + 0{,}6 \cdot \sigma_{Dd}$ vermörtelte Stoßfuge   (10.14)

$f_{vlt1} = \frac{2}{3} \cdot f_{vk0} + 0{,}6 \cdot \sigma_{Dd}$ unvermörtelte Stoßfuge (10.15)

10.3.3.3 Charakteristische Biegefestigkeit

Die charakteristische Biegezugfestigkeit f_{xk1} mit einer Bruchebene parallel zu den Lagerfugen (Plattenbiegung) darf in tragenden Wänden nicht angesetzt werden. Eine Ausnahme gilt nur für Wände aus Planelementen, die lediglich durch zeitweise einwirkende Lasten rechtwinklig zur Oberfläche beansprucht werden (z. B. Wind auf Ausfachungsmauerwerk). In diesem Fall darf der Bemessung eine charakteristische Biegezugfestigkeit in Höhe von $f_{xk1} = 0{,}2\,\text{N/mm}^2$ zugrunde gelegt werden. (Beim Versagen der Wand darf es jedoch nicht zu einem größeren Einsturz oder zum Stabilitätsverlust des ganzen Tragwerkes kommen.)

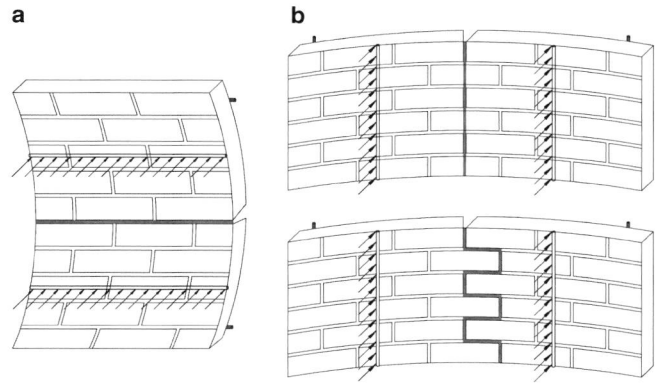

Abb. 10.3 Bruchebenen bei Biegebeanspruchung von Mauerwerk. **a** Bruchebene parallel zu den Lagerfugen, f_{xk1}, **b** Bruchebene senkrecht zu den Lagerfugen, f_{xk2}

Die charakteristische Biegezugfestigkeit f_{xk2} von Mauerwerk mit der Bruchebene senkrecht zu den Lagerfugen ergibt sich aus dem kleineren der beiden Werte nach den Gleichungen:

$$f_{xk2} = (\alpha \cdot f_{vk0} + 0{,}6 \cdot \sigma_D) \cdot \frac{l_{ol}}{h_u} \qquad (10.16)$$

$$f_{xk2} = (0{,}5 \cdot f_{bt,cal}) \leq 0{,}7 \quad \text{in N/mm}^2 \qquad (10.17)$$

$\alpha = 1{,}0$ für vermörtelte Stoßfugen
$\alpha = 0{,}5$ für unvermörtelte Stoßfugen.

10.3.4 Berechnung und Nachweisführung mit den vereinfachten Berechnungsmethoden

10.3.4.1 Voraussetzungen für die Anwendung der vereinfachten Berechnungsmethoden

- Gebäudehöhe über Gelände ≤ 20 m (bei geneigten Dächern Mittel aus First- und Traufhöhe)
- Begrenzung der charakteristischen Nutzlast einschließlich Zuschlag für nicht tragende innere Trennwände auf $q_k \leq 5{,}0\,\text{kN/m}^2$
- Stützweite der aufliegenden Decken $l \leq 6{,}0$ m (nicht, wenn Biegemomente aus Deckendrehwinkel durch konstruktive Maßnahmen, z. B. Zentrierleisten, begrenzt werden); zweiachsig gespannten Decken l = kürzere der beiden Stützweiten
- Überbindemaß

$$l_{ol} \geq \begin{cases} 0{,}4 \cdot h_u \\ 45\,\text{mm} \end{cases}$$

nur bei Elementmauerwerk

$$l_{ol} \geq \begin{cases} 0{,}2 \cdot h_u \\ 125\,\text{mm} \end{cases}$$

- Deckenauflagertiefe

$$a \geq \begin{cases} 0{,}5 \cdot t \\ 100\,\text{mm} \end{cases}$$

10.3.4.2 Aussteifung

Verzicht auf Nachweis, wenn:

- Geschossdecken = steife Scheiben oder ausreichend steife Ringbalken vorliegen
- in Längs- und Querrichtung des Gebäudes ausreichende Anzahl aussteifender Wände vorhanden (ohne größere Schwächungen und Versprünge bis zum Fundament).

Sonst muss ein Nachweis nach DIN EN 1996-1-1, s. [5] geführt werden.

Tafel 10.36 Voraussetzungen für die Anwendung des vereinfachten Nachweisverfahrens nach DIN EN 1996-3/NA (12.19)

Bauteil	Wanddicke t in mm	max. zulässige lichte Wandhöhe h in m					
		allgemein	bei Berücksichtigung von Fußnote[d]				
			Mauerwerk aus Porenbetonsteinen	Mauerwerk aus Ziegeln, Kalksandstein, Leichtbeton- und Betonsteinen mit Normal- und Dünnbettmörtel			
			Mauerwerksdruckfestigkeit f_k in N/mm²				
			$\geq 1,8$	$\geq 3,0$	$\geq 3,5$	$\geq 5,0$	$\geq 10,0$
Tragende Außenwände und zweischalige Haustrennwände	≥ 115[a, b]	2,75	2,75	2,75	2,75	2,75	2,75
	≥ 150[c]	2,75[b]	2,75[b]	2,75[b]	2,75[b]	3,0[e, f]	3,3[h]
	≥ 175	2,75	2,75	3,3	3,0[e]	3,3[g]	3,6[h]
	≥ 200	2,75	3,3	3,6	3,6	3,6	3,6[h]
	≥ 240	12 t	3,6	3,6	3,6	3,6	3,6[h]
	≥ 300	12 t	12 t	12 t	12 t	12 t	12 t
Tragende Innenwände	≥ 115	2,75	3,6	3,6	3,6	3,6	3,6
	≥ 240	k. E.	k. E.	keine Einschränkung (k. E.)			

[a] Als einschalige Außenwand nur bei einschossigen Garagen und vergleichbaren Bauwerken, die nicht zum dauernden Aufenthalt von Menschen vorgesehen sind. Als Tragschale zweischaliger Außenwände und bei zweischaligen Haustrennwänden bis maximal zwei Vollgeschosse zuzüglich ausgebautes Dachgeschoss: aussteifende Querwände im Abstand $\leq 4,50$ m bzw. Randabstand von einer Öffnung $\leq 2,0$ m.

[b] Charakteristische Nutzlast einschließlich Zuschlag für nicht tragende innere Trennwände $q_k \leq 3,0$ kN/m².

[c] Bei charakteristischen Mauerwerksdruckfestigkeiten $f_k < 1,8$ N/mm² gilt zusätzlich Fußnote a.

[d] Anwendungsvoraussetzungen:
   – Bei Außenwänden mit charakteristischer Windlast $w_k \leq 1,25$ kN/m²;
   – Über die Wanddicke t vollaufliegende Stahlbetondecke und Betonfestigkeitsklassen $\geq$ C20/25;
   – Mindestdeckendicke infolge Begrenzung der Deckenschlankheit nach DIN EN 1992-1-1/NA 7.4.2 und Deckendicke ≥ 180 mm;
   – Betrachtetes Geschoss entspricht in Grund- und Aufriss weitgehend den darüber- und darunterliegenden Geschossen;
   – Interpolation zwischen Festigkeitsklassen nicht zulässig.

[e] Bei Mauerwerk aus Leichtbetonsteinen nur bei einer charakteristischen Windbeanspruchung von $w_k < 1,1$ kN/m² zulässig.

[f] Gilt bei Kalksteinmauerwerk nur für $f_k \geq 5,5$ N/mm².

[g] Gilt bei Ziegelmauerwerk auch für $f_k \geq 4,7$ N/mm².

[h] Bei Außenwänden mit charakteristischer Windlast von $1,25$ kN/m² $< w_k \leq 2,2$ kN/m² sind lichte Wandhöhen bis $h = 3,0$ m zulässig.

10.3.4.3 Auflagerkräfte

Für die Auflagerkräfte von Decken und Balken ist stets die Durchlaufwirkung bei der ersten Innenstütze zu berücksichtigen. Bei anderen Innenstützen dann, wenn das Verhältnis der angrenzenden Stützweiten $< 0,7$ ist. Tragende Wände parallel zur Spannrichtung einachsig gespannter Decken sind mit einem Deckenstreifen angemessener Breite zu belasten. Auflagerkräfte aus zweiachsig gespannten Decken nach den Regeln des Stahlbetonbaus (s. Kap. 5).

10.3.4.4 Knotenmomente

Sie bleiben in Wänden, die als Innenauflager von durchlaufenden Decken dienen, unberücksichtigt. Für Wände, die als einseitiges Endauflager von Decken dienen, werden sie ohne Nachweis durch den Faktor Φ_1 nach Abschn. 10.3.4.7 berücksichtigt.

10.3.4.5 Wind

Windlasten rechtwinklig zur Wandebene dürfen bei Decken mit Scheibenwirkung oder bei statisch nachgewiesenen Ringbalken im Abstand der zulässigen Geschosshöhen (Tafel 10.36) vernachlässigt werden. Nachweis der Mindestauflast für Wände, die als Endauflager für Decken oder Dächer dienen und durch Wind beansprucht werden, s. auch [32]:

$$N_{Ed} \geq \frac{3 \cdot q_{Ewd} \cdot h^2 \cdot b}{16 \cdot \left(a - \frac{h}{300}\right)} \qquad (10.18)$$

h die lichte Geschosshöhe;

q_{Ewd} der Bemessungswert der Windlast je Flächeneinheit;

N_{Ed} der Bemessungswert der kleinsten vertikalen Belastung in Wandhöhenmitte im betrachteten Geschoss;

b die Breite, über die die vertikale Belastung wirkt;

a die Deckenauflagertiefe.

10.3.4.6 Knicklängen

10.3.4.6.1 2-seitig gehaltene Wände

$$h_{\text{ef}} = \varrho_2 \cdot h \qquad (10.19)$$

$\varrho_2 = 0{,}75$ für Wanddicken $t \leq 175\,\text{mm}$

$\varrho_2 = 0{,}90$ für Wanddicken $175\,\text{mm} < t \leq 250\,\text{mm}$

$\varrho_2 = 1{,}00$ für Wanddicken $t > 250\,\text{mm}$.

Eine Abminderung der Knicklänge mit $\varrho_2 < 1{,}0$ ist nur zulässig, wenn folgende erforderliche Auflagertiefen a vorhanden sind:

$$t \geq 240\,\text{mm} \quad a \geq 175\,\text{mm}$$
$$t < 240\,\text{mm} \quad a = t.$$

10.3.4.6.2 3- und 4-seitig gehaltene Wände

$$h_{\text{ef}} = \frac{1}{1 + \left(\alpha_3 \frac{\varrho_2 \cdot h}{3 \cdot b'}\right)^2} \cdot \varrho_2 \cdot h \geq 0{,}3 \cdot h \qquad (10.20)$$

$$h_{\text{ef}} = \frac{1}{1 + \left(\alpha_4 \frac{\varrho_2 \cdot h}{b}\right)^2} \cdot \varrho_2 \cdot h \quad \text{für } \alpha_4 \cdot \frac{h}{b} \leq 1 \qquad (10.21)$$

$$h_{\text{ef}} = \frac{b}{2 \cdot \alpha_4} \quad \text{für } \alpha_4 \cdot \frac{h}{b} > 1 \qquad (10.22)$$

α_3, α_4 die Anpassungsfaktoren nach Abschn. 10.3.4.6.3;

ϱ_2 der Abminderungsfaktor der Knicklänge nach Abschn. 10.3.4.6.1;

b, b' der Abstand des freien Randes von der Mitte der haltenden Wand, bzw. Mittenabstand der haltenden Wände nach Abb. 10.4;

h_{ef} die Knicklänge;

h die lichte Geschosshöhe.

Keine seitliche Halterung darf bei vierseitig gehaltenen Wänden bei $b > 30\,t$, bzw. bei dreiseitig gehaltenen Wänden bei $b' > 15\,t$ angesetzt werden. Diese Wände sind wie zweiseitig gehaltene Wände zu behandeln. Hierbei ist t die Dicke der gehaltenen Wand. Ist die Wand im Bereich des mittleren Drittels der Wandhöhe durch vertikale Schlitze oder Aussparungen geschwächt, so ist für t die Restwanddicke einzusetzen oder ein freier Rand anzunehmen. Unabhängig

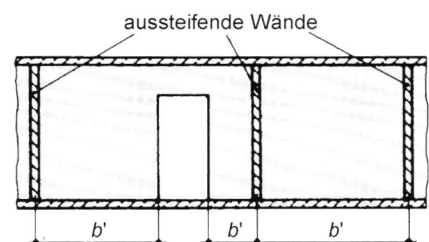

Abb. 10.4 Größen b' und b für drei- und vierseitig gehaltene Wände

Tafel 10.37 Anpassungsfaktoren α_3, α_4 zur Abschätzung der Knicklänge von Wänden aus Elementmauerwerk mit einem Überbindemaß $0{,}2 \leq l_{\text{ol}}/h_{\text{u}} < 0{,}4$

Steingeometrie $h_{\text{u}}/l_{\text{u}}$	0,5	0,625	1	2
3-seitige Lagerung α_3	1,0	0,90	0,83	0,75
4-seitige Lagerung α_4	1,0	0,75	0,67	0,60

von der Lage eines vertikalen Schlitzes oder einer Aussparung ist an ihrer Stelle ein freier Rand anzunehmen, wenn die Restwanddicke kleiner als die halbe Wanddicke oder kleiner als 115 mm ist.

10.3.4.6.3 Anpassungsfaktoren α_3 und α_4

Für Mauerwerk mit einem planmäßigen **Überbindemaß $l_{\text{ol}}/h_{\text{u}} \geq 0{,}4$** sind die Anpassungsfaktoren α_3 und α_4 gleich 1,0 zu setzen.

Für Elementmauerwerk mit einem planmäßigen **Überbindemaß $0{,}2 \leq l_{\text{ol}}/h_{\text{u}} < 0{,}4$** sind die Anpassungsfaktoren Tafel 10.37 zu entnehmen.

10.3.4.7 Vertikaler Tragwiderstand im Grenzzustand der Tragfähigkeit

$$N_{\text{Ed}} \leq N_{\text{Rd}} \qquad (10.23)$$

N_{Ed} Bemessungswert der vertikalen Belastung;

N_{Rd} Bemessungswert des vertikalen Tragwiderstandes.

$$N_{\text{Rd}} = \Phi \cdot A \cdot f_{\text{d}} \qquad (10.24)$$

Φ Abminderungsfaktor Φ_{i} zur Berücksichtigung der Schlankheit und Lastausmitte nach (10.25) bis (10.28);

A Bruttoquerschnittsfläche der Wand;

f_{d} Bemessungsdruckfestigkeit des Mauerwerkes nach Abschn. 10.3.3.

Bei Wand-Querschnittsflächen kleiner als $0{,}1\,\text{m}^2$ ist die Bemessungsdruckfestigkeit des Mauerwerks mit dem Faktor 0,8 zu multiplizieren.

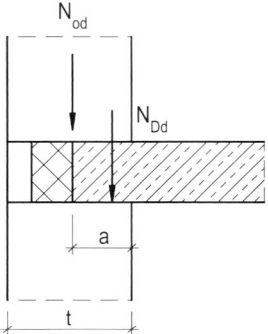

Abb. 10.5 Teilweise aufliegende Deckenplatte

Traglastminderung infolge Lastausmitte bei Endauflagern

$$\Phi_1 = \left(1{,}6 - \frac{l_{\mathrm{f}}}{6}\right) \cdot \frac{a}{t} \leq 0{,}9 \cdot \frac{a}{t} \qquad (10.25)$$
$$\text{für } f_{\mathrm{k}} \geq 1{,}8\,\text{N/mm}^2$$

$$\Phi_1 = \left(1{,}6 - \frac{l_{\mathrm{f}}}{5}\right) \cdot \frac{a}{t} \leq 0{,}9 \cdot \frac{a}{t} \qquad (10.26)$$
$$\text{für } f_{\mathrm{k}} < 1{,}8\,\text{N/mm}^2$$

$$\Phi_1 = 0{,}333 \cdot \frac{a}{t} \qquad \text{für Dachdecken} \qquad (10.27)$$

Traglastminderung infolge Knicken

$$\Phi_2 = 0{,}85 \cdot \left(\frac{a}{t}\right) - 0{,}0011 \cdot \left(\frac{h_{\mathrm{ef}}}{t}\right)^2 \qquad (10.28)$$

l_{f} Stützweite der angrenzenden Geschossdecke in m, bei zweiachsig gespannten Decken mit $0{,}5 \leq l_1/l_2 \leq 2{,}0$ darf für l_{f} die kürzere der beiden Stützweiten eingesetzt werden;

a Deckenauflagertiefe;

t Dicke der Wand.

f_{k} charakteristischer Wert der Druckfestigkeit von Mauerwerk;

h_{ef} Knicklänge nach Abschn. 10.3.4.6.

10.3.4.8 Stark vereinfachte Berechnungsmethode für Mauerwerkswände bei Gebäuden mit höchstens drei Geschossen

Anwendungsbedingungen

- nicht mehr als drei Geschosse über Geländehöhe;
- Wände sind rechtwinklig zur Wandebene durch Decken und Dach in horizontaler Richtung gehalten, und zwar entweder durch die Decken und das Dach selbst oder durch geeignete Konstruktionen, z. B. Ringbalken mit ausreichender Steifigkeit;
- Auflagertiefe von Decken und Dach auf der Wand $\geq 2/3$ der Wanddicke, jedoch nicht weniger als 85 mm;
- lichte Geschosshöhe $\leq 3{,}0$ m;
- kleinste Gebäudeabmessung im Grundriss beträgt mindestens $1/3$ der Gebäudehöhe;
- die charakteristischen Werte der veränderlichen Einwirkungen auf Decken und Dach $\leq 5{,}0\,\text{kN/m}^2$;
- größte lichte Spannweite der Decken beträgt 6,0 m;
- lichte Spannweite des Daches $\leq 6{,}0$ m, bei Leichtgewichts-Dachkonstruktionen Spannweite $\leq 12{,}0$ m;
- bei Innen- und Außenwänden $h_{\mathrm{ef}}/t \leq 21$
- Mindestwanddicke $t \geq 36{,}5$ cm bei teilaufliegender Decke.

$$N_{\mathrm{Rd}} = c_{\mathrm{A}} \cdot A \cdot f_{\mathrm{d}} \qquad (10.29)$$

$c_{\mathrm{A}} = 0{,}50$ für $h_{\mathrm{ef}}/t \leq 18$
$\phantom{c_{\mathrm{A}}} = 0{,}33$ für $18 < h_{\mathrm{ef}}/t \leq 21$ und generell bei Wänden als Endauflager im obersten Geschoss, insbesondere unter Dachdecken,
$\phantom{c_{\mathrm{A}}} = 0{,}40$ für $h_{\mathrm{ef}}/t \leq 18$, Steine mit $f_{\mathrm{k}} < 1{,}8\,\text{N/mm}^2$, $l_{\mathrm{f}} > 5{,}5$ m;

Bei Wänden mit teilaufliegenden Decken und $f_{\mathrm{k}} > 1{,}8\,\text{N/mm}^2$ und einer Deckenspannweite > 5 m bzw. $f_{\mathrm{k}} < 1{,}8\,\text{N/mm}^2$ und einer Deckenspannweite < 4 m sowie generell bei Wänden als Endauflager im obersten Geschoß, insbesondere unter Dachdecken sind die Werte für c_{A} mit a/t zu multiplizieren;

f_{d} Bemessungswert der Druckfestigkeit des Mauerwerks;

A belastete Bruttoquerschnittsfläche der Wand ohne Öffnungen.

10.3.5 Berechnung und Nachweisführung nach den allgemeinen Regeln

Die allgemeinen Regeln dürfen auf einzelne Bauteile, einzelne Geschosse oder ganze Bauwerke angewendet werden. Es empfiehlt sich, zunächst den Nachweis nach den vereinfachten Berechnungsmethoden zu führen und nur beim Nichtgelingen des Nachweises bzw. bei Nichteinhaltung der Anwendungsvoraussetzungen nach den allgemeinen Regeln vorzugehen.

10.3.5.1 Knotenmomente

Eine vereinfachte Methode zur Berechnung von Ausmittigkeiten am Wand-Decken-Knoten ist in DIN EN 1996-1-1, Anhang NA.C gegeben.

Die Berechnung des Knotens kann entsprechend Abb. 10.6 vereinfacht werden. Bei weniger als vier Stäben an einem Knoten werden die nicht vorhandenen weggelassen. Die vom Knoten entfernten Stabenden sollten als eingespannt angesehen werden, es sei denn, sie sind nicht in der Lage, Momente aufzunehmen, so dass sie als gelenkig gelagert angenommen werden müssen.

Die Ermittlung der Biegemomente erfolgt für M_1 am Rahmen a und für M_2 am Rahmen b. Das Stabendmoment M_1 am Knoten 1 darf nach (10.30) berechnet werden. Das Stabendmoment M_2 am Knoten 2 wird in gleicher Weise nur mit dem Ausdruck $E_2 I_2 / h_2$ im Zähler anstelle von $E_1 I_1 / h_1$ berechnet.

$$M_1 = \frac{\frac{n_1 E_1 I_1}{h_1}}{\frac{n_1 E_1 I_1}{h_1} + \frac{n_2 E_2 I_2}{h_2} + \frac{n_3 E_3 I_3}{l_3} + \frac{n_4 E_4 I_4}{l_4}}$$
$$\cdot \left[\frac{q_3 l_3^2}{4(n_3 - 1)} - \frac{q_4 l_4^2}{4(n_4 - 1)}\right] \qquad (10.30)$$

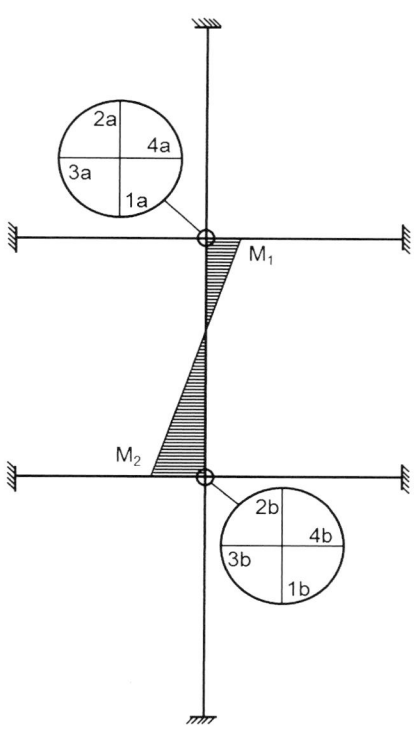

Abb. 10.6 Vereinfachtes Rahmenmodell

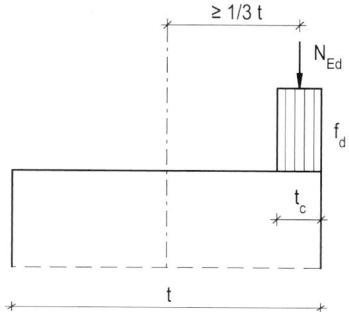

Abb. 10.7 Ausmitte der Bemessungslast bei Aufnahme durch den Spannungsblock. t_c überdrückte Tiefe $\leq 0,333t$, t Dicke der Wand, N_{Ed} Bemessungswert der eingehenden Vertikallast, f_d Bemessungswert der Druckfestigkeit des Mauerwerks

errechnete Ausmitte mit dem Faktor η zu reduzieren. Der Wert η kann mit $(1 - k_m/4)$ angenommen werden.

$$k_m = \frac{n_3 \frac{E_3 I_3}{l_3} + n_4 \frac{E_4 I_4}{l_4}}{n_1 \frac{E_1 I_1}{h_1} + n_2 \frac{E_2 I_2}{h_2}} \leq 2 \qquad (10.31)$$

Ist die rechnerische Ausmitte der resultierenden Last aus Decken und darüber befindlichen Geschossen infolge der Knotenmomente am Kopf bzw. Fuß der Wand größer als die 0,333-fache Wanddicke t, so darf die resultierende Last über einen am Rand des Querschnittes angeordneten Spannungsblock mit der Ordinate f_d abgetragen werden (siehe Abb. 10.7). Dabei können Rissbildungen an der der Last gegenüber liegenden Seite der Wand infolge der dabei entstehenden Deckenverdrehung auftreten.

Bei teilweise aufliegender Deckenplatte nach Abschn. 10.3.5.6 darf vereinfachend für die Wanddicke die Deckenauflagertiefe a angesetzt werden, d. h. für Nachweise am Kopf und Fuß der Wand ist für die Wanddicke a zu verwenden für Nachweise in Wandmitte t.

10.3.5.2 Formänderungen und Zwängungen

Verformungskennwerte für Mauerwerk s. Tafel 10.38.

Der Wertebereich gibt den üblichen Streubereich an. Er kann in Ausnahmefällen größer sein. Sofern in den Steinnormen der Nachweis anderer Streubereiche gefordert wird, gelten diese als Wertebereiche.

Durch konstruktive Maßnahmen (Wärmedämmung, Baustoffauswahl, Fugen u. a.) ist sicherzustellen, dass Zwängungen die Standsicherheit und Gebrauchsfähigkeit nicht unzulässig beeinträchtigen. So ist z. B. bei weitgespannten Dachdecken ohne Auflast Rissschäden an Deckenkanten durch Fugen, Zentrierleisten, Kantennut, Ausbildung der Außenhaut o. Ä. entgegenzuwirken.

n_i Steifigkeitsfaktor des Stabes; er ist 4 bei an beiden Enden eingespannten Stäben und 3 in den anderen Fällen;

E_i Elastizitätsmodul des Stabes i, mit $i = 1, 2, 3$ oder 4; Für Mauerwerk ist der Elastizitätsmodul mit $E = K_E f_k$ zu bestimmen. Der Wert K_E kann getrennt nach der jeweiligen Mauersteinart aus Tabelle NA.12 entnommen werden.

I_i Trägheitsmoment des Stabes i, mit $i = 1, 2, 3$ oder 4 (bei zweischaligem Mauerwerk mit Luftschicht, bei dem nur eine Wandschale belastet ist, sollte als I_i nur das der belasteten Wandschale angenommen werden);

h_i lichte Höhe des Stabes i;

l_i lichte Spannweite des Stabes i;

q_i die gleichmäßig verteilte Bemessungslast des Stabes i bei Anwendung der Teilsicherheitsbeiwerte nach EN 1990 für ungünstige Einwirkung.

Bei zweiachsig gespannten Decken (Spannweitenverhältnissen bis 1 : 2) darf als Spannweite zur Ermittlung der Lastexzentrizität $2/3$ der kürzeren Seite eingesetzt werden.

Die Ergebnisse der Berechnung liegen im Allgemeinen auf der sicheren Seite, da die wirkliche Einspannung der Decken in den Wandknoten (d. h. das Verhältnis des tatsächlich durch den Knoten übertragenen Momentes zu dem, welches bei voller Einspannung übertragen werden würde), nicht erreicht werden kann. Bei der Bemessung ist es zulässig, die

Tafel 10.38 Kennwerte für Kriechen, Quellen oder Schwinden und Wärmedehnung (Rechenwerte und Wertebereiche) nach DIN EN 1996-1-1/NA (12.19)

Mauersteinart	Mauermörtelart	Endkriechzahl[a] Φ_∞		Endwert der Feuchtedehnung[b] [mm/m]		Wärmeausdehnungs-koeffizient α_t [10^{-6}/K]	
		Rechenwert	Wertebereich	Rechenwert	Wertebereich	Rechenwert	Wertebereich
Mauerziegel	Normalmauermörtel	1,0	0,5 bis 1,5	0	$-0,1^c$ bis $+0,3$	6	5 bis 7
	Leichtmauermörtel	2,0	1,0 bis 3,0				
Kalksandstein	Normalmauermörtel/Dünnbettmörtel	1,5	1,0 bis 2,0	$-0,2$	$-0,3$ bis $-0,1$	8	7 bis 9
Betonsteine	Normalmauermörtel	1,0	–	$-0,2$	$-0,3$ bis $-0,1$	10	8 bis 12
Leichtbetonsteine	Normalmauermörtel	2,0	1,5 bis 2,5	$-0,4$	$-0,6$ bis $-0,2$	10; 8^d	
	Leichtmauermörtel			$-0,5$	$-0,6$ bis $-0,3$		
Porenbetonsteine	Dünnbettmörtel	0,5	0,2 bis 0,7	$-0,1$	$-0,2$ bis $+0,1$	8	7 bis 9

[a] Endkriechzahl $\Phi_\infty = \varepsilon_{c\infty}/\varepsilon_{el}$ mit $\varepsilon_{c\infty}$ als Endkriechmaß und $\varepsilon_{el} = \sigma/E$.
[b] Endwert der Feuchtedehnung ist bei Stauchung negativ und bei Dehnung positiv angegeben.
[c] Für Mauersteine < 2 DF gilt der Grenzwert $-0,2$ mm/m.
[d] Für Leichtbeton mit überwiegend Blähton als Zuschlag.

10.3.5.3 Räumliche Steifigkeit

Auf einen rechnerischen Nachweis darf verzichtet werden, wenn:

- die Geschossdecken als steife Scheiben ausgebildet sind oder statisch nachgewiesene, ausreichend steife Ringbalken (s. Abschn. 10.3.7.4) vorliegen
- in Längs- und Querrichtung offensichtlich ausreichend aussteifende Wände vorhanden sind, die ohne Versprünge bis auf die Fundamente geführt sind.

Bestehen Zweifel über die vertikale und horizontale Gebäudeaussteifung, so ist ein rechnerischer Nachweis erforderlich. Dabei sind Lotabweichungen des Systems durch Ansatz horizontaler Kräfte zu berücksichtigen, die sich durch rechnerische Schrägstellung des Gebäudes um den Winkel v nach (10.32) ergeben. Beispiel in [5, Kap. 8, Abschn. 2.5].

$$v = \frac{1}{(100\sqrt{h_{tot}})} \quad (\text{rad}) \qquad (10.32)$$

h_{tot} Gesamthöhe des Tragwerks in m.

Die einzelnen Teile von Tragwerken, die Mauerwerkswände enthalten, müssen räumlich so ausgesteift sein, dass sie insgesamt unverschieblich sind bzw. eintretende Verformungen in der Berechnung berücksichtigt werden.

Eine Berücksichtigung der Verformungen des Tragwerkes ist nicht erforderlich, wenn die lotrechten aussteifenden Bauteile in der betrachteten Richtung der Biegebeanspruchung im maßgebenden unteren Schnitt die Bedingungen der folgenden Gleichung erfüllen:

$$h_{tot}\sqrt{\frac{N_{Ed}}{\sum EI}} \leq \begin{cases} 0,6 & \text{für } n \geq 1 \\ 0,2 + 0,1n & \text{für } 1 \leq n \leq 4 \end{cases} \qquad (10.33)$$

h_{tot} Höhe des Tragwerkes von Oberkante Fundament;
N_{Ed} Bemessungswert der vertikalen Einwirkungen (am Fußpunkt des Gebäudes);
$\sum EI$ Summe der Biegesteifigkeit aller vertikal aussteifenden Bauteile in der maßgebenden Richtung;
n Anzahl der Geschosse.

Öffnungen in vertikal aussteifenden Elementen mit einer Fläche von weniger als $2\,\text{m}^2$ und einer Höhe von nicht mehr als $0,6h$ dürfen vernachlässigt werden.

Tafel 10.39 Kennzahlen zur Bestimmung des Elastizitätsmoduls von Mauerwerk nach DIN EN 1996-1-1/NA (5.12)

Mauersteinart	Kennzahl K_E	
	Rechenwert	Wertebereich
Mauerziegel	1100	950 bis 1250
Kalksandsteine	950	800 bis 1250
Leichtbetonsteine	950	800 bis 1100
Betonsteine	2400	2050 bis 2700
Porenbetonsteine	550	500 bis 650

Anmerkung Der Streubereich ist in Tabelle NA.13 als Wertebereich angegeben. Er kann in Ausnahmefällen noch größer sein.
Für den Nachweis der vertikalen Belastung im Grenzzustand der Tragfähigkeit (Knicksicherheitsnachweis) ist abweichend davon ein Elastizitätsmodul von $E_0 = 700 \cdot f_k$ zu verwenden.

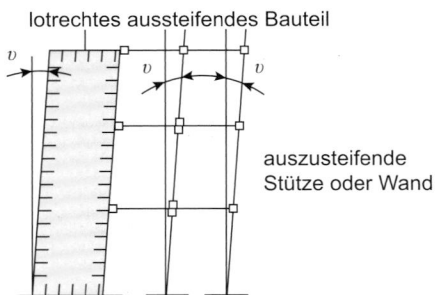

Abb. 10.8 Schrägstellung v aller auszusteifenden und aussteifenden lotrechten Bauteile

10.3.5.4 Aussteifung der Wände, Öffnungen in Wänden und mittragende Breiten

Zur Aussteifung von tragenden Wänden dienen horizontal gehaltene Deckenscheiben, aussteifende Querwände oder andere ausreichend steife Bauteile. Unabhängig davon ist das Bauwerk als Ganzes auszusteifen.

Mindestmaße aussteifender Wände: $l \geq 1/5 \cdot h$, $t \geq 0,3\,t$ der auszusteifenden Wand.

Bei großen Öffnungen (s. Vorgaben nach Abb. 10.9) sind benachbarte Wandteile als 3- oder 2-seitig gehalten anzusehen.

An zwei vertikalen Rändern ausgesteifte Wand:

$l \geq 30\,t \rightarrow$ 2-seitig gehalten

An einem vertikalen Rand ausgesteifte Wand:

$l \geq 15\,t \rightarrow$ 2-seitig gehalten

- Mitwirkende Breite bei auf Schub beanspruchten Wänden s. Abb. 10.10

Bei Elementmauerwerk mit einem planmäßigen Überbindemaß $l_{ol} < 0,4\,h_u$ dürfen nur 40 % der ermittelten mitwirkenden Breite angesetzt.

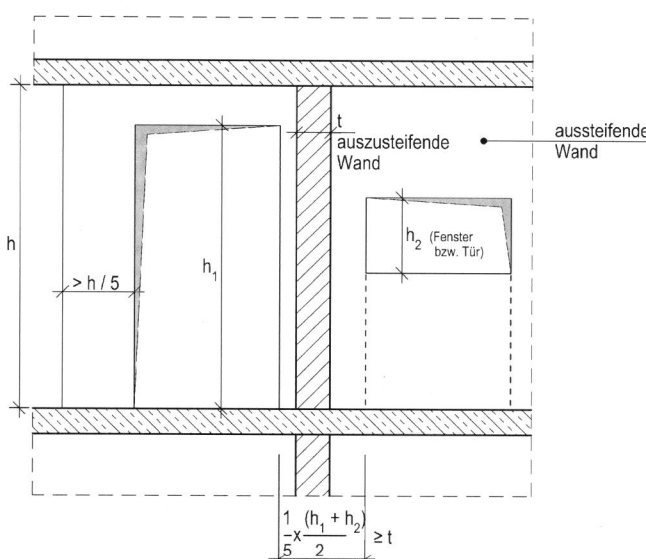

Abb. 10.9 Mindestlänge einer aussteifenden Wand mit Öffnungen

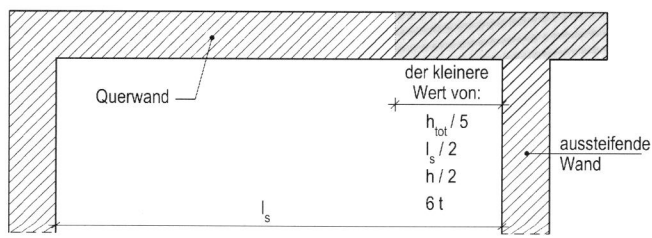

Abb. 10.10 Mitwirkende Breite bei auf Schub beanspruchten Wänden nach DIN EN 1996-1-1 (2.13), wenn eine schubfeste Verbindung vorhanden ist

10.3.5.5 Knicklängen

Wände mit Öffnungen, deren lichte Höhe größer als 1/4 der lichten Höhe der Wand oder deren lichte Breite größer als 1/4 der Wandlänge oder deren Fläche größer als 1/10 der gesamten Wandfläche ist, sind für die Bestimmung der Knicklänge als an der Öffnung nicht gehalten anzusehen.

$$h_{ef} = \varrho_n \cdot h \qquad (10.34)$$

h_{ef} Knicklänge der Wand;

h lichte Geschosshöhe der Wand;

ϱ_n Abminderungsfaktor mit $n = 2, 3$ oder 4, je nach Halterung der auszusteifenden Wand nach Tafel 10.40.

Ist $b > 30t$ bei vierseitig gehaltenen Wänden bzw. $b' > 15t$ bei dreiseitig gehaltenen Wänden, so darf keine seitliche Halterung angesetzt werden. Diese Wände sind wie zweiseitig gehaltene Wände zu behandeln. Hierbei ist t die Dicke der gehaltenen Wand. Ist die Wand im Bereich des mittleren Drittels der Wandhöhe durch vertikale Schlitze oder Aussparungen geschwächt, so ist für t die Restwanddicke einzusetzen oder ein freier Rand anzunehmen. Unabhängig von der Lage eines vertikalen Schlitzes oder einer Aussparung ist an ihrer Stelle ein freier Rand anzunehmen, wenn die Restwanddicke kleiner als die halbe Wanddicke oder kleiner als 115 mm ist (Definition b und b' nach Abb. 10.4).

Knicklänge für Elementmauerwerk mit vermindertem Überbindemaß $0,2 \leq l_{ol}/h_u < 0,4$

3-seitig gehaltene Wände:

$$h_{ef} = \frac{1}{1 + \left(\alpha_3 \frac{\varrho_2 \cdot h}{3 \cdot b'}\right)^2} \cdot \varrho_2 \cdot h \geq 0,3 \cdot h \qquad (10.35)$$

4-seitig gehaltene Wände:

$$h_{ef} = \frac{1}{1 + \left(\alpha_4 \frac{\varrho_2 \cdot h}{b}\right)^2} \cdot \varrho_2 \cdot h \qquad \text{für } \alpha_4 \frac{h}{b} \leq 1 \qquad (10.36)$$

$$h_{ef} = \frac{b}{2 \cdot \alpha_4} \qquad \text{für } \alpha_4 \cdot \frac{h}{b} > 1 \qquad (10.37)$$

Anpassungsfaktoren α_3 und α_4 nach Tafel 10.37. Sofern kein genauerer Nachweis für ϱ_2 erfolgt, gilt für flächig aufgelagerte Massivdecken vereinfacht:

- $\varrho_2 = 0,75$ wenn $e \leq t/6$
- $\varrho_2 = 1,00$ wenn $e \geq t/3$.

Dabei ist e die planmäßige Ausmitte des Bemessungswertes der Längsnormalkraft am Wandkopf (ohne Berücksichtigung einer ungewollten Ausmitte). Zwischenwerte dürfen geradlinig interpoliert werden.

Eine Abminderung der Knicklänge mit $\varrho_2 < 1,0$ ist jedoch nur zulässig, wenn folgende erforderliche Auflagertiefen a gegeben sind:

- $t < 125$ mm, $a \geq 100$ mm
- $t \geq 125$ mm, $a \geq 2/3\,t$.

Tafel 10.40 Knicklängenbeiwerte ϱ_n

Halterung	Bedingungen			ϱ_n
2-seitig	Stahlbetondecke	Lastausmitte Wandkopf $\leq 0{,}25\,t$ und $a \geq 2/3\,t$		$\varrho_2 = 0{,}75$
		Sonst		$\varrho_2 = 1{,}0$
	Holzbalkendecke	$a \geq \begin{cases} 2/3\,t \\ 85\,\text{mm} \end{cases}$		$\varrho_2 = 1{,}0$
3-seitig	$h \leq 3{,}5 \cdot l$			$\varrho_3 = \dfrac{1}{1 + \left[\frac{\varrho_2 \cdot h}{3 \cdot l}\right]^2} \cdot \varrho_2$
	$h > 3{,}5 \cdot l$			$\varrho_3 = \dfrac{1{,}5 \cdot l}{h} \geq 0{,}3$
4-seitig	$h \leq 1{,}15 \cdot l$			$\varrho_4 = \dfrac{1}{1 + \left[\frac{\varrho_2 \cdot h}{l}\right]^2} \cdot \varrho_2$
	$h > 1{,}15 \cdot l$			$\varrho_3 = \dfrac{0{,}5 \cdot l}{h}$
Frei stehend				$\varrho_1 = 2\sqrt{\dfrac{1 + 2N_{\text{od}}/N_{\text{ud}}}{3}}$

10.3.5.6 Tragfähigkeit bei zentrischer und exzentrischer Druckbeanspruchung

Die Nachweisstellen sind der Wandkopf (o), der Wandfuß (u) und die Wandmitte (m).

$$N_{\text{Ed}} \leq N_{\text{Rd}} \qquad (10.38)$$

N_{Ed} Bemessungswert der einwirkenden Normalkraft nach Abschn. 10.3.2.1 bzw. 10.3.2.3.

N_{Rd} Bemessungswert der aufnehmbaren Normalkraft (10.39)

$$N_{\text{Rd}} = \Phi \cdot t \cdot f_{\text{d}} \qquad (10.39)$$

Φ Abminderungsfaktor Φ_{i} am Kopf oder Fuß der Wand, bzw. Φ_{m} in Wandmitte zur Berücksichtigung der Schlankheit und Lastausmitte;

t Wanddicke;

f_{d} Bemessungsdruckfestigkeit des Mauerwerkes nach Abschn. 10.3.3

Wenn der Wandquerschnitt kleiner als $0{,}1\,\text{m}^2$ ist, sollte die Bemessungsfestigkeit des Mauerwerkes f_{d} mit $(0{,}7 + 3A)$ multipliziert werden (A = belastete Bruttoquerschnittsfläche in m^2). Für Wandquerschnitte aus getrennten Steinen mit einem Lochanteil $> 35\,\%$ und Wandquerschnitten, die durch Schlitze oder Aussparungen geschwächt sind, beträgt der Faktor 0,8.

Teilweise aufliegende Deckenplatte Bei teilweise aufliegenden Deckenplatten darf maximal der in Mauerwerk ausgeführte Teil abzüglich der Dämmung bei der Nachweisführung angesetzt werden.

Vereinfachend darf die Berechnung der Ausmitten an einem System analog Abb. 6.1 der DIN EN 1996-1-1 mit einer ideellen Wanddicke, die gleich der Deckenauflagertiefe a ist, erfolgen. Bei Nachweisführung in Wandmitte am Gesamtquerschnitt vergrößert sich die Ausmitte entsprechend um $(t - a)/2$. In diesem Fall darf bei der vereinfachten Nachweisführung am Wandkopf und am Wandfuß bei Deckenrandabmauerung mit Dämmstreifen nur der Bereich der Deckenauflagerung herangezogen werden, in Wandmitte jedoch der volle Querschnitt mit der Wanddicke t.

Abminderungsfaktor zur Berücksichtigung der Schlankheit und Lastausmitte Die Größe des Abminderungsfaktors Φ zur Berücksichtigung der Schlankheit und Ausmitte darf wie folgt auf der Grundlage eines rechteckigen Spannungsblockes ermittelt werden:

a) Überwiegend in Wandquerrichtung biegebeanspruchte Querschnitte:

$$\Phi = \Phi_{\text{i}} = 1 - 2 \cdot \frac{e_{\text{i}}}{t} \qquad (10.40)$$

e_{i} Lastexzentrizität am Kopf bzw. Fuß der Wand

$$e_{\text{i}} = \frac{M_{\text{id}}}{N_{\text{id}}} + e_{\text{he}} \geq 0{,}05t$$

M_{id} Bemessungswert des Biegemomentes, resultierend aus der Exzentrizität der Deckenauflagerkraft am Kopf/Fuß der Wand;

N_{id} Bemessungswert der am Kopf bzw. Fuß der Wand wirkenden Vertikalkraft;

e_{he} die Ausmitte am Kopf oder Fuß der Wand infolge horizontalen Lasten (z. B. Wind), sofern vorhanden

t Dicke der Wand.

b) Bei Schnittkraftermittlung am Kragarmmodell Überwiegend in Wandlängsrichtung biegebeanspruchte Querschnitte:

$$\Phi = \Phi_{\text{i}} = 1 - 2 \cdot \frac{e_{\text{w}}}{l} \qquad (10.41)$$

Abb. 10.11 Beispiele für Lastausmitten am Wandkopf und am Wandfuß einer Wandscheibe nach DIN EN 1996-1-1/NA (5.12)

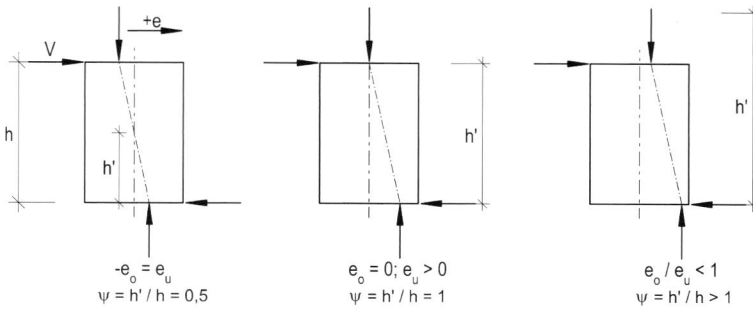

Φ_i Abminderungsfaktor an der maßgebenden Nachweisstelle am Wandkopf/Wandfuß, bei kombinierter Beanspruchung erfolgt der Nachweis auch in Wandhöhenmitte.

e_w Exzentrizität der einwirkenden Normalkraft in Wandlängsrichtung $e_w = \frac{M_{Ewd}}{N_{Ed}}$

l Länge der Wand.

c) Wandscheiben mit einer Schnittkraftermittlung an vom Kragarm abweichenden Modellen

$$\Phi = \Phi_i = 1 - 2 \cdot \frac{V_{Ed}}{N_{Ed}} \cdot \lambda_v \qquad (10.42)$$

V_{Ed} der Bemessungswert der einwirkenden Querkraft;
N_{Ed} Bemessungswert der einwirkenden Normalkraft;
λ_v Schubschlankheit mit $\lambda_v = \psi \cdot h / l$
ψ Kennwert zur Beschreibung der Momentenverteilung über die Wandscheibenhöhe

$$\psi = \frac{1}{\left(1 - \frac{e_o}{e_u}\right)} > 0 \quad \text{für } |e_u| > |e_o| \quad \text{bzw.}$$

$$\psi = \frac{1}{\left(1 - \frac{e_u}{e_o}\right)} > 0 \quad \text{für } |e_u| \leq |e_o|$$

s. auch Abb. 10.11. Die Lastausmitten sind dabei vorzeichenrichtig (positiv in Richtung und Orientierung der angreifenden Horizontallast V am Wandkopf) ausgehend von der Wandlängenmitte einzusetzen.

l Länge der Wandscheibe;
h lichte Höhe der Wand;
e_o Ausmitte der Normalkraft am Wandkopf;
e_u Ausmitte der Normalkraft am Wandfuß.

d) In Wandmitte (Φ_m)

Der Abminderungsfaktor in der Mitte der Wandhöhe Φ_m darf unter Verwendung von e_{mk} bestimmt werden.

$$\Phi_m = 1{,}14 \cdot \left(1 - \frac{2 \cdot e_{mk}}{t_{ef}}\right) - 0{,}024 \cdot \frac{h_{ef}}{t_{ef}}$$

$$\leq 1 - \frac{2 \cdot e_{mk}}{t_{ef}} \qquad (10.43)$$

e_{mk} die Ausmitte der Last in halber Wandhöhe, berechnet nach

$$e_{mk} = e_m + e_k \geq 0{,}05t$$

$$e_m = \frac{M_{md}}{N_{md}} + e_{hm} + e_{init}$$

e_m die Ausmitte infolge der Lasten;
M_{md} der Bemessungswert des größten Momentes in halber Wandhöhe, resultierend aus den Momenten am Kopf und Fuß der Wand, einschließlich der Biegemomente aus allen anderen ausmittig angreifenden Lasten (z. B. Wandschränke);
N_{md} der Bemessungswert der Vertikallast in halber Wandhöhe einschließlich aller anderen ausmittigen Lasten (z. B. Wandschränke);
e_{hm} die Ausmitte in halber Wandhöhe infolge horizontaler Lasten (z. B. Wind);
Anmerkung Die Einbeziehung von e_{hm} hängt von der zur Bemessung zu verwendenden Lastkombination ab. Die Vorzeichenabhängigkeit und deren Einfluss auf das Verhältnis M_{md}/N_{md} sind zu beachten.
e_{init} die ungewollte Ausmitte mit einem Vorzeichen, mit dem der absolute Wert für e_m erhöht wird, $e_{init} = h_{ef}/450$;
h_{ef} die Knicklänge für die entsprechende Halterung oder Aussteifungsart;
t_{ef} die wirksame Wanddicke;
e_k die Ausmitte infolge Kriechens:

$$e_k = 0{,}002\phi_\infty \frac{h_{ef}}{t_{ef}} \sqrt{t e_m}$$

ϕ_∞ der Endkriechwert.
Für Wände und Schlankheiten von λ_c oder geringer darf die Ausmitte infolge Kriechens, e_k, gleich null gesetzt werden.

Tafel 10.41 Grenzschlankheiten λ_c in Abhängigkeit von den Endkriechzahlen

Endkriechzahl ϕ_∞ (Rechenwert)	Grenzschlankheit λ_c
0,5	20
1,0	15
1,5	12
2,0	10

Kombinierte Beanspruchung Nachweis der Doppelbiegung bei kombinierter Beanspruchung aus Biegung um die starke Achse y und Biegung um die schwache Achse z

$$\Phi = \Phi_y \cdot \Phi_z \qquad (10.44)$$

Biegemomente um die starke Achse y dürfen vernachlässigt werden, wenn diese beim Nachweis nach (10.41) nicht maßgebend werden.

Φ_y und Φ_z sollten für die gleiche Lastkombination ermittelt werden.

10.3.5.7 Wände mit Teilflächenlasten

$$N_{Edc} \leq N_{Rdc} \qquad (10.45)$$
$$N_{Rdc} = \beta \cdot A_b \cdot f_d \qquad (10.46)$$

Für Vollsteine:

$$\beta = \left(1 + 0{,}3\frac{a_1}{h_c}\right)\left(1{,}5 - 1{,}1\frac{A_b}{A_{ef}}\right); \quad \beta \begin{cases} \geq 1{,}0 \\ \leq 1{,}25 + \frac{a_1}{2\cdot h_c} \\ \leq 1{,}5 \end{cases}$$
$$(10.47)$$

A_{ef} die wirksame Wandfläche, i. Allg. $l_{efm} \cdot t$; A_b / A_{ef} ist nicht größer als 0,45 einzusetzen.

Randnahe Einzellast ($a_1 \leq 3 \cdot l_1$):
Vorauss.: $A_b \leq 2 \cdot t^2$ und $e < t/6$

$$\beta = 1 + 0{,}1 \cdot \frac{a_1}{l_1} \leq 1{,}5 \qquad (10.48)$$

Lochsteine: Nachweis nach (10.48) auch für $a_1 > 3 \cdot l_1$.

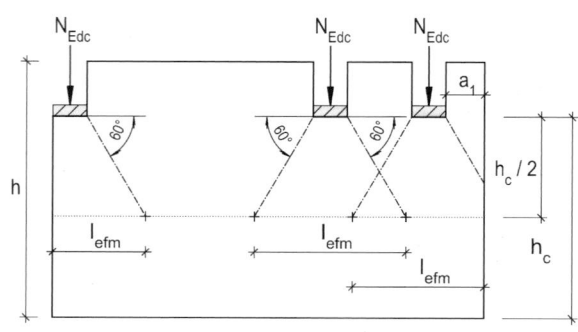

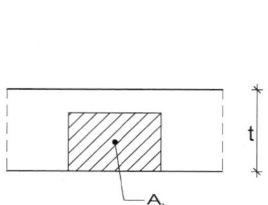

Abb. 10.12 Wände unter Teilflächenlasten

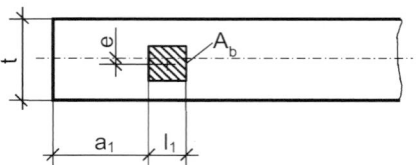

Abb. 10.13 Teilflächenpressung

Teilflächenbelastungen rechtwinklig zur Wandebene Bestimmung Bemessungswert der Tragfähigkeit mit $\beta = 1{,}3$.

Bei horizontalen Lasten $F_{Ed} > 4{,}0$ kN ist zusätzlich die Schubtragfähigkeit in den Lagerfugen der belasteten Steine nachzuweisen. Bei Loch- und Kammersteinen ist z. B. durch lastverteilende Zwischenlagen (elastomere Lager o. ä.) sicherzustellen, dass die Druckkraft auf mindestens 2 Stege eines Mauersteins übertragen wird.

10.3.5.8 Querkrafttragfähigkeit

$$V_{Ed} \leq V_{Rdlt} \qquad (10.49)$$

10.3.5.8.1 Querkrafttragfähigkeit in Scheibenrichtung bei Schnittkraftermittlung am Kragarmmodell

$$V_{Rdlt} = l_{cal} \cdot f_{vd} \cdot \frac{t}{c} \qquad (10.50)$$

f_{vd} Bemessungswert der Schubfestigkeit mit $f_{vd} = f_{vk}/\gamma_M$ und f_{vk} nach Abschn. 10.3.3.2

l_{cal} rechnerische Wandlänge.
Unter Windbeanspruchung gilt:

$$l_{cal} = \min \begin{cases} 1{,}125 \cdot l \\ 1{,}333 \cdot l_{c,lin} \end{cases}$$

sonst

$$l_{cal} = \min \begin{cases} l \\ l_{c,lin} \end{cases}$$

c Schubspannungsverteilungsfaktor
$c = 1{,}0$ für $h/l \leq 1$;
$c = 1{,}5$ für $h/l \geq 2$
(Zwischenwerte linear interpolieren);

h lichte Höhe der Wand;

l Länge der Wandscheibe;

$l_{c,lin}$ für die Berechnung anzusetzende, überdrückte Länge der Wandscheibe.

$$l_{c,lin} = \frac{3}{2} \cdot \left(1 - 2 \cdot \frac{e_w}{l}\right) \cdot l \leq l$$

e_w Exzentrizität der einwirkenden Normalkraft in Wandlängsrichtung

$$e_w = M_{Ed}/N_{Ed}$$

M_{Ed} Bemessungswert des in Scheibenrichtung wirkenden Momentes;

N_{Ed} Bemessungswert der einwirkenden Normalkraft.

Elementmauerwerk

- Planmäßige Überbindemaße $l_{\text{ol}}/h_{\text{u}} < 0{,}4$ und hohe Normalkraftbeanspruchung
  Querkrafttragfähigkeit am Wandfuß infolge Schubdruckversagens

$$V_{\text{Rdlt}} = \frac{1}{\gamma_{\text{M}} \cdot c} \left(f_{\text{k}} \cdot t \cdot l_{\text{c}} - \gamma_{\text{M}} \cdot N_{\text{Ed}} \right) \cdot \frac{l_{\text{ol}}}{h_{\text{u}}} \qquad (10.51)$$

l_{c} anzusetzende, überdrückte Länge der Wandscheibe

$$l_{\text{c}} = \left(1 - 2 \cdot \frac{e_{\text{w}}}{l} \right) \cdot l$$

N_{Ed} Bemessungswert der einwirkenden Normalkraft, i. d. R. maximale Einwirkung

h_{u} Höhe des Elementes;

l_{ol} Überbindemaß.

- Elementmauerwerk mit unvermörtelten Stoßfugen und Verwendung von Steinen mit $h_{\text{u}} > l_{\text{u}}$
  Querkrafttragfähigkeit infolge Fugenversagens am Einzelstein

$$V_{\text{Rdlt}} = \frac{2}{3} \cdot \frac{1}{\gamma_{\text{M}}} \cdot \left(\frac{l_{\text{u}}}{h_{\text{u}}} + \frac{l_{\text{u}}}{h} \right) \cdot N_{\text{Ed}} \qquad (10.52)$$

N_{Ed} Bemessungswert der einwirkenden Normalkraft, i. d. R. minimale Einwirkung;

$l_{\text{u}}/h_{\text{u}}$ Höhe/Länge des Elementes.

10.3.5.8.2 Querkrafttragfähigkeit in Scheibenrichtung bei Wandscheiben mit einer Schnittkraftermittlung an vom Kragarm abweichenden Modellen

$$V_{\text{Rdlt}} = l_{\text{cal}} \cdot f_{\text{vd}} \cdot \frac{t}{c} \qquad (10.53)$$

f_{vd} Bemessungswert der Schubfestigkeit mit $f_{\text{vd}} = f_{\text{vk}}/\gamma_{\text{M}}$ und f_{vk} nach Abschn. 10.3.3.2

l_{cal} rechnerisch überdrückte Wandlänge

$$l_{\text{cal}} = \frac{3}{2} \cdot \left(1 - 2 \cdot \frac{V_{\text{Ed}}}{N_{\text{Ed}}} \cdot \lambda_{\text{v}} \right) \cdot l \leq l.$$

c Schubspannungsverteilungsfaktor
$c = 1{,}0$ für $\lambda_{\text{v}} \leq 1$;
$c = 1{,}5$ für $\lambda_{\text{v}} \geq 2$
(Zwischenwerte linear interpolieren);

V_{Ed} Bemessungswert der einwirkenden Querkraft;

N_{Ed} Bemessungswert der einwirkenden Normalkraft.

λ_{v} Schubschlankheit mit $\lambda_{\text{v}} = \psi \cdot h/l$.

Elementmauerwerk

- Planmäßige Überbindemaße $l_{\text{ol}}/h_{\text{u}} < 0{,}4$ und hohe Normalkraftbeanspruchung
  Querkrafttragfähigkeit am Wandfuß infolge Schubdruckversagens

$$V_{\text{Rdlt}} = \frac{1}{\gamma_{\text{M}} \cdot c} \left(f_{\text{k}} \cdot t \cdot l_{\text{c}} - \gamma_{\text{M}} \cdot N_{\text{Ed}} \right) \cdot \frac{l_{\text{ol}}}{h_{\text{u}}} \qquad (10.54)$$

c Schubspannungsverteilungsfaktor
$c = 1{,}0$ für $\lambda_{\text{v}} \leq 1$;
$c = 1{,}5$ für $\lambda_{\text{v}} \geq 2$
(Zwischenwerte linear interpolieren);

λ_{v} Schubschlankheit mit $\lambda_{\text{v}} = \psi \cdot h/l$;

l_{c} anzusetzende, überdrückte Länge der Wandscheibe

$$l_{\text{c}} = \left(1 - 2 \cdot \frac{V_{\text{Ed}}}{N_{\text{Ed}}} \cdot \lambda_{\text{v}} \right) \cdot l$$

N_{Ed} Bemessungswert der einwirkenden Normalkraft, i. d. R. maximale Einwirkung

V_{Ed} Bemessungswert der einwirkenden Querkraft;

h_{u} Höhe des Elementes;

l_{ol} Überbindemaß.

- Elementmauerwerk mit unvermörtelten Stoßfugen und Verwendung von Steinen mit $h_{\text{u}} > l_{\text{u}}$
  Querkrafttragfähigkeit infolge Fugenversagens am Einzelstein

$$V_{\text{Rdlt}} = \frac{2}{3} \cdot \frac{1}{\gamma_{\text{M}}} \cdot \left(\frac{l_{\text{u}}}{h_{\text{u}}} + \frac{l_{\text{u}}}{h} \right) \cdot N_{\text{Ed}} \qquad (10.55)$$

N_{Ed} Bemessungswert der einwirkenden Normalkraft, i. d. R. minimale Einwirkung;

$l_{\text{u}}/h_{\text{u}}$ Höhe/Länge des Elementes.

10.3.5.8.3 Querkrafttragfähigkeit in Plattenrichtung

$$V_{\text{Rdlt}} = f_{\text{vd}} \cdot t_{\text{cal}} \cdot \frac{l}{c} \qquad (10.56)$$

f_{vd} Bemessungswert der Schubfestigkeit mit $f_{\text{vd}} = f_{\text{vk}}/\gamma_{\text{M}}$ und f_{vk} nach Abschn. 10.3.3.2;

t_{cal} rechnerische Wanddicke.
Fuge am Wandfuß

$$t_{\text{cal}} = \min \begin{cases} t \\ 1{,}25 \cdot t_{\text{c,lin}} \end{cases}$$

sonst

$$t_{\text{cal}} = \min \begin{cases} t \\ t_{\text{c,lin}} \end{cases}$$

$t_{\text{c,lin}}$ für die Berechnung anzusetzende überdrückte Dicke der Wand

$$t_{\text{c,lin}} = \frac{3}{2} \cdot \left(1 - 2 \cdot \frac{e}{t} \right) \cdot t \leq t$$

e Exzentrizität der einwirkenden Normalkraft;

l Länge der Wand; bei gleichzeitig vorhandenem Schei-
     benschub gilt $l = l_{c,\text{lin}}$;

c Schubspannungsverteilungsfaktor, hier $c = 1{,}5$.

10.3.5.9   Gebrauchstauglichkeit

Gilt als erfüllt, wenn:

- Nachweis im Grenzzustand der Tragfähigkeit mit den vereinfachten Berechnungsmethoden nach DIN EN 1996-3
  geführt wurde.

- Nachweis im Grenzzustand der Tragfähigkeit geführt
  wurde und die folgenden Absätze unter Annahme eines
  linear-elastischen Werkstoffgesetzes eingehalten sind.

- Bei Beanspruchung aus vertikalen Lasten mit und ohne
  horizontale Einwirkungen senkrecht zur Wandebene darf
  die planmäßige Ausmitte in der charakteristischen Bemessungssituation (ohne Berücksichtigung der ungewollten Ausmitte, der Kriechausmitte und der Stabauslenkung
  nach Theorie II. Ordnung) bezogen auf den Schwerpunkt
  des Gesamtquerschnitts rechnerisch nicht größer als $1/3$
  der Wanddicke t sein.

- Ist die rechnerische Ausmitte der resultierenden Last in
  der charakteristischen Bemessungssituation aus Decken
  und darüber befindlichen Geschossen infolge der Knotenmomente am Wandkopf bzw. -fuß größer als $1/3$ der
  Wanddicke t, so darf diese zu $1/3t$ angenommen werden.
  In diesem Fall ist möglichen Rissbildungen in Mauerwerk
  und Putz infolge der entstehenden Deckenverdrehung
  durch geeignete Maßnahmen – z. B. Fugenausbildung,
  konstruktive Zentrierung durch weichen Randstreifen,
  Kantennut, Kellenschnitt, o. ä. mit entsprechender Ausbildung der Außenhaut – entgegenzuwirken.

- Bei horizontaler Scheibenbeanspruchung in Längsrichtung von Wänden mit Abmessungen $l/h < 0{,}5$ darf am
  Wandfuß die planmäßige Ausmitte in der häufigen Bemessungssituation (ohne Berücksichtigung der ungewollten Ausmitte und der Kriechausmitte) bezogen auf den
  Schwerpunkt des Gesamtquerschnitts rechnerisch nicht
  größer als $1/3$ der Wandlänge l sein.

- Sofern in (10.50) der Rechenwert der Haftscherfestigkeit
  in Ansatz gebracht wird, ist bei Windscheiben die Exzentrizität nach Abschn. 10.3.2.4 zu begrenzen.

10.3.6   Kellerwände ohne Nachweis auf Erddruck

Nachweis auf Erddruck darf entfallen, wenn:
- $h \leq 2{,}60\,\text{m}$, $t \geq 240\,\text{mm}$
- Kellerdecke = Scheibe
- $h_e \leq 1{,}15\,h$, Gelände horizontal, $q_k \leq 5\,\text{kN/m}^2$

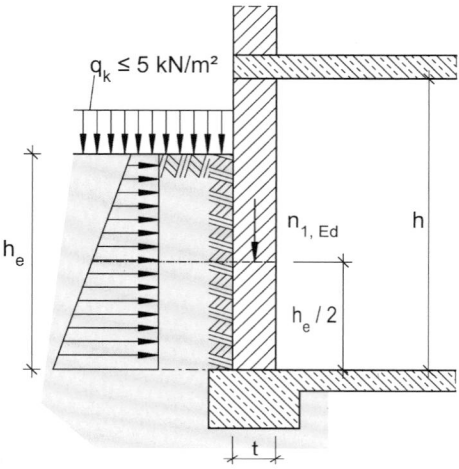

Abb. 10.14 Lastannahmen für Kellerwände

- Grenzwerte nach Abschn. 10.3.6.1 oder 10.3.6.2 eingehalten sind;
- es wirkt kein hydrostatischer Druck auf die Wand;
- die Übertragung der Querkraft am Wandfuß muss gewährleistet sein.

10.3.6.1   Grenzwerte der Wandnormalkraft nach der vereinfachten Berechnungsmethode

In halber Anschütthöhe:

$$N_{\text{Ed,max}} \leq \frac{t \cdot b \cdot f_d}{3} \qquad (10.57)$$

$$N_{\text{Ed,min}} \geq \frac{\varrho_e \cdot b \cdot h \cdot h_e^2}{\beta \cdot t} \qquad (10.58)$$

$N_{\text{Ed,max}}$ Bemessungswert der größten vertikalen Belastung
           der Wand;

$N_{\text{Ed,min}}$ Bemessungswert der kleinsten vertikalen Belastung
           der Wand;

b Breite der Wand;

b_c Abstand zwischen aussteifenden Querwänden oder
           anderen aussteifenden Elementen;

h lichte Höhe der Kellerwand;

h_e Höhe der Anschüttung;

t Wanddicke;

ϱ_e Wichte der Anschüttung;

f_d Bemessungswert der Druckfestigkeit des Mauer-
           werks;

β $= 20$ für $b_c \geq 2h$ sowie
           für Elementmauerwerk mit $0{,}2h_u \leq l_{ol} < 0{,}4h_u$
           $= 60 - 20b_c/h$ für $h < b_c < 2h$
           $= 40$ für $b_c \leq h$.

10.3.6.2 Grenzwerte der Wandnormalkraft nach den allgemeinen Regeln

In halber Anschütthöhe:

- oberer Bemessungswert:

$$n_{1,\text{Ed,sup}} \leq n_{1,\text{Rd}} = 0{,}33 \cdot t \cdot b \cdot f_d \quad (10.59)$$

- unterer Bemessungswert:

$$n_{1,\text{d,inf}} \geq n_{1,\text{lim,d}} = \frac{k_i \cdot \gamma_e \cdot h \cdot h_e^2}{7{,}8 \cdot t} \quad (10.60)$$

k_i maßgebender Erddruckbeiwert;
γ_e Wichte der Anschüttung;
h lichte Höhe der Kellerwand;
h_e Anschütthöhe;
t Dicke der Wand;
$n_{1,\text{lim,d}}$ Grenzwert der Wandnormalkraft je Einheit der Wandlänge in halber Anschütthöhe als Voraussetzung für die Gültigkeit des Bogenmodells.

Querkraftnachweis nach Abschn. 10.3.5.8
Für ausgesteifte Kellerwände mit zweiachsiger Lastabtragung gilt mit b als Achsabstand der Aussteifungen:

$$b \leq h: \quad n_{1,\text{d,inf}} \geq \frac{1}{2} n_{1,\text{lim,d}} \quad (10.61)$$

$$b \geq 2: \quad n_{1,\text{d,inf}} \geq n_{1,\text{lim,d}} \quad (10.62)$$

Zwischenwerte geradlinig interpolieren.

Hinsichtlich Konstruktion und Ausführung gilt DIN EN 1996-2.

Anwendung von (10.61) und (10.62) bei Elementmauerwerk mit einem planmäßigen Überbindemaß $< 0{,}4 h_u$ ist unzulässig.

Beispiel in [5], Kap. 8, Abschn. 2.2.2.

10.3.7 Bauteile und Konstruktionsdetails

10.3.7.1 Tragende Wände und Pfeiler

Wände mit mehr als Eigenlast aus einem Geschoss sind stets tragende Wände.

Mindestdicke 115 mm.

Aussteifende Wände gelten immer als tragende Wände. Pfeiler sind kurze Wände mit einem Querschnitt $A < 1000\,\text{cm}^2$. Mindestquerschnitt $400\,\text{cm}^2$.

10.3.7.2 Nichttragende Wände

10.3.7.2.1 Mit gleichmäßig verteilter horizontaler Bemessungslast

nach DIN EN 1996-3, Anhang C

Bei vorwiegend windbelasteten nichttragenden Außenwänden als Ausfachungen von Fachwerk-, Skelett- und Schottensystemen darf auf einen statischen Nachweis verzichtet werden, wenn

- die Wände vierseitig gehalten sind
- bei Elementmauerwerk das Überbindemaß $\geq 0{,}4 h_u$ beträgt
- die Größe der Ausfachungsflächen $h_i \cdot l_i$ nach Tafel 10.42 eingehalten ist, wobei h_i die Höhe und l_i die Länge der Ausfachungsfläche ist.

Für nichttragende Innenwände ohne Windbelastung gilt DIN 4103-1.

10.3.7.2.2 Mit begrenzter horizontaler Belastung

Anwendungsvoraussetzungen nach DIN EN 1996-3, Anhang B

- Innenwand, lichte Höhe $\leq 6{,}0$ m;
- lichte Länge (zwischen den seitlichen Halterungen) $\leq 12{,}0$ m;
- $t \geq 50$ mm;

Tafel 10.42 Größte zulässige Werte der Ausfachungsfläche von nichttragenden Außenwänden ohne rechnerischen Nachweis nach DIN EN 1996-3/NA (12.19)

Wanddicke t [mm]	Größte zulässige Werte[a, b] der Ausfachungsfläche in m² bei einer Höhe über Gelände von			
	0 bis 8 m		8 bis 20 m[c]	
	$h_i/l_i = 1{,}0$	$h_i/l_i \geq 2{,}0$ oder $h_i/l_i \leq 0{,}5$	$h_i/l_i = 1{,}0$	$h_i/l_i \geq 2{,}0$ oder $h_i/l_i \leq 0{,}5$
115[c, d]	12	8	–	–
150[d]	12	8	8	5
175	20	14	13	9
240	36	25	23	16
≥ 300	50	33	35	23

[a] Bei Seitenverhältnissen $0{,}5 < h_i/l_i < 1{,}0$ und $1{,}0 < h_i/l_i < 2{,}0$ dürfen die größten zulässigen Werte der Ausfachungsflächen geradlinig interpoliert werden.
[b] Die angegeben Werte gelten für Mauerwerk mindestens der Steindruckfestigkeitsklasse 4 mit Normalmauermörtel mindestens der Gruppe NM IIa und Dünnbettmörtel.
[c] In Windlastzone 4 nur im Binnenland zulässig.
[d] Bei Verwendung von Steinen der Festigkeitsklassen ≥ 12 dürfen die Werte dieser Zeile um 1/3 vergrößert werden.

- Außenfassade ist nicht durch eine große Tür oder ähnliche Öffnungen durchbrochen;
- horizontale Beanspruchung ist begrenzt auf Bereiche mit geringer Menschenansammlung (z. B. Räume und Flure in Wohnungen, Büros, Hotels und ähnlich genutzten Gebäuden) in denen eine horizontale Nutzlast von 0,5 kN/m nach DIN EN 1991-1-1/NA:2010-12, Tabelle 6.12DE, Zeile 1 nicht überschritten wird, vorausgesetzt dass Vollsteine und Lochsteine nach DIN EN 1996-1-1/NA:2012-05, NCI zu Abschn. 10.3.1.1, (NA.5) zur Anwendung kommen
- keine ständigen (außer Eigengewicht) oder zeitweise auftretenden veränderlichen Belastung (einschließlich Windbelastung);
- Wand wird nicht als Auflager schwerer Gegenstände wie z. B. Möbel, Sanitär- oder Heizungsanlagen, verwendet.
- Stabilität der Wand wird nicht durch Verformungen anderer Teile des Gebäudes (z. B. durch die Durchbiegung von Decken) oder durch Betriebsabläufe im Gebäude ungünstig beeinflusst;
- Berücksichtigung von Türen oder anderen Öffnungen und Schlitzen.

Bestimmung der Mindestdicke und der Grenzabmessungen der Wand nach Abb. 10.15.

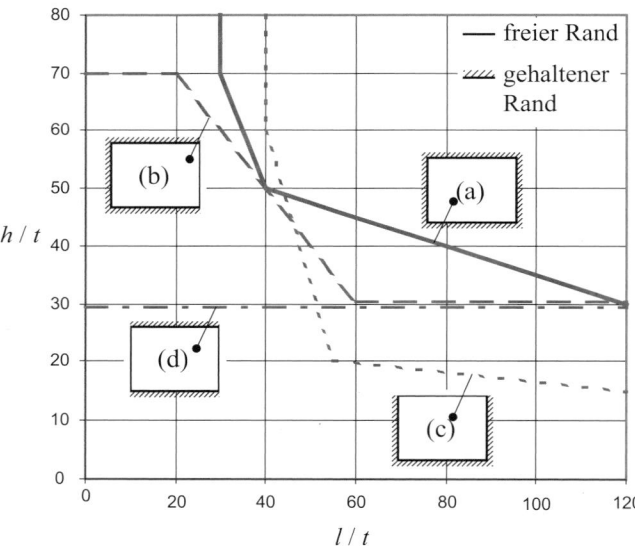

Abb. 10.15 Mindestdicke und Grenzabmessungen von vertikal nicht beanspruchten Innenwänden mit begrenzter horizontaler Belastung nach DIN EN 1996-3 (12.19)

Abb. 10.16 Wände mit Öffnungen. **a** Wandtyp a mit einer Öffnung, **b** Wandtyp d mit Öffnungen

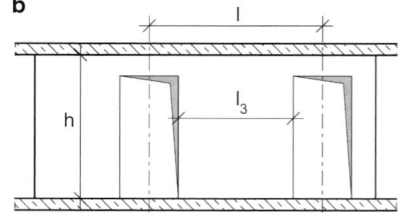

Der Einfluss von Öffnungen in der Wand darf vernachlässigt werden, wenn die Gesamtfläche der Öffnungen $\leq 2,5\,\%$ der Wandfläche ist und die größte Fläche einer Einzelöffnung $\leq 0,1\,m^2$ und die Länge oder Breite einer Einzelöffnung $\leq 0,5\,m$ ist.

Für Wände mit Öffnungen dürfen die Mindestdicke und die Grenzabmessungen ebenfalls nach Abb. 10.15 bestimmt werden, wenn der Wandtyp auf der Grundlage der Darstellungen in Abb. 10.16 abgeleitet wird.

Wandtyp a mit Öffnung ist als Wandtyp b zu berücksichtigen, wobei l der größere Wert von l_1 und l_2 ist, siehe Abb. 10.16a.

Für Wandtyp c mit Öffnung ist dieses Verfahren nicht anwendbar.

Für Wandtyp d mit Öffnungen ist Anhang B für den linken, den mittleren und den rechten Teil der Wand anwendbar, wenn $l_3 \geq 2/3\,l$ und $l_3 \geq 2/3\,h$ ist, siehe Abb. 10.16b.

10.3.7.3 Anschluss der Wände an Decken und Dachstuhl

Zu übertragende Kräfte sollten entweder durch Reibungswiderstand in der Lagerfläche der tragenden Bauteile oder durch Anker mit entsprechender Endbefestigung übertragen werden.

Die Auflagertiefe der Decken muss mindestens $t/3 + 40\,mm$ der Wanddicke t und darf nicht weniger als $100\,mm$ betragen. (Bei Massivdecken Anschluss durch Reibung ausreichend, wenn Auflagertiefe $> 100\,mm$.)

Der Abstand der Anker zwischen Wänden und Decken oder Dächern sollte nicht größer als 2 m, bei Gebäuden mit mehr als 4 Stockwerken jedoch nicht größer als 1,25 m sein. Haben die Auflasten auf der Wand eine vernachlässigbare Größe, wie z. B. bei einer Giebelwand-Dachverbindung, muss besonders auf eine wirksame Verbindung zwischen Ankern und Wand geachtet werden.

Nichttragende Wände müssen auf ihre Fläche wirkende Lasten auf tragende Bauteile, z. B. Wand- oder Deckenscheiben, abtragen.

Bei der Dachdecke ist möglicher Rissbildung im Mauerwerk und Putz durch geeignete Maßnahmen, z. B. Fugenausbildung, konstruktive Zentrierung durch weichen Randstreifen, Kantennut, Kellenschnitt, o. ä. mit entsprechender Ausbildung der Außenhaut, entgegenzuwirken.

Giebelwände sind durch Querwände oder Pfeilervorlagen auszusteifen oder kraftschlüssig mit dem Dachstuhl zu verbinden.

Tafel 10.43 Ohne Nachweis zulässige Größe $t_{ch,v}$ vertikaler Schlitze und Aussparungen im Mauerwerk nach DIN EN 1996-1-1/NA (12.19)

Wanddicke	Nachträglich hergestellte Schlitze und Aussparungen[c]		Mit der Errichtung des Mauerwerks hergestellte Schlitze und Aussparungen im gemauerten Verband			
	Maximale Tiefe[a] $t_{ch,v}$	Maximale Breite (Einzelschlitz)[b]	Verbleibende Mindestwanddicke	Maximale Breite[b]	Mindestabstand der Schlitze und Aussparungen	
[mm]	[mm]	[mm]	[mm]	[mm]	Von Öffnungen	Untereinander
115 bis 149	10	100	–	–	≥ 2-fache Schlitzbreite bzw. ≥ 240 mm	≥ Schlitzbreite
150 bis 174	20	100	–	–		
175 bis 199	30	100	115	260		
200 bis 239	30	125	115	300		
240 bis 299	30	150	115	385		
300 bis 364	30	200	175	385		
≥ 365	30	200	240	385		

[a] Schlitze, die bis maximal 1 m über den Fußboden reichen, dürfen bei Wanddicken ≥ 240 mm bis 80 mm Tiefe und 120 mm Breite ausgeführt werden.
[b] Die Gesamtbreite von Schlitzen nach Spalte 3 und Spalte 5 darf je 2 m Wandlänge die Maße in Spalte 5 nicht überschreiten. Bei geringeren Wandlängen als 2 m sind die Werte in Spalte 5 proportional zur Wandlänge zu verringern.
[c] Abstand der Schlitze und Aussparungen von Öfnungen ≥ 115 mm.

10.3.7.4 Ringanker und Ringbalken

Anordnung in jeder Deckenebene oder direkt darunter. Aus Stahlbeton, bewehrtem Mauerwerk, Stahl oder Holz, sollten in der Lage sein, eine Zugkraft mit einem Bemessungswert von 45 kN zu übertragen.

Stahlbetonringanker sollten mindestens zwei Bewehrungsstäbe mit wenigstens 150 mm² Querschnitt enthalten. Stöße nach EN 1992-1-1 und möglichst versetzt. Parallel verlaufende Bewehrung kann mit dem vollen Querschnitt berücksichtigt werden, vorausgesetzt, sie befindet sich in Decken oder Fensterstürzen mit einer Entfernung von nicht mehr als 0,5 m von der Wandmitte bzw. Deckenmitte.

Wenn Decken ohne ausreichende Scheibentragwirkung genutzt oder Gleitschichten unter den Deckenauflagern eingebracht werden, sollte die horizontale Steifigkeit der Wand durch Ringbalken oder statisch äquivalente Bauteile sichergestellt werden.

Ringbalken und ihre Anschlüsse an die aussteifenden Wände sind für eine horizontale Last von 1/100 der vertikalen Last der Wände und gegebenenfalls für Windlasten zu bemessen. Bei der Bemessung von Ringbalken unter Gleitschichten sind außerdem Zugkräfte zu berücksichtigen, die den verbleibenden Reibungskräften entsprechen.

10.3.7.5 Schlitze und Aussparungen

10.3.7.5.1 Vertikale Schlitze und Aussparungen

Vernachlässigbar, wenn vertikale Schlitze und Aussparungen nicht tiefer als $t_{ch,v}$ nach Tafel 10.43 sind. Werden die Grenzwerte überschritten, sollte die Tragfähigkeit auf Druck, Schub und Biegung mit dem infolge der Schlitze und Aus-

sparungen reduzierten Mauerwerksquerschnitt rechnerisch überprüft werden.

Vertikale Schlitze und Aussparungen sind auch dann ohne Nachweis zulässig, wenn die Querschnittsschwächung, bezogen auf 1 m Wandlänge, nicht mehr als 6 % beträgt und die Wand nicht drei- oder vierseitig gehalten gerechnet ist. Hierbei müssen eine Restwanddicke und ein Mindestabstand nach Tafel 10.43 eingehalten werden.

10.3.7.5.2 Horizontale Schlitze und Aussparungen

Horizontale und schräge Schlitz sollte in einem Bereich kleiner als ein Achtel der lichten Geschosshöhe ober- oder unterhalb der Decke angeordnet werden. Horizontale und schräge Schlitze sind für eine gesamte Schlitztiefe von maximal dem Wert $t_{ch,h}$ nach ohne gesonderten Nachweis der Tragfähigkeit des reduzierten Mauerwerksquerschnitts auf Druck, Schub und Biegung zulässig, sofern eine Begrenzung der zusätzlichen Ausmitte in diesem Bereich vorgenommen wird. Klaffende Fugen infolge planmäßiger Ausmitte der einwirkenden charakteristischen Lasten (ohne Berücksichtigung der Kriechausmitte und der Stabauslenkung nach Theorie II. Ordnung) dürfen rechnerisch höchstens bis zum Schwerpunkt des Gesamtquerschnittes entstehen.

Generell sind horizontale und schräge Schlitze in den Installationszonen nach DIN 18015-3 anzuordnen. Horizontale und schräge Schlitze in Langlochziegeln sind jedoch nicht zulässig.

Sofern die Schlitztiefen die in Tafel 10.44 angegebenen Werte überschreiten, ist die Tragfähigkeit auf Druck, Schub und Biegung mit dem infolge der horizontalen und schrägen Schlitze reduzierten Mauerwerksquerschnitt rechnerisch zu überprüfen.

Tafel 10.44 Ohne Nachweis zulässige Größe $t_{ch,h}$ horizontaler und schräger Schlitze im Mauerwerk DIN EN 1996-1-1/NA (12.19)

Wanddicke [mm]	Maximale Schlitztiefe $t_{ch,h}$[a] [mm]	
	Unbeschränkte Länge	Länge ≤ 1250 mm[b]
115–149	–	–
150–174	–	0[c]
175–239	0[c]	25
240–299	15[c]	25
300–364	20[c]	30
Über 365	20[c]	30

[a] Horizontale und schräge Schlitze sind nur zulässig in einem Bereich $\leq 0,4$ m ober- oder unterhalb der Rohdecke sowie jeweils an einer Wandseite. Sie sind nicht zulässig bei Langlochziegeln.
[b] Mindestabstand in Längsrichtung von Öffnungen ≥ 490 mm, vom nächsten Horizontalschlitz zweifache Schlitzlänge.
[c] Die Tiefe darf um 10 mm erhöht werden, wenn Werkzeuge verwendet werden, mit denen die Tiefe genau eingehalten werden kann. Bei Verwendung solcher Werkzeuge dürfen auch in Wänden ≥ 240 mm gegenüberliegende Schlitze mit jeweils 10 mm Tiefe ausgeführt werden.

10.3.7.6 Außenwände

10.3.7.6.1 Einschalige Außenwände

Geputzte Außenwände bewohnter Räume sollen mind. 240 mm dick sein. Einschaliges Verblendmauerwerk muss den Mindestmaßen der Abb. 10.17 entsprechen. Alle Fugen sind hohlraumfrei zu vermörteln. Die Verblendung gehört zum tragenden Querschnitt. Für die zulässige Beanspruchung ist die niedrigste Steinfestigkeitsklasse im Querschnitt

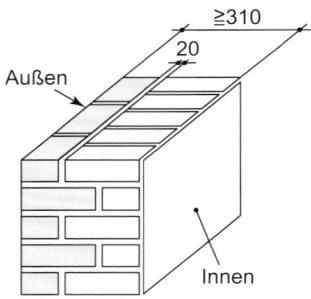

Abb. 10.17 Einschaliges Verblendmauerwerk

Abb. 10.18 Drahtanker für zweischaliges Mauerwerk für Außenwände DIN EN 1996-1-1/NA (12.19)

maßgebend. Fugen der Sichtflächen mit Fugenglattstrich oder 15 mm tief auskratzen und verfugen.

10.3.7.6.2 Zweischalige Außenwände

- nur die Dicke der tragenden Innenschale ist bemessungsrelevant.
- Mindestdicke der Außenschale 90 mm (dünnere Außenschalen sind Bekleidungen nach DIN 18515).
- vollflächige Auflagerung auf ganzer Länge oder in der Abfangebene müssen alle Steine beidseitig aufgelagert sein (Konsolen).
- Außenschale aus frostwiderstandsfähigen Mauersteinen oder aus nicht frostwiderstandsfähigen Mauersteinen mit Außenputz
- Außenschale $t = 115$ mm: Abfangung in Höhenabständen von etwa 12 m; dürfen bis zu 25 mm über Auflager vorstehen. Ist die Außenschale nicht höher als zwei Geschosse oder wird sie alle zwei Geschosse abgefangen, dann darf sie bis zu 38 mm über ihr Auflager vorstehen. Überstände sind beim Nachweis der Auflagerpressung zu berücksichtigen.
- Außenschale $t \geq 105$ mm und $t < 115$ mm: ≤ 25 m über Gelände; Abfangung in Höhenabständen von etwa 6 m. Bei Gebäuden mit bis zu zwei Vollgeschossen darf ein Giebeldreieck bis 4 m Höhe ohne zusätzliche Abfangung ausgeführt werden. Diese Außenschalen dürfen höchstens 15 mm über ihr Auflager vorstehen.
- Außenschalen $t \geq 90$ mm und $t < 105$ mm: ≤ 20 m über Gelände; Abfangung in Höhenabständen von etwa 6 m. Bei Gebäuden bis zu zwei Vollgeschossen darf ein Giebeldreieck bis 4 m Höhe ohne zusätzliche Abfangung ausgeführt werden.

Die Mauerwerksschalen sind durch Anker nach allgemeiner bauaufsichtlicher Zulassung aus nichtrostendem Stahl oder durch Anker nach DIN EN 845-1 aus nichtrostendem Stahl, deren Verwendung in einer allgemeinen bauaufsichtlichen Zulassung geregelt ist, zu verbinden. Für Drahtanker, die in Form und Maßen Abb. 10.18 entsprechen, gilt:

- vertikaler Abstand: ≤ 500 mm;
- horizontaler Abstand: ≤ 750 mm;
- lichter Abstand der Mauerwerksschalen: ≤ 150 mm;

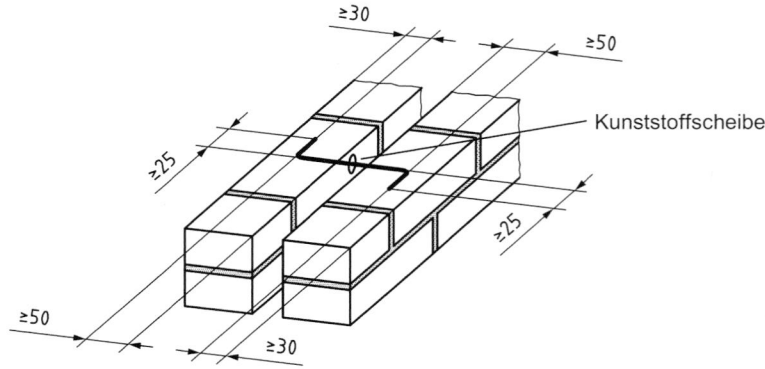

Tafel 10.45 Mindestanzahl n_{tmin} von Drahtankern je m² Wandfläche (Windzonen nach DIN EN 1991 1-4/NA) nach DIN EN 1996-1-1/NA (12.19)

Gebäudehöhe	Windzonen 1 bis 3; Windzone 4, Binnenland	Windzone 4, Küste der Nord- und Ostsee und Inseln der Ostsee	Windzone 4, Inseln der Nordsee
$h \leq 10\,\text{m}$	7[a]	7	8
$10\,\text{m} < h \leq 18\,\text{m}$	7[b]	8	9
$18\,\text{m} < h \leq 25\,\text{m}$	7	8[c]	–

[a] in Windzone 1 und Windzone 2 Binnenland: 5 Anker/m²
[b] in Windzone 1: 5 Anker/m²
[c] ist eine Gebäudegrundrisslänge kleiner als $h/4$: 9 Anker/m²

- Durchmesser: 4 mm;
- Normalmauermörtel mindestens der Gruppe IIa;
- Mindestanzahl: siehe Tafel 10.45;

sofern in einer Zulassung für die Drahtanker nichts anderes festgelegt ist.

An allen freien Rändern (von Öffnungen, an Gebäudeecken, entlang von Dehnungsfugen und an den oberen Enden der Außenschalen) sind zusätzlich drei Drahtanker je Meter Randlänge anzuordnen.

Drahtanker so ausführen, dass sie keine Feuchte von der Außen- zur Innenschale leiten können (z. B. Aufschieben einer Kunststoffscheibe, siehe Abb. 10.18).

Bei nichtflächiger Verankerung der Außenschale, z. B. linienförmig oder nur in Höhe der Decken, ist ihre Standsicherheit nachzuweisen.

Bei gekrümmten Mauerwerksschalen sind Art, Anordnung und Anzahl der Anker unter Berücksichtigung der Verformung festzulegen.

Zweischalige Außenwände mit Luftschicht Maße nach Abb. 10.20a. Luftschicht darf 40 mm sein, wenn der Mörtel auf mind. einer Seite abgestrichen wird.

Lüftungsöffnungen unten und oben je 7500 mm² je 20 m² Wandfläche (Fenster und Türen eingerechnet). Beginn der Luftschicht ≥ 100 mm über Erdgleiche,

Vertikale Dehnungsfugen anordnen. Abstände je nach Klima (Temperatur, Feuchte), Steinart und Farbe, Richtwerte:

$$\max L = 8{,}0\,\text{m} \qquad \text{bei KS} \quad \text{und}$$
$$\max L = 10 \text{ bis } 12\,\text{m} \quad \text{bei MZ.}$$

Horizontale Fugen unter Abfangungen und Auskragungen.

Mauerschalen an Berührungspunkten (z. B. Fenster) durch Sperrschicht trennen.

Schalenabstände > 150 mm bei Verwendung von dafür bauaufsichtlich zugelassenen Ankern möglich.

Zweischalige Außenwände mit Luftschicht und Wärmedämmung Maße nach Abb. 10.20b. Luftschicht darf nicht durch Unebenheiten der Dämmschicht eingeengt werden.

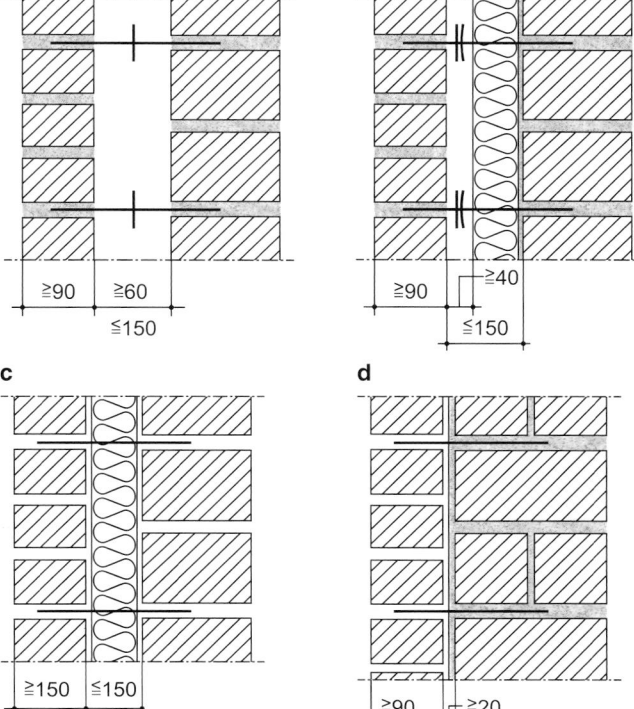

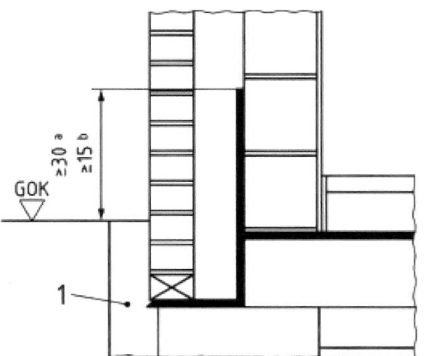

Legende
1   Dränschicht
a   Planmaß
b   Fertigmaß

Abb. 10.19 Fußpunktabdichtung bei zweischaligem Mauerwerk, Gebäude nicht unterkellert, Verblendschale entwässert unterhalb GOK (Prinzipdarstellung nach DIN 18533-1 (07.17))

Abb. 10.20 a Außenwand mit Luftschicht, **b** Außenwand mit Luftschicht und Wärmedämmung, **c** Außenwand mit Kerndämmung, **d** Außenwand mit Putzschicht

Für Luftschichtdicken < 40 mm gelten die Anforderungen an zweischalige Außenwände mit Kerndämmung.

Schalenabstände > 150 mm bei Verwendung von dafür bauaufsichtlich zugelassenen Ankern möglich.

Zweischalige Außenwand mit Kerndämmung Maße nach Abb. 10.20c. Bei glasierten oder beschichteten Steinen ist die Frostwiderstandsfähigkeit der Steine unter verstärkter Beanspruchung nachzuweisen.

Nur dauerhaft wasserabweisende, genormte oder bauaufsichtlich zugelassene Kerndämmstoffe dürfen verwendet werden.

Mineralfaserdämmstoffe dicht stoßen. Hartschaumplatten müssen Stufenfalz oder Nut und Feder haben oder zweilagig mit versetzten Fugen eingebaut werden. Bei losen Dämmstoffen oder Ortschaum lückenlose Füllung.

Entwässerungsöffnungen am Fußpunkt $\geq 5000\,\text{mm}^2$ auf $20\,\text{m}^2$ Wandfläche (einschl. Fenster und Türen).

Zweischalige Außenwände mit Putzschicht Putzschicht auf Außenseite der Innenschale. Außenschale dicht dagegen (Fingerspalt), s. Abb. 10.20d.

Entwässerungsöffnungen wie Wand mit Kerndämmung.

Zur Abdichtung ist DIN 18533 einzuhalten (s. Abb. 10.19).

10.3.7.7 Gewölbewirkung über Wandöffnungen

In DIN EN 1996 sind Regelungen dazu nicht mehr enthalten, hier werden bisherige Regelungen informativ wiedergegeben.

Vorausgesetzt, dass sich neben und oberhalb des Trägers und der Lastfläche eine Gewölbewirkung ausbilden kann (keine Öffnungen, Aufnahme des Gewölbeschubs), darf die Belastung nach den Abb. 10.21 und 10.22 angenommen werden, Verteilung von Einzellasten unter 60°.

Einzellasten außerhalb des Lastdreiecks brauchen nur berücksichtigt zu werden, wenn sie innerhalb der Stützweite und weniger als 250 mm über der Dreiecksspitze liegen.

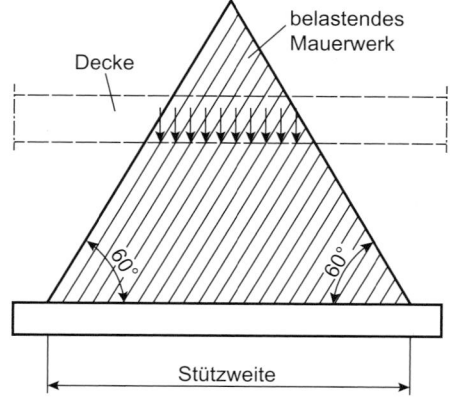

Abb. 10.21 Deckenlast über Wandöffnungen bei Gewölbewirkung

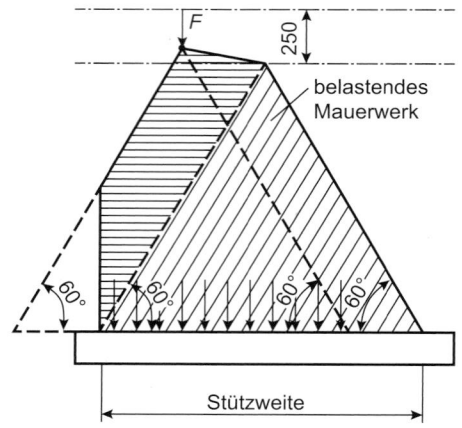

Abb. 10.22 Einzellast über Wandöffnungen bei Gewölbewirkung

10.3.7.8 Ausführung

10.3.7.8.1 Mindestwanddicke

Tragende Innen- und Außenwände $t_{\min} = 115\,\text{mm}$

10.3.7.8.2 Verband

Die Stoß- und Längsfugen übereinanderliegender Schichten müssen gemäß Abb. 10.23 versetzt sein. Steine/Elemente einer Schicht sollen gleich hoch sein. In Schichten mit Längsfugen dürfen die Steine nicht höher als breit sein.

Bei Elementmauerwerk darf das Überbindemaß bis auf $0,2\,h_u$, mindestens jedoch 125 mm, reduziert werden. Berücksichtigung in statischer Berechnung erforderlich.

An Wandenden und unter Einbauteilen (z. B. Stürze) ist zusätzliche Lagerfuge in jeder zweiten Schicht zum Längen- und Höhenausgleich (nach Abb. 10.24) zulässig, sofern die Aufstandsfläche der Steine $\geq 115\,\text{mm}$ lang ist und Steine und Mörtel mindestens gleiche Festigkeit wie im übrigen Mauerwerk haben.

10.3.7.8.3 Vermauerung mit Stoßfugenvermörtelung

Vermörtelte Stoßfuge = mindestens die halbe Steinbreite über die gesamte Steinhöhe ist vermörtelt.

Übliche Fugendicken bei Normalmauermörtel: Stoßfuge 10 mm, Lagerfuge 12 mm. Mit Dünnbettmörtel muss die Fugendicke 1 bis 3 mm betragen.

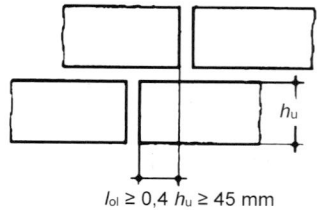

Abb. 10.23 Überbindemaß für Stoß- und Längsfugen

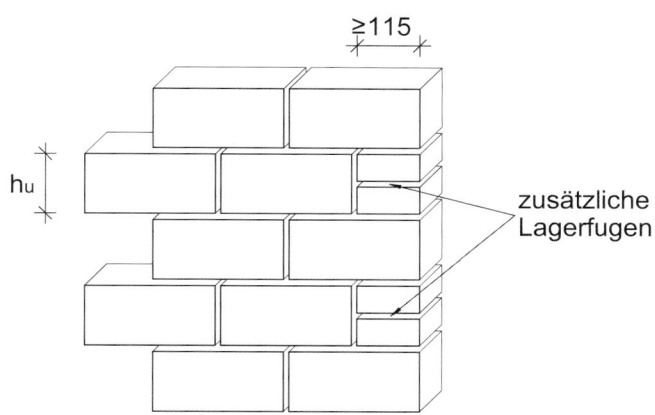

Abb. 10.24 Zusätzliche Lagerfugen

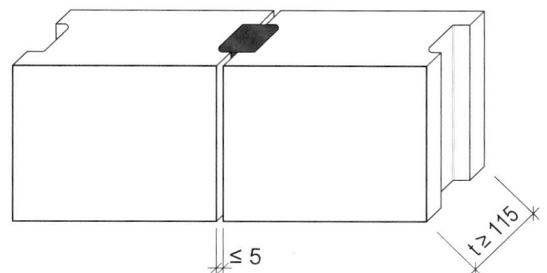

Abb. 10.25 Steine mit Mörteltaschen, Knirschverlegung

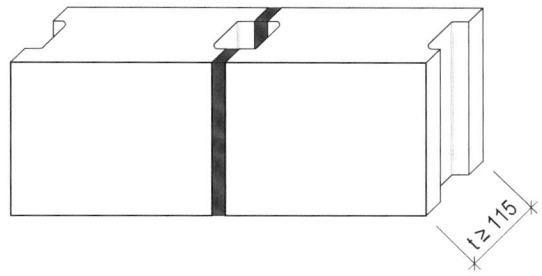

Abb. 10.26 Steine mit Mörteltaschen, Steinflanken vermörtelt

Steine mit Mörteltaschen: entweder die Steine knirsch (Fugendicke < 5 mm) verlegen und Mörteltaschen verfüllen (Abb. 10.25) oder die Steinflanken vermörteln (Abb. 10.26). Bei nicht knirsch verlegten Steinen mit Stoßfugen > 5 mm müssen die Stoßfugen auf beiden Wandseiten vermörtelt sein.

10.3.7.8.4 Vermauerung ohne Stoßfugenvermörtelung
Hierzu sind geeignete Steine mit glatter Stirnfläche oder mit Nut- und Federsystem knirsch zu verlegen (Abb. 10.27). Bei nicht knirsch verlegten Steinen mit Fugendicken > 5 mm müssen die Fugen auf beiden Wandseiten vermörtelt sein.

Die Anforderungen an Schlagregenschutz, Wärmeschutz, Schallschutz und Brandschutz sind zu beachten.

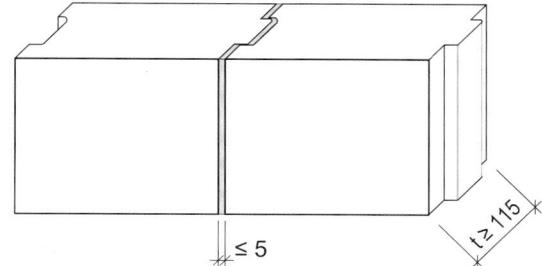

Abb. 10.27 Vermauerung von Steinen ohne Stoßfugenvermörtelung (Prinzipskizze)

10.3.7.8.5 Dehnungsfugen

Tafel 10.46 Empfohlene maximale horizontale Abstände l_m zwischen senkrechten Dehnungsfugen in unbewehrten nichttragenden Wänden

Art des Mauerwerks	l_m [m]
Ziegelmauerwerk	12
Kalksandsteinmauerwerk	8
Mauerwerk aus Beton (mit Zuschlägen) und Betonwerksteinen	6
Porenbetonmauerwerk	6
Natursteinmauerwerk	12

10.3.7.9 Güteprüfungen
Zur Gewährleistung des Sicherheitsniveaus von Mauerwerk sind Kontrollen sowohl der Ausgangsstoffe als auch des Mauerwerks erforderlich (früher Eignungsprüfungen und Güteprüfungen), nach neuer europäischer Nomenklatur Erstprüfungen und Produktionskontrollen.

Erstprüfungen erfolgen vor der Ausführung, um die Eignung eines Materials für den vorgesehenen Zweck, z. B. seine Festigkeit, zu prüfen. Während der Herstellung der Mauerwerksprodukte bzw. der Ausführung dienen dazu Produktionskontrollen der stichprobenartigen Überprüfung.

Steine: Qualität der Steine wird im Werk durch werkseigene Produktionskontrolle gemäß den Stein-Normen der Serie DIN EN 771 sowie der deutschen Restnormen kontrolliert. Für die Anwendung nach DIN EN 1996 sind zusätzliche Anforderungen nach Restnorm (s. Tafel 10.4) einzuhalten. Die wesentlichen Ergebnisse und damit die Einhaltung der definierten Anforderungen sind auf der Leistungserklärung, dem Beipackzettel oder Lieferschein festgehalten, der auf der Baustelle vom ausführenden Unternehmen abzunehmen und mit den Anforderungen der Ausführungsunterlagen zu vergleichen ist.

Mörtel: Die Herstellung von **Baustellenmörtel**, s. DIN 18580, ist vom Unternehmer eigenverantwortlich zu überwachen. Erstprüfungen vor der Ausführung nur beim Einsatz von Mauermörteln nach Eignungsprüfung (z. B. bei Verwendung von Zusatzmitteln) oder Mörteln M 20.

Die Herstellung von **Werkmörtel** wird im Werk nach DIN EN 998-2 sowie DIN 20000-412 überwacht und beschränkt sich auf der Baustelle auf den Vergleich der Leistungserklärung bzw. des Lieferscheins mit den Anforderungen.

Beim Werkmörtel ist zu beachten, dass die Restnorm zusätzliche Eigenschaften (Fugendruckfestigkeit, Druckfestigkeit bei Feuchtelagerung, Längs- und Querdehnungsmodul) fordert, die nicht jeder europäische Mörtel mit CE-Kennzeichnung erfüllt. Ein europäischer Mörtel allein nach DIN EN 998-2, der diese zusätzlichen Anforderungen nicht erfüllt, ist deshalb einer niedrigeren Mörtelgruppe nach Anwendungsnorm DIN 20000-412, Tabelle B.1 zuzuordnen.

10.4 Bewehrtes Mauerwerk

10.4.1 Bewehrtes Mauerwerk nach EC 6

Die Bemessung von bewehrtem Mauerwerk ist zurzeit in Deutschland nur effizient über Zustimmungen im Einzelfall möglich. Aufgrund von Sicherheitsbedenken gegenüber den Regelungen des EC 6 bezüglich des bewehrten Mauerwerks ist der Teilsicherheitsbeiwert für das Material mit $\gamma_M = 10$ im Nationalen Anhang zum Eurocode 6 sehr ungünstig festgelegt worden. Hier ist in absehbarer Zukunft mit einer Anpassung an Europa zu rechnen.

Die Nachweise für bewehrtes Mauerwerk sind im EC 6 wie folgt vorgesehen.

10.4.1.1 Baustoffe

10.4.1.1.1 Mörtel
- Mauermörtel für bewehrtes Mauerwerk $f_m \geq 4\,\text{N/mm}^2$
- Mauerwerk mit Lagerfugenbewehrung $f_m \geq 2\,\text{N/mm}^2$.

10.4.1.1.2 Füllbeton

Tafel 10.47 Charakteristische Festigkeiten des Füllbetons nach DIN EN 1996-1-1

Betonfestigkeitsklasse	C12/15	C16/20	C20/25	C25/30 oder höher
f_{ck} [N/mm^2]	12	16	20	25
f_{cvk} [N/mm^2]	0,27	0,33	0,39	0,45

10.4.1.1.3 Bewehrungsstahl
Nach DIN EN 1992-1-1 und nach Zulassung, z. B. Fugenbewehrung mit Murfor-Bewehrungselementen der Bekaert GmbH gemäß Tafel 10.48, die zum Korrosionsschutz mit Duplex-Beschichtung überzogen sind. Anforderungen an den Bewehrungsstahl und die Betondeckung nach Tafel 10.49 und 10.50.

Dauerhaftigkeit:
- Korrosionsbeständig o. Schutzüberzug (verzinkt, Epoxidharzbeschichtung, o. ä.)

Abb. 10.28 Prinzipielle Möglichkeiten der Anordnung von Bewehrung im Mauerwerk nach DIN V ENV 1996-1-1 (12.96)

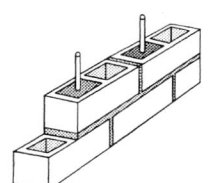

Vertikal bewehrte Wand aus Hohlblocksteinen

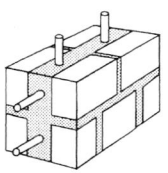

Zweischalige Wand mit Füllbeton und Bewehrung

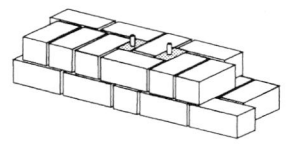

Vertikale Bewehrung in gemauerten Aussparungen

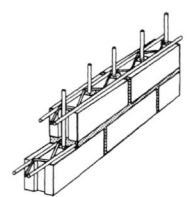

Wand mit vertikaler Bewehrung und Lagerfugenbewehrung

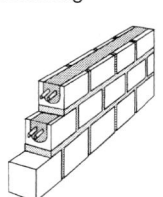

Wand mit bewehrtem Balken in vergossenen Längskanälen

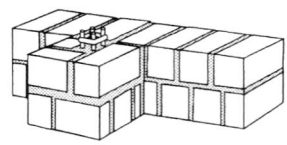

Wand mit vertikaler Bewehrung in Aussparungen von Vorlagen

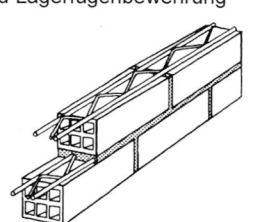

Wand aus Langlochsteinen mit Lagerfugenbewehrung

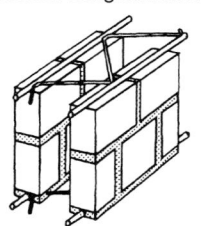

Wand mit vertikaler Bewehrung und Lagerfugenbewehrung

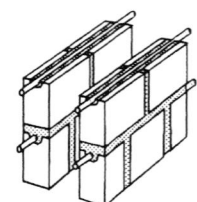

Lagerfugenbewehrung in Nuten von Formsteinen einer zweischaligen Wand

Tafel 10.48 Murfor-Bewehrungsträger als Beispiel einer Mauerwerksbewehrung nach Zulassung

Murfor-Abmessungen		Nenndurchmesser	Nennquerschnitt	Diagonaldraht-Ø	Nenngewicht	Anwendung
a in mm	b in mm	d_1 in mm	A_s in cm^2	d_2 in mm	G in kg/m	
50	406	5	$2 \times 0{,}196$	3,75	0,397	Für tragende Bauteile in bewehrtem Mauerwerk
100	406	5			0,405	
150	406	5			0,416	
180	406	5			0,430	

Tafel 10.49 Auswahl von Bewehrungsstahl zur Gewährleistung der Dauerhaftigkeit nach DIN EN 1996-1-1/NA (12.19)

Expositionsklasse (Umgebung)[a]	Einbettung in Mörtel oder in Beton mit $c < c_{nom}$
MX1 (trockene Umgebung)	Ungeschützter Betonstahl
MX2 (Feuchte oder Durchnässung ausgesetzt)	Beschichteter Betonstahl[b] oder nichtrostender Betonstahl[b]
MX3 (Feuchte oder Durchnässung und Frost-Tau-Wechseln ausgesetzt)	Beschichteter Betonstahl[b] oder nichtrostender Betonstahl[b]
MX4 (in Küsten- oder Seewasserumgebung)	Nichtrostender Betonstahl[b] oder beschichteter Betonstahl[b]
MX5 (in Umgebung mit angreifenden Chemikalien)	Nichtrostender Betonstahl[b,c] oder beschichteter Betonstahl[b]

[a] Expositionsklassen nach DIN EN 1996-2.
[b] nach Zulassung
[c] Bei der Planung eines Projektes sollte berücksichtigt werden, dass austenitischer nichtrostender Stahl für den Einsatz in aggressiver Umgebung nicht geeignet sein kann.

Tafel 10.50 Mindestbetondeckung c_{min}, Vorhaltemaß Δc_{dev} und Nennmaß der Betondeckung c_{nom} für Bewehrung aus Betonstahl nach DIN EN 1996-1-1/NA (12.19)

Expositionsklasse	c_{min} [mm]	Δc_{dev} [mm]	c_{nom} [mm]	Zementgehalt [kg/m^3] min.	w/z-Wert max.
MX1	10	10	20	240	0.52
MX2	25	15	40	280	0,52
MX3	25	15	40	280	0,52
MX4	40	15	55	320	0,45
MX5	40	15	55	320	0,45

10.4.1.2 Festigkeiten

10.4.1.2.1 Verbundfestigkeit der Bewehrung
Siehe Tafeln 10.51 und 10.52.

10.4.1.3 Biegebemessung

10.4.1.3.1 Effektive Spannweite von Mauerwerksbalken und -scheiben
Siehe Tafeln 10.53 und 10.54.

Tafel 10.51 Charakteristische Verbundfestigkeit der Bewehrung im Füllbeton, umschlossen von Mauersteinen nach DIN EN 1996-1-1 (2.13)

Betondruckfestigkeitsklasse	C12/15	C16/20	C20/25	C25/30 oder höher
f_{bok} für glatte Baustähle [N/mm^2]	1,3	1,5	1,6	1,8
f_{bok} für gerippte Baustähle und nichtrostende Stähle [N/mm^2]	2,4	3,0	3.4	4,1

Tafel 10.52 Charakteristische Verbundfestigkeit der Bewehrung in Mörtel oder Füllbeton, nicht von Mauersteinen umschlossen nach DIN EN 1996-1-1 (2.13)

Druckfestigkeitsklasse von	Mörtel	M2–M4	M5–M9	M10–M14	M15–M19	M20
	Beton	Nicht verwendet	C12/15	C16/20	C20/25	C25/30 oder höher
f_{bok} für glatte Baustähle [N/mm^2]		–	0,7	1,2	1.4	1,4
f_{bok} für gerippte Baustähle und nichtrostende Stähle [N/mm^2]		–	1,0	1,5	2,0	3,4

Tafel 10.53 Effektive Spannweite von Mauerwerksbalken und -scheiben

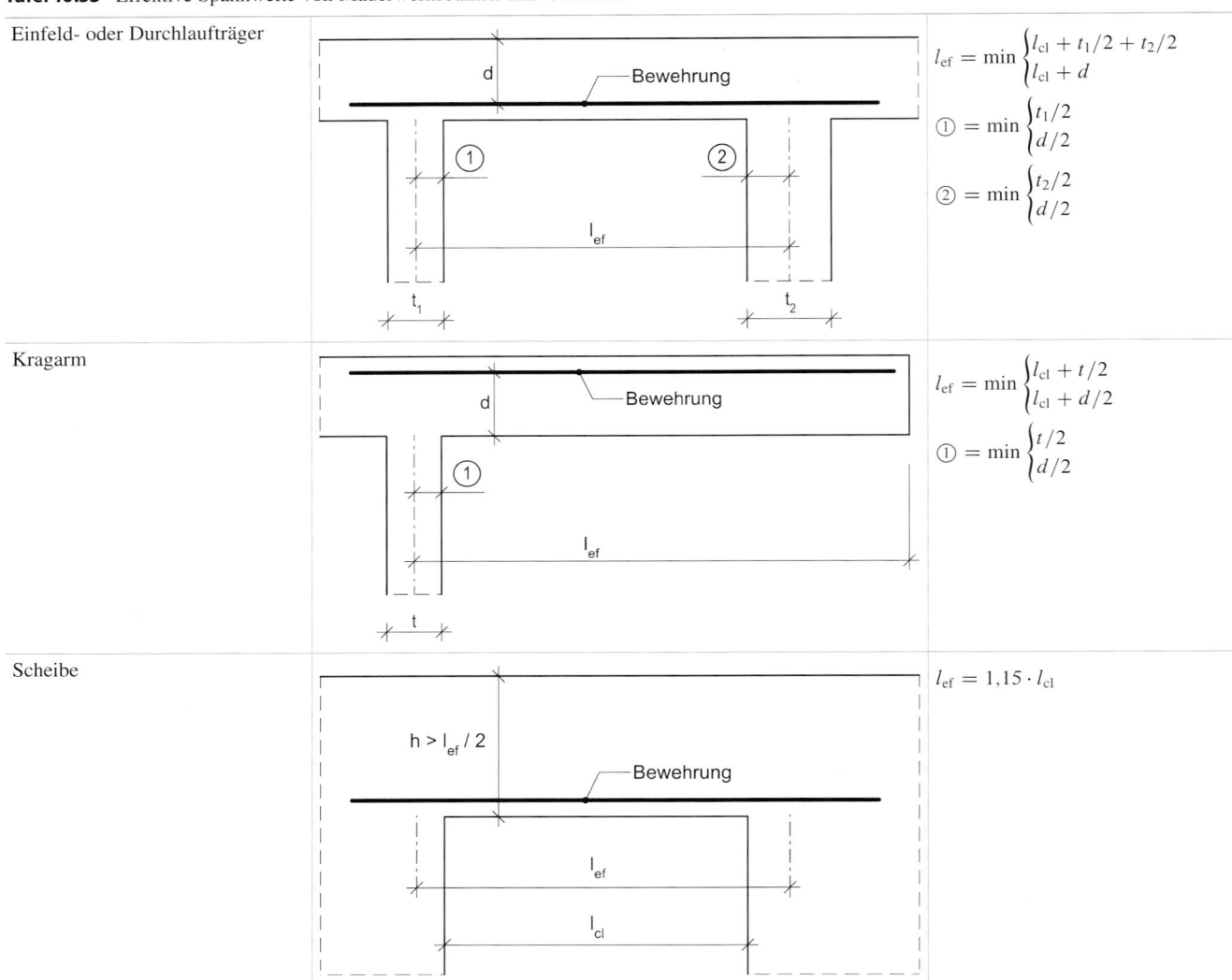

Einfeld- oder Durchlaufträger: lichter Abstand der horizontalen Halterungen

$$l_r \leq \min \begin{cases} 60b_c \\ 250/d \cdot b_c^2 \end{cases}$$

Kragarm

$$l_r \leq \min \begin{cases} 25b_c \\ 100/d \cdot b_c^2 \end{cases}$$

b_c Breite des Druckgurtes in der Mitte zwischen den Halterungen.

Tafel 10.54 Grenzwerte des Verhältnisses von effektiver Spannweite zur effektiven Höhe bei Wänden, die durch Platten bzw. Balkenbiegung beansprucht werden, und Balken nach DIN EN 1996-1-1 (2.13)

	Verhältnis der effektiven Spannweite zur Nutzhöhe (l_{ef}/d) oder effektiven Dicke (l_{ef}/t_{ef})	
	Wand unter Plattenbiegung	Balken
Einfeldträger	35	20
Durchlaufträger	45	26
Zweiachsig gespannt	45	–
Kragarm	18	7

Anmerkung Für freistehende Wände, die nicht Teil eines Gebäudes sind und überwiegend auf Wind beansprucht werden, dürfen die für Wände angegebenen Verhältniswerte um 30 % erhöht werden, wenn diese Wände keinen Putz haben, der infolge Verformungen beschädigt werden kann.

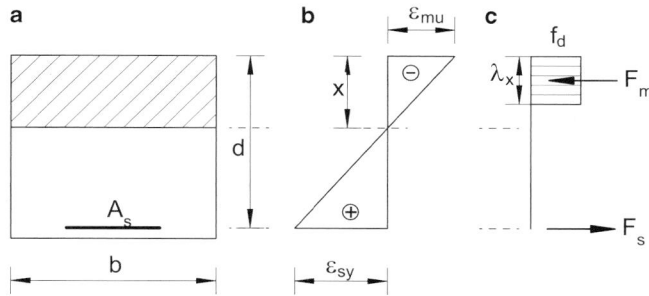

Abb. 10.29 Spannungs- und Dehnungsverteilung nach DIN EN 1996-1-1 (2.13). **a** Querschnitt, **b** Dehnungen, **c** Schnittkräfte

10.4.1.3.2 Nachweis auf Biegung und /oder Normalkraft

Einfach bewehrter Rechteckquerschnitt bei reiner Biegung (Abb. 10.29).

$$E_d \leq R_d \tag{10.63}$$

$$M_{Rd} = A_s \cdot f_{yd} \cdot z \tag{10.64}$$

$$z = d \left(1 - 0.5 \frac{A_s \cdot f_{yd}}{b \cdot d \cdot f_d} \right) \leq 0.95d \tag{10.65}$$

$$M_{Rd} \leq 0.4 \cdot f_d \cdot b \cdot d^2$$

$$M_{Rd} \leq 0.3 \cdot f_d \cdot b \cdot d^2 \quad \text{bei Leichtbetonsteinen} \tag{10.66}$$

b Querschnittsbreite;
d Nutzhöhe des Querschnitts;
A_s Querschnittsfläche der Zugbewehrung;
0,3; 0,4 Vorfaktoren (s. hierzu [28])
f_d kleinerer Wert aus Bemessungsdruckfestigkeit des Mauerwerks in Lastrichtung und Bemessungsdruckfestigkeit des Füllbetons;
f_{yd} Bemessungszugfestigkeit des Bewehrungsstahles. Biegebeanspruchter Querschnitt mit geringer Längskraft: Bemessung auf reine Biegung, wenn $\sigma_d \leq 0.3 f_d$.

10.4.1.3.3 Wandscheiben

Bemessung nach (10.64) und (10.66) mit

$$z = \min \begin{cases} 0.7 l_{ef} \\ 0.4h + 0.2 l_{ef} \end{cases} \tag{10.67}$$

d Nutzhöhe der Wandscheibe; Annahme $d = 1.3 \cdot z$
    Rissbeschränkung: bis zu

$$h = \min \begin{cases} 0.5 l_{ef} \\ 0.5d \end{cases}$$

(gerechnet vom unteren Rand der Scheibe) zusätzliche Bewehrung in Lagerfugen oberhalb der Hauptbewehrung.

10.4.1.4 Schubbemessung

Annahme: Größtwert der Querkraft im Abstand von $d/2$ vom Auflagerrand (d Nutzhöhe des Bauteils) unter der Voraussetzung, dass sich die Druckstrebe ausbildet und die Strebenkräfte abgeleitet werden können.

Mauerwerkswände unter horizontaler Belastung in Wandebene mit vertikaler Bewehrung (Schubbewehrung wird vernachlässigt)

$$V_{Ed} \leq V_{Rd1} \tag{10.68}$$

V_{Rd1} Bemessungswert der Schubtragfähigkeit:

$$V_{Rd1} = f_{vd} \cdot t \cdot l \tag{10.69}$$

Mauerwerkswände mit vertikaler Bewehrung (hor. Schubbewehrung berücksichtigt)

$$V_{Ed} \leq V_{Rd1} + V_{Rd2} \tag{10.70}$$

V_{Rd1} Bemessungswert der Schubtragfähigkeit:

$$V_{Rd1} = f_{vd} \cdot t \cdot l \tag{10.71}$$

V_{Rd2} Bemessungswert des Bewehrungsanteils:

$$V_{Rd2} = 0.9 A_{sw} \cdot f_{yd} \tag{10.72}$$

$$\frac{V_{Rd1} + V_{Rd2}}{t \cdot l} \leq 2.0 \, \text{N/mm}^2 \tag{10.73}$$

A_{sw} Querschnitt der Schubbewehrung
Mauerwerksbalken
- Nach (10.68) mit $V_{Rd1} = f_{vd} \cdot b \cdot d$; Vergrößerungsfaktor für $f_{vd} \leq 0.3 \, \text{N/mm}^2$: $1 \leq \frac{2d}{\alpha_v} \leq 4$
- Nach (10.70) mit $V_{Rd2} = 0.9d \cdot \frac{A_{sw}}{s} \cdot f_{yd} (1 + \cot \alpha) \sin \alpha$; $s = $ Abstand der Schubbewehrung, $\alpha = $ Neigung der Schubbewehrung $V_{Rd1} + V_{Rd2} \leq 0.25 f_b \cdot d \cdot b$.

Wandscheiben über Öffnungen
- Nachweis wie Mauerwerksbalken mit V_{ed} als Schubkraft am Auflagerrand und $d = 1.3 \cdot z$

10.4.1.5 Flachstürze

- max. Spannweite 3 m, sonst Bogenmodell
- Nachweis als Wandscheibe oder wandartiger Träger

$$M_{Rd} = F_{tkl} / \gamma_M \cdot f_{yd} \cdot z \tag{10.74}$$

$$z = d \left(1 - 0.5 \frac{F_{tkl}}{\gamma_M \cdot b \cdot d \cdot f_d} \right) \leq 0.95d \tag{10.75}$$

F_{tkl} vom Hersteller nach EN 845 2 deklarierte charakteristische Zugtragkraft des Flachsturz-Fertigteils; falls der Hersteller auch die Zugtragkraft im Grenzzustand der Gebrauchstauglichkeit in der Deklaration angegeben hat, sollte F_{tkl} mit einem Wert angesetzt werden, der nicht größer als der für die Gebrauchstauglichkeit geltende Wert multipliziert mit γ_M für die Verankerung von Bewehrungsstahl ist.

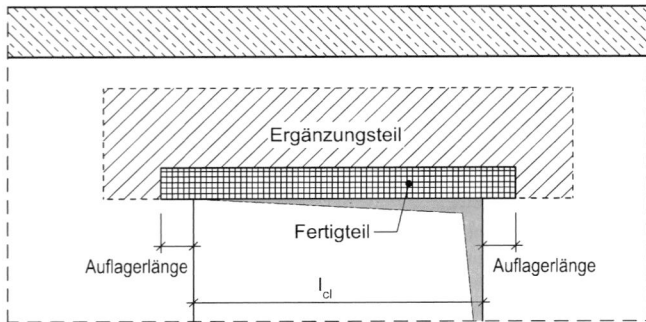

Abb. 10.30 Flachsturz mit darüber liegendem Mauerwerk als wandartiger Träger

10.4.1.6 Hinweise

Die Regelungsdichte zu eingefasstem und vorgespanntem Mauerwerk ist im Eurocode 6 sehr gering, deshalb gibt es im Nationalen Anhang diesbezüglich keine Festlegungen (ergänzend s. [29–31]). Die Anwendung erfolgt über allgemeine bauaufsichtliche Zulassungen bzw. Zustimmung im Einzelfall oder eine Bauartengenehmigung.

10.4.2 Bemessung von übermauerten Flachstürzen

Flachstürze sind vorgefertigte, bewehrte Bauteile, die mit dem darüber liegenden Mauerwerk zusammenwirken und

mit diesem den eigentlichen Sturz bilden (s. Abb. 10.31 bis 10.33).

Die Tragwirkung beruht auf der Ausbildung eines Bogens mit Zuggurt. In der Druckzone trägt das Mauerwerk senkrecht zu den Stoßfugen, in der Zugzone der Bewehrungsstahl der Flachstürze (s. Abb. 10.33). Sie sind nach den in den bauaufsichtlichen Zulassungen angegebenen Verfahren zu bemessen.

10.4.2.1 Nach allgemein bauaufsichtlichen Zulassungen

Nachfolgend sind die wesentlichen Anforderungen und Formeln wiedergegeben; maßgebend ist die jeweilige bauaufsichtliche Zulassung (abrufbar über www.dibt.de unter Zulassungen).

Anwendung auf frei an der Unterseite aufliegende Einfeldträger mit $l \leq 3{,}0$ m. Nur bei vorwiegend ruhender Belastung. Keine Einzellasten. Schlaff bewehrte Zuggurte mindestens aus LC 20/22 mit üblichem Bewehrungsstahl B 500. Bei nur einem Bewehrungsstab mindestens $\oslash 8$ mm, höchstens 12 mm. Zuggurtabmessungen mindestens $11{,}5 \times 6$ cm^2. Betondeckung mind. 2 cm (Steinschalen dürfen nicht in Ansatz gebracht werden). Druckzone ist im Verband mit Stoßfugenvermörtelung zu mauern. Nur Voll- und Hochlochziegel A nach DIN EN 771-1 (11.15)/DIN 20000-401 (1.17)/DIN 105-100 (1.12), Kalksand-Voll oder Lochsteine nach DIN EN 771-2 (11.15)/DIN 20000-402 (1.17)/DIN

Abb. 10.31 Querschnitte von übermauerten Flachstürzen

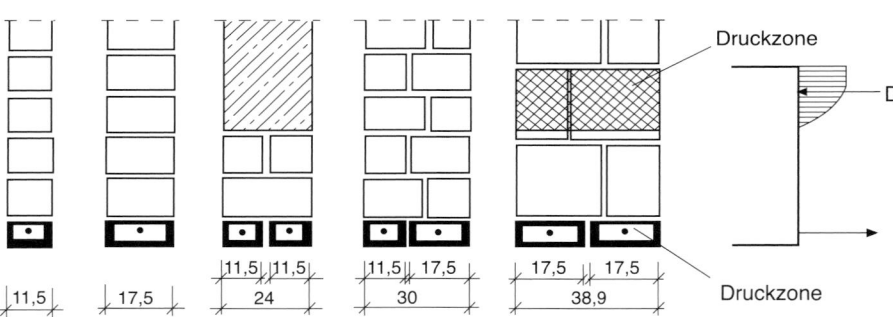

Abb. 10.32 Ansicht eines eingebauten Flachsturzes mit Stoßfugenvermörtelung

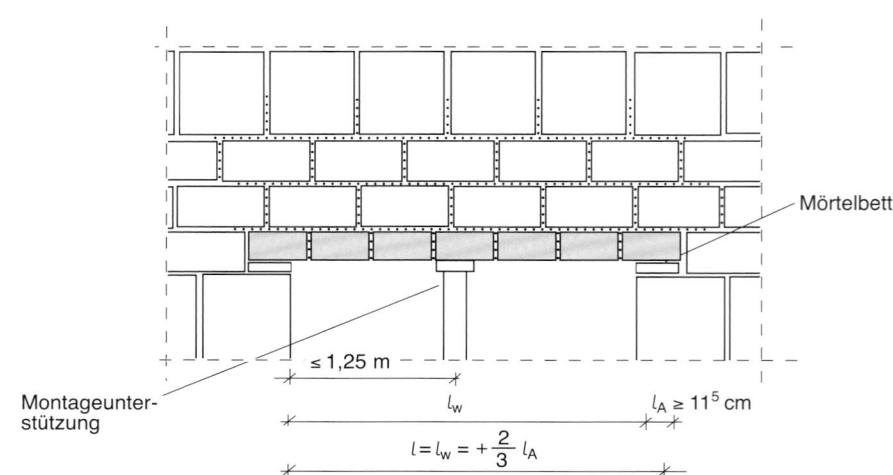

Abb. 10.33 Bogen-Zugband-Modell des übermauerten Flachsturzes

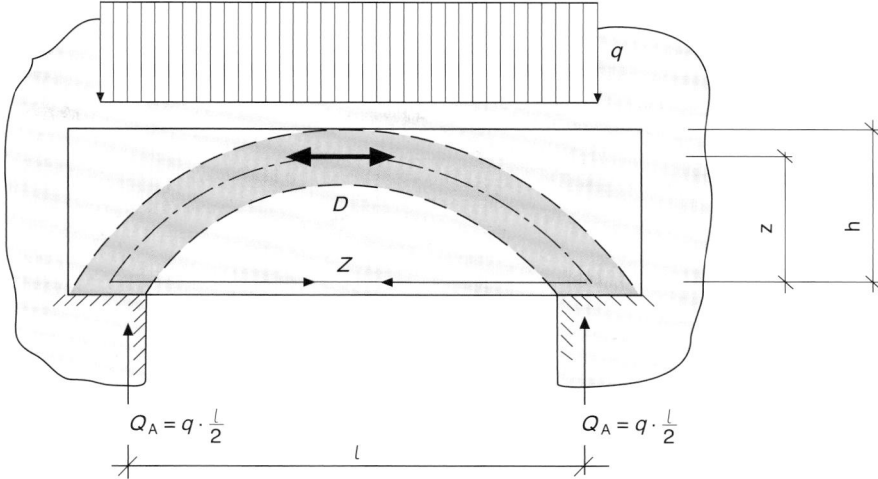

V 106 (10.05) und Vollsteine aus Leichtbeton nach DIN EN 771-3 (11.15)/DIN V 20000-403 (11.19)/DIN V 18152-100 (10.05). Steinfestigkeitsklasse mindestens 12, bei HLz mit versetzt oder diagonal verlaufenden Stegen mind. 20. Grifföffnungen nicht zugelassen. Mörtel mindestens MG II. Gesonderter Nachweis der Gebrauchsfähigkeit bei Einhaltung aller Bedingungen nicht erforderlich.

Nachweis der Biegetragfähigkeit nach DIN EN 1992-1-1/NA. Spannungs-Dehnungs-Beziehung vereinfachend analog zum Beton (Dauerstandsfaktor für Beton/Mauerwerk $\eta = 0,85$; für Leichtbeton $\eta = 0,80$). Rechenwert der Druckfestigkeit für alle Mauerwerksarten konstant $f_k = 2,9\,\text{N/mm}^2$. Statische Nutzhöhe

$$d = \frac{1}{2,4} \cdot l_{\text{eff}} \qquad (10.76)$$

mit l_{eff} als Stützweite und d als Nutzhöhe.

Stahldehnung ist auf $\varepsilon_s = 0,005$ zu begrenzen. Charakteristische Druckfestigkeit Beton höchstens C20/25 bzw. LC20/22.

Bei Vorhandensein einer Stahlbetondecke auf der Übermauerung dürfen beide Baustoffe entsprechend den Dehnungen nach den zutreffenden Spannungs-Dehnungs-Linien beansprucht werden.

Teilsicherheitsbeiwerte analog DIN EN 1992-1-1/NA.

Nachweis der Schubtragfähigkeit anhand der zulässigen Querkraft. Für die rechnerische Auflagerlinie ergibt sich

$$V_{\text{Rd}} = f_{\text{vdf}} \cdot b \cdot d \cdot \frac{\lambda + 0,4}{\lambda - 0,4} \qquad (10.77)$$

$$\lambda = \frac{\max M_{\text{Ed}}}{\max V_{\text{Ed}} \cdot d} \geq 0,6 \qquad (10.78)$$

f_{vdf} Bemessungswert der Schubfestigkeit des Flachsturzes mit $f_{\text{vdf}} = 0,14\,\text{N/mm}^2$

b Sturzbreite
d statische Nutzhöhe
λ Schubschlankheit, allgemein
M_{Ed} Bemessungswert des größten Biegemomentes
V_{Ed} der zugehörige Bemessungswert der größten Querkraft bzw. bei Gleichlast

$$\lambda = \frac{l_{\text{eff}}}{4 \cdot d} \geq 0,6 \qquad (10.79)$$

Wenn $\lambda < 0,6$, dann ist $\lambda = 0,6$ zu setzen. Die Nutzhöhe ist in der weiteren Bemessung dann abzumindern.

Verankerung der Bewehrung ist nach DIN EN 1992-1-1/NA nachzuweisen.

Versatzmaß

$$a_1 = 0,75 \cdot d \qquad (10.80)$$

Falls sich damit nach DIN EN 1992-1-1/NA rechnerisch eine größere Zugkraft ergeben sollte, als die an der Stelle des maximalen Biegemomentes vorhandene, so ist die Verankerungslänge mit

$$F_{\text{sd}} = \frac{\max M_{\text{Ed}}}{z} \qquad (10.81)$$

z innerer Hebelarm
nachzuweisen. Zulässige Rechenwerte der Verbundspannung gem. günstiger Verbundlage.

10.4.2.2 Nach Typenstatik

Auf der Basis von geprüften Typenstatiken bieten die meisten Hersteller Bemessungstabellen für die wesentlichen Einsatzfälle mit Bezug auf die jeweiligen Zulassungen oder die Flachsturzrichtlinie an.

10.4.3 Bewehrung von Mauerwerk zur konstruktiven Rissesicherung

Risse, die nicht die Standsicherheit der Wände beeinträchtigen, können dennoch unangenehm sein. Übliche Ursache: Schwindverkürzung der Wände, Durchbiegung der Decken, Temperaturänderungen der Konstruktion. Zur Rissesicherung kann Bewehrung in die Lagerfugen eingelegt werden. Hierfür ist DIN 1053-3 nicht verbindlich, jedoch Anhaltspunkt. Insbesondere sind die Regeln für Korrosionsschutz hier nicht verbindlich. Die Hersteller von Bewehrungselementen haben Empfehlungen entwickelt.

Beispiel Empfehlung für Murfor-Bewehrungsgitter $2\varnothing 5$ mm in den Lagerfugen zur Rissesicherung gegen Schwindspannungen und Deckendurchbiegung; vertikaler Abstand der Gitter im unteren Wandbereich $\Delta h = 25$ cm, darüber $\Delta h = 50$ cm.

Siehe hierzu auch die Empfehlungen und Bemessungsansätze, die in der angegebenen weiterführenden Literatur enthalten sind.

10.5 Natursteinmauerwerk

Konstruktion, Ausführung und Bemessung von Mauerwerk aus Natursteinen kann nach DIN EN 1996-1-1/NA NCI Anhang NA.L erfolgen.

10.6 Putz, Baustoffe und Ausführung

Putz ist ein an Wänden oder Decken ein- oder mehrlagig aufgetragener Belag aus Putzmörtel, der seine endgültigen Eigenschaften erst durch Verfestigung am Baukörper erreicht.

Im Bereich der Putze gelten in Deutschland die folgenden Normen:

- DIN EN 998-1:2017-02 Festlegungen für Mörtel im Mauerwerksbau – Teil 1: Putzmörtel; Deutsche Fassung EN 998-1:2016
- DIN EN 15824:2017-09 Festlegungen für Außen- und Innenputze mit organischen Bindemitteln; Deutsche Fassung EN 15824:2017
- DIN EN 13279-1:2008-11 Gipsbinder und Gips-Trockenmörtel – Teil 1: Begriffe und Anforderungen; Deutsche Fassung EN 13279-1:2008
- DIN EN 13914-1:2016-09 Planung, Zubereitung und Ausführung von Außen- und Innenputzen – Teil 1: Außenputze; Deutsche Fassung EN 13914-1:2016
- DIN EN 13914-2:2016-09 Planung, Zubereitung und Ausführung von Innen- und Außenputzen – Teil 2: Innenputze; Deutsche Fassung EN 13914-2:2016
- DIN 18550-1:2018-01 Planung, Zubereitung und Ausführung von Außen- und Innenputzen – Teil 1: Ergänzende Festlegungen zu DIN EN 13914-1:2016-09 für Außenputze
- DIN 18550-2:2018-01 Planung, Zubereitung und Ausführung von Außen- und Innenputzen – Teil 2: Ergänzende Festlegungen zu DIN EN 13914-2:2016-09 für Innenputze

Weitere Hinweise, Anforderungen, Empfehlungen und Erläuterungen sind in [21, 24, 34, 35] enthalten. Tafel 10.55 gibt eine Übersicht über die verschiedenen Putzarten und ihren Anwendungsbereich.

Wichtige Begriffe der Putztechnologie sind in der Tafel 10.56 zusammengestellt.

Die genormten Eigenschaften mineralischer Putzmörtel sind in Tafel 10.57 zusammengestellt.

Unterputze stellen die Verbindung zwischen dem tragfähigen Untergrund, z. B. Mauerwerk oder Beton, und dem Oberputz her. Sie „entkoppeln" den Oberputz vom Untergrund

Tafel 10.55 Übersicht Außen- und Innenputze

Mörtelart		Anwendung[a]	
		innen	außen
Mineralische Putze (Trockenmörtel)	Luftkalkmörtel, Mörtel mit hydraulischem Kalk	×	×
	Kalk-Zementmörtel, Mörtel mit hydraulischem Kalk	×	×
	Zementmörtel mit oder ohne Zusatz von Kalkhydrat	×	×
	Gipsmörtel und gipshaltige Mörtel	×	–
	Lehmmörtel	×	–
Putze mit organischen Bindemitteln (Pastöse Produkte)	Dispersions-Silikatputz (Silikatputz); die eigenschaftsbestimmenden Bindemittel sind Kali-Wasserglas und Polymerdispersion	×	×
	Dispersionsputz (Kunstharzputz); das eigenschaftsbestimmende Bindemittel ist Polymerdispersion	×	×
	Siliconharzputz; die eigenschaftsbestimmenden Bindemittel sind Siliconharzemulsion und Polymerdispersion	×	×

[a] Der Anwendungsbereich ist vom Hersteller anzugeben.

Tafel 10.56 Wichtige Begriffe der Putztechnologie

Fachbegriff	Erläuterung
Putzmörtel	Gemisch aus einem oder mehreren Bindemitteln (mineralisch oder organisch), Gesteinskörnungen, Wasser und gegebenenfalls Zusatzstoffen und/oder Zusatzmitteln, das zur Herstellung von Außen- oder Innenputz verwendet wird
Putzweise	Art der Ausführung bzw. der Oberflächenbehandlung. Entsprechend der Putzweise werden die Putze nach der Art ihrer Oberflächenbehandlung und der dadurch entstehenden Struktur eingeteilt; z. B. Kratzputz, Reibeputz, Kammputz
Putz	Ein an Wänden und Decken ein- oder mehrlagig in bestimmter Dicke aufgetragener Belag aus Putzmörtel(n), der seine endgültigen Eigenschaften erst durch Verfestigung am Baukörper erreicht
Putzgrund	Das Bauteil, welches verputzt wird
Putzsystem	Eine Reihe von Lagen von Putzen, die auf den Putzgrund – ggf. in Verbindung mit der Verwendung eines Putzträgers und/oder einer Putzarmierung und/oder einer Untergrundvorbehandlung – aufgebracht werden. In manchen Fällen kann die Untergrundvorbehandlung aus einer zusätzlichen Putzlage zum spezifizierten Putzsystem bestehen
Putzlage	Eine Schicht, die in einem oder in mehreren Arbeitsgängen mit demselben Putzmörtel ausgeführt wird. Eine Putzlage kann durch mehrere Anwürfe (Spritzgänge) „mehrschichtig" aufgetragen werden. Dies erfolgt „frisch auf frisch" und in der Regel gerüstlagenweise. Untere Lagen werden „Unterputz", die oberste Lage „Oberputz" genannt
Standzeit	Notwendige Aushärtungs- und Trocknungszeit vom Auftrag einer Putzlage bis zum Auftragen der nächsten Putzlage
Unterputz	Untere Lage(n) eines Putzsystems
Oberputz	Oberste Lage eines Putzsystems, die eine dekorative Funktion erfüllen kann
Edelputz	Weiße und farbige mineralische Putzmörtel, die zur Herstellung von durchgefärbten Oberputzen (dickschichtig oder dünnschichtig) verwendet werden
Egalisationsanstrich	Ein Egalisationsanstrich erhöht den Grad der oberflächlichen Gleichmäßigkeit bei dünnlagigen mineralischen Oberputzen
Putzträger	Flächig ausgebildete Materialien, die dazu dienen, den Putz von einem nicht tragfähigen Untergrund zu entkoppeln; die „Putzschale" ist über den Putzträger mit der tragenden Konstruktion verbunden
Putzarmierung	Einlagen im Putz, die zur Verminderung der Rissbildung dienen; auch „Putzbewehrung"
Armierungsputz	Putzlage aus einem speziellen Armierungsmörtel, in den vollflächig eine Putzarmierung (i. d. R. alkaliresistentes Glasgittergewebe) eingebettet wird
Wasserhemmende Putzsysteme	Putzsysteme gelten als wasserhemmend, wenn sie mindestens der Kategorie $W_c 1$ oder $W_c 2$ (mineralische Putzsysteme) bzw. W_1, W_2 oder W_3 (organisch gebundene Putze) entsprechen
Wasserabweisende Putzsysteme	Putzsysteme gelten als wasserabweisend, wenn sie mindestens der Kategorie $W_c 2$ (mineralische Putzsysteme) bzw. W_2 oder W_3 (organisch gebundene Putze) entsprechen
Kellerwandaußenputz	Putz im Bereich der Erdanschüttung; dient zur Aufnahme der vertikalen Abdichtung
Außensockelputz	Putz oberhalb der Erdanschüttung bis in eine Höhe von mind. 30 cm über Geländeoberkante (spritzwassergefährdeter Bereich); wasserabweisend
Außenwandputz	Als Außenwandputz wird der Putz mind. 30 cm über dem Erdreich beginnend, oberhalb des Sockels, bezeichnet
Sanierputz	Sanierputze sind porenreiche Spezialputze (Porosität > 40 Vol.-%) mit sehr hoher Wasserdampfdiffusionsfähigkeit und verminderter kapillarer Leitfähigkeit. Sie werden zum Verputzen von feuchtem und/oder salzbelastetem Mauerwerk eingesetzt
Innenputz für Feuchträume	Putz für z. B. gewerblich bzw. öffentlich genutzte Bäder, Duschen und Küchen, der gegen langzeitig einwirkende Feuchtigkeit beständig sein muss (*nicht* erforderlich für häusliche Küchen und Bäder)

10

Tafel 10.57 Eigenschaften mineralischer Putzmörtel nach DIN EN 998-1

Eigenschaft	Kategorie	Anforderung
Druckfestigkeit (28 Tage)	CS I	0,4–2,5 N/mm²
	CS II	1,5–5,0 N/mm²
	CS III	3,5–7,5 N/mm²
	CS IV	≥ 6,0 N/mm²
Kapillare Wasseraufnahme	W_c0	nicht festgelegt
	W_c1	$c \leq 0,40\,\text{kg}/(\text{m}^2\,\text{min}^{0.5})$
	W_c2	$c \leq 0,20\,\text{kg}/(\text{m}^2\,\text{min}^{0.5})$
Wärmeleitfähigkeit von Wärmedämmputz	T 1	$\leq 0,1\,\text{W}/(\text{m K})$
	T 2	$\leq 0,2\,\text{W}/(\text{m K})$

und haben damit eine wichtige Funktion. Bei Unterputzen für die Außenanwendung handelt es sich meist um mineralische Putzmörtel mit den Bindemitteln Kalk und/oder Zement. Sie müssen auf den jeweiligen Untergrund abgestimmt sein und bilden zusammen mit dem Oberputz ein System. Leichtputze und Wärmedämmputze sind Unterputze.

Armierungsputz Als Armierungsputzlage bezeichnet man eine polymermodifizierte mineralische oder organische Putzlage, in die ein vollflächiges Armierungsgewebe (i. d. R. alkaliresistentes Glasgittergewebe) eingebettet ist. Eine mineralische Armierungsputzlage sollte mindestens eine Dicke von 3 mm aufweisen (organische Armierungsputzlage 2 mm). Der Armierungsputz wird zusätzlich zum Unterputz aufgetragen. Er hilft dabei, Spannungsspitzen abzubauen und trägt damit zur Vermeidung sichtbarer Risse im Oberputz bei.

Oberputze bilden den äußeren Abschluss eines Putzsystems. Es gibt dünnschichtige Oberputze, deren Schichtdicke sich aus der Korngröße des Strukturkorns ergibt (meist 2 bis 5 mm, z. B. Rillenputz, Reibeputz, Münchner Rauputz oder Scheibenputz) und dickschichtige Oberputze, deren Schichtdicke größer als die maximale Korngröße ist (Dicke 10 bis 15 mm; z. B. Kratzputz). Oberputze können zusätzlich mit einem Anstrich versehen werden (z. B. Egalisationsanstrich). Es gibt mineralische Oberputze und Putze mit organischen Bindemitteln (pastöse Produkte); s. a. Tafel 10.55.

Egalisationsanstriche dienen dazu, eventuell vorhandene Farbungleichmäßigkeiten von dünnlagigen Oberputzen (z. B. Wolkenbildung) zu egalisieren und stellen eine optisch einwandfreie Oberfläche her. Sie dürfen die Wasserdampfdiffusionseigenschaft des Putzsystems nicht beeinträchtigen.

Leichtputzsysteme (Typ I und Typ II) Als Leichtputz wird nach DIN EN 998-1 ein Putzmörtel mit einer Trockenrohdichte $\leq 1300\,\text{kg/m}^3$ bezeichnet. Grundsätzlich müssen Leichtputze wasserabweisend sein. Sie werden als Unterputze eingesetzt. Aufgrund ihrer geringen Rohdichte, der begrenzten Festigkeit (Festigkeitsklasse CS I und CS II) und ihrer günstigen Schwindwerte sind Leichtputze für das Verputzen wärmedämmender Wandbaustoffe geeignet. Zur Minimierung des Risikos von Putzrissen hat es sich bewährt und entspricht den allgemein anerkannten Regeln der Technik, einen Armierungsputz mit vollflächiger Gewebeeinlage auf einen Leichtputz aufzubringen.

Leichtputz Typ I Für das Verputzen von wärmedämmenden Wandbaustoffen haben sich Leichtputze mit Trockenrohdichten von ca. 1000 bis $1300\,\text{kg/m}^3$ bewährt. Um sie von noch leichteren Putzen zu unterscheiden, werden sie als Leichtputz Typ I (siehe Abb. 10.34) bezeichnet.

Leichtputz Typ II Für das Verputzen extrem leichter Wandbaustoffe, z. B. Leichthochlochziegel, Porenbeton oder Leichtbeton mit einer Wärmeleitfähigkeit von 0,055 bis $0,14\,\text{W}/(\text{m K})$, wurden Leichtputze Typ II mit einer Trockenrohdichte von rd. 600 bis rd. $1100\,\text{kg/m}^3$ entwickelt. Leichtputze Typ II sind hinsichtlich ihrer Elastizität und Schwindverformung optimiert. Untersuchungen haben gezeigt, dass die genannten Leichtputze Typ II ein günstiges Verhältnis E-Modul (Putz)/E-Modul (Untergrund) deutlich unter 1 besitzen und damit speziell auf hochwärmedämmende Untergründe abgestimmt sind.

Abgestimmter Putzaufbau Die thermische und hygrische Beanspruchung einer Außenwand nimmt von außen nach innen ab. Die äußerste Putzlage (Oberputz) ist den größten Formänderungen z. B. durch Temperatur, ausgesetzt und muss somit auch die größte Verformbarkeit aufweisen. Dementsprechend sollen die Putzlagen von innen nach außen verformbarer („weicher") werden. Dies wird durch die bekannte Putzregel „weich auf hart" ausgedrückt.

Dies gilt nicht für dünnlagige geriebene Oberputze, die auch fester als der Unterputz (z. B. Leichtunterputz) sein können, weil sie aufgrund ihrer geringen Dicke keine übermäßigen Spannungen in den Unterputz eintragen.

Die Putzregel gilt auch für das Verhältnis zwischen Putzgrund und Unterputz. Wenn der Putzgrund aus hochwärmedämmendem Mauerwerk besteht, muss der Unterputz entsprechend verformungsfähig („weich") sein. Es ist heute Stand der Technik, dass in solchen Fällen der Oberputz vom weichen Unterputz durch einen zusätzlich aufgebrachten

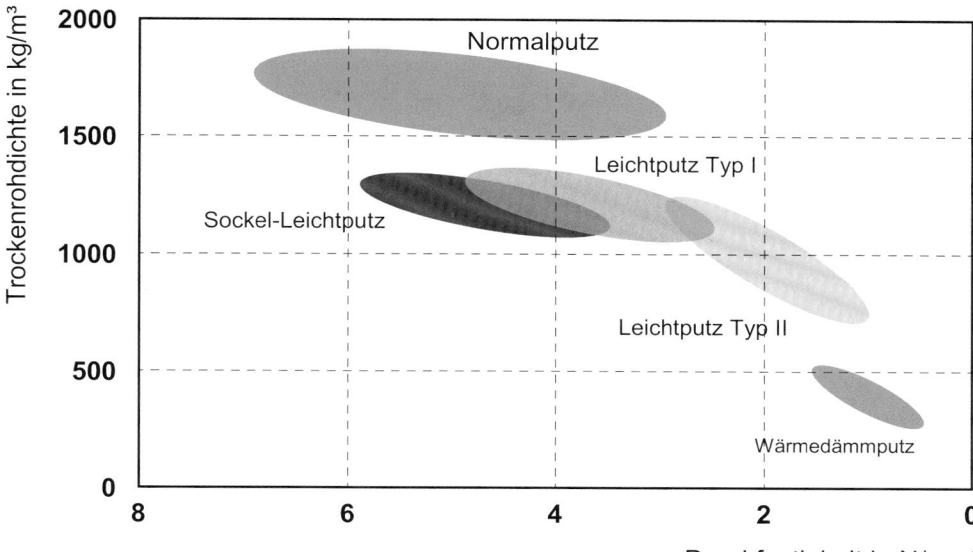

Abb. 10.34 Bereiche für die Trockenrohdichte und Druckfestigkeit üblicher Außenputze (Unterputze)

Armierungsputz „entkoppelt" wird. Dadurch können auftretende Spannungen im Putzsystem aufgefangen und verteilt werden, was die Sicherheit gegen unerwünschte Risse im Oberputz deutlich erhöht.

Die Abb. 10.34 zeigt, in welchen Druckfestigkeits- und Rohdichtebereichen übliche Außenputze (Unterputze) liegen.

Wärmedämmputzsysteme Wärmedämmputzmörtel werden in einem Putzsystem bestehend aus Unterputz (Wärmedämmputzmörtel), einem Armierungsputz mit Gewebeeinlage als Zwischenlage und einem Oberputz angewendet. Die wärmedämmenden Eigenschaften des Unterputzes (Wärmedämmputz) resultieren aus der Zugabe von organischen oder mineralischen Leichtzuschlägen. Wärmedämmputz wird in Dicken bis zu 100 mm verwendet. Der Bemessungswert der Wärmeleitfähigkeit liegt bei üblichen Wärmedämmputzen in einem Bereich zwischen 0,06 und 0,16 W/(m K). In der Technischen Spezifikation Wärmedämmputz [34] sind weitere Eigenschaften und Nenn- und Bemessungswerte der Wärmeleitfähigkeit von Wärmedämmputzen aufgeführt.

Wärmedämm-Verbundsysteme (abgekürzt „WDVS") werden in Kombination mit Mauerwerk oder anderen Untergründen verwendet, wenn die wärmedämmenden Eigenschaften der (tragenden) Außenwand verbessert werden sollen. Sie bestehen aus Dämmplatten (z. B. Mineralwolle- oder Polystyrolplatten), die an den Außenwänden eines Gebäudes befestigt und anschließend mit dem zugehöri-

gen Putzsystem verputzt werden. Das Putzsystem besteht aus einem Armierungsputz mit Gewebeeinlage und einem Oberputz. Meist werden die Dämmplatten mit einem mineralischen Klebemörtel, einem pastösen Dispersionskleber oder mit speziellem PU-Schaum auf dem Untergrund verklebt. Zusätzlich erfolgt in der Regel eine Verdübelung der Dämmplatten mit systemzugehörigen Dübeln, die auf das verwendete System und den Untergrund abgestimmt sind.

Renovierungsputz dient zur Überarbeitung renovierungsbedürftiger, bereits verputzter Flächen. Renovierungsputze eignen sich besonders, wenn eine Fassade für einen bloßen Neuanstrich zu stark beschädigt ist. Sie sind auch zur Überarbeitung bestehender Wärmedämm-Verbundsysteme geeignet, s. a. [36].

Innenputz Putze auf Wänden und Decken haben in Innenräumen einen hohen Flächenanteil und damit einen erheblichen Einfluss auf das Raumklima, die Raumarchitektur und den Charakter eines Raumes. Im Innenraum werden sowohl mineralische Putze (Gipsputz, Kalkputz, Kalk-Zementputz, Zementputz, Lehmputz) als auch organisch gebundene Putze (z. B. Silikatputz, Dispersionsputz) eingesetzt.

Qualitätsstufen für Innenputzoberflächen sind in der DIN EN 13914-2 und der DIN 18550-2 definiert. Sie reichen von Q1 (geschlossene Putzfläche ohne weitere Anforderungen) über Q2 (Standard), Q3 (geeignet für glatte Schlussbeschichtungen) bis zu Q4 (erhöhte Anforderungen an die Ebenheit; höchste Qualitätsstufe).

Putz unter Fliesen und Platten Im Innenbereich werden als Putz für die Aufnahme von Fliesen und Platten üblicherweise Kalk-, Kalkzement- und Zement-Putzmörtel der Druckfestigkeitskategorie CS I, CS II, CS III, CS IV nach DIN EN 998-1 sowie Gipsputzmörtel nach DIN EN 13279 verwendet. Reine Luftkalkmörtel und Lehmputze sind im Regelfall als Untergrund für Fliesen/Platten nicht geeignet. Putze nach DIN EN 998-1 bzw. DIN EN 13279 sind als Untergrund für Fliesen und Platten geeignet, wenn die deklarierte Druckfestigkeit $\geq 2{,}0\,\mathrm{N/mm^2}$ (alle Putze) und die Trockenrohdichte $\geq 1000\,\mathrm{kg/m^3}$ (nur Kalk-, Kalkzement- und Zementputze) ist. Andere Putze, wie z. B. Leichtputze vom Typ II, sind als Untergrund für Fliesen/Platten nur geeignet, wenn sie vom Hersteller dafür ausdrücklich freigegeben wurden.

Putzdicke Putze müssen, um ihre Funktion zu erfüllen, bestimmte Dicken aufweisen. In Tafel 10.58 sind die erforderlichen Putzdicken in Abhängigkeit von den verschiedenen Putzarten zusammengestellt.

Standzeiten Die Standzeit ist die notwendige Aushärtungs- und Trocknungszeit vom Auftrag einer Putzlage bis zum Auftragen der nächsten Putzlage. Tafel 10.59 gibt einen Überblick über die Standzeiten, die unter normalen Witterungsbedingungen eingehalten werden sollten. Die angegebenen Zeiten stellen Richtwerte dar, die sich in der Regel auf eine Temperatur von etwa 20 °C und eine relative Luftfeuchtigkeit von etwa 60 % beziehen. Der Bauablauf ist unbedingt auf das Einhalten der notwendigen Standzeiten abzustimmen, da es sonst zu Schäden im Putzsystem kommen kann.

Auswahl des Außenputzsystems Das Putzsystem muss auf die mechanischen und bauphysikalischen Eigenschaften des Untergrunds abgestimmt sein. Hochwärmedämmendes Mauerwerk muss anders verputzt werden als Flächen aus Kalksandstein oder Normalbeton. Tafel 10.60 gibt einen Überblick über die Eignung mineralischer Außenputze (Unterputze) auf verschiedenen Untergründen.

Tafel 10.58 Putzdicken

Putz	Putzdicke in mm
Mehrlagiger Außenputz (mittlere Dicke des Systems aus Unter-, Armierungs- und Oberputz)	20[a] (mittlere Putzdicke)
Unterputz	≥ 15
Armierungsputz mit Gewebeeinlage	3 … 5
Oberputz	abhängig von der Putzart und der Putzweise[b]
Innenputz (bei mehrlagigem Innenputz Dicke des Systems aus Unter- und Oberputz)	15[a] (mittlere Putzdicke)
Einlagiger Innenputz aus Werk-Trockenmörtel	10[a] (mittlere Putzdicke)
Dünnlagenputz (innen)	3 … 5
Sanierputz	≥ 20[c]
Wärmedämmputzsystem	
Unterputz	≥ 20 und ≤ 100
Oberputz	8[d]
Ausgleichsputz (falls vorhanden)	≥ 4

[a] an einzelnen Stellen darf die mittlere Putzdicke um bis zu 5 mm unterschritten werden.
[b] es gibt dünnschichtige Oberputze, deren Schichtdicke sich aus der Korngröße des Strukturkorns ergibt (meist 2 bis 5 mm, z. B. Rillenputz, Reibeputz, Münchner Rauputz oder Scheibenputz) und dickschichtige Oberputze, deren Schichtdicke größer als die maximale Korngröße ist (Dicke 10 … 15 mm; z. B. Kratzputze)
[c] abhängig vom Versalzungsgrad des zu verputzenden Untergrundes
[d] Dicke des Oberputzes einschließlich eines ggf. aufgebrachten Ausgleichsputzes; Mindestdicke 6 mm; Höchstdicke 12 mm

Tafel 10.59 Wartezeiten (Standzeiten) bei normalen Witterungsbedingungen bis zum Auftrag der nächsten Putzlage

Bearbeitungsvorgang bzw. Putzart	Wartezeit
Bearbeitung von Fehlstellen mit geeignetem Mörtel; i. d. R. Leichtmauermörtel	1 Tag je mm Dicke, z. B.: Stoßfugenbreite 10 mm $\Rightarrow$ 10 Tage Standzeit Fehlstellentiefe 15 mm $\Rightarrow$ 15 Tage Standzeit
Unterputz	1 Tag je mm Unterputzdicke
Armierungsputz (in der Regel 3 bis 5 mm dick)	mindestens 7 Tage
Wärmedämmputz	1 Tag je 10 mm Putzdicke – mindestens jedoch 7 Tage

Tafel 10.60 Eignung mineralischer Außenputze (Unterputze) auf verschiedenen Untergründen (nach [24])

Untergrund			Normalputz	Leichtputz		Wärmedämmputz	Armierungsputz
				Typ I	Typ II		
Hochlochziegel (Rohdichteklasse $\geq$ 0,8)			$+^{a)}$	+++	+++	+++	Grundsätzlich erhöht das zusätzliche Aufbringen eines Armierungsputzes mit vollflächiger Gewebeeinlage auf den Unterputz die Ausführungssicherheit (z. B. Erhöhung der Zugfestigkeit, verbesserter Witterungsschutz, weitere Verminderung des Rissrisikos) und sollte deshalb immer vorgesehen werden. Wenn das Putzsystem einer erhöhten Beanspruchung ausgesetzt ist, z. B. bei – besonderer Exposition der Fassade, – erhöhter Feuchtigkeitsbelastung, – erheblichen Unregelmäßigkeiten im Putzgrund, – erhöhter Restfeuchte des Mauer werks oder – bei Verwendung besonders bean spruchter Oberputze, ist ein Armierungsputz in der Regel notwendig.
Leichthochlochziegel mit Rohdichteklasse < 0,8			–	$++^{b}$	+++	+++	
Kalksandstein			++	+++	+++	+++	
Porenbetonsteine	Wärmeleitfähigkeit λ_R > 0,11		–	++	+++	+++	
	Wärmeleitfähigkeit $\lambda_R \leq$ 0,11		–	+	+++	+++	
	Wärmeleitfähigkeit $\lambda_R \leq$ 0,08		–	+	+++	+++	
Leichtbeton	Mauerwerk aus Leichtbetonsteinen						
	monolithisch ungefüllt	Wärmeleitfähigkeit λ_R > 0,18	+	+++	+++	+++	
		Wärmeleitfähigkeit λ_R = 0,14 … 0,18	–	+++	+++	+++	
		Wärmeleitfähigkeit λ_R < 0,14	–	++	+++	+++	
	mit Dämmstofffüllung	Wärmeleitfähigkeit λ_R i. d. R. < 0,10	–	+++	+++	+++	
	Haufwerksporige Wandelemente		+	+++	+++	+++	
	Gefügedichte Wandelemente						
	Rohdichteklasse $\geq$ 1,6		++	+++	+++	+++	
	Rohdichteklasse < 1,6		–	+++	+++	+++	
Normalbeton			+++	+++	+++	+++	

– nicht geeignet, + bedingt geeignet, ++ geeignet, +++ besonders geeignet
a Bei Rohdichteklassen $\geq$ 1,2, z. B. im Gewerbebau, ist Normalputz geeignet (++)
b nur geeignet, wenn Empfehlung des Putzherstellers vorliegt

Literatur

1. Fouad, N. A. (Hrsg.): Lehrbuch der Hochbaukonstruktionen, 4. Aufl., Stuttgart: Springer Vieweg 2013.

2. Gunkler, E. u. a. (Hrsg.): Mauerwerk kompakt: für Studium und Praxis. Köln: Werner Verlag 2008.

3. Pfeifer, G. u. a.: Mauerwerk-Atlas. Basel: Birkhäuser 2001.

4. Graubner, C.-A. u. a. (Hrsg.): Mauerwerksbau aktuell. Praxishandbuch jährlich Berlin: Beuth Verlag.

5. Jäger, W.: Mauerwerksbau. In: Wendehorst Beispiele aus der Baupraxis, 5. Auflage; Hrsg. U. Vismann. Wiesbaden: Springer Vieweg 2014.

6. Verschiedene Merkblätter zum Mauerwerksbau. Hrsgg. v.d. Deutschen Gesellschaft für Mauerwerksbau, Bonn, abrufbar unter www. dgfm.de.

7. Bundesverband Kalksandsteinindustrie e. V., Hannover (Hrsg.): Kalksandstein – Eurocode 6. Bemessung und Konstruktion von Mauerwerksbauten. 2012.

8. Bundesverband Porenbetonindustrie e.V. Berlin (Hrsg.): Porenbeton Bericht 14 – Mauerwerk aus Porenbeton, Beispiele zur Bemessung nach Eurocode 6. 2012.

9. Arbeitsgemeinschaft Mauerziegel e.V. Bonn (Hrsg.): Bemessung von Ziegelmauerwerk. Ziegelmauerwerk nach DIN EN 1996-3 Vereinfachte Berechnungsmethoden. 2012.

10. Homann, M.: Porenbeton Handbuch: Planen und Bauen mit System. Hrsg. Bundesverband der Porenbetonindustrie. Gütersloh: Bauverlag 2008.

11. KLB Klimaleichtblock GmbH: Die europäische Mauerwerksnorm, Bemessung von KLB-Mauerwerk nach „EC 6". Andernach: 2013.

12. Schubert, P.: Schadensfreies Konstruieren mit Mauerwerk. In: Mauerwerk-Kalender, Hrsg.H.-J. Irmschler u. P. Schubert. Teil 1: Formänderungen von Mauerwerk – Nachweisverfahren, Untersuchungsergebnisse, Rechenwerte. 27 (2002), S. 313–331. Teil 2: Zweischalige Außenwände. S. 259–274.

13. Pfefferkorn, W.: Dachdecken und Mauerwerk. Köln: Verlagsges. R. Müller 1980.

14. Mann, W.; Zahn, J.: Bewehrung von Mauerwerk zur Rissesicherung und Lastabtragung. In: Mauerwerk-Kalender 15 (1990), Hrsg. P. Funk. Berlin: Ernst & Sohn, S. 467–482.

15. Mann, W.; Zahn, J.: Bewehrtes Mauerwerk – ein Leitfaden für die Praxis. Zwevegem: Bekaert 1996.

16. Caballero González, A. u.a.: Bewehrtes Mauerwerk. In: Mauerwerk-Kalender 25 (2000), Hrsg. H.-J. Irmschler u. P. Schubert. Berlin: Ernst & Sohn. S. 319–332.

17. Schmidt, U. u.a.: Bemessung von Flachstürzen. In: Mauerwerk-Kalender 29 (2004), Hrsg. H.-J. Irmschler, W. Jäger u. P. Schubert. Berlin: Ernst & Sohn. S. 275–309.

18. Richtlinie für die Bemessung und Ausführung von Flachstürzen. Fassung E 2005-05. Berlin: DGfM 2005.

19. Reeh, H.; Schlundt, A.: Kommentierte Technische Regeln für den Mauerwerksbau. Richtlinie für die Herstellung, Bemessung und

Ausführung von Flachstürzen. In: Mauerwerk-Kalender 31 (2006), Hrsg. H.-J. Irmschler, W. Jäger u. P. Schubert, Berlin: Ernst & Sohn. S. 433–441.

20. Riechers, H.-J.: Mauermörtel. In: Mauerwerk-Kalender 30 (2005), Hrsg. H.-J. Irmschler, W. Jäger u. P. Schubert, Berlin: Ernst & Sohn. S. 149–177.

21. Riechers, H.-J.; Hildebrand, M.: Putz – Planung, Gestaltung, Ausführung. In: Mauerwerk Kalender 31 (2006), Hrsg. H. J. Irmschler, W. Jäger und P. Schubert, Berlin: Ernst & Sohn. S. 267–299 – erhältlich unter www.vdpm.info

22. Mauerwerk. Zeitschrift, zweimonatlich. Berlin: Ernst & Sohn.

23. Schubert, P.: CE-gekennzeichnete Mauerwerkbaustoffe – Putz-Planung, Gestaltung, Ausführung. Mauerwerk 9 (2005) 5, S. 218–222.

24. Leitlinien für das Verputzen von Mauerwerk und Beton – Grundlagen für die Planung, Gestaltung und Ausführung. Verband für Dämmsysteme, Putz und Mörtel e. V. u. a. Berlin: 2018. – erhältlich unter www.vdpm.info

25. Normenhandbuch Eurocode 6 – Mauerwerksbau, Beuth-Verlag, Berlin 2012.

26. Alfes, C.; et al.: Der Eurocode 6 – Kommentar, Hrsg. DGfM; Beuth-Verlag und Verlag Ernst & Sohn, Berlin 2013.

27. Fachkommission Bautechnik der Bauministerkonferenz (ARGE Bau): Hinweise und Beispiele zum Vorgehen beim Nachweis der Standsicherheit beim Bauen im Bestand (Stand 07.04.08). https://www.dibt.de/de/Geschaeftsfelder/data/Hinweis_Bauen_im_Bestand.pdf.

28. Jäger, W.; Baier, G.; Schöps, P.: Bewehrtes Mauerwerk nach dem überarbeiteten Eurocode 6, Teil 1-1. Mauerwerk 8 (2004), H. 1, S. 11–18.

29. Gunkler, E.; Budelmann, H.; et al.: Bemessung von vorspannbarem Mauerwerk – Spiegelung der Regeln von EC 6. In Mauerwerk-Kalender 32 (2007), Hrsg. W. Jäger, Berlin: Ernst & Sohn. S. 329–366.

30. Lu, S.; Unger, C.: Bemessungsmethode für eingefasstes Mauerwerk auf Grundlage des Eurocode 6. Mauerwerk 14 (2010) 5, S. 293–296.

31. Jäger, W.; Schöps, P.: Untersuchungen zum eingefassten Mauerwerk am Beispiel Porenbeton. Mauerwerk 14 (2010) 5, S. 297–304.

32. Jäger, W.; Zum Nachweis der Mindestauflast nach DIN EN 1996-3/NA. In Mauerwerk-Kalender 42 (2017), Hrsg. W. Jäger, Berlin: Ernst & Sohn. S. 369–406.

33. Erler, M.; Jäger, W.; Kranzler, T.: Erddruckbelastete Kellerwände mit geringer Auflast. Mauerwerk 21 (2017) H. 2, S. 61–81.

34. Planung, Zubereitung und Ausführung von Innen- und Außenputzen – Europäische und Nationale Normung im Überblick. Berlin: Beuth Verlag GmbH, 2019. – Hrsg.: DIN Deutsches Institut für Normung e. V. und VDPM Verband für Dämmsysteme, Putz und Mörtel e. V.

35. Technische Spezifikation Wärmedämmputz. Berlin: Verband für Dämmsysteme, Putz und Mörtel e. V., 2019. – erhältlich unter www.vdpm.info

36. Der Ratgeber rund um die Außenwand. Berlin: Verband für Dämmsysteme, Putz und Mörtel e. V., 2018. – erhältlich unter www.vdpm.info

37. Jäger, W.; Reichel, S.; Bakeer, T.: Einführung des Eurocode 6, Nachweis von Wänden mit teilweise aufliegender Deckenplatte nach DIN EN 1996-1-1: Algorithmen, Erläuterungen und Anwendungsbeispiele. In: Mauerwerk-Kalender 39 (2014), S. 353–-372 Hrsg. W. Jäger. Ernst & Sohn, Berlin

38. Jäger, W.; Reichel, S.: Der Wand-Decken-Knoten im Mauerwerksbau – Teil 3: Beispielhafte Anwendung des Berechnungsmodells. Mauerwerk 15 (2011) 3, S. 153–160

39. Hemme, B.: Bauaufsichtliche Regelungen im Umbruch – Regelungen für den Mauerwerksbau. In: Mauerwerk-Kalender 45 (2020), S. 353–364 Hrsg. W. Jäger. Ernst & Sohn, Berlin

Stahlbau

11

Prof. Dr.-Ing. Richard Stroetmann

Inhaltsverzeichnis

R. Stroetmann (✉)
TU Dresden
Dresden, Deutschland
E-Mail: richard.stroetmann@tu-dresden.de

© Springer Fachmedien Wiesbaden GmbH, ein Teil von Springer Nature 2021
U. Vismann (Hrsg.), *Wendehorst Bautechnische Zahlentafeln*, https://doi.org/10.1007/978-3-658-32218-2_11

11.1 Formelzeichen, Werkstoffe, Profiltafeln

11.1.1 Formelzeichen

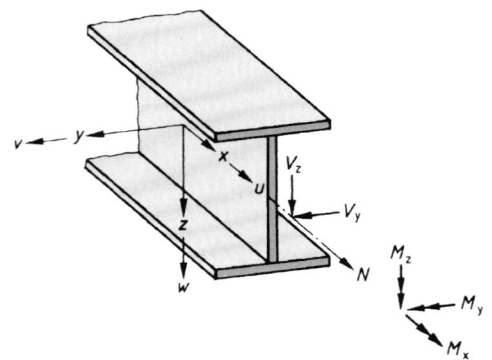

Schnittgrößen und Spannungen

N Normalkraft
M Moment
V Querkraft
σ Normalspannung
σ_v Vergleichsspannung
$\Delta\sigma$ Spannungsschwingbreite
τ Schubspannung
f_y Streckgrenze
f_u Zugfestigkeit
μ Reibungszahl
ψ Verhältnis von Spannungen oder Schnittgrößen

Querschnittsgrößen

A Querschnittsfläche
A_v wirksame Schubfläche;
     Querschnittsfläche der Pfosten einer Gitterstütze
EI Biegesteifigkeit
G Schubmodul
S statisches Moment
I Flächenträgheitsmoment
I_T Torsionsflächenmoment 2. Grades (St. Venant)
I_w Wölbflächenmoment 2. Grades
W Elastisches Widerstandsmoment
b Breite
d Nenndurchmesser des Verbindungsmittels
d_0 Lochdurchmesser
i Trägheitsradius
r Ausrundungsradius
t Blechdicke

Systemgrößen, Kennzahlen, Beiwerte

L Länge
L_{cr} Knicklänge
N_{cr} ideale Verzweigungslast für den maßgebenden Knickfall
F_{cr} ideale Verzweigungslast auf der Basis elastischer Anfangssteifigkeiten
M_{cr} ideales Biegedrillknickmoment
α_{cr} Verzweigungslastfaktor

k Beulwert, Beiwert
α Imperfektionsbeiwert; Seitenverhältnis
$\bar{\lambda}$ Schlankheitsgrad
$\bar{\lambda}_{LT}$ Schlankheitsgrad für Biegedrillknicken
χ Abminderungsbeiwert nach der maßgebenden Knicklinie
ρ Abminderungsbeiwert für Beulen; Abminderungsbeiwert zur Berücksichtigung von V_{Ed}
ϕ_0 Ausgangswert der Anfangsschiefstellung
ϕ Anfangsschiefstellung
e_0 Stich der Vorkrümmung
ε Stabkennzahl; Dehnung; Beiwert in Abhängigkeit von f_y

Einwirkungen, Widerstandsgrößen, Sicherheiten

F_{Ed} Bemessungswert der Einwirkung
G ständige Einwirkung
Q veränderliche Einwirkung
N_{Rd} Normalkrafttragfähigkeit
V_{Rd} Querkrafttragfähigkeit
$N_{b,Rd}$ Normalkrafttragfähigkeit unter Berücksichtigung des maßgebenden Knickfalls
γ_F Teilsicherheitsbeiwert für Einwirkungen
γ_M Teilsicherheitsbeiwert für Widerstandsgrößen
f_y Streckgrenze
f_u Zugfestigkeit
M_{Rd} Momententragfähigkeit
$M_{b,Rd}$ Momententragfähigkeit unter Berücksichtigung des Biegedrillknickens

Indizes

a   Baustahl
c   Beton
s   Betonstahl
p   Profilblech
Ek   charakteristischer Wert der Einwirkung
Ed   Bemessungswert der Einwirkung
f   Flansch
w   Steg; Schweißen; Wölbkrafttorsion
ch   Gurtstab bei mehrteiligen Stäben
sl   Längssteife
t   Zug
c   Druck
el   elastisch
pl   plastisch
k   charakteristischer Wert
d   Bemessungswert
Rk   charakteristischer Wert der Beanspruchbarkeit
Rd   Bemessungswert der Beanspruchbarkeit
cr   kritisch
b   Knicken
LT   Biegedrillknicken
eff   effektiv
mod   modifiziert
red   reduziert

11.1.2 Werkstoffe

11.1.2.1 Werkstoffeigenschaften

Bezeichnungssystem unlegierter Stähle für den Stahlbau
Die Bezeichnung kann auf zwei Arten erfolgen:
a) Nach der Werkstoff-Nummer gem. DIN EN 10027-2 [40], z. B. 1.0114
b) Mit dem Kurznamen nach DIN EN 10027-1 [39]:

Beispiel

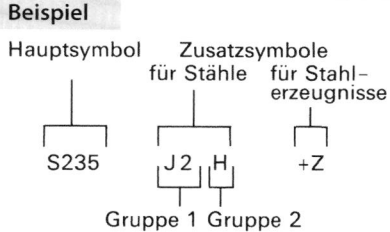

Beispiele für die Bedeutung der *Hauptsymbole*:
S Stähle für den allg. Stahlbau, gefolgt von dem Mindest-streckgrenzenwert in N/mm² und der Gütegruppe
P Stähle für den Druckbehälterbau. ◄

Zusatzsymbole der Gruppe 2 werden erforderlichenfalls an die Gruppe 1 angehängt.

Beispiele

C mit besonderer Kaltumformbarkeit,
L für tiefere Temperaturen,
W Wetterfest,
H Hohlprofile,
T für Rohre,
P für Spundbohlen,
N normalgeglüht oder normalisierend gewalzt,
M thermomechanisch gewalzt. ◄

Die Nennwerte der Streckgrenze f_y und der Zugfestigkeit f_u für Baustahl sind in der Regel:
a) entweder direkt als Werte $f_y = R_{eh}$ und $f_u = R_m$ aus der Produktnorm (DIN EN 10025 Teile 2 bis 6, DIN EN 10210-1 und DIN EN 10219-1), oder
b) vereinfacht den Tafeln 11.4 und 11.5 zu entnehmen.

Tafel 11.1 Zusatzsymbole Gruppe 1 Nenndicken s. Norm

Prüftemperatur in °C		+20	0	−20	−30	−40	−50	−60
Kerbschlagarbeit, min	27 J	JR	J0	J2	J3	J4	J5	J6
	40 J	KR	K0	K2	K3	K4	K5	K6

Tafel 11.2 Allgemeine Werkstoffangaben

Elastizitätsmodul	E	210.000 N/mm²
Schubmodul	G	81.000 N/mm²
Querdehnzahl	ν	0,3
Temperaturdehnzahl	α	$12 \cdot 10^{-6}$ K⁻¹ (für $T \leq 100\,°C$)
Dichte	ρ	7850 kg/m³

11.1.2.2 Anforderungen an die Duktilität

Es ist zwischen Stählen bis S460 (Tafel 11.4) und solchen mit höherer Streckgrenze (Tafel 11.5) zu unterscheiden. Stähle bis S460 sind auch für die plastische Tragwerksberechnung nach dem Fließgelenkverfahren zugelassen (vgl. [12], Abschn. 5.4.3). Bei Stählen oberhalb S460 bis S700 ist neben der elastischen eine nichtlineare plastische Tragwerksberechnung unter Berücksichtigung von Teilplastizierungen von Bauteilen in Fließzonen möglich (vgl. [24], Abschn. 2.1). Die Querschnittstragfähigkeit darf bei Querschnitten der Klassen 1 und 2 plastisch berechnet werden. Bei Stahlsorten nach den Tafeln 11.4 und 11.5 kann davon ausgegangen werden, dass die Duktilitätsanforderungen nach Tafel 11.3 erfüllt sind.

Tafel 11.3 Duktilitätsanforderungen

Stahlsorte	Bis S460	Über S460 bis S700
Verhältnis f_u/f_y	$\geq 1{,}10$	$\geq 1{,}05$
Bruchdehnung	$\geq 15\,\%$	$\geq 10\,\%$
Gleichmaßdehnung ε_u	$\geq 15 f_y/E$	$\geq 15 f_y/E$

11.1.2.3 Auswahl der Stahlsorten im Hinblick auf die Bruchzähigkeit nach DIN EN 1993-1-10 [22]

Die Regelungen dieses Abschnitts gelten für Stähle S235 bis S690 nach den Tafeln 11.4 und 11.5. Sie sind nicht zur Bewertung von Stählen bestehender Tragkonstruktionen bestimmt, sofern sie nicht den technischen Lieferbedingungen der aufgeführten Normen für die Stahlerzeugnisse entsprechen. Die Ausführungen gelten für geschweißte und ungeschweißte Bauteile mit reiner oder teilweiser Zugbeanspruchung und mit Ermüdungsbeanspruchung. Sie können für Bauteile mit anderen Bedingungen auf der sicheren Seite liegen. In diesen Fällen kann die Anwendung der Bruchmechanik zweckmäßig sein (siehe [22], Abschn. 2.4). Die Wahl der Stahlsorte erfolgt in der Regel unter Berücksichtigung der in Tafel 11.6 aufgeführten Einflüsse.

Zum Nachweis ausreichender Bruchzähigkeit der eingesetzten Werkstoffe wird in der Regel die außergewöhnliche Bemessungssituation nach Gleichung (11.1) zugrunde gelegt. Es wird das gleichzeitige Auftreten der niedrigsten Bauwerkstemperatur, ungünstiger Rissgrößen, Rissstelle und Werkstoffeigenschaften angenommen. Die Leiteinwirkung A ist die Bezugstemperatur T_{Ed}, die zur Abminderung der Werkstoffzähigkeit führt und sich auch in Spannungen aus behinderten Temperaturbewegungen äußern kann.

$$E_d = E \left\{ A\left[T_{Ed}\right] + \sum G_k + \psi_1 Q_{k1} + \psi_{2,i} Q_{ki} \right\} \quad (11.1)$$

Die Bezugsspannung σ_{Ed} ist in der Regel als Nennspannung mit Hilfe eines elastischen Tragwerkmodells zu berechnen. Nebenspannungen aus Zwängungen sind dabei zu berücksichtigen. Im Allgemeinen liegen die σ_{Ed}-Werte

Tafel 11.4 Nennwerte der Streckgrenze f_y und der Zugfestigkeit f_u in N/mm² für warmgewalzten Baustahl

Werkstoffnorm und Stahlsorte	Erzeugnisdicke t [mm]			
	$t \leq 40\,\text{mm}$		$40\,\text{mm} < t \leq 80\,\text{mm}$	
	Streckgrenze f_y	Zugfestigkeit f_u	Streckgrenze f_y	Zugfestigkeit f_u
DIN EN 10025-2				
S235	235	360	215	360
S275	275	430	255	410
S355	355	490	335	470
S460	460	550	420	550
S500	500	580	460	580
DIN EN 10025-3				
S275 N/NL	275	390	255	370
S355 N/NL	355	490	335	470
S420 N/NL	420	520	390	520
S460 N/NL	460	540	430	540
DIN EN 10025-4				
S275 M/ML	275	370	255	360
S355 M/ML	355	470	335	450
S420 M/ML	420	520	390	500
S460 M/ML	460	540	430	530
S500 M/ML	500	580	460	580
DIN EN 10025-5				
S235 W	235	360	215	340
S355 W	355	490	335	490
S420 W	420	500	390	500
S460 W	460	530	430	530
DIN EN 10025-6				
S460 Q/QL/QL1	460	550	440	550
DIN EN 10210-1				
S235 H	235	360	215	340
S275 H	275	430	255	410
S355 H	355	510	335	490
S275 NH/NLH	275	390	255	370
S355 NH/NLH	355	490	335	470
S420 NH/NLH	420	540	390	520
S460 NH/NLH	460	560	430	550
DIN EN 10219-1				
S235 H	235	360		
S275 H	275	430		
S355 H	355	510		
S275 NH/NLH	275	370		
S355 NH/NLH	355	470		
S460 NH/NLH	460	550		
S275 MH/MLH	275	360		
S355 MH/MLH	355	470		
S420 MH/MLH	420	500		
S460 MH/MLH	460	530		

Tafel 11.5 Nennwerte der Streckgrenze f_y und der Zugfestigkeit f_u in N/mm² für höherfeste Baustähle nach DIN EN 10025-6 [45] bis S690

Stahlsorte	$t \leq 50\,\text{mm}$		$50\,\text{mm} < t \leq 100\,\text{mm}$		$100\,\text{mm} < t \leq 200\,\text{mm}$	
	f_y	f_u	f_y	f_u	f_y	f_u
S500 Q/QL/QL1	500	590	480	590	440	540
S550 Q/QL/QL1	550	640	530	640	490	590
S620 Q/QL/QL1	620	700	580	700	560	650
S690 Q/QL/QL1	690	770	650	760	630	710

Tafel 11.6 Einflüsse auf die Wahl der Stahlsorte

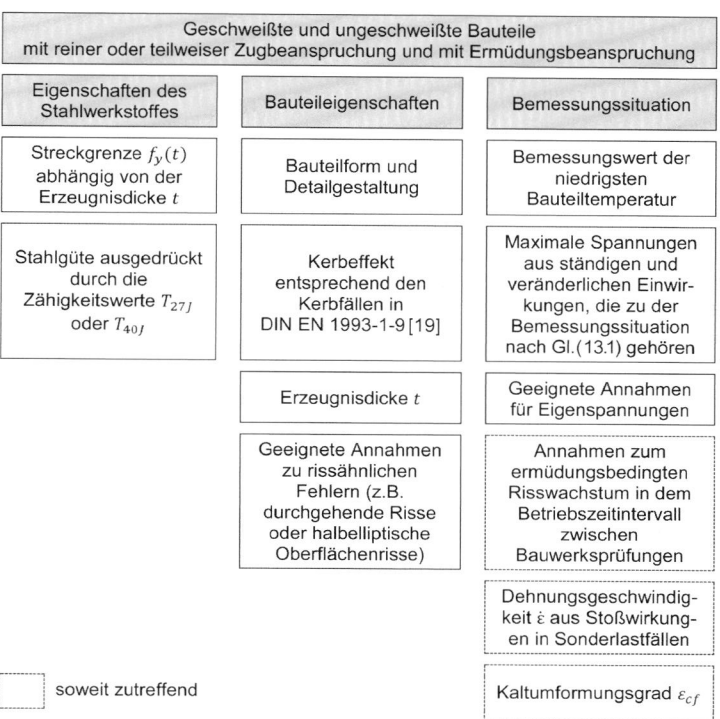

zwischen $0,50 f_y(t)$ und $0,75 f_y(t)$. Bei Bauteilen, die ausschließlich Druckspannungen ausgesetzt sind, ist das Spannungsniveau $\sigma_{Ed} = 0,25 f_y(t)$ anzuwenden (vgl. [23]).

Die Bezugstemperatur an der potentiellen Rissstelle wird in der Regel nach (11.2) bestimmt.

$$T_{Ed} = T_{md} + \Delta T_r + \Delta T_\sigma + \Delta T_R + \Delta T_{\dot\varepsilon} + \Delta T_{\varepsilon_{cf}} \quad (11.2)$$

mit

T_{md} die niedrigste Lufttemperatur mit spezifizierter Wiederkehrperiode, siehe [3]

ΔT_r die Temperaturverschiebung infolge von Strahlungsverlusten, siehe [3]

ΔT_σ die Temperaturverschiebung infolge der Spannungen und der Streckgrenze des Werkstoffs, der angenommenen rissähnlichen Imperfektionen, der Bauteilform und der Abmessungen, siehe [22], Abschn. 2.4 (3)

ΔT_R der zusätzliche Sicherheitsterm zur Anpassung an andere Zuverlässigkeitsanforderungen als zugrunde gelegt

$\Delta T_{\dot\varepsilon}$ die Temperaturverschiebung für andere Dehnungsgeschwindigkeiten als der zugrunde gelegten Geschwindigkeit $\dot\varepsilon_0$, siehe (11.4)

$\Delta T_{\varepsilon_{cf}}$ die Temperaturverschiebung infolge des Kaltumformungsgrades ε_{cf}, siehe (11.5).

Die Einsatztemperaturen $T_{mdr} = T_{md} + \Delta T_r$ sind für einige Anwendungsgebiete in Tafel 11.7 aufgeführt (vgl. [23]). Andere Bauteile können sinngemäß eingeordnet werden. Bei Anwendung der Tafel 11.8 wird der Ansatz von

Tafel 11.7 Einsatztemperaturen T_{mdr} für verschiedene Bauteile

Bauteil	Einsatztemperatur $T_{mdr} = T_{md} + \Delta T_r$ in °C
Stahl- und Verbundbrücken	−30
Stahltragwerke im Hochbau	
Außen liegende Bauteile	−30
Innen liegende Bauteile	0
Kranbahnen (außen liegende Bauteile)	−30
Stahlwasserbau	
Verschlusskörper, die zeitweilig ganz oder zu einem großen Teil aus dem Wasser herausgenommen werden	−30
Einseitig von Wasser benetzte Verschlusskörper	−15
Beidseitig teilweise von Wasser benetzte Verschlusskörper	−15
Verschlusskörper, die sich vollständig unter Wasser befinden	−5

Bei Berücksichtigung von Dehngeschwindigkeiten $\dot\varepsilon > 10^{-1}\,\mathrm{s}^{-1}$ infolge außergewöhnlicher Einwirkungen, z. B. Anprall, darf die gleichzeitig wirkende Temperatur $T_{mdr} = 0\,°C$ angesetzt werden.

R. Stroetmann

Tafel 11.8 Maximal zulässige Erzeugnisdicken t in mm

Stahlsorte		Kerbschlagarbeit KV		Bezugstemperatur T_{Ed} in °C																				
Stahlsorte	Stahlgütegruppe	Bei T [°C]	J_{min}	10	0	−10	−20	−30	−40	−50	10	0	−10	−20	−30	−40	−50	10	0	−10	−20	−30	−40	−50
				$\sigma_{Ed} = 0{,}75 f_y(t)$							$\sigma_{Ed} = 0{,}50 f_y(t)$							$\sigma_{Ed} = 0{,}25 f_y(t)$						
S235	JR	20	27	60	50	40	35	30	25	20	90	75	65	55	45	40	35	135	115	100	85	75	65	60
	J0	0	27	90	75	60	50	40	35	30	125	105	90	75	65	55	45	175	155	135	115	100	85	75
	J2	−20	27	125	105	90	75	60	50	40	170	145	125	105	90	75	65	200	200	175	155	135	115	100
S275	JR	20	27	55	45	35	30	25	20	15	80	70	55	50	40	35	30	125	110	95	80	70	60	55
	J0	0	27	75	65	55	45	35	30	25	115	95	80	70	55	50	40	165	145	125	110	95	80	70
	J2	−20	27	110	95	75	65	55	45	35	155	130	115	95	80	70	55	200	190	165	145	125	110	95
	M, N	−20	40	135	110	95	75	65	55	45	180	155	130	115	95	80	70	200	200	190	165	145	125	110
	ML, NL	−50	27	185	160	135	110	95	75	65	200	200	180	155	130	115	95	230	200	200	200	190	165	145
S355	JR	20	27	40	35	25	20	15	15	10	65	55	45	40	30	25	25	110	95	80	70	60	55	45
	J0	0	27	60	50	40	35	25	20	15	95	80	65	55	45	40	30	150	130	110	95	80	70	60
	J2	−20	27	90	75	60	50	40	35	25	135	110	95	80	65	55	45	200	175	150	130	110	95	80
	K2, M, N	−20	40	110	90	75	60	50	40	35	155	135	110	95	80	65	55	200	200	175	150	130	110	95
	ML, NL	−50	27	155	130	110	90	75	60	50	200	180	155	135	110	95	80	210	200	200	200	175	150	130
S420	M, N	−20	40	95	80	65	55	45	35	30	140	120	100	85	70	60	50	200	185	160	140	120	100	85
	ML, NL	−50	27	135	115	95	80	65	55	45	190	165	140	120	100	85	70	200	200	200	185	160	140	120
S460	Q	−20	30	70	60	50	40	30	25	20	110	95	75	65	55	45	35	175	155	130	115	95	80	70
	M, N	−20	40	90	70	60	50	40	30	25	130	110	95	75	65	55	45	200	175	155	130	115	95	80
	QL	−40	30	105	90	70	60	50	40	30	155	130	110	95	75	65	55	200	200	175	155	130	115	95
	ML, NL	−50	27	125	105	90	70	60	50	40	180	155	130	110	95	75	65	200	200	200	175	155	130	115
	QL1	−60	30	150	125	105	90	70	60	50	200	180	155	130	110	95	75	215	200	200	200	175	155	130
S500	Q	0	40	55	45	35	30	20	15	15	85	70	60	50	40	35	25	145	125	105	90	80	65	55
	Q	−20	30	65	55	45	35	30	20	15	105	85	70	60	50	40	35	170	145	125	105	90	80	65
	QL	−20	40	80	65	55	45	35	30	20	125	105	85	70	60	50	40	195	170	145	125	105	90	80
	QL	−40	30	100	80	65	55	45	35	30	145	125	105	85	70	60	50	200	195	170	145	125	105	90
	QL1	−40	40	120	100	80	65	55	45	35	170	145	125	105	85	70	60	200	200	195	170	145	125	105
	QL1	−60	30	140	120	100	80	65	55	45	200	170	145	125	105	85	70	205	200	200	195	170	145	125
S550	Q	0	40	50	40	30	25	20	15	10	80	65	55	45	35	30	25	140	120	100	85	75	60	50
	Q	−20	30	60	50	40	30	25	20	15	95	80	65	55	45	35	30	160	140	120	100	85	75	60
	QL	−20	40	75	60	50	40	30	25	20	115	95	80	65	55	45	35	185	160	140	120	100	85	75
	QL	−40	30	90	75	60	50	40	30	25	135	115	95	80	65	55	45	200	185	160	140	120	100	85
	QL1	−40	40	110	90	75	60	50	40	30	160	135	115	95	80	65	55	200	200	185	160	140	120	100
	QL1	−60	30	130	110	90	75	60	50	40	185	160	135	115	95	80	65	200	200	200	185	160	140	120
S620	Q	0	40	45	35	25	20	15	15	10	70	60	50	40	30	25	20	130	110	95	80	65	55	45
	Q	−20	30	55	45	35	25	20	15	15	85	70	60	50	40	30	25	150	130	110	95	80	65	55
	QL	−20	40	65	55	45	35	25	20	15	105	85	70	60	50	40	30	175	150	130	110	95	80	65
	QL	−40	30	80	65	55	45	35	25	20	125	105	85	70	60	50	40	200	175	150	130	110	95	80
	QL1	−40	40	100	80	65	55	45	35	25	145	125	105	85	70	60	50	200	200	175	150	130	110	95
	QL1	−60	30	120	100	80	65	55	45	35	170	145	125	105	85	70	60	200	200	200	175	150	130	110
S690	Q	0	40	40	30	25	20	15	10	10	65	55	45	35	30	20	20	120	100	85	75	60	50	45
	Q	−20	30	50	40	30	25	20	15	10	80	65	55	45	35	30	20	140	120	100	85	75	60	50
	QL	−20	40	60	50	40	30	25	20	15	95	80	65	55	45	35	30	165	140	120	100	85	75	60
	QL	−40	30	75	60	50	40	30	25	20	115	95	80	65	55	45	35	190	165	140	120	100	85	75
	QL1	−40	40	90	75	60	50	40	30	25	135	115	95	80	65	55	45	200	190	165	140	120	100	85
	QL1	−60	30	110	90	75	60	50	40	30	160	135	115	95	80	65	55	200	200	190	165	140	120	100

$\Delta T_R = 0\,°\mathrm{C}$ empfohlen. Es darf $\Delta T_\sigma = 0\,°\mathrm{C}$ angenommen werden [22].

Tafel 11.8 enthält die größten zulässigen Erzeugnisdicken in Abhängigkeit von der Stahlsorte, der Gütegruppe, der Bezugstemperatur T_{Ed} und der Bezugsspannung σ_{Ed}. Es darf linear interpoliert werden. Extrapolationen außerhalb der angegebenen Grenzen sind nicht zulässig. Der von der Blechdicke t [mm] abhängige charakteristische Wert der Streckgrenze darf entweder mit (11.3) bestimmt oder direkt als R_{eh}-Wert aus der maßgebenden Werkstoffnorm entnommen werden.

$$f_y(t) = f_{y,\mathrm{nom}} - 0{,}25\frac{t}{t_0} \quad \text{in N/mm}^2 \qquad (11.3)$$

Den Werten der Tafel 11.8 liegen folgende Annahmen und Voraussetzungen zugrunde:

Es gelten die **Zuverlässigkeitsanforderungen** nach [1] unter Zugrundelegung üblicher Lieferqualitäten.

Als **Dehnungsgeschwindigkeit** wurde $\dot{\varepsilon}_0 = 4 \cdot 10^{-4}/\mathrm{s}$ angesetzt. Dieser Wert deckt die dynamischen Effekte ab, die in üblichen kurzzeitigen und langzeitigen Bemessungssituationen auftreten können. Bei anderen Dehnungsgeschwindigkeiten $\dot{\varepsilon}$ (z. B. Stoßwirkungen) können die Tabellenwerte mit Eingangswerten T_{Ed} verwendet werden, die um den Wert $\Delta T_{\dot{\varepsilon}}$ zu tieferen Temperaturen hin verschoben sind.

$$\Delta T_{\dot{\varepsilon}} = -\frac{1440 - f_y(t)}{550} \cdot \left(\ln\frac{\dot{\varepsilon}}{\dot{\varepsilon}_0}\right)^{1{,}5} \quad \text{in }°\mathrm{C} \qquad (11.4)$$

mit $\dot{\varepsilon} = 1 \cdot 10^{-4}/\mathrm{s}$ als Referenzdehnrate.

Es liegen **Werkstoffe ohne Kaltumformungen** ($\varepsilon_{cf} = 0\,\%$) zugrunde. Letztere können berücksichtigt werden, indem die Werte T_{Ed} um den Wert $\Delta T_{\varepsilon_{cf}}$ zu tieferen Temperaturen hin verschoben werden:

$$\Delta T_{\varepsilon_{cf}} = -3 \cdot \varepsilon_{cf} \quad \text{in }°\mathrm{C} \qquad (11.5)$$

Als **Zähigkeitskennwerte** werden die Nennwerte T_{27J} aus den Produktnormen [45], [56] und [57] verwendet. Soweit dort andere T_{KV}-Werte als T_{27J} angegeben sind, wurde folgende Umrechnung benutzt:

$$T_{40J} = T_{27J} + 10 \quad \text{und} \quad T_{30J} = T_{27J} + 0 \quad \text{in }°\mathrm{C} \qquad (11.6)$$

Für ermüdungsbeanspruchte Bauteile sind alle **Kerbfälle** nach [20] abgedeckt.

11.1.2.4 Auswahl der Stahlsorten im Hinblick auf Eigenschaften in Dickenrichtung

Allgemeines Beim Walzen können sich parallel zur Oberfläche plättchenförmige Einschlüsse aus Sulfiden, Silikaten und Oxiden in schichtenweiser Anordnung bilden. Diese sind mit zerstörungsfreien Prüfungen häufig nicht erkennbar. Bei Zugbeanspruchung in Dickenrichtung können die Einschlüsse zu Brüchen führen, die wegen ihres typischen Aussehens Terrassenbrüche genannt werden. Die Gefügetrennungen entstehen durch Schrumpfspannungen in Schweißverbindungen. Diese lassen sich im Allgemeinen durch Ultraschallprüfungen er-

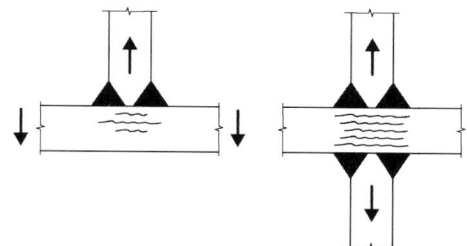

Abb. 11.1 Terrassenbruch

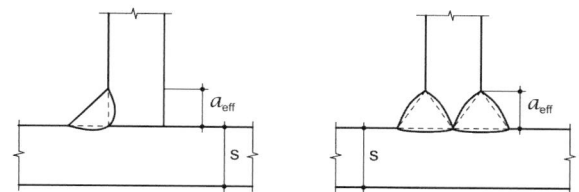

Abb. 11.2 Effektive Schweißnahtdicke a_{eff} für den Schrumpfprozess

kennen. Die Gefahr von Terrassenbrüchen kann durch Wahl von Werkstoffen mit verbessertem Verformungsvermögen in Dickenrichtung sowie konstruktiver und herstellungstechnischer Maßnahmen begegnet werden.

Große Bauteildicken und Schweißnahtvolumen sowie Behinderungen der Schrumpfverformungen der Schweißnähte durch hohe Steifigkeiten im Nahtbereich begünstigen den Terrassenbruch. Geeignete konstruktive Ausbildung der Schweißverbindung (z. B. Nahtvorbereitung), die Wahl einer Schweißfolge, die das Schrumpfen der Nähte so wenig wie möglich behindert, und das Vorwärmen der zu verbindenden Bauteile mindert die Terrassenbruchgefahr.

Nachweis der Z-Güten nach DIN EN 1993-1-10 [22] Die nachfolgenden Regelungen gelten für Stähle S235 bis S460. Die Terrassenbruchgefahr kann bei ausreichendem Verformungsvermögen in Dickenrichtung vernachlässigt werden. Als Maß dafür wird die Brucheinschnürung herangezogen, die als Z-Güte bezeichnet wird und deren versuchstechnische Bestimmung in [55] geregelt ist. Die erforderlichen Z-Güten werden für Stähle nach [22], Abschn. 3.2 ermittelt.

$$Z_{Ed} \le Z_{Rd} \qquad (11.7)$$

mit

Z_{Ed} erforderlicher Z-Wert, der sich aus der Größe der Dehnungsbeanspruchungen des Grundwerkstoffs infolge behinderter Schweißnahtschrumpfung ergibt:

$Z_{Ed} = Z_a + Z_b + Z_c + Z_d + Z_e$, siehe Tafel 11.10

Z_{Rd} verfügbarer Z-Wert nach [55].

Tafel 11.9 Stahlgütewahl nach DIN EN 10164 [55]

Erford. Wert Z_{Ed} nach [22]	Verfügbarer Wert Z_{Rd} nach [55]
$Z_{Ed} \le 10$	–
$10 < Z_{Ed} \le 20$	Z15
$20 < Z_{Ed} \le 30$	Z25
$Z_{Ed} > 30$	Z35

Tafel 11.10 Einflüsse auf die Anforderung Z_{Ed}

	Effektive Schweißnahtdicke a_{eff}	Nahtdicke bei Kehlnähten	Z
Schweißnahtdicke, die für die Dehnungs-beanspruchung durch Schweißschrumpfung verantwortlich ist	$a_{eff} \leq 7\,\text{mm}$	$a = 5\,\text{mm}$	$Z_a = 0$
	$7\,\text{mm} < a_{eff} \leq 10\,\text{mm}$	$a = 7\,\text{mm}$	$Z_a = 3$
	$10\,\text{mm} < a_{eff} \leq 20\,\text{mm}$	$a = 14\,\text{mm}$	$Z_a = 6$
	$20\,\text{mm} < a_{eff} \leq 30\,\text{mm}$	$a = 21\,\text{mm}$	$Z_a = 9$
	$30\,\text{mm} < a_{eff} \leq 40\,\text{mm}$	$a = 28\,\text{mm}$	$Z_a = 12$
	$40\,\text{mm} < a_{eff} \leq 50\,\text{mm}$	$a = 35\,\text{mm}$	$Z_a = 15$
	$50\,\text{mm} < a_{eff}$	$a > 35\,\text{mm}$	$Z_a = 15$
Nahtform und Anordnung der Naht in T-, Kreuz- und Eckverbindungen			$Z_b = -25$
	Eckverbindungen		$Z_b = -10$
	Einlagige Kehlnahtdicke mit $Z_a = 0$ oder Kehlnähte mit $Z_a > 1$ und Puffern[a] mit duktilem Schweißgut		$Z_b = -5$
	Mehrlagige Kehlnähte		$Z_b = 0$
	Voll durchgeschweißte und nicht voll durchgeschweißte Kehlnähte mit geeigneter Schweißfolge, um Schrumpfeffekte zu reduzieren		$Z_b = 3$
	Voll durchgeschweißte und nicht voll durchgeschweißte Kehlnähte		$Z_b = 5$
	Eckverbindungen		$Z_b = 8$
Auswirkung der Werkstoffdicke s auf die lokale Behinderung der Schrumpfung[b]	$s \leq 10\,\text{mm}$		$Z_c = 2$
	$10\,\text{mm} < s \leq 20\,\text{mm}$		$Z_c = 4$
	$20\,\text{mm} < s \leq 30\,\text{mm}$		$Z_c = 6$
	$30\,\text{mm} < s \leq 40\,\text{mm}$		$Z_c = 8$
	$40\,\text{mm} < s \leq 50\,\text{mm}$		$Z_c = 10$
	$50\,\text{mm} < s \leq 60\,\text{mm}$		$Z_c = 12$
	$60\,\text{mm} < s \leq 70\,\text{mm}$		$Z_c = 15$
	$70\,\text{mm} < s$		$Z_c = 15$
Auswirkung der großräumigen Behinderung der Schweißschrumpfung durch andere Bauteile	Schwache Behinderung: Freie Schrumpfung möglich (z. B. T-Anschlüsse)		$Z_d = 0$
	Mittlere Behinderung: Freie Schrumpfung behindert (z. B. Querschott in Kastenträger)		$Z_d = 3$
	Starke Behinderung: Freie Schrumpfung verhindert (z. B. durchgesteckte, ringsum eingeschweißte Längsrippe in orthotroper Fahrbahnplatte)		$Z_d = 5$
Einfluss der Vorwärmung	Ohne Vorwärmung		$Z_e = 0$
	Vorwärmung $\geq 100\,°\text{C}$		$Z_e = -8$

[a] Puffern durch Auftragen von Schweißgut mit hohem Verformungsvermögen in Beanspruchungsrichtung. Das Puffern verbessert örtlich das Verformungsvermögen in Dickenrichtung und bewirkt zusätzlich eine Vergrößerung der Anschlussfläche. Die Zugfestigkeit des Schweißgutes zum Puffern muss mindestens so hoch sein wie diejenige der Schweißnähte des Anschlusses.

[b] Der Wert Z_c darf um 50 % reduziert werden, wenn der Werkstoff in Dickenrichtung vorherrschend statisch und nur durch Druckkräfte belastet wird.

11.1.3 Profiltafeln

Tafel 11.11 Kranschienen nach DIN 536

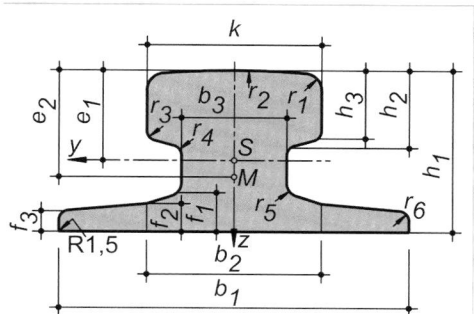

Form A (mit Fußflansch) nach DIN 536-1 (09.91)
Bezeichnung einer Kranschiene der Form A mit Kopfbreite $k = 100$ mm aus Stahl
mit $f_{u,k} \geq 690$ N/mm²:
Kranschiene DIN 536 – A 100 – 690
Werkstoff: Stahl mit Zugfestigkeit $f_{u,k} \geq 690$ N/mm², bei A 75, A 100, A 120 und A 150
auch $f_{u,k} \geq 880$ N/mm².

Kurz-zeichen	Maße in mm															
	k	b_1	b_2	b_3	f_1	f_2	f_3	h_1	h_2	h_3	r_1	r_2	r_3	r_4	r_5	r_6
A 45	45	125	54	24	14,5	11	8	55	24	20	4	400	3	4	5	4
A 55	55	150	66	31	17,5	12,5	9	65	28,5	25	5	400	5	5	6	5
A 65	65	175	78	38	20	14	10	75	34	30	6	400	5	5	6	5
A 75	75	200	90	45	22	15,4	11	85	39,5	35	8	500	6	6	8	6
A 100	100	200	100	60	23	16,5	12	95	45,5	40	10	500	6	6	8	6
A 120	120	220	120	72	30	20	14	105	55,5	47,5	10	600	6	10	10	6
A 150	150	220	–	80	31,5	–	14	150	64,5	50	10	800	10	30	30	6

Kurz-zeichen	Stabstatische Querschnittswerte										
	G	e_1	e_2	A	A_y	A_z	I_y	I_z	I_T	S_y	S_z
	kg/m	cm	cm	cm²	cm²	cm²	cm⁴	cm⁴	cm⁴	cm³	cm³
A 45	22,1	3,33	4,24	28,2	17,0	9,6	90	170	39	22,88	26,12
A 55	31,8	3,90	4,91	40,5	24,8	14,6	178	337	88	38,45	48,64
A 65	43,1	4,47	5,61	54,9	33,7	20,2	319	606	173	60,18	69,22
A 75	56,2	5,04	6,29	71,6	44,1	26,9	531	1011	311	88,41	102,09
A 100	74,3	5,29	6,27	94,7	65,8	41,6	856	1345	666	128,78	141,58
A 120	100,0	5,79	6,53	127,4	97,1	58,5	1361	2350	1302	187,23	222,35
A 150	150,3	7,73	8,48	191,4	153,6	107,1	4373	3605	2928	412,00	342,60

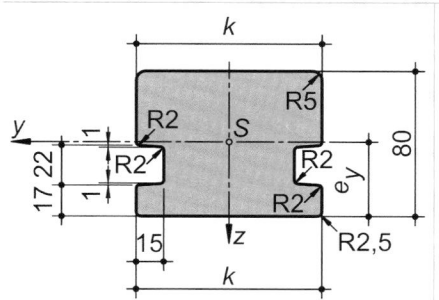

Form F (flach) nach DIN 536-2 (12.74) für spurkranzlose Laufräder
Bezeichnung einer Kranschiene der Form F mit Kopfbreite $k = 100$ mm:
Kranschiene F 100 DIN 536
Werkstoff: Stahl mit Zugfestigkeit $f_{u,k} \geq 690$ N/mm²

Kurz-zeichen	Maße und Stabstatische Querschnittswerte								
	k	A	G	e_y	I_y	W_y	I_z	W_z	I_T
	mm	cm²	kg/m	cm	cm⁴	cm³	cm⁴	cm³	cm⁴
F 100	100	73,2	57,5	4,09	414	101	541	108	604
F 120	120	89,2	70,1	4,07	499	123	962	160	907

A Querschnittsfläche, A_y und A_z Schubflächen, I_T Flächenmoment 2. Grades für Torsion, S_y und S_z Statische Momente der durch die Hauptachsen begrenzten Querschnittsteile bezogen auf diese Hauptachsen.

Tafel 11.12 Warmgewalzte schmale I-Träger

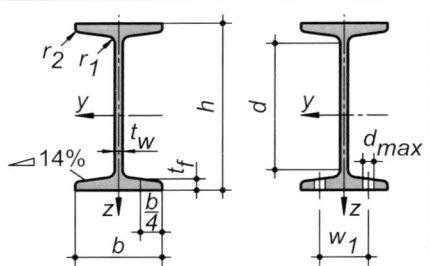

I-Reihe nach DIN 1025-1 (04.09)
Bezeichnung eines I-Trägers dieser Reihe aus einem Stahl mit dem Kurznamen S235JR bzw. der Werkstoffnummer 1.0038 nach DIN EN 10025 mit dem Kurzzeichen I 360:
I-Profil DIN 1025-1 – I 360 – S235JR oder I-Profil DIN 1025-1 – I 360 – 1.0038
Werkstoff vorzugsweise aus Stahlsorten nach DIN EN 10025; er ist in der Bezeichnung anzugeben.
Die gewünschte Nennlänge ist bei Bestellung anzugeben. Die Profile werden mit folgenden Grenzabmaßen von der bestellten Länge geliefert:
a) ± 50 mm oder, auf Vereinbarung
b) $^{+100}_{0}$ mm

Kurzzeichen[a]	Maße in mm[b]						[c]	[d]	[e]	[f]	[d]	[g]	Für Biegung um die[h]							[i]	[j]	[k]	[l]	[m]	[n]	Maße nach [95] in mm[o]	
													y-Achse			z-Achse											
	h	b	$t_\mathrm{w}=r_1$	t_f	r_2	d	A	A_vy	A_vz	G	U	I_y	W_y	i_y	I_z	W_z	i_z	$S_\mathrm{y}=\frac{1}{2}W_\mathrm{pl.y}$	S_f	$i_\mathrm{f,z}$	I_T	$\dfrac{I_\mathrm{w}}{1000}$	$\overline{w}^\mathrm{M}$	d_max	Anreißmaß w_1
							cm²	cm²	cm²	kg/m	m²/m	cm⁴	cm³	cm	cm⁴	cm³	cm	cm³	cm³	cm	cm⁴	cm⁶	cm²		

I

	h	b	$t_w=r_1$	t_f	r_2	d	A	A_{vy}	A_{vz}	G	U	I_y	W_y	i_y	I_z	W_z	i_z	S_y	S_f	$i_{f,z}$	I_T	$I_w/1000$	$\overline{w}^M$	d_{max}	w_1
80	80	42	3,9	5,9	2,3	59,0	7,57	4,96	3,30	5,94	0,304	77,8	19,5	3,20	6,29	3,00	0,91	11,4	9,65	1,04	0,869	0,0875	7,78	–	–
100	100	50	4,5	6,8	2,7	75,7	10,6	6,80	4,72	8,34	0,370	171	34,2	4,01	12,2	4,88	1,07	19,9	16,6	1,23	1,60	0,268	11,7	–	–
120	120	58	5,1	7,7	3,1	92,4	14,2	8,93	6,45	11,1	0,439	328	54,7	4,81	21,5	7,41	1,23	31,8	26,3	1,42	2,71	0,685	16,3	–	–
140	140	66	5,7	8,6	3,4	109,1	18,2	11,4	8,32	14,3	0,502	573	81,9	5,61	35,2	10,7	1,40	47,7	39,1	1,61	4,32	1,540	21,7	–	–
160	160	74	6,3	9,5	3,8	125,7	22,8	14,1	10,5	17,9	0,575	935	117	6,40	54,7	14,8	1,55	68,0	55,5	1,80	6,57	3,138	27,8	–	–
180	180	82	6,9	10,4	4,1	142,4	27,9	17,1	13,0	21,9	0,640	1450	161	7,20	81,3	19,8	1,71	93,4	75,8	1,98	9,58	5,924	34,8	–	–
200	200	90	7,5	11,3	4,5	159,1	33,4	20,3	15,6	26,2	0,709	2140	214	8,00	117	26,0	1,87	125	101	2,18	13,5	10,52	42,5	–	–
220	220	98	8,1	12,2	4,9	175,8	39,5	23,9	18,6	31,1	0,775	3060	278	8,80	162	33,1	2,02	162	130	2,36	18,6	17,76	50,9	11	68
240	240	106	8,7	13,1	5,2	192,5	46,1	27,8	21,7	36,2	0,844	4250	354	9,59	221	41,7	2,20	206	165	2,56	25,0	28,73	60,1	13	69
260	260	113	9,4	14,1	5,6	208,9	53,3	31,9	25,4	41,9	0,906	5740	442	10,4	288	51,0	2,32	257	205	2,72	33,5	44,07	69,5	13	69
280	280	119	10,1	15,2	6,1	225,1	61,0	36,2	29,4	47,9	0,966	7590	542	11,1	364	61,2	2,45	316	251	2,86	44,2	64,58	78,8	13	70
300	300	125	10,8	16,2	6,5	241,6	69,0	40,5	33,7	54,2	1,03	9800	653	11,9	451	72,2	2,56	381	302	3,01	56,8	91,85	88,7	17	81
320	320	131	11,5	17,3	6,9	257,8	77,7	45,3	38,3	61,0	1,09	12.510	782	12,7	555	84,7	2,67	457	361	3,15	72,5	128,8	99,1	17	82
340	340	137	12,2	18,3	7,3	274,3	86,7	50,1	43,3	68,0	1,15	15.700	923	13,5	674	98,4	2,80	540	425	3,29	90,4	176,3	110	17	82
360	360	143	13,0	19,5	7,8	290,2	97,0	55,8	48,8	76,1	1,21	19.610	1090	14,2	818	114	2,90	638	500	3,43	115	240,1	122	21	90
380	380	149	13,7	20,5	8,2	306,7	107	61,1	54,3	84,0	1,27	24.010	1260	15,0	975	131	3,02	741	579	3,57	141	318,7	134	21	92
400	400	155	14,4	21,6	8,6	322,9	118	67,0	60,4	92,4	1,33	29.210	1460	15,7	1160	149	3,13	857	668	3,71	170	419,6	147	21	94
450	450	170	16,2	24,3	9,7	363,6	147	82,6	76,2	115	1,48	45.850	2040	17,7	1730	203	3,43	1200	929	4,07	267	791,1	181	21	100
500	500	185	18,0	27,0	10,8	404,3	179	99,9	93,7	141	1,63	68.740	2750	19,6	2480	268	3,72	1620	1250	4,43	402	1403	219	25	117
550	550	200	19,0	30,0	11,9	445,6	212	120	109	166	1,80	99.180	3610	21,6	3490	349	4,02	2120	1640	4,81	544	2389	260	28	127

[a] Kurzzeichen nach [41].

[b] Zulässige Abweichungen: für I-Reihe nach DIN 1025-1, s. [59]; für HEB-, HEA-, HEM- und IPE-Reihe nach DIN 1025-2 bis -5, s. [60]

[c] d Steghöhe zwischen den Ausrundungen, für I-Träger mit parallelen Flanschflächen gilt: $d = h - 2 \cdot (t_\mathrm{f} + r)$.

[d] A Querschnittsfläche, G Längenbezogene Masse.

[e] A_vy wirksame Schubfläche bezogen auf die y-Achse, Berechnungsgrundlagen siehe Abschn. 11.3.13.

[f] A_vz wirksame Schubfläche bezogen auf die z-Achse, Berechnungsgrundlagen siehe Abschn. 11.3.13.

[g] U Anstrichfläche.

[h] I Flächenträgheitsmoment, W Elastisches Widerstandsmoment, i Trägheitsradius, jeweils bezogen auf die Achsen y, z; für plastische Widerstandsmomente W_pl siehe Abschn. 11.3.13.

[i] S_y Flächenmoment 1. Grades bezogen auf die y-Achse, $W_\mathrm{pl,y} = 2S_\mathrm{y}$ plastisches Widerstandsmoment bezogen auf die y-Achse (gilt für Querschnitte, die bezogen auf die y-Achse symmetrisch sind).

[j] S_f Flächenmoment 1. Grades am Ausrundungsbeginn von I-Profilen bezogen auf die y-Achse ($z = d/2$).

[k] $i_\mathrm{f,z}$ Trägheitsradius des gedrückten Flansches einschl. der Radien zzgl. 1/6 der Stegfläche, bezogen auf die z-Achse, bei reiner Biegebeanspruchung.

[l] I_T St. Venant'sche Torsionssteifigkeit.

[m] I_w Wölbflächenmoment 2. Grades bezogen auf den Schubmittelpunkt.

[n] $\overline{w}^\mathrm{M}$ maximale Wölbordinate, $\overline{w}^\mathrm{M} = (h - t_\mathrm{f}) \cdot b/4$.

[o] größtmögliche Lochdurchmesser und zugehörige minimale Anreißmaße nach [95]; für IPE-, HEAA-, HEA-, HEB- und HEM-Profile sind Anreißmaße in [42] enthalten, siehe Tafel 11.20.

Bemerkung Die Angaben entsprechend den Fußnoten j, k, l sind nicht genormt. Die Variablenbezeichnung wurde abweichend von den gültigen Profilnormen nach [12] vorgenommen.

Tafel 11.13 Warmgewalzte mittelbreite I-Träger

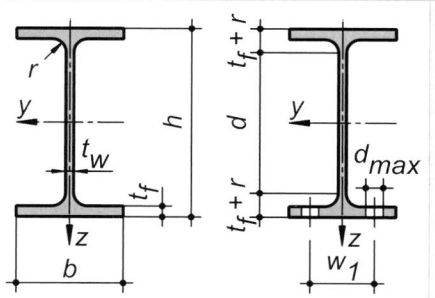

IPE-Reihe nach DIN 1025-5 (03.94)

Bezeichnung eines I-Trägers dieser Reihe aus einem Stahl mit dem Kurznamen S235JR bzw. der Werkstoffnummer 1.0038 nach DIN EN 10025 mit dem Kurzzeichen IPE 360:

I-Profil DIN 1025-5 – S235JR – IPE 360 oder I-Profil DIN 1025-5 – 1.0038 – IPE 360

Werkstoff vorzugsweise aus Stahlsorten nach DIN EN 10025; er ist in der Bezeichnung anzugeben.

Die gewünschte Nennlänge ist bei Bestellung anzugeben. Die Profile werden mit folgenden Grenzabmaßen von der bestellten Länge geliefert:

a) ± 50 mm oder

b) $^{+100}_{0}$ mm, wenn bestimmte Mindestlängen gefordert werden.

Kurz-zeichen	Maße in mm											Für Biegung um die												Maße nach [95] in mm[a]	
												y-Achse			z-Achse										
	h	b	t_w	t_f	r	d	A	A_{vy}	A_{vz}	G	U	I_y	W_y	i_y	I_z	W_z	i_z	$S_y = \frac{1}{2} W_{pl.y}$	S_f	$i_{f.z}$	I_T	$\dfrac{I_w}{1000}$	$\overline{w}^M$	d_{max}	Anreißmaß w_1
							cm²	cm²	cm²	kg/m	m²/m	cm⁴	cm³	cm	cm⁴	cm³	cm	cm³	cm³	cm	cm⁴	cm⁶	cm²		
IPEa – leichte Ausführung (nicht genormt)																									
80	78	46	3,3	4,2	5	59,6	6,38	3,86	3,07	5,00	0,325	64,4	16,5	3,18	6,85	2,98	1,04	9,49	8,02	1,19	0,416	0,0928	8,49	–	–
100	98	55	3,6	4,7	7	74,6	8,78	5,17	4,44	6,89	0,397	141	28,8	4,01	13,1	4,77	1,22	16,5	14,0	1,40	0,773	0,284	12,8	–	–
120	117,6	64	3,8	5,1	7	93,4	11,0	6,53	5,41	8,66	0,472	257	43,8	4,83	22,4	7,00	1,42	24,9	20,8	1,64	1,04	0,705	18,0	–	–
140	137,4	73	3,8	5,6	7	112,2	13,4	8,18	6,21	10,5	0,547	435	63,3	5,70	36,4	9,98	1,65	35,8	29,8	1,89	1,36	1,577	24,1	–	–
160	157	82	4,0	5,9	9	127,2	16,2	9,68	7,80	12,7	0,619	689	87,8	6,53	54,4	13,3	1,83	49,5	41,5	2,10	1,96	3,095	31,0	–	–
180	177	91	4,3	6,5	9	146,0	19,6	11,8	9,20	15,4	0,694	1060	120	7,37	81,9	18,0	2,05	67,7	56,2	2,35	2,70	5,933	38,8	11	64
200	197	100	4,5	7,0	12	159,0	23,5	14,0	11,5	18,4	0,764	1590	162	8,23	117	23,4	2,23	90,8	76,6	2,55	4,11	10,53	47,5	13	66
220	217	110	5,0	7,7	12	177,6	28,3	16,9	13,5	22,2	0,843	2320	214	9,05	171	31,2	2,46	120	100	2,82	5,69	18,71	57,6	13	66
240	237	120	5,2	8,3	15	190,4	33,3	19,9	16,3	26,2	0,918	3290	278	9,94	240	40,0	2,68	156	132	3,06	8,35	31,26	68,6	13	72
270	267	135	5,5	8,7	15	219,6	39,1	23,5	18,7	30,7	1,04	4920	368	11,2	358	53,0	3,02	206	173	3,45	10,3	59,51	87,2	17	81
300	297	150	6,1	9,2	15	248,6	46,5	27,6	22,2	36,5	1,16	7170	483	12,4	519	69,2	3,34	271	224	3,84	13,4	107,2	108	21	87
330	327	160	6,5	10,0	18	271,0	54,7	32,0	27,0	43,0	1,25	10.230	626	13,7	685	85,6	3,54	351	291	4,07	19,6	171,5	127	21	94
360	357,6	170	6,6	11,5	18	298,6	64,0	39,1	29,8	50,2	1,35	14.520	812	15,1	944	111	3,84	453	380	4,38	26,5	282,0	147	25	106
400	397	180	7,0	12,0	21	331,0	73,1	43,2	35,8	57,4	1,46	20.290	1020	16,7	1170	130	4,00	572	476	4,58	34,8	432,2	173	25	112
450	447	190	7,6	13,1	21	378,8	85,5	49,8	42,3	67,2	1,60	29.760	1330	18,7	1500	158	4,19	747	611	4,83	45,7	704,9	206	28	120
500	497	200	8,4	14,5	21	426,0	101	58,0	50,4	79,4	1,74	42.930	1730	20,6	1940	194	4,38	973	782	5,09	62,8	1125	241	28	120
550	547	210	9,0	15,7	24	467,6	117	65,9	60,3	92,1	1,87	59.980	2190	22,6	2430	232	4,55	1240	991	5,30	86,5	1710	279	28	127
600	597	220	9,8	17,5	24	514,0	137	77,0	70,1	108	2,01	82.920	2780	24,6	3120	283	4,77	1570	1250	5,57	119	2607	319	28	128
IPE																									
80	80	46	3,8	5,2	5	59,6	7,64	4,78	3,58	6,00	0,328	80,1	20,0	3,24	8,49	3,69	1,05	11,6	9,92	1,20	0,698	0,118	8,60	–	–
100	100	55	4,1	5,7	7	74,6	10,3	6,27	5,08	8,10	0,400	171	34,2	4,07	15,9	5,79	1,24	19,7	16,9	1,42	1,20	0,351	13,0	–	–
120	120	64	4,4	6,3	7	93,4	13,2	8,06	6,31	10,4	0,475	318	53,0	4,90	27,7	8,65	1,45	30,4	25,6	1,66	1,74	0,890	18,2	–	–
140	140	73	4,7	6,9	7	112,2	16,4	10,1	7,64	12,9	0,551	541	77,3	5,74	44,9	12,3	1,65	44,2	36,8	1,90	2,45	1,981	24,3	–	–
160	160	82	5,0	7,4	9	127,2	20,1	12,1	9,66	15,8	0,623	869	109	6,58	68,3	16,7	1,84	61,9	51,8	2,11	3,60	3,959	31,3	–	–
180	180	91	5,3	8,0	9	146,0	23,9	14,6	11,3	18,8	0,698	1320	146	7,42	101	22,2	2,05	83,2	69,1	2,36	4,79	7,431	39,1	–	–
200	200	100	5,6	8,5	12	159,0	28,5	17,0	14,0	22,4	0,768	1940	194	8,26	142	28,5	2,24	110	92,6	2,56	6,98	12,99	47,9	–	–
220	220	110	5,9	9,2	12	177,6	33,4	20,2	15,9	26,2	0,848	2770	252	9,11	205	37,3	2,48	143	119	2,84	9,07	22,67	58,0	–	–
240	240	120	6,2	9,8	15	190,4	39,1	23,5	19,1	30,7	0,922	3890	324	9,97	284	47,3	2,69	183	155	3,07	12,9	37,39	69,1	–	–
270	270	135	6,6	10,2	15	219,6	45,9	27,5	22,1	36,1	1,04	5790	429	11,2	420	62,2	3,02	242	202	3,46	15,9	70,58	87,7	–	–
300	300	150	7,1	10,7	15	248,6	53,8	32,1	25,7	42,2	1,16	8360	557	12,5	604	80,5	3,35	314	259	3,85	20,1	125,9	108	–	–
330	330	160	7,5	11,5	18	271,0	62,6	36,8	30,8	49,1	1,25	11.800	713	13,7	788	98,5	3,55	402	333	4,08	28,1	199,1	127	–	–
360	360	170	8,0	12,7	18	298,6	72,7	43,2	35,1	57,1	1,35	16.300	904	15,0	1040	123	3,79	510	420	4,36	37,3	313,6	148	–	–
400	400	180	8,6	13,5	21	331,0	84,5	48,6	42,7	66,3	1,47	23.100	1160	16,5	1320	146	3,95	654	536	4,57	51,1	490,0	174	–	–
450	450	190	9,4	14,6	21	378,8	98,8	55,5	50,8	77,6	1,61	33.700	1500	18,5	1680	176	4,12	851	682	4,81	66,9	791,0	207	–	–
500	500	200	10,2	16,0	21	426,0	116	64,0	59,9	90,7	1,74	48.200	1930	20,4	2140	214	4,31	1100	866	5,06	89,3	1249	242	–	–
550	550	210	11,1	17,2	24	467,7	134	72,2	72,3	106	1,88	67.100	2440	22,3	2670	254	4,45	1390	1090	5,26	123	1884	280	–	–
600	600	220	12,0	19,0	24	514,0	156	83,6	83,8	122	2,01	92.100	3070	24,3	3390	308	4,66	1760	1360	5,52	165	2846	330	–	–

[a] für die Profile IPEa 450 bis IPEa 600 ist die Anordnung von vier Löchern möglich. Der maximale Lochdurchmesser d_{max} beträgt dann 13 mm. Anmerkungen sinngemäß wie in Tafel 11.12.

Tafel 11.13 (Fortsetzung)

Kurz-zeichen	Maße in mm											Für Biegung um die												Maße nach [95] in mm[a]	
	h	b	t_w	t_f	r	d	A	A_{vy}	A_{vz}	G	U	I_y	W_y	i_y	I_z	W_z	i_z	$S_y = \frac{1}{2}W_{pl.y}$	S_f	$i_{f,z}$	I_T	$\frac{I_w}{1000}$	$\overline{w}^M$	d_{max}	Anreiß-maß w_1
												y-Achse			z-Achse										
						cm²	cm²	cm²	kg/m	m²/m	cm⁴	cm³	cm	cm⁴	cm³	cm	cm³	cm³	cm	cm⁴	cm⁶	cm²			

IPEo – optimierte Ausführung (nicht genormt)

Kurz-zeichen	h	b	t_w	t_f	r	d	A	A_{vy}	A_{vz}	G	U	I_y	W_y	i_y	I_z	W_z	i_z	S_y	S_f	$i_{f,z}$	I_T	$\frac{I_w}{1000}$	$\overline{w}^M$	d_{max}	w_1
180	182	92	6,0	9,0	9	146,0	27,1	16,6	12,7	21,3	0,705	1510	165	7,45	117	25,5	2,08	94,6	78,6	2,39	6,76	8,740	39,8	–	–
200	202	102	6,2	9,5	12	159,0	32,0	19,4	15,5	25,1	0,779	2210	219	8,32	169	33,1	2,30	125	105	2,63	9,45	15,57	49,1	13	67
220	222	112	6,6	10,2	12	177,6	37,4	22,8	17,7	29,4	0,858	3130	282	9,16	240	42,8	2,53	161	135	2,90	12,3	26,79	59,3	13	68
240	242	122	7,0	10,8	15	190,4	43,7	26,4	21,4	34,3	0,932	4370	361	10,0	329	53,9	2,74	205	173	3,13	17,2	43,68	70,5	13	74
270	274	136	7,5	12,2	15	219,6	53,8	33,2	25,2	42,3	1,05	6950	507	11,4	513	75,5	3,09	287	242	3,52	24,9	87,64	89,0	17	83
300	304	152	8,0	12,7	15	248,6	62,8	38,6	29,0	49,3	1,17	9990	658	12,6	746	98,1	3,45	372	310	3,94	31,1	157,7	111	21	89
330	334	162	8,5	13,5	18	271,0	72,6	43,7	34,9	57,0	1,27	13.910	833	13,8	960	119	3,64	471	393	4,17	42,2	245,7	130	21	96
360	364	172	9,2	14,7	18	298,6	84,1	50,6	40,2	66,0	1,37	19.050	1050	15,0	1250	145	3,86	593	491	4,43	55,8	380,3	150	25	108
400	404	182	9,7	15,5	21	331,0	96,4	56,4	48,0	75,7	1,48	26.750	1320	16,7	1560	172	4,03	751	618	4,65	73,1	587,6	177	25	115
450	456	192	11,0	17,6	21	378,8	118	67,6	59,4	92,4	1,62	40.920	1790	18,6	2090	217	4,21	1020	826	4,90	109	997,6	210	28	123
500	506	202	12,0	19,0	21	426,0	137	76,8	70,2	107	1,76	57.780	2280	20,6	2620	260	4,38	1310	1030	5,13	143	1548	246	28	124
550	556	212	12,7	20,2	24	467,6	156	85,6	82,7	123	1,89	79.160	2850	22,5	3220	304	4,55	1630	1280	5,35	188	2302	284	28	131
600	610	224	15,0	24,0	24	514,0	197	108	104	154	2,04	118.300	3880	24,5	4520	404	4,79	2240	1740	5,66	318	3860	328	28	133

IPEv – verstärkte Ausführung (nicht genormt)

Kurz-zeichen	h	b	t_w	t_f	r	d	A	A_{vy}	A_{vz}	G	U	I_y	W_y	i_y	I_z	W_z	i_z	S_y	S_f	$i_{f,z}$	I_T	$\frac{I_w}{1000}$	$\overline{w}^M$	d_{max}	w_1
400	408	182	10,6	17,5	21	331,0	107	63,7	52,5	84,0	1,49	30.140	1480	16,8	1770	194	4,06	841	695	4,68	99,0	670,3	178	25	116
450	460	194	12,4	19,6	21	378,8	132	76,0	66,6	104	1,64	46.200	2010	18,7	2400	247	4,26	1150	928	4,96	150	1156	214	28	124
500	514	204	14,2	23,0	21	426,0	164	93,8	83,2	129	1,78	70.720	2750	20,8	3270	321	4,47	1580	1260	5,22	243	1961	250	28	126
550	566	216	17,1	25,2	24	467,6	202	109	110	159	1,92	102.300	3620	22,5	4260	395	4,60	2100	1640	5,45	380	3095	292	28	135
600	618	228	18,0	28,0	24	514,0	234	128	125	184	2,07	141.600	4580	24,6	5570	489	4,88	2660	2070	5,78	512	4813	336	28	136

[a] für die Profile IPEo 450 bis IPEo 600 ist die Anordnung von vier Löchern möglich. Der maximale Lochdurchmesser d_{max} beträgt dann 13 mm. Anmerkungen sinngemäß wie in Tafel 11.12.

Tafel 11.14 Warmgewalzte breite I-Träger, besonders leichte Ausführung

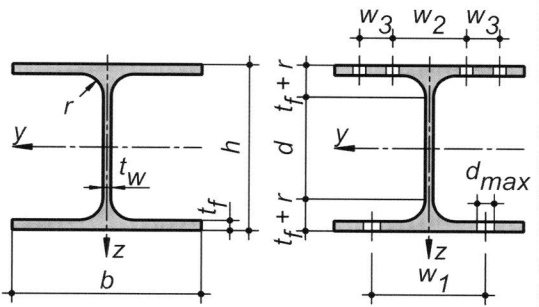

HEAA-Reihe (nicht genormt)
Träger mit parallelen Flanschflächen, deren Stege und Flansche dünner und deren Höhen h damit kleiner als die der HEA-Reihe nach DIN 1025-3 sind.
Werkstoff vorzugsweise aus Stahlsorten nach DIN EN 10025; er ist in der Bezeichnung anzugeben.
Walztoleranzen nach Herstellerangaben.

Kurz-zei-chen	Maße in mm											Für Biegung um die											
												y-Achse			z-Achse								
	h	b	t_w	t_f	r	d	A	A_{vy}	A_{vz}	G	U	I_y	W_y	i_y	I_z	W_z	i_z	$S_y = \frac{1}{2}W_{pl,y}$	S_f	$i_{f,z}$	I_T	$\frac{I_w}{1000}$	$\overline{w}^M$
							cm²	cm²	cm²	kg/m	m²/m	cm⁴	cm³	cm	cm⁴	cm³	cm	cm³	cm³	cm	cm⁴	cm⁶	cm²
HEAA (IPBll) (nicht genormt)																							
100	91	100	4,2	5,5	12	56	15,6	11,0	6,15	12,2	0,553	237	52,0	3,89	92,1	18,4	2,43	29,2	27,5	2,62	2,51	1,675	21,4
120	109	120	4,2	5,5	12	74	18,6	13,2	6,90	14,6	0,669	413	75,8	4,72	159	26,5	2,93	42,1	39,2	3,17	2,78	4,242	31,1
140	128	140	4,3	6	12	92	23,0	16,8	7,92	18,1	0,787	719	112	5,59	275	39,3	3,45	61,9	57,3	3,73	3,54	10,21	42,7
160	148	160	4,5	7	15	104	30,4	22,4	10,4	23,8	0,901	1280	173	6,50	479	59,8	3,97	95,2	89,1	4,26	6,33	23,75	56,4
180	167	180	5	7,5	15	122	36,5	27,0	12,2	28,7	1,02	1970	236	7,34	730	81,1	4,47	129	120	4,82	8,33	46,36	71,8
200	186	200	5,5	8	18	134	44,1	32,0	15,5	34,6	1,13	2940	317	8,17	1070	107	4,92	174	161	5,31	12,7	84,49	89,0
220	205	220	6	8,5	18	152	51,5	37,4	17,6	40,4	1,25	4170	407	9,00	1510	137	5,42	223	205	5,86	15,9	145,6	108
240	224	240	6,5	9	21	164	60,4	43,2	21,5	47,4	1,36	5840	521	9,83	2080	173	5,87	285	263	6,35	23,0	239,6	129
260	244	260	6,5	9,5	24	177	69,0	49,4	24,7	54,1	1,47	7980	654	10,8	2790	214	6,36	357	332	6,86	30,3	382,6	152
280	264	280	7	10	24	196	78,0	56,0	27,5	61,2	1,59	10.560	800	11,6	3660	262	6,85	437	403	7,41	36,2	590,1	178
300	283	300	7,5	10,5	27	208	88,9	63,0	32,4	69,8	1,70	13.800	976	12,5	4730	316	7,30	533	492	7,90	49,3	877,2	204
320	301	300	8	11	27	225	94,6	66,0	35,4	74,2	1,74	16.450	1090	13,2	4960	331	7,24	598	547	7,89	55,9	1041	218
340	320	300	8,5	11,5	27	243	101	69,0	38,7	78,9	1,78	19.550	1220	13,9	5180	346	7,18	670	608	7,87	63,1	1231	231
360	339	300	9	12	27	261	107	72,0	42,2	83,7	1,81	23.040	1360	14,7	5410	361	7,12	748	671	7,85	71,0	1444	245
400	378	300	9,5	13	27	298	118	78,0	48,0	92,4	1,89	31.250	1650	16,3	5860	391	7,06	912	807	7,84	84,7	1948	274
450	425	300	10	13,5	27	344	127	81,0	54,7	99,7	1,98	41.890	1970	18,2	6090	406	6,92	1090	944	7,78	95,6	2572	309
500	472	300	10,5	14	27	390	137	84,0	61,9	107	2,08	54.640	2320	20,0	6310	421	6,79	1290	1090	7,72	108	3304	344
550	522	300	11,5	15	27	438	153	90,0	72,7	120	2,17	72.870	2790	21,8	6770	451	6,65	1560	1290	7,66	134	4338	380
600	571	300	12	15,5	27	486	164	93,0	81,3	129	2,27	91.870	3220	23,7	6990	466	6,53	1810	1460	7,60	150	5381	417
650	620	300	12,5	16	27	534	176	96,0	90,4	138	2,37	113.900	3680	25,5	7220	481	6,41	2080	1630	7,54	168	6567	453
700	670	300	13	17	27	582	191	102	100	150	2,47	142.700	4260	27,3	7670	512	6,34	2420	1870	7,51	195	8155	490
800	770	300	14	18	30	674	218	108	124	172	2,66	208.900	5430	30,9	8130	542	6,10	3110	2320	7,36	257	11.450	564
900	870	300	15	20	30	770	252	120	147	198	2,86	301.100	6920	34,6	9040	603	5,99	4000	2890	7,30	335	16.260	638
1000	970	300	16	21	30	868	282	126	172	222	3,06	406.500	8380	38,0	9500	633	5,80	4890	3380	7,19	403	21.280	712

Anmerkungen sinngemäß wie Tafel 11.12.

Tafel 11.15 Warmgewalzte breite I-Träger, leichte Ausführung

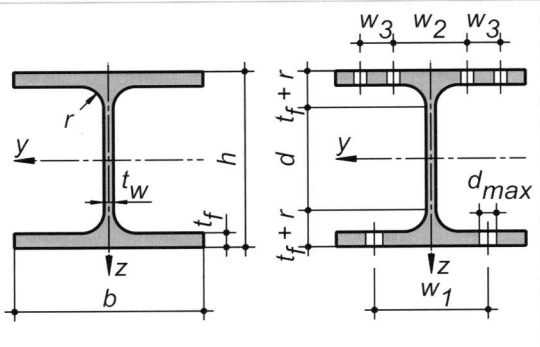

HEA-Reihe nach DIN 1025-3 (03.94)

Träger mit parallelen Flanschflächen, deren Stege und Flansche dünner und deren Höhen h damit kleiner als die der HEB-Reihe nach DIN 1025-2 sind.

Bezeichnung eines I-Trägers dieser Reihe aus einem Stahl mit dem Kurznamen S235JR bzw. der Werkstoffnummer 1.0038 nach DIN EN 10025 mit dem Kurzzeichen HE 360 A:

I-Profil DIN 1025-3 – S235JR – HE 360 A oder I-Profil DIN 1025-3 – 1.0038 – HE 360 A

Werkstoff vorzugsweise aus Stahlsorten nach DIN EN 10025; er ist in der Bezeichnung anzugeben.

Die gewünschte Nennlänge ist bei Bestellung anzugeben. Die Profile werden mit folgenden Grenzabmaßen von der bestellten Länge geliefert:

a) ± 50 mm oder

b) $^{+100}_{0}$ mm, wenn bestimmte Mindestlängen gefordert werden.

Kurz-zei-chen	Maße in mm											Für Biegung um die											
												y-Achse			z-Achse								
	h	b	t_w	t_f	r	d	A	A_{vy}	A_{vz}	G	U	I_y	W_y	i_y	I_z	W_z	i_z	$S_y = \frac{1}{2}W_{pl,y}$	S_f	$i_{f,z}$	I_T	$\frac{I_w}{1000}$	$\overline{w}^M$
	cm²	cm²	cm²	kg/m	m²/m	cm⁴	cm³	cm	cm⁴	cm³	cm	cm³	cm³	cm	cm⁴	cm⁶	cm²						
HEA (IPBl)																							
100	96	100	5	8	12	56	21,2	16,0	7,56	16,7	0,561	349	72,8	4,06	134	26,8	2,51	41,5	39,5	2,68	5,24	2,581	22,0
120	114	120	5	8	12	74	25,3	19,2	8,46	19,9	0,677	606	106	4,89	231	38,5	3,02	59,7	56,3	3,23	5,99	6,472	31,8
140	133	140	5,5	8,5	12	92	31,4	23,8	10,1	24,7	0,794	1030	155	5,73	389	55,6	3,52	86,7	80,9	3,79	8,13	15,06	43,6
160	152	160	6	9	15	104	38,8	28,8	13,2	30,4	0,906	1670	220	6,57	616	76,9	3,98	123	114	4,29	12,2	31,41	57,2
180	171	180	6	9,5	15	122	45,3	34,2	14,5	35,5	1,02	2510	294	7,45	925	103	4,52	162	151	4,86	14,8	60,21	72,7
200	190	200	6,5	10	18	134	53,8	40,0	18,1	42,3	1,14	3690	389	8,28	1340	134	4,98	215	200	5,36	21,0	108,0	90,0
220	210	220	7	11	18	152	64,3	48,4	20,7	50,5	1,26	5410	515	9,17	1960	178	5,51	284	264	5,93	28,5	193,3	109
240	230	240	7,5	12	21	164	76,8	57,6	25,2	60,3	1,37	7760	675	10,1	2770	231	6,00	372	347	6,45	41,6	328,5	131
260	250	260	7,5	12,5	24	177	86,8	65,0	28,8	68,2	1,48	10.400	836	11,0	3670	282	6,50	460	431	6,97	52,4	516,4	154
280	270	280	8	13	24	196	97,3	72,8	31,7	76,4	1,60	13.700	1010	11,9	4760	340	7,00	556	518	7,52	62,1	785,4	180
300	290	300	8,5	14	27	208	113	84,0	37,3	88,3	1,72	18.300	1260	12,7	6310	421	7,49	692	646	8,04	85,2	1200	207
320	310	300	9	15,5	27	225	124	93,0	41,1	97,6	1,76	22.900	1480	13,6	6980	466	7,49	814	757	8,06	108	1512	221
340	330	300	9,5	16,5	27	243	133	99,0	45,0	105	1,79	27.700	1680	14,4	7440	496	7,46	925	855	8,05	127	1824	235
360	350	300	10	17,5	27	261	143	105	49,0	112	1,83	33.100	1890	15,2	7890	526	7,43	1040	959	8,05	149	2177	249
400	390	300	11	19	27	298	159	114	57,3	125	1,91	45.100	2310	16,8	8560	571	7,34	1280	1160	8,02	189	2942	278
450	440	300	11,5	21	27	344	178	126	65,8	140	2,01	63.700	2900	18,9	9460	631	7,29	1610	1440	8,01	244	4148	314
500	490	300	12	23	27	390	198	138	74,7	155	2,11	87.000	3550	21,0	10.400	691	7,24	1970	1750	8,00	309	5643	350
550	540	300	12,5	24	27	438	212	144	83,7	166	2,21	112.000	4150	23,0	10.800	721	7,15	2310	2010	7,96	352	7189	387
600	590	300	13	25	27	486	226	150	93,2	178	2,31	141.000	4790	25,0	11.300	751	7,05	2680	2290	7,92	398	8978	424
650	640	300	13,5	26	27	534	242	156	103	190	2,41	175.000	5470	26,9	11.700	782	6,97	3070	2590	7,88	448	11.030	461
700	690	300	14,5	27	27	582	260	162	117	204	2,50	215.000	6240	28,8	12.200	812	6,84	3520	2900	7,82	514	13.350	497
800	790	300	15	28	30	674	286	168	139	224	2,70	303.000	7680	32,6	12.600	843	6,65	4350	3500	7,71	597	18.290	572
900	890	300	16	30	30	770	321	180	163	252	2,90	422.000	9480	36,3	13.600	903	6,50	5410	4220	7,64	737	24.960	645
1000	990	300	16,5	31	30	868	347	186	185	272	3,10	554.000	11.200	40,0	14.000	934	6,35	6410	4860	7,56	822	32.070	719

Anmerkungen sinngemäß wie in Tafel 11.12.

Tafel 11.16 Warmgewalzte breite I-Träger

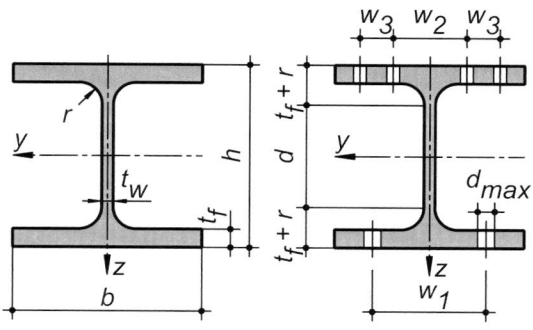

HEB-Reihe nach DIN 1025-2 (11.95)
Träger mit parallelen Flanschflächen.
Bezeichnung eines I-Trägers dieser Reihe aus einem Stahl mit dem Kurznamen S235JR bzw. der Werkstoffnummer 1.0038 nach DIN EN 10025 mit dem Kurzzeichen HE 360 B:
I-Profil DIN 1025-2 – S235JR – HE 360 B oder I-Profil DIN 1025-2 – 1.0038 – HE 360 B
Werkstoff vorzugsweise aus Stahlsorten nach DIN EN 10025; er ist in der Bezeichnung anzugeben.
Die gewünschte Nennlänge ist bei Bestellung anzugeben. Die Profile werden mit folgenden Grenzabmaßen von der bestellten Länge geliefert:
a) ± 50 mm oder
b) $^{+100}_{0}$ mm, wenn bestimmte Mindestlängen gefordert werden.

Kurzzeichen	Maße in mm											Für Biegung um die												
												y-Achse			z-Achse									
	h	b	t_w	t_f	r	d	A	A_{vy}	A_{vz}	G	U	I_y	W_y	i_y	I_z	W_z	i_z	$S_y = \frac{1}{2}W_{pl.y}$	S_f	$i_{f,z}$	I_T	$\frac{I_w}{1000}$	$\overline{w}^M$
							cm²	cm²	cm²	kg/m	m²/m	cm⁴	cm³	cm	cm⁴	cm³	cm	cm³	cm³	cm	cm⁴	cm⁶	cm²
HEB (IPB)																							
100	100	100	6	10	12	56	26,0	20,0	9,04	20,4	0,567	450	89,9	4,16	167	33,5	2,53	52,1	49,8	2,71	9,25	3,375	22,5
120	120	120	6,5	11	12	74	34,0	26,4	11,0	26,7	0,686	864	144	5,04	318	52,9	3,06	82,6	78,2	3,27	13,8	9,410	32,7
140	140	140	7	12	12	92	43,0	33,6	13,1	33,7	0,805	1510	216	5,93	550	78,5	3,58	123	115	3,83	20,1	22,48	44,8
160	160	160	8	13	15	104	54,3	41,6	17,6	42,6	0,918	2490	312	6,78	889	111	4,05	177	166	4,34	31,2	47,94	58,8
180	180	180	8,5	14	15	122	65,3	50,4	20,2	51,2	1,04	3830	426	7,66	1360	151	4,57	241	225	4,90	42,2	93,75	74,7
200	200	200	9	15	18	134	78,1	60,0	24,8	61,3	1,15	5700	570	8,54	2000	200	5,07	321	301	5,43	59,3	171,1	92,5
220	220	220	9,5	16	18	152	91,0	70,4	27,9	71,5	1,27	8090	736	9,43	2840	258	5,59	414	386	5,99	76,6	295,4	112
240	240	240	10	17	21	164	106	81,6	33,2	83,2	1,38	11.300	938	10,3	3920	327	6,08	527	493	6,52	103	486,9	134
260	260	260	10	17,5	24	177	118	91,0	37,6	93,0	1,50	14.900	1150	11,2	5140	395	6,58	641	602	7,04	124	753,7	158
280	280	280	10,5	18	24	196	131	101	41,1	103	1,62	19.300	1380	12,1	6590	471	7,09	767	717	7,60	144	1130	183
300	300	300	11	19	27	208	149	114	47,4	117	1,73	25.200	1680	13,0	8560	571	7,58	934	875	8,12	185	1688	211
320	320	300	11,5	20,5	27	225	161	123	51,8	127	1,77	30.800	1930	13,8	9240	616	7,57	1070	1000	8,12	225	2069	225
340	340	300	12	21,5	27	243	171	129	56,1	134	1,81	36.700	2160	14,7	9690	646	7,53	1200	1120	8,11	257	2454	239
360	360	300	12,5	22,5	27	261	181	135	60,6	142	1,85	43.200	2400	15,5	10.100	676	7,49	1340	1240	8,10	292	2883	253
400	400	300	13,5	24	27	298	198	144	70,0	155	1,93	57.700	2880	17,1	10.800	721	7,40	1620	1470	8,07	356	3817	282
450	450	300	14	26	27	344	218	156	79,7	171	2,03	79.900	3550	19,1	11.700	781	7,33	1990	1780	8,05	440	5258	318
500	500	300	14,5	28	27	390	239	168	89,8	187	2,12	107.000	4290	21,2	12.600	842	7,27	2410	2130	8,03	538	7018	354
550	550	300	15	29	27	438	254	174	100	199	2,22	137.000	4970	23,2	13.100	872	7,17	2800	2440	7,99	600	8856	391
600	600	300	15,5	30	27	486	270	180	111	212	2,32	171.000	5700	25,2	13.500	902	7,08	3210	2750	7,95	667	10.970	428
650	650	300	16	31	27	534	286	186	122	225	2,42	211.000	6480	27,1	14.000	932	6,99	3660	3090	7,90	739	13.360	464
700	700	300	17	32	27	582	306	192	137	241	2,52	257.000	7340	29,0	14.400	963	6,87	4160	3440	7,85	831	16.060	501
800	800	300	17,5	33	30	674	334	198	162	262	2,71	359.000	8980	32,8	14.900	994	6,68	5110	4120	7,74	946	21.840	575
900	900	300	18,5	35	30	770	371	210	189	291	2,91	494.000	11.000	36,5	15.800	1050	6,53	6290	4920	7,66	1137	29.460	649
1000	1000	300	19	36	30	868	400	216	212	314	3,11	645.000	12.900	40,2	16.300	1080	6,38	7430	5640	7,58	1254	37.640	723

Anmerkungen sinngemäß wie in Tafel 11.12.

Tafel 11.17 Warmgewalzte breite I-Träger, verstärkte Ausführung

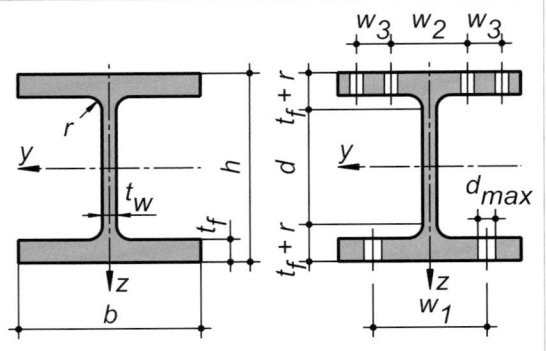

HEM-Reihe nach DIN 1025-4 (03.94)

Träger mit parallelen Flanschflächen, deren Stege und Flansche dicker und deren Höhen h damit größer als die der HEB-Reihe nach DIN 1025-2 sind.

Bezeichnung eines I-Trägers dieser Reihe aus einem Stahl mit dem Kurznamen S235JR bzw. der Werkstoffnummer 1.0038 nach DIN EN 10025 mit dem Kurzzeichen HE 360 M:

I-Profil DIN 1025-4 – S235JR – HE 360 M oder I-Profil DIN 1025-4 – 1.0038 – HE 360 M

Werkstoff vorzugsweise aus Stahlsorten nach DIN EN 10025; er ist in der Bezeichnung anzugeben.

Die gewünschte Nennlänge ist bei Bestellung anzugeben. Die Profile werden mit folgenden Grenzabmaßen von der bestellten Länge geliefert:

a) ± 50 mm oder

b) $^{+100}_{0}$ mm, wenn bestimmte Mindestlängen gefordert werden.

Kurz-zei-chen	Maße in mm											Für Biegung um die										
												y-Achse			z-Achse								
	h	b	t_w	t_f	r	d	A	A_{vy}	A_{vz}	G	U	I_y	W_y	i_y	I_z	W_z	i_z	$S_y=\frac{1}{2}W_{pl.y}$	S_f	$i_{f,z}$	I_T	$\frac{I_w}{1000}$	$\overline{w}^M$
							cm²	cm²	cm²	kg/m	m²/m	cm⁴	cm³	cm	cm⁴	cm³	cm	cm³	cm³	cm	cm⁴	cm⁶	cm²
HEM (IPBv)																							
100	120	106	12	20	12	56	53,2	42,4	18,0	41,8	0,619	1140	190	4,63	399	75,3	2,74	118	113	2,92	68,2	9,925	26,5
120	140	126	12,5	21	12	74	66,4	52,9	21,2	52,1	0,738	2020	288	5,51	703	112	3,25	175	167	3,47	91,7	24,79	37,5
140	160	146	13	22	12	92	80,6	64,2	24,5	63,2	0,857	3290	411	6,39	1140	157	3,77	247	233	4,03	120	54,33	50,4
160	180	166	14	23	15	104	97,1	76,4	30,8	76,2	0,970	5100	566	7,25	1760	212	4,26	337	318	4,56	162	108,1	65,2
180	200	186	14,5	24	15	122	113	89,3	34,7	88,9	1,09	7480	748	8,13	2580	277	4,77	442	415	5,11	203	199,3	81,8
200	220	206	15	25	18	134	131	103	41,0	103	1,20	10.600	967	9,00	3650	354	5,27	568	534	5,65	259	346,3	100
220	240	226	15,5	26	18	152	149	118	45,3	117	1,32	14.600	1220	9,89	5010	444	5,79	710	665	6,21	315	572,7	121
240	270	248	18	32	21	164	200	159	60,1	157	1,46	24.300	1800	11,0	8150	658	6,39	1060	998	6,83	628	1152	148
260	290	268	18	32,5	24	177	220	174	66,9	172	1,57	31.300	2160	11,9	10.400	780	6,90	1260	1190	7,36	719	1728	173
280	310	288	18,5	33	24	196	240	190	72,0	189	1,69	39.600	2550	12,8	13.200	914	7,40	1480	1390	7,91	807	2520	199
300	340	310	21	39	27	208	303	242	90,5	238	1,83	59.200	3480	14,0	19.400	1250	8,00	2040	1930	8,53	1408	4386	233
320/305	320	305	16	29	27	208	225	177	68,5	177	1,78	41.000	2560	13,5	13.740	901	7,81	1460	1377	8,35	598	2903	222
320	359	309	21	40	27	225	312	247	94,8	245	1,87	68.100	3800	14,8	19.700	1280	7,95	2220	2080	8,49	1501	5004	246
340	377	309	21	40	27	243	316	247	98,6	248	1,90	76.400	4050	15,6	19.700	1280	7,90	2360	2200	8,47	1506	5584	260
360	395	308	21	40	27	261	319	246	102	250	1,93	84.900	4300	16,3	19.500	1270	7,83	2490	2320	8,43	1507	6137	273
400	432	307	21	40	27	298	326	246	110	256	2,00	104.000	4820	17,9	19.300	1260	7,70	2790	2550	8,36	1515	7410	301
450	478	307	21	40	27	344	335	246	120	263	2,10	132.000	5500	19,8	19.300	1260	7,59	3170	2850	8,31	1529	9251	336
500	524	306	21	40	27	390	344	245	129	270	2,18	162.000	6180	21,7	19.200	1250	7,46	3550	3150	8,23	1539	11.190	370
550	572	306	21	40	27	438	354	245	140	278	2,28	198.000	6920	23,6	19.200	1250	7,35	3970	3460	8,19	1554	13.520	407
600	620	305	21	40	27	486	364	244	150	285	2,37	237.000	7660	25,6	19.000	1240	7,22	4390	3770	8,11	1564	15.910	442
650	668	305	21	40	27	534	374	244	160	293	2,47	282.000	8430	27,5	19.000	1240	7,13	4830	4080	8,06	1579	18.650	479
700	716	304	21	40	27	582	383	243	170	301	2,56	329.000	9200	29,3	18.800	1240	7,01	5270	4380	7,99	1589	21.400	514
800	814	303	21	40	30	674	404	242	194	317	2,75	443.000	10.900	33,1	18.600	1230	6,79	6240	5050	7,85	1646	27.780	586
900	910	302	21	40	30	770	424	242	214	333	2,93	570.000	12.500	36,7	18.400	1220	6,60	7220	5660	7,74	1671	34.750	657
1000	1008	302	21	40	30	868	444	242	235	349	3,13	722.000	14.300	40,3	18.500	1220	6,45	8280	6310	7,65	1701	43.020	731

Anmerkungen sinngemäß wie in Tafel 11.12.

Tafel 11.18 Warmgewalzte I-Träger mit besonders breiten Flanschen

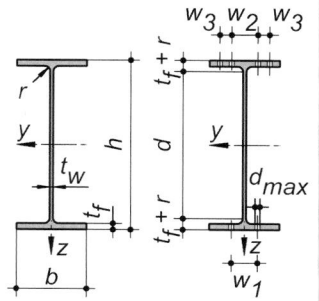

HL-Reihe (nicht genormt)

Träger mit parallelen und besonders breiten Flanschflächen sowie großen Höhen.

Werkstoff vorzugsweise aus Stahlsorten nach DIN EN 10025; er ist in der Bezeichnung anzugeben.

Walztoleranzen nach Herstellerangaben.

Kurz-zeichen	Maße in mm											Für Biegung um die														Maße nach [95] in mm		
												y-Achse			z-Achse												Anreißmaße	
	h	b	t_w	t_f	r	d	A	A_{vy}	A_{vz}	G	U	I_y	W_y	i_y	I_z	W_z	i_z	$S_y=\frac{1}{2}W_{pl.y}$	S_f	$i_{f.z}$	I_T	$\frac{I_w}{1000}$	$\overline{w}^M$	d_{max}	$w_{1.2}$	w_3
							cm²	cm²	cm²	kg/m	m²/m	cm⁴	cm³	cm	cm⁴	cm³	cm	cm³	cm³	cm	cm⁴	cm⁶	cm²			
HL (nicht genormt)																										
1000 AA	970	400	16,5	21	30	868	329	168	177	258	3,46	504.400	10.400	39,16	22.450	1123	8,26	5939	4385	9,95	483	50.430	949	28	147	67
1000 × 296	982	400	16,5	27	30	868	377	216	182	296	3,48	618.700	12.600	40,52	28.850	1443	8,75	7110	5556	10,24	757	65.670	955	28	147	67
1000 A	990	400	16,5	31	30	868	409	248	185	321	3,50	696.400	14.070	41,27	33.120	1656	9,00	7899	6345	10,39	1021	76.030	959	28	147	67
1000 B	1000	400	19	36	30	868	472	288	212	371	3,51	812.100	16.240	41,48	38.480	1924	9,03	9163	7373	10,41	1565	89.210	964	28	149	67
1000 M	1008	402	21	40	30	868	524	322	235	412	3,53	909.800	18.050	41,66	43.410	2160	9,10	10.220	8242	10,49	2128	101.500	973	28	151	67
1000 × 477	1018	404	25,5	45	30	868	608	364	283	477	3,55	1.047.000	20.570	41,50	49.610	2456	9,03	11.770	9365	10,49	3159	117.000	983	28	156	67
1000 × 554	1032	408	29,5	52	30	868	706	424	328	554	3,59	1.232.000	23.880	41,79	59.100	2897	9,15	13.750	10.970	10,62	4860	141.300	1000	28	160	67
1000 × 642	1048	412	34	60	30	868	818	494	380	642	3,62	1.451.000	27.680	42,12	70.280	3412	9,27	16.050	12.850	10,74	7440	170.700	1018	28	164	67
1100 A	1090	400	18	31	20	988	436	248	206	343	3,71	867.400	15.920	44,58	33.120	1656	8,71	9031	6835	10,28	1037	92.710	1059	28	128	67
1100 B	1100	400	20	36	20	988	497	288	231	390	3,73	1.005.000	18.280	44,98	38.480	1924	8,80	10.390	7950	10,33	1564	108.700	1064	28	130	67
1100 M	1108	402	22	40	20	988	551	322	254	433	3,75	1.126.000	20.320	45,19	43.410	2160	8,87	11.580	8896	10,40	2130	123.500	1073	28	132	67
1100 R	1118	405	26	45	20	988	635	365	300	499	3,77	1.294.000	23.150	45,14	49.980	2468	8,87	13.300	10.130	10,45	3135	143.400	1086	28	136	67

Anmerkungen sinngemäß wie in Tafel 11.12.

11

Tafel 11.19 Warmgewalzte Breitflansch-Stützenprofile

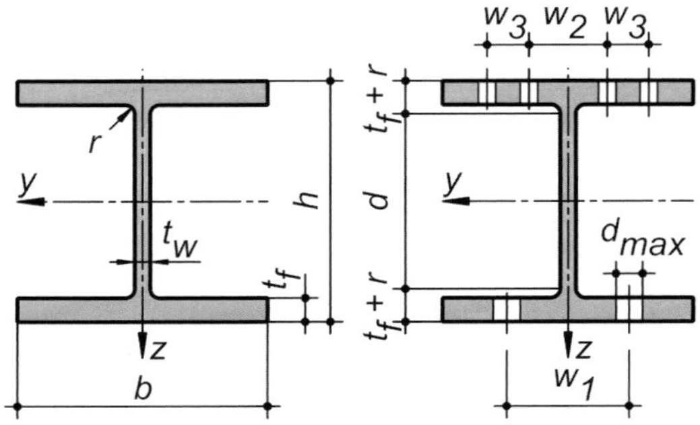

HD-Reihe 260/320 nach AM Standard (Amerikanische Norm)
HD-Reihe 360/400 nach ASTM A 6/A 6M (Amerikanische Norm)
Dieses Profil hat nahezu quadratische Außenabmessungen.
Werkstoff vorzugsweise aus Stahlsorten nach DIN EN 10025; er ist in der Bezeichnung anzugeben.
Walztoleranzen nach Herstellerangaben.

Kurzzeichen		Maße in mm										Für Biegung um die												Maße nach [95] in mm[a]		
												y-Achse			z-Achse											
	G	h	b	t_w	t_f	r	d	A	A_{vy}	A_{vz}	U	I_y	W_y	i_y	I_z	W_z	i_z	$S_y = \frac{1}{2} W_{pl,y}$	S_f	$i_{f,z}$	I_T	$\frac{I_w}{1000}$	$\overline{w}^M$	d_{max}	Anreißmaße	
	kg/m							cm^2	cm^2	cm^2	m^2/m	cm^4	cm^3	cm	cm^4	cm^3	cm	cm^3	cm^3	cm	cm^4	cm^6	cm^2		$w_{1,2}$	w_3
HD																										
260 x	**93**	260	260	10,0	17,5	24	177,0	118,4	91,0	37,6	1,50	14.920	1148	11,22	5135	395,0	6,58	641,5	602,3	7,04	123,8	753,7	158	28	128	–
260 x	**114**	268	262	12,5	21,5	24	177,0	145,7	113	46,1	1,52	18.910	1411	11,39	6456	492,8	6,66	799,9	750,9	7,13	222,4	979,0	161	28	131	–
260 x	**142**	278	265	15,5	26,5	24	177,0	180,3	140	56,6	1,54	24.330	1750	11,62	8236	621,6	6,76	1008	947,0	7,24	406,8	1300	167	28	134	–
260 x	**172**	290	268	18,0	32,5	24	177,0	219,6	174	66,9	1,57	31.310	2159	11,94	10.450	779,7	6,90	1262	1191	7,36	719,0	1728	173	28	136	–
320 x	**97,6**	310	300	9,0	15,5	27	225,0	124,4	93,0	41,1	1,76	22.930	1479	13,58	6985	465,7	7,49	814,0	757,1	8,06	108,0	1512	221	28	133	–
320 x	**127**	320	300	11,5	20,5	27	225,0	161,3	123	51,8	1,77	30.820	1926	13,82	9239	615,9	7,57	1075	1002	8,12	225,1	2069	225	28	136	–
320 x	**158**	330	303	14,5	25,5	27	225,0	201,2	155	64,2	1,80	39.640	2403	14,04	11.840	781,7	7,67	1359	1267	8,24	420,5	2741	231	28	139	–
320 x	**198**	343	306	18,0	32,0	27	225,0	252,3	196	79,5	1,83	51.900	3026	14,34	15.310	1001	7,79	1740	1626	8,36	805,3	3695	238	28	142	–
320 x	**245**	359	309	21,0	40,0	27	225,0	312,0	247	94,8	1,87	68.130	3796	14,78	19.710	1276	7,95	2218	2085	8,49	1501	5004	246	28	145	–
360 x	**147**	360	370	12,3	19,8	15	290,4	187,9	147	49,7	2,15	46.290	2572	15,70	16.720	903,9	9,43	1419	1289	10,17	223,7	4836	315	28	112	67
360 x	**162**	364	371	13,3	21,8	15	290,4	206,3	162	54,0	2,16	51.540	2832	15,81	18.560	1001	9,49	1570	1429	10,21	295,5	5432	317	28	113	67
360 x	**179**	368	373	15,0	23,9	15	290,2	228,3	178	60,7	2,17	57.440	3122	15,86	20.680	1109	9,52	1741	1583	10,26	393,8	6119	321	28	115	67
360 x	**196**	372	374	16,4	26,2	15	289,6	250,3	196	66,5	2,18	63.630	3421	15,94	22.860	1222	9,56	1919	1747	10,30	517,1	6829	323	28	116	67
400 x	**187**	368	391	15,0	24,0	15	290,0	237,6	188	60,7	2,24	60.180	3271	15,91	23.920	1224	10,03	1821	1663	10,79	414,6	7074	336	28	115	67
400 x	**216**	375	394	17,3	27,7	15	289,6	275,5	218	70,3	2,27	71.140	3794	16,07	28.250	1434	10,13	2131	1950	10,88	637,3	8515	342	28	117	67
400 x	**237**	380	395	18,9	30,2	15	289,6	300,9	239	77,1	2,28	78.780	4146	16,18	31.040	1572	10,16	2343	2145	10,91	825,5	9489	345	28	119	67
400 x	**262**	387	398	21,1	33,3	15	290,4	334,6	265	86,6	2,30	89.410	4620	16,35	35.020	1760	10,23	2630	2407	11,00	1116	10.940	352	28	121	67
400 x	**287**	393	399	22,6	36,6	15	289,8	366,3	292	93,5	2,31	99.710	5074	16,50	38.780	1944	10,29	2906	2669	11,04	1464	12.300	356	28	123	67
400 x	**314**	399	401	24,9	39,6	15	289,8	399,2	318	103	2,33	110.200	5525	16,62	42.600	2125	10,33	3187	2926	11,09	1870	13.740	360	28	125	67
400 x	**347**	407	404	27,2	43,7	15	289,6	442,0	353	114	2,35	124.900	6140	16,81	48.090	2380	10,43	3569	3284	11,19	2510	15.850	367	28	127	67
400 x	**382**	416	406	29,8	48,0	15	290,0	487,1	390	126	2,37	141.300	6794	17,03	53.620	2641	10,49	3982	3669	11,25	3326	18.130	374	28	130	67
400 x	**421**	425	409	32,8	52,6	15	289,8	537,1	430	140	2,39	159.600	7510	17,24	60.080	2938	10,58	4440	4096	11,33	4398	20.800	381	28	133	67
400 x	**463**	435	412	35,8	57,4	15	290,2	589,5	473	154	2,42	180.200	8283	17,48	67.040	3254	10,66	4939	4562	11,42	5735	23.850	389	28	136	67
400 x	**509**	446	416	39,1	62,7	15	290,6	649,0	522	171	2,45	204.500	9172	17,75	75.400	3625	10,78	5516	5104	11,54	7513	27.630	399	28	139	67
400 x	**551**	455	418	42,0	67,6	15	289,8	701,4	565	185	2,47	226.100	9939	17,95	82.490	3947	10,85	6025	5584	11,60	9410	30.870	405	28	142	67
400 x	**592**	465	421	45,0	72,3	15	290,4	754,9	609	200	2,45	250.200	10.760	18,20	90.170	4284	10,93	6569	6095	11,69	11.560	34.670	413	28	145	67
400 x	**634**	474	424	47,6	77,1	15	289,8	808,0	654	214	2,52	274.200	11.570	18,42	98.250	4634	11,03	7111	6611	11,78	14.020	38.570	421	28	148	67
400 x	**677**	483	428	51,2	81,5	15	290,0	863,4	698	232	2,55	299.500	12.400	18,62	106.900	4994	11,13	7673	7135	11,89	16.790	42.920	430	28	151	67
400 x	**744**	498	432	55,6	88,9	15	290,2	948,1	768	256	2,59	342.100	13.740	19,00	119.900	5552	11,25	8583	7998	12,01	21.840	49.980	442	28	156	67
400 x	**818**	514	437	60,5	97,0	15	290,0	1043	848	283	2,63	392.200	15.260	19,39	135.500	6203	11,40	9628	8992	12,16	28.510	58.650	456	28	161	67
400 x	**900**	531	442	65,9	106	15	289,0	1149	937	314	2,67	450.200	16.960	19,79	153.300	6938	11,55	10.810	10.120	12,31	37.350	68.890	470	28	166	67
400 x	**990**	550	448	71,9	115	15	290,0	1262	1030	349	2,72	518.900	18.870	20,27	173.400	7739	11,72	12.140	11.390	12,48	48.210	81.530	487	28	172	67
400 x	**1086**	569	454	78,0	125	15	289,0	1386	1135	386	2,77	595.700	20.940	20,73	196.200	8645	11,90	13.610	12.790	12,66	62.290	96.080	504	28	178	67

Anmerkungen sinngemäß wie in Tafel 11.12.

[a] Für die Profile 260 x… und 320 x… ist die Anordnung von vier Löchern möglich. Der maximale Lochdurchmesser d_{max} beträgt dann 17 mm für die Profile 260 x… bzw. 21 mm für die Profile 320 x….

Tafel 11.20 Anordnung von Schrauben in warmgewalzten Stahlprofilen nach DIN SPEC 18085 (08.14)

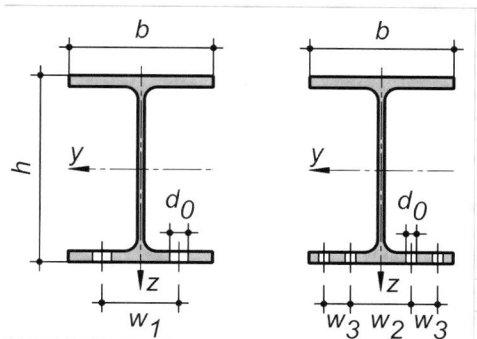

Die Tafel enthält w-Maße und größte Schrauben zwei- und vierreihiger Schraubenanordnungen nach DIN SPEC 18085 (08.14). Die angegebenen Schrauben sind die für das jeweilige Profil größtmöglichen einsetzbaren Schrauben. Im Zusammenhang mit den angegebenen w-Maßen ist auch die Verwendung kleinerer Schrauben (bis M12) möglich.

Die angegebenen größtmöglichen Schrauben gelten bei Einhaltung folgender Höchstwerte für die Nennlochdurchmesser d_0 der Schraubenlöcher:

Schraubengewinde	M12	M16	M20	M22	M24	M27	M30	M36
max. d_0 in mm	13,5[a]	18	22	24	26	30	33	39

	Zweireihige Schraubenanordnung								**Vierreihige Schraubenanordnung**			
	w-Maße und größte Schrauben für den allgemeinen Fall (beliebige Beanspruchungen) bzw. überwiegend auf Zug beanspruchte Schrauben								w-Maße und größte Schrauben für den allgemeinen Fall (beliebige Beanspruchungen)			
Profil-nenn-höhe	**IPE**			**HEAA, HEA, HEB, HEM**					**HEAA, HEA, HEB, HEM**			
	Schraube	w_1 in mm		Schraube	w_1 in mm für				Schraube	w_2 in mm für		w_3 in mm
					HEAA, HEA, HEB		HEM			HEAA, HEA, HEB	HEM	
		Allg.[b]	Zug[b,e]		Allg.[b]	Zug[b,e]	Allg.[b]	Zug[b,e]				
80	–	–	–	–	–	–	–	–	–	–	–	–
100	–	–	–	M12	60	60	66	66	–	–	–	–
120	–	–	–	M16	70	70	76	76	–	–	–	–
140	–	–	–	M22[c]	80	80	86	86	–	–	–	–
160	–	–	–	M24	90	90	96	96	–	–	–	–
180	M12	56	56	M27[c]	100	94	106	106	M12	72	78	35
200	M12	60	60	M30	110	104	116	110	M12	78	84	35
220	M16	66	66	M36	118	114	126	120	M12	80	86	45
240	M16	74	74	M36	126	118	136	126	M16	92	100	45
260	–	–	–	M36	132	124	142	132	M16	100	106	45
270	M16	78	78	–	–	–	–	–	–	–	–	–
280	–	–	–	M36	138	126	150	134	M20	112	112	55
300	M22[c]	86	86	M36	144	132[d]	160	142	M20	122	122	55
320	–	–	–	M36	150	132[d]	160	142	M20	126	126	55
330	M24	94	94	–	–	–	–	–	–	–	–	–
340	–	–	–	M36	160	132	160	142	M20	126	126	55
360	M24	96	92	M36	160	132	160	142	M20	126	126	55
400	M24	106	96	M36	160	134	160	142	M20	126	126	55
450	M27[c]	110	104	M36	160	134	160	142	M20	126	126	55
500	M30	118	110	M36	160	134	160	142	M20	126	126	55
550	M30	124	116	M36	160	136	160	142	M20	126	126	55
600	M30	126	116	M36	160	136	160	142	M20	126	126	55
650	–	–	–	M36	160	136	160	142	M20	126	126	55
700	–	–	–	M36	160	138	160	142	M20	126	126	55
800	–	–	–	M36	160	144	160	148	M20	130	130	55
900	–	–	–	M36	160	146	160	148	M20	130	130	55
1000	–	–	–	M36	160	146	160	148	M20	130	130	55

[a] Zur Erfassung von Beschichtungen wird ein um 0,5 mm erhöhter Nennlochdurchmesser berücksichtigt.
[b] Allg.: Allgemeine Beanspruchungen (Kategorien A, B und C sowie D und E nach DIN EN 1993-1-8),
Zug: Überwiegend auf Zug beanspruchte Schrauben (Kategorien D und E nach DIN EN 1993-1-8).
[c] Üblicherweise sind Schrauben M22 und M27 aufgrund geringerer Lagerhaltungen zu vermeiden.
[d] Mit dem w-Maß wird der in DIN EN 1993-1-8 festgelegte Grenzwert des maximalen Randabstands ($4t + 40$ mm) für HEAA-Profile nicht erfüllt. Der vertafelte Wert gilt bei HEAA-Profilen für Stahl, der nicht dem Wetter oder anderen korrosiven Einflüssen ausgesetzt ist.
[e] Bei ungünstiger Überlagerung von Maßtoleranzen kann es zu einem geringfügigen Hineinreichen der Scheiben in den Walzausrundungsbereich kommen (max. Scheibenneigung $\leq 1°$).

Tafel 11.21 Warmgewalzter rundkantiger U-Stahl mit geneigten Flanschflächen

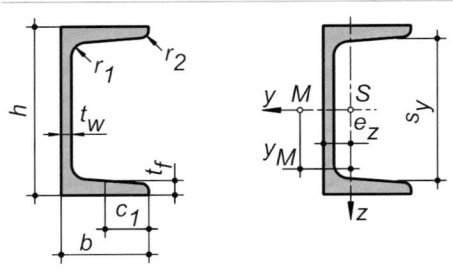

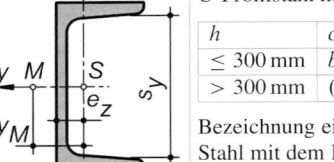

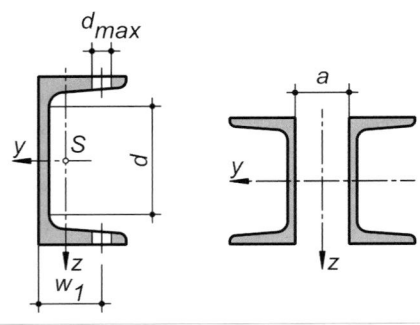

U-Profilstahl mit geneigten Flanschflächen nach DIN 1026-1 (09.09)

h	c_1	innere Flanschneigung
≤ 300 mm	$b/2$	8 %
> 300 mm	$(b - t_w)/2$	5 %

Bezeichnung eines U-Profilstahls mit geneigten Flanschflächen mit $h = 300$ mm aus einem Stahl mit dem Kurznamen S235JR bzw. der Werkstoffnummer 1.0038 nach DIN 10025:
U-Profil DIN 1026-1 – U 300 – S235JR oder U-Profil DIN 1026-1 – U 300 – 1.0038
U-Profilstahl nach dieser Norm wird vorzugsweise aus Stahlsorten nach DIN EN 10025 hergestellt. Die Stahlsorte ist bei der Bestellung anzugeben.
Die gewünschte Nennlänge ist bei Bestellung anzugeben. Die Profile werden mit folgenden Grenzabmaßen von der bestellten Länge geliefert:
a) $^{+100}_{0}$ mm oder, auf Vereinbarung
b) ±50 mm.

Kurz-zeichen	Maße in mm[a]						A	A_{vz}	G	U	e_z[b]	y_M[c]	Für Biegung um die y-Achse			Für Biegung um die z-Achse			$S_y = \frac{1}{2}W_{pl.y}$	s_y[d]	S_f	I_T	I_w	a[e]	Maße nach [95] in mm	
	h	b	t_w	$t_f = r_1$	r_2	d	cm²	cm²	kg/m	m²/m	cm	cm	I_y cm⁴	W_y cm³	i_y cm	I_z cm⁴	W_z cm³	i_z cm	cm³	cm	cm³	cm⁴	cm⁶	mm	d_{max} mm	Anreiß-maß w_1
U																										
30 × 15	30	15	4	4,5	2	12,1	2,21	1,24	1,74	0,103	0,52	0,74	2,53	1,69	1,07	0,38	0,39	0,42	–	–	–	0,165	0,408	9	–	–
30	30	33	5	7	3,5	1,2	5,44	1,66	4,27	0,174	1,31	2,22	6,39	4,26	1,08	5,33	2,68	0,99	–	–	–	0,912	4,36	–	–	–
40 × 20	40	20	5	5,5[f]	2,5	19,0	3,66	2,01	2,87	0,142	0,67	1,01	7,58	3,79	1,44	1,14	0,86	0,56	–	–	–	0,363	2,12	13	–	–
40	40	35	5	7	3,5	11,1	6,21	2,15	4,87	0,199	1,33	2,32	14,1	7,05	1,50	6,68	3,08	1,04	–	–	–	1,00	11,9	–	–	–
50 × 25	50	25	5	6	3	25,7	4,92	2,58	3,86	0,181	0,81	1,34	16,8	6,73	1,85	2,49	1,48	0,71	–	–	–	0,878	8,25	18	–	–
50	50	38	5	7	3,5	20,8	7,12	2,64	5,59	0,232	1,37	2,47	26,4	10,6	1,92	9,12	3,75	1,13	–	–	–	1,12	27,8	4	–	–
60	60	30	6	6	3	35,5	6,46	3,58	5,07	0,215	0,91	1,50	31,6	10,5	2,21	4,51	2,16	0,84	–	–	–	0,939	21,9	23	–	–
65	65	42	5,5	7,5	4	33,7	9,03	3,71	7,09	0,273	1,42	2,60	57,5	17,7	2,52	14,1	5,07	1,25	–	–	–	1,61	77,3	15	–	–
80	80	45	6	8	4	46,6	11,0	4,92	8,64	0,312	1,45	2,67	106	26,5	3,10	19,4	6,36	1,33	15,9	6,65	14,3	2,16	168	27	–	–
100	100	50	6	8,5	4,5	64,3	13,5	6,23	10,6	0,372	1,55	2,93	206	41,2	3,91	29,3	8,49	1,47	24,5	8,42	21,4	2,81	414	41	11	36
120	120	55	7	9	4,5	82,1	17,0	8,54	13,4	0,434	1,60	3,03	364	60,7	4,62	43,2	11,1	1,59	36,3	10,0	30,4	4,15	900	55	13	37
140	140	60	7	10	5	97,9	20,4	10,1	16,0	0,489	1,75	3,37	605	86,4	5,45	62,7	14,8	1,75	51,4	11,8	43,0	5,68	1800	68	13	37
160	160	65	7,5	10,5	5,5	115,6	24,0	12,2	18,8	0,546	1,84	3,56	925	116	6,21	85,3	18,3	1,89	68,8	13,4	56,3	7,39	3260	82	17	43
180	180	70	8	11	5,5	133,4	28,0	14,7	22,0	0,611	1,92	3,75	1350	150	6,95	114	22,4	2,02	89,6	15,1	71,8	9,55	5570	94	21	45
200	200	75	8,5	11,5	6	151,1	32,2	17,3	25,3	0,661	2,01	3,94	1910	191	7,70	148	27,0	2,14	114	16,8	89,7	11,9	9070	108	21	46
220	220	80	9	12,5	6,5	167,0	37,4	20,1	29,4	0,718	2,14	4,20	2690	245	8,48	197	33,6	2,30	146	18,5	115	16,0	14.600	120	21	47
240	240	85	9,5	13	6,5	184,7	42,3	23,1	33,2	0,775	2,23	4,39	3600	300	9,22	248	39,6	2,42	179	20,1	138	19,7	22.100	133	25	54
260	260	90	10	14	7	200,6	48,3	26,5	37,9	0,834	2,36	4,66	4820	371	9,99	317	47,7	2,56	221	21,8	171	25,5	33.300	146	25	56
280	280	95	10	15	7,5	216,3	53,3	28,6	41,8	0,890	2,53	5,02	6280	448	10,9	399	57,2	2,74	266	23,6	208	31,0	48.500	159	28	60
300	300	100	10	16	8	232,1	58,8	31,0	46,2	0,950	2,70	5,41	8030	535	11,7	495	67,8	2,90	316	25,4	249	37,4	69.100	172	28	61
320	320	100	14	17,5	9	247,4	75,8	46,3	59,5	0,982	2,60	4,82	10.900	679	12,1	597	80,6	2,81	413	26,3	306	66,7	96.100	181	25	63
350	350	100	14	16	8	283,3	77,3	50,1	60,6	1,05	2,40	4,45	12.800	734	12,9	570	75,0	2,72	450	28,6	309	61,2	114.000	204	28	65
380	380	102	13,5	16	8	313,1	80,4	52,5	63,1	1,11	2,38	4,58	15.800	829	14,0	615	78,7	2,77	507	31,1	342	59,1	146.000	227	28	65
400	400	110	14	18	9	325,0	91,5	57,7	71,8	1,18	2,65	5,11	20.400	1020	14,9	846	102	3,04	618	32,9	433	81,6	221.000	239	28	67

[a] Zul. Abweichungen s. [43].
[b] e_z Abstand der z-Achse von der Stegaußenkante.
[c] y_M Abstand des Schubmittelpunkts M von der z-Achse.
[d] s_y Abstand der Druck- und Zugmittelpunkte, $s_y = I_y/S_y$.
[e] a Stegabstand zweier U-Profile, für die die Flächenmomente 2. Grades bezogen auf die y-Achse bzw. z-Achse gleich groß und gleich $2I_y$ werden (Angaben nicht genormt).
[f] Bei U 40 × 20 ist $t_f = 5,5$ mm und $r_1 = 5$ mm.

Tafel 11.22 Warmgewalzter U-Stahl mit parallelen Flanschflächen

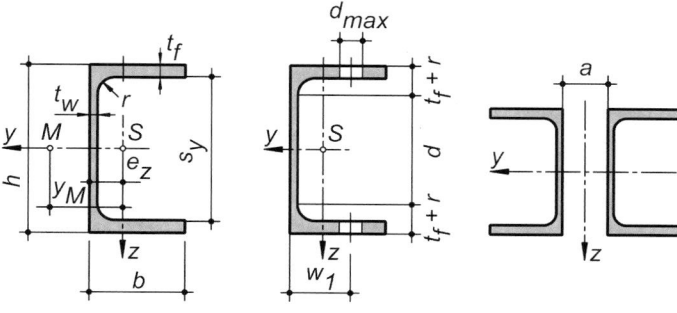

U-Profilstahl mit parallelen Flanschflächen nach DIN 1026-2 (10.02)

Bezeichnung eines U-Profilstahls mit parallelen Flanschflächen mit $h = 300$ mm aus einem Stahl mit dem Kurznamen S235JR bzw. der Werkstoffnummer 1.0038 nach DIN 10025:
U-Profil DIN 1026-2 – UPE 300 – S235JR oder U-Profil DIN 1026-2 – UPE 300 – 1.0038

U-Profilstahl nach dieser Norm wird vorzugsweise aus Stahlsorten nach DIN EN 10025 hergestellt. Die Stahlsorte ist bei der Bestellung anzugeben.

Die gewünschte Nennlänge ist bei Bestellung anzugeben. Die Profile werden mit folgenden Grenzabmaßen von der bestellten Länge geliefert:
a) $^{+100}_{\ \ 0}$ mm oder, auf Vereinbarung
b) ± 50 mm.

Kurz-zei-chen	Maße in mm[a]														Für Biegung um die												Maße nach [95] in mm	
													[b]	[c]	y-Achse			z-Achse					[d]			[e]		
	h	b	t_w	$t_f = r_1$	r_2	d	A	A_{vz}	G	U	e_z	y_M	I_y	W_y	i_y	I_z	W_z	i_z	$S_y = \frac{1}{2}W_{pl.y}$	s_y	S_f	I_T	I_w	a	d_{max}	Anreiß-maß w_1
							cm²	cm²	kg/m	m²/m	cm	cm	cm⁴	cm³	cm	cm⁴	cm³	cm	cm³	cm	cm³	cm⁴	cm⁶	mm		
UPE																										
80	80	50	4	7	10	46	10,1	4,05	7,90	0,343	1,82	3,71	107	26,8	3,26	25,4	7,98	1,59	15,6	6,87	14,6	1,47	238	21	13	34
100	100	55	4,5	7,5	10	65	12,5	5,34	9,82	0,402	1,91	3,93	207	41,4	4,07	38,2	10,6	1,75	24,0	8,62	21,6	2,01	569	35	13	35
120	120	60	5	8	12	80	15,4	7,18	12,1	0,460	1,98	4,12	364	60,6	4,86	55,4	13,8	1,90	35,2	10,3	31,2	2,90	1120	50	13	36
140	140	65	5	9	12	98	18,4	8,25	14,5	0,520	2,17	4,54	599	85,6	5,71	78,7	18,2	2,07	49,4	12,1	43,4	4,05	2200	63	17	40
160	160	70	5,5	9,5	12	117	21,7	10,0	17,0	0,579	2,27	4,76	911	114	6,48	107	22,6	2,22	65,8	13,8	56,4	5,20	3960	76	21	43
180	180	75	5,5	10,5	12	135	25,1	11,2	19,7	0,639	2,47	5,19	1350	150	7,34	144	28,6	2,39	86,5	15,6	74,0	6,99	6810	89	21	43
200	200	80	6	11	13	152	29,0	13,5	22,8	0,697	2,56	5,41	1910	191	8,11	187	34,4	2,54	110	17,4	92,7	8,89	11.000	103	21	45
220	220	85	6,5	12	13	170	33,9	15,8	26,6	0,756	2,70	5,70	2680	244	8,90	246	42,5	2,70	141	19,1	117	12,1	17.610	116	25	51
240	240	90	7	12,5	15	185	38,5	18,8	30,2	0,813	2,79	5,91	3600	300	9,67	311	50,1	2,84	173	20,7	143	15,1	26.420	129	25	54
270	270	95	7,5	13,5	15	213	44,8	22,2	35,2	0,892	2,89	6,14	5250	389	10,8	401	60,7	2,99	226	23,3	183	19,9	43.550	150	28	58
300	300	100	9,5	15	15	240	56,6	30,3	44,4	0,968	2,89	6,03	7820	522	11,8	538	75,6	3,08	307	25,5	238	31,5	72.660	169	28	60
330	330	105	11	16	18	262	67,8	38,8	53,2	1,04	2,90	6,00	11.010	667	12,7	681	89,7	3,17	396	27,8	302	45,2	111.800	189	28	64
360	360	110	12	17	18	290	77,9	45,6	61,2	1,12	2,97	6,12	14.830	824	13,8	844	105	3,29	491	30,2	365	58,5	166.400	209	28	65
400	400	115	13,5	18	18	328	91,9	56,2	72,2	1,22	2,98	6,06	20.980	1049	15,1	1045	123	3,37	631	33,2	450	79,1	259.000	235	28	67

[a] Zul. Abweichungen s. [43].

[b] e_z Abstand der z-Achse von der Stegaußenkante.

[c] y_M Abstand des Schubmittelpunkts M von der z-Achse.

[d] Abstand der Druck- und Zugmittelpunkte, $s_y = I_y / S_y$.

[e] a Stegabstand zweier U-Profile, für die die Flächenmomente 2. Grades bezogen auf die y-Achse bzw. z-Achse gleich groß und gleich $2I_y$ werden (Angaben nicht genormt).

11

Tafel 11.23 Warmgewalzter gleichschenkliger rundkantiger Winkelstahl nach DIN EN 10056-1 (06.17) (Auszug)

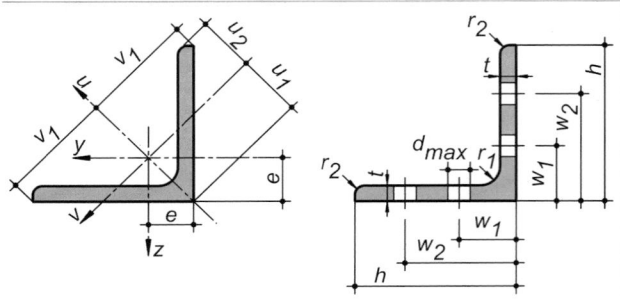

Bezeichnung eines gleichschenkligen Winkels mit der Schenkelbreite $h = 70$ mm und der Schenkeldicke $t = 7$ mm aus einem Stahl mit dem Kurznamen S235JR bzw. der Werkstoffnummer 1.0038 nach DIN 10025:
L EN 10056-1 – L 70 × 70 × 7 – S235JR oder
L EN 10056-1 – L 70 × 70 × 7 – 1.0038
Winkelstahl nach dieser Norm wird vorzugsweise aus Stahlsorten nach DIN EN 10025 hergestellt. Die Stahlsorte ist bei der Bestellung anzugeben.
Die gewünschte Nennlänge ist bei Bestellung anzugeben. Die Grenzabmaße von der bestellten Länge betragen:
a) ± 50 mm oder
b) $^{+100}_{0}$ mm, wenn eine Mindestlänge gefordert wird.

Kurz-zeichen	Maße in mm[a]							Randabstände				Für Biegung um die								Maße nach [95]		
												y-Achse = z-Achse			u-Achse		v-Achse			Anreißmaße		
	h	t	r_1	r_2	A	G	U	e	v_1	u_1	u_2	I_y	W_y	i_y	I_u	i_u	I_v	W_v	i_v	d_{max}	w_1	w_2
L $h \times t$					cm²	kg/m	m²/m	cm	cm	cm	cm	cm⁴	cm³	cm	cm⁴	cm	cm⁴	cm³	cm	mm	mm	mm
20 × 3	20	3	3,5	1,75	1,12	0,882	0,077	0,598	1,41	0,846	0,708	0,392	0,279	0,590	0,618	0,742	0,165	0,195	0,383	–	–	–
25 × 3	25	3	3,5	1,75	1,42	1,12	0,097	0,723	1,77	1,02	0,885	0,803	0,452	0,751	1,27	0,945	0,334	0,326	0,484	–	–	–
25 × 4	25	4	3,5	1,75	1,85	1,45	0,097	0,762	1,77	1,08	0,901	1,02	0,586	0,741	1,61	0,931	0,430	0,399	0,482	–	–	–
30 × 3	30	3	5	2,5	1,74	1,36	0,116	0,835	2,12	1,18	1,05	1,40	0,649	0,899	2,22	1,13	0,585	0,496	0,581	–	–	–
30 × 4	30	4	5	2,5	2,27	1,78	0,116	0,878	2,12	1,24	1,06	1,80	0,850	0,892	2,85	1,12	0,754	0,607	0,577	–	–	–
35 × 4	35	4	5	2,5	2,67	2,09	0,136	1,00	2,47	1,42	1,24	2,95	1,18	1,05	4,68	1,32	1,23	0,865	0,678	–	–	–
40 × 4	40	4	6	3	3,08	2,42	0,155	1,12	2,83	1,58	1,40	4,47	1,55	1,21	7,09	1,52	1,86	1,17	0,777	–	–	–
40 × 5	40	5	6	3	3,79	2,97	0,155	1,16	2,83	1,64	1,41	5,43	1,91	1,20	8,59	1,51	2,26	1,38	0,773	–	–	–
45 × 4,5	45	4,5	7	3,5	3,90	3,06	0,174	1,26	3,18	1,78	1,58	7,15	2,20	1,35	11,3	1,70	2,97	1,67	0,873	–	–	–
50 × 4	50	4	7	3,5	3,89	3,06	0,194	1,36	3,54	1,92	1,75	8,97	2,46	1,52	14,2	1,91	3,73	1,94	0,979	–	–	–
50 × 5	50	5	7	3,5	4,80	3,77	0,194	1,40	3,54	1,99	1,76	11,0	3,05	1,51	17,4	1,90	4,55	2,29	0,973	11	35	–
50 × 6	50	6	7	3,5	5,69	4,47	0,194	1,45	3,54	2,04	1,77	12,8	3,61	1,50	20,3	1,89	5,34	2,61	0,968	11	36	–
60 × 5	60	5	8	4	5,82	4,57	0,233	1,64	4,24	2,32	2,11	19,4	4,45	1,82	30,7	2,30	8,03	3,46	1,17	13	35	–
60 × 6	60	6	8	4	6,91	5,42	0,233	1,69	4,24	2,39	2,11	22,8	5,29	1,82	36,1	2,29	9,44	3,96	1,17	13	36	–
60 × 8	60	8	8	4	9,03	7,09	0,233	1,77	4,24	2,50	2,14	29,2	6,89	1,80	46,1	2,26	12,2	4,86	1,16	13	38	–
65 × 7	65	7	9	4,5	8,70	6,83	0,252	1,85	4,60	2,61	2,29	33,4	7,18	1,96	53,0	2,47	13,9	5,31	1,26	17	42	–
70 × 6	70	6	9	4,5	8,13	6,38	0,272	1,93	4,95	2,73	2,46	36,9	7,27	2,13	58,5	2,68	15,3	5,60	1,37	21	41	–
70 × 7	70	7	9	4,5	9,40	7,38	0,272	1,97	4,95	2,79	2,47	42,3	8,41	2,12	67,1	2,67	17,5	6,28	1,36	21	42	–
75 × 6	75	6	9	5	8,73	6,85	0,292	2,05	5,30	2,90	2,64	45,8	8,41	2,29	72,7	2,89	18,9	6,53	1,47	21	41	–
75 × 8	75	8	9	5	11,4	8,99	0,292	2,14	5,30	3,02	2,66	59,1	11,0	2,27	93,8	2,86	24,5	8,09	1,46	21	43	–
80 × 8	80	8	10	5	12,3	9,63	0,311	2,26	5,66	3,19	2,83	72,2	12,6	2,43	115	3,06	29,9	9,37	1,56	25	50	–
80 × 10	80	10	10	5	15,1	11,9	0,311	2,34	5,66	3,30	2,85	87,5	15,4	2,41	139	3,03	36,4	11,0	1,55	21	46	–
90 × 7	90	7	11	5,5	12,2	9,61	0,351	2,45	6,36	3,47	3,16	92,5	14,1	2,75	147	3,46	38,3	11,0	1,77	28	53	–
90 × 8	90	8	11	5,5	13,9	10,9	0,351	2,50	6,36	3,53	3,17	104	16,1	2,74	166	3,45	43,1	12,2	1,76	28	54	–
90 × 9	90	9	11	5,5	15,5	12,2	0,351	2,54	6,36	3,59	3,18	116	17,9	2,73	184	3,44	47,9	13,3	1,76	28	55	–
90 × 10	90	10	11	5,5	17,1	13,4	0,351	2,58	6,36	3,65	3,19	127	19,8	2,72	201	3,43	52,6	14,4	1,75	28	56	–
100 × 8	100	8	12	6	15,5	12,2	0,390	2,74	7,07	3,87	3,52	145	19,9	3,06	230	3,85	59,9	15,5	1,96	28	55	–
100 × 10	100	10	12	6	19,2	15,0	0,390	2,82	7,07	3,99	3,54	177	24,6	3,04	280	3,83	73,0	18,3	1,95	28	57	–
100 × 12	100	12	12	6	22,7	17,8	0,390	2,90	7,07	4,11	3,57	207	29,1	3,02	328	3,80	85,7	20,9	1,94	28	59	–
120 × 10	120	10	13	6,5	23,2	18,2	0,469	3,31	8,49	4,69	4,24	313	36,0	3,67	497	4,63	129	27,5	2,36	28	60	–
120 × 12	120	12	13	6,5	27,5	21,6	0,469	3,40	8,49	4,80	4,26	368	42,7	3,65	584	4,60	152	31,6	2,35	28	60	–
130 × 12	130	12	14	7	30,0	23,5	0,508	3,64	9,19	5,15	4,60	472	50,4	3,97	750	5,00	195	37,8	2,55	28	61	–
150 × 10	150	10	16	8	29,3	23,0	0,586	4,03	10,6	5,71	5,28	624	56,9	4,62	991	5,82	258	45,1	2,97	25	58	118
150 × 12	150	12	16	8	34,8	27,3	0,586	4,12	10,6	5,83	5,29	737	67,7	4,60	1170	5,80	303	52,0	2,95	25	60	120
150 × 15	150	15	16	8	43,0	33,8	0,586	4,25	10,6	6,01	5,33	898	83,5	4,57	1426	5,76	370	61,6	2,93	28	66	–

Tafel 11.23 (Fortsetzung)

Kurzzeichen	Maße in mm[a]							Randabstände				Für Biegung um die								Maße nach [95]		
												y-Achse = z-Achse			u-Achse		v-Achse			Anreißmaße		
	h	t	r_1	r_2	A	G	U	e	v_1	u_1	u_2	I_y	W_y	i_y	I_u	i_u	I_v	W_v	i_v	d_{max}	w_1	w_2
L $h \times t$					cm²	kg/m	m²/m	cm	cm	cm	cm	cm⁴	cm³	cm	cm⁴	cm	cm⁴	cm³	cm	mm	mm	mm
160×15	160	15	17	8,5	46,1	36,2	0,625	4,49	11,3	6,35	5,67	1099	95,5	4,88	1745	6,16	453	71,3	3,13	25	64	124
180×16	180	16	18	9	55,4	43,5	0,705	5,02	12,7	7,10	6,38	1682	130	5,51	2673	6,95	692	97,4	3,53	28	69	136
180×18	180	18	18	9	61,9	48,6	0,705	5,10	12,7	7,22	6,41	1866	145	5,49	2963	6,92	768	106	3,52	28	71	138
200×16	200	16	18	9	61,8	48,5	0,785	5,52	14,1	7,81	7,09	2341	162	6,16	3723	7,76	960	123	3,94	28	69	136
200×18	200	18	18	9	69,1	54,2	0,785	5,60	14,1	7,93	7,12	2600	181	6,13	4133	7,73	1067	135	3,93	28	71	138
200×20	200	20	18	9	76,3	59,9	0,785	5,68	14,1	8,04	7,15	2851	199	6,11	4529	7,70	1172	146	3,92	28	73	140
200×24	200	24	18	9	90,6	71,1	0,785	5,84	14,1	8,26	7,21	3331	235	6,06	5284	7,64	1378	167	3,90	28	77	144
250×28	250	28	18	9	133	104	0,985	7,24	17,7	10,2	9,04	7697	433	7,62	12.230	9,61	3169	309	4,89	28	81	166
250×35	250	35	18	9	163	128	0,985	7,50	17,7	10,6	9,17	9264	529	7,54	14.670	9,48	3862	364	4,87	28	88	166

[a] Zul. Abweichungen s. [53].

Tafel 11.24 Warmgewalzter ungleichschenkliger rundkantiger Winkelstahl nach DIN EN 10056-1 (06.17) (Auszug)

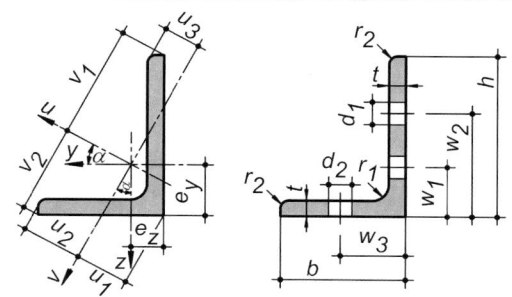

Bezeichnung eines ungleichschenkligen Winkels mit den Schenkelbreiten $h = 70$ mm und $b = 50$ mm sowie der Schenkeldicke $t = 6$ mm aus einem Stahl mit dem Kurznamen S235JR bzw. der Werkstoffnummer 1.0038 nach DIN 10025:
L EN 10056-1 – L 70 × 50 × 6 – S235JR oder L EN 10056-1 – L 70 × 50 × 6 – 1.0038
Winkelstahl nach dieser Norm wird vorzugsweise aus Stahlsorten nach DIN EN 10025 hergestellt. Die Stahlsorte ist bei der Bestellung anzugeben.
Die gewünschte Nennlänge ist bei Bestellung anzugeben. Die Grenzabmaße von der bestellten Länge betragen:
a) ± 50 mm oder
b) $^{+100}_{0}$ mm, wenn eine Mindestlänge gefordert wird.

Kurzzeichen	Maße[a]					Randabstände							Achslage	Für Biegung um die											Maße nach [95]				
														y-Achse			z-Achse			u-Achse		v-Achse			Anreißmaße				
	r_1	r_2	A	G	U	e_y	e_z	v_1	v_2	u_1	u_2	u_3	tan α	I_y	W_y	i_y	I_z	W_z	i_z	I_u	i_u	I_v	i_v	d_1	d_2	w_1	w_2	w_3
L $h \times b \times t$	mm	mm	cm²	kg/m	m²/m	cm	cm	cm	cm	cm	cm	cm		cm⁴	cm³	cm	cm⁴	cm³	cm	cm⁴	cm	cm⁴	cm	mm	mm	mm	mm	mm
30×20×3	4	2	1,43	1,12	0,097	0,990	0,502	2,05	1,50	0,850	1,04	0,542	0,427	1,25	0,621	0,935	0,437	0,292	0,553	1,43	1,00	0,256	0,424	–	–	–	–	–
30×20×4	4	2	1,86	1,46	0,097	1,03	0,541	2,02	1,52	0,899	1,04	0,572	0,421	1,59	0,807	0,925	0,553	0,379	0,546	1,81	0,988	0,330	0,421	–	–	–	–	–
40×20×4	4	2	2,26	1,77	0,117	1,47	0,481	2,58	1,79	0,824	1,17	0,498	0,252	3,59	1,42	1,26	0,596	0,393	0,514	3,80	1,30	0,393	0,417	–	–	–	–	–
40×25×4	4	2	2,46	1,93	0,127	1,36	0,623	2,69	1,94	1,07	1,35	0,671	0,380	3,89	1,47	1,26	1,16	0,619	0,688	4,35	1,33	0,701	0,534	–	–	–	–	–
45×30×4	4,5	2,25	2,86	2,25	0,146	1,48	0,739	3,07	2,25	1,26	1,58	0,819	0,433	5,75	1,90	1,42	2,04	0,903	0,845	6,61	1,52	1,19	0,644	–	–	–	–	–
50×30×5	5	2,5	3,78	2,96	0,156	1,73	0,741	3,33	2,38	1,27	1,65	0,791	0,352	9,36	2,86	1,57	2,51	1,11	0,816	10,3	1,65	1,54	0,639	11	–	35	–	–
60×30×5	5	2,5	4,28	3,36	0,176	2,17	0,684	3,88	2,67	1,20	1,77	0,722	0,257	15,6	4,07	1,91	2,63	1,14	0,784	16,5	1,97	1,71	0,633	13	–	35	–	–
60×40×5	6	3	4,79	3,76	0,195	1,96	0,972	4,10	3,00	1,67	2,11	1,08	0,433	17,2	4,25	1,89	6,11	2,02	1,13	19,7	2,03	3,54	0,860	13	–	35	–	–
60×40×6	6	3	5,68	4,46	0,195	2,00	1,01	4,08	3,02	1,72	2,10	1,11	0,431	20,1	5,03	1,88	7,12	2,38	1,12	23,1	2,02	4,16	0,855	13	–	36	–	–
65×50×5	6	3	5,54	4,35	0,225	1,99	1,25	4,53	3,60	2,08	2,39	1,49	0,577	23,2	5,14	2,05	11,9	3,19	1,47	28,8	2,28	6,32	1,07	17	11	40	–	35
70×50×6	7	3,5	6,89	5,41	0,234	2,23	1,25	4,83	3,67	2,11	2,52	1,42	0,496	33,4	7,01	2,20	14,2	3,78	1,43	39,7	2,40	7,92	1,07	21	11	41	–	36
75×50×6	7	3,5	7,19	5,65	0,244	2,44	1,21	5,12	3,75	2,08	2,64	1,35	0,435	40,5	8,01	2,37	14,4	3,81	1,42	46,6	2,55	8,36	1,08	21	11	41	–	36
75×50×8	7	3,5	9,41	7,39	0,244	2,52	1,29	5,08	3,78	2,18	2,62	1,41	0,430	52,0	10,4	2,35	18,4	4,95	1,40	59,6	2,52	10,8	1,07	21	–	43	–	–
80×40×6	7	3,5	6,89	5,41	0,234	2,85	0,884	5,20	3,54	1,57	2,38	0,935	0,258	44,9	8,73	2,55	7,59	2,44	1,05	47,6	2,63	4,93	0,845	25	–	46	–	–
80×40×8	7	3,5	9,01	7,07	0,234	2,94	0,963	5,14	3,59	1,65	2,34	1,01	0,253	57,6	11,4	2,53	9,61	3,16	1,03	60,9	2,60	6,34	0,838	25	–	48	–	–
80×60×7	8	4	9,38	7,36	0,273	2,51	1,52	5,55	4,35	2,54	2,92	1,77	0,546	59,0	10,7	2,51	28,4	6,34	1,74	72,0	2,77	15,4	1,28	25	13	47	–	37

Tafel 11.24 (Fortsetzung)

Kurz-zeichen	Maße^a					Randabstände							Achs-lage	Für Biegung um die										Maße nach [95]				
														y-Achse			z-Achse			u-Achse		v-Achse				Anreißmaße		
	r_1	r_2	A	G	U	e_y	e_z	v_1	v_2	u_1	u_2	u_3	$\tan\alpha$	I_y	W_y	i_y	I_z	W_z	i_z	I_u	i_u	I_v	i_v	d_1	d_2	w_1	w_2	w_3
L $h \times b \times t$	mm	mm	cm²	kg/m	m²/m	cm	cm	cm	cm	cm	cm	cm		cm⁴	cm³	cm	cm⁴	cm³	cm	cm⁴	cm	cm⁴	cm	mm	mm	mm	mm	mm
100 × 50 × 6	8	4	8,71	6,84	0,293	3,51	1,05	6,55	4,39	1,90	3,00	1,12	0,262	89,9	13,8	3,21	15,4	3,89	1,33	95,4	3,31	9,92	1,07	25	11	48	–	36
100 × 50 × 8	8	4	11,4	8,97	0,293	3,60	1,13	6,48	4,45	1,99	2,96	1,20	0,258	116	18,2	3,19	19,7	5,08	1,31	123	3,28	12,8	1,06	28	–	53	–	–
100 × 65 × 7	10	5	11,2	8,77	0,321	3,23	1,51	6,83	4,89	2,63	3,49	1,69	0,415	113	16,6	3,17	37,6	7,53	1,83	128	3,39	22,0	1,40	28	17	56	–	42
100 × 65 × 8	10	5	12,7	9,94	0,321	3,27	1,55	6,81	4,92	2,69	3,47	1,72	0,413	127	18,9	3,16	42,2	8,54	1,83	144	3,37	24,8	1,40	28	17	53	–	43
100 × 65 × 10	10	5	15,6	12,3	0,321	3,36	1,63	6,76	4,95	2,79	3,45	1,78	0,410	154	23,2	3,14	51,0	10,5	1,81	175	3,35	30,1	1,39	28	13	55	–	40
100 × 75 × 8	10	5	13,5	10,6	0,341	3,10	1,87	6,95	5,42	3,13	3,65	2,19	0,547	133	19,3	3,14	64,1	11,4	2,18	162	3,47	34,6	1,60	28	21	53	–	44
100 × 75 × 10	10	5	16,6	13,0	0,341	3,19	1,95	6,92	5,45	3,24	3,65	2,24	0,544	162	23,8	3,12	77,6	14,0	2,16	197	3,45	42,2	1,59	28	21	55	–	46
100 × 75 × 12	10	5	19,7	15,4	0,341	3,27	2,03	6,89	5,47	3,34	3,65	2,29	0,540	189	28,0	3,10	90,2	16,5	2,14	230	3,42	49,5	1,59	28	21	57	–	48
120 × 80 × 8	11	5,5	15,5	12,2	0,391	3,83	1,87	8,23	5,97	3,24	4,23	2,12	0,437	226	27,6	3,82	80,8	13,2	2,28	260	4,10	46,6	1,74	28	21	64	–	45
120 × 80 × 10	11	5,5	19,1	15,0	0,391	3,92	1,95	8,19	6,01	3,35	4,21	2,18	0,435	276	34,1	3,80	98,1	16,2	2,26	317	4,07	56,8	1,72	28	21	60	–	47
120 × 80 × 12	11	5,5	22,7	17,8	0,391	4,00	2,03	8,15	6,04	3,45	4,20	2,24	0,431	323	40,4	3,77	114	19,1	2,24	371	4,04	66,7	1,71	28	21	58	–	49
125 × 75 × 8	11	5,5	15,5	12,2	0,391	4,14	1,68	8,44	5,86	2,98	4,20	1,85	0,360	247	29,6	4,00	67,6	11,6	2,09	274	4,21	40,9	1,63	28	21	64	–	45
125 × 75 × 10	11	5,5	19,1	15,0	0,391	4,23	1,76	8,38	5,91	3,08	4,17	1,92	0,357	302	36,5	3,97	82,1	14,3	2,07	334	4,18	49,9	1,61	28	21	65	–	47
125 × 75 × 12	11	5,5	22,7	17,8	0,391	4,31	1,84	8,33	5,95	3,17	4,15	1,98	0,354	354	43,2	3,95	95,5	16,9	2,05	391	4,15	58,5	1,61	28	21	58	–	49
135 × 65 × 8	11	5,5	15,5	12,2	0,391	4,78	1,34	8,79	5,87	2,44	3,95	1,43	0,245	291	33,4	4,34	45,2	8,75	1,71	307	4,45	29,4	1,38	28	17	64	–	43
135 × 65 × 10	11	5,5	19,1	15,0	0,391	4,88	1,42	8,72	5,93	2,53	3,91	1,51	0,242	356	41,3	4,31	54,7	10,8	1,69	375	4,43	35,9	1,37	28	13	75	–	40
150 × 75 × 9	12	6	19,6	15,4	0,440	5,26	1,57	9,82	6,59	2,85	4,50	1,68	0,262	455	46,7	4,82	77,9	13,1	1,99	483	4,96	50,2	1,60	25	21	53	113	47
150 × 75 × 10	12	6	21,7	17,0	0,440	5,31	1,61	9,79	6,62	2,90	4,48	1,72	0,261	501	51,6	4,81	85,4	14,5	1,99	531	4,95	55,1	1,60	25	21	54	114	48
150 × 75 × 12	12	6	25,7	20,2	0,440	5,40	1,69	9,72	6,68	2,99	4,45	1,79	0,258	588	61,3	4,78	99,6	17,1	1,97	623	4,92	64,7	1,59	25	21	56	116	50
150 × 75 × 15	12	6	31,7	24,8	0,440	5,52	1,81	9,63	6,75	3,11	4,40	1,90	0,253	713	75,2	4,75	119	21,0	1,94	753	4,88	78,6	1,58	25	17	59	119	50
150 × 90 × 10	12	6	23,2	18,2	0,470	5,00	2,04	10,1	7,06	3,61	5,03	2,25	0,360	533	53,3	4,80	146	21,0	2,51	591	5,05	88,3	1,95	25	25	54	114	54
150 × 90 × 12	12	6	27,5	21,6	0,470	5,08	2,12	10,1	7,11	3,71	5,00	2,31	0,358	627	63,3	4,77	171	24,8	2,49	694	5,02	104	1,94	25	25	56	116	56
150 × 90 × 15	12	6	33,9	26,6	0,470	5,21	2,23	9,98	7,16	3,84	4,98	2,41	0,354	761	77,7	4,74	205	30,4	2,46	841	4,98	126	1,93	25	25	59	119	59
150 × 100 × 10	12	6	24,2	19,0	0,490	4,81	2,34	10,3	7,48	4,08	5,29	2,67	0,438	553	54,2	4,78	198	25,9	2,87	637	5,13	114	2,17	25	28	54	114	57
150 × 100 × 12	12	6	28,7	22,5	0,490	4,90	2,42	10,2	7,52	4,18	5,28	2,73	0,436	651	64,4	4,76	233	30,7	2,85	749	5,11	134	2,16	25	28	56	116	59
200 × 100 × 10	15	7,5	29,2	23,0	0,587	6,93	2,01	13,2	8,74	3,71	6,05	2,18	0,263	1219	93,2	6,46	210	26,3	2,68	1294	6,65	135	2,15	28	28	60	140	60
200 × 100 × 12	15	7,5	34,8	27,3	0,587	7,03	2,10	13,1	8,80	3,81	6,00	2,26	0,262	1440	111	6,43	247	31,3	2,67	1528	6,63	159	2,14	28	28	62	129	62
200 × 100 × 15	15	7,5	43,0	33,7	0,587	7,16	2,22	13,0	8,89	3,95	5,95	2,37	0,260	1758	137	6,40	299	38,4	2,64	1864	6,58	194	2,12	28	28	65	132	65
200 × 150 × 12	15	7,5	40,8	32,0	0,687	6,08	3,61	13,9	10,8	6,10	7,34	4,35	0,552	1652	119	6,36	803	70,5	4,44	2025	7,04	430	3,25	28	28	62	129	78
200 × 150 × 15	15	7,5	50,5	39,6	0,687	6,21	3,73	13,9	10,9	6,27	7,33	4,43	0,551	2022	147	6,33	979	86,9	4,40	2476	7,00	526	3,23	28	28	65	132	66

^a Zul. Abweichungen s. [53].

Tafel 11.25 Warmgewalzter Breitflachstahl nach DIN 59200 (05.01)

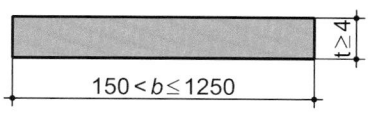

Bezeichnung für Breitflachstahl mit Nenndicke 15 mm, Klasse B für die Grenzabmaße der Dicke, Nennbreite 800 mm, in Herstelllängen ohne Angabe eines Längenbereichs, aus Stahl mit dem Kurznamen S235JR bzw. der Werkstoffnummer 1.0038 nach DIN EN 10025:
Breitflachstahl DIN 59200 – 15B × 800 – S235JR oder Breitflachstahl DIN 59200 – 15B × 800 – 1.0038
Warmgewalzter Breitflachstahl nach dieser Norm wird u. a. aus Stählen nach DIN EN 10025 geliefert. Die Stahlsorte ist in der Bezeichnung anzugeben.
Bei Bestellung ohne Längenangabe (nach Gewicht) darf die Länge nach Wahl des Lieferers zwischen 2000 und 12.000 mm schwanken. Breitflachstahl ist auch in Herstelllängen mit einem bei der Bestellung anzugebenden Längenbereich lieferbar. Die Spanne zwischen der kleinsten und der größten Länge dieses Bereichs muss dabei mindestens 500 mm betragen. Zulässige Maßabweichung bei Bestellung in Genaulänge: $+200$ mm. Nach Vereinbarung sind kleinere Maßabweichungen möglich, zu bevorzugen sind $+50$ mm und $+25$ mm.
Die zu bevorzugenden Nenndicken t sind: 5, 6, 8, 10, 12, 15, 20, 25, 30, 40, 50, 60 und 80 mm.
Die zu bevorzugenden Nennbreiten b sind: 160, 180, 200, 220, 240, 250, 260, 280, 300, 320, 340, 350, 360, 380, 400, 450, 500, 550, 600, 650, 700, 750, 800, 900, 1000, 1100 und 1200 mm.

Tafel 11.26 Warmgewalzter gleichschenkliger T-Stahl mit gerundeten Kanten und Übergängen nach DIN EN 10055 (12.95)

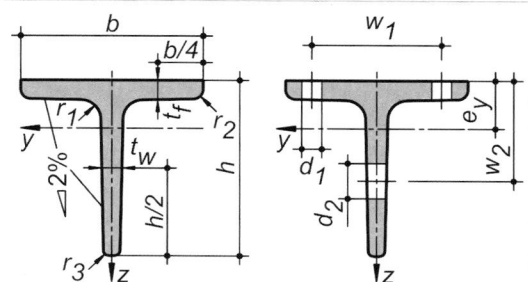

Bezeichnung eines gleichschenkligen rundkantigen T-Stahls mit $h = 40$ mm aus einem Stahl mit dem Kurznamen S235JR bzw. der Werkstoffnummer 1.0038 nach DIN 10025:
T-Profil EN 10055 – T40 – Stahl EN 10025 – S235JR oder
T-Profil EN 10055 – T40 – Stahl EN 10025 – 1.0038
Werkstoff vorzugsweise aus Stahlsorten nach DIN EN 10025; er ist in der Bezeichnung anzugeben.
Übliches Grenzabmaß: ± 100 mm. Eingeschränkte Grenzabmaße: ± 50 mm, ± 25 mm, ± 10 mm.
Auf Vereinbarung bei der Bestellung können die Gesamtspannen für die Grenzabmaße ganz auf die Plusseite oder ganz auf die Minusseite gelegt werden.

Kurzzeichen	Maße in mm									Für Biegung um die						Maße nach [95] in mm			
										y-Achse			z-Achse					Anreißmaße	
	h	b	$t_w = t_f = r_1$	r_2	r_3	A	G	U	e_y	I_y	W_y[a]	i_y	I_z	W_z	i_z	d_1	d_2	w_1	w_2
						cm²	kg/m	m²/m	cm	cm⁴	cm³	cm	cm⁴	cm³	cm				
T																			
30	30	30	4	2	1	2,26	1,77	0,114	0,85	1,72	0,80	0,87	0,87	0,58	0,62	–	–	–	–
35	35	35	4,5	2,5	1	2,97	2,33	0,133	0,99	3,10	1,23	1,04	1,57	0,90	0,73	–	–	–	–
40	40	40	5	2,5	1	3,77	2,96	0,153	1,12	5,28	1,84	1,18	2,58	1,29	0,83	–	–	–	–
50	50	50	6	3	1,5	5,66	4,44	0,191	1,39	12,1	3,36	1,46	6,06	2,42	1,03	–	11	–	36
60	60	60	7	3,5	2	7,94	6,23	0,229	1,66	23,8	5,48	1,73	12,2	4,07	1,24	–	13	–	37
70	70	70	8	4	2	10,6	8,32	0,268	1,94	44,5	8,79	2,05	22,1	6,32	1,44	–	21	–	43
80	80	80	9	4,5	2	13,6	10,7	0,307	2,22	73,7	12,8	2,33	37,0	9,25	1,65	–	25	–	50
100	100	100	11	5,5	3	20,9	16,4	0,383	2,74	179	24,6	2,92	88,3	17,7	2,05	11	28	71	57
120	120	120	13	6,5	3	29,6	23,2	0,459	3,28	366	42,0	3,51	178	29,7	2,45	13	28	76	61
140	140	140	15	7,5	4	39,9	31,3	0,537	3,80	660	64,7	4,07	330	47,2	2,88	17	28	90	65

[a] $W_y = I_y/(h - e_y)$.

Tafel 11.27 Halbierte I-Träger

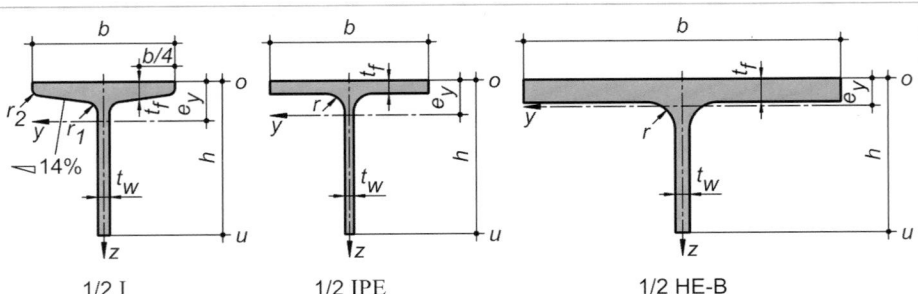

1/2 I   1/2 IPE   1/2 HE-B

Bezeichnungen und Maße b, t_w, t_f, r, r_1 und r_2 siehe entsprechende Tafeln der Walzprofile.
Alle I-Träger können nicht nur in der Stegmitte, sondern auch an anderen Stegstellen geteilt werden. Es entstehen dann mehr oder weniger hochstegige oder breitfüßige T-Stähle. Zwischen die halbierten I-Träger können optional auch zusätzliche Stegbleche eingeschweißt werden.

Kurz-zeichen					Für Biegung um die									
					y-Achse				z-Achse					
	h	A	G	$e_y{}^a$	I_y	$W_{yu}{}^b$	$W_{yo}{}^b$	i_y	I_z	W_z	i_z	I_T	$i_p{}^c$	$i_M{}^d$
	mm	cm^2	kg/m	cm	cm^4	cm^3	cm^3	cm	cm^4	cm^3	cm	cm^4	cm	cm
1/2 I – Halbierte schmale I-Träger, nach DIN 1025-1														
140	70	9,12	7,16	1,78	37,7	7,22	21,2	2,03	17,6	5,33	1,39	2,15	2,46	2,81
160	80	11,4	8,95	2,04	62,1	10,4	30,4	2,34	27,3	7,39	1,55	3,27	2,80	3,21
180	90	13,9	10,9	2,30	96,9	14,5	42,1	2,64	40,7	9,92	1,71	4,77	3,14	3,61
200	100	16,7	13,1	2,56	144	19,4	56,3	2,94	58,3	13,0	1,87	6,72	3,48	4,01
220	110	19,8	15,5	2,83	208	25,4	73,5	3,24	81,1	16,6	2,03	9,26	3,82	4,42
240	120	23,0	18,1	3,09	289	32,5	93,7	3,55	110	20,8	2,19	12,4	4,17	4,83
260	130	26,7	20,9	3,37	396	41,1	117	3,85	144	25,5	2,32	16,7	4,50	5,23
280	140	30,5	23,9	3,66	528	51,1	144	4,16	182	30,6	2,44	22,0	4,83	5,63
300	150	34,5	27,1	3,96	691	62,6	174	4,48	225	36,0	2,56	28,3	5,15	6,04
320	160	38,9	30,5	4,26	889	75,7	209	4,78	278	42,4	2,67	36,1	5,48	6,45
340	170	43,3	34,0	4,56	1130	90,5	247	5,10	336	49,1	2,79	45,0	5,81	6,86
360	180	48,5	38,1	4,86	1420	108	291	5,41	409	57,2	2,91	57,2	6,14	7,27
380	190	53,5	42,0	5,16	1750	126	338	5,72	487	65,4	3,02	70,5	6,47	7,68
400	200	58,9	46,2	5,46	2140	147	391	6,03	579	74,7	3,14	84,6	6,80	8,09
450	225	73,5	57,7	6,21	3400	209	547	6,80	863	101	3,43	133	7,62	9,11
500	250	89,7	70,4	6,96	5150	285	739	7,58	1240	134	3,72	200	8,44	10,1
550	275	106	83,2	7,56	7290	366	965	8,30	1740	174	4,06	272	9,24	11,0
1/2 IPEa – Halbierte mittelbreite I-Träger, leichte Ausführung (nicht genormt)														
140	68,7	6,70	5,26	1,52	26,0	4,87	17,1	1,97	18,2	4,99	1,65	0,680	2,57	2,86
160	78,5	8,09	6,35	1,73	41,2	6,72	23,9	2,26	27,2	6,64	1,83	0,982	2,91	3,24
180	88,5	9,79	7,68	1,94	63,7	9,21	32,9	2,55	40,9	9,00	2,05	1,35	3,27	3,65
200	98,5	11,7	9,21	2,11	92,8	12,0	44,0	2,81	58,6	11,7	2,23	2,06	3,59	4,00
220	108,5	14,1	11,1	2,35	137	16,1	58,4	3,12	85,7	15,6	2,46	2,84	3,97	4,43
240	118,5	16,7	13,1	2,50	188	20,1	75,4	3,36	120	20,0	2,68	4,18	4,30	4,78
270	133,5	19,6	15,4	2,81	286	27,1	101	3,82	179	26,5	3,02	5,15	4,87	5,42
300	148,5	23,3	18,3	3,21	432	37,1	135	4,31	259	34,6	3,34	6,72	5,45	6,10
330	163,5	27,4	21,5	3,53	615	47,9	174	4,74	343	42,8	3,54	9,79	5,91	6,64
360	178,8	32,0	25,1	3,70	831	58,6	224	5,10	472	55,5	3,84	13,3	6,38	7,11
400	198,5	36,5	28,7	4,20	1200	76,4	285	5,72	585	65,0	4,00	17,4	6,98	7,85
450	223,5	42,8	33,6	4,88	1830	105	375	6,54	751	79,1	4,19	22,8	7,77	8,84
500	248,5	50,5	39,7	5,60	2740	142	489	7,36	970	97,0	4,38	31,4	8,56	9,85
550	273,5	58,6	46,0	6,25	3880	184	621	8,14	1220	116	4,55	43,3	9,33	10,8
600	298,5	68,5	53,8	6,93	5450	238	788	8,92	1560	142	4,77	59,4	10,1	11,8

^{a} Abstand der y-Achse von der Flanschaußenkante.

^{b} W_{yu}, W_{yo} auf den unteren bzw. oberen Querschnittsrand bezogenes Widerstandsmoment.

^{c} $i_p = \sqrt{i_y^2 + i_z^2}$ auf den Schwerpunkt bezogener polarer Trägheitsradius.

^{d} $i_M = \sqrt{i_p^2 + z_M^2}$ mit $z_M = e_y - t_f/2$ auf den Schubmittelpunkt bezogener polarer Trägheitsradius.

Tafel 11.27 (Fortsetzung)

Kurz-zeichen			Für Biegung um die											
					y-Achse				z-Achse					
	h	A	G	e_y[a]	I_y	W_yu[b]	W_yo[b]	i_y	I_z	W_z	i_z	I_T	i_p[c]	i_M[d]
	mm	cm²	kg/m	cm	cm⁴	cm³	cm³	cm	cm⁴	cm³	cm	cm⁴	cm	cm
1/2 IPE – Halbierte mittelbreite I-Träger, nach DIN 1025-5														
140	70	8,21	6,45	1,62	33,0	6,14	20,4	2,01	22,5	6,15	1,65	1,22	2,60	2,90
160	80	10,0	7,89	1,84	52,9	8,57	28,8	2,29	34,2	8,33	1,84	1,80	2,94	3,29
180	90	12,0	9,40	2,05	80,3	11,5	39,1	2,59	50,4	11,1	2,05	2,40	3,30	3,69
200	100	14,2	11,2	2,25	117	15,1	51,9	2,87	71,2	14,2	2,24	3,49	3,64	4,07
220	110	16,7	13,1	2,45	165	19,3	67,6	3,15	102	18,6	2,48	4,53	4,01	4,47
240	120	19,6	15,4	2,63	227	24,3	86,6	3,41	142	23,6	2,69	6,44	4,35	4,84
270	135	23,0	18,0	2,97	346	32,8	117	3,88	210	31,1	3,02	7,97	4,92	5,50
300	150	26,9	21,1	3,32	509	43,6	153	4,35	302	40,3	3,35	10,1	5,49	6,16
330	165	31,3	24,6	3,65	717	55,8	196	4,78	394	49,3	3,55	14,1	5,96	6,70
360	180	36,4	28,5	3,99	992	70,8	249	5,22	522	61,4	3,79	18,7	6,45	7,27
400	200	42,2	33,2	4,52	1450	93,7	320	5,86	659	73,2	3,95	25,5	7,07	8,05
450	225	49,4	38,8	5,28	2220	129	420	6,70	838	88,2	4,12	33,4	7,86	9,09
500	250	57,8	45,3	6,01	3260	172	543	7,52	1070	107	4,31	44,6	8,66	10,1
550	275	67,2	52,8	6,77	4670	225	690	8,33	1330	127	4,45	61,6	9,45	11,1
600	300	78,0	61,2	7,48	6500	288	868	9,13	1690	154	4,66	82,7	10,2	12,2
1/2 IPEo – Halbierte mittelbreite I-Träger, optimierte Ausführung (nicht genormt)														
180	91	13,5	10,6	2,12	92,4	13,2	43,6	2,61	58,6	12,7	2,08	3,38	3,34	3,73
200	101	16,0	12,5	2,30	132	17,0	57,6	2,88	84,4	16,6	2,30	4,72	3,68	4,11
220	111	18,7	14,7	2,51	188	21,9	74,8	3,17	120	21,4	2,53	6,13	4,06	4,52
240	121	21,9	17,2	2,71	259	27,6	95,5	3,44	164	26,9	2,74	8,59	4,40	4,91
270	137	26,9	21,1	3,03	407	38,1	134	3,89	257	37,8	3,09	12,4	4,96	5,52
300	152	31,4	24,7	3,36	594	50,2	177	4,35	373	49,1	3,45	15,5	5,55	6,18
330	167	36,3	28,5	3,72	835	64,3	225	4,80	480	59,3	3,64	21,1	6,02	6,74
360	182	42,1	33,0	4,10	1160	82,5	284	5,26	626	72,7	3,86	27,9	6,52	7,34
400	202	48,2	37,8	4,62	1670	107	361	5,88	782	85,9	4,03	36,6	7,13	8,10
450	228	58,8	46,2	5,41	2670	153	493	6,73	1040	109	4,21	54,4	7,94	9,14
500	253	68,4	53,7	6,19	3920	205	633	7,57	1310	130	4,38	71,7	8,74	10,2
550	278	78,0	61,3	6,89	5460	261	793	8,37	1610	152	4,55	93,8	9,52	11,2
600	305	98,4	77,2	7,78	8350	368	1070	9,21	2260	202	4,79	159	10,4	12,3
1/2 IPEv – Halbierte mittelbreite I-Träger, verstärkte Ausführung (nicht genormt)														
400	204	53,5	42,0	4,69	1860	119	397	5,90	883	97,1	4,06	49,5	7,16	8,12
450	230	66,0	51,8	5,57	3040	174	546	6,79	1200	124	4,26	74,9	8,01	9,23
500	257	82,0	64,4	6,39	4770	247	747	7,63	1640	160	4,47	121	8,84	10,3
550	283	101	79,3	7,48	7400	355	989	8,56	2130	197	4,60	190	9,71	11,5
600	309	117	91,8	8,13	10.160	446	1250	9,33	2780	244	4,88	256	10,5	12,5

Tafel 11.27 (Fortsetzung)

Kurz-zeichen	h	A	G	e_y[a]	I_y	W_{yu}[b]	W_{yo}[b]	i_y	I_z	W_z	i_z	I_T	i_p[c]	i_M[d]
					Für Biegung um die									
					y-Achse				*z*-Achse					
	mm	cm²	kg/m	cm	cm⁴	cm³	cm³	cm	cm⁴	cm³	cm	cm⁴	cm	cm
1/2 HEAA (1/2 IPBll) – Halbierte breite I-Träger, besonders leichte Ausführung (nicht genormt)														
140	64	11,5	9,04	1,02	27,0	5,02	26,4	1,53	137	19,6	3,45	1,77	3,78	3,85
160	74	15,2	11,9	1,13	44,3	7,07	39,3	1,71	239	29,9	3,97	3,16	4,32	4,39
180	83,5	18,3	14,3	1,28	70,7	10,0	55,2	1,97	365	40,6	4,47	4,17	4,88	4,97
200	93	22,1	17,3	1,44	107	13,7	74,9	2,21	534	53,4	4,92	6,34	5,39	5,49
220	102,5	25,7	20,2	1,59	157	18,1	98,4	2,47	755	68,7	5,42	7,96	5,95	6,07
240	112	30,2	23,7	1,75	222	23,4	127	2,71	1040	86,5	5,87	11,5	6,46	6,59
260	122	34,5	27,1	1,84	290	28,0	157	2,90	1390	107	6,36	15,2	6,99	7,12
280	132	39,0	30,6	2,01	394	35,2	196	3,18	1830	131	6,85	18,1	7,55	7,70
300	141,5	44,5	34,9	2,17	520	43,4	240	3,42	2370	158	7,30	24,7	8,06	8,22
320	150,5	47,3	37,1	2,40	659	52,1	274	3,73	2480	165	7,24	27,9	8,15	8,35
340	160	50,3	39,4	2,66	831	62,3	313	4,07	2590	173	7,18	31,5	8,25	8,51
360	169,5	53,3	41,8	2,92	1030	73,6	353	4,40	2710	180	7,12	35,5	8,37	8,69
400	189	58,8	46,2	3,40	1490	96,2	438	5,03	2930	195	7,06	42,3	8,67	9,09
450	212,5	63,5	49,9	4,07	2180	127	537	5,86	3040	203	6,92	47,8	9,07	9,69
500	236	68,4	53,7	4,78	3080	164	644	6,71	3160	210	6,79	53,9	9,54	10,4
550	261	76,4	60,0	5,64	4430	217	787	7,62	3380	226	6,65	66,8	10,1	11,2
600	285,5	82,0	64,4	6,47	5930	269	917	8,50	3500	233	6,53	74,9	10,7	12,1
650	310	87,9	69,0	7,33	7740	327	1060	9,39	3610	241	6,41	83,8	11,4	13,1
700	335	95,5	74,9	8,15	10.010	395	1230	10,2	3840	256	6,34	97,6	12,0	14,1
800	385	109	85,8	10,0	15.770	553	1580	12,0	4070	271	6,10	128	13,5	16,3
900	435	126	99,0	11,8	23.740	749	2010	13,7	4520	301	5,99	167	15,0	18,5
1000	485	141	111	13,9	33.870	978	2440	15,5	4750	317	5,80	202	16,5	20,9
1/2 HEA (1/2 IPBl) – Halbierte breite I-Träger, leichte Ausführung, nach DIN 1025-3														
140	66,5	15,7	12,3	1,13	37,5	6,79	33,3	1,55	195	27,8	3,52	4,06	3,84	3,91
160	76	19,4	15,2	1,28	61,5	9,72	48,1	1,78	308	38,5	3,98	6,10	4,36	4,44
180	85,5	22,6	17,8	1,37	89,1	12,4	65,0	1,98	462	51,4	4,52	7,40	4,94	5,02
200	95	26,9	21,1	1,52	133	16,6	87,3	2,22	668	66,8	4,98	10,5	5,45	5,55
220	105	32,2	25,3	1,66	194	21,9	116	2,45	977	88,8	5,51	14,2	6,03	6,14
240	115	38,4	30,2	1,81	273	28,2	151	2,67	1380	115	6,00	20,8	6,57	6,68
260	125	43,4	34,1	1,91	355	33,5	186	2,86	1830	141	6,50	26,2	7,10	7,22
280	135	48,6	38,2	2,06	477	41,8	231	3,13	2380	170	7,00	31,0	7,67	7,80
300	145	56,3	44,2	2,21	630	51,2	285	3,35	3150	210	7,49	42,6	8,20	8,34
320	155	62,2	48,8	2,41	808	61,7	335	3,60	3490	233	7,49	54,0	8,32	8,47
340	165	66,7	52,4	2,64	1020	73,5	387	3,91	3720	248	7,46	63,6	8,43	8,62
360	175	71,4	56,0	2,87	1270	86,7	442	4,22	3940	263	7,43	74,4	8,54	8,77
400	195	79,5	62,4	3,39	1890	118	559	4,88	4280	285	7,34	94,5	8,81	9,14
450	220	89,0	69,9	3,94	2820	156	715	5,62	4730	316	7,29	122	9,21	9,65
500	245	98,8	77,5	4,51	4020	201	891	6,38	5180	346	7,24	155	9,65	10,2
550	270	106	83,1	5,17	5530	253	1070	7,23	5410	361	7,15	176	10,2	10,9
600	295	113	88,9	5,87	7400	313	1260	8,08	5640	376	7,05	199	10,7	11,7
650	320	121	94,8	6,61	9670	381	1460	8,95	5860	391	6,97	224	11,3	12,5
700	345	130	102	7,50	12.740	472	1700	9,89	6090	406	6,84	257	12,0	13,5
800	395	143	112	9,06	19.330	635	2130	11,6	6320	421	6,65	298	13,4	15,4
900	445	160	126	10,8	28.710	851	2670	13,4	6770	452	6,50	368	14,9	17,5
1000	495	173	136	12,5	39.840	1080	3180	15,2	7000	467	6,35	411	16,4	19,8

Tafel 11.27 (Fortsetzung)

Kurz-zeichen	h	A	G	e_y^a	Für Biegung um die y-Achse I_y	W_{yu}^b	W_{yo}^b	i_y	z-Achse I_z	W_z	i_z	I_T	i_p^c	i_M^d
	mm	cm²	kg/m	cm	cm⁴	cm³	cm³	cm	cm⁴	cm³	cm	cm⁴	cm	cm
1/2 HEB (1/2 IPB) – Halbierte breite I-Träger, nach DIN 1025-2														
140	70	21,5	16,9	1,29	53,5	9,36	41,6	1,58	275	39,3	3,58	10,0	3,91	3,97
160	80	27,1	21,3	1,48	91,3	14,0	61,9	1,83	445	55,6	4,05	15,6	4,44	4,52
180	90	32,6	25,6	1,62	139	18,9	86,0	2,07	681	75,7	4,57	21,1	5,02	5,10
200	100	39,0	30,6	1,77	204	24,8	115	2,29	1000	100	5,07	29,6	5,56	5,65
220	110	45,5	35,7	1,92	289	31,8	151	2,52	1420	129	5,59	38,3	6,13	6,23
240	120	53,0	41,6	2,06	397	40,0	193	2,74	1960	163	6,08	51,3	6,67	6,78
260	130	59,2	46,5	2,17	512	47,3	236	2,94	2570	197	6,58	61,9	7,21	7,33
280	140	65,7	51,6	2,32	673	57,7	290	3,20	3300	236	7,09	71,9	7,78	7,90
300	150	74,5	58,5	2,47	871	69,5	353	3,42	4280	285	7,58	92,5	8,31	8,45
320	160	80,7	63,3	2,68	1100	82,3	409	3,69	4620	308	7,57	113	8,42	8,58
340	170	85,4	67,1	2,91	1360	96,7	468	3,99	4840	323	7,53	129	8,52	8,72
360	180	90,3	70,9	3,15	1670	113	531	4,30	5070	338	7,49	146	8,64	8,87
400	200	98,9	77,6	3,66	2440	149	666	4,96	5410	361	7,40	178	8,91	9,24
450	225	109	85,6	4,23	3570	195	843	5,72	5860	391	7,33	220	9,30	9,75
500	250	119	93,7	4,82	5020	249	1040	6,49	6310	421	7,27	269	9,75	10,3
550	275	127	99,7	5,49	6830	311	1240	7,33	6540	436	7,17	300	10,3	11,0
600	300	135	106	6,20	9060	381	1460	8,19	6770	451	7,08	334	10,8	11,8
650	325	143	112	6,94	11.750	459	1690	9,06	6990	466	6,99	370	11,4	12,6
700	350	153	120	7,82	15.280	562	1950	9,99	7220	481	6,87	415	12,1	13,6
800	400	167	131	9,39	23.000	751	2450	11,7	7450	497	6,68	473	13,5	15,6
900	450	186	146	11,1	33.770	996	3040	13,5	7910	527	6,53	569	15,0	17,7
1000	500	200	157	12,9	46.560	1250	3620	15,3	8140	543	6,38	627	16,5	19,9
1/2 HEM (1/2 IPBv) – Halbierte breite I-Träger, verstärkte Ausführung, nach DIN 1025-4														
140	80	40,3	31,6	1,87	132	21,5	70,6	1,81	572	78,4	3,77	59,7	4,18	4,25
160	90	48,5	38,1	2,05	205	29,5	99,9	2,05	879	106	4,26	80,8	4,73	4,81
180	100	56,6	44,5	2,20	296	37,9	134	2,29	1290	139	4,77	101	5,29	5,39
200	110	65,6	51,5	2,35	413	47,8	176	2,51	1830	177	5,27	129	5,84	5,94
220	120	74,7	58,7	2,50	561	59,1	224	2,74	2510	222	5,79	157	6,41	6,52
240	135	99,8	78,3	2,89	918	86,5	317	3,03	4080	329	6,39	313	7,07	7,19
260	145	110	86,2	3,01	1160	101	384	3,24	5220	390	6,90	358	7,62	7,75
280	155	120	94,3	3,15	1460	119	464	3,49	6580	457	7,40	402	8,18	8,32
300	170	152	119	3,55	2170	161	612	3,78	9700	626	8,00	702	8,85	8,99
320/305	160	113	88,3	3,00	1450	111	483	3,59	6870	450	7,81	299	8,60	8,73
320	179,5	156	122	3,74	2550	179	682	4,04	9850	638	7,95	748	8,92	9,08
340	188,5	158	124	3,91	2950	198	755	4,32	9860	638	7,90	751	9,01	9,21
360	197,5	159	125	4,10	3390	217	827	4,61	9760	634	7,83	752	9,08	9,32
400	216	163	128	4,50	4430	259	985	5,22	9670	630	7,70	755	9,30	9,63
450	239	168	132	5,03	6000	318	1190	5,98	9670	630	7,59	762	9,66	10,1
500	262	172	135	5,59	7880	382	1410	6,76	9580	626	7,46	767	10,1	10,7
550	286	177	139	6,22	10.210	456	1640	7,59	9580	626	7,35	775	10,6	11,4
600	310	182	143	6,88	12.920	536	1880	8,43	9490	622	7,22	780	11,1	12,1
650	334	187	147	7,56	16.070	622	2130	9,27	9490	622	7,13	787	11,7	13,0
700	358	192	150	8,28	19.650	714	2370	10,1	9400	618	7,01	793	12,3	13,8
800	407	202	159	9,81	28.430	920	2900	11,9	9310	615	6,79	821	13,7	15,7
900	455	212	166	11,4	39.050	1150	3420	13,6	9230	611	6,60	833	15,1	17,8
1000	504	222	174	13,1	52.170	1400	3980	15,3	9230	611	6,45	849	16,6	20,0

Tafel 11.28 Warmgewalzter rundkantiger Z-Stahl nach DIN 1027 (04.04)

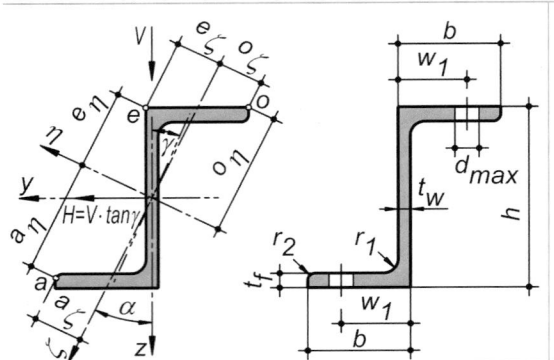

Bezeichnung eines rundkantigen Z-Stahls mit $h = 100$ mm aus einem Stahl mit dem Kurznamen S235JR bzw. der Werkstoffnummer 1.0038 nach DIN 10025: Z-Profil DIN 1027 – Z 100 – S235JR oder Z-Profil DIN 1027 – Z 100 – 1.0038 Z-Stahl nach dieser Norm wird vorzugsweise aus Stahlsorten nach DIN EN 10025 hergestellt. Die Stahlsorte ist bei der Bestellung anzugeben.
Bei Bestellung ohne Längenangabe (nach Gewicht) darf die Länge zwischen 3000 und 15.000 mm schwanken.
Zulässige Maßabweichungen bei Längen $\leq$ 15.000 mm:
Bei Bestellung in Festlänge: $\pm$100 mm; bei Bestellung in Genaulänge: unter $\pm$100 mm bis $\pm$5 mm, zu bevorzugen sind $\pm$50 mm, $\pm$25 mm, $\pm$10 mm und $\pm$5 mm.

Kurz-zeichen	Maße in mm								Achslage	Abstände der Punkte o, e und a						Maße nach [95]	
	h	b	t_w	$t_f = r_1$	r_2	A	G	U	$\tan\alpha$	o_η	o_ζ	e_η	e_ζ	a_η	a_ζ	d_{max}	w_1
						cm²	kg/m	m²/m		cm	cm	cm	cm	cm	cm	mm	mm
Z																	
30	30	38	4	4,5	2,5	4,32	3,39	0,198	1,655	3,86	0,58	0,60	1,39	3,54	0,87	–	–
40	40	40	4,5	5	2,5	5,43	4,26	0,225	1,181	4,17	0,91	1,12	1,67	3,82	1,19	–	–
50	50	43	5	5,5	3	6,77	5,32	0,255	0,939	4,60	1,24	1,65	1,89	4,21	1,49	–	–
60	60	45	5	6	3	7,92	6,21	0,282	0,779	4,98	1,51	2,21	2,04	4,56	1,76	–	–
80	80	50	6	7	3,5	11,1	8,73	0,339	0,588	5,83	2,02	3,30	2,29	5,35	2,25	11	36
100	100	55	6,5	8	4	14,5	11,4	0,397	0,492	6,77	2,43	4,34	2,50	6,24	2,65	13	37
120	120	60	7	9	4,5	18,2	14,3	0,454	0,433	7,75	2,80	5,37	2,70	7,16	3,02	13	37
140	140	65	8	10	5	22,9	18,0	0,511	0,385	8,72	3,18	6,39	2,89	8,08	3,39	17	43
160	160	70	8,5	11	5,5	27,5	21,6	0,569	0,357	9,74	3,51	7,39	3,09	9,04	3,72	17	44
180	*180*	*75*	*9,5*	*12*	*6*	*33,3*	*26,1*	*0,626*	*0,329*	*10,7*	*3,86*	*8,40*	*3,27*	*9,99*	*4,07*	*–*	*–*
200	*200*	*80*	*10*	*13*	*6,5*	*38,7*	*30,4*	*0,683*	*0,313*	*11,8*	*4,17*	*9,39*	*3,47*	*11,0*	*4,39*	*–*	*–*

Kurz-zeichen	Für Biegung um die												Zentri-fugal-moment	Bei lotrechter Belastung V und bei		Freier Ausbie-gung zur Seite
	y-Achse			z-Achse			η-Achse			ζ-Achse				Verhinderung seitlicher Ausbiegung durch H		
	I_y	W_y	i_y	I_z	W_z	i_z	I_η	W_η	i_η	I_ζ	W_ζ	i_ζ	I_{yz}	W_y	$H/V = \tan\gamma$	W
	cm⁴	cm³	cm	cm⁴	cm³	cm	cm⁴	cm³	cm	cm⁴	cm³	cm	cm⁴	cm³		cm³
Z																
30	5,97	3,98	1,18	13,7	3,80	1,78	18,1	4,70	2,05	1,54	1,11	0,60	7,33	3,98	1,227	1,26
40	13,5	6,74	1,58	17,6	4,66	1,80	28,0	6,72	2,27	3,05	1,83	0,75	12,3	6,74	0,913	2,26
50	26,3	10,5	1,97	23,8	5,88	1,88	44,9	9,76	2,57	5,23	2,76	0,88	19,8	10,5	0,752	3,64
60	44,7	14,9	2,38	30,1	7,08	1,95	67,2	13,5	2,91	7,60	3,72	0,98	28,9	14,9	0,647	5,24
80	109	27,3	3,14	47,5	10,1	2,07	142	24,4	3,58	14,7	6,45	1,15	55,7	27,3	0,509	10,1
100	222	44,4	3,92	72,4	14,0	2,24	270	39,8	4,32	24,5	9,26	1,30	97,2	44,4	0,438	16,8
120	401	66,9	4,70	106	18,8	2,41	469	60,6	5,08	37,9	12,6	1,44	157	66,9	0,392	25,6
140	676	96,6	5,43	148	24,3	2,54	768	88,0	5,79	56,4	16,6	1,57	238	96,6	0,353	38,0
160	1059	132	6,20	204	31,0	2,72	1184	121	6,56	79,5	21,4	1,70	349	132	0,330	52,9
180	*1558*	*178*	*6,93*	*272*	*38,7*	*2,86*	*1760*	*164*	*7,27*	*110*	*27,0*	*1,82*	*490*	*178*	*0,307*	*72,4*
200	*2297*	*230*	*7,70*	*358*	*47,7*	*3,04*	*2509*	*213*	*8,05*	*147*	*33,4*	*1,95*	*674*	*230*	*0,293*	*94,1*

Kursiv gedruckte Profile möglichst vermeiden, da geplant ist, sie bei der nächsten Ausgabe der Norm zu streichen.

Tafel 11.29 Warmgefertigte kreisförmige Hohlprofile für den Stahlbau nach DIN EN 10210-2 (07.06) (Auszug)

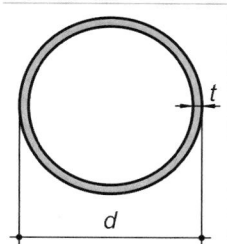

Bezeichnung eines warmgefertigten kreisförmigen Hohlprofils mit dem Außendurchmesser $d = 273$ mm und der Wanddicke $t = 10$ mm aus einem Stahl mit dem Kurznamen S355J2H bzw. der Werkstoffnummer 1.0576:
HFCHS – EN 10210 – S355J2H – 273 × 10 oder HFCHS – EN 10210 – 1.0576 – 273 × 10
Werkstoffe aus unlegierten Baustählen und aus Feinkornbaustählen nach DIN EN 10210-1. Der Werkstoff ist in der Bezeichnung anzugeben.
Längenart und Längenbereich bzw. Länge nach DIN EN 10210-2 sind bei Bestellung anzugeben. Grenzabmaße je nach Längenart entsprechend DIN EN 10210-2.

d	t	A	G	U	I	W_{el}	W_{pl}	i	I_T	$C_t = W_T$ [a]
mm	mm	cm²	kg/m	m²/m	cm⁴	cm³	cm³	cm	cm⁴	cm³
Warmgefertigte kreisförmige Hohlprofile, nahtlos oder geschweißt										
33,7	**3,2**	3,07	2,41	0,106	3,60	2,14	2,99	1,08	7,21	4,28
	4	3,73	2,93	0,106	4,19	2,49	3,55	1,06	8,38	4,97
42,4	**3,2**	3,94	3,09	0,133	7,62	3,59	4,93	1,39	15,2	7,19
	4	4,83	3,79	0,133	8,99	4,24	5,92	1,36	18,0	8,48
48,3	**3,2**	4,53	3,56	0,152	11,6	4,80	6,52	1,60	23,2	9,59
	4	5,57	4,37	0,152	13,8	5,70	7,87	1,57	27,5	11,4
	5	6,80	5,34	0,152	16,2	6,69	9,42	1,54	32,3	13,4
60,3	**3,2**	5,74	4,51	0,189	23,5	7,78	10,4	2,02	46,9	15,6
	4	7,07	5,55	0,189	28,2	9,34	12,7	2,00	56,3	18,7
	5	8,69	6,82	0,189	33,5	11,1	15,3	1,96	67,0	22,2
76,1	**3,2**	7,33	5,75	0,239	48,8	12,8	17,0	2,58	97,6	25,6
	4	9,06	7,11	0,239	59,1	15,5	20,8	2,55	118	31,0
	5	11,2	8,77	0,239	70,9	18,6	25,3	2,52	142	37,3
88,9	**4**	10,7	8,38	0,279	96,3	21,7	28,9	3,00	193	43,3
	5	13,2	10,3	0,279	116	26,2	35,2	2,97	233	52,4
	6,3	16,3	12,8	0,279	140	31,5	43,1	2,93	280	63,1
101,6	**4**	12,3	9,63	0,319	146	28,8	38,1	3,45	293	57,6
	5	15,2	11,9	0,319	177	34,9	46,7	3,42	355	69,9
	6,3	18,9	14,8	0,319	215	42,3	57,3	3,38	430	84,7
	8	23,5	18,5	0,319	260	51,1	70,3	3,32	519	102
	10	28,8	22,6	0,319	305	60,1	84,2	3,26	611	120
114,3	**4**	13,9	10,9	0,359	211	36,9	48,7	3,90	422	73,9
	5	17,2	13,5	0,359	257	45,0	59,8	3,87	514	89,9
	6,3	21,4	16,8	0,359	313	54,7	73,6	3,82	625	109
	8	26,7	21,0	0,359	379	66,4	90,6	3,77	759	133
	10	32,8	25,7	0,359	450	78,7	109	3,70	899	157
139,7	**5**	21,2	16,6	0,439	481	68,8	90,8	4,77	961	138
	6,3	26,4	20,7	0,439	589	84,3	112	4,72	1177	169
	8	33,1	26,0	0,439	720	103	139	4,66	1441	206
	10	40,7	32,0	0,439	862	123	169	4,60	1724	247
	12,5	50,0	39,2	0,439	1020	146	203	4,52	2040	292
168,3	**6,3**	32,1	25,2	0,529	1053	125	165	5,73	2107	250
	8	40,3	31,6	0,529	1297	154	206	5,67	2595	308
	10	49,7	39,0	0,529	1564	186	251	5,61	3128	372
	12,5	61,2	48,0	0,529	1868	222	304	5,53	3737	444
177,8	**6,3**	33,9	26,6	0,559	1250	141	185	6,07	2499	281
	8	42,7	33,5	0,559	1541	173	231	6,01	3083	347
	10	52,7	41,4	0,559	1862	209	282	5,94	3724	419
	12,5	64,9	51,0	0,559	2230	251	342	5,86	4460	502

Tafel 11.29 (Fortsetzung)

d	t	A	G	U	I	W_{el}	W_{pl}	i	I_T	$C_t = W_T$[a]
mm	mm	cm^2	kg/m	m^2/m	cm^4	cm^3	cm^3	cm	cm^4	cm^3
193,7	**6,3**	37,1	29,1	0,609	1630	168	221	6,63	3260	337
	8	46,7	36,6	0,609	2016	208	276	6,57	4031	416
	10	57,7	45,3	0,609	2442	252	338	6,50	4883	504
	12,5	71,2	55,9	0,609	2934	303	411	6,42	5869	606
	16	89,3	70,1	0,609	3554	367	507	6,31	7109	734
219,1	**8**	53,1	41,6	0,688	2960	270	357	7,47	5919	540
	10	65,7	51,6	0,688	3598	328	438	7,40	7197	657
	12,5	81,1	63,7	0,688	4345	397	534	7,32	8689	793
	16	102	80,1	0,688	5297	483	661	7,20	10.593	967
	20	125	98,2	0,688	6261	572	795	7,07	12.523	1143
244,5	**8**	59,4	46,7	0,768	4160	340	448	8,37	8321	681
	10	73,7	57,8	0,768	5073	415	550	8,30	10.146	830
	12,5	91,1	71,5	0,768	6147	503	673	8,21	12.295	1006
	16	115	90,2	0,768	7533	616	837	8,10	15.066	1232
	20	141	111	0,768	8957	733	1011	7,97	17.914	1465
273,0	**8**	66,6	52,3	0,858	5852	429	562	9,37	11.703	857
	10	82,6	64,9	0,858	7154	524	692	9,31	14.308	1048
	12,5	102	80,3	0,858	8697	637	849	9,22	17.395	1274
	16	129	101	0,858	10.707	784	1058	9,10	21.414	1569
	20	159	125	0,858	12.798	938	1283	8,97	25.597	1875
	25	195	153	0,858	15.127	1108	1543	8,81	30.254	2216
323,9	**8**	79,4	62,3	1,02	9910	612	799	11,2	19.820	1224
	10	98,6	77,4	1,02	12.158	751	986	11,1	24.317	1501
	12,5	122	96,0	1,02	14.847	917	1213	11,0	29.693	1833
	16	155	121	1,02	18.390	1136	1518	10,9	36.780	2271
	20	191	150	1,02	22.139	1367	1850	10,8	44.278	2734
	25	235	184	1,02	26.400	1630	2239	10,6	52.800	3260
355,6	**8**	87,4	68,6	1,12	13.201	742	967	12,3	26.403	1485
	10	109	85,2	1,12	16.223	912	1195	12,2	32.447	1825
	12,5	135	106	1,12	19.852	1117	1472	12,1	39.704	2233
	16	171	134	1,12	24.663	1387	1847	12,0	49.326	2774
	20	211	166	1,12	29.792	1676	2255	11,9	59.583	3351
	25	260	204	1,12	35.677	2007	2738	11,7	71.353	4013
406,4	**10**	125	97,8	1,28	24.476	1205	1572	14,0	48.952	2409
	12,5	155	121	1,28	30.031	1478	1940	13,9	60.061	2956
	16	196	154	1,28	37.449	1843	2440	13,8	74.898	3686
	20	243	191	1,28	45.432	2236	2989	13,7	90.864	4472
	25	300	235	1,28	54.702	2692	3642	13,5	109.404	5384
457,0	**10**	140	110	1,44	35.091	1536	1998	15,8	70.183	3071
	12,5	175	137	1,44	43.145	1888	2470	15,7	86.290	3776
	16	222	174	1,44	53.959	2361	3113	15,6	107.919	4723
	20	275	216	1,44	65.681	2874	3822	15,5	131.363	5749
	30	402	316	1,44	92.173	4034	5479	15,1	184.346	8068
	40	524	411	1,44	114.949	5031	6977	14,8	229.898	10.061
508,0	**12,5**	195	153	1,60	59.755	2353	3070	17,5	119.511	4705
	16	247	194	1,60	74.909	2949	3874	17,4	149.818	5898
	20	307	241	1,60	91.428	3600	4766	17,3	182.856	7199
	30	451	354	1,60	129.173	5086	6864	16,9	258.346	10.171
	40	588	462	1,60	162.188	6385	8782	16,6	324.376	12.771

[a] $C_t = W_T$ Torsionswiderstandsmoment.

Tafel 11.30 Kaltgefertigte kreisförmige Hohlprofile für den Stahlbau nach DIN EN 10219-2 (07.06) (Auszug)

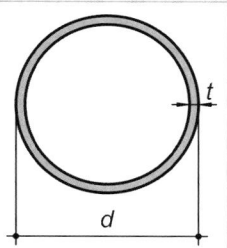

Bezeichnung eines kaltgefertigten kreisförmigen Hohlprofils mit dem Außendurchmesser $d = 273$ mm und der Wanddicke $t = 10$ mm aus einem Stahl mit dem Kurznamen S355J2H bzw. der Werkstoffnummer 1.0576: CFCHS – EN 10219 – S355J2H – 273 × 10 oder CFCHS – EN 10219 – 1.0576 – 273 × 10
Werkstoffe aus unlegierten Baustählen und aus Feinkornbaustählen nach DIN EN 10219-1. Der Werkstoff ist in der Bezeichnung anzugeben.
Längenart und Längenbereich bzw. Länge nach DIN EN 10219-2 sind bei Bestellung anzugeben. Grenzabmaße je nach Längenart entsprechend DIN EN 10219-2.

d	t	A	G	U	I	W_{el}	W_{pl}	i	I_T	$C_t = W_T$[a]
mm	mm	cm²	kg/m	m²/m	cm⁴	cm³	cm³	cm	cm⁴	cm³
Kaltgefertigte kreisförmige Hohlprofile, geschweißt										
33,7	3	2,89	2,27	0,106	3,44	2,04	2,84	1,09	6,88	4,08
42,4	3	3,71	2,91	0,133	7,25	3,42	4,67	1,40	14,5	6,84
	4	4,83	3,79	0,133	8,99	4,24	5,92	1,36	18,0	8,48
48,3	3	4,27	3,35	0,152	11,0	4,55	6,17	1,61	22,0	9,11
	4	5,57	4,37	0,152	13,8	5,70	7,87	1,57	27,5	11,4
	5	6,80	5,34	0,152	16,2	6,69	9,42	1,54	32,3	13,4
60,3	3	5,40	4,24	0,189	22,2	7,37	9,86	2,03	44,4	14,7
	4	7,07	5,55	0,189	28,2	9,34	12,7	2,00	56,3	18,7
	5	8,69	6,82	0,189	33,5	11,1	15,3	1,96	67,0	22,2
76,1	3	6,89	5,41	0,239	46,1	12,1	16,0	2,59	92,2	24,2
	4	9,06	7,11	0,239	59,1	15,5	20,8	2,55	118	31,0
	5	11,2	8,77	0,239	70,9	18,6	25,3	2,52	142	37,3
88,9	3	8,10	6,36	0,279	74,8	16,8	22,1	3,04	150	33,6
	4	10,7	8,38	0,279	96,3	21,7	28,9	3,00	193	43,3
	5	13,2	10,3	0,279	116	26,2	35,2	2,97	233	52,4
	6	15,6	12,3	0,279	135	30,4	41,3	2,94	270	60,7
101,6	3	9,29	7,29	0,319	113	22,3	29,2	3,49	226	44,5
	4	12,3	9,63	0,319	146	28,8	38,1	3,45	293	57,6
	5	15,2	11,9	0,319	177	34,9	46,7	3,42	355	69,9
	6	18,0	14,1	0,319	207	40,7	54,9	3,39	413	81,4
114,3	4	13,9	10,9	0,359	211	36,9	48,7	3,90	422	73,9
	5	17,2	13,5	0,359	257	45,0	59,8	3,87	514	89,9
	6	20,4	16,0	0,359	300	52,5	70,4	3,83	600	105
	8	26,7	21,0	0,359	379	66,4	90,6	3,77	759	133
139,7	4	17,1	13,4	0,439	393	56,2	73,7	4,80	786	112
	5	21,2	16,6	0,439	481	68,8	90,8	4,77	961	138
	6	25,2	19,8	0,439	564	80,8	107	4,73	1129	162
	8	33,1	26,0	0,439	720	103	139	4,66	1441	206
	10	40,7	32,0	0,439	862	123	169	4,60	1724	247
168,3	4	20,6	16,2	0,529	697	82,8	108	5,81	1394	166
	5	25,7	20,1	0,529	856	102	133	5,78	1712	203
	6	30,6	24,0	0,529	1009	120	158	5,74	2017	240
	8	40,3	31,6	0,529	1297	154	206	5,67	2595	308
	10	49,7	39,0	0,529	1564	186	251	5,61	3128	372
177,8	5	27,1	21,3	0,559	1014	114	149	6,11	2028	228
	6	32,4	25,4	0,559	1196	135	177	6,08	2392	269
	8	42,7	33,5	0,559	1541	173	231	6,01	3083	347
	10	52,7	41,4	0,559	1862	209	282	5,94	3724	419
	12	62,5	49,1	0,559	2159	243	330	5,88	4318	486

Tafel 11.30 (Fortsetzung)

d	t	A	G	U	I	W_{el}	W_{pl}	i	I_T	$C_t = W_T$ [a]
mm	mm	cm²	kg/m	m²/m	cm⁴	cm³	cm³	cm	cm⁴	cm³
193,7	5	29,6	23,3	0,609	1320	136	178	6,67	2640	273
	6	35,4	27,8	0,609	1560	161	211	6,64	3119	322
	8	46,7	36,6	0,609	2016	208	276	6,57	4031	416
	10	57,7	45,3	0,609	2442	252	338	6,50	4883	504
	12	68,5	53,8	0,609	2839	293	397	6,44	5678	586
219,1	5	33,6	26,4	0,688	1928	176	229	7,57	3856	352
	6	40,2	31,5	0,688	2282	208	273	7,54	4564	417
	8	53,1	41,6	0,688	2960	270	357	7,47	5919	540
	10	65,7	51,6	0,688	3598	328	438	7,40	7197	657
	12	78,1	61,3	0,688	4200	383	515	7,33	8400	767
244,5	5	37,6	29,5	0,768	2699	221	287	8,47	5397	441
	6	45,0	35,3	0,768	3199	262	341	8,43	6397	523
	8	59,4	46,7	0,768	4160	340	448	8,37	8321	681
	10	73,7	57,8	0,768	5073	415	550	8,30	10.146	830
	12	87,7	68,8	0,768	5938	486	649	8,23	11.877	972
273,0	5	42,1	33,0	0,858	3781	277	359	9,48	7562	554
	6	50,3	39,5	0,858	4487	329	428	9,44	8974	657
	8	66,6	52,3	0,858	5852	429	562	9,37	11.703	857
	10	82,6	64,9	0,858	7154	524	692	9,31	14.308	1048
	12	98,4	77,2	0,858	8396	615	818	9,24	16.792	1230
323,9	5	50,1	39,3	1,02	6369	393	509	11,3	12.739	787
	6	59,9	47,0	1,02	7572	468	606	11,2	15.145	935
	8	79,4	62,3	1,02	9910	612	799	11,2	19.820	1224
	10	98,6	77,4	1,02	12.158	751	986	11,1	24.317	1501
	12	118	92,3	1,02	14.320	884	1168	11,0	28.639	1768
355,6	6	65,9	51,7	1,12	10.071	566	733	12,4	20.141	1133
	8	87,4	68,6	1,12	13.201	742	967	12,3	26.403	1485
	10	109	85,2	1,12	16.223	912	1195	12,2	32.447	1825
	12	130	102	1,12	19.139	1076	1417	12,2	38.279	2153
	16	171	134	1,12	24.663	1387	1847	12,0	49.326	2774
	20	211	166	1,12	29.792	1676	2255	11,9	59.583	3351
406,4	8	100	78,6	1,28	19.874	978	1270	14,1	39.748	1956
	10	125	97,8	1,28	24.476	1205	1572	14,0	48.952	2409
	12	149	117	1,28	28.937	1424	1867	14,0	57.874	2848
	16	196	154	1,28	37.449	1843	2440	13,8	74.898	3686
	20	243	191	1,28	45.432	2236	2989	13,7	90.864	4472
	25	300	235	1,28	54.702	2692	3642	13,5	109.404	5384
457,0	8	113	88,6	1,44	28.446	1245	1613	15,9	56.893	2490
	10	140	110	1,44	35.091	1536	1998	15,8	70.183	3071
	12	168	132	1,44	41.556	1819	2377	15,7	83.113	3637
	16	222	174	1,44	53.959	2361	3113	15,6	107.919	4723
	20	275	216	1,44	65.681	2874	3822	15,5	131.363	5749
	30	402	316	1,44	92.173	4034	5479	15,1	184.346	8068
508,0	8	126	98,6	1,60	39.280	1546	2000	17,7	78.560	3093
	10	156	123	1,60	48.520	1910	2480	17,6	97.040	3820
	12	187	147	1,60	57.536	2265	2953	17,5	115.072	4530
	16	247	194	1,60	74.909	2949	3874	17,4	149.818	5898
	20	307	241	1,60	91.428	3600	4766	17,3	182.856	7199
	30	451	354	1,60	129.173	5086	6864	16,9	258.346	10.171

[a] $C_t = W_T$ Torsionswiderstandsmoment.

Tafel 11.31 Warmgefertigte quadratische Hohlprofile für den Stahlbau nach DIN EN 10210-2 (07.06) (Auszug)

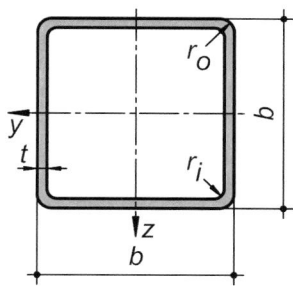

Bezeichnung eines warmgefertigten quadratischen Hohlprofils mit den Seitenlängen $b = 80$ mm und der Wanddicke $t = 5$ mm aus einem Stahl mit dem Kurznamen S355J0H bzw. der Werkstoffnummer 1.0547:
HFRHS – EN 10210 – S355J0H – 80 × 80 × 5 oder HFRHS – EN 10210 – 1.0547 – 80 × 80 × 5
Werkstoffe aus unlegierten Baustählen und aus Feinkornbaustählen nach DIN EN 10210-1. Der Werkstoff ist in der Bezeichnung anzugeben.
Längenart und Längenbereich bzw. Länge nach DIN EN 10210-2 sind bei Bestellung anzugeben. Grenzabmaße je nach Längenart entsprechend DIN EN 10210-2.
Radien für Berechnungen:
äußerer Radius $r_o = 1{,}5t$
innerer Radius $r_i = 1{,}0t$

b	t	A	G	U	I	W_{el}	W_{pl}	i	I_T	$C_t = W_T$ [a]
mm	mm	cm^2	kg/m	m^2/m	cm^4	cm^3	cm^3	cm	cm^4	cm^3
Warmgefertigte quadratische Hohlprofile, nahtlos oder geschweißt										
40	**3,2**	4,60	3,61	0,152	10,2	5,11	6,28	1,49	16,5	7,42
	4	5,59	4,39	0,150	11,8	5,91	7,44	1,45	19,5	8,54
	5	6,73	5,28	0,147	13,4	6,68	8,66	1,41	22,5	9,60
50	**3,2**	5,88	4,62	0,192	21,2	8,49	10,2	1,90	33,8	12,4
	4	7,19	5,64	0,190	25,0	9,99	12,3	1,86	40,4	14,5
	5	8,73	6,85	0,187	28,9	11,6	14,5	1,82	47,6	16,7
	6,3	10,6	8,31	0,184	32,8	13,1	17,0	1,76	55,2	18,8
60	**3,2**	7,16	5,62	0,232	38,2	12,7	15,2	2,31	60,2	18,6
	4	8,79	6,90	0,230	45,4	15,1	18,3	2,27	72,5	22,0
	5	10,7	8,42	0,227	53,3	17,8	21,9	2,23	86,4	25,7
	6,3	13,1	10,3	0,224	61,6	20,5	26,0	2,17	102	29,6
	8	16,0	12,5	0,219	69,7	23,2	30,4	2,09	118	33,4
70	**3,2**	8,44	6,63	0,272	62,3	17,8	21,0	2,72	97,6	26,1
	4	10,4	8,15	0,270	74,7	21,3	25,5	2,68	118	31,2
	5	12,7	9,99	0,267	88,5	25,3	30,8	2,64	142	36,8
	6,3	15,6	12,3	0,264	104	29,7	36,9	2,58	169	42,9
	8	19,2	15,0	0,259	120	34,2	43,8	2,50	200	49,2
80	**3,2**	9,72	7,63	0,312	95,0	23,7	27,9	3,13	148	34,9
	4	12,0	9,41	0,310	114	28,6	34,0	3,09	180	41,9
	5	14,7	11,6	0,307	137	34,2	41,1	3,05	217	49,8
	6,3	18,1	14,2	0,304	162	40,5	49,7	2,99	262	58,7
	8	22,4	17,5	0,299	189	47,3	59,5	2,91	312	68,3
90	**4**	13,6	10,7	0,350	166	37,0	43,6	3,50	260	54,2
	5	16,7	13,1	0,347	200	44,4	53,0	3,45	316	64,8
	6,3	20,7	16,2	0,344	238	53,0	64,3	3,40	382	77,0
	8	25,6	20,1	0,339	281	62,6	77,6	3,32	459	90,5
100	**4**	15,2	11,9	0,390	232	46,4	54,4	3,91	361	68,2
	5	18,7	14,7	0,387	279	55,9	66,4	3,86	439	81,8
	6,3	23,2	18,2	0,384	336	67,1	80,9	3,80	534	97,8
	8	28,8	22,6	0,379	400	79,9	98,2	3,73	646	116
	10	34,9	27,4	0,374	462	92,4	116	3,64	761	133
120	**5**	22,7	17,8	0,467	498	83,0	97,6	4,68	777	122
	6,3	28,2	22,2	0,464	603	100	120	4,62	950	147
	8	35,2	27,6	0,459	726	121	146	4,55	1160	176
	10	42,9	33,7	0,454	852	142	175	4,46	1382	206
	12,5	52,1	40,9	0,448	982	164	207	4,34	1623	236
140	**5**	26,7	21,0	0,547	807	115	135	5,50	1253	170
	6,3	33,3	26,1	0,544	984	141	166	5,44	1540	206
	8	41,6	32,6	0,539	1195	171	204	5,36	1892	249
	10	50,9	40,0	0,534	1416	202	246	5,27	2272	294
	12,5	62,1	48,7	0,528	1653	236	293	5,16	2696	342

Tafel 11.31 (Fortsetzung)

b	t	A	G	U	I	W_{el}	W_{pl}	i	I_T	$C_t = W_T$[a]
mm	mm	cm²	kg/m	m²/m	cm⁴	cm³	cm³	cm	cm⁴	cm³
150	**5**	28,7	22,6	0,587	1002	134	156	5,90	1550	197
	6,3	35,8	28,1	0,584	1223	163	192	5,85	1909	240
	8	44,8	35,1	0,579	1491	199	237	5,77	2351	291
	10	54,9	43,1	0,574	1773	236	286	5,68	2832	344
	12,5	67,1	52,7	0,568	2080	277	342	5,57	3375	402
	16	83,0	65,2	0,559	2430	324	411	5,41	4026	467
160	**5**	30,7	24,1	0,627	1225	153	178	6,31	1892	226
	6,3	38,3	30,1	0,624	1499	187	220	6,26	2333	275
	8	48,0	37,6	0,619	1831	229	272	6,18	2880	335
	10	58,9	46,3	0,614	2186	273	329	6,09	3478	398
	12,5	72,1	56,6	0,608	2576	322	395	5,98	4158	467
	16	89,4	70,2	0,599	3028	379	476	5,82	4988	546
180	**6,3**	43,3	34,0	0,704	2168	241	281	7,07	3361	355
	8	54,4	42,7	0,699	2661	296	349	7,00	4162	434
	10	66,9	52,5	0,694	3193	355	424	6,91	5048	518
	12,5	82,1	64,4	0,688	3790	421	511	6,80	6070	613
	16	102	80,2	0,679	4504	500	621	6,64	7343	724
200	**6,3**	48,4	38,0	0,784	3011	301	350	7,89	4653	444
	8	60,8	47,7	0,779	3709	371	436	7,81	5778	545
	10	74,9	58,8	0,774	4471	447	531	7,72	7031	655
	12,5	92,1	72,3	0,768	5336	534	643	7,61	8491	778
	16	115	90,3	0,759	6394	639	785	7,46	10.340	927
220	**6,3**	53,4	41,9	0,864	4049	368	427	8,71	6240	544
	8	67,2	52,7	0,859	5002	455	532	8,63	7765	669
	10	82,9	65,1	0,854	6050	550	650	8,54	9473	807
	12,5	102	80,1	0,848	7254	659	789	8,43	11.481	963
	16	128	100	0,839	8749	795	969	8,27	14.054	1156
250	**8**	76,8	60,3	0,979	7455	596	694	9,86	11.525	880
	10	94,9	74,5	0,974	9055	724	851	9,77	14.106	1065
	12,5	117	91,9	0,968	10.915	873	1037	9,66	17.164	1279
	16	147	115	0,959	13.267	1061	1280	9,50	21.138	1546
260	**8**	80,0	62,8	1,02	8423	648	753	10,3	13.006	956
	10	98,9	77,7	1,01	10.242	788	924	10,2	15.932	1159
	12,5	122	95,8	1,01	12.365	951	1127	10,1	19.409	1394
	16	153	120	0,999	15.061	1159	1394	9,91	23.942	1689
300	**8**	92,8	72,8	1,18	13.128	875	1013	11,9	20.194	1294
	10	115	90,2	1,17	16.026	1068	1246	11,8	24.807	1575
	12,5	142	112	1,17	19.442	1296	1525	11,7	30.333	1904
	16	179	141	1,16	23.850	1590	1895	11,5	37.622	2325
350	**8**	109	85,4	1,38	21.129	1207	1392	13,9	32.384	1789
	10	135	106	1,37	25.884	1479	1715	13,9	39.886	2185
	12,5	167	131	1,37	31.541	1802	2107	13,7	48.934	2654
	16	211	166	1,36	38.942	2225	2630	13,6	60.990	3264
400	**10**	155	122	1,57	39.128	1956	2260	15,9	60.092	2895
	12,5	192	151	1,57	47.839	2392	2782	15,8	73.906	3530
	16	243	191	1,56	59.344	2967	3484	15,6	92.442	4362
	20	300	235	1,55	71.535	3577	4247	15,4	112.489	5237

[a] $C_t = W_T$ Torsionswiderstandsmoment.

Tafel 11.32 Kaltgefertigte quadratische Hohlprofile für den Stahlbau nach DIN EN 10219-2 (07.06) (Auszug)

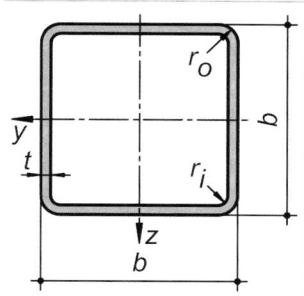

Bezeichnung eines kaltgefertigten quadratischen Hohlprofils mit den Seitenlängen $b = 80\,\text{mm}$ und der Wanddicke $t = 5\,\text{mm}$ aus einem Stahl mit dem Kurznamen S355J0H bzw. der Werkstoffnummer 1.0547: CFRHS – EN 10219 – S355J0H – 80 × 80 × 5 oder CFRHS – EN 10219 – 1.0547 – 80 × 80 × 5
Werkstoffe aus unlegierten Baustählen und aus Feinkornbaustählen nach DIN EN 10219-1. Der Werkstoff ist in der Bezeichnung anzugeben.
Längenart und Längenbereich bzw. Länge nach DIN EN 10219-2 sind bei Bestellung anzugeben. Grenzabmaße je nach Längenart entsprechend DIN EN 10219-2.
Radien für Berechnungen:

	$t \leq 6\,\text{mm}$	$6\,\text{mm} < t \leq 10\,\text{mm}$	$t > 10\,\text{mm}$
r_o	$2{,}0t$	$2{,}5t$	$3{,}0t$
r_i	$1{,}0t$	$1{,}5t$	$2{,}0t$

b	t	A	G	U	I	W_el	W_pl	i	I_T	$C_\text{t} = W_\text{T}$ [a]
mm	mm	cm²	kg/m	m²/m	cm⁴	cm³	cm³	cm	cm⁴	cm³
Kaltgefertigte quadratische Hohlprofile, geschweißt										
30	3	3,01	2,36	0,110	3,50	2,34	2,96	1,08	6,15	3,58
40	3	4,21	3,30	0,150	9,32	4,66	5,72	1,49	15,8	7,07
	4	5,35	4,20	0,146	11,1	5,54	7,01	1,44	19,4	8,48
50	3	5,41	4,25	0,190	19,5	7,79	9,39	1,90	32,1	11,8
	4	6,95	5,45	0,186	23,7	9,49	11,7	1,85	40,4	14,4
	5	8,36	6,56	0,183	27,0	10,8	13,7	1,80	47,5	16,6
60	3	6,61	5,19	0,230	35,1	11,7	14,0	2,31	57,1	17,7
	4	8,55	6,71	0,226	43,6	14,5	17,6	2,26	72,6	22,0
	5	10,4	8,13	0,223	50,5	16,8	20,9	2,21	86,4	25,6
	6	12,0	9,45	0,219	56,1	18,7	23,7	2,16	98,4	28,6
70	3	7,81	6,13	0,270	57,5	16,4	19,4	2,71	92,4	24,7
	4	10,1	7,97	0,266	72,1	20,6	24,8	2,67	119	31,1
	5	12,4	9,70	0,263	84,6	24,2	29,6	2,62	142	36,7
	6	14,4	11,3	0,259	95,2	27,2	33,8	2,57	163	41,4
80	3	9,01	7,07	0,310	87,8	22,0	25,8	3,12	140	33,0
	4	11,7	9,22	0,306	111	27,8	33,1	3,07	180	41,8
	5	14,4	11,3	0,303	131	32,9	39,7	3,03	218	49,7
	6	16,8	13,2	0,299	149	37,3	45,8	2,98	252	56,6
	8	20,8	16,4	0,286	168	42,1	53,9	2,84	307	66,6
90	3	10,2	8,01	0,350	127	28,3	33,0	3,53	201	42,5
	4	13,3	10,5	0,346	162	36,0	42,6	3,48	261	54,2
	5	16,4	12,8	0,343	193	42,9	51,4	3,43	316	64,7
	6	19,2	15,1	0,339	220	49,0	59,5	3,39	368	74,2
	8	24,0	18,9	0,326	255	56,6	71,3	3,25	456	88,8
100	3	11,4	8,96	0,390	177	35,4	41,2	3,94	279	53,2
	4	14,9	11,7	0,386	226	45,3	53,3	3,89	362	68,1
	5	18,4	14,4	0,383	271	54,2	64,6	3,84	441	81,7
	6	21,6	17,0	0,379	311	62,3	75,1	3,79	514	94,1
	8	27,2	21,4	0,366	366	73,2	91,1	3,67	645	114
120	4	18,1	14,2	0,466	402	67,0	78,3	4,71	637	101
	5	22,4	17,5	0,463	485	80,9	95,4	4,66	778	122
	6	26,4	20,7	0,459	562	93,7	112	4,61	913	141
	8	33,6	26,4	0,446	677	113	138	4,49	1163	175
	10	40,6	31,8	0,437	777	129	162	4,38	1376	203
140	4	21,3	16,8	0,546	652	93,1	108	5,52	1023	140
	5	26,4	20,7	0,543	791	113	132	5,48	1256	170
	6	31,2	24,5	0,539	920	131	155	5,43	1479	198
	8	40,0	31,4	0,526	1127	161	194	5,30	1901	248
	10	48,6	38,1	0,517	1312	187	230	5,20	2274	291

Tafel 11.32 (Fortsetzung)

b	t	A	G	U	I	W_{el}	W_{pl}	i	I_T	$C_t = W_T$[a]
mm	mm	cm²	kg/m	m²/m	cm⁴	cm³	cm³	cm	cm⁴	cm³
150	4	22,9	18,0	0,586	808	108	125	5,93	1265	162
	5	28,4	22,3	0,583	982	131	153	5,89	1554	197
	6	33,6	26,4	0,579	1146	153	180	5,84	1833	230
	8	43,2	33,9	0,566	1412	188	226	5,71	2364	289
	10	52,6	41,3	0,557	1653	220	269	5,61	2839	341
160	4	24,5	19,3	0,626	987	123	143	6,34	1541	185
	5	30,4	23,8	0,623	1202	150	175	6,29	1896	226
	6	36,0	28,3	0,619	1405	176	206	6,25	2239	264
	8	46,4	36,5	0,606	1741	218	260	6,12	2897	334
	10	56,6	44,4	0,597	2048	256	311	6,02	3490	395
180	5	34,4	27,0	0,703	1737	193	224	7,11	2724	290
	6	40,8	32,1	0,699	2037	226	264	7,06	3223	340
	8	52,8	41,5	0,686	2546	283	336	6,94	4189	432
	10	64,6	50,7	0,677	3017	335	404	6,84	5074	515
	12	74,5	58,5	0,658	3322	369	454	6,68	5865	584
200	5	38,4	30,1	0,783	2410	241	279	7,93	3763	362
	6	45,6	35,8	0,779	2833	283	330	7,88	4459	426
	8	59,2	46,5	0,766	3566	357	421	7,76	5815	544
	10	72,6	57,0	0,757	4251	425	508	7,65	7072	651
	12	84,1	66,0	0,738	4730	473	576	7,50	8230	743
	16	107	83,8	0,718	5625	562	706	7,26	10.210	901
220	6	50,4	39,6	0,859	3813	347	402	8,70	5976	521
	8	65,6	51,5	0,846	4828	439	516	8,58	7815	668
	10	80,6	63,2	0,837	5782	526	625	8,47	9533	804
	12	93,7	73,5	0,818	6487	590	712	8,32	11.149	922
	16	120	93,9	0,798	7812	710	881	8,08	13.971	1129
250	6	57,6	45,2	0,979	5672	454	524	9,92	8843	681
	8	75,2	59,1	0,966	7229	578	676	9,80	11.598	878
	10	92,6	72,7	0,957	8707	697	822	9,70	14.197	1062
	12	108	84,8	0,938	9859	789	944	9,55	16.691	1226
	16	139	109	0,918	12.047	964	1180	9,32	21.146	1520
260	6	60,0	47,1	1,02	6405	493	569	10,3	9970	739
	8	78,4	61,6	1,01	8178	629	734	10,2	13.087	955
	10	96,6	75,8	0,997	9865	759	894	10,1	16.035	1156
	12	113	88,6	0,978	11.200	862	1028	9,96	18.878	1337
	16	145	114	0,958	13.739	1057	1289	9,73	23.986	1663
300	6	69,6	54,7	1,18	9964	664	764	12,0	15.434	997
	8	91,2	71,6	1,17	12.801	853	991	11,8	20.312	1293
	10	113	88,4	1,16	15.519	1035	1211	11,7	24.966	1572
	12	132	104	1,14	17.767	1184	1402	11,6	29.514	1829
	16	171	134	1,12	22.076	1472	1774	11,4	37.837	2299
350	8	107	84,2	1,37	20.681	1182	1366	13,9	32.557	1787
	10	133	104	1,36	25.189	1439	1675	13,8	40.127	2182
	12	156	123	1,34	29.054	1660	1949	13,6	47.598	2552
	16	203	159	1,32	36.511	2086	2488	13,4	61.481	3238
400	10	153	120	1,56	38.216	1911	2214	15,8	60.431	2892
	12	180	141	1,54	44.319	2216	2587	15,7	71.843	3395
	12	180	141	1,54	44.319	2216	2587	15,7	71.843	3395
	16	235	184	1,52	56.154	2808	3322	15,5	93.279	4336

[a] $C_t = W_T$ Torsionswiderstandsmoment.

Tafel 11.33 Warmgefertigte rechteckige Hohlprofile für den Stahlbau nach DIN EN 10210-2 (07.06) (Auszug)

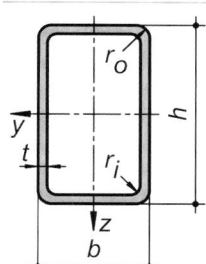

Bezeichnung eines warmgefertigten rechteckigen Hohlprofils mit den Seitenlängen $h = 100$ mm und $b = 60$ mm sowie der Wanddicke $t = 5$ mm aus einem Stahl mit dem Kurznamen S355NLH bzw. der Werkstoffnummer 1.0549:
HFRHS – EN 10210 – S355NLH – 100 × 60 × 5 oder HFRHS – EN 10210 – 1.0549 – 100 × 60 × 5
Werkstoffe aus unlegierten Baustählen und aus Feinkornbaustählen nach DIN EN 10210-1. Der Werkstoff ist in der Bezeichnung anzugeben.
Längenart und Längenbereich bzw. Länge nach DIN EN 10210-2 sind bei Bestellung anzugeben. Grenzabmaße je nach Längenart entsprechend DIN EN 10210-2.
Radien für Berechnungen:
äußerer Radius $r_o = 1{,}5t$
innerer Radius $r_i = 1{,}0t$

h	b	t	A	G	U	I_y	$W_{el.y}$	$W_{pl.y}$	i_y	I_z	$W_{el.z}$	$W_{pl.z}$	i_z	I_T	$C_t = W_T{}^a$
mm	mm	mm	cm²	kg/m	m²/m	cm⁴	cm³	cm³	cm	cm⁴	cm³	cm³	cm	cm⁴	cm³
Warmgefertigte rechteckige Hohlprofile, nahtlos oder geschweißt															
50	**30**	3,2	4,60	3,61	0,152	14,2	5,68	7,25	1,76	6,20	4,13	5,00	1,16	14,2	6,80
		4	5,59	4,39	0,150	16,5	6,60	8,59	1,72	7,08	4,72	5,88	1,13	16,6	7,77
		5	6,73	5,28	0,147	18,7	7,49	10,0	1,67	7,89	5,26	6,80	1,08	19,0	8,67
60	**40**	3,2	5,88	4,62	0,192	27,8	9,27	11,5	2,18	14,6	7,29	8,64	1,57	30,8	11,7
		4	7,19	5,64	0,190	32,8	10,9	13,8	2,14	17,0	8,52	10,3	1,54	36,7	13,7
		5	8,73	6,85	0,187	38,1	12,7	16,4	2,09	19,5	9,77	12,2	1,50	43,0	15,7
		6,3	10,6	8,31	0,184	43,4	14,5	19,2	2,02	21,9	11,0	14,2	1,44	49,5	17,6
80	**40**	3,2	7,16	5,62	0,232	57,2	14,3	18,0	2,83	18,9	9,46	11,0	1,63	46,2	16,1
		4	8,79	6,90	0,230	68,2	17,1	21,8	2,79	22,2	11,1	13,2	1,59	55,2	18,9
		5	10,7	8,42	0,227	80,3	20,1	26,1	2,74	25,7	12,9	15,7	1,55	65,1	21,9
		6,3	13,1	10,3	0,224	93,3	23,3	31,1	2,67	29,2	14,6	18,4	1,49	75,6	24,8
90	**50**	3,2	8,44	6,63	0,272	89,1	19,8	24,6	3,25	35,3	14,1	16,2	2,04	80,9	23,6
		4	10,4	8,15	0,270	107	23,8	29,8	3,21	41,9	16,8	19,6	2,01	97,5	28,0
		5	12,7	9,99	0,267	127	28,3	36,0	3,16	49,2	19,7	23,5	1,97	116	32,9
		6,3	15,6	12,3	0,264	150	33,3	43,2	3,10	57,0	22,8	28,0	1,91	138	38,1
		8	19,2	15,0	0,259	174	38,6	51,4	3,01	64,6	25,8	32,9	1,84	160	43,2
100	**50**	4	11,2	8,78	0,290	140	27,9	35,2	3,53	46,2	18,5	21,5	2,03	113	31,4
		5	13,7	10,8	0,287	167	33,3	42,6	3,48	54,3	21,7	25,8	1,99	135	36,9
		6,3	16,9	13,3	0,284	197	39,4	51,3	3,42	63,0	25,2	30,8	1,93	160	42,9
		8	20,8	16,3	0,279	230	46,0	61,4	3,33	71,7	28,7	36,3	1,86	186	48,9
	60	4	12,0	9,41	0,310	158	31,6	39,1	3,63	70,5	23,5	27,3	2,43	156	38,7
		5	14,7	11,6	0,307	189	37,8	47,4	3,58	83,6	27,9	32,9	2,38	188	45,9
		6,3	18,1	14,2	0,304	225	45,0	57,3	3,52	98,1	32,7	39,5	2,33	224	53,8
		8	22,4	17,5	0,299	264	52,8	68,7	3,44	113	37,8	47,1	2,25	265	62,2
120	**60**	4	13,6	10,7	0,350	249	41,5	51,9	4,28	83,1	27,7	31,7	2,47	201	47,1
		5	16,7	13,1	0,347	299	49,9	63,1	4,23	98,8	32,9	38,4	2,43	242	56,0
		6,3	20,7	16,2	0,344	358	59,7	76,7	4,16	116	38,8	46,3	2,37	290	65,9
		8	25,6	20,1	0,339	425	70,8	92,7	4,08	135	45,0	55,4	2,30	344	76,6
	80	4	15,2	11,9	0,390	303	50,4	61,2	4,46	161	40,2	46,1	3,25	330	65,0
		5	18,7	14,7	0,387	365	60,9	74,6	4,42	193	48,2	56,1	3,21	401	77,9
		6,3	23,2	18,2	0,384	440	73,3	91,0	4,36	230	57,6	68,2	3,15	487	92,9
		8	28,8	22,6	0,379	525	87,5	111	4,27	273	68,1	82,6	3,08	587	110
140	**80**	4	16,8	13,2	0,430	441	62,9	77,1	5,12	184	46,0	52,2	3,31	411	76,5
		5	20,7	16,3	0,427	534	76,3	94,3	5,08	221	55,3	63,6	3,27	499	91,9
		6,3	25,7	20,2	0,424	646	92,3	115	5,01	265	66,2	77,5	3,21	607	110
		8	32,0	25,1	0,419	776	111	141	4,93	314	78,5	94,1	3,14	733	130
150	**100**	5	23,7	18,6	0,487	739	98,5	119	5,58	392	78,5	90,1	4,07	807	127
		6,3	29,5	23,1	0,484	898	120	147	5,52	474	94,8	110	4,01	986	153
		8	36,8	28,9	0,479	1087	145	180	5,44	569	114	135	3,94	1203	183
		10	44,9	35,3	0,474	1282	171	216	5,34	665	133	161	3,85	1432	214
		12,5	54,6	42,8	0,468	1488	198	256	5,22	763	153	190	3,74	1679	246

Tafel 11.33 (Fortsetzung)

h	b	t	A	G	U	I_y	$W_{el,y}$	$W_{pl,y}$	i_y	I_z	$W_{el,z}$	$W_{pl,z}$	i_z	I_T	$C_t = W_T$ [a]
mm	mm	mm	cm²	kg/m	m²/m	cm⁴	cm³	cm³	cm	cm⁴	cm³	cm³	cm	cm⁴	cm³
160	**80**	**5**	22,7	17,8	0,467	744	93,0	116	5,72	249	62,3	71,1	3,31	600	106
		6,3	28,2	22,2	0,464	903	113	142	5,66	299	74,8	86,8	3,26	730	127
		8	35,2	27,6	0,459	1091	136	175	5,57	356	89,0	106	3,18	883	151
		10	42,9	33,7	0,454	1284	161	209	5,47	411	103	125	3,10	1041	175
		12,5	52,1	40,9	0,448	1485	186	247	5,34	465	116	146	2,99	1204	198
180	**100**	**5**	26,7	21,0	0,547	1153	128	157	6,57	460	92,0	104	4,15	1042	154
		6,3	33,3	26,1	0,544	1407	156	194	6,50	557	111	128	4,09	1277	186
		8	41,6	32,6	0,539	1713	190	239	6,42	671	134	157	4,02	1560	224
		10	50,9	40,0	0,534	2036	226	288	6,32	787	157	188	3,93	1862	263
		12,5	62,1	48,7	0,528	2385	265	344	6,20	908	182	223	3,82	2191	303
200	**100**	**6,3**	35,8	28,1	0,584	1829	183	228	7,15	613	123	140	4,14	1475	208
		8	44,8	35,1	0,579	2234	223	282	7,06	739	148	172	4,06	1804	251
		10	54,9	43,1	0,574	2664	266	341	6,96	869	174	206	3,98	2156	295
		12,5	67,1	52,7	0,568	3136	314	408	6,84	1004	201	245	3,87	2541	341
		16	83,0	65,2	0,559	3678	368	491	6,66	1147	229	290	3,72	2982	391
	120	**6,3**	38,3	30,1	0,624	2065	207	253	7,34	929	155	177	4,92	2028	255
		8	48,0	37,6	0,619	2529	253	313	7,26	1128	188	218	4,85	2495	310
		10	58,9	46,3	0,614	3026	303	379	7,17	1337	223	263	4,76	3001	367
		12,5	72,1	56,6	0,608	3576	358	455	7,04	1562	260	314	4,66	3569	428
250	**150**	**6,3**	48,4	38,0	0,784	4143	331	402	9,25	1874	250	283	6,22	4054	413
		8	60,8	47,7	0,779	5111	409	501	9,17	2298	306	350	6,15	5021	506
		10	74,9	58,8	0,774	6174	494	611	9,08	2755	367	426	6,06	6090	605
		12,5	92,1	72,3	0,768	7387	591	740	8,96	3265	435	514	5,96	7326	717
		16	115	90,3	0,759	8879	710	906	8,79	3873	516	625	5,80	8868	849
260	**180**	**6,3**	53,4	41,9	0,864	5166	397	475	9,83	2929	325	369	7,40	5810	524
		8	67,2	52,7	0,859	6390	492	592	9,75	3608	401	459	7,33	7221	644
		10	82,9	65,1	0,854	7741	595	724	9,66	4351	483	560	7,24	8798	775
		12,5	102	80,1	0,848	9299	715	879	9,54	5196	577	679	7,13	10.643	924
		16	128	100	0,839	11.245	865	1081	9,38	6231	692	831	6,98	12.993	1106
300	**200**	**8**	76,8	60,3	0,979	9717	648	779	11,3	5184	518	589	8,22	10.562	840
		10	94,9	74,5	0,974	11.819	788	956	11,2	6278	628	721	8,13	12.908	1015
		12,5	117	91,9	0,968	14.273	952	1165	11,0	7537	754	877	8,02	15.677	1217
		16	147	115	0,959	17.390	1159	1441	10,9	9109	911	1080	7,87	19.252	1468
350	**250**	**8**	92,8	72,8	1,18	16.449	940	1118	13,3	9798	784	888	10,3	19.027	1254
		10	115	90,2	1,17	20.102	1149	1375	13,2	11.937	955	1091	10,2	23.354	1525
		12,5	142	112	1,17	24.419	1395	1685	13,1	14.444	1156	1334	10,1	28.526	1842
		16	179	141	1,16	30.011	1715	2095	12,9	17.654	1412	1655	9,93	35.325	2246
400	**200**	**8**	92,8	72,8	1,18	19.562	978	1203	14,5	6660	666	743	8,47	15.735	1135
		10	115	90,2	1,17	23.914	1196	1480	14,4	8084	808	911	8,39	19.259	1376
		12,5	142	112	1,17	29.063	1453	1813	14,3	9738	974	1111	8,28	23.438	1656
		16	179	141	1,16	35.738	1787	2256	14,1	11.824	1182	1374	8,13	28.871	2010
450	**250**	**8**	109	85,4	1,38	30.082	1337	1622	16,6	12.142	971	1081	10,6	27.083	1629
		10	135	106	1,37	36.895	1640	2000	16,5	14.819	1185	1331	10,5	33.284	1986
		12,5	167	131	1,37	45.026	2001	2458	16,4	17.973	1438	1631	10,4	40.719	2406
		16	211	166	1,36	55.705	2476	3070	16,2	22.041	1763	2029	10,2	50.545	2947
500	**300**	**10**	155	122	1,57	53.762	2150	2595	18,6	24.439	1629	1826	12,6	52.450	2696
		12,5	192	151	1,57	65.813	2633	3196	18,5	29.780	1985	2244	12,5	64.389	3281
		16	243	191	1,56	81.783	3271	4005	18,3	36.768	2451	2804	12,3	80.329	4044
		20	300	235	1,55	98.777	3951	4885	18,2	44.078	2939	3408	12,1	97.447	4842

[a] $C_t = W_T$ Torsionswiderstandsmoment.

Tafel 11.34 Kaltgefertigte rechteckige Hohlprofile für den Stahlbau nach DIN EN 10219-2 (07.06) (Auszug)

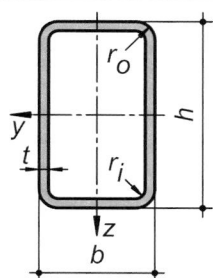

Bezeichnung eines kaltgefertigten rechteckigen Hohlprofils mit den Seitenlängen $h = 100$ mm und $b = 60$ mm sowie der Wanddicke $t = 5$ mm aus einem Stahl mit dem Kurznamen S355NLH bzw. der Werkstoffnummer 1.0549:
CFRHS – EN 10219 – S355NLH – 100 × 60 × 5 oder CFRHS – EN 10219 – 1.0549 – 100 × 60 × 5
Werkstoffe aus unlegierten Baustählen und aus Feinkornbaustählen nach DIN EN 10219-1. Der Werkstoff ist in der Bezeichnung anzugeben.
Längenart und Längenbereich bzw. Länge nach DIN EN 10219-2 sind bei Bestellung anzugeben. Grenzabmaße je nach Längenart entsprechend DIN EN 10219-2.
Radien für Berechnungen:

	$t \leq 6$ mm	6 mm $< t \leq 10$ mm	$t > 10$ mm
r_o	2,0t	2,5t	3,0t
r_i	1,0t	1,5t	2,0t

h	b	t	A	G	U	I_y	$W_\mathrm{el.y}$	$W_\mathrm{pl.y}$	i_y	I_z	$W_\mathrm{el.z}$	$W_\mathrm{pl.z}$	i_z	I_T	$C_\mathrm{t} = W_\mathrm{T}$[a]
mm	mm	mm	cm²	kg/m	m²/m	cm⁴	cm³	cm³	cm	cm⁴	cm³	cm³	cm	cm⁴	cm³

Kaltgefertigte rechteckige Hohlprofile, geschweißt

h	b	t	A	G	U	I_y	$W_\mathrm{el.y}$	$W_\mathrm{pl.y}$	i_y	I_z	$W_\mathrm{el.z}$	$W_\mathrm{pl.z}$	i_z	I_T	C_t
40	20	3	3,01	2,36	0,110	5,21	2,60	3,50	1,32	1,68	1,68	2,12	0,748	4,57	3,00
50	30	3	4,21	3,30	0,150	12,8	5,13	6,57	1,75	5,70	3,80	4,58	1,16	13,5	6,49
		4	5,35	4,20	0,146	15,3	6,10	8,05	1,69	6,69	4,46	5,58	1,12	16,5	7,71
60	40	3	5,41	4,25	0,190	25,4	8,46	10,5	2,17	13,4	6,72	7,94	1,58	29,3	11,2
		4	6,95	5,45	0,186	31,0	10,3	13,2	2,11	16,3	8,14	9,89	1,53	36,7	13,7
70	50	3	6,61	5,19	0,230	44,1	12,6	15,4	2,58	26,1	10,4	12,2	1,99	53,6	17,1
		4	8,55	6,71	0,226	54,7	15,6	19,5	2,53	32,2	12,9	15,4	1,94	68,1	21,2
80	40	3	6,61	5,19	0,230	52,3	13,1	16,5	2,81	17,6	8,78	10,2	1,63	43,9	15,3
		4	8,55	6,71	0,226	64,8	16,2	20,9	2,75	21,5	10,7	12,8	1,59	55,2	18,8
	60	3	7,81	6,13	0,270	70,0	17,5	21,2	3,00	44,9	15,0	17,4	2,40	88,3	24,1
		4	10,1	7,97	0,266	87,9	22,0	27,0	2,94	56,1	18,7	22,1	2,35	113	30,3
90	50	3	7,81	6,13	0,270	81,9	18,2	22,6	3,24	32,7	13,1	15,0	2,05	76,7	22,4
		4	10,1	7,97	0,266	103	22,8	28,8	3,18	40,7	16,3	19,1	2,00	97,7	28,0
		5	12,4	9,70	0,263	121	26,8	34,4	3,12	47,4	18,9	22,7	1,96	116	32,7
100	40	3	7,81	6,13	0,270	92,3	18,5	23,7	3,44	21,7	10,8	12,4	1,67	59,0	19,4
		4	10,1	7,97	0,266	116	23,1	30,3	3,38	26,7	13,3	15,7	1,62	74,5	24,0
		5	12,4	9,70	0,263	136	27,1	36,1	3,31	30,8	15,4	18,5	1,58	87,9	27,9
	50	3	8,41	6,60	0,290	106	21,3	26,7	3,56	36,1	14,4	16,4	2,07	88,6	25,0
		4	10,9	8,59	0,286	134	26,8	34,1	3,50	44,9	18,0	20,9	2,03	113	31,3
		5	13,4	10,5	0,283	158	31,6	40,8	3,44	52,5	21,0	25,0	1,98	135	36,8
		6	15,6	12,3	0,279	179	35,8	46,9	3,38	58,7	23,5	28,5	1,94	154	41,4
	60	3	9,01	7,07	0,310	121	24,1	29,6	3,66	54,6	18,2	20,8	2,46	122	30,6
		4	11,7	9,22	0,306	153	30,5	37,9	3,60	68,7	22,9	26,6	2,42	156	38,7
		5	14,4	11,3	0,303	181	36,2	45,6	3,55	80,8	26,9	31,9	2,37	188	45,8
		6	16,8	13,2	0,299	205	41,1	52,5	3,49	91,2	30,4	36,6	2,33	216	51,9
	80	3	10,2	8,01	0,350	149	29,8	35,4	3,82	106	26,4	30,4	3,22	196	41,9
		4	13,3	10,5	0,346	189	37,9	45,6	3,77	134	33,5	39,2	3,17	254	53,4
		5	16,4	12,8	0,343	226	45,2	55,1	3,72	160	39,9	47,2	3,12	308	63,7
		6	19,2	15,1	0,339	258	51,7	63,8	3,67	182	45,5	54,7	3,08	357	73,0
120	60	4	13,3	10,5	0,346	241	40,1	50,5	4,25	81,2	27,1	31,1	2,47	201	47,0
		5	16,4	12,8	0,343	287	47,8	60,9	4,19	96,0	32,0	37,4	2,42	242	55,8
		6	19,2	15,1	0,339	328	54,7	70,6	4,13	109	36,3	43,1	2,38	280	63,6
		8	24,0	18,9	0,326	375	62,6	84,1	3,95	124	41,3	51,3	2,27	340	75,0
	80	4	14,9	11,7	0,386	295	49,1	59,8	4,44	157	39,3	45,2	3,24	331	64,9
		5	18,4	14,4	0,383	353	58,9	72,4	4,39	188	46,9	54,7	3,20	402	77,8
		6	21,6	17,0	0,379	406	67,7	84,3	4,33	215	53,8	63,5	3,15	469	89,4
		8	27,2	21,4	0,366	476	79,3	102	4,18	252	62,9	76,9	3,04	584	108
140	80	4	16,5	13,0	0,426	430	61,4	75,5	5,10	180	45,1	51,3	3,30	412	76,5
		5	20,4	16,0	0,423	517	73,9	91,8	5,04	216	54,0	62,2	3,26	501	91,8
		6	24,0	18,9	0,419	597	85,3	107	4,98	248	62,0	72,4	3,21	584	106
		8	30,4	23,9	0,406	708	101	131	4,82	293	73,3	88,4	3,10	731	129

11

Tafel 11.34 (Fortsetzung)

h	b	t	A	G	U	I_y	$W_{el,y}$	$W_{pl,y}$	i_y	I_z	$W_{el,z}$	$W_{pl,z}$	i_z	I_T	$C_t = W_T$[a]
mm	mm	mm	cm²	kg/m	m²/m	cm⁴	cm³	cm³	cm	cm⁴	cm³	cm³	cm	cm⁴	cm³
150	**100**	**5**	23,4	18,3	0,483	719	95,9	117	5,55	384	76,8	88,3	4,05	809	127
		6	27,6	21,7	0,479	835	111	137	5,50	444	88,8	103	4,01	948	147
		8	35,2	27,7	0,466	1008	134	169	5,35	536	107	128	3,90	1206	182
		10	42,6	33,4	0,457	1162	155	199	5,22	614	123	150	3,80	1426	211
160	**80**	**5**	22,4	17,5	0,463	722	90,2	113	5,68	244	61,0	69,7	3,30	601	106
		6	26,4	20,7	0,459	836	105	132	5,62	281	70,2	81,3	3,26	702	122
		8	33,6	26,4	0,446	1001	125	163	5,46	335	83,7	100	3,16	882	150
		10	40,6	31,8	0,437	1146	143	191	5,32	380	95,0	117	3,06	1031	172
180	**100**	**5**	26,4	20,7	0,543	1124	125	154	6,53	452	90,4	103	4,14	1045	154
		6	31,2	24,5	0,539	1310	146	181	6,48	524	105	120	4,10	1227	179
		8	40,0	31,4	0,526	1598	178	226	6,32	637	127	150	3,99	1565	222
		10	48,6	38,1	0,517	1859	207	268	6,19	736	147	177	3,89	1859	260
200	**100**	**5**	28,4	22,3	0,583	1459	146	181	7,17	497	99,4	112	4,19	1206	172
		6	33,6	26,4	0,579	1703	170	213	7,12	577	115	132	4,14	1417	200
		8	43,2	33,9	0,566	2091	209	267	6,95	705	141	165	4,04	1811	250
		10	52,6	41,3	0,557	2444	244	318	6,82	818	164	195	3,94	2154	292
	120	**5**	30,4	23,8	0,623	1649	165	201	7,37	750	125	141	4,97	1652	210
		6	36,0	28,3	0,619	1929	193	237	7,32	874	146	166	4,93	1947	245
		8	46,4	36,5	0,606	2386	239	298	7,17	1079	180	209	4,82	2507	308
		10	56,6	44,4	0,597	2806	281	356	7,04	1262	210	250	4,72	3007	364
250	**150**	**6**	45,6	35,8	0,779	3886	311	378	9,23	1768	236	266	6,23	3886	396
		8	59,2	46,5	0,766	4886	391	482	9,08	2219	296	340	6,12	5050	504
		10	72,6	57,0	0,757	5825	466	582	8,96	2634	351	409	6,02	6121	602
		12	84,1	66,0	0,738	6458	517	658	8,77	2925	390	463	5,90	7088	684
260	**180**	**8**	65,6	51,5	0,846	6145	473	573	9,68	3493	388	446	7,29	7267	642
		10	80,6	63,2	0,837	7363	566	694	9,56	4174	464	540	7,20	8850	772
		12	93,7	73,5	0,818	8245	634	790	9,38	4679	520	615	7,07	10.328	884
		16	120	93,9	0,798	9923	763	977	9,11	5614	624	759	6,85	12.890	1079
300	**100**	**8**	59,2	46,5	0,766	5978	399	523	10,0	1045	209	238	4,20	3080	385
		10	72,6	57,0	0,757	7106	474	631	9,90	1224	245	285	4,11	3681	455
		12	84,1	66,0	0,738	7808	521	710	9,64	1343	269	321	4,00	4177	508
		16	107	83,8	0,718	9157	610	865	9,26	1543	309	386	3,80	4939	592
	150	**8**	67,2	52,8	0,866	7684	512	640	10,7	2623	350	396	6,25	6491	612
		10	82,6	64,8	0,857	9209	614	776	10,6	3125	417	479	6,15	7879	733
		12	96,1	75,4	0,838	10.298	687	883	10,4	3498	466	546	6,03	9153	837
		16	123	96,4	0,818	12.387	826	1092	10,0	4174	557	673	5,83	11.328	1015
	200	**8**	75,2	59,1	0,966	9389	626	757	11,2	5042	504	574	8,19	10.627	838
		10	92,6	72,7	0,957	11.313	754	921	11,1	6058	606	698	8,09	12.987	1012
		12	108	84,8	0,938	12.788	853	1056	10,9	6854	685	801	7,96	15.236	1167
		16	139	109	0,918	15.617	1041	1319	10,6	8340	834	1000	7,75	19.223	1442
350	**250**	**8**	91,2	71,6	1,17	16.001	914	1092	13,2	9573	766	869	10,2	19.136	1253
		10	113	88,4	1,16	19.407	1109	1335	13,1	11.588	927	1062	10,1	23.500	1522
		12	132	104	1,14	22.197	1268	1544	13,0	13.261	1061	1229	10,0	27.749	1770
		16	171	134	1,12	27.580	1576	1954	12,7	16.434	1315	1554	9,81	35.497	2220
400	**200**	**8**	91,2	71,6	1,17	18.974	949	1173	14,4	6517	652	728	8,45	15.820	1133
		12,5	137	108	1,14	27.100	1355	1714	14,1	9260	926	1062	8,22	23.594	1644
		16	171	134	1,12	32.547	1627	2093	13,8	11.056	1106	1294	8,05	28.928	1984
	300	**8**	107	84,2	1,37	25.122	1256	1487	15,3	16.212	1081	1224	12,3	31.179	1747
		10	133	104	1,36	30.609	1530	1824	15,2	19.726	1315	1501	12,2	38.407	2132
		12	156	123	1,34	35.284	1764	2122	15,0	22.747	1516	1747	12,1	45.527	2492
		16	203	159	1,32	44.350	2218	2708	14,8	28.535	1902	2228	11,9	58.730	3159

[a] $C_t = W_T$ Torsionswiderstandsmoment.

11.2 Grundlagen der Tragwerksplanung und -berechnung

11.2.1 Nachweisverfahren mit Teilsicherheitsbeiwerten

Beim Nachweisverfahren mit Teilsicherheitsbeiwerten ist zu zeigen, dass in allen maßgebenden Bemessungssituationen bei Ansatz der Bemessungswerte der Einwirkungen und Tragwiderstände keiner der maßgebenden Grenzzustände überschritten wird. Erforderliche Nachweise sind:

Nachweis der Lagesicherheit des Tragwerks (EQU)
- Gleiten, Abheben, Umkippen.

Nachweise für den Grenzzustand der Tragfähigkeit eines Querschnitts, Bauteils oder einer Verbindung (STR oder GEO)
- Beanspruchbarkeit der Querschnitte
- Stabilitätsnachweise des Tragwerkes und der einzelnen Bauteile
- Beulnachweise einzelner Querschnittsteile
- Tragfähigkeit von Anschlüssen und Verbindungen.

Nachweise für den Grenzzustand der Gebrauchstauglichkeit
- Verformungen, Schwingungen und Stegblechatmung.

Sicherstellung der Dauerhaftigkeit
- Korrosionsgerechte Gestaltung und Korrosionsschutz
- Gewährleistung der Bauwerksinspektion, Wartung und Instandsetzung
- Ermüdungsnachweise (FAT).

Teilsicherheiten zur Bestimmung der Bemessungswerte der Beanspruchbarkeiten von Bauteilen, Querschnitte und Verbindungen Die Teilsicherheitsbeiwerte γ_M zur Abminderung der charakteristischen Werte der Beanspruchbarkeiten R_k auf ihre Bemessungswerte sind in den jeweiligen Teilen der Eurocodes und deren zugehörigen Nationalen Anhängen zum Teil unterschiedlich festgelegt. Die Tafeln 11.35 und 11.36 enthalten die Regelungen der Teile 1-1 und 1-8 von DIN EN 1993 und deren Anpassungen in den jeweiligen Nationalen Anhängen. Bei außergewöhnlichen Bemessungssituationen können die Teilsicherheiten nach Tafel 11.35 wie folgt abgemindert werden (siehe [13]):

$$\gamma_{M1} = 1,0; \quad \gamma_{M2} = 1,15.$$

11.2.2 Tragwerksberechnung

11.2.2.1 Elastische Tragwerksberechnung

Die elastische Tragwerksberechnung darf in allen Fällen angewendet werden. Dies gilt auch, wenn die Querschnittsbeanspruchbarkeiten plastisch ermittelt werden (QSK 1 und 2) oder durch lokales Beulen begrenzt sind (QSK 4). Die Auswirkungen ungleichförmiger Spannungsverteilungen infolge Schubverzerrungen und/oder Plattenbeulen (QSK 4) müssen berücksichtigt werden, wenn sie die Ergebnisse der Tragwerksberechnung wesentlich beeinflussen. Regelungen zur Bestimmung effektiver Breiten und Querschnittsgrößen sind aus Abschn. 11.5 und [15] zu entnehmen.

Tafel 11.35 Teilsicherheitsbeiwerte für den Nachweis der Tragfähigkeit nach DIN EN 1993-1-1 [12] und NA [13]	Beanspruchbarkeit von Querschnitten (unabhängig von der Querschnittsklasse)		$\gamma_{M0} = 1,0$
	Beanspruchbarkeit von Bauteilen bei Stabilitätsversagen (bei Anwendung von Bauteilnachweisen nach DIN EN 1993-1-1, Abschn. 6.3 und 6.4 und bei Querschnittsnachweisen mit Schnittgrößen nach Theorie II. Ordnung)		$\gamma_{M1} = 1,1$
	Beanspruchbarkeit von Querschnitten bei Bruchversagen infolge Zugbeanspruchung		$\gamma_{M2} = 1,25$

Tafel 11.36 Teilsicherheitsbeiwerte für den Nachweis von Anschlüssen nach DIN EN 1993-1-8 [18] und NA [19]	Beanspruchbarkeit von	Schrauben	$\gamma_{M2} = 1,25$
		Nieten	
		Bolzen	
		Schweißnähten[a]	
		Blechen auf Lochleibung	
	Gleitfestigkeit im	GZT (Kategorie C)	$\gamma_{M3} = 1,25$
		GZG (Kategorie B)	$\gamma_{M3,ser} = 1,1$
	Lochleibung von Injektionsschrauben (bauaufsichtlicher Verwendbarkeitsnachweis erforderlich)		$\gamma_{M4} = 1,0$
	Beanspruchbarkeit von Knotenanschlüssen in Fachwerken mit Hohlprofilen		$\gamma_{M5} = 1,0$
	Beanspruchbarkeit von Bolzen im GZG		$\gamma_{M6,ser} = 1,0$
	Vorspannung hochfester Schrauben		$\gamma_{M7} = 1,1$

[a] Unter Verwendung von $\beta_w = 0,88$ für Stähle S420 und $\beta_w = 0,85$ für Stähle S460.

11.2.2.2 Plastische Tragwerksberechnung

Die plastische Tragwerksberechnung darf dann durchgeführt werden, wenn an Stellen, an denen sich plastische
Gelenke bilden, ausreichende Rotationskapazität vorliegt.
Dies gilt sowohl für die Bauteile als auch deren Anschlüsse. Sofern notwendig, ist das Knicken oder Biegedrillknicken aus der Haupttragebene durch geeignete Maßnahmen
zu verhindern (vgl. [12], Abschn. 6.3.5). Das nichtlineare Werkstoffverhalten kann vereinfacht bilinear oder durch
genauere Beziehungen berücksichtigt werden. Für die Tragwerksberechnung stehen unterschiedliche Methoden zur Verfügung: das elastisch-plastische Fließgelenkverfahren, die
Fließzonentheorie (Berücksichtigung von Teilplastizierungen der Bauteile) und das starrplastische Fließgelenkverfahren. Anwendungsvoraussetzungen hierfür sind in [12],
Abschn. 5.4.3 definiert. Bei Stahlsorten über S460 bis S700
darf das elastisch-plastische und das starr-plastische Fließgelenkverfahren nicht angewendet werden (vgl. [24]).

11.2.3 Klassifizierung von Anschlüssen und Berechnungsansätze

11.2.3.1 Allgemeines

Die Klassifizierung von Anschlüssen erfolgt nach den wesentlichen Kenngrößen der Momenten-Rotations-Charakteristik (Abb. 11.3). Unterschieden wird nach der Rotationssteifigkeit, der Beanspruchbarkeit und der Rotationskapazität. Je nach Verfahren, dass zur Berechnung von Tragwerken herangezogen wird, erfolgt die Klassifizierung der
Anschlüsse nach der Rotationssteifigkeit und/oder der Beanspruchbarkeit. Das jeweils zutreffende Anschlussmodell
kann Tafel 11.37 entnommen werden.

Bei einer elastischen Tragwerksberechnung erfolgt die
Klassifizierung der Anschlüsse nach der Rotationssteifigkeit
(gelenkig, starr oder verformbar). Sind die Anschlüsse als
verformbar einzustufen, kann im Allgemeinen vereinfachend
eine Drehfeder mit konstanter Rotationssteifigkeit angenommen werden.

Liegt ausreichendes Rotationsvermögen vor, kann die
Tragwerksberechnung elastisch-plastisch oder starr-plastisch
erfolgen. Das starr-plastische Verfahren ist für Systeme zugelassen, deren Schnittgrößenverteilung im GZT nur von
der Tragfähigkeit der Bauteile und Anschlüsse abhängt
(z. B. bei Durchlaufträgern). Die Klassifizierung erfolgt
dann nach der Beanspruchbarkeit der Anschlüsse (gelenkig, volltragfähig, teiltragfähig). Sind die Verformungen
zu berücksichtigen (z. B. bei elastisch-plastischer Berechnung von Rahmen), erfolgt die Klassifizierung sowohl
nach der Steifigkeit als auch nach der Tragfähigkeit, da
die Schnittgrößenverteilung von beiden Einflüssen abhängt.
Unter dem Begriff „nachgiebiger Anschluss" werden die

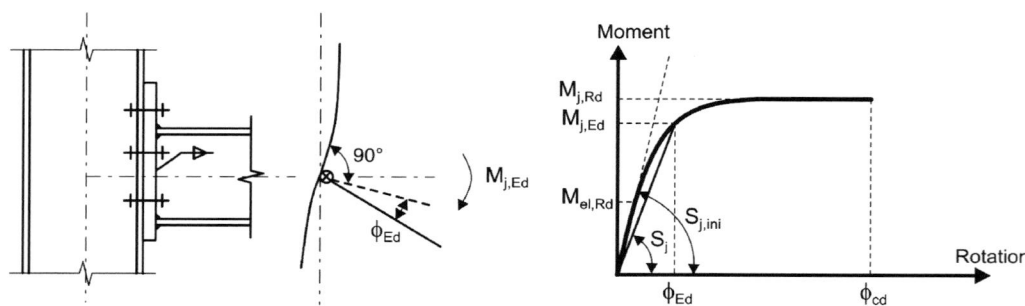

Abb. 11.3 Momenten-Rotations-Charakteristik eines Anschlusses

Tafel 11.37 Anschlussmodelle für die Tragwerksberechnung (vgl. [100])

Berechnungsverfahren	Klassifizierung der Anschlüsse nach	Klassifizierung der Anschlüsse		
Elastisch	Steifigkeit	Gelenkig	Starr	Verformbar
Starr-plastisch	Tragfähigkeit	Gelenkig	Volltragfähig	Teiltragfähig
Elastisch-plastisch	Steifigkeit und Tragfähigkeit	Gelenkig	Biegesteif = starr + volltragfähig	Nachgiebig = verformbar + volltragfähig verformbar + teiltragfähig starr + teiltragfähig
Anschlussmodell für die Tragwerksberechnung		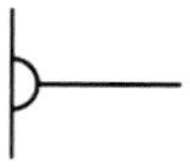 ⊢	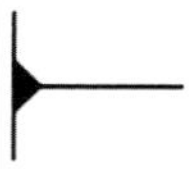 ⊢	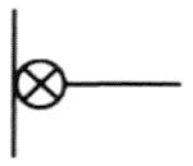 ⊗
		$M = 0$ und $\phi \neq 0$	$M \neq 0$ und $\phi = 0$	$M \neq 0$ und $\phi \neq 0$
		Rotationswinkel ϕ siehe Abb. 11.3		

möglichen Kombinationen zusammengefasst, bei denen Anschlussverformungen zu berücksichtigen sind (siehe Tafel 11.37).

11.2.3.2 Klassifizierung nach der Steifigkeit

Je nach Rotationssteifigkeit wird der Anschluss als starr, gelenkig oder verformbar klassifiziert. Hierzu wird die Anfangssteifigkeit $S_{j,ini}$ mit den Grenzkriterien nach Tafel 11.38 verglichen.

Ein gelenkiger Anschluss muss in der Lage sein, die auftretenden Gelenkverdrehungen auszuführen, ohne dass dabei größere Momente entstehen. Bei starren Anschlüssen ist die Rotationssteifigkeit so groß, dass die Anschlussverformungen vernachlässigt werden können. Verformbare Anschlüsse liegen zwischen diesen beiden Grenzen (Abb. 11.4).

Tafel 11.38 Klassifizierung von Anschlüssen nach der Steifigkeit

Zone	Klassifizierung	Bedingung[a]
1	Starr	$\bar{S}_{j,ini} \geq \bar{S}_0$
2	Verformbar	Anschlüsse, die nicht der Zone 1 oder 3 zugeordnet werden können
3	Gelenkig	$\bar{S}_{j,ini} \leq 0{,}5$

[a] Die Bezeichnungen wurden abweichend von [18] gewählt, um Verwechslungen zu vermeiden.

$\bar{S}_0 = 8$ bei unverschieblichen Rahmentragwerken, bei denen zusätzliche Aussteifungen (Verbände, Scheiben) die Horizontalverschiebungen um mindestens 80 % verringern

$\bar{S}_0 = 25$ bei verschieblichen Rahmentragwerken, wenn in jedem Geschoss $K_b/K_c \geq 0{,}1$ gilt. Bei $K_b/K_c < 0{,}1$ sollten die Anschlüsse als verformbar eingestuft werden.

Formelzeichen

$S_{j,ini}$ Anfangssteifigkeit

$\bar{S}_{j,ini}$ Bezogene Anfangssteifigkeit $\bar{S}_{j,ini} = S_{j,ini} L_b / E I_b$

$\bar{S}_0$ Bezogene Grenzsteifigkeit

K_b Mittelwert L_b/I_b aller Rahmenriegel eines Geschosses

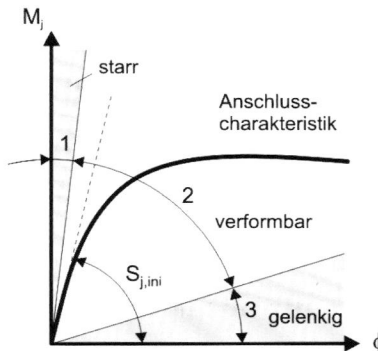

Abb. 11.4 Klassifizierung von Anschlüssen

K_c Mittelwert L_c/I_c aller Rahmenstützen eines Stockwerks

I_b Flächenträgheitsmoment zweiter Ordnung eines Rahmenriegels

I_c Flächenträgheitsmoment zweiter Ordnung einer Rahmenstütze

L_b Spannweite eines Rahmenriegels von Stützenachse zu Stützenachse

L_c Geschosshöhe einer Stütze.

Stützenfußanschlüsse können als starr klassifiziert werden, wenn eine der folgenden Bedingungen erfüllt ist:

Bei unverschieblichen Rahmentragwerken, wenn

a) $\bar{\lambda}_0 \leq 0{,}5$,

b) $0{,}5 \leq \bar{\lambda}_0 < 3{,}93$ und $S_{j,ini} \geq 7 \cdot (2 \cdot \bar{\lambda}_0 - 1) \cdot EI_c/L_c$ oder

c) $\bar{\lambda}_0 \geq 3{,}93$ und $S_{j,ini} \geq 48 \cdot EI_c/L_c$ ist.

Dabei ist

$\bar{\lambda}_0$ Schlankheitsgrad der betrachteten Stütze, der unter der Annahme beidseitig gelenkiger Lagerung bestimmt wird.

Bei verschieblichen Rahmentragwerken, wenn

$$S_{j,ini} \geq 30 \cdot EI_c/L_c$$

ist.

11.2.3.3 Klassifizierung nach der Tragfähigkeit

Ein Anschluss kann als volltragfähig, gelenkig oder teiltragfähig klassifiziert werden, indem seine Momententragfähigkeit $M_{j,Rd}$ mit den Momententragfähigkeiten der angeschlossenen Bauteile verglichen wird. Dabei gelten die Momententragfähigkeiten der Bauteile direkt am Anschluss.

Ist die Momententragfähigkeit eines Anschlusses mindestens so groß wie die Momententragfähigkeiten der angeschlossenen Bauteile, gilt dieser als **volltragfähig** (Tafel 11.39). Beträgt der Wert nicht mehr als 1/4 des volltragfähigen Anschlusses, so darf er als **gelenkig** eingestuft werden. Außerdem muss der Anschluss über eine ausreichende Rotationskapazität verfügen. Ein Anschluss ist als **teiltragfähig** einzustufen, wenn er weder die Bedingungen für gelenkige noch für volltragfähige Anschlüsse erfüllt.

Nach [18] wird bei Anschlüssen von I- und H-Profilen die Tragfähigkeit in der Regel nach Abschn. 6.2, die Rotationskapazität nach Abschn. 6.4 bestimmt. Die Berechnung von Anschlüssen mit Hohlprofilen erfolgt nach Abschn. 7.

11.2.3.4 Steifigkeitsansätze für die Tragwerksberechnung

Die **Anfangssteifigkeit** $S_{j,ini}$ kann für Anschlüsse von I- und H-Profilen nach [18], Abschn. 6.3 bestimmt werden. Steifigkeitswerte für Anschlüsse von Hohlprofilen sind der Fachliteratur (z. B. [73]) zu entnehmen. Rotationssteifigkeiten von Stützenfüßen sind in [18], Abschn. 6.4 angegeben.

Bei der **elastischen Tragwerksberechnung** ist für verformbare Anschlüsse in der Regel die zum jeweiligen Biegemoment $M_{j,Ed}$ gehörende Sekantensteifigkeit S_j anzusetzen (siehe Abb. 11.3). Ist $M_{j,Ed}$ nicht größer als $2/3 \cdot M_{j,Rd}$,

Tafel 11.39 Grenzkriterien für einen volltragfähigen Anschluss

Stützenkopf	Zwischen zwei Geschossen
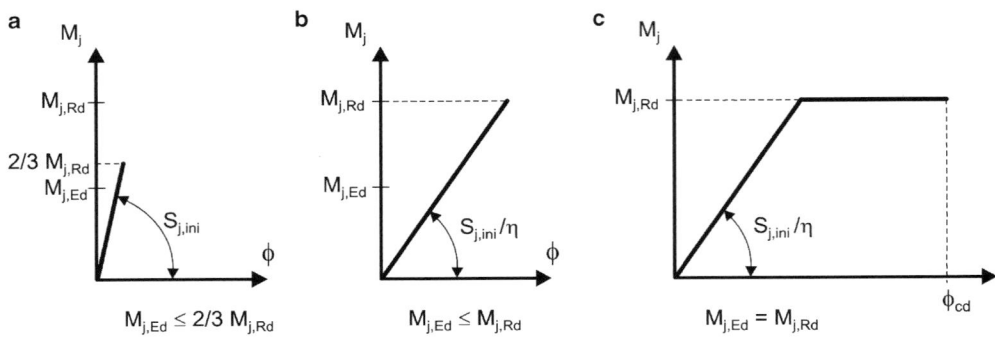	
$M_{j,Rd} \geq M_{b,pl,Rd}$ oder $M_{j,Rd} \geq M_{c,pl,Rd}$	$M_{j,Rd} \geq M_{b,pl,Rd}$ oder $M_{j,Rd} \geq 2M_{c,pl,Rd}$

$M_{b,pl,Rd}$ plastische Momententragfähigkeit des Trägers
$M_{c,pl,Rd}$ plastische Momententragfähigkeit der Stütze.

Abb. 11.5 Rotationssteifigkeit für linear-elastische Tragwerksberechnungen (**a**, **b**) und bilineare Momenten-Rotations-Charakteristik (**c**)

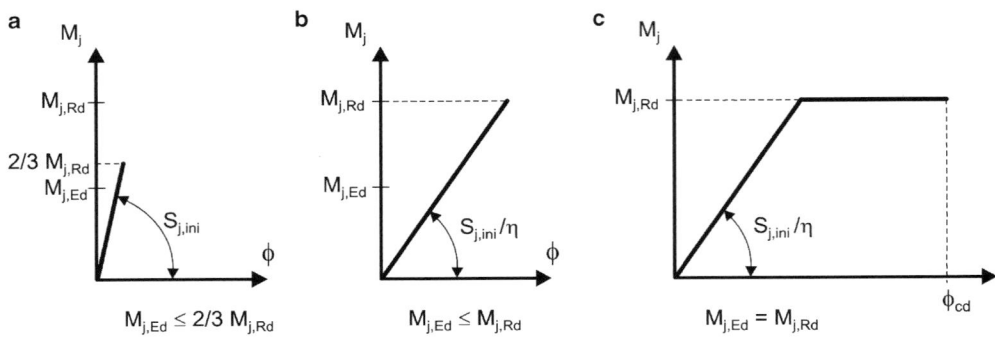

Tafel 11.40 Anpassungsbeiwert η für die Steifigkeit

Anschlussausbildung	Träger-Stützen-Anschlüsse	Andere Anschlüsse[a]
Geschweißt	2	3
Geschraubtes Stirnblech	2	3
Geschraubter Flanschwinkel	2	3,5
Fußplatte	–	3

[a] Träger-Träger-Anschlüsse, Trägerstöße, Stützenfußanschlüsse.

kann vereinfacht die Anfangssteifigkeit $S_{j,ini}$ zugrunde gelegt werden (siehe Abb. 11.5a, b). Wird der Wert überschritten, ist die Anfangssteifigkeit abzumindern. Dies kann nach [18] vereinfacht und pauschal nach Abschn. 5.1.2 (4) mit dem Anpassungsbeiwert η (vgl. Abb. 11.5c und Tafel 11.40) oder differenziert nach Abschn. 6.3.1 mit dem Steifigkeitsverhältnis $\mu = S_{j,ini}/S_j$ erfolgen.

Bei der **elastisch-plastischen Tragwerksberechnung** darf vereinfachend die bilineare Momenten-Rotations-Charakteristik nach Abb. 11.5c verwendet werden.

11.2.4 Einflüsse der Tragwerksverformungen

Die Einflüsse der Tragwerksverformungen auf das Gleichgewicht (Einflüsse aus Theorie II. Ordnung) sind in der Regel zu berücksichtigen, wenn daraus resultierende Vergrößerungen der Schnittgrößen nicht mehr vernachlässigt werden können oder das Tragverhalten maßgeblich beeinflusst wird.

Eine elastische Berechnung nach Theorie I. Ordnung ist zulässig, wenn der Faktor α_{cr} bis zum Erreichen der idealen Verzweigungslast mindestens 10 beträgt (11.8).

$$\alpha_{cr} = \frac{F_{cr}}{F_{Ed}} \geq 10 \qquad (11.8)$$

F_{Ed} Bemessungswert der Einwirkungen
F_{cr} Ideale Verzweigungslast des Tragwerks.

Für die plastische Berechnung wird in [13], NDP zu 5.2.1 (3) abweichend zu [12] festgelegt, dass bei der Bestimmung von α_{cr} die Steifigkeit des Tragsystems unmittelbar vor Ausbildung des letzten Fließgelenks zugrunde zu legen oder jedes einzelne Teilsystem der Fließgelenkkette zu untersuchen ist. Gleichzeitig ist die Anforderung $\alpha_{cr} \geq 10$ beizubehalten. Der Steifigkeitsverlust durch die Fließgelenkbildung wird in vielen baupraktischen Fällen nicht durch eine pauschale Erhöhung auf $\alpha_{cr} \geq 15$ erfasst. (11.8) entspricht der bekannten 10 %-Regel aus [32].

Verschiebliche Hallen- und Stockwerksrahmen Bei Hallenrahmen mit geringer Dachneigung (max. 1:2 bzw. 26°) und bei Stockwerksrahmen darf der Faktor α_{cr} näherungsweise über die Seitensteifigkeit nach (11.9) bestimmt werden. Voraussetzung hierfür ist, dass der Einfluss der Riegelnormalkraft auf die Verzweigungslast vernachlässigbar klein ist. Dies ist der Fall, wenn die Stabkennzahlen ε_b der Riegel (11.10) erfüllen. Bei Stockwerksrahmen ist (11.8) für jedes Stockwerk zu überprüfen.

$$\alpha_{cr} = \frac{H_{Ed}}{V_{ED}} \cdot \frac{h}{\delta_{H,Ed}} \qquad (11.9)$$

$$\varepsilon_b = L_b \sqrt{N_{Ed}/EI_b} \leq 0{,}3\pi \qquad (11.10)$$

H_{Ed} Bemessungswert der gesamten Horizontalschubkraft an den unteren Stockwerksknoten

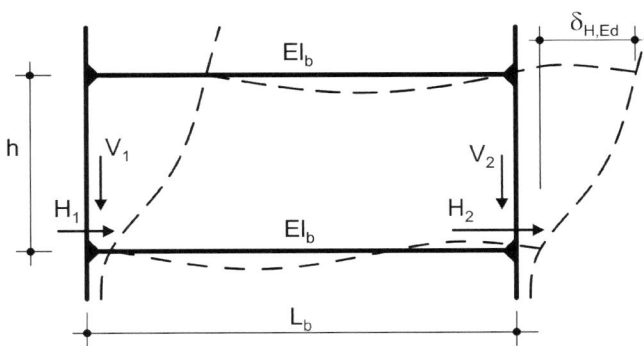

Abb. 11.6 Stockwerksrahmen mit Bezeichnungen

V_{Ed} gesamte (maximale) vertikale Bemessungslast des Tragwerks an den unteren Stockwerksknoten

$\delta_{H,Ed}$ Horizontalverschiebung der oberen gegenüber den unteren Stockwerksknoten infolge H_{Ed}, berechnet nach Theorie I. Ordnung

h Stockwerkshöhe

L_b Riegellänge (Abstand der Stützenachsen).

Sind Einflüsse aus Theorie II. Ordnung auf das Gleichgewicht zu berücksichtigen, kann dies bei einer elastischen Berechnung näherungsweise durch Vergrößerung der horizontalen Einwirkungen H_{Ed} und der Ersatzlasten infolge Anfangsschiefstellungen $V_{Ed} \cdot \phi$ mit dem Faktor α_H nach (11.11) geschehen. Voraussetzung hierfür ist, dass der kritische Lastfaktor $\alpha_{cr} \geq 3{,}0$ beträgt und bei den Riegeln die Bedingung (11.10) eingehalten ist. Bei mehrstöckigen Rahmen müssen alle Stockwerke eine ähnliche Verteilung der vertikalen und horizontalen Einwirkungen sowie der Rahmensteifigkeit in Bezug auf die Verteilung der Stockwerksschubkräfte haben.

$$\alpha_H = \frac{1}{1 - \frac{1}{\alpha_{cr}}} \qquad (11.11)$$

11.2.5 Methoden zur Stabilitätsberechnung von Tragwerken

Beim Stabilitätsnachweis von Stäben und Stabwerken sind die Einflüsse von Imperfektionen und Verformungen auf das Gleichgewicht (Theorie II. Ordnung) zu berücksichtigen. DIN EN 1993-1-1 [12] bietet verschiedene Nachweismöglichkeiten, die von der räumlichen nichtlinearen Berechnung imperfekter Stabsysteme über Zwischenstufen bis zur Anwendung von Ersatzstabnachweisen mit Schnittgrößen nach Theorie I. Ordnung reichen. Die Unterscheidung zwischen den verschiedenen Methoden liegt darin, in welcher Weise die genannten Einflüsse berücksichtigt werden. Nach [12], Abschn. 5.2.2, Absatz (3) sind folgende drei Grundmethoden vorgesehen (siehe auch [74]):

a) Beide Einflüsse werden vollständig im Rahmen der Berechnung des Gesamttragwerks berücksichtigt. Dabei werden die Imperfektionen unter Berücksichtigung der maßgebenden Knickeigenformen (Biegeknicken, Drillknicken oder Biegedrillknicken) in ungünstigster Richtung und Form angesetzt. Aus der nichtlinearen Tragwerksberechnung ergeben sich die Schnittgrößen, mit denen die Festigkeitsnachweise an den maßgebenden Stellen zu führen sind. Darüber hinaus sind keine weiteren Stabilitätsnachweise erforderlich.

b) Teilweise durch Berechnung des Gesamttragwerks und teilweise durch Stabilitätsnachweise der Einzelbauteile. In einem ersten Schritt wird das Gesamttragwerk unter Ansatz von Anfangsschiefstellungen und ggf. Vorkrümmungen (bei $\varepsilon > \pi/2$) nach Theorie II. Ordnung berechnet. Dies liefert die Stabendschnittgrößen als Eingangsgrößen für die Bauteilnachweise, die im Nachlauf in standardisierter Form nach dem Ersatzstabverfahren geführt werden. Da das globale Systemverhalten mit dem ersten Schritt bereits erfasst wird, dürfen dabei als Knicklängen die Stablängen angesetzt werden. Der Einfluss der Bauteilimperfektionen (im Allgemeinen als Vorkrümmungen angesetzt) wird in den Nachweisformaten berücksichtigt.

c) In einfachen Fällen durch die Anwendung von Ersatzstabnachweisen bei Ansatz der Schnittgrößen nach Theorie I. Ordnung. Dabei sind die Stabschlankheiten für das Biegeknicken unter Berücksichtigung der Knickfigur des Gesamttragwerks zu bestimmen. Imperfektionen und der Einfluss der Theorie II. Ordnung werden durch die zu führenden Nachweise näherungsweise erfasst.

Tafel 11.41 Methoden zur Stabilitätsberechnung

Methode A	Methode B	Methode C
Räumliche Stabwerksberechnung nach Theorie II. Ordnung	Ebene oder räumliche Stabwerksberechnung nach Theorie II. Ordnung	Ebene oder räumliche Stabwerksberechnung nach Theorie I. Ordnung
Ansatz globaler und lokaler Imperfektionen	Ansatz globaler Imperfektionen i. Allg. ausreichend	Keine gesonderten Imperfektionsansätze erforderlich
Festigkeitsnachweise für die Bauteile und Verbindungen	Ersatzstabnachweise mit den Stablängen als Knicklängen	Ersatzstabnachweise mit den Knicklängen aus der Berechnung des Gesamtsystems

11.2.6 Imperfektionen

11.2.6.1 Grundlagen und Unterscheidungen

Zur Berücksichtigung geometrischer und struktureller Imperfektionen werden bei Stabilitätsberechnungen im Allgemeinen geometrische Ersatzimperfektionen angesetzt. In [12] wird zwischen folgenden Fällen unterschieden:

a) Imperfektionen für die Tragwerksberechung,
b) Imperfektionen zur Berechnung aussteifender Systeme und
c) Bauteilimperfektionen.

Bei den Imperfektionsansätzen für die Tragwerksberechnung wird weiterhin zwischen globalen Anfangsschiefstellungen, Vorkrümmungen von Bauteilen und skalierten Knickeigenformen η_{init} als Vorverformungen differenziert.

Die Imperfektionen sind in Anlehnung an die Knickfigur festzulegen. Dabei sind in der Regel die ungünstigsten Eigenformen zu betrachten. Bei komplexen Tragwerken sind oft mehrere Eigenformen ($\alpha_{\text{cr,i}} < 10$) zu berücksichtigen, da sich die Imperfektionsansätze an unterschiedlichen Stellen auf die Bemessung auswirken können. Der Einfluss von Vorkrümmungen und Anfangsschiefstellungen darf durch wirkungsgleiche Ersatzlasten erfasst werden (Abb. 11.7).

11.2.6.2 Globale Anfangsschiefstellungen

Die Anfangsschiefstellungen ergeben sich aus dem Ausgangswert ϕ_0 sowie den Abminderungen für die Höhe α_{h} und die Anzahl der Stützen in einer Reihe α_{m}. Zur Bestimmung von α_{m} werden ausschließlich diejenigen Stützen berücksichtigt, deren Vertikalbelastung größer als 50 % der durchschnittlichen Stützenlast ist.

$$\phi = \phi_0 \cdot \alpha_{\text{h}} \cdot \alpha_{\text{m}} \qquad (11.12)$$

mit Ausgangswert

$$\phi_0 = 1/200$$

Abminderungsfaktor für die Höhe h [m]

$$\alpha_{\text{h}} = \frac{2}{\sqrt{h}}, \quad \text{jedoch } 2/3 \leq \alpha_{\text{h}} \leq 1{,}0$$

Abminderungsfaktor für die Anzahl der Stützen in einer Reihe

$$\alpha_{\text{m}} = \sqrt{\frac{1}{2} \cdot \left(1 + \frac{1}{m}\right)}$$

Bei Tragwerken des Hochbaus, die durch ausreichend große äußere Horizontallasten (11.13) beansprucht werden, dürfen die Anfangsschiefstellungen vernachlässigt werden.

$$H_{\text{Ed}} \geq 0{,}15 V_{\text{Ed}} \qquad (11.13)$$

11.2.6.3 Vorkrümmungen von Bauteilen

Die Vorkrümmungen sind in Abhängigkeit von der dem jeweiligen Profil, der Streckgrenze und Knickrichtungen zugeordneten Knicklinie sowie dem Nachweisverfahren (elastische oder plastische Querschnittsausnutzung) der Tafel 11.42 zu entnehmen. Die reduzierten Werte nach dem Nationalen Anhang [13] dürfen dann verwendet werden, wenn die Schnittgrößen des Gesamtsystems nach der Elastizitätstheorie bestimmt und die zulässigen Toleranzen der Produktnormen nicht unterschritten werden. Zu beachten ist, dass **alle** in Tafel 11.42 angegebenen Werte unter Zugrundelegung einer linearen Schnittgrößeninteraktion abgeleitet wurden [74], [80], [106]. Dies bedeutet, dass bei Ansatz dieser Vorkrümmungen formal auch die Querschnittsnachweise mit der linearen Interaktion nach Abschn. 11.3.1 geführt werden müssten. Dies wird nicht explizit in DIN EN 1993-1-1 [12], sondern lediglich im Nationalen Anhang [13] erwähnt (siehe hierzu [74]). Vergleichsrechnungen in [105] haben gezeigt, dass die Anwendung der Interaktionsgleichungen nach [12], Abschn. 6.2.9 in einigen Fällen zugelassen werden kann.

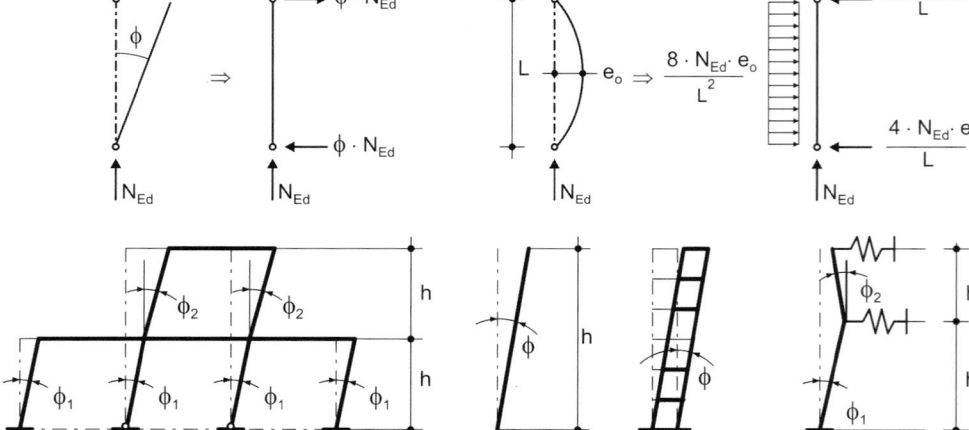

Abb. 11.7 Ersatz der Vorverformungen durch wirkungsgleiche Ersatzlasten

Abb. 11.8 Beispiele globaler Anfangsschiefstellungen

Tafel 11.42 Stich der Vorkrümmung e_0

Knicklinie	DIN EN 1993-1-1 [12]		DIN EN 1993-1-1/NA [13]	
	Querschnittsausnutzung			
	Elastisch	Plastisch	Elastisch	Plastisch
a_0	$L/350$	$L/300$	$L/600$	Wie elastisch, jedoch $\frac{M_{\mathrm{pl,k}}}{M_{\mathrm{el,k}}}$-fach
a	$L/300$	$L/250$	$L/550$	
b	$L/250$	$L/200$	$L/350$	
c	$L/200$	$L/150$	$L/250$	
d	$L/150$	$L/100$	$L/150$	

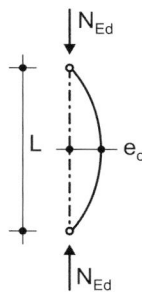

Abb. 11.9 Vorkrümmung

Bei **mehrteiligen Druckstäben** ist der Stich der Vorkrümmung senkrecht zur stofffreien Achse mit $e_0 = L/500$ anzunehmen. Für das Knicken senkrecht zur Stoffachse gelten die Regelungen von einteiligen Druckstäben.

11.2.6.4 Gleichzeitiger Ansatz von Anfangsschiefstellungen und Vorkrümmungen

DIN EN 1993-1-1 [12] regelt im Abschn. 5.3.2 (6) den gleichzeitigen Ansatz von Anfangsschiefstellungen und Vorkrümmungen von Bauteilen bei der Tragwerksberechnung. Dies ist bei Stäben erforderlich, die mindestens an einem Ende eingespannt bzw. biegesteif verbunden sind und deren Stabkennzahl $\varepsilon > \pi/2$ ist (11.14). Die Bedingung für die Stabkennzahl führt zum gleichen Ergebnis wie das Schlankheitskriterium für den beidseitig gelenkig gelagerten Stab (11.15).

$$\varepsilon = L\sqrt{\frac{N_{\mathrm{Ed}}}{EI}} > \pi/2 \qquad (11.14)$$

$$\bar{\lambda} = \frac{L}{\pi}\sqrt{\frac{Af_{\mathrm{y}}}{EI}} > 0{,}5\sqrt{\frac{Af_{\mathrm{y}}}{N_{\mathrm{Ed}}}} \qquad (11.15)$$

Abb. 11.10 Beispiele für den gleichzeitigen Ansatz von Anfangsschiefstellungen und Vorkrümmungen

11.2.6.5 Skalierte Knickeigenform als Vorverformung

Alternativ dürfen anstelle des Ansatzes von Schiefstellungen und Vorkrümmungen der einzelnen Stäbe nach den vorangegangenen Abschnitten die skalierten Knickfiguren η_{init} der Tragwerke als Imperfektionsfiguren vorgegeben werden. Diese Alternative ist insbesondere bei komplexen Systemen und dem Einsatz geeigneter Berechnungssoftware hilfreich. Die Querschnittsnachweise sind wiederum mit der linearen Interaktionsbeziehung (siehe Abschn. 11.3.1) zu führen.

$$\eta_{\mathrm{init}} = e_0 \frac{N_{\mathrm{cr}}}{EI\,|\eta_{\mathrm{cr}}''|_{\max}}\eta_{\mathrm{cr}} = \frac{e_0}{\bar{\lambda}^2}\frac{N_{\mathrm{Rk}}}{EI\,|\eta_{\mathrm{cr}}''|_{\max}}\eta_{\mathrm{cr}} \qquad (11.16)$$

mit

$$e_0 = \alpha(\bar{\lambda}-0{,}2)\frac{M_{\mathrm{Rk}}}{N_{\mathrm{Rk}}}\frac{1-\frac{\chi\cdot\bar{\lambda}^2}{\gamma_{\mathrm{M1}}}}{1-\chi\cdot\bar{\lambda}^2}\quad \text{für } \bar{\lambda} > 0{,}2$$

$$\bar{\lambda} = \sqrt{\frac{\alpha_{\mathrm{ult,k}}}{\alpha_{\mathrm{cr}}}}\quad \text{oder}\quad \bar{\lambda} = \sqrt{\frac{N_{\mathrm{Rk}}}{N_{\mathrm{cr}}}}$$

η_{init} Form der geometrischen Ersatzimperfektion aus der Eigenfunktion η_{cr}

η_{cr} Eigenfunktion für die Verschiebung η bei Erreichen der niedrigsten Verzweigungslast

e_0 Imperfektionsmaß, unter Ansatz der linearen Interaktionsbeziehung aus der maßgebenden Knicklinie rückgerechnet

$EI\,|\eta_{\mathrm{cr}}''|_{\max}$ Betrag des Biegemoment am kritischen Querschnitt infolge η_{cr}

α Imperfektionswert der maßgebenden Knicklinie

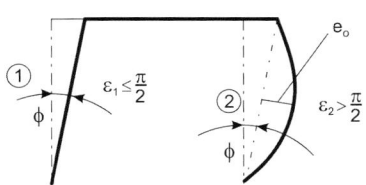
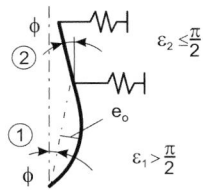

α_{cr} Lastfaktor bis zum Erreichen der niedrigsten Ver-
      zweigungslast für das Biegeknicken

$\alpha_{ult,k}$ kleinster Lastfaktor der Normalkräfte N_{Ed} der
      Stäbe bis zum Erreichen des charakteristischen
      Widerstandes N_{Rk} des maximal beanspruchten
      Querschnitts, ohne Berücksichtigung des Kni-
      ckens

N_{Rk} charakteristische Normalkrafttragfähigkeit des
      kritischen Querschnitts

N_{cr} Knicklast des kritischen Querschnitts.

11.2.6.6 Imperfektionen für aussteifende Systeme

Bei der Berechnung aussteifender Systeme, die zur seitlichen Stabilisierung von Trägern oder druckbeanspruchten
Bauteilen herangezogen werden, ist in der Regel der Einfluss der Imperfektionen der auszusteifenden Bauteile durch
äquivalente geometrische Ersatzimperfektionen in Form von
Vorkrümmungen zu berücksichtigen.

$$e_0 = \alpha_m \frac{L}{500} \qquad (11.17)$$

mit

$$\alpha_m = \sqrt{0,5 \left(1 + \frac{1}{m}\right)}$$

L Spannweite des aussteifenden Systems
α_m Abminderungsfaktor
m Anzahl der auszusteifenden Bauteile.

Anstelle der Anwendung von [12], Abschn. 5.3.3, Absatz
(2) und (3) wird empfohlen, eine Berechnung nach Theorie
II. Ordnung unter Berücksichtigung der Vor- und Lastverformungen durchzuführen (siehe [75]).

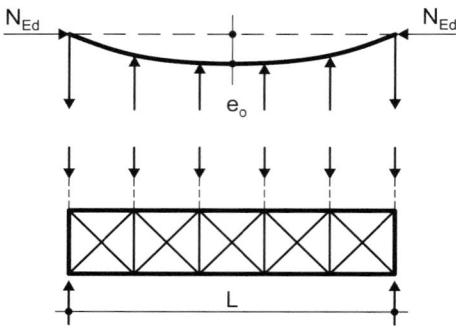

Abb. 11.11 Imperfektionsansätze und Ersatzlasten für Aussteifungssys-
teme

11.2.6.7 Vorkrümmungen für den Biegedrillknicknachweis

Werden biegedrillknickgefährdete Stäbe mit I-Profilen durch
eine Berechnung nach Theorie II. Ordnung nachgewiesen,
genügt es, eine Vorkrümmung senkrecht zur schwachen Achse anzusetzen. Der Stich der Vorkrümmung darf bei biegebeanspruchten Bauteilen auf $k \cdot e_0$ der Grundwerte nach [12],
Tabelle 5.1 (siehe Tafel 11.42) reduziert werden. Vergleichsrechnungen haben gezeigt, dass eine Reduzierung mit
$k = 0,5$ im mittleren Schlankheitsbereich $0,7 \leq \bar{\lambda}_{LT} \leq 1,3$
auf der unsicheren Seite liegen kann. Daher sind die Werte e_0
des Nationalen Anhanges zu verwenden (siehe Tafel 11.43).

11.2.7 Klassifizierung von Querschnitten

Mit der Klassifizierung von Querschnitten wird die Begrenzung der Beanspruchbarkeit und der Rotationskapazität
durch lokales Beulen von Querschnittsteilen festgestellt. Es
wird zwischen 4 Querschnittsklassen (QSK) unterschieden
(Tafel 11.44 und Abb. 11.12).

Tafel 11.43 Stich der Vorkrümmung e_0 für den Biegedrillknicknachweis von biegebeanspruchten Bauteilen nach DIN EN 1993-1-1/NA [13]

Querschnitte	Abmessungsverhältnis	Querschnittsausnutzung	
		Elastisch	Plastisch
Gewalzte I-Profile	$h/b \leq 2,0$	$L/500$	$L/400$
	$h/b > 2,0$	$L/400$	$L/300$
Geschweißte I-Profile	$h/b \leq 2,0$	$L/400$	$L/300$
	$h/b > 2,0$	$L/300$	$L/200$

Im Schlankheitsbereich $0,7 \leq \bar{\lambda}_{LT} \leq 1,3$ sind die Werte e_0 zu verdoppeln.

Tafel 11.44 Querschnittsklassen

QSK	Klassifizierungsmerkmale
1	Die Querschnitte können plastische Gelenke oder Fließzonen mit ausreichender plastischer Momententragfähigkeit und Rotationskapazität für die plastische Berechnung ausbilden.
2	Kompakte Querschnitte können die plastische Momententragfähigkeit entwickeln, haben aber aufgrund örtlichen Beulens nur eine begrenzte Rotationskapazität.
3	Halbkompakte Querschnitte erreichen für eine elastische Spannungsverteilung die Streckgrenze in der ungünstigsten Querschnittsfaser, können aber wegen örtlichen Beulens die plastische Momententragfähigkeit nicht entwickeln.
4	Bei schlanken Querschnitten tritt örtliches Beulen vor Erreichen der Streckgrenze in einem oder mehreren Teilen des Querschnitts auf.

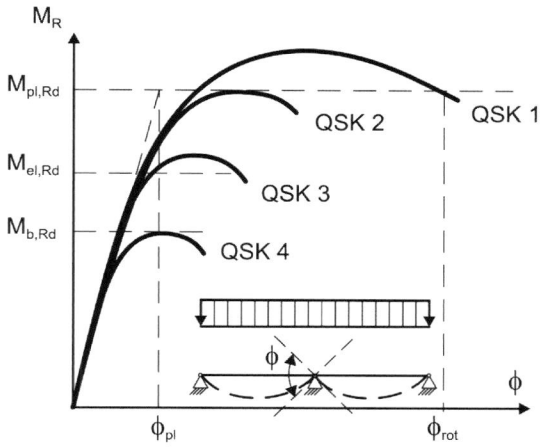

Abb. 11.12 Klassifizierung von Querschnitten

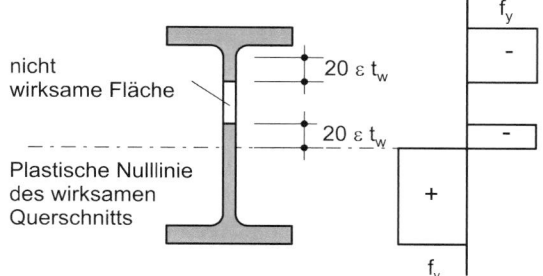

Abb. 11.13 Wirksame Stegfläche für die Zuordnung zu Klasse-2-Querschnitten

Die Klassifizierung ist vom c/t-Verhältnis der vollständig oder teilweise druckbeanspruchten Querschnittsteile abhängig (Tafeln 11.46 bis 11.49). Querschnittsteile, die die Anforderungen der QSK 3 nicht erfüllen, sind der QSK 4 zuzuordnen. Bei den verschiedenen Querschnittsteilen (z. B. Steg oder Flansch) ergeben sich u. U. unterschiedliche Zuordnungen. Ein Querschnitt wird im Allgemeinen durch die höchste (ungünstigste) Klasse seiner druckbeanspruchten Querschnittsteile klassifiziert.

Liegen die Längsspannungen eines Bauteils (Träger, Stütze etc.) unterhalb des Bemessungswertes der Streckgrenze, kann er dünnwandiger ausgeführt werden als bei voller Ausnutzung. Bei der Bestimmung der Spannungen sind ggf. auftretende Erhöhungen infolge globalen Stabilitätsversagens – wie Biegeknicken, Drillknicken und Biegedrillknicken – zu beachten. Sofern erforderlich, sind hierzu Berechnungen nach Theorie II. Ordnung (Gleichgewicht am verformten System) unter Ansatz geometrischer Ersatzimperfektionen durchzuführen, um diesen Einfluss zu erfassen.

Querschnitte der Klasse 4 können wie Querschnitte der Klasse 3 behandelt werden, wenn die um den Einfluss der geringeren Spannungsausnutzung erhöhten c/t-Verhältnisse eingehalten werden. Die Berechnung der c/t-Verhältnisse erfolgt mit den Gleichungen für die Querschnittsklasse 3 mit modifizierten Kennzahlen $\varepsilon_{\mathrm{mod}}$ nach (11.18). Dabei ist $\sigma_{\mathrm{com,Ed}}$ der größte Bemessungswert der einwirkenden Druckspannung im Querschnittsteil, der mit Schnittgrößen nach Theorie I. oder – sofern erforderlich – nach Theorie II. Ordnung bestimmt wird.

$$\varepsilon_{\mathrm{mod}} = \sqrt{\frac{235}{\sigma_{\mathrm{com,Ed}} \cdot \gamma_{\mathrm{M0}}}} \qquad (11.18)$$

Bei Anwendung der Stabilitätsnachweise nach [12], Abschn. 6.3 ist wegen fehlender Kenntnis der tatsächlich auftretenden maximalen Längsdruckspannungen diese günstigere Zuordnung in die Querschnittsklasse 3 nicht zulässig.

Querschnitte mit Klasse-3-Stegen und Klasse-1- oder Klasse-2-Gurten dürfen als Klasse-2-Querschnitte eingestuft werden, wenn die Stege auf die wirksamen Flächen entsprechend Abb. 11.13 reduziert werden.

Tafel 11.45 Kennzahlen ε zur Berücksichtigung der Streckgrenze bei der Bestimmung der Querschnittsklasse

$\varepsilon = \sqrt{235/f_y}$	f_y [N/mm²]	235	275	355	420	460
	ε	1,00	0,92	0,81	0,75	0,71

Tafel 11.46 Maximales c/t-Verhältnis druckbeanspruchter zweiseitig gestützter Querschnittsteile

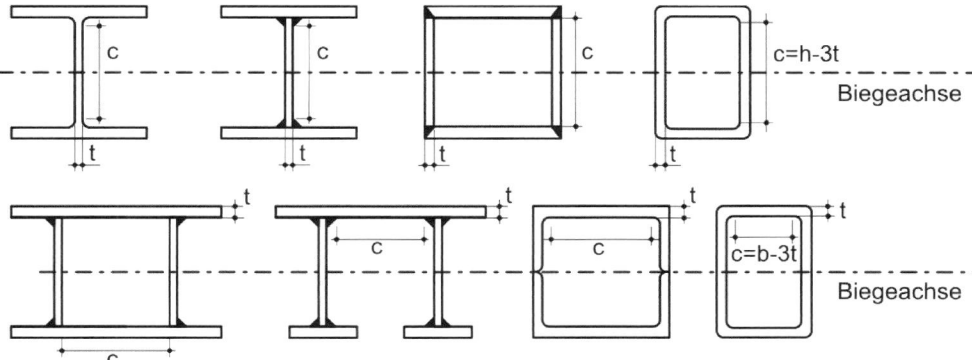

Tafel 11.46 (Fortsetzung)

QSK	Auf Biegung beanspruchte Querschnittsteile	Auf Druck beanspruchte Querschnittsteile	Auf Druck und Biegung beanspruchte Querschnittsteile	
Spannungsverteilung über Querschnittsteile (Druck positiv)				
1	$c/t \leq 72 \cdot \varepsilon$	$c/t \leq 33 \cdot \varepsilon$	Für $\alpha > 0{,}5$: $c/t \leq \dfrac{396 \cdot \varepsilon}{13 \cdot \alpha - 1}$	
			Für $\alpha \leq 0{,}5$: $c/t \leq \dfrac{36 \cdot \varepsilon}{\alpha}$	
2	$c/t \leq 83 \cdot \varepsilon$	$c/t \leq 38 \cdot \varepsilon$	Für $\alpha > 0{,}5$: $c/t \leq \dfrac{456 \cdot \varepsilon}{13 \cdot \alpha - 1}$	
			Für $\alpha \leq 0{,}5$: $c/t \leq \dfrac{41{,}5 \cdot \varepsilon}{\alpha}$	
Spannungsverteilung über Querschnittsteile (Druck positiv)				
3	$c/t \leq 124 \cdot \varepsilon$	$c/t \leq 42 \cdot \varepsilon$	$\psi > -1$: $c/t \leq \dfrac{42 \cdot \varepsilon}{0{,}67 + 0{,}33 \cdot \psi}$	
			$\psi \leq -1$ [a]: $c/t \leq 62 \cdot \varepsilon \cdot (1 - \psi)\sqrt{-\psi}$	

[a] Es gilt $\psi \leq -1$ falls entweder die Druckspannungen $\sigma \leq f_y$ oder die Dehnungen infolge Zug $\varepsilon_y > f_y/E$ sind.

Tafel 11.47 Maximales c/t-Verhältnis druckbeanspruchter einseitig gestützter Querschnittsteile

Gewalzte Querschnitte   Geschweißte Querschnitte

QSK	Auf Druck beanspruchte Querschnittsteile	Auf Druck und Biegung beanspruchte Querschnittsteile	
		Freier Rand im Druckbereich	Freier Rand im Zugbereich
Spannungsverteilung über Querschnittsteile (Druck positiv)			
1	$c/t \leq 9 \cdot \varepsilon$	$c/t \leq \dfrac{9 \cdot \varepsilon}{\alpha}$	$c/t \leq \dfrac{9 \cdot \varepsilon}{\alpha\sqrt{\alpha}}$
2	$c/t \leq 10 \cdot \varepsilon$	$c/t \leq \dfrac{10 \cdot \varepsilon}{\alpha}$	$c/t \leq \dfrac{10 \cdot \varepsilon}{\alpha \cdot \sqrt{\alpha}}$
Spannungsverteilung über Querschnittsteile (Druck positiv)			
3	$c/t \leq 14 \cdot \varepsilon$	$c/t \leq 21 \cdot \varepsilon \cdot \sqrt{k_\sigma}$ [a]	

[a] Für k_σ siehe Tafel 11.124 bzw. [15].

Tafel 11.48 Maximales c/t-Verhältnis druckbeanspruchter Winkelprofile

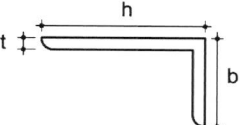

QSK	Auf Druck beanspruchte Querschnittsteile
Spannungsverteilung über Querschnittsteile (Druck positiv)	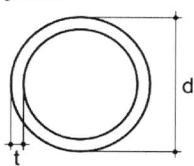
3	$h/t \leq 15 \cdot \varepsilon$ und $\dfrac{b+h}{2 \cdot t} \leq 11{,}5 \cdot \varepsilon$

– siehe auch einseitig gestützte Flansche nach Tafel 11.47
– gilt nicht für Winkel mit durchgehender Verbindung zu anderen Bauteilen.

Tafel 11.49 Maximales c/t-Verhältnis druckbeanspruchter Kreishohlprofile

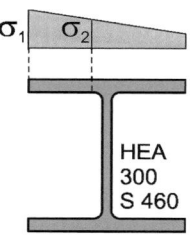

QSK	Auf Biegung und/oder Druck beanspruchte Querschnittsteile
1	$d/t \leq 50 \cdot \varepsilon^2$
2	$d/t \leq 70 \cdot \varepsilon^2$
3	$d/t \leq 90 \cdot \varepsilon^2$

Für $d/t > 90 \cdot \varepsilon^2$ siehe DIN EN 1993-1-6.

Beispiel

Nachweis ausreichender Bauteildicke für den Flansch einer Stütze HE300A – S460 mit den Bemessungsgrößen $N_{Ed} = 1890\,\text{kN}$, $M_{y,Ed} = 70\,\text{kNm}$, $M_{z,Ed} = 32\,\text{kNm}$

Spannung an der Flanschkante:

$$\sigma_1 = \sigma_{com,Ed} = 1890/113 + 7000/1260 + 3200/421$$
$$= 29{,}88\,\text{kN/cm}^2$$

Spannung am Beginn der Ausrundung:

$$\sigma_2 = 1890/113 + 7000/1260$$
$$+ 3200 \cdot (0{,}85/2 + 2{,}7)/6310$$
$$= 23{,}87\,\text{kN/cm}^2$$
$$\psi = 23{,}87/29{,}88 = 0{,}80$$
$$k_\sigma = 0{,}57 - 0{,}21 \cdot 0{,}80 + 0{,}07 \cdot 0{,}80^2$$
$$= 0{,}447 \quad \text{(s. Tafel 11.124)}$$
$$\varepsilon_{mod} = \sqrt{235/(298{,}8 \cdot 1{,}0)} = 0{,}887 \quad \text{(s. (11.18))}$$
$$\text{grenz } c/t = 21 \cdot 0{,}887 \cdot \sqrt{0{,}447}$$
$$= 12{,}45 \quad \text{(s. Tafel 11.47)}$$
$$\text{vorh } c/t = (30 - 0{,}85 - 2 \cdot 2{,}7)/(2 \cdot 1{,}4)$$
$$= 8{,}48 < 12{,}45$$

$\rightarrow$ Querschnittsklasse 3 ◄

11.3 Beanspruchbarkeit von Querschnitten

11.3.1 Allgemeines

Der Bemessungswert der Beanspruchung darf in der Regel in keinem Querschnitt den Bemessungswert der Beanspruchbarkeit überschreiten. Bei mehreren Beanspruchungsarten sind Interaktionsnachweise zu führen. Zur Bestimmung der Bemessungswerte der Beanspruchbarkeiten werden die charakteristischen Werte mit den Teilsicherheitsbeiwerten γ_M abgemindert (vgl. Abschn. 11.2.1, Tafel 11.35).

$$R_d = \frac{R_k}{\gamma_M} \tag{11.19}$$

$\gamma_M = \gamma_{M0}$ bei Querschnittsnachweisen von Bauteilen ohne globalem Stabilitätseinfluss (BK, DK, BDK),
$\gamma_M = \gamma_{M1}$ wenn Stabilitätsversagen zu berücksichtigen ist,
$\gamma_M = \gamma_{M2}$ bei Bruchversagen infolge Zugbeanspruchung.
In Übereinstimmung mit der formelmäßigen Darstellung in [12], Abschn. 6.2 werden im Abschn. 11.3 die Beanspruchbarkeiten und Tragsicherheitsnachweise ohne Berücksichtigung des globalen Stabilitätseinflusses angegeben. Es ist zu beachten, dass nach [13] bei Stabilitätsnachweisen in Form von Querschnittsnachweisen mit Schnittgrößen nach Theorie II. Ordnung bei der Ermittlung der Beanspruchbarkeiten anstelle von γ_{M0} der Wert für γ_{M1} anzusetzen ist.

Die Ermittlung der Beanspruchbarkeiten (elastisch oder plastisch) hängt von der Querschnittsklassifizierung ab (vgl. Abschn. 11.2.7). Der Ansatz der elastischen Beanspruchbarkeiten ist für alle Klassen möglich. Bei Querschnitten der Klasse 4 sind die effektiven Querschnittswerte zugrunde zu legen.

Die Tragsicherheitsnachweise können als Spannungsnachweise oder durch Vergleich der einwirkenden Schnittgrößen mit den Querschnittstragfähigkeiten (ggf. unter Berücksichtigung der Interaktionsbeziehungen) geführt werden.

Spannungsnachweise Die einwirkenden Spannungen werden den Grenzspannungen gegenüber gestellt. Bei ebenen oder räumlichen Spannungszuständen wird die Vergleichsspannung für zähe Werkstoffe nach der Gestaltänderungshypothese von Hencky, Huber und v. Mises bestimmt. Die nachfolgenden Gleichungen gelten für Querschnitte der Klassen 1 bis 3. Zu Querschnitten der Klasse 4 siehe [12], Abschn. 6.2.9.3.

Normalspannung infolge Biegung und Normalkraft

$$\sigma_{x,Ed} = \frac{N_{Ed}}{A} + \frac{M_{y,Ed}}{I_y} \cdot z - \frac{M_{z,Ed}}{I_z} \cdot y$$

Querkraftschubspannungen

$$\tau_{Ed} = \frac{V_{Ed} \cdot S}{I \cdot t}$$

Schubspannungen in Stegen von I- oder H-Querschnitten

$$\tau_{Ed} = \frac{V_{z,Ed}}{A_w}$$

wenn $A_f/A_w \geq 0{,}6$ ist, mit
A_f Fläche eines Flansches, $A_f = b \cdot t_f$
A_w Stegfläche, $A_w = h_w \cdot t_w$ (s. Abb. 11.15).

Vergleichsspannung

$$\sigma_{v,Ed} = \sqrt{\sigma_{x,Ed}^2 + \sigma_{z,Ed}^2 - \sigma_{x,Ed} \cdot \sigma_{z,Ed} + 3 \cdot \tau_{Ed}^2} \quad (11.20)$$

Spannungsnachweise

$$\sigma_{Ed} \leq \sigma_{Rd} = \frac{f_y}{\gamma_{M0}} \quad (11.21)$$

$$\tau_{Ed} \leq \tau_{Rd} = \frac{f_y}{\sqrt{3}\gamma_{M0}} \quad (11.22)$$

Auf Schnittgrößen bezogene Querschnittsnachweise Als konservative Näherung darf für alle Querschnittsklassen eine lineare Addition der Ausnutzungsgrade für alle Schnittgrößen angewendet werden. Für zweiachsige Biegung und Normalkraft führt dies bei Querschnitten der Klassen 1 bis 3 zur Nachweisgleichung (11.23).

$$\frac{N_{Ed}}{N_{Rd}} + \frac{M_{y,Ed}}{M_{y,Rd}} + \frac{M_{z,Ed}}{M_{z,Rd}} \leq 1 \quad (11.23)$$

Bei Querschnitten der Klassen 1 und 2 darf die plastische, bei Querschnitten der Klasse 3 die elastische Momententragfähigkeit angesetzt werden. Für Querschnitte der Klasse 4 müssen wirksame Querschnittswerte ermittelt und ggf. Zusatzmomente aus der Wirkung von Normalkräften und der Verschiebung der Querschnittsachsen berücksichtigt werden (siehe Tafel 11.50).

Tafel 11.50 Werte für $N_{Rk} = f_y \cdot A_i$, $M_{i,Rk} = f_y \cdot W_i$ und $\Delta M_{i,Ed}$

Querschnittsklasse	1	2	3	4
A_i	A	A	A	A_{eff}
W_y	$W_{pl,y}$	$W_{pl,y}$	$W_{el,y}$	$W_{eff,y}$
W_z	$W_{pl,z}$	$W_{pl,z}$	$W_{el,z}$	$W_{eff,z}$
$\Delta M_{y,Ed}$	0	0	0	$e_{N,y} \cdot N_{Ed}$
$\Delta M_{z,Ed}$	0	0	0	$e_{N,z} \cdot N_{Ed}$

11.3.2 Querschnittswerte

Bei der Bestimmung der Querschnittstragfähigkeiten sind, sofern erforderlich, die Einflüsse von Lochschwächungen, Schubverzerrungen, lokalem Beulen und Forminstabilität einschließlich des Knickens von Querschnittsteilen zu berücksichtigen.

Bruttoquerschnitte Die Bestimmung der Bruttoquerschnittswerte erfolgt in der Regel mit den Nennwerten der Querschnittsabmessungen. Löcher für Verbindungsmittel brauchen nicht abgezogen werden, jedoch sind andere größere Löcher zu berücksichtigen.

Nettoquerschnitte Die Nettofläche eines Querschnitts ist in der Regel aus der Bruttofläche durch geeigneten Abzug aller Löcher und anderer Öffnungen zu bestimmen.

Bei einem oder mehreren nicht versetzt angeordneten Löchern entspricht der Lochabzug der Summe der Lochflächen in den jeweils betrachteten Risslinien (11.24). Bei mehreren versetzt angeordneten Löchern sind neben Risslinien senkrecht zur Längsachse der betreffenden Querschnittsteile (Linien 1 und 2 in Abb. 11.14) auch versetzt verlaufende Risslinien zu untersuchen (Linien 3 und 4 in Abb. 11.14). Die Nettofläche wird hierfür mit (11.25) bestimmt.

Bei Winkeln und anderen Bauteilen mit Löchern in mehreren Ebenen ist der Lochabstand p entlang der Profilmittellinie zu ermitteln (Abb. 11.14, rechts).

$$\text{Risslinien 1, 2:} \quad A_{net} = A - t \cdot n \cdot d_0 \quad (11.24)$$

$$\text{Risslinien 3, 4:} \quad A_{net} = A - t \cdot \left[n \cdot d_0 - \sum \left(s^2/4p \right) \right] \quad (11.25)$$

mit
t Blechdicke
d_0 Lochdurchmesser
s, p Lochabstände nach Abb. 11.14
n Anzahl Löcher entlang der betrachteten Risslinie, die sich über den Querschnitt oder Querschnittsteile erstreckt.

Effektive Querschnittsgrößen Die Auswirkungen ungleichförmiger Spannungsverteilungen aus Schubverzerrungen von breiten Zug- und Druckgurten werden durch den

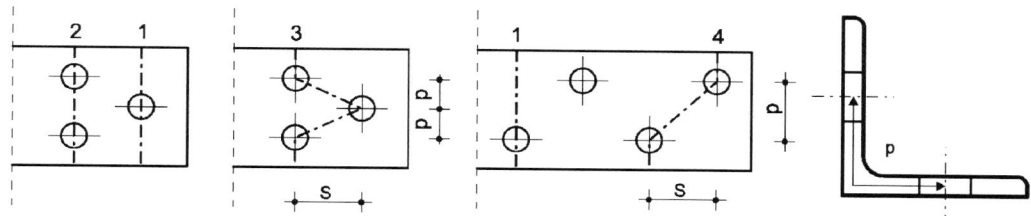

Abb. 11.14 Mögliche Risslinien und Lochabstände

Ansatz **mittragender Plattenbreiten** nach [15], Abschn. 3 berücksichtigt (siehe Abschn. 11.5).

Bei Querschnitten der Klasse 4 kann der Einfluss lokalen Beulens ebener gedrückter Querschnittsteile mit der Methode der **wirksamen Breiten** nach [15], Abschn. 4 erfasst werden (siehe Abschn. 11.5).

Die Interaktion zwischen den Einflüssen von Schubverzerrungen und lokalem Beulen wird durch den Ansatz **effektiver Breiten** bzw. Flächen nach [15], Abschn. 3.3 erfasst. In den Grenzfällen, in denen nur die Schubverzerrungen oder das Ausbeulen dünnwandiger Querschnittsteile von Bedeutung sind, entsprechen die effektiven Breiten den mittragenden (effektiv$^\text{s}$) bzw. den wirksamen (effektiv$^\text{p}$) Breiten (vgl. [15], Abschn. 1.3.4).

Die Beanspruchbarkeit von Blechträgern unter Längsspannungen darf mit **effektiven Querschnittsgrößen** (A_eff, I_eff, W_eff) ermittelt werden. Damit können die Querschnittsnachweise oder Bauteilnachweise für Knicken oder Biegedrillknicken nach [12] geführt werden.

Die Bemessung von **Bauteilen aus kaltgeformten dünnwandigen Blechen** (mit Ausnahme von Kreis- und Rechteckhohlprofilen nach [57]) erfolgt nach [14]. Dabei wird i. Allg. das Beulen dünnwandiger Querschnittsteile durch den Ansatz wirksamer Breiten und das Knicken von Rand- und Zwischensteifen durch die Abminderung der Blechdicken erfasst. Der Nachweis der Gesamtstabilität (Biegeknicken, Drillknicken oder Biegedrillknicken) der Bauteile erfolgt auf der Grundlage der so reduzierten wirksamen Querschnitte.

11.3.3 Beanspruchung auf Zug

Für Beanspruchungen durch Zugkräfte ist die Tragsicherheit der Bauteile nach (11.26) nachzuweisen. Bei der Bestimmung der Beanspruchbarkeit des Querschnitts sind ggf. vorhandene Lochschwächungen zu berücksichtigen (11.27).

$$\frac{N_\text{Ed}}{N_\text{t,Rd}} \le 1{,}0 \tag{11.26}$$

$$N_\text{t,Rd} = \min \begin{cases} N_\text{pl,Rd} = \dfrac{A \cdot f_\text{y}}{\gamma_\text{M0}} \\[2mm] N_\text{u,Rd} = \dfrac{0{,}9 \cdot A_\text{net} \cdot f_\text{u}}{\gamma_\text{M2}} \end{cases} \tag{11.27}$$

Einseitig mit einer Schraubenreihe angeschlossene Winkel dürfen wie zentrisch belastete Winkel bemessen werden, wenn die Zugtragfähigkeit des Nettoquerschnitts $N_\text{u,Rd}$ wie folgt berechnet wird:

$$N_\text{u,Rd} = \frac{2 \cdot (e_2 - 0{,}5d_0) \cdot t \cdot f_\text{u}}{\gamma_\text{M2}} \quad \text{für 1 Schraube}$$

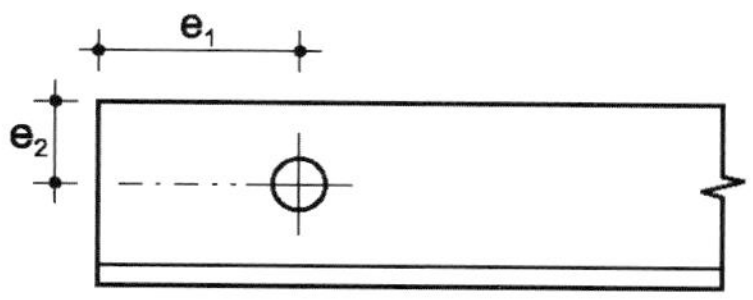

$$N_\text{u,Rd} = \frac{\beta_2 \cdot A_\text{net} \cdot f_\text{u}}{\gamma_\text{M2}} \quad \text{für 2 Schrauben}$$

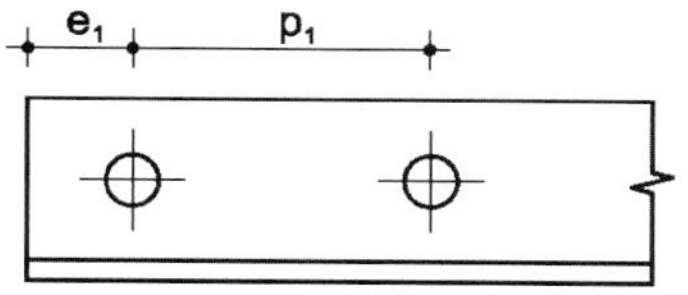

$$N_\text{u,Rd} = \frac{\beta_3 \cdot A_\text{net} \cdot f_\text{u}}{\gamma_\text{M2}} \quad \text{für 3 und mehr Schrauben}$$

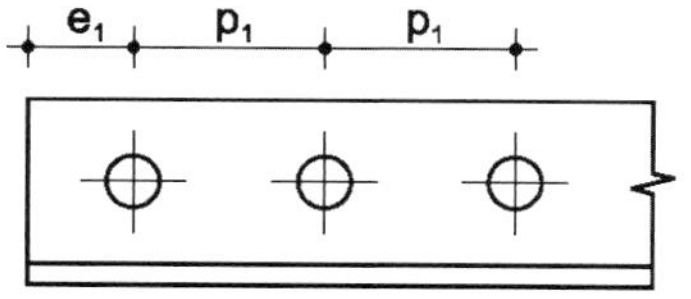

mit

A_net Nettoquerschnittsfläche des Winkels. Wird ein ungleichschenkliger Winkel am kleineren Schenkel angeschlossen, so ist A_net in der Regel für einen äquivalenten gleichschenkligen Winkel mit der kleineren Schenkelabmessung zu berechnen.

β_2, β_3 Abminderungsbeiwerte nach Tafel 11.51. Für Zwischenwerte von p_1 darf der Wert β interpoliert werden.

Tafel 11.51 Abminderungsbeiwerte β_2 und β_3

Lochabstand	p_1	$\le 2{,}5d_0$	$\ge 5{,}0d_0$
2 Schrauben	β_2	0,4	0,7
3 und mehr Schrauben	β_2	0,5	0,7

Bei gleitfest vorgespannten Schraubverbindungen der Kategorie C (siehe [18], Abschn. 3.4.1) wird die Zugbeanspruchbarkeit $N_{t,Rd}$ mit dem Nettoquerschnitt längs der kritischen Risslinie durch die Löcher $N_{net,Rd}$ bestimmt.

$$N_{t,Rd} = N_{net,Rd} = \frac{A_{net} \cdot f_y}{\gamma_{M0}} \qquad (11.28)$$

11.3.4 Beanspruchung auf Druck

Bei Beanspruchungen durch Druckkräfte ist die Tragsicherheit mit (11.29) nachzuweisen.

$$\frac{N_{Ed}}{N_{c,Rd}} \leq 1,0 \qquad (11.29)$$

$$N_{c,Rd} = \frac{A \cdot f_y}{\gamma_{M0}} \quad \text{für Querschnitte der Klassen 1 bis 3}$$

$$N_{c,Rd} = \frac{A_{eff} \cdot f_y}{\gamma_{M0}} \quad \text{für Querschnitte der Klasse 4}$$

Werden Löcher durch Verbindungsmittel ausgefüllt, müssen diese bei druckbeanspruchten Querschnittsteilen nicht abgezogen werden. Dagegen sind übergroße Löcher und Langlöcher nach [37], Tab. 11 von der rechnerischen Querschnittsfläche abzuziehen.

Bei unsymmetrischen Querschnitten der Klasse 4 sind Zusatzmomente ΔM_{Ed} infolge der Verschiebung der Hauptachsen des wirksamen gegenüber dem geometrisch vorhandenen Querschnitt zu berücksichtigen (vgl. [12], Abschn. 6.2.9.3).

11.3.5 Beanspruchung auf Biegung

Bei Beanspruchung durch einachsige Biegung ist die Tragsicherheit mit (11.30) nachzuweisen.

$$\frac{M_{Ed}}{M_{c,Rd}} \leq 1,0 \qquad (11.30)$$

$$M_{c,Rd} = \frac{W \cdot f_y}{\gamma_{M0}}$$

Die Bestimmung von W erfolgt in Abhängigkeit von der Querschnittsklasse (s. Tafel 11.50). Bei der Ermittlung von W_{pl} ist der plastische Formbeiwert α_{pl} nicht zu begrenzen. $W_{el,min}$ und $W_{eff,min}$ beziehen sich auf die Querschnittsfaser mit der maximalen Normalspannung.

Löcher in zugbeanspruchten Flanschen dürfen vernachlässigt werden, wenn die Bedingung (11.31) erfüllt ist. Entsprechendes gilt auch für Löcher in Stegblechen, wenn für die gesamte Zugzone Gleichung (11.31) sinngemäß erfüllt wird. Für Löcher in Druckzonen gelten die Regelungen des Abschn. 11.3.4.

$$\frac{0,9 \cdot A_{f,net} \cdot f_u}{\gamma_{M2}} \geq \frac{A_f \cdot f_y}{\gamma_{M0}} \qquad (11.31)$$

11.3.6 Beanspruchung durch Querkraft

Der Tragsicherheitsnachweis für Querkraftbeanspruchungen kann elastisch als Spannungsnachweis nach Abschn. 11.3.1 oder plastisch mit (11.32) geführt werden.

$$\frac{V_{Ed}}{V_{pl,Rd}} \leq 1,0 \qquad (11.32)$$

$$V_{pl,Rd} = \frac{A_v \cdot f_y}{\sqrt{3}\gamma_{M0}} \qquad (11.33)$$

A_v Schubfläche nach Tafel 11.52.

Zusätzlich ist der Nachweis gegen Schubbeulen zu führen, da diese Versagensform bei der Zuordnung zu den Querschnittsklassen nach Abschn. 11.2.7 nicht berücksichtigt wird. Für unausgesteifte Stegbleche kann der Nachweis entfallen, wenn die Bedingung (11.34) erfüllt ist ($\varepsilon = \sqrt{235/f_y}$).

$$\frac{h_w}{t_w} \leq 72\frac{\varepsilon}{\eta} \qquad (11.34)$$

Tafel 11.52 Wirksame Schubfläche A_v

Querschnitt	Lastrichtung	Wirksame Schubfläche A_v
Walzprofile		
I- und H-Querschnitte	‖ zum Steg	$A - 2bt_f + (t_w + 2r)t_f \geq \eta \cdot h_w t_w$
I- und H-Querschnitte	‖ zum Flansch	$2bt_f$
U-Querschnitte	‖ zum Steg	$A - 2bt_f + (t_w + r)t_f$
T-Querschnitte	‖ zum Steg	$A - bt_f + (t_w + 2r)t_f/2$
RHP mit gleichförmiger Blechdicke	‖ zur Trägerhöhe	$A \cdot h/(b + h)$
	‖ zur Trägerbreite	$A \cdot b/(b + h)$
Schweißprofile		
I-, H- und Kastenquerschnitte	‖ zum Steg	$\eta \cdot \sum(h_w t_w)$
I-, H-, U- u. Kastenquerschnitte	‖ zum Flansch	$A - \sum(h_w t_w)$
T-Querschnitte	‖ zum Steg	$t_w(h - t_f/2)$
KHP und Rohre mit gleichförmiger Blechdicke	Alle	$2A/\pi$

η darf auf der sicheren Seite mit 1,0 angenommen werden
$\eta = 1,2$ im Hochbau für Stahlsorten bis S460 [15], [16].

Abb. 11.15 Schubfläche A_{vz} für gewalzte und geschweißte I- und H- Querschnitte

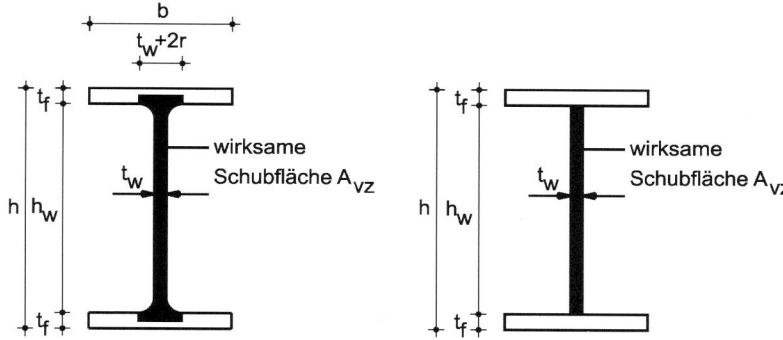

11.3.7 Beanspruchung auf Torsion

Bei Torsionsbeanspruchungen ist zwischen Stäben mit wölbfreien und nicht wölbfreien Querschnitten zu unterscheiden.

Bei **wölbfreien oder quasi wölbfreien Querschnitten** (z. B. L- und T-Profile, siehe Abb. 11.16) und geschlossenen Hohlprofilen erfolgt die Abtragung von Torsionsmomenten ausschließlich oder überwiegend über St. Venant'sche Torsionsschubspannungen $\tau_{t,Ed}$. Längsspannungen aus Torsion treten nicht auf oder sind vernachlässigbar klein.

Bei **nicht wölbfreien Querschnitten** (z. B. I-, H- und U-Profile, siehe Abb. 11.17) erfolgt die Abtragung von Torsi-

onsmomenten über primären und sekundären Torsionsschubfluss $\tau_{t,Ed}$ und $\tau_{w,Ed}$. Darüber hinaus treten Wölbnormalspannungen $\sigma_{w,Ed}$ aus den Wölbmomenten $B_{w,Ed}$ auf. Diese sind ggf. mit Längsspannungen aus Biegung und Normalkraft zu überlagern. Die Berechnung der Schnittgrößen erfolgt nach der Theorie der Wölbkrafttorsion (siehe z. B. [76]). Die einwirkenden Schub- und Längsspannungen werden mit (11.35) bis (11.37) ermittelt.

$$\sigma_{w,Ed} = -\frac{B_{Ed}}{I_w} \cdot \overline{\omega}^M \qquad (11.35)$$

$$\tau_{w,Ed} = \frac{T_{w,Ed} \cdot S_w}{I_w \cdot t} \qquad (11.36)$$

$$\tau_{t,Ed} = \frac{T_{t,Ed} \cdot t}{I_T} \qquad (11.37)$$

mit

$$T_{Ed} = T_{t,Ed} + T_{w,Ed} = GI_T \cdot \vartheta' - EI_w \cdot \vartheta'''$$

$$\overline{\omega}^M(s) = -\int_{s=0}^{s} r_t^M(s) \cdot ds + \omega_0^M$$

$$S_w(s) = \int_{s=0}^{s} \overline{\omega}^M(s) \cdot t \cdot ds + S_{w,0}$$

$$I_w = \int_{A} \left(\overline{\omega}^M\right)^2 \cdot dA$$

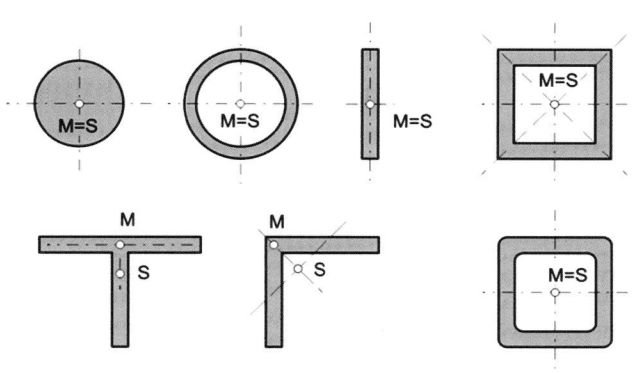

Abb. 11.16 Wölbfreie und quasi wölbfreie Querschnitte

Abb. 11.17 Nicht wölbfreie Querschnitte

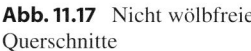

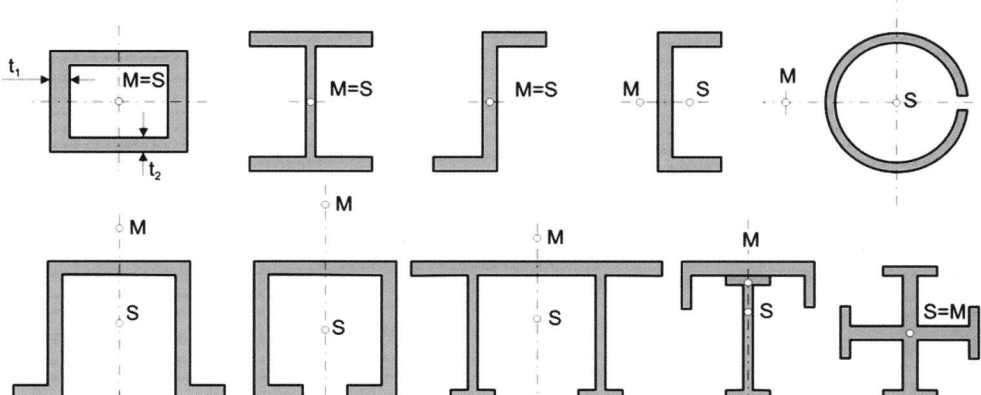

Abb. 11.18 Schub- und Längsspannungen eines doppeltsymmetrischen I-Tägers infolge Torsionseinwirkung.
a Schubspannungen infolge St. Venant'scher Torsion (vereinfachte Darstellung);
b Schubspannungen infolge des Wölbtorsionsmoments $T_{w,Ed}$;
c Normalspannungen infolge des Wölbbimoments B_{Ed}

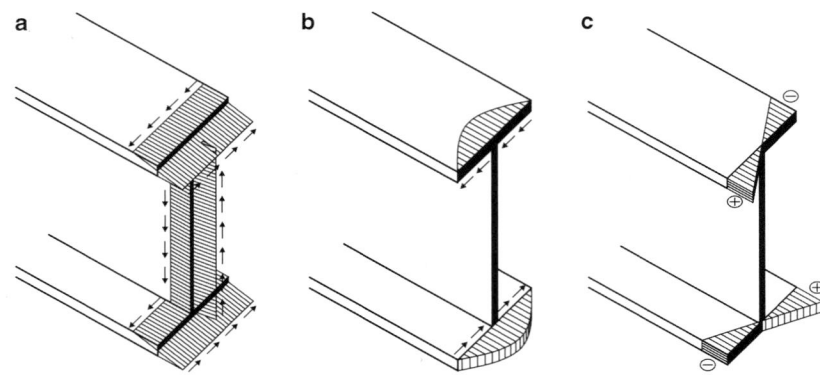

ϑ Verdrehung des Querschnitts

ϑ' Verdrillung des Querschnitts

B_{Ed} Bemessungswert des einwirkenden Wölbmoments (Bimoment)

T_{Ed} Bemessungswert des einwirkenden Torsionsmoments

$T_{w,Ed}$ Bemessungswert des einwirkenden Wölbtorsionsmoments

$T_{t,Ed}$ Bemessungswert des einwirkenden St. Venant'schen Torsionsmoments

$\sigma_{w,Ed}$ Wölbnormalspannung infolge des Wölbmoments B_{Ed}

$\tau_{w,Ed}$ Schubspannung infolge des Wölbtorsionsmoments $T_{w,Ed}$

$\tau_{t,Ed}$ Schubspannung infolge des St. Venant'schen Torsionsmoments $T_{t,Ed}$

$r_t^M(s)$ Drehradius (senkrechter Abstand der Profilmittellinie im betrachteten Punkt P zum Schubmittelpunkt M). Ist die Richtung des Integrationsweges s bezogen auf M entgegen dem Uhrzeigersinn, so ist das Vorzeichen des Drehradius positiv.

$\overline{\omega}^M$ Wölbordinate

s Integrationsweg (Laufkoordinate entlang der Profilmittellinie)

$S_w(s)$ Flächenmoment 1. Ordnung bezogen auf die Wölbordinate $\overline{\omega}^M$

$S_{w,0}$ Integrationskonstante. Bei Integrationsbeginn ($s = 0$) von den Querschnittsenden ist $S_{w,0} = 0$.

I_w Wölbflächenmoment 2. Grades

Die Ermittlung der Torsionsschnittgrößen erfolgt in Abhängigkeit des Einflusses der geometrischen Nichtlinearität nach Theorie I., II. oder III. Ordnung. Ist dieser Einfluss vernachlässigbar, kann bei einfachen Stabsystemen die Differentialgleichungsmethode für die Wölbkrafttorsion angewendet werden. Für einen Träger mit konstantem Querschnitt und konstanter Torsionsgleichlast m_T (EI_w, GI_T und m_T sind konstant über die Stablänge) kann das Gleichgewicht nach Theorie I. Ordnung an einem Abschnitt dx mithilfe (11.38) beschrieben werden.

$$EI_w \cdot \vartheta'''' - GI_T \cdot \vartheta'' = m_T \qquad (11.38)$$

Die Zustandsgrößen (Verformungen, Schnittgrößen) können mithilfe der Anfangswertelösung in Abhängigkeit von der normierten Längskoordinate $\xi = x/l$ berechnet werden. Dabei sind die Anfangswerte die Zustandsgrößen an der Stelle $\xi = 0$. Unter Verwendung normierter Belastungen $\overline{m}_T$ und Zustandsgrößen $\overline{\vartheta}, \overline{T}, \overline{B}$ kann aus der Lösung der Differentialgleichung (11.38) das Matrizengleichungssystem (11.39) abgeleitet werden.

Die normierte Darstellung (11.39) hat Vorteile wegen ihrer dimensionslosen Zustandsgrößen und der geringeren Bandbreiten der Zahlenwerte. Die Ableitung der dimensionsgebundenen absoluten Zustandsgrößen erfolgt durch Umformung der Gleichungen für die Normierung.

$$
\begin{bmatrix}
\overline{\vartheta}(\xi) \\
\overline{\vartheta'}(\xi) \\
\overline{T}_{Ed}(\xi) \\
\overline{T}_{t,Ed}(\xi) \\
\overline{T}_{w,Ed}(\xi) \\
\overline{B}_{Ed}(\xi)
\end{bmatrix}
=
\begin{bmatrix}
1 & \sinh(\varepsilon \cdot \xi) & \varepsilon \cdot \xi - \sinh(\varepsilon \cdot \xi) & 1 - \cosh(\varepsilon \cdot \xi) & -1 + \cosh(\varepsilon \cdot \xi) - 0{,}5 \cdot (\varepsilon \cdot \xi)^2 \\
0 & \cosh(\varepsilon \cdot \xi) & 1 - \cosh(\varepsilon \cdot \xi) & -\sinh(\varepsilon \cdot \xi) & \sinh(\varepsilon \cdot \xi) - \varepsilon \cdot \xi \\
0 & 0 & 1 & 0 & -\varepsilon \cdot \xi \\
0 & \cosh(\varepsilon \cdot \xi) & 1 - \cosh(\varepsilon \cdot \xi) & -\sinh(\varepsilon \cdot \xi) & \sinh(\varepsilon \cdot \xi) - \varepsilon \cdot \xi \\
0 & -\cosh(\varepsilon \cdot \xi) & \cosh(\varepsilon \cdot \xi) & \sinh(\varepsilon \cdot \xi) & -\sinh(\varepsilon \cdot \xi) \\
0 & -\sinh(\varepsilon \cdot \xi) & \sinh(\varepsilon \cdot \xi) & \cosh(\varepsilon \cdot \xi) & -\cosh(\varepsilon \cdot \xi) + 1
\end{bmatrix}
\cdot
\begin{bmatrix}
\overline{\vartheta}(0) \\
\overline{\vartheta'}(0) \\
\overline{T}_{Ed}(0) \\
\overline{B}_{Ed}(0) \\
\overline{m}_T
\end{bmatrix}
\quad (11.39)
$$

mit $\xi = \dfrac{x}{L}$ $\overline{\vartheta} = \vartheta$ $\overline{T}_{Ed} = \dfrac{T_{Ed}}{GI_T} \cdot \dfrac{L}{\varepsilon}$ $\overline{m}_T = \dfrac{m_T}{GI_T} \cdot \left(\dfrac{L}{\varepsilon}\right)^2$ $\varepsilon =$ Stabkennzahl für die Wölbkrafttorsion

        $\xi' = 1 - \xi$ $\overline{\vartheta'} = \vartheta' \cdot L/\varepsilon$ $\overline{B}_{Ed} = \dfrac{B_{Ed}}{GI_T}$ $\varepsilon = L \cdot \lambda = L \cdot \sqrt{\dfrac{GI_T}{EI_w}}$ $\lambda =$ Abklingfaktor

Tafel 11.53 Lagerungsbedingungen in normierter Darstellung

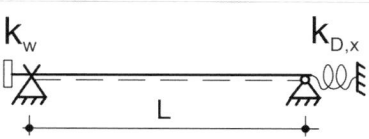

	starre Einspannung	$\overline{\vartheta}(0) = 0;\quad \overline{\vartheta'}(0) = 0$
	Gabellager	$\overline{\vartheta}(0) = 0;\quad \overline{B}_{Ed}(0) = 0$
	freies Stabende	$\overline{T}_{Ed}(0) = 0;\quad \overline{B}_{Ed}(0) = 0$
	starre Kopfplatte	$\overline{\vartheta'}(0) = 0;\quad \overline{T}_{Ed}(0) = 0$

Tafel 11.54 Berücksichtigung elastischer Lagerungsbedingungen durch Federgesetze

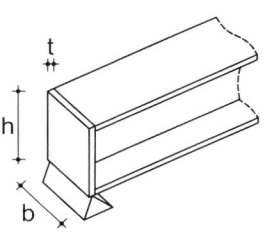

Normierung der Torsionsfedersteifigkeit	$\overline{k}_{D,x} = \dfrac{k_{D,x}}{GI_T} \cdot \left(\dfrac{L}{\varepsilon}\right)$
Normierung der Wölbfedersteifigkeit	$\overline{k}_w = \dfrac{k_w}{GI_T} \cdot \left(\dfrac{\varepsilon}{L}\right)$

Federgesetze in normierter Darstellung

$\overline{T}_{Ed}(0) = +\overline{k}_{D,x} \cdot \overline{\vartheta}(0)$	$\overline{B}_{Ed}(0) = -\overline{k}_w \cdot \overline{\vartheta'}(0)$
$\overline{T}_{Ed}(L) = +\overline{k}_{D,x} \cdot \overline{\vartheta}(L)$	$\overline{B}_{Ed}(L) = +\overline{k}_w \cdot \overline{\vartheta'}(L)$

Beispiele für Wölbfedersteifigkeiten

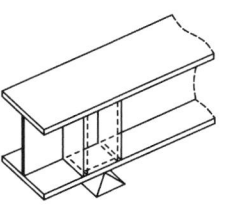

Stirnplatte:

$$k_w = \frac{G}{3} \cdot h \cdot b \cdot t^3$$

$h = $ Abstand der Gurtachsen

Hohlsteife:

$$k_w = G \cdot \frac{4 \cdot A_m^2}{\oint \frac{ds}{t}} \cdot h$$

$h = $ Abstand der Gurtachsen

$A_m = $ eingeschlossene Fläche der Hohlsteife im Profilmittellinienmodell

$\oint \frac{ds}{t} = $ Integral über den Umfang der Hohlsteife im Profilmittellinienmodell

$t = $ Blechdicke der Hohlsteife, ggf. veränderlich über den Umfang

Das Matrizengleichungssystem (11.39) lässt sich auf konkrete Fälle von Belastungen und Lagerungsbedingungen (Tafeln 11.53 und 11.54) anpassen, indem die jeweiligen normierten Anfangswerte und $\overline{m}_T$ (sofern vorhanden) bestimmt und eingesetzt werden. Die Anfangswerte werden aus den Lagerungsbedingungen der Systeme am Stabanfang und -ende abgeleitet. Mit den Lagerungsbedingungen am Stabende ($\xi = 1$) werden unter Anwendung des Matrizengleichungssystems (11.39) die noch unbekannten Anfangswerte bestimmt. Sofern Einzellasten (Torsions-

oder Wölbmomente) zwischen den Lagern wirken, entstehen Unstetigkeitsstellen, die nicht durch die Funktionen des Matrizengleichungssystems (11.39) beschrieben werden können. Für diese Fälle ist die Differentialgleichung (11.38) abschnittsweise zu lösen. An den Unstetigkeitsstellen sind Gleichgewichts- und Übergangsbedingungen zu formulieren. Entsprechendes gilt für die Innenlager von Durchlaufsystemen. Elastische Lagerungsbedingungen können durch entsprechende Federgesetze erfasst werden (Tafel 11.54).

Nachfolgend werden für ausgewählte Systeme Lösungsfunktionen für die Zustandsgrößen angegeben.

System 1: Kragarm mit Wölbbehinderung an der Einspannstelle

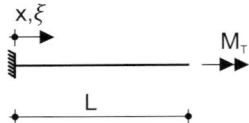

Beanspruchung

$$T_{\mathrm{Ed}}(\xi) = M_{\mathrm{T}} = T_{\mathrm{t,Ed}}(\xi) + T_{\mathrm{w,Ed}}(\xi)$$

St. Venant'sches Torsionsmoment

$$T_{\mathrm{t,Ed}}(\xi) = M_{\mathrm{T}} \cdot \left[1 - \frac{\cosh(\varepsilon \cdot \xi')}{\cosh(\varepsilon)} \right]$$

$$T_{\mathrm{t,Ed}}(0) = 0$$

Wölbtorsionsmoment

$$T_{\mathrm{w,Ed}}(\xi) = M_{\mathrm{T}} \cdot \frac{\cosh(\varepsilon \cdot \xi')}{\cosh(\varepsilon)}$$

$$T_{\mathrm{w,Ed}}(0) = M_{\mathrm{T}}$$

Wölbbimoment

$$B_{\mathrm{Ed}}(\xi) = -M_{\mathrm{T}} \cdot \frac{L}{\varepsilon} \cdot \frac{\sinh(\varepsilon \cdot \xi')}{\cosh(\varepsilon)}$$

$$B_{\mathrm{Ed}}(0) = -M_{\mathrm{T}} \cdot \frac{L}{\varepsilon} \cdot \tanh(\varepsilon)$$

Verdrehung

$$\vartheta(\xi) = \frac{M_{\mathrm{T}}}{GI_{\mathrm{T}}} \cdot \frac{L}{\varepsilon} \cdot \left[\varepsilon \cdot \xi + \frac{\sinh(\varepsilon \cdot \xi') - \sinh(\varepsilon)}{\cosh(\varepsilon)} \right]$$

$$\vartheta(1) = \frac{M_{\mathrm{T}}}{GI_{\mathrm{T}}} \cdot \frac{L}{\varepsilon} \cdot [\varepsilon - \tanh(\varepsilon)]$$

System 2: Einfeldträger mit Gabellagerung an den Auflagern und Einzeltorsionsmoment in Feldmitte

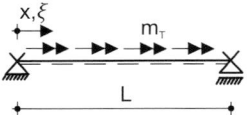

Beanspruchung

$$T_{\mathrm{Ed}}(\xi) = M_{\mathrm{T}}/2 = T_{\mathrm{t,Ed}}(\xi) + T_{\mathrm{w,Ed}}(\xi); \quad 0 < \xi < 0{,}5$$

St. Venant'sches Torsionsmoment

$$T_{\mathrm{t,Ed}}(\xi) = \frac{M_{\mathrm{T}}}{2} \cdot \left[1 - \frac{\cosh(\varepsilon \cdot \xi)}{\cosh(\varepsilon/2)} \right]$$

$$T_{\mathrm{t,Ed}}(0) = \frac{M_{\mathrm{T}}}{2} \cdot \left[1 - \frac{1}{\cosh(\varepsilon/2)} \right]$$

Wölbtorsionsmoment

$$T_{\mathrm{w,Ed}}(\xi) = \frac{M_{\mathrm{T}}}{2} \cdot \frac{\cosh(\varepsilon \cdot \xi)}{\cosh(\varepsilon/2)}$$

$$T_{\mathrm{w,Ed}}(0{,}5) = \frac{M_{\mathrm{T}}}{2}$$

Wölbbimoment

$$B_{\mathrm{Ed}}(\xi) = \frac{M_{\mathrm{T}}}{2} \cdot \frac{L}{\varepsilon} \cdot \frac{\sinh(\varepsilon \cdot \xi)}{\cosh(\varepsilon/2)}$$

$$B_{\mathrm{Ed}}(0{,}5) = \frac{M_{\mathrm{T}}}{2} \cdot \frac{L}{\varepsilon} \cdot \tanh(\varepsilon/2)$$

Verdrehung

$$\vartheta(\xi) = \frac{M_{\mathrm{T}}}{2 \cdot GI_{\mathrm{T}}} \cdot \frac{L}{\varepsilon} \cdot \left[\varepsilon \cdot \xi - \frac{\sinh(\varepsilon \cdot \xi)}{\cosh(\varepsilon/2)} \right]$$

$$\vartheta(0{,}5) = \frac{M_{\mathrm{T}}}{2 \cdot GI_{\mathrm{T}}} \cdot \frac{L}{\varepsilon} \cdot [\varepsilon/2 - \tanh(\varepsilon/2)]$$

System 3: Einfeldträger mit Gabellagerung an den Auflagern und Torsionsgleichlast m_{T}

Beanspruchung

$$T_{\mathrm{Ed}}(\xi) = m_{\mathrm{T}} \cdot L \cdot (0{,}5 - \xi) = T_{\mathrm{t,Ed}}(\xi) + T_{\mathrm{w,Ed}}(\xi)$$

St. Venant'sches Torsionsmoment

$$T_{\mathrm{t,Ed}}(\xi) = m_{\mathrm{T}} \cdot \left(\frac{L}{\varepsilon} \right) \cdot \left[\varepsilon \cdot (0{,}5 - \xi) + \frac{\cosh(\varepsilon \cdot \xi) - \cosh(\varepsilon \cdot \xi')}{\sinh(\varepsilon)} \right]$$

$$T_{\mathrm{t,Ed}}(0) = m_{\mathrm{T}} \cdot \left(\frac{L}{\varepsilon} \right) \cdot \left[\frac{\varepsilon}{2} + \frac{1 - \cosh(\varepsilon)}{\sinh(\varepsilon)} \right]$$

Sekundäres Torsionsmoment

$$T_{\mathrm{w,Ed}}(\xi) = -m_{\mathrm{T}} \cdot \left(\frac{L}{\varepsilon} \right) \cdot \left[\frac{\cosh(\varepsilon \cdot \xi) - \cosh(\varepsilon \cdot \xi')}{\sinh(\varepsilon)} \right]$$

$$T_{\mathrm{w,Ed}}(0) = -m_{\mathrm{T}} \cdot \left(\frac{L}{\varepsilon} \right) \cdot \frac{1 - \cosh(\varepsilon)}{\sinh(\varepsilon)}$$

Wölbbimoment

$$B_{\mathrm{Ed}}(\xi) = m_{\mathrm{T}} \cdot \left(\frac{L}{\varepsilon} \right)^2 \cdot \left[1 - \frac{\sinh(\varepsilon \cdot \xi) + \sinh(\varepsilon \cdot \xi')}{\sinh(\varepsilon)} \right]$$

$$B_{\mathrm{Ed}}(0{,}5) = m_{\mathrm{T}} \cdot \left(\frac{L}{\varepsilon} \right)^2 \cdot \left[1 - \frac{2 \cdot \sinh(\varepsilon/2)}{\sinh(\varepsilon)} \right]$$

Verdrehung

$$\vartheta(\xi) = \frac{m_T}{GI_T} \cdot \left(\frac{L}{\varepsilon}\right)^2$$
$$\cdot \left[\frac{\varepsilon^2}{2} \cdot \xi' \cdot \xi - 1 + \frac{\sinh(\varepsilon \cdot \xi) + \sinh(\varepsilon \cdot \xi')}{\sinh(\varepsilon)}\right]$$

$$\vartheta(0{,}5) = \frac{m_T}{GI_T} \cdot \left(\frac{L}{\varepsilon}\right)^2 \cdot \left[\frac{\varepsilon^2}{8} - 1 + \frac{2 \cdot \sinh(\varepsilon/2)}{\sinh(\varepsilon)}\right]$$

Bei geschlossenen Hohlquerschnitten darf vereinfacht angenommen werden, dass der Einfluss aus Wölbkrafttorsion vernachlässigt werden kann. Für einzellige Querschnitte werden die St. Venant'schen Torsionsschubspannungen mit (11.40) bestimmt. Dabei ist A_m die von der Profilmittellinie eingeschlossene Querschnittsfläche.

$$\tau_{t,Ed} = \frac{T_{t,Ed}}{2A_m \cdot t} \qquad (11.40)$$

Der Tragsicherheitsnachweis für Torsionsbeanspruchungen kann elastisch als Spannungsnachweis nach Abschn. 11.3.1 oder plastisch unter Verwendung geeigneter Gleichungen für die Querschnittstragfähigkeit (siehe (11.45)) und ggf. Interaktionsbeziehungen geführt werden. Zum elastischen Querschnittsnachweis für Spannungen nach (11.35) bis (11.37) und (11.40) gelten die Grenzbedingungen (11.41) bis (11.43). Bei der Auswertung der Gleichungen und der Überlagerung der Spannungsanteile ist zu beachten, dass die Maximalwerte der Spannungen nach (11.35) bis (11.37) und (11.40) i. Allg. an unterschiedlichen Stellen des Querschnitts und entlang der Bauteillängsachse auftreten.

$$\tau_{t,Ed} + \tau_{w,Ed} \leq \frac{f_y}{\sqrt{3} \cdot \gamma_{M0}} \qquad (11.41)$$

$$\sigma_{w,Ed} \leq \frac{f_y}{\gamma_{M0}} \qquad (11.42)$$

$$\sigma_{v,Ed} = \sqrt{\sigma_{w,Ed}^2 + 3 \cdot (\tau_{t,Ed} + \tau_{w,Ed})^2} \leq \frac{f_y}{\gamma_{M0}} \qquad (11.43)$$

Die Grenzbedingungen für kombinierte Beanspruchungen sind mit einander zugeordneten Spannungen auszuwerten, wenn nicht konservative Ansätze getroffen werden.

Ferner sind Vorzeichen und Richtung der Spannungen zu beachten. Dies gilt umso mehr, wenn weitere Schnittgrößen mit einbezogen werden (siehe z. B. (11.44)).

$$\sigma_{x,Ed}(x, y, z) = \frac{N_{Ed}(x)}{A} + \frac{M_{y,Ed}(x)}{I_y} \cdot z - \frac{M_{z,Ed}(x)}{I_z} \cdot y$$
$$- \frac{B_{Ed}(x)}{I_w} \cdot \overline{\omega}^M(y, z)$$
$$\leq \frac{f_y}{\gamma_{M0}} \qquad (11.44)$$

11.3.8 Beanspruchung auf Querkraft und Torsion

Werden Querschnitte durch Querkraft und Torsion beansprucht, sind bei Anwendung elastischer Querschnittsnachweise die Schubspannungen aus beiden Schnittgrößen unter Beachtung von Ort und Richtung zu überlagern. Für dünnwandige offene Querschnitte gilt (11.45), für einzellige Hohlprofile (11.46).

$$\tau_{Ed}(x, s, r) = \frac{V_{z,Ed}(x) \cdot S_y(s)}{I_y \cdot t(s)} + \frac{V_{y,Ed}(x) \cdot S_z(s)}{I_z \cdot t(s)}$$
$$+ \frac{T_{w,Ed}(x) \cdot S_w(s)}{I_w \cdot t(s)} \pm \frac{T_{t,Ed}(x) \cdot 2r}{I_T}$$
$$\leq \frac{f_y}{\sqrt{3} \cdot \gamma_{M0}} \qquad (11.45)$$

$$\tau_{Ed}(x, s) = \frac{V_{z,Ed}(x) \cdot S_y(s)}{I_y \cdot t(s)} + \frac{V_{y,Ed}(x) \cdot S_z(s)}{I_z \cdot t(s)}$$
$$\pm \frac{T_{t,Ed}(x)}{2A_m \cdot t(s)}$$
$$\leq \frac{f_y}{\sqrt{3} \cdot \gamma_{M0}} \qquad (11.46)$$

mit

s Integrationsweg (Laufkoordinate entlang der Profilmittellinie)

r Koordinate senkrecht zur Profilmittellinie

$S_y(s)$ Flächenmoment 1. Ordnung bezogen auf die y-Achse

$S_z(s)$ Flächenmoment 1. Ordnung bezogen auf die z-Achse.

Weitere Definitionen siehe Abschn. 11.3.9. Bezüglich der Bestimmung von $S_y(s)$ und $S_z(s)$ siehe [76].

Der plastische Tragsicherheitsnachweis kann nach [12], Abschn. 6.2.7 (9) vereinfacht in der Form erfolgen, dass zunächst die Querkrafttragfähigkeit nach (11.33) um den Einfluss der Torsion reduziert und dann die einwirkende Querkraft mit der abgeminderten Tragfähigkeit $V_{pl,T,Rd}$ nach Tafel 11.55 verglichen wird (11.47).

$$\frac{V_{Ed}}{V_{pl,T,Rd}} \leq 1{,}0 \qquad (11.47)$$

Tafel 11.55 Abgeminderte plastische Querkrafttragfähigkeit $V_{pl,T,Rd}$

Querschnitt	$V_{pl,T,Rd}$
I oder H	$\sqrt{1 - \dfrac{\tau_{t,Ed}}{1{,}25\tau_{Rd}}}\, V_{pl,Rd}$
U	$\left[\sqrt{1 - \dfrac{\tau_{t,Ed}}{1{,}25\tau_{Rd}}} - \dfrac{\tau_{w,Ed}}{\tau_{Rd}}\right] V_{pl,Rd}$
Hohlprofil	$\left[1 - \dfrac{\tau_{t,Ed}}{\tau_{Rd}}\right] V_{pl,Rd}$

$\tau_{t,Ed}$ Schubspannung infolge St. Venan'tscher Torsion $T_{t,Ed}$
$\tau_{w,Ed}$ Schubspannung infolge Wölbkrafttorsion $T_{w,Ed}$
τ_{Rd} Grenzschubspannung $\tau_{Rd} = \frac{f_y}{\sqrt{3}\gamma_{M0}}$.

11.3.9 Beanspruchung auf Biegung und Querkraft

Bei gleichzeitiger Wirkung von Biegung und Querkraft ist ggf. die Interaktion zu berücksichtigen. Bei elastischen Querschnittsnachweisen erfolgt dies über die Bestimmung der Vergleichsspannungen (siehe Abschn. 11.3.1).

Sofern die Querschnittstragfähigkeit nicht durch Schubbeulen reduziert wird, kann der Einfluss der Querkraft auf die plastische Momentenbeanspruchbarkeit vernachlässigt werden, wenn sie die Hälfte der plastischen Querschnittstragfähigkeit nicht überschreitet (11.48).

$$\frac{V_{Ed}}{V_{pl,Rd}} \leq 0,5 \qquad (11.48)$$

Andernfalls ist zur Bestimmung der Momentenbeanspruchbarkeit bei den betreffenden Querschnittsteilen die Streckgrenze oder die rechnerische Blechdicke mit dem Faktor $(1-\rho)$ zu reduzieren ((11.49) bis (11.51)).

$$\rho = \left(\frac{2V_{Ed}}{V_{pl,Rd}} - 1\right)^2 \quad \text{bzw.} \quad \rho = \left(\frac{2V_{Ed}}{V_{pl,T,Rd}} - 1\right)^2$$
$$(11.49)$$

$$f_{y,red} = (1-\rho) \cdot f_y \quad \text{oder} \qquad (11.50)$$

$$t_{red} = (1-\rho) \cdot t \qquad (11.51)$$

Bei doppeltsymmetrischen I-Querschnitten kann die um den Querkrafteinfluss reduzierte plastische Momententragfähigkeit $M_{V,y,Rd}$ mit (11.52) bestimmt werden.

$$M_{V,y,Rd} = \left(W_{pl,y} - \rho_z \cdot \frac{h_w^2 t_w}{4}\right) \frac{f_y}{\gamma_{M0}} \leq M_{y,c,Rd} \quad (11.52)$$

ρ_z Abminderungsfaktor nach (11.49) infolge Querkraft $V_{z,Ed}$

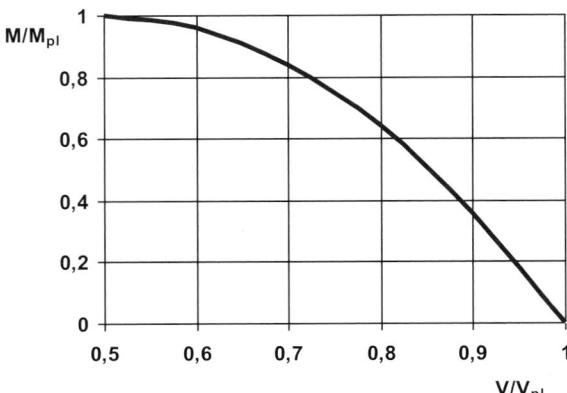

Abb. 11.19 M-V-Interaktion bei einem Rechteckquerschnitt

Beispiel

Zweifeldträger mit je $L = 5,0$ m und $EI = \text{konst}$; gleichmäßig verteilte Streckenlast $g_{Ed} = 150$ kN/m, $q_{Ed} = 80$ kN/m, $g_{Ed} + q_{Ed} = 230$ kN/m

HE300B, S355 (QSK 1), keine Biegedrillknickgefährdung

1. Berechnung der Biegemomente und Querkräfte

$$\max M_F = (0,070 \cdot 150 + 0,096 \cdot 80) \cdot 5,0^2$$
$$= 454,5 \text{ kNm}$$
$$\min M_B = -0,125 \cdot 230 \cdot 5,0^2 = -718,8 \text{ kNm}$$
$$\min V_{Bl} = -0,625 \cdot 230 \cdot 5,0 = -718,8 \text{ kN}$$

2. Spannungsnachweis nach Abschn. 11.3.1

$$\sigma_{x,Ed} = 718,8 \cdot 100/25.170 \cdot 30/2 = 42,8 \text{ kN/cm}^2$$
$$> \sigma_{Rd} = 35,5/1,0 = 35,5 \text{ kN/cm}^2$$
$$h_w = 30 - 2 \cdot 1,9 = 26,2 \text{ cm}$$
$$\tau_{Ed} = 718,8/(26,2 \cdot 1,1) = 24,9 \text{ kN/cm}^2$$
$$> \tau_{Rd} = 35,5/(\sqrt{3} \cdot 1,0) = 20,5 \text{ kN/cm}^2$$
$$\sigma_{v,Ed} = \sqrt{42,8^2 + 3 \cdot 24,9^2} = 60,8 \text{ kN/cm}^2$$
$$> \sigma_{Rd} = 35,5/1,0 = 35,5 \text{ kN/cm}^2 \quad \text{(s. (11.20))}$$

3. Momentenumlagerung um 15 % (DIN EN 1993-1-1, Abschn. 5.4)

$$M_B = 0,85 \cdot (-718,8) = 611,0 \text{ kNm}$$
$$V_A = 230 \cdot 5,0/2 - 611,0/5,0 = 452,8 \text{ kN}$$
$$M_F = 452,8^2/(2 \cdot 230) = 445,7 \text{ kNm}$$
$$V_{Bl} = 452,8 - 230 \cdot 5,0 = -697,2 \text{ kN}$$

4. M-V-Interaktion nach Abschn. 11.3.9

$$V_{pl,Rd} = 972,1 \text{ kN} \quad \text{nach Tafel 11.63}$$
$$V_{Ed}/V_{pl,Rd} = 697,2/972,1 = 0,72 > 0,5$$
$$\rho_z = (2 \cdot 0,72 - 1)^2 = 0,19 \quad \text{nach (11.49)}$$
$$M_{V,y,Rd} = \left(1869 - 0,19 \cdot 26,2^2 \cdot 1,1/4\right)$$
$$\cdot (35,5/1,0)/100$$
$$= 650,8 \text{ kNm} \quad \text{nach (11.52)}$$
$$M_{Ed}/M_{V,y,Rd} = 611,0/650,8 = 0,94 < 1 \quad \blacktriangleleft$$

11.3.10 Beanspruchung auf Biegung und Normalkraft

Querschnitte der Klassen 1 und 2 Bei gleichzeitiger Wirkung von Biegung und Normalkraft ist in der Regel der

Tafel 11.56 Momententragfähigkeit $M_{N,Rd}$ für doppeltsymmetrische gewalzte und geschweißte I- oder H-Profile

Hilfsgrößen	$n = N_{Ed}/N_{pl,Rd}$; $a = (A - 2bt_f)/A$ jedoch $a \leq 0,5$
Biegung M_y	
Normalkrafteinfluss vernachlässigbar bei	$N_{Ed} \leq 0,25 N_{pl,Rd}$ und $N_{Ed} \leq 0,5 h_w t_w f_y / \gamma_{M0}$
Reduzierte Momententragfähigkeit	$M_{N,y,Rd} = M_{pl,y,Rd} \dfrac{1-n}{1-0,5a}$, jedoch $M_{N,y,Rd} \leq M_{pl,y,Rd}$
Biegung M_z	
Normalkrafteinfluss vernachlässigbar bei	$N_{Ed} \leq h_w t_w f_y / \gamma_{M0}$
Reduzierte Momententragfähigkeit	für $n \leq a$: $M_{N,z,Rd} = M_{pl,z,Rd}$
	für $n > a$: $M_{N,z,Rd} = M_{pl,z,Rd} \left[1 - \left(\dfrac{n-a}{1-a} \right)^2 \right]$

Tafel 11.57 Momententragfähigkeit $M_{N,Rd}$ für Rechteck- und Quadrathohlprofile mit konstanten Blechdicken und geschweißte Kastenquerschnitte mit gleichen Flanschen und gleichen Stegen

Hilfsgrößen	$n = N_{Ed}/N_{pl,Rd}$		
	RHP und QHP	$a_w = (A - 2bt)/A$	$a_w \leq 0,5$
		$a_f = (A - 2ht)/A$	$a_f \leq 0,5$
	Kastenquerschnitte	$a_w = (A - 2bt_f)/A$	$a_w \leq 0,5$
		$a_f = (A - 2ht_w)/A$	$a_f \leq 0,5$
Biegung M_y			
Normalkrafteinfluss vernachlässigbar bei	$N_{Ed} \leq 0,25 N_{pl,Rd}$	und $N_{Ed} \leq 0,5 \cdot (2(h-2t)t) f_y / \gamma_{M0}$	
		bzw. $N_{Ed} \leq 0,5 \cdot (2(h-2t_f)t_w) f_y / \gamma_{M0}$	
Reduzierte Momententragfähigkeit	$M_{N,y,Rd} = M_{pl,y,Rd} \dfrac{1-n}{1-0,5a_w}$, jedoch $M_{N,y,Rd} \leq M_{pl,y,Rd}$		
Biegung M_z			
Normalkrafteinfluss vernachlässigbar bei	$N_{Ed} \leq 0,25 N_{pl,Rd}$	und $N_{Ed} \leq 0,5 \cdot (2(b-2t)t) f_y / \gamma_{M0}$	
		bzw. $N_{Ed} \leq 0,5 \cdot (2(b-2t_w)t_f) f_y / \gamma_{M0}$	
Reduzierte Momententragfähigkeit	$M_{N,z,Rd} = M_{pl,z,Rd} \dfrac{1-n}{1-0,5a_f}$, jedoch $M_{N,z,Rd} \leq M_{pl,z,Rd}$		

Einfluss der Normalkraft auf die Momentenbeanspruchbarkeit zu berücksichtigen. Für Querschnitte der Klassen 1 und 2 ist die Bedingung (11.53) einzuhalten.

$$\frac{M_{Ed}}{M_{N,Rd}} \leq 1,0 \qquad (11.53)$$

$M_{N,Rd}$ durch den Einfluss von N_{Ed} abgeminderte plastische Momentenbeanspruchbarkeit.

Die Bestimmung von $M_{N,Rd}$ kann in Abhängigkeit der Querschnittsform und der Richtung des Momentenvektors nach den Ziffern a bis d erfolgen, sofern keine Schraubenlöcher zu berücksichtigen sind. Wirkt zusätzlich eine Querkraft, ist Abschn. 11.3.9 zu beachten.

a) Doppeltsymmetrische gewalzte und geschweißte I- oder H- Querschnitte, s. Tafel 11.56

b) Rechteck- und Quadrathohlprofile mit konstanter Blechdicke und geschweißte Kastenquerschnitte mit gleichen Flanschen und gleichen Stegen. Sofern die Anwendungsgrenzen für a_w und a_f nicht eingehalten sind, können geeignete Interaktionsbeziehungen aus der Literatur (z. B. [77], [78]) angewendet werden, s. Tafel 11.57

c) Kreishohlprofile

$$M_{N,y,Rd} = M_{N,z,Rd} = M_{pl,Rd}(1 - n^{1.7})$$

d) Rechteckige Vollquerschnitte

$$M_{N,Rd} = M_{pl,Rd}[1 - (N_{Ed}/N_{pl,Rd})^2]$$

Querschnitte der Klasse 3 Der Tragsicherheitsnachweis wird als Spannungsnachweis nach Abschn. 11.3.1 geführt. Sofern keine Schraubenlöcher zu berücksichtigen sind, kann der Nachweis mit Gleichung (11.54) geführt werden.

$$\sigma_{x,Ed} = \frac{N_{Ed}}{A} + \frac{M_{y,Ed}}{I_y} \cdot z - \frac{M_{z,Ed}}{I_z} \cdot y \leq \frac{f_y}{\gamma_{M0}} \qquad (11.54)$$

Querschnitte der Klasse 4 Die Beanspruchbarkeit von Blechträgern mit Längsspannungen darf nach dem Verfahren der wirksamen Flächen für druckbeanspruchte Querschnittsteile mit den Querschnittswerten A_{eff} und W_{eff} ermittelt werden. Dabei wird die wirksame Querschnittsfläche A_{eff} unter der Annahme reiner Druckspannungen infolge N_{Ed} berechnet. Bei unsymmetrischen Querschnitten erzeugt die Verschiebung der Schwerelinie e_N gegenüber derjenigen des

Abb. 11.20 Bruttoquerschnitte und wirksame Querschnitte

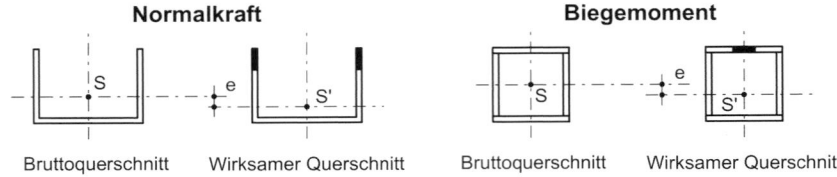

Bruttoquerschnitts ein zusätzliches Moment ΔM, das beim Querschnittsnachweis zu berücksichtigen ist (Abb. 11.20 und (11.55)). Das wirksame Widerstandsmoment W_{eff} darf unter der Annahme reiner Biegelängsspannungen infolge M_{Ed} bestimmt werden (Abb. 11.20). Bei zweiachsiger Biegung sind beide Hauptachsen zu untersuchen. Eine genauere Berechnung kann nach [14], Abschnitte 6.1.8 bis 6.1.10 erfolgen.

$$\sigma_{x,Ed} = \frac{N_{Ed}}{A_{eff}} + \frac{M_{y,Ed} + N_{Ed} \cdot e_{N,y}}{W_{eff,y,\,min}} + \frac{M_{z,Ed} + N_{Ed} \cdot e_{N,z}}{W_{eff,z,\,min}}$$

$$\leq \frac{f_y}{\gamma_{M0}} \qquad (11.55)$$

mit

A_{eff} wirksame Querschnittsfläche bei gleichmäßiger Druckbeanspruchung

$W_{eff,min}$ wirksames Widerstandsmoment eines ausschließlich auf Biegung um die maßgebende Achse beanspruchten Querschnitts

e_N Verschiebung der maßgebenden Hauptachse eines unter reinen Druck beanspruchten Querschnitts.

11.3.11 Beanspruchung von Querschnitten der Klassen 1 und 2 durch zweiachsige Biegung und Normalkraft

Der Nachweis der Tragsicherheit darf mit der Interaktionsbeziehung (11.56) geführt werden. Dabei können die Exponenten α und β konservativ mit 1 oder nach Tafel 11.58 angenommen werden.

$$\left[\frac{M_{y,Ed}}{M_{N,y,Rd}}\right]^{\alpha} + \left[\frac{M_{z,Ed}}{M_{N,z,Rd}}\right]^{\beta} \leq 1{,}0 \qquad (11.56)$$

11.3.12 Beanspruchung von Querschnitten der Klassen 1 und 2 durch Biegung, Querkraft und Normalkraft

Bei gleichzeitiger Beanspruchung durch Biegung, Querkraft und Normalkraft ist in der Regel der Einfluss der Querkraft und Normalkraft auf die plastische Momentenbeanspruchbarkeit zu berücksichtigen. Wenn die einwirkende Querkraft V_{Ed} die Hälfte der Querkrafttragfähigkeit V_{Rd} nicht überschreitet (11.48), braucht keine Abminderung der Beanspruchbarkeit durchgeführt werden. Andernfalls ist die Momenten- und Normalkrafttragfähigkeit mit einer abgeminderten Streckgrenze oder Blechdicke der betreffenden Querschnittsteile zu ermitteln (vgl. Abschn. 11.3.9). Die Reduzierung der Streckgrenze der schubbeanspruchten Querschnittsfläche kann gedanklich auch als Abminderung der Querschnittsfläche um den Anteil, der von der Querkraft in Anspruch genommen wird, interpretiert werden. Der „Restquerschnitt" steht dann zur Aufnahme der Biegung und Normalkraft zur Verfügung.

$$A_{red} = (A - 2bt_f) \cdot (1 - \rho_z) + 2bt_f \cdot (1 - \rho_y) \qquad (11.57)$$

$$N_{V,Rd} = A_{red} \cdot f_y / \gamma_{M0} \qquad (11.58)$$

ρ_z Abminderungsfaktor nach (11.49) infolge Querkraft $V_{z,Ed}$
ρ_y Abminderungsfaktor nach (11.49) infolge Querkraft $V_{y,Ed}$

Für Querschnitte der Klassen 1 und 2, beansprucht durch einachsige Biegung, Querkraft und Normalkraft, ist (11.59) einzuhalten. Bei zweiachsiger Biegung, Querkraft und Normalkraft ist (11.60) zu erfüllen.

$$\frac{M_{Ed}}{M_{NV,Rd}} \leq 1{,}0 \qquad (11.59)$$

$$\left[\frac{M_{y,Ed}}{M_{NV,y,Rd}}\right]^{\alpha} + \left[\frac{M_{z,Ed}}{M_{NV,z,Rd}}\right]^{\beta} \leq 1{,}0 \qquad (11.60)$$

α, β Exponenten siehe Abschn. 11.3.11.

Tafel 11.58 Exponenten α und β für den Nachweis der zweiachsigen Biegung

Querschnitt	α	β
I- und H-Querschnitte	2	$5n$, jedoch $\beta \geq 1$
RHP und QHP	$\dfrac{1{,}66}{1 - 1{,}13n^2}$, jedoch $\alpha \leq 6$	$\dfrac{1{,}66}{1 - 1{,}13n^2}$, jedoch $\beta \leq 6$
Kreishohlprofile	2	2

mit $n = N_{Ed} / N_{pl,Rd}$

Tafel 11.59 Momententragfähigkeit $M_{NV,Rd}$ für doppeltsymmetrische gewalzte und geschweißte I- oder H-Profile

Hilfsgrößen	$n = \dfrac{N_{Ed}}{N_{V,Rd}}; a = \dfrac{A_{red} - 2bt_f\left(1 - \rho_y\right)}{A_{red}},$ jedoch $a \leq 0{,}5$; für $M_{V,y,Rd}, M_{V,z,Rd}$ siehe Abschn. 11.3.9
Biegung M_y	
Normalkrafteinfluss vernachlässigbar bei	$N_{Ed} \leq 0{,}25 N_{V,Rd}$ und $N_{Ed} \leq 0{,}5 h_w t_w \cdot (1 - \rho_z) \cdot f_y / \gamma_{M0}$
Reduzierte Momententragfähigkeit	$M_{NV,y,Rd} = M_{V,y,Rd} \cdot \dfrac{1 - n}{1 - 0{,}5a}$, jedoch $M_{NV,y,Rd} \leq M_{V,y,Rd}$
Biegung M_z	
Normalkrafteinfluss vernachlässigbar bei	$N_{Ed} \leq h_w t_w \cdot (1 - \rho_z) \cdot f_y / \gamma_{M0}$
Reduzierte Momententragfähigkeit	für $n \leq a$: $M_{NV,z,Rd} = M_{V,z,Rd}$
	für $n > a$: $M_{NV,z,Rd} = M_{V,z,Rd}\left[1 - \left(\dfrac{n - a}{1 - a}\right)^2\right]$

Die reduzierte Momententragfähigkeit $M_{NV,Rd}$ kann für doppeltsymmetrische gewalzte und geschweißte I- oder H-Profile nach Tafel 11.59 ermittelt werden. Geeignete Interaktionsbeziehungen für Hohlprofile enthalten [77] und [96].

11.3.13 Tragfähigkeittabellen

In den Tafeln 11.60 bis 11.66 sind die charakteristischen Werte der Tragfähigkeit von doppeltsymmetrischen I- und H-Profilen sowie warmgefertigten Hohlprofilen aus S235, S355 und S460 für Beanspruchungen durch Biegung, Normalkraft und Querkraft aufgeführt. Auf die Angabe des Index „Rk" wurde dort aus Platzgründen verzichtet. Bei der Bestimmung der Werte wurden die Zuordnung zu den Querschnittsklassen und der Einfluss des Stegbeulens unter Querkraftbeanspruchungen V_z berücksichtigt.

Unter reiner Biegung M_y bzw. M_z sind die aufgeführten Querschnitte mit Ausnahme einiger Profile der Reihen HEAA, QHP und RHP den Klassen 1, 2 oder 3 zuzuordnen. Bei zentrischem Druck sind insbesondere hohe I- und H-Profile sowie dünnwandige Hohlprofile auch den QSK 3 und 4 zuzuordnen. Bei I- und H-Profilen ist für die Zuordnung das Verhältnis d/t_w der Stege maßgebend. Dabei entspricht d der Breite des ebenen Stegblechbereichs (Abstand der Ausrundungen).

Bei kombinierter Beanspruchung durch Drucknormalkraft und Biegung M_y ist die Zuordnung zur QSK von der Größe der Normalkraft abhängig. Liegt die plastische Nulllinie außerhalb des Steges, erfolgt die Einordnung des Gesamtquerschnitts, die durch das ungünstigste Querschnittsteil bestimmt wird, wie bei zentrischem Druck (siehe auch Abschn. 11.2.7). In den Tafeln 11.60 bis 11.66 werden neben den plastischen auch die elastischen Momententragfähigkeiten aufgeführt. Letztere werden unter anderem dann benötigt, wenn die Querschnitte aufgrund der gleichzeitigen Wirkung von Drucknormalkräften in die Klassen 3 oder 4 einzuordnen sind.

- Die Verhältniswerte c/t bzw. d/t werden für die Zuordnung der Querschnitte zu den Querschnittsklassen, der Hilfswert a für die Momenten-Normalkraft-Interaktion benötigt.

Die Ermittlung der maßgebenden Breiten c_w und c_f von rechteckigen und quadratischen Hohlprofilen erfolgt einheitlich nach DIN EN 1993-1-5, Abschn. 4.4 [15] (s. a. [107], [108]), da DIN EN 1993-1-1 [12] keine eindeutige Definition hierzu liefert. Diese Breiten werden auch zur Berechnung der effektiven Querschnittswerte von Hohlprofilen mit Klasse-4-Querschnitten verwendet.

- I- und H-Querschnitte:

$$\frac{d}{t_w} = \frac{h - 2\left(t_f + r\right)}{t_w}$$

$$\frac{c}{t_f} = \frac{b - 2r - t_w}{2t_f}$$

$$a = \frac{A - 2bt_f}{A} \leq 0{,}5$$

- warmgefertigte quadratische Hohlprofile:

$$\frac{c}{t} = \frac{b - 3t}{t}$$

$$a = \frac{A - 2bt}{A} \leq 0{,}5$$

- warmgefertigte rechteckige Hohlprofile:

$$\frac{c_w}{t} = \frac{h - 3t}{t}$$

$$a_w = \frac{A - 2bt}{A} \leq 0{,}5$$

$$\frac{c_f}{t} = \frac{b - 3t}{t}$$

$$a_f = \frac{A - 2ht}{A} \leq 0{,}5$$

- Charakteristische Werte der Beanspruchbarkeit für Drucknormalkräfte $N_{c,Rk}$:
  - Querschnitte der Klassen 1 bis 3: $N_{c,Rk} = A \cdot f_y$
  - Querschnitte der Klasse 4: $N_{c,Rk} = A_{eff} \cdot f_y$

  Die in der Tabelle kursiv dargestellten Zahlenwerte entsprechen den Tragfähigkeitswerten von Querschnitten der Klasse 4.
- Charakteristische Werte der Beanspruchbarkeit für Biegemomente:
  - elastisch: $M_{el,y,Rk} = W_y \cdot f_y$, $M_{el,z,Rk} = W_z \cdot f_y$
  - plastisch: $M_{pl,y,Rk} = W_{pl,y} \cdot f_y$, $M_{pl,z,Rk} = W_{pl,z} \cdot f_y$
  - Klasse 4: $M_{el,y,Rk} = W_{y,eff} \cdot f_y$, $M_{el,z,Rk} = W_{z,eff} \cdot f_y$

Bei Beanspruchungen durch Querkräfte ist zu beachten, dass die in [12], Abschn. 6.2.6 angegebenen Schubflächen (siehe Tafel 11.52) für die plastische Beanspruchbarkeit gelten. Die Berechnungen zu den Tafeln 11.60 bis 11.66 wurden auf der sicheren Seite liegend mit $\eta = 1,0$ durchgeführt. Bei elastischer Berechnung unter Einbeziehung des Schubbeulens ist die Stegfläche von doppeltsymmetrischen I- und H-Querschnitten für die Ermittlung von $V_{z,Rk}$ mit $A_w = h_w t_w = (h - 2t_f) \cdot t_w$, bei quadratischen und rechteckigen Hohlprofilen mit $A_w = 2h_w t = 2 \cdot (h - 2t) \cdot t$ anzusetzen ([15], siehe auch Abb. 11.15).

- Charakteristischer Wert der plastischen Beanspruchbarkeit für Querkräfte V_y:

$$V_{y,Rk} = A_{vy} \cdot f_y / \sqrt{3}$$

- Charakteristischer Wert der Beanspruchbarkeit für Querkräfte V_z:
  - plastisch:

$$V_{z,Rk} = A_{vz} \cdot f_y / \sqrt{3}$$

  - elastisch für Schubbeulen, wenn $h_w / t_w > 72\varepsilon/\eta$ (siehe Abschn. 11.3.6 und [15]):

$$V_{z,Rk} = \chi_w \cdot A_w \cdot f_y / \sqrt{3}$$
$$\overline{\lambda}_w \le 0,83: \quad \chi_w = 1,0$$
$$\overline{\lambda}_w > 0,83: \quad \chi_w = 0,83/\overline{\lambda}_w \quad \left(\begin{array}{l}\text{verformbare}\\\text{Auflagersteife}\end{array}\right)$$

  mit $\eta = 1,0$ und $\overline{\lambda}_w = h_w / (86,4 \cdot t_w \cdot \varepsilon)$.

Die Tafeln 11.60 bis 11.66 enthalten die charakteristischen Werte der Querkraftbeanspruchbarkeiten. Die kursiv dargestellten Zahlenwerte bedeuten, dass Schubbeulen maßgebend ist.

Beispiel

Interaktion für den Querschnitt HE300B, S460 (QSK 1) mit den Schnittgrößen $N_{Ed} = 3000$ kN, $M_{y,Ed} = 380$ kNm, $M_{z,Ed} = 200$ kNm, $V_{z,Ed} = 180$ kN, $V_{y,Ed} = 100$ kN

Plastische Querschnittstragfähigkeiten nach Tafel 11.63

$$N_{Ed}/N_{pl,Rd} = 3000/6858 = 0,44 > 0,25$$
$$\rightarrow \text{Interaktion erforderlich}$$
$$M_{y,Ed}/M_{pl,y,Rd} = 380/859,6 = 0,44$$
$$M_{z,Ed}/M_{pl,z,Rd} = 200/400,3 = 0,50$$
$$V_{y,Ed}/V_{pl,y,Rd} = 100/3028 = 0,03 < 0,5$$
$$V_{z,Ed}/V_{pl,z,Rd} = 180/1260 = 0,14 < 0,5$$

Hilfsgrößen (Tafel 11.56)

$$n = 0,44;$$
$$a = (149 - 2 \cdot 30 \cdot 1,9)/149 = 0,235 < 0,5$$

Biegung M_y (Tafel 11.56)

$$0,5 \cdot (30 - 2 \cdot 1,9) \cdot 1,1 \cdot 46/1,0 = 662,9 \text{ kN} < N_{Ed}$$
$$\rightarrow \text{Interaktion erforderlich}$$
$$M_{N,y,Rd} = 859,6 \cdot (1 - 0,44)/(1 - 0,5 \cdot 0,235)$$
$$= 545,5 \text{ kNm} < M_{pl,y,Rd}$$
$$M_{y,Ed}/M_{N,y,Rd} = 380/545,5 = 0,70 < 1$$

Biegung M_z (Tafel 11.56)

$$(30 - 2 \cdot 1,9) \cdot 1,1 \cdot 46/1,0 = 1325,7 \text{ kN} < N_{Ed}$$
$$\rightarrow \text{Interaktion erforderlich mit } n > a$$
$$M_{N,z,Rd} = 400,3 \cdot [1 - ((0,44 - 0,235)/(1 - 0,235))^2]$$
$$= 371,6 \text{ kNm}$$
$$M_{z,Ed}/M_{N,z,Rd} = 200/371,6 = 0,54 < 1$$

Zweiachsige Biegung und Normalkraft (Abschn. 11.3.11)

$$\alpha = 2; \quad \beta = 5 \cdot 0,44 = 2,2 > 1,0 \quad \text{(Tafel 11.58)}$$
$$0,70^2 + 0,54^{2,2} = 0,75 < 1,0 \quad \text{(s. (11.56))} \blacktriangleleft$$

Tafel 11.60 Charakteristische Tragfähigkeiten für die I-Profilreihe

	Querschnittswerte								S235								
	A	A_{vy}	A_{vz}	$W_{pl.y}$	$W_{pl.z}$	a	d/t_w	c/t_f	V_y	V_z	QSK		N_c	$M_{el.y}$	$M_{pl.y}$	$M_{el.z}$	$M_{pl.z}$
	cm²	cm²	cm²	cm³	cm³	–	–	–	kN	kN	N	M	kN	kNm	kNm	kNm	kNm
I																	
80	7,57	4,96	3,30	22,8	5,00	0,345	15,1	2,57	67,24	44,83	1	1	177,9	4,583	5,358	0,705	1,175
100	10,6	6,80	4,72	39,8	8,10	0,358	16,8	2,68	92,26	64,01	1	1	249,1	8,037	9,353	1,147	1,904
120	14,2	8,93	6,45	63,6	12,4	0,371	18,1	2,77	121,2	87,46	1	1	333,7	12,85	14,95	1,741	2,914
140	18,2	11,4	8,32	95,4	17,9	0,376	19,1	2,84	154,0	112,9	1	1	427,7	19,25	22,42	2,515	4,207
160	22,8	14,1	10,5	136	24,9	0,383	20,0	2,90	190,8	142,9	1	1	535,8	27,50	31,96	3,478	5,852
180	27,9	17,1	13,0	187	33,2	0,389	20,6	2,95	231,4	176,3	1	1	655,7	37,84	43,90	4,653	7,802
200	33,4	20,3	15,6	250	43,5	0,391	21,2	2,99	276,0	211,7	1	1	784,9	50,29	58,75	6,110	10,22
220	39,5	23,9	18,6	324	55,7	0,395	21,7	3,02	324,4	251,7	1	1	928,3	65,33	76,14	7,779	13,09
240	46,1	27,8	21,7	412	70,0	0,398	22,1	3,05	376,8	295,1	1	1	1083	83,19	96,82	9,800	16,45
260	53,3	31,9	25,4	514	85,9	0,402	22,2	3,01	432,3	344,8	1	1	1253	103,9	120,8	11,99	20,19
280	61,0	36,2	29,4	632	103	0,407	22,3	2,92	490,8	399,3	1	1	1434	127,4	148,5	14,38	24,21
300	69,0	40,5	33,7	762	121	0,413	22,4	2,86	549,5	457,9	1	1	1622	153,5	179,1	16,97	28,44
320	77,7	45,3	38,3	914	143	0,417	22,4	2,79	615,0	520,2	1	1	1826	183,8	214,8	19,90	33,61
340	86,7	50,1	43,3	1080	166	0,422	22,5	2,74	680,3	586,9	1	1	2037	216,9	253,8	23,12	39,01
360	97,0	55,8	48,8	1276	194	0,425	22,3	2,67	756,7	662,6	1	1	2280	256,2	299,9	26,79	45,59
380	107	61,1	54,3	1482	221	0,429	22,4	2,63	828,9	737,2	1	1	2515	296,1	348,3	30,79	51,94
400	118	67,0	60,4	1714	253	0,433	22,4	2,59	908,5	819,1	1	1	2773	343,1	402,8	35,02	59,46
450	147	82,6	76,2	2400	345	0,438	22,4	2,50	1121	1034	1	1	3455	479,4	564,0	47,71	81,08
500	179	99,9	93,7	3240	456	0,442	22,5	2,43	1355	1271	1	1	4207	646,3	761,4	62,98	107,2
550	212	120	109	4240	592	0,434	23,5	2,38	1628	1480	1	1	4982	848,4	996,4	82,02	139,1

	S355									S460								
	V_y	V_z	QSK		N_c	$M_{el.y}$	$M_{pl.y}$	$M_{el.z}$	$M_{pl.z}$	V_y	V_z	QSK		N_c	$M_{el.y}$	$M_{pl.y}$	$M_{el.z}$	$M_{pl.z}$
	kN	kN	N	M	kN	kNm	kNm	kNm	kNm	kN	kN	N	M	kNm	kNm	kNm	kNm	kNm
I																		
80	101,6	67,72	1	1	268,7	6,923	8,094	1,065	1,775	131,6	87,76	1	1	348,2	8,970	10,49	1,380	2,300
100	139,4	96,70	1	1	376,3	12,14	14,13	1,732	2,876	180,6	125,3	1	1	487,6	15,73	18,31	2,245	3,726
120	183,1	132,1	1	1	504,1	19,42	22,58	2,631	4,402	237,2	171,2	1	1	653,2	25,16	29,26	3,409	5,704
140	232,7	170,5	1	1	646,1	29,07	33,87	3,799	6,355	301,5	220,9	1	1	837,2	37,67	43,88	4,922	8,234
160	288,2	215,9	1	1	809,4	41,54	48,28	5,254	8,840	373,4	279,8	1	1	1049	53,82	62,56	6,808	11,45
180	349,6	266,4	1	1	990,5	57,16	66,31	7,029	11,79	453,0	345,2	1	1	1283	74,06	85,93	9,108	15,27
200	416,9	319,8	1	1	1186	75,97	88,75	9,230	15,44	540,2	414,4	1	1	1536	98,44	115,0	11,96	20,01
220	490,1	380,3	1	1	1402	98,69	115,0	11,75	19,77	635,1	492,7	1	1	1817	127,9	149,0	15,23	25,62
240	569,2	445,7	1	1	1637	125,7	146,3	14,80	24,85	737,6	577,6	1	1	2121	162,8	189,5	19,18	32,20
260	653,1	520,8	1	1	1892	156,9	182,5	18,11	30,49	846,3	674,8	1	1	2452	203,3	236,4	23,46	39,51
280	741,5	603,2	1	1	2166	192,4	224,4	21,73	36,57	960,8	781,6	1	1	2806	249,3	290,7	28,15	47,38
300	830,1	691,7	1	1	2450	231,8	270,5	25,63	42,96	1076	896,3	1	1	3174	300,4	350,5	33,21	55,66
320	929,0	785,9	1	1	2758	277,6	324,5	30,07	50,77	1204	1018	1	1	3574	359,7	420,4	38,96	65,78
340	1028	886,6	1	1	3078	327,7	383,4	34,93	58,93	1332	1149	1	1	3988	424,6	496,8	45,26	76,36
360	1143	1001	1	1	3444	387,0	453,0	40,47	68,87	1481	1297	1	1	4462	501,4	587,0	52,44	89,24
380	1252	1114	1	1	3799	447,3	526,1	46,51	78,46	1622	1443	1	1	4922	579,6	681,7	60,26	101,7
400	1372	1237	1	1	4189	518,3	608,5	52,90	89,82	1778	1603	1	1	5428	671,6	788,4	68,54	116,4
450	1693	1562	1	1	5219	724,2	852,0	72,07	122,5	2194	2023	1	1	6762	938,4	1104	93,38	158,7
500	2048	1920	1	1	6355	976,3	1150	95,14	161,9	2653	2488	1	1	8234	1265	1490	123,3	209,8
550	2460	2236	1	1	7526	1282	1505	123,9	210,2	3187	2897	1	1	9752	1661	1950	160,5	272,3

Tafel 11.61 Charakteristische Tragfähigkeiten für die Profilreihen IPEa, IPE, IPEo und IPEv

	Querschnittswerte								S235								
	A	A_{vy}	A_{vz}	$W_{pl,y}$	$W_{pl,z}$	a	d/t_w	c/t_f	V_y	V_z	QSK		N_c	$M_{el,y}$	$M_{pl,y}$	$M_{el,z}$	$M_{pl,z}$
	cm²	cm²	cm²	cm³	cm³	–	–	–	kN	kN	N	M	kN	kNm	kNm	kNm	kNm
IPEa																	
80	6,38	3,86	3,07	19,0	4,69	0,394	18,1	3,89	52,43	41,65	1	1	149,8	3,879	4,460	0,700	1,103
100	8,78	5,17	4,44	33,0	7,54	0,411	20,7	3,98	70,15	60,21	1	1	206,3	6,770	7,750	1,121	1,771
120	11,0	6,53	5,41	49,9	11,0	0,408	24,6	4,53	88,57	73,40	1	1	259,2	10,29	11,72	1,644	2,580
140	13,4	8,18	6,21	71,6	15,5	0,389	29,5	4,93	110,9	84,30	1	1	314,7	14,88	16,83	2,345	3,648
160	16,2	9,68	7,80	99,1	20,7	0,402	31,8	5,08	131,3	105,8	1	1	380,2	20,63	23,29	3,120	4,863
180	19,6	11,8	9,20	135	28,0	0,396	34,0	5,28	160,5	124,8	2	1	460,1	28,22	31,80	4,229	6,571
200	23,5	14,0	11,5	182	36,5	0,404	35,3	5,11	189,9	155,6	2	1	551,6	37,97	42,69	5,507	8,586
220	28,3	16,9	13,5	240	48,5	0,400	35,5	5,26	229,8	183,8	2	1	664,0	50,17	56,45	7,324	11,39
240	33,3	19,9	16,3	312	62,4	0,402	36,6	5,11	270,3	221,3	2	1	782,8	65,25	73,22	9,405	14,66
270	39,1	23,5	18,7	412	82,3	0,400	39,9	5,72	318,7	254,4	3	1	920,0	86,56	96,94	12,46	19,35
300	46,5	27,6	22,2	542	107	0,407	40,8	6,19	374,5	301,8	3	1	1093	113,5	127,3	16,26	25,22
330	54,7	32,0	27,0	702	133	0,415	41,7	5,88	434,2	366,1	3	1	1286	147,0	165,0	20,13	31,32
360	64,0	39,1	29,8	907	172	0,389	45,2	5,54	530,5	403,8	4	1	*1458*	190,8	213,1	26,11	40,39
400	73,1	43,2	35,8	1144	202	0,409	47,3	5,46	586,1	485,4	4	1	*1650*	240,2	268,8	30,57	47,49
450	85,5	49,8	42,3	1494	246	0,418	49,8	5,36	675,4	573,4	4	1	*1906*	312,9	351,2	37,16	57,75
500	101	58,0	50,4	1946	302	0,426	50,7	5,16	786,9	683,9	4	1	*2238*	406,0	457,3	45,57	70,88
550	117	65,9	60,3	2475	362	0,438	52,0	4,87	894,7	818,1	4	1	*2580*	515,4	581,5	54,44	84,95
600	137	77,0	70,1	3141	442	0,438	52,4	4,63	1045	951,6	4	1	*3003*	652,8	738,2	66,58	103,9
IPE																	
80	7,64	4,78	3,58	23,2	5,82	0,374	15,7	3,10	64,91	48,53	1	1	179,6	4,708	5,456	0,867	1,367
100	10,3	6,27	5,08	39,4	9,15	0,393	18,2	3,24	85,07	68,99	1	1	242,6	8,038	9,261	1,360	2,149
120	13,2	8,06	6,31	60,7	13,6	0,390	21,2	3,62	109,4	85,55	1	1	310,4	12,45	14,27	2,032	3,191
140	16,4	10,1	7,64	88,3	19,2	0,387	23,9	3,93	136,7	103,7	1	1	386,0	18,17	20,76	2,892	4,523
160	20,1	12,1	9,66	124	26,1	0,396	25,4	3,99	164,7	131,0	1	1	472,1	25,54	29,11	3,916	6,133
180	23,9	14,6	11,3	166	34,6	0,392	27,5	4,23	197,5	152,7	1	1	562,8	34,39	39,11	5,209	8,131
200	28,5	17,0	14,0	221	44,6	0,403	28,4	4,14	230,7	189,9	1	1	669,4	45,66	51,85	6,691	10,48
220	33,4	20,2	15,9	285	58,1	0,393	30,1	4,35	274,6	215,5	1	1	784,2	59,22	67,07	8,754	13,66
240	39,1	23,5	19,1	367	73,9	0,399	30,7	4,28	319,1	259,7	1	1	919,2	76,21	86,16	11,11	17,37
270	45,9	27,5	22,1	484	97,0	0,401	33,3	4,82	373,7	300,4	2	1	1080	100,8	113,7	14,62	22,78
300	53,8	32,1	25,7	628	125	0,403	35,0	5,28	435,5	348,4	2	1	1265	130,9	147,7	18,92	29,43
330	62,6	36,8	30,8	804	154	0,412	36,1	5,07	499,3	418,0	2	1	1471	167,6	189,0	23,15	36,11
360	72,7	43,2	35,1	1019	191	0,406	37,3	4,96	585,9	476,7	2	1	1709	212,4	239,5	28,85	44,91
400	84,5	48,6	42,7	1307	229	0,425	38,5	4,79	659,4	579,3	3	1	1985	271,8	307,2	34,41	53,82
450	98,8	55,5	50,8	1702	276	0,439	40,3	4,75	752,7	689,9	3	1	2322	352,4	399,9	41,46	64,95
500	116	64,0	59,9	2194	336	0,446	41,8	4,62	868,3	812,3	3	1	2715	453,1	515,6	50,33	78,93
550	134	72,2	72,3	2787	401	0,463	42,1	4,39	980,1	981,5	4	1	*3096*	573,5	654,9	59,70	94,13
600	156	83,6	83,8	3512	486	0,464	42,8	4,21	1134	1137	4	1	*3578*	721,3	825,4	72,37	114,1
IPEo																	
180	27,1	16,6	12,7	189	39,9	0,389	24,3	3,78	224,7	172,2	1	1	636,7	38,87	44,45	5,992	9,379
200	32,0	19,4	15,5	249	51,9	0,394	25,6	3,78	262,9	209,6	1	M	751,1	51,45	58,61	7,781	12,19
220	37,4	22,8	17,7	321	66,9	0,389	26,9	3,99	310,0	239,6	1	1	878,7	66,35	75,47	10,06	15,72
240	43,7	26,4	21,4	410	84,4	0,397	27,2	3,94	357,5	289,7	1	1	1027	84,86	96,41	12,66	19,83
270	53,8	33,2	25,2	575	118	0,384	29,3	4,04	450,2	342,3	1	1	1265	119,2	135,0	17,75	27,66
300	62,8	38,6	29,0	744	153	0,385	31,1	4,49	523,8	394,1	1	1	1476	154,5	174,8	23,06	35,86
330	72,6	43,7	34,9	943	185	0,398	31,9	4,35	593,5	473,3	1	1	1706	195,7	221,6	27,86	43,47
360	84,1	50,6	40,2	1186	227	0,399	32,5	4,31	686,1	545,5	1	1	1977	245,9	278,7	34,19	53,33
400	96,4	56,4	48,0	1502	269	0,415	34,1	4,20	765,5	651,0	2	1	2265	311,2	353,0	40,40	63,24
450	118	67,6	59,4	2046	341	0,426	34,4	3,95	917,0	805,9	2	1	2765	421,8	480,9	51,05	80,13
500	137	76,8	70,2	2613	409	0,439	35,5	3,89	1041	952,5	2	1	3213	536,7	614,1	61,00	96,01
550	156	85,6	82,7	3263	481	0,451	36,8	3,75	1162	1122	2	1	3668	669,1	766,9	71,48	112,9
600	197	108	104	4471	640	0,454	34,3	3,35	1459	1416	2	1	4624	911,5	1051	94,86	150,4
IPEv																	
400	107	63,7	52,5	1681	304	0,405	31,2	3,70	864,3	712,7	1	1	2515	347,2	395,1	45,62	71,46
450	132	76,0	66,6	2301	389	0,424	30,5	3,56	1032	904,0	1	1	3102	472,0	540,8	58,07	91,45
500	164	93,8	83,2	3168	507	0,428	30,0	3,21	1273	1128	1	1	3856	646,7	744,5	75,37	119,1
550	202	109	110	4205	632	0,461	27,3	2,99	1477	1486	1	1	4746	849,8	988,2	92,80	148,6
600	234	128	125	5324	780	0,454	28,6	2,89	1732	1690	1	1	5494	1077	1251	114,8	183,4

Tafel 11.61 (Fortsetzung)

V_y	V_z	QSK		N_c	$M_{el,y}$	$M_{pl,y}$	$M_{el,z}$	$M_{pl,z}$	V_y	V_z	QSK		N_c	$M_{el,y}$	$M_{pl,y}$	$M_{el,z}$	$M_{pl,z}$	
kN	kN	N	M	kN	kNm	kNm	kNm	kNm	kN	kN	N	M	kN	kNm	kNm	kNm	kNm	
																		IPEa
79,20	62,92	1	1	226,3	5,860	6,737	1,058	1,666	102,6	81,53	1	1	293,3	7,593	8,730	1,371	2,159	**80**
106,0	90,95	1	1	311,7	10,23	11,71	1,694	2,676	137,3	117,8	1	1	403,9	13,25	15,17	2,195	3,467	**100**
133,8	110,9	1	1	391,6	15,54	17,70	2,484	3,897	173,4	143,7	2	1	507,4	20,13	22,94	3,218	5,050	**120**
167,6	127,3	2	1	475,4	22,47	25,42	3,543	5,510	217,1	165,0	3	1	616,0	29,12	32,94	4,590	7,140	**140**
198,3	159,9	3	1	574,4	31,17	35,18	4,713	7,347	257,0	207,2	4	1	725,2	40,39	45,58	6,106	9,520	**160**
242,5	188,5	3	1	695,0	42,63	48,04	6,389	9,926	314,2	244,2	4	1	866,3	55,24	62,25	8,279	12,86	**180**
286,9	235,0	4	1	815,9	57,36	64,49	8,319	12,97	371,8	304,5	4	1	1033	74,32	83,56	10,78	16,81	**200**
347,2	277,7	4	1	980,7	75,79	85,27	11,06	17,21	449,9	359,8	4	1	1241	98,21	110,5	14,34	22,30	**220**
408,3	334,4	4	1	1152	98,57	110,6	14,21	22,15	529,0	433,3	4	1	1459	127,7	143,3	18,41	28,70	**240**
481,4	384,3	4	1	1331	130,8	146,4	18,83	29,23	623,9	497,9	4	1	1684	169,4	189,7	24,40	37,88	**270**
565,7	456,0	4	1	1572	171,5	192,3	24,56	38,10	733,0	590,8	4	1	1985	222,2	249,2	31,83	49,37	**300**
655,9	553,1	4	1	1842	222,1	249,2	30,40	47,31	849,9	716,7	4	1	2328	287,8	322,9	39,40	61,30	**330**
801,4	610,0	4	1	2125	288,2	321,9	39,44	61,01	1038	790,5	4	1	2689	373,4	417,1	51,10	79,05	**360**
885,4	733,3	4	1	2404	362,9	406,1	46,17	71,73	1147	667,1	4	1	3039	470,3	526,2	59,83	92,95	**400**
1020	866,2	4	1	2770	472,7	530,5	56,14	87,24	1322	786,4	4	1	3497	612,5	687,4	72,75	113,0	**450**
1189	1033	4	1	3245	613,3	690,8	68,84	107,1	1540	960,6	4	1	4091	794,7	895,2	89,20	138,7	**500**
1352	1236	4	1	3739	778,5	878,5	82,23	128,3	1751	1103	4	2	4713	1009	1138	106,6	166,3	**550**
1578	1437	4	1	4347	986,1	1115	100,6	156,9	2045	1308	4	2	5475	1278	1445	130,3	203,4	**600**
																		IPE
98,05	73,31	1	1	271,3	7,112	8,242	1,310	2,065	127,1	95,00	1	1	351,6	9,216	10,68	1,698	2,676	**80**
128,5	104,2	1	1	366,5	12,14	13,99	2,055	3,247	166,5	135,0	1	1	474,9	15,73	18,13	2,663	4,207	**100**
165,3	129,2	1	1	469,0	18,80	21,56	3,069	4,821	214,2	167,5	1	1	607,7	24,36	27,93	3,977	6,247	**120**
206,5	156,6	1	1	583,1	27,45	31,36	4,369	6,833	267,5	203,0	2	1	755,6	35,57	40,64	5,661	8,853	**140**
248,7	197,9	1	1	713,2	38,57	43,97	5,915	9,265	322,3	256,5	2	1	924,2	49,98	56,98	7,665	12,01	**160**
298,4	230,6	2	1	850,1	51,95	59,08	7,869	12,28	386,7	298,8	3	1	1102	67,31	76,55	10,20	15,92	**180**
348,4	286,9	2	1	1011	68,98	78,33	10,11	15,84	451,5	371,8	3	1	1310	89,39	101,5	13,10	20,52	**200**
414,8	325,5	2	1	1185	89,45	101,3	13,22	20,63	537,5	421,8	4	1	1510	115,9	131,3	17,14	26,73	**220**
482,1	392,4	2	1	1389	115,1	130,2	16,78	26,24	624,6	508,4	4	1	1766	149,2	168,7	21,75	34,00	**240**
564,5	453,7	3	1	1631	152,2	171,8	22,08	34,42	731,4	587,9	4	1	2042	197,3	222,6	28,61	44,60	**270**
657,9	526,4	4	1	1871	197,8	223,1	28,58	44,45	852,5	682,1	4	1	2365	256,3	289,0	37,03	57,60	**300**
754,3	631,5	4	1	2164	253,2	285,5	34,97	54,56	977,3	818,2	4	1	2736	328,0	370,0	45,32	70,69	**330**
885,0	720,2	4	1	2498	320,8	361,8	43,58	67,84	1147	933,2	4	1	3156	415,7	468,8	56,47	87,91	**360**
996,1	875,1	4	1	2881	410,5	464,0	51,98	81,30	1291	1134	4	1	3637	532,0	601,3	67,36	105,3	**400**
1137	1042	4	1	3328	532,4	604,1	62,62	98,12	1473	1350	4	1	4193	689,9	782,8	81,15	127,1	**450**
1312	1227	4	1	3850	684,4	778,9	76,03	119,2	1700	1590	4	1	4843	886,9	1009	98,52	154,5	**500**
1481	1483	4	1	4463	866,4	989,4	90,19	142,2	1919	1921	4	1	5610	1123	1282	116,9	184,2	**550**
1713	1717	4	1	5150	1090	1247	109,3	172,4	2220	2225	4	1	6468	1412	1616	141,7	223,4	**600**
																		IPEo
339,4	260,2	1	1	961,9	58,72	67,15	9,052	14,17	439,8	337,2	2	1	1246	76,09	87,01	11,73	18,36	**180**
397,2	316,7	1	1	1135	77,72	88,54	11,75	18,42	514,7	410,4	2	1	1470	100,7	114,7	15,23	23,87	**200**
468,3	362,0	2	1	1327	100,2	114,0	15,20	23,75	606,8	469,1	2	1	1720	129,9	147,7	19,70	30,78	**220**
540,1	437,7	2	1	1552	128,2	145,6	19,12	29,96	699,9	567,2	3	1	2011	166,1	188,7	24,78	38,82	**240**
680,1	517,0	2	1	1911	180,0	204,0	26,81	41,79	881,3	670,0	3	1	2476	233,3	264,3	34,74	54,15	**270**
791,3	595,3	3	1	2230	233,4	264,1	34,83	54,17	1025	771,4	4	1	2827	302,5	342,2	45,14	70,19	**300**
896,5	715,0	3	1	2578	295,7	334,7	42,09	65,67	1162	926,4	4	1	3252	383,2	433,7	54,54	85,10	**330**
1036	824,1	3	1	2987	371,5	421,1	51,65	80,56	1343	1068	4	1	3753	481,4	545,6	66,93	104,4	**360**
1156	983,4	3	1	3422	470,1	533,3	61,02	95,53	1498	1274	4	1	4255	609,1	691,0	79,07	123,8	**400**
1385	1217	4	1	4097	637,2	726,4	77,12	121,1	1795	1578	4	1	5170	825,6	941,3	99,92	156,9	**450**
1573	1439	4	1	4725	810,7	927,6	92,15	145,0	2039	1865	4	1	5950	1050	1202	119,4	187,9	**500**
1755	1695	4	1	5349	1011	1158	108,0	170,6	2275	2196	4	1	6730	1310	1501	139,9	221,0	**550**
2204	2139	4	1	6845	1377	1587	143,3	227,2	2856	2772	4	1	8613	1784	2057	185,7	294,4	**600**
																		IPEv
1306	1077	3	1	3799	524,4	596,8	68,91	108,0	1692	1395	4	1	4808	679,5	773,4	89,29	139,9	**400**
1559	1366	2	1	4686	713,1	817,0	87,72	138,1	2020	1769	4	1	5945	924,0	1059	113,7	179,0	**450**
1923	1705	2	1	5825	976,9	1125	113,9	179,9	2492	2209	3	1	7548	1266	1457	147,5	233,1	**500**
2231	2245	2	1	7170	1284	1493	140,2	224,5	2891	2909	3	1	9291	1663	1934	181,6	290,9	**550**
2617	2553	2	1	8299	1627	1890	173,4	277,0	3391	3309	3	1	10.754	2108	2449	224,7	359,0	**600**

S355   S460

Tafel 11.62 Charakteristische Tragfähigkeiten für die Profilreihen HEAA und HEA

	Querschnittswerte								S235								
	A	A_{vy}	A_{vz}	$W_{pl,y}$	$W_{pl,z}$	a	d/t_w	c/t_f	V_y	V_z	QSK		N_c	$M_{el,y}$	$M_{pl,y}$	$M_{el,z}$	$M_{pl,z}$
	cm²	cm²	cm²	cm³	cm³	–	–	–	kN	kN	N	M	kN	kNm	kNm	kNm	kNm
HEAA																	
100	15,6	11,0	6,15	58,4	28,4	0,295	13,3	6,53	149,2	83,40	1	1	366,5	12,22	13,71	4,327	6,684
120	18,6	13,2	6,90	84,1	40,6	0,288	17,6	8,35	179,1	93,66	1	1	436,0	17,82	19,77	6,220	9,546
140	23,0	16,8	7,92	124	59,9	0,270	21,4	9,31	227,9	107,5	2	2	541,1	26,42	29,09	9,226	14,08
160	30,4	22,4	10,4	190	91,4	0,262	23,1	8,96	303,9	140,8	1	1	713,5	40,74	44,75	14,06	21,47
180	36,5	27,0	12,2	258	124	0,261	24,4	9,67	366,3	164,9	2	2	858,5	55,36	60,69	19,06	29,04
200	44,1	32,0	15,5	347	163	0,275	24,4	9,91	434,2	209,6	2	2	1037	74,40	81,56	25,11	38,34
220	51,5	37,4	17,6	445	209	0,273	25,3	10,5	507,4	239,2	3	3	1209	95,61	–	32,27	–
240	60,4	43,2	21,5	571	264	0,284	25,2	10,6	586,1	292,3	3	3	1419	122,4	–	40,68	–
260	69,0	49,4	24,7	714	328	0,284	27,2	10,8	670,2	335,8	3	3	1621	153,7	–	50,40	–
280	78,0	56,0	27,5	873	399	0,282	28,0	11,3	759,8	373,4	3	3	1834	188,0	–	61,51	–
300	88,9	63,0	32,4	1065	482	0,291	27,7	11,4	854,8	439,1	3	3	2089	229,3	–	74,16	–
320	94,6	66,0	35,4	1196	506	0,302	28,1	10,8	895,5	480,3	3	3	2223	256,8	–	77,69	–
340	101	69,0	38,7	1341	529	0,313	28,6	10,3	936,2	524,9	3	3	2362	287,2	–	81,23	–
360	107	72,0	42,2	1495	553	0,325	29,0	9,88	976,9	572,1	2	2	2505	319,4	351,4	84,76	129,9
400	118	78,0	48,0	1824	600	0,337	31,4	9,10	1058	650,6	2	2	2766	388,6	428,7	91,83	140,9
450	127	81,0	54,7	2183	624	0,362	34,4	8,74	1099	742,1	2	1	2986	463,2	513,1	95,37	146,7
500	137	84,0	61,9	2576	649	0,386	37,1	8,41	1140	839,9	2	1	3217	544,1	605,4	98,92	152,6
550	153	90,0	72,7	3128	699	0,411	38,1	7,82	1221	985,9	3	1	3592	656,1	735,0	106,0	164,2
600	164	93,0	81,3	3623	724	0,433	40,5	7,55	1262	1103	3	1	3855	756,2	851,4	109,6	170,3
650	176	96,0	90,4	4160	751	0,454	42,7	7,30	1303	1226	4	1	*4038*	863,8	977,6	113,1	176,4
700	191	102	100	4840	800	0,466	44,8	6,85	1384	1361	4	1	*4336*	1001	1137	120,2	187,9
800	218	108	124	6225	857	0,500	48,1	6,28	1465	1680	4	1	*4855*	1275	1463	127,4	201,3
900	252	120	147	7999	958	0,500	51,3	5,63	1628	1998	4	1	*5486*	1627	1880	141,6	225,0
1000	282	126	172	9777	1016	0,500	54,3	5,33	1710	2336	4	1	*5999*	1969	2298	148,8	238,7
HEA																	
100	21,2	16,0	7,56	83,0	41,1	0,247	11,2	4,44	217,1	102,5	1	1	499,0	17,10	19,51	6,289	9,668
120	25,3	19,2	8,46	119	58,9	0,242	14,8	5,69	260,5	114,7	1	1	595,4	24,99	28,08	9,043	13,83
140	31,4	23,8	10,1	173	84,8	0,242	16,7	6,50	322,9	137,4	1	1	738,3	36,51	40,77	13,07	19,94
160	38,8	28,8	13,2	245	118	0,257	17,3	6,89	390,8	179,2	1	1	911,1	51,73	57,61	18,08	27,64
180	45,3	34,2	14,5	325	156	0,244	20,3	7,58	464,0	196,3	1	1	1063	69,00	76,34	24,14	36,78
200	53,8	40,0	18,1	429	204	0,257	20,6	7,88	542,7	245,3	1	1	1265	91,33	100,9	31,38	47,90
220	64,3	48,4	20,7	568	271	0,248	21,7	8,05	656,7	280,5	1	1	1512	121,1	133,6	41,76	63,59
240	76,8	57,6	25,2	745	352	0,250	21,9	7,94	781,5	341,6	1	1	1806	158,6	175,0	54,22	82,65
260	86,8	65,0	28,8	920	430	0,251	23,6	8,18	881,9	390,2	1	1	2040	196,6	216,1	66,30	101,1
280	97,3	72,8	31,7	1112	518	0,252	24,5	8,62	987,7	430,7	1	1	2286	238,0	261,4	79,94	121,8
300	113	84,0	37,3	1383	641	0,254	24,5	8,48	1140	505,8	1	1	2644	296,0	325,1	98,85	150,7
320	124	93,0	41,1	1628	710	0,252	25,0	7,65	1262	558,1	1	1	2923	347,6	382,6	109,4	166,8
340	133	99,0	45,0	1850	756	0,258	25,6	7,17	1343	609,9	1	1	3137	394,4	434,9	116,5	177,6
360	143	105	49,0	2088	802	0,264	26,1	6,74	1425	664,2	1	1	3355	444,3	490,8	123,6	188,5
400	159	114	57,3	2562	873	0,283	27,1	6,18	1547	777,8	1	1	3736	543,1	602,0	134,2	205,1
450	178	126	65,8	3216	966	0,292	29,9	5,58	1710	892,5	1	1	4184	680,7	755,7	148,3	226,9
500	198	138	74,7	3949	1059	0,301	32,5	5,09	1872	1014	1	1	4642	834,2	928,0	162,4	248,8
550	212	144	83,7	4622	1107	0,320	35,0	4,86	1954	1136	2	1	4976	974,2	1086	169,5	260,1
600	226	150	93,2	5350	1156	0,338	37,4	4,66	2035	1265	2	1	5322	1125	1257	176,6	271,6
650	242	156	103	6136	1205	0,354	39,6	4,47	2117	1400	3	1	5678	1286	1442	183,7	283,1
700	260	162	117	7032	1257	0,378	40,1	4,29	2198	1587	3	1	6121	1467	1652	190,8	295,3
800	286	168	139	8699	1312	0,412	44,9	4,02	2279	1884	4	1	*6510*	1805	2044	198,0	308,4
900	321	180	163	10.811	1414	0,438	48,1	3,73	2442	2216	4	1	*7168*	2229	2541	212,2	332,4
1000	347	186	185	12.824	1470	0,464	52,6	3,60	2524	2504	4	1	*7557*	2629	3014	219,4	345,4

Tafel 11.62 (Fortsetzung)

S355									S460									
V_y	V_z	QSK		N_c	$M_{el,y}$	$M_{pl,y}$	$M_{el,z}$	$M_{pl,z}$	V_y	V_z	QSK		N_c	$M_{el,y}$	$M_{pl,y}$	$M_{el,z}$	$M_{pl,z}$	
kN	kN	N	M	kN	kNm	kNm	kNm	kNm	kN	kN	N	M	kN	kNm	kNm	kNm	kNm	
																		HEAA
225,5	126,0	1	1	553,7	18,45	20,72	6,536	10,10	292,1	163,3	2	2	717,4	23,91	26,84	8,470	13,08	**100**
270,5	141,5	3	3	658,6	26,93	–	9,396	–	350,6	183,3	3	3	853,4	34,89	–	12,18	–	**120**
344,3	162,4	3	3	817,4	39,91	–	13,94	–	446,2	210,4	3	3	1059	51,71	–	18,06	–	**140**
459,1	212,7	3	3	1078	61,54	–	21,24	–	594,9	275,6	3	3	1397	79,75	–	27,53	–	**160**
553,4	249,2	3	3	1297	83,62	–	28,79	–	717,1	322,9	3	3	1680	108,4	–	37,31	–	**180**
655,9	316,7	3	3	1567	112,4	–	37,93	–	849,9	410,4	3	3	2030	145,6	–	49,15	–	**200**
766,5	361,4	3	3	1827	144,4	–	48,75	–	993,3	468,3	4	4	2367	183,4	–	63,17	–	**220**
885,4	441,5	3	3	2143	185,0	–	61,45	–	1147	572,1	4	4	2777	233,4	–	79,62	–	**240**
1012	507,2	3	3	2448	232,2	–	76,14	–	1312	657,2	4	4	3173	291,1	–	98,65	–	**260**
1148	564,1	3	3	2770	283,9	–	92,91	–	1487	731,0	4	4	3581	349,7	–	118,7	–	**280**
1291	663,4	3	3	3156	346,3	–	112,0	–	1673	859,6	4	4	4085	425,3	–	141,6	–	**300**
1353	725,5	3	3	3358	388,0	–	117,4	–	1753	940,1	4	4	4339	486,4	–	152,1	–	**320**
1414	793,0	3	3	3568	433,8	–	122,7	–	1833	1028	4	4	4601	554,5	–	159,0	–	**340**
1476	864,3	3	3	3785	482,5	–	128,0	–	1912	1120	3	3	4904	625,2	–	165,9	–	**360**
1599	982,8	3	3	4178	587,0	–	138,7	–	2072	1274	4	3	5318	760,6	–	179,7	–	**400**
1660	1121	4	3	4446	699,8	–	144,1	–	2151	1453	4	3	5645	906,7	–	186,7	–	**450**
1722	1269	4	3	4720	822,0	–	149,4	–	2231	1644	4	3	5977	1065	–	193,6	–	**500**
1845	1489	4	2	5229	991,2	1110	160,1	248,0	2390	1930	4	3	6605	1284	–	207,5	–	**550**
1906	1666	4	2	5524	1142	1286	165,5	257,2	2470	2159	4	3	6961	1480	–	214,5	–	**600**
1968	1853	4	1	5824	1305	1477	170,9	266,5	2550	2401	4	3	7323	1691	–	221,4	–	**650**
2091	2056	4	1	6236	1512	1718	181,6	283,9	2709	2665	4	2	7831	1960	2226	235,3	367,9	**700**
2214	2538	4	1	6944	1926	2210	192,5	304,1	2868	2668	4	1	8693	2496	2863	249,4	394,0	**800**
2460	3018	4	1	7815	2458	2840	214,0	340,0	3187	3063	4	1	9762	3185	3679	277,3	440,5	**900**
2582	3529	4	1	8503	2975	3471	224,9	360,6	3346	3485	4	2	10.589	3855	4497	291,4	467,2	**1000**
																		HEA
327,9	154,9	1	1	753,9	25,83	29,47	9,501	14,60	424,9	200,7	1	1	976,9	33,47	38,19	12,31	18,92	**100**
393,5	173,3	1	1	899,4	37,75	42,42	13,66	20,89	509,9	224,6	1	1	1165	48,92	54,97	17,70	27,07	**120**
487,8	207,5	1	1	1115	55,15	61,59	19,74	30,12	632,1	268,9	2	2	1445	71,46	79,81	25,58	39,03	**140**
590,3	270,8	1	1	1376	78,15	87,03	27,32	41,76	764,9	350,9	2	2	1783	101,3	112,8	35,40	54,11	**160**
701,0	296,6	2	2	1606	104,2	115,3	36,47	55,56	908,3	384,3	3	3	2082	135,1	–	47,26	–	**180**
819,8	370,6	2	2	1911	138,0	152,5	47,41	72,36	1062	480,2	3	3	2476	178,8	–	61,43	–	**200**
992,0	423,7	2	2	2284	182,9	201,8	63,08	96,06	1285	549,0	3	3	2960	237,0	–	81,74	–	**220**
1181	516,0	2	2	2728	239,6	264,3	81,91	124,9	1530	668,6	3	3	3534	310,5	–	106,1	–	**240**
1332	589,4	3	3	3082	296,9	–	100,2	–	1726	763,7	3	3	3994	384,7	–	129,8	–	**260**
1492	650,6	3	3	3453	359,6	–	120,8	–	1933	843,1	3	M	4474	465,9	–	156,5	–	**280**
1722	764,0	3	3	3995	447,1	–	149,3	–	2231	990,0	3	3	5176	579,4	–	193,5	–	**300**
1906	843,1	2	2	4415	525,1	578,0	165,3	252,0	2470	1092	3	3	5721	680,5	–	214,2	–	**320**
2029	921,3	1	1	4738	595,8	656,9	176,0	268,4	2629	1194	3	3	6140	772,1	–	228,0	–	**340**
2152	1003	1	1	5068	671,3	741,4	186,7	284,8	2789	1300	2	2	6567	869,8	960,7	241,9	369,0	**360**
2337	1175	2	1	5644	820,5	909,4	202,7	309,9	3028	1523	2	1	7313	1063	1178	262,6	401,5	**400**
2582	1348	2	1	6320	1028	1142	224,0	342,8	3346	1747	3	1	8189	1332	1479	290,3	444,1	**450**
2828	1531	3	1	7013	1260	1402	245,4	375,8	3665	1984	4	1	8885	1633	1816	317,9	486,9	**500**
2951	1716	4	1	7394	1472	1641	256,1	393,0	3824	2223	4	1	9398	1907	2126	331,8	509,2	**550**
3074	1910	4	1	7816	1699	1899	266,8	410,3	3984	2475	4	1	9914	2202	2461	345,7	531,6	**600**
3197	2115	4	1	8241	1943	2178	277,5	427,7	4143	2740	4	1	10.435	2518	2823	359,5	554,2	**650**
3320	2397	4	1	8828	2215	2496	288,2	446,1	4302	3107	4	1	11.154	2871	3235	373,5	578,1	**700**
3443	2845	4	1	9415	2727	3088	299,1	465,9	4462	3687	4	1	11.866	3534	4002	387,6	603,6	**800**
3689	3348	4	1	10.319	3367	3838	320,6	502,1	4780	3485	4	1	12.973	4363	4973	415,5	650,7	**900**
3812	3783	4	1	10.834	3972	4553	331,4	521,7	4940	3707	4	2	13.590	5147	5899	429,5	676,1	**1000**

11

Tafel 11.63 Charakteristische Tragfähigkeiten für die Profilreihen HEB und HEM

	Querschnittswerte								S235								
	A	A_{vy}	A_{vz}	$W_{pl,y}$	$W_{pl,z}$	a	d/t_w	c/t_f	V_y	V_z	QSK		N_c	$M_{el,y}$	$M_{pl,y}$	$M_{el,z}$	$M_{pl,z}$
	cm²	cm²	cm²	cm³	cm³	–	–	–	kN	kN	N	M	kN	kNm	kNm	kNm	kNm
HEB																	
100	26,0	20,0	9,04	104	51,4	0,232	9,33	3,50	271,4	122,6	1	1	611,8	21,13	24,49	7,862	12,08
120	34,0	26,4	11,0	165	81,0	0,224	11,4	4,07	358,2	148,7	1	1	799,1	33,85	38,82	12,44	19,03
140	43,0	33,6	13,1	245	120	0,218	13,1	4,54	455,9	177,4	1	1	1009	50,67	57,68	18,45	28,15
160	54,3	41,6	17,6	354	170	0,233	13,0	4,69	564,4	238,7	1	1	1275	73,20	83,18	26,12	39,94
180	65,3	50,4	20,2	481	231	0,228	14,4	5,05	683,8	274,6	1	1	1533	100,0	113,1	35,59	54,29
200	78,1	60,0	24,8	643	306	0,232	14,9	5,17	814,1	336,9	1	1	1835	133,9	151,0	47,08	71,87
220	91,0	70,4	27,9	827	394	0,227	16,0	5,45	955,2	378,8	1	1	2139	172,9	194,4	60,74	92,56
240	106	81,6	33,2	1053	498	0,230	16,4	5,53	1107	450,8	1	1	2491	220,5	247,5	76,82	117,1
260	118	91,0	37,6	1283	602	0,232	17,7	5,77	1235	510,1	1	1	2783	269,7	301,5	92,82	141,5
280	131	101	41,1	1534	718	0,233	18,7	6,15	1368	557,6	1	1	3087	323,5	360,6	110,7	168,6
300	149	114	47,4	1869	870	0,235	18,9	6,18	1547	643,5	1	1	3503	394,3	439,1	134,2	204,5
320	161	123	51,8	2149	939	0,238	19,6	5,72	1669	702,4	1	1	3792	452,7	505,1	144,7	220,7
340	171	129	56,1	2408	986	0,245	20,3	5,44	1750	761,0	1	1	4016	506,7	565,9	151,8	231,6
360	181	135	60,6	2683	1032	0,253	20,9	5,19	1832	822,1	1	1	4245	563,9	630,5	158,9	242,6
400	198	144	70,0	3232	1104	0,272	22,1	4,84	1954	949,4	1	1	4648	677,7	759,5	169,5	259,4
450	218	156	79,7	3982	1198	0,284	24,6	4,46	2117	1081	1	1	5122	834,4	935,9	183,6	281,4
500	239	168	89,8	4815	1292	0,296	26,9	4,13	2279	1219	1	1	5608	1007	1131	197,8	303,5
550	254	174	100	5591	1341	0,315	29,2	3,98	2361	1358	1	1	5970	1168	1314	204,9	315,2
600	270	180	111	6425	1391	0,333	31,4	3,84	2442	1503	1	1	6344	1340	1510	212,0	326,9
650	286	186	122	7320	1441	0,350	33,4	3,71	2524	1656	2	1	6729	1523	1720	219,1	338,7
700	306	192	137	8327	1495	0,373	34,2	3,58	2605	1860	2	1	7200	1725	1957	226,2	351,3
800	334	198	162	10.229	1553	0,407	38,5	3,37	2686	2195	3	1	7853	2110	2404	233,5	365,0
900	371	210	189	12.584	1658	0,434	41,6	3,16	2849	2561	3	1	8725	2580	2957	247,8	389,7
1000	400	216	212	14.855	1716	0,460	45,7	3,07	2931	2883	4	1	*9028*	3030	3491	255,0	403,3
HEM																	
100	53,2	42,4	18,0	236	116	0,204	4,67	1,75	575,3	244,7	1	1	1251	44,75	55,42	17,70	27,33
120	66,4	52,9	21,2	351	172	0,203	5,92	2,13	718,0	287,0	1	1	1561	67,73	82,39	26,21	40,33
140	80,6	64,2	24,5	494	241	0,203	7,08	2,48	871,6	331,8	1	1	1893	96,68	116,0	36,84	56,52
160	97,1	76,4	30,8	675	325	0,213	7,43	2,65	1036	418,0	1	1	2281	133,1	158,5	49,80	76,48
180	113	89,3	34,7	883	425	0,212	8,41	2,95	1211	470,1	1	1	2661	175,9	207,6	65,20	99,92
200	131	103	41,0	1135	543	0,215	8,93	3,10	1397	556,7	1	1	3085	227,3	266,8	83,30	127,7
220	149	118	45,3	1419	679	0,214	9,81	3,36	1594	614,8	1	1	3512	286,0	333,6	104,2	159,5
240	200	159	60,1	2117	1006	0,205	9,11	2,94	2153	815,0	1	1	4690	422,8	497,5	154,5	236,4
260	220	174	66,9	2524	1192	0,207	9,83	3,11	2363	907,6	1	1	5162	507,4	593,0	183,2	280,2
280	240	190	72,0	2966	1397	0,209	10,6	3,36	2579	977,3	1	1	5644	599,6	696,9	214,8	328,2
300	303	242	90,5	4078	1913	0,202	9,90	3,01	3281	1228	1	1	7122	818,4	958,3	294,2	449,6
320	312	247	94,8	4435	1951	0,208	10,7	2,93	3354	1287	1	1	7333	892,0	1042	299,8	458,4
340	316	247	98,6	4718	1953	0,217	11,6	2,93	3354	1338	1	1	7422	952,1	1109	299,8	458,9
360	319	246	102	4989	1942	0,227	12,4	2,91	3343	1389	1	1	7492	1010	1172	297,9	456,5
400	326	246	110	5571	1934	0,246	14,2	2,90	3332	1495	1	1	7656	1133	1309	296,0	454,5
450	335	246	120	6331	1939	0,268	16,4	2,90	3332	1626	1	1	7883	1293	1488	296,1	455,7
500	344	245	129	7094	1932	0,289	18,6	2,89	3321	1757	1	1	8091	1452	1667	294,2	454,0
550	354	245	140	7933	1937	0,309	20,9	2,89	3321	1894	1	1	8328	1627	1864	294,3	455,3
600	364	244	150	8772	1930	0,329	23,1	2,88	3311	2031	1	1	8546	1800	2061	292,4	453,6
650	374	244	160	9657	1936	0,347	25,4	2,88	3311	2167	1	1	8783	1982	2269	292,5	454,9
700	383	243	170	10.539	1929	0,365	27,7	2,86	3300	2304	1	1	9001	2161	2477	290,6	453,3
800	404	242	194	12.488	1930	0,400	32,1	2,78	3289	2636	1	1	9500	2556	2935	288,9	453,6
900	424	242	214	14.442	1929	0,430	36,7	2,76	3278	2909	2	1	9955	2946	3394	287,2	453,3
1000	444	242	235	16.568	1940	0,456	41,3	2,76	3278	3188	3	1	10.439	3368	3893	287,3	455,8

Tafel 11.63 (Fortsetzung)

V_y	V_z	QSK		N_c	$M_{el,y}$	$M_{pl,y}$	$M_{el,z}$	$M_{pl,z}$	V_y	V_z	QSK		N_c	$M_{el,y}$	$M_{pl,y}$	$M_{el,z}$	$M_{pl,z}$	
		N	M								N	M						
kN	kN			kN	kNm	kNm	kNm	kNm	kN	kN			kN	kNm	kNm	kNm	kNm	
																		HEB
409,9	185,2	1	1	924,3	31,92	37,00	11,88	18,25	531,2	240,0	1	1	1198	41,36	47,94	15,39	23,65	**100**
541,1	224,7	1	1	1207	51,14	58,65	18,79	28,74	701,1	291,1	1	1	1564	66,27	76,00	24,34	37,25	**120**
688,7	268,0	1	1	1525	76,54	87,13	27,88	42,52	892,4	347,3	1	1	1976	99,18	112,9	36,12	55,10	**140**
852,6	360,6	1	1	1926	110,6	125,7	39,46	60,34	1105	467,2	1	1	2496	143,3	162,8	51,13	78,18	**160**
1033	414,9	1	1	2316	151,1	170,9	53,76	82,01	1339	537,6	1	1	3002	195,8	221,5	69,66	106,3	**180**
1230	508,9	1	1	2772	202,2	228,1	71,12	108,6	1593	659,5	1	1	3592	262,0	295,6	92,15	140,7	**200**
1443	572,3	1	1	3232	261,1	293,6	91,76	139,8	1870	741,5	1	1	4188	338,3	380,4	118,9	181,2	**220**
1672	681,0	1	1	3762	333,1	373,9	116,0	176,9	2167	882,4	1	1	4875	431,6	484,4	150,4	229,3	**240**
1865	770,5	1	1	4205	407,4	455,4	140,2	213,8	2417	998,4	1	1	5448	527,9	590,1	181,7	277,0	**260**
2066	842,3	1	1	4663	488,6	544,7	167,2	254,7	2677	1091	1	1	6043	633,2	705,8	216,7	330,1	**280**
2337	972,1	1	1	5292	595,6	663,4	202,7	308,9	3028	1260	1	1	6858	771,7	859,6	262,6	400,3	**300**
2521	1061	1	1	5728	683,9	763,0	218,7	333,4	3267	1375	1	1	7422	886,2	988,7	283,3	432,0	**320**
2644	1150	1	1	6067	765,5	854,9	229,3	349,9	3426	1490	1	1	7861	991,9	1108	297,2	453,4	**340**
2767	1242	1	1	6412	851,9	952,5	240,0	366,5	3585	1609	1	1	8309	1104	1234	311,0	474,9	**360**
2951	1434	1	1	7021	1024	1147	256,1	391,9	3824	1858	1	1	9098	1327	1487	331,8	507,9	**400**
3197	1633	1	1	7738	1260	1414	277,4	425,2	4143	2116	2	1	10.027	1633	1832	359,5	550,9	**450**
3443	1841	2	1	8472	1522	1709	298,8	458,5	4462	2385	2	1	10.977	1972	2215	387,1	594,2	**500**
3566	2051	2	1	9019	1765	1985	309,5	476,1	4621	2658	3	1	11.687	2286	2572	401,0	616,9	**550**
3689	2271	3	1	9584	2024	2281	320,2	493,8	4780	2943	4	1	12.163	2623	2956	414,9	639,9	**600**
3812	2501	3	1	10.165	2301	2599	331,0	511,7	4940	3241	4	1	12.744	2981	3367	428,8	663,0	**650**
3935	2810	4	1	10.699	2606	2956	341,8	530,7	5099	3641	4	1	13.533	3376	3830	442,9	687,7	**700**
4058	3315	4	1	11.376	3187	3631	352,7	551,4	5259	4296	4	1	14.341	4129	4705	457,0	714,4	**800**
4304	3869	4	1	12.369	3898	4467	374,3	588,7	5577	5013	4	1	15.548	5050	5789	485,0	762,8	**900**
4427	4355	4	1	12.954	4578	5274	385,2	609,3	5737	5643	4	1	16.242	5932	6833	499,1	789,5	**1000**
																		HEM
869,0	369,7	1	1	1890	67,60	83,71	26,74	41,29	1126	479,0	1	1	2449	87,60	108,5	34,64	53,50	**100**
1085	433,5	1	1	2357	102,3	124,5	39,60	60,93	1405	561,7	1	1	3055	132,6	161,3	51,31	78,95	**120**
1317	501,3	1	1	2860	146,1	175,3	55,65	85,38	1706	649,5	1	1	3706	189,3	227,2	72,11	110,6	**140**
1565	631,5	1	1	3445	201,1	239,5	75,22	115,5	2028	818,3	1	1	4464	260,6	310,3	97,47	149,7	**160**
1830	710,2	1	1	4020	265,7	313,6	98,49	150,9	2371	920,3	1	1	5210	344,2	406,4	127,6	195,6	**180**
2111	841,0	1	1	4660	343,4	403,0	125,8	192,8	2735	1090	1	1	6039	445,0	522,2	163,1	249,9	**200**
2409	928,7	1	1	5305	432,1	503,9	157,5	240,9	3121	1203	1	1	6874	559,9	652,9	204,0	312,1	**220**
3253	1231	1	1	7085	638,7	751,5	233,4	357,1	4215	1595	1	1	9181	827,6	973,8	302,4	462,7	**240**
3570	1371	1	1	7797	766,5	895,9	276,8	423,3	4626	1777	1	1	10.104	993,2	1161	358,7	548,5	**260**
3896	1476	1	1	8526	905,8	1053	324,5	495,8	5048	1913	1	1	11.048	1174	1364	420,5	642,5	**280**
4956	1855	1	1	10.759	1236	1448	444,4	679,2	6422	2404	1	1	13.942	1602	1876	575,8	880,1	**300**
5067	1944	1	1	11.078	1348	1574	452,9	692,5	6565	2519	1	1	14.354	1746	2040	586,8	897,3	**320**
5067	2021	1	1	11.212	1438	1675	452,9	693,2	6565	2619	1	1	14.528	1864	2170	586,9	898,2	**340**
5050	2099	1	1	11.318	1525	1771	450,0	689,5	6544	2720	1	1	14.665	1977	2295	583,1	893,5	**360**
5034	2258	1	1	11.565	1711	1978	447,2	686,6	6523	2926	1	1	14.986	2217	2562	579,4	889,7	**400**
5034	2456	1	1	11.908	1953	2248	447,3	688,4	6523	3183	1	1	15.430	2531	2912	579,5	892,0	**450**
5017	2654	1	1	12.223	2194	2518	444,4	685,9	6501	3439	1	1	15.838	2843	3263	575,9	888,7	**500**
5017	2861	1	1	12.580	2457	2816	444,5	687,7	6501	3707	1	1	16.301	3184	3649	576,0	891,2	**550**
5001	3067	1	1	12.910	2719	3114	441,7	685,3	6480	3975	1	1	16.728	3523	4035	572,4	888,0	**600**
5001	3274	1	1	13.268	2994	3428	441,8	687,2	6480	4242	2	1	17.192	3879	4442	572,5	890,4	**650**
4985	3481	2	1	13.597	3265	3741	439,0	684,7	6459	4510	3	1	17.619	4231	4848	568,9	887,2	**700**
4968	3982	3	1	14.351	3860	4433	436,5	685,3	6438	5159	4	1	18.032	5002	5744	565,6	888,0	**800**
4952	4395	4	1	14.529	4451	5127	433,8	684,8	6416	5695	4	1	18.281	5767	6643	562,1	887,3	**900**
4952	4817	4	1	14.756	5088	5882	434,0	688,6	6416	6241	4	1	18.508	6592	7621	562,3	892,3	**1000**

S355 / S460

11

Tafel 11.64 Charakteristische Tragfähigkeiten für warmgefertigte kreisförmige Hohlprofile

d	t	A	A_v	W_{pl}	d/t	S235					S355					S460				
						V	QSK	N_c	M_{el}	M_{pl}	V	QSK	N_c	M_{el}	M_{pl}	V	QSK	N_c	M_{el}	M_{pl}
mm	mm	cm²	cm²	cm³	–	kN	–	kN	kNm	kNm	kN	–	kN	kNm	kNm	kN	–	kN	kNm	kNm
Warmgefertigte kreisförmige Hohlprofile, nahtlos oder geschweißt																				
33,7	**3,2**	3,07	1,95	2,99	10,5	26,48	1	72,06	0,503	0,702	40,01	1	108,8	0,759	1,061	51,84	1	141,0	0,984	1,374
	4	3,73	2,38	3,55	8,43	32,24	1	87,71	0,584	0,834	48,70	1	132,5	0,883	1,260	63,10	1	171,7	1,144	1,633
42,4	**3,2**	3,94	2,51	4,93	13,3	34,04	1	92,61	0,845	1,158	51,42	1	139,9	1,276	1,750	66,63	1	181,3	1,653	2,267
	4	4,83	3,07	5,92	10,6	41,68	1	113,4	0,997	1,391	62,96	1	171,3	1,506	2,101	81,59	1	222,0	1,951	2,723
48,3	**3,2**	4,53	2,89	6,52	15,1	39,16	1	106,5	1,127	1,532	59,16	1	161,0	1,703	2,315	76,66	1	208,6	2,207	2,999
	4	5,57	3,54	7,87	12,1	48,08	1	130,8	1,340	1,850	72,64	1	197,6	2,024	2,794	94,12	1	256,1	2,622	3,621
	5	6,80	4,33	9,42	9,66	58,75	1	159,8	1,572	2,213	88,75	1	241,5	2,374	3,343	115,0	1	312,9	3,077	4,331
60,3	**3,2**	5,74	3,65	10,4	18,8	49,58	1	134,9	1,829	2,454	74,90	1	203,8	2,763	3,708	97,05	1	264,1	3,581	4,804
	4	7,07	4,50	12,7	15,1	61,11	1	166,3	2,196	2,985	92,31	1	251,2	3,317	4,509	119,6	1	325,4	4,298	5,842
	5	8,69	5,53	15,3	12,1	75,03	1	204,1	2,609	3,603	113,3	1	308,4	3,942	5,443	146,9	1	399,6	5,108	7,053
76,1	**3,2**	7,33	4,67	17,0	23,8	63,30	1	172,2	3,013	3,999	95,63	1	260,2	4,551	6,041	123,9	1	337,1	5,897	7,828
	4	9,06	5,77	20,8	19,0	78,26	1	212,9	3,647	4,892	118,2	1	321,6	5,510	7,389	153,2	1	416,8	7,139	9,575
	5	11,2	7,11	25,3	15,2	96,47	1	262,5	4,380	5,950	145,7	1	396,5	6,617	8,988	188,8	1	513,7	8,574	11,65
88,9	**4**	10,7	6,79	28,9	22,2	92,15	1	250,7	5,093	6,781	139,2	1	378,7	7,694	10,24	180,4	1	490,8	9,970	13,27
	5	13,2	8,39	35,2	17,8	113,8	1	309,7	6,152	8,281	172,0	1	467,9	9,294	12,51	222,8	1	606,2	12,04	16,21
	6,3	16,3	10,4	43,1	14,1	141,2	1	384,2	7,414	10,12	213,3	1	580,4	11,20	15,29	276,4	1	752,0	14,51	19,81
101,6	**4**	12,3	7,81	38,1	25,4	105,9	1	288,2	6,767	8,959	160,0	1	435,4	10,22	13,53	207,4	1	564,2	13,25	17,54
	5	15,2	9,66	46,7	20,3	131,1	1	356,6	8,210	10,97	198,0	1	538,7	12,40	16,58	256,6	1	698,0	16,07	21,48
	6,3	18,9	12,0	57,3	16,1	162,9	1	443,3	9,949	13,47	246,1	1	669,6	15,03	20,34	318,9	1	867,6	19,47	26,36
	8	23,5	15,0	70,3	12,7	203,2	1	552,8	12,00	16,51	306,9	1	835,1	18,13	24,94	397,7	1	1082	23,50	32,32
	10	28,8	18,3	84,2	10,2	248,6	1	676,3	14,13	19,80	375,5	1	1022	21,34	29,90	486,5	1	1324	27,66	38,75
114,3	**4**	13,9	8,82	48,7	28,6	119,7	1	325,7	8,679	11,44	180,9	1	492,1	13,11	17,28	234,3	2	637,6	16,99	22,40
	5	17,2	10,9	59,8	22,9	148,3	1	403,5	10,56	14,05	224,0	1	609,5	15,96	21,22	290,3	1	789,8	20,68	27,50
	6,3	21,4	13,6	73,6	18,1	184,6	1	502,3	12,86	17,29	278,9	1	758,8	19,42	26,12	361,4	1	983,3	25,17	33,84
	8	26,7	17,0	90,6	14,3	230,8	1	627,8	15,60	21,28	348,6	1	948,4	23,57	32,15	451,7	1	1229	30,55	41,66
	10	32,8	20,9	109	11,4	283,0	1	770,0	18,49	25,64	427,5	1	1163	27,93	38,74	554,0	1	1507	36,19	50,19
139,7	**5**	21,2	13,5	90,8	27,9	182,8	1	497,2	16,17	21,33	276,1	1	751,1	24,42	32,22	357,7	2	973,3	31,65	41,75
	6,3	26,4	16,8	112	22,2	228,1	1	620,5	19,80	26,37	344,5	1	937,3	29,92	39,83	446,4	1	1215	38,76	51,61
	8	33,1	21,1	139	17,5	285,9	1	777,8	24,23	32,65	431,9	1	1175	36,61	49,32	559,6	1	1523	47,43	63,91
	10	40,7	25,9	169	14,0	351,9	1	957,5	29,00	39,61	531,7	1	1446	43,80	59,84	688,9	1	1874	56,76	77,53
	12,5	50,0	31,8	203	11,2	431,5	1	1174	34,32	47,68	651,8	1	1773	51,84	72,03	844,5	1	2298	67,17	93,33
168,3	**6,3**	32,1	20,4	165	26,7	276,9	1	753,5	29,42	38,87	418,4	1	1138	44,44	58,72	542,1	2	1475	57,58	76,09
	8	40,3	25,6	206	21,0	348,0	1	946,8	36,23	48,35	525,7	1	1430	54,73	73,04	681,2	1	1853	70,91	94,64
	10	49,7	31,7	251	16,8	429,6	1	1169	43,68	58,97	648,9	1	1765	65,98	89,08	840,8	1	2288	85,49	115,4
	12,5	61,2	39,0	304	13,5	528,5	1	1438	52,18	71,46	798,3	1	2172	78,82	107,9	1034	1	2814	102,1	139,9
177,8	**6,3**	33,9	21,6	185	28,2	293,2	1	797,7	33,03	43,56	442,9	1	1205	49,90	65,81	573,9	2	1561	64,66	85,28
	8	42,7	27,2	231	22,2	368,6	1	1003	40,75	54,24	556,8	1	1515	61,55	81,94	721,5	1	1963	79,76	106,2
	10	52,7	33,6	282	17,8	455,3	1	1239	49,22	66,25	687,8	1	1871	74,35	100,1	891,3	1	2425	96,35	129,7
	12,5	64,9	41,3	342	14,2	560,7	1	1525	58,94	80,42	847,0	1	2304	89,04	121,5	1098	1	2986	115,4	157,4
193,7	**6,3**	37,1	23,6	221	30,7	320,4	1	871,6	39,55	52,01	484,0	1	1317	59,75	78,57	627,1	2	1706	77,42	101,8
	8	46,7	29,7	276	24,2	403,1	1	1097	48,91	64,87	609,0	1	1657	73,88	98,00	789,1	1	2147	95,73	127,0
	10	57,7	36,7	338	19,4	498,5	1	1356	59,24	79,38	753,0	1	2049	89,50	119,9	975,7	1	2655	116,0	155,4
	12,5	71,2	45,3	411	15,5	614,6	1	1672	71,20	96,60	928,5	1	2526	107,6	145,9	1203	1	3273	139,4	189,1
	16	89,3	56,9	507	12,1	771,5	1	2099	86,24	119,1	1165	1	3171	130,3	179,8	1510	1	4109	168,8	233,0

Tafel 11.64 (Fortsetzung)

d	t	A	A_v	W_{pl}	d/t	S235					S355					S460				
						V	QSK	N_c	M_{el}	M_{pl}	V	QSK	N_c	M_{el}	M_{pl}	V	QSK	N_c	M_{el}	M_{pl}
mm	mm	cm²	cm²	cm³	–	kN	–	kN	kNm	kNm	kN	–	kN	kNm	kNm	kN	–	kN	kNm	kNm

Warmgefertigte kreisförmige Hohlprofile, nahtlos oder geschweißt

d	t	A	A_v	W_{pl}	d/t	V	QSK	N_c	M_{el}	M_{pl}	V	QSK	N_c	M_{el}	M_{pl}	V	QSK	N_c	M_{el}	M_{pl}
219,1	8	53,1	33,8	357	27,4	458,3	1	1247	63,49	83,82	692,3	1	1883	95,91	126,6	897,0	2	2441	124,3	164,1
	10	65,7	41,8	438	21,9	567,4	1	1544	77,19	102,8	857,1	1	2332	116,6	155,3	1111	1	3022	151,1	201,3
	12,5	81,1	51,7	534	17,5	700,8	1	1907	93,20	125,5	1059	1	2880	140,8	189,6	1372	1	3732	182,4	245,7
	16	102	65,0	661	13,7	881,8	1	2399	113,6	155,4	1332	1	3624	171,6	234,8	1726	1	4696	222,4	304,2
	20	125	79,6	795	11,0	1081	1	2940	134,3	186,9	1632	1	4441	202,9	282,4	2115	1	5755	262,9	365,9
244,5	8	59,4	37,8	448	30,6	513,4	1	1397	79,98	105,2	775,6	1	2110	120,8	158,9	1005	2	2734	156,5	205,9
	10	73,7	46,9	550	24,5	636,3	1	1731	97,52	129,3	961,3	1	2615	147,3	195,3	1246	1	3389	190,9	253,1
	12,5	91,1	58,0	673	19,6	786,9	1	2141	118,2	158,3	1189	1	3234	178,5	239,1	1540	1	4191	231,3	309,8
	16	115	73,1	837	15,3	992,1	1	2699	144,8	196,6	1499	1	4077	218,7	297,1	1942	1	5283	283,4	384,9
	20	141	89,8	1011	12,2	1218	1	3315	172,2	237,5	1841	1	5008	260,1	358,8	2385	1	6489	337,0	464,9
273,0	8	66,6	42,4	562	34,1	575,3	1	1565	100,7	132,1	869,0	2	2364	152,2	199,5	1126	2	3064	197,2	258,5
	10	82,6	52,6	692	27,3	713,7	1	1942	123,2	162,6	1078	1	2933	186,1	245,7	1397	2	3801	241,1	318,3
	12,5	102	65,1	849	21,8	883,6	1	2404	149,7	199,5	1335	1	3632	226,2	301,4	1730	1	4706	293,1	390,5
	16	129	82,2	1058	17,1	1116	1	3036	184,3	248,7	1686	1	4586	278,5	375,6	2184	1	5942	360,8	486,7
	20	159	101	1283	13,7	1373	1	3736	220,3	301,5	2074	1	5643	332,9	455,4	2688	1	7312	431,3	590,1
	25	195	124	1543	10,9	1682	1	4577	260,4	362,6	2541	1	6915	393,4	547,7	3293	1	8960	509,8	709,7
323,9	8	79,4	50,5	799	40,5	685,8	1	1866	143,8	187,7	1036	2	2818	217,2	283,5	1342	3	3652	281,5	–
	10	98,6	62,8	986	32,4	851,8	1	2317	176,4	231,6	1287	1	3501	266,5	349,9	1667	2	4536	345,3	453,4
	12,5	122	77,9	1213	25,9	1056	1	2874	215,4	285,0	1596	1	4341	325,4	430,5	2068	2	5625	421,7	557,9
	16	155	98,5	1518	20,2	1337	1	3637	266,8	356,8	2019	1	5494	403,1	539,0	2617	1	7119	522,3	698,4
	20	191	121	1850	16,2	1649	1	4487	321,3	434,7	2491	1	6779	485,3	656,7	3228	1	8784	628,8	850,9
	25	235	149	2239	13,0	2028	1	5517	383,1	526,1	3063	1	8334	578,7	794,8	3969	1	10.799	749,9	1030
355,6	8	87,4	55,6	967	44,5	754,6	1	2053	174,5	227,2	1140	2	3101	263,6	343,2	1477	3	4019	341,5	–
	10	109	69,1	1195	35,6	937,8	1	2552	214,4	280,8	1417	2	3854	323,9	424,1	1836	2	4994	419,7	549,6
	12,5	135	85,8	1472	28,4	1164	1	3166	262,4	345,9	1758	1	4783	396,4	522,6	2278	2	6198	513,6	677,2
	16	171	109	1847	22,2	1474	1	4012	326,0	434,0	2227	1	6060	492,4	655,5	2886	1	7852	638,1	849,4
	20	211	134	2255	17,8	1821	1	4955	393,8	530,0	2751	1	7486	594,8	800,6	3565	1	9700	770,8	1037
	25	260	165	2738	14,2	2243	1	6102	471,5	643,3	3388	1	9218	712,3	971,9	4390	1	11.944	923,0	1259
406,4	10	125	79,3	1572	40,6	1076	1	2927	283,1	369,3	1625	2	4421	427,6	557,9	2106	3	5729	554,1	–
	12,5	155	98,5	1940	32,5	1336	1	3635	347,3	455,9	2018	1	5491	524,6	688,7	2615	2	7115	679,8	892,5
	16	196	125	2440	25,4	1695	1	4612	433,1	573,4	2561	1	6966	654,2	866,2	3318	1	9027	847,8	1122
	20	243	155	2989	20,3	2097	1	5705	525,4	702,4	3168	1	8619	793,7	1061	4105	1	11.168	1028	1375
	25	300	191	3642	16,3	2587	1	7039	632,6	855,8	3909	1	10.634	955,7	1293	5065	1	13.779	1238	1675
457,0	10	140	89,4	1998	45,7	1213	1	3300	360,9	469,6	1832	2	4985	545,2	709,4	2374	3	6460	706,4	–
	12,5	175	111	2470	36,6	1508	1	4102	443,7	580,5	2278	2	6197	670,3	877,0	2951	3	8030	868,6	–
	16	222	141	3113	28,6	1915	1	5209	554,9	731,6	2892	1	7869	838,3	1105	3748	2	10.197	1086	1432
	20	275	175	3822	22,9	2372	1	6453	675,5	898,2	3583	1	9747	1020	1357	4642	1	12.630	1322	1758
	30	402	256	5479	15,2	3476	1	9457	947,9	1288	5251	1	14.287	1432	1945	6804	1	18.512	1856	2520
	40	524	334	6977	11,4	4526	1	12.314	1182	1640	6837	1	18.603	1786	2477	8860	1	24.105	2314	3209
508,0	12,5	195	124	3070	40,6	1681	1	4573	552,9	721,4	2539	2	6908	835,2	1090	3290	3	8951	1082	–
	16	247	157	3874	31,8	2136	1	5812	693,1	910,5	3227	1	8779	1047	1375	4181	2	11.376	1357	1782
	20	307	195	4766	25,4	2648	1	7205	845,9	1120	4001	1	10.885	1278	1692	5184	1	14.104	1656	2192
	30	451	287	6864	16,9	3891	1	10.587	1195	1613	5878	1	15.993	1805	2437	7617	1	20.723	2339	3157
	40	588	374	8782	12,7	5080	1	13.820	1501	2064	7674	1	20.878	2267	3118	9943	1	27.053	2937	4040

Tafel 11.65 Charakteristische Tragfähigkeiten für warmgefertigte quadratische Hohlprofile

b	t	A	A_v	W_{pl}	a	c/t	S235					S355					S460				
							V	QSK	N_c	M_{el}	M_{pl}	V	QSK	N_c	M_{el}	M_{pl}	V	QSK	N_c	M_{el}	M_{pl}
mm	mm	cm²	cm²	cm³	–	–	kN	–	kN	kNm	kNm	kN	–	kN	kNm	kNm	kN	–	kN	kNm	kNm
Warmgefertigte quadratische Hohlprofile, nahtlos oder geschweißt																					
40	3,2	4,60	2,30	6,28	0,444	9,50	31,21	1	108,1	1,202	1,477	47,15	1	163,3	1,816	2,231	47,15	1	211,6	2,353	2,891
	4	5,59	2,79	7,44	0,427	7,00	37,91	1	131,3	1,390	1,748	57,27	1	198,4	2,100	2,641	57,27	1	257,1	2,721	3,422
	5	6,73	3,37	8,66	0,406	5,00	45,67	1	158,2	1,571	2,036	68,99	1	239,0	2,373	3,075	68,99	1	309,7	3,075	3,985
50	3,2	5,88	2,94	10,2	0,456	12,6	39,89	1	138,2	1,995	2,407	60,26	1	208,8	3,014	3,636	60,26	1	270,5	3,906	4,711
	4	7,19	3,59	12,3	0,444	9,50	48,76	1	168,9	2,348	2,884	73,67	1	255,2	3,546	4,357	73,67	1	330,7	4,595	5,646
	5	8,73	4,37	14,5	0,427	7,00	59,24	1	205,2	2,715	3,414	89,48	1	310,0	4,101	5,158	89,48	1	401,7	5,314	6,683
	6,3	10,6	5,29	17,0	0,405	4,94	71,82	1	248,8	3,080	3,996	108,5	1	375,8	4,652	6,037	108,5	1	487,0	6,028	7,823
60	3,2	7,16	3,58	15,2	0,464	15,8	48,58	1	168,3	2,989	3,562	73,38	1	254,2	4,516	5,382	73,38	1	329,4	5,851	6,973
	4	8,79	4,39	18,3	0,454	12,0	59,62	1	206,5	3,556	4,302	90,06	1	312,0	5,372	6,499	90,06	1	404,3	6,960	8,421
	5	10,7	5,37	21,9	0,441	9,00	72,80	1	252,2	4,172	5,145	110,0	1	381,0	6,302	7,773	110,0	1	493,7	8,166	10,07
	6,3	13,1	6,55	26,0	0,423	6,52	88,91	1	308,0	4,829	6,109	134,3	1	465,3	7,295	9,229	134,3	1	602,9	9,452	11,96
	8	16,0	7,98	30,4	0,398	4,50	108,2	1	374,9	5,463	7,153	163,5	1	566,3	8,252	10,81	163,5	1	733,9	10,69	14,00
70	3,2	8,44	4,22	21,0	0,469	18,9	57,26	1	198,4	4,183	4,944	86,50	1	299,6	6,320	7,468	86,50	1	388,3	8,189	9,677
	4	10,4	5,19	25,5	0,461	14,5	70,47	1	244,1	5,015	6,002	106,5	1	368,8	7,575	9,067	106,5	1	477,9	9,816	11,75
	5	12,7	6,37	30,8	0,450	11,0	86,37	1	299,2	5,942	7,229	130,5	1	452,0	8,977	10,92	130,5	1	585,7	11,63	14,15
	6,3	15,6	7,81	36,9	0,436	8,11	106,0	1	367,2	6,973	8,667	160,1	1	554,7	10,53	13,09	160,1	1	718,8	13,65	16,96
	8	19,2	9,58	43,8	0,415	5,75	129,9	1	450,1	8,041	10,29	196,3	1	679,9	12,15	15,54	196,3	1	881,1	15,74	20,14
80	3,2	9,72	4,86	27,9	0,473	22,0	65,94	1	228,4	5,578	6,551	99,62	1	345,1	8,427	9,896	99,62	1	447,1	10,92	12,82
	4	12,0	5,99	34,0	0,466	17,0	81,33	1	281,7	6,724	7,984	122,9	1	425,6	10,16	12,06	122,9	1	551,5	13,16	15,63
	5	14,7	7,37	41,1	0,457	13,0	99,94	1	346,2	8,026	9,665	151,0	1	523,0	12,12	14,60	151,0	1	677,7	15,71	18,92
	6,3	18,1	9,07	49,7	0,445	9,70	123,1	1	426,4	9,511	11,67	186,0	1	644,2	14,37	17,63	186,0	1	834,7	18,62	22,84
	8	22,4	11,2	59,5	0,427	7,00	151,6	1	525,3	11,12	13,99	229,1	1	793,5	16,80	21,13	229,1	1	1028	21,77	27,37
90	4	13,6	6,79	43,6	0,470	19,5	92,18	1	319,3	8,684	10,25	139,3	1	482,4	13,12	15,48	139,3	1	625,1	17,00	20,06
	5	16,7	8,37	53,0	0,462	15,0	113,5	1	393,2	10,42	12,45	171,5	1	594,0	15,75	18,81	171,5	1	769,7	20,40	24,38
	6,3	20,7	10,3	64,3	0,451	11,3	140,2	1	485,7	12,44	15,11	211,8	1	733,7	18,80	22,83	211,8	1	950,7	24,36	29,58
	8	25,6	12,8	77,6	0,436	8,25	173,3	1	600,5	14,70	18,25	261,9	1	907,1	22,21	27,56	261,9	1	1175	28,77	35,72
100	4	15,2	7,59	54,4	0,473	22,0	103,0	1	356,9	10,90	12,79	155,6	1	539,2	16,46	19,33	155,6	1	698,7	21,33	25,04
	5	18,7	9,37	66,4	0,466	17,0	127,1	1	440,2	13,13	15,59	192,0	1	665,0	19,84	23,56	192,0	1	861,7	25,71	30,52
	6,3	23,2	11,6	80,9	0,457	12,9	157,3	1	544,9	15,77	19,00	237,6	1	823,1	23,83	28,71	237,6	1	1067	30,87	37,20
	8	28,8	14,4	98,2	0,444	9,50	195,1	1	675,7	18,78	23,07	294,7	1	1021	28,37	34,86	294,7	1	1323	36,76	45,16
	10	34,9	17,5	116	0,427	7,00	236,9	1	820,8	21,72	27,31	357,9	1	1240	32,81	41,26	357,9	1	1607	42,51	53,47
120	5	22,7	11,4	97,6	0,472	21,0	154,2	1	534,2	19,49	22,93	233,0	1	807,0	29,45	34,64	233,0	1	1046	38,16	44,89
	6,3	28,2	14,1	120	0,464	16,0	191,5	1	663,3	23,61	28,11	289,3	1	1002	35,67	42,47	289,3	1	1298	46,22	55,03
	8	35,2	17,6	146	0,454	12,0	238,5	1	826,1	28,45	34,42	360,2	1	1248	42,97	51,99	360,2	1	1617	55,68	67,37
	10	42,9	21,5	175	0,441	9,00	291,2	1	1009	33,38	41,16	439,9	1	1524	50,42	62,18	439,9	1	1975	65,33	80,57
	12,5	52,1	26,0	207	0,424	6,60	353,3	1	1224	38,45	48,60	533,6	1	1849	58,09	73,42	533,6	1	2395	75,27	95,13
140	5	26,7	13,4	135	0,476	25,0	181,3	1	628,2	27,11	31,68	273,9	1	949,0	40,95	47,86	273,9	2	1230	53,06	62,02
	6,3	33,3	16,6	166	0,470	19,2	225,7	1	781,8	33,03	39,00	340,9	1	1181	49,90	58,92	340,9	1	1530	64,66	76,35
	8	41,6	20,8	204	0,461	14,5	281,9	1	976,5	40,12	48,02	425,8	1	1475	60,60	72,54	425,8	1	1911	78,53	93,99
	10	50,9	25,5	246	0,450	11,0	345,5	1	1197	47,54	57,83	521,9	1	1808	71,81	87,36	521,9	1	2343	93,06	113,2
	12,5	62,1	31,0	293	0,436	8,20	421,1	1	1459	55,49	68,92	636,1	1	2204	83,83	104,1	636,1	1	2855	108,6	134,9
150	5	28,7	14,4	156	0,478	27,0	194,9	1	675,2	31,38	36,59	294,4	2	1020	47,41	55,27	294,4	2	1322	61,43	71,62
	6,3	35,8	17,9	192	0,472	20,8	242,8	1	841,0	38,33	45,11	366,7	1	1270	57,91	68,15	366,7	1	1646	75,03	88,31
	8	44,8	22,4	237	0,464	15,8	303,6	1	1052	46,71	55,66	458,6	1	1589	70,55	84,09	458,6	1	2059	91,42	109,0
	10	54,9	27,5	286	0,454	12,0	372,6	1	1291	55,56	67,22	562,9	1	1950	83,93	101,5	562,9	1	2527	108,8	131,6
	12,5	67,1	33,5	342	0,441	9,00	455,0	1	1576	65,19	80,40	687,4	1	2381	98,47	121,4	687,4	1	3085	127,6	157,4
	16	83,0	41,5	411	0,422	6,38	563,1	1	1951	76,14	96,52	850,7	1	2947	115,0	145,8	850,7	1	3819	149,0	188,9

Tafel 11.65 (Fortsetzung)

b	t	A	A_v	W_{pl}	a	c/t	S235					S355					S460				
							V	QSK	N_c	M_{el}	M_{pl}	V	QSK	N_c	M_{el}	M_{pl}	V	QSK	N_c	M_{el}	M_{pl}
mm	mm	cm²	cm²	cm³	–	–	kN	–	kN	kNm	kNm	kN	–	kN	kNm	kNm	kN	–	kN	kNm	kNm

Warmgefertigte quadratische Hohlprofile, nahtlos oder geschweißt

b	t	A	A_v	W_{pl}	a	c/t	V	QSK	N_c	M_{el}	M_{pl}	V	QSK	N_c	M_{el}	M_{pl}	V	QSK	N_c	M_{el}	M_{pl}
160	5	30,7	15,4	178	0,479	29,0	208,5	1	722,2	35,97	41,84	314,9	2	1091	54,34	63,21	314,9	3	1414	70,42	–
	6,3	38,3	19,2	220	0,474	22,4	259,9	1	900,2	44,03	51,67	392,6	1	1360	66,51	78,05	392,6	1	1762	86,18	101,1
	8	48,0	24,0	272	0,466	17,0	325,3	1	1127	53,79	63,87	491,4	1	1702	81,26	96,49	491,4	1	2206	105,3	125,0
	10	58,9	29,5	329	0,457	13,0	399,8	1	1385	64,21	77,32	603,9	1	2092	97,00	116,8	603,9	1	2711	125,7	151,3
	12,5	72,1	36,0	395	0,445	9,80	488,9	1	1694	75,66	92,76	738,6	1	2559	114,3	140,1	738,6	1	3315	148,1	181,6
	16	89,4	44,7	476	0,427	7,00	606,6	1	2101	88,96	111,9	916,3	1	3174	134,4	169,0	916,3	1	4113	174,1	219,0
180	6,3	43,3	21,7	281	0,477	25,6	294,1	1	1019	56,61	66,11	444,2	1	1539	85,51	99,87	444,2	2	1994	110,8	129,4
	8	54,4	27,2	349	0,470	19,5	368,7	1	1277	69,48	81,99	557,0	1	1930	105,0	123,9	557,0	1	2500	136,0	160,5
	10	66,9	33,5	424	0,462	15,0	454,0	1	1573	83,38	99,63	685,9	1	2376	126,0	150,5	685,9	1	3079	163,2	195,0
	12,5	82,1	41,0	511	0,452	11,4	556,8	1	1929	98,97	120,1	841,1	1	2914	149,5	181,5	841,1	1	3775	193,7	235,1
	16	102	51,1	621	0,436	8,25	693,4	1	2402	117,6	146,0	1047	1	3629	177,6	220,5	1047	1	4702	230,2	285,7
200	6,3	48,4	24,2	350	0,479	28,7	328,2	1	1137	70,76	82,33	495,9	2	1718	106,9	124,4	495,9	3	2226	138,5	–
	8	60,8	30,4	436	0,473	22,0	412,1	1	1428	87,16	102,4	622,6	1	2157	131,7	154,6	622,6	1	2795	170,6	200,4
	10	74,9	37,5	531	0,466	17,0	508,3	1	1761	105,1	124,8	767,8	1	2660	158,7	188,5	767,8	1	3447	205,7	244,2
	12,5	92,1	46,0	643	0,457	13,0	624,6	1	2164	125,4	151,0	943,6	1	3269	189,4	228,1	943,6	1	4235	245,5	295,6
	16	115	57,5	785	0,444	9,50	780,2	1	2703	150,2	184,6	1179	1	4083	227,0	278,8	1179	1	5291	294,1	361,3
220	6,3	53,4	26,7	427	0,481	31,9	362,4	1	1256	86,50	100,3	547,5	3	1897	130,7	–	547,5	4	2263	161,0	–
	8	67,2	33,6	532	0,476	24,5	455,6	1	1578	106,9	125,0	688,2	1	2384	161,4	188,8	688,2	2	3089	209,2	244,6
	10	82,9	41,5	650	0,469	19,0	562,6	1	1949	129,3	152,7	849,8	1	2944	195,3	230,7	849,8	1	3815	253,0	298,9
	12,5	102	51,0	789	0,461	14,6	692,5	1	2399	155,0	185,4	1046	1	3624	234,1	280,1	1046	1	4695	303,4	363,0
	16	128	63,9	969	0,449	10,8	867,1	1	3004	186,9	227,7	1310	1	4537	282,3	344,0	1310	1	5879	365,9	445,7
250	8	76,8	38,4	694	0,479	28,3	520,7	1	1804	140,2	163,1	786,6	2	2725	211,7	246,5	786,6	3	3531	274,3	–
	10	94,9	47,5	851	0,473	22,0	644,0	1	2231	170,2	199,9	972,8	1	3370	257,2	302,0	972,8	1	4367	333,2	391,3
	12,5	117	58,5	1037	0,466	17,0	794,2	1	2751	205,2	243,7	1200	1	4156	310,0	368,1	1200	1	5385	401,7	477,0
	16	147	73,5	1280	0,456	12,6	997,3	1	3455	249,4	300,8	1507	1	5219	376,8	454,5	1507	1	6763	488,2	588,9
260	8	80,0	40,0	753	0,480	29,5	542,4	1	1879	152,3	177,0	819,4	2	2838	230,0	267,4	819,4	3	3678	298,0	–
	10	98,9	49,5	924	0,474	23,0	671,1	1	2325	185,2	217,1	1014	1	3512	279,7	327,9	1014	1	4551	362,4	424,9
	12,5	122	61,0	1127	0,468	17,8	828,1	1	2869	223,5	264,8	1251	1	4334	337,7	400,1	1251	1	5615	437,5	518,4
	16	153	76,7	1394	0,458	13,3	1041	1	3605	272,3	327,5	1572	1	5446	411,3	494,7	1572	1	7057	532,9	641,0
300	8	92,8	46,4	1013	0,482	34,5	629,2	2	2180	205,7	238,0	950,5	4	3121	300,6	–	950,5	4	3749	372,3	–
	10	115	57,5	1246	0,478	27,0	779,6	1	2701	251,1	292,7	1178	1	4080	379,3	442,2	1178	2	5287	491,5	572,9
	12,5	142	71,0	1525	0,472	21,0	963,8	1	3339	304,6	358,3	1456	1	5044	460,1	541,3	1456	1	6535	596,2	701,4
	16	179	89,5	1895	0,464	15,8	1214	1	4207	373,6	445,3	1835	1	6355	564,4	672,7	1835	1	8235	731,4	871,7
350	8	109	54,4	1392	0,485	40,8	737,8	3	2556	283,7	–	1114	4	3311	390,7	–	1114	4	3939	482,0	–
	10	135	67,5	1715	0,481	32,0	915,3	1	3171	347,6	403,1	1383	3	4790	525,1	–	1383	4	5706	646,3	–
	12,5	167	83,5	2107	0,476	25,0	1133	1	3926	423,6	495,0	1712	1	5931	639,8	747,8	1712	2	7685	829,1	969,0
	16	211	106	2630	0,469	18,9	1431	1	4959	522,9	618,0	2162	1	7491	790,0	933,5	2162	1	9707	1024	1210
400	10	155	77,5	2260	0,484	37,0	1051	2	3641	459,7	531,1	1588	4	5007	655,9	–	1588	4	5988	810,7	–
	12,5	192	96,0	2782	0,479	29,0	1303	1	4514	562,1	653,8	1968	2	6819	849,1	987,6	1968	3	8835	1100	–
	16	243	122	3484	0,473	22,0	1649	1	5711	697,3	818,8	2490	1	8627	1053	1237	2490	1	11.179	1365	1603
	20	300	150	4247	0,466	17,0	2033	1	7043	840,5	998,0	3071	1	10.640	1270	1508	3071	1	13.787	1645	1954

11

Tafel 11.66 Charakteristische Tragfähigkeiten für warmgefertigte rechteckige Hohlprofile

h	b	t	A	A_{vy}	A_{vz}	$W_{pl,y}$	$W_{pl,z}$	a_w	a_f	c_w/t	c_f/t	S235		QSK							
												V_y	V_z	N	M_y	M_z	N_c	$M_{el,y}$	$M_{pl,y}$	$M_{el,z}$	$M_{pl,z}$
mm	mm	mm	cm²	cm²	cm²	cm³	cm³	–	–	–	–	kN	kN	N			kN	kNm	kNm	kNm	kNm
Warmgefertigte rechteckige Hohlprofile, nahtlos oder geschweißt																					
50	**30**	**3,2**	4,60	1,73	2,88	7,25	5,00	0,500	0,304	12,6	6,38	23,41	39,01	1	1	1	108,1	1,335	1,703	0,971	1,175
		4	5,59	2,10	3,49	8,59	5,88	0,500	0,284	9,50	4,50	28,43	47,39	1	1	1	131,3	1,550	2,019	1,110	1,383
		5	6,73	2,52	4,21	10,0	6,80	0,500	0,257	7,00	3,00	34,25	57,08	1	1	1	158,2	1,759	2,357	1,236	1,597
60	**40**	**3,2**	5,88	2,35	3,53	11,5	8,64	0,500	0,347	15,8	9,50	31,91	47,87	1	1	1	138,2	2,180	2,708	1,712	2,030
		4	7,19	2,88	4,31	13,8	10,3	0,500	0,332	12,0	7,00	39,01	58,52	1	1	1	168,9	2,572	3,249	2,002	2,425
		5	8,73	3,49	5,24	16,4	12,2	0,500	0,313	9,00	5,00	47,39	71,08	1	1	1	205,2	2,984	3,853	2,295	2,858
		6,3	10,6	4,23	6,35	19,2	14,2	0,500	0,286	6,52	3,35	57,45	86,18	1	1	1	248,8	3,399	4,519	2,575	3,325
80	**40**	**3,2**	7,16	2,39	4,77	18,0	11,0	0,500	0,285	22,0	9,50	32,38	64,77	1	1	1	168,3	3,359	4,241	2,223	2,584
		4	8,79	2,93	5,86	21,8	13,2	0,500	0,272	17,0	7,00	39,75	79,49	1	1	1	206,5	4,007	5,127	2,613	3,102
		5	10,7	3,58	7,15	26,1	15,7	0,500	0,255	13,0	5,00	48,54	97,07	1	1	1	252,2	4,716	6,140	3,020	3,681
		6,3	13,1	4,37	8,74	31,1	18,4	0,500	0,231	9,70	3,35	59,28	118,6	1	1	1	308,0	5,480	7,303	3,426	4,323
90	**50**	**3,2**	8,44	3,01	5,43	24,6	16,2	0,500	0,318	25,1	12,6	40,90	73,62	1	1	1	198,4	4,655	5,772	3,315	3,815
		4	10,4	3,71	6,68	29,8	19,6	0,500	0,307	19,5	9,50	50,34	90,61	1	1	1	244,1	5,592	7,015	3,943	4,614
		5	12,7	4,55	8,18	36,0	23,5	0,500	0,293	15,0	7,00	61,69	111,0	1	1	1	299,2	6,646	8,458	4,626	5,529
		6,3	15,6	5,58	10,0	43,2	28,0	0,500	0,274	11,3	4,94	75,72	136,3	1	1	1	367,2	7,826	10,16	5,357	6,584
		8	19,2	6,84	12,3	51,4	32,9	0,500	0,248	8,25	3,25	92,81	167,1	1	1	1	450,1	9,064	12,08	6,070	7,741
100	**50**	**4**	11,2	3,73	7,46	35,2	21,5	0,500	0,285	22,0	9,50	50,60	101,2	1	1	1	262,9	6,561	8,282	4,342	5,046
		5	13,7	4,58	9,15	42,6	25,8	0,500	0,272	17,0	7,00	62,10	124,2	1	1	1	322,7	7,826	10,01	5,104	6,058
		6,3	16,9	5,63	11,3	51,3	30,8	0,500	0,254	12,9	4,94	76,37	152,7	1	1	1	396,8	9,263	12,07	5,927	7,231
		8	20,8	6,92	13,8	61,4	36,3	0,500	0,229	9,50	3,25	93,86	187,7	1	1	1	487,7	10,80	14,43	6,741	8,531
	60	**4**	12,0	4,50	7,49	39,1	27,3	0,500	0,333	22,0	12,0	61,00	101,7	1	1	1	281,7	7,428	9,185	5,524	6,408
		5	14,7	5,52	9,21	47,4	32,9	0,500	0,321	17,0	9,00	74,95	124,9	1	1	1	346,2	8,888	11,13	6,548	7,730
		6,3	18,1	6,80	11,3	57,3	39,5	0,500	0,306	12,9	6,52	92,33	153,9	1	1	1	426,4	10,56	13,45	7,688	9,290
		8	22,4	8,38	14,0	68,7	47,1	0,500	0,284	9,50	4,50	113,7	189,6	1	1	1	525,3	12,40	16,15	8,878	11,06
120	**60**	**4**	13,6	4,53	9,06	51,9	31,7	0,500	0,294	27,0	12,0	61,45	122,9	1	1	1	319,3	9,742	12,19	6,509	7,461
		5	16,7	5,58	11,2	63,1	38,4	0,500	0,283	21,0	9,00	75,67	151,3	1	1	1	393,2	11,72	14,83	7,736	9,023
		6,3	20,7	6,89	13,8	76,7	46,3	0,500	0,268	16,0	6,52	93,47	186,9	1	1	1	485,7	14,03	18,01	9,118	10,88
		8	25,6	8,52	17,0	92,7	55,4	0,500	0,249	12,0	4,50	115,6	231,1	1	1	1	600,5	16,64	21,78	10,59	13,02
	80	**4**	15,2	6,08	9,11	61,2	46,1	0,500	0,368	27,0	17,0	82,43	123,6	1	1	1	356,9	11,85	14,37	9,441	10,84
		5	18,7	7,49	11,2	74,6	56,1	0,500	0,359	21,0	13,0	101,7	152,5	1	1	1	440,2	14,31	17,53	11,34	13,19
		6,3	23,2	9,27	13,9	91,0	68,2	0,500	0,348	16,0	9,70	125,8	188,8	1	1	1	544,9	17,23	21,38	13,54	16,03
		8	28,8	11,5	17,3	111	82,6	0,500	0,332	12,0	7,00	156,0	234,1	1	1	1	675,7	20,57	26,00	16,01	19,40
140	**80**	**4**	16,8	6,10	10,7	77,1	52,2	0,500	0,333	32,0	17,0	82,83	145,0	1	1	1	394,5	14,79	18,13	10,80	12,27
		5	20,7	7,54	13,2	94,3	63,6	0,500	0,325	25,0	13,0	102,3	179,0	1	1	1	487,2	17,93	22,17	12,99	14,95
		6,3	25,7	9,35	16,4	115	77,5	0,500	0,314	19,2	9,70	126,8	222,0	1	1	1	604,1	21,68	27,13	15,56	18,21
		8	32,0	11,6	20,3	141	94,1	0,500	0,299	14,5	7,00	157,6	275,9	1	1	1	750,9	26,06	33,13	18,46	22,11
150	**100**	**5**	23,7	9,49	14,2	119	90,1	0,500	0,368	27,0	17,0	128,8	193,2	1	1	1	557,7	23,15	28,07	18,44	21,18
		6,3	29,5	11,8	17,7	147	110	0,500	0,359	20,8	12,9	160,0	240,0	1	1	1	692,9	28,14	34,48	22,28	25,94
		8	36,8	14,7	22,1	180	135	0,500	0,347	15,8	9,50	199,5	299,2	1	1	1	863,7	34,06	42,32	26,76	31,72
		10	44,9	18,0	27,0	216	161	0,500	0,332	12,0	7,00	243,8	365,7	1	1	1	1056	40,18	50,77	31,27	37,89
		12,5	54,6	21,8	32,7	256	190	0,500	0,313	9,00	5,00	296,2	444,3	1	1	1	1282	46,62	60,20	35,86	44,66
160	**80**	**5**	22,7	7,58	15,2	116	71,1	0,500	0,296	29,0	13,0	102,8	205,6	1	1	1	534,2	21,86	27,27	14,65	16,71
		6,3	28,2	9,41	18,8	142	86,8	0,500	0,286	22,4	9,70	127,7	255,3	1	1	1	663,3	26,53	33,46	17,57	20,40
		8	35,2	11,7	23,4	175	106	0,500	0,272	17,0	7,00	159,0	318,0	1	1	1	826,1	32,06	41,01	20,91	24,81
		10	42,9	14,3	28,6	209	125	0,500	0,255	13,0	5,00	194,1	388,3	1	1	1	1009	37,73	49,12	24,16	29,45
		12,5	52,1	17,4	34,7	247	146	0,500	0,232	9,80	3,40	235,5	471,0	1	1	1	1224	43,63	58,09	27,30	34,41

Tafel 11.66 (Fortsetzung)

Warmgefertigte rechteckige Hohlprofile, nahtlos oder geschweißt

S355 V_y kN	V_z kN	QSK N	M_y	M_z	N_c kN	$M_{el,y}$ kNm	$M_{pl,y}$ kNm	$M_{el,z}$ kNm	$M_{pl,z}$ kNm	S460 V_y kN	V_z kN	QSK N	M_y	M_z	N_c kN	$M_{el,y}$ kNm	$M_{pl,y}$ kNm	$M_{el,z}$ kNm	$M_{pl,z}$ kNm	t mm	b mm	h mm
35,36	58,93	1	1	1	163,3	2,017	2,572	1,467	1,775	45,82	76,36	1	1	1	211,6	2,614	3,333	1,901	2,301	3,2	30	50
42,95	71,59	1	1	1	198,4	2,341	3,051	1,676	2,089	55,66	92,76	1	1	1	257,1	3,034	3,953	2,172	2,707	4		
51,74	86,23	1	1	1	239,0	2,657	3,560	1,867	2,413	67,04	111,7	1	1	1	309,7	3,443	4,613	2,419	3,127	5		
48,21	72,32	1	1	1	208,8	3,293	4,091	2,587	3,067	62,47	93,71	1	1	1	270,5	4,266	5,301	3,352	3,974	3,2	40	60
58,93	88,40	1	1	1	255,2	3,885	4,909	3,024	3,663	76,36	114,5	1	1	1	330,7	5,034	6,360	3,918	4,747	4		
71,59	107,4	1	1	1	310,0	4,508	5,820	3,467	4,318	92,76	139,1	1	1	1	401,7	5,841	7,542	4,493	5,595	5		
86,79	130,2	1	1	1	375,8	5,135	6,827	3,890	5,024	112,5	168,7	1	1	1	487,0	6,654	8,846	5,041	6,509	6,3		
48,92	97,84	1	1	1	254,2	5,075	6,406	3,358	3,903	63,39	126,8	1	1	1	329,4	6,576	8,301	4,351	5,057	3,2	40	80
60,04	120,1	1	1	1	312,0	6,053	7,744	3,948	4,686	77,80	155,6	1	1	1	404,3	7,844	10,04	5,115	6,071	4		
73,32	146,6	1	1	1	381,0	7,125	9,275	4,562	5,560	95,00	190,0	1	1	1	493,7	9,232	12,02	5,911	7,205	5		
89,54	179,1	1	1	1	465,3	8,279	11,03	5,175	6,531	116,0	232,1	1	1	1	602,9	10,73	14,30	6,706	8,463	6,3		
61,78	111,2	1	1	1	299,6	7,031	8,720	5,008	5,762	80,06	144,1	2	1	2	388,3	9,111	11,30	6,489	7,467	3,2	50	90
76,04	136,9	1	1	1	368,8	8,448	10,60	5,956	6,970	98,53	177,4	1	1	1	477,9	10,95	13,73	7,718	9,031	4		
93,20	167,8	1	1	1	452,0	10,04	12,78	6,988	8,353	120,8	217,4	1	1	1	585,7	13,01	16,56	9,055	10,82	5		
114,4	205,9	1	1	1	554,7	11,82	15,34	8,093	9,947	148,2	266,8	1	1	1	718,8	15,32	19,88	10,49	12,89	6,3		
140,2	252,4	1	1	1	679,9	13,69	18,25	9,170	11,69	181,7	327,0	1	1	1	881,1	17,74	23,65	11,88	15,15	8		
76,44	152,9	1	1	1	397,2	9,912	12,51	6,559	7,623	99,05	198,1	1	1	1	514,7	12,84	16,21	8,499	9,878	4	50	100
93,82	187,6	1	1	1	487,5	11,82	15,13	7,710	9,152	121,6	243,1	1	1	1	631,7	15,32	19,60	9,991	11,86	5		
115,4	230,7	1	1	1	599,5	13,99	18,23	8,953	10,92	149,5	299,0	1	1	1	776,8	18,13	23,62	11,60	14,15	6,3		
141,8	283,6	1	1	1	736,7	16,32	21,79	10,18	12,89	183,7	367,4	1	1	1	954,7	21,15	28,24	13,20	16,70	8		
92,14	153,6	1	1	1	425,6	11,22	13,87	8,345	9,680	119,4	199,0	1	1	1	551,5	14,54	17,98	10,81	12,54	4	60	
113,2	188,7	1	1	1	523,0	13,43	16,81	9,892	11,68	146,7	244,5	1	1	1	677,7	17,40	21,78	12,82	15,13	5		
139,5	232,5	1	1	1	644,2	15,96	20,32	11,61	14,03	180,7	301,2	1	1	1	834,7	20,68	26,34	15,05	18,18	6,3		
171,8	286,3	1	1	1	793,5	18,73	24,40	13,41	16,71	222,6	371,0	1	1	1	1028	24,27	31,62	17,38	21,66	8		
92,84	185,7	2	1	2	482,4	14,72	18,41	9,832	11,27	120,3	240,6	2	1	2	625,1	19,07	23,86	12,74	14,60	4	60	120
114,3	228,6	1	1	1	594,0	17,70	22,40	11,69	13,63	148,1	296,2	1	1	1	769,7	22,94	29,02	15,14	17,66	5		
141,2	282,4	1	1	1	733,7	21,20	27,21	13,77	16,44	183,0	365,9	1	1	1	950,7	27,47	35,26	17,85	21,30	6,3		
174,6	349,2	1	1	1	907,1	25,13	32,91	15,99	19,67	226,2	452,4	1	1	1	1175	32,56	42,64	20,72	25,48	8		
124,5	186,8	2	1	2	539,2	17,90	21,71	14,26	16,38	161,3	242,0	2	1	2	698,7	23,20	28,13	18,48	21,22	4	80	
153,6	230,4	1	1	1	665,0	21,62	26,48	17,12	19,92	199,0	298,5	1	1	1	861,7	28,01	34,31	22,19	25,82	5		
190,1	285,1	1	1	1	823,1	26,02	32,30	20,46	24,22	246,3	369,5	1	1	1	1067	33,72	41,85	26,51	31,38	6,3		
235,7	353,6	1	1	1	1021	31,08	39,27	24,19	29,31	305,5	458,2	1	1	1	1323	40,27	50,88	31,34	37,97	8		
125,1	219,0	3	1	3	596,0	22,34	27,38	16,32	–	162,1	283,7	4	1	4	*732,2*	28,95	35,48	*19,89*	–	4	80	140
154,5	270,4	1	1	1	736,0	27,08	33,48	19,62	22,59	200,2	350,4	2	1	1	953,7	35,09	43,39	25,43	29,27	5		
191,6	335,3	1	1	1	912,6	32,75	40,98	23,50	27,52	248,3	434,5	1	1	1	1183	42,44	53,10	30,45	35,65	6,3		
238,1	416,8	1	1	1	1134	39,37	50,04	27,89	33,40	308,6	540,0	1	1	1	1470	51,02	64,85	36,13	43,27	8		
194,6	291,8	2	1	2	842,5	34,97	42,40	27,86	31,99	252,1	378,2	2	1	2	1092	45,31	54,94	36,10	41,45	5	100	150
241,7	362,6	1	1	1	1047	42,50	52,08	33,66	39,18	313,2	469,9	1	1	1	1356	55,07	67,48	43,61	50,77	6,3		
301,3	452,0	1	1	1	1305	51,45	63,92	40,42	47,92	390,4	585,7	1	1	1	1691	66,66	82,83	52,38	62,09	8		
368,3	552,5	1	1	1	1595	60,70	76,70	47,25	57,24	477,3	715,9	1	1	1	2067	78,65	99,38	61,22	74,17	10		
447,4	671,1	1	1	1	1937	70,43	90,94	54,18	67,47	579,7	869,6	1	1	1	2510	91,26	117,8	70,20	87,42	12,5		
155,3	310,6	2	1	2	807,0	33,02	41,20	22,12	25,25	201,2	402,5	3	1	3	1046	42,78	53,38	28,67	–	5	80	160
192,8	385,7	1	1	1	1002	40,08	50,55	26,55	30,81	249,9	499,8	1	1	1	1298	51,93	65,50	34,40	39,93	6,3		
240,2	480,3	1	1	1	1248	48,43	61,96	31,58	37,48	311,2	622,4	1	1	1	1617	62,75	80,28	40,92	48,57	8		
293,3	586,6	1	1	1	1524	57,00	74,20	36,50	44,48	380,0	760,0	1	1	1	1975	73,86	96,15	47,29	57,64	10		
355,8	711,5	1	1	1	1849	65,91	87,76	41,24	51,98	461,0	922,0	1	1	1	2395	85,41	113,7	53,44	67,35	12,5		

Tafel 11.66 (Fortsetzung)

h	b	t	A	A_{vy}	A_{vz}	$W_{pl,y}$	$W_{pl,z}$	a_w	a_f	c_w/t	c_f/t	S235									
												V_y	V_z	QSK			N_c	$M_{el,y}$	$M_{pl,y}$	$M_{el,z}$	$M_{pl,z}$
														N	M_y	M_z					
mm	mm	mm	cm²	cm²	cm²	cm³	cm³	–	–	–	–	kN	kN	N	M_y	M_z	kN	kNm	kNm	kNm	kNm
Warmgefertigte rechteckige Hohlprofile, nahtlos oder geschweißt																					
180	**100**	5	26,7	9,55	17,2	157	104	0,500	0,327	33,0	17,0	129,5	233,2	1	1	1	628,2	30,10	36,96	21,62	24,52
		6,3	33,3	11,9	21,4	194	128	0,500	0,318	25,6	12,9	161,2	290,2	1	1	1	781,8	36,74	45,54	26,19	30,10
		8	41,6	14,8	26,7	239	157	0,500	0,307	19,5	9,50	201,4	362,4	1	1	1	976,5	44,74	56,12	31,54	36,91
		10	50,9	18,2	32,7	288	188	0,500	0,293	15,0	7,00	246,8	444,2	1	1	1	1197	53,17	67,67	37,01	44,23
		12,5	62,1	22,2	39,9	344	223	0,500	0,275	11,4	5,00	300,8	541,4	1	1	1	1459	62,27	80,76	42,66	52,37
200	**100**	6,3	35,8	11,9	23,9	228	140	0,500	0,296	28,7	12,9	161,8	323,7	1	1	1	841,0	42,98	53,65	28,79	32,88
		8	44,8	14,9	29,8	282	172	0,500	0,285	22,0	9,50	202,4	404,8	1	1	1	1052	52,49	66,26	34,73	40,37
		10	54,9	18,3	36,6	341	206	0,500	0,272	17,0	7,00	248,4	496,8	1	1	1	1291	62,61	80,10	40,83	48,46
		12,5	67,1	22,4	44,7	408	245	0,500	0,255	13,0	5,00	303,3	606,7	1	1	1	1576	73,70	95,93	47,19	57,51
		16	83,0	27,7	55,3	491	290	0,500	0,229	9,50	3,25	375,4	750,9	1	1	1	1951	86,44	115,4	53,93	68,25
	120	6,3	38,3	14,4	23,9	253	177	0,500	0,342	28,7	16,0	194,9	324,8	1	1	1	900,2	48,54	59,38	36,38	41,58
		8	48,0	18,0	30,0	313	218	0,500	0,333	22,0	12,0	244,0	406,6	1	1	1	1127	59,42	73,48	44,20	51,26
		10	58,9	22,1	36,8	379	263	0,500	0,321	17,0	9,00	299,8	499,7	1	1	1	1385	71,10	89,03	52,38	61,84
		12,5	72,1	27,0	45,0	455	314	0,500	0,306	13,0	6,60	366,7	611,2	1	1	1	1694	84,04	106,9	61,18	73,86
250	**150**	6,3	48,4	18,1	30,2	402	283	0,500	0,349	36,7	20,8	246,2	410,3	2	1	2	1137	77,88	94,56	58,73	66,39
		8	60,8	22,8	38,0	501	351	0,500	0,342	28,3	15,8	309,1	515,2	1	1	1	1428	96,09	117,6	72,00	82,36
		10	74,9	28,1	46,8	611	426	0,500	0,333	22,0	12,0	381,2	635,4	1	1	1	1761	116,1	143,5	86,32	100,1
		12,5	92,1	34,5	57,5	740	514	0,500	0,321	17,0	9,00	468,5	780,8	1	1	1	2164	138,9	173,9	102,3	120,8
		16	115	43,1	71,9	906	625	0,500	0,304	12,6	6,38	585,2	975,3	1	1	1	2703	166,9	212,9	121,4	146,9
260	**180**	6,3	53,4	21,9	31,6	475	369	0,500	0,387	38,3	25,6	296,5	428,3	3	1	3	1256	93,38	111,6	76,47	–
		8	67,2	27,5	39,7	592	459	0,500	0,381	29,5	19,5	372,7	538,4	1	1	1	1578	115,5	139,1	94,21	107,9
		10	82,9	33,9	49,0	724	560	0,500	0,373	23,0	15,0	460,3	664,9	1	1	1	1949	139,9	170,1	113,6	131,6
		12,5	102	41,8	60,3	879	679	0,500	0,363	17,8	11,4	566,6	818,4	1	1	1	2399	168,1	206,7	135,7	159,5
		16	128	52,3	75,5	1081	831	0,500	0,349	13,3	8,25	709,4	1025	1	1	1	3004	203,3	254,1	162,7	195,3
300	**200**	8	76,8	30,7	46,1	779	589	0,500	0,375	34,5	22,0	416,5	624,8	2	1	2	1804	152,2	183,1	121,8	138,5
		10	94,9	38,0	57,0	956	721	0,500	0,368	27,0	17,0	515,2	772,8	1	1	1	2231	185,2	224,5	147,5	169,4
		12,5	117	46,8	70,2	1165	877	0,500	0,359	21,0	13,0	635,4	953,1	1	1	1	2751	223,6	273,9	177,1	206,1
		16	147	58,8	88,2	1441	1080	0,500	0,347	15,8	9,50	797,9	1197	1	1	1	3455	272,4	338,5	214,1	253,8
350	**250**	8	92,8	38,6	54,1	1118	888	0,500	0,396	40,8	28,3	524,4	734,1	3	1	3	2180	220,9	262,7	184,2	–
		10	115	47,9	67,0	1375	1091	0,500	0,391	32,0	22,0	649,7	909,6	1	1	1	2701	269,9	323,2	224,4	256,3
		12,5	142	59,2	82,9	1685	1334	0,500	0,384	25,0	17,0	803,2	1124	1	1	1	3339	327,9	395,9	271,5	313,4
		16	179	74,6	104	2095	1655	0,500	0,374	18,9	12,6	1012	1417	1	1	1	4207	403,0	492,4	331,9	388,8
400	**200**	8	92,8	30,9	61,8	1203	743	0,500	0,310	47,0	22,0	419,5	839,0	4	1	4	*2021*	229,9	282,7	*143,7*	–
		10	115	38,3	76,6	1480	911	0,500	0,304	37,0	17,0	519,8	1040	2	1	2	2701	281,0	347,8	190,0	214,1
		12,5	142	47,4	94,7	1813	1111	0,500	0,296	29,0	13,0	642,5	1285	1	1	1	3339	341,5	426,1	228,8	261,2
		16	179	59,7	119	2256	1374	0,500	0,285	22,0	9,50	809,6	1619	1	1	1	4207	419,9	530,1	277,9	323,0
450	**250**	8	109	38,8	69,9	1622	1081	0,500	0,338	53,3	28,3	527,0	948,6	4	1	4	*2262*	314,2	381,1	*198,3*	–
		10	135	48,2	86,7	2000	1331	0,500	0,333	42,0	22,0	653,8	1177	3	1	3	3171	385,3	470,0	278,6	–
		12,5	167	59,7	107	2458	1631	0,500	0,327	33,0	17,0	809,6	1457	1	1	1	3926	470,3	577,5	337,9	383,2
		16	211	75,4	136	3070	2029	0,500	0,318	25,1	12,6	1022	1840	1	1	1	4959	581,8	721,5	414,4	476,8
500	**300**	10	155	58,1	96,8	2595	1826	0,500	0,355	47,0	27,0	788,3	1314	4	1	4	*3392*	505,4	609,8	*352,8*	–
		12,5	192	72,0	120	3196	2244	0,500	0,349	37,0	21,0	977,3	1629	2	1	2	4514	618,6	751,0	466,6	527,2
		16	243	91,1	152	4005	2804	0,500	0,342	28,3	15,8	1236	2061	1	1	1	5711	768,8	941,2	576,0	658,9
		20	300	112	187	4885	3408	0,500	0,333	22,0	12,0	1525	2541	1	1	1	7043	928,5	1148	690,6	801,0

Tafel 11.66 (Fortsetzung)

S355										S460										t	b	h
V_y	V_z	QSK			N_c	$M_{el,y}$	$M_{pl,y}$	$M_{el,z}$	$M_{pl,z}$	V_y	V_z	QSK			N_c	$M_{el,y}$	$M_{pl,y}$	$M_{el,z}$	$M_{pl,z}$			
kN	kN	N	M_y	M_z	kN	kNm	kNm	kNm	kNm	kN	kN	N	M_y	M_z	kN	kNm	kNm	kNm	kNm	mm	mm	mm

Warmgefertigte rechteckige Hohlprofile, nahtlos oder geschweißt

V_y	V_z	N	M_y	M_z	N_c	$M_{el,y}$	$M_{pl,y}$	$M_{el,z}$	$M_{pl,z}$	V_y	V_z	N	M_y	M_z	N_c	$M_{el,y}$	$M_{pl,y}$	$M_{el,z}$	$M_{pl,z}$	t	b	h
195,7	352,2	3	1	3	949,0	45,47	55,84	32,67	–	253,6	456,4	4	1	4	1152	58,91	72,35	39,30	–	5	100	180
243,5	438,3	1	1	1	1181	55,51	68,79	39,56	45,47	315,5	568,0	2	1	2	1530	71,92	89,13	51,26	58,92	6,3		
304,2	547,5	1	1	1	1475	67,58	84,77	47,65	55,76	394,1	709,4	1	1	1	1911	87,57	109,8	61,74	72,25	8		
372,8	671,0	1	1	1	1808	80,31	102,2	55,91	66,82	483,0	869,5	1	1	1	2343	104,1	132,5	72,44	86,59	10		
454,4	817,9	1	1	1	2204	94,07	122,0	64,44	79,12	588,8	1060	1	1	1	2855	121,9	158,1	83,50	102,5	12,5		
244,5	489,0	2	1	2	1270	64,92	81,04	43,49	49,66	316,8	633,6	3	1	3	1646	84,13	105,0	56,35	–	6,3	100	200
305,8	611,5	1	1	1	1589	79,29	100,1	52,47	60,98	396,2	792,4	1	1	1	2059	102,7	129,7	67,99	79,02	8		
375,3	750,5	1	1	1	1950	94,58	121,0	61,68	73,21	486,3	972,5	1	1	1	2527	122,6	156,8	79,93	94,87	10		
458,2	916,5	1	1	1	2381	111,3	144,9	71,28	86,88	593,8	1188	1	1	1	3085	144,3	187,8	92,36	112,6	12,5		
567,1	1134	1	1	1	2947	130,6	174,3	81,47	103,1	734,9	1470	1	1	1	3819	169,2	225,9	105,6	133,6	16		
294,4	490,7	2	1	2	1360	73,32	89,71	54,96	62,81	381,5	635,8	3	1	3	1762	95,00	116,2	71,22	–	6,3	120	
368,6	614,3	1	1	1	1702	89,77	111,0	66,76	77,44	477,6	796,0	1	1	1	2206	116,3	143,8	86,51	100,3	8		
452,9	754,9	1	1	1	2092	107,4	134,5	79,13	93,42	586,9	978,1	1	1	1	2711	139,2	174,3	102,5	121,1	10		
554,0	923,3	1	1	1	2559	127,0	161,6	92,43	111,6	717,8	1196	1	1	1	3315	164,5	209,3	119,8	144,6	12,5		
371,9	619,8	4	1	4	1626	117,7	142,9	83,27	–	481,9	803,2	4	1	4	2008	152,5	185,1	102,1	–	6,3	150	250
466,9	778,2	2	1	2	2157	145,2	177,7	108,8	124,4	605,1	1008	3	1	3	2795	188,1	230,3	140,9	–	8		
575,9	959,8	1	1	1	2660	175,3	216,8	130,4	151,2	746,2	1244	1	1	1	3447	227,2	280,9	169,0	196,0	10		
707,7	1179	1	1	1	3269	209,8	262,7	154,6	182,5	917,0	1528	1	1	1	4235	271,8	340,4	200,3	236,4	12,5		
884,0	1473	1	1	1	4083	252,2	321,6	183,3	221,9	1145	1909	1	1	1	5291	326,8	416,7	237,6	287,6	16		
448,0	647,1	4	1	4	1775	141,1	168,6	106,8	–	580,5	838,4	4	2	4	2197	182,8	218,4	131,1	–	6,3	180	260
563,1	813,3	2	1	2	2384	174,5	210,1	142,3	162,9	729,6	1054	3	1	3	3089	226,1	272,3	184,4	–	8		
695,3	1004	1	1	1	2944	211,4	256,9	171,6	198,8	901,0	1301	1	1	1	3815	273,6	332,9	222,4	257,6	10		
855,9	1236	1	1	1	3624	253,9	312,2	204,9	240,9	1109	1602	1	1	1	4695	329,1	404,5	265,6	312,2	12,5		
1072	1548	1	1	1	4537	307,1	383,8	245,8	295,0	1389	2006	1	1	1	5879	397,9	497,4	318,5	382,3	16		
629,3	943,9	4	1	4	2639	230,0	276,7	177,3	–	815,4	1223	4	1	4	3272	298,0	358,5	218,1	–	8	200	300
778,2	1167	1	1	1	3370	279,7	339,2	222,9	255,9	1008	1513	2	1	2	4367	362,5	439,5	288,8	331,6	10		
959,8	1440	1	1	1	4156	337,8	413,7	267,6	311,3	1244	1866	1	1	1	5385	437,7	536,1	346,7	403,4	12,5		
1205	1808	1	1	1	5219	411,6	511,4	323,4	383,4	1562	2343	1	1	1	6763	533,3	662,6	419,0	496,7	16		
792,1	1109	4	2	4	3018	333,7	396,9	250,9	–	1026	1437	4	3	4	3735	432,4	–	307,5	–	8	250	350
981,5	1374	3	1	3	4080	407,8	488,2	339,0	–	1272	1780	4	1	4	5036	528,4	632,6	414,8	–	10		
1213	1699	1	1	1	5044	495,4	598,1	410,2	473,5	1572	2201	2	1	2	6535	641,9	775,0	531,5	613,5	12,5		
1529	2140	1	1	1	6355	608,8	743,8	501,4	587,4	1981	2773	1	1	1	8235	788,9	963,8	649,7	761,1	16		
633,7	1267	4	1	4	2804	347,2	427,1	196,9	–	821,1	1642	4	1	4	3436	449,9	553,4	239,2	–	8	200	400
785,2	1570	4	1	4	3833	424,5	525,4	267,6	–	1017	2035	4	1	4	4717	550,0	680,9	327,0	–	10		
970,6	1941	2	1	2	5044	515,9	643,7	345,7	394,5	1258	2515	3	1	3	6535	668,4	834,1	447,9	–	12,5		
1223	2446	1	1	1	6355	634,3	800,7	419,8	487,9	1585	3169	1	1	1	8235	822,0	1038	543,9	632,2	16		
796,1	1433	4	2	4	3141	474,6	575,7	271,3	–	1032	1743	4	3	4	3858	615,0	–	329,8	–	8	250	450
987,7	1778	4	1	4	4296	582,1	710,0	371,4	–	1280	2304	4	1	4	5285	754,3	920,0	453,0	–	10		
1223	2201	3	1	3	5931	710,4	872,4	510,4	–	1585	2852	4	1	4	7200	920,5	1130	614,1	–	12,5		
1545	2780	1	1	1	7491	878,9	1090	626,0	720,3	2001	3603	2	1	2	9707	1139	1412	811,1	933,3	16		
1191	1985	4	2	4	4736	763,4	921,1	485,7	–	1543	2572	4	2	4	5829	989,2	1194	592,1	–	10	300	500
1476	2460	4	1	4	6434	934,5	1134	659,1	–	1913	3188	4	1	4	7946	1211	1470	807,7	–	12,5		
1868	3113	2	1	2	8627	1161	1422	870,2	995,3	2420	4034	3	1	3	11.179	1505	1842	1128	–	16		
2304	3839	1	1	1	10.640	1403	1734	1043	1210	2985	4975	1	1	1	13.787	1817	2247	1352	1568	20		

11

11.4 Stabilitätsnachweise für Stäbe und Stabwerke

11.4.1 Allgemeines

Die Berücksichtigung der Tragwerksverformungen auf das Gleichgewicht (Stabilität von druckbeanspruchten Bauteilen und Tragsystemen) ist i. Allg. bei einer elastischen Tragwerksberechnung dann erforderlich, wenn der Faktor α_{cr} bis zum Erreichen der idealen Verzweigungslast unter 10 liegt (siehe Abschn. 11.2.4). Der Stabilitätsnachweis für Stäbe und Stabwerke kann nach den Methoden A, B und C des Abschn. 11.2.5 erfolgen (siehe Tafel 11.41). Bezüglich der Eignung der Methoden für bestimmte Tragwerksformen und Querschnittstypen siehe auch [74].

Bei den **Methoden A und B** wird eine Berechnung nach Theorie II. Ordnung unter Ansatz von Imperfektionen durchgeführt, die im Allgemeinen als geometrische Ersatzimperfektionen angesetzt oder durch wirkungsgleiche Ersatzlasten berücksichtigt werden (siehe Abschn. 11.2.6). Die Schnittgrößenberechnung kann mit vereinfachten Verfahren (siehe Abschn. 11.2.4), geeigneten Stabwerksprogrammen oder Handrechnungsverfahren (z. B. DGL-Methode, Weggrößenverfahren Theorie II. Ordnung) erfolgen.

Die Anwendung von **Methode A** beschränkt sich, wegen i. Allg. fehlender Möglichkeit, den Einfluss der Biegetorsionstheorie II. Ordnung bei räumlichen Stabwerken und polygonal verlaufenden Stabzügen im Rahmen eine Stabwerksberechnung zu berücksichtigen, auf Tragkonstruktionen ohne Biegedrillknickgefährdung (z. B. Stahlhohlprofilkonstruktionen und Tragwerke mit ausreichend gegen Verdrehen um die Längsachse gesicherten Stäben).

Bei der **Methode B** werden im Rahmen einer Stabwerksberechnung die Stabendschnittgrößen nach Theorie II. Ordnung ermittelt. Der Einfluss von Bauteilimperfektionen (i. Allg. als Vorkrümmungen angesetzt) und Lastverformungen zwischen den Knoten des Stabwerks wird im Rahmen nachgelagerter Ersatzstabnachweise für die Einzelstäbe berücksichtigt. Als Knicklängen werden dabei i. Allg. die Stablängen angesetzt. In Bezug auf die gleichzeitige Berücksichtigung von Anfangsschiefstellungen und Vorkrümmungen bei der Stabwerksberechnung ($\varepsilon > \pi/2$) gilt Abschn. 11.2.6.4.

Bei der **Methode C**, die für einfache Tragsysteme wie Einzelstäbe, Durchlaufträger und einfache ebene Rahmensysteme geeignet ist, werden Ersatzstabnachweise mit den Schnittgrößen nach Theorie I. Ordnung geführt. Die zugrunde zu legenden Knicklängen bzw. Knicklasten werden im Rahmen einer Stabilitätsberechnung (Eigenwertanalyse) des Gesamtsystems ermittelt. Je nach Tragstruktur (verschieblich, unverschieblich) und Steifigkeitsverteilung können die Knicklängen über oder unter den jeweiligen Stablängen liegen. Zu beachten ist, dass ggf. vorhandene Anschlüsse und Verbindungen unter Berücksichtigung der angenommenen Lagerungsbedingungen in geeigneter Weise auszulegen sind, da der Schnittgrößenzuwachs aus den Einflüssen von Imperfektionen und Theorie II. Ordnung nicht bekannt ist. Bei biegesteifen Anschlüssen von Stäben mit Querschnitten der Klasse 1 oder 2 sind i. Allg. die plastischen Momententragfähigkeiten anzuschließen.

Das Auftreten der Stabilitätsfälle Biegeknicken (BK), Drillknicken (DK) und Biegedrillknicken (BDK) ist abhängig von der Querschnittsform, den Lagerungsbedingungen und den planmäßigen Schnittgrößen. Tafel 11.67 gibt eine Übersicht über mögliche Stabilitätsfälle von Stäben mit dünnwandigen offenen Querschnitten und die Ersatzstabnachweise nach [12]. Bei Stäben aus geschlossenen Hohlprofilen mit üblichen Abmessungsverhältnissen ist wegen der hohen Torsionssteifigkeit als globale Versagensform nur das Biegeknicken von Relevanz. Die Stabilitätsnachweise für Bauteile mit kaltgeformten Querschnitten aus Blechen oder Band sind, mit Ausnahme von Stahlhohlprofilen nach [57], in [14] geregelt.

Tafel 11.67 Stabilitätsfälle und Ersatzstabnachweise

Schnittgrößen	Drucknormalkraft	Biegung um die Hauptachse	Biegung und Normalkraft
Mögliche Stabilitätsfälle	Biegeknicken Drillknicken Biegedrillknicken	Biegedrillknicken	Biegeknicken Biegedrillknicken
Nachweis nach DIN EN 1993-1-1 [12]	Abschnitt 6.3.1	Abschnitt 6.3.2.1 (allgemeiner Nachweis) Abschnitt 6.3.2.4 (vereinfachter Nachweis)	Abschnitt 6.3.3 Verfahren 1 (B/F) mit k_{ij} nach Anhang A Verfahren 2 (D/A) mit k_{ij} nach Anhang B

11.4.2 Gleichförmige Bauteile mit planmäßig zentrischem Druck

11.4.2.1 Anwendungsbedingungen und Abgrenzungskriterien

Der Tragsicherheitsnachweis nach Abschn. 11.4.2 gilt für Bauteile mit konstantem Querschnitt über die Länge. Der Knicknachweis kann entfallen, wenn Bedingung (11.61) oder (11.62) eingehalten ist.

$$\bar{\lambda} \leq \bar{\lambda}_0 = 0,2 \qquad (11.61)$$

oder

$$\frac{N_{Ed}}{N_{cr}} \leq 0,04 \qquad (11.62)$$

Bei Bauteilen mit veränderlichem Querschnitt und/oder ungleichförmiger Druckbelastung kann die Berechnung nach Theorie II. Ordnung erfolgen. Der Nachweis aus der Ebene kann auch nach dem Allgemeinen Verfahren nach [12], Abschn. 6.3.4 erfolgen (siehe Abschn. 11.4.5).

Bei einfach- und unsymmetrischen Querschnitten der Klasse 4 sind in der Regel Zusatzmomente ΔM durch das Verschieben der Hauptachsen der wirksamen gegenüber den geometrisch vorhandenen Querschnittsflächen zu berücksichtigen. Der Nachweis erfolgt dann für ein- oder zweiachsige Biegung und Normalkraft.

11.4.2.2 Ersatzstabnachweis

Der Tragsicherheitsnachweis erfolgt nach Gleichung (11.63). Bei der Bestimmung der Beanspruchbarkeit wird die Verzweigungslast N_{cr} für den maßgebenden Knickfall (Biegeknicken, Drillknicken oder Biegedrillknicken) zugrunde gelegt.

$$\frac{N_{Ed}}{N_{b,Rd}} \leq 1 \qquad (11.63)$$

Knickbeanspruchbarkeit $N_{b,Rd}$ für druckbeanspruchte Bauteile:

$$N_{b,Rd} = \frac{\chi A f_y}{\gamma_{M1}} \quad \text{für Querschnitte der Klassen 1 bis 3}$$

$$N_{b,Rd} = \frac{\chi A_{eff} f_y}{\gamma_{M1}} \quad \text{für Querschnitte der Klasse 4}$$

χ \quad Abminderungsfaktor für die maßgebende Versagensform nach Abb. 11.22, Tafel 11.71 und (11.64)

Tafel 11.68 Imperfektionsbeiwerte α der Knicklinien

Knicklinie	a_0	a	b	c	d
α	0,13	0,21	0,34	0,49	0,76

Tafel 11.69 Bezugsschlankheiten λ_1

Stahlsorte ($t \leq 40$ mm)	λ_1
S235	93,9
S275	86,8
S355	76,4
S420	70,2
S460	67,1

A, A_{eff} Querschnittsfläche, wirksame Querschnittsfläche
Löcher für Verbindungsmittel an den Stützenenden können vernachlässigt werden

$$\chi = \frac{1}{\Phi + \sqrt{\Phi^2 - \bar{\lambda}^2}} \leq 1,0 \qquad (11.64)$$

$\Phi = 0,5[1 + \alpha(\bar{\lambda} - \bar{\lambda}_0) + \beta\bar{\lambda}^2]$ mit $\bar{\lambda}_0 = 0,2$ und $\beta = 1,0$.

In Tafel 11.68 sind die Imperfektionsbeiwerte α für die Knicklinien a_0 bis d angegeben. Die Zuordnung erfolgt gemäß Tafel 11.70 nach Querschnittstyp, Herstellungsart, Blechdicke, Streckgrenze und Knickrichtung. Nicht ausgewiesene Knickfälle sind sinngemäß einzuordnen. Bei den Stabilitätsfällen Biegedrillknicken und Drillknicken wird die Knicklinie für das Ausweichen senkrecht zur z-Achse zugrunde gelegt. Tafel 11.71 enthält die Auswertung der Abminderungsfaktoren χ nach (11.64).

Die Bestimmung der Bauteilschlankheiten $\bar{\lambda}$ kann mit den Knicklasten N_{cr} oder, für den Stabilitätsfall Biegeknicken, mit den Knicklängen L_{cr} von Stäben erfolgen.

$$\bar{\lambda} = \sqrt{\frac{A f_y}{N_{cr}}} \qquad \bar{\lambda} = \frac{L_{cr}}{i \cdot \lambda_1} \qquad \text{für QSK 1 bis 3}$$

$$\bar{\lambda} = \sqrt{\frac{A_{eff} f_y}{N_{cr}}} \qquad \bar{\lambda} = \frac{L_{cr}}{i \cdot \lambda_1}\sqrt{\frac{A_{eff}}{A}} \qquad \text{für QSK 4}$$

Für die Bezugsschlankheit λ_1 gilt (siehe Tafel 11.69):

$$\lambda_1 = \pi\sqrt{\frac{E}{f_y}} = 93,9\varepsilon \quad \text{mit } \varepsilon = \sqrt{\frac{235}{f_y}}$$

Stäbe mit Winkelquerschnitten Bei Stäben mit Winkelquerschnitten, die an den Enden mit nur einem Schenkel angeschlossen sind, können die Exzentrizitäten ggf. vernachlässigt und die Endeinspannungen bei der Bemessung berücksichtigt werden. Voraussetzung hierfür sind ausreichend steife Anschlüsse und angrenzende Bauteile (Gurte

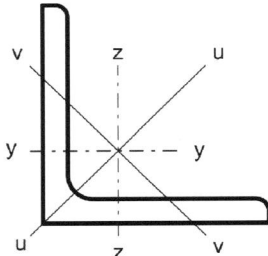

Abb. 11.21 Winkel mit Achsbezeichnungen

von Verbänden und Fachwerkträgern). Die Verbindungen müssen mit mindestens zwei in Kraftrichtung hintereinander liegenden Schrauben oder mit Schweißnähten, deren Länge an den Flanken mindestens der Schenkellänge entspricht, angeschlossen sein. Die effektiven Schlankheitsgrade $\bar{\lambda}_{\mathrm{eff}}$ für die jeweiligen Knickrichtungen dürfen unter diesen Voraussetzungen mit (11.65) bestimmt werden. Eingangsgrößen sind die Schlankheitsgrade, die sich unter der Annahme einer beidseitig gelenkigen Lagerung an den Stabenden ergeben.

$$\bar{\lambda}_{\mathrm{eff,v}} = 0,35 + 0,7\bar{\lambda}_{\mathrm{v}}$$
    für Biegeknicken senkrecht zur v-Achse

$$\bar{\lambda}_{\mathrm{eff,y}} = 0,50 + 0,7\bar{\lambda}_{\mathrm{y}}$$
    für Biegeknicken senkrecht zur y-Achse   (11.65)

$$\bar{\lambda}_{\mathrm{eff,z}} = 0,50 + 0,7\bar{\lambda}_{\mathrm{z}}$$
    für Biegeknicken senkrecht zur z-Achse

Wird nur je eine Schraube für die Endverbindungen verwendet, sollte die Exzentrizität berücksichtigt und als Knicklänge L_{cr} die Systemlänge L angesetzt werden.

Beispiel

Profil: HE200A, S355 (QSK 1)

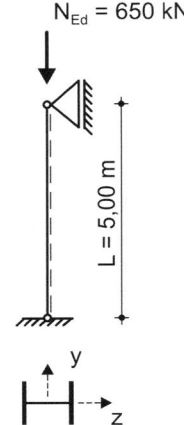

Beanspruchung: $N_{\mathrm{Ed}} = 650\,\mathrm{kN}$
Maßgebend ist Knicken senkrecht zur z-Achse

$$L_{\mathrm{cr}} = 1,0 \cdot 500 = 500\,\mathrm{cm}$$

$$\lambda_1 = 76,4 \rightarrow \bar{\lambda} = \frac{L_{\mathrm{cr}}}{i_{\mathrm{z}}}\frac{1}{\lambda_1} = \frac{500}{4,98} \cdot \frac{1}{76,4} = 1,31$$

$$\frac{h}{b} = \frac{190}{200} < 1,2 \quad \text{und} \quad t_{\mathrm{f}} < 100\,\mathrm{mm}$$

Knicklinie $c \rightarrow \chi = 0,38$ (nach Tafel 11.71)

$$N_{\mathrm{b,Rd}} = \frac{0,38 \cdot 53,8 \cdot 35,5}{1,1} = 660\,\mathrm{kN}$$

Biegeknicknachweis: $650/660 = 0,98 < 1$
Der Nachweis ist erfüllt. ◄

Abb. 11.22 Knicklinien für $\bar{\lambda}_0 = 0,2$ und $\beta = 1,0$

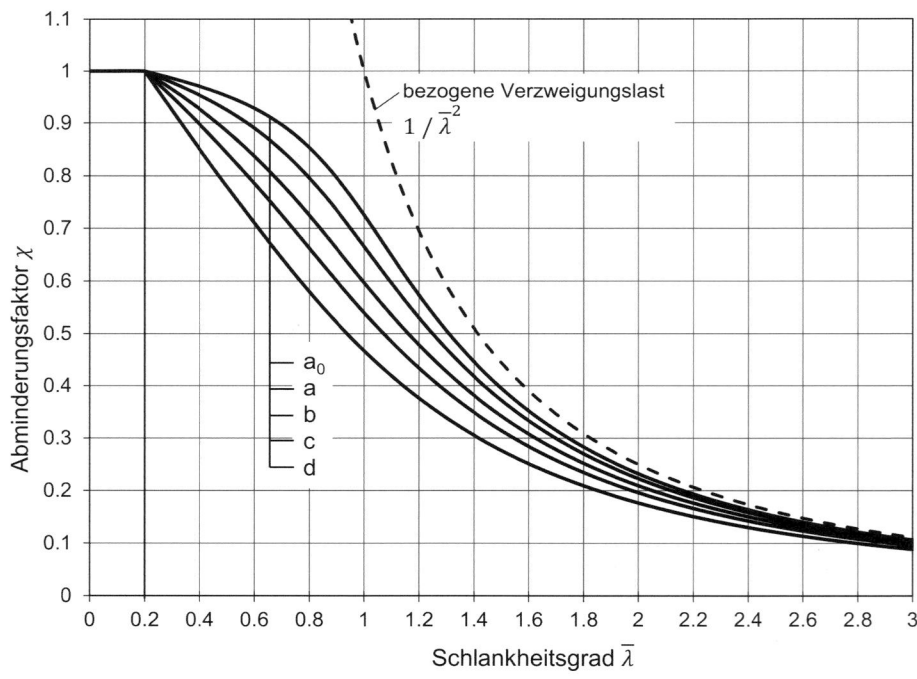

Tafel 11.70 Zuordnung der Knicklinien

Querschnitt		Begrenzungen		Ausweichen rechtwinklig zur Achse	Knicklinie	
					S235 S275 S355 S420	S460 bis S700
Gewalzte I-Querschnitte	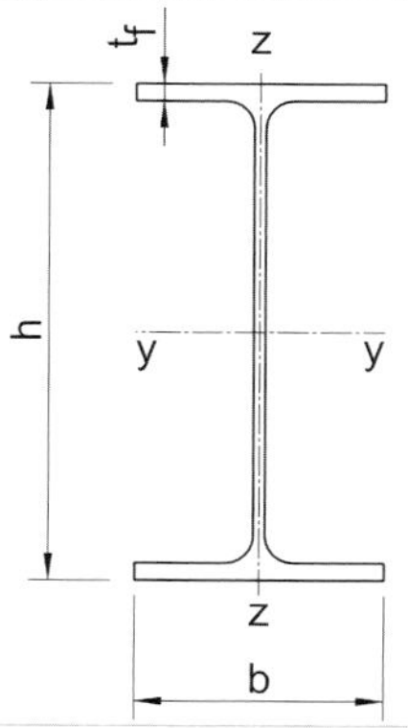	$h/b > 1{,}2$	$t_f \le 40\,\text{mm}$	$y{-}y$	a	a_0
				$z{-}z$	b	a_0
			$40\,\text{mm} < t_f \le 100\,\text{mm}$	$y{-}y$	b	a
				$z{-}z$	c	a
		$h/b \le 1{,}2$	$t_f \le 100\,\text{mm}$	$y{-}y$	b	a
				$z{-}z$	c	a
			$t_f > 100\,\text{mm}$	$y{-}y$	d	c
				$z{-}z$	d	c
Geschweißte I-Querschnitte	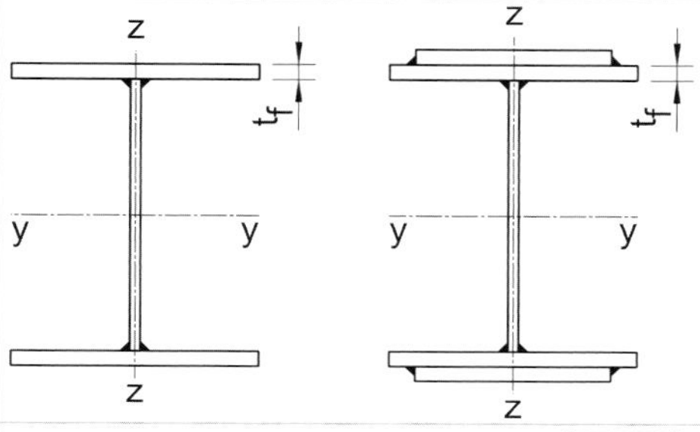	$t_f \le 40\,\text{mm}$		$y{-}y$	b	b
				$z{-}z$	c	c
		$t_f > 40\,\text{mm}$		$y{-}y$	c	c
				$z{-}z$	d	d
Hohlquerschnitte	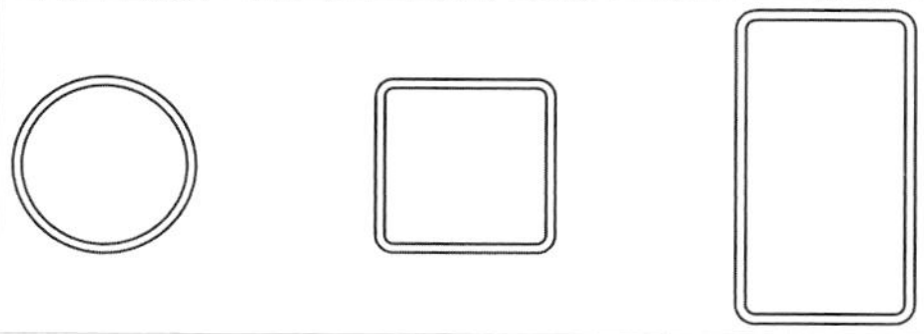	Warmgefertigte		Jede	a	a_0
		Kaltgefertigte		Jede	c	c
Geschweißte Kastenquerschnitte	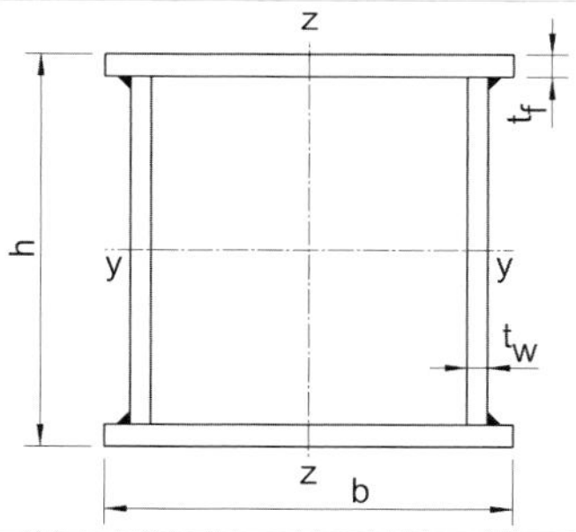	Allgemein (außer den Fällen der nächsten Zeile)		Jede	b	b
		Dicke Schweißnähte: $a > 0{,}5 t_f$ $b/t_f < 30$ $h/t_w < 30$		Jede	c	c
U-, T- und Vollquerschnitte	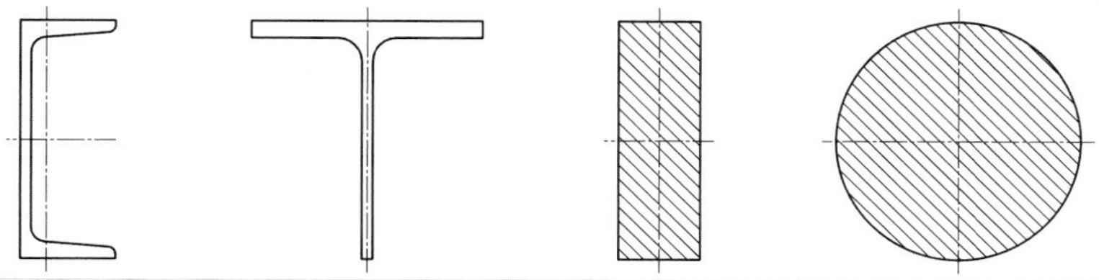	Jede			c	c
L-Querschnitte	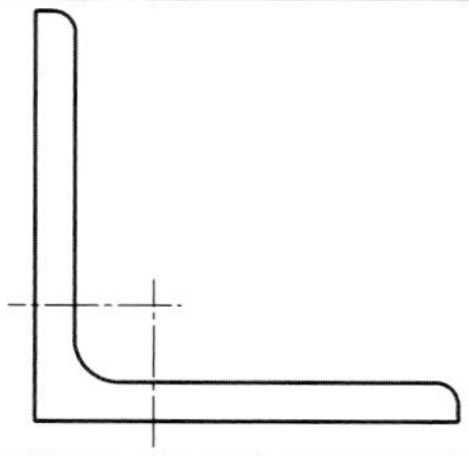	Jede			b	b

Tafel 11.71 Abminderungsfaktoren χ

$\bar{\lambda}$	Knicklinie					$\bar{\lambda}$	Knicklinie					$\bar{\lambda}$	Knicklinie				
	a_0	a	b	c	d		a_0	a	b	c	d		a_0	a	b	c	d
0,20	1,000	1,000	1,000	1,000	1,000	1,14	0,618	0,569	0,512	0,463	0,401	2,08	0,216	0,207	0,195	0,183	0,166
0,22	0,997	0,996	0,993	0,990	0,984	1,16	0,603	0,556	0,500	0,453	0,393	2,10	0,212	0,204	0,192	0,180	0,163
0,24	0,995	0,991	0,986	0,980	0,969	1,18	0,588	0,543	0,489	0,443	0,384	2,12	0,208	0,200	0,189	0,177	0,160
0,26	0,992	0,987	0,979	0,969	0,954	1,20	0,573	0,530	0,478	0,434	0,376	2,14	0,204	0,197	0,186	0,174	0,158
0,28	0,989	0,982	0,971	0,959	0,938	1,22	0,559	0,518	0,467	0,424	0,368	2,16	0,201	0,193	0,182	0,172	0,156
0,30	0,986	0,977	0,964	0,949	0,923	1,24	0,545	0,505	0,457	0,415	0,361	2,18	0,197	0,190	0,179	0,169	0,153
0,32	0,983	0,973	0,957	0,939	0,909	1,26	0,531	0,493	0,447	0,406	0,353	2,20	0,194	0,187	0,176	0,166	0,151
0,34	0,980	0,968	0,949	0,929	0,894	1,28	0,518	0,482	0,437	0,397	0,346	2,22	0,190	0,184	0,174	0,164	0,149
0,36	0,977	0,963	0,942	0,918	0,879	1,30	0,505	0,470	0,427	0,389	0,339	2,24	0,187	0,180	0,171	0,161	0,146
0,38	0,973	0,958	0,934	0,908	0,865	1,32	0,493	0,459	0,417	0,380	0,332	2,26	0,184	0,178	0,168	0,159	0,144
0,40	0,970	0,953	0,926	0,897	0,850	1,34	0,481	0,448	0,408	0,372	0,325	2,28	0,181	0,175	0,165	0,156	0,142
0,42	0,967	0,947	0,918	0,887	0,836	1,36	0,469	0,438	0,399	0,364	0,318	2,30	0,178	0,172	0,163	0,154	0,140
0,44	0,963	0,942	0,910	0,876	0,822	1,38	0,457	0,428	0,390	0,357	0,312	2,32	0,175	0,169	0,160	0,151	0,138
0,46	0,959	0,936	0,902	0,865	0,808	1,40	0,446	0,418	0,382	0,349	0,306	2,34	0,172	0,166	0,158	0,149	0,136
0,48	0,955	0,930	0,893	0,854	0,793	1,42	0,435	0,408	0,373	0,342	0,299	2,36	0,169	0,164	0,155	0,147	0,134
0,50	0,951	0,924	0,884	0,843	0,779	1,44	0,425	0,399	0,365	0,335	0,293	2,38	0,167	0,161	0,153	0,145	0,132
0,52	0,947	0,918	0,875	0,832	0,765	1,46	0,415	0,390	0,357	0,328	0,288	2,40	0,164	0,159	0,151	0,143	0,130
0,54	0,943	0,911	0,866	0,820	0,751	1,48	0,405	0,381	0,350	0,321	0,282	2,42	0,161	0,156	0,148	0,140	0,128
0,56	0,938	0,905	0,857	0,809	0,738	1,50	0,395	0,372	0,342	0,315	0,277	2,44	0,159	0,154	0,146	0,138	0,127
0,58	0,933	0,897	0,847	0,797	0,724	1,52	0,386	0,364	0,335	0,308	0,271	2,46	0,156	0,151	0,144	0,136	0,125
0,60	0,928	0,890	0,837	0,785	0,710	1,54	0,377	0,356	0,328	0,302	0,266	2,48	0,154	0,149	0,142	0,134	0,123
0,62	0,922	0,882	0,827	0,773	0,696	1,56	0,369	0,348	0,321	0,296	0,261	2,50	0,151	0,147	0,140	0,132	0,121
0,64	0,916	0,874	0,816	0,761	0,683	1,58	0,360	0,341	0,314	0,290	0,256	2,52	0,149	0,145	0,138	0,131	0,120
0,66	0,910	0,866	0,806	0,749	0,670	1,60	0,352	0,333	0,308	0,284	0,251	2,54	0,147	0,142	0,136	0,129	0,118
0,68	0,903	0,857	0,795	0,737	0,656	1,62	0,344	0,326	0,302	0,279	0,247	2,56	0,145	0,140	0,134	0,127	0,116
0,70	0,896	0,848	0,784	0,725	0,643	1,64	0,337	0,319	0,295	0,273	0,242	2,58	0,143	0,138	0,132	0,125	0,115
0,72	0,889	0,838	0,772	0,712	0,630	1,66	0,329	0,312	0,289	0,268	0,237	2,60	0,140	0,136	0,130	0,123	0,113
0,74	0,881	0,828	0,761	0,700	0,617	1,68	0,322	0,306	0,284	0,263	0,233	2,62	0,138	0,134	0,128	0,122	0,112
0,76	0,872	0,818	0,749	0,687	0,605	1,70	0,315	0,299	0,278	0,258	0,229	2,64	0,136	0,132	0,126	0,120	0,110
0,78	0,863	0,807	0,737	0,675	0,592	1,72	0,308	0,293	0,273	0,253	0,225	2,66	0,134	0,130	0,125	0,118	0,109
0,80	0,853	0,796	0,724	0,662	0,580	1,74	0,302	0,287	0,267	0,248	0,221	2,68	0,132	0,129	0,123	0,117	0,108
0,82	0,843	0,784	0,712	0,650	0,568	1,76	0,295	0,281	0,262	0,243	0,217	2,70	0,130	0,127	0,121	0,115	0,106
0,84	0,832	0,772	0,699	0,637	0,556	1,78	0,289	0,276	0,257	0,239	0,213	2,72	0,129	0,125	0,119	0,114	0,105
0,86	0,821	0,760	0,687	0,625	0,544	1,80	0,283	0,270	0,252	0,235	0,209	2,74	0,127	0,123	0,118	0,112	0,104
0,88	0,809	0,747	0,674	0,612	0,532	1,82	0,277	0,265	0,247	0,230	0,206	2,76	0,125	0,122	0,116	0,111	0,102
0,90	0,796	0,734	0,661	0,600	0,521	1,84	0,272	0,260	0,243	0,226	0,202	2,78	0,123	0,120	0,115	0,109	0,101
0,92	0,783	0,721	0,648	0,588	0,510	1,86	0,266	0,255	0,238	0,222	0,199	2,80	0,122	0,118	0,113	0,108	0,100
0,94	0,769	0,707	0,635	0,575	0,499	1,88	0,261	0,250	0,234	0,218	0,195	2,82	0,120	0,117	0,112	0,107	0,098
0,96	0,755	0,693	0,623	0,563	0,488	1,90	0,256	0,245	0,229	0,214	0,192	2,84	0,118	0,115	0,110	0,105	0,097
0,98	0,740	0,680	0,610	0,552	0,477	1,92	0,251	0,240	0,225	0,210	0,189	2,86	0,117	0,114	0,109	0,104	0,096
1,00	0,725	0,666	0,597	0,540	0,467	1,94	0,246	0,236	0,221	0,207	0,186	2,88	0,115	0,112	0,107	0,102	0,095
1,02	0,710	0,652	0,584	0,528	0,457	1,96	0,241	0,231	0,217	0,203	0,183	2,90	0,114	0,111	0,106	0,101	0,094
1,04	0,695	0,638	0,572	0,517	0,447	1,98	0,237	0,227	0,213	0,200	0,180	2,92	0,112	0,109	0,105	0,100	0,093
1,06	0,679	0,624	0,559	0,506	0,438	2,00	0,232	0,223	0,209	0,196	0,177	2,94	0,111	0,108	0,103	0,099	0,091
1,08	0,664	0,610	0,547	0,495	0,428	2,02	0,228	0,219	0,206	0,193	0,174	2,96	0,109	0,106	0,102	0,097	0,090
1,10	0,648	0,596	0,535	0,484	0,419	2,04	0,224	0,215	0,202	0,190	0,171	2,98	0,108	0,105	0,101	0,096	0,089
1,12	0,633	0,582	0,523	0,474	0,410	2,06	0,220	0,211	0,199	0,186	0,168	3,00	0,106	0,104	0,099	0,095	0,088

Tafel 11.72 Knicklängenbeiwerte β_{cr} für Druckstäbe mit gleichbleibendem Querschnitt und veränderlicher Normalkraft

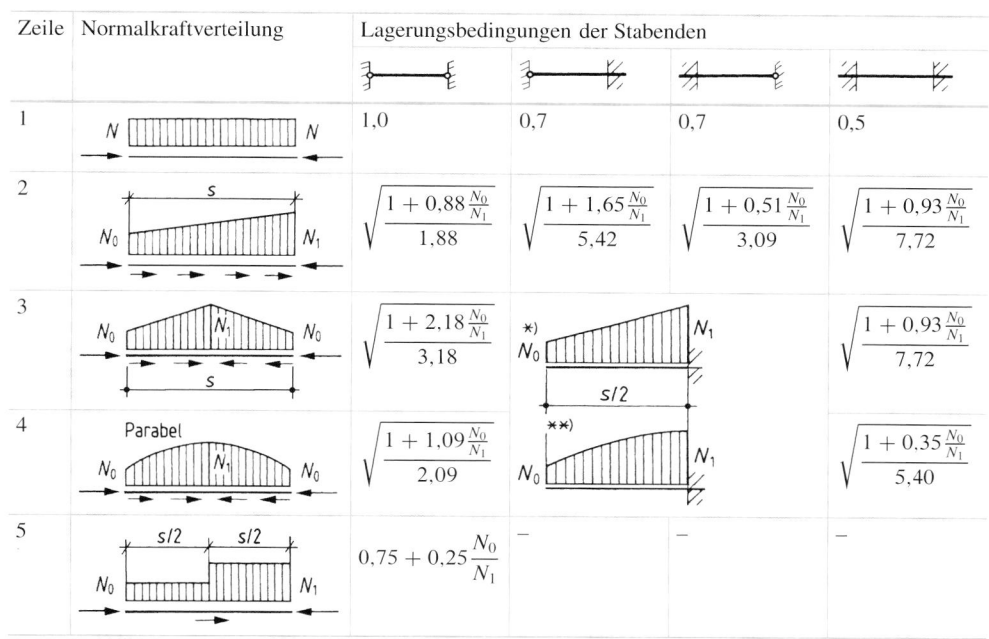

Zeile	Normalkraftverteilung	Lagerungsbedingungen der Stabenden			
1	$N \; \square \; N$	1,0	0,7	0,7	0,5
2	$N_0 \quad s \quad N_1$	$\sqrt{\dfrac{1+0{,}88\frac{N_0}{N_1}}{1{,}88}}$	$\sqrt{\dfrac{1+1{,}65\frac{N_0}{N_1}}{5{,}42}}$	$\sqrt{\dfrac{1+0{,}51\frac{N_0}{N_1}}{3{,}09}}$	$\sqrt{\dfrac{1+0{,}93\frac{N_0}{N_1}}{7{,}72}}$
3	$N_0 \quad N_1 \quad N_0$ (s)	$\sqrt{\dfrac{1+2{,}18\frac{N_0}{N_1}}{3{,}18}}$	*) $N_0 \;\; N_1$ ($s/2$)		$\sqrt{\dfrac{1+0{,}93\frac{N_0}{N_1}}{7{,}72}}$
4	Parabel $N_0 \quad N_1 \quad N_0$	$\sqrt{\dfrac{1+1{,}09\frac{N_0}{N_1}}{2{,}09}}$	**) $N_0 \;\; N_1$		$\sqrt{\dfrac{1+0{,}35\frac{N_0}{N_1}}{5{,}40}}$
5	$s/2 \quad s/2$ — $N_0 \quad N_1$	$0{,}75+0{,}25\dfrac{N_0}{N_1}$	—	—	—

Die Zeilen 2, 3 und 4 gelten auch, wenn N_0 eine Zugkraft ist mit $N_0 \le 0{,}2 \cdot |N_1|$; in den Formeln ist dann $+$ durch $-$ zu ersetzen. Die Formeln *) und **) gelten auch für den einseitig eingespannten Stab. Für s ist dann die doppelte Stablänge einzusetzen.

11.4.2.3 Knicklängen und -lasten von Stäben und Rahmenstützen

11.4.2.3.1 Allgemeines

Die Knicklängen ergeben sich aus den Produkten von Stablängen und Knicklängenbeiwerten. Mit den Biegesteifigkeiten der Stäbe werden die idealen Biegeknicklasten N_{cr} bestimmt.

$$L_{cr} = \beta_{cr} \cdot L \quad \text{mit } \beta_{cr} = \pi/\varepsilon_{cr} \qquad (11.66)$$

$$N_{cr} = \frac{\pi^2 \cdot EI}{L_{cr}^2} \qquad N_{cr} = \left(\frac{\varepsilon_{cr}}{L}\right)^2 \cdot EI \qquad (11.67)$$

Tafel 11.72 enthält Knicklängenbeiwerte β_{cr} für Stäbe mit veränderlicher Normalkraft und konstantem Querschnitt. Der Knicklängenbeiwert bezieht sich auf die größte Drucknormalkraft N_1.

11.4.2.3.2 Fachwerke

Die nachfolgenden Regelungen gelten als Näherung für den Fall, dass keine geringeren Knicklängen durch genauere Berechnungen nachgewiesen werden.

Bei **Gurtstäben mit I- oder H-Querschnitten** darf die Knicklänge L_{cr} zu $0{,}9L$ für das Biegeknicken in der Ebene und zu $1{,}0L$ für Biegeknicken aus der Ebene angenommen werden. Letzterer Wert gilt für den Fall, dass die Systemknoten aus der Ebene seitlich unverschieblich gehalten sind.

Bei den **Füllstäben von Fachwerken** kann für das Knicken senkrecht zur Ebene $1{,}0L$, für das Knicken in der Ebene $0{,}9L$ angenommen werden, wenn die Verbindungen zu den Gurten und die Gurte dieses aufgrund ihrer Steifigkeit und Tragfähigkeit zulassen (z. B. falls geschraubt Mindestanschluss mit 2 Schrauben).

Fachwerke aus Hohlprofilen Bei **Gurtstäben** darf die Knicklänge L_{cr} für das Biegeknicken in und aus der Ebene mit $0{,}9L$ angenommen werden, wobei L die Systemlänge für die betrachtete Fachwerkebene ist. Die Systemlänge in der Fachwerkebene entspricht dem Abstand der Anschlüsse. Die Systemlänge rechtwinklig zur Fachwerkebene entspricht dem Abstand der seitlichen Abstützpunkte.

Die Knicklänge L_{cr} von **Füllstäben** darf bei geschraubten Anschlüssen mit $1{,}0L$ für Biegeknicken in und aus der Ebene angenommen werden. Bei Hohlprofilstreben, die mit ihrem gesamten Umfang ohne Ausschnitte und Endkröpfungen an Hohlprofilgurte angeschweißt sind, darf die Knicklänge L_{cr} für das Biegeknicken in und aus der Ebene mit $0{,}75L$ angenommen werden [12]. Falls für die Streben ein Knicklängenbeiwert von 0,75 oder niedriger verwendet wird, dann darf in derselben Einwirkungskombination die Knicklänge für die Gurtstäbe nicht reduziert werden [13].

Für den Hochbau dürfen die Hinweise zu Knicklängen von Hohlprofilstäben in Fachwerkträgern nach [82] verwendet werden.

Sich kreuzende Fachwerkstäbe Für das Ausweichen in der Fachwerkebene sind als Knicklängen die Netzlängen bis zu den Knotenpunkten anzunehmen. Die Knicklängen für das Ausweichen rechtwinklig zur Fachwerkebene können in Abhängigkeit von der konstruktiven Ausbildung Tafel 11.73

Tafel 11.73 Knicklängen L_{cr} von Fachwerkstäben mit konstanten Querschnitten für das Ausweichen rechtwinklig zur Fachwerkebene

	1	2	3
1	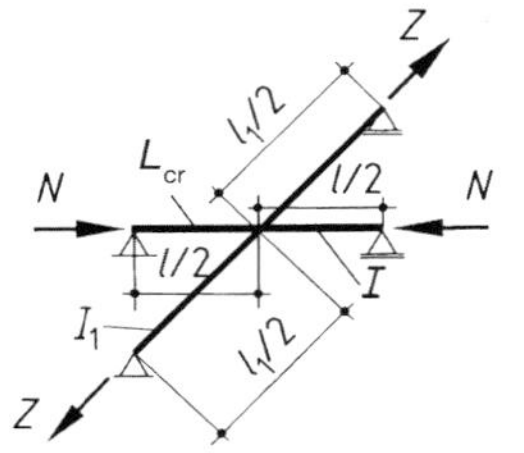	$L_{cr} = l\sqrt{\left(1 - \dfrac{3}{4}\dfrac{Z \cdot l}{N \cdot l_1}\right) \Big/ \left(1 + \dfrac{I_1 \cdot l^3}{I \cdot l_1^3}\right)}$, jedoch $L_{cr} \geq 0{,}5l$	
2	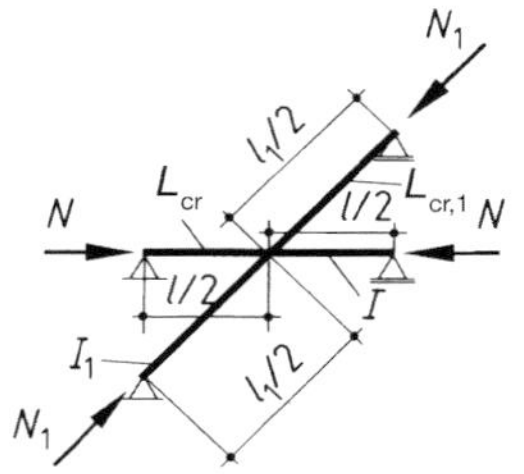	$L_{cr} = l\sqrt{\left(1 + \dfrac{N_1 \cdot l}{N \cdot l_1}\right) \Big/ \left(1 + \dfrac{I_1 \cdot l^3}{I \cdot l_1^3}\right)}$ jedoch $L_{cr} \geq 0{,}5l$	$L_{cr,1} = l_1\sqrt{\left(1 + \dfrac{N \cdot l_1}{N_1 \cdot l}\right) \Big/ \left(1 + \dfrac{I \cdot l_1^3}{I_1 \cdot l^3}\right)}$ jedoch $L_{cr,1} \geq 0{,}5l_1$
3	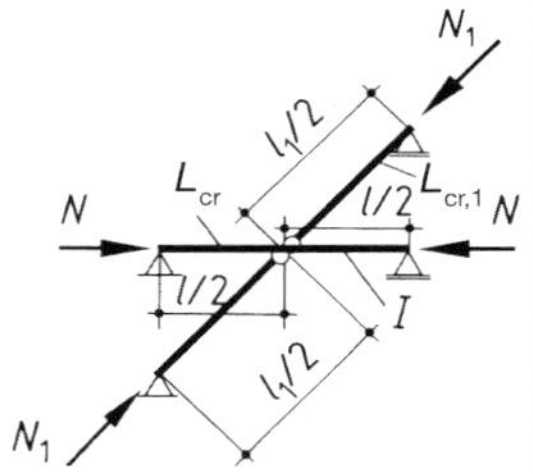	Durchlaufender Druckstab $L_{cr} = l\sqrt{1 + \dfrac{\pi^2}{12} \cdot \dfrac{N_1 \cdot l}{N \cdot l_1}}$	Gelenkig angeschlossener Druckstab $L_{cr,1} = 0{,}5l_1$, wenn $EI \geq \dfrac{N_1 \cdot l^3}{\pi^2 \cdot l_1}\left(\dfrac{\pi^2}{12} + \dfrac{N \cdot l_1}{N_1 \cdot l}\right)$
4	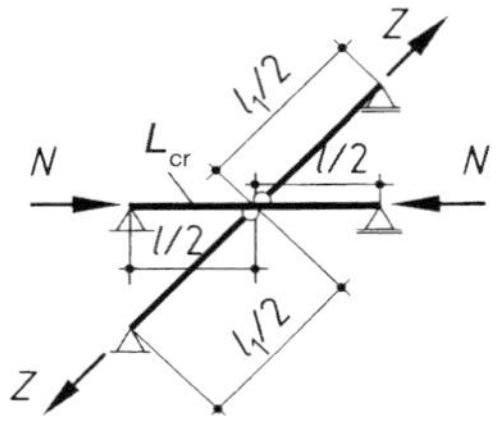	$L_{cr} = l\sqrt{1 - 0{,}75\dfrac{Z \cdot l}{N \cdot l_1}}$, jedoch $L_{cr} \geq 0{,}5l$	
5	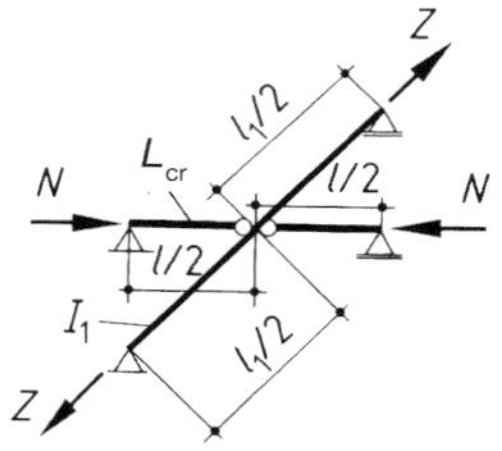	$L_{cr} = 0{,}5l$, wenn $\dfrac{N \cdot l_1}{Z \cdot l} \leq 1$ oder wenn gilt $EI_1 \geq \dfrac{3Z \cdot l_1^2}{4\pi^2}\left(\dfrac{N \cdot l_1}{Z \cdot l} - 1\right)$	
6	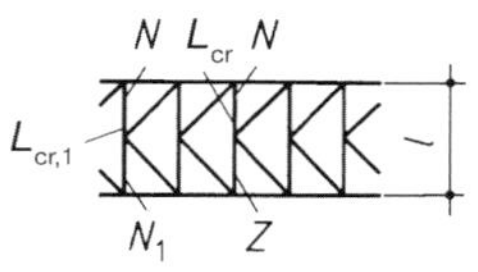	$L_{cr} = l\left(0{,}75 - 0{,}25\left|\dfrac{Z}{N}\right|\right)$, jedoch $L_{cr} \geq 0{,}5l$	$L_{cr,1} = l\left(0{,}75 + 0{,}25\dfrac{N_1}{N}\right)$, $N_1 < N$

entnommen werden. An den Kreuzungsstellen müssen die Stäbe unmittelbar oder über ein Knotenblech miteinander verbunden werden. Wenn beide Stäbe durchlaufen, ist deren Verbindung für eine Kraft, rechtwinklig zur Fachwerkebene wirkend, von 10 % der größeren Druckkraft zu bemessen (siehe [33], El. (506)).

11.4.2.3.3 Rahmen

a) Rahmen mit unverschieblichen Knotenpunkten Die Berechnung kann näherungsweise nach Abb. 11.23 erfolgen, wenn die Systeme unverschieblich und die Normalkraftverformungen vernachlässigbar sind. Der Systemeigenwert α_{cr} ist iterativ durch Aufteilung der Riegelsteifigkeiten auf Teilsysteme mit einer Stütze zu bestimmen (siehe Abb. 11.23 unten). Ist α_{cr} in allen Teilsystemen gleich, so ist der Eigenwert des Gesamtsystems gefunden. Damit können dann die Knicklasten der Stützen bestimmt werden.

$$N_{cr,i} = \alpha_{cr} \cdot N_i$$

Beispiel

Die Knicklängen der Stiele des unverschieblichen Rahmens sind mithilfe der Abb. 11.23 zu bestimmen.

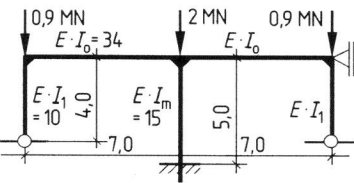

Das Rahmensystem wird in einstielige Teilsysteme zerlegt. Wegen der Symmetrie von System und Belastung genügt es, zwei Stiele zu betrachten. Die Steifigkeit des Riegels wird auf die beiden Teilsysteme aufgeteilt. Der Teilungsfaktor ξ wird so lange verändert, bis α_{cr} in beiden System annähernd gleich groß ist. Die iterative Berechnung folgt tabellarisch.

Teilsystem 1:

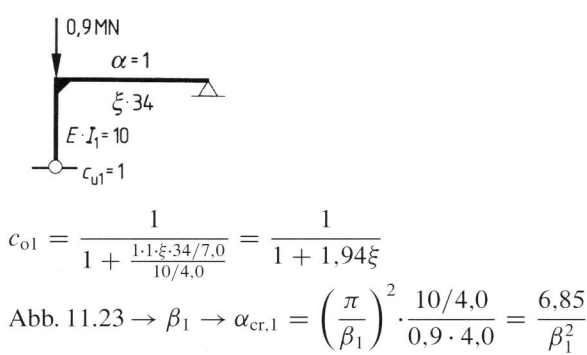

$$c_{o1} = \frac{1}{1 + \frac{1 \cdot 1 \cdot \xi \cdot 34 / 7{,}0}{10/4{,}0}} = \frac{1}{1 + 1{,}94\xi}$$

$$\text{Abb. 11.23} \rightarrow \beta_1 \rightarrow \alpha_{cr,1} = \left(\frac{\pi}{\beta_1}\right)^2 \cdot \frac{10/4{,}0}{0{,}9 \cdot 4{,}0} = \frac{6{,}85}{\beta_1^2}$$

Teilsystem 2:

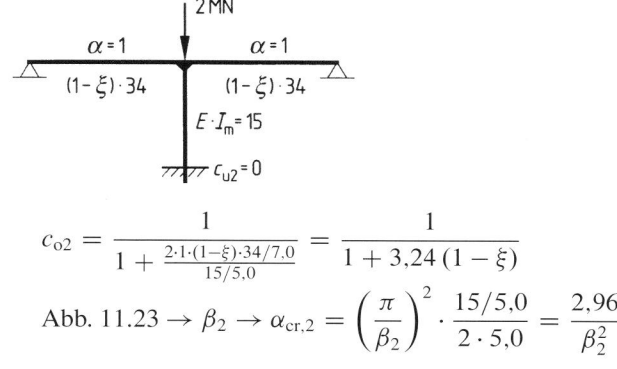

$$c_{o2} = \frac{1}{1 + \frac{2 \cdot 1 \cdot (1-\xi) \cdot 34 / 7{,}0}{15/5{,}0}} = \frac{1}{1 + 3{,}24(1-\xi)}$$

$$\text{Abb. 11.23} \rightarrow \beta_2 \rightarrow \alpha_{cr,2} = \left(\frac{\pi}{\beta_2}\right)^2 \cdot \frac{15/5{,}0}{2 \cdot 5{,}0} = \frac{2{,}96}{\beta_2^2}$$

ξ	Teilsystem 1			Teilsystem 2		
	c_{o1}	β_1	$\alpha_{cr,1}$	c_{o2}	β_2	$\alpha_{cr,2}$
0,5	0,508	0,843	9,64	0,382	0,580	8,80
0,3	0,632	0,883	8,79	0,306	0,562	9,37
0,4	0,563	0,861	**9,24**	0,340	0,570	**9,11**

Der minimale Systemeigenwert min α_{cr} gilt für alle Teilsysteme. Daher ist β für den Stiel j im Teilsystem r noch zu korrigieren:

$$\beta_j = \beta_r \cdot \sqrt{\alpha_{cr,r} / \min \alpha_{cr}}$$

$$\beta_{cr,1} = 0{,}861 \cdot \sqrt{9{,}24/9{,}11} = 0{,}87$$

$$L_{cr,1} = 0{,}87 \cdot 4{,}0 = 3{,}48\,\text{m}$$

$$\beta_{cr,m} = 0{,}57 \rightarrow L_{cr,m} = 0{,}57 \cdot 5{,}0 = 2{,}85\,\text{m} \blacktriangleleft$$

b) Rahmen mit verschieblichen Knotenpunkten In Tafel 11.74 sind Formeln zur Bestimmung des Knicklängenbeiwerts β_{cr} von Rahmen mit gelenkiger Lagerung und Einspannung der Stützenfüße angegeben. Zu beachten ist, dass sich β_{cr} auf die mit F belastete Stütze bezieht.

Mit Abb. 11.24 können nach dem c_o-c_u-Verfahren zunächst die Knicklängenbeiwerte β_{cr} für die gesamten Stützen eines Geschosses und anschließend für die Einzelstützen $\beta_{cr,j}$ bestimmt werden. Voraussetzung für die Anwendung ist, dass die Stützen eines Geschosses gleichhoch und gleichartig gelagert sind. Bei mehrgeschossigen Rahmen wird zunächst der Systemeigenwert α_{cr} iterativ durch Zuordnung der Riegelsteifigkeiten auf das jeweils obere und untere Geschoss bestimmt (siehe a)).

Vorhandene Pendelstützen können bei allen Verfahren näherungsweise wie folgt berücksichtigt werden:

- Ansatz von Horizontalkräften der Pendelstützen infolge ihrer Schiefstellung
- Bei der Ermittlung von α_{cr} und $\beta_{cr,j}$ nach Abb. 11.24 ist $\sum N_j$ durch $\sum N_j + \sum N_i \cdot l_s / l_i$ zu ersetzen.

N_i, l_i Druckkraft und Länge der einzelnen Pendelstützen
l_s Stockwerkhöhe.

Abb. 11.23 Bestimmung der Knicklängenbeiwerte β_{cr} und des Verzweigungslastfaktors α_{cr} von Stützen unverschieblicher Rahmen ($\varepsilon_{Riegel} \leq 0{,}3$)

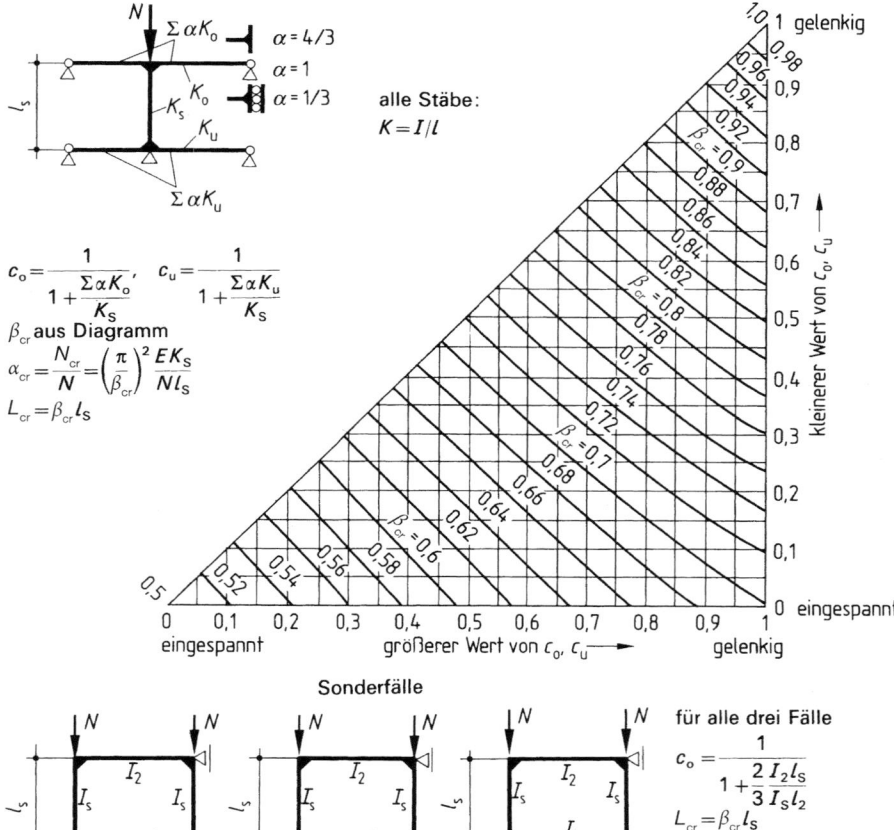

alle Stäbe:
$$K = I/l$$

$$c_o = \cfrac{1}{1 + \cfrac{\sum \alpha K_o}{K_s}}, \quad c_u = \cfrac{1}{1 + \cfrac{\sum \alpha K_u}{K_s}}$$

β_{cr} aus Diagramm

$$\alpha_{cr} = \frac{N_{cr}}{N} = \left(\frac{\pi}{\beta_{cr}}\right)^2 \frac{E K_s}{N l_s}$$

$$L_{cr} = \beta_{cr} l_s$$

Sonderfälle

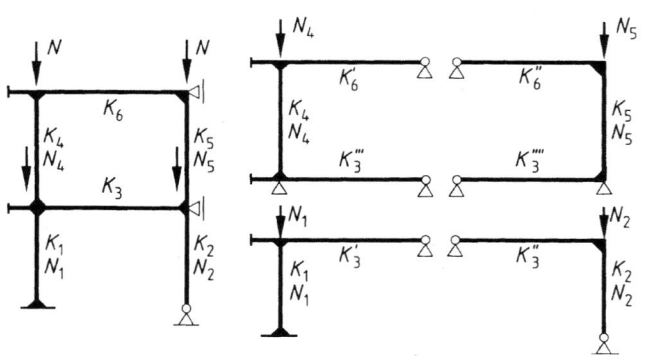

für alle drei Fälle

$$c_o = \cfrac{1}{1 + \cfrac{2}{3}\cfrac{I_2 l_s}{I_s l_2}}$$

$$L_{cr} = \beta_{cr} l_s$$

$$\alpha_{cr} = \cfrac{\left(\cfrac{\pi}{\beta_{cr} l_s}\right)^2 E I_s}{N}$$

$$c_u = \cfrac{1}{1 + \cfrac{2}{3}\cfrac{I_1 l_s}{I_s l_2}}$$

Zerlegung eines unverschieblichen Rahmens in einstielige Teilrahmen, für die das Diagramm angewendet werden kann

$K_6' + K_6'' = K_6$
$K_3' + K_3'' + K_3''' + K_3'''' = K_3$
(Aufteilung von K_3 und K_6 beliebig)

Tafel 11.74 Knicklängenbeiwerte β_{cr} für Stützen verschieblicher Rahmen

$L_{cr} = \beta_{cr} \cdot h$. Der Knicklängenbeiwert β_{cr} ist von folgenden Hilfsgrößen abhängig:

$$c = \frac{I \cdot b}{I_0 \cdot h} \leq 10 \ (\leq 5) \qquad m = \frac{F_1}{F} \leq 1 \qquad n = \frac{F_2}{F} \leq 2$$

($n = 0$, wenn die Pendelstütze unbelastet oder nicht vorhanden ist).

$$p = \frac{F_m}{F} \qquad t = \frac{I_m}{I};$$

der Einfluss der Normalkräfte auf die Rahmenwirkung wird vernachlässigt ($\alpha = 0$).

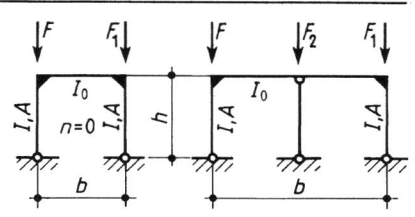

$$\beta_{cr} = \sqrt{1 + 0{,}48n} \cdot \sqrt{\tfrac{1}{2}(1 + m)}$$
$$\cdot \sqrt{4 + 1{,}4c + 0{,}02c^2}$$

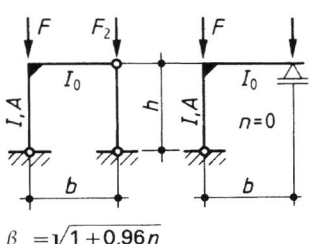

$$\beta_{cr} = \sqrt{1 + 0{,}96n}$$
$$\cdot \sqrt{4 + 2{,}8c + 0{,}08c^2}$$

(mit $c \leq 5$)

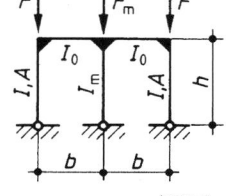

$$\beta_{cr} = \frac{6 + 1{,}2c}{3 + 0{,}1c} \sqrt{\frac{2 + p}{2 + t}} \leq 6$$

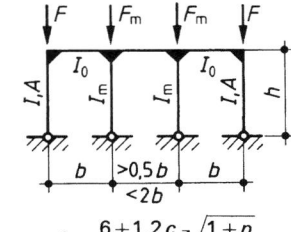

$$\beta_{cr} = \frac{6 + 1{,}2c}{3 + 0{,}1c} \sqrt{\frac{1 + p}{1 + t}} \leq 6$$

$$\beta_{cr,m} = \beta_{cr} \sqrt{t/p}$$

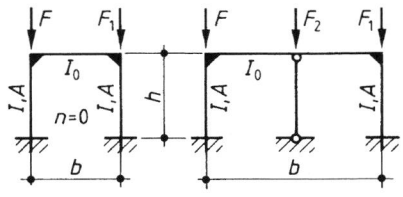

$$\beta_{cr} = \sqrt{1 + 0{,}43n} \cdot \sqrt{\tfrac{1}{2}(1 + m)}$$
$$\cdot \sqrt{1 + 0{,}35c - 0{,}017c^2}$$

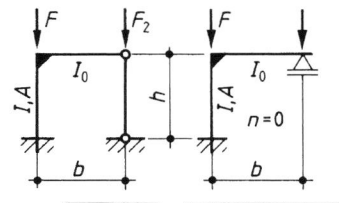

$$\beta_{cr} = \sqrt{1 + 0{,}86n} \cdot \sqrt{1 + 0{,}7c - 0{,}068c^2}$$

(mit $c \leq 5$)

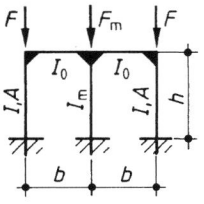

$$\beta_{cr} = \frac{1 + 0{,}4c}{1 + 0{,}2c} \sqrt{\frac{2 + p}{2 + t}} \leq 3$$

$$\beta_{cr,m} = \beta_{cr} \sqrt{t/p}$$

$$\beta_{cr} = \frac{1 + 0{,}4c}{1 + 0{,}2c} \sqrt{\frac{1 + p}{1 + t}} \leq 3$$

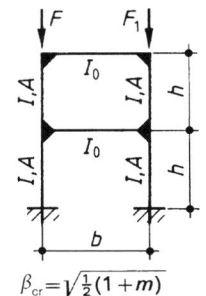

$$\beta_{cr} = \sqrt{\tfrac{1}{2}(1 + m)}$$
$$\cdot \sqrt{1 + 0{,}89c - 0{,}003c^3}$$

Abb. 11.24 Bestimmung der Knicklängenbeiwerte β_{cr} und des Verzweigungslastfaktors α_{cr} von Stützen verschieblicher Rahmen ($\varepsilon_{\text{Riegel}} \leq 0{,}3$)

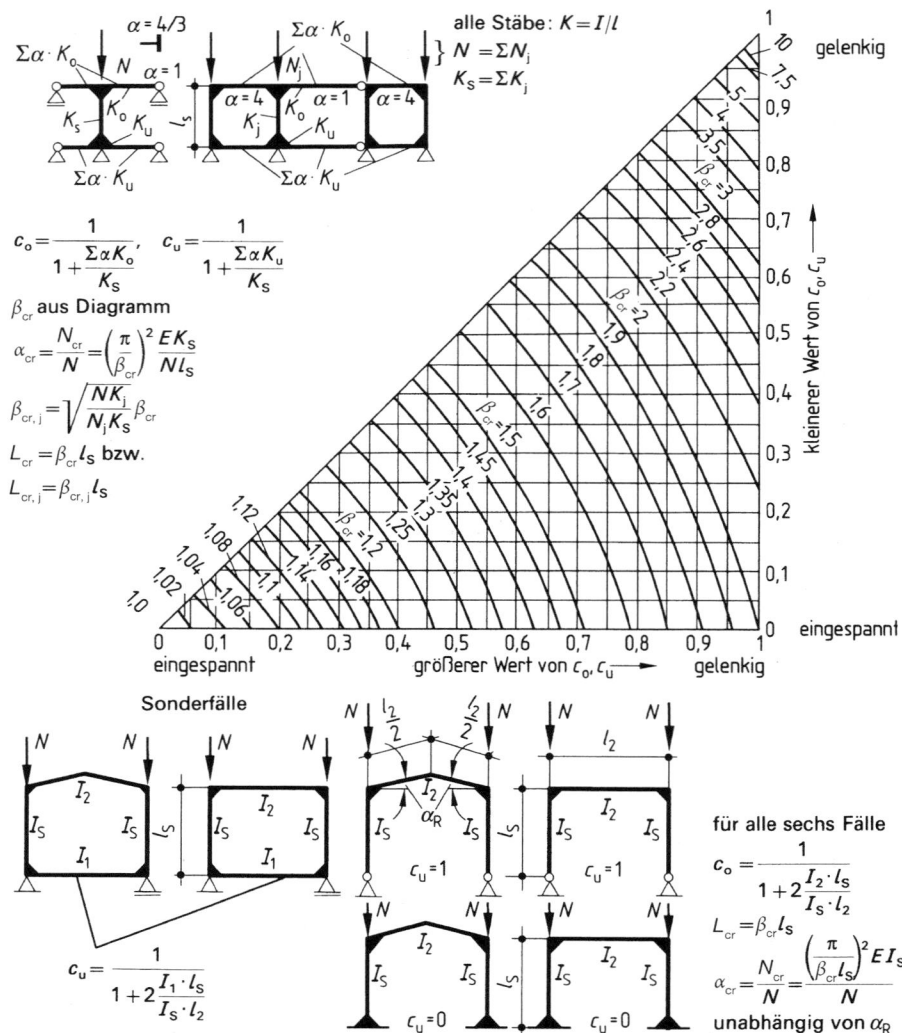

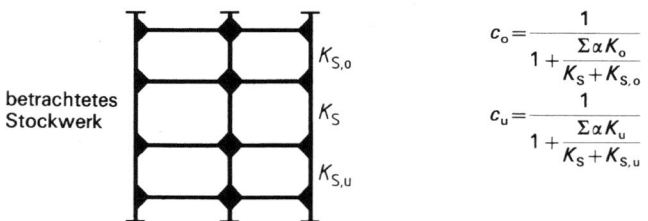

Beispiel

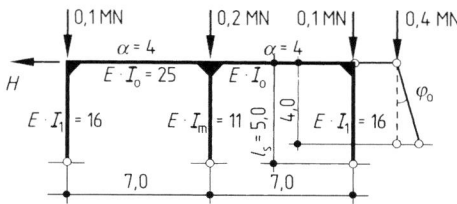

Die Knicklasten und -längen der Stützen des verschieblichen Rahmens sind mithilfe von Abb. 11.24 zu bestimmen.

$$E \cdot K_S = (2 \cdot 16 + 11)/5{,}0 = 8{,}6\,\text{MNm}$$

$$N = 2 \cdot 0{,}1 + 0{,}2 + 0{,}4 \cdot 5{,}0/4{,}0 = 0{,}9\,\text{MN}$$

$$c_0 = \frac{1}{1 + \frac{2 \cdot 4 \cdot 25/7{,}0}{8{,}6}} = 0{,}231; \quad c_u = 1$$

aus Abb. 11.24: $\beta_{cr} = 2{,}2$

$$\alpha_{cr} = \left(\frac{\pi}{2{,}2}\right)^2 \cdot \frac{8{,}6}{0{,}9 \cdot 5{,}0} = 3{,}90$$

$$N_{cr,1} = 3{,}90 \cdot 0{,}1 = 0{,}39\,\text{MN}$$

$$N_{cr,m} = 3{,}90 \cdot 0{,}2 = 0{,}78\,\text{MN}$$

$$\beta_{cr,1} = 2{,}2 \cdot \sqrt{\frac{0{,}9 \cdot 16/5{,}0}{0{,}1 \cdot 8{,}6}} = 4{,}03$$

$$\beta_{cr,m} = 2{,}2 \cdot \sqrt{\frac{0{,}9 \cdot 11/5{,}0}{0{,}2 \cdot 8{,}6}} = 2{,}36$$

$$L_{cr,1} = 4{,}03 \cdot 5{,}0 = 20{,}1\,\text{m}$$

$$L_{cr,m} = 2{,}36 \cdot 5{,}0 = 11{,}8\,\text{m}$$

Die Ersatzlast aus der Schiefstellung der Pendelstütze ist zusätzlich zu den übrigen Einwirkungen anzusetzen. ◄

11.4.2.4 Verzweigungslasten für das Drillknicken und Biegedrillknicken von Stäben unter Drucknormalkräften

Bei Bauteilen mit offenen Querschnitten kann der Widerstand gegen Drillknicken oder Biegedrillknicken kleiner als gegen Biegeknicken sein. Dies ist u. a. abhängig von der Querschnittsform und den Lagerungsbedingungen. Nachfolgend werden Formeln zur Bestimmung der Verzweigungslasten für einige Grundfälle von Stäben mit konstantem Querschnitt über die Länge aufgeführt.

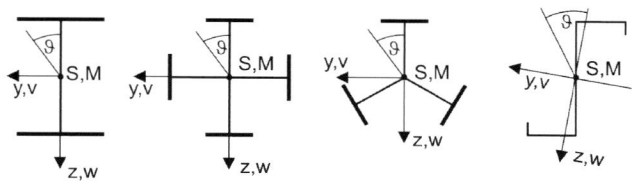

Abb. 11.25 Beispiele punkt- und doppeltsymmetrischer Querschnitte

11.4.2.4.1 Stäbe mit punkt- und doppeltsymmetrischem Querschnitt

Bei Stäben mit punkt- und doppeltsymmetrischen Querschnitten treten die Stabilitätsfälle Biegeknicken in den jeweiligen Richtungen der Hauptachsen und Drillknicken unabhängig voneinander auf. Typische Querschnittsformen sind in Abb. 11.25 angegeben. Die Verzweigungslast für das Drillknicken von Stäben mit wölbfreien und nicht wölbfreien Querschnitten kann in einfachen Fällen mit (11.68) bestimmt werden.

$$N_{cr,T} = \frac{1}{i_p^2} \cdot \left[EI_w \cdot \left(\frac{\pi}{\beta_w \cdot L}\right)^2 + GI_T \right] \qquad (11.68)$$

Bei beidseitig gabelgelagerten Stäben wird Drillknicken gegenüber Biegeknicken maßgebend, wenn Bedingung (11.69) oder (11.70) erfüllt ist.

$$i_p > c = \sqrt{\frac{1}{EI_z} \cdot \left[EI_w + GI_T \cdot \left(\frac{L}{\pi}\right)^2 \right]} \qquad (11.69)$$

$$L < \pi \cdot \sqrt{\frac{i_p^2 \cdot I_z - I_w}{I_T} \cdot \frac{E}{G}} \qquad (11.70)$$

EI_w Wölbsteifigkeit

GI_T St. Venant'sche Torsionssteifigkeit

β_w Beiwert zur Berücksichtigung der Torsionseinspannung nach Tafel 11.75

i_p polarer Trägheitsradius ($i_p^2 = i_y^2 + i_z^2 = (I_y + I_z)/A$)

c Drehradius

L Stablänge.

Tafel 11.75 Beiwerte β_w zur Berücksichtigung der Torsionslagerung an den Stabenden

	Freies Stabende	Gabellager	Volleinspannung[a]
Freies Stabende	kinematisch	∞	2,0
Gabellager	∞	1,0	0,7
Volleinspannung[a]	2,0	0,7	0,5

[a] Bei der Volleinspannung sind die Verdrehung um die Längsachse und die Querschnittsverwölbung vollständig verhindert.

Beispiel

Stütze HE240B, S460 (QSK 1) mit $N_{\mathrm{Ed}} = 2700\,\mathrm{kN}$,
$L_{\mathrm{cr,y}} = 6,5\,\mathrm{m}$, $L_{\mathrm{cr,z}} = 3,5\,\mathrm{m}$, $A = 106\,\mathrm{cm}^2$, $h/b = 1$,
$i_{\mathrm{y}} = 10,3\,\mathrm{cm}$, $i_{\mathrm{z}} = 6,08\,\mathrm{cm}$, $I_{\mathrm{w}} = 486.900\,\mathrm{cm}^6$,
$I_{\mathrm{T}} = 103\,\mathrm{cm}^4$

Knicken ⊥ zur y-Achse	Knicken ⊥ zur z-Achse	Nach
$\bar{\lambda}_{\mathrm{y}} = 650/(10,3 \cdot 67,1)$ $= 0,94$	$\bar{\lambda}_{\mathrm{z}} = 350/(6,08 \cdot 67,1)$ $= 0,86$	Tafel 11.69
Knicklinie a $\rightarrow \chi_{\mathrm{y}} = 0,707 = \chi_{\min}$	Knicklinie a $\rightarrow \chi_{\mathrm{z}} = 0,760$	Tafeln 11.70, 11.71
$N_{\mathrm{b,Rd}} = 0,707 \cdot 106 \cdot 46/1,1 = 3134\,\mathrm{kN}$		(11.63)
$2700/3134 = 0,86 < 1$		

Drillknicken:

$$i_{\mathrm{p}}^2 = 10,3^2 + 6,08^2$$
$$= 143,1\,\mathrm{cm}^2 \quad \text{(s. Abschn. 11.4.2.4.1)}$$
$$L_{\mathrm{cr,T}} = 3,5\,\mathrm{m}$$
$$N_{\mathrm{cr,T}} = \frac{21.000 \cdot 486.900 \cdot (\pi/350)^2 + 8100 \cdot 103}{143,1}$$
$$= 11.587\,\mathrm{kN} \quad \text{(s. (11.68))}$$
$$\bar{\lambda}_{\mathrm{T}} = \sqrt{106 \cdot 46,0/11.587} = 0,65$$
$$< \bar{\lambda}_{\mathrm{y}} = 0,94 \quad \text{(nach Abschn. 11.4.2.2)}$$

Das Drillknicken wird erst bei kürzeren Knicklängen maßgebend (s. (11.70)). ◄

11.4.2.4.2 Stäbe mit einfachsymmetrischem Querschnitt

Bei Stäben mit einfachsymmetrischen Querschnitten treten die Stabilitätsfälle Biegeknicken in der Symmetrieebene und Biegedrillknicken unabhängig voneinander auf. Typische Querschnittsformen sind in Abb. 11.26 angegeben. Die Verzweigungslast für das Biegedrillknicken kann bei Stäben mit nicht wölbfreien Querschnitten in einfachen Fällen mit (11.71) bestimmt werden. Zu beachten ist, dass die Gültigkeit der Gleichung (11.72) für die Schlankheit λ_{TF} auf Beiwerte $0,5 \leq \beta_{\mathrm{w}} \leq 1,0$ und $0,5 \leq \beta_{\mathrm{z}} \leq 1,0$ beschränkt ist.

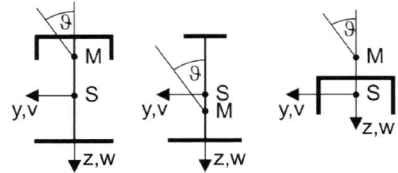

Abb. 11.26 Beispiele einfachsymmetrischer Querschnitte

$$N_{\mathrm{cr,TF}} = \frac{\pi^2 E A}{\lambda_{\mathrm{TF}}^2} \qquad (11.71)$$

mit

$$\lambda_{\mathrm{TF}} = \frac{\beta_{\mathrm{z}} \cdot L}{i_{\mathrm{z}}} \cdot \sqrt{\frac{c^2 + i_{\mathrm{M}}^2}{2 \cdot c^2} \cdot \left\{ 1 + \sqrt{1 - \frac{4 c^2 [i_{\mathrm{p}}^2 + 0,093 \cdot (\beta_{\mathrm{z}}^2/\beta_{\mathrm{w}}^2 - 1) \cdot z_{\mathrm{M}}^2]}{(c^2 + i_{\mathrm{M}}^2)^2}} \right\}}$$
$$(11.72)$$

$$c^2 = \frac{I_{\mathrm{w}}}{I_{\mathrm{z}}} \cdot \left(\frac{\beta_{\mathrm{z}}}{\beta_{\mathrm{w}}} \right)^2 + \frac{G I_{\mathrm{T}}}{E I_{\mathrm{z}}} \left(\frac{\beta_{\mathrm{z}} \cdot L}{\pi} \right)^2$$

$$i_{\mathrm{M}}^2 = i_{\mathrm{y}}^2 + i_{\mathrm{z}}^2 + z_{\mathrm{M}}^2 = i_{\mathrm{p}}^2 + z_{\mathrm{M}}^2$$

$$\bar{\lambda}_{\mathrm{TF}} = \frac{\lambda_{\mathrm{TF}}}{\lambda_1}$$

$N_{\mathrm{cr,TF}}$ Biegedrillknicklast unter Normalkraftbeanspruchung
λ_{TF} Schlankheit für das Biegedrillknicken unter Normalkraftbeanspruchung
z_{M} Abstand des Schubmittelpunkts vom Schwerpunkt
i_{M} Trägheitsradius bezogen auf den Schubmittelpunkt
β_{w} Beiwert zur Berücksichtigung der Torsionseinspannung ($0,5 \leq \beta_{\mathrm{w}} \leq 1,0$)
β_{z} Knicklängenbeiwert für das Biegeknicken senkrecht zur z-Achse ($0,5 \leq \beta_{\mathrm{z}} \leq 1,0$).

Die Berechnung der Wölbsteifigkeit erfolgt mit den Gleichungen nach Abschn. 11.3.7. Tafel 11.76 enthält Gleichungen zur Bestimmung von Torsionskenngrößen für ausgewählte Querschnitte.

Tafel 11.76 Torsionskenngrößen einfachsymmetrischer Profile

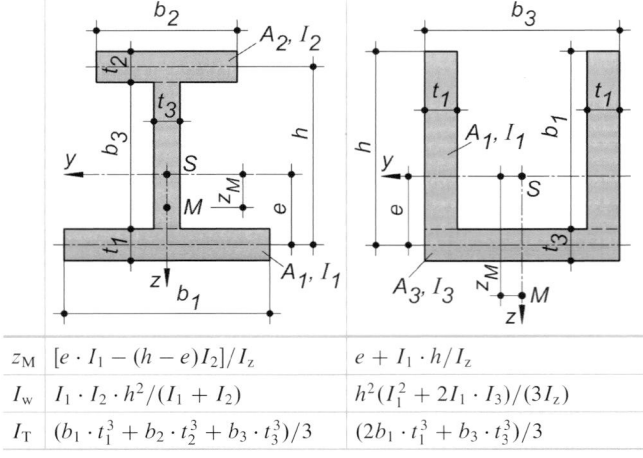

z_{M}	$[e \cdot I_1 - (h - e) I_2]/I_z$	$e + I_1 \cdot h/I_z$
I_{w}	$I_1 \cdot I_2 \cdot h^2/(I_1 + I_2)$	$h^2(I_1^2 + 2 I_1 \cdot I_3)/(3 I_z)$
I_{T}	$(b_1 \cdot t_1^3 + b_2 \cdot t_2^3 + b_3 \cdot t_3^3)/3$	$(2 b_1 \cdot t_1^3 + b_3 \cdot t_3^3)/3$

I_1, I_2, I_3 Flächenmoment 2. Grades einer Teilfläche bezogen auf die Symmetrieachse (z-Achse).

Beispiel

L90 × 9, S275 mit $A = 15{,}5\,\mathrm{cm}^2$, $N_{\mathrm{Ed}} = 180\,\mathrm{kN}$, Systemlänge $L = 180\,\mathrm{cm}$

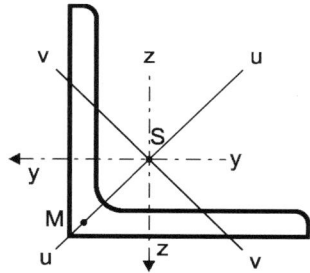

$$N_{\mathrm{pl.Rk}} = 15{,}5 \cdot 27{,}5 = 426{,}3\,\mathrm{kN}$$
$$z_{\mathrm{M}} = y_{\mathrm{M}} = 2{,}54 - 0{,}9/2 = 2{,}09\,\mathrm{cm}$$
$$I_{\mathrm{T}} = (2 \cdot 9 - 0{,}9) \cdot 0{,}9^3/3 = 4{,}16\,\mathrm{cm}^4$$
$$I_{\mathrm{w}} \cong 0$$
$$I_{\mathrm{u}} = 184\,\mathrm{cm}^4$$
$$i_{\mathrm{u}} = 3{,}44\,\mathrm{cm}$$
$$i_{\mathrm{v}} = 1{,}76\,\mathrm{cm} = \min i$$
$$i_{\mathrm{p}}^2 = 3{,}44^2 + 1{,}76^2 = 14{,}93\,\mathrm{cm}^2$$
$$i_{\mathrm{M}}^2 = 14{,}93 + 2 \cdot 2{,}09^2 = 23{,}67\,\mathrm{cm}^2$$

Biegeknicken $\perp$ zur v-Achse:
a) ohne Berücksichtigung von Einspanneffekten

$$\bar{\lambda}_{\mathrm{v}} = 180/(1{,}76 \cdot 86{,}8) = 1{,}18$$

b) unter Berücksichtigung von Einspanneffekten

$$\bar{\lambda}_{\mathrm{eff,v}} = 0{,}35 + 0{,}7 \cdot 1{,}18 = 1{,}176 \quad \text{nach (11.65)}$$
$$\bar{\lambda}_{\mathrm{v}} \approx \bar{\lambda}_{\mathrm{eff,v}} \approx 1{,}18$$

Knicklinie b, $\chi = 0{,}489$ nach Tafeln 11.70 und 11.71

$$N_{\mathrm{b,Rd}} = 0{,}489 \cdot 426{,}3/1{,}1 = 189{,}5\,\mathrm{kN}$$

Nachweis: $180/189{,}5 = 0{,}95 < 1$

Biegedrillknicken:

$$c^2 = 0 + \frac{8100 \cdot 4{,}16}{21.000 \cdot 184} \cdot \left(\frac{1{,}0 \cdot 180}{\pi}\right)^2 = 28{,}63\,\mathrm{cm}^2$$
$$\bar{\lambda}_{\mathrm{TF}} = \frac{1{,}0 \cdot 180}{3{,}44} \cdot \sqrt{\frac{28{,}63 + 23{,}67}{2 \cdot 28{,}63} \cdot \left(1 + \sqrt{1 - \frac{4 \cdot 28{,}63 \cdot 14{,}93}{(28{,}63 + 23{,}67)^2}}\right)} \cdot \frac{1}{86{,}8}$$
$$= 0{,}73 < 1{,}18 \quad \text{(s. (11.72))}$$

Biegeknicken ist maßgebend! ◄

11.4.2.4.3 Stäbe mit doppeltsymmetrischem Querschnitt, gebundener Drehachse und drehelastischer Bettung

Fassadenstützen werden oft durch anschließende Fassadenelemente, Wandriegel und Ähnlichem kontinuierlich seitlich gestützt. Zusätzlich kann aufgrund der Anschlussausbildung und der Biegesteifigkeit der angrenzenden Bauteile eine drehelastische Torsionseinspannung (Drehbettung) vorhanden sein (siehe Abb. 11.27). Liegt aufgrund der Steifigkeit und Kontinuität der seitlichen Stützung eine feste Drehachse vor, sind zwei Versagensformen möglich: Biegeknicken in Richtung der z-Achse und Biegedrillknicken um die gebundene Drehachse. Die Verzweigungslast $N_{\mathrm{cr,TF}}$ für das Biegedrillknicken kann bei Stäben mit doppeltsymmetrischen Querschnitten und Gabellagerung an den Stabenden mit (11.73) bestimmt werden.

$$N_{\mathrm{cr,TF}} = \frac{1}{i_{\mathrm{D}}^2} \cdot \left[EI_{\mathrm{w,D}} \cdot \left(\frac{m \cdot \pi}{L}\right)^2 + GI_{\mathrm{T}} + c_\vartheta \cdot \left(\frac{L}{m \cdot \pi}\right)^2 \right]$$
(11.73)

mit

$$m = \frac{L}{\pi} \cdot \sqrt[4]{\frac{c_\vartheta}{EI_{\mathrm{w,D}}}} \geq 1$$
$$I_{\mathrm{w,D}} = I_{\mathrm{w}} + I_{\mathrm{z}} \cdot z_{\mathrm{D}}^2$$
$$i_{\mathrm{D}}^2 = i_{\mathrm{y}}^2 + i_{\mathrm{z}}^2 + z_{\mathrm{D}}^2$$

$I_{\mathrm{w,D}}$ auf D bezogene Wölbsteifigkeit
i_{D} auf D bezogener Trägheitsradius
c_ϑ Drehbettung je lfdm. um die Stablängsachse
m Kritische Halbwellenzahl, ganzzahlig! Bei i. Allg. ungeraden Halbwellenzahlen ist (11.73) jeweils mit der oberen und unteren angrenzenden Halbwellenzahl auszuwerten. Die kleinere Verzweigungslast ist maßgebend.

Abb. 11.27 Querschnitt mit kontinuierlicher seitlicher Stützung und Drehbettung

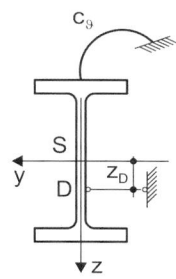

11.4.2.5 Tragfähigkeitstabellen

In den Tafeln 11.77 bis 11.106 sind Bemessungswerte der Biegeknickbeanspruchbarkeiten $N_{\mathrm{b,Rd}}$ von planmäßig zentrisch gedrückten Stäben, für die $\bar{\lambda} > 0{,}2$ ist (s. Abschn. 11.4.2.1), tabelliert. Die kursiv dargestellten Werte wurden mit der effektiven Querschnittsfläche ermittelt, da der jeweilige Querschnitt der QSK 4 zuzuordnen ist (s. a. Abschn. 11.3.13).

Tafel 11.77 Bemessungswert der Beanspruchbarkeit $N_{\mathrm{b,Rd}}$ [kN] druckbeanspruchter IPE-Profile aus S235 für Biegeknicken um die y-Achse

IPE	Knicklänge L_{cr} in m												
	1,50	2,00	2,50	3,00	3,50	4,00	4,50	5,00	5,50	6,00	6,50	7,00	8,00
80	151	142	128	110	91,7	75,4	62,2	51,9	43,7	37,3	32,2	28,0	21,7
100	211	202	191	177	160	140	120	103	88,1	76,0	66,0	57,8	45,2
120	274	266	257	245	231	213	192	171	151	132	116	103	81,3
140	345	337	328	318	305	290	272	251	229	206	185	165	133
160	425	417	408	399	387	374	358	339	318	294	270	246	203
180	510	502	493	483	472	460	446	429	410	388	364	339	288
200		601	592	582	571	559	546	531	513	493	471	446	392
220		708	698	688	678	666	653	639	622	604	583	560	507
240		833	823	813	802	790	777	763	748	730	711	689	638
270			974	963	952	940	928	915	900	885	867	848	803
300			1146	1135	1124	1112	1100	1087	1073	1058	1042	1024	983
330				1328	1316	1304	1292	1278	1265	1250	1234	1217	1179
360				1549	1537	1524	1511	1498	1484	1469	1453	1437	1400
400					1794	1781	1768	1755	1740	1726	1710	1694	1659
450	$\bar{\lambda}_y \leq 0{,}2$				2110	2097	2083	2069	2055	2041	2025	2010	1976
500						2463	2449	2435	2420	2405	2390	2374	2340
550							2807	2793	2778	2762	2747	2731	2698
600								3241	3225	3210	3194	3177	3143

Die kursiv dargestellten Werte sind mit der effektiven Querschnittsfläche ermittelt worden.

Tafel 11.78 Bemessungswert der Beanspruchbarkeit $N_{\mathrm{b,Rd}}$ [kN] druckbeanspruchter IPE-Profile aus S235 für Biegeknicken um die z-Achse

IPE	Knicklänge L_{cr} in m												
	1,00	1,25	1,50	1,75	2,00	2,25	2,50	2,75	3,00	3,50	4,00	4,50	5,00
80	96,4	72,7	55,0	42,4	33,6	27,2	22,4	18,7	15,9	11,9	9,22	7,35	6,00
100	152	122	95,6	75,4	60,4	49,2	40,8	34,3	29,2	21,9	17,0	13,6	11,1
120	215	183	150	122	99,6	82,1	68,5	57,9	49,5	37,3	29,1	23,3	19,1
140	286	253	217	182	152	127	107	91,0	78,2	59,3	46,4	37,2	30,5
160	364	331	293	253	216	183	156	134	116	88,2	69,3	55,8	45,9
180	448	415	377	336	293	254	219	190	165	127	100	81,0	66,7
200	544	511	472	428	382	336	294	257	225	175	139	113	93,0
220	652	618	580	537	490	441	393	348	308	243	195	159	131
240	775	741	702	659	610	558	505	454	406	325	262	215	179
270	927	893	855	813	767	716	661	606	551	452	371	307	257
300	1101	1066	1028	987	941	891	837	779	720	607	507	424	358
330	1289	1252	1211	1167	1119	1067	1009	948	884	756	639	539	457
360	1509	1468	1425	1379	1329	1275	1215	1151	1084	944	809	690	589
400	1760	1715	1668	1618	1563	1504	1440	1371	1297	1143	989	850	730
450	2067	2017	1965	1910	1851	1786	1717	1641	1561	1389	1215	1052	909
500	2426	2371	2314	2253	2188	2118	2043	1962	1874	1686	1490	1302	1132
550	2778	2718	2656	2591	2522	2448	2368	2282	2190	1990	1777	1566	1372
600	3223	3157	3089	3019	2944	2865	2780	2688	2590	2376	2144	1909	1686

Die kursiv dargestellten Werte sind mit der effektiven Querschnittsfläche ermittelt worden.

Tafel 11.79 Bemessungswert der Beanspruchbarkeit $N_{b,Rd}$ [kN] druckbeanspruchter IPE-Profile aus S355 für Biegeknicken um die y-Achse

IPE	Knicklänge L_{cr} in m												
	1,50	2,00	2,50	3,00	3,50	4,00	4,50	5,00	5,50	6,00	6,50	7,00	8,00
80	219	195	162	129	101	80,7	65,4	53,9	45,2	38,3	32,9	28,6	22,1
100	310	291	264	230	193	159	132	110	92,9	79,3	68,4	59,6	46,3
120	406	389	368	339	303	264	226	193	165	142	123	108	84,2
140	513	497	478	453	422	385	343	302	263	230	202	177	140
160	634	618	600	578	551	517	478	434	389	346	307	273	218
180	762	746	728	707	683	653	618	576	530	483	436	393	319
200	912	895	877	857	833	806	774	735	692	643	593	542	449
220	1073	1056	1037	1017	995	969	939	904	863	817	766	713	606
240		1245	1226	1205	1182	1157	1128	1095	1057	1014	965	911	796
270		1472	1452	1432	1410	1386	1359	1329	1295	1257	1214	1166	1056
300		1698	1678	1658	1636	1613	1589	1561	1531	1498	1461	1419	1322
330			1952	1931	1910	1887	1862	1836	1807	1776	1742	1704	1616
360			2263	2242	2219	2196	2171	2145	2117	2087	2055	2019	1937
400			2619	2600	2578	2554	2530	2504	2477	2448	2418	2385	2311
450				3021	2998	2975	2950	2925	2899	2872	2843	2813	2745
500	$\bar{\lambda}_y \le 0{,}2$				3487	3463	3438	3413	3387	3360	3332	3302	3239
550						4034	4008	3982	3955	3928	3899	3870	3807
600						4674	4647	4620	4592	4564	4535	4505	4442

Die kursiv dargestellten Werte sind mit der effektiven Querschnittsfläche ermittelt worden.

Tafel 11.80 Bemessungswert der Beanspruchbarkeit $N_{b,Rd}$ [kN] druckbeanspruchter IPE-Profile aus S355 für Biegeknicken um die z-Achse

IPE	Knicklänge L_{cr} in m												
	1,00	1,25	1,50	1,75	2,00	2,25	2,50	2,75	3,00	3,50	4,00	4,50	5,00
80	112	79,8	58,6	44,5	34,9	28,0	23,0	19,2	16,3	12,1	9,36	7,45	6,07
100	188	139	105	80,5	63,5	51,3	42,2	35,3	30,0	22,4	17,3	13,8	11,3
120	281	221	171	134	107	86,6	71,6	60,1	51,2	38,3	29,7	23,7	19,4
140	387	320	257	206	166	136	113	95,4	81,4	61,2	47,6	38,1	31,2
160	505	434	361	296	242	200	168	142	121	91,6	71,5	57,3	46,9
180	632	561	483	406	339	284	239	204	175	133	104	83,5	68,5
200	776	704	621	535	454	385	327	280	242	184	145	117	95,7
220	939	868	785	695	605	522	449	388	337	259	205	165	136
240	1124	1052	968	875	776	681	593	517	452	351	278	225	186
270	1353	1283	1203	1112	1013	910	809	717	634	499	399	325	269
300	1584	1516	1441	1355	1260	1157	1052	948	851	684	554	455	378
330	1850	1778	1699	1610	1510	1402	1288	1173	1063	865	706	583	487
360	2156	2081	1998	1907	1806	1694	1575	1451	1328	1099	907	753	632
400	2501	2419	2331	2233	2125	2006	1878	1743	1607	1345	1119	934	787
450	2907	2818	2722	2618	2503	2377	2240	2095	1945	1650	1385	1164	984
500	3382	3285	3182	3071	2949	2816	2670	2514	2351	2022	1716	1452	1234
550	3936	3828	3715	3593	3460	3315	3156	2986	2806	2437	2085	1775	1514
600	4564	4447	4324	4193	4051	3897	3729	3548	3356	2951	2553	2191	1880

Die kursiv dargestellten Werte sind mit der effektiven Querschnittsfläche ermittelt worden.

Tafel 11.81 Bemessungswert der Beanspruchbarkeit $N_{b,Rd}$ [kN] druckbeanspruchter IPE-Profile aus S460 für Biegeknicken um die y-Achse

IPE	Knicklänge L_{cr} in m												
	1,50	2,00	2,50	3,00	3,50	4,00	4,50	5,00	5,50	6,00	6,50	7,00	8,00
80	288	250	195	146	111	86,9	69,5	56,8	47,3	39,9	34,2	29,6	22,8
100	406	382	339	280	223	178	144	119	99,0	83,9	71,9	62,4	48,1
120	530	511	482	436	374	311	257	214	180	153	131	114	88,4
140	668	651	627	593	543	478	410	348	296	254	219	191	149
160	823	807	787	759	720	666	597	524	455	394	343	301	235
180	987	971	952	928	896	853	795	723	645	570	502	443	350
200	1179	1163	1145	1122	1094	1058	1009	947	871	789	707	631	504
220	*1365*	*1349*	*1331*	*1310*	*1285*	*1254*	*1215*	*1164*	*1100*	*1024*	*939*	*853*	*696*
240	*1600*	*1583*	*1565*	*1545*	*1521*	*1492*	*1457*	*1414*	*1359*	*1290*	*1210*	*1121*	*939*
270		*1841*	*1823*	*1804*	*1782*	*1757*	*1728*	*1694*	*1652*	*1600*	*1537*	*1462*	*1285*
300		*2140*	*2122*	*2103*	*2082*	*2059*	*2033*	*2003*	*1968*	*1926*	*1875*	*1815*	*1661*
330		*2483*	*2465*	*2446*	*2425*	*2403*	*2378*	*2350*	*2319*	*2282*	*2239*	*2189*	*2060*
360			*2853*	*2833*	*2812*	*2790*	*2766*	*2739*	*2710*	*2676*	*2638*	*2594*	*2484*
400			*3298*	*3278*	*3258*	*3236*	*3212*	*3187*	*3160*	*3129*	*3096*	*3058*	*2967*
450				*3795*	*3774*	*3753*	*3730*	*3706*	*3681*	*3653*	*3624*	*3591*	*3515*
500	$\bar{\lambda}_y \le 0{,}2$			*4398*	*4377*	*4355*	*4332*	*4309*	*4284*	*4258*	*4230*	*4200*	*4132*
550						*5084*	*5062*	*5039*	*5015*	*4990*	*4964*	*4936*	*4907*	*4843*
600						*5877*	*5853*	*5829*	*5805*	*5779*	*5753*	*5725*	*5696*	*5634*

Die kursiv dargestellten Werte sind mit der effektiven Querschnittsfläche ermittelt worden.

Tafel 11.82 Bemessungswert der Beanspruchbarkeit $N_{b,Rd}$ [kN] druckbeanspruchter IPE-Profile aus S460 für Biegeknicken um die z-Achse

IPE	Knicklänge L_{cr} in m												
	1,00	1,25	1,50	1,75	2,00	2,25	2,50	2,75	3,00	3,50	4,00	4,50	5,00
80	140	93,7	66,4	49,4	38,1	30,3	24,7	20,5	17,2	12,7	9,77	7,74	6,28
100	248	171	122	91,4	70,8	56,4	45,9	38,1	32,1	23,7	18,3	14,5	11,7
120	388	284	207	156	121	96,9	79,1	65,8	55,5	41,0	31,6	25,0	20,3
140	546	431	325	248	194	156	127	106	89,5	66,3	51,0	40,5	32,9
160	714	603	474	368	290	234	192	160	135	100	77,2	61,3	49,9
180	888	792	658	525	419	339	279	233	198	147	113	90,1	73,3
200	1081	996	864	712	578	471	389	326	277	206	159	127	103
220	*1275*	*1206*	*1098*	*950*	*794*	*658*	*549*	*462*	*393*	*294*	*228*	*181*	*148*
240	*1510*	*1447*	*1352*	*1213*	*1045*	*883*	*743*	*629*	*538*	*404*	*313*	*250*	*204*
270	*1772*	*1719*	*1645*	*1537*	*1390*	*1218*	*1049*	*901*	*776*	*588*	*458*	*366*	*299*
300	*2073*	*2025*	*1962*	*1874*	*1753*	*1595*	*1416*	*1239*	*1081*	*829*	*649*	*521*	*426*
330	*2409*	*2360*	*2298*	*2214*	*2099*	*1946*	*1760*	*1564*	*1377*	*1066*	*840*	*675*	*553*
360	*2792*	*2743*	*2682*	*2603*	*2497*	*2356*	*2176*	*1970*	*1759*	*1384*	*1097*	*885*	*727*
400	*3227*	*3174*	*3111*	*3031*	*2925*	*2786*	*2605*	*2390*	*2157*	*1719*	*1372*	*1110*	*913*
450	*3731*	*3675*	*3609*	*3527*	*3423*	*3286*	*3109*	*2890*	*2641*	*2141*	*1722*	*1399*	*1154*
500	*4321*	*4262*	*4193*	*4110*	*4005*	*3871*	*3699*	*3481*	*3224*	*2666*	*2166*	*1769*	*1463*
550	*5014*	*4949*	*4874*	*4786*	*4676*	*4538*	*4361*	*4137*	*3866*	*3247*	*2662*	*2184*	*1810*
600	*5794*	*5724*	*5646*	*5554*	*5443*	*5305*	*5131*	*4911*	*4640*	*3983*	*3311*	*2736*	*2277*

Die kursiv dargestellten Werte sind mit der effektiven Querschnittsfläche ermittelt worden.

Tafel 11.83 Bemessungswert der Beanspruchbarkeit $N_{b,Rd}$ [kN] druckbeanspruchter HEA-Profile aus S235 für Biegeknicken um die y-Achse

HEA	Knicklänge L_{cr} in m												
	3,00	3,50	4,00	4,50	5,00	5,50	6,00	6,50	7,00	7,50	8,00	9,00	10,00
100	332	294	257	221	191	165	143	125	110	97,7	87,0	70,3	57,9
120	438	405	368	330	293	260	229	203	181	161	144	118	97,4
140	576	544	509	471	431	392	354	318	287	258	233	192	160
160	737	707	673	635	595	552	509	467	426	389	355	296	250
180	884	855	823	788	749	708	665	621	577	534	493	419	357
200	1071	1042	1010	975	937	897	853	808	760	713	666	577	499
220	1300	1269	1237	1201	1164	1123	1080	1033	985	934	883	782	687
240	1572	1539	1504	1468	1429	1388	1344	1297	1247	1195	1140	1029	919
260	1794	1761	1726	1690	1652	1612	1569	1523	1475	1424	1371	1258	1142
280	2026	1992	1957	1921	1883	1843	1801	1756	1709	1659	1607	1495	1376
300	2361	2324	2287	2249	2209	2168	2124	2078	2030	1979	1926	1811	1688
320	2624	2586	2548	2509	2469	2427	2383	2338	2290	2240	2187	2074	1951
340	2829	2792	2754	2715	2675	2633	2590	2546	2499	2450	2399	2290	2170
360	3039	3001	2963	2924	2884	2843	2800	2756	2711	2663	2613	2507	2391
400		3380	3356	3332	3307	3281	3254	3226	3197	3166	3133	3061	2980
450			3782	3758	3734	3709	3684	3657	3630	3601	3571	3508	3436
500			4217	4194	4170	4146	4121	4095	4069	4042	4014	3955	3891
550				4516	4492	4469	4445	4421	4396	4371	4345	4290	4231
600					4824	4801	4778	4755	4731	4706	4682	4630	4575
650						5142	5120	5097	5074	5050	5026	4977	4925
700	$\bar{\lambda}_y \leq 0,2$					5560	5538	5515	5492	5468	5444	5395	5345
800								5906	5885	5864	5843	5799	5755
900									6516	6495	6475	6433	6391
1000											6862	6823	6784

Die kursiv dargestellten Werte sind mit der effektiven Querschnittsfläche ermittelt worden.

Tafel 11.84 Bemessungswert der Beanspruchbarkeit $N_{b,Rd}$ [kN] druckbeanspruchter HEA-Profile aus S235 für Biegeknicken um die z-Achse

HEA	Knicklänge L_{cr} in m												
	3,00	3,50	4,00	4,50	5,00	5,50	6,00	6,50	7,00	7,50	8,00	9,00	10,00
100	182	145	117	96,4	80,4	68,0	58,2	50,3	44,0	38,7	34,3	27,6	22,6
120	274	226	187	156	131	112	96,3	83,7	73,3	64,7	57,6	46,4	38,1
140	400	340	288	244	208	179	155	136	119	106	94,3	76,2	62,9
160	548	479	415	358	310	269	235	206	182	162	145	118	97,3
180	697	625	555	489	430	378	333	295	262	234	210	171	142
200	875	799	722	647	576	512	456	406	363	326	293	241	201
220	1096	1016	934	851	770	693	624	561	505	456	413	341	286
240	1354	1269	1180	1089	998	910	827	750	680	618	562	468	394
260	1572	1486	1395	1301	1206	1111	1020	933	853	780	713	599	508
280	1802	1713	1621	1525	1427	1328	1230	1135	1045	962	884	750	639
300	2123	2030	1932	1831	1726	1619	1512	1406	1304	1208	1117	955	820
320	2347	2244	2136	2024	1908	1790	1672	1555	1443	1336	1236	1057	908
340	2516	2405	2289	2168	2043	1916	1788	1663	1542	1427	1320	1128	968
360	2688	2569	2444	2314	2179	2043	1906	1771	1642	1519	1404	1200	1029
400	3097	2991	2876	2750	2612	2465	2310	2152	1994	1842	1698	1441	1226
450	3464	3344	3214	3071	2915	2748	2573	2394	2217	2046	1885	1598	1359
500	3838	3704	3558	3397	3223	3035	2839	2640	2443	2253	2074	1756	1492
550	4103	3957	3796	3620	3428	3223	3009	2792	2579	2375	2183	1845	1566
600	4376	4216	4041	3848	3638	3414	3181	2947	2717	2498	2294	1934	1639
650	4657	4483	4291	4081	3852	3608	3356	3103	2856	2622	2405	2024	1713
700	5000	4806	4593	4359	4104	3834	3556	3279	3012	2759	2526	2120	1792
800	*5303*	*5093*	*4861*	*4607*	*4330*	*4038*	*3738*	*3441*	*3155*	*2887*	*2640*	*2213*	*1868*
900	*5821*	*5585*	*5324*	*5036*	*4725*	*4397*	*4063*	*3732*	*3417*	*3122*	*2851*	*2385*	*2011*
1000	*6123*	*5870*	*5590*	*5282*	*4948*	*4598*	*4241*	*3891*	*3558*	*3247*	*2963*	*2476*	*2086*

Die kursiv dargestellten Werte sind mit der effektiven Querschnittsfläche ermittelt worden.

Tafel 11.85 Bemessungswert der Beanspruchbarkeit $N_{b,Rd}$ [kN] druckbeanspruchter HEA-Profile aus S355 für Biegeknicken um die y-Achse

HEA	Knicklänge L_{cr} in m												
	3,00	3,50	4,00	4,50	5,00	5,50	6,00	6,50	7,00	7,50	8,00	9,00	10,00
100	423	355	296	247	208	177	152	132	115	102	90,2	72,4	59,4
120	591	521	452	389	334	289	250	219	192	170	152	122	101
140	803	735	662	588	518	455	400	353	313	279	249	203	167
160	1049	983	909	830	750	673	601	537	480	431	388	317	264
180	1273	1211	1142	1066	986	903	822	746	675	611	554	458	384
200	1556	1494	1426	1351	1269	1183	1095	1007	923	845	772	647	546
220	1899	1836	1768	1693	1611	1523	1431	1336	1241	1148	1060	902	769
240	2306	2240	2169	2093	2010	1921	1825	1725	1621	1518	1416	1224	1056
260	2641	2575	2506	2431	2351	2264	2171	2072	1969	1863	1755	1545	1351
280	2990	2924	2854	2780	2701	2616	2526	2429	2326	2220	2110	1887	1673
300	3490	3420	3347	3270	3189	3102	3010	2911	2807	2696	2582	2344	2106
320	3886	3814	3740	3662	3581	3494	3403	3305	3202	3093	2979	2737	2489
340	4196	4124	4051	3974	3894	3809	3720	3626	3526	3421	3310	3073	2824
360	4512	4440	4367	4291	4211	4128	4041	3949	3852	3750	3642	3412	3165
400	5093	5048	5002	4954	4904	4851	4794	4734	4669	4599	4523	4351	4148
450	5736	5692	5647	5601	5553	5503	5451	5396	5338	5276	5210	5063	4893
500		6349	6305	6260	6214	6166	6117	6065	6011	5954	5894	5764	5615
550			6684	6641	6598	6554	6509	6462	6413	6362	6310	6196	6070
600			7095	7054	7013	6971	6929	6885	6839	6793	6744	6642	6530
650				7469	7429	7389	7348	7307	7264	7220	7175	7080	6978
700				8025	7986	7946	7906	7865	7823	7781	7737	7646	7549
800	$\bar{\lambda}_y \leq 0{,}2$					8535	8499	8462	8424	8386	8347	8268	8184
900							9369	9333	9297	9261	9225	9150	9073
1000									9816	9783	9749	9681	9611

Die kursiv dargestellten Werte sind mit der effektiven Querschnittsfläche ermittelt worden.

Tafel 11.86 Bemessungswert der Beanspruchbarkeit $N_{b,Rd}$ [kN] druckbeanspruchter HEA-Profile aus S355 für Biegeknicken um die z-Achse

HEA	Knicklänge L_{cr} in m												
	3,00	3,50	4,00	4,50	5,00	5,50	6,00	6,50	7,00	7,50	8,00	9,00	10,00
100	202	157	125	102	84,2	70,8	60,3	52,0	45,3	39,8	35,2	28,2	23,1
120	318	253	204	167	140	118	101	87,2	76,1	67,0	59,4	47,7	39,1
140	483	394	323	268	225	191	164	143	125	110	98,0	78,8	64,7
160	686	574	479	403	341	292	252	219	192	170	152	122	101
180	904	777	663	566	485	418	363	318	280	248	222	180	148
200	1163	1021	888	768	665	578	506	444	393	350	313	254	210
220	1489	1334	1183	1041	913	802	706	625	555	496	445	363	302
240	1867	1699	1530	1366	1214	1077	956	850	759	681	613	503	419
260	2194	2022	1846	1670	1502	1346	1205	1079	969	872	788	650	543
280	2537	2362	2181	1997	1816	1643	1483	1338	1208	1093	991	822	690
300	3012	2827	2634	2435	2237	2044	1860	1690	1535	1396	1271	1060	894
320	3330	3126	2912	2693	2474	2261	2058	1870	1699	1544	1406	1174	990
340	3568	3348	3118	2882	2646	2416	2198	1997	1813	1648	1500	1251	1055
360	3810	3574	3326	3073	2819	2573	2340	2124	1928	1752	1594	1330	1121
400	4455	4232	3982	3709	3420	3126	2839	2570	2322	2100	1902	1572	1314
450	4980	4727	4444	4135	3808	3477	3155	2853	2577	2329	2108	1741	1455
500	5515	5231	4914	4567	4202	3832	3474	3138	2833	2559	2315	1911	1597
550	5807	5504	5167	4798	4410	4019	3640	3286	2965	2677	2421	1998	1669
600	6125	5801	5439	5045	4631	4215	3814	3440	3101	2798	2530	2086	1742
650	6445	6099	5714	5294	4853	4412	3988	3594	3238	2920	2639	2175	1815
700	6871	6490	6066	5606	5125	4647	4191	3770	3391	3055	2758	2270	1893
800	7296	6881	6418	5916	5395	4880	4392	3945	3544	3189	2877	2365	1971
900	7968	7504	6986	6427	5849	5281	4745	4257	3820	3435	3097	2543	2118
1000	8344	7849	7299	6705	6094	5495	4932	4420	3964	3562	3211	2635	2193

Die kursiv dargestellten Werte sind mit der effektiven Querschnittsfläche ermittelt worden.

Tafel 11.87 Bemessungswert der Beanspruchbarkeit $N_{b,Rd}$ [kN] druckbeanspruchter HEA-Profile aus S460 für Biegeknicken um die y-Achse

HEA	Knicklänge L_{cr} in m												
	3,00	3,50	4,00	4,50	5,00	5,50	6,00	6,50	7,00	7,50	8,00	9,00	10,00
100	528	425	342	279	231	194	165	142	123	108	95,7	76,3	62,2
120	768	656	549	458	385	326	279	241	210	184	163	130	107
140	1061	956	838	722	619	531	458	398	349	307	273	219	179
160	1389	1296	1182	1056	929	812	710	622	548	485	432	348	286
180	1684	1604	1506	1389	1259	1128	1003	890	791	705	630	511	422
200	2052	1977	1887	1779	1653	1515	1374	1237	1112	999	899	735	609
220	2497	2426	2341	2240	2122	1986	1838	1685	1536	1395	1266	1046	873
240	3022	2951	2868	2772	2659	2528	2381	2221	2054	1890	1732	1452	1221
260	3452	3383	3305	3216	3113	2994	2858	2706	2542	2370	2199	1875	1595
280	3900	3832	3756	3671	3575	3465	3339	3197	3039	2870	2693	2339	2015
300	4542	4472	4395	4310	4215	4107	3986	3848	3694	3524	3342	2959	2586
320	5048	4977	4900	4817	4725	4622	4506	4376	4231	4069	3892	3507	3110
340	5442	5372	5298	5217	5129	5031	4923	4802	4667	4517	4352	3982	3581
360	5844	5775	5701	5623	5537	5444	5342	5228	5102	4962	4808	4457	4063
400	6588	6545	6500	6452	6400	6343	6280	6210	6131	6041	5938	5685	5357
450	7408	7367	7323	7278	7230	7179	7124	7064	6998	6924	6843	6648	6399
500	8066	8026	7986	7944	7901	7855	7806	7754	7698	7638	7572	7419	7232
550		8517	8479	8440	8400	8358	8314	8268	8219	8167	8111	7985	7836
600		9008	8972	8936	8898	8859	8818	8776	8732	8686	8636	8528	8403
650			9468	9433	9397	9361	9323	9283	9243	9200	9156	9059	8950
700			10.106	10.070	10.034	9998	9960	9920	9880	9837	9747	9647
800	$\bar{\lambda}_y \leq 0{,}2$				10.762	10.730	10.697	10.663	10.629	10.594	10.558	10.482	10.400
900						11.774	11.743	11.712	11.679	11.647	11.613	11.544	11.471
1000							12.344	12.315	12.285	12.256	12.225	12.163	12.098

Die kursiv dargestellten Werte sind mit der effektiven Querschnittsfläche ermittelt worden.

Tafel 11.88 Bemessungswert der Beanspruchbarkeit $N_{b,Rd}$ [kN] druckbeanspruchter HEA-Profile aus S460 für Biegeknicken um die z-Achse

HEA	Knicklänge L_{cr} in m												
	3,00	3,50	4,00	4,50	5,00	5,50	6,00	6,50	7,00	7,50	8,00	9,00	10,00
100	245	185	144	115	93,9	78,2	66,1	56,6	49,0	42,8	37,7	30,0	24,4
120	403	308	242	194	159	133	113	96,5	83,6	73,1	64,5	51,3	41,7
140	641	500	396	320	264	221	187	161	139	122	108	85,8	69,9
160	942	755	607	495	409	343	292	251	218	191	169	135	110
180	1274	1060	871	718	599	505	431	371	323	284	251	200	164
200	1656	1425	1198	1003	843	714	612	529	461	405	359	287	234
220	2124	1892	1638	1399	1190	1017	876	760	664	585	519	416	340
240	2654	2424	2155	1878	1622	1399	1212	1056	926	817	726	583	478
260	3099	2884	2624	2337	2051	1790	1562	1368	1204	1066	949	764	628
280	3558	3358	3111	2826	2524	2231	1965	1732	1532	1360	1214	981	807
300	4194	3997	3756	3468	3149	2823	2513	2231	1983	1768	1583	1284	1059
320	4636	4419	4153	3836	3484	3124	2780	2469	2195	1957	1752	1421	1172
340	4970	4735	4446	4103	3723	3335	2967	2634	2340	2086	1867	1514	1249
360	5310	5057	4744	4374	3965	3548	3154	2798	2486	2215	1982	1607	1325
400	6150	5932	5633	5234	4747	4226	3726	3278	2891	2560	2278	1832	1502
450	6879	6630	6287	5831	5278	4690	4131	3632	3201	2833	2521	2026	1661
500	7470	7203	6838	6350	5756	5121	4514	3971	3501	3100	2759	2218	1818
550	7891	7603	7208	6681	6043	5368	4726	4154	3660	3240	2882	2317	1899
600	8315	8005	7579	7013	6331	5614	4937	4336	3819	3379	3006	2415	1979
650	8742	8410	7953	7345	6619	5861	5148	4519	3979	3519	3130	2514	2060
700	9318	8947	8434	7756	6958	6139	5380	4715	4147	3666	3258	2616	2143
800	9887	9477	8908	8161	7292	6415	5611	4912	4316	3813	3388	2719	2226
900	10.787	10.324	9681	8841	7876	6912	6037	5280	4637	4095	3637	2918	2388
1000	11.284	10.789	10.100	9203	8182	7170	6256	5468	4800	4238	3764	3018	2470

Die kursiv dargestellten Werte sind mit der effektiven Querschnittsfläche ermittelt worden.

Tafel 11.89 Bemessungswert der Beanspruchbarkeit $N_{b,Rd}$ [kN] druckbeanspruchter HEB-Profile aus S235 für Biegeknicken um die y-Achse

HEB	Knicklänge L_{cr} in m												
	3,00	3,50	4,00	4,50	5,00	5,50	6,00	6,50	7,00	7,50	8,00	9,00	10,00
100	414	369	323	280	243	210	183	160	141	125	111	90,1	74,2
120	596	553	506	457	408	363	322	286	254	227	204	166	138
140	795	755	709	660	608	555	503	455	411	371	336	278	232
160	1039	998	953	904	850	793	734	676	620	568	519	436	368
180	1282	1241	1197	1149	1097	1040	981	919	856	795	736	629	538
200	1562	1520	1476	1428	1376	1321	1261	1198	1132	1065	999	871	756
220	1847	1805	1760	1713	1662	1607	1548	1486	1420	1352	1281	1141	1007
240	2175	2131	2085	2037	1985	1931	1872	1810	1745	1675	1603	1454	1305
260	2454	2410	2364	2316	2266	2213	2156	2097	2033	1966	1896	1748	1594
280	2743	2698	2652	2604	2554	2502	2447	2389	2327	2262	2194	2048	1893
300	3133	3086	3038	2988	2937	2884	2828	2769	2707	2642	2574	2427	2269
320	3409	3361	3313	3263	3212	3159	3104	3047	2986	2923	2857	2714	2559
340	3628	3580	3532	3483	3433	3381	3328	3272	3214	3153	3089	2953	2805
360	3850	3803	3755	3706	3657	3606	3553	3499	3443	3384	3322	3191	3049
400		4208	4179	4149	4118	4087	4054	4020	3984	3947	3907	3820	3722
450			4634	4605	4576	4546	4515	4483	4450	4416	4380	4303	4218
500			5097	5069	5040	5011	4982	4951	4920	4888	4855	4785	4708
550				5420	5392	5364	5336	5307	5278	5248	5217	5152	5083
600					5753	5726	5698	5671	5643	5614	5585	5524	5459
650						6096	6069	6042	6015	5987	5959	5901	5840
700	$\bar{\lambda}_y \leq 0,2$					6542	6516	6489	6462	6435	6407	6350	6291
800								7122	7096	7070	7044	6991	6937
900									7924	7899	7873	7821	7768
1000											*8193*	*8145*	*8098*

Die kursiv dargestellten Werte sind mit der effektiven Querschnittsfläche ermittelt worden.

Tafel 11.90 Bemessungswert der Beanspruchbarkeit $N_{b,Rd}$ [kN] druckbeanspruchter HEB-Profile aus S235 für Biegeknicken um die z-Achse

HEB	Knicklänge L_{cr} in m												
	3,00	3,50	4,00	4,50	5,00	5,50	6,00	6,50	7,00	7,50	8,00	9,00	10,00
100	226	180	146	120	100	84,8	72,6	62,8	54,9	48,3	42,9	34,4	28,2
120	373	308	255	213	180	153	132	115	101	88,8	79,0	63,7	52,3
140	554	474	402	342	292	251	218	191	168	149	133	107	88,5
160	775	681	592	512	443	385	337	296	262	233	208	169	140
180	1011	909	809	714	628	553	488	432	384	343	308	252	209
200	1280	1172	1062	954	852	759	677	604	540	485	438	360	300
220	1560	1449	1334	1218	1104	997	898	809	729	659	597	494	414
240	1877	1761	1641	1517	1393	1272	1158	1052	955	868	791	660	556
260	2154	2038	1916	1790	1662	1534	1410	1293	1183	1082	991	833	707
280	2442	2325	2202	2075	1944	1811	1680	1553	1432	1319	1214	1031	880
300	2821	2699	2572	2440	2303	2163	2023	1885	1750	1622	1502	1287	1106
320	3052	2920	2782	2639	2490	2339	2187	2037	1891	1753	1623	1390	1195
340	3229	3088	2941	2788	2630	2469	2307	2147	1993	1846	1708	1462	1256
360	3409	3259	3102	2940	2771	2600	2428	2259	2095	1940	1794	1535	1318
400	3859	3729	3587	3432	3264	3082	2892	2696	2502	2313	2134	1812	1544
450	4246	4101	3942	3769	3580	3378	3165	2948	2732	2523	2325	1973	1679
500	4640	4480	4304	4111	3902	3677	3441	3201	2964	2735	2518	2134	1814
550	4927	4752	4560	4350	4122	3877	3622	3363	3107	2863	2633	2226	1889
600	5221	5031	4823	4594	4346	4080	3804	3525	3252	2991	2747	2318	1965
650	5522	5317	5091	4843	4574	4286	3989	3689	3398	3121	2863	2410	2041
700	5886	5660	5411	5137	4840	4524	4199	3874	3559	3263	2988	2510	2122
800	6380	6122	5837	5524	5184	4826	4460	4099	3753	3430	3133	2622	2211
900	7050	6753	6423	6060	5669	5258	4842	4436	4050	3692	3366	2809	2364
1000	*7290*	*6981*	*6638*	*6261*	*5854*	*5428*	*4996*	*4575*	*4175*	*3806*	*3469*	*2894*	*2435*

Die kursiv dargestellten Werte sind mit der effektiven Querschnittsfläche ermittelt worden.

Tafel 11.91 Bemessungswert der Beanspruchbarkeit $N_{b,Rd}$ [kN] druckbeanspruchter HEB-Profile aus S355 für Biegeknicken um die y-Achse

HEB	Knicklänge L_{cr} in m												
	3,00	3,50	4,00	4,50	5,00	5,50	6,00	6,50	7,00	7,50	8,00	9,00	10,00
100	531	449	375	315	266	226	195	169	148	130	116	92,9	76,2
120	809	720	629	544	470	406	353	309	272	241	215	174	143
140	1115	1027	932	833	739	652	576	509	452	403	361	294	243
160	1484	1396	1298	1192	1084	977	877	786	705	634	571	469	390
180	1850	1765	1670	1566	1454	1339	1224	1114	1012	918	834	693	581
200	2272	2187	2093	1990	1878	1758	1635	1511	1390	1276	1170	984	833
220	2702	2616	2523	2422	2312	2194	2068	1938	1807	1678	1554	1328	1136
240	3193	3106	3012	2911	2802	2684	2557	2424	2286	2146	2008	1745	1511
260	3614	3528	3436	3337	3232	3118	2996	2867	2731	2590	2446	2163	1899
280	4049	3962	3871	3774	3671	3561	3443	3317	3184	3044	2900	2605	2319
300	4635	4544	4450	4351	4246	4135	4017	3890	3757	3616	3468	3161	2850
320	5050	4960	4866	4767	4664	4556	4440	4318	4188	4051	3907	3602	3286
340	5381	5291	5199	5103	5003	4897	4786	4669	4545	4414	4276	3981	3669
360	5718	5628	5537	5442	5344	5242	5134	5021	4902	4776	4643	4359	4054
400	6341	6286	6229	6171	6109	6045	5976	5903	5825	5740	5649	5441	5198
450	7027	6974	6920	6864	6806	6746	6684	6618	6548	6474	6395	6220	6017
500		7674	7621	7568	7512	7455	7396	7335	7271	7203	7132	6978	6802
550			8153	8101	8049	7995	7939	7882	7823	7761	7697	7558	7404
600			8697	8647	8596	8545	8492	8437	8382	8324	8264	8137	7998
650				9206	9157	9106	9055	9003	8950	8895	8838	8719	8590
700	$\bar{\lambda}_y \leq 0{,}2$			9722	9674	9626	9577	9527	9476	9423	9370	9258	9139
800						10.307	10.263	10.217	10.172	10.125	10.078	9980	9878
900							11.223	11.180	11.137	11.093	11.048	10.957	10.863
1000								11.770	11.730	11.689	11.648	11.565	11.480

Die kursiv dargestellten Werte sind mit der effektiven Querschnittsfläche ermittelt worden.

Tafel 11.92 Bemessungswert der Beanspruchbarkeit $N_{b,Rd}$ [kN] druckbeanspruchter HEB-Profile aus S355 für Biegeknicken um die z-Achse

HEB	Knicklänge L_{cr} in m												
	3,00	3,50	4,00	4,50	5,00	5,50	6,00	6,50	7,00	7,50	8,00	9,00	10,00
100	251	196	156	127	105	88,4	75,3	64,9	56,6	49,7	44,0	35,2	28,8
120	434	346	279	229	191	162	138	120	104	92,0	81,6	65,5	53,7
140	673	551	453	376	316	269	231	201	176	155	138	111	91,2
160	976	819	686	577	490	419	362	315	277	245	218	176	145
180	1316	1134	970	829	711	614	533	467	412	365	326	264	218
200	1708	1505	1312	1139	988	861	753	662	586	522	467	380	315
220	2125	1909	1697	1497	1316	1157	1020	903	803	718	644	526	437
240	2593	2366	2135	1911	1701	1511	1343	1197	1069	959	864	709	591
260	3010	2780	2543	2306	2078	1865	1672	1499	1347	1214	1097	906	758
280	3443	3211	2970	2724	2482	2250	2034	1838	1661	1504	1365	1133	952
300	4007	3766	3514	3255	2995	2740	2498	2273	2067	1881	1714	1432	1208
320	4334	4073	3800	3519	3237	2961	2699	2455	2232	2031	1850	1546	1305
340	4583	4304	4013	3714	3414	3121	2843	2585	2349	2136	1946	1625	1371
360	4835	4539	4229	3911	3593	3282	2988	2715	2466	2242	2042	1704	1437
400	5555	5280	4974	4639	4283	3920	3564	3229	2921	2643	2395	1981	1657
450	6107	5800	5458	5083	4686	4282	3889	3519	3180	2875	2604	2152	1800
500	6671	6329	5949	5533	5094	4649	4216	3811	3441	3109	2815	2324	1942
550	7073	6701	6286	5834	5357	4878	4415	3984	3593	3242	2932	2418	2019
600	7486	7081	6630	6139	5624	5109	4615	4158	3744	3376	3050	2513	2097
650	7908	7469	6979	6448	5894	5342	4817	4332	3896	3509	3169	2607	2174
700	8298	7828	7304	6737	6147	5563	5009	4500	4044	3639	3284	2700	2250
800	8781	8268	7696	7079	6442	5815	5224	4686	4205	3780	3408	2799	2331
900	9508	8939	8304	7621	6919	6233	5591	5007	4488	4032	3633	2981	2480
1000	9928	9322	8648	7924	7182	6461	5787	5179	4638	4164	3750	3075	2558

Die kursiv dargestellten Werte sind mit der effektiven Querschnittsfläche ermittelt worden.

Tafel 11.93 Bemessungswert der Beanspruchbarkeit $N_{b,Rd}$ [kN] druckbeanspruchter HEB-Profile aus S460 für Biegeknicken um die y-Achse

HEB	Knicklänge L_{cr} in m												
	3,00	3,50	4,00	4,50	5,00	5,50	6,00	6,50	7,00	7,50	8,00	9,00	10,00
100	667	540	437	358	296	249	212	182	159	139	123	98,0	79,9
120	1056	912	770	646	543	461	395	341	298	262	232	185	152
140	1475	1342	1189	1033	890	766	663	577	506	446	396	318	261
160	1965	1844	1696	1527	1354	1190	1043	917	809	717	639	516	424
180	2446	2338	2205	2047	1869	1684	1505	1340	1194	1066	955	776	641
200	2994	2893	2772	2626	2456	2266	2067	1871	1688	1521	1372	1125	934
220	3549	3453	3340	3207	3051	2870	2671	2462	2253	2054	1869	1550	1296
240	4183	4088	3980	3855	3709	3539	3347	3136	2914	2690	2474	2082	1757
260	4722	4631	4529	4413	4280	4127	3951	3754	3539	3312	3082	2642	2255
280	5278	5189	5091	4981	4857	4716	4555	4373	4170	3950	3718	3248	2809
300	6028	5938	5839	5731	5610	5474	5320	5146	4951	4736	4504	4010	3520
320	6558	6468	6372	6267	6152	6023	5879	5718	5537	5336	5116	4632	4124
340	6977	6889	6796	6696	6586	6466	6332	6183	6018	5833	5630	5172	4671
360	7403	7317	7226	7129	7024	6910	6784	6646	6492	6322	6134	5705	5220
400	8200	8148	8093	8034	7971	7902	7826	7742	7648	7540	7418	7118	6727
450	9074	9024	8972	8918	8860	8799	8732	8661	8582	8495	8398	8168	7874
500	9965	9916	9866	9815	9761	9704	9644	9579	9510	9435	9353	9164	8932
550		10.588	10.541	10.492	10.441	10.389	10.333	10.275	10.213	10.147	10.076	9916	9726
600		*11.050*	*11.005*	*10.960*	*10.913*	*10.865*	*10.815*	*10.763*	*10.708*	*10.650*	*10.589*	*10.454*	*10.298*
650			*11.560*	*11.517*	*11.473*	*11.428*	*11.381*	*11.332*	*11.282*	*11.229*	*11.174*	*11.054*	*10.919*
700			*12.300*	*12.258*	*12.214*	*12.170*	*12.125*	*12.079*	*12.030*	*11.980*	*11.928*	*11.817*	*11.693*
800				*13.003*	*12.964*	*12.923*	*12.882*	*12.840*	*12.797*	*12.753*	*12.659*	*12.559*	
900	$\bar{\lambda}_y \leq 0,2$				*14.107*	*14.070*	*14.031*	*13.992*	*13.952*	*13.912*	*13.827*	*13.738*	
1000						*14.747*	*14.712*	*14.676*	*14.640*	*14.603*	*14.528*	*14.449*	

Die kursiv dargestellten Werte sind mit der effektiven Querschnittsfläche ermittelt worden.

Tafel 11.94 Bemessungswert der Beanspruchbarkeit $N_{b,Rd}$ [kN] druckbeanspruchter HEB-Profile aus S460 für Biegeknicken um die z-Achse

HEB	Knicklänge L_{cr} in m												
	3,00	3,50	4,00	4,50	5,00	5,50	6,00	6,50	7,00	7,50	8,00	9,00	10,00
100	305	230	179	144	117	97,7	82,5	70,7	61,2	53,5	47,1	37,4	30,4
120	553	423	332	267	219	183	155	133	115	100	88,7	70,5	57,4
140	898	702	558	451	372	311	264	227	197	172	152	121	98,6
160	1346	1083	872	712	589	495	421	362	314	276	244	194	158
180	1858	1551	1277	1055	880	743	634	546	476	418	369	295	241
200	2434	2106	1780	1493	1258	1067	915	791	690	607	537	430	351
220	3030	2710	2358	2019	1722	1474	1269	1102	964	849	753	604	494
240	3683	3375	3013	2636	2282	1972	1709	1490	1308	1155	1026	825	676
260	4247	3964	3619	3234	2847	2489	2176	1907	1680	1488	1325	1068	877
280	4823	4561	4238	3861	3459	3066	2705	2387	2113	1877	1676	1355	1116
300	5572	5320	5009	4638	4224	3797	3386	3011	2680	2391	2141	1738	1435
320	6029	5754	5416	5014	4564	4101	3657	3251	2893	2581	2311	1876	1548
340	6378	6084	5722	5291	4811	4318	3846	3418	3040	2711	2427	1969	1625
360	6733	6418	6031	5570	5059	4536	4037	3585	3187	2842	2543	2063	1702
400	7662	7397	7034	6549	5955	5311	4690	4131	3645	3229	2874	2312	1896
450	8432	8131	7720	7171	6503	5787	5102	4489	3958	3504	3118	2508	2055
500	9217	8880	8417	7801	7055	6265	5515	4848	4272	3781	3363	2703	2216
550	9787	9413	8897	8212	7396	6545	5748	5044	4440	3927	3492	2805	2298
600	*10.180*	9787	9245	8526	7671	*6784*	*5954*	*5224*	*4597*	*4066*	*3615*	*2903*	*2378*
650	*10.652*	*10.231*	9650	8881	7973	*7039*	*6171*	*5410*	*4759*	*4208*	*3740*	*3003*	*2460*
700	*11.279*	*10.812*	*10.165*	9315	8326	*7326*	*6409*	*5610*	*4931*	*4356*	*3871*	*3106*	*2543*
800	*11.918*	*11.403*	*10.687*	9751	8680	*7614*	*6648*	*5812*	*5104*	*4507*	*4003*	*3211*	*2628*
900	*12.891*	*12.313*	*11.508*	*10.463*	9284	*8124*	*7082*	*6186*	*5429*	*4792*	*4254*	*3411*	*2791*
1000	*13.443*	*12.824*	*11.962*	*10.849*	9604	*8391*	*7307*	*6378*	*5595*	*4937*	*4383*	*3513*	*2874*

Die kursiv dargestellten Werte sind mit der effektiven Querschnittsfläche ermittelt worden.

Tafel 11.95 Bemessungswert der Beanspruchbarkeit $N_{\text{b,Rd}}$ [kN] druckbeanspruchter HEM-Profile aus S235 für Biegeknicken um die y-Achse

HEM	Knicklänge L_{cr} in m												
	3,00	3,50	4,00	4,50	5,00	5,50	6,00	6,50	7,00	7,50	8,00	9,00	10,00
100	898	821	738	654	576	506	444	392	347	309	276	224	185
120	1202	1131	1051	966	878	792	711	637	571	513	463	380	316
140	1522	1455	1381	1299	1211	1120	1028	939	855	778	708	589	495
160	1886	1820	1748	1669	1584	1492	1396	1298	1201	1107	1019	863	734
180	2247	2183	2113	2038	1956	1868	1774	1675	1573	1471	1372	1185	1021
200	2647	2582	2513	2439	2360	2274	2183	2085	1983	1878	1771	1562	1368
220	3051	2985	2917	2844	2767	2685	2596	2502	2402	2297	2189	1968	1753
240	4127	4051	3972	3890	3803	3711	3613	3509	3399	3283	3161	2905	2640
260	4579	4503	4424	4343	4258	4169	4074	3975	3870	3758	3641	3392	3127
280	5041	4965	4886	4805	4721	4633	4542	4445	4343	4236	4124	3882	3622
300	6409	6321	6231	6139	6045	5947	5845	5739	5628	5511	5389	5126	4841
320	6628	6543	6456	6367	6277	6183	6087	5986	5881	5772	5658	5413	5146
340	6739	6688	6636	6582	6527	6470	6409	6346	6279	6208	6131	5963	5767
360		6768	6719	6668	6615	6561	6504	6445	6383	6317	6247	6094	5918
400		6947	6901	6854	6807	6758	6707	6655	6600	6543	6482	6352	6206
450			7142	7100	7056	7012	6966	6920	6871	6821	6769	6658	6536
500				7322	7281	7241	7199	7157	7113	7068	7022	6924	6819
550				7566	7529	7491	7452	7413	7373	7332	7290	7202	7109
600					7755	7719	7683	7646	7609	7571	7533	7452	7368
650						7961	7927	7892	7857	7822	7785	7711	7633
700							8150	8118	8084	8051	8017	7946	7874
800								8619	8589	8558	8527	8463	8398
900									9044	9015	8986	8927	8867
1000											9466	9411	9355

(Im linken, leeren Bereich der Tabelle: $\bar{\lambda}_y \leq 0{,}2$)

Tafel 11.96 Bemessungswert der Beanspruchbarkeit $N_{\text{b,Rd}}$ [kN] druckbeanspruchter HEM-Profile aus S235 für Biegeknicken um die z-Achse

HEM	Knicklänge L_{cr} in m												
	3,00	3,50	4,00	4,50	5,00	5,50	6,00	6,50	7,00	7,50	8,00	9,00	10,00
100	512	414	338	279	234	199	170	148	129	114	101	81,3	66,7
120	781	653	546	459	389	333	287	250	220	194	173	139	115
140	1088	940	806	690	593	512	446	390	344	306	273	221	183
160	1437	1275	1119	976	851	743	652	574	509	454	406	331	274
180	1799	1631	1463	1301	1152	1019	902	801	715	640	576	471	392
200	2193	2021	1844	1668	1499	1343	1201	1076	966	869	785	647	541
220	2598	2424	2243	2059	1877	1703	1541	1392	1259	1140	1035	860	723
240	3595	3391	3178	2958	2735	2515	2303	2104	1920	1752	1600	1342	1136
260	4051	3849	3636	3416	3190	2963	2739	2524	2321	2132	1958	1657	1411
280	4518	4315	4104	3884	3657	3426	3195	2968	2750	2543	2350	2007	1721
300	5813	5581	5340	5090	4830	4564	4294	4024	3759	3503	3259	2816	2435
320	5975	5734	5484	5224	4955	4678	4398	4119	3845	3581	3329	2873	2483
340	6237	6049	5846	5626	5386	5127	4852	4565	4272	3982	3699	3178	2729
360	6285	6093	5885	5659	5412	5147	4865	4571	4273	3978	3692	3166	2716
400	6405	6204	5986	5748	5489	5211	4915	4609	4299	3995	3701	3166	2710
450	6577	6365	6136	5885	5611	5317	5006	4685	4362	4046	3743	3193	2728
500	6728	6505	6262	5996	5707	5396	5068	4731	4395	4067	3755	3194	2723
550	6906	6671	6415	6134	5829	5501	5156	4804	4454	4115	3794	3220	2741
600	7062	6814	6543	6246	5923	5577	5214	4846	4482	4132	3803	3218	2734
650	7237	6978	6693	6380	6040	5676	5297	4913	4536	4176	3838	3241	2750
700	7391	7117	6816	6486	6127	5744	5347	4948	4558	4187	3842	3236	2741
800	7747	7443	7108	6740	6340	5916	5481	5049	4632	4241	3880	3254	2748
900	8066	7732	7364	6958	6519	6057	5588	5126	4687	4278	3904	3262	2748
1000	8410	8046	7643	7200	6722	6223	5719	5230	4768	4342	3954	3295	2770

Tafel 11.97 Bemessungswert der Beanspruchbarkeit $N_{b,Rd}$ [kN] druckbeanspruchter HEM-Profile aus S355 für Biegeknicken um die y-Achse

HEM	Knicklänge L_{cr} in m												
	3,00	3,50	4,00	4,50	5,00	5,50	6,00	6,50	7,00	7,50	8,00	9,00	10,00
100	1194	1038	889	758	647	555	480	418	367	325	289	233	191
120	1665	1511	1348	1188	1040	909	796	700	619	550	492	399	329
140	2157	2013	1853	1683	1513	1351	1203	1072	957	857	770	629	522
160	2710	2570	2415	2245	2065	1884	1708	1543	1393	1258	1138	940	785
180	3259	3125	2976	2813	2636	2451	2261	2075	1898	1733	1581	1322	1114
200	3862	3730	3585	3427	3255	3071	2877	2679	2483	2293	2113	1792	1525
220	4472	4341	4200	4047	3881	3702	3511	3311	3106	2901	2701	2328	2004
240	6075	5926	5767	5597	5414	5216	5005	4780	4544	4301	4055	3573	3128
260	6758	6610	6454	6289	6112	5923	5721	5505	5276	5038	4792	4292	3810
280	7456	7308	7153	6991	6819	6636	6441	6233	6013	5781	5539	5035	4530
300	9498	9330	9156	8974	8784	8583	8370	8145	7905	7653	7387	6824	6238
320	9835	9672	9505	9332	9151	8962	8762	8551	8327	8092	7844	7314	6751
340	10.074	9976	9874	9768	9655	9534	9405	9265	9113	8947	8765	8349	7859
360	10.196	10.103	10.007	9906	9800	9688	9568	9440	9301	9151	8987	8614	8174
400	10.468	10.383	10.295	10.204	10.109	10.010	9906	9795	9676	9550	9413	9107	8749
450			10.751	10.670	10.588	10.503	10.416	10.324	10.228	10.127	10.020	9906	9655	9367
500			11.084	11.010	10.934	10.857	10.777	10.695	10.609	10.520	10.427	10.328	10.115	9874
550				11.383	11.312	11.241	11.167	11.092	11.014	10.934	10.850	10.763	10.577	10.370
600				11.724	11.657	11.590	11.522	11.452	11.380	11.307	11.231	11.152	10.985	10.803
650					12.023	11.959	11.895	11.829	11.762	11.693	11.623	11.550	11.398	11.233
700					12.359	12.298	12.237	12.174	12.111	12.047	11.981	11.913	11.772	11.621
800	$\bar{\lambda}_y \leq 0{,}2$					12.997	12.939	12.882	12.823	12.763	12.703	12.577	12.446
900							*13.179*	*13.128*	*13.076*	*13.024*	*12.971*	*12.863*	*12.751*
1000								*13.403*	*13.356*	*13.310*	*13.263*	*13.167*	*13.069*

Die kursiv dargestellten Werte sind mit der effektiven Querschnittsfläche ermittelt worden.

Tafel 11.98 Bemessungswert der Beanspruchbarkeit $N_{b,Rd}$ [kN] druckbeanspruchter HEM-Profile aus S355 für Biegeknicken um die z-Achse

HEM	Knicklänge L_{cr} in m												
	3,00	3,50	4,00	4,50	5,00	5,50	6,00	6,50	7,00	7,50	8,00	9,00	10,00
100	579	455	364	297	247	208	177	153	134	117	104	83,3	68,2
120	923	742	604	498	416	353	302	262	229	202	179	144	118
140	1342	1109	919	767	647	552	475	413	362	320	285	229	189
160	1836	1557	1315	1113	948	814	705	615	541	479	427	345	285
180	2368	2060	1776	1527	1316	1140	993	871	769	683	611	496	410
200	2953	2624	2306	2014	1757	1536	1348	1189	1054	939	842	686	569
220	3561	3221	2881	2557	2260	1996	1765	1567	1396	1249	1123	919	765
240	5004	4601	4188	3779	3389	3030	2707	2422	2171	1953	1763	1452	1213
260	5695	5293	4876	4454	4042	3651	3290	2964	2673	2416	2189	1813	1521
280	6401	6001	5583	5154	4726	4311	3918	3556	3226	2930	2666	2223	1873
300	8296	7840	7363	6869	6367	5869	5387	4931	4508	4120	3768	3167	2684
320	8523	8049	7554	7041	6521	6005	5508	5038	4602	4203	3842	3227	2733
340	9026	8634	8199	7720	7204	6666	6124	5598	5101	4644	4229	3522	2961
360	9090	8687	8241	7749	7221	6671	6120	5586	5085	4625	4208	3501	2941
400	9251	8829	8360	7844	7292	6719	6149	5601	5089	4622	4200	3489	2927
450	9489	9044	8548	8004	7422	6823	6230	5664	5138	4659	4230	3508	2940
500	9693	9222	8697	8121	7508	6882	6266	5683	5145	4659	4224	3496	2927
550	9937	9439	8885	8278	7635	6981	6343	5741	5190	4694	4252	3514	2939
600	10.145	9619	9032	8391	7715	7033	6373	5755	5193	4690	4243	3501	2925
650	10.384	9830	9213	8540	7833	7124	6442	5808	5233	4721	4267	3517	2936
700	10.586	10.001	9349	8641	7902	7165	6463	5815	5231	4712	4255	3502	2920
800	11.060	10.408	9681	8897	8089	7296	6551	5872	5267	4734	4267	3503	2916
900	*11.156*	*10.483*	*9734*	*8927*	*8100*	*7293*	*6538*	*5853*	*5245*	*4711*	*4244*	*3481*	*2896*
1000	*11.301*	*10.608*	*9837*	*9009*	*8163*	*7340*	*6573*	*5880*	*5266*	*4727*	*4257*	*3489*	*2902*

Die kursiv dargestellten Werte sind mit der effektiven Querschnittsfläche ermittelt worden.

Tafel 11.99 Bemessungswert der Beanspruchbarkeit $N_{b,Rd}$ [kN] druckbeanspruchter HEM-Profile aus S460 für Biegeknicken um die y-Achse

HEM	Knicklänge L_{cr} in m												
	3,00	3,50	4,00	4,50	5,00	5,50	6,00	6,50	7,00	7,50	8,00	9,00	10,00
100	1536	1288	1064	881	736	621	530	457	398	350	309	247	202
120	2192	1952	1691	1444	1229	1050	904	784	685	604	536	429	351
140	2857	2650	2400	2127	1860	1619	1410	1234	1085	960	854	687	564
160	3586	3403	3177	2911	2623	2335	2067	1829	1621	1442	1289	1044	860
180	4301	4137	3939	3700	3424	3126	2824	2536	2273	2039	1833	1496	1239
200	5080	4928	4748	4534	4281	3993	3682	3365	3057	2771	2510	2070	1725
220	5865	5721	5555	5360	5132	4867	4569	4249	3920	3597	3290	2749	2309
240	7941	7783	7606	7404	7170	6900	6592	6246	5872	5480	5087	4343	3697
260	8812	8660	8492	8303	8089	7845	7566	7250	6899	6521	6125	5330	4598
280	9701	9552	9390	9211	9011	8786	8530	8241	7918	7562	7178	6370	5575
300	12.330	12.164	11.986	11.793	11.581	11.345	11.082	10.787	10.456	10.089	9686	8794	7852
320	12.748	12.590	12.422	12.241	12.044	11.828	11.589	11.323	11.027	10.698	10.334	9514	8611
340	13.046	12.951	12.850	12.741	12.621	12.488	12.338	12.167	11.971	11.744	11.480	10.823	9989
360	13.195	13.105	13.011	12.909	12.798	12.677	12.542	12.390	12.217	12.019	11.792	11.228	10.498
400	13.530	13.448	13.363	13.274	13.177	13.074	12.960	12.836	12.697	12.541	12.366	11.940	11.388
450	13.978	13.904	13.828	13.748	13.664	13.575	13.479	13.376	13.264	13.140	13.004	12.683	12.279
500	14.386	14.318	14.248	14.176	14.101	14.021	13.938	13.849	13.753	13.650	13.539	13.282	12.970
550		14.778	14.713	14.646	14.578	14.506	14.431	14.352	14.269	14.180	14.085	13.872	13.620
600		15.199	15.138	15.076	15.013	14.947	14.878	14.807	14.732	14.653	14.570	14.386	14.174
650			15.593	15.534	15.474	15.413	15.349	15.284	15.215	15.144	15.069	14.906	14.721
700			16.010	15.954	15.898	15.840	15.780	15.719	15.656	15.590	15.521	15.374	15.210
800	$\bar{\lambda}_y \leq 0{,}2$				16.344	16.294	16.243	16.190	16.137	16.082	16.025	15.906	15.777
900						16.582	16.537	16.492	16.445	16.398	16.349	16.249	16.142
1000							16.800	16.760	16.719	16.677	16.635	16.547	16.456

Die kursiv dargestellten Werte sind mit der effektiven Querschnittsfläche ermittelt worden.

Tafel 11.100 Bemessungswert der Beanspruchbarkeit $N_{b,Rd}$ [kN] druckbeanspruchter HEM-Profile aus S460 für Biegeknicken um die z-Achse

HEM	Knicklänge L_{cr} in m												
	3,00	3,50	4,00	4,50	5,00	5,50	6,00	6,50	7,00	7,50	8,00	9,00	10,00
100	716	543	424	340	278	232	196	168	145	127	112	89,0	72,4
120	1197	923	727	586	481	402	340	292	253	222	196	155	127
140	1816	1435	1146	930	768	643	546	469	407	357	315	251	205
160	2560	2088	1696	1390	1154	971	827	712	619	543	480	383	312
180	3361	2847	2369	1969	1648	1394	1191	1028	896	787	696	556	454
200	4213	3697	3160	2672	2261	1925	1653	1431	1250	1100	975	780	638
220	5071	4585	4033	3483	2988	2567	2216	1927	1688	1488	1321	1060	868
240	7078	6565	5945	5270	4608	4011	3494	3056	2687	2377	2115	1703	1398
260	7999	7531	6955	6293	5601	4938	4341	3821	3375	2995	2671	2157	1775
280	8924	8494	7963	7334	6641	5939	5276	4679	4155	3702	3311	2684	2213
300	11.471	11.018	10.465	9802	9040	8223	7406	6636	5937	5319	4777	3893	3221
320	11.793	11.319	10.741	10.047	9252	8403	7558	6766	6049	5416	4862	3961	3276
340	12.368	12.017	11.551	10.928	10.131	9205	8242	7329	6507	5789	5168	4173	3429
360	12.466	12.103	11.618	10.968	10.142	9189	8211	7289	6466	5748	5129	4139	3399
400	12.708	12.320	11.798	11.099	10.216	9216	8206	7268	6436	5716	5097	4109	3373
450	13.054	12.637	12.074	11.319	10.374	9320	8273	7312	6466	5737	5112	4118	3379
500	13.358	12.908	12.294	11.473	10.458	9350	8270	7291	6438	5706	5080	4089	3353
550	13.714	13.230	12.568	11.683	10.602	9442	8328	7330	6464	5725	5095	4097	3359
600	14.027	13.503	12.781	11.822	10.669	9458	8315	7303	6432	5691	5061	4067	3332
650	14.378	13.816	13.040	12.012	10.795	9537	8365	7336	6455	5707	5073	4075	3337
700	14.683	14.076	13.234	12.126	10.839	9537	8342	7303	6418	5671	5038	4044	3311
800	14.975	14.321	13.411	12.225	10.873	9531	8318	7270	6383	5636	5005	4014	3285
900	15.143	14.455	13.496	12.255	10.861	9496	8274	7224	6339	5594	4966	3981	3258
1000	15.310	14.599	13.609	12.334	10.911	9528	8294	7239	6349	5602	4972	3986	3261

Die kursiv dargestellten Werte sind mit der effektiven Querschnittsfläche ermittelt worden.

Tafel 11.101 Bemessungswert der Biegeknickbeanspruchbarkeit $N_{b,Rd}$ [kN] druckbeanspruchter, warmgefertigter KHP-Profile aus S235

d mm	t mm	Knicklänge L_{cr} in m													
		1,50	2,00	2,50	3,00	3,50	4,00	4,50	5,00	5,50	6,00	6,50	7,00	7,50	8,00
33,7	3,2	25,2	15,1	9,95	7,02	5,22	4,03	3,20	2,61	2,16	1,82	1,56	1,35	1,17	1,03
	4	29,4	17,6	11,6	8,18	6,07	4,69	3,73	3,03	2,51	2,12	1,81	1,56	1,37	1,20
42,4	3,2	47,4	30,3	20,3	14,5	10,8	8,38	6,67	5,44	4,52	3,81	3,26	2,82	2,46	2,17
	4	56,6	35,9	24,1	17,1	12,8	9,90	7,88	6,43	5,34	4,50	3,85	3,33	2,91	2,56
48,3	3,2	64,5	43,8	30,1	21,6	16,2	12,6	10,0	8,20	6,82	5,76	4,93	4,26	3,72	3,28
	4	77,9	52,5	35,9	25,8	19,3	15,0	12,0	9,76	8,11	6,85	5,86	5,07	4,43	3,90
	5	93,0	62,0	42,3	30,3	22,7	17,6	14,0	11,5	9,53	8,04	6,88	5,95	5,20	4,58
60,3	3,2	98,3	77,1	56,6	41,8	31,7	24,8	19,9	16,3	13,6	11,5	9,85	8,53	7,46	6,58
	4	120	93,5	68,3	50,3	38,2	29,9	23,9	19,6	16,3	13,8	11,8	10,2	8,96	7,90
	5	146	113	81,7	60,0	45,5	35,6	28,5	23,3	19,4	16,4	14,1	12,2	10,7	9,40
76,1	3,2	138	122	101	79,3	62,1	49,4	40,0	32,9	27,6	23,4	20,1	17,4	15,3	13,5
	4	170	150	123	96,5	75,5	59,9	48,5	39,9	33,4	28,3	24,3	21,1	18,5	16,3
	5	209	183	149	117	91,0	72,2	58,4	48,0	40,2	34,1	29,3	25,4	22,2	19,6
88,9	4	208	192	169	142	115	93,3	76,4	63,4	53,3	45,4	39,0	33,9	29,8	26,3
	5	257	236	207	173	140	113	92,6	76,7	64,5	54,9	47,2	41,0	36,0	31,8
	6,3	318	292	254	210	170	137	112	92,7	77,9	66,2	57,0	49,5	43,4	38,4
101,6	4	245	232	213	188	160	133	111	93,1	78,8	67,4	58,2	50,7	44,5	39,4
	5	303	286	262	231	195	163	135	113	95,8	81,9	70,7	61,6	54,1	47,9
	6,3	376	354	323	283	239	198	165	138	116	99,5	85,8	74,8	65,7	58,1
114,3	4	281	269	253	232	206	178	152	129	110	94,8	82,2	71,8	63,3	56,1
	6,3	433	414	388	354	312	268	227	193	164	141	122	107	94,0	83,3
	8	540	515	482	438	384	329	278	235	200	172	149	130	114	101
139,7	5	438	425	409	389	364	334	299	264	231	203	178	157	139	124
	8	684	663	637	604	563	513	457	402	351	306	268	236	209	186
	10	841	814	782	740	687	624	554	485	423	368	322	284	251	223
168,3	6,3	673	658	640	620	596	566	531	490	446	401	360	322	289	259
	10	1042	1018	990	957	918	869	811	744	674	605	541	483	432	387
	12,5	1281	1250	1215	1174	1123	1061	987	903	815	730	651	580	518	465
177,8	6,3	715	700	683	664	641	614	581	543	500	456	412	371	335	302
	10	1109	1085	1058	1027	990	946	892	830	761	691	623	560	503	453
	12,5	1364	1334	1301	1262	1215	1158	1089	1010	924	836	752	675	606	545
193,7	6,3	785	771	755	737	716	692	663	629	590	547	503	459	418	379
	10	1220	1197	1172	1143	1110	1070	1023	968	905	836	765	697	632	573
	12,5	1504	1475	1443	1406	1364	1314	1254	1184	1104	1017	929	844	765	693
219,1	8	1130	1112	1093	1072	1048	1021	990	954	912	864	812	756	700	644
	12,5	1726	1698	1668	1634	1597	1554	1504	1446	1379	1302	1219	1131	1043	959
	16	2171	2134	2095	2052	2004	1948	1883	1807	1719	1619	1511	1399	1287	1180
244,5	8		1254	1236	1216	1194	1170	1143	1112	1076	1036	990	940	885	829
	12,5		1921	1891	1860	1826	1788	1744	1695	1638	1573	1500	1419	1333	1245
	16		2419	2382	2341	2297	2248	2192	2127	2053	1968	1872	1768	1657	1544
273,0	8		1414	1396	1377	1357	1334	1310	1283	1253	1218	1180	1136	1088	1036
	12,5		2171	2142	2112	2080	2045	2006	1963	1915	1860	1798	1728	1652	1569
	16		2739	2703	2664	2623	2578	2528	2472	2409	2337	2256	2166	2066	1960
323,9	8			1682	1664	1644	1624	1603	1580	1555	1527	1497	1463	1426	1385
	12,5			2588	2560	2530	2498	2465	2428	2388	2345	2296	2243	2183	2118
	16			3274	3237	3199	3158	3115	3068	3016	2960	2897	2828	2751	2665
355,6	8			1860	1842	1823	1804	1783	1762	1738	1713	1686	1657	1624	1588
	12,5			2866	2838	2809	2779	2746	2712	2676	2636	2593	2546	2495	2438
	16			3630	3593	3556	3517	3476	3432	3385	3334	3278	3217	3150	3077
406,4	10					2644	2622	2598	2574	2549	2522	2494	2464	2432	2397	2360
	20					5148	5103	5056	5007	4956	4903	4845	4784	4719	4647	4570
	25					6348	6291	6233	6172	6107	6040	5968	5890	5807	5717	5619
457,0	10	$\bar{\lambda} \leq 0{,}2$			2999	2976	2954	2930	2906	2881	2855	2828	2799	2768	2735
	20				5858	5813	5767	5720	5672	5621	5569	5513	5454	5391	5325
	30				8577	8510	8441	8370	8297	8221	8141	8056	7966	7871	7768
508,0	12,5					4145	4117	4089	4060	4030	3999	3966	3932	3897	3860
	20					6528	6483	6437	6390	6342	6292	6240	6185	6128	6068
	30					9582	9515	9446	9375	9302	9227	9148	9065	8978	8886

Tafel 11.102 Bemessungswert der Biegeknickbeanspruchbarkeit $N_{b,Rd}$ [kN] druckbeanspruchter, warmgefertigter KHP-Profile aus S355

d mm	t mm	\multicolumn{14}{l}{Knicklänge L_{cr} in m}													
		1,50	2,00	2,50	3,00	3,50	4,00	4,50	5,00	5,50	6,00	6,50	7,00	7,50	8,00
33,7	3,2	26,5	15,5	10,1	7,13	5,28	4,07	3,23	2,63	2,18	1,83	1,57	1,35	1,18	1,04
	4	30,9	18,1	11,8	8,29	6,14	4,73	3,76	3,05	2,53	2,13	1,82	1,57	1,37	1,21
42,4	3,2	52,4	31,7	20,9	14,8	11,0	8,49	6,75	5,50	4,56	3,85	3,29	2,84	2,48	2,18
	4	62,3	37,5	24,7	17,5	13,0	10,0	7,98	6,49	5,39	4,54	3,88	3,35	2,93	2,58
48,3	3,2	75,0	46,8	31,2	22,2	16,5	12,8	10,2	8,30	6,89	5,82	4,97	4,30	3,75	3,31
	4	89,9	55,9	37,2	26,4	19,7	15,2	12,1	9,87	8,20	6,92	5,91	5,11	4,46	3,93
	5	107	65,8	43,8	31,1	23,1	17,9	14,2	11,6	9,63	8,12	6,94	6,00	5,24	4,61
60,3	3,2	127	87,7	60,5	43,6	32,7	25,4	20,3	16,6	13,8	11,6	9,97	8,62	7,54	6,64
	4	155	106	72,9	52,5	39,4	30,6	24,4	19,9	16,6	14,0	12,0	10,4	9,05	7,98
	5	187	127	86,9	62,5	46,9	36,4	29,0	23,7	19,7	16,6	14,2	12,3	10,8	9,48
76,1	3,2	193	155	116	85,9	65,5	51,3	41,2	33,8	28,2	23,8	20,4	17,7	15,5	13,6
	4	238	189	141	104	79,5	62,2	49,9	40,9	34,1	28,9	24,7	21,4	18,7	16,5
	5	291	230	170	126	95,7	74,9	60,1	49,2	41,0	34,7	29,7	25,8	22,5	19,9
88,9	4	299	259	208	161	125	98,7	79,7	65,5	54,8	46,4	39,9	34,6	30,3	26,7
	5	368	317	253	195	151	119	96,4	79,3	66,2	56,2	48,2	41,8	36,6	32,3
	6,3	454	389	308	236	183	144	116	95,7	80,0	67,8	58,1	50,4	44,1	39,0
101,6	4	357	324	278	226	180	145	118	97,4	81,7	69,5	59,7	51,9	45,5	40,2
	5	441	399	341	276	220	176	143	118	99,3	84,4	72,5	63,0	55,2	48,8
	6,3	546	493	418	337	268	214	174	144	121	102	88,0	76,4	67,0	59,2
114,3	4	413	385	346	296	245	200	165	137	116	98,6	85,0	73,9	64,9	57,4
	6,3	635	590	526	446	367	299	246	204	172	146	126	110	96,3	85,2
	8	791	733	651	549	449	365	299	249	209	178	153	133	117	103
139,7	5	648	620	583	534	473	408	347	295	251	216	187	164	144	128
	8	1012	966	905	824	724	621	525	445	379	326	282	246	217	192
	10	1243	1185	1108	1004	879	750	633	535	455	391	338	295	260	230
168,3	6,3	1001	970	932	884	824	750	669	588	513	448	392	345	306	272
	10	1550	1500	1438	1361	1261	1142	1012	885	770	671	586	516	456	406
	12,5	1904	1841	1763	1664	1538	1386	1224	1066	926	805	704	618	547	486
177,8	6,3	1065	1034	999	954	899	830	752	669	590	519	457	403	358	319
	10	1651	1602	1544	1472	1381	1270	1143	1013	890	780	685	605	536	478
	12,5	2030	1969	1896	1805	1689	1547	1387	1225	1074	940	825	727	644	574
193,7	6,3	1171	1142	1109	1069	1020	959	888	808	725	646	574	511	456	408
	10	1820	1773	1720	1655	1575	1477	1360	1232	1102	979	868	771	687	614
	12,5	2242	2183	2116	2034	1932	1807	1659	1498	1336	1184	1049	930	828	740
219,1	8	1688	1653	1614	1569	1515	1451	1374	1283	1183	1078	975	879	792	714
	12,5	2579	2523	2461	2389	2304	2200	2076	1932	1773	1609	1451	1304	1172	1056
	16	3241	3170	3090	2997	2886	2750	2588	2400	2195	1986	1786	1603	1438	1294
244,5	8	1904	1869	1832	1791	1743	1688	1623	1546	1457	1358	1254	1150	1050	956
	12,5	2915	2861	2803	2737	2662	2574	2469	2345	2203	2047	1884	1722	1568	1425
	16	3672	3603	3528	3443	3346	3230	3094	2932	2748	2546	2336	2131	1937	1758
273,0	8	2145	2111	2076	2037	1994	1945	1889	1824	1749	1662	1567	1465	1360	1256
	12,5	3292	3239	3184	3123	3055	2977	2888	2784	2663	2525	2373	2212	2049	1888
	16	4155	4087	4016	3937	3849	3749	3633	3497	3339	3161	2964	2757	2547	2344
323,9	8		2543	2509	2473	2435	2393	2346	2294	2235	2169	2093	2009	1916	1817
	12,5		3914	3861	3804	3744	3677	3604	3521	3428	3322	3202	3067	2920	2763
	16		4951	4882	4810	4732	4647	4552	4445	4323	4185	4029	3855	3664	3462
355,6	8		2811	2778	2743	2706	2667	2624	2577	2524	2466	2401	2327	2246	2156
	12,5		4333	4281	4226	4168	4106	4039	3964	3881	3789	3685	3568	3438	3296
	16		5488	5420	5350	5276	5196	5109	5013	4905	4785	4650	4499	4331	4147
406,4	10			3989	3947	3903	3857	3808	3755	3698	3635	3566	3491	3407	3314
	20			7767	7683	7594	7501	7401	7294	7177	7048	6907	6750	6577	6385
	25			9577	9471	9360	9243	9117	8982	8834	8672	8492	8293	8072	7829
457,0	10			4525	4484	4441	4397	4350	4301	4249	4193	4133	4068	3997	3919
	20			8839	8756	8670	8581	8487	8388	8282	8169	8046	7912	7766	7606
	30	$\bar{\lambda} \leq 0,2$		12.942	12.816	12.687	12.553	12.411	12.261	12.100	11.927	11.738	11.533	11.307	11.060
508,0	12,5				6247	6194	6140	6084	6026	5965	5901	5832	5759	5680	5595
	20				9836	9752	9665	9576	9482	9384	9280	9169	9050	8921	8783
	30				14.437	14.311	14.181	14.045	13.904	13.755	13.596	13.427	13.245	13.049	12.837

Tafel 11.103 Bemessungswert der Biegeknickbeanspruchbarkeit $N_{b,Rd}$ [kN] druckbeanspruchter, warmgefertigter KHP-Profile aus S460

d	t	Knicklänge L_{cr} in m												
mm	mm	1,50	2,00	2,50	3,00	3,50	4,00	4,50	5,00	5,50	6,00	6,50	7,00	7,50	8,00
33,7	3,2	28,1	16,2	10,5	7,31	5,40	4,15	3,29	2,67	2,21	1,86	1,58	1,37	1,19	1,05
	4	32,8	18,8	12,2	8,51	6,28	4,82	3,82	3,10	2,57	2,16	1,84	1,59	1,39	1,22
42,4	3,2	57,5	33,6	21,8	15,3	11,3	8,71	6,90	5,61	4,64	3,91	3,34	2,88	2,51	2,21
	4	68,1	39,7	25,8	18,1	13,4	10,3	8,15	6,62	5,48	4,61	3,94	3,40	2,97	2,61
48,3	3,2	84,8	50,3	32,9	23,1	17,1	13,2	10,5	8,49	7,04	5,93	5,06	4,37	3,81	3,35
	4	101	59,9	39,1	27,5	20,4	15,7	12,4	10,1	8,37	7,05	6,01	5,19	4,53	3,99
	5	119	70,4	46,0	32,3	23,9	18,4	14,6	11,9	9,82	8,27	7,06	6,10	5,32	4,68
60,3	3,2	155	97,9	65,1	46,1	34,2	26,4	21,0	17,1	14,2	11,9	10,2	8,80	7,68	6,76
	4	187	118	78,3	55,4	41,1	31,7	25,2	20,5	17,0	14,3	12,2	10,6	9,22	8,12
	5	225	141	93,2	65,9	48,9	37,7	30,0	24,4	20,2	17,0	14,5	12,6	11,0	9,65
76,1	3,2	250	186	130	93,2	69,8	54,1	43,1	35,1	29,1	24,6	21,0	18,2	15,9	14,0
	4	308	226	157	113	84,6	65,5	52,2	42,5	35,3	29,8	25,5	22,0	19,2	16,9
	5	376	274	190	136	102	78,8	62,7	51,1	42,4	35,8	30,6	26,4	23,1	20,3
88,9	4	392	326	243	179	135	105	84,1	68,7	57,1	48,2	41,2	35,7	31,2	27,5
	5	483	399	295	217	164	127	102	83,0	69,0	58,3	49,8	43,1	37,7	33,2
	6,3	595	487	358	262	198	154	123	100	83,3	70,3	60,1	52,0	45,4	40,0
101,6	4	469	420	341	261	200	157	126	103	85,9	72,6	62,2	53,8	47,0	41,5
	5	579	517	417	318	244	191	153	125	104	88,2	75,5	65,3	57,1	50,3
	6,3	717	637	510	387	296	232	186	152	127	107	91,5	79,2	69,2	61,0
114,3	4	542	505	440	356	280	222	179	147	123	104	89,1	77,2	67,5	59,5
	6,3	833	772	666	533	417	330	266	218	182	154	132	114	100	88,2
	8	1038	959	820	652	509	402	324	265	221	187	160	139	122	107
139,7	5	847	814	763	682	578	476	391	325	273	232	199	173	152	134
	8	1323	1269	1182	1047	878	720	590	489	410	349	300	260	228	201
	10	1626	1557	1446	1272	1060	866	709	587	492	418	359	311	273	241
168,3	6,3	1303	1270	1224	1157	1059	932	798	678	577	494	427	372	327	289
	10	2018	1964	1889	1778	1614	1408	1199	1014	861	737	636	554	487	430
	12,5	2480	2412	2316	2172	1961	1701	1442	1217	1032	883	762	663	582	515
177,8	6,3	1385	1353	1311	1252	1166	1049	915	786	673	579	502	438	385	341
	10	2147	2097	2028	1930	1786	1595	1382	1181	1010	867	751	655	576	510
	12,5	2642	2578	2491	2364	2179	1934	1669	1423	1214	1042	901	786	690	611
193,7	6,3	1521	1491	1454	1404	1334	1236	1112	977	850	738	643	563	496	440
	10	2363	2316	2256	2174	2057	1895	1694	1481	1283	1111	967	846	746	661
	12,5	2912	2852	2776	2671	2521	2313	2058	1793	1550	1341	1165	1019	898	796
219,1	8	2188	2153	2111	2059	1990	1896	1770	1614	1443	1277	1126	994	881	785
	12,5	3342	3287	3221	3137	3025	2871	2665	2415	2148	1893	1665	1468	1299	1156
	16	4203	4132	4046	3936	3787	3583	3311	2985	2645	2324	2040	1797	1589	1413
244,5	8	2463	2429	2391	2346	2289	2216	2119	1994	1841	1672	1502	1344	1201	1076
	12,5	3772	3720	3660	3587	3496	3377	3220	3016	2771	2505	2242	2000	1785	1597
	16	4752	4685	4608	4514	4395	4238	4029	3761	3441	3100	2768	2465	2197	1964
273,0	8	2771	2739	2703	2663	2614	2555	2480	2384	2262	2115	1950	1779	1613	1459
	12,5	4253	4203	4147	4083	4006	3911	3790	3634	3437	3200	2938	2671	2416	2182
	16	5368	5304	5232	5149	5049	4925	4765	4560	4300	3992	3654	3314	2992	2699
323,9	8	3320	3289	3257	3221	3181	3134	3080	3014	2933	2833	2712	2569	2408	2238
	12,5	5112	5064	5013	4956	4893	4819	4732	4626	4496	4335	4139	3910	3655	3388
	16	6468	6406	6340	6268	6186	6090	5977	5838	5668	5457	5200	4901	4571	4229
355,6	8		3632	3600	3566	3529	3487	3439	3383	3316	3236	3139	3023	2887	2733
	12,5		5599	5549	5496	5437	5371	5294	5205	5099	4970	4814	4628	4409	4163
	16		7091	7028	6959	6883	6797	6698	6582	6443	6275	6071	5827	5542	5223
406,4	10		5199	5160	5120	5077	5029	4977	4919	4852	4775	4684	4578	4452	4304
	20		10.128	10.051	9969	9882	9786	9679	9559	9420	9259	9069	8843	8577	8265
	25		12.492	12.395	12.293	12.183	12.062	11.927	11.774	11.598	11.392	11.148	10.859	10.516	10.115
457,0	10		5844	5805	5764	5720	5672	5621	5564	5500	5427	5344	5248	5137
	20		11.418	11.339	11.256	11.168	11.072	10.967	10.849	10.717	10.567	10.393	10.193	9959
	30	$\bar{\lambda} \le 0{,}2$	16.723	16.604	16.479	16.345	16.198	16.037	15.857	15.653	15.418	15.147	14.832	14.464
508,0	12,5		8123	8075	8026	7973	7918	7859	7794	7724	7646	7559	7460	7349
	20		12.795	12.718	12.638	12.554	12.465	12.369	12.264	12.150	12.023	11.880	11.719	11.536
	30		18.788	18.673	18.552	18.425	18.290	18.144	17.984	17.809	17.613	17.392	17.142	16.856

Tafel 11.104 Bemessungswert der Biegeknickbeanspruchbarkeit $N_{b,Rd}$ [kN] druckbeanspruchter, warmgefertigter QHP-Profile aus S235

b	t	Knicklänge L_{cr} in m													
mm	mm	1,50	2,00	2,50	3,00	3,50	4,00	4,50	5,00	5,50	6,00	6,50	7,00	7,50	8,00
40	3,2	60,5	39,7	27,0	19,3	14,4	11,2	8,92	7,27	6,04	5,10	4,36	3,78	3,30	2,91
	4	71,3	46,3	31,3	22,4	16,7	13,0	10,3	8,42	7,00	5,91	5,05	4,37	3,82	3,36
	5	82,5	52,9	35,6	25,4	19,0	14,7	11,7	9,54	7,92	6,69	5,72	4,94	4,32	3,80
50	3,2	96,9	73,1	52,4	38,4	29,0	22,6	18,1	14,8	12,3	10,4	8,94	7,74	6,77	5,97
	4	117	87,1	62,1	45,3	34,2	26,7	21,4	17,5	14,6	12,3	10,5	9,12	7,97	7,03
	5	140	102	72,4	52,7	39,8	31,0	24,8	20,2	16,9	14,2	12,2	10,6	9,23	8,14
60	3,2	130	110	85,7	65,2	50,2	39,5	31,8	26,1	21,8	18,5	15,9	13,8	12,0	10,6
	4	159	133	103	78,0	59,9	47,2	37,9	31,2	26,0	22,0	18,9	16,4	14,3	12,6
	5	193	160	122	92,1	70,6	55,5	44,6	36,6	30,6	25,9	22,2	19,2	16,8	14,9
70	3,2	161	145	123	98,4	77,9	62,3	50,6	41,7	35,0	29,7	25,5	22,2	19,4	17,2
	4	198	177	149	119	93,8	74,9	60,8	50,1	42,0	35,7	30,6	26,6	23,3	20,6
	5	241	215	179	142	112	89,1	72,2	59,6	49,9	42,3	36,4	31,6	27,7	24,4
80	4	235	218	194	164	135	110	90,1	74,9	63,0	53,7	46,2	40,2	35,3	31,2
	5	288	267	236	199	162	132	108	89,6	75,4	64,2	55,3	48,1	42,2	37,3
	6,3	354	326	287	239	194	157	129	107	89,6	76,3	65,7	57,1	50,1	44,2
90	4	272	257	237	211	180	151	126	105	89,3	76,4	66,0	57,5	50,6	44,8
	5	334	316	290	256	218	182	152	127	108	91,9	79,4	69,2	60,8	53,8
	6,3	412	388	355	312	264	219	182	152	129	110	95,0	82,8	72,7	64,4
100	4	308	295	278	255	226	196	167	142	121	104	90,2	78,9	69,5	61,6
	5	380	363	341	312	276	238	202	172	146	126	109	95,3	83,9	74,4
	6,3	469	448	420	383	337	289	245	207	176	152	131	115	101	89,5
120	5	470	455	438	416	387	353	315	277	242	211	185	163	144	129
	8	725	701	672	636	589	533	471	412	358	312	273	240	212	189
	10	884	854	817	770	710	638	562	489	424	368	322	283	250	222
140	5	559	546	531	512	490	462	430	393	354	316	282	251	224	201
	8	868	846	821	792	755	709	655	595	534	475	422	375	335	300
	10	1063	1036	1004	966	919	861	792	717	641	569	504	448	399	357
150	6,3	752	735	717	695	669	638	600	556	508	459	413	371	333	299
	10	1152	1126	1096	1061	1018	966	904	832	756	680	609	544	487	437
	12,5	1405	1372	1334	1289	1235	1168	1088	998	902	808	722	644	576	516
160	6,3	808	792	774	754	730	701	667	626	581	532	484	438	396	358
	10	1241	1216	1187	1154	1115	1068	1011	945	872	795	719	649	584	527
	12,5	1517	1484	1448	1406	1356	1296	1224	1140	1047	951	858	772	694	625
180	6,3	921	905	888	869	848	823	795	761	722	678	630	581	534	488
	10	1420	1395	1368	1338	1303	1263	1216	1161	1097	1026	950	873	798	728
	12,5	1740	1708	1674	1636	1593	1542	1482	1412	1330	1240	1144	1049	957	872
200	6,3	1033	1018	1001	984	964	942	917	888	855	817	774	728	679	630
	10	1598	1574	1548	1519	1488	1453	1412	1365	1311	1248	1179	1105	1028	951
	12,5	1963	1932	1899	1864	1824	1780	1728	1668	1599	1520	1432	1338	1242	1147
220	6,3		1130	1114	1097	1079	1059	1036	1011	982	949	911	870	825	777
	10		1752	1727	1700	1671	1638	1602	1561	1514	1460	1399	1332	1259	1183
	12,5		2155	2123	2090	2053	2012	1966	1914	1854	1786	1709	1623	1531	1435
250	8		1634	1614	1593	1572	1548	1522	1494	1463	1428	1388	1344	1295	1241
	10		2020	1995	1969	1942	1912	1880	1845	1805	1761	1711	1655	1593	1525
	16		3124	3084	3043	2999	2951	2899	2840	2775	2702	2619	2526	2424	2312
260	8		1705	1686	1665	1644	1621	1596	1569	1539	1505	1468	1426	1380	1329
	10		2109	2085	2059	2032	2003	1972	1938	1900	1858	1811	1758	1700	1635
	16		3267	3227	3186	3143	3096	3046	2990	2928	2859	2781	2693	2597	2490
300	8			1971	1951	1931	1909	1887	1862	1836	1808	1777	1743	1706	1665
	10			2442	2417	2391	2364	2336	2305	2272	2237	2198	2155	2108	2056
	16			3799	3759	3718	3674	3628	3579	3526	3468	3404	3334	3257	3171
350	8				2308	2289	2268	2247	2225	2201	2176	2150	2122	2091	2058
	10				2863	2838	2813	2786	2758	2729	2698	2664	2629	2590	2549
	16		$\bar{\lambda} \le 0{,}2$		4473	4433	4392	4349	4305	4257	4207	4153	4095	4033	3965
400	10				3309	3285	3260	3234	3208	3180	3152	3122	3090	3057	3021
	16				5187	5148	5108	5067	5024	4980	4934	4886	4835	4781	4723
	20				6393	6345	6295	6243	6190	6135	6078	6017	5952	5884	5811

Tafel 11.105 Bemessungswert der Biegeknickbeanspruchbarkeit $N_{b,Rd}$ [kN] druckbeanspruchter, warmgefertigter QHP-Profile aus S355

b	t	Knicklänge L_{cr} in m												
mm	mm	1,50	2,00	2,50	3,00	3,50	4,00	4,50	5,00	5,50	6,00	6,50	7,00	7,50	8,00
40	3,2	68,5	42,0	27,9	19,7	14,7	11,4	9,03	7,36	6,11	5,15	4,40	3,80	3,32	2,92
	4	80,0	48,8	32,3	22,9	17,0	13,1	10,5	8,52	7,07	5,96	5,09	4,40	3,84	3,38
	5	91,5	55,5	36,7	25,9	19,3	14,9	11,8	9,64	8,00	6,74	5,76	4,98	4,35	3,83
50	3,2	122	81,4	55,5	39,8	29,8	23,1	18,5	15,1	12,5	10,6	9,04	7,82	6,83	6,02
	4	146	96,5	65,6	47,0	35,2	27,3	21,7	17,7	14,7	12,4	10,6	9,21	8,05	7,09
	5	172	113	76,2	54,5	40,8	31,6	25,2	20,5	17,1	14,4	12,3	10,7	9,31	8,21
60	3,2	177	132	94,6	69,1	52,3	40,8	32,6	26,7	22,2	18,8	16,1	13,9	12,2	10,7
	4	215	159	113	82,5	62,3	48,6	38,9	31,8	26,5	22,4	19,2	16,6	14,5	12,8
	5	258	189	134	97,2	73,3	57,1	45,7	37,4	31,1	26,3	22,5	19,5	17,0	15,0
70	3,2	228	188	144	108	82,8	65,0	52,3	42,9	35,8	30,3	26,0	22,5	19,7	17,4
	4	279	229	173	130	99,5	78,1	62,8	51,5	43,0	36,4	31,2	27,0	23,6	20,9
	5	339	276	207	155	118	92,8	74,6	61,1	51,0	43,2	37,0	32,1	28,0	24,7
80	4	339	297	242	188	147	117	94,2	77,6	64,9	55,0	47,2	41,0	35,9	31,7
	5	415	361	292	226	176	140	113	92,8	77,6	65,8	56,5	49,0	42,9	37,9
	6,3	508	439	351	271	210	166	134	110	92,1	78,1	67,0	58,1	50,9	44,9
90	4	396	361	312	255	204	164	134	111	92,7	78,8	67,8	58,9	51,6	45,6
	5	487	442	379	308	246	198	161	133	112	94,8	81,5	70,8	62,0	54,8
	6,3	599	542	461	372	296	237	193	159	133	113	97,5	84,6	74,2	65,5
100	4	453	422	379	325	268	220	181	151	127	108	93,3	81,2	71,2	63,0
	5	557	519	464	395	326	266	219	182	153	131	113	98,0	86,0	76,0
	6,3	688	639	568	481	395	322	264	219	185	157	136	118	103	91,4
120	5	695	664	622	567	499	428	363	307	262	225	195	170	150	133
	8	1071	1020	951	859	749	637	536	453	385	330	286	249	219	194
	10	1305	1239	1151	1034	895	756	635	535	454	389	336	293	258	229
140	5	831	804	769	725	669	603	531	462	401	349	304	268	236	210
	8	1289	1244	1188	1116	1024	915	801	694	600	520	454	398	352	312
	10	1578	1521	1450	1357	1240	1102	961	830	716	620	540	473	418	371
150	6,3	1119	1085	1045	994	930	851	763	673	590	516	453	399	354	315
	10	1713	1659	1593	1510	1404	1276	1135	995	867	757	662	583	516	459
	12,5	2089	2020	1937	1830	1694	1531	1354	1182	1027	894	782	687	608	541
160	6,3	1204	1172	1134	1087	1029	957	873	783	695	613	542	479	426	381
	10	1849	1797	1735	1659	1563	1445	1310	1167	1030	906	798	705	626	558
	12,5	2258	2192	2114	2017	1894	1744	1572	1395	1227	1077	946	835	741	660
180	6,3	1375	1344	1309	1268	1218	1158	1086	1003	914	824	739	662	593	533
	10	2119	2070	2014	1947	1867	1769	1651	1517	1374	1234	1103	985	881	790
	12,5	2596	2534	2463	2379	2277	2151	2001	1831	1653	1480	1320	1177	1051	942
200	6,3	1545	1515	1482	1444	1401	1349	1288	1216	1133	1044	954	866	785	711
	10	2389	2341	2289	2229	2158	2075	1974	1856	1723	1581	1439	1303	1178	1065
	12,5	2933	2873	2807	2732	2643	2536	2408	2258	2090	1912	1736	1569	1416	1278
220	6,3	1715	1685	1654	1619	1579	1534	1480	1418	1345	1263	1175	1084	995	911
	10	2659	2612	2562	2506	2442	2369	2282	2180	2062	1930	1789	1646	1506	1375
	12,5	3270	3212	3149	3079	2999	2905	2795	2665	2515	2348	2172	1993	1821	1661
250	8	$\bar\lambda \le 0,2$	2441	2402	2361	2316	2265	2207	2140	2063	1976	1877	1769	1656	1541
	10	3063	3017	2969	2917	2860	2796	2723	2639	2542	2431	2306	2170	2028	1885
	16	4738	4665	4587	4504	4411	4306	4186	4047	3886	3701	3496	3276	3047	2821
260	8		2549	2511	2470	2426	2377	2321	2258	2186	2103	2010	1906	1796	1681
	10		3152	3105	3054	2998	2936	2867	2787	2695	2591	2473	2342	2204	2060
	16		4880	4804	4722	4632	4531	4417	4285	4134	3961	3766	3553	3328	3099
300	8		*2828*	*2794*	*2759*	*2722*	*2681*	*2638*	*2590*	*2537*	*2477*	*2410*	*2335*	*2252*	*2161*
	10		3691	3645	3597	3546	3490	3430	3362	3287	3203	3108	3001	2883	2755
	16		5743	5669	5592	5509	5420	5321	5212	5089	4950	4793	4618	4423	4213
350	8			*2998*	*2969*	*2939*	*2908*	*2875*	*2839*	*2802*	*2761*	*2717*	*2669*	*2616*	*2558*
	10			4320	4273	4225	4174	4119	4061	3998	3928	3852	3767	3674	3570
	16	$\bar\lambda \le 0,2$		6749	6674	6596	6514	6427	6332	6229	6116	5991	5853	5699	5530
400	10			*4516*	*4476*	*4434*	*4391*	*4345*	*4297*	*4246*	*4192*	*4133*	*4069*	*4000*
	16			7827	7754	7679	7601	7519	7433	7341	7243	7136	7020	6894	6756
	20			9647	9556	9463	9365	9263	9155	9039	8915	8780	8634	8474	8299

Die kursiv dargestellten Werte sind mit der effektiven Querschnittsfläche ermittelt worden (s. a. Abschn. 11.3.13).

Tafel 11.106 Bemessungswert der Biegeknickbeanspruchbarkeit $N_{b,Rd}$ [kN] druckbeanspruchter, warmgefertigter QHP-Profile aus S460

| b | t | Knicklänge L_{cr} in m | | | | | | | | | | | | |
mm	mm	1,50	2,00	2,50	3,00	3,50	4,00	4,50	5,00	5,50	6,00	6,50	7,00	7,50	8,00
40	3,2	76,2	44,8	29,2	20,5	15,2	11,7	9,25	7,51	6,23	5,24	4,47	3,86	3,37	2,96
	4	88,6	51,9	33,8	23,7	17,5	13,5	10,7	8,70	7,20	6,06	5,18	4,47	3,90	3,43
	5	101	58,8	38,3	26,8	19,9	15,3	12,1	9,83	8,15	6,86	5,85	5,05	4,41	3,88
50	3,2	145	89,8	59,3	41,9	31,1	24,0	19,0	15,5	12,8	10,8	9,23	7,97	6,96	6,12
	4	173	106	70,0	49,4	36,6	28,2	22,4	18,2	15,1	12,7	10,9	9,39	8,19	7,21
	5	202	123	81,1	57,2	42,4	32,7	25,9	21,1	17,5	14,7	12,6	10,9	9,47	8,34
60	3,2	224	153	104	74,0	55,1	42,6	33,9	27,6	22,9	19,3	16,5	14,3	12,4	11,0
	4	271	183	124	88,1	65,7	50,8	40,4	32,9	27,3	23,0	19,6	17,0	14,8	13,0
	5	324	216	146	104	77,2	59,6	47,4	38,6	32,0	27,0	23,1	19,9	17,4	15,3
70	3,2	297	230	163	118	88,7	68,8	54,8	44,7	37,1	31,3	26,8	23,2	20,2	17,8
	4	363	278	196	142	106	82,5	65,8	53,6	44,5	37,6	32,1	27,8	24,3	21,4
	5	441	333	234	169	126	97,9	78,0	63,6	52,8	44,6	38,1	32,9	28,8	25,3
80	4	445	377	285	211	160	125	99,7	81,5	67,7	57,2	48,9	42,3	37,0	32,6
	5	544	457	343	253	191	149	119	97,3	80,9	68,3	58,5	50,6	44,2	38,9
	6,3	666	552	410	301	228	177	141	115	96,0	81,1	69,3	60,0	52,4	46,1
90	4	521	469	384	295	227	178	143	117	97,6	82,5	70,6	61,2	53,5	47,1
	5	639	573	465	356	273	214	172	141	117	99,1	84,9	73,4	64,2	56,6
	6,3	787	700	562	428	328	257	206	168	140	118	101	87,8	76,7	67,6
100	4	594	553	483	390	307	244	197	161	135	114	97,8	84,7	74,1	65,3
	5	731	679	589	474	372	294	237	195	163	138	118	102	89,4	78,8
	6,3	903	835	719	574	449	355	286	234	196	166	142	123	107	94,7
120	5	909	872	813	721	606	497	407	338	283	241	207	180	157	139
	8	1401	1340	1240	1085	900	733	599	495	415	353	303	263	230	203
	10	1707	1628	1498	1298	1068	865	706	583	488	415	356	309	270	239
140	5	1083	1053	1011	946	853	738	625	527	447	382	330	287	252	223
	8	1681	1631	1561	1453	1296	1111	935	786	665	568	489	426	373	330
	10	2057	1995	1904	1763	1563	1331	1116	935	790	674	581	505	443	392
150	6,3	1456	1421	1372	1302	1199	1064	917	781	666	572	495	431	379	335
	10	2231	2173	2093	1975	1802	1580	1350	1145	973	834	720	627	551	487
	12,5	2721	2647	2544	2390	2165	1884	1600	1352	1148	982	847	738	648	573
160	6,3	1565	1532	1488	1427	1339	1218	1074	929	799	690	599	523	460	408
	10	2404	2350	2278	2176	2028	1827	1596	1372	1176	1013	877	766	674	597
	12,5	2937	2868	2776	2645	2452	2193	1904	1630	1394	1198	1037	905	796	704
180	6,3	1783	1752	1714	1665	1598	1506	1384	1241	1094	959	840	739	653	580
	10	2750	2700	2639	2558	2447	2293	2091	1861	1632	1425	1246	1094	966	858
	12,5	3369	3306	3229	3125	2982	2782	2524	2235	1953	1701	1485	1303	1150	1021
200	6,3	2000	1971	1936	1894	1840	1769	1673	1550	1408	1260	1120	995	885	790
	10	3094	3047	2992	2924	2835	2716	2557	2356	2127	1895	1679	1487	1321	1178
	12,5	3800	3741	3671	3585	3471	3318	3112	2855	2567	2280	2016	1783	1582	1410
220	6,3	*2044*	*2019*	*1992*	*1960*	*1922*	*1874*	*1812*	*1733*	*1633*	*1515*	*1386*	*1256*	*1133*	*1022*
	10	3438	3393	3342	3282	3207	3111	2985	2821	2620	2392	2158	1936	1735	1556
	12,5	4230	4174	4109	4033	3937	3814	3653	3443	3185	2898	2608	2335	2089	1872
250	8	3198	3163	3126	3083	3033	2973	2899	2805	2686	2540	2370	2185	1998	1818
	10	3954	3911	3864	3810	3747	3671	3577	3457	3306	3120	2905	2673	2440	2218
	16	6118	6049	5973	5885	5782	5655	5496	5294	5037	4724	4369	3996	3631	3290
260	8	3335	3301	3264	3223	3175	3118	3049	2964	2856	2723	2563	2384	2197	2012
	10	4126	4083	4037	3985	3925	3853	3766	3656	3519	3350	3148	2922	2688	2458
	16	6393	6325	6250	6165	6067	5948	5802	5618	5385	5098	4762	4395	4022	3664
300	8		*3392*	*3363*	*3333*	*3300*	*3263*	*3221*	*3173*	*3116*	*3049*	*2967*	*2870*	*2755*	*2623*
	10		4771	4727	4680	4627	4567	4498	4416	4318	4198	4052	3877	3675	3452
	16		7426	7355	7279	7193	7096	6982	6846	6681	6480	6235	5942	5608	5244
350	8		*3562*	*3538*	*3513*	*3486*	*3457*	*3425*	*3390*	*3350*	*3305*	*3253*	*3194*	*3125*
	10		*5183*	*5146*	*5107*	*5066*	*5021*	*4972*	*4917*	*4856*	*4785*	*4702*	*4606*	*4492*	*4359*
	16		8801	8733	8662	8585	8500	8407	8300	8178	8035	7866	7665	7428	7151
400	10		*5433*	*5400*	*5367*	*5331*	*5293*	*5253*	*5209*	*5161*	*5107*	*5047*	*4980*	*4903*
	16	$\bar{\lambda} \le 0,2$	10.109	10.040	9968	9891	9807	9716	9614	9500	9371	9222	9050	8850
	20		12.463	12.377	12.286	12.189	12.084	11.969	11.841	11.696	11.531	11.342	11.122	10.866

Die kursiv dargestellten Werte sind mit der effektiven Querschnittsfläche ermittelt worden (s. a. Abschn. 11.3.13).

11.4.3 Einachsige Biegung

11.4.3.1 Anwendungsbedingungen und Abgrenzungskriterien

Die Tragsicherheitsnachweise nach Abschn. 11.4.3 gelten für Bauteile mit konstantem, mindestens einfachsymmetrischem Querschnitt über die Länge und ohne planmäßige Torsionsbeanspruchung. Bei Bauteilen mit veränderlichen und/oder unsymmetrischen Querschnitten und/oder planmäßiger Torsionsbeanspruchung kann die Berechnung nach Theorie II. Ordnung unter Ansatz von Imperfektionen erfolgen. Der Nachweis für Stäbe mit mindestens einfachsymmetrischem Querschnitt, ggf. veränderlicher Bauhöhe (gevoutete Stützen und Riegel) und planmäßiger Beanspruchung in der Symmetrieebene kann nach dem Allgemeinen Verfahren nach [12], Abschn. 6.3.4 erfolgen (siehe Abschn. 11.4.5).

Beim Biegedrillknicken unter Momentenbeanspruchung wird zwischen dem sogenannten „Allgemeinen Fall" und dem Fall der „gewalzten oder gleichartigen geschweißten Querschnitte" unterschieden. Dem erstgenannten Fall werden die Knicklinien des Abschn. 11.4.2.2 mit dem Grenzschlankheitsgrad $\bar{\lambda}_{LT,0} = 0,2$ zugrunde gelegt. Hier sind alle Biegedrillknickfälle einzuordnen, die nicht dem zweiten Fall zugeordnet werden können. Der Einfluss von Imperfektionen auf die Tragfähigkeit wird wie beim Biegeknicken bewertet. Dem zweitgenannten Fall sind die höherliegenden Knicklinien gemäß Abb. 11.29 mit $\bar{\lambda}_{LT,0} = 0,4$ zugeordnet. Aus den Grenzschlankheitsgraden lassen sich die formalen Abgrenzungskriterien ableiten, nach denen kein Biegedrillknicknachweis erforderlich ist ((11.74) bis (11.77)).

Biegedrillknicken allgemeiner Fall ([12], Abschn. 6.3.2.2)

$$\bar{\lambda} \leq \bar{\lambda}_{LT,0} = 0,2 \tag{11.74}$$

$$\text{oder} \quad M_{Ed}/M_{cr} \leq \bar{\lambda}_{LT,0}^2 = 0,04 \tag{11.75}$$

Biegedrillknicken, gewalzte oder gleichartige geschweißte Träger ([12], Abschn. 6.3.2.3)

$$\bar{\lambda} \leq \bar{\lambda}_{LT,0} = 0,4 \tag{11.76}$$

$$\text{oder} \quad M_{Ed}/M_{cr} \leq \bar{\lambda}_{LT,0}^2 = 0,16 \tag{11.77}$$

Bei Trägern mit ausreichender seitlicher Halterung der Druckgurte oder ausreichender Torsionssteifigkeit, wie z. B. bei Hohlprofilen, ist der Biegedrillknicknachweis nicht erforderlich. Für gabelgelagerte Einfeldträger mit doppeltsymmetrischem I-Querschnitt und einer Gleichstreckenlast q_z trifft dies zu, wenn sie am Druckgurt durch ein Schubfeld seitlich ausgesteift werden, sodass die Mindeststeifigkeit S nach (11.78) erfüllt ist. Dieser Grenzwert wurde aus der Forderung abgeleitet, dass der bezogene Schlankheitsgrad für das Biegedrillknicken $\bar{\lambda}_{LT}$ den Wert 0,4 nicht überschreitet.

$$S \geq 10,18 \cdot \frac{M_{pl,y}}{h} - 4,31 \cdot \frac{EI_z}{L^2} \cdot \left(-1 + \sqrt{1 + 1,86 \cdot \frac{\bar{c}^2}{h^2}} \right) \tag{11.78}$$

mit

$$\bar{c}^2 = \frac{\pi^2 \cdot EI_w + GI_T \cdot L^2}{EI_z}$$

S Schubfeldsteifigkeit
h Profilhöhe.

Werden Träger mit wechselndem Momentenvorzeichen kontinuierlich seitlich durch ein Schubfeld ausgesteift, kann von einer starren seitlichen Lagerung ausgegangen werden, wenn Bedingung (11.79) erfüllt ist. Diese Steifigkeit wurde aus der Forderung abgeleitet, dass mindestens 95 % des idealen Biegedrillknickmoments erreicht wird, das bei einer starren Lagerung vorliegt. Die Anforderung an die Kontinuität gilt bei Trapezblechen als erfüllt, wenn jede anliegende Rippe mit dem Träger verbunden ist.

$$S \geq \left[EI_w \left(\frac{\pi}{L} \right)^2 + GI_T + EI_z \left(\frac{\pi}{2} \cdot \frac{h}{L} \right)^2 \right] \cdot \frac{70}{h^2} \tag{11.79}$$

Die vorhandene Schubfeldsteifigkeit des Gesamtfeldes ergibt sich bei Schubfeldern aus Trapezprofilblechen aus den Beiwerten K_1, K_2 gemäß bauaufsichtlicher Zulassung, der Schubfeldlänge sowie der Steifigkeit und den Abständen der Verbindungsmittel zwischen den Profiltafeln und an den Schubfeldrändern (siehe (11.80), Abb. 11.28 und Tafel 11.107). Dieser Wert ist auf die auszusteifenden Bauteile (Träger, Stützen) anteilig anzusetzen.

$$S = \frac{L_S}{K_1/10^4 + K_2/(10^4 \cdot L_S) + s_s \cdot e_L/b_B + 2 \cdot s_p \cdot e_Q/L_S} \tag{11.80}$$

mit

S Steifigkeit des gesamten Schubfeldes [kN] bzw. [kNm/m]
L_S Schubfeldlänge [m]
K_1 Beiwert zur Berücksichtigung der Schubverzerrung der ebenen Querschnittsteile gemäß Typenzulassung (nach dem Verfahren Schardt/Strehl [102])
K_2 Beiwert zur Berücksichtigung der Querschnittsverformung und -verwölbung gemäß Typenzulassung (nach dem Verfahren Schardt/Strehl [102])
s_s Nachgiebigkeit der Verbindungen an den Längsstößen der Profilbleche (Tafel 11.107)
e_L Abstand der Verbindungen an den Längsstößen der Profilbleche (Abb. 11.28)
b_B Abstand der Längsstöße der Profilbleche (senkrecht zur Spannrichtung der Profilbleche, siehe Abb. 11.28)

Tafel 11.107 Nachgiebigkeiten s_s und s_p der Verbindungen [m/kN], vgl. [103], [104]

Nachgiebigkeit s_s der Verbindungen an Längsstößen von Profilblechen			Nachgiebigkeit s_p der Verbindungen zu den Schubfeldrändern		
Verbindungsmittel	Nenndurchmesser [mm]	s_s [m/kN]	Verbindungsmittel	Nenndurchmesser [mm]	s_p [m/kN]
Schraube	4,1 bis 4,8	$0,25 \cdot 10^{-3}$	Sechskantschraube	5,5 bis 6,3	$0,15 \cdot 10^{-3}$
Sechskantschraube mit Dichtungsring	4,8 bis 6,3	$0,15 \cdot 10^{-3}$	Sechskantschraube mit Dichtungsring	5,5 bis 6,3	$0,35 \cdot 10^{-3}$
Blindniet aus Stahl oder Monel	4,8	$0,30 \cdot 10^{-3}$	Setzbolzen	3,7 bis 4,8	$0,10 \cdot 10^{-3}$

Abb. 11.28 Bezeichnungen der Längen und Abstandsmaße der Verbindungen bei Schubfeldern (vgl. [38], [103])

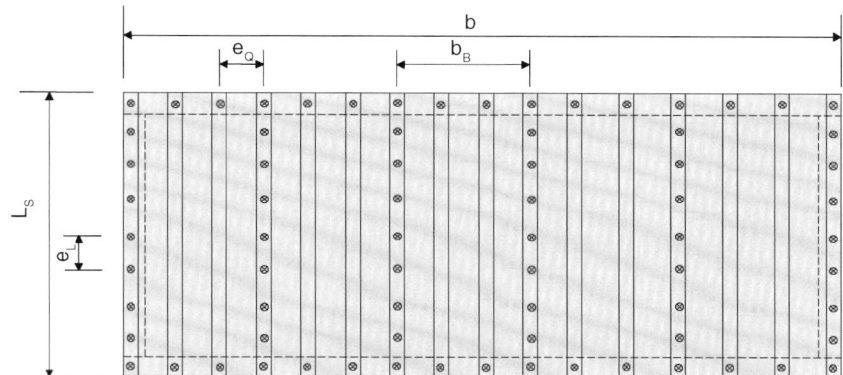

s_p Nachgiebigkeit der Verbindungen zu den Schubfeldrändern (Tafel 11.107)

e_Q Abstand der Verbindungen an den Querrändern des Schubfeldes (Abb. 11.28).

Bei Trägern mit kontinuierlicher Drehbettung kann der Biegedrillknicknachweis entfallen, wenn die Anforderung an die Mindestdrehbettung nach (11.81) eingehalten ist.

$$c_{\vartheta,k} > \frac{M_{pl,k}^2}{EI_z} K_\vartheta K_\upsilon \qquad (11.81)$$

$c_{\vartheta,k}$ Drehbettung, die durch das stabilisierende Bauteil und die Verbindung mit dem Träger wirksam wird (siehe auch [14])

K_ϑ Faktor zur Berücksichtigung des Momentenverlaufs, der Drehachse (frei oder gebunden) und der Zuordnung zur Biegedrillknicklinie. Für gewalzte oder gleichartige geschweißte Träger kann der Faktor K_ϑ Tafel 11.108 entnommen werden.

K_υ = 0,35 für die elastische Berechnung
= 1,00 für die plastische Berechnung

$M_{pl,k}$ Charakteristischer Wert der plastischen Momententragfähigkeit.

11.4.3.2 Allgemeiner Biegedrillknicknachweis

Der allgemeine Biegedrillknicknachweis nach [12], Abschn. 6.3.2.1 wird mit Hilfe des idealen Biegedrillknickmoments M_{cr} und den zugeordneten Knicklinien für das Biegedrillknicken geführt. Die Querschnittsklasse wird mit dem Widerstandsmoment W_y berücksichtigt, das sowohl im bezogenen Schlankheitsgrad λ_{LT} als auch in der Beanspruch-barkeit $M_{b,Rd}$ eingeht.

$$\frac{M_{Ed}}{M_{b,Rd}} \le 1,0 \qquad (11.82)$$

$$M_{b,Rd} = \frac{\chi_{LT} \cdot W_y \cdot f_y}{\gamma_{M1}} \qquad (11.83)$$

$M_{b,Rd}$ Bemessungswert der Biegedrillknickbeanspruchbar-keit

χ_{LT} Abminderungsfaktor für das Biegedrillknicken

W_y = $W_{pl,y}$ für Querschnitte der Klassen 1 und 2
= $W_{el,y}$ für Querschnitte der Klasse 3
= $W_{eff,y}$ für Querschnitte der Klasse 4.

Abminderungsfaktoren χ_{LT} für das Biegedrillknicken
Der Abminderungsfaktor wird mit (11.84) bestimmt. Die Parameter der Knicklinien $\bar{\lambda}_{LT,0}$, β und α_{LT} sind für den allgemeinen und den speziellen Fall des Biegedrillknickens in Tafel 11.109 angegeben. Abbildung 11.29 enthält die grafische Auswertung für den speziellen Fall.

$$\chi_{LT} = \frac{1}{\Phi_{LT} + \sqrt{\Phi_{LT}^2 - \beta\bar{\lambda}_{LT}^2}} \le \begin{cases} 1,0 \\ 1/\bar{\lambda}_{LT}^2 \end{cases} \qquad (11.84)$$

mit

$$\Phi_{LT} = 0,5\left[1 + \alpha_{LT}(\bar{\lambda}_{LT} - \bar{\lambda}_{LT,0}) + \beta\bar{\lambda}_{LT}^2\right]$$

$$\bar{\lambda}_{LT} = \sqrt{(W_y \cdot f_y)/M_{cr}}$$

Nach [12] darf der Abminderungsfaktor χ_{LT} zur Berücksichtigung des Momentenverlaufs durch Multiplikation mit dem

Tafel 11.108 Faktor K_ϑ für gewalzte oder gleichartige geschweißte Träger (vgl. [13], [105])

Zeile	Momentenverlauf	Freie Drehachse			Gebundene Drehachse		
		Linie b	Linie c	Linie d	Linie b	Linie c	Linie d
1	M — M	13,2	17,5	22,6	6,7	8,9	11,5
2	M +	6,8	10,0	14,2	0	0	0
3	M + M	4,8	7,3	10,9	0,04	0,11	0,40
4	M − M + M	4,2	6,4	9,7	0,22	0,40	0,66
5	M +	2,8	4,4	7,1	0	0	0
6	M + M −	1,7	2,8	4,8	0,08	0,15	0,44
7	M − M + M −	1,0	1,6	2,9	0,24	0,54	1,0
8	M	0,89	1,4	2,6	0,33	0,71	1,6
9	Ψ·M + M − (mit Ψ ≤ −0,3)	0,47	0,75	1,4	0,14	0,33	0,90
10	Wie Zeile 9, aber mit $\psi = +0,5$	2,6	4,1	6,7	1,6	2,5	4,1

Tafel 11.109 Zuordnung der Querschnitte und Parameter der Biegedrillknicklinien

Querschnitt	Grenzen	Allg. Fall des Biegedrillknickens $\beta = 1$ und $\bar{\lambda}_{LT,0} = 0,2$		Spezieller Fall des Biegedrillknickens $\beta = 0,75$ und $\bar{\lambda}_{LT,0} = 0,4$	
		Linie	α_{LT}	Linie	α_{LT}
Gewalztes I-Profil	$h/b \leq 2$	a	0,21	b	0,34
	$h/b > 2$	b	0,34	c	0,49
Geschweißtes I-Profil	$h/b \leq 2$	c	0,49	c	0,49
	$h/b > 2$	d	0,76	d	0,76
Andere Querschn.	–	d	0,76	–	–

Faktor $1/f$ modifiziert werden (11.85). Hierdurch wird berücksichtigt, dass bei Trägern, deren Momentenverteilungen vom konstanten Verlauf abweichen, sonst zu konservative Ergebnisse erzielt werden. Diese Modifizierung wurde für den Fall der gewalzten und gleichartigen geschweißten Träger erarbeitet und dann auf den sogenannten Allgemeinen Fall übertragen (siehe [13]).

$$\chi_{LT,\,mod} = \frac{\chi_{LT}}{f} \leq \begin{cases} 1,0 \\ 1/\bar{\lambda}_{LT}^2 \end{cases} \qquad (11.85)$$

$$f = 1 - 0,5(1 - k_c)[1 - 2,0(\bar{\lambda}_{LT} - 0,8)^2] \leq 1 \qquad (11.86)$$

k_c Korrekturbeiwert für die Momentenverteilung nach Tafel 11.110.

Tafel 11.110 Korrekturbeiwerte k_c

Momentenverteilung	k_c
$\psi=1$ $-1 \leq \psi \leq 1$	1,0 $\dfrac{1}{1,33 - 0,33 \cdot \psi}$
	0,94
	0,90
	0,91
	0,86
	0,77
	0,82

Abb. 11.29 Biegedrillknicklinien für $\bar{\lambda}_{LT,0} = 0,4$ und $\beta = 0,75$

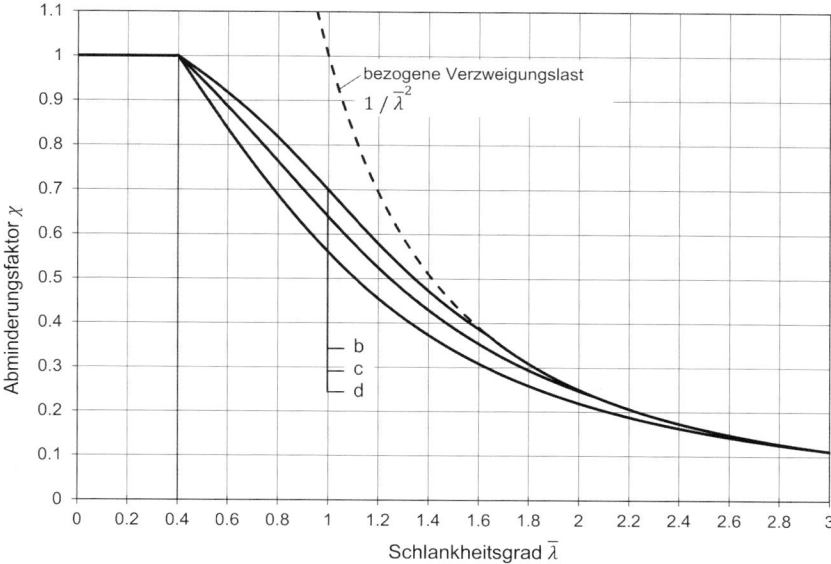

Für andere Momentenverteilungen kann k_c aus der Beziehung $k_c = \sqrt{1/C_1}$ bzw. $k_c = \sqrt{1/\zeta}$ bestimmt werden, wobei C_1 und ζ Beiwerte zur Bestimmung der idealen Biegedrillknickmomente sind (vgl. [79], [80], [33]). Die Tafeln 11.111 und 11.112 enthalten die Auswertung der Gleichungen (11.84) und (11.85).

Beispiel

Für einen gabelgelagerten I-Träger mit 6 m Spannweite, belastet durch eine Gleichstreckenlast $q_{z,Ed}$ am Obergurt, wird der Biegedrillknicknachweis nach [12], Abschn. 6.3.2.1 geführt.

Profil: IPE 400, S235

Belastung: $q_{z,Ed} = 28\,\mathrm{kN/m}$

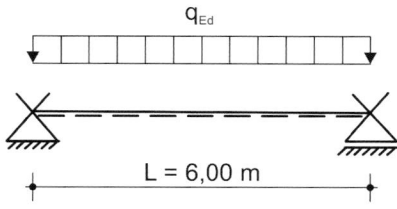

q_{Ed}

L = 6,00 m

$W_{pl,y} = 1307\,\mathrm{cm}^3$

$I_z = 1320\,\mathrm{cm}^4$

$I_w = 490.000\,\mathrm{cm}^6$

$I_T = 51,1\,\mathrm{cm}^4$

$$c^2 = \frac{490.000}{1320} + \frac{8100 \cdot 51,1}{21.000 \cdot 1320} \cdot \left(\frac{600}{\pi}\right)^2 = 915,9\,\mathrm{cm}^2$$

$$N_{cr,z} = \pi^2 \cdot 21.000 \cdot 1320/600^2 = 760\,\mathrm{kN}$$

Lastangriff am Obergurt: $z_q = -20\,\mathrm{cm}$

$$M_{cr} = 1,12 \cdot 760 \cdot (\sqrt{915,9 + 0,25 \cdot 20^2} - 0,5 \cdot 20)$$
$$= 18.618\,\mathrm{kNcm} \quad \text{(siehe (11.91))}$$

$$\mathrm{QSK}\ 1 \rightarrow \bar{\lambda}_{LT} = \sqrt{\frac{1307 \cdot 23,5}{18.618}} = 1,28$$

$h/b = 400/180 > 2$, spezieller Fall $\rightarrow$ Biegedrillknicklinie c

$k_c = 0,94 \rightarrow \chi_{LT,mod} = 0,492$ (aus Tafel 11.112)

$$M_{y,Ed} = 28 \cdot 6^2/8 = 126\,\mathrm{kNm}$$
$$M_{b,Rd} = 0,492 \cdot 1307 \cdot 23,5/(1,1 \cdot 100) = 137,4\,\mathrm{kNm}$$

Nachweis: $126/137,4 = 0,92 < 1$. ◄

11.4.3.3 Nachweis des Druckgurts als Druckstab

Werden bei Biegeträgern die Druckgurte im Abstand L_c seitlich gestützt, gelten sie als nicht biegedrillknickgefährdet, wenn der bezogene Schlankheitsgrad des Druckgurts die Bedingung (11.87) erfüllt.

$$\bar{\lambda}_f = \frac{k_c L_c}{i_{f,z} \lambda_1} \le \bar{\lambda}_{c0} \cdot \frac{M_{c,Rd}}{M_{y,Ed}} \qquad (11.87)$$

mit $M_{c,Rd} = W_y \cdot f_y/\gamma_{M1}$ und $\bar{\lambda}_{c0} = \bar{\lambda}_{LT,0} + 0,1$

k_c Korrekturbeiwert, abhängig von der Momentenverteilung zwischen den seitlich gehaltenen Punkten, nach Tafel 11.110

L_c Abstand zwischen den seitlich gehaltenen Punkten

λ_1 Bezugsschlankheit $\lambda_1 = \pi \cdot \sqrt{E/f_y}$

$\bar{\lambda}_{c0}$ Grenzschlankheitsgrad des Druckgurts

$M_{y,Ed}$ Maximales Biegemoment zwischen den Stützpunkten

Tafel 11.111 Abminderungsfaktoren $\chi_{LT,mod}$ – Allgemeiner Fall

$\bar{\lambda}_{LT}$	$\chi_{LT}=\chi_{LT,mod}$ für $k_c=1$				$\chi_{LT,mod}$ für $k_c=0{,}94$				$\chi_{LT,mod}$ für $k_c=0{,}86$			
	Biegedrillknicklinie				Biegedrillknicklinie				Biegedrillknicklinie			
	a	*b*	*c*	*d*	*a*	*b*	*c*	*d*	*a*	*b*	*c*	*d*
0,20	1,000	1,000	1,000	1,000	1,000	1,000	1,000	1,000	1,000	1,000	1,000	1,000
0,25	0,989	0,982	0,975	0,961	1,000	0,994	0,986	0,973	1,000	1,000	1,000	0,988
0,30	0,977	0,964	0,949	0,923	0,992	0,979	0,964	0,938	1,000	0,999	0,984	0,957
0,35	0,966	0,945	0,923	0,887	0,983	0,963	0,940	0,903	1,000	0,987	0,964	0,925
0,40	0,953	0,926	0,897	0,850	0,973	0,945	0,916	0,868	1,000	0,972	0,942	0,893
0,45	0,939	0,906	0,871	0,815	0,961	0,927	0,891	0,834	0,992	0,956	0,919	0,860
0,50	0,924	0,884	0,843	0,779	0,948	0,907	0,864	0,799	0,981	0,938	0,894	0,827
0,55	0,908	0,861	0,815	0,744	0,932	0,885	0,837	0,764	0,967	0,918	0,868	0,793
0,60	0,890	0,837	0,785	0,710	0,915	0,861	0,808	0,730	0,951	0,895	0,839	0,759
0,65	0,870	0,811	0,755	0,676	0,896	0,835	0,778	0,696	0,932	0,869	0,809	0,725
0,70	0,848	0,784	0,725	0,643	0,873	0,807	0,747	0,663	0,910	0,841	0,778	0,691
0,75	0,823	0,755	0,694	0,611	0,848	0,778	0,715	0,630	0,885	0,811	0,745	0,657
0,80	0,796	0,724	0,662	0,580	0,820	0,747	0,683	0,598	0,856	0,779	0,712	0,623
0,85	0,766	0,693	0,631	0,550	0,789	0,714	0,650	0,567	0,823	0,745	0,678	0,591
0,90	0,734	0,661	0,600	0,521	0,756	0,681	0,618	0,537	0,788	0,710	0,644	0,559
0,95	0,700	0,629	0,569	0,493	0,721	0,648	0,586	0,508	0,750	0,674	0,610	0,529
1,00	0,666	0,597	0,540	0,467	0,684	0,614	0,555	0,480	0,711	0,638	0,577	0,499
1,05	0,631	0,566	0,511	0,442	0,648	0,581	0,525	0,454	0,672	0,603	0,545	0,471
1,10	0,596	0,535	0,484	0,419	0,611	0,549	0,496	0,429	0,632	0,568	0,514	0,444
1,15	0,562	0,506	0,458	0,397	0,575	0,518	0,469	0,406	0,594	0,534	0,484	0,419
1,20	0,530	0,478	0,434	0,376	0,541	0,488	0,443	0,384	0,556	0,502	0,455	0,395
1,25	0,499	0,452	0,411	0,357	0,508	0,460	0,418	0,363	0,521	0,471	0,428	0,372
1,30	0,470	0,427	0,389	0,339	0,478	0,433	0,395	0,344	0,487	0,442	0,403	0,351
1,35	0,443	0,404	0,368	0,321	0,449	0,408	0,373	0,325	0,456	0,415	0,379	0,331
1,40	0,418	0,382	0,349	0,306	0,421	0,385	0,352	0,308	0,426	0,389	0,356	0,312
1,45	0,394	0,361	0,331	0,291	0,396	0,363	0,333	0,292	0,399	0,365	0,335	0,294
1,50	0,372	0,342	0,315	0,277	0,373	0,342	0,315	0,277	0,373	0,343	0,315	0,277
1,55	0,352	0,324	0,299	0,263								
1,60	0,333	0,308	0,284	0,251								
1,65	0,316	0,292	0,271	0,240								
1,70	0,299	0,278	0,258	0,229								
1,75	0,284	0,265	0,246	0,219								
1,80	0,270	0,252	0,235	0,209								
1,85	0,257	0,240	0,224	0,200								
1,90	0,245	0,229	0,214	0,192								
1,95	0,234	0,219	0,205	0,184								
2,00	0,223	0,209	0,196	0,177								
2,10	0,204	0,192	0,180	0,163								
2,20	0,187	0,176	0,166	0,151								
2,30	0,172	0,163	0,154	0,140								
2,40	0,159	0,151	0,143	0,130								
2,50	0,147	0,140	0,132	0,121								
2,60	0,136	0,130	0,123	0,113								
2,70	0,127	0,121	0,115	0,106								
2,80	0,118	0,113	0,108	0,100								
2,90	0,111	0,106	0,101	0,094								
3,00	0,104	0,099	0,095	0,088								

siehe $k_c=1$, da $f=1{,}0$

Tafel 11.112 Abminderungsfaktoren $\chi_{LT,mod}$ – Spezieller Fall

$\bar{\lambda}_{LT}$	$\chi_{LT} = \chi_{LT,mod}$ für $k_c = 1$			$\chi_{LT,mod}$ für $k_c = 0{,}94$			$\chi_{LT,mod}$ für $k_c = 0{,}86$		
	Biegedrillknicklinie			Biegedrillknicklinie			Biegedrillknicklinie		
	b	c	d	b	c	d	b	c	d
0,40	1,000	1,000	1,000	1,000	1,000	1,000	1,000	1,000	1,000
0,45	0,980	0,972	0,957	1,000	0,995	0,980	1,000	1,000	1,000
0,50	0,960	0,944	0,916	0,984	0,968	0,939	1,000	1,000	0,972
0,55	0,939	0,915	0,875	0,964	0,940	0,899	1,000	0,975	0,933
0,60	0,917	0,886	0,836	0,943	0,911	0,860	0,980	0,947	0,893
0,65	0,894	0,856	0,797	0,920	0,881	0,821	0,958	0,917	0,854
0,70	0,870	0,826	0,760	0,896	0,851	0,783	0,934	0,887	0,816
0,75	0,844	0,795	0,723	0,870	0,819	0,745	0,907	0,854	0,777
0,80	0,817	0,764	0,688	0,842	0,787	0,709	0,879	0,821	0,740
0,85	0,789	0,732	0,654	0,813	0,755	0,674	0,848	0,787	0,703
0,90	0,760	0,701	0,621	0,783	0,722	0,640	0,816	0,753	0,667
0,95	0,730	0,670	0,590	0,752	0,690	0,607	0,782	0,718	0,632
1,00	0,700	0,639	0,560	0,720	0,657	0,576	0,748	0,683	0,598
1,05	0,669	0,609	0,532	0,687	0,626	0,546	0,713	0,649	0,566
1,10	0,639	0,580	0,505	0,655	0,595	0,517	0,677	0,615	0,535
1,15	0,609	0,552	0,479	0,623	0,565	0,490	0,642	0,583	0,506
1,20	0,579	0,525	0,455	0,591	0,536	0,465	0,608	0,551	0,478
1,25	0,551	0,499	0,433	0,561	0,508	0,441	0,575	0,521	0,452
1,30	0,524	0,475	0,412	0,532	0,482	0,418	0,543	0,492	0,426
1,35	0,498	0,451	0,392	0,504	0,457	0,396	0,512	0,464	0,403
1,40	0,473	0,429	0,373	0,477	0,433	0,376	0,482	0,438	0,380
1,45	0,449	0,409	0,355	0,451	0,411	0,357	0,454	0,413	0,359
1,50	0,427	0,389	0,339	0,428	0,389	0,339	0,428	0,390	0,339
1,55	0,406	0,371	0,323						
1,60	0,387	0,353	0,309						
1,65	0,367	0,337	0,295						
1,70	0,346	0,322	0,282						
1,75	0,327	0,307	0,270						
1,80	0,309	0,294	0,259						
1,85	0,292	0,281	0,248						
1,90	0,277	0,269	0,238						
1,95	0,263	0,258	0,228						
2,00	0,250	0,247	0,219						
2,05	0,238	0,237	0,211						
2,10	0,227	0,227	0,203		siehe $k_c = 1$, da $f = 1{,}0$				
2,15	0,216	0,216	0,195						
2,20	0,207	0,207	0,188						
2,25	0,198	0,198	0,181						
2,30	0,189	0,189	0,175						
2,35	0,181	0,181	0,169						
2,40	0,174	0,174	0,163						
2,50	0,160	0,160	0,152						
2,60	0,148	0,148	0,142						
2,70	0,137	0,137	0,134						
2,80	0,128	0,128	0,126						
2,90	0,119	0,119	0,118						
3,00	0,111	0,111	0,111						

Tafel 11.113 Zulässig bezogene Abstände $L_c / i_{f,z}$ der seitlichen Halterung von Druckgurten

	Moment	k_c	S235	S275	S355	S420	S460
Gewalzte und gleichartig geschweißte Profile $\bar\lambda_{LT,0} = 0{,}4$ $\bar\lambda_{c0} = 0{,}5$	+M	1,00	47,0	43,4	38,2	35,1	33,6
	+M	0,86	54,6	50,5	44,4	40,8	39,0
	$\Psi=0$ +M	0,752	62,5	57,7	50,8	46,7	44,6
	−M	0,602	77,9	72,1	63,4	58,3	55,7
Allgemeiner Fall $\bar\lambda_{LT,0} = 0{,}2$ $\bar\lambda_{c0} = 0{,}3$	+M	1,00	28,2	26,0	22,9	21,1	20,1
	+M	0,86	32,8	30,3	26,7	24,5	23,4
	$\Psi=0$ +M	0,752	37,5	34,6	30,5	28,0	26,8
	−M	0,602	46,8	43,2	38,1	35,0	33,4

W_y maßgebendes Widerstandsmoment für die gedrückte Querschnittsfaser

$i_{f,z}$ Trägheitsradius des druckbeanspruchten Flansches um die schwache Querschnittsachse unter Berücksichtigung von $1/3$ der auf Druck beanspruchten Fläche des Steges (siehe Profiltabellen im Abschn. 11.1.3). Bei Querschnitten der Klasse 4 werden die effektiven Querschnittswerte zugrunde gelegt.

QSK 1 bis 3:

$$i_{f,z} = \sqrt{\frac{I_f}{A_f + A_{w,c}/3}}$$

QSK 4:

$$i_{f,z} = \sqrt{\frac{I_{eff,f}}{A_{eff,f} + A_{eff,w,c}/3}}$$

Für doppeltsymmetrische I- und H-Profile unter reiner Biegebeanspruchung kann der Trägheitsradius bei Querschnitten der Klassen 1 bis 3 näherungsweise mit (11.88) bestimmt werden.

$$i_{f,z} = \sqrt{\frac{I_z}{A - h_w \cdot t_w \cdot 2/3}} \qquad (11.88)$$

Der zulässige Maximalabstand der seitlichen Stützungen kann mit (11.89) bestimmt werden. Tafel 11.113 enthält die bei voller Bauteilausnutzung ($M_{y,Ed} = M_{c,Rd}$) zulässigen bezogenen Abstände $L_c / i_{f,z}$ der seitlichen Halterung für unterschiedliche Momentenverläufe.

$$L_c \le \bar\lambda_{c0} \frac{M_{c,Rd}}{M_{y,Ed}} \cdot \frac{i_{f,z}\lambda_1}{k_c} \qquad (11.89)$$

Ist die Bedingung (11.87) nicht eingehalten, kann die Grenztragfähigkeit vereinfacht mit (11.90) bestimmt werden.

$$M_{b,Rd} = k_{fl} \cdot \chi \cdot M_{c,Rd} \quad \text{jedoch} \quad M_{b,Rd} \le M_{c,Rd} \qquad (11.90)$$

$k_{fl} = 1{,}10$ Anpassungsfaktor nach [13]

χ mit $\bar\lambda_f$ ermittelter Abminderungsfaktor χ des äquivalenten druckbeanspruchten Flansches. Dabei erfolgt der Ansatz der Knicklinie d für geschweißte Querschnitte, wenn $h/t_f \le 44\varepsilon$ ist, mit h = Gesamthöhe des Querschnitts und t_f = Dicke des druckbeanspruchten Flansches, und der Ansatz der Knicklinie c für alle anderen Querschnitte.

Beispiel

Ein querbelasteter I-Träger mit 10 m Spannweite wird in den Viertelspunkten am Obergurt seitlich gestützt. Die Biegedrillknicksicherheit wird mit dem vereinfachten Verfahren nach [12], Abschn. 6.3.2.4 nachgewiesen.

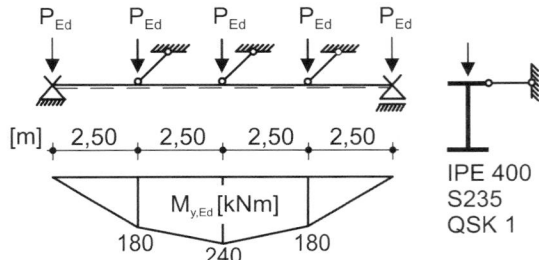

$$\bar\lambda_f = \frac{k_c L_c}{i_{f,z}\lambda_1} \le \bar\lambda_{c0} \cdot \frac{M_{c,Rd}}{M_{y,Ed}}$$

$$\lambda_1 = 93{,}9 \cdot \varepsilon = 93{,}9$$

$$\bar\lambda_{c0} = 0{,}4 + 0{,}1 = 0{,}5$$

$$M_{c,Rd} = W_{pl,y} \cdot \frac{f_y}{\gamma_{M1}} = 1307 \cdot \frac{23{,}5}{1{,}1 \cdot 100} = 279\,\text{kNm}$$

$$i_{f,z} = 4{,}57\,\text{cm}$$

$$\Psi = 180/240 = 0{,}75$$

$$k_c = \frac{1}{1{,}33 - 0{,}33 \cdot 0{,}75} = 0{,}924$$

$$\bar{\lambda}_f = \frac{0{,}924 \cdot 250}{4{,}57 \cdot 93{,}9} = 0{,}538 < 0{,}5 \cdot \frac{279}{240} = 0{,}581 \quad \blacktriangleleft$$

11.4.3.4 Ideale Biegedrillknickmomente

Die Bestimmung der idealen Biegedrillknickmomente M_{cr} ist aufgrund der vielen Einflüsse und der komplexeren mechanischen Beschreibung (gekoppeltes DGL-System für die Schubmittelpunktverschiebung v_M und die Querschnittsverdrehung v) i. Allg. wesentlich aufwendiger als die Bestimmung von Biegeknicklasten. Zu den wesentlichen Einflüssen gehören

- das statische System einschließlich der Lagerungsbedingungen, deren Ansatzpunkte am Querschnitt, elastische Bettungen, Schubfeldaussteifungen, örtliche Dreh-, Translations- und Wölbfedern, Wechselwirkungen zu angrenzenden Bauteilen,
- die Querschnittsform und dessen Verlauf über die Stablängsachse,
- die Art der Belastung (Gleichstreckenlasten, Einzellasten, Einzelmomente), deren Lastangriffspunkte am Querschnitt und über die Stablänge, der Verlauf der Biegemomente, gegebenenfalls zu berücksichtigende Änderungen der Belastungsrichtung bei Auftreten von Verformungen (z. B. Drücke oder poltreue Kräfte).

In der Praxis erfolgt die Berechnung der idealen Biegedrillknickmomente mit Hilfe von Programmen oder mit in der Literatur aufbereiteten Lösungen. Dabei sind die Voraussetzungen für deren Anwendung zu beachten. Die Biegetorsionstheorie II. Ordnung setzt die Querschnittstreue (keine Forminstabilität oder Querschnittsverformungen, z. B. durch örtliche Gurteinspannungen) voraus. Eine Veränderung der Querschnittsform über die Stablängsachse, insbesondere wenn sie nicht stetig sondern unstetig verläuft (z. B. kurze Vouten, bereichsweise aufgeschweißte Lamellen), führt i. Allg. dazu, dass die Anwendungsvoraussetzungen nicht mehr eingehalten sind. Entsprechendes gilt für eine Vielzahl baupraktischer Lagerungsbedingungen, z. B. ein- oder beidseitig ausgeklinkte Träger, kurze Stirnplatten, die Drillkopplung über Rahmenecken. In solchen Fällen werden, sofern hierzu keine spezifischen Lösungen in der einschlägigen Fachliteratur vorliegen, aufwendige Berechnungen (z. B. nach [15], Anhang C) oder konservative Abschätzungen notwendig. Nachfolgend werden für einige Sonderfälle Formeln zur näherungsweisen Berechnung der idealen Biegedrillknickmomente angegeben.

11.4.3.4.1 Gabelgelagerte Einfeldträger mit doppeltsymmetrischem Querschnitt

Eine Gabellagerung kann angenommen werden, wenn an den Stabenden die seitliche Verschiebung und Verdrehung

der Querschnitte um die Stablängsachse verhindert ist ($v = \vartheta = 0$). Querschnittsverformungen, z. B. durch Torsionseinspannung einzelner Gurte nicht ausgesteifter Querschnitte, treten nicht auf. Die Torsionsmomente können über primären (St. Venant'schen) und sekundären Schubfluss (Wölbkrafttorsion) abgetragen werden. Diese Voraussetzungen werden bei Trägern erfüllt, an deren Enden eine (dünne) Stirnplatte über die gesamte Querschnittsfläche anschließt, die entsprechend gelagert ist. Das Biegedrillknickmoment wird näherungsweise mit (11.91) bestimmt. Eine stärker differenzierte Berechnung von M_{cr} ist mit den Hilfsmitteln nach [79] und [81] möglich.

$$M_{cr} = C_1 \cdot N_{cr,z} \cdot \left[\sqrt{c^2 + (C_2 \cdot z_q)^2} + C_2 \cdot z_q \right] \quad (11.91)$$

mit

$$c^2 = \frac{I_w}{I_z} + \frac{GI_T}{EI_z} \cdot \left(\frac{L}{\pi} \right)^2$$

und

$$N_{cr,z} = \frac{\pi^2 \cdot EI_z}{L^2}$$

L Stützweite (Abstand der Gabellager).

C_1, C_2 Beiwerte für die Momentenverteilung und die Wirkung von Querlasten nach Tafel 11.114.

z_q Abstand des Lastangriffspunkts vom Schubmittelpunkt.

Erzeugt die Querlast bei einer Verdrehung des Profils um den Schubmittelpunkt ein rückstellendes Moment, so ist z_q positiv (Abb. 11.30 links). Führt der Lastangriff dagegen zu einer zusätzlichen Torsionsbelastung und damit zu einer Vergrößerung der Verdrehung ϑ, so ist z_q negativ (Abb. 11.30 rechts).

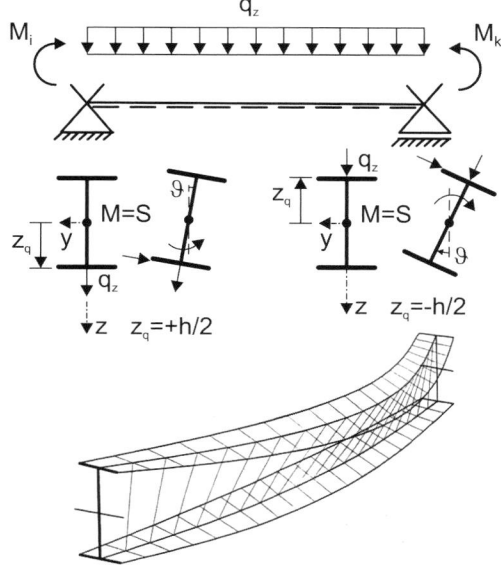

Abb. 11.30 Gabelgelagerter Einfeldträger

Tafel 11.114 Momentenbeiwerte C_1 und Querlastbeiwerte C_2

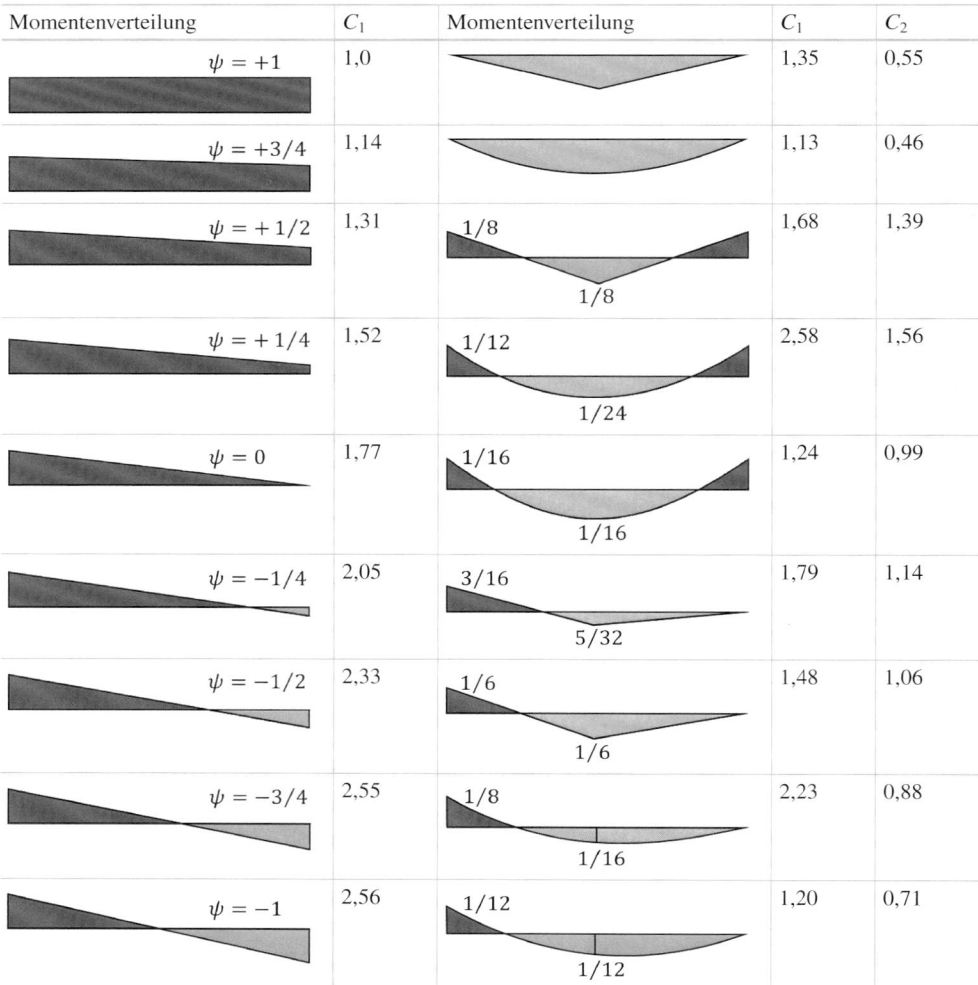

Momentenverteilung	C_1	Momentenverteilung	C_1	C_2
$\psi = +1$	1,0		1,35	0,55
$\psi = +3/4$	1,14		1,13	0,46
$\psi = +1/2$	1,31	1/8 ... 1/8	1,68	1,39
$\psi = +1/4$	1,52	1/12 ... 1/24	2,58	1,56
$\psi = 0$	1,77	1/16 ... 1/16	1,24	0,99
$\psi = -1/4$	2,05	3/16 ... 5/32	1,79	1,14
$\psi = -1/2$	2,33	1/6 ... 1/6	1,48	1,06
$\psi = -3/4$	2,55	1/8 ... 1/16	2,23	0,88
$\psi = -1$	2,56	1/12 ... 1/12	1,20	0,71

11.4.3.4.2 Gabelgelagerte Träger mit gebundener Drehachse

Zur Berechnung der Biegedrillknickmomente von doppeltsymmetrischen gewalzten I-Trägern mit gebundener Drehachse und Lastangriff am Obergurt sowie Gabellagerung an den Stabenden und Zwischenauflagern sind in [83] aufbereitete Lösungen angegeben.

$$M_{cr} = \frac{k}{L} \cdot \sqrt{GI_T \cdot EI_z} \qquad (11.92)$$

k Beiwert zur Berücksichtigung des statischen Systems und des Momentenverlaufs nach Abb. 11.31

χ Tafeleingangswert – Stabkennzahl für die Wölbkrafttorsion $\chi = EI_w/(GI_T \cdot L^2)$.

Sofern eine drehelastische Bettung c_ϑ vorliegt, kann diese näherungsweise dadurch berücksichtigt werden, dass bei der Bestimmung des Tafeleingangswerts χ und des Biegedrillknickmoments M_{cr} die ideelle Torsionssteifigkeit nach

(11.93) zugrunde gelegt wird.

$$GI_{T,id} = GI_T + c_\vartheta \cdot \left(\frac{L}{\pi}\right)^2 \qquad (11.93)$$

Zu beachten ist, dass der Umrechnung mit (11.93) eine Sinushalbwelle für den Verlauf von ϑ in der Biegedrillknickfigur zugrunde liegt. Bei hohen Drehbettungswerten und stark abweichenden Verläufen für ϑ ist der Einfluss der Bettung entsprechend der zu erwartenden Verzweigungsfigur abzumindern. Bei sehr kleinen Tafeleingangswerten ($\chi < 0,05$) wird empfohlen, den Kleinstwert der betreffenden Kurve aus Abb. 11.31 für k zu verwenden.

11.4.3.4.3 Gewalzte I-Träger mit Ausklinkungen

Ausklinkungen an Auflagern können den Widerstand gegen Biegedrillknicken zum Teil erheblich herabsetzen. In Bezug

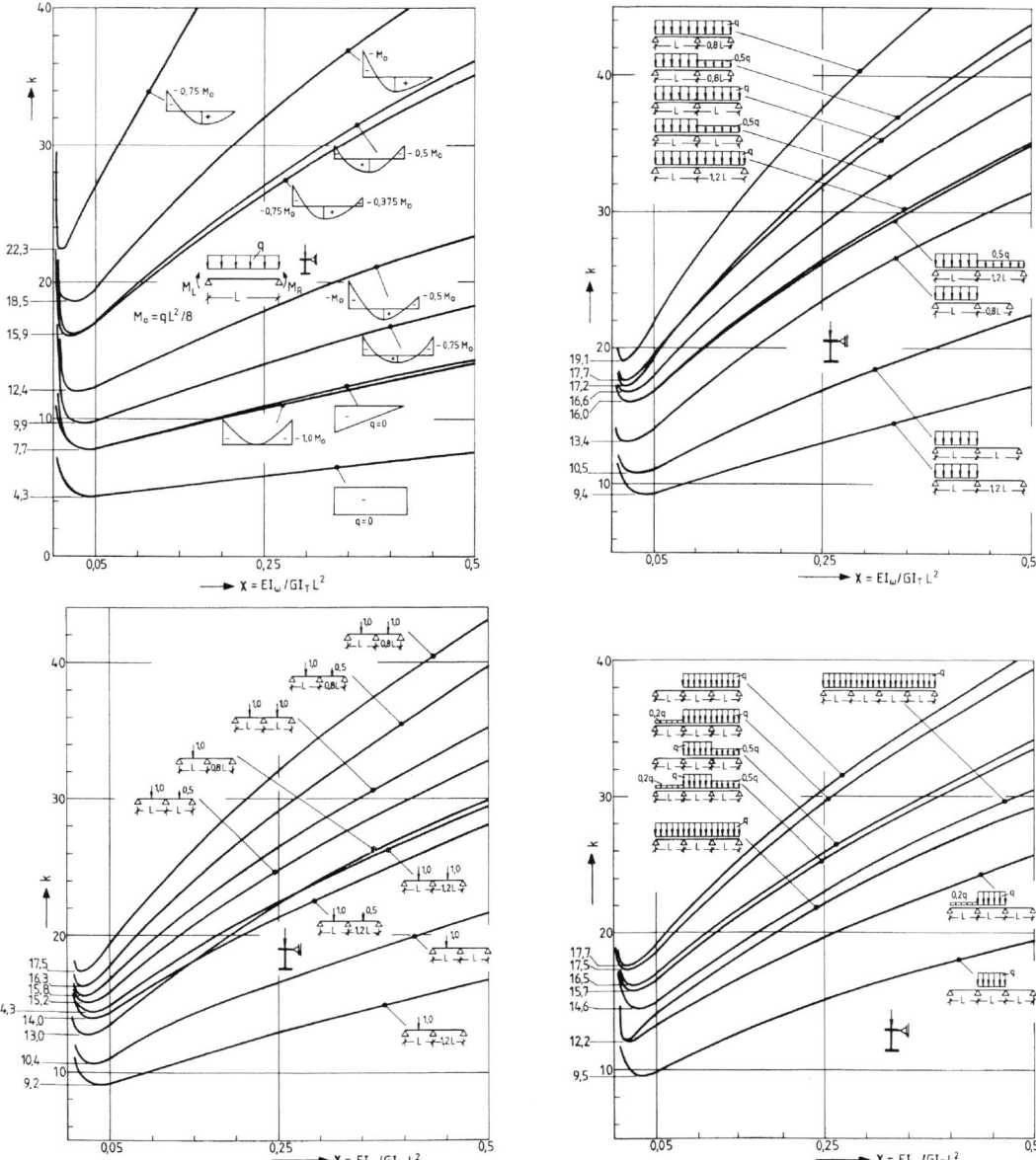

Abb. 11.31 Beiwerte k aus [83]

auf die Abtragung von Torsionsmomenten werden drei Effekte hervorgerufen:

- Die St. Venant'sche Torsionssteifigkeit wird reduziert.
- Der Restquerschnitt ist quasi wölbfrei. Die Wölbsteifigkeit wird damit auf annähernd null heruntergesetzt.
- Die Torsionsschubspannungen werden wesentlich erhöht.

Durch die Reduzierung der Steifigkeit im Anschlussbereich werden der Einfluss der Theorie II. Ordnung und damit auch die Torsionsmomente am Auflager vergrößert. Die Abtragung der Torsion erfolgt vorwiegend über St. Venant'sche Torsionsschubspannungen.

Besonders groß ist die Reduzierung der Tragfähigkeit bei wölbsteifen Trägern (Parameter $\chi = EI_\mathrm{w}/(GI_\mathrm{T} \cdot L^2)$), z. B. bei I-Profilen der Reihe HE mit kurzer und mittlerer sowie IPE-Profilen mit kurzer Spannweite. Bei Trägern mit beidseitiger Ausklinkung führen die hohen Torsionsschubspannungen teilweise zum vorzeitigen Versagen der Anschlüsse, bevor im Feld die Fließspannung erreicht wird. Auch der unvollständige Anschluss eines Querschnitts durch eine kurze Stirnplatte kann bereits zu Tragfähigkeitseinbußen führen.

Für Träger mit IPE- und HE-Profilen wurden in [84] Lösungen zur Berechnung der Biegedrillknickmomente und

Abb. 11.32 I-Träger mit Ausklinkung und Stirnplatten-anschluss

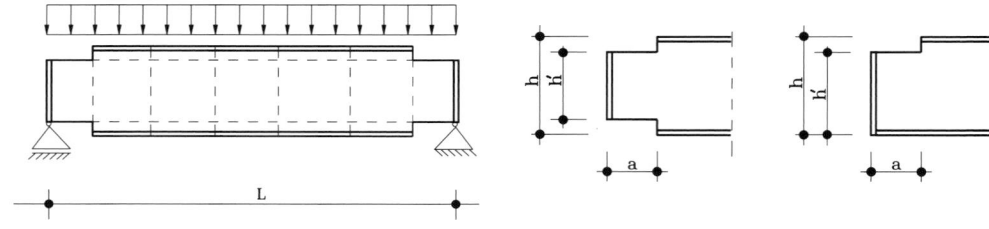

Tafel 11.115 Abminderungsfaktor V zur Berücksichtigung von Ausklinkungen

IPE-Profile: $V = 1 - \beta_1 \cdot \sqrt{\chi}/\zeta \geq 0$	HE-Profile: $V = 1 - \beta_1 \cdot \sqrt{\chi}/\zeta - \Delta V \geq 0$

Faktor β_1 für die Ausklinkungsgeometrie:

– beidseitige Ausklinkung	– einseitige Ausklinkung
$\beta_1 = \dfrac{h}{2h'} + \dfrac{4a}{h}$	$\beta_1 = \dfrac{h}{2h'} + \dfrac{2a}{h}$ für $h'/h \geq 0{,}85$ $\beta_1 = \dfrac{h}{1{,}5h'} + \dfrac{2a}{h}$ für $h'/h < 0{,}85$

ΔV zur Berücksichtigung der stärkeren Schwächung bei Breitflanschprofilen:

– HEA-Profile	– HEB-Profile	– HEM-Profile
$\Delta V = \min \begin{cases} \sqrt{\chi}/(3 \cdot \zeta) \\ 0{,}1 \end{cases}$	$\Delta V = \min \begin{cases} \sqrt{\chi}/(2 \cdot \zeta) \\ 0{,}15 \end{cases}$	$\Delta V = \min \begin{cases} \sqrt{\chi}/\zeta \\ 0{,}20 \end{cases}$

Momentenbeiwert ζ nach Tafel 11.114.

zum Nachweis der Tragsicherheit aufbereitet. Die Bemessungshilfen gelten für gelenkig gelagerte Einfeldträger. Es wurden Stirnplattenverbindungen bei ein- und beidseitiger Ausklinkung untersucht (Abb. 11.32). Der Angriff der Querlasten erfolgt am Obergurt oder im Schwerpunkt. Im Folgenden wird der Berechnungsablauf schematisch wiedergegeben.

1. Berechnung des Biegedrillknickmoments für einen gabelgelagerten Einfeldträger ($M_{cr,s}$ z. B. mit (11.91)).

$$M_{cr,s} = \zeta \cdot N_{cr,z} \cdot \left(\sqrt{c^2 + 0{,}25 \cdot z_q^2} + 0{,}5 \cdot z_q \right)$$

2. Bestimmung des Abminderungsfaktors V zur Berücksichtigung der Trägerausklinkung und Berechnung der Verzweigungslast des ausgeklinkten Trägers (Bezeichnungen für die Ausklinkungsgeometrie siehe Abb. 11.32).

$$M_{cr} = V \cdot M_{cr,s} \quad \text{mit} \quad V = f\left(a/h, h'/h, \sqrt{\chi}/\zeta\right)$$

3. Bestimmung des Abminderungsfaktors χ_{LT}, des Bemessungswerts der Biegedrillknickbeanspruchbarkeit $M_{b,Rd}$ und Nachweis der Tragsicherheit (siehe (11.82) und (11.83)).

Auf der Basis von Traglastversuchen wurde der Trägerbeiwert für ausgeklinkte I-Profile in der nationalen Vorschrift DIN 18800-2 [33] von $n = 2{,}5$ auf $n = 2{,}0$ herabgesetzt. Dies entspricht in etwa dem Unterschied von zwei aufeinander

folgenden Biegedrillknicklinien nach Abb. 11.29. DIN EN 1993-1-1 [12] und der zugehörige Nationale Anhang [13] enthalten keine gesonderten Regelungen für ausgeklinkte Träger. In Anlehnung an die Festlegungen in [33] wird vorgeschlagen, den Abminderungsfaktor χ_{LT} nach (11.84) zu bestimmen, dabei den „speziellen Fall" nach Tafel 11.109 zugrunde zu legen und eine Herabstufung um eine Knicklinie vorzunehmen ($h/b \leq 2{,}0 \rightarrow$ Biegedrillknicklinie c, $h/b > 2{,}0 \rightarrow$ Biegedrillknicklinie d).

Der Abminderungsfaktor V kann mit Hilfe der Formeln nach Tafel 11.115 oder mit den Diagrammen in den Abb. 11.33 und 11.34 (vgl. [84]) bestimmt werden. Dabei stellen die Formeln eine grobe Näherung dar (s. gestrichelte Linie in Abb. 11.33). Die Diagramme führen zu genaueren Ergebnissen.

11.4.3.4.4 Kragträger mit unterschiedlicher Lagerung des Kragarmes

Die Bestimmung des idealen Biegedrillknickmoments für Kragarme mit unterschiedlicher Lagerung und Belastung (Einzelmoment, Einzellast, Streckenlast) erfolgt bei einer vollständigen Biege- und Wölbeinspannung mithilfe der Beiwerte k_i.

$$\chi = \frac{EI_z}{GI_T} \cdot \left(\frac{h - t_f}{2 \cdot L} \right)^2$$

$$M_{cr} = \frac{k_i}{L} \cdot \sqrt{GI_T \cdot EI_z}$$

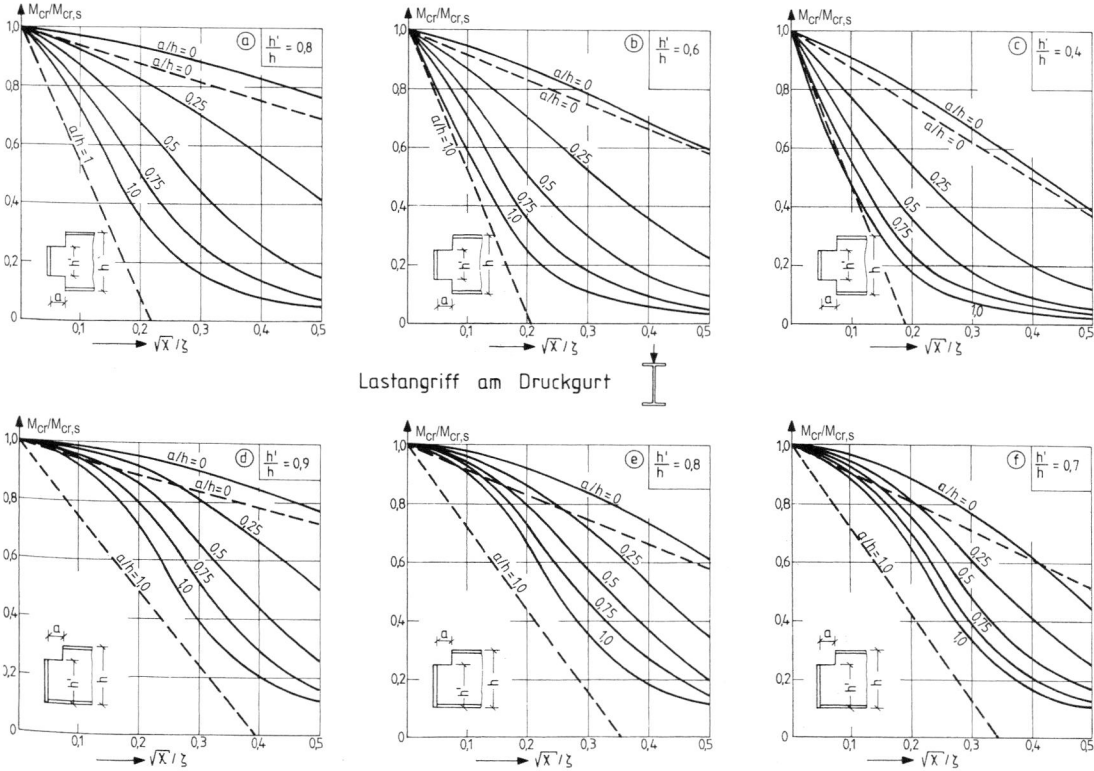

Lastangriff am Druckgurt

Abb. 11.33 Faktor $V = M_{cr}/M_{cr,s}$ zur Berücksichtigung der Ausklinkungsgeometrie – Lastangriff am Obergurt [84]

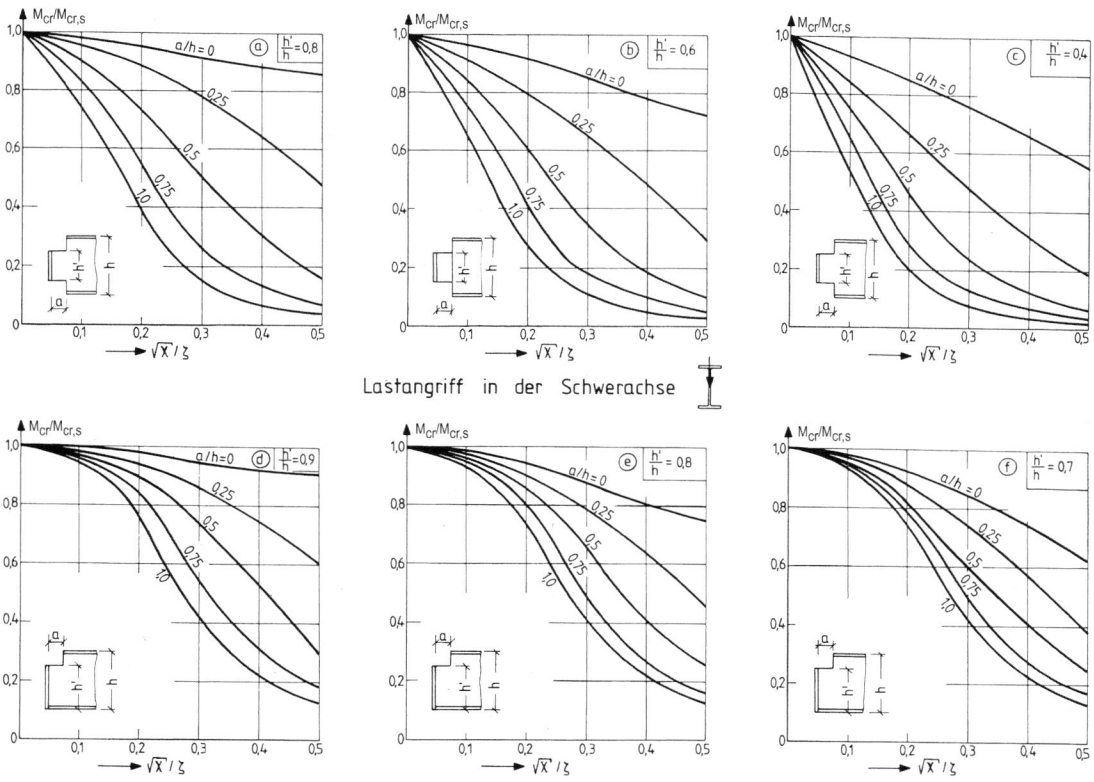

Lastangriff in der Schwerachse

Abb. 11.34 Faktor $V = M_{cr}/M_{cr,s}$ zur Berücksichtigung der Ausklinkungsgeometrie – Lastangriff in der Schwerachse [84]

Fall A: Kragarmende frei verformbar

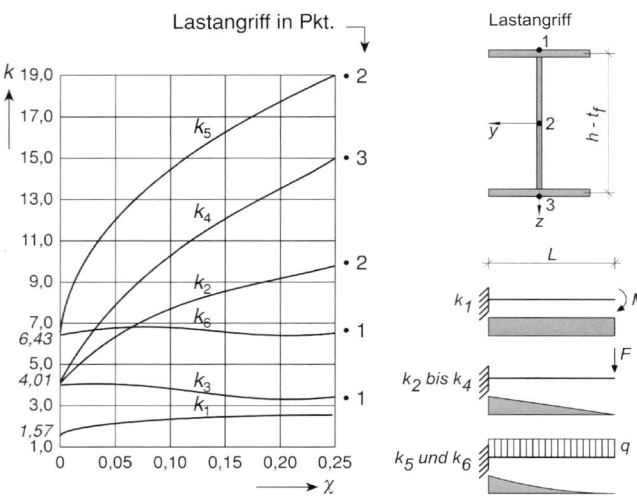

Abb. 11.35 Beiwerte $k_i\,(\chi)$

Fall B: Kragarmende seitlich gehalten und gabelgelagert

$$k_1 \approx 4,5 \cdot [1 + 7,85 \cdot \chi \cdot (1 - \chi)]$$

$$k_2 \approx k_3 \approx k_4 \approx 11,12 \cdot [1 + 8,29 \cdot \chi \cdot (1 - 1,099 \cdot \chi)]$$

$$k_5 \approx 18,975 \cdot [1 + 10,39 \cdot \chi \cdot (1 - 1,234 \cdot \chi)]$$

$$k_6 \approx 17,243 \cdot [1 + 5,97 \cdot \chi \cdot (1 - 0,956 \cdot \chi)]$$

gültig für $\chi \leq 0,3$.

11.4.4 Auf Biegung und Druck beanspruchte gleichförmige Bauteile

Die Stabilität wird mit Hilfe der Ersatzstabnachweise (11.94) und (11.95) nachgewiesen. Der Einfluss der Theorie II. Ordnung wird bei seitenverschieblichen Tragwerken (P-Δ-Effekte) entweder durch vergrößerte Randmomente (vgl. Tafel 11.41, Methode B) oder durch die Knicklängen im Gesamtsystem (vgl. Tafel 11.41, Methode C) erfasst. Die Gleichungen gelten für Stäbe mit gleichbleibenden doppeltsymmetrischen Querschnitten, deren Stabenden als gabelgelagert angenommen werden dürfen. Sie berücksichtigen den allgemeinen Fall der zweiachsigen Biegung mit Normalkraft. Querschnittsverformungen oder planmäßige Torsionsbeanspruchungen werden nicht erfasst.

Standardfälle, wie z. B. der häufig auftretende Fall der einachsigen Biegung mit Normalkraft für Querschnitte der Klassen 1 bis 3 lassen sich durch Streichen der betref-

Tafel 11.116 Interaktionsformeln für Querschnitte der Klassen 1 bis 3

Normalkraft und Biegung M_y	Normalkraft und Biegung M_z
$\dfrac{N_{Ed}}{\frac{\chi_y N_{Rk}}{\gamma_{M1}}} + k_{yy}\dfrac{M_{y,Ed}}{\frac{\chi_{LT} M_{y,Rk}}{\gamma_{M1}}} \leq 1,0$	$\dfrac{N_{Ed}}{\frac{\chi_y N_{Rk}}{\gamma_{M1}}} + k_{yz}\dfrac{M_{z,Ed}}{\frac{M_{z,Rk}}{\gamma_{M1}}} \leq 1,0$
$\dfrac{N_{Ed}}{\frac{\chi_z N_{Rk}}{\gamma_{M1}}} + k_{zy}\dfrac{M_{y,Ed}}{\frac{\chi_{LT} M_{y,Rk}}{\gamma_{M1}}} \leq 1,0$	$\dfrac{N_{Ed}}{\frac{\chi_z N_{Rk}}{\gamma_{M1}}} + k_{zz}\dfrac{M_{z,Ed}}{\frac{M_{z,Rk}}{\gamma_{M1}}} \leq 1,0$

fenden Teile der Interaktionsgleichungen und Verwendung entsprechender Abminderungsfaktoren und Interaktionsbeiwerte ableiten (siehe Tafel 11.116).

$$\frac{N_{Ed}}{\frac{\chi_y N_{Rk}}{\gamma_{M1}}} + k_{yy}\frac{M_{y,Ed} + \Delta M_{y,Ed}}{\frac{\chi_{LT} M_{y,Rk}}{\gamma_{M1}}}$$

$$+ k_{yz}\frac{M_{z,Ed} + \Delta M_{z,Ed}}{\frac{M_{z,Rk}}{\gamma_{M1}}} \leq 1,0 \qquad (11.94)$$

$$\frac{N_{Ed}}{\frac{\chi_z N_{Rk}}{\gamma_{M1}}} + k_{zy}\frac{M_{y,Ed} + \Delta M_{y,Ed}}{\frac{\chi_{LT} M_{y,Rk}}{\gamma_{M1}}}$$

$$+ k_{zz}\frac{M_{z,Ed} + \Delta M_{z,Ed}}{\frac{M_{z,Rk}}{\gamma_{M1}}} \leq 1,0 \qquad (11.95)$$

$N_{Ed}, M_{y,Ed}, M_{z,Ed}$ Bemessungswerte der einwirkenden Normalkraft und maximalen Biegemomente

$\Delta M_{y,Ed}, \Delta M_{z,Ed}$ Zusatzmomente aus der Verschiebung der Schwerachse des wirksamen gegenüber dem geometrisch vorhandenen Querschnitt (siehe Tafel 11.50)

$N_{Rk}, M_{y,Rk}, M_{z,Rk}$ Charakteristische Werte der Normalkraft- und Momententragfähigkeit des Querschnitts nach Tafel 11.50

χ_y, χ_z Abminderungsfaktoren für das Biegeknicken senkrecht zur y-Achse bzw. senkrecht zur z-Achse

χ_{LT} Abminderungsfaktor für das Biegedrillknicken unter M_y

$k_{yy}, k_{yz}, k_{zy}, k_{zz}$ Interaktionsbeiwerte nach Anhang A oder B von DIN EN 1993-1-1 [12], siehe Tafel 11.117.

Die Querschnittstragfähigkeiten sind in Abhängigkeit von der Querschnittsklasse für die plastische oder elastische Ausnutzung zu ermitteln (siehe Tafel 11.50). Zur Bestimmung der Interaktionsbeiwerte k_{ij} werden in [12] zwei Möglichkeiten angeboten, deren Berechnungsformeln in die informativen Anhänge A und B ausgelagert wurden. In Tafel 11.117 sind die Interaktionsbeiwerte k_{ij} der Tabellen B.1 und B.2

Tafel 11.117 Interaktionsbeiwerte k_{ij} nach [12], Anhang B (vgl. [74])

Querschnittstyp/Verdrehwiderstand	Querschnitte der Klassen 1 und 2		Querschnitte der Klassen 3 und 4	
I-Querschnitte, Quadrat- und Rechteckhohlprofile	$k_{yy} = C_{my} \cdot [1 + (\bar{\lambda}_y - 0{,}2) \cdot n_y]$	für $\bar{\lambda}_y \leq 1{,}0$	$k_{yy} = C_{my} \cdot (1 + 0{,}6 \cdot \bar{\lambda}_y \cdot n_y)$	für $\bar{\lambda}_y \leq 1{,}0$
	$k_{yy} = C_{my} \cdot (1 + 0{,}8 \cdot n_y)$	für $\bar{\lambda}_y \geq 1{,}0$	$k_{yy} = C_{my} \cdot (1 + 0{,}6 \cdot n_y)$	für $\bar{\lambda}_y \geq 1{,}0$
	$k_{yz} = 0{,}6 \cdot k_{zz}$		$k_{yz} = k_{zz}$	
Verdrehsteife Stäbe[a]	$k_{zy} = 0{,}6 \cdot k_{yy}$		$k_{zy} = 0{,}8 \cdot k_{yy}$	
Verdrehweiche Stäbe	$k_{zy} = 1 - \dfrac{0{,}1 \cdot \bar{\lambda}_z \cdot n_z}{C_{mLT} - 0{,}25}$	für $\bar{\lambda}_z \leq 1{,}0$	$k_{zy} = 1 - \dfrac{0{,}05 \cdot \bar{\lambda}_z \cdot n_z}{C_{mLT} - 0{,}25}$	für $\bar{\lambda}_z \leq 1{,}0$
	$k_{zy} \leq 0{,}6 + \bar{\lambda}_z$	für $\bar{\lambda}_z < 0{,}4$		
	$k_{zy} = 1 - \dfrac{0{,}1 \cdot n_z}{C_{mLT} - 0{,}25}$	für $\bar{\lambda}_z \geq 1{,}0$	$k_{zy} = 1 - \dfrac{0{,}05 \cdot n_z}{C_{mLT} - 0{,}25}$	für $\bar{\lambda}_z \geq 1{,}0$
I-Querschnitte	$k_{zz} = C_{mz} \cdot [1 + (2 \cdot \bar{\lambda}_z - 0{,}6) \cdot n_z]$	für $\bar{\lambda}_z \leq 1{,}0$	$k_{zz} = C_{mz} \cdot [1 + 0{,}6 \cdot \bar{\lambda}_z \cdot n_z]$	für $\bar{\lambda}_z \leq 1{,}0$
	$k_{zz} = C_{mz} \cdot (1 + 1{,}4 \cdot n_z)$	für $\bar{\lambda}_z \geq 1{,}0$	$k_{zz} = C_{mz} \cdot (1 + 0{,}6 \cdot n_z)$	für $\bar{\lambda}_z \geq 1{,}0$
Quadrat- und Rechteckhohlprofile	$k_{zz} = C_{mz} \cdot [1 + (\bar{\lambda}_z - 0{,}2) \cdot n_z]$	für $\bar{\lambda}_z \leq 1{,}0$		
	$k_{zz} = C_{mz} \cdot (1 + 0{,}8 \cdot n_z)$	für $\bar{\lambda}_z \geq 1{,}0$		

$$n_z = \frac{N_{Ed}}{\chi_z \cdot N_{Rk}/\gamma_{M1}} \qquad n_y = \frac{N_{Ed}}{\chi_y \cdot N_{Rk}/\gamma_{M1}}$$

C_{my}, C_{mz}, C_{mLT} Äquivalente Momentenbeiwerte nach Tafel 11.118 unter Berücksichtigung der maßgebenden Momentenverteilung zwischen seitlich gehaltenen Punkten.

[a] Für I- und H-Querschnitte sowie Rechteckhohlprofile, die auf Druck und einachsige Biegung $M_{y.Ed}$ beansprucht werden, darf der Beiwert $k_{zy} = 0$ angenommen werden.

des Anhang B von [12] in komprimierter Form zusammengefasst. Es wird zwischen verdrehsteifen und verdrehweichen Stäben unterschieden. Mit verdrehsteif sind Stäbe gemeint, die unter Druck und Biegung in Form des Biegeknickens versagen, sich also nicht verdrehen ($\chi_{LT} = 1{,}0$). Hierzu gehören Hohlprofile wegen ihrer großen Torsionssteifigkeit, sowie offene Profile, die durch konstruktive Maßnahmen gegen Verdrehen um ihre Längsachse hinreichend gehindert sind. Als verdrehweich werden Stäbe bezeichnet, die in Form des Biegedrillknickens versagen können, wie z. B. I-Profile ohne

ausreichende Stabilisierungsmaßnahmen. Die zur Auswertung erforderlichen äquivalenten Momentenbeiwerte sind in Tafel 11.118 angegeben.

Die äquivalenten Momentenbeiwerte C_{my}, C_{mz} und C_{mLT} sind unter Berücksichtigung der Momentenverteilung zwischen den maßgebenden seitlich gehaltenen Punkten zu ermitteln. Liegen seitliche Zwischenstützungen vor, sind ggf. unterschiedliche Momentenverteilungen bei der Bestimmung der jeweiligen Beiwerte zugrunde zu legen (Abb. 11.36).

Tafel 11.118 Äquivalente Momentenbeiwerte nach [12], Anhang B

Momentenverlauf	Bereich		C_{my} und C_{mz} und C_{mLT}	
			Gleichlast	Einzellast
	$-1 \leq \psi \leq 1$		$0{,}6 + 0{,}4 \cdot \psi \geq 0{,}4$	
	$0 \leq \alpha_s \leq 1$	$-1 \leq \psi \leq 1$	$0{,}2 + 0{,}8 \cdot \alpha_s \geq 0{,}4$	$0{,}2 + 0{,}8 \cdot \alpha_s \geq 0{,}4$
	$-1 \leq \alpha_s < 0$	$0 \leq \psi \leq 1$	$0{,}1 - 0{,}8 \cdot \alpha_s \geq 0{,}4$	$-0{,}8 \cdot \alpha_s \geq 0{,}4$
		$-1 \leq \psi < 0$	$0{,}1 \cdot (1 - \psi) - 0{,}8 \cdot \alpha_s \geq 0{,}4$	$0{,}2 \cdot (-\psi) - 0{,}8 \cdot \alpha_s \geq 0{,}4$
	$0 \leq \alpha_h \leq 1$	$-1 \leq \psi \leq 1$	$0{,}95 + 0{,}05 \cdot \alpha_h$	$0{,}90 + 0{,}10 \cdot \alpha_h$
	$-1 \leq \alpha_h < 0$	$0 \leq \psi \leq 1$	$0{,}95 + 0{,}05 \cdot \alpha_h$	$0{,}90 + 0{,}10 \cdot \alpha_h$
		$-1 \leq \psi < 0$	$0{,}95 + 0{,}05 \cdot \alpha_h (1 + 2 \cdot \psi)$	$0{,}90 + 0{,}10 \cdot \alpha_h (1 + 2 \cdot \psi)$

Bei Stäben von verschieblichen Systemen sollte $C_{my} = 0{,}9$ bzw. $C_{mz} = 0{,}9$ angenommen werden.

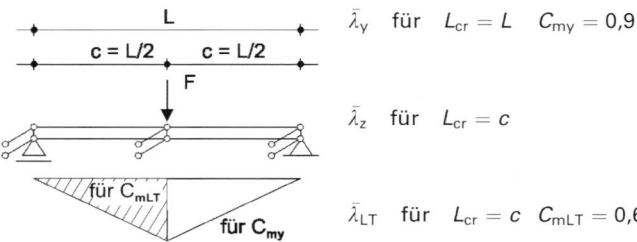

$\bar{\lambda}_y$ für $L_{cr} = L$ $C_{my} = 0,9$

$\bar{\lambda}_z$ für $L_{cr} = c$

$\bar{\lambda}_{LT}$ für $L_{cr} = c$ $C_{mLT} = 0,6$

Abb. 11.36 Ansätze für Träger mit Zwischenstützungen

Je nach Bauteilschlankheit und Momentenverteilung über die Stablänge können die Ersatzstabnachweise nach den Gleichungen (11.94), (11.95) und Tafel 11.116 unter Umständen für die Bemessung nicht maßgebend werden. Daher sind ergänzend hierzu an den Bauteilenden die Querschnittsnachweise nach Abschn. 11.3 zu führen.

Beispiel

IPE 270, S355 (QSK 2) mit $P_{Ed} = 440$ kN, $F_{Ed} = 20$ kN, $L = 6,0$ m

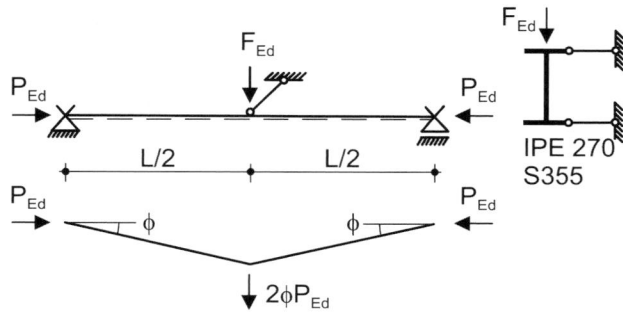

Knicken ⊥ zur y-Achse	Knicken ⊥ zur z-Achse	Nach
$L_{cr,y} = 600$ cm	$L_{cr,z} = 300$ cm	
$\bar{\lambda}_y = \dfrac{600}{11,2 \cdot 76,4}$ $= 0,70$	$\bar{\lambda}_z = \dfrac{300}{3,02 \cdot 76,4}$ $= 1,30$	Tafel 11.69
$h/b = 270/135 = 2 > 1,2$		Tafel 11.70
Knicklinie a, $\chi_y = 0,848$	Knicklinie b, $\chi_z = 0,427$	Tafel 11.71
$N_{b,y,Rd} = \dfrac{0,848 \cdot 35,5 \cdot 45,9}{1,1}$ $= 1256$ kN	$N_{b,z,Rd} = \dfrac{0,427 \cdot 35,5 \cdot 45,9}{1,1}$ $= 633$ kN	
$n_y = 520/1256$ $= 0,414 < 1,0$	$n_z = 520/633$ $= 0,821 < 1,0$	

Biegedrillknicken:

$$c^2 = \frac{70.580}{420} + \frac{8100 \cdot 15,9}{21.000 \cdot 420} \cdot \left(\frac{300}{\pi}\right)^2 = 301,2 \text{ cm}^2$$

$$N_{cr,z} = \pi^2 \cdot 21.000 \cdot 420/300^2 = 967,2 \text{ kN} \quad \text{(s. (11.67))}$$

$$M_{cr} = 1,77 \cdot 967,2 \cdot \sqrt{301,2} = 29.711 \text{ kNcm}$$

$$\bar{\lambda}_{LT} = \sqrt{2 \cdot 242 \cdot 35,5/29.711} = 0,76$$

Biegedrillknicklinie b

$$\chi_{LT} = 0,839 \quad \text{(Tafeln 11.109, 11.112)}$$

$$k_c = 1/1,33 = 0,752 \quad \text{(Tafel 11.110)}$$

$$f = 1 - 0,5 \cdot (1 - 0,752) \cdot [1 - 2,0 \cdot (0,76 - 0,8)^2]$$
$$= 0,876 < 1$$

$$\chi_{LT,mod} = 0,839/0,876 = 0,958 \quad \text{(s. (11.85))}$$

$$M_{b,Rd} = 0,958 \cdot 2 \cdot 242 \cdot 35,5/(1,1 \cdot 100)$$
$$= 149,6 \text{ kNm} \quad \text{(s. (11.83))}$$

Biegemoment M_y nach Theorie I. Ordnung:

$$M_{y,Ed}^{I} = 20 \cdot 6,0/4 = 30,0 \text{ kNm}$$

$$M_{y,Ed}^{I}/M_{b,Rd} = 30,0/149,6 = 0,201 < 1$$

Biegemoment M_y nach Theorie II. Ordnung unter Berücksichtigung einer Anfangsschiefstellung ϕ der Trägerabschnitte $L/2$ in Belastungsrichtung F_{Ed}:

$$\phi = 1/200$$

$$2 \cdot \phi \cdot P_{Ed} = 2 \cdot \frac{440}{200} = 4,4 \text{ kN}$$

$$N_{cr,y} = \pi^2 \cdot 21.000 \cdot 5790/600^2 = 3333 \text{ kN}$$

$$M_{y,Ed}^{II} = \frac{(20 + 4,4) \cdot 6,0}{4} \cdot \frac{1 - 0,189 \cdot \frac{440}{3333}}{1 - \frac{440}{3333}}$$
$$= 41,1 \text{ kNm}$$

$$M_{y,Ed}^{II}/M_{b,Rd} = 41,1/149,6 = 0,275 < 1$$

Interaktionsbeiwerte:

$$C_{my} = 0,9; \quad C_{mLT} = 0,6 \quad \text{(Tafel 11.118)}$$

$$\bar{\lambda}_y < 1,0$$

$$k_{yy} = 0,9 \cdot (1 + (0,70 - 0,2) \cdot 0,414)$$
$$= 1,086 \quad \text{(Tafel 11.117)}$$

$$\bar{\lambda}_z > 1,0$$

$$k_{zy} = 1 - \frac{0,1 \cdot 0,822}{0,6 - 0,25} = 0,765 \quad \text{(Tafel 11.117)}$$

Nachweise

$$0,414 + 1,086 \cdot 0,201 = 0,632 < 1,0$$

$$0,822 + 0,765 \cdot 0,275 = 1,030 > 1,0 \quad \text{(Tafel 11.116)} \blacktriangleleft$$

Anmerkungen zum Beispiel Die Interaktionsformeln (6.61) und (6.62) in DIN EN 1993-1-1 [12] wurden für Stäbe ohne seitliche Zwischenstützung kalibriert. Da im vorliegenden Beispiel eine solche Zwischenstützung vorliegt, wurde der Tragsicherheitsnachweis in Anlehnung an Abschnitt 5.2.2 (3) b) nach [12] geführt. Mit dem Nachweis nach Gleichung (6.61) aus [12] wird über den Wert k_{yy} der Einfluss der Theorie II. Ordnung auf das Moment M_y erfasst. Der Ausnutzungsgrad n_y berücksichtigt das Biegeknicken in der x-z-Ebene unter zentrischem Druck einschließlich der Imperfektion. Da der 2. Term von Gleichung (6.62) aus [12] den Momentenzuwachs nach Theorie II. Ordnung in der Ebene nicht erfasst, wurde dieser analog zum Vorgehen bei Stützen von verschieblichen Rahmen mit einer Anfangsschiefstellung ϕ bestimmt. Die Ergebnisse zeigen, dass die 2. Nachweisgleichung (Gl. (6.62) aus [12]) den höheren Ausnutzungsgrad liefert. Die Interaktion von Biegeknicken senkrecht zur z-Achse und Biegedrillknicken wird maßgebend.

Alternativ kann der Nachweis mit Gleichung (6.61) aus [12] auch unter Ansatz des Moments nach Theorie II. Ordnung und der Knicklänge $L_{cr,y} = 3,0$ m geführt werden. Beim Nachweis nach Gl. (6.62) aus [12] ändert sich gegenüber der vorangegangenen Berechnung nichts.

$$\bar{\lambda}_y = \frac{300}{11,2 \cdot 76,4} = 0,35$$

Knicklinie a, $\chi_y = 0,966$

$$N_{b,y,Rd} = \frac{0,966 \cdot 35,5 \cdot 45,9}{1,1} = 1431 \, \text{kN}$$

$$n_y = 520/1431 = 0,363 < 1,0$$

$$C_{my} = 0,9 \quad \begin{pmatrix} \text{verschieblicher innerer} \\ \text{Systemknoten} \end{pmatrix}$$

$$C_{mLT} = 0,6$$

$$k_{yy} = 0,9 \cdot (1 + (0,35 - 0,2) \cdot 0,363)$$
$$= 0,949 \quad \text{(Tafel 11.117)}$$

$$0,363 + 0,949 \cdot 0,275 = 0,624$$
$$\cong 0,632 < 1 \quad (\Delta = -1,3\,\%)$$

11.4.5 Allgemeines Verfahren für Knick- und Biegedrillknicknachweise

Sind die Anwendungsgrenzen der Ersatzstabnachweise der vorangegangenen Abschnitte nicht eingehalten, bietet sich in bestimmten Fällen das Allgemeine Verfahren für Knick- und Biegedrillknicknachweise an. Die Anwendung ist nach [12], Abschn. 6.3.4 vorgesehen für

- Bauteile mit beliebigen einfachsymmetrischen Querschnitten veränderlicher Bauhöhe und beliebigen Randbedingungen, belastet in der Symmetrieebene
- und vollständige Tragwerke oder Tragwerksteile, die aus solchen Bauteilen bestehen,

die auf Druck- und/oder einachsige Biegung in der Hauptebene beansprucht sind, aber zwischen den Stützungen keine Fließgelenke bilden. Ein typisches Anwendungsgebiet für das Allgemeine Verfahren sind Rahmen mit gevouteten Stützen und Riegeln.

Der Nachweis gegen Knicken von Tragwerken und Tragwerksteilen wird mit der Bedingung (11.96) geführt. Die Vorgehensweise besteht darin, mit geeigneten Berechnungsprogrammen (z. B. geometrisch nichtlineare FEM) die Verzweigungslasten, ggf. für kombinierte Beanspruchungen, unter Einbeziehung der relevanten Versagensformen zu bestimmen. Über die globale Schlankheit $\bar{\lambda}_{op}$ für das Ausweichen des Tragwerks aus der Systemebene (Biegeknicken, Drillknicken, Biegedrillknicken) wird der Abminderungsbeiwert χ_{op} bestimmt und der Tragsicherheitsnachweis im Sinne eines Ersatzstabnachweises geführt. Da die Verifizierung der Nachweismethode bisher nur teilweise erfolgte, wurde der Anwendungsbereich im Nationalen Anhang zu DIN EN 1993-1-1 [13] auf Systeme aus I-Profilen beschränkt und festgelegt, dass bei Beanspruchung aus N und M_y der kleinere der beiden Werte χ (aus N) oder χ_{LT} (aus M_y) zu wählen ist.

$$\frac{\chi_{op} \cdot \alpha_{ult,k}}{\gamma_{M1}} \geq 1,0 \qquad (11.96)$$

$$\bar{\lambda}_{op} = \sqrt{\frac{\alpha_{ult,k}}{\alpha_{cr,op}}} \qquad (11.97)$$

$\alpha_{ult,k}$ Kleinster Vergrößerungsfaktor für die Bemessungswerte der Belastung, mit dem die charakteristische Tragfähigkeit der Bauteile mit Verformungen in der Tragwerksebene erreicht wird. Dabei werden, wo erforderlich, alle Effekte aus Imperfektionen und Theorie II. Ordnung in der Tragwerksebene berücksichtigt. In der Regel wird $\alpha_{ult,k}$ durch den Querschnittsnachweis am ungünstigsten Querschnitt des Tragwerks oder Teiltragwerks bestimmt.

χ_{op} Abminderungsfaktor für den Schlankheitsgrad $\bar{\lambda}_{op}$, mit dem Knicken oder Biegedrillknicken aus der Tragwerksebene berücksichtigt wird. Für χ_{op} ist

- bei Beanspruchungen ausschließlich durch Normalkräfte die Knicklinie nach Tafel 11.70,
- bei Beanspruchungen ausschließlich durch Biegemomente die Biegedrillknicklinie für den „Allgemeinen Fall" nach Tafel 11.109
- und bei kombinierten Beanspruchungen der kleinere der beiden Abminderungsfaktoren χ (aus N) oder χ_{LT} (aus M_y) anzusetzen.

$\alpha_{cr,op}$ Kleinster Vergrößerungsfaktor für die Bemessungswerte der Belastung, mit dem die ideale Verzweigungslast mit Verformungen aus der Haupttragwerksebene erreicht wird.

Bei kombinierter Beanspruchung und Addition der Ausnutzungsgrade aus N_{Ed} und $M_{y,Ed}$ (11.98) kann der Tragsicherheitsnachweis (11.96) in Form der Bedingung (11.99) geführt werden.

$$\frac{N_{Ed}}{N_{Rk}} + \frac{M_{y,Ed}}{M_{y,Rk}} = \frac{1}{\alpha_{ult,k}} \qquad (11.98)$$

$$\frac{N_{Ed}}{\underset{\gamma_{M1}}{N_{Rk}}} + \frac{M_{y,Ed}}{\underset{\gamma_{M1}}{M_{y,Rk}}} \leq \chi_{op} \qquad (11.99)$$

11.4.6 Mehrteilige Druckstäbe

11.4.6.1 Allgemeines

Mehrteilige Druckstäbe können als Gitter- oder Rahmenstäbe (mehrteilige Stäbe mit Bindeblechen) ausgebildet sein (Abb. 11.37). Bezüglich der Tragwirkung und der zu führenden Stabilitätsnachweise wird zwischen dem Knicken senkrecht zur Stoffachse und dem Knicken senkrecht zur stofffreien Achse unterschieden. Als Stoffachse wird diejenige Querschnittsachse bezeichnet, die durch sämtliche Einzelquerschnitte verläuft (Abb. 11.37). Die stofffreie Achse verläuft nicht durch die Einzelquerschnitte. Mehrteilige Druckstäbe haben mindestens eine stofffreie Achse.

Der Nachweis für das Knicken senkrecht zur Stoffachse erfolgt wie bei einteiligen Druckstäben (siehe Abschn. 11.4.2 und 11.4.4). Die Berechnung der Schnittgrößen nach Theorie II. Ordnung für das Ausweichen senkrecht zur stofffreien Achse kann unter anderem mit Hilfe von Stabwerksmodellen erfolgen, bei denen die einzelnen Elemente und deren Verbindungen modelliert werden.

Bilden die Gitterstäbe oder Bindebleche über die Länge der Druckstäbe gleichartige wiederkehrende Felder, kann die Berechnung nach der Theorie schubelastischer Stäbe (Timoshenko, Engesser, Bresse, siehe z. B. [85]) erfolgen. Verschiedene Berechnungsprogramme bieten diese Option.

In [12], Abschn. 6.4.1 wird die näherungsweise Berechnung der Schnittgrößen nach Theorie II. Ordnung für den Eulerstab-II über die Knicklast N_{cr} beschrieben. Sie ist dort auf mehrteilige Druckstäbe mit „zwei Tragebenen" beschränkt. Die Gurte können Vollquerschnitte oder selbst rechtwinklig zur betrachteten Ebene in mehrteilige Bauteile aufgelöst sein. Nachfolgend werden die Berechnungsformeln zur Bestimmung der Schnittgrößen wiedergegeben ((11.100) bis (11.103)). Dabei wird aus sachlichen Gründen eine gegenüber [12] in Teilen abweichende Darstellung gewählt. Die Berechnung gilt nach der Norm

- für gleichförmige mehrteilige druckbeanspruchte Stäbe, die an ihren Enden gelenkig gelagert und seitlich gehalten sind,
- wenn die Gitterstäbe und Bindebleche gleichartig wiederkehrende Felder bilden und die Gurtstäbe parallel angeordnet sind,
- eine Stütze in mind. 3 Felder unterteilt ist
- und die Gurtstäbe zwei Tragebenen bilden.

Abb. 11.37 Gitter- und Rahmenstäbe

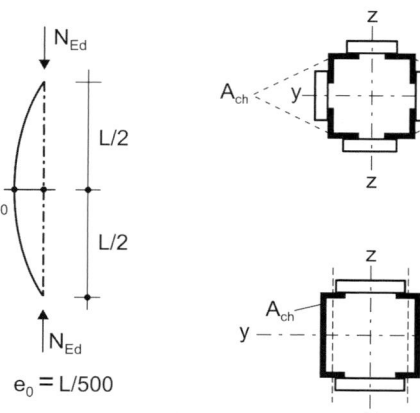

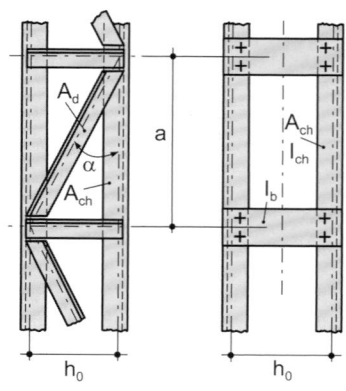

$$N_{\text{ch,Ed}} = 0.5 N_{\text{Ed}} + \frac{M_{\text{Ed}} h_0 A_{\text{ch}}}{2 I_{\text{eff}}} \qquad (11.100)$$

$$M_{\text{Ed}} = \frac{N_{\text{Ed}} \cdot e_0 + M_{\text{Ed}}^{\text{I}}}{1 - N_{\text{Ed}}/N_{\text{cr}}} \qquad (11.101)$$

$$V_{\text{Ed}} = \frac{\pi}{L} \cdot M_{\text{Ed}} \qquad (11.102)$$

$$N_{\text{cr}} = \frac{1}{L^2/(\pi^2 E I_{\text{eff}}) + 1/S_{\text{V}}} \qquad (11.103)$$

mit

$N_{\text{ch,Ed}}$ Gurtstabkraft

N_{Ed} einwirkende Normalkraft

M_{Ed} einwirkendes Biegemoment in der Mitte des mehrteiligen Druckstabs unter Berücksichtigung der Vorkrümmung und des Einflusses der Theorie II. Ordnung

e_0 Stich der anzusetzenden Vorkrümmung $e_0 = L/500$

M_{Ed}^{I} einwirkendes Biegemoment nach Theorie I. Ordnung

h_0 Abstand der Schwerachsen der Gurtstäbe

A_{ch} Querschnittsfläche eines Gurtstabs

I_{eff} effektives Flächenträgheitsmoment des mehrteiligen Druckstabs

S_{V} Schubsteifigkeit des mehrteiligen Druckstabs (siehe Tafeln 11.119 und 11.120)

N_{cr} Knicklast des mehrteiligen Druckstabs unter Berücksichtigung der Biege- und Schubsteifigkeit.

Bei der Bestimmung der Biegemomente und Querkräfte mit den Gleichungen (11.101) und (11.102) wird die Affinität von Biegelinie und Knickbiegelinie vorausgesetzt. Dies trifft bei einem Druckstab mit sinusförmiger Vorkrümmung zu. Bei Gleichstreckenlasten ist die Übereinstimmung annähernd gegeben. Bei stärkeren Abweichungen kann die Berechnung des Biegemoments M_{Ed} mit (11.104) und der Querkraft an den Stabenden näherungsweise mit (11.105) erfolgen.

$$M_{\text{Ed}} = \frac{N_{\text{Ed}} \cdot e_0}{1 - N_{\text{Ed}}/N_{\text{cr}}} + \alpha \cdot M_{\text{Ed}}^{\text{I}} \qquad (11.104)$$

$$\text{mit } \alpha = \frac{1 + \delta \cdot \frac{N_{\text{Ed}}}{N_{\text{cr}}}}{1 - \frac{N_{\text{Ed}}}{N_{\text{cr}}}}$$

$$V_{\text{Ed}} = V_{\text{Ed}}^{\text{I}} + \frac{\pi}{L} \cdot \left(M_{\text{Ed}} - M_{\text{Ed}}^{\text{I}} \right) \qquad (11.105)$$

δ Korrekturfaktor *(Dischingerfaktor)*, abhängig vom Momentenverlauf nach Abb. 11.38

V_{Ed}^{I} Bemessungswert der an den Stabenden einwirkenden Querkraft nach Theorie I. Ordnung

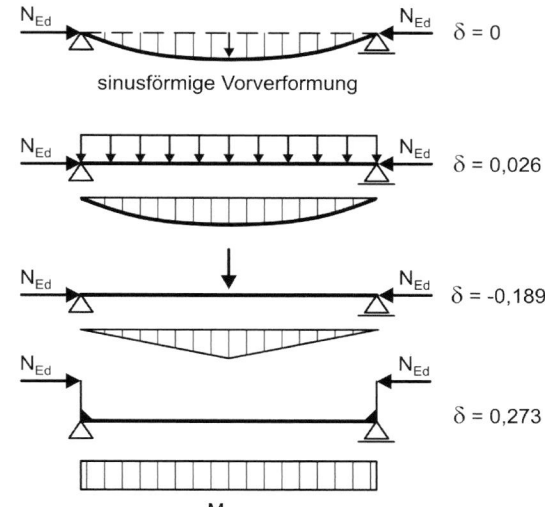

Abb. 11.38 Korrekturfaktoren δ

V_{Ed} wird der Bemessung der Diagonalen und Pfosten von Gitterstützen sowie der Bindebleche und der Bestimmung der Sekundärbiegung von Rahmenstäben zugrunde gelegt.

11.4.6.2 Gitterstützen

Bei Gitterstützen werden die Gurtstäbe durch eine fachwerkartige Vergitterung verbunden. Die Querverbindungen zwischen den Gurtstäben sind erforderlich:

- an den Enden der Gitterstützen,
- an Stellen, an denen die Vergitterung unterbrochen wird sowie
- an Anschlüssen zu anderen Bauteilen.

[12] empfiehlt für jeweils gegenüberliegende Ebenen die gleichläufige Ausführung der Vergitterungen. Bei gegenläufiger Ausführung sind zusätzliche Verformungen infolge Torsionsbeanspruchung zu berücksichtigen. Zur Bestimmung der rechnerischen Schubsteifigkeit S_{V} der Vergitterung sind in Tafel 11.119 drei Grundfälle angegeben. Die effektive Biegesteifigkeit EI_{eff} der Gitterstütze wird mit den *Steiner*anteilen der Gurtflächen bestimmt (Tafel 11.119). Der Knicknachweis der Gurtstäbe erfolgt mit (11.106).

$$\frac{N_{\text{ch,Ed}}}{N_{\text{b,Rd}}} \leq 1.0 \qquad (11.106)$$

$N_{\text{b,Rd}}$ Knicktragfähigkeit eines Gurtstabs, abhängig von der Knicklänge L_{ch} (siehe Tafel 11.119).

Tafel 11.119 Steifigkeiten und Knicklängen L_{ch} der Gurtstäbe von Gitterstützen

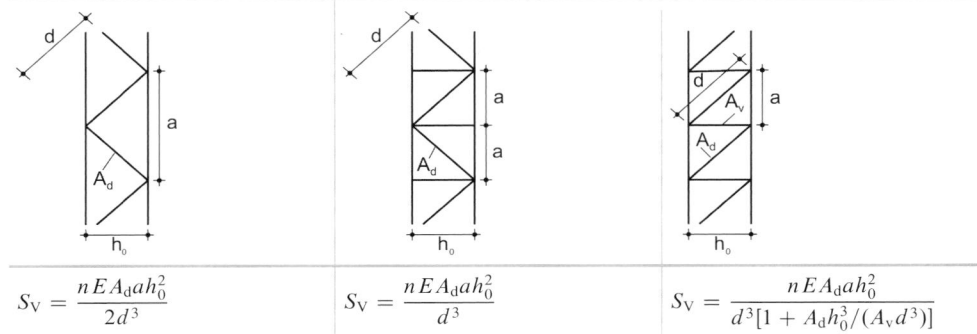

$S_V = \dfrac{n E A_d a h_0^2}{2 d^3}$	$S_V = \dfrac{n E A_d a h_0^2}{d^3}$	$S_V = \dfrac{n E A_d a h_0^2}{d^3[1 + A_d h_0^3/(A_v d^3)]}$

$$EI_{eff} = E \cdot \left(\frac{h_0}{2}\right)^2 \cdot \sum A_{ch}$$

n ist die Anzahl paralleler Ebenen der Vergitterung
A_d und A_v sind die Querschnittsflächen der Gitterstäbe einer Ebene

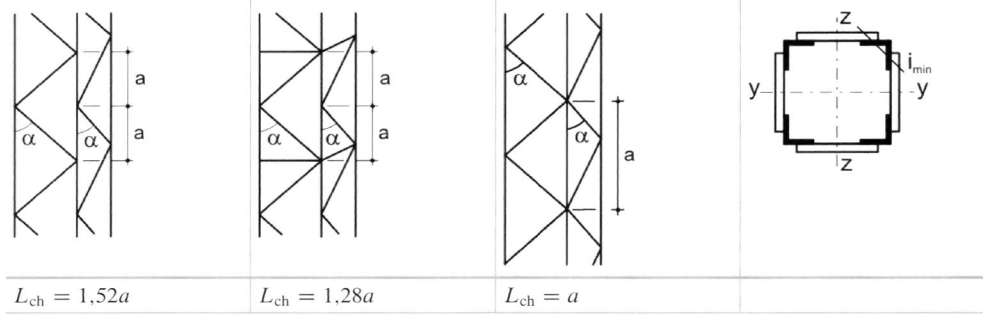

$L_{ch} = 1{,}52a$	$L_{ch} = 1{,}28a$	$L_{ch} = a$

11.4.6.3 Rahmenstäbe

Bei Rahmenstäben sind für die Gurtstäbe, die Bindebleche und deren Anschlüsse die Tragsicherheitsnachweise mit den Schnittgrößen in Stabmitte und in den Endfeldern zu führen. Die Steifigkeitswerte zur Bestimmung von M_{Ed} und V_{Ed} (siehe Abschn. 11.4.6.1) sind in Tafel 11.120 angegeben.

Für die Gurtstäbe ist im Bereich max M_{Ed} der Knicknachweis nach (11.106) zu führen. Die Knicklänge L_{ch} entspricht dem Abstand a der Bindebleche. Ferner ist die Tragsicher-

heit an den Stabenden unter Berücksichtigung der Momente aus der Sekundärbiegung nachzuweisen (siehe (11.107) bis (11.109)) und Abb. 11.39.

$$N_{ch,Ed} = 0{,}5 N_{Ed} + \frac{V_{Ed} \cdot a}{2 h_0} \tag{11.107}$$

$$M_{ch,Ed} = V_{Ed} \cdot \frac{a}{4} \tag{11.108}$$

$$V_{ch,Ed} = \frac{1}{2} \cdot V_{Ed} \tag{11.109}$$

Tafel 11.120 Steifigkeiten von Rahmenstäben

$EI_{eff} = E \cdot \left(0{,}5 h_0^2 A_{ch} + 2_\mu I_{ch}\right)$	$I_1 = 0{,}5 h_0^2 A_{ch} + 2 I_{ch}$		
	$i_0 = \sqrt{I_1 / (2 A_{ch})}$		
$S_V = \dfrac{24 E I_{ch}}{a^2 \left[1 + \dfrac{2 I_{ch}}{n I_b} \cdot \dfrac{h_0}{a}\right]} \leq \dfrac{2\pi^2 E I_{ch}}{a^2}$	$\lambda = L / i_0$		
	$\lambda \geq 150$	$75 < \lambda < 150$	$\lambda \leq 75$
	$\mu = 0$	$\mu = 2 - \dfrac{\lambda}{75}$	$\mu = 1{,}0$

n Anzahl paralleler Ebenen mit Bindeblechen.
μ Wirkungsgrad der Biegesteifigkeit der Gurtstäbe.
I_b Flächenträgheitsmoment des Bindeblechs in der Nachweisebene.
I_{ch} Flächenträgheitsmoment des Gurtstabs in der Nachweisebene.

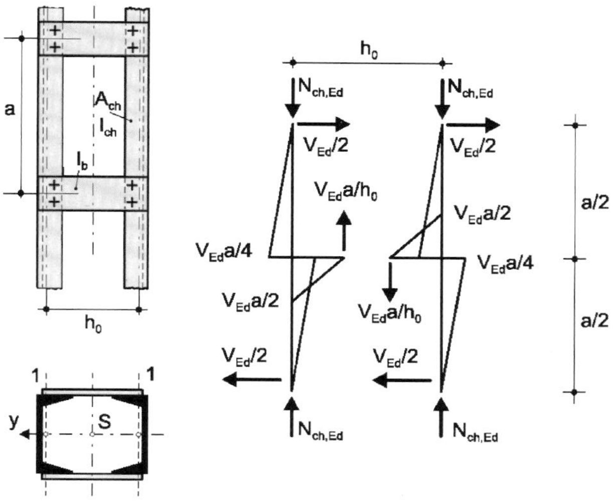

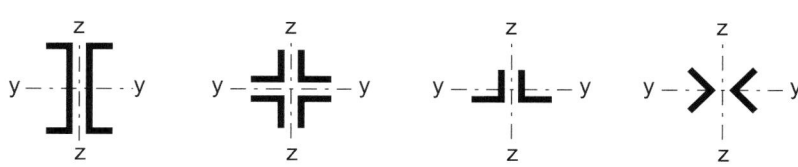

Abb. 11.39 Rahmenstab – Bezeichnungen und Sekundärbiegung infolge V_{Ed}

Vereinfacht darf die maximale Gurtstabkraft $N_{ch,Ed}$ nach (11.100) mit der maximalen Querkraft V_{Ed} kombiniert werden. Die Bindebleche und deren Anschlüsse sind für die Querkraft $V_{b,Ed}$ und das Biegemoment $M_{b,Ed}$ auszulegen (Abb. 11.39).

$$M_{b,Ed} = V_{Ed} \cdot \frac{a}{2} \qquad (11.110)$$

$$V_{b,Ed} = V_{Ed} \cdot \frac{a}{h_0} \qquad (11.111)$$

Konstruktive Durchbildung Bindebleche sind immer an den Stützenenden und mindestens in den Drittelspunkten (siehe Abschn. 11.4.6.1) vorzusehen. Bei Anordnung in mehreren parallelen Ebenen sollten diese gegenüberliegend

Tafel 11.121 Maximaler Abstand zwischen den Achsen von Bindeblechen

Art der mehrteiligen Druckstäbe	Maximaler Abstand
Querschnitte nach Abb. 11.40, die durch Schrauben oder Schweißnähte verbunden sind	$15 i_{min}$
Querschnitte nach Abb. 11.41, die durch paarweise angeordnete Bindebleche verbunden sind	$70 i_{min}$

i_{min} kleinster Trägheitsradius eines Gurtstabs oder Winkels.

angeordnet sein. Ferner sollten Bindebleche auch an Lasteinleitungsstellen und Punkten seitlicher Abstützung vorgesehen werden.

11.4.6.4 Mehrteilige Druckstäbe mit geringer Spreizung

Bei mehrteiligen Druckstäben nach Abb. 11.40, bei denen die Einzelstäbe Kontakt haben oder mit geringer Spreizung durch Futterstücke verbunden sind, darf das Knicken wie bei einteiligen Druckstäben nachgewiesen werden (siehe Abschn. 11.4.2 und 11.4.4). Voraussetzung hierfür ist, dass der maximale Abstand der Bindebleche nach Tafel 11.121 eingehalten ist. Die durch die Bindebleche zu übertragende Querkraft ist nach (11.111) zu bestimmen (siehe Abb. 11.39).

Bei Druckstäben mit über Eck gestellten ungleichschenkligen Winkelprofilen (Abb. 11.41, rechts) darf der Nachweis für das Biegeknicken senkrecht zur Stoffachse (y-Achse) mit dem Trägheitsradius i_y nach (11.112) geführt werden. Dabei ist i_0 der kleinste Trägheitsradius des mehrteiligen Druckstabs.

$$i_y = \frac{i_0}{1,15} \qquad (11.112)$$

Abb. 11.40 Mehrteilige Druckstäbe mit geringer Spreizung

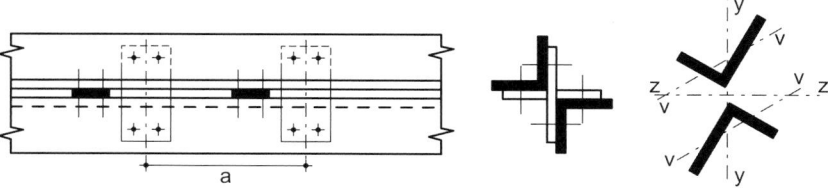

Abb. 11.41 Druckstäbe mit über Eck gestellten Winkelprofilen

11.5 Plattenförmige Bauteile

11.5.1 Grundlagen

Bei aus ebenen Blechen zusammengesetzten Bauteilen können Schubverzerrungen und das Beulen unter Längs- und Schubspannungen zu ungleichmäßigen Spannungsverteilungen führen. Diese Einflüsse müssen berücksichtigt werden, wenn sie die Grenzzustände der Tragsicherheit, der Ermüdung und/oder der Gebrauchstauglichkeit wesentlich beeinflussen. Blechfelder dürfen näherungsweise als eben betrachtet werden, wenn der Krümmungsradius die Bedingung (11.113) erfüllt.

$$r \geq \frac{a^2}{t} \qquad (11.113)$$

a Blechfeldbreite
t Blechdicke.

   Der Einfluss der Schubverzerrungen von breiten Zug- und Druckgurten wird durch den Ansatz mittragender Plattenbreiten berücksichtigt (siehe Abschn. 11.5.2). Zum Tragsicherheitsnachweis und zur Bestimmung der Spannungen unter dem Einfluss des Beulens stehen in [15] zwei unterschiedliche Verfahren zur Verfügung: die Methode der wirksamen Querschnitte und die Methode der reduzierten Spannungen.

   Die **Methode der reduzierten Spannungen** entspricht dem aus [34] bekannten Vorgehen. Die Bestimmung der einwirkenden Spannungen erfolgt mit dem, ggf. um den Einfluss der Schubverzerrungen reduzierten, Ausgangsquerschnitt (mittragender Querschnitt). Überschreiten diese Spannungen und ggf. deren Kombination (Vergleichsspannung) die um den Beuleinfluss reduzierte Fließspannung nicht, so darf der Querschnitt in die Klasse 3 eingeordnet werden. Bei dem Verfahren kann die zulässige Grenzspannung des schwächsten Querschnittsteils die rechnerische Tragfähigkeit des gesamten Querschnitts bestimmen. Umlagerungen der Spannungen auf andere, weniger beulgefährdete Querschnittsteile werden nicht ausgenutzt.

   Bei der **Methode der wirksamen Querschnitte** werden durch Längsdruckspannungen beanspruchte Querschnittsteile auf wirksame Breiten reduziert. Grundlage hierfür ist die Spannungsverteilung am Ausgangsquerschnitt. Sind zusätzlich Schubverzerrungen zu berücksichtigen, kann dies nach Abschn. 11.5.2.3 erfolgen. Wirken gleichzeitig mehrere druckspannungserzeugende Schnittgrößen, können die wirksamen Querschnitte vereinfacht getrennt für die jeweiligen Schnittgrößen oder iterativ für die kombinierte Beanspruchung bestimmt werden. Die Auswirkungen des Plattenbeulens bei der Berechnung eines Tragwerkes (Schnittgrößen, Verformungen) dürfen vernachlässigt werden, wenn die wirksamen Flächen der unter Druckbeanspruchung stehenden Querschnittsteile jeweils größer als die 0,5-fachen Bruttoquerschnittsflächen sind (11.114). Dies gilt ebenso für die Ermittlung der Spannungen bei Gebrauchstauglichkeits- und Ermüdungsnachweisen.

   Grenzwert des Abminderungsfaktors ρ für das Plattenbeulen nach [15], Abschn. 2.2 und [16]:

$$\rho \leq \rho_{\text{lim}} = 0,5 \qquad (11.114)$$

11.5.2 Berücksichtigung von Schubverzerrungen

11.5.2.1 Allgemeines

Bei der Bestimmung der mittragenden Breiten (effektive Breiten) zur Berücksichtigung von Schubverzerrungen wird zwischen elastischem und elastisch-plastischem Werkstoffverhalten unterschieden. Der Einfluss der Schubverzerrungen von Gurten darf vernachlässigt werden, wenn Bedingung (11.115) erfüllt ist.

$$b_0 < \frac{L_e}{50} \qquad (11.115)$$

Darin ist

b_0 die Gurtbreite bei einseitig gestützten Gurten und die halbe Gurtbreite bei zweiseitig gestützten Gurten (siehe Abb. 11.42) sowie

L_e die effektive Länge nach Abschn. 11.5.2.2.

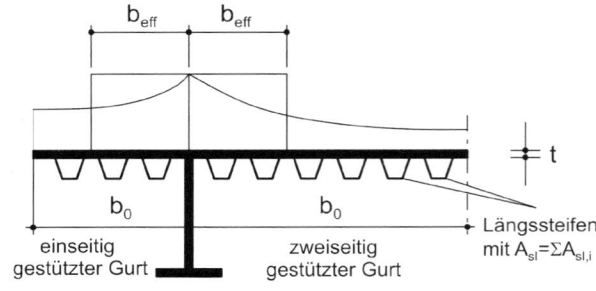

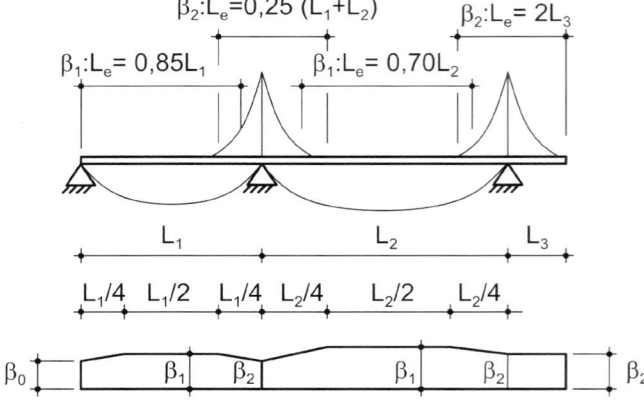

Abb. 11.42 Effektive Längen L_e und Breiten b_{eff} für Durchlaufträger

Sind Schubverzerrungen zu berücksichtigen, dürfen diese bei der elastischen Tragwerksberechnung (Schnittgrößen, Verformungen) durch den Ansatz einer über die gesamte Spannweite konstanten mittragenden Breite erfasst werden. Bei Durchlaufträgern ist in jedem Feld als mittragende Breite je Stegseite das Minimum von geometrisch vorhandener Breite b_0 und einem Achtel der Stützweite anzusetzen. Bei Kragarmen ist für L die doppelte Kragarmlänge zugrunde zu legen.

$$b_{\text{eff}} = \min(b_0; L/8) \qquad (11.116)$$

11.5.2.2 Mittragende Breiten bei elastischem Werkstoffverhalten

Den Grenzzuständen der Gebrauchstauglichkeit und der Ermüdung sind die mittragenden Breiten für elastisches Werkstoffverhalten zugrunde zu legen. Die Berechnung erfolgt unter Berücksichtigung der effektiven Längen L_e und, soweit vorhanden, dem Einfluss der Längssteifen mit (11.117) und Tafel 11.122.

$$b_{\text{eff}} = \beta \cdot b_0 \qquad (11.117)$$

Unterscheiden sich bei Durchlaufträgern die angrenzenden Feldweiten um nicht mehr als 50 % und sind Kragarme nicht länger als 50 % der angrenzenden Feldweite, darf die effektive Länge nach Abb. 11.42 bestimmt werden. In anderen Fällen ist L_e als Abstand der Momentennullpunkte abzuschätzen.

11.5.2.3 Berücksichtigung von Schubverzerrungen im Grenzzustand der Tragfähigkeit

Im Grenzzustand der Tragfähigkeit dürfen Schubverzerrungen elastisch nach Abschn. 11.5.2.2 oder elastisch-plastisch unter Begrenzung plastischer Dehnungen berücksichtigt werden. Elastische Schubverzerrungen und die daraus resultierenden mittragenden Breiten sind bei Anwendung der Methode der reduzierten Spannungen zugrunde zu legen. Die elastisch-plastische Wirkung von Schubverzerrungen kann durch den Ansatz der mittragenden Plattenbreite nach (11.118) erfolgen.

$$b_{\text{eff}} = \beta^\kappa \cdot b_0, \quad \text{jedoch} \quad b_{\text{eff}} \geq \beta \cdot b_0 \qquad (11.118)$$

β, κ siehe Tafel 11.122.

Sind die Wirkungen des Plattenbeulens und der Schubverzerrungen bei Druckgurten gleichzeitig zu berücksichtigen, kann dies durch den Ansatz effektiver Querschnittsflächen erfolgen, die beide Einflüsse erfassen. Auch hier kann wahlweise elastisches oder elastisch-plastisches Werkstoffverhalten für die Schubverzerrungen zugrunde gelegt werden. Zu beachten ist, dass sich A_{eff} und $A_{\text{c,eff}}$ in den Gleichungen (11.119) und (11.122) wie b_0 und κ auf den jeweiligen Gurtteil (siehe Abb. 11.42) beziehen, auch wenn dies nicht explizit in [15], Abschn. 3.3 erwähnt wird.

Effektive Querschnittsfläche unter Ansatz elastischer Schubverzerrungen:

$$A_{\text{eff}} = A_{\text{c,eff}} \cdot \beta_{\text{ult}} \qquad (11.119)$$

$A_{\text{c,eff}}$ wirksame (effektive) gedrückte Querschnittsfläche, sofern vorhanden mit Längssteifen, unter Berücksichtigung des Plattenbeulens

β_{ult} Abminderungsfaktor zur Berücksichtigung von Schubverzerrungen im Grenzzustand der Tragfähigkeit.

β_{ult} darf mit β nach Tafel 11.122 unter Verwendung von α_0^* nach (11.120) und κ nach (11.121) bestimmt werden. Dabei ist t_{f} die Gurtblechdicke.

$$\alpha_0^* = \sqrt{\frac{A_{\text{c,eff}}}{b_0 \cdot t_{\text{f}}}} \qquad (11.120)$$

$$\kappa = \alpha_0^* \cdot \frac{b_0}{L_e} \qquad (11.121)$$

Tafel 11.122 Abminderungsfaktor β für die mittragende Breite

Nachweisort	κ	β
Feldmoment	$\kappa \leq 0{,}02$	$\beta = \beta_1 = 1{,}0$
	$0{,}02 < \kappa \leq 0{,}70$	$\beta = \beta_1 = \dfrac{1}{1 + 6{,}4\kappa^2}$
	$\kappa > 0{,}7$	$\beta = \beta_1 = \dfrac{1}{5{,}9\kappa}$
Stützmoment	$\kappa \leq 0{,}02$	$\beta = \beta_2 = 1{,}0$
	$0{,}02 < \kappa \leq 0{,}70$	$\beta = \beta_2 = \dfrac{1}{1 + 6{,}0\left(\kappa - \frac{1}{2500\kappa}\right) + 1{,}6\kappa^2}$
	$\kappa > 0{,}7$	$\beta = \beta_2 = \dfrac{1}{8{,}6\kappa}$
Endauflager	Alle κ	$\beta_0 = \left(0{,}55 + \dfrac{0{,}025}{\kappa}\right)\beta_1$, jedoch $\beta_0 < \beta_1$
Kragarm	Alle κ	$\beta = \beta_2$ am Auflager und Kragarmende

$\kappa = \alpha_0 b_0 / L_e$ mit $\alpha_0 = \sqrt{1 + A_{\text{sl}}/(b_0 \cdot t)}$.
A_{sl} ist die Fläche aller Längssteifen innerhalb von b_0.

Effektive Querschnittsfläche unter Ansatz elastisch-plastischer Schubverzerrungen:

$$A_{\text{eff}} = \beta^\kappa \cdot A_{\text{c,eff}}, \quad \text{jedoch} \quad A_{\text{eff}} \geq \beta \cdot A_{\text{c,eff}} \quad (11.122)$$

β, κ siehe Tafel 11.122

$A_{\text{c,eff}}$ siehe Definition zu (11.119).

11.5.3 Beulsicherheitsnachweise nach DIN EN 1993-1-5, Abschnitte 4 bis 7 [15]

11.5.3.1 Geltungsbereich, anzusetzende Schnittgrößen

Die Tragsicherheitsnachweise nach [15], Abschnitte 4 bis 7 gelten für rechteckige Plattenfelder mit parallel verlaufenden Gurten. Der Durchmesser nicht ausgesteifter Löcher oder Ausschnitte beträgt nicht mehr als 5 % der Beulfeldbreite.

Die Regeln dürfen für nicht rechteckige Beulfelder angewendet werden, wenn der Winkel α nach Abb. 11.43 nicht mehr als $10°$ beträgt. Ist $\alpha > 10°$, so darf das Beulfeld unter Ansatz eines rechteckigen Ersatzfeldes mit der größeren der beiden Abmessungen b_1 und b_2 nach Abb. 11.43 nachgewiesen werden.

Sind die Schnittgrößen über die Beulfeldlänge a veränderlich, ist der Beulnachweis in der Regel für den jeweiligen Größtwert zu führen. Treten die Größtwerte an den Querrändern auf, darf der Nachweis mit den Schnittgrößen geführt werden, die im Abstand $\min(0{,}4a; 0{,}5b)$ einwirken. Die verringerten Werte sollten jedoch nicht kleiner als die Mittelwerte der Schnittgrößen über die Beulfeldlänge sein. Werden die Beulnachweise mit reduzierten Schnittgrößen geführt, ist an den Querrändern mit den Größtwerten zusätzlich ein Querschnittsnachweis mit den Bruttoquerschnittswerten zu führen.

11.5.3.2 Plattenbeulen unter Längsspannungen

11.5.3.2.1 Allgemeines, Voraussetzungen

Bei Bauteilen mit Querschnitten der Klasse 4, die durch Längsspannungen beansprucht werden, darf das Verfahren der wirksamen Flächen angewendet werden. Die Einflüsse von Schubverzerrungen und Plattenbeulen werden durch effektive Breiten (siehe Abschn. 11.5.2) berücksichtigt. Die effektiven Querschnittwerte (A_{eff}, I_{eff}, W_{eff}) der

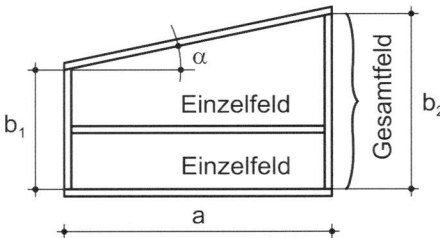

Abb. 11.43 Trapezförmiges Beulfeld

Bauteile werden aus den effektiven Flächen druckbeanspruchter Querschnittsteile und den mittragenden Flächen zugbeanspruchter Querschnittsteile bestimmt. Damit können die Querschnittsnachweise (siehe Abschn. 11.3.10) und Bauteilnachweise für Knicken oder Biegedrillknicken (siehe Abschn. 11.4) geführt werden. Ergänzend zu Abschn. 11.5.3.1 gelten folgende Voraussetzungen:

- die Bauteile sind gleichförmig;
- soweit Steifen vorhanden sind, laufen diese in Längs- und/oder Querrichtung;
- flanschinduziertes Stegbeulen (siehe Abschn. 11.5.4) ist ausgeschlossen.

Bezüglich des Vorgehens bei der Bestimmung der effektiven Querschnittwerte gelten die Erläuterungen in den Abschn. 11.5.2 und 11.3.10. Es wird zwischen Blechfeldern mit und ohne Längssteifen unterschieden (Abschn. 11.5.3.2.3 und 11.5.3.2.4).

11.5.3.2.2 Tragsicherheitsnachweis

Der Tragsicherheitsnachweis für Normalkraft und ein- oder zweiachsige Biegung wird, sofern die effektiven Querschnittsgrößen getrennt für die jeweiligen Schnittgrößen bestimmt werden, in Analogie zu Abschn. 11.3.10 mit (11.123) oder (11.124) geführt. Die Bezeichnungen entsprechen den Angaben in [12].

$$\eta_1 = \frac{N_{\text{Ed}}}{A_{\text{eff}} \cdot f_y / \gamma_{\text{M0}}} + \frac{M_{\text{Ed}} + N_{\text{Ed}} \cdot e_N}{W_{\text{eff,min}} \cdot f_y / \gamma_{\text{M0}}} \leq 1{,}0 \quad (11.123)$$

$$\eta_1 = \frac{N_{\text{Ed}}}{A_{\text{eff}} \cdot f_y / \gamma_{\text{M0}}} + \frac{M_{y,\text{Ed}} + N_{\text{Ed}} \cdot e_{y,N}}{W_{\text{eff,y,min}} \cdot f_y / \gamma_{\text{M0}}}$$
$$+ \frac{M_{z,\text{Ed}} + N_{\text{Ed}} \cdot e_{z,N}}{W_{\text{eff,z,min}} \cdot f_y / \gamma_{\text{M0}}} \leq 1{,}0 \quad (11.124)$$

mit

A_{eff} wirksame Querschnittsfläche bei gleichmäßiger Druckbeanspruchung

$W_{\text{eff,min}}$ kleinstes wirksames Widerstandsmoment eines ausschließlich auf Biegung um die maßgebende Achse beanspruchten Querschnitts

e_N Verschiebung der maßgebenden Hauptachse eines unter reinem Druck beanspruchten Querschnitts.

Die Schnittgrößen M_{Ed} und N_{Ed} sind gegebenenfalls nach Theorie II. Ordnung zu berechnen. In diesem Fall ist in (11.123) und (11.124) der Teilsicherheitsbeiwert γ_{M0} durch γ_{M1} zu ersetzen (vgl. [13]).

Sind bei I- oder Kastenquerschnitten zur Bestimmung von $W_{\text{eff,min}}$ sowohl für die Gurte als auch die Stege wirksame Flächen zu ermitteln, ist wie folgt vorzugehen:

1. Ermittlung der elastischen Spannungsverteilung mit dem, ggf. um den Einfluss der Schubverzerrungen reduzierten, Ausgangsquerschnitt (mittragender Querschnitt).

2. Bestimmung der effektiven Flächen des Druckgurtes mit den Spannungen aus 1.

3. Ermittlung der elastischen Spannungsverteilung mit den effektiven Gurtflächen und den Bruttoflächen der Stege.

4. Bestimmung der wirksamen Flächen der Stege mit den Spannungen aus 3.

5. Berechnung von $W_{\text{eff,min}}$ mit den effektiven Gurt- und Stegflächen.

11.5.3.2.3 Wirksame Flächen von Blechfeldern ohne Längssteifen

Die nachfolgenden Regelungen gelten für Gesamtfelder ohne Längssteifen und für Einzelfelder unter Verwendung der jeweiligen Abmessungen. Die wirksamen Flächen ebener druckbeanspruchter Blechfelder werden, sofern kein knickstabähnliches Verhalten zu berücksichtigen ist, mit (11.125) bestimmt. Bei der Ermittlung des Abminderungsfaktors ρ wird zwischen einseitig und beidseitig gestützten Querschnittsteilen unterschieden (Tafel 11.123). Tafel 11.124 enthält die erforderlichen Beulwerte k_σ und die anteilige Zuordnung der wirksamen Breiten zu den Rändern.

$$A_{\text{c,eff}} = \rho \cdot A_{\text{c}} \qquad (11.125)$$

Die Berechnung des Randspannungsverhältnisses ψ erfolgt nach der in Abschn. 11.5.3.2.2 beschriebenen Vorgehensweise. Mit dem Schlankheitsgrad $\bar{\lambda}_{\text{p}}$ für das Plattenbeulen (s. Tafel 11.123) wird die wirksame Fläche eines Blechfeldes unter der Voraussetzung ermittelt, dass die Randspannungen die Streckgrenze erreichen. Liegen die Spannungen darunter, können größere wirksame Breiten angesetzt werden. Dies ist beispielsweise bei Einzelfeldern in längsversteiften Gesamtfeldern von Relevanz, die nicht am höchstbelasteten Rand liegen. Wird die Streckgrenze nicht voll ausgenutzt, kann der Beulschlankheitsgrad mit (11.126) abgemindert werden (s. auch Abschn. 11.2.7).

$$\bar{\lambda}_{\text{p,red}} = \bar{\lambda}_{\text{p}} \cdot \sqrt{\frac{\sigma_{\text{com,Ed}}}{f_y / \gamma_{\text{M0}}}} \qquad (11.126)$$

$\sigma_{\text{com,Ed}}$ größter Bemessungswert der einwirkenden Druckbeanspruchung in dem Blechfeld, falls notwendig nach Theorie II. Ordnung berechnet.

Dieses Vorgehen erfordert i. Allg. eine iterative Berechnung, in der das Spannungsverhältnis ψ in jedem Schritt neu aus der Spannungsverteilung mit dem wirksamen Querschnitt des vorherigen Iterationsschritts ermittelt wird.

Alternativ dürfen die Abminderungsfaktoren ρ nach (11.127) und (11.128) berechnet werden (vgl. [15] Anhang E).

Einseitig gestützte druckbeanspruchte Querschnittsteile:

$$\rho = \frac{1 - 0{,}188 / \bar{\lambda}_{\text{p,red}}}{\bar{\lambda}_{\text{p,red}}} + 0{,}18 \frac{\bar{\lambda}_{\text{p}} - \bar{\lambda}_{\text{p,red}}}{\bar{\lambda}_{\text{p}} - 0{,}6} \leq 1{,}0 \quad (11.127)$$

Beidseitig gestützte druckbeanspruchte Querschnittsteile:

$$\rho = \frac{1 - 0{,}055(3 + \psi) / \bar{\lambda}_{\text{p,red}}}{\bar{\lambda}_{\text{p,red}}} + 0{,}18 \frac{\bar{\lambda}_{\text{p}} - \bar{\lambda}_{\text{p,red}}}{\bar{\lambda}_{\text{p}} - 0{,}6} \leq 1{,}0$$

$$(11.128)$$

11.5.3.2.4 Wirksame Flächen von Blechfeldern mit Längssteifen

Bei längsversteiften Beulfeldern werden die wirksamen Flächen in zwei Schritten ermittelt. Dabei wird zunächst die wirksame Fläche $A_{\text{c,eff,loc}}$ aus der Summe der wirksamen Flächen der unversteiften Einzelfelder und der Steifen selbst bestimmt ((11.129) und Abb. 11.44). Im zweiten Schritt wird der Abminderungsfaktor ρ_{c} für das Gesamtfeldbeulen berechnet, mit dem $A_{\text{c,eff,loc}}$ nochmals reduziert wird. Die wirksame Fläche wird unter Einbeziehung der Randbereiche mit (11.130) bestimmt.

$$A_{\text{c,eff,loc}} = A_{\text{sl,eff}} + \sum_{\text{c}} \rho_{\text{loc}} \cdot b_{\text{c,loc}} \cdot t \qquad (11.129)$$

$$A_{\text{c,eff}} = \rho_{\text{c}} \cdot A_{\text{c,eff,loc}} + \sum b_{\text{edge,eff}} \cdot t \qquad (11.130)$$

Dabei ist

$A_{\text{sl,eff}}$ Summe der wirksamen Fläche aller Längssteifen in der Druckzone

$\sum_{\text{c}}$ bezieht sich auf den im Druckbereich liegenden Teil des längsausgesteiften Blechfeldes mit Ausnahme der Randbereiche $\sum b_{\text{edge,eff}} \cdot t$ (siehe Abb. 11.44)

ρ_{loc} Abminderungsfaktor für das Einzelfeldbeulen nach Tafel 11.123

Tafel 11.123 Abminderungsfaktoren ρ für das Plattenbeulen

Einseitig gestützte Querschnittsteile		$\bar{\lambda}_{\text{p}} = \sqrt{\dfrac{f_y}{\sigma_{\text{cr}}}} = \dfrac{\bar{b}/t}{28{,}4\varepsilon\sqrt{k_\sigma}}$
$\bar{\lambda}_{\text{p}} \leq 0{,}748$	$\rho = 1{,}0$	
$\bar{\lambda}_{\text{p}} > 0{,}748$	$\rho = \dfrac{\bar{\lambda}_{\text{p}} - 0{,}188}{\bar{\lambda}_{\text{p}}^2} \leq 1{,}0$	$\bar{b}$ maßgebende Breite nach Tafel 11.125 k_σ Beulwert nach Tafel 11.124
Beidseitig gestützte Querschnittsteile		$\varepsilon = \sqrt{235/f_y}$
$\bar{\lambda}_{\text{p}} \leq 0{,}5 + \sqrt{0{,}085 - 0{,}055\psi}$	$\rho = 1{,}0$	Randspannungsverhältnis:
$\bar{\lambda}_{\text{p}} > 0{,}5 + \sqrt{0{,}085 - 0{,}055\psi}$	$\rho = \dfrac{\bar{\lambda}_{\text{p}} - 0{,}055(3 + \psi)}{\bar{\lambda}_{\text{p}}^2} \leq 1{,}0$	$\psi = \sigma_2 / \sigma_1$

Tafel 11.124 Wirksame Breiten b_{eff} und Beulwerte k_σ

Spannungsverteilung	b_{eff}	$\psi = \sigma_2/\sigma_1$	k_σ
Beidseitig gestützte druckbeanspruchte Querschnittsteile			
$\psi = 1$	$b_{\text{eff}} = \rho \cdot \bar{b}$ $b_{e1} = 0{,}5 \cdot b_{\text{eff}}$ $b_{e2} = 0{,}5 \cdot b_{\text{eff}}$	1	4,0
$1 > \psi \geqq 0$	$b_{\text{eff}} = \rho \cdot \bar{b}$ $b_{e1} = \dfrac{2}{5-\psi} \cdot b_{\text{eff}}$ $b_{e2} = b_{\text{eff}} - b_{e1}$	$1 > \psi > 0$ 0	$\dfrac{8{,}2}{1{,}05 + \psi}$ $7{,}81$
$\psi < 0$	$b_{\text{eff}} = \rho \cdot b_c$ $b_{\text{eff}} = \rho \cdot \dfrac{\bar{b}}{1-\psi}$ $b_{e1} = 0{,}4 \cdot b_{\text{eff}}$ $b_{e2} = 0{,}6 \cdot b_{\text{eff}}$	$0 > \psi > -1$ -1 $-1 > \psi \geq -3$	$7{,}81 - 6{,}29\psi + 9{,}78\psi^2$ $23{,}9$ $5{,}98(1-\psi)^2$
Einseitig gestützte druckbeanspruchte Querschnittsteile			
$1 > \psi \geqq 0$	$b_{\text{eff}} = \rho \cdot c$	1 $1 \geq \psi \geq 0$ 0	$0{,}43$ $0{,}57 - 0{,}21\psi + 0{,}07\psi^2$ $0{,}57$
$\psi < 0$	$b_{\text{eff}} = \rho \cdot b_c$ $b_{\text{eff}} = \rho \cdot \dfrac{c}{1-\psi}$	-1 $0 \geq \psi \geq -3$	$0{,}85$ $0{,}57 - 0{,}21\psi + 0{,}07\psi^2$
$1 > \psi \geqq 0$	$b_{\text{eff}} = \rho \cdot c$	1 $1 > \psi > 0$ 0	$0{,}43$ $\dfrac{0{,}578}{0{,}34 + \psi}$ $1{,}7$
$\psi < 0$	$b_{\text{eff}} = \rho \cdot b_c$ $b_{\text{eff}} = \rho \cdot \dfrac{c}{1-\psi}$	$0 > \psi > -1$ -1	$1{,}7 - 5\psi + 17{,}1\psi^2$ $23{,}8$

$b_{c,\text{loc}}$　Breite der Druckzone in einem Einzelfeld

ρ_c　Abminderungsfaktor unter Berücksichtigung der Interaktion von Plattenbeulen und knickstabähnlichem Verhalten nach Abschn. 11.5.3.2.5.

Die Berechnung $A_{c,\text{eff}}$ mit (11.130) setzt voraus, dass Längssteifen mit ausreichend hoher Steifigkeit eingesetzt werden, sodass sie als Randlagerungen der Einzelfelder dienen und Einzelfeldbeulen vor dem Gesamtfeldbeulen hervorrufen. Nach [16] sind Längssteifen zu vernachlässigen, deren bezogene Steifigkeit $\gamma < 25$ ist.

$$\gamma = \frac{I_{\text{sl}}}{I_{\text{p}}} \geq 25 \quad \text{mit } I_{\text{p}} = \frac{bt^3}{12(1-\nu^2)} = \frac{bt^3}{10{,}92} \quad (11.131)$$

I_{sl}　Flächenträgheitsmoment des gesamten längsversteiften Blechfeldes

I_{p}　Flächenträgheitsmoment für Plattenbiegung.

Die Bestimmung von ρ_c erfolgt durch nichtlineare Interpolation zwischen den Abminderungsfaktoren ρ für plattenartiges Verhalten und χ_c für knickstabähnliches Verhalten

(siehe (11.133)). Der Abminderungsfaktor ρ für das Beulen des Gesamtfeldes wird nach Tafel 11.123 unter Ansatz der Schlankheit $\bar{\lambda}_{\text{p}}$ einer äquivalenten orthotropen Platte nach (11.132) ermittelt.

$$\bar{\lambda}_{\text{p}} = \sqrt{\frac{\beta_{\text{A,c}} f_{\text{y}}}{\sigma_{\text{cr,p}}}} \quad \text{mit } \beta_{\text{A,c}} = \frac{A_{\text{c,eff,loc}}}{A_{\text{c}}} \quad (11.132)$$

A_{c}　Bruttoquerschnittsfläche des längs ausgesteiften Blechfeldes ohne Ansatz der durch ein angrenzendes Plattenbauteil gestützten Randbleche (siehe Abb. 11.44). A_{c} ist ggf. unter Berücksichtigung der Schubverzerrungen zu bestimmen (siehe Abschn. 11.5.2).

$A_{\text{c,eff,loc}}$　effektive Querschnittsfläche nach (11.129), ggf. unter Berücksichtigung von Schubverzerrungen

$\sigma_{\text{cr,p}}$　elastische kritische Plattenbeulspannung $\sigma_{\text{cr,p}} = k_{\sigma,\text{p}}\sigma_{\text{E}}$ des längsversteiften Beulfeldes (s. Abschn. 11.5.6).

Tafel 11.125 Maßgebende Breiten

Stege	b_w	
Beidseitig gestützte Gurtelemente	b	
Gurte von rechteckigen Hohlprofilen	c	
Einseitig gestützte Gurtelemente	c	
Winkel	h	

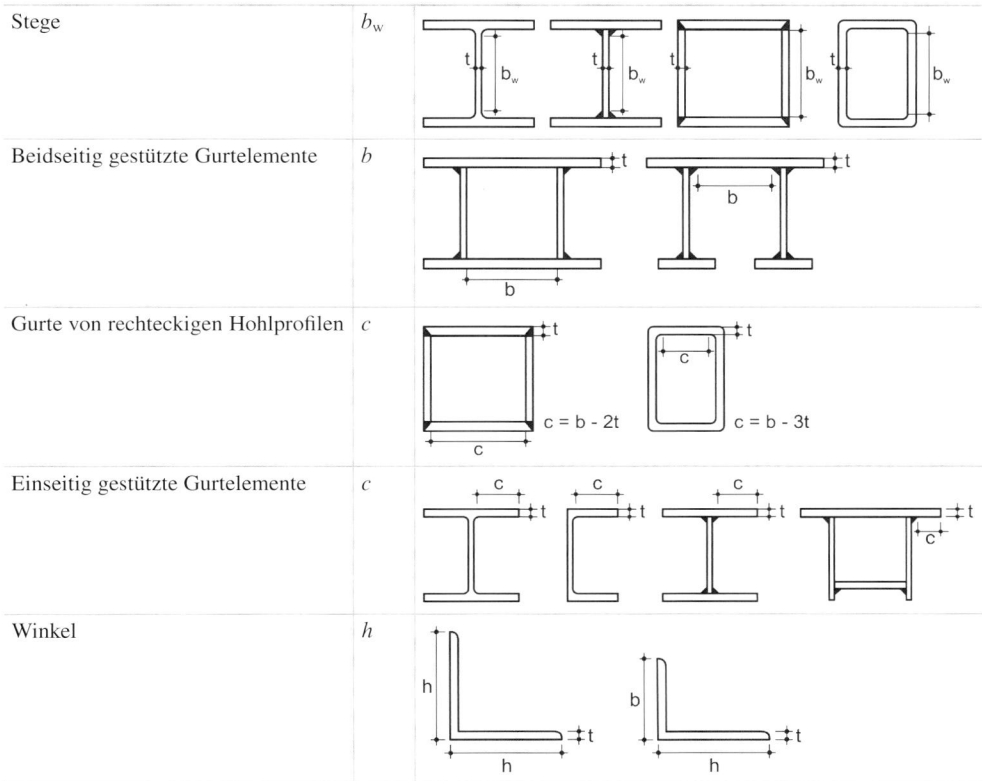

Abb. 11.44 Längsversteifte Blechfelder

11.5.3.2.5 Beulen mit knickstabähnlichem Verhalten

Ist die Beulfläche vorwiegend in Beanspruchungsrichtung gekrümmt, verhält sich die Platte beim Ausbeulen den Knickstäben ähnlich. Tragreserven durch Spannungsumlagerungen zu den Rändern werden nicht oder nur in geringerem Maße aktiviert. Dies ist bei Spannungen σ_x der Fall, wenn Platten ein kleines Seitenverhältnis α, eine kräftige Längsversteifung oder beides haben (Abb. 11.45). Zur Bestimmung der wirksamen Flächen wird anstelle des Abminderungsfaktors ρ der Faktor ρ_c nach (11.133) verwendet.

$$\rho_\mathrm{c} = (\rho - \chi_\mathrm{c}) \cdot \xi \cdot (2 - \xi) + \chi_\mathrm{c} \qquad (11.133)$$

mit $\xi = \sigma_{\mathrm{cr,p}}/\sigma_{\mathrm{cr,c}} - 1$, jedoch $0 \leq \xi \leq 1$ (siehe Abb. 11.46)

ρ Abminderungsfaktor für das Plattenbeulen
χ_c Abminderungsfaktor für knickstabähnliches Verhalten
$\sigma_{\mathrm{cr,p}}$ elastische kritische Plattenbeulspannung
$\sigma_{\mathrm{cr,c}}$ elastische kritische Knickspannung.

Der Abminderungsfaktor χ_c wird für **nicht ausgesteifte Beulfelder** mit dem Schlankheitsgrad $\bar{\lambda}_\mathrm{c}$ nach (11.134) und der Knicklinie a nach Abschn. 11.4.2.2 bestimmt.

$$\bar{\lambda}_\mathrm{c} = \sqrt{\frac{f_\mathrm{y}}{\sigma_{\mathrm{cr,c}}}} \qquad (11.134)$$

mit

$$\sigma_{\mathrm{cr,c}} = \frac{\pi^2 E t^2}{12(1 - v^2)a^2} = 189.800 \left(\frac{t}{a}\right)^2 \left[\frac{\mathrm{N}}{\mathrm{mm}^2}\right] \qquad (11.135)$$

a Beulfeldlänge (s. Abb. 11.43).

Bei **ausgesteiften Blechfeldern** darf $\sigma_{\mathrm{cr,c}}$ durch Extrapolation der Knickspannung $\sigma_{\mathrm{cr,sl}}$ der am höchstbelasteten Druckrand liegenden Steife mit (11.136) ermittelt werden. Dabei sind b_c und $b_{\mathrm{sl},1}$ die für die Extrapolation benötigten Abstände aus der Spannungsverteilung. Der Schlankheitsgrad $\bar{\lambda}_\mathrm{c}$ wird nach (11.137) bestimmt.

Abb. 11.45 Knickstabähnliches Verhalten. *Links*: Beulfeld mit kleinem Seitenverhältnis α; *rechts*: längs ausgesteiftes Beulfeld

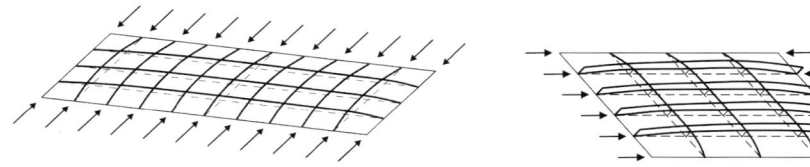

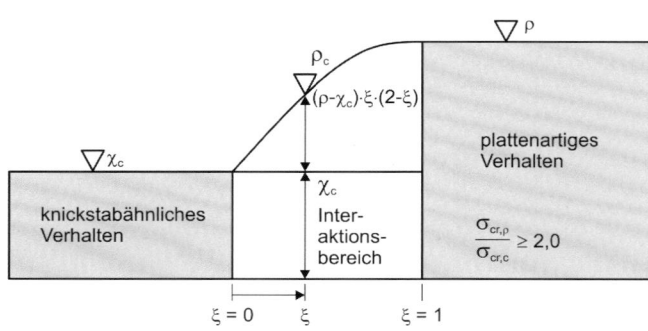

Abb. 11.46 Interaktion von plattenartigem und knickstabähnlichem Verhalten

$$\sigma_{cr,c} = \sigma_{cr,sl} \frac{b_c}{b_{sl,1}} \quad \text{mit } \sigma_{cr,sl} = \frac{EI_{sl,1}}{A_{sl,1}} \cdot \left(\frac{\pi}{a}\right)^2 \quad (11.136)$$

$$\bar{\lambda}_c = \sqrt{\frac{\beta_{A,c} f_y}{\sigma_{cr,c}}} \quad \text{mit } \beta_{A,c} = \frac{A_{sl,1,eff}}{A_{sl,1}} \quad (11.137)$$

$A_{sl,1}$ Bruttoquerschnittsfläche des Ersatzdruckstabes, die sich aus der Steife und den mittragenden Blechstreifen zusammensetzt

$I_{sl,1}$ Flächenträgheitsmoment unter Ansatz der Bruttoquerschnittsfläche der Steife und der angrenzenden mittragenden Blechstreifen bezogen auf das Knicken senkrecht zur Blechebene

$A_{sl,1,eff}$ wirksame Querschnittsfläche der Steife und der angrenzenden mittragenden Blechstreifen unter Berücksichtigung des Beulens.

Der Abminderungsfaktor χ_c wird unter Verwendung eines vergrößerten Imperfektionsbeiwertes α_e mit (11.138) bestimmt. Letzterer berücksichtigt das Anschweißen und die exzentrische Lage von Steifenquerschnitten gegenüber der Blechebene.

$$\chi_c = \frac{1}{\Phi + \sqrt{\Phi^2 - \bar{\lambda}_c^2}} \quad (11.138)$$

mit

$$\Phi = 0{,}5\left[1 + \alpha_e(\bar{\lambda}_c - 0{,}2) + \bar{\lambda}_c^2\right]$$

$$\alpha_e = \alpha + \frac{0{,}09}{i/e} \quad i = \sqrt{I_{sl,1}/A_{sl,1}}$$

Abb. 11.47 Ermittlung des Abstandes $e = \max(e_1, e_2)$. *1* Schwerelinie der Längssteifen, *2* Schwerelinie des Ersatzdruckstabes = Längssteife + mitwirkende Blechteile

$\alpha = 0{,}34$ für geschlossene Steifenquerschnitte (Knicklinie b)

$\alpha = 0{,}49$ für offene Steifenquerschnitte (Knicklinie c)

$e = \max(e_1, e_2)$ bezogen auf die Schwereachse des Ersatzdruckstabes nach Abb. 11.47.

11.5.3.3 Schubbeulen

Der Einfluss des Schubbeulens von Stegen ist zu berücksichtigen, wenn das Verhältnis h_w/t_w die Grenze nach (11.139) oder (11.140) überschreitet.

$$\frac{h_w}{t_w} > \frac{72}{\eta}\varepsilon \quad \text{bei nicht ausgesteiften Blechfeldern} \quad (11.139)$$

und

$$\frac{h_w}{t_w} > \frac{31}{\eta}\varepsilon\sqrt{k_\tau} \quad \text{bei ausgesteiften Blechfeldern.} \quad (11.140)$$

Der Bemessungswert der Tragfähigkeit unter Berücksichtigung des Schubbeulens setzt sich i. Allg. aus einem Beitrag des Steges/der Stege und einem Beitrag der Gurte zusammen. Die Berechnung erfolgt für nicht ausgesteifte und ausgesteifte Stege mit (11.141). Der Tragsicherheitsnachweis wird mit Bedingung (11.142) geführt.

$$V_{b,Rd} = V_{bw,Rd} + V_{bf,Rd}, \quad \text{jedoch} \quad V_{b,Rd} \le \frac{\eta f_{yw} h_w t}{\sqrt{3} \cdot \gamma_{M1}} \quad (11.141)$$

$$\eta_3 = \frac{V_{Ed}}{V_{b,Rd}} \le 1{,}0 \quad (11.142)$$

Tafel 11.126 Beiwert η

Hochbau	S235 bis S460	$\eta = 1{,}20$
	Über S460	$\eta = 1{,}00$
Brückenbau und ähnliche Anwendungen		$\eta = 1{,}00$

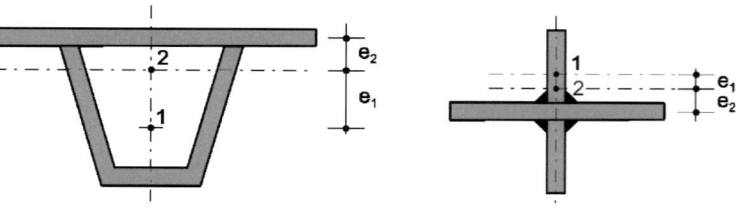

Abb. 11.48 Unterscheidungen zu Auflagersteifen.
a Keine Auflagersteife,
b starre Auflagersteife,
c verformbare Auflagersteife

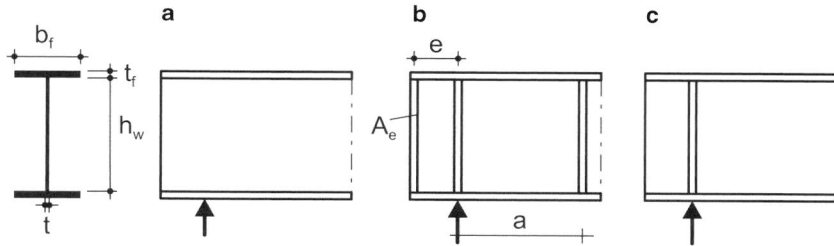

11.5.3.3.1 Beitrag des Steges

Der Beitrag des Steges an der Querkrafttragfähigkeit wird mit (11.143) bestimmt. Der darin enthaltene Abminderungsfaktor χ_w für das Schubbeulen ist in Abhängigkeit von der Steifenausbildung am Auflager (Abb. 11.48) in Tafel 11.127 angegeben.

$$V_{bw,Rd} = \frac{\chi_w f_{yw} h_w t}{\sqrt{3} \cdot \gamma_{M1}} \qquad (11.143)$$

Der Schlankheitsgrad $\bar{\lambda}_w$ wird mit der kritischen Beulspannung $\tau_{cr} = k_\tau \cdot \sigma_E$ und der Streckgrenze der Stegbleche mit (11.144) bestimmt.

$$\bar{\lambda}_w = \sqrt{\frac{f_{yw}}{\sqrt{3} \cdot \tau_{cr}}} = 0.76 \cdot \sqrt{\frac{f_{yw}}{\tau_{cr}}} \qquad (11.144)$$

Liegen nur Auflagersteifen vor, kann die Schlankheit $\bar{\lambda}_w$ auch mit (11.145) berechnet werden.

$$\bar{\lambda}_w = \frac{h_w}{86.4 t \varepsilon} \qquad (11.145)$$

Werden zusätzlich Längs- und/oder Quersteifen angeordnet, kann dies durch einen entsprechenden Beulwert k_τ berücksichtigt werden. Die Flächenträgheitsmomente I_{sl} werden mit einer mitwirkenden Breite $15 \cdot \varepsilon \cdot t$ beidseits zum Stegblechanschluss bestimmt (s. Abb. 11.50). Es ist zu beachten, dass keine kleinere Schlankheit, als die des ungünstigsten Einzelfeldes angesetzt wird.

$$\bar{\lambda}_w = \frac{h_w}{37.4 t \varepsilon \sqrt{k_\tau}}, \quad \text{jedoch} \quad \bar{\lambda}_w \geq \frac{h_{wi}}{37.4 t \varepsilon \sqrt{k_{\tau i}}} \qquad (11.146)$$

$h_{wi}, k_{\tau i}$ sind Höhe und Beulwert des Einzelfeldes mit der größten Schlankheit $\bar{\lambda}_w$.

Tafel 11.127 Abminderungsfaktor χ_w für das Schubbeulen

Schlankheitsbereich	Auflagersteife	
	Starr	Verformbar
$\bar{\lambda}_w < 0.83/\eta$	η	
$0.83/\eta \leq \bar{\lambda}_w < 1.08$	$0.83/\bar{\lambda}_w$	
$\bar{\lambda}_w \geq 1.08$	$1.37/(0.7 + \bar{\lambda}_w)$	$0.83/\bar{\lambda}_w$

11.5.3.3.2 Beitrag der Gurte

Sind die Gurte eines Trägers nicht vollständig durch Normalspannungen ausgenutzt (z. B. an Endauflagern), kann die Resttragfähigkeit zur Abtragung der Querkräfte herangezogen werden. Der Berechnung dieses Beitrags wird zugrunde gelegt, dass sich im Abstand c vier Fließgelenke in den Gurten ausbilden (Abb. 11.49).

$$V_{bf,Rd} = \frac{b_f t_f^2 f_{yf}}{c \gamma_{M1}} \left(1 - \left(\frac{M_{Ed}}{M_{f,Rd}} \right)^2 \right) \qquad (11.147)$$

mit

$$c = a \left(0.25 + \frac{1.6 b_f t_f^2 f_{yf}}{t h_w^2 f_{yw}} \right)$$

Dabei ist $M_{f,Rd} = M_{f,Rk}/\gamma_{M0}$ der Bemessungswert der Biegebeanspruchbarkeit unter alleiniger Berücksichtigung der effektiven Gurtflächen. Bei der Berechnung von M_f sollte an jeder Stegseite als Gurtbreite nicht mehr als $15 t_f \cdot \varepsilon$ angesetzt werden (siehe Abb. 11.50). Wirkt zusätzlich eine Normalkraft, ist die Biegebeanspruchbarkeit nach (11.148)

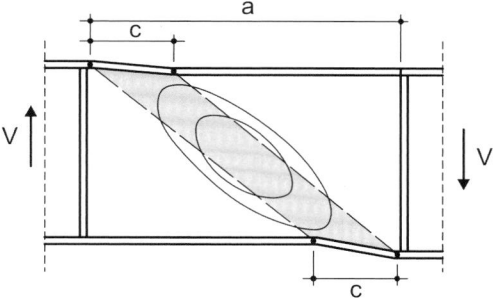

Abb. 11.49 Abtragung von Querkräften

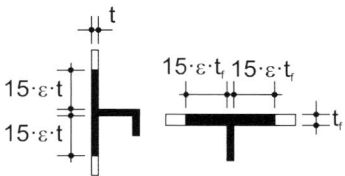

Abb. 11.50 Mitwirkende Blechbreite

zu reduzieren.

$$M_{\text{N,f,Rd}} = M_{\text{f,Rd}} \left(1 - \frac{N_{\text{Ed}}}{N_{\text{f,Rd}}} \right) \qquad (11.148)$$

mit

$$N_{\text{f,Rd}} = (A_{\text{f1}} + A_{\text{f2}}) \frac{f_{\text{yf}}}{\gamma_{\text{M0}}}$$

A_{f1}, A_{f2} Flächen der Gurte.

11.5.3.4 Lasteinleitung quer zur Bauteilachse

Werden Querlasten über die Flansche in Stege eingeleitet, kann das Versagen in Form von plastischen Stauchungen des Stegbleches, örtliches Beulen (Stegkrüppeln) oder Beulen über einen Großteil der Stegfläche stattfinden. Bezüglich der Lasteinleitung wird in [15] in drei Fällen unterschieden (Tafel 11.128):

a) Einseitig eingeleitete Lasten, die im Gleichgewicht mit den Querkräften im Steg stehen,
b) beidseitig eingeleitete Lasten, die mit sich selbst im Gleichgewicht stehen,
c) einseitige Lasten in der Nähe eines Trägerendes ohne Quersteifen.

Die Beanspruchbarkeit wird für die zuvor genannten Versagensformen mit (11.149) bestimmt. Dabei wird vorausgesetzt, dass die Flansche aufgrund ihrer Steifigkeit und Lagerungsbedingungen nicht zur Seite ausweichen. Der Tragsicherheitsnachweis für die einwirkenden Querlasten F_{Ed} wird mit Bedingung (11.150) geführt.

$$F_{\text{Rd}} = \chi_{\text{F}} l_y t_{\text{w}} \frac{f_{\text{yw}}}{\gamma_{\text{M1}}} \qquad (11.149)$$

$$\eta_2 = \frac{F_{\text{Ed}}}{F_{\text{Rd}}} \leq 1,0 \qquad (11.150)$$

$$\chi_{\text{F}} = \frac{0,5}{\bar{\lambda}_{\text{F}}} \leq 1,0 \qquad (11.151)$$

$$\bar{\lambda}_{\text{F}} = \sqrt{\frac{l_y t_{\text{w}} f_{\text{yw}}}{F_{\text{cr}}}} \qquad (11.152)$$

l_y wirksame Lastausbreitungslänge ohne Stegbeulen nach (11.157) bzw. (11.158)
χ_{F} Abminderungsfaktor für das Stegbeulen unter Querlasten
$\bar{\lambda}_{\text{F}}$ Schlankheitsgrad.

Die **Verzweigungslast** F_{cr} wird für **Beulfelder ohne Längsaussteifung** unter Verwendung der Beulwerte nach Tafel 11.128 mit (11.153) bestimmt. Eine genauere Ermittlung der Werte k_{F}, z. B. aus der Literatur oder mit EDV-Programmen, ist nicht zulässig, da χ_{F} nach (11.151) für die Werte in Tafel 11.128 kalibriert wurde.

$$F_{\text{cr}} = k_{\text{F}} \cdot 18.980 \cdot \frac{t_{\text{w}}^3}{h_{\text{w}}} \quad [\text{kN}] \qquad (11.153)$$

mit t_{w}, h_{w} in [cm].

Für den Fall der einseitigen Lasteinleitung (Typ a) bei **Beulfeldern mit Längssteifen** wird in [16] die Berechnung einer Ersatzverzweigungslast F_{cr} mit (11.154) vorgeschlagen. Der Abminderungsfaktor χ_{F} wird mit (11.155) bestimmt.

$$F_{\text{cr}} = \frac{F_{\text{cr,1}} \cdot F_{\text{cr,2}}}{F_{\text{cr,1}} + F_{\text{cr,2}}} \qquad (11.154)$$

$$\chi_{\text{F}} = \frac{1}{\phi + \sqrt{\phi^2 - \bar{\lambda}_{\text{F}}}} \leq 1,0 \qquad (11.155)$$

mit $\phi = 0,5(1 + 0,21(\bar{\lambda}_{\text{F}} - 0,8) + \bar{\lambda}_{\text{F}})$.

Dabei ist

$$F_{\text{cr,1}} = k_{\text{F,1}} \cdot 18.980 \frac{t_{\text{w}}^3}{h_{\text{w}}} \quad [\text{kN}]$$

$$F_{\text{cr,2}} = k_{\text{F,2}} \cdot 18.980 \frac{t_{\text{w}}^3}{b_1} \quad [\text{kN}]$$

mit t_{w}, h_{w} in [cm].

$$k_{\text{F,1}} = 6 + 2 \left(\frac{h_{\text{w}}}{a} \right)^2 + \left(5,44 \frac{b_1}{a} - 0,21 \right) \sqrt{\gamma_{\text{s}}}$$

$$k_{\text{F,2}} = \left[0,8 \cdot \left(\frac{s_{\text{s}} + 2t_{\text{f}}}{a} \right) + 0,6 \right] \left(\frac{a}{b_1} \right)^{0,6 \cdot \left(\frac{s_{\text{s}} + 2t_{\text{f}}}{a} \right)} + 0,5$$

$F_{\text{cr,1}}$ Verzweigungslast des längs ausgesteiften Beulfeldes
$F_{\text{cr,2}}$ Verzweigungslast des direkt belasteten Einzelfeldes
b_1 Höhe des belasteten Einzelfeldes als lichter Abstand zwischen dem belasteten Flansch und der ersten Steife

Tafel 11.128 Fälle von Lasteinleitungen und zugehörige Beulwerte k_{F}

Typ a	Typ b	Typ c
$k_{\text{F}} = 6 + 2 \left(\frac{h_{\text{w}}}{a} \right)^2$	$k_{\text{F}} = 3,5 + 2 \left(\frac{h_{\text{w}}}{a} \right)^2$	$k_{\text{F}} = 2 + 6 \left(\frac{s_{\text{s}} + c}{h_{\text{w}}} \right) \leq 6$

Abb. 11.51 Länge der starren Lasteinleitung ($s_s \le h_w$)

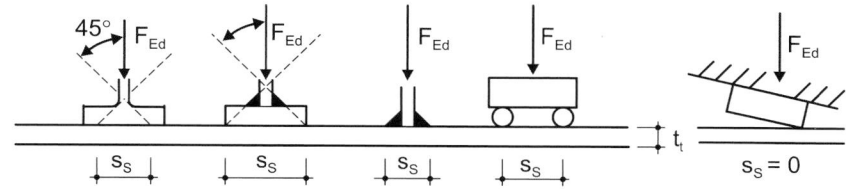

γ_s bezogene Steifigkeit der Längssteife nach (11.156)

$$\gamma_s = 10{,}9\frac{I_{sl,1}}{h_w t_w^3},\qquad (11.156)$$

jedoch

$$\gamma_s \le 13\left(\frac{a}{h_w}\right)^3 + 210\left(0{,}3 - \frac{b_1}{a}\right)$$

Bei der Bestimmung von $F_{cr,1}$ wird nur die am nächsten der zur Lasteinleitungsstelle liegende Längssteife berücksichtigt. Weitere Längssteifen werden wegen ihres geringen Einflusses vernachlässigt. Das Flächenträgheitsmoment $I_{sl,1}$ wird unter Ansatz der mitwirkenden Breite $15 \cdot \varepsilon \cdot t$ beidseits zum Stegblechanschluss bestimmt.

Die wirksame Lastausbreitungslänge l_y ohne Beuleinfluss wird mit der Länge der starren Lasteinleitung s_s nach Abb. 11.51 und den dimensionslosen Parametern m_1 und m_2 bestimmt. Bei mehreren dicht nebeneinander wirkenden Einzellasten ist die Beanspruchbarkeit sowohl für jede Einzellast als auch für die Gesamtlast zu bestimmen. In letzterem Fall entspricht s_s dem Abstand der äußeren Lasten (Abb. 11.51).

$$m_1 = \frac{f_{yf} b_f}{f_{yw} t_w}$$

$$m_2 = 0{,}02\left(\frac{h_w}{t_f}\right)^2 \quad \text{für } \bar{\lambda}_F > 0{,}5$$

$$m_2 = 0 \quad \text{für } \bar{\lambda}_F \le 0{,}5$$

Für Beulfelder mit Längssteifen ist unabhängig vom Schlankheitsgrad $\bar{\lambda}_F$ der Wert $m_2 = 0$ anzusetzen (siehe [16]).

- Lasteinleitungsfälle Typ *a* und Typ *b* nach Tafel 11.128

$$l_y = s_s + 2t_f(1 + \sqrt{m_1 + m_2}), \quad \text{jedoch} \quad l_y \le a \qquad (11.157)$$

- Lasteinleitungsfall Typ *c* nach Tafel 11.128

$$l_y = \min(l_{y,1}, l_{y,2}, l_y \text{ nach } (11.157)) \qquad (11.158)$$

$$l_{y,1} = l_e + t_f\sqrt{\frac{m_1}{2} + \left(\frac{l_e}{t_f}\right)^2 + m_2}$$

$$l_{y,2} = l_e + t_f\sqrt{m_1 + m_2}$$

$$l_e = \frac{k_F \cdot E \cdot t_w^2}{2 \cdot f_{yw} \cdot h_w} \le s_s + c$$

11.5.3.5 Interaktion

Die Interaktionsbeziehung zwischen **Biegung**, **Normalkraft** und **Schub** geht auf das Modell für die plastische Interaktion zurück. Der Schubeinfluss ist bei $\bar{\eta}_3 > 0{,}5$ zu berücksichtigen.

$$\bar{\eta}_1 + \left(1 - \frac{M_{f,Rd}}{M_{pl,Rd}}\right)(2\bar{\eta}_3 - 1)^2 \le 1 \quad \text{mit } \bar{\eta}_1 \ge \frac{M_{f,Rd}}{M_{pl,Rd}} \qquad (11.159)$$

dabei ist

$$\bar{\eta}_1 = \frac{M_{Ed}}{M_{pl,Rd}} \qquad \bar{\eta}_3 = \frac{V_{Ed}}{V_{bw,Rd}}$$

$M_{f,Rd}$ plastische Momentenbeanspruchbarkeit unter Ansatz der effektiven Gurtflächen (siehe (11.148) und zugehörige Erläuterungen)

$M_{pl,Rd}$ plastische Momentenbeanspruchbarkeit unter Ansatz der effektiven Gurtflächen und der vollen Querschnittsfläche des Steges. Wirkt zusätzlich eine Normalkraft, ist $M_{pl,Rd}$ nach [12], Abschn. 6.2.9 um diesen Einfluss zu reduzieren (siehe Abschn. 11.3.10)

$V_{bw,Rd}$ Beitrag des Steges an der Querkrafttragfähigkeit nach (11.143).

Ist $M_{Ed} < M_{f,Rd}$ können Biegung und Normalkraft alleine von den Gurten abgetragen und das Stegblech voll auf Schub ausgenutzt werden. Die Interaktion wird bereits bei der Bestimmung des Beitrags der Gurte an der Querkrafttragfähigkeit mit (11.147) und (11.148) berücksichtigt.

Die auf Schnittgrößen basierende Interaktionsbeziehung (11.159) hat den Nachteil, dass Einflüsse aus Montageabläufen (Belastungsgeschichte, Systeme veränderlicher Gliederung) und Ähnliches nicht unmittelbar berücksichtigt werden können. In [86] wird empfohlen, den spannungsbezogenen Ausnutzungsgrad η_1 (siehe (11.123)) anstelle von $\bar{\eta}_1$ in (11.159) zu verwenden.

Ist der Einfluss der Schubspannungen bei Gurten von Kastenträgern nicht vernachlässigbar ($\bar{\eta}_3 > 0{,}5$), wird die Interaktion mit Längsspannungen mit (11.160) nachgewiesen. Zur Bestimmung von $\bar{\eta}_3$ ist der Mittelwert τ_{Ed}, mindestens jedoch die Hälfte der maximalen Schubspannung zugrunde zu legen. Bei ausgesteiften Gurten ist der Nachweis für Gesamt- und Einzelfelder zu führen (vgl. [15], Abschn. 7.1 (5))

$$\bar{\eta}_1 + (2\bar{\eta}_3 - 1)^2 \le 1 \qquad (11.160)$$

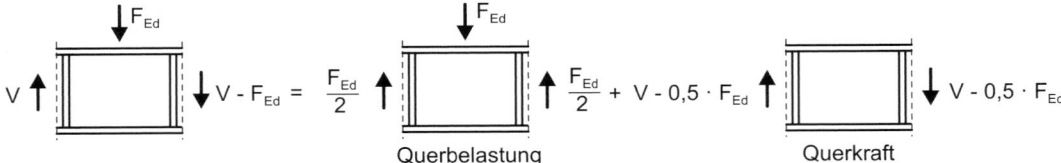

Abb. 11.52 Abspalten des Querlasteinflusses für Typ a nach Tafel 11.128

Bei Beanspruchung durch **Biegung, Normalkraft und Querlasten** an den Längsrändern ist die Interaktion mit der Beziehung (11.161) nachzuweisen.

$$\eta_2 + 0,8\eta_1 \leq 1,4 \qquad (11.161)$$

Wirken Querlasten auf Zuggurten, ist neben dem Nachweis nach (11.150) ein Vergleichsspannungsnachweis (siehe Abschn. 11.3.1) zu führen.

Die Interaktion zwischen der Wirkung von **Querlasten an den Längsrändern sowie Querkräften und/oder Biegemomenten** wird mit der Beziehung (11.162) berücksichtigt. Dabei ist der bereits mit η_2 erfasste Querkraftanteil nicht mehr in η_3 zu berücksichtigen (siehe Abb. 11.52).

$$\bar{\eta}_1^{3,6} + \left[\bar{\eta}_3 \cdot \left(1 - \frac{F_{Ed}}{2 \cdot V_{Ed}}\right)\right]^{1,6} + \eta_2 \leq 1,0 \qquad (11.162)$$

mit

$$\bar{\eta}_1 = \frac{M_{Ed}}{M_{pl,Rd}} \qquad \bar{\eta}_3 = \frac{V_{Ed}}{V_{bw,Rd}}$$

11.5.4 Flanschinduziertes Stegbeulen

Um das Einknicken des Druckflansches in den Steg zu vermeiden, ist das Verhältnis h_w/t_w nach (11.163) zu begrenzen.

$$\frac{h_w}{t_w} \leq k \frac{E}{f_{yf}} \sqrt{\frac{A_w}{A_{fc}}} \qquad (11.163)$$

A_w Stegfläche
A_{fc} effektive Querschnittsfläche des Druckgurtes
$k = 0,3$ bei Ausnutzung plastischer Rotationen
$k = 0,4$ bei Ausnutzung der plastischen Momentenbeanspruchbarkeit
$k = 0,55$ bei Ausnutzung der elastischen Momentenbeanspruchbarkeit.

11.5.5 Methode der reduzierten Spannungen

Die Methode der reduzierten Spannungen darf bei ausgesteiften und nicht ausgesteiften Beulfeldern, und bei Bauteilen mit veränderlichem Querschnitt, angewendet werden. Die Grenzspannung des schwächsten Querschnittsteils kann die Tragfähigkeit des gesamten Querschnitts bestimmen.

Für das gesamte einwirkende Spannungsfeld (Komponenten $\sigma_{x,Ed}$, $\sigma_{z,Ed}$, τ_{Ed}) wird ein einziger Systemschlankheitsgrad $\bar{\lambda}_p$ bestimmt.

$$\bar{\lambda}_p = \sqrt{\frac{\alpha_{ult,k}}{\alpha_{cr}}} \qquad (11.164)$$

$$\alpha_{ult,k} = \frac{f_y}{\sigma_{v,Ed}} \qquad (11.165)$$

$$\alpha_{cr} = \frac{\sigma_{v,cr}}{\sigma_{v,Ed}} \qquad (11.166)$$

mit

$$\sigma_{v,Ed} = \sqrt{\sigma_{x,Ed}^2 + \sigma_{z,Ed}^2 - \sigma_{x,Ed}\sigma_{z,Ed} + 3 \cdot \tau_{Ed}^2}$$

$\alpha_{ult,k}$ kleinster Faktor, mit dem die Vergleichsspannung $\sigma_{v,Ed}$ im kritischen Punkt des Blechfeldes bis zum Erreichen der Streckgrenze gesteigert werden kann

α_{cr} kleinster Faktor, um den die Vergleichsspannung $\sigma_{v,Ed}$ bis zum Erreichen der kritischen Beulvergleichsspannung gesteigert werden kann (s. Abschn. 11.5.6.4).

Der Abminderungsfaktor ρ für das Plattenbeulen kann entweder als Kleinstwert der Beulkurven für die beteiligten Komponenten oder durch Interpolation über das Fließkriterium bestimmt werden. Dies führt zu den Nachweisformaten (11.167) und (11.168).

$$\sigma_{v,Ed} \leq \frac{\rho \cdot f_y}{\gamma_{M1}} \quad \text{mit } \rho = \min(\rho_x; \rho_z; \chi_w) \qquad (11.167)$$

oder

$$\sqrt{\left(\frac{\sigma_{x,Ed}}{\rho_x}\right)^2 + \left(\frac{\sigma_{z,Ed}}{\rho_z}\right)^2 - V \cdot \left(\frac{\sigma_{x,Ed}}{\rho_x}\right)\left(\frac{\sigma_{z,Ed}}{\rho_z}\right) + 3\left(\frac{\tau_{Ed}}{\chi_w}\right)^2} \leq \frac{f_y}{\gamma_{M1}}$$
$$(11.168)$$

ρ_x, ρ_z Abminderungsfaktoren für das Beulen unter Längs- bzw. Querspannungen, falls erforderlich unter Berücksichtigung knickstabähnlichen Verhaltens (siehe Abschn. 11.5.3.2.5)

χ_w Abminderungsfaktor für das Schubbeulen (siehe Abschn. 11.5.3.3, Beitrag des Steges)

$V = \rho_x \cdot \rho_z$ falls $\sigma_{x,Ed}$ und $\sigma_{z,Ed}$ Druckspannungen sind; sonst $V = 1,0$.

Wirken die Querspannungen $\sigma_{z,Ed}$ nicht über die gesamte Beulfeldlänge, ist die Übertragung des Abminderungsfaktors ρ_x auf die z-Richtung nicht zutreffend. In diesem Fall ist ρ_z für das plattenartige Verhalten mit $\alpha_p = 0,34$ und $\bar{\lambda}_{p0} = 0,8$ nach (11.169) zu bestimmen (vgl. [87] und [16]).

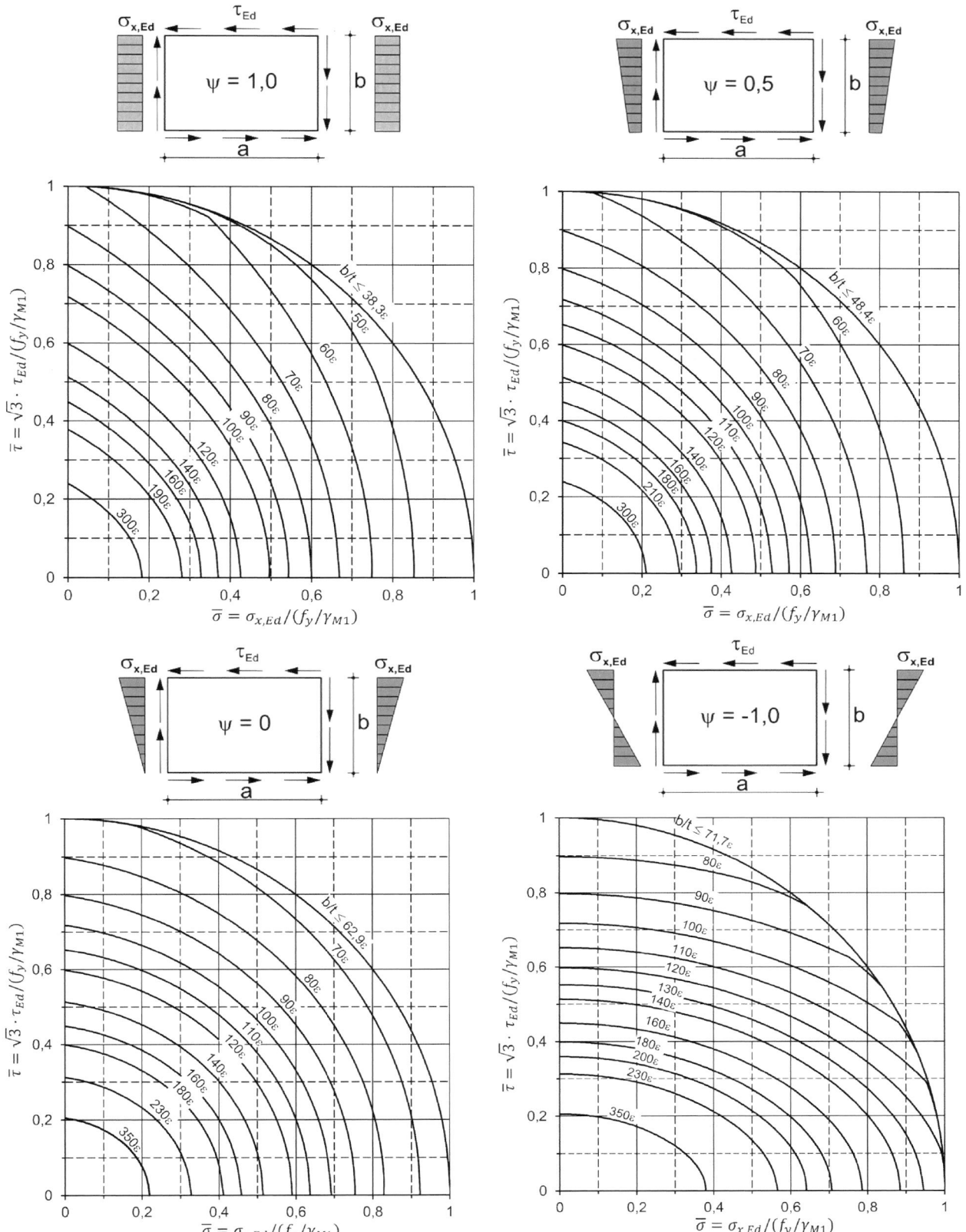

Abb. 11.53 Interaktionsdiagramme zum Beulsicherheitsnachweis nach Abschn. 11.5.5 für allseitig gelagerte Platten unter Beanspruchung $\sigma_{x,Ed}$ und τ_{Ed}. $\alpha = \frac{a}{b} \to \infty$, t = Blechdicke, $\varepsilon = \sqrt{235/f_y}$ siehe Tafel 11.45

Tafel 11.129 Werte α_p und $\bar{\lambda}_{\mathrm{p}0}$

Produkt	Vorherrschende Beulform	α_p	$\bar{\lambda}_{\mathrm{p}0}$
Warmgewalzt	Längsspannungen mit $\psi \geq 0$	0,13	0,7
	Längsspannungen mit $\psi < 0$ Schubspannungen Querlasten		0,8
Geschweißt oder kaltgeformt	Längsspannungen mit $\psi \geq 0$	0,34	0,7
	Längsspannungen mit $\psi < 0$ Schubspannungen Querlasten		0,8

$$\rho_\mathrm{z} = \frac{1}{\phi + \sqrt{\phi^2 - \bar{\lambda}_\mathrm{p}}} \leq 1 \qquad (11.169)$$

mit

$$\phi = 0{,}5\big(1 + \alpha_\mathrm{p}(\bar{\lambda}_\mathrm{p} - \bar{\lambda}_{\mathrm{p}0}) + \bar{\lambda}_\mathrm{p}\big)$$

Die Ermittlung des Abminderungsfaktors χ_c für knickstabähnliches Verhalten und die Interpolation erfolgen nach Abschn. 11.5.3.2.5.

Anstelle mit der Tafel 11.123 dürfen auch die verallgemeinerten Abminderungsfaktoren ρ für plattenartiges Verhalten mit (11.169) sowie α_p und $\bar{\lambda}_{\mathrm{p}0}$ aus Tafel 11.129 bestimmt werden (vgl. [15], Anhang B).

Treten Druck- und Zugspannungen in einem Blechfeld auf, sind die Nachweisgleichungen (11.167) oder (11.168) lediglich auf die unter Druckbeanspruchung stehenden Querschnittsteile anzuwenden. Sind die Kriterien eingehalten, darf QSK 3 angenommen werden. Für den Fall biaxialen Drucks ist DIN EN 1993-1-5:2019-10 Gleichung (10.5a) anzuwenden.

11.5.6 Beulwerte, kritische Beulspannungen

11.5.6.1 Beulwerte für Längsspannungen

11.5.6.1.1 Blechfelder ohne Längssteifen
Die Beulwerte k_σ können der Tafel 11.124 entnommen werden. Die kritische Beulspannung wird mit den Gleichungen (11.170) und (11.171) ermittelt.

$$\sigma_\mathrm{cr} = k_\sigma \cdot \sigma_\mathrm{E} \qquad (11.170)$$

mit

$$\sigma_\mathrm{E} = \frac{\pi^2 E}{12(1 - \nu^2)} \left(\frac{t}{b}\right)^2 = 189.800 \left(\frac{t}{b}\right)^2 \left[\frac{\mathrm{N}}{\mathrm{mm}^2}\right] \qquad (11.171)$$

11.5.6.1.2 Blechfelder mit Längssteifen
Die Beulwerte können mit Beultafeln oder Programmen berechnet werden. DIN EN 1993-1-5 enthält im Anhang A (informativ) Näherungsformeln zur Berechnung der kritischen Beulspannungen längsausgesteifter Beulfelder. Das Einzelfeldbeulen ist gesondert durch den Ansatz lokaler wirksamer Breiten ($\rho_\mathrm{loc} b_\mathrm{c,loc}$, siehe Abschn. 11.5.3.2.4 und 11.5.3.2.3) oder bei der Methode der reduzierten Spannungen mit kritischen Beulspannungen nach Abschn. 11.5.6.1.1 zu berücksichtigen.

$$\sigma_\mathrm{cr,p} = k_{\sigma,\mathrm{p}} \cdot \sigma_\mathrm{E} \qquad (11.172)$$

$k_{\sigma,\mathrm{p}}$ Beulwert der längsausgesteiften Platte
$\sigma_\mathrm{cr,p}$ kritische Beulspannung am Blechfeldrand mit der größten Druckspannung.

a) Blechfelder mit mindestens drei Längssteifen Für längsausgesteifte Blechfelder mit mindestens drei äquidistant verteilten Längssteifen darf unter Annahme einer äquivalenten orthotropen Platte der Beulwert $k_{\sigma,\mathrm{p}}$ näherungsweise mit (11.173) bzw. (11.174) bestimmt werden. Voraussetzung hierfür ist, dass das Seitenverhältnis $\alpha = a/b \geq 0{,}5$ und das Randspannungsverhältnis $\psi = \sigma_2/\sigma_1 \geq 0{,}5$ beträgt.

$$k_{\sigma,\mathrm{p}} = \frac{2[(1 + \alpha^2)^2 + \gamma - 1]}{\alpha^2(\psi + 1)(1 + \delta)} \qquad \text{für } \alpha \leq \sqrt[4]{\gamma} \qquad (11.173)$$

$$k_{\sigma,\mathrm{p}} = \frac{4(1 + \sqrt{\gamma})}{(\psi + 1)(1 + \delta)} \qquad \text{für } \alpha > \sqrt[4]{\gamma} \qquad (11.174)$$

mit

$\gamma = I_\mathrm{sl}/I_\mathrm{p}$ bezogene Steifensteifigkeit (s. (11.131))
$\delta = A_\mathrm{sl}/A_\mathrm{p}$ bezogene Steifenfläche
A_sl Summe der Bruttoquerschnittsflächen aller Längssteifen ohne Anteil des Blechfeldes
$A_\mathrm{p} = bt$ Bruttoquerschnittsfläche des Bleches.

b) Blechfelder mit einer Längssteife in der Druckzone Die kritische Beulspannung am Blechfeldrand wird aus der Knickspannung und Lage der Steife und der Spannungsverteilung bestimmt (Abb. 11.54). Dabei wird die elastische Bettung aus der Plattenwirkung quer zur Längssteife berücksichtigt.

$$\sigma_\mathrm{cr,p} = \sigma_\mathrm{cr,1} = \sigma_1 \frac{\sigma_\mathrm{cr,sl,1}}{\sigma_\mathrm{sl,1}} \qquad (11.175)$$

mit

$$\sigma_\mathrm{cr,sl,1} = \frac{1{,}05 \cdot E}{A_\mathrm{sl,1}} \cdot \frac{\sqrt{I_\mathrm{sl,1} t^3 b}}{b_1 b_2} \qquad \text{für } a \geq a_\mathrm{c}$$

$$\sigma_\mathrm{cr,sl,1} = \left(\frac{\pi}{a}\right)^2 \cdot \frac{E I_\mathrm{sl,1}}{A_\mathrm{sl,1}} + \frac{E t^3 b a^2}{35{,}93 A_\mathrm{sl,1} b_1^2 b_2^2} \qquad \text{für } a < a_\mathrm{c}$$

mit

$$a_\mathrm{c} = 4{,}33 \sqrt[4]{\frac{I_\mathrm{sl,1} b_1^2 b_2^2}{t^3 b}}$$

Abb. 11.54 Blechfeld mit einer Längssteife in der Druckzone

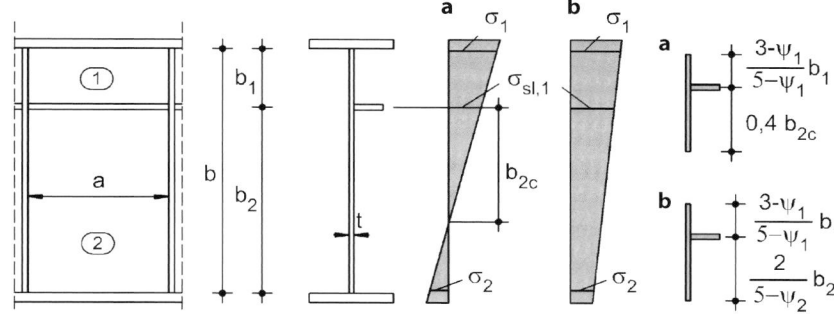

$A_{sl,1}$ Bruttoquerschnittsfläche des Ersatzdruckstabes

$I_{sl,1}$ Flächenträgheitsmoment des Bruttoquerschnitts des Ersatzdruckstabes für Knicken senkrecht zur Blechebene

b_1, b_2 siehe Abb. 11.54.

Der Bruttoquerschnitt des Ersatzdruckstabes setzt sich aus dem Bruttoquerschnitt der Steife und den anschließenden mittragenden Blechbreiten zusammen (Abb. 11.54).

c) Blechfelder mit zwei Längssteifen in der Druckzone   Liegen zwei Längssteifen in der Druckzone, wird die kritische Beulspannung als niedrigster Wert aus drei Versagensformen bestimmt (siehe Abb. 11.55):

- Ausknicken von Steife 1,
- Ausknicken von Steife 2,
- gemeinsames Ausknicken von Steife 1 und 2.

Beim Ausknicken der einzelnen Steifen wird angenommen, dass die jeweils andere Steife unverformt bleibt. Das gemeinsame Ausknicken beider Steifen wird durch das Betrachten einer einzigen Ersatzsteife berücksichtigt, für die folgende Bedingungen gelten (siehe Abb. 11.55):

- Querschnittsfläche und Flächenträgheitsmoment ergeben sich aus der Summation der Werte der Einzelsteifen,
- die Lage der Ersatzsteife entspricht der Lage der Resultierenden aus den Druckkräften in den Einzelsteifen.

Liegen die Angriffspunkte der Druckkräfte der Einzelsteifen (einschließlich der mittragender Breiten) näherungsweise in Höhe der Steifenanschlüsse, kann die Lage der Resultierenden mit den Gleichungen (11.176) bestimmt werden (siehe Abb. 11.55).

$$b_1^* = \frac{A_{sl,1} \cdot \sigma_{sl,1} \cdot b_1 + A_{sl,2} \cdot \sigma_{sl,2} \cdot (b_1 + b_2)}{A_{sl,1} \cdot \sigma_{sl,1} + A_{sl,2} \cdot \sigma_{sl,2}}$$

$$b_2^* = b - b_1^*$$

$$b^* = b \qquad (11.176)$$

$A_{sl,1}, A_{sl,2}$ Bruttoquerschnittsflächen der Ersatzdruckstäbe

$\sigma_{sl,1}, \sigma_{sl,2}$ mittlere Längsspannungen in den Ersatzdruckstäben.

Die Bestimmung der kritischen Beulspannungen erfolgt wie bei Blechfeldern mit einer Längssteife (s. Abschn. b), (11.175). Dabei sind die Maße b_1, b_2 und b durch die Maße b_1^*, b_2^* und b^* für die jeweiligen Versagensformen entsprechend Abb. 11.55 zu ersetzen. Längssteifen in der Zugzone werden vernachlässigt.

Die mitwirkenden Breiten $b_{i,inf}$ und $b_{i,sup}$ zur Bestimmung der Querschnittsflächen und Flächenträgheitsmomente der Steifen (Ansatz der Bruttoquerschnittsflächen) werden mit den Gleichungen in Tafel 11.130 bestimmt (siehe Abb. 11.56). Bei Abweichungen zu der in Abb. 11.56 dargestellten Spannungsverteilung ist sinngemäß zu verfahren.

11.5.6.2   Schubbeulwerte

Tafel 11.131 enthält Schubbeulwerte k_τ für Blechfelder, die durch starre Quersteifen begrenzt sind. Die Werte sind in Abhängigkeit der Steifenanzahl n und des Seitenverhältnisses $\alpha = a/h_w$ zu bestimmen. Die Beulfeldlänge a entspricht dem Abstand der starren Quersteifen. Die kritische Schubbeulspannung wird mit (11.177) bestimmt.

$$\tau_{cr} = k_\tau \cdot \sigma_E \qquad (11.177)$$

Abb. 11.55 Blechfeld mit zwei Längssteifen in der Druckzone – Bezeichnungen

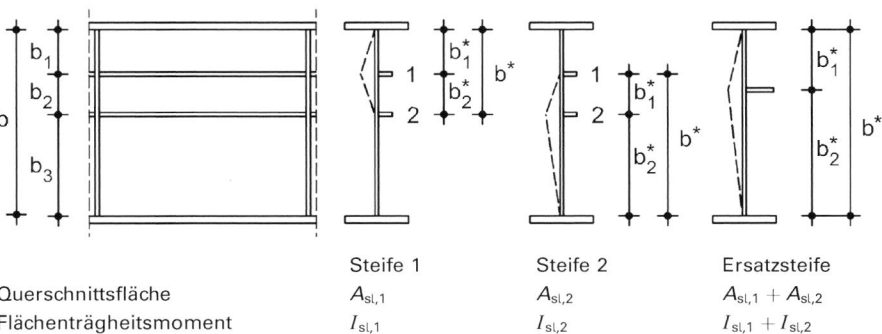

Abb. 11.56 Bruttoquer-schnittsfläche der Steifen in der Druckzone

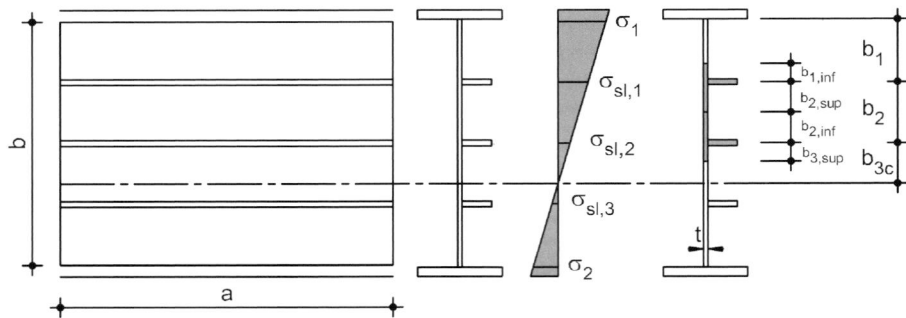

Tafel 11.130 Mitwirkende Breiten der Steifen 1 und 2

Mitwirkende Breite	Bedingung für ψ_i
$b_{1,\text{inf}} = \dfrac{3 - \psi_1}{5 - \psi_1} b_1$	$\psi_1 = \dfrac{\sigma_{\text{sl},1}}{\sigma_1} > 0$
$b_{2,\text{sup}} = \dfrac{2}{5 - \psi_2} b_2$	$\psi_1 = \dfrac{\sigma_{\text{sl},2}}{\sigma_{\text{sl},1}} > 0$
$b_{2,\text{inf}} = \dfrac{3 - \psi_2}{5 - \psi_2} b_2$	$\psi_2 > 0$
$b_{3,\text{sup}} = 0{,}4 b_{3\text{c}}$	$\psi_3 = \dfrac{\sigma_{\text{sl},3}}{\sigma_{\text{sl},2}} > 0$

Bei versteiften Blechfeldern ist das Flächenträgheitsmoment I_{sl} unter Ansatz der mitwirkenden Plattenbreite entsprechend Abb. 11.50 zu bestimmen. Bei zwei oder mehr Steifen entspricht I_{sl} der Summe der Steifigkeiten der Einzelsteifen, unabhängig davon, ob sie gleichmäßig angeordnet sind oder nicht. Gegebenenfalls ist Einzelfeldbeulen in einer zusätzlichen Berechnung zu untersuchen.

In Tafel 11.131 ist in den Werten von k_τ eine Abminderung des Flächenträgheitsmoment I_{sl} auf 1/3 bereits berücksichtigt, die bei offenen torsionsweichen Längssteifen anzusetzen ist. Bei torsionssteifen Hohlsteifen ist diese Reduktion nicht erforderlich (vgl. [16], NCI zu Abschn. 5.3 (4)).

11.5.6.3 Beulwerte für Querlasten

In Verbindung mit der Methode der wirksamen Querschnitte wird die Verzweigungslast F_{cr} nach Abschn. 11.5.3.4 mit (11.153) bzw. (11.154) bestimmt. Bei der Methode der reduzierten Spannungen ist Abschn. 11.5.3.4 aus Kompatibilitätsgründen i. d. R. nicht anzuwenden (vgl. [15], Abschn. 10 (5)). Für Beulfelder ohne Längsaussteifungen, bei denen Einzellasten in der Mitte des oberen Blechfeldrandes angreifen, können die kritischen Spannungen $\sigma_{\text{cr},z}$ nach [90] mit Tafel 11.132 bestimmt werden.

11.5.6.4 Beulen unter kombinierter Beanspruchung

Der kritische Faktor α_{cr} bis zum Erreichen der Beullast kann für das gesamte einwirkende Spannungsfeld mit Hilfe numerischer Methoden für komplexe Geometrien und Spannungszustände in einem Schritt bestimmt werden. In einfachen Fällen sind Handrechnungen und die Anwendung aufbereiteter Lösungen ([88], [89]) möglich. Liegen lediglich die Werte $\alpha_{\text{cr},i}$ der einzelnen Spannungskomponenten vor, darf der kritische Lastfaktor α_{cr} für kombinierte Beanspruchungen mit (11.178) bzw. (11.179) bestimmt werden. Diese Gleichungen gelten näherungsweise für unversteifte und symmetrisch längsversteifte Beulfelder mit $\psi \geq -1$ sowie beliebig versteifte Beulfelder mit $\psi = 1$.

Tafel 11.131 Schubbeulwerte k_τ

	Anzahl der Längssteifen n	
	$n = 0; n > 2$	$n = 1; n = 2$
	Für $\alpha \geq 1$: $k_\tau = 5{,}34 + \dfrac{4{,}00}{\alpha^2} + k_{\tau\text{sl}}$	Für $\alpha \geq 3$: $k_\tau = 5{,}34 + \dfrac{4{,}00}{\alpha^2} + k_{\tau\text{sl}}$
	Für $\alpha < 1$: $k_\tau = 4{,}00 + \dfrac{5{,}34}{\alpha^2} + k_{\tau\text{sl}}$	Für $\alpha < 3$: $k_\tau = 4{,}1 + \left(6{,}3 + 0{,}18 \dfrac{I_{\text{sl}}}{t^3 h_{\text{w}}}\right) \dfrac{1}{\alpha^2} + 2{,}2 \left(\dfrac{I_{\text{sl}}}{t^3 h_{\text{w}}}\right)^{1/3}$

Eingangswerte: $\alpha = a/h_{\text{w}}$, $k_{\tau\text{sl}} = 9 \left(\dfrac{h_{\text{w}}}{a}\right)^2 \left(\dfrac{I_{\text{sl}}}{t^3 h_{\text{w}}}\right)^{3/4} > \dfrac{2{,}1}{t} \left(\dfrac{I_{\text{sl}}}{h_{\text{w}}}\right)^{1/3}$.

Tafel 11.132 Beulwerte $k_{\sigma,z}$ für eine Einzellast in der Mitte des Blechrandes [90]

c/a	Seitenverhältnis $\alpha = a/b_G$											
	0,7	0,8	0,9	1,0	1,25	1,50	1,75	2,00	2,5	3,0	3,5	4,0
0,0	6,42	4,91	3,92	3,23	2,23	1,70	1,39	1,17	0,90	0,73	0,61	0,52
0,2	6,65	5,09	4,06	3,35	2,32	1,79	1,48	1,27	1,02	0,86	0,76	0,68
0,4	7,28	5,57	4,45	3,67	2,55	1,99	1,66	1,45	1,21	1,06	0,97	0,91
0,6	8,35	6,40	5,11	4,22	2,94	2,30	1,94	1,72	1,47	1,33	1,25	1,19
0,8	9,93	7,61	6,07	5,02	3,50	2,75	2,34	2,08	1,80	1,65	1,57	1,51
1,0	12,05	9,23	7,36	6,08	4,25	3,35	2,85	2,55	2,21	2,03	1,92	1,84

Hierbei gilt $\sigma_z = \frac{F}{c \cdot t}$, $\sigma_{cr,z} = k_{\sigma,z} \cdot \sigma_E \cdot \left(\frac{a}{c}\right)$.

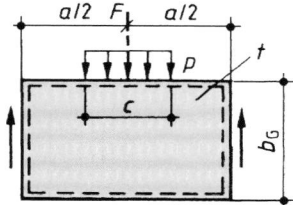

- für Komponenten $\sigma_{x,Ed}$ und τ_{Ed}

$$\frac{1}{\alpha_{cr}} = \frac{1+\psi_x}{4\alpha_{cr,x}} + \left[\left(\frac{3-\psi_x}{4\alpha_{cr,x}}\right)^2 + \frac{1}{\alpha_{cr,\tau}^2}\right]^{1/2} \quad (11.178)$$

- für Komponenten $\sigma_{x,Ed}$, $\sigma_{z,Ed}$ und τ_{Ed}

$$\frac{1}{\alpha_{cr}} = \frac{1+\psi_x}{4\alpha_{cr,x}} + \frac{1+\psi_z}{4\alpha_{cr,z}}$$
$$+ \left[\left(\frac{1+\psi_x}{4\alpha_{cr,x}} + \frac{1+\psi_z}{4\alpha_{cr,z}}\right)^2 + \frac{1-\psi_x}{2\alpha_{cr,x}^2}\right.$$
$$\left. + \frac{1-\psi_z}{2\alpha_{cr,z}^2} + \frac{1}{\alpha_{cr,\tau}^2}\right]^{1/2} \quad (11.179)$$

mit

$$\alpha_{cr,x} = \frac{\sigma_{cr,x}}{\sigma_{x,Ed}} \quad \alpha_{cr,z} = \frac{\sigma_{cr,z}}{\sigma_{x,Ed}} \quad \alpha_{cr,\tau} = \frac{\tau_{cr}}{\tau_{Ed}}$$

Die Bestimmung von α_{cr} erfolgt ohne Abminderung des Flächenträgheitsmoments von Längssteifen (vgl. [15], Abschn. 10 (3)).

Beispiel

Für einen geschweißten Vollwandträger aus S355 ist die Beulsicherheit des Stegbleches nach der Methode der reduzierten Spannungen (s. Abschn. 11.5.5) nachzuweisen. Als Belastung wirken $P_{Ed} = 800\,\text{kN}$ und $q_{Ed} = 30\,\text{kN/m}$.

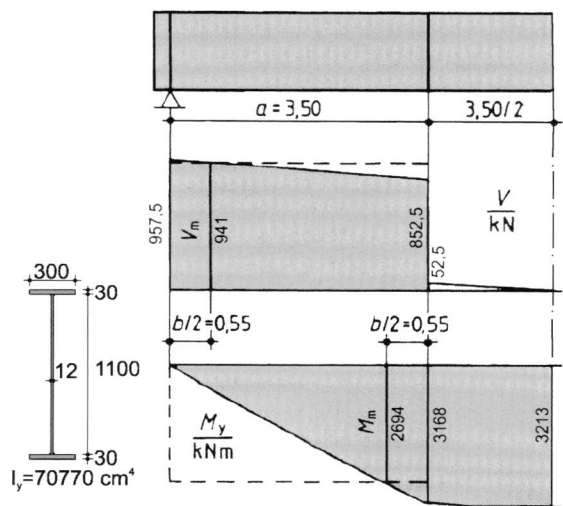

$\sigma_{x,Ed} = 269.400 \cdot 55/707.700$

$\sigma_{x,Ed} = 20,94\,\text{kN/cm}^2$

$\tau_{Ed} = 941/(1,2 \cdot 110) = 7,13\,\text{kN/cm}^2$

$\sigma_{v,Ed} = \sqrt{20,94^2 + 3 \cdot 7,13^2}$

$\sigma_{v,Ed} = 24,31\,\text{kN/cm}^2$

$\alpha_{ult,k} = 35,5/24,31 = 1,46 \quad$ (s. (11.165))

kritische Beulspannungen, Beulwerte

$\sigma_E = 18.980 \cdot (1,2/110)^2 = 2,26\,\text{kN/cm}^2 \quad$ (s. (11.171))

$\psi = -1; \quad k_\sigma = 23,9 \quad$ (Tafel 11.124)

$\sigma_{cr,x} = 23,9 \cdot 2,26 = 54,01\,\text{kN/cm}^2 \quad$ (s. (11.170))

$\alpha_{cr,x} = 54,01/20,94 = 2,58 \quad$ (Abschn. 11.5.6.4)

$\alpha = 350/110 = 3,18 > 1$

$k_\tau = 5,34 + 4/3,18^2 = 5,74 \quad$ (Tafel 11.131)

$\tau_{cr} = 5,74 \cdot 2,26 = 12,97\,\text{kN/cm}^2 \quad$ (s. (11.177))

$\alpha_{cr,\tau} = 12,97/7,13 = 1,82 \quad$ (Abschn. 11.5.6.4)

α_{cr} für kombinierte Beanspruchung $\sigma_{x,Ed}$ und τ_{Ed}

$$1/\alpha_{cr} = \frac{1+(-1)}{4 \cdot 2{,}58} + \left[\left(\frac{3-(-1)}{4 \cdot 2{,}58}\right)^2 + \left(\frac{1}{1{,}82^2}\right)\right]^{1/2}$$

$$= 0{,}67 \quad \text{(s. (11.178))}$$

$$\alpha_{cr} = 1/0{,}67 = 1{,}50$$

Schlankheitsgrad für kombinierte Beanspruchung:

$$\bar{\lambda}_p = \sqrt{1{,}46/1{,}50} = 0{,}99 \quad \text{(s. (11.164))}$$

Abminderungsbeiwerte für σ_x:

$$\bar{\lambda}_p > 0{,}5 + \sqrt{0{,}085 - 0{,}055 \cdot (-1)} \quad \text{(Tafel 11.123)}$$

$$0{,}99 > 0{,}87$$

$$\rho_x = (0{,}99 - 0{,}055 \cdot (3-1))/0{,}99^2 = 0{,}90$$

Abminderungsbeiwerte für τ:

$$0{,}83/1{,}2 = 0{,}69 < \bar{\lambda}_p = 0{,}99 < 1{,}08 \quad \text{(Tafel 11.127)}$$

$$\chi_w = 0{,}83/0{,}99 = 0{,}84$$

Tragsicherheitsnachweis:

$$\rho = \min(0{,}90; 0{,}84) = 0{,}84$$

$$\sigma_{v,Ed} \leq \rho \cdot f_y/\gamma_{M1}$$

$$\rightarrow 24{,}31/(0{,}84 \cdot 35{,}5/1{,}1) = 0{,}90 < 1{,}00 \quad \text{(s. (11.167))}$$

Alternativ mit Wichtung der Abminderungsfaktoren:

$$\sqrt{(\sigma_{x,Ed}/\rho_x)^2 + 3 \cdot (\tau_{Ed}/\chi_w)^2} \leq f_y/\gamma_{M1} \quad \text{(s. (11.168))}$$

$$\frac{\sqrt{(20{,}94/0{,}90)^2 + 3 \cdot (7{,}13/0{,}84)^2}}{35{,}5/1{,}1} = 0{,}85 < 1{,}00 \quad \blacktriangleleft$$

11.6 Verbundtragwerke nach DIN EN 1994-1-1

11.6.1 Grundlagen

11.6.1.1 Werkstoffe

Beton Für Materialeigenschaften von Normal- und Leichtbeton gelten die Regelungen nach DIN EN 1992-1-1 [10], Abschn. 3.1 und 11.3. Betonfestigkeitsklassen kleiner als C20/25 bzw. LC20/22 und höher als C60/75 bzw. LC60/66 liegen außerhalb des Anwendungsbereiches der DIN EN 1994-1-1 [30]. Es ist zu beachten, dass sich die Definition für den Bemessungswert der Zylinderdruckfestigkeit des Betons $f_{cd} = f_{ck}/\gamma_C$ von derjenigen in DIN EN 1992-1-1 ($f_{cd} = \alpha_{cc} f_{ck}/\gamma_C$) unterscheidet. Nachfolgend wird die Definition aus DIN EN 1994-1-1 verwendet.

Betonstahl Für Verbundtragwerke darf anstelle des Rechenwertes des Elastizitätsmoduls E_s der Wert für Baustahl nach DIN EN 1993-1-1 [12], Abschn. 3.2.6 verwendet werden.

$$E_s \approx E_a = 210.000 \, \text{N/mm}^2$$

$$f_{sk} = 500 \, \text{N/mm}^2$$

Baustahl und Verbindungsmittel Die Bemessungsregeln nach [30] gelten für Baustähle, bei denen der Nennwert der Streckgrenze 460 N/mm² nicht überschreitet. Die mechanischen Eigenschaften der Stähle sind in den Tafeln 11.2 und 11.4 angegeben. Angaben zu Schrauben- und Schweißverbindungen sind Abschn. 11.7 zu entnehmen.

Kopfbolzendübel Es dürfen Kopfbolzendübel nach DIN EN ISO 13918 [64] mit den Durchmessern $d = 16, 19, 22$ und 25 mm sowie dem Verhältnis von Dübelhöhe zu Durchmesser $h_{sc}/d \geq 3$ eingesetzt werden. Als Zugfestigkeit des Bolzenmaterials wird vorzugsweise $f_u = 450 \, \text{N/mm}^2$ (SD1 nach [64]) verwendet. Bei höheren Festigkeiten darf jedoch höchstens $f_u = 500 \, \text{N/mm}^2$ in Rechnung gestellt werden (vgl. [30], Abschn. 6.6.3.1).

Profilbleche für Verbunddecken Es gelten die Regelungen nach DIN EN 1993-1-3 [14], Abschn. 3.1 und 3.2. DIN EN 1994-1-1 [30] gilt für Bleche aus Baustahl nach DIN EN 10025 [45], kaltverformte Bleche nach DIN EN 10149-2, DIN EN 10149-3 [54] oder verzinkte Bleche nach DIN EN 10346 [58]. Der Nennwert der Mindestdicke des Bleches beträgt 0,70 mm.

11.6.1.2 Grundlagen der Tragwerksplanung

Einwirkungen Bei Vorspannung durch planmäßig eingeprägte und kontrollierte Deformationen, z. B. Absenken von Auflagern, ist der Teilsicherheitsbeiwert γ_P im GZT wie folgt anzunehmen:
günstige Auswirkungen $\gamma_P = 1{,}0$
ungünstige Auswirkungen $\gamma_P = 1{,}1$.

Primärer und sekundärer Zwang infolge Schwinden ist mit dem Teilsicherheitsbeiwert $\gamma_{sh} = 1{,}0$ zu berücksichtigen (vgl. [11], Abschn. 2.4).

Bemessungswerte der Werkstofffestigkeiten Der Bemessungswert des Tragwiderstandes ist i. Allg. mit den Bemessungswerten der Werkstofffestigkeiten zu ermitteln (Ausnahme bei Verbundstützen siehe [31], NCI zu 6.7.2(1)). Bei Baustahl und Profilblechen werden in Abhängigkeit davon, ob das Versagen ohne oder mit globalem Stabilitätseinfluss (Biegeknicken, Biegedrillknicken) stattfindet, die Teilsicherheiten γ_{M0} oder γ_{M1} verwendet. Sind Lochschwächungen zu berücksichtigen, ist auch der Nachweis für den Nettoquerschnitt mit γ_{M2} zu führen (vgl. Abschn. 11.3.3).

Tafel 11.133 Werkstoff Beton

Betonfestigkeitsklasse	C20/25	C25/30	C30/37	C35/45	C40/50	C45/55	C50/60	C55/67	C60/75
f_{ck} [N/mm^2]	20	25	30	35	40	45	50	55	60
f_{ctm} [N/mm^2]	2,2	2,6	2,9	3,2	3,5	3,8	4,1	4,2	4,4
E_{cm} [N/mm^2]	30.000	31.000	33.000	34.000	35.000	36.000	37.000	38.000	39.000
n_0	7,00	6,77	6,36	6,18	6,00	5,83	5,68	5,53	5,38
f_{cd}[a] [N/mm^2]	13,3	16,7	20,0	23,3	26,7	30,0	33,3	36,7	40,0
0,85 f_{cd} [N/mm^2]	11,3	14,2	17,0	19,8	22,7	25,5	28,3	31,2	34,0

[a] $f_{cd} = f_{ck}/\gamma_C$ mit $\gamma_C = 1,5$ für ständige und vorübergehende Bemessungssituationen.

Tafel 11.134 Teilsicherheitsbeiwerte

Bemessungssituation	Beton	Betonstahl Spannstahl	Baustahl		Profilblech	
	γ_C	γ_S	γ_{M0}	γ_{M1}	γ_{M0}	γ_{M1}
Ständig, vorübergehend	1,5	1,15	1,0	1,1	1,1	1,1
Außergewöhnlich	1,3	1,0	1,0	1,0	–	
Gebrauchstauglichkeit	1,0	1,0	1,0		1,0	

Baustahl
$$f_{yd} = f_y/\gamma_M \qquad (11.180)$$

Beton
$$f_{cd} = f_{ck}/\gamma_C \qquad (11.181)$$

Betonstahl
$$f_{sd} = f_{sk}/\gamma_S \qquad (11.182)$$

Profilblech
$$f_{yp,d} = f_{yp,k}/\gamma_M \qquad (11.183)$$

11.6.1.3 Berechnungsgrundlagen

Schnittgrößenermittlung Bei der Berechnung von Verbundtragwerken im Grenzzustand der Tragfähigkeit ist zwischen folgenden Verfahren zu unterscheiden:
a) linear elastische Tragwerksberechnung
b) nicht lineare Tragwerksberechnung unter Berücksichtigung von Plastizierungen
c) elastische Tragwerksberechnung mit begrenzter Schnittgrößenumlagerung
d) Fließgelenktheorie.

Die Schnittgrößen dürfen auch dann nach der Elastizitätstheorie ermittelt werden, wenn die Beanspruchbarkeit der Querschnitte vollplastisch oder nichtlinear ermittelt wird.

Einflüsse aus der Schubweichheit breiter Gurte (mittragende Breite) und des lokalen Beulens von Querschnittsteilen (wirksame Querschnitte bei QSK 4) müssen berücksichtigt werden, wenn sie die Schnittgrößen nennenswert beeinflussen.

Schlupf in der Verbundfuge kann vernachlässigt werden, wenn die Verdübelung nach [30], Abschn. 6.6 ausgeführt wird. Bei einer nichtlinearen Schnittgrößenermittlung sind Einflüsse der Schubnachgiebigkeit stets zu berücksichtigen.

Für die Grenzzustände der Gebrauchstauglichkeit und der Ermüdung sind die Schnittgrößen i. d. R. nach der Elastizitätstheorie zu bestimmen. Einflüsse aus nichtlinearem Verhalten (z. B. Rissbildung), der Belastungsgeschichte und dem Kriechen und Schwinden sind dabei zu berücksichtigen.

Querschnittsklassifizierung Die Zuordnung von Verbundquerschnitten zu Querschnittsklassen (QSK) erfolgt analog [12] (s. Abschn. 11.2.7). Dabei ergibt sich die maßgebende QSK i. d. R. aus der ungünstigsten Klasse der druckbeanspruchten Querschnittsteile.

Sind druckbeanspruchte Stahlquerschnittsteile mit dem Beton verbunden, dürfen sie in eine günstigere Klasse eingestuft werden, wenn der günstige Einfluss nachgewiesen wird.

Bei der Klassifizierung von Querschnitten der Klassen 1 und 2 ist von einer vollplastischen Spannungsverteilung auszugehen. Bei Querschnitten der Klassen 3 und 4 ist die elastische Spannungsverteilung unter Berücksichtigung der Belastungsgeschichte, Kriechen und Schwinden zugrunde zu legen. Die Klassifizierung erfolgt unter Ansatz der Bemessungswerte der Werkstofffestigkeiten. Die Zugfestigkeit des Betons darf nicht in Rechnung gestellt werden.

Querschnitte mit Stegen der Klasse 3 und Gurten der Klasse 1 oder 2 dürfen wie wirksame Querschnitte der Klasse 2 behandelt werden, wenn der wirksame Stegquerschnitt nach Abb. 11.13 ermittelt wird (s. Abschn. 11.2.7).

Bei Querschnitten der Klasse 4 mit beulgefährdeten Gurten und Stegen ist iterativ vorzugehen. Bei der Bestimmung der wirksamen Stegfläche ist die Spannungsverteilung unter Berücksichtigung der mittragenden Gurtbreiten und der vollen Stegfläche zu bestimmen (vgl. Abschn. 11.5.3.2.3).

Soll der Druckgurt eines Querschnitts aufgrund der Verdübelung mit dem Betongurt in die QSK 1 oder 2 eingestuft werden, sind die Grenzwerte für die Dübelabstände nach Tafel 11.136 einzuhalten.

Tafel 11.135 Ermittlung von Beanspruchung und Beanspruchbarkeit im GZT und zugehörige Mindestanforderung an die QSK

QSK	Berücksichtigung von Kriechen, Schwinden und der Belastungsgeschichte	Beanspruchung E_d	Beanspruchbarkeit R_d
1	Nein	Fließgelenktheorie[a]	Vollplastisch[b, d]
2	Nein	Elastisch mit Momentenumlagerung	Vollplastisch[b, d]
3	Ja	Elastisch	Elastisch[c, d]
4	Ja	Elastisch	Elastisch[c, e]

[a] Kann nicht bei Trägern mit Biegedrillknickgefährdung angewendet werden.
[b] Bei Biegedrillknickgefährdung Begrenzung des Biegemoments auf $M_{Rd} = \chi_{LT} \cdot M_{pl,Rd}$.
[c] Bei Biegedrillknickgefährdung ist die Spannung in der Achse des gedrückten Flansches auf $\sigma_x \leq \chi_{LT} \cdot f_{yd}$ zu begrenzen.
[d] Bei Schubbeulen des Steges ($\bar{\lambda}_w > 0{,}83$) ist die Querkrafttragfähigkeit zu überprüfen (siehe [15], Abschn. 5 und 7.1).
[e] Bei Beulgefährdung ist die Spannung zu begrenzen oder der Querschnitt ist auf die wirksamen Breiten zu reduzieren (vgl. [15]). Sofern Beulen und Biegedrillknicken zu berücksichtigen sind, kann der Nachweis nach den Grundsätzen in [12], Abschn. 6.3.2 geführt werden.

Tafel 11.136 Grenzwerte für Dübelabstände bei druckbeanspruchten Gurten von Verbundträgern zur Einstufung in die QSK 1 oder 2

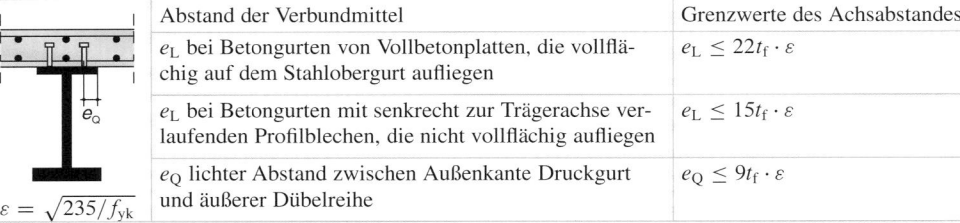

$\varepsilon = \sqrt{235/f_{yk}}$

Abstand der Verbundmittel	Grenzwerte des Achsabstandes
e_L bei Betongurten von Vollbetonplatten, die vollflächig auf dem Stahlobergurt aufliegen	$e_L \leq 22 t_f \cdot \varepsilon$
e_L bei Betongurten mit senkrecht zur Trägerachse verlaufenden Profilblechen, die nicht vollflächig aufliegen	$e_L \leq 15 t_f \cdot \varepsilon$
e_Q lichter Abstand zwischen Außenkante Druckgurt und äußerer Dübelreihe	$e_Q \leq 9 t_f \cdot \varepsilon$

e_L Achsabstand der Verbindungsmittel in Richtung der Druckbeanspruchung.

Bei Querschnitten der Klassen 1 und 2 sind i. d. R. für innerhalb der mittragenden Breite angeordneten zugbeanspruchten Betonstahl die Duktilitätsanforderungen der Klasse B oder C nach [11], Tabelle C.1 einzuhalten. Wenn die Momententragfähigkeit unter Berücksichtigung von Plastizierungen ermittelt wird, ist i. d. R. zusätzlich innerhalb der mittragenden Breite eine Mindestbewehrung A_s erforderlich.

$$A_s \geq \rho_s \cdot A_c \qquad (11.184)$$

mit

$$\rho_s = \delta \cdot \frac{f_y}{235} \cdot \frac{f_{ctm}}{f_{sk}} \cdot \sqrt{k_c}$$

A_c Querschnittsfläche des Betongurtes innerhalb der mittragenden Breite

f_{ctm} mittlere Betonzugfestigkeit nach [10]

f_{sk} charakteristischer Wert der Streckgrenze des Betonstahls

k_c Beiwert zur Berücksichtigung der Spannungsverteilung im Betongurt unmittelbar vor der Erstrissbildung (s. (11.221))

δ Beiwert, der für QSK 2 mit 1,0 und für QSK 1 mit Rotationsanforderungen in Fließgelenken mit 1,1 anzunehmen ist.

Bei Verbundquerschnitten mit Kammerbeton dürfen die einseitig gestützen Gurte nach Tafel 11.137 klassifiziert werden. Stege der Klasse 3 dürfen wie Stege der Klasse 2 behandelt werden, wenn folgende Bedingungen erfüllt sind:

Tafel 11.137 Klassifizierung von druckbeanspruchten Gurten von Verbundträgern mit Kammerbeton

Querschnittsklasse	Querschnittstyp	Grenzwerte für c/t
1	Gewalzt oder geschweißt	$c/t \leq 9\varepsilon$
2		$c/t \leq 14\varepsilon$
3		$c/t \leq 20\varepsilon$

$0{,}8 \leq \dfrac{b_c}{b} \leq 1{,}0$

Spannungsverteilung (Druck positiv)

1. Der Kammerbeton ist in Längsrichtung mit Betonstabstahl und/oder Matten bewehrt und es wird eine zusätzliche Bügelbewehrung angeordnet.

2. Der Kammerbeton wird nach Abb. 11.64 mit Hilfe von an den Steg angeschweißten Bügeln oder von durch Stegöffnungen gesteckten Bügeln und/oder durch an den Steg geschweißte Kopfbolzendübel verankert (Bügeldurchmesser ≥ 6 mm, Schaftdurchmesser der Dübel > 10 mm).

3. Der Dübelabstand je Stegseite in Trägerlängsrichtung bzw. der Abstand der Steckbügel darf nicht größer als 400 mm, der Abstand zwischen der Gurtinnenseite und den im Kammerbeton angeordneten Verankerungselementen nicht größer als 200 mm sein. Für Stahlträger mit einer Querschnittshöhe von mindestens 400 mm, bei denen die Dübel bzw. Steckbügel mehrreihig angeordnet werden, ist eine versetzte Anordnung zulässig.

11.6.2 Verbundträger

11.6.2.1 Allgemeines

Für Verbundträger sind folgende Nachweise zu führen:

- Querschnittstragfähigkeit in kritischen Schnitten
- Biegedrillknicken
- Schubbeulen und ausreichende Tragfähigkeit von auf Querdruck beanspruchten Stegen
- Längsschubtragfähigkeit.

Kritische Schnitte sind:

- Stellen extremaler Biegemomente (Momententragfähigkeit im Bereich positiver und negativer Momente)
- Angriffspunkte von konzentrierten Einzellasten und Auflagerpunkte (Querkrafttragfähigkeit einschließlich Interaktion Biegung mit Querkraft)
- Stellen mit Querschnittssprüngen, die nicht durch Rissbildung des Betongurtes verursacht werden
- Querschnitte mit Stegöffnungen und Betongurtdurchbrüchen.

Beim Nachweis ausreichender Längsschubtragfähigkeit ergibt sich die maßgebende kritische Länge aus dem Abstand benachbarter kritischer Schnitte. Bei Trägern mit veränderlicher Bauhöhe sind benachbarte kritische Schnitte so zu wählen, dass das Verhältnis größerer zu kleinerer Momententragfähigkeit max. 1,5 beträgt.

11.6.2.2 Schnittgrößenermittlung von Durchlaufträgern im Hochbau

11.6.2.2.1 Elastische Tragwerksberechnung

Bei der Berechnung sind Einflüsse aus Rissbildung, Kriechen und Schwinden des Betons, Belastungsgeschichte und ggf. Schlupf in der Verbundfuge (bei nachgiebiger Verdübelung) ausreichend genau zu berücksichtigen. Für typische Querschnitte nach Abb. 11.57 sind die nachfolgenden Näherungsverfahren erlaubt.

Einflüsse aus der Rissbildung

Allgemeines Verfahren Die Einflüsse aus der Rissbildung von Verbundträgern mit Betongurten sind durch folgende Schritte zu berücksichtigen:

- Ermittlung der Schnittgrößen nach Zustand I (ungerissener Beton) für die charakteristische Kombination
- Ermittlung der gerissenen Trägerbereiche L_{cr}, in denen die Betonrandspannung den zweifachen Wert der Betonzugfestigkeit überschreitet ($\sigma_{c,grenz} > 2 f_{ctm}$).
- Ansatz von EI_2 (Zustand II = Gesamtstahlquerschnitt aus Baustahl und Betonstahl) in den gerissenen angenommenen Trägerbereichen
- erneute Schnittgrößenermittlung unter Berücksichtigung der Rissbildung.

Näherungsverfahren DIN EN 1994-1-1 [30], Abschn. 5.4.4 (5), s. Abb. 11.58a: Bei der Schnittgrößenermittlung wird über die gesamte Trägerlänge die Biegesteifigkeit EI_1 des ungerissenen Verbundquerschnitts zugrunde gelegt. Die so ermittelten Biegemomente dürfen bei Verbundträgern mit feldweise konstanter Bauhöhe im GZT in Abhängigkeit von der QSK und unter Beachtung der Gleichgewichtsbedingungen zwischen Belastung, Stütz- und Feldmomenten entsprechend Tafel 11.138 umgelagert werden.

DIN EN 1994-1-1 [30], Abschn. 5.4.2.3 (3), s. Abb. 11.58b): Der Einfluss der Rissbildung im Betongurt auf die Momentenverteilung wird näherungsweise dadurch berücksichtigt, dass beidseitig der Innenstützen gerissene Trägerbereiche mit einer Länge von 15 % der Stützweite der angrenzenden Felder und der Biegesteifigkeit EI_2 angesetzt werden. In den übrigen Bereichen wird der ungerissene Querschnitt angenommen. Dieses Vorgehen ist nur bei Trägern zulässig, deren Verhältnis benachbarter Stützweiten die Bedingung $L_{min}/L_{max} \geq 0,6$ erfüllen. Weitere Umlage-

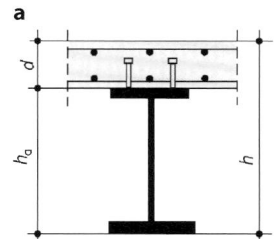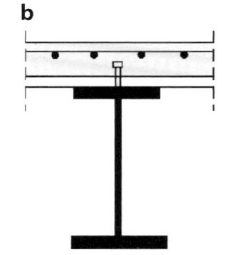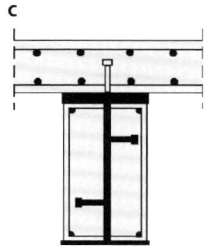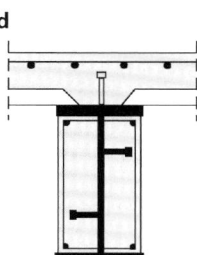

Abb. 11.57 Typische Verbundquerschnitte. **a** Vollbetonplatte, durchgehende Verbundfuge, **b** Platte mit Profilblechen, unterbrochene Verbundfuge, **c, d** mit Kammerbeton

Abb. 11.58 Anzusetzende Biegesteifigkeit bei Verbundträgern mit Rissbildung. **a** ohne Berücksichtigung der Rissbildung, **b** mit Berücksichtigung der Rissbildung

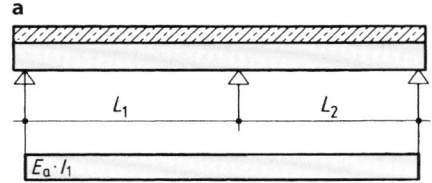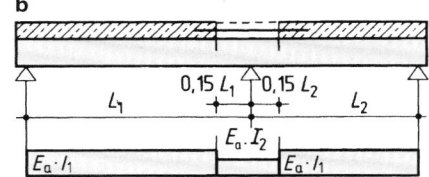

Tafel 11.138 Grenzwerte für die Umlagerung von negativen Biegemomenten an Innenstützen [%]

Schnittgrößenermittlung	Stahlsorten	Querschnittsklasse			
		1	2	3	4
Ohne Rissbildung	S235, S275, S355	40	30	20	10
	S420, S460	30		10	10
Mit Rissbildung	S235, S275, S355	25	15	10	0
	S420, S460	15		0	0

Die Momentenumlagerung ist bei Querschnitten der Klassen 3 und 4 nur für die auf den Verbundquerschnitt einwirkenden Biegemomente zulässig.

Abb. 11.59 Berücksichtigung der Rissbildung bei kammerbetonierten Trägern

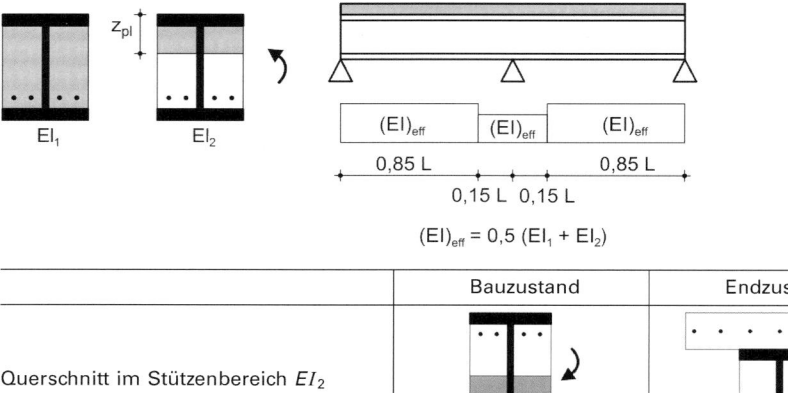

rungen zur Berücksichtigung des Plastizierens sind nach Tafel 11.138 möglich.

Bei Trägern mit Querschnitten der Klasse 1 und 2 dürfen die Biegemomente auch vom Feld zur Stütze umgelagert werden. Die maximal zulässige Vergrößerung der Stützmomente beträgt 20 %, wenn die Rissbildung bei der Schnittgrößenermittlung berücksichtigt wurde sowie 10 % bei Annahme ungerissener Querschnitte (vgl. [30], Abschn. 5.4.4 (5)).

Bei Tragwerken des Hochbaus mit kammerbetonierten Querschnitten darf der Einfluss der Rissbildung im Kammerbeton durch Ansatz des Mittelwertes der Biegesteifigkeiten des ungerissenen und gerissenen Kammerbetonquerschnitts berücksichtigt werden (siehe Abb. 11.59).

Berücksichtigung von Kriechen und Schwinden Aus dem Kriechen und Schwinden des Betons resultieren bei Verbundbauteilen Eigenspannungen im Querschnitt sowie Krümmungen und Längsdehnungen. Die bei statisch bestimmten Systemen auftretenden Eigenspannungszustände werden als primäre Beanspruchungen bezeichnet. In statisch unbestimmten Systemen treten aufgrund der Verträglichkeitsbedingungen zusätzliche Zwängungen auf, die als sekundäre Beanspruchungen (Zwangsbeanspruchungen) bezeichnet werden. Die zugehörigen Einwirkungen, bei Durchlaufträgern i. Allg. Auflagerkräfte, werden als indirekte Einwirkungen behandelt [91].

Mit Ausnahme von Querschnitten mit Doppelverbund dürfen die Einflüsse aus dem Kriechen des Betons mit Hilfe von Reduktionszahlen n_L berücksichtigt werden. Bei der Anwendung des Gesamtquerschnittsverfahrens werden die Betonfläche $A_{c,L}$ und das Betonträgheitsmoment $I_{c,L}$ mit den lastfallabhängigen Werten n_L reduziert. Vereinfacht wird für beide Querschnittswerte die gleiche Reduktionszahl angesetzt. Die Anteile aus Profil- und Betonstahl sowie Beton werden zu einem ideellen Gesamtquerschnitt mit den Querschnittswerten $A_{i,L}$ und $I_{i,L}$ zusammengefasst. Als Bezugsgröße wird üblicherweise der Elastizitätsmodul von Stahl verwendet. Die Verformungen, Teilschnittgrößen und Spannungen können dann für die verschiedenen Beanspruchungsarten direkt an einem ideellen Gesamtquerschnitt berechnet werden.

Abb. 11.60 Teilschnittgrößen und Spannungen bei Momentenbeanspruchung

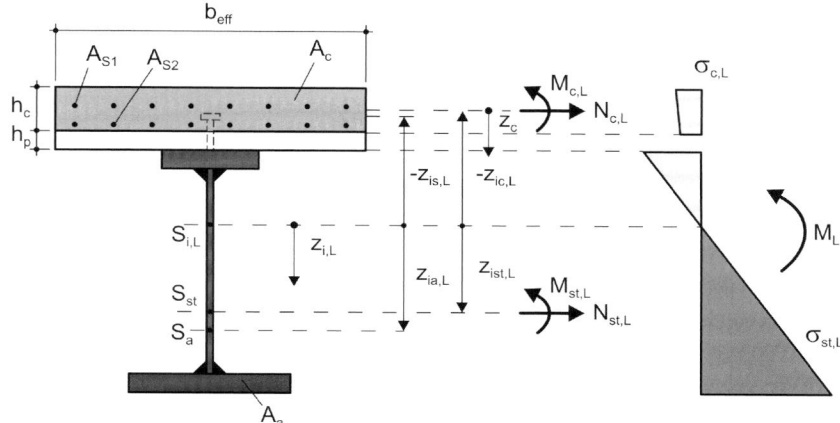

$$n_L = n_0(1 + \psi_L \varphi_t) \quad \text{mit } n_0 = \frac{E_a}{E_{cm}} \quad (11.185)$$

$$A_{c,L} = A_c / n_L \quad (11.186)$$

$$I_{c,L} = I_c / n_L \quad (11.187)$$

$$A_{st} = A_a + A_s \quad (11.188)$$

$$A_{i,L} = A_{c,L} + A_a + A_s \quad (11.189)$$

$$I_{i,L} = I_{c,L} + I_a + I_s$$
$$\quad + A_{c,L} \cdot z_{ic,L}^2 + A_a \cdot z_{ia,L}^2 + A_s \cdot z_{is,L}^2 \quad (11.190)$$

n_0 Reduktionszahl für kurzzeitige Beanspruchungen bzw. für den Zeitpunkt t_0

φ_t Kriechzahl $\varphi(t, t_0)$ nach [10], Abschn. 3.1.4 oder 11.3.3 in Abhängigkeit vom betrachteten Betonalter t und vom Alter t_0 bei Belastungsbeginn

ψ_L von der Beanspruchungsart abhängiger Kriechbeiwert (s. Tafel 11.140)

$A_{i,L}$ ideelle Querschnittsfläche für die Beanspruchungsart L

$I_{i,L}$ ideelles Trägheitsmoment für die Beanspruchungsart L

$z_{ic,L}$ Abstand der Schwerpunkte von Betonfläche und ideellem Gesamtquerschnitt für die Beanspruchungsart L ($z_{ia,L}$ und $z_{is,L}$ analog).

11.6.2.2.2 Berechnung nach Fließgelenktheorie

Bei der plastischen Berechnung ist i. Allg. ein Nachweis ausreichender Rotationskapazität in den Fließgelenken erforderlich. Die Bedingungen für die Anwendung der Fließgelenktheorie sind in [30], Abschn. 5.4.5 definiert. Für Verbundträger des Hochbaus darf eine ausreichende Rotationskapazität angenommen werden, wenn folgende Anforderungen erfüllt sind:

- Stähle mit Festigkeiten über S355 werden nicht verwendet.
- Im Bereich von Fließgelenken erfüllen die Querschnitte die Anforderungen an die QSK 1, in den übrigen Bereichen mindestens die Anforderungen an die QSK 2.
- Sofern vorhanden, werden der Kammerbeton und die im Kammerbeton im Druckbereich angeordnete Bewehrung bei der Ermittlung der Momententragfähigkeit vernachlässigt.
- Für jede Träger-Stützenverbindung wird nachgewiesen, dass eine ausreichende Rotationskapazität vorhanden ist oder dass der Anschluss so ausgebildet wird, dass seine Momententragfähigkeit nicht kleiner als der 1,2-fache

Tafel 11.139 Ermittlung der Teilschnittgrößen und Spannungen bei Momentenbeanspruchung (voller Verbund)

		Betonquerschnitt	Stahlquerschnitt
Teilschnittgrößen		$M_{c,L} = M_L \cdot \dfrac{I_{c,L}}{I_{i,L}}$	$M_{st,L} = M_L \cdot \dfrac{I_{st}}{I_{i,L}}$
		$N_{c,L} = M_L \cdot \dfrac{A_{c,L}}{I_{i,L}} \cdot z_{ic,L}$	$N_{st,L} = M_L \cdot \dfrac{A_{st}}{I_{i,L}} \cdot z_{ist,L}$
Spannungen		$\sigma_{c,L} = \dfrac{M_L}{n_L \cdot I_{i,L}} \cdot (z_{ic,L} + z_c)$	$\sigma_{st,L} = \dfrac{M_L}{I_{i,L}} \cdot z_{i,L}$

Tafel 11.140 Kriechbeiwert ψ_L in Abhängigkeit von der Art der Belastung

Beanspruchungsart L	Bezeichnung	Wert
Ständige Beanspruchung	ψ_P	1,1
Primäre und sekundäre Beanspruchung aus Schwinden	ψ_S	0,55
Zeitabhängige sekundäre Beanspruchung aus Kriechen	ψ_{PT}	0,55
Vorspannung mittels planmäßig eingeprägter Deformation	ψ_D	1,5

Tafel 11.141 Erforderliche Momententragfähigkeit von Durchlaufträgern bei Anwendung der Fließgelenktheorie

$$\alpha = \frac{M_{pl,Rd}^{Stütze}}{M_{pl,Rd}^{Feld}}$$

α	η	a	η	a
0,0	8,000	0,500	8,0	0,000
0,1	8,395	0,488	8,8	0,023
0,2	8,782	0,477	9,6	0,044
0,3	9,161	0,467	10,4	0,061
0,4	9,533	0,458	11,2	0,077
0,5	9,899	0,450	12,0	0,092
0,6	10,26	0,442	12,8	0,105
0,7	10,62	0,434	13,6	0,117
0,8	10,97	0,427	14,4	0,127
0,9	11,31	0,421	15,2	0,137
1,0	11,66	0,414	16,0	0,146

Wert der vollplastischen Momententragfähigkeit des angeschlossenen Querschnitts ist.

- Die Längen benachbarter Felder von Durchlaufträgern unterscheiden sich bezogen auf die kleinere Stützweite um nicht mehr als 50 %.
- Die Stützweite des Endfeldes ist nicht größer als 115 % der Stützweite des Nachbarfeldes.
- Sofern in Feldbereichen mehr als die Hälfte der gesamten Bemessungslast auf einer Länge von 1/5 der Stützweite konzentriert ist, muss die Begrenzung von $z_{pl}/h \leq 0{,}15$ beachtet werden. Damit wird ein Versagen der Betondruckzone vermieden. Andernfalls ist nachzuweisen, dass für das Fließgelenk im Feld keine Rotationsanforderungen bestehen.
- Die Druckflansche sind an den Stellen von Fließgelenken seitlich gehalten und für die Träger besteht keine Biegedrillknickgefahr.

11.6.2.3 Mittragende Gurtbreiten

Der Einfluss der Schubverzerrung breiter Betongurte wird entweder durch eine genaue Berechnung oder durch den Ansatz der mittragenden Breite b_{eff} nach Tafel 11.142 berücksichtigt. b_{eff} wird in Abhängigkeit von der äquivalenten Stützweite L_e bestimmt. Hierfür ist i. Allg. der Abstand der Momentennullpunkte anzunehmen. Für typische durchlaufende Verbundträger kann L_e nach Abb. 11.61 angenommen werden.

Bei der Tragwerksberechnung darf von feldweise konstanten mittragenden Breiten ausgegangen werden. Diese

Tafel 11.142 Mittragende Gurtbreite b_{eff}

Feldbereich, innere Auflager	Endauflager
$b_{eff} = b_0 + \sum b_{ei}$	$b_{eff} = b_0 + \sum \beta_i b_{ei}$
Mit $b_{ei} = L_e/8 \leq b_i$ und $\beta_i = 0{,}55 + 0{,}025 L_e/b_{ei} \leq 1{,}0$	

b_{ei} mittragende Breite der Teilgurte beidseits des Trägersteges.
b_0 Achsabstand der äußeren Dübelreihen.
L_e äquivalente Stützweite.

ergeben sich für Träger mit beidseitiger Auflagerung aus dem Wert $b_{eff,1}$ bzw. $b_{eff,3}$ in Feldmitte und für Kragarme mit $b_{eff,4}$ (s. Abb. 11.61).

Bei der Schnittgrößenermittlung darf bei Tragwerken des Hochbaus $b_0 = 0$ angenommen werden. Die geometrische Breite b_i bezieht sich dann auf die Stegachse. Beim Nachweis der Querschnittstragfähigkeit darf näherungsweise für den gesamten Trägerbereich mit positiver Momentenbeanspruchung eine konstante mittragende Breite mit dem Wert b_{eff} in Feldmitte angenommen werden. Die gleiche Näherung gilt für den negativen Momentenbereich beidseits von Innenstützen.

11.6.2.4 Querschnittstragfähigkeit

In diesem Abschnitt werden nur die vollplastischen Querschnittstragfähigkeiten bei vollständiger und teilweiser Verdübelung behandelt. Zur Bestimmung der dehnungsbeschränkten und der elastischen Momententragfähigkeit siehe [30], Abschn. 6.2.1.4 und 6.2.1.5.

Abb. 11.61 Äquivalente Stützweiten L_e für typische durchlaufende Verbundträger.
$L_e^a = 0,85 \cdot L_1$,
$L_e^b = 0,25 \cdot (L_1 + L_2)$,
$L_e^c = 0,7 \cdot L_2$,
$L_e^d = 2 \cdot L_3$

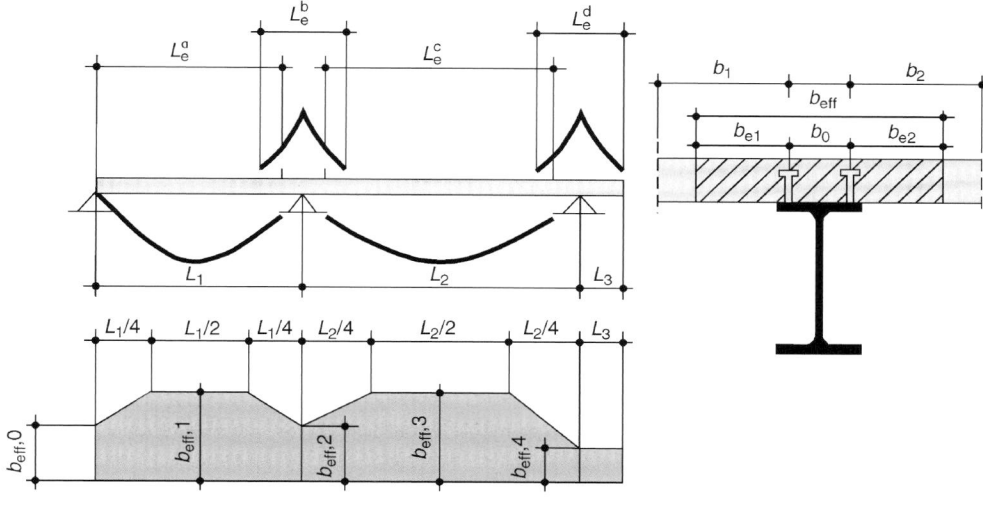

Abb. 11.62 Abminderungsfaktor β für $M_{pl,Rd}$ bei Baustählen S420 und S460

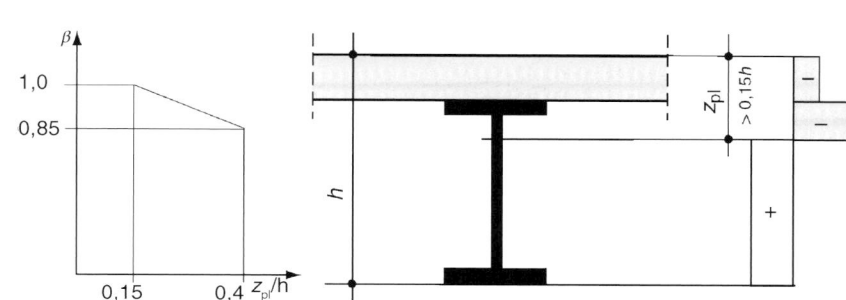

11.6.2.4.1 Plastische Momententragfähigkeit bei vollständiger Verdübelung

Annahmen und Voraussetzungen

- vollständiges Zusammenwirken von Baustahl, Bewehrung und Beton
- Baustahlquerschnitt mit Zug- und/oder Druckspannungen f_{yd}
- Betonstahlquerschnitt mit Zug- und/oder Druckspannungen f_{sd}
- Betonstahl in der Druckzone des Querschnitts darf vernachlässigt werden
- beim Beton wird in der Druckzone eine konstante Spannung $0,85 f_{cd}$ angenommen, die Zugfestigkeit wird nicht berücksichtigt.

Die Bestimmung der plastischen Momententragfähigkeit kann für Verbundträger ohne Kammerbeton unter positiver und negativer Momentenbeanspruchung bei gleichzeitiger Wirkung von Querkräften nach den Tafeln 11.143 und 11.144 erfolgen. Dabei kann der Querkrafteinfluss für $V_{Ed} \leq 0,5 V_{Rd}$ vernachlässigt werden ($\rho = 0$, s. Abschn. 11.3.9). Der Nachweis ausreichender Momententragfähigkeit erfolgt nach (11.191).

$$M_{Ed} \leq M_{pl,Rd} \qquad (11.191)$$

Wenn die plastische Nulllinie des Querschnitts zu weit in den Steg des Stahlträgers absinkt, wird die Momen-

tentragfähigkeit durch Erreichen der Grenzdehnungen im Betongurt beschränkt. Bei Verwendung der Stahlgüten S420 und S460 wird die vollplastische Momententragfähigkeit für Werte $z_{pl}/h > 0,15$ (h = Gesamtquerschnittshöhe) mit dem Faktor β nach Abb. 11.62 abgemindert. Bei Werten $z_{pl}/h > 0,40$ ist die Momententragfähigkeit elastisch oder dehnungsbeschränkt zu berechnen.

11.6.2.4.2 Plastische Momententragfähigkeit bei teilweiser Verdübelung

Im Bereich positiver Momente kann eine Abminderung der Verdübelung erfolgen, sofern die Momententragfähigkeit $M_{pl,Rd}$ bei vollständiger Verdübelung die Momentenbeanspruchung M_{Ed} überschreitet. Voraussetzung hierfür ist der Einsatz duktiler Verbundmittel, wie z. B. Kopfbolzendübel. Bei teilweiser Verdübelung stellen sich nach der Teilverbundtheorie zwei plastische Nulllinien im Querschnitt ein, unter deren Ansatz die Momententragfähigkeit bestimmt wird.

M_{Rd} ist mit der reduzierten Betondruckkraft $N_c = \eta \cdot N_{cf}$ (η = Verdübelungsgrad, N_{cf} = Druckkraft im Betongurt, die zu $M_{pl,Rd}$ führt) zu bestimmen (vgl. Abb. 11.63b). Die reduzierte Druckkraft ergibt sich aus der Anzahl n der Dübel, die zwischen dem Momentennullpunkt und der Stelle max M_{Ed} angeordnet werden, und deren Tragfähigkeit P_{Rd} zu $N_c = n \cdot P_{Rd}$.

Tafel 11.143 Plastische Momententragfähigkeit bei positiven Momenten, vollständiger Verdübelung und Querkraftbeanspruchung

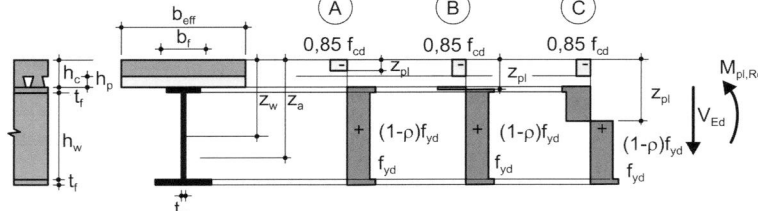

	$z_{pl} =$	$M_{pl,Rd} =$
A	Nulllinie in der Betonplatte: $= \dfrac{N_{pl,a,Rd} - \rho \cdot N_{pl,w}}{0{,}85 \cdot f_{cd} \cdot b_{eff}} \leq h_c - h_p$	$= N_{pl,a,Rd} \cdot (z_a - 0{,}5 z_{pl}) - \rho \cdot N_{pl,w} \cdot (z_w - 0{,}5 z_{pl})$
B	Nulllinie im Trägergurt: $= h_c + \dfrac{N_{pl,a,Rd} - \rho \cdot N_{pl,w} - N_{cd}}{2 f_{yd} \cdot b_f}$	$= N_{pl,a,Rd} \cdot \left(z_a - \dfrac{h_c - h_p}{2} \right) - \rho \cdot N_{pl,w} \cdot \left(z_w - \dfrac{h_c - h_p}{2} \right) - N_f \cdot \left(\dfrac{z_{pl} - h_c}{t_f} \right) \cdot \left(\dfrac{z_{pl} + h_p}{2} \right)$
C	Nulllinie im Trägersteg: $= h_c + t_f + \dfrac{N_{pl,a,Rd} - \rho \cdot N_{pl,w} - N_{cd} - N_f}{2 f_{yd}(1 - \rho) \cdot t_w}$	$= N_{pl,a,Rd} \cdot \left(z_a - \dfrac{h_c - h_p}{2} \right) - \rho \cdot N_{pl,w} \cdot \left(z_w - \dfrac{h_c - h_p}{2} \right) - N_f \cdot \left(\dfrac{t_f + h_c + h_p}{2} \right) - N_w \cdot \left(\dfrac{z_{pl} + t_f + h_p}{2} \right)$

$N_{pl,a,Rd} = A_a \cdot f_{yd}$; $N_{pl,w} = f_{yd} \cdot t_w \cdot h_w$; $N_{cd} = 0{,}85 \cdot f_{cd} \cdot b_{eff} \cdot (h_c - h_p)$;
$N_w = 2 f_{yd} \cdot (1 - \rho) \cdot t_w \cdot (z_{pl} - h_c - t_f)$; $N_f = 2 f_{yd} \cdot b_f \cdot t_f$; $\rho = \left(\frac{2 V_{Ed}}{V_{Rd}} - 1 \right)^2 \geq 0$.

Tafel 11.144 Vollplastische Momententragfähigkeit bei negativen Momenten, vollständiger Verdübelung und Querkraftbeanspruchung

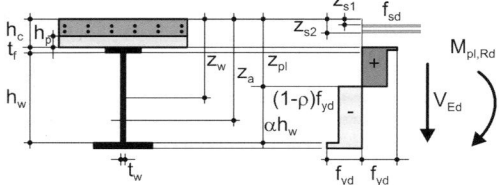

Nulllinie im Steg!

$z_{pl} =$	$M_{pl,Rd} =$
$= h_c + t_f + \dfrac{N_{pl,a,Rd} - \rho \cdot N_{pl,w} - \sum N_{si} - N_f}{2 f_{yd} \cdot (1 - \rho) \, t_w}$	$= N_{pl,a,Rd} \cdot z_a - \rho \cdot N_{pl,w} \cdot z_w - \sum N_{si} \cdot z_{si} - N_f \cdot \left(h_c + \dfrac{t_f}{2} \right) - N_w \cdot \left(\dfrac{z_{pl} + t_f + h_c}{2} \right)$

$N_{pl,a,Rd} = A_a \cdot f_{yd}$; $N_f = 2 \cdot f_{yd} \cdot b_f \cdot t_f$; $N_{si} = A_{si} \cdot f_{sd}$ mit $i = 1, 2, \dots$; $N_{pl,w} = f_{yd} \cdot h_w \cdot t_w$;
$\rho = \left(\frac{2 V_{Ed}}{V_{Rd}} - 1 \right)^2 \geq 0$; $N_w = 2 \cdot f_{yd}(1 - \rho)(z_{pl} - h_c - t_f) t_w$.

Vereinfachend darf M_{Rd} auch über eine lineare Interpolation (Gerade A–C in Abb. 11.63a)) bestimmt werden (11.192). Der Tragsicherheitsnachweis erfolgt mit (11.193).

$$M_{Rd} = M_{pl,a,Rd} + \left(M_{pl,Rd} - M_{pl,a,Rd} \right) \cdot \frac{N_c}{N_{c,f}} \quad (11.192)$$

$$M_{Ed} \leq M_{Rd} \quad (11.193)$$

11.6.2.4.3 Plastische Querkrafttragfähigkeit

Auf die Berücksichtigung der Mitwirkung des Betongurtes bei der Bestimmung der Querkrafttragfähigkeit wird i. Allg. verzichtet. Bei **Verbundträgern ohne Kammerbeton** gilt für die plastische Querkrafttragfähigkeit nach [12]:

$$V_{Rd} = V_{pl,a,Rd} = A_v \cdot \tau_{Rd} \quad \text{mit } \tau_{Rd} = f_{yd} / \sqrt{3} \quad (11.194)$$

$A_v = h_w \cdot t_w$ (geschweißte I-Querschnitte)
$A_v = A_a - 2 b_f \cdot t_f + (t_w + 2r) \cdot t_f$ (Walzprofile).

Der Nachweis gegen Schubbeulen kann entfallen, wenn für den Steg des Stahlträgers gilt: $h_w / t_w \leq 72 \varepsilon / \eta$ (s. Abschn. 11.3.6). Andernfalls ist der Nachweis nach Abschn. 11.5.3.3 zu führen.

Wird bei **Verbundträgern mit Kammerbeton** der Beitrag des Kammerbetons bei der Querkrafttragfähigkeit angesetzt, ist eine Bügelbewehrung nach Abb. 11.64 anzuordnen und eine geeignete Sicherung des Kammerbetons vorzusehen (Verdübelung, durchgesteckte Bügel, S-Haken).

Als Näherung darf die einwirkende Querkraft V_{Ed} in die Anteile, die vom Stahlprofil ($V_{a,Ed}$) und vom Kammerbeton ($V_{c,Ed}$) aufgenommen werden, im Verhältnis der Beiträge des Baustahlquerschnitts und des bewehrten Kammerbetonquerschnitts zur Momententragfähigkeit $M_{pl,Rd}$ erfolgen.

Bei der Ermittlung der Querkrafttragfähigkeit des Kammerbetons ist die Rissbildung zu berücksichtigen. Sofern er vollständig in der Zugzone liegt, darf er zur Abtragung der Querkräfte nicht angesetzt werden.

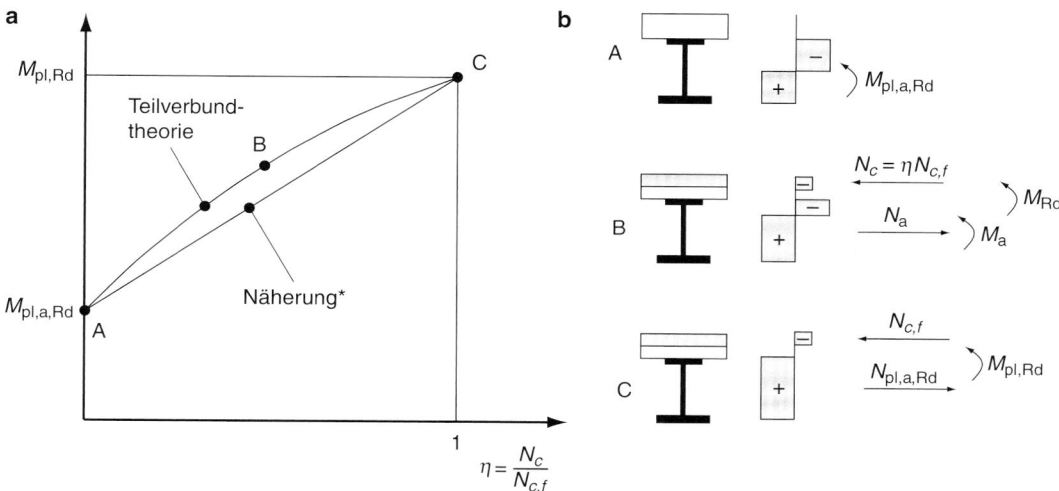

Abb. 11.63 Momententragfähigkeit in Abhängigkeit vom Verdübelungsgrad η. * siehe (11.192)

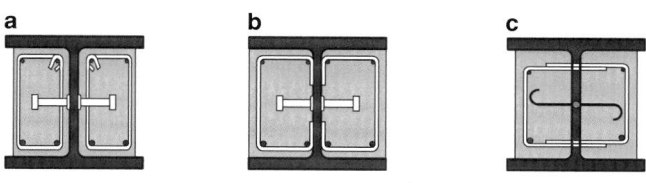

Abb. 11.64 Anordnung von Bügeln bei Trägern mit Kammerbeton. **a** Geschlossene Bügel, **b** Bügel am Steg angeschweißt, **c** durch Öffnungen im Steg gesteckte Bügel

11.6.2.4.4 Interaktion Biegung und Querkraft

Wenn $V_{Ed} > 0,5 \cdot V_{Rd}$ ist, muss die Querkraft berücksichtigt werden. Der Einfluss auf die Momententragfähigkeit darf bei Querschnitten der Klasse 1 und 2 durch eine Reduzierung der Streckgrenze der auf Querkraft beanspruchten Querschnittsteile berücksichtigt werden, siehe Tafeln 11.143 und 11.144.

Reduzierte Streckgrenze:

$$(1 - \rho) \cdot f_{yd} \qquad (11.195)$$

mit

$$\rho = (2V_{Ed}/V_{Rd} - 1)^2 \qquad (11.196)$$

11.6.2.5 Biegedrillknicken bei Durchlaufträgern

11.6.2.5.1 Allgemeines

Bei Druckgurten von Stahlträgern, die unmittelbar mit Betongurten im Verbund stehen, besteht keine Biegedrillknickgefahr, wenn der Betongurt selbst nicht seitlich ausweichen kann.

Für alle anderen druckbeanspruchten Gurte ist in der Regel ein Biegedrillknicknachweis erforderlich. Es dürfen die Nachweisverfahren nach [12], Abschn. 6.3.2.1 bis 6.3.2.3 und das allgemeine Nachweisverfahren nach [12], Abschn. 6.3.4 verwendet werden. Dabei sind die Teilschnittgrößen des Baustahlquerschnitts unter Berücksichtigung der Belastungsgeschichte zugrunde zu legen. Beim Nachweis darf angenommen werden, dass der Obergurt des Stahlträgers durch die Betonplatte seitlich unverschieblich und drehelastisch gehalten ist.

11.6.2.5.2 Vereinfachter Nachweis von Durchlaufträgern mit Walzprofilen

Auf einen Nachweis des Biegedrillknickens darf verzichtet werden, wenn die bezogene Schlankheit $\bar{\lambda}_{LT}$ für das Biegedrillknicken nicht größer als 0,4 ist. In Tafel 11.145 sind Grenzhöhen für Walzprofile der Reihen IPE und HE angegeben, bei deren Einhaltung der Biegedrillknicknachweis entfallen darf. Die Anwendung der Tafel ist an folgende Bedingungen geknüpft (vgl. [30], Abschn. 6.4.3):

- Verhältnis der Stützweiten $0,8 \leq L/L_i \leq 1,25$ bzw. $L_k/L \leq 0,15$ (s. Abb. 11.65).
- Anteil der ständigen Last an der Gesamtlast

$$\frac{\gamma_G \cdot G_k}{\gamma_G \cdot G_k + \gamma_Q \cdot Q_k} \geq 0,4$$

Tafel 11.145 Maximale Profilhöhe h [mm] für den vereinfachten Nachweis[a]

Stahlprofil		Baustahl			
		S235	S275	S355	S420, S460
Träger **ohne** Kammerbeton	IPE	600	550	400	270
	HEA	790	690	640	490
	HEB	900	800	700	600
Träger **mit** Kammerbeton	IPE	600	600	600	400
	HEA	990	890	790	640
	HEB	1000	1000	900	700

[a] Die Grenzhöhen sind an die genormten Profilhöhen angepasst.

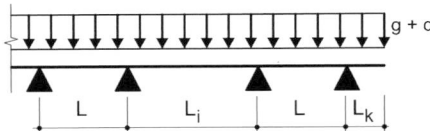

Abb. 11.65 Stützweiten

- Verdübelung nach [30], Abschn. 6.6.
- Parallel verlaufende Träger, sodass eine Einspannwirkung über die Betonplatte entsteht.
- Bei Verbunddecken ist die Spannrichtung der Profilbleche senkrecht zum Träger.
- An den Auflagern ist der Untergurt seitlich gehalten und der Steg ausgesteift.
- Die Biegeschlankheit des Betongurtes ist auf $L_i/d \leq 35$ begrenzt.

11.6.2.5.3 Allgemeiner Biegedrillknicknachweis
Für Verbundträger des Hochbaus mit konstanten Baustahlquerschnitten in Längsrichtung und Querschnitten der Klassen 1, 2 und 3 darf der Nachweis mit dem in [30], Abschn. 6.4.2 angegebenen Verfahren geführt werden.

Drehbettung
Durch die Betonplatte wird der Verbundträger seitlich gestützt und drehelastisch eingespannt (Abb. 11.66). Ein seitliches Ausweichen kann nur im Bereich negativer Momente stattfinden. Bei der Bestimmung der Drehbettungssteifigkeit wird der Verformungseinfluss der Stahlbetonplatte und des Trägersteges (Einfluss der Profilverformungen) berücksichtigt. Sofern der Verbundträger mit Kammerbeton ausgeführt wird, ergeben sich deutlich höhere Steifigkeitswerte. Die Drehbettung wird näherungsweise durch ein Fachwerkmodell erfasst, bei dem der Stahlträgersteg als Zugstrebe und die in Ausweichrichtung liegende Seite des Kammerbetons als Druckstrebe angesetzt wird. Die Dehnsteifigkeit dieser Betondruckstrebe wird zur Berücksichtigung des Kriechens mit der Reduktionszahl n_p für ständige Einwirkungen abgemindert.

Resultierende Drehbettung:

$$c_{\vartheta,k} = \frac{1}{\frac{1}{c_{\vartheta R,k}} + \frac{1}{c_{\vartheta D,k}}} \qquad (11.197)$$

Drehbettung aus der Verformung der Betonplatte:

$$c_{\vartheta R,k} = \alpha \cdot \frac{(EI)_2}{a} \qquad (11.198)$$

Drehbettung aus der Verformung des Trägersteges:

$$c_{\vartheta D,k} = \frac{E_a \cdot t_w^3}{4 \cdot (1 - v_a^2) \cdot h_s} \qquad (11.199)$$

Drehbettung aus der Verformung von Trägersteg und Kammerbeton:

$$c_{\vartheta D,k} = \frac{E_a \cdot t_w \cdot b_c^2}{16 h_s \cdot (1 - 4 n_p t_w / b_c)} \qquad (11.200)$$

$\alpha = 2$ für Randträger, 3 für Innenträger, 4 für Innenträger von Deckensystemen mit vier und mehr Innenträgern
$(EI)_2$ Biegesteifigkeit der Betonplatte oder Verbunddecke je Längeneinheit, die unter Berücksichtigung der Rissbildung ermittelt wird. Maßgebend ist der kleinere Wert für den Feld- und Stützbereich der Decke.

$$(EI)_2 \cong E_{cm} I_c \cdot 5,8 \cdot n_0 \cdot \rho_l$$

mit
$E_{cm} I_c$ Biegesteifigkeit im Zustand I,
$n_0 = E_a / E_{cm}$,
ρ_l Bewehrungsgrad
h_s Steghöhe
b_c Breite des Kammerbetons
v_a Querdehnung des Stahls: $v_a = 0,3$
n_p Reduktionszahl für ständige Einwirkungen (siehe (11.185)).

Abb. 11.66 Querschnittsverformungen und Modell zur Bestimmung des idealen Biegedrillknickmoments

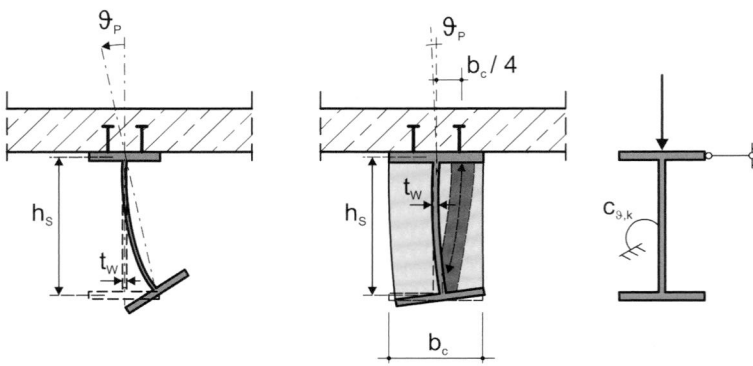

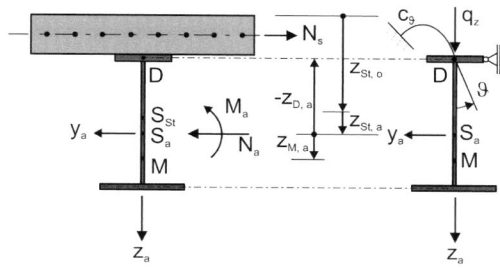

Abb. 11.67 Verbundquerschnitt mit Bezeichnung zur Bestimmung des idealen Biegedrillknickmoments

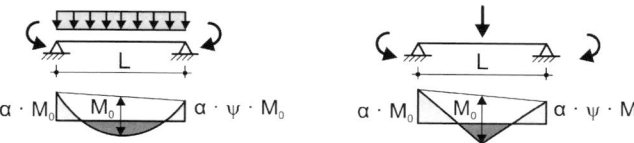

Abb. 11.68 Gabelgelagerte Träger mit Gleichstreckenlast und Einzellast

Ideales Biegedrillknickmoment Das ideale Biegedrillknickmoment M_{cr} kann für gabelgelagerte Träger mit konstantem Querschnitt, Gleichstrecken- oder Einzellasten sowie Randmomenten mit (11.201) bestimmt werden (vgl. [92] und Abschn. 11.4.2.4 und 11.4.3.4).

$$M_{cr} = \frac{1}{k_z} \cdot \left[\frac{\pi^2 EI_{D,a}}{(\beta_B L)^2} + (GI_{T,a})_{eff} \right] \quad (11.201)$$

$$\beta_B = \beta_{0B} \cdot \left(\frac{1}{(a \cdot \sqrt{\eta_B}/\pi)^{n_1}} \right)^{1/n_2}$$

$$(GI_{t,a})_{eff} = A \cdot (1{,}5 - 0{,}5 \cdot \psi) \cdot GI_{T,a}$$

$$\eta_B = \sqrt{\frac{c_{\vartheta,k} \cdot L^4}{EI_{D,a}}}$$

$$k_z = \left[2 \cdot (z_{D,a} - z_{M,a}) - r_{M,a} + \frac{i_{D,a}^2}{z_e} \right] \cdot I_a/I_{st}$$

β_B Knicklängenbeiwert zur Bestimmung des idealen Biegedrillknickmoments

η_B Bettungsparameter

$(GI_{T,a})_{eff}$ effektive St. Venant'sche Torsionssteifigkeit des Baustahlquerschnitts

k_z Drehradius für Biegemomente M_y des Verbundträgers im Zustand II

$EI_{D,a}$ Wölbsteifigkeit des Baustahlquerschnitts bezogen auf die feste Drehachse D

$a, n_1, n_2, A, \beta_{0B}$ Beiwerte in Abhängigkeit der Momentenverteilung nach Tafel 11.146 oder 11.147 und Abb. 11.68.

$$i_{D,a}^2 = i_{y,a}^2 + i_{z,a}^2 + z_{D,a}^2$$

$$z_e = \frac{M_a}{N_a} = -\frac{I_a}{z_{St,a} \cdot A_a}$$

$$r_{M,a} = \frac{1}{I_a} \int_{A_a} (y_a^2 + z_a^2) z_a \, dA_a - 2 z_{M,a}$$

Tragsicherheitsnachweis Der Tragsicherheitsnachweis für das Biegedrillknicken wird nach [12], Abschn. 6.3.2.1 bis 6.3.2.3, geführt (s. Abschn. 11.4.3.2).

$$M_{b,Rd} = \chi_{LT} \cdot M_{Rd} \quad (11.202)$$

M_{Rd} Bemessungswert der Momententragfähigkeit für negative Momentenbeanspruchung am maßgebenden Auflager

χ_{LT} Abminderungsfaktor für das Biegedrillknicken, der vom Schlankheitsgrad $\bar{\lambda}_{LT} = \sqrt{M_{Rk}/M_{cr}}$ und der maßgebenden Knicklinie abhängt (s. Abschn. 11.4.3.2)

Tafel 11.146 Beiwerte für gabelgelagerte Träger mit Gleichstreckenlasten

$\alpha =$	1			0,5			0,25		
$A =$	1,25			1,50			1,75		
$\beta_{0B} =$	$0{,}037\psi^2 + 0{,}3\psi + 0{,}4$			$0{,}16\psi^2 + 0{,}05\psi + 0{,}24$			$0{,}07\psi^2 + 0{,}01\psi + 0{,}13$		
	a	n_1	n_2	a	n_1	n_2	a	n_1	n_2
$\psi = 1$	1,45	8,80	8,95	1,15	4,90	5,15	0,65	4,05	4,50
$\psi = 0{,}5$	1,37	5,95	6,70	0,95	4,50	5,90	0,55	4,00	5,70
$\psi = 0$	1,13	4,50	5,75	0,77	4,20	5,95	0,48	3,95	6,15

Tafel 11.147 Beiwerte für gabelgelagerte Träger mit Einzellasten

$\alpha =$	1			0,5			0,25		
$A =$	1,25			1,50			1,60		
$\beta_{0B} =$	$0{,}320\psi^2 + 0{,}35$			$0{,}075\psi^2 + 0{,}25\psi + 0{,}34$			$0{,}116\psi^2 + 0{,}06\psi + 0{,}21$		
	a	n_1	n_2	a	n_1	n_2	a	n_1	n_2
$\psi = 1$	1,46	9,85	9,55	1,35	7,10	6,85	0,95	4,90	4,50
$\psi = 0{,}5$	1,45	9,00	9,75	1,30	5,75	6,80	0,85	4,50	5,60
$\psi = 0$	1,35	5,95	7,75	1,05	4,60	6,30	0,70	4,15	6,10

M_{Rk} Momententragfähigkeit des Verbundquerschnitts, ermittelt mit den charakteristischen Werten der Werkstoffeigenschaften

M_{cr} Ideales Biegedrillknickmoment an der Innenstütze des maßgebenden Feldes mit dem größten negativen Moment (s. (11.201)).

Für Querschnitte der Klassen 1 und 2 wird M_{Rd} entweder vollplastisch oder elastisch-plastisch ermittelt. Für den Profilstahl ist der Teilsicherheitsbeiwert $\gamma_{\text{M1}} = 1{,}1$ zu berücksichtigen. Für Träger mit Kammerbeton gelten die Regelungen nach [30], Abschn. 6.3.2. Zu Querschnitten der Klasse 3 siehe [30], Abschn. 6.4.2.

11.6.2.6 Verbundsicherung bei Verbundträgern

11.6.2.6.1 Allgemeines
Die Verbundmittel sind in Trägerlängsrichtung so anzuordnen, dass die Längsschubkräfte $V_{\text{L,Ed}}$ zwischen der Betonplatte und dem Stahlträgerobergurt im GZT zwischen kritischen Schnitten übertragen werden können. $V_{\text{L,Ed}}$ wird aus der Normalkraftänderung im Stahl- bzw. Betonquerschnitt ermittelt. Es wird zwischen Nachweisverfahren ohne und mit plastischer Umlagerung der Längsschubkräfte unterschieden. Natürlicher Haftverbund darf nicht berücksichtigt werden.

11.6.2.6.2 Beanspruchbarkeit von Kopfbolzendübeln
Es werden hauptsächlich Kopfbolzendübel nach DIN EN ISO 13918 [64] verwendet, die mit automatischen Bolzenschweißverfahren nach DIN EN ISO 14555 [66] auf den Baustahlquerschnitt aufgeschweißt werden.

a) Kopfbolzendübel in Vollbetonplatten Die Schubtragfähigkeit eines Kopfbolzendübels ergibt sich aus dem kleineren Wert der Gleichungen (11.203) und (11.204). Der erhöhte Teilsicherheitsbeiwert γ_{V} für Betonversagen (11.204)

wurde in [31] zur Berücksichtigung der Tragfähigkeitsabminderung durch Kurzzeitrelaxation festgelegt.

Stahlversagen
$$P_{\text{Rd}} = \left(0{,}8 f_u \pi d^2/4\right)/\gamma_{\text{V}}, \quad \gamma_{\text{V}} = 1{,}25 \quad (11.203)$$

Betonversagen
$$P_{\text{Rd}} = \left(0{,}29\alpha d^2 \sqrt{f_{\text{ck}} E_{\text{cm}}}\right)/\gamma_{\text{V}}, \quad \gamma_{\text{V}} = 1{,}5 \quad (11.204)$$
$$\alpha = 0{,}2\left(\frac{h_{\text{sc}}}{d} + 1\right) \quad \text{für } 3 \leq h_{\text{sc}}/d \leq 4$$
$$\alpha = 1 \quad \text{für } h_{\text{sc}}/d > 4$$

d Nenndurchmesser des Dübelschaftes mit $16\,\text{mm} \leq d \leq 25\,\text{mm}$

f_u spezifizierte Zugfestigkeit des Bolzenmaterials ($f_u \leq 500\,\text{N/mm}^2$)

f_{ck} im maßgebenden Alter vorhandene charakteristische Zylinderdruckfestigkeit des Betons mit einer Dichte nicht kleiner als $1750\,\text{kg/m}^3$

h_{sc} Nennwert der Gesamthöhe des Dübels.

b) Kopfbolzendübel in Kombination mit Profilblechen
Bei Verwendung von Profilblechen (parallel oder senkrecht zur Verbundträgerachse) ist die Schubtragfähigkeit der Kopfbolzendübel P_{Rd} für Vollplatten mit dem Faktor k_1 bzw. k_t abzumindern. Bei der Bestimmung von P_{Rd} darf für Stahlversagen nach (11.203) f_u mit maximal $450\,\text{N/mm}^2$ angesetzt werden.

Profilbleche mit Rippen parallel zur Trägerachse
$$k_1 = 0{,}6\frac{b_0}{h_p}\left(\frac{h_{\text{sc}}}{h_p} - 1\right) \leq 1{,}0 \quad (11.205)$$

$h_{\text{sc}} \leq h_p + 75\,\text{mm}$

b_0 nach Abb. 11.69 (gestoßene Bleche) und 11.84.

Tafel 11.148 Schubtragfähigkeit P_{Rd} [kN] von Kopfbolzendübeln in Vollplatten ($\alpha = 1$, $f_u = 450\,\text{N/mm}^2$)

Dübel ⌀	Dübelkopf ⌀	C20/25	C25/30	C30/37	C35/45	C40/50	C45/55	C50/60	C55/67	C60/75
16 mm	32 mm	38,3	43,6	49,2	54,0	*57,9*				
19 mm	32 mm	54,1	61,4	69,4	76,1	*81,7*				
22 mm	35 mm	72,5	82,4	93,1	102,1	*109,5*				
25 mm	40 mm	93,6	106,4	120,2	131,8	*141,4*				

Berechnung Betonversagen mit E_{cm} nach Tafel 11.133.
kursiv dargestellte Werte: Stahlversagen ist maßgebend.

Abb. 11.69 Träger mit parallel zur Trägerachse verlaufenden Profilblechen

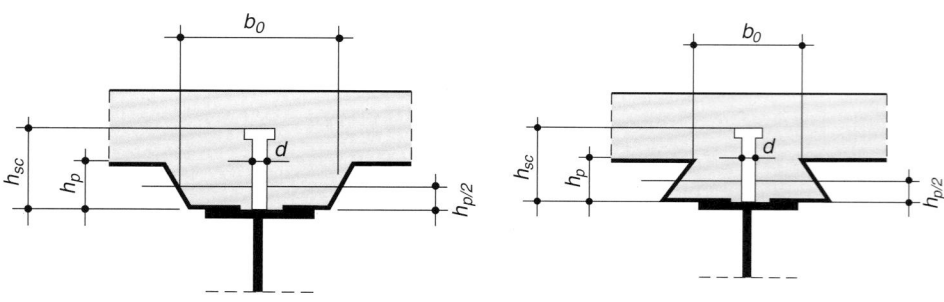

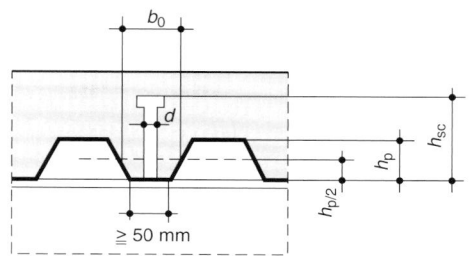 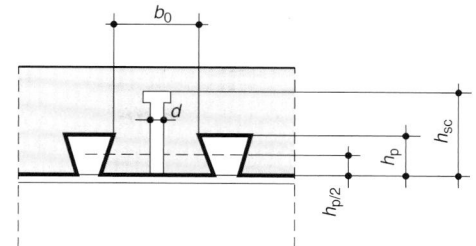

Abb. 11.70 Träger mit senkrecht zur Trägerachse verlaufenden Profilblechen

Tafel 11.149 Obere Grenzwerte $k_{t,max}$ für den Abminderungsbeiwert k_t	Anzahl der Dübel je Rippe n_r	Blechdicke des Profilblechs t [mm]	Durchgeschweißte Dübel mit $d < 20$ mm	Vorgelochte Profilbleche $d = 19$ und 22 mm
	1	$\leq 1{,}0$	0,85	0,75
		$> 1{,}0$	1,00	0,75
	2	$\leq 1{,}0$	0,70	0,60
		$> 1{,}0$	0,80	0,60

Profilbleche mit Rippen senkrecht zur Trägerachse Die Dübeltragfähigkeit P_{Rd} wird mit dem Faktor k_t nach (11.206) abgemindert. Der obere Grenzwert für k_t ist in Tafel 11.149 angegeben.

$$k_t = \frac{0{,}7}{\sqrt{n_r}} \frac{b_0}{h_p} \left(\frac{h_{sc}}{h_p} - 1 \right) \leq k_{t,max} \qquad (11.206)$$

mit

Anzahl der Kopfbolzendübel je Rippe $n_r \leq 2$
$h_p \leq 85$ mm
$b_0 \geq h_p$ nach Abb. 11.70
$d \; < 20$ mm bei Durchschweißtechnik
$d \leq 22$ mm bei vorgelochten Profilblechen.

11.6.2.6.3 Längsschubkräfte in der Verbundfuge

Die Ermittlung der Längsschubkräfte erfolgt bei Querschnitten der Klassen 3 und 4, nicht ausreichend duktilen Verbundmitteln oder bei nicht vorwiegend ruhender Beanspruchung elastisch. Die Schubkraft je Längeneinheit v_{Ed} kann bei positiver Momentenbeanspruchung mit der Betonplatte in der Druckzone aus der Summe der relevanten Beanspruchungsarten L (s. auch Abschn. 11.6.2.2.1) mit (11.207) bestimmt werden.

$$V_{Ed} = \sum_L V_{z,Ed,L} \cdot \frac{A_{c,L} \cdot z_{i,c,L} + A_s \cdot z_{is,L}}{I_{i,L}} \qquad (11.207)$$

Die Längsschubkräfte bei Trägern mit Querschnitten der Klasse 1 und 2, duktilen Verbundmitteln und vorwiegend ruhender Belastung können unter Ansatz planmäßiger plastischer Umlagerung bestimmt werden. Dabei wird zwischen Trägern mit vollständiger und teilweiser Verdübelung unterschieden. Ein Träger wird als vollständig verdübelt bezeichnet, wenn die Momententragfähigkeit nicht durch die Längsschubkrafttragfähigkeit der Verbundfuge begrenzt wird. Eine

teilweise Verdübelung liegt vor, wenn vor Erreichen des vollplastischen Moments ein Versagen der Verbundfuge eintritt. Die Längsschubkräfte zwischen zwei kritischen Schnitten ergeben sich aus der Differenz der Kräfte in der Betonplatte bzw. des Stahlträgers (Abb. 11.71).

a) Vollständige Verdübelung Längsschubkraft zwischen einem gelenkigen Endauflager und dem benachbarten Feldmoment (s. Abb. 11.71 sowie Tafeln 11.142 und 11.143):

$$V_{L,Ed} = N_{c,f} = \min \begin{cases} b_{eff} \cdot z_{pl} \cdot 0{,}85 \cdot f_{cd} \\ b_{eff} \cdot (h_c - h_p) \cdot 0{,}85 \cdot f_{cd} \end{cases}$$
$$(11.208)$$

Längsschubkraft zwischen dem maximalen Feldmoment und dem benachbarten Zwischenauflager (s. Abb. 11.71, Tafeln 11.142 und 11.143; $N_{c,f}$ nach (11.209)):

$$V_{L,Ed} = N_{c,f} + N_{s,f} \qquad (11.209)$$

mit

$$N_{s,f} = A_s \cdot f_{sd}$$

Anzahl der Dübel im betrachteten Trägerabschnitt für die vollständige Verdübelung:

$$n_f = V_{L,Ed} / P_{Rd} \qquad (11.210)$$

b) Teilweise Verdübelung Im Hochbau ist bei Verbundträgern in positiven Momentenbereichen eine teilweise Verdübelung zulässig (s. Abschn. 11.6.2.4.2). Dazu müssen duktile Verbundmittel eingesetzt und der Mindestverdübelungsgrad nach Tafel 11.150 eingehalten werden. Der statisch erforderliche Verdübelungsgrad η lässt sich bei Anwendung

Abb. 11.71 Längsschubkräfte $V_{L,Ed}$

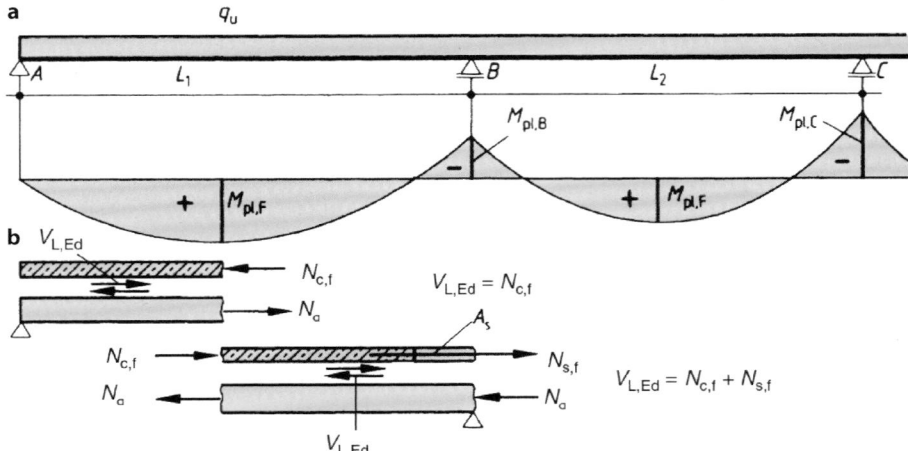

der linearen Interpolation der Momententragfähigkeit nach Abb. 11.63 aus (11.192) ableiten.

$$\text{erf } \eta = \frac{M_{Ed} - M_{pl,a,Rd}}{M_{pl,F,Rd} - M_{pl,a,Rd}} \qquad (11.211)$$

$$\text{erf } n = \eta \cdot n_f \qquad (11.212)$$

Bei einem Wechsel von positiven zu negativen Biegemomenten (s. Abb. 11.71) darf die zur Abdeckung von $N_{s,f}$ erforderliche Dübelzahl im Verhältnis von einwirkendem zu plastischem Moment abgemindert werden.

$$V_{L,Ed} = \text{erf } \eta \cdot N_{c,f} + \frac{M_{B,Ed}}{M_{pl,B,Rd}} \cdot N_{s,f} \qquad (11.213)$$

$$\text{erf } n = \frac{V_{L,Ed}}{P_{Rd}} \qquad (11.214)$$

11.6.2.6.4 Verteilung und Anordnung der Verbundmittel

Verteilung Verbundmittel sind in Trägerlängsrichtung nach dem Verlauf der Bemessungslängsschubkraft anzuordnen. Ein Abheben der Betonplatte vom Stahlträger ist zu vermeiden. Im Bereich von Kragarmen und negativen Momenten von Durchlaufträgern ist die Abstufung der Längsbewehrung unter Berücksichtigung der Dübelverteilung und der erforderlichen Verankerungslängen vorzunehmen.

Duktile Verbundmittel dürfen zwischen kritischen Schnitten äquidistant verteilt werden, wenn im betrachteten Trägerabschnitt

- Baustahlquerschnitte der Klassen 1 oder 2 vorliegen,
- der Verdübelungsgrad die Bedingungen nach Tafel 11.150 erfüllt und
- $M_{pl,Rd} \leq 2{,}5\, M_{pl,a,Rd}$ beträgt.

Tafel 11.150 Grenzwerte für Dübelabmessungen und Verdübelungsgrad η

Kopfbolzendübel	Trägerquerschnitt	L_e [a] [m]	Mindestverdübelungsgrad
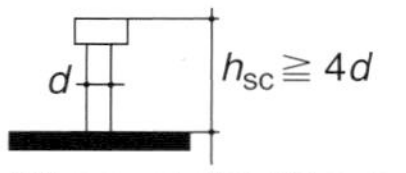 d, $h_{sc} \geqq 4d$ 16 mm $\leqq d \leqq$ 25 mm	Doppelsymmetrisch	$L_e \leq 25\,\text{m}$	$\eta \geq 1 - \left(\dfrac{355}{f_y}\right) \cdot (0{,}75 - 0{,}03 \cdot L_e) \geq 0{,}4$
		$L_e > 25\,\text{m}$	$\eta \geq 1$
	Einfachsymmetrisch 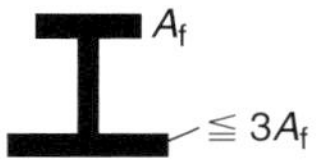 A_f $\leqq 3A_f$	$L_e \leq 20\,\text{m}$	$\eta \geq 1 - \left(\dfrac{355}{f_y}\right) \cdot (0{,}30 - 0{,}015 \cdot L_e) \geq 0{,}4$
		$L_e > 20\,\text{m}$	$\eta \geq 1$
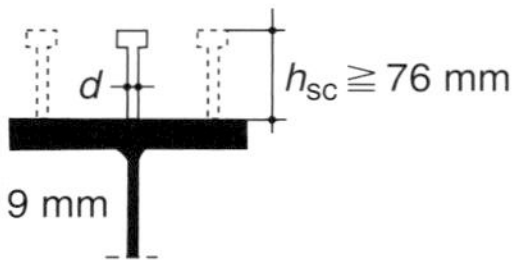 d, $h_{sc} \geqq 76$ mm $d = 19$ mm – ein Kopfbolzendübel/Rippe – zentrisch oder alternierend rechts/links angeordnet	Profilblechverbunddecke[b] 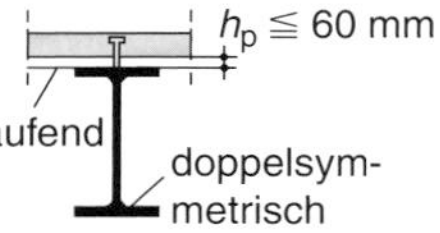 $h_p \leqq 60$ mm durchlaufend doppelsymmetrisch gewalzt oder geschweißt	$L_e \leq 25\,\text{m}$	η [c] $\geq 1 - \left(\dfrac{355}{f_y}\right) \cdot (1{,}0 - 0{,}04 \cdot L_e) \geq 0{,}4$
		$L_e > 25\,\text{m}$	$\eta \geq 1$

[a] L_e Abstand der Momentennullpunkte, vereinfacht nach Abb. 11.61
[b] mit Rippen quer zur Trägerachse und $b_0 / h_p \geq 2$ – siehe Abb. 11.70
[c] Verdübelungsgrad bestimmt mit Näherung nach (11.192) und Abb. 11.63.

Abb. 11.72 Grenzabmessungen und Abstände für Kopfbolzendübel.
[1] Betondeckung nach [11], Tabelle NA.4.4 abzüglich 5 mm;
[2] bei teilweiser Verdübelung und/oder äquidistanter Anordnung der Verbundmittel ist $h_{SC} \geq 4d$
* nach Tafel 11.151

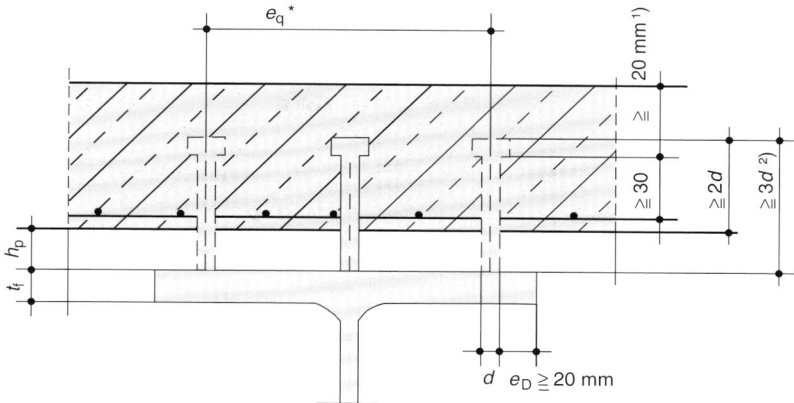

$t_f \geq d/2{,}5$ bei ruhender Beanspruchung
$t_f \geq d/1{,}5$ bei nicht ruhender Beanspruchung

Tafel 11.151 Achsabstände der Dübel, Grenzmaße

Achsabstände der Dübel, Grenzmaße	Allgemein	Bei Höherstufung von Druckflanschen in Klasse 1, 2
In Längsrichtung, ununterbrochene Verbundfuge (Vollbetonplatte)	$5 \cdot d \leq e_L \leq 6 \cdot h_c$ $e_L \leq 800$ mm	$e_L \leq 22 \cdot t \cdot \varepsilon$ 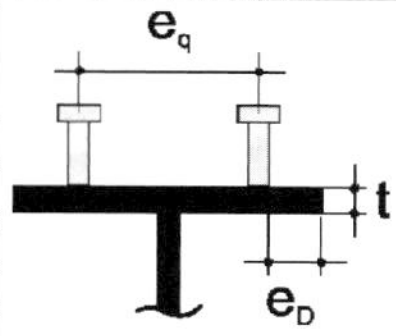
In Längsrichtung, unterbrochene Verbundfuge (Profilbleche)		$e_L \leq 15 \cdot t \cdot \varepsilon$
Quer zur Kraftrichtung, ununterbrochene Verbundfuge (Vollbetonplatte)	$e_q \geq 2{,}5 \cdot d$	$e_D \leq 9 \cdot t \cdot \varepsilon$
Quer zur Kraftrichtung, unterbrochene Verbundfuge (Profilbleche)	$e_q \geq 4 \cdot d$	

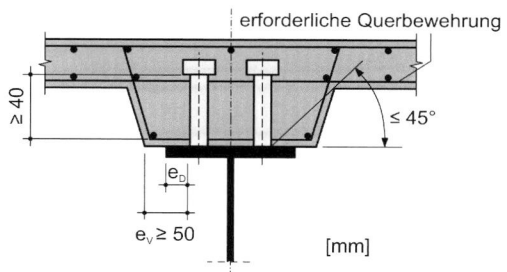

$$\varepsilon = \sqrt{\frac{235}{f_y}}$$

d Dübeldurchmesser
h_c gesamte Plattendicke
f_y [N/mm²] Streckgrenze des Baustahles.

Ist die dritte Bedingung nicht eingehalten, sind zusätzliche Schnitte (z. B. in der Mitte zwischen benachbarten kritischen Schnitten) zu untersuchen.

Erfolgt die Verteilung nach dem elastisch ermittelten Längsschubkraftverlauf (11.207), darf auf zusätzliche Nachweise zwischen kritischen Schnitten verzichtet werden.

Anordnung und Grenzabmessungen Für die Grenzabstände der Dübel (längs und quer) gelten zunächst die Werte der Tafel 11.151, Spalte 2. Sofern beulgefährdete Druckflansche aufgrund begrenzter Dübelabstände in die QSK 1 oder 2 hochgestuft werden sollen, sind die Abstände nach Tafel 11.151, Spalte 3 einzuhalten. Weitere Grenzabmessungen siehe Abb. 11.72.

Bei der Ausbildung von Vouten zwischen dem Stahlträger und der Unterseite des Betongurtes ist zu beachten, dass die Außenseiten der Voute außerhalb der Linie liegen, die unter 45° von der Außenkante des Dübels zur oberen Kante der Voute verläuft. Dies und weitere Anforderungen sind in Abb. 11.73 dargestellt.

11.6.2.7 Längsschubbeanspruchung im Betongurt
Betongurt und Querbewehrung sind im GZT so zu bemessen, dass örtliches Versagen in der Dübelumrissfläche und am Plattenanschnitt vermieden werden. Der Bemessungs-

Abb. 11.73 Konstruktive Durchbildung für Vouten bei Trägern ohne Profilbleche

wert der Längsschubkraft je Längeneinheit $v_{L,Ed}$ ist aus der erforderlichen Dübelanzahl und -verteilung nach den Abschn. 11.6.2.6.3 und 11.6.2.6.4 zu bestimmen. Die zu untersuchenden Schnitte (a–a für den Plattenanschluss, b–b bis d–d für die Dübelumrissfläche) gehen aus Abb. 11.74 hervor.

Die Nachweise des Betongurtes in den kritischen Schnitten a–a sind entsprechend [10], Abschn. 6.2.4 und [11] zu führen.

$$A_{sf} \cdot f_{sd}/s_f \geq v_{Ed} \cdot h_f/\cot\theta \qquad (11.215)$$

Der Nachweis für das Versagen der Druckstreben im Betongurt erfolgt unter Verwendung der Definition $f_{cd} = f_{ck}/\gamma_C$ aus [30] mit (11.216).

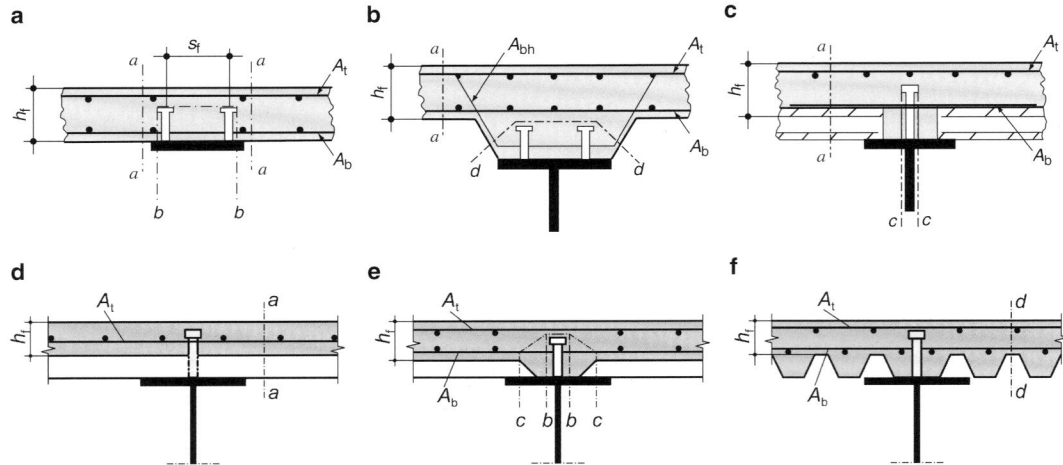

Abb. 11.74 Kritische Schnitte **a** bis **c** bei Vollbetonplatten, **d** bis **f** bei Decken mit Profilblechen

Tafel 11.152 Anrechenbare Bewehrung in kritischen Schnitten nach Abb. 11.74

Schnitt	Vollbetonplatte	Betongurt mit Profilblechen
$a-a$	$A_b + A_t$	A_t
$b-b$	$2A_b$	$2A_b$
$c-c$	$2A_b$	$2A_b$
$d-d$	$2A_{bh}$	$A_b + A_t$

A_b, A_t, A_{bh} Querschnittsfläche der Querbewehrung des Betongurtes (s. Abb. 11.74).

$$v_{Ed} \leq \nu \cdot 0{,}85 \cdot f_{cd}/(\cot\theta + 1/\cot\theta) \qquad (11.216)$$

v_{Ed} Längsschubkraft je Flächeneinheit in den kritischen Schnitten

ν Abminderungsfaktor für die Druckstrebenfestigkeit, $\nu = 0{,}75$ für Normalbeton $\leq$ C50/60

θ Betondruckstrebenneigung; vereinfachend darf nach [11] für den Zuggurt $\cot\theta = 1{,}0$ und für den Druckgurt $\cot\theta = 1{,}2$ angesetzt werden.

Werden Teilfertigteile in Kombination mit Ortbeton verwendet (s. Abb. 11.74c), ist die Längsschubtragfähigkeit in Fugen nach [10] Abschn. 6.2.5 zu ermitteln.

Verlaufen die Profilbleche senkrecht zur Trägerachse, ist ein Nachweis im Schnitt $b-b$ nicht erforderlich, wenn die Tragfähigkeit der Dübel mit dem Faktor k_t nach (11.206) abgemindert wird.

Senkrecht zur Trägerachse angeordnete durchlaufende **Profilbleche mit mechanischem Verbund oder Reibungsverbund** dürfen beim Nachweis der Längsschubtragfähigkeit im Schnitt $a-a$ angerechnet werden. Statt (11.215) ist (11.217) zu verwenden.

$$A_{sf} \cdot f_{yd}/s_f + A_{pe} \cdot f_{yp,d} \geq v_{Ed} \cdot h_f/\cot\theta \qquad (11.217)$$

A_{pe} wirksame Querschnittsfläche des Profilbleches je Längeneinheit quer zur Trägerrichtung, wobei bei vorge-

lochten Blechen die Nettoquerschnittsfläche maßgebend ist

$f_{yp,d}$ Bemessungswert der Streckgrenze des Profilbleches.

Für senkrecht zur Trägerachse angeordnete und **über dem Träger gestoßene Profilbleche** mit durchgeschweißten Dübeln gilt:

$$A_{sf} \cdot f_{yd}/s_f + P_{pb,Rd}/s > v_{Ed} \cdot h_f/\cot\theta, \qquad (11.218)$$

jedoch

$$P_{pb,Rd}/s \leq A_{pe} \cdot f_{yp,d} \qquad (11.219)$$

$P_{pb,Rd}$ Tragfähigkeit der Endverdübelung mit durchgeschweißten Kopfbolzendübeln nach [30], Abschn. 9.7.4 (s. (11.253))

s Achsabstand der Endverdübelung in Trägerlängsrichtung.

Beispiel

Für einen Zweifeld-Verbundträger erfolgt die Bemessung nach der Fließgelenktheorie. Es werden die Nachweise der Querschnittstragfähigkeit, der Verdübelung, des Schulterschubs, der Duktilitätsbewehrung und der Rissbreitenbeschränkung geführt.

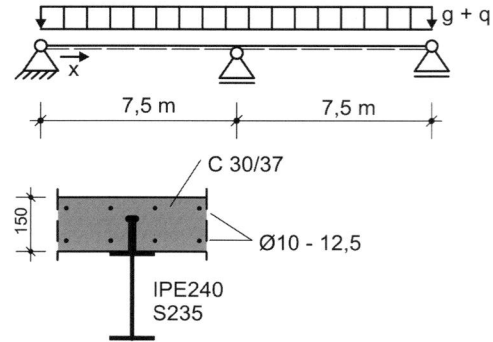

Lastermittlung (Trägerabstand $a = 3,00$ m):

- Eigengewicht von Träger, Stahlbeton und Ausbaulasten

$$g_k = 0,307 + (25,0 \cdot 0,15 + 1,9) \cdot 3,00$$
$$= 17,26 \text{ kN/m}$$

- Verkehrslast

$$p_k = 3,8 \cdot 3,00 = 11,4 \text{ kN/m}$$

- Bemessungslast

$$q_{Ed} = 1,35 \cdot 17,26 + 1,5 \cdot 11,4 = 40,4 \text{ kN/m}$$

Mittragende Gurtbreiten:

- Feldbereich

$$L_e = 0,85 \cdot 7,5 = 6,375 \text{ m} \quad \text{(Abb. 11.61)}$$
$$b_{eff} = 2 \cdot 6,375/8 = 1,59 \text{ m} < 3,00 \text{ m} \quad \text{(Tafel 11.142)}$$

- Stützbereich

$$L_e = 0,25 \cdot 2 \cdot 7,5 = 3,75 \text{ m} \quad \text{(Abb. 11.61)}$$
$$b_{eff} = 2 \cdot 3,75/8 = 0,94 \text{ m} < 3,00 \text{ m} \quad \text{(Tafel 11.142)}$$

Vorbemessung des Verbundträgers unter Ausnutzung der plastischen Momentenumlagerung:

$$\alpha = M_{pl,Rd}^{\text{Stütze}} / M_{pl,Rd}^{\text{Feld}} \approx 0,6 \quad \text{(geschätzt)}$$
$$\eta = 10,26 \quad \text{(Tafel 11.141)}$$
$$\text{erf } M_{pl,Rd}^{\text{Feld}} \approx 40,4 \cdot 7,5^2/10,26 = 221,5 \text{ kNm}$$
$$\text{erf } A_a \approx \frac{22.150}{\left(\frac{24,0}{2} + 15,0 \cdot \frac{5}{6}\right) \cdot \frac{23,5}{1,0}}$$
$$= 38,47 \text{ cm}^2 \quad \text{gewählt IPE 240, S235}$$
$$N_{pl,a,Rd} = 919,2 \text{ kN}, \quad M_{pl,y,Rd} = 86,16 \text{ kNm}$$
$$V_{pl,z,Rd} = 259,7 \text{ kN}, \quad a = 0,399 \quad \text{(Tafel 11.61)}$$

Ermittlung der vollplastischen Querschnittstragfähigkeit:

- Feldbereich

$$z_{pl} = 919,2/(159 \cdot 1,7) = 3,40 \text{ cm} \quad \text{(Tafel 11.143)}$$
$$M_{pl,Rd}^{\text{Feld}} = \frac{919,2}{100} \cdot \left(\frac{24,0}{2} + 15,0 - \frac{3,40}{2}\right)$$
$$= 232,6 \text{ kNm}$$

- Stützbereich

$$N_s = 2 \cdot 0,785 \cdot \frac{0,94}{0,125} \cdot \frac{50}{1,15} = 11,81 \cdot \frac{50}{1,15}$$
$$= 513 \text{ kN}$$
$$n = \frac{513}{919,3} = 0,558 > a = 0,399$$

$$M_{N,y,Rd} = 86,15 \cdot \frac{1 - 0,558}{1 - 0,5 \cdot 0,399}$$
$$= 47,46 \text{ kNm} \quad \text{(Tafel 11.56)}$$
$$M_{pl,Rd}^{\text{Stütze}} = 47,46 + 513 \cdot \frac{24,0 + 15,0}{2 \cdot 100} = 147,7 \text{ kNm}$$
$$\frac{V_{Ed}}{V_{pl,z,Rd}} = \frac{147,7/7,5 + 40,4 \cdot 7,5/2}{259,7} = \frac{171,2}{259,7}$$
$$= 0,659 > 0,5$$

Der Einfluss der M-V-Interaktion ist zu berücksichtigen. Die Momententragfähigkeit wird um diesen Einfluss reduziert. Zur Bestimmung des Abminderungsbetrags wird die Schubfläche A_{vz} des I-Profils herangezogen, über die auch $V_{pl,z,Rd}$ bestimmt wird. Da der Steg zur Aufnahme der Normalkraft N_s nicht mehr vollständig zur Verfügung steht, wird als innerer Hebelarm der halbe Gurtabstand zugrunde gelegt.

$$\rho = (2 \cdot 0,659 - 1)^2 = 0,101 \quad \text{(s. (11.49))}$$
$$M_{V,Rd}^{\text{Stütze}} \cong 147,7 - 0,101 \cdot 19,1 \cdot 23,5 \cdot \frac{24,0 - 0,98}{2 \cdot 100}$$
$$= 142,5 \text{ kNm}$$

Der Nachweis der Querschnittstragfähigkeit im Feld wird unter Ausnutzung der plastischen Momententragfähigkeit über der Stütze geführt.

$$M_{Ed}^{\text{Feld}} = \frac{(40,4 \cdot 7,5/2 - 142,5/7,5)^2}{2 \cdot 40,4}$$
$$= \frac{132,5^2}{2 \cdot 40,4} = 217,3 \text{ kNm}$$
$$\frac{M_{Ed}^{\text{Feld}}}{M_{pl,Rd}^{\text{Feld}}} = \frac{217,3}{232,6} = 0,934 < 1,00$$

Die Anwendungsvoraussetzungen für die Berechnung nach der Fließgelenktheorie sind im Abschn. 11.6.2.2.2 aufgeführt. Der Querschnitt IPE240 in S235 erfüllt mit der Spannungsverteilung im Bereich negativer Momente die Voraussetzungen an die Querschnittsklasse 1 (s. Tafel 11.61). Eine Biegedrillknickgefährdung besteht nicht ($h_a = 200 < 600$ mm (s. Tafel 11.145)).

Die erforderliche Verdübelung wird im Feldbereich unter Ansatz des Teilverbundes, im Stützbereich für die Übertragung von N_s ausgelegt.

Kopfbolzendübel $\varnothing$ 19 mm, $h_{SC} = 100$ mm, $f_{uk} = 450 \text{ N/mm}^2$: $P_{Rd} = 69,4$ kN (Tafel 11.148)

$$\frac{M_{pl,Rd}^{\text{Feld}}}{M_{pl,a,Rd}} = \frac{232,6}{86,16} = 2,70 > 2,50$$

Bei Ausbildung einer äquidistanten Verdübelung ist der Nachweis ausreichender Momentendeckung in zusätzlichen Schnitten erforderlich (s. Abschn. 11.6.2.6.4). Hierauf wird in diesem Beispiel verzichtet.

- Bereich Endauflager bis maximales Feldmoment

$$n_f = 919{,}2/69{,}4 = 13{,}24$$

$$\text{erf } n_c = \frac{217{,}3 - 86{,}16}{232{,}6 - 86{,}16} \cdot 13{,}24$$

$$= 0{,}896 \cdot 13{,}24 = 11{,}9 \quad \text{(s. (11.212))}$$

$$x_{\max M} = 132{,}4/40{,}4 = 3{,}28 \, \text{m}$$

$$e_L \leq 328/11{,}9 = 27{,}6 \, \text{cm}$$

gew. $e_L = 25 \, \text{cm}$ im Bereich $0 \leq x \leq 3{,}28 \, \text{m}$.

- Bereich maximales Feldmoment bis mittleres Auflager

$$n_c + n_s = 11{,}9 + 514/69{,}4 = 19{,}31$$

$$L - x_{\max M} = 7{,}50 - 3{,}28 = 4{,}22 \, \text{m}$$

$$e_L \leq 422/19{,}31 = 21{,}9 \, \text{cm}$$

gew. $e_L = 20 \, \text{cm}$ im Bereich $3{,}28 \, \text{m} \leq x \leq 7{,}50 \, \text{m}$.

Der Nachweis des Schulterschubs (Betondruckstreben-versagen) wird im Bereich zwischen dem maximalen Feldmoment und dem mittleren Auflager mit der aus der gewählten Verdübelung übertragbaren Kraft geführt. Der Nachweis der Querbewehrung ist nicht Gegenstand dieses Beispiels.

$$v_{L,Ed} = 69{,}4/(20{,}0 \cdot (2 \cdot 10{,}0 + 3{,}2))$$

$$= 0{,}150 \, \text{kN/cm}^2$$

$$v_{L,Rd} = 0{,}75 \cdot 1{,}7/(1{,}0 + 1/1{,}0)$$

$$= 0{,}638 \, \text{kN/cm}^2$$

$$\text{(Bereich Zugzone)} \quad \text{(s. (11.216))}$$

$$0{,}150/0{,}638 = 0{,}235 < 1$$

Erforderliche Duktilitätsbewehrung im Bereich negativer Momente:

$$n_0 = 21.000/3300 = 6{,}36$$

$$A_{c,0} = 15{,}0 \cdot 94{,}0/6{,}36 = 221{,}7 \, \text{cm}^2$$

$$a_{St} = (24{,}0 + 15{,}0)/2 = 19{,}5 \, \text{cm}$$

$$z_{i,0} = \frac{39{,}1 \cdot 19{,}5}{39{,}1 + 221{,}7} = 2{,}92 \, \text{cm}$$

$$k_c = 1/(1 + 15{,}0/(2 \cdot 2{,}92)) + 0{,}3$$

$$= 0{,}58 \leq 1 \quad \text{(s. (11.221))}$$

$$\rho_s = 1{,}1 \cdot \frac{235}{235} \cdot \frac{2{,}9}{500} \cdot \sqrt{0{,}58}$$

$$= 0{,}00486 \,\hat{=}\, 0{,}486 \, \% \quad \text{(s. (11.184))}$$

$$\text{erf } A_s = 15{,}0 \cdot 94{,}0 \cdot 0{,}00486 = 6{,}85 \, \text{cm}^2 < 11{,}81 \, \text{cm}^2$$

Mindestbewehrung zur Rissbreitenbeschränkung:

$$\sigma_s = 360 \, \frac{\text{N}}{\text{mm}^2}$$

für $\phi^* = 10 \, \text{mm}$ und $w_k = 0{,}4 \, \text{mm}$ (Tafel 11.153)

$$\text{erf } A_s = 0{,}9 \cdot 0{,}58 \cdot 0{,}8 \cdot \frac{2{,}90}{360} \cdot 15{,}0 \cdot 94{,}0$$

$$= 4{,}74 \, \text{cm}^2 < 11{,}81 \, \text{cm}^2 \quad \text{(s. (11.221))} \quad \blacktriangleleft$$

11.6.2.8 Nachweise im Grenzzustand der Gebrauchstauglichkeit

11.6.2.8.1 Allgemeines

Im GZG sind, sofern maßgebend, die folgenden Einflüsse zu berücksichtigen:

- Schubverformungen bei breiten Gurten (mittragende Breite)
- Kriechen und Schwinden des Betons
- Rissbildung im Betongurt, Mitwirkung des Betons zwischen den Rissen
- Montageablauf und Belastungsgeschichte
- Nachgiebigkeit der Verbundfuge bei signifikantem Schlupf der Verbundmittel
- nichtlineares Verhalten bei Bau- und Betonstahl
- Verwölbungen und Profilverformungen der Querschnitte.

Nachweise für den GZG werden i. Allg. unter charakteristischen Einwirkungen und je nach Kriterium für seltene, häufige oder quasi-ständige Einwirkungskombinationen bestimmt. DIN EN 1990 [1] enthält im Anhang A1 Kombinationsbeiwerte für veränderliche Einwirkungen im Hochbau. Gebrauchstauglichkeitskriterien sind u. A. Verformungen, Rissbildungen und Schwingungen.

$$E_d \leq C_d \tag{11.220}$$

E_d Bemessungswert der Auswirkung von Einwirkungen in der Dimension des Gebrauchstauglichkeitskriteriums unter der maßgebenden Einwirkungskombination

C_d Bemessungswert der Grenze für das maßgebende Gebrauchstauglichkeitskriterium.

11.6.2.8.2 Begrenzung der Verformungen (Durchbiegungen)

Verformungen werden in Abhängigkeit von der Belastungsgeschichte (z. B. Träger ohne oder mit Eigengewichtsverbund) für Stahlbauteile nach [12] und für Verbundbauteile nach DIN EN 1994-1-1 [30], Abschn. 5 ermittelt (s. Abschn. 11.6.2.2.1). Nach DIN 18800-5 [35] sind Verbundträger in der Regel für die ständigen Einwirkungen einschließlich der Verformungen aus dem Kriechen und Schwinden des Betons zu überhöhen. Eventuell zu berücksichtigende Überhöhungen für veränderliche Einwirkungen sind im Einzelfall festzulegen. [30] enthält hierzu keine Regelungen.

Als Bezugsebene für die maximale Durchbiegung δ_{max} ist bei Trägern ohne Eigengewichtsverbund die Trägeroberseite zu verwenden. Die Trägerunterseite ist nur dann zu verwenden, wenn die Durchbiegung das Erscheinungsbild des Gebäudes beeinträchtigt. In DIN EN 1992-1-1 [10], Abschn. 7.4.1 sind folgende Richtwerte zur Begrenzung von Verformungen angegeben:

- $l/250$ für Balken, Platten oder Kragbalken zur Wahrung des Erscheinungsbildes. Bei Kragarmen ist für l die 2,5-fache Kragarmlänge anzusetzen.
- $l/500$ zur Vermeidung von Schäden an Bauteilen, die an dem Tragwerk anschließen (z. B. Trennwände, Fassaden etc.).

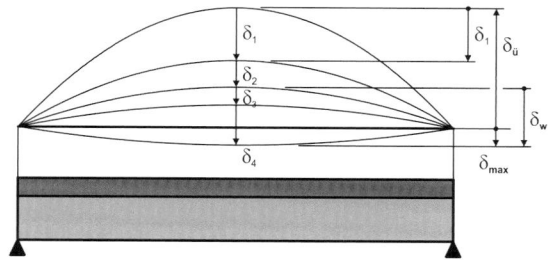

Abb. 11.75 Verformungen und Überhöhung von Verbundträgern (vgl. [91]). δ_1 Eigengewicht, δ_2 Ausbaulasten, δ_3 Kriechen, Schwinden, δ_4 Verkehr, Temperatur, $\delta_{ü}$ Überhöhung, δ_{max} Durchhang, δ_w für Ausbauteile wirksame Verformung

Die Nachgiebigkeit der Verdübelung darf vernachlässigt werden, wenn

- die Verdübelung nach [30], Abschn. 6.6 erfolgt (s. Abschn. 11.6.2.6),
- entweder nicht weniger als die Hälfte der Anzahl an Verbundmitteln angeordnet wird, die für die vollständige Verdübelung erforderlich ist **oder** die Längsschubkraft je Dübel (nach Elastizitätstheorie im GZG) P_{Rd} nicht überschritten und
- bei Verwendung von senkrecht zur Trägerachse verlaufenden Profilblechen $h_p \leq 80$ mm ist.

Näherungsweise Berücksichtigung der Rissbildung Bei Durchlaufträgern mit QSK 1, 2 oder 3 in kritischen Schnitten darf der Einfluss der Rissbildung auf die Momentenverteilung näherungsweise durch Abminderung der Stützmomente mit dem Faktor f_1 nach Abb. 11.76 und Umlagerung auf die Feldbereiche berücksichtigt werden. Dies gilt an allen Innenstützen, an denen die Betonrandspannung σ_{ct} den Wert $1,5 f_{ctm}$ bzw. $1,5 f_{lctm}$ überschreitet.

Einfluss des örtlichen Plastizierens im Baustahlquerschnitt Bei Trägern ohne Eigengewichtsverbund darf der Einfluss des örtlichen Plastizierens an Innenstützen mit einem zusätzlichen Reduktionsfaktor f_2 für die Stützmomente berücksichtigt werden. Diese Regelung gilt für die Abschät-

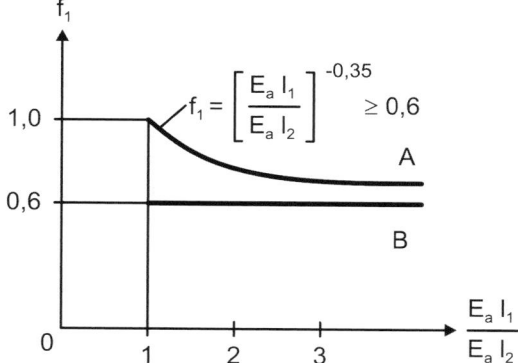

Abb. 11.76 Abminderungsfaktor für Stützenmomente. *Kurve A* gilt für Innenfelder von Durchlaufträgern mit konstanter Gleichstreckenlast und $0,75 \leq L/L_i \leq 1,33$, *Gerade B* gilt für alle anderen Fälle. Steifigkeit des Verbundträgers: $E_a I_1$ für Zustand 1, $E_a I_2$ für Zustand 2

zung der max. Verformungen und nicht zur Festlegung von Trägerüberhöhungen.

- $f_2 = 0,5$ wenn f_y vor Herstellung des Verbundes erreicht wird
- $f_2 = 0,7$ wenn f_y nach Herstellung des Verbundes erreicht wird.

Einfluss des Schwindens Wenn seitens des Auftraggebers keine genaueren Anforderungen bestehen, darf bei Verwendung von Normalbeton der Einfluss des Schwindens vernachlässigt werden, wenn das Verhältnis von Stützweite zu Bauhöhe des Verbundquerschnitts den Wert 20 nicht überschreitet.

11.6.2.8.3 Mindestbewehrung

Zur Beschränkung der Rissbreite ist ein Minimum an Bewehrung in Bereichen nötig, in denen Zug erwartet wird. Dies gilt für alle Betonquerschnittsteile, die durch Zwangsbeanspruchungen (z. B. primäre und sekundäre Beanspruchungen aus Schwinden) und/oder direkte Beanspruchungen aus äußeren Einwirkungen auf Zug beansprucht werden. Die Mindestbewehrung darf aus dem Gleichgewicht zwischen der Betonzugkraft unmittelbar vor der Rissbildung und der Zugkraft in der Bewehrung unter Ansatz der Streckgrenze oder einer niedrigeren Spannung, falls dies zur Rissbreitenbeschränkung erforderlich ist, ermittelt werden. Sofern keine genauere Ermittlung nach [10], Abschn. 7.3 erfolgt, darf bei Verbundträgern ohne Spanngliedvorspannung die erforderliche Mindestbewehrung A_s mit (11.221) bestimmt werden.

$$A_s = k_s k_c k f_{ct,eff} A_{ct}/\sigma_s \qquad (11.221)$$

$k = 0,8$ Beiwert zur Berücksichtigung von nichtlinear verteilten Eigenspannungen

$k_s = 0,9$ Beiwert, der die Abminderung der Normalkraft des Betongurtes infolge Erstrissbildung und Nachgiebigkeit der Verdübelung erfasst.

$f_{ct,eff}$ Mittelwert der wirksamen Betonzugfestigkeit zum erwarteten Zeitpunkt der Erstrissbildung. Es dürfen die Werte $f_{ct,m}$ bzw. $f_{lct,m}$ nach [10] der maßgebenden Betonfestigkeitsklasse angenommen werden. Wenn nicht zuverlässig vorhergesagt werden kann, dass die Rissbildung vor Ablauf von 28 Tagen eintritt, ist i. d. R. mindestens von $3\,\text{N/mm}^2$ auszugehen.

k_c Beiwert zur Berücksichtigung der Spannungsverteilung im Betongurt unmittelbar vor der Erstrissbildung

$$k_c = \frac{1}{1 + h_c/(2z_0)} + 0{,}3 \le 1{,}0$$

$k_c = 0{,}6$ für Kammerbeton

h_c Dicke des Betongurtes ohne Berücksichtigung von Vouten und Rippen

z_0 Abstand zwischen Schwerachse des Betons und der ideellen Schwerachse des Verbundquerschnitts (Ermittlung am ungerissenen Querschnitt mit n_0, s. Abschn. 11.6.2.2.1, (11.185))

A_{ct} Fläche der Betonzugzone unmittelbar vor Erstrissbildung unter Berücksichtigung der Zugbeanspruchungen aus direkten Einwirkungen und Zwangsbeanspruchungen aus dem Schwinden. Näherungsweise darf die Fläche des mittragenden Betonquerschnitts angenommen werden.

Die Mindestbewehrung ist über die Gurtdicke so vorzunehmen, dass mindestens die Hälfte an der Plattenseite mit der größten Zugspannung liegt. Bei Betongurten mit veränderlicher Dicke in Querrichtung ist i. d. R. bei der Ermittlung der Mindestbewehrung die lokale Gurtdicke zugrunde zu legen.

11.6.2.8.4 Begrenzung der Rissbreite
Der Nachweis der Rissbreitenbegrenzung darf durch Begrenzung der Stabdurchmesser oder der Stababstände erfolgen.

Durch das Mitwirken des Betons zwischen den Rissen ergeben sich gegenüber einer Berechnung unter Vernachlässigung dieses Effektes vergrößerte Betonstahlspannungen. Für Verbundträger ohne Spanngliedvorspannungen ergibt sich die Betonstahlspannung wie folgt:

$$\sigma_s = \sigma_{s,0} + \Delta\sigma_s \qquad (11.222)$$

mit

$$\Delta\sigma_s = \frac{0{,}4 f_{ctm}}{\alpha_{st}\rho_s}, \qquad \alpha_{st} = \frac{A \cdot I}{A_a \cdot I_a}$$

$\sigma_{s,0}$ Betonstahlspannung infolge von auf den Verbundquerschnitt einwirkenden Schnittgrößen unter Vernachlässigung von zugbeanspruchten Betonquerschnittsteilen

ρ_s Bewehrungsgrad $\rho_s = A_s/A_{ct}$ in der Betonzugzone (A_{ct} siehe (11.221))

A, I Fläche und Flächenträgheitsmoment für den Verbundquerschnitt unter Vernachlässigung der zugbeanspruchten Betonquerschnittsteile und ohne Berücksichtigung von Profilblechen, falls vorhanden

A_a, I_a Fläche und Flächenträgheitsmoment des Baustahlquerschnitts.

Rissbreitenbegrenzung durch Begrenzung des Stabdurchmessers

$$\phi = \phi^* \frac{f_{ct,eff}}{f_{ct,0}}$$

mit

ϕ^* Grenzdurchmesser nach Tafel 11.153

$f_{ct,0} = 2{,}9\,\text{N/mm}^2$ Bezugswert für die Betonzugfestigkeit.

Rissbreitenbegrenzung durch Begrenzung der Stababstände Siehe Tafel 11.153.

Tafel 11.153 Grenzdurchmesser für Betonrippenstähle und Höchstwerte der Stababstände zur Rissbreitenbeschränkung[a]

Stahlspannung σ_s [N/mm²]	Grenzdurchmesser ϕ^* [mm]			Höchstwerte der Stababstände in mm		
	Für die maximal zulässige Rissbreite w_k					
	0,4 mm	0,3 mm	0,2 mm	0,4 mm	0,3 mm	0,2 mm
160	40	32	25	300	300	200
200	32	25	16	300	250	150
240	20	16	12	250	200	100
280	16	12	8	200	150	50
320	12	10	6	150	100	–
360	10	8	5	100	50	–
400	8	6	4	–	–	–
450	6	5	–	–	–	–

[a] Die Zahlenwerte entsprechen den Angaben in DIN EN 1994-1-1 [30], Abschn. 7.4.
DIN EN 1992-1-1/NA [11] enthält in Tabelle NA.7.2 abweichende Grenzdurchmesser.

Abb. 11.77 Typische Querschnitte von Verbundstützen.
a Vollständig einbetoniertes offenes Stahlprofil,
b, c ausbetoniertes offenes Stahlprofil,
d, e ausbetoniertes Stahlhohlprofil,
f ausbetoniertes Stahlhohlprofil mit eingestelltem offenen Profil

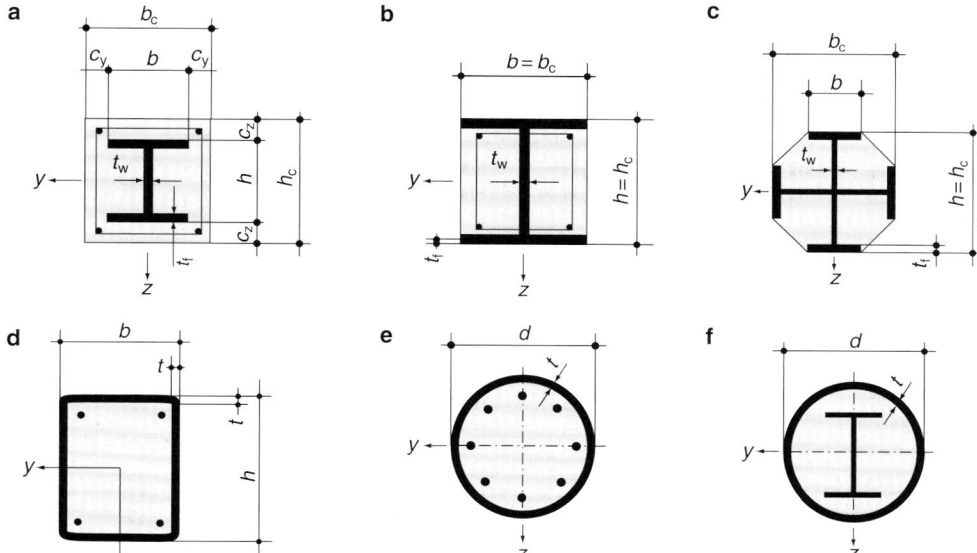

11.6.3 Verbundstützen

11.6.3.1 Allgemeines, Anwendungsbereich

Die nachfolgenden Regelungen gelten für Verbundstützen, die aus einbetonierten Stahlprofilen, ausbetonierten Hohlprofilen oder kammerbetonierten offenen Profilen bestehen (s. Abb. 11.77 und [30], Abschn. 6.7). Hierfür sind ausreichende Querschnitts- und Bauteiltragfähigkeit (Nachweis der Gesamtstabilität bei $\alpha_{cr} < 10$), örtliches Beulen, die Lastein- und -ausleitung sowie bei planmäßigen Querlasten und/oder Randmomenten die Längsschubtragfähigkeit zwischen Stahl und Beton nachzuweisen.

Der Nachweis der Gesamtstabilität kann mit zwei Verfahren erfolgen: Ein Allgemeines, mit dem die Tragfähigkeit von Stützen mit beliebigem Querschnitt und über die Stützenlänge veränderlichen Querschnitten ermittelt werden kann sowie ein Vereinfachtes für Stützen mit doppeltsymmetrischem und über die Stützenlänge konstantem Querschnitt. Stützen aus ausbetonierten Hohlprofilen mit zusätzlichen Einstellprofilen aus runden oder quadratischen Vollkernprofilen sind ungeachtet der doppelten Symmetrie nach dem allgemeinen Verfahren nachzuweisen. Weitere Voraussetzungen zur Anwendung des vereinfachten Verfahrens sind Folgende:

- Baustähle S235 bis S460
- Normalbetone der Festigkeitsklassen C20/25 bis C50/60
- Seitenverhältnis $0{,}2 \le h/b \le 5$ bzw. $0{,}2 \le h_c/b_c \le 5$
- Querschnittsparameter $\delta \rightarrow 0{,}2 \le \delta \le 0{,}9$ mit $\delta = \frac{A_a \cdot f_{yd}}{N_{pl.Rd}}$
- Schlankheitsgrad $\bar{\lambda} = \sqrt{\frac{N_{pl.Rk}}{N_{cr}}} \le 2{,}0$
- Die vorhandene Längsbewehrung darf rechnerisch mit maximal 6 % der Betonfläche angesetzt werden.

11.6.3.2 Nachweis gegen örtliches Beulen

Der Nachweis gegen örtliches Beulen darf bei vollständig einbetonierten Stahlprofilen mit Betondeckungen von $c_z \ge 40$ mm bzw. $c_z \ge 1/6b$ (s. Abb. 11.77a) entfallen. Für andere Querschnitte darf der Nachweis entfallen, wenn die Grenzabmessungen nach Tafel 11.154 eingehalten sind.

Tafel 11.154 Grenzabmessungen für Stahlprofile ohne Beulgefährdung

Querschnitt	$\max(d/t), \max(h/t), \max(b/t)$	
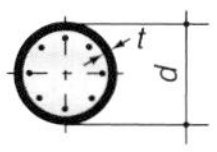 ⬭	$\max(d/t) = 90 \cdot \varepsilon^2$	$\varepsilon = \sqrt{\frac{235}{f_{yk}}}$ f_{yk} in N/mm²
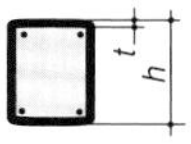 ▢	$\max(h/t) = 52 \cdot \varepsilon$	
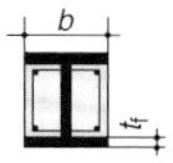 ⌶	$\max(b/t) = 44 \cdot \varepsilon$	

11.6.3.3 Querschnittstragfähigkeit

Vollplastische Normalkrafttragfähigkeit Die Tragfähigkeit des Verbundquerschnitts ergibt sich aus der Addition der Bemessungswerte der einzelnen Querschnittsteile.

- teilweise und vollständig einbetonierte Stahlprofile

$$N_{pl.Rd} = A_a f_{yd} + 0{,}85 A_c f_{cd} + A_s f_{sd} \qquad (11.223)$$

- betongefüllte Hohlprofile

$$N_{pl.Rd} = A_a f_{yd} + 1{,}0 A_c f_{cd} + A_s f_{sd} \qquad (11.224)$$

Umschnürungseffekt bei betongefüllten kreisrunden Hohlprofilen Wegen des Umschnürungseffektes durch das Stahlrohr können erhöhte Betondruckfestigkeiten angesetzt werden. Hierzu sind folgende Bedingungen einzuhalten:

bezogener Schlankheitsgrad

$$\bar{\lambda} = \sqrt{N_{\mathrm{pl,Rk}}/N_{\mathrm{cr}}} \leq 0,5$$

auf den Außendurchmesser bezogene Lastausmitte

$$\frac{e}{d} = \frac{M_{\mathrm{Ed}}}{N_{\mathrm{Ed}} \cdot d} < 0,1$$

Die vollplastische Normalkrafttragfähigkeit ergibt sich dann zu:

$$N_{\mathrm{pl,Rd}} = \eta_a A_a f_{\mathrm{yd}} + A_c f_{\mathrm{cd}} \left(1 + \eta_c \frac{t}{d} \frac{f_y}{f_{\mathrm{ck}}} \right) + A_s f_{\mathrm{sd}} \tag{11.225}$$

Tafel 11.155 Beiwerte η_a und η_c

Für Druckglieder mit		
$e = 0$	$0 < e/d \leq 0,1$	$e/d > 0,1$
$\eta_a = \eta_{ao}$	$\eta_a = \eta_{ao} + (1 - \eta_{ao})(10e/d)$	$\eta_a = 1,0$
$\eta_c = \eta_{co}$	$\eta_c = \eta_{co}(1 - 10e/d)$	$\eta_c = 0$

$\eta_{ao} = 0,25(3 + 2\bar{\lambda}) \leq 1,0$ und $\eta_{co} = 4,9 - 18,5\bar{\lambda} + 17\bar{\lambda}^2 \geq 0$.

Druck und Biegung In Abb. 11.78 ist die vollplastische Interaktionskurve für auf Biegung und Druck beanspruchte Verbundquerschnitte dargestellt. Diese darf näherungsweise durch den Polygonzug A bis D beschrieben werden. Der Einfluss zusätzlich wirkender Querkräfte ist zu berücksichtigen, wenn $V_{\mathrm{a,Ed}} > 0,5 \cdot V_{\mathrm{pl,a,Rd}}$ ist (s. Abschn. 11.6.2.4.4). Sofern kein genauerer Nachweis geführt wird, darf die Aufteilung der Querkraft auf den Profilstahl- und Stahlbetonquerschnitt entsprechend der Momententragfähigkeit nach den Gleichungen (11.226) und (11.227) erfolgen.

$$V_{\mathrm{a,Ed}} = V_{\mathrm{Ed}} \frac{M_{\mathrm{pl,a,Rd}}}{M_{\mathrm{pl,Rd}}} \tag{11.226}$$

$$V_{\mathrm{c,Ed}} = V_{\mathrm{Ed}} - V_{\mathrm{a,Ed}} \tag{11.227}$$

$M_{\mathrm{pl,a,Rd}}$ vollplastische Momententragfähigkeit des Baustahlquerschnitts

$M_{\mathrm{pl,Rd}}$ vollplastische Momententragfähigkeit des Verbundquerschnitts.

Vereinfacht darf auch angenommen werden, dass V_{Ed} nur vom Baustahlquerschnitt übertragen wird.

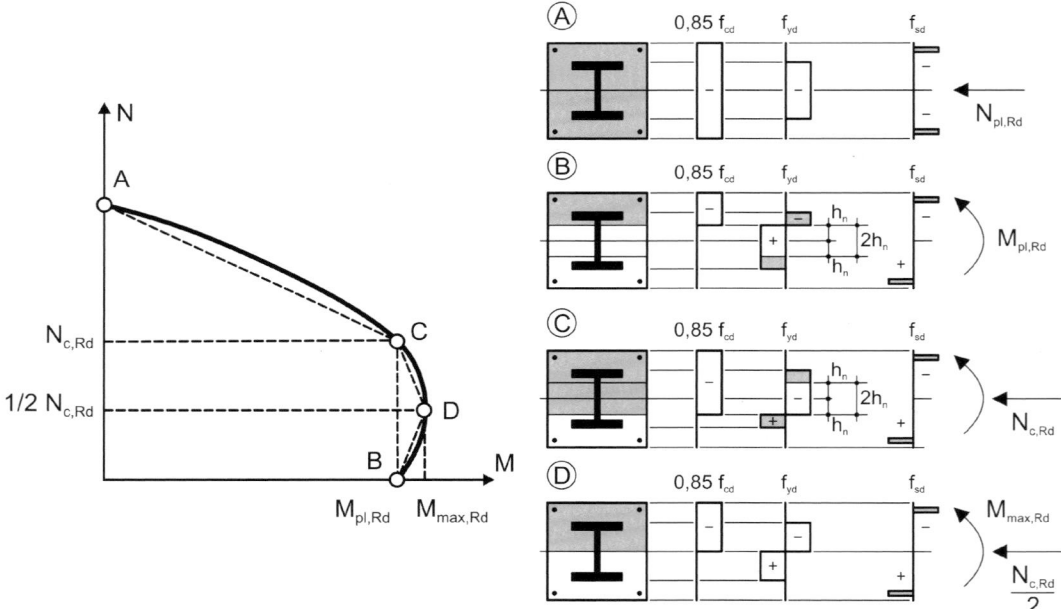

Abb. 11.78 Vollplastische Interaktion für Druck und einachsige Biegung, siehe auch Tafel 11.156
1. Punkt A: $M = 0$, $N = N_{\mathrm{pl,Rd}}$ nach (11.223); 2. Punkt D: $M = M_{\mathrm{max,Rd}}$, $N = N_{\mathrm{c,Rd}}/2 = A_c \cdot \alpha_c \cdot f_{\mathrm{cd}}/2$;
3. Punkt B: $M = M_{\mathrm{pl,Rd}} = M_{\mathrm{max,Rd}} - M_{\mathrm{n,Rd}}$, $N = 0$; 4. Punkt C: $M = M_{\mathrm{pl,Rd}} = M_{\mathrm{max,Rd}} - M_{\mathrm{n,Rd}}$, $N = N_{\mathrm{c,Rd}}$

Tafel 11.156 Ergänzung zu Abb. 11.78

$$M_{max,Rd} = W_{pl,a} \cdot f_{yd} + \frac{1}{2} W_{pl,c} \cdot \alpha_c \cdot f_{cd} + W_{pl,s} \cdot f_{sd}, \quad M_{n,Rd} = W_{pl,an} \cdot f_{yd} + \frac{1}{2} W_{pl,cn} \cdot \alpha_c \cdot f_{cd} + W_{pl,sn} \cdot f_{sd},$$

$$M_{pl,Rd} = M_{max,Rd} - M_{n,Rd}$$

Ausbetonierte Rechteckhohlprofile $\alpha_c = 1{,}0$

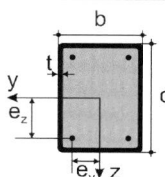

$$W_{pl,cn} = (b - 2t) \cdot h_n^2 - W_{pl,sn} \qquad W_{pl,sn} = \sum_{i=1}^{n} A_{sn,i} \cdot e_{z,i}$$

$$h_n = \frac{A_c \cdot \alpha_c \cdot f_{cd} - A_{sn} \cdot (2f_{sd} - \alpha_c \cdot f_{cd})}{2b \cdot \alpha_c \cdot f_{cd} + 4t \cdot (2f_{yd} - \alpha_c \cdot f_{cd})} \qquad W_{pl,an} = 2t \cdot h_n^2$$

Ausbetonierte Kreishohlprofile $\alpha_c = 1{,}0$

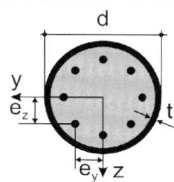

$$W_{pl,cn} = (d - 2t) \cdot h_n^2 - W_{pl,sn} \qquad W_{pl,sn} = \sum_{i=1}^{n} A_{sn,i} \cdot e_{z,i}$$

$$h_n = \frac{A_c \cdot \alpha_c \cdot f_{cd} - A_{sn} \cdot (2f_{sd} - \alpha_c \cdot f_{cd})}{2d \cdot \alpha_c \cdot f_{cd} + 4t \cdot (2f_{yd} - \alpha_c \cdot f_{cd})} \qquad W_{pl,an} = 2t \cdot h_n^2$$

Vollständig einbetonierte sowie kammerbetonierte I- und H-Profile (starke Achse) $\alpha_c = 0{,}85$

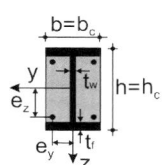

$$W_{pl,cn} = b_c \cdot h_n^2 - W_{pl,an} - W_{pl,sn} \qquad W_{pl,sn} = \sum_{i=1}^{n} A_{sn,i} \cdot e_{z,i}$$

Nulllinie liegt außerhalb des Profils: $h/2 \leq h_n < h_c/2$

$W_{pl,an} = W_{pl,a}$

$$h_n = \frac{A_c \cdot \alpha_c \cdot f_{cd} - A_a \cdot (2f_{yd} - \alpha_c \cdot f_{cd}) - A_{sn} \cdot (2f_{sd} - \alpha_c \cdot f_{cd})}{2b_c \cdot \alpha_c \cdot f_{cd}}$$

Nulllinie liegt im Stegbereich: $h_n \leq h/2 - t_f$

$W_{pl,an} = t_w \cdot h_n^2$

$$h_n = \frac{A_c \cdot \alpha_c \cdot f_{cd} - A_{sn} \cdot (2f_{sd} - \alpha_c \cdot f_{cd})}{2b_c \cdot \alpha_c \cdot f_{cd} + 2t_w \cdot (2f_{yd} - \alpha_c \cdot f_{cd})}$$

Nulllinie liegt im Flanschbereich: $h/2 - t_f \leq h_n < h/2$

$$W_{pl,an} = W_{pl,a} - \frac{b}{4} \cdot (h^2 - 4h_n^2)$$

$$h_n = \frac{A_c \cdot \alpha_c \cdot f_{cd} - (A_a - b \cdot h) \cdot (2f_{yd} - \alpha_c \cdot f_{cd}) - A_{sn} \cdot (2f_{sd} - \alpha_c \cdot f_{cd})}{2b_c \cdot \alpha_c \cdot f_{cd} + 2b \cdot (2f_{yd} - \alpha_c \cdot f_{cd})}$$

Vollständig einbetonierte sowie kammerbetonierte I- und H-Profile (schwache Achse) $\alpha_c = 0{,}85$

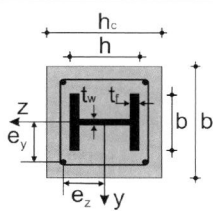

$$W_{pl,cn} = h_c \cdot h_n^2 - W_{pl,an} - W_{pl,sn} \qquad W_{pl,sn} = \sum_{i=1}^{n} A_{sn,i} \cdot e_{y,i}$$

Nulllinie liegt außerhalb des Profils: $b/2 \leq h_n < b_c/2$

$W_{pl,an} = W_{pl,a}$

$$h_n = \frac{A_c \cdot \alpha_c \cdot f_{cd} - A_a \cdot (2f_{yd} - \alpha_c \cdot f_{cd}) - A_{sn} \cdot (2f_{sd} - \alpha_c \cdot f_{cd})}{2h_c \cdot \alpha_c \cdot f_{cd}}$$

Nulllinie liegt im Stegbereich: $h_n \leq t_w/2$

$W_{pl,an} = h \cdot h_n^2$

$$h_n = \frac{A_c \cdot \alpha_c \cdot f_{cd} - A_{sn} \cdot (2f_{sd} - \alpha_c \cdot f_{cd})}{2h_c \cdot \alpha_c \cdot f_{cd} + 2h \cdot (2f_{yd} - \alpha_c \cdot f_{cd})}$$

Nulllinie liegt im Flanschbereich: $t_w/2 \leq h_n < b/2$

$$W_{pl,an} = W_{pl,a} - \frac{t_f}{2} \cdot (b^2 - 4h_n^2)$$

$$h_n = \frac{A_c \cdot \alpha_c \cdot f_{cd} - (A_a - 2t_f \cdot b) \cdot (2f_{yd} - \alpha_c \cdot f_{cd}) - A_{sn} \cdot (2f_{sd} - \alpha_c \cdot f_{cd})}{2h_c \cdot \alpha_c \cdot f_{cd} + 4t_f \cdot (2f_{yd} - \alpha_c \cdot f_{cd})}$$

Für die Ermittlung der plastischen Widerstandsmomente $W_{pl,an}$ und $W_{pl,cn}$ des Kreishohlprofiles wird näherungsweise eine gerade Außenwandung angenommen.

Es ist nur die Bewehrung anzusetzen, die sich im Bereich von h_n befindet.

Die Formeln für die vollständig einbetonierten I- und H-Profile gelten auch für kammerbetonierte I- und H-Profile. In diesem Fall ist $b_c = b$ und $h_c = h$.

Tafel 11.157 Wirksame Körperdicke von Verbundstützen

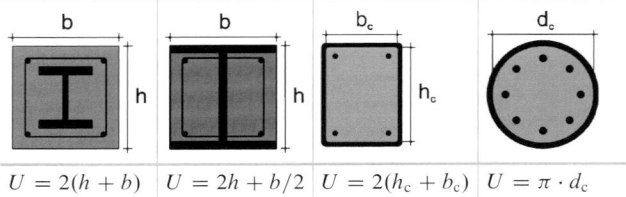

| $U = 2(h + b)$ | $U = 2h + b/2$ | $U = 2(h_c + b_c)$ | $U = \pi \cdot d_c$ |

Wirksame Körperdicke: $d_{\mathrm{eff}} = \frac{2A_c}{U}$
Kriechzahl bei Hohlprofilen: $\varphi_{\mathrm{t,eff}} = \frac{\varphi_t}{4}$

11.6.3.4 Kriechen des Betons

Das Kriechen des Betons wird durch Abminderung des Elastizitätsmoduls auf einen effektiven Wert $E_{\mathrm{c,eff}}$ berücksichtigt, der der Ermittlung der Schnittgrößen und Bauteilschlankheiten zugrunde gelegt wird.

$$E_{\mathrm{c,eff}} = E_{\mathrm{cm}} \frac{1}{1 + \left(\frac{N_{\mathrm{G,Ed}}}{N_{\mathrm{Ed}}}\right) \cdot \varphi_t} \qquad (11.228)$$

φ_t Kriechzahl nach [10]. Bei betongefüllten Hohlprofilen beträgt φ_t 25 % des Wertes, der sich ohne Berücksichtigung der Austrocknungsbehinderung durch das Hohlprofil ergibt ([31], s. a. Tafel 11.157).
$N_{\mathrm{G,Ed}}$ ständig wirkender Anteil der Normalkraft
N_{Ed} einwirkende Normalkraft.

11.6.3.5 Tragsicherheitsnachweis bei planmäßig zentrischem Druck

Für Verbundstützen unter planmäßig zentrischem Druck kann der Biegeknicknachweis entweder durch einen Nachweis nach Theorie II. Ordnung unter Ansatz geometrischer Ersatzimperfektionen oder als Ersatzstabnachweis nach (11.229) unter Anwendung der Europäischen Knicklinien (s. Abschn. 11.4.2.2) geführt werden. Tafel 11.158 enthält die Zuordnung der Knickfälle.

$$\frac{N_{\mathrm{Ed}}}{\chi \cdot N_{\mathrm{pl,Rd}}} \le 1,0 \qquad (11.229)$$

$N_{\mathrm{pl,Rd}}$ Bemessungswert der plastischen Querschnittstragfähigkeit unter Ansatz von $\gamma_{\mathrm{M1}} = 1,1$ für die Streckgrenze des Baustahls (s. (11.223), (11.224))
χ Abminderungsfaktor für das Biegeknicken nach den Tafeln 11.158 und 11.71.

Der Berechnung der Knicklast N_{cr} wird die wirksame Biegesteifigkeit $(EI)_{\mathrm{eff}}$ nach (11.230) zugrunde gelegt. Der bezogene Schlankheitsgrad $\bar{\lambda}$ wird mit der plastischen Querschnittstragfähigkeit $N_{\mathrm{pl,Rk}}$ bestimmt, die sich unter Ansatz der charakteristischen Werkstofffestigkeiten ergibt.

$$(EI)_{\mathrm{eff}} = E_a I_a + E_s I_s + K_e E_{\mathrm{c,eff}} I_c \qquad (11.230)$$

mit $K_e = 0{,}6$.
I_a, I_s, I_c Flächenträgheitsmomente für Baustahl-, Betonstahl- und den ungerissenen Betonquerschnitt.

Tafel 11.158 Knicklinien und geom. Ersatzimperfektionen für Verbundstützen

	1		2	3	4
	Querschnitt		Ausweichen rechtwinklig zur Achse	Knicklinie	Maximaler Stich der Vorkrümmung
1	Vollständig einbetonierte gewalzte oder geschweißte I-Querschnitte		$y{-}y$	b	$L/200$
2			$z{-}z$	c	$L/150$
3	Teilweise einbetonierte gewalzte oder geschweißte I-Querschnitte		$y{-}y$	b	$L/200$
4			$z{-}z$	c	$L/150$
5	Kreisförmige und rechteckige Hohlprofile		$\rho_s \le 3\%$ $y{-}y$ und $z{-}z$	a	$L/300$
6			$3\% < \rho_s \le 6\%$ $y{-}y$ und $z{-}z$	b	$L/200$
7	a) geschweißte Kastenquerschnitte b) ausbetonierte Rohre mit gewalzten oder geschweißten I-Profilen als Einstellprofil c) teilweise einbetonierte Profile aus gewalzten oder geschweißten gekreuzten I-Profilen		$y{-}y$ und $z{-}z$	b	$L/200$

$$N_{cr} = \frac{\pi^2 \cdot (EI)_{eff}}{L_{cr}^2} \qquad (11.231)$$

$$\bar{\lambda} = \sqrt{\frac{N_{pl,Rk}}{N_{cr}}} \qquad (11.232)$$

Beispiel

Für eine Verbundstütze aus einem betongefüllten Kreishohlprofil S355 wird der Nachweis für zentrischen Druck nach Abschn. 11.6.3.5 geführt. Die Kriechzahl $\varphi_t = 2.5$ für die Betonstütze wird wegen der Stahlummantelung auf 25 % abgemindert (vgl. Tafel 11.157).

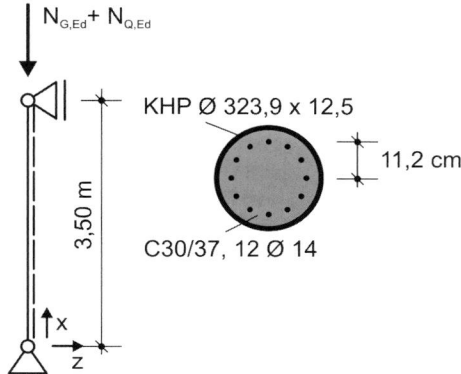

Belastung:

$$N_{G,Ed} = 1.35 \cdot 2100 = 2835\,kN$$
$$N_{Q,Ed} = 1.5 \cdot 1400 = 2100\,kN$$
$$N_{Ed} = 2835 + 2100 = 4935\,kN$$

Querschnittswerte:

$$A_a = 122\,cm^2$$
$$I_a = 14.847\,cm^4$$
$$A_s = 12 \cdot 1.4^2 \cdot \pi/4 = 18.5\,cm^2$$
$$I_s = 1.54 \cdot (2 \cdot 11.2^2 + 4 \cdot 9.7^2 + 4 \cdot 5.6^2) = 1159\,cm^4$$
$$A_c = (32.39 - 2 \cdot 1.25)^2 \cdot \pi/4 - 18.5 = 683\,cm^2$$
$$I_c = (0.5 \cdot 29.89)^4 \cdot \pi/4 - 1159 = 38.022\,cm^4$$

Anwendungsbereiche:

• Bewehrungsanteil des Stahlbetons:

$$\rho_s = 18.5/683 = 0.027 \,\hat{=}\, 2.7\,\% < 6\,\%$$

• Stahlanteil an der Querschnittstragfähigkeit:

$$N_{pl,a,Rd} = 122 \cdot 35.5/1.1 = 3937\,kN$$
$$N_{pl,Rd} = 3937 + 683 \cdot 3.0/1.5 + 18.5 \cdot 50.0/1.15$$
$$= 6107\,kN \quad (s. (11.224))$$
$$\delta = 3937/6107 = 0.645 \begin{cases} > 0.2 \\ < 0.9 \end{cases}$$

Bezogene Schlankheit:

$$N_{pl,Rk} = 122 \cdot 35.5 + 683 \cdot 3.0 + 18.5 \cdot 50.0$$
$$= 7305\,kN$$
$$\varphi_{t,eff} = 2.5/4 = 0.625$$
$$E_{c,eff} = 3300/(1 + 0.625 \cdot 2835/4935)$$
$$= 2428\,kN/cm^2 \quad (s. (11.228))$$
$$EI_{eff} = 21.000 \cdot 14.847 + 20.000 \cdot 1159$$
$$+ 0.6 \cdot 2428 \cdot 38.022$$
$$EI_{eff} = 3.90 \cdot 10^8\,kNcm^2 \quad (s. (11.230))$$
$$N_{cr} = \pi^2 \cdot 3.90 \cdot 10^8/350^2 = 31.422\,kN \quad (s. (11.231))$$
$$\bar{\lambda} = \sqrt{7305/31.422} = 0.48 < 0.5 \quad (s. (11.232))$$

Der Umschnürungseffekt ist vernachlässigbar klein!
Nachweis:

$$N_{pl,Rd} = 6107\,kN$$

Knicklinie a: $\chi = 0.93$ (Tafeln 11.158, 11.71)

$$N_{Ed}/(\chi \cdot N_{pl,Rd}) = 4935/(0.93 \cdot 6107)$$
$$= 0.87 < 1 \quad (s. (11.229)) \blacktriangleleft$$

11.6.3.6 Tragsicherheitsnachweis bei Druck und einachsiger Biegung

Bei Druck und planmäßiger Biegung sind die Biegemomente bei $\alpha_{cr} < 10$ nach Theorie II. Ordnung unter Ansatz geometrischer Ersatzimperfektionen zu bestimmen. Dabei ist für die Verbundstützen die Biegesteifigkeit $(EI)_{eff,II}$ zugrunde zu legen.

$$(EI)_{eff,II} = K_0 \cdot (E_a I_a + E_s I_s + K_{e,II} E_{c,eff} I_c) \qquad (11.233)$$

Korrekturbeiwerte: $K_0 = 0.9$; $K_{e,II} = 0.5$.

Der Tragsicherheitsnachweis ist unter Verwendung der Interaktionskurve nach Abb. 11.78 mit (11.234) zu führen:

$$\frac{M_{Ed}}{M_{pl,N,Rd}} = \frac{M_{Ed}}{\mu_d M_{pl,Rd}} \leq \alpha_M \qquad (11.234)$$

$M_{pl,Rd}$ Vollplastische Momententragfähigkeit des Querschnitts bei reiner Momentenbeanspruchung (Punkt B nach Abb. 11.78)

α_M Beiwert für S235, S275, S355: $\alpha_M = 0.9$ für S420, S460: $\alpha_M = 0.8$

μ_d Beiwert zur Berücksichtigung des Einflusses der Normalkraft auf die Biegetragfähigkeit in Abhängigkeit von der Beanspruchungsrichtung $y-y$ bzw. $z-z$ (siehe μ_{dy} bzw. μ_{dz} nach Abb. 11.78). Werte $\mu_d > 1.0$ dürfen nur dann angesetzt werden, wenn M_{Ed} und N_{Ed} nicht unabhängig voneinander wirken können. Andernfalls ist ein zusätzlicher Nachweis nach [30], Abschn. 6.7.1 (7) erforderlich.

Beispiel

Für die kammerbetonierte Verbundstütze wird unter Anwendung der Interaktionsbeziehung nach Abb. 11.78 und Tafel 11.156 der Tragsicherheitsnachweis für Druck und einachsige Biegung nach (11.234) geführt.

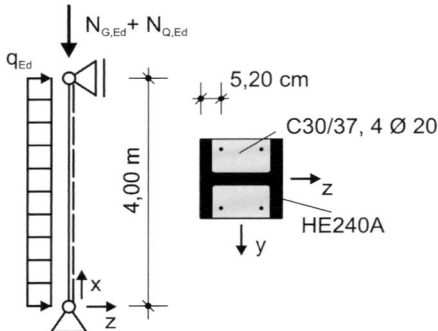

Belastung:

$$N_{\mathrm{G,Ed}} = 1500\,\mathrm{kN}$$
$$N_{\mathrm{Q,Ed}} = 1200\,\mathrm{kN}$$
$$N_{\mathrm{Ed}} = 1500 + 1200 = 2700\,\mathrm{kN}$$
$$q_{\mathrm{Ed}} = 7{,}0\,\mathrm{kN/m}$$
$$M_{\mathrm{y,Ed}}^{\mathrm{I}} = 7{,}0 \cdot 4{,}0^2/8 = 14\,\mathrm{kNm}$$

Stahlgüte: S355JR
Querschnittswerte:

$$A_{\mathrm{a}} = 76{,}8\,\mathrm{cm}^2$$
$$I_{\mathrm{a}} = 7760\,\mathrm{cm}^4$$
$$c_{\mathrm{nom}} + d_{\mathrm{s}}/2 + t_{\mathrm{f}} = 3{,}0 + 2{,}0/2 + 1{,}2 = 5{,}2\,\mathrm{cm}$$
$$A_{\mathrm{s}} = 4 \cdot 2{,}0^2 \cdot \pi/4 = 12{,}6\,\mathrm{cm}^2$$
$$I_{\mathrm{s}} = 12{,}6 \cdot (23{,}0/2 - 5{,}2)^2 = 499\,\mathrm{cm}^4$$
$$A_{\mathrm{c}} = 23 \cdot 24 - 76{,}8 - 12{,}6 = 463\,\mathrm{cm}^2$$
$$I_{\mathrm{c}} = 24 \cdot 23^3/12 - 7760 - 499$$
$$= 16.075\,\mathrm{cm}^4$$

Überprüfung der Anwendungsvoraussetzungen (Abschn. 11.6.3.1):
• Bewehrungsprozentsatz

$$\rho_{\mathrm{s}} = 12{,}6/463 = 0{,}027 \cong 2{,}7\,\% < 6\,\%$$

• Stahlanteil an der Querschnittstragfähigkeit

$$N_{\mathrm{pl,a,Rd}} = 76{,}8 \cdot 35{,}5/1{,}1 = 2479\,\mathrm{kN}$$
$$N_{\mathrm{pl,Rd}} = 2479 + 463 \cdot 0{,}85 \cdot 3{,}0/1{,}5 + 12{,}6 \cdot 50{,}0/1{,}15$$
$$= 3814\,\mathrm{kN} \quad (\text{s. } (11.223))$$
$$\delta = 2479/3814 = 0{,}65 \begin{cases} > 0{,}2 \\ < 0{,}9 \end{cases}$$

Berechnung des maximalen Biegemoments nach Theorie II. Ordnung:

$$\varphi_{\mathrm{t}} = 2{,}5$$
$$E_{\mathrm{c,eff}} = 3300/(1 + 2{,}5 \cdot 1500/2700)$$
$$= 1381\,\mathrm{kN/cm}^2 \quad (\text{s. } (11.228))$$
$$(EI)_{\mathrm{eff,II}} = 0{,}9 \cdot (21.000 \cdot 7760 + 20.000 \cdot 499$$
$$+ 0{,}5 \cdot 1381 \cdot 16.075)$$
$$(EI)_{\mathrm{eff,II}} = 1{,}656 \cdot 10^8\,\mathrm{kNcm}^2 \quad (\text{s. } (11.233))$$
$$N_{\mathrm{cr}} = \pi^2 \cdot 1{,}656 \cdot 10^8/400^2$$
$$= 10.215\,\mathrm{kN} \quad (\text{s. } (11.231))$$
$$\alpha_{\mathrm{cr}} = 10.215/2700 = 3{,}78 < 10$$

Knicklinie b: $w_{\mathrm{o}} = 4{,}00/200 = 0{,}02\,\mathrm{m}$ (Tafel 11.158)

$$M_{\mathrm{y,Ed}}^{\mathrm{II}} \cong (14{,}0 + 2700 \cdot 0{,}02) \cdot 1/(1 - 1/3{,}78)$$
$$= 92{,}5\,\mathrm{kNm}$$

M-N-Interaktion (Abb. 11.78):
• Punkt A:

$$N_{\mathrm{A}} = N_{\mathrm{pl,Rd}} = 3814\,\mathrm{kN} > 2700\,\mathrm{kN}$$

• Punkt C:

$$N_{\mathrm{C}} = N_{\mathrm{pl,c,Rd}} = 463 \cdot 0{,}85 \cdot 3{,}0/1{,}5 = 787\,\mathrm{kN} < 2700\,\mathrm{kN}$$
$$M_{\mathrm{pl,a,Rd}} = 2 \cdot 372 \cdot 35{,}5/1{,}1 = 24.000\,\mathrm{kNcm}$$
$$M_{\mathrm{pl,s,Rd}} = 6{,}3 \cdot 12{,}6 \cdot 50/1{,}15 = 3500\,\mathrm{kNcm}$$
$$M_{\mathrm{pl,c,Rd}} = \left(24 \cdot 23^2/4 - 2 \cdot 372 - 12{,}6 \cdot 6{,}3\right) \cdot 1{,}7$$
$$= 4000\,\mathrm{kNcm}$$
$$h_{\mathrm{n}} = \frac{787}{(2 \cdot 24 \cdot 1{,}7 + 2 \cdot 0{,}75 \cdot (2 \cdot 32{,}27 - 1{,}7))}$$
$$= 4{,}48\,\mathrm{cm}$$
$$W_{\mathrm{pl,an}} = 0{,}75 \cdot 4{,}48^2 = 15\,\mathrm{cm}^3$$
$$W_{\mathrm{pl,sn}} = 0\,\mathrm{cm}^3 \quad (\text{keine Bewehrung}$$
$$\text{innerhalb von } h_{\mathrm{n}})$$
$$W_{\mathrm{pl,cn}} = 24{,}0 \cdot 4{,}48^2 - 15 = 467\,\mathrm{cm}^3$$
$$M_{\mathrm{C}} = (24.000 + 3500 + 0{,}5 \cdot 4000$$
$$- 15 \cdot 32{,}27 - 0{,}5 \cdot 467 \cdot 1{,}7)/100$$
$$= 286\,\mathrm{kNm}$$

Tragsicherheitsnachweis:

$$N_{\mathrm{A}} > N_{\mathrm{Ed}} > N_{\mathrm{C}}$$
$$N_{\mathrm{pl,c,Rd}}/N_{\mathrm{pl,Rd}} = 787/3814 = 0{,}206$$
$$N_{\mathrm{Ed}}/N_{\mathrm{pl,Rd}} = 2700/3814 = 0{,}708$$
$$\mu_{\mathrm{d}} = (1 - 0{,}708)/(1 - 0{,}206) = 0{,}368$$
$$\frac{M_{\mathrm{y,Ed}}^{\mathrm{II}}}{\mu_{\mathrm{d}} \cdot M_{\mathrm{pl,y,Rd}}} = \frac{92{,}5}{0{,}368 \cdot 286} = 0{,}88 < 0{,}9 \quad (\text{s. } (11.234))$$

Momenten-Normalkraft-Interaktionsdiagramm:

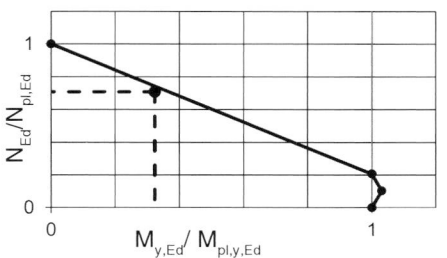

Tafel 11.159 Bemessungswert der Verbundspannung τ_{Rd}

Querschnitt	τ_{Rd} in N/mm^2
Vollständig einbetonierte Stahlprofile[a]	0,30
Ausbetonierte kreisförmige Hohlprofile	0,55
Ausbetonierte rechteckige Hohlprofile	0,40
Flansche teilweise einbetonierter Profile	0,20
Stege teilweise einbetonierter Profile	0

[a] τ_{Rd} gilt hier für $c_z = 40$ mm. Bei größerer Betondeckung c_z darf τ_{Rd} erhöht werden.

11.6.3.7 Tragsicherheitsnachweis bei Druck und zweiachsiger Biegung

Für Verbundstützen und Druckglieder in Verbundbauweise mit Druck und zweiachsiger Biegung dürfen die Beiwerte μ_{dy} und μ_{dz} für jede Biegeachse getrennt entsprechend Abb. 11.79 ermittelt werden. Der Einfluss der Imperfektionen ist bei der stärker versagensgefährdeten Achse zu berücksichtigen. Die Tragsicherheitsnachweise werden mit den Schnittgrößen nach Theorie II. Ordnung zunächst getrennt für die jeweilige Beanspruchungsrichtung sowie mit einer linearen Interaktion geführt (s. (11.235) bis (11.237)). Zu α_M und μ_d siehe Abschn. 11.6.3.6.

$$\frac{M_{y,Ed}}{\mu_{dy}M_{pl,y,Rd}} \leq \alpha_{M,y} \qquad (11.235)$$

$$\frac{M_{z,Ed}}{\mu_{dz}M_{pl,z,Rd}} \leq \alpha_{M,z} \qquad (11.236)$$

$$\frac{M_{y,Ed}}{\mu_{dy}M_{pl,y,Rd}} + \frac{M_{z,Ed}}{\mu_{dz}M_{pl,z,Rd}} \leq 1,0 \qquad (11.237)$$

11.6.3.8 Verbundsicherung

Die Verbundsicherung in den Krafteinleitungsbereichen und in den restlichen Bereichen ist so auszubilden, dass kein nennenswerter Schlupf in der Verbundfuge zwischen Stahlprofil und dem Betonquerschnitt entsteht. Die Krafteinleitungsbereiche sind so gedrungen wie möglich auszubilden. Bei planmäßig zentrisch gedrückten Stützen ist in den übrigen Bereichen keine Verbundsicherung erforderlich. Werden Querkräfte aus Querlasten und/oder Randmomenten übertragen, sind die Verbundspannungen zu überprüfen und ggf. Verbundmittel anzuordnen.

Krafteinleitungsbereiche In den Krafteinleitungsbereichen und an Stellen mit Querschnittsänderungen sind Verbundmittel anzuordnen, wenn τ_{Rd} nach Tafel 11.159 überschritten wird. Die Längsschubkräfte werden aus der Differenz der Teilschnittgrößen des Stahl- oder Stahlbetonquerschnitts im Bereich der Lasteinleitungslänge L_E bestimmt. Wenn kein genauerer Nachweis geführt wird, darf L_E wie folgt angenommen werden:

$$\text{Lasteinleitungslänge } L_E \leq \begin{cases} 2d \\ L/3 \end{cases}$$

mit

d kleinste Außenabmessung
L Stützenlänge.

Bei einer Lasteinleitung nur über den Betonquerschnitt erfolgt die Ermittlung der Teilschnittgrößen über eine elastische Berechnung unter Berücksichtigung von Schwinden und Kriechen. In allen anderen Fällen sind die Teilschnittgrößen elastisch oder vollplastisch zu ermitteln. Der ungünstigere Fall ist maßgebend.

Lasteinleitung über Endkopfplatten Kann nachgewiesen werden, dass die Fuge zwischen Endkopfplatte und Betonquerschnitt unter Berücksichtigung von Kriechen und Schwinden ständig überdrückt ist, sind keine Verbundmittel im Krafteinleitungsbereich erforderlich. Andernfalls ist wie folgt vorzugehen:

Ist die Lasteinleitungsfläche kleiner als der Stützenquerschnitt, darf die Last über die Kopfplattendicke t_e im Verhältnis 1 : 2,5 verteilt werden (s. Abb. 11.80). Die Betonspannung im Bereich der wirksamen Lasteinleitungsfläche

Abb. 11.79 Beiwert μ_d

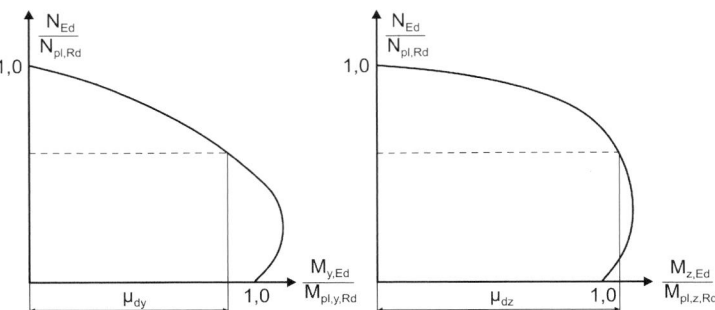

Abb. 11.80 Teilflächenpressung bei ausbetonierten Hohlprofilen

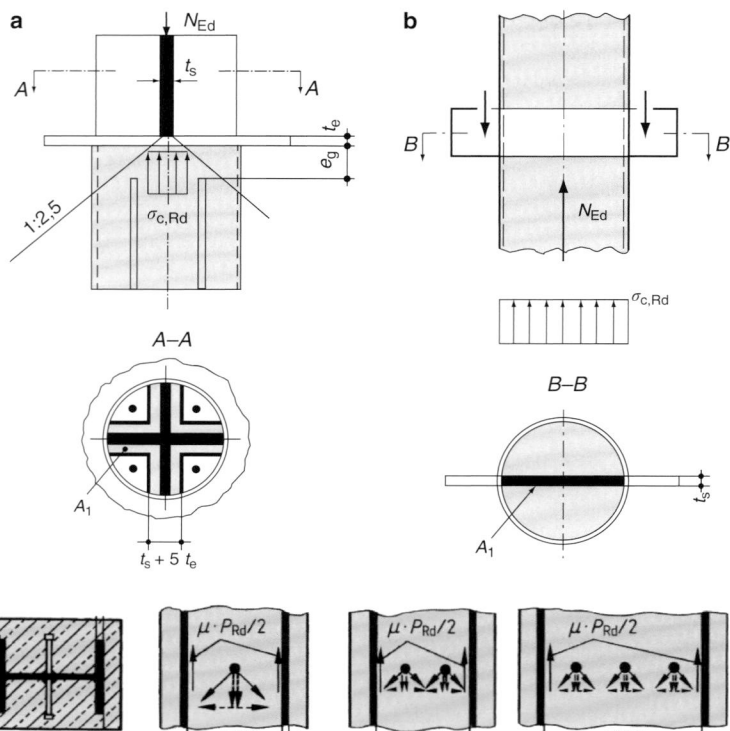

Abb. 11.81 Aktivierung von Reibungskräften bei Kopfbolzendübeln

ist bei betongefüllten Kreis- oder Quadrathohlprofilen auf $\sigma_{c,Rd}$ nach (11.238), für alle anderen Querschnitte nach [10], Abschn. 6.7 (Teilflächenbelastung) zu begrenzen.

Lasteinleitung nur über das Stahlprofil In den Krafteinleitungsbereichen sind die anteiligen Kräfte über Verbundmittel in den Betonquerschnitt einzuleiten. Werden bei ein- oder kammerbetonierten I-Profilen an den Stegen Kopfbolzendübel aufgeschweißt, dürfen Reibungskräfte an den Innenseiten der Flansche zusätzlich zur Tragfähigkeit der Dübel berücksichtigt werden, sofern die Kammermaße nach Abb. 11.81 eingehalten sind.

Für jede horizontale Dübelreihe und Flanschinnenseite darf $\mu \cdot P_{Rd}/2$ angesetzt werden ($\mu = 0{,}5$ bei walzrauen, unbeschichteten Profilen; Dübeltragfähigkeit P_{Rd} nach Tafel 11.148).

Lasteinleitung bei ausbetonierten Kreis- und Quadrathohlprofilen Wird bei betongefüllten, kreisförmigen (KHP) oder quadratischen Hohlprofilen (QHP) der Beton nur über eine Teilfläche beansprucht (z. B. durchgesteckte Knotenbleche oder Steifen siehe Abb. 11.80), so darf die aus der Teilschnittgröße des Betonquerschnitts resultierende örtliche Betonpressung unter dem Knotenblech bzw. der Steife die Grenzspannung $\sigma_{c,Rd}$ nach (11.238) nicht überschreiten:

$$\sigma_{c,Rd} = f_{cd}\left(1 + n_{cL}\frac{t}{a}\frac{f_y}{f_{ck}}\right)\sqrt{\frac{A_c}{A_1}} \leq \frac{A_c f_{cd}}{A_1} \leq f_{yd}$$
$$(11.238)$$

t Wanddicke des Hohlprofils

a Durchmesser bei Rohren und Seitenlänge bei Quadrathohlprofilen

A_c Betonquerschnittsfläche der Stütze

A_1 Belastungsfläche unter dem Knotenblech bzw. unter den Steifen (s. Abb. 11.80). Das Flächenverhältnis A_c/A_1 darf rechnerisch mit max. 20 berücksichtigt werden

η_{cL} Beiwert zur Erfassung der Umschnürungswirkung

     $\eta_{cL} = 4{,}9$ für Rohre

     $\eta_{cL} = 3{,}5$ für QHP.

Bei betongefüllten Kreishohlprofilen dürfen die Beiwerte η_a und η_c nach Abschn. 11.6.3.3 beim Nachweis der Lasteinleitung für $\bar{\lambda} = 0$ bestimmt werden. Die Längsbewehrung darf auch dann angerechnet werden, wenn sie nicht unmittelbar mithilfe von Schweißnähten oder über Kontakt an die Endkopfplatten angeschlossen ist. Voraussetzung hierfür ist, dass

- kein Nachweis der Ermüdung erforderlich ist und
- der lichte Abstand zur Kopfplatte $e_g \leq 30$ mm beträgt (siehe Abb. 11.80).

11.6.3.9 Bauliche Durchbildung

Betondeckung von Stahlprofilen und Bewehrung Für vollständig einbetonierte Stahlprofile (s. Abb. 11.77) gilt:

$$c_z \geq \begin{cases} 40\,\text{mm} \\ b/6 \end{cases}$$

Für die Betondeckung der Bewehrung gilt DIN EN 1992-1-1 [10], Abschn. 4.

Längs- und Bügelbewehrung Bei vollständig einbetonierten Stahlprofilen ist eine Anrechnung der Längsbewehrung zulässig, wenn eine Mindestbewehrung von 0,3 % der Betonfläche vorhanden ist.

Bei betongefüllten Hohlprofilen ist eine Ausführung ohne Längsbewehrung zulässig, wenn keine Brandschutzbemessung erforderlich ist.

Für die Bemessung und bauliche Durchbildung der Längs- und Bügelbewehrung von vollständig und teilweise einbetonierten Stahlprofilen gilt [10], Abschn. 9.5.

Mindestanforderungen an die Bügelbewehrung
(DIN EN 1992-1-1 [10], Abschn. 9.5.3)

Anordung der Bügel außerhalb des Krafteinleitungsbereiches:

- Durchmesser der Bügel $d_{s,B} \geq \frac{1}{4} d_{s,L} \geq 6 \, \text{mm}$
- Abstand der Bügel

$$e_B \leq \begin{cases} 12 d_{s,L} \\ \min(b_c, h_c) \qquad \text{bzw.} \quad d \\ 300 \, \text{mm} \end{cases}$$

- alternativ Stabdurchmesser von Betonstahlmatten $d_{s,M} \geq 5 \, \text{mm}$

Anordnung der Bügel innerhalb des Krafteinleitungsbereiches:

- Die Bügelabstände e_B sind mit dem Faktor 0,6 abzumindern.

Mindestanforderungen an die Längsbewehrung
(DIN EN 1992-1-1 [10], Abschn. 9.5.2;
DIN EN 1992-1-1/NA [11];
DIN EN 1994-1-1 [30], Abschn. 6.7.5)

- Durchmesser der Längsbewehrung $d_{s,L} \geq 12 \, \text{mm}$
- Abstand der Längsbewehrung $e_L \leq 300 \, \text{mm}$
- Gesamtquerschnittsfläche der Längsbewehrung

$$A_{s,min} = 0,15 \cdot \frac{N_{Ed}}{f_{sd}}$$

$$A_{s,max} = 0,09 \cdot A_c, \text{ auch im Bereich von} \\ \text{Übergreifungsstößen}$$

- Bei polygonalem Querschnitt ($b \leq 400 \, \text{mm}$ und $h \leq b$) muss mindestens in jeder Ecke ein Stab angeordnet sein.
- Wird die Längsbewehrung bei vollständig einbetonierten Stahlprofilen beim Tragfähigkeitsnachweis angerechnet, so ist eine Mindestbewehrung von 0,3 % erforderlich.
- Wenn bei betongefüllten Hohlprofilen keine Brandschutzbemessung erforderlich ist, ist eine Ausführung ohne Längsbewehrung zulässig.

Wird bei vollständig oder teilweise einbetonierten Stahlprofilen auf die Anrechnung der Längsbewehrung beim Tragsicherheitsnachweis verzichtet und kann eine Einstufung in

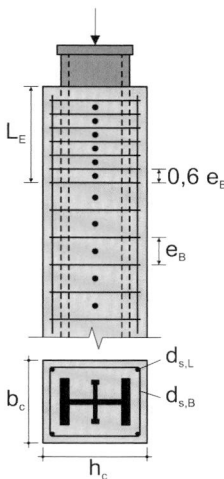

Abb. 11.82 Mindestanforderungen an Bügel- und Längsbewehrung

Expositionsklasse X0 nach [10], Tabelle 4-1 erfolgen, so ist folgende konstruktive Ausbildung der Bewehrung zulässig:

- Durchmesser der Längsbewehrung $d_{s,L} \geq 8 \, \text{mm}$
- Abstand der Längsbewehrung $e_L \leq 250 \, \text{mm}$
- Durchmesser der Bügel $d_{s,B} \geq 6 \, \text{mm}$
- Abstand der Bügel $e_b \leq 200 \, \text{mm}$
- alternativ Stabdurchmesser von Betonstahlmatten $d_{s,M} \geq 4 \, \text{mm}$.

11.6.4 Verbunddecken

11.6.4.1 Allgemeines

11.6.4.1.1 Anwendungsbereich

Verbunddecken werden nach DIN EN 1994-1-1 [30], Abschn. 9 und den Produktzulassungen für die Profilbleche bemessen. Der Anwendungsbereich ist auf einachsig gespannte Decken, vorwiegend ruhend beanspruchte Tragwerke des Hochbaus sowie Industriebauten, deren Decken zusätzlich durch Fahrzeuge beansprucht werden können, beschränkt. Bei Gabelstaplerbetrieb ist eine Zulassung der Profilbleche für dynamische Lasten erforderlich. Im Rahmen der Bemessung und konstruktiven Ausbildung ist darauf zu achten, dass während der Nutzung keine Verminderung der Verbundwirkung eintritt. Es sind Profilbleche mit gedrungener Rippengeometrie ($b_r/b_s \leq 0,6$ s. Abb. 11.84) zu verwenden. Während des Bauzustandes dürfen die Bleche zur seitlichen Stabilisierung der Träger sowie als aussteifende Scheiben für Horizontallasten herangezogen werden. Dabei sind die Bemessungsregeln nach DIN EN 1993-1-3 [14] zu beachten.

11.6.4.1.2 Verbundwirkung

Die planmäßige Verbundwirkung zwischen Profilblech und Beton ist durch eine oder mehrere der in Abb. 11.83 dargestellten Maßnahmen sicherzustellen.

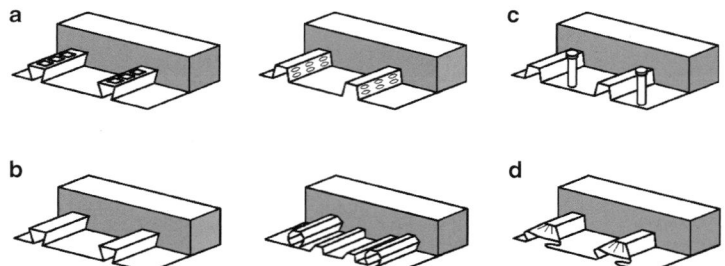

Abb. 11.83 Sicherung der Verbundwirkung bei Verbunddecken. **a** Mechanischer Verbund infolge planmäßig in das Blech eingeprägter Deformationen (Sicken und Noppen), **b** Reibungsverbund bei Blechen mit hinterschnittener Profilblechgeometrie, **c** Endverankerung mittels aufgeschweißter Kopfbolzendübel oder anderer örtlicher Verankerungen, jedoch nur in Kombination mit **a** oder **b**, **d** Endverankerung mit Blechverformungsankern am Blechende, jedoch nur in Kombination mit **b**

Abb. 11.84 Profilblech und Deckenabmessungen.
a Hinterschnittene Profilblechgeometrie,
b offene Profilblechgeometrie

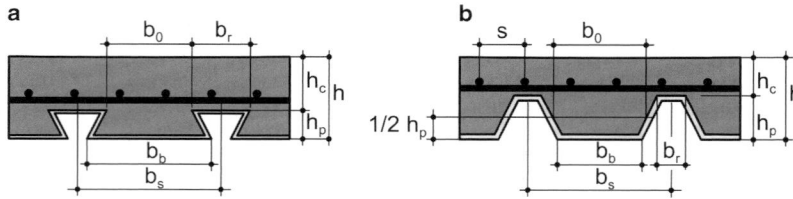

Tafel 11.160 Anforderungen an die Dicke von Verbunddecken

Die Decke ist gleichzeitig Gurt eines Verbundträgers und/oder dient als Scheibe zur Gebäudeaussteifung	Die Decke muss keine zusätzlichen Tragfunktionen übernehmen
$h \geq 90$ mm	$h \geq 80$ mm
$h_c \geq 50$ mm	$h_c \geq 40$ mm

Tafel 11.161 Erforderliche Auflagertiefen für Verbunddecken

Auflagerung auf	l_{bc} [mm]	l_{bs} [mm]
Stahl oder Beton	75	50
anderen Werkstoffen	100	70

11.6.4.1.3 Verdübelung

Eine Verbunddecke gilt als vollständig verdübelt, wenn eine Vergrößerung der Längsschubtragfähigkeit zu keiner Vergrößerung der Momententragfähigkeit führt. Andernfalls liegt eine teilweise Verdübelung vor.

11.6.4.2 Konstruktive Anforderungen

Deckendicke, Bewehrung und Größtkorndurchmesser
Die Mindestdicken von Verbunddecken sind in Tafel 11.160 angegeben. Im Aufbeton ist in beiden Richtungen eine konstruktive Mindestbewehrung von $0,8\,\text{cm}^2/\text{m}$ anzuordnen. Diese darf auf die statisch erforderliche Bewehrung angerechnet werden. Für die Stababstände gelten in beiden Richtungen als Höchstwerte $2h$ und 350 mm. Der kleinere Wert ist maßgebend. Der Größtkorndurchmesser der Zuschlagstoffe darf $0,4h_c$, $b_0/3$ und 31,5 mm nicht überschreiten. Bei offener Profilblechgeometrie ist b_0 die mittlere Rippenbreite und bei hinterschnittener Geometrie die kleinste Breite (s. Abb. 11.84).

Auflagerung der Bleche Durch eine ausreichende Auflagertiefe ist sicherzustellen, dass ein Versagen der Bleche und der Unterkonstruktion verhindert wird. Die Anforderungen

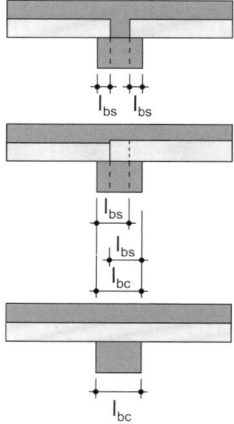

Abb. 11.85 Erforderliche Auflagertiefen für Verbunddecken

sind Tafel 11.161, die Bezeichnungen Abb. 11.85 zu entnehmen. Eine Überlappung ist nicht bei allen Profilblechen möglich.

Die Mindestwerte dürfen auch bei Hilfsunterstützungen im Bauzustand nicht unterschritten werden. Zu beachten ist, dass in Abhängigkeit von der Profilblechgeometrie und der Blechdicken im Bauzustand (ohne erhärtetem Beton) auch größere Auflagerbreiten notwendig werden können.

11.6.4.3 Bemessungssituation und Einwirkungen

Verbunddecken sind für den Bauzustand und den Endzustand nachzuweisen. Im Bauzustand wirken die Profilbleche als Schalung. Die nachfolgenden Einwirkungen und Bemessungssituationen sind zu berücksichtigen.

Profilblech als Schalung

- Berücksichtigung von eventuell vorhandenen Hilfsunterstützungen
- Eigengewicht von Frischbeton und Profilblech (Frischbetonzuschlag $1\,\text{kN/m}^3$)
- Montage- und Ersatzlasten beim Betonieren ([4], Abschn. 4.11.2)
- Einwirkungen aus gelagerten Materialien (sofern vorhanden)
- Mehrgewicht des Betons infolge der Durchbiegung des Bleches unter dem Eigen- und Frischbetongewicht, sofern diese im GZG $h/10$ (h = Deckendicke) überschreitet. Dabei kann näherungsweise eine um die 0,7-fache Durchbiegung vergrößerte Nenndicke des Betons über die gesamte Spannweite zugrunde gelegt werden.
- äußere Horizontallasten, Stabilisierungskräfte und -momente, sofern die Profilbleche zur Aussteifung herangezogen werden.

Verbunddecke Die Einwirkungen sind nach DIN EN 1991 in Kombination mit DIN EN 1990 [1] zu bestimmen. Dabei ist das Entfernen eventuell vorhandener Hilfsunterstützungen zu beachten. Es darf bei den Nachweisen im GZT angenommen werden, dass die gesamte Belastung auf die Verbunddecke wirkt, wenn dies auch beim Nachweis der Längsschubtragfähigkeit berücksichtigt wird.

11.6.4.4 Schnittgrößenermittlung

Profilblech als Schalung Die Bemessung erfolgt nach DIN EN 1993-1-3 [14] und der entsprechenden Produktzulassung. Bei der Verwendung von Hilfsunterstützungen ist i. d. R. eine plastische Umlagerung der Momente nicht zulässig.

Verbunddecke Im GZT sind folgende Verfahren zulässig:
- Linear-elastische Berechnung mit und ohne Momentenumlagerung. Die maximale Umlagerung ist in [10], Abschn. 5.5 und [11] festgelegt. Für Betonfestigkeiten $f_{ck} \leq 50\,\text{N/mm}^2$ muss das Verhältnis δ des umgelagerten Moments zum Ausgangsmoment folgende Bedingungen erfüllen:

$\delta \geq 0{,}64 + 0{,}8 \cdot z_{pl}/d \geq 0{,}7$ für hochduktilen Betonstahl
$\delta \geq 0{,}64 + 0{,}8 \cdot z_{pl}/d \geq 0{,}85$ für normalduktilen Betonstahl (Klasse A)

z_{pl} ist die Druckzonenhöhe im GZT nach der Momentenumlagerung

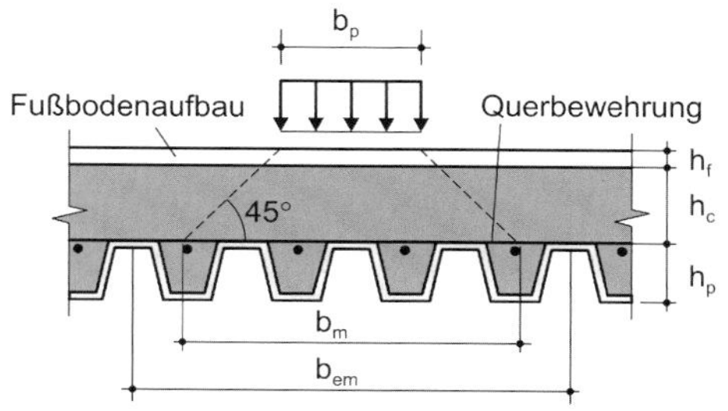

Abb. 11.86 Verteilung von konzentriert angreifenden Lasten

- Fließgelenktheorie mit Nachweis ausreichender Rotationskapazität in den Fließgelenken. Wenn die Deckenstützweite max. 3 m ist und Betonstahl der Klasse C nach [10], Anhang C verwendet wird, ist auch eine Berechnung ohne direkte Kontrolle der Rotationskapazität möglich.
- Fließzonentheorie unter Berücksichtigung des nichtlinearen Verhaltens der Werkstoffe.

Wird der Einfluss der Rissbildung bei der Schnittgrößenermittlung nicht berücksichtigt, dürfen die Biegemomente im GZT an den Innenstützen unter Beachtung der Gleichgewichtsbedingungen bis zu 30 % abgemindert werden.

Durchlaufend ausgeführte Decken dürfen als eine Kette von Einfeldträgern bemessen werden, wenn an den Innenstützen eine ausreichende Bewehrung zur Rissbreitenbeschränkung angeordnet wird (vgl. Abschn. 11.6.4.5.3).

Im GZG sind die Schnittgrößen mit dem linear-elastischen Berechnungsverfahren zu ermitteln.

Mittragende Breite bei konzentrierten Einzel- und Linienlasten Bei Einzel- und Linienlasten parallel zur Spannrichtung darf die Lasteintragungsbreite b_m unter einem Winkel von 45° bis zur Oberseite des Profilbleches angenommen werden (siehe Tafel 11.162 und Abb. 11.86). Für konzentrierte Linienlasten senkrecht zur Spannrichtung wird für b_p die Länge der Linienlast angesetzt. Die mittragenden Breiten b_e für die Schnittgrößenermittlung und die Tragfähigkeitsnachweise dürfen für Decken mit $h_p/h \leq 0{,}6$ vereinfachend nach Tafel 11.162 bestimmt werden.

Überschreiten die charakteristischen Werte konzentrierter Lasten bei Flächenlasten $5{,}0\,\text{kN/m}^2$ und bei Einzellasten $7{,}5\,\text{kN}$ nicht, darf ohne rechnerischen Nachweis eine konstruktive Querbewehrung von mindestens 0,2 % der Betonfläche oberhalb des Profilbleches angeordnet werden. Diese Bewehrung ist über die Breite b_{em} zuzüglich der Verankerungslänge direkt oberhalb des Profilbleches anzuordnen. Bei größeren Lasten müssen die Querbiegemomente nachgewiesen werden.

11.6.4.5 Nachweise

11.6.4.5.1 Nachweis des Profilbleches als Schalung

Im GZT gelten die Regelungen nach DIN EN 1993-1-3 [14] mit Beachtung der Einflüsse durch Sicken, Noppen

Tafel 11.162 Mittragende Breiten bei konzentrierten Einzel- und Linienlasten

Biegung und Längsschub	Einfeldplatten und Endfelder von Durchlaufplatten		$b_{\mathrm{em}} = b_{\mathrm{m}} + 2L_{\mathrm{p}}\left(1 - \dfrac{L_{\mathrm{p}}}{L}\right) \leq b$
	Innenfelder von Durchlaufplatten		$b_{\mathrm{em}} = b_{\mathrm{m}} + 1{,}33L_{\mathrm{p}}\left(1 - \dfrac{L_{\mathrm{p}}}{L}\right) \leq b$
Querkräfte	$b_{\mathrm{ev}} = b_{\mathrm{m}} + L_{\mathrm{p}}\left(1 - \dfrac{L_{\mathrm{p}}}{L}\right) \leq b$		

b_{m} Lasteintragungsbreite $b_{\mathrm{m}} = b_{\mathrm{p}} + 2(h_{\mathrm{c}} + h_{\mathrm{f}})$, siehe Abb. 11.86.
L_{p} Abstand des Schwerpunktes der Last zum nächsten Auflager.
L Spannweite.
b Plattenbreite.

und anderen Profilierungen des Bleches. Im GZG darf die Durchbiegung des Profilbleches δ_{s} infolge des Blecheigengewichtes und des Frischbetongewichtes (ohne Montagelasten und Lasten aus Arbeitsbetrieb) den Grenzwert nach (11.239) nicht überschreiten. Darin ist L die maßgebende Stützweite unter Berücksichtigung ggf. vorgesehener Hilfsunterstützungen.

$$\delta_{\mathrm{s}} \leq L/180 \qquad (11.239)$$

11.6.4.5.2 Nachweis der Verbunddecke im Grenzzustand der Tragfähigkeit

Biegung Bei der Ermittlung der wirksamen Querschnittsfläche des Profilbleches A_{pe} sind Sicken, Noppen und vergleichbare Profilierungen zu vernachlässigen. Bei negativer Momentenbeanspruchung darf das Profilblech nur berücksichtigt werden, wenn es durchlaufend ausgebildet ist und im Bauzustand keine plastischen Momentenumlagerungen ausgenutzt werden.

Der Einfluss des örtlichen Beulens druckbeanspruchter Bereiche des Profilbleches darf nach der Methode der wirksamen Breiten (vgl. Abschn. 11.5.3.2.3) berücksichtigt werden. Diese dürfen den zweifachen Grenzwert für Stege der Klasse 1 nach [12], Tabelle 5.2 nicht überschreiten (siehe Tafel 11.46).

a) Positive Momente, plastische Nulllinie im Aufbeton
(s. Abb. 11.87)
Lage der plastischen Nulllinie:

$$z_{\mathrm{pl}} = \frac{A_{\mathrm{pe}} f_{\mathrm{yp,d}} + A_{\mathrm{s}} f_{\mathrm{sd}}}{b \cdot 0{,}85 f_{\mathrm{cd}}} \qquad (11.240)$$

Vollplastische Momententragfähigkeit:

$$M_{\mathrm{pl,Rd}} = A_{\mathrm{pe}} f_{\mathrm{yp,d}}\left(d_{\mathrm{p}} - \frac{z_{\mathrm{pl}}}{2}\right) + A_{\mathrm{s}} f_{\mathrm{sd}}\left(d_{\mathrm{s}} - \frac{z_{\mathrm{pl}}}{2}\right) \qquad (11.241)$$

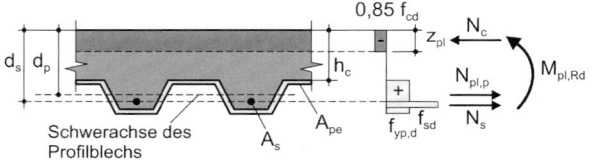

Abb. 11.87 Spannungsverteilung im vollplastischen Zustand, Nulllinie im Aufbeton

b) Positive Momente, plastische Nulllinie im Profilblech
(s. Abb. 11.88)
Das Profilblech nimmt neben der Normalkraft $N_{\mathrm{p}} = N_{\mathrm{p,t}} - N_{\mathrm{p,c}}$ noch ein Teil des Biegemoments M_{pr} auf. Die Lage der plastischen Nulllinie z_{pl} ist unter Beachtung der Gleichgewichtsbedingung (11.242) iterativ zu bestimmen. Hieraus lassen sich die inneren Kräfte N_{i} und Hebelarme z_{i} für die Momentenermittlung $M_{\mathrm{pl,Rd}}$ ableiten.

$$\begin{aligned}-(N_{\mathrm{cf}} + N_{\mathrm{p,c}}) &+ N_{\mathrm{p,t}} + N_{\mathrm{s}} \\ &= -(0{,}85 f_{\mathrm{cd}} A_{\mathrm{c}} + A_{\mathrm{p,c}} f_{\mathrm{yp,d}}) + A_{\mathrm{p,t}} f_{\mathrm{yp,d}} + A_{\mathrm{s}} f_{\mathrm{sd}} \\ &= 0 \qquad (11.242)\end{aligned}$$

$$M_{\mathrm{pl,Rd}} = N_{\mathrm{p,t}} z_{\mathrm{p,t}} + N_{\mathrm{s}} z_{\mathrm{s}} - N_{\mathrm{p,c}} z_{\mathrm{p,c}} - N_{\mathrm{cf}} z_{\mathrm{c}} \qquad (11.243)$$

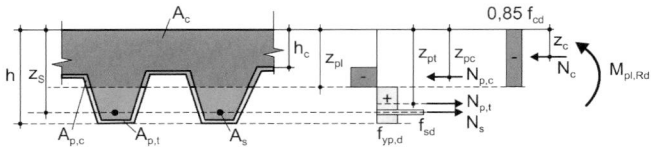

Abb. 11.88 Spannungsverteilung im vollplastischen Zustand, Nulllinie im Profilblech

c) Negative Momentenbeanspruchung (s. Abb. 11.89)
Bei Vernachlässigung des Mitwirkens des Profilblechs wird die Lage der plastischen Nulllinie z_{pl} unter Beachtung der Gleichgewichtsbedingung (11.244) iterativ bestimmt.

$$-N_{\mathrm{c}} + N_{\mathrm{s}} = -0{,}85 f_{\mathrm{cd}} A_{\mathrm{c}} + A_{\mathrm{s}} f_{\mathrm{sd}} = 0 \qquad (11.244)$$

$$M_{\mathrm{pl,Rd}} = N_{\mathrm{c}} z_{\mathrm{c}} - N_{\mathrm{s}} z_{\mathrm{s}} \qquad (11.245)$$

Längsschub bei Decken ohne Endverankerung Die nachfolgenden Regelungen gelten für Verbunddecken mit mechanischem Verbund und/oder Reibungsverbund (s. Abb. 11.83). Die Längsschubtragfähigkeit kann nach dem $m + k$-Verfahren oder dem Teilverbundverfahren nachgewiesen werden. Die Anwendung des Teilverbundverfahrens ist nur bei duktilem Verbundverhalten zulässig. Dies darf vorausgesetzt werden, wenn die Versagenslast mindestens $10\,\%$ größer als diejenige Last ist, bei der $0{,}1$ mm Endschlupf zwischen Profilblech und Beton auftritt.

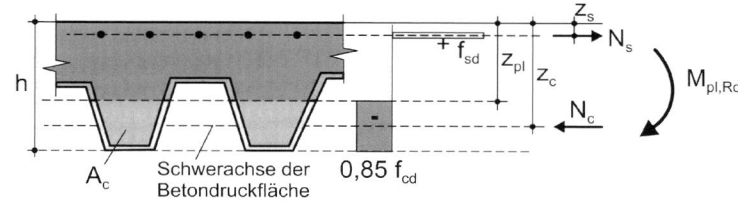

Abb. 11.89 Spannungsverteilung im vollplastischen Zustand, negative Momente

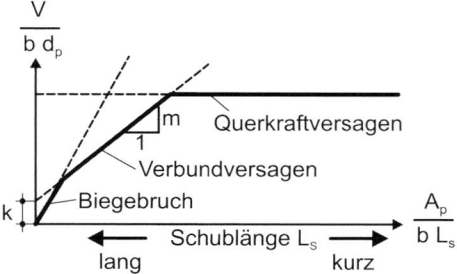

Abb. 11.90 $m + k$-Verfahren

a) $m + k$-Verfahren Beim $m + k$-Verfahren werden durch mindestens je drei Versuche an Decken mit kurzer und langer Schublänge L_s die Ordinate k und der Neigungswinkel m im normierten Tragfähigkeitsdiagramm bestimmt (Abb. 11.90).

Die Tragsicherheit in Bezug auf das Längsschubversagen wird mit (11.246) nachgewiesen.

$$\frac{V_\mathrm{Ed}}{V_\mathrm{l,Rd}} \le 1{,}0 \qquad (11.246)$$

mit

$$V_\mathrm{l,Rd} = \frac{b \cdot d_\mathrm{p}}{\gamma_\mathrm{VS}}\left(\frac{m \cdot A_\mathrm{p}}{b \cdot L_\mathrm{s}} + k\right)$$

b, d_p Plattenbreite und Abstand der Schwereachse des Profilbleches bis zur Randfaser der Betondruckzone in mm

A_p Nennwert der Querschnittsfläche des Profilbleches in mm^2

m, k Bemessungswerte in N/mm^2 aus Versuchen (s. [30], Anhang B)

L_s Schublänge in mm nach Tafel 11.163

γ_VS Teilsicherheitsbeiwert für die Längsschubtragfähigkeit. Sofern in den Zulassungen der Profilbleche keine abweichenden Angaben enthalten sind, kann $\gamma_\mathrm{VS} = 1{,}25$ angenommen werden.

Bei durchlaufenden Verbunddecken darf der Nachweis der Längsschubtragfähigkeit für äquivalente Einfelddecken mit den folgenden Stützweiten geführt werden.

Endfelder:

$$L_\mathrm{eff} = 0{,}9L$$

Innenfelder:

$$L_\mathrm{eff} = 0{,}8L$$

b) Teilverbundverfahren Beim Teilverbundverfahren werden aus dem Sachverhalt, dass vom Auflager bis zum betrachteten Querschnitt über die Länge L_x nur eine begrenzte Schubkraft übertragen wird, die Normalkräfte im Profilblech und Beton bestimmt. Unterschreitet die Normalkraft N_p die plastische Normalkrafttragfähigkeit des Profilbleches, steht noch ein Teil des Blechquerschnitts zur Aufnahme von Biegemomenten zur Verfügung. Beim Teilverbundverfahren wird nachgewiesen, dass das einwirkende Biegemoment über die Deckenlänge an keiner Stelle die Momententragfähigkeit überschreitet. Damit ist zugleich eine ausreichende Längsschubtragfähigkeit nachgewiesen. Eine zusätzliche untere Längsbewehrung darf dabei berücksichtigt werden.

$$\frac{M_\mathrm{Ed}(x)}{M_\mathrm{Rd}(x)} \le 1{,}0 \qquad (11.247)$$

$$\eta = \frac{N_\mathrm{p}}{N_\mathrm{pl,p,Rd}} = \frac{\tau_\mathrm{u,Rd} \cdot b \cdot L_\mathrm{x}}{A_\mathrm{pe}\,f_\mathrm{yp,d}} \le 1{,}0 \qquad (11.248)$$

$$M_\mathrm{pl,r} = 1{,}25 M_\mathrm{pl,p,Rd}\left(1 - \frac{N_\mathrm{p}}{N_\mathrm{pl,p,Rd}}\right)$$

$$= 1{,}25 M_\mathrm{pl,p,Rd}\,(1 - \eta) \le M_\mathrm{pl,p,Rd} \qquad (11.249)$$

$$z_\mathrm{pl,c} = \frac{\eta \cdot A_\mathrm{pe}\,f_\mathrm{yp,d} + A_\mathrm{s}\,f_\mathrm{sd}}{b \cdot 0{,}85 f_\mathrm{cd}} \qquad (11.250)$$

$$M_\mathrm{Rd} = M_\mathrm{pl,r} + \eta \cdot A_\mathrm{pe}\,f_\mathrm{yp,d}\left(d_\mathrm{p} - \frac{z_\mathrm{pl,c}}{2}\right)$$
$$+ A_\mathrm{s}\,f_\mathrm{sd}\left(d_\mathrm{s} - \frac{z_\mathrm{pl,c}}{2}\right) \qquad (11.251)$$

Beim Nachweis ausreichender Momentendeckung darf die Momententragfähigkeit M_Rd vereinfacht durch lineare Interpolation über den Verdübelungsgrad η bestimmt werden (s. Abb. 11.92).

$$M_\mathrm{Rd} = M_\mathrm{pl,p,Rd} + \eta \cdot \left(M_\mathrm{pl,Rd} - M_\mathrm{pl,p,Rd}\right) \qquad (11.252)$$

Längsschub bei Decken mit Endverankerung Die Längsschubtragfähigkeit von Verbunddecken mit Endverankerungen des Typs c) und d) nach Abb. 11.83 darf mit der Teilverbundtheorie ermittelt werden. Zur übertragbaren Verbundkraft zwischen Profilblech und Beton wird die Verankerungskraft am Ende hinzuaddiert (z. B. bei (11.248)).

Tafel 11.163 Schublänge L_s

Belastung	Gleichstreckenlast	Zwei gleiche symmetrische Einzellasten	Andere Belastungsanordnung
Schublänge	$L_\mathrm{s} = L/4$	Abstand zwischen Last und benachbartem Auflager	Aus Versuchen oder $L_\mathrm{s} = \max M / \max Q$

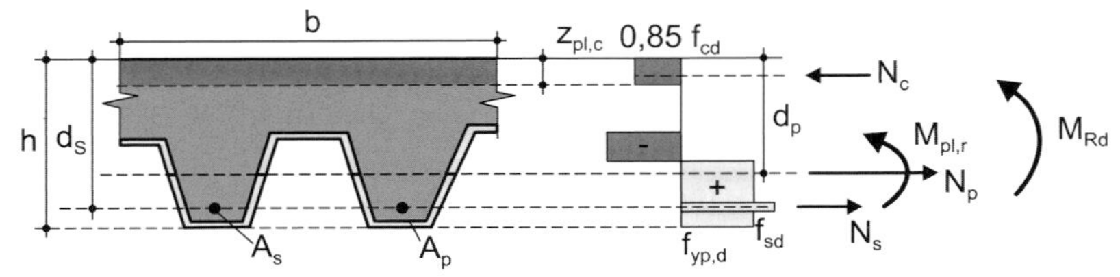

Abb. 11.91 Spannungsverteilung im vollplastischen Zustand bei Teilverbund

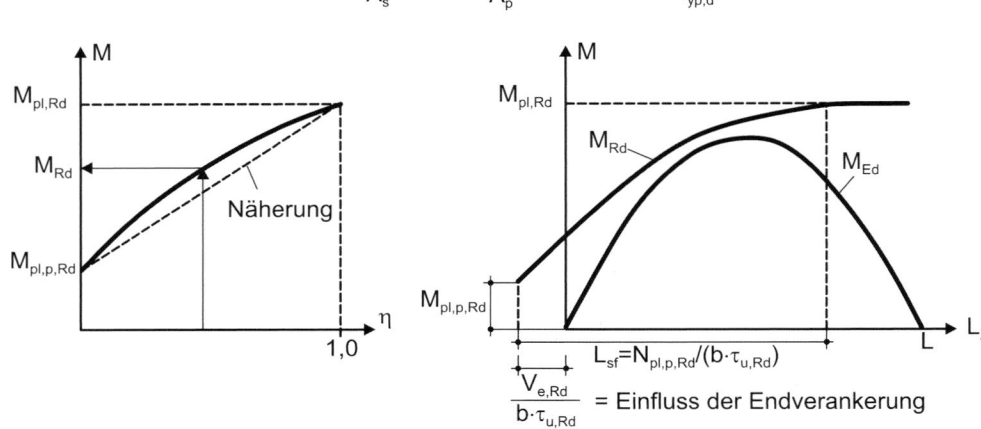

Abb. 11.92 Teilverbunddiagramm und Momentendeckung bei Verbunddecken

Die durch Blechverformungsanker (Abb. 11.83d), Setzbolzen oder gewindefurchende Schrauben übertragbare Kraft ist den Zulassungsdokumenten der Profilbleche zu entnehmen. Die Schubtragfähigkeit eines durch das Profilblech geschweißten Kopfbolzens kann mit (11.253) bestimmt werden. Dieser Wert darf die Tragfähigkeit des Kopfbolzens selbst nicht überschreiten (siehe Abschn. 11.6.2.6.2).

$$P_{pb,Rd} = \min \begin{cases} k_t \cdot P_{Rd} \\ k_\varphi \cdot d_{d0} \cdot t \cdot f_{y,pd} \end{cases} \quad (11.253)$$

mit

$$k_\varphi = 1 + a/d_{d0} \leq 6{,}0$$

k_t nach (11.206)
P_{Rd} Minimalwert aus (11.203) und (11.204)
d_{d0} Durchmesser der Schweißwulst des Dübels (1,1-facher Wert des Schaftdurchmessers)
a Abstand zwischen Dübelachse und Blechende ($a \geq 1{,}5 d_{d0}$)
t Dicke des Profilbleches.

Querkrafttragfähigkeit Der Bemessungswert des Querkraftwiderstandes für Bauteile ohne rechnerisch erforderliche Querkraftbewehrung wird nach [10], Abschn. 6.2.2(1) sowie dem Nationalen Anhang [11] hierzu bestimmt. Dabei darf der Anteil des Profilblechs, der durch Endverankerung, Reibung und Flächenverbund bis zum maßgebenden Nachweisquerschnitt aktiviert wird, im Verhältnis der Bemessungswerte der Streckgrenzen von Profilblech zu Betonstahl auf den Bewehrungsgrad ρ_l angerechnet werden.

11.6.4.5.3 Grenzzustand der Gebrauchstauglichkeit

Rissbreitenbeschränkung Für die Rissbreitenbeschränkung in negativen Momentenbereichen ist [10], Abschn. 7.3 in Verbindung mit dem Nationalen Anhang anzuwenden. Werden durchlaufende Decken als eine Kette von Einfeldträgern bemessen, ist zur Verhinderung einer unkontrollierten Rissbildung im Aufbeton die folgende konstruktive Mindestbewehrung anzuordnen:

- 0,2 % der Betonquerschnittsfläche oberhalb des Profilbleches bei Decken, die im Bauzustand ohne Hilfsunterstützung hergestellt werden,
- 0,4 % der Betonquerschnittsfläche oberhalb des Profilbleches bei Decken, die im Bauzustand mit Hilfsunterstützung hergestellt werden.

Durchbiegung Auf den Nachweis der Verformungen darf verzichtet werden, wenn die Biegeschlankheit die Grenzwerte nach [11] (NCI zu Abschn. 7.4.2(2)) nicht überschreitet ($l_i/d \leq 35$ bzw. $l_i/d \leq 150/l_i$) und der Endschlupf vernachlässigt werden kann (siehe Zulassung für die jeweiligen Profilbleche).

Erfolgt der Nachweis der Verformungen nicht indirekt durch Begrenzung der Plattenschlankheit, sollte als effektive Biegesteifigkeit der Mittelwert der Biegesteifigkeiten des gerissenen und ungerissenen Querschnitts verwendet werden. Der Einfluss des Kriechens kann vereinfacht durch eine reduzierte Biegesteifigkeit berücksichtigt werden, die mit dem Mittelwert der Reduktionszahlen für kurzzeitige und ständige Beanspruchungen bestimmt wird. Einflüsse aus dem Schwinden dürfen vernachlässigt werden.

In Bezug auf die Ermittlung von Verformungen aus Lasten, die nur auf das Profilblech wirken, gilt [14], Abschn. 7.

11.7 Anschlüsse

11.7.1 Allgemeines

Die Bemessung von Anschlüssen ist in DIN EN 1993-1-8 [18] in Kombination mit den Teilen 1-1 [12] und 1-12 [24] sowie weiteren Teilen des Eurocode 3 geregelt. In Bezug auf spezielle Anschlüsse für den Verbundbau s. DIN EN 1994-1-1, Abschn. 6 [30]. Die **Teilsicherheitsbeiwerte** für den mechanischen Widerstand sind in Tafel 11.36 zusammengestellt.

Die Beanspruchbarkeit einer Verbindung wird aus den Beanspruchbarkeiten ihrer Grundkomponenten bestimmt. Es dürfen linear-elastische oder elastisch-plastische Berechnungsverfahren angewendet werden.

Berechnungsannahmen Zur Klassifizierung von Anschlüssen und den Modellen für die Stabwerksberechnung siehe Abschn. 11.2.3. Für die Verteilung von Kräften und Momenten sind i. d. R. folgende Voraussetzungen zu beachten:

- Die angenommene Verteilung steht im Gleichgewicht mit den äußeren Schnittgrößen und entspricht den Steifigkeitsverhältnissen im Anschluss.
- Die zugewiesenen Kräfte und Momente können von den Verbindungsmitteln übertragen werden.
- Das Verformungsvermögen der Verbindungsmittel und der angeschlossenen Bauteile wird nicht überschritten.

- Die bei elastisch-plastischen Berechnungsmodellen auftretenden Verformungen sind physikalisch möglich.
- Die Berechnungsmodelle stehen nicht im Widerspruch zu Versuchsergebnissen.

Angaben zur Kräfteverteilung in Stirnplattenverbindungen, Träger-Stützen-Verbindungen und Stützenfüßen enthält [18] im Abschn. 6.2.

Werden bei Scherbeanspruchungen unterschiedlich steife Verbindungsmittel eingesetzt, so ist i. d. R. dem Verbindungsmittel mit der höchsten Steifigkeit (z. B. den Schweißnähten) die gesamte Belastung zuzuordnen. Bei Hybridverbindungen mit Schweißnähten und gleitfest vorgespannten Schraubenverbindungen der Kategorie C (Gleitsicherheit im GZT, s. Tafel 11.164) dürfen die Tragfähigkeiten überlagert werden, wenn das Anziehen der Schrauben nach der Ausführung der Schweißarbeiten erfolgt.

Exzentrizitäten Bauteile und deren Anschlüsse sind i. d. R. für die Schnittgrößen aus Exzentrizitäten in den Knotenpunkten zu bemessen. Ausnahmen für Fachwerke sind in [18], Abschn. 5.1.5 geregelt. Die Exzentrizitäten in und aus der Anschlussebene sind unter Berücksichtigung der Schwereachsen der Bauteile und der Bezugsachsen der Verbindungsmittel zu bestimmen. Für Anschlüsse von Winkeln mit einer Schraubenreihe sind die Abschn. 11.3.3 und 11.4.2.2 zu beachten.

Tafel 11.164 Kategorien von Schraubenverbindungen und Tragsicherheitsnachweise

Kategorie		Nachweis	Anmerkung
Scherverbindungen			
A	Scher-/Lochleibungsverbindung	$F_{v,Ed} \leq F_{v,Rd}$ $F_{v,Ed} \leq F_{b,Rd}$	– keine Vorspannung erforderlich – Schraubenfestigkeitsklassen 4.6 bis 10.9
B	Gleitfeste Verbindung im GZG	$F_{v,Ed,ser} \leq F_{s,Rd,ser}$ $F_{v,Ed} \leq F_{v,Rd}$ $F_{v,Ed} \leq F_{b,Rd}$	– Vorspannung erforderlich – Schraubenfestigkeitsklassen i. d. R. 8.8 und 10.9
C	Gleitfeste Verbindung im GZT	$F_{v,Ed} \leq F_{s,Rd}$ $F_{v,Ed} \leq F_{b,Rd}$ $\sum F_{v,Ed} \leq N_{net,Rd}$	– Vorspannung erforderlich – Schraubenfestigkeitsklassen i. d. R. 8.8 und 10.9
Zugverbindungen			
D	Nicht vorgespannt	$F_{t,Ed} \leq F_{t,Rd}$ $F_{t,Ed} \leq B_{p,Rd}$	– Schraubenfestigkeitsklassen 4.6 bis 10.9
E	Vorgespannt	$F_{t,Ed} \leq F_{t,Rd}$ $F_{t,Ed} \leq B_{p,Rd}$	– Schraubenfestigkeitsklassen i. d. R. 8.8 und 10.9

$F_{v,Ed}$ einwirkende Abscherkraft,
$F_{v,Rd}$ Abschertragfähigkeit,
$F_{b,Ed}$ einwirkende Lochleibungskraft,
$F_{b,Rd}$ Lochleibungstragfähigkeit,
$F_{t,Ed}$ einwirkende Zugkraft,
$F_{t,Rd}$ Zugtragfähigkeit,
$F_{v,Ed,ser}$ einw. Abscherkraft im GZG,
$N_{net,Rd}$ plastischer Widerstand des Nettoquerschnitts im kritischen Schnitt,
$F_{s,Rd}$ Gleitwiderstand im GZT,
$F_{s,Rd,ser}$ Gleitwiderstand im GZG,
$B_{p,Rd}$ Durchstanzwiderstand des Schraubenkopfes oder der Mutter.

Schubbeanspruchte Anschlüsse mit dynamischen Belastungen oder Lastumkehr Bei Stoßbelastung, erheblicher Schwingungsbelastung und Lastumkehr sollten folgende Anschlussmittel verwendet werden:

- Schweißnähte,
- vorgespannte Schrauben und Schrauben mit Sicherung gegen unbeabsichtigtes Lösen der Muttern,
- Injektionsschrauben und andere Schrauben, die Verschiebungen der angeschlossenen Bauteile wirksam verhindern
- Niete.

Darf in einem Anschluss, z. B. wegen Lastumkehr, kein Schlupf auftreten, sind entweder Schweißnähte, gleitfeste Schraubverbindungen der Kategorie B oder C (s. Tafel 11.164), Passschrauben oder Niete zu verwenden.

Bei Wind- und Stabilisierungsverbänden dürfen Scher-Lochleibungsverbindungen (Kategorie A nach Tafel 11.164) eingesetzt werden.

11.7.2 Verbindungen mit Schrauben und Nieten

11.7.2.1 Schraubenkategorien, Festigkeitsklassen und Nachweise

Tafel 11.164 enthält die Einteilung der Schraubenverbindungen in Kategorien nach [18], die erforderlichen Tragsicherheitsnachweise sowie die zulässigen Festigkeitsklassen und Angaben zur Vorspannung. Gemäß Nationalem Anhang [19] sind für Deutschland die Festigkeitsklassen nach Tafel 11.165 zugelassen.

11.7.2.2 Schraubenarten, -abmessungen und Produktnormen

In Bezug auf die Produktnormen ist zwischen hochfesten planmäßig vorspannbaren Schraubenverbindungen nach DIN EN 14399 [68] und Garnituren für nicht planmäßig vorgespannte Schraubenverbindungen nach DIN EN 15048 [69] zu unterscheiden.

Bei **Verbindungen mit planmäßig vorgespannten Schrauben** können die Systeme HR oder HV eingesetzt werden, die sich durch ihre Versagensform und den geregelten Festigkeitsklassen unterscheiden. Darüber hinaus steht das System HRC nach DIN EN 14399-10 [68] mit kalibrierter Vorspannung zur Verfügung, bei dem am Gewinde der Schrauben ein Abscherende anschließt, das beim Anspannvorgang kontrolliert bricht.

Bei **nicht planmäßig vorgespannten Schraubenverbindungen** sind künftig Garnituren nach [69] zu verwenden, sofern nicht auch hier Schraubengarnituren nach [68] zum Einsatz kommen. Teil 1 regelt die Allgemeinen Anforderungen, Teil 2 die Eignungsprüfung. Es können Schrauben der Festigkeitsklassen 4.6 bis 10.9 mit CE-Zeichen eingesetzt werden, die von einem Hersteller zu liefern sind und mit der Abkürzung „SB" (Structural Bolt) auf Schraube und Mutter gekennzeichnet werden. Die Scheiben sind nicht Bestandteil der Garnitur. Sie müssen nicht vom Hersteller bereitgestellt werden.

Es ist derzeit nicht geplant, die Geometrie niederfester Schrauben europäisch zu regeln. Die darunter fallenden deutschen Produktnormen bleiben voraussichtlich als nationale Normen erhalten. Die Schrauben erhalten künftig das Kennzeichen „SB" und werden mit einem Konformitätsnachweis zu DIN EN 15048-1 [69] geliefert.

Tafel 11.165 Nennwerte der Streckgrenze f_{yb} und der Zugfestigkeit f_{ub} von Schrauben

Schraubenfestigkeitsklasse	4.6	5.6	8.8	10.9
f_{yb} (N/mm²)	240	300	640	900
f_{ub} (N/mm²)	400	500	800	1000

Tafel 11.166 Hochfeste planmäßig vorspannbare Schraubenverbindungen

System	Versagensformen	Festigkeitsklassen	Garnituren aus Schrauben und Muttern	Normen für Unterlegscheiben
HR	Bruch des Schraubenschaftes	8.8 und 10.9	Sechskantschrauben DIN EN 14399-3 Senkschrauben DIN EN 14399-7	Flache Scheiben (nur unter der Mutter zulässig) DIN EN 14399-5
HV	Abstreifen des Gewindes	10.9	Sechskantschrauben DIN EN 14399-4[a] Passschrauben DIN EN 14399-8	Flache Scheiben mit Fase DIN EN 14399-6

[a] Garnituren mit Schrauben und Muttern nach DIN EN 14399-4 müssen mit Scheiben nach DIN EN 14399-6 verbaut werden.

Tafel 11.167 Schrauben, Muttern und Scheiben verschiedener Produktnormen

Festigkeitsklasse	Passschrauben	Schraubennorm	Muttern Norm	Festigkeit	Scheiben Norm	Härte
4.6	Nein	DIN 7990	DIN EN ISO 4034, 4032	4/5	DIN 7989 T1, T2 DIN 434, 435	100
5.6	Nein	DIN 7990		5		
	Ja	DIN 7968				
8.8	Nein	DIN EN ISO 4014, 4017	DIN EN ISO 4032	8	DIN EN ISO 7089 bis 7091 DIN 434, 435	100 bis 300

Festigkeitsklassen für Schrauben nach DIN EN ISO 898-1, für Muttern nach DIN EN ISO 898-2 [62].

Tafel 11.168 Sechskantschrauben für Stahlkonstruktionen (Festigkeitsklassen nach DIN EN ISO 898-1 (05.13))

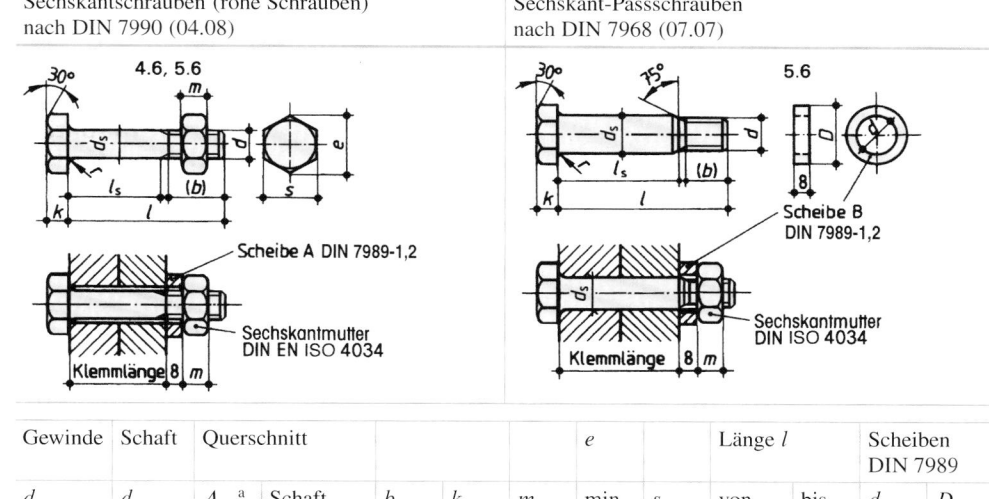

Gewinde	Schaft	Querschnitt							Länge l		Scheiben DIN 7989	
d	d_s	A_{sp}[a]	Schaft	b	k	m	e min	s	von	bis	d	D
M 12	12 (13)	0,843	1,13 (1,33)	20,5	8	10	19,85	18	30 (35)	120	13,5	24
M 16	16 (17)	1,57	2,01 (2,27)	24,5	10	13	26,17	24	35 (40)	150	17,5	30
M 20	20 (21)	2,45	3,14 (3,46)	28,5	13	16	32,95	30	40 (45)	180	21,5	37
M 22	*22 (23)*	*3,03*	*3,80 (4,15)*	*25,5*	*14*	*18*	*37,29*	*34*	*40*	*200*	*24*	*40[b]*
M 24	24 (25)	3,53	4,52 (4,91)	33,0	15	19	39,55	36	45 (55)	200	26	44
M 27	27 (28)	4,59	5,73 (6,16)	35,5	17	22	45,20	41	50 (60)	200	29	50
M 30	30 (31)	5,61	7,07 (7,55)	38,5	19	24	50,85	46	55 (65)	200	32	56

Längenmaße in mm, Querschnitte in cm², Klammerwerte für Passschrauben

[a] Spannungsquerschnitt nach DIN EN ISO 898-1 (05.13): $A_{sp} = \frac{\pi}{4}\left(\frac{d_2+d_3}{2}\right)^2$ mit $d_2 =$ Flanken- und $d_3 =$ Kerndurchmesser des Gewindes.

[b] In den neuen Ausgaben der Schraubennormen nicht mehr enthalten.

11.7.2.3 Maße von Löchern, Rand- und Lochabständen

Das **Nennlochspiel** ist bei runden Löchern als die Differenz zwischen dem Nenndurchmesser und dem Schraubennenndurchmesser definiert. Bei Langlöchern entspricht das Lochspiel der Differenz zwischen der Lochlänge oder Lochbreite und dem Schraubennenndurchmesser.

Das Nennlochspiel bei Schrauben und Bolzen, die nicht in Passverbindungen eingesetzt werden, ist in Tafel 11.172 angegeben. Standardmäßig werden normale runde Löcher mit 1 bis 3 mm Lochspiel verwendet. Die Herstellungstoleranz beträgt ±0,5 mm. Dabei wird als Lochdurchmesser der Mittelwert von Eintritts- und Austrittsdurchmesser angenommen. Bei Passschrauben muss der Nennlochdurchmesser gleich dem Schaftdurchmesser der Schraube sein. Es ist die Toleranzklasse H11 nach DIN EN ISO 286-2 [61] einzuhalten.

Grenzwerte für Rand- und Lochabstände von Verbindungsmitteln in Stählen nach DIN EN 10025 [45] sind in Tafel 11.173 und Abb. 11.93 angegeben. Der Widerstand druckbeanspruchter Bauteile gegen das Beulen zwischen den Verbindungsmitteln wird nach DIN EN 1993-1-1 [12] mit der Knicklänge $L_{cr} = 0,6p_1$ berechnet. Bei $p_1/t < 9\varepsilon$ (ε siehe Tafel 11.45) ist kein Nachweis erforderlich. Für den Randabstand senkrecht zur Kraftrichtung darf der Nachweis des Beulens mit dem Modell des einseitig gestützten Flansches nach [12] geführt werden (s. Tafel 11.47).

11.7.2.4 Tragfähigkeit von Schraubenverbindungen

Die nachfolgenden Ausführungen gelten i. Allg. für Sechskantschrauben, die den Anforderungen der DIN EN 1090-2 [37] entsprechen. Für andere Schraubentypen, wie z. B. Senkschrauben oder Schrauben mit geschnittenen Gewinden, sind zusätzliche Regelungen nach [18] und zugehörigem NA [19] zu beachten.

11.7.2.4.1 Tragfähigkeit auf Abscheren

Die Tragfähigkeit $F_{v,Rd}$ einer Schraube auf Abscheren wird in Abhängigkeit der Zugfestigkeit des Schraubenmaterials und des maßgebenden Querschnitts in der Scherfuge mit (11.254) bestimmt.

$$F_{v,Rd} = \frac{\alpha_v f_{ub} A}{\gamma_{M2}} \qquad (11.254)$$

f_{ub} Zugfestigkeit der Schraube, s. Tafel 11.165.

Tafel 11.169 Garnituren aus Sechskantschrauben mit großen Schlüsselweiten nach DIN EN 14399-4 (04.15) – System HV

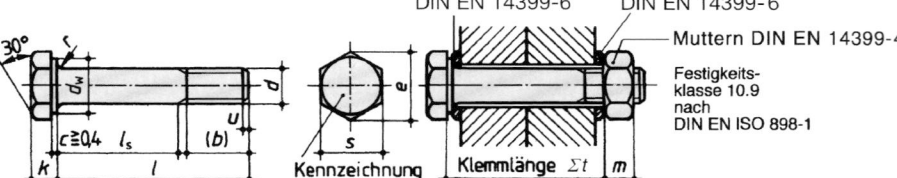

Gewinde d	A_{sp}	b	d_w		c	k	r	e	s	l		m	Scheiben		
			min	max			min	min	max	von	bis		t	d	D
M 12	0,843	23	20,1		0,6	8	1,2	23,91	22	35	95	10	3	13	24
M 16	1,57	28	24,9		0,6	10	1,2	29,56	27	40	130	13	4	17	30
M 20	2,45	33	29,5		0,8	13	1,5	35,03	32	45	155	16	4	21	37
M 22	3,03	34	33,3		0,8	14	1,5	39,55	36	50	165	18	4	23	39
M 24	3,53	39	38,0		0,8	15	1,5	45,20	41	60	195	20	4	25	44
M 27	4,59	41	42,8		0,8	17	2	50,85	46	70	200	22	5	28	50
M 30	5,61	44	46,6		0,8	19	2	55,37	50	75	200	24	5	31	56
M 36	8,17	52	55,9		0,8	23	2	66,44	60	85	200	29	6	37	66

Tafel 11.170 Garnituren aus Sechskant-Passschrauben, *hochfest*, mit großen Schlüsselweiten, nach DIN EN 14399-8 (03.08)

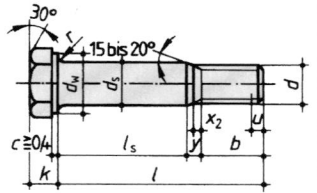

Sie sind für GVP- oder SLP-Verbindungen bestimmt. Sie dürfen nur mit Scheiben nach DIN EN 14399 Teil 5 (nur unter der Mutter) oder 6 verwendet werden.
Festigkeitsklasse 10.9 nach DIN EN ISO 898-1

Gewinde d		M 12	M 16	M 20	M 22	M 24	M 27	M 30	36	Bemerkung
d_s		13	17	21	23	25	28	31	37	Nennlängen l je nach
b		23	28	33	34	39	41	44	52	Durchmesser bis
r	min	1,2	1,2	1,5	1,5	1,5	2	2	2	200 mm. Übrige Maße
d_w	min	20,1	24,9	29,5	33,3	38,0	42,8	46,6	55,9	wie Schrauben nach
s	max	22	27	32	36	41	46	50	60	DIN EN 14399-4
e	min	23,91	29,56	35,03	39,55	45,20	50,85	55,37	66,44	

Tafel 11.171 Halbrundniete nach DIN 124 (03.11) und Senkniete nach DIN 302 (03.11)

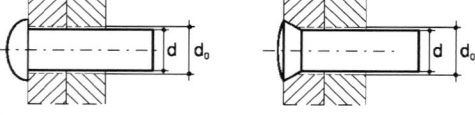

	M10	M12	M16	M20	M22	M24	M30	M36
Lochdurchmesser d_0 [mm]	10,5	13	17	21	23	25	31	37
Gewindedurchmesser d [mm]	10	12	16	20	22	24	30	36

Tafel 11.172 Maße für Löcher

Nenndurchmesser d der Schraube oder des Bolzens [mm]	12	14	16	18	20	22	24	≥ 27
Normale runde Löcher[a]	1[b, c]		2					3
Übergroße runde Löcher	3		4				6	8
Kurze Langlöcher (in der Länge)[d]	4		6				8	10
Lange Langlöcher (in der Länge)[d]	1,5d							

[a] Bei Türmen, Masten und ähnlichen Anwendungsfällen muss das Nennlochspiel für normale runde Löcher um 0,5 mm abgemindert werden, sofern nichts anderes festgelegt wird.
[b] Bei beschichteten Verbindungsmitteln kann das Nennlochspiel um die Überzugdicke erhöht werden.
[c] Unter Bedingungen nach [18], Abschn. 3.6.1 (5) dürfen Schrauben oder Senkschrauben auch mit 2 mm Lochspiel eingesetzt werden.
[d] Bei Schrauben in Langlöchern betragt das Nennlochspiel in Querrichtung dem für normale runde Löcher.

Abb. 11.93 Rand- und Lochabstände von Verbindungsmitteln.
a Bezeichnungen der Lochabstände,
b Bezeichnungen bei versetzter
Lochanordnung,
c versetzte Lochanordnung bei
druckbeanspruchten Bauteilen,
d versetzte Lochanordnung bei
zugbeanspruchten Bauteilen,
1 – äußere Lochreihe,
2 – innere Lochreihe

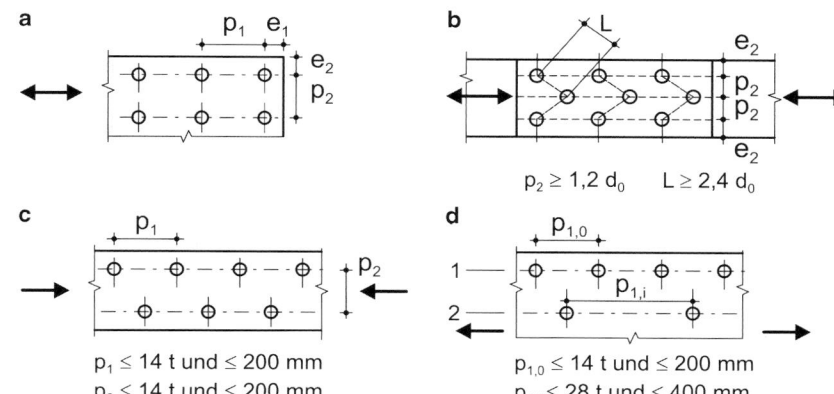

Tafel 11.173 Grenzwerte für Rand- und Lochabstände von Verbindungsmitteln

Randabstand			Lochabstand		
	Minimum	Maximum[a, b, c]		Minimum	Maximum[a, b, c]
e_1	$1{,}2d_0$	$4t + 40$ mm	p_1	$2{,}2d_0$	min $\begin{cases} 14t \\ 200 \text{ mm} \end{cases}$
e_2	$1{,}2d_0$	$4t + 40$ mm	p_2 [d]	$2{,}4d_0$	min $\begin{cases} 14t \\ 200 \text{ mm} \end{cases}$

[a] Stahlkonstruktionen unter Verwendung von Stahlsorten nach DIN EN
10025 (außer DIN EN 10025-5).
[b] Die Beschränkungen der Maximalwerte sind bei Bauteilen mit korro-
sivem Angriff und/oder Beulgefährdung erforderlich.
[c] t ist die Dicke des dünnsten außenliegenden Bleches.
[d] Bei versetzter Lochanordnung kann der minimale Abstand auf $p_2 =
1{,}2d_0$ reduziert werden, sofern der Abstand zwischen den Verbindungs-
mitteln $L \geq 2{,}4d_0$ beträgt (s. Abb. 11.93).

Tafel 11.174 Abscherbeiwerte α_v und Querschnittsfläche A

Scherfuge	Festigkeitsklassen	α_v	Querschnittsfläche A
Schaft in Scherfuge	4.6, 5.6, 8.8, 10.9	0,6	Schaftquerschnitt A
Gewinde in Scherfuge	4.6, 5.6, 8.8	0,6	Spannungs- querschnitt A_s
	10.9	0,5	

In Tafel 11.175 sind die Abschertragfähigkeiten von
Schrauben mit normalem Lochspiel nach Tafel 11.172 angegeben, die der Bezugsnormengruppe 4 nach [37] entsprechen
(s. Abschn. 11.7.2.2). Für lange Anschlüsse (s. Abb. 11.94),
Anschlüsse mit Futterblechen (s. Abb. 11.95) und weitere
spezifizierte Fälle sind Abminderungen der Abschertragfähigkeit nach Tafel 11.176 zu berücksichtigen.

11.7.2.4.2 Tragfähigkeit auf Zug
Die Zugtragfähigkeit $F_{t,Rd}$ von Schrauben wird über das Versagen im Spannungsquerschnitt mit (11.255) berechnet.

$$F_{t,Rd} = \frac{k_2 f_{ub} A_s}{\gamma_{M2}} \qquad (11.255)$$

$k_2 = 0{,}9$ allgemein
$k_2 = 0{,}63$ für Senkschrauben
$F_{t,Rd}$ s. a. Tafel 11.177.

Tafel 11.175 Abschertragfähigkeiten $F_{v,Rd}$ in kN

		M12	M16	M20	M22	M24	M27	M30	M36
Schrauben mit normalem Lochspiel, Schaft in Scherfuge	4.6	21,71	38,60	60,32	72,99	86,86	109,9	135,7	195,4
	5.6	27,14	48,25	75,40	91,23	108,6	137,4	169,6	244,3
	8.8	43,43	77,21	120,6	146,0	173,7	219,9	271,4	390,9
	10.9	54,29	96,51	150,8	182,5	217,1	274,8	339,3	488,6
Schrauben mit normalem Lochspiel, Gewinde in Scherfuge	4.6	16,19	30,14	47,04	58,18	67,78	88,13	107,7	156,9
	5.6	20,23	37,68	58,80	72,72	84,72	110,2	134,6	196,1
	8.8	32,37	60,29	94,08	116,4	135,6	176,3	215,4	313,7
	10.9	33,72	62,80	98,00	121,2	141,2	183,6	224,4	326,8
Passschrauben, Schaft in Scherfuge	4.6	25,48	43,58	66,50	79,77	94,25	118,2	144,9	206,4
	5.6	31,86	54,48	83,13	99,71	117,8	147,8	181,1	258,1
	8.8	50,97	87,16	133,0	159,5	188,5	236,4	289,8	412,9
	10.9	63,71	109,0	166,3	199,4	235,6	295,6	362,3	516,1

Abb. 11.94 Anschlusslänge und
Abminderungsbeiwert β_{Lf}

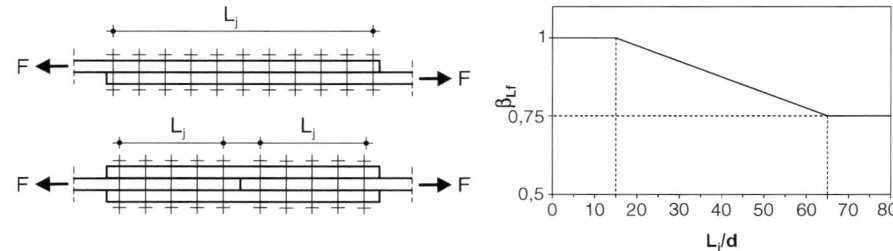

Tafel 11.176 Abminderung der
Aschertragfähigkeit $F_{v,Rd}$

Abminderungsfaktor	Beschreibung
0,85	Für Schraubenverbindungen mit der Scherfuge im Gewinde, sofern geschnittene Gewinde (z. B. bei Ankerschrauben oder Zugstangen) aufgeführt werden, die nicht den Anforderungen nach DIN EN 1090 entsprechen.
0,85	Für Schraubenverbindungen M12 und M14 der Festigkeitsklassen 8.8 und 10.9, die mit einem Lochspiel von 2 mm ausgeführt werden. Dieses Lochspiel ist nach [18] zugelassen, sofern $F_{v,Rd} > F_{b,Rd}$ ist.
$\beta_p = \dfrac{9d}{8d + 3t_p}$ für $t_p > 1/3d$ s. Abb. 11.95, jedoch $\beta_p \leq 1$	Für Schrauben, die Scher- und Lochleibungskräfte über Futterbleche mit einer Dicke t_p größer als ein Drittel des Schraubendurchmessers d abtragen. Bei zweischnittigen Verbindungen mit Futterblechen auf beiden Seiten des Stoßes ist für t_p das dickere Futterblech anzusetzen.
$\beta_{Lf} = 1 - \dfrac{L_j - 15d}{200d}$ jedoch $0{,}75 \leq \beta_{Lf} \leq 1{,}0$	Für lange Anschlüsse mit $L_j > 15d$ (s. Abb. 11.94). Diese Abminderung ist nicht erforderlich, wenn eine gleichmäßige Kraftübertragung über die Länge des Anschlusses erfolgt.

Tafel 11.177 Zugtragfähigkeit
$F_{t,Rd}$ in kN für Schrauben

Schrauben		M12	M16	M20	M22	M24	M27	M30	M36
Schraubenfestigkeitsklasse	4.6	24,28	45,22	70,56	87,26	101,7	132,2	161,6	235,3
	5.6	30,35	56,52	88,20	109,1	127,1	165,2	202,0	294,1
	8.8	48,56	90,43	141,1	174,5	203,3	264,4	323,1	470,6
	10.9	60,70	113,0	176,4	218,2	254,2	330,5	403,9	588,2

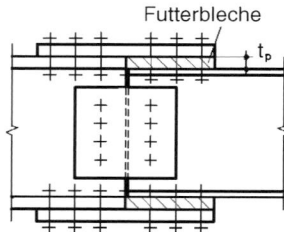

Abb. 11.95 Verbindungsmittel durch Futterbleche

11.7.2.4.3 Beanspruchung auf Zug und Abscheren

Bei kombinierter Beanspruchung auf Zug und Abscheren ist
für $F_{v,Ed}/F_{v,Rd} > 0{,}29$ ein linearer Interaktionsnachweis
nach (11.256) zu führen. Zu beachten ist, dass nach [18] die
Zugtragfähigkeit $F_{t,Rd}$ unabhängig von der Lage der Scherfuge immer für den Spannungsquerschnitt bestimmt wird.

$$\frac{F_{v,Ed}}{F_{v,Rd}} + \frac{F_{t,Ed}}{1{,}4 F_{t,Rd}} \leq 1{,}0 \qquad (11.256)$$

11.7.2.4.4 Tragfähigkeit für Beanspruchungen auf Lochleibung

Die Bestimmung der Lochleibungstragfähigkeit bei Schraubenverbindungen mit normalem Lochspiel erfolgt unter Berücksichtigung der Rand- und Lochabstände in und senkrecht zur Kraftrichtung mit (11.257). Dabei wird für Senkschrauben die Blechdicke t abzüglich der Hälfte der Senkung angesetzt.

$$F_{b,Rd} = \frac{k_1 \alpha_b f_u d t}{\gamma_{M2}} \qquad (11.257)$$

f_u Zugfestigkeit des Bleches
$\alpha_b; k_1$ siehe Tafel 11.178
d Schaftdurchmesser der Schraube
t maßgebliche Blechdicke(n).
Die maximale Tragfähigkeit wird bei folgenden Rand- und
Lochabständen erreicht:

$$e_1 \geq 3d_0; \quad e_2 \geq 1{,}5d_0; \quad p_1 \geq 3{,}75d_0; \quad p_2 \geq 3{,}0d_0$$

Tafel 11.178 Beiwerte α_b und k_1 zur Ermittlung der Lochleibungstragfähigkeit

		In Kraftrichtung	Quer zur Kraftrichtung
Am Rand liegende Schrauben		$\alpha_b = \min \begin{cases} e_1/3d_0 \\ f_{ub}/f_u \\ 1{,}0 \end{cases}$	$k_1 = \min \begin{cases} 2{,}8e_2/d_0 - 1{,}7 \\ 1{,}4p_2/d_0 - 1{,}7 \\ 2{,}5 \end{cases}$
Innen liegende Schrauben		$\alpha_b = \min \begin{cases} p_1/3d_0 - 1/4 \\ f_{ub}/f_u \\ 1{,}0 \end{cases}$	$k_1 = \min \begin{cases} 1{,}4p_2/d_0 - 1{,}7 \\ 2{,}5 \end{cases}$

$d_0 = $ Lochdurchmesser; Rand- und Lochabstände s. Abb. 11.93.

Tafel 11.179 Abminderung der Lochleibungstragfähigkeit $F_{b,Rd}$

Abminderungsfaktor	Bedingung
0,8	bei großem Lochspiel nach Tafel 11.172
0,6	bei Langlöchern mit Längsachse quer zur Kraftrichtung

Bei einschnittigen Verbindungen mit nur einer Schraubenreihe ist die Lochleibungstragfähigkeit auf den Wert nach (11.258) zu begrenzen.

$$F_{b,Rd} \leq \frac{1{,}5 f_u d t}{\gamma_{M2}} \qquad (11.258)$$

Bei großem Lochspiel und bei Langlöchern ist die Lochleibungstragfähigkeit entsprechend Tafel 11.179 abzumindern.

Greift die resultierende Schraubenkraft schräg zu den Rändern an, darf die Lochleibungstragfähigkeit getrennt für die Kraftkomponenten parallel und senkrecht zum Rand bestimmt werden. Die Ausnutzungsgrade sind vektoriell zu addieren.

Die Lochleibungstragfähigkeit nach (11.257) kann unter der Voraussetzung, dass der Lochabstand quer zur Kraftrichtung zu keiner Abminderung führt ($k_1 = 2{,}5$), mit (11.259) und den Tafeln 11.180 bis 11.182 bestimmt werden.

$$F_{b,Rd} = f \cdot TW \cdot t \quad [\text{cm}] \qquad (11.259)$$

f Umrechnungsfaktor für die Werkstoffpaarung nach Tafel 11.180

TW Basiswert für S235 und 1 cm Blechdicke für rohe Schrauben nach Tafel 11.181 und für Passschrauben nach Tafel 11.182.

Tafel 11.180 Umrechnungsfaktor f zur Berücksichtigung der Werkstoffe

Stahlsorte	f_u [N/mm²]	Blechdicken [mm]	Schraubenfestigkeitsklasse				f
S235	360	$t \leq 80$	4.6	5.6	8.8	10.9	1,000
S275	430	$t \leq 40$	a	5.6	8.8	10.9	1,194
S275	410	$40 < t \leq 80$	a	5.6	8.8	10.9	1,139
S355	490	$t \leq 40$	a	5.6	8.8	10.9	1,361
S355	470	$40 < t \leq 80$	a	5.6	8.8	10.9	1,306
S420N/NL	520	$t \leq 80$	a	a	8.8	10.9	1,444
S420M/ML	520	$t \leq 40$	a	a	8.8	10.9	1,444
S460N/NL	540	$t \leq 80$	a	a	8.8	10.9	1,500
S460M/ML	540	$t \leq 40$	a	a	8.8	10.9	1,500
S500Q/QL/QL1	590	$t \leq 100$	a	a	8.8	10.9	1,639
S550Q/QL/QL1	640		a	a	8.8	10.9	1,778
S620Q/QL/QL1	700		a	a	8.8	10.9	1,944
S690Q/QL/QL1	770	$t \leq 50$	a	a	8.8	10.9	2,139

a Bei den Festigkeitsklassen 4.6 und 5.6 sind folgende Fälle zu unterscheiden:

$\alpha_d < f_{ub}/f_u < 1$: Bestimmung des Faktors f nach obenstehender Tabelle

$f_{ub}/f_u < 1 \leq \alpha_d$: Festigkeitsklasse 4.6: $f = 1{,}111$, Festigkeitsklasse 5.6: $f = 1{,}389$

$f_{ub}/f_u < \alpha_d < 1$: Berechnung der Lochleibungstragfähigkeit nach (11.257)

mit $\alpha_d = p_1/3d_0 - 1/4$ für innen liegende Schrauben und $\alpha_d = e_1/3d_0$ für am Rand liegende Schrauben.

Tafel 11.181 Lochleibungs-tragfähigkeit $F_{b,Rd}$ in kN für rohe Schrauben bezogen auf 10 mm Blechdicke, S235 mit $t \leq 80$ mm und alle Schrauben-festigkeitsklassen (Tafelwert TW für (11.259))

Rohe Schrauben	M12	M16	M20	M22	M24	M27	M30	M36
Lochdurchmesser d_0 [mm]	13	18	22	24	26	30	33	39

Lochabstand p_1 in Kraftrichtung, $p_2 = 3d_0$

$p_1 =$	M12	M16	M20	M22	M24	M27	M30	M36
30 mm	44,86							
35	55,94							
40	67,02	56,53						
45	78,09	67,20						
50	86,40	77,87	73,09					
55	86,40	88,53	84,00	81,40				
60	↓	99,20	94,91	92,40	89,72			
65		109,9	105,8	103,4	100,8			
70		115,2	116,7	114,4	111,9	102,6		
75		115,2	127,6	125,4	123,0	113,4	109,6	
80		↓	138,5	136,4	134,0	124,2	120,5	
85			144,0	147,4	145,1	135,0	131,5	
90			144,0	158,4	156,2	145,8	142,4	134,6
95			↓	158,4	167,3	156,6	153,3	145,7
100				↓	172,8	167,4	164,2	156,7
105					172,8	178,2	175,1	167,8
110					↓	189,0	186,0	178,9
115						194,4	196,9	190,0
120						194,4	207,8	201,0
125						↓	216,0	212,1
130							216,0	223,2
135							↓	234,3
140								245,4
145								256,4
150								259,2
155								259,2
160								↓

Lochabstand e_1 in Kraftrichtung, $p_2 = 3d_0$ und $e_2 = 1{,}5d_0$

$e_1 =$	M12	M16	M20	M22	M24	M27	M30	M36
20 mm	44,31							
25	55,38	53,33						
30	66,46	64,00	65,45	66,00				
35	77,54	74,67	76,36	77,00	77,54			
40	86,40	85,33	87,27	88,00	88,62	86,40	87,27	
45	86,40	96,00	98,18	99,00	99,69	97,20	98,18	
50	↓	106,7	109,1	110,0	110,8	108,0	109,1	110,8
55		115,2	120,0	121,0	121,8	118,8	120,0	121,8
60		115,2	130,9	132,0	132,9	129,6	130,9	132,9
65		↓	141,8	143,0	144,0	140,4	141,8	144,0
70			144,0	154,0	155,1	151,2	152,7	155,1
75			144,0	158,4	166,2	162,0	163,6	166,2
80			↓	158,4	172,8	172,8	174,5	177,2
85				↓	172,8	183,6	185,5	188,3
90					↓	194,4	196,4	199,4
95						194,4	207,3	210,5
100						↓	216,0	221,5
105							216,0	232,6
110							↓	243,7
115								254,8
120								259,2
125								259,2
130								↓

Tafel 11.182 Lochleibungstragfähigkeit $F_{b,Rd}$ in kN für Passschrauben bezogen auf 10 mm Blechdicke, S235 mit $t \leq 80$ mm und alle Schraubenfestigkeitsklassen (Tafelwert TW für (11.259))

Passschrauben	M12	M16	M20	M22	M24	M27	M30	M36
Lochabstand p_1 in Kraftrichtung, $p_2 \geq 3d_0$								
$p_1 = 30$ mm	48,60							
35	60,60							
40	72,60	65,40						
45	84,60	77,40						
50	93,60	89,40	82,20					
55	93,60	101,4	94,20	90,60	87,00			
60	↓	113,4	106,2	102,6	99,00			
65		122,4	118,2	114,6	111,0	105,6		
70		122,4	130,2	126,6	123,0	117,6	112,2	
75		↓	142,2	138,6	135,0	129,6	124,2	
80			151,2	150,6	147,0	141,6	136,2	
85			151,2	162,6	159,0	153,6	148,2	137,4
90			↓	165,6	171,0	165,6	160,2	149,4
95				165,6	180,0	177,6	172,2	161,4
100				↓	180,0	189,6	184,2	173,4
105					↓	201,6	196,2	185,4
110						201,6	208,2	197,4
115						↓	220,2	209,4
120							223,2	221,4
125							223,2	233,4
130							↓	245,4
135								257,4
140								266,4
145								266,4
150								↓
Lochabstand e_1 in Kraftrichtung, $p_2 \geq 3d_0$ und $e_2 \geq 1,5d_0$								
$e_1 = 20$ mm	48,00							
25	60,00	60,00						
30	72,00	72,00	72,00	72,00	72,00			
35	84,00	84,00	84,00	84,00	84,00	84,00		
40	93,60	96,00	96,00	96,00	96,00	96,00	96,00	
45	93,60	108,0	108,0	108,0	108,0	108,0	108,0	108,0
50	↓	120,0	120,0	120,0	120,0	120,0	120,0	120,0
55		122,4	132,0	132,0	132,0	132,0	132,0	132,0
60		122,4	144,0	144,0	144,0	144,0	144,0	144,0
65		↓	151,2	156,0	156,0	156,0	156,0	156,0
70			151,2	165,6	168,0	168,0	168,0	168,0
75			↓	165,6	180,0	180,0	180,0	180,0
80				↓	180,0	192,0	192,0	192,0
85					↓	201,6	204,0	204,0
90						201,6	216,0	216,0
95						↓	223,2	228,0
100							223,2	240,0
105							↓	252,0
110								264,0
115								266,4
120								266,4
125								↓

Beispiel

Stegblechstoß des Vollwandträgers vom Beispiel in Abschn. 11.5.

An der Stoßstelle ($x = 2,95$ m) unter Bemessungslasten vorhandene Schnittgrößen:

$$M_{y,Ed} = 2694\,\text{kNm}, \quad V_{z,Ed} = 869\,\text{kN}, \quad N_{Ed} = 0$$

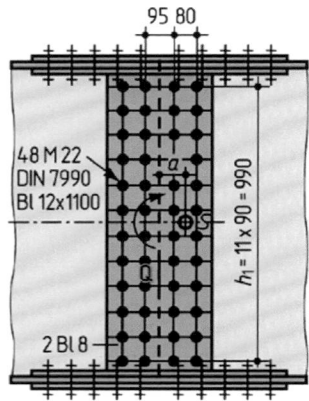

Stoß des Stegblechs 12×1100 mit Stoßdeckungslaschen 2 Bl 8 und $n = 2 \cdot 12 = 24$ Schrauben M 22 – 4.6 in SL-Verbindung; Lochdurchmesser $d_0 = 23$ mm

$$\sigma_u = -\sigma_o = 269.400 \cdot 55/707.700$$
$$= 20,94\,\text{kN/cm}^2$$
$$N_s = 0$$
$$M_s = 1,2 \cdot 110^2 \cdot 20,94/6 + 869 \cdot 8,75$$
$$= 58.279\,\text{kNcm}$$
$$I_p = [24 \cdot 4,0^2] + [4 \cdot (4,5^2 + 13,5^2 + 22,5^2$$
$$+ 31,5^2 + 40,5^2 + 49,5^2)]$$
$$= 23.550\,\text{cm}^2$$
$$F_{v,w}^x = 58.279 \cdot 49,5/23.550 = 122,5\,\text{kN}$$
$$F_{v,w}^z = 58.279 \cdot 4,0/23.550 + 869/24 = 46,11\,\text{kN}$$
$$\text{res}\,F_{v,w} = \sqrt{122,5^2 + 46,11^2} = 130,89\,\text{kN}$$

Für die 2-schnittige Schraube ist

$$F_{v,Ed} = 130,89/2 = 65,45\,\text{kN}$$

Nachweis gegen Abscheren:

$$F_{v,Rd} = 72,99\,\text{kN} \quad \text{(Tafel 11.175)}$$
$$F_{v,Ed}/F_{v,Rd} = 65,45/72,99 = 0,90 < 1$$

Nachweis gegen Lochleibungsversagen (Rand- und Lochabstände nach Tafel 11.173):
- Horizontale Kraftkomponente:

$$1,2 \cdot 23 = 27,6\,\text{mm}$$
$$< e_1 = e_2 = 45\,\text{mm}$$
$$< 4 \cdot 8 + 40 = 72\,\text{mm}$$
$$2,2 \cdot 23 = 50,6\,\text{mm}$$
$$< p_1 = 80\,\text{mm}$$
$$< \min(14 \cdot 8; 200) = 112\,\text{mm}$$
$$2,4 \cdot 23 = 55,2\,\text{mm}$$
$$< p_2 = 90\,\text{mm}$$
$$< \min(14 \cdot 8; 200) = 112\,\text{mm}$$
$$k_1 = \min\{(2,8 \cdot 45/23 - 1,7); (1,4 \cdot 90/23 - 1,7); 2,5\}$$
$$= 2,5 \quad \text{(Tafel 11.178)}$$
$$\alpha_b = \min\{45/(3 \cdot 23); 40/49; 1,0\} = 0,652$$
$$F_{b,Rd}^x = (2,5 \cdot 0,652 \cdot 49 \cdot 2,2 \cdot 1,2)/1,25$$
$$= 168,69\,\text{kN} \quad \text{(s. (11.257))}$$
$$F_{b,Ed}^x/F_{b,Rd}^x = 122,5/168,69 = 0,73 < 1$$

- Vertikale Kraftkomponente:

$$1,2 \cdot 23 = 27,6\,\text{mm}$$
$$< e_1 = e_2 = 45\,\text{mm}$$
$$< 4 \cdot 8 + 40 = 72\,\text{mm}$$
$$2,2 \cdot 23 = 50,6\,\text{mm}$$
$$< p_1 = 90\,\text{mm}$$
$$< \min(14 \cdot 8; 200) = 112\,\text{mm}$$
$$2,4 \cdot 23 = 55,2\,\text{mm}$$
$$< p_2 = 80\,\text{mm}$$
$$< \min(14 \cdot 8; 200) = 112\,\text{mm}$$
$$k_1 = \min\{(2,8 \cdot 45/23 - 1,7); (1,4 \cdot 80/23 - 1,7); 2,5\}$$
$$= 2,5 \quad \text{(Tafel 11.178)}$$
$$\alpha_b = \min\{45/(3 \cdot 23); 40/49; 1,0\} = 0,652$$
$$F_{b,Rd}^z = (2,5 \cdot 0,652 \cdot 49 \cdot 2,2 \cdot 1,2)/1,25$$
$$= 168,69\,\text{kN} \quad \text{(s. (11.257))}$$
$$F_{b,Ed}^z/F_{b,Rd}^z = 46,11/168,69 = 0,27 < 1$$

- Vektorielle Addition der Ausnutzungsgrade:

$$\sqrt{0,73^2 + 0,27^2} = 0,78 < 1 \text{ (Abschn. 11.7.2.4.4)} \blacktriangleleft$$

11.7.2.4.5 Durchstanzen

Werden Schrauben auf Zug beansprucht, ist nach [18] ein Nachweis auf Durchstanzen der Schraubenköpfe und/oder -muttern durch die verbundenen Bleche zu führen. Dabei wird ein Durchstanzzylinder mit dem Durchmesser d_m angenommen. Der Nachweis kann bei geringen Blechdicken in Kombination mit hohen Schraubentragfähigkeiten maßgebend werden.

$$\frac{F_\mathrm{t,Ed}}{B_\mathrm{p,Rd}} \le 1,0 \tag{11.260}$$

mit

$$B_\mathrm{p,Rd} = 0,6\pi d_\mathrm{m} t_\mathrm{p} f_\mathrm{u}/\gamma_\mathrm{M2} \tag{11.261}$$

$d_\mathrm{m} = (e+s)/2$ Mittelwert aus Eckmaß e und Schlüsselweite s des Schraubenkopfes bzw. der Schraubenmutter (Maße siehe Abschn. 11.7.2.2)
t_p Dicke des betrachteten Bleches
f_u Zugfestigkeit des Bleches.

11.7.2.4.6 Gleitfeste Verbindungen

Gleitfeste Scherverbindungen der Kategorie B werden im GZT genauso behandelt wie herkömmliche Verbindungen. Unter Gebrauchslasten darf kein Gleiten auftreten.

Bei Verbindungen der Kategorie C entfällt der Abschernachweis. Stattdessen ist im GZT nachzuweisen, dass die Grenzgleitkraft $F_\mathrm{s,Rd}$ nicht überschritten wird. Darüber hinaus ist der Lochleibungsnachweis zu führen. Ferner ist bei den zu verbindenden Bauteilen zu überprüfen, dass im kritischen Schnitt der plastische Widerstand des Nettoquerschnitts $N_\mathrm{net,Rd}$ nicht überschritten wird (s. auch Tafel 11.164).

Kategorie B

$$\frac{F_\mathrm{v,Ed,ser}}{F_\mathrm{s,Rd,ser}} \le 1,0 \tag{11.262}$$

mit

$$F_\mathrm{s,Rd,ser} = \frac{k_\mathrm{s} n \mu (F_\mathrm{p,C} - 0,8 F_\mathrm{t,Ed,ser})}{\gamma_\mathrm{M3,ser}} \tag{11.263}$$

Kategorie C

$$\frac{F_\mathrm{v,Ed}}{F_\mathrm{s,Rd}} \le 1,0 \tag{11.264}$$

mit

$$F_\mathrm{s,Rd} = \frac{k_\mathrm{s} n \mu (F_\mathrm{p,C} - 0,8 F_\mathrm{t,Ed})}{\gamma_\mathrm{M3}} \tag{11.265}$$

$$\frac{\sum F_\mathrm{v,Ed}}{N_\mathrm{net,Rd}} \le 1,0 \tag{11.266}$$

mit

$$N_\mathrm{net,Rd} = \frac{A_\mathrm{net} \cdot f_\mathrm{y}}{\gamma_\mathrm{M0}} \tag{11.267}$$

$F_\mathrm{s,Rd}$ Gleitwiderstand im GZT
$F_\mathrm{s,Rd,ser}$ Gleitwiderstand im GZG
n Anzahl der Reiboberflächen
$\gamma_\mathrm{M3} = 1,25$
$\gamma_\mathrm{M3,ser} = 1,1$
$F_\mathrm{p,C}$ Vorspannkraft, s. Tafel 11.186
μ Reibungszahl, s. Tafel 11.184
k_s Beiwert s. Tafel 11.183.

Tafel 11.183 Beiwert k_s [18]

Beschreibung	k_s
Schrauben in Löchern mit normalem Lochspiel	1,00
Schrauben mit übergroßen Löchern oder in kurzen Langlöchern, deren Längsachse quer zur Kraftrichtung liegt	0,85
Schrauben in großen Langlöchern, deren Längsachse quer zur Kraftrichtung liegt	0,70
Schrauben in kurzen Langlöchern, deren Längsachse parallel zur Kraftrichtung liegt	0,76
Schrauben in großen Langlöchern, deren Längsachse parallel zur Kraftrichtung liegt	0,63

Tafel 11.184 Reibungszahl für vorgespannte Schrauben [37]

Oberflächenbehandlung	Gleitflächenklasse	Haftreibungszahl μ
Oberflächen mit Kugeln oder Sand gestrahlt, loser Rost entfernt, nicht körnig	A	0,50
Oberflächen mit Kugeln oder Sand gestrahlt: a) spritzaluminiert oder mit einem zinkbasierten Produkt spritzverzinkt; b) mit Alkali-Zink-Silikat-Anstrich mit einer Dicke von 50 bis 80 μm	B	0,40
Oberflächen mittels Drahtbürsten oder Flammstrahlen gereinigt, loser Rost entfernt	C	0,30
Oberflächen im Walzzustand	D	0,20

11.7.2.4.7 Gruppen von Verbindungsmitteln

Ist die Abschertragfähigkeit $F_{v,Rd}$ der einzelnen Verbindungsmittel mindestens so groß wie die Lochleibungstragfähigkeit $F_{b,Rd}$, kann die Beanspruchbarkeit als Summe der Lochleibungstragfähigkeit $F_{b,Rd,i}$ der einzelnen Verbindungsmittel bestimmt werden (11.268). Andernfalls ist die Beanspruchbarkeit durch Multiplikation der Anzahl n an Verbindungsmitteln mit der kleinsten vorhanden Abscher- bzw. Lochleibungstragfähigkeit zu ermitteln (11.269).

$$F_{Rd} = \sum_{i=1}^{n} F_{b,Rd,i} \qquad (11.268)$$

$$F_{Rd} = n \cdot \min(F_{b,Rd}; F_{v,Rd}) \qquad (11.269)$$

Die Anzahl der Verbindungsmittel in Kraftrichtung wird in [18] nicht begrenzt. Die Abminderung der Abschertragfähigkeit bei langen Anschlüssen ist jedoch zu beachten (s. Tafel 11.176 und Abb. 11.94).

Ist bei einem Anschluss ein äußeres Moment aufzunehmen, kann die Verteilung der Kräfte auf die Verbindungsmittel entweder linear (d. h. proportional zum Abstand vom Rotationszentrum) oder plastisch (Gleichgewicht erfüllt, Tragfähigkeit und Duktilität der Komponenten werden nicht überschritten) ermittelt werden. Die lineare Verteilung ist i. d. R. in folgenden Fällen zu verwenden:

- Schrauben in gleitfesten Verbindungen der Kategorie C,
- Scher-/Lochleibungsverbindungen, bei denen die Abschertragfähigkeit kleiner als die Lochleibungstragfähigkeit ist,
- Verbindungen unter Stoßbelastung, Schwingbelastung oder mit Lastumkehr (außer Windlasten).

Bei einem durch zentrische Schubkraft beanspruchten Anschluss mit Verbindungsmitteln gleicher Größe und Klassifizierung kann eine gleichmäßige Lastverteilung angenommen werden.

Blockversagen Das Blockversagen im Bereich einer Schraubengruppe setzt sich zusammen aus dem Schubversagen an den Flanken und dem Zugversagen am Kopf des Blechs (Abb. 11.96). Für eine symmetrisch angeordnete Schraubengruppe unter zentrischer Belastung ergibt sich der Widerstand gegen Blockversagen $V_{eff,1,Rd}$ nach (11.270), bei Schraubengruppen unter exzentrischer Belastung mit $V_{eff,2,Rd}$ nach (11.271).

$$V_{eff,1,Rd} = \frac{f_u A_{nt}}{\gamma_{M2}} + \frac{f_y A_{nv}}{\sqrt{3} \cdot \gamma_{M0}} \qquad (11.270)$$

$$V_{eff,2,Rd} = \frac{0{,}5 f_u A_{nt}}{\gamma_{M2}} + \frac{f_y A_{nv}}{\sqrt{3} \cdot \gamma_{M0}} \qquad (11.271)$$

A_{nt} zugbeanspruchte Nettoquerschnittsfläche
A_{nv} schubbeanspruchte Nettoquerschnittsfläche.

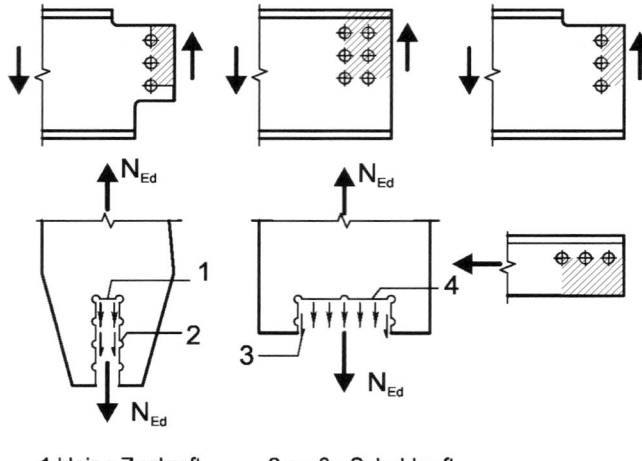

1 kleine Zugkraft 2 große Schubkraft
3 kleine Schubkraft 4 große Zugkraft

Abb. 11.96 Blockversagen von Schraubengruppen [18]

11.7.2.5 Vorspannen von Schrauben

Schrauben in Verbindungen der Kategorien B, C und E sind vorzuspannen. Sofern nichts anderes festgelegt wird und die Ausführung der Schrauben DIN EN 1090-2 [37] entspricht, sind als Mindestvorspannkräfte $F_{p,C}$ für die Festigkeitsklassen 8.8 und 10.9 die Nennwerte nach Tafel 11.186 aufzubringen (vgl. [37]). Andernfalls müssen die Garnituren, Anziehverfahren, Anziehparameter und Kontrollanforderungen ebenfalls festgelegt werden.

Der Bemessungswert der Vorspannkraft $F_{p,C,d}$ wird mit (11.272) bestimmt:

$$F_{p,C,d} = 0{,}7 f_{ub} A_s / \gamma_{M7} \quad \text{mit } \gamma_{M7} = 1{,}1. \qquad (11.272)$$

11.7.2.6 Weitere Hinweise zur Ausführung von Schraubenverbindungen

Passschrauben werden wie normale Schrauben bemessen. Das Gewinde darf i. d. R. nicht in der Scherfuge liegen. Die Länge des Gewindes, das im auf Lochleibung beanspruchten Blech liegt, sollte nicht mehr als 1/3 der Blechdicke betragen.

In **einschnittigen Verbindungen mit nur einer Schraubenreihe** sollten Unterlegscheiben sowohl unter dem Schraubenkopf als auch unter der Mutter eingesetzt werden. Bei Schrauben der Festigkeitsklasse 8.8 und 10.9 sind i. d. R. gehärtete Unterlegscheiben einzusetzen.

In Bezug auf die **Schraubenlänge** ist nach [37] sicherzustellen, dass nach dem Anziehen die Länge des **Gewindeüberstandes**, gemessen von der Mutteraußenseite, mindestens einen Gewindegang beträgt. Bei planmäßig vorgespannten Schrauben müssen mindestens vier vollständige Gewindegänge (zusätzlich zum Gewindeauslauf) zwischen der Auflagerfläche der Mutter und dem gewindefreien Teil des Schraubenschaftes liegen. Bei nicht planmäßig vorge-

Tafel 11.185 Gleitwiderstände je Gleitfuge für Verbindungen mit planmäßiger Vorspannung nach Tafel 11.186, normalem Lochspiel ($k_s = 1$) und ohne Zugkräfte ($F_{t,Ed} = F_{t,Ed,ser} = 0$ kN)

Kat.	μ	FK	M12	M16	M20	M22	M24	M27	M30	M36
B	0,4	8.8	17,2	32,0	49,9	61,7	71,9	93,5	114	166
		10.9	21,5	40,0	62,4	77,1	89,9	117	143	208
	0,5	8.8	21,5	40,0	62,4	77,1	89,9	117	143	208
		10.9	26,8	50,0	78,0	96,4	112	146	179	260
C	0,4	8.8	15,1	28,1	43,9	54,3	63,3	82,3	101	146
		10.9	18,9	35,2	54,9	67,9	79,1	103	126	183
	0,5	8.8	18,9	35,2	54,9	67,9	79,1	103	126	183
		10.9	23,6	44,0	68,6	84,8	98,8	129	157	229

Tafel 11.186 Vorspannkraft $F_{p,C}$ in kN

Festigkeitsklasse	M12	M16	M20	M22	M24	M27	M30	M36
8.8	47	88	137	170	198	257	314	458
10.9	59	110	172	212	247	321	393	572

Abb. 11.97 Festlegung der Abmessungen von Augenstäben. **a** Festlegung der Randabstände bei vorgegebener Blechdicke, **b** Ermittlung der Blechdicke bei vorgegebenen Randabständen

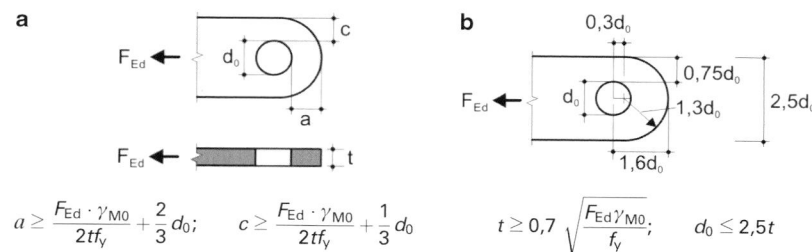

$$a \geq \frac{F_{Ed} \cdot \gamma_{M0}}{2tf_y} + \frac{2}{3}d_0; \qquad c \geq \frac{F_{Ed} \cdot \gamma_{M0}}{2tf_y} + \frac{1}{3}d_0 \qquad t \geq 0{,}7\sqrt{\frac{F_{Ed}\gamma_{M0}}{f_y}}; \qquad d_0 \leq 2{,}5t$$

spannten Verbindungen ist ein freier Gewindegang ausreichend.

Bei der **Festlegung der Schraubenlänge** ist des Weiteren zu beachten, dass die Klemmlänge für Schrauben nach [68], also für planmäßig vorspannbare Schrauben der Festigkeitsklassen 8.8 und 10.9, die Dicke der gegebenenfalls erforderlichen Scheiben beinhaltet.

Sind bei separaten Bauteilen einer Lage **Blechdickenunterschiede** vorhanden, sind diese nach [37] i. Allg. auf 2 mm und bei vorgespannten Verbindungen auf 1 mm zu begrenzen. Bei korrosiven Umgebungen sollten zur Vermeidung von Spaltkorrosion geringere Spaltmaße vorgesehen werden.

Futterbleche zum Ausgleich müssen mindestens 2 mm dick sein, mehr als drei Futterbleche sind nicht zulässig.

11.7.3 Verbindungen mit Bolzen

Bolzenverbindungen können als Einschraubenverbindungen bemessen werden, sofern nicht die Möglichkeit des Verdrehens in den Augen erforderlich und die Bolzenlänge kleiner als der dreifache Durchmesser ist. Andernfalls gelten die nachfolgenden Bemessungsregeln (vgl. [18], Abschn. 3.13).

Bei der Festlegung der Abmessungen der Augenstäbe gibt es die Möglichkeiten

1. bei vorgegebener Blechdicke die Randabstände festzulegen (s. Abb. 11.97a) und
2. bei vorgegebenen Randabständen die Blechdicke zu ermitteln (s. Abb. 11.97b).

Die Bemessungsregeln für Rundbolzen sind in Tafel 11.187 zusammengestellt. Die Biegemomente sind unter der Annahme, dass die Augenstäbe gelenkige Auflager bilden und die Kontaktpressung über die Blechdicken jeweils gleichmäßig verteilt ist, nach Abb. 11.98 zu bestimmen.

Soll der Bolzen austauschbar sein, ist die Hertz'sche Pressung zwischen Bolzen und Augenstab unter Gebrauchslasten nach (11.273) zu beschränken.

$$\sigma_{h,Ed} \leq f_{h,Rd} \qquad (11.273)$$

$$\sigma_{h,Ed} = 0{,}591\sqrt{\frac{E \cdot F_{b,Ed,ser}(d_0 - d)}{d^2 t}}$$

$$f_{h,Rd} = 2{,}5f_y/\gamma_{M6,ser}$$

$$\gamma_{M6,ser} = 1{,}0$$

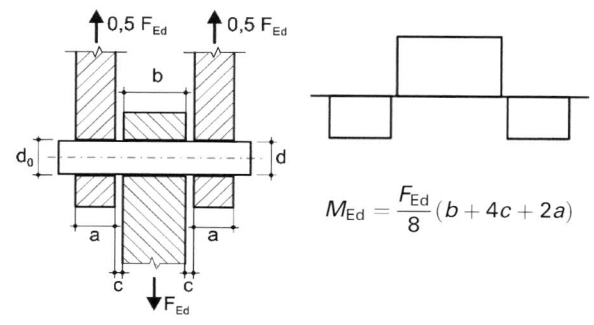

$$M_{Ed} = \frac{F_{Ed}}{8}(b + 4c + 2a)$$

Abb. 11.98 Ermittlung der Bolzenbiegung

Tafel 11.187 Bemessungsregeln für Bolzenverbindungen [18]

Versagenskriterium	Bemessungsregeln	
Abscheren des Bolzens	$F_{v,Rd} = 0{,}6A\,f_{ub}/\gamma_{M2}$	$\geq F_{v,Ed}$
Lochleibung von Augenblech und Bolzen bei austauschbaren Bolzen zusätzlich	$F_{b,Rd} = 1{,}5t\,d\,f_y/\gamma_{M0}$	$\geq F_{b,Ed}$
	$F_{b,Rd,ser} = 0{,}6t\,d\,f_y/\gamma_{M6,ser}$	$\geq F_{b,Ed,ser}$
Biegung des Bolzens bei austauschbaren Bolzen zusätzlich	$M_{Rd} = 1{,}5W_{el}\,f_{yp}/\gamma_{M0}$	$\geq M_{Ed}$
	$M_{Rd,ser} = 0{,}8W_{el}\,f_{yp}/\gamma_{M6,ser}$	$\geq M_{Ed,ser}$
Kombination von Abscheren und Biegung des Bolzens	$\left[\dfrac{M_{Ed}}{M_{Rd}}\right]^2 + \left[\dfrac{F_{v,Ed}}{F_{v,Rd}}\right]^2 \leq 1$	

f_y kleinerer Wert der Streckgrenze f_{yb} des Bolzenwerkstoffs und des Werkstoffs des Augenstabs
d Bolzendurchmesser
f_{up} Bruchfestigkeit des Bolzens
t Dicke des Augenstabblechs
f_{yp} Streckgrenze des Bolzens
A Querschnittsfläche des Bolzens

11.7.4 Schweißverbindungen

11.7.4.1 Allgemeines

Die folgenden Regelungen gelten für schweißbare Stähle nach DIN EN 1993-1-1 [12] mit $t \geq 4$ mm. Liegen dünnere Blechdicken vor, so ist DIN EN 1993-1-3 [14] hinzuzuziehen. Für Stahlhohlprofile ab 2,5 mm ist DIN EN 1993-1-8 [18], Abschn. 7, für ermüdungsbeanspruchte Schweißnähte DIN EN 1993-1-9 [20] zu beachten. Die für das Schweißgut verwendeten Werkstoffkennwerte (R_{eH}, R_m, Kerbschlagarbeit, Bruchdehnung) müssen mindestens den Werten des verschweißten Grundwerkstoffes entsprechen. Sofern nichts anderes festgelegt ist, sind die Anforderungen an die Bewertungsgruppe C nach DIN EN ISO 5817 [63] einzuhalten. Die Terrassenbruchgefahr ist bei Schrumpfverformungen der Schweißnähte in Dickenrichtung der Bleche während des Abkühlens (z. B. bei Eck-, T- oder Kreuzstößen) zu berücksichtigen (s. [22], Abschn. 3 und [55]). Unterbrochene Kehlnähte sind bei Korrosionsgefährdung nicht anzuwenden.

Im Bereich von $5t$ beidseits kaltverformter Bereiche darf geschweißt werden, wenn die kaltverformten Bereiche nach dem Kaltverformen und vor dem Schweißen normalisiert wurden oder das Verhältnis r/t nach Tafel 11.188 eingehalten wird (s. Abb. 11.99).

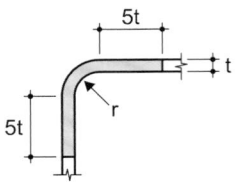

Abb. 11.99 Schweißen in kaltverformten Bereichen

11.7.4.2 Schweißnahtlängen und -dicken

Die **wirksame Dicke einer Kehlnaht** a entspricht i. d. R. der vom theoretischen Wurzelpunkt gemessenen Höhe des einschreibbaren Dreiecks. Sie sollte mindestens 3 mm betragen. Bei tiefem Einbrand kann eine vergrößerte Nahtdicke berücksichtigt werden, wenn dies durch Verfahrensprüfungen nachgewiesen wird. Zur Vermeidung von Missverhältnissen zwischen Nahtquerschnitten und Blechdicken gilt bei Flacherzeugnissen und offenen Profilen zusätzlich (11.274).

$$a \geq \sqrt{\max t} - 0{,}5 \qquad (11.274)$$

Bei geeigneten Schweißbedingungen darf auf die Einhaltung der Bedingung verzichtet werden. Für Blechdicken $t \geq 30$ mm sollte jedoch die Schweißnahtdicke mit $a \geq 5$ mm gewählt werden (vgl. [19]).

Tafel 11.188 Grenzwerte für das Schweißen in kaltverformten Bereichen [18]

min r/t	Max. Dehnungen infolge der Kaltverformung [%]	Maximale Dicken [mm]			Durch Aluminium vollberuhigter Stahl (Al $\geq 0{,}02$ %)
		Allgemeines			
		Überwiegend statische Last	Überwiegend ermüdungsbeansprucht		
25	2	Jede	Jede		Jede
10	5	Jede	16		Jede
3	14	24	12		24
2	20	12	10		12
1,5	25	8	8		10
1,0	33	4	4		6

Werden Kehlnähte einschließlich der Nahtenden mit voller Dicke ausgeführt (z. B. durch Einsatz von Auslaufblechen), entspricht die **wirksame Nahtlänge** l_{eff} der Gesamtlänge. Andernfalls ist der zweifache Wert der Kehlnahtdicke abzuziehen.

$$l_{\mathrm{eff}} = L - 2 \cdot a \qquad (11.275)$$

Mindestlänge:

$$l_{\mathrm{eff}} \geq \begin{cases} 30\,\mathrm{mm} \\ 6a \end{cases}$$

Sofern die ungleichmäßige Verteilung der Schweißnahtspannungen nicht rechnerisch berücksichtigt wird, ist l_{eff} auf $150a$ bei Stählen bis S460 und auf $50a$ bei Stählen mit höherer Festigkeit zu begrenzen (siehe auch Abschn. 11.7.4.3.4 und [24]).

11.7.4.3 Nachweis von Schweißverbindungen

11.7.4.3.1 Allgemeines

Bei der Verteilung der einwirkenden Schnittgrößen innerhalb einer Schweißverbindung darf entweder elastisches oder plastisches Verhalten zugrunde gelegt und eine vereinfachte Verteilung angenommen werden. Es sind nur diejenigen Schweißnähte anzusetzen, die aufgrund ihrer Lage vorzugsweise im Stande sind, die jeweiligen Schnittgrößen in der Verbindung zu übertragen.

Eigenspannungen und Spannungen, die nicht zur Kräfteübertragung durch Schweißnähte erforderlich sind, können beim Schweißnahtnachweis vernachlässigt werden (z. B. Normalspannungen parallel zur Schweißnahtachse).

Schweißnahtanschlüsse sind so zu konstruieren, dass sie ein ausreichendes Verformungsvermögen aufweisen. In plastischen Gelenken müssen sie mindestens dieselbe Tragfähigkeit wie das schwächste angeschlossene Bauteil haben. Bei Rotationsanforderungen sind die Schweißnähte so auszulegen, dass ein Versagen der Nähte vor dem Fließen der angrenzenden Bauteile verhindert wird (vgl. [18], Abschn. 4.9). Beim Nachweis von Schweißnahtverbindungen ist zwischen Kehlnähten, durchgeschweißten und nicht durchgeschweißten Stumpfnähten zu unterscheiden (Abb. 11.100).

Die Tragfähigkeit **durchgeschweißter Stumpfnähte** ist bei Einsatz entsprechender Schweißwerkstoffe der Tragfähigkeit des schwächeren der verbundenen Bauteile gleichzusetzen. Die Tragfähigkeit **nicht durchgeschweißter**

Stumpfnähte ist wie bei Kehlnähten mit tiefem Einbrand zu bestimmen. Der **Tragsicherheitsnachweis von Kehlnähten** kann mit dem richtungsbezogenen oder dem vereinfachten Nachweisverfahren erfolgen.

11.7.4.3.2 Richtungsbezogenes Nachweisverfahren

Bei diesem Verfahren werden die Spannungen parallel und rechtwinklig zur Schweißnahtlängsachse sowie in und senkrecht zur Schweißnahtfläche bestimmt (s. Abb. 11.101). Spannungen $\sigma_{\|}$ werden vernachlässigt. Die Lage der wirksamen Flächen von Kehlnähten wird im Wurzelpunkt konzentriert angenommen. Die Bedingungen (11.276) und (11.277) sind einzuhalten.

$$\sigma_{\mathrm{v}} = \sqrt{\sigma_{\perp}^2 + 3(\tau_{\perp}^2 + \tau_{\|}^2)} \leq \frac{f_{\mathrm{u}}}{\beta_{\mathrm{w}}\gamma_{\mathrm{M2}}} \qquad (11.276)$$

$$\sigma_{\perp} \leq \frac{0{,}9 \cdot f_{\mathrm{u}}}{\gamma_{\mathrm{M2}}} \qquad (11.277)$$

σ_{v} Vergleichsspannung in der Schweißnaht

$\sigma_{\perp}$ Normalspannung senkrecht zur Schweißnahtachse

$\tau_{\perp}$ Schubspannung (in der Ebene der Kehlnahtfläche) senkrecht zur Schweißnahtachse

$\tau_{\|}$ Schubspannung in der Ebene der Kehlnahtfläche und parallel zur Schweißnahtachse

f_{u} Zugfestigkeit des schwächeren der angeschlossenen Bauteile

β_{w} Korrelationsbeiwert nach Tafel 11.189.

11.7.4.3.3 Vereinfachtes Nachweisverfahren

Beim vereinfachten Verfahren wird die Tragfähigkeit je Längeneinheit unabhängig von der Orientierung der einwirkenden Kräfte zur wirksamen Kehlnahtfläche ermittelt. Der Tragsicherheitsnachweis wird mit (11.278) geführt.

$$\frac{F_{\mathrm{w,Ed}}}{F_{\mathrm{w,Rd}}} \leq 1 \qquad (11.278)$$

$$F_{\mathrm{w,Rd}} = f_{\mathrm{vw,d}} \cdot a \qquad (11.279)$$

mit

$$f_{\mathrm{vw,d}} = \frac{f_{\mathrm{u}}}{\sqrt{3}\beta_{\mathrm{w}}\gamma_{\mathrm{M2}}}$$

$F_{\mathrm{w,Rd}}$ Tragfähigkeit der Schweißnaht je Längeneinheit

$F_{\mathrm{w,Ed}}$ Resultierende aller auf die Kehlnahtfläche einwirkenden Kräfte je Längeneinheit

$f_{\mathrm{vw,d}}$ Scherfestigkeit der Schweißnaht (s. Tafel 11.189).

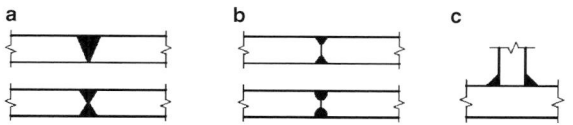

Abb. 11.100 Beispiele von Schweißnahtverbindungen; **a** durchgeschweißte Stumpfnähte, **b** nicht durchgeschweißte Stumpfnähte, **c** T-Stoß mit Kehlnähten

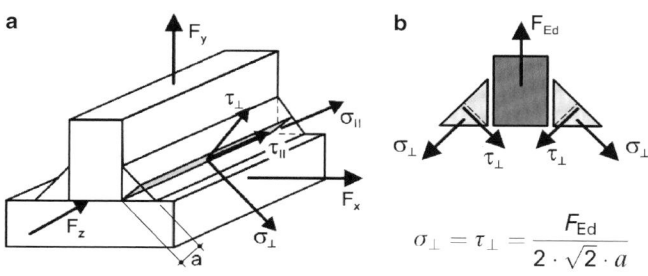

Abb. 11.101 Spannungskomponenten in Kehlnähten

Tafel 11.189 Korrelationsbeiwerte und Schweißnahtfestigkeiten [N/mm²]

Stahlsorte	S235	S275	S355	S420	S460	S500Q	S550Q	S620Q	S690Q
f_u [a]	360	430	490	520	540	590	640	700	770
β_w [b]	0,8	0,85	0,9	0,88	0,85	1,2	1,2	1,2	1,2
Schweißnahtfestigkeiten – richtungsbezogenes Verfahren									
$\dfrac{f_u}{\beta_w \cdot \gamma_{M2}}$	360	405	436	473	508	393	427	467	513
$\dfrac{0{,}9 \cdot f_u}{\gamma_{M2}}$	259	310	353	374	389	425	461	504	554
Scherfestigkeiten $f_{vw,d}$ der Schweißnähte – vereinfachtes Verfahren									
$\dfrac{f_u}{\sqrt{3} \cdot \beta_w \cdot \gamma_{M2}}$	208	234	251	273	293	227	246	269	296

[a] Für Stähle bis S460 gilt auch bei größeren Blechdicken die Zugfestigkeit für Erzeugnisdicken bis 40 mm (vgl. [19]). Die Zugfestigkeiten der Vergütungsstähle gelten bis S620Q für Erzeugnisdicken bis 100 mm und bei S690Q für Dicken bis 50 mm (siehe [24]).
[b] Die Korrelationsbeiwerte β_w für die Stähle S420 und S460 und die Vergütungsstähle S500Q bis S690Q sind in den Nationalen Anhängen zu Teil 1-8 [19] und Teil 1-12 [25] abweichend zu den jeweiligen Normenteilen festgelegt.

Tafel 11.190 Tragfähigkeit F_{Rd} [kN/cm] von symmetrisch angeordneten Kehlnähten bei T-Stößen nach dem richtungsbezogenen Verfahren (s. Abb. 11.101b)

Stahlsorte	Nahtdicke a [mm]									
	3	4	5	6	7	8	9	10	12	14
S235	15,27	20,36	25,46	30,55	35,64	40,73	45,82	50,91	61,09	71,28
S275	17,17	22,89	28,62	34,34	40,06	45,79	51,51	57,23	68,68	80,13
S355	18,48	24,64	30,80	36,96	43,12	49,28	55,44	61,60	73,92	86,24
S420M	20,06	26,74	33,43	40,11	46,80	53,48	60,17	66,85	80,22	93,60
S460M	21,56	28,75	35,94	43,13	50,31	57,50	64,69	71,88	86,25	100,6
S500Q	16,69	22,25	27,81	33,38	38,94	44,50	50,06	55,63	66,75	77,88
S550Q	18,10	24,14	30,17	36,20	42,24	48,27	54,31	60,34	72,41	84,48
S620Q	19,80	26,40	33,00	39,60	46,20	52,80	59,40	66,00	79,20	92,40
S690Q	21,78	29,04	36,30	43,56	50,82	58,08	65,34	72,60	87,12	101,6

Es sind Fußnoten a und b nach Tafel 11.189 zu beachten.

Tafel 11.191 Tragfähigkeiten $F_{w,Rd}$ [kN/cm] nach dem vereinfachten Verfahren

Stahlsorte	Nahtdicke a [mm]									
	3	4	5	6	7	8	9	10	12	14
S235	6,24	8,31	10,39	12,47	14,55	16,63	18,71	20,78	24,94	29,10
S275	7,01	9,35	11,68	14,02	16,36	18,69	21,03	23,37	28,04	32,71
S355	7,54	10,06	12,57	15,09	17,60	20,12	22,63	25,15	30,18	35,21
S420M	8,19	10,92	13,65	16,38	19,11	21,83	24,56	27,29	32,75	38,21
S460M	8,80	11,74	14,67	17,61	20,54	23,47	26,41	29,34	35,21	41,08
S500Q	6,81	9,08	11,35	13,63	15,90	18,17	20,44	22,71	27,25	31,79
S550Q	7,39	9,85	12,32	14,78	17,24	19,71	22,17	24,63	29,56	34,49
S620Q	8,08	10,78	13,47	16,17	18,86	21,55	24,25	26,94	32,33	37,72
S690Q	8,89	11,85	14,82	17,78	20,75	23,71	26,67	29,64	35,56	41,49

Es sind die Fußnoten a und b nach Tafel 11.189 zu beachten.

Beispiel

Nachweis der Schweißnähte einer biegesteifen Stirnplattenverbindung mit dem vereinfachten und dem richtungsbezogenen Bemessungsverfahren

IPE 300 – S355, $N_{\text{Ed}} = 40\,\text{kN}$, $V_{\text{z,Ed}} = 180\,\text{kN}$, $M_{\text{y,Ed}} = 70\,\text{kNm}$

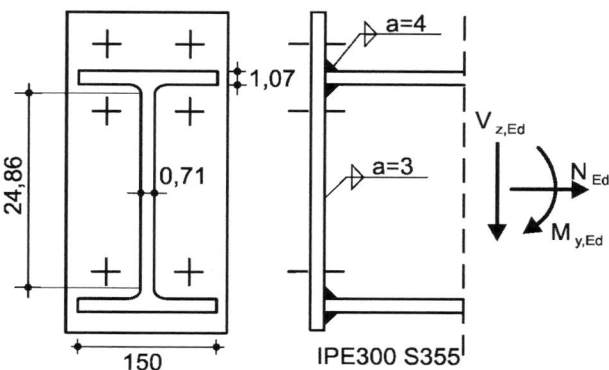

Vereinfachte Gurtkraftermittlung

$$N_{\text{OG,Ed}} = 40/2 + 7000/(30 - 1{,}07) = 262\,\text{kN}$$

a) vereinfachtes Verfahren

$$f_{\text{v,wd}} = 49/(\sqrt{3} \cdot 0{,}9 \cdot 1{,}25) = 25{,}15\,\text{kN/cm}^2$$

Obergurt:

$$F_{\text{w,Ed}} = 262/(2 \cdot 15{,}0) = 8{,}73\,\text{kN/cm}$$

$$F_{\text{w,Rd}} = 25{,}15 \cdot 0{,}4 = 10{,}06\,\text{kN/cm}$$

$$F_{\text{w,Ed}}/F_{\text{w,Rd}} = 8{,}73/10{,}06 = 0{,}87 < 1$$

Steg:

$$l_{\text{w,w}} = 2 \cdot 24{,}86 = 49{,}72\,\text{cm}$$

$$F_{\text{w,Ed}} = 180/49{,}72 = 3{,}62\,\text{kN/cm}$$

$$F_{\text{w,Rd}} = 25{,}15 \cdot 0{,}3 = 7{,}55\,\text{kN/cm}$$

$$F_{\text{w,Ed}}/F_{\text{w,Rd}} = 3{,}62/7{,}55 = 0{,}48 < 1$$

b) richtungsbezogenes Verfahren

Obergurt:

$$A_{\text{w,f}} = 2 \cdot 15{,}0 \cdot 0{,}4 = 12{,}00\,\text{cm}^2$$

$$\sigma_{\perp,\text{Ed}} = \tau_{\perp,\text{Ed}} = 262/(12{,}00 \cdot \sqrt{2}) = 15{,}44\,\text{kN/cm}^2$$

$$0{,}9 \cdot f_{\text{u}}/\gamma_{\text{M2}} = 0{,}9 \cdot 49/1{,}25 = 35{,}28\,\text{kN/cm}^2$$

$$15{,}44\,\text{kN/cm}^2 < 35{,}28\,\text{kN/cm}^2$$

$$\sigma_{\text{v,Ed}} = \sqrt{15{,}44^2 + 3 \cdot 15{,}44^2}$$
$$= 30{,}88\,\text{kN/cm}^2$$

$$\frac{f_{\text{u}}}{\beta_{\text{w}} \cdot \gamma_{\text{M2}}} = 49/0{,}9 \cdot 1{,}25 = 43{,}56\,\text{kN/cm}^2$$

$$30{,}88\,\text{kN/cm}^2 < 43{,}56\,\text{kN/cm}^2$$

Steg:

$$A_{\text{w,w}} = 49{,}72 \cdot 0{,}3 = 14{,}92\,\text{cm}^2$$

$$\tau_{\|,\text{Ed}} = 180/14{,}92 = 12{,}06\,\text{kN/cm}^2$$

$$\sigma_{\text{v,Ed}} = \sqrt{3 \cdot 12{,}06^2} = 20{,}89\,\text{kN/cm}^2$$

$$20{,}89\,\text{kN/cm}^2 < 43{,}56\,\text{kN/cm}^2 \quad \blacktriangleleft$$

11.7.4.3.4 Lange Anschlüsse

Bei überlappten Stößen und Lasteinleitungen durch Steifen mit großen Schweißnahtlängen (s. Abb. 11.102) sind die Auswirkungen ungleichmäßiger Spannungsverteilungen über die Länge zu berücksichtigen. Die Tragfähigkeit von Kehlnähten ist mit dem Abminderungsfaktor β_{Lw} abzumindern. Für Stähle bis S460 gelten die Gleichungen (11.280) und (11.281).

Bei überlappenden Stößen mit $L_{\text{j}} > 150a$:

$$\beta_{\text{Lw,1}} = 1{,}2 - 0{,}2\frac{L_{\text{j}}}{150a} \quad \text{und} \quad \beta_{\text{Lw,1}} \leq 1{,}0 \quad (11.280)$$

Bei Quersteifen in Blechträgern mit $L_{\text{w}} > 1{,}7\,\text{m}$:

$$\beta_{\text{Lw,2}} = 1{,}1 - \frac{L_{\text{w}}}{17} \quad \text{und} \quad 0{,}6 \leq \beta_{\text{Lw,2}} \leq 1{,}0 \quad (11.281)$$

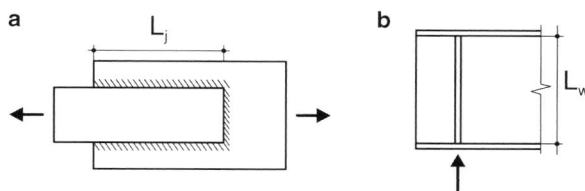

Abb. 11.102 Lange Anschlüsse. **a** Überlappender Stoß, **b** Lasteinleitung durch Steifen

11.7.4.3.5 Exzentrisch belastete einseitige Nähte

Lokale Exzentrizitäten sollten möglichst vermieden werden. Sofern sie dennoch ausgeführt werden, sind sie i. d. R. in folgenden Fällen zu berücksichtigen (vgl. [18] und Abb. 11.103):

- wenn Biegung um die Schweißnahtlängsachse Zug in der Wurzel erzeugt,
- wenn eine, bezogen auf die Schweißnahtfläche, exzentrisch angreifende Zugkraft Biegung und damit Zug in der Schweißnahtwurzel erzeugt.

Bei über den Umfang geschweißten Hohlprofilen brauchen die lokalen Exzentrizitäten nicht berücksichtigt werden.

11.7.4.3.6 Steifenlose Lasteinleitungen

Werden Bleche quer an unausgesteiften Flanschen angeschweißt und hierüber Lasten eingeleitet (s. Abb. 11.104), sind

- die angrenzenden Stege auf Querdruck oder Querzug nach [18], Abschn. 6.2.6.2 und 6.2.6.3,
- die Flansche mit (11.282) und

Tafel 11.192 Schweißnahtformen (Darstellung nach DIN EN 22553 [67] und Anmerkungen nach DIN EN 1993-1-8, s. a. DIN EN ISO 2553 [44])

	Nahtart, Symbol		Bild	Anmerkungen
Durch- oder gegengeschweißte Nähte				
1	Stumpfnaht (Beispiel V-Naht)			$a = t_1$ wenn $t_1 \leq t_2$
2	 D(oppel)-HV-Naht, K-Naht		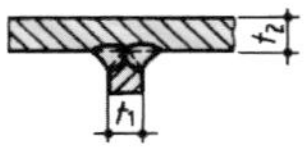	
3	HV-Naht	Kapplage geschweißt	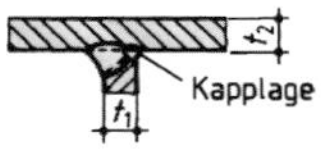	$a = t_1$
4		Wurzel durchgeschweißt		
Nicht durchgeschweißte Nähte				
5	 HY-Naht mit Kehlnaht		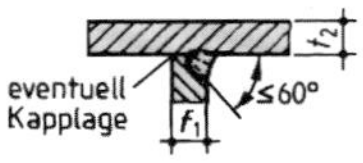	Die Schweißnähte sind wie Kehlnähte mit tiefem Einbrand zu berechnen.
6	HY-Naht		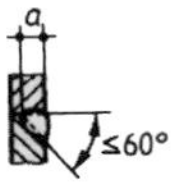	
7	 D(oppel)-HY-Naht		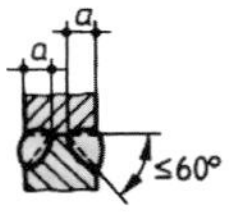	
8	D(oppel)-HY-Naht mit Doppelkehlnaht		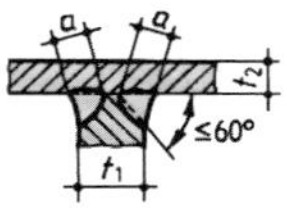	Die Naht ist wie eine durchgeschweißte Stumpfnaht zu behandeln, wenn $2a \geq t_1$ und $c \leq \min(t_1/5; 3\,\text{mm})$. Andernfalls ist sie wie zwei Kehlnähte mit tiefem Einbrand zu berechnen.
Kehlnähte				
9	Kehlnaht		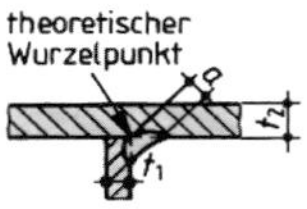	Die Nahtdicke a ist gleich der bis zum theoretischen Wurzelpunkt gemessenen Höhe des einschreibbaren Dreiecks. Behandlung bei Öffnungswinkeln α: $60° \leq \alpha \leq 120°$ wie Kehlnaht, bei $\alpha < 60°$ wie eine nicht durchgeschweißte Stumpfnaht, bei $\alpha > 120°$ Nachweis durch Versuche nach DIN EN 1990 Anhang D
10	 Doppelkehlnaht		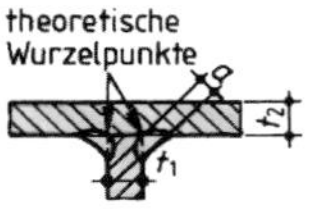	
11	Kehlnaht	Mit tiefem Einbrand	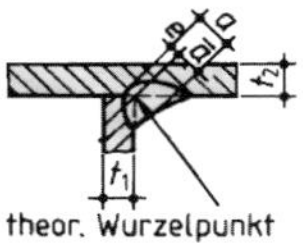	$a = \bar{a} + e$ $\bar{a}$ entspricht Nahtdicke a nach Zeile 9 und 10, e aus Verfahrensprüfung Behandlung bei Öffnungswinkeln α: $60° \leq \alpha \leq 120°$ wie Kehlnaht, bei $\alpha < 60°$ wie eine nicht durchgeschweißte Stumpfnaht, bei $\alpha > 120°$ Nachweis durch Versuche nach DIN EN 1990 Anhang D
12	 Doppelkehlnaht		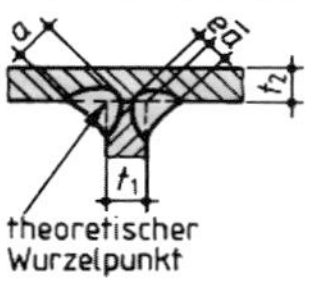	
13	Hohlkehlnaht	An Vollquerschnitten	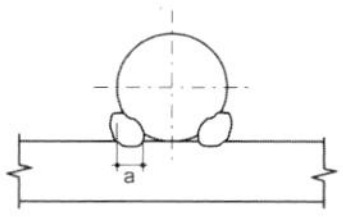	
14		An RHP	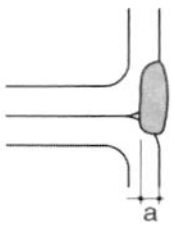	

Tafel 11.193 Symbolische Darstellung von Schweißnähten (Beispiele nach DIN EN 22553 [67], s. a. DIN EN ISO 2553 [44])

Benennung	Darstellung erläuternd	symbolisch	Benennung	Darstellung erläuternd	symbolisch
V-Naht mit Gegenlage Nahtlänge = Stoßlänge	Obere Werkstückfläche		**Kehlnähte** einseitig, auf der Pfeilseite mit hoher Oberfläche $a=4$ mm, auf der Gegenseite $a=6$ mm Nahtlänge 60 mm		4 ∖ 60 / 6 ∖ 60
D(oppel)-V-Naht (X-Naht) Gewölbte Oberfläche, Nahtlänge = Stoßlänge; hergestellt durch Lichtbogenhandschweißen (Kennzahl 111) – gef. Bewertungsgruppe D nach ISO 5817 – Wannenposition PA nach ISO 6947 – umhüllte Stabelektrode ISO 2560–E 51 2 RR 22	/111 ISO 5817-D/ISO 6947-PA// \ISO 2560-E 51 2 RR 22		**Doppel-Kehlnaht** mit verschiedenen Nahtdicken, $a_1=8$ mm, $a_2=5$ mm, Montagenähte; die Bezugsangabe für Gruppen gleicher Nähte kann nahe dem Schriftfeld unter dem angegebenen Buchstaben erläutert werden		8 ∖ A1 / 5 ∖

Benennung	Darstellung erläuternd	symbolisch
HV-Naht mit Gegennaht und beidseitig ebener Oberfläche, Nahtlänge = 800 mm ≠ Stoßlänge	∖ 800 Bem.: Die Pfeillinie weist gegen die schräge Fugenflanke	∖ 800)
D(oppel)-HV-Naht (K-Naht) Montagenaht, Nahtlänge = Stoßlänge	Bem.: Die Pfeillinie weist gegen die schräge Fugenflanke	
U-Naht mit ebener Oberfläche auf der oberen Werkstückfläche; Nahtlänge = Stoßlänge		
Y-Naht Nahtdicke $s=6$ mm, Nahtlänge = Stoßlänge	6	6 Y / 6 Y

	erläuternd	symbolisch
Doppelkehlnaht unterbrochen, gegenüberliegend; $n=3$ Nähte, Nahtdicke $a=4$ mm, Nahtlänge je 70 mm, Zwischenraum $e=50$ mm	70 50 70 50 70	4 ∖ 3×70 (50) / 4 ∖ 3×70 (50)
Doppelkehlnaht unterbrochen, versetzt mit Vormaß $v=50$ mm, $a=4$ mm	50 40 60 40 / 40 60 40	4 ∖ 2×40 ∠ (60) / 4 ∖ 2×40 ∠ (60)
Kehlnaht ringsumverlaufend $a=5$ mm		5 ∖

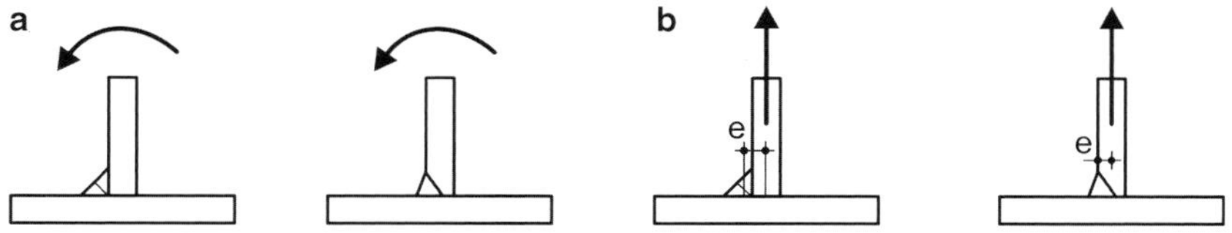

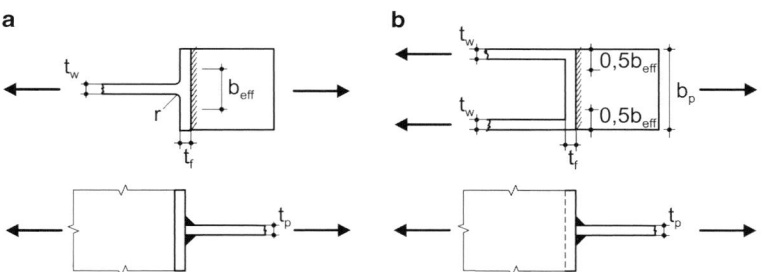

Abb. 11.103 Erzeugung von Zugspannungen in der Schweißnahtwurzel. **a** Beanspruchung durch Biegemomente, **b** Beanspruchung durch exzentrischen Zug

Abb. 11.104 Steifenlose Lasteinleitung über angeschweißte Bleche. **a** Einleitung in I- oder H-Profilen, **b** Einleitung in U- oder Kastenquerschnitten

- bei Rechteckhohlprofilen das Querblech nach [18], Tabelle 7.13 nachzuweisen.

$$F_{\text{fc,Ed}} \leq F_{\text{fc,Rd}} = b_{\text{eff}} \cdot t_{\text{fb}} \cdot f_{\text{y,fb}}/\gamma_{\text{M0}} \qquad (11.282)$$

Die Schweißnähte des angeschlossenen Blechs sind (auch bei $b_{\text{eff}} < b_{\text{p}}$) so zu bemessen, dass sie die Kraft $b_{\text{p}} \cdot t_{\text{p}} \cdot f_{\text{y,p}}/\gamma_{\text{M0}}$ übertragen können.

Die wirksame Breite in (11.282) ist bei I- und H-Profilen mit (11.283) zu bestimmen. Erfüllt b_{eff} nicht die Bedingung (11.284), ist der Anschluss auszusteifen.

$$b_{\text{eff}} = t_{\text{w}} + 2s + 7k\,t_{\text{f}} \qquad (11.283)$$

mit

$$k = \frac{t_{\text{f}}}{t_{\text{p}}} \cdot \frac{f_{\text{y,f}}}{f_{\text{y,p}}}, \quad \text{jedoch} \quad k \leq 1{,}0$$

$$b_{\text{eff}} \geq \frac{f_{\text{y,p}}}{f_{\text{u,p}}} \cdot b_{\text{p}} \qquad (11.284)$$

$s = r$ für gewalzte I- oder H-Querschnitte
$s = a\sqrt{2}$ für geschweißte I- oder H-Querschnitte
$f_{\text{y,f}}$ Streckgrenze des Flansches
$f_{\text{y,p}}, f_{\text{u,p}}$ Streckgrenze und Zugfestigkeit der Platte.

Bei anderen Querschnitten (z. B. U- oder geschweißte Kastenquerschnitte), bei denen die Breite des angeschweißten Blechs der Breite des Flansches entspricht (s. Abb. 11.104b), ist b_{eff} mit (11.285) zu bestimmen. Zu Anschlüssen an gewalzten Rechteckhohlprofilen siehe [18], Tabelle 7.13.

$$b_{\text{eff}} = 2t_{\text{w}} + 5t_{\text{f}}, \quad \text{jedoch} \quad b_{\text{eff}} \leq 2t_{\text{w}} + 5k\,t_{\text{f}} \qquad (11.285)$$

Die Seite des Stoßes, auf die die Pfeillinie weist, ist die Pfeilseite, die andere Seite ist die Gegenseite. Bei unsymmetrischen Nähten muss der Pfeil auf das Teil zeigen, an dem die Nahtvorbereitung vorgenommen wird. Befindet sich die Naht (Nahtoberseite) auf der Pfeilseite des Stoßes, wird das Symbol auf der Seite der Bezugs-Volllinie angeordnet; befindet sich die Naht auf der Gegenseite, wird das Symbol auf der Seite der Bezugs-Strichlinie angeordnet, gleichgültig, ob die Strichlinie oberhalb oder unterhalb der Volllinie gezeichnet ist. Bei symmetrischen Nähten entfällt die Bezugs-Strichlinie.

Die Nahtdicke wird vor dem Symbol angegeben. Bei Kehlnähten wird der Nahtdicke der Buchstabe a vorangesetzt; bei Stumpfnähten ist die Nahtdicke nur dann anzugeben, wenn der Querschnitt nicht voll durchgeschweißt wird (z. B. Y-Naht). Die Nahtlänge (hinter dem Symbol) ist nur anzugeben, wenn die Naht nicht durchgehend über die gesamte Länge des Werkstücks verläuft.

11.7.5 Biegetragfähigkeit von geschraubten Träger-Stützenverbindungen und Trägerstößen von I- und H-Profilen

Die Tragfähigkeit einer Träger-Stützen-Verbindung wird in folgenden Schritten bestimmt:

1. Festlegung der Beanspruchbarkeiten der Grundkomponenten,
2. Ermittlung der Beanspruchbarkeit $F_{\text{tr,Rd}}$ je zugbeanspruchter Schraubenreihe r als Minimum der Tragfähigkeiten der Grundkomponenten. Liegt eine Gruppe von Schraubenreihen in der Zugzone, ist zu überprüfen, dass die Summe der Einzeltragfähigkeiten $F_{\text{tr,Rd}}$ dieser Gruppe nicht die Tragfähigkeit der Gruppe als Ganzes überschreitet.
3. Ggf. weitere Reduzierung von $F_{\text{tr,Rd}}$ zur Berücksichtigung des Schub- oder Druckversagens des Stützensteges oder des Druckversagens von Trägergurt und -steg.
4. Bestimmung der Biegetragfähigkeit $M_{\text{j,Rd}}$ mit (11.286).

Die Nummerierung beginnt mit der am weitesten vom Druckpunkt entfernt liegenden Schraubenreihe r (siehe Abb. 11.105).

$$M_{\text{j,Rd}} = \sum_{\text{r}} h_{\text{r}} \cdot F_{\text{tr,Rd}} \qquad (11.286)$$

$F_{\text{tr,Rd}}$ wirksame Tragfähigkeit der Schraubenreihe r auf Zug
h_{r} Abstand der Schraubenreihe r vom Druckpunkt. Dieser sollte in der Achse des Druckgurtes angenommen werden. (Abb. 11.105)
r Nummer der Schraubenreihe.

Die Tragfähigkeit $F_{\text{tr,Rd}}$ der einzelnen Schraubenreihen r ist bei Träger-Stützenverbindungen als Minimum der Tragfähigkeiten für folgende Grundkomponenten zu berechnen, soweit diese von Relevanz sind:

- Stirnplatte mit Biegebeanspruchung $F_{\text{t,ep,Rd}}$
- Stützensteg mit Zugbeanspruchung $F_{\text{t,wc,Rd}}$; siehe (11.288)
- Stützenflansch mit Biegebeanspruchung $F_{\text{t,fc,Rd}}$
- Trägersteg mit Zugbeanspruchung $F_{\text{t,wb,Rd}}$; siehe (11.289).

Die Beanspruchungen $F_{\text{t,ep,Rd}}$ und $F_{\text{t,fc,Rd}}$ werden aus dem kleinsten relevanten Wert $F_{\text{t,Rd}}$ aus Tafel 11.196 unter Berücksichtigung der wirksamen Längen aus Tafel 11.197 bestimmt.

Die Summe der Tragfähigkeiten aller zugbeanspruchten Schraubenreihen $\sum F_{\text{t,Rd}}$ ist wie folgt zu begrenzen:

$$\sum F_{\text{t,Rd}} = \min(V_{\text{wp,Rd}}/\beta; F_{\text{c,wc,Rd}}; F_{\text{c,fb,Rd}}) \qquad (11.287)$$

Abb. 11.105 Träger-Stützenverbindung und Trägerstoß mit biegesteifer Stirnplattenverbindung

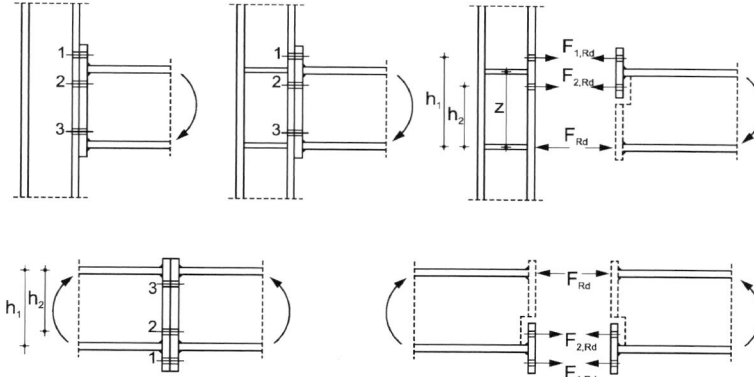

$V_{wp,Rd}$ Schubtragfähigkeit des Stützenstegfeldes, siehe (11.290)

β Übertragungsparameter nach Tafel 11.194

$F_{c,wc,Rd}$ Tragfähigkeit des Stützensteges für Druckbelastung, s. (11.291)

$F_{t,wb,Rd}$ Tragfähigkeit des Trägerflansches und -steges für Zugbelastungen, siehe (11.289).

Werden die Stützenflansche durch ausreichend dimensionierte Rippen in Höhe der Gurte der anschließenden Träger ausgesteift und die Zuggurte mit maximal zwei Schraubenreihen angeschlossen, ist der Nachweis des Stützensteges für Zug- und Druckbelastung nicht erforderlich.

$$F_{t,wc,Rd} = \frac{\omega \cdot b_{eff,t,wc} \cdot t_{wc} \cdot f_{y,wc}}{\gamma_{M0}} \qquad (11.288)$$

$$F_{t,wb,Rd} = \frac{b_{eff,t,wb} \cdot t_{wb} \cdot f_{y,wb}}{\gamma_{M0}} \qquad (11.289)$$

$$V_{wp,Rd} = 0{,}9 \cdot f_{y,wc} \cdot \frac{A_{vc}}{\sqrt{3} \cdot \gamma_{M0}} \qquad (11.290)$$

$$F_{c,wc,Rd} = \frac{\omega \cdot k_{wc} \cdot b_{eff,c,wc} \cdot t_{wc} \cdot f_{y,wc}}{\gamma_{M0}}, \qquad (11.291)$$

jedoch

$$F_{c,wc,Rd} \leq \frac{\omega \cdot k_{wc} \cdot \rho \cdot b_{eff,c,wc} \cdot t_{wc} \cdot f_{y,wc}}{\gamma_{M1}}$$

A_{vc} Schubfläche der Stütze

$f_{y,wc}$ Streckgrenze des Stützensteges

$f_{y,wb}$ Streckgrenze des Trägersteges

ω Abminderungsbeiwert zur Berücksichtigung der Interaktion mit der Schubbeanspruchung im Stützenstegfeld (s. Tafel 11.194)

$b_{eff,c,wc}$ Effektive Breite des Stützensteges bei Querdruck (s. Abb. 11.107)

Abb. 11.106 Ein- (**a**) und beidseitige (**b**) Trägeranschlüsse zur Bestimmung des Übertragungsparameters β nach Tafel 11.194

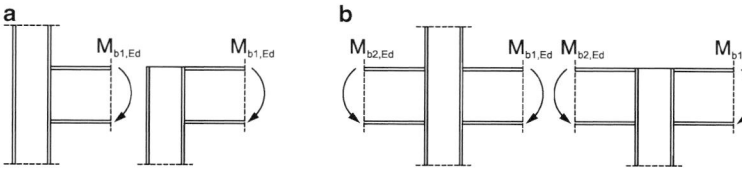

Tafel 11.194 Übertragungsparameter β und Abminderungsbeiwert ω

Nr.[a]	Einwirkung	β	ω
a	$M_{b1,Ed}$	$\beta \approx 1$	$\omega = \dfrac{1}{\sqrt{1 + 1{,}3 \cdot (b_{eff,c,wc} \cdot t_{wc}/A_{vc})^2}}$
b	$\dfrac{M_{b1,Ed}}{M_{b2,Ed}} > 0$	$\beta \approx 1$	
	$M_{b1,Ed} = M_{b2,Ed}$	$\beta = 0$	$\omega = 1$
	$\dfrac{M_{b1,Ed}}{M_{b2,Ed}} < 0$	$\beta \approx 2$	$\omega = \dfrac{1}{\sqrt{1 + 5{,}2 \cdot (b_{eff,c,wc} \cdot t_{wc}/A_{vc})^2}}$
	$M_{b1,Ed} + M_{b2,Ed} = 0$	$\beta \approx 2$	
	Genauere Werte von β können wie folgt ermittelt werden:		
	$\beta_1 = \left\|1 - \dfrac{M_{j,b2,Ed}}{M_{j,b1,Ed}}\right\| \leq 2$, $\beta_2 = \left\|1 - \dfrac{M_{j,b1,Ed}}{M_{j,b2,Ed}}\right\| \leq 2$		

Für den rechten Anschluss wird der Index 1 und für den linken Anschluss Index 2 verwendet. Für Zwischenwerte von β darf der Abminderungsbeiwert ω interpoliert werden.
[a] Die Nummerierung entspricht der Bezeichnung nach Abb. 11.106.

$b_{\text{eff,t,wc}}$ Effektive Breite des Stützensteges bei Querzug (s. Abb. 11.107)

$b_{\text{eff,t,wb}}$ Effektive Breite des Trägersteges mit Zug

k_{wc} Abminderungsbeiwert zur Berücksichtigung der Längsdruckspannungen im Stützensteg

für $\sigma_{\text{com,Ed}} \leq 0{,}7 \cdot f_{\text{y,wc}}$

$$k_{\text{wc}} = 1$$

für $\sigma_{\text{com,Ed}} > 0{,}7 \cdot f_{\text{y,wc}}$

$$k_{\text{wc}} = 1{,}7 - \frac{\sigma_{\text{com,Ed}}}{f_{\text{y,wc}}}$$

ρ Abminderungsfaktor für das Plattenbeulen (s. Tafel 11.195)

t_{wc} Blechdicke des Stützensteges

t_{wb} Blechdicke des Trägersteges.

Tafel 11.195 Plattenschlankheitsgrad und Abminderungsbeiwert für Plattenbeulen

$\bar{\lambda}_{\text{p}} \leq 0{,}72$	$\rho = 1{,}0$	$\bar{\lambda}_{\text{p}} = 0{,}932 \cdot \sqrt{\dfrac{b_{\text{eff,c,wc}} \cdot d_{\text{wc}} \cdot f_{\text{y,wc}}}{E \cdot t_{\text{wc}}^2}}$
$\bar{\lambda}_{\text{p}} > 0{,}72$	$\rho = \dfrac{\bar{\lambda}_{\text{p}} - 0{,}2}{\bar{\lambda}_{\text{p}}^2}$	

$d_{\text{wc}}, t_{\text{wc}}$ siehe Abb. 11.107.

Geschweißte Verbindung (Abb. 11.107a)

$$b_{\text{eff,c,wc}} = t_{\text{fb}} + 2 \cdot \sqrt{2} \cdot a_{\text{b}} + 5 \cdot (t_{\text{fc}} + s)$$
$$b_{\text{eff,t,wc}} = b_{\text{eff,c,wc}}$$

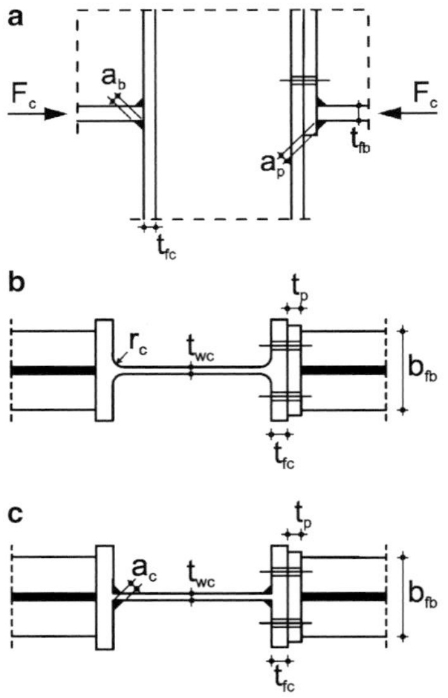

Abb. 11.107 Effektive Breiten des Stützensteges bei geschweißten und geschraubten Trägeranschlüssen.
a Geschweißte Verbindung/Geschraubte Stirnplattenverbindung,
b Stütze mit gewalztem I- oder H-Querschnitt,
c Stütze mit geschweißtem I- oder H-Querschnitt

Geschraubte Stirnplattenverbindung (Abb. 11.107a)

$$b_{\text{eff,c,wc}} = t_{\text{fb}} + 2 \cdot \sqrt{2} \cdot a_{\text{p}} + 5 \cdot (t_{\text{fc}} + s) + s_{\text{p}}$$
$$b_{\text{eff,t,wc}} = l_{\text{eff}} \quad \text{nach Tafel 11.197.}$$

s_{p} Länge, die mit der Annahme einer Ausbreitung von 45° durch die Stirnplatte ermittelt wird

$s_{\text{p}} \geq t_{\text{p}}$; $s_{\text{p}} \leq 2 \cdot t_{\text{p}}$, wenn der Überstand der Stirnplatte über den Flansch hinaus ausreichend groß ist.

Tafel 11.196 Tragfähigkeit $F_{\text{T,Rd}}$ eines T-Stummelflansches bei Zugbeanspruchung

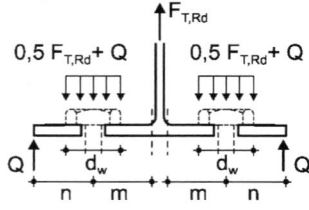

Modus		Abstützkräfte können auftreten, d. h. $L_{\text{b}} \leq L_{\text{b}}^*$	Keine Abstützkräfte
1 – vollständiges Fließen des Flansches			$F_{\text{T,1-2,Rd}} = \dfrac{2M_{\text{pl,1,Rd}}}{m}$
	Ohne Futterplatten	$F_{\text{T,1,Rd}} = \dfrac{4M_{\text{pl,1,Rd}}}{m}$	
	Mit Futterplatten	$F_{\text{T,1,Rd}} = \dfrac{4M_{\text{pl,1,Rd}} + 2M_{\text{bp,Rd}}}{m}$	
2 – Schraubenversagen gleichzeitig mit Fließen des Flansches		$F_{\text{T,2,Rd}} = \dfrac{2M_{\text{pl,2,Rd}} + n \sum F_{\text{t,Rd}}}{m + n}$	
3 – Schraubenversagen		$F_{\text{T,3,Rd}} = \sum F_{\text{t,Rd}}$	

L_{b} Dehnlänge der Schraube, angesetzt mit der gesamten Klemmlänge (Gesamtdicke des Blechpakets und der Unterlegscheiben), plus der halben Kopfhöhe und der halben Mutternhöhe oder

$L_{\text{b}}^* = 8{,}8 \cdot m^3 \cdot A_{\text{s}} \cdot \dfrac{n_{\text{b}}}{\sum (l_{\text{eff,1}} \cdot t_{\text{f}}^3)}$

n_{b} Anzahl der Schraubenreihen (mit 2 Schrauben je Reihe)

Q Abstützkraft

$M_{\text{pl,1,Rd}} = 0{,}25 \cdot \sum l_{\text{eff,1}} \cdot t_{\text{f}}^2 \cdot \dfrac{f_{\text{y}}}{\gamma_{\text{M0}}}$

$M_{\text{pl,2,Rd}} = 0{,}25 \cdot \sum l_{\text{eff,2}} \cdot t_{\text{f}}^2 \cdot \dfrac{f_{\text{y}}}{\gamma_{\text{M0}}}$

$M_{\text{bp,Rd}} = 0{,}25 \cdot \sum l_{\text{eff,1}} \cdot t_{\text{bp}}^2 \cdot \dfrac{f_{\text{y,bp}}}{\gamma_{\text{M0}}}$

t_{bp} Blechdicke der Futterplatte

$n = e_{\text{min}}$, jedoch $n \leq 1{,}25\,\text{m}$.

Abb. 11.108 Versagensarten
eines T-Stummelflansches

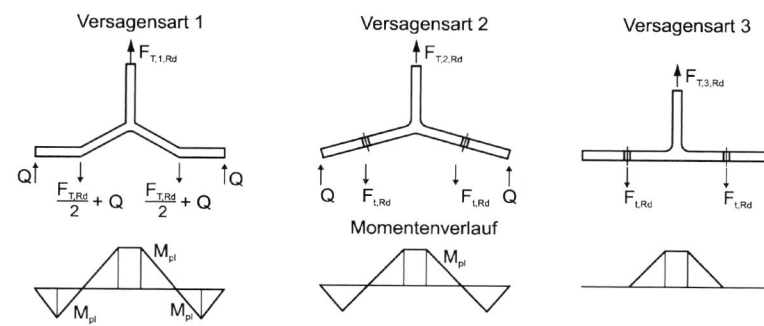

Tafel 11.197 Wirksame Längen l_{eff} für ausgesteifte, nicht ausgesteifte Stützenflansche und Stirnplatten

Nr.	Lage der Schraubenreihe	Schraubenreihe einzeln betrachtet		Schraubenreihe als Teil einer Gruppe von Schraubenreihen	
		Kreisförmiges Muster $l_{eff,cp}$	Nicht kreisförmiges Muster $l_{eff,nc}$	Kreisförmiges Muster $l_{eff,cp}$	Nicht kreisförmiges Muster $l_{eff,nc}$
I	Schraubenreihe am Ende mit Rand	$\min\begin{cases}2\pi m\\\pi m + 2e_1\end{cases}$	$\min\begin{cases}4m + 1{,}25e\\2m + 0{,}625e + e_1\end{cases}$	$\min\begin{cases}\pi m + p\\2e_1 + p\end{cases}$	$\min\begin{cases}2m + 0{,}625e + 0{,}5p\\e_1 + 0{,}5p\end{cases}$
II	Innere Schraubenreihe	$2\pi m$	$4m + 1{,}25e$	$2p$	p
III	Schraubenreihe am Ende	$2\pi m$	$4m + 1{,}25e$	$\pi m + p$	$2m + 0{,}625e + 0{,}5p$
IV	Schraubenreihe am Rand neben einer Steife	$\min\begin{cases}2\pi m\\\pi m + 2e_1\end{cases}$	$e_1 + \alpha m - (2m + 0{,}625e)$	–	–
V	Schraubenreihe neben einer Steife	$2\pi m$	αm	$\pi m + p$	$0{,}5p + \alpha m - (2m + 0{,}625e)$
VI	Schraubenreihe oberhalb des Trägerzugflansches	$\min\begin{cases}2\pi m_x\\\pi m_x + w\\\pi m_x + 2e\end{cases}$	$\min\begin{cases}4m_x + 1{,}25e_x\\e + 2m_x + 0{,}625e_x\\0{,}5b_p\\0{,}5w + 2m_x + 0{,}625e_x\end{cases}$	–	–
Modus 1		$l_{eff,1} = l_{eff,nc}$, jedoch $l_{eff,1} \le l_{eff,cp}$		$\sum l_{eff,1} = \sum l_{eff,nc}$, jedoch $\sum l_{eff,1} \le \sum l_{eff,cp}$	
Modus 2		$l_{eff,2} = l_{eff,nc}$		$\sum l_{eff,2} = \sum l_{eff,nc}$	

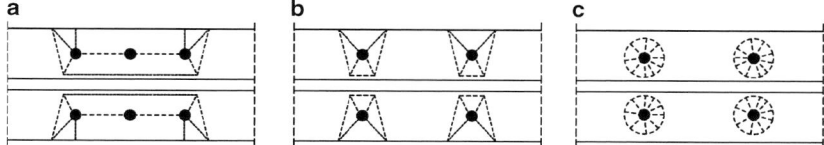

Abb. 11.109 Fließmuster für einen nicht ausgesteiften Stützenflansch. **a** Kombiniertes Fließmuster, das mehrere Schrauben erfasst, **b** einzelne Fließmuster um jede Schraube, **c** Fließkegel um Schraube

Abb. 11.110 Abmessungen eines
äquivalenten T-Stummelflansches

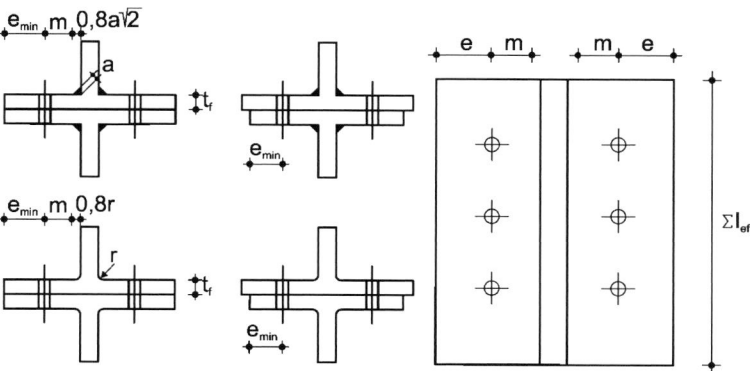

Abb. 11.111 Fallunterscheidung und Vereinfachung bei der Berechnung der wirksamen Längen von T-Stummeln

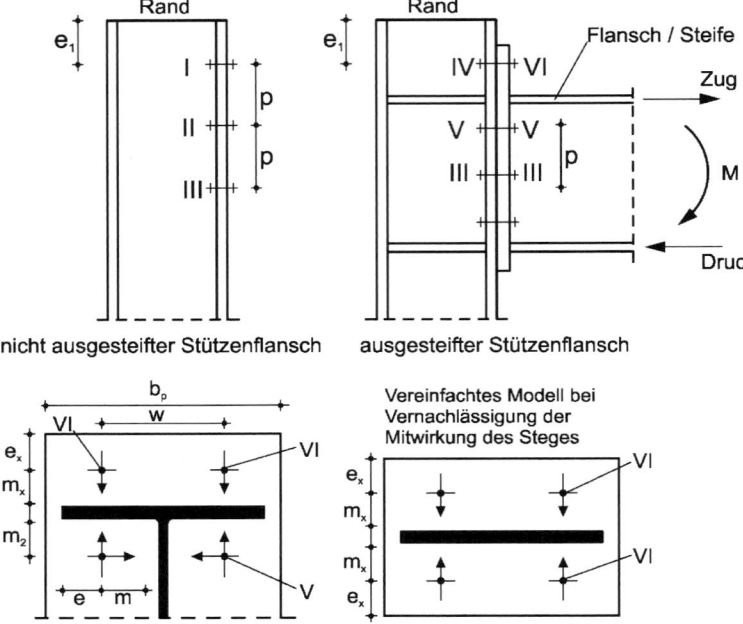

11.7.6 Anschlüsse mit Hohlprofilen

11.7.6.1 Allgemeines zu den normativen Bemessungsregeln

Die Bemessung von Anschlüssen mit Hohlprofilen ist im Abschnitt 7 von DIN EN 1993-1-8 [18] in Kombination mit den Teilen 1-1 [12] und 1-9 [20] sowie weiteren Teilen des Eurocodes und den jeweiligen Nationalen Anhängen geregelt. DIN EN 1993-1-12 [24] enthält wenige zusätzliche Regeln für Hohlprofile aus Stählen oberhalb S460 bis S700. Derzeit findet eine umfassende Überarbeitung der Bemessungsregeln statt. Die künftige EN 1993-1-8 (derzeit prEN 1993-1-8, Ausgabe 2020-02 [17]) wird sich bei den Regeln für Hohlprofilanschlüsse stärker an die ISO 14346 [65] und dem zugrundeliegenden CIDECT Design Guide [73] orientieren. Bzgl. der Bemessung für Stähle oberhalb S460 bis S700 wird auf die prEN 1993-1-8, Abschnitt 9 [17] verwiesen. Wegen der anstehenden sicherheitsrelevanten Änderungen erfolgt keine Behandlung der Anschlüsse von Hohlprofilen aus höherfesten Stählen innerhalb dieses Abschnittes.

11.7.6.2 Abkürzungen und Formelzeichen

Zur Beschreibung und Reglung von Hohlprofilkonstruktionen werden Abkürzungen und zahlreiche Formelzeichen verwendet, die in Tafel 11.198 auszugsweise wiedergegeben werden.

11.7.6.3 Anwendungsvoraussetzungen und Grundlagen der Bemessung

Die Tragfähigkeit von Anschlüssen in ebenen und räumlichen Fachwerken wird als maximale Tragfähigkeit der Streben des Fachwerks für Normalkräfte oder Biegemomente angegeben.

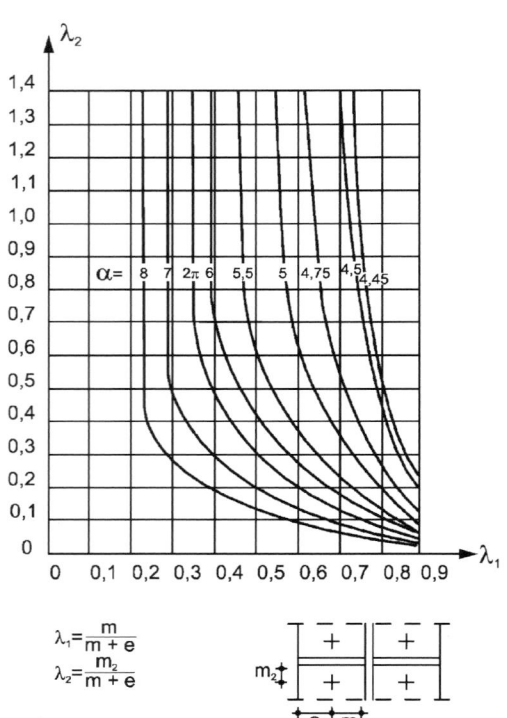

Abb. 11.112 α-Werte für ausgesteifte Stützenflansche

Stütze mit gewalztem I- oder H-Querschnitt (Abb. 11.107b)

$$s = r_c$$
$$d_{wc} = h_c - 2 \cdot (t_{fc} + r_c)$$

Stütze mit geschweißtem I- oder H-Querschnitt (Abb. 11.107c)

$$s = \sqrt{2} \cdot a_c$$
$$d_{wc} = h_c - 2 \cdot (t_{fc} + \sqrt{2} \cdot a_c)$$

Tafel 11.198 Abkürzungen, Formelzeichen und Definitionen

Abkürzungen

KHP	Kreishohlprofil
QHP	Quadrathohlprofil
RHP	Rechteckhohlprofil; die Bemessungsregeln für Rechteckhohlprofile schließen im Allgemeinen als Sonderfall die Quadrathohlprofile ein

Formelzeichen und Definitionen

g	Spaltweite zwischen den Streben eines K- oder N-Anschlusses (negative Werte für g entsprechen einer Überlappung q); Der Abstand g wird an der Oberfläche des Gurtstabes zwischen den Kanten der angeschlossenen Bauteile gemessen, siehe Abb. 11.113
p	Projektion der Anschlusslänge einer Strebe auf die Oberfläche des Gurtstabes, ohne Berücksichtigung der Überlappung, siehe Abb. 11.113
q	Länge der Überlappung, gemessen an der Oberfläche des Gurtstabes zwischen den Strebenachsen eines K- oder N-Anschlusses, siehe Abb. 11.113
d_0, h_0, b_0	Durchmesser, Höhe bzw. Breite des Gurtstabes
d_i, h_i, b_i	Durchmesser, Höhe bzw. Breite der Strebe i
e	Exzentrizität des Schnittpunktes der Strebenachsen zur Gurtachse
λ_{ov}	Überlappungsverhältnis in Prozent ($\lambda_{ov} = (q/p) \cdot 100\,\%$), siehe Abb. 11.113
θ_i	Eingeschlossener Winkel zwischen Strebe i und Gurtstab ($i = 1, 2$ oder 3)
$f_{y,i}$	Streckgrenze des Werkstoffs von Bauteilen i ($i = 1, 2$ oder 3)
$f_{y,0}$	Streckgrenze des Werkstoffs des Gurtstabes
$\sigma_{0,Ed}$	maximal einwirkende Druckspannung im Gurtstab am Anschluss
$\sigma_{p,Ed}$	Wert von $\sigma_{0,Ed}$ ohne die Spannung infolge der Komponenten der Strebenkräfte am Anschluss parallel zum Gurt
$N_{i,Rd}$	Bemessungswert der Normalkrafttragfähigkeit des Anschlusses für das Bauteil i ($i = 1, 2$ oder 3)
$M_{ip,i,Rd}$	Bemessungswert der Momententragfähigkeit des Anschlusses bei Biegung in der Tragwerksebene für das Bauteil i ($i = 1, 2$ oder 3)
$M_{op,i,Rd}$	Bemessungswert der Momententragfähigkeit des Anschlusses bei Biegung aus der Tragwerksebene für das Bauteil i ($i = 1, 2$ oder 3)
β	Verhältnis der mittleren Durchmesser oder mittleren Breiten von Streben zu Gurtstäben:

β		
T-, Y- und X-Anschlüsse	$\beta = \dfrac{d_1}{d_0}; \dfrac{d_1}{b_0}$ oder $\dfrac{b_1}{b_0}$	
K- und N-Anschlüsse	$\beta = \dfrac{d_1 + d_2}{2d_0}; \dfrac{d_1 + d_2}{2b_0}$ oder $\dfrac{b_1 + b_2 + h_1 + h_2}{4b_0}$	
KT-Anschlüsse	$\beta = \dfrac{d_1 + d_2 + d_3}{3d_0}; \dfrac{d_1 + d_2 + d_3}{3b_0}$ oder $\dfrac{d_1 + d_2 + d_3 + h_1 + h_2 + h_3}{6b_0}$	

γ	Verhältnis der Breite oder des Durchmessers des Gurtstabes zum zweifachen seiner Wanddicke: $\gamma = \dfrac{d_0}{2t_0}; \dfrac{b_0}{2t_0}$ oder $\dfrac{b_0}{2t_f}$
η	Verhältnis der Höhe der Strebe zu Durchmesser oder Breite des Gurtstabes: $\eta = \dfrac{h_i}{d_0}$ oder $\dfrac{h_i}{b_0}$
n, n_p	Verhältnis der einwirkenden Spannung zur Streckgrenze:

n, n_p	
für RHP-Gurtstäbe	$n = \dfrac{\sigma_{0,Ed}}{f_{y0}} \cdot \dfrac{1}{\gamma_{M5}}$
für KHP-Gurtstäbe	$n_p = \dfrac{\sigma_{p,Ed}}{f_{y0}} \cdot \dfrac{1}{\gamma_{M5}}$

Abb. 11.113 Knotenanschlüsse mit Spalt g und mit Überlappung q

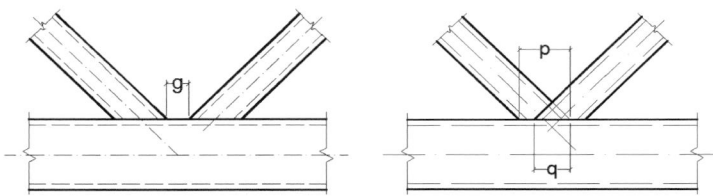

Andere Tragkonstruktionen aus Stahlhohlprofilen sind eingeschlossen, auch wenn im Sprachgebrauch die Begriffe Streben und Gurte oder Gurtstäbe verwendet wird. Obwohl im Allgemeinen die Tragfähigkeit von Anschlüssen bei Zugbeanspruchung größer ist als bei Druckbeanspruchung, wird die Tragfähigkeit eines Anschlusses auf der Grundlage der Strebenbeanspruchbarkeit auf Druck bestimmt. Durch diese Vorgehensweise werden ggf. auftretende größere örtliche Verformungen oder Abminderungen der Verformungsfähigkeit durch räumliche Spannungszustände vermieden bzw. reduziert. Die allgemeinen Anwendungsgrenzen der überwiegend semi-empirischen Bemessungsformeln sind in Tafel 11.199 zusammengefasst. Diese gelten für warmgefertigte Hohlprofile nach DIN EN 10210 [56] und für kaltgeformte Hohlprofile nach DIN EN 10219 [57]. Darüber hinaus ist zu beachten, dass bei den anschließenden Profilen die äußere Profilform bis zum Anschluss durchgeführt wird und keine Querschnittsveränderungen, z. B. durch Abflachen, erfolgen.

Bei Anschlüssen mit Überlappung sollte der in Tafel 11.199 angegebene Grenzwert des Überlappungsverhältnisses λ_{ov} eingehalten sein, um eine ausreichende Querkraftübertragung zwischen den Streben zu ermöglichen. Die Verbindung zwischen Strebe und der Oberfläche des Gurtstabes sollte auf Abscherung überprüft werden, wenn

- die Überlappung größer als $\lambda_{\mathrm{ov,lim}} = 60\,\%$ ist, falls die verdeckte Naht der überlappten Strebe nicht geschweißt wird,
- die Überlappung größer als $\lambda_{\mathrm{ov,lim}} = 80\,\%$ ist, falls die verdeckte Naht der überlappten Strebe geschweißt wird, oder wenn

- die Streben rechteckiger Profile mit $h_{\mathrm{i}} < b_{\mathrm{i}}$ und/oder $h_{\mathrm{j}} < b_{\mathrm{j}}$ ausgeführt werden.

Wenn überlappende Streben unterschiedliche Wanddicken t oder unterschiedliche Werkstoffeigenschaften aufweisen, sollte die Strebe mit dem geringeren Wert $t_{\mathrm{i}} \cdot f_{\mathrm{yi}}$ die andere überlappen. Wenn überlappende Streben unterschiedliche Breiten aufweisen, sollte die Strebe mit der geringeren Breite die Strebe mit der größeren Breite überlappen.

Im Grenzzustand der Tragfähigkeit dürfen die Bemessungswerte der Schnittgrößen in den Streben die Tragfähigkeiten der Anschlüsse nicht überschreiten. Zur Bestimmung der Tragfähigkeiten werden verschiedene Versagensformen von Anschlüssen mit Hohlprofilen untersucht (vgl. DIN EN 1993-1-8, Abs. 7.2.2 [18]). Hierzu gehören

a) Flanschversagen des Gurtstabes (plastisches Versagen des Flansches) oder Plastizierung des Gurtstabes (plastisches Versagen des Gurtquerschnitts),
b) Seitenwandversagen des Gurtstabes (oder Stegblechversagen) durch Fließen, plastisches Stauchen oder Instabilität (Krüppeln oder Beulen der Seitenwand oder des Stegbleches) unterhalb der druckbeanspruchten Strebe,
c) Schubversagen des Gurtstabes,
d) Durchstanzen der Wandung eines Gurthohlprofils (Rissinitiierung führt zum Abriss der Strebe vom Gurtstab),
e) Versagen der Strebe durch eine verminderte effektive Breite (Risse in den Schweißnähten oder Streben),
f) Lokales Beulversagen der Streben oder der Hohlprofilgurtstäbe im Anschlusspunkt.

In der Regel werden zur Bestimmung der Tragfähigkeit von Anschlüssen nicht alle Versagensformen nachgewie-

Tafel 11.199 Geltungsbereich der Bemessungsregeln für geschweißte Anschlüsse von Hohlprofilen

Werkstoffeigenschaften, Geometrie	Grenzwerte
Nennwert der Streckgrenze[a]	460 N/mm²
Mindestnennwert der Wanddicke t	$t \geq 2{,}5$ mm
Maximalwert der Wanddicke t von Gurtstäben[b]	$t \leq 25$ mm
Querschnittsklasse der Bauteile mit druckbeanspruchten Querschnittselementen	Klasse 1 oder 2 für axialen Druck
Anschlusswinkel θ_{i} zwischen Gurtstäben und Streben sowie zwischen benachbarten Streben	$\theta_{\mathrm{i}} \geq 30°$
Spaltweite g bei Anschlüssen mit Spalt zwischen Streben	$g \geq t_1 + t_2$
Überlappungsverhältnis λ_{ov} bei Anschlüssen mit Überlappung der Streben	$25\,\% \leq \lambda_{\mathrm{ov}} = \left(\dfrac{q}{p}\right) \cdot 100\,\% \leq \lambda_{\mathrm{ov,lim}}$

[a] Wenn der Nennwert der Streckgrenze größer als 355 N/mm² ist, sind die angegebenen Tragfähigkeiten mit dem Abminderungsbeiwert 0,9 zu reduzieren.
[b] Dieser Wert kann überschritten werden, wenn entsprechende Maßnahmen zur Sicherung geeigneter Werkstoffeigenschaften in Dickenrichtung getroffen werden (vgl. Abschn. 11.1.2.4 und DIN EN 1993-1-10).

Abb. 11.114 K-Knoten mit Exzentrizität *e*

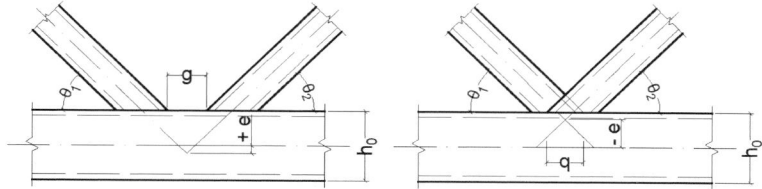

sen. Verschiedene Formen werden durch entsprechende Konstruktionsvorgaben ausgeschlossen. Hierzu gehören die Einhaltung der Querschnittsklassen 1 oder 2 nach DIN EN 1993-1-1 und weitere Begrenzungen der Querschnittsschlankheit um lokales Beulen ausschließen zu können. Für Schweißverbindungen von Streben an Gurtstäben sollte die Tragfähigkeit der Schweißnaht je Längeneinheit nicht kleiner als die Zugtragfähigkeit des Bauteilquerschnitts je Längeneinheit am Umfang sein. Hiervon kann abgewichen werden, wenn die Wirksamkeit einer Schweißnaht mit geringerer Tragfähigkeit nachgewiesen wird. Dabei ist zu beachten, dass die Spannungen sich nichtlinear über den Umfang und die Wanddicke der Anschlüsse verteilen. Zur plastischen Umlagerung und zum Abbau von Nebenspannungen durch ungewollte Einspannwirkungen werden ein ausreichendes Verformungs- und Rotationsvermögen benötigt. Die statisch wirksamen Schweißnahtlängen können sich auf Teilbereiche der Anschlüsse beschränken. In der Praxis wird i. d. R. auf entsprechend aufwendige geometrisch und materiell nichtlineare strukturmechanische Berechnungen zugunsten einer im Sinne der vereinfachten Bemessungsregel ausreichenden Schweißnahttragfähigkeit verzichtet.

Die in den Gurtstäben wirksamen Spannungen können zu einer Abminderung der Anschlusstragfähigkeit führen. Sie werden mit Hilfe der Gleichungen (11.292) und (11.293) berechnet. Welche dieser beiden Werte $\sigma_{0,Ed}$ oder $\sigma_{p,Ed}$ zugrunde gelegt wird, ist den jeweiligen Tabellen zur Berechnung der Tragfähigkeit zu entnehmen.

$$\sigma_{0,Ed} = \frac{N_{0,Ed}}{A_0} + \frac{M_{0,Ed}}{W_{el,0}} \qquad (11.292)$$

$$\sigma_{p,Ed} = \frac{N_{p,Ed}}{A_0} + \frac{M_{0,Ed}}{W_{el,0}} \qquad (11.293)$$

mit $N_{p,Ed} = N_{0,Ed} - \sum_{i>0} N_{i,Ed} \cdot \cos\theta_i$

11.7.6.4 Berechnung von Fachwerkträgern mit Stahlhohlprofilen

Bei vorwiegend ruhender Beanspruchung kann für die Verteilung der Normalkräfte in einem Fachwerkträger vereinfachend von gelenkigen Anschlüssen der Stäbe ausgegangen werden. Sekundäre Momente in Anschlüssen, die aus ungewollten Einspannwirkungen herrühren, dürfen bei der Bemessung der Stäbe und Anschlüsse vernachlässigt werden, wenn die folgenden Bedingungen erfüllt sind:

- die geometrischen Abmessungen der Anschlüsse liegen in den Gültigkeitsgrenzen der Tabellen 7.1, 7.8, 7.9 oder 7.20 aus DIN EN 1993-1-8 (siehe Tafeln 11.202, 11.205 und 11.206)
- das Verhältnis von Systemlänge zu Bauteilhöhe der Stäbe in der Ebene des Fachwerks unterschreitet einen bestimmten Grenzwert nicht. Für Hochbauten darf der Grenzwert mit 6 angenommen werden.

Momente infolge Querbelastung zwischen den Knotenpunkten (unabhängig davon, ob in Fachwerkebene oder rechtwinklig dazu) sind in der Regel bei der Bemessung der querbelasteten Bauteile selbst zu berücksichtigen. Werden die vorangegangenen Bedingungen eingehalten, darf angenommen werden, dass die Streben gelenkig an den Gurtstäben angeschlossen sind, so dass keine Übertragung von Momenten aus den Gurtstäben auf die Streben oder umgekehrt stattfindet. Die Gurtstäbe können als Durchlaufträger mit gelenkigen Auflagern an den Knotenpunkten berechnet werden.

Die Momente aus Knotenexzentrizitäten dürfen bei der Bemessung von zugbeanspruchten Gurtstäben und Streben vernachlässigt werden. Dies gilt auch für die Bemessung der Anschlüsse, wenn die Knotenexzentrizitäten e in folgenden Grenzen liegen:

KHP: $\qquad -0{,}55d_0 \leq e \leq 0{,}25d_0$

QHP oder RHP: $-0{,}55h_0 \leq e \leq 0{,}25h_0$

Die Berechnung der Spaltmaße g, Überlappungsmaße q und Exzentrizitäten e kann m. H. der Tafel 11.200 durchgeführt werden.

Tafel 11.200 Berechnung der Spaltmaße g, Überlappungsmaße q und Exzentrizitäten e

Voraussetzung: $0° \leq \theta_1$; $\theta_2 \leq 180°$

$(+g)$ bzw. $(-q) = \dfrac{\pm e + D}{C} - (A + B)$	$A = \dfrac{h_1}{2\sin\theta_1}$	$B = \dfrac{h_2}{2\sin\theta_2}$	Sonderfall: $e = 0$
$\pm e = C \cdot [A + B (+g) \text{ bzw. } (-q)] - D$	$C = \dfrac{\sin\theta_1 \cdot \sin\theta_2}{\sin(\theta_1 + \theta_2)}$ $\qquad D = \dfrac{h_0}{2}$		$(+g)$ bzw. $(-q) = \dfrac{h_0 \cdot \cos\theta_1 - h_1}{2\sin\theta_1} + \dfrac{h_0 \cdot \cos\theta_2 - h_2}{2\sin\theta_2}$

Im Falle von Kreishohlprofilen sind h_0 ,h_1 und h_2 durch d_0, d_1 und d_2 zu ersetzen.

Tafel 11.201 Berücksichtigung von Biegemomenten

Komponente	Biegemomente hervorgerufen durch		
	Sekundäreinflüsse	Querbelastung	Knotenexzentrizität
Druckbeanspruchter Gurt	Nein, sofern die Bedingungen (s. o.) eingehalten sind.	Ja	Ja
Zugbeanspruchter Gurt			Nein, wenn die Bedingungen (s. o.) eingehalten sind
Strebe			Nein, wenn die Bedingungen (s. o.) eingehalten sind
Anschluss			Nein, wenn die Bedingungen (s. o.) eingehalten sind

11.7.6.5 Geschweißte Anschlüsse von KHP-Streben an KHP-Gurtstäben

Werden die Voraussetzungen des Abschn. 11.7.6.3 und der Tafel 11.202 eingehalten, dürfen die Tragfähigkeiten geschweißter Anschlüsse von KHP an KHP-Gurtstäben nach den Tafeln 11.203 und 11.204 bestimmt werden. Es braucht nur Flanschversagen des Gurtstabes und Durchstanzen untersucht werden, der kleinere Wert ist maßgebend. Bei reiner Längskraftbelastung erfolgt der Tragsicherheitsnachweis nach (11.294). Bei kombinierter Beanspruchung aus Biegemomenten und Längskraft ist die Interaktionsbedingung (11.295) zu erfüllen.

$$\frac{N_{i,Ed}}{N_{i,Rd}} \leq 1{,}0 \qquad (11.294)$$

$$\frac{N_{i,Ed}}{N_{i,Rd}} + \left[\frac{M_{ip,i,Ed}}{M_{ip,i,Rd}}\right]^2 + \frac{M_{op,i,Ed}}{M_{op,i,Rd}} \leq 1{,}0 \qquad (11.295)$$

Tafel 11.202 Gültigkeitsbereich für geschweißte Anschlüsse von KHP-Streben an KHP-Gurtstäbe

Geometrie		Grenzwerte
Durchmesserverhältnis		$0{,}2 \leq d_i/d_0 \leq 1{,}0$
Gurtstäbe	Zug	– allgemein: $10 \leq d_0/t_0 \leq 50$ – X-Anschlüsse: $10 \leq d_0/t_0 \leq 40$
	Druck	Klasse 1 oder 2 sowie – allgemein: $10 \leq d_0/t_0 \leq 50$ – X-Anschlüsse: $10 \leq d_0/t_0 \leq 40$
Streben	Zug	$d_i/t_i \leq 50$
	Druck	Klasse 1 oder 2

11.7.6.6 Ebene geschweißte Anschlüsse von KHP- oder RHP-Streben an RHP-Gurtstäben

Zusätzlich zu den Voraussetzungen des Abschn. 11.7.6.3 sind für den Anschluss von KHP- oder RHP-Streben an RHP-Gurtstäben die Anwendungsbedingungen der Tafel 11.205 einzuhalten. Ist dies erfüllt, dürfen die Tragfähigkeiten nach den Tafeln 11.208, 11.209 und 11.210 bestimmt werden.

Darüber hinaus können die Tragfähigkeiten der Anschlüsse von QHP- oder KHP-Streben an QHP-Gurtstäbe mit den Gleichungen der Tafel 11.207 berechnet werden, wenn die geometrischen Abmessungen innerhalb der Anwendungsgrenzen der Tafeln 11.205 und 11.206 liegen. Es brauchen nur Flanschversagen des Gurtstabes und Versagen der Strebe mit reduzierter wirksamer Breite untersucht werden. Als Tragfähigkeit ist der kleinere von beiden Werten zu verwenden.

Bei reiner Längskraftbelastung erfolgt der Tragsicherheitsnachweis nach (11.296). Bei kombinierter Beanspruchung aus Biegemomenten und Längskraft ist die Interaktionsbedingung (11.297) zu erfüllen.

$$\frac{N_{i,Ed}}{N_{i,Rd}} \leq 1{,}0 \qquad (11.296)$$

$$\frac{N_{i,Ed}}{N_{i,Rd}} + \frac{M_{ip,i,Ed}}{M_{ip,i,Rd}} + \frac{M_{op,i,Ed}}{M_{op,i,Rd}} \leq 1{,}0 \qquad (11.297)$$

Tafel 11.203 Tragfähigkeit von geschweißten Anschlüssen von KHP-Streben an KHP-Gurtstäbe

Flanschversagen des Gurtstabes – T- und Y-Anschlüsse

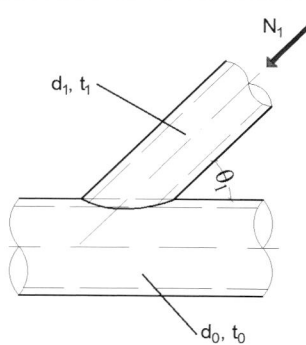

$$N_{1,Rd} = \frac{\gamma^{0,2} \cdot k_p \cdot f_{y0} \cdot t_0^2}{\sin \theta_1} \cdot \frac{(2,8 + 14,2 \cdot \beta^2)}{\gamma_{M5}}$$

Flanschversagen des Gurtstabes – X-Anschlüsse

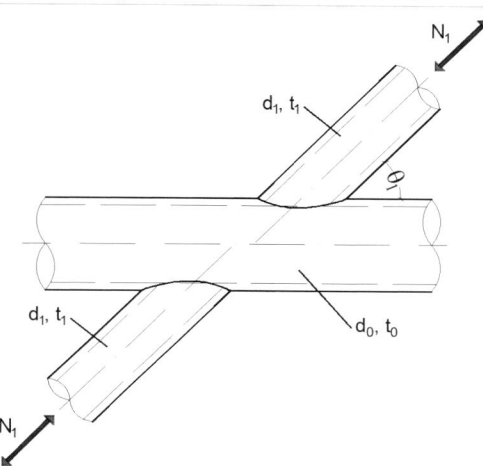

$$N_{1,Rd} = \frac{k_p \cdot f_{y0} \cdot t_0^2}{\sin \theta_1} \cdot \frac{5,2}{(1 - 0,81 \cdot \beta) \cdot \gamma_{M5}}$$

Nach prEN 1993-1-8 wird für X-Anschlüsse mit $\cos \theta_1 > \beta$ außerdem der Nachweis des Schubversagens des Gurtprofiles erforderlich. Zudem ist der Einfluss der Querkraftinteraktion auf die Gurttragfähigkeit zu überprüfen.

$$N_{1,Rd} = \frac{2 \cdot A_0}{\pi} \cdot \frac{f_{y0}}{\sqrt{3} \cdot \sin \theta_1 \cdot \gamma_{M0}}$$

$$N_{gap,0,Rd} = \frac{A_0 \cdot f_{y0}}{\gamma_{M0}} \sqrt{1 - \left(\frac{N_{1,Ed} \cdot \sin \theta_1}{2 \cdot f_{y0} \cdot A_0/(\pi \cdot \sqrt{3})} \right)^2}$$

Flanschversagen des Gurtstabes – K- und N-Anschlüsse mit Spalt und Überlappung

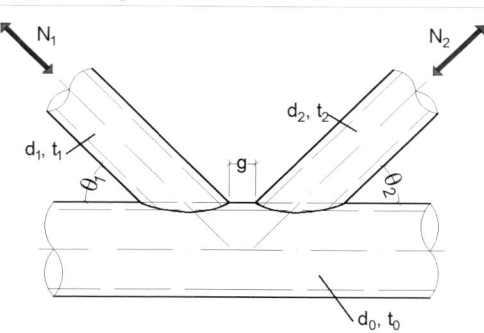

$$N_{1,Rd} = \frac{k_g \cdot k_p \cdot f_{y0} \cdot t_0^2}{\sin \theta_1} \cdot \frac{(1,8 + 10,2 \cdot \frac{d_1}{d_0})}{\gamma_{M5}}$$

$$N_{2,Rd} = \frac{\sin \theta_1}{\sin \theta_2} \cdot N_{1,Rd}$$

Durchstanzen bei K-, N- und KT-Anschlüssen mit Spalt und T-, Y- und X-Anschlüssen [$i = 1, 2$ oder 3]

Falls $d_i \leq d_0 - 2t_0$: $N_{i,Rd} = \dfrac{f_{y0} \cdot t_0 \cdot d_i \cdot \pi}{\sqrt{3}} \cdot \dfrac{1 + \sin \theta_i}{2 \cdot \sin^2 \theta_i} / \gamma_{M5}$

Beiwerte k_g und k_p

$$k_g = \gamma^{0,2} \left(1 + \frac{0,024 \cdot \gamma^{1,2}}{1 + \exp(0,5 \cdot \frac{g}{t_0} - 1,33)} \right)$$

Für $n_p > 0$ (Druck): $k_p = 1 - 0,3 \cdot n_p \cdot (1 + n_p) \leq 1,0$

Für $n_p \leq 0$ (Zug): $k_p = 1,0$

Tafel 11.204 Biegetragfähigkeit von geschweißten Anschlüssen von KHP-Streben an KHP-Gurtstäbe

Flanschversagen des Gurtstabes – T-, X- und Y-Anschlüsse

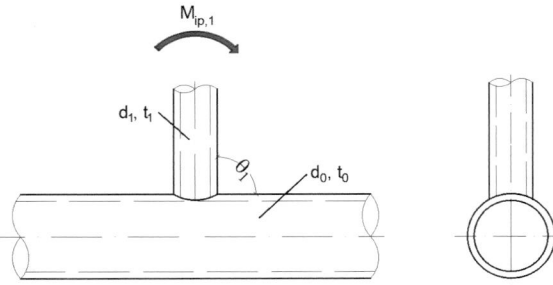

$$M_{\mathrm{ip,1,Rd}} = 4{,}85 \cdot \frac{f_{\mathrm{y0}} \cdot t_0^2 \cdot d_1}{\sin \theta_1} \cdot \sqrt{\gamma} \cdot \beta \cdot k_{\mathrm{p}}/\gamma_{\mathrm{M5}}$$

Flanschversagen des Gurtstabes – K-, N-, T-, X- und Y-Anschlüsse

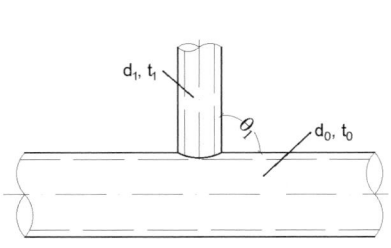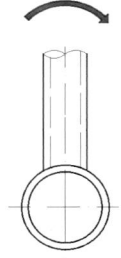

$$M_{\mathrm{op,1,Rd}} = \frac{f_{\mathrm{y0}} \cdot t_0^2 \cdot d_1}{\sin \theta_1} \cdot \frac{2{,}7}{1 - 0{,}81 \cdot \beta} \cdot k_{\mathrm{p}}/\gamma_{\mathrm{M5}}$$

Durchstanzen – K- und N-Anschlüsse mit Spalt und alle T-, X- und Y-Anschlüsse

Falls $d_1 \le d_0 - 2t_0$: $M_{\mathrm{ip,1,Rd}} = \dfrac{f_{\mathrm{y0}} \cdot t_0 \cdot d_1^2}{\sqrt{3}} \cdot \dfrac{1 + 3\sin \theta_1}{4 \cdot \sin^2 \theta_1}/\gamma_{\mathrm{M5}}$

$M_{\mathrm{op,1,Rd}} = \dfrac{f_{\mathrm{y0}} \cdot t_0 \cdot d_1^2}{\sqrt{3}} \cdot \dfrac{3 + \sin \theta_1}{4 \cdot \sin^2 \theta_1}/\gamma_{\mathrm{M5}}$

Beiwert k_{p}

Für $n_{\mathrm{p}} > 0$ (Druck): $k_{\mathrm{p}} = 1 - 0{,}3 \cdot n_{\mathrm{p}} \cdot (1 + n_{\mathrm{p}}) \le 1{,}0$

Für $n_{\mathrm{p}} \le 0$ (Zug): $k_{\mathrm{p}} = 1{,}0$

Tafel 11.205 Gültigkeitsbereich für geschweißte Anschlüsse von KHP- oder RHP-Streben an RHP-Gurtstäbe

Anschlusstyp	Anschlussparameter [$i = 1$ oder 2, j = überlappte Strebe]					
	b_i/b_0 oder d_i/b_0	b_i/t_i und h_i/t_i oder d_i/t_i		h_0/b_0 und h_i/b_i	b_0/t_0 und h_0/t_0	Spalt oder Überlappung b_i/b_j
		Druck	Zug			
T, Y oder X	$b_i/b_0 \ge 0{,}25$	$b_i/t_i \le 35$ und $h_i/t_i \le 35$ und Klasse 1 oder 2	$b_i/t_i \le 35$ und $h_i/t_i \le 35$	$\ge 0{,}5$ jedoch $\le 2{,}0$	≤ 35 und Klasse 1 oder 2	–
K-Spalt N-Spalt	$b_i/b_0 \ge 0{,}35$ und $\ge 0{,}1 + 0{,}01b_0/t_0$					$g/b_0 \ge 0{,}5(1 - \beta)$ jedoch $\le 0{,}5(1 - \beta)$ [a] und mindestens $g \ge t_1 + t_2$
K-Überlappung N-Überlappung	$b_i/b_0 \ge 0{,}25$	Klasse 1			Klasse 1 oder 2	$25\,\% \le \lambda_{\mathrm{OV}} \le \lambda_{\mathrm{OV,lim}}$ [b] $b_i/b_j \le 0{,}75$
KHP-Strebe	$b_i/b_0 \ge 0{,}4$ jedoch $\le 0{,}8$	Klasse 1	$d_i/t_i \le 50$	Wie oben, jedoch mit d_i anstatt b_i und d_j anstatt b_j		

[a] Falls $g/b_0 > 1{,}5(1 - \beta)$ und $g > t_1 + t_2$ ist der Anschluss wie zwei getrennte T- oder Y-Anschlüsse zu behandeln.
[b] $\lambda_{\mathrm{OV,lim}} = 60\,\%$ falls die verdeckte Naht nicht geschweißt ist und $80\,\%$ falls die verdeckte Naht geschweißt ist. Falls die Überlappung $\lambda_{\mathrm{OV,lim}}$ überschreitet oder wenn die Streben rechteckige Profile mit $h_i < b_i$ und/oder $h_j < b_j$ sind, muss die Verbindung zwischen den Streben und der Oberfläche des Gurtstabes auf Abscherung überprüft werden.

Tafel 11.206 Zusätzliche Bedingungen für die Verwendung von Tafel 11.207

Strebenquerschnitte	Anschlusstyp	Anschlussparameter	
Quadratische Hohlprofile	T, Y oder X	$b_i/b_0 \le 0{,}85$	$b_0/t_0 \ge 10$
	K-Spalt oder N-Spalt	$0{,}6 \le \dfrac{b_1 + b_2}{2b_1} \le 1{,}3$	$b_0/t_0 \ge 15$
Kreishohlprofile	T, Y oder X		$b_0/t_0 \ge 10$
	K-Spalt oder N-Spalt	$0{,}6 \le \dfrac{d_1 + d_2}{2d_1} \le 1{,}3$	$b_0/t_0 \ge 15$

Tafel 11.207 Tragfähigkeit von geschweißten Anschlüssen mit KHP- oder QHP-Streben an QHP-Gurtstäbe

Anschlusstyp	Tragfähigkeit [$i = 1$ oder 2, $j =$ überlappte Strebe]
T-, Y- und X-Anschlüsse	Flanschversagen des Gurtstabes $\beta \leq 0{,}85$
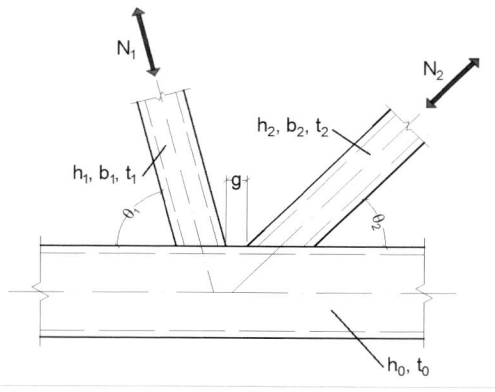	$$N_{1,\mathrm{Rd}} = \frac{k_\mathrm{n} \cdot f_{\mathrm{y}0} \cdot t_0^2}{(1-\beta) \cdot \sin\theta_1} \cdot \left(\frac{2\beta}{\sin\theta_1} + 4\sqrt{1-\beta} \right) / \gamma_{\mathrm{M5}}$$
K- und N-Anschlüsse mit Spalt	Flanschversagen des Gurtstabes $\beta \leq 1{,}0$
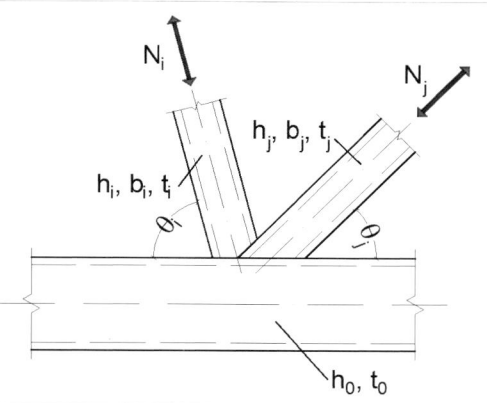	$$N_{i,\mathrm{Rd}} = \frac{8{,}9 \cdot \gamma^{0,5} \cdot k_\mathrm{n} \cdot f_{\mathrm{y}0} \cdot t_0^2}{\sin\theta_1} \cdot \left(\frac{b_1 + b_2}{2 \cdot b_0} \right) / \gamma_{\mathrm{M5}}$$
K- und N-Anschlüsse mit Überlappung[a]	Versagen der Strebe: $25\,\% \leq \lambda_{\mathrm{ov}} < 50\,\%$
	$$N_{i,\mathrm{Rd}} = f_{\mathrm{yi}} \cdot t_i \cdot \left(b_{\mathrm{eff}} + b_{\mathrm{e,ov}} + 2h_i \cdot \frac{\lambda_{\mathrm{ov}}}{50} - 4t_i \right) / \gamma_{\mathrm{M5}}$$
	Versagen der Strebe: $50\,\% \leq \lambda_{\mathrm{ov}} \leq 80\,\%$
	$$N_{i,\mathrm{Rd}} = f_{\mathrm{yi}} \cdot t_i \cdot (b_{\mathrm{eff}} + b_{\mathrm{e,ov}} + 2h_i - 4t_i) / \gamma_{\mathrm{M5}}$$
	Versagen der Strebe: $\lambda_{\mathrm{ov}} \geq 80\,\%$
	$$N_{i,\mathrm{Rd}} = f_{\mathrm{yi}} \cdot t_i \cdot (b_i + b_{\mathrm{e,ov}} + 2h_i - 4t_i) / \gamma_{\mathrm{M5}}$$

Parameter b_{eff}, $b_{\mathrm{e,ov}}$ und k_n

$b_{\mathrm{eff}} = \dfrac{10}{b_0/t_0} \cdot \dfrac{f_{\mathrm{y}0} \cdot t_0}{f_{\mathrm{yi}} \cdot t_1} \cdot b_i$ jedoch $b_{\mathrm{eff}} \leq b_i$	Für $n > 0$ (Druck): $\quad k_\mathrm{n} = 1{,}3 - \dfrac{0{,}4 \cdot n}{\beta} \leq 1{,}0$
$b_{\mathrm{e,ov}} = \dfrac{10}{b_j/t_j} \cdot \dfrac{f_{\mathrm{yj}} \cdot t_j}{f_{\mathrm{yi}} \cdot t_i} \cdot b_i$ jedoch $b_{\mathrm{e,ov}} \leq b_i$	Für $n \leq 0$ (Zug): $\quad k_\mathrm{n} = 1$

Bei KHP-Streben sind die obigen Grenzwerte mit $\pi/4$ zu multiplizieren, b_1 und h_1 sind durch d_1 sowie b_2 und h_2 durch d_2 zu ersetzen.

[a] Es braucht nur die überlappte Strebe i nachgewiesen zu werden. Der Ausnutzungsgrad der überlappenden Strebe j ist in der Regel mit dem Ausnutzungsgrad der überlappten Strebe gleich zusetzen.

Tafel 11.208 Tragfähigkeit von geschweißten T- X- und Y-Anschlüssen von RHP- oder KHP-Streben an RHP-Gurtstäbe

Anschlusstyp	Tragfähigkeit
	Flanschversagen des Gurtstabes $\beta \le 0,85$
	$$N_{1,Rd} = \frac{k_n \cdot f_{y0} \cdot t_0^2}{(1-\beta) \cdot \sin\theta_1} \cdot \left(\frac{2\eta}{\sin\theta_1} + 4\sqrt{1-\beta} \right) / \gamma_{M5}$$
	Seitenwandversagen des Gurtstabes[a] $\beta = 1,0$[b]
	$$N_{1,Rd} = \frac{k_n \cdot f_b \cdot t_0}{\sin\theta_1} \cdot \left(\frac{2h_1}{\sin\theta_1} + 10 \cdot t_0 \right) / \gamma_{M5}$$
	Versagen der Strebe $\beta \ge 0,85$
	$$N_{1,Rd} = f_{yi} \cdot t_1 \cdot (2 \cdot h_1 - 4 \cdot t_1 + 2 \cdot b_{eff}) / \gamma_{M5}$$
	Durchstanzen $0,85 \le \beta \le 1 - 1/\gamma$
	$$N_{1,Rd} = \frac{f_{y0} \cdot t_0}{\sqrt{3} \cdot \sin\theta_1} \cdot \left(\frac{2h_1}{\sin\theta_1} + 2 \cdot b_{e.p} \right) / \gamma_{M5}$$

Bei KHP-Streben sind die obigen Grenzwerte mit $\pi/4$ zu multiplizieren, b_1 und h_1 sind durch d_1 zu ersetzen.

Für Zug: $f_b = f_{y0}$ Für Druck: $f_b = \chi \cdot f_{y0}$ (T- und Y-Anschlüsse) $f_b = 0,8 \cdot \chi \cdot f_{y0} \cdot \sin\theta_1$ (X-Anschlüsse) Dabei ist χ der Abminderungsbeiwert nach der maßgebenden Knickkurve für Biegeknicken nach DIN EN 1993-1-1 und einem Schlankheitsgrad $\overline{\lambda}$, der wie folgt berechnet wird: $$\overline{\lambda} = 3,46 \cdot \frac{(h_0/t_0 - 2) \cdot \sqrt{1/\sin\theta_1}}{\pi \cdot \sqrt{E/f_{y0}}}$$	$b_{eff} = \frac{10}{b_0/t_0} \cdot \frac{f_{y0} \cdot t_0}{f_{yi} \cdot t_1} b_1,$ jedoch $b_{eff} \le b_1$ $b_{e.p} = \frac{10}{b_0/t_0} b_1,$ jedoch $b_{e.p} \le b_1$ Für $n > 0$ (Druck): $k_n = 1,3 - \frac{0,4 \cdot n}{\beta} \le 1,0$ Für $n \le 0$ (Zug): $k_n = 1$

[a] Bei X-Anschlüssen mit $\cos\theta_1 > h_1/h_0$ ist das Minimum von diesem Wert und der Schubtragfähigkeit der Gurtstabseitenwände für K- und N-Anschlüsse mit Spalt nach Tafel 11.209 anzusetzen.
[b] Bei $0,85 \le \beta \le 1,0$ wird zwischen den Werten für Flanschversagen des Gurtstabes mit $\beta = 0,85$ und für Seitenwandversagen des Gurtstabes mit $\beta = 1,0$ linear interpoliert.

Tafel 11.209 Tragfähigkeit von geschweißten K- und N-Anschlüssen von RHP- oder KHP-Streben an RHP-Gurtstäbe

Anschlusstyp	Tragfähigkeit
K- und N-Anschluss mit Spalt	**Flanschversagen des Gurtstabes**
	$$N_{1,Rd} = \frac{8,9 \cdot k_n \cdot f_{y0} \cdot t_0^2 \cdot \sqrt{\gamma}}{\sin\theta_i} \cdot \left(\frac{b_1 + b_2 + h_1 + h_2}{4 \cdot b_0} \right) / \gamma_{M5}$$
	Schubversagen des Gurtstabes
	$$N_{i,Rd} = \frac{f_{y0} \cdot A_{V,0}}{\sqrt{3} \cdot \sin\theta_1} / \gamma_{M0}$$ $$N_{0,Rd} = \left[(A_0 - A_{V,0}) \cdot f_{y0} + A_{V,0} \cdot f_{y0} \cdot \sqrt{1 - \left(\frac{V_{0,Ed}}{V_{0,Rd}}\right)^2} \right] / \gamma_{M0}$$
	Versagen der Strebe
	$$N_{1,Rd} = f_{yi} \cdot t_i \cdot (2 \cdot h_i - 4 \cdot t_i + b_i + b_{eff}) / \gamma_{M5}$$
	Durchstanzen $\beta \le (1 - 1/\gamma)$
	$$N_{i,Rd} = \frac{f_{y0} \cdot t_0}{\sqrt{3} \cdot \sin\theta_1} \cdot \left(\frac{2h_i}{\sin\theta_i} + b_i + b_{e.p} \right) / \gamma_{M5}$$
K- und N-Anschluss mit Überlappung	wie in Tafel 11.207

Bei Kreishohlprofilstreben sind die obigen Grenzwerte mit $\pi/4$ zu multiplizieren und b_1 und h_1 sind durch d_1 und b_2 sowie h_2 durch d_2 (außer bei Schubversagen des Gurtstabes) zu ersetzen.

$A_{V,0} = (2h_0 + \alpha \cdot b_0) \cdot t_0$ Für eine RHP-Strebe: $\alpha = \sqrt{\frac{1}{1 + 4g^2/(3t_0^2)}}$ Für KHP-Streben: $\alpha = 0$	$b_{eff} = \frac{10}{b_0/t_0} \cdot \frac{f_{y0} \cdot t_0}{f_{yi} \cdot t_1} \cdot b_1,$ jedoch $b_{eff} \le b_1$ $b_{e.p} = \frac{10}{b_0/t_0} \cdot b_1,$ jedoch $b_{e.p} \le b_1$ Für $n > 0$ (Druck): $k_n = 1,3 - \frac{0,4 \cdot n}{\beta} \le 1,0$ Für $n \le 0$ (Zug): $k_n = 1,0$

Tafel 11.210 Biegetragfähigkeit von geschweißten Anschlüssen von RHP-Streben an RHP-Gurte

T- und X-Anschlüsse ($\theta = 90°$)	Biegetragfähigkeit $M_{ip.Rd}$
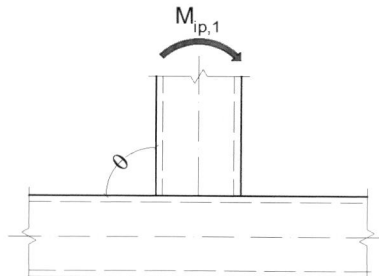 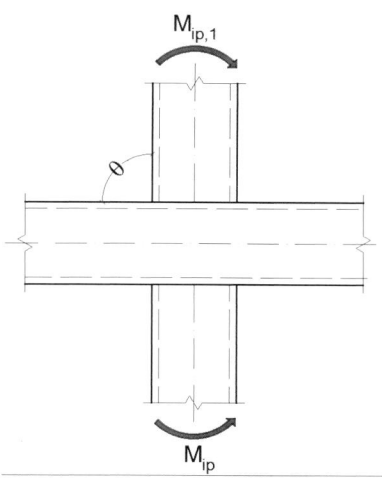	**Flanschversagen des Gurtstabes** $\beta \leq 0,85$ $M_{ip.1.Rd} = \dfrac{k_n \cdot f_{y0} \cdot t_0^2 \cdot h_1}{\gamma_{M5}} \cdot \left(\dfrac{1}{2\eta} + \dfrac{2}{\sqrt{1-\beta}} + \dfrac{\eta}{1-\beta} \right)$ **Seitenwandversagen des Gurtes** $0,85 < \beta \leq 1,0$ $M_{ip.1.Rd} = 0,5 \cdot f_{yk} \cdot t_0 \cdot (h_1 + 5t_0)^2 / \gamma_{M5}$ $f_{yk} = f_{y0}$ (für T-Anschluss) $f_{yk} = 0,8 f_{y0}$ (für X-Anschlüsse) **Versagen der Strebe** $0,85 < \beta \leq 1,0$ $M_{ip.1.Rd} = \dfrac{f_{y1}}{\gamma_{M5}} \left(W_{pl,1} - \left(1 - \dfrac{b_{eff}}{b_1} \right) \cdot b_1 \cdot (h_1 - t_1) \cdot t_1 \right)$

T- und X-Anschlüsse ($\theta = 90°$)	Biegetragfähigkeit $M_{op.Rd}$
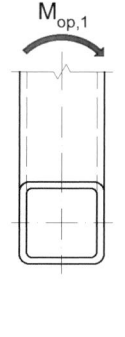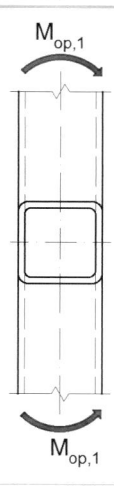	**Flanschversagen des Gurtstabes** $\beta \leq 0,85$ $M_{op.1.Rd} = \dfrac{k_n \cdot f_{y0} \cdot t_0^2}{\gamma_{M5}} \cdot \left(\dfrac{h_1(1+\beta)}{2(1-\beta)} + \sqrt{\dfrac{2b_0 \cdot b_1 \cdot (1+\beta)}{1-\beta}} \right)$
	Seitenwandversagen des Gurtes $0,85 < \beta \leq 1,0$ $M_{op.1.Rd} = f_{yk} \cdot t_0 \cdot (b_0 - t_0) \cdot (h_1 + 5t_0)/\gamma_{M5}$ $f_{yk} = f_{y0}$ (für T-Anschluss) $f_{yk} = 0,8 f_{y0}$ (für X-Anschlüsse)
	Versagen der Strebe $0,85 < \beta \leq 1,0$ $M_{op.1.Rd} = \dfrac{f_{y1}}{\gamma_{M5}} \cdot \left(W_{pl,1} - 0,5 \cdot \left(1 - \dfrac{b_{eff}}{b_1} \right)^2 \cdot b_1^2 \cdot t_1 \right)$
	Versagen des Gurtstabes durch Querschnittsverformung (nur T-Anschluss)[a] $M_{op.1.Rd} = 2 \cdot f_{y0} \cdot t_0 \cdot (h_1 \cdot t_0 + \sqrt{b_0 \cdot h_0 \cdot t_0(b_0 + h_0)})/\gamma_{M5}$

Parameter b_{eff} und k_n:

$b_{eff} = \dfrac{10}{b_0/t_0} \dfrac{f_{y0}t_0}{f_{y1}t_1} \cdot b_1 \leq b_1$	Für $n > 0$ (Druck): $k_n = 1,3 - \dfrac{0,4 \cdot n}{\beta} \leq 1,0$ Für $n \leq 0$ (Zug): $k_n = 1,0$

[a] Dieses Kriterium braucht nicht berücksichtigt zu werden, wenn die Querschnittsverformung des Gurtstabes durch geeignete Maßnahmen verhindert wird.

11.8 Ermüdung

11.8.1 Anwendungsbereich

Die in DIN EN 1993-1-9 angegebenen Nachweisverfahren gelten für Baustähle, nichtrostende Stähle und ungeschützte wetterfeste Stähle, die die Zähigkeitsanforderungen nach DIN EN 1993-1-10 [22] erfüllen. Der Geltungsbereich beschränkt sich auf normale atmosphärische Bedingungen (kein Seewassereinfluss, $T < 150\,°C$) und ausreichenden Korrosionsschutz.

11.8.2 Bemessungskonzepte

Bei ermüdungsbeanspruchten Konstruktionen ist das Sicherheitsniveau eine Funktion der Zeit. Der Sicherheitsindex β nimmt mit zunehmender Nutzungsdauer ab. Für die Bemessung ist die Sicherheit am Ende der Nutzungsdauer maßgebend. Für einen Bezugszeitraum von 50 Jahren wird für die Zuverlässigkeitsklasse RC2 (verknüpft mit der mittleren Schadensfolgeklasse CC2) in DIN EN 1990, Anhang C [1] der Zielwert für β in Abhängigkeit der Zugänglichkeit, der Instandsetzbarkeit und der Schadenstoleranz mit 1,5 bis 3,8 angegeben.

Im Allgemeinen ist das Konzept der Schadenstoleranz anzuwenden und das Inspektionsprogramm danach auszurichten. In Sonderfällen, in denen regelmäßige Inspektionen unmöglich oder unzumutbar sind, ist das Konzept der ausreichenden Sicherheit gegen Ermüdungsversagen ohne Vorankündigung anzuwenden [21].

11.8.2.1 Konzept der Schadenstoleranz

Das Konzept der Schadenstoleranz setzt voraus, dass das Entstehen und Anwachsen von Ermüdungsrissen und deren Folgen durch ein verbindliches Inspektions- und ggf. Instandhaltungsprogramm begrenzt werden kann. Die Abnahme des Sicherheitsindex β ist innerhalb eines Inspektionsintervalls zu berücksichtigen (Abb. 11.115). Der Teilsicher-

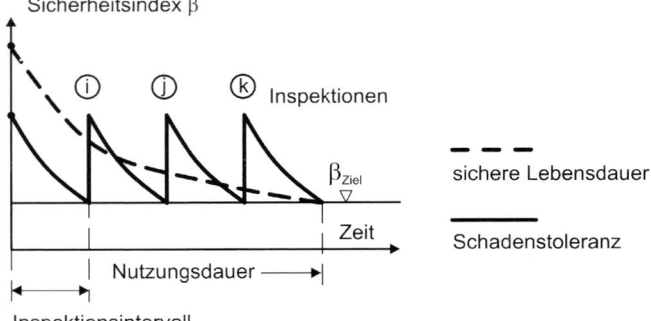

Abb. 11.115 Zeitlicher Verlauf des Sicherheitsindex β für die Bemessungskonzepte Schadenstoleranz und Sichere Lebensdauer (vgl. [93])

heitsbeiwert γ_{Mf} kann entsprechend abgemindert werden. Damit schadenstolerantes Verhalten angenommen werden kann, sind folgende Bedingungen einzuhalten (vgl. [93]):

- Bei Rissbildung besteht die Möglichkeit zur Lastumlagerung innerhalb der Querschnitte bzw. Tragwerkteile.
- Die kritischen Konstruktionsdetails sind jederzeit einsehbar und zugänglich für Inspektionen.
- Ein erkennbares Risswachstum kann konstruktiv gestoppt (z. B. Bohrung an der Rissspitze) oder das betreffende Bauteil ausgetauscht werden.

Dabei erfolgt die Wahl der Stahlgütegruppe nach DIN EN 1993-1-10 [22] und die Anwendung der Kerbdetails nach DIN EN 1993-1-9, Tabelle 8.1 bis 8.10 [20]. Die Festlegungen zu Inspektionsprogrammen sind den jeweiligen Nationalen Anhängen der bauwerksspezifischen Normenteile (z. B. DIN EN 1993-2/NA [27] bis DIN EN 1993-6/NA [29]) zu entnehmen.

11.8.2.2 Konzept der ausreichenden Sicherheit gegen Ermüdungsversagen ohne Vorankündigung

Das Bemessungskonzept ist dann anzuwenden, wenn keine planmäßigen Inspektionen durchführbar sind und/oder Risse schnell zum Versagen der Konstruktion oder wesentlicher Tragwerkteile führen können. Ziel ist es, Ermüdungsrisse während der geplanten Nutzungsdauer zu verhindern. Sicherheitsindex β und – daraus resultierend – der Teilsicherheitsbeiwert γ_{Mf} sind so festzulegen, dass am Ende der Nutzungsdauer das erforderliche Sicherheitsniveau, vergleichbar dem bei Tragsicherheitsnachweisen, erreicht wird.

11.8.2.3 Teilsicherheitsbeiwerte

Der Teilsicherheitsbeiwert auf der Einwirkungsseite beträgt bei Annahme der Ermüdungslasten nach DIN EN 1991 $\gamma_{Ff} = 1,0$. Für Straßen- und Eisenbahnbrücken wird eine Lebensdauer von 100 Jahren, für Kranbahnträger 25 Jahre zugrunde gelegt.

Der Teilsicherheitsbeiwert auf der Widerstandsseite γ_{Mf} muss Streuungen und Unsicherheiten, beispielsweise aus der Übertragbarkeit der Kerbdetails auf die realen Konstruktionen, aus der Kerbwirkung und dem Verlauf des Risswachstums, der Schadensakkumulationshypothese, Fehlstellen im Grundmaterial sowie in Verbindungen, aus der Ausführungsqualität und Fehlern bei der Herstellung der Konstruktionen, absichern. Festlegungen für γ_{Mf} sind den Nationalen Anhängen zu den bauwerksspezifischen Normenteilen zu entnehmen. Bei Kranbahnen ist als Standardfall von $\gamma_{Mf} = 1,15$ bei drei Inspektionsintervallen auszugehen. Sofern hiervon abgewichen wird, gelten die γ_{Mf}-Werte nach Tafel 11.212 [29]. Tafel 11.213 enthält die Werte für Straßen- und Eisenbahnbrücken. Für andere Fälle gilt Tafel 11.211. Empfehlungen zur Bewertung der Schadensfolge sind in Tafel 11.214 gegeben [93].

Tafel 11.211 Teilsicherheiten γ_{Mf}
(nach DIN EN 1993-1-9, Tabelle 3.1 [20])

Bemessungskonzept	Schadensfolgen	
	Niedrig	Hoch
Schadenstoleranz	1,00	1,15
Sicherheit gegen Ermüdungsversagen ohne Vorankündigung	1,15	1,35

Tafel 11.212 Teilsicherheiten γ_{Mf} für Kranbahnen
(nach DIN EN 1993-6/NA [29])

Anzahl Inspektionsintervalle	Teilsicherheitsbeiwert γ_{Mf}
4	1,00
3	1,15 (Standard)
2	1,35
1	1,60

Tafel 11.213 Teilsicherheiten γ_{Mf} für Straßen- und Eisenbahnbrücken [27], [31]

	γ_{Mf}
Straßenbrücken	
– Haupttragelemente	1,15
– Sekundäre Bauteile	1,00
Eisenbahnbrücken	
– Haupttragteile z. B. Haupt- und Versteifungsträger, Stabbogen, Hänger	1,25
– Sekundäre Bauteile wie Fahrbahnblech, Längsrippen, Querträger — Für direkte Schienenauflagerung	1,15
Für Schotterfahrbahn bzw. feste Fahrbahn	1,00
Kopfbolzendübel allgemein und bei Brückenbauwerken ($\gamma_{Mf,s}$)	1,25

Tafel 11.214 Bewertung der Schadensfolge nach [93]

		Todesfälle von Personen durch Bauwerksversagen (Personen an, in, auf und unter dem Tragwerk)		
		Keine	Wenig	Viele
Soziale und ökonomische Bedeutung	Gering	Niedrig	Niedrig	Hoch
	Mittel	Niedrig	Niedrig	Hoch
	Hoch	Hoch	Hoch	Hoch

Tafel 11.215 Ermüdungslastmodelle und zugehörige Lastnorm

Tragwerk	Einwirkung	Bemessungsnorm	Lastnorm	Anmerkung zu Lastmodellen (LM) und Schwingbeiwerten φ
Straßenbrücken	Straßenverkehr	DIN EN 1993-2 DIN EN 1994-2	DIN EN 1991-2	5 Ermüdungslastmodelle, i. Allg. **LM 3** für Elemente des Haupttragwerkes, nur mit λ anwendbar
Eisenbahnbrücken	Eisenbahnverkehr	DIN EN 1993-2 DIN EN 1994-2	DIN EN 1991-2	i. Allg. statisches **LM 71** mit φ_2 bzw. φ_3 und λ bezogen auf Regel-, Nah-, Güterverkehr
Kranbahnen	Kranverkehr	DIN EN 1993-6	DIN EN 1991-3	statisches Lastmodell, gesonderte Werte $\varphi_{fat,1}$, $\varphi_{fat,2}$
Maste, Türme, Schornsteine	Wind	DIN EN 1993-3-1	DIN EN 1991-4	Galloping, Flattern, Regen-Wind-induzierte Schwingungen, wirbelerregte Querschwingungen
Silos, Tanks	Lasten aus Befüllen u. Entleeren	DIN EN 1993-4-1 DIN EN 1993-4-2	DIN EN 1991-4	> 1 mal täglich vollständiges Leeren u. Befüllen, u. U. Vibrationen aus Entnahmevorrichtung beachten

11.8.3 Ermüdungsbeanspruchung

11.8.3.1 Ermüdungslasten

Ermüdungslasten sind durch Ermüdungslastmodelle und Lastkollektive in DIN EN 1991 gegeben. Sie weisen die folgenden Formen auf:

- konstante Belastungen $Q_{E,n_{max}}$ mit Auftretenshäufigkeit n_{max}
- schadensäquivalente (konstante) Belastungen $Q_{E.2}$ (bezogen auf $N = 2 \cdot 10^6$)
- Lastkollektive mit Q_i und n_i.

In der Regel unterscheiden sich die Ermüdungslastmodelle von den Modellen für Gebrauchstauglichkeits- und Tragsicherheitsnachweise. Die dynamischen Effekte sind entweder enthalten (Straßenverkehr) oder müssen durch Schwingbeiwerte φ_{fat} berücksichtigt werden (Eisenbahnverkehr, Krane). Einen Überblick über die tragwerkspezifischen Ermüdungslastmodelle gibt Tafel 11.215.

11.8.3.2 Dynamische Beiwerte für Ermüdungslasten

Für Ermüdungslasten aus Eisenbahnen sind keine gesonderten dynamischen Beiwerte zu berücksichtigen. Gemäß DIN EN 1991-2, Abschn. 6.4.5.2 [6] gelten für das Lastmodell 71 die dynamischen Beiwerte φ_2 und φ_3 in Abhängigkeit von der Instandhaltungsqualität der Gleise.

Wie die statischen Lastmodelle beinhalten auch die Ermüdungslastmodelle für Straßenbrücken die Lasterhöhung aus dynamischer Wirkung. Lediglich im Nahbereich von Fahrbahnübergängen (Abstand $D < 6{,}0\,\text{m}$) sind gemäß DIN EN 1991-2/NA [7] zu Abschn. 4.6.1 (6) mögliche Unebenheiten und Verdrehungen durch den zusätzlichen Vergrößerungsfaktor $\Delta\varphi_{fat}$ nach (11.298) abzudecken.

$$\Delta\varphi_{fat} = 1{,}0 + 0{,}3 \cdot \left(1 - \frac{D}{6}\right), \quad \text{jedoch} \quad \Delta\varphi_{fat} \geq 1{,}0$$

(11.298)

Die Kranlasten nach DIN EN 1991-3, Abschn. 2.12 (7) [8] sind für Ermüdungsnachweise mit dem dynamischen Faktor φ_{fat} zu vervielfachen (11.299). Für die Eigenlast der

Kranbrücke gilt $\varphi_{\text{fat},1}$, für die Hublasten $\varphi_{\text{fat},2}$. Zu φ_i siehe Abschn. 11.9.

$$\varphi_{\text{fat},i} = \frac{1 + \varphi_i}{2} \quad \text{mit } i = 1 \text{ oder } 2 \qquad (11.299)$$

11.8.3.3 Schadensäquivalenzfaktoren λ

Straßen- und Eisenbahnbrücken Für Straßen- und Eisenbahnbrücken wird λ aus vier Teilfaktoren gebildet, die Informationen zum Tragwerk und zur Verkehrscharakteristik enthalten. Rechnerisch darf für Straßenbrücken maximal eine Spannweite von 80 m angesetzt werden. Bei Eisenbahnbrücken gelten die Regelungen bis zu einer Spannweite von 100 m (vgl. [26], Abschn. 9.5).

$$\lambda = \lambda_1 \cdot \lambda_2 \cdot \lambda_3 \cdot \lambda_4 \leq \lambda_{\max} \qquad (11.300)$$

mit

λ_1 Spannweitenbeiwert, der neben dem Typ und der Länge der Einflusslinie auch den der Schädigungsberechnung zugrunde liegenden Verkehr berücksichtigt

λ_2 Verkehrsstärkenbeiwert, berücksichtigt die unterschiedliche Größe des Verkehrsaufkommens

λ_3 Nutzungsdauerbeiwert, berücksichtigt die unterschiedlichen Annahmen für die Nutzungszeit der Brücke

λ_4 Für Straßenbrücken: Fahrstreifenbeiwert, berücksichtigt die aus den Nebenfahrstreifen entstehenden Effekte
Für Eisenbahnbrücken: Beiwert für die Anzahl der Gleise auf der Brücke

$\lambda_{\max}$ obere Begrenzung des λ-Wertes.

Die Bestimmung der Schadensäquivalenzfaktoren λ_1 bis λ_4 sowie $\lambda_{\max}$ ist in DIN EN 1993-2 [26] für Straßenbrücken in Abschn. 9.5.2 und für Eisenbahnbrücken in Abschn. 9.5.3 der Norm geregelt. Der Nationale Anhang [27] hierzu ist zu beachten. Für Eisenbahnbrücken beträgt der Faktor $\lambda_{\max} = 1,4$. Für Straßenbrücken darf der Beiwert $\lambda_{\max}$ nach Abb. 11.116 ermittelt werden, wenn anstelle der Spannweite L die kritische Länge der zutreffenden Einflusslinie als Eingangswert angesetzt wird.

Kranbahnen Für Kranbahnen wird eine Klassifizierung nach Lastkollektiv (λ_1) und Gesamtzahl der Lastspiele (λ_2) vorgenommen (Klassen S). Die daraus resultierenden Scha-

densäquivalenzfaktoren $\lambda = \lambda_1 \cdot \lambda_2$ können in Abhängigkeit der Beanspruchungsart (Normal- oder Schubspannung) und der Klassifizierung der Tafel 11.227 im Abschn. 11.9 entnommen werden. Für das Zusammenwirken mehrerer Kräne sind zusätzliche Regeln zu beachten.

11.8.4 Spannungen und Spannungsschwingbreiten

Die Spannungen sind in der Regel unter Gebrauchslastniveau ($\gamma_{\text{Ff}} = 1,0$) zu ermitteln. Bei Querschnitten der Klasse 4 ist ggf. das Blechatmen zu beachten (s. [26, 28]). Die Richtung der maßgebenden Spannung für den Ermüdungsnachweis verläuft i. Allg. senkrecht zur Rissentstehung. Entscheidend ist die effektive Spannungsverteilung am Kerbdetail.

Die Zuordnung eines Kerbfalls zu einer Wöhlerlinie erfolgt unter bestimmten Voraussetzungen für die Vorgehensweise bei der Ermittlung der Spannung(en). Bezüglich der Art der Spannungsermittlung wird zwischen

- Nennspannungen,
- korrigierte Nennspannungen und
- Strukturspannungen

unterschieden. Nennspannungen werden i. d. R. an der potentiellen Rissspitze bestimmt. Zusätzliche Spannungskonzentrationen, die nicht in den Kerbfallkatalogen berücksichtigt sind, werden durch Korrektur der Nennspannungen erfasst. Strukturspannungen werden mit geeigneten Finite-Elemente-Berechnungen oder für den Anwendungsfall verfügbaren Spannungskonzentrationsfaktoren bestimmt.

Maßgebende Spannungen im Grundwerkstoff sind Längs- und Schubspannungen (σ, τ). Die Anwendung bestimmter Kerbfälle in DIN EN 1993-1-9, Tabelle 8 [20] erfordert die Verwendung von Hauptspannungsschwingbreiten. Maßgebende Spannungen in den Schweißnähten sind:

- Spannungen quer zur Nahtachse

$$\sigma_{\text{wf}} = \sqrt{\sigma_{\perp\text{f}}^2 + \tau_{\perp\text{f}}^2}$$

- und Schubspannungen längs zur Nahtachse

$$\tau_{\text{wf}} = \tau_{\parallel\text{f}}$$

Abb. 11.116 Beiwert $\lambda_{\max}$ für Biegemomente bei Straßenbrücken

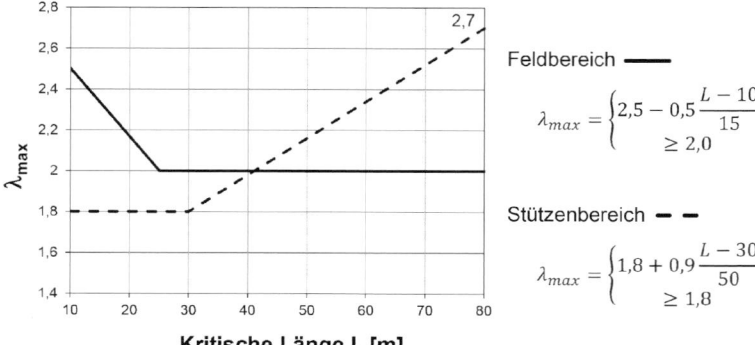

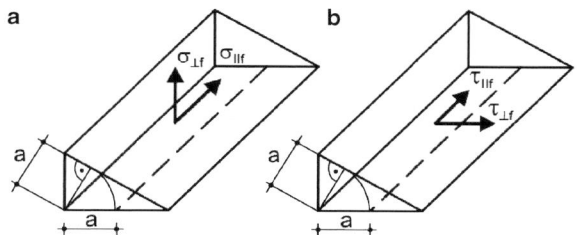

Abb. 11.117 Spannungen in Kehlnähten.
a Normalspannungen σ_f,
b Schubspannungen τ_f

11.8.4.1 Nennspannungen

Der Bemessungswert der Spannungsschwingbreiten für Nennspannungen (bezogen auf $N_c = 2 \cdot 10^6$ Schwingspiele) ergibt sich aus

$$\gamma_{Ff}\Delta\sigma_{E,2} = \lambda_1 \cdot \lambda_2 \cdot \lambda_i \cdot \ldots \cdot \lambda_n \cdot \Delta\sigma\,(\gamma_{Ff}Q_k) \quad (11.301)$$

$$\gamma_{Ff}\Delta\tau_{E,2} = \lambda_1 \cdot \lambda_2 \cdot \lambda_i \cdot \ldots \cdot \lambda_n \cdot \Delta\tau\,(\gamma_{Ff}Q_k) \quad (11.302)$$

mit

$\Delta\sigma_{E,2}, \Delta\tau_{E,2}$	Schadensäquivalente konstante Spannungsschwingbreiten bezogen auf $2 \cdot 10^6$ Schwingspiele
$\Delta\sigma(\gamma_{Ff}Q_k), \Delta\tau(\gamma_{Ff}Q_k)$	Spannungsschwingbreiten aus den Ermüdungslasten
λ_i	Schadensäquivalenzfaktoren (siehe Abschn. 11.8.3.3).

Die Spannungsschwingbreiten $\Delta\sigma$ und $\Delta\tau$ werden nach den üblichen baustatischen Methoden der Elastizitätstheorie (z. B. Querschnittsspannungen mit Stabschnittgrößen) bestimmt. Stehen keine λ_i-Werte für den betreffenden Anwendungsfall zur Verfügung, können die Bemessungswerte der Nennspannungen nach DIN EN 1993-1-9, Anhang A [20] bestimmt werden.

11.8.4.2 Korrigierte Nennspannungen

Spannungskonzentrationen aus makrogeometrischen Effekten, wie z. B.

- Ausschnitte in Blechen,
- zu große Herstellungsungenauigkeiten in Form von Winkel- und Kantenversatz bei Stumpf- und Kreuzstößen, sowie
- Struktureinflüsse bei geschweißten Hohlprofilkonstruktionen,

die nicht durch die Zuordnung zu den jeweiligen Kerbfällen abgedeckt sind, können durch Korrektur der Nennspannungen mit Spannungskonzentrationsfaktoren k_f erfasst werden. Diese sind der Literatur zu entnehmen (z. B. [93]) oder durch geeignete FE-Berechnungen zu ermitteln. Der Bemessungswert der Spannungsschwingbreite der korrigierten Nennspannungen ergibt sich damit zu

$$\gamma_{Ff}\Delta\sigma_{E,2} = k_f \cdot \lambda_1 \cdot \lambda_2 \cdot \lambda_i \cdot \ldots \cdot \lambda_n \cdot \Delta\sigma\,(\gamma_{Ff}Q_k) \quad (11.303)$$

$$\gamma_{Ff}\Delta\tau_{E,2} = k_f \cdot \lambda_1 \cdot \lambda_2 \cdot \lambda_i \cdot \ldots \cdot \lambda_n \cdot \Delta\tau\,(\gamma_{Ff}Q_k) \quad (11.304)$$

mit k_f Spannungskonzentrationsfaktor.

11.8.4.3 Strukturspannungen

Das Strukturspannungskonzept wurde für Schweißkonstruktionen entwickelt. Die Vorteile liegen in der universellen Anwendbarkeit des Konzeptes. Nicht in Kerbfallkatalogen klassifizierte Konstruktionsdetails können mit FEM-Berechnungen, Spannungsmessungen und in der Literatur vorliegenden Spannungskonzentrationsfaktoren (k_f bzw. SCF-Faktoren, siehe z. B. [94]) nachgewiesen werden. Dabei werden Strukturspannungswöhlerlinien zugrunde gelegt, die für spezielle Schweißdetails in DIN EN 1993-1-9, Anhang B [20] angegeben sind.

Die Strukturspannungen berücksichtigen strukturbedingte Spannungserhöhungen, nicht jedoch örtliche Effekte aus der Schweißnahtgeometrie. Sie werden an kritischen Stellen, sogenannten „Hot-Spots", bestimmt. Dies geschieht durch Extrapolation der Spannungen von einem definierten Abstand bis zum Schweißnahtfußpunkt, da dort die Spannungen schwierig rechnerisch oder messtechnisch zu bestimmen sind (vgl. [93]).

$$\gamma_{Ff}\Delta\sigma_{E,2} = k_f \cdot (\gamma_{Ff}\Delta\sigma^*_{E,2}) \quad (11.305)$$

k_f	Spannungskonzentrationsfaktor (in der Literatur auch mit SCF-Faktor = stress concentration factor bezeichnet)
$\gamma_{Ff}\Delta\sigma^*_{E,2}$	vereinfacht ermittelte Spannungsschwingbreite (z. B. Nennspannungsschwingbreite), auf die sich der Spannungskonzentrationsfaktor bezieht.

11.8.4.4 Spannungsschwingbreiten für geschweißte Hohlprofilknoten

Zur Berechnung von Fachwerkträgern werden häufig Stabwerksmodelle mit durchgehenden Gurten und gelenkig angeschlossenen Füllstäben verwendet. Wandernde Lasten auf den Gurten führen bei geschweißten Hohlprofilknoten zu sekundären Anschlussmomenten aus der Steifigkeit der Verbindungen mit den Füllstäben. Diese dürfen durch Erhöhung der Spannungen mit k_1 nach (11.306) erfasst werden.

$$\gamma_{Ff}\Delta\sigma_{E,2} = k_1 \cdot (\gamma_{Ff}\Delta\sigma^*_{E,2}) \quad (11.306)$$

$\gamma_{Ff}\Delta\sigma^*_{E,2}$	Bemessungswert der Spannungsschwingbreite gerechnet mit dem vereinfachten Fachwerkmodell mit gelenkigen Anschlüssen
k_1	Erhöhungsfaktor zur Berücksichtigung sekundärer Anschlussmomente in Fachwerken nach Tafel 11.216.

11.8.5 Ermüdungsfestigkeit

Die Ermüdungsfestigkeit wird durch Wöhlerlinien (S-N-Kurven) beschrieben, die in doppeltlogarithmischer Darstellung Polygonzüge aus drei bzw. zwei Geraden entsprechen (s. Abb. 11.118 und 11.119 und Tafel 11.217). Die Zuordnung der Kerbfälle zu den Wöhlerlinien erfolgt über die

Tafel 11.216 Faktoren k_1 für Hohlprofile mit Belastung in Fachwerkebene

Knotenausbildung		Anschlüsse mit Spalt		Anschlüsse mit Überlappung	
		K-Knoten	N-Knoten KT-Knoten	K-Knoten	N-Knoten KT-Knoten
Kreisquerschnitt	Gurte	1,5			
	Pfosten	–	1,8	–	1,65
	Diagonalen	1,3	1,4	1,2	1,25
Rechteckquerschnitt	Gurte	1,5			
	Pfosten	–	2,2	–	2,0
	Diagonalen	1,5	1,6	1,3	1,4

Abb. 11.118 Ermüdungsfestigkeitskurve für Längsspannungsschwingbreiten

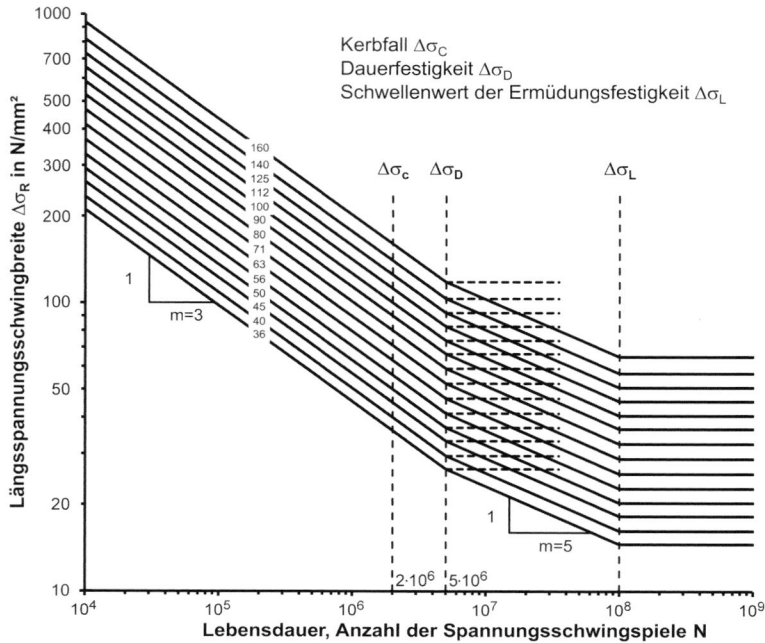

Abb. 11.119 Ermüdungsfestigkeitskurve für Schubspannungsschwingbreiten

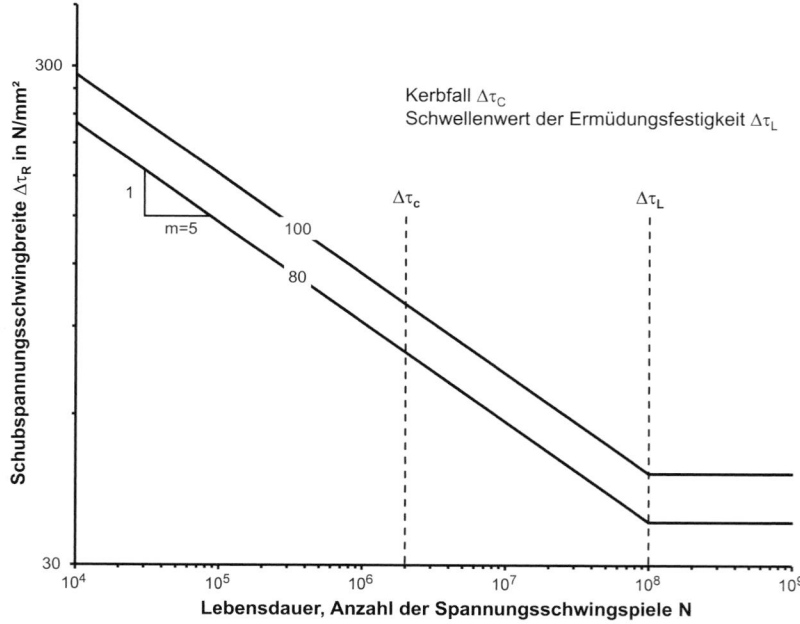

Tafel 11.217 Funktionale Beschreibung der Wöhlerlinien

Spannung	Bereich	m	Funktionale Beschreibung	
$\Delta\sigma_R$	$N_R \leq 5 \cdot 10^6$	3	$\Delta\sigma_R = \Delta\sigma_C \left(\dfrac{2 \cdot 10^6}{N_R}\right)^{1/m}$	$N_R = 2 \cdot 10^6 \cdot \left(\dfrac{\Delta\sigma_C}{\Delta\sigma_R}\right)^m$
	$5 \cdot 10^6 \leq N_R \leq 10^8$	5	$\Delta\sigma_R = \Delta\sigma_D \left(\dfrac{5 \cdot 10^6}{N_R}\right)^{1/m}$	$N_R = 5 \cdot 10^6 \cdot \left(\dfrac{\Delta\sigma_D}{\Delta\sigma_R}\right)^m$
$\Delta\tau_R$	$N_R \leq 10^8$	5	$\Delta\tau_R = \Delta\tau_C \left(\dfrac{2 \cdot 10^6}{N_R}\right)^{1/m}$	$N_R = 2 \cdot 10^6 \cdot \left(\dfrac{\Delta\tau_C}{\Delta\tau_R}\right)^m$

$\Delta\sigma_D = 0{,}737\Delta\sigma_C$, $\Delta\sigma_L = 0{,}405\Delta\sigma_C$, $\Delta\tau_L = 0{,}457\Delta\tau_C$.

$\Delta\sigma_R$, N_R Ermüdungsfestigkeit und Lebensdauer als Anzahl von Spannungsspielen mit konstanter Spannungsamplitude.

$\Delta\sigma_C$, $\Delta\tau_C$ Spannungsschwingbreiten bei $N_C = 2 \cdot 10^6$ Lastspielen (Kerbfälle).

$\Delta\sigma_D$ Dauerfestigkeit ($N_D = 5 \cdot 10^6$ Lastspiele).

$\Delta\sigma_L$, $\Delta\tau_L$ Schwellwerte der Ermüdungsfestigkeit ($N_L = 10^8$ Lastspiele).

m Neigung der Wöhlerlinie in doppeltlogarithmischer Darstellung.

Tafel 11.218 Kerbfallkataloge für Nennspannungen in DIN EN 1993-1-9 [20]

Tabelle	Beschreibung
8.1	Ungeschweißte Bauteile und Anschlüsse mit mechanischen Verbindungsmitteln
8.2	Geschweißte zusammengesetzte Querschnitte
8.3	Quer laufende Stumpfnähte
8.4	Angeschweißte Anschlüsse und Steifen
8.5	Geschweißte Stöße
8.6	Hohlprofile
8.7	Geschweißte Knoten von Fachwerkträgern
8.8	Orthotrope Platten mit Hohlrippen
8.9	Orthotrope Platten mit offenen Rippen
8.10	Für die Obergurt-Stegblech Anschlüsse von Kranbahnträgern

Bezugswerte $\Delta\sigma_C$ und $\Delta\tau_C$ für $N_c = 2 \cdot 10^6$ Lastspiele in den Kerbfallkatalogen. Tafel 11.218 enthält eine Übersicht über die Struktur der Kataloge in DIN EN 1993-1-9 [20].

Mittelspannungseinfluss Bei geschweißten Bauteilen wird wegen der hohen Eigenspannung angenommen, dass die Ermüdungsfestigkeit lediglich von der Spannungsschwingbreite und nicht zusätzlich von der Mittelspannung abhängt. Bei nicht geschweißten und bei spannungsarm geglühten geschweißten Bauteilen darf der günstige Einfluss der Druckspannung durch Reduzierung des Druckanteils auf 60 % berücksichtigt werden.

$$\Delta\sigma_{Ed,red} = \sigma_{Ed,max} - 0{,}6\,\sigma_{Ed,min} \quad \text{für } \sigma_{Ed,min} < 0 \quad (11.307)$$

Größeneinfluss Der Größeneinfluss wird im Kerbfallkatalog (Tabelle 8 in [20]) in unterschiedlicher Weise berücksichtigt:

- Implizit durch Berücksichtigung von Versuchsergebnissen von bauteilähnlichen Versuchskörpern,
- durch die Abhängigkeit des Kerbfalls von den geometrischen Abmessungen,
- durch formelmäßige Anpassung des Kerbfalls an vorhandene Abmessungen, z. B. der Blechdicke oder dem Schraubendurchmesser. Die Ermüdungsfestigkeit wird dann unter Berücksichtigung des Größenfaktors k_s mit (11.308) bestimmt.

$$\Delta\sigma_{C,red} = k_s \cdot \Delta\sigma_C \quad (11.308)$$

k_s siehe Kerbfallkatalog in [20].

Mit Stern (*) gekennzeichnete Kerbfallkategorien Die Kerbfallkategorien, die in [20] Tabelle 8 mit Stern (*) sind, wurden wegen nicht eindeutiger Zuordnungsmöglichkeit eine Kategorie tiefer eingestuft, um die Dauerfestigkeit $\Delta\sigma_D$ den Versuchsergebnissen anzupassen. In diesen Fällen dürfen die Kerbfallkategorien $\Delta\sigma_C^*$ um eine Kategorie auf $\Delta\sigma_C$ angehoben werden, wenn die S-N-Kurve mit $m = 3$ bis zur Dauerfestigkeit bei $N_D^* = 10^7$ verlängert wird.

$$\Delta\sigma_R = \Delta\sigma_C \left(\frac{10^7}{N_R}\right)^{1/3} \quad (11.309)$$

und

$$N_R = 10^7 \cdot \left(\frac{\Delta\sigma_C}{\Delta\sigma_R}\right)^3 \quad \text{für } N_R \leq N_D^* = 10^7$$

11.8.6 Nachweis der Ermüdungssicherheit

Nach DIN EN 1993-1-9 [20] bestehen drei Möglichkeiten zum Nachweis der Ermüdungssicherheit:
- Nachweis mit der Dauerfestigkeit $\Delta\sigma_D$
- Nachweis mit äquivalenten Spannungsschwingbreiten $\Delta\sigma_E$
- Nachweis unter direkter Anwendung der Schadensakkumulation.

Welche Möglichkeit zweckmäßig angewendet werden kann, hängt u. a. von der Höhe der einwirkenden Spannungsschwingspiele, der Verfügbarkeit von Schadensäquivalenzfaktoren λ_i und Spektren der Spannungsschwingbreiten ab. Die Spannungsschwingbreiten infolge häufig auftretender Lasten $\psi_1 \cdot Q_k$ sind wie folgt zu begrenzen:

$$\Delta\sigma \leq 1{,}5 f_y \qquad (11.310)$$

$$\Delta\tau \leq 1{,}5 f_y / \sqrt{3} \qquad (11.311)$$

11.8.6.1 Nachweis mit der Dauerfestigkeit

Liegt die maximale Spannungsschwingbreite $\Delta\sigma_{max,Ed}$ des Beanspruchungskollektivs unter dem Bemessungswert der Dauerfestigkeit, kann von einer unendlichen Lebensdauer N_R ausgegangen werden. In diesem Fall kann der Nachweis mit (11.312) geführt werden.

$$\Delta\sigma_{max,Ed} \leq \frac{\Delta\sigma_D}{\gamma_{Mf}} \qquad (11.312)$$

Diese Nachweismöglichkeit kann dann zweckmäßig angewendet werden, wenn kleine Spannungsschwingbreiten vorliegen, die Nutzungsdauer und/oder das Beanspruchungskollektiv unbekannt sind.

11.8.6.2 Nachweis mit äquivalenten Spannungsschwingbreiten

Der Nachweis mit schadensäquivalenten Spannungsschwingbreiten $\Delta\sigma_{E,2}$ und $\Delta\tau_{E,2}$ für $N_C = 2 \cdot 10^6$ Lastspiele entspricht dem Standardverfahren in [20].

$$\frac{\gamma_{Ff}\Delta\sigma_{E,2}}{\Delta\sigma_C/\gamma_{Mf}} \leq 1{,}0 \qquad (11.313)$$

$$\frac{\gamma_{Ff}\Delta\tau_{E,2}}{\Delta\tau_C/\gamma_{Mf}} \leq 1{,}0 \qquad (11.314)$$

Bei gleichzeitiger Wirkung von Längs- und Schubspannung ist der Interaktionsnachweis nach (11.315) zu führen, sofern

nicht in den Kerbfallkatalogen ein anderes Nachweisformat (z. B. Nachweis mit Hauptspannungsschwingbreiten) angegeben ist.

$$\left(\frac{\gamma_{Ff}\Delta\sigma_{E,2}}{\Delta\sigma_C/\gamma_{Mf}}\right)^3 + \left(\frac{\gamma_{Ff}\Delta\tau_{E,2}}{\Delta\tau_C/\gamma_{Mf}}\right)^5 \leq 1{,}0 \qquad (11.315)$$

11.8.6.3 Nachweis unter Anwendung der Schadensakkumulation

Liegen keine Ermüdungslastmodelle nach DIN EN 1991 vor, kann u. U. der Ermüdungsnachweis durch Anwendung der linearen Schadensakkumulationshypothese nach Palmgren und Miner (kurz Miner-Regel) erfolgen (Abb. 11.120). Hierzu sind i. Allg. zunächst aus den Einwirkungen Spannungs-Zeit-Verläufe für die nachzuweisenden Konstruktionsdetails zu bestimmen. Mit Hilfe von Zählverfahren, wie die Rainflow- oder Reservoir-Methode, sind anschließend Spektren der Spannungsschwingbreiten ($\Delta\sigma_i$, n_{Ei}) über die Lebensdauer der Konstruktion zu ermitteln. Mit der Wöhlerlinie für den zugehörigen Kerbfall $\Delta\sigma_C$ werden dann die den γ_{Ff}-fachen Schwingbreiten $\Delta\sigma_i$ zugeordneten ertragbaren Lastspielzahlen N_{Ri} bestimmt. Dabei ist die Ermüdungsfestigkeit $\Delta\sigma_C$ durch den Teilsicherheitsbeiwert γ_{Mf} zu dividieren und damit die Höhenlage der Wöhlerlinie insgesamt herabzusetzen. Spannungsspiele $\gamma_{Ff}\Delta\sigma_i < \Delta\sigma_L/\gamma_{Mf}$ dürfen wegen $N_{Ri} = \infty$ vernachlässigt werden. Die Schadenssumme D_d entspricht der Summe der Teilschädigungen n_{Ei}/N_{Ri}, die nach [20] maximal 1,0 betragen darf.

$$D_d = \sum_i^n \frac{n_{Ei}}{N_{Ri}} \leq 1{,}0 \qquad (11.316)$$

n_{Ei} Anzahl der Spannungsschwingspiele mit der Spannungsschwingbreite $\gamma_{Ff}\Delta\sigma_i$

N_{Ri} Lebensdauer als Anzahl der Schwingspiele, bezogen auf die Bemessungs-Wöhlerlinie $\Delta\sigma_C/\gamma_{Mf} - N_R$ für die Spannungsschwingbreite $\gamma_{Ff}\Delta\sigma_i$.

Abb. 11.120 Bestimmung der Spannungsschwingbreiten (Reservoir-Methode), Spektrum und Anzahl bis zum Versagen

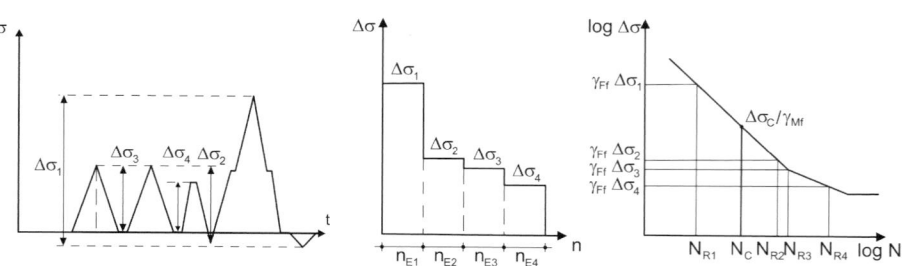

11.9 Kranbahnen

11.9.1 Allgemeines

Bei der Auslegung von Kranbahnanlagen sind u. a. folgende Vorschriften und Richtlinien zu beachten:

- Einwirkungen aus Kranen: DIN EN 1991-3 [8]
- Bemessung und Konstruktion von Kranbahnen: DIN EN 1993-6 [28]
- Bemessung und Konstruktion allgemein: DIN EN 1993-1-1, 1-5, 1-8, 1-10, ggf. 1-12
- Gebrauchstauglichkeit: DIN EN 1993-6 [28]
- Ermüdung: DIN EN 1993-1-9 [20]
- Planungsgrundlagen: VDI-Richtlinie 2388 [71]
- Unfallverhütungsvorschriften: BGV D6 [72].

Klassifizierung von Kranen, Fahr- und Führungssystemen Für Kranbahnanlagen besteht ein Zusammenhang zwischen Verwendungszweck, Hubklasse und Beanspruchungsklasse. Für verschiedene Krantypen sind in DIN EN 1991-3, Anhang B [8] Empfehlungen zur Klassifizierung angegeben (s. Tafel 11.219).

- Hubklasse: **HC1 bis HC4**, je nach Größe und Stetigkeit der Hublastbeschleunigung. Die Hubklasse berücksichtigt die dynamische Wirkung beim Heben und Senken von Lasten
- Beanspruchungsklasse (BK): **S0 (leichter Betrieb) bis S9** (schwerer Betrieb), je nach Anzahl der Lastwechsel und

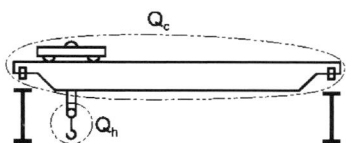

Abb. 11.121 Definition der Hublast und des Eigengewichtes eines Krans

dem Anteil der Belastungsvorgänge mit hoher Last an der Gesamtlastzahl der Lastwechsel

- Kranfahrwerksystem: IFF (Regelfall: Drehzahlkopplung, beide Räder in Achsrichtung gehalten), IFM, CFF, CFM siehe Tafel 11.226
- Die Seitenführung der Kranbrücke erfolgt über Spurkränze der Laufräder (meist bei leichten Kranen), oder über separate Seitenführungsrollen (meist bei schwerem Betrieb).

11.9.2 Einwirkungen

11.9.2.1 Allgemeines

Tafel 11.220 gibt eine Übersicht zu den Einwirkungen auf Kranbahnträgern.

Genormte Tragfähigkeiten der Krane in t sind 0,125; 0,16; 0,2; 0,25; 0,32; 0,4; 0,5; 0,63; 0,8; 1,0 sowie das 10-fache, 100-fache und 1000-fache dieser Werte.

Tafel 11.219 Hubklasse und Beanspruchungsklasse (BK) für ausgewählte Kranarten

Kranart	Hubklasse	BK
Montagekrane	HC1, HC2	S0, S1
Maschinenhauskrane	HC1	S1, S2
Lagerkrane, unterbrochener Betrieb	HC2	S4
Lager-, Traversen-, Schrottplatzkrane, im Dauerbetrieb	HC3, HC4	S6, S7
Werkstattkrane	HC2, HC3	S2, S3, S4
Brücken-, Anschlagkrane im Greifer- oder Magnetbetrieb	HC3, HC4	S6, S7
Gießereikrane	HC2, HC3	S6, S7
Tiefofenkrane	HC3, HC4	S7, S8
Stripper-, Beschickungskrane	HC4	S8, S9
Schmiedekrane	HC4	S6, S7
Transportbrücken, Halbportal, Portalkrane mit Katz- oder Drehkran, im Hakenbetrieb	HC2	S4, S5
Wie vorherige Zeile, jedoch im Greifer- oder Magnetbetrieb	HC3, HC4	S6, S7

Tafel 11.220 Einwirkungen auf Kranbahnträger

Ständige Einwirkungen		Eigengewicht
Veränderliche Einwirkungen aus dem Kranbetrieb	Vertikal	– Radlasten
	Horizontal	– Massenkräfte aus Beschleunigen und Bremsen der Kranbrücke – Massenkräfte aus Beschleunigen und Bremsen der Laufkatze – Schräglaufkräfte
Außergewöhnliche Einwirkungen aus dem Kranbetrieb		– Pufferkräfte infolge Anprall des Krans (Endanschlag) – Kippkräfte, hervorgerufen durch Kollision der Hublast mit einem Hindernis

Tafel 11.221 Maximale Anzahl von Kranen in der ungünstigsten Position

	Krane je Kranbahn	Krane je Hallenschiff	Krane in mehrschiffigen Hallen	
Vertikale Kraneinwirkung	3	4	4	2
Horizontale Kraneinwirkung	2	2	2	2

Einwirkungen aus mehreren Kranen Arbeiten zwei Krane zusammen, sind sie wie ein Kran zu behandeln. Arbeiten mehrere Krane unabhängig voneinander, ist die maximale Anzahl festzulegen, die gleichzeitig wirkend anzusetzen ist. Tafel 11.221 enthält Empfehlungen hierzu aus DIN EN 1991-3 [8].

Dynamische Effekte Dynamische Effekte werden durch Erhöhung der statischen Lasten mit Schwingbeiwerten erfasst (Tafel 11.222). Für den Nachweis der Unterstützungs- und Aufhängekonstruktionen dürfen die Schwingbeiwerte $\varphi > 1{,}1$ um $\Delta\varphi = 0{,}1$ abgemindert werden. Für die Fundamentbemessung braucht kein Schwingbeiwert berück-

Tafel 11.222 Dynamische Faktoren φ_i für vertikale und horizontale Lasten

φ_i	Einfluss	Bezug auf	Dynamischer Faktor
φ_1	Schwingungsanregung des Krantragwerks durch Anheben der Hublast	Eigengewicht des Krans	$0{,}9 < \varphi_1 < 1{,}1$ Die beiden Werte 1,1 und 0,9 decken die unteren und oberen Werte des Schwingungsimpulses ab
φ_2	Dynamische Wirkungen beim Anheben der Hublast	Hublast	$\varphi_2 = \varphi_{2,\min} + \beta_2 \cdot v_h$ v_h konstante Hubgeschwindigkeit [m/s] <table><tr><td>Hubklasse</td><td>β_2</td><td>$\varphi_{2,\min}$</td></tr><tr><td>HC1</td><td>0,17</td><td>1,05</td></tr><tr><td>HC2</td><td>0,34</td><td>1,10</td></tr><tr><td>HC3</td><td>0,51</td><td>1,15</td></tr><tr><td>HC4</td><td>0,68</td><td>1,20</td></tr></table>
φ_3	Dynamische Wirkung durch plötzliches Loslassen der Nutzlast, z. B. bei Verwendung von Greifern oder Magneten	Hublast	$\varphi_3 = 1 - \dfrac{\Delta m}{m}(1 + \beta_3)$ Δm losgelassener oder abgesetzter Teil der Masse der Hublast m Masse der gesamten Hublast $\beta_3 = 0{,}5$ bei Kranen mit Greifern oder ähnlichen Vorrichtungen für langsames Absetzen $\beta_3 = 1{,}0$ bei Kranen mit Magneten oder ähnlichen Vorrichtungen für schnelles Absetzen
φ_4	Dynamische Wirkung, hervorgerufen durch Fahren auf Schienen oder Fahrbahnen	Eigengewicht des Krans und Hublast	$\varphi_4 = 1{,}0$ vorausgesetzt, dass die in DIN EN 1993-6 [28] beschriebenen Toleranzen für Kranschienen eingehalten werden. Ansonsten siehe DIN EN 13001-2 [70]
φ_5	Dynamische Wirkung, verursacht durch Antriebskräfte	Antriebskräfte	$\varphi_5 = 1{,}0$ — Fliehkräfte $1{,}0 \leq \varphi_5 \leq 1{,}5$ — Systeme mit stetiger Veränderung der Kräfte $1{,}5 \leq \varphi_5 \leq 2{,}0$ — Wenn plötzliche Veränderungen der Kräfte auftreten $\varphi_5 = 3{,}0$ — Bei Antrieben mit beträchtlichem Spiel
φ_6	Dynamische Wirkung infolge einer Prüflast	Prüflast	$\varphi_6 = 0{,}5 \cdot (1{,}0 + \varphi_2)$ Die Prüflast sollte min. 110 % der Nennhublast betragen.
φ_7	Dynamische elastische Wirkung verursacht durch Pufferanprall	Pufferkräfte	$\varphi_7 = 1{,}25$ für $0 \leq \xi_b \leq 0{,}5$ $\varphi_7 = 1{,}25 + 0{,}7(\xi_b - 0{,}5)$ für $0{,}5 < \xi_b \leq 1$ $\xi_b = \dfrac{1}{\max F \cdot u} \displaystyle\int_0^u F(u) \cdot \delta u$

Tafel 11.223 Maßgebende vertikale Radlasten

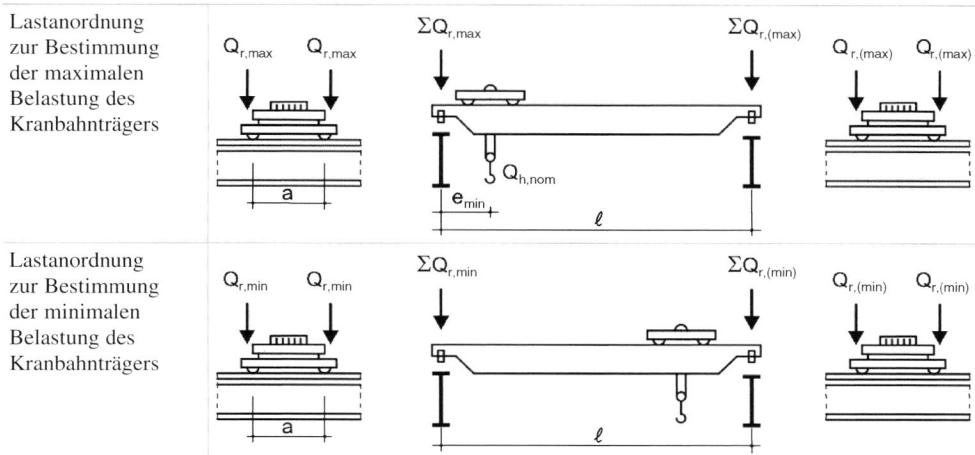

Lastanordnung zur Bestimmung der maximalen Belastung des Kranbahnträgers	
Lastanordnung zur Bestimmung der minimalen Belastung des Kranbahnträgers	

$Q_{r,max}$ maximale Last je Rad des belasteten Krans.
$Q_{r,(max)}$ zugehörige Last je Rad des belasteten Krans.
$\sum Q_{r,max}$ Summe der maximalen Radlasten $Q_{r,max}$ des belasteten Krans je Kranbahn.
$\sum Q_{r,(max)}$ Summe der zugehörigen Radlasten $Q_{r,max}$ des belasteten Krans je Kranbahn.
$Q_{h,nom}$ Nennhublast.
$Q_{r,min}$, $Q_{r,(min)}$, $\sum Q_{r,min}$ und $\sum Q_{r,(min)}$ analog zu den maximale Radlasten.

sichtigt werden. Bei der Berechnung der Spannungen aus dem gleichzeitigem Betrieb mehrerer Krane ist für den Kran mit der größten Radlast der Schwingbeiwert φ_2, für die Übrigen der Schwingbeiwert der Hubklasse HC1 anzusetzen ([29], NCI zu Abschn. 2.3.1).

11.9.2.2 Vertikale Belastung der Kranbahnträger

Es sind das Eigengewicht der Kranbahnträger, Schienen und Befestigungen sowie die **vertikalen Radlasten Q_r**, resultierend aus dem Eigengewicht Q_c der Kranbrücke und der Hublast Q_h des Krans, zu berücksichtigen. Die maßgebenden vertikalen Radlasten für die Kranbahnträger werden unter Ansatz der ungünstigsten Lastanordnungen bestimmt (Tafel 11.223). Q_r ist aus dem Kranleistungsbeiblatt der Hersteller zu entnehmen, Tafel 11.225 enthält Anhaltswerte zur Vordimensionierung.

11.9.2.3 Horizontale Belastung der Kranbahnträger

Bei Brückenlaufkranen resultieren die Horizontalkräfte aus Bremsen und Beschleunigen der Kranbrücke und der Laufkatze, Schräglauf des Krans sowie aus Pufferanprall und ggf. Kippkräften. Die charakteristischen Werte dürfen vom Kranhersteller festgelegt oder nach den folgenden Abschnitten bestimmt werden.

11.9.2.3.1 Antriebskraft

Die Auslegung von Kranantrieben erfolgt so, dass ein Durchrutschen der Antriebsräder vermieden wird. Dadurch wird das Rad-Schiene-System vor übermäßigem Verschleiß bewahrt. Das Antriebsmoment der Laufräder ist kleiner als das minimal übertragbare Moment aus dem Reibungsbeiwert μ

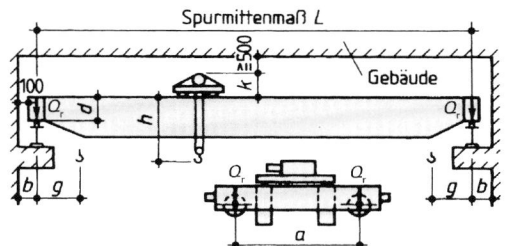

Abb. 11.122 Zweiträger-Brückenlaufkran

Tafel 11.224 Maße zu Abb. 11.122

Traglast in t	Maße in mm				
	b	g	h	k	d
5	200	750	300	550	300
10	250	800	400	700	350
16	260	900	600	900	400
20	300	1350	1000	1100	500

Weitere Maße und Anmerkung s. Tafel 11.225.

zwischen Rad und Schiene. Die Summe der anzusetzenden kleinstmöglichen Radlasten $\sum Q_{r,min}^*$ hängt vom Antriebssystem des Krans ab (s. Tafel 11.226).

$$K = K_1 + K_2 = \mu \cdot \sum Q_{r,min}^* \qquad (11.317)$$

$\mu = 0{,}2$ für Stahl auf Stahl
$\mu = 0{,}5$ für Stahl auf Gummi.

Tafel 11.225 Radlasten Q_r und Radabstand a für Zweiträger-Brückenlaufkran mit Elektroseilzug, Hubklasse HC2, Beanspruchungsgruppe S3

Traglast in t		Spannweite L des Laufkrans in m								
		12	14	16	18	20	22	24	26	28
5	$Q_{r,max}$ in kN	36,0	37,0	38,0	40,5	42,5	48,0	50,5	54,2	59,8
	$Q_{r,(max)}$ in kN	8,5	11,0	12,5	14,0	15,5	19,8	22,3	24,9	30,1
	a in m	2,0	2,5	2,5	3,2	3,2	4,0	4,0	4,0	4,0
10	$Q_{r,max}$ in kN	62,0	65,0	66,0	71,4	73,4	80,0	82,1	85,8	90,4
	$Q_{r,(max)}$ in kN	14,0	15,0	15,5	20,1	21,6	25,4	27,1	30,5	34,2
	a in m	2,0	2,5	2,5	3,2	4,0	4,0	4,0	4,0	4,0
16	$Q_{r,max}$ in kN	95,0	98,0	100,2	103,4	106,3	111,2	114,4	117,9	127,2
	$Q_{r,(max)}$ in kN	20,0	21,5	22,2	24,1	26,2	28,7	31,2	34,3	41,9
	a in m	2,5	3,2	3,2	3,2	3,2	4,0	4,0	4,0	4,0
20	$Q_{r,max}$ in kN	115,0	118,0	122,0	129,0	132,0	137,0	142,0	147,0	153,0
	$Q_{r,(max)}$ in kN	23,0	24,0	25,5	27,0	30,0	32,0	36,0	40,0	49,0
	a in m	3,2	3,2	3,2	3,2	3,2	4,0	4,0	4,0	4,0

Tafel 11.226 Antriebsarten von Kranbahnträgern

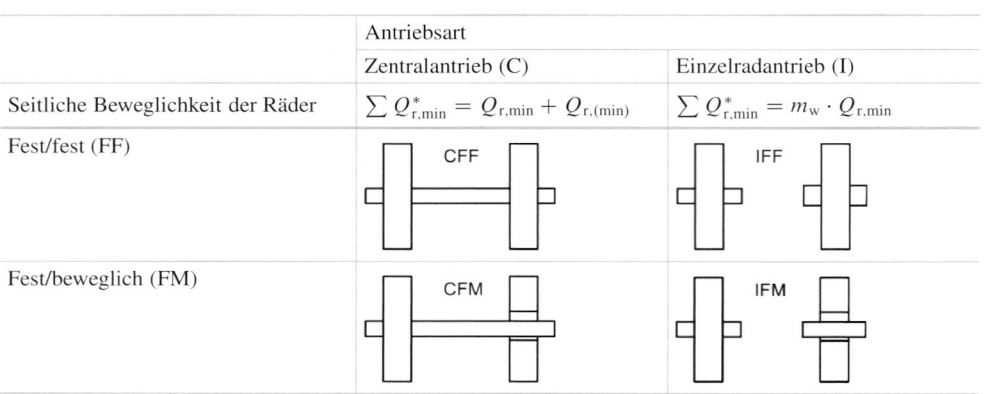

	Antriebsart	
	Zentralantrieb (C)	Einzelradantrieb (I)
Seitliche Beweglichkeit der Räder	$\sum Q_{r,min}^* = Q_{r,min} + Q_{r,(min)}$	$\sum Q_{r,min}^* = m_w \cdot Q_{r,min}$
Fest/fest (FF)	CFF	IFF
Fest/beweglich (FM)	CFM	IFM

m_w Anzahl der einzeln angetriebenen Räder (i. d. R. $m_w = 2$).

11.9.2.3.2 Massenkräfte aus Anfahren und Bremsen der Kranbrücke

Beim Anfahren und Bremsen der Kranbrücke entstehen horizontale Kräfte längs und quer zur Kranbahn (s. Abb. 11.123, links). Die Längskräfte sind i. d. R. für die Kranbahnbemessung vernachlässigbar, werden aber für die Auslegung von Bremsverbänden herangezogen.

$$H_{L,i} = \varphi_5 \cdot K / n_r \qquad (11.318)$$

$$H_{T,1} = \varphi_5 \cdot \xi_2 \cdot M / a \qquad (11.319)$$

$$H_{T,2} = \varphi_5 \cdot \xi_1 \cdot M / a \qquad (11.320)$$

mit

$$M = K \cdot l_s$$

$$l_s = (\xi_1 - 0{,}5) \cdot l$$

$$\xi_1 = \sum Q_{r,max} / \sum Q_r$$

$$\xi_2 = 1 - \xi_1$$

$\sum Q_r = \sum Q_{r,max} + \sum Q_{r,(max)}$ siehe Tafel 11.223

φ_5 Schwingbeiwert nach Tafel 11.222

K Antriebskraft, vom Kranhersteller oder nach (11.317)

n_r Anzahl der Kranbahnträger

a Abstand der Spurkränze bzw. der Führungsrollen.

Abb. 11.123 Horizontalkräfte aus Anfahren und Bremsen sowie aus Schräglauf

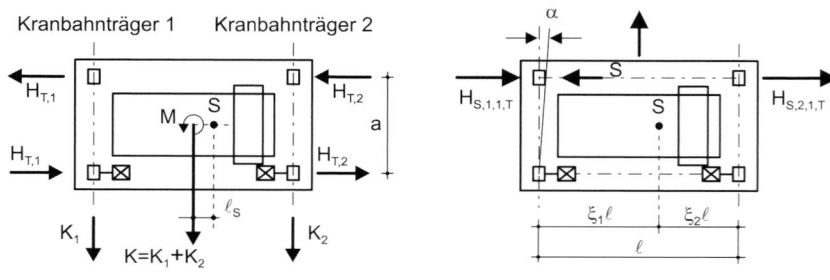

Tafel 11.227 Schadensäquivalente Beiwerte λ_i (zur Kranklassifizierung s. Tafel 11.219)

Klassen S	S_0	S_1	S_2	S_3	S_4	S_5	S_6	S_7	S_8	S_9
Normalspannung	0,198	0,250	0,315	0,397	0,500	0,630	0,794	1,000	1,260	1,587
Schubspannung	0,379	0,436	0,500	0,575	0,660	0,758	0,871	1,000	1,149	1,320

Bei der Bestimmung der λ-Werte sind genormte Spektren mit einer Gaußverteilung der Lasteinwirkungen, die Miner-Regel und Ermüdungsfestigkeitskurven $\sigma - N$ mit einer Neigung von $m = 3$ für Normalspannungen und $m = 5$ für Schubspannungen verwendet worden.

11.9.2.3.3 Schräglaufkräfte

Toleranzen, Spiel und Verschleiß führen zum Verkanten der Kranbahn. Die aus dem Schräglauf entstehende Führungskraft S und die horizontalen Reaktionskräfte $H_{S,i,j,T}$ in den Radaufstandsflächen sind abhängig vom Schräglaufwinkel α, dem Kraftschlussbeiwert f und dem systemabhängigen Gleitpolabstand h (s. DIN EN 1991-3, Abschn. 2.7.4 [8]).

Für das Standardfahrwerkssystem IFF mit Spurkranzführung entstehen bei der in Fahrtrichtung hinteren Achse keine Lasten. An der vorderen Achse lassen sich die Kräfte vereinfachend mit (11.321) bis (11.323) abschätzen (s. Abb. 11.123, rechts)

$$S = 0,5 \cdot f \cdot \sum Q_r = H_{S,1,1,T} + H_{S,2,1,T} \quad (11.321)$$

$$H_{S,1,1,T} = 0,5 \cdot f \cdot \sum Q_{r,(max)} \quad (11.322)$$

$$H_{S,2,1,T} = 0,5 \cdot f \cdot \sum Q_{r,(max)} \quad (11.323)$$

$f = 0,3(1 - e^{-250\alpha}) \leq 0,3$ Kraftschlussbeiwert
$a \leq 0,015$ rad Schräglaufwinkel
  (DIN EN 1991-3, Gl. 2-12)
$\sum Q_{r,max}, \sum Q_{r,(max)}$ siehe Tafel 11.223.

11.9.2.3.4 Außergewöhnliche Einwirkungen aus Pufferanprall

Pufferkräfte entstehen aus dem unbeabsichtigten Anprall eines Krans. Hierdurch wird die Längsaussteifung der Kranbahn bzw. der Halle beansprucht. Die Größe der Anprallkraft hängt von der kinetischen Energie der bewegten Masse und der Charakteristik der verwendeten Puffer ab [8]. Angaben zu Eigenschaften von Puffern können DIN EN 13001-2 [70] entnommen werden.

$$H_{B,1} = \varphi_7 \cdot v_1 \sqrt{m_c \cdot S_B} \quad (11.324)$$

$$F_{x,1} = \xi_2 \cdot H_{B,1} \quad (11.325)$$

$$F_{x,2} = \xi_1 \cdot H_{B,1} \quad (11.326)$$

φ_7 dynamischer Faktor in Abhängigkeit von der Pufferkennlinie nach Tafel 11.222
v_1 70 % der Nennfahrgeschwindigkeit [m/s]
m_c Masse von Kran und Hublast [kg]
S_B Federkonstante des Puffers [N/m], siehe DIN EN 1991-3 [8]

$F_{x,1}, F_{x,2}$ Aufteilung der Pufferkraft $H_{B,1}$ auf die Kranbahnträger (siehe Abb. 11.123)
ξ_1, ξ_2 relative Lage des Massenschwerpunktes (s. Abschn. 11.9.2.3.2).

Pufferkräfte $H_{B,2}$ aus dem Anprall von Laufkatzen (auch Unterflanschlaufkatzen) können mit einem Anteil von 10 % der Summe aus Hublast und Eigengewicht angesetzt werden, wenn die Hublast frei ausschwingen kann.

11.9.2.4 Ermüdungslasten

Liegen ausreichend Informationen zur Arbeitsweise eines Krans vor, können die Ermüdungslasten nach DIN EN 13001 und DIN EN 1993-1-9, Anhang A (s. Abschn. 11.8.6.3) bestimmt werden. Unter normalen Betriebsbedingungen dürfen mit Bezug auf $N_C = 2 \cdot 10^6$ Lastspielen schadensäquivalente Lasten nach (11.327) angesetzt werden. Dabei sind analog zum Tragsicherheitsnachweis für das Eigengewicht und die Hublast gesonderte Schwingbeiwerte zu berücksichtigen (s. Tafel 11.228).

$$Q_e = \varphi_{fat} \cdot \lambda_i \cdot Q_{max,i} \quad (11.327)$$

mit
$Q_{max,i}$ Maximalwert der charakteristischen vertikalen Radlast i
λ_i schadensäquivalenter Beiwert nach Tafel 11.227
φ_{fat} schadensäquivalenter dynamischer Faktor (φ_1, φ_2 siehe Tafel 11.222), Eigengewicht: $\varphi_{fat,1} = (1 + \varphi_1)/2$, Hublast: $\varphi_{fat,2} = (1 + \varphi_2)/2$.

11.9.2.5 Lastgruppen und Einwirkungskombinationen

Das gleichzeitige Auftreten von Lasten aus dem Kranbetrieb, erhöht um die jeweiligen Schwingbeiwerte, wird durch Bildung von Lastgruppen berücksichtigt (Tafel 11.228). Jede dieser Gruppen wird in Kombination mit anderen Einwirkungen als eine einzige veränderliche Einwirkung angesetzt.

Die Einwirkungskombinationen für Kranbahnträger sind für die jeweiligen Grenzzustände nach DIN EN 1990 [1] zu bilden. Die Teilsicherheits- und Kombinationsbeiwerte für Kranlasten sind in Tafel 11.229 zusammengestellt (vgl. [9]).

Werden Kranlasten und ständige Lasten mit anderen Einwirkungen kombiniert, ist zwischen Kranbahnen außerhalb und innerhalb von Gebäuden (ohne klimatische Einwirkungen) zu unterscheiden. Sind Kombinationen von Hublasten

Tafel 11.228 Lastgruppen

Belastung	Symbol	Siehe DIN EN 1991-3, Abschnitt	GZT							Prüf-last	Außer-gewöhnlich		GZG			Ermü-dung
Lastgruppen →			1	2	3	4	5	6	7	8	9	10	11	12	13	14
Eigengewicht des Krans	Q_c	2.6	φ_1	φ_1	1	φ_4	φ_4	φ_4	1	φ_1	1	1	1	1	1	$\varphi_{fat,1}$
Hublast	Q_h	2.6	φ_2	φ_3	–	φ_4	φ_4	φ_4	η^a	–	1	1	1	1	1	$\varphi_{fat,2}$
Beschleunigung der Brücke	H_L, H_T	2.7	φ_5	φ_5	φ_5	φ_5	–	–	–	φ_5	–	–	–	–	1	–
Schräglauf der Brücke	H_S	2.7	–	–	–	–	1	–	–	–	–	–	–	1	–	–
Beschleunigen oder Bremsen der Laufkatze oder Hubwerk	H_{T3}	2.7	–	–	–	–	–	1	–	–	–	–	–	–	–	–
Wind in Betrieb	F_w^*	Anh. A.1	1	1	1	1	1	–	–	1	–	–	–	1	1	–
Prüflast	Q_T	2.10	–	–	–	–	–	–	–	φ_6	–	–	–	–	–	–
Pufferkraft	H_B	2.11	–	–	–	–	–	–	–	–	φ_7	–	–	–	–	–
Kippkraft	H_{TA}	2.11	–	–	–	–	–	–	–	–	–	–	1	–	–	–

^{a} η ist der Anteil aus Hublast, der nach Entfernen der Nutzlast verbleibt, jedoch nicht im Eigengewicht des Krans enthalten ist.

Tafel 11.229 Teilsicherheits- und Kombinationsbeiwerte

Einwirkungen aus (ungünstig wirkend)	Teilsicherheitsbeiwerte γ	
	Ständige und vorübergehende Bemessungssituationen	Außergewöhnliche Bemessungssituationen
Kranlasten im GZT	$\gamma_Q = 1,35$	$\gamma_A = 1,0$
Kranprüflasten im GZT	$\gamma_{F,test} = 1,1$	$\gamma_A = 1,0$
Kranlasten im GZG	$\gamma_{Q,ser} = 1,0$	–
Kranlasten für GZE	$\gamma_{Ff} = 1,0$	–
Kombinationsbeiwerte ψ für Kranlasten aus Einzelkranen oder Krangruppen		
$\psi_0 = 1,0$	$\psi_1 = 0,9$	$\psi_2 = \dfrac{\text{Krangewicht}}{\text{Krangewicht} + \text{Hublast}}$

mit Windeinwirkungen zu berücksichtigen, sollte die Windkraft F_W^* mit einer Windgeschwindigkeit von 20 m/s ermittelt werden (vgl. Tafel 11.228, Zeile 6 und DIN EN 1991-3, Anhang A).

11.9.3 Schnittgrößen und Spannungen

11.9.3.1 Schnittgrößen von ein- und zweifeldrigen Kranbahnträgern

Der Kranbahnträger wird neben den ständigen Einwirkungen durch das wandernde Lastenpaar der Kranlaufräder belastet. An der Stelle x_M im Feldbereich des Trägers tritt das größte Biegemoment $M(x)$ auf, wenn die größere der Einzellasten Q_{r1} über dieser Stelle steht.

Beim **Einfeldträger** ist die Funktion der Momentenhüllkurve (Abb. 11.124)

$$M(x) = A \cdot x$$
$$= (Q_{r1} + Q_{r2}) \cdot x \cdot [(1 - c/l) - x/l], \quad x \le l/2$$

mit

$$c = \frac{Q_{r2} \cdot a}{Q_{r1} + Q_{r2}}$$

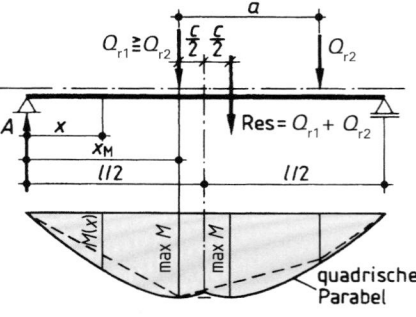

Abb. 11.124 Einfeldträger unter wanderndem Lastenpaar. Momentenhüllkurve und Laststellung für größtes Biegemoment

Rückt Q_{r1} bis x_M vor, tritt hier das größte Biegemoment im ganzen Träger auf:

$$\max M_p = \frac{(Q_{r1} + Q_{r2}) \cdot l}{4} \left(1 - \frac{c}{l}\right)^2, \quad (11.328)$$

jedoch

$$\max M_p \ge \frac{Q_{r1} \cdot l}{4}$$

Tafel 11.230 Auflagerlasten und Biegemomente des 2-Feld-Trägers mit $E \cdot I = $ const unter einem wandernden Paar gleich großer Lasten Q_r (Abb. 11.125)

a/l	$M_F/(Q_r \cdot l)$	x_F/l	$M_B/(Q_r \cdot l)$	x_B/l	max A/Q_r	min C/Q_r	$x_{\min C}/l$	max B/Q_r
0	0,4149	0,4323	−0,1925	0,5774	2,0000	−0,1925	0,5774	2,0000
0,1	0,3692	0,4119	−0,1903	0,5252	1,8753	−0,1903	0,5252	1,9926
0,2	0,3281	0,3934	−0,1839	0,4686	1,7520	−0,1839	0,4686	1,9710
0,3	0,2916	0,3772	−0,1733	0,4075	1,6317	−0,1733	0,4075	1,9359
0,4	0,2597	0,3637	−0,1589	0,3416	1,5160	−0,1589	0,3416	1,8880
0,4384	0,2487	0,3594	−0,1524	0,3149	1,4731	−0,1524	0,3149	1,8664
0,5	0,2325	0,3536	−0,1641	0,7500	1,4063	−0,1409	0,2704	1,8281
0,6	0,2100	0,3479	−0,1785	0,7000	1,3040	−0,1200	0,1933	1,7570
0,6132	0,2074	0,3476	−0,1800	0,6934	1,2911	−0,1171	0,1826	1,7468
0,7	0,2074	0,4323	−0,1877	0,6500	1,2107	−0,0968	0,1092	1,6754
0,7024	0,2074	0,4323	−0,1878	0,6488	1,2086	−0,0962	0,1070	1,6733
0,8	0,2074	0,4323	−0,1920	0,6000	1,1280	−0,0962	0,5774	1,5840
0,9	0,2074	0,4323	−0,1918	0,5500	1,0572	−0,0962	0,5774	1,4836
1	0,2074	0,4323	−0,1875	0,5000	1,0000	−0,0962	0,5774	1,3750

x ist der Abstand der maßgebenden Last des Lastenpaares vom linken Auflager.

Abb. 11.125 Zweifeldträger unter wanderndem gleichen Lastenpaar. Maßgebende Laststellungen für Auflagerlasten und Biegemomente

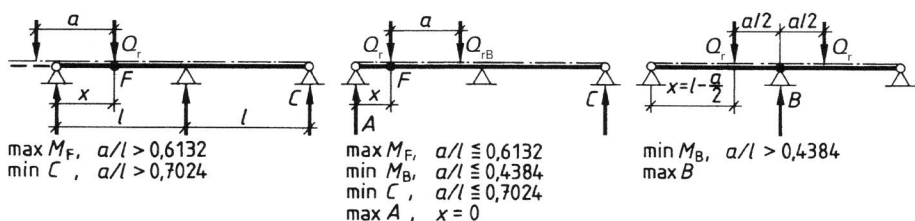

max M_F, $a/l > 0{,}6132$
min C, $a/l > 0{,}7024$

max M_F, $a/l \leqq 0{,}6132$
min M_B, $a/l \leqq 0{,}4384$
min C, $a/l \leqq 0{,}7024$
max A, $x = 0$

min M_B, $a/l > 0{,}4384$
max B

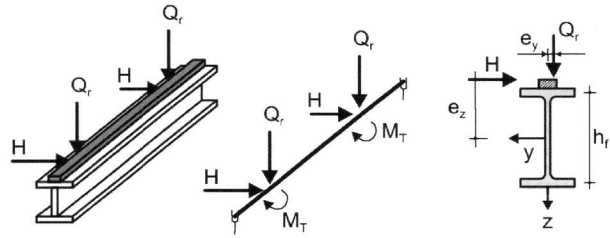

Abb. 11.126 Beanspruchungssituation für Kranbahnträger

Auflagerlasten und Biegemomente des 2-feldrigen **Durchlaufträgers** mit $E \cdot I = $ const für ein Lastenpaar gleicher Größe ($Q_{r1} = Q_{r2}$) s. Tafel 11.230 mit den jeweils maßgebenden Laststellungen entsprechend Abb. 11.125.

Auflagerlasten und Biegemomente infolge eines Lastenpaares unterschiedlicher Größe s. [101].

Horizontal angreifende Lasten H verursachen nicht nur Querbiegung M_z sondern auch Torsion. Bei offenen I- und H-Querschnitten tritt durch außerhalb des Schubmittelpunktes angreifende Lasten Wölbkrafttorsion auf, siehe Abb. 11.126 und Abschn. 11.3.7.

11.9.3.2 Spannungen aus Radlasteinleitungen
Aus den konzentrierten Radlasten entstehen im Obergurt, am angrenzenden Stegblech und in den Schweißnähten von aufgeschweißten Flachstahlschienen Zusatzbeanspruchungen in Form von lokalen Druck- und Schubspannungen. Darüber hinaus treten infolge exzentrischer Lasteinleitung neben Torsion in Kranschiene und Obergurt insbesondere Biegespannungen im Stegblech auf, die rechnerisch verfolgt und beim Ermüdungsnachweis berücksichtigt werden.

11.9.3.2.1 Druckspannungen im Steg
Die lokalen vertikalen Druckspannungen infolge Radlasten werden mit (11.329) oder (11.330) bestimmt.

Schweißprofile:

$$\sigma_{oz,Ed} = \frac{F_{z,Ed}}{t_w \cdot l_{eff}} \qquad (11.329)$$

Walzprofile:

$$\sigma_{oz,Ed} = \frac{F_{z,Ed}}{t_w \cdot (l_{eff} + 2 \cdot r)} \qquad (11.330)$$

$F_{z,Ed}$ Bemessungswert der Radlast
t_w Dicke des Stegblechs
l_{eff} Effektive Lastausbreitungslänge nach Tafel 11.231.

Wenn der Abstand x_w zwischen den Mittelpunkten benachbarter Kranräder kleiner als l_{eff} ist, sollten die Spannungen aus beiden Rädern überlagert werden.

Unterhalb der Lasteinleitung sollte die mit l_{eff} berechnete lokale vertikale Spannung $\sigma_{oz,Ed}$ mit dem Reduktionsfaktor $[1 - (z/h_w)^2]$ multipliziert werden. Dabei ist h_w die Gesamt-

Tafel 11.231 Effektive Lastausbreitungslänge l_{eff}

Beschreibung	Effektive Lastausbreitungslänge l_{eff}
Kranschiene schubstarr am Flansch befestigt	$l_{\text{eff}} = 3{,}25\left(\dfrac{I_{\text{rf}}}{t_{\text{w}}}\right)^{1/3}$
Kranschiene nicht schubstarr am Flansch befestigt	$l_{\text{eff}} = 3{,}25\left(\dfrac{I_{\text{r}} + I_{\text{f,eff}}}{t_{\text{w}}}\right)^{1/3}$
Kranschiene auf einer mindestens 6 mm dicken nachgiebigen Elastomerunterlage	$l_{\text{eff}} = 4{,}25\left(\dfrac{I_{\text{r}} + I_{\text{f,eff}}}{t_{\text{w}}}\right)^{1/3}$

I_{rf} Flächenmoment 2. Grades um die horizontale Schwerelinie des zusammengesetzten Querschnitts einschließlich der Schiene und des Flansches mit der effektiven Breite $b_{\text{eff}} = b_{\text{fr}} + h_{\text{r}} + t_{\text{f}}$, jedoch $b_{\text{eff}} \leq b$.
I_{r} Flächenmoment 2. Grades um die horizontale Schwerelinie der Schiene.
$I_{\text{f,eff}}$ Flächenmoment 2. Grades um die horizontale Schwerelinie des Flansches mit der effektiven Breite b_{eff}.
Bei der Bestimmung von I_{r}, I_{rf} und h_{r} wird der Verschleiß der Kranschienen berücksichtigt.

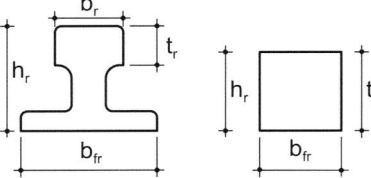

h_{r} Schienenhöhe unter Berücksichtigung des Verschleißes der Kranschiene (s. Tafel 11.232).
b_{r} Breite des Schienenkopfes.
b_{fr} Breite des Schienenfußes.
t_{r} Mindestdicke unterhalb der Abnutzungsfläche der Kranschiene.
Abmessungen von Kranschienen der Form A und F, siehe Abschn. 11.1.3.

Abb. 11.127 Einleitung von Radlasten

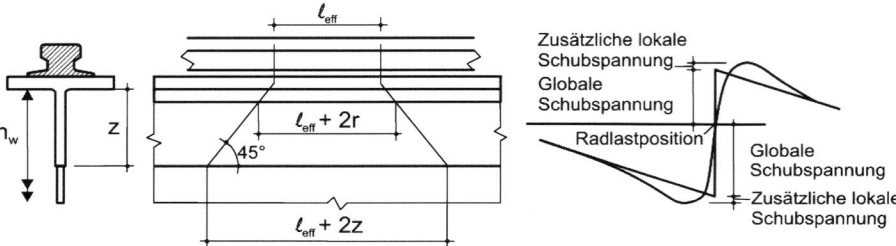

höhe des Steges und z der Abstand unterhalb der Unterkante des Oberflansches (s. Abb. 11.127).

11.9.3.2.2 Lokale Schubspannungen

Infolge der Radlasteinleitung entstehen versetzt zu den lokalen Druckspannungen auf beiden Seiten der Radlast lokale Schubspannungen $\tau_{\text{oxz,Ed}}$ (s. Abb. 11.127). Diese sind an der Flanschunterseite mit 20 % der Druckspannungen $\sigma_{\text{oz,Ed}}$ (11.331) anzunehmen, mit den globalen Schubspannungen zu überlagern und beim Ermüdungsnachweis zu berücksichtigen. Im Abstand $z = 0{,}2h_{\text{w}}$ von der Flanschunterseite kann $\tau_{\text{oxz,Ed}}$ vernachlässigt werden.

$$\tau_{\text{oxz,Ed}} = 0{,}20 \cdot \sigma_{\text{oz,Ed}} \tag{11.331}$$

11.9.3.2.3 Lokale Biegespannungen aus exzentrischer Radlasteinleitung

Bei den Beanspruchungsklassen S3 bis S9 ist beim Betriebsfestigkeitsnachweis die Plattenbiegespannung im Steg $\sigma_{\text{T,Ed}}$ infolge einer exzentrischen Radlasteinleitung mit einem Viertel der Schienenkopfbreite zu berücksichtigen.

$$\sigma_{\text{T,Ed}} = \frac{6T_{\text{Ed}}}{a \cdot t_{\text{w}}^2} \cdot \eta \cdot \tanh(\eta) \tag{11.332}$$

mit

$$\eta = \sqrt{\frac{0{,}75at_{\text{w}}^3}{I_{\text{T}}} \cdot \frac{\sinh^2(\pi h_{\text{w}}/a)}{\sinh(2\pi h_{\text{w}}/a) - 2\pi h_{\text{w}}/a}}$$

$$T_{\text{Ed}} = F_{\text{z,Ed}} \cdot e_{\text{y}}$$

T_{Ed} Torsionsmoment aus exzentrischer Radlasteinleitung
e_{y} Exzentrizität der Radlasteinleitung
$e_{\text{y}} = 0{,}25b_{\text{r}} \geq 0{,}5t_{\text{w}}$
I_{T} Torsionsträgheitsmoment von Flansch und Schiene bei starrer Verbindung. Ist die Schiene aufgeschweißt, kann sie mit dem Flansch als zusammenwirkender Querschnitt betrachtet werden. Ist sie ohne elastische Unterlage aufgeklemmt, können die Trägheitsmomente aufaddiert werden: $I_{\text{T}} = I_{\text{T,ch}} + I_{\text{T,r}}$
a Abstand der Quersteifen im Steg
$h_{\text{w}}, t_{\text{w}}$ Höhe und Blechdicke des Steges.

Tafel 11.232 Querschnittswerte von Schienen mit 25 % Abnutzung nach [97]

Schiene	Schienenhöhe h_r [mm]	A_r [cm²]	e_a [mm]	$I_{y,r}$ [cm⁴]	$I_{z,r}$ [cm⁴]	$I_{T,r}$ [cm⁴]
A 45	50,0	26,0	30,8	67,4	165	30,8
A 55	58,7	37,1	35,9	132	327	68,5
A 65	67,5	50,3	41,0	235	590	133
A 75	76,2	65,2	46,0	388	979	237
A 100	85,0	85,1	48,0	629	1259	499
A 120	93,1	113,6	51,9	973	2173	954
A 150	137,5	174,4	71,9	3412	3301	2359
F 100	70,0	63,6	34,4	279	464	427
F 120	70,0	77,6	34,5	336	827	637

e_a Abstand des Schwerpunkts von der Oberkante des Schienenkopfes.

11.9.3.2.4 Unterflanschbiegung bei Katzträgern und Hängekranen

Die lokalen Biegespannungen aus der Radlasteinleitung $F_{z,Ed}$ können für parallele und geneigte Flansche mit den Gleichungen (11.333) und (11.334) sowie Tafel 11.233 an drei Stellen bestimmt werden (Abb. 11.128). Voraussetzung hierfür ist, dass die Einleitung in einem Abstand größer als b vom Trägerende erfolgt und der Abstand x_w zwischen den benachbarten Rädern nicht kleiner als $1,5b$ ist.

Längsbiegespannung:

$$\sigma_{ox,Ed} = c_x \frac{F_{z,Ed}}{t_l^2} \qquad (11.333)$$

Querbiegespannung:

$$\sigma_{oy,Ed} = c_y \frac{F_{z,Ed}}{t_l^2} \qquad (11.334)$$

c_x, c_y Faktoren zur Bestimmung der Biegespannungen nach Tafel 11.233. Die Werte sind positiv bei Zugspannungen an der Flanschunterseite.

t_l Blechdicke des Flansches in der Schwerelinie der Lasteinleitung.

An Trägerenden übersteigt die lokale Biegespannung die Werte $\sigma_{ox,Ed}$ und $\sigma_{oy,Ed}$ nicht, wenn diese durch ein aufgeschweißtes Blech entsprechend Abb. 11.128 verstärkt werden. Ist dies nicht der Fall, wird die lokale Biegespannung mit (11.335) bestimmt.

$$\sigma_{oy,end,Ed} = (5,6 - 3,225\mu - 2,8\mu^3)\frac{F_{z,Ed}}{t_f^2} \qquad (11.335)$$

mit

$$\mu = \frac{2n}{b - t_w}$$

Tafel 11.233 Koeffizienten c_{xi} und c_{yi} zur Bestimmung der Biegespannungen

μ	Parallele Flansche					Geneigte Flansche				
	c_{x0}	c_{x1}	c_{x2}	c_{y0}	c_{y1}	c_{x0}	c_{x1}	c_{x2}	c_{y0}	c_{y1}
0,10	0,192	2,303	2,169	−1,898	0,548	0,149	2,186	2,235	−0,881	0,447
0,15	0,196	2,095	1,676	−1,793	0,759	0,163	1,971	1,984	−0,854	0,585
0,20	0,204	1,968	1,290	−1,687	0,932	0,182	1,807	1,757	−0,819	0,676
0,25	0,219	1,872	0,984	−1,577	1,069	0,208	1,677	1,548	−0,779	0,725
0,30	0,242	1,789	0,737	−1,463	1,172	0,240	1,570	1,353	−0,736	0,737
0,35	0,272	1,711	0,533	−1,343	1,244	0,280	1,479	1,169	−0,689	0,718
0,40	0,312	1,635	0,362	−1,216	1,287	0,328	1,399	0,995	−0,641	0,671

Abb. 11.128 Stellen für die Spannungsermittlung; Verstärkung der Flanschenden. Zu untersuchende Stellen: *0* Übergang Steg/Flansch, *1* Schwerelinie der Lasteinleitung, *2* Äußere Flanschkante, *n* Abstand der Schwerelinie der Last zur äußeren Flanschkante, $\mu = \frac{2n}{b-t_w}$ relativer Abstand der Radlast vom Rand

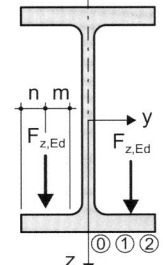
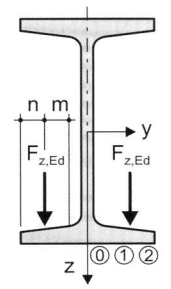
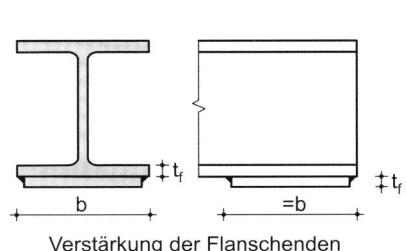

Verstärkung der Flanschenden

Bei der Überlagerung mit den Normalspannungen aus der globalen Tragwirkung dürfen die lokalen Biegespannungen auf 75 % reduziert werden. Dies gilt auch für den Ermüdungsnachweis ([29], NCI zu 5.8).

11.9.4 Nachweise im Grenzzustand der Tragfähigkeit

11.9.4.1 Allgemeines

Die Tragsicherheitsnachweise werden im Wesentlichen auf der Grundlage der Teile 1-1, 1-5, 1-8 und ggf. 1-12 der DIN EN 1993 geführt. Spezielle Regelungen für Kranbahnträger enthält DIN EN 1993-6 im Abschn. 6. Die im NA festgelegten Teilsicherheiten für die Beanspruchbarkeit entsprechen denen der NAs zu den allgemeinen Bemessungsregeln.

11.9.4.2 Biegedrillknicknachweise

Durch exzentrische Radlasteinleitungen und Horizontalkräfte, die am Kopf der Kranschienen angreifen, entsteht eine planmäßige Torsionsbeanspruchung der Kranbahnträger (s. Abb. 11.126). Die vereinfachten Tragsicherheitsnachweise nach DIN EN 1993-1-1, Abschn. 6.3 [12] können in diesem Fall nicht unmittelbar angewendet werden. In DIN EN 1993-6 [28] wird für Kranbahnträger, die als Einfeldträger gelagert sind, im Abschn. 6 ein modifizierter Nachweis des Druckgurts als Druckstab (vgl. Abschn. 11.4.3.3) und im Anhang A ein alternatives Nachweisverfahren für das Biegedrillknicken empfohlen.

Zum Ansatz des rechnerischen **Angriffspunktes von vertikalen Radlasten** werden drei Fälle unterschieden:

- Werden die Lasten über Kranschienen ohne elastische Unterlage eingeleitet, darf aufgrund der stabilisierenden Wirkung der Angriffspunkt im Schubmittelpunkt des Kranbahnträgers angenommen werden.
- Erfolgt die Lasteinleitung über Kranschienen mit elastischer Unterlage, sollte der Angriffspunkt in Höhe der Flanschoberkante angenommen werden.
- Bei Unterflanschlaufkatzen und Hängekranen sollte der Angriffspunkt der vertikalen Radlasten nicht unterhalb der Oberkante der Untergurte angesetzt werden.

Tragsicherheitsnachweis nach DIN EN 1993-1-1, Abschn. 5.2.2 (3) a) [12] Bei dem im Abschn. 11.2.5 mit Methode A bezeichneten Verfahren erfolgt für Kranbahnträger eine Berechnung nach der Biegetorsionstheorie II. Ordnung unter Ansatz von Imperfektionen. Der Ansatz der Vorkrümmung e_0 senkrecht zur Stegebene erfolgt in Richtung der angreifenden H-Lasten nach Tafel 11.43. Walzprofile mit aufgeschweißter Schiene sind wie Schweißprofile zu behandeln. Bei zweifeldrigen Kranbahnträgern mit einem durch Kranlasten beanspruchten Feld sind die Vorkrümmungen der jeweiligen Felder antimetrisch zum Mittelauflager

anzusetzen. Bei Ansatz der elastischen Querschnittstragfähigkeit kann der Nachweis der Längsspannungen mit (11.336) geführt werden (s. auch Abschn. 11.3.7). Bei Hängekranen und Unterflanschlaufkatzen ist zusätzlich der Einfluss der örtlichen Flanschbiegung zu berücksichtigen. Die Schub- und Vergleichsspannungsnachweise werden analog zu den Gleichungen (11.45) und (11.20) unter Berücksichtigung der örtlichen Radlasteinleitung und dem Teilsicherheitsbeiwert γ_{M1} (vgl. [13], NDP zu 6.1 (1)) geführt.

$$
\begin{aligned}
\sigma_{x,Ed}(x, y, z) = {} & \frac{M_{y,Ed}(x)}{I_y} \cdot z - \frac{M_{z,Ed}(x)}{I_z} \cdot y \\
& - \frac{B_{Ed}(x)}{I_w} \cdot \overline{\omega}^M(y, z) \\
& \leq \frac{f_y}{\gamma_{M1}}
\end{aligned}
\tag{11.336}
$$

Biegedrillknicknachweis nach DIN EN 1993-6, Anhang A [28] Der Nachweis gilt für an den Enden gabelgelagerte einfeldrige Kranbahnträger mit gleichbleibendem Querschnitt, die durch vertikale und quer gerichtete horizontale Einwirkungen mit exzentrischem Angriff zum Schubmittelpunkt beansprucht werden (s. engl. Originaltext zu EN 1993-6, Anhang A). Eingangsgrößen für den Nachweis sind die Schnittgrößen aus zweiachsiger Biegung und Wölbkrafttorsion nach Theorie I. Ordnung.

$$
\frac{M_{y,Ed}}{\chi_{LT} M_{y,Rk}/\gamma_{M1}} + \frac{C_{mz} M_{z,Ed}}{M_{z,Rk}/\gamma_{M1}} + \frac{k_w k_{zw} k_\alpha B_{Ed}}{B_{Rk}/\gamma_{M1}} \leq 1{,}0
\tag{11.337}
$$

mit

$$
k_w = 0{,}7 - \frac{0{,}2 B_{Ed}}{B_{Rk}/\gamma_{M1}}
$$

$$
k_{zw} = 1 - \frac{M_{z,Ed}}{M_{z,Rk}/\gamma_{M1}}
$$

$$
k_\alpha = \frac{1}{1 - M_{y,Ed}/M_{y,cr}}
$$

$M_{y,Ed}, M_{z,Ed}$ Maximalwerte der einwirkenden Biegemomente

B_{Ed} Maximalwert des einwirkenden Wölbbimoments

$M_{y,Rk}, M_{z,Rk}$ Momentenbeanspruchbarkeit des Querschnitts nach Tafel 11.50

B_{Rk} Wölbbimomentenbeanspruchbarkeit analog zu Tafel 11.50 (s. auch Abschn. 11.3.7)

$M_{y,cr}$ ideales Biegedrillknickmoment für Biegung M_y und Querlast Q_r

χ_{LT} Abminderungsfaktor für das Biegedrillknicken (s. Abschn. 11.4.3.2, (11.84)). Der Wert darf

Tafel 11.234 Interaktionsbeiwert k_{zz} für Gurte von I- und H-Profilen

Querschnitte der Klassen 1 und 2		Querschnitte der Klasse 3	
$k_{zz} = C_{mz}[1 + (2\bar{\lambda}_z - 0,6)n_z]$	für $\bar{\lambda}_z \leq 1,0$	$k_{zz} = C_{mz}(1 + 0,6\bar{\lambda}_z n_z)$	für $\bar{\lambda}_z \leq 1,0$
$k_{zz} = C_{mz}(1 + 1,4n_z)$	für $\bar{\lambda}_z \geq 1,0$	$k_{zz} = C_{mz}(1 + 0,6n_z)$	für $\bar{\lambda}_z \geq 1,0$

$$n_z = \frac{N_{ch,Ed}}{\chi_z \cdot N_{ch,Rk}/\lambda_{M1}}, \bar{\lambda}_z = \frac{L_{cr}}{i_{z,ch} \cdot \lambda_1}, i_{z,ch} = \sqrt{\frac{I_{z,ch}}{A_{ch}}}, \lambda_1 = \pi \cdot \sqrt{\frac{E}{f_y}}, C_{mz} = 0,9.$$

für gewalzte oder gleichartige geschweißte Träger sowie bei Trägern mit ungleichen Flanschen mit $\bar{\lambda}_{LT,0} = 0,4$ und $\beta = 0,75$ bestimmt werden, sofern $I_{z,t}/I_{z,c} \geq 0,2$ ist und bei der Auswahl der Knicklinie die Breite b des Druckgurtes angesetzt wird.

$I_{z,t}$; $I_{z,c}$ Flächenträgheitsmoment um die z-Achse für den Zug- bzw. Druckgurt

C_{mz} äquivalenter Momentenbeiwert für Biegung M_z nach Tafel 11.118.

Vereinfachter Nachweis des Druckgurtes als Druckstab

In DIN EN 1993-6 [28] wird im Abschn. 6.3.2.3 der Nachweis des Druckgurtes als Druckstab für einfeldrige Kranbahnträger vorgeschlagen und dort beschrieben. Abweichend von Abschn. 11.4.3.3 besteht der Druckgurt aus dem Druckflansch und 1/5-tel des Steges. Die Normalkraft wird aus dem Biegemoment M_y und dem Schwerpunktabstand der Flansche berechnet. Biegemomente aus den horizontalen Seitenlasten sind zusammen mit den Torsionswirkungen zu berücksichtigen. Die Vorgehensweise hierzu wird in [28] nicht näher erläutert.

In [98] wird vorgeschlagen, die horizontalen Kranlasten dem Druckgurt zuzuordnen und den Tragsicherheitsnachweis für einachsige Biegung und Normalkraft auf der Grundlage von DIN EN 1993-1-1 [12], Abschn. 6.3.3 und Anhang B zu führen (s. Abschn. 11.4.4, Tafel 11.116). Für die Beanspruchungsgruppen S3–S9 kann das Torsionsmoment aus der exzentrischen Radlasteinleitung näherungsweise in ein horizontales Kräftepaar umgerechnet und zusätzlich in $M_{z,ch,Ed}$ berücksichtigt werden.

$$\frac{N_{ch,Ed}}{\chi_z N_{ch,Rk}/\gamma_{M1}} + k_{zz}\frac{M_{z,ch,Ed}}{M_{z,ch,Rk}/\gamma_{M1}} \leq 1,0 \qquad (11.338)$$

mit

$$N_{ch,Ed} = \frac{M_{y,Ed}}{h_w + (t_{f,c} + t_{f,t})/2}$$

$$N_{ch,Rk} = A_{ch} \cdot f_y = (A_{f,c} + A_w/5) \cdot f_y$$

$$M_{z,ch,Rk} = W_{z,ch} \cdot f_y$$

$N_{ch,Ed}$ einwirkende Normalkraft des Druckgurtes

$M_{z,ch,Ed}$ Biegung des Druckgurtes aus horizontalen Kranlasten und ggf. $Q_r \cdot e_y/h_f$

A_{ch} Querschnittsfläche des Druckgurtes (Druckflansch + 1/5 Stegfläche)

$W_{z,ch}$ Maßgebendes Widerstandsmoment des Druckgurtes, Gurte der QSK 1 und 2: $W_{z,ch} = W_{pl,z,ch}$; Gurte der QSK 3: $W_{z,ch} = W_{el,z,ch}$

χ_z Abminderungsbeiwert für Biegeknicken senkrecht zur z-Achse (Tafeln 11.70 und 11.71). Kranbahnträger aus Walzprofilen mit aufgeschweißten Schienen werden bei der Zuordnung der Knicklinie wie Schweißprofile behandelt.

k_{zz} Interaktionsbeiwert, für Gurte von I- und H-Profilen siehe Tafel 11.234

L_{cr} Knicklänge des Druckgurtes, bei Trägern ohne zusätzliche seitliche Stützung $L_{cr} = L$.

11.9.4.3 Nachweis des Steges für Beanspruchungen durch Radlasten

Bei Kranbahnträgern mit aufgesetzten Brückenkranen ist die Radlasteinleitung in den Steg nachzuweisen. Dabei dürfen seitliche Ausmitten (s. Abschn. 11.9.3.2.3) vernachlässigt werden. Die Beanspruchbarkeit des Querträgersteges wird nach Abschn. 11.5.3.4 bestimmt. Dabei wird die Länge der starren Lasteinleitung an der Oberkante des Obergurtes mit (11.339) angesetzt. Die Interaktion zwischen Querlasten, Momenten und ggf. vorhandenen Normalkräften wird mit dem Nachweis nach (11.161) erfasst.

$$s_S = l_{eff} - 2t_f \qquad (11.339)$$

l_{eff} eff. Lastausbreitungslänge an der Unterkante des Obergurtes (s. Tafel 11.231).

11.9.4.4 Plattenbeulen

Die Beulsicherheit von Kranbahnträgern, insbesondere deren Stege, darf nach der Methode der wirksamen Spannungen und der Methode der wirksamen Querschnitte nach DIN EN 1993-1-5 [15] nachgewiesen werden (siehe Abschn. 11.5).

11.9.4.5 Beanspruchbarkeit der Unterflansche bei Lasteinleitungen

Die Beanspruchbarkeit der Unterflansche von Katzträgern und Hängekranen bei Radlasteinleitungen $F_{z,Ed}$ wird mit (11.340) bestimmt, der Tragsicherheitsnachweis wird mit (11.341) geführt.

Tafel 11.235 Effektive Länge l_{eff}

Position Radlast	Effektive Länge l_{eff}	
Rad an einem ungestützten Flanschende	$l_{eff} = 2(m + n)$	
Rad außerhalb der Trägerendbereiche	für $x_w \geq 4\sqrt{2}(m + n)$	$l_{eff} = 4\sqrt{2}(m + n)$
	für $x_w < 4\sqrt{2}(m + n)$	$l_{eff} = 2\sqrt{2}(m + n) + 0{,}5x_w$
Rad im Abstand $x_e \leq 2\sqrt{2}(m + n)$ von einem Prellblock, am Trägerende	$l_{eff} = 2(m + n)\left[\dfrac{x_e}{m} + \sqrt{1 + \left(\dfrac{x_e}{m}\right)^2}\right]$, jedoch	
	für $x_w \geq 2\sqrt{2}(m + n) + x_e$	$l_{eff} \leq \sqrt{2}(m + n) + x_e$
	für $x_w < 2\sqrt{2}(m + n) + x_e$	$l_{eff} \leq \sqrt{2}(m + n) + \dfrac{x_w + x_e}{2}$
Rad im Abstand $x_e \leq 2\sqrt{2}(m + n)$ am gestützten Flanschende, das entweder von unten oder durch eine angeschweißte Stirnplatte gelagert ist	für $x_w \geq 2\sqrt{2}(m + n) + x_e + \dfrac{2(m + n)^2}{x_e}$	$l_{eff} = 2\sqrt{2}(m + n) + x_e + \dfrac{2(m + n)^2}{x_e}$
	für $x_w < 2\sqrt{2}(m + n) + x_e + \dfrac{2(m + n)^2}{x_e}$	$l_{eff} = \sqrt{2}(m + n) + \dfrac{x_e + x_w}{2} + \dfrac{(m + n)^2}{x_e}$

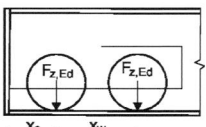

m Hebelarm der Radlast zum Übergang Flansch-Steg (s. Abb. 11.128)
– bei Walzprofilen $m = (b - t_w)/2 - 0{,}8r - n$
– bei Schweißprofilen $m = (b - t_w)/2 - 0{,}8\sqrt{2}a - n$
n Abstand der Last von der äußeren Flanschkante (s. Abb. 11.128)
x_e Abstand vom Trägerende zur Schwerelinie des Rades
x_w Radabstand.

$$F_{f,Rd} = \frac{l_{eff} \cdot t_f^2}{4 \cdot m} \cdot \frac{f_y}{\gamma_{M0}} \cdot \left[1 - \left(\frac{\sigma_{f,Ed}}{f_y/\gamma_{M0}}\right)^2\right] \qquad (11.340)$$

$$\frac{F_{z,Ed}}{F_{f,Rd}} \leq 1{,}0 \qquad (11.341)$$

l_{eff} effektive Länge des Flansches nach Tafel 11.235
$\sigma_{f,Ed}$ Spannung in der Schwereachse des Flansches infolge Biegung M_y.

11.9.5 Nachweise im Grenzzustand der Gebrauchstauglichkeit

11.9.5.1 Begrenzung der Verformungen und Verschiebungen

Siehe Tafeln 11.236 und 11.237.

11.9.5.2 Begrenzung des Stegblechatmens

Nach DIN EN 1993-1-5 [15] können die Stege von Trägern weit über die kritische Beullast hinaus beansprucht werden. Daher kann es schon im GZG zu einem zyklischen Ausbeulen kommen, das zu Ermüdungsrissen am Schweißnahtanschluss zum Gurt führen kann. Wegen der konzentrierten Radlasten sind bei Kranbahnträgern die Stege i. Allg. nicht so schlank. Der Nachweis gegen übermäßiges Stegblechatmen kann entfallen, wenn $b/t_w \leq 120$ ist.

11.9.5.3 Sicherstellung des elastischen Tragverhaltens

Um elastisches Tragverhalten sicherzustellen, sind die Normalspannungen in Längs- und Querrichtung, die Schub- und Vergleichsspannungen zu begrenzen. Die im Nachweis zu berücksichtigenden Spannungen sind in Tafel 11.238 zusammengestellt.

$$\sigma_{Ed,ser} \leq \frac{f_y}{\gamma_{M,ser}} \qquad \tau_{Ed,ser} \leq \frac{f_y}{\sqrt{3} \cdot \gamma_{M,ser}}$$

$$\sigma_{v,Ed,ser} \leq \frac{f_y}{\gamma_{M,ser}} \qquad \gamma_{M,ser} = 1{,}0$$

11.9.5.4 Schwingung des Unterflansches

Damit keine wahrnehmbaren Schwingungen des Untergurtes beim Kranbetrieb auftreten, ist dessen Schlankheit auf $L/i_z \leq 250$ zu begrenzen.

11.9.6 Ermüdung

11.9.6.1 Allgemeines

Der Ermüdungsnachweis wird nach DIN EN 1993-1-9 [20] für alle ermüdungskritischen Stellen geführt (s. Abschn. 11.8 und Abb. 11.129). Bei Kranbahnen betrifft dies diejenigen Bauteile, die Spannungsänderungen infolge vertikaler Radlasten ausgesetzt sind.

Tafel 11.236 Grenzwerte für horizontale Verformungen

Horizontale Durchbiegung δ_y eines Kranbahnträgers in Höhe der Oberkante Kranschiene

$\delta_y \leq L/600$

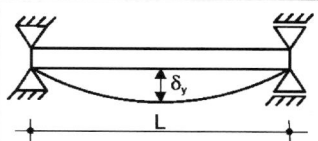

Horizontale Verschiebung δ_y eines Tragwerks (oder einer Stütze) in Höhe der Kranauflagerung:

Hubklasse	grenz δ_y
HC 1	$h_c/250$
HC 2	$h_c/300$
HC 3	$h_c/350$
HC 4	$h_c/400$

Es werden nur die Lasten aus Kranbetrieb berücksichtigt.
h_c Abstand zu der Ebene, in der der Kran gelagert ist (auf einer Kranschiene oder auf einem Flansch)

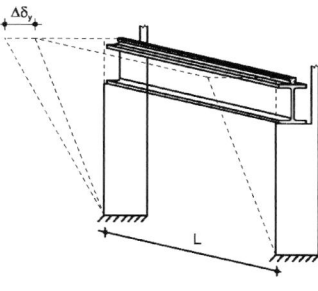

Differenz $\Delta\delta_y$ der horizontalen Verschiebungen benachbarter Tragwerke (oder Stützen), auf denen Träger einer innen liegenden Kranbahn lagern

$\Delta\delta_y \leq L/600$

Differenz $\Delta\delta_y$ der horizontalen Verschiebungen benachbarter Stützen (oder Tragkonstruktionen), auf denen Träger einer außen liegenden Kranbahn lagern:
– infolge der Lastkombination von seitlichen Krankräften und Windlast während des Betriebes:

$\Delta\delta_y \leq L/600$

– infolge Windlast außer Betrieb

$\Delta\delta_y \leq L/400$

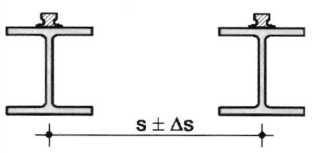

Änderung des Abstandes Δs der Schwerelinien der Kranschienen, einschließlich der Auswirkungen von Temperaturänderungen:

$\Delta s \leq 10$ mm

Es werden nur die Lasten aus Kranbetrieb berücksichtigt. Größere Verformungsgrenzwerte können vereinbart werden.

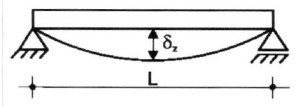

Tafel 11.237 Grenzwerte für vertikale Verformungen

Vertikale Durchbiegung δ_z eines Kranbahnträgers:

$\delta_z \leq L = 500$, jedoch $\delta_z \leq 25$ mm.

Die vertikale Durchbiegung δ_z sollte als Gesamtdurchbiegung infolge vertikaler Lasten abzüglich möglicher Überhöhungen bestimmt werden.

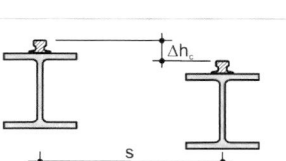

Differenz Δh_c der vertikalen Durchbiegung zweier benachbarter Träger, die eine Kranbahn bilden:

$\Delta h_c \leq s/600$

Vertikale Durchbiegung δ_{pay} infolge der Nutzlast eines Kranbahnträgers bei einer Unterflanschlaufkatze:

$\delta_{pay} \leq L/500$

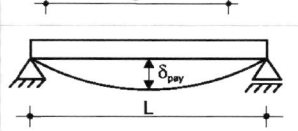

Tafel 11.238 Zu berücksichtigende Spannungen im GZG

Kran	Spannungen
Brückenlaufkran	– lokale Spannungen $\sigma_{oz,Ed,ser}$ im Steg – globale Spannungen $\sigma_{x,Ed,ser}$ und $\tau_{Ed,ser}$ Zu vernachlässigen: Biegespannung $\sigma_{T,Ed}$ infolge der Exzentrizität von Radlasten
Katzträger, Hängekrane	– lokale Spannungen $\sigma_{oz,Ed,ser}$ und $\sigma_{oy,Ed,ser}$ im Unterflansch – globale Spannungen $\sigma_{x,Ed,ser}$ und $\tau_{Ed,ser}$

Abb. 11.129 Kerbfälle an ermüdungskritischen Stellen von
Kranbahnträgern. Alle Angaben
sind ausschließlich für durchlaufende Schweißnähte gültig.
[a] Bleche und Flachstähle mit
gewalzten Kanten [b] brenn-
geschnittene oder gescherte Bleche

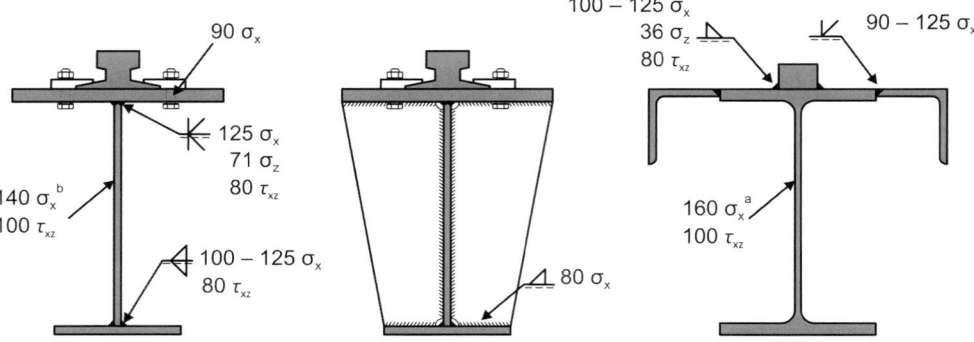

Spannungsänderungen infolge Seitenlasten können i. d. R. vernachlässigt werden. In einigen Fällen sind jedoch Verbindungen zur Übertragung von Seitenlasten einer sehr hohen Ermüdungsbeanspruchung ausgesetzt. Bei bestimmten Kranbahnen tritt eine Ermüdungsbeanspruchung durch häufig wiederkehrende Beschleunigungs- und Bremskräfte auf.

11.9.6.2 Schwingbreiten und lokale Spannungen aus Radlasten

Die schadensäquivalenten Spannungsschwingbreiten bezogen auf $2 \cdot 10^6$ Lastwechsel werden mit den Gleichungen (11.342) und (11.343) bestimmt.

$$\Delta\sigma_{E,2} = \max\sigma(\gamma_{Ff} \cdot Q_e) - \min\sigma(\gamma_{Ff} \cdot Q_e) \quad (11.342)$$

$$\Delta\tau_{E,2} = \max\tau(\gamma_{Ff} \cdot Q_e) - \min\tau(\gamma_{Ff} \cdot Q_e) \quad (11.343)$$

Q_e schadensäquivalente Belastung für $N_C = 2 \cdot 10^6$ Lastspiele (siehe (11.327))

$\gamma_{Mf} = 1,0$ Teilsicherheitsbeiwert für Einwirkungen.

Ist die Anzahl der Spannungswechsel größer als die Anzahl der Kranspiele, so ist die Ermüdungslast Q_e mit dem schadensäquivalenten Beiwert λ_i zu bestimmen, der sich aus der S-Klasse für die höhere Anzahl ergibt (Tafel 11.239). Dies gilt z. B. für Spannungswechsel aus Radlasten bei Brückenlaufkranen mit mehreren Achsen.

- bei zwei Spannungsspitzen wird die Beanspruchungsklasse um eins erhöht
- bei vier Spannungsspitzen wird die Beanspruchungsklasse um zwei erhöht.

Lokale Spannungen aus Radlasten   Im Steg sind die lokalen Spannungen aus Radlasten am Obergurt $\sigma_{z,Ed}$, $\tau_{xz,Ed}$ und bei Beanspruchungsklassen ab S3 Biegespannungen $\sigma_{T,Ed}$ zu berücksichtigen. $\sigma_{z,Ed}$ und $\sigma_{T,Ed}$ werden wegen der gleichen Beanspruchungsrichtung aufaddiert. Die lokalen Spannungen sind insbesondere bei der Bemessung der Schweißnahtanschlüsse zu den Obergurten zu berücksichtigen.

Bei angeschweißten Schienen sind die lokalen Spannungen in den Schweißnähten zu untersuchen. Bei Hängekranen und Katzträgern sind die Biegespannungen im Unterflansch zu beachten.

Tafel 11.239 Klassifizierung von Kranen

Klasse des Lastkollektivs		Q_0	Q_1	Q_2	Q_3	Q_4	Q_5
		kQ $\leq 0,0313$	$0,0313$ $< kQ \leq$ $0,0625$	$0,0625$ $< kQ \leq$ $0,125$	$0,125$ $< kQ \leq$ $0,25$	$0,25$ $< kQ \leq$ $0,5$	$0,5$ $< kQ \leq$ $1,0$
Klasse der Gesamtzahl von Arbeitsspielen							
U_0	$C \leq 1,6 \cdot 10^4$	S_0	S_0	S_0	S_0	S_0	S_0
U_1	$1,60 \cdot 10^4 < C \leq 3,15 \cdot 10^4$	S_0	S_0	S_0	S_0	S_0	S_1
U_2	$3,15 \cdot 10^4 < C \leq 6,30 \cdot 10^4$	S_0	S_0	S_0	S_0	S_1	S_2
U_3	$6,30 \cdot 10^4 < C \leq 1,25 \cdot 10^5$	S_0	S_0	S_0	S_1	S_2	S_3
U_4	$1,25 \cdot 10^5 < C \leq 2,50 \cdot 10^5$	S_0	S_0	S_1	S_2	S_3	S_4
U_5	$2,50 \cdot 10^5 < C \leq 5,00 \cdot 10^5$	S_0	S_1	S_2	S_3	S_4	S_5
U_6	$5,00 \cdot 10^5 < C \leq 1,00 \cdot 10^6$	S_1	S_2	S_3	S_4	S_5	S_6
U_7	$1,00 \cdot 10^6 < C \leq 2,00 \cdot 10^6$	S_2	S_3	S_4	S_5	S_6	S_7
U_8	$2,00 \cdot 10^6 < C \leq 4,00 \cdot 10^6$	S_3	S_4	S_5	S_6	S_7	S_8
U_9	$4,00 \cdot 10^6 < C \leq 8,00 \cdot 10^6$	S_4	S_5	S_6	S_7	S_8	S_9

kQ Lastkollektivbeiwert für alle Arbeitsvorgänge des Krans
C Gesamtzahl von Arbeitsspielen während der Nutzungsdauer des Krans.

11.9.6.3 Ermüdungsnachweis

Der Ermüdungsnachweis erfolgt nach DIN EN 1993-1-9 (s. Abschn. 11.8.6.2 und 11.8.6.3). Wirken zwei oder mehrere Krane zeitweise zusammen, so ist zusätzlich der Nachweis nach (11.344) zu führen.

$$D_\mathrm{d} = \sum_\mathrm{i}^\mathrm{n} D_\mathrm{i} + D_\mathrm{dup} \leq 1 \qquad (11.344)$$

D_i Schädigung eines einzelnen unabhängig wirkenden Krans i nach (11.316)

D_dup Zusätzliche Schädigung infolge der Kombination von zwei oder mehr Kranen, die zeitweise zusammen wirken. In Abhängigkeit vom Konstruktionsdetail sollte die Schädigung mit der Längsspannung, der Schubspannung oder beidem bestimmt werden (s. auch Abschn. 11.8.6.2):

$$D_\mathrm{dup} = \left(\frac{\gamma_\mathrm{Ff} \cdot \Delta\sigma_\mathrm{E,2,dup}}{\Delta\sigma_\mathrm{C}/\gamma_\mathrm{Mf}} \right)^3 + \left(\frac{\gamma_\mathrm{Ff} \cdot \Delta\tau_\mathrm{E,2,dup}}{\Delta\tau_\mathrm{C}/\gamma_\mathrm{Mf}} \right)^5$$

$\Delta\sigma_\mathrm{E,2,dup}, \Delta\tau_\mathrm{E,2,dup}$ schadensäquivalente Spannungsschwingbreiten zweier oder mehrerer zusammenwirkender Krane.

Zur Ermittlung von Spannungsschwingbreiten $\Delta\sigma_\mathrm{E,2,dup}$, $\Delta\tau_\mathrm{E,2,dup}$ dürfen die schadensäquivalenten Beiwerte λ_dup für zeitweises Zusammenwirken von Kranen wie folgt berechnet werden:

- Bei zwei Kranen:
  λ_dup wird für die Beanspruchungsklasse bestimmt, die zwei Klassen unter der niedrigsten der Einzelkrane liegt.
- Bei drei oder mehr Kranen:
  λ_dup wird für die Beanspruchungsklasse bestimmt, die drei Klassen unter der niedrigsten der Einzelkrane liegt.

Falls zwei Krane in erheblichem Ausmaß zusammen betrieben werden, sollten sie zusammen als ein Kran behandelt werden.

11.10 Ausführung von Stahlbauten

11.10.1 Ausführungsklassen

In DIN EN 1090-2 [37] wird zwischen vier Ausführungsklassen (Execution Classes) EXC 1 bis EXC 4 differenziert, mit denen die Anforderungen an die Ausführung festliegen. Dabei werden an Tragwerken und Bauteilen, die in die Ausführungsklasse EXC 4 eingeordnet werden, die höchsten Anforderungen gestellt. Die Bauteile eines Tragwerks können mehreren Ausführungsklassen zugeordnet werden.

Im Nationalen Anhang zu DIN EN 1993-1-1 [13] werden Merkmale zur Festlegung der Ausführungsklassen angegeben, die in Tafel 11.240 zusammengefasst sind.

Die Ausführung von Bauwerken und Bauteilen nach den festgelegten Ausführungsklassen darf nur durch Hersteller erfolgen, deren werkseigene Produktion hierfür nach DIN EN 1090-1 [36] zertifiziert ist.

11.10.2 Schweißverbindungen

11.10.2.1 Allgemeines

Mit der Ausführungsklasse sind bestimmte Qualitätsanforderungen an geschweißte Bauteile verbunden. Diese sind für das Schmelzschweißen in DIN EN ISO 3834 und für das Widerstandsschweißen in DIN EN ISO 14554 geregelt. Wesentliche Punkte sind:

- Schweißen nach qualifizierten Schweißanweisungen
- Einsatz von geprüften Schweißern nach DIN EN ISO 9606-1
- Einsatz von qualifiziertem Schweißaufsichtspersonal nach DIN EN ISO 14731
- Durchführung von zerstörungsfreien Schweißnahtprüfungen.

Nach DIN EN 1090-2 erfolgt die Zuordnung der Ausführungsklasse zu den Anforderungen nach DIN EN ISO 3834 wie in Tafel 11.241 beschrieben.

11.10.2.2 Schweißen nach qualifizierten Schweißanweisungen

Die Qualifizierung des Schweißverfahrens ist abhängig von der Ausführungsklasse, dem Grundwerkstoff und dem Mechanisierungsgrad nach Tafel 11.242.

11.10.2.3 Schweißaufsichtspersonal

Bei den Ausführungsklassen EXC 2 bis EXC 4 müssen die Schweißarbeiten durch ein ausreichend qualifiziertes Schweißaufsichtspersonal geprüft werden. Die Anforderungen sind in Tafel 11.243 zusammengestellt. Darin bedeuten:

- B Basiskenntnisse = Schweißfachmann IWS
- S Spezielle Kenntnisse = Schweißtechniker IWT
- C Umfassende Kenntnisse = Schweißfachingenieur IWE.

11.10.2.4 Zerstörungsfreie Schweißnahtprüfung

Nach DIN EN 1090-2 [37] muss über die gesamte Länge aller Schweißnähte eine Sichtprüfung durchgeführt werden. Diese erfolgt, bevor eine zerstörungsfreie Prüfung (ZfP) durchgeführt wird. Sie beinhaltet

- das Vorhandensein und die Stellen aller Schweißnähte,
- die Kontrolle der Schweißnähte nach DIN EN ISO 17637,
- Zündstellen und Bereiche mit Schweißspritzern.

Werden Oberflächenunregelmäßigkeiten festgestellt, muss an der kontrollierten Schweißnaht eine Oberflächenprüfung mittels Farbeindring- oder Magnetpulverprüfung durchgeführt werden. Bei EXC 1 ist i. Allg. keine ergänzende ZfP erforderlich. Für die Ausführungsklassen EXC 2, EXC 3

Tafel 11.240 Zuordnung zu den Ausführungsklassen nach [13]

Ausführungsklasse EXC 1	In diese Ausführungsklasse fallen vorwiegend ruhend beanspruchte Bauteile oder Tragwerke aus Stählen bis S275 und Werkstoffdicken bis max. 20 mm sowie Kopf- und Fußplatten bis max. 30 mm, für die einer der folgenden Punkte (a bis h) vollständig zutrifft: a) Tragkonstruktionen mit – bis zu zwei Geschossen aus Walzprofilen ohne biegesteife Kopf-, Fuß- und Stirnplattenstöße mit einer maximalen Geschosshöhe von 3 m, – druck- und biegebeanspruchten Stützen ohne Stoß, – Biegeträgern mit bis zu 5 m Spannweite und Auskragungen bis 2 m, – charakteristischen veränderlichen gleichmäßig verteilten Einwirkungen/Nutzlasten bis 2,5 kN/m^2 und charakteristischen veränderlichen Einzelnutzlasten bis 2,0 kN. b) Tragkonstruktionen mit max. 30° geneigten Belastungsebenen (z. B. Rampen) mit Beanspruchungen durch charakteristische Achslasten von max. 63 kN oder charakteristische veränderliche, gleichmäßig verteilte Einwirkungen/Nutzlasten von bis zu 17,5 kN/m^2 (Kategorie E2.4 nach DIN EN 1991-1-1/NA:2010-12, Tabelle 6.4DE) in einer Höhe von max. 1,25 m über festem Boden wirkend. c) Treppen und Balkonanlagen bis zu einer Absturzhöhe von 12 m in bzw. an Wohngebäuden. d) alle Geländer mit einer horizontalen Nutzlast $q_k = 0,5$ kN/m nach DIN EN 1991-1-1/NA:2010-12, Tabelle 6.12 DE. e) Landwirtschaftliche Gebäude ohne regelmäßigen Personenverkehr (z. B. Scheunen, Gewächshäuser). f) Wintergärten, Überdachungen, Carports an Wohngebäuden. g) Gebäude, die selten von Personen betreten werden, wenn der Abstand zu anderen Gebäuden oder Flächen mit häufiger Nutzung durch Personen mindestens das 1,5-fache der Gebäudehöhe beträgt. h) Regalanlagen in Gebäuden bis zu einer Lagerhöhe von 7,5 m. Die Ausführungsklasse EXC 1 gilt auch für andere vergleichbare Bauwerke, Tragwerke und Bauteile.
Ausführungsklasse EXC 2	In diese Ausführungsklasse fallen statisch, quasi-statisch und ermüdungsbeanspruchte Bauteile oder Tragwerke aus Stahl bis zur Festigkeitsklasse S700, die nicht den Ausführungsklassen EXC 1, EXC 3 und EXC 4 zuzuordnen sind.
Ausführungsklasse EXC 3	In diese Ausführungsklasse fallen statisch, quasi-statisch und ermüdungsbeanspruchte Bauteile oder Tragwerke aus Stahl bis zur Festigkeitsklasse S700, für die mindestens einer der folgenden Punkte zutrifft: a) Dachkonstruktionen von Versammlungsstätten/Stadien. b) Gebäude mit mehr als 15 Geschossen. c) Folgende Tragwerke oder deren Bauteile: – Geh- und Radwegbrücken, – Straßen- und Eisenbahnbrücken, – Fliegende Bauten, – Türme und Maste, wie z. B. Antennentragwerke, – Kranbahnen, – zylindrische Türme wie z. B. Tragrohre für Schornsteine. d) Bauteile für den Stahlwasserbau, wie Verschlüsse, Kanalbrücken und Schiffshebewerke. Die Ausführungsklasse EXC 3 gilt auch für andere vergleichbare Bauwerke, Tragwerke und Bauteile.
Ausführungsklasse EXC 4	In diese Ausführungsklasse fallen alle Bauteile oder Tragwerke der Ausführungsklasse EXC 3 mit extremen Versagensfolgen für Menschen und Umwelt, wie z. B.: a) Straßen- und Eisenbahnbrücken (s. DIN EN 1991-1-7 [5]) über dicht besiedeltem Gebiet oder über Industrieanlagen mit hohem Gefährdungspotenzial. b) Sicherheitsbehälter in Kernkraftwerken.

Tafel 11.241 Zuordnung der Ausführungsklassen zu Qualitätsanforderungen

Ausführungsklasse	DIN EN ISO 3834	Inhalt
EXC 1	Teil 4	Elementare Qualitätsanforderungen
EXC 2	Teil 3	Standard-Qualitätsanforderungen
EXC 3 und EXC 4	Teil 2	Umfassende Qualitätsanforderungen

Tafel 11.242 Methoden zur Qualifizierung des Schweißverfahrens

Methoden der Qualifizierung	DIN EN ISO	EXC 2	EXC 3	EXC 4
Schweißverfahrensprüfung	15614-1	×	×	×
Vorgezogene Arbeitsprüfung	15613	×	×	×
Standardschweißverfahren	15612	×[a]	–	–
Vorliegende schweißtechnische Erfahrung	15611	×[b]	–	–
Einsatz von geprüften Schweißzusätzen	15610			

× zulässig; – nicht zulässig.
[a] nur bei Stahlsorten ≤ S355 und manuellem oder teilmechanischem Schweißen.
[b] nur bei Stahlsorten ≤ S275 und manuellem oder teilmechanischem Schweißen.

Tafel 11.243 Technische Kenntnisse des Schweißaufsichtspersonals

Ausführungsklasse	Stahlsorte (S235 bis S700)	Materialdicke		
		$t \leq 25$ mm ($t \leq 50$ mm)[a]	25 mm $\leq t \leq 50$ mm (25 mm $\leq t \leq 75$ mm)[a]	$t > 50$ mm
EXC 2	$\leq$ S275	B	S	S
	S355	B	S	C
	$\geq$ S420	S	C[b]	C
EXC 3	$\leq$ S355	S	C	C
	$\geq$ S420	C	C	C
EXC 4	S235 bis S700	C	C	C

[a] Die größeren Blechdicken gelten für Stützenfußplatten und Stirnbleche.
[b] Bei Stahlsorten N, NL, M, ML sind spezielle Kenntnisse (S) ausreichend.

Tafel 11.244 Umfang der ergänzenden ZfP

Schweißnahtart	Werkstatt- und Baustellennähte		
	EXC 2	EXC 3	EXC 4
Zugbeanspruchte querverlaufende Stumpfnähte und teilweise durchgeschweißte Nähte in zugbeanspruchten Stumpfstößen			
$U \geq 0{,}5$	10 %	20 %	100 %
$U < 0{,}5$	0 %	10 %	50 %
Querverlaufende Stumpfnähte und teilweise durchgeschweißte Nähte			
in Kreuzstößen	10 %	20 %	100 %
in T-Stößen	5 %	10 %	50 %
Zug- oder scherbeanspruchte querverlaufende Kehlnähte			
mit $a > 12$ mm oder $t_{max} > 20$ mm	5 %	10 %	20 %
mit $a \leq 12$ mm oder $t_{max} \leq 20$ mm	0 %	5 %	10 %
Vollständig durchgeschweißte Längsnähte zwischen Steg und Obergurt bei Kranbahnträgern	10 %	20 %	100 %
Andere Längsnähte und Nähte angeschweißter Steifen	0 %	5 %	10 %

Tafel 11.245 Zuordnung der Bewertungsgruppen zu Ausführungsklassen

Ausführungsklasse	EXC 1	EXC 2	EXC 3	EXC 4
Bewertungsgruppe	D	C[a]	B	B+[b]

[a] Bewertungsgruppe D für „Einbrandkerbe (5011, 5012)", „Schweißgutüberlauf (506)", „Zündstelle (601)", „Offener Endkraterlunker (2025)".
[b] Bewertungsgruppe B mit Zusatzanforderungen der DIN EN 1090-2, Tab. 17 [37].

und EXC 4 sind ergänzende ZfP in Abhängigkeit von der statischen Ausnutzung der Schweißnähte im GZT nach Tafel 11.244 durchzuführen. Dort werden Nähte, die nicht parallel zur Längsachse verlaufen, als quer verlaufende Nähte betrachtet. $U = E_d / R_d$ ist der Ausnutzungsgrad unter quasi-statischen Einwirkungen.

11.10.2.5 Abnahmekriterien für Schweißnahtunregelmäßigkeiten

DIN EN ISO 5817 [63] regelt die Grenzwerte für Unregelmäßigkeiten der Schweißnähte für die Bewertungsgruppen B, C und D. Die Qualität einer Schweißung wird hinsichtlich der Art, Größe und Anzahl ausgesuchter Unregelmäßigkeiten bewertet. Mit der Gruppe B sind die höchsten Anforderungen verbunden. In Tafel 11.245 sind den Ausführungsklassen Bewertungsgruppen zugeordnet, deren Abnahmekriterien einzuhalten sind. Unregelmäßigkeiten aufgrund von Mikrobindefehlern (401) und schroffen Nahtübergängen (505) sind nicht zu berücksichtigen.

11.10.3 Schraubenverbindungen

11.10.3.1 Herstellen von Schraubenverbindungen

Die Herstellung von Schraubenverbindungen geschieht in folgenden Schritten:

- Herstellen der Löcher,
- ggf. Vorbereiten der Kontaktflächen
- Einsetzen der Schrauben und Unterlegscheiben,
- Aufschrauben, Anziehen und ggf. Vorspannen der Mutter.

Schraubenlöcher können unter Beachtung von DIN EN 1090-2, Abschn. 6.6.3 [37] auf unterschiedliche Weise hergestellt werden (Bohren, Stanzen, Laser-, Plasma- oder anderes thermisches Schneiden). Zu beachten sind

- die Anforderungen in Bezug auf lokale Härte und Qualität der Schnittflächen nach DIN EN 1090-2, Abschn. 6.4,
- das alle Löcher für Verbindungsmittel oder Bolzen so zueinander passen, dass die Verbindungsmittel ungehindert eingesetzt werden können.

Tafel 11.246 Anziehverfahren und k-Klassen

Anziehverfahren	k-Klassen
Drehmomentverfahren	K2
Kombiniertes Vorspannverfahren	K2 oder K1
HRC Anziehverfahren (DIN EN 14399-10)	K0 nur mit HRD-Muttern oder K2
Verfahren mit direkten Kraftanzeigern (DTI)	K2, K1 oder K0

Tafel 11.247 Vorspannkräfte und Anziehmomente für Garnituren der Festigkeitsklasse 8.8 nach DIN EN ISO 4014, 4017, 4032 und DIN 34820

Maße	Regelvorspann-kraft $F_{p,C}^*$ [kN]	Drehimpulsverfahren	Modifiziertes Drehmomentverfahren
		Einzustellende Vorspannkraft $F_{V,DI}$ [kN] zum Erreichen der Regelvor-spannkraft $F_{p,C}^*$	Aufzubringendes Anziehmoment M_A [N m] zum Erreichen der Regelvor-spannkraft $F_{p,C}^*$
		Oberflächenzustand: feuerverzinkt und geschmiert[a] oder wie hergestellt und geschmiert[a]	
M12	35	40	70
M16	70	80	170
M20	110	120	300
M22	130	145	450
M24	150	165	600
M27	200	220	900
M30	245	270	1200
M36	355	390	2100

[a] Muttern mit Molybdänsulfid oder gleichwertigem Schmierstoff behandelt.

Tafel 11.248 Vorspannkräfte und Anziehmomente für Garnituren der Festigkeitsklasse 10.9 nach DIN EN 14399-4, DIN EN 14399-6 u. DIN EN 14399-8

Maße	Regelvorspann-kraft $F_{p,C}^*$ [kN]	Drehimpulsverfahren	Modifiziertes Drehmomentverfahren	Modifiziertes kombiniertes Verfahren
		Einzustellende Vorspann-kraft $F_{V,DI}$ [kN] zum Erreichen der Regelvor-spannkraft $F_{p,C}^*$	Aufzubringendes An-ziehmoment M_A [N m] zum Erreichen der Re-gelvorspannkraft $F_{p,C}^*$	Voranziehmoment $M_{A,MKV}$ [N m]
		Oberflächenzustand: feuerverzinkt und geschmiert[a] oder wie hergestellt und geschmiert[a]		
M12	50	60	100	75
M16	100	110	250	190
M20	160	175	450	340
M22	190	210	650	490
M24	220	240	800	600
M27	290	320	1250	940
M30	350	390	1650	1240
M36	510	560	2800	2100

[a] Muttern mit Molybdänsulfid oder gleichwertigem Schmierstoff behandelt.

Stanzen ist zulässig, sofern die Bauteildicke nicht größer ist als der Nenndurchmesser des Loches. In den Ausführungsklassen EXC 3 und EXC 4 müssen die Löcher bei Blechdicken > 3 mm mit einem Untermaß von mindestens 2 mm gestanzt und hinterher aufgerieben werden.

Löcher für Passschrauben und Passbolzen dürfen entweder passend gebohrt oder vor Ort aufgerieben werden. Löcher, die vor Ort aufgerieben werden, müssen zunächst mit mindestens 3 mm Untermaß durch Bohren oder Stanzen ausgeführt werden. **Lange Langlöcher** müssen entweder in einem Arbeitsgang gestanzt oder durch Bohren oder Stanzen zweier Löcher mit anschließenden manuellem Brennschneiden hergestellt werden, sofern nichts anderes festgelegt wird.

Grate an Löchern müssen vor dem Zusammenbau entfernt werden. Werden Löcher in einem Arbeitsgang durch zusammengeklemmte Teile gebohrt, die nach dem Bohren nicht getrennt werden, ist das Entgraten nur an den außenliegenden Lochrändern erforderlich.

11.10.3.2 Planmäßiges Vorspannen von Schraubenverbindungen

Zum Aufbringen der Mindestvorspannkraft $F_{p,C}$ können nach DIN EN 1090-2 [37] die Anziehverfahren in Tafel 11.246 eingesetzt werden, wenn keine Einschränkungen bzgl. der Anwendung vorliegen. Dabei muss die k-Klasse (Kalibrierung im Anlieferungszustand nach DIN EN 14399-1 [68]) der Tafel 11.246 entsprechen. Angaben zu den Anziehverfahren, den notwendigen Kontrollen und Prüfungen sind DIN EN 1090-2 [37] zu entnehmen. Die k-Klassen müssen vom Hersteller der Schraubengarnituren angegeben werden. Das Anziehen erfolgt schrittweise, ausgehend von dem Teil des Anschlusses mit der größten Steifigkeit hin zum nachgiebigsten Teil. Mehr als ein Anziehdurchgang kann notwendig sein, um gleichmäßige Vorspannkräfte zu erzielen.

Ergänzende Vorspannverfahren zu DIN EN 1090-2 [37]
In DIN EN 1993-1-8/NA [19] sind ergänzende Vorspannverfahren angegeben. Die wesentliche Besonderheit der ergänzenden Vorspannverfahren besteht im Aufbringen der im Vergleich zur Mindestvorspannkraft $F_{\mathrm{p,C}}$ kleineren Regelvorspannkraft $F_{\mathrm{p,C}}^*$. Dadurch kann die Ermittlung eines Referenz-Drehmoments nach DIN EN 1090-2, Abschn. 8.5.2 entfallen. Stattdessen können bei einer Schmierung nach k-Klasse K1 feste Werte für die Anziehmomente angegeben werden. Daraus folgen ein modifiziertes Drehmoment-Vorspannverfahren und ein modifiziertes kombiniertes Vorspannverfahren. Ferner ist es möglich, das traditionelle Drehimpuls-Vorspannverfahren beizubehalten, siehe Tafeln 11.247 und 11.248 [19].

Normen

1. DIN EN 1990 (12/2010), Grundlagen der Tragwerksplanung

DIN EN 1991, Eurocode 1: Einwirkungen auf Tragwerke

2. DIN EN 1991-1-1 (12/2010), Allgemeine Einwirkungen auf Tragwerke – Wichten, Eigengewicht und Nutzlasten im Hochbau

3. DIN EN 1991-1-5 (12/2010), Temperatureinwirkungen

4. DIN EN 1991-1-6 (12/2010), Allgemeine Einwirkungen, Einwirkungen während der Bauausführung

5. DIN EN 1991-1-7 (12/2010), Außergewöhnliche Einwirkungen

6. DIN EN 1991-2 (12/2010), Verkehrslasten auf Brücken

7. DIN EN 1991-2/NA (08/2012), Nationaler Anhang – Verkehrslasten auf Brücken

8. DIN EN 1991-3 (12/2010), Einwirkungen infolge von Kranen und Maschinen

9. DIN EN 1991-3/NA (08/2018), Nationaler Anhang – Einwirkungen infolge von Kranen und Maschinen

DIN EN 1992-1, Eurocode 2: Bemessung und Konstruktion von Stahlbeton- und Spannbetontragwerken

10. DIN EN 1992-1-1 (01/2011), Allgemeine Bemessungsregeln und Regeln für den Hochbau

11. DIN EN 1992-1-1/NA (04/2013), Nationaler Anhang – Allgemeine Bemessungsregeln und Regeln für den Hochbau

DIN EN 1993, Eurocode 3: Bemessung und Konstruktion von Stahlbauten

12. DIN EN 1993-1-1 (12/2010), Allgemeine Bemessungsregeln und Regeln für den Hochbau

13. DIN EN 1993-1-1/NA (12/2018), Nationaler Anhang – Allgemeine Bemessungsregeln und Regeln für den Hochbau

14. DIN EN 1993-1-3 (12/2010), Allgemeine Regeln – Ergänzende Regeln für kaltgeformte Bauteile und Bleche

15. DIN EN 1993-1-5 (10/2019), Plattenförmige Bauteile

16. DIN EN 1993-1-5/NA (11/2018), Nationaler Anhang – Plattenförmige Bauteile

17. prEN 1993-1-8:2020: Eurocode 3 – Design of steel structures – Part 1-8: Design of joints. Final draft of EN 1993-1-8, Document CEN/TC 250/SC 3 N 3098, 2020-02

18. DIN EN 1993-1-8 (12/2010), Bemessung von Anschlüssen

19. DIN EN 1993-1-8/NA (12/2010), Nationaler Anhang – Bemessung von Anschlüssen

20. DIN EN 1993-1-9 (12/2010), Ermüdung

21. DIN EN 1993-1-9/NA (12/2010), Nationaler Anhang – Ermüdung

22. DIN EN 1993-1-10 (12/2010), Stahlsortenauswahl im Hinblick auf Bruchzähigkeit und Eigenschaften in Dickenrichtung

23. DIN EN 1993-1-10/NA (04/2016), Nationaler Anhang – Stahlsortenauswahl im Hinblick auf Bruchzähigkeit und Eigenschaften in Dickenrichtung

24. DIN EN 1993-1-12 (12/2010), Zusätzliche Regeln zur Erweiterung von EN 1993 auf Stahlgüten bis S700

25. DIN EN 1993-1-12/NA (08/2011), Nationaler Anhang – Zusätzliche Regeln zur Erweiterung von EN 1993 auf Stahlgüten bis S700

26. DIN EN 1993-2 (12/2010), Stahlbrücken

27. DIN EN 1993-2/NA (10/2014), Nationaler Anhang – Stahlbrücken

28. DIN EN 1993-6 (12/2010), Kranbahnen

29. DIN EN 1993-6/NA (11/2017), Nationaler Anhang – Kranbahnen

DIN EN 1994-1, Eurocode 4: Bemessung und Konstruktion von Verbundtragwerken aus Stahl und Beton

30. DIN EN 1994-1-1 (12/2010), Allgemeine Bemessungsregeln und Anwendungsregeln für den Hochbau

31. DIN EN 1994-1-1/NA (12/2010), Nationaler Anhang – Allgemeine Bemessungsregeln und Anwendungsregeln für den Hochbau

DIN 18800, Stahlbauten

32. DIN 18800-1 (11/2008), Bemessung und Konstruktion

33. DIN 18800-2 (11/2008), Stabilitätsfälle – Knicken von Stäben und Stabwerken

34. DIN 18800-3 (11/2008), Stabilitätsfälle – Plattenbeulen

35. DIN 18800-5 (03/2007) Verbundtragwerke aus Stahl und Beton – Bemessung und Konstruktion

DIN EN 1090, Ausführung von Stahltragwerken und Aluminiumtragwerken

36. DIN EN 1090-1 (02/2012), Konformitätsnachweisverfahren für tragende Bauteile

37. DIN EN 1090-2 (10/2011), Technische Regeln für die Ausführung von Stahltragwerken

Weitere

38. DIN 18807 (06/1987), Stahltrapezprofile: T.1 – Allgemeine Anforderungen, Ermittlung der Tragfähigkeitswerte durch Berechnung; T.2 – Durchführung und Auswertung von Tragfähigkeitsversuchen; T.3 – Festigkeitsnachweis und konstruktive Ausbildung

39. DIN EN 10027-1 (01/2017), Bezeichnungssysteme für Stähle – Teil 1: Kurznamen

40. DIN EN 10027-2 (07/2015), Bezeichnungssysteme für Stähle – Teil 2: Nummernsystem

41. DIN ISO 5261 (04/1997), Technische Zeichnungen – Vereinfachte Angabe von Stäben und Profilen

42. DIN SPEC 18085 (08/2014), Anordnung von Schrauben in warmgewalzten Stahlprofilen

43. DIN EN 10279 (03/2000), Warmgewalzter U-Profilstahl – Grenzabmaße, Formtoleranzen und Grenzabweichungen der Masse

44. DIN EN ISO 2553 (04/2014), Schweißen und verwandte Prozesse – Symbolische Darstellung in Zeichnungen – Schweißverbindungen

45. DIN EN 10025, Warmgewalzte Erzeugnisse aus Baustählen, Teile 1 bis 6

46. DIN 536, Kranschienen – Maße, statische Werte, Stahlsorten

47. DIN 1025, Warmgewalzte I-Träger – Maße, Masse, statische Werte

48. DIN 1026, Warmgewalzter U-Profilstahl – Maße, Masse und statische Werte

49. DIN 1027 (04/2004), Stabstahl – Warmgewalzter rundkantiger Z-Stahl – Maße, Masse, Toleranzen, statische Werte

50. DIN 59200 (05/2001), Flacherzeugnisse aus Stahl – Warmgewalzter Breitflachstahl – Maße, Masse, Grenzabmaße, Formtoleranzen und Grenzabweichungen der Masse

51. DIN EN 10055 (12/1995), Warmgewalzter gleichschenkliger T-Stahl mit gerundeten Kanten und Übergängen – Maße, Grenzabmaße und Formtoleranzen

52. DIN EN 10056-1 (06/2017), Gleichschenklige und ungleichschenklige Winkel aus Stahl – Teil 1: Maße

53. DIN EN 10056-2 (03/1994), Gleichschenklige und ungleichschenklige Winkel aus Stahl – Teil 2: Grenzabmaße und Formtoleranzen

54. DIN EN 10149 (12/2013), Warmgewalzte Flacherzeugnisse aus Stählen mit hoher Streckgrenze zum Kaltumformen, Teil 2: Technische Lieferbedingungen für thermomechanisch gewalzte Stähle, Teil 3: Technische Lieferbedingungen für normalgeglühte oder normalisierend gewalzte Stähle

55. DIN EN 10164 (03/2005), Stahlerzeugnisse mit verbesserten Verformungseigenschaften senkrecht zur Erzeugnisoberfläche – Technische Lieferbedingungen

56. DIN EN 10210 (07/2006), Warmgefertigte Hohlprofile für den Stahlbau aus unlegierten Baustählen und aus Feinkornbaustählen

57. DIN EN 10219 (07/2006), Kaltgefertigte geschweißte Hohlprofile für den Stahlbau aus unlegierten Baustählen und aus Feinkornbaustählen

58. DIN EN 10346 (10/2015), Kontinuierlich schmelztauchveredelte Flacherzeugnisse aus Stahl – Technische Lieferbedingungen

59. DIN EN 10024 (05/1995), I-Profile mit geneigten inneren Flanschflächen – Grenzabnahme und Formtoleranzen

60. DIN EN 10034 (03/1994), I- und H-Profile aus Baustahl – Grenzabmaße und Formtoleranzen

61. DIN EN ISO 286-2 (11/2010), Geometrische Produktspezifikation (GPS) – ISO-Toleranzsystem für Längenmaße – Teil 2: Tabellen der Grundtoleranzgrade und Grenzabmaße für Bohrungen und Wellen

62. DIN EN ISO 898-1, 2 (05/2013, 08/2012), Mechanische Eigenschaften von Verbindungselementen aus Kohlenstoffstahl und legiertem Stahl – Teil 1: Schrauben mit festgelegten Festigkeitsklassen – Regelgewinde und Feingewinde, Teil 2: Muttern mit festgelegten Festigkeitsklassen – Regelgewinde und Feingewinde

63. DIN EN ISO 5817 (06/2014) Schweißen – Schmelzschweißverbindungen an Stahl, Nickel, Titan und deren Legierungen (ohne Strahlschweißen) – Bewertungsgruppen von Unregelmäßigkeiten

64. DIN EN ISO 13918 (10/2008), Schweißen – Bolzen und Keramikringe für das Lichtbogenbolzenschweißen

65. ISO 14346 (03/2013): Static design procedure for welded hollow-section joints – Recommendations

66. DIN EN ISO 14555 (08/2014), Schweißen – Lichtbogenbolzenschweißen von metallischen Werkstoffen

67. DIN EN 22553 (03/1997), Schweiß- und Lötnähte – Symbolische Darstellung in Zeichnungen

68. DIN EN 14399, Hochfeste vorspannbare Garnituren für Schraubverbindungen im Metallbau

69. DIN EN 15048 (09/2016), Garnituren für nicht vorgespannte Schraubverbindungen im Metallbau

70. DIN EN 13001-2 (12/2014), Kransicherheit – Konstruktion allgemein – Teil 2: Lasteinwirkungen

71. VDI 2388 (10/2007), Krane in Gebäuden – Planungsgrundlagen

72. BGV D6 (04/2001), Unfallverhütungsvorschrift Krane

Literatur

73. Wardenier, J., Y. Kurobane, J. A. Packer, G. J. van der Vegte, X.-L. Zhao. *Konstruieren mit Stahlhohlprofilen – Berechnung + Bemessung von Verbindungen aus Rundhohlprofilen unter vorwiegend ruhender Beanspruchung*. 2. Ausgabe. Herausgeber: CIDECT, 2011.

74. Stroetmann, R., J. Lindner. *Knicknachweise nach DIN EN 1993-1-1*. Verlag Ernst & Sohn, Stahlbau 79 (2010), Heft 11, S. 793–808.

75. Stroetmann, R., H. Friemann. *Zum Nachweis ausgesteifter biegedrillknickgefährdeter Träger*. Verlag Ernst & Sohn, Stahlbau 67 (1998), Heft 12, S. 936–955.

76. Francke, W., H. Friemann. *Schub und Torsion in geraden Stäben*. 3. Auflage. Wiesbaden: Vieweg + Teubner, 2005.

77. Dutta, D. *Hohlprofilkonstruktionen*. Berlin: Verlag Ernst & Sohn, 1999.

78. Verein Deutscher Eisenhüttenleute (Hrsg.). *Stahl im Hochbau*. 14. Auflage, Band I/Teil 2. Düsseldorf: Verlag Stahleisen, 1986.

79. Boissonnade, N., R. Greiner, J.-P. Jaspart, J. Lindner. *Rules for Member Stability in EN 1993-1-1, Background documentation and design guidelines*. ECCS publ. No. 119, Brüssel, 2006.

80. Lindner, J., S. Heyde. *Schlanke Stabtragwerke*. Stahlbau-Kalender 2009, S. 273–379. Berlin: Verlag Ernst & Sohn, 2009.

81. Roik, K., J. Carl, J. Lindner. *Biegetorsionsprobleme gerader dünnwandiger Stäbe*. Berlin: Verlag Ernst & Sohn, 1972.

82. Rondal, J., K.-G. Würker, D. Dutta, J. Wardenier, N. Yeomans. *Knick- und Beulverhalten von Hohlprofilen (rund und rechteckig)*. Herausgeber: CIDECT. Köln: Verlag TÜV Rheinland, 1992.

83. Lindner, J. *Stabilisierung von Trägern durch Trapezbleche*. Verlag Ernst & Sohn, Stahlbau 56 (1987), Heft 1, S. 9–15.

84. Lindner, J., R. Giezelt. *Zur Tragfähigkeit ausgeklinkter Träger*. Verlag Ernst & Sohn, Stahlbau 54 (1985), Heft 2, S. 39–45.

85. Rubin, H., U. Vogel. *Baustatik ebener Tragwerke*. In Stahlbau Handbuch 1, Teil A: Abschnitt 3. Köln: Stahlbau-Verlagsgesellschaft, 1993.

86. Feldmann, M., U. Kuhlmann, M. Mensinger. *Entwicklung und Aufbereitung wirtschaftlicher Bemessungsregeln für Stahl- und Verbundträger mit schlanken Stegblechen im Hoch- und Brückenbau*. AiF-Projekt 14771, Forschungsbericht. Düsseldorf: Stahlbau Verlags- und Service GmbH, 2008.

87. Braun, B., U. Kuhlmann. *Bemessung und Konstruktion von aus Blechen zusammengesetzten Bauteilen nach DIN EN 1993-1-5*. Stahlbau-Kalender 2009, S. 381–453. Berlin: Verlag Ernst & Sohn, 2009.

88. Klöppel, K., J. Scheer, K. H. Möller. *Beulwerte ausgesteifter Rechteckplatten*, Band I und II. Berlin: Verlag Ernst & Sohn, 1960 und 1968.

89. Petersen, C. *Statik und Stabilität der Baukonstruktionen*. 2. Auflage. Braunschweig/Wiesbaden: Friedr. Vieweg & Sohn Verlagsgesellschaft, 1982.

90. Protte, W. *Zum Scheiben- und Beulproblem längsversteifter Stegblechfelder bei örtlicher Lasteinleitung und bei Belastung aus Haupttragwirkung*. Verlag Ernst & Sohn, Stahlbau 45 (1976), Heft 8, S. 251–252.

91. Hanswille, G., M. Schäfer, M. Bergmann. *Stahlbaunormen – Verbundtragwerke aus Stahl und Beton, Bemessung und Konstruktion – Kommentar zu DIN 18800-5 Ausgabe März 2007*. Stahlbau-Kalender 2010, S. 243–422, Berlin: Verlag Ernst & Sohn, 2010.

92. Hanswille, G., J. Lindner, D. Münich. *Zum Biegedrillknicken von Verbundträgern*. Verlag Ernst & Sohn, Stahlbau 67 (1998), Heft 7, S. 525–535.

93. Nussbaumer, A., H.-P. Günther. *Grundlagen und Erläuterung der neuen Ermüdungsnachweise nach Eurocode 3*. Stahlbau-Kalender 2006, S. 381–484. Berlin: Verlag Ernst & Sohn, 2006.

94. Zhao, X.-L., S. Herion, J. A. Packer, R. S. Puthli, G. Sedlacek, J. Wardenier, K. Weynand, A. M. van Wingerde, N. F. Yeomans. *Konstruieren mit Stahlhohlprofilen – Geschweißte Anschlüsse von runden und rechteckigen Hohlprofilen unter Ermüdungsbelastung*. Herausgeber: CIDECT. Köln: TÜV-Verlag, 2002

95. Kindmann, R. (Hrsg.), M. Kraus, H. J. Niebuhr. *Stahlbau Kompakt*. 3. Auflage. Düsseldorf: Verlag Stahleisen GmbH, 2014.

96. Kindmann, R., D. Jonczyk, M. Knobloch. *Plastische Querschnittstragfähigkeit von kreisförmigen Hohlprofilen*. Verlag Ernst & Sohn, Stahlbau 85 (2016), Heft 12, S. 845–852.

97. Kraus, M., S. Mämpel. *Kennwerte neuer und abgenutzter Kranschienen für die Bemessung von Kranbahnträgern*. Verlag Ernst & Sohn, Stahlbau 86 (2017), Heft 1, S. 36–44.

98. Seeßelberg, C. *Kranbahnen – Bemessung und konstruktive Gestaltung nach Eurocode*. 5. Auflage. Berlin/Wien/Zürich: Beuth Verlag GmbH, 2016.

99. Bauministerkonferenz. Muster-Verwaltungsvorschrift Technische Baubestimmungen (MVV TB) Ausgabe 2019/1, www.bauministerkonferenz.de.

100. Schneider, S., D. Ungermann. *Geschraubte Anschlüsse und Verbindungen nach DIN EN 1993-1-8*. Verlag Ernst & Sohn, Stahlbau 79 (2010), Heft 11, S. 809–826.

101. Rose, G. *Ein Beitrag zur Berechnung von Kranbahnen*. Verlag Ernst & Sohn, Stahlbau 27 (1958), Heft 6, S. 154–158.

102. Schardt, R., C. Strehl. *Stand der Theorie zur Bemessung von Trapezblechscheiben*. Verlag Ernst & Sohn, Stahlbau 49 (1980), Heft 11, S. 325–334.

103. Kathage, K., J. Lindner, T. Misiek, S. Schilling. *A proposal to adjust the design approach for the diaphragm action of shear panels according to Schardt and Strehl in line with European regulations*. Verlag Ernst & Sohn, Steel Construction 6 (2013), Heft 2, S. 107–116.

104. ECCS TC 7. *European Recommendations for the Application of Metal Sheeting acting as a Diaphragm – Stressed Skin Design*. ECCS publ. No. 88, Brüssel, 1995.

105. Kuhlmann, U., M. Feldmann, J. Lindner, C. Müller, R. Stroetmann. *Eurocode 3 – Bemessung und Konstruktion von Stahlbauten – Band 1: Allgemeine Regeln und Hochbau. DIN EN 1993-1-1 mit Nationalem Anhang – Kommentar und Beispiele*. Berlin/Wien/Zürich: Beuth Verlag und Berlin: Verlag Ernst & Sohn, 2014.

106. Sedlacek, G. *Consistency of the equivalent geometric imperfections used in design and the tolerances for geometric imperfections used in execution*. ECCS TC 8 Report, Document No. TC8-2010-06-001. Oslo, 2010.

107. Greiner, R., M. Kettler, A. Lechner, B. Freytag, J. Linder, J.-P. Jaspart, N. Boissonnade, E. Bortolotti, K. Weynand, C. Ziller, R. Oerder. *SEMI-COMP: Plastic member capacity of semi-compact steel sections – a more economic design*. RFSR-CT-2004-00044, Final Report, Research Programme of the Research Fund for Coal and Steel – RTD, 2008.

108. Greiner, R., A. Lechner, M. Kettler, J.-P. Jaspart, K. Weynand, C. Ziller, R. Oerder, M. Herbrand, L. Simões da Silva, V. Dehan. *Background information to design guidelines for cross-section and member design according to Eurocode 3 with particular focus on semi-compact sections*. Valorisation Project SEMI-COMP+: "Valorisation action of plastic member capacity of semi-compact steel sections – a more economic design", RFS2-CT-2010-00023, 2012.

Broschüre „Technische Informationen KVH®, Duobalken®, Triobalken®

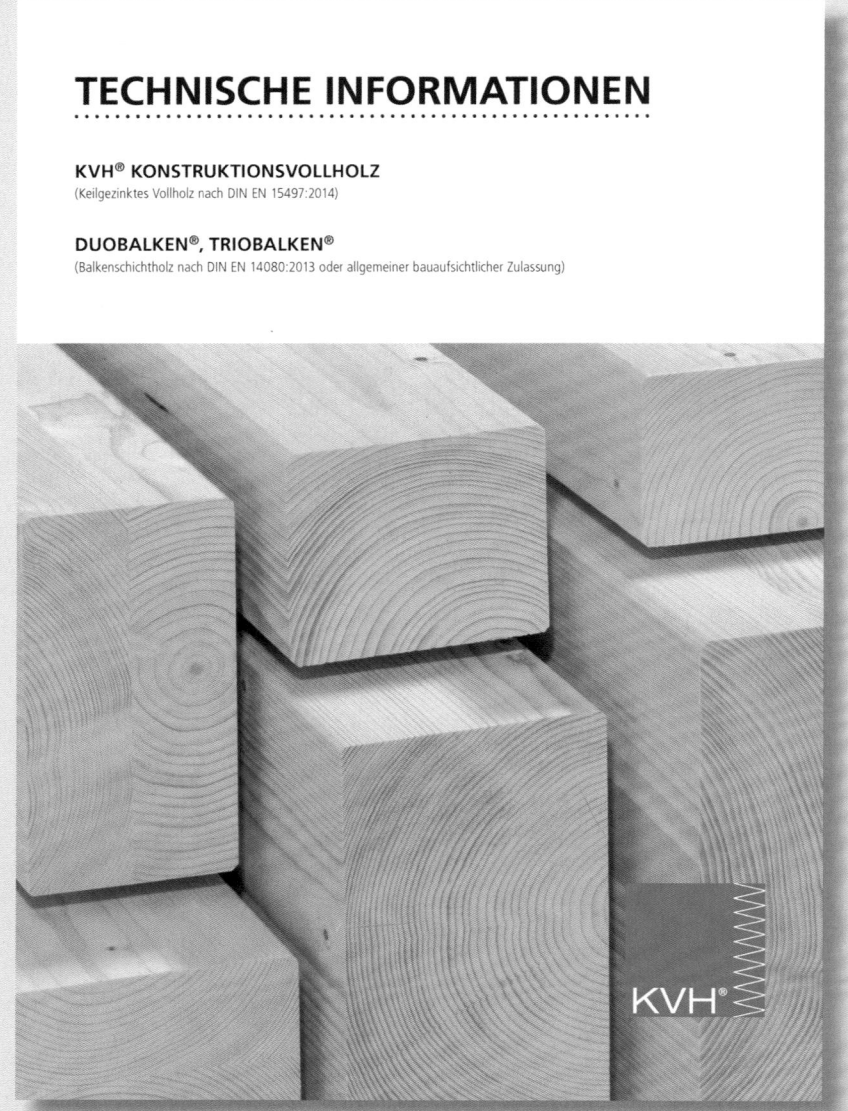

Konstruktionsvollholz KVH® und Balkenschichtholz (Duobalken®, Triobalken®) sind technisch getrocknete Vollholzholzprodukte nach europäischen Normen und dem Stand der Technik im modernen Holzbau.

Die neue Broschüre „Technische Informationen KVH®, Duobalken®, Triobalken®" informiert ausführlich über Herstellung, technische Eigenschaften, Anwendungsbereiche und Lieferprogramme von keilgezinktem Konstruktionsvollholz KVH® nach DIN EN 15497:2014 und Balkenschichtholz (Duobalken®, Triobalken®) gemäß DIN EN 14080:2013.

Die Broschüre steht ab sofort unter www.kvh.eu als Download bereit und kann unter info@kvh.de als Print angefordert werden.

Mehr Informationen über KVH®, Duobalken® und Triobalken® bei:
Überwachungsgemeinschaft Konstruktionsvollholz e.V.
Heinz-Fangman-Straße 2 • D-42287 Wuppertal – GERMANY
Email: info@kvh.de • Internet: www.kvh.eu

Holzbau

Prof. Dr.-Ing. Wilfried Moorkamp und Prof. Dr.-Ing. Helmuth Neuhaus

Inhaltsverzeichnis

W. Moorkamp (✉)
FH Aachen
Aachen, Deutschland
E-Mail: moorkamp@fhaachen.de

© Springer Fachmedien Wiesbaden GmbH, ein Teil von Springer Nature 2021
U. Vismann (Hrsg.), *Wendehorst Bautechnische Zahlentafeln*, https://doi.org/10.1007/978-3-658-32218-2_12

12.1   Technische Baubestimmungen

DIN 976-1	2002-12	Gewindebolzen; Metrisches Gewinde
DIN 1052	2008-12	Entwurf, Berechnung und Bemessung von Holzbauwerken; Allgemeine Bemessungsregeln und Bemessungsregeln für den Hochbau
DIN 1052-10	2012-05	Herstellung und Ausführung von Holzbauwerken; Ergänzende Bestimmungen
DIN SPEC 1052-100	2013-08	Holzbauwerke; Bemessung und Konstruktion von Holzbauten; Mindestanforderungen an die Baustoffe oder den Korrosionsschutz von Verbindungsmitteln
DIN 4074-1	2008-12 2012-06	Sortierung von Holz nach der Tragfähigkeit; Nadelschnittholz
DIN 4074-5	2008-12	Sortierung von Holz nach der Tragfähigkeit; Laubschnittholz
DIN 18180	2007-01	Gipsplatten; Arten, Anforderungen
DIN 18334	2012-09	VOB Vergabe- und Vertragsordnung für Bauleistungen; Teil C: Allgemeine Technische Vertragsbedingungen für Bauleistungen (ATV); Zimmer- und Holzbauarbeiten
DIN 20000-1	2017-06	Anwendung von Bauprodukten in Bauwerken; Holzwerkstoffe
DIN 20000-3	2015-02	Anwendung von Bauprodukten in Bauwerken; Brettschichtholz und Balkenschichtholz nach DIN 14080
DIN 20000-5	2012-03	Anwendung von Bauprodukten in Bauwerken; Nach Festigkeit sortiertes Bauholz für tragende Zwecke mit rechteckigem Querschnitt
DIN 20000-6	2015-02	Anwendung von Bauprodukten in Bauwerken; Verbindungsmittel nach EN 14592: 2009-02 und EN 14545: 2009-02 (Anmerkung: Stiftförmige und Nicht-Stiftförmige Verbindungsmittel)
DIN 20000-7	2015-08	Anwendung von Bauprodukten in Bauwerken; Keilgezinktes Vollholz für tragende Zwecke nach DIN EN 15497
DIN 68800-1	2019-06	Holzschutz; Allgemeines
DIN 68800-2	2012-02	Holzschutz; Vorbeugende bauliche Maßnahmen im Hochbau
DIN 68800-3	2012-02	Holzschutz; Vorbeugender Schutz von Holz mit Holzschutzmitteln
DIN 68800-4	2012-02	Holzschutz; Bekämpfungs- und Sanierungsmaßnahmen gegen Holz zerstörende Pilze und Insekten
DIN EN 300	2006-09	Platten aus langen, flachen, ausgerichteten Spänen (OSB); Definitionen, Klassifizierung und Anforderungen
DIN EN 312	2010-12	Spanplatten; Anforderungen

DIN EN 335	2013-06	Dauerhaftigkeit von Holz und Holzprodukten; Gebrauchsklassen: Definitionen, Anwendung bei Vollholz und Holzprodukten
DIN EN 336	2013-12	Bauholz für tragende Zwecke; Maße, zulässige Abweichungen
DIN EN 338	2016-07	Bauholz für tragende Zwecke; Festigkeitsklassen
DIN EN 350-2	1994-10	Dauerhaftigkeit von Holz und Holzprodukten; Natürliche Dauerhaftigkeit von Vollholz; Leitfaden für die natürliche Dauerhaftigkeit und Tränkbarkeit von ausgewählten Holzarten von besonderer Bedeutung in Europa
DIN EN 351-1	2007-10	Dauerhaftigkeit von Holz und Holzprodukten; Mit Holzschutzmitteln behandeltes Vollholz; Klassifizierung der Schutzmitteleindringung und -aufnahme
DIN EN 622-2	2004-07	Faserplatten; Anforderungen; Anforderungen an harte Platten
DIN EN 622-3	2004-07	Faserplatten; Anforderungen; Anforderungen an mittelharte Platten
DIN EN 634-2	2007-05	Zementgebundene Spanplatten; Anforderungen; Anforderungen an Portlandzement (PZ) gebundene Spanplatten zur Verwendung im Trocken-, Feucht- und Außenbereich
DIN EN 636	2003-11 2012-12 2015-05	Sperrholz; Anforderungen
DIN EN 912	2011-09	Holzverbindungsmittel; Spezifikationen für Dübel besonderer Bauart für Holz
DIN EN 1912	2013-10	Bauholz für tragende Zwecke; Festigkeitsklassen; Zuordnung von visuellen Sortierklassen und Holzarten
DIN EN 1990	2002-10 2010-12	Eurocode 0; Grundlagen der Tragwerksplanung
DIN EN 1995-1-1	2010-12	Eurocode 5; Bemessung und Konstruktion von Holzbauten; Allgemeines; Allgemeine Regeln und Regeln für den Hochbau
DIN EN 1995-1-1/A2	2014-07	Eurocode 5: Bemessung und Konstruktion von Holzbauten; Allgemeines; Allgemeine Regeln und Regeln für den Hochbau, Änderung A2
DIN EN 1995-1-1/NA	2013-08	Nationaler Anhang; National festgelegte Parameter; Eurocode 5; Bemessung und Konstruktion von Holzbauten; Allgemeines; Allgemeine Regeln und Regeln für den Hochbau
DIN EN 1995-1-2	2010-12	Eurocode 5; Bemessung und Konstruktion von Holzbauten; Allgemeine Regeln; Tragwerksbemessung für den Brandfall
DIN EN 1995-1-2/NA	2010-12	Nationaler Anhang; National festgelegte Parameter; Eurocode 5; Bemessung und Konstruktion von Holzbauten; Allgemeine Regeln; Tragwerksbemessung für den Brandfall
DIN EN 1995-2	2010-12	Eurocode 5; Bemessung und Konstruktion von Holzbauten; Brücken
DIN EN 1995-2/NA	2011-08	Nationaler Anhang; National festgelegte Parameter; Eurocode 5; Bemessung und Konstruktion von Holzbauten; Brücken
DIN EN 10230-1	2000-01	Nägel aus Stahldraht; Lose Nägel für allgemeine Verwendungszwecke
DIN EN 12369-1	2001-04	Holzwerkstoffe; Charakteristische Werte für die Berechnung und Bemessung von Holzbauwerken; OSB, Spanplatten und Faserplatten
DIN EN 12369-2	2011-09	Holzwerkstoffe; Charakteristische Werte für die Berechnung und Bemessung von Holzbauwerken; Sperrholz
DIN EN 12369-3	2009-02	Holzwerkstoffe; Charakteristische Werte für die Berechnung und Bemessung von Holzbauwerken; Massivholzplatten
DIN EN 13271	2004-02	Holzverbindungsmittel; Charakteristische Tragfähigkeiten und Verschiebungsmoduln für Verbindungen mit Dübeln besonderer Bauart
DIN EN 13353	2011-07	Massivholzplatten (SWP); Anforderungen
DIN EN 13986	2005-03 2015-06	Holzwerkstoffe zur Verwendung im Bauwesen; Eigenschaften, Bewertung der Konformität und Kennzeichnung
DIN EN 14080	2013-09	Holzbauwerke; Brettschichtholz und Balkenschnittholz; Anforderungen
DIN EN 14081-1	2011-05	Holzbauwerke; Nach Festigkeit sortiertes Bauholz für tragende Zwecke mit rechteckigem Querschnitt; Allgemeine Anforderungen
DIN EN 14279	2009-07	Furnierschichtholz (LVL); Definitionen, Klassifizierung und Spezifikationen
DIN EN 14545	2009-02	Holzbauwerke; Nicht stiftförmige Verbindungselemente; Anforderungen
DIN EN 14592	2009-02 2012-07	Holzbauwerke; Stiftförmige Verbindungsmittel; Anforderungen
DIN EN 15283-2	2009-12	Faserverstärkte Gipsplatten; Begriffe, Anforderungen und Prüfverfahren; Gipsfaserplatten
DIN EN 15497	2014-07	Keilgezinktes Vollholz für tragende Zwecke; Leistungsanforderungen und Mindestanforderungen an die Herstellung

12

Wichtige Hinweise

Neue Regelung bei der Anwendung europäischer Produktnormen Da im Eurocode 5 (und sinngemäß in anderen Eurocodes) keine Produktregelungen wie Festigkeits- und Steifigkeitsangaben vorhanden sind, verweist Eurocode 5 auf bestimmte **europäische Produktnormen** (harmonisierte Normen) für ein Produkt wie z. B. Vollholz (DIN EN 14081-1), Brettschichtholz (DIN EN 14080), Holzwerkstoffe (DIN EN 12369 u. a.) und Verbindungsmittel (DIN EN 14545, DIN EN 14592). Die bisherigen nationalen Regelungen zur Anwendung europäischer (Produkt-)Normen, die in den Bauregel-, Muster- bzw. Länderlisten der Technischen Baubestimmungen angeführt sind und zusätzlich meist noch eine Anwendungsnorm besitzen müssen bzw. mussten, werden derzeit angepasst und in einer **„neuen" Verwaltungsvorschrift Technische Baubestimmungen (VV TB)** zusammengefasst. Die „neue" VV TB wird nach bauaufsichtlicher Einführung maßgebend, dadurch soll die Musterliste der Technischen Baubestimmungen und die Bauregelliste für europäische Normen abgelöst werden. Darüber hinaus sind zukünftig weitere Neuausgaben bereits anwendbarer Produktnormen oder neue Produktnormen zu erwarten. In der Folgezeit ist deshalb bei der Bemessung nach DIN EN 1995-1-1 und DIN EN 1995-1-1/NA der jeweilige Stand der Anwendbarkeit der Produktnormen in der Verwaltungsvorschrift Technische Baubestimmungen (VV TB) zu kontrollieren. Gültig ist die neueste bauaufsichtlich eingeführte Baunorm bzw. Produktnorm.

Bei Redaktionsschluss befinden sich die Länder bezüglich der Musterverwaltungsvorschrift Technische Baubestimmungen noch im Umsetzungsprozess. Im Sinne der Einheitlichkeit haben jedoch alle Länder zugesagt, die Anwendung der MVV TB zu tolerieren.

Zum Inhalt dieses Kapitels Holzbau Der bautechnische Inhalt des vorliegenden Kapitels Holzbau ist nach den angeführten Baunormen, anderen relevanten technischen Regelungen, der Fachliteratur und nach bestem Wissen und Gewissen erstellt worden, jedoch kann **keine Gewähr, keine Garantie und keine Haftung** jeder Art für den bautechnischen Inhalt und darauf basierende Planungen, Berechnungen, Bemessungen, Konstruktionen und Ausführungen von (Holz-)Konstruktionen trotz sorgfältiger Bearbeitung, Prüfung und Korrektur übernommen werden. Deshalb wird davon ausgegangen, dass der Leser und Anwender dieses Kapitels den bautechnischen Inhalt bei der Nutzung am jeweils aktuellen Stand der Baunormen und anderen relevanten technischen Regelungen überprüft und eigenverantwortlich nur deren jeweils gültigen bzw. bauaufsichtlich eingeführten Stand verwendet. Ausdrücklich als Empfehlungen gekennzeichnete Angaben beziehen sich meist auf „alte" Baunormen, Literatur oder andere Vorgehensweisen und sind unverbindlich, so dass dafür ebenso keine Gewähr oder keine Haftung jeder Art übernommen werden kann; das Gleiche gilt für die Angaben in zitierter Literatur oder angeführten Internetquellen/-seiten.

12.2 Formelzeichen

DIN EN 1995-1-1: 2010-12, DIN EN 1995-1-1/NA: 2013-08 und DIN EN 1990: 2002-10

Formelzeichen bestehen überwiegend aus einem Hauptsymbol (Hauptzeiger) und einem oder mehreren Fußzeigern zur Kennzeichnung des Hauptsymbols.

12.2.1 Hauptsymbole (Hauptzeiger) (Auszug)

A außergewöhnliche Einwirkung; Querschnittsfläche; Anschlussfläche; Faktor

C Nadelholzbaum („conifer"); Gebrauchstauglichkeitskriterium

D Laubholzbaum („deciduous tree")

E Elastizitätsmodul; Auswirkung der Einwirkungen

F Einwirkung; Kraft; Einzellast; Tragfähigkeit

G Schubmodul; ständige Einwirkung

GL Brettschichtholz („glued", geklebt)

I Flächenmoment 2. Grades

K Verschiebungsmodul; Federsteifigkeit

M Moment; Biegemoment

N Normalkraft; Längskraft

Q veränderliche Einwirkung; Ersatzlast

R Widerstand; Tragwiderstand; Tragfähigkeit

S Sortierklasse

T Torsionsmoment; Schubkraft; Temperatur

V Querkraft; Volumen

W Widerstandsmoment

X Wert einer allgemeinen Baustoffeigenschaft

a Abstand, Überstand; Länge; allgemeine geometrische Größe

b Querschnittsbreite oder -dicke; Breite eines Bauteils; Trägerbreite

d Durchmesser stiftförmiger Verbindungsmittel, Dübel besonderer Bauart und von Stahlstäben; Lochdurchmesser; Platten- oder Scheibendicke

e Ausmitte; Mittenabstand

f Festigkeit; Frequenz

h Querschnittshöhe oder -dicke, Tragwerkshöhe; Einbindetiefe von Dübeln besonderer Bauart

i Trägheitsradius

k Beiwert; Systembeiwert; allgemeine Hilfsgröße

l Länge; Spannweite; Feldlänge; Einklebelänge; Eindringtiefe bei Verbindungsmitteln

m Anzahl (Hilfsgröße); bezogenes Moment; Masse; Potenzexponent

n Anzahl; bezogene Normalkraft

q Gleichstreckenlast; bezogene Querkraft

r Radius allgemein; Ausrundungsradius; Krümmungsradius

s Schneelast; Abstand von Verbindungsmitteln bei kontinuierlicher Verbindung

t Dicke allgemein; Lamellendicke im Brettschichtholz; Eindringtiefe bei Verbindungsmitteln; Einschnitttiefe; Schubfluss

u, v, w Verformung; Durchbiegung; Überhöhung in Richtung der Koordinaten

v Einheitsimpulsgeschwindigkeitsreaktion

w Windlast

x Abstand bei Ausklinkungen

x, y, z Koordinaten

α Winkel; Verhältniswert; Winkel Kraft- zur Faserrichtung

β Winkel; Verhältniswert; Knicklängenbeiwert; Imperfektionsbeiwert

γ Teilsicherheitsbeiwert; Winkel; Abminderungsbeiwert

δ Winkel

η Hilfsgröße; Beiwert

λ Schlankheitsgrad

μ Reibungskoeffizient; Beiwert

ρ Rohdichte

σ Normalspannung, Längsspannung

τ Schub-, Torsions- und Rollschubspannung

φ Winkel der Schrägstellung

Ψ Beiwert, Kombinationsbeiwert

ξ Dämpfungsgrad

ω Holzfeuchte

Fußzeiger (Indices, Auszug)

E   einwirkende Kraft

G   ständige Einwirkung

H   Hirnholz

M   Material; Baustoff; Biegemoment

Q   veränderliche Einwirkung

R   Tragwiderstand; Rollschub; Tragfähigkeit eines Verbindungsmittels

V   Querkraft

Z   Zapfen

b   Bolzen; Passbolzen

c   Druck; Knicken; Dübel besonderer Bauart

d   Bemessungswert; Durchbruch in Biegestäben

e   Einbindetiefe bei Dübeln bes. Bauart

f   Gurt

g   Gruppe (von Verbindungsmitteln)

h   Lochleibung; Höhe; Kopfdurchmesser bei Nägeln, Holzschrauben

i i-ter Querschnittsteil

j	Variable; Verbindung	tot	gesamt
k	charakteristischer Wert; Klebfuge; Kraglänge	vol	Volumen
m	Biegung; Beiwert bei Doppelbiegung	α	Winkel zur Faserrichtung
n	netto	0	in Faserrichtung; Bezugswert; lastfreier Zustand
o	oben	90	rechtwinklig zur Faserrichtung
p	Querspannung; Nagelspitze	05	5 %-Quantilwert
r	Rand	95, 98	95 %-, 98 %-Quantilwert

s Spalte (bei Anschlussbildern); Schneelast; Nenndurchmesser bei Holzschrauben

t Zug

u Bruchzustand; unten

v Schub; Verbindungsmittel; vertikal; Vorholz; Versatz

w Steg; Windlast

y Fließgrenze

x, y, z Koordinaten

ad Haftung; Verankerung

ap First

ax in Richtung der Stiftachse; Beanspruchung auf Herausziehen

creep Kriechen

crit Biegedrillknicken, Kippen; kritisch

def Verformung

dst destabilisierend

dis Verteilung

ef wirksam, effektiv

fin Endwert

frequ häufig

head Kopf; Kopfdurchmesser bei Nägeln, Holzschrauben

in innerer

ind indirekt

inf unterer Wert

inst Anfangswert

lam Lamelle

max größter Wert

min kleinster Wert

mean mittlerer Wert

mod Modifikation

net netto

nom Nennwert

perm quasi-ständig

rare selten (charakteristisch)

red abgeminderter Wert; Abminderung

rel bezogen

req erforderlicher Wert

ser Gebrauchszustand

stb stabilisierend

sup oberer Wert

tens Zugwiderstand bei Holzschrauben

tor Torsion

Geometrische Zeichen

$\parallel$ parallel; in Faserrichtung

$\perp$ rechtwinklig; rechtwinklig zur Faserrichtung

$^\circ$ Winkel

12.2.2 Beispiele zusammengesetzter Formelzeichen

h_{ap} Querschnittshöhe im First

$E_{0,mean}$ mittlerer Elastizitätsmodul in Faserrichtung

$F_{ax,Rk}$ charakteristische Tragfähigkeit eines Verbindungsmittels auf Herausziehen

$F_{ax,Rd}$ Bemessungswert eines Verbindungsmittels auf Herausziehen

$F_{t,k}$ charakteristischer Wert der Zugkraft

$F_{v,Ek}$ charakteristischer Wert einer einwirkenden Kraft (Abscheren)

$F_{v,Ed}$ Bemessungswert einer einwirkenden Kraft (Abscheren)

$F_{v,Rk}$ charakteristische Tragfähigkeit eines Verbindungsmittels auf Abscheren

$F_{v,Rd}$ Bemessungswert eines Verbindungsmittels auf Abscheren

k_{crit} Kippbeiwert

k_v Beiwert bei ausgeklinkten Biegestäben

k_{shape} Beiwert bei Torsion in Abhängigkeit von der Querschnittsform

$K_{u,mean}$ Mittelwert des Verschiebungsmoduls im Grenzzustand der Tragfähigkeit

$t_{i,max,d}$ Bemessungswert des größten Schubflusses im i-ten Querschnittsteil

t_{req} erforderliche Dicke

w_{inst} Anfangsdurchbiegung

$f_{h,k}$ charakteristische Lochleibungsfestigkeit

$f_{t,90,d}$ Bemessungswert der Zugfestigkeit rechtwinklig zur Faserrichtung ($\alpha = 90°$)

$\lambda_{rel,m}$ bezogener Kippschlankheitsgrad

$\sigma_{c,\alpha,d}$ Bemessungswert der Druckspannung unter dem Winkel α zur Faserrichtung

$\sigma_{m,\alpha,d}$ Bemessungswert der Biegespannung unter einem Winkel α zur Faserrichtung

12.3 Baustoffeigenschaften

12.3.1 Festigkeits-, Steifigkeits- und Rohdichtekennwerte von Voll- und Brettschichtholz

Die Festigkeits-, Steifigkeits- und Rohdichtekennwerte von Nadelvollholz können Tafel 12.1, von Laubvollholz Tafel 12.2, von kombiniertem Brettschichtholz Tafel 12.3 und von homogenem Brettschichtholz Tafel 12.4 entnommen werden.

Tafel 12.1 Rechenwerte der charakteristischen Kennwerte für Nadelvollholz mit rechteckigem Querschnitt der DIN EN 1995-1-1: 2010-12, 3.2, nach DIN EN 338: 2016-07, Tab. 1[a]

Holzarten (Beispiele) nach DIN EN 1912: 2013-10: Fichte, Tanne, Kiefer, Lärche, Douglasie[c, f]					
Festigkeitsklasse[d, e]	**C18**	**C24**	**C30**	C35	C40
Sortierklasse nach DIN 4074-1: 2012-06[b, d]	**S7 TS, S7K TS**	**S10 TS, S10K TS**	**S13 TS, S13K TS**	S 13TS, S13K TS	
Festigkeitskennwerte in N/mm²					
Biegung $f_{m,k}$[g]	**18**	**24**	**30**	35	40
Zug ‖ Faser $f_{t,0,k}$[g]	**10**	**14,5**	**19**	22,5	26
Zug ⊥ Faser $f_{t,90,k}$	**0,4**				
Druck ‖ Faser $f_{c,0,k}$	**18**	**21**	**24**	25	27
Druck ⊥ Faser $f_{c,90,k}$	**2,2**	**2,5**	**2,7**	2,7	2,8
Schub $f_{v,k}$[h, i]	**3,4[h]**	**4,0[h]**	**4,0[h]**	4,0[h]	4,0[h]
Rollschub $f_{R,k}$[j]	**0,8**				
Steifigkeitskennwerte in N/mm²					
E-Modul ‖ Faser $E_{0,mean}$	**9000**	**11.000**	**12.000**	13.000	14.000
E-Modul ‖ Faser $E_{0,05}$	**6000**	**7400**	**8000**	8700	9400
E-Modul ⊥ Faser $E_{90,mean}$	**300**	**370**	**400**	430	470
Schubmodul G_{mean}	**560**	**690**	**750**	810	880
Schubmodul G_{05}[k]	**375**	**460**	**500**	540	590
Rohdichtekennwerte in kg/m³					
Rohdichte (charakterist.) ϱ_k	**320**	**350**	**380**	390	400
Rohdichte (Mittelwert) ϱ_{mean}	**380**	**420**	**460**	470	480

[a] Vollholz nach den Anforderungen der DIN EN 14081-1 und DIN 20000-5: 2012-03.

[b] Nadelholz ist gemäß DIN 20000-5: 2012-03 nach DIN 4074-1: 2012-06 zu sortieren, Festigkeitsklassen und Holzarten (Beispiele) in Deutschland nach DIN EN 1912: 2013-10: für C18: Fichte, Kiefer; für C24: Fichte, Tanne, Kiefer, Lärche, Douglasie; für C30: Fichte, Tanne, Kiefer, Lärche; für C35: Douglasie.

[c] botanische Namen s. DIN EN 1912: 2013-10, Tab. 3, sowie Tafel 12.131.

[d] Zuordnung der Sortierklassen zu den Festigkeitsklassen nach DIN EN 1912: 2013-10, über die Zuordnung der visuellen und maschinellen Sortierung zu den Festigkeitsklassen s. Tafel 12.141, weitere Festigkeitsklassen nach DIN EN 338: 2016-07, Tab. 1.

[e] diese Eigenschaften gelten für Holz mit einer Holzfeuchte von 20 % (trocken sortiertes Holz (TS)), nach DIN 20 000-5: 2012-3 darf nur trocken sortiertes Bauholz verwendet werden.

[f] ausgewählte Klassen von Nadelvollholz sind fett gesetzt nach *Studiengemeinschaft Holzleimbau* [26].

[g] für Vollholz mit Rechteckquerschnitt und einer charakteristischen Rohdichte von $\varrho_k \leq 700\,\text{kg/m}^3$ dürfen nach DIN EN 1995-1-1: 2010-12, 3.2, die charakteristische Biegefestigkeit $f_{m,k}$ bei Querschnittshöhen $h < 150\,\text{mm}$ und die charakteristische Zugfestigkeit $f_{t,0,k}$ bei Querschnittsbreiten $h < 150\,\text{mm}$ mit dem Beiwert k_h erhöht werden: $k_h = \min\{(150/h)^{0,2}$ oder $1,3\}$ mit h in mm als Querschnittshöhe bei Biegung bzw. als größte Querschnittsabmessung $\max(h$ oder $b)$ bei Zug (DIN EN 1995-1-1/NA: 2013-08, 3.2).

[h] bei biegebeanspruchten Bauteilen, die auf Schub beansprucht werden, muss nach DIN EN 1995-1-1: 2010-12, 6.1.7, der Einfluss von (Trocken-)Rissen mit der wirksamen Breite des Bauteils $b_{ef} = k_{cr} \cdot b$ mit $k_{cr} = 2,0/f_{v,k}$ für Nadelvollholz und für Balkenschichtholz aus Nadelholz mit $f_{v,k}$ in N/mm² (nach DIN EN 1995-1-1/NA: 2013-08, 6.1.7(2)) berücksichtigt werden, s. auch Abschn. 12.5.4.1.

[i] bei Stäben aus Nadelschnittholz dürfen die k_{cr}-Werte nach DIN EN 1995-1-1/NA: 2013-08, 6.1.7(2), s. Fußnote h, in Bereichen, die mindestens 1,50 m vom Hirnholzende des Holzes liegen, um 30 % erhöht werden.

[j] die Rollschubfestigkeit beträgt nach DIN EN 1995-1-1: 2010-12, 6.1.7, näherungsweise das Doppelte der Zugfestigkeit rechtwinklig zur Faser.

[k] der charakteristische Schubmodul G_{05} besitzt nach DIN EN 1995-1-1/NA: 2013-08, 3.2, den Rechenwert $G_{05} = 2 \cdot G_{mean}/3$.

Tafel 12.2 Rechenwerte der charakteristischen Kennwerte für Laubvollholz mit rechteckigem Querschnitt der DIN 1995-1-1: 2010-12, 3.2, nach DIN EN 338: 2016-07, Tab. 3[a, j]

Festigkeitsklasse[d, e]	D30	D35	D40	D60
Holzarten[c, j] (Handelsname)	Eiche	Buche	Buche	
Sortierklasse nach DIN 4074-5: 2008-12[b, d]	LS10 und besser	LS10 und besser	LS13	–
Festigkeitskennwerte in N/mm^2				
Biegung $f_{m,k}$[f]	30	35	40	60
Zug ∥ Faser $f_{t,0,k}$[f]	18	21	24	36
Zug ⊥ Faser $f_{t,90,k}$	0,6			
Druck ∥ Faser $f_{c,0,k}$	24	25	27	33
Druck ⊥ Faser $f_{c,90,k}$	5,3	5,4	5,5	10,5
Schub $f_{v,k}$[g]	3,9[g]	4,1[g]	4,2[g]	4,8[g]
Rollschub $f_{R,k}$[h]	1,2			
Steifigkeitskennwerte in N/mm^2				
E-Modul ∥ Faser $E_{0,mean}$	11.000	12.000	13.000	17.000
E-Modul ∥ Faser $E_{0,05}$	9200	10.100	10.900	14.300
E-Modul ⊥ Faser $E_{90,mean}$	730	800	870	1130
Schubmodul G_{mean}	690	750	810	1060
Schubmodul G_{05}[i]	460	500	540	710
Rohdichtekennwerte in kg/m^3				
Rohdichte (charakteristisch) ϱ_k	530	540	550	700
Rohdichte (Mittelwert) ϱ_{mean}	640	650	660	840

[a] Vollholz nach den Anforderungen der DIN EN 14081-1 und DIN 20000-5: 2012-03.

[b] Laubholz ist gemäß DIN 20 000-5: 2012-03 nach DIN 4074-5: 2008-12 zu sortieren.

[c] botanische Namen s. DIN EN 1912: 2013-10, Tab. 4, oder DIN 20000-5: 2012-03, Tab. A.1, sowie Tafel 12.131.

[d] Zuordnung der Sortierklassen zu den Festigkeitsklassen für Buche und Eiche nach DIN EN 1912: 2013-10, Tab. 2, über die Zuordnung der visuellen und maschinellen Sortierung zu den Festigkeitsklassen s. Tafel 12.141, Zuordnungen anderer Laubhölzer s. DIN EN 1912: 2013-10, Tab. 2.

[e] diese Eigenschaften gelten für Holz mit einer Holzfeuchte von 20 % (trocken sortiertes Holz (TS)), nach DIN 20 000-5: 2012-03 darf nur trocken sortiertes Bauholz verwendet werden.

[f] für Vollholz mit Rechteckquerschnitt und einer charakteristischen Rohdichte von $\varrho_k \leq 700\,\text{kg/m}^3$ dürfen nach DIN EN 1995-1-1: 2010-12, 3.2, die charakteristische Biegefestigkeit $f_{m,k}$ bei Querschnittshöhen $h < 150\,\text{mm}$ und die charakteristische Zugfestigkeit $f_{t,0,k}$ bei Querschnittsbreiten $h < 150\,\text{mm}$ mit dem Beiwert k_h erhöht werden: $k_h = \min\{(150/h)^{0,2}\ \text{oder}\ 1,3\}$ mit h in mm als Querschnittshöhe bei Biegung bzw. als größte Querschnittsabmessung max(h oder b) bei Zug (DIN EN 1995-1-1/NA: 2013-08, 3.2).

[g] bei biegebeanspruchten Bauteilen, die auf Schub beansprucht werden, muss nach DIN EN 1995-1-1: 2010-12, 6.1.7, der Einfluss von (Trocken-) Rissen mit der wirksamen Breite des Bauteils $b_{ef} = k_{cr} \cdot b$ mit $k_{cr} = 0{,}67$ für Laubvollholz (auch nach DIN EN 1995-1-1/NA: 2013-08, 6.1.7(2)) berücksichtigt werden, s. auch Abschn. 12.5.4.1.

[h] die Rollschubfestigkeit beträgt nach DIN EN 1995-1-1: 2013-08, 6.1.7, näherungsweise das Doppelte der Zugfestigkeit rechtwinklig zur Faser.

[i] der charakteristische Schubmodul G_{05} besitzt nach DIN EN 1995-1-1/NA: 2013-08, 3.2, den Rechenwert $G_{05} = 2 \cdot G_{mean}/3$.

[j] nach DIN 20000-5: 2012-03 dürfen in Deutschland nur folgende Laubholzarten für tragende Zwecke verwendet werden: Buche, Eiche, Afzelia, Angélique (Basralocus), Azobé (Bongossi), Ipe, Keruing, Merbau und Teak, über botanische Namen s. Fußnote c.

Tafel 12.3 Rechenwerte der charakteristischen Kennwerte für kombiniertes Brettschichtholz (c) aus Nadelholz der DIN EN 1995-1-1: 2010-12, 3.3, nach DIN EN 14080: 2013-09, Tab. 4[a]

Brettschichtholz aus Nadelholz[f] z. B. Fichte, Tanne, Kiefer, Lärche, Douglasie[b, c]

Festigkeitsklasse	GL24c[g]	GL28c[g]	GL30c[g]	GL32c[h]
Festigkeitskennwerte in N/mm²				
Biegung $f_{m,k}$[d]	24	28	30	32
Zug ∥ Faser $f_{t,0,k}$[d]	17	19,5	19,5	19,5
Zug ⊥ Faser $f_{t,90,k}$	0,5	0,5	0,5	0,5
Druck ∥ Faser $f_{c,0,k}$	21,5	24	24,5	24,5
Druck ⊥ Faser $f_{c,90,k}$	2,5	2,5	2,5	2,5
Schub und Torsion $f_{v,k}$[e]	3,5[e]	3,5[e]	3,5[e]	3,5[e]
Rollschub $f_{r,k}$	1,2	1,2	1,2	1,2
Steifigkeitskennwerte in N/mm²				
E-Modul ∥ Faser $E_{0,mean}$	11.000	12.500	13.000	13.500
E-Modul ∥ Faser $E_{0,05}$	9100	10.400	10.800	11.200
E-Modul ⊥ Faser $E_{90,mean}$	300	300	300	300
E-Modul ⊥ Faser $E_{90,05}$	250	250	250	250
Schubmodul G_{mean}	650	650	650	650
Schubmodul G_{05}	540	540	540	540
Rollschubmodul $G_{r,mean}$	65	65	65	65
Rollschubmodul $G_{r,05}$	54	54	54	54
Rohdichtekennwerte in kg/m³				
Rohdichte (charakteristisch) ϱ_k	365	390	390	400
Rohdichte (Mittelwert) ϱ_{mean}	400	420	430	440

[a] kombiniertes Brettschichtholz nach den Anforderungen der DIN EN 14080: 2013-09 und der DIN 20000-3: 2015-02.

[b] Nadelholz ist nach DIN 4074-1 zu sortieren.

[c] botanische Namen s. DIN EN 1912: 2013-10, Tab. 3, sowie Tafel 12.131.

[d] für Brettschichtholz mit Rechteckquerschnitt dürfen nach DIN EN 1995-1-1: 2010-12, 3.3, die charakteristische Biegefestigkeit $f_{m,k}$ bei Querschnittshöhen $h < 600$ mm und die charakteristische Zugfestigkeit $f_{t,0,k}$ bei Querschnittsbreiten $b < 600$ mm mit dem Beiwert k_h erhöht werden: $k_h = \min\{(600/h)^{0,1}$ oder $1,1\}$ mit h in mm als Querschnittshöhe bei Biegung (nur bei Flachkantbiegung nach DIN EN 1995-1-1/NA:2013-08, 3.3, z. B. bei rechtwinklig zu den Klebfugen wirkenden Lasten) bzw. als größte Querschnittsabmessung $\max(h$ oder $b)$ bei Zug (nach DIN EN 1995-1-1/NA: 2013-08, 3.3).

[e] bei biegebeanspruchten Bauteilen, die auf Schub beansprucht werden, muss nach DIN EN 1995-1-1: 2010-12, 6.1.7, der Einfluss von (Trocken-) Rissen mit der wirksamen Breite des Bauteils $b_{ef} = k_{cr} \cdot b$ mit $k_{cr} = 2,5/f_{v,k}$ für Brettschichtholz aus Nadelholz mit $f_{v,k}$ in N/mm² (nach DIN EN 1995-1-1/NA: 2013-08, 6.1.7(2)) berücksichtigt werden, s. auch Abschn. 12.5.4.1.

[f] nur aus Nadelholzarten und Pappel nach DIN EN 14080: 2013-09, 5.5.2.

[g] Vorzugsklassen von Brettschichtholz nach *Studiengemeinschaft Holzleimbau* [26] sind fett gesetzt.

[h] Brettschichtholz der Festigkeitsklasse GL32c steht nach *Studiengemeinschaft Holzleimbau* [27] in der Regel wirtschaftlich herstellbar kaum noch zur Verfügung.

Tafel 12.4 Rechenwerte der charakteristischen Kennwerte für homogenes Brettschichtholz (h) aus Nadelholz der DIN EN 1995-1-1: 2010-12, 3.3, nach DIN 14080: 2013-09, Tab. 5[a]

Brettschichtholz aus Nadelholz[g]: z. B. Fichte, Tanne, Kiefer, Lärche, Douglasie[b, c]				
Festigkeitsklasse	**GL24h**[i]	GL28h[j]	GL30h[j]	GL32h[h]
Festigkeitskennwerte in N/mm^2				
Biegung $f_{m,k}$[d, e]	**24**	28	30	32
Zug ∥ Faser $f_{t,0,k}$[d]	**19,2**	22,3	24	25,6
Zug ⊥ Faser $f_{t,90,k}$	**0,5**	0,5	0,5	0,5
Druck ∥ Faser $f_{c,0,k}$	**24**	28	30	32
Druck ⊥ Faser $f_{c,90,k}$	**2,5**	2,5	2,5	2,5
Schub und Torsion $f_{v,k}$[f]	**3,5**[f]	3,5[f]	3,5[f]	3,5[f]
Rollschub $f_{r,k}$	**1,2**	1,2	1,2	1,2
Steifigkeitskennwerte in N/mm^2				
E-Modul ∥ Faser $E_{0,mean}$	**11.500**	12.600	13.600	14.200
E-Modul ∥ Faser $E_{0,05}$	**9600**	10.500	11.300	11.800
E-Modul ⊥ Faser $E_{90,mean}$	**300**	300	300	300
E-Modul ⊥ Faser $E_{90,05}$	**250**	250	250	250
Schubmodul G_{mean}	**650**	650	650	650
Schubmodul G_{05}	**540**	540	540	540
Rollschubmodul $G_{r,mean}$	**65**	65	65	65
Rollschubmodul $G_{r,05}$	**54**	54	54	54
Rohdichtekennwerte in kg/m^3				
Rohdichte (charakteristisch) ϱ_k	**385**	425	430	440
Rohdichte (Mittelwert) ϱ_{mean}	**420**	460	480	490

[a] homogenes Brettschichtholz nach den Anforderungen der DIN EN 14080: 2013-09 und der DIN 20000-3: 2015-02.

[b] Nadelholz ist nach DIN 4074-1 zu sortieren.

[c] botanische Namen s. DIN EN 1912: 2013-10, Tab. 3, sowie Tafel 12.131.

[d] für Brettschichtholz mit Rechteckquerschnitt dürfen nach DIN EN 1995-1-1: 2010-12, 3.3, die charakteristische Biegefestigkeit $f_{m,k}$ bei Querschnittshöhen $h < 600$ mm und die charakteristische Zugfestigkeit $f_{t,0,k}$ bei Querschnittsbreiten $b < 600$ mm mit dem Beiwert k_h erhöht werden: $k_h = \min\{(600/h)^{0,1}$ oder $1,1\}$ mit h in mm als Querschnittshöhe bei Biegung (nur bei Flachkantbiegung nach DIN EN 1995-1-1/NA:2013-08, 3.3, z. B. bei rechtwinklig zu den Klebfugen wirkenden Lasten) bzw. als größte Querschnittsabmessung $\max(h$ oder $b)$ bei Zug (nach DIN EN 1995-1-1/NA: 2013-08, 3.3).

[e] bei Hochkant-Biegebeanspruchung von homogenem Brettschichtholz (z. B. bei in Richtung der Klebfugen wirkenden Lasten) aus mind. vier nebeneinander liegenden Lamellen darf der charakteristische Wert der Biegefestigkeit $f_{m,k}$ um 20 % erhöht werden (nach DIN EN 1995-1-1/NA: 2013-08, 3.3).

[f] bei biegebeanspruchten Bauteilen, die auf Schub beansprucht werden, muss nach DIN EN 1995-1-1: 2010-12, 6.1.7, der Einfluss von (Trocken-) Rissen mit der wirksamen Breite des Bauteils $b_{ef} = k_{cr} \cdot b$ mit $k_{cr} = 2,5/f_{v,k}$ für Brettschichtholz mit $f_{v,k}$ in N/mm^2 (nach DIN EN 1995-1-1/NA: 2013-08, 6.1.7(2)) berücksichtigt werden, s. auch Abschn. 12.5.4.1.

[g] nur aus Nadelholzarten und Pappel nach DIN EN 14080: 2013-09, 5.5.2.

[h] Brettschichtholz der Festigkeitsklasse GL32h steht nach *Studiengemeinschaft Holzleimbau* [27] in der Regel wirtschaftlich herstellbar kaum noch zur Verfügung.

[i] Vorzugsklasse von homogenem Brettschichtholz nach *Studiengemeinschaft Holzleimbau* [26] ist fett gesetzt.

[j] größere Mengen von homogenem Brettschichtholz mit Festigkeitsklassen größer als GL24h sollten nach *Studiengemeinschaft Holzleimbau* [27] nicht bestellt werden.

12.3.2 Modifikations- und Verformungsbeiwerte

Die Modifikationsbeiwerte können Tafel 12.5 und die Verformungsbeiwerte Tafel 12.6 entnommen werden.

Tafel 12.5 Rechenwerte der Modifikationsbeiwerte k_{mod} für Holz, Holz- und Gipswerkstoffe nach DIN EN DIN 1995-1-1: 2010-12, Tab. 3.1 und DIN EN 1995-1-1/NA: 2013-08, 3.1.3, Tab. NA.4[a]

Baustoff/Klasse der Lasteinwirkungsdauer[g]	Nutzungsklasse[h]		
	1	2	3
Vollholz nach DIN EN 14081-1[b], s. Abschn. 12.3.1 Brettschichtholz nach DIN EN 14080, s. Abschn. 12.3.1 Furnierschichtholz nach DIN EN 14279, Typ LVL/3, im Trocken-, Feucht- und Außenbereich[e] Sperrholz nach DIN 636, TYP EN 636-3, im Trocken-, Feucht- und Außenbereich[e]			
ständig	0,60	0,60	0,50
lang	0,70	0,70	0,55
mittel	0,80	0,80	0,65
kurz	0,90	0,90	0,70
sehr kurz	1,10	1,10	0,90
Balkenschichtholz[c, f], Brettsperrholz[c, f], keilgezinktes Vollholz[b], Massivholzplatten nach DIN EN 13353, Klasse SWP/2 S und SWP/3 S, im Trocken- und Feuchtbereich[d, e] Furnierschichtholz nach DIN EN 14279, Typ LVL/2, im Trocken- und Feuchtbereich[e]			
ständig	0,60	0,60	–
lang	0,70	0,70	–
mittel	0,80	0,80	–
kurz	0,90	0,90	–
sehr kurz	1,10	1,10	–
Massivholzplatten nach DIN EN 13353, Klasse SWP/1 S, im Trockenbereich[d] Furnierschichtholz nach DIN EN 14279, Typ LVL/1, im Trockenbereich Sperrholz nach DIN 636, TYP EN 636-1, im Trockenbereich[e]			
ständig	0,60	–	–
lang	0,70	–	–
mittel	0,80	–	–
kurz	0,90	–	–
sehr kurz	1,10	–	–
Sperrholz nach DIN 636, TYP EN 636-2, im Trocken- und Feuchtbereich[e]			
ständig	0,60	0,60	–
lang	0,70	0,70	–
mittel	0,80	0,80	–
kurz	0,90	0,90	–
sehr kurz	1,10	1,10	–
OSB-Platten nach DIN EN 300, OSB/2, im Trockenbereich[e]			
ständig	0,30	–	–
lang	0,45	–	–
mittel	0,65	–	–
kurz	0,85	–	–
sehr kurz	1,10	–	–
OSB-Platten nach DIN EN 300, OSB/3 und OSB/4, im Trocken- und Feuchtbereich[e]			
ständig	0,40	0,30	–
lang	0,50	0,40	–
mittel	0,70	0,55	–
kurz	0,90	0,70	–
sehr kurz	1,10	0,90	–

12

Tafel 12.5 (Fortsetzung)

Baustoff/Klasse der Lasteinwirkungsdauer[g]	Nutzungsklasse[h]		
	1	2	3
Spanplatten nach DIN EN 312, TYP P6, im Trockenbereich[e]			
ständig	0,40	–	–
lang	0,50	–	–
mittel	0,70	–	–
kurz	0,90	–	–
sehr kurz	1,10	–	–
Spanplatten nach DIN EN 312, TYP P7, im Trocken- und Feuchtbereich[e]			
ständig	0,40	0,30	–
lang	0,50	0,40	–
mittel	0,70	0,55	–
kurz	0,90	0,70	–
sehr kurz	1,10	0,90	–
Spanplatten, zementgebunden, nach DIN EN 634 im Trocken- und Feuchtbereich[c, e] **Holzfaserplatten nach DIN EN 622-2, HB.HLA2 (hart), im Trocken- und Feuchtbereich[e]**			
ständig	0,30	0,20	–
lang	0,45	0,30	–
mittel	0,65	0,45	–
kurz	0,85	0,60	–
sehr kurz	1,10	0,80	–
Holzfaserplatten nach DIN EN 622-3, MBH.LA2 (mittelhart), im Trockenbereich **Gipsplatten nach DIN 18180, Typ GKB und GKF, im Trockenbereich[e]**			
ständig	0,20	–	–
lang	0,40	–	–
mittel	0,60	–	–
kurz	0,80	–	–
sehr kurz	1,10	–	–
Gipsplatten nach DIN 18180, Typ GKBI und GKFI, im Trocken- und Feuchtbereich **Gipsfaserplatten nach DIN EN 15283-2, im Trocken- und Feuchtbereich[e]**			
ständig	0,20	0,15	–
lang	0,40	0,30	–
mittel	0,60	0,45	–
kurz	0,80	0,60	–
sehr kurz	1,10	0,80	–

[a] bei Kombinationen aus Einwirkungen, die zu verschiedenen Klassen der Lasteinwirkungsdauer gehören, ist in der Regel k_{mod} für die Einwirkung mit der kürzesten Dauer maßgebend, z. B. für eine Kombination aus ständiger und kurzzeitiger Einwirkung ist k_{mod} für die kurzzeitige Einwirkungsdauer maßgebend.

[b] keilgezinktes Vollholz darf nach DIN EN 1995-1-1/NA: 2013-08, 3.2, nur in den Nutzungsklassen 1 und 2 verwendet werden.

[c] Balkenschichtholz, Brettsperrholz und zementgebundene Spanplatten dürfen nach DIN EN 1995-1-1/NA: 2013-08, NA.3.5 bzw. 3.8, nur in Nutzungsklassen 1 und 2 verwendet werden.

[d] tragende Massivholzplatten nach DIN EN 13353 und DIN EN 13986 dürfen nach DIN EN 1995-1-1/NA: 2013-08, NA.3.5, in folgenden Nutzungsklassen verwendet werden: Klasse SWP/1 S nur in Nutzungsklasse 1, Klasse SWP/2 S und SWP/3 S in Nutzungsklassen 1 und 2.

[e] Trockenbereich entspricht Nutzungsklasse 1, Feuchtbereich entspricht Nutzungsklasse 1 und 2, Außenbereich entspricht Nutzungsklasse 1, 2 und 3.

[f] mit bauaufsichtlichem Verwendbarkeitsnachweis.

[g] die Klassen der Lasteinwirkungsdauer sind in den Tafeln 12.8 und 12.9 dargestellt.

[h] die Nutzungsklassen sind in Tafel 12.7 angeführt.

Tafel 12.6 Rechenwerte der Verformungsbeiwerte k_{def} für Holz, Holz- und Gipswerkstoffe sowie Verbindungen bei ständiger Lasteinwirkung nach DIN EN 1995-1-1: 2010-12, Tab. 3.2 und DIN EN 1995-1-1/NA: 2013-08, Tab. NA.5

Baustoff	Nutzungsklasse[h]		
	1	2	3
Vollholz nach DIN EN 14081-1[a, b], s. Abschn. 12.3.1 Brettschichtholz nach DIN EN 14080	0,60	0,80	2,00
Balkenschichtholz[c, f], Brettsperrholz[c, f] keilgezinktes Vollholz[b]	0,60	0,80	–
Furnierschichtholz (LVL) nach DIN EN 14279[g]			
Typ LVL/1 im Trockenbereich[e]	0,60	–	–
Typ LVL/2 im Trocken- und Feuchtbereich[e]	0,60	0,80	–
Typ LVL/3 im Trocken-, Feucht- und Außenbereich[e]	0,60	0,80	2,00
Massivholzplatten nach DIN EN 13353[d]			
Typ Klasse SWP/1 S im Trockenbereich[e]	0,60	–	–
Typ SWP/2 S und SWP/3 S im Trocken- und Feuchtbereich[e]	0,60	0,80	–
Sperrholz nach DIN EN 636			
Typ EN 636-1 im Trockenbereich[e]	0,80	–	–
Typ EN 636-2 im Trocken- und Feuchtbereich[e]	0,80	1,00	–
Typ EN 636-3 im Trocken-, Feucht- und Außenbereich[e]	0,80	1,00	2,50
OSB-Platten nach DIN EN 300			
OSB/2 im Trockenbereich[e]	2,25	–	–
OSB/3, OSB/4 im Trocken- und Feuchtbereich[e]	1,50	2,25	–
Spanplatten, kunstharzgebundene, nach DIN EN 312			
Typ P6 im Trockenbereich[e]	1,50	–	–
Typ P7 im Trocken- und Feuchtbereich[e]	1,50	2,25	–
Spanplatten, zementgebunden, nach DIN EN 634, im Trocken- und Feuchtbereich[c, e]	2,25	3,00	–
Holzfaserplatten			
nach DIN EN 622-3, mittelhart, MBH.LA2 im Trockenbereich[e]	3,00	–	–
nach DIN EN 622-2, hart, HB.HLA2 im Trocken- oder Feuchtbereich[e]	2,25	3,00	–
Gipsplatten nach DIN 18180			
GKB, GKF im Trockenbereich[e]	3,00	–	–
GKBI und GKFI im Trocken- und Feuchtbereich[e]	3,00	4,00	–
Gipsfaserplatten nach DIN EN 15283-2 im Trocken- und Feuchtbereich[e]	3,00	4,00	–

[a] die k_{def}-Werte für Vollholz, dessen Holzfeuchte beim Einbau gleich oder nahe dem Fasersättigungspunkt liegt und voraussichtlich im eingebauten Zustand unter Belastung austrocknen kann, sind in der Regel um 1,0 zu erhöhen (Bauholz darf in der Gebrauchsklasse 0 bis 3.1 gemäß DIN 68800 nicht über 20 % Holzfeuchte eingebaut werden).

[b] keilgezinktes Vollholz darf nach DIN EN 1995-1-1/NA: 2013-08, 3.2, nur in den Nutzungsklassen 1 und 2 verwendet werden.

[c] Balkenschichtholz, Brettsperrholz und zementgebundene Spanplatten dürfen nach DIN EN 1995-1-1/NA: 2013-08, NA.3.5 bzw. 3.8, nur in Nutzungsklassen 1 und 2 verwendet werden.

[d] tragende Massivholzplatten nach DIN EN 13353 und DIN EN 13986 dürfen nach DIN EN 1995-1-1/NA: 2013-08, NA.3.5, in folgenden Nutzungsklassen verwendet werden: Klasse SWP/1 S nur in Nutzungsklasse 1, Klasse SWP/2 S und SWP/3 S in Nutzungsklassen 1 und 2.

[e] Trockenbereich entspricht Nutzungsklasse 1, Feuchtbereich entspricht Nutzungsklasse 2, Außenbereich entspricht Nutzungsklasse 3.

[f] mit bauaufsichtlichem Verwendbarkeitsnachweis.

[g] Furnierschichtholz mit Querlagen darf nach DIN EN 1995-1-1/NA: 2013-08, 3.1.4, wie Sperrholz behandelt werden.

[h] die Nutzungsklassen sind in Tafel 12.7 angeführt.

12.3.3 Nutzungsklassen, Lasteinwirkungsdauer

Die Nutzungsklassen sind in Tafel 12.7, die Klassen der
Lasteinwirkungsdauer in Tafel 12.8 und die Einteilung der
Einwirkungen in die Klassen der Lasteinwirkungsdauer in
Tafel 12.9 dargestellt.

Tafel 12.7 Nutzungsklassen (NKL) nach DIN EN 1995-1-1: 2010-12, 2.3.1.3[a, b]

Nutzungsklasse	Feuchtegehalt in Holzbaustoffen, entspricht einem Umgebungsklima von	Holzfeuchte ω in Holzbaustoffen, die sich nach gewisser Zeit einstellt	Beispiele für Umgebungsklima
1	$T = 20\,°C$, $\varphi = 65\,\%$[c]	etwa bis 12 %[d]	Dauerhaft allseitig geschlossene und beheizte Bauwerke
2	$T = 20\,°C$, $\varphi = 85\,\%$[c]	etwa bis 20 %[d]	Überdachte, offene Bauwerke[e]
3	Klimabedingungen, die zu höheren Feuchtegehalten als Nutzungsklasse 2 führen	etwa > 20 %	Konstruktionen, frei der Witterung ausgesetzt

[a] über Gleichgewichtsfeuchten von Holzbaustoffen s. Tafel 12.10.
[b] über den Einsatz von Holz, Holz- und Gipswerkstoffen in den Nutzungsklassen s. Tafel 12.6 sinngemäß.
[c] relative Luftfeuchte, die nur für einige Wochen pro Jahr überschritten wird.
[d] in den meisten Nadelhölzern wird in dieser Nutzungsklasse die angegebene Holzfeuchte als mittlere Holzfeuchte nicht überschritten.
[e] Hinweis: In Ausnahmefällen sind auch überdachte Bauteile in Nutzungsklasse 3 einzustufen.

Tafel 12.8 Klassen der Lasteinwirkungsdauer nach DIN EN 1995-1-1: 2010-12, Tab. 2.1 und 2.2 sowie DIN EN 1995-1-1/NA: 2013-08, 2.3.1.2(2)P[a]

Klasse der Lasteinwirkungsdauer	Größenordnung der akkumulierenden Dauer der charakteristischen Lasteinwirkung	Beispiele für Lasteinwirkungen
Ständig	Länger als 10 Jahre	Eigenlasten (Eigengewicht), Einwirkungen aus ungleichmäßigen Setzungen
Lang	6 Monate bis 10 Jahre	Lagerstoffe, Nutzlasten für Decken in Lagerräumen, Werkstätten
Mittel	1 Woche bis 6 Monate	Nutzlasten für Wohnungs- und Bürodecken, Schnee- und Eislast[b], Einwirkungen aus Temperatur- und Feuchteänderungen
Kurz	Kürzer als 1 Woche	Schnee- und Eislast[c], Windlast[d]
Sehr kurz	Kürzer als eine Minute	Windlast[d], außergewöhnliche Einwirkungen wie Anpralllasten

[a] über die Einteilung der Einwirkungen in Klassen der Lasteinwirkungsdauer s. Tafel 12.9.
[b] Geländehöhe des Bauwerkstandortes über NN > 1000 m.
[c] Geländehöhe des Bauwerkstandortes über NN ≤ 1000 m.
[d] bei Wind darf nach DIN EN 1995-1-1/NA: 2013-08, Tab. NA.1, für k_{mod} das Mittel aus kurz und sehr kurz verwendet werden, die k_{mod}-Werte sind in Tafel 12.5 angegeben.

Tafel 12.9 Einteilung von Einwirkungen der DIN EN 1991-1-1, DIN EN 1991-1-3, DIN EN 1991-1-4, DIN EN 1991-1-7, DIN EN 1991-3 und den zugehörigen Nationalen Anhängen in Klassen der Lasteinwirkungsdauer (KLED) nach DIN EN 1995-1-1/NA: 2013-08, Tab. NA.1[a, b, c]

Einwirkungen		KLED
Wichten und Flächenlasten (Eigenlasten) nach DIN EN 1991-1-1		ständig
Lotrechte Nutzlasten nach DIN 1991-1		
A	Spitzböden, Wohn- und Aufenthaltsräume	mittel
B	Büroflächen, Arbeitsflächen, Flure	mittel
C	Räume, Versammlungsräume und Flächen, die der Ansammlung von Personen dienen können (mit Ausnahme von unter A, B, D und E festgelegten Kategorien)	kurz
D	Verkaufsräume	mittel
E1	Lager, Fabriken und Werkstätten, Ställe, Lagerräume und Zugänge	lang
E2	Flächen für den Betrieb mit Gegengewichtsstaplern	mittel
F	Verkehrs- und Parkflächen für leichte Fahrzeuge (Gesamtlast $\leq 30\,\text{kN}$)	mittel
	– Zufahrtsrampen zu diesen Flächen	kurz
H	nicht begehbare Dächer, außer für übliche Erhaltungsmaßnahmen, Reparaturen	kurz
K	Hubschrauber Regellasten	kurz
T	Treppen und Treppenpodeste	kurz
Z	Zugänge, Balkone und Ähnliches	kurz
Horizontale Nutzlasten nach DIN 1991-1-1		
– Horizontale Nutzlasten infolge von Personen auf Brüstungen, Geländern und anderen Konstruktionen, die als Absperrung dienen		kurz
– Horizontallasten zur Erzielung einer ausreichenden Längs- und Quersteifigkeit		d
– Horizontallasten für Hubschrauberlandeplätze auf Dachdecken		
	für horizontale Nutzlasten	kurz
	für den Überrollschutz	sehr kurz
Windlasten nach DIN 1991-1-4		kurz/sehr kurz[e]
Schneelast und Eislast nach DIN 1991-1-3		
– Geländehöhe des Bauwerkstandortes über NN $\leq 1000\,\text{m}$		kurz
– Geländehöhe des Bauwerkstandortes über NN $> 1000\,\text{m}$		mittel
Anpralllasten nach DIN 1991-1-7		sehr kurz
Horizontallasten aus Kran- und Maschinenbetrieb nach DIN 1991-3		kurz

[a] über Klassen der Lasteinwirkungsdauer s. Tafel 12.8.
[b] Einwirkungen aus Temperatur- und Feuchteänderungen: KLED „mittel".
[c] Einwirkungen aus ungleichmäßigen Setzungen: KLED „ständig".
[d] entsprechend den zugehörigen Lasten.
[e] bei Wind darf für k_{mod} das Mittel aus kurz und sehr kurz verwendet werden, die k_{mod}-Werte sind in Tafel 12.5 angegeben.

Der **Einfluss von Temperaturänderungen** darf nach DIN EN 1995-1-1/NA: 2013-08, 2.3.1.2(2)P bei Holzbauteilen vernachlässigt werden.

12.3.4 Gleichgewichts-Holzfeuchten, Quell- und Schwindmaße

Querschnitts- und Längenänderungen infolge Quellens oder Schwindens können näherungsweise nach (12.1) berechnet werden, für den Nachweis der Tragfähig- und Gebrauchstauglichkeit ist der gewählte Querschnitt b/h (Nennmaße) zu verwenden.

Für einen Rechteckquerschnitt nach Abb. 12.1 gilt:

- über den Querschnitt (rechtwinklig zur Faser)

$$\Delta h = \alpha_\perp \cdot \Delta\omega \cdot h \qquad (12.1a)$$

$$\Delta b = \alpha_\perp \cdot \Delta\omega \cdot b \qquad (12.1b)$$

- in Bauteillängsrichtung l (parallel zur Faser)

$$\Delta l = \alpha_\parallel \cdot \Delta\omega \cdot l \qquad (12.1c)$$

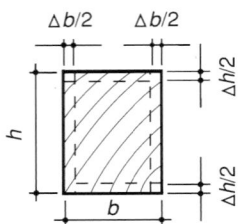

Abb. 12.1 Rechteckquerschnitt, etwa zu erwartende Querschnittsänderungen unter gleichmäßigem Schwinden

$\alpha_\perp, \alpha_\parallel$ Rechenwerte der Quell- und Schwindmaße in %/% nach Tafel 12.11

$\Delta\omega$ Holzfeuchtedifferenz unterhalb des Fasersättigungspunktes zwischen Zustand 1 und Zustand 2 in %

h, b, l Querschnitts- bzw. Längenmaße des Bauteils.

Ein **Beispiel zur Berechnung einer Schwindverformung** ist in [11], Holzbau, Abschn. 2.1 angeführt.

Tafel 12.10 Gleichgewichtsfeuchten von Holzbaustoffen (Anhaltswerte) nach DIN EN 1995-1-1/NA: 2013-08, Tab. NA.6[a]

Nutzungsklasse[b]	1	2	3
Gleichgewichtsfeuchte ω	5 bis 15 %[c]	10 bis 20 %[d]	12 bis 24 %[e]

[a] als Gleichgewichtsfeuchte im Gebrauchszustand ist die im Mittel sich einstellende Holzfeuchte im Bauteil/Bauwerk anzusehen.
[b] Nutzungsklassen nach Tafel 12.7.
[c] in den meisten Nadelhölzern wird in Nutzungsklasse 1 eine mittlere Gleichgewichtsfeuchte von 12 % nicht überschritten.
[d] in den meisten Nadelhölzern wird in Nutzungsklasse 2 eine mittlere Gleichgewichtsfeuchte von 20 % nicht überschritten.
[e] die Nutzungsklasse 3 schließt auch Bauwerke/Bauteile ein, in denen sich höhere Gleichgewichtsfeuchten einstellen können.

Tafel 12.11 Rechenwerte für mittlere Schwind- und Quellmaße von Holzbaustoffen bei unbehindertem Quellen und Schwinden nach DIN EN 1995-1-1/NA: 2013-08, 3.1.6, Tab. NA.7[a]

Zeile	Holzbaustoff	Schwind- und Quellmaße in % für Änderung der Holzfeuchte um 1 % unterhalb der Fasersättigung
Schwind- und Quellmaße von Bauhölzern ⊥ zur Faserrichtung[b, c, d]		$\alpha_\perp$
1	Nadelholz, Balken- und Brettschichtholz aus Nadelholz	0,25
2	Laubholz	0,35
Schwind- und Quellmaße von Holzwerkstoffen in Plattenebene (PE) und rechtwinklig zur Plattenebene (PE)[c, f]		α in PE, $\alpha_\perp$ rechtwinklig zur PE
3a	Sperrholz in Plattenebene	0,02
3b	Sperrholz rechtwinklig zur Plattenebene	0,32
3c	Brettsperrholz, Massivholzplatten in Plattenebene	0,02
3d	Brettsperrholz, Massivholzplatten rechtwinklig zur Plattenebene	0,25
4a	Furnierschichtholz ohne Querfurniere[e]	
	in Faserrichtung der Deckfurniere	0,01
	rechtwinklig zur Faserrichtung der Deckfurniere (in Plattenebene)	0,32
4b	Furnierschichtholz mit Querfurnieren[e]	
	in Faserrichtung der Deckfurniere	0,01
	rechtwinklig zur Faserrichtung der Deckfurniere (in Plattenebene)	0,03
5	Kunstharzgebundene Spanplatten, Faserplatten[e]	0,035
6	Zementgebundene Spanplatten[e]	0,03
7a	OSB-Platten, Typen OSB/2, OSB/3[e]	0,03
7b	OSB-Platten, Typ OSB/4[e]	0,015

[a] Werte gelten für etwa gleichförmige Feuchteänderung über den Querschnitt.
[b] rechtwinklig zur Faserrichtung (bei Holz Mittel aus tangential/radial).
[c] bei behindertem Quellen infolge Zwang können geringere Quellmaße als die angegebenen wirksam werden.
[d] für Bauhölzer der Zeilen 1 und 2 gilt in Faserrichtung des Holzes (parallel zur Faser) ein Rechenwert von $\alpha_\parallel = 0,01$ %/%.
[e] rechtwinklig zur Plattenebene (über die Plattendicke) bei „kleinen" Dicken meist vernachlässigbar.
[f] für Holzwerkstoffe können bei behindertem Quellen und behindertem Schwinden infolge Zwang geringere Quell- und Schwindmaße als die angegebenen wirksam werden.

12.4 Grundlagen für Entwurf, Berechnung und Bemessung

Als Grundlagen für Bemessung und Konstruktion gelten die Anforderungen der DIN EN 1990: 2002-10 in Verbindung mit der Methode der Teilsicherheitsbeiwerte nach DIN EN 1990: 2002-10 und DIN EN 1991 für die Einwirkungen sowie die Anforderungen der DIN EN 1995-1-1 für die Widerstände und Tragfähig-, Gebrauchstauglich- und Dauerhaftigkeit. Charakteristische Werte der Einwirkungen, Teilsicherheitsbeiwerte für die Grenzzustände der Tragfähigkeit und Gebrauchstauglichkeit sowie Bemessungswerte der Einwirkungen (Beanspruchungen) können dem Abschn. Lastannahmen entnommen werden. Zusätzliche holzbauspezifische Festlegungen und Angaben sind im Folgenden dargestellt.

12.4.1 Nachweise in den Grenzzuständen der Tragfähigkeit

Charakteristische Werte der Einwirkungen und Teilsicherheitsbeiwerte können dem Abschn. Lastannahmen entnommen werden.

12.4.2 Bemessungswerte der Baustoffeigenschaften

Charakteristische Werte X_k der Festigkeitseigenschaften von Voll- und Brettschichtholz sind im Abschn. 12.3.1 angeführt (und von Holz- und Gipswerkstoffen im Abschn. 12.19); Bemessungswerte X_d der Festigkeitseigenschaften sind nach (12.2) zu berechnen.

$$X_d = k_{mod} \cdot X_k / \gamma_M \qquad (12.2)$$

X_d Bemessungswert der Festigkeitseigenschaft in allgemeiner Schreibweise

X_k charakteristischer Wert der Festigkeitseigenschaft in allgemeiner Schreibweise nach Abschn. 12.3.1 (und Abschn. 12.19).

k_{mod} Modifikationsbeiwerte nach Tafel 12.5

γ_M Teilsicherheitsbeiwert für die Festigkeitseigenschaft in Grenzzuständen der Tragfähigkeit nach Tafel 12.12.

In den Grenzzuständen der Tragfähigkeit ist bei Kombinationen aus Einwirkungen, die zu verschiedenen Klassen der Lasteinwirkungsdauer gehören, in der Regel der Modifikationsbeiwert k_{mod} für die Einwirkung mit der kürzesten Dauer maßgebend, z. B. für eine Kombination aus ständigen und kurzzeitigen Einwirkungen ist der k_{mod}-Wert für eine kurzzeitige Einwirkung zu verwenden.

Einwirkungskombinationen, Besonderheiten bei Holzbaustoffen und Verbindungen Da der Tragwiderstand (Beanspruchbarkeit) von Holzbaustoffen oder Verbindungen auch vom k_{mod}-Wert (Lasteinwirkungsdauer, Holzfeuchte) abhängt, kann eine Einwirkungskombination mit einem geringeren als dem betragsmäßig größten Bemessungswert der Beanspruchung maßgebend werden. Deshalb sind grundsätzlich alle Einwirkungskombinationen zu überprüfen.

12.4.3 Querschnittsmaße und -ermittlung

12.4.3.1 Nennabmessungen, Mindestquerschnitte, Querschnittsschwächungen

Der wirksame Querschnitt eines tragenden Bauteils ist mit den Nennmaßen a_{nom} zu berechnen (dies sind i. d. R. die geplanten Maße). Die Mindest- und Maximal-Abmessungen tragender Einzelquerschnitte von Voll- und Brettschichtholz sind Tafel 12.13 zu entnehmen, einzuhaltende Mindestmaße von Querschnitten bei Verbindungsmitteln s. Abschn. 12.15 und 12.16. Bei Vollholz sind die Nennmaße nach DIN EN 336 auf eine Holzfeuchte von $\omega = 20\%$ bezogen, bei Brettschicht- und Balkenschichtholz nach DIN EN 14080: 2013-09, 5.11.2, auf $\omega = 12\%$, Bezugsholzfeuchten anderer Holzbaustoffe nach den jeweiligen Normen, bauaufsichtlichen Verwendbarkeitsnachweisen oder privatrechtlichen Vereinbarungen. Über zulässige Maßabweichungen bei Voll- und Brettschichtholz s. Abschn. 12.20.

Querschnittsschwächungen in tragenden Bauteilen sind rechnerisch zu berücksichtigen, Ausnahmen hiervon sind unten angeführt. Querschnittsschwächungen von Verbindungsmitteln können nach Tafel 12.14 ermittelt werden.

Tafel 12.12 Teilsicherheitsbeiwerte γ_M für Festigkeits- und Steifigkeitseigenschaften in ständigen und vorübergehenden Bemessungssituationen nach DIN EN 1995-1-1/NA: 2013-08, Tab. NA.2 und Tab. NA.3[a, b]

Grenzzustände der Tragfähigkeit	γ_M
Vollholz, Brettschichtholz, Furnierschichtholz, Sperrholz, Spanplatten, OSB-Platten, harte und mittelharte Faserplatten, MDF- und weiche Faserplatten	1,3
Balkenschichtholz, Brettsperrholz, Massivholzplatten, faserverstärkte Gipsplatten, Gipsplatten, zementgebundene Spanplatten	1,3
Stahl in Verbindungen[b]	
auf Biegung beanspruchte stiftförmige Verbindungsmittel nach DIN 1995-1-1: 2010-12, 8.2 (genauere Ermittlung)	1,3
auf Biegung beanspruchte stiftförmige Verbindungsmittel nach Abschn. 12.15.2 (vereinfachte Ermittlung)	1,1
auf Zug oder Scheren beanspruchte Teile beim Nachweis gegen die Streckgrenze im Nettoquerschnitt	1,3
Plattennachweis auf Tragfähigkeit für Nagelplatten	1,25

[a] für außergewöhnliche Bemessungssituationen sind die Teilsicherheitsbeiwerte $\gamma_M = 1,0$ anzusetzen.
[b] beim Nachweis von Stahlteilen sind die Teilsicherheitsbeiwerte der DIN EN 1993 bzw. DIN EN 1993/NA maßgebend.

Tafel 12.13 Mindest- und Maximal-Abmessungen für tragende einteilige Einzelquerschnitte aus Voll- und Brettschichtholz mit Rechteckquerschnitt[e]

	Mindest-Abmessungen Breite b_{min}, Dicke d_{min} oder Höhe h_{min}	Maximal-Abmessungen Breite b_{max}, Dicke d_{max} oder Höhe h_{max}
Vollholz nach DIN EN 14081-1 und DIN EN 336: 2013-12		
allgemein	$b_{min} = d_{min} = 6\,mm^a$, jedoch $= 24\,mm$ als Empfehlung[f]	$b_{max} = h_{max} = 300\,mm^{f,\,g}$
Dachlatten[c]	$b_{min} = d_{min} = 30\,mm^{b,\,c}$	
Brettschichtholz nach DIN EN 14080: 2013-09, Grenzwerte der Querschnittsabmessungen sind nicht festgelegt, üblich sind herstellungsbedingt etwa	$b_{min} = 50\,mm^a$, $h_{min} = 100\,mm^a$	$b_{max} = 300\,mm^d$, $h_{max} = 2500\,mm$

[a] soweit die Verbindungsmittel kein größeres Maß erfordern.
[b] über Mindestquerschnitte von Dachlatten s. Tafel 12.109.
[c] Mindestmaß nach DIN 18334, Tab. 1, bei Nadelholz der Sortierklasse S10.
[d] Die maximale Querschnittsbreite wird herstellungsbedingt durch die einzuhaltende Anzahl von höchstens zwei nebeneinander liegenden Brettern je Lamelle begrenzt.
[e] Tragende einteilige Einzelquerschnitte aus Holz sollten Mindestdicken besitzen, um ein Aufspalten der Bauteile zu verhindern.
[f] Empfehlung auf der Grundlage von DIN 1052: 2008-12.
[g] Bei Vollholz besteht bei sehr breiten bzw. hohen Querschnitten erhöhte Rissgefahr.

Tafel 12.14 Querschnittsschwächungen durch Verbindungsmittel bei Holzbaustoffen sowie durch Universal-Keilzinkenverbindungen bei Brettschicht- und Balkenschichtholz nach DIN EN 1995-1-1: 2010-12, 5.2

Verbindungsmittel		Querschnittsschwächung, Fehlfläche	Erläuterungen
Stabdübel[a], Passbolzen[a], Klammern[a]		$d \cdot b$	
Bolzen[a], Gewindestangen[a,\,b]		$(d + 1\,mm) \cdot b$	
Nägel[a]	nicht vorgebohrt	$d \cdot b$, nur bei $d > 6\,mm$	
	vorgebohrt[f]	$d \cdot b$	
Holzschrauben[a,\,c]	nicht vorgebohrt	$d \cdot b$, nur bei $d > 6\,mm$	
	vorgebohrt[f]	$d \cdot b$	
Dübel besonderer Bauart[d,\,e]	Mittelholz	$2 \cdot \Delta A + (d + 1\,mm) \cdot (b_2 - 2 \cdot h_e)$	
	Seitenholz	$\Delta A + (d + 1\,mm) \cdot (b_1 - h_e)$	
Universal-Keilzinkenverbindung[g], Bruttoquerschnitt $b \cdot h$		$\Delta A = 0{,}20 \cdot b \cdot h^h$	

[a] bei stiftförmigen Verbindungsmitteln ist bei vorgebohrten Hölzern der Bohrlochdurchmesser und bei nicht vorgebohrten Hölzern der Nenndurchmesser zu verwenden.
[b] bei Gewindestangen ist nach DIN 1995-1-1/NA: 2013-08, 8.5.3, der Nenndurchmesser gleich dem Gewindeaußendurchmesser.
[c] bei Holzschrauben ist nach DIN 1995-1-1/NA: 2013-08, 8.7.1, der Nenndurchmesser gleich dem Außendurchmesser des Schraubengewindes.
[d] Dübelfehlflächen ΔA und zugehörige Bolzendurchmesser d nach Tafel 12.96, 12.98 und 12.99.
[e] die Länge der Bohrlöcher darf nach DIN 1995-1-1/NA: 2013-08, 8.9, rechnerisch um die Einbindetiefe (Einlass-/Einpresstiefe) h_e der Dübel verringert werden, über h_e s. Tafeln 12.96, 12.98 und 12.99.
[f] über Bohrlochdurchmesser bei Nägeln s. Tafel 12.77, bei Holzschrauben s. Tafel 12.90.
[g] Universal-Keilzinkenverbindungen (Vollstöße) bei Brettschichtholz und Balkenschichtholz nach den Anforderungen der DIN EN 14080.
[h] bei Berechnung der Normalspannungen dürfen nach DIN EN 1995-1-1/NA: 2013-08, 11.3, Querschnittsschwächungen durch Universal-Keilzinkenverbindungen ohne genaueren Nachweis zu 20 % der Bruttoquerschnittsfläche $b \cdot h$ angenommen werden.

Folgende **Querschnittsschwächungen dürfen unberücksichtigt bleiben**:

- Baumkanten, die nicht breiter sind als in DIN EN 14081-1: 2011-05 (oder DIN 4074-1: 2012-06 bzw. 4074-5: 2008-12) zugelassen,
- nicht vorgebohrte Nägel mit einem Durchmesser bis zu 6 mm,
- nicht vorgebohrte Holzschrauben mit einem Durchmesser bis zu 6 mm,
- Löcher und Aussparungen in der Druckzone von Holzbauteilen, wenn der ausfüllende Baustoff in den Löchern und Aussparungen (Einschnitt) eine größere Steifigkeit als das Holz oder der Holzwerkstoff besitzt.

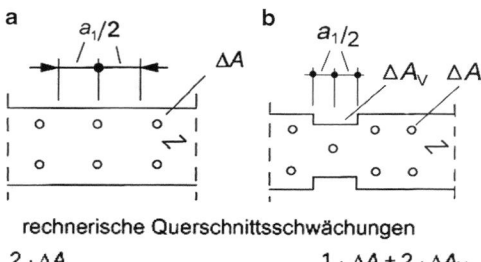

rechnerische Querschnittsschwächungen

$2 \cdot \Delta A$ $1 \cdot \Delta A + 2 \cdot \Delta A_V$

Abb. 12.2 Ermittlung von Querschnittsschwächungen; Beispiele. Mindestabstand der Verbindungsmittel a_1 in Faserrichtung, Querschnittsschwächung ΔA (Verbindungsmittel) und ΔA_V (Einschnitt)

Querschnittsschwächungen bei Verbindungen mit mehreren Verbindungsmitteln Der wirksame Querschnitt eines Bauteiles im Bereich von Verbindungen mit mehreren Verbindungsmitteln ist in der Regel so zu bestimmen, dass alle Querschnittsschwächungen als in diesem Querschnitt vorhanden anzunehmen sind, die um diesen Querschnitt mit einem Abstand von weniger als dem halben Mindestabstand der Verbindungsmittel in Faserrichtung des Holzes auftreten; Beispiele s. Abb. 12.2.

12.5 Nachweise der Querschnittstragfähigkeit für Stäbe in den Grenzzuständen der Tragfähigkeit

Die Querschnittstragfähigkeit berücksichtigt einzelne Bauteilquerschnitte ohne zusätzliche Einflüsse; dagegen sind z. B. Bauteile, die durch Biegedrillknicken oder Biegeknicken gefährdet sind, als Ganzes nach Abschn. 12.6 nachzuweisen.

12.5.1 Nachweise der Querschnittstragfähigkeit bei Zug

12.5.1.1 Zug in Faserrichtung des Holzes
nach DIN EN 1995-1-1: 2010-12, 6.1.2 (mittiger Zug)

$$\frac{\sigma_{t,0,d}}{f_{t,0,d}} = \frac{F_{t,d}/A_n}{f_{t,0,d}} \leq 1 \qquad (12.3)$$

$F_{t,d}$ Bemessungswert der mittigen Zugkraft
A_n wirksame Querschnittsfläche (Nettoquerschnitt)
$f_{t,0,d}$ Bemessungswert der Zugfestigkeit in Faserrichtung nach (12.2).

Erhöhen der charakteristischen Zugfestigkeit von Nadel- und Laubvollholz Für Nadel- und Laubvollholz mit Rechteckquerschnitt und einer charakteristischen Rohdichte von $\varrho_k \leq 700\,\text{kg/m}^3$ darf nach DIN EN 1995-1-1: 2010-12, 3.2, die charakteristische Zugfestigkeit $f_{t,0,k}$ bei Querschnitts-

breiten $b < 150\,\text{mm}$ mit dem Beiwert k_h nach (12.4) erhöht werden.

$$k_h = \min\{(150/h)^{0,2} \text{ oder } 1,3\} \qquad (12.4)$$

h in mm $< 150\,\text{mm}$ als größte Querschnittsabmessung $\max(h \text{ oder } b)$ bei Zug.

Erhöhen der charakteristischen Zugfestigkeit von Brettschichtholz Für Brettschichtholz mit Rechteckquerschnitt darf nach DIN EN 1995-1-1: 2010-12, 3.3, die charakteristische Zugfestigkeit $f_{t,0,k}$ bei Querschnittsbreiten $b < 600\,\text{mm}$ mit dem Beiwert k_h nach (12.5) erhöht werden.

$$k_h = \min\{(600/h)^{0,1} \text{ oder } 1,1\} \qquad (12.5)$$

h in mm $< 600\,\text{mm}$ als größte Querschnittsabmessung $\max(h \text{ oder } b)$ bei Zug.

Ein **Beispiel** zur Bemessung eines Zugstabes ist in [11], Abschn. Holzbau, 2.2 angeführt.

12.5.1.2 Zug unter einem Winkel α ($0° < \alpha < 90°$)
nach DIN EN 1995-1-1/NA: 2013-08, 6.2.5

Für Sperrholz, Brettsperrholz, Massivholzplatten, OSB-Platten und Furnierschichtholz mit Querlagen (näher bezeichnet in Abschn. 12.3.2, s. auch Abschn. 12.19), die unter einem Winkel α nach Abb. 12.3 belastet werden, gilt:

$$\frac{\sigma_{t,\alpha,d}}{k_\alpha \cdot f_{t,0,d}} = \frac{F_{t,\alpha,d}/A_n}{k_\alpha \cdot f_{t,0,d}} \leq 1 \qquad (12.6)$$

$$k_\alpha = \frac{1}{\left(\frac{f_{t,0,d}}{f_{t,90,d}} \cdot \sin^2 \alpha + \frac{f_{t,0,d}}{f_{v,d}} \cdot \sin \alpha \cdot \cos \alpha + \cos^2 \alpha\right)} \qquad (12.7)$$

α Winkel zwischen Beanspruchungs- und Faserrichtung bzw. Spanrichtung der Decklagen ($0° < \alpha < 90°$) nach Abb. 12.3
k_α Beiwert nach (12.7)
$f_{t,0,d}$ Bemessungswert der Zugfestigkeit in Faserrichtung nach (12.2)
$f_{t,90,d}$ Bemessungswert der Zugfestigkeit rechtwinklig zur Faserrichtung nach (12.2)
$f_{v,d}$ Bemessungswert der Schubfestigkeit nach (12.2)
$F_{t,\alpha,d}$ Bemessungswert der Zugkraft unter dem Winkel α
A_n wirksame Querschnittsfläche (Nettoquerschnitt).

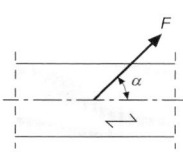

Abb. 12.3 Zugbeanspruchung unter einem Winkel α zwischen Beanspruchungsrichtung und Faserrichtung bzw. Spanrichtung der Decklagen bei Holzwerkstoffen

12.5.1.3 Zugverbindungen

nach DIN EN 1995-1-1/NA: 2013-08, 8.1.6

Zugverbindungen sind i. d. R. symmetrisch zu den Stabachsen auszuführen, Zusatzmomente in einseitig beanspruchten Bauteilen, s. Abb. 12.4, können vereinfacht nach Tafel 12.15 berücksichtigt werden.

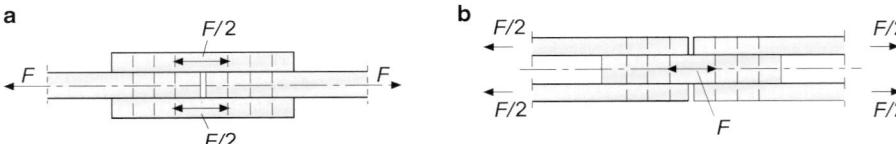

Abb. 12.4 Beispiele einseitig beanspruchter Bauteile in Zugverbindungen mit Laschen.
a außen liegende Laschen sind einseitig beanspruchte Bauteile,
b außen liegende Zugstäbe sind einseitig beanspruchte Bauteile

Tafel 12.15 Vereinfachte Berücksichtigung des Zusatzmomentes in einseitig beanspruchten Bauteilen symmetrischer Zugverbindungen nach DIN EN 1995-1-1/NA: 2013-08, 8.1.6

Vereinfachter Tragfähigkeitsnachweis einseitig beanspruchter Bauteile	
$$\frac{F_\text{d}/A_\text{n}}{k_\text{t,Ver} \cdot f_\text{t,0,d}} \leq 1$$	A_n wirksame Querschnittsfläche (Nettoquerschnittsfläche) F_d Bemessungswert der anteiligen Zugkraft im einseitig beanspruchten Bauteil $f_\text{t,0,d}$ Bemessungswert der Zugfestigkeit in Faserrichtung nach (12.2) $k_\text{t,Ver}$ Beiwert für Zugverbindungen (nicht in DIN EN 1995-1-1/NA: 2013-08 enthalten)

	Beiwert $k_\text{t,Ver}$ für	
1	**Holzschrauben, Bolzen, Passbolzen und nicht vorgebohrte Nägel**	
	$k_\text{t,Ver} = 2/3$	Abminderung des Bemessungswertes der Zugtragfähigkeit, ohne weitere Maßnahmen
2	**Stabdübel, vorgebohrte Nägel, Dübel besonderer Bauart** (andere Verbindungsmittel als in Zeile 1 angeführt)	
2.1	**Mit Maßnahmen zur Verhinderung der Verkrümmung** der einseitig beanspruchten Bauteile durch auf Herausziehen beanspruchbare Verbindungsmittel	
a)	$k_\text{t,Ver} = 2/3$	Abminderung des Bemessungswertes der Zugtragfähigkeit mit weiteren Maßnahmen siehe b) oder c) und d)
b)	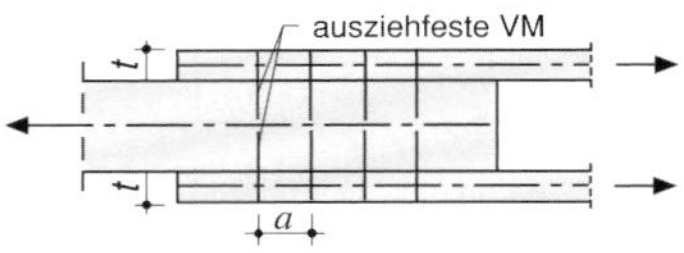 ausziehfeste VM	Zusätzlich zu a) bei stiftförmigen Verbindungsmitteln (Stabdübel, vorgebohrte Nägel) sind auf Herausziehen beanspruchbare Verbindungsmittel (auziehfeste Verbindungsmittel) anzuordnen in der ersten bzw. letzten Verbindungsmittelreihe: im Beispiel: $n = 4$
c)	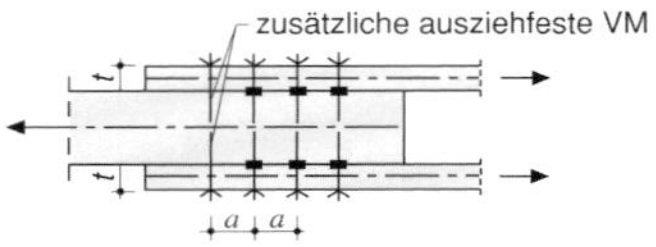 zusätzliche auziehfeste VM	Zusätzlich zu a) bei anderen Verbindungsmitteln (Dübeln besonderer Bauart) sind auf Herausziehen beanspruchbare Verbindungsmittel (auziehfeste Verbindungsmittel) anzuordnen zusätzlich vor bzw. hinter dem eigentlichen Anschluss: im Beispiel: $n = 3$
d)	Bemessung der auziehfesten Verbindungsmittel für eine Zugkraft $F_\text{t,d}$, die in Richtung der Stiftachse wirkt, nach Abschn. 12.15 $$F_\text{t,d} = \frac{F_\text{d} \cdot t}{2 \cdot n \cdot a}$$	F_d Normalkraft im einseitig beanspruchten Bauteil n Anzahl der zur Übertragung der Scherkraft in Richtung der Kraft F_d hintereinander angeordneten Verbindungsmittel, ohne die zusätzlichen auziehfesten Verbindungsmittel t Dicke des einseitig beanspruchten Bauteils a Abstand der auf Herausziehen beanspruchten Verbindungsmittel von der nächsten Verbindungsmittelreihe
2.2	**Ohne Maßnahmen zur Verhinderung der Verkrümmung** der einseitig beanspruchten Bauteile	
	$k_\text{t,Ver} = 0{,}4$	Abminderung des Bemessungswertes der Zugtragfähigkeit

12.5.2 Nachweise der Querschnittstragfähigkeit bei Druck

12.5.2.1 Druck in Faserrichtung des Holzes

nach DIN EN 1995-1-1: 2010-12, 6.1.4 (mittiger Druck, Biegeknicken nicht maßgebend)

$$\frac{\sigma_{c,0,d}}{f_{c,0,d}} = \frac{F_{c,d}/A_n}{f_{c,0,d}} \leq 1 \qquad (12.8)$$

$F_{c,d}$ Bemessungswert der mittigen Druckkraft in Faserrichtung

A_n wirksame Querschnittsfläche (Nettoquerschnitt)

$f_{c,0,d}$ Bemessungswert der Druckfestigkeit in Faserrichtung nach (12.2).

Wird das Biegeknicken maßgebend, Knicknachweise nach Abschn. 12.6.1 führen.

12.5.2.2 Druck rechtwinklig zur Faserrichtung des Holzes

nach DIN EN 1995-1-1: 2010-12, 6.1.5

$$\frac{\sigma_{c,90,d}}{k_{c,90} \cdot f_{c,90,d}} = \frac{F_{c,90,d}/A_{ef}}{k_{c,90} \cdot f_{c,90,d}} \leq 1 \qquad (12.9)$$

$F_{c,90,d}$ Bemessungswert der Druckkraft rechtwinklig zur Faserrichtung

A_{ef} wirksame Kontaktfläche (Querdruckfläche) nach Tafel 12.16

$k_{c,90}$ Querdruckbeiwert nach Tafel 12.16 in Verbindung mit Abb. 12.5

$f_{c,90,d}$ Bemessungswert der Druckfestigkeit rechtwinklig zur Faserrichtung nach (12.2).

Ein **Beispiel zur Bemessung einer Druckfläche rechtwinklig zur Faser** ist in [11], Abschn. Holzbau, 2.3 angeführt.

12.5.2.3 Druck unter einem Winkel α zur Faserrichtung

($0° < \alpha < 90°$, „schräg" zur Faserrichtung) nach DIN EN 1995-1-1: 2010-12, 6.2.2 und DIN EN 1995-1-1/NA: 2013-08, 6.2.2

$$\frac{\sigma_{c,\alpha,d}}{f_{c,\alpha,d}} = \frac{F_{c,\alpha,d}/A_{ef}}{f_{c,\alpha,d}} \leq 1 \qquad (12.10)$$

$$f_{c,\alpha,d} = \frac{f_{c,0,d}}{\frac{f_{c,0,d}}{k_{c,90} \cdot f_{c,90,d}} \cdot \sin^2\alpha + \cos^2\alpha} \qquad (12.11)$$

Abb. 12.5 Bauteil unter Druck rechtwinklig zur Faserrichtung des Holzes nach DIN EN 1995-1-1: 2010-12, 6.1.5, Bild 6.2. **a** Kontinuierliche Lagerung (Schwellendruck), **b** Einzellagerung (Auflagerdruck)

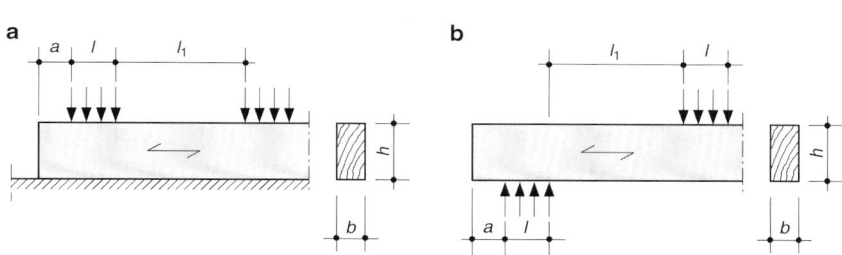

Tafel 12.16 Querdruckbeiwert $k_{c,90}$ und wirksame Kontaktfläche A_{ef} (Querdruckfläche) bei Druck rechtwinklig zur Faserrichtung des Holzes nach DIN EN 1995-1-1: 2010-12, 6.1.5[a]

Querdruckbeiwert $k_{c,90}$		
Holzbaustoff	$k_{c,90}$	Längen a, l, l_1 und Höhe h nach Abb. 12.5
Laubvollholz	1,0	–
Nadelvollholz	1,0	mit $l_1 < 2 \cdot h$
	1,25	mit $l_1 \geq 2 \cdot h$ bei kontinuierlicher Lagerung (Schwellendruck)
	1,5	mit $l_1 \geq 2 \cdot h$ und bei Einzellagerung (Auflagerdruck)
Brettschichtholz aus Nadelholz	1,0	mit $l_1 < 2 \cdot h$
	1,5	mit $l_1 \geq 2 \cdot h$ bei kontinuierlicher Lagerung (Schwellendruck)
	1,75	mit $l_1 \geq 2 \cdot h$ und bei Einzellagerung (Auflagerdruck)[b]

Wirksame Kontaktfläche (Querdruckfläche) A_{ef}

$A_{ef} = (\ddot{u}_{li} + l + \ddot{u}_{re}) \cdot b$
l tatsächliche Kontaktlänge (Aufstandslänge) in Faserrichtung des Holzes
$\ddot{u}_{li}, \ddot{u}_{re}$ rechnerische Überstände, rechts und links von der tatsächlichen Kontaktfläche,
$\ddot{u}_{li}, \ddot{u}_{re} \leq 30$ mm und $\ddot{u}_{li}, \ddot{u}_{re} \leq a$ oder l oder $l_1/2$ nach Abb. 12.5

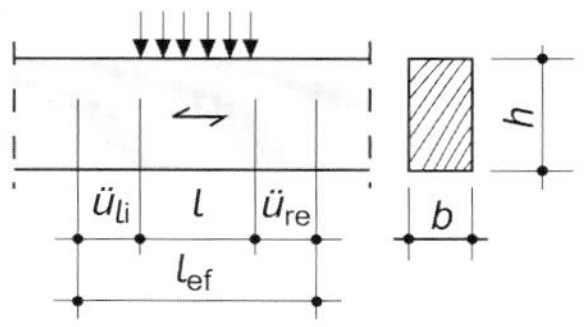

[a] bei Auflagerknoten von Stabwerken mit indirekten Verbindungen gilt nach DIN EN 1995-1-1/NA: 2013-08, 6.1.5, $k_{c,90} = 1,5$.
[b] bei Brettschichtholz aus Nadelholz gilt nach DIN EN 1995-1-1/NA: 2013-08, 6.1.5, $k_{c,90} = 1,75$ auch für Auflagerlängen $l > 400$ mm.

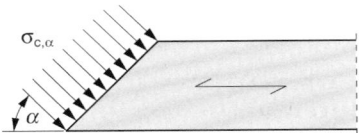

Abb. 12.6 Druckspannungen unter einem Winkel α zur Faserrichtung nach DIN EN 1995-1-1: 2010-12; 6.2.2, Bild 6.7

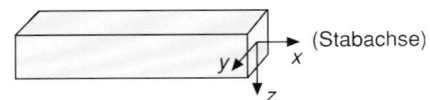

Abb. 12.7 Koordinatensystem der Stabstatik

α Winkel zwischen Kraft- und Faserrichtung des Holzes bzw. Winkel zwischen Beanspruchungsrichtung und Faserrichtung bzw. Spanrichtung der Decklagen nach Abb. 12.6

A Querschnittsfläche unter dem Winkel α
$A_{\mathrm{ef}} = l_{\mathrm{ef}} \cdot b$, s. DIN EN 1995-1-1/NA: 2013-08, 6.2.2

$F_{\mathrm{c},\alpha,\mathrm{d}}$ Bemessungswert der Druckkraft in Abhängigkeit vom Winkel α

$f_{\mathrm{c},0,\mathrm{d}}$ Bemessungswert der Druckfestigkeit in Faserrichtung nach (12.2)

$f_{\mathrm{c},90,\mathrm{d}}$ Bemessungswert der Druckfestigkeit rechtwinklig zur Faserrichtung nach (12.2)

$f_{\mathrm{c},\alpha,\mathrm{d}}$ Bemessungswert der Druckfestigkeit in Abhängigkeit vom Winkel α nach (12.11)

$k_{\mathrm{c},90}$ Querdruckbeiwert nach Tafel 12.16, der den Einfluss der Spannungen rechtwinklig zur Faserrichtung berücksichtigt.

12.5.3 Nachweise der Querschnittstragfähigkeit bei Biegung

12.5.3.1 Einfache (einaxiale) Biegung

nach DIN EN 1995-1-1: 2010-12, 6.1.6 (Biegedrillknicken (Kippen) nicht maßgebend)

Biegebeanspruchung um die y-Achse:

$$\frac{\sigma_{\mathrm{m},\mathrm{y},\mathrm{d}}}{f_{\mathrm{m},\mathrm{y},\mathrm{d}}} = \frac{M_{\mathrm{y},\mathrm{d}}/W_{\mathrm{y},\mathrm{n}}}{f_{\mathrm{m},\mathrm{y},\mathrm{d}}} \leq 1 \qquad (12.12)$$

Biegebeanspruchung um die z-Achse:

$$\frac{\sigma_{\mathrm{m},\mathrm{z},\mathrm{d}}}{f_{\mathrm{m},\mathrm{z},\mathrm{d}}} = \frac{M_{\mathrm{z},\mathrm{d}}/W_{\mathrm{z},\mathrm{n}}}{f_{\mathrm{m},\mathrm{z},\mathrm{d}}} \leq 1 \qquad (12.13)$$

$\sigma_{\mathrm{m},\mathrm{y},\mathrm{d}}, \sigma_{\mathrm{m},\mathrm{z},\mathrm{d}}$ Bemessungswerte der Biegespannungen um die y- oder z-Achse

$f_{\mathrm{m},\mathrm{y},\mathrm{d}}, f_{\mathrm{m},\mathrm{z},\mathrm{d}}$ Bemessungswerte der Biegefestigkeit nach (12.2)

$M_{\mathrm{y},\mathrm{d}}, M_{\mathrm{z},\mathrm{d}}$ Biegemomente um die y- oder z-Achse

$W_{\mathrm{y},\mathrm{n}}, W_{\mathrm{z},\mathrm{n}}$ nutzbare Widerstandsmomente oder Widerstandsmomente des Nettoquerschnitts um die y- oder z-Achse.

Über die Erhöhung der charakteristischen Biegefestigkeit $f_{\mathrm{m},\mathrm{k}}$ von Voll- und Brettschichtholz s. Abschn. 12.5.3.2, bei Gefahr des Biegedrillknickens (Kippen) von Biegeträgern ist ein Nachweis nach Abschn. 12.6.2.1 zu führen.

Ein **Beispiel** zur Bemessung eines Biegeträgers aus Brettschichtholz, einaxiale Biegung, ist in [11], Abschn. Holzbau, 2.4 angeführt.

12.5.3.2 Erhöhung der charakteristischen Biegefestigkeiten bei Voll- und Brettschichtholz

Für **Nadel- und Laubvollholz mit Rechteckquerschnitt** unter Biegung und einer charakteristischen Rohdichte von $\varrho_{\mathrm{k}} \leq 700\,\mathrm{kg/m^3}$ darf nach DIN EN 1995-1-1: 2010-12, 3.2, die charakteristische Biegefestigkeit $f_{\mathrm{m},\mathrm{k}}$ bei Querschnittshöhen $h < 150\,\mathrm{mm}$ mit dem Beiwert k_{h} nach (12.14) erhöht werden.

$$k_{\mathrm{h}} = \min\{(150/h)^{0,2} \text{ oder } 1,3\} \qquad (12.14)$$

h in mm als Querschnittshöhe bei Biegung $< 150\,\mathrm{mm}$.

Für **Brettschichtholz mit Rechteckquerschnitt** unter Biegung darf nach DIN EN 1995-1-1: 2010-12, 3.3, die charakteristische Biegefestigkeit $f_{\mathrm{m},\mathrm{k}}$ bei Querschnittshöhen $h < 600\,\mathrm{mm}$ mit dem Beiwert k_{h} nach (12.15) erhöht werden. Diese Regelung gilt nur für Flachkantbiegung der Lamellen (z. B. bei Lasten, die rechtwinklig zu den Klebfugen wirken, nach DIN EN 1995-1-1/NA: 2013-08, 3.3).

$$k_{\mathrm{h}} = \min\{(600/h)^{0,1} \text{ oder } 1,1\} \qquad (12.15)$$

h Querschnittshöhe des Brettschichtträgers in mm $< 600\,\mathrm{mm}$.

Bei **Hochkant-Biegebeanspruchung der Lamellen von homogenem Brettschichtholz** (z. B. bei Lasten, die in Richtung der Klebfugen wirken) aus mind. vier Lamellen darf nach DIN EN 1995-1-1/NA: 2013-08, 3.3, die charakteristische Biegefestigkeit $f_{\mathrm{m},\mathrm{k}}$ um 20 % erhöht werden.

12.5.3.3 Doppelbiegung (zweiaxiale) Biegung

nach DIN EN 1995-1-1: 2010-12, 6.1.6 (Biegedrillknicken (Kippen) nicht maßgebend)

$$\frac{\sigma_{\mathrm{m},\mathrm{y},\mathrm{d}}}{f_{\mathrm{m},\mathrm{y},\mathrm{d}}} + k_{\mathrm{m}} \cdot \frac{\sigma_{\mathrm{m},\mathrm{z},\mathrm{d}}}{f_{\mathrm{m},\mathrm{z},\mathrm{d}}} \leq 1 \qquad (12.16)$$

$$k_{\mathrm{m}} \cdot \frac{\sigma_{\mathrm{m},\mathrm{y},\mathrm{d}}}{f_{\mathrm{m},\mathrm{y},\mathrm{d}}} + \frac{\sigma_{\mathrm{m},\mathrm{z},\mathrm{d}}}{f_{\mathrm{m},\mathrm{z},\mathrm{d}}} \leq 1 \qquad (12.17)$$

$k_\mathrm{m} = 0{,}7$ für Rechteckquerschnitte aus Voll-, Brettschicht-
und Furnierschichtholz

$= 1{,}0$ für andere Querschnitte aus Voll-, Brettschicht-
und Furnierschichtholz

$= 1{,}0$ für alle Querschnitte anderer tragender Holzwerkstoffe.

Weitere Bezeichnungen s. Abschn. 12.5.3.1, (12.16)
und (12.17) sind einzuhalten.

Über die Erhöhung der charakteristischen Biegefestigkeit
$f_\mathrm{m,k}$ von Voll- und Brettschichtholz s. Abschn. 12.5.3.2, bei
Gefahr des Biegedrillknickens (Kippen) von Biegeträgern ist
ein Nachweis sinngemäß nach Abschn. 12.6.2.2 zu führen.

Ein **Beispiel** zur Bemessung einer Mittelpfette aus Brettschichtholz, zweiaxiale Biegung, ist in [11], Holzbau,
Abschn. 2.5 angeführt.

12.5.3.4 Biegung und Zug (ausmittiger Zug)

nach DIN EN 1995-1-1: 2010-12, 6.2.3 (Biegedrillknicken
(Kippen) nicht maßgebend)

$$\frac{\sigma_\mathrm{t,0,d}}{f_\mathrm{t,0,d}} + \frac{\sigma_\mathrm{m,y,d}}{f_\mathrm{m,y,d}} + k_\mathrm{m} \cdot \frac{\sigma_\mathrm{m,z,d}}{f_\mathrm{m,z,d}} \leq 1 \qquad (12.18)$$

$$\frac{\sigma_\mathrm{t,0,d}}{f_\mathrm{t,0,d}} + k_\mathrm{m} \cdot \frac{\sigma_\mathrm{m,y,d}}{f_\mathrm{m,y,d}} + \frac{\sigma_\mathrm{m,z,d}}{f_\mathrm{m,z,d}} \leq 1 \qquad (12.19)$$

k_m nach Abschn. 12.5.3.3

$\sigma_\mathrm{m,y,d}, \sigma_\mathrm{m,z,d}$ Bemessungswerte der Biegespannungen um die
y- oder z-Achse

$\sigma_\mathrm{t,0,d}$ Bemessungswert der Zugspannung

$f_\mathrm{m,y,d}, f_\mathrm{m,z,d}$ Bemessungswerte der Biegefestigkeit nach
(12.2)

$f_\mathrm{t,0,d}$ Bemessungswert der Zugfestigkeit nach (12.2).

Weitere Bezeichnungen s. Abschn. 12.5.3.1, (12.18)
und (12.19) sind einzuhalten.

Wird in (12.18) und (12.19) eine der Biegespannungen
um die y- oder z-Achse gleich null, ist $k_\mathrm{m} = 1{,}0$ zu setzen.
Über die Erhöhung der charakteristischen Zug- und Biegefestigkeiten $f_\mathrm{t,0,k}$ und $f_\mathrm{m,k}$ von Voll- und Brettschichtholz
s. Abschn. 12.5.1.1 und 12.5.3.2, bei Gefahr des Biegedrillknickens (Kippen) von Biegeträgern ist ein Nachweis
sinngemäß nach Abschn. 12.6.2.2 zu führen.

12.5.3.5 Biegung und Druck (ausmittiger Druck)

nach DIN EN 1995-1-1: 2010-12, 6.2.4 (Biegeknicken und
Biegedrillknicken (Kippen) nicht maßgebend)

$$\left(\frac{\sigma_\mathrm{c,0,d}}{f_\mathrm{c,0,d}}\right)^2 + \frac{\sigma_\mathrm{m,y,d}}{f_\mathrm{m,y,d}} + k_\mathrm{m} \cdot \frac{\sigma_\mathrm{m,z,d}}{f_\mathrm{m,z,d}} \leq 1 \qquad (12.20)$$

$$\left(\frac{\sigma_\mathrm{c,0,d}}{f_\mathrm{c,0,d}}\right)^2 + k_\mathrm{m} \cdot \frac{\sigma_\mathrm{m,y,d}}{f_\mathrm{m,y,d}} + \frac{\sigma_\mathrm{m,z,d}}{f_\mathrm{m,z,d}} \leq 1 \qquad (12.21)$$

k_m nach Abschn. 12.5.3.3

$\sigma_\mathrm{m,y,d}, \sigma_\mathrm{m,z,d}$ Bemessungswerte der Biegespannungen um die
y- oder z-Achse

$\sigma_\mathrm{c,0,d}$ Bemessungswert der Druckspannung

$f_\mathrm{m,y,d}, f_\mathrm{m,z,d}$ Bemessungswerte der Biegefestigkeit nach
(12.2)

$f_\mathrm{t,0,d}$ Bemessungswert der Druckfestigkeit nach
(12.2).

Weitere Bezeichnungen s. Abschn. 12.5.3.1, (12.20)
und (12.21) sind einzuhalten.

Wird in (12.20) und (12.21) eine der Biegespannungen um
die y- oder z-Achse gleich null, ist $k_\mathrm{m} = 1{,}0$ zu setzen. Über
die Erhöhung der charakteristischen Biegefestigkeit $f_\mathrm{m,k}$ von
Voll- und Brettschichtholz s. Abschn. 12.5.3.2, bei Gefahr
des Biegedrillknickens (Kippen) ist ein Nachweis sinngemäß
nach Abschn. 12.6.2.2 zu führen, bei Gefahr des Biegeknickens ein Nachweis nach Abschn. 12.6.1.2.

12.5.4 Nachweise der Querschnittstragfähigkeit bei Schub und Torsion

12.5.4.1 Schub

nach DIN EN 1995-1-1: 2010-12, 6.1.7

Bei Schub mit Spannungskomponenten in Faserrichtung
nach Abb. 12.8a sowie bei Schub mit beiden Spannungskomponenten rechtwinklig zur Faserrichtung (Rollschub) nach
Abb. 12.8b muss (12.22) eingehalten werden. Der Einfluss
von (Trocken-)Rissen in auf Schub beanspruchten Biegebauteilen muss mit der wirksamen Breite b_ef nach (12.25)
berücksichtigt werden.

Die zu einer Querkraft V gehörenden Schubspannungen τ werden allgemein nach (12.23) berechnet, die größte
Schubspannung τ in einem Rechteckquerschnitt kann nach
(12.24) ermittelt werden. Muss der Einfluss von (Trocken-)
Rissen in Bauteilen berücksichtigt werden, ist in diesen Gleichungen die Breite b durch die wirksame Breite b_ef nach
(12.25) zu ersetzen.

$$\frac{\tau_\mathrm{d}}{f_\mathrm{v,d}} \leq 1 \qquad (12.22)$$

allgemein:

$$\tau = \frac{V \cdot S}{I \cdot b} \qquad (12.23)$$

für Rechteckquerschnitt:

$$\tau_\mathrm{max} = \frac{1{,}5 \cdot V}{b \cdot h} \qquad (12.24)$$

b Querschnittsbreite, s. wirksame Breite b_ef

b_ef wirksame Breite nach (12.25)

$f_\mathrm{v,d}$ Bemessungswert der Schub- bzw. Rollfestigkeit nach
(12.2)

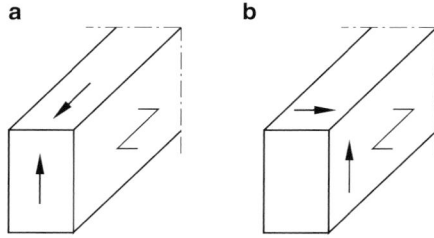

Abb. 12.8 Bauteile mit Schubspannungskomponenten nach DIN EN 1995-1-1: 2010-12, 6.1.7, Bild 6.5.
a eine Schubspannungskomponente in Faserrichtung,
b beide Schubspannungskomponenten rechtwinklig zur Faserrichtung (Rollschub)

h Querschnittshöhe
τ_d Bemessungswert der Schubspannungen
I Flächenmoment 2. Grades
S Flächenmoment 1. Grades
V maßgebende Querkraft.

Wirksame Breite b_{ef} in auf Schub beanspruchten Biegebauteilen nach DIN EN 1995-1-1: 2010-12, 6.1.7

Bei biegebeanspruchten Bauteilen, die auf Schub beansprucht werden, muss der Einfluss der (Trocken-)Risse für bestimmte Holzbaustoffe mit der wirksamen Breite nach (12.25) berücksichtigt werden.

$$b_{ef} = k_{cr} \cdot b \qquad (12.25)$$

b Breite des entsprechenden Querschnitts des Bauteils
k_{cr} Beiwert nach Tafel 12.17 zur Berücksichtigung von (Trocken-)Rissen bei auf Schub beanspruchten Biegebauteilen.

Tafel 12.17 Beiwert k_{cr} bei auf Schub beanspruchten Biegebauteilen zur Berechnung der wirksamen Breite b_{ef} der (12.25) (Berücksichtigung (von Trocken-)Rissen)[a]

Holzbaustoffe	k_{cr}[b, c]	$f_{v,k}$
– nach DIN EN 1995-1-1/NA: 2013-08; 6.1.7(2)		
für Nadelvollholz	$2,0/f_{v,k}$	in N/mm^2
für Balkenschichtholz aus Nadelholz	$2,0/f_{v,k}$	in N/mm^2
für Brettschichtholz	$2,5/f_{v,k}$	in N/mm^2
für Brettsperrholz	1,0	
– nach DIN EN 1995-1-1: 2010-12; 6.1.7		
für Laubvollholz	0,67	
für Holzwerkstoffe (andere holzbasierte Produkte) nach DIN EN 13986 und DIN EN 14374	1,0	

[a] Hierin bedeuten:
$f_{v,k}$ charakteristische Schubfestigkeit nach Abschn. 12.3.1
[b] der k_{cr}-Beiwert kann nach DIN EN 1995-1-1/NA: 2013-08, 6.1.7(2) nicht mit einer zulässigen Risstiefe im Endzustand gleich gesetzt werden.
[c] der k_{cr}-Beiwert darf nach DIN EN 1995-1-1/NA: 2013-08, 6.1.7(2), bei Stäben aus Nadelschnittholz in Bereichen, die mindestens 1,50 m vom Hirnholzende des Holzes entfernt liegen, um 30 % erhöht werden.

Ein **Beispiel** zur Bemessung der Schubbeanspruchung aus Querkraft bei einem Biegeträger aus Brettschichtholz ist in [11], Holzbau, Abschn. 2.4 angeführt.

Schub bei Doppelbiegung in Rechteckquerschnitten nach DIN EN 1995-1-1/NA: 2013-08, 6.1.7

$$\left(\frac{\tau_{y,d}}{f_{v,d}}\right)^2 + \left(\frac{\tau_{z,d}}{f_{v,d}}\right)^2 \leq 1 \qquad (12.26)$$

$\tau_{y,d}$, $\tau_{z,d}$ Bemessungswert der Schubspannungen in Richtung der y- bzw. z-Achse
$f_{v,d}$ Bemessungswert der Schubfestigkeit nach (12.2).

Die wirksame Breite b_{ef} bzw. der k_{cr}-Beiwert nach (12.25) ist für Einwirkungen rechtwinklig zu möglichen Rissebenen anzusetzen.

Maßgebende Querkraft bei Biegeträgern an End- und Zwischenauflagern nach DIN EN 1995-1-1/NA: 2013-08, 6.1.7

Beim Nachweis der Schubspannungen oder ggf. Schubverbindungsmittel darf die Querkraft abgemindert und mit der maßgebenden Querkraft gerechnet werden, wenn (s. Abb. 12.9)

- die Auflagerung am unteren Trägerrand,
- der Lastangriff am oberen Trägerrand,
- keine Ausklinkungen und keine Durchbrüche im Auflagerbereich sind.

Als maßgebende Querkraft gilt dann:

- V_{red} im Abstand h vom Auflagerrand (mit h als Trägerhöhe über Auflagermitte)
- bei Trägern mit geneigtem Rand kann die Bauteilhöhe über der Symmetrieachse des Auflagers angesetzt werden.

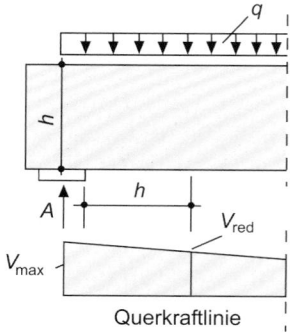

Abb. 12.9 Abgeminderte Querkraft V_{red} am Beispiel des Endauflagers eines Biegeträgers mit Gleichlast q nach DIN EN 1995-1-1/ NA: 2013-08, 6.1.7 (h = Trägerhöhe über Auflagermitte)

Reduzierte Querkraft an End- und Zwischenauflagern bei Trägern mit auflagernahen Einzellasten nach DIN EN 1995-1-1: 2010-12, 6.1.7

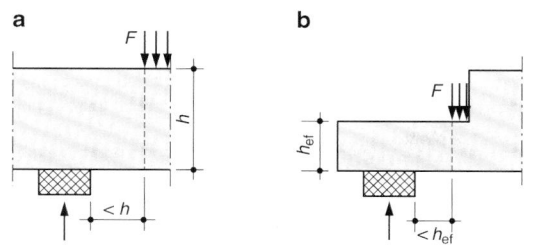

Abb. 12.10 Reduzierte Querkraft V_{red} an End- und Zwischenauflagern bei Trägern mit auflagernahen Einzellasten nach DIN EN 1995-1-1: 2010-12, Bild 6.6, Bedingungen am Auflager, bei denen die Einzellasten F bei der Berechnung der Schubkraft vernachlässigt werden dürfen

Bei Auflagern darf der Anteil an der gesamtem Querkraft einer Einzellast F, die auf der Oberseite des Biegestabes innerhalb eines Abstandes h oder h_{ef} vom Auflagerrand wirkt, unberücksichtigt bleiben, s. Abb. 12.10. Für Biegestäbe mit einer Ausklinkung am Auflager gilt diese Abminderung der Querkraft nur, wenn die Ausklinkung auf der Gegenseite des Auflagers liegt, s. Abb. 12.10b.

Reduzierte Querkraft an End- und Zwischenauflagern bei Trägern mit Linienlasten nach DIN EN 1995-1-1/NA: 2013-08, 6.1.7

Die Bestimmungen zur reduzierten Querkraft an End- und Zwischenauflagern bei Trägern mit auflagernahen Einzellasten gilt auch sinngemäß für Querkraft aus Linienlasten.

12.5.4.2 Torsion

nach DIN EN 1995-1-1: 2010-12, 6.1.8 und DIN EN 1995-1-1/A2: 2014-07

Bei Torsionsbeanspruchung muss (12.27) eingehalten werden. Der Beiwert k_{shape} nach (12.28) berücksichtigt den Einfluss der Querschnittsform. Bei der Berechnung der Torsionsspannungen braucht der Beiwert k_{cr} der (12.25) nach DIN EN 1995-1-1/NA: 2013-08, 6.1.8, nicht berücksichtigt zu werden.

$$\frac{\tau_{tor,d}}{k_{shape} \cdot f_{v,d}} \leq 1 \qquad (12.27)$$

für einen runden Querschnitt:

$$k_{shape} = 1,2 \qquad (12.28a)$$

für einen rechteckigen Querschnitt:

$$k_{shape} = \min\{(1 + 0,05 \cdot h/b) \text{ oder } 1,3\} \qquad (12.28b)$$

b die kleinere Querschnittsabmessung

Tafel 12.18 α_2-Werte zur Berechnung des Torsionswiderstandsmomentes für Rechteckquerschnitte mit $h \geq b$ nach (12.30)[a, b]

h/b	α_2	h/b	α_2	Rechteckquerschnitt
1,00	0,208	4,00	0,282	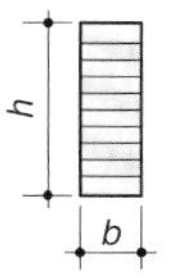
1,25	0,221	6,00	0,299	
1,50	0,231	10,0	0,313	
2,00	0,246	∞	0,333	
3,00	0,267			

[a] Zwischenwerte können geradlinig einschaltet werden.
[b] Torsionsflächenmoment 2. Grades s. Abschn. 12.6.2.3, Tafel 12.26.

h die größere Querschnittsabmessung
$f_{v,d}$ Bemessungswert der Schubfestigkeit nach (12.2), der Beiwert k_{cr} der (12.25) braucht bei der Berechnung der Torsionsspannungen nicht berücksichtigt zu werden
$\tau_{tor,d}$ Bemessungswert der Torsionsspannung

Die zu einem Torsionsmoment M_{tor} gehörenden Torsionsspannung (Tangentialspannung) τ_{tor} kann vereinfacht nach (12.29) berechnet werden, das Torsionswiderstandsmoment von Rechteckquerschnitten nach (12.30).

$$\tau_{tor} = M_{tor}/W_{tor} \qquad (12.29)$$

für Rechteckquerschnitte gilt:

$$W_{tor} = \alpha_2 \cdot b^2 \cdot h \qquad (12.30)$$

M_{tor} Torsionsmoment
W_{tor} Torsionswiderstandsmoment
α_2 Faktor für Rechteckquerschnitte mit $h \geq b$ nach Tafel 12.18.

12.5.4.3 Schub aus Querkraft und Torsion

nach DIN EN 1995-1-1/NA: 2013-08, 6.1.9

Bei gleichzeitiger Wirkung von Schub aus Querkraft und Torsion ist (12.31) einzuhalten. Die wirksame Breite b_{ef} bzw. der Beiwert k_{cr} nach (12.25) ist für Einwirkungen rechtwinklig zu möglichen Rissebenen anzusetzen.

$$\frac{\tau_{tor,d}}{k_{shape} \cdot f_{v,d}} + \left(\frac{\tau_{y,d}}{f_{v,d}}\right)^2 + \left(\frac{\tau_{z,d}}{f_{v,d}}\right)^2 \leq 1 \qquad (12.31)$$

$\tau_{tor,d}$ Bemessungswert der Torsionsbeanspruchung
$\tau_{y,d}, \tau_{z,d}$ Bemessungswert der Schubspannungen in Richtung der y- bzw. z-Achse
$f_{v,d}$ Bemessungswert der Schubfestigkeit nach (12.2), der Beiwert k_{cr} nach (12.25) ist für Einwirkungen rechtwinklig zu möglichen Rissebenen anzusetzen
k_{shape} Beiwert nach (12.28).

12.6 Nachweise für Stäbe mit den Ersatzstabverfahren in den Grenzzuständen der Tragfähigkeit

Nachweise mit den Ersatzstabverfahren berücksichtigen vereinfachend Bauteile, die über ihre gesamte Länge durch Stabilitätsverlust Biegeknicken und/oder Biegedrillknicken (Kippen) versagen können; zusätzlich sind ggf. Nachweise der Querschnittstragfähigkeit nach Abschn. 12.5 erforderlich. Nachweise mit Theorie II. Ordnung nach Abschn. 12.11 können alternativ geführt werden.

12.6.1 Nachweise für Druckstäbe mit dem Ersatzstabverfahren

(Nachweise des Biegeknickens und ggf. des Biegedrillknickens)

12.6.1.1 Druckstäbe, planmäßig mittiger Druck in Faserrichtung des Holzes

nach DIN EN 1995-1-1, 2010-12, 6.3.2 (Biegeknicken maßgebend)

Knicken um die y-Achse

$$\frac{\sigma_{c,0,d}}{k_{c,y} \cdot f_{c,0,d}} = \frac{F_{c,d}/A}{k_{c,y} \cdot f_{c,0,d}} \leq 1 \qquad (12.32)$$

Knicken um die z-Achse

$$\frac{\sigma_{c,0,d}}{k_{c,z} \cdot f_{c,0,d}} = \frac{F_{c,d}/A}{k_{c,z} \cdot f_{c,0,d}} \leq 1 \qquad (12.33)$$

A Querschnittsfläche
$f_{c,0,d}$ Bemessungswert der Druckfestigkeit in Faserrichtung nach (12.2)
$F_{c,d}$ Bemessungswert der Druckkraft
k_c Knickbeiwert nach Abschn. 12.6.1.4
$\sigma_{c,0,d}$ Bemessungswert der Druckspannungen in Faserrichtung.

Ist die Bedingung für den bezogenen Schlankheitsgrad $\lambda_{rel,y} \leq 0{,}3$ für Knicken um die y-Achse bzw. $\lambda_{rel,z} \leq 0{,}3$ für Knicken um die z-Achse nach Abschn. 12.6.1.4, Tafel 12.19, erfüllt, kann der Nachweis der Querschnittstragfähigkeit sinngemäß nach Abschn. 12.5.2.1 geführt werden.

Über die Berücksichtigung des Kriechens s. Abschn. 12.6.1.3 und über die Querschnittstragfähigkeit s. Abschn. 12.5.2.1.

Ein **Beispiel** zur Bemessung eines Druckstabes, mittiger Druck, ist in [11], Holzbau, Abschn. 2.6 angeführt.

12.6.1.2 Stäbe mit Druck und Biegung (ausmittiger Druck)

nach DIN EN 1995-1-1, 2010-12, 6.3.2 (nur Biegeknicken maßgebend)

$$\frac{\sigma_{c,0,d}}{k_{c,y} \cdot f_{c,0,d}} + \frac{\sigma_{m,y,d}}{f_{m,y,d}} + k_m \cdot \frac{\sigma_{m,z,d}}{f_{m,z,d}} \leq 1 \qquad (12.34)$$

$$\frac{\sigma_{c,0,d}}{k_{c,z} \cdot f_{c,0,d}} + k_m \cdot \frac{\sigma_{m,y,d}}{f_{m,y,d}} + \frac{\sigma_{m,z,d}}{f_{m,z,d}} \leq 1 \qquad (12.35)$$

mit

$$\sigma_{c,0,d} = \frac{F_{c,d}}{A} \qquad (12.36)$$

$$\sigma_{m,y,d} = \frac{M_{y,d}}{W_y} \qquad (12.37)$$

$$\sigma_{m,z,d} = \frac{M_{z,d}}{W_z} \qquad (12.38)$$

$\sigma_{c,0,d}$ Bemessungswert der Druckspannungen in Faserrichtung
$\sigma_{m,y,d}$, $\sigma_{m,z,d}$ Bemessungswerte der Biegespannungen um die y- bzw. z-Achse
$f_{c,0,d}$ Bemessungswert der Druckfestigkeit nach (12.2)
$f_{m,y,d}$, $f_{m,z,d}$ Bemessungswerte der Biegefestigkeit nach (12.2)
$k_{c,y}$, $k_{c,z}$ Knickbeiwerte für Knicken um die y- bzw. z-Achse nach Abschn. 12.6.1.4
k_m = 0,7 für Rechteckquerschnitte aus Voll-, Brettschicht- und Furnierschichtholz
= 1,0 für andere Querschnitte aus Voll-, Brettschicht- und Furnierschichtholz
= 1,0 für alle Querschnitte anderer Holzwerkstoffe
$M_{y,d}$, $M_{z,d}$ Bemessungswerte der Biegemomente um die y- bzw. z-Achse
W_y, W_z Widerstandsmomente um die y- bzw. z-Achse. Gleichung (12.34) und (12.35) sind einzuhalten.

Wird in (12.34) und (12.35) eine der Biegespannungen um die y- oder z-Achse gleich null, ist $k_m = 1{,}0$ zu setzen. Sind die Bedingungen für den bezogenen Schlankheitsgrad $\lambda_{rel,y} \leq 0{,}3$ für Knicken um die y-Achse und auch $\lambda_{rel,z} \leq 0{,}3$ für Knicken um die z-Achse nach Abschn. 12.6.1.4, Tafel 12.19, erfüllt, kann der Nachweis der Querschnittstragfähigkeit sinngemäß nach Abschn. 12.5.3.5 geführt werden. Über die y-Achse und z-Achse beim Rechteckquerschnitt s. Abb. 12.11.

Tritt zusätzlich zum Biegeknicken noch das Biegedrillknicken (Kippen) auf, sind Nachweise sinngemäß nach

Abschn. 12.6.2.2 zu führen. Über die Erhöhung der charakteristischen Biegefestigkeit $f_{m,k}$ von Voll- und Brettschichtholz s. Abschn. 12.5.3.2, Berücksichtigung des Kriechens bei druckbeanspruchten Bauteilen nach Abschn. 12.6.1.3.

12.6.1.3 Berücksichtigung des Kriechens bei Druckstützen

nach DIN EN 1995-1-1/NA: 2013-08, 5.9

Bei druckbeanspruchten Bauteilen in den Nutzungsklassen 2 und 3, s. Abschn. 12.3.3, Tafel 12.7, ist der Einfluss des Kriechens vereinfacht durch Abminderung der Steifigkeit (E-Modul) mit $k_{red,S}$ nach (12.39) zu berücksichtigen, wenn der Bemessungswert des ständigen und des quasiständigen Lastanteils 70 % des Bemessungswertes der Gesamtlast überschreitet.

$$k_{red,S} = 1/(1 + k_{def}) \qquad (12.39)$$

$k_{red,S}$ Beiwert zur Abminderung der Steifigkeit bei druckbeanspruchten Bauteilen (nicht in DIN EN 1995-1-1/NA: 2013-08 enthalten)

k_{def} Verformungsbeiwert nach Abschn. 12.3.2, Tafel 12.6.

12.6.1.4 Knickbeiwerte k_c

Tafel 12.19 Berechnung der Knickbeiwerte k_c, der bezogenen Schlankheitsgrade λ_{rel} und der Schlankheitsgrade λ nach DIN EN 1995-1-1: 2010-12, 6.3.2[a, b]

Knickbeiwerte k_c, s. auch Tafel 12.20 bis 12.22
1	$$k_{c,y} = \cfrac{1}{k_y + \sqrt{k_y^2 - \lambda_{rel,y}^2}}$$ mit $k_y = 0,5 \cdot [1 + \beta_c \cdot (\lambda_{rel,y} - 0,3) + \lambda_{rel,y}^2]$ $$k_{c,z} = \cfrac{1}{k_z + \sqrt{k_z^2 - \lambda_{rel,z}^2}}$$ mit $k_z = 0,5 \cdot [1 + \beta_c \cdot (\lambda_{rel,z} - 0,3) + \lambda_{rel,z}^2]$

Bezogene Schlankheitsgrade λ_{rel}[b] und Schlankheitsgrade λ, kritische Spannung $\sigma_{c,crit}$
2	$\lambda_{rel,y} = \cfrac{\lambda_y}{\pi} \cdot \sqrt{\cfrac{f_{c,0,k}}{E_{0,05}}} = \sqrt{\cfrac{f_{c,0,k}}{\sigma_{c,crit}}}$ mit $\lambda_y = l_{ef,y}/i_y$ allgemein: $\sigma_{c,crit} = \cfrac{\pi^2 \cdot E_{0,05}}{\lambda^2}$ $\lambda_{rel,z} = \cfrac{\lambda_z}{\pi} \cdot \sqrt{\cfrac{f_{c,0,k}}{E_{0,05}}} = \sqrt{\cfrac{f_{c,0,k}}{\sigma_{c,crit}}}$ mit $\lambda_z = l_{ef,z}/i_z$

Imperfektionsbeiwert β_c
3	$\beta_c = 0,2$ für Vollholz $\beta_c = 0,1$ für Brettschichtholz und Furnierholz

[a] Hierin bedeuten:

$E_{0,05}$ E-Modul in (parallel zur) Faserrichtung (5 %-Quantile) nach Abschn. 12.3.1

$f_{c,0,k}$ charakteristische Druckfestigkeit in Faserrichtung nach Abschn. 12.3.1

i_y, i_z Trägheitsradius, jeweils der y- bzw. z-Achse zugeordnet

$l_{ef,y}, l_{ef,z}$ Ersatzstablängen (Knicklängen) der Tragsysteme für das Ausknicken um die y- bzw. z-Achse, Beispiele s. Abschn. 12.6.1.5.

λ_y Schlankheitsgrad für Biegung um die y-Achse (oder Ausbiegung in z-Richtung)

λ_z Schlankheitsgrad für Biegung um die z-Achse (oder Ausbiegung in y-Richtung)

$\lambda_{rel,y}$ bezogener Schlankheitsgrad für Biegung um die y-Achse (oder Ausbiegung in z-Richtung)

$\lambda_{rel,z}$ bezogener Schlankheitsgrad für Biegung um die z-Achse (oder Ausbiegung in y-Richtung)

[b] über die Abminderung des E-Moduls $E_{0,05}$ in den Gleichungen für $\lambda_{rel,y}$ und $\lambda_{rel,z}$ bei hohen ständigen Drucklasten (Kriecheinfluss) in den Nutzungsklassen 2 und 3 s. Abschn. 12.6.1.3.

Tafel 12.20 Knickbeiwerte k_c für Vollholz aus Nadelhölzern der Tafel 12.1 nach DIN EN 1995-1-1: 2010-12, 6.3.2 bzw. Tafel 12.19[a, b]

Schlank-heitsgrad	Festigkeitsklasse (Sortierklasse)				
λ	**C18** (S7)	**C24** (S10)	**C30** (S13)	**C35** (S13)	**C40**
10	1,000	1,000	1,000	1,000	1,000
20	0,989	0,991	0,989	0,991	0,991
30	0,943	0,948	0,943	0,947	0,947
40	0,878	0,887	0,878	0,885	0,885
50	0,781	0,796	0,781	0,793	0,793
60	0,655	0,676	0,655	0,672	0,672
70	0,531	0,554	0,531	0,549	0,549
80	0,429	0,450	0,429	0,445	0,445
90	0,351	0,368	0,351	0,364	0,364
100	0,290	0,305	0,290	0,302	0,302
110	0,244	0,256	0,244	0,253	0,254
120	0,207	0,218	0,207	0,216	0,216
130	0,178	0,188	0,178	0,185	0,186
140	0,155	0,163	0,155	0,161	0,161
150	0,136	0,143	0,136	0,141	0,141
160	0,120	0,126	0,120	0,125	0,125
170	0,107	0,112	0,107	0,111	0,111
180	0,095	0,101	0,095	0,100	0,100
190	0,086	0,091	0,086	0,090	0,090
200	0,078	0,082	0,078	0,081	0,081
210	0,071	0,075	0,071	0,074	0,074
220	0,065	0,068	0,065	0,067	0,067
230	0,059	0,063	0,059	0,062	0,062
240	0,055	0,058	0,055	0,057	0,057
250	0,050	0,053	0,050	0,053	0,053

[a] die genaue Berechnung der fehlenden Zwischenwerte der Knickbeiwerte k_c kann nach Tafel 12.19 vorgenommen werden, die Zwischenwerte können auch hinreichend genau geradlinig interpoliert werden.
[b] die Knickbeiwerte k_c gelten nicht für Druckstäbe mit hohen ständigen Lasten in den Nutzungsklassen 2 und 3, bei denen die Steifigkeit mit dem Beiwert $k_{red,S}$ nach (12.39) abgemindert werden muss, s. auch Tafel 12.19.

Tafel 12.21 Knickbeiwerte k_c für Vollholz aus Laubhölzern der Tafel 12.2 nach DIN EN 1995-1-1: 2010-12, 6.3.2 bzw. Tafel 12.19[a, b]

Schlank-heitsgrad	Festigkeitsklasse (Sortierklasse)			
λ	**D30** (LS10)	**D35** (LS10)	**D40** (LS13)	**D60**
10	1,029	1,000	1,000	1,000
20	0,994	0,996	0,996	0,999
30	0,954	0,957	0,957	0,962
40	0,898	0,905	0,905	0,913
50	0,818	0,830	0,830	0,845
60	0,707	0,726	0,726	0,749
70	0,588	0,609	0,609	0,637
80	0,481	0,502	0,501	0,529
90	0,396	0,414	0,414	0,439
100	0,329	0,345	0,345	0,367
110	0,277	0,291	0,290	0,310
120	0,236	0,248	0,248	0,264
130	0,203	0,213	0,213	0,228
140	0,177	0,186	0,186	0,198
150	0,155	0,163	0,163	0,174
160	0,137	0,144	0,144	0,154
170	0,122	0,128	0,128	0,137
180	0,109	0,115	0,115	0,123
190	0,098	0,104	0,103	0,111
200	0,089	0,094	0,094	0,100
210	0,081	0,085	0,085	0,091
220	0,074	0,078	0,078	0,083
230	0,068	0,071	0,071	0,077
240	0,063	0,066	0,066	0,070
250	0,058	0,061	0,061	0,065

[a] die genaue Berechnung der fehlenden Zwischenwerte der Knickbeiwerte k_c kann nach Tafel 12.19 vorgenommen werden, die Zwischenwerte können auch hinreichend genau geradlinig interpoliert werden.
[b] die Knickbeiwerte k_c gelten nicht für Druckstäbe mit hohen ständigen Lasten in den Nutzungsklassen 2 und 3, bei denen die Steifigkeit mit dem Beiwert $k_{red,S}$ nach (12.39) abgemindert werden muss, s. auch Tafel 12.19.

Tafel 12.22 Knickbeiwerte k_c für kombiniertes (c) und homogenes (h) Brettschichtholz der Tafeln 12.3 und 12.4 nach DIN EN 1995-1-1: 2010-12, 6.3.2, bzw. Tafel 12.19[a, b]

Schlankheitsgrad λ	GL24		GL28		GL30		GL32	
	c	h	c	h	c	h	c	h
10	1,000	1,000	1,000	1,000	1,000	1,000	1,000	1,000
20	0,999	0,998	0,999	0,997	1,000	0,997	1,000	0,996
30	0,980	0,978	0,980	0,975	0,981	0,975	0,982	0,975
40	0,952	0,948	0,954	0,943	0,955	0,943	0,957	0,942
50	0,906	0,897	0,910	0,885	0,912	0,886	0,917	0,882
60	0,823	0,803	0,830	0,779	0,835	0,781	0,846	0,773
70	0,698	0,672	0,709	0,641	0,717	0,643	0,733	0,633
80	0,571	0,545	0,582	0,516	0,590	0,518	0,608	0,508
90	0,466	0,443	0,476	0,418	0,484	0,420	0,499	0,412
100	0,385	0,365	0,394	0,344	0,400	0,345	0,413	0,339
110	0,322	0,305	0,329	0,287	0,335	0,288	0,346	0,283
120	0,273	0,259	0,279	0,243	0,284	0,244	0,294	0,239
130	0,234	0,222	0,240	0,208	0,244	0,209	0,252	0,205
140	0,203	0,192	0,208	0,181	0,211	0,181	0,219	0,178
150	0,178	0,168	0,182	0,158	0,185	0,159	0,191	0,155
160	0,157	0,148	0,160	0,139	0,163	0,140	0,169	0,137
170	0,139	0,132	0,142	0,124	0,145	0,124	0,150	0,122
180	0,124	0,118	0,127	0,110	0,129	0,111	0,134	0,109
190	0,112	0,106	0,114	0,099	0,116	0,100	0,121	0,098
200	0,101	0,096	0,104	0,090	0,105	0,090	0,109	0,088
210	0,092	0,087	0,094	0,082	0,096	0,082	0,099	0,080
220	0,084	0,079	0,086	0,074	0,087	0,075	0,090	0,073
230	0,077	0,073	0,079	0,068	0,080	0,068	0,083	0,067
240	0,071	0,067	0,072	0,063	0,074	0,063	0,076	0,062
250	0,065	0,062	0,067	0,058	0,068	0,058	0,070	0,057

[a] die genaue Berechnung der fehlenden Zwischenwerte der Knickbeiwerte k_c kann nach Tafel 12.19 vorgenommen werden, die Zwischenwerte können auch hinreichend genau geradlinig interpoliert werden.
[b] die Knickbeiwerte k_c gelten nicht für Druckstäbe mit hohen ständigen Lasten in den Nutzungsklassen 2 und 3, bei denen die Steifigkeit mit dem Beiwert $k_{red,S}$ nach (12.39) abgemindert werden muss, s. auch Tafel 12.19.

12.6.1.5 Ersatzstablängen (Knicklängen)

Tafel 12.23 Ersatzstablängen l_{ef} (Knicklängen bei Biegeknicken) von Holztragwerken nach *Euler* und DIN EN 1995-1-1/NA: 2013-08, Tab. NA.24[a–d]

	Tragwerk und Knicklänge l_{ef}
1	**Eingespannter Stab**, *Euler*fall 1
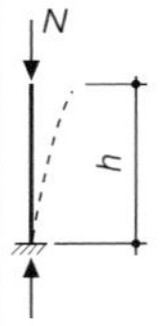	 $\beta = 2$ $l_{\text{ef}} = \beta \cdot h$
2	**Pendelstab**, *Euler*fall 2
	 $\beta = 1$ $l_{\text{ef}} = \beta \cdot h$
3	**Unten eingespannter Stab mit gelenkiger Lagerung oben**, *Euler*fall 3
	 $\beta = 0{,}707$ $l_{\text{ef}} = \beta \cdot h$
4	**Beidseitig eingespannter Stab**, *Euler*fall 4
	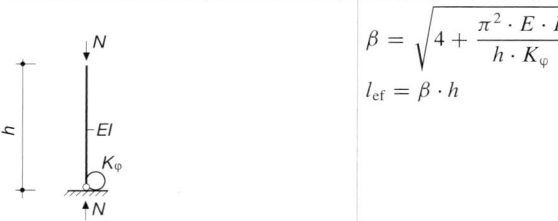 $\beta = 0{,}5$ $l_{\text{ef}} = \beta \cdot h$
5	**Nachgiebig eingespannter Stab**[e–g, m]
	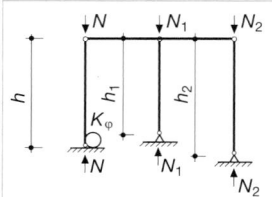 $\beta = \sqrt{4 + \dfrac{\pi^2 \cdot E \cdot I}{h \cdot K_\varphi}}$ $l_{\text{ef}} = \beta \cdot h$
6	**Stützenreihe mit nachgiebig eingespannter Stütze**[e–g, m]
	für die eingespannte Stütze: $\beta = \sqrt{\left(4 + \dfrac{\pi^2 \cdot E \cdot I}{h \cdot K_\varphi}\right) \cdot (1 + \alpha)}$ mit $\alpha = \dfrac{h}{N} \cdot \sum \dfrac{N_i}{h_i}$, $\;\; l_{\text{ef}} = \beta \cdot h$

Tafel 12.23 (Fortsetzung)

Tragwerk und Knicklänge l_{ef}

7   Zwei- und Dreigelenkbogen

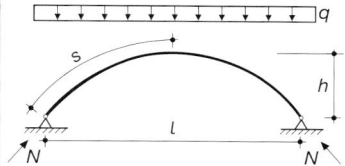

für $0{,}15 \leq h/l \leq 0{,}5$ und antimetrisches Knicken:

$$l_{ef} = 1{,}25 \cdot s$$

8   Kehlbalkendach, antimetrisches Knicken

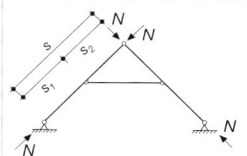

für $s_1 < 0{,}7 \cdot s$:

$$l_{ef} = 0{,}8 \cdot s$$

für $s_1 \geq 0{,}7 \cdot s$:

$$l_{ef} = 1{,}0 \cdot s$$

9   Fachwerkbinder[h–j]

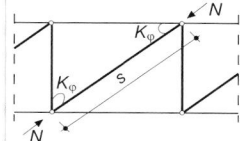

gelenkige Lagerung ($K_\varphi \approx 0$):

$$l_{ef} = 1{,}0 \cdot s$$

nachgiebige Einspannung ($K_\varphi \gg 0$):

$$l_{ef} = 0{,}8 \cdot s$$

10   Zwei- und Dreigelenkrahmen mit nachgiebigen Rahmenecken[c, e–g, m], antimetrisches Knicken

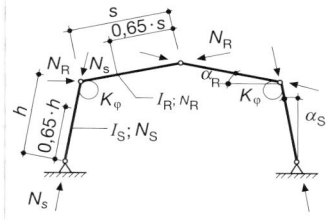

Riegel ($\alpha_R \leq 20°$):

$$\beta_R = \beta_S \cdot \sqrt{\frac{E \cdot I_R \cdot N_S}{E \cdot I_S \cdot N_R}} \cdot \frac{h}{s}$$

$$l_{ef} = \beta_R \cdot s$$

Stiel ($\alpha_s \leq 15°$):

$$\beta_s = \sqrt{4 + \frac{\pi^2 \cdot E \cdot I_S}{h} \cdot \left(\frac{1}{K_\varphi} + \frac{s}{3 \cdot E \cdot I_R} \right) + \frac{E \cdot I_S \cdot N_R \cdot s^2}{E \cdot I_R \cdot N_S \cdot h^2}}$$

$$l_{ef} = \beta_S \cdot h$$

11   Fachwerkrahmen, Rahmenstiele

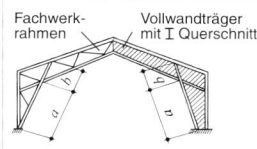

Knicken aus der Rahmenebene:

für die inneren gedrückten Stäbe der Rahmenstiele:

$$l_{ef} = a + b^{\,k}$$

wenn innerer Rahmenpunkt seitlich nicht gehalten

12   Zusatzmoment der elastischen Feder

bei den Systemen in Zeile 5, 6 und 10

$$M = N \cdot \frac{h}{6} \cdot \left(\frac{1}{k_c} - 1 \right)$$

h Querschnittshöhe des an die Feder angeschlossenen Stabes

k_c Knickbeiwert des an die Feder angeschlossenen Stabes nach Tafel 12.19,
    bei System 10 ist das größere Moment aus Stiel und Riegel maßgebend

13   Berücksichtigung der Schubsteifigkeit S bei der Bestimmung der Ersatzstablängen (Knicklängen)[e, f, l]

$$l_{ef} = \beta \cdot s \cdot \sqrt{1 + \frac{E \cdot I \cdot \pi^2}{(\beta \cdot s)^2 \cdot S}} \quad \text{oder} \quad l_{ef} = \beta \cdot h \cdot \sqrt{1 + \frac{E \cdot I \cdot \pi^2}{(\beta \cdot h)^2 \cdot S}}$$

mit der Schubsteifigkeit S

für den Rechteckquerschnitt: $S = G \cdot A/1{,}2$

für den I-Träger: $S = G_w \cdot b_w \cdot h_{w,ef}$

Tafel 12.23 (Fortsetzung)

[a] Ersatzstablängen (Knicklängen) gelten für das Ausknicken in der Tragwerksebene (Zeichenebene).

[b] das Knicken aus der Tragwerksebene ist stets gesondert nachzuweisen; als Knicklänge l_{ef} gilt hier im Allg. der Abstand von Queraussteifungen, die Tragwerkspunkte seitlich unverschieblich halten, es sei denn, in dieser Tafel sind gesonderte Angaben angeführt.

[c] Stäbe mit linear veränderlichen Querschnitten sind in DIN EN 1995-1-1: 2010-12 nicht geregelt, als Empfehlung kann das Verfahren nach DIN 1052: 2008-12, 8.4.2 (3) angewendet werden: die Querschnittswerte dürfen im Abstand der 0,65-fachen Stablänge vom Stabende mit dem kleineren Stabquerschnitt berechnet werden, beim Nachweis ist der Größtwert der Normalkraft bzw. des Biegemomentes im Stab anzusetzen.

[d] weitere Ersatzstablängen (Knicklängen) können der Fachliteratur entnommen werden.

[e] für Querschnitts- und Verbindungssteifigkeiten gilt für die Moduln: $E = E_{mean}/\gamma_M$; $G = G_{mean}/\gamma_M$; $K = K_{u,mean}/\gamma_M$, dabei sind unterschiedliche Bemessungswerte der Moduln zu berücksichtigen: für Bauteile eines Tragwerks aus Baustoffen mit denselben oder verschiedenen zeitabhängigen Eigenschaften (bei Schnittkraftermittlung nach Theorie I. Ordnung) nach Abschn. 12.9.1, Tafel 12.48 und 12.49 und bei Schnittkraftermittlung nach Theorie II. Ordnung nach Abschn. 12.11.

[f] γ_M Teilsicherheitsbeiwert für Holz und Holzwerkstoffe nach Tafel 12.12.

[g] K_φ (Dreh-)Federkonstante der elastischen Einspannung (Kraft · Länge/Winkel), kann sinngemäß nach Tafel 12.64 berechnet werden, Zusatzmoment in der elastischen Feder nach Zeile 12.

[h] für Gurtstäbe gilt: als Knicklänge für Knicken in der Fachwerkebene ist die Länge der Systemlinien einzusetzen, falls kein genauerer Nachweis geführt wird.

[i] für Füllstäbe (Diagonalen, Pfosten) gilt: als gelenkige Lagerungen sind Anschlüsse mit Versatz, durch Dübel besonderer Bauart mit einem Bolzen und nur durch Bolzen anzunehmen.

[j] für Gurtstäbe gilt: als Knicklänge für Knicken aus der Fachwerkebene ist der Abstand der Queraussteifungen anzunehmen; für Füllstäbe (Diagonalen, Pfosten) gilt: als Knicklänge für Knicken aus der Fachwerkebene ist stets die Länge der Systemlinien anzunehmen.

[k] zusätzlich Ansatz einer Seitenkraft von 1/100 der größten im inneren Rahmeneckpunkt einlaufenden Stabkraft an dieser Stelle.

[l] für I-Träger bedeuten:

G_w Schubmodul des Steges für Scheibenbeanspruchung

b_w Gesamtbreite des Steges

$h_{w,ef}$ wirksame Höhe des Steges (Schwerpunktabstand der Gurte).

[m] Zusatzmoment in der elastischen Feder nach Zeile 12.

Tafel 12.24 Aussteifende Wirkung von Dachlatten und Brettschalung gegen Knicken nach DIN EN 1995-1-1/NA: 2013-08, NA.13.2

Nur bei Sparren und bei Gurten von Fachwerkbindern sowie jeweils vorhandenem Aussteifungsverband (z. B. aus Windrispen und Sparren)	
Folgende Bedingungen sind einzuhalten	
Spannweite des auszusteifenden Bauteils	$l \leq 15\,\mathrm{m}$
Abstand der Aussteifungsverbände	$a \leq 10\,\mathrm{m}$
Breite der Sparren und Gurte	$b \geq 40\,\mathrm{mm}$
Höhe der Sparren und Gurte	$h \leq 4 \cdot b$
Sparren- bzw. Binderabstand	$e \leq 1{,}25\,\mathrm{m}$
Versetzen der Stöße von Latten und Brettern	
Stoßbreite	$\leq 1\,\mathrm{m}$
Abstand der Stöße	≥ 2 Sparren- oder Binderabstände

12.6.1.6 Aussteifende Wirkung von Dachlatten und Brettschalung gegen Knicken

Dachlatten und Brettschalung dürfen ohne genaueren Nachweis im Zusammenwirken mit einem Aussteifungsverband (z. B. aus Windrispen und Sparren) als in ihrer Ebene gegen Knicken aussteifend angenommen werden unter den Bedingungen der Tafel 12.24.

12.6.2 Nachweise für Biegestäbe mit dem Ersatzstabverfahren

Nachweise des Biegedrillknickens (bzw. Kippens) und ggf. Nachweise des Biegeknickens (Knicknachweise) maßgebend

Biegebeanspruchte Bauteile müssen an den Auflagern gegen Verdrehen z. B. durch Gabellagerung oder entsprechenden Verband, s. Abschn. 12.10.3, gesichert sein.

12.6.2.1 Biegestäbe unter einaxialer Biegung (ohne Druckkraft)

nach DIN EN 1995-1-1: 2010-12, 6.3.3 (Biegedrillknicken (Kippen) maßgebend)

Liegt nur ein Biegemoment M_y um die starke y-Achse vor, ist der Nachweis des Biegedrillknickens (Kippen) nach (12.40) zu führen, (12.40) kann auch sinngemäß für ein M_z um die z-Achse angewendet werden.

$$\frac{\sigma_{m,y,d}}{k_{crit} \cdot f_{m,y,d}} = \frac{M_{y,d}/W_{y,n}}{k_{crit} \cdot f_{m,y,d}} \leq 1 \qquad (12.40)$$

$\sigma_{m,y,d}$ Bemessungswert der Biegespannungen um die starke y-Achse, als Beispiel für die starke y-Achse s. Abb. 12.11

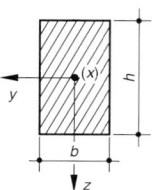

Abb. 12.11 Starke und schwache Achse am Beispiel eines Rechteckquerschnitts. Starke y-Achse mit größerem Widerstandsmoment W_y bei Biegung um die y-Achse. Schwache z-Achse mit kleinerem Widerstandsmoment W_z bei Biegung um die z-Achse

$f_{m,y,d}$ Bemessungswert der Biegefestigkeit um die y-Achse nach (12.2)

k_{crit} Kippbeiwert nach Abschn. 12.6.2.3.

Weitere Erläuterungen s. Abschn. 12.5.3.1.

Über die Erhöhung der charakteristischen Biegefestigkeit $f_{m,k}$ von Voll- und Brettschichtholz s. Abschn. 12.5.3.2.

Ein **Beispiel** zur Bemessung eines Biegeträgers aus Brettschichtholz, einaxiale Biegung und Biegedrillknicken (Kippen), ist in [11], Holzbau, Abschn. 2.4 angeführt.

12.6.2.2 Stäbe mit Biegung und Druck (ausmittiger Druck)

nach DIN EN 1995-1-1: 2010-12, 6.3.3 (Biegedrillknicken (Kippen) und Biegeknicken maßgebend)

Einaxiale Biegung und Druck Liegt eine Kombination eines Biegemomentes M_y um die starke Achse y und einer Druckkraft F_c vor, ist (12.41) einzuhalten. Über die starke y-Achse s. Abb. 12.11.

$$\left(\frac{\sigma_{m,y,d}}{k_{crit} \cdot f_{m,y,d}}\right)^2 + \frac{\sigma_{c,0,d}}{k_{c,z} \cdot f_{c,0,d}} \leq 1 \qquad (12.41)$$

k_{crit} Kippbeiwert für Biegedrillknicken (Kippen) um die starke y-Achse nach Abschn. 12.6.2.3, s. auch Abb. 12.11

$k_{c,z}$ Knickbeiwert für Knicken um die z-Achse nach Abschn. 12.6.1.4, Tafel 12.19.

Zweiaxiale Biegung und Druck nach DIN EN 1995-1-1/NA: 2013-08, 6.3.3, NA.7

Liegt eine Kombination eines Biegemomentes M_y um die starke Achse y und eines Biegemomentes M_z um die schwache Achse z mit einer Druckkraft F_c vor, darf für Querschnittsverhältnisse $h/b \leq 4$ der Nachweis nach (12.42) und (12.43) geführt werden, beide Gleichungen sind einzuhalten. Über die starke y-Achse und die schwache z-Achse, s. Abb. 12.11.

$$\frac{\sigma_{c,0,d}}{k_{c,y} \cdot f_{c,0,d}} + \frac{\sigma_{m,y,d}}{k_{crit} \cdot f_{m,y,d}} + \left(\frac{\sigma_{m,z,d}}{f_{m,z,d}}\right)^2 \leq 1 \qquad (12.42)$$

$$\frac{\sigma_{c,0,d}}{k_{c,z} \cdot f_{c,0,d}} + \left(\frac{\sigma_{m,y,d}}{k_{crit} \cdot f_{m,y,d}}\right)^2 + \frac{\sigma_{m,z,d}}{f_{m,z,d}} \leq 1 \qquad (12.43)$$

$$\sigma_{c,0,d} = \frac{F_{c,d}}{A_n} \qquad (12.44)$$

$$\sigma_{m,y,d} = \frac{M_{y,d}}{W_{y,n}} \qquad (12.45)$$

$$\sigma_{m,z,d} = \frac{M_{z,d}}{W_{z,n}} \qquad (12.46)$$

$\sigma_{c,0,d}$ Bemessungswert der Druckspannungen in Faserrichtung

$\sigma_{m,y,d}, \sigma_{m,z,d}$ Bemessungswerte der Biegespannungen um die y- bzw. z-Achse

$f_{c,0,d}$ Bemessungswert der Druckfestigkeit nach (12.2)

$f_{m,y,d}, f_{m,z,d}$ Bemessungswerte der Biegfestigkeiten nach (12.2)

k_{crit} Kippbeiwert nach Abschn. 12.6.2.3

$k_{c,y}$ Knickbeiwert für Knicken um die starke y-Achse nach Tafel 12.19, s. Abb. 12.11

$k_{c,z}$ Knickbeiwert für Knicken um die schwache z-Achse nach Tafel 12.19, s. Abb. 12.11

$M_{y,d}, M_{z,d}$ Bemessungswerte der Biegemomente um die y- bzw. z-Achse

$W_{y,n}, W_{z,n}$ nutzbare Widerstandsmomente oder Widerstandsmomente des Nettoquerschnitts um die y- oder z-Achse, s. auch Abb. 12.11

Gleichung (12.42) und (12.43) sind einzuhalten.

12.6.2.3 Kippbeiwerte (Biegedrillknicken) und Ersatzstablängen

Die Berechnungen des Kippbeiwertes und des bezogenen Kippschlankheitsgrades können nach Tafel 12.25 erfolgen.

Tafel 12.25 Berechnung des Kippbeiwertes k_{crit} und des bezogenen Kippschlankheitsgrades $\lambda_{rel,m}$ bei Biegebeanspruchung um die starke y-Achse nach DIN EN 1995-1-1; 2010-12, 6.3.3[a, b, c]

Kippbeiwert k_{crit} für Biegestäbe[b]

$$k_{crit} = \begin{cases} 1 & \text{für } \lambda_{rel,m} \leq 0{,}75 \\ 1{,}56 - 0{,}75 \cdot \lambda_{rel,m} & \text{für } 0{,}75 < \lambda_{rel,m} \leq 1{,}4 \\ 1/\lambda_{rel,m}^2 & \text{für } 1{,}4 < \lambda_{rel,m} \end{cases}$$

Bezogener Kippschlankheitsgrad $\lambda_{rel,m}$

für Biegebeanspruchung um die starke y-Achse[c]

$$\lambda_{rel,m} = \sqrt{\frac{f_{m,k}}{\sigma_{m,crit}}} = \sqrt{\frac{l_{ef}}{\pi \cdot i_m}} \cdot \sqrt{\frac{f_{m,k}}{\sqrt{E_{0,05} \cdot G_{0,05}}}}$$

$$\text{mit } \sigma_{m,crit} = \frac{M_{y,crit}}{W_y} = \frac{\pi \cdot \sqrt{E_{0,05} \cdot I_z \cdot G_{0,05} \cdot I_{tor}}}{l_{ef} \cdot W_y}$$

$$\text{und } i_m = \frac{\sqrt{I_z \cdot I_{tor}}}{W_y}$$

für Biegeträger aus Nadelholz mit vollem Rechteckquerschnitt der Breite b und Höhe h und Biegebeanspruchung um die starke y-Achse

$$\lambda_{rel,m} = \sqrt{\frac{l_{ef} \cdot h}{0{,}78 \cdot b^2}} \cdot \sqrt{\frac{f_{m,k}}{E_{0,05}}}$$

Kippbeiwert k_{crit} für Biegeträger mit besonderen Anforderungen

$k_{crit} = 1{,}0$

– für Biegeträger, bei denen eine seitliche Verschiebung des gedrückten Randes (Druckgurtes) über die gesamte Länge verhindert wird und an den Auflagern eine Gabellagerung besteht

Tafel 12.25 (Fortsetzung)

[a] Hierin bedeuten:

$\sigma_{m,crit}$ kritische Biegedruckspannung, berechnet mit den 5 %-Quantilen der Steifigkeitskennwerte, s. Fußnote c

$f_{m,k}$ charakteristische Biegefestigkeit nach Abschn. 12.3.1

b, h Querschnittsbreite, -höhe

l_{ef} wirksame Länge (Ersatzstablänge) des Biegeträgers (Biegedrillknicken, Kippen), abhängig von den Auflagerbedingungen und der Art der Lasteinwirkung
– nach Tafel 12.28 gemäß DIN EN 1995-1-1: 2010-12, Tab. 6.1 oder
– nach Tafel 12.29 gemäß DIN EN 1995-1-1/NA: 2013-08, NA.13.3

$E_{0,05}$ Elastizitätsmodul in Faserrichtung, bezogen auf die 5 %-Quantile nach Abschn. 12.3.1

$G_{0,05}$ Schubmodul in Faserrichtung, bezogen auf die 5 %-Quantile nach Abschn. 12.3.1

I_z Flächenmoment 2. Grades um die schwache z-Achse, s. auch Abb. 12.11

I_{tor} Torsionsflächenmoment 2. Grades, für Rechteckquerschnitte nach (12.47)

W_y Widerstandsmoment um die starke y-Achse, s. auch Abb. 12.11
[b] der Kippbeiwert k_{crit} (Biegedrillknicken) kann auch Tafel 12.27 entnommen werden, er berücksichtigt die zusätzlichen Spannungen infolge seitlichen Ausweichens.
[c] bei Biegestäben aus Brettschichtholz darf nach DIN EN 1995-1-1/NA: 2013-08, 6.3.3(2) das Produkt der 5 %-Quantilen der Steifigkeitskennwerte mit dem Faktor 1,4 multipliziert werden.

Tafel 12.26 α_1-Werte zur Berechnung des Torsionsflächenmoment 2. Grades für Rechteckquerschnitte mit $h \geq b$ nach (12.47)[a, b]

h/b	α_1	h/b	α_1	Rechteckquerschnitt
1,00	0,140	4,00	0,281	
1,25	0,171	6,00	0,299	
1,50	0,196	10,0	0,313	
2,00	0,229	∞	0,333	
3,00	0,263			

[a] Zwischenwerte können geradlinig eingeschaltet werden.
[b] Torsionswiderstandsmomente s. Abschn. 12.5.4.2, Tafel 12.18.

Für Rechteckquerschnitte gilt:

$$I_{tor} = \alpha_1 \cdot b^3 \cdot h \qquad (12.47)$$

I_{tor} Torsionsflächenmoment 2. Grades
α_1 Faktor für Rechteckquerschnitte mit $h \geq b$ nach Tafel 12.26.

Tafel 12.27 Kippbeiwert k_{crit} (Biegedrillknicken) für Biegestäbe nach DIN EN 1995-1-1: 2010-12, 6.3.3, berechnet nach Tafel 12.25

$\lambda_{rel,m}$	Kippbeiwert k_{crit} bei einem Kippschlankheitsgrad $\lambda_{rel,m}$ von									
	0,00	0,01	0,02	0,03	0,04	0,05	0,06	0,07	0,08	0,09
$\leq 0,75$	1,000									
0,70	1,000	1,000	1,000	1,000	1,000	1,000	0,990	0,983	0,975	0,968
0,80	0,960	0,953	0,945	0,938	0,930	0,923	0,915	0,908	0,900	0,893
0,90	0,885	0,878	0,870	0,863	0,855	0,848	0,840	0,833	0,825	0,818
1,00	0,810	0,803	0,795	0,788	0,780	0,773	0,765	0,758	0,750	0,743
1,10	0,735	0,728	0,720	0,713	0,705	0,698	0,690	0,683	0,675	0,668
1,20	0,660	0,653	0,645	0,638	0,630	0,623	0,615	0,608	0,600	0,593
1,30	0,585	0,578	0,570	0,563	0,555	0,548	0,540	0,533	0,525	0,518
1,40	0,510	0,503	0,496	0,489	0,482	0,476	0,469	0,463	0,457	0,450
1,50	0,444	0,439	0,433	0,427	0,422	0,416	0,411	0,406	0,401	0,396
1,60	0,391	0,386	0,381	0,376	0,372	0,367	0,363	0,359	0,354	0,350
1,70	0,346	0,342	0,338	0,334	0,330	0,327	0,323	0,319	0,316	0,312
1,80	0,309	0,305	0,302	0,299	0,295	0,292	0,289	0,286	0,283	0,280
1,90	0,277	0,274	0,271	0,268	0,266	0,263	0,260	0,258	0,255	0,253
2,00	0,250	0,248	0,245	0,243	0,240	0,238	0,236	0,233	0,231	0,229

Wirksame Länge l_{ef} (Ersatzstablänge) für Biegestäbe (Biegedrillknicken, Kippen)

Die wirksame Länge l_{ef} (Ersatzstablänge) für Biegestäbe kann ermittelt werden

- nach Tafel 12.28 (entspricht den Angaben der DIN EN 1995-1-1: 2010-12, 6.3.3 und Tab. 6.1) oder
- nach Tafel 12.29 (entspricht den Angaben der DIN EN 1995-1-1: 2013-08/NA, 6.3.3(2) und NA.13.3).

Tafel 12.28 Berechnung der wirksamen Länge l_{ef} (Ersatzstablänge) für Biegestäbe (Biegedrillknicken, Kippen) nach dem (vereinfachten) Verfahren der DIN EN 1995-1-1: 2010-12, Tab. 6.1^{a-c}

Art des Biegestabes	Art der Belastung	l_{ef}/l $^{a-c}$
Einfach unterstützt	Konstantes Biegemoment	1,0
	Gleichmäßig verteilte Belastung	0,9
	Einzellast in Feldmitte	0,8
Auskragend	Gleichmäßig verteilte Belastung	0,5
	Einzellast am freien Kragende	0,8

[a] der Quotient aus wirksamer Länge l_{ef} und Stützweite l gilt für einen Biegestab, der an den Auflagern ausreichend gegen Verdrehen (z. B. durch ein Gabellager) gesichert ist, und Lasteintrag in der Schwerachse des Querschnitts.

[b] greift die Last am Druckrand des Biegestabes an, dann sollte l_{ef} um $2 \cdot h$ erhöht werden (mit h als Querschnittshöhe).

[c] greift die Last am Zugrand des Biegestabes an, dann darf l_{ef} um $0,5 \cdot h$ verringert werden (mit h als Querschnittshöhe).

Tafel 12.29 Berechnung der wirksamen Länge l_{ef} (Ersatzstablänge) für Biegestäbe (Biegedrillknicken, Kippen) nach dem (genaueren) Verfahren der DIN EN 1995-1-1/NA: 2013-08, 6.3.3(2) und NA.13.3^a

Ersatzstablänge l_{ef} (Biegedrillknicken, Kippen)

$$l_{ef} = \frac{l}{a_1 \cdot \left[1 - a_2 \cdot \dfrac{a_z}{l} \cdot \sqrt{\dfrac{B}{T}} \right]}$$

Biegesteifigkeit B um die z-Achse

für allgemeinen Querschnitt	für Rechteckquerschnitt
$B = E \cdot I_z$	$B = E \cdot b^3 \cdot h/12$

Torsionssteifigkeit T

für allgemeinen Querschnitt	für Rechteckquerschnitt
$T = G \cdot I_{tor}$	$T \cong G \cdot b^3 \cdot h/3$

[a] Hierin bedeuten:

a_1, a_2 Kipplängenbeiwerte nach Tafel 12.30
a_z Abstand des Lastangriffs vom Schubmittelpunkt, s. Bild oben
b, h, l Trägerbreite, -höhe, -länge
E $= E_{mean}/\gamma_M$ Elastizitätsmodul
G $= G_{mean}/\gamma_M$ Schubmodul
γ_M $= 1,3$, Teilsicherheitsbeiwert für Holz und Holzwerkstoffe nach Tafel 12.12
I_z Flächenmoment 2. Grades um die z-Achse, s. Bild oben
I_{tor} Torsionsflächenmoment 2. Grades, für Rechteckquerschnitte nach (12.47).

Tafel 12.30 Kipplängenbeiwerte a_1 und a_2 zur Berechnung der wirksamen Länge l_{ef} (Ersatzstablänge) für Biegestäbe (Biegedrillknicken, Kippen) nach dem (genaueren) Verfahren der DIN EN 1995-1-1: 2013-08/NA, Tab. NA.25

System	Momentenverlauf	a_1	a_2
Gabelgelagerter Einfeldträger Ansicht	$M^0_{y,crit}$	1,77	0
	$M^0_{y,crit}$	1,35	1,74
Draufsicht	$M^0_{y,crit}$	1,13	1,44
	$M^0_{y,crit}$	1	0
Kragarm	$M^0_{y,crit}$	1,27	1,03
	$M^0_{y,crit}$	2,05	1,5
Beidseitig eingespannter Träger	$M^0_{y,crit}$	6,81	0,40
Draufsicht	$M^0_{y,crit}$	5,12	0,40

Tafel 12.30 (Fortsetzung)

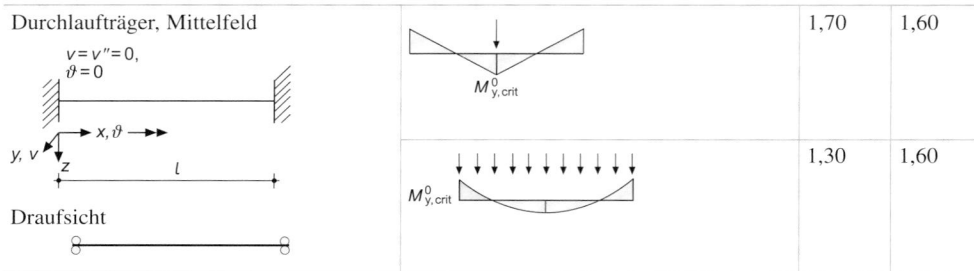

Durchlaufträger, Mittelfeld		1,70	1,60
		1,30	1,60

12.7 Nachweise für Pultdach-, Satteldach- und gekrümmte Träger in den Grenzzuständen der Tragfähigkeit

12.7.1 Pultdachträger

Tafel 12.31 Nachweis der Tragfähigkeit (Biegespannungen) von Pultdachträgern nach DIN EN 1995-1-1: 2010-12, 6.4.2[a, b, c]

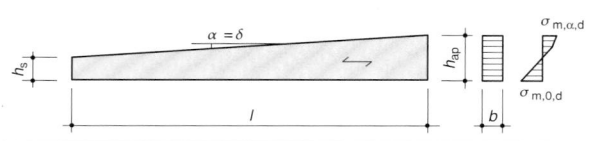

Faserparalleler Trägerrand

Nachweis der Tragfähigkeit	Biegerandspannungen
$\dfrac{\sigma_{m,0,d}}{f_{m,d}} \leq 1$	$\sigma_{m,0,d} = \dfrac{M_d}{W_y}$

Geneigter Trägerrand mit angeschnittenen Holzfasern
$a = \delta \leq 24°$[c]

Nachweis der Tragfähigkeit	Biegerandspannungen
$\dfrac{\sigma_{m,\alpha,d}}{k_{m,\alpha} \cdot f_{m,d}} \leq 1$	$\sigma_{m,\alpha,d} = \dfrac{M_d}{W_y}$

Zugspannungen (Biegezugbereich) am geneigten Rand

$$k_{m,\alpha} = 1 \left/ \sqrt{1 + \left(\frac{f_{m,d}}{0{,}75 \cdot f_{v,d}} \cdot \tan\alpha\right)^2 + \left(\frac{f_{m,d}}{f_{t,90,d}} \cdot \tan^2\alpha\right)^2}\right.$$

Druckspannungen (Biegedruckbereich) am geneigten Rand

$$k_{m,\alpha} = 1 \left/ \sqrt{1 + \left(\frac{f_{m,d}}{1{,}5 \cdot f_{v,d}} \cdot \tan\alpha\right)^2 + \left(\frac{f_{m,d}}{f_{c,90,d}} \cdot \tan^2\alpha\right)^2}\right.$$

Tafel 12.31 (Fortsetzung)

Beispiel: Pultdachträger mit Rechteckquerschnitt und konstanter Gleichlast q

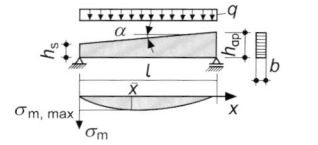

	Trägerstelle mit der größten Biegespannung: $\overline{x} = \dfrac{h_s}{h_s + h_{ap}} \cdot l$

[a] Hierin bedeuten:

$\sigma_{m,0,d}$ Bemessungswert der Biegespannungen an der faserparallelen Trägerkante

$\sigma_{m,\alpha,d}$ Bemessungswert der Biegespannungen an der geneigten Trägerkante

$\sigma_{m,max}$ größte Biegespannung an der Trägerstelle $\overline{x}$

$f_{m,d}$ Bemessungswert der Biegefestigkeit nach (12.2)

M_d Bemessungswert des Biegemomentes

W_y Widerstandsmoment um die y-Achse

b Querschnittsbreite

h_{ap}, h_s Querschnittshöhe am größten bzw. kleinsten Trägerende

α Neigungswinkel des Randes „schräg" zur Faserrichtung $\alpha = \delta \leq 24°$.

[b] weitere Nachweise der Tragfähigkeit wie Schub, Biegedrillknicken (Kippen) und dgl. s. entsprechende Abschnitte.

[c] der Faseranschnittswinkel ist begrenzt auf Winkel $\alpha = \delta \leq 24°$, s. DIN EN 1995-1-1/NA: 2013-08, 6.4.2.

12.7.2 Gekrümmte Träger aus Brettschicht- und Furnierschichtholz

Tafel 12.32 Nachweis der Tragfähigkeit (Biege- und Querzugspannungen) von gekrümmten Trägern mit konstantem Rechteckquerschnitt aus Brettschicht- und Furnierschichtholz im querzugbeanspruchten Bereich (Firstbereich) nach DIN EN 1995-1-1: 2010-12, 6.4.3[a, b]

1		Innerer Radius r_{in} Radius $r = r_{in} + h_{ap}/2$ Lamellendicke t Winkel im Trägerscheitel (First) $\alpha_{ap} = 0°$ Faktor $k_{ap} = h_{ap}/r$ Dachneigungswinkel δ

Maximale Biegespannung (Längsrandspannung) im querzugbeanspruchten Bereich (gekrümmten Bereich)

2	Nachweis der Tragfähigkeit $$\frac{\sigma_{m,d}}{k_r \cdot f_{m,d}} \leq 1$$	Maximale Längsrandspannung $$\sigma_{m,d} = (1 + 0{,}35 \cdot k_{ap} + 0{,}6 \cdot k_{ap}^2) \cdot \frac{M_{ap,d}}{W_{ap,y}}$$

3 **Beiwert k_r** (berücksichtigt die Festigkeitsabnahme bei starken Krümmungen infolge Biegens der Lamellen bei der Herstellung)
$k_r = 1$ für $r_{in}/t \geq 240$
$k_r = 0{,}76 + 0{,}001 \cdot r_{in}/t$ für $r_{in}/t < 240$

Maximale Zugspannung rechtwinklig zur Faser (Querzugspannung) infolge Momentenbeanspruchung im gekrümmten Bereich

4	Nachweis der Tragfähigkeit $$\frac{\sigma_{t,90,d}}{k_{dis} \cdot k_{vol} \cdot f_{t,90,d}} \leq 1$$	Maximale Querzugspannung[c] $$\sigma_{t,90,d} = 0{,}25 \cdot k_{ap} \cdot \frac{M_{ap,d}}{W_{ap,y}}$$

5 **Beiwert k_{dis}** (berücksichtigt die Spannungsverteilung im Firstbereich)
$k_{dis} = 1{,}4$ für konzentrisch gekrümmte Träger mit gekrümmtem Untergurt

6 **Beiwert k_{vol}** (Volumenfaktor)
$k_{vol} = (V_0/V)^{0,2}$ für Brettschichtholz und für Furnierschichtholz mit allen Furnieren in Richtung der Stabachse
V querzugbeanspruchtes Volumen im Firstbereich in m³, s. Bild,
$\leq 2 \cdot V_b/3$
V_b Gesamtvolumen des Biegestabes
V_0 Bezugsvolumen
$= 0{,}01$ m³

Kombinierte Beanspruchung aus Querzug und Schub

7	Nachweis der kombinierten Beanspruchung $$\frac{\tau_d}{f_{v,d}} + \frac{\sigma_{t,90,d}}{k_{dis} \cdot k_{vol} \cdot f_{t,90,d}} \leq 1$$	Maximale Schubspannungen im Rechteckquerschnitt[e] $$\tau_{max,d} = 1{,}5 \cdot V_d/(b \cdot h_{ap})$$

Verstärkungen zur Aufnahme zusätzlicher klimabedingter Querzugspannungen im querzugbeanspruchten Bereich gekrümmter Träger[d, e] nach DIN EN 1995-1-1/NA: 2013-08, NA.6.8.5

8 Für Bauteile in den Nutzungsklassen 1 und 2:
die Gleichungen in Zeile 4 und 7 dieser Tafel dürfen unbeachtet bleiben, wenn die max. Querzugspannung im Trägerscheitel (Firstquerschnitt) folgende Gleichung erfüllt:
$$\frac{\sigma_{t,90,d}}{1{,}15 \cdot (h_0/h_{ap})^{0,3} \cdot f_{t,90,d}} + \left(\frac{\tau_d}{f_{v,d}}\right)^2 \leq 1 \quad \text{mit } h_0 = 600\,\text{mm (Bezugshöhe)}$$
gleichzeitig sind die Angaben in Tafel 12.36 einzuhalten

9 Für Bauteile in der Nutzungsklasse 3
keine Verstärkung nach Tafel 12.36 erlaubt,
stets vollständige Aufnahme der Querzugspannungen durch Verstärkungen erforderlich nach Tafel 12.37

Verstärkungen zur vollständigen Aufnahme der Querzugspannungen im querzugbeanspruchten Bereich gekrümmter Träger nach DIN EN 1995-1-1/NA: 2013-08, NA.6.8.6

10 Für Bauteile in der Nutzungsklassen 1 bis 3:
– werden die Querzugspannungen vollständig durch Verstärkungselemente aufgenommen, dürfen die Gleichungen in Zeile 4 und 7 dieser Tafel unbeachtet bleiben
– gleichzeitig sind die Angaben in Tafel 12.37 einzuhalten

Tafel 12.32 (Fortsetzung)

[a] Hierin bedeuten:

$f_{m,d}$ Bemessungswert der Biegefestigkeit nach (12.2)

$f_{t,90,d}$ Bemessungswert der Zugfestigkeit rechtwinklig zur Faser nach (12.2)

$f_{v,d}$ Bemessungswert der Schubfestigkeit nach (12.2)

$M_{ap,d}$ Bemessungswert des Biegemomentes im Trägerscheitel (Firstquerschnitt), das zu Querzugspannungen führt

V_d Bemessungswert der maßgebenden Querkraft

$W_{ap,y}$ Widerstandsmoment um die y-Achse im Trägerscheitel (Firstquerschnitt)

b, h_{ap} Querschnittsbreite, Querschnittshöhe im Trägerscheitel (Firstquerschnitt).

[b] weitere Nachweise der Tragfähigkeit wie Schub, Biegedrillknicken (Kippen) und dgl. s. entsprechende Abschnitte.

[c] nach DIN EN 1995-1-1/NA: 2013-08, 6.4.3(8) gilt hier die angeführte Gl. 6.54 der DIN EN 1995-1-1: 2010-12, 6.4.3.

[d] für gekrümmte Träger werden nach DIN EN 1995-1-1/NA: 2013-08, 6.4.3, im Hinblick auf zusätzliche klimabedingte Querzugspannungen immer Verstärkungen nach Tafel 12.36 empfohlen, in der Baupraxis werden in den querzugbeanspruchten Bereichen seit langem derartige Querzugverstärkungen mit Erfolg eingebaut.

[e] die wirksame Breite b_{ef} in auf Schub beanspruchten Biegebauteilen muss bei der Berechnung der Schubspannungen nach Abschn. 12.5.4.1 berücksichtigt werden.

Tafel 12.33 Empfohlene endgültige Dicke t der Lamellen von Brettschichtholz nach DIN EN 14080: 2013-09, Anhang I, Tab. I.2

Nutzungsklasse 1	Nutzungsklasse 2	Nutzungsklasse 3
in mm	in mm	in mm
$6 \leq t \leq 45$	$6 \leq t \leq 45$	$6 \leq t \leq 35$

Zusätzliche Anforderung bei gekrümmten Brettschichtholz-Bauteilen an die Höchstdicke t_{max}, die fertige Dicke t muss folgender Gleichung entsprechen:

$$t \leq \frac{r}{250} \cdot \left(1 + \frac{f_{m,j,dc,k}}{150}\right)$$

t endgültige Lamellendicke in mm

r Radius der Lamelle mit dem kleinsten Radius des Bauteils in mm

$f_{m,j,dc,k}$ charakteristische Biegefestigkeit der Keilzinkenverbindung in N/mm².

12.7.3 Satteldachträger aus Brettschicht- und Furnierschichtholz

Tafel 12.34 Nachweis der Tragfähigkeit (Biege- und Querzugspannungen) von Satteldachträgern aus Brettschicht- und Furnierschichtholz im Firstquerschnitt nach DIN EN 1995-1-1: 2010-12, 6.4.3[a, b, c, g, i]

Satteldachträger mit gekrümmtem Untergurt[c, d]	**Satteldachträger mit geradem Untergurt**[c, e]

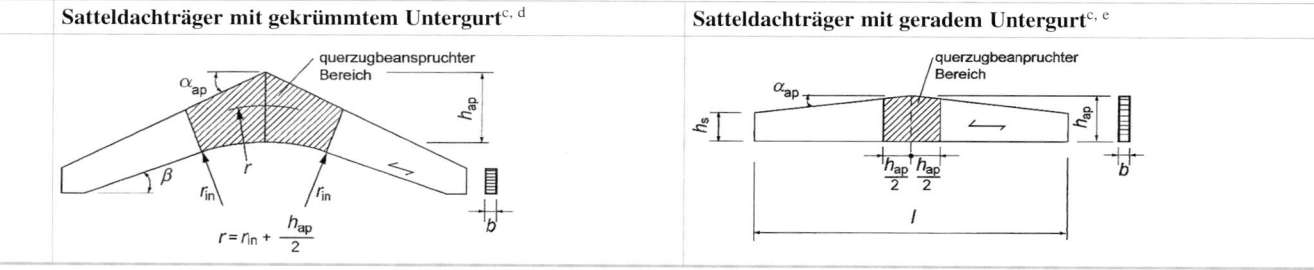

Maximale Biegespannungen (Längsrandspannungen) im Firstquerschnitt[c]	
1	Nachweis der Tragfähigkeit $$\frac{\sigma_{m,d}}{k_r \cdot f_{m,d}} \leq 1$$	Nachweis der Tragfähigkeit $$\frac{\sigma_{m,d}}{f_{m,d}} \leq 1$$
2	$\sigma_{m,d} = k_\ell \cdot \dfrac{M_{ap,d}}{W_{ap,y}}$	$\sigma_{m,d} = (1 + 1{,}4 \cdot \tan\alpha_{ap} + 5{,}4 \cdot \tan^2\alpha_{ap}) \cdot \dfrac{M_{ap,d}}{W_{ap,y}}$

Beiwert k_ℓ, berücksichtigt die erhöhten Biegespannungen im Firstquerschnitt	
3	$k_\ell = k_1 + k_2 \cdot k_{ap} + k_3 \cdot k_{ap}^2 + k_4 \cdot k_{ap}^3$ $k_1 = 1 + 1{,}4 \cdot \tan\alpha_{ap} + 5{,}4 \cdot \tan^2\alpha_{ap}$ $k_2 = 0{,}35 - 8 \cdot \tan\alpha_{ap}$ $k_3 = 0{,}6 + 8{,}3 \cdot \tan\alpha_{ap} - 7{,}8 \cdot \tan^2\alpha_{ap}$ $k_4 = 6 \cdot \tan^2\alpha_{ap}$	Faktor $k_{ap} = h_{ap}/r$ innerer Radius r_{in} Radius $r = r_{in} + h_{ap}/2$ Lamellendicke t Anschnittswinkel im Firstbereich α_{ap} Höhe im Firstquerschnitt h_{ap}

Beiwert k_r (berücksichtigt die Festigkeitsabnahme bei starken Krümmungen infolge Biegens der Lamellen bei der Herstellung)	
4	$k_r = 1$ für $r_{in}/t \geq 240$ $k_r = 0{,}76 + 0{,}001 \cdot r_{in}/t$ für $r_{in}/t < 240$	

Tafel 12.34 (Fortsetzung)

Maximale Zugspannung rechtwinklig zur Faserrichtung (Querzugspannung) infolge Momentenbeanspruchung im Firstbereich[d, e]

5	Nachweis der Tragfähigkeit $\dfrac{\sigma_{t,90,d}}{k_{dis} \cdot k_{vol} \cdot f_{t,90,d}} \le 1$	
6	Satteldachträger mit gekrümmtem Untergurt[d, f] maximale Querzugspannung $\sigma_{t,90,d} = k_p \cdot \dfrac{M_{ap,d}}{W_{ap,y}}$	Satteldachträger mit geradem Untergurt[e, f] maximale Querzugspannung $\sigma_{t,90,d} = 0{,}2 \cdot \tan \alpha_{ap} \cdot \dfrac{M_{ap,d}}{W_{ap,y}}$

Beiwert k_p, berücksichtigt die größten Querzugspannungen im Firstquerschnitt

7	$k_p = k_5 + k_6 \cdot k_{ap} + k_7 \cdot k_{ap}^2$ mit Faktor $k_{ap} = h_{ap}/r$ weitere s. Zeile 3	$k_5 = 0{,}2 \cdot \tan \alpha_{ap}$ $k_6 = 0{,}25 - 1{,}5 \cdot \tan \alpha_{ap} + 2{,}6 \cdot \tan^2 \alpha_{ap}$ $k_7 = 2{,}1 \cdot \tan \alpha_{ap} - 4 \cdot \tan^2 \alpha_{ap}$

Beiwert k_{dis} (berücksichtigt die Spannungsverteilung im Firstbereich)

8	$k_{dis} = 1{,}7$ für Satteldachträger mit gekrümmtem Untergurt	$k_{dis} = 1{,}4$ für Satteldachträger mit geradem Untergurt

Beiwert k_{vol} (Volumenfaktor)

9	$k_{vol} = (V_0/V)^{0,2}$ für Brettschichtholz und für Furnierschichtholz mit allen Furnieren in Richtung der Stabachse V querzugbeanspruchtes Volumen im Firstbereich in m^3, $\quad \le 2 \cdot V_b/3$, s. Bilder oben, V_b Gesamtvolumen des Biegestabes V_0 Bezugsvolumen $\quad = 0{,}01$ m^3	

Kombinierte Beanspruchung aus Querzug und Schub

10	Nachweis der kombinierten Beanspruchung $\dfrac{\tau_d}{f_{v,d}} + \dfrac{\sigma_{t,90,d}}{k_{dis} \cdot k_{vol} \cdot f_{t,90,d}} \le 1$	mit der maximalen Schubspannungen im Rechteckquerschnitt[h] $\tau_{max,d} = 1{,}5 \cdot V_d/(b \cdot h_{ap})$

Verstärkungen zur Aufnahme zusätzlicher klimabedingter Querzugspannungen im querzugbeanspruchten Bereich von Satteldachträgern mit geradem und gekrümmten Untergurt[d, e, h] nach DIN EN 1995-1-1/NA: 2013-08, NA.6.8.5

11	für Bauteile in den Nutzungsklassen 1 und 2: die Gleichungen in Zeile 5 und 10 dieser Tafel dürfen unbeachtet bleiben, wenn die max. Querzugspannung im Firstquerschnitt folgende Gleichung erfüllt: $\dfrac{\sigma_{t,90,d}}{1{,}3 \cdot (h_0/h_{ap})^{0,3} \cdot f_{t,90,d}} + \left(\dfrac{\tau_d}{f_{v,d}}\right)^2 \le 1 \quad$ mit $h_0 = 600$ mm (Bezugshöhe) gleichzeitig sind die Angaben in Tafel 12.36 einzuhalten
12	für Bauteile in der Nutzungsklassen 3 keine Verstärkung nach Tafel 12.36 erlaubt, stets vollständige Aufnahme der Querzugspannungen durch Verstärkungen erforderlich nach Tafel 12.37

Verstärkungen zur vollständigen Aufnahme der Querzugspannungen im querzugbeanspruchten Bereich von Satteldachträgern mit geradem und gekrümmten Untergurt nach DIN EN 1995-1-1/NA: 2013-08, NA.6.8.6

13	für Bauteile in den Nutzungsklassen 1 bis 3: – werden die Querzugspannungen vollständig durch Verstärkungselemente aufgenommen, dürfen die Gleichungen in Zeile 5 und 10 dieser Tafel unbeachtet bleiben – gleichzeitig sind die Angaben in Tafel 12.37 einzuhalten

[a] Fußnote a der Tafel 12.32 gilt sinngemäß.

[b] weitere Nachweise der Tragfähigkeit wie Schub, Biegedrillknicken (Kippen) und dgl. s. entsprechende Abschnitte.

[c] bei Satteldachträgern mit unteren geraden und unteren gekrümmten Rändern sind die Nachweise für Ränder mit geneigtem Rand (angeschnittenen Holzfasern im „geraden bzw. nicht gekrümmten" Bereich) wie für Pultdachträger nach Tafel 12.31 zu führen.

[d] für Satteldachträger mit gekrümmtem Untergurt werden nach DIN EN 1995-1-1/NA: 2013-08, 6.4.3, im Hinblick auf zusätzliche klimabedingte Querzugspannungen immer Verstärkungen nach Tafel 12.36 empfohlen, in der Baupraxis werden in den querzugbeanspruchten Bereichen seit langem derartige Querzugverstärkungen mit Erfolg eingebaut.

[e] für Satteldachträger mit geradem Untergurt werden nach DIN EN 1995-1-1/NA: 2013-08, 6.4.3, im Hinblick auf zusätzliche klimabedingte Querzugspannungen Verstärkungen nach Tafel 12.36 empfohlen, wenn in den Nachweisen nach Zeile 5 und Zeile 10 dieser Tafel ein Ausnutzungsgrad $\eta \ge 0{,}8$ vorliegt, in der Baupraxis werden in den querzugbeanspruchten Bereichen seit langem derartige Querzugverstärkungen mit Erfolg eingebaut, unabhängig vom Ausnutzungsgrad.

[f] nach DIN EN 1995-1-1/NA: 2013-08, 6.4.3(8) gilt hier die angeführte Gl. 6.54 der DIN EN 1995-1-1: 2010-12, 6.4.3.

[g] über die Geometrie von Satteldachträgern s. Tafel 12.35.

[h] die wirksame Breite b_{ef} in auf Schub beanspruchten Biegebauteilen muss bei der Berechnung der Schubspannungen nach Abschn. 12.5.4.1 berücksichtigt werden.

[i] Hinweise zu Trägern mit sogenannter „hochgesetzter Trockenfuge" bzw. bei Trägern mit unterschiedlicher Neigung des Ober- und Untergurtes können [22] entnommen weren.

Tafel 12.35　Geometrie von Satteldachträgern

Satteldachträger mit gekrümmtem Untergurt[a]	Satteldachträger mit geradem Untergurt
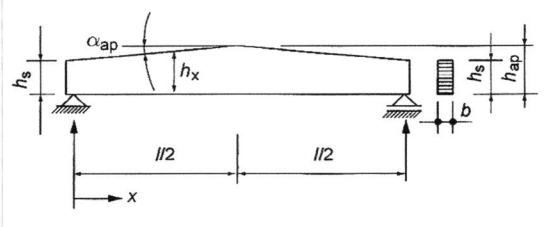	

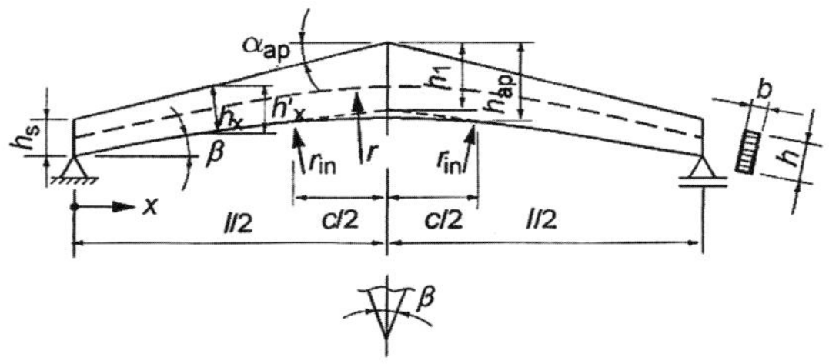

$r_{in} = \dfrac{c}{2 \cdot \sin\beta}, \quad r = r_{in} + 0{,}5 \cdot h_{ap}$	$h_{ap} = h_s + \dfrac{l}{2} \cdot \tan\alpha_{ap}$
$h_1 = h_s + \dfrac{l}{2} \cdot (\tan\alpha_{ap} - \tan\beta), \quad \alpha = \alpha_{ap} - \beta$	$h_x = h_s + x \cdot \tan\alpha_{ap}$
$h_{ap} = h_1 + \dfrac{c}{2} \cdot \tan\beta - r_{in} \cdot (1 - \cos\beta)$	$\bar{x} = \dfrac{h_s}{2 \cdot h_{ap}} \cdot l$ [b]
$h'_x = h_s + x \cdot (\tan\alpha_{ap} - \tan\beta)$	
$h_x \approx h'_x \cdot \cos\alpha, \quad \bar{x} = \dfrac{h_s}{2 \cdot h_1} \cdot l$ [b]	

[a] Trägerbereiche (außerhalb des Firstbereichs) mit abnehmender Höhe in Richtung der Auflager.
[b] Trägerstelle $\bar{x}$ mit der größten Biegespannung außerhalb des Firstquerschnittes.

12.7.4　Verstärkungen gekrümmter Träger und Satteldachträger aus Brettschicht- und Furnierschichtholz

Tafel 12.36　Verstärkungen zur Aufnahme zusätzlicher, klimabedingter Querzugspannungen durch Verstärkungselemente in gekrümmten Trägern und Satteldachträgern mit gekrümmtem und geradem Untergurt aus Brettschicht- und Furnierschichtholz in den querzugbeanspruchten Träger- bzw. Firstbereichen in den Nutzungsklassen 1 und 2 nach DIN EN 1995-1-1/NA: 2013-08, NA.6.8.5[a, b, c, d]

Bemessung der Verstärkung im querzugbeanspruchten Bereich für eine Zugkraft	Beispiel
$F_{t.90,d} = \dfrac{\sigma_{t,90,d} \cdot b^2 \cdot a_1}{640 \cdot n}$ a_1　Abstand der Verstärkungen in Trägerlängsrichtung in Höhe der Trägerachse in mm b　Trägerbreite in mm n　Anzahl der Verstärkungselemente im Bereich innerhalb der Länge a_1 $\sigma_{t,90,d}$　Bemessungswert der Zugspannung rechtwinklig zur Faserrichtung (Querzugspannungen) aus Tafel 12.32 bzw. 12.34	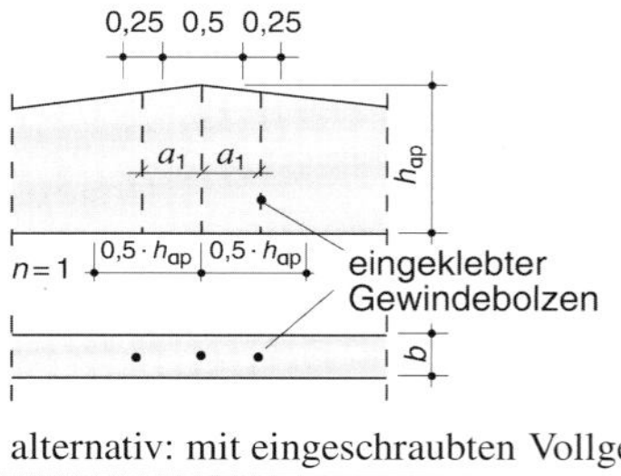

[a] gekrümmte Träger und Satteldachträger aus Brettschicht- und Furnierschichtholz in den Nutzungsklassen 1 und 2, bei denen die in den Tafeln 12.32 bzw. 12.34 angeführten Bedingungen erfüllt sind.
[b] Stahlstäbe sollten im querzugbeanspruchten Träger- bzw. Firstbereichen gleichmäßig verteilt werden.
[c] geeignete Verstärkungen s. Tafel 12.38.
[d] Bemessung der Verstärkungen sinngemäß nach Tafel 12.37 wie für eingeklebte Stahlstäbe, eingeschraubte Stäbe oder seitlich aufgeklebte Verstärkungen.

Tafel 12.37 Verstärkungen zur vollständigen Aufnahme der Querzugspannungen durch Verstärkungselemente in gekrümmten Trägern und Satteldachträgern mit gekrümmtem und geradem Untergurt aus Brettschicht- und Furnierschichtholz in den querzugbeanspruchten Träger- bzw. Firstbereichen in den Nutzungsklassen 1 bis 3 nach DIN EN 1995-1-1/NA: 2013-08, NA.6.8.6[a, b, c]

Zugkraft in der Verstärkung des querzugbeanspruchten Bereiches

in den beiden inneren Vierteln	in den äußeren Vierteln
$$F_{t,90,d} = \frac{\sigma_{t,90,d} \cdot b \cdot a_1}{n}$$	$$F_{t,90,d} = \frac{2}{3} \cdot \frac{\sigma_{t,90,d} \cdot b \cdot a_1}{n}$$

Aufnahme der Zugkraft $F_{t,90,d}$ durch eingeklebte Stahlstäbe oder durch eingeschraubte Stäbe mit Holzschraubengewinde nach DIN 7998[d, e]

Beispiel:	
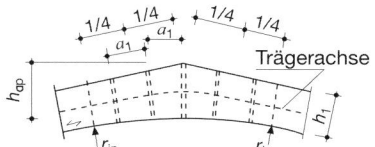	a_1 Abstand der Verstärkungen in Trägerlängsrichtung in Höhe der Trägerachse
	b Trägerbreite
	n Anzahl der Verstärkungselemente im Bereich innerhalb der Länge a_1
	$\sigma_{t,90,d}$ Bemessungswert der Zugspannungen rechtwinklig zur Faserrichtung (Querzugspannungen) nach den Tafeln 12.32 bzw. 12.34

Nachweis der Tragfähigkeit (Fugenspannung)	gleichmäßig verteilt angenommene Klebfugenspannung
$$\frac{\tau_{ef,d}}{f_{k1,d}} \leq 1$$	$$\tau_{ef,d} = \frac{2 \cdot F_{t,90,d}}{\pi \cdot l_{ad} \cdot d_r}$$

$F_{t,90,d}$ Bemessungswert der Zugkraft je Stahlstab
$f_{k1,d}$ Bemessungswert der Klebfugenfestigkeit für $l_{ad} \leq 250$ mm, $f_{k1,k}$ s. Abschn. 12.19.2 oder
$f_{k1,d}$ Bemessungswert des Ausziehparameters der Holzschrauben, berechnet mit dem charakteristischen Wert $f_{k1,k} = 22 \cdot 10^{-6} \cdot \varrho_k^2$
l_{ad} wirksame Verankerungslänge des Stahlstabes oberhalb oder unterhalb der Trägerachse
d_r Stahlstabaußendurchmesser
ϱ_k charakteristischer Wert der Rohdichte in kg/m³ nach Abschn. 12.3.1

Abstand der Stahlstäbe a untereinander an der Trägeroberkante[b]

   Mindestabstand $a_{1,oben,min} \geq 250$ mm,
   maximaler Abstand $a_{1,oben,max} \leq 0{,}75 \cdot h_{ap}$

die Stahlstäbe müssen über die gesamte Trägerhöhe durchgehen mit Ausnahme einer Randlamelle

Aufnahme der Zugkraft $F_{t,90,d}$ durch seitlich beidseitig aufgeklebte Verstärkungen

Beispiel	
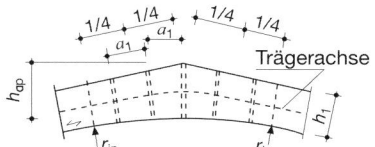	a_1 Abstand der Verstärkungen in Trägerlängsrichtung in Höhe der Trägerachse
	b, h Trägerbreite, -höhe
	l_r Länge der Verstärkung in der Trägerachse
	t_r Dicke einer Verstärkung

Nachweis der Klebfuge

Nachweis der Tragfähigkeit	gleichmäßig verteilt angenommene Klebfugenspannung
$$\frac{\tau_{ef,d}}{f_{k3,d}} \leq 1$$	$$\tau_{ef,d} = \frac{2 \cdot F_{t,90,d}}{l_r \cdot l_{ad}}$$

Nachweis der Zugspannung in den aufgeklebten Verstärkungen

Nachweis der Tragfähigkeit	Zugspannung in den aufgeklebten Verstärkungen
$$\frac{\sigma_{t,d}}{f_{t,d}} \leq 1$$	$$\sigma_{t,d} = \frac{F_{t,90,d}}{t_r \cdot l_r}$$

$F_{t,90,d}$ Bemessungswert der Zugkraft je Verstärkungsplatte
$f_{k3,d}$ Bemessungswert der Klebfugenfestigkeit, $f_{k3,k}$ s. Abschn. 12.19.2
$f_{t,d}$ Bemessungswert der Zugfestigkeit des Werkstoffes der Verstärkung in Richtung der Zugkraft $F_{t,90}$
l_{ad} Höhe der aufgeklebten Verstärkung oberhalb und unterhalb der Trägerachse
l_r Länge der Verstärkung in der Trägerachse
t_r Dicke einer Verstärkung

[a] über geeignete Verstärkungen s. Tafel 12.38.
[b] Mindestabstände von Stahlstäben nach Tafel 12.38.
[c] verstärkte Träger- oder Firstbereiche in Nutzungsklasse 3 sollten im Sinne einer holzgerechten Konstruktion mind. auf der Oberseite beidseitig ausreichend abgedeckt werden, es wird jedoch empfohlen, eine direkte Bewitterung in Nutzungsklasse 3 möglichst auszuschließen.
[d] die Zugtragfähigkeit der Stahlstäbe im maßgebenden Querschnitt ist nachzuweisen, nach DIN 1052-10: 2012-05 ist die Zugtragfähigkeit für Stahlstäbe mit Holzschraubengewinde nach DIN 7998 mit dem Kernquerschnitt als maßgebenden Querschnitt zu bemessen, derartige Stahlstäbe mit Holzschraubengewinde werden i. d. R. als Verstärkungsmaßnahmen eingesetzt und wie Holzschrauben nachgewiesen.
[e] Verstärkungen mit Schrauben mit einem Gewinde über die gesamte Schaftlänge (Vollgewindeschrauben) sind sinngemäß wie Verstärkungen mit eingeklebten Stahlstäben nachzuweisen, s. auch bauaufsichtlichen Verwendungsnachweis der Vollgewindeschrauben.

Tafel 12.38 Geeignete Verstärkungselemente, die die Tragfähigkeit von Bauteilen rechtwinklig zur Faserrichtung des Holzes zur Aufnahme von Querzugbeanspruchungen erhöhen nach DIN EN 1995-1-1/NA: 2013-08, NA.6.8.1[a, b, c]

Innen liegende Verstärkungen durch folgende Stahlstäbe[d, e, f]	
– eingeklebte Gewindebolzen nach DIN 976-1 – eingeklebte Betonrippenstähle nach DIN 488-1 – Holzschrauben mit einem Gewinde über die gesamte Schaftlänge	Abstände der Stahlstäbe in Tafel 12.37 $a_2 \geq 3 \cdot d_r$ untereinander $a_{1,c} \geq 2{,}5 \cdot d_r$ Endabstände[g] $a_{2,c} \geq 2{,}5 \cdot d_r$ Randabstände d_r Stahlstabaußendurchmesser als Beispiel s. Bild in Tafel 12.40

Außen liegende Verstärkungen

– aufgeklebtes Sperrholz nach DIN EN 13986 in Verbindung mit DIN EN 636 und DIN 20000-1: 2013-08
– aufgeklebtes Furnierschichtholz nach DIN EN 14374 oder nach DIN EN 13986 in Verbindung mit DIN EN 14279 und DIN 20000-1: 2013-08 oder mit bauaufsichtlichem Verwendbarkeitsnachweis
– aufgeklebte Bretter
– eingepresste Nagelplatten

[a] zur Bemessung von Verstärkungen s. Tafel 12.36 und 12.37 sowie Abschn. 12.8.1 (Ausklinkungen), Abschn. 12.8.2 (Durchbrüche) und 12.8.3 (Schräg- und Queranschlüsse).
[b] die Zugfestigkeit des Holzes rechtwinklig zur Faserrichtung wird bei der Ermittlung der Beanspruchungen der Verstärkungen von Queranschlüssen, rechtwinkligen Ausklinkungen und Durchbrüchen sowie der Verstärkungen zur Aufnahme klimabedingter Querzugspannungen und zur vollständigen Aufnahme der Querzugspannungen nicht berücksichtigt.
[c] verstärkte Queranschlüsse, Ausklinkungen, Durchbrüche und Firstbereiche können auch in Nutzungsklasse 3 angeordnet werden, verstärkte Träger- oder Firstbereiche in Nutzungsklasse 3 sollten im Sinne einer holzgerechten Konstruktion mind. auf der Oberseite beidseitig ausreichend abgedeckt werden, es wird jedoch empfohlen, eine direkte Bewitterung in Nutzungsklasse 3 möglichst auszuschließen.
[d] die Querschnittsschwächung durch innen liegende Verstärkungen ist in den zugbeanspruchten Querschnittsteilen zu berücksichtigen.
[e] die Zugbeanspruchung der Stahlstäbe ist mit dem maßgebenden Querschnitt nachzuweisen, s. Fußnote d zu Tafel 12.37.
[f] Verstärkungen mit Schrauben mit einem Gewinde über die gesamte Schaftlänge (Vollgewindeschrauben) sind sinngemäß wie Verstärkungen mit eingeklebten Gewindebolzen nachzuweisen.
[g] sofern im Weiteren nichts anderes angegeben wird.

12.8 Nachweise für Ausklinkungen, Durchbrüche sowie Schräg- und Queranschlüsse in den Grenzzuständen der Tragfähigkeit

12.8.1 Ausklinkungen

nach DIN EN 1995-1-1: 2010-12, 6.5

Ausklinkungen an den Enden von Biegestäben mit Rechteckquerschnitt und einer im Wesentlichen parallel zur Längsachse verlaufenden Faserrichtung sind in der Regel für Schubspannungen nach (12.48) unter den Bedingungen der Tafel 12.39 nachzuweisen.

$$\frac{\tau_d}{k_v \cdot f_{v,d}} = \frac{1{,}5 \cdot V_d/(b \cdot h_{ef})}{k_v \cdot f_{v,d}} \qquad (12.48)$$

V_d Bemessungswert der Querkraft an der Ausklinkung am Endauflager
b Trägerbreite, s. auch wirksame Breite b_{ef} nach (12.25) und Tafel 12.17
h_{ef} wirksame (reduzierte) Trägerhöhe an der Ausklinkung, s. Tafel 12.39
k_v Beiwert je nach Ausklinkungsform, s. Tafel 12.39
$f_{v,d}$ Bemessungswert der Schubfestigkeit nach (12.2).

In (12.48) ist die wirksame Breite b_{ef} nach Abschn. 12.5.4.1 zu berücksichtigen. Kann (12.48) nicht eingehalten werden, sind Ausklinkungen nach Tafel 12.40 zu verstärken, in Nutzungsklasse 3 sind Ausklinkungen stets zu verstärken.

Tafel 12.39 Beiwert k_v der Gleichung (12.48) für Ausklinkungen an Enden von Biegestäben mit Rechteckquerschnitt nach DIN EN 1995-1-1: 2010-12, 6.5.2[a, b, d, e]

Ausklinkungsform	Beiwerte
Ausklinkung an der Auflagerseite[c]	

(Abminderungs-)Beiwert k_v

Ausklinkung „unten schräg"

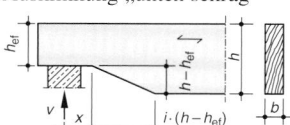

$$k_v = \min \left\{ 1 \text{ oder } \frac{k_n \cdot (1 + 1{,}1 \cdot i^{1{,}5}/\sqrt{h})}{\sqrt{h} \cdot \left(\sqrt{\alpha \cdot (1-\alpha)} + 0{,}8 \cdot \frac{x}{h} \cdot \sqrt{\frac{1}{\alpha} - \alpha^2} \right)} \right\}$$

s. auch unten: Spannungskonzentration in der Ausklinkung

Ausklinkung „unten rechtwinklig"

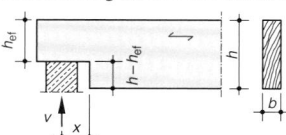

$$k_v = \min \left\{ 1 \text{ oder } \frac{k_n}{\sqrt{h} \cdot \left(\sqrt{\alpha \cdot (1-\alpha)} + 0{,}8 \cdot \frac{x}{h} \cdot \sqrt{\frac{1}{\alpha} - \alpha^2} \right)} \right\}$$

Beiwert $k_n = 5$ für Vollholz
$\qquad\qquad$ 6,5 für Brettschichtholz
$\qquad\qquad$ 4,5 für Furnierschichtholz

Ausklinkung auf der Gegenseite des Auflagers

Ausklinkung „oben"

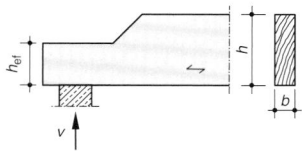

Beiwert $k_v = 1{,}0$
nach DIN EN 1995-1-1/NA: 2013-08, 6.5.2 gilt:
falls $x < h_{ef}$, darf k_v wie folgt bestimmt werden:
$$k_v = \left(\frac{h}{h_{ef}} \right) \cdot \left[1 - \frac{(h - h_{ef}) \cdot x}{h \cdot h_{ef}} \right]$$

Spannungskonzentration in der Ausklinkung[c]

der Einfluss der Spannungskonzentration ist beim Tragfähigkeitsnachweis zu berücksichtigen[c]

der Einfluss der Spannungskonzentration darf in folgenden Fällen vernachlässigt werden:
– Zug oder Druck in Faserrichtung
– Biegung mit Zugspannungen in der Ausklinkung, wenn der Faseranschnitt nicht steiler als $1/i = 1/10$, d. h. $i \geq 10$, s. Bild unten „Biegung mit Zugspannungen in der Ausklinkung",
– Biegung mit Druckspannungen in der Ausklinkung, s. Bild unten „Biegung mit Druckspannungen in der Ausklinkung"

– Biegung mit Zugspannungen in der Ausklinkung infolge positiven Momentes	– Biegung mit Druckpannungen in der Ausklinkung infolge negativen Momentes
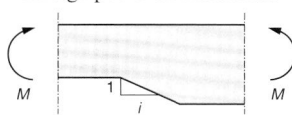	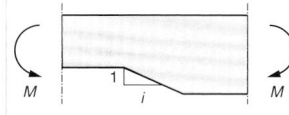

[a] Hierin bedeuten:
h $\quad$ Trägerhöhe außerhalb der Ausklinkung in mm
h_{ef} $\quad$ wirksame (reduzierte) Trägerhöhe der Ausklinkung in mm
i $\quad$ Neigung der Ausklinkung, s. Bilder oben, zur Festlegung von i s. oben „Spannungskonzentration in der Ausklinkung"
x $\quad$ Abstand zwischen der Wirkungslinie der Auflagerkraft und der Ausklinkungsecke in mm
α $\quad = h_{ef}/h$.
[b] die Lasten bei Ausklinkungen dieser Tafel sind auf der Oberseite der Biegestäbe einzuleiten.
[c] für Bauteile mit einer Voute sind nach DIN EN 1995-1-1/NA: 2013-08, 6.5.1, zusätzlich der kombinierte Spannungsnachweis am geneigten (angeschnittenen) Rand sinngemäß nach Tafel 12.31 und der Schubspannungsnachweis im Voutenquerschnitt mit der minimalen Höhe zu führen.
[d] es wird zusätzlich zu den Festlegungen der DIN EN 1995-1-1/NA: 2013-08, 6.5.2, empfohlen, bei unverstärkten Ausklinkungen an der Auflagerseite das Verhältnis $\alpha = h_{ef}/h$ im Sinne einer holzgerechten Konstruktion nicht zu klein zu wählen, bei Lasteinwirkungsdauer ständig, lang und mittel wird empfohlen, das Verhältnis $\alpha = h_{ef}/h \geq 0{,}5$ und $x/h \leq 0{,}4$ möglichst einzuhalten, in Anlehnung an DIN 1052: 2008-12, 11.2.
[e] Festlegungen der DIN EN 1995-1-1/NA: 2013-08, 6.5.1:
– unverstärkte Ausklinkungen nur in Nutzungsklasse 1 und 2 verwenden,
– Ausklinkungen in Nutzungsklasse 3 stets nach Tafel 12.40 verstärken und als Empfehlung im Sinne einer holzgerechten Konstruktion mind. auf der Oberseite beidseitig ausreichend überstehend abdecken, weiter wird jedoch empfohlen, eine direkte Bewitterung in Nutzungsklasse 3 möglichst auszuschließen
– Empfehlung: Ausklinkungen in allen Nutzungsklassen stets nach Tafel 12.40 verstärken, auch wenn dies rechnerisch nicht erforderlich ist.

Tafel 12.40 Verstärkung rechtwinkliger Ausklinkungen auf der Auflagerseite an den Enden von Biegestäben mit Rechteckquerschnitt nach DIN EN 1995-1-1/NA: 2013-08, NA.6.8.3[a, b, c]

Bemessungswert der Zugkraft $F_{t,90,d}$ für die Verstärkung rechtwinkliger Ausklinkungen

$$F_{t,90,d} = 1{,}3 \cdot V_d \cdot [3 \cdot (1 - \alpha)^2 - 2 \cdot (1 - \alpha)^3]$$

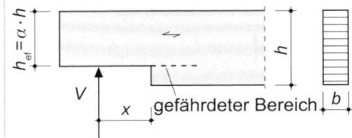

Verstärkung durch innen liegende, eingeklebte Stahlstäbe (Aufnahme der Zugkraft $F_{t,90,d}$)[b–d]

Nachweis der gleichmäßig verteilt angenommenen Klebfugenspannung

$$\frac{\tau_{ef,d}}{f_{k1,d}} \leq 1$$

$$\tau_{ef,d} = \frac{F_{t,90,d}}{n \cdot d_r \cdot \pi \cdot l_{ad}}$$

Stahlstäbe

Mindestlänge $l_{min} \geq 2 \cdot l_{ad}$

max. Durchmesser $d_{r,max} \leq 20\,\text{mm}$

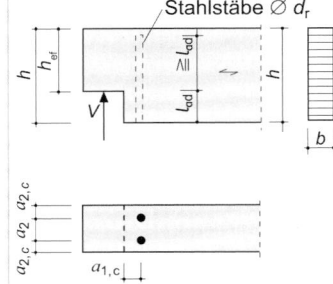

Seitlich aufgeklebte Verstärkungsplatten (Aufnahme der Zugkraft $F_{t,90,d}$)[b, c]

Nachweis der gleichmäßig verteilt angenommenen Klebfugenspannung

$$\frac{\tau_{ef,d}}{f_{k2,d}} \leq 1$$

$$\tau_{ef,d} = \frac{F_{t,90,d}}{2 \cdot (h - h_{ef}) \cdot l_r}$$

Zugspannung in den aufgeklebten Verstärkungsplatten

$$k_k \cdot \frac{\sigma_{t,d}}{f_{t,d}} < 1$$

$$\sigma_{t,d} = \frac{F_{t,90,d}}{2 \cdot t_r \cdot l_r}$$

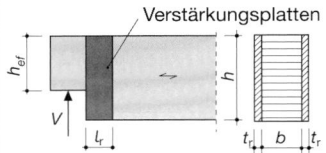

Aufkleben der seitlichen Verstärkungsplatten mit der Bedingung

$$0{,}25 \leq \frac{l_r}{h - h_{ef}} \leq 0{,}5$$

Verstärkung durch seitlich aufgebrachte Nagelplatten (Aufnahme der Zugkraft $F_{t,90,d}$)

sinngemäß wie aufgeklebte Verstärkungsplatten nachweisen und anordnen

[a] Hierin bedeuten:

V_d Bemessungskraft der Querkraft

α $= h_{ef}/h$

h Trägerhöhe außerhalb der Ausklinkung in mm

h_{ef} wirksame (reduzierte) Trägerhöhe der Ausklinkung in mm

n Anzahl der Stahlstäbe; dabei dürfen in Trägerlängsrichtung nur die im Abstand $a_{1,c}$ angeordneten Stäbe in Rechnung gestellt werden, z. B. nur ein Stab mit $n = 1$ oder eine Reihe von Stäben in Trägerquerrichtung z. B. mit $n = 2$

d_r Stahlstabaußendurchmesser ($\leq 20\,\text{mm}$)

l_{ad} wirksame Verankerungslänge, s. Bild oben ($l_{ad} \approx h - h_{ef}$ mit der Mindestlänge der Stahlstäbe $\geq 2 \cdot l_{ad}$)

l_r Breite einer Verstärkungsplatte, s. Bild oben

t_r Dicke einer Verstärkungsplatte, s. Bild oben

k_k Beiwert zur Berücksichtigung der ungleichförmigen Spannungsverteilung; $= 2{,}0$ ohne genaueren Nachweis

$f_{k1,d}, f_{k2,d}$ Bemessungswerte der Klebfugenfestigkeiten, charakteristischer Werte $f_{k1,k}$ und $f_{k2,k}$ s. Abschn. 12.19.2

$f_{t,d}$ Bemessungswert der Zugfestigkeit des Plattenwerkstoffes in Richtung der Zugkraft $F_{t,90}$ nach (12.2).

[b] geeignete Verstärkungselemente und weitere Festlegungen s. Tafel 12.38.

[c] verstärkte, unten rechtwinklig ausgeklinkte Enden von Biegestäben nach (12.48) mit dem Beiwert $k_v = 1{,}0$ nachweisen.

[d] Verstärkungen mit Vollgewindeschrauben sind sinngemäß wie Verstärkungen mit eingeklebten Stahlstäben nachzuweisen, s. auch bauaufsichtlichen Verwendungsnachweis der Vollgewindeschrauben.

Tafel 12.41 Abmessungen unverstärkter Durchbrüche ($d > 50\,\text{mm}$) nach DIN EN 1995-1-1/NA: 2013-08, NA.6.7[a]

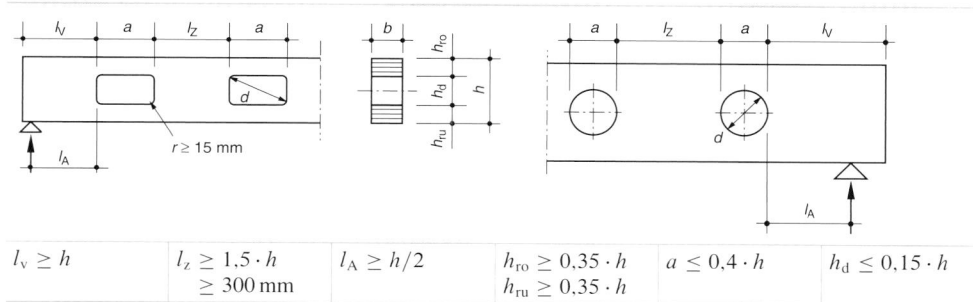

$l_v \geq h$	$l_z \geq 1,5 \cdot h$ $\geq 300\,\text{mm}$	$l_A \geq h/2$	$h_{ro} \geq 0,35 \cdot h$ $h_{ru} \geq 0,35 \cdot h$	$a \leq 0,4 \cdot h$	$h_d \leq 0,15 \cdot h$

[a] unverstärkte Durchbrüche dürfen nur in Nutzungsklasse 1 und 2 eingesetzt werden, in Nutzungsklasse 3 sind Durchbrüche nach Tafeln 12.42 und 12.43 zu verstärken.

12.8.2 Durchbrüche

nach DIN EN 1995-1-1/NA: 2013-08, NA.6.7

Durchbrüche in Trägern sind Öffnungen mit einer lichten Abmessung von $d > 50\,\text{mm}$, Öffnungen $d \leq 50\,\text{mm}$ sind als Querschnittsschwächungen nach Abschn. 12.4.3.1 zu berücksichtigen. Durchbrüche dürfen nicht in unverstärkten Trägerbereichen mit planmäßiger Querzugbeanspruchung angeordnet werden.

12.8.2.1 Unverstärkte Durchbrüche in Brettschicht- und Furnierschichtholz

nach DIN EN 1995-1-1/NA: 2013-08, NA.6.7

Unverstärkte Durchbrüche dürfen nur in Nutzungsklasse 1 und 2 verwendet werden, sie müssen den Abmessungen nach Tafel 12.41 entsprechen. Der **Nachweis der erhöhten Querzugspannungen** kann mit (12.49) vorgenommen werden. Der **Nachweis der erhöhten Biegerandspannungen** im Durchbruchsbereich ist in DIN EN 1995-1-1/NA: 2013-08 nicht geregelt, sollte jedoch durchgeführt werden, *Erläut. zu DIN 1052: 2004-08* [3] gibt hierzu ein vereinfachtes Verfahren nach (12.53) an. Die Nachweise sind für jeden gefährdeten Bereich zu führen. Durchbrüche in Nutzungsklasse 3 sind stets nach Tafeln 12.42 und 12.43 zu verstärken.

Nachweis der erhöhten Querzugspannungen
nach DIN EN 1995-1-1/NA: 2013-08, NA.6.7:

$$\frac{F_{t,90,d}}{0,5 \cdot l_{t,90} \cdot b \cdot k_{t,90} \cdot f_{t,90,d}} \leq 1 \qquad (12.49)$$

mit

$$F_{t,90,d} = F_{t,V,d} + F_{t,M,d} \qquad (12.50)$$

$$F_{t,V,d} = \frac{V_d \cdot h_d}{4 \cdot h} \cdot \left(3 - \frac{h_d^2}{h^2}\right) \qquad (12.51)$$

$$F_{t,M,d} = 0,008 \cdot \frac{M_d}{h_r} \qquad (12.52)$$

In (12.51) darf bei runden Durchbrüchen anstelle von h_d der Wert $0,7 \cdot h_d$ eingesetzt werden.

b Trägerbreite am Durchbruch

V_d Betrag des Bemessungswertes der Querkraft am Durchbruchsrand

M_d Betrag des Bemessungswertes des Biegemomentes am Durchbruchsrand

$k_{t,90}$ $= \min\{1 \text{ oder } (450/h)^{0,5}\}$ mit h in mm

$f_{t,90,d}$ Bemessungswert der Zugfestigkeit des Brettschicht- oder Furnierschichtholzes rechtwinklig zur Faserrichtung

$l_{t,90}$ $= 0,5 \cdot (h_d + h)$
für rechteckige Durchbrüche
$= 0,353 \cdot h_d + 0,5 \cdot h$
für kreisförmige Durchbrüche

h_r $= \min(h_{ro} \text{ oder } h_{ru})$
für rechteckige Durchbrüche
$= \min(h_{ro} + 0,15 \cdot h_d \text{ oder } h_{ru} + 0,15 \cdot h_d)$
für kreisförmige Durchbrüche

h Trägerhöhe außerhalb des Durchbruchs

h_d Durchbruchshöhe.

Nachweis der erhöhten Biegerandspannungen
nach *Erläut. zu DIN 1052: 2004-08* [3]:

$$\frac{\sigma_{m,d}}{f_{m,d}} = \frac{M_{D,d}/W_{D,n}}{f_{m,d}} + \frac{M_{R,d}/W_{R,n}}{f_{m,d}} \leq 1 \qquad (12.53)$$

Bei kreisförmigen Durchbrüchen reicht der Nachweis mit dem ersten Term der (12.53) aus.

Bei gleichen Querschnittshöhen der verbleibenden Restquerschnitte oben und unten gilt:

$$M_{R,d} = \frac{V_{D,d} \cdot a}{2 \cdot 2} \qquad (12.54)$$

a Durchbruchslänge bei rechteckigem Durchbruch, s. Tafel 12.41

$M_{D,d}$ Betrag des Bemessungswertes des Biegemomentes in Durchbruchsmitte

$M_{R,d}$ Bemessungswert des Biegemomentes aus dem Querkraftanteil, der anteilig aus $V_{D,d}$ (dies aufgeteilt entsprechend der Querschnittshöhen der verbleibenden

Tafel 12.42 Verstärkte Durchbrüche bei Biegestäben mit Rechteckquerschnitt aus Brettschicht- und Furnierschichtholz; Geometrische Randbedingungen und Bemessungswert der Zugkraft nach DIN EN 1995-1-1/NA: 2013-08, NA.6.8.4[a, b, f]

Geometrische Randbedingungen[c]

$l_v \geq h$	$l_z \geq h$ $\geq 300\ mm$	$l_A \geq h/2$	$h_{ro} \geq 0{,}25 \cdot h$	$a \leq h$	bei innen liegender Verstärkung $h_d \leq 0{,}3 \cdot h$
			$h_{ru} \geq 0{,}25 \cdot h$	$a/h_d \leq 2{,}5$	bei außen liegender Verstärkung $h_d \leq 0{,}4 \cdot h$

Bemessungswert der Zugkraft $F_{t,90,d}$ für die Verstärkung[d]

$$F_{t,90,d} = F_{t,v,d} + F_{t,M,d}$$

mit

$$F_{t,V,d} = \frac{V_d \cdot h_d}{4 \cdot h} \cdot \left(3 - \frac{h_d^2}{h^2}\right)\ ^e$$

$$F_{t,M,d} = 0{,}008 \cdot \frac{M_d}{h_r}$$

Zugkraft annehmen:

bei rechteckigen Durchbrüchen:
  in Höhe der querzugbeanspruchten Durchbruchsecke, s. Bild rechts

bei kreisförmigen Durchbrüchen:
  in Höhe des querzugbeanspruchten Durchbruchsrandes unter 45° zur Trägerachse vom Kreismittelpunkt aus, s. Bild rechts

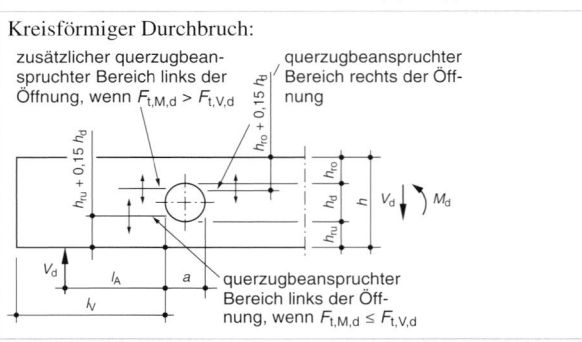

Rechteckiger Durchbruch:

Kreisförmiger Durchbruch:

[a] s. Erläuterungen zu (12.49).
[b] Bemessung von Verstärkungen s. Tafel 12.43.
[c] Abmessungen s. Bild in Tafel 12.41.
[d] die Nachweise sind für jeden gefährdeten Bereich zu führen.
[e] bei runden Durchbrüchen darf anstelle von h_d der Wert $0{,}7 \cdot h_d$ eingesetzt werden.
[f] es wird zusätzlich zu den Festlegungen der DIN EN 1995-1-1/NA: 2013-08, NA.6.8.4, empfohlen, Bauteile mit Durchbrüchen in Nutzungsklasse 3 im Sinne einer holzgerechten Konstruktion mind. auf der Oberseite beidseitig ausreichend überstehend abzudecken; weiter wird jedoch empfohlen, eine direkte Bewitterung in Nutzungsklasse 3 möglichst auszuschließen; weiter wird empfohlen, Durchbrüche stets in allen Nutzungsklassen nach Tafel 12.42 und 12.43 zu verstärken.

Restquerschnitte oben und unten) und dem Hebelarm $a/2$ gebildet wird, bei gleichen Querschnittshöhen der Restquerschnitte beträgt der Querkraftanteil $V_{D,d}/2$, s. (12.54)

$V_{D,d}$ Betrag des Bemessungswertes der Querkraft in Durchbruchsmitte

$W_{D,n}$ Netto-Widerstandsmoment des gesamten Querschnitts in Durchbruchsmitte

W_R Widerstandsmoment des Einzelquerschnitts (Restquerschnitts) ober- bzw. unterhalb des Durchbruchs

$f_{m,d}$ Bemessungswert der Biegefestigkeit nach (12.2).

12.8.2.2 Verstärkte Durchbrüche in Biegestäben mit Rechteckquerschnitt

nach DIN EN 1995-1-1/NA: 2013-08, NA.6.8.4

Verstärkte Durchbrüche dürfen in Nutzungsklasse 1 bis 3 verwendet werden, sie müssen den Abmessungen nach Ta-

fel 12.42 entsprechen. Durchbrüche in Nutzungsklasse 3 sind stets nach Tafeln 12.42 und 12.43 zu verstärken.

Der **Nachweis der Verstärkungen** ist nach Tafel 12.42 und 12.43 zu führen. Der **Nachweis der erhöhten Schubspannungen** in den Durchbruchsecken von rechteckigen Durchbrüchen mit innen liegenden Verstärkungselementen (Stahlstäbe, Vollgewindeschrauben) wird in DIN EN 1995-1-1/NA: 2013-08, NA.6.8.4, gefordert, aber nicht geregelt. *Erläut. zu DIN 1052: 2004-08* [3] gibt hierzu ein Verfahren nach (12.55) bis (12.57) an; danach wird empfohlen, diesen Nachweis auch bei kreisförmigen Durchbrüchen vorzunehmen. Der **Nachweis der erhöhten Biegerandspannungen** in Durchbruchsmitte wird in DIN EN 1995-1-1/NA: 2013-08, NA.6.8.4, nicht geregelt, sollte jedoch durchgeführt werden, *Erläut. zu DIN 1052: 2004-08* [3] gibt hierzu ein vereinfachtes Verfahren an, s. (12.53).

Tafel 12.43 Verstärkte Durchbrüche bei Biegestäben mit Rechteckquerschnitt aus Brettschicht- und Furnierschichtholz; Bemessung der Verstärkungen nach DIN EN 1995-1-1/NA: 2013-08, NA.6.8.4[a, b, c, d, e, g]

Verstärkung durch innen liegende, eingeklebte Stahlstäbe (Aufnahme der Zugkraft $F_{\text{t,90,d}}$)[e, f]

Nachweis der gleichmäßig verteilt angenommenen Klebfugenspannung[c]	Stahlstäbe
$$\frac{\tau_{\text{ef,d}}}{f_{\text{k1,d}}} \leq 1, \qquad \tau_{\text{ef,d}} = \frac{F_{\text{t,90,d}}}{n \cdot d_{\text{r}} \cdot \pi \cdot l_{\text{ad}}}$$	Mindestlänge $l_{\min} \geq 2 \cdot l_{\text{ad}}$ Max. Durchmesser $d_{\text{r,max}} \leq 20$ mm

Beispiel:

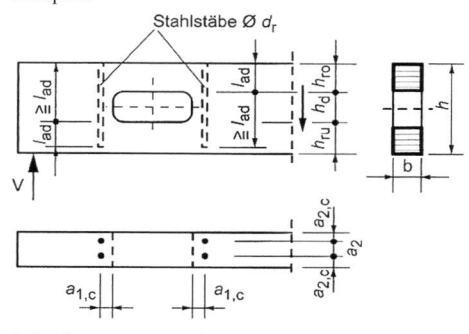

Beispiel:

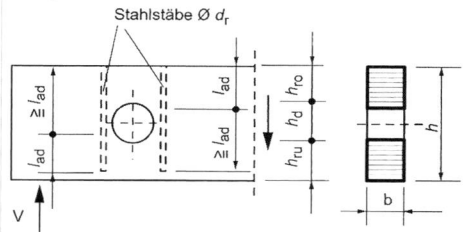

Stahlstababstände wie bei rechteckigen Durchbrüchen

$2{,}5 \cdot d_{\text{r}} \leq a_{1,\text{c}} \leq 4 \cdot d_{\text{r}}$

Seitlich aufgeklebte, außen liegende Verstärkungsplatten (Aufnahme der Zugkraft $F_{\text{t,90,d}}$)

Nachweis der gleichmäßig verteilt angenommenen Klebfugenspannung[c]	Zugspannung in den aufgeklebten Verstärkungsplatten
$$\frac{\tau_{\text{ef,d}}}{f_{\text{k2,d}}} \leq 1, \qquad \tau_{\text{ef,d}} = \frac{F_{\text{t,90,d}}}{2 \cdot a_{\text{r}} \cdot h_{\text{ad}}}$$	$$k_{\text{k}} \cdot \frac{\sigma_{\text{t,d}}}{f_{\text{t,d}}} \leq 1, \qquad \sigma_{\text{t,d}} = \frac{F_{\text{t,90,d}}}{2 \cdot a_{\text{r}} \cdot t_{\text{r}}}$$

Aufkleben der seitlichen Verstärkungsplatten mit der Bedingung

$0{,}25 \cdot a \leq a_{\text{r}} \leq 0{,}6 \cdot l_{\text{t,90}}$

mit $l_{\text{t,90}} = 0{,}5 \cdot (h_{\text{d}} + h)$ und $h_1 \geq 0{,}25 \cdot a$

Beispiel:

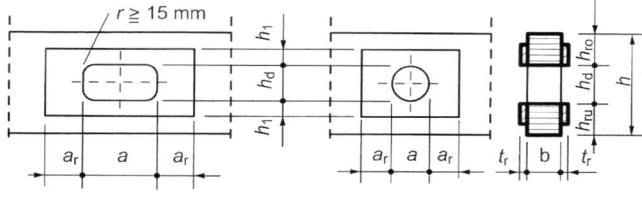

Verstärkung durch seitlich aufgebrachte Nagelplatten (Aufnahme der Zugkraft $F_{\text{t,90,d}}$)

sinngemäß wie aufgeklebte Verstärkungsplatten nachweisen und sinngemäß nach Tafel 12.42 anordnen

[a] Hierin bedeuten:

a	Durchbruchsbreite
a_{r}	Breite der Verstärkungsplatte jeweils seitlich des Durchbruchs, s. Bild oben
d_{r}	Stahlstabaußendurchmesser (≤ 20 mm)
h_{d}	Durchbruchshöhe, s. Bild oben
h	Trägerhöhe außerhalb des Durchbruchs
n	Anzahl der Stahlstäbe; dabei dürfen je Durchbruchsseite in Trägerlängsrichtung nur die im Abstand $a_{1,\text{c}}$ angeordneten Stäbe in Rechnung gestellt werden, z. B. nur ein Stab mit $n = 1$ oder eine Reihe von Stäben in Trägerquerrichtung z. B. mit $n = 2$
h_{ad}	wirksame Klebfugenlänge, s. Bild oben (Verstärkungsplatten) $= h_1 + 0{,}15 \cdot h_{\text{d}}$ für kreisförmige Durchbrüche $= h_1$ für rechteckige Durchbrüche
l_{ad}	wirksame Verankerungslänge, s. Bild oben (Stahlstäbe) $= h_{\text{ru}} + 0{,}15 \cdot h_{\text{d}}$ oder $h_{\text{ro}} + 0{,}15 \cdot h_{\text{d}}$ für kreisförmige Durchbrüche $= h_{\text{ru}}$ oder h_{ro} für rechteckige Durchbrüche
t_{r}	Dicke einer Verstärkungsplatte, s. Bild oben
k_{k}	Beiwert zur Berücksichtigung der ungleichförmigen Spannungsverteilung, $= 2{,}0$ ohne genaueren Nachweis
$f_{\text{k1,d}}$, $f_{\text{k2,d}}$	Bemessungswerte der Klebfugenfestigkeiten, charakteristische Werte $f_{\text{k1,k}}$ und $f_{\text{k2,k}}$ s. Abschn. 12.19.2
$f_{\text{t,d}}$	Bemessungswert der Zugfestigkeit des Plattenwerkstoffes in Richtung der Zugkraft $F_{\text{t,90}}$ nach (12.2).

Tafel 12.43 (Fortsetzung)

[b] Bemessungswert der Zugkraft und geometrische Randbedingungen s. Tafel 12.42.

[c] die Nachweise sind für jeden gefährdeten Bereich zu führen.

[d] über geeignete Verstärkungselemente und weitere Festlegungen s. Tafel 12.38.

[e] die Querschnittsschwächung durch innen liegende Verstärkungen wie Stahlstäbe und Vollgewindeschrauben ist in zugbeanspruchten Querschnittsteilen zu berücksichtigen, s. Abschn. 12.4.3.1.

[f] Verstärkungen mit Vollgewindeschrauben sind sinngemäß wie Verstärkungen mit eingeklebten Stahlstäben nachzuweisen, s. bauaufsichtlichen Verwendbarkeitsnachweis der Vollgewindeschrauben.

[g] Empfehlung: Durchbrüche in allen Nutzungsklassen stets nach dieser Tafel 12.43 verstärken, auch wenn dies rechnerisch nicht erforderlich ist, und in Nutzungsklasse 3 im Sinne einer holzgerechten Konstruktion mind. auf der Oberseite beidseitig ausreichend überstehend abdecken, weiter wird jedoch empfohlen, eine direkte Bewitterung in Nutzungsklasse 3 möglichst auszuschließen.

Nachweis der erhöhten Schubspannungen bei rechteckigen Durchbrüchen mit innen liegenden Verstärkungen

nach *Erläut. zu DIN 1052; 2004-08* [3]

Es wird empfohlen, diesen Nachweis auch bei kreisförmigen Durchbrüchen zu führen.

In (12.56) ist die wirksame Breite b_{ef} nach Abschn. 12.5.4.1 zu berücksichtigen.

$$\frac{\tau_{max,d}}{f_{v,d}} \leq 1 \tag{12.55}$$

$$\tau_{max,d} = k_{\kappa,max} \cdot \frac{1,5 \cdot V_d}{b \cdot (h - h_d)} \tag{12.56}$$

$$k_{\kappa,max} = 1,84 \cdot \left(1 + \frac{a}{h}\right) \cdot \left(\frac{h_d}{h}\right)^{0,2} \tag{12.57}$$

gilt für die geometrischen Verhältnisse: $0,1 \leq a/h \leq 1,0$ und $0,1 \leq h_d/h \leq 0,4$.

a, b, h, h_d Länge, Breite und Höhen bei Durchbrüchen nach Tafel 12.42 und 12.43, s. auch wirksame Breite b_{ef} nach (12.25) und Tafel 12.17

$k_{\kappa,max}$ Beiwert zur Ermittlung der maximalen Schubspannungen in Durchbruchsecken bei innen liegenden Verstärkungen

V_d größte der beiden Querkräfte an den Trägerstellen der senkrechten Durchbruchsränder

$f_{v,d}$ Bemessungswert der Schubfestigkeiten nach (12.2) für Brettschicht- und Furnierschichtholz

$\tau_{max,d}$ Bemessungswert der erhöhten Schubspannungen in Durchbruchsecken bei innen liegenden Verstärkungen.

12.8.3 Schräg- und Queranschlüsse

Schräganschlüsse sind Verbindungen in Bauteilen, in denen eine Kraft unter einem Winkel α zur Faserrichtung wirkt, Queranschlüsse, in denen eine Kraft unter einem Winkel $\alpha = 90°$ (rechtwinklig) zur Faserrichtung wirkt. In Schräg- und Queranschlüssen werden diese Bauteile rechtwinklig zur Faserrichtung durch eine Kraft oder Kraftkomponente beansprucht, diese verursachen in den Bauteilen Querzugspannungen.

12.8.3.1 Unverstärkte Quer- und Schräganschlüsse (Verbindungsmittelkräfte unter einen Winkel α zur Faserrichtung)

nach DIN EN 1995-1-1: 2010-12, 8.1.4

Unverstärkte Quer- und Schräganschlüsse sind mit (12.58) und den Festlegungen in Tafel 12.44 für eine Verbindungsmittelspalte und in Tafel 12.45 für mehrere Verbindungsmittelspalten unter Beachtung von Tafel 12.46 nachzuweisen.

$$\frac{F_{v,Ed}}{F_{90,Rd}} \leq 1 \tag{12.58}$$

$F_{90,Rd}$ Bemessungswert der Querzugtragfähigkeit, ermittelt aus der charakteristischen Querzugtragfähigkeit nach Tafel 12.44 und 12.45

$F_{v,Ed}$ Bemessungswert der Querkraftkomponente, die das Bauteil rechtwinklig zur Faserrichtung beansprucht, s. Tafel 12.44 und 12.45

$= \max\{F_{v,Ed,1} \text{ oder } F_{v,Ed,2}\}$.

Tafel 12.44 Unverstärkte Quer- und Schräganschlüsse mit einer Verbindungsmittelspalte bei Bauteilen aus Nadelholz mit Rechteckquerschnitt, Bezeichnungen und Berechnungsgrößen nach DIN EN 1995-1-1: 2010-12, 8.1.4[a, b]

Berechnungsgrößen für den Nachweis nach (12.58) **von Bauteilen aus Nadelholz mit Rechteckquerschnitt**

Charakteristische Querzugtragfähigkeit $F_{90,\mathrm{Rk}}$ des Bauteils in N

$$F_{90,\mathrm{Rk}} = 14 \cdot b \cdot w \cdot \sqrt{\frac{h_{\mathrm{e}}}{(1 - h_{\mathrm{e}}/h)}}$$

Bemessungswert der Querzugtragfähigkeit $F_{90,\mathrm{Rd}}$ des Bauteils in N

$$F_{90,\mathrm{Rd}} = k_{\mathrm{mod}} \cdot F_{90,\mathrm{Rk}}/\gamma_{\mathrm{M}}$$

Modifikationsbeiwert w

für Nagelplatten	für alle anderen Verbindungen
$w = \max\left\{\left(\dfrac{w_{\mathrm{pl}}}{100}\right)^{0,35} \text{ oder } 1\right\}$	$w = 1$

Schräganschluss (durch eine Verbindung übertragene schräg angreifende Kraft)
nach DIN EN 1995-1-1: 2010-12, 8.1.4, Bild 8.1

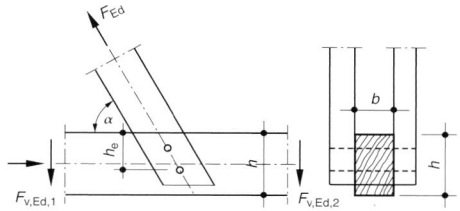 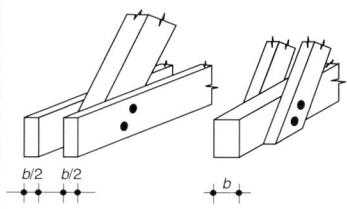

[a] Hierin bedeuten:

α Kraft in einer Verbindung unter einem Winkel zur Faserrichtung oder Winkel des Schräganschlusses (zwischen den zu verbindenden Bauteilen)

b Breite (Dicke) des lastaufnehmenden Bauteils in mm

$F_{\mathrm{v,Ed,1}}$, $F_{\mathrm{v,Ed,2}}$ Bemessungswerte der Querkraft auf beiden Seiten des Schräganschlusses (der Verbindung), s. Bild oben

$F_{\mathrm{v,Ed,i}} = F_{\mathrm{Ed}} \cdot \sin\alpha$

F_{Ed} Bemessungswert der Kraft im lastbringenden Bauteil

h Höhe des lastaufnehmenden Bauteils in mm

h_{e} Abstand des am entferntesten angeordneten Verbindungsmittels (oder Nagelplattenrandes) vom beanspruchten Holzrand in mm, s. Bild oben

w_{pl} Breite der Nagelplatte parallel zur Faserrichtung in mm.

[b] Über Anschlüsse mit mehreren Verbindungsmittelspalten s. Tafel 12.45.

[c] Empfehlung: unverstärkte Schräg- und Queranschlüsse sollten nur in Nutzungsklasse 1 und 2 eingesetzt werden, in Nutzungsklasse 3 Schräg- und Queranschlüsse stets sinngemäß nach Tafel 12.47 verstärken

[d] Empfehlung: Schräg- und Queranschlüsse in allen Nutzungsklassen stets verstärken, auch wenn dies rechnerisch nicht erforderlich ist, und in Nutzungsklasse 3 im Sinne einer holzgerechten Konstruktion mind. auf der Oberseite beidseitig ausreichend überstehend abdecken, weiter wird jedoch empfohlen, eine direkte Bewitterung in Nutzungsklasse 3 möglichst auszuschließen.

12

Tafel 12.45 Unverstärkte Schräg- und Queranschlüsse mit mehreren Verbindungsmittelspalten bei Bauteilen mit Rechteckquerschnitt, Bezeichnungen und Berechnungsgrößen für (12.58) nach DIN EN 1995-1-1/NA: 2013-08, 8.1.4 (NA.6) bis (NA.9)[a, b, c, e, f]

Schräg- und Queranschlüsse mit $h_e/h > 0{,}7$: kein Nachweis erforderlich	
Schräg- und Queranschlüsse mit $h_e/h < 0{,}2$: Nachweis nach (12.58), jedoch nur durch kurze Lasteinwirkungen (z. B. Windsogkräfte) beanspruchen	
Schräg- und Queranschlüsse mit $h_e/h \leq 0{,}7$: Nachweis nach (12.58)	

Berechnungsgrößen für $h_e/h \leq 0{,}7$ und den Nachweis nach (12.58)

Bemessungswert der Querzug-Tragfähigkeit $F_{90,\mathrm{Rd}}$ des Bauteils in N[b, c]

$$F_{90,\mathrm{Rd}} = k_s \cdot k_r \cdot \left(6{,}5 + \frac{18 \cdot h_e^2}{h^2} \right) \cdot (t_{ef} \cdot h)^{0{,}8} \cdot f_{t,90,d}$$

Beiwert k_s $k_s = \max \left\{ 1 \ \text{oder} \ 0{,}7 + \dfrac{1{,}4 \cdot a_r}{h} \right\}$	– zur Berücksichtigung mehrerer nebeneinander angeordneter Verbindungsmittel,
Beiwert k_r $k_r = \dfrac{n}{\displaystyle\sum_{i=1}^{n} \left(\dfrac{h_1}{h_i} \right)^2}$	– zur Berücksichtigung mehrerer übereinander angeordneter Verbindungsmittel (für eingeklebte Stahlstäbe s. [d]), gilt sinngemäß auch für profilierte Stahlstäbe,

wirksame Anschlusstiefe t_{ef} in mm bei einseitigem Queranschluss

$t_{ef} = \min \{ b \ \text{oder} \ t_{pen} \ \text{oder} \ 12 \cdot d \}$	für Holz-Holz- oder Holzwerkstoff-Holz-Verbindungen mit Nägeln oder Holzschrauben
$t_{ef} = \min \{ b \ \text{oder} \ t_{pen} \ \text{oder} \ 15 \cdot d \}$	für Stahlblech-Holz-Nagelverbindungen
$t_{ef} = \min \{ b \ \text{oder} \ t_{pen} \ \text{oder} \ 6 \cdot d \}$	für Stabdübel- und Bolzenverbindungen
$t_{ef} = \min \{ b \ \text{oder} \ 50\,\text{mm} \}$	für Verbindungen mit Dübeln besonderer Bauart

wirksame Anschlusstiefe t_{ef} in mm bei beidseitigem oder mittigem Queranschluss

$t_{ef} = \min \{ b \ \text{oder} \ 2 \cdot t_{pen} \ \text{oder} \ 24 \cdot d \}$	für Holz-Holz- oder Holzwerkstoff-Holz-Verbindungen mit Nägeln oder Holzschrauben
$t_{ef} = \min \{ b \ \text{oder} \ 2 \cdot t_{pen} \ \text{oder} \ 30 \cdot d \}$	für Stahlblech-Holz-Nagelverbindungen
$t_{ef} = \min \{ b \ \text{oder} \ 2 \cdot t_{pen} \ \text{oder} \ 12 \cdot d \}$	für Stabdübel- und Bolzenverbindungen
$t_{ef} = \min \{ b \ \text{oder} \ 100\,\text{mm} \}$	für Verbindungen mit Dübeln besonderer Bauart
$t_{ef} = \min \{ b \ \text{oder} \ 6 \cdot d \}$	für Verbindungen mit innen liegenden, profiliertenStahlstäben

[a] Hierin bedeuten:

a_r Abstand der beiden äußersten Verbindungsmittel in mm; der Abstand der Verbindungsmittel untereinander in Faserrichtung des querzuggefährdeten Holzes darf $0{,}5 \cdot h$ nicht überschreiten, s. Bild oben

b Breite (Dicke) des Bauteils in mm

d Verbindungsmitteldurchmesser in mm

h Höhe des Bauteils in mm

h_e Abstand des („obersten") Verbindungsmittels, das am weitesten entfernt vom bespruchten Rand angeordnet ist, in mm, s. Bild oben

h_i Abstand der jeweiligen Verbindungsmittelreihe vom unbeanspruchten Bauteilrand in mm, s. Bild oben

n Anzahl der Verbindungsmittelreihen

t_{pen} Eindringtiefe der Verbindungsmittel in mm

t_{ef} wirksame Anschlusstiefe in mm

$f_{t,90,d}$ Bemessungswert der Zugfestigkeit rechtwinklig zur Faser nach (12.2).

[b] hierzu gelten weitere Festlegungen nach Tafel 12.46. [c] Schräg- und Queranschlüsse mit $a_r/h > 1$ und $F_{v,\mathrm{Ed}} > 0{,}5 \cdot F_{90,\mathrm{Rd}}$ sind nach Abschn. 12.8.3.2 zu verstärken. [d] bei eingeklebten Stahlstäben für Queranschlüsse sind die durch die Kraftkomponente rechtwinklig zur Faserrichtung verursachten Querzugspannungen im Bauteil mit der Gl. für $F_{90,\mathrm{Rk}}$ nach Tafel 12.44 nachzuweisen, für h_e ist die projizierte Einklebelänge $l_{ad} \cdot \sin\alpha$ zu verwenden, s. DIN EN 1995-1-1/NA: 2013-08, NA.11.2.3 (NA.7). [e] Empfehlung: unverstärkte Schräg- und Queranschlüsse sollten nur in Nutzungsklasse 1 und 2 eingesetzt werden, in Nutzungsklasse 3 Schräg- und Queranschlüsse stets nach Abschn. 12.8.3.2 verstärken. [f] Empfehlung: Schräg- und Queranschlüsse in allen Nutzungsklassen stets nach Abschn. 12.8.3.2 verstärken, auch wenn dies rechnerisch nicht erforderlich ist, und in Nutzungsklasse 3 im Sinne einer holzgerechten Konstruktion mind. auf der Oberseite beidseitig ausreichend überstehend abdecken, weiter wird jedoch empfohlen, eine direkte Bewitterung in Nutzungsklasse 3 möglichst auszuschließen.

Tafel 12.46 Schräg- und Queranschlüsse bei Bauteilen mit Rechteckquerschnitt, weitere Festlegungen für nebeneinander liegende Verbindungsmittelgruppen nach DIN EN 1995-1-1/NA: 2013-08, 8.1.4 (NA.10) bis (NA.13)[a, b, c]

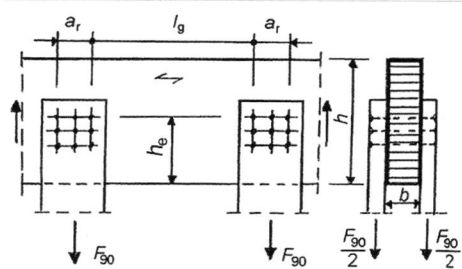

1 Lichter Abstand in Faserrichtung $l_g \geq 2 \cdot h$

liegen mehrere Verbindungsmittelgruppen nebeneinander, darf der Bemessungswert der Tragfähigkeit $F_{90,Rd}$ für eine Verbindungsmittelgruppe nach Tafel 12.45 (ohne Abminderung) ermittelt werden, wenn der lichte Abstand in Faserrichtung zwischen den Verbindungsmittelgruppen $l_g \geq 2 \cdot h$ beträgt

2 Lichter Abstand in Faserrichtung $l_g \leq 0,5 \cdot h$

ist der lichte Abstand in Faserrichtung zwischen mehreren, nebeneinander angeordneten Verbindungsmittelgruppen $l_g \leq 0,5 \cdot h$, sind die Verbindungsmittel dieser Gruppen als eine Verbindungsmittelgruppe zu betrachten

3 Lichter Abstand in Faserrichtung $0,5 \cdot h \leq l_g < 2 \cdot h$

ist der lichte Abstand in Faserrichtung von zwei nebeneinander angeordneten Verbindungsmittelgruppen $l_g \geq 0,5 \cdot h$ und $l_g < 2 \cdot h$, ist der Bemessungswert der Tragfähigkeit $F_{90,Rd}$ nach Tafel 12.45 pro Verbindungsmittelgruppe mit dem Beiwert k_g abzumindern:

$$k_g = \frac{l_g}{4 \cdot h} + 0,5$$

4 Lichter Abstand in Faserrichtung $l_g < 2 \cdot h$ und Kraftkomponente $F_{v,Ed} > 0,5 \cdot k_g \cdot F_{90,Rd}$

ist bei mehr als zwei nebeneinander angeordneten Verbindungsmittelgruppen mit $l_g < 2 \cdot h$ der Bemessungswert der Kraftkomponente rechtwinklig zur Faserrichtung $F_{v,Ed}$ größer als die Hälfte des mit dem Beiwert k_g reduzierten Bemessungswertes der Tragfähigkeit $F_{90,Rd}$ ($F_{v,Ed} > 0,5 \cdot k_g \cdot F_{90,Rd}$), sind die Querzugkräfte durch Verstärkungen nach Abschn. 12.8.3.2 aufzunehmen

[a] Hierin bedeuten
l_g lichter Abstand zwischen den Verbindungsmittelgruppen
h Bauteilhöhe.
[b] weitere Festlegungen für die Nachweise nach Tafel 12.45.
[c] Bemessung unverstärkter Queranschlüsse nach Tafel 12.45, verstärkter nach Abschn. 12.8.3.2.

12.8.3.2 Verstärkte Quer- und Schräganschlüsse (Verbindungsmittelkräfte unter einen Winkel α zur Faserrichtung)

nach DIN EN 1995-1-1/NA: 2013-08, NA.6.8.2

Verstärkte Quer- und Schräganschlusse sind bei Stäben mit Rechteckquerschnitt für eine Zugkraft nach (12.59) und den Festlegungen in Tafel 12.47 zu bemessen.

$$F_{t,90,d} = (1 - 3 \cdot \alpha^2 + 2 \cdot \alpha^3) \cdot F_{Ed} \qquad (12.59)$$

F_{Ed} Bemessungswert der Anschlusskraft rechtwinklig zur Faserrichtung des Holzes
α $= h_e / h$, s. Tafel 12.47

Verstärkte Queranschlüsse sind auch in Nutzungsklasse 3 zulässig.

Tafel 12.47 Verstärkungen von Queranschlüssen bei Trägern mit Rechteckquerschnitt, Beispiele nach DIN EN 1995-1-1/NA: 2013-08, NA.6.8.2[a–d]

Verstärkung durch innen liegende, eingeklebte Stahlstäbe (Aufnahme der Zugkraft $F_{t,90,d}$ nach (12.59))[a–c]

Nachweis der gleichmäßig verteilt angenommenen Klebfugenspannung

$$\frac{\tau_{ef,d}}{f_{k1,d}} \le 1$$

$$\tau_{ef,d} = \frac{F_{t,90,d}}{n \cdot d \cdot \pi \cdot l_{ad}}$$

d Stahlstabaußendurchmesser

l_{ad} wirksame Verankerungslänge
      $= \min(l_{ad,c}$ oder $l_{ad,t})$, s. Bild rechts

n Anzahl der Stahlstäbe; dabei darf außerhalb des Queranschlusses in Träger-
      längsrichtung nur jeweils ein Stab mit $n = 1$ oder eine Reihe von Stäben in
      Trägerquerrichtung z. B. mit $n = 2$ in Rechnung gestellt werden

$f_{k1,d}$ Bemessungswert der Klebfugenfestigkeiten,
      $f_{k1,k}$ s. Abschn. 12.19.2

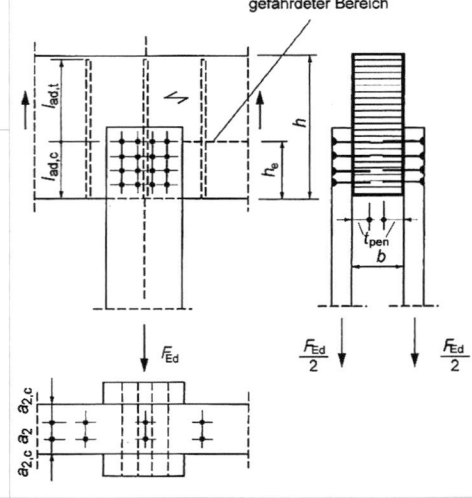

Seitlich aufgeklebte Verstärkungsplatten (Aufnahme der Zugkraft $F_{t,90,d}$ nach (12.59))[a]

Nachweis der gleichmäßig verteilt angenommenen Klebfugenspannung

$$\frac{\tau_{ef,d}}{f_{k2,d}} \le 1$$

$$\tau_{ef,d} = \frac{F_{t,90,d}}{4 \cdot l_{ad} \cdot l_r}$$

Zugspannung in den aufgeklebten Verstärkungsplatten

$$k_k \cdot \frac{\sigma_{t,d}}{f_{t,d}} \le 1$$

$$\sigma_{t,d} = \frac{F_{t,90,d}}{n_r \cdot t_r \cdot l_r}$$

l_{ad} wirksame Verankerungslänge
      $= \min(l_{ad,c}$ oder $l_{ad,t})$, s. Bild rechts

l_r Breite der Verstärkungsplatte

t_r Dicke einer Verstärkungsplatte

k_k Beiwert zur Berücksichtigung der ungleichförmigen Spannungsverteilung
      $= 1{,}5$ ohne genaueren Nachweis

n_r Anzahl der Verstärkungsplatten

$f_{k2,d}$ Bemessungswert der Klebfugenfestigkeit,
      $f_{k2,k}$ s. Abschn. 12.19.2

$f_{t,d}$ Bemessungswert der Zugfestigkeit des Plattenwerkstoffes in Richtung der Zug-
      kraft $F_{t,90}$

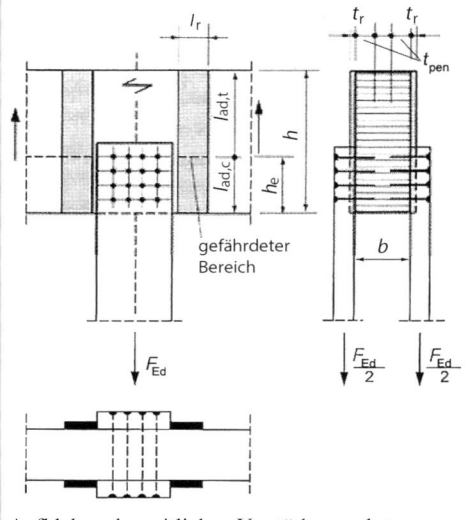

Aufkleben der seitlichen Verstärkungsplatten mit der Bedingung

$$0{,}25 \le \frac{l_r}{l_{ad}} \le 0{,}5$$

Verstärkung durch seitlich aufgebrachte Nagelplatten (Aufnahme der Zugkraft $F_{t,90,d}$ nach (12.59))

sinngemäß wie aufgeklebte Verstärkungsplatten nachweisen und anordnen

[a] über geeignete Verstärkungselemente und weitere Festlegungen s. Tafel 12.38.

[b] die Querschnittsschwächung durch innen liegende Verstärkungen wie Stahlstäbe und Vollgewindeschrauben ist in zugbeanspruchten Quer-
schnittteilen zu berücksichtigen, s. Abschn. 12.4.3.1.

[c] Verstärkungen mit Vollgewindeschrauben sind sinngemäß wie Verstärkungen mit eingeklebten Stahlstäben nachzuweisen, s. bauaufsichtlichen
Verwendbarkeitsnachweis der Vollgewindeschrauben.

[d] es wird zusätzlich zu den Festlegungen der DIN EN 1995-1-1/NA: 2013-08, NA.6.8.2, empfohlen, Schräg- und Queranschlüsse in allen
Nutzungsklassen stets nach dieser Tafel 12.47 zu verstärken, auch wenn dies rechnerisch nicht erforderlich ist, Bauteile mit Schräg- oder Queranschlüssen in Nutzungsklasse 3 im Sinne einer holzgerechten Konstruktion mind. auf der Oberseite beidseitig ausreichend überstehend abzudecken,
weiter wird jedoch empfohlen, eine direkte Bewitterung in Nutzungsklasse 3 möglichst auszuschließen.

12.9 Nachweise für zusammengesetzte Biegestäbe (Verbundbauteile)

12.9.1 Steifigkeiten für Bauteile

nach DIN EN 1995-1-1: 2010-12, 2.2.2

Die Steifigkeiten von Bauteilen bei Tragwerken, die nach Theorie I. Ordnung (linear-elastische Spannungsverteilung) bemessen und bei denen die Schnittkräfte nicht durch unterschiedliche Steifigkeitsverteilungen beeinflusst werden (Bauteile mit denselben zeitabhängigen Eigenschaften), sind in Tafel 12.48 angeführt.

Tafel 12.48 Bemessungswerte der Elastizitäts-, Schub- und Verschiebungsmoduln (im Anfangszustand ohne Kriechverformung zur Zeit $t = 0$) für Tragwerke aus Bauteilen mit denselben zeitanhängigen Eigenschaften (nach Theorie I. Ordnung) nach DIN EN 1995-1-1: 2010-12, 2.2.2, 2.2.3 und 2.4.1[a]

Steifigkeiten im Grenzzustand der Gebrauchstauglichkeit	Steifigkeiten im Grenzzustand der Tragfähigkeit
Bemessungswerte der Elastizitätsmoduln E_{mean}	
$E_d = E_{mean}$	$E_d = E_{mean}/\gamma_M$
Bemessungswerte der Schubmoduln G_{mean}	
$G_d = G_{mean}$	$G_d = G_{mean}/\gamma_M$
Bemessungswerte der Verschiebungsmoduln K_{ser} und K_u	
$K_d = K_{ser}$	$K_d = K_u/\gamma_M = \frac{2}{3} \cdot K_{ser}/\gamma_M$

[a] Hierin bedeuten:

E_{mean} Mittelwert des Elastizitätsmoduls nach Abschn. 12.3.1
G_{mean} Mittelwert des Schubmoduls nach Abschn. 12.3.1
K_{ser} Verschiebungsmodul nach Tafel 12.63
γ_M Teilsicherheitsbeiwert für Holz und Holzwerkstoffe nach Tafel 12.12.

Einflüsse der Lasteinwirkungsdauer und der Feuchte auf die Verformungen Besteht ein Bauwerk aus Bauteilen oder Komponenten mit unterschiedlichen zeitabhängigen Eigenschaften, ist das unterschiedliche Verformungsverhalten bei der Ermittlung der Schnittgrößen im Grenzzustand der Tragfähigkeit und bei Nachweisen im Grenzzustand der Gebrauchstauglichkeit zu berücksichtigen, erforderlichenfalls für den Anfangs- und Endzustand; bei der Ermittlung des Endzustandes sind die Festlegungen der Tafel 12.49 zu beachten.

Tafel 12.49 Bemessungswerte der Elastizitäts-, Schub- und Verschiebungsmodul (im Endzustand mit Kriechverformung zur Zeit $t = \infty$) bei Tragwerken aus Bauteilen mit unterschiedlichen zeitabhängigen Eigenschaften (nach Theorie I. Ordnung) nach DIN EN 1995-1-1: 2010-12, 2.2.2, 2.2.3, 2.3.2.2, 2.4.1 sowie DIN 1995-1-1/A2: 2014-07[a, b, c]

Im Grenzzustand der Gebrauchstauglichkeit	Im Grenzzustand der Tragfähigkeit[d]
Bemessungswerte der Endwerte der Mittelwerte der Elastizitätsmodul $E_{mean,fin,d}$	
$E_{mean,fin,d} = E_{mean}/(1 + k_{def})$	$E_{mean,fin,d} =$ $E_{mean}/((1 + \psi_2 \cdot k_{def}) \cdot \gamma_M)$
Bemessungswerte der Endwerte der Mittelwerte der Schubmodul $G_{mean,fin,d}$	
$G_{mean,fin,d} = G_{mean}/(1 + k_{def})$	$G_{mean,fin,d} =$ $G_{mean}/((1 + \psi_2 \cdot k_{def}) \cdot \gamma_M)$
Bemessungswerte der Endwerte der Verschiebungsmodul $K_{fin,d}$	
$K_{ser,fin,d} = K_{ser}/(1 + k_{def})$	$K_{u,mean,fin,d} = \dfrac{2 \cdot K_{ser}/3}{(1 + \psi_2 \cdot k_{def}) \cdot \gamma_M}$

[a] Hierin bedeuten:

E_{mean} Mittelwert des Elastizitätsmoduls nach Abschn. 12.3.1
G_{mean} Mittelwert des Schubmoduls nach Abschn. 12.3.1
K_{ser} Verschiebungsmodul nach Tafel 12.63
k_{def} Verformungsbeiwert nach Tafel 12.6, berücksichtigt die Kriechverformung und die Nutzungsklasse
γ_M Teilsicherheitsbeiwert für Holz und Holzwerkstoffe nach Tafel 12.12
ψ_2 (Kombinations-)Beiwert für den quasi-ständigen Anteil der Einwirkung, die die größte Spannung im Verhältnis zur Festigkeit hervorruft, nach DIN EN 1990: 2002-10, s. Abschn. Lastannahmen
= 1,0 für eine ständige Einwirkung.
[b] besteht eine Verbindung aus Holzbauteilen mit dem gleichen zeitabhängigen Verhalten, sollte der k_{def}-Wert verdoppelt werden.
[c] besteht eine Verbindung aus zwei holzartigen Baustoffen mit unterschiedlichem zeitabhängigem Verhalten, sollte die Berechnung der Endverformung mit $k_{def} = 2 \cdot \sqrt{k_{def,1} \cdot k_{def,2}}$ vorgenommen werden.
[d] wenn die Verteilung der Schnittgrößen durch die Steifigkeitsverteilung im Tragwerk beeinflusst wird.

Teilquerschnitte aus Beton nach DIN EN 1995-1-1/NA: 2013-08, 9.1.3: Der Elastizitätsmodul E_{cm} darf nach DIN EN 1992-1-1 und DIN EN 1992-1-1/NA angesetzt werden. Das Kriechen des Betonteilquerschnitts darf beim Nachweis des Endzustandes vereinfachend durch Division des E-Moduls durch 3,5 berücksichtigt werden.

12.9.2 Zusammengesetzte Biegestäbe mit geklebtem Verbund

nach DIN EN 1995-1-1: 2010-12, 9.1.1
   Siehe Tafel 12.50.

Tafel 12.50 Nachweise für geklebte Biegestäbe mit schmalen (dünnen) Stegen (geklebte Verbundbauteile) nach DIN EN 1995-1-1: 2010-12, 9.1.1[a, b, f, g]

Dünnstegige geklebte Stegträger

M_d	Bemessungswert des Biegemomomentes, hier: positiv
$I_{f(w)}$	Flächenmoment 2. Grades des Gurtes (Steges)
V_d	Bemessungswert der Querkraft
$h_w, h_{f,c}, h_{f,t}$	Steg- und Gurthöhen, s. Bild links

Biegesteifigkeit

$$E \cdot I = E_w \cdot I_w + 2 \cdot E_f \cdot I_f + 2 \cdot E_f \cdot A_f \cdot a^2 \quad \text{für symmetrische Querschnitte}$$

Elastizitätsmodul E:
bei Bauteilen mit denselben zeitabhängigen oder mit unterschiedlichen zeitabhängigen Eigenschaften von Gurt (f)/Steg (w) s. Fußnote [b]

Nachweise für die Gurtquerschnitte

Biegerandspannungen im Druck- (c) bzw. Zuggurt (t)

$$\frac{\sigma_{f,c(t),max,d}}{f_{m,d}} \leq 1 \quad \text{mit } \sigma_{f,c(t),max,d} = \frac{M_d}{E \cdot I} \cdot (a + h_{f,c(t)}/2) \cdot E_f$$

Schwerpunktspannungen im Druckgurt mit k_c für $\lambda_z = l_c/(0{,}289 \cdot b)$[c]

$$\frac{\sigma_{f,c,d}}{k_c \cdot f_{c,0,d}} \leq 1, \quad \sigma_{f,c,d} = \frac{M_d}{E \cdot I} \cdot a \cdot E_f$$

Schwerpunktspannungen im Zuggurt mit

$$\frac{\sigma_{f,t,d}}{f_{t,0,d}} \leq 1, \quad \sigma_{f,t,d} = \frac{M_d}{E \cdot I} \cdot a \cdot E_f$$

Nachweise für die Stegquerschnitte, s. auch Steck [17][d]

Biegerandspannungen im Druck- (c) bzw. Zuggurt (t)

$$\frac{\sigma_{w,c(t),max,d}}{f_{w,c(t),d}} \leq 1 \quad \text{mit } \sigma_{w,c(t),max,d} = \frac{M_d}{E \cdot I} \cdot (a + h_{f,c(t)}/2) \cdot E_w$$

Schubspannungen[e]

$$\frac{\tau_{w,d}}{f_{w,v,0,d}} \leq 1 \quad \text{mit } \tau_{w,d} = \frac{V_d \cdot (E_w \cdot n \cdot b_w \cdot h^2/8 + E_f \cdot A_f \cdot a)}{E \cdot I \cdot n \cdot b_w}$$

Nachweis des Stegbeulens (falls kein genauerer Nachweis geführt wird)

$h_w \leq 70 \cdot b_w$ und

$$F_{v,w,Ed} \leq b_w \cdot h_w \cdot [1 + 0{,}5 \cdot (h_{f,t} + h_{f,c})/h_w] \cdot f_{v,0,d} \quad \text{für } h_w \leq 35 \cdot b_w$$
$$F_{v,w,Ed} \leq 35 \cdot b_w^2 \cdot [1 + 0{,}5 \cdot (h_{f,t} + h_{f,c})/h_w] \cdot f_{v,0,d} \quad \text{für } 35 \cdot b_w < h_w \leq 70 \cdot b_w$$

Nachweis der Klebfugenspannung (zwischen Steg und Gurt, Schnitt 1–1) für Stege aus Holzwerkstoffen

$$\tau_{mean,d} \leq f_{v,90,d} \qquad\qquad\quad \text{für } h_f \leq 4 \cdot b_{ef}$$
$$\tau_{mean,d} \leq f_{v,90,d} \cdot (4 \cdot b_{ef}/h_f)^{0{,}8} \quad \text{für } h_f > 4 \cdot b_{ef}$$

Nachweis des seitlichen Ausweichens des Druckgurtes (Biegedrillknicken, Kippen)
nach Abschn. 12.6.2

Nachweis der Gebrauchstauglichkeit (Durchbiegung)
nach Abschn. 12.12 (falls ein Nachweis geführt wird)

Tafel 12.50 (Fortsetzung)

[a] Hierin bedeuten:

b	Breite, s. Bild oben
b_{ef}	$= b_w$ für Kastenträger
	$= b_w/2$ für I-Träger
b_w	Dicke (Breite) eines Steges
$f_{m,d}$	Bemessungswert der Biegefestigkeiten der Gurte nach (12.2)
$f_{c,0,d}, f_{t,0,d}$	Bemessungswerte der Druck- und Zugfestigkeiten der Gurte nach (12.2)
$f_{w,c,d}, f_{w,t,d}$	Bemessungswerte der Biegedruck- und Biegezugfestigkeiten der Stege in Plattenebene (Scheibenbeanspruchung) nach (12.2), s. auch Fußnote [d]
$f_{w,v,0,d}$	Bemessungswert der Schubfestigkeit des Steges nach (12.2)
$f_{v,0,d}$	Bemessungswert der Schubfestigkeit des Steges bei Scheibenbeanspruchung nach (12.2)
$f_{v,90,d}$	Bemessungswert der Rollschubfestigkeit des Steges nach (12.2)
$F_{v,w,Ed}$	Bemessungswert der Schubbeanspruchung in jedem Steg
h_w	lichte Steghöhe
$h_{f,c}$	Druckgurthöhe
$h_{f,t}$	Zuggurthöhe
h_f	entweder $h_{f,c}$ oder $h_{f,t}$
h	$= h_w + h_{f,c} + h_{f,t}$
k_c	Knickbeiwert nach Abschn. 12.6.1.4 für $\lambda_z = l_c/(0{,}289 \cdot b)$
l_c	Abstand zwischen denjenigen Querschnittsstellen, an denen ein seitliches Ausweichen des Druckgurtes verhindert wird
M_d	Bemessungswert des Biegemomentes, hier: positiv, d. h. die Belastung wirkt in z-Richtung und erzeugt ein sinusförmig oder parabolisch veränderliches Biegemoment $M_y(x)$ und eine Querkraft $V_z(x)$
n	Anzahl der Stege mit der Stegdicke b_w
I	Flächenmoment 2. Grades
S	Flächenmoment 1. Grades
V_d	Bemessungswert der Querkraft (Schubkraft)
$\tau_{mean,d}$	Bemessungswert der Schubspannungen, die als gleichmäßig über die Breite des Schnittes 1-1 verteilt angenommen werden (in der Klebfuge Steg/Gurt)
$\tau_{w,d}$	Bemessungswert der Schubspannungen im Steg.

[b] werden Teilquerschnitte aus unterschiedlichen Baustoffen verwendet, sind die unterschiedlichen Steifigkeitseigenschaften zur Berücksichtigung der verschiedenen Kriechverformungen zu beachten, s. DIN EN 1995-1-1/NA: 2013-08, 9.1.3 (NA.5):

– bei Bauteilen mit denselben zeitanhängigen Eigenschaften nach Tafel 12.48 für den Anfangs- und Endzustand,

– bei Bauteilen mit unterschiedlichen zeitanhängigen Eigenschaften nach Tafel 12.48 für den Anfangszustand und nach Tafel 12.49 für den Endzustand, dieser wird oft infolge der geringeren Biegesteifigkeit bemessungsbestimmend

– ggfls. ist für den Endzustand das doppelte Kriechen in Verbindungen zu berücksichtigen

[c] wird hinsichtlich des seitlichen Ausknickens ein besonderer Nachweis für den Biegestab als Ganzes geführt, darf $k_c = 1{,}0$ angenommen werden.

[d] wenn andere Werte nicht bekannt sind, sind nach DIN EN 1995-1-1: 2010-12, 9.1.1(5) für die Bemessungswerte der Biegedruck- und Biegezugfestigkeiten der Stege die Bemessungswerte der Zug- oder Druckfestigkeiten anzunehmen.

[e] beim Schubnachweis ist die wirksame Breite b_{ef} nach Abschn. 12.5.4.1 zu berücksichtigen.

[f] bei der Bemessung zusammengesetzter Biegeträger sind die Angaben für die Verformungsbeiwerte k_{def} der Fußnoten [b] und [c] der Tafel 12.49 zu berücksichtigen

[g] besteht eine Verbindung aus Holzbauteilen mit unterschiedlichem zeitanhängigem Verhalten, ist in der Regel der Bemessungswert der Tragfähigkeit mit dem Modifikationsbeiwert $k_{mod} = \sqrt{k_{mod,1} \cdot k_{mod,2}}$ zu berechnen mit $k_{mod,1}$ und $k_{mod,2}$ als Modifikationsbeiwerte der beiden Holzbauteile mit unterschiedlichem zeitabhängigem Verhalten nach Tafel 12.5.

12.9.3 Zusammengesetzte Biegestäbe mit nachgiebigem Verbund

nach DIN EN 1995-1-1: 2010-12, 9.1.3 und Anhang B

Wenn die Verbindungsmittelabstände in Längsrichtung analog zum Schubkraftverlauf (zur Querkraftlinie) zwischen s_{min} und s_{max} angesetzt und die Bedingung der (12.60) ein-

gehalten werden, darf in Tafel 12.51 bzw. 12.52 nach DIN EN 1995-1-1: 2010-12, 9.1.3 der wirksame Verbindungsmittelabstand s_{ef} nach (12.61) verwendet werden.

$$s_{max} \leq 4 \cdot s_{min} \tag{12.60}$$

$$s_{ef} = 0{,}75 \cdot s_{min} + 0{,}25 \cdot s_{max} \tag{12.61}$$

Tafel 12.51 Querschnittsformen von nachgiebig verbundenen Biegestäben nach DIN EN 1995-1-1: 2010-12, Anhang B.1, Bild B.1[a, b, c, d], der Abstand der Verbindungsmittel ist entweder konstant oder entsprechend der Querkraftlinie nach (12.60) und (12.61) abgestuft

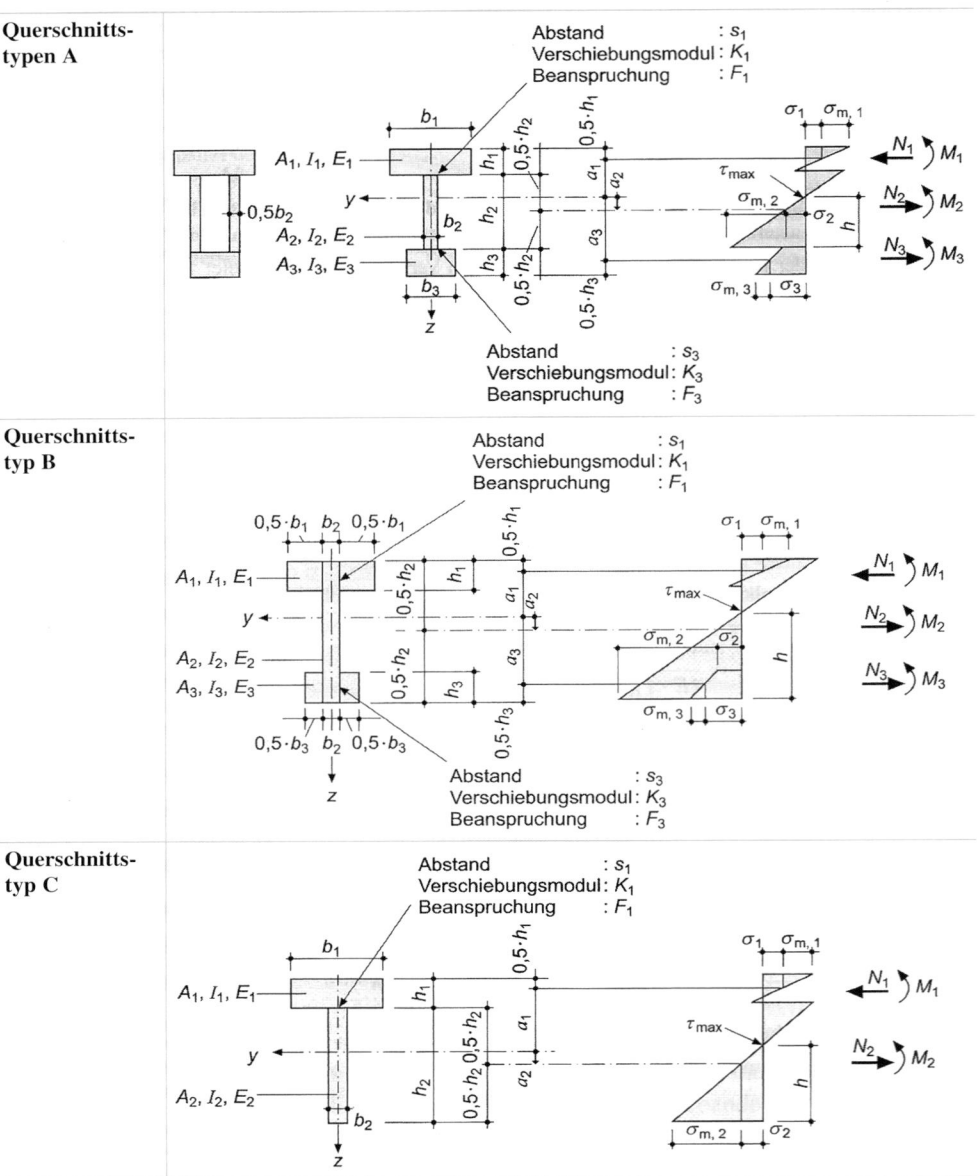

[a] die einzelnen Querschnittsteile sind miteinander durch mechanische Verbindungsmittel mit einem Verschiebungsmodul K verbunden.
[b] die einzelnen Querschnittsteile aus Holz oder Holzwerkstoffen sind ungestoßen oder mit geklebten Stößen ausgeführt.
[c] Tragfähigkeitsnachweise s. Tafel 12.52.
[d] alle Maße sind positiv, ausgenommen a_2, das in der dargestellten Richtung positiv ist.

Tafel 12.52 Nachweise von nachgiebig verbundenen Biegestäben im Grenzzustand der Tragfähigkeit nach DIN EN 1995-1-1: 2010-12, Anhang B und DIN EN 1995-1-1/A2: 2014-07[a, b, c, d, i]

Wirksame Biegesteifigkeit

$$(E \cdot I)_{\text{ef}} = \sum_{i=1}^{3} (E_i \cdot I_i + \gamma_i \cdot E_i \cdot A_i \cdot a_i^2) \quad \text{mit } A_i = b_i \cdot h_i, \quad I_i = b_i \cdot h_i^3 / 12, \quad \gamma_2 = 1$$

Steifigkeiten E_i (Berücksichtigung der verschiedenen Kriechverformungen wie in nächster Zeile angegeben beachten)

bei Querschnittsteilen mit denselben zeitabhängigen Eigenschaften (aus den gleichen Baustoffen) für den Anfangs- und Endzustand Elastizitätsmoduln E_i nach Tafel 12.48	bei Querschnittsteilen mit unterschiedlichen zeitabhängigen Eigenschaften (aus unterschiedlichen Baustoffen) im Anfangszustand: Elastizitätsmodul E_i nach Tafel 12.48, im Endzustand: Elastizitätsmodul E_i nach Tafel 12.49

Abminderungswerte

$\gamma_i = \dfrac{1}{1 + \dfrac{\pi^2 \cdot E_i \cdot A_i \cdot s_i}{K_i \cdot l^2}} \quad \text{für } i = 1, 3$ $\gamma_2 = 1$	$l = l$ bei Einfeldträgern mit der Stützweite l $= 2 \cdot l_k$ bei Kragträgern mit Kraglänge l_k $= 0{,}8 \cdot l_i$ bei Durchlaufträgern im Feld i mit der Stützweite l_i, beim Nachweis über den Zwischenstützen ist der jeweils kleinere Wert der beiden anschließenden Felder maßgebend

$E_{1(3)} \cdot A_{1(3)}$ Dehnsteifigkeit des Querschnittsteils 1 (3), das an das Querschnittsteil 2 nachgiebig angeschlossen ist
$K_{1(3)}/s_{1(3)}$ Fugensteifigkeit der Fuge, über die das Querschnittsteil 1 (3) an das Querschnittsteil 2 nachgiebig angeschlossen ist

$s_{1(3)}$ [e, f] Abstand der in eine Reihe geschoben gedachten Verbindungsmittel der Fuge, über die das Querschnittsteil 1 (3) an das Querschnittsteil 2 angeschlossen ist	Beispiele: 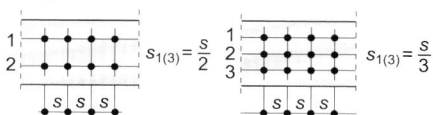

Lage der Spannungsnullebene (y-Achse)

$a_2 = \dfrac{1}{2} \cdot \dfrac{\gamma_1 \cdot E_1 \cdot A_1 \cdot (h_1 + h_2) - \gamma_3 \cdot E_3 \cdot A_3 \cdot (h_2 + h_3)}{\sum_{i=1}^{3} \gamma_i \cdot E_i \cdot A_i}$ mit $a_2 \geq 0$ und $a_2 \leq h_2/2$ [j]	bei Querschnittstyp B: h_1 und h_3 mit Minuszeichen einzusetzen[j] bei Querschnittstyp C: $h_3 = 0$ und $A_3 = 0$ [j]

Nachweis der Normalspannungen[g, h]

in den Schwerpunkten der Querschnittsteile 1 bis 3

$$\frac{\sigma_{i,d}}{f_{c(t),i,d}} \leq 1 \quad \text{mit } \sigma_{i,d} = \frac{M_d}{(E \cdot I)_{\text{ef}}} \cdot \gamma_i \cdot a_i \cdot E_i$$

Nachweis der maximalen Randspannungen[g]

an den Rändern der Querschnittsteile 1 bis 3

$$\frac{\sigma_{m,i,d}}{f_{m,i,d}} \leq 1 \quad \text{mit } \sigma_{m,i,d} = \frac{M_d}{(E \cdot I)_{\text{ef}}} \cdot E_i \cdot \left(\gamma_i \cdot a_i + \frac{h_i}{2} \right)$$

Nachweis der maximalen Schubspannungen[i]

$$\frac{\tau_{i,max,d}}{f_{v,i,d}} \leq 1$$

für Querschnittsteil 2 in der neutralen Ebene gilt:

$$\tau_{2,max,d} = \frac{V_{max,d}}{(E \cdot I)_{\text{ef}} \cdot b_2} \cdot (\gamma_3 \cdot E_3 \cdot A_3 \cdot a_3 + 0{,}5 \cdot E_2 \cdot b_2 \cdot h^2)$$

Nachweis der Verbindungsmittel in der Fuge $i = 1, 3$

$$\frac{F_{i,d}}{F_{v,i,Rd}} \leq 1$$

Bemessungswert der auf ein Verbindungsmittel entfallende Kraft $F_{i,d}$

$$F_{1(3),d} = \frac{V_{max,d}}{(E \cdot I)_{\text{ef}}} \cdot (\gamma_{1(3)} \cdot E_{1(3)} \cdot A_{1(3)} \cdot a_{1(3)} \cdot s_{1(3)})$$

Nachweis des Stegbeulens bei dünnwandigen Stegen (falls kein genauerer Nachweis geführt wird)

die Bedingungen des Nachweises des Stegbeulens nach Tafel 12.50 sind sinngemäß einzuhalten mit zusätzlicher folgender Bedingung:
$h_w + 0{,}5 \cdot (h_{f,c} + h_{f,t}) \leq 70 \cdot b_w$ [k]

Nachweis des seitlichen Ausweichens des Druckgurtes (Biegedrillknicken, Kippen) nach Abschn. 12.6.2

Nachweis der Gebrauchstauglichkeit (Durchbiegung) nach Abschn. 12.12 (falls ein Nachweis geführt wird)

Durchbiegungen werden mit der wirksamen Biegesteifigkeit $(E \cdot I)_{\text{ef}}$ ermittelt, s. oben

Tafel 12.52 (Fortsetzung)

[a] Nachweise gelten für die Querschnittsformen nach Tafel 12.51 unter der Vorausetzung, dass die einzelnen Querschnittsteile (aus Holz und Holzwerkstoffen) ungestoßen oder mit geklebten Stößen ausgeführt sind.

[b] Hierin bedeuten:

A_i	Querschnittsfläche des i-Querschnittsteiles nach Tafel 12.51
b_i	Breite der einzelnen Querschnittsteile nach Tafel 12.51
$F_{i,d}$	Bemessungswert der Beanspruchung eines Verbindungsmittels in der Fuge i
$F_{v,i,Rd}$	Bemessungswert der Tragfähigkeit des Verbindungsmittels in der Fuge i
$f_{m,i,d}$	Bemessungswert der Biegefestigkeit der Querschnittsteile i nach (12.2)
$f_{c,i,d}$, $f_{t,i,d}$	Bemessungswert der Druck- bzw. Zugfestigkeit der Querschnittsteile i nach (12.2)
$f_{v,i,d}$	Bemessungswert der Schubfestigkeit der Querschnittsteile i nach (12.2)
I_i	Flächenmoment 2. Grades des Querschnittsteiles i
h	Maß bis zur Spannungsnullebene, s. jeweiliger Querschnittstyp nach Tafel 12.51
h_i	Höhe der einzelnen Querschnittsteile nach Tafel 12.51
K_i	Verschiebungsmodul
	$= K_{ser,i}$ nach Tafel 12.63 im Grenzzustand der Gebrauchstauglichkeit s. auch Fußnote [d]
	$= K_{u,i}$ nach (12.66) im Grenzzustand der Tragfähigkeit s. auch Fußnote [d]
M_d	Bemessungswert des Biegemomentes, hier: positiv, s. auch Fußnote [c]
$M_{i,d}$	Bemessungswerte der Biegemomente in den Querschnittsteilen 1 bis 3
$N_{i,d}$	Bemessungswerte der Normalkräfte in den Querschnittsteilen 1 bis 3
V_d	Bemessungswert der Querkraft (Schubkraft) s. auch Fußnote [c]
$\sigma_{i,d}$	Bemessungswert der Schwerpunktspannungen in den Querschnittsteilen 1 bis 3
$\sigma_{m,i,d}$	Bemessungswert der (Biege-)Randspannungen in den Querschnittsteilen 1 bis 3
$\tau_{i,max,d}$	Bemessungswert der Schubspannungen in den Querschnittsteilen 1 bis 3.

[c] die Belastung wirkt in z-Richtung und erzeugt ein sinusförmig oder parabolisch veränderliches Biegemoment $M_y(x)$ und eine Querkraft $V_z(x)$.

[d] werden Teilquerschnitte aus unterschiedlichen Baustoffen verwendet, sind die unterschiedlichen Steifigkeitseigenschaften zur Berücksichtigung der verschiedenen Kriechverformungen zu beachten:
– bei Bauteilen mit denselben zeitanhängigen Eigenschaften nach Tafel 12.48 für den Anfangs- und Endzustand,
– bei Bauteilen mit unterschiedlichen zeitanhängigen Eigenschaften nach Tafel 12.48 für den Anfangszustand und nach Tafel 12.49 für den Endzustand, dieser wird oft infolge der geringeren Biegesteifigkeit bemessungsbestimmend.
– ggfls. ist für den Endzustand das doppelte Kriechen in Verbindungen zu berücksichtigen

[e] der Abstand s der Verbindungsmittel ist entweder konstant oder entsprechend der Querkraftlinie zwischen s_{min} und s_{max} (mit $s_{max} \leq 4 \cdot s_{min}$) abgestuft, über wirksame Verbindungsmittelabstände s_{ef} s. (12.60) und (12.61).

[f] wenn ein Gurt aus zwei Teilen besteht, die an einen Steg angeschlossen sind, oder wenn ein Steg aus zwei Teilen besteht (wie z. B. in einem Kastenträger), dann wird der Abstand der Verbindungsmittel s_i aus der Summe der Verbindungsmittel je Längeneinheit in den beiden Anschlusshälften bestimmt.

[g] es wird empfohlen, die durch Querschnittsschwächungen entstehenden örtlichen Spannungserhöhungen näherungsweise durch Multiplikation der Schwerpunktspannungen σ_i mit $A_i/A_{i,n}$ und der Biegespannungen $\sigma_{m,i}$ mit $I_i/I_{i,n}$ zu berücksichtigen mit $A_{i,n}$ als Nettoquerschnittsfläche des Querschnittsteiles i und $I_{i,n}$ als Flächenmoment 2. Grades des geschwächten Querschnittsteiles i bezogen auf die Achse des ungeschwächten Querschnittsteiles i, Empfehlung in Anlehnung an DIN 1052: 2008-12, 10.5.2 (4).

[h] der Einzelnachweis der Schwerpunktspannungen für den Druckgurt ist sinngemäß nach Tafel 12.50 als vereinfachter Knicknachweis zu führen.

[i] beim Schubnachweis ist die wirksame Breite b_{ef} nach Abschn. 12.5.4.1 zu berücksichtigen.

[j] Empfehlung in Anlehnung nach DIN 1052: 2008-12, 8.6.2 (4).

[k] Empfehlung in Anlehnung DIN 1052: 2008-12, 10.5.2, (3), mit $h_{f,c(t)}$ als Druck- bzw. Zuggurthöhe nach Tafel 12.50.

[l] bei der Bemessung zusammengesetzter Biegeträger sind die Angaben für die Modifikationsbeiwerte k_{mod} nach der Fußnote [g] der Tafel 12.50 und für die Verformungsbeiwerte k_{def} nach den Fußnoten [b] und [c] der Tafel 12.49 zu berücksichtigen.

12.10 Aussteifungen von Druckbauteilen, Biegeträgern und Fachwerksystemen

12.10.1 Zwischenabstützungen (Einzelabstützungen)

nach DIN EN 1995-1-1: 2010-12, 9.2.5.2

Zwischenabstützungen sind Einzelabstützungen bei druckbeanspruchten Einzelbauteilen wie Druckstäben (zur seitlichen Abstützung/bewirken Verkleinerung der Knicklänge) oder wie Biegeträgern (zur seitlichen Abstützung/bewirken Verkleinerung des biegedrillknickgefährdeten (kippgefährdeten) Druckbereiches), s. Tafel 12.53, sie werden gegen Aussteifungskonstruktionen, s. Abschn. 12.10.2, oder gegen feste Punkte wie Stahlbetonrähme, Stützböcke u. dgl. abgestützt.

12.10.2 Aussteifungskonstruktionen

nach DIN EN 1995-1-1: 2010-12, 9.2.5.3

Aussteifungslasten (oder Aussteifungskräfte je Längeneinheit) für Aussteifungskonstruktionen wie Scheiben oder Verbände bei parallelen Druck-, Biege- und Fachwerkträgern können nach Tafel 12.55 ermittelt werden.

Ein **Beispiel** zur Berechnung der Aussteifungslasten für eine Aussteifungskonstruktion ist in [11], Abschn. Holzbau 2.7 angeführt.

Tafel 12.53 Mindeststeifigkeit und Stabilisierungskraft von Zwischenabstützungen (Einzelabstützungen) bei druckbeanspruchten Einzelbauteilen wie Druck- und Biegestäben(-trägern) nach DIN EN 1995-1-1: 2010-12, 9.2.5.2[a, b, c, d]

Mindeststeifigkeit C jeder Zwischenabstützung (Einzelabstützung)[e]	
$$C = k_s \cdot \frac{N_d}{a}$$	a Stablänge bzw. Abstand der Zwischenabstützungen (seitliche Abstützungen) von Druckstäben oder der Druckgurte von Biege- und Fachwerkträgern, s. Bilder unten k_s Modifikationsbeiwert nach Tafel 12.54 $= 4$ N_d Bemessungswert der mittleren Druckkraft im Bauteil (des abzustützenden Druckstabes oder des Druckgurtes von Biege- und Fachwerkträgern)
Bemessungswert der Stabilisierungskraft F_d für Zwischenabstützungen (Einzelabstützungen) bei druckbeanspruchten Einzelbauteilen[f]	Beispiel: Druckstab mit Zwischenabstützungen

Stabilisierungskraft F_d
    für Vollholz
    $F_d = N_d / k_{f,1}$
    für Brettschicht- und Furnierschichtholz LVL
    $F_d = N_d / k_{f,2}$
mit
F_d Bemessungswert der Stabilisierungskraft
N_d Bemessungswert der mittleren Druckkraft im Bauteil (druckbeanspruchtes Einzelbauteil)
$k_{f,1}$ Modifikationsbeiwert nach Tafel 12.54
    $= 50$
$k_{f,2}$ Modifikationsbeiwert nach Tafel 12.54
    $= 80$
	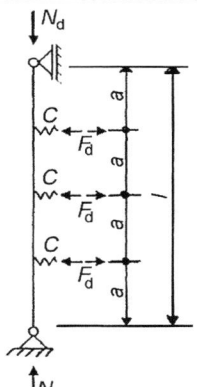

Bemessungswert der Stabilisierungskraft für Zwischenabstützungen (Einzelabstützungen) für den Druckgurt bei Biegestäben mit Rechteckquerschnitt[f]	Beispiel: Druckgurt eines Biegeträgers mit Zwischenabstützungen

Stabilisierungskraft F_d
    wie Stabilisierungskraft für Zwischenabstützungen bei druckbeanspruchten Einzelbauteilen (Druckstäben), s. oben, jedoch mit
    $N_d = (1 - k_{crit}) \cdot M_d / h$
N_d Bemessungswert der mittleren Normalkraft im Druckgurt des Biegeträgers
M_d Bemessungswert des größten Biegemomentes im Biegestab
k_{crit} Kippbeiwert (Biegedrillknicken) für den nicht gestützten (nicht ausgesteiften) Biegeträger nach Abschn. 12.6.2.3
h Höhe des Biegeträger-Querschnitts
	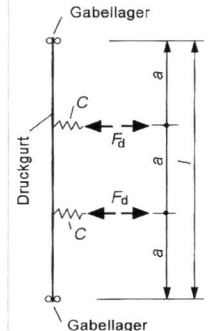

[a] Zwischenabstützungen (Einzelabstützungen) zur Begrenzung der seitlichen Verformungen des Druckstabes oder des Druckgurtes von Biege- und Fachwerkträgern.

[b] druckbeanspruchte Einzelbauteile (Druckstab oder Druckgurt von Biege- und Fachwerkträgern), die eine seitliche Abstützung in Abständen a (durch Zwischenabstützungen) erfordern, sollten eine anfängliche Imperfektion zwischen den Auflagern (Vorkrümmung) $a/500$ für Bauteile aus Brettschicht- und Furnierschichtholz und $a/300$ für andere Bauteile nicht überschreiten.

[c] werden mehrere Druckglieder durch Zwischenabstützungen seitlich gehalten, sind letztere für die jeweilige $\sum F_{d,i}$ zu bemessen.

[d] Anschlüsse der Zwischenabstützungen sind zug- und druckfest auszubilden.

[e] jede Zwischenabstützung (Einzelabstützung) muss die angeführte Mindeststeifigkeit C besitzen.

[f] Stabilisierungskräfte für die Einwirkungen, die durch Imperfektionen (seitliche Verformungen) des Druckstabes oder des Druckgurtes von Biege- und Fachwerkträgern verursacht werden, und die auf die Zwischenabstützungen wirken.

Tafel 12.54 Modifikationsbeiwerte k_s und $k_{f,i}$ für die Aussteifung von Druckstäben und der Druckgurte von Biege- und Fachwerkträgern nach DIN EN 1995-1-1/NA: 2013-08, 9.2.5.3, Tab. NA.21[a]

Modifikationsbeiwert	k_s	$k_{f,1}$	$k_{f,2}$	$k_{f,3}$
Wert	4	50	80	30

[a] für Gleichungen in Tafel 12.53 und 12.55.

Ein Beispiel für einen Aussteifungsverband bei einem Fachwerk- und Brettschichtträger kann Abb. 12.12 entnommen werden. Aus q_d können die Einzellasten $H_{i,d}$, aus diesen die Stabkräfte des Aussteifungsverbandes berechnet werden. Der Aussteifungsverband wird im Druckbereich des auszusteifenden Trägers (hier: im oben liegenden Druckgurt des Fachwerk- bzw. Brettschichtträgers) angeordnet.

Abb. 12.12 Aussteifungsverband für einen Fachwerk- bzw. Biegeträger, Beispiele.
a Ansicht eines Fachwerkträgers,
b Ansicht eines Brettschichtträgers,
c Draufsicht auf Aussteifungsverband, der horizontal zwischen den Obergurten zweier Einfeldträger mit Rechteckquerschnitt liegt

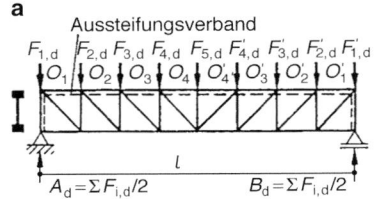

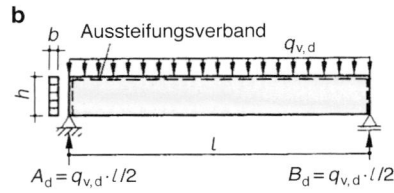

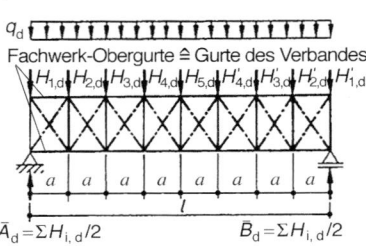

Tafel 12.55 Aussteifungslasten (Aussteifungskräfte je Längeneinheit) für Aussteifungskonstruktionen nach DIN EN 1995-1-1: 2010-12, 9.2.5.3[a]

Aussteifungslasten (Aussteifungskraft je Längeneinheit) q_d **und Auflagerkräfte** A_{qd} **für Aussteifungskonstruktionen bei parallelen Druck-, Biege- und Fachwerkträgern[b, c]**	
$$q_d = k_1 \cdot \frac{n \cdot N_d}{k_{f,3} \cdot l}$$ daraus folgende Auflagerkraft einer einfeldrigen Aussteifungskonstruktion: $$A_{qd} = q_d \cdot l/2$$ mit k_1 = min{1 oder $\sqrt{15/l}$} k_1 Beiwert, berücksichtigt die Trägervorkrümmung $k_{f,3}$ = 30 Modifikationsbeiwert nach Tafel 12.54 l Gesamtlänge der Aussteifungskonstruktion in m n Anzahl der auszusteifenden parallelen Druck-, Biege- oder Fachwerkträger	*für parallele Druck- oder Fachwerkträger:* N_d Bemessungswert der mittleren Druckkraft im Druckstab(-gurt) *für parallele Biegeträger:* N_d Bemessungswert der mittleren Druckkraft im Druckgurt des Biegeträgers mit Rechteckquerschnitt: $$N_d = (1 - k_{crit}) \cdot M_d/h$$ M_d Bemessungswert des größten Biegemomentes im Biegeträger k_{crit} Kippbeiwert (Biegedrillknicken) für den nicht gestützten (nicht ausgesteiften) Biegeträger nach Abschn. 12.6.2.3 h Höhe des Biegeträgers l Stützweite der Aussteifungskonstruktion
Rechnerische Ausbiegung u **der Aussteifungskonstruktion** (oft „horizontale" Ausbiegung)	Beispiel: Aussteifung von Druckstäben oder der Druckgurte von Biege- oder Fachwerkträgern
aus Aussteifungslast q_d und weiteren äußeren Einwirkungen (z. B. Wind)[d] $u \leq l/500$ mit l Gesamtlänge der Aussteifungskonstruktion a Abstand der Zwischenabstützungen (Einzelabstützungen)	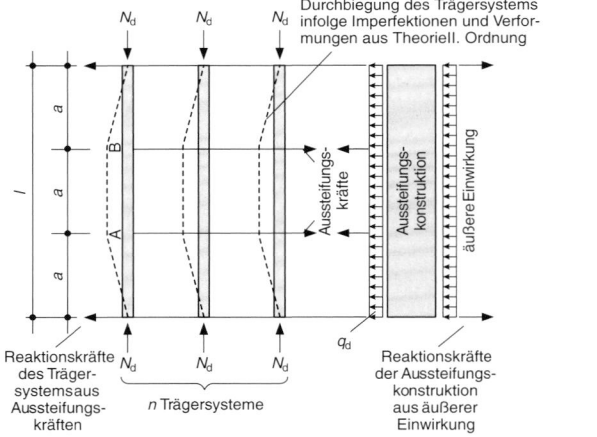

[a] seitliches Ausweichen (Verformungen) von Druckstäben oder der Druckgurte von Biege- und Fachwerkträgern zwischen den Auflagern (mit Gabellagern oder entsprechenden Verbänden) erforderlichenfalls durch Zwischenabstützungen des Druckstabes bzw. der Druckgurte im Abstand a begrenzen, s. Tafel 12.53.

[b] zusätzlich zu anderen horizontalen Einwirkungen wie z. B. Windlasten.

[c] über anfängliche Imperfektion (Vorkrümmung) der auszusteifenden Stäbe s. Tafel 12.53, Fußnote [b].

[d] bei der Berechnung der „horizontalen" Ausbiegung der Aussteifungskonstruktion sind nach DIN EN 1995-1-1/NA: 2013-08, 9.2.5.3, die Steifigkeiten E, G und die Verschiebungsmoduln K_u nach Tafel 12.48 im Grenzzustand der Tragfähigkeit für Bauteile mit denselben zeitabhängigen Eigenschaften zu berücksichtigen.

12.10.3 Gabellager

nach DIN EN 1995-1-1/NA: 2013-08, 9.2.5.3

Nachweis der Gabellager Die Auflager von Biegestäben sind als Gabellagerung oder entsprechenden Verband auszulegen, diese(r) ist für ein Gabelmoment (Torsionsmoment) $M_{\text{tor}} = M_x$ nach (12.62) zu bemessen.

$$M_{\text{tor,d}} = M_d/80 \qquad (12.62)$$

M_d Bemessungswert des größten Biegemomentes im Biegeträger.

Nachweis der Biegeträger an Auflagern Die Querschnittstragfähigkeit an den Auflagern der Biegeträger darf ohne Berücksichtigung der Torsionsspannungsanteile aus Gabelmoment nach (12.62) nachgewiesen werden, wenn die Bedingung (12.63) für die Kippschlankheit λ_{ef} (Biegedrillknicken) eingehalten und die Stabilisierungskräfte im Bereich der Gabellagerung (oder des entsprechenden Verbandes) abgeleitet werden. Die Nachweise der Querschnittstragfähigkeit für Schub und Torsion sollten bei $\lambda_{\text{ef}} > 225$ nach Abschn. 12.5.4.3 geführt werden.

$$\lambda_{\text{ef}} = l_{\text{ef}} \cdot h/b^2 \leq 225 \qquad (12.63)$$

b, h Breite und Höhe des Biegeträgers mit Rechteckquerschnitt

l_{ef} wirksame Länge oder Ersatzstablänge (Biegedrillknicken, Kippen) nach Abschn. 12.6.2.3

λ_{ef} Kippschlankheit als Bedingung der Nachweise an Auflagern ohne (≤ 225) Berücksichtigung der Torsionsspannungsanteile aus Gabelmoment nach (12.62).

Für andere Nachweisverfahren darf die spannungslose seitliche Verformung e nach (12.64) angenommen werden.

$$e = k_1 \cdot l/400 \qquad (12.64)$$

mit k_1 nach Tafel 12.55.

12.11 Nachweise nach Theorie II. Ordnung

Nachweise nach Theorie II. Ordnung können anstelle der Nachweise mit den Ersatzstabverfahren nach Abschn. 12.6 geführt werden, sinnvoll z. B. bei unbekannter Knicklänge. Bei vielen Holztragwerken liefern Nachweise mit den Ersatzstabverfahren ausreichende und vertretbar wirtschaftliche Ergebnisse.

Werden die Auswirkungen nach Theorie II. Ordnung beim Nachweis der Stabilität von Tragwerken berücksichtigt, muss für die ungünstigste Einwirkungskombination sichergestellt werden, dass

- im Grenzzustand der Tragfähigkeit der Verlust des statischen Gleichgewichts (örtlich oder für das Gesamttragwerk) nicht auftritt und
- der Grenzzustand der Tragfähigkeit einzelner Querschnitte oder Verbindungen, die durch Biegung und Längskräfte beansprucht werden, nicht überschritten wird.

Die Einflüsse eingeprägter Vorverformungen auf die Schnittgrößen dürfen nach DIN EN 1995-1-1: 2010-12, 5.4.4, durch eine linear-elastische Berechnung nach Theorie II. Ordnung mit folgenden Annahmen ermittelt werden:
- Annahme einer spannungslosen Vorverformung des Tragwerks, so dass sie folgender Anfangsverformung entspricht:
  - Annahme einer Schiefstellung des Tragwerks oder entsprechender Teile mit dem Winkel Φ,
  - zusammen mit einer anfänglichen sinusförmigen Krümmung zwischen den Knotenpunkten des Tragwerks mit einer größten Ausmitte e,
- spannungslose Vorverformungen (geometrische und strukturelle Imperfektionen aus baupraktisch unvermeidbaren Vorverformungen) nach Tafel 12.56 bestimmen.

Die Nachweise nach Theorie II. Ordnung können nach Tafel 12.57 und 12.58 vorgenommen werden.

Tafel 12.56 Spannungslose Vorverformungen (Ersatzimperfektionen) von Tragwerken für Nachweise nach Theorie II. Ordnung im Grenzzustand der Tragfähigkeit nach DIN EN 1995-1-1: 2010-12, 5.4.4[a]

Anfängliche Krümmung des unbelasteten Tragwerks oder Bauteils	

Ansetzen einer anfänglichen sinusförmigen Krümmung zwischen den Knotenpunkten des Tragwerks oder Bauteils (Stabachsen), z. B. bei
 – Druckstäben oder
 – Druckgurten von Biegestäben
  mit einer ungewollten, größten Ausmitte e
 – (meist) in Stab-(Feld-)mitte oder
 – zwischen Knotenpunkten von mind.
  $e = 0{,}0025 \cdot l$
 e Rechenwert der größten Ausmitte
 l Stablänge oder Abstand der Knotenpunkte mit seitlich
  unverschieblichen Halterungen
	Beispiel:
	 angenommene spannungslose, anfängliche Krümmung eines Stabes
	
	 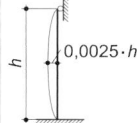
	 hier:
	 mit $h = l$ als Stablänge

Vorverformung des unbelasteten Tragwerks	
Ansetzen einer ungewollten Schiefstellung des Tragwerks oder entsprechender Teile, zusammen mit einer anfänglichen sinusförmigen Krümmung zwischen den Knotenpunkten des Tragwerks, s. oben, ungewollte Schiefstellung als – Vorverformung der Bauteile mit dem – Winkel Φ	Wert für Winkel Φ mind. annehmen zu: $\Phi = 0{,}005$ für $h \leq 5\,\text{m}$ $\Phi = 0{,}005 \cdot \sqrt{\dfrac{5}{h}}$ für $h > 5\,\text{m}$ mit Φ Rechenwert des Schiefstellungswinkels im Bogenmaß h Höhe oder Länge des Tragwerks oder Bauteils in m

Tafel 12.56 (Fortsetzung)

Beispiele angenommener spannungsloser Vorverformungen

Rahmen, unverformt

Bogen, unverformt

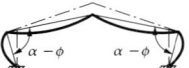

symmetrische Vorverformung

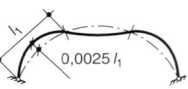

symmetrische Vorverformung

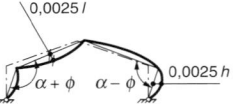

unsymmetrische Vorverformung

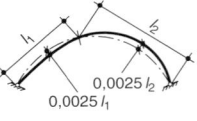

unsymmetrische Vorverformung

[a] Nachweise nach Theorie II. Ordnung nach Tafel 12.57 und 12.58.

Tafel 12.57 Nachweise nach Theorie II. Ordnung im Grenzzustand der Tragfähigkeit bei Einzelstäben oder Stäben von Tragwerken nach DIN EN 1995-1-1: 2010-12, 5.4.4, 6.2.4 und Fachliteratur[a, b]

Nachweise[c, d, e, f]

Normal- und Biegespannungen[h]

$$\left(\frac{\sigma_{c,0,d}^{II}}{f_{c,0,d}}\right)^2 + \frac{\sigma_{m,y,d}^{II}}{f_{m,y,d}} + k_m \cdot \frac{\sigma_{m,z,d}^{II}}{f_{m,z,d}} \leq 1 \quad \text{mit } \sigma_{c,0,d}^{II} = \frac{F_{c,d}^{II}}{A}$$

$$\left(\frac{\sigma_{c,0,d}^{II}}{f_{c,0,d}}\right)^2 + k_m \cdot \frac{\sigma_{m,y,d}^{II}}{f_{m,y,d}} + \frac{\sigma_{m,z,d}^{II}}{f_{m,z,d}} \leq 1 \quad \text{mit } \sigma_{m,y,d}^{II} = \frac{M_{y,d}^{II}}{W_y}, \quad \sigma_{m,z,d}^{II} = \frac{M_{z,d}^{II}}{W_z}$$

Schubspannungen[g]	Verbindungsmittel
$\dfrac{\tau_d^{II}}{f_{v,d}} \leq 1$	$\dfrac{F_{v,Ed}^{II}}{F_{v,Rd}} \leq 1$

[a] spannungslose Vorverformungen (Ersatzimperfektionen) nach Tafel 12.56.

[b] Hierin bedeuten:

A	Querschnittsfläche des Stabes
$F_{c,d}^{II}$	Bemessungswert der Normalkräfte nach Theorie II. Ordnung
$F_{v,Ed}^{II}$	Bemessungswert der Beanspruchung der Verbindungsmittel nach Theorie II. Ordnung
$F_{v,Rd}$	Bemessungswert der Tragfähigkeit der Verbindungsmittel
$M_{y,d}^{II}, M_{z,d}^{II}$	Bemessungswerte der Biegemomente nach Theorie II. Ordnung um die y- bzw. z-Achse
k_m	= 0,7 für Rechteckquerschnitte aus Voll-, Brettschicht- und Furnierschichtholz
	= 1,0 für andere Querschnitte aus Voll-, Brettschicht- und Furnierschichtholz
	= 1,0 für alle Querschnitte anderer tragenden Holzwerkstoffe
W_y, W_z	Widerstandsmomente des Stabes um die y- bzw. z-Achse
$f_{c,0,d}, f_{m,d}, f_{v,d}$	Bemessungswerte der Druck-, Biege- und Schubfestigkeiten nach (12.2)
τ_d^{II}	Bemessungswert der Schubbeanspruchung (-spannungen) nach Theorie II. Ordnung
$\sigma_{c,0,d}^{II}$	Bemessungswert der Druckspannungen in Faserrichtung nach Theorie II. Ordnung
$\sigma_{m,y,d}^{II}, \sigma_{m,z,d}^{II}$	Bemessungswerte der Biegespannungen nach Theorie II. Ordnung um die y- bzw. z-Achse.

[c] die Schnittkraftermittlung nach Theorie II. Ordnung kann z. B. nach Göggel/Werner [6], Scheer/Bauer, Bd. 2 [13], oder rechnergestützt mit geeigneter Software vorgenommen werden.

[d] die Tragfähigkeit muss für jede Richtung nachgewiesen werden, in der ein Versagen auftreten kann.

[e] über die Berücksichtigung des Kriechens bei druckbeanspruchten Bauteilen in den Nutzungsklassen 2 und 3 s. Abschn. 12.6.1.3.

[f] die Nachgiebigkeit von Verbindungen z. B. durch mechanische Verbindungsmittel sollte im Allgem. nach DIN EN 1995-1-1: 2010-12, 5.1, berücksichtigt werden, gegebenenfalls auch die Nachgiebigkeit von Gründungen und der Einfluss von Schubverformungen.

[g] beim Schubnachweis ist die wirksame Breite b_{ef} nach Abschn. 12.5.4.1 zu berücksichtigen.

[h] Wird in den beiden Gleichungen für Normal- und Biegespannungen eine der Biegespannungen gleich null, ist $k_m = 1,0$ zu setzen.

Bemessungswerte der Steifigkeiten im Grenzzustand der Tragfähigkeit sind nach DIN EN 1995-1-1: 2010-12, 2.2.2, für eine linear-elastische Spannungsberechnung nach Theorie II. Ordnung mit den Steifigkeitskennwerten ohne Berücksichtigung der Einflüsse der Lasteinwirkungsdauer zu ermitteln, s. Tafel 12.58.

Tafel 12.58 Bemessungswerte der Steifigkeiten für Nachweise nach Theorie II. Ordnung bei Bauteilen und Verbindungen im Grenzzustand der Tragfähigkeit und Gebrauchstauglichkeit nach DIN EN 1995-1-1: 2010-12, 2.2.2, 2.2.3 und 2.4.1 sowie DIN EN 1995-1-1/NA: 2013-08, NA.5.9[a]

Grenzzustand der		Bauteile		Verbindungen
		Elastizitätsmodul E	Schubmodul G	Verschiebungsmodul K
Steifigkeiten für Nachweise nach Theorie II. Ordnung				
Tragfähigkeit	Bauteile ohne Kriechen[b, d]	$E_d = E_{mean}/\gamma_M$	$G_d = G_{mean}/\gamma_M$	$K_d = K_{u,mean}/\gamma_M$
	Bauteile mit Kriechen[c, d]	$E_d = \dfrac{E_{mean}}{\gamma_M \cdot (1 + k_{def})}$	$G_d = \dfrac{G_{mean}}{\gamma_M \cdot (1 + k_{def})}$	$K_d = \dfrac{K_{u,mean}}{\gamma_M \cdot (1 + k_{def})}$
Gebrauchstauglichkeit	[e]	$E_d = E_{mean}$	$G_d = G_{mean}$	$K_d = K_{ser}$

[a] Hierin bedeuten:

E_{mean} Mittelwert des Elastizitätsmoduls, s. Abschn. 12.3

G_{mean} Mittelwert des Schubmoduls, s. Abschn. 12.3

$K_{u,mean}$ Verschiebungsmodul im Grenzzustand der Tragfähigkeit nach (12.66)

K_{ser} Verschiebungsmodul im Grenzzustand der Gebrauchstauglichkeit nach Tafel 12.63

k_{def} Verformungsbeiwert für ständige Lasteinwirkungsdauer nach Tafel 12.6, s. auch Abschn. 12.6.1.3

γ_M Teilsicherheitsbeiwert für Holz und Holzwerkstoffe nach Tafel 12.12.

[b] Steifigkeiten im Grenzzustand der Tragfähigkeit für alle Bauteile bei Nachweisen nach Theorie II. Ordnung mit Ausnahme druckbeanspruchter Bauteile (Kriecheinfluss) nach dieser Tafel 12.58, nächste Zeile, s. Fußnote [c].

[c] Steifigkeiten im Grenzzustand der Tragfähigkeit zur Berücksichtigung des Kriechens nach Abschn. 12.6.1.3 nur für druckbeanspruchte Bauteile (Druckstützen), wenn in Nutzungsklasse 2 und 3 der Bemessungswert des ständigen und quasi-ständigen Lastanteils größer als 70 % des Bemessungswertes der Gesamtlast ist.

[d] die Steifigkeiten bei Bauteilen aus Baustoffen mit unterschiedlichen Kriecheigenschaften (unterschiedlichen zeitabhängigen Eigenschaften) nach Tafel 12.49 gelten nicht für Nachweise nach Theorie II. Ordnung.

[e] Steifigkeiten im Grenzzustand der Gebrauchstauglichkeit für alle Bauteile sinngemäß nach EN 1995-1-1: 2010-12, 2.2.3.

12.12 Nachweise der Gebrauchstauglichkeit

Die Verformung einer Konstruktion infolge Beanspruchungen aus Normal- und Querkräften, Biegemoment und Nachgiebigkeit der Verbindungen sowie infolge Feuchte muss nach DIN EN 1995-1-1: 2010-12, 2.2.3, in angemessenen Grenzen bleiben. Dabei sind mögliche Schäden an nachgeordneten Bauteilen, Decken, Fußböden, Trennwänden und Oberflächen sowie die Anforderungen an das Erscheinungsbild und die Benutzbarkeit des Tragwerks zu berücksichtigen (z. B. Vermeiden zu großer Durchbiegungen).

Nachweise in den Grenzzuständen der Gebrauchstauglichkeit sind mit den charakteristischen Werten der Einwirkungen und den Mittelwerten der entsprechenden Elastizitäts-, Schub- und Verschiebungsmoduln führen (Teilsicherheitsbeiwerte für die Gebrauchstauglichkeit sind demnach gleich Eins).

12.12.1 Berechnung und Nachweis der Verformungen (Durchbiegungen) von Biegeträgern

nach DIN EN 1995-1-1: 2010-12, 2.2.3 und 7.2

Die Berechnung der Verformungen (Durchbiegungen) kann nach Tafel 12.59 mit empfohlenen Grenzwerten nach Tafel 12.60 erfolgen.

Tafel 12.59 Berechnen und Kombination der Anfangs- und Endverformungen (Anfangs- und Enddurchbiegungen) im Grenzzustand der Gebrauchstauglichkeit nach DIN 1995-1-1: 2010-12, 2.2.3, DIN EN 1995-1-1/A2: 2014-07, Änderung zu 2.2.3 und DIN EN 1995-1-1/NA: 2013-08, 2.2.3[a–g]

Elastische Anfangsdurchbiegungen w_{inst}[c, d, e] am Beispiel eines Einfeldträgers mit Gleichlast q_k in Feldmitte

Ständige Einwirkungen G	Veränderliche Einwirkungen Q	Beispiel:
$w_{inst,G} = \dfrac{5}{384} \cdot \dfrac{q_{G,k} \cdot l^4}{E_{0,mean} \cdot I}$	$w_{inst,Q} = \dfrac{5}{384} \cdot \dfrac{q_{Q,k} \cdot l^4}{E_{0,mean} \cdot I}$	

Kombination der Verformungsanteile (Durchbiegungsanteile)

Anfangsverformung (Anfangsdurchbiegung) w_{inst} in der charakteristischen (seltenen) Kombination
nach DIN EN 1995-1-1: 2010-12, 2.2.3(2)

Anfangsverformung $w_{inst,G}$ infolge ständiger Einwirkungen G

$$w_{inst,G} = \sum_{j \geq 1} w_{inst,G,j} \text{ für } j \geq 1 \text{ ständiger Einwirkungen}$$

Tafel 12.59 (Fortsetzung)

Anfangsverformung $w_{inst,Q}$ infolge veränderlicher Einwirkungen Q	
maßgebende (vorherrschende) veränderliche Einwirkung, für $i = 1$ $w_{inst,Q,1} = w_{inst,Q}$	begleitende (weitere) veränderliche Einwirkungen, für $i > 1$ $w_{inst,Q,i} = \sum_{i>1} \psi_{0,i} \cdot w_{inst,Q,i}$

gesamte Anfangsverformung w_{inst}[b]

$$w_{inst} = w_{inst,G} + w_{inst,Q,1} + w_{inst,Q,i}$$

Endverformungen (Enddurchbiegungen) w_{fin} nach DIN EN 1995-1-1: 2010-12, 2.2.3, und DIN EN 1995-1-1/NA: 2013-08, 2.2.3, berechnet aus der Anfangsverformung w_{inst} in der charakteristischen (seltenen) Kombination und dem Kriechanteil in der quasi-ständigen Kombination[f]

Endverformung $w_{fin,G}$ infolge ständiger Einwirkungen G

$$w_{fin,G} = \sum_{j \geq 1} w_{inst,G,j} \cdot (1 + k_{def,j}) \text{ für } j \geq 1 \text{ ständiger Einwirkungen}$$

Endverformung $w_{fin,Q}$ infolge veränderlicher Einwirkungen Q

$$w_{fin,Q} = w_{inst,Q,1} \cdot (1 + \psi_{2,1} \cdot k_{def,1}) + \sum_{i>1} w_{inst,Q,i} \cdot (\psi_{0,i} + \psi_{2,i} \cdot k_{def,i})$$

Endverformung w_{fin}

$$w_{fin} = w_{fin,G} + w_{fin,Q} \text{[b]}$$

Gesamte Endverformung $w_{net,fin}$ (optisches Erscheinungsbild), s. Abb. 12.13[b] nach DIN EN 1995-1-1/NA: 2013-08, 2.2.3, NA.8 für Tragwerke, die aus Bauteilen, Komponenten und Verbindungen mit dem gleichen Kriechverhalten bestehen

Endverformung $w_{net,fin,G}$ infolge ständiger Einwirkungen G

$$w_{net,fin,G} = \sum_{j \geq 1} w_{inst,G,j} \cdot (1 + k_{def,j}) \text{ für } j \geq 1 \text{ ständiger Einwirkungen}$$

Endverformung $w_{net,fin,Q}$ infolge veränderlicher Einwirkungen Q

$$w_{net,fin,Q} = \psi_{2,1} \cdot w_{inst,Q,1} \cdot (1 + k_{def,1}) + \sum_{i>1} \psi_{2,i} \cdot w_{inst,Q,i} \cdot (1 + k_{def,i}) = \sum_{i \geq 1} \psi_{2,i} \cdot w_{inst,Q,i} \cdot (1 + k_{def,i})$$

Endverformung $w_{net,fin}$

$$w_{net,fin} = w_{net,fin,G} + w_{net,fin,Q} - w_c \text{ [b]}$$

[a] Hierin bedeuten:

$E_{0,mean}$	Mittelwert des Elastizitätsmoduls in Faserrichtung nach Abschn. 12.3.1
I	Flächenmoment 2. Grades des Stabes
k_{def}	Verformungsbeiwert nach Tafel 12.6
l	Stützweite oder Trägerlänge
q	Linienlast
w_c	Überhöhung im lastfreien Zustand, falls vorhanden und ausführbar, s. Abb. 12.13
w_{creep}	Durchbiegung infolge Kriechens, s. Abb. 12.13
ψ_0	Kombinationsbeiwerte für veränderliche Einwirkungen nach DIN EN 1990/NA, s. Abschnitt Lastannahmen
ψ_2	Kombinationsbeiwerte für den quasi-ständigen Anteil veränderlicher Einwirkungen nach DIN EN 1990/NA, s. Abschnitt Lastannahmen.

[b] empfohlene Bereiche für Grenzwerte der Verformungen (Durchbiegungen) nach Tafel 12.60.
[c] Berechnungen mit den charakteristischen Werten der Einwirkungen (Teilsicherheitsbeiwerte für die Gebrauchstauglichkeit sind gleich Eins).
[d] Steifigkeiten mit den Mittelwerten der Elastizitäts- und Schubmodulen E_{mean} und G_{mean} nach Abschn. 12.3.1, Nachgiebigkeiten von Verbindungen mit dem Verschiebungsmodulen K_{ser} nach Tafel 12.63, s. auch Tafel 12.48 für den Grenzzustand der Gebrauchstauglichkeit bei Bauteilen mit gleichen zeitabhängigen Eigenschaften.
[e] elastische Anfangsdurchbiegungen w_{inst} nach gebrauchsfertigen Tafeln, s. Abschnitt Statik (Einfeldträger und Durchlaufträger mit gleichen Stützweiten), mit dem Arbeitssatz oder geeigneter Software berechnen.
[f] über Endverformungen bei Bauteilen mit unterschiedlichen zeitabhängigen Eigenschaften s. Tafel 12.49.
[g] besteht eine Verbindung aus zwei holzartigen Baustoffen mit unterschiedlichem zeitabhängigem Verhalten, sollte die Berechnung der Endverformung mit dem Verformungsbeiwert k_{def} nach Fußnote [c] der Tafel 12.49 berechnet werden, bei einer Verbindung aus Holzbauteilen mit dem gleichen zeitabhängigen Verhalten der Verformungsbeiwert k_{def} nach Fußnote [b] der Tafel 12.49.

Bezeichnungen der Verformungsanteile (Durchbiegungsanteile) nach Abb. 12.13

w_c	Überhöhung im lastfreien Zustand, falls vorhanden und ausführbar
w_{creep}	Durchbiegung infolge Kriechens
w_{inst}	Anfangsdurchbiegung

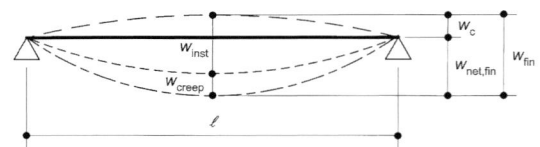

Abb. 12.13 Durchbiegungsanteile bei Tragwerken nach DIN EN 1995-1-1: 2010-12, 7.2, Bild 7.1

Tafel 12.60 Empfohlene Grenzwerte der Verformungen (Durchbiegungen) von Biegestäben im Grenzzustand der Gebrauchstauglichkeit nach DIN EN 1995-1-1: 2013-08, 7.2(2), Tab NA.13[a, b, c, d]

		w_{inst}	$w_{net,fin}$	w_{fin}
1	Bauteile (außer nach Zeile 2)	$l/300$[b]	$l/300$[b]	$l/200$[b]
	– auskragende Bauteile	$l_k/150$	$l_k/150$	$l_k/100$
2	Überhöhte Bauteile, untergeordnete Bauteile wie Bauteile landwirtschaftlicher Gebäude, Sparren und Pfetten	$l/200$[b]	$l/250$[b]	$l/150$[b]
	– auskragende Bauteile	$l_k/100$	$l_k/125$	$l_k/75$

[a] Hierin bedeuten:
l Stützweite des Biegeträgers
l_k Länge des auskragenden Biegeträgerteils.
[b] bei verformungsempfindlichen Konstruktionen können geringere Grenzwerte erforderlich werden.
[c] es wird empfohlen, andere als die empfohlenen Grenzwerte nach Fußnote [b, d] gegebenenfalls in Abstimmung mit dem Bauherrn festzulegen und zu vereinbaren.
[d] es können auch andere Anforderungen (größere oder kleinere Grenzwerte der Verformungen) vereinbart werden, je nach Anforderungen und Nutzung des Tragwerkes, soweit sie nicht in anderen Normen festgelegt sind.

w_{fin} Enddurchbiegung
$w_{net,fin}$ gesamte Enddurchbiegung (Enddurchbiegung abzüglich Überhöhung) bezogen auf eine Gerade, die die Auflager verbindet, s. Abb. 12.13.

Ein **Beispiel** zur Berechnung der Durchbiegungen eines Parallelträgers aus Brettschichtholz ist in [11], Holzbau, Abschn. 2.8 angeführt.

12.12.2 Schwingungsnachweise

nach DIN EN 1995-1-1: 2010-12, 7.3
Häufig zu erwartende Einwirkungen auf Bauteile oder Tragwerke sollten keine Schwingungen verursachen, die die Funktion des Bauwerks beeinträchtigen oder Unbehagen bei den Nutzern hervorrufen. Das Schwingungsverhalten kann durch Messungen oder Berechnungen abgeschätzt werden.

12.12.2.1 Nachweis von Schwingungen bei Wohnungsdecken

Wohnungsdecken mit einer Eigenfrequenz $f_1 > 8\,Hz$
Die Anforderungen und Nachweise der Tafel 12.61 sind einzuhalten.

Wohnungsdecken mit einer Eigenfrequenz $f_1 \leq 8\,Hz$
Nach DIN EN 1995-1-1: 2010-12, 7.3.3, sollte für diese Decken eine besondere Untersuchung durchgeführt werden, jedoch werden keine Hinweise hierfür angeführt.

Tafel 12.61 Nachweise des Schwingungsverhaltens von Wohnungsdecken und Decken vergleichbarer Nutzung (Holzbalkendecken) mit einer Eigenfrequenz von $f_1 > 8\,Hz$ nach DIN EN 1995-1-1: 2010-12, 7.3.3[a, b]

1.) Steifigkeitsanforderungen: Nachweis der vertikalen Anfangsdurchbiegung w

$\dfrac{w}{F} \leq a$ in mm/kN

w größte vertikale Anfangsdurchbiegung infolge einer konzentrierten statischen Einzellast F

F statische Einzellast, an beliebiger Stelle wirkend und unter Berücksichtigung der Lastverteilung ermittelt

a Durchbiegung/Kraft in mm/kN, empfohlene Grenzwerte s. Diagramm rechts
Zahlenwerte für die Grenzwerte a und b s. unten

Empfohlener Bereich der Grenzwerte für a und b und Zusammenhang zwischen a und b[b]

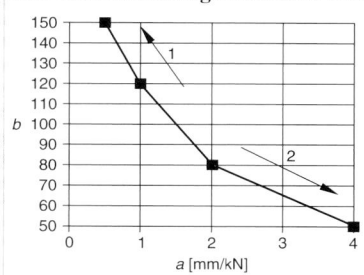

1 besseres Verhalten
2 schlechteres Verhalten

Zahlenwerte für die Grenzwerte a und b im oben stehenden Diagramm

a	0,5	0,6	0,7	0,8	0,9	1,0	1,1	1,2	1,3	1,4	1,5	1,6	1,7	1,8	1,9	2,0	2,1	2,2
b	150	144	138	132	126	120	116	112	108	104	100	96	92	88	84	80	78,5	77
a	2,3	2,4	2,5	2,6	2,7	2,8	2,9	3,0	3,1	3,2	3,3	3,4	3,5	3,6	3,7	3,8	3,9	4,0
b	75,5	74	72,5	71	69,5	68	66,5	65	63,5	62	60,5	59	57,5	56	54,5	53	51,5	50

Tafel 12.61 (Fortsetzung)

2.) Frequenzanforderung: Eigenfrequenz f_1 der Decke (näherungsweise) mit $f_1 > 8\,\mathrm{Hz}$

für rechteckige, an allen Rändern gelenkig gelagerte Decke mit den Gesamtmaßen $l \cdot b$ und Holzbalken der Spannweite l

$$f_1 = \frac{\pi}{2 \cdot l^2} \sqrt{\frac{(E \cdot I)_l}{m}} \quad \text{in Hz}$$

$(E \cdot I)_l$	äquivalente Plattenbiegesteifigkeit der Decke um eine Achse rechtwinklig zur Balkenrichtung (in Längsrichtung) in $\mathrm{Nm^2/m}$, d. h. der Index l steht für die Biegesteifigkeit bei Biegung rechtwinklig zur Balken-(längs-)achse
	$= (E \cdot I)/e_1$ als Steifigkeit der Balken (Längsträger) bezogen auf ihren Abstand e_1 untereinander
E	$E_{0,\mathrm{mean}}$ als Mittelwert des Elastizitätsmodul in Faserrichtung in $\mathrm{MN/m^2}$ (oder $\mathrm{N/mm^2}$) nach Abschn. 12.3.1
e_1	(Mitten-)Abstand der Balken (Längsträger) untereinander in m
f_1	1. Eigenfrequenz der Decke
I_1	Flächenmoment 2. Grades um die Balken-(quer-)achse, meist um die „starke" Achse des Trägers (Balkens), die y-Achse, in $\mathrm{m^4}$
l	Spannweite der Decke in m
m	Masse je Flächeneinheit in $\mathrm{kg/m^2}$ bezogen auf das Eigengewicht der Decke und andere ständige Einwirkungen wie vorhandene Bauteilschichten z. B. Estrich, jedoch ohne Trennwandzuschlag, ohne Nutzlast und ohne quasi-ständigen Anteil

3.) Geschwindigkeitsreaktionsanforderung: Nachweis der Einheitsimpulsgeschwindigkeitsreaktion v für Decken

$v \le b^{(f_1 \cdot \zeta - 1)} \quad \text{in } \mathrm{m/(Ns^2)}$

v	Einheitsimpulsgeschwindigkeit, d. h. der maximale Anfangswert der vertikalen Schwingungsgeschwindigkeitsamplitude der Decke in m/s infolge eines idealen Einheitsimpulses von 1 Ns, der an derjenigen Stelle der Decke aufgebracht wird, an der die größte Eigenfrequenz erzeugt wird; Anteile über 40 Hz dürfen vernachlässigt werden
b	Faktor, s. Diagramm oben „empfohlener Bereich der Grenzwerte für a und b" bzw. „Zahlenwerte für die Grenzwerte a und b", empfohlene Grenzwerte b für die Baupraxis: $100 \le b \le 150$ für empfohlene Grenzwerte $0,5\,\mathrm{mm/kN} \le a \le 1,5\,\mathrm{mm/kN}$, s. Steifigkeitsanforderung oben
f_1	Eigenfrequenz einer rechteckigen, an allen Rändern gelenkig gelagerten Decke mit den Gesamtmaßen $l \cdot b$, s. oben
ζ	modaler Dämpfungsgrad,
	$= 0,01$ (d. h. 1 %), wenn für Decken keine genaueren Werte vorliegen

Einheitsimpulsgeschwindigkeitsreaktion v für Decken (näherungsweise)

für rechteckige, an allen Rändern gelenkig gelagerte Decke mit den Gesamtmaßen $l \cdot b$ und Holzbalken der Spannweite l

$$v = \frac{4 \cdot (0,4 + 0,6 \cdot n_{40})}{m \cdot b \cdot l + 200} \quad \text{in } \mathrm{m/(Ns^2)}$$

b	Deckenbreite in m
l	Spannweite der Decke in m
m	Masse je Flächeneinheit in $\mathrm{kg/m^2}$ bezogen auf das Eigengewicht der Decke und andere ständige Einwirkungen wie vorhandene Bauteilschichten z. B. Estrich, jedoch ohne Trennwandzuschlag, ohne Nutzlast und ohne quasi-ständigen Anteil
n_{40}	Anzahl der Schwingungen 1. Ordnung mit einer Resonanzfrequenz bis zu 40 Hz, s. unten

Anzahl der Schwingungen 1. Ordnung mit einer Resonanzfrequenz bis zu 40 Hz

$$n_{40} = \left\{ \left(\left(\frac{40}{f_1} \right)^2 - 1 \right) \cdot \left(\frac{b}{l} \right)^4 \cdot \frac{(E \cdot I)_l}{(E \cdot I)_b} \right\}^{0,25}$$

b	Deckenbreite in m
$(E \cdot I)_b$	äquivalente Plattenbiegesteifigkeit der Decke um eine Achse in Richtung der Balken in $\mathrm{Nm^2/m}$ (in Querrichtung), d. h. der Index b steht für die Biegesteifigkeit bei Biegung um die Balken-(längs-)achse, mit $(E \cdot I)_b < (E \cdot I)_l$
$(E \cdot I)_l$	äquivalente Plattenbiegesteifigkeit der Decke um eine Achse rechtwinklig zur Balkenrichtung in $\mathrm{Nm^2/m}$ (in Längsrichtung), s. oben
I_b	Flächenmoment 2. Grades um die Balken-(längs-)achse für eine Breite von 1,0 m in Balken-(längs-)richtung
f_1	Eigenfrequenz der Decke in Hz, s. oben
l	Spannweite der Decke in m

[a] Berechnungen unter der Annahme führen, dass die Decke nur durch Eigengewicht und andere ständige Einwirkungen belastet wird.

[b] das Schwingverhalten von Decken und die Begrenzung von Durchbiegungen sollte nach DIN EN 1995-1-1/NA: 2013-08, 7.3.1 immer in Hinblick auf die vorgesehene Nutzung beurteilt und die Anforderungen, ggf. in Abstimmung mit dem Bauherrn, entsprechend festgelegt werden.

12.12.2.2 Nachweis von Deckenschwingungen, die durch Maschinen verursacht werden

Schwingungen, die durch rotierende Maschinen oder andere Betriebseinrichtungen ausgelöst werden, sind nach DIN EN 1995-1-1: 2010-12, 7.3.2, für die ungünstigsten zu erwartenden Kombinationen von ständigen und veränderlichen Lasten zu begrenzen. Ein zuverlässiges Niveau für andauernde Deckenschwingungen ist i. d. R. aus ISO 2631-2, Anhang A, Bild 5a, mit einem Multiplikationsfaktor von 1,0 zu entnehmen. Da nähere Angaben zu Nachweisen in der Norm fehlen, wird auf die Fachliteratur verwiesen.

12.13 Gelenk- und Koppelpfetten

Gelenkpfetten Biegemomente und Auflagerkräfte bei gleicher Stützweite und Gleichlast sind im Kapitel Statik mit günstiger Lage der Momentengelenke (Momentenausgleich, Stütz-, Feldmomente) angeführt, die Ausbildung einer kinematischen Kette ist zu vermeiden, im Bereich von Verbänden sollten keine Gelenke angeordnet werden.

Koppelpfetten sind Einfeldträger mit Kragarmen, die über den Zwischenunterstützungen (Zwischenauflagern wie Dachbindern) durch stiftförmige Verbindungsmittel wie Nägel oder Dübel besonderer Bauart biegesteif zu Durchlaufträgern verbunden werden, s. Abb. 12.14. Die Koppelkräfte F und Übergreifungslängen a können Tafel 12.62 entnommen werden, die Biegemomente, Auflagerkräfte und Durchbiegungen bei gleichen Stützweiten sind im Kapitel Statik angeführt.

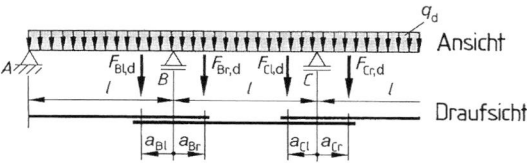

Abb. 12.14 Koppelpfette mit gleicher Stützweite und Gleichlast

12.14 Verbindungen, allgemeine Angaben

12.14.1 Nachweise von Zug- und Druck-Verbindungen

Die Zusatzmomente aus einseitiger Lasteinleitung bei der Bemessung von Bauteilen und deren Verbindungen sind zu berücksichtigen, Zugverbindungen können nach Abschn. 12.5.1.3 auslegt werden. Druckverbindungen sollten i. d. R. symmetrisch zu den Stabachsen ausführt werden, Änderungen des Verformungsverhaltens durch die Verbindungen (Stoß) sind bei der Berechnung der Stabbeanspruchungen zu berücksichtigen, s. Fachliteratur.

Tafel 12.62 Koppelkräfte F und Übergreifungslängen a bei Koppelträgern mit gleicher Stützweite l und Gleichlast q

Felder-anzahl	Statisches System Durchlaufträger, jeweils nur die Hälfte dargestellt (Symmetrieachse)	Koppelkräfte F = Tafelwert · $q \cdot l$, Übergreifungslänge a = Tafelwert · l				
		F_{Bl} a_{Bl}	F_{Br} a_{Br}	F_{Cl} a_{Cl}	F_{Cr} a_{Cr}	F_{Dl} a_{Dl}
2	A 1 B	0,625 0,10	0,625 0,10			
3	A 1 B 2	0,250 0,10	0,420 0,18			
4	A 1 B 2 C	0,360 0,10	0,442 0,16	0,354 0,10	0,354 0,10	
5	A 1 B 2 C 3	0,330 0,10	0,425 0,17	0,460 0,10	0,330 0,10	
6	A 1 B 2 C 3 D	0,340 0,10	0,423 0,17	0,430 0,10	0,340 0,10	0,430 0,10
≧7	A 1 B 2 C 3 D 4	0,340 0,10	0,423 0,17	0,430 0,10	0,340 0,10	0,430 0,10

12

12.14.2 Nachweis von Verbindungen bei wechselnden Beanspruchungen

nach DIN EN 1995-1-1: 2010-12, 8.1.5

Die charakteristische Tragfähigkeit einer Verbindung in Bauteilen unter wechselnden Beanspruchungen (Vorzeichenwechsel von Zug/Druck) ist bei langer und mittlerer Einwirkungsdauer abzumindern, die Verbindung ist für beide Bemessungswerte nach (12.65) auszulegen; die Verbindungsmittel sind auch für die einzelnen Zug- und Druckkräfte $F_{t,Ed}$ und $F_{c,Ed}$ zu bemessen.

Nur bei langer und mittlerer Lasteinwirkungsdauer:

$$\begin{aligned} F_{Ed} &= F_{t,Ed} + 0,5 \cdot F_{c,Ed} \\ &= F_{c,Ed} + 0,5 \cdot F_{t,Ed} \end{aligned} \qquad (12.65)$$

$F_{t,Ed}$ Bemessungswert der Zugkraft auf die Verbindung
$F_{c,Ed}$ Bemessungswert der Druckkraft auf die Verbindung.

12.14.3 Verschiebungsmoduln K_{ser} und K_u

nach DIN EN 1995-1-1: 2010-12, 7.1

Bei Nachweisen im Grenzzustand der Tragfähigkeit oder der Gebrauchstauglichkeit sind die Verschiebungsmoduln nach Abschn. 12.9.1 zu verwenden. Der Verschiebungsmodul $K_{u,mean}$ wird nach (12.66) ermittelt, der (Anfangs-) Verschiebungsmodul K_{ser} nach Tafel 12.63.

$$K_{u,mean} = \frac{2}{3} \cdot K_{ser} \qquad (12.66)$$

$K_{u,mean}$ Verschiebungsmodul (Mittelwert) einer Verbindung im Grenzzustand der Tragfähigkeit, s. auch Abschn. 12.9.1

K_{ser} (Anfangs-)Verschiebungsmodul im Grenzzustand der Gebrauchstauglichkeit nach Tafel 12.63.

Tafel 12.63 Rechenwerte (Mittelwerte) für Verschiebungsmoduln K_{ser} in N/mm unter Gebrauchslast je Scherfuge stiftförmiger Verbindungsmittel und Dübel besonderer Bauart für Holz-Holz- und Holzwerkstoff-Holz-Verbindungen nach DIN EN 1995-1-1: 2010-12, Tab. 7.1[a, b, c, d]

Verbindungsmittel	Verbindung Holz-Holz, Holz-Holzwerkstoff
Stiftförmige metallische Verbindungsmittel	
Stabdübel, Passbolzen, Bolzen, Gewindestangen[b]	$\varrho_m^{1,5} \cdot d/23$
Holzschrauben	
Nägel in vorgebohrten Löchern	
Nägel in nicht vorgebohrten Löchern	$\varrho_m^{1,5} \cdot d^{0,8}/30$
Klammern	$\varrho_m^{1,5} \cdot d^{0,8}/80$
Dübel besonderer Bauart nach DIN EN 912	
Ringdübel Typ A, Scheibendübel Typ B	$\varrho_m \cdot d_c/2$
Scheibendübel mit Zähnen Typ C1 bis C9	$1,5 \cdot \varrho_m \cdot d_c/4$
Scheibendübel mit Zähnen Typ C10, C11	$\varrho_m \cdot d_c/2$

[a] Hierin bedeuten:
$\varrho_m = \varrho_{mean}$ als Mittelwert der Rohdichte in kg/m³
$= \sqrt{\varrho_{m,1} \cdot \varrho_{m,2}}$ bei unterschiedlichen mittleren Rohdichten $\varrho_{m,1}$ und $\varrho_{m,2}$ von zwei miteinander verbundenen Holzwerkstoffteilen
d Stiftdurchmesser in mm
d_c Dübeldurchmesser in mm
$= \sqrt{a_1 \cdot a_2}$ bei Dübeltyp C3 und C4 nach DIN EN 13271: 2004-02, 6.2 und 6.4.
[b] bei mit Übermaß (Spiel) gebohrten Löchern im Holz von Bolzen- und Gewindestangen (nicht bei eingeklebten Gewindestangen und Passbolzen) ist mit einem zusätzlichen Schlupf von 1 mm zu rechnen, der zu den mit Hilfe des Verschiebungsmoduls ermittelten rechnerischen Verschiebungen jeweils hinzuzufügen ist.
[c] bei Stahlblech-Holz- oder Beton-Holz-Verbindungen sollte K_{ser} mit dem Faktor 2,0 multipliziert werden.
[d] für eingeklebte Stahlstäbe ist nach DIN EN 1995-1-1/NA: 2013-08, 7.1, der Verschiebungsmodul rechtwinklig zur Stabachse K_{ser} wie für Bolzen und Stabdübel anzunehmen.

12.14.4 Drehfederkonstanten

Tafel 12.64 Drehfederkonstanten K_φ (Drehfedersteifigkeiten) für verschiedene Anschlüsse nach *Heimeshoff* und *Franz/Scheer* [5][a]

Anschluss, allgemein	Binder-Stütze	Stütze-Fundament	Rahmenecke (Dübelkreis)

$$K_\varphi = \sum_{i=1}^{n} K_i \cdot r_i^2$$

$$r_i^2 = y_i^2 + z_i^2$$

Schwerpunkt S des Anschlusses:

$$y_s = \frac{\sum_{i=1}^{n} K_i \cdot y_{si}}{\sum_{i=1}^{n} K_i}$$

$$z_s = \frac{\sum_{i=1}^{n} K_i \cdot z_{si}}{\sum_{i=1}^{n} K_i}$$

$$K_\varphi = \frac{K_{\varphi 1} \cdot K_{\varphi 2}}{K_{\varphi 1} + K_{\varphi 2}}$$

$$K_{\varphi 1,2} = K \cdot \sum_{i=1}^{n} r_i^2$$

$$r_i^2 = \sum_{i=1}^{n} (y_i^2 + z_i^2)$$

$K_{\varphi 1}$ Drehfederkonstante Binder-Knotenplatte
$K_{\varphi 2}$ Drehfederkonstante Stütze-Knotenplatte

$$K_\varphi = K \cdot \sum_{i=1}^{n} r_i^2$$

$$r_i^2 = \sum_{i=1}^{n} (y_i^2 + z_i^2)$$

ein Dübelkreis:

$$K_{\varphi 1} = K \cdot n_1 \cdot r_1^2$$

zwei Dübelkreise:

$$K_{\varphi 2} = K \cdot (n_1 \cdot r_1^2 + n_2 \cdot r_2^2)$$

$n_{1,2}$ Anzahl der Dübel im jeweiligen Dübelkreis

Voraussetzungen: K = konstant, $y_s = 0$, $z_s = 0$, symmetrische Anordnung der Verbindungsmittel, beidseitig gleiche Ausführung

[a] Hierin bedeuten:
K_φ Drehfederkonstante (Drehfedersteifigkeit)
K Verschiebungsmoduln nach Abschn. 12.14.3
    = K_d beim Nachweis der Tragfähigkeit nach Abschn. 12.9.1
    = K_d beim Nachweis der Gebrauchstauglichkeit nach Abschn. 12.9.1
y, z Abstände der Verbindungsmittel vom Anschlussschwerpunkt (Schwerpunkt aller Verbindungsmittel im jeweiligen Stabteil)
r Radius vom Anschlussschwerpunkt zu den Verbindungsmitteln.

12.15 Verbindungen mit stiftförmigen metallischen Verbindungsmitteln

12.15.1 Nachweise der Tragfähigkeit von Verbindungen mit stiftförmigen metallischen Verbindungsmitteln auf Abscheren

Die Tragfähigkeit von Verbindungen kann nach den **Regeln der DIN EN 1995-1-1: 2010-12, 8.2**, ermittelt werden unter Beachtung der zusätzlichen Festlegungen dieser Norm für Nägel, Klammern, Bolzen, Passbolzen und Holzschrauben. Alternativ dürfen die **vereinfachten Regeln nach DIN EN 1995-1-1/NA: 2013-08, 8.2**, angewendet werden, die in den folgenden Abschn. 12.15.2 bis 12.15.6 angeführt sind.

Effektive charakteristische Tragfähigkeit $F_{v,ef,Rk}$ einer Verbindungsmittelreihe nach DIN EN 1995-1-1: 2010-12, 8.1.2

Sind in einer Verbindungsmittelreihe **mehrere Verbindungsmittel in Faserrichtung hintereinander** angeordnet, ist die effektive charakteristische Tragfähigkeit $F_{v,ef,Rk}$ nach

(12.67) zu bestimmen, die wirksame Anzahl n_{ef} der Verbindungsmittel kann den einzelnen Abschn. 12.15.3 bis 12.15.6 und Abschn. 12.16 entnommen werden.

$$F_{v,ef,Rk} = n_{ef} \cdot F_{v,Rk} \tag{12.67}$$

$F_{v,ef,Rk}$ effektive charakteristische Tragfähigkeit parallel zu einer Verbindungsmittelreihe, deren Verbindungsmittel in Faserrichtung hintereinander liegend angeordnet sind

$F_{v,Rk}$ charakteristische Tragfähigkeit je Verbindungsmittel in Faserrichtung nach Abschn. 12.15.3 bis 12.15.6 und Abschn. 12.16

n_{ef} wirksame Anzahl der Verbindungsmittel, die in Faserrichtung hintereinander liegen, je Verbindungsmittel nach Abschn. 12.15.3 bis 12.15.6 und Abschn. 12.16.

Für eine **schräg zur Verbindungsmittelreihe wirkende Kraft** ist nachzuweisen, dass die Kraftkomponente in Richtung der Verbindungsmittelreihe kleiner gleich der rechnerischen Tragfähigkeit nach (12.67) ist. Der Nachweis von Bauteilen mit **Schräg- und Queranschlüssen** (Verbindungsmittelkräfte unter einen Winkel α zur Faserrichtung) kann nach Abschn. 12.8.3 erfolgen.

12.15.2 Vereinfachte Ermittlung der Tragfähigkeit von Verbindungen mit stiftförmigen metallischen Verbindungsmitteln auf Abscheren

nach DIN EN 1995-1-1/NA: 2013-08, NA.8.2.4 und NA.8.2.5

Stiftförmige Verbindungsmittel sind Stabdübel, Passbolzen, Bolzen, Gewindebolzen(-stangen), Nägel, Holzschrauben und Klammern, ihre Anordnung darf um $d/2$ versetzt oder nicht versetzt gegenüber den Risslinien bei Einhaltung der Mindestabstände vorgenommen werden, s. Abb. 12.15.

Die **vereinfachte Ermittlung** der Tragfähigkeit bei Beanspruchung rechtwinklig zur Stiftachse (Abscheren) darf wie in diesem Abschnitt dargestellt angewendet werden, sie gilt einheitlich für alle stiftförmigen metallischen Verbindungsmittel, falls keine **genauere (aufwändigere) Ermittlung** nach Abschn. 12.15.1 geführt wird.

Die **charakteristischen Werte der Tragfähigkeit** $F_{\mathrm{v,Rk}}$ für Verbindungen von Bauteilen aus Holz und Holzwerkstoffen mit stiftförmigen metallischen Verbindungsmitteln nach Abschn. 12.15.3 bis 12.15.6 können bei Beanspruchung auf Abscheren nach Tafel 12.65, diejenigen von Stahlblech-Holz-Verbindungen nach Tafel 12.66 bestimmt werden. **Be-**

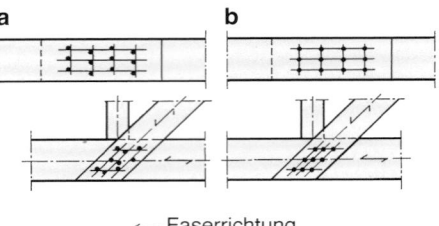

— Faserrichtung

Abb. 12.15 Anordnung stiftförmiger Verbindungsmittel gegenüber den Risslinien, versetzt und nicht versetzt, nach DIN EN 1995-1-1/NA: 2013-08, 8.2.1 (Beispiele). **a** versetzt, **b** nicht versetzt

messungswerte der Tragfähigkeit $F_{\mathrm{v,Rd}}$ nach (12.68) berechnen. Stahlteile sind nach DIN EN 1993 zu bemessen.

$$F_{\mathrm{v,Rd}} = \frac{k_{\mathrm{mod}} \cdot F_{\mathrm{v,Rk}}}{\gamma_{\mathrm{M}}} \qquad (12.68)$$

$F_{\mathrm{v,Rk}}$ charakteristischer Wert der Tragfähigkeit bei Beanspruchung auf Abscheren nach

– Tafel 12.65 für Verbindungen aus Holz- und Holzwerkstoffbauteilen
– Tafel 12.66 für Stahlblech-Holz-Verbindungen

Tafel 12.65 Vereinfachte Ermittlung der charakteristischen Tragfähigkeit $F_{\mathrm{v,Rk}}$ stiftförmiger metallischer Verbindungsmittel in ein- und zweischnittigen Holz-Holz- und Holzwerkstoff-Holz-Verbindungen pro Scherfuge und Verbindungsmittel bei Beanspruchung auf Abscheren nach DIN EN 1995-1-1/NA: 2013-08, NA.8.2.4[a, b, c, e, f]

Charakteristischer Wert der Tragfähigkeit $F_{\mathrm{v,Rk}}$[b, e]
$F_{\mathrm{v,Rk}} = \sqrt{\dfrac{2 \cdot \beta}{1 + \beta}} \cdot \sqrt{2 \cdot M_{\mathrm{y,Rk}} \cdot f_{\mathrm{h,1,k}} \cdot d}$

Mindestdicken bzw. Mindesteindringtiefen für Seitenhölzer und Mittelholz[b, d]	
Mindestdicke $t_{1,\mathrm{req}}$ für das Seitenholz 1 $t_{1,\mathrm{req}} = 1{,}15 \cdot \left(2 \cdot \sqrt{\dfrac{\beta}{1 + \beta}} + 2 \right) \cdot \sqrt{\dfrac{M_{\mathrm{y,Rk}}}{f_{\mathrm{h,1,k}} \cdot d}}$	Holzdicken bzw. Eindringtiefen t_1 und t_2
Mindestdicke $t_{2,\mathrm{req}}$ für das Seitenholz 2 einer einschnittigen Verbindung $t_{2,\mathrm{req}} = 1{,}15 \cdot \left(2 \cdot \dfrac{1}{\sqrt{1 + \beta}} + 2 \right) \cdot \sqrt{\dfrac{M_{\mathrm{y,Rk}}}{f_{\mathrm{h,2,k}} \cdot d}}$	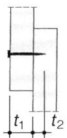 t_1 t_2 einschnittige Verbindung
Mindestdicke $t_{2,\mathrm{req}}$ für Mittelhölzer einer zweischnittigen Verbindung $t_{2,\mathrm{req}} = 1{,}15 \cdot \left(\dfrac{4}{\sqrt{1 + \beta}} \right) \cdot \sqrt{\dfrac{M_{\mathrm{y,Rk}}}{f_{\mathrm{h,2,k}} \cdot d}}$	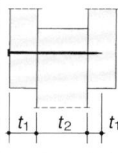 t_1 t_2 t_1 zweischnittige Verbindung

Reduzierter charakteristischer Wert der Tragfähigkeit $F_{\mathrm{v,Rk,red}}$ bei Holzdicken bzw. Eindringtiefen t_1, t_2 kleiner als Mindestdicken bzw. Mindesteindringtiefen $t_{1,\mathrm{req}}$, $t_{2,\mathrm{req}}$[d]
$F_{\mathrm{v,Rk,red}} = F_{\mathrm{v,Rk}} \cdot t_1 / t_{1,\mathrm{req}}$ oder $F_{\mathrm{v,Rk,red}} = F_{\mathrm{v,Rk}} \cdot t_2 / t_{2,\mathrm{req}}$, der kleinere Wert ist maßgebend

Tafel 12.65 (Fortsetzung)

[a] Hierin bedeuten:

t_1, t_2 Holz- oder Holzwerkstoffdicken oder Eindringtiefe des Verbindungsmittels (kleinerer Wert ist maßgebend)

$f_{h,1,k}$, $f_{h,2,k}$ charakteristischer Wert der Lochleibungsfestigkeit im Holz 1 bzw. 2 je nach stiftförmigem Verbindungsmittel in Abschn. 12.15.3 bis 12.15.6

$\beta = f_{h,2,k}/f_{h,1,k}$

d Durchmesser des Verbindungsmittels

$M_{y,Rk}$ charakteristischer Wert des Fließmomentes des Verbindungsmittels je nach stiftförmigem Verbindungsmittel in Abschn. 12.15.3 bis 12.15.6.

[b] die Mindestholzdicken bzw. Mindesteindringtiefen $t_{1,req}$ bzw. $t_{2,req}$ sind bei Verwendung von $F_{v,Rk}$ einzuhalten; sind sie geringer. ist der reduzierte charakteristische Wert $F_{v,Rk,red}$ maßgebend.

[c] zusätzliche Festlegungen für stiftförmige Verbindungsmittel in den Abschn. 12.15.3 bis 12.15.6 bei Beanspruchung auf Abscheren einhalten.

[d] Mindestdicken und -abmessungen tragender einteiliger Einzelquerschnitte aus Voll- und Brettschichtholz nach Tafel 12.13 sowie tragender/aussteifender Holzwerk- und Gipswerkstoffplatten nach DIN EN 1995-1-1/NA: 2013-08, 3.4 und 3.5. stets einhalten.

[e] Bemessungswerte der Tragfähigkeit $R_{v,Rd}$ nach (12.68).

[f] Nachweise der effektiven charakteristischen Tragfähigkeit $F_{v,ef,Rk}$ einer Verbindungsmittelreihe, in der mehrere Verbindungsmittel in Faserrichtung hintereinander liegen, nach (12.67).

k_{mod} Modifikationsbeiwert für Holz bzw. Holzwerkstoffe nach Tafel 12.5,

– für unterschiedliche k_{mod}-Werte der miteinander verbundenen Bauteile ($k_{mod,1}$ und $k_{mod,2}$) in Holzwerkstoff-Holz-Verbindungen darf angenommen werden:

$$k_{mod} = \sqrt{k_{mod,1} \cdot k_{mod,2}}$$

– bei Stahlblech-Holz-Verbindungen ist der k_{mod}-Wert für das Holz oder den Holzwerkstoff einzusetzen

γ_M Teilsicherheitsbeiwert für auf Biegung beanspruchte stiftförmige Verbindungsmittel aus Stahl nach Tafel 12.12 (vereinfachte Ermittlung)

$$\gamma_M = 1,1$$

Tafel 12.66 Vereinfachte Ermittlung der charakteristischen Tragfähigkeit $F_{v,Rk}$ stiftförmiger metallischer Verbindungsmittel in Stahlblech-Holz-Verbindungen pro Scherfuge und Verbindungsmittel bei Beanspruchung auf Abscheren nach DIN EN 1995-1-1/NA: 2013-08, NA.8.2.5[a, b, c, d, g, h]

Charakteristischer Wert der Tragfähigkeit $F_{v,Rk}$ für Verbindungen[b]

mit innen liegenden Stahlblechen oder außen liegenden dicken Stahlblechen	mit außen liegenden dünnen Stahlblechen
$F_{v,Rk} = \sqrt{2} \cdot \sqrt{2 \cdot M_{y,Rk} \cdot f_{h,k} \cdot d}$	$F_{v,Rk} = \sqrt{2 \cdot M_{y,Rk} \cdot f_{h,k} \cdot d}$

Mindestholzdicken bzw. Eindringtiefen t_{req}[b, c]

für alle Hölzer	für Mittelhölzer mit zweischnittig beanspruchten Verbindungsmitteln
$t_{req} = 1,15 \cdot 4 \cdot \sqrt{\dfrac{M_{y,Rk}}{f_{h,k} \cdot d}}$	$t_{req} = 1,15 \cdot (2 \cdot \sqrt{2}) \cdot \sqrt{\dfrac{M_{y,Rk}}{f_{h,k} \cdot d}}$
	für alle anderen Fälle
	$t_{req} = 1,15 \cdot (2 + \sqrt{2}) \cdot \sqrt{\dfrac{M_{y,Rk}}{f_{h,k} \cdot d}}$

Reduzierter charakteristischer Wert der Tragfähigkeit $F_{v,Rk,red}$

$F_{v,Rk,red} = F_{v,Rk} \cdot t/t_{req}$ bei einer Holzdicke t kleiner als die Mindestholzdicke t_{req}[c]

Dicke und dünne Stahlbleche nach DIN EN 1995-1-1: 2010-12, 8.2.3[d]

„dicke" Stahlbleche liegen vor, wenn $t_s \geq d$ oder[e]
„dünne" Stahlbleche liegen vor, wenn $t_s \leq 0,5d$
für $0,5d < t_s < d$ darf geradlinig interpoliert werden[f]

Stahlblech-Holz-Verbindungen (Beispiele)

einschnittig, ein Stahlblech außen liegend	einschnittig, je ein Stahlblech außen liegend	zweischnittig, ein Stahlblech innen liegend	zweischnittig, je ein Stahlblech außen liegend
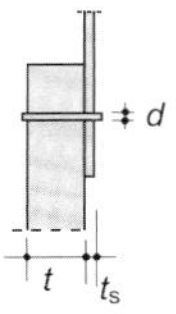 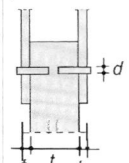		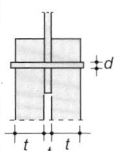	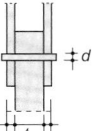

Tafel 12.66 (Fortsetzung)

[a] Hierin bedeuten:

t der kleinere Wert der Seitenholzdicke/Holzdicke oder der Eindringtiefe

t_s Stahlblechdicke

$f_{h,k}$ charakteristischer Wert der Lochleibungsfestigkeit im Holz je nach geeignetem stiftförmigen Verbindungsmittel der Abschn. 12.15.3 bis 12.15.6

d Durchmesser des Verbindungsmittels

$M_{y,Rk}$ charakteristischer Wert des Fließmomentes je nach geeignetem stiftförmigen Verbindungsmittel der Abschn. 12.15.3 bis 12.15.6.

[b] die Mindestholzdicken sind bei Verwendung von $F_{v,Rk}$ einzuhalten, sind sie geringer, ist der reduzierte charakteristische Wert $F_{v,Rk,red}$ maßgebend.

[c] Mindestdicken und -abmessungen tragender einteiliger Einzelquerschnitte aus Voll- und Brettschichtholz nach Tafel 12.13 stets einhalten.

[d] zusätzliche Festlegungen für geeignete stiftförmige Verbindungsmittel der Abschn. 12.15.3 bis 12.15.6 sind einzuhalten.

[e] die Annahme „dicker" Stahlbleche gilt nach DIN EN 1995-1-1/NA: 2013-08, 8.3.1.4 weiter als erfüllt für Stahlbleche mit einer Dicke $d \geq 2$ mm, die mit profilierten Nägeln (Sondernägeln) der Tragfähigkeitsklasse 3 und mit Nageldurchmessern $d \leq 2 \cdot t_s$ angeschlossen sind.

[f] bei Stahlblechdicken $0,5d < t < d$ gilt: der $F_{v,Rk}$-Wert von Verbindungen mit Stahldicken zwischen einem dünnen und einem dicken Blech ist durch geradlinige Interpolation zwischen den Grenzwerten für dünne und dicke Bleche zu bestimmen, vereinfachend dürfen in diesen Fällen nach DIN EN 1995-1-1: 2013-08, NA.8.2.5 die Mindestholzdicken t_{req} nach den Gleichungen für außen liegende dicke Stahlbleche und außen liegende dünne Stahlbleche (Mittelholz) ermittelt und geradlinig interpoliert werden.

[g] Bemessungswerte der Tragfähigkeit $R_{v,Rd}$ nach (12.68).

[h] Nachweise der effektiven charakteristischen Tragfähigkeit $F_{v,ef,Rk}$ einer Verbindungsmittelreihe, in der mehrere Verbindungsmittel in Faserrichtung hintereinander liegen, nach (12.67).

Blockscherversagen (Scher- oder Zugversagen) bei Stahlblech-Holz-Verbindungen mit mehreren stiftförmigen Verbindungsmitteln, die nahe am Hirnholzende durch eine Kraftkomponente in Faserrichtung beansprucht werden, sollte nach DIN EN 1995-1-1: 2010-12, Anhang A und DIN EN 1995-1-1/A2: 2014-07 untersucht werden.

12.15.3 Stabdübel- und Passbolzenverbindungen

12.15.3.1 Stabdübelverbindungen bei Beanspruchung auf Abscheren (rechtwinklig zur Stabdübelachse)

Charakteristische Werte $F_{v,Rk}$ und Bemessungswerte $F_{v,Rd}$ der Tragfähigkeit von Stabdübelverbindungen sind bei Beanspruchung auf Abscheren nach Abschn. 12.15.2 zu ermitteln, für ausgesuchte Stabdübelverbindungen sind charakteristische Werte der Tragfähigkeit $F_{v,Rk}$ in Tafel 12.72 errechnet.

Tafel 12.67 Zulässige Durchmesser, Anzahl, Scherflächen, Bohrlöcher und Vorzugsmaße von Stabdübeln bei tragenden Stabdübelverbindungen nach DIN EN 1995-1-1: 2010-12, 8.6 und DIN EN 1995-1-1/NA: 2013-08, 8.6 [a, c]

(Nenn-)Durchmesser d in mm		Anzahl[a]	Scherflächen	Bohrlochdurchmesser im Holz[b]
min	max	min	min	
$d \geq 6$[d]	$d \leq 30$	$n \geq 2$	$n \geq 4$	d

Vorzugsmaße für Stabdübel nach DIN 1052: 2008-12. Anhang G.3.1

Durchmesser d in mm	8	10	12	16	20	24
Abfasung f in mm	1	1,5	2	2,5	3	3,5

[a] Verbindungen mit einem Stabdübel sind zulässig, wenn der charakteristische Wert der Tragfähigkeit $F_{v,Rk}$ nur zur Hälfte rechnerisch angesetzt wird.

[b] bei Stahlblech-Holzverbindungen dürfen die Löcher im Stahlteil bis zu $(d + 1)$ mm größer sein als der Nenndurchmesser des Stabdübels.

[c] bei außen liegenden Stahlblechen sind anstelle der Stabdübeln Passbolzen zu verwenden, dabei muss zur Aufnahme von Lochleibungskräften der volle Schaftquerschnitt (ohne Gewinde) des Passbolzens auf der erforderlichen Länge vorhanden sein.

[d] nach DIN EN 1995-1-1: 2010-12, 10.4.4 beträgt der kleinste Durchmesser der Stabdübel und Passbolzen $d = 6$ mm.

Tafel 12.68 Charakteristische Werte der Lochleibungsfestigkeit für Holzbaustoffe sowie charakteristische Werte des Fließmomentes und der Stahlfestigkeiten für Stabdübel nach DIN EN 1995-1-1: 2010-12, 8.5.1.1, 8.5.1.2 und 8.6[a]

Charakteristische Werte $f_{h,k}$ der Lochleibungsfestigkeit in N/mm^2			
für Holz[b] und Furnierschichtholz LVL nach DIN EN 14374			
für Kraft-Faserwinkel $\alpha = 0°$	$f_{h,0,k} = 0{,}082 \cdot (1 - 0{,}01 \cdot d) \cdot \varrho_k$		
für Kraft-Faserwinkel $0° < \alpha \leq 90°$	$f_{h,\alpha,k} = \dfrac{f_{h,0,k}}{k_{90} \cdot \sin^2 \alpha + \cos^2 \alpha}$		
mit den Beiwerten k_{90}			
für Nadelhölzer	$k_{90} = 1{,}35 + 0{,}015 \cdot d$		
für Laubhölzer	$k_{90} = 0{,}90 + 0{,}015 \cdot d$		
für Furnierschichtholz LVL	$k_{90} = 1{,}30 + 0{,}015 \cdot d$		
für Sperrholz[c]			
bei allen Winkeln α Kraft- zur Faserrichtung der Deckfurniere	$f_{h,k} = 0{,}11 \cdot (1 - 0{,}01 \cdot d) \cdot \varrho_k$		
für OSB-Platten und Spanplatten[c]			
bei allen Winkeln α Kraft- zur Faserrichtung der Decklagen (OSB)	$f_{h,k} = 50 \cdot d^{-0{,}6} \cdot t^{0{,}2}$		
Charakteristischer Wert $M_{y,Rk}$ des Fließmomentes in Nmm[d]			
für Stabdübel aus Stahl mit kreisförmigem Querschnitt	$M_{y,Rk} = 0{,}3 \cdot f_{u,k} \cdot d^{2,6}$		
Charakteristische Werte der Festigkeiten $f_{u,k}$ des Stahles für Stabdübel[f, g]			
Stahlsorte nach DIN EN 10 025-2: 2005-04	S235	S275	S355
charakteristische Zugfestigkeit $f_{u,k}$ in N/mm^2	360[e]	410[e]	470[e]

[a] Hierin bedeuten:
α Winkel zwischen Kraft- und Faserrichtung
d Stabdübeldurchmesser in mm
$f_{h,0,k}$ charakteristischer Wert der Lochleibungsfestigkeit in Faserrichtung des Holzes in N/mm^2
$f_{u,k}$ charakteristischer Wert der Zugfestigkeit des Stahles in N/mm^2
t Dicke der Platten in mm
ϱ_k charakteristischer Wert der Rohdichte in kg/m^3 nach Abschn. 12.3.1.
[b] für Hölzer nach Abschn. 12.3.1.
[c] für Holzwerkstoffe nach DIN EN 1995-1-1: 2010-12.
[d] bei Gewindestangen des Abschn. 12.15.4 sind nach DIN EN 1995-1-1/NA: 2013-08, 8.5, die charakteristischen Werte des Fließmomentes mit d als Mittelwert aus Kerndurchmesser und Gewindeaußendurchmesser zu bestimmen.
[e] Mindestzugfestigkeit für Nenndicken ≥ 3 mm bis ≤ 100 mm nach DIN EN 10 025-2.
[f] Festlegung der Stahlsorten von Stabdübel nach DIN EN 14592.
[g] charakteristische Werte der Stahlfestigkeiten für Passbolzen s. Tafel 12.74.

Die **wirksame Anzahl** n_{ef} von n Stabdübel, die in Kraft- und Faserrichtung hintereinander liegen, kann nach Tafel 12.69 errechnet werden, die zusätzliche Angaben in Tafel 12.70 sollten beachtet werden. Der Nachweis der ef- fektiven charakteristischen Tragfähigkeit $F_{v,ef,Rk}$ **einer Verbindungsmittelreihe**, in der mehrere Verbindungsmittel wie Stabdübel in Faserrichtung hintereinander liegen, kann nach (12.67) geführt werden.

Tafel 12.69 Wirksame Anzahl n_{ef} bei n in Faserrichtung des Holzes hintereinander liegenden Stabdübeln nach DIN EN 1995-1-1: 2010-12, 8.5.1.1 und 8.6[a]

Bei Kräften in Faserrichtung des Holzes $\alpha = 0°$		
1	$n_{ef} = \min \left\{ n \text{ oder } n^{0{,}9} \cdot \sqrt[4]{\dfrac{a_1}{13 \cdot d}} \right\}$	n Anzahl der Stabdübel, die in einer Reihe in Faserrichtung hintereinander liegen d Durchmesser der stiftförmigen Verbindungsmittel
Bei Kräften rechtwinklig zur Faserrichtung des Holzes $\alpha = 90°$		
2	$n_{ef} = n$	a_1 Abstand der stiftförmigen Verbindungsmittel untereinander in Faserrichtung des Holzes[b, c]
Bei Kraft-Faser-Winkeln $0° < \alpha < 90°$		
3	Zwischenwerte linear interpolieren zwischen den Werten nach Gleichungen in Zeile 1 und 2	α Winkel zwischen Kraft- und Faserrichtung

[a] die zusätzlichen Angaben in Tafel 12.70 sollten beachtet werden.
[b] bei Stabdübeln darf für a_1 nach DIN EN 1995-1-1/NA: 2013-08, 8.6, (NA.9), bei Winkeln $0° < \alpha < 90°$ auch der Mindestabstand a_1 für $\alpha = 0°$ nach Tafel 12.71 eingesetzt werden.
[c] bei Bolzen darf für a_1 nach DIN EN 1995-1-1/NA: 2013-08, 8.5, (NA.7), sinngemäß wie unter Fußnote [b] verfahren werden mit einem Mindestabstand a_1 für $\alpha = 0°$ nach Tafel 12.75.

Tafel 12.70 Wirksame Anzahl n_{ef}, zusätzliche Angaben für Stabdübel nach DIN EN 1995-1-1/NA: 2013-08, 8.6

Wirksame Anzahl $n_{\mathrm{ef}} = n$ darf gesetzt werden	
1	(mit n als Anzahl der vorhandenen Stabdübel) – bei Verhinderung des Spaltens des Holzes durch eine Verstärkung rechtwinklig zur Faserrichtung[a] – in den Fugen nachgiebig verbundener Bauteile[a] – in Verbindungen zwischen Rippen und Beplankung aussteifender Scheiben[a] – in biegesteifen Verbindungen mit einem Stabdübelkreis – in biegesteifen Verbindungen mit mehreren Stabdübelkreisen (z. B. Rahmenecken), wenn das Spalten des Holzes durch eine Verstärkung rechtwinklig zur Faserrichtung verhindert wird

Wirksame Anzahl $n_{\mathrm{ef}} = 0{,}85 \cdot n$ muss gesetzt werden	
2	– in biegesteifen Verbindungen mit mehreren Stabdübelkreisen (z. B. Rahmenecken) mit n als Gesamtanzahl der Stabdübel in den Stabdübelkreisen

[a] gilt auch für Bolzen und Gewindestangen nach DIN EN 1995-1-1/NA: 2013-08, 8.5.3.

Tafel 12.71 Mindestabstände von Stabdübeln nach DIN EN 1995-1-1/A2: 2014-07, 12, Tab. 8.5[a]

Bezeichnungen nach Abb. 12.16	Benennung der Bezeichnungen	Winkel α	Mindestabstände
a_1	untereinander in (parallel zur) Faserrichtung	$0° \leq \alpha \leq 360°$	$(3 + 2 \cdot |\cos\alpha|) \cdot d$
a_2	untereinander rechtwinklig zur Faserrichtung	$0° \leq \alpha \leq 360°$	$3 \cdot d$
$a_{3,\mathrm{t}}$	vom beanspruchten Hirnholzende	$-90° \leq \alpha \leq 90°$	$\max(7 \cdot d \text{ oder } 80\,\mathrm{mm})$
$a_{3,\mathrm{c}}$	vom unbeanspruchten Hirnholzende	$90° \leq \alpha \leq 150°$	$a_{3,\mathrm{t}} \cdot |\sin\alpha|$
		$150° \leq \alpha \leq 210°$	$\max(3{,}5 \cdot d \text{ oder } 40\,\mathrm{mm})$
		$210° \leq \alpha \leq 270°$	$a_{3,\mathrm{t}} \cdot |\sin\alpha|$
$a_{4,\mathrm{t}}$	vom beanspruchten Rand	$0° \leq \alpha \leq 180°$	$\max[(2 + 2 \cdot \sin\alpha) \cdot d \text{ oder } 3 \cdot d]$
$a_{4,\mathrm{c}}$	vom unbeanspruchten Rand	$180° \leq \alpha \leq 360°$	$3 \cdot d$

[a] Hierin bedeuten:
α Winkel zwischen Kraft- und Faserrichtung
d Nenndurchmesser des Stabdübels.

Abb. 12.16 Definition der Verbindungsmittelabstände nach DIN EN 1995-1-1: 2010-12, 8.3.1.2, Bild 8.7

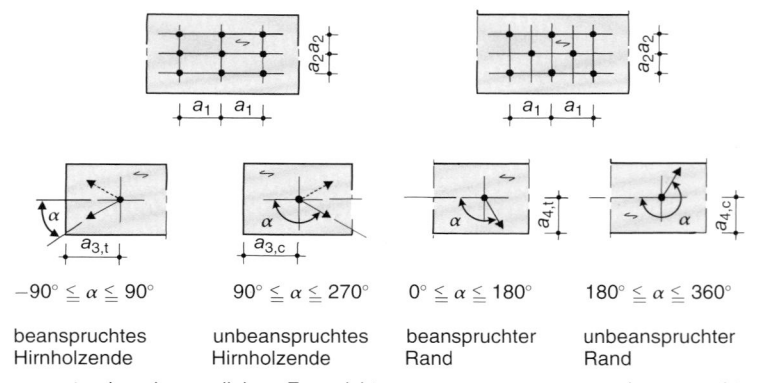

$-90° \leq \alpha \leq 90°$ $90° \leq \alpha \leq 270°$ $0° \leq \alpha \leq 180°$ $180° \leq \alpha \leq 360°$

beanspruchtes   unbeanspruchtes   beanspruchter   unbeanspruchter
Hirnholzende   Hirnholzende   Rand   Rand

a_1 untereinander parallel zur Faserrichtung $a_{3,\mathrm{c}}$ vom unbeanspruchten Hirnholzende
a_2 untereinander rechtwinklig zur Faserrichtung $a_{4,\mathrm{t}}$ vom beanspruchten Rand
$a_{3,\mathrm{t}}$ vom beanspruchten Hirnholzende $a_{4,\mathrm{c}}$ vom unbeanspruchten Rand

Bei außen liegenden Stahlblechen sind nach DIN EN 1995-1-1/NA: 2013-08, 8.6, Passbolzen anstelle von Stabdübeln zur Sicherung der Verbindung einsetzen, dabei muss der volle Schaftquerschnitt des Passbolzens (ohne Gewinde) auf der erforderlichen Länge vorhanden sein.

Bei der Bemessung von Bauteilen sind **Querschnittsschwächungen** durch Stabdübel nach Abschn. 12.4.3.1 zu ermitteln. Der Nachweis von Bauteilen mit **Schräg- und Queranschlüssen** (Verbindungsmittelkräfte unter einen Winkel α zur Faserrichtung) kann nach Abschn. 12.8.3 erfolgen.

Ein **Beispiel** zur Bemessung einer Verbindung mit Stabdübeln ist in [11], Holzbau, Abschn. 2.9, angeführt.

Tafel 12.72 Charakteristische Werte der Tragfähigkeit $F_{v,Rk}$ von Stabdübeln in Holz-Holz-Verbindungen pro Scherfuge und Verbindungsmittel bei Beanspruchung auf Abscheren für ausgesuchte Verhältnisse nach DIN EN 1995-1-1/NA: 2013-08, NA.8.2.4 und 8.6, errechnet nach Tafel 12.65 und 12.68[a–d, f]

Stabdübel S235	Stahlfestigkeit $f_{uk} = 360\,\text{N/mm}^2$
Nadelvollholz C24[d]	Rohdichte $\varrho_k = 350\,\text{kg/m}^3$

einschnittige Verbindung 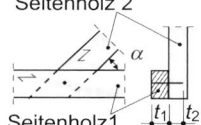   zweischnittige Verbindung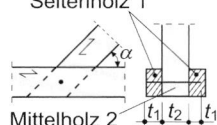

α_1 Winkel zwischen Kraft- und Faserrichtung des Seitenholzes 1
α_2 Winkel zwischen Kraft- und Faserrichtung des Seitenholzes 2 bzw. des Mittelholzes 2
   $= 0°$ für Seitenholz 2 bzw. Mittelholz 2 dieser Tafel

Winkel $\alpha = \alpha_1$	$F_{v,Rk}$[c, f]	$t_{1,req}$ Seitenholz 1[c]	$t_{2,req}$ Seitenholz 2[c]	$t_{2,req}$ Mittelholz[c, e]	$F_{v,Rk}$[c, f]	$t_{1,req}$ Seitenholz 1[c]	$t_{2,req}$ Seitenholz 2[c]	$t_{2,req}$ Mittelholz[c, e]
	in kN	in mm	in mm	in mm	in kN	in mm	in mm	in mm
	d = 10 mm				**d = 12 mm**			
0°	4.71	51	51	42	6.47	59	59	49
15°	4.67	52	51	42	6.41	61	59	49
30°	4.57	54	50	41	6.27	64	59	48
45°	4.44	58	49	40	6.08	68	58	46
60°	4.33	61	49	39	5.91	72	57	45
75°	4.24	64	49	38	5.79	75	57	44
90°	4.22	65	48	38	5.75	76	57	44
	d = 16 mm				**d = 20 mm**			
0°	10.61	76	76	63	15.47	94	94	78
15°	10.51	78	76	63	15.31	96	93	77
30°	10.24	83	75	61	14.88	102	92	75
45°	9.90	89	74	59	14.35	111	91	72
60°	9.60	95	73	57	13.87	119	90	69
75°	9.40	99	73	56	13.55	124	89	68
90°	9.32	101	73	56	13.44	126	88	67
	d = 24 mm							
0°	20,94	111	111	92				
15°	20,69	114	111	91				
30°	20,07	123	109	88				
45°	19,30	133	107	85				
60°	18,61	143	106	82				
75°	18,15	150	105	80				
90°	17,99	153	105	79				

[a] Hierin bedeuten:
  d Stabdübeldurchmesser in mm
  α Winkel zwischen Kraft- und Faserrichtung
  $t_{1,req}$, $t_{2,req}$ Mindestdicke der Seitenhölzer bzw. des Mittelholzes nach Tafel 12.65.
[b] für Hölzer nach Abschn. 12.3.1.
[c] für andere Holz-Festigkeitsklassen (mit Rohdichten $\varrho_k > 350\,\text{kg/m}^3$) und andere Stahlsorten (mit Stahlfestigkeiten $f_{u,k} > 360\,\text{N/mm}^2$) gilt:
  – $F_{v,Rk}$ multiplizieren mit dem Beiwert $k_{v,Rk} = \sqrt{\dfrac{\varrho_k}{350} \cdot \dfrac{f_{u,k}}{360}}$
  – t_{req} multiplizieren mit dem Beiwert $k_{treq} = \sqrt{\dfrac{350}{\varrho_k} \cdot \dfrac{f_{u,k}}{360}}$.
[d] Werte gelten für gleiches Holz in beiden Seitenhölzer bzw. im Mittelholz.
[e] Angaben für $t_{2,req}$ gelten für Mittelholz (Stab 2) mit höherer Lochleibungsfestigkeit (gegenüber Seitenhölzer Stäbe 1), andernfalls gesonderte Berechnung für $t_{2,req}$ (Mittelholz) führen.
[f] Bemessungswerte der Tragfähigkeit nach (12.68).

12.15.3.2 Passbolzenverbindungen bei Beanspruchung auf Abscheren (rechtwinklig zur Passbolzenachse) und Herausziehen (in Richtung der Passbolzenachse)

Passbolzen sind Stabdübel mit Kopf, Mutter und zugehörigen Unterlegscheiben, sie unterliegen denselben Anforderungen wie Stabdübel bei Beanspruchung $F_{v,Rk}$ auf Abscheren nach Abschn. 12.15.3.1 mit Ausnahme der Stahlfestigkeiten, die wie für Bolzen nach Tafel 12.74 anzunehmen sind. Unterlegscheiben nach Tafel 12.76 können auch bei Passbolzen eingesetzt werden.

Darüber hinaus darf bei Passbolzen nach DIN EN 1995-1-1/NA: 2013-08, 8.6, die charakteristische Tragfähigkeit $F_{v,Rk}$ bei Beanspruchung auf Abscheren um den Anteil $\Delta F_{v,Rk} = \min\{0{,}25 \cdot F_{v,Rk} \text{ oder } 0{,}25 \cdot F_{ax,Rk}\}$ erhöht werden mit $F_{ax,Rk}$ als charakteristische Tragfähigkeit des Passbolzens in Richtung der Passbolzenachse sinngemäß nach Abschn. 12.15.4.2.

12.15.4 Bolzen- und Gewindestangenverbindungen

12.15.4.1 Bolzen- und Gewindestangenverbindungen bei Beanspruchung rechtwinklig zur Stiftachse (Abscheren)

Tragende Bolzen- und Gewindestangenverbindungen dürfen nach DIN EN 1995-1-1/NA: 2013-08, 8.5.3, nicht in Dauerbauten mit der Forderung nach Steifigkeit und Formbeständigkeit eingesetzt werden. **Gewindestangen** sind Gewindebolzen nach DIN 976-1.

Heftbolzen dienen nur zur Lagesicherung von Bauteilen, sie übertragen keine planmäßigen Beanspruchungen. Die Bestimmungen für Stabdübelverbindungen nach Abschn. 12.15.3.1 gelten sinngemäß, sofern im Folgenden nichts anderes festgelegt ist.

Tafel 12.73 Zulässige Durchmesser, Anzahl, Scherflächen und Bohrlochdurchmesser für Bolzen und Gewindestangen nach DIN EN 1995-1-1/NA: 2013-08, 8.5.3 und DIN EN 1995-1-1: 2010-12, 10.4.3[a]

	Durchmesser		Anzahl[b]	Scherflächen	Bohrlochdurchmesser
	min	max	min	min	im Holz[d, e]
Bolzen	$d \geq 6\,\text{mm}$	$d \leq 30\,\text{mm}$	$n \geq 2$	$n \geq 4$	$\leq (d + 1\,\text{mm})$
Gewindestangen[c, d]	$d \geq M\,6$	$d \leq M\,30$			

[a] Hierin bedeuten:

d Nenndurchmesser: bei Bolzen: Durchmesser des glatten Schaftes, bei Gewindestangen: Gewindeaußendurchmesser.

[b] Verbindungen mit einem Bolzen oder einer Gewindestange sind zulässig, wenn der charakteristische Wert der Tragfähigkeit $F_{v,Rk}$ nur zur Hälfte rechnerisch angesetzt wird.

[c] Gewindebolzen mit metrischem Gewinde nach DIN 976-1.

[d] bei Gewindestangen dürfen die Durchmesser der Löcher max. 1 mm größer sein als der Nenndurchmesser der Gewindestange.

[e] bei Stahlblech-Holzverbindungen sollten die Bolzenlöcher in Stahlblechen einen Durchmesser haben, der nicht mehr als max($d + 2\,\text{mm}$ oder $0{,}1 \cdot d$) größer sein darf als der Nenndurchmesser.

Tafel 12.74 Charakteristische Werte der Stahlfestigkeiten für Bolzen und Gewindestangen der DIN EN 1995-1-1: 2010-12, 8.5, DIN EN 1995-1-1/NA: 2013-08, 8.5 und DIN 1052-10: 2012-05, 4.3

Charakteristische Werte der Stahlfestigkeiten für Bolzen[a]				
Festigkeitsklasse nach DIN EN ISO 898-1: 2013-05	4.6	4.8	5.6	8.8
Charakteristische Festigkeit $f_{u,k}$ in N/mm^2	400	400	500	800
Charakteristische Streckgrenze $f_{y,k}$ in N/mm^2	240	320	300	640
Charakteristische Werte der Stahlfestigkeiten für Gewindestangen[b, c]				
Festigkeitsklasse nach DIN EN ISO 898-1: 2009-08	4.8	5.6	5.8	8.8
Charakteristische Festigkeit $f_{u,k}$ in N/mm^2	400	500	500	800
Charakteristische Streckgrenze $f_{y,k}$ in N/mm^2	320	300	400	640

[a] Festlegung der Stahlsorten von Bolzen nach DIN EN 14592, nach DIN EN ISO 4014, DIN EN ISO 4016, DIN EN ISO 4017, DIN EN ISO 4018 und nach DIN EN ISO 898-1.

[b] Gewindebolzen mit metrischem Gewinde nach DIN 976-1.

[c] Stahlfestigkeiten nach DIN 1052-10: 2012-05, Tab. 1.

Tafel 12.75 Mindestabstände von Bolzen nach DIN EN 1995-1-1: 2010-12, 8.5, Tab. 8.4[a, b]

Bezeichnungen nach Abb. 12.16	Benennung der Bezeichnungen	Winkel α	Mindestabstände
a_1	untereinander in (parallel zur) Faserrichtung	$0° \leq \alpha \leq 360°$	$(4 + |\cos\alpha|) \cdot d$
a_2	untereinander rechtwinklig zur Faserrichtung	$0° \leq \alpha \leq 360°$	$4 \cdot d$
$a_{3,t}$	vom beanspruchten Hirnholzende	$-90° \leq \alpha \leq 90°$	$\max(7 \cdot d \text{ oder } 80\,\text{mm})$
$a_{3,c}$	vom unbeanspruchten Hirnholzende	$90° \leq \alpha < 150°$	$(1 + 6 \cdot \sin\alpha) \cdot d$
		$150° \leq \alpha < 210°$	$4 \cdot d$
		$210° \leq \alpha \leq 270°$	$(1 + 6 \cdot |\sin\alpha|) \cdot d$
$a_{4,t}$	vom beanspruchten Rand	$0° \leq \alpha \leq 180°$	$\max[(2 + 2 \cdot \sin\alpha) \cdot d \text{ oder } 3 \cdot d]$
$a_{4,c}$	vom unbeanspruchten Rand	$180° \leq \alpha \leq 360°$	$3 \cdot d$

[a] Hierin bedeuten:
α Winkel zwischen Kraft- und Faserrichtung
d Nenndurchmesser: bei Bolzen: Durchmesser des glatten Schaftes, bei Gewindestangen: Gewindeaußendurchmesser.
[b] und für Gewindestangen nach DIN 976-1.

Charakteristische Werte $F_{v,Rk}$ und Bemessungswerte $F_{v,Rd}$ der Tragfähigkeit von Bolzen- und Gewindestangenverbindungen bei Beanspruchung auf Abscheren nach Abschn. 12.15.3.1 berechnen mit den Lochleibungsfestigkeiten für Stabdübel sowie dem Fließmoment für Bolzen und Gewindestangen sinngemäß nach Tafel 12.68 und den Stahlfestigkeiten nach Tafel 12.74, darüber hinaus darf $F_{v,Rk}$ um $\Delta F_{v,Rk} = \min(0{,}25 \cdot F_{v,Rk} \text{ oder } 0{,}25 \cdot F_{ax,Rk})$ mit $F_{ax,Rk}$ als charakteristischer Tragfähigkeit des Bolzens in Richtung der Bolzenachse nach DIN EN 1995-1-1/NA: 2013-08 erhöht werden.

Anziehen von Bolzen ist nach DIN EN 1995-1-1: 2010-12, 10.4.3, so vorzunehmen, dass die Bauteile eng aneinander liegen. **Nachziehen von Bolzen** sollte bei Bedarf durchgeführt werden, wenn die Ausgleichsfeuchte des Holzes erreicht ist, damit die Tragfähigkeit und Steifigkeit der Konstruktion gewährleistet sind.

12.15.4.2 Bolzen- und Gewindestangenverbindungen bei Beanspruchung auf Herausziehen (in Richtung der Bolzenachse)

Bolzen und Gewindestangen dürfen neben der Beanspruchung auf Abscheren zusätzlich in Richtung der Bolzenachse mit $F_{ax,Rk}$ belastet werden. Die **Tragfähigkeit $F_{ax,Rk}$ in Richtung der Bolzenachse** sollte nach DIN EN 1995-1-1: 2010-12, 8.5.2, als der kleinere Wert aus der Zugfestigkeit des Bolzens (Nachweis nach Eurocode 3) und aus der Tragfähigkeit der Unterlegscheibe oder (bei Stahlblech-Holz-Verbindungen) des Stahlblechs (Nachweis der Drucktragfähigkeit rechtwinklig zur Faserrichtung nach Abschn. 12.5.2.2 und ggf. der Unterlegscheibe nach Eurocode 3) bestimmt werden. Unterlegscheiben für Bolzen sind in Tafel 12.76 angeführt.

Die **Tragfähigkeit einer Unterlegscheibe** sollte für eine charakteristische (Quer-)Druckfestigkeit von $3{,}0 \cdot f_{c,90,k}$ in

Tafel 12.76 Mindestmaße und Vorzugsmaße für Unterlegscheiben von Bolzen, Passbolzen und Gewindestangen der DIN EN 1995-1-1: 2010-12 und DIN EN 1995-1-1/NA: 2013-08

Mindestmaße für Unterlegscheiben von Bolzen, Passbolzen und Gewindestangen nach DIN EN 1995-1-1: 2010-12, 10.4.3	
Außendurchmesser d_a[a]	$\geq 3 \cdot d$[b]
Scheibendicke s	$\geq 0{,}3 \cdot d$[b]

Vorzugsmaße für Unterlegscheiben von Bolzen, Passbolzen[c] und Gewindestangen nach DIN 1052: 2008-12, G.3.4

Schraubenbolzen	M12	M16	M20	M22	M24
Unterlegscheiben					
Scheibendicke s in mm	6		8		
Außendurchmesser d_a in mm	58	68	80	92	105
Innendurchmesser d_i in mm	14	18	22	25	27

[a] oder Seitenlänge bei quadratischen Unterlegscheiben.
[b] d Nenndurchmesser des Bolzens, Passbolzens oder der Gewindestange.
[c] „kleinere" Unterlegscheiben für Passbolzen nach DIN EN ISO 7094: 2000-12 als Empfehlung der *Erläut. zu DIN 1052: 2004-08* [3], E 12.4.

der Berührungsfläche mit dem Holzbauteil ausgelegt werden. Die **Tragfähigkeit eines Stahlblechs** sollte auf diejenige einer kreisrunden Unterlegscheibe mit einem Durchmesser begrenzt werden, der aus dem kleineren Wert von $12 \cdot t$ oder $4 \cdot d$ mit t als Stahlblechdicke und d als Bolzendurchmesser gebildet wird.

12.15.5 Nagelverbindungen

Tragende Nägel der DIN EN 1995-1-1: 2010-12, 8.3, und Sondernägel (profilierte Nägel mit Erstprüfung wie Schraub- und Rillennägel) besitzen Durchmesser $d \leq 8$ mm, sie dürfen planmäßig durch Kräfte in Nagelverbindungen beansprucht werden. **Heftnägel** dienen nur zur Lagesicherung von Bauteilen und übertragen planmäßig keine Kräfte.

12.15.5.1 Nagelverbindungen bei Beanspruchung auf Abscheren (rechtwinklig zur Nagelachse)

Charakteristische Werte $F_{v,Rk}$ der Tragfähigkeit von Nagelverbindungen sind bei Beanspruchung auf Abscheren zu berechnen:

- in Holz-Holz-Verbindungen aus Nadelholzbauteilen, in Holzwerkstoff- oder Gipswerkstoff-Holz-Verbindungen sowie in Stahlblech-Holz-Verbindungen nach Tafel 12.79 (abweichend von Abschn. 12.15.2),

- ausgesuchte $F_{v,Rk}$-Werte nach Tafel 12.85,
- in Holzverbindungen aus Laubholz nach Abschn. 12.15.2.

Bemessungswerte $F_{v,Rd}$ können nach (12.68) berechnet werden.

Vorbohren von Nagellöchern Nagellöcher sind vorzubohren, wenn die Regeln in Tafel 12.77 und 12.81 zutreffen.

Die **wirksame Anzahl** n_{ef} von n Nägeln, die in Kraft- und Faserrichtung hintereinander liegen, sollte nach Tafel 12.78 errechnet werden. Der Nachweis der **effektiven charakteristischen Tragfähigkeit $F_{v,ef,Rk}$ einer Verbindungsmittelreihe**, in der mehrere Verbindungsmittel wie Nägel in Faserrichtung hintereinander liegen, kann nach (12.67) geführt werden.

Übergreifende Nägel bei Nägeln (Abscheren) sind im Mittelholz erlaubt, wenn die Bedingung (12.69) eingehalten wird, s. Abb. 12.19; andernfalls sollten von zwei Seiten eingeschlagene Nägel, die sich gegenüber liegen, mit Mindestabständen a_1 nach Tafel 12.83 angeordnet werden (neben den anderen Mindestabständen).

$$(t - t_2) > 4 \cdot d \qquad (12.69)$$

d Nageldurchmesser
t Dicke des Mittelholzes nach Abb. 12.19
t_2 Eindringtiefe des Nagels im Mittelholz nach Abb. 12.19.

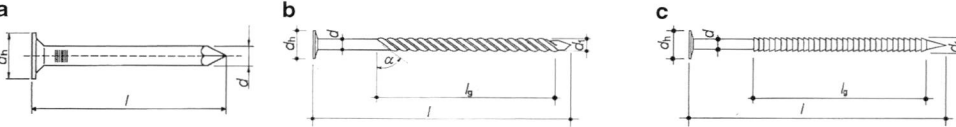

Abb. 12.17 Nägel für tragende Nagelverbindungen der DIN EN 1995-1-1: 2010-12, 8.3 und DIN EN 1995-1-1/NA: 2013-08 nach DIN EN 14592: 2012-07, Beispiele (Schraub- und Rillennägel werden als Sondernägel bezeichnet). **a** Glatter Schaft (runde Drahtstifte), **b** spiralisiert angerollter Schaft (Schraubnägel), **c** angerollter Schaft (Rillennägel)

Tafel 12.77 Zulässige Durchmesser, Anzahl, Bohrlochdurchmesser für tragende Nägel nach DIN EN 1995-1-1: 2010-12, 8.3.1.1 und 10.4.2[a, b, c, d]

Nägel	Durchmesser[c]	Anzahl pro Anschluss	Vorbohren bei[e, f, g]	Bohrlochdurchmesser[h]
	max.	min.		
nicht vorgebohrt	$d \leq 6$ mm	$n \geq 2$	–	–
vorgebohrt	6 mm $< d \leq 8$ mm		$\varrho_k \geq 500$ kg/m^3 und $d > 6$ mm	$\leq 0,8 \cdot d$

[a] Hierin bedeuten:

d bei runden glattschaftigen Drahtnägeln und Sondernägeln: Durchmesser des glatten Nagelschaftes, bei Nägeln mit annähernd quadratischem Querschnitt: kleinste Seitenlänge des Nagelquerschnitts

ϱ_k charakteristische Rohdichte in kg/m^3 nach Abschn. 12.3.1.

[b] Nägel nach DIN EN 10230-1 oder profilierte Sondernägel mit Erstprüfung.

[c] Nägel nach den Anforderungen der DIN EN 14592: 2009-02 und DIN 20000-6: 2013-08.

[d] folgende Anschlüsse dürfen nach DIN EN 1995-1-1/NA: 2013-08, 8.3.1.2, mit einem Nagel erfolgen: Befestigung von Schalungen, von Trag- und Konterlatten, von Zwischenanschlüssen bei Windrispen, von Sparren und Pfetten auf Bindern und Rähmen, von Querriegeln auf Rahmenhölzern, wenn diese Bauteile insgesamt mit mind. 2 Nägeln angeschlossen sind.

[e] Vorbohren auch bei kleineren Holzdicken nach Tafel 12.81, Zeile 2, und bei besonders spaltgefährdeten Hölzern nach Tafel 12.81, Zeile 3 und 4.

[f] Vorbohren nach DIN EN 1995-1-1/NA: 2013-08, 8.3.1.3, stets über die ganze Nagellänge in Holz mit $\varrho_k > 500$ kg/m^3 und stets in Douglasienholz erforderlich; bei $\varrho_k < 500$ kg/m^3 (i. d. R. Nadel- und Pappelholz) darf für Nageldurchmesser $d \leq 6$ mm vorgebohrt werden.

[g] zementgebundene Spanplatten sind nach DIN EN 1995-1-1/NA: 2013-08, 8.3.1.3, stets vorzubohren.

[h] der Bohrlochdurchmesser darf nach DIN EN 1995-1-1/NA: 2013-08, 8.3.1.3, zwischen $0,6 \cdot d$ und $0,8 \cdot d$ liegen.

Tafel 12.78 Wirksame Anzahl n_{ef} bei n in Faserrichtung des Holzes hintereinander liegenden Nägeln nach DIN EN 1995-1-1: 2010-12, 8.3.1.1[a, b]

Wirksame Anzahl n_{ef} für die Tragfähigkeit in Faserrichtung des Holzes, wenn die Nägel in dieser Reihe rechtwinklig zur Faserrichtung nicht um mind. $1 \cdot d$ gegeneinander versetzt angeordnet sind, s. Bild		
$n_{ef} = n^{k_{ef}}$	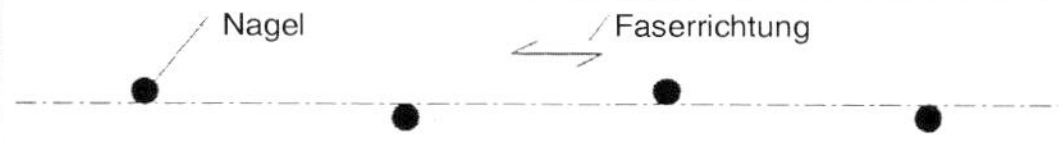 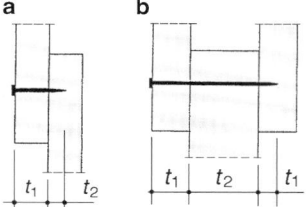 Nagel — Faserrichtung	
Werte für k_{ef}[c]		
Nagelabstand a_1[c] untereinander in Faserrichtung	k_{ef}[c]	
	nicht vorgebohrt	vorgebohrt
$a_1 \geq 14 \cdot d$	1,0	1,0
$a_1 = 10 \cdot d$	0,85	0,85
$a_1 = 7 \cdot d$	0,7	0,7
$a_1 = 4 \cdot d$	–	0,5

[a] Hierin bedeuten:
k_{ef} Beiwert nach dieser Tafel
n Nagelanzahl in der Reihe in Faserrichtung
n_{ef} wirksame Nagelanzahl in der Reihe.
[b] die effektive charakteristische Tragfähigkeit $F_{v,ef,Rk}$ einer Verbindungsmittelreihe kann nach (12.67) bestimmt werden.
[c] für Zwischenwerte der Nagelabstände darf linear interpoliert werden.

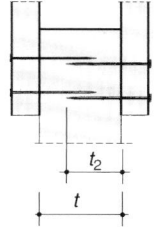

Abb. 12.18 Holzdicken und Eindringtiefen bei Nagelverbindungen nach DIN EN 1995-1-1: 2010-12, Bild 8.4, bei zweischnittigen Verbindungen ist t_1 der kleinere Wert aus Seitenholzdicke und Eindringtiefe des Nagels. **a** einschnittig, **b** zweischnittig

Abb. 12.19 Übergreifende Nägel nach DIN EN 1995-1-1: 2010-12, Bild 8.5

Tragende Nägel in Holz-Holz-Verbindungen (Abscheren): Einschlagrichtung im Holz sollte rechtwinklig zur Faserrichtung ausgeführt werden mit Ausnahme von Schrägnagelungen, s. unten; Einschlagtiefe ist so auszuführen, dass die Nagelköpfe bündig mit der Holzoberfläche abschließen. **Hirnholznagelungen** (Nägel in Faserrichtung des Holzes eingeschlagen) dürfen nach DIN EN 1995-1-1/NA: 2013-08, 8.3.1.2(4) in Deutschland nicht zur Kraftübertragung in Rechnung gestellt werden; **Querschnittsschwächungen** sind nach Abschn. 12.4.3.1 zu ermitteln.

Tragende Nägel in Holzwerkstoff-Holz-Verbindungen (Abscheren) nach DIN EN 1995-1-1/NA: 2013-08, 8.3.1.1:

Nägel dürfen ≤ 2 mm tief versenkt, jedoch mind. bündig mit der Oberfläche des Holzwerkstoffes eingeschlagen werden; ein bündiger Abschluss des Nagelkopfes mit der Plattenoberfläche gilt als nicht versenkt; bei versenkter Nagelanordnung muss die Mindestdicke des Holzwerkstoffes um 2 mm vergrößert werden.

Schrägnagelungen sind nach Abb. 12.20 auszuführen, der Abstand zum belasteten Hirnholzende sollte nach DIN EN 1995-1-1: 2010-12, 8.3.2, mind. $10 \cdot d$ betragen, es sind mind. zwei Schrägnägel in einer Verbindung anzuordnen. Bei kombinierter Beanspruchung (Abscheren und Herausziehen) ist Abschn. 12.15.5.3 zu beachten.

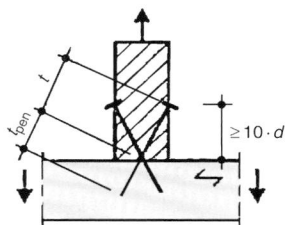

Abb. 12.20 Schräganschluss bei Nagelverbindungen nach DIN EN 1995-1-1: 2010-12, Bild 8.8b, mit folgenden Mindestgrößen nach Tafel 12.87. d Nageldurchmesser, t_{pen} Eindringtiefe auf der Seite der Nagelspitze oder Länge des profilierten Schaftteils im Bauteil mit der Nagelspitze, t Dicke des Bauteils auf der Seite des Nagelkopfes

Blockscherversagen von (Nagel-)Verbindungen Bei Stahlblech-Holz-Verbindungen mit mehreren stiftförmigen Verbindungsmitteln, die durch eine Kraftkomponente nahe am Hirnholzende beansprucht werden, sollte gemäß DIN EN 1995-1-1: 2010-12, 8.2.3, die charakteristische Tragfähigkeit infolge Scher- oder Zugversagens (Blockscheren) nach DIN 1995-1-1: 2010-12, Anhang A, untersucht werden.

Ein **Beispiel** zur Bemessung einer Verbindung mit Nägeln ist in [11], Holzbau, Abschn. 2.11, angeführt.

Tafel 12.79 Vereinfachte Ermittlung der charakteristischen Werte der Tragfähigkeit $F_{v,Rk}$ von Nägeln mit $d \leq 8\,\text{mm}$ in Holz-Holz-, Holzwerkstoff-Holz-, Gipswerkstoff-Holz- und Stahlblech-Holz-Verbindungen aus Nadelholz und Holzwerkstoffbauteilen bei Beanspruchung auf Abscheren pro Scherfuge und Nagel nach DIN EN 1995-1-1/NA: 2013-08, 8.3.1.2 bis 8.3.1.4[a, b, n]

Charakteristische Werte der Tragfähigkeit $F_{v,Rk}$ für Nagelverbindungen[b]

1	für alle Nagelverbindungen außer einschnittigen Sondernägeln nach Zeile 2 $F_{v,Rk} = A \cdot \sqrt{2 \cdot M_{y,Rk} \cdot f_{h,1,k} \cdot d}$[c, d, e, g, h, n]
2	für Nagelverbindungen mit profilierten Nägeln (Sondernägeln) bei – einschnittigen Stahlblech-Holz-Verbindungen aus Nadelvoll-, Brettschicht-, Balkenschicht- und Furnierschichtholz sowie – einschnittigen Holzwerkstoff-Holz-Verbindungen[f] $F_{v,Rk} = A \cdot \sqrt{2 \cdot M_{y,Rk} \cdot f_{h,1,k} \cdot d} + \Delta F_{v,Rk}$[c, d, e, g, h, n] mit $\Delta F_{v,Rk} = \min\{0{,}5 \cdot F_{v,Rk} \text{ oder } 0{,}25 \cdot R_{ax,Rk}\}$

Werte des Faktors A in Zeile 1 und 2

in Holz-Holz-Verbindungen aus Nadelholz	$A =$
– wie Nadelvoll-, Brettschicht-, Balkenschichtholz nach Abschn. 12.3.1 und Brettsperrholz (Massivholzplatten)[k]	1,0
in Holzwerkstoff-Holz-Verbindungen mit Nadelholz und folgenden Holzwerkstoffen	$A =$
– Sperrholz F20/10 E40/20 und F20/15 E30/25 mit $\varrho_k \geq 350\,\text{kg/m}^3$ nach DIN EN 13986 und DIN EN 636: 2003-11, s. Abschn. 12.19 – zementgebundene Spanplatten Klasse 1 und 2 nach DIN EN 13986, s. Abschn. 12.19	0,9
– Sperrholz F40/30 E60/40, F50/25 E70/25 und F60/10 E90/10 mit $\rho_k \geq 600\,\text{kg/m}^3$ nach DIN EN 13986 und DIN EN 636: 2003-11, s. Abschn. 12.19	0,8
– OSB-Platten OSB/2, OSB/3 und OSB/4 nach DIN EN 13986 und DIN EN 12369-1: 2001-04, s. Abschn. 12.19 – kunstharzgebundene Spanplatten P4, P5, P6 und P7 nach DIN EN 13986 und DIN EN 12369-1: 2001-04, s. auch Abschn. 12.19	0,8
– Faserplatten HB.HLA2 (harte Platten) nach DIN EN 13986, s. Abschn. 12.19	0,7
– Gipsplatten nach DIN 18180[i]	1,1
in Stahlblech-Holz-Verbindungen mit Stahlblechen und Bauteilen aus[c] Nadelholz wie Nadelvoll-, Brettschicht-, Balkenschichtholz nach Abschn. 12.3.1, Furnierschichtholz LVL und Brettsperrholz (Massivholzplatten)[k]	$A =$
– vorgebohrte Stahlbleche innen liegend oder dick und außen liegend[m]	1,4
– vorgebohrte Stahlbleche dünn und außen liegend[m]	1,0

Reduzierter charakteristischer Wert der Tragfähigkeit $F_{v,Rk,red}$[g, h, j, l] für Verbindungen
bei Holzdicken t_1, t_2 kleiner als die Mindestdicken $t_{i,req}$

$F_{v,Rk,red} = F_{v,Rk} \cdot t_1/t_{1,req}$ oder $F_{v,Rk,red} = F_{v,Rk} \cdot t_2/t_{2,req}$, der kleinere Wert ist maßgebend

[a] Hierin bedeuten:

t_1, t_2 Holzdicken bzw. Eindringtiefe der Verbindungsmittel, der kleinere Wert ist maßgebend, s. Abb. 12.18, bei zweischnittigen Verbindungen ist t_1 der kleinere Wert aus Seitenholzdicke und Eindringtiefe des Nagels

$t_{i,req}$ Mindestholzdicken oder Mindesteindringtiefe nach Tafel 12.81 und 12.82

$f_{h,1,k}$ charakteristischer Wert der Lochleibungsfestigkeit nach Tafel 12.80
– bei Holz-Holz-Nagelverbindungen: der größere $f_{h,i,k}$-Wert der miteinander verbundenen Bauteile 1 bzw. 2
– bei Holzwerkstoff- oder Gipswerkstoff-Holz-Nagelverbindungen: der $f_{h,1,k}$-Wert des Holzwerk- oder Gipswerkstoffes
– bei Stahlblech-Holz-Nagelverbindungen: der $f_{h,k}$-Wert des Holzes

d Nageldurchmesser
– für runde glattschaftige Nägel und runde profilierte Sondernägel: Durchmesser des glatten Schaftteils in mm
– für Nägel mit etwa quadratischem Querschnitt: kleinste Seitenlänge des Nagelquerschnitts in mm

$M_{y,Rk}$ charakteristischer Wert des Fließmomentes in Nmm nach Tafel 12.80

$F_{ax,Rk}$ charakteristischer Wert des Ausziehwiderstandes des profilierten Nagels (Sondernagels) nach Tafel 12.87

$\Delta F_{v,Rk}$ Erhöhung des $F_{v,Rk}$-Wertes von profilierten Nägeln (Sondernägeln) bei einschnittigen Holzwerkstoff-Holz-Nagelverbindungen (nicht bei Gipswerkstoff-Holz-Nagelverbindungen) und einschnittigen Stahlblech-Holz-Verbindungen.

[b] abweichend von den vereinfachten Nachweisverfahren nach Abschn. 12.15.2, gilt für Nagelverbindungen von Nadelholzbauteilen.

[c] bei Stahlblech-Holz-Verbindungen für $f_{h,k}$ den charakteristischen Wert der Lochleibungsfestigkeit des Holzes ansetzen.

[d] Mindestholzdicken bzw. Mindesteindringtiefen nach Tafel 12.81, Zeile 1 und 12.82 bei Verwendung von $F_{v,Rk}$ einhalten, ansonsten ist $F_{v,Rk,red}$ maßgebend, zusätzlich sind bei spaltgefährdeten Hölzern die Holzdicken nach Tafel 12.81, Zeile 2–4, zur Verhinderung der Spaltgefahr einzuhalten.

[e] charakteristische Werte der Lochleibungsfestigkeit und des Fließmomentes nach Tafel 12.80.

[f] jedoch nicht bei Gipsplatten-Holz-Verbindungen.

[g] Mindestholzdicken nach Tafeln 12.81 oder 12.82.

[h] bei Einschlagtiefen (Eindringtiefen) $< 4 \cdot d$ darf die Scherfuge, die der Nagelspitze nächst liegend ist, nicht in Rechnung gestellt werden.

[i] bei Gipsplatten-Holz-Verbindungen mit Gipsplatten nach DIN 18180 sind nach DIN 1052-10: 2012-05 nur Nägel nach DIN 18182-2 einzusetzen, bei faserverstärkten Gipsplatten sind nur Nägel mit bauaufsichtlichem Verwendbarkeitsnachweis zulässig.

[j] Mindestdicken und -abmessungen tragender einteiliger Einzelquerschnitte aus Voll- und Brettschichtholz nach Tafel 12.13 bzw. tragender/aussteifender Holzwerkstoff- und Gipsplatten nach DIN EN 1995-1-1/NA: 2013-08, 3.4 und 3.5, stets einhalten.

[k] mit bauaufsichtlichem Verwendbarkeitsnachweis.

[l] bei Stahlblech-Holz-Verbindungen gilt $F_{v,Rk,red}$ sinngemäß.

[m] zur Definition von dünnen und dicken Stahlblechen s. Tafel 12.66.

[n] Bemessungswerte der Tragfähigkeit $F_{v,Rd}$ nach (12.68).

Tafel 12.80 Charakteristische Werte der Lochleibungsfestigkeit für Hölzer, Holzwerkstoff- und Gipsplatten in Nagelverbindungen sowie charakteristische Werte des Fließmomentes für Nägel auf Abscheren mit Nageldurchmessern $d \leq 8\,\mathrm{mm}$ nach DIN EN 1995-1-1: 2010-12, 8.3.1.1, 8.3.1.3 und DIN EN 1995-1-1/NA: 2013-08, 8.3.1.3[a]

Charakteristische Werte $f_{\mathrm{h,k}}$ der Lochleibungsfestigkeit in N/mm^2 für alle Winkel α zwischen Kraft- und Faserrichtung des Holzes[b]

für Holz nach Abschn. 12.3.1 und Furnierschichtholz (LVL) nach DIN EN 14279	
ohne vorgebohrte Löcher	$f_{\mathrm{h,k}} = 0{,}082 \cdot \varrho_{\mathrm{k}} \cdot d^{-0,3}$
mit vorgebohrten Löchern	$f_{\mathrm{h,k}} = 0{,}082 \cdot (1 - 0{,}01 \cdot d) \cdot \varrho_{\mathrm{k}}$
für Sperrholz nach DIN EN 13986 und DIN EN 636, s. Abschn. 12.19	
nicht vorgebohrte Sperrhölzer	$f_{\mathrm{h,k}} = 0{,}11 \cdot \varrho_{\mathrm{k}} \cdot d^{-0,3}$
vorgebohrte Sperrhölzer	$f_{\mathrm{h,k}} = 0{,}11 \cdot (1 - 0{,}01 \cdot d) \cdot \varrho_{\mathrm{k}}$
für OSB-Platten nach DIN EN 13986 und DIN EN 300, s. Abschn. 12.19 für kunstharzgebundene Spanplatten nach DIN EN 13986 und DIN EN 312, s. Abschn. 12.19	
nicht vorgebohrte Platten	$f_{\mathrm{h,k}} = 65 \cdot d^{-0,7} \cdot t^{0,1}$
vorgebohrte Platten	$f_{\mathrm{h,k}} = 50 \cdot d^{-0,6} \cdot t^{0,2}$
für zementgebundene Spanplatten nach DIN EN 13986 und DIN EN 634-2, s. Abschn. 12.19	
zementgebundene Spanplatten	$f_{\mathrm{h,1,k}} = (75 + 1{,}9 \cdot d) \cdot d^{-0,5} + d/10$
für Faserplatten nach DIN EN 13986 und DIN EN 622-2, s. Abschn. 12.19	
harte Holzfaserplatten HB.HLA2	$f_{\mathrm{h,k}} = 30 \cdot d^{-0,3} \cdot t^{0,6}$
für Gipsplatten nach DIN 18180, s. Abschn. 12.19	
Gipsplatten[c]	$f_{\mathrm{h,k}} = 3{,}9 \cdot d^{-0,6} \cdot t^{0,7}$

Charakteristischer Wert $M_{\mathrm{y,Rk}}$ des Fließmomentes in N mm, Mindestzugfestigkeit des Nageldrahtes $f_{\mathrm{u,k}} = 600\,\mathrm{N/mm}^2$

glattschaftige Nägel mit rundem Querschnitt und Sondernägel	$M_{\mathrm{y,Rk}} = 0{,}3 \cdot f_{\mathrm{u,k}} \cdot d^{2,6}$
glattschaftige Nägel mit etwa quadratischem Querschnitt	$M_{\mathrm{y,Rk}} = 0{,}45 \cdot f_{\mathrm{u,k}} \cdot d^{2,6}$

[a] Hierin bedeuten: d Nageldurchmesser in mm, s. Fußnote [a] zur Tafel 12.79 t Plattendicke in mm
    ϱ_{k} charakteristischer Wert der Rohdichte des Holzes oder Holzwerkstoffes in kg/m^3 nach Abschn. 12.3.1 bzw. Abschn. 12.19.
[b] für rechtwinklig zur Faserrichtung des Holzes eingeschlagene Nägel.
[c] bei Gipsplatten-Holz-Verbindungen mit Gipsplatten nach DIN 18180 sind nach DIN 1052-10: 2012-05 nur Nägel nach DIN 18182-2 einzusetzen, bei faserverstärkten Gipsplatten sind nur Nägel mit bauaufsichtlichem Verwendbarkeitsnachweis zulässig.

Tafel 12.81 Holzdicken von Bauteilen in Holz-Holz-Nagelverbindungen

Mindestholzdicken oder Mindesteindringtiefen t für Bauteile aus Nadelholz nach DIN EN 1995-1-1/NA: 2013-08, 8.3.1.2[a–e]

1	Mindestholzdicken t_{req} oder Mindesteindringtiefen, s. Abb. 12.18
	$t_{\mathrm{req}} = 9 \cdot d$ für Nägel mit rundem Querschnitt

Holzdicken t, bei denen Bauteile aus Holz vorzubohren sind nach DIN EN 1995-1-1: 2010-12, 8.3.1.2[g, h]

2	Holz ist in der Regel vorzubohren, wenn Holzdicken t kleiner sind als
	$t = \max \left\{ 7 \cdot d \text{ oder } (13 \cdot d - 30) \cdot \dfrac{\varrho_{\mathrm{k}}}{400} \right\}$

Holzdicken t, bei denen Bauteile aus besonders spaltgefährdetem Holz vorzubohren sind nach DIN EN 1995-1-1: 2010-12, 8.3.1.2[g]

3	Besonders spaltgefährdetes Holz ist vorzubohren, wenn die Holzdicken t kleiner sind als
	$t = \max \left\{ 14 \cdot d \text{ oder } (13 \cdot d - 30) \cdot \dfrac{\varrho_{\mathrm{k}}}{200} \right\}$
4	Besonders spaltgefährdetes Holz darf nach der Regel in Zeile 2 vorgebohrt werden, wenn folgende Bedingungen eingehalten werden:
	Randabstände zum Rand rechtwinklig zur Faser:[f]
	$a_{4,\mathrm{t}}, a_{4,\mathrm{c}} \geq 10 \cdot d$ für $\varrho_{\mathrm{k}} \leq 420\,\mathrm{kg/m}^3$
	$a_{4,\mathrm{t}}, a_{4,\mathrm{c}} \geq 14 \cdot d$ für $420\,\mathrm{kg/m}^3 < \varrho_{\mathrm{k}} \leq 500\,\mathrm{kg/m}^3$

Besonders spaltgefährdete Hölzer sind nach DIN EN 1995-1-1/NA: 2013-08, 8.3.1.2

5	alle Holzarten außer Kiefernholz (für Kiefernholz darf die Regel in Zeile 2 angewendet werden)

[a] Hierin bedeuten: t, t_{req} Holzdicken in mm d Nageldurchmesser in mm, s. Fußnote [a] zu Tafel 12.79
    ϱ_{k} charakteristische Rohdichte des Holzes in kg/m^3 nach Abschn. 12.3.1.
[b] Mindestdicken und -abmessungen tragender einteiliger Einzelquerschnitte aus Voll- und Brettschichtholz nach Tafel 12.13 stets einhalten.
[c] Mindestholzdicken in Holzwerkstoff- und Gipsplatten-Nagelverbindungen nach Tafel 12.82.
[d] werden die Mindestholzdicken nach Tafel 12.81, Zeile 1 unterschritten, sind die $F_{\mathrm{v,Rk}}$-Werte entsprechend den reduzierten charakteristischen Werten $F_{\mathrm{v,Rk,red}}$ nach Tafel 12.79 abzumindern.
[e] abweichend von dem vereinfachenden Nachweisverfahren nach Abschn. 12.15.2.
[f] Hölzer mit charakteristischen Rohdichten $\varrho_{\mathrm{k}} \leq 500\,\mathrm{kg/m}^3$ sind i. d. R. Nadel- und Pappelhölzer.
[g] über das Vorbohren von Nagellöchern s. auch Tafel 12.77.
[h] die Regel in Zeile 2 darf nach DIN EN 1995-1-1/NA: 2013-08, 8.3.1.2(7), bei allen Holzarten angewendet werden für Schalungen, Trag- oder Konterlatten und die Zwischenanschlüsse von Windrispen, sowie von Querriegeln auf Rahmenhölzern, wenn diese Bauteile insgesamt mit mind. 2 Nägeln angeschlossen sind.

Tafel 12.82 Mindestdicken t_{req} von Bauteilen in Holzwerkstoff- oder Gipsplatten-Holz- und Stahlblech-Holz-Nagelverbindungen[a, b, c, h]

Mindestdicken t_{req} von Holzwerkstoff- oder Gipswerkstoffplatten in Nagelverbindungen nach DIN EN 1995-1-1/NA: 2013-08, 8.3.1.3, Tab. NA.14[d, e, h]

Holzwerkstoff- oder Gipsplatten	t_{req} für außen liegende Holzwerkstoff- oder Gipsplatten (einschnittig)	t_{req} für innen liegende Holzwerkstoff- oder Gipsplatten (zweischnittig)
Sperrholz F20/10 E40/20 und F20/15 E30/25 mit $\varrho_k \geq 350\,kg/m^3$	$7 \cdot d$	$6 \cdot d$
Sperrholz F40/30 E60/40, F50/25 E70/25 und F60/10 E90/10 mit $\varrho_k \geq 600\,kg/m^3$	$6 \cdot d$	$4 \cdot d$
OSB-Platten OSB/2, OSB/3 und OSB/4 Kunstharzgebundene Spanplatten P4, P5, P6 und P7	$7 \cdot d$	$6 \cdot d$
Zementgebundene Spanplatten der Klasse 1 und 2	$4 \cdot d$	$4 \cdot d$
Faserplatten HB.HLA2 (harte Platten)	$6 \cdot d$	$4 \cdot d$
Gipsplatten[f]	$10 \cdot d$	–

Mindestholzdicken t_{req} in Stahlblech-Holz-Nagelverbindungen nach DIN EN 1995-1-1/NA: 2013-08, 8.3.1.4, Tab. NA.15[c, d, e]

Stahlblech, vorgebohrt	t_{req} Mittelholzdicke (zweischnittig)	t_{req} Dicke in allen anderen Fällen
innen liegend oder dick und außen liegend[g]	$10 \cdot d$	$10 \cdot d$
dünn und außen liegend[g]	$7 \cdot d$	$9 \cdot d$

[a] Hierin bedeuten:

t_{req} Mindestholzdicken in mm

d Durchmesser des Nagels in mm, s. Fußnote [a] zu Tafel 12.79.

[b] Mindestdicken tragender einteiliger Einzelquerschnitte aus Voll- und Brettschichtholz nach Tafel 12.13 bzw. tragender/aussteifender Holzwerkstoff- und Gipsplatten nach DIN EN 1995-1-1/NA: 2013-08, 3.4 und 3.5, stets einhalten.

[c] Mindestholzdicken in Holz-Holz-Nagelverbindungen nach Tafel 12.81.

[d] abweichend von dem vereinfachenden Nachweisverfahren nach Abschn. 12.15.2.

[e] werden die Mindestholzdicken unterschritten, sind die $F_{v,Rk}$-Werte entsprechend den reduzierten charakteristischen Werten $F_{v,Rk,red}$ sinngemäß nach Tafel 12.79 abzumindern, bei Einschlagtiefen $< 4 \cdot d$ ist die Scherfuge, die der Nagelspitze nächstliegend ist, nicht in Rechnung zu stellen.

[f] bei Gipsplatten-Holz-Verbindungen mit Gipsplatten nach DIN 18180 dürfen nach DIN 1052-10: 2012-05 nur Nägel nach DIN 18182-2 eingesetzt werden, für faserverstärkte Gipsplatten sind nur Nägel mit bauaufsichtlichem Verwendbarkeitsnachweis zu verwenden.

[g] zur Definition von dünnen und dicken Stahlblechen s. Tafel 12.66.

[h] Holzwerkstoff- und Gipsplatten nach den jeweils in Tafel 12.80 angeführten Baunormen.

Tafel 12.83 Mindestabstände von Nägeln[a, b, f]

Mindestnagelabstände in Holz-Holz-Verbindungen nach DIN EN 1995-1-1: 2010-12, 8.3.1.2, Tab. 8.2[a, b, f]

Bezeichnungen nach Abb. 12.16		Winkel α	nicht vorgebohrt		vorgebohrt
			$\varrho_k \leq 420\,kg/m^3$ [b, f]	$420 < \varrho_k \leq 500\,kg/m^3$	
a_1	untereinander in Faserrichtung	$0° \leq \alpha \leq 360°$	$d < 5\,mm: (5 + 5 \cdot |\cos\alpha|) \cdot d$ $d \geq 5\,mm: (5 + 7 \cdot |\cos\alpha|) \cdot d$	$(7 + 8 \cdot |\cos\alpha|) \cdot d$	$(4 + |\cos\alpha|) \cdot d$
a_2	untereinander $\perp$ zur Faserrichtung	$0° \leq \alpha \leq 360°$	$5 \cdot d$	$7 \cdot d$	$(3 + |\sin\alpha|) \cdot d$
$a_{3,t}$	vom beanspruchten Hirnholzende	$-90° \leq \alpha \leq 90°$	$(10 + 5 \cdot \cos\alpha) \cdot d$	$(15 + 5 \cdot \cos\alpha) \cdot d$	$(7 + 5 \cdot \cos\alpha) \cdot d$
$a_{3,c}$	vom unbeanspruchten Hirnholzende	$90° \leq \alpha \leq 270°$	$10 \cdot d$	$15 \cdot d$	$7 \cdot d$
$a_{4,t}$	vom beanspruchten Rand	$0° \leq \alpha \leq 180°$	$d < 5\,mm: (5 + 2 \cdot \sin\alpha) \cdot d$ $d \geq 5\,mm: (5 + 5 \cdot \sin\alpha) \cdot d$	$d < 5\,mm: (7 + 2 \cdot \sin\alpha) \cdot d$ $d \geq 5\,mm: (7 + 5 \cdot \sin\alpha) \cdot d$	$d < 5\,mm: (3 + 2 \cdot \sin\alpha) \cdot d$ $d \geq 5\,mm: (3 + 4 \cdot \sin\alpha) \cdot d$
$a_{4,c}$	vom unbeanspruchten Rand	$180° \leq \alpha \leq 360°$	$5 \cdot d$	$7 \cdot d$	$3 \cdot d$

Tafel 12.83 (Fortsetzung)

Mindestnagelabstände in Holzwerkstoff-Holz-Verbindungen
nach DIN EN 1995-1-1: 2010-12, 8.3.1.3 und DIN EN 1995-1-1/NA: 2013-08, 8.3.1.3[a, b]

a_1 und a_2 für alle genagelten Holzwerkstoff-Holz-Verbindungen (außer a_1 bei Gipsplatten-Holz-Verbindungen)[e]

a_1	untereinander in Plattenrichtung	die 0,85-fachen Tafelwerte für Holz-Holz-Verbindungen
a_2	untereinander ⊥ zur Plattenrichtung	
a_1	bei Gipsplatten-Holz-Verbindungen[e]	$20 \cdot d$

a_3 und a_4 für genagelte Holzwerkstoff-Holz-Verbindungen

$a_{3,t}$	vom beanspruchten Hirnholzende[c]	
	– Sperrholz	$(3 + 4 \cdot \sin \alpha) \cdot d$
	– OSB-Platten, kunstharzgebundene Spanplatten, zementgebundene Spanplatten, Faserplatten, Gipsplatten	Tafelwerte für Holz-Holz-Verbindungen
$a_{3,c}$	vom unbeanspruchten Hirnholzende[c]	
	– Sperrholz	$3 \cdot d$
	– OSB-Platten, kunstharzgebundene Spanplatten, zementgebundene Spanplatten, Faserplatten, Gipsplatten	Tafelwerte für Holz-Holz-Verbindungen
$a_{4,t}$	vom beanspruchten Plattenrand[c]	
	– Sperrholz	$(3 + 4 \cdot \sin \alpha) \cdot d$
	– OSB-Platten, kunstharzgebundene Spanplatten, Faserplatten	$7 \cdot d$
	– Gipsplatten[e]	$10 \cdot d$
	– zementgebundene Spanplatten	Tafelwerte für Holzwerkstoff-Holz-Verbindungen
$a_{4,c}$	vom unbeanspruchten Plattenrand[c]	
	– Sperrholz, OSB-Platten, kunstharzgebundene Spanplatten, Faserplatten HB.HLA2 (harte)	$3 \cdot d$
	– Gipsplatten[e]	$7 \cdot d$
	– zementgebundene Spanplatten	Tafelwerte für Holzwerkstoff-Holz-Verbindungen

Mindestnagelabstände in Stahlblech-Holz-Verbindungen nach DIN EN 1995-1-1: 2013-08, 8.3.1.4[d]

a_1 und a_2 für alle genagelten Stahlblech-Holz-Verbindungen

a_1	untereinander in Faserrichtung	die 0,70-fachen Tafelwerte für Holz-Holz-Verbindungen
a_2	untereinander ⊥ zur Faserrichtung	

a_3 und a_4 für alle genagelten Stahlblech-Holz-Verbindungen

a_3	vom Hirnholzende	Tafelwerte für Holz-Holz-Verbindungen
a_4	vom Rand	

[a] Hierin bedeuten:
α Winkel zwischen Kraft- und Faserrichtung des Holzes bzw. zwischen der Kraftrichtung und dem beanspruchten Rand oder Hirnholzende
d Nageldurchmesser in mm, s. Fußnote [a] zu Tafel 12.79
ϱ_k charakteristischer Wert der Rohdichte in kg/m^3 nach Abschn. 12.3.1.
[b] Holz nach Abschn. 12.3.1, Holzwerkstoff- und Gipsplatten nach den jeweils in Tafel 12.80 angeführten Baunormen.
[c] soweit nicht die Nagelabstände im Holz maßgebend sind.
[d] Abstand der Nägel vom Blechrand sinngemäß nach DIN EN 1993.
[e] für faserverstärkte Gipsplatten gelten die Mindestabstände nach dem bauaufsichtlichen Verwendbarkeitsnachweis.
[f] für Brettschichtholz aus Nadelholz darf nach DIN EN 1995-1-1/NA: 2013-08 eine charakteristische Rohdichte $\varrho_k \leq 420\,kg/m^3$ zugrunde gelegt werden.

Tafel 12.84 Maximale Abstände von tragenden Nägeln und Heftnägeln nach DIN EN 1995-1-1/NA: 2013-08, 8.3.1.2 und 8.3.1.3[a]

	Lage zur Faserrichtung	Nagelabstände bei	
		Holz	Holzwerkstoffplatten
untereinander	in	$40 \cdot d$	$40 \cdot d$[b, c]
untereinander	rechtwinklig	$20 \cdot d$	$40 \cdot d$[b, c]

[a] Hierin bedeuten:
d Nageldurchmesser in mm, s. Fußnote [a] zu Tafel 12.79.
[b] bei Holzwerkstoffplatten mit nur aussteifender Funktion: $80 \cdot d$ (außer bei Gipskartonplatten, s. Fußnote [c]), dies gilt auch für den Anschluss mittragender Beplankungen an Mittelrippen von Wandscheiben bzw. Wandtafeln.
[c] bei Gipsplatten-Holz-Verbindungen: größter Abstand $60 \cdot d$, jedoch $\leq 150\,mm$.

Tafel 12.85 Charakteristische Tragfähigkeiten $F_{v,Rk}$ von Nägeln in Holz-Holz-Verbindungen aus Nadelholz pro Scherfuge und Nagel bei Beanspruchung auf Abscheren nach dem vereinfachten Nachweisverfahren der DIN EN 1995-1-1/NA: 2013-08, NCI zu 8.3.1.2 sowie DIN EN 1995-1-1: 2010-12, 8.3.1.1, errechnet nach Tafeln 12.79 bis 12.81

1	2	3	4	5	6	7	8	9
Nadelvollholz C24 **andere Nadelholz-Festigkeitsklassen**[n–p]					Stahlzugfestigkeit $f_{u,k} = 600\,\text{N/mm}^2$ Rohdichte $\varrho_k = 350\,\text{kg/m}^3$			
Nenndurchmesser	**Mindesteinschlagtiefe** (-eindringtiefe)[b–d]	**Mindestholzdicke**[b, k]	**nicht vorgebohrt**			**vorgebohrt**[q–s]		
			ausführbar, wenn: Holzdicke t größer als das angegebene Maß		Charakteristische Tragfähigkeit[m, n]	wenn: Holzdicke t kleiner als das angegebene Maß		Charakteristische Tragfähigkeit[m, n]
			bei Randabstand $a_{4,t(c)} < 10 \cdot d$, $a_{4,t(c)} < 14 \cdot d^f$ außer bei Kiefernholz[b, e, g, k]	bei Randabstand $a_{4,t(c)} \geq 10 \cdot d$, $a_{4,t(c)} \geq 14 \cdot d^f$ und bei Kiefernholz[b, e, h, k]		bei Randabstand $a_{4,t(c)} < 10 \cdot d$, $a_{4,t(c)} < 14 \cdot d^f$ außer bei Kiefernholz[b, e, i, k]	bei Randabstand $a_{4,t(c)} \geq 10 \cdot d$, $a_{4,t(c)} \geq 14 \cdot d^f$ und bei Kiefernholz[b, e, j, k]	
$d \times l$ (Länge)	t_{req}	t_{req}	t	t	$F_{v,Rk}$	t	t	$F_{v,Rk}$
in mm	in mm	in mm	in mm		in N	in mm		in N
Glattschaftige Nägel mit rundem Querschnitt nach DIN EN 14592: 2009-02 und DIN EN 10230-1: 2000-01[a]								
$2,0 \times 30/$ $\times 40/\times 45$	18	24[k]	≥ 28	≥ 22[k]	320	< 28	$= 24$[k]	350
$2,2 \times 30/$ $\times 40/\times 50$	20	24[k]	≥ 31	≥ 22[k]	375	< 31	$= 24$[k]	415
$2,4 \times 30/$ $\times 40/\times 50$	22	24[k]	≥ 34	≥ 22[k]	430	< 34	$= 24$[k]	485
$2,7 \times 40/$ $\times 50/\times 60$	24	24	≥ 38	≥ 22[k]	525	< 38	$= 24$[k]	600
$3,0 \times 50/\times 60/$ $\times 70/\times 80$	27	27	≥ 42	≥ 22[k]	625	< 42	$= 24$[k]	725
$3,4 \times 60/\times 70/$ $\times 80/\times 90$	31	31	≥ 48	≥ 24	765	< 48	< 24	905
$3,8 \times 70/\times 80/$ $\times 90/\times 100$	34	34	≥ 53	≥ 27	920	< 53	< 27	1100
$4,2 \times 90/$ $\times 100/\times 110$	38	38	≥ 59	≥ 29[p]	1090	< 59	< 29[p]	1320
$4,6 \times 90/$ $\times 100/\times 120$	41	41	≥ 64[o]	≥ 32[p]	1260	< 64[o]	< 32[p]	1550
$5,0 \times 100/$ $\times 120/\times 140$	45	45	≥ 70[o]	≥ 35[p]	1450	< 70[o]	< 35[p]	1800
$5,5 \times 140$	50	50	≥ 77[o]	≥ 39[p]	1690	< 77[o]	< 39[p]	2130
$6,0 \times 150/$ $\times 160/\times 180$	54	54	≥ 84[o]	≥ 42[p]	1950	< 84[o]	< 42[p]	2480
$7,0 \times 200$	63	63	–	–	–	< 107[o]	< 53[p]	3250
$8,0 \times 280$	72	72	–	–	–	< 130[o]	< 65[p]	4120
Profilierte Nägel (Sondernägel) mit rundem Querschnitt der Tragfähigkeitsklasse 1, 2 und 3 mit Initial Type Testing (ITT) nach DIN EN 14592: 2009-02 (bisher Einstufungsnachweis)								
$2,5$[l]	23	23	≥ 35	≥ 22[k]	460	< 35	$= 22$[k]	520
$2,9$	26	26	≥ 41	≥ 22[k]	590	< 41	$= 22$[k]	680
$3,1$	28	28	≥ 43	≥ 22[k]	655	< 43	$= 22$	765
$4,0$	36	36	≥ 46	≥ 28	1000	< 56	< 28	1210
$5,1$	46	46	≥ 71[o]	≥ 36[p]	1490	< 71[o]	< 36[p]	1860
$6,0$	54	54	≥ 84[o]	≥ 42[p]	1950	< 84[o]	< 42[p]	2480

Tafel 12.85 (Fortsetzung)

[a] Nägel mit glattem Schaft, rundem Flachkopf, Senkkopf und Senkkopf mit Einsenkung; Holz nach Abschn. 12.3.1; für alle Winkel α Kraft- zur Faserrichtung des Holzes.

[b] über die Definition von Einschlag-/Eindringtiefen und Holzdicken s. Abb. 12.18.

[c] bei Eindringtiefen(-schlagtiefen) $< 4 \cdot d$ die Scherfuge, die der Nagelspitze nächst liegend ist, nicht in Rechnung stellen.

[d] liegen die vorhandenen Einschlagtiefen t unterhalb der Mindestschlagtiefen(-eindringtiefen) t_{req} im Bereich $4 \cdot d \leq t < 9 \cdot d$, sind die $F_{v,Rk}$-Werte entsprechend den $F_{v,Rk,red}$-Werten nach Tafel 12.79 abzumindern; sind Einschlagtiefen $t < 4 \cdot d$ vorhanden, ist die betreffende Scherfuge nicht in Rechnung zu stellen, d. h. für diese Scherfuge ist der $F_{v,Rk}$-Wert gleich null zu setzen.

[e] liegen die vorhandenen Holzdicken t unterhalb der Mindestholzdicken t_{req} nach Spalte 3, sind die $F_{v,Rk}$-Werte entsprechend den $F_{v,Rk,red}$-Werten nach Tafel 12.79 abzumindern.

[f] Randabstände $a_{4,t(c)} < 10 \cdot d$ (oder $a_{4,t(c)} \geq 10 \cdot d$) für $\varrho_k \leq 420 \, \text{kg/m}^3$ und $a_{4,t(c)} < 14 \cdot d$ (oder $a_{4,t(c)} > 14 \cdot d$) für $420 \, \text{kg/m}^3 < \varrho_k \leq 500 \, \text{kg/m}^3$, s. auch Tafel 12.81, Zeile 4.

[g] diese Holzdicken t gelten für alle Nadelhölzer, wenn die Randabstände $a_{4,t(c)} < 10 \cdot d$ bzw. $a_{4,t(c)} < 14 \cdot d$ gewählt werden (bei Kiefernholz darf die Spalte 5 verwendet werden), Definition der Randabstände nach Tafel 12.83; werden die Holzdicken der Spalte 4 jedoch unterschritten, müssen die Hölzer nach Spalte 7 oder 8 vorgebohrt werden, s. Tafel 12.81, Zeile 3.

[h] diese Holzdicken t gelten für alle Nadelhölzer, wenn die Randabstände $a_{4,t(c)} \geq 10 \cdot d$ bzw. $a_{4,t(c)} \geq 14 \cdot d$ gewählt werden (bei Kiefernholz dürfen die Holzdicken der Spalte 5 ohne Einhaltung der besonderen Bedingung für die Randabstände verwendet werden, d. h. nur Einhaltung der Mindestabstände nach Tafel 12.83, Definition der Randabstände nach Tafel 12.83; werden die Holzdicken der Spalte 5 jedoch unterschritten, müssen die Hölzer nach Spalte 7 oder 8 vorgebohrt werden, s. Tafel 12.81, Zeilen 2 und 4.

[i] diese Holzdicken t gelten für alle Nadelhölzer, wenn die Randabstände $a_{4,t(c)} < 10 \cdot d$ bzw. $a_{4,t(c)} < 14 \cdot d$ gewählt werden (bei Kiefernholz darf die Spalte 8 verwendet werden), Definition der Randabstände nach Tafel 12.83.

[j] diese Holzdicken t gelten für alle Nadelhölzer, wenn die Randabstände $a_{4,t(c)} \geq 10 \cdot d$ bzw. $a_{4,t(c)} \geq 14 \cdot d$ gewählt werden (bei Kiefernholz dürfen die Holzdicken der Spalte 8 ohne Einhaltung der besonderen Bedingung für die Randabstände verwendet werden, d. h. nur Einhaltung der Mindestabstände nach Tafel 12.83).

[k] Empfohlene Mindestdicken tragender einteiliger Einzelquerschnitte aus Vollholz nach Tafel 12.13 $t_{min} = 24 \, \text{mm}$ maßgebend bzw. nicht unterschreiten, für Brettschichtholz gilt der übliche herstellungsbedingte Grenzwert von etwa $t_{min} = 50 \, \text{mm}$.

[l] Längen von profilierten Nägeln (Sondernägeln) je nach Hersteller.

[m] Bemessungswerte der Tragfähigkeit nach (12.68).

[n] für andere Nadelholz-Festigkeitsklassen (mit charakteristischen Rohdichten $\varrho_k > 350 \, \text{kg/m}^3$) sowie Stahlzugfestigkeiten $f_{u,k} = 600 \, \text{N/mm}^2$ kann die charakteristische Tragfähigkeit eines Nagels wie folgt erhöht werden: $F_{v,Rk}$ multiplizieren mit dem Beiwert $k_R = \sqrt{\varrho_k/350}$.

[o] für andere Nadelholz-Festigkeitsklassen (mit charakteristischen Rohdichten $\varrho_k > 350 \, \text{kg/m}^3$) ist (bei den „größeren" Mindestholzdicken) die Holzdicke t als das Maximum aus dem vorhandenen Tafelwert oder aus $t = (13 \cdot d - 30) \cdot \varrho_k/200$ zu verwenden.

[p] für andere Nadelholz-Festigkeitsklassen (mit charakteristischen Rohdichten $\varrho_k > 350 \, \text{kg/m}^3$) ist (bei den „kleineren" Mindestholzdicken) die Holzdicke t als das Maximum aus dem vorhandenen Tafelwert oder aus $t = (13 \cdot d - 30) \cdot \varrho_k/400$ zu verwenden.

[q] in Douglasienholz ist stets über die ganze Nagellänge vorzubohren.

[r] über Vorbohren von Nagellöchern s. auch Tafel 12.77.

[s] bei $\varrho_k < 500 \, \text{kg/m}^3$ (i. d. R. Nadel- und Pappelholz) darf für Nageldurchmesser $d \leq 6 \, \text{mm}$ vorgebohrt werden.

12.15.5.2 Nagelverbindungen bei Beanspruchung in Richtung der Nagelachse (Herausziehen)

nach DIN EN 1995-1-1: 2010-12, 8.3.2

Charakteristische Werte des Ausziehwiderstandes $F_{ax,Rk}$ von Nägeln bei Nagelung rechtwinklig zur Faserrichtung und bei Schrägnagelung nach Tafel 12.87, **Bemessungswerte $F_{ax,Rd}$ (Tragfähigkeit auf Herausziehen)** nach (12.70) berechnen.

$$F_{ax,Rd} = \frac{k_{mod} \cdot F_{ax,Rk}}{\gamma_M} \qquad (12.70)$$

$F_{ax,Rk}$ charakteristischer Wert des Ausziehwiderstandes von Nägeln bei Beanspruchung auf Herausziehen nach Tafel 12.87

k_{mod} Modifikationsbeiwert für Holz nach Tafel 12.5

γ_M Teilsicherheitsbeiwert für Holz bzw. Holzwerkstoffe nach Tafel 12.12 $= 1{,}3$.

Mindestabstände bei Nägeln, die in Richtung der Nagelachse beansprucht werden (Herausziehen), sind wie die Mindestabstände rechtwinklig zur Nagelachse (Abscheren) beanspruchter Nägel nach Tab. 12.83 einzuhalten, bei Schrägnagelungen muss der Abstand zum beanspruchten Hirnholzende $a_{3,t} \geq 10 \cdot d$ betragen, s. Bilder in Tafel 12.87. Bei Schrägnagelungen mind. 2 Nägel verwenden.

Nägel, die in Hirnholz eingeschlagen und auf Herausziehen beansprucht werden, dürfen nicht zur Kraftübertragung herangezogen werden.

Glattschaftige Nägel in vorgebohrten Nagellöchern dürfen nach DIN EN 1995-1-1/ NA: 2013-08, 8.3.2, nicht auf Herausziehen beansprucht werden.

Profilierte Nägel (Sondernägel) in vorgebohrten Nagellöchern dürfen nach DIN EN 1995-1-1/NA: 2013-08, 8.3.2, nur mit 70 % ihres charakteristischen Ausziehparameters (Ausziehfestigkeit) $f_{ax,k}$ in Ansatz gebracht werden, s. Tafel 12.87, wenn der Bohrlochdurchmesser $\leq$ Kerndurchmesser des profilierten Nagels (Sondernagels) ist. Sind die Bohrlochdurchmesser > Kerndurchmesser, darf der profilierte Nagel (Sondernägel) nicht auf Herausziehen beansprucht werden.

Tafel 12.86 Beanspruchungsart, Lasteinwirkungsdauer, Eindringtiefen und Ausziehfestigkeiten(-parameter) von Nägeln auf Herausziehen nach DIN EN 1995-1-1: 2010-12, 8.3.2[a, b]

Nägel	Beanspruchungsart, Lasteinwirkungsdauer[d]	Eindringtiefen t_{pen}	Charakteristische Ausziehfestigkeiten[e] $f_{ax,k}$
Glattschaftige Nägel[b]	Nur sehr kurze, kurze und mittlere Lasteinwirkungsdauer, z. B. Windsogkräfte	$t_{pen} \geq 12 \cdot d$	$f_{ax,k}$
		$8 \cdot d \leq t_{pen} < 12 \cdot d$	$f_{ax,k} \cdot (t_{pen}/(4 \cdot d) - 2)$
		$t_{pen} < 8 \cdot d$	$f_{ax,k} = 0$
Profilierte Nägel (Sondernägel) der Tragfähigkeitsklassen 1, 2 und 3[b, c, f]	Sehr kurze bis ständige Lasteinwirkungsdauer	$t_{pen} \geq 8 \cdot d$	$f_{ax,k}$
		$6 \cdot d \leq t_{pen} < 8 \cdot d$	$f_{ax,k} \cdot (t_{pen}/(2 \cdot d) - 3)$
		$t_{pen} < 6 \cdot d$	$f_{ax,k} = 0$

[a] Hierin bedeuten:

d Nageldurchmesser,
– für runde glattschaftige Nägel und runde profilierte Nägel (Sondernägel): Durchmesser des glatten Schaftteils in mm,
– für Nägel mit etwa quadratischem Querschnitt: kleinste Seitenlänge des Nagelquerschnitts in mm

t_{pen} Eindringtiefe auf der Seite der Nagelspitze oder bei profilierten Nägeln (Sondernägeln) Länge l_g des profilierten Schaftteils im Bauteil mit der Nagelspitze, jedoch ohne Berücksichtigung der Länge der Nagelspitze, s. Bilder in Tafel 12.87.

[b] weitere Festlegungen s. Fußnoten zur Tafel 12.87.

[c] profilierte Nägel (Sondernägel) werden nach DIN EN 1995-1-1/NA: 2013-08, 8.3.2, Tab. NA.16, in die Tragfähigkeitsklassen 1, 2 und 3 (Widerstand gegen Ausziehen) und in die Tragfähigkeitsklassen A bis F (Widerstand gegen Kopfdurchziehen) eingeteilt, s. auch Tafel 12.87.

[d] über Klassen der Lasteinwirkungsdauer s. Tafeln 12.8 und 12.9.

[e] charakteristische Ausziehfestigkeit nach Tafel 12.87.

[f] bei profilierten Nägeln (Sondernägeln) sollte nur die Länge des profilierten Schaftteils zur Übertragung von Kräften in Richtung der Nagelachse in Rechnung gestellt werden bzw. die Länge des profilierten Schaftteils im Bauteil mit der Nagelspitze.

Tafel 12.87 Charakteristischer Wert des Ausziehwiderstandes $F_{ax,Rk}$, des Ausziehparameters (-festigkeit) $f_{ax,k}$, des Kopfdurchziehparameter (-festigkeit) $f_{head,k}$ für Nagelverbindungen bei Beanspruchung in Richtung der Nagelachse (Herausziehen)[a]

Charakteristischer Wert des Ausziehwiderstandes $F_{ax,Rk}$ von Nägeln bei Nagelung rechtwinklig zur Faserrichtung und bei Schrägnagelungen nach DIN EN 1995-1-1: 2010-12, 8.3.2

1	für glattschaftige Nägel
	$F_{ax,Rk} = \min\{f_{ax,k} \cdot d \cdot t_{pen} \text{ oder } f_{ax,k} \cdot d \cdot t + f_{head,k} \cdot d_h^2\}$[d, f, g, j]
2	für profilierte Nägel (Sondernägel)
	$F_{ax,Rk} = \min\{f_{ax,k} \cdot d \cdot t_{pen} \text{ oder } f_{head,k} \cdot d_h^2\}$[e, g, h, i, j]

Charakteristische Werte des Ausziehparameters (-festigkeit)[j]		**Charakteristische Werte des Kopfdurchziehparameters (-festigkeit)**	
Nageltyp	$f_{ax,k}$ in N/mm^2	Nageltyp	$f_{head,k}$ in N/mm^2
Glattschaftige Nägel nach DIN EN 1995-1-1: 2010-12, 8.3.2			
glattschaftig[d, f, g]	$20 \cdot 10^{-6} \cdot \varrho_k^2$	glattschaftig[d, f, g]	$70 \cdot 10^{-6} \cdot \varrho_k^2$
Profilierte Nägel (Sondernägel) nach DIN EN 1995-1-1/NA: 2013-08, 8.3.2, Tab. NA.16[b, h]			
Tragfähigkeitsklasse 1[c, e, f, g]	$30 \cdot 10^{-6} \cdot \varrho_k^2$	Tragfähigkeitsklasse A[c, e, f, g, h]	$60 \cdot 10^{-6} \cdot \varrho_k^2$
Tragfähigkeitsklasse 2[c, e, f, g]	$40 \cdot 10^{-6} \cdot \varrho_k^2$	Tragfähigkeitsklasse B[c, e, f, g, h]	$80 \cdot 10^{-6} \cdot \varrho_k^2$
Tragfähigkeitsklasse 3[c, e, f, g]	$50 \cdot 10^{-6} \cdot \varrho_k^2$	Tragfähigkeitsklasse C[c, e, f, g, h]	$100 \cdot 10^{-6} \cdot \varrho_k^2$
		Tragfähigkeitsklasse D[c, e, f, g, h]	$120 \cdot 10^{-6} \cdot \varrho_k^2$
		Tragfähigkeitsklasse E[c, e, f, g, h]	$140 \cdot 10^{-6} \cdot \varrho_k^2$
		Tragfähigkeitsklasse F[c, e, f, g, h]	$160 \cdot 10^{-6} \cdot \varrho_k^2$

Nagelung rechtwinklig zur Faserrichtung des Holzes und Schrägnagelung nach DIN EN 1995-1-1: 2010-12, 8.3.2, Bild 8.8

Nagelung rechtwinklig zur Faserrichtung	Schrägnagelung mit mind. 2 Nägeln in einer Verbindung
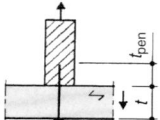	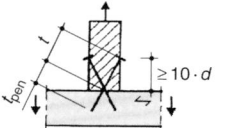

[a] Hierin bedeuten:

d Nenndurchmesser des Nagels in mm, s. Fußnote [a] der Tafel 12.86

d_h Kopfdurchmesser des Nagels, Beispiele in Tafel 12.88

$f_{ax,k}$ charakteristischer Wert des Ausziehparameters (-festigkeit) auf der Seite der Nagelspitze

$f_{head,k}$ charakteristischer Wert des Kopfdurchziehparameters (-festigkeit) auf der Seite des Nagelkopfes

t Dicke des Bauteils auf der Seite des Nagelkopfes, s. Bilder oben

t_{pen} Eindringtiefe auf der Seite der Nagelspitze oder bei profilierten Nägeln die Länge des profilierten Schaftteils l_g im Bauteil mit der Nagelspitze, jedoch ohne Berücksichtigung der Länge der Nagelspitze[i], s. Bilder oben

ϱ_k charakteristischer Wert der Rohdichte in kg/m^3 nach Abschn. 12.3.1.

Tafel 12.87 (Fortsetzung)

[b] für Nägel nach DIN EN 14592, die nach DIN 20000-6 einer Tragfähigkeitsklasse zugeordnet worden sind.

[c] charakteristischer Wert ϱ_k der Rohdichte, jedoch $\varrho_k \leq 500\,\text{kg/m}^3$.

[d] glattschaftige Nägel in vorgebohrten Nagellöchern dürfen nicht auf Herausziehen beansprucht werden.

[e] profilierte Nägel (Sondernägel) in vorgebohrten Nagellöchern dürfen nur auf Herausziehen beansprucht werden, wenn der Bohrlochdurchmesser $\leq$ Kerndurchmesser des profilierten Nagels ist und der charakteristische Ausziehparameter (-festigkeit) $f_{ax,k}$ nur mit 70 % seines Wertes in Rechnung gestellt wird; ist der Bohrlochdurchmesser > Kerndurchmesser, dürfen die profilierten Nägel (Sondernägel) nicht auf Herausziehen belastet werden.

[f] glattschaftige Nägel und profilierte Nägel (Sondernägel) der Tragfähigkeitsklasse 1 dürfen im Anschluss von Koppelpfetten auf Herausziehen beansprucht werden, wenn sie infolge einer Dachneigung dauernd (ständig) auf Herausziehen beansprucht werden, die Dachneigung $\gamma \leq 30°$ beträgt und der charakteristische Wert des Ausziehparameters (-festigkeit) $f_{ax,k}$ nur zu 60 % rechnerisch angesetzt wird.

[g] bei Bauholz mit einer Einbauholzfeuchte von ca. $\omega \geq 30\,\%$ (Fasersättigung und diese übersteigende Holzfeuchte), das voraussichtlich unter Lasteinwirkung austrocknet (rücktrocknet), sind nach DIN EN 1995-1-1: 2010-12, 8.3.2, die charakteristischen Werte des Ausziehparameters (-festigkeit) $f_{ax,k}$ und des Kopfdurchziehparameters (-festigkeit) $f_{head,k}$ nur zu 2/3 rechnerisch zu berücksichtigen.

[h] der charakteristische Wert des Kopfdurchziehparameters (-festigkeit) $f_{head,k}$ für profilierte Nägel darf nach DIN EN 1995-1-1/NA: 2013-08, 8.3.2, beim Anschluss von Massivholz-, Sperrholz- und OSB-Platten sowie kunstharzgebundenen und zementgebundenen Spanplatten höchstens den Wert der Tragfähigkeitsklasse C erhalten, wenn diese Platten eine Dicke von mind. 20 mm besitzen, dabei ist für die charakteristische Rohdichte $\varrho_k = 380\,\text{kg/m}^3$ einzusetzen; für Platten mit einer Dicke zwischen 12 und 20 mm darf in allen Fällen nur mit $f_{head,k} = 8\,\text{N/mm}^2$ gerechnet werden, bei Plattendicken kleiner 12 mm nur mit $F_{ax,Rk} = 400\,\text{N}$.

[i] nach DIN EN 14592: 2012-07, Bild 1b bezieht sich der charakteristische Wert des Ausziehparameters für profilierte Nägel auf die profilierte Länge ohne Nagelspitze, deshalb ist zur Berechnung des Ausziehwiderstandes $F_{ax,Rk}$ bei profilierten Nägeln für die Eindringtiefe t_{pen} der profilierte Schaftteil im Bauteil ohne Berücksichtigung der Länge der Nagelspitze anzusetzen, die üblichen Nagelspitzen liegen zwischen $1{,}0 \cdot d$ und $1{,}5 \cdot d$, maximal möglich $2{,}5 \cdot d$.

[j] charakteristischer Ausziehparameter $f_{ax,k}$ gilt für Nadelvollholz, Brettschichtholz aus Nadelholz und Balkenschichtholz aus Nadelholz nach DIN 20000-6, 2013-08, 3.3.

Tafel 12.88 Charakteristische Werte des Ausziehwiderstandes (Tragfähigkeit) von glattschaftigen Nägeln bei Beanspruchung in Richtung der Nagelachse (Herausziehen), errechnet nach Tafel 12.86 und 12.87[a, f]

für Nadelvollholz C24	Stahlzugfestigkeit $f_{u,k} = 600\,\text{N/mm}^2$
	Rohdichte $\varrho_k = 350\,\text{kg/m}^3$

Glattschaftige Nägel nach DIN EN 14592: 2009-02, DIN 20000-6: 2013-08 und DIN EN 10230-1: 2000-01[b, d]
nur sehr kurze, kurze und mittlere Lasteinwirkungsdauer

Nageldurchmesser[c]	Nagelkopf-durchmesser	Eindringtiefe t_{pen}		Charakteristische Werte des Ausziehwiderstandes $F_{ax,Rk}$[c, e, g]		
		$12\,d\,(\text{min})$	$20\,d\,(\text{max})$[h]	je mm Eindringtiefe t_{pen}	bei $t_{pen,min}$[d, e]	bei $t_{pen,max}$[d, e]
d	d_h	$t_{pen,min}$	$t_{pen,max\,d}$			
in mm		in mm		N/mm	in N	
$2{,}0 \times 30/\times 40/\times 45$	5,0	24	40	4,90	118	196
$2{,}2 \times 30/\times 40/\times 50$	5,5	26	44	5,39	142	237
$2{,}4 \times 30/\times 40/\times 50$	5,9	29	48	5,88	169	282
$2{,}7 \times 40/\times 50/\times 60$	6,1	32	54	6,62	214	357
$3{,}0 \times 50/\times 60/\times 70/\times 80$	6,8	36	60	7,35	265	441
$3{,}4 \times 60/\times 70/\times 80/\times 90$	7,6	41	68	8,33	340	566
$3{,}8 \times 70/\times 80/\times 90/\times 100$	7,7	46	76	9,31	425	708
$4{,}2 \times 90/\times 100/\times 110$	8,4	50	84	10,29	519	864
$4{,}6 \times 90/\times 100/\times 120$	9,2	55	92	11,27	622	1037
$5{,}0 \times 100/\times 120/\times 140$	10,0	60	100	12,25	735	1225
$5{,}5 \times 140$	11,0	66	110	13,48	889	1482
$6{,}0 \times 150/\times 160/\times 180$	12,0	72	120	14,70	1058	1764

[a] s. Fußnoten zur Tafel 12.87.

[b] Nägel mit glattem Schaft, rundem Flachkopf, Senkkopf und Senkkopf mit Einsenkung; Holz nach Abschn. 12.3.1; glattschaftige Nägel in vorgebohrten Löchern dürfen nicht auf Herausziehen beansprucht werden.

[c] charakteristische Werte $F_{ax,Rk}$ nach Tafel 12.87, (Gl.) in Zeile 1, für die Dicke t des Bauteiles auf der Seite des Nagelkopfes werden die Dicken für nicht vorgebohrtes Holz bei Randabständen $a_{4,t(c)} \geq 10 \cdot d$ bzw. $\geq 14d$ nach Tafel 12.85, Spalte 5, eingesetzt.

[d] die angegebenen $F_{ax,Rk}$-Werte gelten nur für Nägel nach DIN EN 10230-1 mit den angegebenen Abmessungen, bei anderen Nägeln können wesentlich ungünstigere Werte vorliegen.

[e] Bemessungswerte $F_{ax,Rd}$ nach (12.70).

[f] für andere Nadelholz-Festigkeitsklassen (mit charakteristischen Rohdichten $\varrho_k > 350\,\text{kg/m}^3$) sowie Stahlzugfestigkeiten $f_{u,k} = 600\,\text{N/mm}^2$ kann der charakteristische Ausziehwiderstand (Tragfähigkeit) eines Nagels wie folgt erhöht werden: $F_{ax,Rk}$ multiplizieren mit dem Beiwert $k_R = (\varrho_k/350)^2$.

[g] die Fußnoten [o] und [p] der Tafel 12.85 gelten sinngemäß.

[h] nach DIN EN 1995-1-1/NA: 2013-08, 8.3.2, ist bei glattschaftigen Nägeln die wirksame Länge l_{ef} auf der Seite der Nagelspitze auf $t_{pen} = 20 \cdot d$ zu begrenzen.

Tafel 12.89 Potenzexponenten m in (12.71) nach DIN EN 1995-1-1: 2010-12, 8.3.3

	Glattschaftige Nägel		Profilierte Nägel (Sondernägel)	Holzschrauben
	allgemein	in Koppelpfetten-anschlüssen[a]		
m	1	1,5	2	2

[a] glattschaftige Nägel auf Abscheren und Herausziehen in bestimmten Koppelpfettenanschlüssen nach DIN EN 1995-1-1/NA: 2013-08, 8.3.3, unter den Bedingungen der Fußnote [f] der Tafel 12.87.

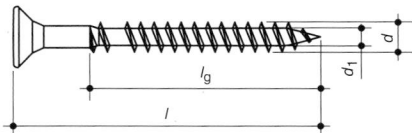

Abb. 12.21 Tragende Holzschrauben der DIN EN 1995-1-1: 2010-12, 8.7, DIN EN 1995-1-1/NA: 2013-08, 8.7 und DIN EN 14592: 2012-07, 6.3, Bild 3. d Nenndurchmesser (Gewinde-Außendurchmesser), d_1 Gewinde-Innendurchmesser mit $0{,}6 \cdot d \leq d_1 \leq 0{,}9 \cdot d$, l Schraubenlänge, l_g Gewindelänge (profilierter Schaftteil) $\geq 4 \cdot d$

12.15.5.3 Kombinierte Beanspruchung von Verbindungen mit Nägeln und Holzschrauben (Abscheren und Herausziehen)

Bei gleichzeitiger Beanspruchung von Verbindungen rechtwinklig zur Stiftachse (Abscheren) und in Richtung der Stiftachse (Herausziehen) ist der Interaktionsnachweis nach (12.71) zu führen.

$$\left(\frac{F_{ax,Ed}}{F_{ax,Rd}} \right)^m + \left(\frac{F_{v,Ed}}{F_{v,Rd}} \right)^m \leq 1 \qquad (12.71)$$

$F_{ax,Rd}$, $F_{ax,Ed}$ Bemessungswert der Tragfähigkeit der Verbindungen bzw. der Einwirkungen in Richtung der Stiftachse (Herausziehen)

$F_{v,Rd}$, $F_{v,Ed}$ Bemessungswert der Tragfähigkeit der Verbindungen bzw. der Einwirkungen rechtwinklig zur Stiftachse (Abscheren)

m Potenzexponent nach Tafel 12.89.

12.15.6 Holzschraubenverbindungen

Holzschrauben nach DIN EN 14592, s. Abb. 12.21, oder nicht genormte, selbstbohrende Holzschrauben mit Teil- oder Vollgewinde (Vollgewindeschrauben), die nicht den Anforderungen der DIN EN 1995-1-1: 2010-12 entsprechen und deshalb einen bauaufsichtlichen Verwendbarkeitsnachweis besitzen müssen, können für tragende Zwecke eingesetzt werden. Holzschrauben sind stets einzudrehen (von Hand oder maschinell), in das Holz eingeschlagene Holzschrauben dürfen nicht als tragend in Rechnung gestellt werden.

12.15.6.1 Holzschraubenverbindungen bei Beanspruchung rechtwinklig zur Schraubenachse (Abscheren)

Charakteristische Werte $F_{v,Rk}$ und Bemessungswerte $F_{v,Rd}$ der Tragfähigkeit bei Beanspruchung rechtwinklig zur Schraubenachse sinngemäß wie folgt bestimmen: für

Tafel 12.90 Durchmesser, Anzahl, Abstände, Vorbohren und Bohrlochdurchmesser von Holzschrauben in tragenden Holzschraubenverbindungen nach DIN EN 1995-1-1: 2010-12, 10.4.5 und DIN EN 1995-1-1/NA: 2013-08, 8.7.1[a, i, j]

Nenndurchmesser[b] min./max.	Anzahl n pro Verbindung min.	Mindestabstände		Vorbohren der zu verbindenden Teile[e, f]		
		für $d \leq 6$ mm	für $d > 6$ mm	nicht erforderlich bei selbstbohrenden Schrauben in Nadelholz mit[e–g]	stets bei Schrauben in Nadelholz mit[f, g]	stets bei sämtlichen Schrauben in Laubholz[g]
				$d \leq 6$ mm	$d > 6$ mm	alle d
$d_{min} \geq 2{,}4$ mm $d_{max} \leq 24$ mm	$n \geq 2$[c]	wie Nägel n. Tafel 12.83	wie Bolzen n. Tafel 12.75			Bohrlochdurchmesser: glatter Schaft: d[h] Gewindeteil: ca. $0{,}7 \cdot d$

[a] Hierin bedeuten:
d Nenndurchmesser: Gewinde-Außendurchmesser in mm,
d_s Durchmesser des glatten Schaftteiles in mm,
ϱ_k charakteristische Rohdichte in kg/m^3 nach Abschn. 12.3.1.
[b] Mindest- und Maximaldurchmesser nach DIN EN 14592: 2012-07, 6.3.3.
[c] gilt nicht für Befestigung von Schalungen, von Trag- und Konterlatten, von Windrispen, von Sparren, Pfetten und dgl. auf Bindern und Rähmen, von Querträgern (Querriegeln) an Rahmenhölzern, wenn das Bauteil insgesamt mit mind. 2 Holzschrauben angeschlossen ist.
[d] bei Nadelholz (und Pappelholz mit $\varrho_k \leq 500$ kg/m^3) und $d \leq 6$ mm darf vorgebohrt werden.
[e] Vorbohren stets bei Douglasienholz sowie zementgebundenen Spanplatten.
[f] über selbstbohrende Holzschrauben s. bauaufsichtlichen Verwendbarkeitsnachweis.
[g] beim Vorbohren von selbstbohrenden Holzschrauben muss der Durchmesser des Führungsloches $\leq$ Innendurchmesser des Gewindes d_1 sein.
[h] das Führungsloch für den Schaft mit dem Schaftdurchmesser und die gleiche Tiefe wie die Länge des glatten Schaftteils.
[i] für Gipsplatten-Holz-Verbindungen mit Gipsplatten nach DIN 18180 sind nach DIN 1052-10: 2012-05 nur Schnellbauschrauben nach DIN 18182-2 zulässig, für faserverstärkte Gipsplatten nur Schrauben mit bauaufsichtlichem Verwendbarkeitsnachweis.
[j] das charakteristische Fließmoment ist nach DIN 20000-6: 2013-08 mit einer charakteristischen Zugfestigkeit $f_{u,k} = 400$ N/mm^2 zu berechnen.

Holzschrauben mit teilweise glattem Schaft und $d \leq 6\,\mathrm{mm}$ nach Abschn. 12.15.5.1 (Nagelverbindungen), für Holzschrauben mit teilweise glattem Schaft und $d > 6\,\mathrm{mm}$ nach Abschn. 12.15.4.1 (Bolzenverbindungen) mit d als Nenndurchmesser der Holzschrauben und mit einer charakteristischen Zugfestigkeit $f_{u,k} = 400\,\mathrm{N/mm^2}$ für das charakteristische Fließmoment $M_{y,Rk}$ nach DIN 20000-6: 2013-08.

Bei **einschnittigen Holzschraubenverbindungen** und Nenndurchmessern $d > 6\,\mathrm{mm}$ darf im vereinfachten Nachweisverfahren die charakteristische Tragfähigkeit $F_{v,Rk}$ nach (12.72a) bzw. (12.72b) erhöht werden, s. DIN EN 1995-1-1/NA: 2013-08, 8.7.1.

$$\Delta F_{v,Rk} = \min\{F_{v,Rk} \quad \text{oder} \quad 0{,}25 \cdot F_{ax,Rk}\} \quad (12.72a)$$

$$F_{v,Rk,tot} = F_{v,Rk} + \Delta F_{v,Rk} \quad (12.72b)$$

$F_{v,Rk,tot}$ charakteristischer Wert der Gesamttragfähigkeit von einschnittigen Holzschraubenverbindungen

$F_{v,Rk}$ charakteristischer Wert der Tragfähigkeit von einschnittigen Holzschrauben für $d > 6\,\mathrm{mm}$

$\Delta F_{v,Rk}$ Anteil, um den bei einschnittigen Holzschraubenverbindungen der charakteristische Wert $F_{v,Rk}$ erhöht werden darf

$F_{ax,Rk}$ charakteristischer Wert des Ausziehwiderstandes der Holzschraube nach Abschn. 12.15.6.2, bei Stahlblech-Holz-Schraubenverbindungen darf das Kopfdurchziehen entfallen

Kombinierte Beanspruchung von Holzschrauben Bei gleichzeitiger Beanspruchung von Verbindungen rechtwinklig zur Schraubenachse (Abscheren) und in Richtung der Schraubenachse (Herausziehen) ist der Interaktionsnachweis nach Abschn. 12.15.5.3, (12.71), zu führen.

Blockscherversagen von Holzschraubenverbindungen Bei Stahlblech-Holz-Verbindungen mit mehreren stiftförmigen Verbindungsmitteln, die durch eine Kraftkomponente nahe am Hirnholzende beansprucht werden, sollte die charakteristische Tragfähigkeit infolge Scher- oder Zugversagens (Blockscheren) nach DIN 1995-1-1: 2010-12, Anhang A, untersucht werden.

12.15.6.2 Holzschraubenverbindungen bei Beanspruchung in Richtung der Schraubenachse (Herausziehen)

Charakteristische Werte des Auszieh- und Durchziehwiderstandes $F_{ax,\alpha,Rk}$ sowie **der Zugfestigkeit** $F_{t,Rk}$ von Holzschrauben bei Beanspruchung in Richtung der Schraubenachse (Herausziehen) sind in Tafel 12.91 angeführt, **Bemessungswerte** $F_{ax,\alpha,Rd}$ (Tragfähigkeit auf Herausziehen) können sinngemäß nach Abschn. 12.15.5.2, (12.70), berechnet werden, **Mindestabstände** können Tafel 12.92 und Abb. 12.22 entnommen werden.

Tafel 12.91 Charakteristische Werte des Auszieh- und Durchziehwiderstandes $F_{ax,\alpha,Rk}$, des Auszieh- und Durchziehparameters (-festigkeit) $f_{ax,k}$ und $f_{head,k}$ sowie der Zugfestigkeit $F_{t,Rk}$ für Holzschraubenverbindungen bei Beanspruchung in Richtung der Schraubenachse (Herausziehen) nach DIN EN 1995-1-1: 2010-12, 8.7.2 und DIN EN 1995-1-1/A2: 2014-07[a]

Charakteristischer Ausziehwiderstand $F_{ax,\alpha,Rk}$ einer Holzschraubenverbindung
bei Einschrauben unter einem Winkel $\alpha \geq 30°$ zwischen Schraubenachse und Faserrichtung
1   für Schraubendurchmesser $6\,\mathrm{mm} \leq d \leq 12\,\mathrm{mm}$ und $0{,}6 \leq d_1/d \leq 0{,}75$ bei Verbindungen von Nadelhölzern mit Holzschrauben $$F_{ax,\alpha,Rk} = \frac{n_{ef} \cdot f_{ax,k} \cdot d \cdot l_{ef} \cdot k_d}{1{,}2 \cdot \cos^2\alpha + \sin^2\alpha} \quad \text{in N}^{b,\,c,\,d}$$ mit $f_{ax,k}$ als charakteristische Ausziehfestigkeit (-parameter) rechtwinklig zur Faserrichtung für Nadelvollholz, Brettschichtholz aus Nadelholz und Balkenschichtholz aus Nadelholz[e]: $$f_{ax,k} = 0{,}52 \cdot d^{-0{,}5} \cdot l_{ef}^{-0{,}1} \cdot \varrho_k^{0{,}8} \quad \text{in N/mm}^2$$ und $k_d = \min\{d/8 \text{ oder } 1\}$
2   für Schrauben, die die in Zeile 1 festgelegten Anforderungen an den Außen- und Innendurchmesser des Gewindes nicht erfüllen $$F_{ax,\alpha,Rk} = \frac{n_{ef} \cdot f_{ax,k} \cdot d \cdot l_{ef}}{1{,}2 \cdot \cos^2\alpha + \sin^2\alpha} \cdot \left(\frac{\varrho_k}{\varrho_a}\right)^{0{,}8} \quad \text{in N}^{b,\,c,\,d} \text{ mit } \varrho_k \leq 500\,\mathrm{kg/m^3} \text{ nach }^e$$ mit $f_{ax,k}$ in N/mm² als charakteristische Ausziehfestigkeit (-parameter) rechtwinklig zur Faserrichtung für die zugehörige Rohdichte $\varrho_a{}^f$, für Holzschrauben mit $d_1/d > 0{,}75$ gilt: $0{,}666 \cdot f_{ax,k}$ aus Zeile 1 nach ^{e}

Tafel 12.91 (Fortsetzung)

Charakteristischer (Kopf-)Durchziehwiderstand $F_{ax,\alpha,Rk}$ einer Holzschraubenverbindung
bei Einschrauben unter einem Winkel $\alpha \geq 30°$ zwischen Schraubenachse und Faserrichtung

3	für Holzschrauben mit einem Verhältnis Kopfdurchmesser zu Nenndurchmesser $d_h/d \geq 1{,}7^e$

$$F_{ax,\alpha,Rk} = n_{ef} \cdot f_{head,k} \cdot d_h^2 \cdot \left(\frac{\varrho_k}{\varrho_a}\right)^{0,8} \quad \text{in N}^{b,\,d}$$

mit $f_{head,k}$ in N/mm² als charakteristischer Durchziehparameter (-festigkeit) der Schraube für die zugehörige Rohdichte $\varrho_a{}^f$, bestimmt nach DIN EN 14592 für eine charakteristische Rohdichte $\varrho_k \leq 500\,\text{kg/m}^3$ nach [e]

Charakteristische Zugfestigkeit $F_{t,Rk}$ einer Holzschraubenverbindung
(Abreißwiderstand des Schraubenkopfes oder Zugwiderstand des Schaftes)

4	$F_{t,Rk} = n_{ef} \cdot f_{tens,k}$

mit $f_{tens,k}$ als charakteristischer Zugwiderstand der Holzschraube:

$$f_{tens,k} = 300 \cdot \pi \cdot d_1^2 / 4 \quad \text{in N}$$

mit d_1 als Kerndurchmesser (Gewinde-Innendurchmesser) in mm nach [e]

Wirksame Anzahl n_{ef} einer Holzschraubengruppe, die durch eine Kraftkomponente in Schaftrichtung beansprucht wird

5	$n_{ef} = n^{0,9}$

mit n als Anzahl der Schrauben, die in einer Verbindung zusammenwirken

---

Einschrauben rechtwinklig $\alpha = 90°$ und unter Winkel $\alpha \geq 30°$

Einschrauben rechtwinklig, d. h. Winkel $\alpha = 90°$ zwischen Schraubenachse und Faserrichtung	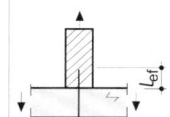	Einschrauben unter Winkel $\alpha \geq 30°$ zwischen Schraubenachse und Faserrichtung	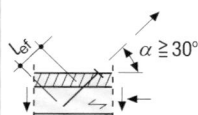

[a] Hierin bedeuten:

d Nenndurchmesser der Holzschraube in mm (Außendurchmesser des Schraubengewindes)

d_1 Innendurchmesser des Schraubengewindes in mm

d_h Durchmesser des Schraubenkopfes in mm

l_{ef} Eindringtiefe(-schraubtiefe) als Gewindelänge im Holzteil mit der Schraubenspitze
    $\geq 6 \cdot d$

α Winkel zwischen Schraubenachse und Faserrichtung
    $\geq 30°$

ϱ_k charakteristische Rohdichte in kg/m³ nach Abschn. 12.3.1

ϱ_a zugehöriger Wert der Rohdichte in kg/m³ (für $f_{ax,k}$), s. Fußnote [f].

[b] Mindestabstände von Holzschrauben, die in Richtung der Schraubenachse (Herausziehen) beansprucht werden, nach Tafel 12.92 und Abb. 12.22.

[c] die Einbindetiefe(-schraubtiefe) des Gewindeteils auf der Seite der Schraubenspitze sollte $l_{ef} \geq 6 \cdot d$ betragen.

[d] Bemessungswerte $F_{ax,\alpha,Rd}$ sinngemäß nach (12.70).

[e] nach DIN 20000-6.

[f] der Wert der Rohdichte ϱ_a ist in DIN EN 1995-1-1: 2010-12, 8.7.2 bzw. zugehöriger Baunormen bisher nicht angegeben, ϱ_a ist die Rohdichte, die bei den Versuchen zur Bestimmung der charakteristischen Ausziehfestigkeit (-parameter) $f_{ax,k}$ zugrunde gelegt wird.

Tafel 12.92 Mindestabstände von Holzschrauben, die in Richtung der Schraubenachse (Herausziehen) beansprucht werden nach DIN EN 1995-1-1: 2010-12, 8.7.2, Tab. 8.6[a, b]

a_1	a_2	$a_{1,CG}$	$a_{2,CG}$
in einer parallel zur Faserrichtung und Schraubenachse liegenden Ebene	rechtwinklig zu einer parallel zur Faserrichtung und Schraubenachse liegenden Ebene	vom Hirnholzende zum Schwerpunkt des Schraubengewindes im Bauteil	vom Rand zum Schwerpunkt des Schraubengewindes im Bauteil
$7 \cdot d$	$5 \cdot d$	$10 \cdot d$	$4 \cdot d$

Voraussetzung für alle Mindestabstände: Holzdicke $t \geq 12 \cdot d$

[a] Hierin bedeuten:

d Nenndurchmesser: Gewinde-Außendurchmesser.

[b] Erläuterungen zu den Mindestabständen s. Abb. 12.22.

Abb. 12.22 Mindestabstände untereinander sowie von Hirnholzenden und Rändern von Holzschrauben, die in Richtung der Schraubenachse (Herausziehen) beansprucht werden, nach DIN EN 1995-1-1: 2010-12, 8.7.2, Bild 8.11a

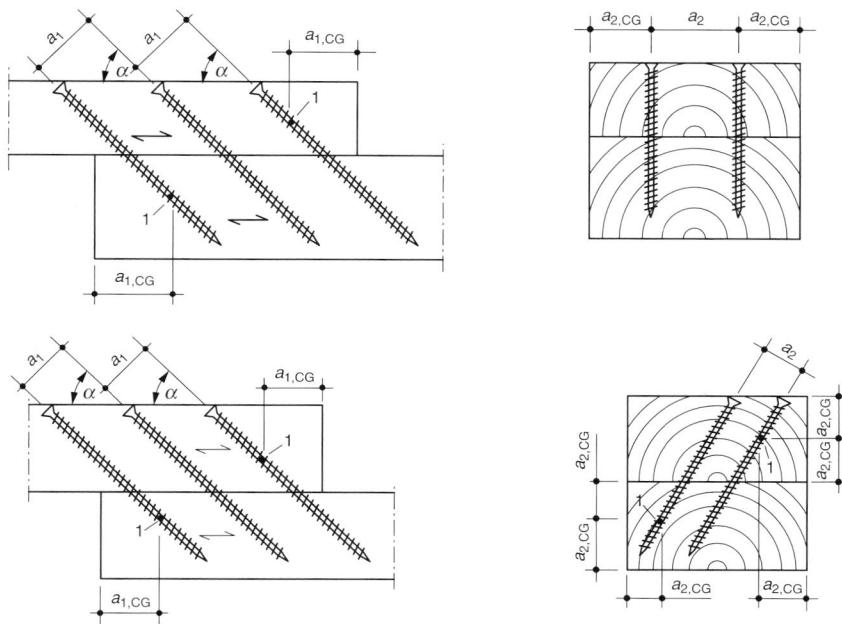

1 Schwerpunkt des Schraubengewindes im Bauteil

12.16 Verbindungen mit Dübeln besonderer Bauart

nach DIN EN 1995-1-1: 2010-12

Dübel besonderer Bauart nach den Anforderungen der DIN EN 1995-1-1: 2010-12 sind in Tafel 12.93 angeführt.

Dübelsicherung durch nachziehbare Bolzen aus Stahl (Schraubbolzen) in den Holzverbindungen vornehmen: jeder Dübel ist durch einen Bolzen einschl. beidseitiger Unterlegscheiben in seiner Lage zu halten.

Querschnittsschwächungen durch Dübel besonderer Bauart können nach Tafel 12.14 berechnet werden, die Dübelfehlflächen ΔA für jedes Einzelholz und die Einlass-/Einpresstiefe h_e sind in den Tafeln 12.96, 12.98 und 12.99 angeführt, die Bohrlochlänge darf nach DIN EN 1995-1-1/NA: 2013-08, 8.9, rechnerisch um die Einbindetiefe (Einlass-/Einpresstiefe) h_e der Dübel verringert werden.

Eine **Verbindungseinheit von Dübeln besonderer Bauart** ist nach DIN EN 13271: 2004-02, 3.1, ein zweiseitiger Dübel in einer Holz-Holz-Verbindung, zwei einseitige Dübel, Rückseite an Rückseite, in einer Holz-Holz-Verbindung und (sinngemäß) ein einseitiger Dübel in einer Stahlblech-Holz-Verbindung, jeweils mit zugehörigem Bolzen einschl. beidseitigen Unterlegscheiben.

12.16.1 Verbindungen mit Ringdübeln Typ A und Scheibendübeln Typ B

nach DIN EN 1995-1-1: 2010-12, 8.9

Die Tragfähigkeiten von Ringdübeln Typ A und Scheibendübeln Typ B sind vom Winkel α Kraft- zur Faserrichtung abhängig. Der zugehörige Bolzen dient der notwendigen Lagesicherung der Verbindungseinheit, er überträgt keine Kräfte, da er eine wesentlich geringere Steifigkeit als der Dübel besonderer Bauart aufweist.

Tafel 12.93 Bezeichnungen, Werkstoffe und Anwendungsbereiche von Dübeln besonderer Bauart nach DIN EN 1995-1-1: 2010-12, 8.9 und 8.10, DIN EN 912: 2011-09 und DIN EN 13271: 2004-02

Dübel-Typ[a] Beispiele[b]	Werkstoff[c]	Zweiseitiger Dübel	Einseitiger Dübel	Einseitiger Dübel
		Verbindung mit[d, e]		
		einem Dübel in Holz-Holz aus	zwei Dübeln[f] in Holz-Holz aus	einem Dübel in Stahl-Holz aus
Ringdübel (Einlassdübel)[h] eingelegt in vorbereitete, gefräste Vertiefungen des Holzes				
A 1[j] zweiseitig	Alu-Gusslegierung	NH, LH, BSH, BalSH, FSH; in Hirnholz von NH, LH, BSH, BalSH[g]	–	–
Scheibendübel (Einlassdübel)[h] eingelegt wie Ringdübel				
B 1[j] einseitig	Alu-Gusslegierung	–		NH, LH, BSH, BalSH, FSH
Scheibendübel mit Zähnen[i] (Einpressdübel) eingepresst in die zu verbindenden Holzbauteile				

Tafel 12.93 (Fortsetzung)

Dübel-Typ[a] Beispiele[b]	Werkstoff[c]	Zweiseitiger Dübel	Einseitiger Dübel	Einseitiger Dübel
		Verbindung mit[d, e]		
		einem Dübel in Holz-Holz aus	zwei Dübeln[f] in Holz-Holz aus	einem Dübel in Stahl-Holz aus
C1 zweiseitig	Stahl	NH, BSH, BalSH, FSH; in Hirnholz von NH, BSH, BalSH[g]	–	–
C2 einseitig		–	NH, BSH, BalSH, FSH	NH, BSH, BalSH, FSH
C3 zweiseitig		NH, BSH, BalSH, FSH	–	–
C4 einseitig		–	NH, BSH, BalSH, FSH	NH, BSH, BalSH, FSH
C5 zweiseitig		NH, BSH, BalSH, FSH	–	–
C10 zweiseitig	Temperguss	NH,BSH, BalSH, FSH; in Hirnholz von NH, BSH, BalSH[g]	–	–
C11 einseitig		–	NH, BSH, BalSH, FSH	NH, BSH, BalSH, FSH

[a] einseitiger Dübel zur Verbindung von Stahl-Holz, zweiseitiger Dübel zur Verbindung von Holz-Holz.
[b] es sind die in Deutschland überwiegend verwendeten Dübeltypen angeführt, weitere Dübeltypen nach DIN EN 912: 2011-09.
[c] genauere Werkstoffbezeichnungen s. DIN EN 912: 2011-09.
[d] NH: Nadelvollholz einschl. Bauhölzer mit $\varrho_k \leq 525\,\text{kg/m}^3$, LH: Laubvollholz einschl. Bauhölzer mit $\varrho_k \leq 612{,}5\,\text{kg/m}^3$, BSH: Brettschichtholz aus Nadelholz, BalSH: Balkenschichtholz aus Nadelholz, FSH: Furnierschichtholz (LVL).
[e] Berechnung der Tragfähigkeit s. Abschn. 12.16.1 bis 12.16.3.
[f] Rückseite an Rückseite je Scherfuge, z. B. für demontierbare Konstruktionen.
[g] in Hirnholzflächen zur Übertragung von Auflagerkräften nach DIN EN 1995-1-1/NA: 2013-08, NA.8.11, nur bei bestimmtem Dübeln besonderer Bauart, s. Abschn. 12.16.3
[h] in Verbindungen mit Holz bis zu einer charakteristischen Rohdichte von $\varrho_k \leq 612{,}5\,\text{kg/m}^3$ (Nadel- und Laubholz).
[i] in Verbindungen mit Holz bis zu einer charakteristischen Rohdichte von $\varrho_k \leq 525\,\text{kg/m}^3$ (überwiegend nur Nadelholz).
[j] Dübel besonderer Bauart aus Aluminiumlegierung dürfen nach DIN EN 1995-1-1/NA: 2013-08, 8.9, nur in Nutzungsklasse 1 und 2 verwendet werden.

Der **charakteristische Wert der Tragfähigkeit** $F_{v,\alpha,Rk}$ einer Verbindungseinheit mit Ringdübeln Typ A oder Scheibendübeln Typ B je Dübel und Scherfuge unter einem Winkel α Kraft- zur Faserrichtung ist nach (12.73) zu berechnen, die **charakteristische Tragfähigkeit** $F_{v,0,Rk}$ für Kraft-Faserwinkel $\alpha = 0$ nach Tafel 12.94. Eine Zusammenstellung der Abmessungen und charakteristischen Tragfähigkeiten der Verbindungseinheiten mit den einzelnen Ringdübeln A1 und Scheibendübeln B1 ist für ausgesuchte Bedingungen in Tafel 12.96 angeführt. Der **Bemessungswert der Tragfähigkeit** $F_{v,\alpha,Rd}$ kann nach (12.75) ermittelt werden.

Charakteristische Tragfähigkeit unter Kraft-Faserwinkel $0° \leq \alpha \leq 90°$ (Ring- und Scheibendübel Typ A und B)

$$F_{v,\alpha,Rk} = \frac{F_{v,0,Rk}}{k_{90} \cdot \sin^2 \alpha + \cos^2 \alpha} \quad (12.73)$$

mit

$$k_{90} = 1{,}3 + 0{,}001 \cdot d_c \quad (12.74)$$

$F_{v,0,Rk}$ charakteristische Tragfähigkeit je Dübel und Scherfuge für Kraftrichtung in Faserrichtung (Kraft-Faserwinkel $\alpha = 0$) nach Tafel 12.94

d_c Dübeldurchmesser in mm nach Tafel 12.96, 12.98 oder 12.99

α Winkel zwischen Kraft- und Faserrichtung.

Bemessungswert der Tragfähigkeit unter Kraft-Faserwinkel $0° \leq \alpha \leq 90°$ (Ring- und Scheibendübel Typ A und B)

$$F_{v,\alpha,Rd} = \frac{k_{mod} \cdot F_{v,\alpha,Rk}}{\gamma_M} \quad (12.75)$$

$F_{v,\alpha,Rk}$ charakteristischer Wert der Tragfähigkeit je Dübel und Scherfuge unter einem Winkel Kraft- zur Faserrichtung $0° \leq \alpha \leq 90°$ nach (12.73)

k_{mod} Modifikationsbeiwert nach Tafel 12.5

γ_M Teilsicherheitsbeiwert für Holz nach Tafel 12.12 $= 1{,}3$

Bei **mehreren Verbindungseinheiten**, die in einer Verbindungsmittelreihe in Faserrichtung hintereinander liegen, ist der Bemessungswert der Tragfähigkeit $F_{v,ef,\alpha,Rd}$ nach (12.76) aus der Summe der Einzelbemessungswerte $F_{v,\alpha,Rd}$ zu bestimmen unter Berücksichtigung der wirksamen Dübelanzahl n_{ef} nach (12.77).

$$F_{v,ef,\alpha,Rd} = n_{ef} \cdot F_{v,\alpha,Rd} \quad (12.76)$$

$F_{v,\alpha,Rd}$ Bemessungswert der Tragfähigkeit je Dübel und Scherfuge unter einem Winkel α Kraft zur Faserrichtung nach (12.75)

n_{ef} wirksame Dübelanzahl nach (12.77).

Tafel 12.94 Charakteristische Werte der Tragfähigkeit $F_{v,0,Rk}$ einer Verbindungseinheit von Ringdübeln A und Scheibendübeln B sowie Modifikationsbeiwerte k_i nach DIN EN 1995-1-1: 2010-12, 8.9[a, b, c, e]

Charakteristische Tragfähigkeit $F_{v,0,Rk}$ einer Verbindungseinheit in Faserrichtung (für $\alpha = 0$) je Dübel und Scherfuge[c]	
1	$F_{v,0,Rk} = \min\{k_1 \cdot k_2 \cdot k_3 \cdot k_4 \cdot (35 \cdot d_c^{1,5})$ oder $k_1 \cdot k_3 \cdot (31,5 \cdot d_c \cdot h_e)\}$ in N mit d_c, h_e in mm
2	bei nur einer Verbindungseinheit je Scherfuge darf bei unbeanspruchtem Hirnholzende ($150° \leq \alpha \leq 210°$) $F_{v,0,Rk}$ abweichend ermittelt werden: $$F_{v,0,Rk} = k_1 \cdot k_3 \cdot (31,5 \cdot d_c \cdot h_e)$$ (erster Teil der Gleichung in Zeile 1 darf unberücksichtigt bleiben)

Modifikationsbeiwerte für Gleichungen in Zeilen 1 und 2

3	**Modifikationsbeiwert k_1 für Seiten- und Mittelholzdicken t_1 bzw. t_2[d]**

$k_1 = \min\{1$ oder $t_1/(3 \cdot h_e)$ oder $t_2/(5 \cdot h_e)\}$

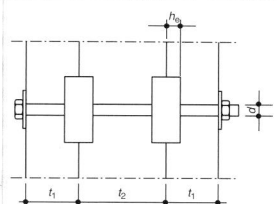

Seitenholzdicke $t_1 \geq 2,25 \cdot h_e$	Mittelholzdicke[d] $t_2 \geq 3,75 \cdot h_e$

4	**Modifikationsbeiwert k_2 für beanspruchte Hirnholzenden ($-30° \leq \alpha \leq 30°$)**

$k_2 = \min\{k_a$ oder $a_{3,t}/(2 \cdot d_c)\}$ mit

$a_{3,t}$ nach Tafel 12.95

$k_a = 1,25$ für Verbindungen mit einem Dübel pro Scherfuge

$k_a = 1,0$ für Verbindungen mit mehr als einem Dübel pro Scherfuge

$k_2 = 1,0$ für andere Werte von α

5	**Modifikationsbeiwert k_3 für charakteristische Rohdichten ϱ_k in kg/m³**

$k_3 = \min\{1,75$ oder $\varrho_k/350\}$

6	**Modifikationsbeiwert k_4 für verbundene Baustoffe**

$k_4 = 1,0$ für Holz-Holz-Verbindungen

$k_4 = 1,1$ für Stahlblech-Holz-Verbindungen

[a] Hierin bedeuten:

$a_{3,t}$ Mindestdübelabstand vom beanspruchten Hirnholzende nach Tafel 12.95

d_c Dübeldurchmesser in mm nach Tafel 12.96

h_e Einbindetiefe (Einlasstiefe) der Dübel im Holz in mm nach Tafel 12.96

t_1, t_2 Dicken des Seiten- und Mittelholzes nach Tafel 12.96

α Winkel zwischen Kraft- und Faserrichtung

[b] für Verbindungen zwischen Bauteilen aus Nadelvoll-, Laubvoll-, Brettschicht-, Balkenschicht- oder Furnierschichtholz (LVL) bis zu einer charakteristischen Rohdichte von $\varrho_k \leq 612,5$ kg/m³

[c] charakteristische Tragfähigkeiten $F_{v,0,Rk}$ für Durchmesser von Ringdübel A1 und Scheibendübel B1 sowie Modifikationsbeiwerte $k_i = 1,0$ (d. h. für Holz-Holz-Verbindungen, $\alpha = 0°$ und $\varrho_k = 350$ kg/m³) sind in Tafel 12.96 errechnet

[d] Mittelholz zwischen zwei und mehreren Scherfugen

[e] Bemessungswerte der Tragfähigkeiten nach (12.75) bzw. (12.76) sinngemäß für $\alpha = 0$ oder $\alpha \neq 0$

Tafel 12.95 Mindestabstände von Ringdübeln Typ A und Scheibendübeln Typ B nach DIN EN 1995-1-1/A2: 2014-07, Tab. 8.7[a, b]

Bezeichnungen nach Abb. 12.16	Benennung der Bezeichnungen	Winkel α	Mindestabstände
a_1	untereinander in (parallel zur) Faserrichtung	$0° \leq \alpha \leq 360°$	$(1,2 + 0,8 \cdot |\cos\alpha|) \cdot d_c$
a_2	untereinander rechtwinklig zur Faserrichtung	$0° \leq \alpha \leq 360°$	$1,2 \cdot d_c$
$a_{3,t}$	vom beanspruchten Hirnholzende	$-90° \leq \alpha \leq 90°$	$2,0 \cdot d_c$
$a_{3,c}$	vom unbeanspruchten Hirnholzende	$90° \leq \alpha \leq 150°$	$(0,4 + 1,6 \cdot |\sin\alpha|) \cdot d_c$
		$150° \leq \alpha \leq 210°$	$1,2 \cdot d_c$
		$210° \leq \alpha \leq 270°$	$(0,4 + 1,6 \cdot |\sin\alpha|) \cdot d_c$
$a_{4,t}$	vom beanspruchten Rand	$0° \leq \alpha \leq 180°$	$(0,6 + 0,2 \cdot |\sin\alpha|) \cdot d_c$
$a_{4,c}$	vom unbeanspruchten Rand	$180° \leq \alpha \leq 360°$	$0,6 \cdot d_c$

[a] Hierin bedeuten:

α Winkel zwischen Kraft- und Faserrichtung

d_c Nenndurchmesser des Ring- oder Scheibendübels nach Tafel 12.96.

[b] bei versetzter Anordnung von Ring- und Scheibendübeln (d. h. Dübelschwerpunkte liegen nicht auf der Risslinie, sondern sind gegenüber der Risslinie versetzt angeordnet) sollten die Bedingungen für die Mindestabstände nach DIN EN 1995-1-1: 2010-12, 8.9, berücksichtigt werden.

Tafel 12.96 Abmessungen, Abstände und charakteristische Tragfähigkeiten $F_{v,0,Rk}$ von Ringdübeln A1 und Scheibendübeln B1 nach 1995-1-1: 2010-12, 8.9 und DIN EN 1995-1-1/A2: 2014-07, 8.9 für Holz-Holz-Verbindungen je Dübel und Scherfuge (Verbindungseinheit) sowie $\varrho_k = 350\,kg/m^3$ und Modifikationsbeiwerte $k_i = 1,0$, errechnet nach Tafel 12.94^k

1	2	3	4	5	6	7	8	9	10	11	12	13	14	15	16	17
Dübeltyp	Dübelabmessungen			Bolzen und Unterlegscheiben				Mindestdicke der Hölzer^f		Mindestdübelabstände einzuhalten nach Tafel 12.95 für $\alpha = 0°$						Charakteristische Tragfähigkeit für eine Verbindungseinheit, nach Tafel 12.94, Zeile 1^{i,j} (für $k_i = 1,0$) für $\alpha = 0°$ und $\varrho_k = 350\,kg/m^3$
				Mindest- bzw. Maximalwerte		Vorschlag^e für										
	Dübeldurchmesser^a	Einbindetiefe^a	Dübelfehlfläche^b	Bolzendurchmesser^c	Unterlegscheibe^d Durchmesser/Dicke	Bolzen	Unterlegscheibe	Seitenholz $t_1 = 3 \cdot h_e^{g,h}$	Mittelholz $t_2 = 5 \cdot h_e^{g,h}$	$a_1 = 2,0 \cdot d_c$	$a_2 = 1,2 \cdot d_c$	$a_{3,t} = 2,0 \cdot d_c$	$a_{3,c} = 1,2 \cdot d_c$	$a_{4,t} = 0,6 \cdot d_c$	$a_{4,c} = 0,6 \cdot d_c$	
	d_c	h_e	ΔA	$d_{b,min}/d_{b,max}$	$d_{a,min}/s_{min}$	d_b	d_a/s	t_1	t_2	a_1	a_2	$a_{3,t}$	$a_{3,c}$	$a_{4,t}$	$a_{4,c}$	$F_{v,0,Rk}$
	in mm	in mm	in cm²	in mm	in mm			in mm	in mm	in mm						in N
A1 zweiseitig^k	65	15	9,8	12/24	36/3,6	M12	58/6	45	75	130	78	130	78	39	39	18.300
	80		12,0							160	96	160	96	48	48	25.000
	95		14,3							190	114	190	114	57	57	32.400
	126		18,9							252	151	252	151	76	76	49.500
	128	22,5	28,8					67,5	112,5	256	154	256	154	77	77	50.700
	160		36,0	16/24	48/4,8	M16	68/6			320	192	320	192	96	96	70.800
	190		42,8	19/24	57/5,7	M20	80/8			380	228	380	228	114	114	91.700
B1 einseitig^k	65	15	9,8	12/13	36/3,6	M12	58/6	45	75	130	78	130	78	39	39	18.300
	80		12,0							160	96	160	96	48	48	25.000
	95		14,3							190	114	190	114	57	57	32.400
	128	22,5	28,8	15.5/16.5	47/4,7	M16	68/6	67,5	112,5	256	154	256	154	77	77	50.700
	160		36,0							320	192	320	192	96	96	70.800
	190		42,8							380	228	380	228	114	114	91.700

^{a} nach DIN EN 912: 2011-09.
^{b} nach DIN EN 1995-1-1/NA: 2013-08, 8.9, Tab. NA.17.
^{c} nach DIN EN 1995-1-1: 2010-12, 10.4.3, Tab. 10.1.
^{d} Mindestdurchmesser bzw. -dicke für $d_{b,min}$ nach Spalte 5.
^{e} Vorzugmaße für Bolzenverbindungen nach Tafel 12.76.
^{f} für $k_i = 1,0$ nach Tafel 12.94, Zeile 3.
^{g} Mindestdicken für Seiten- und Mittelhölzer nach Tafel 12.94, Zeile 3.
^{h} Mindestdicke für Brettschichtholzbauteile von etwa $a_{min} = 50\,mm$ nach Tafel 12.13.
^{i} charakteristische Tragfähigkeit $F_{v,\alpha,Rk}$ unter Kraft-Faserwinkel α nach (12.73).
^{j} Bemessungswerte der Tragfähigkeit $F_{v,\alpha,Rd}$ nach (12.75) bzw. (12.76) singgemäß für $\alpha = 0$ oder $\alpha \neq 0$.
^{k} Dübel besonderer Bauart aus Aluminiumlegierung wie Ringdübel Typ A1 und Scheibendübel B1 dürfen nur in den Nutzungsklassen 1 und 2 verwendet werden, s. DIN EN 1995-1-1/NA: 2013-08, 8.9.
^{l} Mindestabstände nach DIN EN 1995-1-1/A2: 2014-07, 8.9, Tab. 8.7.

Eine **wirksame Dübelanzahl** n_{ef} für $n > 2$ in Faserrichtung hintereinander liegender Verbindungseinheiten ist bei der Berechnung der Tragfähigkeit in dieser Richtung nach (12.77) zu berücksichtigen, $n \geq 20$ Verbindungseinheiten hintereinander sollten nicht als tragend in Rechnung gestellt werden, $n > 10$ sind unwirtschaftlich.

$$n_{ef} = 2 + \left(1 - \frac{n}{20}\right) \cdot (n - 2) \qquad (12.77)$$

n Anzahl der in Faserrichtung hintereinander liegenden Dübel $2 < n < 20$.

Der Nachweis von Bauteilen mit **Schräg- und Queranschlüssen** (Verbindungsmittelkräfte unter einen Winkel α zur Faserrichtung) kann nach Abschn. 12.8.3 erfolgen.

Ein **Beispiel** zur Bemessung einer Verbindung mit Ringdübeln A1 ist in [11], Holzbau, Abschn. 2.10 angeführt

12.16.2 Verbindungen mit Scheibendübeln mit Zähnen Typ C

nach DIN EN 1995-1-1: 2010-12, 8.10

Die Tragfähigkeiten von Scheibendübeln mit Zähnen Typ C sind als die Summe der charakteristischen Tragfähigkeiten der Scheibendübel mit Zähnen und der zugehörigen Passbolzen zu ermitteln. Die Tragfähigkeit der Scheibendübel mit Zähnen ist vom Winkel α Kraft- zur Faserrichtung unabhängig, die zugehörigen Bolzen dagegen vom Winkel α abhängig. Der Bolzen überträgt demnach Kräfte und dient gleichzeitig zur notwendigen Lagesicherung der Verbindungseinheit.

Der **charakteristische Wert der Tragfähigkeit** $F_{v,\alpha,Rk}$ einer Verbindungseinheit mit Scheibendübeln mit Zähnen Typ C je Dübel und Scherfuge ist zusammen mit der charakteristischen Tragfähigkeit der zugehörigen Passbolzen

Tafel 12.97 Charakteristische Werte der Tragfähigkeit $F_{v,Rk}$ von Scheibendübeln mit Zähnen Typ C sowie Modifikationsbeiwerte k_i nach DIN EN 1995-1-1: 2010-12, 8.10[a, b, f]

Charakteristische Tragfähigkeit $F_{v,Rk}$ von Scheibendübeln mit Zähnen (für alle α) je Dübel und Scherfuge[c, d]	
1	für Dübeltyp C1 bis C9 $$F_{v,Rk} = k_1 \cdot k_2 \cdot k_3 \cdot (18 \cdot d_c^{1,5}) \quad \text{in N}$$	für Dübeltyp C10 bis C11 $$F_{v,Rk} = k_1 \cdot k_2 \cdot k_3 \cdot (25 \cdot d_c^{1,5}) \quad \text{in N}$$
	mit d_c in mm	

Modifikationsbeiwerte für die Gleichungen in Zeile 1	
3	**Modifikationsbeiwert k_1** für Seiten- und Mittelholzdicken t_1 bzw. t_2[e]	
	$k_1 = \min\{1 \text{ oder } t_1/(3 \cdot h_e) \text{ oder } t_2/(5 \cdot h_e)\}$	
	Seitenholzdicke $t_1 \geq 2,25 \cdot h_e$ \quad Mittelholzdicke[e] $t_2 \geq 3,75 \cdot h_e$	
4	**Modifikationsbeiwert k_2** für beanspruchte Hirnholzenden	
	für Dübeltyp C1 bis C9 $$k_2 = \min\{1 \text{ oder } a_{3,t}/(1,5 \cdot d_c)\}$$ mit $a_{3,t} = \max\{1,1 \cdot d_c \text{ oder } 7 \cdot d \text{ oder } 80\,\text{mm}\}$	für Dübeltyp C10 und C11 $$k_2 = \min\{1 \text{ oder } a_{3,t}/(2,0 \cdot d_c)\}$$ mit $a_{3,t} = \max\{1,5 \cdot d_c \text{ oder } 7 \cdot d \text{ oder } 80\,\text{mm}\}$
5	**Modifikationsbeiwert k_3** für charakteristische Rohdichten ϱ_k in kg/m^3	
	$k_3 = \min\{1,5 \text{ oder } \varrho_k/350\}$	

[a] Hierin bedeuten
d Bolzendurchmesser in mm
d_c – Durchmesser der Scheibendübel mit Zähnen in mm für die Dübeltypen C1 und C2 (s. Tafel 12.98), C6, C7 sowie C10 und C11 (s. Tafel 12.99)
     – $\sqrt{a_1 \cdot a_2}$ mit a_1, a_2 als Seitenlängen der Scheibendübel mit Zähnen in mm für die Dübeltypen C3 und C4, s. Tafel 12.98
     – Seitenlänge der Scheibendübel mit Zähnen in mm für die Dübeltypen C5 (s. Tafel 12.98), C8 und C9
h_e Einbindetiefe (Einpresstiefe) der Dübel(-zähne) im Holz in mm nach Tafeln 12.98 bzw. 12.99
$a_{3,t}$ Mindestdübelabstände vom beanspruchten Hirnholzende nach Tafeln 12.100 bzw. 12.101
t_1, t_2 Dicken des Seiten- und Mittelholzes, s. Bild oben und auch Tafeln 12.98 bzw. 12.99
α Winkel zwischen Kraft- und Faserrichtung.
[b] für Verbindungen zwischen Bauteilen aus Nadelvoll-, Brettschicht-, Balkenschicht- oder Furnierschichtholz (LVL) bis zu einer charakteristischen Rohdichte von $\varrho_k \leq 525\,\text{kg/m}^3$.
[c] charakteristische Tragfähigkeiten $F_{v,Rk}$ für Durchmesser von Scheibendübeln mit Zähnen C1 bis C5 und C10 und C11, für Modifikationsbeiwerte $k_i = 1,0$ (d. h. Holz-Holz-Verbindungen mit $\varrho_k = 350\,\text{kg/m}^3$) und für zugehörige Bolzen ($\alpha = 0°$) sind in Tafel 12.98 und 12.99 errechnet.
[d] charakteristische Tragfähigkeit einer Verbindungseinheit aus Scheibendübel mit Zähnen und zugehöriger Bolzen s. (12.78).
[e] Mittelholz zwischen zwei- und mehreren Scherfugen.
[f] Bemessungswerte für Scheibendübel mit Zähnen und zugehöriger Bolzen nach (12.79).

Tafel 12.98 Abmessungen, Abstände und charakteristische Tragfähigkeiten $F_{v,Rk}$ von Scheibendübeln mit Zähnen C1 bis C5 nach 1995-1-1: 2010-12, 8.10 und DIN EN 1995-1-1/A2: 2014-07, 8.10, für Holz-Holz-Verbindungen je Dübel und Scherfuge mit $\varrho_k = 350$ kg/m³ und Modifikationsbeiwerte $k_i = 1{,}0$ sowie für zugeordnete Bolzen, errechnet nach Tafel 12.97

1	2	3	4	5	6	7	8	9		10		11	12	13	14	15	16	17	18
	Dübelabmessungen			Bolzen und Unterlegscheiben				Mindestdicke der Hölzer[l,k]				Mindestdübelabstände[n] einzuhalten nach Tafel 12.100, errechnet für $\alpha=0°$						Charakteristische Tragfähigkeit für $\varrho_k=350$ kg/m³ und $k_i=1{,}0$[o,p]	
				Mindest- bzw. Maximalwerte		Vorschlag[e]		Seitenholz[l,m]		Mittelholz[l,m]								Dübel nach Spalte 2	Bolzen 4,6[q] nach Spalte 7, für $\alpha=0°$
Dübel-typ	Dübel-durch-messer[a]	Ein-press-tiefe[a]	Dübel-fehl-fläche[b]	Bolzen-durch-messer[c]	Unterleg-scheibe[d] Durchmesser/Dicke	Bolzen	Unterleg-scheibe	Dübel $t_1=3\cdot h_e$	Bolzen[q] $t_{1,req}$	Dübel $t_2=5\cdot h_e$	Bolzen[q] $t_{2,req}$	$a_1=$ $1{,}5\cdot d_c$	$a_2=$ $1{,}2\cdot d_c$	$a_{3,t}=$ $1{,}5\cdot d_c$	$a_{3,c}=$ $1{,}2\cdot d_c$	$a_{4,t}=$ $0{,}6\cdot d_c$	$a_{4,c}=$ $0{,}6\cdot d_c$		
	d_c	h_e	ΔA	$d_{b,min}/d_{b,max}$	$d_{a,min}/s_{min}$	d_b	d_a/s	t_1	$t_{1,req}$	t_2	$t_{2,req}$	a_1	a_2	$a_{3,t}$	$a_{3,c}$	$a_{4,t}$	$a_{4,c}$	$F_{v,Rk,Dü}$	$F_{v,Rk,Bo}$
	in mm		in cm²	in mm	in mm			in mm				in mm						in N	
C1 zweiseitig	50	6,0	1,7	10/17	30/3[h]	M12	58/6	22[i]	62	30	52	75	60	75	60	30	30	6360	6820
	62	7,4	3,0	10/21				22[i]		37		93	74	93	74	37	37	8790	6820
	75	9,1	4,2	10/26	30/3[h] bis 90/9	M16	68/6	27	81	46	67	113	90	113	90	45	45	11700	11200
	95	11,3	6,7	10/30				34		57		143	114	143	114	57	57	16700	11200
	117	14,3	10,0			M20	80/8	43	99	72	82	176	140	176	140	70	70	22800	16300
	140	14,5	12,4			M24	105/8	44	117	74	97	210	168	210	168	84	84	29800	22100
	165	15,5	14,9					47		78		248	198	248	198	99	99	38200	22100
C2 einseitig	50	5,6	1,7	11,4[g]	34/4[h]	M12	58/6	22[i]	62	28	52	75	60	75	60	30	30	6360	6820
	62	7,5	3,0	11,4[g]				23		38		93	74	93	74	37	37	8790	6820
	75	9,2	4,2	15,4[g]	46/5[h]	M16	68/6	28	81	46	67	113	90	113	90	45	45	11700	11200
	95	11,4	6,7	15,4[g]				34		57		143	114	143	114	57	57	16700	11200
C3	117	14,5	10,0	19,4[g]	58/6[h]	M20	80/8	44	99	73	82	176	140	176	140	70	70	22800	16300
	73×130[f]	13,3	11,1	10/26	30/3[h]	M20	80/8	40	99	67	82	146	117	146	117	58	58	17300	16300
C4			11,1	19,4[g]	58/6[h]														
C5	100	7,3	4,3	10/30	30/3[h]	M20	80/8	22[i]	99	37	82	150	120	150	120	60	60	18000	16300
	130	9,3	6,9			M24	105/8	28	117	47	97	195	156	195	156	78	78	26700	22100

Fußnoten s. Tafel 12.99.

Tafel 12.99 Abmessungen, Abstände und charakteristische Tragfähigkeiten $F_{v,Rk}$ von Scheibendübeln mit Zähnen C10 und C11 nach 1995-1-1: 2010-12. 8.10, für Holz-Holz-Verbindungen je Dübel und Scherfuge mit $\varrho_k = 350\,\mathrm{kg/m^3}$ und Modifikationsbeiwerte $k_i = 1$ sowie für zugeordnete Bolzen, errechnet nach Tafel 12.97

Gruppierung der Spalten: Dübeltyp (1) · Dübelabmessungen (2–4) · Bolzen und Unterlegscheiben, Mindest- bzw. Maximalwerte (5–6) · Vorschlag[e] für (7–8) · Mindestdicke der Hölzer[i,k] (9–10) · Mindestdübelabstände[n], einzuhalten nach Tafel 12.101, errechnet für $\alpha = 0°$ (11–16) · Charakteristische Tragfähigkeit für $\varrho_k = 350\,\mathrm{kg/m^3}$ und $k_i = 1{,}0$[o,p] (17–18)

1	2	3	4	5	6	7	8	9 Seitenholz[l,m] Dübel $t_1=3\cdot h_e$	9 Seitenholz[l,m] Bolzen[q]	10 Mittelholz[l,m] Dübel $t_2=5\cdot h_e$	10 Mittelholz[l,m] Bolzen[q]	11	12	13	14	15	16	17	18
Dübeltyp	Dübeldurchmesser[a] d_c	Einpresstiefe[a] h_e	Dübelfehlfläche[b] ΔA	Bolzendurchmesser[c] $d_{b,min}/d_{b,max}$	Unterlegscheibe[d] Durchmesser/Dicke $d_{a,min}/s_{min}$	Bolzen d_b	Unterlegscheibe d_a/s	t_1	$t_{1,req}$	t_2	$t_{2,req}$	$a_1 = 2{,}0\cdot d_c$ a_1	$a_2 = 1{,}2\cdot d_c$ a_2	$a_{3,t} = 2{,}0\cdot d_c$ $a_{3,t}$	$a_{3,c} = 1{,}2\cdot d_c$ $a_{3,c}$	$a_{4,t} = 0{,}6\cdot d_c$ $a_{4,t}$	$a_{4,c} = 0{,}6\cdot d_c$ $a_{4,c}$	Dübel nach Spalte 2 $F_{v,Rk,Dü}$	Bolzen 4.6[q] nach Spalte 7, für $\alpha=0°$ $F_{v,Rk,Bo}$
	in mm		in cm²	in mm	in mm			in mm				in mm						in N	
C10	50	12	4,6	10/30	30/3[h] bis 90/9	M12	58/6	36	62	60	52	100	60	100	60	30	30	8840	6820
	65		5,9			M16	68/6		81		67	130	78	130	78	39	39	13.100	11.200
	80		7,5			M20	80/8		99		82	160	96	160	96	48	48	17.900	16.300
	95		9,0			M24	105/8		117		97	190	114	190	114	57	57	23.100	22.100
	115		10,4									230	138	230	138	69	69	30.800	22.100
C11	50	12	5,4	11,5[g]	35/4[h]	M12	58/6	36	62	60	52	100	60	100	60	30	30	8840	6820
	65		7,1	15,5[g]	47/5[h]	M16	68/6		81		67	130	78	130	78	39	39	13.100	11.200
	80		8,7	19,5[g]	59/6[h]	M20	80/8		99		82	160	96	160	96	48	48	17.900	16.300
	95		10,7	23,5[g]	71/7[h]	M24	105/8		117		97	190	114	190	114	57	57	23.100	22.100
	115		12,4	23,5[g]								230	138	230	138	69	69	30.800	22.100

[a] nach DIN EN 912.
[b] nach DIN EN 1995-1-1/NA: 2013-08, 8.9, Tab. NA.17.
[c] nach DIN EN 912.
[d] Mindestdurchmesser bzw. -dicke für $d_{b,min}$ nach Spalte 5.
[e] Vorzugmaße für Bolzenverbindungen nach Tafel 12.76.
[f] für Dübeltypen C3 und C4 gilt: $d_c = \sqrt{a_1 \cdot a_2}$.
[g] Mindest-Bolzendurchmesser $d_{b,min}$ je nach Durchmesser des Mittelloches d_1 nach DIN EN 912. $d_{b,max} = d_{b,min} + 1$ mm.
[h] für Mindestdurchmesser nach Spalte 5.
[i] empfohlene Holzdicke $a_{min} = 22$ mm für Vollholz- Einzelquerschnitte nach Tafel 12.13 nicht unterschreiten.
[j] für $k_1 = 1{,}0$ nach Tafel 12.97, Zeile 3.
[k] Mindestdicke für Brettschichtholzbauteile von etwa $a_{min} = 50$ mm nach Tafel 12.13.
[l] die größere der Mindestholzdicken aus Dübel bzw. Bolzen ist jeweils für die Bemessung maßgebend.
[m] Mindestholzdicken für Bolzen nach Spalte 7, Mindestdicken für Seiten- und Mittelhölzer nach Tafel 12.97, Zeile 3.
[n] die Mindestabstände für Bolzen nach Tafel 12.75 sind ebenfalls einzuhalten.
[o] charakteristische Tragfähigkeit $F_{v,\alpha,Rk}$ für Scheibendübel mit Zähnen und zugehörigem Bolzen nach (12.78).
[p] Bemessungswerte der Tragfähigkeit $F_{v,\alpha,Rd}$ für Scheibendübel mit Zähnen und Bolzen nach (12.79a).
[q] Bolzen nach Abschn. 12.15.4, Festigkeitsklasse 4.6 mit $f_{u,k} = 400\ \mathrm{N/mm^2}$ nach Tafel 12.74, charakteristische Tragfähigkeit nach Tafel 12.65 und 12.68, charakteristische Rohdichte der zu verbindenden Hölzer $\varrho_k = 350\ \mathrm{kg/m^3}$.

12

Tafel 12.100 Mindestabstände von Scheibendübeln mit Zähnen Typ C1 bis C9 nach DIN EN 1995-1-1/A2: 2014-07, 8.10, Tab. 8.8[a, b]

Bezeichnungen nach Abb. 12.16	Benennung der Bezeichnungen	Winkel α	Mindestabstände
a_1	untereinander in (parallel zur) Faserrichtung	$0° \leq \alpha \leq 360°$	$(1,2 + 0,3 \cdot |\cos\alpha|) \cdot d_c$
a_2	untereinander rechtwinklig zur Faserrichtung	$0° \leq \alpha \leq 360°$	$1,2 \cdot d_c$
$a_{3,t}$	vom beanspruchten Hirnholzende	$-90° \leq \alpha \leq 90°$	$1,5 \cdot d_c$
$a_{3,c}$	vom unbeanspruchten Hirnholzende	$90° \leq \alpha \leq 150°$	$(0,9 + 0,6 \cdot |\sin\alpha|) \cdot d_c$
		$150° \leq \alpha \leq 210°$	$1,2 \cdot d_c$
		$210° \leq \alpha \leq 270°$	$(0,9 + 0,6 \cdot |\sin\alpha|) \cdot d_c$
$a_{4,t}$	vom beanspruchten Rand	$0° \leq \alpha \leq 180°$	$(0,6 + 0,2 \cdot |\sin\alpha|) \cdot d_c$
$a_{4,c}$	vom unbeanspruchten Rand	$180° \leq \alpha \leq 360°$	$0,6 \cdot d_c$

[a]Hierin bedeuten
α Winkel zwischen Kraft- und Faserrichtung
d_c Nenndurchmesser des Scheibendübels mit Zähnen nach Tafel 12.98 (für C1 bis C5).
[b] bei versetzter Anordnung von Scheibendübeln mit Zähnen des Typs C1, C2, C6 und C7 mit kreisrunder Form (d. h. Dübelschwerpunkte liegen nicht auf der Risslinie, sondern sind gegenüber der Risslinie versetzt angeordnet) sollten die Bedingungen für die Mindestabstände nach DIN EN 1995-1-1: 2010-12, 8.9 (10) berücksichtigt werden.

Tafel 12.101 Mindestabstände von Scheibendübeln mit Zähnen Typ C10 und C11 nach DIN EN 1995-1-1: 2010-12, 8.10, Tab. 8.9[a]

Bezeichnungen nach Abb. 12.16	Benennung der Bezeichnungen	Winkel α	Mindestabstände
a_1	untereinander in (parallel zur) Faserrichtung	$0° \leq \alpha \leq 360°$	$(1,2 + 0,8 \cdot |\cos\alpha|) \cdot d_c$
a_2	untereinander rechtwinklig zur Faserrichtung	$0° \leq \alpha \leq 360°$	$1,2 \cdot d_c$
$a_{3,t}$	vom beanspruchten Hirnholzende	$-90° \leq \alpha \leq 90°$	$2,0 \cdot d_c$
$a_{3,c}$	vom unbeanspruchten Hirnholzende	$90° \leq \alpha < 150°$	$(0,4 + 1,6 \cdot |\sin\alpha|) \cdot d_c$
		$150° \leq \alpha < 210°$	$1,2 \cdot d_c$
		$210° \leq \alpha \leq 270°$	$(0,4 + 1,6 \cdot |\sin\alpha|) \cdot d_c$
$a_{4,t}$	vom beanspruchten Rand	$0° \leq \alpha \leq 180°$	$(0,6 + 0,2 \cdot |\sin\alpha|) \cdot d_c$
$a_{4,c}$	vom unbeanspruchten Rand	$180° \leq \alpha \leq 360°$	$0,6 \cdot d_c$

[a] Hierin bedeuten
α Winkel zwischen Kraft- und Faserrichtung
d_c Nenndurchmesser des Scheibendübels mit Zähnen nach Tafel 12.99.

nach (12.78) zu berechnen. Der **charakteristische Wert der Tragfähigkeit** $F_{v,Rk}$ von Scheibendübeln mit Zähnen Typ C kann nach Tafel 12.97 ermittelt werden. Eine Zusammenstellung der Abmessungen und charakteristischen Tragfähigkeiten der Verbindungseinheiten mit einzelnen Scheibendübeln mit Zähnen Typ C ist für ausgesuchte Bedingungen in den Tafeln 12.98 und 12.99 angeführt. Der **Bemessungswert der Tragfähigkeit** $F_{v,\alpha,Rd}$ kann nach (12.79a) berechnet werden.

Charakteristische Tragfähigkeit einer Verbindungseinheit mit Scheibendübeln mit Zähnen Typ C und Bolzen

$$F_{v,\alpha,Rk} = F_{v,Rk,Dü} + F_{v,\alpha,Rk,Bo} \qquad (12.78)$$

$F_{v,\alpha,Rk}$ charakteristischer Wert der Tragfähigkeit einer Verbindungseinheit mit Scheibendübel mit Zähnen Typ C (Überlagerung der Anteile von Scheibendübel und Bolzen)

$F_{v,Rk,Dü}$ charakteristischer Wert der Tragfähigkeit des Scheibendübels mit Zähnen nach Tafel 12.97, errechnet in Tafel 12.98 und 12.99

$F_{v,\alpha,Rk,Bo}$ charakteristischer Wert der Tragfähigkeit des Bolzens pro Scherfuge nach Abschn. 12.15.4.1; für $\alpha = 0°$ ist $F_{v,\alpha,Rk,Bo}$ in Tafel 12.98 bzw. 12.99 errechnet.

Bemessungswert der Tragfähigkeit einer Verbindungseinheit mit Scheibendübeln mit Zähnen Typ C und Bolzen

$$\begin{aligned} F_{v,\alpha,Rd} &= F_{v,Rd,Dü} + F_{v,\alpha,Rd,Bo} \\ &= \frac{k_{mod} \cdot F_{v,Rk,Dü}}{\gamma_{M,Ho}} + \frac{k_{mod} \cdot F_{v,\alpha,Rk,Bo}}{\gamma_{M,St}} \end{aligned} \qquad (12.79a)$$

Bei **mehreren Verbindungseinheiten in einer Dübelverbindung** ist der Bemessungswert der Tragfähigkeit $F_{v,ef,Š,Rd}$ nach (12.79b) aus der Summe der Einzelbemessungswerte $F_{v,Š,Rd}$ nach (12.79a) zu bestimmen unter Berücksichtigung der wirksamen Dübelanzahl n_{ef} nach (12.77).

$$F_{v,ef,Š,Rd} = n_{ef} \cdot F_{v,Š,Rd} \qquad (12.79b)$$

$F_{v,ef,\alpha,Rd}$ Bemessungswert der Tragfähigkeit mehrerer Verbindungseinheiten aus Scheibendübeln Typ C (Überlagerung der Anteile von Scheibendübel und Bolzen), sinngemäß (12.76)

$F_{v,Rd,Dü}$ Bemessungswert der Tragfähigkeit eines Scheibendübels

$F_{v,\alpha,Rd,Bo}$ Bemessungswert der Tragfähigkeit eines Bolzens nach Abschn. 12.15.4.1

k_{mod} Modifikationsbeiwert nach Tafel 12.5

$\gamma_{\text{M,Ho}}$ = 1,3, Teilsicherheitsbeiwert für Holz nach Tafel 12.12

$\gamma_{\text{M,St}}$ = 1,1, Teilsicherheitsbeiwert für auf Biegung beanspruchte stiftförmige Verbindungsmittel (Bolzen, vereinfachtes Verfahren) sinngemäß nach Abschn. 12.15.2, (12.68).

Wirksame Dübelanzahl n_{ef} für $n > 2$ in Faserrichtung hintereinander liegender Verbindungseinheiten ist nach DIN EN 1995-1-1: 2010-12, 8.10, bei der Berechnung der Tragfähigkeit in dieser Richtung nach (12.77) zu berücksichtigen.

Der Nachweis von Bauteilen mit **Schräg- und Queranschlüssen** (Verbindungsmittelkräfte unter einen Winkel α zur Faserrichtung) kann nach Abschn. 12.8.3 erfolgen.

12.16.3 Verbindungen mit Ringdübeln und Scheibendübeln mit Zähnen in Hirnholzflächen

nach DIN EN 1995-1-1/NA: 2013-08, NA.8.11

Charakteristische Werte der Tragfähigkeit $F_{\text{v,H,Rk}}$ beim Hirnholzanschluss einer Verbindungseinheit nach Tafel 12.102 können je Dübelart zur Übertragung von Auflagerkräften mit (12.80) bzw. (12.81) errechnet werden, **Bemessungswerte** $F_{\text{v,H,Rd}}$ nach (12.82); die Werte für $F_{\text{v,H,Rk}}$ sind in Tafel 12.102 angeführt.

Vollholz muss bei Herstellung der Verbindung eine **Holzfeuchte** $\omega < 20\,\%$ besitzen. Der Nachweis des lastaufnehmenden Trägers (Hauptträger) mit **Schräg- und Queranschlüssen** (Verbindungsmittelkräfte unter einen Winkel α zur Faserrichtung) kann nach Abschn. 12.8.3 erfolgen.

Die **charakteristische Tragfähigkeit einer Verbindungseinheit von Ringdübeln A1** nach Tafel 12.102 in Hirnholzflächen mit charakteristischen Rohdichten der miteinander verbundenen Bauteile $\varrho_{\text{k}} \geq 350\,\text{kg/m}^3$ (bei Voll-, Brettschicht- und Balkenschichtholz) kann nach (12.80) berechnet werden; dabei sind Bauteile mit $\varrho_{\text{k}} < 350\,\text{kg/m}^3$ ebenso unzulässig wie die Vergrößerung der charakteristischen Tragfähigkeit $F_{\text{v,H,Rk}}$ mit dem Modifikationsbeiwert k_3 nach Tafel 12.94 (bei Hirnholzanschlüssen ist stets $k_3 = 1,0$).

$$F_{\text{v,H,Rk}} = \frac{k_{\text{H}}}{(1,3 + 0,0001 \cdot d_{\text{c}})} \cdot F_{\text{v,0,Rk}} \qquad (12.80)$$

$F_{\text{v,0,Rk}}$ charakteristischer Wert der Tragfähigkeit einer Verbindungseinheit nach Abschn. 12.16.1, für Dübeltyp A1 nach Tafel 12.94, Zeile 1 (mit $k_3 = 1,0$) und Tafel 12.96

k_{H} Beiwert zur Berücksichtigung des Hirnholzeinflusses des anzuschließenden Trägers
= 0,65 bei $n = 1$ oder 2 Dübeln hintereinander
= 0,80 bei $n = 3$, 4 oder 5 Dübeln hintereinander
$n > 5$ Verbindungseinheiten nicht in Rechnung stellen.

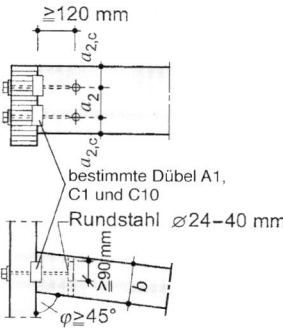

Abb. 12.23 Ausbildung einer Dübelverbindung in rechtwinklig oder schräg ($\varphi \geq 45°$) zur Faserrichtung verlaufenden Hirnholzflächen von Voll-, Brettschicht- und Balkenschichtholz nach DIN EN 1995-1-1/NA: 2013-08, NA.8.11, Bild NA.18, Dübel nach Tafel 12.102

d_{c} Dübeldurchmesser in mm für Dübeltyp A1 nach Tafel 12.102

Die **charakteristische Tragfähigkeit einer Verbindungseinheit von Scheibendübeln mit Zähnen C1 und C10** in Hirnholzflächen mit charakteristischen Rohdichten der miteinander verbundenen Bauteile $\varrho_{\text{k}} \geq 350\,\text{kg/m}^3$, jedoch $\varrho_{\text{k}} \leq 500\,\text{kg/m}^3$ (bei Nadelvoll-, Brettschicht- und Balkenschichtholz) kann nach (12.81) berechnet werden; dabei sind Bauteile mit $\varrho_{\text{k}} < 350\,\text{kg/m}^3$ ebenso unzulässig wie die Vergrößerung der charakteristischen Tragfähigkeit $F_{\text{v,H,Rk}}$ mit dem Modifikationsbeiwert k_3 nach Tafel 12.97 (bei Hirnholzanschlüssen ist stets $k_3 = 1,0$).

$$F_{\text{v,H,Rk}} = 14 \cdot d_{\text{c}}^{1,5} + 0,8 \cdot F_{\text{b,90,Rk}} \qquad (12.81)$$

$F_{\text{b,90,Rk}}$ charakteristischer Wert der Tragfähigkeit des verwendeten Bolzens oder der Gewindestange nach Abschn. 12.15.2 bzw. Tafel 12.66 ($F_{\text{v,Rk}}$ für außen liegende dünne Stahlbleche) und mit der charakteristischen Lochleibungsfestigkeit $f_{\text{h},\alpha,\text{k}}$ für $\alpha = 90°$ nach Tafel 12.68

d_{c} Dübeldurchmesser in mm für Dübeltyp C1 und C10 nach Tafel 12.102

$n > 5$ Verbindungseinheiten nicht in Rechnung stellen.

Bemessungswerte $F_{\text{v,H,Rd}}$ bei Hirnholzanschlüssen mit bestimmten Ringdübeln A1 und Scheibendübeln mit Zähnen C1 und C10 können nach (12.82) ermittelt werden.

$$F_{\text{v,H,Rd}} = n_{\text{c}} \cdot \frac{k_{\text{mod}} \cdot F_{\text{v,H,Rk}}}{\gamma_{\text{M}}} \qquad (12.82)$$

$F_{\text{v,H,Rk}}$ charakteristischer Wert der Tragfähigkeit einer Verbindungseinheit nach (12.80) oder (12.81) und nach Tafel 12.102

n_{c} Anzahl der Verbindungseinheiten in einem Hirnholzanschluss
$n_{\text{c}} \leq 5$

k_{mod} Modifikationsbeiwert für Holz nach Tafel 12.5

γ_{M} Teilsicherheitsbeiwert für Holz nach Tafel 12.12
= 1,3

Tafel 12.102 Dübeltypen, Mindestbreiten, Mindestdübelabstände und charakteristische Tragfähigkeiten von Verbindungen mit bestimmten Ringdübeln und Scheibendübeln mit Zähnen in rechtwinklig oder schräg ($\varphi \geq 45°$) zur Faserrichtung verlaufenden Hirnholzflächen von Voll-, Brettschicht- und Balkenschichtholz nach DIN EN 1995-1-1/NA: 2013-08, NA.8.11[a, m, n]

1	2	3	4	5	6	7	8	9	10	11		12
		Bolzen und Unterlegscheiben		Vorschlag für[d]		Mindestbreite des anzuschließenden Trägers	Mindestdübelabstände nach Abb. 12.23[g]		Charakt. Rohdichte der miteinander verbundenen Bauteile[h,i]	Charakteristische Tragfähigkeit für eine Verbindungseinheit mit Ringdübel Typ A1[h-l]		
		Mindestwerte					Randabstand	Abstand der Dübel untereinander		bei 1 od. 2		bei 3, 4 od. 5 Verbindungseinheiten hintereinander
Dübeltyp	Dübeldurchmesser	Bolzendurchmesser[b]	Unterlegscheibe[c] Durchmesser/Dicke	Bolzen[e]	Unterlegscheibe Durchmesser/Dicke					für eine Verbindungseinheit mit Scheibendübel Typ C1 oder C10		
	d_c	$d_{b,min}/d_{b,max}$	$d_{a,min}/s_{min}$	d_b	d_a/s	b	$a_{2,c}$	a_2	ϱ_k	$F_{v,H,Rk}$ / Dübel	+ Bolzen[l]	$F_{v,H,Rk}$ / = $F_{v,H,Rk}$
	in mm	in mm	in mm	in mm	in mm	in mm	in mm	in mm	in kg/m³	in N		
A1 zweiseitig	65	12/24	36/3,6[f]	M12	58/6	110	55	80	≥ 350	8730		10.700
	80					130	65	95		11.800		14.500
	95					150	75	110		15.100		18.600
	126					200	100	145		22.600		27.800
C1 zweiseitig	50	10/17	30/3[f]	M12	58/6	100	50	55	≥ 350, jedoch ≤ 500	4950	4410	9360
	62	10/21		M16	68/6	115	55	70		6830	4410	11.200
	75	10/26	30/3[f] bis 90/9			125	60	90		9100	7100	16.200
	95	10/30		M20	80/8	140	70	110		13.000	7100	20.100
	117					170	85	130		17.700	10.200	27.900
	140			M24	105/8	200	100	155		23.200	13.500	36.700
C10 zweiseitig	50	10/30	30/3[f] bis 90/9	M12	58/6	100	50	65	≥ 350, jedoch ≤ 500	4950	4410	9360
	65			M16	68/6	115	60	85		7350	7100	14.500
	80			M20	80/8	130	65	100		10.000	10.200	20.200
	95					150	75	115		13.000	13.500	26.500
	115			M24	105/8	170	85	130		17.250	13.500	30.800

a nach DIN EN 912 und DIN EN 1995-1-1/NA: 2013-08, Tab. NA.20.

b nach DIN EN 1995-1-1/NA: 2013-08, Tab. NA.18 und NA.19.

c Mindestdurchmesser bzw. -dicke für $d_{b,min}$ nach Spalte 3.

d Vorzugsmaße für Bolzenverbindungen nach Tafel 12.76.

e Bolzen mit Unterlegscheibe nach Spalte 6 unter dem Bolzenkopf einschl. Klemmvorrichtung am Bolzenende, aus z. B. Rundstahl $\varnothing$ 24–40 mm mit Querbohrung und Innengewinde, s. Abb. 12.23, oder einem entsprechenden Formstück oder einer Unterlegscheibe mit Mutter.

f für Mindestdurchmesser nach Spalte 3.

g Dübel mittig in die Hirnholzflächen des anzuschließenden Trägers (Nebenträger) einbauen.

h charakteristische Rohdichten der miteinander verbundenen Bauteile $\varrho_k < 350$ kg/m³ nicht zulässig.

i Vergrößerung der charakteristischen Tragfähigkeit mit dem Modifikationsbeiwert k_3 nach Tafel 12.94 bzw. 12.97 nicht zulässig (bei Hirnholzanschlüssen ist stets $k_3 = 1,0$).

j charakteristische Tragfähigkeit der Bolzen (Abscheren) nach Abschn. 12.15.2. Tafel 12.66 (für außen liegende dünne Stahlbleche) und 12.68 für Kraft-Faserwinkel $\alpha = 90°$ sowie nach (12.81). Festigkeitsklasse 4.6 mit $f_{u,k} = 400$ N/mm² nach Tafel 12.74, charakteristische Rohdichte der zu verbindenden Hölzer $\varrho_k = 350$ kg/m³, eine Erhöhung der charakteristischen Tragfähigkeit um $\Delta F_{v,H,Rk}$ nach Abschn. 12.15.3.2 ist bei Hirnholzanschlüssen unzulässig.

k charakteristische Tragfähigkeiten $F_{v,H,Rk}$ errechnet für Ringdübel Typ A1 nach (12.80) bzw. Scheibendübel mit Zähnen C1 und C10 nach (12.81) mit Bolzen nach Spalte 5.

l Bemessungswerte $F_{v,H,Rd}$ nach (12.82).

m Hirnholzverdübelung zur Übertragung von Auflagerkräften (Nebenträger an Hauptträger) nach Abb. 12.23.

n Vollholz muss bei Herstellung der Verbindung eine Holzfeuchte $\omega < 20\,\%$ (trocken) besitzen (gilt auch für andere Hölzer).

12.17 Zimmermannsmäßige Verbindungen (Versätze)

Tafel 12.103 Bemessungswerte, Einschnitttiefen t_v, Vorholzlängen l_v und Ausmitten e von Versätzen nach DIN EN 1995-1-1/NA: 2013-08, NA.12.1[a, d, f]

Versätze	Bemessung für t_v und l_v	Tragfähigkeit, allgemein
Stirnversatz (S) 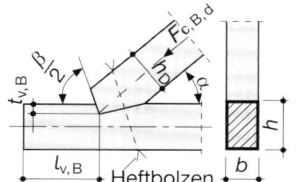	$$mm\,t_{v,S} = \frac{F_{c,S,d} \cdot \cos^2(\alpha/2)}{b \cdot f_{c,\alpha/2,d}}$$ $$l_{v,S} = \frac{F_{c,S,d} \cdot \cos\alpha}{b_{ef} \cdot f_{v,d}} \text{ b, e}$$ $$e = 0{,}5 \cdot (h_D - t_{v,S})$$	– Druckspannungen in der Stirnfläche des Versatzes (abweichend von Abschn. 12.5.2.3): $$\frac{\sigma_{c,\alpha,d}}{f_{c,\alpha,d}} = \frac{F_{c,\alpha,Ed}/A}{f_{c,\alpha,d}} \le 1$$ – Scherspannungen im eingeschnittenen Holz (aus der zum eingeschnittenen Holz parallelen Druckkraftkomponente), darf gleichmäßig angenommen werden: $$\frac{\tau_d}{f_{v,d}} = \frac{H_{c,0,d}/A_v}{f_{v,d}} \le 1 \text{ e}$$ $F_{c,\alpha,Ed}$ auf die Stirnfläche einwirkende Kraft $H_{c,0,d}$ Druckkraftkomponente im eingeschnittenen Holz parallel zur Längskante A Versatz-Stirnfläche A_v Vorholzfläche b_{ef} wirksame Breite nach Abschn. 12.5.4.1 $f_{c,\alpha,d}$ Druckfestigkeit unter dem Winkel α, s. unten $f_{v,d}$ Schubfestigkeit[d, e] α Anschlusswinkel – Lagesicherung der Einzelteile, die durch den Versatz verbunden sind, z. B. mit Bolzen
Brustversatz (B) 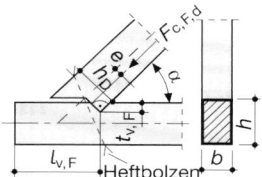	$$mm\,t_{v,B} = \frac{F_{c,B,d} \cdot \cos^2(\alpha/2)}{b \cdot f_{c,\alpha/2,d}}$$ $$l_{v,B} = \frac{F_{c,B,d} \cdot \cos\alpha}{b_{ef} \cdot f_{v,d}} \text{ b, e}$$ $$e \cong 0$$	
Fersenversatz (F) 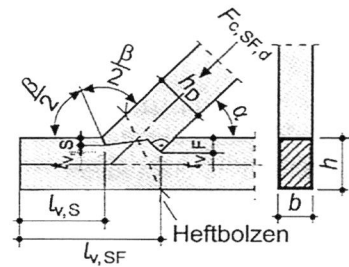	$$mm\,t_{v,F} = \frac{F_{c,F,d} \cdot \cos\alpha}{b \cdot f_{c,\alpha,d}}$$ $$l_{v,F} = \frac{F_{c,F,d} \cdot \cos\alpha}{b_{ef} \cdot f_{v,d}} \text{ b, e}$$ $$e = 0{,}5 \cdot \left(h_D - \frac{t_{v,F}}{\cos\alpha}\right)$$	

Stirn-Fersenversatz (SF) (doppelter Versatz)

$$F_{c,SF,d} = F_{c,S,d} + F_{c,F,d} \text{ c}$$
$$l_{v,SF} = \frac{F_{c,SF,d} \cdot \cos\alpha}{b_{ef} \cdot f_{v,d}} \text{ b, e}$$
$$t_{v,S} \le 0{,}8 \cdot t_{v,F}$$
$$\le t_{v,F} - 1{,}0\,cm \text{ c}$$
$$e \cong 0$$

Bemessungswert der Druckfestigkeit der Stirnfläche unter dem Winkel α für Versätze (abweichend von Abschn. 12.5.2.3)	$$f_{c,\alpha,d} = \frac{f_{c,0,d}}{\sqrt{\left(\frac{f_{c,0,d} \cdot \sin^2\alpha}{2 \cdot f_{c,90,d}}\right)^2 + \left(\frac{f_{c,0,d} \cdot \sin\alpha \cdot \cos\alpha}{2 \cdot f_{v,d}}\right)^2 + \cos^4\alpha}}$$

Zulässige Einschnitttiefen t_v

Einseitiger Versatz

α	$\le 50°$	$51°$	$52°$	$53°$	$54°$	$55°$	$56°$	$57°$	$58°$	$59°$	$\ge 60°$
$t_{v,req}$	$0{,}25 \cdot h$	$0{,}242 \cdot h$	$0{,}233 \cdot h$	$0{,}225 \cdot h$	$0{,}217 \cdot h$	$0{,}208 \cdot h$	$0{,}200 \cdot h$	$0{,}192 \cdot h$	$0{,}183 \cdot h$	$0{,}175 \cdot h$	$0{,}167 \cdot h$

Zweiseitiger Versatz

$t_v \le \frac{h}{6}$ $\quad$ $t_v \le \frac{h}{6}$

unabhängig vom Anschlusswinkel α

Hierin bedeuten
α Anschlusswinkel zwischen den beiden Stäben einer Versatzverbindung
b_{ef} wirksame Breite nach Abschn. 12.5.4.1
$F_{c,S(B,F),d}$ Bemessungswert der zu übertragenden Druckkraft je Versatzart
h Höhe des eingeschnittenen Holzes bzw. des lastaufnehmenden Stabes
h_D Höhe des lastbringenden Druckstabes
t_v Einschnitttiefe
l_v Vorholzlänge

[a] Ausmitten nach *Heimeshoff*.
[b] rechnerische Vorholzlänge l_v: $20\,cm \le l_v \le 8 \cdot t_v$, 20 cm ist eine Empfehlung nach *Heimeshoff*.
[c] s. Stirn- und Fersenversatz.
[d] $f_{c,0,d}$, $f_{c,90,d}$, $f_{v,d}$ Bemessungswerte nach (12.2) mit charakteristischen Werten nach Abschn. 12.3.1.
[e] bei der Berechnung der Querschnittsfläche für den Scherspannungsnachweis im Vorholz ist die wirksame Breite $b_{ef} = k_{cr} \cdot b$ nach Abschn. 12.5.4.1 zu berücksichtigen.
[f] aus Voll-, Brettschicht- und Balkenschichtholz sowie aus Furnierschichtholz ohne Querlagen.

12.18 Tafeln

Tafel 12.104 Charakteristische Werte der Tragfähigkeit $F_{c,0,Rk}$ von einteiligen Rundholzstützen aus Nadelholz C24, mittiger Druck, beidseitig gelenkige Lagerung nach DIN EN 1995-1-1: 2010-12, 6.3.2, s. auch Abschn. 12.6.1.1[a, b]

d in cm	$F_{c,0,Rk,max}$ in kN bei einer Knicklänge l_{ef} in m											
	2,0	2,5	3,0	3,5	4,0	4,5	5,0	5,5	6,0	6,5	7,0	8,0
10	74,2	50,3	36,0	26,9	20,8	16,6	13,6	11,3	9,50	8,12	7,03	5,41
12	140,9	99,8	72,5	54,6	42,5	34,0	27,8	23,1	19,5	16,7	14,5	11,1
14	230	174	129	98,7	77,2	62,0	50,7	42,3	35,8	30,7	26,6	20,5
16	336	272	211	163	129	104	85,3	71,3	60,4	51,8	44,9	34,7
18	455	391	317	252	201	163	135	113	95,6	82,1	71,3	55,1
20	585	525	446	365	297	243	201	169	144	124	108	83,4
22	728	672	594	503	417	346	289	244	208	179	156	121
24	883	830	756	663	563	474	399	339	290	251	218	170
26	1052	1001	931	839	732	627	534	456	393	340	297	232
28	1234	1184	1118	1029	921	805	695	599	518	450	395	309
30	1430	1380	1316	1232	1126	1004	880	767	667	583	512	403

[a] Bemessungswerte der Tragfähigkeit $F_{c,0,Rd} = k_{mod} \cdot F_{c,0,Rk}/\gamma_M$, s. Beispielrechnung sinngemäß zur Fußnote [a] der Tafel 12.105.
[b] Fußnote [b] der Tafel 12.105 über evtl. Abminderungen von $F_{c,0,Rk}$ gelten sinngemäß.

Tafel 12.105 Charakteristische Werte der Tragfähigkeit $F_{c,0,Rk}$ von einteiligen quadratischen Holzstützen aus Nadelholz C24, mittiger Druck, beidseitig gelenkige Lagerung nach DIN EN 1995-1-1: 2010-12, 6.3.2, s. auch Abschn. 12.6.1.1[a, b]

$b = h$ in cm	$F_{c,0,Rk,max}$ in kN bei einer Knicklänge l_{ef} in m											
	2,0	2,5	3,0	3,5	4,0	4,5	5,0	5,5	6,0	6,5	7,0	8,0
10	118	82,6	59,8	44,9	34,9	27,9	22,8	19,0	16,0	13,7	11,9	9,1
12	213	160	119	90,6	70,9	56,8	46,5	38,8	32,8	28,1	24,4	18,8
14	330	269	209	162	128	103	84,8	70,8	60,0	51,5	44,7	34,5
16	463	403	330	264	212	172	142	119	101	86,8	75,4	58,3
18	611	555	480	398	326	268	222	187	159	137	119	92,6
20	775	723	650	562	472	394	330	280	239	206	180	140
22	955	906	838	749	649	553	469	400	343	297	260	202
24	1153	1105	1041	956	853	743	640	551	476	414	362	283
26	1368	1320	1259	1179	1077	961	843	734	639	558	491	386
28	1600	1552	1493	1417	1320	1203	1075	949	834	734	648	512
30	1850	1802	1743	1670	1578	1464	1332	1195	1062	941	835	664

[a] Bemessungswerte der Tragfähigkeit $F_{c,0,Rd} = k_{mod} \cdot F_{c,0,Rk}/\gamma_M$, Beispiel: Holzstütze C24, $b/h = 14/14$ cm, ständige Lasteinwirkungsdauer, Nutzungsklasse 1, Knicklänge $l_{ef} = 2{,}5$ m, Bemessungswert der Tragfähigkeit $F_{c,0,Rd} = 0{,}6 \cdot 269/1{,}3 = 124{,}2$ kN.
[b] die Tafelwerte $F_{c,0,Rk}$ gelten nicht für Holzstützen in den Nutzungsklassen 2 und 3, bei denen der Bemessungswert des ständigen und des quasi-ständigen Lastanteil 70 % des Bemessungswertes der Gesamtlast überschreitet; die Tragfähigkeit derartig beanspruchter Holzstützen muss abgemindert werden (Kriecheinfluss), hierüber s. Abschn. 12.6.1.3, Tafel 12.19 und Abschn. 12.6.1.1 sinngemäß.

Tafel 12.106 Kanthölzer und Balken aus Nadelholz, Querschnittsmaße und statische Werte nach DIN 4070-1:1958-01 und DIN 4070-2:1963-10

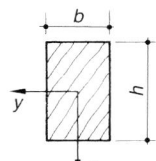

b/h in cm/cm	A in cm²	G[a] in N/m	W_y in cm³	I_y in cm⁴	W_z in cm³	I_z in cm⁴	i_y in cm	i_z in cm
6/6*	36	18,0	36	108	36	108	1,73	1,73
6/8*	48	24,0	64	256	48	144	2,31	1,73
6/10	60	30,0	100	500	60	180	2,89	1,73
6/12*	72	36,0	144	864	72	216	3,46	1,73
6/14	84	42,0	196	1372	84	252	4,04	1,73
6/16	96	48,0	256	2048	96	288	4,62	1,73
6/18	108	54,0	324	2916	108	324	5,20	1,73
6/20	120	60,0	400	4000	120	360	5,77	1,73
6/22	132	66,0	484	5324	132	396	6,35	1,73
6/24	144	72,0	576	6912	144	432	6,93	1,73
6/26	156	78,0	676	8788	156	468	7,51	1,73
7/12	84	42,0	168	1008	98	343	3,46	2,02
7/14	98	49,0	229	1601	114	400	4,04	2,02
7/16	112	56,0	299	2389	131	457	4,62	2,02
7/18	126	63,0	378	3402	147	515	5,20	2,02
7/20	140	70,0	467	4667	163	572	5,77	2,02
7/22	154	77,0	565	6211	180	629	6,35	2,02
7/24	168	84,0	672	8064	196	686	6,93	2,02
7/26	182	91,0	789	10.253	212	743	7,51	2,02
8/8*	64	32,0	85	341	85	341	2,31	2,31
8/10*	80	40,0	133	667	107	427	2,89	2,31
8/12*	96	48,0	192	1152	128	512	3,46	2,31
8/14	112	56,0	261	1829	149	597	4,04	2,31
8/16*	128	64,0	341	2731	171	683	4,62	2,31
8/18	144	72,0	432	3888	192	768	5,20	2,31
8/20	160	80,0	533	5333	213	853	5,77	2,31
8/22	176	88,0	645	7099	235	939	6,35	2,31
8/24	192	96,0	768	9216	256	1024	6,92	2,31
8/26	208	104,0	901	11.717	277	1109	7,51	2,31
9/9	81	40,5	121	547	121	547	2,60	2,60
9/10	90	45,0	150	750	135	608	2,89	2,60
9/16	144	72,0	384	3072	216	972	4,62	2,60
9/18	162	81,0	486	4374	243	1094	5,20	2,60
9/20	180	90,0	600	6000	270	1215	5,77	2,60
9/22	198	99,0	726	7986	297	1337	6,35	2,60
9/24	216	108	864	10.368	324	1458	6,93	2,60
9/26	234	117	1014	13.182	351	1580	7,51	2,60
10/10*	100	50,0	167	833	167	833	2,89	2,89
10/12*	120	60,0	240	1440	200	1000	3,46	2,89
10/14	140	70,0	327	2287	233	1167	4,04	2,89
10/16	160	80,0	427	3413	267	1333	4,62	2,89

Tafel 12.106 (Fortsetzung)

b/h	A	G^a	W_y	I_y	W_z	I_z	i_y	i_z
in cm/cm	in cm^2	in N/m	in cm^3	in cm^4	in cm^3	in cm^4	in cm	in cm
10/18	180	90,0	540	4860	300	1500	5,20	2,89
10/20*	200	100	667	6667	333	1667	5,77	2,89
10/22*	220	110	807	8873	367	1833	6,35	2,89
10/24	240	120	960	11.520	400	2000	6,93	2,89
10/26	260	130	1127	14.647	433	2167	7,51	2,89
12/12*	144	72,0	288	1728	288	1728	3,46	3,46
12/14*	168	84,0	392	2744	336	2016	4,04	3,46
12/16*	192	96,0	512	4096	384	2304	4,62	3,46
12/18	216	108	648	5832	432	2592	5,20	3,46
12/20*	240	120	800	8000	480	2880	5,77	3,46
12/22	264	132	968	10.648	528	3168	6,35	3,46
12/24	288	144	1152	13.824	576	3456	6,93	3,46
12/26	312	156	1352	17.576	624	3744	7,51	3,46
14/14*	196	98,0	457	3201	457	3201	4,04	4,04
14/16*	224	112	597	4779	523	3659	4,62	4,04
14/18	252	126	756	6804	588	4116	5,20	4,04
14/20	280	140	933	9333	653	4573	5,77	4,04
14/22	308	154	1129	12.423	719	5031	6,35	4,04
14/24	336	168	1344	16.128	784	5488	6,93	4,04
14/26	364	182	1577	20.505	849	5945	7,51	4,04
14/28	392	196	1829	25.611	915	6403	8,08	4,04
16/16*	256	128	683	5461	683	5461	4,62	4,62
16/18*	288	144	864	7776	768	6144	5,20	4,62
16/20*	320	160	1067	10.667	853	6827	5,77	4,62
16/22	352	176	1291	14.197	939	7509	6,35	4,62
16/24	384	192	1536	18.432	1024	8192	6,93	4,62
16/26	416	208	1803	23.435	1109	8875	7,51	4,62
16/28	448	224	2091	29.269	1195	9557	8,08	4,62
16/30	480	240	2400	36.000	1280	10.240	8,66	4,62
18/18	324	162	972	8748	972	8748	5,20	5,20
18/20	360	180	1200	12.000	1080	9720	5,77	5,20
18/22*	396	198	1452	15.972	1188	10.692	6,35	5,20
18/24	432	216	1728	20.736	1296	11.664	6,93	5,20
18/26	468	234	2028	26.364	1404	12.636	7,51	5,20
18/28	504	252	2352	32.928	1512	13.608	8,08	5,20
18/30	540	270	2700	40.500	1620	14.580	8,66	5,20
20/20*	400	200	1333	13.333	1333	13.333	5,77	5,77
20/22	440	220	1613	17.747	1467	14.667	6,35	5,77
20/24*	480	240	1920	23.040	1600	16.000	6,93	5,77
20/26	520	260	2253	29.293	1733	17.333	7,51	5,77
20/28	560	280	2613	36.587	1867	18.667	8,08	5,77
20/30	600	300	3000	45.000	2000	20.000	8,66	5,77
22/22	484	242	1775	19.521	1775	19.521	6,35	6,35
22/24	528	264	2112	25.344	1936	21.296	6,93	6,35
22/26	572	286	2479	32.223	2097	23.071	7,51	6,35
22/28	616	308	2875	40.245	2259	24.845	8,08	6,35
22/30	660	330	3300	49.500	2420	26.620	8,66	6,35

Tafel 12.106   (Fortsetzung)

b/h	A	G[a]	W_y	I_y	W_z	I_z	i_y	i_z
in cm/cm	in cm²	in N/m	in cm³	in cm⁴	in cm³	in cm⁴	in cm	in cm
24/24	576	288	2304	27.648	2304	27.648	6,93	6,93
24/26	624	312	2704	35.152	2496	29.952	7,51	6,93
24/28	672	336	3136	43.904	2688	32.256	8,08	6,93
24/30	720	360	3600	54.000	2880	34.560	8,66	6,93
26/26	676	338	2929	38.081	2929	38.081	7,51	7,51
26/28	728	364	3397	47.563	3155	41.011	8,08	7,51
26/30	780	390	3900	58.500	3380	43.940	8,66	7,51
28/28	784	392	3659	51.221	3659	51.221	8,08	8,08
28/30	840	420	4200	63.000	3920	54.880	8,66	8,08
30/30	900	450	4500	67.500	4500	67.500	8,66	8,66

[a] das Gewicht pro lfdm G gilt für Nadelholz mit $\gamma = 5{,}0\,\text{kN/m}^3$, genauere Wichten nach Festigkeitsklassen für Vollholz C und D s. Tafel 12.113.

Tafel 12.107   Rechteckquerschnitte aus Brettschichtholz; Querschnittsmaße und statische Werte für $b = 10\,\text{cm}$[a, b]

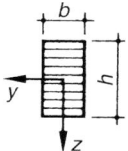

b/h	A	G[c]	W_y	I_y	i_y[d]	b/h	A	G[c]	W_y	I_y	i_y[d]
in cm/cm	in cm²	in kN/m	in cm³	in cm⁴	in cm	in cm/cm	in cm²	in kN/m	in cm³	in cm⁴	in cm
10/30	300	0,150	1500	22.500	8,66	10/58	580	0,290	5607	162.600	16,74
10/31	310	0,155	1602	24.830	8,95	10/59	590	0,295	5802	171.100	17,03
10/32	320	0,160	1707	27.310	9,24	10/60	600	0,300	6000	180.000	17,32
10/33	330	0,165	1815	29.950	9,53	10/61	610	0,305	6202	189.200	17,61
10/34	340	0,170	1927	32.750	9,81	10/62	620	0,310	6407	198.600	17,90
10/35	350	0,175	2042	35.730	10,10	10/63	630	0,315	6615	208.400	18,19
10/36	360	0,180	2160	38.880	10,39	10/64	640	0,320	6827	218.500	18,47
10/37	370	0,185	2282	42.210	10,68	10/65	650	0,325	7042	228.900	18,76
10/38	380	0,190	2407	45.730	10,97	10/66	660	0,330	7260	239.600	19,05
10/39	390	0,195	2535	49.430	11,26	10/67	670	0,335	7482	250.600	19,34
10/40	400	0,200	2667	53.330	11,55	10/68	680	0,340	7707	262.000	19,63
10/41	410	0,205	2802	57.430	11,84	10/69	690	0,345	7935	273.800	19,92
10/42	420	0,210	2940	61.740	12,12	10/70	700	0,350	8167	285.800	20,21
10/43	430	0,215	3082	66.260	12,41	10/71	710	0,355	8402	298.300	20,50
10/44	440	0,220	3227	70.990	12,70	10/72	720	0,360	8640	311.000	20,78
10/45	450	0,225	3375	75.940	12,99	10/73	730	0,365	8882	324.200	21,07
10/46	460	0,230	3527	81.110	13,28	10/74	740	0,370	9127	337.700	21,36
10/47	470	0,235	3682	86.520	13,57	10/75	750	0,375	9375	351.600	21,65
10/48	480	0,240	3840	92.160	13,86	10/76	760	0,380	9627	365.800	21,94
10/49	490	0,245	4002	98.040	14,14	10/77	770	0,385	9882	380.400	22,23
10/50	500	0,250	4167	104.200	14,43	10/78	780	0,390	10.140	395.500	22,52
10/51	510	0,255	4335	110.500	14,72	10/79	790	0,395	10.400	410.900	22,80
10/52	520	0,260	4507	117.200	15,01	10/80	800	0,400	10.670	426.700	23,09
10/53	530	0,265	4682	124.100	15,30	10/81	810	0,405	10.940	442.900	23,38
10/54	540	0,270	4860	131.200	15,59	10/82	820	0,410	11.210	459.500	23,67
10/55	550	0,275	5042	138.600	15,88	10/83	830	0,415	11.480	476.500	23,96
10/56	560	0,280	5227	146.300	16,17	10/84	840	0,420	11.760	493.900	24,25
10/57	570	0,285	5415	154.300	16,45	10/85	850	0,425	12.040	511.800	24,54

12

Tafel 12.107 (Fortsetzung)

b/h	A	G^c	W_y	I_y	i_y^d	b/h	A	G^c	W_y	I_y	i_y^d
in cm/cm	in cm²	in kN/m	in cm³	in cm⁴	in cm	in cm/cm	in cm²	in kN/m	in cm³	in cm⁴	in cm
10/86	860	0,430	12.330	530.000	24,83	10/108	1080	0,540	19.440	1.050.000	31,18
10/87	870	0,435	12.620	548.800	25,11	10/109	1090	0,545	19.800	1.079.000	31,47
10/88	880	0,440	12.910	567.900	25,40	10/110	1100	0,550	20.170	1.109.000	31,75
10/89	890	0,445	13.200	587.500	25,69	10/111	1110	0,555	20.540	1.140.000	32,04
10/90	900	0,450	13.500	607.500	25,98	10/112	1120	0,560	20.910	1.171.000	32,33
10/91	910	0,455	13.800	628.000	26,27	10/113	1130	0,565	21.280	1.202.000	32,62
10/92	920	0,460	14.110	648.900	26,56	10/114	1140	0,570	21.660	1.235.000	32,91
10/93	930	0,465	14.420	670.300	26,85	10/115	1150	0,575	22.040	1.267.000	33,20
10/94	940	0,470	14.730	692.200	27,13	10/116	1160	0,580	22.430	1.301.000	33,49
10/95	950	0,475	15.040	714.500	27,42	10/117	1170	0,585	22.820	1.335.000	33,77
10/96	960	0,480	15.360	737.300	27,71	10/118	1180	0,590	23.210	1.369.000	34,06
10/97	970	0,485	15.680	760.600	28,00	10/119	1190	0,595	23.600	1.404.000	34,35
10/98	980	0,490	16.010	784.300	28,29	10/120	1200	0,600	24.000	1.440.000	34,64
10/99	990	0,495	16.340	808.600	28,58	10/121	1210	0,605	24.400	1.476.000	34,93
10/100	1000	0,500	16.670	833.300	28,87	10/122	1220	0,610	24.810	1.513.000	35,22
10/101	1010	0,505	17.000	858.600	29,16	10/123	1230	0,615	25.220	1.551.000	35,51
10/102	1020	0,510	17.340	884.300	29,44	10/124	1240	0,620	25.630	1.589.000	35,80
10/103	1030	0,515	17.680	910.600	29,73	10/125	1250	0,625	26.040	1.628.000	36,08
10/104	1040	0,520	18.030	937.400	30,02	10/126	1260	0,630	26.460	1.667.000	36,37
10/105	1050	0,525	18.380	964.700	30,31	10/127	1270	0,635	26.880	1.707.000	36,66
10/106	1060	0,530	18.730	992.500	30,60	10/128	1280	0,640	27.310	1.748.000	36,95
10/107	1070	0,535	19.080	1.021.000	30,89	10/129	1290	0,645	27.740	1.789.000	37,24

[a] im Regelfall sollte $h/b \leq 10$ betragen.
[b] für andere Querschnittsbreiten $b \neq 10$ cm: $\eta = b/b_\text{Tafel}$; $A, G, W_y, I_y = \eta \cdot$ Tafelwert
Beispiel für $b/h = 14/80$ cm:
$\eta = 14/10 = 1,4$ $i_y =$ Tafelwert $A = 1,4 \cdot 800 = 1120$ cm² $W_y = 1,4 \cdot 10.670 = 14.940$ cm³ $G = 1,4 \cdot 0,400 = 0,56$ kN/m
$I_y = 1,4 \cdot 426.700 = 597.400$ cm⁴ $i_y = 23,09$ $i_z = 1,4 \cdot 0,28867 \cdot 10 = 4,04$ cm.
[c] Wichte $\gamma = 5,0$ kN/m³, genauere Wichten nach Festigkeitsklassen für Brettschichtholz GL s. Tafel 12.113.
[d] $i_z = 0,28867 \cdot 10 = 2,89$ cm.

Tafel 12.108 Rundhölzer, Querschnittsmaße und statische Werte, d ist in Stammmitte bei entrindetem Holz gemessen. Das Gewicht pro lfdm G gilt für Wichten $\gamma = 5,0$ kN/m³, genauere Wichten nach Festigkeitsklassen für Vollholz C und D s. Tafel 12.113

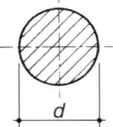

d	U	A	G	I	W	i
in cm	in cm	in cm²	in N/m	in cm⁴	in cm³	in cm
10	31,4	78,5	39,3	491	98,2	2,50
12	37,7	113	56,5	1018	170	3,00
14	44,0	154	77,0	1886	269	3,50
16	50,3	201	101	3217	402	4,00
18	56,5	254	127	5153	573	4,50
20	62,8	314	157	7854	785	5,00
22	69,1	380	190	11.500	1045	5,50
24	75,4	452	226	16.290	1357	6,00
26	81,7	531	265	22.430	1725	6,50
28	88,0	616	308	30.170	2155	7,00
30	94,2	707	353	39.760	2650	7,50

Tafel 12.109 Dachlatten aus Nadelholz, Querschnittsmaße und statische Werte[a] nach DIN 4070-1:1958-01

b/h	A	G[b]	W_y	I_y	W_z	I_z	i_y	i_z
in mm/mm	in cm^2	in N/m	in cm^3	in cm^4	in cm^3	in cm^4	in cm	in cm
24/48*	11,5	5,8	9,2	22,1	4,57	5,5	1,39	0,69
30/50* [a]	15,0	7,5	12,5	31,3	7,5	11,3	1,45	0,87
40/60*	24,0	12,0	24,0	72,0	16,0	32,0	1,73	1,16

[a] nach VOB DIN 18334, sind Dachlatten mind. mit einem Querschnitt von 30 mm × 50 mm bei Verwendung von Sortierklasse S10 (Festigkeitsklasse C24) nach DIN 4074-1: 2012-06 herzustellen.
[b] mit der Wichte $\gamma = 5{,}0\,\mathrm{kN/m^3}$, genauere Wichten nach Festigkeitsklassen für Vollholz C s. Tafel 12.113.

Tafel 12.110 Ungehobelte Bretter und Bohlen aus Nadelholz, Maße[a] nach DIN 4071-1: 1977-04

Dicken in mm	Bretter	16	18	22	24	28	38				
	Bohlen	44	48	50	63	70	75				
Breiten in mm	Bretter[b] und Bohlen[b]	75	80	100	115	120	125	140	150	160	175	180
		200	220	225	240	250	260	275	280	300		
Längen in mm	Bretter und Bohlen	von 1500 bis 6000, Stufung 250 und 300										

[a] gelten für eine Holzfeuchte von 14 bis 20 %.
[b] parallel besäumt.

Tafel 12.111 Vorzugsquerschnitte von Konstruktionsvollholz KVH NSi aus Fichte/Tanne nach Tafel 12.112[a, b]

Breite in cm	Höhe in cm							
	10	12	14	16	18	20	22	24
6	•	•	•	•	•	•	•	•
8		•		•	•	•	•	•
10	•			•		•		•
12		•		•		•		•
14			•					

[a] Orientierungshilfe, Vorzugsquerschnitte für andere Holzarten und in Sichtqualität auf Anfrage.
[b] lieferbare Längen s. Tafel 12.112, Fußnote [g], größere Längen (Sonderlängen) auf Anfrage.

Tafel 12.112 Konstruktionsvollholz (KVH) aus Nadelholz (Fichte, Tanne, auf Anfrage Kiefer, Lärche oder Douglasie) Stand: 09/2015[a, c–i]

Sortiermerkmale	KVH-Si (sichtbarer Bereich)	KVH-NSi (nicht sichtbarer Bereich)
Festigkeitsklasse	C24, C24M, Sortiernorm DIN 4074-1 bei visueller Sortierung	
Holzfeuchte	15 % ± 3 % technisch getrocknetes Holz, prozessgesteuert in einer geeigneten technischen Anlage bei $T \geq 55\,°C$, mind. 48 h auf eine Holzfeuchte $\omega \leq 20\,\%$	
Einschnittart	Markröhre (bei ideal gewachsenem Stamm) wird bei zweistieligem Einschnitt durchschnitten, auf Wunsch: Heraustrennen einer Herzbohle mit $d \geq 40$ mm	Markröhre (bei ideal gewachsenem Stamm) wird bei zweistieligem Einschnitt durchschnitten
Baumkante	nicht zulässig	$\leq 10\,\%$ der kleineren Querschnittsseite
Maßhaltigkeit des Querschnitts	Maßhaltigkeitsklasse 2 nach DIN EN 336,[b] bei $b, d \leq 100$ mm: +1 mm bis −1 mm, bei $100\,\mathrm{mm} < b, d \leq 300\,\mathrm{mm}$: +1,5 mm bis −1,5 mm	
Ästigkeit	S10: A $\leq 2/5$ und ≤ 70 mm	
Astzustand	lose Äste und Durchfalläste nicht zulässig; vereinzelt angeschlagene Äste oder Astteile von Ästen bis max. 20 mm Ø sind zulässig	nach DIN 4074-1 Sortierklasse S10 TS
Rindeneinschluss	nicht zulässig	nach DIN 4074-1 Sortierklasse S10 TS
Risse, Schwindrisse (Trockenrisse)	Rissbreite $b \leq 3\,\%$, nicht mehr als 6 mm	Rissbreite $b \leq 5\,\%$
Risstiefe – Schwindrisse – Blitzrisse, Ringschäle	bis 1/2 nicht zulässig	

Tafel 12.112 (Fortsetzung)

Sortiermerkmale	KVH-Si (sichtbarer Bereich)	KVH-NSi (nicht sichtbarer Bereich)
Harzgallen	Breite $b \leq 5$ mm	
Verfärbungen	nicht zulässig	Bläue: zulässig Nagelfeste braune und rote Streifen: bis 2/5 Braunfäule, Weißfäule: nicht zulässig
Insektenbefall	nicht zulässig	Fraßgänge bis 2 mm Durchmesser zulässig
Verdrehungen	1 mm je 25 mm Höhe	
Längskrümmung	≤ 8 mm/2 m bei herausgetrennter Herzbohle: ≤ 4 mm/2 m	≤ 8 mm/2 m
Bearbeitung der Enden	rechtwinklig gekappt (nach Vereinbarung)	
Oberflächenbeschaffenheit	gehobelt und gefast	egalisiert und gefast
Produktnorm	für nicht keilgezinktes KVH: DIN EN 14081-1, für keilgezinktes KVH: DIN EN 15497	

[a] entsprechend den Überwachungsbestimmungen und der Vereinbarung zwischen dem Bund Deutscher Zimmermeister (DBZ) und der Überwachungsgemeinschaft Konstruktionsvollholz e. V. vom September 2015.

[b] s. Tafel 12.124.

[c] auf Querschnitte mit einer Breite $b > 14$ cm wird aus Gründen der technischen Trocknung verzichtet, für größere Breiten $b > 14$ cm wird der Einsatz von Balkenschichtholz oder Brettschichtholz empfohlen.

[d] Querschnitte für andere Holzarten z. B. Kiefer, Douglasie, Lärche auf Anfrage.

[e] Querschnitte in Sichtqualität (Si) auf Anfrage.

[f] andere Festigkeitsklassen als C24/C24M auf Anfrage.

[g] geliefert in Paketen mit Systemlängen z. B. 6 m, 7 m, 7,5 m, 8 m, 8,5 m, 9 m in einheitlicher Dimension und Qualität, Vorzugs-/Lagerlängen für alle Querschnittsabmessungen sind 5 m und 13 m.

[h] verschiedene Standardquerschnitte in beliebigen Längen und beliebiger Qualität, fix genau gekappte Stücke.

[i] KVH ist keilgezinkt nur in Nutzungsklasse 1 und 2 einsetzbar, jedoch auch ohne Keilzinkung längenabhängig lieferbar (in allen 3 Nutzungsklassen zu verwenden).

Tafel 12.113 Wichten γ von Holz und Holzwerkstoffen nach DIN EN 1991-1-1: 2010-12, Anhang A, Tab. A.3[a, b, c]

Wichten γ in kN/m³

Nadelholz

Klasse	C16	C18	C22	C24	C27	C30	C35	C40
Wichte	3,7	3,8	4,1	4,2	4,5	4,6	4,8	5,0

Laubholz

Klasse	D30	D35	D40	D50	D60	D70		
Wichte	6,4	6,7	7,0	7,8	8,4	10,8		

Brettschichtholz

Klasse	GL24c	GL24h	GL28c	GL28h	GL32c	GL32h	
Wichte	3,5	3,7	3,7	4,0	4,0	4,2	

Sperrholz

	Weichholz-Sperrholz	Birken-Sperrholz	Laminate und Tischlerplatten
Wichte	5,0	7,0	4,5

Spanplatten

	Spanplatten	Zementgebundene Spanplatten	Sandwichplatten
Wichte	7,0 bis 8,0	12,0	7,0

Holzfaserplatten

	Hartfaserplatten	Faserplatten mittlerer Dichte	Leichtfaserplatten
Wichte	10,0	8,0	4,0

[a] Klasse als Abkürzung für Festigkeitsklasse, für Nadelholz nach DIN EN 338: 2010-02, für Brettschichtholz nach DIN EN 14080: 2013-09.

[b] Holz und Holzwerkstoffe nach Abschn. 12.3.1 bzw. Abschn. 11.19.

[c] die angegebenen Wichten sind teilweise kleiner als die charakteristischen Rohdichten und daher nicht für Lastannahmen zu empfehlen.

12.19 Baustoffeigenschaften von Holzwerkstoffen

12.19.1 Festigkeits-, Steifigkeits- und Rohdichtekennwerte von Holz- und Gipswerkstoffen

Tafel 12.114 Rechenwerte der charakteristischen Kennwerte für Sperrholz der Biegefestigkeitsklassen (F) und Biege-Elastizitätsmodul-Klassen (E) F20/10 E40/20 und F20/15 E30/25 mit einer charakteristischen Rohdichte $\varrho_k \geq 350\,\text{kg/m}^3$ nach DIN EN 636: 2003-11 und DIN 20000-1[a, b]

Klasse		F20/10 E40/20		F20/15 E30/25	
Beanspruchung		Parallel	Rechtwinklig	Parallel	Rechtwinklig
		zur Faserrichtung der Deckfurniere			
Festigkeitskennwerte in N/mm²					
Plattenbeanspruchung					
Biegung	$f_{m,k}$	20	10	20	15
Druck	$f_{c,90,k}$	4			
Schub	$f_{v,k}$	0,90	0,60	1,0	0,70
Scheibenbeanspruchung					
Biegung	$f_{m,k}$	9	7	8	7
Zug	$f_{t,k}$	9	7	8	7
Druck	$f_{c,k}$	15	10	13	13
Schub	$f_{v,k}$	3,5		4	
Steifigkeitskennwerte in N/mm²					
Plattenbeanspruchung					
E-Modul	E_{mean}	4000	2000	3000	2500
E-Modul	E_{05}	3200	1600	2400	2000
Schubmodul	G_{mean}	35	25	35	25
Schubmodul	G_{05}	28	20	28	20
Scheibenbeanspruchung					
E-Modul	E_{mean}	4000	3000	4000	3000
E-Modul	E_{05}	3200	2400	3200	2400
Schubmodul	G_{mean}	350			
Schubmodul	G_{05}	280			
Rohdichtekennwerte in kg/m³					
Rohdichte	ϱ_k	350			

[a] Sperrholz nach den Anforderungen der DIN EN 12369-2: 2011-09 und DIN EN 13986: 2005-03.
[b] Sperrholz der technischen Klasse „Trocken" darf nach DIN EN 1995-1-1/NA: 2013-08, 3.5, nur in Nutzungsklasse 1, der technischen Klasse „Feucht" nur in Nutzungsklasse 1 und 2 sowie der technischen Klasse „Außen" in Nutzungsklasse 1, 2 und 3 verwendet werden.

Tafel 12.115 Rechenwerte der charakteristischen Kennwerte für Sperrholz der Biegefestigkeits- (F) und Biege-Elastizitätsmodul-Klassen (E) F40/30 E60/40, F50/25 E70/25 und F60/10 E90/10 mit einer charakteristischen Rohdichte $\varrho_k \geq 600\,\mathrm{kg/m^3}$ nach DIN EN 636: 2003-11 und DIN 20000-1: 2013-08[a, b]

Klasse		F40/30 E60/40		F50/25 E70/25		F60/10 E90/10	
Beanspruchung		Parallel	Rechtwinklig	Parallel	Rechtwinklig	Parallel	Rechtwinklig
		zur Faserrichtung der Deckfurniere					
Festigkeitskennwerte in N/mm²							
Plattenbeanspruchung							
Biegung	$f_{m,k}$	40	30	50	25	60	10
Druck	$f_{c,90,k}$	9		10			
Schub	$f_{v,k}$	2,2		2,5			
Scheibenbeanspruchung							
Biegung	$f_{m,k}$	29	31	36	24	36	24
Zug	$f_{t,k}$	29	31	36	24	36	24
Druck	$f_{c,k}$	21	22	36	17	26	18
Schub	$f_{v,k}$	9,5		11			
Steifigkeitskennwerte in N/mm²							
Plattenbeanspruchung							
E-Modul	E_{mean}	6000	4000	7000	2500	9000	1000
E-Modul	$E_{m,05}$	4800	3200	5600	2000	7200	800
G-Modul	G_{mean}	150		200			
G-Modul	G_{05}	120		160			
Scheibenbeanspruchung							
E-Modul	E_{mean}	4400	4700	5500	3650	5500	3700
E-Modul	E_{05}	3520	3760	4400	2920	4400	2960
G-modul	G_{mean}	600		700			
G-modul	G_{05}	480		560			
Rohdichtekennwerte in kg/m³							
Rohdichte	ϱ_k	600					

[a] Sperrholz nach den Anforderungen der DIN EN 12369-2: 2011-09 und DIN EN 13986: 2005-03.
[b] Sperrholz der technischen Klasse „Trocken" darf nach DIN EN 1995-1-1/NA: 2013-08, 3.5, nur in Nutzungsklasse 1, der technischen Klasse „Feucht" nur in Nutzungsklasse 1 und 2 sowie der technischen Klasse „Außen" in Nutzungsklasse 1, 2 und 3 verwendet werden.

Tafel 12.116 Rechenwerte der charakteristischen Kennwerte für kunstharzgebundene Spanplatten für tragende Zwecke zur Verwendung im Trockenbereich der technischen Klasse P6 nach DIN EN 12369-1: 2001-04, Tab. 6, s. auch DIN 1052: 2008-12, Tab. F.17[a, b]

Nenndicke der Platten in mm		> 6 bis 13	> 13 bis 20	> 20 bis 25	> 25 bis 32	> 32 bis 40	> 40 bis 50
Festigkeitskennwerte in N/mm²							
Plattenbeanspruchung							
Biegung	$f_{m,k}$	16,5	15,0	13,3	12,5	11,7	10,0
Druck	$f_{c,90,k}$	10,0	10,0	10,0	8,0	6,0	6,0
Schub	$f_{v,k}$	1,9	1,7				
Scheibenbeanspruchung							
Biegung	$f_{m,k}$	10,5	9,5	8,5	8,3	7,8	7,5
Zug	$f_{t,k}$	10,5	9,5	8,5	8,3	7,8	7,5
Druck	$f_{c,k}$	14,1	13,3	12,8	12,2	11,9	10,4
Schub	$f_{v,k}$	7,8	7,3	6,8	6,5	6,0	5,5

Tafel 12.116 (Fortsetzung)

Nenndicke der Platten in mm		> 6 bis 13	> 13 bis 20	> 20 bis 25	> 25 bis 32	> 32 bis 40	> 40 bis 50
Steifigkeitskennwerte in N/mm^2							
Plattenbeanspruchung							
E-Modul	E_{mean}	4400	4100	3500	3300	3100	2800
E-Modul	E_{05}	3520	3280	2800	2640	2480	2240
Schubmodul	G_{mean}	200			100		
Schubmodul	G_{05}	160			80		
Scheibenbeanspruchung							
E-Modul	E_{mean}	2500	2400	2100	1900	1800	1700
E-Modul	E_{05}	2000	1920	1680	1520	1440	1360
Schubmodul	G_{mean}	1200	1150	1050	950	900	880
Schubmodul	G_{05}	960	920	840	760	720	705
Rohdichtekennwerte in kg/m^3							
Rohdichte	ϱ_k	650	600	550	550	500	500

[a] kunstharzgebundene Spanplatten nach den Anforderungen der DIN EN 312: 2010-12, DIN EN 13986: 2005-03 und DIN 20000-1: 2013-08.
[b] kunstharzgebundene Spanplatten der technischen Klasse P6 dürfen nach DIN EN 1995-1-1/NA: 2013-08, 3.5, nur in Nutzungsklasse 1 verwendet werden.

Tafel 12.117 Rechenwerte der charakteristischen Kennwerte für kunstharzgebundene Spanplatten für tragende Zwecke zur Verwendung im Feuchtbereich der technischen Klasse P7 nach DIN EN 12369-1: 2001-04, Tab. 7, s. auch DIN 1052: 2008-12, Tab. F.18[a, b]

Nenndicke der Platten in mm		> 6 bis 13	> 13 bis 20	> 20 bis 25	> 25 bis 32	> 32 bis 40	> 40 bis 50
Festigkeitskennwerte in N/mm^2							
Plattenbeanspruchung							
Biegung	$f_{\text{m,k}}$	18,3	16,7	15,4	14,2	13,3	12,5
Druck	$f_{\text{c,90,k}}$	10,0	10,0	10,0	8,0	6,0	6,0
Schub	$f_{\text{v,k}}$	2,4	2,2	2,0	1,9	1,9	1,8
Scheibenbeanspruchung							
Biegung	$f_{\text{m,k}}$	11,5	10,6	9,8	9,4	9,0	8,0
Zug	$f_{\text{t,k}}$	11,5	10,6	9,8	9,4	9,0	8,0
Druck	$f_{\text{c,k}}$	15,5	14,7	13,7	13,5	13,2	13,0
Schub	$f_{\text{v,k}}$	8,6	8,1	7,9	7,4	7,2	7,0
Steifigkeitskennwerte in N/mm^2							
Plattenbeanspruchung							
E-Modul	E_{mean}	4600	4200	4000	3900	3500	3200
E-Modul	E_{05}	3680	3360	3200	3120	2800	2560
Schubmodul	G_{mean}	200			100		
Schubmodul	G_{05}	160			80		
Scheibenbeanspruchung							
E-Modul	E_{mean}	2600	2500	2400	2300	2100	2000
E-Modul	E_{05}	2080	2000	1920	1840	1680	1600
Schubmodul	G_{mean}	1250	1200	1150	1100	1050	1000
Schubmodul	G_{05}	1000	960	920	880	840	800
Rohdichtekennwerte in kg/m^3							
Rohdichte	ϱ_k	650	600	550	550	500	500

[a] kunstharzgebundene Spanplatten nach den Anforderungen der DIN EN 312: 2010-12, DIN EN 13986: 2005-03 und DIN 20000-1: 2013-08.
[b] kunstharzgebundene Spanplatten der technischen Klasse P7 dürfen nach DIN EN 1995-1-1/NA: 2013-08, 3.5, nur in Nutzungsklasse 1 und 2 verwendet werden.

Tafel 12.118 Rechenwerte der charakteristischen Kennwerte für zementgebundene Spanplatten der technischen Klasse 1 und 2 nach DIN EN 1995-1-1/NA: 2013-08, Tab. NA.8[a, b]

Nenndicke der Platten in mm		Alle Dicken von 8 bis 40 mm
Festigkeitskennwerte in N/mm²		
Plattenbeanspruchung		
Biegung	$f_{m,k}$	9
Druck	$f_{c,90,k}$	12
Schub	$f_{v,k}$	2
Scheibenbeanspruchung		
Biegung	$f_{m,k}$	8
Zug	$f_{t,k}$	2,5
Druck	$f_{c,k}$	11,5
Schub	$f_{v,k}$	6,5
Steifigkeitskennwerte in N/mm²		
Plattenbeanspruchung		
E-Modul	E_{mean}	Klasse 1: 4500, Klasse 2: 4000
E-Modul	E_{05}	Klasse 1: 3600, Klasse 2: 3200
Scheibenbeanspruchung		
E-Modul	E_{mean}	4500
E-Modul	E_{05}	3600
Schubmodul	G_{mean}	1500
Schubmodul	G_{05}	1200
Rohdichtekennwerte in kg/m³		
Rohdichte	ϱ_k	1000

[a] zementgebundene Spanplatten nach den Anforderungen der DIN EN 634-1: 1995-04, DIN EN 634-2: 2007-05, DIN EN 13986: 2005-03 und DIN 20000-1: 2013-08.
[b] zementgebundene Spanplatten dürfen nach DIN EN 1995-1-1/NA: 2013-08, 3.5, nur in Nutzungsklasse 1 und 2 verwendet werden.

Tafel 12.119 Rechenwerte der charakteristischen Kennwerte für OSB-Platten der technischen Klassen OSB/2 und OSB/3 nach DIN EN 12369-1: 2001-04, Tab. 2, s. auch DIN 1052: 2008-12, Tab. F.13[a, b]

Beanspruchung		Parallel			Rechtwinklig		
		zur Spanrichtung der Deckschicht					
Nenndicke der Platten in mm		> 6 bis 10	> 10 bis 18	> 18 bis 25	> 6 bis 10	> 10 bis 18	> 18 bis 25
Festigkeitskennwerte in N/mm²							
Plattenbeanspruchung							
Biegung	$f_{m,k}$	18,0	16,4	14,8	9,0	8,2	7,4
Druck	$f_{c,90,k}$	10,0					
Schub	$f_{v,k}$	1,0					
Scheibenbeanspruchung							
Biegung	$f_{m,k}$	9,9	9,4	9,0	7,2	7,0	6,8
Zug	$f_{t,k}$	9,9	9,4	9,0	7,2	7,0	6,8
Druck	$f_{c,k}$	15,9	15,4	14,8	12,9	12,7	12,4
Schub	$f_{v,k}$	6,8					

Tafel 12.119 (Fortsetzung)

Beanspruchung		Parallel			Rechtwinklig		
		zur Spanrichtung der Deckschicht					
Nenndicke der Platten in mm		> 6 bis 10	> 10 bis 18	> 18 bis 25	> 6 bis 10	> 10 bis 18	> 18 bis 25
Steifigkeitskennwerte in N/mm²							
Plattenbeanspruchung							
E-Modul	E_{mean}	4930			1980		
E-Modul	E_{05}	4190			1680		
Schubmodul	G_{mean}	50					
Schubmodul	G_{05}	43					
Scheibenbeanspruchung							
E-Modul	E_{mean}	3800			3000		
E-Modul	E_{05}	3230			2550		
Schubmodul	G_{mean}	1080					
Schubmodul	G_{05}	920					
Rohdichtekennwerte in kg/m³							
Rohdichte	ϱ_k	550					

[a] OSB-Platten nach den Anforderungen der DIN EN 300: 2006-09, DIN EN 13986: 2005-03 und DIN 20000-1: 2013-08.
[b] OSB-Platten der technischen Klasse OSB/2 dürfen nach DIN EN 1995-1-1/NA: 2013-08, 3.5, nur in Nutzungsklasse 1, der technischen Klasse OSB/3 nur in Nutzungsklasse 1 und 2 verwendet werden.

Tafel 12.120 Rechenwerte der charakteristischen Kennwerte für OSB-Platten der technischen Klasse OSB/4 nach DIN EN 12369-1, s. auch DIN 1052: 2008-12, Tab. F.14[a, b]

Beanspruchung		Parallel			Rechtwinklig		
		zur Spanrichtung der Deckschicht					
Nenndicke der Platten in mm		> 6 bis 10	> 10 bis 18	> 18 bis 25	> 6 bis 10	> 10 bis 18	> 18 bis 25
Festigkeitskennwerte in N/mm²							
Plattenbeanspruchung							
Biegung	$f_{m,k}$	24,5	23,0	21,0	13,0	12,2	11,4
Druck	$f_{c,90,k}$	10,0					
Schub	$f_{v,k}$	1,1					
Scheibenbeanspruchung							
Biegung	$f_{m,k}$	11,9	11,4	10,9	8,5	8,2	8,0
Zug	$f_{t,k}$	11,9	11,4	10,9	8,5	8,2	8,0
Druck	$f_{c,k}$	18,1	17,6	17,0	14,3	14,0	13,7
Schub	$f_{v,k}$	6,9					
Steifigkeitskennwerte in N/mm²							
Plattenbeanspruchung							
E-Modul	E_{mean}	6780			2680		
E-Modul	E_{05}	5760			2280		
Schubmodul	G_{mean}	60					
Schubmodul	G_{05}	51					
Scheibenbeanspruchung							
E-Modul	E_{mean}	4300			3200		
E-Modul	E_{05}	3660			2720		
Schubmodul	G_{mean}	1090					
Schubmodul	G_{05}	930					
Rohdichtekennwerte in kg/m³							
Rohdichte	ϱ_k	550					

[a] OSB-Platten nach den Anforderungen der DIN EN 300, DIN EN 13986 und DIN 20000-1.
[b] OSB-Platten der technischen Klasse OSB/4 dürfen nach DIN EN 1995-1-1/NA: 2013-08, 3.5, nur in Nutzungsklasse 1 und 2 verwendet werden.

Tafel 12.121 Rechenwerte der charakteristischen Kennwerte für Faserplatten der technischen Klassen HB.HLA2 und MBH.LA2 nach DIN EN 12369-1: 2001-04, Tab. 8 und 9 sowie DIN EN 1995-1-1/NA: 2013-08, Tab. NA.9[a, b]

Technische Klasse		HB.HLA2 (harte Platten)		MBH.LA2 (mittelharte Platten)	
Nenndicke der Platten in mm		> 3,5 bis 5,5	> 5,5	≤ 10	> 10
Festigkeitskennwerte in N/mm²					
Plattenbeanspruchung					
Biegung	$f_{m,k}$	35,0	32,0	17,0	15,0
Druck	$f_{c,90,k}$	12,0	12,0	8,0	8,0
Schub	$f_{v,k}$	3,0	2,5	0,3	0,25
Scheibenbeanspruchung					
Biegung	$f_{m,k}$	26,0	23,0	9,0	8,0
Zug	$f_{t,k}$	26,0	23,0	9,0	8,0
Druck	$f_{c,k}$	27,0	24,0	9,0	8,0
Schub	$f_{v,k}$	18,0	16,0	5,5	4,5
Steifigkeitskennwerte in N/mm²					
Plattenbeanspruchung					
E-Modul	E_{mean}	4800	4600	3100	2900
E-Modul	E_{05}	3840	3680	2480	2320
Schubmodul	G_{mean}	200	200	100	100
Schubmodul	G_{05}	160	160	80	80
Scheibenbeanspruchung					
E-Modul	E_{mean}	4800	4600	3100	2900
E-Modul	E_{05}	3840	3680	2480	2320
Schubmodul	G_{mean}	2000	1900	1300	1200
Schubmodul	G_{05}	1600	1520	1040	960
Rohdichtekennwerte in kg/m³					
Rohdichte	ϱ_k	850	800	650	600

[a] Holzfaserplatten nach den Anforderungen der DIN EN 622-2, DIN EN 622-3, DIN EN 13986 und DIN 20000-1.
[b] Faserplatten der technischen Klasse MBH.LA2 dürfen nach DIN EN 1995-1-1/NA: 2013-08, 3.5, nur in Nutzungsklasse 1, der technischen Klasse HB.HLA2 nur in Nutzungsklasse 1 und 2 verwendet werden.

Tafel 12.122 Rechenwerte der charakteristischen Kennwerte für Gipsplatten der DIN 18180 nach DIN EN 1995-1-1/NA: 2013-08, Tab. NA.10[a]

Beanspruchung		Parallel			Rechtwinklig		
		zur Herstellrichtung					
Nenndicke der Platten in mm		12,5	15,0	18,0[c]	12,5	15,0	18,0[c]
Festigkeitskennwerte in N/mm²							
Plattenbeanspruchung							
Biegung	$f_{m,k}$	6,5	5,4	4,2	2,0	1,8	1,5
Druck	$f_{c,90,k}$	3,5 (5,5)[b]					
Scheibenbeanspruchung							
Biegung	$f_{m,k}$	4,0	3,8	3,6	2,0	1,7	1,4
Zug	$f_{t,k}$	1,7	1,4	1,1	0,7		
Druck	$f_{c,k}$	3,5 (5,5)[b]			4,2 (4,8)[b]		
Schub	$f_{v,k}$	1,0					

Tafel 12.122 (Fortsetzung)

Beanspruchung		Parallel			Rechtwinklig		
		zur Herstellrichtung					
Nenndicke der Platten in mm		12,5	15,0	18,0[c]	12,5	15,0	18,0[c]
Steifigkeitskennwerte in N/mm²							
Plattenbeanspruchung							
E-Modul	E_{mean}	2800			2200		
E-Modul	E_{05}	2520			1980		
Scheibenbeanspruchung							
E-Modul	E_{mean}	1200			1000		
E-Modul	E_{05}	1080			900		
Schubmodul	G_{mean}	700					
Schubmodul	G_{05}	630					
Rohdichtekennwerte in kg/m³							
Rohdichte	ϱ_k	680 (800)[b]					

[a] Gipsplatten der Plattentypen GKB und GKF dürfen nach DIN EN 1995-1-1/NA: 2013-08, 3.5, nur in Nutzungsklasse 1, der Plattentypen GKBI und GKFI nur in Nutzungsklasse 1 und 2 verwendet werden.
[b] Werte in Klammern ( ) gelten für die Plattentypen GKF und GKFI.
[c] bei Bauteilen, die mit einer Gipsplatte der Nenndicke 18 mm bemessen sind, können im Rahmen der Ausführung alternativ zu Gipsplatten der Nenndicke 18 mm auch Gipsplatten der Nenndicke 20 mm bzw. 25 mm eingesetzt werden.

12.19.2 Festigkeitskennwerte für Klebfugen bei Verstärkungen

Tafel 12.123 Rechenwerte der charakteristischen Kennwerte für Klebfugen bei Verstärkungen nach DIN EN 1995-1-1/NA: 2013-08, Tab. NA.12[a]

		Wirksame Einkleblänge l_{ad} des Stahlstabes		
		≤ 250 mm	250 mm $< l_{ad} \leq 500$ mm	500 mm $< l_{ad} \leq 1000$ mm
Festigkeitskennwerte in N/mm²				
Klebfuge zwischen Stahlstab und Bohrlochwandung	$f_{k1,k}$	4,0	$5{,}25 - 0{,}005 \cdot l_{ad}$	$3{,}5 - 0{,}0015 \cdot l_{ad}$
Klebfuge zwischen Trägeroberfläche und Verstärkungsplatte	$f_{k2,k}$	0,75		
Klebfuge zwischen Trägeroberfläche und Verstärkungsplatte bei gleichmäßiger Einleitung der Schubspannung	$f_{k3,k}$	1,50		

[a] Tafelangaben dürfen nur angewendet werden, wenn die Eignung des Klebstoffsystems nachgewiesen ist.

12.20 Zulässige Maßabweichungen bei Voll- und Brettschichtholz

12.20.1 Zulässige Maßabweichungen bei Vollholz

Nennmaße sind i. d. R. die geplanten Maße.

Die Nennmaße a_{nom} eines **Vollholzbauteiles** der DIN EN 1995-1-1: 2010-12 sind auf eine Bezugsholzfeuchte von $\omega_{rel} = 20\,\%$ zu beziehen, zulässige Abweichungen von den Nennmaßen nach den Maßtoleranzklassen 1 oder 2 sind in Tafel 12.124 angeführt; Maßänderungen aus Holzfeuchteänderungen in Tafel 12.125.

Tafel 12.124 Zulässige Querschnittsabweichungen von den Sollmaßen eines Vollholzbauteiles nach den Maßtoleranzklassen 1 und 2 der DIN EN 336: 2013-12[a–e]

Zulässige Querschnittsabweichung eines Vollholzbauteiles		
	Vollholzbauteil als Schnittholz mit Rechteckquerschnitt[b] bei Schnittbreiten b und -dicken d von > 6 bis 300 mm, für Breiten/Dicken über 300 mm s. DIN EN 336: 2013-12, 4.3	
Querschnittsdicken und -breiten	$b, d \leq 100$ mm	100 mm $< b, d \leq 300$ mm
Maßtoleranzklasse 1		
Zulässige Abweichungen der Istbreite und -dicke von den Sollmaßen (feuchtekorrigiert)	+3 bis −1 mm	+4 bis −2 mm
Maßtoleranzklasse 2		
Zulässige Abweichungen der Istbreite und -dicke von den Sollmaßen (feuchtekorrigiert)	+1 bis −1 mm	+1,5 bis −1,5 mm
Maßdefinitionen nach DIN EN 336		
Sollmaß b, h	Festgelegtes Maß (bei vorgegebener Bezugsholzfeuchte von $\omega_{rel} = 20\,\%$), auf das die Abweichungen, die im Idealfall Null betragen, zu beziehen sind	
Abweichung	Differenz zwischen dem Sollmaß und dem entsprechenden Istmaß unter Berücksichtigung der Maßänderung durch Holzfeuchteänderung	

[a] Vollholzbauteile der DIN EN 1995-1-1: 2010-12 nach DIN EN 14081-1: 2011-05.
[b] zulässig sind weitere Maßänderungen aus Holzfeuchteänderungen nach Tafel 12.125.
[c] die mittlere Istbreite und -dicke von rechteckigem Bauholz müssen feuchtekorrigiert den Sollmaßen entsprechen. Maßänderungen infolge Änderung der Holzfeuchte sind zulässig.
[d] negative Längenabweichungen sind nicht zulässig, sollten Überlängen ein Problem darstellen, sollte beim Kauf im Liefervertrag eine Toleranzgrenze vereinbart werden.
[e] die Maßtoleranzklasse sollte zwischen den Parteien vereinbart werden. Empfehlung: Bei Einhalten der „strengeren" Maßtoleranzklasse 2 entfallen spätere Streitigkeiten.

Tafel 12.125 Mittelwerte der Maßänderungen eines Vollholzbauteils der DIN EN 1995-1-1 bei Abweichung der Ist-Holzfeuchte von der Bezugsholzfeuchte $\omega_{rel} = 20\,\%$ nach DIN EN 336: 2013-12[a, b, c]

Bestimmung von Mittelwerten der Maßänderungen		
	Vollholzbauteil als Schnittholz mit Rechteckquerschnitt bei Schnittbreiten b und -dicken d von > 6 mm bis über 300 mm	
Ist-Holzfeuchte	$\omega_a \leq 20\,\%$	$20\,\% \leq \omega_a \leq 30\,\%$[d]
Maßänderung der Breite b und Dicke d	Um 0,25 % je 1 % Holzfeuchteabnahme, bei Nadelholz und Pappel Um 0,35 % je 1 % Holzfeuchteabnahme bei Laubholz	Um 0,25 % je 1 % Holzfeuchtezunahme, bei Nadelholz und Pappel Um 0,35 % je 1 % Holzfeuchtezunahme bei Laubholz
Auswirkung der Maßänderung	Verkleinerung der Querschnittsseiten	Vergrößerung der Querschnittsseiten

[a] Berechnungen der Maßänderungen nach Abschn. 12.3.4, (12.1) mit dem Rechenwert für $\alpha_\perp = 0{,}25\,\%$ je % Holzfeuchteänderungen bei Nadelholz und Pappel sowie $\alpha_\perp = 0{,}35\,\%$ je % Holzfeuchteänderungen bei Laubholz nach Abschn. 12.3.4, Tafel 12.11.
[b] wenn keine hiervon abweichenden Vereinbarungen wie z. B. bei Konstruktionsvollholz (KVH) mit anderer Bezugsholzfeuchte bestehen.
[c] über zulässige Querschnittsabweichungen in Maßtoleranzklassen 1 oder 2 s. Tafel 12.124.
[d] Holzfeuchten $\omega > 30\,\%$ (oberhalb des Fasersättigungsbereiches) brauchen rechnerisch nicht berücksichtigt zu werden.

12.20.2 Zulässige Maßabweichungen bei Brettschichtholz

Nennmaße sind i. d. R. die geplanten Maße.

Die Nennmaße a_{nom} eines **Brettschichtholzbauteiles** der DIN EN 1995-1-1: 2010-12 sind auf eine Bezugsholzfeuchte von $\omega_{ref} = 12\,\%$ zu beziehen, zulässige Abweichungen von den Nennmaßen sind in Tafel 12.126 angeführt; Maßänderungen aus Holzfeuchteänderungen in Tafel 12.127.

Tafel 12.126 Maximal zulässige Maß-Abweichungen von den Nennmaßen von Brettschichtholz, Brettschichtholz mit Universal-Keilzinkenverbindungen und Verbundbauteilen aus Brettschichtholz der DIN EN 1995-1-1: 2010-12 nach DIN EN 14080: 2013-09, 5.11.1 und Tab. 12[a]

Nennmaße für		Maximal zulässige Abweichungen	
		Gerade Bauteile	Gekrümmte Bauteile[b, c]
Querschnittsbreite	Für alle Breiten	± 2 mm	
Querschnittshöhe	$h \leq 400$ mm	$+4$ mm bis -2 mm	
	$h > 400$ mm	$+1\,\%$ bis $-0,5\,\%$	
Maximale Abweichung der Winkel des Querschnitts vom rechten Winkel		1 : 50	
Länge eines geraden Bauteils bzw. abgewickelte Länge eines gekrümmten Bauteils	$l \leq 2$ m	± 2 mm	
	$2\,\text{m} \leq l \leq 20\,\text{m}$	$\pm 0,1\,\%$	
	$l > 20$ m	± 20 mm	
Längskrümmung, gemessen als maximal zulässiger Stich über eine Länge von 2000 mm, ohne Berücksichtigung einer Überhöhung, s. DIN EN 14080: 2013-09, Bild 11		4 mm	–
Stich je m abgewickelter Länge, s. DIN EN 14080: 2013-09, Bild 12	≤ 6 Lamellen	–	± 4 mm
	> 6 Lamellen	–	± 2 mm

Maßdefinitionen nach DIN EN 14080: 2013-09, 3

Soll-Maß b, h, l	Vom Auftraggeber festgelegtes Bauteil-Maß bei der Messbezugsfeuchte (Bezugsholzfeuchte) $\omega = 12\,\%$, auf das Abweichungen zu beziehen sind
Ist-Bezugsmaß $b_{cor}, h_{cor}, l_{cor}$	Bauteil-Maß, korrigiert durch Berechnung vom Ist-Maß auf das Maß bei der Messbezugsfeuchte (Bezugsholzfeuchte)
Ist-Maß b_a, h_a, l_a	Gemessenes Bauteil-Maß bei einer gemessenen/abgeschätzten Holzfeuchte (tatsächliches Maß)
Abgewickelte Länge	Länge eines gekrümmten Bauteils, die an der Außenseite der Lamelle mit dem größten Radius gemessen wird
Längskrümmung	Maximale Abweichung (Stich) eines geraden Bauteils oder Bestandteils von der Geraden, gemessen über die Länge von 2000 mm

[a] Berechnung des Ist-Bezugsmaßes bei Abweichung der Ist-Holzfeuchte von der Messbezugsfeuchte (Bezugsholzfeuchte) nach Tafel 12.127.
[b] als gekrümmtes Bauteil aus Brettschichtholz, Brettschichtholz mit Universal-Keilzinkenverbindungen oder Verbundbauteil aus Brettschichtholz gilt ein Bauteil, das eine planmäßige Überhöhung (Stich) von mehr als 1 % seiner Spannweite besitzt, nach DIN EN 14080: 2013-09, 3.7.
[c] die maximal zulässigen Abweichungen für gekrümmte Bauteile gelten für Bauteile, die auf zwei gegenüber liegenden Seiten gehobelt sind, und bei denen das Verhältnis des Krümmungsradius r zur Höhe h $r / h \geq 20$ ist. Für $r / h < 20$ sollten die maximal zulässigen Abweichungen zwischen den Vertragspartnern vereinbart werden.

Tafel 12.127 Berechnung des Ist-Bezugsmaßes von geklebten Schichtholzbauteilen wie die o. a. Brettschichtholzprodukte der DIN EN 1995-1-1: 2010-12 bei Abweichung der Ist-Holzfeuchte von der Messbezugsfeuchte (Bezugsholzfeuchte) nach DIN EN 14080: 2013-09, 5.11.2[a]

Geklebte Schichtholzprodukte aus Brettschicht- und Balkenschnittholz

Berechnung des Ist-Bezugsmaßes l_{cor}

$$l_{cor} = l_a \cdot [1 + k \cdot (\omega_{ref} - \omega_a)]$$

Quell- und Schwindmaß k für Nadelholz und Pappelholz (und Brettschicht- und Balkenschichtholz aus Nadelholz)[b]
bei Änderung der Holzfeuchte um 1 % im Holzfeuchtebereich von $6\,\% \leq \omega \leq 25\,\%$

	Rechtwinklig zur Faserrichtung	Parallel zur Faserrichtung
k	0,0025	0,0001

Maß- und Holzfeuchte-Definitionen nach DIN EN 14080: 2013-09, 3 und 5.11

l_{cor}	Ist-Bezugsmaß in mm, Bauteil-Maß, korrigiert durch Berechnung vom Ist-Maß auf das Maß bei der Messbezugsfeuchte (Bezugsholzfeuchte) in mm
l_a	Ist-Maß in mm, gemessenes Bauteil-Maß bei einer gemessenen/abgeschätzten Holzfeuchte (tatsächliches Maß)
ω_a	Ist-Holzfeuchte in % (tatsächlicher Holzfeuchtegehalt)
ω_{ref}	Messbezugsholzfeuchte (Bezugsholzfeuchte) in % = 12% für alle geklebten Schichtholzbauteile wie die o. a. Brettschichtholzprodukte nach DIN EN 14080: 2013-09

[a] über maximal zulässige Maßabweichungen von den Nennmaßen und über weitere Begriffe s. Tafel 12.126.
[b] das Quell- und Schwindmaß k rechtwinklig zur Faserrichtung ist ein Mittelwert aus tangentialer und radialer Verformungsrichtung, er entspricht dem Quell- und Schwindmaß α für Nadelholz nach DIN EN 1995-1-1/NA: 2013-08, 3.1.6, Tabelle NA.7, s. auch Abschn. 12.3.4, Tafel 12.11.

12.21   Rahmenecken

Rahmenecken sind gegebenenfalls gegen seitliches Ausweichen (Kippen) aus der Binderebene auszusteifen.

12.21.1   Rahmenecken aus Brettschichtholz mit Universal-Keilzinkenverbindungen

Tafel 12.128   Rahmenecken aus Brettschichtholz mit Universal-Keilzinkenverbindungen nach DIN EN 1995-1-1/NA: 2013-08, NA.11.3[a, b, c, e]

Bemessung der Rahmenecken, folgende Bedingungen sind einzuhalten:

– Faserrichtung der zu verbindenden Brettschichtholzbauteile schließen einen Winkel von $2 \cdot \alpha$ ein, s. Bilder unten

Druckspannungen an der inneren Rahmenecke (negatives Biegemoment)	**Zugspannungen an der inneren Rahmenecke** (positives Biegemoment)
$$\frac{f_{c,0,d}}{f_{c,\alpha,d}} \cdot \left(\frac{\sigma_{c,0,d}}{k_c \cdot f_{c,0,d}} + \frac{\sigma_{m,d}}{f_{m,d}} \right) \leq 1$$	$$\frac{f_{c,0,d}}{f_{c,\alpha,d}} \cdot \left(\frac{\sigma_{c,0,d}}{k_c \cdot f_{c,0,d}} + \frac{\sigma_{m,d}}{f_{m,d}} \right) \leq 0{,}2$$
– die Universal-Keilzinkenverbindung wird somit über ihren Verlauf mit Querdruckspannungen beansprucht	– die Universal-Keilzinkenverbindung wird somit über ihren Verlauf mit Querzugspannungen beansprucht

k_c Knickbeiwert nach Tafel 12.19 bzw. Tafel 12.22
    = 1 beim Nachweis nach Theorie II. Ordnung
$f_{c,a,d}$ Druckfestigkeit unter dem Winkel α nach Tafel 12.103 (wie Versätze) mit den Festigkeitswerten der zu verbindenden Brettschichtholzkomponenten
σ, f andere Größen sinngemäß nach Abschn. 12.6.1.2

– **Ermitteln der Spannungen und Querschnittswerte**, s. Bilder unten

Spannungen:
– $\sigma_{c,0}$ und σ_m mit den Schnittgrößen an den Stellen 1 und 2 errechnen
Querschnittswerte:
– A und W mit den Querschnitten rechtwinklig zur Faserrichtung unmittelbar neben den Universal-Keilzinkenverbindungen (Schnitte 1–1 und 2–2)
Querschnittsschwächungen durch die Universal-Keilzinkenverbindung:[d]
– 20 % des Bruttoquerschnitts ansetzen bei der Berechnung der Normalspannungen
    $A_n = 0{,}8 \cdot b \cdot h$ und $W_n = 0{,}8 \cdot b \cdot h^2/6$

– **Abmindern der Bemessungswerte der Zug-, Druck- und Biegefestigkeiten**

Berücksichtigung des Äste-Einflusses im Bereich der Universal-Keilzinkungen:
– die Bemessungswerte der Zug-, Druck- und Biegefestigkeiten $f_{t,0,d}$, $f_{c,0,d}$ und $f_{m,d}$ sind bei den Brettschichtholz-Festigkeitsklassen GL28 und höher (wie GL30 und GL32) jeweils um 15 % abzumindern

Beispiele für Rahmenecken mit Universal-Keilzinkenverbindungen nach DIN EN 1995-1-1/NA: 2013-08, NA.11.3, Bild NA.21

Rahmenecke mit einer Zinkung $\alpha = \beta/2$, $\beta = 90° - \gamma$ [a, b, c]	Rahmenecke mit zwei Zinkungen $\alpha = \beta/4$, $\beta = 90° - \gamma$ [a, b, c]
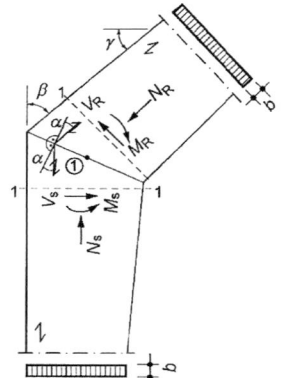	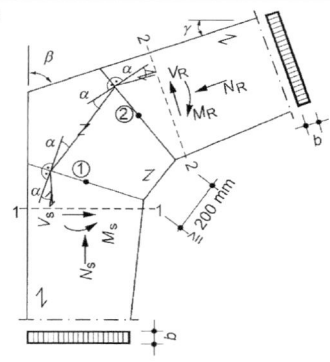

[a] Universal-Keilzinkenverbindungen von Brettschichtholz nach DIN EN 14080: 2013-09 müssen die Anforderungen nach DIN EN 14080: 2013-09 erfüllen.
[b] Universal-Keilzinkenverbindungen nur in Nutzungsklassen 1 und 2 verwenden.
[c] Rahmenecken gegen seitliches Ausweichen (Biegedrillknicken, Kippen) aus der Binderebene aussteifen; bei negativen Eckmomenten können Abstützungen des auf Druck beanspruchten Untergurtes (innere Rahmenecke) z. B. durch Kopfbänder erforderlich werden; eine geeignete, gabelgelagerte Rahmenfußkonstruktion ist eine weitere zusätzliche Stabilisierungsmaßnahme; bei positiven Eckmomenten (sollten nur in kleiner Größe auftreten, wenn möglich jedoch vermieden wegen auftretender Querzugspannungen) an der „äußeren", oberen Rahmenecke ein seitliches Ausweichen verhindern z. B. durch Anschluss an den meist „oben" liegenden Aussteifungsverband.
[d] wenn kein genauerer Nachweis geführt wird.
[e] beim Schubnachweis ist die wirksame Breite b_{ef} nach Abschn. 12.5.4.1 zu berücksichtigen.

12.21.2 Rahmenecken aus Brettschichtholz mit ein oder zwei Dübelkreisen

Tafel 12.129 Verdübelte Rahmenecken mit Stabdübeln in Brettschichtholzbauteilen und Rechteckquerschnitt mit ein oder zwei Dübelkreisen unter negativem Eckmoment, negativer Längskraft (Druckkraft) und Querkraft nach *Heimeshoff*[a–d, j, l]

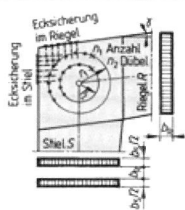

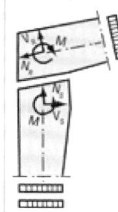

Beanspruchung von Stiel (S) und Riegel (R)

Bemessungswerte der Schnittgrößen von Stiel (S) und Riegel (R)

$$N_{R,d} = N_{S,d} \cdot \sin\gamma + V_{S,d} \cdot \cos\gamma \qquad V_{R,d} = V_{S,d} \cdot \sin\gamma - N_{S,d} \cdot \cos\gamma$$

Nachweise der Dübeltragfähigkeiten

Bemessungswerte der Beanspruchungen $F_{M(N,V),Ed}$ eines Stabdübels

– Bei einem Dübelkreis:	– Bei zwei Dübelkreisen:
Aus Biegemoment M: $\|F_{M,Ed}\| = \dfrac{\|M_d\| \cdot r}{n \cdot r^2}$	$\|F_{M,Ed}\| = \dfrac{\|M_d\| \cdot r_1}{n_1 \cdot r_1^2 + n_2 \cdot r_2^2}$
Aus Längskraft $N_{R,d}$: $\quad \|F_{N,R,Ed}\| = \|N_{R,d}\|/n$	$\|F_{N,R,Ed}\| = \|N_{R,d}\|/(n_1 + n_2)$
$N_{S,d}$: $\quad \|F_{N,S,Ed}\| = \|N_{S,d}\|/n$	$\|F_{N,S,Ed}\| = \|N_{S,d}\|/(n_1 + n_2)$
Aus Querkraft $V_{R,d}$: $\quad \|F_{V,R,Ed}\| = \|V_{R,d}\|/n$	$\|F_{V,R,Ed}\| = \|V_{R,d}\|/(n_1 + n_2)$
$V_{S,d}$: $\quad \|F_{V,S,Ed}\| = \|V_{S,d}\|/n$	$\|F_{V,S,Ed}\| = \|V_{S,d}\|/(n_1 + n_2)$

Maßgebende Bemessungswerte der Beanspruchung $F_{R,Ed}$ und $F_{S,Ed}$ eines Stabdübels[e]

Riegel: $\quad F_{R,Ed,max} = F_{M,Ed} + \sqrt{F_{V,R,Ed}^2 + F_{N,R,Ed}^2}$

Stiel: $\quad F_{S,Ed,max} = F_{M,Ed} + \sqrt{F_{V,S,Ed}^2 + F_{N,S,Ed}^2}$

Bemessungswerte der Tragfähigkeit $F_{v,R(S),Rd}$ eines Stabdübels für eine Scherfläche[f, k]

– Bei einem Dübelkreis:	– Bei zwei Dübelkreisen:[g]
Riegel: $\quad F_{v,R,Rd} = \dfrac{k_{mod} \cdot F_{v,R,Rk}}{\gamma_M}$	$F_{v,R,Rd} = n_{ef} \cdot \dfrac{k_{mod} \cdot F_{v,R,Rk}}{\gamma_M} \quad$ mit $n_{ef} = 0{,}85$
Stiel: $\quad F_{v,S,Rd} = \dfrac{k_{mod} \cdot F_{v,S,Rk}}{\gamma_M}$	$F_{v,S,Rd} = n_{ef} \cdot \dfrac{k_{mod} \cdot F_{v,S,Rk}}{\gamma_M}$

Bemessungswerte der Tragfähigkeit $F_{v,R(S),j,Rd}$ eines Stabdübels für m-Scherflächen[f]

Riegel: $\quad F_{v,R,j,Rd} = m \cdot F_{v,R,Rd}$ $\qquad$ Stiel: $\quad F_{v,S,j,Rd} = m \cdot F_{v,S,Rd}$

Nachweise der Stabdübelverbindung der Dübelkreise für einen Stabdübel

Riegel: $\dfrac{F_{R,Ed,max}}{F_{v,R,j,Rd}} \leq 1$ $\qquad\qquad$ Stiel: $\dfrac{F_{S,Ed,max}}{F_{v,S,j,Rd}} \leq 1$

Nachweise der Querkraft im Bereich der Dübelkreise

Bemessungswerte der Querkraftbeanspruchung $V_{M(Ri,St),d}$

– Bei einem Dübelkreis:	– Bei zwei Dübelkreisen:
Aus Biegemoment M: $\quad V_{M,d} = \dfrac{M_d}{\pi \cdot r}$	$V_{M,d} = \dfrac{M_d}{\pi} \cdot \dfrac{n_1 \cdot r_1 + n_2 \cdot r_2}{n_1 \cdot r_1^2 + n_2 \cdot r_2^2}$
Riegel: $\quad V_{Ri,d} = \|V_{M,d}\| - \|V_{R,d}/2\|$	Stiel: $\quad V_{St,d} = \|V_{M,d}\| - \|V_{St,d}/2\|$

Bemessungswerte der maximalen Schubspannungen $\tau_{R(S),d}$ in Rechteckquerschnitten

Riegel: $\quad \tau_{R,d} = \dfrac{1{,}5 \cdot V_{Ri,d}}{A_R}$ [m]	Stiel: $\quad \tau_{S,d} = \dfrac{1{,}5 \cdot V_{St,d}}{A_S}$ [m]

Nachweis der Querkraft in den Dübelkreisen

Riegel: $\quad \dfrac{\tau_{R,d}}{f_{v,d}} \leq 1$ [m]	Stiel: $\quad \dfrac{\tau_{S,d}}{f_{v,d}} \leq 1$ [m]

Tafel 12.129 (Fortsetzung)

Ecksicherung (Querzugverstärkung) bei zwei Dübelkreisen[h], wenn keine Abminderung der Tragfähigkeit pro Stabdübel vorgenommen worden ist, s. oben

Bemessungswert der Beanspruchung $F_{ax,Ed}$ auf Herausziehen für die Ecksicherung[i] (Querzugverstärkung) $$F_{ax,Ed} = n_1 \cdot F_{M,Ed} \cdot 30°/360° = n_1 \cdot F_{M,Ed}/12$$	Nachweis der Ecksicherung auf Herausziehen (Querzugverstärkung) jeweils im Riegel und Stiel $$\frac{F_{ax,Ed}}{F_{ax,Rd}} \leq 1$$

[a] Hierin bedeuten:

$f_{v,d}$ Bemessungswert der Schubfestigkeit nach (12.2), beim Nachweis der Schubspannungen ist die wirksame Breite $b_{ef} = k_{cr} \cdot b$ nach Abschn. 12.5.4.1 zu berücksichtigen.

n_1 Anzahl der Stabdübel auf dem äußeren Stabdübelkreis.

n_2 Anzahl der Stabdübel auf dem inneren Stabdübelkreis.

r_1 Radius des äußeren Dübelkreises bezogen auf den Schwerpunkt aller Stabdübel.

r_2 Radius des inneren Dübelkreises bezogen auf den Schwerpunkt aller Stabdübel.

γ Riegelneigung bezogen auf die waagerechte Bezugsebene.

$A_{R(S)}$ Querschnittsfläche des Riegels (R) oder des Stiels (S) im Schwerpunkt aller Stabdübel.

M_d Bemessungswert des Biegemomentes, ermittelt für den Schwerpunkt aller Stabdübel.

$N_{R(S),d}$ Bemessungswert der Längskraft im Riegel (R) oder Stiel (S), ermittelt für den Schwerpunkt aller Stabdübel.

$F_{ax,Rd}$ Bemessungswert der Tragfähigkeit auf Herausziehen stiftförmiger Verbindungsmittel zur Ecksicherung z. B. durch Sondernägel oder Vollgewindeschrauben mit bauaufsichtlichem Verwendbarkeitsnachweis.

$V_{R(S),d}$ Bemessungswert der Querkraft im Riegel (R) oder Stiel (S), ermittelt für den Schwerpunkt aller Stabdübel.

[b] Rahmenecken mit Stabdübeln besitzen eine etwas höhere spezifische Tragfähigkeit als Rahmenecken mit Dübeln besonderer Bauart, bei letzteren ist sinngemäß zu verfahren.

[c] die Schnittgrößen M, N und V sind für den Schwerpunkt der Dübelkreise zu ermitteln.

[d] Rahmenecke mit einteiligem Riegel (Mittelholz) und zweiteiligem Stiel (Seitenhölzer).

[e] die maximalen Dübelbeanspruchungen $F_{R(S),Ed,max}$ liegen auf der sicheren Seite; es kann auch mit einer etwas geringeren Dübelbeanspruchung in Abhängigkeit vom Winkel α zwischen Kraft- und Faserrichtung gerechnet werden, wenn die Bedingungen nach *Heimeshoff* eingehalten werden.

[f] Bemessungswert der Tragfähigkeit $F_{v,Rd}$ eines Stabdübels auf Abscheren nach Abschn. 12.15.3.1.

[g] Abminderung der Tragfähigkeit bei zwei Dübelkreisen um 15 % je Stabdübel, wenn keine Ecksicherung gegen Aufspalten des Holzes vorgenommen wird.

[h] Ecksicherung im Riegel und Stiel jeweils durch z. B. Sondernägel oder Vollgewindeschrauben mit bauaufsichtlichem Verwendbarkeitsnachweis.

[i] Auslegung auf Herausziehen für die Verbindungsmittel der Ecksicherung nach *Erläut. zu DIN 1052: 2004-08* [3].

[j] Rahmenecken gegen seitliches Ausweichen (Biegedrillknicken, Kippen) aus der Binderebene aussteifen; bei negativen Eckmomenten können Abstützungen des auf Druck beanspruchten Untergurtes (innere Rahmenecke) z. B. durch Kopfbänder erforderlich werden; eine geeignete, gabelgelagerte Rahmenfußkonstruktion ist eine weitere zusätzliche Stabilisierungsmaßnahme.

[k] bei der Berechnung der Tragfähigkeit der Stabdübel ist der Kraft-Faserwinkel α zu beachten.

[l] positive Eckmomente bei Rahmenecken sollten wegen auftretender Querzugspannungen vermieden werden.

[m] beim Nachweis der Schubspannungen ist die wirksame Breite $b_{ef} = k_{cr} \cdot b$ nach Abschn. 12.5.4.1 zu berücksichtigen.

Tafel 12.130 Empfehlungen für Mindestabstände von Stabdübeln und Passbolzen in biegesteifen Verbindungen nach *Becker/Blaß* und *Racher* in [2][a, b]

Bezeichnungen	Benennung der Bezeichnungen	Mindestabstände
$a_{z,1}$	Untereinander innerhalb der Dübelkreise oder Dübelrechtecke	$6 \cdot d$
$a_{z,2}$	Untereinander zwischen den Dübelkreisen oder Dübelrechtecken	$5 \cdot d$
$a_{3,t}$	Vom beanspruchten Hirnholzende	$7 \cdot d$, ≥ 80 mm
$a_{4,t}$	Vom beanspruchten Holzrand	$3 \cdot d$
$a_{4,c}$	Vom unbeanspruchten Holzrand	$3 \cdot d$

[a] Hierin bedeuten:

d Nenndurchmesser des Stabdübels oder Passbolzens.

[b] weitere Angaben s. Abschn. 12.15.3.1, Tafel 12.71

12.21.3 Rahmenecken aus Brettschichtholz mit gekrümmten Lamellen

Bemessung kann sinngemäß wie für gekrümmte Träger nach Abschn. 12.7.2 je nach Ausbildung der Rahmenecke vorgenommen werden, jedoch werden Rahmenecken überwiegend durch negative Eckmomente (neben Längs- und Querkräften) beansprucht.

12.22 Holzschutz

Neben der Auswahl geeigneter Holzarten sind für einen wirksamen Holzschutz bauliche (konstruktive), in einigen Fällen chemische und gegebenenfalls Oberflächenbehandlungen notwendig. Von diesen drei Schutzmaßnahmen ist der bauliche Holzschutz der weitaus wichtigste; der Holzschutz mit Holzschutzmitteln sollte als Ergänzung zum baulichen Holzschutz angesehen werden. Konstruktionen, die vollständig oder teilweise ohne Holzschutzmittel ausführbar sind, sollten denen vorgezogen werden, die mit Holzschutzmitteln ausgeführt werden können, jedoch kann auf Holzschutzmittel in einigen Fällen als Ergänzung des baulichen Holzschutzes nicht verzichtet werden.

12.22.1 Natürliche Dauerhaftigkeit von Bauhölzern

Tafel 12.131 Natürliche Dauerhaftigkeit von Bauhölzern nach DIN EN 350: 2016-12

Name/Handelsname	Wissenschaftlicher Name	Natürliche Dauerhaftigkeit[a] gegen			
		Pilze[b] (Holz zerstörende)	Hausbockkäfer[c] (*Hylotrupes*)	Klopfkäfer[c, n] (*Anobium*)	Termiten[d]
Nadelhölzer					
Fichte	*Picea abies*	4	S	S	S
Tanne, Weißtanne	*Abies alba*	4	S	S	S
Kiefer, Föhre	*Pinus sylvestris*	3–4	D	D	S
Lärche	*Larix decidua (L. europea)*	3–4	D	D	S
Douglasie	*Pseudotsuga menziesii*	3–4[e]	D	D	S
Western Hemlock	*Tsuga heterophylla*	4	D	S	S
Southern Pine	*Pinus elliottii, -taeda*	4	D	D	S
Yellow Cedar	*Chamaecyparis nootkatensis*	2–3	D	D	M
Laubhölzer[l]					
Eiche	*Quercus robur L., -petraea Liebl*	2–4	[i, j]	D	M
Buche	*Fagus sylvatica L.*	5	[i]	S	S
Teak – aus Asien – andere Länder	*Tectona grandis*	1 1–3 [f]	[i]	D	M
Keruing	*Dipterocarpus alatus*	3v[h]	[i]	D	S
Afzelia, Doussié	*Afzelia bipindensis, -pachyloba*	1	[i]	D	D
Merbau	*Intsia bijuga*	1–2	[i]	D	D
Angélique, Basralocus	*Dicorynia guianensis, -paraensis*	2v[h]	[i]	D	M
Azobé, Bongossi	*Lophira alata*	2v[g, h]	[i]	D	D
Ipe	*Tabebuia heptaphylla, -serratifolia*	1	[k]	D	D

Tafel 12.131 (Fortsetzung)

Klassen der natürlichen Dauerhaftigkeit des Kernholzes gegen Holz zerstörende Pilze[k]

Dauerhaftigkeitsklasse	1	2	3	4	5
Beschreibung	Sehr dauerhaft	Dauerhaft	Mäßig dauerhaft	Wenig dauerhaft	Nicht dauerhaft

Klassen der natürlichen Dauerhaftigkeit des Splintholzes gegen Hausbockkäfer (*Hylotrupes bajulus*) und Klopfkäfer (*Anobium punctatum*)[m]

Dauerhaftigkeitsklasse	D	SH			S
Beschreibung	Dauerhaft	auch Kernholz als anfällig bekannt			Nicht dauerhaft

Klassen der natürlichen Dauerhaftigkeit des Kernholzes gegen Termiten sowie Holzschädlinge im Meerwasser wie Schiffsbohrwurm (*Teredo navalis*) und Bohrassel (*Limnoria lignorum*)

Dauerhaftigkeitsklasse	D	M			S
Beschreibung	Dauerhaft	Mäßig dauerhaft			Nicht dauerhaft

[a] die angegebenen Bewertungen zur Dauerhaftigkeit sind Mittelwerte, von denen die Hölzer abweichen können; die Bewertungen gelten nicht als Garantie für die Standdauer im Gebrauch.

[b] die angegebene Dauerhaftigkeit gilt nur für Kernholz im Erdkontakt, Splintholz ist stets als nicht dauerhaft gegen Holz zerstörende Pilze (Klasse 5) einzustufen, es sei denn, andere Daten liegen vor.

[c] die angegebene Dauerhaftigkeit gilt nur für Splintholz, Kernholz ist stets dauerhaft (Klasse D) gegen Hausbockkäfer (*Hylotrupes*) und Klopfkäfer (*Anobium*), es sei denn, es ist ein Hinweis angegeben.

[d] die angegebene Dauerhaftigkeit gilt nur für Kernholz, Splintholz ist stets als anfällig (Klasse S) gegen Termiten bzw. Holzschädlinge im Meerwasser einzustufen.

[e] Douglasie aus Europa besitzt die Klasse 3–4, aus Nordamerika die Klasse 3.

[f] Teak aus Plantagen besitzt eine sehr unterschiedliche Dauerhaftigkeit zwischen 1 und 3.

[g] Azobé (Bongossi) kann außergewöhnlich schwanken, die Dauerhaftigkeit gegen Holz zerstörende Pilze ist Klasse 2 zuzuordnen, im Wasserkontakt dagegen Klasse 1; das breite Zwischenholz zwischen Kern- und Splintholz gehört zur Klasse 3.

[h] „v" gibt eine ungewöhnlich hohe Schwankung der Dauerhaftigkeit an.

[i] Laubhölzer werden vom Hausbockkäfer (*Hylotrupes*) nicht angegriffen.

[j] Splintholz anfällig (Klasse S) gegen Splintholzkäfer (*Lyctus*).

[k] gegen Hausbockkäfer nach DIN 68800-1: 2011-10, Tab. 2, nicht anfällig.

[l] Informationen über Holz zerstörende und Holz verfärbende Organismen s. Tafel 12.132.

[m] angeführte Laubholzarten nach DIN 20000-5: 2012-03, Anhang A, Tab. A.1; andere Holzarten bedürfen eines bauaufsichtlichen Verwendbarkeitsnachweises.

[n] Klopfkäfer oder Pochkäfer oder Gemeiner Nagekäfer u. a., auch *Anobien* genannt.

12.22.2 Holz zerstörende und Holz verfärbende Organismen

Tafel 12.132 Holz zerstörende und Holz verfärbende Organismen, Informationen nach DIN EN 335: 2013-06, Anhang C, DIN 68800-1: 2011-10 und DIN 68800-3: 2012-02[a]

Pilze

Holz zerstörende Pilze, brauchen für ihre Entwicklung eine Holzfeuchte etwa ab der Fasersättigung, im Mittel etwa 28 % bis 30 %, bauen Zellwände ab, Entstehen von „Fäulnis", Zerstören des Holzes, längerer Befall führt mittelfristig zum Tragfähigkeitsverlust bis langfristig zur völligen Zerstörung von Holz (-Bauteilen)[g]

Basidiomyceten	Erzeugen Braun- und Weißfäule, nicht jedoch Moderfäule, wichtigster Vertreter: Echter Hausschwamm (*Serpula lacrymans*)[e]
Moderfäulepilze	Erzeugen eine Fäulnisart, die ein Erweichen der Oberfläche des Holzes hervorruft, auch Holzfäulnis im Holzinnern, benötigen höhere Holzfeuchte als Basidiomyceten, besondere Bedeutung für Holz in Erdkontakt oder in Wasser

Holz verfärbende Pilze, erzeugen an Holz Bläue und Schimmel, bewirken eine Beeinträchtigung des ästhetischen Aussehens der Holzoberflächen („ästhetischer Mangel"), können dekorative Beschichtungen zerstören, jedoch keine Holzzerstörung

Bläuepilze[b]	Verursachen insbesondere im Splintholz bestimmter Holzarten (sehr anfällig z. B. Kiefer) bleibende blaue bis schwarze Verfärbungen unterschiedlicher Intensität und Tiefe, führen nicht zur wesentlichen Veränderung der mechanischen Eigenschaften des Holzes, können jedoch die Durchlässigkeit und die Anfälligkeit für Holz zerstörende Pilze erhöhen, da Holz verfärbende Pilze stets auf eine höhere Holzfeuchte hinweisen[b]
Schimmelpilze[c, d]	Treten als verschiedenfarbige Flecken auf Oberflächen von feuchtem Holz auf, wenn nur die Holzoberfläche einen Feuchtegehalt von > 20 % erreicht (Näherungswert, können auch bei 18 % Feuchtegehalt wachsen), z. B. als Folge einer hohen relativen Luftfeuchte oder Wasserdampfkondensation, führen nicht zur wesentlichen Veränderung der mechanischen Eigenschaften des Holzes, treten nicht nur bei Holz, sondern an jedem Material mit hohem Feuchtegehalt auf[c, d]

Tafel 12.132 (Fortsetzung)

Insekten

Käfer (Coleoptera), fliegende Insekten, legen Eier in Poren und Risse des Holzes, ihre Larven greifen das Holz an (Bohrmehl), kommen in ganz Europa vor, Befallsrisiko schwankt stark von groß bis unbedeutend[f]

Hausbockkäfer (*Hylotrupes bajulus*)	Befällt viele Nadelholzarten, kann erhebliche Schäden verursachen, kommt bis zu einer Höhe von etwa 2000 m über N.N. vor, weniger in Nord- und Nordwesteuropa, Vitalität und Lebensdauer hängen wesentlich von der Umgebungstemperatur und Holzfeuchte ab
Nagekäfer: Gemeiner Nagekäfer (*Anobium punctatum*), Gekämmter Nagekäfer (*Ptilinus pectinicoris*), auch *Anobien*, Klopfkäfer, Pochkäfer benannt	befällt Splintholz der meisten Holzarten, bei einigen auch das Kernholz, kann erhebliche Schäden verursachen, kommt insbesondere im Küstenklima und unter feuchten Bedingungen vor
Splintholzkäfer (*Lyctus brunneus*)	Befällt das Splintholz bestimmter stärkehaltiger, europäischer und importierter Laubhölzer wie z. B. Eichensplintholz, kommt in ganz Europa vor
Geschecker Nagekäfer (auch „Totenuhr" genannt) (*Xestobium rufovillosum*)	Befällt nur pilzbefallenes Holz, an Konstruktionshölzern aus Laubholz vorwiegend in alten Gebäuden, kann erhebliche Schäden verursachen, kommt in den meisten Gegenden von Europa vor

Termiten (Isoptera), soziale Insekten, eingeteilt in verschiedene Familien, nur vier Arten in Europa von Bedeutung, die gefährlichsten für Gebäude sind folgende Bodentermitenarten

Reticulitermes lucifugus und *Reticulitermes santonensis*	gefährliche Holzschädlinge, können Holz, zellulosehaltige Materialien und allgemein jede Art von Gebäuden oder andere Materialien befallen, die weich genug sind, um deren Zerstörung zu ermöglichen, auch wenn diese nicht als direkte Nahrungsquelle verwendet werden, nur in den Tropen und südlichen Ländern Europas, hier ist Holzschutz zusätzlich zu anderen Schutzmaßnahmen erforderlich, z. B. Schutz von Fußböden, Gründungen und Mauern, in Deutschland derzeit keine Befallswahrscheinlichkeit

Marine Organismen

Im Wesentlichen wirbellose Meerwasserorganismen, benötigen einen gewissen Salzgehalt des Wassers, höhlen durch ausgedehnte Gänge und Kavernen das Holz aus, nur Holz unter der Wasseroberfläche im Salz- und Brackwasser

Bohrassel (*Limnoria* spp.), Schiffsbohrwurm (*Teredo* spp.), Pholadidae	Befallen Holz unter Wasser, können erhebliche Schäden und Zerstörungen an festen und schwimmenden Holzbauwerken verursachen

[a] über die natürliche Dauerhaftigkeit von Bauhölzern s. Tafel 12.131.

[b] Bläuepilze brauchen nach DIN 68800-1: 2011-10 für ihre Entwicklung eine Holzfeuchte ab etwa der Fasersättigung, können innerhalb weniger Tage entstehen.

[c] die Sporen von Schimmelpilzen in der Luft können für Menschen gesundheitsschädlich sein, eine zügige Entfernung ist ratsam, am besten der Ursache ihres Auftretens.

[d] Schimmelpilze können sich nach DIN 68800-1: 2011-10 auch auf trockenem Holz entwickeln, wenn sich auf der Oberfläche aufgrund erhöhter Luftfeuchte bzw. Baufeuchte eine höhere Feuchte einstellt, Schimmelpilze sind nicht Gegenstand der Norm DIN 68800-1: 2011-10.

[e] der Echte Hausschwamm ist ein besonders gefährlicher, schwer zu bekämpfender Pilz, da er folgende Eigenschaften besitzt: Abbau des Holzes bereits bei vergleichsweise geringen Holzfeuchten im Bereich der Fasersättigung (stärkerer Abbau als durch andere Pilze), Fähigkeit des Wasser- und Nährstofftransportes von einer nahen Feuchtequelle und somit auch Bewuchs von Holz mit Ausgangsfeuchten unterhalb der Fasersättigung, intensives Durchwachsen von Mauerwerk, Bodenschüttungen und anderen anorganischen Materialien mit der Fähigkeit des Befalls von anliegendem Holz.

[f] die in dieser Tafel angeführten Käfer sind Bauholzinsekten (Trockenholzinsekten), davon zu unterscheiden sind Frischholzinsekten wie Borkenkäfer (*Xyloterus* sp.) und Holzwespen (*Sirex* sp.), die nur frisches, noch nicht abgetrocknetes Holz, nicht jedoch einmal abgetrocknetes Holz befallen; verursachen beachtliche Schäden an frisch gefälltem Holz im Wald und auf Lagern; Holzwespen können ihre Entwicklung im Bauholz beenden, beim Ausschlüpfen (bis zu zwei Jahre nach dem Einbau) können mögliche Folgeschäden z. B. beim Durchgang durch Sperrschichten entstehen, Holzwespen befallen kein verbautes, einmal abgetrocknetes Holz.

[g] Faulholzinsekten wie Trotzkopf und Bunter Nagekäfer können sich nach DIN 68800-1: 2011-10, 4.3, in Holz, das durch Holz zerstörende Pilze geschädigt ist, entwickeln und weitere Schäden verursachen.

12.22.3 Holzschutz nach DIN 68800

DIN 68800-1: 2019-06 (Holzschutz, Allgemeines) und DIN 68800-2: 2012-02 (Holzschutz, Vorbeugende bauliche Maßnahmen im Hochbau) sind zwischenzeitlich in den Bundesländern bauaufsichtlich eingeführt worden und ergänzen Eurocode 5 (DIN EN 1995-1-1 und DIN EN 1995-2) mit ihren jeweiligen Nationalen Anhängen (NA) hinsichtlich der Standsicherheit, Gebrauchstauglichkeit und Dauerhaftigkeit. DIN 68800-3: 2012-02 (Vorbeugender Schutz von Holz mit Holzschutzmitteln) erhält wie DIN 68800-4: 2012-02 (Bekämpfungs- und Sanierungsmaßnahmen gegen Holz zerstörende Pilze und Insekten) keine bauaufsichtliche Zulassung. Holzschutzmittel bedürfen jedoch gesetzlich vorgeschriebener Zulassungen nach dem Chemikaliengesetz (Biozid-Zulassungen).

Bis zum Vorliegen der Biozid-Zulassungen nach dem Chemikaliengesetz muss jedes Holzschutzmittel für die Verwendung in tragenden Bauteilen eine allgemeine bauaufsichtliche Zulassung besitzen.

12.22.3.1 Allgemeine verbindliche Regelungen des Holzschutzes nach DIN 68800-1: 2019-06

Gebrauchsklassen (GK) von Holz sind in Tafel 12.133, Beispiele für die Zuordnung von Holzbauteilen zu einer Gebrauchsklasse (GK) in Tafel 12.134, grundsätzliche und vorbeugende Holzschutzmaßnahmen in den Gebrauchsklasse GK 1 bis GK 5 in Tafel 12.135, Holzarten ohne zusätzliche Holzschutzmaßnahmen in Gebrauchsklassen (GK) in Tafel 12.136 und Mindestanforderungen an die Dauerhaftigkeit des splintfreien Farbkernholzes gegen Pilzbefall in Gebrauchsklassen (GK) in Tafel 12.137 angeführt.

Durch Maßnahmen des baulichen Holzschutzes nach DIN 68800-2 kann ein Holzbauteil in eine niedrigere Gebrauchsklasse eingestuft werden, wenn die Holzfeuchte im Gebrauchszustand soweit abgesenkt wird, dass die Bedingungen dieser niedrigeren Gebrauchsklasse dauerhaft eingehalten werden, s. Abschn. 12.22.3.2. Kann jedoch bei tragenden Holzbauteilen durch bauliche Maßnahmen und/oder Einsatz der natürlichen Dauerhaftigkeit von Hölzern kein ausreichender Holzschutz sichergestellt werden, sind zusätzliche vorbeugende chemische Holzschutzmaßnahmen erforderlich. Dies gilt sinngemäß auch für nicht tragende Holzbauteile, bei denen die geplanten Maßnahmen vertraglich besonders zu vereinbaren und dann nach DIN 68800 auszuführen sind.

Bauteile aus Brettschichtholz und Brettsperrholz unterliegen nach DIN 68800-1: 2011-10, 4.1.3, in den Gebrauchsklassen 1 und 2 erfahrungsgemäß keiner Gefahr eines Bauschadens durch Holz zerstörende Insekten, bei anderen Hölzern, die mit Temperaturen $T \geq 55\,°C$ technisch getrocknet worden sind, ist die Gefahr als unbedeutend einzustufen.

In Aufenthaltsräumen ist nach DIN 68800-1: 2011-10, 8.1.3, auf den Einsatz von vorbeugend wirkenden Holzschutzmitteln oder von Bauteilen, die mit vorbeugend wirkenden Holzschutzmitteln behandelt sind, zu verzichten; für Arbeitsstätten und ähnliche Bereiche gilt dies nur, wenn es technisch möglich ist.

Tafel 12.133 Gebrauchsklassen (GK) von Holz nach DIN 68800-1: 2019-06, Tab. 1[h, i, j]

GK	Holzfeuchte/ Exposition[a, b]	Allgemeine Gebrauchsbedingungen	Gefährdung durch				Auswasch-beanspruchung
			Insekten	Pilze[c]	Moderfäule	Holzschädlinge im Meerwasser	
1	2	3	4	5	6	7	8
0	Trocken (ständig $\leq 20\,\%$) mittlere relative Luftfeuchte bis 85 %[d, j]	Holz oder Holzprodukt unter Dach, nicht der Bewitterung und keiner Befeuchtung ausgesetzt, die Gefahr von Bauschäden durch Insekten kann nach Tafel 12.139 ausgeschlossen werden	Nein	Nein	Nein	Nein	Nein
1	Trocken (ständig $\leq 20\,\%$) mittlere relative Luftfeuchte bis 85 %[d, j]	Holz oder Holzprodukt unter Dach, nicht der Bewitterung und keiner Befeuchtung ausgesetzt	Ja	Nein	Nein	Nein	Nein
2	Gelegentlich feucht ($> 20\,\%$) mittlere relative Luftfeuchte über 85 %[d] oder zeitweise Befeuchtung durch Kondensation[j]	Holz oder Holzprodukt unter Dach, nicht der Bewitterung ausgesetzt, eine hohe Umgebungsfeuchte kann zu gelegentlicher, aber nicht dauernder Befeuchtung führen	Ja	Ja	Nein	Nein	Nein

Tafel 12.133 (Fortsetzung)

GK	Holzfeuchte/ Exposition[a, b]	Allgemeine Gebrauchsbedingungen	Gefährdung durch				Auswasch-beanspruchung
			Insekten	Pilze[c]	Moderfäule	Holzschädlinge im Meerwasser	
1	2	3	4	5	6	7	8
3.1	Gelegentlich feucht (> 20 %) Anreicherung von Wasser im Holz, auch räumlich begrenzt, nicht zu erwarten[j]	Holz oder Holzprodukt nicht unter Dach, mit Bewitterung, aber ohne ständigen Erd- oder Wasserkontakt, Anreicherung von Wasser im Holz, auch räumlich begrenzt, ist aufgrund von rascher Rück-trocknung nicht zu erwarten	Ja	Ja	Nein	Nein	Ja
3.2	Häufig feucht (> 20 %) Anreicherung von Wasser im Holz, auch räum-lich begrenzt, zu erwarten	Holz oder Holzprodukt nicht unter Dach, mit Bewitterung, aber ohne ständigen Erd- oder Wasserkontakt, Anrei-cherung von Wasser im Holz, auch räumlich begrenzt, ist zu erwarten[e]	Ja	Ja	Nein	Nein	Ja
4	Vorwiegend bis ständig feucht (> 20 %)	Holz oder Holzprodukt in Kontakt mit Erde oder Süß-wasser und so bei mäßiger bis starker[f] Beanspruchung vorwiegend bis ständig einer Befeuchtung ausgesetzt	Ja	Ja	Ja	Nein	Ja
5	Ständig feucht (> 20 %)	Holz oder Holzprodukt, stän-dig Meerwasser ausgesetzt	Ja	Ja	Ja	Ja	Ja

[a] die Begriffe „gelegentlich", „häufig", „vorwiegend" und „ständig" zeigen eine zunehmende Beanspruchung an, ohne dass hierfür wegen der sehr unterschiedlichen Einflussgrößen genaue Zahlenangaben möglich sind.

[b] der Wert von 20 % enthält eine Sicherheitsmarge, s. Fußnote [g].

[c] Holz zerstörende Braun- und Weißfäulepilze (Basidiomyzeten), s. Tafel 12.132, sowie Holz verfärbende Pilze, s. Tafel 12.132.

[d] maßgebend für die Zuordnung von Holzbauteilen zu einer Gebrauchsklasse ist die jeweilige Holzfeuchte.

[e] Bauteile, bei denen über mehrere Monate Ablagerungen von Schmutz, Erde, Laub u. ä. zu erwarten sind sowie Bauteile mit besonderer Bean-spruchung, z. B. durch Spritzwasser, sind in GK 4 einzustufen.

[f] „mäßige" bzw. „starke" Beanspruchung bezieht sich auf das Gefährdungspotential für einen Pilzbefall (Feuchteverhältnisse, Bodenbeschaffen-heit) sowie die Intensität einer Auswaschbeanspruchung.

[g] unabhängig von dem tatsächlichen Feuchteanspruch Holz zerstörender Pilze sowie der Fasersättigungsfeuchte der verschiedenen Holzarten wird für die Zuordnung zu den Gebrauchsklassen im Sinne einer ausreichenden Sicherheit ein Wert von 20 % Holzfeuchte als Obergrenze für das Vermeiden eines Pilzbefalls angesetzt.

[h] ist ein Holzbauteil bestimmungsgemäß mehreren Gebrauchsklassen zuzuordnen, so ist für die Auswahl von Schutzmaßnahmen jeweils die höchste in Betracht kommende Gebrauchsklasse maßgebend, es sei denn, eine unterschiedliche Behandlung einzelner Hölzer bzw. Holzbereiche eines Bauteils ist möglich.

[i] Beispiele für die Zuordnung von Holzbauteilen zu einer Gebrauchsklasse sind in Tafel 12.134 angeführt.

[j] die Einbaufeuchte der Hölzer darf nach DIN 68800-2: 2012-02, 5.1.2, in den Gebrauchsklassen GK 0, GK 1, GK 2 und GK 3.1 nicht höher als 20 % sein.

Tafel 12.134 Beispiele der Zuordnung von Holzbauteilen zu einer Gebrauchsklasse (GK) nach DIN 68800-1: 2019-06, Anhang D, Tab. D.1[a]

GK	Beispiele
0	– sichtbar bleibende Hölzer im Wohnräumen – allseitig insektendicht abgedeckte Holzbauteile nach DIN 68800-2
1	– nicht insektendicht bekleidete Balken, soweit die Bedingungen für GK 0 nicht zutreffen[b] – Sparren/Pfetten in unbeheizten Dachstühlen, soweit die Bedingungen für GK 0 nicht zutreffen[b]
2	– unzureichend wärmegedämmte Balkenköpfe in Altbauten – Brückenträger überdachter Brücken über Wasser
3.1	– bewitterte Stützen mit ausreichendem Bodenabstand (Spritzwasserschutz[c]) – Zaunlatten
3.2	– bewitterte horizontale Handläufe – bewitterte Balkonbalken
4	– Hölzer für Uferbefestigungen – Palisaden
5	– Dalben – Kai- und Steganlagen

[a] Gebrauchsklassen nach DIN 68800-1: 2011-10, Tab. 1, s. Tafel 12.133.

[b] Bedingungen zur Vermeidung eines Bauschadens durch Holz zerstörende Insekten, um die Gebrauchsklasse (GK) 0 für tragenden Holzbauteile zu erreichen, sind in Tafel 12.139 angeführt.

[c] Bedingungen für einen Spritzwasserschutz nach DIN 68800-2: 2012-02, 5.2.1, s. Abschn. 12.22.3.2.

Tafel 12.135 Grundsätzliche Holzschutzmaßnahmen und vorbeugende Holzschutzmaßnahmen in den Gebrauchsklassen GK 1 bis GK 5 tragender Hölzer nach DIN 68800-1: 2019-06[a, b]

Grundsätzliche bauliche Holzschutzmaßnahmen nach DIN 68800, detaillierte bauliche Holzschutzmaßnahmen sind in DIN 68800-2: 2012-02 angeführt, s. auch Abschn. 12.22.3.2,

Grundsätzliche bauliche Holzschutzmaßnahmen[b]
– rechtzeitige und sorgfältige Planung,   – Vermeiden aller Einflüsse, die bei Transport, Lagerung und Montage zu einer unzuträglichen Veränderung der Holzfeuchte der Holzbauteile insbesondere bei einem Einsatz in GK 0 bis GK 2 führen, z. B. aus Bodenfeuchte und Niederschlägen,   – Einbau von Holz und Holzwerkstoffen insbesondere in GK 0 bis GK 2 möglichst mit dem Feuchtegehalt, der während der Nutzung zu erwarten ist, um unzuträgliches Quellen und Schwinden zu vermeiden,   – Maßnahmen zur Vermeidung von Tauwasser bei Holzbauteilen in GK 0 bis GK 2,   – Verhindern einer unzuträglichen Feuchteerhöhung von Holz und Holzprodukten als Folge hoher Baufeuchte,   – Fernhalten oder schnelle Ableitung von Niederschlägen vom Holz und den Anschlussbereichen

Vorbeugende bauliche Holzschutzmaßnahmen in den Gebrauchsklassen GK 1 bis GK 5 nach DIN 68800-1: 2019-06, 8.2 bis 8.7, die zusätzlich zu den grundsätzlichen baulichen Holzschutzmaßnahmen alternativ möglich sind

GK[a]	Vorbeugende bauliche Holzschutzmaßnahmen
1	– bauliche Maßnahmen zur Vermeidung eines Bauschadens durch Insekten nach DIN 68800-2, oder – Einsatz von Farbkernhölzer mit einem Splintholzanteil von ≤ 10 %, oder – Verwendung von Brettschichtholz, Brettsperrholz oder anderer Hölzer, die bei Temperaturen ≥ 55 °C technisch getrocknet worden sind, oder – Verwendung von Holzprodukten mit CE-Kennzeichnung und ausgewiesener natürlicher Dauerhaftigkeit gegen Hausbock und *Anobien* nach DIN EN 350, oder – Anwendung geeigneter zugelassener Holzschutzmittel für GK 1 nach DIN 68800-3[c] – Einsatz von vorbeugend geschützten Holz- und Holzwerkstoffprodukten mit CE-Kennzeichnung und Nachweis der Verwendbarkeit in GK 1 nach DIN 68800-3
2	– bauliche Maßnahmen zur Vermeidung eines Bauschadens durch Insekten oder eines Befalls durch Pilze nach DIN 68800-2, oder – Einsatz von Farbkernholz natürlich dauerhafter Holzarten der Dauerhaftigkeitsklasse 1, 2 oder 3 und natürlicher Dauerhaftigkeit gegen Insekten unter Berücksichtigung von DIN 68800-1, 6.8, Beispiele s. Tafel 12.136 und 12.131, oder – Verwendung von Holzprodukten mit CE-Kennzeichnung und ausgewiesener natürlicher Dauerhaftigkeit gegen Holz zerstörende Pilze (Dauerhaftigkeitsklassen 1, 2 oder 3) und ausgewiesener natürlicher Dauerhaftigkeit gegen Insekten nach DIN EN 350, s. Tafel 12.136 und 12.131, oder – Anwendung geeigneter zugelassener Holzschutzmittel für GK 2 nach DIN 68800-3 oder von vorbeugend wirkenden Schutzsystemen, oder – Einsatz von vorbeugend geschützten Holz- und Holzwerkstoffprodukten mit CE-Kennzeichnung und Nachweis der Verwendbarkeit in GK 2 nach DIN 68800-3,
3.1	– bauliche Maßnahmen zur Vermeidung eines Bauschadens durch Insekten oder eines Befalls durch Pilze nach DIN 68800-2, oder – Einsatz von Farbkernholz natürlich dauerhafter Holzarten der Dauerhaftigkeitsklasse 1, 2 oder 3 und natürlicher Dauerhaftigkeit gegen Insekten unter Berücksichtigung von DIN 68800-1, 6.8, Beispiele s. Tafel 12.136 und 12.131, oder – Verwendung von Holzprodukten mit CE-Kennzeichnung und ausgewiesener natürlicher Dauerhaftigkeit gegen Holz zerstörende Pilze (Dauerhaftigkeitsklassen 1, 2 oder 3) und ausgewiesener natürlicher Dauerhaftigkeit gegen Insekten nach DIN EN 350, s. Tafel 12.136 und 12.131, oder – Anwendung geeigneter zugelassener Holzschutzmittel für GK 3 nach DIN 68800-3, oder – Einsatz von vorbeugend geschützten Holz- und Holzwerkstoffprodukten mit CE-Kennzeichnung und Nachweis der Verwendbarkeit in GK 3.1 nach DIN 68800-3, bei Holzwerkstoffprodukten muss ein bauaufsichtlicher Verwendbarkeitsnachweis für das Konstruktionssystem nach DIN 68800-1, Tab. C.1, Fußnote b, vorliegen,
3.2	– bauliche Maßnahmen zur Vermeidung eines Bauschadens durch Insekten oder eines Befalls durch Pilze nach DIN 68800-2, oder – Einsatz von Farbkernholz natürlich dauerhafter Holzarten der Dauerhaftigkeitsklasse 1 oder 2 und natürlicher Dauerhaftigkeit gegen Insekten unter Berücksichtigung von DIN 68800-1, 6.8, Beispiele s. Tafel 12.136 und 12.131, oder – Verwendung von Holzprodukten mit CE-Kennzeichnung und ausgewiesener natürlicher Dauerhaftigkeit gegen Holz zerstörende Pilze (Dauerhaftigkeitsklassen 1 oder 2) und ausgewiesener natürlicher Dauerhaftigkeit gegen Insekten nach DIN EN 350, s. Tafel 12.136 und 12.131, oder – Anwendung geeigneter zugelassener Holzschutzmittel für GK 3 nach DIN 68800-3, oder – Einsatz von vorbeugend geschützten Holz- und Holzwerkstoffprodukten mit CE-Kennzeichnung und Nachweis der Verwendbarkeit in GK 3.2 nach DIN 68800-3, bei Holzwerkstoffprodukten muss ein bauaufsichtlicher Verwendbarkeitsnachweis für das Konstruktionssystem nach DIN 68800-1, Tab. C.1, Fußnote b, vorliegen,
4	– Einsatz von Farbkernholz natürlich dauerhafter Holzarten der Dauerhaftigkeitsklasse 1 und natürlicher Dauerhaftigkeit gegen Insekten unter Berücksichtigung von DIN 68800-1, 6.8, Beispiele s. Tafel 12.136 und 12.131, oder – Verwendung von Holzprodukten mit CE-Kennzeichnung und ausgewiesener natürlicher Dauerhaftigkeit gegen Holz zerstörende Pilze (Dauerhaftigkeitsklasse 1) und ausgewiesener natürlicher Dauerhaftigkeit gegen Insekten nach DIN EN 350, s. Tafel 12.136 und 12.131, oder – Anwendung geeigneter zugelassener Holzschutzmittel für GK 4 nach DIN 68800-3, oder – Verwendung von vorbeugend geschützten Holzprodukten mit CE-Kennzeichnung und ausgewiesener Verwendbarkeit in GK 4 nach DIN 68800-3

Tafel 12.135 (Fortsetzung)

| 5 | – Einsatz von Farbkernholz natürlich dauerhafter Holzarten mit ausgewiesener Dauerhaftigkeit, in der Regel nach DIN EN 350, für die vorgesehene Nutzungsdauer gegen Holzschädlinge im Meerwasser unter Berücksichtigung von DIN 68800-1, 6.8[d], Beispiele s. Tafel 12.131 und 12.136, oder
– Verwendung von Holzprodukten mit CE-Kennzeichnung und ausgewiesener natürlicher Dauerhaftigkeit nach DIN EN 350 gegen Holzschädlinge im Meerwasser, oder
– Anwendung geeigneter zugelassener Holzschutzmittel mit ausgewiesener Wirksamkeit gegen Holzschädlinge im Meerwasser nach DIN 68800-3, oder
– Verwendung von vorbeugend geschützten Holzprodukten mit CE-Kennzeichnung und ausgewiesener Verwendbarkeit in GK 5 nach DIN 68800-3 |

[a] Gebrauchsklassen nach DIN 68800-1: 2019-06, Tab. 1, s. Tafel 12.133.

[b] in Aufenthaltsräumen ist auf die Verwendung von vorbeugend wirkenden Holzschutzmitteln oder von mit vorbeugenden Holzschutzmitteln behandelten Bauteilen zu verzichten, für Arbeitsstätten und ähnliche Bereiche gilt dies nur, soweit technisch möglich.

[c] bei Holzschutzmittel für GK 1 sind zusätzliche Fungizide nicht erforderlich.

[d] die Mehrzahl der in Dauerhaftigkeitsklasse 1 eingestuften Hölzer, s. Tafel 12.131, besitzt keine ausreichende Dauerhaftigkeit gegen Holzschädlinge im Meerwasser.

Tafel 12.136 Gebrauchsklassen (GK), in denen die verwendbaren Holzarten der DIN EN 1995-1-1/NA: 2013-08 ohne zusätzliche Holzschutzmaßnahmen verwendet werden dürfen nach DIN 68800-1: 2019-06, Tab. 4[a]

Holzart, Handelsname, wissenschaftlicher Name nach Tafel 12.131	Gebrauchsklasse nach Tafel 12.133	
	Splintholz[b]	Farbkernholz[c, d]
Nadelhölzer		
Fichte	0	0
Tanne	0	0
Kiefer[e]	0	0, 1, 2[e]
Lärche[f, g]	0	0, 1, 2, 3.1[f, g]
Douglasie[f]	0	0, 1, 2, 3.1[f]
Western Hemlock	0	0
Southern Pine	0	0, 1
Yellow Cedar	0	0, 1, 2, 3.1
Laubhölzer		
Eiche	0	0, 1, 2, 3.1, 3.2
Buche	0	0
Teak[h]	0, 1	0, 1, 2, 3.1, 3.2, 4[h]
Afzelia	0, 1	0, 1, 2, 3.1, 3.2, 4
Azobé/Bongossi	0, 1	0, 1, 2, 3.1, 3.2, 5
Ipe	0, 1	0, 1, 2, 3.1, 3.2, 4

[a] Holzprodukte mit CE-Kennzeichnung, die nach CE-Kennzeichnung eine ausreichende natürliche Dauerhaftigkeit gegen die jeweils vorliegende Gefährdung besitzen, können darüber hinaus in den betreffenden Gebrauchsklassen ohne zusätzliche Schutzmaßnahmen eingesetzt werden.

[b] Splintholz: Äußere Zone des Holzes, übernimmt im lebenden Baumstamm die Wasserleitung; Splintholz ist stets der Dauerhaftigkeitsklasse 5 zuzuordnen, s. Tafel 12.131.

[c] Kernholz: Innere Zone des Holzes mit abgestorbenen Zellen und mit Einlagerung von Farb-, Gerbstoffen, Harzen, Fetten, ist für die Wasserleitung blockiert; Farbkernholz ist häufig dunkler als Splintholz, ist nicht immer deutlich vom Splintholz zu unterscheiden; Farbkernhölzer besitzen ein unterschiedliches intensiv gefärbtes Kernholz, das gegenüber dem Splintholz in der Regel höhere Dauerhaftigkeit besitzt.

[d] Farbkernholz mit Splintholzanteil ≤ 5 % kann nach DIN 68800-1: 2019-06, 6.8.2.1, wie reines Kernholz eingestuft werden.

[e] das Farbkernholz von Kiefer kann ohne zusätzliche Holzschutzmaßnahmen in GK 2 eingesetzt werden, unabhängig davon, dass es nur in Dauerhaftigkeitsklasse 3–4, s. Tafel 12.131, eingestuft ist, da sich der Einsatz dieser Holzart in GK 2 seit der letzten Ausgabe von DIN 68800-3: 1990-04 in der Praxis bewährt hat.

[f] das Farbkernholz von Douglasie und Lärche kann ohne zusätzliche Holzschutzmaßnahmen in GK 2 und GK 3.1 eingesetzt werden, unabhängig davon, dass es nur in Dauerhaftigkeitsklasse 3–4, s. Tafel 12.131, eingestuft ist, da sich der Einsatz dieser beiden Holzarten in GK 2 und GK 3.1 seit der letzten Ausgabe von DIN 68800-3: 1990-04 in der Praxis bewährt hat.

[g] das Farbkernholz von sibirischer Lärche darf nach DIN 68800-1: 2019-06, 6.8.2.3, ohne zusätzliche Holzschutzmaßnahmen in GK 2 und GK 3.1 eingesetzt werden, unabhängig davon, dass es nur in Dauerhaftigkeitsklasse 3–4, s. Tafel 12.131, eingestuft ist, da hierfür eine ausreichende Dauerhaftigkeit anzunehmen ist; bei einer Rohdichte > 700 kg/m^3 darf es auch in GK 3.2 eingesetzt werden, unabhängig davon, dass es nur in Dauerhaftigkeitsklasse 3 eingestuft ist.

[h] Teak aus Plantagen ist für GK 4 nicht geeignet.

Tafel 12.137 Mindestanforderungen an die Dauerhaftigkeit des splintfreien Farbkernholzes gegen Pilzbefall für den Einsatz in Gebrauchsklasse GK 2 bis 4 nach DIN 68800-1: 2019-06, Tab. 3[a, b, c, d]

GK[d]	Dauerhaftigkeitsklasse nach DIN EN 350, s. Tafel 12.131			
	1	2	3	4
2	+	+	+	−
3.1	+	+	+	−
3.2	+	+	−	−
4	+	−	−	−

[a] Hierin bedeuten:
+ natürliche Dauerhaftigkeit ausreichend
− natürliche Dauerhaftigkeit nicht ausreichend.
[b] im Falle von Zwischenstufen (z. B. 1–2) ist für die geforderte Dauerhaftigkeit die Klasse mit der nächst niedrigeren Dauerhaftigkeit maßgebend.
[c] Splintholz ist stets der Dauerhaftigkeitsklasse 5 (nicht dauerhaft) zuzuordnen, s. Tafel 12.131.
[d] Gebrauchsklassen (GK) nach Tafel 12.133.

12.22.3.2 Vorbeugende bauliche Holzschutzmaßnahmen im Hochbau nach DIN 68800-2: 2012-02

Der **vorbeugende bauliche Holzschutz** nach DIN 68800-2 gewährleistet durch geeignete, vorbeugende bauliche Maßnahmen die Dauerhaftigkeit von Bauteilen aus Holz und Holzwerkstoffen, er ergänzt den Eurocode 5 (DIN EN 1995-1-1 und DIN EN 1995-2 mit ihren jeweiligen Nationalen Anhängen (NA) hinsichtlich der Sicherung der Gebrauchsdauer von Holzbauwerken in Verbindung mit DIN 68800-1: 2019-06.

Ziele des vorbeugenden baulichen Holzschutzes sind: Verhindern unzuträglicher (zu hoher) Feuchten, kein Bauschaden durch Holz zerstörende Pilze, keine übermäßigen Verformungen infolge zu großer Holzfeuchteänderungen, Quellens oder Schwindens z. B. durch Einbau trockenen Holzes (Holzfeuchten $\omega \leq 20\,\%$) und durch geeigneten Tauwasser- und Witterungsschutz, Vermeiden eines Bauschadens durch Holz zerstörende Insekten wie z. B. Einbau von technisch getrocknetem Holz (bei Temperaturen $T \geq 55\,°C$) oder Einbau von Farbkernhölzern natürlich dauerhafter Holzarten entsprechender Dauerhaftigkeit gegen Insekten oder Verhindern des Zutritts von Insekten zu verdeckt eingebautem Holz durch allseitig geschlossene Bekleidung, so dass kein unkontrollierbarer Insektenbefall möglich ist. Genaueres hierzu wird unten in diesem Abschn. angeführt. Das Eindringen von Feuchte in tropfbarer Form und stehende Feuchte sind zu verhindern, Tauwasserausfall zu begrenzen, schnelles Abfließen von Wasser und ungehinderte Luftzufuhr sicherzustellen; Beispiele in Tafel 12.138.

Grundsätzliche bauliche Maßnahmen sind nach DIN 68800-1: 2019-06, 8, in jedem Fall vorzunehmen, Beispiele s. Tafel 12.135, detaillierte Maßnahmen sind in DIN 68800-2, 5 angegeben. Kann die Dauerhaftigkeit für tragende Holzbauteile nicht durch bauliche Maßnahmen erreicht werden, sind **vorbeugende Holzschutzmaßnahmen mit Holzschutzmitteln** nach DIN 6800-3: 2012-02, 5, einzusetzen, s. Abschn. 12.22.3.3, Tafel 12.140.

Besondere bauliche Maßnahmen nach DIN 68800-2: 2012-02, 6, ermöglichen Bauteile aus Holz und Holzwerkstoffen **in die Gebrauchsklasse GK 0** einzustufen, wenn die grundsätzlichen baulichen Maßnahmen alleine dazu nicht ausreichen, s. Tafel 12.139. **Konstruktionsprinzipien für GK 0**, für die die Bedingungen der Gebrauchsklasse GK 0 erfüllt sind, werden **für Außenbauteile** (Außenwände, Dächer, Hallen) in DIN 68800-2: 2012-02, Abschn. 7, **für Innenbauteile** (Decken, Innenwände) in Abschn. 8, **für Nassbereiche, Balkenköpfe** in Abschn. 9 und **für Holzwerkstoffe** in Abschn. 10 sowie **Beispiele dieser Konstruktionen** im Anhang A dieser Norm angeführt.

Baulicher Holzschutz sollte nach DIN 68800-1: 2019-06, 8.1.3, gegenüber vorbeugenden Schutzmaßnahmen mit Holzschutzmitteln (chemischen Holzschutz nach DIN 68800-3) Vorrang haben.

Die **Einbaufeuchte** der Hölzer darf nach DIN 68800-2: 2012-02, 5.1.2, in den Gebrauchsklassen GK 0, GK 1, GK 2 und GK 3.1 nicht höher als 20 % sein. Wenn Holz in den Nutzungsklassen 1 und 2 nach DIN EN 1995-1-1 während der Bauphase eine Holzfeuchte > 20 % erreicht, ist nach DIN 68800-2: 2012-02, 5.1.2, nachzuweisen, dass die Holzfeuchte innerhalb von höchstens 3 Monaten ohne Beeinträchtigung der gesamten Konstruktion auf $\leq 20\,\%$ zurückgeht.

Direkt bewitterte Hölzer und Holzbauteile brauchen nach DIN 68800-2: 2012-02, 5.2.1, einen **Spritzwasserschutz**. Dazu muss zwischen Unterkante Holz/Holzbauteil und dem Erdreich bzw. umgebenden Bodenbelag ein Abstand von $\geq 30\,cm$ vorhanden sein (Spritzwasserfreiheit). Dieser Abstand kann durch technische Maßnahmen zur Reduzierung der Spritzwasserbelastung auf 15 cm verringert werden wie z. B. durch eine Kiesschüttung mit einer Korngröße von mind. 16/32 mm, Breite $\geq 15\,cm$ ab Außenkante Holzbauteil. **Weitere bauliche Maßnahmen** gegen Einwirkungen von Feuchte auf Außenbauteile sind im o. a. Abschnitt der Norm angeführt.

Tafel 12.138 Beispiele baulich (konstruktiven) Holzschutzes zur Vermeidung erhöhter Feuchtebeanspruchung witterungsbeanspruchter Holzkonstruktionen

Konstruktion	Bemerkungen
Waagerecht liegende Oberflächen (witterungsbeansprucht)	
1 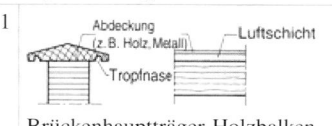 Brückenhauptträger Holzbalken	– Abdeckung mit Luftschicht und Tropfnase, – Niederschlagswasser fließt ab, – keine stehende Feuchte im zu schützenden Teil, – Abdeckung kann nach Jahren ausgewechselt werden
Hirnholzflächen von Stützen- oder Pfahlkopf (witterungsbeansprucht)	
2 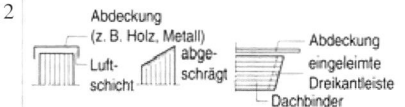	– mit Abdeckung wie Zeile 1, – abgeschrägt: mit porenfüllendem mehrmaligen geeigneten Anstrich
Stützenfüße von aufgeständerten Holzstützen (witterungsbeansprucht)	
3 	– spritzwassergeschützt, Genaueres s. oben in diesem Abschnitt – keine aufsteigende Feuchte, – Stahlteile, korrosionsbeständig, und Verbindungsmittel in das Holz einlassen und mit eingeklebten Holzpfropfen abdecken
Vorspringende Bauteile (witterungsbeansprucht)	
4 	– waagerechte Oberfläche und Hirnholz abdecken, s. Zeile 1, – mit Luftschicht, mit Tropfnase, – evtl. mit seitlicher Abdeckung des Balkenkopfes
Schalungen (witterungsbeansprucht), Beispiele nach Schulze [16]	
5 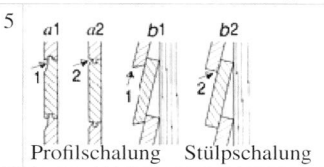 Profilschalung Stülpschalung	a1) geeignet, Wasser kann abgeleitet werden, a2) ungeeignet: Wasser kann in Spundung eindringen, b1) geeignet: abgeschrägte Kanten lassen Wasser ablaufen, b2) ungeeignet: Wasser kann zwischen Bretter gelangen
Balkenauflager auf Mauerwerk/Beton nach Schulze [16]	
6 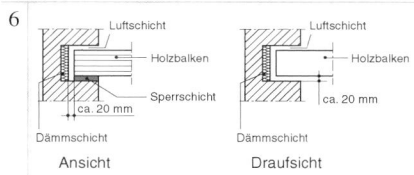 Ansicht Draufsicht	– Balkenkopf auf Sperrschicht lagern, verhindert aufsteigende Feuchte, – jede Berührung mit Mörtel, auch seitlich, vermeiden (Baufeuchte, Kapillarwirkung), – bei erforderlichem Kontakt einzelne Steine trocken gegen Balken legen, – besser: mehrseitige Luftschicht von ca. 20 mm, Abdichtung der Luftschicht durch geeignete Dichtungsbänder z. B. vorkomprimierte, wenn erforderlich – Schwächung des Wärmeschutzes im Außenwandbereich durch Anordnung einer Dämmung aufheben (tauwassergefährdeter Bereich)
Unterseitiges Auflager (witterungsbeansprucht)	
7 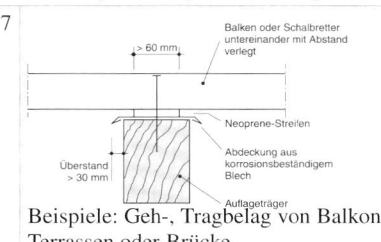 Beispiele: Geh-, Tragbelag von Balkon, Terrassen oder Brücke	– Auflagerbalken werden durch die Öffnungen zwischen den oben liegenden Balken oder Schalbrettern witterungsbeansprucht, – beidseitig überstehende Abdeckungen der Auflagerbalken verhindern stehende Feuchte auf der Oberseite und Verschmutzungen der beiden Seitenflächen durch abfließendes, abtropfendes Niederschlagswasser – wenn möglich, sind Durchdringungen der Abdeckungen zu vermeiden [21]
Brettschichtholz (witterungsbeansprucht), Beispiele nach Sagot [14]	
8 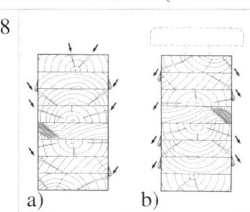	Lamellenanordnung bei dauerhaftem oder chemisch behandeltem Holz: a) ungeeignet: Trockenriss-Anordnung lässt Wasser im Querschnitt verbleiben, Folge: stehende Feuchte, Pilzbefall und Holzzerstörung, b) geeignet: Trockenriss-Anordnung lässt Wasser aus dem Querschnitt abfließen, bei beiden Lamellenanordnungen ist eine obere Abdeckung mit ausreichendem beidseitigem Überstand und Luftschicht erforderlich zur Vermeidung stehender Feuchte in sich bildenden (Trocken-)Schwindrissen

Tafel 12.139 Besondere bauliche Maßnahmen, um die Gebrauchsklasse (GK) 0 für tragende Holzbauteile zu erreichen nach DIN 68800-2: 2012-02, 6[a, b]

Gebrauchsklasse GK 0

In Gebrauchsklasse (GK) 0 wird das Befalls- und Schadensrisiko vermieden oder vernachlässigbar oder durch bauliche Maßnahmen nach DIN 68800-2: 2012-02 besteht keine Notwendigkeit für einen chemischen Holzschutz DIN 68800-3: 2012-02. Besondere bauliche Maßnahmen in GK 0 zur Risikovermeidung von Bauschäden sind im Folgenden angeführt.[c]

Besondere bauliche Maßnahmen zur Vermeidung eines Bauschadens durch Holz zerstörende Pilze

a) Bauteile unter Dach

– bei Bauten, die nach außen sichtbare tragende Holzkonstruktionen besitzen, ist durch ausreichende Dachüberstände[d] oder andere besondere bauliche Maßnahmen eine Aufnahme unzuträglicher (zu hoher) Feuchte[e] zu vermeiden,
– bei zu erwartenden relativen Luftfeuchten $\varphi > 85\,\%$ über längere Zeitspannen als eine Woche (z. B. in Eislaufhallen, Kompostierungshallen) sind besondere Maßnahmen vorzusehen, z. B. eine verstärkte Belüftung, die eine relative Luftfeuchte $\varphi < 85\,\%$ an den Holzbauteilen sicherstellt, ein lokal auftretender Tauwasserausfall von wenigen Stunden im Monat ist bei ausreichender Möglichkeit zur Rücktrocknung unkritisch,

b) bewitterte Bauteile ohne Erdkontakt Die Holzfeuchte der Bauteile muss stets $\omega \leq 20\,\%$ betragen, eine kurzfristige Erhöhung der Holzfeuchte im Bereich der Oberflächen ist unkritisch. Maßnahmen zur Begrenzung der Holzfeuchte sind im Folgenden angeführt.

– Begrenzung der (Trocken-)Rissbildung durch Beschränkung der Querschnittsmaße und durch kerngetrennten Einschnitt bei Vollholz,
– Einsatz von Brettschichtholz und technisch getrocknetem Vollholz,[f]
– gehobelte Oberfläche,
– Stauwasser (stehende Feuchte) in den Anschlüssen muss verhindert werden,
– Hirnholz muss abgedeckt sein,
– Niederschlagswasser muss direkt abgeführt werden,
– nicht vertikal stehende Bauteile sind abzudecken[g]

c) direkt bewitterte, senkrecht stehende Dach- oder Balkonstützen

– bei Einhaltung der unter b) angeführten Vorgaben kann eine Einstufung bewitteter senkrecht stehender Dach- oder Balkonstützen in Gebrauchsklasse GK 0 erfolgen, wenn bei Ausführung aus Brettschichtholz die Querschnittsmaße $b/h \leq 20\,\text{cm} \times 20\,\text{cm}$ und aus Vollholz $b/h \leq 16\,\text{cm} \times 16\,\text{cm}$ eingehalten werden,

Besondere bauliche Maßnahmen zur Vermeidung eines Bauschadens durch Holz zerstörende Insekten

d) Jede der folgenden genannten Maßnahmen alleine reicht aus, um einen Bauschaden durch Insekten in GK 0 zu vermeiden.

– Einsatz von Holz in Räumen mit üblichem Wohnklima[h] oder vergleichbaren Räumen unter entsprechenden Bedingungen[k], oder
– Einsatz von Brettschichtholz, Brettsperrholz, technisch getrocknetem Bauholz[f, l] oder Holzwerkstoffen mit einer Holzfeuchte $\omega \leq 20\,\%$ im Gebrauchszustand,
– Holz gegen Insektenbefall allseitig durch eine Insekten undurchlässige Bekleidung nach DIN 68800-2 abgedeckt[k], oder
– offene Anordnung des Holzes zum Raum hin, so dass es kontrollierbar bleibt und an sichtbar bleibender Stelle dauerhaft ein Hinweis auf die Notwendigkeit einer regelmäßigen Kontrolle angebracht wird[k, m], oder
– Einsatz von Farbkernhölzern[i], die einen Splintholzanteil $\leq 10\,\%$[j] aufweisen

[a] Bedingungen für die Gebrauchsklasse GK 0 s. Tafel 12.133.
[b] maßgebend für die Zuordnung von Holzbauteilen zu einer Gebrauchsklasse ist die jeweilige Holzfeuchte.
[c] besondere bauliche Maßnahmen zur Einstufung in GK 0, wenn die grundsätzlichen baulichen Maßnahmen nach Tafel 12.135 und nach DIN 68800-2: 2012-02, 5, dies alleine nicht erlauben.
[d] ausreichende Dachüberstände liegen vor, wenn zwischen Vorderkante Dach und Unterkante Holz ein Winkel von höchstens 60° bezogen auf die Horizontale vorliegt.
[e] unzuträgliche Veränderung des Feuchtegehaltes liegt vor, wenn die Brauchbarkeit der Konstruktion durch Schwinden und Quellen beeinträchtigt wird, oder wenn die Voraussetzungen für einen Befall durch Holz zerstörende Pilze entstehen kann (für Pilze: Holzfeuchte $\omega > 20\,\%$).
[f] technisch getrocknetes Holz ist in einer dafür geeigneten technischen Anlage prozessgesteuert bei einer Temperatur $T \geq 55\,°C$ mind. 48 h auf eine Holzfeuchte $\omega \leq 20\,\%$ getrocknet worden.
[g] es wird empfohlen, die oberseitige Abdeckung mit beidseitig ausreichenden Überständen zu versehen.
[h] in Räumen mit üblichem Wohnklima ist nach DIN 68800-1: 2019-06, 5.2.1, nur für Splintholz von stärkereichen Laubhölzern wie z. B. Eichensplintholz eine Gefahr des Befalls durch Splintholzkäfer (Lyctus) vorhanden, s. Tafel 12.131.
[i] Farbkernholz s. Fußnote [c] in Tafel 12.136.
[j] Splintholz s. Fußnote [b] in Tafel 12.136.
[k] die Maßnahmen beziehen sich nach *Radović* auf Bauteile aus nicht technisch getrocknetem Holz, s. auch Fußnote [l].
[l] bei technisch getrocknetem Holz ist ein Befall Holz zerstörender Insekten erfahrungsgemäß nicht zu erwarten, andere Verfahren, durch das Holz auch technisch getrocknet werden kann wie luftgetrocknetes Holz, erfüllen diese Vorgaben nicht.
[m] dies ist nach *Willeitner* nur bei sichtbar zum Raum hin eingebautem Holz möglich, das mindestens dreiseitig einsehbar ist und dessen vierte Seite insektendicht abgedeckt ist, ein geringer Abstand z. B. zur Wand oder Decke von nur wenigen Millimetern gilt nicht als insektendicht.
[n] Zuordnung folgender Holzbauteile in GK 0: Latten hinter Vorhangfassaden, Dach- und Konterlatten, Traufbohlen und Dachschalungen. Dies gilt auch für im Freien befindliche Dachbauteile, wenn diese so abgedeckt sind, dass eine unzuträgliche (zu hohe) Veränderung des Feuchtegehaltes nicht vorkommen kann. Nach *Radović* sollten diese abgedeckten Dachbauteile aus technisch getrocknetem Holz bestehen.

12.22.3.3 Vorbeugender Holzschutz mit Holzschutzmitteln nach DIN 68800-3: 2012-02

DIN 68800-3: 2012-02 (Vorbeugender Schutz von Holz mit Holzschutzmitteln, auch „chemischer Holzschutz" genannt) erhält keine bauaufsichtliche Zulassung. Holzschutzmittel bedürfen jedoch nach dem Chemikaliengesetz gesetzlich vorgeschriebener Zulassungen (Biozid-Zulassungen). Bis zum Vorliegen der Biozid-Zulassungen nach dem Chemikaliengesetz muss jedes Holzschutzmittel für die Verwendung in tragenden Bauteilen eine allgemeine bauaufsichtliche Zulassung besitzen. Da DIN 68800-3 ohne bauaufsichtliche Zulassung verbleibt und Verweise in der bauaufsichtlich zugelassenen DIN 68800-1 auf DIN 68800-3 bestehen, wird für die Praxis eine schriftliche Vereinbarung zwischen den Bauparteien empfohlen.

Der vorbeugende Holzschutz nach DIN 68800-3 beinhaltet vorbeugende Schutzmaßnahmen für Holz und Holzwerkstoffe mit Holzschutzmitteln, er gilt in Verbindung mit DIN 68800-1. Holzarten, deren natürliche Dauerhaftigkeit für den jeweiligen Verwendungszweck nicht ausreichend ist, können nach DIN 68800-3: 2012-02, 5.1, durch Behandlung mit Holzschutzmitteln eine langfristige Gebrauchsdauer auch unter hoher Beanspruchung erhalten.

Die **Auswahl der Holzschutzmittel** in Abhängigkeit von der Gebrauchsklassen (GK) kann nach Tafel 12.140 vorgenommen werden. Die Ausschreibung von mit Schutzmitteln zu behandelndem Holz muss nach DIN 68800-3: 2012-02, 8.1.4, die vorgesehene **Gebrauchsklasse**, s. Tafel 12.133, und die entsprechende **Eindringtiefeklasse** nach DIN 68800-3: 2012-02, Tab. 2, 8.2 und Tab. 3 (tragende Holzbauteile), enthalten. Soll ein Befall von **Bläuepilze** verhindert werden, sind nach DIN 68800-3: 2012-02, 8.1.5, Holzschutzmittel mit zusätzlicher bläuewidriger Wirksamkeit einzusetzen.

Vorbeugender baulicher Holzschutz mit besonderen baulichen Holzschutzmaßnahmen sollte nach DIN 68800-1: 2019-06, 8.1.3, gegenüber dem vorbeugenden Holzschutz mit Holzschutzmitteln Vorrang haben, über den baulichen Holzschutz s. DIN 68800-2 und Abschn. 12.22.3.2. In **Aufenthaltsräumen** ist nach DIN 68800-1: 2019-06, 8.1.3, auf den Einsatz von vorbeugend wirkenden Holzschutzmitteln oder von Bauteilen, die mit vorbeugend wirkenden Holzschutzmitteln behandelt sind, zu verzichten; für Arbeitsstätten und ähnliche Bereiche gilt dies nur, wenn es technisch möglich ist.

12.22.4 Beschichtungen (Oberflächenschutz)

Beschichtungsmittel müssen nach DIN 68800-1: 2019-06, 6.6, den Anforderungen der DIN EN 927-2 entsprechen. Beschichtungen können einen zusätzlichen Beitrag zum Holzschutz erzielen, da sie die Wasseraufnahme des Holzes über die Holzoberfläche behindern. Dazu ist die dauerhafte Funktionstüchtigkeit der Beschichtungen durch regelmäßige Inspektion, Wartung und Instandhaltung zu gewährleisten. Die anderen Holzschutzfunktionen nach DIN 68800-1, -2 und -3 müssen für tragende Holzbauteile weiterhin sichergestellt sein. Besitzen die Beschichtungen jedoch keine ausreichende

Tafel 12.140 Auswahl der Holzschutzmittel in Abhängigkeit von der Gebrauchsklassen (GK) nach DIN 68800-3: 2012-02, Tab. 1[a, d, e]

Gebrauchsklasse (GK)	Anforderungen an das Holzschutzmittel und Prüfprädikate	Kurzzeichen
0	Keine Holzschutzmittel erforderlich	–
1	Insektenvorbeugend	Iv
2[b, c]	Insektenvorbeugend, pilzwidrig	Iv, P
3.1[c]	Insektenvorbeugend, pilzwidrig, witterungsbeständig	Iv, P, W
3.2[c]	Insektenvorbeugend, pilzwidrig, witterungsbeständig	Iv, P, W
4	Insektenvorbeugend, pilzwidrig, witterungsbeständig, moderfäulewidrig	Iv, P, W, E
5	Wie für GK 4, zusätzlich Wirksamkeit gegen Holzschädlinge im Meerwasser	

[a] für tragende Holzbauteile sind die Prüfprädikate dieser Tafel maßgebend.
[b] bei Holzbauteilen, für die keine Gefährdung durch Insektenbefall vorliegt, kann auf eine insektenvorbeugende Wirkung verzichtet werden.
[c] bei Gefährdung durch Bläuepilze an verbautem Holz in den Gebrauchsklassen 2 und 3 kann eine bläuewidrige Wirksamkeit (Kurzzeichen B) zweckmäßig sein; hierfür ist eine besondere Vereinbarung erforderlich.
[d] für das jeweilige Holzschutzmittel ist bei Verwendung in tragenden Bauteilen eine allgemeine bauaufsichtliche Zulassung erforderlich, dies gilt bis zum Vorliegen der zukünftigen Biozid-Zulassung nach dem Chemikaliengesetz.
[e] in den Gebrauchsklassen GK 2 bis GK 4 kann nach DIN 68800-1: 2019-06, 6.8.2.1, splintfreies Farbkernholz nach Tafel 12.137 mit den angegebenen Mindestanforderungen eingesetzt werden, um einen Pilzbefall zu vermeiden, wenn keine zusätzlichen Holzschutzmaßnahmen wie z.B. Einsatz geeigneter chemischer Holzschutzmittel vorgenommen werden.

Schutzfunktion, kann sich diese umkehren und zum Schaden führen, da über vorhandene Schadstellen flüssiges Wasser in das Holz eindringt und die Wasserdampf bremsende Wirkung der Beschichtungen eine Verdunstung weitgehend verhindert (Einkapselung der Feuchte).

Beschichtungen sind überwiegend Anstriche zur Oberflächenbehandlung wetterbeanspruchter Holzbauteile, aber auch Holzbauteile unter Dach, sie zielen neben dem angeführten zusätzlichen Beitrag zum Holzschutz (übermäßige Feuchte) auf dekorative Gestaltung und Schutz vor Verfärbung, Verschmutzung, und gegebenenfalls Bläue-/Schimmelbefall. Eine Oberflächenbehandlung sollte zwischen den Parteien schriftlich vereinbart werden. Wird ein chemischer Holzschutz erforderlich, sind Oberflächen- und chemischer Holzschutz aufeinander abzustimmen.

Die Oberflächenbehandlung besteht nach Willeitner [20] aus einem Grundier-, einem oder mehreren Zwischen- und einem Deckanstrich mit z. B. pigmentierten offenporigen Lasuren wie Dünn- bzw. Dickschichtlasuren oder anderen geeigneten Beschichtungen. Die Anstriche sind je nach Bewitterung nach ein, zwei oder mehreren Jahren und danach in weiteren Zeitabständen zu wiederholen, da die schützende Wirkung durch Abnutzung und/oder nachträgliche Beschädigungen der Anstriche verloren gehen. Bei Außenanstrichen eignen sich helle Anstriche wegen der stärkeren Reflektion besser als dunklere.

12.23 Sortiermerkmale und -klassen von Nadel- und Laubschnittholz

Die Anforderungen an Nadelholz und Laubholz (wie Buche, Eiche) der DIN EN 1995-1-1: 2010-12 sind gemäß DIN 20000-5: 2012-03 den Sortierklassen nach DIN 4074-1: 2012-06 und DIN 4074-5: 2008-12 zu entnehmen.

Diese unterscheiden visuelle und apparativ unterstützte visuelle Sortierung. Sortiermerkmale und -klassen von Nadelschnittholz (Kanthölzer) bei visueller Sortierung sind in Tafel 12.142 dargestellt. Es darf nur trocken sortiertes Bauholz verwendet werden, s. DIN 20000-5: 2012-03. Weitere Anforderungen für Nadel- und Laubschnittholzer nach DIN 4074-1, -5 sind:

- **Holzfeuchte:** Sortierkriterien sind auf mittlere Holzfeuchte von $\omega = 20\%$ bezogen
- **trocken sortiertes Holz (TS):** Schnittholz, bei einer mittleren Holzfeuchte von $\omega \leq 20\%$ sortiert
- **Maßhaltigkeit:** nach DIN EN 336, hierzu s. auch Abschn. 12.20
- **Toleranzen:** bei nachträglicher Inspektion einer Lieferung sortierten Holzes sind ungünstige Abweichungen von den geforderten Grenzwerten der Sortierkriterien zulassig bis 10 % bei 10 % der Menge
- **Kennzeichnung:** der sortierten Hölzer entsprechend DIN 4074-1, -5.

Tafel 12.141 Zuordnung von Sortierklassen der DIN 4074-1 und DIN 4074-5 zu den Festigkeitsklassen C bzw. D nach DIN EN 1912: 2013-10, Tab. 1 und 2[a, b, c]

Festigkeits-klasse	Visuelle Sortierung		Apparativ unterstützte visuelle Sortierung
		Zuordnung der Holzart[c]	Zuordnung der Holzart
Nadelschnittholz nach Sortierklassen der DIN 4074-1: 2012-06[d, e]			
C16	S7	Tanne, Lärche, Douglasie	Maschinell nach DIN EN 14081 sortiertes Holz darf direkt in die Festigkeitsklassen eingestuft werden
C18	S7	Fichte, Kiefer	
C24	S10	Fichte, Tanne, Kiefer, Lärche, Douglasie	
C30	S13	Fichte, Tanne, Kiefer, Lärche	
C35	S13	Douglasie	
C40	–	–	
Laubschnittholz nach Sortierklassen der DIN 4074-5: 2008-12[d, e]			
D30	LS10	Eiche	Maschinell nach DIN EN 14081 sortiertes Holz darf direkt in die Festigkeitsklassen eingestuft werden
D35	LS10	Buche	
D40	LS13	Buche	
D60	–	–	

[a] Zuordnung gilt für trocken sortiertes Holz (TS).
[b] vorwiegend hochkant biegebeanspruchte Bretter und Bohlen sind wie Kantholz zu sortieren und entsprechend zu kennzeichnen.
[c] Vollholz nach den Anforderungen der Produktnorm DIN EN 14081-1: 2011-05 und DIN 20000-5: 2012-03.
[d] botanische (wissenschaftliche) Namen für Nadel- und Laubhölzer s. Tafel 12.131.
[e] bei apparativ unterstützter visueller Sortierung sind die Sortierklassen S15 bzw. LS15 möglich.

Tafel 12.142 Sortierkriterien und -merkmale für Kanthölzer und vorwiegend hochkant (K) biegebeanspruchte Bretter und Bohlen aus Nadelholz bei visueller Sortierung nach DIN 4074-1: 2012-06[a, b]

Sortiermerkmale		Sortierklassen[c]		
		S7, S7K	S10, S10K	S13, S13K

Äste oder Astlöcher *A* (einschl. Astrinde)

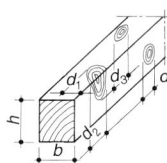

d kleinste sichtbare Durchmesser der Äste, bei Kantenästen gilt die Bogenhöhe d_1, wenn $d_1 < d$		$A \leq 3/5$	$A \leq 2/5$	$A \leq 1/5$
A Ästigkeit, maßgebend ist die größte Ästigkeit		$A = \max\left(\dfrac{d_1}{b}; \dfrac{d_2}{h}; \dfrac{d_3}{b}; \dfrac{d_4}{h}\right)$		
Astmaße < 5 mm bleiben unberücksichtigt				

Faserneigung *F* (als Abweichung der Fasern x bezogen auf die Messlänge y)

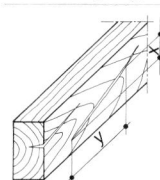

x Abweichung der Fasern		$F \leq 12\,\%$	$F \leq 12\,\%$	$F \leq 7\,\%$
y Messlänge – örtliche Faserabweichungen aus Ästen bleiben unberücksichtigt – gemessen wird nach Schwindrissen oder Jahrringverlauf (DIN EN 1310)		$F = \dfrac{x}{y} \cdot 100$ in %		

Jahrringbreite (als mittlere Jahrringbreite nach DIN EN 1310)

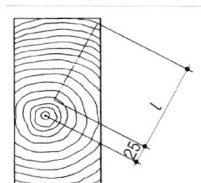

l Messstrecke im rechten Winkel zu den Jahrringen, vom marknächsten bis zum Jahrring in der von der Markröhre am weitesten entfernten Querschnittsecke		Allgemein:		
		≤ 6 mm	≤ 6 mm	≤ 4 mm
– bei Schnitthölzern mit Markröhre bleibt ein Bereich von 25 mm, ausgehend von der Markröhre, außer Betracht		Bei Douglasie:		
		≤ 8 mm	≤ 8 mm	≤ 6 mm

Blitzrisse, Ringschäle

Ringschäle (ein Riss längs der Jahrringe)	Nicht zulässig	Nicht zulässig	Nicht zulässig

 Blitzriss[d]

Schwindrisse (Trockenrisse) mit dem Sortiermerkmahl *R* [e, f]

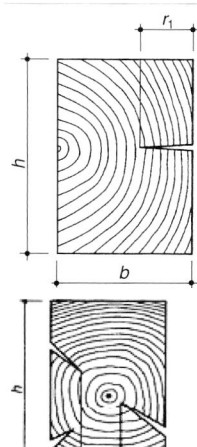

r_i Risstiefen in einem Querschnitt, projiziert auf die Querschnittsseiten, in der Projektion überlappende Rissmaße werden nur einfach berücksichtigt		$R \leq 1/2$	$R \leq 1/2$	$R \leq 2/5$
r Risstiefe eines Risses, bestimmt als Mittelwert dreier Messungen t_1, t_2, t_3		R als Summe der Risstiefen geteilt durch das betreffende Querschnittsmaß: z. B.: $R = \dfrac{r_1}{b} \quad R = \dfrac{r_1 + r_2}{b}$		
t_i Messungen in den Viertelpunkten der Risslänge		Risstiefe r eines Risses: $r = \dfrac{t_1 + t_2 + t_3}{3}$		
– Risslängen bis 1/4 der Schnittholzlänge, max. 1 m, bleiben unberücksichtigt, – gemessen mit einer 0,1 mm dicken Fühlerlehre		Messpunkte zur Bestimmung der Risstiefe eines Risses: 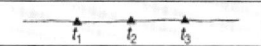		

Baumkante *K*

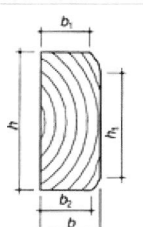

$h - h_1$ bzw. $b - b_1$	Breite der Baumkante, auf die jeweilige Querschnittsseite projiziert gemessen	$K \leq 1/4$	$K \leq 1/4$	$K \leq 1/5$
		$K = \max\left(\dfrac{h - h_1}{h}; \dfrac{b - b_1}{b}; \dfrac{b - b_2}{b}\right)$		

Tafel 12.142 (Fortsetzung)

Sortiermerkmale		Sortierklassen[c]		
		S7, S7K	S10, S10K	S13, S13K
Markröhre[g]				
– kleine Röhre in Stammmitte mit geringer Festigkeit, Durchmesser meist 1 bis 2 mm		Zulässig	Zulässig	Nicht zulässig[h]
Krümmung[i]				
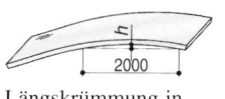 Längskrümmung in Richtung der Dicke[j] 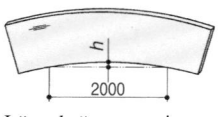 Längskrümmung in Richtung der Breite[j] 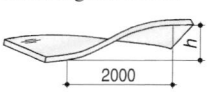 Verdrehung[j] 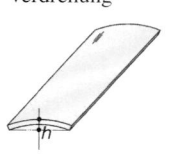 Querkrümmung (Schüsselung)[k]	Längskrümmung und Verdrehung: – Pfeilhöhe h an der Stelle der größten Verformung bezogen auf 2000 mm Messlänge Querkrümmung: – Pfeilhöhe h bezogen auf die Breite des Schnittholzes	Längskrümmung: $\leq 8\,\text{mm}$ Verdrehung: $\leq 1\,\text{mm}/25\,\text{mm Höhe}$	$\leq 8\,\text{mm}$ $\leq 1\,\text{mm}/25\,\text{mm Höhe}$	$\leq 8\,\text{mm}$ $\leq 1\,\text{mm}/25\,\text{mm Höhe}$
Druckholz V (maßgebend: Stelle der maximalen Ausdehnung)[l]				
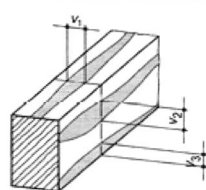	v_i max. Breiten verfärbter Streifen an der Oberfläche gemessen rechtwinklig zur Längsachse V Quotient aus der Summe der Breiten v_i aller verfärbten Streifen bezogen auf den Umfang des Querschnitts	$V \leq 2/5$ $V = \dfrac{v_1 + v_2 + v_3}{2 \cdot (b + h)}$	$V \leq 2/5$	$V \leq 1/5$
Verfärbungen[m], Fäule V (maßgebend: Stelle der maximalen Ausdehnung)				
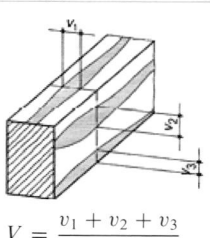 $V = \dfrac{v_1 + v_2 + v_3}{2 \cdot (b + h)}$	v_i max. Breiten von Verfärbungen an der Oberfläche gemessen rechtwinklig zur Längsachse V Quotient aus der Summe der Breiten v_i aller verfärbten Streifen bezogen auf den Umfang des Querschnitts	Bläue[n]		
		Zulässig	Zulässig	Zulässig
		Nagelfeste braune und rote Streifen[o]		
		$V \leq 2/5$	$V \leq 2/5$	$V \leq 1/5$
		Braunfäule, Weißfäule[p]		
		Nicht zulässig	Nicht zulässig	Nicht zulässig
Insektenfraß durch Frischholzinsekten (z. B. Borkenkäfer, Holzwespen)[q]				
– Stehende Bäume und frisches Rundholz können von Frischholzinsekten befallen werden – Befall ist an den Fraßgängen (Bohrlöchern) auf der Holzoberfläche erkennbar – Befall nur an frischem, noch nicht abgetrocknetem Holz, nicht jedoch an einmal abgetrocknetem Holz		– Fraßgänge bis 2 mm Durchmesser von Frischholzinsekten zulässig – maßgebend ist die Größe der an der Oberfläche erkennbaren Fraßgänge (Bohrlöcher)		
Sonstige Merkmale wie z. B.				
– Mechanische Schäden, Mistelbefall[r], Rindeneinschluss, überwallte Stammverletzungen, Wipfelbruch		In Anlehnung an die übrigen Sortiermerkmale sinngemäß berücksichtigen		

Tafel 12.142 (Fortsetzung)

[a] die Sortierkriterien sind auf eine mittlere Holzfeuchte von $\omega = 20\%$ bezogen (Messbezugsfeuchte).

[b] Sortierkriterien für Bretter, Bohlen und Latten sowie zusätzliche Sortierkriterien bei apparativ unterstützter visueller Sortierung s. DIN 4074-1, über Anforderungen an Sortiermaschinen s. DIN 4074-3 und -4.

[c] Sortierklassen für apparativ unterstützte visuelle Sortierung s. Tafel 12.141.

[d] Blitzrisse entstehen am stehenden Baum, sind radial gerichtet und an einer Nachdunkelung des angrenzenden Holzes zu erkennen (Frostrisse zusätzlich an einer örtlichen Krümmung der Jahrringe).

[e] Schwind- oder Trockenrisse sind bei frischem Schnittholz im Allg. nicht zu erkennen, größtes Ausmaß bei getrocknetem Holz.

[f] die Sortiermerkmale für Schwindrisse bleiben bei nicht trocken sortierten Hölzern unberücksichtigt.

[g] Markröhre gilt als vorhanden, auch wenn sie nur teilweise im Schnittholz verläuft.

[h] bei Kantholz mit einer Breite > 120 mm ist eine Markröhre zulässig.

[i] Krümmung ist vorwiegend von der Holzfeuchte abhängig, bei frischem Schnittholz im Allg. nicht zu erkennen, größtes Ausmaß bei getrocknetem Holz; die Sortiermerkmale für Krümmumg bleiben bei nicht trocken sortierten Hölzern unberücksichtigt.

[j] Längskrümmung und Verdrehung können durch Drehwuchs und Druckholz entstehen.

[k] Querkrümmung kann durch das unterschiedliche Schwindmaß in radialer und tangentialer Richtung entstehen.

[l] Druckholz ist durch eine Struktur gekennzeichnet, die vom üblichen Holz verschieden ist, kann erhebliche Krümmung des Schnittholzes infolge des ausgeprägten Längsschwindverhaltens verursachen, entsteht im lebenden Baum als Reaktion auf äußere Beanspruchung, im mäßigen Umfang ohne wesentlichen Einfluss auf die Festigkeitseigenschaften.

[m] als Veränderung der natürlichen Holzfarbe.

[n] Bläue entsteht durch Bläuepilze, diese leben von Inhaltsstoffen und nicht von Zellwänden, keine Festigkeitsminderungen, s. auch Tafel 12.132.

[o] braune und rote Streifen entstehen durch Pilzbefall, keine Festigkeitsminderung, solange sie nagelfest sind, d. h. die Härte des Holzes nicht erkennbar vermindert ist, bei trockenem Holz keine weitere Ausdehnung des Pilzbefalls möglich.

[p] Braun- und Weißfäule entstehen durch Holz zerstörende Pilze (fortgeschrittener Befall), erkennbar durch fleckige Verfärbung und reduzierte Oberflächenhärte, s. auch Tafel 12.132.

[q] Bohrlöcher bis 2 mm Durchmesser vom holzbrütenden Borkenkäfer (*Trypodendron lineatum: Xyloterus lineatus*), größere Bohrlöcher bis zu 5 mm Durchmesser meist von Holzwespen (*Sirex* sp.) kommen i. d. R. nur vereinzelt vor, jeweils ohne praktischen Einfluss auf die Festigkeitseigenschaften, s. auch Tafel 12.132.

[r] Misteln sind Halbschmarotzerpflanzen, die auf Bäumen wachsen, ihre Senkerwurzeln (Senkerlöcher, ca. 5 mm Durchmesser) verursachen meist eine enge Durchlöcherung des Holzes.

12.24 Verbindungen mit Stahlblechformteilen

Stahlblechformteile als kaltverformte Stahlbleche mit Blechdicken $t \leq 4$ mm dürfen nur in Bauwerken mit vorwiegend ruhenden Lasten verwendet werden.

12.24.1 NHT-Verbinder mit bauaufsichtlichem Verwendbarkeitsnachweis

Die charakteristische Tragfähigkeit der NHT-Verbinder in Richtung der Symmetrieachse der NHT-Verbinder ist je

nach Auswahl der eingedrehten Schrauben nach (12.83) zu berechnen, Bemessungswerte der Tragfähigkeit sinngemäß nach (12.75)

$$F_{\text{Rk},\eta} = \eta \cdot F_{\text{Rk,max}} \qquad (12.83)$$

mit

$F_{\text{Rk,max}}$ max. charakteristische Tragfähigkeit der NHT-Verbinder bei voller Anzahl der eingedrehten Schrauben je nach Typ nach Tafel 12.143

η Abminderungsfaktor je nach Anzahl der eingedrehten Schrauben nach Tafel 12.144.

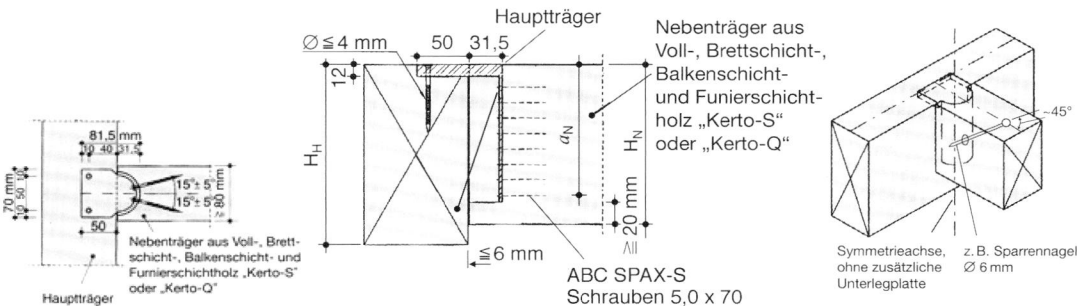

Abb. 12.24 Anordnung von NHT-Verbindern ohne zusätzliche Unterlegplatte, Beispiel

Tafel 12.143 Maximale charakteristische Werte der Tragfähigkeit F_{Rk} von NHT-Verbindern bei Auflageranschlüssen zur Verbindung von Nebenträger an Hauttträger mit bauaufsichtlichem Verwendbarkeitsnachweis: Allgemeine bauaufsichtliche Zulassung Z-9.1-380, Geltungsdauer bis 09.11.2020[a–e, n–p]

NHT-Verbinder Typ	Max. Schraubenanzahl im Nebenträger, ABC SPAX-S Schrauben 5,0 × 70 mm[f, g]	Abmessungen des Nebenträgers[h, i]		Zusätzliche Unterlegplatte unter der Stahlplatte[j, k]	F_{Rk}[m]
		Breite	Höhe		
		in cm			in N
120	10	≥ 8	≥ 13,8	Keine	12.500
140	12	≥ 8	≥ 15,8	Keine	14.800
160	14	≥ 8	≥ 17,8	Keine	17.000
180	16	≥ 8	≥ 19,8	Ohne	20.000
				Mit[l]	20.500
200	18	≥ 8	≥ 21,8	Ohne	20.000
				Mit[l]	25.000
220	20	≥ 8	≥ 23,8	Ohne	20.000
				Mit[l]	28.400
240	22	≥ 8	≥ 25,8	Ohne	20.000
				Mit[l]	31.800

[a] max. F_{Rk}-Wert bei voller Anzahl eingedrehter Schrauben nach Spalte 2.

[b] Anschluss von Nebenträgern aus Vollholz (Nadelholz mind. C24) und Brettschichtholz nach Abschn. 12.3.1 sowie Balkenschichtholz (Duo-, Triobalken) und Furnierschichtholz „Kerto-S" oder „Kerto-Q" (mit bauaufsichtlicher Zulassung Z-9.1-847) an Bauteile (Haupttträger), Beispiel s. Abb. 12.24.

[c] Holzfeuchte der Nebenträger bei der Herstellung der NHT-Verbindung $\omega \leq 18\,\%$.

[d] nur für Auflageranschlüsse, die in Richtung der Systemachse der Verbinder belastet sind.

[e] nur für Anschlüsse an Haupttträger, die verdrehungssteif und ausreichend gegen Verdrehen gesichert sind.

[f] SPAX-S Schrauben, $d = 5,0$ mm, $l = 70$ mm, Vollgewinde und aus Kohlenstoffstahl, mit der europäischen technischen Zulassung ETA-12/0114.

[g] Schraubenlöcher im Stahlhalbrohr mit SPAX-S Schrauben versehen, jeweils ab dem unteren Rand paarweise und aufeinander folgend bis zur erforderlichen Schraubenanzahl n_E, mind. 6 Schraunen anordnen (nicht in die Montagelöcher in der Symmetrieachse des Verbinders); SPAX-S Schrauben ohne Vorbohren unter Winkel $15° \pm 5°$ zur vertikalen Mittelebene des Nebenträgers eindrehen, s. Abb. 12.24.

[h] Abstand zwischen Stirnende des Nebenträgers und Haupttträger ≤ 6 mm; rechnerisch nicht zur Abtragung der Auflagerkräfte vorhandene Bauteile, z. B. nicht tragende Platten, sind hier als Zwischenraum anzurechnen.

[i] an der Unterkante des Nebenträgers muss eine Querschnitts-Resthöhe von mind. 20 mm verbleiben.

[j] Lagesicherung der Verbinder im Haupttträger erforderlich, dazu Löcher in der Stahlplatte mit Nägeln oder Schrauben $d = 4$ mm nach DIN EN 1995-1-1 versehen (Lagesicherung mit einem Sparrennagel nur mit Vorbohren $0,8 \cdot d$, s. Zulassung).

[k] Auflagerpressung unter Stahlplatte im Haupttträger aus Holz sinngemäß nach Abschn. 12.5.2.2 nachweisen, die Weiterleitung der Kräfte im lastaufnehmenden Bauteil ist nachzuweisen.

[l] zusätzliche Unterlegplatten (unter der Stahlplatte zur Vergrößerung der Auflagerfläche) mit Mindestdicke $t_{min} \geq 6$ mm nach statischen Erfordernissen bemessen und dauerhaft in ihrer Lage sichern, die Weiterleitung der Kräfte im lastaufnehmenden Bauteil ist nachzuweisen.

[m] Bemessungswerte der Tragfähigkeit sinngemäß nach (12.75).

[n] beim einseitigen Anschluss von NHT-Verbindern muss Versatzmoment $M_{v,d} = F_{Ed} \cdot B_H/2$, durch das der Haupttträger auf Torsion beansprucht wird (mit F_{Ed} als Bemessungswert der Auflagerkraft des Nebenträgers und B_H als Breite des Haupttträgers), bei der Haupttträger-Bemessung berücksichtigt werden, wenn nicht konstruktive Maßnahmen ein Verdrehen verhindern; gilt auch für zweiseitige Anschlüsse von einander gegenüberliegenden Nebenträgern mit Unterschied der Auflagerkräfte $F_{Ed} > 20\,\%$.

[o] wird Verdrehen des Haupttträgers durch konstruktive Maßnahmen verhindert, Kräfte aus Versatzmoment $M_{v,d}$ durch Aussteifungskonstruktion aufnehmen.

[p] Querzugbeanspruchung im Nebenträger: Verhältnis $a_N/H_N \geq 0,7$ einhalten (mit a_N als Abstand der untersten Schraube des NHT-Verbinders vom oberen beanspruchten Nebenträgerrand, H_N als Höhe des Nebenträgers), sofern nicht ein Aufspalten des Nebenträgers durch eine Querzugverstärkung durch selbstbohrende Vollgewindeschrauben mit bauaufsichtlichem Verwendbarkeitsnachweis verhindert wird, bei NHT-Verbinder Typ 120 ist bei Nebenträgerhöhen $H_N \leq 160$ mm keine Querzugverstärkung erforderlich.

[q] Für die Anwendung der NHT-Verbinder je nach Umweltbedingungen (Korrosionsschutz) gelten DIN EN 1995-1-1: 2010-12, Tabelle 4.1 mit DIN EN 1995-1-1/A2: 2014-07 sowie DIN 1995-1-1/NA: 2013-08 und DIN SPEC 1052-100: 2013-08, s. auch [10], Abschn. 5.3.

Tafel 12.144 Faktoren zur Abminderung der charakteristischen Tragfähigkeiten F_{Rk} von NHT-Verbindern je nach Ausschraubung für (12.83) nach bauaufsichtlichem Verwendbarkeitsnachweis: Allgemeine bauaufsichtliche Zulassung Z-9.1-380, Geltungsdauer bis 09.11.2020

NHT-Typ	120	140	160	180	200	220	240
Anzahl n_E[a] der eingedrehten Schrauben	Abminderungsfaktoren η						
22							1,00
20						1,00	0,91
18					1,00	0,89	0,81
16				1,00	0,88	0,79	0,72
14			1,00	0,87	0,77	0,68	0,62
12		1,00	0,86	0,75	0,65	0,58	0,53
10	1,00	0,84	0,72	0,62	0,53	0,47	0,43
8	0,80	0,67	0,58	0,50	0,42	0,37	0,34
6	0,60	0,51	0,44	0,37	0,30	0,26	0,24

[a] Anzahl der jeweils paarweise symmetrisch zur Symmetrieachse im Nebenträger eingedrehten Schrauben, die unteren 3 Paare (6 Schrauben) sind stets einzuhalten.

Literatur

1. *Becker, K., Rautenstrauch, K.:* Ingenieurholzbau nach Eurocode 5. Konstruktion, Berechnung, Ausführung. Reihe BiP. Berlin: Ernst, 2012

2. *Blaß, H.-J. (Hrsg.); Görlacher, R. (Hrsg.); Steck, G. (Hrsg.):* STEP 1, Holzbauwerke. Bemessung und Baustoffe nach Eurocode 5. In: Informationsdienst Holz. Arbeitsgemeinschaft Holz (Hrsg.): Düsseldorf: Fachverlag Holz, 1995

3. *Blaß, H.-J., Ehlbeck, J., Kreuzinger, H., Steck, G.:* Erläuterungen zu DIN 1052: 2004-08. Entwurf, Berechnung und Bemessung von Holzbauwerken. 2. Aufl. Deutsche Gesellschaft für Holzforschung. München und Karlsruhe: DGfH Innovations- und Service GmbH, Bruder, 2005

4. *Colling, F.:* Holzbau. Grundlagen und Bemessung nach EC 5. 5. Aufl. Wiesbaden: Springer Vieweg, 2016

5. *Franz, J., Scheer, C.:* Beitrag zur Berechnung von Holztragwerken nach Spannungstheorie II. Ordnung. In: *Ehlbeck, J. (Hrsg.), Steck, G. (Hrsg.):* Ingenieurholzbau in Forschung und Praxis, Karl Möhler gewidmet. Karlsruhe: Bruder, 1982

6. *Göggel, M., Werner, H.:* Nichtlineare elastische Berechnung von Holztragwerken (Theorie II. Ordnung). In: *Ehlbeck:, J. (Schriftl.):* Holzbau Kalender, 1. Jhrg., 2002. Karlsruhe: Bruder

7. *Hamm, P., Richter, A.:* Bemessungs- und Konstruktionsregeln zum Schwingungsnachweis von Holzdecken. In: Fachtagungen Holzbau 2009. Leinfelden-Echterdingen. Hrsg.: Landesbeirat Holz Baden-Württemberg e. V., Stuttgart: S. 15–29

8. *Lißner, K., Felkel, A., Hemmer, K., Kuhlenkamp, D., Radovic, B., Rug, W., Steinmetz, D.:* DIN 1052 Praxishandbuch Holzbau. 2. Aufl. Fördergesellschaft Holzbau und Ausbau (Hrsg.); DIN Deutsches Institut für Normung (Hrsg.). Berlin, Kissing: Beuth, WEKA, 2009

9. *Nebgen, N., Peterson, L.:* Holzbau kompakt nach Eurocode 5. 5. Aufl. Berlin: Bauwerk, Beuth 2015

10. *Neuhaus, H.:* Ingenieurholzbau. 4. Aufl. Wiesbaden: Springer Vieweg, 2017

11. *Neuhaus, H.:* Holzbau nach Eurocode 5. In: *Vismann, U. (Hrsg.): Wendehorst:* Beispiele aus der Baupraxis. 6. Aufl. Wiesbaden: Springer Vieweg, 2017

12. *Rug, W., Mönk, W.:* Holzbau. Bemessung und Konstruktion. 16. Aufl. Berlin: Beuth, 2015

13. *Scheer, C., Bauer, J.:* Theorie II Ordnung. In: *v. Halász, R. (Hrsg.), Scheer, C. (Hrsg.):* Holzbau-Taschenbuch. Bd. 2: Bemessungsverfahren und Bemessungshilfen. 8. Aufl. Berlin: Wilhelm Ernst & Sohn, 1989

14. *Sagot, G.:* Baulicher Holzschutz. In: STEP 1 [2], Abschn. A14

15. *Schmidt, P., Kempf, H., Gütelhöfer, D.:* Holzbau nach EC 5. Köln: Werner, Wolters Kluwer, 2012

16. *Schulze, H.:* Baulicher Holzschutz. In: holzbau handbuch, Reihe 3, Bauphysik. Informationsdienst Holz. Düsseldorf: Arbeitsgemeinschaft Holz, 1991

17. *Steck, G.:* Euro-Holzbau. Teil 1, Grundlagen. Düsseldorf: Werner, 1997

18. *Werner, G., Zimmer, K.-H., Lißner, K.:* Holzbau Teil 1. Grundlagen nach DIN 1052 (neu 2008) und Eurocode 5. 4. Aufl. Berlin, Heidelberg: Springer, 2009

19. *Werner, G., Zimmer, K.-H., Lißner, K.:* Holzbau Teil 2, Dach- und Hallentragwerke nach DIN 1052 (neu 2008) und Eurocode 5. 4. Aufl. Berlin, Heidelberg: Springer, 2010

20. *Willeitner, H.:* Holzschutz. In: *v. Halász, R. (Hrsg.); Scheer, C. (Hrsg.):* Holzbau-Taschenbuch. Bd. 1, 9. Aufl. Berlin: Wilhelm Ernst & Sohn, 1996

21. *Simon, A., Arndt, R., Jahreis, M., Koch, J.:* MUZ-HolzBr, Musterzeichnungen für Holzbrücken, Forschungsprojekt ProTimB, FH Erfurt, 2019

22. Technische Mitteilung 06-011 der Bundesvereinigung der Prüfingenieure für Bautechnik e.V. Berlin, Dez. 2013

Hinweise zu Listen der Technischen Baubestimmungen (Auswahl)

23. *Musterliste der Technischen Baubestimmungen:* Bauministerkonferenz, FK Bautechnik, Mustervorschriften, Bauaufsicht/Bautechnik: www.is-argebau.de

24. *Länderliste der Technischen Baubestimmungen, in den einzelnen Bundesländern:* Bauministerium, Bautechnik, Technische Baubestimmungen. Unterschiedliche Aufrufe im *www*

25. *Bauregellisten:* Deutsches Institut für Bautechnik, Technische Baubestimmungen/Bauregellisten: www.dibt.de

26. Rechenwerte für die Bemessung nach DIN EN 1995-1-1 (EC 5): *Studiengemeinschaft Holzleimbau*, „Merkblatt zu ansetzbaren Rechenwerten für die Bemessung nach DIN EN 1995-1-1", August 2016, Publikationen: www.brettschichtholz.de

27. Anwendbarkeit von Brettschichtholz und Balkenschichtholz nach DIN EN 14080: 2013: Studiengemeinschaft Holzleimbau, Januar 2016, Publikationen: www.brettschichtholz.de

Glasbau

Prof. Dr.-Ing. Bernhard Weller und Dr.-Ing. Silke Tasche

Inhaltsverzeichnis

13.1 Allgemeines 963
   13.1.1 Einführung 963
13.2 Abkürzungen, Formelzeichen 966
   13.2.1 Abkürzungen 966
   13.2.2 Formelzeichen 966
13.3 Glas 966
   13.3.1 Materialeigenschaften 966
   13.3.2 Basisprodukte 967
13.4 Glasbearbeitung 967
   13.4.1 Glaskanten nach DIN EN 1863 sowie DIN EN 12150 967
   13.4.2 Glasoberflächen 967
13.5 Glasveredelung 967
   13.5.1 Vorgespannte Gläser 967
   13.5.2 Einscheiben-Sicherheitsglas (ESG) nach DIN EN 12150 967
   13.5.3 Teilvorgespanntes Glas (TVG) nach DIN EN 1863 968
   13.5.4 Chemisch vorgespanntes Glas (CVG) nach DIN EN 12337 968
13.6 Glasprodukte 968
   13.6.1 Verbundglas (VG) und Verbund-Sicherheitsglas (VSG) nach DIN EN 14449 968
   13.6.2 Mehrscheiben-Isolierglas (MIG) nach DIN EN 1279 969
13.7 Liefergrößen und Querschnittswerte 969
13.8 Arten der Scheibenlagerung 970
   13.8.1 Allgemeines 970
   13.8.2 Linienförmige Scheibenlagerung nach DIN 18008-2 971
   13.8.3 Punktförmige Scheibenlagerung nach DIN 18008-3 972
13.9 Konstruktion im Detail 973
   13.9.1 Allgemeines 973
   13.9.2 Bemessungsverfahren 976
   13.9.3 Vertikalverglasungen 979
   13.9.4 Überkopfverglasungen 980
   13.9.5 Absturzsichernde Verglasungen 981
   13.9.6 Begehbare Verglasungen 985
   13.9.7 Zu Instandhaltungsmaßnahmen betretbare Verglasungen 985
13.10 Structural-Sealant-Glazing (SSG) 987
13.11 Bauaufsichtliche Regelungen im Glasbau 987
Literatur 991

B. Weller (✉)
Institut für Baukonstruktion, Technische Universität Dresden
Dresden, Deutschland
E-Mail: bernhard.weller@tu-dresden.de

S. Tasche
E-Mail: silke.tasche@tu-dresden.de

13.1 Allgemeines

13.1.1 Einführung

Die Bemessung von Glasbauteilen erfolgt nach der nationalen Normenreihe „DIN 18008: Glas im Bauwesen – Bemessungs- und Konstruktionsregeln". Sie basiert auf dem semi-probabilistischen Sicherheitskonzept und setzt sich momentan aus sechs Teilen zusammen:

Teil 1: Begriffe und allgemeine Grundlagen (05/2020), Teil 2: Linienförmig gelagerte Verglasungen (05/2020), Teil 3: Punktförmig gelagerte Verglasungen (07/2013), Teil 4: Zusatzanforderungen an absturzsichernde Verglasungen (07/2013), Teil 5: Zusatzanforderungen an begehbare Verglasungen (07/2013), Teil 6: Zusatzanforderungen an zu Reinigungs- und Wartungsmaßnahmen betretbare Verglasungen (02/2018). Die Teile 1 bzw. 2 nach Überarbeitung liegen nun als Endfassung (Weißdruck) vor, sind jedoch noch nicht in die MVV TB 2020/1 eingeflossen. Sie dokumentieren den Stand der Technik, sind aber noch nicht als eingeführte Baubestimmung ins Baurecht aufgenommen.

Durch eine europarechtskonforme Neuauflage der Bauordnung wurden die bestehenden Baurechtsvorschriften überarbeitet. Wesentlich ist dabei das Verschmelzen der Bauregelliste (BRL) und der Liste der eingeführten technischen Baubestimmungen (LTB) zur Muster-Verwaltungsvorschrift für technische Baubestimmungen (MVV TB). Der aktuelle Stand der Umsetzung der MVV TB ist je Bundesland, zum Beispiel über das Deutsche Institut für Bautechnik, zu prüfen.

Normen (siehe Tafel 13.1)

© Springer Fachmedien Wiesbaden GmbH, ein Teil von Springer Nature 2021
U. Vismann (Hrsg.), *Wendehorst Bautechnische Zahlentafeln*, https://doi.org/10.1007/978-3-658-32218-2_13

Tafel 13.1 Normen

Norm	Teil	Ausgabe	Titel
DIN 18008			Glas im Bauwesen – Bemessungs- und Konstruktionsregeln
	1	05.20	Begriffe und allgemeine Grundlagen
	2	05.20	Linienförmig gelagerte Verglasungen
	3	07.13	Punktförmig gelagerte Verglasungen
	4	07.13	Zusatzanforderungen an absturzsichernde Verglasungen
	5	07.13	Zusatzanforderungen an begehbare Verglasungen
	6	02.18	Zusatzanforderungen an zu Instandhaltungsmaßnahmen betretbare Verglasungen und an durchsturzsichere Verglasungen
DIN EN 356		02.00	Glas im Bauwesen – Sicherheitssonderverglasungen – Prüfverfahren und Klasseneinteilungen des Widerstandes gegen manuellen Angriff
DIN EN 410		04.11	Glas im Bauwesen – Bestimmung der lichttechnischen und strahlungsphysikalischen Kenngrößen von Verglasungen
DIN EN 572			Basiserzeugnisse aus Kalk-Natronsilicatglas
	1	06.16	Definitionen und allgemeine physikalische und mechanische Eigenschaften
	2	11.12	Floatglas
	3	11.12	Poliertes Drahtglas
	4	11.12	Gezogenes Flachglas
	5	11.12	Ornamentglas
	6	11.12	Drahtornamentglas
	7	11.12	Profilbauglas mit und ohne Drahteinlage
	8	06.16	Liefermaße und Festmaße
	9	01.05	Konformitätsbewertung/Produktnorm
DIN EN 1063		01.00	Glas im Bauwesen – Sicherheitssonderverglasungen – Prüfverfahren und Klasseneinteilungen für den Widerstand gegen Beschuß
DIN EN 1096			Beschichtetes Glas
	1	04.12	Definitionen und Klasseneinteilungen
	2	04.12	Anforderungen an und Prüfverfahren für Beschichtungen der Klassen A, B und S
	3	04.12	Anforderungen an und Prüfverfahren für Beschichtungen der Klassen C und D
	4	11.18	Produktnorm
	5	06.16	Prüfverfahren und Klasseneinteilung für das Selbstreinigungsverhalten von beschichteten Glasoberflächen
DIN EN 1279			Glas im Bauwesen – Mehrscheiben-Isolierglas
	1	10.18	Allgemeines, Systembeschreibung, Austauschregeln, Toleranzen und visuelle Qualität
	2	10.18	Langzeitprüfverfahren und Anforderungen bezüglich Feuchtigkeitsaufnahme
	3	10.18	Langzeitprüfverfahren und Anforderungen bezüglich Gasverlustrate und Grenzabweichungen für die Gaskonzentration
	4	10.18	Verfahren zur Prüfung der physikalischen Eigenschaften des Randverbundes und der Einbauten
	5	10.18	Produktnorm
	6	05.21	Werkseigene Produktionskontrolle und wiederkehrende Prüfungen
DIN EN 1748			Glas im Bauwesen – Spezielle Basiserzeugnisse
	1-1	12.04	Borosilicatgläser – Definitionen und allgemeine physikalische und mechanische Eigenschaften
	1-2	01.05	Borosilicatgläser – Konformitätsbewertung/Produktnorm

Tafel 13.1 (Fortsetzung)

Norm	Teil	Ausgabe	Titel
DIN EN 1863			Glas im Bauwesen – Teilvorgespanntes Kalknatronglas
	1	02.12	Definition und Beschreibung
	1/A1	03.15	Definition und Beschreibung
	2	01.05	Konformitätsbewertung/Produktnorm
DIN EN 1990		12.10	Eurocode: Grundlagen der Tragwerksplanung
	NA	12.10	Nationaler Anhang – National festgelegte Parameter – Eurocode: Grundlagen der Tragwerksplanung
	NA/A1	08.12	Nationaler Anhang; Änderung A1
DIN EN 1991-1			Eurocode 1: Einwirkungen auf Tragwerke
	1	12.10	Allgemeine Einwirkungen auf Tragwerke – Wichten, Eigengewicht und Nutzlasten im Hochbau
	1/NA	12.10	Nationaler Anhang
	1/NA/A1	05.15	Nationaler Anhang: Änderung A1
	3	12.10	Allgemeine Einwirkungen – Schneelasten
	3/NA	04.19	Nationaler Anhang
	3/A1	12.15	Allgemeine Einwirkungen – Schneelasten
	4	12.10	Allgemeine Einwirkungen – Windlasten
	4/NA	12.10	Nationaler Anhang
DIN EN 12150			Glas im Bauwesen – Thermisch vorgespanntes Kalknatron-Einscheibensicherheitsglas
	1	07.20	Definition und Beschreibung
	2	01.05	Produktnorm
DIN EN 12337			Chemisch vorgespanntes Kalknatronglas
	1	11.00	Definition und Beschreibung
	2	01.05	Konformitätsbewertung/Produktnorm
DIN EN 12488		11.16	Glas im Bauwesen – Empfehlungen für die Verglasung – Verglasungsgrundlagen für vertikale und geneigte Verglasung
DIN EN 12600		04.03	Glas im Bauwesen – Pendelschlagversuch; Verfahren zur Stoßprüfung und Klassifizierung von Flachglas
DIN EN 13024			Glas im Bauwesen – Thermisch vorgespanntes Borosilicat-Einscheibensicherheitsglas
	1	02.12	Definition und Beschreibung
	2	01.05	Konformitätsbewertung/Produktnorm
DIN EN 13541		06.12	Glas im Bauwesen – Sicherheitssonderverglasungen – Prüfverfahren und Klasseneinteilungen des Widerstandes gegen Sprengwirkung
DIN EN 14179			Glas im Bauwesen – Heißgelagertes thermisch vorgespanntes Kalknatron-Einscheibensicherheitsglas
	1	12.16	Definition und Beschreibung
	2	08.05	Konformitätsbewertung/Produktnorm
DIN EN 14449		07.05	Glas im Bauwesen – Verbundglas und Verbund-Sicherheitsglas – Produktnorm
DIN EN ISO 12543			Verbund- und Verbund-Sicherheitsglas
	1	12.11	Definition und Beschreibung von Bestandteilen
	2	12.11	Verbund-Sicherheitsglas
	3	12.11	Verbundglas
	4	12.11	Verfahren zur Prüfung der Beständigkeit
	5	12.11	Maße und Kantenbearbeitung
	6	09.12	Aussehen

13.2 Abkürzungen, Formelzeichen

13.2.1 Abkürzungen

BRL	Bauregelliste
ESG	Einscheibensicherheitsglas
FG	Floatglas
MBO	Musterbauordnung
MIG	Mehrscheiben-Isolierglas
PVB-Folie	Polyvinyl-Butyral-Folie
SSG	Structural-Sealant-Glazing
SZR	Scheibenzwischenraum
TVG	Teilvorgespanntes Glas
VG	Verbundglas
VSG	Verbund-Sicherheitsglas

13.2.2 Formelzeichen

A	Fläche
B	Breite
D	Durchmesser Bohrloch
E	Elastizitätsmodul
H	Scheibenlänge, Profilbauglaslänge
L	Länge
Q	Einzellast
R_d	Widerstandswert
T	Tellerdurchmesser
T_i / T_a	Innen-/Außentemperatur
α	Ausdehnungskoeffizient, Winkel
β	Stoßübertragungsfaktor
λ	Wärmeleitfähigkeit
μ	Poissonzahl
ρ	Dichte
ε_{zul}	zulässige Dehnung
σ_V	Vorspannung
σ_{zul}	zulässige Spannung
τ_{zul}	zulässige Schubspannung
ψ	Kombinationsbeiwert

γ_M	Teilsicherheitsbeiwert Material
a	Randabstand
a_1 / a_2	Randabstände
b	Bohrlochabstand, Auflagertiefe
c	Randabstand, Stegdicke, Auflagerstärke
c_p	Spezifische Wärmekapazität
d	Scheibendicke, Flanschhöhe
d_o / d_u	Scheibendicke oben/unten
e	Exzentrizität
f_k	charakteristische Biegezugfestigkeit
g	Eigengewicht
k_c	Beiwert zur Berücksichtigung der Konstruktionsart
k_{mod}	Modifikationsbeiwert
$l_{Auflager}$	Auflagerlänge
l_0	Stützweite
m	Massepunkt
p	Verkehrslast
p_i / p_a	Innendruck/Außendruck
s	Glaseinstandstiefe
t_{Folie}	Folienstärke

13.3 Glas

13.3.1 Materialeigenschaften

Glas ist ein anorganischer nichtmetallischer Werkstoff, der durch kontrolliertes Abkühlen des geschmolzenen Rohmaterials entsteht, ohne eine Kristallgitterstruktur zu bilden. Das Fehlen der kristallinen Struktur ist für die Transparenz des amorphen Materials verantwortlich. Glasarten werden in ihrer Zusammensetzung unterschieden. Entsprechend der Glasart ergeben sich die chemischen und physikalischen Eigenschaften. Bautechnisch relevante Glasarten sind Kalk-Natronsilicatglas und Borosilicatglas nach Tafel 13.2. Borosilicatglas wird aufgrund seiner hohen Temperaturwechselbeanspruchbarkeit vorwiegend als Brandschutzverglasung verwendet.

Tafel 13.2 Eigenschaften von Kalk-Natronsilicatglas und Borosilicatglas

Eigenschaft	Einheit	Kalk-Natronsilicatglas DIN EN 572-1	Borosilicatglas DIN EN 1748-1-1
Dichte ρ	kg/m^3	$2{,}5 \cdot 10^3$	2,2 bis $2{,}5 \cdot 10^3$
Elastizitätsmodul E	N/mm^2	$7{,}0 \cdot 10^4$	6,0 bis $7{,}0 \cdot 10^4$
Poissonzahl μ	–	0,20/0,23[a]	0,20
Charakteristische Biegezugfestigkeit f_k[a]	N/mm^2	45	45
Temperaturwechselbeständigkeit	K	40	80
Spezifische Wärmekapazität c_p	J/(kg K)	$0{,}72 \cdot 10^3$	$0{,}8 \cdot 10^3$
Mittlerer thermischer Ausdehnungskoeffizient α (20 °C bis 300 °C)	K^{-1}	$9{,}0 \cdot 10^{-6}$	3,1 bis $6{,}0 \cdot 10^{-6}$
Wärmeleitfähigkeit λ	W/(m K)	1,0	1,0

[a] nach DIN 18008-1.

13.3.2 Basisprodukte

Tafel 13.3 Basisprodukte aus Kalk-Natron-Silicatglas nach DIN EN 572 Teile 1–7

Basisprodukt	Kennzeichen	Norm
Floatglas (FG)[a,d]	Plan, durchsichtig, klar-/gefärbt, parallele/polierte Oberflächen	DIN EN 572-2
Poliertes Drahtglas[b,d]	Plan, durchsichtig, klar, parallele/polierte Oberflächen	DIN EN 572-3
Gezogenes Flachglas[c,d]	Plan, durchsichtig, klar/gefärbt	DIN EN 572-4
Ornamentglas[b,d]	Plan, durchscheinend, klar/gefärbt	DIN EN 572-5
Drahtornamentglas[b,d]		DIN EN 572-6
Profilbauglas mit und ohne Drahtnetz[c]	Profiliert, durchscheinend, klar/gefärbt	DIN EN 572-7

[a] Hergestellt im Floatverfahren.
[b] Hergestellt im Gussverfahren.
[c] Hergestellt im Walzverfahren.
[d] Borosilicatglas nach DIN EN 1748-1-1.

13.4 Glasbearbeitung

13.4.1 Glaskanten nach DIN EN 1863 sowie DIN EN 12150

Das Schneiden von Glas erfolgt im einfachsten Fall durch Anritzen und anschließendes Brechen des Glases. Komplexe Zuschnitte erfolgen durch das Wasserstrahl- oder Laserschneidverfahren. Durch anschließendes Schleifen werden die Kanten bis zur gewünschten Form und Qualität weiterveredelt. Die Genauigkeit und die Oberflächenqualität der Kante steigen mit der qualitativen Ausführung der Glaskante entsprechend Abb. 13.1. Grundsätzlich wird in geschnittene (KG), gesäumte (KGS), maßgeschliffene (KMG), geschliffene (KGN) und polierte Kanten (KPO) unterschieden. Thermisch vorgespannte Gläser nach DIN EN 1863 und DIN EN 12150 müssen mit gesäumten Kanten (KGS) oder höherwertig hergestellt werden. Eine Bearbeitung der Glaskanten erfolgt grundsätzlich vor einer thermischen Behandlung nach Abschn. 13.5. Lediglich chemisch verfestigtes Glas kann unter Verlust der Kantenfestigkeit nachträglich geschnitten werden. Freie Kanten an Glaselementen sollten als KGN oder KPO ausgeführt werden.

13.4.2 Glasoberflächen

Tafel 13.4 Ausgewählte Arten der Oberflächenbehandlung

Verfahren	Beschreibung
Beschichten	Aufbringen von metallischen oder metalloxidischen Dünnfilmschichten
Bedrucken	Einbrennen einer Emailleschicht
Ätzen	Mattieren des Glases durch Säure
Sandstrahlen	Mattieren des Glases durch Sandstrahlen

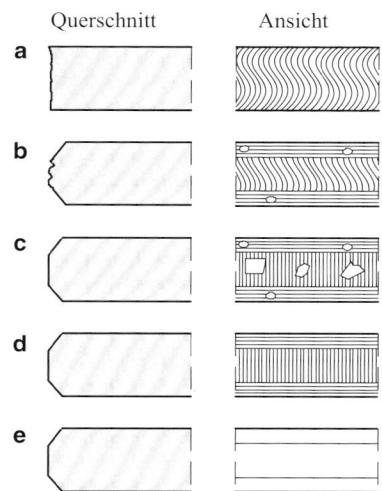

Abb. 13.1 Ausführungsarten von Glaskanten.
a Geschnittene Kante (KG): unbearbeitete Glaskante nach Glaszuschnitt,
b gesäumte Kante (KGS): Schnittkante mit gefasten (gesäumten) Rändern,
c maßgeschliffene Kante (KMG): durch Schleifen auf Maß gebracht, blanke Stellen oder Ausmuschelungen möglich, kaum noch verwendet zugunsten der KGN,
d geschliffene Kante (KGN): wie KMG jedoch mit schleifmattem Aussehen,
e polierte Kante (KPO): durch Überpolieren verfeinerte KGN

13.5 Glasveredelung

13.5.1 Vorgespannte Gläser

Beim thermischen Vorspannen werden Basisgläser nach DIN EN 572 auf eine festgelegte Temperatur erhitzt und dann kontrolliert schnell abgekühlt, so dass eine dauerhafte Spannungsverteilung im Glas entsteht. Die Oberflächen von Einscheiben-Sicherheitsglas und teilvorgespanntem Glas erhalten so eine wesentlich höhere Widerstandsfähigkeit gegen mechanische und thermische Beanspruchungen. Beim chemischen Vorspannen entsteht der Eigenspannungszustand durch Austausch kleiner Natrium-Ionen im Bereich der Glasoberfläche gegen größere Kalium-Ionen. Nicht vorgespanntes Glas (Floatglas) besitzt eine Biegezugfestigkeit von $f_k = 45\,\mathrm{N/mm^2}$. Die charakteristische Biegezugfestigkeit vorgespannter Gläser setzt sich zusammen aus eingeprägter Oberflächendruckspannung und Eigenfestigkeit des Glases.

13.5.2 Einscheiben-Sicherheitsglas (ESG) nach DIN EN 12150

Die charakteristische Biegezugfestigkeit von ESG beträgt $f_k = 120\,\mathrm{N/mm^2}$. Durch den hohen Vorspanngrad zerspringt ein ESG bei Bruch in kleine stumpfkantige krümelige

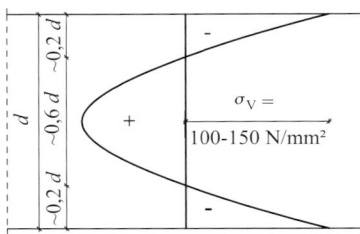
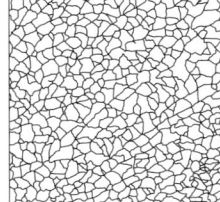

Abb. 13.2 Eigenspannungszustand und Bruchbild ESG

Bruchstücke. Das Risiko von Spontanbrüchen durch Nickel-Sulfid-Einschluss wird durch Heißlagerungsprüfung (DIN EN 14179) vermindert (siehe Abb. 13.2).

13.5.3 Teilvorgespanntes Glas (TVG) nach DIN EN 1863

Die charakteristische Biegezugfestigkeit von TVG beträgt $f_k = 70\,\text{N/mm}^2$. Kennzeichnend für die Bruchstruktur von TVG sind Radialbrüche von der Schädigungsstelle zur Kante oder von Kante zu Kante (siehe Abb. 13.3).

13.5.4 Chemisch vorgespanntes Glas (CVG) nach DIN EN 12337

Aufgrund des Vorspannprozesses im Tauchbad ist CVG allseitig vorgespannt. Die grobschollige Bruchstruktur ähnelt der des Floatglases. CVG weist eine charakteristische Biegezugfestigkeit von $f_k = 150\,\text{N/mm}^2$ auf (siehe Abb. 13.4).

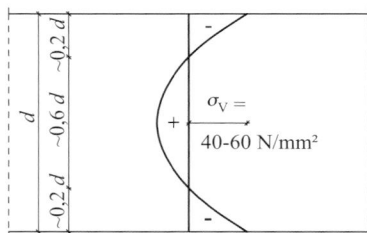
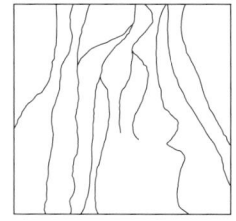

Abb. 13.3 Eigenspannungszustand und Bruchbild TVG

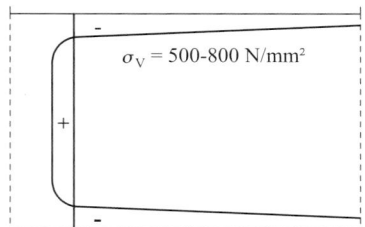
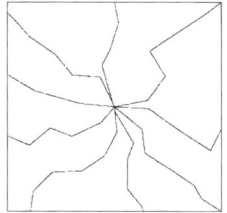

Abb. 13.4 Eigenspannungszustand und Bruchbild von CVG

13.6 Glasprodukte

13.6.1 Verbundglas (VG) und Verbund-Sicherheitsglas (VSG) nach DIN EN 14449

Verbundglas und Verbund-Sicherheitsglas werden nach DIN EN 14449 geregelt. Verbundglas besteht aus zwei oder mehreren Glasscheiben verbunden mit einer oder mehreren transparenten, transluzenten, opaken oder farbigen Zwischenschichten. Dabei kann der Glasaufbau symmetrisch oder unsymmetrisch sein. Werden erhöhte Sicherheitsanforderungen gestellt, wird das geregelte Bauprodukt VSG verwendet. Im Fall eines Bruches hält die Zwischenschicht die Bruchstücke zusammen, begrenzt die Größe von Öffnungen, bietet je nach Glasart und Scheibenlagerung einen Restwiderstand gegen vollständiges Versagen und reduziert die Gefahr von Schnitt- und Stichverletzungen (vgl. Abb. 13.5).

Die Zwischenschichten wirken als Verbundwerkstoff zwischen den Glasscheiben. Sie können dem Fertigerzeugnis zusätzliche Eigenschaften verleihen (Widerstand gegen Stoß oder Feuer, Sonnenschutz, Schalldämmung). Übliche Zwischenschichten sind Folien.

Nach MVV TB Anlage A 1.2.7/2 kann ein VSG mit beliebiger Zwischenschicht verwendet werden, wenn definierte Eigenschaften nach DIN EN ISO 12543 und DIN EN 14449 gegeben sind. Sofern die mechanischen Eigenschaften nach DIN EN ISO 12543 erfüllt sind und die Zwischenschicht (z. B. PVB-Folie) die geforderten Eigenschaften nach MVV TB (Reißfestigkeit $> 20\,\text{N/mm}^2$, Bruchdehnung $> 250\,\%$) erbringt, ist davon auszugehen, dass Anforderungen an die Resttragfähigkeit nach DIN 18008 erfüllt werden. Bei beschichteten Gläsern muss die Beschichtung auf der von der PVB-Folie abgewandten Seite erfolgen.

In Abhängigkeit von den Materialeigenschaften des Verbundmaterials, Temperatur und Belastungsdauer stellt sich nach Abb. 13.6 eine entsprechende Verbundwirkung ein. Bei niedrigen Temperaturen und kurzer Belastungszeit kann von einer annähernd vollständigen Verbundwirkung ausgegangen werden. Gegenteilige Bedingungen bewirken aufgrund der viskoelastischen Eigenschaften der Zwischenschichten, dass die Verbundwirkung annähernd verloren geht. Bei der Bemessung der Glasscheiben darf nach DIN 18008 kein Schubverbund angesetzt werden. Es ist von freier Gleitung

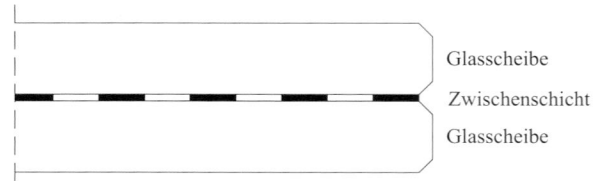

Abb. 13.5 Verbund- und Verbund-Sicherheitsglas

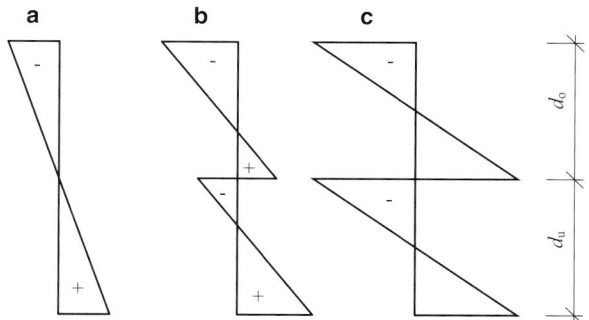

Abb. 13.6 Spannungsverteilung in zweischichtigem, symmetrischem Verbundglas: **a** voller Verbund, **b** Teilverbund, **c** kein Verbund

der Einzelscheiben untereinander auszugehen. Für Mehrscheibenisoliergläser aus VSG ist der Grenzzustand des vollen Schubverbundes des VSG zu berücksichtigen, da es dadurch zu höheren Klimalasten kommt, die maßgebend werden können. VSG wird darüber hinaus verwendet als durchwurf-, durchbruch-, durchschuss- und sprengwirkungshemmende Verglasung sowie in Konstruktionen mit erhöhten Sicherheitsanforderungen (Resttragfähigkeit, Splitterbindung). Verbundglas kann unter anderem mit in der Zwischenschicht eingebetteten Solarzellen versehen werden.

13.6.2 Mehrscheiben-Isolierglas (MIG) nach DIN EN 1279

Als Mehrscheiben-Isolierglas bezeichnet man nach DIN EN 1279 eine Verglasungseinheit, bestehend aus mindestens zwei Glasscheiben, die unter Anwendung verschiedener Randverbünde zusammengefügt wurden. Diese Scheiben werden durch einen oder mehrere hermetisch abgeschlossene Zwischenräume getrennt, in denen sich getrocknete Luft oder Edelgase befinden. Ausgangsprodukte für Mehrscheiben-Isolierglas sind die in den Abschn. 13.3.1 bis 13.6.1 beschriebenen Basisprodukte. Die Glasscheiben können oberflächenbehandelt sein. Häufig verwendete Randverbundarten sind Abb. 13.7 zu entnehmen.

Auf Grund der Steifigkeit des Randverbundes kann eine unverschieblich gelenkige Linienlagerung der Glasscheiben angenommen werden. Die Glasscheiben werden infolge der Klimalasten nach Abb. 13.8 als allseitig linienförmig gelagerte Platte beansprucht. Außerdem ist eine mechanische Kopplung der Einzelscheiben durch das eingeschlossene Luft- oder Gasvolumen gegeben. Die der Last zugewandte Einzelscheibe verformt sich in Abhängigkeit ihrer Steifigkeit. Die damit einhergehende Änderung des Drucks im SZR bewirkt eine Verformung der lastabgewandten Einzelscheibe.

Bei Isoliergläsern ist eine Klimabeanspruchung nach Abb. 13.8 zu beachten. Danach ergibt sich für das System

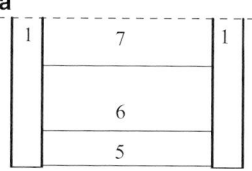

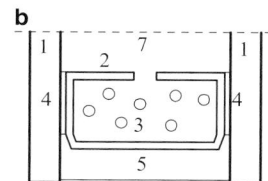

Abb. 13.7 Randverbundarten. **a** Einstufiges System, **b** zweistufiges System. *1* Glas, *2* perforierter Abstandhalterrahmen (Aluminium, verzinkter Stahl, Edelstahl), *3* Trockenstoff, *4* Primärdichtung, Polyisobutylen (Butyl), *5* Sekundärdichtung (Polysulfid, Polyurethan, Silikon), *6* Primärdichtung (Butyl- oder PIB-Masse mit eingelagertem Trocknungsmittel), *7* Scheibenzwischenraum (SZR)

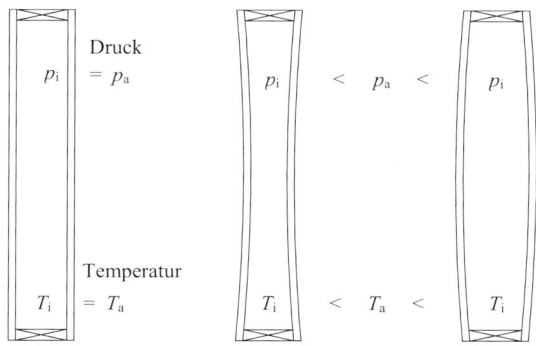

Abb. 13.8 Klimalasten

eine Flächenlast (Klimalast), die aus isochoren Druckdifferenzen im Scheibenzwischenraum infolge Luftdruck- und Temperaturänderung entsteht. Bemessungshinweise für linienförmig gelagerte MIG sind der DIN 18008 (Einwirkungen nach Teil 1, Abschnitt 6 sowie Anhang C) zu entnehmen. Isoliergläser übernehmen auch zusätzliche bauphysikalische Funktionen, wie beispielsweise Anforderungen an Wärme-, Brand-, Sonnen- und Schallschutz.

13.7 Liefergrößen und Querschnittswerte

Übliche Liefergrößen von Basisprodukten aus Glas nach DIN EN 572, Teile 1–8, erhältliche Glasdicken verfestigter Gläser sowie Liefergrößen von Profilbauglas sind den Tafeln 13.5, 13.6 und 13.7 zu entnehmen.

Nach DIN EN ISO 12543-5 sind die Maße von Verbund- und Verbund-Sicherheitsglas stark vom verwendeten Glas, den Zwischenschichten sowie von der Produktionsanlage

Tafel 13.5 Liefergrößen von Basisprodukten nach DIN EN 572 Teile 1 bis 6

Basisprodukt	Nennmaß der Breite B [m]	Nennmaß der Länge H [m]	Nennmaß der Dicke d [mm]
Floatglas	3,21	6,00	2, 3, 4, 5, 6, 8, 10, 12, 15, 19, 25
Poliertes Drahtglas	< 1,98 1,98 bis 2,54	3,82 1,65	7, 10
Gezogenes Flachglas	< 2,44 2,44 bis 2,88	2,16 1,60	2, 3, 4, 5, 6, 8, 10, 12
Ornamentglas	< 1,26 1,26 bis 2,52	4,50 2,10	3, 4, 5, 6, 8, 10, 12, 14, 15, 19
Drahtornamentglas	< 1,50 1,50 bis 2,52	4,50 1,38	6, 7, 8, 9

Tafel 13.6 Lieferbare Glasdicken d von ESG, TVG und CVG in mm

Veredelungsprodukt	Gezogenes Flachglas	Ornamentglas	Floatglas
ESG[a, d]	2, 3, 4, 5, 6, 8, 10, 12	3, 4, 5, 6, 8, 10, 12, 14, 15, 19	2, 3, 4, 5, 6, 8, 10, 12, 15, 19, 25
TVG[b, d]	3, 4, 5, 6, 8, 10, 12		
CVG[c, d]	2, 3, 4, 5, 6, 8, 10, 12	3, 4, 5, 6, 8, 10	1, 1.3, 1.6, 2, 3, 4, 5, 6, 8, 10, 12

[a] nach DIN EN 12150-1.
[b] nach DIN EN 1863-1.
[c] nach DIN EN 12337-1.
[d] Maximal- und Minimalmaße sind beim Hersteller zu erfragen.

Tafel 13.7 Liefergrößen von Profilbauglas nach DIN EN 572 Teil 7

Basisprodukt[a]	Länge H [m]	Breite B [mm]	Flanschhöhe d [mm]	Stegdicke c [mm]
Profilbauglas mit und ohne Drahteinlage	$n \times 0,25 \leq 7,00$	232 bis 498	41	6
		232 bis 331	60	7

[a] Die angeführte Norm ist nicht Bestandteil der DIN 18008. Es handelt sich um ein baurechtlich geregeltes Bauprodukt (hEN), wird jedoch nicht in den Bemessungsnormen des Glasbaus berücksichtigt, so dass ein Verwendungsnachweis in Form einer Bauartgenehmigung erforderlich wird.

abhängig. Die Folienstärken von Polyvinyl-Butyral (PVB) betragen ein Vielfaches von 0,38 mm, üblicherweise bis maximal 2,28 mm. Gießharzverbunde sind etwa 1 bis 4 mm stark. Größere Abmessungen als die nach Tafel 13.5 sind bei dem jeweiligen Hersteller anzufragen. Herstellungsbedingte Kantenversätze bei Verbundglasscheiben sind in der Planung zu berücksichtigen. Die Maximal- und Minimalmaße von Mehrscheiben-Isolierglas sind ebenfalls herstellerabhängig.

13.8 Arten der Scheibenlagerung

13.8.1 Allgemeines

Die Lagerung von Glasscheiben kann linienförmig oder punktförmig erfolgen. Durch die Lagerung sind alle Einzel-scheiben einer Verglasung zu halten. Geklemmte Scheibenbefestigungen sollen die Verglasung in ihrer gesamten Dicke umfassen. Die Wahl des Glaseinstandes muss die Standsicherheit der Verglasung langfristig gewährleisten. Grundsätzlich darf an der Lagerungsstelle auch unter Last- und Temperatureinfluss kein Kontakt zwischen Glas und Glas beziehungsweise Glas und harten Materialien entstehen. Die Lagerung ist dauerhaft, witterungsbeständig und zwängungsarm auszuführen. Toleranzen zwischen Verglasung und Unterkonstruktion müssen durch die Lagerung ausgeglichen werden. Die Verglasungen dürfen nur ausfachend angeordnet werden. Ecken von Ausschnitten sind ausgerundet und nur bei thermisch vorgespannten Gläsern herzustellen.

In Abb. 13.9 sind die Anforderungen an die Randabstände von linienförmigen und punktförmigen Glashalterungen nach DIN 18008-2 und -3 angegeben.

Abb. 13.9 Anforderungen an Randabstände von Glashalterungen

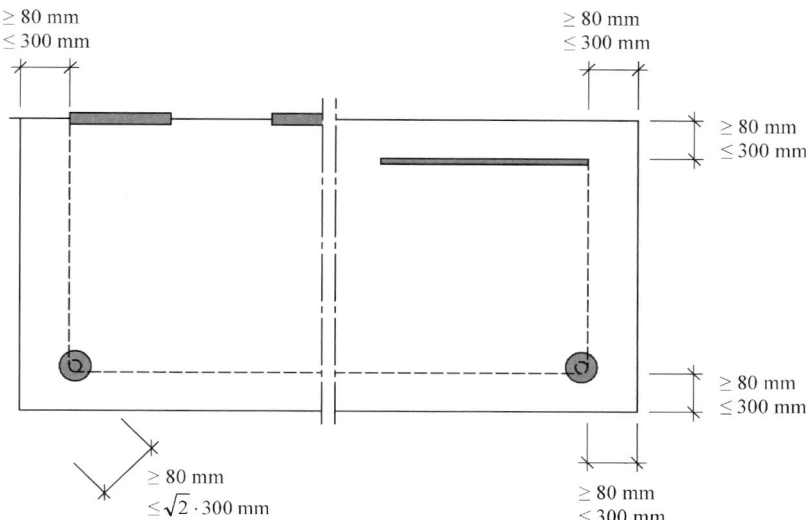

13.8.2 Linienförmige Scheibenlagerung nach DIN 18008-2

Die Verglasungen sind an mindestens zwei Seiten mit mechanischen Verbindungsmitteln (z. B. verschraubte Pressleisten, Glasleisten) gelagert. DIN 18008-2 regelt ebenfalls Vertikalverglasungen, die an mind. einer Seite mit ausrei-

chender Einspanntiefe durchgehend linienförmig gelagert ist. Der Glaseinstand muss die langfristige Standsicherheit der Verglasung gewährleisten. Die Durchbiegung der Unterkonstruktion darf nicht größer als $l/200$ sein. Tafel 13.8 zeigt anschaulich die Anforderungen an eine linienförmig geklemmte Scheibenlagerung nach DIN 18008-2.

Tafel 13.8 Anforderungen an geklemmte linienförmige Scheibenlagerung nach DIN 18008-2

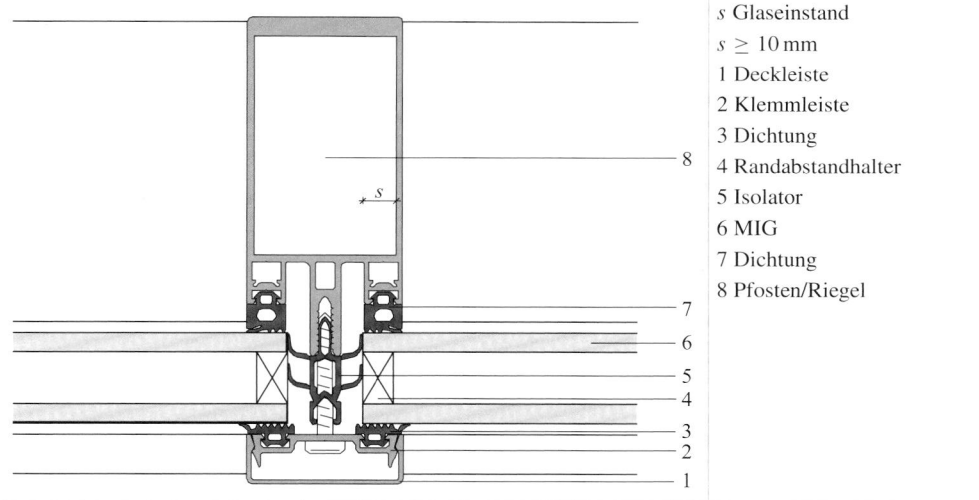

s Glaseinstand
$s \geq 10\,\text{mm}$
1 Deckleiste
2 Klemmleiste
3 Dichtung
4 Randabstandhalter
5 Isolator
6 MIG
7 Dichtung
8 Pfosten/Riegel

[a] Die Verglasung ist fachgerecht zu verklotzen.
[b] Monolithische Einfachgläser grob brechender Glasarten (z. B. Floatglas, TVG, gezogenes Flachglas, Ornamentglas) und Verbundglas (VG), deren Oberkante mehr als 4 m über Verkehrsflächen liegt, sind allseitig zu lagern. Monolithische Glasscheiben im MIG dürfen durch den Randverbund als gelagert betrachtet werden.
[c] Monolithische Einfachgläser oder äußere monolithische Scheiben von MIG aus ESG und heißgelagertem ESG dürfen aufgrund der Versagenswahrscheinlichkeit durch Nickelsulfid-Einschlüsse (Spontanbrüche) nur eingebaut werden, wenn deren Oberkante höchstens 4 m über Verkehrsflächen liegt.
[d] Davon abweichend darf heißgelagertes ESG als monolithisches Einfachglas oder äußere monolithische Scheibe von MIG ohne Begrenzung der Einbauhöhe verwendet werden, wenn durch geeignete Maßnahmen die Versagenswahrscheinlichkeit durch Nickelsulfid-Einschlüsse (Spontanbrüche) so reduziert wird, dass Verglasungskonstruktionen ausreichend sicher nach DIN 18008-2, 4.3 und Anhang C errichtet werden können.
[e] Für Windsoglasten dürfen nach DIN 18008-3 auch punktförmige Randklemmhalter vorgesehen werden. Die Abstände der Randklemmhalter sind $\leq 300\,\text{mm}$, die Klemmfläche $\geq 1000\,\text{mm}^2$ und die Glaseinstandstiefe $\geq 25\,\text{mm}$.

Tafel 13.9 Anforderungen an punktförmige Scheibenlagerung nach DIN 18008-3 als Randklemmhalter

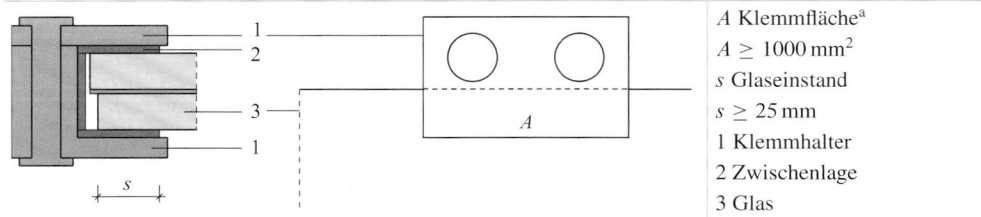

A Klemmfläche[a]
$A \geq 1000\,\text{mm}^2$
s Glaseinstand
$s \geq 25\,\text{mm}$
1 Klemmhalter
2 Zwischenlage
3 Glas

[a] Geringere Glaseinstände und kleinere Klemmflächen sind zulässig bei Nachweis einer Mindestglaseinstandstiefe von 8 mm unter Annahme ungünstigster Fertigungs- und Montagetoleranzen und unter Berücksichtigung der Sehnenverkürzung im verformten Zustand.

Tafel 13.10 Anforderungen an punktförmige Scheibenlagerung nach DIN 18008-3[a] als Tellerhalter

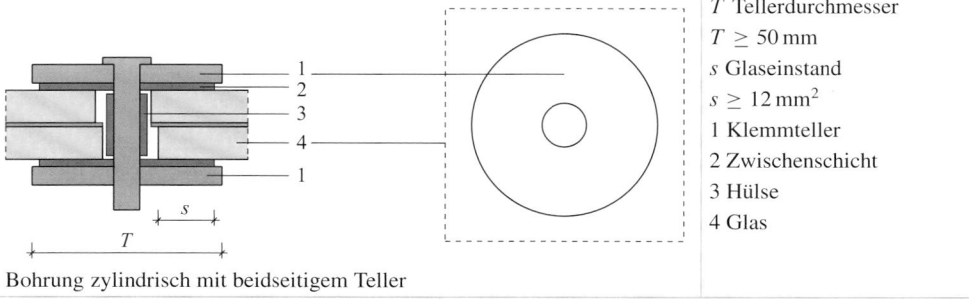

Bohrung zylindrisch mit beidseitigem Teller

T Tellerdurchmesser
$T \geq 50\,\text{mm}$
s Glaseinstand
$s \geq 12\,\text{mm}^2$
1 Klemmteller
2 Zwischenschicht
3 Hülse
4 Glas

[a] Der Kantenversatz infolge zweiseitiger Bohrung ist $\leq 0{,}5$ mm, die Bohrungen sind mit einer geschliffenen Kante oder höherwertig und die Bohrlochränder mit einer Fase (45° Winkel, 0,5 mm bis 1 mm Fase) zu versehen.
[b] Auch im verformten Zustand.

13.8.3 Punktförmige Scheibenlagerung nach DIN 18008-3

13.8.3.1 Punktförmige Scheibenlagerung ohne Durchdringung

Siehe Tafel 13.9.

13.8.3.2 Punktförmige Scheibenlagerung mit Durchdringung

Siehe Tafel 13.10.

Eine zwängungsfreie Lagerung der Scheibe in der Ebene nach Abb. 13.10 ist während der Ausführung anzustreben. Zwangsbeanspruchungen aus Temperaturänderungen oder Formänderungen der Unterkonstruktion sind im Tragsicherheitsnachweis zu berücksichtigen.

Die Lagerung von punktförmig gelagerten Verglasungen erfolgt durch mindestens drei Punkthalter. Der größte eingeschlossene Winkel des von drei Punkthaltern eingeschlossenen Dreiecks nach Abb. 13.11 ist kleiner 120°.
DIN EN 12150-1 $D \geq d$; $a_i \geq 2d$; $b \geq 2d$; $c \geq 6d$; $d =$ Nennglasdicke
DIN 18008-3 $a_1, a_2 \geq 80\,\text{mm}$; $b \geq 80\,\text{mm}$
DIN 18008-4 $a_1, a_2 \geq 80\,\text{mm}$ und $\leq 300\,\text{mm}$; $c \geq 80\,\text{mm}$ und $\leq \sqrt{2} \cdot 300\,\text{mm}$.
Vergleiche hierzu Abb. 13.12.

Punkthalter werden je nach Hersteller ohne und mit Gelenk angeboten. Die Gelenke können sich nach Abb. 13.13

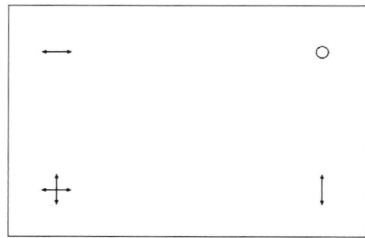

Abb. 13.10 Lagerung in Scheibenebene

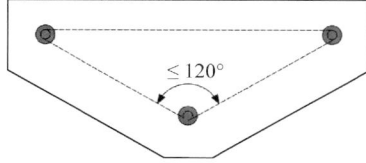

Abb. 13.11 Winkeldefinition

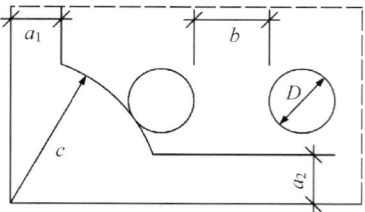

Abb. 13.12 Begrenzung der Lage der Bohrungen

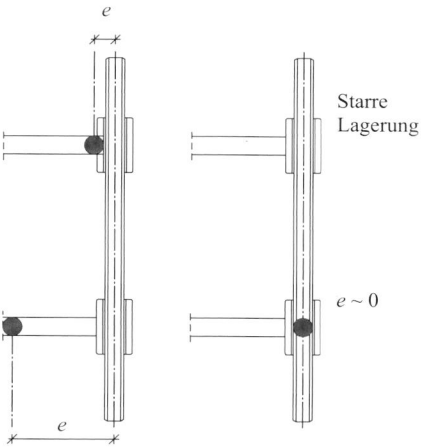

Abb. 13.13 Gelenklage bei Punkthaltern

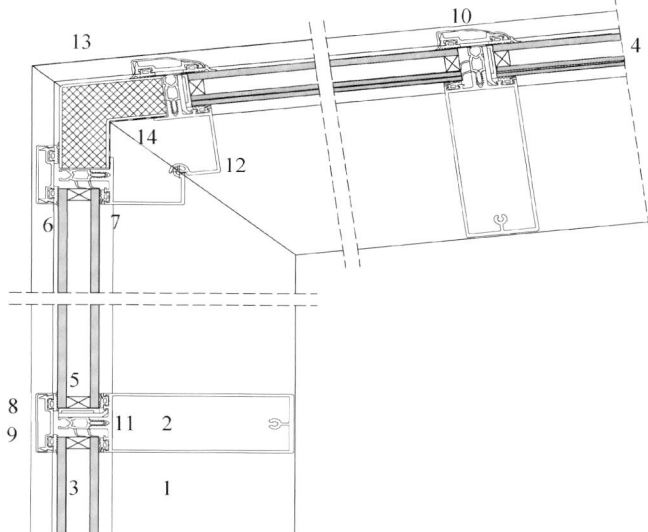

Abb. 13.15 Vertikalschnitt a–a nach System Schüco FW 50+.
1 Pfostenprofil, *2* Riegelprofil, *3* Vertikalverglasung,
4 Überkopfverglasung, *5* Klotzbrücke, *6* Äußere Dichtung,
7 Innere Dichtung, *8* Pressleiste, *9* Deckschale,
10 Deckschale im Überkopfbereich, *11* Isolatorprofil, *12* Eckriegel,
13 Aluminiumpaneel, *14* Dampfdichte Folie

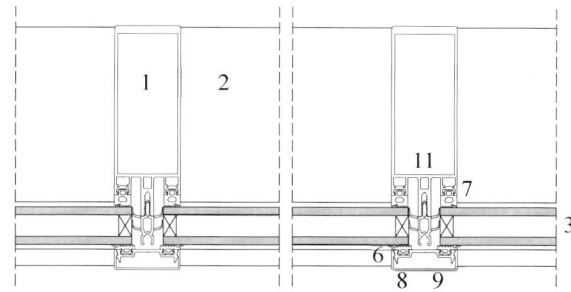

Abb. 13.16 Horizontalschnitt b–b nach System Schüco FW 50+.
1 Pfostenprofil, *2* Riegelprofil, *3* Vertikalverglasung,
6 Äußere Dichtung, *7* Innere Dichtung, *8* Pressleiste,
9 Deckschale, *11* Isolatorprofil,

in der Glasebene, außerhalb der Glasebene oder an der Befestigung des Punkthalters an der Unterkonstruktion befinden. Aus der Lage des Gelenkes resultieren unterschiedliche Beanspruchungen der Glasscheibe. Die Tragsicherheit der Glasscheibe ist unter Berücksichtigung aller Einflüsse aus Geometrie des Punkthalters, statischem System, Materialeigenschaften der Zwischenschichten und Belastung mittels einer geeigneten Berechnung, zum Beispiel mit der Finite Elemente Methode, nachzuweisen. Konstruktiv sind Möglichkeiten zum Ausgleich des unvermeidbaren Versatzes bei VSG sowie allgemeiner Toleranzen vorzusehen.

13.9 Konstruktion im Detail

Die Pfosten-Riegel-Konstruktion hat sich als klassischer Fassadentyp herausgebildet. In dieser Konstruktionsart wird die Belastung der raumabschließenden Verglasung auf die Unterkonstruktion übertragen. Als Pfosten-Riegel-Konstruk-

tion bezeichnet man eine Sprossenkonstruktion im Sinne einer geschosshohen oder geschossübergreifenden Vorhangwand, die durch vertikale Pfosten und horizontale Riegel nach außen sichtbar gegliedert ist. Diese Grundkonstruktion kann mit Festverglasungen, Fensterflügeln oder Sandwich-Paneelen ausgefacht werden. Die Abb. 13.14 bis 13.16 zeigen beispielhaft den Aufbau einer Pfosten-Riegel-Konstruktion.

13.9.1 Allgemeines

Die Normenreihe DIN 18008 fasst Bemessungs- und Konstruktionsregeln für Glas im Bauwesen in bisher sechs vorliegenden Teilen zusammen. Teil 1 der Normenreihe legt die

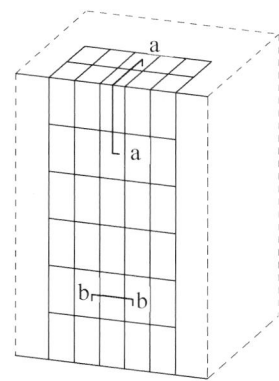

Abb. 13.14 Prinzip Pfosten-Riegel-Fassade: a–a Vertikalschnitt, b–b Horizontalschnitt

für alle Teile der Normenreihe geltenden Grundlagen fest, die nicht in den Geltungsbereich der DIN EN 16612 fallen (der Anwendungsbereich umfasst alle die in DIN EN 1990 aufgeführten Schadensfolgeklassen CC1 bis CC3, unterhalb dieser gilt die DIN EN 16612). Glasprodukte mit Nennglasdicken der einzelnen Scheiben von 2 bis 25 mm fallen in den Anwendungsbereich der Norm. Die Norm regelt ebenfalls die Nachweise im Grenzzustand der Tragfähigkeit für nichttragende innere Glastrennwände einschließlich beweglicher Trennwände.

Im Sinne der Norm wird ausfachendes Glas planmäßig nur durch Eigengewicht und Querlasten (Wind, Schnee, ggf. Eislast, ggf. Klimalast) beansprucht. Die Resttragfähigkeit beschreibt die Fähigkeit einer Verglasungskonstruktion, im Falle eines festgelegten Zerstörungszustandes unter definierten Einflüssen (z. B. Last, Temperatur) über einen ausreichenden Zeitraum standsicher/tragfähig zu bleiben. Als Überkopfverglasung wird eine Horizontalverglasung mit Verkehrsfläche/Zugänglichkeit für Personen unterhalb der Verglasung definiert.

Anstelle von rechnerischen Nachweisen dürfen auch versuchstechnische geführt werden, sofern Durchführung und Auswertung der Versuche nach Norm geregelt sind. Zur Erbringung bauartspezifischer Anforderungen darf der Nachweis ausreichend resttragfähiger Verglasungen experimentell nach Anhang B.1 geführt werden. Der Anhang definiert Versuchsbedingungen und Versuchsaufbau, Versuchsdurchführung und Bedingungen für den Entfall des versuchstechnischen Nachweises. Der Nachweis gilt auch als erfüllt, wenn konstruktive Bedingungen der Normen dieser Reihe eingehalten werden. Alternativ kann der Nachweis auch rechnerisch erbracht werden. Für VSG werden die Eigenschaften nach Anhang B.2 vorausgesetzt.

Teil 2 für linienförmig gelagerte Verglasungen gilt in Verbindung mit Teil 1 für Verglasungen, die entweder an mindestens zwei Stellen mit mechanischen Verbindungsmitteln (Pressleisten, Glasleisten) gelagert sind oder für Vertikalverglasungen, die an mindestens einer Seite mit ausreichender Einspanntiefe durchgehend linienförmig gelagert sind. Für betretene, begangene oder befahrbare Verglasungen, Absturzsicherungen oder Abschrankungen oder unter Flüssigkeitslast stehende Verglasungen sind weitere Anforderungen zu berücksichtigen. Nicht geregelt sind geklebte Konstruktionen oder aussteifende Verglasungen.

Für folgende allseitig linienförmig gelagerte Konstruktionen ist ohne weiterführende Klassifizierung mit geringer Schadensfolge zu rechnen:
- MIG bis 0,4 m²
- MIG bis 2,0 m² mit folgenden Mindestdicken:
  - 4 mm bei monolithischem Einfachglas
  - 3 mm bei monolithischen Einfachgläsern aus TVG oder ESG
  - Verbund-Sicherheitsglas aus 2 mm Einfachgläsern

- 2 mm bei monolithischen Einfachgläsern aus TVG oder ESG im Scheibenzwischenraum von Dreischeiben-Isolierglas

Für MIG kann der Nachweis der Trag- und Gebrauchstauglichkeit alternativ, wie folgt beschrieben, erbracht werden.

1) Der Nachweis der Tragsicherheit darf abweichend mit Teilsicherheitsbeiwerten für Klimaeinwirkungen von 1,0 geführt werden.
   Unterschreitet die Länge der kürzeren Kante den Wert von 500 mm (Zweischeiben-Isolierglas) und 700 mm (Dreischeiben-Isolierglas), so erhöht sich jedoch bei Scheiben aus thermisch nicht vorgespanntem Floatglas das Bruchrisiko infolge von Klimaeinwirkungen.
2) Sollte der Nachweis nach 1) die Bedingung (1) der DIN 18008-1 ($E_d \leq R_d$) nicht erfüllen, darf der Nachweis der Tragfähigkeit unter Annahme von rechnerischem Glasbruch der schwächeren Einzelscheiben geführt werden. Dabei ist allein für die verbleibende Einfachglasscheibe mit der vergleichsweise größten Tragfähigkeit der Mehrscheiben-Isolierglaseinheit ein Nachweis entsprechend 6.1 der DIN 18008-2 zu führen.
3) Wird der Nachweis im Grenzzustand der Tragfähigkeit nach 2) geführt, so ist zudem ein Nachweis der maximalen Hauptzugspannungen im Grenzzustand der Gebrauchstauglichkeit (am ungebrochenen Gesamtsystem) zu führen. Hierbei sind die Einwirkungen entsprechend DIN EN 1990:2010-12, 6.5.3(2)a) und DIN EN 1990/NA:2010-12, Gleichung (6.14c), (charakteristische Kombination) anzusetzen. Auf der Widerstandsseite darf der Teilsicherheitsbeiwert für den Widerstand von thermisch entspanntem Glas auf $\gamma_M = 1,2$ reduziert werden.
4) Als Gebrauchstauglichkeitskriterium für den Nachweis der Durchbiegung darf 1/65 der Stützweite angesetzt werden.

Die technische Regel DIN 18008 Teil 2 braucht nicht angewendet zu werden für Dachflächenfenster in Wohnungen und Räumen ähnlicher Nutzung (z. B. Hotelzimmer, Büroräume) mit einer Lichtfläche (Rahmen-Innenmaß) bis zu 1,6 m² bzw. Verglasungen von Kulturgewächshäusern/Produktionsgewächshäusern. Der Teil 3, Zusatzanforderungen für punktförmig gelagerte Verglasungen, regelt mit Randklemmhaltern oder Tellerhaltern gestützte Verglasungen. Zusätzliche Anforderungen für absturzsichernde Verglasungen werden im Teil 4 und für begehbare Verglasungen im Teil 5 geregelt. Bis zur baurechtlichen Einführung von Teil 6 bleiben für Reinigungs- und Wartungszwecke bedingt betretbare Verglasungen nicht geregelte Bauarten.

Spezielle Anforderungen nach DIN 18008-1
- Thermisch vorgespannte Scheiben sind auf Kantenverletzungen zu prüfen. Scheiben mit Kantenverletzungen tiefer als 15 % der Scheibendicke dürfen nicht eingebaut werden.

- Verwendete Materialien müssen dauerhaft beständig gegenüber zu berücksichtigenden Einflüssen sein (z. B. UV-Bestrahlung).
- Die Lagerung des Glases muss unter Vermeidung unplanmäßiger lokaler Spannungsspitzen erfolgen.
- Anschlüsse an die Unterkonstruktion müssen Toleranzen aus Glasherstellung und Unterkonstruktion ausgleichen können.
- Bemessungsrelevante Zwangsbeanspruchungen sind dauerhaft konstruktiv auszuschließen oder bei der Bemessung zu berücksichtigen.
- Ecken und Ausschnitte sind ausgerundet herzustellen.
- Bohrungen und Ausschnitte müssen durchgehend sein und sind nur bei thermisch vorgespannten Gläsern zulässig.
- Die verbleibende Glasbreite zwischen Bohrungen und/oder Ausschnitten muss mindestens 80 mm betragen. Sofern der Abstand zwischen Bohrungen oder Bohrung und Glaskante < 80 mm ist, so ist bei der Bemessung am Bohrungsrand der Bemessungswert des Tragwiderstandes des jeweiligen Basisglases zugrunde zu legen.

Spezielle Anforderungen nach DIN 18008-2
- Der Glaseinstand muss die Standsicherheit der Verglasung langfristig gewährleisten. Der Mindestglaseinstand beträgt 10 mm.
- Die linienförmige Scheibenlagerung muss beidseitig für Druck und Sog normal zur Scheibenebene wirksam sein. Bei mehrscheibigem Aufbau muss die linienförmige Lagerung für alle Scheiben wirksam sein. Für begehbare Verglasungen darf eine nur einseitig (Druck) wirksame linienförmige Stützung ausgeführt werden, wenn der Nachweis der Lagesicherheit im Grenzzustand der Tragfähigkeit erfüllt wird.
- Eine Seite gilt als linienförmig gelagert, wenn bezogen auf die aufgelagerte Scheibenlänge der Bemessungswert der Durchbiegung der Unterkonstruktion nicht größer als 1/200 ist.
- Die Verglasungen sind fachgerecht zu verklotzen.
- Kanten von Drahtglas dürfen nicht ständig der Feuchtigkeit ausgesetzt sein. Freie Kanten dürfen der Bewitterung ausgesetzt werden, wenn deren Abtrocknung nicht behindert wird.

Für Vertikalverglasungen verwendbare Glasarten nach DIN 18008-2 (Vertikalverglasung nach Abb. 13.17)
- Monolithische Einfachgläser grob brechender Glasarten (Floatglas, TVG, gezogenes Flachglas, Ornamentglas) und Verbundglas (VG), deren Oberkante > 4 m über Verkehrsflächen liegen, müssen allseitig gelagert sein. Monolithische Glasscheiben in MIG können im Randverbund als gelagert betrachtet werden.

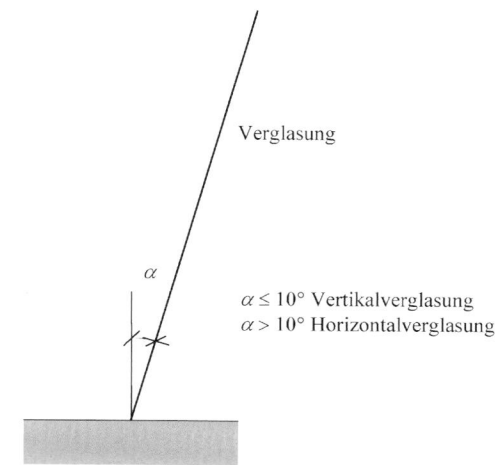

Abb. 13.17 Definition einer Vertikal- und Überkopfverglasung. Im Weiteren beziehen sich konstruktive Vorgaben auf den Regelfall einer Überkopfverglasung. Diese entspricht einer Horizontalverglasung mit Verkehrsfläche/Zugänglichkeit für Personen unterhalb der Verglasung

- Monolithische Einfachgläser oder äußere monolithische Scheiben von MIG aus ESG und heißgelagertem ESG dürfen aufgrund der Versagenswahrscheinlichkeit durch Nickelsulfid-Einschlüsse (Spontanbrüche) nur eingebaut werden, wenn die Oberkante höchstens 4 m über Verkehrsflächen liegt.
- Davon abweichend darf heißgelagertes ESG als monolithisches Einfachglas oder äußere monolithische Scheibe von MIG ohne Begrenzung der Einbauhöhe verwendet werden, wenn durch geeignete Maßnahmen (Anhang C) die Versagenswahrscheinlichkeit durch Nickelsulfid-Einschlüsse so reduziert wird, dass Verglasungskonstruktionen ausreichend sicher errichtet werden können (Mindestwert Zuverlässigkeitsindex $\beta = 4{,}7$ (Bezugszeitraum 1 Jahr) bzw. $\beta = 3{,}8$ (Bezugszeitraum 50 Jahre) nach DIN EN 1990:2010-12). Anhang C beschreibt die Maßnahmen, die nach dem Stand der Technik geeignet sind, die erforderliche Reduzierung der Versagenswahrscheinlichkeit durch NiS-Einschlüsse sicherzustellen. Auf diese Vorgaben wurden die Gütezeichen für ESG-HF entwickelt.

Für Überkopfverglasungen verwendbare Glasarten nach DIN 18008-2 (Horizontalverglasung nach Abb. 13.17)
- Zum Schutz von Verkehrsflächen darf für Einfachgläser bzw. das untere Einfachglas von MIG nur VSG aus Floatglas oder VSG aus TVG oder Drahtglas verwendet werden.
- Bei VSG aus mehr als zwei Glasscheiben müssen die beiden unteren Glasscheiben aus grobbrechenden Glasarten bestehen.

Spezielle Anforderungen an Horizontalverglasungen nach DIN 18008-3

- Verglasungen sind als Einfachverglasungen mit VSG aus TVG mit Glasscheiben gleicher Dicke (mindestens 2 × 6 mm) und PVB-Folie mit einer Nenndicke ≥ 1,52 mm auszuführen.
- Eine Schwächung des von äußeren Punkthaltern eingeschlossenen Innenbereichs mit Bohrungen, Öffnungen oder Ausschnitten ist nicht zulässig.
- Auskragungen von VSG sind auf ≤ 300 mm vom Bohrlochrand beschränkt.
- Bei Kombination einer linienförmigen Lagerung nach DIN 18008-2 mit punktförmiger Lagerung dürfen die durch Linien- und Punktlager aufgespannten Winkel höchstens 120° betragen. Der Abstand von Linien- zu Punktlager ist max. 1200 mm.
- Der Abstand zwischen den Bohrungen und zum Rand muss mindestens 80 mm betragen.
- Kombinationen aus linienförmiger Lagerung nach DIN 18008-2 und Randklemmung sind zulässig. Die Verglasungen können zur Befestigung von Klemmleisten durchbohrt werden. Die Abstände der Randklemmhalter dürfen nicht größer als 300 mm, die Klemmfläche jeweils nicht kleiner als 1000 mm² und die Glaseinstandstiefe nicht kleiner als $s = 25$ mm sein.

Spezielle Anforderungen an Vertikalverglasungen nach DIN 18008-3

- VSG aus ESG, heißgelagertem ESG oder TVG dürfen, jeweils gebohrt oder geklemmt, verwendet werden.
- Bei Verwendung von Klemmhaltern dürfen außerdem folgende Glaserzeugnisse genutzt werden: heißgelagertes ESG mit minimaler Scheibendicke von 6 mm, VSG aus FG, MIG aus heißgelagertem ESG, TVG, FG oder VSG aus diesen Produkten.
- Bei einer Kombination linienförmiger Lagerung nach DIN 18008-2 mit punktförmiger Lagerung dürfen die durch die Linien- und Punktlager aufgespannten Innenwinkel höchsten 120° betragen.

Spezielle Anforderungen an begehbare Verglasungen nach DIN 18008-5 mit nachgewiesener Stoßsicherheit und Resttragfähigkeit

- Die Verglasung besteht aus VSG mit mindestens drei Scheiben. Die oberste Scheibe muss aus ESG bzw. heißgelagertem ESG oder TVG, die unteren Scheiben aus FG oder TVG bestehen. Die Nenndicke der Zwischenfolie aus PVB beträgt ≥ 1,52 mm.
- Die maximalen Abmessungen der Verglasung sind auf 2000 mm × 1400 mm beschränkt.
- Die Verglasung ist allseitig und durchgehend linienförmig zu lagern und in Scheibenebene durch geeignete mechanische Halterungen in der Lage zu sichern.

- In Abhängigkeit der Scheibenabmessung muss der Glaseinstand ≥ 30 mm bzw. ≥ 35 mm sein. Die Auflager müssen aus Silikon, EPDM oder Gummi mit einer Shore-A-Härte von 60 bis 80 und 5 mm bis 10 mm Dicke bestehen. Die Kanten sind durch die Stützkonstruktion oder angrenzende Scheiben vor Stößen zu schützen.

13.9.2 Bemessungsverfahren

Die Bemessung von Glas im Bauwesen erfolgt durch die Nachweise der Tragfähigkeit und der Gebrauchstauglichkeit nach dem semi-probabilistischen Sicherheitskonzept sowie dem Nachweis der Resttragfähigkeit. Für den Nachweis der Tragfähigkeit und der Gebrauchstauglichkeit werden die Bemessungswerte der Einwirkungen nach EN 1990 ermittelt. Der Tragfähigkeitsnachweis wird nur für die Hauptzugspannung im Glasbauteil geführt. Die DIN 18008-1 stellt zusätzliche, für den Glasbau erforderliche Kombinationsbeiwerte bereit (Tafel 13.11).

Der Bemessungswert des Widerstandes gegen Spannungsversagen für Basisgläser, zum Beispiel Floatglas, ermittelt sich aus der Biegezugfestigkeit von Floatglas, den konstruktions- und zeitabhängigen Beiwerten k_c und k_{mod} sowie dem Materialsicherheitsfaktor. Aufgrund des zeitabhängigen Widerstandswertes müssen Lastfallkombinationen unterschiedlicher Einwirkungsdauer gebildet werden. Werden Lastfälle unterschiedlicher Lasteinwirkungsdauer zu einer Lastfallkombination überlagert, wird der k_{mod}-Wert durch den Lastfall mit der kürzesten Lasteinwirkungsdauer definiert (Tafeln 13.12 bis 13.14).

Für vorgespannte Gläser entfällt der zeitabhängige Modifikationsbeiwert.

Bei planmäßig unter Zugbeanspruchung stehenden Kanten (z. B. zweiseitige Lagerung) von Scheiben ohne thermi-

Tafel 13.11 Kombinationsbeiwerte ψ nach DIN 18008-1, Tabelle 5

Einwirkung	ψ_0	ψ_1	ψ_2
Einwirkungen aus Klima (Änderung der Temperatur und Änderung des meteorologischen Luftdrucks) sowie temperaturinduzierte Zwängungen	0,6	0,5	0,0
Montagezwängungen	1,0	1,0	1,0
Holm- und Personenlasten	0,7	0,5	0,3

Tafel 13.12 Rechenwerte für den Modifikationsbeiwert k_{mod} nach DIN 18008-1

Einwirkungsdauer	Beispiele	Modifikationsbeiwert k_{mod}
Ständig	Eigengewicht, Ortshöhendifferenz	0,25
Mittel	Schnee, Temperaturänderung und Änderung des meteorologischen Luftdruckes	0,40
Kurz	Wind, Holmlast	0,70

Tafel 13.13 Bemessungsgröße Tragwiderstand

Basisglas	Thermisch vorgespanntes Glas
$R_d = \dfrac{k_{mod} \cdot k_c \cdot f_k}{\gamma_M}$	$R_d = \dfrac{k_c \cdot f_k}{\gamma_M}$
$k_c = 1,8$, $\gamma_M = 1,8$ ($\gamma_M = 1,9$ für 2 mm dicke Glasscheiben) für linienförmig gelagerte Verglasungen nach 18008-2	$k_c = 1,0$, $\gamma_M = 1,5$ ($\gamma_M = 1,6$ für 2 mm dicke Glasscheiben)

Tafel 13.14 Charakteristische Biegezugfestigkeit

Glasprodukt		f_k	Produktnorm
FG		45 N/mm^2	DIN EN 572-1
TVG		70 N/mm^2	DIN EN 1863-2
ESG		120 N/mm^2	DIN EN 12150-2
Emailliertes TVG		45 N/mm^2	DIN EN 1863-2
Emailliertes ESG		75 N/mm^2	DIN EN 12150-2
Thermisch vorge-spanntes Profilbauglas	Flansch	120 N/mm^2	DIN EN 15683-1
	Steg	66 N/mm^2	DIN EN 15683-1

sche Vorspannung dürfen nur 80 % der charakteristischen Biegezugfestigkeiten angesetzt werden. Bei der Verwendung von VSG oder VG dürfen die Bemessungswerte des Tragwiderstandes pauschal um 10 % erhöht werden.

Durch den Vergleich der Bemessungsgröße der Einwirkungen mit der Bemessungsgröße des Widerstandes werden die Nachweise der Tragfähigkeit (Hauptzugspannungen) und der Gebrauchstauglichkeit (Durchbiegungen) geführt.

Die maximalen Hauptzugspannungen und die maximalen Durchbiegungen können für zweiseitig und allseitig linienförmig gelagerte rechteckige Verglasungen sowie für punktförmig gelagerte rechteckige Verglasungen mit den Beiwerten aus den Tafeln 13.15 und 13.16 ermittelt werden. Die Beiwerte sind auf Grundlage der linearen Plattentheorie nach Kirchhoff unter Berücksichtigung der Querdehnzahl $\mu = 0,23$ von Glas angegeben. Die Angaben beziehen sich auf eine konstante Flächenlast, die den häufigsten Lastfällen Eigengewicht g, Verkehrslast p, Schneelast s, Windlast

w und Klimalast k entspricht. Die Beiwerte ermitteln sich in Abhängigkeit vom Stützweitenverhältnis l_y/l_x, für zweiseitig linienförmig gelagerte Verglasungen wird das ideelle Stützweitenverhältnis $l_y/l_x = \infty$ angenommen. Die Berechnungsformeln der maximalen Hauptzugspannungen, der erforderlichen Glasdicke und der maximalen Durchbiegung sind unter den Gleichungen (13.1) und (13.2) angegeben.

Maximale Hauptzugspannungen σ_{max}

$$\text{vorh. } \sigma_{max} = \frac{p \cdot l_x^2}{n \cdot d^2} \tag{13.1}$$

Maximale Durchbiegung w_{max}

$$\text{vorh. } w_{max} = \frac{k \cdot p \cdot l_x^4}{E \cdot d^3} \tag{13.2}$$

13.9.2.1 Vereinfachtes Verfahren für den Nachweis der Tragfähigkeit und der Gebrauchstauglichkeit von punktgestützten Verglasungen

Neben der Anwendung eines detaillierten numerischen Modells können für punktförmig gestützte Einfachverglasungen (monolithisch und VSG) mit Tellerhalten gemäß DIN 18003-3 Anhang C die Nachweise im Grenzzustand der Tragfähigkeit und Gebrauchstauglichkeit auch durch ein vereinfachtes Verfahren erbracht werden. Das Grundprinzip besteht darin, dass die Auflagerreaktionen von an FE-Knoten gehaltenen Platten durch entsprechende geometrische Beiwerte erhöht werden, um daraus die am Bohrlochrand entstehenden Hauptzugspannungen auf der sicheren Seite abzubilden. Durch das Verfahren werden keine Spannungskonzentrationen an Bohrlöchern, die nicht am Lastabtrag beteiligt sind, erfasst. Die Anwendung des Verfahrens setzt ein Mindestlochspiel bei den Tellerhaltern von mindestens 1 mm voraus.

13.9.2.2 Nachweis im Grenzzustand der Tragfähigkeit

Der Nachweis erfolgt mittels der Finite-Elemente-Methode an einer punktförmig, elastisch gelagerten Platte. Die Teller-

Tafel 13.15 Beiwerte n und k für linienförmig gelagerte Verglasungen

l_y/l_x	1,0	1,1	1,2	1,3	1,4	1,5	1,6	1,7	1,8	1,9	2,0	∞
n	3,682	3,148	2,768	2,485	2,272	2,103	1,975	1,870	1,787	1,715	1,658	1,333
k	0,046	0,055	0,064	0,072	0,080	0,088	0,094	0,101	0,104	0,111	0,115	0,156

Tafel 13.16 Beiwerte n und k für punktförmig gelagerte Verglasungen[a]

l_y/l_x[b]	1,0	1,1	1,2	1,3	1,4	1,5	1,6	1,7	1,8	1,9	2,0
n	1,150	0,968	0,830	0,720	0,630	0,555	0,493	0,483	0,393	0,353	0,318
k	0,271	0,329	0,410	0,519	0,667	0,857	1,093	1,386	1,723	2,121	2,575

[a] Die Beiwerte sind für vier jeweils in den Eckbereichen angeordnete Punktlochhalter oder Randklemmhalter angegeben. Es handelt sich um Näherungswerte der Feldspannungen für eine überschlägige Bemessung. Möglicherweise maßgebende Hauptzugspannungen im Bohrlochrand werden nicht erfasst.
[b] Die Stützweiten l_x und l_y ergeben sich aus den Abständen der Punkthalter. Die Mindest- und Maximalrandabstände sind einzuhalten.

halter sind als Balkenelemente mit Ersatzfedern (Wegfedern in x-, y- und z-Richtung und Drehfedern um x- und y-Achse, z-Achse orthogonal zur Plattenebene) abzubilden, um Exzentrizitäten und Haltersteifigkeiten zu berücksichtigen. Der Bemessungswert der Beanspruchung E_d an der Bohrung ergibt sich aus (13.3). Die Einwirkung errechnet sich aus drei lokalen und einem globalen Spannungsanteil.

$$E_\mathrm{d} = \sigma_{F_z,\mathrm{d}} + \sigma_{F_{res},\mathrm{d}} + \sigma_{M_{res},\mathrm{d}} + k \cdot \sigma_{g,\mathrm{d}} \qquad (13.3)$$

$$\sigma_{F_z} = \frac{b_{F_z} \cdot t_{ref}^2 \cdot F_z}{d^2 \cdot t_i^2} \qquad (13.4)$$

$$\sigma_{res} = \frac{b_{F_{res}} \cdot t_{ref} \cdot F_{res}}{d^2 \cdot t_i} \qquad (13.5)$$

$$\sigma_{M_{res}} = \frac{b_M \cdot t_{ref}^2 \cdot M_{res}}{d^3 \cdot t_i^2} \qquad (13.6)$$

mit:

E_d Bemessungswert der Beanspruchung an der Bohrung [N mm^2]

σ_{F_z} lokale Spannungskomponente für die korrespondierende Auflagerkraft F_z [N/mm^2]

$\sigma_{F_{res}}$ lokale Spannungskomponente für die korrespondierende Auflagerkraft F_{res} [N/mm^2]

$\sigma_{M_{res}}$ lokale Spannungskomponente für das korrespondierende Moment M_{res} [N/mm^2]

k Spannungskonzentrationsfaktor [–]

σ_g globaler Spannungsanteil [N/mm^2]

b_{F_z} Spannungsfaktor für die Komponente F_z [–]

t_{ref} Referenzglasdicke ($= 10$) [mm]

F_i Auflagerkraft in Koordinatenrichtung i [N]

M_i Auflagermoment um die Koordinatenachse i [N mm]

d Bohrungsdurchmesser [mm]

t_i Glasdicke der Scheibe i [mm]

$b_{F_{res}}$ Spannungsfaktor für die Komponente F_{res} [–]

F_{res} resultierende Auflagerkraft in Plattenebene aus den Kräften F_x und F_y [N]

b_M Spannungsfaktor für die Komponente M_{res} [–]

M_{res} resultierendes Auflagermoment aus den Momenten M_x und M_y [N mm]

Die Auflagerreaktionen F_z, F_{res} und M_{res} werden mit Hilfe dimensionsloser Spannungsfaktoren in lokale Spannungskomponenten entsprechend der Gleichungen (13.4) bis (13.6) umgerechnet. Für Tellerhalter mit Trennmaterialien, deren Steifigkeiten im Bereich der Tafel 13.17 liegen, können die Spannungsfaktoren anhand der Tafel 13.18 verwendet werden.

Der globale Spannungsanteil $k \cdot \sigma_{g,\mathrm{d}}$ basiert auf der in der FE-Plattenberechnung infolge der Belastung berechneten maximalen Hauptzugspannung σ_g auf der kreisförmigen Begrenzung des „lokalen Bereichs" nach (13.7). Der „lokale Bereich" bezeichnet das kreisförmige Gebiet ($R = 3 \cdot d$),

Tafel 13.17 Anhaltswerte der rechnerischen Materialsteifigkeiten von Trennmaterialien

Trennmaterialien	Elastomere	Thermoplaste	Verguss	Reinaluminium[a]
Rechnerischer E-Modul E [N/mm^2]	5–200	10–3000	1000–3000	69.000
Querdehnzahl μ [–]	0,45	0,3–0,4	0,3–0,4	0,3

[a] Werkstoff-Nr.: EN AW 1050A (Al 99,5), Zustand weich O/H111 nach DIN EN 573-3

dass jeden Tellerhalter umgibt. Der Mittelpunkt des lokalen Bereichs entspricht dem Bohrungsmittelpunkt und der Radius R des lokalen Bereichs entspricht dem Dreifachen des Bohrungsdurchmessers d.

$$\sigma_g = \max \sigma_1 \quad (R = 3 \cdot d) \qquad (13.7)$$

Die Beanspruchung im Feldbereich ist bei einer in Scheibenebene gelenkigen und statisch bestimmten Lagerung zu berechnen. Der Bemessungswert der Beanspruchung E_d im Feldbereich der Platte an den maßgebenden Stellen ist nach (13.8) zu ermitteln.

$$E_\mathrm{d} = \max \sigma_{1,\mathrm{d}} \qquad (13.8)$$

Zur Ermittlung der Auflagerreaktionen und Verformungen einer Verbundsicherheitsglasscheibe ohne Berücksichtigung der Verbundwirkung ist die Ersatzdicke t_e nach (13.9) anzusetzen. Der Bemessungswert der Beanspruchung E_d für den Nachweis der Tragfähigkeit der Glasschicht i im Punkthalterbereich ergibt sich für VSG aus (13.10). Die dazugehörigen Lastverteilungsfaktoren δ können nach Tafel 13.21 ermittelt werden. Ein Bohrungsversatz bzw. Toleranzausgleich durch die unterschiedlichen Bohrungsdurchmesser ist zu berücksichtigen und der Anteil aus F_{res} gegebenenfalls nur der maßgebenden Glasschicht zuzuweisen.

$$t_\mathrm{e} = \sqrt[3]{\sum t_i^3} \qquad (13.9)$$

$$E_\mathrm{d} = \delta_z \cdot \sigma_{F_z,\mathrm{d}} + \delta_{R_{res}} \cdot \sigma_{R_{res},\mathrm{d}} + \delta_M \cdot \sigma_{M_{res,\mathrm{d}}} + k \cdot \delta_g \cdot \sigma_{g,\mathrm{d}} \qquad (13.10)$$

13.9.2.3 Nachweis im Grenzzustand der Gebrauchstauglichkeit

Für die Ermittlung der Verformungen ist von einer gelenkigen und statisch bestimmten Lagerung in Scheibenebene auszugehen. Als Bemessungswert des Gebrauchstauglichkeitskriteriums ist 1/100 der maßgebenden Stützweite anzusetzen.

Tafel 13.18 Dimensionslose Spannungsfaktoren für eine Referenzscheibendicke $t_{\mathrm{ref}} = 10\,\mathrm{mm}$

Bohrungsdurchmesser d [mm]	20			25			30			35		
Tellerdurchmesser T [mm]	Spannungsfaktoren											
	b_{F_z}	$b_{F_{\mathrm{res}}}$	b_{M}	b_{F_z}	$b_{F_{\mathrm{res}}}$	b_{M}	b_{F_z}	$b_{F_{\mathrm{res}}}$	b_{M}	b_{F_z}	$b_{F_{\mathrm{res}}}$	b_{M}
50	10,10	3,13	2,77	15,80	3,92	6,17	–	–	–	–	–	–
55	10,10	3,13	2,36	15,80	3,92	5,32	22,75	4,70	10,10	–	–	–
60	10,10	3,13	2,02	15,80	3,92	4,63	22,75	4,70	8,88	30,98	5,48	15,12
65	10,10	3,13	1,75	15,80	3,92	4,06	22,75	4,70	7,85	30,98	5,48	13,47
70	10,10	3,13	1,52	15,80	3,92	3,57	22,75	4,70	6,98	30,98	5,48	12,09
75	10,10	3,13	1,35	15,80	3,92	3,16	22,75	4,70	6,24	30,98	5,48	10,90
80	10,10	3,13	1,23	15,80	3,92	2,81	22,75	4,70	5,59	30,98	5,48	9,85

Bohrungsdurchmesser d [mm]	40			45			50			55		
Tellerdurchmesser T [mm]	Spannungsfaktoren											
	b_{F_z}	$b_{F_{\mathrm{res}}}$	b_{M}	b_{F_z}	$b_{F_{\mathrm{res}}}$	b_{M}	b_{F_z}	$b_{F_{\mathrm{res}}}$	b_{M}	b_{F_z}	$b_{F_{\mathrm{res}}}$	b_{M}
50	–	–	–	–	–	–	–	–	–	–	–	–
55	–	–	–	–	–	–	–	–	–	–	–	–
60	–	–	–	–	–	–	–	–	–	–	–	–
65	40,47	6,26	21,26	–	–	–	–	–	–	–	–	–
70	40,47	6,26	19,18	51,22	7,05	28,54	–	–	–	–	–	–
75	40,47	6,26	17,37	51,22	7,05	25,99	63,24	7,83	36,97	–	–	–
80	40,47	6,26	15,78	51,22	7,05	23,74	63,24	7,83	33,93	76,53	8,61	46,56

Tafel 13.19 Spannungskonzentrationsfaktor k in Abhängigkeit von der Tellerhalterposition

Halter im Eckbereich	$B < L/10$, $k = 1{,}0$
	$B \geq L/10$, k nach Tafel 13.20
Halter im Durchlaufbereich	k nach Tafel 13.20

Tafel 13.20 Spannungskonzentrationsfaktor k für zylindrische Bohrungen

Bohrungsdurchmesser d [mm]	15	20	25	30	35	40
Glasdicke t [mm]	Spannungskonzentrationsfaktor k					
6	1,6	1,6	1,6	1,6	1,5	1,5
8	1,6	1,6	1,6	1,6	1,6	1,6
10	1,6	1,6	1,6	1,6	1,6	1,6
12	1,7	1,7	1,7	1,7	1,6	1,6
15	1,9	1,8	1,7	1,7	1,7	1,7

Tafel 13.21 Lastverteilungsfaktoren δ_z, $\delta_{R_{\mathrm{res}}}$, δ_{M}, δ_{g}

δ_z	$\delta_{R_{\mathrm{res}}}$	δ_{M}	δ_{g}
$\dfrac{t_i^3}{\sum_{i=1}^{n} t_i^3}$	$\dfrac{t_i}{\sum_{i=1}^{n} t_i}$	$\dfrac{t_i^3}{\sum_{i=1}^{n} t_i^3}$	$\dfrac{t_i}{t_e}$

13.9.3 Vertikalverglasungen

Die DIN 18008-2 gilt in Verbindung mit der DIN 18008-1 für Verglasungen, die entweder an mindestens zwei Seiten mit mechanischen Verbindungsmitteln, wie bspw. verschraubten Pressleisten oder Glasleisten, gelagert sind, oder für Vertikalverglasungen, die an mind. einer Seite mit ausreichender Einspanntiefe durchgehend linienförmig gelagert sind. Verglasungen mit zusätzlichen punktförmigen Halterungen (Randklemmhalter und/oder durch Bohrungen geführte Halterungen) werden in DIN 18008-3 geregelt. Die Durchbiegungsbegrenzung für Vertikalverglasungen zeigt Tafel 13.22.

Der Nachweis der Resttragfähigkeit (DIN 18008-1, Anhang B) erfolgt an mind. zwei Versuchskörpern der geplanten Ausführung, die gleichmäßig vollflächig mit einer Flächenlast zu beaufschlagen sind. Bei Vertikalverglasungen beträgt sie mind. 20 % des charakteristischen Wertes der Windlast. Die beiden äußeren Scheiben werden durch Anschlagen mit Hammer und Körner gebrochen. Die Verglasung gilt als resttragfähig, wenn sie während der Mindeststandzeit von 24 h nicht aus der Lagerkonstruktion fällt und keine Bruchstücke herunterfallen bzw. kein heruntergefallenes Bruchstück größer ist als das nach DIN EN 12150-1 zulässige.

Tafel 13.22 Durchbiegungsbegrenzung für Vertikalverglasungen

Lagerung	Bemessungswert des Gebrauchs-tauglichkeitskriteriums
Linienförmig gelagert nach DIN 18008-2[a,b]	1/100 der Stützweite[c]
Punktförmig gelagert nach DIN 18008-3	1/100 des maßgebenden Punkt-stützungsabstandes

[a] Die Durchbiegung der Unterkonstruktion darf nicht mehr als $l_0/200$ betragen.
[b] Dieser Nachweis ist nicht erforderlich, wenn durch die einseitig angesetzte vollständige Sehnenverkürzung eine Mindestauflagerbreite von 5 mm nicht unterschritten wird.
[c] Bei einseitig eingespannten Brüstungen ist kein Nachweis erforderlich.

Anhang B.2 der DIN 18008 Teil 1 definiert Bedingungen, unter denen der versuchstechnische Nachweis entfallen kann. Die Normenteile definieren konstruktive Bedingungen oder rechnerische Nachweismethoden, die eine ausreichende Haftung und Zähigkeit der Zwischenschicht im gebrochenen Zustand voraussetzen. Dies ist gegeben bei Verwendung von:

- VSG nach DIN EN 14449,
- Zwischenschicht aus PVB, die mit Probekörpern aus 4 mm FG/0,76 mm PVB/4 mm FG nach DIN EN 12600 Klasse 1(B)1 sowie Klasse P1A nach DIN EN 356 erreicht,
- zur Folienseite orientierte Beschichtungen, die vorgenannte Nachweise erfüllen,
- TVG/ESG einseitig teil- oder vollflächig emailliert, in Laminierung ist Orientierung zur PVB-Folie zulässig.

Unter Einhaltung der nachfolgend aufgeführten Randbedingungen gelten Vertikalverglasungen nach DIN 18008 Teil 2 Anhang B als resttragfähig:

- Lagerung an mind. zwei sich gegenüberliegenden Rändern,
- allseitig linienförmig gelagerte Verglasungen,
- keine Beeinträchtigung der Resttragfähigkeit durch Bohrungen und Ausschnitte,
- VSG mit Eigenschaften nach DIN 18008 Teil 1, B.2.

13.9.4 Überkopfverglasungen

Analog zur Vertikalverglasung ist nach DIN 18008 Teil 1 der versuchstechnische Nachweis zur Sicherstellung bauartspezifischer Anforderungen an die Resttragfähigkeit der Verglasung zu erbringen. Die im Versuch aufzubringende Flächenlast für Horizontalverglasungen ergibt sich nach DIN EN 1990/NA abzüglich des charakteristischen Wertes der ständigen Eigenlast, beträgt mind. jedoch 0,5 kN/m². Die untere und obere Scheibe des Glasaufbaus werden im Ver-

Tafel 13.23 Durchbiegungsbegrenzungen für Horizontalverglasungen

Lagerung	Durchbiegungsbegrenzung
Linienförmig gelagert nach DIN 18008-2[a,b]	1/100 der Stützweite in Haupttragrichtung
Punktförmig gehalten nach DIN 18008-3	1/100 des maßgebenden Punktstützungsabstandes

[a] Ein Nachweis für die untere Isolierglasscheibe im außergewöhnlichen Szenario „Versagen obere Scheibe" ist nicht notwendig.
[b] Die Durchbiegung der Unterkonstruktion darf nicht mehr als $l_0/200$ betragen.

such mit Hammer und Körner je nach Glasart (grob oder nicht grob brechend) gebrochen. Für MIG ist zusätzlich ohne Flächenlast zu untersuchen, wie sich die Resttragfähigkeit bei Zerstörung der zwei äußeren Scheiben im unteren VSG mit Auflast durch die gebrochene obere Scheibe darstellt. Die Verglasung gilt als resttragfähig, wenn sie während der Mindeststandzeit von 24 h nicht aus der Lagerkonstruktion fällt und keine Bruchstücke herunterfallen bzw. kein heruntergefallenes Bruchstück größer ist als das nach DIN EN 12150-1 zulässige. Auch hier kann auf versuchstechnische Nachweise verzichtet werden, wenn die Bedingungen nach Anhang B.2, wie bereits unter Vertikalverglasungen erläutert, erfüllt werden können.

DIN 18008 Teil 2, Anhang B benennt Randbedingungen für Überkopfverglasungen, deren Resttragfähigkeit erbracht ist:

- Verglasungen sind an mind. zwei sich gegenüberliegenden Rändern zu lagern,
- Ausschnitte und Bohrungen dürfen die Resttragfähigkeit nicht beeinträchtigen,
- VSG werden Eigenschaften nach DIN 18008 Teil 1, B.2 vorausgesetzt,
- VSG aus TVG darf Bohrungen zur Befestigung von Klemmleisten haben,
- VSG mit Stützweiten > 1,2 m ist allseitig zu lagern,
- der minimal verbleibende Glaseinstand unter Berücksichtigung aller Toleranzen beträgt 10 mm,
- die Nenndicke der Folie in VSG muss mind. $t_{Folie} = 0,76$ mm betragen; bei allseitiger Lagerung bei max. Stützweite in Haupttragrichtung von 0,8 m kann die Nenndicke der Folie $t_{Folie} = 0,38$ mm betragen,
- der freie Rand von VSG (parallel und senkrecht zur Lagerung) darf max. 30 % der Auflagerlänge, jedoch max. 300 mm über das Linienlager auskragen. Die Auskragung innerhalb des VSG (z. B. Tropfkanten) darf max. 30 mm sein.
- Drahtglas darf nur bis zu einer Stützweite von 0,7 m in Haupttragrichtung bei einem Glaseinstand von 15 mm verwendet werden.

Zustimmungspflichtig sind zu Reinigungs- und Wartungs-zwecken bedingt betretbare Verglasungen sowie planmäßig begehbare Verglasungen, die von den Regelungen nach DIN 18008-5 abweichen. Nach DIN 18008-6 sind weitere Anforderungen an zu Instandhaltungsmaßnahmen betretbare Verglasungen zu berücksichtigen. Teil 6 der Normenreihe ersetzt damit die vormals verwendeten Vorschriften der Berufsgenossenschaft.

13.9.5 Absturzsichernde Verglasungen

Wenn Konstruktionen aus Glas gegen eine tiefer gelegene Ebene abgrenzen, übernehmen sie absturzsichernde Funktionen. Die Mindesthöhe einer Brüstung ist der jeweiligen Landesbauordnung zu entnehmen. Die DIN 18008-4 regelt

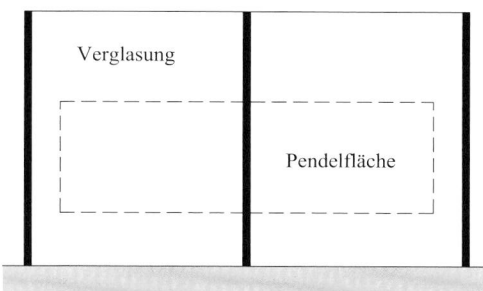

Abb. 13.18 Beispiel Kategorie A

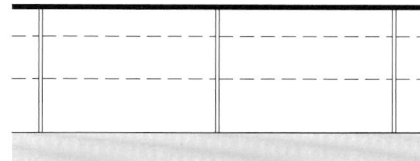

Abb. 13.19 Beispiel Kategorie B

Abb. 13.20
Beispiele Kategorie C1 bis C3

die Zusatzanforderungen an absturzsichernde Verglasungen und ergänzt die Normteile 1, 2 und 3. Gegen Absturz sichern können Fenster, Zwischenwände, Verglasungen an Aufzugschächten, Brüstungen und Fassaden. DIN 18008-4 gilt für Vertikalverglasungen und zur Angriffseite geneigte Horizontalverglasungen (durch Verglasung und angriffseitige Verkehrsfäche aufgespannter Winkel < 80°), die Personen auf Verkehrsflächen gegen seitlichen Absturz sichern. Hinsichtlich der an die Verglasung gestellten Anforderungen werden drei Kategorien A, B und C1 bis C3 unterschieden.

In den Geltungsbereich der Kategorie A (Abb. 13.18) fallen Verglasungen nach Teil 2 oder 3 der DIN 18008, die horizontale Nutzlasten abtragen müssen, da sie keinen tragenden Brüstungsriegel oder vorgesetzten Holm in erforderlicher Höhe zur Aufnahme von horizontalen Nutzlasten besitzen. Die Kategorie B (Abb. 13.19) beschreibt am Fußpunkt eingespannte tragende Ganzglasbrüstungen, die durch einen durchgehenden Metallhandlauf verbunden sind. Der Handlauf kann auf der oberen Scheibenkante oder durch Tellerhalter nach Teil 3 dieser Norm befestigt sein.

Absturzsichernde Verglasungen nach Kategorie C (Abb. 13.20) werden nicht zur Abtragung horizontal wirkender Nutzlasten (Holmlasten) herangezogen. Die Geländerausfachung der Kategorie C1 ist an mindestens zwei gegenüberliegenden Stellen linienförmig und/oder punktförmig gelagert. Merkmal der Kategorie C2 ist ein in Holmhöhe angeordneter, lastabtragender Querriegel. Die Verglasung unterhalb des Holms ist entsprechend DIN 18008-4 gelagert. Eine Verglasung nach Kategorie C3 entspricht Kategorie A, wobei zusätzlich ein lastabtragender Holm in baurechtlich erforderlicher Höhe, in der Regel zwischen 85 cm und 115 cm, vorgesetzt wird, der nicht an der Verglasung befestigt ist.

Die erlaubten Bauprodukte unterscheiden sich für die einzelnen Kategorien (DIN 18008-4, 4.3), wobei als Mindestanforderung der Einsatz eines VSG notwendig ist.

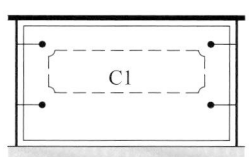

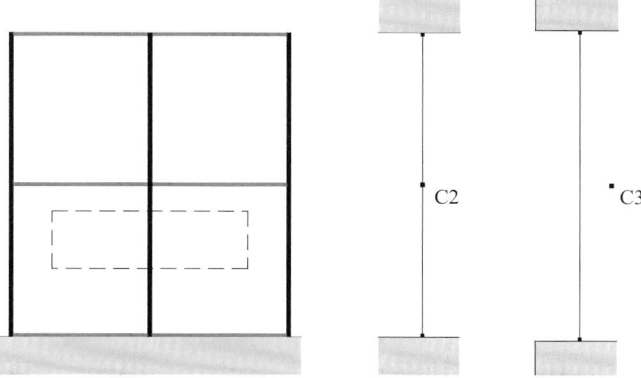

Tafel 13.24 Prinzipielle Glasaufbauten mit nachgewiesener Stoßsicherheit

Kategorie (Fallhöhe)[a]	Typ	Glasaufbau		Lagerung	Glasdicken
		Angriffseite	Abgewandte Seite		
A (900 mm)	MIG	VSG aus FG bzw. TVG	ESG	Allseitig linienförmig	Tabelle B.1
		ESG	VSG aus FG bzw. TVG		
	VSG	VSG aus FG bzw. TVG		Allseitig linienförmig	
		VSG aus ESG/TVG		Punktförmig über Bohrungen gelagert	Tabelle B.2
B (700 mm)	VSG	VSG aus ESG/TVG		Unten eingespannt	Abschnitt B.3
C1 (450 mm)	VSG	VSG aus ESG/TVG		Punktförmig über Bohrungen gelagert	Tabelle B.2
C1/C2 (450 mm)	MIG	VSG aus FG bzw. TVG	ESG	Allseitig linienförmig	Tabelle B.1
		ESG	VSG aus FG bzw. TVG		
		ESG	VSG aus FG bzw. TVG	Zweiseitig linienförmig oben und unten	
	VSG	VSG aus FG bzw. TVG		Allseitig linienförmig	
		VSG aus FG/TVG/ESG		Zweiseitig linienförmig oben und unten	
				Zweiseitig linienförmig links und rechts	
C3 (450 mm)	MIG	VSG aus FG bzw. TVG	ESG	Allseitig linienförmig	
		ESG	VSG aus FG bzw. TVG		
	VSG	VSG aus FG bzw. TVG		Allseitig linienförmig	

[a] Pendelfallhöhe für Pendelschlagversuch nach DIN 18008-4 Anhang A

Neben dem Nachweis gegenüber statischen Beanspruchungen ist ebenso der Nachweis gegenüber stoßartiger Beanspruchung zu erbringen. Dieser Nachweis ist rechnerisch mit Hilfe eines vereinfachten oder eines volldynamisch-transienten Verfahrens, experimentell durch Pendelschlag oder durch den Einsatz eines auf Stoßsicherheit nachgewiesenen Verglasungsaufbaus zu erbringen. Tafel 13.24 zeigt Verglasungen mit versuchstechnisch nachgewiesener Stoßsicherheit nach DIN 18008-4, Anhang B, sofern die unter Anhang B.1, B.2 oder B.3 genannten konstruktiven Bedingungen eingehalten sind.

Außer dem Nachweis des planmäßigen Zustands ist für Glasbrüstungen der Kategorie B auch der Ausfall eines beliebigen Brüstungselementes zu führen. Es ist davon auszugehen, dass bei ungeschützten Kanten die gesamte VSG-Einheit ausfällt. Haben die einzelnen Scheiben in Längsrichtung der Brüstung einen Abstand ≤ 30 mm oder sind die Kanten mit einem Kantenschutzprofil versehen, so darf davon ausgegangen werden, dass nur die der zu sichernden Verkehrsfläche zugewandte VSG-Schicht stoßbedingt ausfällt. Beim Komplettausfall der Verglasung muss der Holm die Horizontallasten auf Nachbarelemente, Endpfosten oder Verankerungen am Gebäude übertragen. Die Einwirkungen durch Holmlasten dürfen als außergewöhnliche Einwirkungen nach DIN EN 1990 behandelt werden.

Ein rechnerischer Nachweis ist für allseits linienförmig gelagerte Verglasungen bis zur maximalen Abmessung von 4,00 m × 2,00 m möglich. Bei dem Nachweis wird eine Basisenergie von 100 Nm (entspricht 200 mm Pendelhöhe) auf die Verglasung aufgebracht, die zusammen mit dem Pendelkörper als Zweimasseschwinger wirkt. Bei VSG-Verglasungen wird eine Ersatzdicke durch Addition der Einzelscheiben berechnet. Bei MIG werden ohne Berücksichtigung des Koppeleffektes die stoßzugewandte Seite mit der vollen Basisenergie und die stoßabgewandte Seite mit der halben Basisenergie belastet. Weitere Scheiben im Scheibenzwischenraum brauchen nicht nachgewiesen zu werden. Für eine volldynamisch transiente Berechnung ist ein dynamisches FE-Modell erforderlich, bei dem ein Pendel als Massepunkt m mit einer Geschwindigkeit v auf die Verglasung einwirkt. Das Modell wird nach Anhang C.3.2 verifiziert und zur Berechnung der Hauptzugspannungen im Glas verwendet. Das vereinfachte Verfahren (Anhang C.2) fungiert als statisches Modell zur Ermittlung der Glasspannungen. Die Berücksichtigung der mitschwingenden Masse der Verglasung erfolgt über einen Stoßübertragungsfaktor β. Der Nachweis erfolgt gegen einen Widerstandswert R_d (Tafel 13.28) nach DIN 18008-4, Anhang C.1.3.

13.9.5.1 Verglasungen mit versuchstechnisch nachgewiesener Stoßsicherheit

Prinzipielle Glasaufbauten für Verglasungen mit versuchstechnisch nachgewiesener Stoßsicherheit zeigen die Tafeln 13.24 bis 13.26. Dazu gehörige konstruktive Vorgaben finden sich in Abb. 13.21. Bei bestimmten linienförmig gelagerten Dreischeiben-Isolierverglasungen können die nachgewiesenen Verglasungsaufbauten von Zweischeiben-Isolierverglasungen mit einem VSG auf der stoßabgewandten Seiten verwendet werden, wenn die mittlere Glasscheibe aus ESG oder heißgelagertem ESG besteht.

Tafel 13.25 Linienförmig gelagerte Verglasungen mit nachgewiesener Stoßsicherheit der Kategorie A, C1, C2, C3[a–g]

Kat.	Typ	Breite B [mm]	Höhe H [mm]	Glasaufbau [mm][d]	Zeile
A	MIG (allseitig)[h]	$500 \leq B \leq 1300$	$1000 \leq H \leq 2500$	8 ESG/SZR/4 FG/0,76 mm PVB/4 FG	1
		$1000 \leq B \leq 2000$	$500 \leq H \leq 1300$	8 ESG/SZR/4 FG/0,76 mm PVB/4 FG	2
		$900 \leq B \leq 2000$	$1000 \leq H \leq 3000$	8 ESG/SZR/5 FG/0,76 mm PVB/5 FG	3
		$1000 \leq B \leq 2500$	$900 \leq H \leq 2000$	8 ESG/SZR/5 FG/0,76 mm PVB/5 FG	4
		$1100 \leq B \leq 1500$	$2100 \leq H \leq 2500$	5 FG/0,76 mm PVB/5 FG/SZR/8 ESG	5
		$2100 \leq B \leq 2500$	$1100 \leq H \leq 1500$	5 FG/0,76 mm PVB/5 FG/SZR/8 ESG	6
		$900 \leq B \leq 2500$	$1000 \leq H \leq 4000$	8 ESG/SZR/6 FG/0,76 mm PVB/6 FG	7
		$1000 \leq B \leq 4000$	$900 \leq H \leq 2500$	8 ESG/SZR/6 FG/0,76 mm PVB/6 FG	8
		$300 \leq B \leq 500$	$1000 \leq H \leq 4000$	4 ESG/SZR/4 FG/0,76 mm PVB/4 FG	9
		$300 \leq B \leq 500$	$1000 \leq H \leq 4000$	4 FG/0,76 mm PVB/4 FG/SZR/4 ESG	10
	Einfachglas (allseitig)[h]	$500 \leq B \leq 1200$	$1000 \leq H \leq 2000$	6 FG/0,76 mm PVB/6 FG	11
		$500 \leq B \leq 2000$	$1000 \leq H \leq 1200$	6 FG/0,76 mm PVB/6 FG	12
		$500 \leq B \leq 1500$	$1000 \leq H \leq 2500$	8 FG/0,76 mm PVB/8 FG	13
		$500 \leq B \leq 2500$	$1000 \leq H \leq 1500$	8 FG/0,76 mm PVB/8 FG	14
		$1000 \leq B \leq 2100$	$1000 \leq H \leq 3000$	10 FG/0,76 mm PVB/10 FG	15
		$1000 \leq B \leq 3000$	$1000 \leq H \leq 2100$	10 FG/0,76 mm PVB/10 FG	16
		$300 \leq B \leq 500$	$500 \leq H \leq 3000$	6 FG/0,76 mm PVB/6 FG	17
C1 und C2	MIG (allseitig)[h]	$500 \leq B \leq 2000$	$500 \leq H \leq 1100$	6 ESG/SZR/4 FG/0,76 mm PVB/4 FG	18
		$500 \leq B \leq 1500$	$500 \leq H \leq 1100$	4 FG/0,76 mm PVB/4 FG/SZR/6 ESG	19
	MIG (zweiseitig oben/unten)[i]	$1000 \leq B \leq$ bel.	$500 \leq H \leq 1100$	6 ESG/SZR/5 FG/0,76 mm PVB/5 FG	20
	Einfachglas (allseitig)[h]	$500 \leq B \leq 2000$	$500 \leq H \leq 1100$	5 FG/0,76 mm PVB/5 FG	21
	Einfachglas (zweiseitig oben/unten)[i]	$1000 \leq B \leq$ bel.	$500 \leq H \leq 800$	6 FG/0,76 mm PVB/6 FG	22
		$800 \leq B \leq$ bel.	$500 \leq H \leq 1100$	5 ESG/0,76 mm PVB/5 ESG	23
		$800 \leq B \leq$ bel.	$500 \leq H \leq 1100$	8 FG/1,52 mm PVB/8 FG	24
	Einfachglas (zweiseitig links/rechts)[i]	$500 \leq B \leq 800$	$500 \leq H \leq 1100$	6 FG/1,52 mm PVB/6 FG	25
		$500 \leq B \leq 1100$	$800 \leq H \leq 1100$	6 ESG/0,76 mm PVB/6 ESG	26
		$500 \leq B \leq 1100$	$800 \leq H \leq 1100$	8 FG/1,52 mm PVB/8 FG	27
C3	MIG (allseitig)[h]	$500 \leq B \leq 1500$	$1000 \leq H \leq 3000$	6 ESG/SZR/4 FG/0,76 mm PVB/4 FG	28
		$500 \leq B \leq 1300$	$1000 \leq H \leq 3000$	4 FG/0,76 mm PVB/4 FG/SZR/12 ESG	29
	Einfachglas (allseitig)[h]	$500 \leq B \leq 1500$	$1000 \leq H \leq 3000$	5 FG/0,76 mm PVB/5 FG	30

[a] Zulässig sind ebene Verglasungen ohne Bohrungen und Ausschnitte. Abweichungen von der Rechteckform sind zulässig und in Anhang B der DIN 18008-4 geregelt.

[b] Die aufgeführten Glas- und Foliendicken dürfen überschritten werden. Anstelle von VSG aus Floatglas kann VSG aus TVG gleicher Dicke verwendet werden.

[c] Die Einzelscheiben von VSG dürfen keine festigkeitsreduzierende Oberflächenbehandlung besitzen.

[d] Glasaufbau von innen nach außen. Die innere Seite entspricht der Angriffseite.

[e] SZR von MIG 12 mm $\leq$ SZR $\leq$ 20 mm.

[f] Wird die Verglasung in Stoßrichtung durch Klemmleisten gelagert, sind diese hinreichend steif und aus Metall auszubilden. Der Abstand der metallischen Verschraubung der Klemmleisten an der Tragkonstruktion darf höchstens 300 mm betragen. Der Nachweis der Stoßsicherheit ist nach Abschnitt D.1 der DIN 18008-4 für diese und andere Rahmensysteme zu erbringen.

[g] Die MIG der Zeilen 1–4, 7–9, 18, 20, 28 dürfen ohne weitere Prüfung als ausreichend stoßsicher angesehen werden, wenn sie im SZR um eine oder mehrere ESG oder heißgelagertes ESG ergänzt werden.

[h] Allseitig linienförmige Lagerung, Glaseinstand $t \geq 12$ mm.

[i] Zweiseitig linienförmige Lagerung, Glaseinstand $t \geq 18$ mm.

Tafel 13.27 listet punktförmig gelagerte Verglasungen mit nachgewiesener Stoßsicherheit, Abb. 13.22 erläutert konstruktive Vorgaben für punktförmig über Bohrungen gelagerte Verglasungen der Kategorie C1 mit nachgewiesener Stoßsicherheit nach DIN 18008, Teile 3 und 4. Der Mindesttellerdurchmesser beträgt 50 mm. Sind die in x- oder y-Richtung gemessenen Abstände benachbarter Tellerhalter größer als 1200 mm, so müssen Tellerhalter mit einem Mindestdurchmesser von 70 mm verwendet werden.

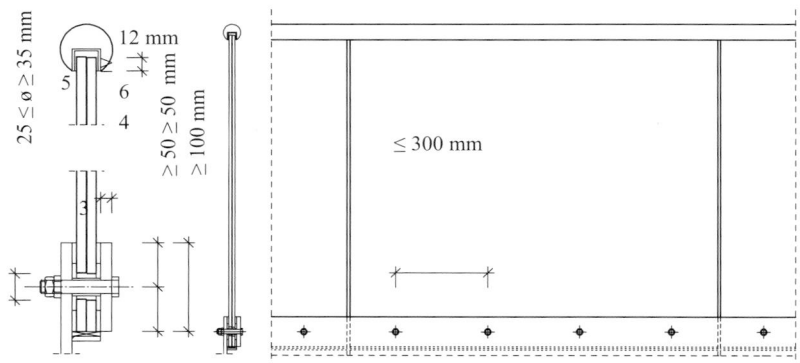

Abb. 13.21 Konstruktive Vorgaben für Brüstungen der Kategorie B mit nachgewiesener Stoßsicherheit. *1* Tragendes U-Profil mit beliebigem nichttragendem Aufsatz oder tragender metallischer Handlauf mit integriertem U-Profil, *2* druckfeste Elastomere zur Vermeidung des Glas-Metall-Kontaktes, Abstand ≤ 300 mm; Hohlräume sind mit Dichtstoffen nach DIN 18545-2, Gruppe E zu verfüllen, *3* Klotzung, *4* Kunststoffhülse, *5* durchgehende druckfeste Elastomere, *6* Stahlklemmblech. Hinreichend steife abweichende Klemmkonstruktionen sind zulässig

Tafel 13.26 Linienförmig gelagerte Verglasungen mit nachgewiesener Stoßsicherheit der Kategorie B[a,b,c]

Typ	Breite B [mm]	Höhe H [mm][d]	Glasaufbau [mm]
Einfach-glas	500 ≤ B ≤ 2000	≤ 1100	≥ (10 ESG/1,52 mm PVB-Folie/10 ESG)
	500 ≤ B ≤ 2000	≤ 1100	≥ (10 TVG/1,52 mm PVB-Folie/10 TVG)

[a] Zulässig sind ebene Verglasungen ohne zusätzliche Bohrungen und Ausschnitte.
[b] Abweichungen von der Rechteckform sind zulässig entsprechend Anhang B der DIN 18008-4.
[c] Die Einzelscheiben von VSG dürfen keine festigkeitsreduzierende Oberflächenbehandlung besitzen.
[d] H entspricht der freien Kragarmlänge.

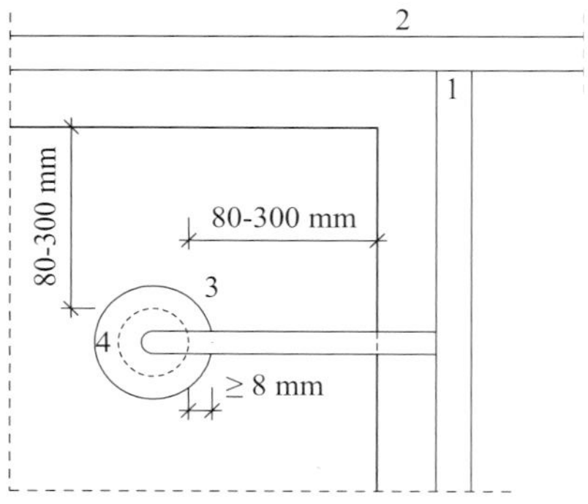

Abb. 13.22 Konstruktive Vorgaben für punktförmig über Bohrungen gelagerte Verglasungen der Kategorie C1 mit nachgewiesener Stoßsicherheit nach DIN 18008 Teile 3 und 4. *1* Geländerpfosten, *2* Handlauf, *3* durchgehende Verschraubung mit beidseitigen kreisförmigen Klemmtellern aus Stahl im Eckbereich der VSG-Scheibe, *4* Bohrloch

Tafel 13.27 Punktförmig gelagerte Verglasungen mit nachgewiesener Stoßsicherheit der Kategorien A und C

Typ	Abstand Punkthalter in x-Richtung[a] [mm]	Abstand Punkthalter in y-Richtung[a] [mm]	Glasaufbau [mm]
Kategorie A Einfachglas[b,c,d]	≤ 1200	≤ 1600	≥ (10 TVG/1,52 mm PVB-Folie/10 TVG)
	≤ 1200	≤ 1600	≥ (8 ESG/1,52 mm PVB-Folie/8 ESG)
	≤ 1600	≤ 1800	≥ (10 ESG/1,52 mm PVB-Folie/10 ESG)
	≤ 800	≤ 2000	≥ (10 ESG/1,52 mm PVB-Folie/10 ESG)
Kategorie C Einfachglas[b,c,d]	≤ 1200	≤ 700	≥ (6 TVG/1,52 mm PVB-Folie/6 TVG)
	≤ 1600	≤ 800	≥ (8 TVG /1,52 mm PVB-Folie/8 TVG)
	≤ 1200	≤ 700	≥ (6 ESG/1,52 mm PVB-Folie/6 ESG)
	≤ 1600	≤ 800	≥ (8 ESG/1,52 mm PVB-Folie/8 ESG)

[a] Maßgebender Abstand zwischen den Bohrungen der Tellerhalter.
[b] Die Scheiben müssen eben sein und dürfen nicht durch zusätzliche Bohrungen und Ausschnitte geschwächt werden. Abweichungen von der Rechteckform sind zulässig und in Anhang B der DIN18008-4 geregelt.
[c] Scheiben mit festigkeitsreduzierender Oberflächenbehandlung dürfen nicht verwendet werden.
[d] Der direkte Kontakt zwischen Klemmtellern, Verschraubung und Glas ist durch geeignete Zwischenlagen zu vermeiden. Jede Glashalterung muss für eine statische Last ≥ 2,8 kN ausgelegt sein.

13.9.6 Begehbare Verglasungen

Verglasungen, die planmäßig durch Personen im öffentlich zugänglichen Bereich begangen werden, bezeichnet man als begehbare Verglasungen (Abb. 13.23). Typische Anwendungen sind Treppen, Bodenflächen und Glasbrücken. In DIN 18008-5 werden die Zusatzanforderungen an begehbare Verglasungen geregelt. Der statische Nachweis erfolgt gemäß der Teile 1 bis 3 der Norm.

Die Stoßsicherheit und Resttragfähigkeit ist für ausgewählte, allseitig linienförmig gelagerte Glasaufbauten bereits nachgewiesen. Für abweichende Aufbauten oder Auflager wird ein experimenteller Nachweis unter Nutzung eines zylindrischen Stahlstoßkörpers gefordert.

Werden Verglasungen nur zeitweise zu Reinigungs- oder Wartungszwecken betreten und sind nicht öffentlich zugänglich, bezeichnet man sie als bedingt betretbare Verglasungen. Es gelten hierfür die Zusatzanforderungen, die in der DIN 18008-6 aufgeführt werden.

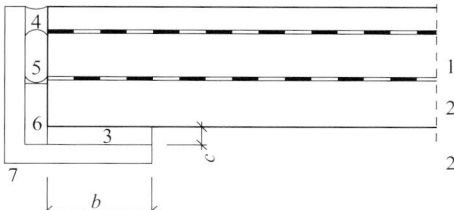

Abb. 13.23 Aufbau und Lagerung begehbarer Verglasungen. *1* Verschleißscheibe aus ESG/TVG, *2* Tragscheiben aus FG/TVG, *3* Auflagematerial (Silikonprofil oder ähnliches mit Shore A-Härte 60 bis 80), *4* mit PVB-Folie verträgliche Versiegelung (meist Silikon), *5* Vorlegeband (Polyethylen), *6* Distanzklotz (Silikonprofil oder ähnliches mit Shore A-Härte 60 bis 80), *7* Rahmenprofil.
Anforderungen an begehbare Verglasungen nach DIN 18008-4 mit nachgewiesener Stoßsicherheit und Resttragfähigkeiten. Auflagertiefe: $b \geq 30$ mm bzw. $b \geq 35$ mm in Abhängigkeit der Stützweite; Auflagerstärke: c 5–10 mm

Begehbare Verglasungen müssen nach DIN 18008-5 aus VSG aus mindestens drei Einzelscheiben bestehen und zwängungsarm gelagert werden. Der statische Nachweis erfolgt für das intakte Scheibenpaket und – als außergewöhnliche Einwirkungskombination – auch für das VSG mit gebrochener oberster Verglasung. Neben der Flächenlast ist eine Einzellast mit einer Aufstellfläche von 50 mm × 50 mm in ungünstigster Laststellung zu berücksichtigen. Ein günstig wirkender Schubverbund zwischen den Einzelscheiben darf nicht berücksichtigt werden. Ein Aufbau aus Isolierglas ist möglich. Begehbare Gläser sind durch geeignete mechanische Halterungen gegen Verschieben und Abheben konstruktiv zu sichern.

Bei den Verglasungen mit nachgewiesener Stoßsicherheit und Resttragfähigkeit werden neben der allseitig linienförmigen Lagerung auch ein Mindestglaseinstand, eine Mindest-PVB-Foliendicke von 1,52 mm sowie Mindestglasaufbauten nach Tafel 13.29 gefordert. Die oberste Einzelscheibe darf neben TVG auch aus ESG bestehen und FG für die weiteren Einzelscheiben darf durch TVG ersetzt werden. Die Tafeln 13.30 und 13.31 erläutern rechnerische und experimentelle Nachweise begehbarer Verglasungen.

13.9.7 Zu Instandhaltungsmaßnahmen betretbare Verglasungen

Die DIN 18008-6 regelt punkt- oder linienförmig gelagerte Verglasungen, die zu Instandhaltungsmaßnahmen betreten werden oder durchsturzsicher sind. Typische Anwendungen sind Glasdächer, die ausschließlich durch Reinigungs- und Wartungspersonal betreten werden.

In der DIN 18008-6 werden die Zusatzanforderungen an zu Instandhaltungsmaßnahmen betretbaren Verglasungen und an durchsturzsichere Verglasungen geregelt. Der statische Nachweis erfolgt gemäß der Teile 1–3 der Norm.

Konstruktiv gelten die Anforderungen an Horizontalverglasungen nach DIN 18008-2 und -3 mit der Ausnahme, dass Drahtglas nicht verbaut werden darf und dass die oberste Einzelscheibe von MIG in ESG oder VSG ausgeführt sein muss.

Tafel 13.28 Glasaufbauten mit nachgewiesener Stoßsicherheit

$R_{\mathrm{d}} = \dfrac{k_{\mathrm{mod}} \cdot f_{\mathrm{k}}}{\gamma_{\mathrm{M}}}; \gamma_{\mathrm{M}} = 1{,}0$	FG	TVG	ESG
f_{k}	45	70	120
k_{mod}	1,8	1,7	1,4

Tafel 13.29 Allseitig linienförmig gelagerte Verglasungen mit nachgewiesener Stoßsicherheit und Resttragfähigkeit nach DIN 18008-5, Anhang B

Länge [mm max.]	Breite [mm max.]	VSG-Aufbau von oben nach unten [mm]	Mindestauflagertiefe [mm]
1500	400	8 TVG/1,52 PVB/10 FG/1,52 PVB/10 FG	30
1500	750	8 TVG/1,52 PVB/12 FG/1,52 PVB/12 FG	30
1250	1250	8 TVG/1,52 PVB/10 TVG/1,52 PVB/10 TVG	35
1500	1500	8 TVG/1,52 PVB/12 TVG/1,52 PVB/12 TVG	35
2000	1400	8 TVG/1,52 PVB/15 FG/1,52 PVB/15 FG	35

Tafel 13.30 Rechnerische Nachweise begehbarer Verglasungen nach DIN 18008-5

Nachweise unter statischer Last[a,e]	$g + q^c$; $g + Q^d$; Klimalast bei Isolierglas
Nachweise unter statischer Last als außergewöhnliche Lastfallkombination[a,b,e]	$g + q^c$; $g + Q^d$; Klimalast bei Isolierglas

[a] Kein günstig wirkender Schubverbund.
[b] Oberste Scheibe trägt nicht mit.
[c] Verkehrslasten nach DIN EN 1991.
[d] Einzellast 1,5 kN in Bereichen mit $q \leq 3,5\,\mathrm{kN/m^2}$ und 2,0 kN in Bereichen mit $q > 3,5\,\mathrm{kN/m^2}$ in ungünstigster Laststellung mit Aufstandsfläche 50 mm × 50 mm.
[e] Die zulässige Durchbiegung der vollständig intakten Verglasung beträgt $l_0/200$ in Haupttragrichtung.

Tafel 13.31 Experimentelle Nachweise begehbarer Verglasungen[a]

Stoßsicherheit, Resttragfähigkeit	Bauteilversuche nach DIN 18008-5, Anhang A

[a] Nicht erforderlich für begehbare Verglasungen mit nachgewiesener Stoßsicherheit und Resttragfähigkeit nach DIN 18008-5, Anhang B

Tafel 13.32 Abgrenzung der Begriffe „durchsturzsicher" und „betretbar"

	Verglasung auf dem gleichen Niveau wie Arbeitsfläche oder Verkehrsweg: betretbar
	für $a < 2,0$ m durchsturzsicher für $a \geq 2,0$ m keine Anforderungen
	Verglasung auf höherem oder niedrigerem Niveau als Arbeitsfläche oder Verkehrsweg: für $\Delta H_1 < 0,9$ m durchsturzsicher für $\Delta H_1 \geq 0,9$ m keine Anforderungen für $\Delta H_2 \leq 0,3$ m durchsturzsicher für $\Delta H_2 > 0,3$ m nicht Gegenstand der Norm
	Geneigte Verglasungen neben Arbeitsfläche oder Verkehrsweg: für $a < 2,0$ m durchsturzsicher für $0° < \alpha \leq 100°$ für $a \geq 2,0$ m keine Anforderungen

1 Verglasung,
2 Arbeitsfläche oder Verkehrsweg,
a nicht betretbarer Abstand zwischen 1 und 2,
ΔH Abstand zwischen 1 und 2.

Tafel 13.33 Rechnerische Nachweise im Grenzzustand der statischen Einwirkung betretbarer und durchsturzsicherer Verglasungen nach DIN 18008-6

Nachweise unter Nutzlast[a,e]	Q^d; Klimalast bei Isolierglas[c]
Nachweise unter Nutzlast und Schnee[a,b]	$Q^d + s^b$; Klimalast bei Isolierglas[c]

[a] Intakter Verglasungsaufbau
[b] Soll die Verglasung auch bei Schnee betreten werden, so sind Schnee und Nutzlast mit $\psi_0 = 1,0$ zu überlagern
[c] Verkehrslasten nach DIN EN 1991 und DIN 18008
[d] Einzellast 1,5 kN in ungünstigster Laststellung mit Aufstandsfläche 100 mm × 100 mm
[e] keine Überlagerung von Schnee, Wind und Nutzlast erforderlich

Tafel 13.34 Zusätzliche Randbedingungen für den rechnerischen Nachweis der Stoßsicherheit und Resttragfähigkeit nach DIN 18008-6

Der rechnerische Nachweis ist nicht für zweiseitig gelagerte Einfachverglasungen zulässig.

Es gelten die Anforderungen nach DIN 18008-4, Anhang C.1.2.

Bei rechnerischem Nachweis unter Stoßbelastung muss diese nicht mit anderen Einwirkungen überlagert werden.

Bei betretbaren Verglasungen erfolgt der Nachweis an der intakten Verglasung mit einer Basisenergie von 225 Nm (450 mm Fallhöhe Pendel) und an der Verglasung mit gebrochener oberster Einzelscheibe mit einer Basisenergie von 100 Nm (200 mm Fallhöhe Pendel).

Bei durchsturzsichernden Verglasungen wird die intakte Verglasung nachgewiesen. Bei horizontaler Einbaulage beträgt die Basisenergie 225 Nm, bei vertikaler Einbaulage 100 Nm. Bei einer Einbaulage zwischen 0° und 90° darf linear zwischen diesen Werten interpoliert werden.

Beim rechnerischen Nachweis von Mehrscheiben-Isolierglasscheiben darf die obere Einzelscheibe nicht angesetzt werden. Die untere Einzelscheibe ist mit 100 % der Basisenergie von 225 Nm zu beaufschlagen.

Für den rechnerischen Nachweis von durchsturzsicheren Verglasungen aus Mehrscheiben-Isolierglas mit einem Verhältnis der Dicken von oberem zu unterem Einfachglas von höchstens 1,5 darf das untere Einfachglas für 50 % der Basisenergie (50 Nm bis 112,5 Nm nach Einbaulage) ausgelegt werden; bei davon abweichendem Dickenverhältnis sind 100% der Basisenergie (100 Nm bis 225 Nm nach Einbaulage) anzusetzen.

Weitere im Scheibenzwischenraum angeordnete Glasscheiben müssen nicht nachgewiesen und dürfen nicht angesetzt werden.

Klimalasten brauchen nicht berücksichtigt zu werden.

Verbundglasscheiben werden mit vollem Verbund angesetzt, d. h., die rechnerische Scheibendicke ist die Summe der Dicken der Einzelscheiben.

Die Unterscheidung zwischen betretbarer und durchsturzsicherer Verglasung erfolgt nach Tafel 13.32. Im Rahmen der Norm werden durchsturzsichere Verglasungen bestimmungsgemäß oder aufgrund der baulichen Gegebenheiten nicht betreten.

Die Nachweisführung der Verglasungen erfolgt im Grenzzustand der statischen Einwirkung und im Grenzzustand der Stoßsicherheit und Resttragfähigkeit.

Der Nachweis im Grenzzustand der Stoßsicherheit und Resttragfähigkeit ist rechnerisch (DIN 18008-6, Anhang B) mithilfe eines vereinfachten oder eines volldynamisch-transienten Verfahrens oder experimentell durch Bauteilversuche (DIN 18008-6, Anhang A) zu erbringen.

Die Nachweisführung erfolgt gemäß den Verfahren für absturzsichernde Verglasungen nach DIN 18008-4, Anhang C mit einigen geänderten Maßgaben (Abschn. 13.9.5).

13.10 Structural-Sealant-Glazing (SSG)

Unter SSG versteht man einen Fassadentyp, bei dem die Gläser über eine lastabtragende Klebung aus Silikon mit der Unterkonstruktion verbunden sind. In Ermangelung einer allgemein anerkannten Regel der Technik für die Planung, Bemessung und Ausführung von geklebten Glaskonstruktionen unter Verwendung von Bauprodukten mit einer ETA nach ETAG 002 oder EAD 090035-00-0404 ist ein Nachweis gemäß § 16a MBO erforderlich. Verwendet werden Einfachverglasungen (monolithisch oder Verbundglas) oder Isoliergläser. Das Glas kann anorganisch beschichtet oder unbeschichtet sein. Die Unterkonstruktion besteht nach ETAG Nr. 002 aus anodisiertem oder pulverbeschichtetem Aluminium beziehungsweise nichtrostendem Stahl.

SSG-Fassaden werden nach Art und Weise der Lastabtragung unterteilt in vier Kategorien (Abb. 13.24). Die Typen

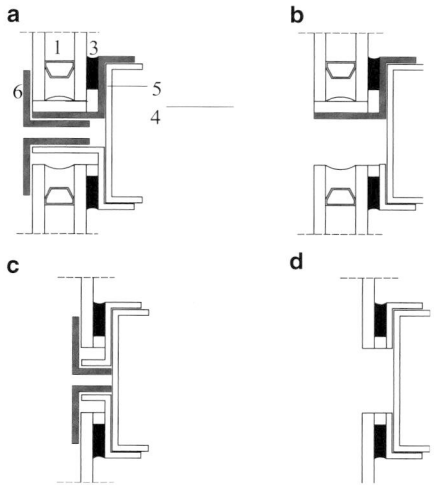

Abb. 13.24 SSG-Typen: **a** Typ I, **b** Typ II, **c** Typ III, **d** Typ IV

Tafel 13.35 Zulässige Spannungen und Dehnungen von Silikon ELASTOSIL® SG 500

Dynamische Lasten	$\sigma_{zul} = 0{,}14\,\mathrm{N/mm^2}$, $\tau_{zul} = 0{,}105\,\mathrm{N/mm^2}$
Statische Lasten in ungestützten Systemen	$\sigma_{zul} = 0{,}014\,\mathrm{N/mm^2}$, $\tau_{zul} = 0{,}0105\,\mathrm{N/mm^2}$
Dehnung	$\varepsilon_{zul} = \pm 12{,}5\,\%$

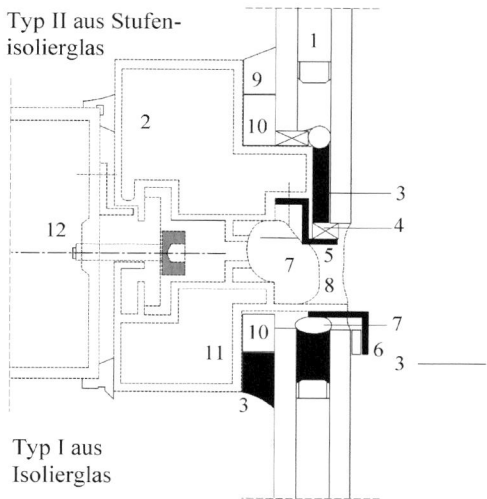

Typ II aus Stufen-isolierglas

Typ I aus Isolierglas

Abb. 13.25 Vertikalschnitt SSG-Fassade mit Isolierglas. *1* Isolierglas mit Randverbund, *2* Glashalterahmen, *3* Lastaufnehmende Klebung, *4* Tragklotz, *5* Mechanischer Träger Eigengewicht, *6* Mechanische Sicherung ab $h = 8\,\mathrm{m}$, *7* Hinterfüllmaterial, *8* Äußere Versiegelung, *9* Nachträgliche Versiegelung, *10* Abstandhalter, *11* Antihaftfolie, *12* Fassadenunterkonstruktion

III und IV sind dadurch gekennzeichnet, dass sowohl die Windlasten als auch das Eigengewicht über die tragende Silikonklebung abgetragen werden. Zusätzlich können mechanische Sicherungen erforderlich sein, die ein Herausfallen der Scheiben bei Versagen der Klebung verhindern. Für die Varianten III und IV kann nur Einfachglas verwendet werden. In Deutschland sind nur die Kategorien I und II zulässig, bei denen das Eigengewicht der Verglasung nicht über die Klebung abgetragen wird (Abb. 13.25). Tafel 13.35 listet zulässige Spannungen und Dehnungen zur Bemessung der Klebfuge.

13.11 Bauaufsichtliche Regelungen im Glasbau

Die Landesbauordnungen legen auf der Basis der Musterbauordnung (MBO) die gesetzlichen Grundlagen zur Errichtung von baulichen Anlagen fest: „Jede bauliche Anlage muss im Ganzen und in ihren einzelnen Teilen für sich allein standsicher sein" (§12 (1) MBO). Nach § 3 MBO (1) sind bauliche „Anlagen so anzuordnen, zu errichten, zu ändern und instand zu halten, dass die öffentliche Sicherheit und Ordnung, insbesondere Leben, Gesundheit und die natürlichen Lebensgrundlagen nicht gefährdet werden, …". Bauprodukte und Bauarten nach MBO (Tafel 13.36) sind diesem Grundsatz folgend zu wählen.

Die aktuelle Fassung der MBO wurde grundlegend im Hinblick auf die Erfüllung der Europarechtskonformität angepasst. Die MBO unterscheidet nun zwischen bauwerks- und produktbezogenen Anforderungen sowie zwischen harmonisierten (mit CE-Kennzeichnung) und nicht harmonisier-

13

Tafel 13.36 Bauprodukte und Bauarten nach MBO

	Definition
Bauprodukte § 2 (10) MBO	„Bauprodukte sind Produkte, Baustoffe, Bauteile und Anlagen sowie Bausätze gemäß Art. 2 Nr. 2 der Verordnung (EU) Nr. 305/2011, die hergestellt werden, um dauerhaft in bauliche Anlagen eingebaut zu werden" beziehungsweise „aus Produkten, Baustoffen, Bauteilen sowie Bausätzen gemäß Art. 2 Nr. 2 der Verordnung (EU) Nr. 305/2011 vorgefertigte Anlagen, die hergestellt werden, um mit dem Erdboden verbunden zu werden und deren Verwendung sich auf die Anforderungen nach § 3 Satz 1 auswirken kann."
Bauart § 2 (11) MBO	Die Bauart bezeichnet „das Zusammenfügen von Bauprodukten zu baulichen Anlagen oder Teilen von baulichen Anlagen".

Tafel 13.37 Nachweis der Verwendbarkeit für nicht geregelte Bauprodukte, nicht harmonisierter Bereich

	Allgemeine bauaufsichtliche Zulassung § 18 MBO	Allgemeines bauaufsichtliches Prüfzeugnis § 19 MBO[a]	Nachweis der Verwendbarkeit von Bauprodukten im Einzelfall § 20 MBO
Zuständige Behörde	Deutsches Institut für Bautechnik (DIBt)	Durch Oberste Bauaufsichtsbehörde baurechtlich anerkannte Prüfstelle § 24 MBO	Oberste Bauaufsichtsbehörde
Antragsgegenstand	Nicht geregelte Bauprodukte mit Verwendbarkeitsnachweis nach § 16b Abs. 1 MBO		
Dauer	In der Regel 5 Jahre	In der Regel 5 Jahre	Einmalig für beantragtes Bauvorhaben

[a] Bauprodukte, die nach allgemein anerkannten Prüfverfahren beurteilt werden.

Tafel 13.38 Bestandteile der Muster-Verwaltungsvorschrift (MVV-TB)

A (Teile 1–6)	Technische Baubestimmungen, die bei der Erfüllung der Grundanforderungen an Bauwerke zu beachten sind
B (Teile 1–4)	Technische Baubestimmungen für Bauteile und Sonderkonstruktionen, die zusätzlich zu den in Abschnitt A aufgeführten Technischen Baubestimmungen zu beachten sind
C (Teile 1–4)	Technische Baubestimmungen für Bauprodukte, die nicht die CE-Kennzeichnung tragen, und für Bauarten
D (Teile 1–3)	Bauprodukte, die keines Verwendbarkeitsnachweises bedürfen

Tafel 13.39 Überblick Muster-Verwaltungsvorschrift (MVV-TB) mit Zuordnung der bisherigen Regelungen

Bauregelliste (BRL) A Teil 1	MVV-TB C 2
Bauregelliste A Teil 2, Abschnitt 2	MVV-TB C 3
Bauregelliste A Teil 3, Abschnitt 2	MVV-TB C 4
Bauregelliste B Teil 1	MVV-TB A oder B
Bauregelliste B Teil 2	MVV-TB B 3
Liste C/sonstige Bauprodukte	MVV-TB D 2
Musterliste Technische Baubestimmungen (MLTB)	MVV-TB A oder B
Liste Technische Baubestimmungen (LTB) II und III	MVV-TB A, B 2 und B 4

ten nationalen Bauprodukten (ohne CE-Kennzeichnung). Die MBO verweist außerdem auf die geltende, normkonkretisierende Verwaltungsvorschrift (Muster-Verwaltungsvorschrift Technische Baubestimmungen – MVV TB). Die MVV TB fasst nun in einem Dokument die ehemals geltende Bauregelliste (BRL) sowie die Technischen Baubestimmungen in einem Dokument zusammen. Sie benennt die Anforderungen an Bauwerke und gibt Hinweise für Bauprodukte im nicht harmonisierten Bereich. Tafel 13.38 benennt die wesentlichen Teile der MVV TB. In Anlehnung an die MBO formulieren die Länder die Landesbauordnungen (LBO). Die MVV TB wird vom Deutschen Institut für Bautechnik (DIBt) als Muster bekannt gemacht und von den Ländern als Verwaltungsvorschrift (VV TB) eingeführt, wobei die Bundesländer die Möglichkeit haben, Änderungen und Zusätze aufzunehmen. Die Verwendbarkeit nationaler Bauprodukte wird in §§ 17–25 der MBO grundgeregelt. Der Nachweis der Verwendbarkeit für nicht geregelte Bauprodukte im nicht harmonisierten Bereich erfolgt nach Tafel 13.37.

Bauprodukte mit CE-Kennzeichnung nach Bauproduktenverordnung (BauPVO) sind verwendbar, wenn die erklär-

ten Produktleistungen die Bauwerksanforderungen erfüllen (§ 16c MBO bzw. LBO sowie VV TB). Dies setzt voraus, dass die Bauart geregelt ist (LBO und VV TB) und die Produktleistungen erklärt sind (DoP, CE-Kennzeichnung). Bei fehlender Produktleistung wird national keine Nachregelung gefordert. Diese Lücke kann allerdings freiwillig durch eine Europäisch Technische Bewertung (ETA) oder durch ein Gutachten des DIBt geschlossen werden.

Sollte jedoch zur Verwendung des Bauproduktes eine technische Regel fehlen, ist § 16a MBO/LBO zu beachten. Der Nachweis der Verwendung ist über eine allgemeine Bauartgenehmigung (aBG) durch das DIBt oder durch eine vorhabenbezogene Bauartgenehmigung (vBG) über die oberste Bauaufsichtsbehörde des Landes zu erbringen.

Tafel 13.39 gibt einen Überblick darüber, wo sich die alten Regelungen der BRL den Glasbau betreffend in der MVV TB wiederfinden.

Die nachfolgenden Tafeln 13.41 bis 13.45 geben die Inhalte der hEN-Liste und der MVV-TB für Bauprodukte und Bauarten im konstruktiven Glasbau wieder.

Tafel 13.40 Einordnung von Bauprodukten und Bauarten nach MBO

Bauprodukte				Bauarten		
… mit CE-Kennzeichnung oder Bauprodukt mit ETA im Geltungsbereich EU-BauPVO	… ohne CE-Kennzeichnung			… nach Technischen Baubestimmungen	… abweichend von Technischen Baubestimmungen	
Bauprodukt nach harmonisierter Norm oder Bauprodukt nach EAD/ETAG	Bauprodukt ohne harmonisierte Norm					
hEN-Liste[a] ETA-Verzeichnis[a]	MVV-TB, Teil C2[b]	MVV-TB, Teil C3[c]	nicht in MVV-TB, Teil C2 oder C3[l]	MVV-TB, Teil A[d]	MVV-TB, Teil C4[e]	nicht in MVV-TB, Teil C4[l]
CE-Kennzeichen oder ETA	nationale Norm, nur Übereinstimmungserklärung (ÜH[k])	nationale Norm, Verwendbarkeitsnachweis durch abP[f] (ÜH)	keine nationale Norm, Verwendbarkeitsnachweis durch abZ[g] oder ZiE[h] (mit Ü-Zeichen)		… für die es anerkannte Prüfverfahren gibt, Verwendbarkeitsnachweis durch abP (ÜH)	Verwendbarkeitsnachweis durch aBG[i] oder vBG[j] (ohne Ü-Zeichen)
(z. B. Floatglas, VSG)	(z. B. vorgefertigte absturzsichernde oder begehbare Verglasung nach Tabelle B.1 oder Anhang C nach DIN 18008-4)	(z. B. vorgefertigte absturzsichernde Verglasung durch Versuche nach DIN 18008-4 nachgewiesen)	(z. B. thermisch gebogenes Glas)	(z. B. linienförmig gelagerte Verglasungen, nicht absturzsichernd)	(z. B. absturzsichernde Verglasung durch Versuche nach DIN 18008-4 nachgewiesen)	(z. B. absturzsichernde Verglasung mit freier Glaskante, nicht nach DIN 18008-4 geregelt)

[a] Verzeichnis der Fundstellen harmonisierter Bauproduktnormen, ETA-Verzeichnis nach DIBt
[b] Voraussetzungen zur Abgabe der Übereinstimmungserklärung für Bauprodukte nach § 22 MBO
[c] Bauprodukte: nur allgemeines bauaufsichtliches Prüfzeugnis nach § 19 Absatz 1 Satz 2 MBO nötig
[d] Technische Baubestimmungen zur Erfüllung der Grundanforderungen an Bauwerke, Teil A 1: Mechanische Festigkeit und Standsicherheit
[e] Bauarten, die nur eines allgemeinen bauaufsichtlichen Prüfzeugnisses nach § 16a Absatz 3 MBO bedürfen
[f] allgemeines bauaufsichtliches Prüfzeugnis
[g] allgemeine bauaufsichtliche Zulassung
[h] Zustimmung im Einzelfall
[i] allgemeine Bauartgenehmigung
[j] vorhabensbezogene Bauartgenehmigung
[k] Übereinstimmungserklärung des Herstellers
[l] Eine abZ (Bauprodukt mit Ü-Kennzeichnung) und eine aBG (Bauart) können gemeinsam erteilt werden.

Tafel 13.41 Auszug aus der hEN-Liste gemäß Verordnung (EU) Nr. 305/2011

ENO	Bezugsnummer und Titel der Norm (und Bezugsdokument)	Referenz der ersetzten Norm	Datum	Fundstelle
CEN	EN 572-9:2004: Glas im Bauwesen – Basiserzeugnisse aus Kalk-Natronsilicatglas – Teil 9: Konformitätsbewertung/Produktnorm		09.03.2018	2018/C 092/06
CEN	EN 1051-2:2007: Glas im Bauwesen – Glassteine und Betongläser – Teil 2: Konformitätsbewertung/Produktnorm		09.03.2018	2018/C 092/06
CEN	EN 1096-4:2018: Glas im Bauwesen – Beschichtetes Glas – Teil 4: Produktnorm	EN 10210-1:2006	20.03.2019	L 77/80
CEN	EN 1279-5:2018: Glas im Bauwesen – Mehrscheiben-Isolierglas – Teil 5: Produktnorm	EN 1279-5:2005 + A2:2010	20.03.2019	L 77/80
CEN	EN 1748-1-2:2004: Glas im Bauwesen – Spezielle Basiserzeugnisse – Borosilicatgläser – Teil 1-2: Konformitätsbewertung/Produktnorm		09.03.2018	2018/C 092/06
CEN	EN 1748-2-2:2004: Glas im Bauwesen – Spezielle Basiserzeugnisse – Glaskeramik – Teil 2-2: Konformitätsbewertung/Produktnorm		09.03.2018	2018/C 092/06
CEN	EN 1863-2:2004: Glas im Bauwesen – Teilvorgespanntes Kalknatronglas – Teil 2: Konformitätsbewertung/Produktnorm		09.03.2018	2018/C 092/06

Tafel 13.41 (Fortsetzung)

ENO	Bezugsnummer und Titel der Norm (und Bezugsdokument)	Referenz der ersetzten Norm	Datum	Fundstelle
CEN	EN 12150-2:2004: Glas im Bauwesen – Thermisch vorgespanntes Kalknatron-Einscheibensicherheitsglas – Teil 2: Konformitätsbewertung/Produktnorm		09.03.2018	2018/C 092/06
CEN	EN 12337-2:2004: Glas im Bauwesen – Chemisch vorgespanntes Kalknatronglas – Teil 2: Konformitätsbewertung/Produktnorm		09.03.2018	2018/C 092/06
CEN	EN 13024-2:2004: Glas im Bauwesen – Thermisch vorgespanntes Borosilicat-Einscheibensicherheitsglas – Teil 2: Konformitätsbewertung/Produktnorm		09.03.2018	2018/C 092/06
CEN	EN 14178-2:2004: Glas im Bauwesen – Basiserzeugnisse aus Erdalkali-Silicatglas – Teil 2: Konformitätsbewertung/Produktnorm		09.03.2018	2018/C 092/06
CEN	EN 14179-2:2005: Glas im Bauwesen – Heißgelagertes thermisch vorgespanntes Kalknatron-Einscheibensicherheitsglas – Teil 2: Konformitätsbewertung/Produktnorm		09.03.2018	2018/C 092/06
CEN	EN 14321-2:2005: Glas im Bauwesen – Thermisch vorgespanntes Erdalkali-Silicat-Einscheibensicherheitsglas – Teil 2: Konformitätsbewertung/Produktnorm		09.03.2018	2018/C 092/06
CEN	EN 14449:2005/AC:2005: Glas im Bauwesen – Verbundglas und Verbund-Sicherheitsglas – Konformitätsbewertung/Produktnorm		09.03.2018	2018/C 092/06
CEN	EN 15681-2:2017: Glas im Bauwesen – Basiserzeugnisse aus Alumo-Silicatglas – Teil 2: Produktnorm		09.03.2018	2018/C 092/06
CEN	EN 15682-2:2013: Glas im Bauwesen – Heißgelagertes thermisch vorgespanntes Erdalkali-Silicat-Einscheibensicherheitsglas – Teil 2: Konformitätsbewertung/Produktnorm		09.03.2018	2018/C 092/06
CEN	EN 15683-2:2013: Glas im Bauwesen – Thermisch vorgespanntes Kalknatron-Profilbau-Sicherheitsglas – Teil 2: Konformitätsbewertung/Produktnorm		09.03.2018	2018/C 092/06

Tafel 13.42 Auszug aus der MVV-TB Teil A1 (Mechanische Festigkeit und Standsicherheit)

Lfd. Nr.	Anforderung an Planung, Bemessung und Ausführung gem. §85a Abs. 2 MBO[a]	Technische Regeln/ Ausgabe	Weitere Maßgabe gem. §85a Abs. 2 MBO[a]
A 1.2.7 Glaskonstruktionen			
A 1.2.7.1	Glas im Bauwesen – Bemessungs- und Konstruktionsregeln	DIN 18008-1:2010-12	Anlagen A 1.2.7/1 und A 1.2.7/2
	Linienförmig gelagerte Verglasungen	DIN 18008-2:2010-12	Anlage A 1.2.7/3
	Punktförmig gelagerte Verglasungen	DIN 18008-3:2013-07	
	Zusatzanforderungen an absturzsichernde Verglasungen	DIN 18008-4:2013-07	
	Zusatzanforderungen an begehbare Verglasungen	DIN 18008-5:2013-07	
	Zusatzanforderungen an zu Instandhaltungsmaßnahmen betretbare Verglasungen und an durchsturzsichere Verglasungen	DIN 18008-6:2018-02	

[a] nach Landesrecht

Tafel 13.43 Auszug aus der MVV-TB Teil C2 (Voraussetzungen zur Abgabe der Übereinstimmungserklärung für Bauprodukte nach § 22 MBO[a])

Lfd. Nr.	Bauprodukt	Technische Regeln/ Ausgabe	Übereinstimmungs-bestätigung
C 2.11 Bauprodukte aus Glas			
C 2.11.1	Vorgefertigte absturzsichernde Verglasung	DIN 18008-4:2013-07 Anhang B	ÜH
C 2.11.2	Vorgefertigte begehbare Verglasung	DIN 18008-5:2013-07 mit Ausnahme Anhang A	ÜH

[a] nach Landesrecht

Tafel 13.44 Auszug aus der MVV-TB Teil C3 (Bauprodukte, die nur eines allgemeinen bauaufsichtlichen Prüfzeugnisses nach § 19 Absatz 1 Satz 2 MBO[a] bedürfen)

Lfd. Nr.	Bauprodukt	Anerkanntes Prüfverfahren nach	Übereinstimmungs-bestätigung
C 3.18	Vorgefertigte absturzsichernde Verglasung mit versuchstechnisch ermittelter Tragfähigkeit	DIN 18008-4:2013-7, nach Anhang A, Anhang D und Anhang E; Zusätzlich gilt: Anlage C 3.5	ÜH
C 3.19	Punkthalter ohne Kugelgelenk mit versuchstechnisch ermittelter Tragfähigkeit	DIN 18008-3:2013-07, Anhang D	ÜH
C 3.20	Vorgefertigte begehbare Verglasungen mit versuchstechnisch ermittelter Tragfähigkeit unter stoßartiger Einwirkung und Resttragfähigkeit	DIN 18008-5:2013-07, Anhang A	ÜH

[a] nach Landesrecht

Tafel 13.45 Auszug aus der MVV-TB Teil C4 (Bauarten, die nur eines allgemeinen bauaufsichtlichen Prüfzeugnisses nach § 16a Absatz 3 MBO[a] bedürfen)

Lfd. Nr.	Bauart	Anerkanntes Prüfverfahren nach
C 4.12	Bauarten für absturzsichernde Verglasung mit versuchstechnisch ermittelter Tragfähigkeit	DIN 18008-4:2013-7, nach Anhang A, Anhang D und Anhang E; Zusätzlich gilt: Anlage C 3.5 des Abschnittes C 3
C 4.13	Bauarten für begehbare Verglasung mit versuchstechnisch ermittelter Tragfähigkeit	DIN 18008-5:2013-07, Anhang A

[a] nach Landesrecht

Literatur

1. Feldmann, M.; Kasper, R.; Langosch, K: Glas für tragende Bauteile. Düsseldorf, Werner 2012.

2. Kasper, R.; Pieplow, K.; Feldmann, M.: Beispiele zur Bemessung von Glasbauteilen nach DIN 18008. Berlin, Ernst & Sohn, 2016.

3. Schittich, C.; Staib, G.; Balkow, D.; Schuler, M.; Sobek, W.: Glasbau Atlas, 2. Auflage. Basel: Birkhäuser, 2006.

4. Schneider, J.; Kuntsche J., Schula, S.; Schneider, F., Wörner, J.-D. Glasbau: Grundlagen, Berechnung, Konstruktion. 2. Auflage. Berlin: Springer, 2016.

5. Siebert, G.; Maniatis, I.: Tragende Bauteile aus Glas: Grundlagen, Konstruktion, Bemessung, Beispiele. Berlin: Ernst & Sohn, 2012.

6. Wagner, E.: Glasschäden. 4. überarbeitete und erweiterte Auflage. Schorndorf: Verlag Karl Hofmann, 2012.

7. Weller, B.; Härth, K.; Tasche, S.; Unnewehr, S.: Konstruktiver Glasbau. Grundlagen, Anwendung, Beispiele. München: Institut für internationale Architektur-Dokumentation, 2008.

8. Weller, B.; Krampe, P.: Glas. In: Wendehorst Baustoffkunde. Herausgegeben von G. Neroth und D. Vollenschaar. 2. Auflage. Wiesbaden, Vieweg + Teubner, 2011. Seite 555–635.

9. Weller, B; Krampe, P.; Reich, S.: Glasbau-Praxis. Konstruktion und Bemessung. Band 1: Grundlagen. 3. Auflage. Berlin: Bauwerk Beuth, 2013.

10. Weller, B; Engelmann, M.; Nicklisch, F.; Weimar, T.: Glasbau-Praxis. Konstruktion und Bemessung. Band 2: Beispiele nach DIN 18008. 3. Auflage. Berlin: Bauwerk Beuth, 2013.

11. Wurm, J.: Glas als Tragwerk. Entwurf und Konstruktion selbsttragender Hüllen. Basel: Birkhäuser, 2007.

Verordnungen

12. Musterbauordnung (MBO). Fassung November 2002. Berlin: Informationssystem Bauministerkonferenz 2002. (zuletzt geändert durch Beschluss der Bauministerkonferenz vom 27.09.2019).

13. Muster-Verwaltungsvorschrift Technische Baubestimmungen. Ausgabe 2020/1. Deutsches Institut für Bautechnik. Amtliche Mitteilungen 2021/1. Die Publikation wird im Internet unter www.dibt.de veröffentlicht.

13

Geotechnik

14

Univ.-Prof. Dr.-Ing. habil. Christian Moormann

Inhaltsverzeichnis

C. Moormann (✉)
Institut für Geotechnik, Universität Stuttgart IGS
Stuttgart, Deutschland
E-Mail: christian.moormann@igs.uni-stuttgart.de

14.1   Technische Baubestimmungen

Grundsätzliche Normen

DIN 1054	12.10	Baugrund; Sicherheitsnachweise im Erd- und Grundbau – Ergänzende Regelungen zu DIN EN 1997-1 mit DIN 1054/A1:08.12 und DIN 1054/A2:11.15
DIN EN 1990	12.10	Eurocode: Grundlagen der Tragwerksplanung
DIN EN 1991	12.10	Eurocode 1: Einwirkungen auf Tragwerke
DIN EN 1997-1	03.14	Eurocode 7: Entwurf, Berechnung und Bemessung in der Geotechnik, Teil 1: Allgemeine Regeln

© Springer Fachmedien Wiesbaden GmbH, ein Teil von Springer Nature 2021
U. Vismann (Hrsg.), *Wendehorst Bautechnische Zahlentafeln*, https://doi.org/10.1007/978-3-658-32218-2_14

DIN EN 1997-1/NA	12.10	Eurocode 7: Teil 1: Allgemeine Regeln – National festgelegte Parameter
DIN EN 1997-2	10.10	Eurocode 7: Entwurf, Berechnung und Bemessung in der Geotechnik, Teil 2: Erkundung und Untersuchung des Baugrundes
DIN EN 1997-2/NA	12.10	Eurocode 7: Teil 2: Untersuchung des Baugrundes – National festgelegte Parameter

Baugrunderkundung

DIN 4020	12.10	Geotechnische Untersuchungen für bautechnische Zwecke – Ergänzende Regelungen zu DIN EN 1997-2
DIN 4023	02.06	Zeichnerische Darstellung der Ergebnisse von Bohrungen und sonstigen direkten Aufschlüssen
DIN 4094-4	01.02	Baugrund, Felduntersuchungen, Teil 4: Flügelscherversuche
DIN EN ISO 14688-1	05.18	Benennung, Beschreibung und Klassifizierung von Boden – Teil 1: Benennung und Beschreibung
DIN EN ISO 14688-2	05.18	Benennung, Beschreibung und Klassifizierung von Boden – Teil 2: Grundlagen für Bodenklassifizierungen
DIN EN ISO 14689	05.18	Benennung, Beschreibung und Klassifizierung von Fels
DIN EN ISO 22475-1	01.07	Probenentnahmeverfahren und Grundwassermessungen – Teil 1: Technische Grundlagen der Ausführung
DIN EN ISO 22282-1	09.12	Geohydraulische Versuche – Teil 1: Allgemeine Regeln
DIN EN ISO 22282-2	09.12	Geohydraulische Versuche – Teil 2: Wasserdurchlässigkeitsversuche in einem Bohrloch unter Anwendung offener Systeme
DIN EN ISO 22282-3	09.12	Geohydraulische Versuche – Teil 3: Wasserdruckversuche in Fels
DIN EN ISO 22282-4	05.20	Geohydraulische Versuche – Teil 4: Pumpversuche
DIN EN ISO 22282-5	09.12	Geohydraulische Versuche – Teil 5: Infiltrometerversuche
DIN EN ISO 22282-6	09.12	Geohydraulische Versuche – Teil 6: Wasserdurchlässigkeitsversuche im Bohrloch unter Anwendung geschlossener Systeme
DIN EN ISO 22476-1	10.13	Felduntersuchungen – Teil 1: Drucksondierungen mit elektrischen Messwertaufnehmern und Messeinrichtungen für den Porenwasserdruck
DIN EN ISO 22476-2	03.12	Felduntersuchungen – Teil 2: Rammsondierungen
DIN EN ISO 22476-3	03.12	Felduntersuchungen – Teil 3: Standard Penetration Test
DIN EN ISO 22476-4	03.13	Felduntersuchungen – Teil 4: Pressiometerversuch nach Ménard
DIN EN ISO 22476-5	03.13	Felduntersuchungen – Teil 5: Versuch mit dem flexiblen Dilatometer
DIN EN ISO 22476-6	12.18	Felduntersuchungen – Teil 6: Versuch mit selbstbohrendem Pressiometer
DIN EN ISO 22476-7	03.13	Felduntersuchungen – Teil 7: Seitendruckversuch

DIN EN ISO 22476-8	03.19	Felduntersuchungen – Teil 8: Versuch mit dem Verdrängungspressiometer
DIN EN ISO 22476-9	09.19	Felduntersuchungen – Teil 9: Flügelscherversuche
DIN EN ISO 22476-10	03.18	Felduntersuchungen – Teil 10: Gewichtssondierung
DIN EN ISO 22476-11	08.17	Felduntersuchungen – Teil 11: Flachdilatometerversuch
DIN EN ISO 22476-12	10.09	Felduntersuchungen – Teil 12: Drucksondierungen mit mechanischen Messwertaufnehmern
DIN EN ISO 22476-14	08.20	Felduntersuchungen – Teil 14: Bohrlochrammsondierung
DIN EN ISO 22476-15	12.16	Felduntersuchungen – Teil 15: Aufzeichnung der Bohrparameter
DIN 18196	05.11	Erd- und Grundbau; Bodenklassifikation für bautechnische Zwecke

Berechnungsnormen

DIN 4017	03.06	Baugrund-Berechnung des Grundbruchwiderstandes von Flachgründungen
DIN 4017 (Beiblatt 1)	11.06	Baugrund-Berechnung des Grundbruchwiderstands von Flachgründungen – Berechnungsbeispiele
DIN 4018	09.74	Baugrund-Berechnung der Sohldruckverteilung unter Flächengründungen mit Beiblatt 1 (05.81)
DIN 4019	05.15	Baugrund-Setzungsberechnung
DIN 4084	01.09	Baugrund-Geländebruchberechnungen; mit A1 (08.17)
DIN 4085	08.17	Baugrund-Berechnung des Erddruckes mit Beiblatt 1 (12.18)

Gründungselemente und Gründungsverfahren

DIN 4093	11.15	Bemessung von verfestigten Bodenkörpern – Hergestellt mit Düsenstrahl-, Deep-Mixing- oder Injektions-Verfahren
DIN EN ISO 18674-1	09.15	Geotechnische Erkundung und Untersuchung – Geotechnische Messungen – Teil 1: Allgemeine Regeln
DIN EN ISO 18674-2	03.17	– ; Teil 2: Verschiebungsmessungen entlang einer Messlinie: Extensometer
DIN EN ISO 18674-3	06.20	– ; Teil 3: Verschiebungsmessungen quer zu einer Messlinie: Inklinometer
DIN EN ISO 18674-5	02.20	– ; Teil 5: Spannungsänderungsmessungen mittels Druckmessdosen
DIN 4123	04.13	Ausschachtungen, Gründungen und Unterfangungen im Bereich bestehender Gebäude
DIN 4124	01.12	Baugruben und Gräben; Böschungen, Verbau, Arbeitsraumbreiten
DIN 4126	09.13	Nachweis der Standsicherheit von Schlitzwänden mit Beiblatt 1 (09.13)
DIN 4127	02.14	Prüfverfahren für Stützflüssigkeiten im Schlitzwandbau und für deren Ausgangsstoffe

Europäische Ausführungsnormen Spezialtiefbau

DIN EN 1536	10.12	Bohrpfähle mit DIN SPEC 18140 (02.12)
DIN EN 1537	07.14	Verpressanker
DIN EN 1538	10.15	Schlitzwände
DIN EN 12063	05.99	Spundwandkonstruktionen
DIN EN 12699	05.01	Verdrängungspfähle mit Berichtigung 1 (11.19) mit DIN SPEC 18538 (02.12)
DIN EN 12715	10.00	Injektionen mit DIN SPEC 18187 (08.15)
DIN EN 12716	03.19	Düsenstrahlverfahren
DIN EN 14199	01.12	Pfähle mit kleinen Durchmessern (Mikropfähle) mit DIN SPEC 18539 (02.12)
DIN EN 14475	04.06	Bewehrte Schüttkörper
DIN EN 14490	11.10	Bodenvernagelung
DIN EN 14679	07.05	Tiefreichende Bodenstabilisierung mit Berichtigung 1 (09.06)
DIN EN 14731	12.05	Baugrundverbesserung durch Tiefenrüttelverfahren
DIN EN 15237	06.07	Vertikaldräns

Schutz der Bauwerke gegen Wasserangriff

DIN 4030-1	06.08	Beurteilung betonangreifender Wässer, Böden und Gase – Teil 1: Grundlagen und Grenzwerte
DIN 4030-2	06.08	–; Teil 2: Entnahme und Analyse von Wasser- und Bodenproben
DIN 4095	06.90	Dränung zum Schutz baulicher Anlagen; Planung, Bemessung, Ausführung
DIN 18195-1	12.11	Bauwerksabdichtungen – Teil 1: Grundsätze, Definitionen, Zuordnung der Abdichtungsarten
DIN 18195-2	04.09	– Teil 2: Stoffe
DIN 18195-3	12.11	– Teil 3: Anforderungen an den Untergrund und Verarbeitung der Stoffe
DIN 18195-4	12.11	– Teil 4: Abdichtungen gegen Bodenfeuchte und nicht stauendes Sickerwasser an Bodenplatten und Wänden
DIN 18195-5	12.11	– Teil 5: Abdichtungen gegen nicht drückendes Wasser auf Deckenflächen u. in Nassräumen
DIN 18195-6	12.11	– Teil 6: Abdichtungen gegen von außen drückendes Wasser und aufstauendes Sickerwasser
DIN 18195-7	07.09	Bauwerksabdichtungen: Abdichtung gegen von innen drückendes Wasser
DIN 18195-8	12.11	–; Abdichtungen über Bewegungsfugen
DIN 18195-9	05.10	–; Durchdringungen, Übergänge, Anschlüsse
DIN 18195-10	12.11	–; Schutzschichten und Schutzmaßnahmen

Schutz der Bauwerke gegen Erschütterungen/Erdbeben

DIN 4149	04.05	Bauten in deutschen Erdbebengebieten – Lastannahmen, Bemessung und Ausführung üblicher Hochbauten
DIN EN 1998-1	12.10	Eurocode 8: Auslegung von Bauwerken gegen Erdbeben – Teil 1: Grundlagen, Erdbebeneinwirkungen und Regeln für Hochbauten
DIN EN 1998-1/NA	10.18	Nationaler Anhang zu Eurocode 8
DIN 4150-1	06.01	Erschütterungen im Bauwesen – Teil 1: Vorermittlung von Schwingungsgrößen
DIN 4150-2	06.99	–; Einwirkungen auf Menschen in Gebäuden
DIN 4150-3	12.16	–; Einwirkungen auf bauliche Anlagen

Untersuchung von Bodenproben (Versuchsnormen)

DIN 18121-2	03.20	Wassergehalt; Bestimmung durch Schnellverfahren
DIN 18122-2	03.20	Zustandsgrenzen (Konsistenzgrenzen); Bestimmung der Schrumpfgrenze
DIN 18124	02.19	Bestimmung der Korndichte
DIN 18125-2	03.20	Bestimmung der Dichte des Bodens; Feldversuche
DIN 18126	11.96	Bestimmung der Dichte nicht bindiger Böden bei lockerster und dichtester Lagerung
DIN 18127	09.12	Proctor-Versuch
DIN 18128	12.02	Bestimmung des Glühverlustes
DIN 18129	07.11	Kalkgehaltsbestimmung
DIN 18130-1	05.98	Bestimmung des Wasserdurchlässigkeitsbeiwertes; Laborversuche
DIN 18130-2	08.15	Bestimmung des Wasserdurchlässigkeitsbeiwertes; Feldversuche
DIN 18132	04.12	Bestimmung des Wasseraufnahmevermögens
DIN 18134	04.12	Plattendruckversuch
DIN 18141-1	05.14	Untersuchung von Gesteinsproben, Bestimmung der einaxialen Druckfestigkeit
DIN EN ISO 17892-1	03.15	Geotechnische Erkundung und Untersuchung – Laborversuche an Bodenproben – Teil 1: Bestimmung des Wassergehalts
DIN EN ISO 17892-2	03.15	–; Laborversuche an Bodenproben – Teil 2: Bestimmung der Dichte des Bodens
DIN EN ISO 17892-3	07.16	--; Teil 3: Bestimmung der Korndichte
DIN EN ISO 17892-4	04.17	–; Teil 4: Bestimmung der Korngrößenverteilung
DIN EN ISO 17892-5	08.17	–; Teil 5: Ödometerversuch mit stufenweiser Belastung
DIN EN ISO 17892-6	07.17	–; Teil 6: Fallkegelversuch
DIN EN ISO 17892-7	05.18	–; Teil 7: Einaxialer Druckversuch
DIN EN ISO 17892-8	07.18	–; Teil 8: Unkonsolidierter undränierter Triaxialversuch
DIN EN ISO 17892-9	07.18	–; Teil 9: Konsolidierte triaxiale Kompressionsversuche
DIN EN ISO 17892-10	04.19	–; Teil 10: Direkte Scherversuche
DIN EN ISO 17892-11	03.21	–; Teil 11: Bestimmung der Wasserdurchlässigkeit

VOB Teil C: Allgemeine Techn. Vertragsbedingungen (ATV)		
DIN 18300	09.19	Erdarbeiten
DIN 18301	09.19	Bohrarbeiten
DIN 18303	09.19	Verbauarbeiten
DIN 18304	09.19	Ramm-, Rüttel- und Verpressarbeiten
DIN 18305	09.19	Wasserhaltungsarbeiten
DIN 18308	09.19	Drän- und Versickerarbeiten
DIN 18309	09.19	Einpressarbeiten
DIN 18311	09.19	Nassbaggerarbeiten
DIN 18312	09.19	Untertagebauarbeiten
DIN 18313	09.19	Schlitzwandarbeiten mit stützenden Flüssigkeiten
DIN 18319	09.19	Rohrvortriebsarbeiten
DIN 18320	09.19	Landschaftsbauarbeiten
DIN 18321	09.19	Düsenstrahlarbeiten
DIN 18324	09.19	Horizontalspülbohrarbeiten

Empfehlungen mit normativem Charakter, herausgegeben von der Deutschen Gesellschaft für Geotechnik (Auswahl)	
EAB	Empfehlungen des Arbeitskreises „Baugruben", 6. Auflage Berlin: Wilhelm Ernst & Sohn, 2021
EAU	Empfehlungen des Arbeitsausschusses „Ufereinfassungen", 12. Auflage Berlin: Ernst & Sohn, 2020
EA-Pfähle	Empfehlungen des Arbeitskreises „Pfähle", 2. Auflage Berlin: Ernst & Sohn, 2012
GDA	Empfehlungen des Arbeitskreises Geotechnik der Deponien und Altlasten, 3. Auflage Berlin: Ernst & Sohn, 1997; https://www.gdaonline.de/empfehlungen
ETB	Empfehlungen des Arbeitskreises Tunnelbau. Berlin: Ernst & Sohn, 1995
EVB	Empfehlungen, Verformung des Baugrundes bei baulichen Anlagen, 1. Auflage, Berlin: Ernst & Sohn, 1993
EANG	Empfehlungen des Arbeitskreises „Numerik in der Geotechnik", 1. Auflage, Berlin: Ernst & Sohn, 2014
EBGEO	Empfehlungen für den Entwurf und die Berechnung von Erdkörpern mit Bewehrungen aus Geokunststoffen, 2. Auflage, Berlin: Ernst & Sohn, 2010
EA Geothermie	Empfehlung Oberflächennahe Geothermie: Planung, Bau, Betrieb und Überwachung, Berlin: Ernst & Sohn, 2014

14.2 Geotechnische Kategorien

In der nationalen und der europäischen Normung werden geotechnische Aufgaben in Abhängigkeit von der Komplexität von Baugrundsituation und Bauvorhaben im Hinblick auf die Mindestanforderungen an Baugrunduntersuchung, die rechnerischen Nachweise und die Überwachung der Ausführung in drei Klassen (Kategorien) eingeteilt. Sie richten sich nach der zu erwartenden Reaktion des Baugrundes, nach dem geotechnischen Schwierigkeitsgrad des Tragwerks und seiner Einflüsse auf die Umgebung. DIN 4020 bzw. Handbuch EC7-1 und EC7-2 enthalten Vorgaben bezüglich Art und Umfang der geotechnischen Untersuchungen in Abhängigkeit von der geotechnischen Kategorie (siehe Tafel 14.1).

Die Einordnung in eine geotechnische Kategorie erfolgt zu Beginn der Arbeiten vorläufig. Eine Anpassung kann im Zuge des Projektes erforderlich werden.

14.3 Geotechnische Untersuchungen

Allgemeine Anforderungen Für jede Bauaufgabe müssen der Baugrundaufbau und die Kennwerte von Boden und Fels sowie die Grundwasserverhältnisse ausreichend bekannt sein.

Für die Planung und Ausschreibung müssen die bis dahin vorhandenen Untersuchungsergebnisse für eine zuverlässige Planung der Bauleistung ausreichen.

Art und Umfang der dafür erforderlichen geotechnischen Untersuchungen werden in DIN 4020 und Handbuch EC7-2 für GK1 bis 3 mit gegenüber Tafel 14.1 erweiterten Klassifizierungsmerkmalen festgelegt.

Maßgebend für die Einstufung in GK 1 bis 3 ist jeweils das Klassifizierungsmerkmal, das den größten Schwierigkeitsgrad beschreibt. Die Einstufung ist später aufgrund der Ergebnisse der geotechnischen Untersuchungen zu überprüfen. Tabelle AA.1 des Normenhandbuchs EC 7-1 enthält Klassifizierungsmerkmale für die Einordnung unterschiedlicher geotechnischer Strukturen in die drei geotechnischen Kategorien.

Tafel 14.1 Einstufung von Erd- und Grundbauwerken bzw. geotechn. Baumaßnahmen in geotechnische Kategorien nach DIN 4020

Geotechn. Kategorie	Schwierigkeitsgrad	Einstufungskriterien und Klassifizierungsmerkmale	Einschaltung von geotechnischen Sachverständigen
GK 1	gering	Standsicherheit und Gebrauchstauglichkeit sowie die geotechn. Auswirkungen können aufgrund gesicherter Erfahrungen beurteilt werden	im Zweifelsfall erforderlich
GK 2	mittel	Grenzzustände sind durch rechnerische Nachweise zu untersuchen	im Regelfall hinzuziehen
GK 3	hoch	Bauobjekte mit schwieriger Konstruktion und/oder schwierigem Baugrund, erfordern vertiefte geotechnische Kenntnisse und Erfahrungen	zwingend erforderlich

Geotechnische Kategorie 1 (GK 1) liegt vor

a) bei einfachen baulichen Anlagen

   Beispiel: Setzungsunempfindliche Bauwerke mit Stützenlasten bis 250 kN und Streifenlasten bis 100 kN/m, Stützmauern und Baugrubenwände $h \leq 2,0$ m ohne hohe Geländeauflasten, Gründungsplatten, die ohne Berechnung nach empirischen Regeln bemessen werden, Gräben $h \leq 2,0$ m über dem Grundwasser,

b) bei waagerechtem oder schwach geneigtem Gelände, wenn die Baugrundverhältnisse nach gesicherten örtlichen Erfahrungen und geologischen Bedingungen als tragfähig und setzungsarm bekannt sind,

c) wenn das Grundwasser unterhalb der Aushubsohle liegt,

d) wenn das Bauwerk gegen die örtliche Seismizität unempfindlich ist,

e) wenn die Umgebung (Nachbargebäude, Verkehrswege, Leitungen usw.) durch das Bauwerk selbst oder die dafür erforderlichen Bauarbeiten nicht beeinträchtigt oder gefährdet werden kann,

f) wenn schädliche oder erschwerende äußere Einflüsse, wie benachbarte offene Gewässer, Böschungen, Auslaugungen, Erdfälle nicht zu erwarten sind.

Mindestanforderungen an die Baugrunderkundung und -untersuchung bei GK 1

- Einholen von Informationen über die allgemeinen Baugrundverhältnisse und die örtlichen Bauerfahrungen der Nachbarschaft.
- Erkunden der Boden- bzw. Gesteinsarten und ihrer Schichtung, z. B. durch Schürfe, Kleinbohrungen und Sondierungen.
- Abschätzen der Grundwasserverhältnisse vor und während der Bauausführung.
- Besichtigung der ausgehobenen Baugrube.

Art und Umfang dieser geotechn. Untersuchungen müssen eine Bestätigung der Verhältnisse nach den Aufzählungen b) bis f) ermöglichen.

Geotechnische Kategorie 2 (GK 2) liegt vor,

wenn die baulichen Anlagen und geotechnischen Gegebenheiten nicht in die geotechnische Kategorie 1 eingeordnet werden können und sie wegen ihres Schwierigkeitsgrades nicht in die Kategorie 3 eingeordnet werden müssen.

Mindestanforderungen an die Baugrunderkundung und -untersuchung bei GK 2

Es sind immer direkte Aufschlüsse erforderlich. Die für Beurteilung und Berechnungen notwendigen Bodenkenngrößen müssen versuchstechnisch bestimmt werden, hilfsweise dürfen Korrelationen herangezogen werden.

Direkte Aufschlüsse sind natürliche oder künstliche Aufschlüsse, in der Regel Bohrungen oder Schürfe, die eine Besichtigung von Böden oder Fels, die Entnahme von Boden oder Felsproben sowie die Durchführung von Feldversuchen ermöglichen.

Geotechnische Kategorie 3 (GK 3) liegt u. a. vor

a) bei baulichen Anlagen wie Bauwerke mit besonders hohen Lasten, tiefe Baugruben, Pfahlgründungen mit besonderen Beanspruchungen, Kombinierte Pfahl-Plattengründungen (KPP), Staudämme sowie Deiche und andere Bauwerke, die durch Wasserdrücke $\Delta h > 2$ m belastet werden, Einrichtungen zur vorübergehenden oder dauernden Grundwasserabsenkung, die damit ein Risiko für benachbarte Bauten bewirken, Flugplatzbefestigungen, Hohlraumbauten, weitgespannte Brücken, Schleusen und Siele, Maschinenfundamente mit hohen dynamischen Lasten, kerntechnische Anlagen, Offshore-Bauten, Chemiewerke und Anlagen mit gefährlichen chemischen Stoffen, Deponien aller Art mit Ausnahme nicht kontaminierter Boden- und Felsaushübe, hohe Türme, Antennen, Schornsteine, Großwindanlagen,

b) bei besonders schwierigen Baugrundverhältnissen, z. B. geologisch junge Ablagerungen mit regelloser Schichtung, rutschgefährdete Böschungen, geologisch wechselhafte Formationen, quell- und schrumpffähige Böden,

c) bei gespanntem oder artesischem Grundwasser, wenn beim Ausfall der Entlastungsanlagen hydraulischer Grundbruch möglich ist,

d) bei Konstruktionen in Gebieten mit hohem Erdbebenrisiko,

e) wenn von der baulichen Anlage oder der Bauausführung besondere Gefährdungen auf die Umgebung ausgehen oder die Bauwerke selbst durch sonstige Einflüsse einer besonderen Gefährdung hinsichtlich Standsicherheit und eventuell auch Betriebssicherheit unterliegen,

f) in Bergsenkungsgebieten, Gebieten mit Erdfällen, bei unkontrolliert geschütteten Geländeauffüllungen.

Mindestanforderungen an die Baugrunderkundung und -untersuchung bei GK 3

Es ist zu prüfen, ob über den für GK2 erforderlichen Umfang hinaus weitere Untersuchungen erforderlich sind, die sich aus den besonderen Abmessungen, Eigenschaften und Beanspruchungen des Objektes oder aus Sonderfragen des Baugrundes, des Grundwassers oder der Umgebung ergeben.

Die charakteristischen Rechenwerte für Einwirkungen, Beanspruchungen und Widerstände werden unter Einschaltung eines Sachverständigen festgelegt.

Anzahl, Abstände und Tiefe der Aufschlüsse nach DIN 4020 und Handbuch EC7-2

Die Anordnung erfolgt am besten in Schnitten, beginnend an den Eckpunkten des Bauwerks. Der Umfang richtet sich nach den Vorabinforma-

Tafel 14.2 Aufschlusstiefe z_a ab Bauwerksunterkante oder Aushubsohle in Böden, **Richtwerte** nach DIN 4020 in Abhängigkeit vom Bauwerkstyp

Hoch- und Ingenieurbauten: $z_a \geq 3{,}0 b_F$ oder $z_a \geq 6{,}0$ m b_F kleinere Fundamentseitenlänge	Plattengründungen sowie mehrere Gründungskörper mit Überschneidung des Einflusses: $z_a \geq 1{,}5 b_B$ b_B kleinere Bauwerksseitenlänge	Dämme: $0{,}8 h < z_a < 1{,}2 h^a$ oder $z_a \geq 6{,}0$ m Einschnitte: $z_a \geq 2{,}0$ m oder $z_a \geq 0{,}4\, h$
Landverkehrswege: $z_a \geq 2{,}0$ m unter Aushubsohle Kanäle u. Leitungen: $z_a \geq 2{,}0$ m unter Aushubsohle $z_a \geq 1{,}5$ m $b_{Ah}{}^b$	Baugruben (z_a ab Baugrubensohle): $z_a \geq 0{,}4\, h$ oder $z_a \geq$ Einbindetiefe t des Verbaus $+ 2{,}0$ m im Wasser: $z_a \geq$ Baugrubentiefe $H + 2$ m bzw. $z_a \geq t + 5$ m	Pfähle: $z_a \geq 1{,}0 b_G{}^c$ oder $z_a \geq 3 \cdot D_F$ D_F Pfahldurchmesser

^{a} h Dammhöhe bzw. Einschnitttiefe oder Baugrubentiefe.
^{b} b_{Ah} Aushubbreite.
^{c} b_G kleinere Seite des die Pfahlgründung umschließenden Rechteckes.

Tafel 14.3 Güteklassen von Bodenproben für Laborversuche und erforderliche Kategorien der Probeentnahme

Bodeneigenschaften/Güteklasse	Symbol	1	2	3	4	5
Bodeneigenschaften die unverändert sind:						
Korngrößenverteilung	KV	×	×	×	×	
Wassergehalt	ω	×	×	×		
Dichte, Lagerungsdichte (Grenzen), Durchlässigkeit	ϱ, max n/min n, k	×	×			
Zusammendrückbarkeit	–	×				
Eigenschaften, die bestimmt werden können:						
Schichtenfolge	–		×	×	×	×
Schichtgrenzen, grobe Einteilung	–		×	×	×	
Schichtgrenzen, feine Unterteilung	–		×	×		
Konsistenzgrenzen, Korndichte, organische Bestandteile	ω_L, ω_p, ρ_s, V_{gl}	×	×	×	×	
Wassergehalt	ω	×	×	×		
Dichte, Lagerungsdichte (Grenzen), Porosität (Porenanteil), Durchlässigkeit	ρ, max n/min n, n, k	×	×			
Zusammendrückbarkeit, Scherfestigkeit, Steifemodul	c', φ', E_s	×				
Kategorie der Probeentnahme entsprechend EN ISO 22475-1		A				
			B			
						C

tionen aus den gängigen Archivunterlagen (Geol. Karten etc.).

Grundsätzlich sollten die Aufschlüsse alle Schichten erfassen, die durch das Bauwerk beansprucht werden. Richtwerte nach DIN 4020 zur Aufschlusstiefe in Abhängigkeit von der Aufgabenstellung finden sich in Tafel 14.2.

Aufschluss durch Schürfe und Bohrungen sowie Entnahme von Proben nach DIN EN ISO 22475-1 Diese Norm regelt Bohrverfahren, Bohrwerkzeug, Durchführung der Baugrundaufschlüsse, Entnahme von Boden- und Wasserproben, Beobachtung des Grundwassers, Anlage von Grundwassermessstellen im Baugrund, Transport und Aufbewahren der Proben. Das Bohrverfahren richtet sich danach, ob damit Proben unter Beachtung der im Einzelfall erforderlichen Güteklasse entnommen werden können. Diese sind dadurch gekennzeichnet, dass sich an ihnen laborativ bestimmte Kenngrößen und Eigenschaften ermitteln lassen.

Güteklasse 1 entspricht weitgehend ungestörten, Güteklasse 5 völlig gestörten Proben.

Eine entsprechende Übersicht gibt Tafel 14.3.

Berücksichtigung der Grundwasserstände Wenn das Bauwerk einschließlich seiner Hilfsmaßnahmen in das Grundwasser hineinreicht, ist die Höhenlage der Grundwasser-Oberfläche oder Grundwasser-Druckfläche der Grundwasserstockwerke und ihre zeitliche Schwankung festzustellen (Archivinformationen, Anfrage bei den zuständigen Wasserbehörden, Einrichtung von Messpegeln).

Hinweis: Bei Dauerbauwerken muss der Planverfasser die Schwankung des Grundwasserstandes berücksichtigen und unter Berücksichtigung der Wiederkehrhäufigkeit von Hochwasserständen einen Bemessungswasserstand festlegen. Hierzu sind langjährige Messreihen oder alternative Betrachtungen erforderlich.

Tafel 14.4 Benennen von Böden nach dem Korndurchmesser d (nach DIN EN ISO 14688-1, Tab. 1 und DIN 4022-1)

Bereich (DIN EN ISO 14688-1)	Benennung (DIN EN ISO 14688-1)	Kurzzeichen DIN EN ISO 14688-1	Kurz-zeichen DIN 4022-1	Korngrößen-bereich [mm]	manuelle Bestimmung
sehr grobkörniger Boden	großer Block	**LBo**	**[-]**	> 630	
	Block	**Bo**	**Y**	> 200 – 630	Kopfgröße
	Stein	**Co**	**X**	> 63 – 200	größer als Hühnereier
grobkörniger Boden	Kies	**Gr**	**G**	>2 – 63	
	Grobkies	**CGr**	**gG**	> 20 – 63	kleiner Hühnerei, größer Haselnuss
	Mittelkies	**MGr**	**mG**	> 6,3 – 20	kleiner Haselnuss, größer Erbsen
	Feinkies	**FGr**	**fG**	> 2,0 – 6,3	kleiner Erbsen, größer Streichholzköpfe
	Sand	**Sa**	**S**	>0,063 – 2,0	
	Grobsand	**CSa**	**gS**	> 0,02 – 2,0	kleiner Streichholzköpfe, größer Gries
	Mittelsand	**MSa**	**mS**	> 0,2 – 0,63	wie Gries
	Feinsand	**FSa**	**fS**	> 0,063 – 0,2	wie Mehl und kleiner, aber mit bloßem Auge <u>noch erkennbar</u>
feinkörniger Boden	Schluff	**Si**	**U**	>0,002 – 0,063	<u>gering plastisch</u> *trocken:* gut zu Staub zerdrückbar; *feucht:* mehlig, stumpf, brockelt; *im Wasser:* wird leicht zu Brei, starke Trübung des Wassers
	Grobschluff	**CSi**	**gU**	> 0,02 – 0,063	
	Mittelschluff	**MSi**	**mU**	> 0,0063 – 0,02	
	Feinschluff	**FSi**	**fU**	> 0,002 – 0,0063	
	Ton	**Cl**	**T**	< 0,002	<u>ausgeprägt plastisch</u> *trocken:* nur zu zerbrechen; *feucht:* seifig, glänzig, knetbar, vom Finger nur abzuwaschen; *im Wasser:* schwer aufzuweichen, geringe Trübung des Wassers

Links in der Tafel: nicht-bindige Böden ↑ / bindige Böden ↓

Benennung und Beschreibung von Boden und Fels nach DIN 4022-1 bis -3 bzw. DIN EN ISO 14688-1 und DIN EN ISO 14689 Direkte Baugrundaufschlüsse sind, in der Regel vom Geotechnischen Sachverständigen, insbesondere nach Haupt- und Nebenanteil, Beschaffenheit und Farbe mithilfe visueller und manueller Unterscheidungsmerkmale in einem Schichtenverzeichnis nach DIN EN ISO 22475-1 zu beschreiben.

Hauptanteil ist entweder die Bodenart, die nach Massenanteilen am stärksten vertreten ist, oder jene, die die bestimmende Eigenschaft des Bodens prägt. Haupt- und Nebenanteile werden nach Korngrößenunterbereichen als Kies, Sand und Schluff mit der jeweiligen Unterteilung grob, mittel, fein, sowie als Ton (Korn ⌀ < 0,002 mm) benannt. Tafel 14.4 fasst die Regularien für das Benennen von Böden nach dem Korndurchmesser d nach DIN 4022-1 bzw. DIN EN ISO 14688-1 zusammen.

Übergeordnet sind die Korngrößenbereiche Grobkorn (Kies und Sand) und Feinkorn (Schluff und Ton). Anstelle von grob- und feinkörnigen Böden werden auch die Begriffe nichtbindige und bindige Böden benutzt.

Da bei feinkörnigen Böden das Einzelkorn nicht mehr mit bloßem Auge zu erkennen ist, können Schluff und Ton im Zuge der Feldansprache durch Reib- und Schneidversuche unterschieden werden. Tonige Böden fühlen sich im Reibversuch seifig, schluffige mehlig an. Beim Schneidversuch weisen glänzende Schnittflächen auf Ton, stumpfes Aussehen auf Schluff hin.

Bei feinkörnigen Nebenanteilen wird dem Adjektiv „tonig" oder „schluffig" das Beiwort „schwach" oder „stark" dann vorangestellt, wenn sie von besonders geringem oder besonders hohem Einfluss auf das Verhalten des Bodens sind, aber das Verhalten nicht vom Feinkornanteil geprägt wird.

Um entsprechende Unterteilungen „schwach" oder „stark" bei grobkörnigen Böden vorzunehmen, ist eine Korngrößenverteilungslinie (s. Abb. 14.7) erforderlich („schwach" bei weniger als 15 %, „stark" bei mehr als 30 % Massenanteil).

Die Beschaffenheit feinkörniger Böden wird durch die im Labor, ersatzweise durch Handprüfung ermittelte Konsistenz nach Tafel 14.5 beschrieben (vgl. auch Abb. 14.1).

14

Tafel 14.5 Bestimmung der Konsistenz im Feldversuch nach DIN 14688-1

Konsistenzzahl	Benennung	Verhalten des Bodens in der Hand
$< 0{,}25$	breiig	fließt aus der Hand
$0{,}25$–$0{,}50$	sehr weich	quillt beim Pressen in der Faust zwischen den Fingern durch
$0{,}50$–$0{,}75$	weich	lässt sich kneten
$0{,}75$–$1{,}00$	steif	schwer knetbar; zu 3 mm dicken Walzen ausrollbar, ohne zu brechen
$1 < I_c \leq I_c(w_s)$	halbfest	bröckelt und reißt beim Versuch, ihn zu 3 mm dicken Walzen auszurollen, lässt sich aber erneut zu Klumpen formen
$I_c > I_c(w_s)$	fest	spröde und hart

Tafel 14.6 Benennung und Beschreibung von organischen Böden nach DIN EN ISO 14688-1 sowie Klassifizierung von Böden und Korngrößen < 2 mm mit organischen Bestandteilen nach DIN EN ISO 14688-2

Benennung	Klasse	Beschreibung
TORF	Faserig	Faserige Struktur, leicht erkennbare Pflanzenreste, besitzt eine gewisse Festigkeit
	Schwach faserig	Gemisch aus Pflanzenfasern und einem amorphen Pflanzenbrei
	Nicht faserig (amorph)	Keine erkennbare Pflanzenstruktur; breiige Konsistenz
MUTTERBODEN oder HUMUS		Pflanzenreste, lebende Organismen und deren Ausscheidungen, anorganische Bestandteile
GYTTJA		Sediment, das sich in nährstoffreichem Wasser absetzt und hauptsächlich aus mehr oder weniger stark zersetzten Überresten von Pflanzen und Tieren (Detritus) besteht
DY		Sediment, das sich in nährstoffarmem Wasser absetzt und hauptsächlich aus abgeschiedenen, kolloidalen Huminstoffen (Baunschlamm) besteht

Benennung	Typische Farbgebung	Organischer Anteil % der Trockenmasse
Schwach organisch	Grau	2 bis 6
Mäßig organisch	Dunkelgrau	6 bis 20
Stark organisch	Schwarz	> 20

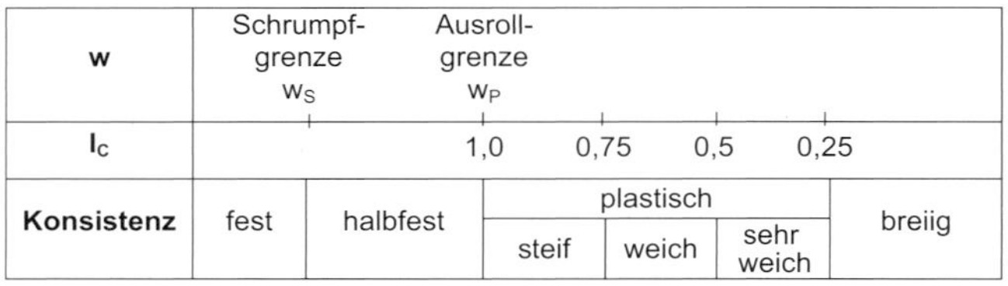

w	Schrumpf-grenze w_S	Ausroll-grenze w_P				
I_c		1,0	0,75	0,5	0,25	
Konsistenz	fest	halbfest	plastisch			breiig
			steif	weich	sehr weich	

Abb. 14.1 Konsistenzband zur Zuordnung der Konsistenz bindiger Böden in Abhängigkeit von der Konsistenzzahl I_C

Bei der Beschreibung der Böden kann eine dunkle Färbung Hinweise auf organische Beimengungen liefern (Tafel 14.6).

Die zeichnerische Darstellung der Ergebnisse ist in DIN 4023 geregelt. Die Aufschlusspunkte sind in einem Lageplan, die Ergebnisse maßstäblich und höhengerecht in Schnitten (Säulen) mit Symbolen und Kurzzeichen der DIN 4023 darzustellen (vgl. Abb. 14.2) und ggf. durch Gruppensymbole nach DIN 18196 zu ergänzen.

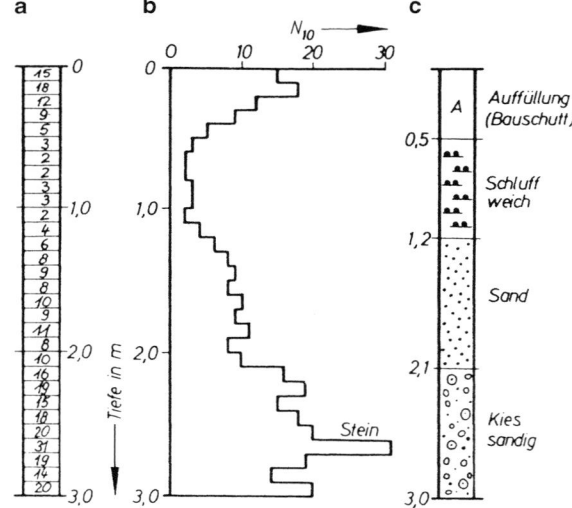

Abb. 14.2 Ergebnis einer Rammsondierung.
a Sondierprotokoll,
b Sondierdiagramm,
c zugehörige Schichtenfolge

Tafel 14.7 Bodenarten nach DIN EN ISO 14688-1 und Darstellung nach DIN 4023

Benennung	Feinstkorn oder Ton	Schluff	Sand	Kies	Steine bzw. Blöcke
Korngrößenbereich in mm	< 0,002	0,002 bis 0,06	> 0,06 bis 2	> 2 bis 63	> 63 bzw. > 200
Kurzzeichen	Cl/T	Si/U	Sa/S	Gr/G	Co/X bzw. Bo/Y
Symbol					

Bei **gemischten Bodenarten** ist das Kurzzeichen des Hauptanteils in Großbuchstaben voranzustellen, die der Nebenanteile als Kleinbuchstaben in der Reihenfolge ihrer Bedeutung anzufügen. Darüber hinaus können die Nebenanteile eine zusätzliche massenbezogene Kennung erhalten ($'$ schwach, – oder * stark).

Beispiel

S, ū, t′: Sand, stark schluffig, schwach tonig ◄

Erkundungen durch Sondierungen nach DIN 4094 bzw. DIN EN ISO 22476 Diese Normen regeln die indirekten Aufschlüsse des Bodens durch Rammsondierungen (DPL, DPM, DPH), Bohrlochrammsondierungen (BDP), Drucksondierungen (CPT) (Einsatzmöglichkeiten, Durchführung der Sondierungen, Messung und Darstellung, Einflüsse auf Sondierergebnisse) sowie weitere Sondierverfahren. Sie enthalten auch Hinweise zur Auswertung (s. Abb. 14.3 bis 14.6 als Auswahl sowie Tafel 14.9 als Beispiel).

Die Auftragung der Ergebnisse erfolgt in Sondierdiagrammen (vgl. bspw. Abb. 14.2). Sollen aus den Ergebnissen

Tafel 14.8 Umrechnungsfaktoren zwischen dem Sondierspitzendruck q_c in MN/m^2 der Drucksonde und der Schlagzahl N_{30} (Schlagzahl je 30 cm Eindringtiefe) bei Bohrlochrammsondierungen (BDP)

Bodenart	q_c/N_{30} in MN/m^2
Fein-, Mittelsand oder leicht schluffiger Sand	0,3 bis 0,4
Sand oder Sand mit etwas Kies	0,5 bis 0,6
weitgestufter Sand	0,5 bis 1,0
sandiger Kies oder Kies	0,8 bis 1,0

einer bestimmten Sondierung Kenngrößen des Baugrundes abgeleitet werden, so müssen ggf. die Ergebnisse eines Sondentyps mit denen eines anderen korreliert werden. Einen entsprechenden Zusammenhang zwischen den Ergebnissen einer Drucksondierung und einem Standard Penetration Test zeigt Tafel 14.8.

Die Schlagzahlen N_{10} einer Rammsondierung können ebenfalls in Schlagzahlen N_{30} der Bohrlochrammsondierung umgerechnet werden (vgl. bspw. Abb. 14.3).

Neben der Ableitung der Lagerungsdichte, des Reibungsverhaltens oder der Konsistenz kann aus dem Ergebnis einer Ramm- oder Standardsondierung auch der für Setzungsbe-

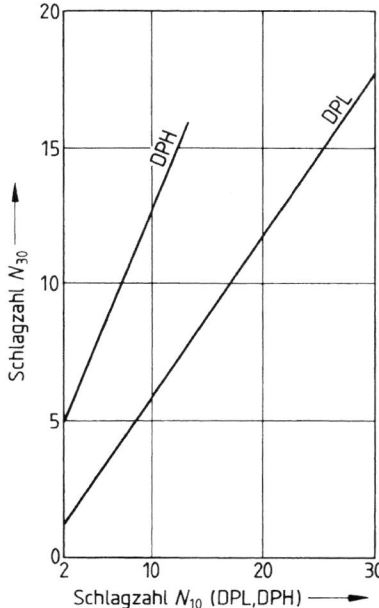

Abb. 14.3 Vergleich, zwischen den Schlagzahlen von Rammsondierungen in leicht plastischen und mittelplastischen Tonen (TL, TM)

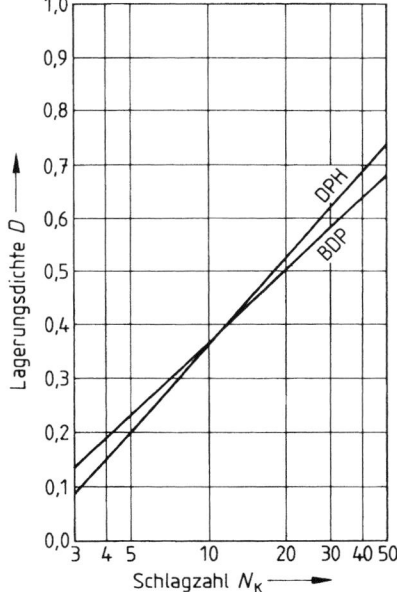

Abb. 14.4 Zusammenhang zwischen den Schlagzahlen und der Lagerungsdichte bei weitgespannten Sand-Kies-Gemischen (GW)

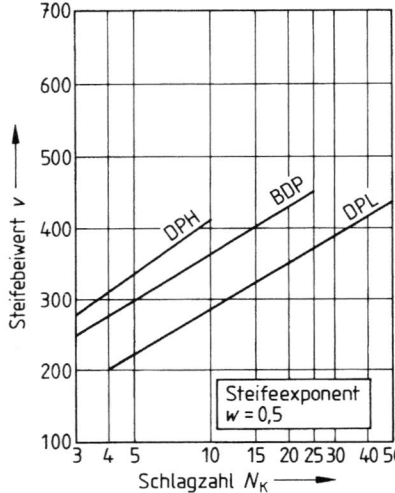

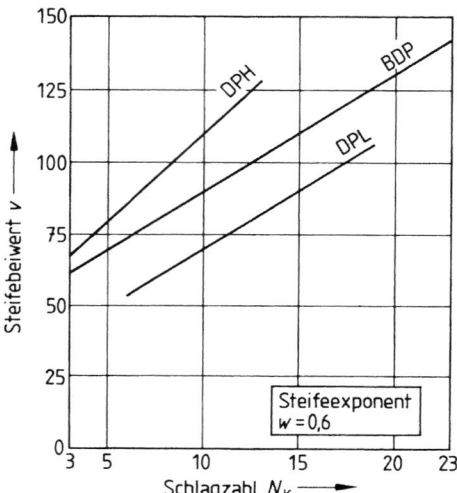

Abb. 14.5 Zusammenhang zwischen den Schlagzahlen und dem Steifebeiwert in enggestuften Sanden (SE) über Grundwasser

Abb. 14.6 Zusammenhang zwischen den Schlagzahlen und dem Steifebeiwert v in leicht plastischen und mittelplastischen Tonen (TL, TM) über Grundwasser

Tafel 14.9 Konsistenz I_c und Zylinderdruckfestigkeit q_u in Abhängigkeit von der Schlagzahl N_{30} (SPT)

N_{30}	Konsistenz	I_c	q_u in kN/m²
0 bis 2	breiig	0 bis 0,50	< 25
2 bis 4	weich	0,50 bis 0,75	25 bis 50
4 bis 8	steif	0,75 bis 1,00	100 bis 200
8 bis 15			100 bis 200
15 bis 30	halbfest	> 1,00	200 bis 400
> 30	fest		> 400

rechnungen (Nachweis der Gebrauchstauglichkeit) maßgebende Steifemodul abgeleitet werden.

Berechnung des spannungsabhängigen Steifemoduls nach Ohde (s. DIN 4094, Beibl. 1) mit Steifebeiwerten v und Steifeexponenten w nach Abb. 14.5 und 14.6

$$E_s = v \cdot p_a \left(\frac{\sigma_{\ddot{u}} + 0,5\Delta\sigma_z}{p_a} \right)^w$$

v Steifebeiwert (dimensionslos) aus Abb. 14.5 u. 14.6

w Steifeexponent (dimensionslose, vom Boden abh. Konstante, s. Abb. 14.5 u. 14.6)

$\sigma_{\ddot{u}}$ = $\gamma(d + z)$

$\Delta\sigma_z = i_1 \cdot \sigma_1$

p_a mittlerer Atmosphärendruck (100 kN/m²)

In Abb. 14.3 bis 14.6 bedeuten:

DPH Schwere Rammsonde

DPL Leichte Rammsonde

BDP Bohrlochrammsondierung

N_K Schlagzahlen: nämlich

N_{30} bei SPT je 30 cm Eindringtiefe

N_{10} bei DPL oder DPH je 10 cm Eindringtiefe

14.4 Geotechnische Kennwerte

Die Baugrundeigenschaften einer Bodenschicht (Homogenbereich) werden durch charakteristische Bodenkenngrößen beschrieben.

Es sind entweder dimensionslose Kenngrößen, sog. Indexwerte, mit denen bautechnische Eigenschaften abgeschätzt werden können, oder Rechenwerte, die unmittelbar in Bemessungsgleichungen eingehen.

Die wichtigsten für die geotechnische Bemessung maßgebenden Kennwerte sind:

γ [kN/m³]   Bodenwichte

c [kN/m²]   Kohäsion

φ [°]   Reibungswinkel

E_s [MN/m²] Steifemodul.

Bodenkenngrößen werden mit genormten Laborversuchen (s. Tafel 14.10) an gestörten oder ungestörten Bodenproben oder mit Feldversuchen an gewachsenen Böden ermittelt oder durch Korrelation mit anderen beschreibenden Kennzahlen abgeleitet.

Zu den sogenannten Klassifizierungsversuchen zählen die Ermittlung der Korngrößenverteilung, der Plastizitätsgrenzen w_L und w_p sowie der organischen Bestandteile, die bei Zuordnung des Wassergehaltes w zu den Plastizitätsgrenzen sowie der Dichte zu den Grenzen der Lagerungsdichte auch zustandsbeschreibende Versuche genannt werden. Für die rechnerische Untersuchung der Standsicherheit und der Gebrauchstauglichkeit sind Versuche zur Bestimmung der Scherfestigkeit und des spannungsabhängigen Steifemoduls relevant. Ferner gibt es spezielle Versuche für erdbautechnische Zwecke (Proctor-Dichte, Plattendruckversuch). In kohäsionslosen Böden werden die Festigkeits- und Verformungswerte häufig indirekt aus Sondierungen abgeleitet.

Die Bodenkenngrößen einer Schicht variieren räumlich bedingt durch ihre geologische Entstehung. Die Untersuchung einer einzelnen Probe ist daher nicht ausreichend, vielmehr bedarf es eines ausreichenden Probenumfangs [2]. Die nationale und europäische Normung trägt dem Rechnung, indem für rechnerische Nachweise vorsichtig geschätzte Mittelwerte als sog. charakteristische Werte zugrunde gelegt werden, alternativ können die Kennwerte in Bandbreiten angesetzt werden.

Eine Übersicht über die Bodenkenngrößen und die für ihre Ermittlung gebräuchlichen Laborversuche liefert Tafel 14.10.

In der Regel kann auf Laborversuche nicht verzichtet werden.

Tafel 14.10 Bodeneigenschaften, Bezeichnung, Formelzeichen und Einheiten der Bodenkenngrößen

	Bezeichnung	Formelz.	Einheit	Formelmäßiger Zusammenhang	Prüfnorm	Erklärung der Formelzeichen, Anwendung
1	Wassergehalt	w	a	$w = \dfrac{m_\mathrm{w}}{m_\mathrm{d}}$	DIN EN ISO 17892 -1 (03.15) -2 (03.15)	m Masse in g oder t m_w des Porenwassers m_d der trockenen Probe
2	Konsistenzzahl	I_c	a	$I_\mathrm{c} = \dfrac{w_\mathrm{L} - w}{w_\mathrm{L} - w_\mathrm{p}}$	DIN EN ISO 14688 -2 (05.18)	w_L Fließgrenze[a] w_p Ausrollgrenze[a] (s. Abb. 14.1) Klassifikation; Korrelationsgröße
3	Plastizitätszahl	I_p	a	$I_\mathrm{p} = w_\mathrm{L} - w_\mathrm{p}$	Wie 2	Siehe 2
4	Ungleichförmigkeitszahl	C_U	a	$C_\mathrm{U} = d_{60}/d_{10}$	DIN EN ISO 14688 -2 (05.18)	d_{60}, d_{10} Korngröße bei 60 % und 10 % Siebdurchgang in mm[b]
5	Krümmungszahl	C_c	a	$C_\mathrm{c} = \dfrac{(d_{30})^2}{d_{10} \cdot d_{60}}$	Wie 4	d_{60}, d_{30}, d_{10} Korngröße bei 60, 30 und 10 % Siebdurchgang in mm[c]
6	Korndichte	ϱ_s	t/m³ g/cm³	$\varrho_\mathrm{s} = \dfrac{m_\mathrm{d}}{V_\mathrm{k}}$	DIN EN ISO 17892 -3 (07.16)	m_d Masse der trockenen Probe in g V_k Volumen der Einzelbestandteile in cm³
7	Dichte des feuchten Bodens	ϱ_s	t/m³ g/cm³	$\varrho = \dfrac{m}{V}$	DIN EN ISO 17892 -2 (03.15)	m Masse der feuchten Probe in t oder g V Volumen der Probe in m³ oder cm³
8	Trockendichte	ϱ_d	t/m³	$\varrho_\mathrm{d} = \dfrac{m_\mathrm{d}}{V} = \dfrac{\varrho}{1 + w}$	Wie 7	Siehe 6, 7 und 1 Bezugsgröße für 12
9	Wichte des Bodens				Wie 7	γ_s Kornwichte (Hilfsgröße) γ_w Wichte des Wassers
	trocken	γ_d	kN/m³	$\gamma_\mathrm{d} = (1 - n) \cdot \gamma_\mathrm{s}$		$n = 1 - \varrho_\mathrm{d}/\varrho_\mathrm{s}$ Porenanteil (Porenvol., bez. auf Gesamtvol.)
	feucht	γ		$\gamma = (1 - n) \cdot (1 + w)\gamma_\mathrm{s}$		$n = n_\mathrm{w} + n_\mathrm{a}$
	unter Auftrieb	γ'		$\gamma' = (1 - n) \cdot (\gamma_\mathrm{s} - \gamma_\mathrm{w})$		n_w vgl. 25
	wassergesättigt	γ_r		$\gamma_\mathrm{r} = (1 - n) \cdot \gamma_\mathrm{s} + n\gamma_\mathrm{w}$		n_a Anteil luftgef. Poren[a]
10	Lagerungsdichte	D	a	$D = \dfrac{\max n - n}{\max n - \min n}$	DIN 18126 (11.96)	$\max n$ bei lockerster Lagerung[a] } nur für grobk. Böden $\min n$ bei dichtester Lagerung[a] }
11	Bezogene Lagerungsdichte	I_D	a	$I_\mathrm{D} = \dfrac{\max e - e}{\max e - \min e}$ $e = \dfrac{n}{1 - n}$	Wie 10 bzw. DIN EN ISO 14688 -2 (05.18)	$e = \dfrac{\varrho_\mathrm{s}}{\varrho_\mathrm{d}} - 1$ Porenzahl (Porenvol.), bez. auf Feststoffvolumen[a] $\max e$ bei lockerster Lagerung[a] } nur für grobk. Böden $\min e$ bei dichtester Lagerung[a] }
12	Verdichtungsgrad (Proctor-Dichte)	D_Pr	a	$D_\mathrm{Pr} = \dfrac{\varrho_\mathrm{d}}{\varrho_\mathrm{Pr}}$	DIN 18127 (09.12)	ϱ_Pr einfache Proctor-Dichte in t/m³; Prüfung d. Verdichtung
13	Optimaler Wassergehalt	w_Pr	a	–	Wie 12	Wassergehalt bei ϱ_Pr nach dem einfachen Verdichtungsversuch
14	Verformungsmodul	E_v	MN/m²	$E_\mathrm{V} = 1{,}5 \cdot r \dfrac{\Delta\sigma_0}{\Delta s}$	DIN 18134 (04.12)	r Radius der Lastplatte Δ Differenzwerte[d] $\Delta\sigma_0$ der Spannung Δs der Setzung

Tafel 14.10 (Fortsetzung)

	Bezeichnung	Formelz.	Einheit	Formelmäßiger Zusammenhang	Prüfnorm	Erklärung der Formelzeichen, Anwendung
15	Einaxiale Druckfestigkeit des ungestörten Bodens	q_u	kN/m²	$q_u = \max \sigma$	DIN EN ISO 17892 -7 (05.18)	max σ Höchstwert der einachsigen Druckspannung bei unbehinderter Seitendehnung, Korrelationsgröße
16	Innerer Reibungswinkel des dränierten Bodens	φ'	°	–	DIN EN ISO 17892 -9 (07.18) -10 (04.19)	φ', c' effektive Scherparameter (dränierte (End-) Zustände) $\tau_f = c' + \sigma' \cdot \tan\varphi'$ τ_f Maximalwert der Scherfestigkeit
17	des undränierten Bodens	φ_u	°	–	DIN EN ISO 17892 -8 (07.18)	σ' effektive Spannung $\sigma' = \sigma - u$ σ totale Spannung u Porenwasserdruck (neutrale Spannung)
18	Kohäsion des dränierten Bodens	c'	kN/m²	–	Wie 16	$\sigma' = \sigma$ bei $u = 0$ φ_u, c_u totale Scherparameter des undränierten,
19	des undränierten Bodens	c_u	kN/m²	–	Wie 17	bindigen Bodens (undränierte Anfangszustände) $\tau_{fu} = c_u + \sigma \cdot \tan\varphi_u$
20	Steifemodul	E_s	MN/m²	$E_s = \dfrac{d\sigma}{d\varepsilon}$	DIN EN ISO 17892 -5 (08.17)	$d\varepsilon$ auf die Höhe des Volumenelementes bezogene Zusammendrückung
21	Durchlässigkeitsbeiwert	k	m/s	$k = \dfrac{v}{i} = \dfrac{Q}{A \cdot t} \cdot \dfrac{\Delta l}{\Delta h_W}$	DIN EN ISO 17892 -11 (05.19) DIN 18130 -2 (08.15)	Filtergeschwindigkeit $v = k \cdot i$ in m/s i hydraulisches Gefälle[a] A = Querschnittsfläche d. Pr.
22	Bettungsmodul	k_s	MN/m³	$k_s = \sigma_0 / s$	Wie 14	σ_0 Sohlnormalspannung s Setzung (Endwert)
23	Kapillare Steighöhe	h_k	m	–	ungenormt	$u = h_k \cdot \varrho_w$ Kapillardruck bei scheinbarer Kohäsion
24	Schrumpfgrenze	w_s	[a]	$w_s = \left(\dfrac{V_d}{m_d} - \dfrac{1}{\varrho_s}\right)\varrho_w$	DIN 18122 -2 (03.20)	V_d Volumen des trockenen Probekörpers in cm³ ϱ_w Dichte des Wassers in g/cm³
25	Sättigungszahl	S_r	[a]	$S_r = \dfrac{n_w}{n} = \dfrac{e_w}{e}$	DIN 18132 (04.12)	n Porenvol.[a] bezogen auf Gesamtvolumen n_w Anteil der wassergefüllten Poren[a]
26	Glühverlust	V_{gl}	[a]	$V_{gl} = \dfrac{m_d - m_g}{m_d}$	DIN 18128 (12.02)	Verhältnis des Gewichtsverlustes beim Glühen (Org.-Substanz zur Trockenmasse m_d)
27	Aktivitätszahl	I_A	[a]	$I_A = \dfrac{I_p}{m_T / m_d}$	Wie 2 und 6	m_T Masse der Tonfraktion (tr.) m_d Gesamtmasse in g oder t
28	Liquiditätszahl	I_L	[a]	$I_L = \dfrac{w - w_p}{I_p} = 1 - I_c$	DIN EN ISO 14688 -2 (05.18)	Siehe 2, wie 2 Maß für Zustandsform; im Ausland verwendet
29	Kalkgehalt	V_{Ca}	[a]	$V_{Ca} = \dfrac{m_{Ca}}{m_d}$	DIN 18129 (07.11)	m_{Ca} Massenanteil an Gesamt-Karbonaten in g oder t m_d Trockenmasse
30	Wasseraufnahmevermögen	w_A	[a]	$w_A = \dfrac{m_{wg}}{m_d}$	DIN 18132 (04.12)	m_{wg} Grenzwert der im Versuch aufgesaugten Masse des Wassers in g m_d Masse des getrockneten Bodens in g

[a] Verhältnisgröße
[b] Maß der Steilheit der Körnungslinie
[c] gibt Verlauf zwischen d_{10} und d_{60} an
[d] im Mittelbereich 0,3 bis 0,7 von max σ_0

Tafel 14.11 Rechnerische Beziehungen zwischen Bodenkenngrößen nach [2] (Auszug)

Gesucht	Vorgegeben: ϱ_s und ϱ_w sowie				
	$n; n_w$	$e; e_w$	ϱ_r	$\varrho; w$	$\varrho_d; w$
n	n	$\dfrac{e}{1+e}$	$\dfrac{\varrho_s - \varrho_r}{\varrho_r - \varrho_w}$	$1 - \dfrac{\varrho}{(1+w)\varrho_s}$	$1 - \dfrac{\varrho_d}{\varrho_s}$
ϱ_r	$(1-n)\varrho_s + n \cdot \varrho_w$	$\dfrac{\varrho_s + e \cdot \varrho_w}{1+e}$	ϱ_r	$\dfrac{\varrho_s - \varrho_w}{1+w}\dfrac{\varrho}{\varrho_s} + \varrho_w$	$\left(1 - \dfrac{\varrho_w}{\varrho_s}\right)\varrho_d + \varrho_w$
ϱ	$(1-n)\varrho_s + n_w \cdot \varrho_w$	$\dfrac{\varrho_s + e_w \cdot \varrho_w}{1+e}$	–	ϱ	$(1+w)\varrho_d$
ϱ_d	$(1-n)\varrho_s$	$\dfrac{\varrho_s}{1+e}$	$\varrho_s\dfrac{\varrho_r - \varrho_w}{\varrho_s - \varrho_w}$	$\dfrac{\varrho}{1+w}$	ϱ_d
S_r	$\dfrac{n_w}{n}$	$\dfrac{e_w}{e}$	1	$\dfrac{w \cdot \varrho \cdot \varrho_s}{\varrho_w((1+w)\varrho_s - \varrho)}$	$\dfrac{w \cdot \varrho_d \cdot \varrho_s}{\varrho_w(\varrho_s - \varrho_d)}$

Tafel 14.12 Lagerungsdichte nichtbindiger Böden

Lagerung	Sehr locker	Locker	Mitteldicht[a]	Dicht
gleichförmig $C_U \leq 3$	$D < 0,15$	$0,15 \leq D < 0,3$	$0,3 \leq D \leq 0,5$ $D_{pr} \geq 95\,\%$	$D > 0,5$ $D_{pr} \geq 98\,\%$
ungleichförmig $C_U > 3$	$D < 0,2$	$0,2 \leq D < 0,45$	$0,45 \leq D \leq 0,65$	$D > 0,65$
Spitzenwiderstand der Drucksonde in MN/m² in gleichförmigen nichtbindigen Böden	$q_s < 2,5$	2,5 bis 7,5	7,5 bis 15	15 bis 25

[a] Mindestlagerung für tragfähigen Boden nach DIN 1054

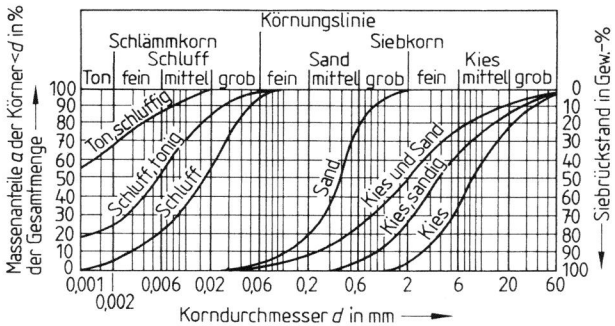

Abb. 14.7 Korngrößenverteilung bindiger und nichtbindiger Bodenarten

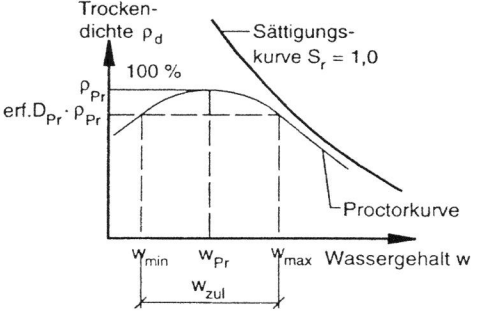

Abb. 14.8 Proctorkurve [20] (w_{min} bzw. w_{max} – minimaler bzw. maximaler Wassergehalt, um ein erf ϱ_d zu ermöglichen)

Richtwerte für den Ansatz der Rechenwerte für die Wichte und die Scherparameter (Nachweis der Tragsicherheit) sind in den Tafeln 14.14 und 14.15 zusammengestellt. Diese Richtwerte ersetzen nicht eine projektspezifische Baugrunderkundung. Die Rechenwerte (Vorsatz: cal) werden üblicherweise mit den charakteristischen Werten (Index: k) gleichgesetzt, wenn keine genaueren Laborergebnisse mit entsprechender statistischer Auswertung vorliegen. Weitere Richtwerte finden sich in [1].

Tafel 14.13 Näherungsweiser Zusammenhang zwischen Scherfestigkeit c_u und Konsistenz I_c (unter Vernachlässigung Vorbelastung etc.)

c_u in MN/m²	0	0,025	0,1	0,2
I_c	< 0,5	0,5	1	> 1

Da neben dem Nachweis der Standsicherheit auch der Nachweis der Gebrauchstauglichkeit (Verformungen, Setzungen etc.) zu führen ist und darüber hinaus ggf. auch Strömungsaufgaben (Grundwasserabsenkung, Versickerung etc.) zu behandeln sind, sind neben der Wichte γ (kN/m³) und der Scherfestigkeit c (kN/m²) bzw. φ (°) auch der Steifemodul E_S (MN/m²) und der Wasserdurchlässigkeitsbeiwert k (m/s) eines Bodens von besonderer Bedeutung. Zu deren Bestimmung sind wegen der Bedeutung und Sensibilität der Ergebnisse daher in der Regel besondere Untersuchungen im Labor (z. B. Kompressionsversuch, Durchlässigkeitsversuch) und ggf. im Feld (z. B. Pumpversuch) erforderlich.

Verformungsverhalten Das vom Spannungszustand und der Spannungsgeschichte abhängige Verformungsverhalten

Tafel 14.14 Anhaltwerte/Erfahrungswerte für Bodenkenngrößen nichtbindiger Böden (nach DIN 1055-2 und EAU)

Bodenart	Kurzzeichen nach DIN 18196	Lagerung	DIN 1055-2		EAU 2012	
			Wichte feucht γ_k [kN/m³]	Reibungswinkel φ'_k [°]	Wichte feucht γ_k [kN/m³]	Reibungswinkel φ'_k [°]
Kies, Sand, eng gestuft	GE, SE mit $C_U < 6$	locker	16	30	16	30,0–32,5
		mitteldicht	17	32,5	17	32,5–37,5
		dicht	18	35	18	35,0–40,0
Kies, Sand, weit oder intermittierend gestuft	GW, GI, SW, SI mit $6 < C_U < 15$	locker	16,5	30	16,5	30,0–32,5
		mitteldicht	18	32,5	18,0	32,5–37,5
		dicht	19,5	35	19,5	35,0–40,0
Kies, Sand, weit oder intermittierend gestuft	GW, GI, SW, SI mit $C_U > 15$	locker	17	30	17	30,0–32,5
		mitteldicht	19	32,5	19	32,5–37,5
		dicht	21	35	21	35,0–40,0

Tafel 14.15 Anhaltwerte/Erfahrungswerte für Bodenkenngrößen bindiger Böden (nach DIN 1055-2 und EAU)

Bodenart	Kurzzeichen nach DIN 18196	Konsistenzbereich	DIN 1055-2				EAU 2012			
			Wichte feucht γ_k [kN/m³]	Reibungswinkel φ'_k [°]	Kohäsion c'_k [kN/m²]	undrainierte Kohäsion $c'_{u,k}$ [kN/m²]	Wichte feucht γ_k [kN/m³]	Reibungswinkel φ'_k [°]	Kohäsion c'_k [kN/m²]	undrainierte Kohäsion $c'_{u,k}$ [kN/m²]
Leicht plastische Schluffe ($w_L < 35\,\%$)	UL	weich	17,5	27,5	0	0	17,5	27,5–32,5	0	5–60
		steif	18,5		2	15	18,5		2–5	20–150
		halbfest	19,5		5	40	19,5		5–10	50–300
Mittelplastische Schluffe ($35\,\% < w_L < 50\,\%$)	UM	weich	16,5	22,5	0	5	16,5	25,0–30,0	0	5–60
		steif	18		5	25	18,0		5–10	20–150
		halbfest	19,5		10	60	19,5		10–15	50–300
Leicht plastische Tone ($w_L < 35\,\%$)	TL	weich	19	22,5	0	0	19	25,0–30,0	0	5–60
		steif	20		5	15	20		5–10	20–150
		halbfest	21		10	40	21		10–15	50–300
Mittelplastische Tone ($35\,\% < w_L < 50\,\%$)	TM	weich	18,5	17,5	5	5	18,5	22,5–27,5	5–10	5–60
		steif	19,5		10	25	19,5		10–15	20–150
		halbfest	20,5		15	60	20,5		15–20	50–300
Ausgeprägt plastische Tone ($w_L > 50\,\%$)	TA	weich	17,5	15	5	15	17,5	20,0–25,0	5–15	5–60
		steif	18,5		10	35	18,5		10–20	20–150
		halbfest	19,5		15	75	19,5		15–25	50–300

von Böden wird im eindimensionalen Kompressionsversuch (Oedometer) ermittelt. Gemessen wird die Zeitsetzung $s(t)$ der Probe in mehreren Laststufen solange, bis jeweils die Endsetzung erreicht ist, d. h. die Probe in der jeweiligen Laststufe weitgehend konsolidiert ist.

Für den Endwert der Setzung jeder Laststufe Δh wird die auf die Anfangshöhe h_a der Probe bezogene Stauchung $\varepsilon = \Delta h / h_a$ berechnet und als Funktion der Spannung σ in einem Drucksetzungsdiagramm dargestellt (Abb. 14.9). Der über dem Spannungsbereich gemittelte Anstieg $\Delta\sigma_z/\Delta\varepsilon$ wird als Steifemodul E_s bezeichnet. An der gekrümmten Drucksetzungslinie erkennt man, dass keine lineare Abhängigkeit zwischen Spannungen und Verformungen besteht und der Boden keinen konstanten E_s-Modul besitzt. Der Steifemodul muss also für Setzungsberechnungen spannungsabhängig, d. h. unter Berücksichtigung der Ausgangsspannung und der geplanten Spannungsänderung ermittelt werden und kann dann bereichsweise linearisiert werden.

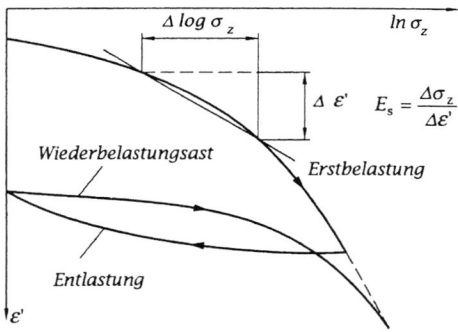

Abb. 14.9 Druckstauchungsdiagramm in halblogarithmischer Auftragung

Die **einaxiale Druckfestigkeit q_u** ist der Höchstwert der einaxialen Druckspannung σ, der beim Abscheren von zylindrischen Probekörpern bei unbehinderter Seitendehnung im einaxialen Druckversuch nach DIN EN ISO 17892-7 ermittelt wird (einaxiale Druckfestigkeit q_u siehe Abb. 14.10).

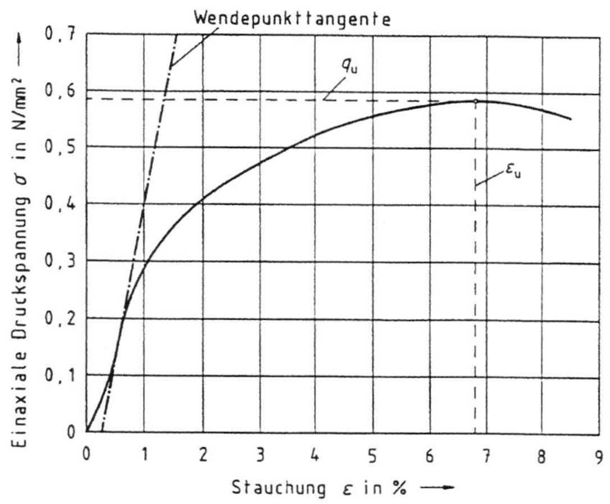

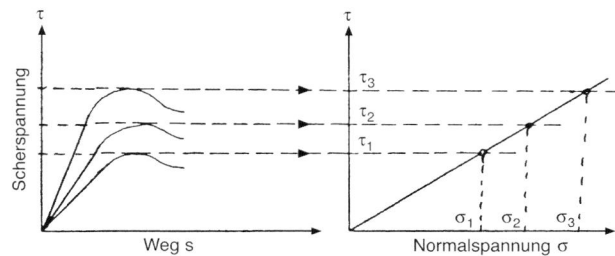

Abb. 14.10 Druckstauchungsdiagramm bei einaxialem Druckversuch

Scherfestigkeit Sie wird als die Schubspannung definiert, bei der eine Scherfuge entsteht und der Boden „versagt". Sie ist also der Größtwert der übertragbaren Schubspannung max τ in einer bestimmten Scherfuge.

Die Scherfestigkeit setzt sich zusammen aus Reibung und Kohäsion (Tafel 14.10, Zeile 16 bis 19). Sie lässt sich nach Coulomb für Scherfugen im Grenzzustand vereinfacht durch die lineare Beziehung $\tau_f = \sigma' \cdot \tan \varphi' + c'$ erfassen und als Schergerade im τ/σ-Diagramm darstellen (Abb. 14.11 und 14.12).

Die Grenzbedingung kann auch durch die zugehörigen Hauptspannungen nach Mohr beschrieben werden, wobei

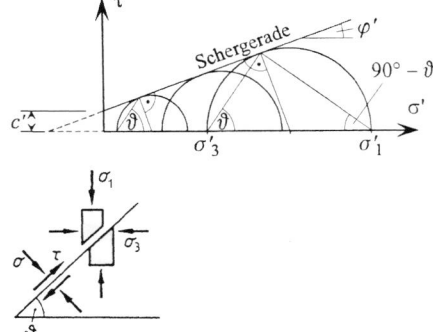

Abb. 14.11 Arbeitslinien aus direkten Scherversuchen (*links*) und Grenzbedingung nach Coulomb (*rechts*)

Abb. 14.12 Mohr'sche Spannungskreise im Bruchzustand, ermittelt in Triaxialversuchen

das Verhältnis σ_1 und σ_3 im Grenzzustand durch Mohr'sche Spannungskreise im Bruchzustand wiedergegeben werden. Die gemeinsame Umhüllende (Grenzbedingung nach Mohr) wird entsprechend dem Bruchkriterium nach Coulomb vereinfachend als Gerade angenommen (Tangente an den für die effektiven Spannungen maßgebenden Hauptkreis, Abb. 14.12).

14.5 Bodenklassifikation für bautechnische Zwecke nach DIN 18196

Während die Ansätze zur Beschreibung und Benennung von Boden nach DIN EN ISO 14688-1 auf die bodenphysikalischen Eigenschaften ausgerichtet sind, regelt DIN 18196 die „Bodenklassifikation für bautechnische Zwecke" im Erd- und Grundbau. In diesem Kontext wurde eine unter baubetrieblichen Gesichtspunkten gewählte und an die Erfordernisse des Erd- und Grundbaus angepasste Klassifizierung mit 29 Bodengruppen festgelegt, die als Grundlage für viele weitere Zuordnungen und Klassifikationen hinsichtlich weiterer Eigenschaften, z. B. der Frostempfindlichkeit, genutzt wird.

Mit DIN 18196 werden die Bodenarten in Gruppen mit annähernd gleichem stofflichen Aufbau und ähnlichen bodenphysikalischen Eigenschaften zusammengefasst. Die Kennzeichnung erfolgt mithilfe von zwei Kennbuchstaben.

Der erste Kennbuchstabe gibt den Hauptbestandteil (vgl. Tafel 14.16), der zweite den Nebenanteil oder eine bezeichnende bodenphysikalische Eigenschaft an und zwar

- bei den grobkörnigen die Form der Körnungslinie (Tafel 14.17), z. B. GW;
- bei den gemischtkörnigen die Art der feinkörnigen Beimengung (Tafel 14.18), z. B. SU;
- bei den feinkörnigen den Grad der Plastizität (Tafel 14.19), z. B. TL.

Tafel 14.16 Hauptgruppen nach den Hauptbestandteilen

Hauptbestandteile	Kurzzeichen	Massenanteil des Korns ≤ 2 mm
Kieskorn	G	bis 60 %
Sandkorn	S	über 60 %
Schluffkorn	U	nach Plastizität (vgl. Abb. 14.13)
Ton	T	

Tafel 14.17 Unterteilung grobkörniger Beiden in Abhängigkeit von der Ungleichförmigkeitszahl C_U und der Krümmungszahl C_C

Benennung	C_U	C_C
gleichmäßig gestuft	< 3	< 1
eng gestuft	3 bis 6	< 1
mäßig gestuft	6 bis 15	< 1
weit gestuft	> 15	1 bis 3
intermittierend gestuft	> 15	< 0,5

Abb. 14.13 Klassifizierung feinkörniger Böden nach Casagrande
(Bild 1, DIN 18196).
[a] Die Plastizitätszahl von Böden mit niedriger Fließgrenze
ist versuchsmäßig nur ungenau
zu ermitteln. In den Zwischenbereich fallende Böden müssen
daher nach anderen Verfahren,
dem Ton- und Schluffbereich
zugeordnet werden

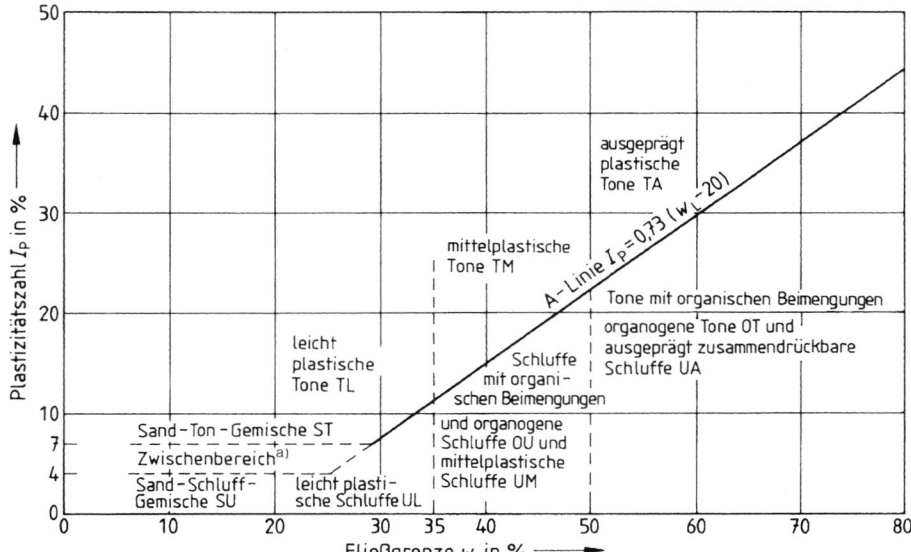

Tafel 14.18 Unterteilung gemischtkörniger Böden nach dem Massenanteil des Feinkorns (Tabelle 3, DIN 18196)

Benennung	Kurzzeichen	Massenanteil des Feinkorns ≤ 0,06 mm
gering	U oder T	5 bis 15 %
hoch	U* oder T*	über 15 bis 40 %

Statt des nachgestellten *-Symbols wurde früher ein Querbalken über
Ū oder T̄ benutzt.

Tafel 14.19 Einstufung feinkörniger Böden nach der Plastizität in Abhängigkeit vom Wassergehalt an der Fließgrenze w_L

Benennung	Kurzzeichen	w_L Massenanteil
leicht plastisch	L	kleiner 35 %
mittelplastisch	M	35 bis 50 %
ausgeprägt plastisch	A	über 50 %

Mit Hilfe der Kennbuchstaben werden die Bodenarten nach
Tafel 14.20 in 29 Gruppen eingeteilt. Die Spalten 10 bis 15
dieser Tafel enthalten Angaben über die bautechnischen Eigenschaften und die Spalten 16 bis 21 Angaben über die
bautechnische Eignung der jeweiligen Gruppe. Diese Angaben stellen keine Klassifizierungsmerkmale dar, sondern
dienen der Orientierung.

Wenn eine eindeutige Einordnung nach den Erkennungs-
merkmalen oder Beispielen der Spalten 8 und 9 in Tafel 14.20 nicht möglich ist, können zur genaueren Einordnung Laborversuche ausgeführt werden (Korngrößenverteilung, Wassergehalte w, w_L und w_p, Glühverluste und

Kalkgehalt) und auf dieser Grundlage die Kennbuchstaben
mit den Tafeln 14.16 bis 14.19 nach Abb. 14.7 bzw. 14.13
festgelegt werden:

a) Bei **grobkörnigen Böden** (95% Massenanteil > 0,06 mm)
ist der erste Kennbuchstabe (Hauptbestandteil) an Hand
der Kornverteilung aus Tafel 14.16, der zweite an Hand
der Ungleichförmigkeits- und Krümmungszahl aus Tafel 14.17 zu bestimmen (Beispiele: GW, SW, SE, GI, SI).

b) Bei **gemischtkörnigen Böden** (5 bis 40 % Massenanteil
≤ 0,063 mm) ist der erste Kennbuchstabe wie unter a),
der zweite anhand der Kornverteilung aus Tafel 14.18 zu
bestimmen, wobei die endgültige Einordnung in die Un-
tergruppe an Hand der Zustandsgrenzen w_L und I_p nach
Abb. 14.13 erfolgt.

c) Bei **feinkörnigen Böden** (über 40 % Massenanteil
≤ 0,06 mm) werden die Hauptbestandteile Ton und
Schluff (erster Kennbuchstabe T oder U) anhand der
Fließgrenze w_L und Plastizitätszahl I_p in Abb. 14.13 über-
oder unterhalb der A-Linie bestimmt, wobei der zweite
Kennbuchstabe an Hand der Fließgrenze aus Tafel 14.19
entnommen werden kann (Beispiele: TL, TM).

d) Bezüglich organischer und organogener Böden vgl. Tafel 14.20.

Anmerkung: DIN 18196 unterscheidet Schluff und Ton
nicht nach Korngrößen, sondern nach den plastischen Eigenschaften. Maßgebend ist die Einordnung im Plastizitätsdia-
gramm nach Casagrande gemäß Abb. 14.13.

Tafel 14.20 Bodenklassifikation für bautechnische Zwecke

Sp.	1	2	3	4	5	6	7	8			9	10	11	12	13	14	15	16	17	18	19	20	21
	Definition und Benennung							Erkennungsmerkmale unter anderem für Zeilen 15 bis 22:								Anmerkungen^a)							
	Hauptgruppen	Korngrößen-Massenanteil				Gruppen	Kurzzeichen Gruppensymbol^b)	Trockenfestigkeit	Reaktion beim Schüttelversuch	Plastizität beim Knetversuch	Beispiele	Bautechnische Eigenschaften						Bautechnische Eignung als					
		Korndurchmesser		Lage zur A-Linie								Scherfestigkeit	Verdichtungsfähigkeit	Zusammendrückbarkeit	Durchlässigkeit	Witterungs- und Erosionsempfindlichkeit	Frostempfindlichkeit	Baugrund für Gründungen	Baustoff für Erd- und Baustraßen	Baustoff für Straßen- und Bahndämme	Baustoff für Erd-Staudämme Dichtung	Baustoff für Erd-Staudämme Stützkörper	Baustoff für Dränagen
		≤0,06 mm	≤2 mm																				
Zeile																							
1	Grobkörnige Böden	kleiner 5%	bis 60%	–	Kies (Grant)	enggestufte Kiese	GE	Steile Körnungslinie infolge Vorherrschens eines Korngrößenbereichs			Fluss- und Strandkies	+	+0	++	– –	++	++	+	–	+	– –	+	++
2						weitgestufte Kies-Sand-Gemische	GW	über mehrere Korngrößenbereiche kontinuierlich verlaufende Körnungslinie			Terrassenschotter	++	++	++	– 0	+	++	++	++	++	– –	+	+0
3						intermittierend gestufte Kies-Sand-Gemische	GI	meist treppenartig verlaufende Körnungslinie infolge Fehlens eines oder mehrerer Korngrößenbereiche			vulkanische Schlacke	++	+	++	–	0	++	++	+	++	– –	++	+0
4			über 60%	–	Sand	enggestufte Sande	SE	steile Körnungslinie infolge Vorherrschens eines Korngrößenbereiches			Dünen- und Flugsand Fließsand Berliner Sand Beckensand Tertiärsand	+	+0	++	–	–	++	+	– –	+0	– –	0	+
5						weitgestufte Sand-Kies-Gemische	SW	über mehrere Korngrößenbereiche kontinuierlich verlaufende Körnungslinie			Moränensand Terrassensand	++	++	++	– 0	+0	++	++	+	+	– –	+	+0
6						intermittierend gestufte Sand-Kies-Gemische	SI	meist treppenartig verlaufende Körnungslinie infolge Fehlens eines oder mehrerer Korngrößenbereiche			Granitgrus	+	+	++	– 0	+0	++	++	0	+	– –	+	+0

Tafel 14.20 (Fortsetzung)

Sp.	1	2	3	4	5	6	7	8	9	10	11	12	13	14	15	16	17	18	19	20	21
	Definition und Benennung									Anmerkungen[a]											
	Hauptgruppen	Korngrößen-Massenanteil		Lage zur A-Linie (siehe *)	Gruppen	Gruppen	Kurzzeichen Gruppensymbol[b]	Erkennungsmerkmale unter anderem für Zeilen 16 bis 21: (Trockenfestigkeit / Reaktion beim Schüttelversuch / Plastizität beim Knetversuch)	Beispiele	Bautechnische Eigenschaften						Bautechnische Eignung als					
		Korndurchmesser ≦0,06 mm	≦2 mm							Scherfestigkeit	Verdichtungsfähigkeit	Zusammendrückbarkeit	Durchlässigkeit	Witterungs- und Erosionsempfindlichkeit	Frostempfindlichkeit	Baugrund für Gründungen	Baustoff für Erd- und Baustraßen	Baustoff für Straßen- und Bahndämme	Baustoff für Erd-Staudämme Dichtung	Baustoff für Erd-Staudämme Stützkörper	Baustoff für Dränagen
Zeile																					
7	Gemischtkörnige Böden	5 bis 40%	bis 60%	—	Kies-Schluff-Gemische	5 bis 15% ≦0,06 mm	GU	weit oder intermittierend gestufte Körnungslinie / Feinkornanteil ist schluffig	Moränenkies	++	+	++	0	+0	-0	++	++	+	-	+	-
8						über 15 bis 40% ≦0,06 mm	GŪ*		Verwitterungskies	+	+0	+	+	+0	--	+	+0	-0	+0	-	--
9					Kies-Ton-Gemische	5 bis 15% ≦0,06 mm	GT	weit oder intermittierend gestufte Körnungslinie / Feinkornanteil ist tonig	Hangschutt	+	+	+	+0	-0	-0	++	++	+	-0	+0	-
10						über 15 bis 40% ≦0,06 mm	GT̄*		Geschiebelehm	+0	0	+0	++	+0	-	+0	+0	+0	+	--	--
11			über 60%	—	Sand-Schluff-Gemische	5 bis 15% ≦0,06 mm	SU	weit oder intermittierend gestufte Körnungslinie / Feinkornanteil ist schluffig	Tertiärsand	++	+	+	0	+0	0	++	0	+0	0	-0	-
12						über 15 bis 40% ≦0,06 mm	SŪ*		Auelehm Sandfließ	+	0	+0	+	0	--	0	-0	-0	+0	--	--
13					Sand-Ton-Gemische	5 bis 15% ≦0,06 mm	ST	weit oder intermittierend gestufte Körnungslinie / Feinkornanteil ist tonig	Terrassensand Schleichsand	+	+0	+0	+0	-	-0	+	+	+0	0	-	--
14						über 15 bis 40% ≦0,06 mm	ST̄*		Geschiebelehm Geschiebemergel	+0	-0	+0	++	-0	-	0	0	0	+	--	--

Tafel 14.20 (Fortsetzung)

Definition und Benennung / Erkennungsmerkmale / Beispiele (Sp. 1–9)

Zeile	Sp.1 Hauptgruppen	Sp.2 Korngrößen-Massenanteil, Korndurchmesser ≤ 0,06 mm	Sp.3 ≤ 2 mm	Sp.4 Lage zur A-Linie (siehe*)	Sp.5	Sp.6 Gruppen	Sp.7 Kurzzeichen Gruppensymbol[b]	Sp.8 Trockenfestigkeit	Sp.8 Reaktion beim Schüttelversuch	Sp.8 Plastizität beim Knetversuch	Sp.9 Beispiele
15	Feinkörnige Böden	über 40 %	–	$I_p \leq 4\%$ oder unterhalb der A-Linie	Schluff	leicht plastische Schluffe $w_L < 35\%$	UL	niedrige	schnelle	keine bis leichte	Löss, Hochflutlehm
16						mittelplastische Schluffe $35\% \leq w_L \leq 50\%$	UM	niedrige bis mittlere	langsame	leicht bis mittlere	Seeton, Beckenschluff
17						ausgeprägt zusammendrückbarer Schluff $w_L > 50\%$	UA	hohe	keine bis langsame	mittlere bis ausgeprägte	vulkanische Böden, Bimsböden
18				$I_p \geq 7\%$ und unterhalb der A-Linie	Ton	leicht plastische Tone $w_L < 35\%$	TL	mittlere bis hohe	keine bis langsame	leichte	Geschiebemergel
19						mittelplastische Tone $35\% \leq w_L \leq 50\%$	TM	hohe	keine	mittlere	Lösslehm, Beckenton, Seeton
20						ausgeprägte plastische Tone $w_L > 50\%$	TA	sehr hohe	keine	keine geprägte	Tarras, Lauenburger Ton,
21	organogene[c] und Böden mit organischen Beimengungen	über 40 %	–	$I_p \geq 7\%$ und unterhalb der A-Linie	nicht brenn- oder nicht schweißbar	Schluffe mit organischen Beimengungen u. organogene[c] Schluffe $35\% \leq w_L \leq 50\%$	OU	mittlere	langsame bis schnelle	mittlere	Seekreide, Kieselgur, Mutterboden
22						Tone mit organischen Beimengungen u. organogene[c] Tone $w_L > 50\%$	OT	hohe	keine	ausgeprägte	Schlick, Klei, tertiäre Kohlentone
23		bis 40 %	–	–		grob- bis gemischtkörnige Böden mit Beimengungen humoser Art	OH	Beimengungen pflanzlicher Art, meist dunkle Färbung, Modergeruch, Glühverlust bis etwa 20 % Massenanteil			Mutterboden, Paläoböden
24						grob- bis gemischtkörnige Böden mit kalkigen, kieseligen Bildungen	OK	Beimengungen nicht pflanzlicher Art, meist helle Färbung, leichtes Gewicht, große Porosität			Kalk-Tuffsand, Wiesenkalk

Anmerkungen[a] (Sp. 10–21)

Bautechnische Eigenschaften: 10 Scherfestigkeit, 11 Verdichtungsfähigkeit, 12 Zusammendrückbarkeit, 13 Durchlässigkeit, 14 Witterungs- und Erosionsempfindlichkeit, 15 Frostempfindlichkeit, 16 Baugrund für Gründungen.
Bautechnische Eignung als: 17 Baustoff für Erd- und Baustraßen, 18 Baustoff für Straßen- und Bahndämme, 19 Baustoff für Erd-Staudämme Dichtung, 20 Baustoff für Erd-Staudämme Stützkörper, 21 Baustoff für Dränagen.

Zeile	10	11	12	13	14	15	16	17	18	19	20	21
15	– 0	– 0	+ 0	+ 0	– –	– –	+ 0	–	– 0	0	– –	– –
16	– 0	–	– 0	+	–	– –	0	–	– 0	+ 0	– –	– –
17	– –	–	–	+ +	– 0	– 0	– 0	–	–	– 0	– –	– –
18	– 0	– 0	0	+	–	– –	0	–	– 0	+ +	– –	– –
19	– – –	–	– 0	+ +	– 0	– 0	0	–	– 0	+	– –	– –
20	– – –	– – –	– – –	+ +	0	+ 0	– 0	–	– 0	+	– –	– –
21	– 0	–	– 0	+ 0	– 0	– –	– – –	–	–		– –	– –
22	– – –	–	–	+ +	– 0	– –	– – –	–	–		– –	– –
23	0	– 0	– 0	0	+ 0	– 0	– 0	0	– 0	– – –	– –	– –
24	+	0	– 0	– 0	0	+ 0	– 0	0	– 0	– – –	– –	– –

Tafel 14.20 (Fortsetzung)

Sp.	Zeile	Hauptgruppen / Böden (1)	Korngrößen-Massenanteil Korndurchmesser <0,06 mm (2)	<2 mm (3)	Lage zur A-Linie (siehe Bild*) (4)	Gruppen (5–6)	Kurzzeichen Gruppensymbol (7)	Erkennungsmerkmale unter anderem für Zeilen 16 bis 21 (8)	Beispiele (9)	10	11	12	13	14	15	16	17	18	19	20	21
										Scherfestigkeit	Verdichtungsfähigkeit	Zusammendrückbarkeit	Durchlässigkeit	Witterungs- und Erosionsempfindlichkeit	Frostempfindlichkeit	Baugrund für Gründungen	Baustoff für Erd- und Baustraßen	Baustoff für Straßen- und Bahndämme	Baustoff für Erd-Staudämme Dichtung	Baustoff für Erd-Staudämme Stützkörper	Baustoff für Dränagen
	25	organische Böden	–	–	–	nicht bis mäßig zersetzte Torfe (Humus) (brenn- oder schwelbar)	HN	Trockenfestigkeit: an Ort und Stelle aufgewachsene Humusbildungen; Reaktion beim Schüttelversuch: Zersetzungsgrad 1 bis 5, faserig, holzreich, hellbraun bis braun	Niedermoortorf, Hochmoortorf, Bruchwaldtorf	–	– –	– –	0	+0	–	–	–	–	–	–	–
	26	organische Böden	–	–	–	zersetzte Torfe (brenn- oder schwelbar)	HZ	Zersetzungsgrad 6 bis 10, schwarzbraun bis schwarz		– –	– –	– –	+0	–	–	–	–	–	–	–	–
	27	organische Böden	–	–	–	Schlamme als Sammelbegriff für Faulschlamm, Mudde, Gyttja, Dy und Sapropel	F	unter Wasser abgesetzte (sedimentäre) Schlamme aus Pflanzenresten, Kot und Mikroorganismen, oft von Sand, Ton und Kalk durchsetzt, blauschwarz oder grünlich bis gelbbraun, gelegentlich dunkelgraubraun bis blauschwarz, federnd, weichschwammig	Mudde, Faulschlamm	– –	– –	– –	+0	–	–	–	–	–	–	–	–
	28	Auffüllung	–	–	–	Auffüllung aus natürlichen Böden; jeweiliges Gruppensymbol in eckigen Klammern	[ ]									–					
	29	Auffüllung	–	–	–	Auffüllung aus Fremdstoffen	A		Müll, Schlacke, Bauschutt, Industrieabfall												

a) Die Spalten 10 bis 21 enthalten als grobe Leitlinie Hinweise auf bautechnische Eigenschaften und auf die bautechnische Eignung nebst Beispielen in Spalte 9. Diese Angaben sind keine normativen Festlegungen.
b) An den Kurzzeichen U und T darf anstelle des Sterns auch der Querbalken verwendet werden.
c) Unter Mitwirkung von Organismen gebildete Böden.

Spalte 10		Spalte 11		Spalten 12 bis 15		Spalten 16 bis 21	
– –	sehr gering	– –	sehr schlecht	– –	sehr groß	– –	ungeeignet
–	gering	–	schlecht	–	groß	–	weniger geeignet
–0	mäßig	–0	mäßig	–0	groß bis mittel	–0	mäßig geeignet
0	mittel	0	mittel	0	mittel	0	brauchbar
+0	groß bis klein	+0	gut bis mittel	+0	gering bis mittel	+0	geeignet
+	groß	+	gut	+	sehr gering	+	gut geeignet
++	sehr groß	++	sehr gut	++	vernachlässigbar klein	++	sehr gut geeignet

14.6 Sicherheitsnachweise im Erd- und Grundbau

14.6.1 Einleitung

Grundlage für die Bemessung in der Geotechnik ist das Normenhandbuch Eurocode 7, Band 1, der sich aus folgenden einzelnen Normen zusammensetzt:

DIN EN 1997-1 Eurocode 7: Entwurf, Berechnung und Bemessung in der Geotechnik – Teil 1: Allgemeine Regeln (03.14)

DIN EN 1997-1/NA Nationaler Anhang – National festgelegte Parameter zum EC 7-1 (12.10)

DIN 1054 Baugrund; Sicherheitsnachweise im Erd- und Grundbau – Ergänzende Regelungen zu DIN EN 1997-1 (12.10)

Die deutsche „Restnorm" DIN 1054 (12.10) enthält für Deutschland gültige ergänzende Regelungen zum Eurocode 7, Teil 1, der Nationale Anhang stellt die Verknüpfung zum EC 7-1 her. DIN 1054 (12.10) verweist auf weitere deutsche Berechnungsnormen und Empfehlungen.

14.6.2 Allgemeine Regelungen

Die Zuordnung einer geotechnischen Aufgabenstellung erfolgt je nach Komplexität bzw. „Schwierigkeitsgrad" von Baugrund und Bauwerk in drei geotechnische Kategorien (siehe Abschn. 14.2).

Mit den Standsicherheitsnachweisen werden primär die äußeren Abmessungen von Erd- und Grundbauwerken festgelegt (sog. „Äußere Standsicherheit" oder geotechnische Bemessung).

Durch diese Nachweise ist rechnerisch zu belegen, dass eine ausreichende Sicherheit gegen das Erreichen der Grenzzustände der Tragfähigkeit als auch der Grenzzustände der Gebrauchstauglichkeit eingehalten wird.

Grenzzustände der Tragfähigkeit (ULS – ultimate limit state) Beim Eintreten des ULS versagt der Baugrund oder das Bauwerk infolge Ausnutzung der Scherfestigkeit des Bodens bzw. der Materialfestigkeit der Bauteile oder infolge zu hoher Verformungen des Baugrundes.

DIN EN 1997-1 unterscheidet:

Grenzzustand der Lagesicherheit Verlust der Lagesicherheit durch Ungleichgewicht, Aufschwimmen oder Strömungskräfte:

EQU (*equilibrium*): Verlust der Lagesicherheit des als starrer Körper angesehenen Tragwerks oder des Baugrundes z. B. Kippen oder Abheben;

UPL (*uplift failure*): Verlust der Lagesicherheit des Bauwerks oder Baugrundes infolge von Auftrieb oder anderer vertikaler Einwirkungen, z. B. Nachweis gegen Aufschwimmen oder Abheben;

HYD (*hydraulic failure*): hydraulischer Grundbruch, innere Erosion oder „Piping" im Boden, verursacht durch Strömungsgradienten.

Mit der Untersuchung dieser Zustände wird das Versagen von Bauwerken und/oder des Bodens durch Verlust des Gleichgewichtes erfasst. In den Nachweisen werden die Bemessungswerte von stabilisierenden und destabilisierenden Einwirkungen gegenübergestellt. Widerstände treten in diesem Grenzzustand nicht auf. Bei allen drei vorgenannten Grenzzuständen ist die Festigkeit des Baugrundes und der Materialwiderstand der Bauteile daher nicht entscheidend.

Grenzzustand der Festigkeiten Grenzzustand des Versagens von Bauwerken, Bauteilen und Untergrund durch Erreichen der Festigkeitsgrenze oder sehr große Verformungen:

GEO-2 (*geotechnical failure*): Nachweis der äußeren, bodenmechanisch bedingten Abmessungen, z. B. Nachweis gegen Grundbruch und Gleiten, Nachweis von Pfählen, Ankern und Bewehrungselementen (Festigkeit des **Baugrundes** entscheidend);

STR (*structural failure*): Nachweis gegen inneres Versagen oder sehr große Verformungen des Tragwerks oder seiner Bauteile (Festigkeit des **Baustoffes** entscheidend, z. B. Versagen der Wand infolge Biegung, Versagen eines Ankers infolge Überschreitens der aufnehmbaren Zugspannung).

Der Grenzzustand **STR** ist nach den jeweiligen baustoffspezifischen Normen (z. B. EC 2, EC 3, EC 5) zu führen.

Der Nachweis GEO-2 wird in Deutschland als sogenannter Nachweis GEO-2* geführt. Dabei werden die Widerstände, z. B. in Form des Grundbruchwiderstandes, unter Ansatz der charakteristischen Materialkennwerte und charakteristischen Einwirkungen ermittelt; die Faktorisierung mit Teilsicherheitsbeiwerten erfolgt erst nach Ermittlung des charakteristischen Gesamtwiderstandes. In den Nachweisen werden die Bemessungswerte der Beanspruchungen den Bemessungswerten der Widerstände gegenübergestellt, wobei sich die jeweiligen Bemessungswerte durch eine Erhöhung bzw. Reduzierung der charakteristischen Beanspruchung bzw. Widerstände ergeben.

Grenzzustand der Gesamtstandsicherheit durch Versagen des Baugrundes und ggfs. auf oder in ihm befindlicher Bauwerke durch Bruch im Boden oder Fels und ggfs. auch durch Bruch in mittragenden Bauteilen:

GEO-3 (*geotechnical failure*): Nachweis gegen Geländebzw. Böschungsbruch (Festigkeit des **Baugrundes** entscheidend).

Bei dem Nachweisformat GEO-3 werden in einem ersten Schritt die Bemessungswerte der Einwirkungen und Materialfestigkeiten ermittelt und mit den so faktorisierten Kennwerten die Beanspruchungen und Widerstände ermittelt.

Das Konzept mit Teilsicherheitsbeiwerten erlaubt für den Nachweis der Tragfähigkeit eine unterschiedliche Gewichtung der zu berücksichtigenden Einwirkungen und Widerstände. Die jeweiligen Nachweise werden mit Ungleichungen geführt, in denen die Bemessungswerte der Einwirkungen/Beanspruchungen und Widerstände gegenübergestellt werden. Allgemein ist nachzuweisen:

$$E_d \leq R_d$$

E_d Bemessungswert der Einwirkungen/Beanspruchungen, z. B. Schnittgrößen in der Gründungssohle, Pfahllast, Ankerkraft, Erddruck etc.

R_d Bemessungswert der Widerstände, z. B. Erdwiderstand, Sohlreibungskraft, Herausziehwiderstand von Ankern etc.

Die Bemessungswerte der **Einwirkungen/Beanspruchungen** werden durch **Multiplikation** und die Bemessungswerte der **Widerstände** durch **Division** der charakteristischen Werte mit Teilsicherheitsbeiwerten ermittelt. Die Sicherheit ist nachgewiesen, wenn die für die Grenzzustände mit Bemessungswerten ermittelten Ungleichungen erfüllt sind.

Für die Grenzzustände EQU, UPL und HYD gilt die Vorgehensweise sinngemäß. Da allerdings keine Widerstände mobilisiert werden, sind dort die Bemessungswerte stabilisierender mit denen destabilisierender Einwirkungen zu vergleichen:

$$E_{dst,d} \leq E_{stb,d}.$$

Grenzzustand der Gebrauchstauglichkeit (SLS – serviceability limit state) Mit der Untersuchung dieses Zustandes wird die Zulässigkeit der im Baugrund oder die Verträglichkeit der an einem Bauwerk zu erwartenden Verformungen oder Verschiebungen überprüft. Die Nachweise werden nicht mit den Bemessungswerten, sondern mit den charakteristischen Werten der Einwirkungen und Widerstände, d. h. in der Regel mit Teilsicherheitsbeiwerten $\gamma_i = 1{,}0$ geführt. Hierzu gehören insbesondere der Nachweis der Einhaltung zulässiger Setzungen und zur Beschränkung der Exzentrizität der resultierenden Einwirkungen in der Sohlfuge (Kippnachweis in Form der zulässigen Ausmitte).

Sämtliche Nachweise zur Tragfähigkeit und zur Gebrauchstauglichkeit sind jeweils für die ungünstigsten Einwirkungs- und Widerstandskombinationen unter Einhaltung der Gleichgewichtsbedingungen zu führen.

Für die Nachweisführung müssen geeignete Berechnungsmodelle zum Einsatz kommen, diese können grundsätzlich empirischer, analytischer oder numerischer Natur sein. Teil des Sicherheits- und Nachweiskonzeptes können auch weitere Elemente wie beispielsweise die Anwendung der Beobachtungsmethode sein.

Beobachtungsmethode In Fällen, in denen eine Vorhersage des Baugrundverhaltens allein aufgrund von vorab durchgeführten Baugrunduntersuchungen und von rechnerischen Nachweisen nicht mit ausreichender Zuverlässigkeit möglich ist, sollte die Beobachtungsmethode angewendet werden.

Anmerkung: Die Beobachtungsmethode ist eine Kombination der üblichen Untersuchungen und rechnerischen Nachweise (Prognosen) mit der laufenden messtechnischen Kontrolle des Bauwerkes während dessen Herstellung, wobei kritische Situationen durch die Anwendung vorab geplanter technischer Gegenmaßnahmen beherrscht werden. Die Unschärfe der Prognose wird dabei soweit wie möglich durch deren ständige Anpassung an die tatsächlichen Verhältnisse ausgeglichen.

Beobachtungen allein können die Prognose nicht ersetzen, da ohne diese beispielsweise die Festlegung von Schwellenwerten für die messtechnische Überwachung nicht möglich ist. Zustände, die weder ausreichend zuverlässig rechnerisch prognostiziert noch durch Messungen überwacht werden können, sind durch entsprechende planerische Konzepte und durch konstruktive Maßnahmen zu verhindern. Prognosen sind, so weit möglich, mit Erfahrungen aus vergleichbaren Baumaßnahmen abzugleichen.

Anmerkung: Die Anwendung der Beobachtungsmethode ist nicht zulässig bzw. hinreichend, wenn – z. B. beim hydraulischen Grundbruch oder Setzungsfließen – das Versagen nicht erkennbar ist bzw. sich nicht rechtzeitig ankündigt.

14.6.3 Bemessungssituation

Die für die jeweilige Erhöhung der repräsentativen bzw. die Faktorisierung der charakteristischen Einwirkungen/ Beanspruchungen bzw. charakteristischen Widerstände maßgebenden Teilsicherheitsbeiwerte sind von der Bemessungssituation abhängig.

Im Normenhandbuch Eurocode 7, Teil 1, werden für den Nachweis des Grenzzustandes der Tragfähigkeit (ULS) vier verschiedene Bemessungssituationen unterschieden:

BS-P (*persistent*): Regelmäßige Bemessungssituation aus ständigen und regelmäßigen veränderlichen Einwirkungen **während** der Funktionszeit eines Bauwerkes;

BS-T (*transient*): Vorübergehende Bemessungssituation aus unregelmäßigen veränderlichen Einwirkungen **oder** während der Bauzeit eines Bauwerkes;

BS-A (*accidental*): Außergewöhnliche Bemessungssituation aus außergewöhnlichen veränderlichen Einwirkungen **oder** in Unfall- bzw. Katastrophenzuständen;

BS-E (*earthquake*): Erdbeben – Bemessungssituation gilt für den Fall eines Erdbebens.

Für den Nachweis der Gebrauchstauglichkeit (SLS) wird nicht nach Bemessungssituationen unterschieden.

14.6.4 Bemessungswerte für Einwirkungen und Widerstände

Einwirkungen und Beanspruchungen   Die auch in EN 1990 und EN 1991 geregelten vielfältigen Einwirkungen werden in DIN EN 1997-1 im Hinblick auf die geotechnischen Aspekte nicht gesondert unterschieden, sondern einheitlich aufgelistet. Hierzu gehören nach wie vor insbesondere:

Gründungslasten   Schnittgrößen am Gründungskörper aus der statischen Berechnung des mit dem Baugrund in Kontakt stehenden Bauteiles.

Grundbauspezifische Einwirkungen   Bodeneigengewicht, Erddruck, Wasserdruck, Seitendruck und negative Mantelreibung (Pfähle), veränderliche statische Einwirkungen wie Wind, Schnee etc.

Zyklische, dynamische und stoßartige Einwirkungen   Regellasten auf Verkehrsflächen oder aus dem Baubetrieb, Stoß-, Druckwellen-, Schwingungsbelastungen, Erdbeben.

Die vom Tragwerksplaner an den Geotechniker zu übergebenden Schnittgrößen dürfen keine Teilsicherheitsbeiwerte enthalten, müssen demnach als charakteristische Größen vorliegen. Dies führt im Regelfall nicht zu einem zusätzlichen Aufwand, da der Tragwerksplaner ohnehin den Nachweis der Gebrauchstauglichkeit mit charakteristischen Werten führen muss.

Wesentlich für die rechnerische Handhabung der genannten Einwirkungen ist die Unterscheidung in **ständige** (Gewicht, Erddruck, Wasserdruck etc.) und **veränderliche** (Verkehr, Wind, Schnee etc.) Einwirkungen. Bei veränderlichen Einwirkungen ist zu entscheiden, ob diese für den jeweils untersuchten Versagensmechanismus günstig oder ungünstig wirken. Günstig wirkende veränderliche Einwirkungen dürfen nicht angesetzt werden.

Im Hinblick auf die Regelungen der EN 1990 ist auch für geotechnische Fragestellungen zu prüfen, ob veränderliche Einwirkungen unabhängig oder in Kombination miteinander auftreten. Dies kann durch sogenannte Kombinationsbeiwerte berücksichtigt werden.

Generelle Vorgehensweise zur Ermittlung der Bemessungswerte   Ermittlung der repräsentativen Einwirkungen F_{rep} aus Eigengewicht, Erddruck, Wasserdruck und Verkehr, in Form von Schnittgrößen (Auflager-, Querkräfte, Biegemomente), Spannungen (Normal-, Schubspannungen) oder Verformungen (Dehnungen, Verschiebungen, Durchbiegungen) in maßgebenden Schnitten und in Berührungsflächen Bauwerk/Baugrund.

Ermittlung der Bemessungswerte der Beanspruchungen E_d durch Multiplikation der repräsentativen Einwirkungen/-Beanspruchungen mit den Teilsicherheitsbeiwerten für Einwirkungen und Beanspruchungen (s. Tafel 14.21).

Widerstände   Neben der Materialfestigkeit der einzelnen Gründungsbauteile und Sicherungselemente (Festigkeit von Beton, Stahl, Holz etc.) wird in EN DIN 1997-1 nach der klassischen Scherfestigkeit des Baugrundes (GEO-3) und denjenigen Widerstandsgrößen unterschieden, die ein Bauteil (STR) oder der Baugrund (GEO-2) einer bestimmten Beanspruchung entgegensetzt.

Die Einhaltung der Materialfestigkeit (STR) ist anhand der jeweiligen Bauartnormen zu überprüfen.

Hinsichtlich des Ansatzes der Scherfestigkeit ist Folgendes geregelt:

Für die Nachweise in den Grenzzuständen EQU, STR und GEO-2 sind die charakteristischen Werte für Kohäsion und Reibungswinkel zugrunde zu legen, für den Nachweis im Grenzzustand GEO-3 die Bemessungswerte, also die durch Division mit dem entsprechenden Teilsicherheitsbeiwert reduzierten (charakteristischen) Scherparameter.

Typische Widerstandsgrößen für den Grenzzustand GEO-2 sind der Grundbruchwiderstand, der Gleitwiderstand, der Erdwiderstand, der Pfahlwiderstand (Eindring- bzw. Herausziehwiderstand) und der Verpressankerwiderstand (Verpresskörper).

Generelle Vorgehensweise zur Ermittlung der Bemessungswerte   Ermittlung der charakteristischen Widerstände R_k durch Berechnung, Probebelastung oder aufgrund von Erfahrungswerten,

Ermittlung der Bemessungswerte der Widerstände R_d durch Division der charakteristischen Widerstände durch die Teilsicherheitsbeiwerte für Widerstände (s. Tafel 14.22).

Tafel 14.21 Teilsicherheitsbeiwerte für Einwirkungen und Beanspruchungen (Stand: 11.15)

Einwirkung bzw. Beanspruchung	Formelzeichen	Bemessungssituation		
		BS-P	BS-T	BS-A
HYD, UPL, EQU (Grundwasser, Lage)				
Stabilisierende ständige Einwirkungen	$\gamma_{G,stb}$	0,95 (0,90)	0,95 (0,90)	0,95
Stabilisierende veränderliche Einwirkungen	$\gamma_{Q,stb}$	0	0	0
Destabilisierende ständige Einwirkungen	$\gamma_{G,dst}$	1,05 (1,10)	1,05	1,00
Destabilisierende veränderliche Einwirkungen	$\gamma_{Q,dst}$	1,50	1,30 (1,25)	1,00
Strömungskraft bei günstigem Untergrund	γ_H	1,45	1,45	1,25
Strömungskraft bei ungünstigem Untergrund	γ_H	1,90	1,90	1,45
(Werte in Klammern gelten für EQU)				
STR, GEO-2 (Bauteilabmessungen)				
Ständige Einwirkungen allgemein[a]	γ_G	1,35	1,20	1,10
Ständige Einwirkungen aus Erdruhedruck	γ_{E0g}	1,20	1,10	1,00
Günstige ständige Einwirkungen	$\gamma_{G,inf}$	1,00	1,00	1,00
Ungünstige veränderliche Einwirkungen	γ_Q	1,50	1,30	1,10
GEO-3 (Gesamtsystem)				
Ständige Einwirkungen[a]	γ_G	1,00	1,00	1,00
Ungünstige veränderliche Einwirkungen	γ_Q	1,30	1,20	1,00
Günstige veränderliche Einwirkungen	γ_Q	0	0	0
SLS (Gebrauchstauglichkeit)				
$\gamma_G = 1,00$ für ständige Einwirkungen bzw. Beanspruchungen				
$\gamma_Q = 1,00$ für veränderliche Einwirkungen bzw. Beanspruchungen				

[a] einschließlich ständigem und veränderlichem Wasserdruck

Tafel 14.22 Teilsicherheitsbeiwerte für geotechnische Kenngrößen und Widerstände (Stand: 11.15)

Widerstand	Formelzeichen	Bemessungssituation		
		BS-P	BS-T	BS-A
STR, GEO-2 (Bauteilabmessungen) Bodenwiderstände				
Erdwiderstand und Grundbruchwiderstand	$\gamma_{R,e}, \gamma_{R,v}$	1,40	1,30	1,20
Gleitwiderstand	$\gamma_{R,h}$	1,10	1,10	1,10
Pfahlwiderstände				
Pfahldruckwiderstand bei Probebelastung	$\gamma_b = \gamma_s = \gamma_t$	1,10	1,10	1,10
Pfahlzugwiderstand bei Probebelastung	$\gamma_{s,t}$	1,15	1,15	1,15
Pfahlwiderstand auf Druck und (Zug) aufgrund von Erfahrungswerten	γ_P	1,40 (1,50)	1,40 (1,50)	1,40 (1,50)
Herausziehwiderstände				
Boden- bzw. Felsnagel	γ_a	1,40	1,30	1,20
Verpresskörper von Verpressankern	γ_a	1,10	1,10	1,10
Flexible Bewehrungselemente	γ_a	1,40	1,30	1,20
GEO-3 (Gesamtstandsicherheit)				
Scherfestigkeit				
Reibungsbeiwert $\tan\varphi'$ des dränierten Bodens und Reibungsbeiwert $\tan\varphi_u$ des undränierten Bodens	$\gamma_{\varphi'}, \gamma_{\varphi_u}$	1,25	1,15	1,10
Kohäsion c' des dränierten Bodens und Scherfestigkeit c_u des undränierten Bodens	γ_c, γ_{cu}	1,25	1,15	1,10
Herausziehwiderstände				
– siehe oben (STR, GEO-2)				

14.7 Flach- und Flächengründungen

14.7.1 Abgrenzung und Schutzanforderungen

Flach- und Flächengründungen sind Einzel- oder Streifenfundamente und Gründungsplatten oder Träger-(Gitter-)rostfundamente mit geringer Einbindetiefe, bei denen die Lasten in der Gründungssohle über Sohldruck in den Baugrund übertragen werden.

Die Gründungssohle muss frostfrei liegen, i. d. R. mindestens 80 cm unter Gelände, wenn nicht auf andere Weise eine hiervon abweichende, zulässige Tiefenlage nachgewiesen wird.

Der Baugrund muss gegen Auswaschen (Erosion und Suffosion), gegen eine Verringerung seiner Festigkeit durch strömendes Wasser sowie gegenüber Einwirkungen aus der Witterung und dem Baubetrieb geschützt werden.

14.7.2 Bemessungsgrundlagen

Der Aufwand für die rechnerische Bemessung von Flach- und Flächengründungen ergibt sich in der Regel aus der Zuordnung des Baugrundes und des Bauwerkes zu der entsprechenden Geotechnischen Kategorie (s. Abschn. 14.2).

Im Regelfall wird die Kategorie GK2, in besonderen Fällen (unterschiedliche Bauwerkssteifigkeit, Nachbarbebauung, gemischte Gründung, KPP) die Kategorie GK3 maßgebend sein. Bei einfachen Baugrundverhältnissen (Kategorie GK1) kann eine Gründungsbemessung unter Verwendung von Erfahrungswerten für den Bemessungswert des Sohlwiderstandes ausreichend sein (s. Abschn. 14.7.3).

Im Regelfall muss die Bemessung sowohl die Sicherheit gegen Kippen, Grundbruch, Gleiten und Materialversagen (Nachweise der Tragfähigkeit für die Grenzzustände EQU, GEO-2 und STR) als auch die Zulässigkeit der Ausmitte der Sohldruckresultierenden, der Verschiebungen, Setzungen und Verdrehungen (Nachweis der Gebrauchstauglichkeit SLS) nachweisen. Bei Auftriebsproblemen ist zusätzlich der Nachweis der Tragfähigkeit für den Grenzzustand UPL zu führen.

Im Allgemeinen wird der Baugrund durch **ständige** und **veränderliche** Einwirkungen beansprucht. Alle Einwirkungen sind einer dieser beiden Gruppen zuzuordnen, da für ständige und veränderliche Einwirkungen unterschiedliche Teilsicherheitsbeiwerte gelten. Für die Nachweise des Grenzzustandes der Tragfähigkeit dürfen günstig wirkende veränderliche Einwirkungen nicht in Ansatz gebracht werden. Das Zusammenwirken verschiedener veränderlicher Einwirkungen darf ggf. durch Kombinationsbeiwerte berücksichtigt werden.

In der Regel genügt es, Flachgründungen für die Gesamtbeanspruchung aus ständigen und veränderlichen Einwirkungen zu bemessen.

Beim Entwurf der Gründungskörper ist die Verteilung der Einwirkungen a) beim Nachweis des Bemessungswertes des Sohlwiderstandes mithilfe von Tabellenwerten sowie beim Grundbruchnachweis als gleichmäßig verteilt, b) bei der Ermittlung der Schnittkräfte sowie beim Setzungsnachweis als geradlinig verteilt sowie c) bei der Bemessung von biegeweichen Gründungsplatten und -balken nach DIN 4018 anzunehmen (Berechnungsverfahren s. u. a. [9], [10], [12]).

Bei der Bestimmung der resultierenden Beanspruchungen in der Gründungssohle sind im Regelfall auch die vertikal wirkenden Komponenten des Erddruckes zu berücksichtigen.

Der passive Erddruck darf nur dann als Widerstand angesetzt werden, wenn das Fundament verträglich eine Verschiebung erfahren kann, die ausreicht, um den erforderlichen Erdwiderstand auch voll zu mobilisieren. Anderenfalls ist der Erdwiderstand sinnvoll zu begrenzen oder sicherheitshalber zu vernachlässigen.

14.7.3 Vereinfachter Sohldrucknachweis in Regelfällen

Sofern die nachfolgend genannten Voraussetzungen erfüllt sind, dürfen gemäß Normenhandbuch Eurocode 7, Band 1, die Nachweise für die Grenzzustände Grundbruch und Gleiten sowie der Gebrauchstauglichkeitsnachweis (Nachweis der Setzugen) durch die Verwendung von Erfahrungswerten für den Bemessungswert $\sigma_{R,d}$ des Sohlwiderstandes ersetzt werden.

Anstelle der expliziten Nachweise dürfen dann vereinfachend die Bemessungswerte der Sohldruckbeanspruchung und des Sohlwiderstandes miteinander verglichen werden:

$$\sigma_{E,d} \leq \sigma_{R,d}$$

mit

$\sigma_{E,d}$ der Bemessungswert der Sohlbeanspruchung, ermittelt aus ständigen und ggf. unterschiedlichen veränderlichen Einwirkungen, dabei ggf. auf eine reduzierte Fundamentfläche bezogen;

$\sigma_{R,d}$ der Bemessungswert des Sohlwiderstandes (siehe Tafeln 14.23 und 14.24).

Diese vereinfachte Verfahrensweise ist allerdings nur dann zulässig, wenn

- Geländeoberfläche und Schichtgrenzen annähernd horizontal verlaufen,
- der Baugrund bis zum 2-fachen der kleineren Fundamentseite eine nachgewiesen ausreichende Festigkeit aufweist,
- das Fundament nicht überwiegend oder regelmäßig dynamisch beansprucht wird bzw. in bindigen Böden kein Porenwasserdruck entsteht,
- die resultierende charakteristische Sohlbeanspruchung relativ steil ($H_k/V_k \leq 0,2$) steht,
- die zulässige Ausmitte der resultierenden charakteristischen Sohlbeanspruchung eingehalten wird.

1) Bei **mittigem Lastangriff** auf die Fundamentsohle gilt (vgl. Abb. 14.14):

$$\sigma_{E,d} = V_d/A = V_d/(b_x \cdot b_y)$$

Tafel 14.23 Bemessungswert des Sohlwiderstandes in kN/m² für **Streifenfundamente** auf nichtbindigen und schwach feinkörnigen Böden (Bodengruppe GE, GW, GI, SE, SW, SI, GU, GT, SU (nach DIN 18196))

DIN 1054	Tabelle 1						Tabelle 2			
Bauwerk	setzungsempfindlich						setzungsunempfindlich			
Breite des Streifenfundaments b bzw. b' in m	0,5	1	1,5	2	2,5	3	0,5	1	1,5	2
Einbindetiefe t in m 0,5	280	420	460	390	350	310	280	420	560	700
1,0	380	520	500	430	380	340	380	520	660	800
1,5	480	620	550	480	410	360	480	620	760	900
2,0	560	700	590	500	430	390	560	700	840	980
Bei kleinen Bauwerken	210 (mit Breiten $\geq 0{,}3$ m und Gründungstiefen $0{,}3$ m $\leq t \leq 0{,}5$ m)									

Tafel 14.24 Bemessungswert des Sohlwiderstandes für **Streifenfundamente** bei bindigem und gemischtkörnigem Baugrund in kN/m²

DIN 1054	Tabelle 3	Tabelle 4			Tabelle 5			Tabelle 6		
Bodenart	Reiner Schluff	Gemischtkörniger Boden, der Korngrößen vom Ton- bis in den Sand-, Kies- oder Steinbereich enthält			Tonig-schluffiger Boden			Fetter Ton		
Bodengruppe	UL	SŪ, ST̄, GŪ, GT̄			UM, TL, TM			TA		
Konsistenz	steif bis halbfest	steif	halbfest	fest	steif	halbfest	fest	steif	halbfest	fest
Einbindetiefe[a] in m 0,5	180	210	310	460	170	240	390	130	200	280
1,0	250	250	390	530	200	290	450	150	250	340
1,5	310	310	460	620	220	350	500	180	290	380
2,0	350	350	520	700	250	390	560	210	320	420

[a] Zwischenwerte können geradlinig eingeschaltet werden.

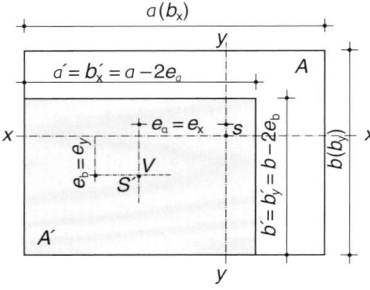

Abb. 14.14 Teilfläche A' für doppelte Ausmittigkeit von V

2) Bei **außermittigem Lastangriff** auf die Fundamentsohle wird nur eine Teilgrundfläche A' angesetzt, bei der die Resultierende der Einwirkungen im Schwerpunkt steht (Abb. 14.14), d. h.

$$A' = b'_x \cdot b'_y = (b_x - 2e_x)(b_y - 2e_y)$$

Als maßgebende Sohldruckbeanspruchung ist in diesem Fall die Spannung anzusetzen, die sich aus der Division der Vertikalbeanspruchung durch die reduzierter Sohlfläche A' ergibt. Eine Setzungsberechnung ist dann erforderlich, wenn der Einfluss benachbarter Fundamente zu berücksichtigen ist. Ist die Einbindetiefe auf allen Seiten des Gründungskörpers größer als 2 m, so darf der aufnehmbare Sohldruck um die Spannung erhöht werden, die sich aus der der Mehrtiefe entsprechenden Bodenentlastung ergibt.

Die oben aufgeführten Tabellenwerte (Tafeln 14.23 und 14.24) beruhen auf Grundbruch- und Setzungsberechnungen sowie auf Erfahrungen.

14.7.3.1 Bemessungswerte des Sohlwiderstandes für nichtbindigen Boden

Erforderliche Lagerungsdichte für den Ansatz der Tafelwerte: Vorausgesetzt wird mindestens mitteldicht gelagerter Baugrund, ein Verdichtungsgrad von mindestens 95 % oder ein Spitzendruck der Drucksonde von $q_c \geq 7{,}5\,\mathrm{MN/m}^2$.

Häufig sind gewachsene Sand- und Kiesablagerungen ausreichend dicht gelagert. Liegen diesbezüglich keine örtlichen Erfahrungen vor, kann der Nachweis durch Sondierungen erbracht werden.

Ähnlich wie bei nichtbindigem kann die Tragfähigkeit von gemischtkörnigem Boden mit geringem Feinkornanteil bis 15 % beurteilt werden (SU, GU, GT).

Setzungen Nach DIN 1054 kann ein Bemessungswert des Sohlwiderstandes nach Tabelle 1 der Tafel 14.23 zu Setzungen führen, die bei Fundamentbreiten bis 1,5 m ein Maß von 1 cm, bei breiteren Fundamenten ein Maß von 2 cm nicht übersteigen. Bei Anwendung der Tabelle 2 sind bis Fundamentbreiten von 1,50 m Setzungen von 2 cm, bei breiteren Fundamenten ungefähr proportional zur Fundamentbreite stärkere Setzungen zu erwarten.

Die Setzungsbeträge beziehen sich auf allein stehende Fundamente und können sich bei gegenseitiger Beeinflussung (Lichter Abstand < 3-fache Fundamentbreite) vergrößern.

Verkantungen außermittig belasteter Fundamente müssen erforderlichenfalls nachgewiesen werden.

Die angegebenen Bemessungswerte dürfen überschritten werden, wenn die Grenzzustände der Tragfähigkeit und der Gebrauchstauglichkeit rechnerisch nachgewiesen werden. Diese Nachweise sind auch dann zu führen, wenn die Voraussetzungen für die Anwendung der Tabellenwerte nicht gegeben sind.

Erhöhung der Werte von Tafel 14.23 bei Rechteckfundamenten und dichter Lagerung Wenn $b \geq 0{,}5$ m und $t \geq 0{,}5$ ist:

a) Um 20 % bei Rechteckfundamenten, wenn $a/b < 2$, sowie bei Kreisfundamenten; die auf der Grundlage des Grundbruchs ermittelten Werte jedoch nur dann, wenn die Einbindetiefe $t \geq 0{,}6 \cdot$ bzw. b' ist

b) Um 50 % bei nachgewiesener dichter Lagerung oder einem Spitzendruck der Drucksonde von $q_c \geq 15\,\mathrm{MN/m^2}$.

Abminderung der Werte von Tafel 14.23 bei Grundwasser Die angegebenen Bemessungswerte gelten nur für einen Abstand zwischen Gründungssohle und Grundwasser d_w, der mindestens so groß ist wie b bzw. b' sonst gilt:

a) Liegt der Grundwasserspiegel in Höhe der Gründungssohle, ist der Tafelwert um 40 % zu vermindern ($d_w = 0$).

b) Ist der Abstand zur Gründungssohle $d_w < b$ bzw. b', darf zwischen dem um 40 % abgeminderten und dem vollen Tafelwert entsprechend dem tatsächlichen Abstand interpoliert werden.

c) Liegt der Grundwasserspiegel über der Gründungssohle, reicht die Abminderung um 40 % aus, wenn die Einbindetiefe $t > 0{,}8$ m und $b < t$ ist, sonst ist der Grundbruchnachweis nach DIN 4017 zu führen.

Abminderung der Werte von Tafel 14.23 bei waagerechten Einwirkungen Die Bemessungswerte sind bei Fundamenten, bei denen außer einer senkrechten Beanspruchung V_k auch eine waagerechte Komponente H_k angreift, abzumindern, wenn folgendes gilt:

a) mit dem Faktor $(1 - H_k/V_k)$, wenn H_k parallel zur langen Fundamentseite a (b_x) wirkt und $a/b > 2$ ist,

b) mit dem Faktor $(1 - H_k/V_k)^2$ in allen anderen Fällen.

Die Werte nach Tabelle 1 von Tafel 14.23, dürfen unverändert verwendet werden, solange sie nicht größer sind als die herabgesetzten, auf der Grundlage einer ausreichenden Grundbruchsicherheit angegebenen Werte der Tabelle 2 der Tafel 14.23. Maßgebend ist stets der kleinere Wert.

14.7.3.2 Bemessungswerte des Sohlwiderstandes für bindigen Baugrund ($I_p \geq 10\,\%$)

Voraussetzungen für den Regelfall bei der Benutzung von Tafel 14.24

1. Bindiger Boden von mindestens steifem Zustand ($I_c > 0{,}75$).

2. Allmähliche Lastaufbringung bei steifer Konsistenz, bei schneller Belastung oder weicher Konsistenz Nachweis der zul. Bodenpressung mit Setzungs- und Grundbruchuntersuchungen.

3. Verträglichkeit der Setzungen von 2 bis 4 cm für das Bauwerk.

Erhöhung der Tafelwerte um 20 % bei Rechteckfundamenten mit einem Seitenverhältnis $a/b < 2$ und bei Kreisfundamenten.

Abminderung der Tafelwerte um 10 % je m zusätzlicher Fundamentbreite bei Fundamentbreiten zwischen 2 und 5 m.

14.7.3.3 Bemessungswerte des Sohlwiderstandes für Fels

DIN EN 1997-1 enthält für die vereinfachte Bemessung mehrere Diagramme, aus denen für quadratische Einzelfundamente der Bemessungssohldruck (zwischen $350\,\mathrm{kN/m^2}$ und $14\,\mathrm{MN/m^2}$) in Abhängigkeit von der Gesteinsart, der Druckfestigkeit und dem Trennflächengefüge abgelesen werden kann.

Dabei müssen Setzungen in der Größenordnung von 0,5 % der Fundamentbreite für das aufgehende Bauwerk verträglich sein.

14.7.3.4 Bemessungswerte des Sohlwiderstandes bei verdichteten Schüttungen

Wenn die für die nichtbindigen Böden genannten Voraussetzungen der Lagerungsdichte erfüllt sind und für bindige Schüttstoffe ein mittlerer Verdichtungsgrad von 100 % erreicht wird, was durch Sondierungen, Probebelastungen und Probenahme nachzuweisen ist, sowie ferner der Gehalt an organischen Stoffen < 3 % ist, dürfen die Werte der Tafel 14.23 bei der Bemessung der auf diesen Böden gegründeten Fundamente verwendet werden.

14.7.4 Nachweis der Tragfähigkeit

Wenn die Tabellenwerte nach Abschn. 14.7.3 überschritten werden oder die für ihre Anwendung erforderlichen Voraussetzungen als vereinfachter Fall nicht gegeben sind, sind die zulässige Beanspruchung des Baugrundes bzw. die erforderlichen Gründungsabmessungen mit dem Nachweis ausreichender Tragfähigkeit zu ermitteln.

Zusätzlich ist nachzuweisen, dass die Grenzwerte von Setzungsdifferenzen nicht überschritten werden, und ggf., dass die Lage der Resultierenden zulässig ist.

Die zulässige Beanspruchung des Baugrundes ist bei **lotrechter** Belastung begrenzt durch die für das Bauwerk verträglichen Setzungen und Setzungsunterschiede sowie durch die Grundbruchsicherheit. Bei **schräger** Belastung muss zusätzlich eine ausreichende Sicherheit gegen Kippen und Gleiten vorhanden sein. Darüber hinaus darf der Baustoff des konstruktiven Gründungsbauteiles nicht versagen (Sicherheit gegen Materialversagen, Grenzzustand STR).

Nach DIN EN 1997-1 ist die Sicherheit gegen Kippen nachgewiesen, wenn sowohl der Nachweis der Lagesicherheit er-

Tafel 14.25 Berechnung der gleichmäßig oder geradlinig verteilten Sohlnormalspannung σ_{vorh} von biegesteifen Fundamenten

Belastung	Lage von $V = R_v$ (vgl. Abb. 14.14 bis 14.16)	Größe und Verteilung des rechnerischen Sohldruckes	
Mittig	$e_x = 0, e_y = 0, u = b/2$	$\sigma_{0m} = \dfrac{F}{A} = \dfrac{V}{a \cdot b}$	Rechteckförmig (gleichmäßig)
Einfach außermittig (einachsige Momentenwirkung) 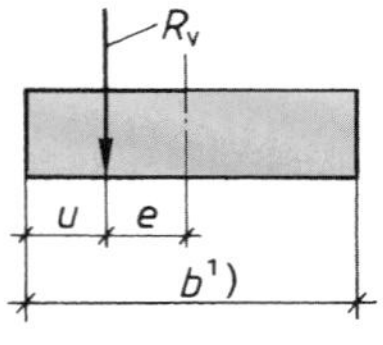 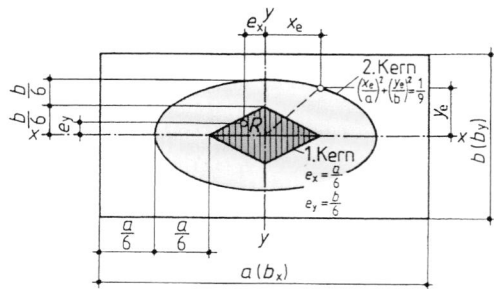	$e_x \leq b/6, e_y = 0$	$\displaystyle \frac{\max}{\min}\,\sigma_0 = \frac{R_v}{a \cdot b}\left(1 \pm \frac{6 \cdot e}{b}\right)$	Trapezförmig (geradlinig)
	$e_x = b/6, e_y = 0, u = b/3$	$\max \sigma_0 = \dfrac{2 \cdot R_v}{a \cdot b}$	Dreieckförmig über volle Breite (geradlinig)
	$b/6 < e_x \leq b/3, e_y = 0$	$\max \sigma_0 = \dfrac{2 \cdot R_v}{3 \cdot u \cdot a}$	Dreieckförmig, klaffende Fuge
	$e_x = b/3, u = b/6$	$\max \sigma_0 = \dfrac{4 \cdot R_v}{a \cdot b}$	Dreieckförmig, über halbe Breite
Doppelt außermittig (Einwirkung von Momenten um zwei Hauptachsen, s. Abb. 14.14)	$e_x \neq 0, e_y \neq 0$ innerhalb des 1. Kerns	$\max \sigma_0 = \dfrac{F}{A} \pm \dfrac{M_x}{W_x} \pm \dfrac{M_y}{W_y}$	
	$e_x \neq 0, e_x \neq 0$ innerhalb des 2. Kerns (Abb. 14.15)	$\max \sigma_0 = \mu \dfrac{R_v}{a \cdot b}$	μ aus Nomogramm von Hülsdünker (Abb. 14.16)

[a] bzw. a, s. Abb. 14.15

füllt ist (EQU) als auch die Ausmittigkeit der maximalen, mit charakteristischen Werten ermittelten Sohldruckresultierenden innerhalb der zulässigen Kernweiten liegt (SLS).

Die Sicherheit gegen Grundbruch und ggf. Gleiten ist mit Teilsicherheitsbeiwerten für den Grenzzustand GEO-2 nachzuweisen.

Der Sicherheitsnachweis gegen Materialversagen ist nach den für den jeweils verwendeten Baustoff gültigen Bauartnormen zu führen.

14.7.4.1 Nachweis der Kippsicherheit

Der Nachweis der Sicherheit gegen Gleichgewichtsverlust durch Kippen erfolgt nach DIN EN 1997-1 zunächst durch den Nachweis eines ausreichenden „Kräfte"-Gleichgewichtes (Nachweis der Lagesicherheit, Grenzzustand EQU). Bei diesem Nachweis werden die Bemessungswerte der stabilisierenden Einwirkungen und der destabilisierenden Einwirkungen verglichen:

$$E_{dst,d} \leq E_{stb,d}.$$

Als in den Nachweis einfließende Einwirkungen sind die in der Gründungssohle auf eine fiktive Kippkante des Fundamentes bezogenen Drehmomente zu verstehen (früher als *Kippmoment* und als *Standmoment* bezeichnet). Die fiktive Kippkante ist sinnvollerweise an demjenigen Fundamentrand zu wählen, an dem das Kippmoment zu einem vollständigen Abheben des Fundamentes führen würde.

Da die tatsächliche Drehachse gegenüber der vorgenannten Annahme innerhalb der Fundamentgrundfläche zu erwarten ist, muss zusätzlich der Nachweis zur Beschränkung der Exzentrizität der Sohldruckresultierenden geführt werden. Dieser Nachweis wird nach DIN EN 1997-1 der Gebrauchstauglichkeit zugeordnet und ist in Abschn. 14.7.5.1 behandelt.

Zusätzlich zum Kippnachweis kann zur überschläglichen Bemessung des Gründungsbauteiles die vereinfacht als

Abb. 14.15 Kernflächen eines rechteckigen Fundamentes nach DIN 1054

linear veränderlich angenommene Verteilung der Sohlnormalspannungen innerhalb der Gründungssohle nach den in Tafel 14.25 aufgeführten Gleichungen ermittelt werden.

Solange die Ablesegerade die Grenzlinie nicht schneidet, ist mindestens die halbe Grundfläche an der Lastabtragung beteiligt. Bezüglich der Nulllinie des Sohldruckkörpers s. [1], T3.

14.7.4.2 Nachweis der Grundbruchsicherheit

Eine ausreichende Sicherheit gegen Grundbruch wird eingehalten, wenn nach DIN EN 1997-1 für den Grenzzustand GEO-2 folgende Bedingung erfüllt ist:

$$V_d \leq R_d$$

V_d Bemessungswert der rechtwinklig zur Sohlfläche gerichteten Komponente der resultierenden Beanspruchung, berechnet aus der ungünstigsten Kombination ständiger und veränderlicher Einwirkungen,

R_d Bemessungswert des Grundbruchwiderstandes, berechnet aus dem nach DIN 4017 ermittelten charakteristischen Grundbruchwiderstand.

Abb. 14.16 Maximale Sohlnormalspannung σ_{0E} unter der Ecke E bei doppelter Ausmittigkeit (nach *Hülsdünker*)

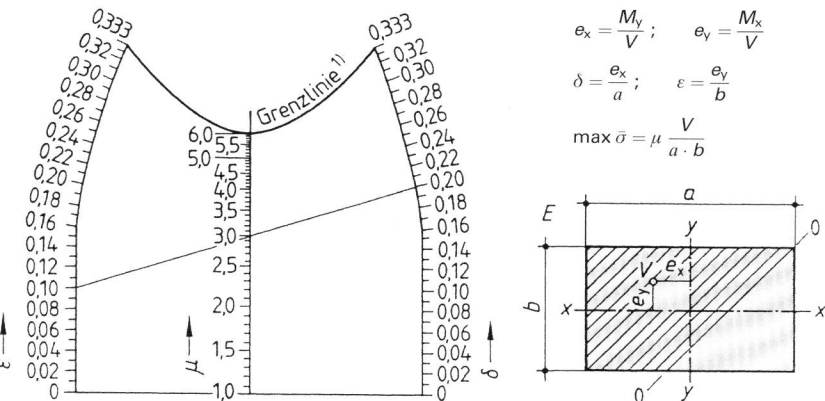

$$e_x = \frac{M_y}{V}; \qquad e_y = \frac{M_x}{V}$$

$$\delta = \frac{e_x}{a}; \qquad \varepsilon = \frac{e_y}{b}$$

$$\max \bar{\sigma} = \mu \frac{V}{a \cdot b}$$

Die mit charakteristischen Werten ermittelten Beanspruchungen werden getrennt für ständige und für veränderliche Einwirkungen in eine Komponente normal (N_k) und eine Komponente tangential zur Sohlfläche (T_k) aufgeteilt. Die einzelnen Komponenten werden anschließend durch Multiplikation mit den dazugehörigen Teilsicherheitsbeiwerten (vgl. Tafel 14.21) in Bemessungswerte umgewandelt und zum Bemessungswert der Gesamtbeanspruchung additiv zusammengesetzt:

z. B. für die Normalkomponente:

$$V_d = N_{G,k} \cdot \gamma_G + N_{Q,k} \cdot \gamma_Q.$$

Der Bemessungswert R_d des Grundbruchwiderstandes ergibt sich durch Division des charakteristischen Grundbruchwiderstandes $R_{n,k}$ mit dem entsprechenden Teilsicherheitsbeiwert $\gamma_{R,v}$ (vgl. Tafel 14.22).

Bei der Ermittlung der resultierenden charakteristischen Beanspruchung in der Sohlfläche darf eine Bodenreaktion B_k an der Stirnseite des Fundamentes wie eine charakteristische Einwirkung angesetzt werden. Sie darf jedoch höchstens so groß sein wie die parallel zur Sohlfläche angreifende charakteristische Beanspruchung. Außerdem muss gelten: ($B_k \leq 0{,}5 \cdot E_{p,k}$ ($\delta_p = 0$)), d. h. die Bodenreaktion darf mit Rücksicht auf die zur Mobilisierung des vollen Erdwiderstandes erforderlichen hohen Verschiebungen höchstens mit 50 % des charakteristischen Erdwiderstandes, der mit einem Erddruckneigungswinkel $\delta_p = 0$ zu ermitteln ist, angesetzt werden.

Der charakteristische Grundbruchwiderstand $R_{n,k}$ ergibt sich nach DIN 4017 unter Berücksichtigung der Neigung und Exzentrizität für die geotechnische Bemessung von Einzel- und Streifenfundamenten im Zustand GEO-2 aus (s. auch Abb. 14.17 bis 14.19)

$$R_{n,k} = a' \cdot b' \cdot \sigma_{0f}$$

$$\sigma_{0f} = \underbrace{c \cdot N_c}_{\text{Einfluss Kohäsion}} + \underbrace{\gamma_1 \cdot d \cdot N_d}_{\text{Gründungstiefe}} + \underbrace{\gamma_2 \cdot b' \cdot N_b}_{\text{Gründungsbreite}}$$

Zur Ermittlung des charakteristischen Grundbruchwiderstandes $R_{n,k}$ ist bei konsolidierten Verhältnissen mit den effektiven Scherparametern φ' und c' zu rechnen. Bei bin-

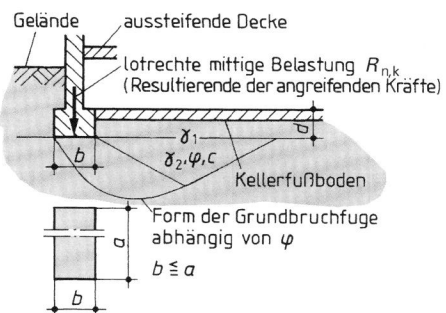

Abb. 14.17 Grundbruch unter einem lotrecht und mittig belasteten Gründungskörper bei einheitlicher Schichtung im Bereich des Gleitkörpers

digem Boden ist zu entscheiden, ob die Scherparameter des undränierten Bodens (φ_u, c_u) und/oder des dränierten Bodens (φ', c') zugrunde zu legen sind.

Außermittig belastete Streifen- und Einzelfundamente sind wie mittig belastete Fundamente mit einer reduzierten rechnerischen Breite b' bzw. rechnerischen Länge a' zu berechnen (bezüglich der Ermittlung von a' bzw. b' s. Abb. 14.19). Bei Streifenfundamenten wird mit Kraftgrößen pro laufendem Meter gerechnet bzw. $a \to \infty$ gesetzt.

Die Beiwerte N_c, N_d und N_b setzen sich als Produkt aus den Tragfähigkeitsbeiwerten, Formbeiwerten, Lastneigungsbeiwerten, Geländeneigungsbeiwerten und Sohlneigungsbeiwerten zusammen:

$$N_c = N_{c0} \cdot \nu_c \cdot i_c \cdot \lambda_c \cdot \xi_c$$

$$N_d = N_{d0} \cdot \nu_d \cdot i_d \cdot \lambda_d \cdot \xi_d$$

$$N_b = N_{b0} \cdot \nu_b \cdot i_b \cdot \lambda_b \cdot \xi_b$$

N_{c0}; N_{d0}; N_{b0} sind **Tragfähigkeitsbeiwerte** für den Einfluss der Kohäsion, der seitlichen Auflast und der Gründungsbreite. Sie hängen wie folgt vom Reibungswinkel φ' ab:

$$N_{d0} = \tan^2(45 + \varphi'/2) \cdot e^{\pi \cdot \tan \varphi'}$$

$$N_{b0} = (N_{d0} - 1) \cdot \tan \varphi'$$

$$N_{c0} = (N_{d0} - 1) / \tan \varphi'$$

Abb. 14.18 Abmessungen des Grundbruchkörpers bei mittiger und lotrechter Einwirkung und einheitlicher Schichtung

$$d_s = b \cdot \sin\alpha \cdot e^{\alpha \cdot \tan\varphi'}$$

$$l_s = b/2 + b \cdot \tan\alpha \cdot e^{1{,}571 \cdot \tan\varphi'}$$

dabei gilt: $\alpha = 45° + \varphi'/2$

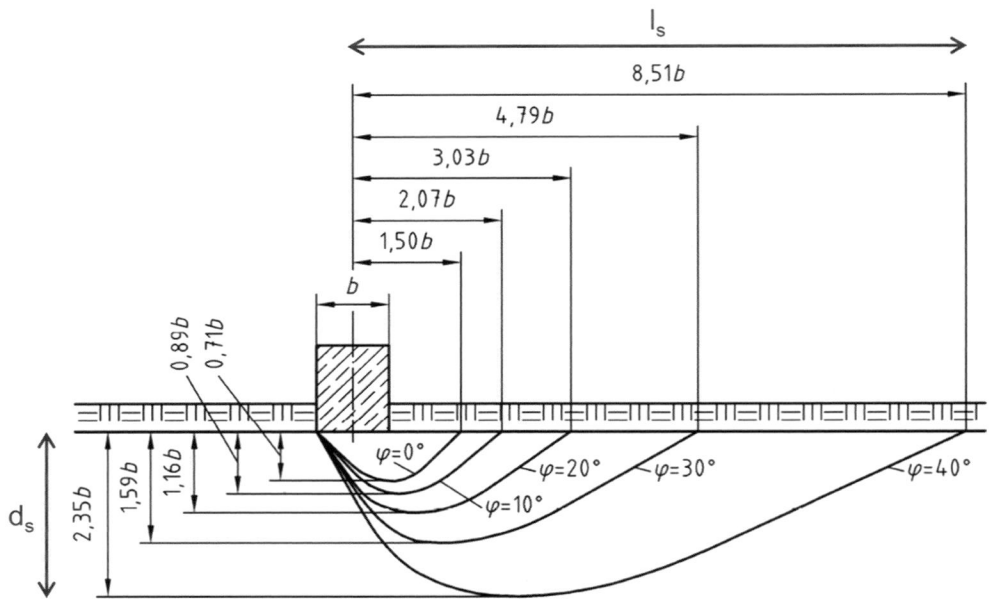

Abb. 14.19 Grundbruch unter einem schräg und außermittig belasteten Fundament

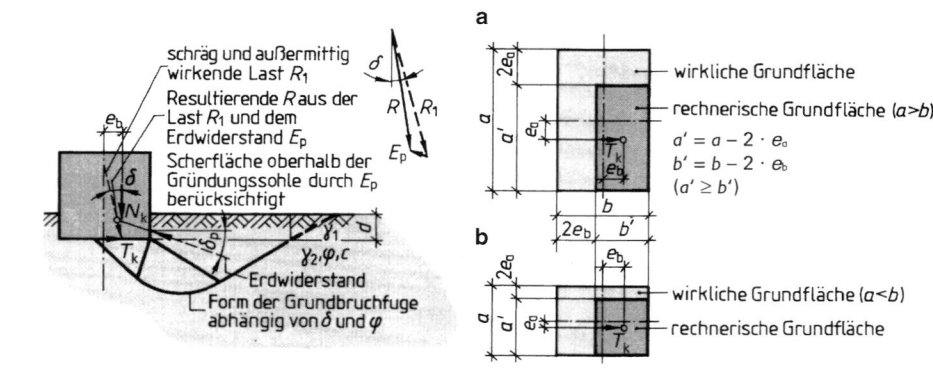

Tafel 14.26 Tragfähigkeitsbeiwerte N

φ	0°	5°	10°	15°	20°	22,5°	25°	27,5°	30°	32,5°	35°	37,5°	40°	42,5°
N_{c0}	5,0	6,5	8,5	11,0	15,0	17,5	20,5	25	30	37	46	58	75	99
N_{d0}	1,0	1,5	2,5	4,0	6,5	8,0	10,5	14	18	25	33	46	64	92
N_{b0}	0	0	0,5	1,0	2,0	3,0	4,5	7	10	15	23	34	53	83

Da der Rechenwert φ' ein charakteristischer Bodenkennwert ist, können die Tragfähigkeitsbeiwerte anstelle einer Berechnung auch aus Tafel 14.26 mit φ als Eingangswert entnommen werden.

Ferner sind:

ν_c; ν_d; ν_b Formbeiwert aus Tafel 14.27

i_c; i_d; i_b Lastneigungsbeiwerte aus Tafel 14.28 und für den Fall $\varphi_u = 0$, $c_u > 0$ aus Tafel 14.29

Hierin bedeuten

- $\tan\delta = \frac{T_k}{N_k}$ (Lastneigungswinkel, s. Abb. 14.19 bis 14.21) δ ist positiv, wenn die Tangentialkomponente T_K in Richtung auf die passive Rankine-Zone des Grundbruchkörpers weist (s. Abb. 14.19 links).

Tafel 14.27 Formbeiwerte[a]

	Streifen	Rechteck	Quadrat/Kreis
ν_c ($\varphi \neq 0$)	1,0	$\dfrac{\nu_d \cdot N_{d0} - 1}{N_{d0} - 1}$	$\dfrac{\nu_d \cdot N_{d0} - 1}{N_{d0} - 1}$
ν_c ($\varphi = 0$)	1,0	$1{,}0 + 0{,}2\dfrac{b}{a}$	1,2
ν_d	1,0	$1{,}0 + \dfrac{b}{a}\sin\varphi$	$1 + \sin\varphi$
ν_b	1,0	$1{,}0 - 0{,}3\dfrac{b}{a}$	0,7

[a] Bei außermittiger Belastung treten für die Ermittlung von ν_i an Stelle von a und b die reduzierten Seiten a' und b'

Tafel 14.28 Lastneigungsbeiwerte für den Fall $\varphi' > 0$; $c' \geq 0$ (Endzustand)

Lastneigungswinkel	i_b	i_d	i_c
$\delta > 0$	$(1 - \tan \delta)^{m+1}$	$(1 - \tan \delta)^m$	$\dfrac{i_d \cdot N_{d0} - 1}{N_{d0} - 1}$
$\delta < 0$	$\cos \delta \cdot (1 - 0{,}04 \cdot \delta)^{(0{,}64 + 0{,}028 \cdot \varphi)}$	$\cos \delta \cdot (1 - 0{,}0244 \cdot \delta)^{(0{,}03 + 0{,}04 \cdot \varphi)}$	

Tafel 14.29 Lastneigungsbeiwerte für den Fall $\varphi_u = 0$; $c_u > 0$ (Anfangszustand)

$i_c = 0{,}5 + 0{,}5 \sqrt{1 - \dfrac{T_k}{A' c_u}}$	$i_d = 1{,}0$	i_b entfällt

Diese Werte gelten für die Anfangsstandsicherheit bindiger Böden, insbesondere Tone, mit sogenannter Nullreibung für T_k parallel b' und a'.

- $m = m_a \cdot \cos^2 \omega + m_b \cdot \sin^2 \omega$
- mit ω – der im Grundriss gemessene Winkel von T_k gegenüber der Richtung von a bzw. a'

$$m_a = (2 + a'/b')/(1 + a'/b')$$
$$m_b = (2 + b'/a')/(1 + b'/a')$$

λ_c; λ_d; λ_b Geländeneigungsbeiwert aus Tafel 14.30
$\xi_c = \xi_d = \xi_b = e^{-0{,}045 \cdot \alpha \cdot \tan \varphi'}$ Sohlneigungsbeiwerte für $\varphi' > 0$, $c' \geq 0$ (α Neigungswinkel der Gründungssohle, s. Abb. 14.21).
Bei lotrechter Orientierung der resultierenden Last, bei waagerechter Geländeoberfläche und waagerechter Sohle werden:

$$i_c = i_d = i_b = 1 \quad \lambda_c = \lambda_d = \lambda_b = 1 \quad \xi_c = \xi_d = \xi_c = 1$$

Berücksichtigung einer Bermenbreite Der Tragfähigkeitsnachweis ist in diesem Falle mit einer Ersatzeinbindetiefe d' nach folgender Gleichung zu führen (s. Abb. 14.20):

$$d' = d + 0{,}8 \cdot s \cdot \tan \beta$$

Eine Vergleichsrechnung mit $\beta = 0$ und $d' = d$ ist erforderlich. Der kleinere Wert für den Grundbruchwiderstand ist maßgebend.

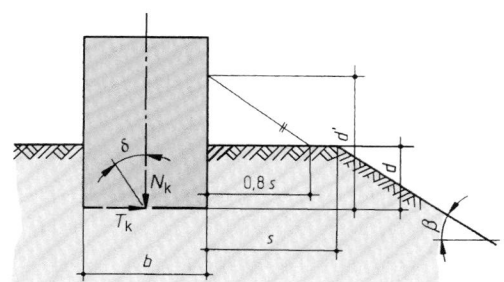

Abb. 14.20 Berücksichtigung einer Berme

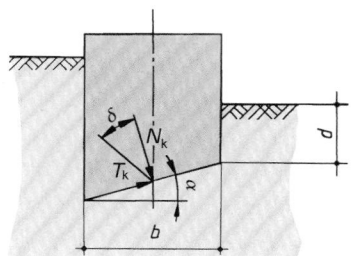

Abb. 14.21 Formelzeichen bei der Berücksichtigung einer geneigten Sohle

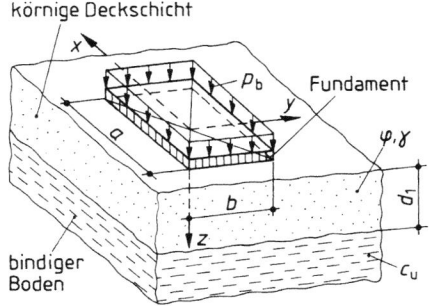

Abb. 14.22 Fundament auf geschichtetem Untergrund (Durchstanzen)

Durchstanzen Wenn der Baugrund aus gesättigtem bindigen Boden breiiger oder weicher Konsistenz und einer kohäsionslosen Deckschicht mit einem Reibungswinkel $\varphi > 25°$ besteht (Abb. 14.22), deren Dicke d_1 geringer ist als die zweifache Fundamentbreite b, dann muss der Bemessungswert des Grundbruchwiderstands nach der Durchstanzbedingung ermittelt werden. Dabei darf zur Ermittlung der Ersatzfundamentfläche auf der bindigen Schicht in der körnigen Deckschicht unter der Fundamentfläche ein Lastverteilungswinkel von 7° gegen die Lotrechte angesetzt werden. Mit dieser Ersatzfläche ist der Grundbruchnachweis unter Berücksichtigung des Gewichts der Deckschicht als Einwirkung und deren Dicke bei der Einbindetiefe mit den Bodenkenngrößen der unterlagernden Schicht zu führen.

14.7.4.3 Nachweis der Gleitsicherheit
Eine ausreichende Sicherheit gegen Gleiten wird eingehalten, wenn nach DIN EN 1997-1 für den Grenzzustand GEO-2 folgende Bedingung erfüllt ist:

$$H_d \leq R_d + R_{p;d}$$

(vgl. Abb. 14.23).

Tafel 14.30 Geländeneigungsbeiwerte

Fall	λ_b	λ_d	λ_c
$\varphi'_d > 0; c' \geq 0$	$(1 - 0{,}5 \tan \beta)^6$	$(1 - \tan \beta)^{1{,}9}$	$(N_{d0} \cdot e^{-0{,}0349 \beta \cdot \tan \varphi'} - 1)/(N_{d0} - 1)$
$\varphi'_d = 0; c_u > 0$	Entfällt	$1{,}0$	$1 - 0{,}4 \tan \beta$

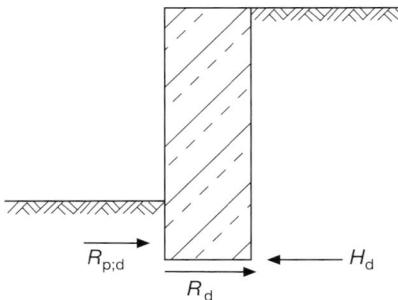

Abb. 14.23 Prinzip des Nachweises der Gleitsicherheit

H_d Bemessungswert der parallel zur Sohlfläche gerichteten Komponente der resultierenden Beanspruchung, berechnet aus der ungünstigsten Kombination ständiger und veränderlicher Einwirkungen

R_d Bemessungswert des in der Sohlfläche verfügbaren Gleitwiderstandes,

$R_{p;d}$ Bemessungswert der sohlflächenparallelen Komponente des Erdwiderstandes.

Die mit charakteristischen Werten ermittelten Beanspruchungen werden getrennt für ständige und für veränderliche Einwirkungen in eine Komponente normal (N_k) und eine Komponente tangential zur Sohlfläche (T_k) aufgeteilt. Die einzelnen Komponenten werden anschließend durch Multiplikation mit den dazugehörigen Teilsicherheitsbeiwerten in Bemessungswerte umgewandelt und zum Bemessungswert der Gesamtbeanspruchung additiv zusammengesetzt:

z. B. für die Tangentialkomponente:

$$H_d = T_{G,k} \cdot \gamma_G + T_{Q,k} \cdot \gamma_Q.$$

Der Bemessungswert R_d des Gleitwiderstandes errechnet sich durch Division des charakteristischen Gleitwiderstandes $R_{t,k}$ mit dem entsprechenden Teilsicherheitsbeiwert $\gamma_{R,h}$ (vgl. Tafel 14.22). Bei in Gleitrichtung ansteigender Sohlfläche und bei Fundamenten mit Sporn ist zusätzlich eine ausreichende Sicherheit gegen Gleiten in Bruchflächen nachzuweisen, die nicht in der Sohlfläche, sondern durch den Boden verlaufen.

Im Gegensatz zur erwünschten getrennten Behandlung von Einwirkungen und Widerständen ergibt sich beim Gleitwiderstand eine direkte Abhängigkeit des sohlflächenparallelen Widerstandes von der senkrecht zur Sohlfläche auftretenden Einwirkung.

Der charakteristische Gleitwiderstand $R_{t,k}$ in der Sohlfläche beträgt:

$A \cdot c_u$ bei unkonsolidierten Verhältnissen (Anfangszustand),

$N_k \cdot \tan \delta_{S,k}$ bei konsolidierten Verhältnissen (Endzustand),

$N_k \cdot \tan \varphi'_k + A \cdot c'_k$ bei konsolidierten Verhältnissen und einer Fundamentform, die eine Bruchfläche im Boden erzwingt (z. B. Fundamentsporn),

mit A – die für die Kraftübertragung maßgebende Sohlfläche, bei exzentrischer Resultierenden ggf. reduziert.

Der Sohlreibungswinkel $\delta_{S,k}$ darf in der Regel bei Ortbetonfundamenten mit dem Bodenreibungswinkel gleichgesetzt werden, bei Fertigteilen ist er auf $(2/3)\varphi'_k$ abzumindern.

Der Bemessungswert $R_{p;d}$ des Erdwiderstandes errechnet sich durch Division des charakteristischen Erdwiderstandes $E_{p,k}$ mit dem entsprechenden Teilsicherheitsbeiwert $\gamma_{R,e}$ (vgl. Tafel 14.22). Es empfiehlt sich, wegen der Verformungskompatibilität $E_{p,k}$ in der Regel nur mit 50 % anzusetzen.

14.7.4.4 Nachweis der Auftriebssicherheit

Das Aufschwimmen eines Gründungskörpers infolge Auftriebs oder das Abheben von Fundamenten infolge zu großer Zugkräfte ist ein Verlust der Lagesicherheit im Sinne des Grenzzustandes UPL. Beim Nachweis werden daher nur stabilisierende und destabilisierende Einwirkungen miteinander verglichen.

Erfolgt die Sicherung des Gründungskörpers durch Zugpfähle oder Verpressanker, so sind diese Elemente zusätzlich nach dem Grenzzustand GEO-2 zu bemessen.

Eine ausreichende Sicherheit gegen Aufschwimmen wird eingehalten, wenn nach DIN EN 1997-1 für den Grenzzustand UPL folgende Bedingung erfüllt ist:

$$V_{dst;d} \leq G_{stb;d} + R_d$$

z. B. $\quad A_k \cdot \gamma_{G,dst} \leq G_{k,stb} \cdot \gamma_{G,stb} + F_{s,k} \cdot \gamma_{G,stb}$

(vgl. Abb. 14.24 bei **nicht verankerter Konstruktion** ohne $F_{z,k}$).

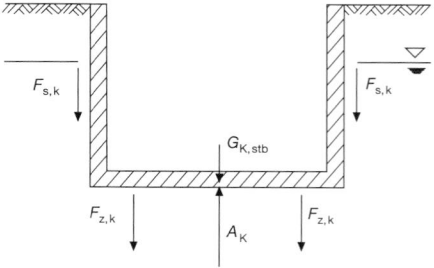

Abb. 14.24 Prinzip des Nachweises der Auftriebssicherheit

A_k Die an der Unterfläche des Gründungskörpers einwirkende charakteristische Auftriebskraft, sie entspricht der Gewichtskraft des verdrängten Grundwassers ($A = \gamma_w \cdot V$)

$G_{k,stb}$ Charakteristische günstige Einwirkung, i. d. R. Bauwerkseigengewicht,

$F_{s,k}$ Vertikalkomponente des aktiven Erddruckes (Anpassungsfaktor 0,80) unmittelbar an der Bauwerkswand oder einer anderen lotrechten Bodenfuge,

γ_i Teilsicherheitsbeiwerte für Einwirkungen im Zustand UPL (vgl. Abschn. 14.6.4).

Eine ausreichende Sicherheit gegen Aufschwimmen von **verankerten Konstruktionen** wird eingehalten, wenn nach DIN EN 1997-1 für den Grenzzustand UPL folgende Bedingung erfüllt ist:

$$A_k \cdot \gamma_{G,dst} \leq (G_{k,stb} + F_{s,k}) \cdot \gamma_{G,stb} + n \cdot F_{z,k} \cdot \gamma_{G,stb}$$

Zusätzlich zu den bereits erläuterten Größen bedeuten dabei:

$F_{z,k}$ Charakteristische Einwirkung auf ein Zugelement,

n Anzahl gleicher Zugelemente, (ggf. unter Berücksichtigung einer Gruppenwirkung).

Der vorstehende Nachweis gilt im Wesentlichen für die Ermittlung und den Nachweis der Zugelemente (Versagen gegen Herausziehen). Für das Gesamtsystem ist zusätzlich nachzuweisen, dass auch die Gewichtskraft des an der Zugpfahlgruppe angehängten Bodens eine ausreichende Sicherheit gegen Aufschwimmen garantiert.

14.7.5 Nachweis der Gebrauchstauglichkeit

Die Nachweise, dass für das aufgehende Bauwerk verträgliche Verschiebungen, Setzungen und Verdrehungen auftreten, sind dem Grenzzustand SLS zuzuordnen. Diese Nachweise werden unter Ansatz der charakteristischen Kenngrößen, d. h. ohne erhöhte Partialsicherheitsbeiwerte (oder für alle Fälle: $\gamma_i = 1{,}0$) geführt.

14.7.5.1 Zulässige Lage der Sohldruckresultierenden

Bei außermittiger Belastung darf neben der Erfüllung des Nachweises der Lagesicherheit (EQU) die Exzentrizität der resultierenden Sohlbeanspruchung höchstens so groß werden, dass infolge der nur aus **ständigen** charakteristischen Einwirkungen ermittelten Beanspruchungen in der Gründungssohle des Fundamentes keine klaffende Fuge auftritt. Das bedeutet, dass diese Resultierende innerhalb der 1. Kernweite (vgl. Abb. 14.15) angreifen muss. Für Rechteckfundamente gilt beispielsweise: $e_x \leq a/6$ bzw. $e_y \leq b/6$, für Kreisfundamente $e \leq 0{,}25r$.

Darüber hinaus ist nachzuweisen, dass die zulässige Exzentrizität infolge der Gesamtbeanspruchungen der Gründungssohle (**alle ständigen und veränderlichen** Lasten) zu

einer klaffenden Fuge führen darf, die höchstens bis zum Schwerpunkt der Fundamentgrundfläche reicht. Das bedeutet, dass diese Resultierende innerhalb der 2. Kernweite liegen muss (vgl. Abb. 14.15), die für Rechteckfundamente einer Ellipsengrundfläche entspricht. Für Kreisfundamente gilt $e \leq 0{,}59r$.

14.7.5.2 Verschiebungen in der Sohlfläche

Der Nachweis gegen unzuträgliche Verschiebungen in der Sohlfläche gilt als erbracht, wenn der Nachweis der Gleitsicherheit (vgl. Abschn. 14.7.4.3) auch ohne Ansatz des Erdwiderstandes gelingt **oder** bei nachgewiesenermaßen tragfähigen Böden maximal 30 % des charakteristischen Erdwiderstandes für das Gleichgewicht der charakteristischen Kräfte parallel zur Sohlfläche ausreicht.

Anderenfalls sind gesonderte Berechnungen zu diesen Verschiebungen vorzunehmen.

14.7.5.3 Setzungen

Die rechnerischen Setzungen können nach DIN 4019 ermittelt werden.

Berechnet wird in der Regel die **Gesamtsetzung**. Sie ist die Summe folgender Setzungsanteile, die in der Berechnung mit erfasst werden (vgl. Abb. 14.25):

Sofortsetzung ist der zeitunabhängige Setzungsanteil s_{01} durch Anfangsschubverformung (volumengetreue Gestaltänderung) bei wassergesättigten bindigen Böden und/oder Sofortverdichtung s_{02} (Volumenverringerung) bei nicht wassergesättigten Böden.

Konsolidationssetzung s_1 („Primärsetzung") ist der zeitabhängige Setzungsanteil, der sich aus dem zeitlich verzögerten Abbau von Porenwasserdrücken und dem „Auspressen" von Porenwasser bei bindigen Böden ergibt. Der Konsolidationsvorgang und damit der zeitliche Verlauf der Primärsetzungen wird in der Regel mit der eindimensionalen Konsolidierungstheorie nach Terzaghi beschrieben.

Kriechsetzungen s_2 („Sekundärsetzung") sind auf die viskosen Eigenschaften des Korngerüstes bindiger Böden (Um- und Neuordnung von Tonteilchen, d. h. die mit adsorbiertem Wasser umgebenden Bodenteilchen gleiten langsam aufeinander nach rheologischen Gesetzen) zurückzuführen und können bei konstanter Belastung – auch nach Abschluss der Konsolidation – zeitlich stark verzögert eintreten; sie sind insbesondere bei hochbelasteten Gründungen oder weichen wassergesättigten Böden von bautechnischer Bedeutung. Ihr Anteil an der Gesamtsetzung ist bei der Ermittlung der Setzungen unter Ansatz eines Steifemoduls in der Regel nicht enthalten, so dass die Kriechsetzungen gesondert zu ermitteln sind, ersatzweise kann ihr Einfluss im Zuge der Berechnung der Konsolidationssetzungen bei der Festlegung des Steifemoduls berücksichtigt werden (s. EVB). Die Primär- und Sekundärsetzungen können in ihrer zeitli-

Abb. 14.25 Setzungsanteile (Setzungen infolge einer plötzlich auf nicht vorbelastetem Boden aufgebrachten Last) nach EVB. **a** nicht-logarithmische Darstellung, **b** halb-logarithmische Darstellung

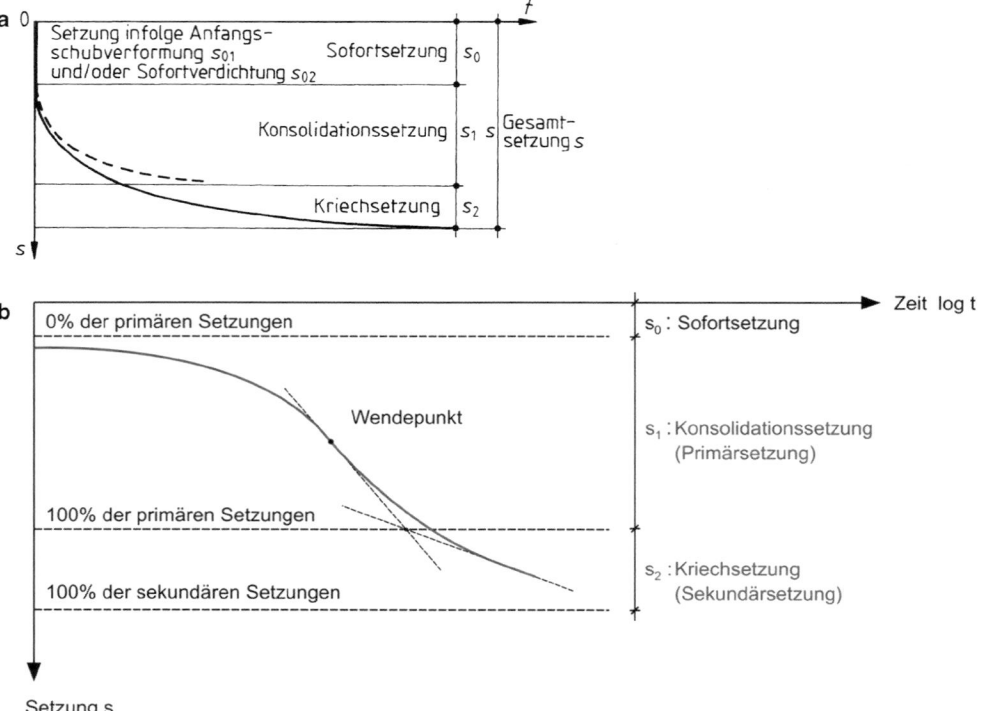

chen Entwicklung näherungsweise mit der in Abb. 14.25b dargestellten Konstruktion (Schnittpunkt von Wendetangente und Endtangente) getrennt betrachtet werden, tatsächlich können Kriechvorgänge auch schon während der Konsolidierung einsetzen.

Hinweis: Bei sehr weichen organischen oder teilweise organischen Böden können Kriechsetzungen nach Ablauf der Konsolidationssetzungen über Jahre und Jahrzehnte auftreten. Der zeitliche Verlauf der Kriechsetzungen und der Endwert der Kriechsetzungen kann auf der Basis von Oedometerversuchen mit entsprechend langen Beobachtungszeiten unter Ansatzes eines Kriechbeiwertes C_α prognostiziert werden.

Berechnungsmodell des Baugrundes ist ein auf der Grundlage von Aufschlüssen und Untersuchungen nach DIN 4020 abgeleitetes Baugrundmodell, unterteilt in Schichten, für die beim Rechenverfahren mit Setzungsformeln die Kenngröße für die Zusammendrückbarkeit ggf. durch Mittelbildung oder beim Rechenverfahren mit dem Druckstauchungsdiagramm eine kennzeichnende Drucksetzungslinie festgelegt wird.

Die Setzungen werden in der Regel für den kennzeichnenden Punkt K ermittelt, in dem sich für starre und schlaffe Fundamente die gleiche rechnerische Setzung ergibt (s. Abb. 14.26b).

Als **Grenztiefe** t_s (Setzungseinflusstiefe) wird die Tiefe bezeichnet, bis zu der die Setzungen zu ermitteln sind. Von den folgenden Kriterien ist die jeweils geringste Grenztiefe z_e anzusetzen.

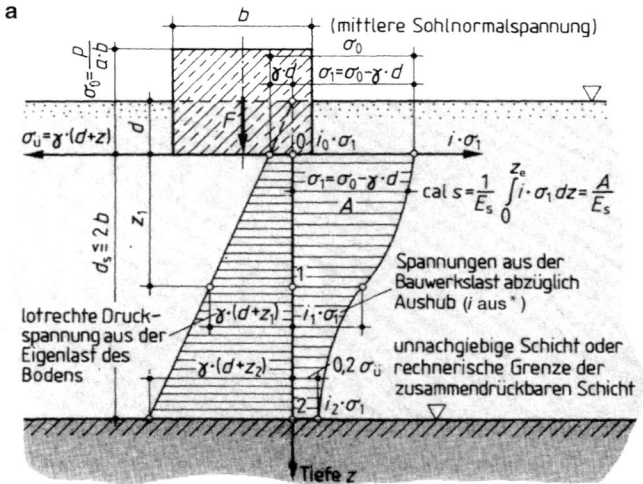

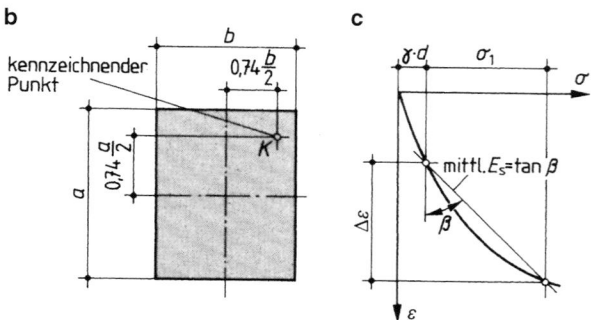

Abb. 14.26 Schema einer allgemeinen Setzungsberechnung für eine einheitliche Schicht. **a** Druckverteilung im Baugrund aus Eigenlast des Bodens und Bauwerkslast, **b** Lage des kennzeichnenden Punktes, **c** Spannungsdehnungslinie mit Bestimmung des mittleren Steifemoduls E_s

a) bei Unterlagerung einer „zusammendrückbaren" Schicht durch eine Schicht deutlich höherer Steifigkeit kann der Schichtwechsel als natürliche Grenztiefe angenommen werden;

b) die Tiefe, in der die im kennzeichnenden Punkt ermittelten, effektiven vertikalen Zusatzspannungen aus der mittleren setzungswirksamen Belastung 20 % der effektiven vertikalen Ausgangsspannung im Boden betragen (künstliche Grenztiefe für $i \cdot \sigma_1 / \sigma_{\ddot{u}} = 0{,}2$) (s. Abb. 14.26a).

c) Näherungsweise darf als Grenztiefe die zweifache Fundamentbreite b bei sich nicht beeinflussenden Einzelfundamenten angenommen werden.

Ansatz der Einwirkungen: Da im bindigen Baugrund kurzfristig wirkende Einwirkungen keine Konsolidierung hervorrufen, werden bei der Setzungsermittlung in der Regel nur die ständigen und ein regelmäßig wirkender Anteil (häufig 30 %) der veränderlichen Verkehrseinwirkungen angesetzt. Ferner sind mögliche zusätzliche Spannungsän-

derungen aus benachbarten Fundamenten, Bauwerken oder Schüttungen bei der Setzungsberechnung mit zu berücksichtigen.

Der Einfluss zyklischer und dynamischer Einwirkungen auf die langfristigen Setzungen und damit auf die dauerhafte Gebrauchstauglichkeit ist insbesondere in den Fällen gesondert zu untersuchen, in denen der Anteil der veränderlichen Einwirkungen erheblich ist (Flachgründungen von Maschinenfundamenten, Schornsteinen, Türmen, Windenergieanlagen etc.). In Abhängigkeit vom Lastregime (Verhältnis ständige/veränderliche Einwirkungen, Amplitude, Lastspielzahl) kann es bei zyklisch belasteten Fundamenten zu einer Zunahme der Setzungen kommen.

14.7.5.3.1 Berechnung der Gesamtsetzung mit Setzungsformeln („direkte Setzungsermittlung")

Lotrechte mittige Lasten:

$$s_m = \sigma_z \cdot b \cdot f / E_m$$

s_m Setzungsanteil aus mittiger Last

σ_z mittlere Erstbelastung des Baugrundes unter dem Gründungskörper (Setzungserzeugende Spannung: $\sigma_z = \sigma_0 - \gamma \cdot t$, d. h. abzüglich Aushub)

b kleinere Fundamentseite (Breite) des Gründungskörpers

f Setzungsbeiwert, für den kennzeichnenden Punkt K einer Rechtecklast f_K aus Tafel 14.31 bzw. für den Eckpunkt einer schlaffen Rechtecklast f aus Tafel 14.32

E_m mittlerer Zusammendrückungsmodul, für die ganze zusammendrückbare Schicht idealisiert als konstant angenommen.

Tafel 14.31 Setzungsbeiwert f_K für den kennzeichnenden Punkt K einer Rechtecklast nach Kany [9][a]

z/b	$a/b = 1{,}0$	$a/b = 1{,}5$	$a/b = 2{,}0$	$a/b = 3{,}0$	$a/b = 5{,}0$
0,2	0,1764	0,1816	0,1842	0,1865	0,1870
0,4	0,2891	0,3072	0,3203	0,3288	0,3340
0,6	0,3711	0,3997	0,4213	0,4401	0,4545
0,8	0,4361	0,4737	0,5023	0,5307	0,5563
1,0	0,4881	0,5347	0,5693	0,6066	0,6430
1,5	0,5796	0,6472	0,6963	0,7505	0,8073
2,0	0,6381	0,7242	0,7848	0,8530	0,9280
3,0	0,7031	0,8192	0,8948	0,9860	1,0890

[a] Weitere Tafeln und Tabellen sowie Literaturhinweise auf solche siehe EVB

Tafel 14.32 Einflusswerte f für die Setzungen des Eckpunkts einer schlaffen Rechtecklast (nach Kany)

z/b	$a/b = 1{,}0$	$a/b = 1{,}5$	$a/b = 2{,}0$	$a/b = 3{,}0$	$a/b = 5{,}0$	$a/b = 10{,}0$	$a/b = \infty$
0,000	0,0000	0,0000	0,0000	0,0000	0,0000	0,0000	0,0000
0,125	0,0313	0,0313	0,0313	0,0313	0,0313	0,0313	0,0313
0,375	0,0931	0,0933	0,0933	0,0934	0,0934	0,0934	0,0934
0,625	0,1512	0,1528	0,1531	0,1533	0,1533	0,1534	0,1534
0,875	0,2027	0,2073	0,2085	0,2096	0,2093	0,2094	0,2094
1,250	0,2684	0,2799	0,2835	0,2859	0,2858	0,2861	0,2861
1,750	0,3289	0,3525	0,3615	0,3678	0,3691	0,3696	0,3696
2,500	0,3919	0,4328	0,4517	0,4665	0,4713	0,4726	0,4726
3,500	0,4366	0,4940	0,5249	0,5525	0,5672	0,5713	0,5716
5,000	0,4771	0,5514	0,5961	0,6431	0,6740	0,6850	0,6862
7,000	0,5025	0,5884	0,6437	0,7077	0,7602	0,7862	0,7904
9,000	0,5171	0,6098	0,6717	0,7467	0,8168	0,8596	0,8692
11,000	0,5267	0,6238	0,6901	0,7725	0,8564	0,9154	0,9324
13,500	0,5350	0,6361	0,7064	0,7960	0,8926	0,9702	0,9984
16,500	0,5413	0,6454	0,7190	0,8143	0,9217	1,0176	1,0617
19,000	0,5450	0,6509	0,7263	0,8251	0,9390	1,0471	1,1060
20,000	0,5462	0,6537	0,7286	0,8286	0,9447	1,0570	1,1219

Tafel 14.33 Näherungsweise Beziehungen zwischen E, E_s und E_v nach EVB (Poisson-Zahl $0 \leq \nu \leq 0{,}5$) bei der Idealisierung des Bodens als linear-elastisches Material

		1 Elastizitätsmodul E	2 Steifemodul E_s	3 Verformungsmodul E_v
1	E	1	$E = \dfrac{1-\nu-2\nu^2}{1-\nu} \cdot E_s$	$E = (1-\nu^2) \cdot E_v$
2	E_s	$E_s = \dfrac{1-\nu}{1-\nu-2\nu^2} \cdot E$	1	$E_s = \dfrac{(1-\nu)(1-\nu^2)}{1-\nu-2\nu^2} \cdot E_v$
3	E_v	$E_v = \dfrac{1}{1-\nu^2} \cdot E$	$E_v = \dfrac{1-\nu-2\nu^2}{(1-\nu)(1-\nu^2)} \cdot E_s$	1

Für **starre Kreisplatten** auf unendlich ausgedehntem homogen elastisch-isotropen Halbraum mit konstanten Steifemoduln gilt:

$$s = 1{,}5 \cdot \sigma_z \cdot r / E_m$$

r Radius der Kreisplatte

Kenngrößen für die Zusammendrückbarkeit sind der

a) Zusammendrückungsmodul E_m, zurückgerechnet aus Setzungsbeobachtungen nach DIN 4107 vergleichbarer Gründungen auf vergleichbarem Baugrund,

b) Steifemodul E_s aus eindimensionalen Kompressionsversuchen an bindigen Böden nach DIN EN ISO 17892-5, Ermittlung unter Berücksichtigung des Ausgangsspannungszustandes und der Spannungsänderung als Tangentenmodul (siehe Abb. 14.26c) oder als Sekantenmodul an die Spannungsdehnungskurve.

c) Elastizitätsmodul E aus Triaxialversuchen an bindigen Böden nach DIN EN ISO 17982-8 und DIN EN ISO 17982-9,

d) Verformungsmodul E_V aus Plattendruckversuchen nach DIN 18134, wenn zuverlässige Vergleiche mit anderen Versuchen gezogen werden können,

e) ferner, insbesondere bei nicht bindigen Böden, aus Sondierungen (DIN EN ISO 22476) sowie Erfahrungswerten aus Tabellen, wenn keine Setzungsmessergebnisse, Sondierergebnisse und Bodenproben vorliegen (EVB).

Nur bei Vernachlässigung des Querdehnungsverhaltens durch den Ansatz $\nu = 0$ würde $E = E_s = E_v$ gelten. Tatsächlich sind die Kennwerte jedoch unter Ansatz von $\nu \neq 0$ umzurechnen (siehe Tafel 14.33).

Bei geschichtetem Baugrund kann die Setzung aus folgender Gleichung ermittelt werden:

$$s = \sigma_z \cdot b \left(\frac{f_1}{E_{m1}} + \frac{f_2 - f_1}{E_{m2}} + \frac{f_3 - f_2}{E_{m3}} + \cdots + \frac{f_n - f_{n-1}}{E_{mn}} \right)$$

mit

f_n Setzungsbeiwert für die Unterkante der betrachteten Bodenschicht,

f_{n-1} Setzungsbeiwert für die Oberkante der betrachteten Bodenschicht.

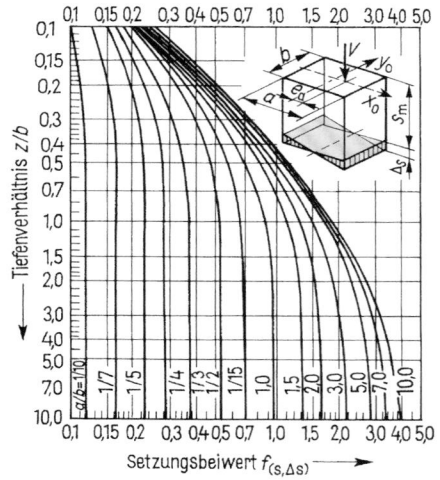

Abb. 14.27 Beiwerte $f(s, \Delta s)$ zur Berechnung der Verkantung $\pm \Delta s$ bei in x-Richtung ausmittiger Belastung des Fundamentes

Lotrechte ausmittige Lasten Ermittlung der Schiefstellung eines rechteckigen Gründungskörpers:

$$s = s_m \pm \Delta s_x \pm \Delta s_y$$

s Gesamtsetzung der Eck- oder Randpunkte

s_m Setzungsanteil aus mittiger Last (s. o.)

Δs Setzungsanteil der Eck- oder Randpunkte aus $V \cdot e_a = M_y$ oder $V \cdot e_b = M_x$

$\Delta s_x = \frac{2 \cdot V \cdot e_a}{a^2 \cdot E_m} f_s(s, \Delta s)$ für ein Moment um die y-Achse (Abb. 14.27)

$\Delta s_y = \frac{2 \cdot V \cdot e_b}{b^2 \cdot E_m} f_s(s, \Delta s)$ für ein Moment um die x-Achse (Abb. 14.28)

Sonderfälle Ermittlung der Schiefstellung von Gründungsstreifen oder kreisförmigen Gründungskörpern mit geschlossenen Formeln:

$\tan \alpha = \frac{12 \cdot M}{\pi \cdot b^2 E_m}$ für Gründungsstreifen ($e \leq b/4$)

$\tan \alpha = \frac{9M}{16 \cdot r^3 \cdot E_m}$ für Kreisplatten und flächengleiche Quadrate ($e \leq \frac{r}{3}$)

Hinsichtlich der zulässigen Schiefstellung kann die Übersicht in Abb. 14.29 verwendet werden. Übliche Toleranzen liegen bei 1 : 500 bis 1 : 300.

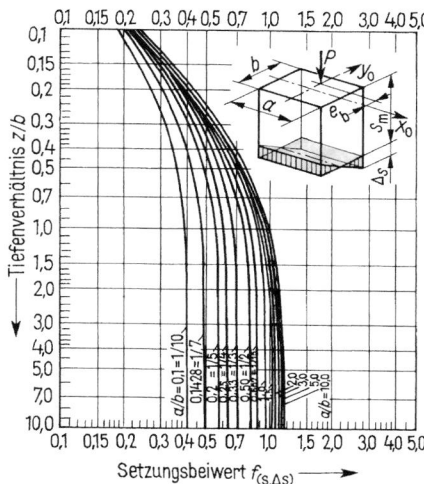

Abb. 14.28 Beiwerte $f(s, \Delta s)$ zur Berechnung der Verkantung $\pm\Delta s$ bei in y-Richtung ausmittiger Belastung des Fundamentes

14.7.5.3.2 Berechnung der Gesamtsetzung mithilfe der lotrechten vertikalen Spannungen („indirekte Setzungsermittlung")

Bei diesem Verfahren ist der maßgebende Steifemodul als vom Ausgangsspannungszustand und der Spannungsänderung abhängige Größe aus dem Kompressionsversuch zu ermitteln bzw. nach örtlicher Erfahrung oder aus Setzungsmessungen festzulegen.

Bei geschichtetem Baugrund, aber auch zu Berücksichtigung des vom Ausgangsspannungszustandes abhängigen und daher oft mit der Tiefe zunehmenden Steifemoduls sind die berücksichtigten Bodenschichten soweit in Teilschichten zu unterteilen.

Die für die Setzung einer Teilschicht maßgebende Spannungsänderung (Erstbelastung) ist die Differenz zwischen dem Ausgangsspannungszustand (Eigenlast des Bodens) und

Tafel 14.34 Tabellenberechnung bei Verwendung von Drucksetzungslinien

Berechnung der Druckverteilung im Baugrund nach Abb. 14.26a

Ordinate	z	$\sigma_{\ddot{u}} = \gamma(d + z)$	z/b	i	$\sigma_1 = i \cdot \sigma_0'$	$\sigma_{\ddot{u}} + \sigma_1$
[m]	[m]	[kN/m²]	[–]	[–]	[kN/m²]	[kN/m²]

i Einflusswerte für lotrechte Spannungen unter dem charakteristischen Punkt aus Tafel 14.35 oder 14.36.

Tafel 14.35 Einflusswerte i für die lotrechten Spannungen unter dem kennzeichnenden Punkt einer Rechtecklast nach Kany [9]

z/b	a/b						
	1,0	1,5	2,0	3,0	5,0	10,0	∞
0,05	0,9811	0,9819	0,9884	0,9894	0,9895	0,9897	0,9896
0,10	0,8984	0,9280	0,9372	0,9425	0,9443	0,9447	0,9447
0,15	0,7898	0,8351	0,8623	0,8755	0,8824	0,8830	0,8839
0,20	0,6947	0,7570	0,7883	0,8127	0,8335	0,8262	0,8264
0,30	0,5566	0,6213	0,6628	0,7053	0,7301	0,7376	0,7387
0,50	0,4088	0,4622	0,5032	0,5550	0,6032	0,6264	0,6299
0,70	0,3249	0,3706	0,4041	0,4527	0,5066	0,5473	0,5552
1,00	0,2342	0,2786	0,3078	0,3488	0,4008	0,4504	0,4674
1,50	0,1438	0,1830	0,2098	0,2387	0,2779	0,3303	0,3604
2,00	0,0939	0,1279	0,1475	0,1749	0,2057	0,2479	0,2883
3,00	0,0473	0,0672	0,0823	0,1043	0,1280	0,1575	0,2025

dem Spannungszustand nach Vollendung der Baumaßnahmen (s. Abb. 14.26a). Die Spannungsausbreitung unter dem Bauwerk kann dabei nach den Tafeln 14.34 bis 14.36 ermittelt werden.

Die Teilsetzung jeder Schicht ist gleich der zugehörigen Spannungsfläche ΔA (Integral der Spannungsänderung über die Tiefe) geteilt durch den mittleren Steifemodul E_s dieser Schicht. Die Summe der Teilsetzungen ergibt dann die gesamte rechnerische Setzung bzw. Konsolidationssetzung.

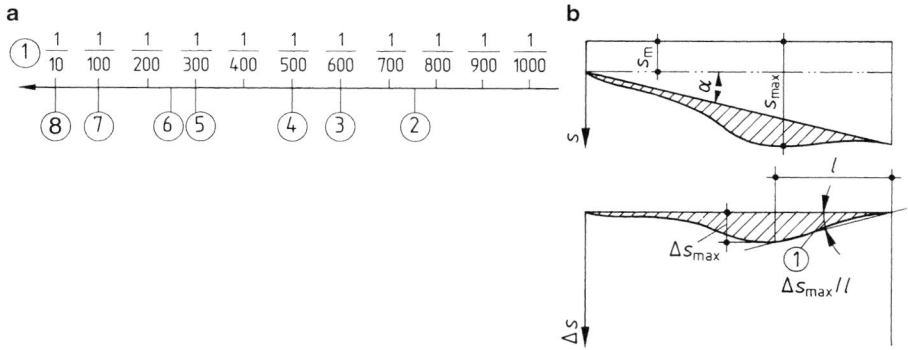

Abb. 14.29 Schadenskriterien für Winkelverdrehungen infolge lotrechter Verschiebungen bei Muldenlagerung nach DIN 4019 V-100. **a** Anhaltswerte, **b** Beispiel für eine Winkelverdrehung: ① Winkelverdrehung, ② Grenze für setzungsempfindliche Maschinen, ③ Schadensgrenze für Rahmen mit Ausfachung, ④ Sicherheitsgrenze für Vermeidung jeglicher Risse, ⑤ Grenze für erste Risse in tragenden Wänden, Schwierigkeiten bei ausladenden Kränen, ⑥ Augenscheinliche Schiefstellung hoher starrer Bauwerke, ⑦ Erhebliche Risse in tragenden Wänden; Sicherheitsgrenze für Ziegelwände $h/l < 1/4$, Schadensgrenze für Hochbauten allgemein, ⑧ Schiefer Turm von Pisa

Tafel 14.36 Einflusswerte i für die lotrechten Baugrundspannungen unter dem Eckpunkt einer schlaffen Rechtecklast (nach Steinbrenner)

z/b	a/b						
	1,0	1,5	2,0	3,0	5,0	10,0	∞
0,25	0,2473	0,2482	0,2483	0,2484	0,2485	0,2485	0,2485
0,50	0,2325	0,2378	0,2391	0,2397	0,2398	0,2399	0,2399
0,75	0,2060	0,2182	0,2217	0,2234	0,2239	0,2240	0,2240
1,00	0,1752	0,1936	0,1999	0,2034	0,2044	0,2046	0,2046
1,50	0,1210	0,1451	0,1561	0,1638	0,1665	0,1670	0,1670
2,00	0,0840	0,1071	0,1202	0,1316	0,1363	0,1374	0,1374
3,00	0,0447	0,0612	0,0732	0,0860	0,0959	0,0987	0,0990
4,00	0,0270	0,0383	0,0475	0,0604	0,0712	0,0758	0,0764
6,00	0,0127	0,0185	0,0238	0,0323	0,0431	0,0506	0,0521
8,00	0,0073	0,0107	0,0140	0,0195	0,0283	0,0367	0,0394
10,00	0,0048	0,0070	0,0092	0,0129	0,0198	0,0279	0,0316
12,00	0,0033	0,0049	0,0065	0,0094	0,0145	0,0219	0,0264
15,00	0,0021	0,0031	0,0042	0,0061	0,0097	0,0158	0,0211
18,00	0,0015	0,0022	0,0029	0,0043	0,0069	0,0118	0,0177

Zeitlicher Verlauf der Setzungen Ist t_1 die Setzungszeit eines Versuchskörpers von der Höhe h_1, so ergibt sich die Setzungszeit t_2 einer natürlichen Schicht von der Höhe h_2 unter einem Bauwerk zu $t_2 = t_1(h_2/h_1)^2$, sofern die Entwässerungsbedingungen im Versuch und in situ gleich sind. Die Größen h_1 und h_2 entsprechen hierbei jeweils dem maximal erforderlichen Sickerweg eines Wasserteilchens, d. h. bei beidseitiger Entwässerungsmöglichkeit der halben Schichtdicke, bei einseitiger Entwässerung der gesamten Schichtdicke.

Besonderheiten bei Pfählen (siehe Abschn. 14.8) Die Setzungen eines Einzelpfahls werden i. d. R. mit Hilfe von Widerstands-Setzungslinien auf der Basis von statischen Probebelastungen oder von Erfahrungswerten bestimmt.

14.7.5.4 Verdrehungen
Der Nachweis gegen unzuträgliche Verdrehungen gilt i. d. R. als erbracht, wenn die Zulässigkeit der Lage der Resultierenden nach Abschn. 14.7.5.1 nachgewiesen ist. In besonderen Fällen sind besondere rechnerische Untersuchungen (siehe z. B. Abb. 14.27 und 14.28) vorzunehmen.

14.8 Pfahlgründungen

14.8.1 Abgrenzung, Schutzanforderungen und Untersuchungen

Bei Pfahlgründungen werden axiale bzw. laterale Einwirkungen über auf Normalkraft und/oder auf Querkraft und Biegung beanspruchte stab- oder schaftförmige Bauteile (Ver-

hältnis Länge/Durchmesser i. d. R. ≥ 5) in tiefere Schichten des Baugrundes übertragen.

Der entsprechende Abschnitt 7 der DIN EN 1997-1 gilt für Bohrpfähle, Verdrängungspfähle und Mikropfähle (Bohrpfähle bzw. Verdrängungspfähle mit einem maximalen Durchmesser von 300 mm bzw. 150 mm). Die Vorgaben dieses Abschnitts gelten nicht unmittelbar für pfahlähnliche Gründungselemente, wie z. B. Betonrüttelsäulen, Schlitzwandelemente oder im Düsenstrahlverfahren hergestellte Elemente.

Während die **Bemessung** von Pfählen in DIN EN 1997-1 geregelt ist, sind für die **Herstellung** sowie die **Qualitätssicherung** folgende europäischen Ausführungsnormen für den Spezialtiefbau maßgebend:
DIN EN 1536   Bohrpfähle,
DIN EN 12699 Verdrängungspfähle,
DIN EN 12794 Vorgefertigte Gründungspfähle aus Beton,
DIN EN 14199 Mikropfähle.

Ergänzende Festlegungen finden sich jeweils in den Normen DIN SPEC 18140 (Bohrpfähle), DIN SPEC 18538 (Verdrängungspfähle) und DIN SPEC 18539 (Mikropfähle).

Umfassende ergänzende Regelungen und Empfehlungen für die Berechnung, Bemessung, Ausführung und Qualitätssicherung von Pfählen enthalten die „Empfehlungen des Arbeitskreises Pfähle", kurz „EA-Pfähle" (2012). Bei der Wahl des Pfahltyps und damit des Herstellungsverfahrens sind u. a. die Verformungs- und Erschütterungsempfindlichkeit benachbarter baulicher Anlagen zu beachten. Es ist grundsätzlich ein Beweissicherungsverfahren zu empfehlen.

Neben den üblichen Anforderungen an die bei einer Pfahlgründung notwendigen Erkundungen sind folgende Untersuchungen erforderlich:
- Untersuchung des Grundwassers und des Bodens auf betonangreifende (DIN 4030) und/oder stahlkorrosionsfördernde Stoffe (DIN 50929-3) sowie des Bodens auf Ramm- und Bohrhindernisse,
- für mit Suspensionsstützung hergestellte Bohrpfähle die Untersuchung des Grundwassers und des Bodens auf Eigenschaften, welche die Stabilität einer stützenden Flüssigkeit beeinträchtigen können,
- für Verdrängungspfähle die Untersuchung, ob durch den Ramm- oder Vibrationsvorgang die Scherfestigkeit des Bodens beeinträchtigt wird (Porenwasserüberdruckentwicklung mit temporärer Herabsetzung der Scherfestigkeit bzw. bleibender Festigkeitsverlust in sensitiven bindigen Böden), insbesondere bei der Beurteilung der Auswirkung der Maßnahme auf benachbarte bauliche Anlagen; des weiteren, ob bei den gegebenen Baugrundverhältnissen die Pfähle überhaupt auf planmäßige Tiefe gebracht werden können,
- für Ortbetonpfähle die Untersuchung, ob die anstehenden Böden den Druck des Frischbetons aufnehmen können.

14.8.2 Bemessungsgrundlagen

Pfahlgründungen sind ausnahmslos den Geotechnischen Kategorien GK2 oder GK3 zuzuordnen (s. Abschn. 14.2).

In den meisten Fällen wird die Kategorie GK2 (Gründungen unter Berücksichtigung des Setzungsverhaltens, Pfahlwiderstände aus Erfahrungswerten, Pfähle mit aktiver Beanspruchung quer zur Pfahlachse, negative Mantelreibung o. Ä.) maßgebend sein, in etlichen Fällen die Kategorie GK3 (geneigte Zugpfähle mit einer Neigung flacher als 45°, Zugpfahlgruppen, Pfähle mit passiver Beanspruchung quer zur Pfahlachse, erhebliche zyklische, dynamische oder stoßartige Einwirkungen, hochausgelastete Gründungen mittels mantel- und fußverpresster Pfähle, KPP o. Ä.).

Für die Belastungsart eines Pfahls werden die Indizes c (Druck) und t (Zug) verwendet.

Für die jeweilige Bemessung ist die Größe und Neigung der resultierenden Beanspruchung der Pfähle mit charakteristischen Werten zu ermitteln. Im Allgemeinen werden die Pfähle durch ständige und veränderliche Beanspruchungen belastet. Alle Beanspruchungen sind insbesondere nach ihrer Dauer einer dieser beiden Gruppen zuzuordnen, da für ständige und veränderliche Beanspruchungen unterschiedliche Teilsicherheitsbeiwerte gelten.

Die ausreichende Tragfähigkeit (Widerstand) eines Einzelpfahles ist für den Grenzzustand GEO-2 nachzuweisen (Tragfähigkeitsverlust des Bodens in der Pfahlumgebung).

Zusätzlich ist der Sicherheitsnachweis gegen Materialversagen nach den für den jeweils verwendeten Baustoff gültigen Bauartnormen zu führen (Bauteilversagen).

Bei den einzelnen Nachweisen wird nach Belastungen in Achsrichtung des Pfahles („axial") und Belastungen quer zur Pfahlachse („lateral") unterschieden.

Die Nachweise der Gebrauchstauglichkeit erfolgen – wie gewohnt – sowohl für die Beanspruchungen als auch für die Widerstände mit charakteristischen Werten.

14.8.3 Nachweis der Tragfähigkeit (Belastung in Richtung der Pfahlachse)

14.8.3.1 Allgemeines

Eine ausreichende Tragfähigkeit für einen axial belasteten Einzelpfahl wird eingehalten, wenn nach DIN EN 1997-1 für den Grenzzustand GEO-2 folgende Bedingung erfüllt ist:

$$F_{c;d} \leq R_{c;d} \quad \text{(Druckpfahl)}$$

bzw.

$$F_{t;d} \leq R_{t;d} \quad \text{(Zugpfahl)}$$

$F_{c;d}, F_{t;d}$ Bemessungswert der resultierenden Druck- oder Zugbeanspruchung, berechnet aus der ungünstigsten Kombination axial wirkender Einwirkungen,
$R_{c;d}, R_{t;d}$ Bemessungswert des axialen Pfahlwiderstandes.

Bei der Berechnung des Bemessungswertes der Pfahlbeanspruchung (Multiplikation der charakteristischen Beanspruchungen mit von der Bemessungssituation abhängigen Partialsicherheiten) sind ständige und veränderliche Einwirkungen zu berücksichtigen:

$$F_{c;d} = E_{G,k} \cdot \gamma_G + E_{Q,k} \cdot \gamma_Q$$

$E_{G,k}, E_{Q,k}$ Bei der Ermittlung der Pfahllasten und Schnittgrößen werden die ermittelten Werte der Pfahlbeanspruchungen $E_{G,k}$, $E_{Q,k}$ bzw. $E_{Q,rep}$ als Einwirkung G_k und Q_{rep} eingeführt.

Bei zyklischen, dynamischen und stoßartigen Einwirkungen können besondere Betrachtungen und Nachweise erforderlich werden, u. a. kann eine zyklische Einwirkung in Form einer Wechselbeanspruchung zu einer deutlichen Reduktion des Pfahlwiderstandes führen; weitere Angaben hierzu siehe Abs. 13 in der „EA-Pfähle" (2012).

Der Bemessungswert R_d des Pfahlwiderstandes ergibt sich durch Division des charakteristischen Pfahlwiderstandes $R_{1,k}$ mit dem von der Belastungsart (Zug oder Druck) abhängigen Teilsicherheitsbeiwerten (vgl. Tafel 14.22, Abschn. 14.6.4). Der charakteristische Pfahlwiderstand eines Einzelpfahles ist dabei aufgrund von statischen oder unter bestimmten Voraussetzungen auch durchführbaren dynamischen Probebelastungen oder – ersatzweise – aufgrund von gesicherten Erfahrungswerten festzulegen. Bei auf Zug beanspruchten Pfählen ist die Durchführung von statischen Probebelastungen in der Regel zwingend.

Wird der charakteristische Pfahlwiderstand $R_{1,k}$ aus **statischen Probebelastungen** ermittelt, so ist der aus den Probebelastungen ermittelte Versuchswert des Pfahlwiderstandes R_m durch Streuungsfaktoren abzumindern, die von der Anzahl der Probebelastungen abhängig sind. Der charakteristische Pfahlwiderstand $R_{1,k}$ ergibt sich als kleinerer Wert des entsprechend faktorisierten Mittelwertes (Index mitt) und des Kleinstwertes (Index min) der Probebelastungsergebnisse wie folgt:

$$R_{1,k} = \min(R_{mitt}/\xi_1; R_{min}/\xi_2)$$

$R_{1,k}$ charakteristischer Pfahlwiderstand
R_{mitt} Mittelwert der Pfahlprobebelastungsergebnisse
R_{min} Minimalwert der Pfahlprobebelastung
DIN 1054 (12.10) gibt hierzu die in Tafel 14.37 aufgeführten Zahlenwerte der Streuungsfaktoren ξ_1 und ξ_2 vor.

Soweit keine Pfahlprobebelastungen ausgeführt werden, kann bei auf Druck beanspruchten Pfählen ersatzweise der Pfahlwiderstand auf der Basis von Erfahrungswerten ermittelt werden. Für diese Bemessung finden sich in den EA-Pfähle (2012) aus der Auswertung von Pfahlprobebelastungen abgeleitete Erfahrungswerte zur Ermittlung des Pfahlwiderstandes sowie Angaben zur Ableitung von Widerstandssetzungslinien für nahezu alle Pfahltypen. Dabei wird

Tafel 14.37 Streuungsfaktoren zur Ableitung charakteristischer Pfahl-widerstände aus statischen Probebelastungen

n	1	2	3	4	≥ 5
ξ_1	1,35	1,25	1,15	1,05	1,00
ξ_2	1,35	1,15	1,00	1,00	1,00

n – Anzahl der probebelasteten Pfähle.

für die Mantelreibung und den Spitzendruck stets eine Bandbreite angegeben, wobei der Wert an der unteren Grenze der Bandbreite dem 10 %-Fraktil, und der Wert an der oberen Grenze dem 50 %-Fraktil der statistischen Auswertung der Probebebelastungsergebnisse entspricht.

Die für eine Pfahlbemessung verwendeten Erfahrungswerte sind nach DIN EN 1997-1 von einem geotechnischen Sachverständigen zu bestätigen.

14.8.3.2 Bohrpfähle

Die Bemessung von Bohrpfählen aufgrund von Erfahrungswerten für den charakteristischen Pfahlwiderstand basiert auf einer fiktiven Widerstands-Setzungs-Linie (Abb. 14.30), die das Ergebnis einer statischen Probebelastung (Abb. 14.31) idealisiert.

Bei der Konstruktion der Widerstandssetzungslinie (WSL) mit Erfahrungswerten (entsprechend EA-Pfähle (2012)) werden die Größen s_g und s_{sg} bzw. $R_{b,k}(s_g)$ und $R_{s,k}(s_{sg})$ verwendet, siehe Abb. 14.30. Für den Pfahlspitzenwiderstand gilt die

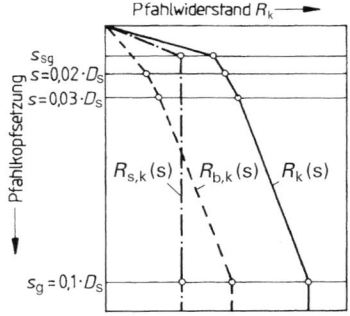

Abb. 14.30 Widerstands-Setzungs-Linie mit Tafelwerten (Erfahrungswerten) (EA-Pfähle (2012))

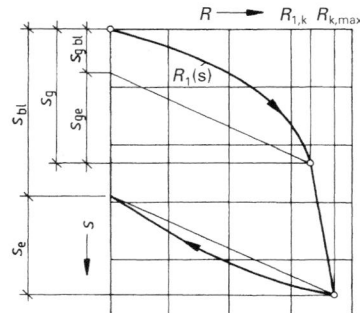

Abb. 14.31 Last-Setzungsdiagramm; Grenzlast $R_{1,k}$ und erreichte höchste Last $R_{k,max}$ (Bsp. Probebelastung)

Grenzsetzung:

$$s_g = 0{,}1 D_s \quad \text{bzw.} \quad s_g = 0{,}1 D_b$$

s_g Grenzsetzung [cm]
D_s Pfahlschaftdurchmesser
D_b Pfahlfußdurchmesser

Für die Mantelreibung gilt im Bruchzustand die Grenzsetzung:

$$s_{sg} = 0{,}5 R_{s,k}(s_{sg})(\text{in MN}) + 0{,}5 \leq 3\,\text{cm}$$

s_{sg} Grenzsetzung, d. h. Setzung zur Mobilisierung des Grenzwertes des Pfahlmantelwiderstandes [cm]

Bis zur Grenzsetzung s_{sg} wird eine lineare Zunahme des Pfahlmantelwiderstandes angenommen. Die WSL wird mit Tabellenwerten wie folgt ermittelt:

$$R_k(s) = R_{b,k}(s) + R_{s,k}(s) = q_{b,k} \cdot A_b + \sum_i q_{s,k,i} \cdot A_{s,i}$$

$R_{b,k}(s)$ Pfahlfußwiderstand in Abhängigkeit von der Pfahlkopfsetzung s
$R_{s,k}(s)$ Pfahlmantelwiderstand in Abhängigkeit von der Pfahlkopfsetzung s
A_b Pfahlfußfläche
$q_{b,k}(s)$ Pfahlspitzendruck in Abhängigkeit von der Pfahlkopfsetzung s (aus Tafel 14.38)
$A_{s,i}$ Pfahlmantelfläche im Bereich der Bodenschicht
$q_{s,k,i}(s)$ Mantelreibung in Abhängigkeit von der Pfahlkopfsetzung s (aus Tafel 14.39)
i Nummer der Bodenschicht

Bei dieser Ermittlung darf die Eigenlast der Pfähle in der Regel vernachlässigt werden.

Bei Bohrpfählen mit Fußverbreiterung sind die Werte für den Pfahlspitzendruck auf 75 % abzumindern. Für Pfähle, die in eine Felsschicht einbinden, gilt analog Tafel 14.40.

Als Mindesteinbindetiefen der Pfähle werden gefordert:
2,5 m bei Druckpfählen im Lockergestein und im Fels mit $q_u \leq 0{,}5\,\text{MN/m}^2$;
0,5 m bei Druckpfählen in Fels mit $q_u \geq 5\,\text{MN/m}^2$;
5,0 m bei Zugpfählen.

Weitere Voraussetzung ist, dass die Mächtigkeit der unterhalb des Pfahlfußes noch verbleibenden tragfähigen Schicht nicht weniger als $3 D_b$, mindestens aber 1,5 m beträgt und in diesem Bereich $q_s \geq 10\,\text{MN/m}^2$ bzw. $c_u \geq 0{,}1\,\text{MN/m}^2$ nachgewiesen ist. Anderenfalls ist der Nachweis gegen Durchstanzen zu führen.

Ersatzweise darf der Spitzenwiderstand der Drucksonde q_c in MN/m^2 für den Eingang in die Tafeln 14.38 und 14.39 aus Sondierergebnissen der schweren Rammsonde nach DIN 4094 mit $q_c \approx N_{10}$ (N_{10} Schläge je 10 cm Eindringung) abgeleitet werden. Für die Umrechnung des Spitzenwiderstandes aus den Schlagzahlen N_{30} der Bohrlochrammsondierung gilt Tafel 14.8.

Tafel 14.38 Bohrpfähle: Pfahl-spitzendruck $q_{b,k}(s)$ [MN/m^2] in Abhängigkeit vom Verhältnis s/D_{eq} (EA-Pfähle (2012))

		Für nichtbindigen Boden q_c in MN/m$^{2\,a}$			Für bindigen Boden $c_{u,k}$ in MN/m$^{2\,b}$	
		7,5	15	25	0,10	0,25
Setzung	$0{,}02 \cdot D$	0,55–0,80	1,05–1,40	1,75–2,30	0,35–0,45	0,95–1,2
	$0{,}03 \cdot D$	0,70–1,05	1,35–1,80	2,25–2,95	0,45–0,55	1,2–1,45
	$0{,}10 \cdot D$ ($\hat{=} s_g$)	1,60–2,30	3,0–4,0	4,0–5,30	0,8–1,0	1,6–2,0

[a] q_c = Sondierwiderstand der Drucksonde
[b] $c_{u,k}$ = charakteristische Kohäsion des undränierten Bodens
Zwischenwerte linear einschalten. Die jeweils höheren Werte sind nur bei nachgewiesen höherer Baugrund-tragfähigkeit zulässig, die von einem Sachverständigen für Geotechnik zu bestätigen sind.

Tafel 14.39 Bohrpfähle: Bruchwert $q_{s,k}$ der Mantelreibung (EA-Pfähle (2012))

a) in nichtbindigem Boden

q_c in MN/m^{2a}	$q_{s,k}$ in MN/m^2
7,5	0,055–0,080
15	0,105–0,140
≥ 25	0,130–0,170

b) in bindigem Boden

c_u in MN/m^2	$q_{s,k}$ in MN/m^2
0,060	0,030–0,040
0,150	0,050–0,065
$\geq 0{,}250$	0,065–0,085

[a] Zwischenwerte dürfen linear interpoliert werden. Die jeweils höheren Werte sind nur bei nachgewiesen höherer Baugrundtragfähigkeit zulässig, die von einem Sachverständigen für Geotechnik zu bestätigen sind.

Tafel 14.40 Bohrpfähle: Bruchwerte für Pfahlspitzendruck $q_{b,k}$ und Pfahlmantelreibung $q_{s,k}$ in Fels in Abhängigkeit von der einaxialen Druckfestigkeit q_u

q_u in MN/m^2	$q_{b,k}$ in MN/m^2	$q_{s,k}$ in MN/m^2
0,5	1,5	0,07
5,0	5,0	0,5
20	10,0	0,5

Zwischenwerte dürfen geradlinig interpoliert werden.

14.8.3.3 Gerammte Verdrängungspfähle

Für **Fertigrammpfähle** aus Stahlbeton, Spannbeton und geschlossenen Stahlrohrpfählen finden sich in EA-Pfähle (2012) bzw. in [26] Angaben zu Erfahrungswerten für den charakteristischen Pfahlspitzen- und Pfahlmantelwiderstand. Hierbei kann wie für Bohrpfähle eine Widerstands-Setzungs-Linie (WSL) nach Abb. 14.32 konstruiert werden. Für den gesamten Pfahlwiderstand gilt die übliche Grenzsetzung

$$s_g = 0{,}1 D_{eq}$$

D_{eq} äquivalenter Pfahlfußdurchmesser, d. h. auf eine Kreis-fläche umgerechneter Ersatzdurchmesser, z. B. $D_{eq} = 1{,}13 \cdot a_s$ bei quadratischem Querschnitt mit der Seiten-länge a_s. Vor Erreichen der Grenzsetzung wird für die

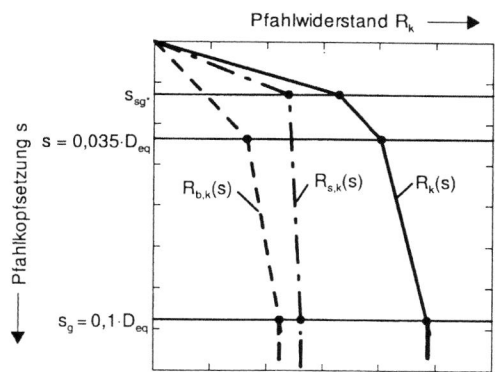

Abb. 14.32 Elemente der charakteristischen Widerstands-Setzungs-Linie für Fertigrammpfähle (EA-Pfähle (2012))

beiden Anteile aus Spitzendruck und Mantelreibung jeweils ein Zwischenwert eingeschaltet (vgl. Abb. 14.32). Diese liegen bei

$$s = 0{,}035 \cdot D_{eq} \text{ (Spitzendruck)} \quad \text{bzw.}$$
$$s_{sg}^* \text{ [cm]} = 0{,}5 R_{s,k}(s_{sg}^*) \text{ [MN]} \leq 1 \text{ [cm] (Mantelreibung)}$$

Die **WSL** wird mit Tabellenwerten wie folgt ermittelt:

$$R_k(s) = R_{b,k}(s) + R_{s,k}(s)$$
$$= \eta_b \cdot q_{b,k} \cdot A_b + \sum_i \eta_s \cdot q_{s,k,i} \cdot A_{s,i}$$

$R_{b,k}$, $R_{s,k}$, A_b, $A_{s,i}$ s. Abschn. 14.8.3.2
$q_{b,k}$ Pfahlspitzenwiderstand (aus Tafel 14.41)
$q_{s,k}$ Pfahlmantelreibung (aus Tafel 14.42)
η_b Modellfaktor des Pfahlspitzendrucks
η_s Modellfaktor der Pfahlmantelreibung
• Vorgefertigte Stahlbeton- und Spannbeton-Rammpfähle von $D_{eq} = 25$ bis 50 cm unter Verwendung von Modellfaktoren $\eta_b = 1{,}00$ und für Pfahlmantelreibung von $\eta_s = 1{,}00$
• Geschlossene Stahlrohrpfähle mit einem Durchmesser bis 80 cm unter Verwendung von Modellfaktoren für Pfahl-spitzendruck von $\eta_b = 0{,}80$ und für die Pfahlmantelrei-bung von $\eta_s = 0{,}80$

Tafel 14.41 Spannen der Erfahrungswerte für den charakteristischen Pfahlspitzendruck $q_{b,k}$ [MN/m²] für Fertigrammpfähle aus Stahlbeton und Spannbeton in Abhängigkeit vom Verhältnis s/D (EA-Pfähle (2012)) [26]

Setzungen	Für nichtbindige Böden			Für bindige Böden		
	q_c in MN/m² [a]			c_u in MN/m² [b]		
	7,5	15	25	0,10	0,15	0,25
$0,035 \cdot D_{eq}$	2,2–5,0	4,0–6,5	4,5–7,5	0,35–0,45	0,55–0,70	0,80–0,95
$0,1 \cdot D_{eq}$	4,2–6,0	7,6–10,2	8,75–11,5	0,60–0,75	0,85–1,10	1,15–1,50

[a] q_c = Sondierwiderstand der Drucksonde
[b] c_u = charakteristische Kohäsion des undränierten Bodens
Zwischenwerte linear einschalten. Die jeweils höheren Werte sind nur bei nachgewiesen höherer Baugrundtragfähigkeit zulässig, die von einem Sachverständigen für Geotechnik zu bestätigen sind.

Tafel 14.42 Spannen der Erfahrungswerte für die charakteristische Pfahlmantelreibung $q_{s,k}$ [MN/m²] für Fertigrammpfähle aus Stahlbeton und Spannbeton (EA-Pfähle (2012)) [26]

Setzungen	Für nichtbindige Böden			Für bindige Böden		
	q_c in MN/m² [a]			$c_{u,k}$ in MN/m²		
	7,5	15	25	0,060	0,105	0,250
s_{sg}^*	0,03–0,04	0,065–0,09	0,085–0,120	0,020–0,030	0,035–0,050	0,045–0,065
$s_{sg} = s_g = 0,1 \cdot D_{eq}$	0,04–0,06	0,095–0,125	0,125–0,160	0,020–0,035	0,040–0,060	0,055–0,080

[a] Zwischenwerte dürfen linear interpoliert werden. Die jeweils höheren Werte sind nur bei nachgewiesenen höheren Baugrundtragfähigkeiten zulässig, die von einem Sachverständigen für Geotechnik zu bestätigen sind.

Für die angegebenen Werte aus Tafel 14.41 gelten folgende Voraussetzungen:

- Mächtigkeit der tragfähigen Schicht unterhalb der Pfahlfläche nicht weniger als $5 \cdot D_{eq}$, mindestens aber 1,50 m und
- in diesem Bereich $q_c \geq 7,5$ MN/m² bzw. $c_{u,k} \geq 100$ kN/m² nachgewiesen ist.

Die vorstehende erläuterte Vorgehensweise zur Ermittlung der WSL gilt für Fertigrammpfähle aus Stahlbeton und Spannbeton. EA-Pfähle (2012) enthält ebenso Erfahrungswerte zum Pfahltragverhalten von offenen Stahlrohren, Hohlkästen, Stahlträgerprofilen und doppelten Stahlträgerprofilen sowie Ortbetonrammpfählen wie Simplex- und Franki-Pfählen und Schraubpfählen, z. B. Fundex.

14.8.3.4 Mikropfähle

Mikropfähle sind als Pfähle mit Durchmesser kleiner als 0,3 m definiert. Die Kraftübertragung zum umgebenden Baugrund wird durch Verpressen mit Beton oder Zementmörtel erreicht.

Ortbetonpfahl hat durchgehende Längsbewehrung nach Eurocode 2 aus Betonstahl (Mindestdurchmesser 150 mm), **Verbundpfahl** durchgehendes, vorgefertigtes Tragglied aus Stahl (runder Vollstab, Rohr oder Profilstahl).

Für Mikropfähle sind in der Regel Probebelastungen auszuführen. In Ausnahmefällen kann eine Bemessung aufgrund von Erfahrungswerten für die Pfahlmantelreibung erfolgen. Ein Pfahlfußwiderstand wird nicht in Ansatz gebracht.

Der in die entsprechende Bestimmungsgleichung

$$R_{1,k} = \sum_i q_{s1,k,i} \cdot A_{s,i}$$

einfließende charakteristische Wert für die Mantelreibung für verpresste Mikropfähle ist Tafel 14.43 für nichtbindige

Tafel 14.43 Erfahrungswerte für die charakteristische Pfahlmantelreibung $q_{s,k}$ für verpresste Mikropfähle in nichtbindigen Böden

Mittlerer Spitzenwiderstand q_c der Drucksonde [MN/m²]	Bruchwert $q_{s,k}$ der Pfahlmantelreibung [kN/m²]
7,5	135–175
15	215–280
≥ 25	255–315

Zwischenwerte dürfen geradlinig interpoliert werden.

Tafel 14.44 Erfahrungswerte für die charakteristische Pfahlmantelreibung $q_{s,k}$ für verpresste Mikropfähle in bindigen Böden

Scherfestigkeit $c_{u,k}$ des undränierten Bodens [kN/m²]	Bruchwert $q_{s,k}$ der Pfahlmantelreibung [kN/m²]
60	55–65
150	95–105
≥ 250	115–125

Zwischenwerte dürfen geradlinig interpoliert werden.

Böden und Tafel 14.44 für bindige Böden zu entnehmen, wobei die Datengrundlage für verpresste Mikropfähle in bindigen Böden gering ist. Bei Mikropfählen beeinflusst die Ausführung (Verpressung, ggfs. mehrfaches Nachverpressen) maßgeblich die erreichbaren Mantelreibungswerte.

In EA-Pfähle (2012) finden sich Erfahrungswerte für die charakteristische Pfahlmantelreibung auch für Verpressmörtel-, Rüttelinjektions- und Rohrverpresspfähle.

14.8.4 Nachweis der Tragfähigkeit bei quer zur Pfahlachse belasteten Pfählen

Der Nachweis der Tragfähigkeit von biegeweichen langen Pfählen im Grenzzustand GEO-2 braucht nicht geführt zu werden, wenn die Pfähle in den Boden eingebettet sind und die Beanspruchung quer zur Pfahlachse maximal 3 % (BS-P) bzw. 5 % (BS-T) der axialen Beanspruchung entspricht. In anderen Fällen dürfen bei der rechnerischen Ermittlung des Tragverhaltens lateral beanspruchter Pfähle die auftretenden Bodenwiderstände quer zur Pfahlachse durch Bettungsmoduln beschrieben werden (Bettungsmodulverfahren). Dabei sind die nichtlineare Abhängigkeit der Bettungsreaktion von der Verschiebung und die Begrenzung durch den maximal mobilisierbaren Erdwiderstand im Allgemeinen zu berücksichtigen.

Der charakteristische Wert des Bettungsmoduls kann aus Probebelastungsergebnissen zurückgerechnet werden.

Für rechnerische Abschätzungen können sogenannte p-y-Methoden, bei denen die Bettungsreaktions-Verschiebungs-Abhängigkeit (p-y-Kurve, entspricht der Federkennlinie) aus maßgeblichen Bodenparametern der betrachteten Schicht und in Abhängigkeit von der Tiefe unter Bodenoberfläche bzw. der wirksamen effektiven Vertikalspannung ermittelt werden, eingesetzt werden [23]. Die p-y-Methode basiert ähnlich wie das Bettungsmodulverfahren auf dem Modell eines federgebetteten Balkens, jedoch sind die bodenart- und tiefenabhängig anzusetzenden Federsteifigkeiten bei diesem Verfahren nicht konstant, sondern nichtlinear und berücksichtigen so die verschiebungsabhängige Steifigkeit. Die p-y-Kurven beschreiben den Zusammenhang zwischen dem sukzessive mobilisierten Erdwiderstand p und dem zu dessen Mobilisierung benötigten Weg, der Horizontalverschiebung y [25]. Bei der Festlegung der p-y-Kurven ist deren Abhängigkeit von der Pfahlgeometrie und Pfahlsteifigkeit zu berücksichtigen [24, 25].

Wenn es nur auf die Ermittlung der Schnittgrößen ankommt, kann der Bettungsmodul für die beteiligten Bodenschichten auch vereinfachend nach der Gleichung

$$k_{s,k} = E_{s,k}/D_s$$

$E_{s,k}$ Charakteristischer Wert des Steifemoduls,
D_s Pfahldurchmesser, solange $D \leq 1$ m ist.
abgeschätzt werden. Es ist ergänzend nachzuweisen, dass die so ermittelten Bettungsspannungen an keiner Stelle den passiven Erddruck überschreiten und dass der Bemessungswert der bis zum Querkraftnullpunkt aufintegrierten Bettungsspannungen kleiner ist als der Bemessungswert des Erdwiderstandes bis in diese Tiefe; andernfalls ist der Bettungsmodul iterativ abzumindern.

Bei $D_s \geq 1$ m wird rechnerisch nur 1 m angesetzt.

Bei stoßartigen horizontalen Einwirkungen z. B. in Form von Anprall-Lasten darf k_s erhöht werden, häufig auf die dreifache Größe des bei statischen Einwirkungen verwendeten Wertes.

Der Anwendungsbereich der Bestimmungsgleichung für den Bettungsmodul ist durch eine rechnerische maximale Horizontalverschiebung von entweder 2 cm oder 0,03 D_s begrenzt (kleinerer Wert ist maßgebend). Die Einwirkung auf den Boden aus der Normalspannung zwischen Pfahl und Boden darf näherungsweise die ebene Erdwiderstandsspannung nicht überschreiten.

14.8.5 Pfahlgruppen und KPP

Bei in einer Gruppe angeordneten Pfählen wird das Pfahltragverhalten durch die Wechselwirkungen zwischen den Pfählen (Pfahlgruppenwirkung) beeinflusst. Zur Bemessung und zum Nachweis der Tragfähigkeit von **Pfahlgruppen** finden sich in DIN EN 1997-1 und EA-Pfähle weiterführende Angaben. Hierbei wird allgemein nach Druckpfahl- und Zugpfahlgruppen unterschieden. Bei Zugpfahlgruppen ist insbesondere auch eine ausreichende Sicherheit gegen Abheben (Grenzzustand UPL) nachzuweisen.

Abschließend wird darauf hingewiesen, dass der Nachweis der Tragfähigkeit für Kombinierte Pfahl-Plattengründungen (KPP) zwingend die Einschaltung eines in diesem Bereich erfahrenen geotechnischen Sachverständigen erfordert.

14.8.6 Nachweis der Gebrauchstauglichkeit

Bei Bauwerken, bei denen die Verformungen der Pfahlgründung für das Gesamttragwerk von Bedeutung sind, ist folgender Nachweis der Gebrauchstauglichkeit (SLS) zu führen:

$$E_{2,d} = E_{2,k} \leq R_{2,d} = R_{2,k}$$

$E_{2,k}$ Charakteristischer Wert der resultierenden Beanspruchung, berechnet aus der ungünstigsten Kombination axial bzw. quer zur Pfahlachse wirkender Einwirkungen,
$R_{2,k}$ Charakteristischer Wert des Pfahlwiderstandes.
Bei nur geringen Setzungsdifferenzen zwischen Einzel- oder Gruppenpfählen ist der charakteristische Pfahlwiderstand mit der Vorgabe einer aufnehmbaren Setzung aus der „mittleren" Widerstandssetzungslinie des jeweils betrachteten Pfahles (ermittelt aus mehreren Probebelastungen oder aufgrund von Erfahrungswerten) zu entnehmen.

Bei erheblichen Setzungsdifferenzen sind zusätzliche Untersuchungen über die Streuung einzelner Widerstandssetzungslinien vorzunehmen. Darüber hinaus ist zu prüfen, ob große Setzungsdifferenzen sowohl am betrachteten als auch an einem benachbarten Bauwerk wiederum einen Grenzzustand der Tragfähigkeit (GEO-2 bzw. STR) hervorrufen könnten.

Abb. 14.33 Grenzfälle des Erddrucks und Erdruhedruck.
a Aktiver Erddruck,
b Erdruhedruck,
c passiver Erddruck,
d Wandbewegung und Erddruck

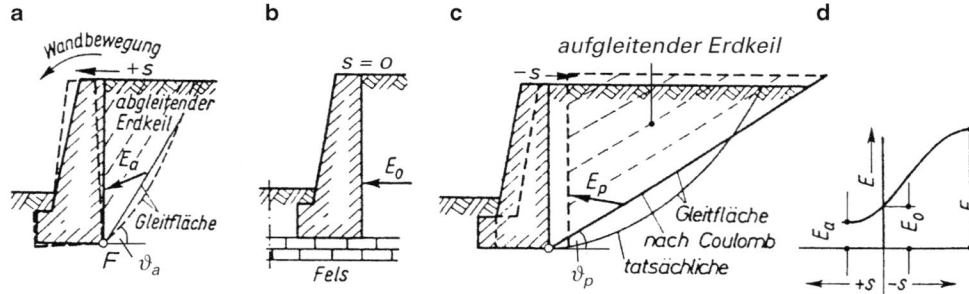

14.9 Erddruck

14.9.1 Ermittlung des Erddruckes

Als Erddruck werden die Spannungen zwischen dem Boden und einem Bauteil (Verbauwand, Stützwand, Bauwerkswände etc.) bezeichnet. Die Größe des Erddrucks ist abhängig von der Bewegung des Bauteils gegenüber dem Boden, wobei grundsätzlich die drei Grenzzustände Erdruhedruck E_0, aktiver Erddruck E_a und passiver Erddruck E_p unterschieden werden (Abb. 14.33d).

Aktiver Erddruck (unterer Grenzwert des Erddruckes) und Erdruhedruck sind in der Regel als Einwirkung auf ein Bauteil, passiver Erddruck (oberer Grenzwert des Erddruckes) überwiegend als Bodenwiderstand anzusehen (vgl. Abb. 14.33).

Die für den ebenen Fall maßgebenden einfachen Beziehungen für den Erddruck aus Bodeneigengewicht (lineares Anwachsen mit der Tiefe) gelten für folgende Wandverschiebungen:

Aktiver Erddruck: Drehung um den Wandfuß,
Passiver Erddruck: Parallelverschiebung der Wand.
Bei davon abweichenden Bewegungen (z. B. Drehung um den Wandkopf, Durchbiegung) ist der Ansatz einer anderen Verteilung sinnvoll (s. hierzu DIN 4085).

Die Ermittlung des Erddruckes erfolgt getrennt für die drei Einflüsse
Bodeneigengewicht (Reibung) Index g,
Kohäsion   Index c,
Oberflächenlasten   Index p (Flächenlast),
                             Index V (Linien- oder Punktlast).
Des Weiteren bedeuten folgende Fußzeiger bzw. Formelzeichen:

Indizes:
a   Aktiver Erddruck,
0   Ruhedruck,
p   Passiver Erddruck,
h   Horizontalkomponente,
v   Vertikalkomponente.
Symbole:
K [–]   Erddruckbeiwert,
e [kN/m²]   Erddruckspannung,

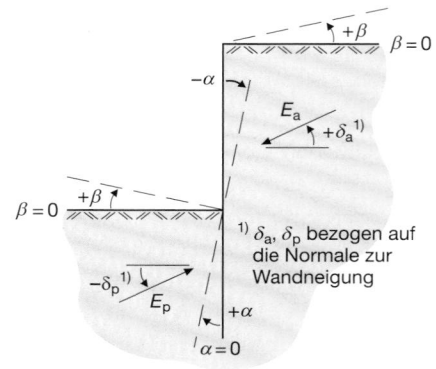

Abb. 14.34 Vorzeichenregeln für die Berechnung des aktiven und des passiven Erddruckes

E [kN/m]	Erddruckkraft,
z [m]	Tiefenlage der Erddruckspannung,
d [m]	Mächtigkeit einer Bodenschicht,
α [°]	Wandneigung,
β [°]	Geländeneigung,
ϑ [°]	Gleitflächenneigung,
δ [°]	Wandreibung bzw. Erddruckneigung,
γ [kN/m³]	charakteristischer Wert für die Bodenwichte,
φ [°]	charakteristischer Wert für die Bodenreibung (dräniert),
c [kN/m²]	charakteristischer Wert für die Kohäsion (dräniert),
c_u [kN/m²]	charakteristischer Wert für die Kohäsion (undräniert).

Zur Vorzeichenregelung von α, β und δ siehe Abb. 14.34. In der Regel ist $\delta_a \geq 0$ und $\delta_p \leq 0$.

14.9.1.1 Aktiver Erddruck (ebener Fall)

Erddruck aus Bodeneigengewicht
  aktiver Erddruck

$$e_{agh} = \gamma \cdot z \cdot K_{agh} \quad [\mathrm{kN/m^2}],$$

mit K_{agh} Beiwert aus Tafel 14.45 oder Bestimmungsgleichungen nach DIN 4085.

Tafel 14.45　Erddruckbeiwerte K_{agh} für ebene Gleitflächen nach Müller-Breslau

α	β	$\varphi=17{,}5°$			$20°$			$22{,}5°$			$25°$			$27{,}5°$			$30{,}0°$			$32{,}5°$			$35{,}0°$			$40°$		
	δ_a	0	$\tfrac13\varphi$	$\tfrac23\varphi$	0	$\tfrac13\varphi$	$\tfrac23\varphi$	0	$\tfrac13\varphi$	$\tfrac23\varphi$	0	$\tfrac13\varphi$	$\tfrac23\varphi$	0	$\tfrac13\varphi$	$\tfrac23\varphi$	0	$\tfrac13\varphi$	$\tfrac23\varphi$	0	$\tfrac13\varphi$	$\tfrac23\varphi$	0	$\tfrac13\varphi$	$\tfrac23\varphi$	0	$\tfrac13\varphi$	$\tfrac23\varphi$
20°	−20°				0.47	0.42	0.37	0.44	0.42	0.37	0.42	0.39	0.35	0.39	0.36	0.32	0.37	0.34	0.30	0.34	0.32	0.27	0.32	0.30	0.25	0.28	0.24	0.20
	−15°	0.53	0.48	0.43	0.50	0.45	0.40	0.47	0.45	0.40	0.44	0.42	0.37	0.42	0.39	0.34	0.39	0.36	0.32	0.37	0.34	0.30	0.34	0.32	0.27	0.30	0.26	0.21
	−10°	0.57	0.51	0.47	0.53	0.48	0.43	0.50	0.48	0.43	0.47	0.45	0.40	0.44	0.42	0.37	0.41	0.39	0.34	0.39	0.36	0.32	0.36	0.34	0.29	0.32	0.27	0.23
	−5°	0.60	0.55	0.51	0.57	0.51	0.47	0.53	0.51	0.47	0.50	0.48	0.43	0.47	0.45	0.40	0.44	0.42	0.37	0.41	0.39	0.34	0.38	0.36	0.31	0.33	0.29	0.24
	0°	0.65	0.60	0.55	0.61	0.56	0.51	0.57	0.55	0.51	0.53	0.52	0.47	0.50	0.48	0.43	0.47	0.45	0.40	0.44	0.41	0.37	0.41	0.38	0.34	0.35	0.31	0.26
	5°	0.70	0.65	0.61	0.66	0.61	0.56	0.61	0.61	0.56	0.57	0.56	0.52	0.54	0.52	0.46	0.50	0.48	0.43	0.47	0.45	0.40	0.43	0.41	0.36	0.37	0.32	0.28
	10°	0.78	0.73	0.69	0.72	0.67	0.63	0.67	0.67	0.63	0.62	0.62	0.57	0.58	0.57	0.50	0.54	0.52	0.48	0.50	0.48	0.43	0.46	0.45	0.40	0.40	0.35	0.30
	15°	0.90	0.87	0.84	0.82	0.77	0.74	0.75	0.77	0.74	0.69	0.70	0.66	0.63	0.64	0.54	0.58	0.58	0.53	0.54	0.53	0.48	0.50	0.49	0.44	0.42	0.37	0.33
	20°				1.13	1.13	1.13	0.88	0.88	0.88	0.78	0.84	0.81	0.71	0.74	0.60	0.65	0.66	0.61	0.59	0.59	0.55	0.54	0.54	0.49	0.45	0.40	0.36
10°	−20°				0.44	0.40	0.35	0.41	0.40	0.36	0.38	0.36	0.32	0.35	0.34	0.28	0.33	0.31	0.28	0.30	0.28	0.24	0.28	0.27	0.24	0.24	0.21	0.18
	−15°	0.50	0.45	0.42	0.46	0.42	0.37	0.43	0.42	0.38	0.40	0.39	0.35	0.37	0.36	0.30	0.34	0.33	0.30	0.32	0.29	0.25	0.29	0.28	0.25	0.25	0.22	0.19
	−10°	0.53	0.48	0.45	0.49	0.44	0.40	0.45	0.44	0.40	0.42	0.41	0.37	0.39	0.38	0.31	0.36	0.35	0.31	0.33	0.30	0.27	0.31	0.29	0.26	0.26	0.23	0.20
	−5°	0.56	0.51	0.48	0.52	0.47	0.43	0.48	0.47	0.43	0.44	0.44	0.39	0.41	0.40	0.33	0.38	0.37	0.33	0.35	0.32	0.29	0.32	0.31	0.28	0.27	0.24	0.21
	0°	0.59	0.55	0.52	0.55	0.51	0.47	0.51	0.50	0.46	0.47	0.46	0.41	0.43	0.43	0.35	0.40	0.39	0.36	0.37	0.34	0.30	0.34	0.33	0.30	0.28	0.25	0.22
	5°	0.64	0.60	0.57	0.59	0.54	0.51	0.55	0.55	0.51	0.50	0.50	0.45	0.46	0.46	0.37	0.42	0.42	0.39	0.39	0.36	0.32	0.36	0.35	0.32	0.30	0.26	0.24
	10°	0.70	0.67	0.64	0.64	0.61	0.57	0.59	0.59	0.55	0.54	0.55	0.50	0.50	0.50	0.40	0.45	0.45	0.42	0.42	0.39	0.34	0.38	0.38	0.34	0.31	0.28	0.25
	15°	0.81	0.79	0.76	0.73	0.69	0.66	0.65	0.64	0.59	0.59	0.62	0.58	0.54	0.55	0.44	0.49	0.50	0.46	0.45	0.42	0.37	0.40	0.41	0.37	0.33	0.30	0.27
	20°				1.00	1.00	1.00	0.77	0.77	0.77	0.67	0.74	0.71	0.60	0.64	0.53	0.54	0.56	0.53	0.49	0.50	0.45	0.44	0.44	0.41	0.35	0.32	0.29
0°	−20°				0.40	0.36	0.30	0.37	0.36	0.32	0.34	0.33	0.28	0.31	0.31	0.25	0.28	0.28	0.25	0.25	0.25	0.23	0.23	0.23	0.19	0.19	0.17	0.15
	−15°	0.46	0.42	0.39	0.42	0.38	0.34	0.38	0.38	0.34	0.35	0.35	0.30	0.32	0.32	0.26	0.29	0.29	0.26	0.26	0.26	0.24	0.24	0.24	0.19	0.19	0.17	0.16
	−10°	0.48	0.44	0.41	0.44	0.40	0.37	0.40	0.40	0.37	0.37	0.37	0.32	0.33	0.33	0.28	0.30	0.30	0.27	0.28	0.27	0.25	0.25	0.25	0.21	0.20	0.18	0.16
	−5°	0.51	0.47	0.44	0.46	0.43	0.40	0.42	0.43	0.40	0.39	0.39	0.34	0.35	0.35	0.29	0.32	0.32	0.29	0.29	0.29	0.26	0.26	0.26	0.22	0.21	0.19	0.17
	0°	0.54	0.50	0.47	0.49	0.45	0.42	0.45	0.45	0.41	0.41	0.41	0.36	0.37	0.37	0.30	0.33	0.34	0.31	0.30	0.30	0.27	0.27	0.28	0.23	0.22	0.20	0.18
	5°	0.58	0.54	0.52	0.52	0.49	0.46	0.48	0.48	0.45	0.43	0.44	0.39	0.39	0.40	0.32	0.35	0.36	0.33	0.32	0.32	0.28	0.28	0.30	0.24	0.23	0.21	0.18
	10°	0.63	0.60	0.57	0.57	0.54	0.51	0.51	0.51	0.48	0.46	0.47	0.42	0.42	0.43	0.34	0.37	0.38	0.35	0.34	0.34	0.30	0.30	0.31	0.26	0.24	0.22	0.19
	15°	0.73	0.71	0.69	0.64	0.61	0.59	0.57	0.57	0.54	0.50	0.54	0.48	0.45	0.47	0.36	0.40	0.42	0.38	0.36	0.37	0.31	0.32	0.34	0.28	0.25	0.23	0.20
	20°				0.88	0.88	0.88	0.66	0.66	0.66	0.57	0.64	0.62	0.50	0.55	0.44	0.44	0.47	0.45	0.39	0.41	0.34	0.36	0.36	0.31	0.27	0.24	0.23
−10°	−20°				0.35	0.31	0.26	0.32	0.31	0.27	0.29	0.28	0.24	0.26	0.27	0.20	0.23	0.23	0.22	0.20	0.21	0.19	0.18	0.18	0.14	0.14	0.12	0.11
	−15°	0.41	0.38	0.35	0.37	0.33	0.27	0.33	0.34	0.30	0.30	0.30	0.25	0.27	0.29	0.21	0.24	0.24	0.22	0.21	0.22	0.19	0.19	0.19	0.14	0.14	0.12	0.11
	−10°	0.43	0.40	0.37	0.39	0.37	0.28	0.35	0.35	0.31	0.32	0.32	0.26	0.28	0.30	0.22	0.25	0.25	0.23	0.22	0.23	0.20	0.20	0.20	0.15	0.15	0.13	0.12
	−5°	0.45	0.42	0.40	0.40	0.40	0.30	0.36	0.37	0.33	0.33	0.33	0.28	0.29	0.32	0.22	0.26	0.26	0.23	0.23	0.24	0.21	0.20	0.21	0.16	0.15	0.14	0.12
	0°	0.48	0.45	0.42	0.43	0.42	0.32	0.38	0.40	0.35	0.34	0.35	0.30	0.31	0.33	0.23	0.27	0.28	0.25	0.24	0.25	0.22	0.21	0.22	0.16	0.16	0.14	0.13
	5°	0.51	0.48	0.46	0.45	0.46	0.34	0.41	0.43	0.36	0.36	0.38	0.33	0.32	0.35	0.24	0.28	0.29	0.26	0.25	0.26	0.22	0.22	0.23	0.17	0.16	0.15	0.14
	10°	0.56	0.53	0.51	0.49	0.47	0.37	0.43	0.47	0.39	0.38	0.41	0.36	0.34	0.37	0.26	0.30	0.31	0.28	0.26	0.29	0.24	0.23	0.24	0.18	0.17	0.16	0.15
	15°	0.65	0.63	0.61	0.57	0.53	0.43	0.48	0.53	0.45	0.42	0.46	0.39	0.36	0.39	0.28	0.32	0.34	0.30	0.28	0.31	0.25	0.24	0.26	0.19	0.18	0.16	0.16
	20°				0.77	0.77	0.77	0.56	0.56	0.51	0.47	0.55	0.53	0.41	0.45	0.37	0.35	0.38	0.32	0.30	0.34	0.27	0.26	0.28	0.21	0.19	0.17	0.16
−20°	−20°				0.30	0.26	0.20	0.26	0.28	0.24	0.23	0.24	0.20	0.20	0.23	0.17	0.17	0.19	0.15	0.15	0.16	0.11	0.13	0.14	0.09	0.09	0.08	0.08
	−15°	0.36	0.33	0.31	0.31	0.29	0.22	0.27	0.29	0.24	0.24	0.25	0.21	0.21	0.24	0.17	0.18	0.19	0.15	0.15	0.17	0.11	0.13	0.14	0.09	0.09	0.09	0.08
	−10°	0.37	0.34	0.33	0.33	0.30	0.23	0.28	0.30	0.25	0.25	0.26	0.22	0.21	0.25	0.18	0.19	0.20	0.16	0.16	0.17	0.12	0.14	0.15	0.09	0.09	0.09	0.08
	−5°	0.39	0.36	0.34	0.34	0.32	0.24	0.30	0.32	0.27	0.26	0.28	0.22	0.22	0.26	0.18	0.20	0.21	0.17	0.16	0.18	0.12	0.14	0.15	0.10	0.10	0.09	0.09
	0°	0.41	0.38	0.37	0.36	0.33	0.25	0.31	0.33	0.29	0.27	0.29	0.24	0.23	0.28	0.19	0.20	0.22	0.18	0.17	0.19	0.13	0.15	0.16	0.10	0.10	0.09	0.09
	5°	0.44	0.41	0.40	0.38	0.36	0.27	0.33	0.36	0.31	0.28	0.31	0.25	0.24	0.29	0.19	0.21	0.23	0.18	0.18	0.20	0.13	0.15	0.16	0.10	0.11	0.10	0.09
	10°	0.48	0.46	0.44	0.41	0.39	0.30	0.35	0.39	0.34	0.30	0.33	0.27	0.26	0.31	0.21	0.22	0.24	0.20	0.19	0.21	0.14	0.16	0.17	0.11	0.11	0.10	0.10
	15°	0.56	0.54	0.53	0.46	0.45	0.35	0.39	0.45	0.37	0.33	0.37	0.30	0.28	0.33	0.23	0.24	0.26	0.21	0.20	0.22	0.15	0.16	0.18	0.11	0.11	0.10	0.10
	20°				0.66	0.66	0.66	0.46	0.46	0.44	0.38	0.45	0.44	0.31	0.36	0.28	0.26	0.30	0.24	0.21	0.24	0.16	0.18	0.20	0.12	0.12	0.11	0.10

Tafel 14.46 Gültigkeitsbereich der Beiwerte für aktiven Erddruck in Tafel 14.45

	Wandneigung α	Geländeneigung β	
$\delta_a \geq 0°$	$-10° \leq \alpha \leq \alpha_{max}$	$0° \leq \beta \leq \varphi'$	Grenzwinkel $\alpha_{max} = \vartheta_{ag} - \varphi$
	$-20° \leq \alpha < -10°$	$-\varphi \leq \beta \leq \varphi'$	
$\delta_a < 0°$	$-20° \leq \alpha \leq \alpha_{max}$	$-\varphi' \leq \beta \leq \frac{2}{3}\varphi'$	

Tafel 14.47 Maximale Wandreibungswinkel

Wandbeschaffenheit	$\delta_a, \delta_p{}^a$
verzahnt	$(-)\varphi'$
rau	$(-)\frac{2}{3}\varphi'$
weniger rau	$(-)\frac{1}{2}\varphi'$
glatt	0

[a] Bei passivem Erddruck ist das Minuszeichen einzusetzen.

aktive Erddruckkraft

$$E_{agh} \quad [\text{kN/m}]$$

aus Integration des aktiven Erddrucks, ggfs. abschnittsweise je Bodenschicht.

$$E_{agv} = E_{agh} \cdot \tan(\delta_a + \alpha).$$

Zum Gültigkeitsbereich des Beiwertes für den aktiven Erddruck siehe Tafel 14.46.

Zum Ansatz des Wandreibungswinkels siehe Tafel 14.47.

Erddruck aus Kohäsion

aktiver Erddruck aus Kohäsion

$$e_{ach} = -c \cdot K_{ach} \quad [\text{kN/m}^2]$$

mit

$$K_{ach} = \frac{2 \cdot \cos(\alpha - \beta) \cdot \cos\varphi \cdot \cos(\alpha + \delta_a)}{[1 + \sin(\varphi + \alpha + \delta_a - \beta)] \cdot \cos\alpha}.$$

aktive Erddruckkraft aus Kohäsion

$$E_{ach} = e_{ach} \cdot d \quad [\text{kN/m}].$$

Die Erddruckspannung aus Kohäsion ist innerhalb einer Bodenschicht (Mächtigkeit d) konstant und reduziert die Erddruckspannungen aus Bodeneigengewicht.

Erddruck aus flächiger Geländeauflast (vgl. Abb. 14.35)

aktiver Erddruck

$$e_{aph} = p \cdot K_{aph} \quad [\text{kN/m}^2]$$

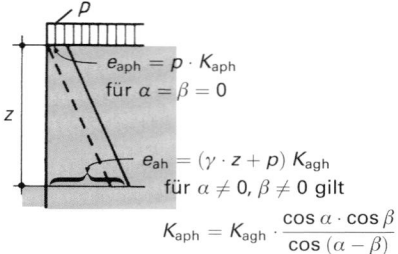

Abb. 14.35 Erddruckverteilung bei gleichmäßiger Geländeauflast

mit

$$K_{aph} = K_{agh} \frac{\cos\alpha \cdot \cos\beta}{\cos(\alpha - \beta)}.$$

aktive Erddruckkraft

$$E_{aph} = e_{aph} \cdot d \quad [\text{kN/m}].$$

Bei seitlich begrenzten oder im Abstand von der zu bemessenden Wand angreifenden Flächen- oder Linienlasten sind gesonderte Betrachtungen erforderlich (vgl. z. B. Abb. 14.36).

Bei kohäsiven Böden in Oberflächennähe ergeben sich für die Erddruckspännung häufig sehr kleine oder sogar negative Werte. In diesem Falle ist daher eine Vergleichsberechnung mit dem so genannten **Mindesterddruck** erforderlich (K_{agh} für einen „Ersatzboden" mit $\varphi = 40°$, c = 0). Der größere Wert ist für den Ansatz der resultierenden Belastung maßgebend (vgl. Abb. 14.37).

Die angegebenen Bestimmungsgleichungen gelten für den ebenen Fall. Im räumlichen Fall sind gesonderte Betrachtungen erforderlich (siehe DIN 4085).

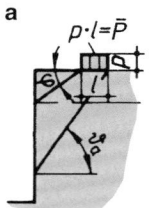 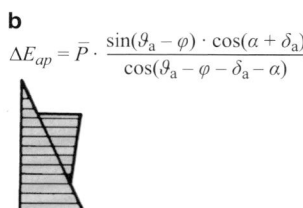

$$\Delta E_{ap} = \bar{P} \cdot \frac{\sin(\vartheta_a - \varphi) \cdot \cos(\alpha + \delta_a)}{\cos(\vartheta_a - \varphi - \delta_a - \alpha)}$$

Abb. 14.36 Druckverteilung bei Streifen- und Linienlasten (Beispiel). **a** rechnerische Angriffshöhe der Last, **b** dreieckförmige Verteilung der Erddruckspannung; * s. Tafel 14.48

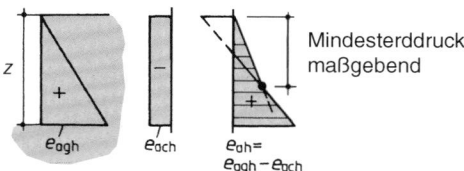

Abb. 14.37 Berücksichtigung der Kohäsion und Mindesterddruck

Tafel 14.48 Aktiver Gleitflächenwinkel ϑ_a für $\alpha = \beta = 0$

δ_a	φ										
	15°	17,5°	20°	22,5°	25°	27,5°	30°	32,5°	35°	37,5°	40°
0	52,5	53,8	55,0	56,3	57,5	58,8	60,0	61,3	62,5	63,8	65,0
$+\frac{1}{3}\varphi$	49,4	50,8	52,5	53,6	55,0	56,4	57,8	59,2	60,6	62,0	63,3
$+\frac{2}{3}\varphi$	47,0	48,5	50,0	51,5	53,0	54,5	56,0	57,5	58,9	60,4	61,9

14.9.1.2 Erdruhedruck

Erdruhedruck aus Bodeneigengewicht
Erdruhedruck

$$e_{0gh} = \gamma \cdot z \cdot K_{0gh} \quad [\text{kN/m}^2]$$

Der Erdruhedruckbeiwert K_0 ist projektspezifisch unter Berücksichtigung der Spannungsgeschichte (Vorbelastung) und der Baugrundverhältnisse zu ermitteln. Für nichtbindige, nicht vorbelastete Böden kann als Näherung angesetzt werden:

$$K_{0gh} = 1 - \sin\varphi \quad \text{für } \alpha = \beta = \delta = 0$$

für andere Fälle siehe Tafel 14.49 oder Bestimmungsgleichungen nach DIN 4085.
Erdruhedruckkraft

$$E_{0gh} \quad [\text{kN/m}]$$

aus Integration der innerhalb einer Bodenschicht vorhandenen Verteilung der Erddruckspannung.

Erddruck aus Kohäsion wird im Ruhezustand nicht angesetzt.

Erdruhedruck aus Geländeauflast Bei flächiger Geländeauflast p [kN/m²] gilt analog zum aktiven Erddruck:
Erdruhedruck

$$e_{0ph} = p \cdot K_{0ph} \quad [\text{kN/m}^2]$$

mit

$$K_{0ph} = K_{0gh} \cdot \frac{\cos\alpha \cdot \cos\beta}{\cos(\alpha - \beta)}$$

Tafel 14.49 Erdruhedruckbeiwerte K_{0gh} für $\alpha = 0$ sowie $0 \leq \beta \leq \varphi$

β	φ						
	20°	25°	27,5°	30°	32,5°	35°	37,5°
0	0,66	0,58	0,54	0,50	0,46	0,43	0,39
$\frac{1}{3}\varphi$	0,73	0,66	0,62	0,58	0,54	0,51	0,47
$\frac{2}{3}\varphi$	0,81	0,74	0,71	0,67	0,63	0,59	0,55
φ	0,88	0,82	0,79	0,75	0,71	0,67	0,63

Erdruhedruckkraft

$$E_{0ph} = e_{0ph} \cdot d \quad [\text{kN/m}].$$

Bei Punkt-, Linien- oder Streifenlasten V [kN, kN/m] darf die sich ergebende Erdruhedruckkraft durch proportionale Umrechnung der für den aktiven Zustand gültigen Kräfte wie folgt ermittelt werden:

$$E_{0Vh} = E_{aVh} \cdot K_{0gh}/K_{agh}.$$

14.9.1.3 Passiver Erddruck (ebener Fall)

Erdwiderstand aus Bodeneigengewicht
passiver Erddruck

$$e_{pgh} = \gamma \cdot z \cdot K_{pgh} \quad [\text{kN/m}^2]$$

mit K_{pgh} Beiwert aus Tafel 14.50 oder Abb. 14.38 oder Bestimmungsgleichungen nach DIN 4085.
Passive Erddruckkraft E_{pgh} [kN/m] aus Integration der innerhalb einer Bodenschicht vorhandenen Verteilung der Erddruckspannung.

$$E_{pgv} = E_{pgh} \cdot \tan(\delta_p + \alpha).$$

Zum Ansatz des Wandreibungswinkels siehe Tafel 14.47.

Erdwiderstand aus Kohäsion
Passiver Erddruck infolge Kohäsion

$$e_{pch} = c \cdot K_{pch} \quad [\text{kN/m}^2]$$

mit K_{pch} Beiwert aus Abb. 14.39 oder Bestimmungsgleichungen nach DIN 4085.
Passive Erddruckkraft

$$E_{pch} = e_{pch} \cdot d \quad [\text{kN/m}].$$

Der passive Erddruck aus Kohäsion ist innerhalb einer Bodenschicht (Mächtigkeit d) konstant und **erhöht** die Erddruckspannungen aus Bodeneigengewicht. Da der passive Erddruck einen Bodenwiderstand darstellt, ist stets zu prüfen, ob die kohäsive Wirkung im Boden auch langfristig erhalten bleibt. Für oberflächennahe Böden sollte man sicherheitshalber auf den Ansatz des Erdwiderstandes aus Kohäsion verzichten.

Tafel 14.50 Erdwiderstandsbeiwerte K_{pgh} für gekrümmte Gleitflächen (nach Caquot/Kérisel) für $\alpha = \beta = 0$

φ	10°	12,5°	15°	17,5°	20°	22,5°	25°	27,5°	30°	32,5°	35°	37,5°	40°	42,5°	45°
$\delta_p = -\varphi$	1,62	1,85	2,12	2,44	2,83	3,30	3,89	4,63	5,56	6,77	8,36	10,49	13,44	17,61	23,71
$\delta_p = -\frac{2}{3}\varphi$	1,59	1,80	2,05	2,36	2,71	3,15	3,68	4,35	5,17	6,22	7,59	9,36	11,74	15,03	19,66

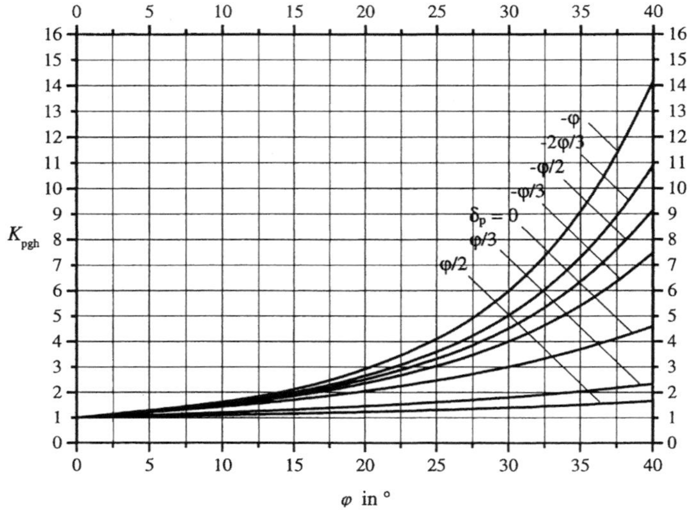

Abb. 14.38 Erddruckbeiwert K_{pgh} für gekrümmte Gleitflächen bei $\alpha = \beta = 0$ nach Sokolovsky/Pregl

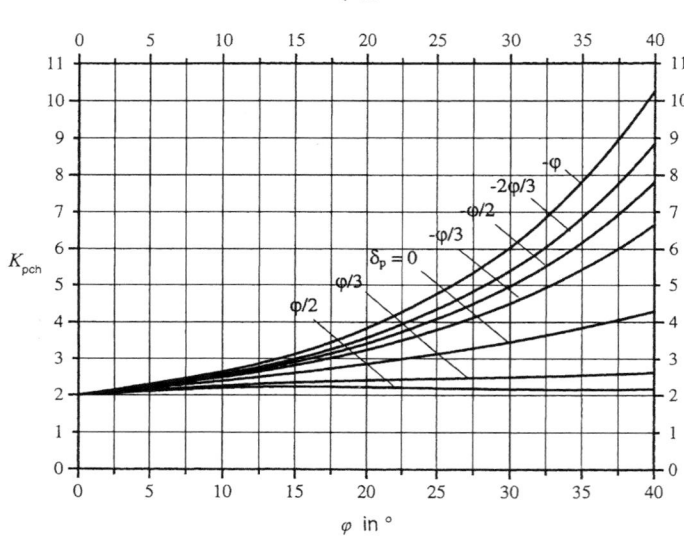

Abb. 14.39 Erddruckbeiwert K_{pch} für gekrümmte Gleitflächen bei $\alpha = \beta = 0$ nach Sokolovsky

Erdwiderstand aus einer Geländeauflast sollte aus ähnlichen Gründen nicht in Ansatz gebracht werden, da deren Vorhandensein nicht immer garantiert werden kann.

Die angegebenen Bestimmungsgleichungen gelten für den ebenen Fall. Im räumlichen Fall sind gesonderte Betrachtungen erforderlich (siehe DIN 4085).

14.9.2　Zwischenwerte und Sonderfälle des Erddrucks

14.9.2.1　Erhöhter aktiver Erddruck

Reichen die Bewegungen der Wand nicht aus, um den Grenzwert des aktiven Erddrucks voll zu mobilisieren, oder sollen die Verformungen im Hinblick auf sensible bauliche Einrichtungen im Umfeld reduziert werden, so ist ein **erhöhter aktiver Erddruck** anzusetzen, der größer als der aktive Erddruck, aber kleiner als der Erdruhedruck ist. Der übliche Ansatz lautet in diesem Fall:

$$E_a' = E_a \cdot \mu + E_0 \cdot (1 - \mu) \quad \text{mit } 0 \le \mu \le 1.$$

Die Größe μ hängt bei Dauerbauwerken von der Biegesteifigkeit der Stützkonstruktion ab, bei Baugruben neben der Wandsteifigkeit im Wesentlichen von der Anzahl und dem Vorspanngrad der Steifen und Anker.

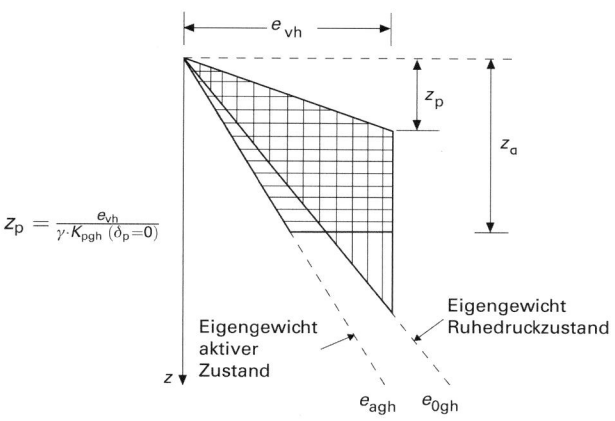

$$z_p = \frac{e_{vh}}{\gamma \cdot K_{pgh}\,(\delta_p=0)}$$

Abb. 14.40 Verteilung des Verdichtungserddruckes im aktiven (▨) und im Ruhedruckzustand (▯)

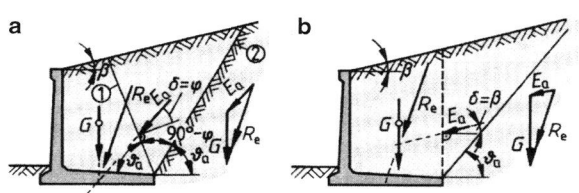

Abb. 14.41 Erddruck auf Winkelstützmauer.
a Tatsächlicher Gleitflächenverlauf,
b vereinfachter Ansatz.
Voraussetzung für **b**: keine gebrochene Geländeoberfläche, keine begrenzten Geländelasten, kein geschichteter Baugrund

14.9.2.2 Verminderter passiver Erddruck

Reichen die Wandbewegungen nicht aus, um den vollen Erdwiderstand zu mobilisieren, so ist **verminderter passiver Erddruck** anzusetzen, der kleiner als der passive Erddruck, aber größer als der Erdruhedruck ist. Er lässt sich in der Regel durch eine Interpolation in Abhängigkeit von der tatsächlichen Wandbewegung ermitteln. Ein gängiger Ansatz lautet:

$$E'_p = (E_p - E_0) \cdot \left[1 - \left(1 - \frac{s}{s_p}\right)^{1,6}\right]^{0,65} + E_0$$

s tatsächliche Wandverschiebung,
s_p maximale Wandverschiebung bei vollem Erdwiderstand.

Tafel 14.51 Ansatz des Verdichtungserddrucks

Wandeigenschaft	Breite des zu verfüllenden Raumes (B)	
	$B \leq 1,0\,\mathrm{m}$	$B \geq 2,5\,\mathrm{m}$
unnachgiebig	$e_{vh} = 40\,\mathrm{kN/m^2}$	$e_{vh} = 25\,\mathrm{kN/m^2}$
	Für $1,0\,\mathrm{m} < B < 2,5\,\mathrm{m}$ linear interpolieren	
nachgiebig	$e_{vh} = 25\,\mathrm{kN/m^2}$, $z_a = 2,0\,\mathrm{m}$	

14.9.2.3 Verdichtungserddruck

Bei starker Verdichtung des hinterfüllten Bodens kann es erforderlich sein, Verdichtungserddruck anzusetzen, der häufig größer ist als der Erdruhedruck. Die in DIN 4085 hierzu enthaltenen Ansätze sind als dreieckförmige Verteilung in Abb. 14.40 in Verbindung mit Tafel 14.51 dargestellt.

Für die Berechnung ist dabei insbesondere die Kenntnis der Einwirkungstiefe sowie die Größe und der Angriffspunkt der resultierenden Erddruckkraft von besonderem Interesse.

14.9.2.4 Erddruck auf Winkelstützwände

Für die Ermittlung der Erddrucklast im Rahmen von Standsicherheitsberechnungen im Grenzzustand GEO-2 (Gleit- und Grundbruchsicherheit) darf anstelle der tatsächlichen Verhältnisse (Abb. 14.41a) vereinfacht eine fiktive senkrechte Wandfläche durch die Hinterkante des waagerechten Schenkels angenommen werden (Abb. 14.41b). Die Neigung der Erddrucklast ist dabei parallel zur Neigung der Geländeoberfläche anzusetzen ($\delta_a = \beta$).

14.9.3 Erddruckansatz in bautechnischen Berechnungen

In den meisten Fällen liegen hinsichtlich der Verschiebungen nicht die Bedingungen vor, die zu einem der drei Fälle aktiver Erddruck, Erdruhedruck oder passiver Erddruck führen. Auf der Erdwiderstandsseite ist dies durch einen reduzierten Ansatz zu berücksichtigen.

Für die Seite der Einwirkungen (aktiver Erddruck bis Erdruhedruck) können folgende Beispiele genannt werden (Beispielskizzen vgl. Abb. 14.42 bis 14.44):

Abb. 14.42 In der Regel für aktiven Erddruck zu bemessende Bauwerke.
a Im Boden eingespannte Spund- oder Ortbetonwand,
b rückverankerte Spundwand oder Ortbetonwand,
c gegen eine Baugrubenwand betoniertes Bauwerk,
d Schwergewichtsmauer,
e Winkelstützmauer

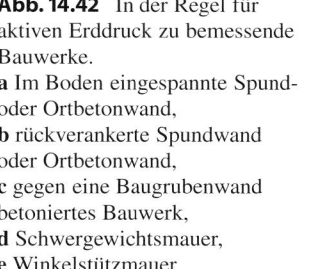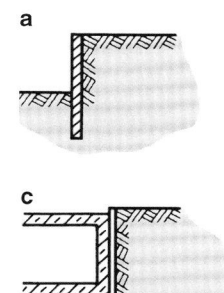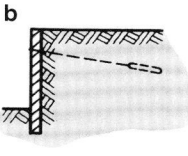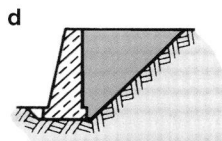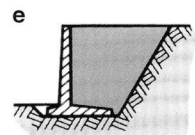

Abb. 14.43 In der Regel für erhöhten Erddruck zu bemessende Bauwerke.
a Unterfangungswand,
b Spundwand oder Ortbetonwand,
c in ein Bauwerk einbezogene Ortbetonwand

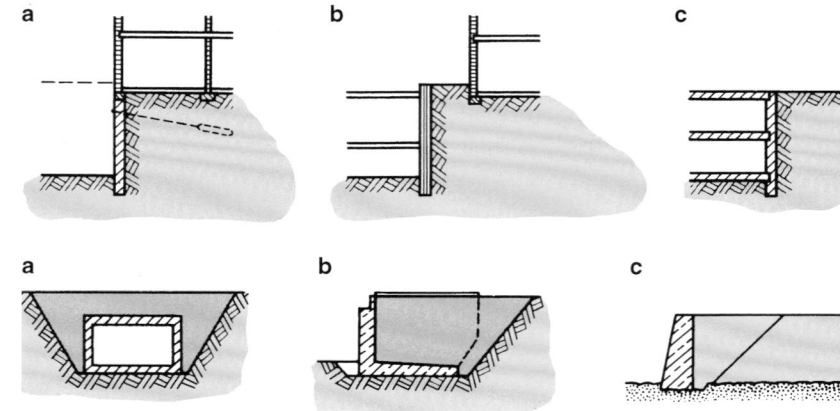

Abb. 14.44 In der Regel für Erdruhedruck zu bemessende Bauwerke.
a Tunnelbauwerk in abgeböschter Baugrube,
b Widerlagerbauwerk,
c Stützmauer auf Fels

Bemessung auf E_{ah}*:* Ungestützter Baugrubenverbau, Rückverankerter Verbau mit Festlegelasten um 80 %, auf Lockergestein gegründete Stützwände,

Bemessung auf $E_{ah} < E'_{ah} < E_{0h}$*:* Rückverankerter Verbau mit Festlegelasten um 100 %, mehrfach ausgesteifter Verbau, in Bauwerke einbezogene Verbauwände, Unterfangungswände,

Bemessung auf E_{0h}*:* Rückverankerter Verbau mit Verpressankern im Fels, Überschüttete Tunnelbauwerke, Widerlager mit biegesteif angeschlossenen Flügelmauern, auf Festgestein gegründete Stützwände.

14.10 Verankerungen mit Verpressankern

14.10.1 Abgrenzung, Schutzanforderungen und Untersuchungen

Verankerungen werden für die erdseitige Stützung von Baugruben und die dauerhafte Sicherung von Geländesprüngen eingesetzt. Verankerungen sind Bauteile, die die auftretenden Einwirkungen als Zugkraft aufnehmen und über Schubverbund oder Erdwiderstand in den Baugrund weiterleiten.

Hierzu zählen im Wesentlichen Verpressanker, Anker mit Ankertafeln oder aufgeweitetem Ankerfuß sowie „Ankerpfähle" als auf Zug beanspruchte Pfähle (vgl. Abschn. 14.8). Die nachfolgenden Ausführungen fokussieren sich auf **Verpressanker**.

Wie bei den Pfählen wird die **Bemessung** von Verpressankern in DIN EN 1997-1 geregelt, während für die **Herstellung** sowie die **Qualitätssicherung** DIN EN 1537 mit DIN SPEC 18537 als Ausführungsnorm maßgebend ist.

- Die Dauerhaftigkeit der Verpressanker ist durch sachgemäße Herstellung nach DIN EN 1537 sicherzustellen.
- Abstand und Zustand benachbarter baulicher Anlagen sind bei der Anordnung und Festlegung der Länge von

Verankerungen und des Verpressdruckes zu beachten und dafür ihre Abmessungen, Konstruktion und die Festigkeit der Gründungskörper sowie die Sohldrücke im Einflussbereich der Verpresskörper zu erkunden.

- Über DIN 4020 hinausgehend sind Beton und Grundwasser auf betonangreifende nach DIN 4030 und/oder stahlkorrosionsfördernde Stoffe nach DIN 50 929-3 zu untersuchen.
- Die Eigentumsverhältnisse, die Lage schützenswerter Ver- und Entsorgungsleitungen sowie die Kampfmittelfrage sind zu klären.

Anmerkung: Eine Beweissicherung der Nachbarbebauung ist oft empfehlenswert.

14.10.2 Bemessungsgrundlagen

Verpressanker sind den Geotechnischen Kategorien GK2 (Kurzzeitanker) oder GK3 (Daueranker) zuzuordnen (s. Abschn. 14.2). Ein weiteres Zuordnungskriterium ist die Frage, ob hinsichtlich von Schwell- oder dynamischen Beanspruchungen bereits Erfahrungen vorliegen oder noch nicht.

Maßgebende Formelzeichen und Bezeichnungen:

$R_{a,k}$ charakteristischer Herausziehwiderstand des Ankers (R – resistance, a – außen) [MN oder kN],

$R_{i,k}$ charakteristischer Widerstand des Stahlzuggliedes (i – innen) [MN oder kN],

P_P Prüfkraft in der Eignungs-/Abnahmeprüfung [MN oder kN],

P_0 Festlegekraft des Ankers [MN oder kN],

$f_{t,k}$ Charakteristischer Wert der Zugfestigkeit des Ankerstahles [MN/m², N/mm²],

$f_{t,0,1,k}$ Charakteristischer Wert der Spannung im Ankerstahl bei 0,1 % bleibender Dehnung [MN/m², N/mm²],

A_t Querschnittsfläche des Stahlzuggliedes [m² oder cm²].

Für die Ankerbemessung ist die Größe der resultierenden Beanspruchung in Richtung der Ankerachse mit charakteristischen Werten zu ermitteln und dabei nach ständigen und veränderlichen Beanspruchungen zu unterscheiden. Alle Beanspruchungen sind einer dieser beiden Gruppen zuzuordnen, da für ständige und veränderliche Beanspruchungen unterschiedliche Teilsicherheitsbeiwerte gelten.

Die ausreichende Tragsicherheit eines Ankers ist mit Teilsicherheitsbeiwerten für den Grenzzustand GEO-2 nachzuweisen.

Der Nachweis der Gebrauchstauglichkeit erfolgt – wie gewohnt – mit charakteristischen Werten.

Größe und Verteilung des Erddruckes nach DIN 4085
Das in der statischen Berechnung durch den Anker idealisierte Auflager wird in Abhängigkeit vom so genannten Vorspanngrad (wenig oder nicht vorgespannt, Festlegekraft 80–100 %, $\geq 100\,\%$ oder $> 100\,\%$ der statisch erforderlichen Last) als nachgiebig, wenig nachgiebig, annähernd unnachgiebig bzw. unnachgiebig bezeichnet. Analog ist der Erddruckansatz an das Verformungsverhalten des Verbaus anzupassen (aktiver Erddruck, umgelagerter aktiver Erddruck, erhöhter aktiver Erddruck oder Erdruhedruck).

Hinsichtlich der Verteilung des Erddruckes insbesondere bei der Bemessung von Baugruben wird auf Abschn. 14.12 verwiesen.

Ermittlung der Ankerkräfte Allen Zuggliedern (Verankerungen) einer gleichartigen Gruppe bzw. Verankerungslage werden gleich große Einwirkungen zugewiesen. Für den darin enthaltenen Einzelanker ergibt sich die Ankerkraft als Auflagerreaktion aus dem in der Regel zweidimensional geführten statischen Nachweis des verankerten Bauwerkes (Baugrube, Stützwand etc.), also in kN/lfd. m. Anschließend ist der Ankerabstand so zu wählen, dass der Nachweis der Tragfähigkeit und der Gebrauchstauglichkeit für den einzelnen Anker erfüllt werden. Dabei ist die Ankerlänge, der Neigungswinkel der Anker (in der Regel 15°–30°, wenn die örtlichen Verhältnisse keine stärkere Neigung erfordern) sowie die Querschnittsfläche des Stahlzuggliedes festzulegen. Da der Herauszieherwiderstand im Allgemeinen nur abgeschätzt werden kann, sollten Anker so angeordnet werden, dass der Einbau von Zusatzankern möglich ist.

14.10.3 Nachweis der Tragfähigkeit

Eine ausreichende Tragfähigkeit eines Einzelankers ist gegeben, wenn nach DIN EN 1997-1 für den Grenzzustand GEO-2 folgende Bedingung erfüllt ist:

$$P_d \leq R_{a;d}$$

P_d Bemessungswert der resultierenden Beanspruchung, berechnet aus der ungünstigsten Kombination der vorhandenen Einwirkungen,
$R_{a;d}$ Bemessungswert des Ankerwiderstandes.

Die Berechnung des Bemessungswertes der Ankerbeanspruchung P_d erfolgt wie üblich durch Multiplikation der charakteristischen Beanspruchungen mit lastfallabhängigen Partialsicherheiten.

Der Bemessungswert $R_{a;d}$ des Ankerwiderstandes ergibt sich als Mindestwert der Bemessungswerte des Herausziehwiderstandes. Zusätzlich ist die Zugfestigkeit des Stahlzuggliedes nachzuweisen (Materialwiderstand). Diese werden durch Division der charakteristischen Widerstände $R_{a,k}$ und $R_{i,k}$ mit dem vom Widerstandstyp abhängigen, aber vom Lastfall unabhängigen Teilsicherheitsbeiwert $\gamma_a = 1,10$ (vgl. Tafel 14.22, Abschn. 14.6.4) oder $\gamma_M = 1,15$ ermittelt.

Zur Festlegung der für eine Ankerbemessung notwendigen Bemessungsgrößen wird die Einschaltung eines geotechnischen Sachverständigen empfohlen. Im Einzelnen sind drei Nachweise zu führen:

1) Überprüfung der gewählten Ankerlänge mit dem **Nachweis der Standsicherheit in der tiefen Gleitfuge** (Nachweis im Grenzzustand GEO-2)

Dieser Nachweis erfolgt bei einfacher Verankerung nach dem Verfahren von Kranz, wobei nach EAU E 10 in der Mitte der rechnerischen Krafteintragungsstrecke eine Ersatzwand angesetzt wird (s. Abb. 14.45). Der untere Ansatzpunkt der tiefen Gleitfläche entspricht dem Fußpunkt des Verbaus (bei freier Auflagerung) bzw. dem Querkraftnullpunkt (bei Einspannung).

Aus dem geschlossenen Krafteck nach Abb. 14.45 ergibt sich der charakteristische Wert des Ankerwiderstandes für ständige bzw. ständige und veränderliche Lasten. Hiermit ist nachzuweisen:

$$R_{A,d} = \frac{R_{A(G)}}{\gamma_{R,e}} \geq E_d = A_G \cdot \gamma_G \quad \text{(ständige Lasten)}$$

bzw.

$$R_{A,d} = \frac{R_{A(G+P)}}{\gamma_{R,e}} \geq E_d = A_G \cdot \gamma_G + A_P \cdot \gamma_Q$$
$$\text{(ständige und veränderliche Lasten)}$$

Bei mehrfacher Verankerung wird die Standsicherheit nach [13] bestimmt.

Bei Wänden mit erhöhtem aktiven Erddruck oder Ruhedruck ist der Bruchzustand des Bodens zugrunde zu legen, d. h. die Erddruckkräfte und Ankerkräfte sind bei dem Nachweis in der tiefen Gleitfuge aus dem Grenzzustand des aktiven Erddruckes zu ermitteln.

Ferner ist der Nachweis der Gesamtstandsicherheit für den Grenzzustand GEO-3 zu führen (vgl. Abschn. 14.11).

2) **Nachweis eines ausreichenden Widerstandes des Stahlzuggliedes** (Tragfähigkeitsverlust durch Bauteilversagen des Ankermaterials)

Nach DIN 1054 (12.10) erfolgt die Ermittlung des charakteristischen Stahlzuggliedwiderstandes über die Querschnittsfläche des Stahlzuggliedes (A_t) und die Spannung bei

Abb. 14.45 Nachweis in der tiefen Gleitfuge bei rückwärtigen Verankerungen

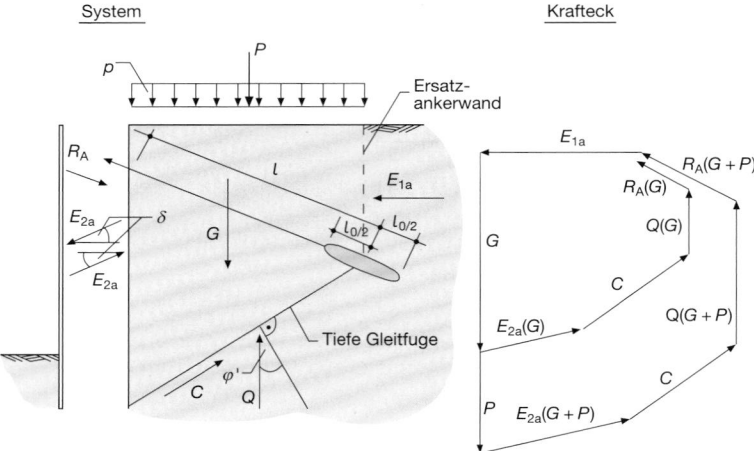

0,1 % bleibender Dehnung ($f_{t,0,1,k}$) im Stahl wie folgt:

$$R_{i,k} = A_t \cdot f_{t,0,1,k}.$$

Hieraus ist der Bemessungswert durch Division des charakteristischen Wertes durch den Partialsicherheitsbeiwert von $\gamma_M = 1,15$ zu ermitteln und damit wie folgt nachzuweisen:

$$R_{i,d} = R_{i,k}/\gamma_M \geq P_d.$$

3) **Nachweis eines ausreichenden Herausziehwiderstandes aus Eignungsprüfungen** (Tragfähigkeitsverlust des Bodens in der Ankerumgebung)

Die Ermittlung des charakteristischen Herausziehwiderstandes soll nach DIN EN 1997-1 auf der Grundlage der Ergebnisse einer an mindestens drei Ankern durchgeführten **Eignungsprüfung** unter Aufsicht eines sachverständigen Institutes (Prüfstelle) erfolgen.

Die Prüfkraft wird in der Regel in Abhängigkeit vom in der Statik gewählten Erddruckansatz wie folgt festgelegt:

$$P_p = 1,10 \cdot P_d \,,$$

mit

P_d Bemessungswert der Ankerbeanspruchung.

Die Durchführung und Auswertung der Eignungsprüfungen ist in DIN EN 1537 und DIN SPEC 18537 festgelegt. Mit einer Eignungsprüfung werden folgende Größen ermittelt bzw. festgelegt:

Herausziehwiderstand $R_{a,k}$, Kriechmaß, freie Stahllänge, Festlegekraft.

Für eine Vorbemessung von Verpressankern können die in [1] enthaltenen Diagramme nach OSTERMAYER (nichtbindige Böden: Grenzlast, bindige Böden: Grenzmantelreibung) herangezogen werden.

Aus dem charakteristischen Wert ist der Bemessungswert wie üblich durch Division durch den entsprechenden Partialsicherheitsbeiwert (vgl. Tafel 14.22) zu ermitteln und damit wie folgt nachzuweisen:

$$R_{a,d} = R_{a,k}/\gamma_a \geq P_d.$$

Der charakteristische Herausziehwiderstand ist diejenige Kraft, die im Zugversuch ein zeitabhängiges Kriechmaß $k_s \leq 2,0$ mm erzeugt.

Auf eine **Eignungsprüfung** darf nur bei Kurzzeitankern und nur dann verzichtet werden, wenn eine solche schon in einem anderen vergleichbaren Baugrund ausgeführt worden ist. Ansonsten ist die Eignungsprüfung auf jeder Baustelle an mindestens drei Verpressankern dort auszuführen, wo die ungünstigsten Ergebnisse zu erwarten sind.

14.10.4 Nachweis der Gebrauchstauglichkeit

Die Gebrauchstauglichkeit eines Verpressankers wird mit der **Abnahmeprüfung** nachgewiesen. Jeder eingebaute Anker ist einer solchen Prüfung zu unterziehen.

14.11 Baugruben

14.11.1 Abgrenzung, Anforderungen und Untersuchungen

Für die Sicherung von Baugruben und Gräben kommen grundsätzlich Böschungen und/oder Verbausysteme in Frage. Letztere müssen die aus dem Erd- und Wasserdruck resultierenden Biegebeanspruchungen aufnehmen und die Auflagerreaktionen zuverlässig in das angrenzende Erdreich ableiten.

Maßgebend für den Entwurf einer Baugrubensicherung sind im Wesentlichen die Platzverhältnisse, die Tiefe und Breite der Baugrube sowie die Boden- und Grundwasserverhältnisse. Häufig sind zusätzliche Entwurfskriterien zu beachten, wie benachbarte bauliche Einrichtungen, Möglichkeit einer temporären Wasserhaltung, Rückbau der Verbaukomponenten oder Einbindung des Verbaus in das herzustellende Bauwerk. Das Erkundungsprogramm mit direkten und indirekten Aufschlüssen ist auf die genannten Frage-

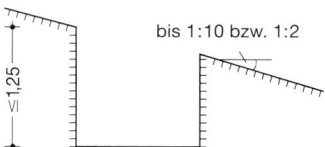

Abb. 14.46 Unverbauter Graben mit senkrechten Wänden

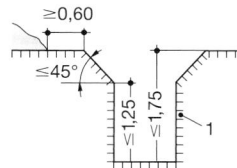

Abb. 14.47 Unverbauter Graben mit senkrechten Wänden und geböschten Kanten. *1* Mindestens steifer bindiger Boden

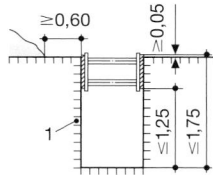

Abb. 14.48 Teilweise verbauter Graben. *1* Mindestens steifer bindiger Boden

stellungen auszulegen und durch Laboruntersuchungen zu ergänzen.

Die Bemessung von Baugruben erfolgt unter Anwendung des Partialsicherheitskonzeptes nach DIN EN 1997-1, insbesondere unter Beachtung der Empfehlungen des Arbeitskreises „Baugruben" (EAB) der DGGT.

DIN 4124 enthält allgemeine Hinweise zur Herstellung und Sicherung von Gräben und Baugruben. Für einfache Fälle (Gräben, Baugruben mit relativ geringer Tiefe) sind entsprechend DIN 4124 folgende generellen Hinweise zu beachten:

In gemischtkörnigen und bindigen Böden bis zur Baugrubentiefe

$t < 1{,}25\,\mathrm{m}$ ohne Verbau, falls die Neigung der anschließenden Geländeoberfläche bei nichtbindigen und weichen bindigen Böden $< 1:10$, bei mindestens steifen bindigen Böden $< 1:2$ ist (vgl. Abb. 14.46).

$1{,}25 \le t \le 1{,}75$ abgeböschte oder teilweise gesicherte Gräben (vgl. Abb. 14.47 und 14.48).

$t > 1{,}75\,\mathrm{m}$ geschlossener Verbau.

Als zulässige Böschungswinkel von maximal 5 m tiefen Baugruben können ohne rechnerische Nachweise der Standsicherheit bei homogenen Baugrundverhältnissen und bei der oben genannten begrenzten Geländeneigung sowie bei einem Mindestabstand der Verkehrslasten nach Tafel 14.52 folgende Werte angenommen werden, sofern kein Grund-/

Tafel 14.52 Mindestabstand *a* in m von Verkehrslasten

	①	②	③	④
Nicht verbaute Wände	$\ge 1{,}0$	$\ge 2{,}0$	$\ge 1{,}0$	$\ge 2{,}0$
Waagerechter Normverbau	$\ge 0{,}6$	$\ge 1{,}0$	$\ge 0{,}6$	$\ge 1{,}0$
Senkrechter Normverbau	$\ge 0{,}6$	$\ge 0{,}6$	$\ge 0{,}0$	$\ge 1{,}0$

a lichter Abstand zwischen Böschungskante bzw. Hinterkante des Verbaus und Aufstandsfläche von
① nach StVZO allgemein zugelassenen Straßenfahrzeugen
② schweren Straßenfahrzeugen, z. B. Straßenrollern und Schwertransportfahrzeugen,
③ nach StVZO zugelassenen Baufahrzeugen sowie Baggern und Hebezeugen bis 12 t im Einsatz
④ von schweren Baufahrzeugen sowie Baggern und Hebezeugen von 12 bis 18 t im Einsatz

Schichtwasser, keine zum Fließen neigenden Bodenschichten und keine ungünstig geneigten Bodenschichten anstehen:
a) nichtbindige oder weiche bindige Böden $\beta = 45°$
b) mindestens steife bindige Böden $\beta = 60°$
c) Fels $\beta = 80°$.
Die angegebenen Winkel gelten als Richtwerte. Insbesondere bei Fels ist bei der Festlegung der Böschungswinkel die Raumstellung des Trennflächengefüges zu beachten.

Für Straßenfahrzeuge nach 1 und 2 ist kein Mindestabstand erforderlich, falls Maßnahmen nach DIN 4124, Ziffer 6 und 7, wie Verdoppelung der Bohlen und Verringerung der Stützweiten, getroffen werden.

Bei waagerechter Geländeoberfläche, nichtbindigem oder steifem bis halbfestem bindigem Boden, fehlenden Gebäudelasten und Regelabständen der Verkehrslasten nach Tafel 14.52 werden im Kanalgraben häufig Grabenverbaugeräte eingesetzt.

Diese bestehen aus mittig oder am Rand gestützten Verbauplatten (vgl. Abb. 14.49), die auch mit dem Aushub

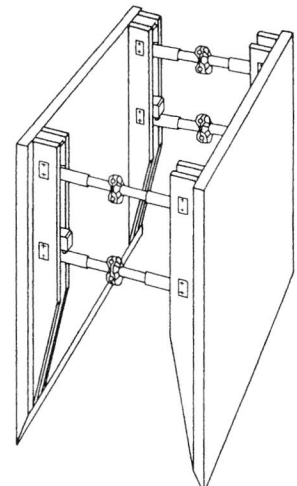

Abb. 14.49 Verbauplatte (Beispiel Randträger)

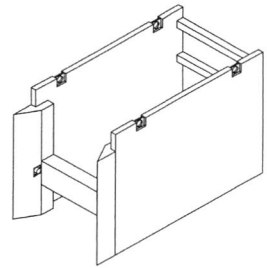

Abb. 14.50 Schleppbox

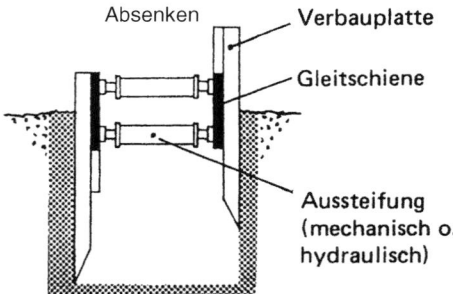

Abb. 14.51 Gleitschienenverbau (Prinzip)

fortschreitend waagerecht gezogen werden können (vgl. Abb. 14.50), aus Gleitschienensystemen (vgl. Abb. 14.51) oder aus Dielenkammersystemen (Gurtrahmen, die zur vertikalen Führung von Verbauprofilen dienen). In der Regel erfolgt die Bemessung und Auswahl eines geeigneten Systems herstellerseitig nach den anstehenden Baugrundverhältnissen.

Alternativen wie der Waagerechte und der Senkrechte Grabenverbau sind wegen der relativen hohen Lohnkostenanteile und der zunehmenden Mechanisierung der einzelnen Systeme etwas in den Hintergrund getreten.

Sofern die Abmessungen einer Baugrube, der erforderliche steifenfreie Raum, die Anforderungen an Wasserdichtheit oder geringe Verformungen, die ungünstigen Baugrundverhältnisse oder andere Gründe keine einfachen Systeme zulassen, kann eines der in Abb. 14.52 dargestellten Verbausysteme zur Anwendung kommen.

Die Verbausysteme sind in Abb. 14.52 unter dem Aspekt der Wasserdichtigkeit und der Biegesteifigkeit der Verbauwand gegliedert. Zu den wesentlichen Verbausystemen zählen danach Trägerverbauten mit Holz- und Spritzbetonausfachung (in seltenen Fällen auch mit Kanaldielen), Spundwände, Bohrpfahlwände (aufgelöst, tangierend oder überschnitten), Schlitzwände und eine Bodenvernagelung. Seltener in der Anwendung sind Elementwände, Injektionswände, Mixed-in-Place-Wände oder der Einsatz von Bodenvereisungsmaßnahmen.

Weitere allgemeine Regelungen enthält DIN 4124.

14.11.2 Bemessungsgrundlagen

Baugruben sind in der Regel der Geotechnischen Kategorie GK2, bei schwierigen Randbedingungen (z. B. mögliche Beeinflussung der Nachbarbebauung, schwierige Grundwasserverhältnisse, zeitabhängige Baugrundeigenschaften) auch der Kategorie GK3 zuzuordnen (s. Abschn. 14.2). Eine

Abb. 14.52 Überblick Verbausysteme für Baugruben

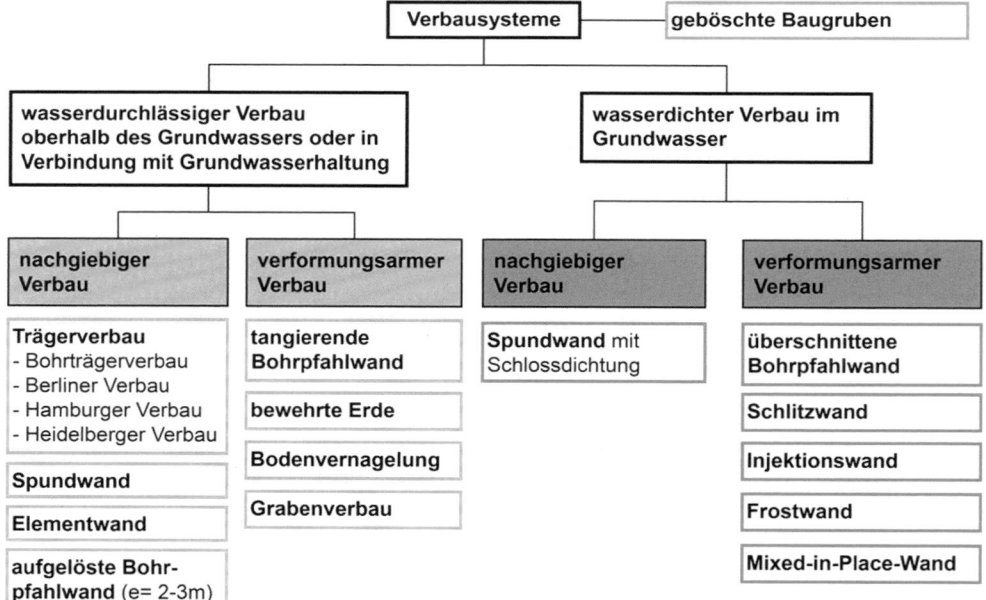

Abb. 14.53 Verbau, statisch bestimmte Systeme.
a ungestützt, voll eingespannt, **b** einfach gestützt, frei aufgelagert

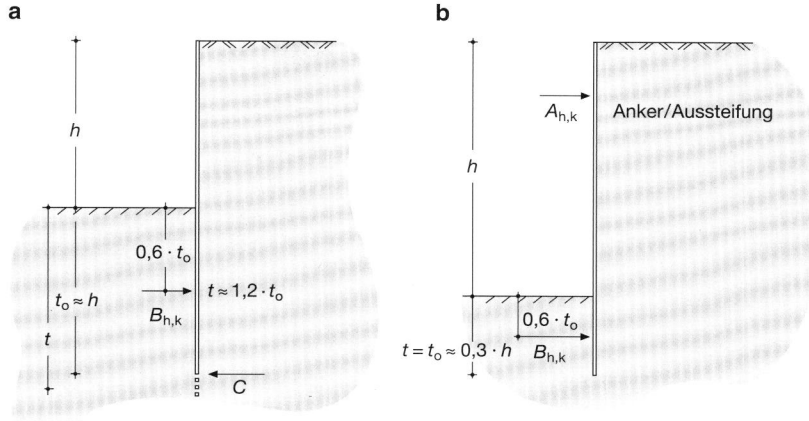

Zuordnung zur Kategorie GK1 ist nur in besonders einfachen Fällen möglich (z. B. Baugrubentiefe höchstens 2,0 m, bei Verwendung von Verbausystemen oder Ausführung des Normverbaus für einen Grabenaushub).

Da es sich bei einer Baugrube um einen vorübergehenden Zustand handelt, ist in den meisten Fällen eine Bemessung unter Zugrundelegung der Bemessungssituation BS-T vorzunehmen. Lediglich für Aussteifungen und Verankerungen (im Vollaushub-Zustand) wird aus Sicherheitsgründen immer eine Bemessung unter Zugrundelegung der Bemessungssituation BS-P vorgeschrieben.

Für die Baugrubenbemessung ist die Größe der resultierenden Verbaubeanspruchung mit charakteristischen Werten zu ermitteln und dabei nach ständigen und veränderlichen Beanspruchungen zu unterscheiden. Alle Beanspruchungen sind einer dieser beiden Gruppen zuzuordnen, da für ständige und veränderliche Beanspruchungen unterschiedliche Teilsicherheitsbeiwerte gelten.

Die ausreichende Tragfähigkeit eines Verbaus und seiner Komponenten ist beim Sicherheitskonzept mit Teilsicherheitsbeiwerten für verschiedene Grenzzustände nachzuweisen. Für den Nachweis ausreichender Bauteilabmessungen (Einbindetiefe, Profilquerschnitt, Verankerungen/Aussteifungen und Gurtungen) ist der Grenzzustand **GEO-2 bzw. STR** zugrunde zu legen, für den Nachweis der Gesamtstandsicherheit der Grenzzustand **GEO-3** (vgl. Abschn. 14.12). Wird eine innerhalb der Baugrube betriebene Wasserhaltung oder eine Lösung nach dem Prinzip der Grundwasserabsperrung ausgeführt, so sind zusätzlich die Grenzzustände **HYD bzw. UPL** (Lagesicherheit) zu berücksichtigen.

Der Nachweis der Gebrauchstauglichkeit erfolgt – wie gewohnt – mit charakteristischen Werten, dabei häufig unter Einsatz numerischer Simulationsmodelle. Bei verformungsunempfindlichen Systemen erlaubt DIN EN 1997-1 auch eine vereinfachte Nachweisführung (vgl. Abschn. 14.11.5).

14.11.3 Statische Berechnung

Für die statische Berechnung sind ein statisches System und eine Belastungsfigur zu wählen. Mit den damit ermittelten Auflagerkräften und Schnittgrößen (Charakteristische Werte) sind anschließend die verschiedenen Tragsicherheits- und ggf. Gebrauchstauglichkeitsnachweise zu führen.

14.11.3.1 Statisches System
Das statische System eines Baugrubenverbaus wird durch die Anzahl und Lage der im Aushubbereich angeordneten Steifen/Anker sowie die Einbindetiefe des Verbaus unterhalb der Baugrubensohle bestimmt. Ein ungestützter, im Boden voll eingespannter Verbau oder ein einfach gestützter, im Boden frei aufgelagerter Verbau können als statisch bestimmte Systeme betrachtet werden (vgl. Abb. 14.53).

In allen anderen Fällen (mehrfache Stützung im Aushubbereich/Volleinspannung und mindestens einfache Stützung im Aushubbereich) ist eine statisch unbestimmte Aufgabe zu lösen.

Zur Vorbemessung können für die Wahl des jeweils zutreffenden statischen Systems in erster Näherung die in Abb. 14.53 angegebenen Einbindetiefen angenommen werden. Bei einer oder mehreren im Aushubbereich angeordneten Stützen kann bereits dann im Baugrubensohlbereich von einer Volleinspannung ausgegangen werden, wenn die Einbindetiefe etwa der halben Baugrubentiefe ($t_0 \approx 0.5 \cdot h$) entspricht.

Die Auflager im Aushubbereich $A_{h,k,i}$ werden an der Stelle der jeweiligen Sicherungselemente (Anker/Steifen) angeordnet, das den Erdwiderstand idealisierende Auflager $B_{h,k}$ im Einbindebereich in der Regel bei 60 % der rechnerischen Einbindetiefe und die eine Volleinspannung ergänzende Auflagerkraft C am rechnerischen Fußpunkt der Wand. Tatsächliche und rechnerische Einbindetiefe unterscheiden sich bei

Abb. 14.54 Ermittlung der aktiven Erddrucklast bei teilweise bindigen Bodenschichten

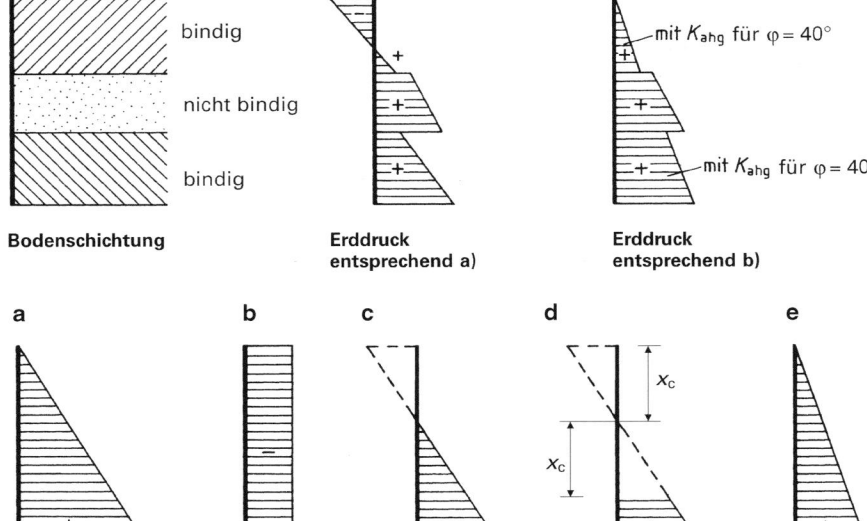

Abb. 14.55 Ermittlung der aktiven Erddrucklast bei durchgehend bindigem Boden.
a Erddruck aus Bodeneigengewicht,
b Erddruck infolge von Kohäsion,
c Erddrucklast bei nicht gestützten Baugrubenwänden,
d Erddrucklast bei gestützten Baugrubenwänden,
e Mindesterddrucklast

frei aufgelagerten Wänden nicht (in diesem Fall ist $C = 0$). Bei eingespannten Wänden ist zur Festlegung der tatsächlichen Einbindetiefe die rechnerische Einbindetiefe um ca. 20 % zu erhöhen. Näheres hierzu findet sich in der EAU.

14.11.3.2 Lastansätze (Einwirkungen)

Baugruben werden immer durch Erddruck (aus Eigengewicht und möglicherweise zusätzlich wirkende Verkehrs- oder Fundamentlasten) und ggf. zusätzlich durch Wasserdruck belastet. Die Größe und Verteilung des Erddruckes (aktiver, umgelagerter aktiver, erhöhter aktiver Erddruck oder Erdruhedruck) richten sich nach der Steifigkeit des Verbaus und der Lage und Anzahl der Anker/Steifen.

Bei Verbauarten, die nur oberhalb der Baugrubensohle eine flächige Sicherung aufweisen (insbesondere Trägerbohlwand, aufgelöste Bohrpfahlwand), endet der aktive Erddruck in Höhe der Baugrubensohle. Bei auch im Einbindebereich durchgehenden Verbausystemen (Spundwand, tangierende oder überschnittene Bohrpfahlwand, Schlitzwand) ist der Erddruck bis zum rechnerischen Fußpunkt des Verbaus anzusetzen.

Bei der Wahl der Lastfiguren sind die Empfehlungen der EAB zu beachten. Nachfolgend sind die wichtigsten Berechnungsansätze zusammengestellt.

Wahl der Bodenkenngrößen Das Baugrundmodell und die Bodenkennwerte sind auf der Basis der Erkundungsergebnisse (Feld- und Laborversuche) als Eingangsgrößen für die Ermittlung der Erddrücke und mögliche Bettungswerte festzulegen.

Kapillarkohäsion von nichtbindigen Böden, insbesondere Sand, darf nur in Ausnahmefällen und bis zu $c' = 2\,\text{kN/m}^2$ berücksichtigt werden, sofern sie nicht durch Austrocknung,

Überfluten des Baugrundes (Ansteigen des Grundwassers oder Wasserzulauf von oben) während der Bauzeit verlorengehen kann.

Ansatz des Wandreibungswinkels [EB 4] Im Regelfall kann der Wandreibungswinkel auf der aktiven Seite mit $\delta_a = +2{,}3\varphi$, davon abweichend bei Schlitzwänden mit $\delta_a = +1/2\varphi$ angesetzt werden. Lässt sich $\sum V = 0$ nicht anders nachweisen, z. B. bei Hilfsbrücken und starker Neigung der Verankerung, so ist ein kleinerer, ggfs. auch negativer Wandreibungswinkel, höchstens jedoch $\delta_a = -2/3\varphi'$ bzw. $\delta_a = -1/2\varphi'$ bei Schlitzwänden anzunehmen.

Ansatz von Mindesterddruck bei Böden mit Kohäsion [EB 4] Bei durchgehend bindigen sowie bei wechselnden Bodenschichten ist die Erddrucklast a) mit den jeweils gewählten Scherfestigkeiten und b) mit den gewählten Scherfestigkeiten im Bereich der nichtbindigen und mit einem Mindesterddruckbeiwert (K_{agh} für $\varphi = 40°$) im Bereich der bindigen Schichten (Mindesterddruck s. Abb. 14.54 und 14.55) zu ermitteln. Der ungünstigste Lastansatz (größere Erddruckordinate) ist maßgebend.

Ansatz von erhöhtem Erddruck (EB 8) bei ausgesteiften Spund- und Trägerbohlwänden nur dann, wenn bei geringem Abstand der Unterstützung die Steifen der Spundwände mit mehr als 30 % und die Steifen der Trägerbohlwände mit mehr als 60 % vorgespannt werden. Bei ausgesteiften Ortbetonwänden ist generell erhöhter Erddruck anzusetzen.

Bei verankerten Baugruben richtet sich die Größe des Erddruckes danach, mit welcher Kraft die Anker festgelegt werden und in welchem Bodenhorizont die Verpresskörper liegen (s. Abschn. 14.10). Auch bei geringem Abstand einer

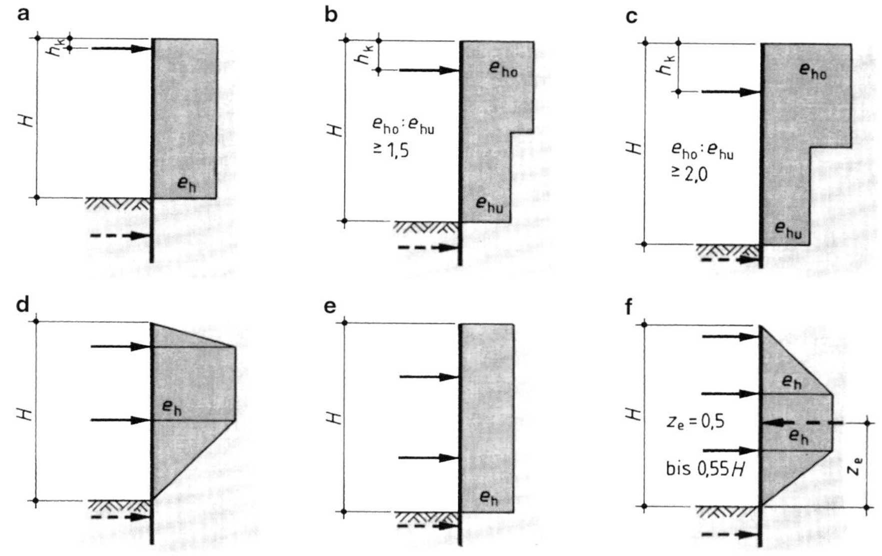

Abb. 14.56 Lastfiguren für gestützte Trägerbohlwände nach EB 69 (Auswahl).
a Stützung bei $h_k \leq 0{,}1 \cdot H$,
b Stützung bei $0{,}1 \cdot H < h_k \leq 0{,}2 \cdot H$,
c Stützung bei $0{,}2 \cdot H < h_k \leq 0{,}3 \cdot H$,
d mittlere Anordnung der Stützungen,
e tiefe Anordnung der Stützungen,
f dreimal gestützte Wand

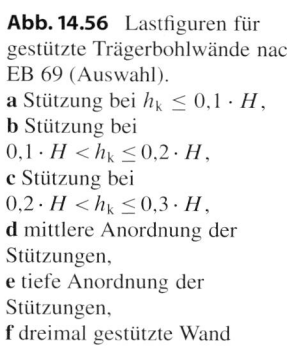

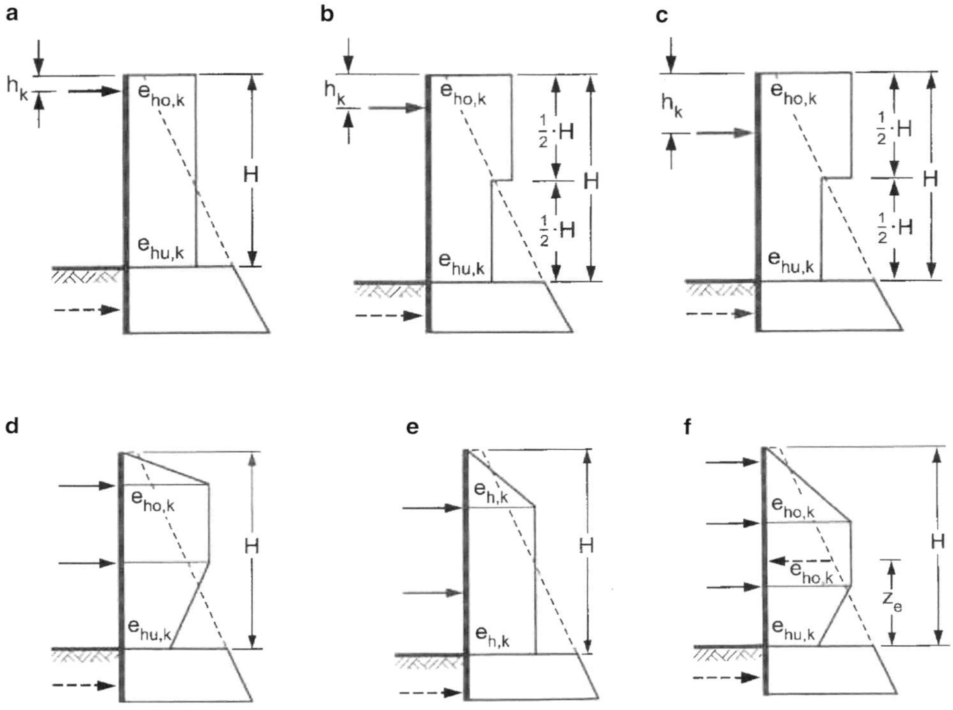

Abb. 14.57 Lastfiguren für gestützte Spundwände und Ortbetonwände.
a $h_k < 0{,}1 \cdot H$,
b $0{,}1 \cdot H < h_k < 0{,}2 \cdot H$,
c $0{,}2 \cdot H < h_k < 0{,}3 \cdot H$,
d mittlere Anordnung der Stützen,
e tiefe Anordnung der Stützen,
f dreimal gestützte Wand

Baugrube zu bestehender Bebauung kann durch den Ansatz eines erhöhten aktiven Erddrucks ein „robusterer" Verbau und damit in der Konsequenz geringere Verformungsauswirkungen bewirkt werden (EB22).

Zutreffende Lastfiguren für gestützte Baugrubenwände nach EB 69 Wenn a) die Geländeoberfläche waagerecht, b) der Boden mindestens mitteldicht gelagert oder steife Konsistenz aufweist, c) die Steifen zumindestens kraftschlüssig verkeilt oder Verpressanker auf mindestens 80 % der für den nächsten Bauzustand errechneten Kraft vorgespannt werden und d) unter der einzubauenden Stutzung nicht tiefer als $1/3\,h$ der verbleibenden Restmächtigkeit h

des Aushubs abgebaggert wird, können **bei Trägerbohlwänden** die in Abb. 14.56 dargestellten Lastfiguren verwendet werden.

Bei gestützten Spund- und Ortbetonwänden können für die Stützungsfälle a) bis f) die in Abb. 14.57 dargestellten Lastfiguren verwendet werden.

Lastfiguren des Erdruhedruckes nach EAB (EB 23) Er ist dreieckförmig verteilt nach Abb. 14.58a anzusetzen. Falls sich die Wand bei mindestens zwei Abstützungen unten gegen das Erdreich stützt, darf die Ruhedruckspannung von der untersten Abstützung ab als konstant angesehen werden (s. Abb. 14.58b).

Abb. 14.58 Lastbilder für Spund- und Ortbetonwände bei Ansatz des Erdruhedruckes (EB 22).
a Erddruckverteilung bei unnachgiebiger Stützung des Wandfußes,
b Erddruckverteilung bei nachgiebiger Stützung des Wandfußes

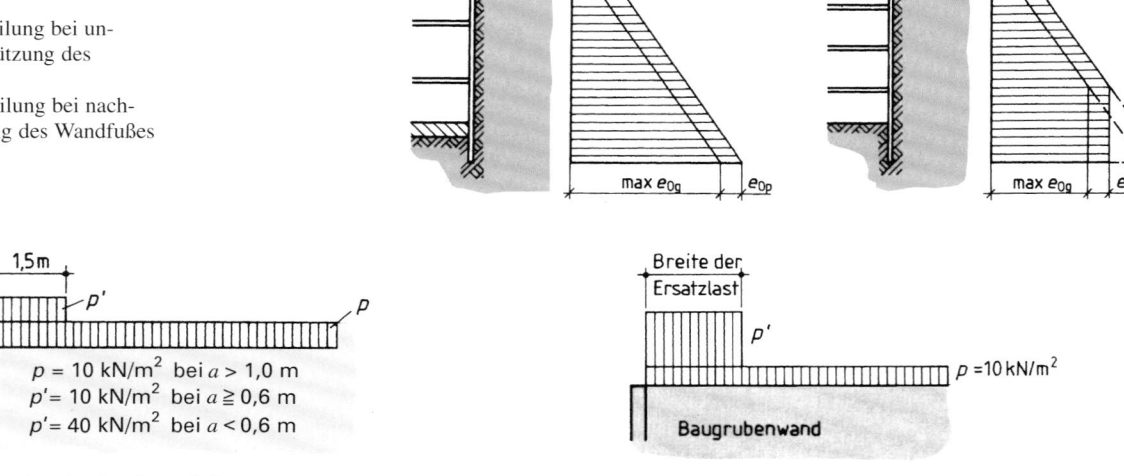

Abb. 14.59 Ersatzlast für Straßenverkehr

Abb. 14.60 Ersatzlast für Bagger und Hebezeuge

Ansatz von Nutzlasten in Form von Ersatzlasten

a) bei Straßenverkehr (EB 55) nach Abb. 14.59

Voraussetzung für den Ansatz der Ersatzlasten

a) bei Straßenverkehr gemäß Abb. 14.59: Fahrbahndecke $d > 15$ cm sowie Achslasten im zulässigen Bereich der Straßenverkehrszulassungsordnung.

Wird gegen die Baugrubenwand ein Schrammbord abgestützt, so ist darauf ein waagerechter Seitenstoß nach DIN FB 101 anzusetzen.

b) bei Schienenverkehr (EB 55)

Die Nutz- und Ersatzlasten sind nach den Vorschriften der jeweiligen Verkehrsbetriebe anzusetzen. Bei Straßenbahnen genügt eine unbegrenzte Flächenlast $p = 10$ kN/m^2 entsprechend Abb. 14.59, wenn der Abstand zwischen Schwellenenden und Baugrubenwand $\geq 0{,}6$ m beträgt. Gegebenenfalls sind Fliehkräfte und Seitenstoß zu berücksichtigen.

c) bei Baustellenverkehr (EB 56)

Für Lasten im Rahmen der Straßenverkehrszulassung gilt Abb. 14.59 auch dann, wenn ein Straßenbelag fehlt.

d) bei Stapellasten (EB 56)

wird eine unbegrenzte Flächenlast $p = 10$ kN/m^2, wie in Abb. 14.59 dargestellt, angesetzt.

e) bei Bagger und Hebezeugen (EB 57)

(a) Wenn die folgenden Abstände eingehalten werden, genügt der Ansatz einer unbegrenzten Flächenlast von 10 kN/m^2

1,5 m bei $G = 10$ t
2,5 m bei $G = 30$ t
3,5 m bei $G = 50$ t
4,5 m bei $G = 70$ t

(b) Sonst sind Ersatzlasten nach Abb. 14.60 in Verbindung mit Tafel 14.53 anzusetzen.

Tafel 14.53 Größe und Breite der Streifenlast p' in Abb. 14.60 in Abhängigkeit vom Gesamtgewicht G

Gesamtgewicht des Gerätes	Zusätzliche Streifenlast p'		Breite der Streifenlast p'
	Kein Abstand	Abstand 0,60 m	
10 t	50 kN/m^2	20 kN/m^2	1,50 m
30 t	110 kN/m^2	40 kN/m^2	2,00 m
50 t	140 kN/m^2	50 kN/m^2	2,50 m
70 t	150 kN/m^2	60 kN/m^2	3,00 m

Verteilung des aktiven Erddrucks aus Nutzlast (vgl. Abb. 14.61 und 14.62).

Lastfiguren des Wasserdrucks Ergeben sich außerhalb und innerhalb einer Baugrube unterschiedliche Grundwasserstände (z. B. infolge einer Grundwasserabsenkung), so darf die eintretende Umströmung der Verbauwand in einfachen Fällen durch den auf der sicheren Seite liegenden Ansatz des resultierenden **hydrostatischen Wasserdrucks** vereinfacht werden. Der Einfluss der Strömung auf den **Erddruck** (Erhöhung des aktiven, Reduzierung des passiven Erddrucks) ist allerdings in jedem Falle im Ansatz der Einwirkungen mit zu berücksichtigen, indem die Wichte des Bodens unter Auftrieb um die volumenbezogene Strömungskraft $i \cdot \gamma_W$ erhöht (aktive Seite) bzw. reduziert (passive Seite) wird. Hierbei ist der jeweilige Potentialabbau entlang der Verbauwand möglichst genau zu ermitteln. Ein linearer Abbau stellt immer nur eine grobe Näherungslösung dar.

Bei stark schwankendem Grundwasserspiegel ist der Wasserdruck aus niedrigstem Wasserspiegel als ständige Einwirkung zu behandeln, der darüber hinausgehende Wasserdruck bei höheren Wasserspiegeln als veränderliche Einwirkung.

Abb. 14.61 Ansatz des Erddruckes aus Nutzlasten bei nicht gestützten Wänden.
a Streifenlast bis zur Wand,
b Streifenlast mit Abstand von der Wand,
c Linienlast

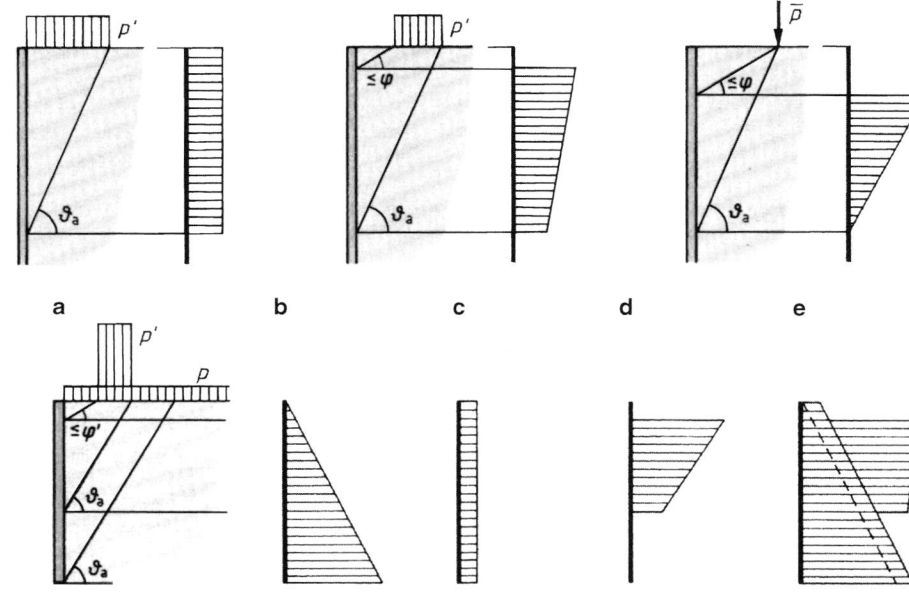

Abb. 14.62 Verteilung des Erddruckes auf eine nicht gestützte, im Boden eingespannte Baugrubenwand in nichtbindigem Boden bei Annahme von Gleitflächen unter dem Winkel ϑ_a (Beispiel).
a Belastung,
b Bodeneigenlast,
c Flächenlast p,
d Streifenlast p',
e Überlagerung

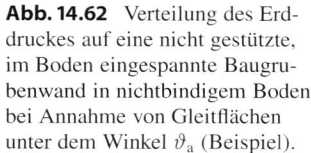

14.11.3.3 Widerstände

Die bei einem Baugrubenverbau anzusetzenden Widerstände entsprechen neben dem eigentlichen Materialwiderstand des Verbauprofiles den in der statischen Berechnung angenommenen Auflagern. Demzufolge wird zwischen dem Erdwiderstand im Einbindebereich des Verbaus und den so genannten Bauteilwiderständen (Anker, Steifen, Gurtung etc.) unterschieden.

Erdwiderstand Der unterhalb der Baugrubensohle wirkende Erdwiderstand ist bei durchgehend wandartigen Verbausystemen (Spundwand, tangierende oder überschnittene Bohrpfähle, Schlitzwand) als linienförmiger Widerstand in [kN/lfdm], bei nur oberhalb der Baugrubensohle wandartigen Systemen (Trägerbohlwand, aufgelöste Bohrpfahlwand) als räumlicher Widerstand in [kN] zu berücksichtigen. Entsprechend Abb. 14.53 wird die Resultierende des Erdwiderstandes in der Regel bei 60 % der rechnerischen Einbindetiefe, seltener im Drittelspunkt der Einbindetiefe (lineare Erddruckverteilung) angesetzt.

Da die volle Mobilisierung des Erdwiderstandes erst bei relativ großen horizontalen Verbaubewegungen eintritt, die möglicherweise die für die Gebrauchstauglichkeit des Verbaus zulässige Größe überschreiten, ist eine Reduzierung des charakteristischen Erdwiderstandes durch Berücksichtigung eines so genannten Anpassungsfaktors $\eta < 1$ erlaubt, der sinnvoll festzulegen ist.

Bei einer durch eine Wasserhaltung bedingten Umströmung des Verbaus ist der charakteristische Erdwiderstand unter Ansatz der maßgebenden Wichte ($\gamma' - i \cdot \gamma_w$) zu ermitteln.

Ansatz des Erdwiderstandes bei Trägerbohlwänden Bei einer Trägerbohlwand ist zunächst nachzuweisen, dass „der

hinter" dem Bohlträger auftretende räumliche Erdwiderstand vom angrenzenden Baugrund aufgenommen werden kann. Zur Veranschaulichung werden die nach DIN 1054 gültigen Fälle erläutert. Hierbei werden unterschieden:

a) **Falls die Wirkungen des Erdwiderstandes sich nicht überschneiden**, ist

$$E_{ph,k} = E_{pgh} + E_{pch} \quad [kN]$$

$$E_{pgh} = \frac{1}{2}\gamma \cdot \omega_R \cdot t_1^3 \quad \text{für Reibungsböden}$$

$$E_{pch} = 2 \cdot c \cdot \omega_k \cdot t_1^2 \quad \text{für Kohäsionsböden}$$

ω_R, ω_k aus Abb. 14.63 mit geschätzten Eingangswerten b_t/t_1 sowie mit φ.

b) **Falls die Wirkungen des Erdwiderstandes vor benachbarten Bohlträgern sich überschneiden, gilt**

$$E_{Ph,k}^* = \frac{1}{2} \cdot \gamma \cdot \omega_{ph} \cdot a_t \cdot t_1^2 \quad [kN]$$

mit

$$\omega_{ph} = \frac{b_t}{a_t}k_{ph}(\delta_p \neq 0) + \frac{a_t - b_t}{a_t}k_{ph}(\delta_p = 0)$$
$$+ \frac{4 \cdot c}{\gamma \cdot t_1}\sqrt{k_{ph}(\delta_p \neq 0)}$$

a_t Bohlträgerabstand

t_1 geschätzte rechnerische Einbindetiefe unter Baugrubensohle ($t_1 = t_0$, vgl. Abschn. 14.11.3.4)

b_t Bohlträgerbreite.

Bei Böden mit $\varphi \leq 30°$ ist $\delta_p = -(\varphi - 2,5°)$, mit $\varphi \geq 30°$ ist $\delta_p = -27,5°$ unter Verwendung von Erdwiderstandsbeiwerten nach dem Gleitschema von *Streck* (Tafel 14.54) anzusetzen.

Abb. 14.63 Erdwiderstandsbeiwerte ω_R und ω_K für
Einzelbruchfiguren nach *Weißenbach*; für φ-Werte $< 30°$ siehe
Weißenbach [3]

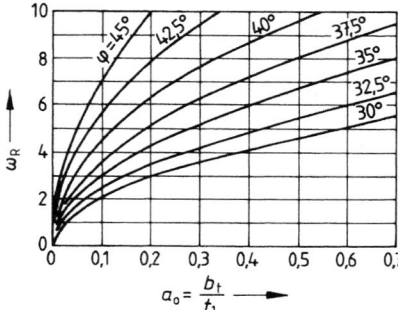
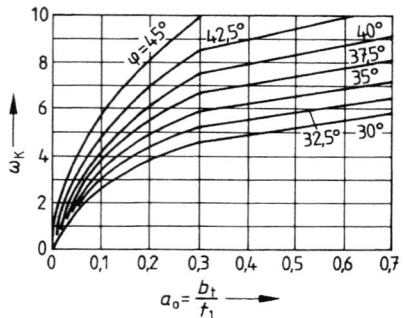

Tafel 14.54 Erdwiderstandsbeiwerte K_{ph} nach dem
Gleitschema von Streck

δ_p	φ										
	15°	17,5°	20°	22,5°	25°	27,5°	30°	32,5°	35°	37,5°	40°	42,5°
0°	1,70	1,86	2,04	2,24	2,46	2,72	3,00	3,32	3,69	4,11	4,60	5,16
−2,5°	1,79	1,95	2,17	2,39	2,63	2,90	3,23	3,60	4,00	4,48	5,04	5,69
−5°	1,87	2,05	2,28	2,51	2,79	3,08	3,45	3,86	4,31	4,85	5,48	6,22
−7,5°	1,94	2,14	2,38	2,64	2,94	3,26	3,66	4,11	4,61	5,22	5,92	6,75
−10°	2,01	2,22	2,48	2,75	3,08	3,43	3,87	4,35	4,91	5,59	6,36	7,28
−12,5°	2,11	2,30	2,58	2,87	3,22	3,60	4,07	4,59	5,21	5,95	6,80	7,82
−15°		2,38	2,67	2,98	3,35	3,76	4,27	4,83	5,50	6,31	7,24	8,38
−17,5°			2,77	3,09	3,48	3,92	4,46	5,07	5,80	6,67	7,69	8,95
−20°				3,23	3,62	4,08	4,66	5,31	6,10	7,03	8,15	9,53
−22,5°					3,81	4,27	4,86	5,56	6,41	7,41	8,62	10,10
−25°						4,51	5,11	5,84	6,72	7,82	9,12	10,70
−27,5°							5,46	6,15	7,12	8,27	9,64	11,40

Hinweis: Wenn im Grenzzustand eine überwiegend parallele Verschiebung erwartet wird, sind Erdwiderstandsbeiwerte K_{pt} bei Translation zu verwenden, s. [2], Teil 1.

Für die weitere Berechnung mit den nach a) und b) berechneten ideellen Erdwiderständen ist der kleinste Wert
maßgebend.

Darüber hinaus muss nachgewiesen werden, dass der bei
der Berechnung der Trägerbohlwände unterhalb der Baugrubensohle vernachlässigte Erddruck zusammen mit der
Auflagerkraft aus dem Bohlträger von dem gesamten zur
Verfügung stehenden Erdwiderstand aufgenommen wird.
Für diesen Nachweis ist unterhalb der Baugrubensohle eine
durchgehende Wand anzunehmen (vgl. Abschn. 14.11.4).

**Ansatz des Erdwiderstandes bei Spund- und Ortbeton-
wänden** Die Berechnung des charakteristischen Erdwiderstandes erfolgt hier konventionell unter Annahme einer
linearen Verteilung der Erddruckspannungen. Hierbei gilt:

a) **Bei im Boden frei aufgelagerten Spund- und Pfahlwänden (EB 19)** kann, falls die Bedingung $V = 0$
   dies zulässt, der Wandreibungswinkel bei gekrümmten
   Gleitflächen mit $\delta_{p,k} = -\varphi'_k$ angesetzt werden. Im Falle
   von Schlitzwänden sind die Wandreibungswinkel bei gekrümmten Gleitflächen auf $\delta_{p,k} = -1/2\varphi'_k$ herabzusetzen.
b) **Bei Fußeinspannung von Spund- und Ortbetonwän-
   den (EB 26)** Die rechnerische Einbindetiefe t_0 ist zur

Aufnahme der Ersatzkraft C um $\Delta t = 0,2t_0$ zu vergrößern (vgl. Abb. 14.53a).

Bauteilwiderstände Die Bauteilwiderstände (Materialwiderstände) entsprechen dem Verbauprofil sowie den zusätzlichen Auflager- oder Lastverteilkomponenten des Verbaus.
Hierzu zählen die Anker, die Aussteifungen und die Gurtung
sowie die Ausfachung bei Trägerbohl- und aufgelösten Bohrpfahlwänden.

Der jeweilige Materialwiderstand ist als charakteristischer Wert in Abhängigkeit von der jeweiligen Beanspruchung zu ermitteln (z. B. Steifenbemessung auf Knicken,
Verbau- (Träger und Ausfachung) und Gurtungsbemessung
auf Biegung und Normalkraft) und damit kein geotechni-
sches, sondern ein konstruktives Problem. Lediglich für das
Materialversagen eines Verpressankers (Versagen des Stahlzuggliedes) ist der entsprechende Nachweis in DIN 1054
(10.12) geregelt.

Die Materialwiderstände von Bohlträgern und U-Trägern
bzw. deren Ausfachung finden sich in den Sachgebieten
Stahlbau und Holzbau (Kap. 11 und 12). Die Querschnittswerte häufig verwendeter Spundwandprofile und Kanaldielen sind in den Tafeln 14.55 bis 14.60 zusammengestellt.

Tafel 14.55 Tafel- und Leichtprofile, Kanaldielen der Hoesch-Hüttenwerke AG

Profil	Profilbreite b	Wandhöhe h	Rückendicke t	Stegdicke s	Eigenlast		Widerstands-moment W_y
	mm	mm	mm	mm	kg/m Einzelbohle	kg/m² Wand	cm³/m Wand
Hoesch							
Leichtprofil HL 3/6	700	148	6	6	46	**66**	**410**
Leichtprofil HL 3/8	700	150	8	8	61,5	88	540
Kanaldiele HKD VI/6	600	78	6	6	37,5	62	182
Kanaldiele HKD VI/8	600	80	8	8	50	**83**	242
Tafelprofil HT 45			4,5	4,5	45	**45**	**159**
Tafelprofil HT 50			5	5	50	**50**	**175**
Tafelprofil HT 60	1000	90	6	6	60	**60**	**208**
Tafelprofil HT 70			7	7	70	**70**	**240**

Tafel 14.56 Spundwandnormalprofile System Larssen und Hoesch, Union-Flachprofile

Profil	Widerstands-moment W_y	Eigenlast		Profilbreite b	Wandhöhe h	Rückendicke t	Stegdicke s
	cm³/m Wand	kg/m² Wand	kg/m Einzelbohle	mm	mm	mm	mm
Larssen							
22	**1250**	**122**	61	500	340	10	9
23	**2000**	**155**	77,5		420	11,5	10
24	**2500**	**175**	87,5		420	15,6	10
24/12	**2550**	**185**	92,7		420	15,6	12
25	**3040**	**206**	103		420	20	11,5
43	**1660**	**166**	83	500	420	12	12
430[a]	**6450**	**235**[b]	83	708	750	12	12
600	**510**	**94**	56,4	600	150	9,5	9,5
600 K	**540**	**99**	59,4		150	10	10
601	**745**	**77**	46,3		310	7,5	6,4
602	**830**	**89**	53,4		310	8,2	8
603	**1200**	**108**	64,8		310	9,7	8,2
603 K	**1240**	**113**	68,1		310	10	9
604	**1620**	**124**	74,5		380	10,5	9
605	**2020**	**139**	83,5		420	12,5	9
605 K	**2030**	**144**	86,7		420	12,5	10
606	**2500**	**157**	94,4		435	15,6	9,2
606 K	**2540**	**162**	97,5		435	15,6	10
607	**3200**	**191**	114,4		435	21,5	9,8
607 K	**3220**	**192**	115,2		435	21,5	10
703	**1210**	**96,5**	67,5	700	400	9,5	8
703 K	**1300**	**103**	72,1		400	10	9
Hoesch							
1200	**1140**	**107**	61,5	575	260	9,5	9,5
1700	**1720**	**116**	66,7		350	10	9
1700 K	**1700**	**117**	67,3		350	9,5	9,5
2500	**2480**	**152**	87,4		350	12,5	9,5
2500 K	**2540**	**155**	89,1		350	12,8	10
3600	**3580**	**192**	110,4		415	16	12
Union-Flachprofile							
FL 511	**500**	**88**	11	–	67,5	**135**	90
FL 512[a]			12	–	70,5	**141**	90
FL 512,7[a]			12,7	–	72,5	**145**	90

[a] Stahlsorte für kaltgeformte Spundbohlen nach DIN EN 10249-1.
[b] Stahlsorte für warmgewalzte Spundbohlen nach DIN EN 10248-1.

Tafel 14.57 U-Profile, ARBED, Vertrieb Krupp GfT

Profil	b E-Bohle	h Wand	t_1 Rücken	t_1 Steg	Umfang	Stahlquer-schnitt	Gewicht		Widerstands-moment	Trägheits-moment	Trägheitsradius $i = \sqrt{\frac{I}{F}}$
	mm	mm	mm	mm	cm je m Wand	cm² je m Wand	kg je m EB	kg je m² EB	cm³ je m Wand	cm⁴ je m Wand	cm
PU 6	600	226	7,5	6,4	237	97	45,6	76	600	6780	8,37
PU 8	600	280	8,0	8,0	250	116	54,5	91	830	11.620	10,02
PU 12	600	360	9,8	9,0	264	140	66,1	110	1200	21.600	12,41
PU 16	600	380	12,0	9,0	275	159	74,7	124	1600	30.400	13,85
PU 20	600	430	12,4	10,0	291	179	84,3	140	2000	43.000	15,50
PU 25	600	452	14,2	10,0	303	199	93,6	156	2500	56.490	16,86
PU 32	600	452	19,5	11,0	303	242	114,1	190	3200	72.320	17,28
L 2 S	500	340	12,3	9,0	292	177	69,7	139	1600	27.200	12,38
L 3 S	500	400	14,1	10,0	304	201	78,9	158	2000	40.010	14,11
L 4 S	500	440	15,5	10,0	322	219	86,2	172	2500	55.010	15,83
JSP 2	400	200	10,5	–	277	153	48,0	120	874	8740	7,56
JSP 3	400	250	13,0	–	298	191	60,0	150	1340	16.800	9,38

Tafel 14.58 AZ-Profile, ARBED, Vertrieb Krupp GfT

Profil	b E-Bohle	h Wand	t_1 Rücken	t_1 Steg	Umfang	Stahlquer-schnitt	Gewicht		Widerstands-moment	Trägheits-moment	Trägheitsradius $i = \sqrt{\frac{I}{F}}$
	mm	mm	mm	mm	cm je m Wand	cm² je m Wand	kg je m EB	kg je m² EB	cm³ je m Wand	cm⁴ je m Wand	cm
AZ 13	670	303	9,5	9,5	245	137	72,0	107	1300	19.700	11,99
AZ 18	630	380	9,5	9,5	270	150	74,4	118	1800	34.200	15,07
AZ 26	630	427	13,0	12,2	282	198	97,8	155	2600	55.510	16,75
AZ 36	630	460	18,0	14,0	293	247	122,2	194	3600	82.800	18,30
AZ 48	580	482	19,0	15,0	326	307	139,6	241	4800	115.670	19,43

Tafel 14.59 Leichtprofile Krupp

Profil	b E-Bohle	h Wand	t_1 Rücken	t_1 Steg	Umfang	Stahlquer-schnitt	Gewicht		Widerstands-moment	Trägheits-moment	Trägheitsradius $i = \sqrt{\frac{I}{F}}$
	mm	mm	mm	mm	cm je m Wand	cm² je m Wand	kg je m EB	kg je m² EB	cm³ je m Wand	cm⁴ je m Wand	cm
KL 3/6	700	148	6,0	6,0	243	84,0	46,2	66	410	3080	5,90
KL 3/8	700	150	8,0	8,0	243	111,9	61,5	88	540	4050	6,00

Tafel 14.60 Kanaldielen Krupp

KD VI/6	600	80	6,0	6,0	250	80,0	37,5	62	182	726	3,02
KD VI/8	600	80	8,0	8,0	250	106,0	50,0	83	242	968	3,02

14.11.3.4 Prinzip der statischen Berechnung

Die statische Berechnung eines Baugrubenverbaus dient als Grundlage für die Nachweise ausreichender Bauteilabmessungen der Verbaukomponenten. Da für diese Nachweise der Grenzzustand GEO-2 bzw. STR maßgebend ist, muss die statische Berechnung unter Ansatz der charakteristischen Einwirkungen geführt werden, d. h. die mit der Berechnung ermittelten Auflagerkräfte und Schnittgrößen stellen ebenfalls charakteristische Größen (Beanspruchungen) dar.

Abbildung 14.64 zeigt exemplarisch die statisch bestimmten Systeme und die charakteristischen Einwirkungen für eine Spundwand, Abb. 14.65 die entsprechenden Verhältnisse für eine Trägerbohlwand.

Aufgrund der unterschiedlichen Ausführung sind dabei für die Spundwandberechnung die Belastungsfiguren aus den charakteristischen Einwirkungen bis zum rechnerischen Fußpunkt $(h + t_0)$ anzusetzen. Für die Trägerbohlwandberechnung sind zunächst nur die Einwirkungen bis zur Baugrubensohle (h) anzusetzen. Die Betrachtung der Verhältnisse unterhalb der Baugrubensohle erfolgt hier zusätzlich in einem gesonderten Nachweis (vgl. Abschn. 14.11.4).

Abb. 14.64 Statisch bestimmte Systeme-Spundwand.
a Ungestützt, voll eingespannt,
b gestützt, frei aufgelagert

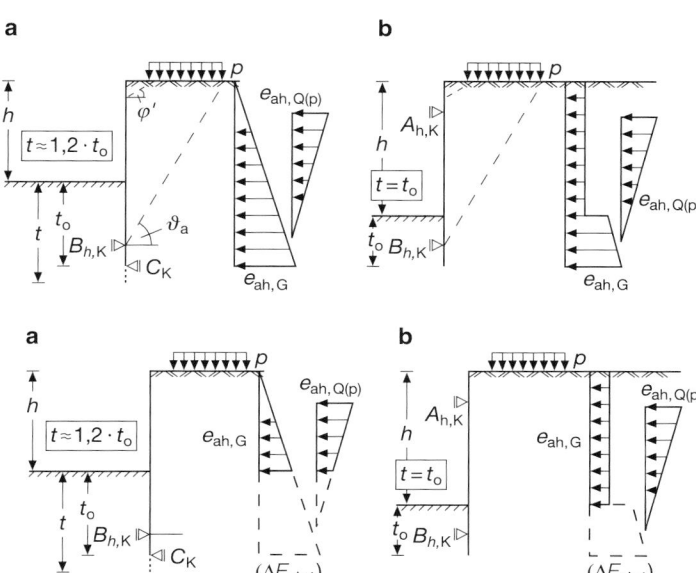

Abb. 14.65 Statisch bestimmte Systeme-Trägerbohlwand.
a Ungestützt, voll eingespannt,
b gestützt, frei aufgelagert

Die statische Berechnung liefert die jeweiligen Auflagerkräfte getrennt für ständige (G) und veränderliche (Q) Einwirkungen, d. h. $A_{h,k,G}$, $B_{h,k,G}$, $C_{k,G}$ bzw. $A_{h,k,Q}$ $B_{h,k,Q}$, $C_{k,Q}$. Diese Auflagerkräfte stellen die charakteristischen Beanspruchungen der sie jeweils idealisierenden Bauteile dar. Mit den so ermittelten Auflagerkräften sind anschließend die erforderlichen Tragsicherheitsnachweise für diese Bauteile zu führen (vgl. Abschn. 14.11.4).

Die Festlegung und Optimierung der erforderlichen Einbindetiefe erfolgt entweder durch iterative Vorgabe und Überprüfung durch den Nachweis der Einbindetiefe oder durch direkte Optimierung, indem man die Größe t_0 in der Statik und dem anschließenden Tragsicherheitsnachweis als Unbekannte mitnimmt und abschließend danach auflöst.

14.11.4 Nachweise der Tragfähigkeit

Nach DIN EN 1997-1 sind für Baugrubenverbauten folgende Tragfähigkeitsnachweise zu führen:

Für den Grenzzustand GEO-2
- Gegen Versagen des Erdwiderlagers (Versagen durch Drehung)
- Gegen Versinken von Bauteilen (Versagen durch Vertikalbewegung)
- Gegen Materialversagen von Bauteilen (STR)
- Gegen Aufbruch des Verankerungsbodens (bei Ankertafeln oder -wänden)
- Gegen Versagen der Lastübertragung (bei Verpressankern)
- Gegen Versagen in der tiefen Gleitfuge (generell bei Verankerungen).

Für den Grenzzustand GEO-3
- Nachweis der Gesamtstandsicherheit.

Für den Grenzzustand der Lagesicherheit
- Gegen hydraulischen Grundbruch (bei umströmtem Verbau – HYD)
- Gegen Aufschwimmen (bei Baugruben mit Grundwasserabsperrung – UPL).

Darüber hinaus ist nachzuweisen, dass der für die Berechnung des Erdwiderstandes angenommene Wandreibungswinkel mobilisiert werden kann.

Die genannten Nachweise werden nachfolgend im Detail erläutert.

14.11.4.1 Nachweis gegen Versagen des Erdwiderlagers (Drehung)

Mit dem Nachweis eines ausreichenden Erdwiderstandes wird die Einbindetiefe des Verbaus festgelegt.

Für auch **unterhalb der Baugrubensohle wandartig durchgehende Verbauarten** (Spundwand, tangierende oder überschnittene Bohrpfahlwand, Schlitzwand) erfolgt dieser Nachweis für den zweidimensionalen Fall [kN/m] wie folgt:

$$B_{h,d} = B_{h,k,G} \cdot \gamma_G + B_{h,k,Q} \cdot \gamma_Q \le E_{ph,d} = \eta \cdot E_{ph,k}/\gamma_{R,e}.$$

$B_{h,d}$ Bemessungswert der resultierenden Beanspruchung, berechnet aus der ungünstigsten Kombination der vorhandenen ständigen und veränderlichen Einwirkungen,

$E_{ph,d}$ Bemessungswert des Erdwiderstandes, ggf. um den Faktor η reduziert,

$\gamma_G, \gamma_Q \gamma_{R,e}$ Partialsicherheitsbeiwerte für die Situation BS-T nach den Tafeln 14.21 und 14.22.

Die Berechnung des Bemessungswertes der Beanspruchung $B_{h,d}$ erfolgt wie üblich durch Multiplikation der charakteristischen Beanspruchungen aus ständigen und veränderlichen Einwirkungen mit den für die Situation BS-T maßgebenden Partialsicherheiten.

Der Bemessungswert $E_{ph,d}$ des Erdwiderstandes ergibt sich durch Division des charakteristischen Widerstandes mit dem zugehörigen Teilsicherheitsbeiwert.

Für **nur oberhalb der Baugrubensohle flächig ausgefachte Verbauarten** (Trägerbohlwand, aufgelöste Bohrpfahlwand) sind folgende beiden Nachweise zu führen:

a) Nachweis am Einzelträger als Einzellast [kN]

$$B_{h,d} = B_{h,k,G} \cdot \gamma_G + B_{h,k,Q} \cdot \gamma_Q \leq E_{ph,d} = E_{ph}/\gamma_{R,e}.$$

$B_{h,d}$ Bemessungswert der resultierenden Beanspruchung am Einzelträger (Bohlträger oder Bohrpfahl), also unter Berücksichtigung des Trägerabstandes,

$E_{ph,d}$ Bemessungswert des Erdwiderstandes hinter dem Einzelträger, berechnet aus dem Minimum der unter Verwendung von Abb. 14.63 bzw. Tafel 14.54 ermittelten charakteristischen Einzelwerte (vgl. Abschn. 14.11.3.3),

$\gamma_G, \gamma_Q, \gamma_{R,e}$ Partialsicherheitsbeiwerte für die Situation BS-T nach den Tafeln 14.21 und 14.22.

b) Nachweis an einer durchgehend angenommenen Wand als Linienlast [kN/m]

Dieser Nachweis entspricht dem früheren Nachweis des Differenzerddruckes:

$$B_{h,l,d} = (B_{h,k,l,G} + \Delta E_{ah,l,G}) \cdot \gamma_G + (B_{h,k,l,Q} + \Delta E_{ah,l,Q}) \cdot \gamma_Q$$
$$\leq E_{ph,l,d} = E_{ph,l}/\gamma_{R,e}.$$

$B_{h,k,l}$ Charakteristischer Wert der in der statischen Berechnung in kN/m ermittelten Auflagerkraft,

$\Delta E_{ah,l}$ Charakteristischer Wert des unterhalb der Baugrubensohle vorhandenen aktiven Erddruckes in kN/m (vgl. gestrichelt dargestellter Bereich in Abb. 14.65),

$E_{ph,l}$ Charakteristischer Wert des im Einbindebereich linienförmig mobilisierbaren Erdwiderstandes in kN/m,

$\gamma_G, \gamma_Q, \gamma_{R,e}$ Partialsicherheitsbeiwerte für die Situation BS-T nach den Tafeln 14.21 und 14.22.

Die **für alle Verbauarten** zusätzlich erforderliche, oben genannte Überprüfung des für die Ermittlung des Erdwiderstandes angenommenen Wandreibungswinkels erfolgt für ein Linienbauwerk mit charakteristischen Werten wie folgt (vgl. Abb. 14.66):

$$V_k = \sum_i V_{ki} = P_k + \sum_i E_{ah,ki} \cdot \tan \delta_{ai} + \sum_i A_{v,ki}$$
$$\geq B_{v,k} = \sum_i B_{h,ki} \cdot \tan \delta_p$$

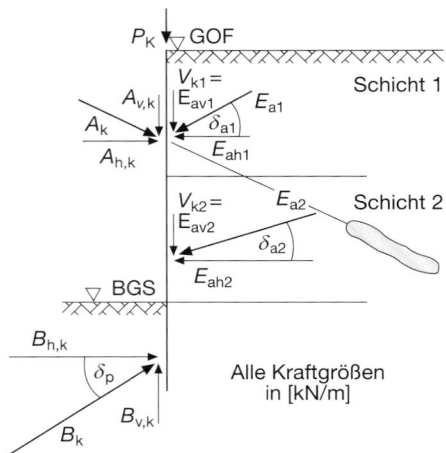

Abb. 14.66 Nachweis des für den passiven Erddruck angenommenen Wandreibungswinkels

P_k ggfs. vorhandene Vertikallast aus Auflast,

$E_{ah,ki} \cdot \tan \delta_{ai}$ Vertikalkomponenten der aktiven Erddruckkräfte, bei Trägerbohlwanden nur oberhalb der Baugrubensohle,

$A_{v,ki}$ Vertikalkomponenten von geneigten Verpressankern.

Gelingt der vorstehende Nachweis nicht, so ist für die Ermittlung des Erdwiderstandes ein passender (geringerer) Wandreibungswinkel anzunehmen.

14.11.4.2 Nachweis gegen Versinken der Wand (Vertikalbewegung)

Mit diesem Nachweis wird gewährleistet, dass die an einem Verbau angreifenden Vertikallasten zuverlässig in den im Einbindebereich anstehenden Baugrund eingeleitet werden können.

Eine ausreichende Sicherheit gegen Versinken ist nachgewiesen, wenn gilt (vgl. Abb. 14.67):

$$V_d = (G + P_G + A_{v,G} + E_{av,G}) \cdot \gamma_G$$
$$+ (P_Q + A_{v,Q} + E_{av,Q}) \cdot \gamma_Q$$
$$\leq R_d = R_k/\gamma_t.$$

R_k Charakteristischer Wert des vertikalen Widerstandes (Mantelreibung und Spitzendruck) im Bereich der Einbindetiefe, in der Regel

$$R_k = q_{s,k} \cdot A_s + q_{b,k} \cdot A_b$$

$\gamma_G, \gamma_Q, \gamma_t$ Partialsicherheitsbeiwerte für die Situation BS-T nach den Tafeln 14.21 und 14.22.

14.11.4.3 Nachweis gegen Materialversagen von Bauteilen

Mit diesem Nachweis wird gewährleistet, dass sowohl der Verbau selbst als auch die in der statischen Berechnung durch Auflager idealisierten Bauteile die auftretenden Be-

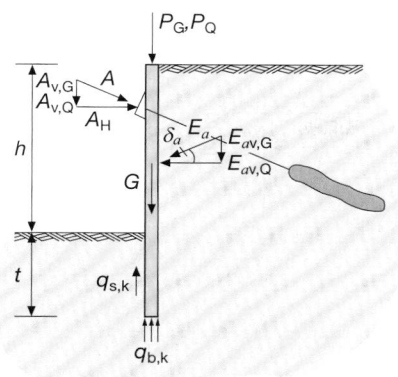

Abb. 14.67 Nachweis gegen Versinken der Wand

anspruchungen aufnehmen können. Der Nachweis erfolgt entsprechend den jeweiligen Bauartnormen durch Erfüllung der Ungleichung:

$$R_{\mathrm{M,d}} = R_{\mathrm{M,k}}/\gamma_{\mathrm{M}} \geq E_{\mathrm{d}}.$$

Die von der Beanspruchung abhängigen Nachweise sind keine geotechnischen Nachweise und können den für die verschiedenen Bauarten maßgebenden Abschnitten der Bautechnischen Zahlentafeln entnommen werden. Darin sind auch jeweils die bauartspezifischen Partialsicherheitsbeiwerte $\gamma_{\mathrm{M'}}$ enthalten. Abschnitt 14.11.3.3 enthält die Querschnittswerte von Spundwandprofilen und Kanaldielen. Zur Bemessung von Verpressankern siehe Abschn. 14.10.

Hinsichtlich ihrer Beanspruchung ist in der Regel folgende Bemessung maßgebend:

Verbauprofil   Bemessung auf Biegung (und Normalkraft)
Ausfachung   Bemessung auf Biegung
Verpressanker Bemessung auf Normalkraft
Aussteifungen Bemessung auf Knicken
Gurtungen   Bemessung auf Biegung und Normalkraft

14.11.4.4 Nachweis gegen Aufbruch des Verankerungsbodens (Ankerplatten oder -wände)

Dieser Nachweis gewährleistet, dass vorgespannte Ankerplatten oder Ankertafeln den vor ihnen befindlichen Boden nicht aus dem Erdreich hinausschieben. Eine ausreichende Sicherheit ist gegeben, wenn folgende Ungleichung erfüllt wird (vgl. Abb. 14.68):

$$A_{\mathrm{h,k,G}} \cdot \gamma_{\mathrm{G}} + A_{\mathrm{h,k,Q}} \cdot \gamma_{\mathrm{Q}} + E_{\mathrm{ah,d}} \leq E_{\mathrm{ph,d}} = E_{\mathrm{ph,k}}/\gamma_{\mathrm{R,e}}.$$

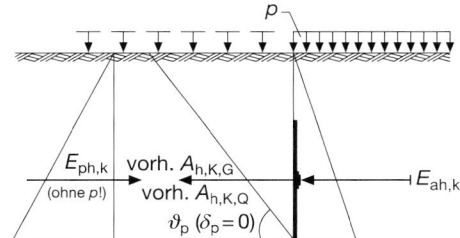

Abb. 14.68 Standsicherheitsnachweis bei Ankertafeln

γ_{G}, γ_{Q}, $\gamma_{\mathrm{R,e}}$ Partialsicherheitsbeiwerte für den Lastfall 2 nach den Tafeln 14.21 und 14.22.

Bei Ankerwänden ist zusätzlich der Nachweis in der tiefen Gleitfuge zu führen.

14.11.4.5 Nachweis gegen Versagen einer Verankerung mit Verpressankern

Die bei Verpressankern zu führenden Nachweise konzentrieren sich auf

- Nachweis des Stahlzuggliedes,
- Nachweis gegen Herausziehen des Ankers entlang des Verpresskörpers,
- Nachweis in der tiefen Gleitfuge (siehe Abschn. 14.10.3).

14.11.4.6 Nachweis der Gesamtstandsicherheit (GEO-3)

Der Nachweis einer ausreichenden Standsicherheit des Gesamtsystems ist in Abschn. 14.12 behandelt.

14.11.4.7 Nachweis gegen hydraulischen Grundbruch (HYD)

Mit diesem Nachweis wird gewährleistet, dass bei einem wasserdichten Verbausystem durch eine infolge Wasserhaltung auf der Baugrubenseite von unten nach oben gerichtete Strömung kein Grundbruch auftritt. Da es sich bei diesem Nachweis um einen Lagesicherheitsnachweis handelt, werden abweichend von den übrigen Tragfähigkeitsnachweisen nur stabilisierende und destabilisierende Einwirkungen miteinander verglichen.

Eine ausreichende Sicherheit gegen hydraulischen Grundbruch ist nachgewiesen, wenn folgende Ungleichung erfüllt ist (vgl. Abb. 14.69):

$$G'_{\mathrm{k}} \cdot \gamma_{\mathrm{G,stb}} \geq S'_{\mathrm{k}} \cdot \gamma_{\mathrm{H}}$$

G'_{k} Wichte des betrachteten Bodenkörpers unter Auftrieb,

S'_{k} Strömungskraft ($i \cdot \gamma_{\mathrm{W}} \cdot V$) innerhalb des betrachteten Bodenkörpers,

$\gamma_{\mathrm{G,stb}}$, γ_{H} Partialsicherheitsbeiwerte für den Lastfall 2 nach den Tafeln 14.21 und 14.22.

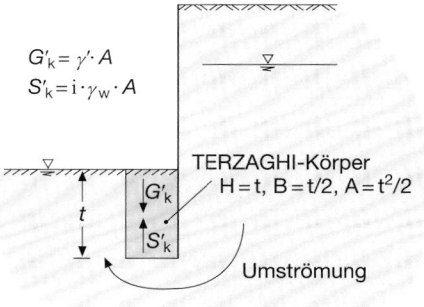

Abb. 14.69 Nachweis gegen hydraulischen Grundbruch

Tafel 14.61 Sicherungsmaßnahmen neben Bauwerken nach
Weißenbach (Auszug)

	Zustand des Bauwerkes	Starke Vorspannung der Steifen	Anordnung einer Schlitz- oder Bohrpfahlwand	Unterfangung des Bauwerkes
	Bauwerke in gutem baulichem Zustand	$60° < \vartheta_F < 75°$	$\vartheta_F > 75°$	
	Bauwerke setzungsempfindlich oder in schlechtem baulichem Zustand	$45° < \vartheta_F < 60°$	$60° < \vartheta_F < 75°$	$\vartheta_F > 75°$

Die Strömungskraft ist in der Regel durch eine Auswertung eines Strömungsnetzes zu ermitteln. Für den dazugehörigen Partialsicherheitsbeiwert γ_H wird nach günstigem (Kies, Kiessand, mindestens mitteldicht gelagerter Sand, mindestens steifer bindiger Boden) und ungünstigem (locker gelagerter Sand, Feinsand, Schluff, weicher bindiger Boden) Baugrund unterschieden.

14.11.4.8 Nachweis gegen Aufschwimmen (UPL)

Dieser Nachweis gewährleistet, dass bei ins Grundwasser reichenden, aber vollständig (Verbauwände und Sohle) wasserdichten Verbausystemen ein Aufschwimmen der Gesamtkonstruktion verhindert wird. Da es sich um einen ähnlichen Fall wie bei einem wasserdichten Gründungskörper handelt, sind die Nachweise der Lagesicherheit entsprechend Abschn. 14.7.4.4 zu führen.

14.11.5 Nachweis der Gebrauchstauglichkeit

Die Notwendigkeit des Nachweises der Gebrauchstauglichkeit ist von verschiedenen Faktoren und Randbedingungen abhängig. Grundsätzlich sind diese Nachweise zu führen, wenn

- der Baugrube benachbarte Gebäude, Leitungen, bauliche Anlagen oder Verkehrsflächen durch Setzungen, Verschiebungen und Verkantungen gefährdet sein könnten,
- die Baugrube mit einem höheren als dem aktiven Erddruck bemessen wird.

Darüber hinaus wird nicht nur bei besonders sensiblen Verhältnissen (z. B. Baugruben in weichen bindigen Böden) die Anwendung der Beobachtungsmethode empfohlen.

Die an einem Baugrubenverbau auftretenden Verschiebungen sind von der Steifigkeit des Verbaus abhängig und damit insbesondere mit dem gewählten Belastungsansatz gekoppelt. Aus einer Forderung kleiner Verformungen ergeben sich daher auch Auswirkungen auf den Lastansatz. Damit beeinflussen sich der Nachweis der Tragsicherheit und der Nachweis der Gebrauchstauglichkeit gegenseitig.

Vor diesem Hintergrund wird in DIN EN 1997-1 eine vereinfachte Verfahrensweise für den Gebrauchstauglichkeitsnachweis empfohlen. Diese besagt, dass bei Baugruben in tragfähigen Böden (mindestens mitteldichte Lagerung bzw. steife Konsistenz) auf einen gesonderten Nachweis der Gebrauchstauglichkeit verzichtet werden kann, wenn die oben genannten Tragsicherheitsnachweise auch unter der Annahme der Partialsicherheitsbeiwerte für die Situation BS-P gelingen und ansonsten keine erhöhten Ansprüche an zulässige Verformungen gestellt werden.

14.11.6 Baugruben neben Bauwerken

Soll eine Baugrube im Einflussbereich eines bestehenden Bauwerkes ausgehoben werden, so sind die Auswirkungen der Baugrube auf die Standsicherheit und Gebrauchstauglichkeit des Bauwerkes zu untersuchen. Tafel 14.61 gibt Hinweise für den generellen Entwurf.

14.11.6.1 Berechnung der Baugrubenumschließung mit erhöhtem aktivem Erddruck (EB 22)

Nicht gestützte, im Boden eingespannte Wände sind im Ausstrahlungsbereich von Fundamenten nicht zulässig. Für gestützte oder verankerte Wände ist in der Regel ein erhöhter aktiver Erddruck wie folgt anzusetzen:

1. **Bei großem Abstand der Bebauung** (s. Abb. 14.70a) ist im Allgemeinen der Mittelwert $E_h = 0{,}50 \cdot (E_{oh} + E_{ah})$ ausreichend.
   In einfachen Fällen genügt $E_h = 0{,}25 E_{oh} + 0{,}75 E_{ah}$.
   In schwierigen Fällen ist $E_h = 0{,}75 E_{oh} + 0{,}25 E_{ah}$ anzusetzen.

2. **Bei kleinem Abstand der Bebauung** (s. Abb. 14.70b) gilt:
   a) $E_h = 0{,}25 E_{ogh} + 0{,}75 E_{ah} + E_{ap'h}$ in einfachen Fällen
   b) $E_h = 0{,}50 E_{ogh} + 0{,}50 E_{ah} + E_{ap'h}$ im Normalfall
   c) $E_h = 0{,}75 E_{ogh} + 0{,}25 E_{ah} + E_{ap'h}$ in schwierigen Fällen.
   Bezüglich der Ermittlung der aktiven Erddrucklast s. Abb. 14.71 und 14.72, der Erdruhedrucklast E_{ogh} s. Abb. 14.58.

3. Es kann angenommen werden, dass in ähnlicher Weise eine Erddruckumlagerung auftritt wie beim aktiven Erddruck, wobei der Erdruhedruck-Anteil in der Regel nicht umgelagert wird. Der Bemessungserddruck darf daher ebenfalls in eine einfache Lastfigur umgewandelt werden, deren Knickpunkte oder Lastsprünge im Bereich der Auflagerpunkte liegen.

4. Zum Einfluss von Flächenlasten, zur Berechnung mit Erdruhedruck und Erfordernis zusätzlicher Nachweise s. EB 22 und EB 23 der EAB.

Abb. 14.70 Abstand zwischen Baugrubenwand und Bebauung. **a** Großer Abstand der Bebauung, **b** kleiner Abstand der Bebauung

Abb. 14.71 Verteilung eines erhöhten aktiven Erddruckes unter Berücksichtigung einer Bauwerkslast **bei großem Abstand** zwischen Baugrubenwand und Bauwerk (Beispiel für eine im Boden frei aufgelagerte Trägerbohlwand).
a Baugrube, Bauwerk und Lastausbreitung,
b aktiver Erddruck aus Bodeneigengewicht, Nutzlast und Bauwerkslast,
c Erdruhedruck aus Bodeneigengewicht, Nutzlast und Bauwerkslast,
d Erddruckverteilung bei Vorspannung aller Stützungen,
e Erddruckverteilung bei Vorspannung der beiden unteren Stützungen

Abb. 14.72 Verteilung des aktiven Erddruckes unter Berücksichtigung des Einflusses einer Bauwerkslast **bei geringem Abstand** zwischen Baugrubenwand und Bauwerk (Beispiel für eine im Boden frei aufgelagerte Spundwand oder Ortbetonwand).
a Baugrube, Bauwerk und Lastausbreitung,
b nicht umgelagerter Erddruck aus Bodeneigengewicht und Nutzlast,
c Erddruck aus der Bauwerkslast als Rechteck,
d Gesamterddruck in einer Lastfigur mit Lastsprung,
e Gesamterddruck in einer Lastfigur ohne Lastsprung

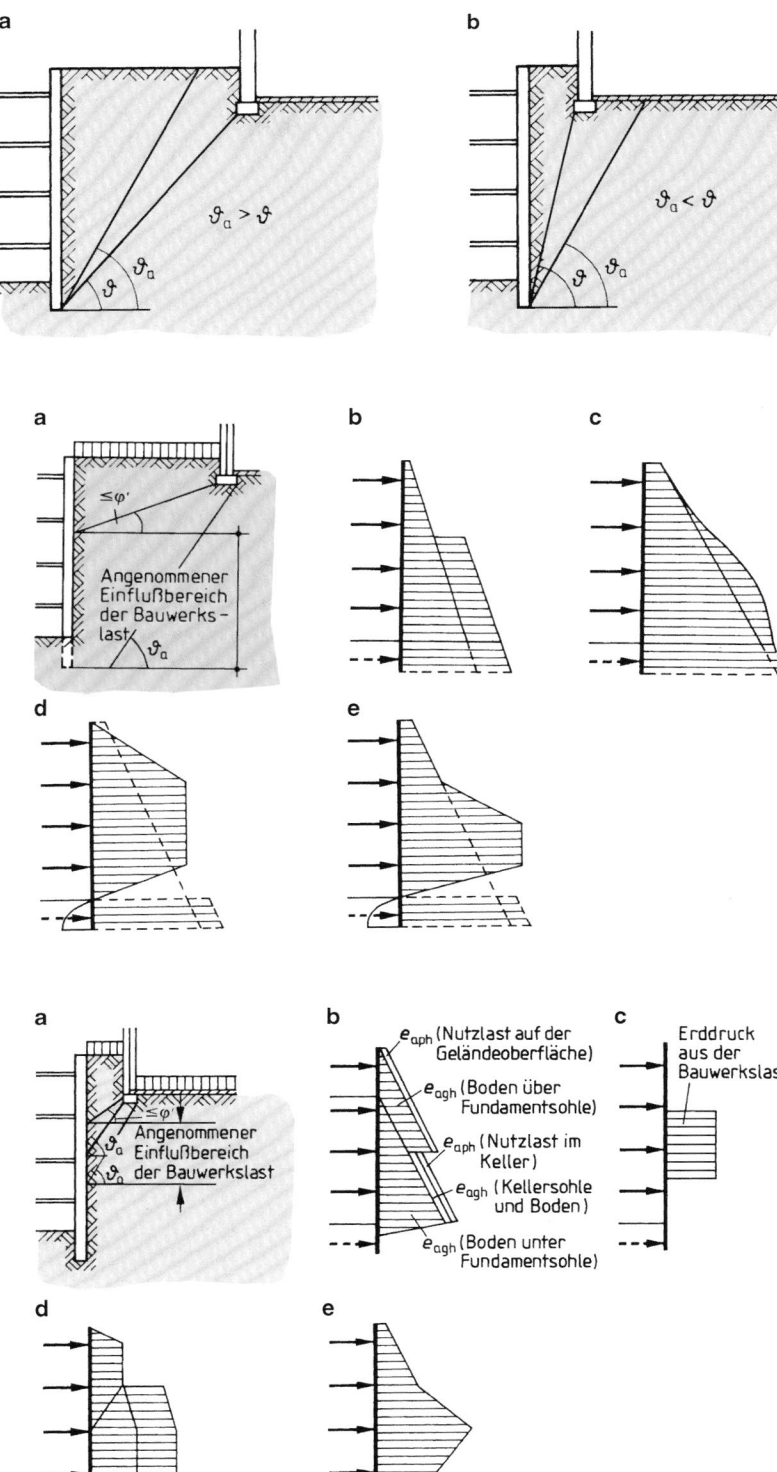

1060   C. Moormann

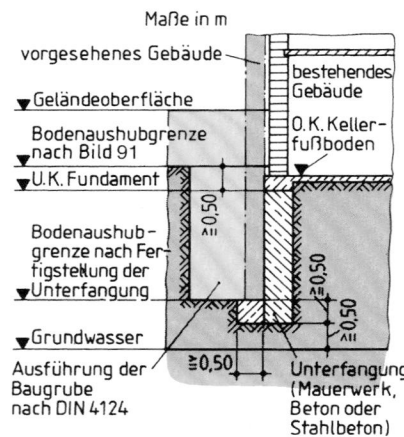

Abb. 14.73 Unterfangung

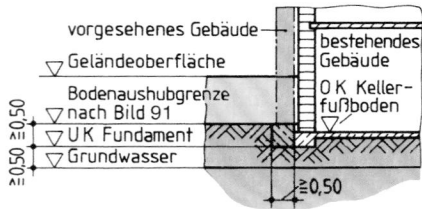

Abb. 14.74 Ausschachtung: Aushubgrenzen nach DIN 4123

14.11.6.2 Gebäudesicherungen im Bereich von Ausschachtungen, Gründungen und Unterfangungen nach DIN 4123

Als „Unterfangung" wird das Umsetzen der Fundamentlast eines flach gegründeten Gebäudes von der bisherigen Gründungsebene auf ein neues Fundament in einer tieferen Gründungsebene verstanden (Abb. 14.73). Als „Ausschachtung" wir der Bodenaushub (wegen geplanter Gründung oder Unterfangung) neben einem bestehenden Gebäude verstanden, wenn dieser auszuhebende Boden als Auflast die Standsicherheit des bestehenden Gebäudes begünstigt, z. B. beim Nachweis von Grundbruch- oder Geländebruchsicherheit (Abb. 14.74). Im Vorfeld einer solchen Maßnahme ist der Baugrund bis an bestehende Fundamente durch schmale Schürfgruben – u. a. auch hinsichtlich Grund- und Schichtenwasserführung – zu erkunden. Ferner sind Art, Abmessung, Zustand und Gründungstiefe der bestehenden Fundamente zu klären und die von diesen eingeleiteten Kräfte, besonders waagerechte Kräfte festzustellen.

Ausschachtungen und Gründungsarbeiten neben bestehenden Gebäuden sowie Unterfangungen von Gebäudeteilen erfordern eine gründliche und sorgfältige Planung, Vorbereitung und Ausführung. Deshalb dürfen nur solche Fachleute und Unternehmen diese Arbeiten planen und ausführen, die über die notwendigen Kenntnisse und Erfahrungen verfügen und eine einwandfreie Ausführung sicherstellen. Vor

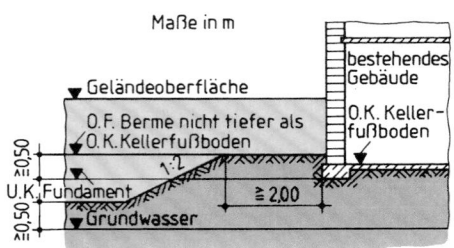

Abb. 14.75 Bodenaushubgrenzen

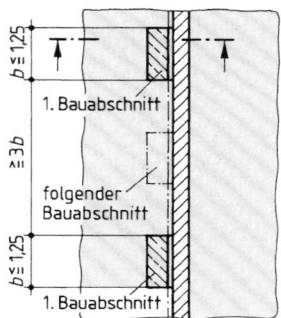

Abb. 14.76 Ausschachtung/Unterfangung nach DIN 4123 – waagerechter Schnitt

Baubeginn werden Beweissicherungsverfahren empfohlen. Besonders bei ungenügendem Verbund von Wänden sind Sicherungsmaßnahmen erforderlich.

Abb. 14.75 und 14.76 dokumentieren die nach DIN 4123 bei einer Unterfangung einzuhaltenden Aushubgrenzen und Randbedingunge in Zwischenbauzuständen; hinzuweisen ist insbesondere auf die max. $b = 1,25$ m breiten Stichgräben, die in einem minimalen Abstand $\geq 3b$ zeitgleich geöffnet werden dürfen. Abschnitte mit hoher Belastung (z. B. Querwände, Gebäudeecken) sollten zuerst unterfangen werden. Kraftschluss z. B. durch großflächige Stahldoppelkeile, hydraulische Anpressung und dgl. Die neuen Fundamente sind gleichzeitig mit der Unterfangung herzustellen.

Für **Zwischenbauzustände** sind bei Einhaltung der Ausführungsbedingungen (Aushubgrenzen, Aushubabschnitte, Unterfangung)nach DIN 4123 keine besonderen Nachweise für die Standsicherheit zu führen.

Für den **Endzustand** müssen für den Unterfangungskörper alle nach DIN EN 1997-1 erforderlichen Tragsicherheitsnachweise (Nachweis gegen Kippen, Gleiten, Grundbruch, Geländebruch, bei rückverankerten Unterfangungskörpern Sicherheit gegen Versagen in der tiefen Gleitfuge, Nachweis gegen Materialversagen des Unterfangungskörpers) geführt werden. Entscheidend ist insbesondere im Hinblick auf die Kipp- und Gleitsicherheit die rechnerische Berücksichtigung der Horizontallasten, infolge Erddruck aus Bodeneigengewicht und Bauwerkslasten und infolge von Auflasten aus dem zu unterfangenden Objekt. Hinsichtlich der Kippsicherheit muss das rückhaltende Moment aus der Auflast der

Unterfangung das antreibende Moment aus Erddruck kompensieren können. Besondere Vorsicht ist daher bei der Unterfangung von „leichten" Objekten (kleine Gebäude, Garagen, freistehende Wände) geboten, da hier das rückhaltende Moment klein ist. Auf den Unterfangungskörper darf, sofern keine Maßnahmen zur Verformungsbeschränkung (z. B. Anker) vorgesehen sind, grundsätzlich der aktive Erddruck angesetzt werden; der Ansatz des erhöhten aktiven Erddrucks führt als Ergebnis der Bemessung zu einer robusteren Unterfangungskonstruktion und damit in der Konsequenz zu einer Verformungsbeschränkung; dies hilft, Schäden am zu unterfangenden Objekt zu vermeiden.

Die Nachweise und Maßnahmen nach DIN 4123 schließen auch bei sorgfältiger Planung und Ausführung geringfügige Verformungen der bestehenden Gebäudeteile im Allgemeinen nicht aus. Als weitgehend unvermeidbar gelten Haarrisse und Setzungen der unterfangenen Gebäudeteile bis 5 mm.

14.12 Böschungen, Dämme und Stützbauwerke

14.12.1 Abgrenzung, Anforderungen und Untersuchungen

Für die dauerhafte Sicherung von Geländesprüngen kommen grundsätzlich Böschungen (Einschnitte oder Dämme) und/oder Stützkonstruktionen in Frage. Bei Böschungen und Dämmen wird die Standsicherheit in der Regel allein durch die Neigung der Oberfläche gewährleistet, die zusätzlich durch Begrünung oder sonstige Maßnahmen gegen Erosion zu schützen ist.

Als dauerhafte Stützkonstruktionen stehen in der Praxis zahlreiche Lösungen zur Verfügung, wie z. B. Stützmauern, massive Stützwände, Raumgitterwände, Gabionenwände, Elementwände, Bewehrte Erde, Geotextilbewehrte Sicherungen. Baugruben stellen in der Regel temporäre Stützkonstruktionen dar und sind ausführlich in Abschn. 14.11 behandelt.

Maßgebend für den Entwurf einer dauerhaften Geländesprungsicherung sind im Wesentlichen die Platzverhältnisse, die Höhe des Geländesprunges sowie die Boden- und Grundwasserverhältnisse. Häufig sind zusätzliche Entwurfskriterien zu beachten, wie bspw. zulässige Verformungen, Einbindung des Bauwerkes in die Umgebung, verfügbare Baumaterialien. Das Erkundungsprogramm aus üblicherweise vorgenommenen Bohrungen und Sondierungen ist auf die genannten Fragestellungen auszulegen und durch Laboruntersuchungen zu ergänzen. Insbesondere bei hohen Böschungen ist eine Erkundungstiefe bis deutlich unterhalb der Einschnittssohle zu empfehlen, bspw. bis zu 20–40 % der Einschnittstiefe.

Neben den bekannten Nachweisen zur Festlegung der einzelnen Bauteilabmessungen (für Baugruben s. Abschn. 14.11, für flächig aufgelagerte Stützbauwerke s. Abschn. 14.7) ist die Gesamtstandsicherheit nachzuweisen. Der dazugehörige Versagensmechanismus ist dem Grenzzustand GEO-3 zuzuordnen und wird in diesem Abschnitt maßgeblich behandelt.

14.12.2 Bemessungsgrundlagen

Bei Anwendung der DIN EN 1997-1 auf Geländesprungsicherungen sind bei der Berechnung zahlreiche Hinweise der DIN 4084 (Baugrund- und Geländebruchberechnungen) zu beachten.

Geländesprungsicherungen sind in der Regel der Geotechnischen Kategorie GK2, bei schwierigen Randbedingungen (z. B. mögliche Beeinflussung einer empfindlichen Nachbarbebauung, schwierige Grundwasserverhältnisse, weicher bindiger Baugrund, Beeinflussung durch Erdbeben, Gefährdung durch Setzungsfließen oder rückschreitende Erosion) auch der Kategorie GK3 zuzuordnen (s. Abschn. 14.2). Eine Zuordnung zur Kategorie GK1 ist häufig nur in untergeordneten Fällen möglich (vgl. Abschn 14.11).

Da es sich bei den meisten Geländesprungsicherungen um einen dauerhaften Zustand handelt, ist im Regelfall eine Bemessung unter Zugrundelegung der Situation BS-P vorzunehmen. Lediglich für Baugruben ist eine Bemessung unter Zugrundelegung der Situation BS-T zulässig.

Für den Nachweis der Gesamtstandsicherheit ist die Größe der in die Berechnung einfließenden **Einwirkungen** von Anfang an mit Bemessungswerten zu ermitteln. Dabei entsprechen für ständige Einwirkungen die Bemessungswerte dieser Einflussgrößen den charakteristischen Werten (vgl. γ_G in Tafel 14.21, GEO-3). Für ungünstige veränderliche Einwirkungen (z. B. eine ggf. vorhandene Strömungskraft) ist dagegen ein von der Bemessungssituation abhängiger Partialsicherheitsbeiwert zu berücksichtigen (vgl. γ_Q in Tafel 14.21, GEO-3).

Die Größe der in die Berechnung einfließenden **Widerstände** (im Wesentlichen die Scherfestigkeit des Bodens) ist ebenfalls von Anfang an mit Bemessungswerten zu ermitteln. Hierbei wird demnach mit einer gegenüber den tatsächlichen Verhältnissen reduzierten Kohäsion und einem reduzierten Reibungswinkel gerechnet, für die im Gegensatz zu früher ein gleiches Sicherheitsniveau gilt (vgl. γ_φ, γ_c in Tafel 14.22, GEO-3).

Da Einwirkungen und Widerstände von Anfang an aus mit Partialsicherheiten beaufschlagten Einflussgrößen berechnet werden, ist für den Nachweis der Standsicherheit nur noch das Gleichgewicht der jeweiligen Bemessungswerte erforderlich.

Der Nachweis der Gebrauchstauglichkeit erfolgt mit charakteristischen Werten, erfordert aber in der Regel numerische Modellbildungen. Bei verformungsunempfindlichen Systemen erlaubt DIN EN 1997-1 auch eine vereinfachte Nachweisführung (vgl. Abschn 14.12.4).

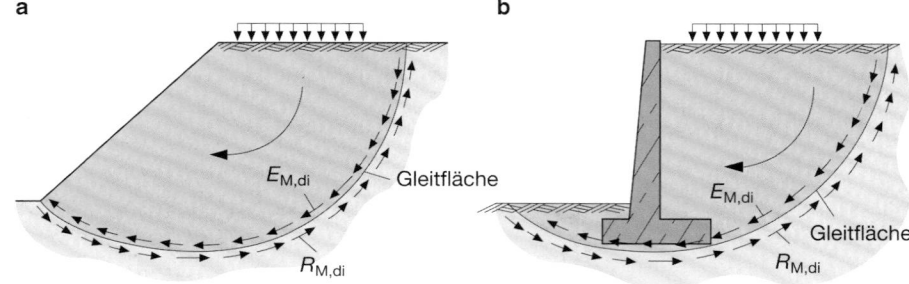

Abb. 14.77 Prinzip des Stand-sicherheitsnachweises bei Geländesprüngen (GEO-3). **a** Böschungsbruch, **b** Geländebruch

14.12.3 Nachweise der Tragfähigkeit

Unter sinngemäßer Anwendung der DIN EN 1997-1 sind für Geländesprungsicherungen im Grenzzustand GEO-3 folgende Tragfähigkeitsnachweise zu führen:

- gegen Böschungsbruch,
- gegen Geländebruch.

Die beiden Nachweise sind vom Verfahren her identisch. Beim Nachweis gegen Böschungsbruch wird eine Böschung betrachtet, beim Nachweis gegen Geländebruch ein durch eine Stützkonstruktion gesicherter Geländesprung.

- Gegen Spreizversagen eines Dammes,
- gegen Dammfußgrundbruch,
- gegen Dammgleiten.

Die genannten Nachweise werden nachfolgend erläutert.

14.12.3.1 Nachweis gegen Böschungs- oder Geländebruch

Mit der Untersuchung auf Böschungs- oder Geländebruch wird die Standsicherheit des Gesamtsystems Geländesprung nachgewiesen. Dieser Nachweis ist daher unabhängig von den Abmessungen einer gewählten Stützkonstruktion (vgl. Abb. 14.77).

Eine ausreichende Sicherheit des Gesamtsystems ist nachgewiesen, wenn für den in der Regel zweidimensional betrachteten Fall gilt:

$$E_{\mathrm{M,d}} = \sum E_{\mathrm{M,di}} \leq R_{\mathrm{M,d}} = \sum R_{\mathrm{M,di}}.$$

$E_{\mathrm{M,d}}$ Momentensumme der Bemessungswerte der resultierenden Einwirkungen, berechnet aus der ungünstigsten Kombination der vorhandenen ständigen und veränderlichen Einwirkungen,

$R_{\mathrm{M,d}}$ Momentensumme der Bemessungswerte der resultierenden Widerstände, in einfachen Fällen berechnet aus der um die Partialsicherheit reduzierten Kohäsion und dem reduzierten Tangens des Reibungswinkels.

Gemäß DIN 4084 wird folglich die Sicherheit gegen Versagen eines aus dem Gesamtsystem „herausgeschnittenen", kinematisch möglichen Bruch- bzw. Gleitmechanismus untersucht. Die Form des dabei betrachteten Gleitkörpers entspricht oft einem Kreis. Es sind aber auch gerade, beliebig einsinnig gekrümmte sowie zusammengesetzte Bruchme-

chanismen mit mehreren Gleitkörpern und geraden Gleitlinien möglich, die dann eine entsprechende Betrachtung erfordern.

1) Berechnung der Böschungsbruchsicherheit nach dem Lamellenverfahren (Abb. 14.78 und 14.79) in Anlehnung an die vereinfachte Formel von Bishop (1954)

$$E_{\mathrm{M,d}} = r \cdot \sum_{\mathrm{i}} (G_{\mathrm{i,d}} + P_{\mathrm{vi,d}}) \cdot \sin \vartheta_{\mathrm{i}} + \sum M_{\mathrm{s,d}}$$

$$\leq R_{\mathrm{M,d}}$$

$$= r \cdot \sum_{\mathrm{i}} \frac{(G_{\mathrm{i,d}} + P_{\mathrm{vi,d}} - u_{\mathrm{i}} \cdot b_{\mathrm{i}}) \cdot \tan \varphi_{\mathrm{i,d}} + c_{\mathrm{i,d}} \cdot b_{\mathrm{i}}}{\cos \vartheta_{\mathrm{i}} + \mu \cdot \tan \varphi_{\mathrm{i,d}} \cdot \sin \vartheta_{\mathrm{i}}}$$

$$+ \sum M_{\mathrm{R,d}}$$

oder

$$\mu = \frac{E_{\mathrm{M,d}}}{R_{\mathrm{M,d}}} \leq 1.$$

r Radius des Gleitkreises [m]

ϑ_{i} Neigung der Lamellensohle [°]

b_{i} Lamellenbreite [m]

u_{i} Porenwasserdruck in der Lamellensohle [kN/m²]

$c_{\mathrm{i,d}}$ Kohäsionsanteil $c_{\mathrm{i,k}}/\gamma_{\mathrm{c}}$ [kN/m²]

$\tan \varphi_{\mathrm{i,d}}$ Reibungsanteil $\tan \varphi_{\mathrm{i,k}}/\gamma_{\varphi}$ (Index d ≙ Bemessungswert („design"))

$G_{\mathrm{i,d}}$ Eigenlast der Lamelle [kN/m]

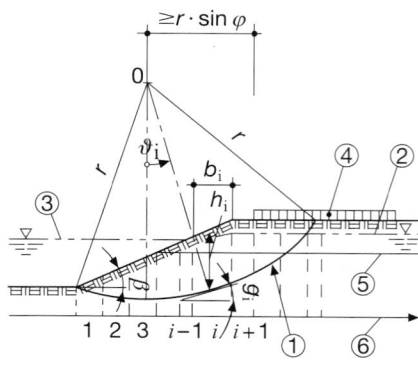

Abb. 14.78 Beispiel für kreisförmige Gleitlinie und Lamelleneinteilung bei einer Böschung. *1* Kreisförmige Gleitlinie mit Lamelleneinteilung, Breite der Lamellen der Schichtung und der Geometrie angepasst, *2* Grundwasseroberfläche, *3* Außenwasseroberfläche, *4* nicht ständige Flächenlast *p*, *5* Schichtgrenze, *6* Nummern der Lamellen

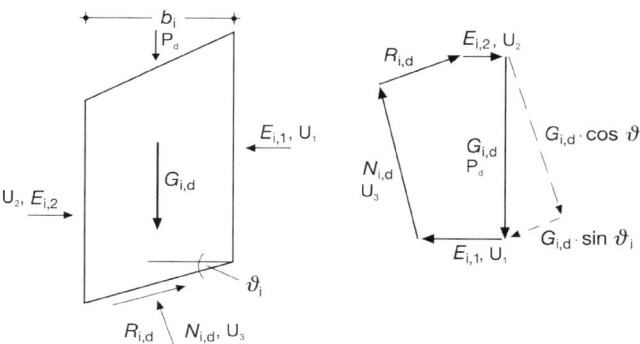

Abb. 14.79 An der Lamelle *i* angreifende Einwirkungen und Widerstände

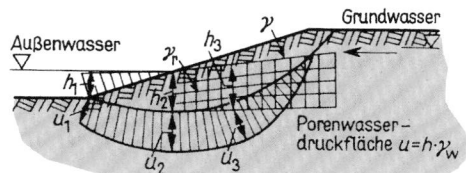

Abb. 14.80 Strömungsnetz, Wasser- und Porenwasserdruck nach DIN 4084

$P_{vi,d}$ Zusätzliche Vertikallast der Lamelle [kN/m]

$M_{s,d}$ Momente der in $G_{i,d}$ nicht enthaltenen Kräfte um 0 [kN m/m]

$M_{R,d}$ Momente von in $R_{i,d}$ nicht berücksichtigten Kräften [kN m/m]

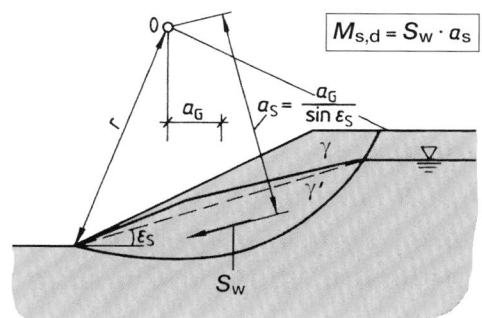

Abb. 14.81 Ansatz der Strömungskraft in $M_{s,d}$

Erklärungen Die Berechnung nach dem Lamellenverfahren geht davon aus, dass versuchsweise mehrere Gleitflächen durch den Boden gelegt werden und für jede einzelne die oben stehende Verhältnisgleichung gesondert überprüft wird. Der größte Verhältniswert μ (Ausnutzungsgrad des vorgegebenen Sicherheitsniveaus), welcher sich auf diese Weise ergibt, kennzeichnet das maßgebende Sicherheitsniveau und damit den maßgebenden Gleitkreis. Im Allgemeinen genügt es, für die Gleitlinie einen Kreis, d. h. eine vereinfachte geometrische Form mit höchstens drei freien Parametern anzunehmen. Wenn die gewählte Gleitlinienform in ihren Parametern ausreichend variiert wird, ist diese Vereinfachung von untergeordneter Bedeutung. Bei der Variation ist zu prüfen, ob die gewählte Form überhaupt möglich ist.

Die ungünstigste Gleitlinie geht in der Regel bei Böschungen in einheitlichem Boden mit $\varphi > 5°$ durch den Fußpunkt, bei massiven Stützbauwerken durch den hinteren Fußpunkt.

In den Sicherheitsnachweisen wird eine Scheibe von einem Meter Dicke des Gleitkörpers betrachtet. Dabei sind folgende **Einwirkungen** zu berücksichtigen:
a) Lasten in oder auf dem Gleitkörper, wobei Verkehrslasten nur insoweit angesetzt werden, als sie ungünstig wirken.
b) Eigenlast des Gleitkörpers, bei Geländebruchberechnungen einschließlich des Stützbauwerks, unter Berücksichtigung des Grund- und Außenwasserspiegels sowie eines der unter Punkt 2) gewählten Ansätze für die Wasserdrucklasten (Wichte γ, γ_r oder γ').
c) ggf. Scherkräfte in oder infolge von Konstruktionsteilen, die durch die Gleitfläche geschnitten werden.

In den meisten Fällen kann das Baugrundprofil durch gradlinige Schichtgrenzen wiedergegeben werden.

Die maßgebenden Scherkräfte sind nach zuverlässiger Ableitung oder aus Scherversuchen zu ermitteln. Bei bindigem Boden ist dem Nachweis der Sicherheit die Anfangs- und Endfestigkeit zugrunde zu legen. Die Scherfestigkeit, die zur geringsten Sicherheit führt, ist maßgebend. Im Rahmen der rechnerischen Nachweise sind die bei Laborversuchen festgestellten Bodenkennwerte für die Scherfestigkeit anzusetzen.

2) Ansatz der Wasserdrucklasten
   a) Porenwasserdruck $u_i = \gamma_w \cdot h_i$ auf die Gleitfläche bei verfeinerten Berechnungen aus dem Strömungsnetz (vgl. Abb. 14.80) mit Wichte γ_r unterhalb der Sickerlinie
   b) Ansatz der Strömungskraft S_w nach Abb. 14.81 mit Wichte γ' unterhalb der Sickerlinie

$$S_w = \gamma_w \cdot A_w \cdot \sin \varepsilon_s$$

   A_w von der Strömung benetztes Volumen zwischen Sickerlinie und Gleitfläche.

3) Neben dem analytischen Lamellenverfahren nach Bishop gibt es sowohl ein graphisches Lamellenverfahren nach Krey als auch lamellenfreie Verfahren, welche allerdings nur dann anwendbar sind, wenn innerhalb der Böschung nur homogener Baugrund vorhanden ist.
   Darüber hinaus behandelt DIN 4084 auch eine Vielzahl besonderer Fälle, z. B. gerade Gleitlinien, zusammengesetzte Bruchmechanismen oder das Blockgleit-Verfahren.

4) Für **einfache Fälle** kann bei **Böden mit Reibung und Kohäsion** die Abhängigkeit der zulässigen Böschungshöhe (h) von der Böschungsneigung (β) auch nach dem

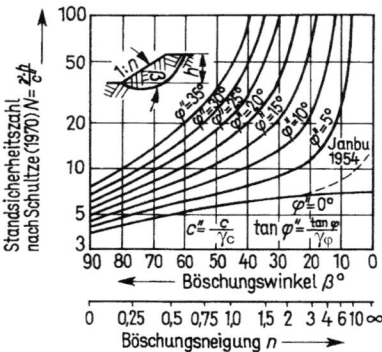

Abb. 14.82 Diagramm zur Bestimmung des zulässigen Böschungswinkels nach Janbu/Schultze

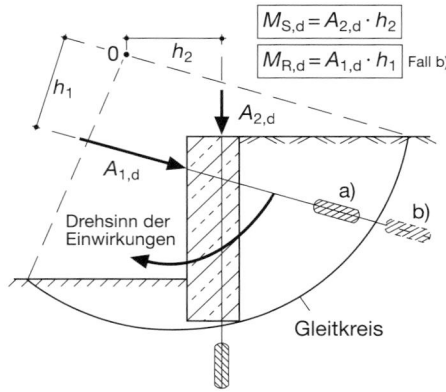

Abb. 14.83 Berücksichtigung von Sicherungsmitteln (Beispiel Verpressanker)

Diagramm von Schultze und Janbu berechnet werden (Abb. 14.82).

Für Böden mit Reibung ($c = 0$) gilt:

- nicht durchströmt:

$$\tan \beta \leq \tan \varphi_d = \tan \varphi_k / \gamma_\varphi$$

- parallel zur Böschung durchströmt:

$$\tan \beta \leq \frac{\gamma'}{\gamma_r} \cdot \tan \varphi_d$$

5) **Berechnung der Geländebruchsicherheit** nach DIN 4084 bei Stützbauwerken. Er wird als Sonderfall des Böschungsbruches wie dieser bei der Wahl der Gleitflächen und Berechnung der Standsicherheit behandelt, wobei der ungünstigste Gleitkreis i. d. R. den hangseitigen Fußpunkt der Stützwand schneidet.

6) **Berücksichtigung von Sicherungsmitteln**

Kann mit der Scherfestigkeit des Bodens allein keine ausreichende Gesamtstandsicherheit nachgewiesen werden, so können zusätzliche Sicherungsmittel (Pfähle, Dübel, Nägel, Vorspannanker etc.) gewählt werden. Hierbei ist zu prüfen, ob sich die Vorspannkraft von Zuggliedern je nach ihrer Geometrie so verändern kann, dass dies bereits bei der Festlegung eines Ankers berücksichtigt werden sollte. Darüber hinaus ist im Einzelfall zu untersuchen, ob diese Sicherungsmittel günstig oder ungünstig wirken.

Wie Abb. 14.83 an einem einfachen Beispiel zeigt, können Sicherungsmittel die Gesamtstandsicherheit erhöhen, reduzieren oder auch im Hinblick auf diesen Nachweis wirkungslos sein. Bei der durch Verpressanker zusätzlich gesicherten Schwergewichtsmauer wird die Gesamtstandsicherheit durch die Vorspannkraft A_{2d} wegen des gleichen Drehsinns des dazugehörigen Momentes wie bei den Einwirkungen reduziert. Die Vorspannkraft A_{1d} erhöht demgegenüber die Sicherheit, allerdings auch nur dann, wenn der Anker so lang ist, dass der Gleitkreis den Anker „vor" dem Verpresskörper schneidet (vgl. Fall b).

14.12.3.2 Zusätzliche Nachweise bei Dämmen

Für die Standsicherheit von Dämmen sind neben der Böschungsbruchsicherheit insbesondere Versagensmechanismen in unmittelbarer Nähe der Dammaufstandsfläche zu betrachten. Diese Nachweise sind i. d. R. dem Grenzzustand GEO-2 zuzuordnen. Für die entsprechende rechnerische Behandlung wird die nachfolgend beschriebene Methode empfohlen.

1) **Standsicherheit der Dammaufstandsfläche gegen Spreizversagen** Bei Dämmen auf weichem Untergrund kann es aufgrund der im Böschungsbereich geneigten Hauptspannungen zu einem Versagen kommen, das durch lokales oder globales Überschreiten der Scherfestigkeit in der Dammaufstandsfläche bedingt ist und zu einem Auseinandergleiten des Dammes in horizontaler Richtung führt. Auch bei geneigten Sohlflächen von geschütteten Böschungen mit oder ohne Dichtungs- oder Bewehrungslagen durch Geokunststoffe ist dies zu untersuchen.

Für den Nachweis wurde eine relativ aufwendige Methode durch ENGESSER/RENDULIC entwickelt. Eine einfache Näherungslösung zeigt Abb. 14.84.

2) **Dammfußgrundbruch** Neben dem Versagen nach 1) ist bei Böschungen von Schüttungen auf wenig scherfestem Untergrund stets die Sicherheit gegen Versagen auf tiefliegenden Gleitflächen zu untersuchen, wobei je nach Bodenschichtung und sonstigen Randbedingungen (z. B. Geo-

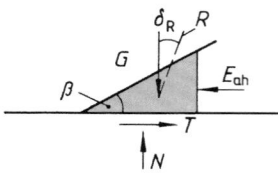

Abb. 14.84 Reaktionskräfte an der Sohle. $\tan \varphi_d = \tan \varphi_k / \gamma_\varphi \geq k_{ah} \cdot \tan \beta$

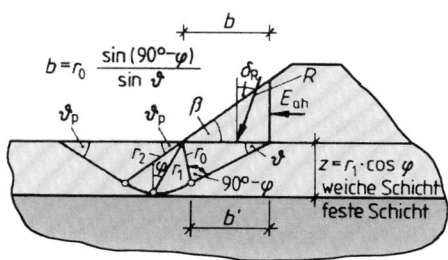

Abb. 14.85 Grundbruchgleitlinie unter einem Damm bei begrenzter Tiefe der weichen Schicht des Untergrundes

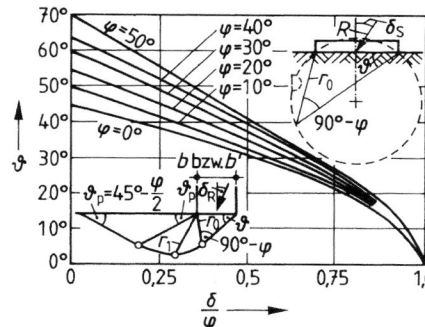

Abb. 14.86 Gleitliniendreieck und Diagramm zur Bestimmung des Abgangswinkels nach DIN 4017-2, Beibl. (8.79)

kunststoffe in der Sohlfläche von Dämmen) nach DIN 4017 (Grundbruch) oder nach DIN 4084 (Böschungsbruch) zu verfahren ist.

Berechnung der Grundbruchsicherheit in Anlehnung an [4]

$$r_0 = b \frac{\sin \vartheta}{\sin(90° - \varphi)}$$
$$r_1 = r_0 \cdot e^{\vartheta \cdot \tan \varphi}$$
$$r_2 = r_0 \cdot e^{(\vartheta + \vartheta_p) \tan \varphi}$$

(ϑ bzw. $\vartheta + \vartheta_p$ im Bogenmaß)

Wirksame Breite:

$$b' = \frac{2}{3} b \left(1 + \tan \beta \cdot \tan \delta_R\right) \quad \text{(für mittige Resultierende)}$$

Breite:

$$b = r_0 \frac{\sin(90° - \varphi)}{\sin \vartheta}$$

Bruchspannung:

$$\sigma_{of} = c \cdot N_c \cdot \varkappa_c + 0 + \gamma \cdot b' \cdot N_b \cdot \varkappa_b$$

(N_c u. N_b aus Tafel 14.26, $\varkappa_c$ und $\varkappa_b$ aus Tafel 14.28 oder 14.31)

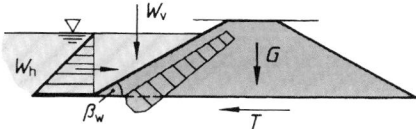

Abb. 14.87 Bei Oberflächenabdichtung

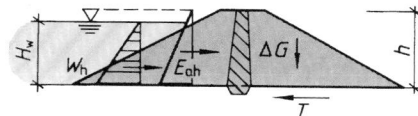

Abb. 14.88 Bei Kerndichtung. $R_d = \Delta G \cdot \tan \delta_s / \gamma_{R,h} \geq (W_h + E_{ah}) \cdot \gamma_G = E_d$. Hierbei ist δ_s der Sohlreibungswinkel in der Dammaufstandsfläche

Vorh. Sohlspannung:

$$\sigma_{or} = G/b'$$

Sicherheit:

$$R_d = \frac{\sigma_{of}}{\gamma_{R.v}} \geq \sigma_{or} \cdot \gamma_G = E_d$$

(Bemessungssituation BS-P)

3) Dammgleiten

$$R_d = (G + W_v) \cdot \tan \delta_s / \gamma_{Gl} \geq W_h \cdot \gamma_G = E_d$$
$$W_h = \gamma \cdot \frac{H_w^2}{2}$$
$$W_v = \gamma_w \cdot \frac{H_w^2}{2} \cot \beta_w$$

14.12.4 Nachweis der Gebrauchstauglichkeit

Ein detaillierter Nachweis der Gebrauchstauglichkeit (Grenzzustand SLS) wird in DIN EN 1997-1 für die Frage der Gesamtstandsicherheit nicht explizit gefordert.

Bei besonders sensiblen Verhältnissen (z. B. Geländesprüngen neben verformungsempfindlichen Gebäuden oder Verkehrsflächen) wird empfohlen, die in den Nachweis der Gesamtstandsicherheit GEO-3 einfließenden Bodenwiderstände durch einen nicht näher spezifizierten Anpassungsfaktor $\eta < 1$ weiter zu reduzieren, numerische Simulationen durchzuführen sowie die Beobachtungsmethode anzuwenden.

Darüber hinaus kann ähnlich der Vorgehensweise bei Baugruben (vgl. Abschn. 14.11.5) von einer ausreichenden Gebrauchstauglichkeit ausgegangen werden, wenn beim Vorliegen von tragfähigen Böden (mindestens mitteldichte Lagerung bzw. steife Konsistenz) die oben genannten Tragsicherheitsnachweise auch unter der Annahme der Partialsicherheitsbeiwerte für die Situation BS-P gelingen.

14.13 Grundwasserhaltungen

14.13.1 Abgrenzung, Entwurfskriterien und Untersuchungen

Grundwasserhaltungsmaßnahmen können im Zusammenhang mit der Herstellung von Baugruben, zur Stabilisierung von Böschungen und – in Ausnahmefällen – zum Feuchteschutz von Bauwerken erforderlich werden. Im Allgemeinen versteht man unter Wasserhaltung das Absenken, Entspannen und Abpumpen von Grund-, Schicht- oder Oberflächenwasser. Es ist zu beachten, dass in der Regel jeder Eingriff in das Grundwasser genehmigungspflichtig ist.

Die maßgebenden Grundwasserhaltungsmaßnahmen lassen sich in die in Abb. 14.89 dargestellten Maßnahmen der offenen und der geschlossenen Grundwasserhaltung sowie in Maßnahmen zur horizontalen Wasserhaltung gliedern.

Unabhängig von der gewählten Lösung sind im Vorfeld eine Vielzahl von Untersuchungen vorzunehmen, insbesondere Ermittlung des GW-Schwankungsbereiches und der

Strömungsrichtung sowie Bestimmung der Bodendurchlässigkeit und der chemischen GW-Eigenschaften. Eine Grundwasserhaltung ist genehmigungspflichtig und daher rechtzeitig zu beantragen. Insbesondere bei Absenkungen ist eine Beweissicherung benachbarter Baukörper zu empfehlen. Während des Betriebes ist eine kontinuierliche Überwachung der Anlage erforderlich.

Soweit nach Abschluss der Wasserhaltungsmaßnahmen das erstellte Bauwerk zu einem dauerhaften Eingriff in das Grundwasser führt, können Maßnahmen zur Gewährleistung der Umläufigkeit erforderlich werden, um einen möglichen Absunk bzw. Aufstau zu minimieren.

Maßgebend für den Entwurf einer Grundwasserhaltung im Zuge einer Baugrube sind neben dem Bodenaufbau im Wesentlichen die Lage der Baugrubensohle relativ zum GW-Spiegel, die Bodendurchlässigkeit, die Setzungsgefährdung benachbarter Baukörper, die Ein-/Ableitungsmöglichkeiten der geförderten Wassermenge und deren Kosten, eine mögliche Beeinträchtigung nahe liegender Wasserversorgungseinrichtungen oder auch die Änderung der Strömungsver-

Abb. 14.89
a Überblick über Verfahren der Grundwasserhaltung,
b Einsatzbereiche der Verfahren in Abhängigkeit von der Korngrößenverteilung des anstehenden Bodens

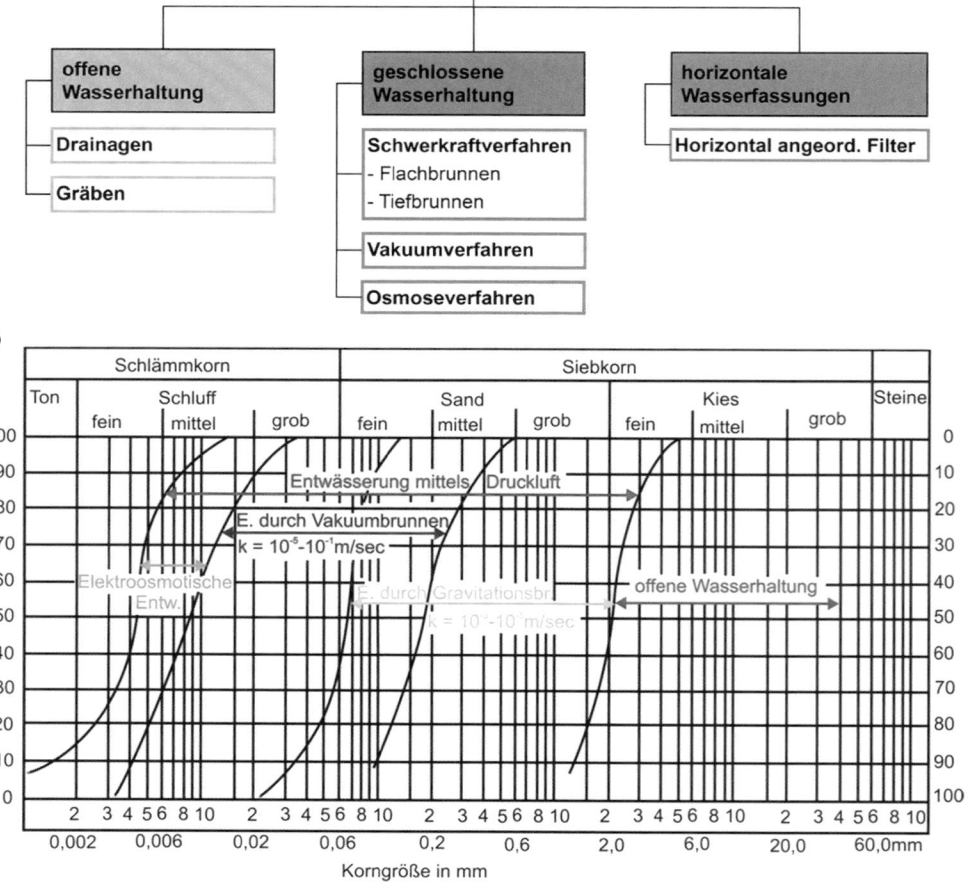

Abb. 14.90 Übliche Wasserhaltungsverfahren.
a Offene Wasserhaltung,
b Brunnenabsenkung

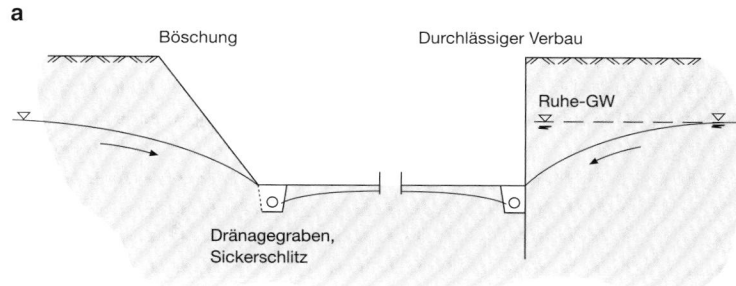

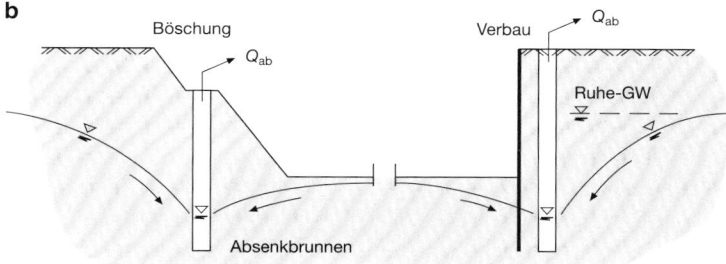

hältnisse bei einer in der näheren Umgebung festgestellten GW-Kontamination. Durch eine – gegebenenfalls auch nur teilweise – wasserdruckhaltende Ausführung der vertikalen Baugrubenumschließung (Verbauwand) bzw. eine künstliche oder natürliche gering wasserdurchlässige Sohle kann der Zustrom von Grundwasser und damit die Förderrate und die durch die Grundwasserhaltung bedingten Auswirkungen auf das Umfeld reduziert werden, zugleich ergeben sich aber deutlich höhere Anforderungen und Aufwendungen für die Baugrubenumschließung.

Das Erkundungsprogramm aus üblicherweise vorgenommenen Bohrungen und Sondierungen ist auf die genannten Fragestellungen auszulegen und insbesondere auf die zuverlässige Ermittlung des k-Wertes (Bodendurchlässigkeit) zu konzentrieren. Im Hinblick auf die Frage der Standsicherheit des Bauzustandes sind im Wesentlichen die Grenzzustände HYD und UPL (Hydraulischer Grundbruch, Aufschwimmen) zu betrachten.

Zu den verschiedenen Nachweisen der Standsicherheit wird auf die voran stehenden Kapitel verwiesen. Nachfolgend werden daher vorzugsweise Hinweise zur Bemessung einer GW-Absenkung aus hydraulischer Sicht und zur GW-Absperrung gegeben. Die Frage einer GW-Verdrängung wird nicht behandelt.

Übliche Verfahren zur Absenkung des Grundwassers sind die offene Wasserhaltung und die Brunnenabsenkung (vgl. Abb. 14.90).

Als Auswahlkriterien gelten insbesondere die Bodendurchlässigkeit und das Absenkziel. Abb. 14.89b zeigt typische Einsatzgebiete offener und geschlossener Wasserhaltungsarbeiten. Eine offene Wasserhaltung ist damit überwie-

gend auf kiesige Böden beschränkt. Mit einer Schwerkraftentwässerung durch Brunnen können überwiegend sandig ausgeprägte Böden entwässert werden, während mit steigendem Schluffkornanteil eine Vakuumunterstützung erforderlich werden kann.

14.13.2 Bemessungsgrundlagen

a) Bodendurchlässigkeit (k-Wert)
- **Ermittlung durch Pumpversuch** (ein Förderbrunnen und mehrere Beobachtungspegel h_1, h_2, vgl. Abb. 14.91):

$$k \, [\mathrm{m/s}] = Q \cdot (\ln r_2 - \ln r_1) / [(h_2^2 - h_1^2) \cdot \pi]$$

mit Q – stationäre Förderwassermenge in $[\mathrm{m^3/s}]$ bei $s \, [\mathrm{m}]$ = const.

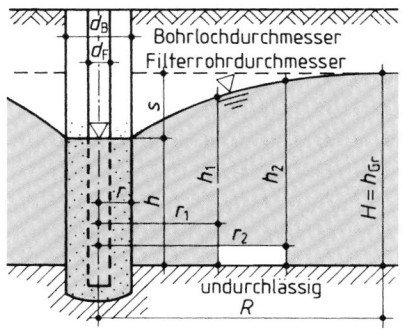

Abb. 14.91 Einzelbrunnen mit freiem Grundwasserspiegel

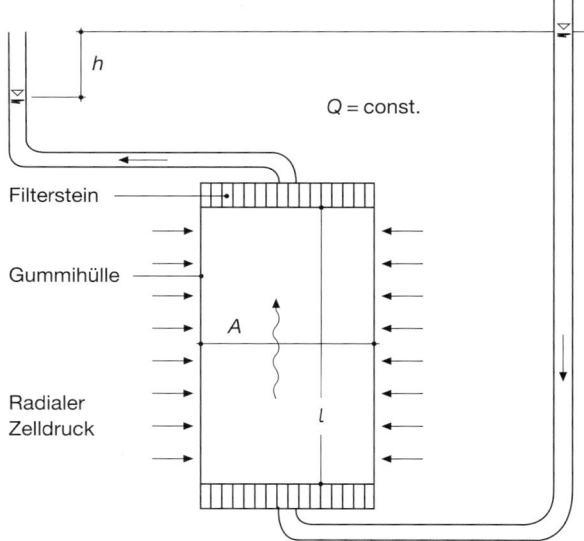

Abb. 14.92 Prinzip des Durchlässigkeitsversuchs in einer Triaxialzelle (DIN 18130). Q stationärer Durchfluss [m³/s], h Potentialdifferenz [m], A Probenquerschnitt [m²], l Probenhöhe [m]

Aus der Beobachtung des Absenkvorganges und des Wiederanstieges können zusätzliche Informationen zur Durchlässigkeit gewonnen werden.

- **Ermittlung durch Versickerungsversuch**
  Mögliche Verfahren:
  Doppelringinfiltrometer (Oberfläche),
  Bohrlochtest (Sohle und Wandung eines Bohrloches),
  Bohrrohrtest (nur Sohle eines Bohrloches).
  Die Auswertung erfolgt für stationäre oder instationäre Verhältnisse nach zahlreichen verschiedenen Gleichungen.

- **Laborative Bestimmung in der Triaxialzelle**
  An ungestört entnommenen Proben kann die Bodendurchlässigkeit im Labor direkt ermittelt werden. Übliche Verfahren sind die Triaxialzelle (stationärer Versuch mit konstanter Druckhöhe, vgl. Abb. 14.92) sowie das Kompressionsgerät (Instationärer Versuch mit veränderlicher Druckhöhe).
  Triaxialzelle:

$$k\,[\text{m/s}] = Q \cdot l / (A \cdot h)$$

  Die Auswertung des Versuches im Kompressionsgerät erfolgt mittels Differentialgleichung.
  Da die im Labor untersuchten Proben nur einen sehr kleinen Abschnitt aus dem insgesamt zu betrachtenden Baugrundkontinuum abbilden und zudem Einflüsse aus der Probengewinnung und Versuchsdurchführung zu berücksichtigen sind, besitzen hydraulische Feldversuche in der Regel eine deutlich höhere Zuverlässigkeit.

- **Ableitung aus der Korngrößenverteilung**
  Näherungsweise kann die Bodendurchlässigkeit auch aus der Korngrößenverteilung abgeleitet werden. Nach

Tafel 14.62 Grobe Anhaltswerte für k in m/s verschiedener nicht bindiger Bodenarten

Bodenart	k [m/s]
Kies 4 bis 8 mm ohne Beimengung	$3{,}5 \cdot 10^{-2}$
Kies 2 bis 4 mm ohne Beimengung	$2{,}5 \cdot 10^{-2}$
Diluvialterrasse, Donau b. Straubing	$1{,}5 \cdot 10^{-2}$
Grobkies mit Mittelkies u. Feinsand	$7{,}0 \cdot 10^{-3}$
Mittelsand, Langen, Ffm	$1{,}5 \cdot 10^{-3}$
Dünensand (Nordsee)	$2 \cdot 10^{-4}$
Teils feste Sande m. Feinkies	1 bis $1{,}5 \cdot 10^{-4}$
kiestonige Sande	$1 \cdot 10^{-4}$
Grobkies mit Sand	$5 \cdot 10^{-3}$
Grob-, Mittelsand, Feinkies	3 bis $4 \cdot 10^{-3}$

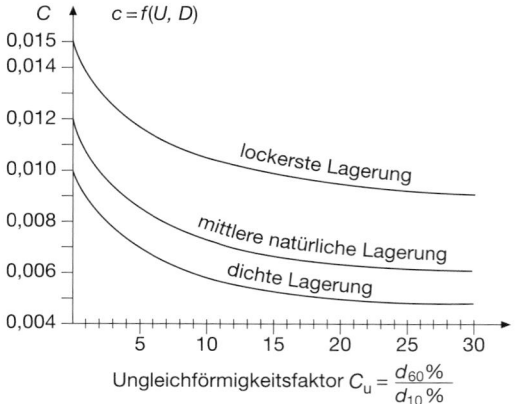

Abb. 14.93 Empirischer Beiwert für Sand (nach Beyer)

Grundsatzuntersuchungen von Beyer gilt **für Sande und ggf. kiesige Sande**:

$$k\,[\text{m/s}] = c \cdot d_{10}^2\,[\text{mm}^2]$$

c Empirischer Beiwert nach Abb. 14.93
d_{10} Korndurchmesser bei 10 % Siebdurchgang.

- **Anhaltswerte für die Durchlässigkeit rolliger Böden** s. Tafel 14.62

b) Reichweite Die Reichweite R entspricht der horizontalen Entfernung, bis zu der sich eine Grundwasserabsenkung auswirkt (vgl. Abb. 14.91).
Empirisch nach Sichardt:

$$R\,[\text{m}] = 3000 \cdot s \cdot \sqrt{k}$$

Empirisch nach Kussakin:

$$R\,[\text{m}] = 575 \cdot s \cdot \sqrt{k \cdot H}$$

s [m] Absenkung,
k [m/s] Bodendurchlässigkeit,
H [m] Mächtigkeit des GW-Leiters.

Abb. 14.94 Zufluss zu einer offenen Wasserhaltung nach Davidenkoff

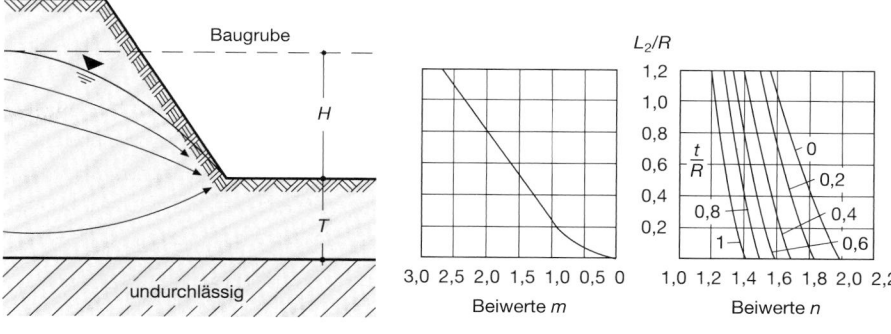

c) Unvollkommene Brunnen

Die üblichen Bestimmungs-gleichungen zur Bemessung einer GW-Absenkung gehen davon aus, dass die für die Absenkung eingesetzte Anlage aus vollkommenen Brunnen (Zufluss nur von der Seite, vgl. Abb. 14.91) besteht. Bei unvollkommenen Brunnen (Zufluss von der Seite und von unten) sind genauere Untersuchungen erforderlich, ersatzweise ist eine Korrektur der ermittelten Wassermengen (z. B. Erhöhung um 10–30 %) vorzunehmen.

14.13.3 Offene Wasserhaltung

Zufluss des Grundwassers aus der durchlässigen Baugruben-wand sowie Sammlung und Ableitung in Dränagegräben.

Berechnung des Baugrubenzuflusses nach Davidenkoff (vgl. Abb. 14.94):

$$q = k \cdot H^2 \cdot \left[\left(1 + \frac{t}{H}\right) \cdot m + \frac{L_1}{R} \cdot \left(1 + \frac{t}{H} \cdot n\right) \right]$$

mit

q Baugrubenzufluss [m³/s]

k Durchlässigkeitsbeiwert des Bodens [m/s]

L_1 Länge/Breite der Baugrube [m]

R Reichweite der Wasserhaltung [m]

H Abstand zwischen Grundwasserspiegel und Baugru-bensohle [m]

t Abstand zwischen Baugrubensohle und Oberkante Wasserstauer [m]

        $t = H$ bei $T > H$

        $t = T$ bei $T < H$

        $t = 0$ bei $T = 0$

T Abstand zwischen Baugrubensohle und Oberkante Wasserstauer [m] (aktive Zone)

m, n Beiwerte [–] nach den beiden Diagrammen in Abb. 14.94.

14.13.4 Brunnenabsenkung

Zufluss des Grundwassers zu mehreren im Randbereich einer Baugrube angeordneten Brunnen.

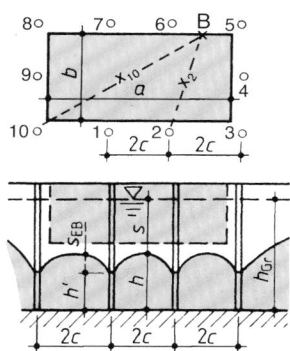

Abb. 14.95 Brunnenanordnung

14.13.4.1 Freier Grundwasserspiegel

Bei **Baugruben** tritt in der für einen Einzelbrunnen vorlie-genden Gleichung für Q an die Stelle von r (Brunnenradius) der Ersatzradius A_{RE}. Dieser Ersatzradius repräsentiert einen Kreis, dessen Fläche der von den Brunnen eingeschlossenen Grundflache entspricht. Für rechteckige Flächen (Länge a, Breite b) gilt $A_{RE} = \sqrt{a \cdot b/\pi}$, für Kanalstrecken gilt $A_{RE} \approx L/3$.

Wasserandrang

$$Q = \pi \cdot k (h_{Gr}^2 - h^2)/(\ln R - \ln A_{RE}) \quad \text{in m}^3/\text{s}$$

Die Absenktiefe s reicht bis 50 cm unter die Baugruben-sohle. Der Einzelbrunnen leistet weniger, da $h' < h$ (vgl. Abb. 14.95). Es muss sein: Anzahl der Brunnen $n = Q/q'$.

Fassungsvermögen

$$q' = 2 \cdot r \cdot \pi \cdot h' \cdot \sqrt{k}/15; \quad \text{in m}^3/\text{s}$$

ferner $_{vorh}h' \geq h - s_{EB}$ mit

$$s_{EB} = h - \sqrt{h^2 - 1{,}5 \cdot q'[\ln(c/r)]/(\pi \cdot k)}.$$

Der Beiwert 1,5 gilt für Einzelbrunnenabstände $2c > 10 \cdot \pi \cdot r$. Sonst wird statt 1,5 der Wert 2 eingesetzt.

Bei Baugruben entsprechend Abb. 14.95 sind zunächst an den von der Mitte des Ersatzkreises entferntesten Stellen Brunnen anzuordnen und die übrigen Brunnen gleichmäßig um die Baugrube zu verteilen. Eine Nachrechnung der gewählten Anordnung erfolgt für den ungünstigsten Punkt B, der sich meist nahe einer außenliegenden Ecke zwischen zwei Brunnen oder in Baugrubenmitte befindet. Dort erreicht die Summe aller Abstände zwischen allen Brunnen und dem Punkt B und damit auch der Ausdruck $\frac{1}{n} \cdot \sum_{i=1}^{n} \ln x_i$ sein Maximum. Der wirkliche Wasserandrang für die gewählte Absenkung s errechnet sich zu

$$Q = \pi \cdot k_f \cdot (h_{gr}^2 - h^2) \Big/ \Big(\ln R - \frac{1}{n} \cdot \sum_{i=1}^{n} \ln x_i\Big)$$

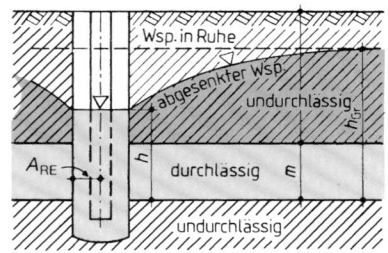

Abb. 14.96 Baugrube mit gespanntem Grundwasserspiegel

Abb. 14.97 Grundwasserabsperrung (Beispiele)

In der Regel wird aus der Zahl n der Einzelbrunnen q' und damit h' ermittelt. Hierbei ist dann, wenn $h_{Gr} > H = s + s_{EB} + h'$ ist (also unvollkommener Brunnen), bei zunehmender Brunnentiefe der Wasserandrang deutlich höher. Durch Proberechnung wird erreicht, dass einerseits Q klein bleibt und andererseits h' nicht zu klein bzw. h zu groß wird. Die vorstehenden Gleichungen gelten für vollkommene Brunnen und nur für $\ln(R/A_{RE}) \geq 1$.

14.13.4.2 Gespannter Grundwasserspiegel

Zulauf zur Baugrube   (vgl. Abb. 14.96)

$$Q = 2\pi \cdot k \cdot m (h_{Gr} - h)/(\ln R - \ln A_{RE}) \quad \text{in m}^3/\text{s}$$

Fassungsvermögen des Brunnens

$$q = 2\pi \cdot r \cdot m \cdot \sqrt{k}/15 \quad \text{in m}^3/\text{s}$$

14.13.5 Grundwasserabsperrung

Bei einer funktionsfähigen GW-Absperrung ist nur eine Restwassermenge zu fördern. Eine hydraulische Berechnung ist daher in der Regel nicht erforderlich. Mögliche Lösungen zeigt Abb. 14.97.

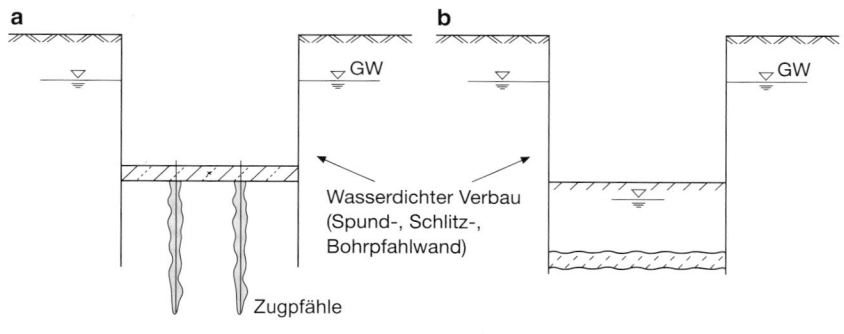

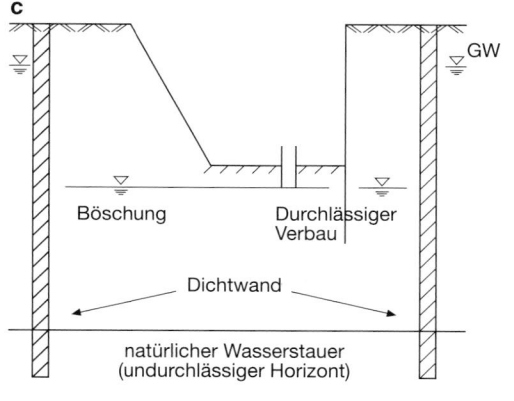

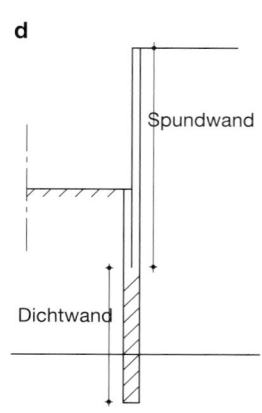

Der Nachweis der Lagesicherheit einer künstlich hergestellten Dichtungssohle (Injektionssohle im Baugrund oder
Unterwasserbetonsohle in der Baugrube) erfolgt für den
Grenzzustand UPL (Gleichgewicht der Bemessungswerte
stabilisierender und destabilisierender Einwirkungen). Werden zusätzliche Bauteile für den Nachweis dieser Lagesicherheit erforderlich (z. B. eine mit Zugpfählen gesicherte
Unterwasserbetonsohle), so sind diese im Hinblick auf deren
ausreichende Abmessungen wie üblich nach den Grenzzuständen GEO-2 und STR zu bemessen.

14.14 Dränung zum Schutz baulicher Anlagen

Dränung ist die Entwässerung des Bodens durch Dränschicht und Dränleitung (Abb. 14.98), um das Entstehen von
drückendem Wasser zu vermeiden.

Planung Die Dränanlage ist in den Entwässerungsplan aufzunehmen. Dränschicht ($k \geq 10^{-4}$ m/s) und Dränleitung
müssen alle erdberührten Wände erfassen. Die Dränleitung
ist entlang der Außenfundamente anzuordnen (Abb. 14.99).
Die Auflagerung auf Fundamentvorsprüngen ist unzulässig.
Bei unregelmäßigen Grundrissen ist ein größerer Abstand
von den Streifenfundamenten zulässig. Zur Abschätzung der
Notwendigkeit besonderer Vorkehrungen gegen Ablagerungen sollte die chemische Beschaffenheit des der Dränleitung
zusickernden Wassers untersucht werden.

Die Rohrsohle ist am Hochpunkt mindestens 0,2 m unter Oberfläche Rohbodenplatte anzuordnen. Der Rohrgraben
darf nicht unter die Fundamentsohlen geführt werden (not-
falls Vertiefung der Fundamente oder Verlegung der Drän-
rohre außerhalb des Druckausbreitungsbereiches).

Kontrollschächte (DN 300) sind bei Richtungswechsel sowie im Abstand von höchstens 20 m, Spül-, Kontroll- und
Sammelschächte (DN 1000) an Hoch und Tiefpunkten sowie
im Abstand von höchstens 60 m anzuordnen. Die Darstellung
erfolgt mit Sinnbildern der Tafel 14.63. Für die Bemessung
unterscheidet DIN 4095 den Regelfall (Einstufung nach Tafel 14.65) für den kein besonderer Nachweis erforderlich ist
(Ausführungsempfehlung mit Dicken s. Abb. 14.100), sowie
den Einzelnachweis im Sonderfall.

Im Regelfall ist für den Wasserabfluss bei nichtminerali-
schen, verformbaren Dränelementen mit Abflussspenden
nach Tafel 14.66 zu rechnen.

Im Sonderfall sind folgende Untersuchungen auszuführen: Geländeaufnahme, Bodenprofilaufnahme, Ermittlung
des Wasseranfalls, statischer Nachweis der Dränschichten
und Dränleitungen, hydraulische Bemessung aller Dränelemente, Bemessung der Sickeranlage, Auswirkung auf Bo-
denwasserhaushalt, Vorfluter, Nachbarbebauung.

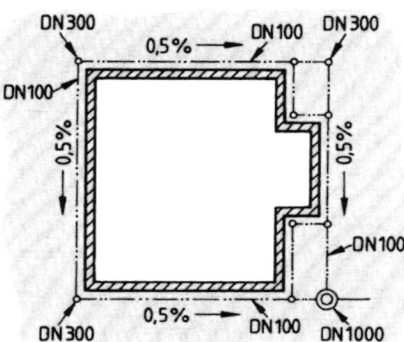

Abb. 14.98 Beispiel einer Anordnung von Dränleitungen, Kontroll-
und Reinigungseinrichtungen bei einer Ringdränung (Mindestabmessungen)

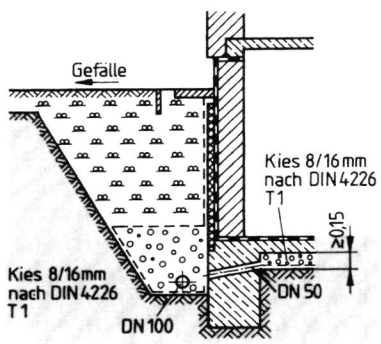

Abb. 14.99 Beispiel einer Dränanlage mit Dränelementen

Tafel 14.63 Angaben über Bauteile und Zeichen (Sinnbilder)

Bauteil	Art	Zeichen
Filterschicht	Sand Geotextil	
Sickerschicht	Kies Einzelelement (z. B. Dränstein, -platte)	
Dränschicht	Kiessand Verbundelement (z. B. Dränmatte)	
Trennschicht	z. B. Folie	
Abdichtung	z. B. Anstrich, Bahn	
Dränleitung	Rohr	
Spülrohr, Kontrollrohr	Rohr	
Spülschacht, Kontroll-schacht, Übergabeschacht	Fertigteil	

Tafel 14.64 Einschätzung der Durchlässigkeit von Böden nach DIN
18130-1

$k < 10^{-8}$ m/s	sehr schwach durchlässig
$k = 10^{-8}$ bis 10^{-6} m/s	schwach durchlässig
$k > 10^{-6}$ bis 10^{-4} m/s	durchlässig
$k > 10^{-4}$ bis 10^{-2} m/s	stark durchlässig
$k > 10^{-2}$ m/s	sehr stark durchlässig

Tafel 14.65 Bedingungen vor Wänden und unter Bodenplatten für die Einstufung als Regelfall

Einflussgröße	Richtwert
Richtwerte vor Wänden	
Gelände	Eben bis leicht geneigt
Durchlässigkeit des Bodens	Schwach durchlässig
Einbautiefe	Bis 3 m
Gebäudehöhe	Bis 15 m
Länge der Dränleitung zwischen Hochpunkt mit Tiefpunkt	Bis 60 m
Richtwerte unter Bodenplatten	
Durchlässigkeit des Bodens	Schwach durchlässig
Bebaute Fläche	Bis 200 m^2

Tafel 14.66 Abflussspende zu der Bemessung nichtmineralischer, verformbarer Dränelemente

Lage	Abflussspende
Vor Wänden	$0,30\,l/(s\,m)$
Auf Decken	$0,03\,l/(s\,m^2)$
Unter Bodenplatten	$0,005\,l/(s\,m^2)$

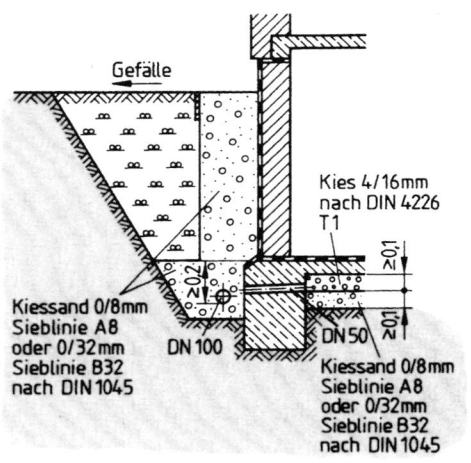

Abb. 14.100 Beispiel einer Dränanlage mit mineralischer Dränschicht

Die Abflussspende für die Bemessung der flächigen Dränelemente darf nach den Tafeln 14.66 und 14.67 geschätzt werden.

Für die hydraulische Bemessung gilt $q' = k \cdot i \cdot d$, wobei für die Bemessung vor der Wand $i = 1$ ist, bei Decken deren Gefällen. Die erforderliche Nennweite der Dränage ergibt sich aus Abb. 14.101.

Bauausführung Dränageleitungen werden i. d. R. am Tiefpunkt beginnend geradlinig zwischen den Kontrolleinrichtungen auf einem stabilen Rohrleitungsplanum verlegt. Sie sind gegen Lageveränderungen zu sichern, z. B. durch beidseitigen Einbau der Sickerschicht. Die erste Lage bis 0,15 m über Rohrscheitel ist von Hand leicht zu verdichten. Darüber darf ein Verdichtungsgerät eingesetzt werden.

Tafel 14.67 Abflussspende vor Wänden

Bereich	Bodenart und Bodenwasser Beispiel	Abflussspende q in $l/(s\,m)$
Gering	Sehr schwach durchlässige Böden[a] ohne Stauwasser, kein Oberflächenwasser	Unter 0,05
Mittel	Schwach durchlässige Böden[a] mit Sickerwasser, kein Oberflächenwasser	Von 0,05 bis 0,10
Groß	Böden mit Schichtwasser oder Stauwasser, wenig Oberflächenwasser	Über 0,10 bis 0,30

[a] s. Einschätzung Tafel 14.64.

Tafel 14.68 Abflussspende unter Bodenplatten

Bereich	Bodenart Beispiel	Abflussspende q' in $l/(s\,m^2)$
Gering	Sehr schwach durchlässige Böden[a]	Unter 0,001
Mittel	Schwach durchlässige Böden[a]	Von 0,001 bis 0,005
Groß	Durchlässige Böden[a]	Über 0,005 bis 0,010

[a] s. Einschätzung Tafel 14.64.

Tafel 14.69 Beispiele für die Ausführung mit Geotextilien nach [7]

Wirksame Öffnungsweite $D_w < 0,10$ mm
Naue SECUTEX 351-4
Polyfelt TS 700
Hoechst TREVIRA SPUNBOND 13/150, 11/360
Rhone-Poulenc BIDIM B3, B4
Heidelberger Vlies HV 7220

Wirksame Öffnungsweite $0,10 \leq D_w \leq 0,12$ mm
Naue SECUTEX 151-1
Polyfelt TS 500, TS 600
Hoechst TREVIRA SPUNBOND 11/300
Rhone-Poulenc BIDIM B1

Wirksame Öffnungsweise $D_w \geq 0,13$ mm
Polyfelt TS 22
Hoechst TREVIRA SPUNBOND 11/180
Rhone-Poulenc BIDIM B2
Heidelberger Vlies HV 7270

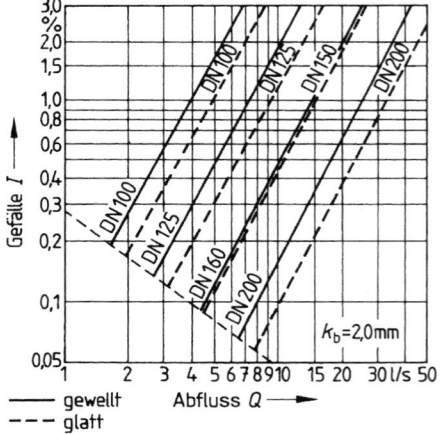

Abb. 14.101 Bemessungsbeispiele für Dränleitungen

Tafel 14.70 Beispiele von Baustoffen für Dränelemente

Bauteil	Art	Baustoff
Filterschicht	Schüttung	Mineralstoffe (Sand und Kiessand)
	Geotextilien	Filtervlies (z. B. Spinnvlies)
Sickerschicht	Schüttung	Mineralstoffe (Kiessand und Kies)
	Einzelelemente	Dränsteine (z. B. aus haufwerksporigem Beton), Dränplatten (z. B. aus Schaumkunststoff, Geotextilien (z. B. aus Spinnvlies)
Dränschicht	Schüttungen	Kornabgestufte Mineralstoffe Mineralstoffgemische (Kiessand, z. B. Kornung 0/8 mm, Sieblinie A2 nach DIN 1045 oder Körnung 0,32 mm Sieblinie B32 nach DIN 1045)
	Einzelelemente	Dränsteine (z. B. aus haufwerksporigen Beton ggf. ohne Filtervlies), Dränplatten (z. B. aus Schaumkunststoffe, ggf. ohne Filtervlies)
	Verbundelemente	Dränmatten aus Kunststoff z. B. aus Höckerprofilen mit Spinnvlies, Wirrgelege mit Nadelvlies, Gitterstrukturen mit Spinnvlies
Dränrohr	Gewellt oder glatt	Beton, Faserzement Kunststoff, Steinzeug, Ton mit Muffen
	Gelocht oder geschlitzt	Allseitig (Vollsickerrohr), seitlich und oben (Teilsickerrohr)
	Mit Filtereigenschaften	Kunststoffrohre mit Ummantelung, Rohre aus haufwerksporigem Beton

14.15 Erdbau

14.15.1 Boden- und Felsklassen nach DIN 18300 und ZTVE-StB

2016 wurden die im Zusammenhang mit Boden und Fels stehenden Normen der VOB/C maßgeblich überarbeitet, wobei eine Umstellung von den bisher bekannten Boden- und Felsklassen auf Homogenbereiche erfolgte.

Die Einteilung von Boden und Fels in Homogenbereiche erfolgt für alle Gewerke nach folgenden Prinzipien:

1. Boden und Fels sind entsprechend ihrem Zustand vor dem Lösen (bzw. vor der Ausführung des jeweiligen Gewerkes) in Homogenbereiche einzuteilen.

   Der Homogenbereich ist ein begrenzter Bereich bestehend aus einzelnen oder mehreren Boden- oder Felsschichten, der für das jeweilige Baugewerk bzw. Bauverfahren vergleichbare Eigenschaften aufweist.

2. Sind umweltrelevante Inhaltsstoffe zu beachten, so sind diese bei der Einteilung in Homogenbereiche zu berücksichtigen.

3. Für die Homogenbereiche sind Eigenschaften und Kennwerte sowie deren ermittelte Bandbreite anzugeben. Die Normen oder Empfehlungen, mit der diese Kennwerte ggf. zu überprüfen sind, werden in den ATV-Normen der VOB/C angegeben. Wenn mehrere Verfahren zur Bestimmung möglich sind, ist eine Norm oder Empfehlung bei der Ausschreibung festzulegen.

Die Beschreibung der Homogenbereiche erfolgt also über Bandbreiten der Kennwerte, die auf Grundlage von Feld- und Laborversuchen und ggfs. Erfahrungen zu ermitteln sind.

Welche Eigenschaften bzw. Kennwerte für das jeweils einzusetzende Bauverfahren zu ermitteln und anzugeben sind, ergibt sich aus der jeweiligen VOB/C-Norm.

Tafel 14.71 zeigt eine Zusammenstellung der für Boden in Abhängigkeit von dem Bauverfahren zu ermittelnden Eigenschaften. In Tafel 14.72 sind die entsprechenden Eigenschaften für Fels zusammengestellt.

Die für die Ermittlung dieser Eigenschaften bzw. Kennwerte einzusetzenden Prüfverfahren sind gemäß VOB/C ebenfalls vorgegeben. In Tafel 14.73 sind die Normen oder Empfehlungen angegeben, mit der die Eigenschaften bzw. Kennwerte bei Maßnahmen im Boden für die Ausschreibung zu ermitteln und später bei der Ausführung gegebenenfalls zu überprüfen sind. Tafel 14.74 gibt einen Überblick über die Verfahren, mit denen die Eigenschaften von Fels zu ermitteln sind. Aufgenommen wurden in die Liste der Eigenschaften nach Möglichkeit überwiegend Parameter, die mit zahlenmäßigen Werten quantifiziert werden können.

Wenn mehrere Verfahren zur Bestimmung möglich sind (z. B. bei der Lagerungsdichte oder der undrainierten Scherfestigkeit), ist in der Ausschreibung ein Verfahren und die entsprechende Norm bzw. Empfehlung festzulegen und zu benennen. Dieses Verfahren ist dann auch bindend, wenn ein Auftragnehmer während der Ausführung abweichende Eigenschaften gelten machen will und dies nachweisen möchte.

Alternativ zur Bestimmung der Eigenschaften auf der Basis von Feld- und Laborversuchen (Regelfall) darf die Er-

Tafel 14.71 VOB/C, Kap. 2 „Stoffe, Bauteile", Kap. 2.3 „Einteilung von Boden und Fels in Homogenbereiche": in Abhängigkeit von dem Gewerk zu ermittelnde Eigenschaften für Boden (Lockergestein)

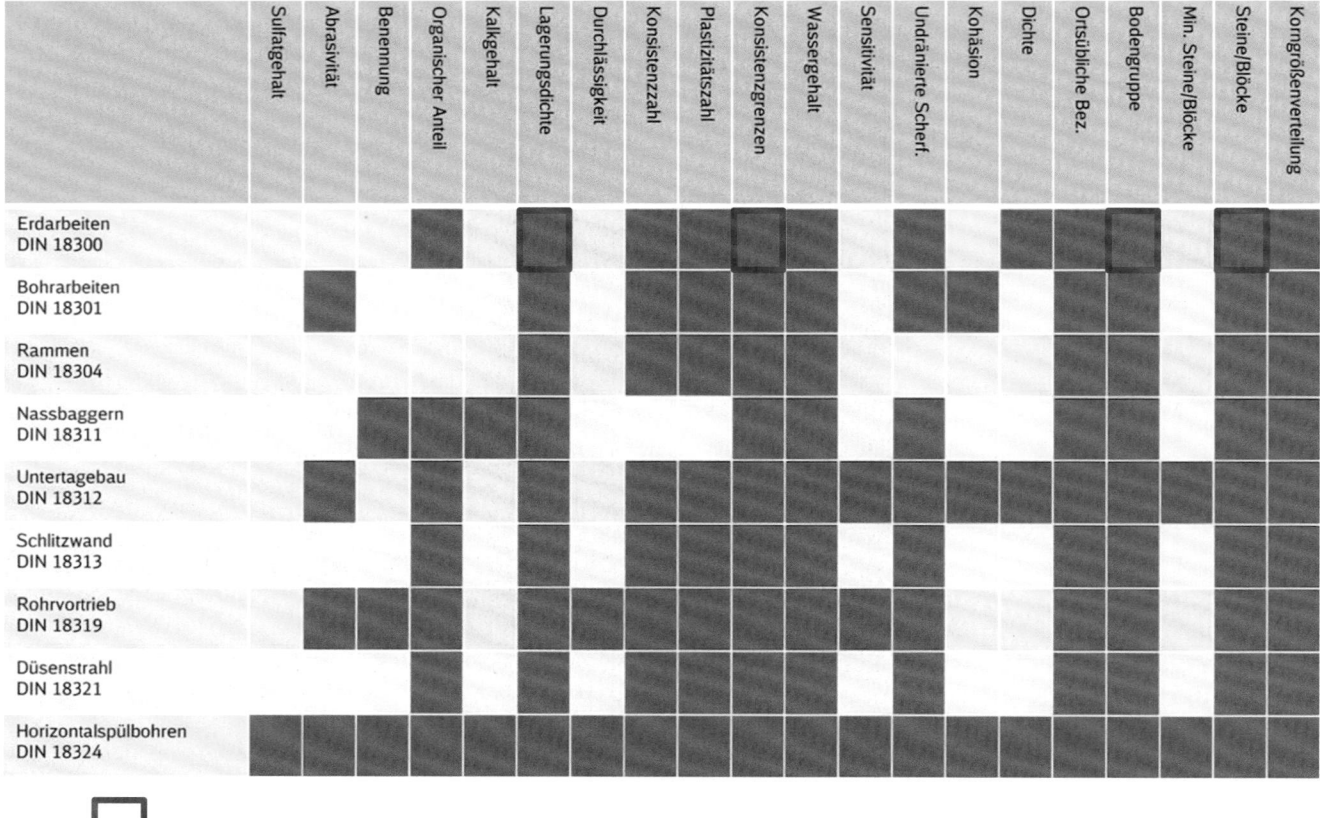

□ : reduzierter Parameterumfang bei Projekten der Geotechnischen Kategorie GK 1

mittlung der Bandbreite der Eigenschaften – ersatzweise – auch auf der Basis von Erfahrungswerten erfolgen.

Am Beispiel der „Erdarbeiten" sind gemäß DIN 18300 *für jeden Homogenbereich* folgende Angaben in einer Ausschreibung zu machen, wobei alle Kennwerte in einer *Bandbreite,* d. h. mit einem Kleinst- und Größtwert anzugeben sind:

- ortsübliche Bezeichnung,
- Korngrößenverteilung mit Körnungsbändern nach DIN EN ISO 17892-4,
- Massenanteil Steine, Blöcke und große Blöcke nach DIN EN ISO 14688-1, Bestimmung durch Aussortieren, und Vermessen bzw. Sieben, anschließend Wiegen und dann auf die zugehörige Aushubmasse beziehen,
- Dichte nach DIN EN ISO 17892-2 oder DIN 18125-2,
- undränierte Scherfestigkeit nach DIN 4094-4 oder DIN EN ISO 17892-7 oder DIN EN ISO 17892-8,
- Wassergehalt nach DIN EN ISO 17892-1,
- Plastizitätszahl nach DIN EN ISO 17892-12,

- Konsistenzzahl nach DIN EN ISO 17892-12,
- Lagerungsdichte: Definition nach DIN EN ISO 14688-2, Bestimmung nach DIN 18126,
- organischer Anteil nach DIN 18128,
- Bodengruppe nach DIN 18196.

Für „Erdarbeiten" im Fels sind nach DIN 18300 folgende Angaben in einer Ausschreibung zu machen:

- ortsübliche Bezeichnung,
- Benennung von Fels nach DIN EN ISO 14689-1,
- Dichte nach DIN EN ISO 17892-2 oder DIN 18125-2,
- Verwitterung und Veränderung, Veränderlichkeit nach DIN EN 14689-1,
- Einaxiale Druckfestigkeit des Gesteins nach DIN 18141-1 bzw. DGGT-Empfehlung Nr. 1: „Einaxiale Druckfestigkeit an zylindrischen Gesteinsprüfkörpern" des AK 3.3 „Versuchstechnik im Fels",
- Trennflächenrichtung, Trennflächenabstand, Gesteinskörperform nach DIN EN ISO 14689.

Tafel 14.72 VOB/C, Kap. 2 „Stoffe, Bauteile", Kap. 2.3 „Einteilung von Boden und Fels in Homogenbereiche": in Abhängigkeit von dem Gewerk zu ermittelnde Kennwerte für Fels (Festgestein)

	Sulfatgehalt	Abrasivität	Gebirgsdurchlässigkeit	Öffnungsweite Klüftung	Trennflächen	Spaltzugfestigkeit	Druckfestigkeit	Kalkgehalt	Verwitterung	Dichte	Ortsübliche Bezeichnung	Benennung von Fels
Erdarbeiten DIN 18300					(X)		X		(X)	(X)	X	(X)
Bohrarbeiten DIN 18301		X			X		X		X			
Rammen DIN 18304							X					X
Nassbaggern DIN 18311					X		X		X	X	X	X
Untertagebau DIN 18312		X		X	X		X		X	X	X	X
Schlitzwand DIN 18313				X	X	X	X		X	X	X	X
Rohrvortrieb DIN 18319		X		X	X	X	X		X	X	X	X
Düsenstrahl DIN 18321							X		X	X	X	X
Horizontalspülbohren DIN 18324	X	X	X	X	X		X		X	X	X	X

□ : reduzierter Parameterumfang bei Projekten der Geotechnischen Kategorie GK 1

Tafel 14.73 VOB/C, Kap. 2 „Stoffe, Bauteile", Kap. 2.3 „Einteilung von Boden und Fels in Homogenbereiche": Normen und Empfehlungen, mit denen gemäß VOB/C die Eigenschaften/Kennwerte von Boden zu bestimmen sind

a Bodenparameter: stoffliche Eigenschaften

Eigenschaften/Kennwerte	Bewertungs-/Prüfnorm
Bodengruppe	DIN 18196
Korngrößenverteilung	DIN EN ISO 17892-1
Anteil an Steinen (> 63 mm) und Blöcken (> 200 mm)	DIN EN ISO 14688-1
Mineralogische Zusammensetzung Steine und Blöcke	DIN EN ISO 14689
Kalkgehalt	DIN 18129
Organischer Anteil	DIN 18128
Benennung und Beschreibung organischer Böden	DIN EN ISO 14688-1
Abrasivität	NF P18-579
Sulfatgehalt	DIN EN 1997-2
Konsistenzgrenzen	DIN EN ISO 17892-12
Sensitivität	DIN 4094-4
Plastizitätszahl	DIN EN ISO 17892-12

b Bodenparameter: natürlicher Zustand

Eigenschaften/Kennwerte	Bewertungs-/Prüfnorm
Ortsübliche Bezeichnung	–
Konsistenzzahl	DIN EN ISO 17892-12
Durchlässigkeit	DIN EN ISO 17892-11 oder DIN 18130-2
Lagerungsdichte	Definition nach DIN EN ISO 14688-2, Bestimmung nach DIN 18126
Dichte	DIN EN ISO 17892-2 oder DIN 18125-2
Kohäsion	DIN EN ISO 17892-8, DIN EN ISO 17892-9 und DIN EN ISO 17892-10
undränierte Scherfestigkeit	DIN 4094-4 oder DIN EN ISO 17892-7 oder DIN EN ISO 17892-8
Wassergehalt	DIN EN ISO 17892-1

14

Tafel 14.74 VOB/C, Kap. 2 „Stoffe, Bauteile", Kap. 2.3 „Einteilung von Boden und Fels in Homogenbereiche": Normen und Empfehlungen, mit denen gemäß VOB/C die Eigenschaften/Kennwerte von Fels (Felsgestein) zu bestimmen sind

Felsparameter	
Eigenschaften/Kennwerte	Bewertungs-/Prüfnorm
Benennung von Fels	DIN EN ISO 14689
Dichte	DIN EN ISO 17892-2 oder DIN 18125-2
Verwitterung inkl. Veränderungen, Veränderlichkeit	DIN EN ISO 14689
Kalkgehalt	DIN 18129
Druckfestigkeit	DIN 18141-1
Spaltzugfestigkeit	DGGT Empfehlung Nr. 10
Trennflächenrichtung, Trennflächenabstand, Gesteinskörperform	DIN EN ISO 14689-1
Öffnungsweite und Kluftfüllung von Trennflächen	DIN EN ISO 14689-1
Gebirgsdurchlässigkeit	DIN EN ISO 14689-1
Abrasivität	NF P94-430-1 und DGGT Empfehlung Nr. 23
ortsübliche Bezeichnung	–
Sulfatgehalt	DIN EN 1997-2

Bei Projekten der Geotechnischen Kategorie GK 1 nach DIN 4020 (Beurteilungskriterien siehe Anhang AA in Handbuch EC 7-1; z. B. Rohrgräben bis 2 m Tiefe, Einfamilienhaus in einfachen Baugrundverhältnissen) ist bei Erdarbeiten (DIN 18300) in Boden und Fels ein reduzierter Umfang an Eigenschaften ausreichend:

- im Boden:
  - Massenanteil Steine, Blöcke und große Blöcke nach DIN EN ISO 14688-1, Bestimmung durch Aussortieren, und Vermessen bzw. Sieben, anschließend Wiegen und dann auf die zugehörige Aushubmasse beziehen,
  - Plastizitätszahl nach DIN EN ISO 17892-12,
  - Konsistenzzahl nach DIN EN ISO 17892-12,
  - Lagerungsdichte: Definition nach DIN EN ISO 14688-2, Bestimmung nach DIN 18126,
  - Bodengruppe nach DIN 18196.
- im Fels:
  - Benennung von Fels nach DIN EN ISO 14689,
  - Verwitterung und Veränderung, Veränderlichkeit nach DIN EN 14689-1,
  - Trennflächenrichtung, Trennflächenabstand, Gesteinskörperform nach DIN EN ISO 14689-1.

14.15.2 Frostempfindlichkeitsklassen nach ZTVE-StB

Siehe Tafel 14.75.

Tafel 14.75 Klassifikation von Bodengruppen nach der Frostempfindlichkeit

	Frostempfindlichkeit	Bodengruppen (DIN 18196)
F 1	nicht frostempfindlich	GW, GI, GE SW, SI, SE
F 2	gering bis mittel frostempfindlich	TA OT, OH, OK ST[a], GT[a] SU[a], GU[a]
F 3	sehr frostempfindlich	TL, TM UL, UM, UA OU ST*, GT* SU*, GU*

[a] zu F 1 gehörig bei einem Anteil an Korn unter 0,063 mm von 0,5 M.-% bei $C_U \geq 15{,}0$ oder 15 M.-% bei $C_U \leq 6{,}0$.
Im Bereich $6{,}0 < C_U < 15{,}0$ kann der für eine Zuordnung zu F 1 zulässige Anteil an Korn unter 0,063 mm linear interpoliert werden:

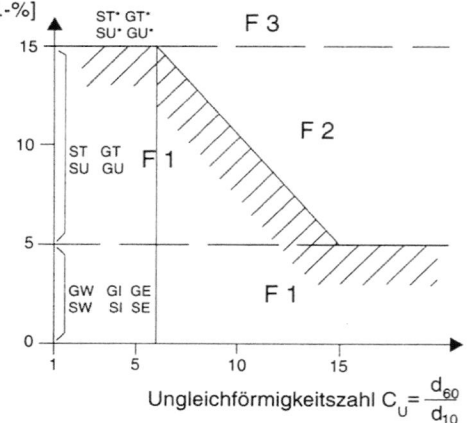

14.15.3 Klassifizierung kontaminierter Böden

Der Handlungsbedarf für eine Bodensanierung ist nach Abschn. Abfallwirtschaft einzuschätzen. Dabei werden u. a. die von einem chemischen Labor ermittelten chem. Inhaltsstoffe des Bodens mit den Werten eines Standard- oder Referenzbodens verglichen, bei dem noch keine Sanierung erforderlich ist.

14.15.4 Verdichtung nach ZTV E-StB

Verdichtung als elementarste Art der Baugrundverbesserung dient im Erdbau des Straßenbaus vorrangig der Verringerung der Zusammendrückbarkeit und der Erhöhung der Tragfähigkeit des Untergrunds und des Unterbaus. Die Erdstoffe sind dafür lagenweise einzubauen und mit geeignetem Arbeitsverfahren (Einbaugeräte, Verdichtungsgeräte, Maximale Dicke der unverdichteten Schütthöhe, Anzahl der Verdichtungsübergänge, Arbeitsgeschwindigkeit, etc.) den Anforde-

Tafel 14.76 Anforderungen an das 10 %-Mindestquantil für den Verdichtungsgrad D_{Pr} nach ZTV E-StB

Bereich	Bodengruppen	Verdichtungsgrad D_{Pr} [%]
Planum bis 1,0 m Tiefe bei Dämmen und 0,5 m Tiefe bei Einschnitten	GW, GI, GE SW, SI, SE GU, GT, SU, ST	100
1,0 m unter Planum bis Dammsohle	GW, GI, GE SW, SI, SE GU, GT, SU, ST	98
Planum bis Dammsohle und 0,5 m Tiefe bei Einschnitten	GU*, GT*, SU*, ST* U, T	97

Tafel 14.77 Richtwerte für die Zuordnung vom statischen Verformungsmodul E_{V2} zum Verdichtungsgrad D_{Pr} bei grobkörnigen Böden gem. ZTV E-StB

Bodengruppe	statischer Verformungsmodul E_{V2} [MPa]	Verdichtungsgrad D_{Pr} [%]
GW, GI	≥ 100 ≥ 80	≥ 100 ≥ 98
GE, SE, SW, SI	≥ 80 ≥ 70	≥ 100 ≥ 98

Tafel 14.78 Richtwerte für die Zuordnung vom dynamischen Verformungsmodul E_{Vd} zum Verdichtungsgrad D_{Pr} bei grobkörnigen Böden gem. ZTV E-StB

Bodengruppe	dynamischer Verformungsmodul E_{Vd} [MPa]	Verdichtungsgrad D_{Pr} [%]
GW, GI, GE	≥ 50	≥ 100
SW, SI, SE	≥ 40	≥ 98

Tafel 14.79 Richtwerte für die Zuordnung des Verhältniswertes der Verformungsmoduli E_{V2}/E_{V1} zum Verdichtungsgrad D_{Pr} bei grobkörnigen Böden gem. ZTV E-StB

E_{V2}/E_{V1} [–]	Verdichtungsgrad D_{Pr} [%]
$\leq 2,3$	≥ 100
$\leq 2,5$	≥ 98

Tafel 14.80 Anforderungen an den Verformungsmodul E_{V2} oder den dynamischen Verformungsmodul E_{Vd} auf dem Planum (10 %-Mindestquantil) nach ZTV E-StB

Bodenart	E_{V2} [MPa]	E_{Vd} [MPa]
fein- oder gemischtkörnige Böden	45	–
qualifizierte Bodenverbesserung	70	–
grobkörnige Böden (GW, GI)	100	50
grobkörnige Böden (SW, SI)	80	40

rungen nach Tafel 14.76 gem. ZTV E-StB entsprechend zu verdichten.

Für veränderlich feste Gesteine ist ein Verdichtungsgrad D_{Pr} von 97 % (Mindestquantil) und ein Luftporenanteil von 12 Vol.-% (Höchstquantil) einzuhalten.

Dämme sind von außen zur Mitte hin zu verdichten. Der Boden ist in Lagen über die gesamte Dammbreite durchgehend einzubauen und zu verdichten. In den Böschungsbereichen ist besonders sorgfältig und mit speziell für diese Bereiche geeigneten Arbeitsverfahren und Verdichtungsgeräten zu arbeiten.

Die Einbau- und Verdichtungsarbeiten sind der Witterung anzupassen. Sie sind vorübergehend einzustellen, wenn die bautechnischen Mittel nicht ausreichen, um die vereinbarten Qualitätsanforderungen zu erfüllen.

Lassen sich der geforderte Verdichtungsgrad und/oder Luftporenanteil durch Verdichten nicht erreichen, sind die erforderlichen Maßnahmen bereits in der Leistungsbeschreibung anzugeben.

Als Ersatz für die Bestimmung des Verdichtungsgrades können bei grobkörnigen Böden indirekte Prüfverfahren zum Einsatz kommen. Richtwerte für die Zuordnung vom statischen Verformungsmodul E_{V2} und vom dynamischen Verformungsmodul E_{Vd} zum Verdichtungsgrad D_{Pr} erhalten die Tafeln 14.77 und 14.78. Der Verformungsmodul E_{V2} wird mit dem statischen Plattendruckversuch nach DIN 18134 und der Verformungsmodul E_{Vd} mit dem dynamischen Plattendruckversuch nach TP BF-StB, Teil B 8.3 nachgewiesen. Zusätzlich ist der Verhältniswert des Verformungsmoduls E_{V2}/E_{V1} nach Tafel 14.79 zur Beurteilung

des Verdichtungszustandes mit heranzuziehen. Wenn der E_{V1}-Wert bereits 60 % des in Tafel 14.77 angegebenen E_{V2}-Wertes erreicht, sind auch höhere Verhältniswert E_{V2}/E_{V1} zulässig.

Die Tafelwerte dürfen näherungsweise auch für gemischtkörnigen Böden mit einem Feinkornanteil kleiner 15 M.-% (Bodengruppen GU, GT, SU, ST gem. DIN 18196) verwendet werden.

Unmittelbar vor dem Einbau der Schichten des Oberbaus müssen auf dem Planum nach ZTV E-StB die Anforderungen gem. Tafel 14.80 nachgewiesen werden.

Lassen sich die geforderten Verformungsmoduln auf dem Planum nicht durch Verdichten erreichen, ist entweder der Untergrund bzw. Unterbau mit Bindemitteln zu behandeln (Bodenverfestigung oder qualifizierte Bodenverbesserung) oder es ist die Dicke der ungebundenen Tragschicht (ToB) zu vergrößern.

Für die Herstellung standfester Bankette sind Böden und Baustoffgemische der Bodengruppen GU und GT geeignet. Es gilt die Anforderung an das 10 %-Mindestquantil des Verdichtungsgrads von $D_{Pr} = 100\,\%$. Auf der Oberfläche des Banketts ist ein 10 %-Mindestquantil des Verformungsmoduls von $E_{V2} = 80\,MPa$ bzw. $E_{Vd} = 40\,MPa$ erforderlich. Ist ein häufiges Befahren der Bankettbereiche zu erwarten, sind höhere Anforderungen festzulegen.

Spezielle Anforderungen an die Verdichtungen gelten nach ZTV E-StB bei der Herstellung von mineralischen Abdichtungen, bei Verfüllen von Baugruben und Leitungs-

Tafel 14.81 Mindestanzahl der Eigenüberwachungsprüfungen nach ZTV E-StB

Bereich	Mindestanzahl
Untergrund, Planum, Bankett, Unterbau je Schüttlage	1 je angefangene 1000 m², mindestens jedoch 2 Prüfungen
Bauwerkshinterfüllung	mindestens 1 Prüfung in jeder dritten Schüttlage (Schüttlagendicke ≤ 30 cm) je 200 m² Schüttlagenfläche; auf dem Planum mindestens 1 Prüfung je 100 m²
Bauwerksüberschüttung	3 innerhalb des ersten Meters der Überschüttung
Leitungsgräben	3 je 150 m Länge pro m Grabentiefe
bei kommunalen Straßen und bei abschnittsweisem Bauen	1 je angefangene 1000 m², mindestens aber je 100 m und mindestens 2 Prüfungen

gräben, beim Hinterfüllen und Überschütten von Bauwerken sowie bei der Herstellung von Schutzwällen.

Die Einhaltung der vertraglich vereinbarten Verdichtungsanforderungen ist durch Eigenüberwachungsprüfungen des AN und durch Kontrollprüfungen des AG nachzuweisen und zu dokumentieren.

Bei der Durchführung der Prüfungen wird zwischen Prüfmethoden und Prüfverfahren unterschieden. Eine Prüfmethode bezeichnet eine systematische Vorgehensweise, mit der die geforderten Anforderungen an die Prüfmerkmale (z. B. an die Verdichtung) und damit die Qualität der Bauleistung überprüft wird. Die ZTV E-StB unterscheiden drei Prüfmethoden:

- Methode M1: Vorgehensweise gemäß Prüfplan
- Methode M2: Vorgehensweise zur Anwendung flächendeckender dynamischer Messverfahren
- Methode M3: Vorgehensweise zur Überwachung des Arbeitsverfahrens

Mit Hilfe von Prüfverfahren werden die Prüfmerkmale definiert und bestimmt. Sie enthalten konkrete Arbeitsanweisungen zur Bestimmung der Prüfmerkmale (z. B. Verdichtungsgrad, Luftporenanteil, Verformungsmodul, etc.). Für die Probennahme und die Durchführung der Prüfungen gelten die „Technischen Prüfvorschriften für Boden und Fels im Straßenbau" (TP BF-StB).

Literatur

1. Grundbautaschenbuch (GBT): 8. Aufl. Teil 1: 2017, Teil 2: 2017 und Teil 3: 2018, Berlin: Ernst & Sohn
2. Grundbautaschenbuch (GBT): 5. Aufl. Teil 1: Teil 2: 1991, Berlin: Ernst & Sohn
3. *Weissenbach, A.:* Baugruben, Teil 2. Berlin: Wilhelm Ernst & Sohn, 1975
4. *Türke, H.:* Statik im Erdbau, 3. Aufl., Berlin: Wilhelm Ernst & Sohn, 1998
5. *Simmer, K.:* Grundbau 1, 19. Aufl. 1994 Grundbau 2, 18. Aufl. Stuttgart: B. G. Teubner 1999
6. *Floss, R.:* Handbuch ZTVE-StB 17, Kommentar und Kompendium, 5. Aufl. Bonn: Kirschbaum, 2019
7. *Hilmer, K.:* Dränung zum Schutz baulicher Anlagen: Planung, Bemessung und Ausführung; Kommentar zur DIN 4095, Geotechnik **13**, H. 4 (1990)
8. *Franke, E.:* Ruhedruck in kohäsionslosen Boden. Die Bautechnik **51** (1974)
9. *Kany, M.:* Berechnung von Flachengründungen, Bd. 1 u. 2, Berlin, München, Düsseldorf: Wilhelm Ernst & Sohn, 1974
10. *Wölfer, K.-H.:* Elastisch gebettete Balken und Platten, Zylinderschalen, 4. Aufl., Wiesbaden und Berlin: Bauverlag GmbH, 1978
11. *Smoltczyk, U.:* Die Einspannung im beliebig geschichteten Baugrund. Der Bauingenieur **38**, H. 10 (1963)
12. *Sherif, G.:* Elastisch eingespannte Bauwerke, Tafeln zur Berechnung nach dem Bettungsmodulverfahren mit variablen Bettungsmodulen, Berlin, München, Düsseldorf: Wilhelm Ernst & Sohn, 1974
13. *Ranke, A., Ostermayer, H.:* Beitrag zur Stabilitätsuntersuchung mehrfach verankerter Baugrubenumschließungen. Die Bautechnik **45**, H. 10 (1968)
14. *Fischer, K.:* Beispiele zur Bodenmechanik, Berlin, München: Wilhelm Ernst & Sohn, 1965
15. *Franke, E.:* Pfähle, Abschn. 3.2 im Grundbautaschenbuch (GBT), Teil 3, 6. Aufl.: Berlin: Ernst & Sohn, 2001
16. *Ziegler, M.:* Geotechnische Nachweise nach DIN 1054, Einführung mit Beispielen – 3. Auflage, Ernst & Sohn, 2012
17. *Sadgorski, W., Smoltczyk, U.:* Sicherheitsnachweise im Erd- und Grundbau, Beuth-Kommentare, Berlin – Wien – Zürich: Beuth-Verlag, 1996
18. Geotechnik, Sonderheft: Beiträge zur Europäischen Normung, Essen: Verlag Glückauf, 1999
19. *Möller, G.:* Geotechnik Kompakt Bodenmechanik, Berlin: Bauwerk, 2001
20. Wissensspeicher Geotechnik, Bauhaus-Universität Weimar, 11. Auflage 1999
21. *Dörken, W., Dehne, E., Klisch, K.:* Grundbau in Beispielen – Teile 1–3, Werner Verlag Düsseldorf, 4. Auflage 2009
22. *Herth, Arndts:* Theorie und Praxis der Grundwasserabsenkung, Ernst & Sohn, Berlin 1985
23. *Rees, L. C., van Impe, W.:* Single piles and pile groups under lateral loading, 2nd Ed., CRC Press Taylor & Francis Group, 2011, 507 pp.
24. *Kempert, H.-G., Moormann, Ch.:* Pfahlgründungen – 4 Pfahltragverhalten quer zur Pfahlachse und infolge Momenteneinwirkung in: Witt, K.J. [Hrsg.] Grundbautaschenbuch, Teil 3: Geotechnische Bauwerke. 8. Aufl., 2018, Kapitel 3.2, S. 79–323
25. *Moormann, Ch.:* Jahresbericht 2017 des Arbeitskreises „Pfähle" der Deutschen Gesellschaft für Geotechnik (DGGT): Bautechnik 95, Heft 2, 2018, Berlin, S. 175–182
26. *Moormann, Ch., Kempfert H.-G.:* Jahresbericht 2014 des Arbeitskreises „Pfähle" der Deutschen Gesellschaft für Geotechnik (DGGT): Bautechnik 91, Heft 12, 2014, Berlin, S. 922–932

Bauen im Bestand

Prof. Dr.-Ing. Uwe Weitkemper

Inhaltsverzeichnis

15.1 Einführung und Begriffe

Als Nutzungsdauer von Bauwerken wird der vorgesehene Zeitraum bezeichnet, in dem Bauwerke, eine laufende Instandhaltung vorausgesetzt, ohne wesentliche Instandsetzungsmaßnahmen bestimmungsgemäß nutzbar sind. Dabei wird davon ausgegangen, dass bei richtiger Planung, Bemessung und Bauausführung sowie bestimmungsgemäßem Gebrauch alle Anforderungen an das Bauwerk hinsichtlich

U. Weitkemper (✉)
FH Bielefeld
Minden, Deutschland
E-Mail: uwe.weitkemper@fh-bielefeld.de

Tragfähigkeit, Gebrauchstauglichkeit und Dauerhaftigkeit mit einer ausreichenden Zuverlässigkeit über die geplante Nutzungsdauer erfüllt werden.

Gemäß DIN EN 1990 wird für Gebäude und andere gewöhnliche Tragwerke eine Nutzungsdauer von 50 Jahren, für monumentale Gebäude und Brücken von 100 Jahren vorausgesetzt. Den Unsicherheiten aus zeitlichen Veränderungen muss durch eine regelmäßige Bauwerksüberprüfung begegnet werden. Mit DIN 1076 [32] liegt für die Bauwerksprüfung von Ingenieurbauwerken im Zuge von Straßen und Wegen ein seit geraumer Zeit entwickeltes, technisches Regelwerk vor.

Für die Bauwerksüberprüfung von Bauwerken des Hochbaus wurden ebenfalls Regelwerke entwickelt. Die Entwicklung dieser Regelwerke hat durch einige Fälle von Tragwerksversagen im In- und Ausland an Bedeutung gewonnen. Von der Bauministerkonferenz der Länder (ARGEBAU) wurde im Jahr 2006 ein Grundlagenpapier mit Hinweisen für die regelmäßige Überprüfung üblicher Bauwerke des Hochbaus erarbeitet [1]. Als Anhang zur Musterbauordnung (MBO) [40] sind diese Hinweise den anerkannten Regeln der Technik zu zuordnen. Die Hinweise der Bauministerkonferenz werden ergänzt und konkretisiert durch die VDI-Richtlinie 6200 [46].

Unabhängig von den vorgestellten Regelwerken ergibt sich die Verpflichtung zu laufenden Überwachungsmaßnahmen im Zuge der Verkehrssicherungspflicht. Die MBO führt dazu aus:

> Anlagen sind so anzuordnen, zu errichten, zu ändern und instand zu halten, dass die öffentliche Sicherheit und Ordnung, insbesondere Leben, Gesundheit und die natürlichen Lebensgrundlagen, nicht gefährdet werden. (MBO § 3-1)

Gegenüber der regelmäßigen Bauwerksprüfung zielen Baumaßnahmen im Bestand auf eine Instandsetzung, Ertüchtigung oder eine Nutzungsänderung von Bauwerken ab.

Bei der Instandsetzung werden Maßnahmen zur Wiederherstellung der ursprünglich geplanten Funktionsfähigkeit vorgenommen. In diesen Fällen greift unter Umständen der Bestandsschutz. Dieser gestattet, dass eine bauliche Anla-

Tafel 15.1 Begriffe zum Bauen im Bestand nach [15, 46]

Begriff	Beschreibung	Beispiel
Änderung	Wesentliche Umgestaltung oder Erweiterung von baulichen Anlagen, wobei ein vom vorhandenen Zustand abweichender neuer Zustand erzeugt wird. Die Änderung wird insbesondere durch Nutzungsänderungen begründet. Aber auch der Ersatz oder die Ergänzung wesentlicher Bauteile, die aufgrund bauordnungsrechtlicher Regeln zum Zeitpunkt der Errichtung genehmigungspflichtig waren bzw. zum Zeitpunkt der Änderung genehmigungspflichtig sind, sind als Änderung aufzufassen.	Umnutzung u. Umbau eines Wohngebäudes zum Hotel
Bauen im Bestand	*Instandsetzung*, *Ertüchtigung* oder *Änderung* bestehender baulicher Anlagen	–
Bestandsaufnahme	Untersuchung, um Informationen und Daten über den Bestand zu beschaffen, z. B. durch Recherchen, Messungen, Prüfungen. Die Bestandsaufnahme ist Grundlage für die Bestandsbewertung und für alle Planungs- und Bauleistungen einschließlich der Formulierung der Bauaufgabe.	–
Bestandsbewertung	Verantwortliche Auswertung der Bestandsaufnahme als Grundlage für Planung und Bauausführung im Hinblick auf die im konkreten Fall gestellte Bauaufgabe	–
Dauerhaftigkeit	Dauerhaftigkeit ist die Eigenschaft eines Bauwerks oder einzelner Bauteile, die Tragfähigkeit und die Gebrauchstauglichkeit während der gesamten Nutzungsdauer bei angemessener Instandhaltung sicherzustellen.	–
Erstüberprüfung	Erstüberprüfung ist die erste Überprüfung der Standsicherheit eines Bestandsbauwerks. Sie erfolgt in der Regel durch eine besonders fachkundige Person.	–
Ertüchtigung	Maßnahmen am Bauwerk oder an Bauteilen mit Verbesserung der Eigenschaften über den Ursprungszustand hinaus. Hierzu gehören z. B. Vergrößerungen der Tragfähigkeit, der Feuerwiderstandsdauer, der Dauerhaftigkeit oder die Verbesserung von Gebrauchseigenschaften usw.	Erhöhung der Nutzlast in einem Gebäude
Instandhaltung	Maßnahmen während der Nutzungsdauer zur Aufrechterhaltung des Soll-Zustandes oder der vollen Gebrauchstauglichkeit eines Bauwerks oder Bauteils in einer Ausführung, die mindestens dem zum Zeitpunkt der Errichtung vorhandenen Stand der Technik entspricht, ohne wesentlich verbessernden Charakter. Diese Maßnahmen bedürfen keiner gesonderten Genehmigung. Hierzu gehören Wartung und Pflege, Konservierung, regelmäßige Überprüfungen (vergl. VDI-Richtlinie [46]), Erneuern von Verschleißteilen, Renovierung, Reinigung usw.	Erneuerung von Korrosionsschutzanstrichen
Instandsetzung	Wiederherstellen des Soll-Zustandes oder der vollen Gebrauchstauglichkeit eines Bauwerks oder Bauteils in einer Ausführung, die den ursprünglich bzw. aktuell anerkannten Regeln der Technik entspricht, also ohne verbessernden Charakter der Eigenschaften. Hierzu gehören Sanierung, Austausch schadhafter Bauteile oder Bauprodukte, Reparatur usw.	Austausch schadhafter Bauteile
Lebensdauer	Zeitraum, in dem ein Tragwerk standsicher und gebrauchstauglich ist	–
Mischungsverbot	Die Regeln der aktuell geltenden Technischen Baubestimmungen (neues Normenwerk) dürfen nicht mit älteren bzw. früher geltenden technischen Regeln (altes Normenwerk) kombiniert werden. Ausnahmen vom Mischungsverbot sind z. B. zulässig für die Bemessung einzelner Bauteile, wenn diese einzelne Bauteile innerhalb des Tragwerks Teiltragwerke bilden, die nur Stützkräfte weiterleiten. Dazu gehören z. B. Fertigteile und vergleichbare Bauteile, wenn diese mit dem Gesamttragwerk nicht monolithisch verbunden sind und die Übertragung der Schnittgrößen innerhalb des Gesamttragwerks sowie die Gesamtstabilität nicht berührt werden.	–
Nutzungsdauer	Vorgesehener Zeitraum, in dem Bauwerke oder Bauteile bei regelmäßiger Instandhaltung, aber ohne nennenswerte Instandsetzung, bestimmungsgemäß genutzt werden können	–
Robustheit	Robustheit ist die Eigenschaft eines Tragwerks oder von Tragwerksteilen, nicht schlagartig zu versagen bzw. den Verlust eines ausreichenden Tragwiderstands durch große Verformungen oder Rissbildungen anzukündigen.	–
Regelmäßige Überprüfung	Regelmäßige Überprüfung ist die Kontrolle hinsichtlich der Standsicherheit eines Bauwerks in regelmäßigen Zeitintervallen. Die regelmäßige Überprüfung umfasst Begehungen durch den Eigentümer oder Verfügungsberechtigten, Inspektionen durch fachkundige Personen und eingehende Überprüfungen durch besonders fachkundige Personen einschließlich der Dokumentation im Bauwerksbuch Standsicherheit (siehe Abschn. 15.2).	–
Bestandsschutz	Grundsatz der besagt, dass ein Bauwerk oder eine Anlage, die zu irgendeinem Zeitpunkt mit dem geltenden Recht in Einklang stand, in ihrem bisherigen Bestand und ihrer bisherigen Funktion erhalten und genutzt werden kann, auch wenn die Konstruktion oder Teile davon nicht mehr dem aktuell geltenden Recht entsprechen (näheres siehe Abschn. 15.3.2).	–

ge, die zum Zeitpunkt der Errichtung dem geltenden Recht entsprochen hat, auch dann in ihrer aktuellen Form weiter bestehen und genutzt werden kann, wenn sich die Rechtslage in der Folgezeit geändert hat.

Bei der Ertüchtigung baulicher Anlagen werden Maßnahmen zur Erhöhung der Funktionsfähigkeit (z. B. Tragfähig-keit, Dauerhaftigkeit oder Feuerwiderstandsdauer) ergriffen. Wie bei der Nutzungsänderung besteht bei der Ertüchtigung kein Bestandsschutz. Die aktuell gültigen technischen Regelwerke sind dann ohne Einschränkung anzuwenden.

Der Anteil der Bauaufgaben im Bestand nimmt gegenüber dem Neubau in Bezug auf das Bauvolumen, die Vielfalt und die Komplexität der Aufgabenstellung stetig an Bedeutung zu. Nach [41] sind nur etwa 10 % des Wohnungsbestandes jünger als 15 Jahre und entsprechen damit etwa dem Neubaustandard, während weitere 60 % des Wohnungsbestandes aus der Zeit vor 1960 stammen. Bei den Nichtwohngebäuden zeigt sich ein ähnliches Bild. Cirka 25 % der Baumaßnahmen im Bestand wurden durch einen Instandsetzungsbedarf ausgelöst. In den übrigen 75 % waren die Umbaumaßnahmen durch eine Nutzungsänderung begründet. Die geänderten Anforderungen an die Funktionalität der Bauwerke standen häufig im Zusammenhang mit einem Wechsel des Eigentümers oder des Nutzungsberechtigten.

15.2 Bauwerksüberwachung und Bauwerksprüfung

Der Eigentümer einer baulichen Anlage trägt grundsätzlich die Verantwortung und die Haftungsrisiken für die Standsicherheit und die Verkehrssicherheit, sowie die damit verbundene ordnungsgemäße Instandhaltung. Dieses gilt für bauliche Anlagen von privaten Eigentümern, des Bundes, der Länder oder von kommunalen Körperschaften.

Bei der Ermittlung und Beurteilung des Wertes einer baulichen Anlage wird der gesamte Lebenszyklus betrachtet. Dieser umfasst Planung, Bau, Nutzung, Umbau, geänderte Nutzung, Außerbetriebnahme und Rückbau. Mit möglichst geringen Kosten soll die Bausubstanz während der gesamten geplanten Nutzungsdauer in dem geplanten und geforderten Zustand erhalten werden.

Die regelmäßige Bauwerksprüfung ermöglicht in diesem Zusammenhang über die rechtlichen und technischen Belange hinaus das rechtzeitige Ergreifen von Maßnahmen zum Substanzerhalt. Damit kommt der Bauwerksprüfung auch eine hohe wirtschaftliche Bedeutung zu.

Auf den Zusammenhang zwischen Bauwerksprüfung und qualifizierter Bestandsaufnahme zur Vorbereitung einer Baumaßnahme im Bestand wird in Abschn. 15.3.3 eingegangen.

15.2.1 Rechtliche Grundlagen und Regelwerke

Während die Überprüfung von Ingenieurbauwerken im Zuge von Straßen und Wegen mit DIN 1076 normativ geregelt ist, gibt es für den Hochbau in Deutschland keine vergleichbare bauaufsichtlich eingeführte Norm.

Gebäude   Die Verpflichtung zu laufenden Überwachungsmaßnahmen an Bauwerken ergibt sich aus der MBO § 3-1 in Verbindung mit der im Bürgerlichen Gesetzbuch § 823, §§ 836 bis 838 BGB vorgeschriebenen Verkehrssicherungspflicht. Die Verkehrssicherungspflicht gilt für den Eigentümer bzw. Verfügungsberechtigten und dient der Gefahrenab-

wehr für Dritte. Der Eigentümer kann die Sicherungspflicht auf Dritte übertragen. Er behält jedoch weiter die Verantwortung für Auswahl und Kontrolle der durch ihn Beauftragten [20].

Im September 2006 wurden die *Hinweise für die Überprüfung der Standsicherheit von baulichen Anlagen durch den Eigentümer/Verfügungsberechtigten* [1] von der Bauministerkonferenz der für Städtebau, Bau- und Wohnungswesen zuständigen Minister und Senatoren der Länder (ARGEBAU) veröffentlicht. Sie werden ergänzt und konkretisiert durch die Richtlinie VDI 6200 *Standsicherheit von Bauwerken, regelmäßige Überprüfung* [46].

Ergänzend gelten für die Bauwerksüberwachung von baulichen Anlagen des Bundes die *Richtlinien für die Durchführung von Bauaufgaben des Bundes* (RBBau), Abschn. C [12] in Verbindung mit der *Richtlinie für die Überwachung der Verkehrssicherheit von baulichen Anlagen des Bundes* (RÜV) [13].

Eine vollständige und laufend aktualisierte Bestandsdokumentation bildet die Grundlage regelmäßiger Bauwerksprüfungen. Die nachfolgend beschriebenen Regelwerke geben hierzu Hinweise (s. u.). Für Gebäude sei insbesondere auf das DBV-Merkblatt *Bauwerksbuch, Empfehlungen zur Sicherheit und Erhaltung von Gebäuden* verwiesen [20].

Ingenieurbauwerke im Zuge von Straßen und Wegen
Der Träger der Straßenbaulast trägt nach § 4 Bundesfernstraßengesetz (FStrG) die Verantwortung dafür, dass die Bauwerke in seiner Zuständigkeit allen Anforderungen der *Sicherheit und Ordnung* genügen. Hieraus leitet sich die rechtliche Verpflichtung zu regelmäßigen Bauwerksprüfungen ab [8].

Die Straßenbaulast von Bundesfernstraßen trägt grundsätzlich der Bund. Die Zuständigkeit von Ortsdurchfahrten im Zuge von Bundesfernstraßen kann abweichend hiervon bei der Gemeinde liegen (§ 5 FStrG). Die Länder haben DIN 1076 *Ingenieurbauwerke im Zuge von Straßen und Wegen* [32] auf Veranlassung des BMVBS für eigene und in Auftragsverwaltung verwaltete Straßen verbindlich eingeführt. Kommunale Straßenbaulastträger sind nicht unmittelbar an die Verwaltungsvorschriften der Länder gebunden, jedoch ist DIN 1076 den *allgemein anerkannten Regeln der Technik* zuzuordnen.

Die regelmäßige Prüfung und Überwachung stellt eine fortlaufende Erfassung des Zustands der Bauwerke sicher. DIN 1076 macht hierzu Vorgaben für die technische Durchführung von Bauwerksprüfungen, zu den Prüfzyklen, den Prüfarten und den Anforderungen an das Prüfpersonal.

Die *Richtlinie zur einheitlichen Erfassung, Bewertung, Aufzeichnung und Auswertung von Ergebnissen der Bauwerksprüfung nach DIN 1076* (RI-EBW-PRÜF) [9] und das Programm SIB-Bauwerke [48] dienen der Vereinheitlichung von Aufnahmen der an den Bauwerken festgestellten Schäden.

Tafel 15.2 Zyklen der Bauwerksprüfung und Bauwerksüberwachung nach DIN 1076 [8]

Prüfungsart[a]	Prüfung vor Abnahme der Leistung	Anzahl der Prüfungen bis zur Verjährung der Mängelansprüche					Anzahl der Prüfungen bis zum Ende der Nutzungsdauer						
						Prüfung vor Ablauf der Verjährungsfrist für Mängelansprüche							
	Baujahr	1	2	3	4	5	6	7	8	9	10	11	weiterhin
LB[b]		2×	2×	2×	2×	2×	2×	2×	2×	2×	2×	2×	2×
B		1×	1×		1×		1×	1×		1×	1×		1×[c]
E				•					•				Alle 6 Jahre
H[d]	•					•						•	Alle 6 Jahre
S		Auf Anordnung oder nach größeren Unwettern, Hochwasser, Verkehrsunfällen oder sonstigen den Bestand der Bauwerke beeinflussenden Ereignissen											

[a] Prüfungsarten siehe Text unten
[b] Beobachtung laufend im Rahmen der Streckenkontrolle und zusätzlich 2×/Jahr Beobachtung aller Bauteile von der Verkehrsebene/Geländeebene aus
[c] außer in den Jahren, in denen eine Haupt- oder einfache Prüfung durchgeführt wird
[d] für Holzbrücken gelten abweichende Regelungen gemäß RI-EBW-PRÜF

Sonstige Bauwerke Darüber hinaus existieren verschiedene Regelwerke für die Überprüfung sonstiger Bauwerke. Bezüglich der Überprüfung von Verkehrsbauwerken im Bereich der Deutschen Bahn AG wird u. a. auf DB Richtlinien 804 und 805 [14] verwiesen.

15.2.2 DIN 1076 und RI-EBW-PRÜF

DIN 1076 fordert für Ingenieurbauwerke im Zuge von Straßen und Wegen die nachfolgend beschriebene Überwachung und die Prüfungsarten mit den zugehörigen Prüfzyklen nach Tafel 15.2.

Laufende Beobachtung (LB) Im Rahmen der allgemeinen Überwachung der Verkehrswege werden alle Ingenieurbauwerke im Zuge der Streckenkontrolle im Hinblick auf die Verkehrssicherheit beobachtet. Zweimal jährlich sind darüber hinaus alle Bauteile (insbesondere Einbauteile und Schutzeinrichtungen) von der Verkehrsebene und vom Geländeniveau aus auf offensichtliche Mängel/Schäden zu beobachten.

Besichtigung (B) Einmal jährlich sind alle Ingenieurbauwerke von der Verkehrsebene und dem Gelände aus unter Nutzung der am Bauwerk vorhandenen Besichtigungseinrichtungen auf offensichtliche Mängel oder Schäden zu besichtigen. Eine Besichtigung muss zudem nach besonderen Ereignissen wie Hochwasser, Eisgang oder nach schweren Unfällen erfolgen.

Einfache Prüfung (EP) Die einfache Prüfung wird als intensive, erweiterte Sichtprüfung in der Regel ohne Anwendung von Besichtigungsgeräten durchgeführt.

In die Prüfung sind Funktionsteile wie Lager, Gelenke und Übergangskonstruktionen sowie Verankerungen von Berührungsschutz, Lärmschutzwänden und Leitungen etc. einzubeziehen. Die Prüfung erfolgt als vergleichende Prüfung zur Hauptprüfung jeweils drei Jahre nach der jeweiligen Hauptprüfung.

Hauptprüfung (HP) Bei einer Hauptprüfung sind alle Bauteile (ggf. mit Hilfe von Rüstungen und Besichtigungseinrichtungen) zu prüfen. Hierzu sind Abdeckungen von Bauwerksteilen zu öffnen und einzelne Bauwerksteile wo nötig zu reinigen. Es sind insbesondere die Mängel/Schäden zu dokumentieren, die einzeln oder in der Summe die Standsicherheit, die Dauerhaftigkeit oder die Verkehrssicherheit beeinträchtigen können.

Je nach Bauwerkszustand können zerstörungsfreie Prüfungen angewendet oder wenn nötig auch zerstörende Prüfverfahren (z. B. zur Feststellung von Betondeckung, Karbonatisierungstiefe und Rostgrad der Bewehrung) zum Einsatz kommen.

Nach der ersten Hauptprüfung (vor Abnahme der Bauleistung) und der zweiten Hauptprüfung (vor Ablauf der Verjährungsfrist der Gewährleistung) finden die Hauptprüfungen alle 6 Jahre statt.

Prüfung aus besonderem Anlass (SP) Nach außergewöhnlichen Ereignissen wie z. B. Hochwasser oder Unfällen muss eine Sonderprüfung durchgeführt werden. Art und Umfang der Prüfung ergeben sich aus dem zugrunde liegenden Ereignis.

Prüfung nach besonderen Vorschriften Bei maschinellen und elektrischen Anlagen ist zu prüfen, ob Überwachungs-

oder Prüfzyklen nach anderen Vorschriften eingehalten oder bei Mängeln und Schäden einschlägige notwendige Maßnahmen zu deren Beseitigung ergriffen wurden.

Anforderungen an die Prüfenden
Nach DIN 1076, Abschn. 5.1 gilt für das bei der Bauwerksprüfung einzusetzende Personal [32]:

> Mit den Prüfungen ist ein sachkundiger Ingenieur zu betrauen, der auch die statischen und konstruktiven Verhältnisse der Bauwerke beurteilen kann.

Das Anforderungsprofil des Ingenieurs der Bauwerksprüfung ist in [8] wie folgt näher beschrieben:

- abgeschlossenes Hochschul- bzw. Fachhochschulstudium im Bauingenieurwesen, in der Regel in der Fachrichtung Konstruktiver Ingenieurbau oder in einer vergleichbaren Fachrichtung.
- Berufserfahrungen von etwa 5–10 Jahren im Brücken- bzw. konstruktiven Ingenieurbau erwünscht, insbesondere in den Bereichen der Entwurfsbearbeitung, Bauausführung, Standsicherheitsberechnung oder Bauwerksinstandsetzung.
- Kenntnisse der technischen Vorschriften, Gesetze, Verwaltungsvorschriften und der Regeln der Verkehrssicherung, des Arbeitsschutzes und der Unfallverhütung.
- Gute körperliche und gesundheitliche Verfassung. Neben der gewünschten körperlichen Fitness und guter Hör- und Sehfähigkeit ist insbesondere die Schwindelfreiheit unabdingbare Voraussetzung.

Um die oben beschriebenen Anforderungen an die Ingenieure der Bauwerksprüfung zu gewährleisten, wurde 2008 auf Bundesebene der „Verein zur Förderung der Qualitätssicherung und Zertifizierung der Aus- und Fortbildung von Ingenieurinnen/Ingenieuren der Bauwerksprüfung" (VFIB) gegründet. Ein mit Lehrgängen und schriftlicher Abschlussprüfung beim VFIB zu erwerbendes Zertifikat wird in der Regel von den Straßenbauverwaltungen bei der Vergabe von Bauwerksprüfungen als Nachweis der Sachkunde verlangt [8].

Bewertung und Dokumentation von Schäden und Mängeln
Die *Richtlinie zur bundeseinheitlichen Erfassung, Bewertung, Aufzeichnung und Auswertung von Bauwerksprüfungen nach DIN 1076*, RI-EBW-PRÜF [9] regelt bundeseinheitlich die EDV-gestützte Aufnahme und Bewertung von Schäden und Mängeln im Rahmen der Bauwerksprüfung von Ingenieurbauwerken im Zuge von Straßen und Wegen.

Die Bewertung der festgestellten Schäden und Mängel erfolgt getrennt nach den Bereichen
- Standsicherheit (S),
- Dauerhaftigkeit (D),
- Verkehrssicherheit (V).

Für jeden dieser Bereiche werden die Schäden und Mängel einer Ziffer von 1 bis 4 gemäß den Definitionen zur Schadensbewertung der RI-EBW-PRÜF (siehe Tafel 15.3) zugeordnet. Nach den Vorgaben der *Anweisung Straßeninformationsdatenbank, Teilsystem Bauwerksdaten* (ASB-ING) [11] erfolgt dann zunächst eine Verschlüsselung der Schäden.

Nach einem festgelegten Algorithmus wird anschließend eine zusammenfassende Zustandsnote für ein Bauwerk ermittelt. Der Algorithmus berücksichtigt alle Einzelschadensbewertungen, den Schadensumfang und die Anzahl der Einzelschäden. Für die EDV-gestützte bundeseinheitliche Verarbeitung der Daten aus den Bauwerksprüfungen wird das Programm SIB-Bauwerke [48] verwendet.

Mit dem Programm erfolgen Erfassung, Dokumentation, Verwaltung und Auswertung der Schäden. Es wird die Zustandsnote ermittelt und ein digitales Bauwerksbuch erstellt.

15.2.3 RBBau (Teil C) und RÜV

Die RÜV [13] regelt in Ergänzung zu Abschn. C, RBBau [12] verbindlich Art und Umfang der Überwachung der Standsicherheit und Verkehrssicherheit von baulichen Anlagen, die in der Unterhaltungslast des Bundes oder Dritter im Sinne der RBBau stehen. Sie dient neben wirtschaftlichen Erwägungen vorrangig der Abwehr von Gefahren, die von den Bauwerken ausgehen können.

Die Überwachung der baulichen Anlagen des Bundes besteht zuerst aus der jährlichen Baubegehung nach Abschn. C, RBBau, die für alle Bauwerke durchzuführen ist. Daran schließt sich ein in der Richtlinie beschriebenes Stufenverfahren an, das auf der Unterscheidung von *vorrangig* und *nachrangig* zu untersuchenden Gebäuden basiert.

Auch ohne weitere Bewertung werden Hallenbäder, Sporthallen und Versammlungsstätten den vorrangig zu untersuchenden Gebäuden (Klasse 1) zugeordnet. Bei der Ersteinschätzung sind mit Hilfe von Ausschlusskriterien diejenigen Bauwerke herauszufiltern, die in der Regel ein geringeres Gefährdungspotential aufweisen (Klasse 2). Näheres hierzu siehe RÜV, Abschn. 4.2.

Art, Umfang und Häufigkeit der Überwachung werden für jedes Bauwerk anhand einer individuellen Risikoeinschätzung festgelegt. Die Kriterien und Anhaltspunkte für die Erkennung risikobehafteter Gebäude und Bauteile definiert Anlage 2, RÜV wie folgt:
- Lage und Standortsituation des Gebäudes,
- Alter und Erhaltungszustand der baulichen Anlage (z. B. Schadensbilder, alte Schäden, aktuelle Schäden),
- Art der Konstruktion, sowie deren Durchbildung und Schadensanfälligkeit (z. B. weitgespannte Tragwerke, großflächige/leichte Dachkonstruktionen, Fassaden und Fassadenverankerungen, abgehängte Decken, Spannbetonkonstruktionen),

Tafel 15.3 Schadensbewertung nach RI-EBW-PRÜF [9]

Schadensbewertung *Standsicherheit (S)*

Bewertung	Beschreibung
0	Der Mangel/Schaden hat **keinen Einfluss** auf die Standsicherheit des **Bauteils/Bauwerks**.
1	Der Mangel/Schaden **beeinträchtigt** die Standsicherheit des **Bauteils**, hat jedoch keinen Einfluss auf die Standsicherheit des **Bauwerks**. Einzelne geringfügige Abweichungen in Bauteilzustand, Baustoffqualität oder Bauteilabmessungen und geringfügige Abweichungen hinsichtlich der planmäßigen Beanspruchung liegen noch **deutlich im Rahmen der zulässigen Toleranzen**. **Schadensbeseitigung** im Rahmen der **Bauwerksunterhaltung**
2	Der Mangel/Schaden **beeinträchtigt** die Standsicherheit des **Bauteils**, hat jedoch nur **geringen Einfluss** auf die Standsicherheit des **Bauwerks**. Die Abweichungen in Bauteilzustand, Baustoffqualität oder Bauteilabmessungen oder hinsichtlich der planmäßigen Beanspruchung aus der Bauwerksnutzung **haben die Toleranzgrenzen erreicht** bzw. **in Einzelfällen überschritten**. Schadensbeseitigung **mittelfristig** erforderlich
3	Der Mangel/Schaden **beeinträchtigt** die Standsicherheit des **Bauteils** und des **Bauwerks**. Die Abweichungen in Bauteilzustand, Baustoffqualität oder Bauteilabmessungen oder hinsichtlich der planmäßigen Beanspruchung aus der Bauwerksnutzung **übersteigen die zulässigen Toleranzen**. Erforderliche Nutzungseinschränkungen sind nicht vorhanden oder unwirksam. Eine **Nutzungseinschränkung** ist **gegebenenfalls umgehend vorzunehmen**. Schadensbeseitigung **kurzfristig** erforderlich
4	Die Standsicherheit des **Bauteils** und des **Bauwerks** ist **nicht mehr gegeben**. Erforderliche Nutzungseinschränkungen sind nicht vorhanden oder unwirksam. **Sofortige Maßnahmen** sind während der Bauwerksprüfung erforderlich. Eine **Nutzungseinschränkung** ist **umgehend** vorzunehmen. Die **Instandsetzung** oder **Erneuerung** ist **einzuleiten**.

Schadensbewertung *Verkehrssicherheit (V)*

Bewertung	Beschreibung
0	Der Mangel/Schaden hat **keinen Einfluss** auf die Verkehrssicherheit.
1	Der Mangel/Schaden hat **kaum Einfluss** auf die Verkehrssicherheit; die Verkehrssicherheit **ist gegeben**. **Schadensbeseitigung** im Rahmen der **Bauwerksunterhaltung**
2	Der Mangel/Schaden **beeinträchtigt geringfügig** die Verkehrssicherheit; die Verkehrssicherheit ist jedoch **noch gegeben**. **Schadensbeseitigung** oder **Warnhinweis erforderlich**
3	Der Mangel/Schaden **beeinträchtigt** die Verkehrssicherheit; die Verkehrssicherheit ist **nicht mehr voll gegeben**. **Schadensbeseitigung** oder **Warnhinweis kurzfristig erforderlich**
4	Durch den Mangel/Schaden ist die Verkehrssicherheit **nicht mehr gegeben**. **Sofortige Maßnahmen** sind während der Bauwerksprüfung erforderlich. Eine **Nutzungseinschränkung** ist **umgehend** vorzunehmen. Die **Instandsetzung** oder **Erneuerung** ist **einzuleiten**.

Schadensbewertung *Dauerhaftigkeit (D)*

Bewertung	Beschreibung
0	Der Mangel/Schaden hat **keinen Einfluss** auf die Dauerhaftigkeit des **Bauteils/Bauwerks**.
1	Der Mangel/Schaden **beeinträchtigt** die Dauerhaftigkeit des **Bauteils**, hat jedoch **langfristig** nur **geringen Einfluss** auf die Dauerhaftigkeit des **Bauwerks**. Eine Schadensausbreitung oder Folgeschädigung anderer Bauteile ist nicht zu erwarten. **Schadensbeseitigung** im Rahmen der **Bauwerksunterhaltung**
2	Der Mangel/Schaden **beeinträchtigt** die Dauerhaftigkeit des **Bauteils** und kann **langfristig** auch zur Beeinträchtigung der Dauerhaftigkeit des **Bauwerks** führen. Die Schadensausbreitung oder Folgeschädigung anderer Bauteile kann nicht ausgeschlossen werden. **Schadensbeseitigung mittelfristig erforderlich**
3	Der Mangel/Schaden beeinträchtigt die Dauerhaftigkeit des Bauteils und führt mittelfristig zur Beeinträchtigung der Dauerhaftigkeit des Bauwerks. Eine Schadensausbreitung oder Folgeschädigung anderer Bauteile ist zu erwarten. **Schadensbeseitigung kurzfristig erforderlich**
4	Durch den Mangel/Schaden ist die Dauerhaftigkeit des **Bauteils** und des **Bauwerks nicht mehr gegeben**. Die Schadensausbreitung oder Folgeschädigung anderer Bauteile erfordert **umgehend** eine **Nutzungseinschränkung, Instandsetzung** oder **Bauwerkserneuerung**.

Tafel 15.4 Ermittlung von Zustandsnoten nach RI-EBW-PRÜF [9]

Notenbereich	Beschreibung
1,0–1,4	Sehr guter Zustand
	Die **Standsicherheit**, **Verkehrssicherheit** und **Dauerhaftigkeit** des Bauwerks **sind gegeben**. **Laufende Unterhaltung** erforderlich
1,5–1,9	Guter Zustand
	Die **Standsicherheit** und **Verkehrssicherheit** des Bauwerks sind **gegeben**. Die **Dauerhaftigkeit** mindestens einer **Bauteilgruppe** kann **beeinträchtigt** sein. Die **Dauerhaftigkeit** des Bauwerks kann **langfristig geringfügig beeinträchtigt** werden. **Laufende Unterhaltung** erforderlich
2,0–2,4	Befriedigender Zustand
	Die **Standsicherheit** und **Verkehrssicherheit** des Bauwerks sind **gegeben**. Die **Standsicherheit** und/oder **Dauerhaftigkeit** mindestens einer **Bauteilgruppe** können **beeinträchtigt** sein. Die **Dauerhaftigkeit** des Bauwerks kann **langfristig beeinträchtigt** werden. Eine **Schadensausbreitung** oder **Folgeschädigung** des Bauwerks, die **langfristig** zu erheblichen Standsicherheits- und/oder Verkehrssicherheitsbeeinträchtigungen oder erhöhtem Verschleiß führt, ist **möglich**. **Laufende Unterhaltung** erforderlich. **Mittelfristig Instandsetzung** erforderlich. Maßnahmen zur **Schadensbeseitigung** oder **Warnhinweise** zur Aufrechterhaltung der **Verkehrssicherheit** können **kurzfristig** erforderlich werden.
2,5–2,9	Ausreichender Zustand
	Die **Standsicherheit** des Bauwerks ist **gegeben**. Die **Verkehrssicherheit** des Bauwerks kann **beeinträchtigt** sein. Die **Standsicherheit** und/oder **Dauerhaftigkeit** mindestens einer **Bauteilgruppe** können **beeinträchtigt** sein. Die **Dauerhaftigkeit** des Bauwerks kann **beeinträchtigt** sein. Eine **Schadensausbreitung** oder **Folgeschädigung** des Bauwerks, die **mittelfristig** zu erheblichen Standsicherheits- und/oder Verkehrssicherheitsbeeinträchtigungen oder erhöhtem Verschleiß führt, ist dann **zu erwarten**. **Laufende Unterhaltung** erforderlich. **Kurzfristig Instandsetzung** erforderlich. Maßnahmen zur **Schadensbeseitigung** oder **Warnhinweise** zur Aufrechterhaltung der **Verkehrssicherheit** können **kurzfristig** erforderlich sein.
3,0–3,4	Nicht ausreichender Zustand
	Die **Standsicherheit** und/oder **Verkehrssicherheit** des Bauwerks sind **beeinträchtigt**. Die **Dauerhaftigkeit** des Bauwerks kann **nicht mehr gegeben** sein. Eine **Schadensausbreitung** oder **Folgeschädigung** kann **kurzfristig** dazu führen, dass die Standsicherheit und/oder Verkehrssicherheit nicht mehr gegeben sind. **Laufende Unterhaltung** erforderlich. **Umgehende Instandsetzung** erforderlich. Maßnahmen zur **Schadensbeseitigung** oder **Warnhinweise** zur Aufrechterhaltung der **Verkehrssicherheit** oder **Nutzungseinschränkungen** sind **umgehend** erforderlich.
3,5–4,0	Ungenügender Zustand
	Die **Standsicherheit** und/oder **Verkehrssicherheit** des Bauwerks sind **erheblich beeinträchtigt** oder **nicht mehr gegeben**. Die **Dauerhaftigkeit des Bauwerks** kann **nicht mehr gegeben** sein. Eine **Schadensausbreitung** oder **Folgeschädigung** kann **kurzfristig** dazu führen, dass die Standsicherheit und/oder Verkehrssicherheit nicht mehr gegeben sind oder dass sich ein irreparabler Bauwerksverfall einstellt. **Laufende Unterhaltung** erforderlich. **Umgehende Instandsetzung** bzw. **Erneuerung** erforderlich. Maßnahmen zur **Schadensbeseitigung** oder **Warnhinweise** zur Aufrechterhaltung der **Verkehrssicherheit** oder **Nutzungseinschränkungen** sind **sofort** erforderlich.

- Möglichkeit der Schadenserkennung, insbesondere die Zugänglichkeit von Konstruktionselementen (z. B. Einsehbarkeit von Tragkonstruktionen, Tragsystemen der Verankerung oder Befestigung, Verbindungen),
- Nutzungsbedingte bzw. geänderte Belastungssituationen (z. B. ständige Lasten, Verkehrslasten, dynamische Lasten, innere und äußere klimatische Einflüsse, hygroskopische Belastung, Schneelast, Schneesackbildungen, chemische Einwirkungen, systemverändernde Umbauten),

- mögliche Schadensfolgen (Gefährdungen von Personen) im Hinblick auf Nutzungsart, Besucherfrequenz, öffentliche Zugänglichkeit (z. B. Sonderbauten, Versammlungsstätten, Hörsäle, Sporthallen).

Die Überwachung nach RÜV gliedert sich in die *Begehung*, die *handnahe Untersuchung* und die *weiterführende Untersuchung* von Bauteilen und Bauelementen.

Begehung Regelmäßige Besichtigung der baulichen Anlage und Sichtkontrolle der sicherheitsrelevanten Bauteile ohne größere Hilfsmittel durch sachkundige Fachkräfte. Insbesondere zu prüfen:

- Schädliche Einflüsse auf die Standsicherheit zum Beispiel aus schadhaften Dachabdichtungen oder funktionsuntüchtigen Dachentwässerungen,
- Beeinträchtigung der Gebäudekonstruktion durch die bauphysikalischen Bedingungen,
- Belastungs- und Nutzungsänderung oder bauliche Veränderung.

Bei eindeutiger Schadensfeststellung oder vermuteten, gefahrensrelevanten Schäden ist eine handnahe Untersuchung oder gegebenenfalls eine weitergehende Untersuchung einzuleiten.

Handnahe Untersuchung Durch geeignete Stichproben an gefährdeten oder als gefährdet vermuteten Bauteilen durchzuführen. Sofern hierbei Schäden festgestellt werden, die die Standsicherheit oder Verkehrssicherheit beeinträchtigen, ist eine weitergehende Untersuchung zu veranlassen.

Weitergehende Untersuchung Umfasst die zerstörungsfreie oder zerstörungsarme Prüfung und Bewertung der Bauteile durch Sachverständige (z. B. Tragwerksplaner, Prüfingenieure, Baustoffkundler). Schwer zugängliche Bereiche sind einzubeziehen. Gegebenenfalls sind Materialuntersuchungen durchzuführen.

15.2.4 Hinweise der ARGEBAU

Ausgehend von den Erfahrungen in der Überwachung von Brückenbauwerken wurde von der Bauministerkonferenz der Länder (ARGEBAU) im September 2006 das Grundlagenpapier *Hinweise für die Überprüfung der Standsicherheit von baulichen Anlagen durch den Eigentümer/Verfügungsberechtigten* [1] erarbeitet. Als Anhang zur Musterbauordnung (MBO) 2002 ist es den anerkannten Regeln der Technik zuzurechnen. Hinweise der ARGEBAU zu Sonderthemen der Bauwerksüberprüfung siehe [3–5].

Für die Bauwerksüberprüfung ist ein dreistufiges Verfahren mit den Prüfungen *Begehung*, *Sichtkontrolle* und *eingehende Überprüfung* vorgesehen. Den Prüfungen sind jeweils notwendige Qualifikationen des prüfenden Personals und Prüfintervalle zugeordnet. Die Bauwerke werden je nach Gefährdungspotential/Schadensfolgen in die Kategorien 1 und 2 unterteilt.

Die VDI-Richtlinie 6200 [46] stützt sich ausdrücklich auf die Hinweise der ARGEBAU [1] und gibt vertiefende und ergänzende Hinweise. Näheres siehe Abschn. 15.2.5.

15.2.5 VDI-Richtlinie 6200

Die VDI-Richtlinie 6200 [46] gibt Beurteilungs- und Bewertungskriterien, Handlungsanleitungen und Checklisten für die regelmäßige Überprüfung der Standsicherheit von Bauwerken aller Art (ohne Verkehrsbauwerke). Die Richtlinie stützt sich auf die Hinweise der ARGEBAU [1], geht jedoch deutlich darüber hinaus. Sie ermöglicht ein strukturiertes Vorgehen der Bauwerksprüfung und gibt zudem Empfehlungen für die Instandhaltung der Bauwerke.

Adressaten und Ziele Die Richtlinie richtet sich an Gebäudeeigentümer und Verfügungsberechtigte und darüber hinaus an mit der Thematik befasste Ingenieure, Architekten, Prüfingenieure/Prüfsachverständige für Standsicherheit und Verwalter von Immobilien aller Art.

Die Ziele regelmäßiger Überprüfungs- und Überwachungsmaßnahmen sind:

- die frühzeitige Feststellung eines Instandsetzungsbedarfs, um die Standsicherheit zu gewährleisten und den Instandsetzungsbedarf gering zu halten,
- die Vorbereitung von Instandsetzungsmaßnahmen bezüglich technischer Details und Kosten,
- die Feststellung von Schadensursachen zwecks Erfolgskontrolle durchgeführter Instandsetzungsmaßnahmen,
- die Beeinflussung des erforderlichen Sicherheitsindex β für Bemessungsaufgaben im Bestand durch eine kontinuierliche Überwachung (siehe Abschn. 15.4.4).

Einteilung der Bauwerke Für eine abgestufte Festlegung von Art und Umfang der Überprüfungen werden die Bauwerke zunächst hinsichtlich der möglichen Folgen für Leben und Gesundheit im Fall eines globalen oder partiellen Schadens in Anlehnung an die Kategorien der ARGEBAU und die Schadensfolgeklassen der Eurocodes (DIN EN 1990:2010) in drei Gruppen eingeteilt (Schadenfolgeklassen CC1–CC3). Zur Abstimmung des Überwachungsaufwands auf die Duktilität und die Robustheit der Konstruktion wird darüber hinaus die statisch-konstruktive Durchbildung bewertet. Anhand der statisch-konstruktiven Gegebenheiten, der Detailausbildungen und des Werkstoffverhaltens werden die Bauwerke einer Robustheitsklasse (RC1–RC4) zugeordnet (siehe auch Tafel 15.5).

Bei Bauwerken, die von den angegebenen Kriterien wie Personenzahl, Bauhöhe oder Stützweite abweichen, bei denen aber mit vergleichbaren Schadensfolgen zu rechnen ist, kann eine Einstufung nach Spalte 3 (Gebäudetypen und exponierte Bauteile) erfolgen. Kommen bei der Herstellung eines Bauwerks neue Werkstoffe und/oder neue Fertigungs- und Herstellverfahren zum Einsatz, ist das Bauwerk in Robustheitsklasse RC1 einzustufen. Bei bestehenden Bauwer-

Tafel 15.5 Schadensfolgeklassen für Bauwerke mit Beispielen nach VDI-Richtlinie 6200 [46]

Schadens-folgeklasse	Merkmale	Gebäudetypen und exponierte Bauteile	Beispielhafte Bauwerke
CC 3 **Kategorie 1** **gemäß** [1]	Hohe Folgen (Schäden an Leben und Gesundheit für sehr viele Menschen, große Umweltschäden)	Insbesondere: Versammlungsstätten für mehr als 5000 Personen	Stadien, Kongresshallen, Mehrzweckarenen
CC 2 **Kategorie 2** **gemäß** [1]	Mittlere Folgen (Schäden an Leben und Gesundheit für viele Menschen, spürbare Umwelt-schäden)	Bauliche Anlagen mit über 60 m Höhe, Ge-bäude und Gebäudeteile mit Stützweiten größer 12 m und/oder Auskragungen größer 6 m sowie großflächige Überdachungen Exponierte Bauteile von Gebäuden, soweit sie ein besonderes Gefährdungspotenzial beinhalten	Hochhäuser, Fernsehtürme, Bürogebäude, Industrie- und Gewerbebauten, Kraftwerke, Produktionsstätten, Bahnhofs- und Flugha-fengebäude, Hallenbäder, Einkaufsmärkte, Museen, Krankenhäuser, Kinos, Theater, Schulen, Diskotheken, Sporthallen aller Art, z. B. für Eislauf, Reiten, Tennis, Radfahren, Leichtathletik Große Vordächer, angehängte Balkone, vor-gehängte Fassaden, Kuppeln
CC 1	Geringe Folgen (Sach- u. Ver-mögensschäden, geringe Umwelt-schäden, Risiken für einzelne Menschen)	Robuste und erfahrungsgemäß unkritische Bauwerke mit Stützweiten kleiner 6 m Gebäude mit nur vorübergehendem Aufent-halt einzelner Menschen	Ein- und Mehrfamilienhäuser Landwirtschaftlich genutzte Gebäude

Tafel 15.6 Robustheitsklassen für Bauwerke mit Beispielen nach VDI-Richtlinie 6200 [46]

Robustheitsklasse	Bauwerk/Nutzung	Beispielhafte Tragwerke
RC 1	Statisch bestimmte Tragwerke ohne Systemreserven Fertigteilkonstruktionen ohne redundante Verbindungen imperfektionsempfindliche Systeme Tragwerke mit sprödem Verformungsverhalten	Einfeldträger stützenstabilisierte Hallentragwerke ohne Kopplungen schlanke Schalentragwerke Tragwerke aus Glas Tragwerke aus Gussbauteilen
RC 2	Statisch unbestimmte Tragwerke mit Systemreserven elastisch-plastisches Tragverhalten	Durchlaufträger eingeschossige Rahmenkonstruktionen Stahlkonstruktionen
RC 3	Konstruktionen mit großer Systemredundanz Tragwerksverhalten und/oder Konstruktionen mit großen plastischen Systemreserven fehlerunempfindliche Systeme	mehrgeschossige Rahmenkonstruktionen vielfach statisch unbestimmte Systeme seilverspannte Konstruktionen überschüttete Bogentragwerke
RC 4	Tragwerke, bei denen alternativ berücksichtigte Gefähr-dungsszenarien und Versagensanalysen ausreichende Robustheit zeigen	Bemessung für Stützenausfall Bemessung auf Lastfall Flugzeugabsturz

Tafel 15.7 Zeitintervalle für die Regelmäßigen Überprüfungen nach VDI-Richtlinie 6200 [46]

Schadensfolgeklasse	Begehung durch den Eigentümer/ Verfügungsberechtigten	Inspektion durch eine fachkundige Person	Inspektion durch eine besonders fach-kundige Person
CC 3	1 bis 2 Jahre	2 bis 3 Jahre	6 bis 9 Jahre
CC 2	2 bis 3 Jahre	4 bis 5 Jahre	12 bis 15 Jahre
CC 1	3 bis 5 Jahre	Nach Erfordernis	

Bei den angegebenen Werten handelt es sich um Anhaltswerte.

ken erfolgt die Einstufung im Rahmen der Erstüberprüfung (siehe Abschn. 15.1).

Art und Umfang der Überprüfungen Die Richtlinie sieht 3 Überprüfungsstufen mit den Zeitintervallen der Tafel 15.7 vor:

- Begehung durch den Eigentümer/Verfügungsberechtigten,
- Inspektion durch eine fachkundige Person,
- Eingehende Überprüfung durch eine besonders fachkun-dige Person.

Fallen Inspektion und eingehende Überprüfung zeitlich in das gleiche Jahr, kann die Inspektion entfallen. Nach Um-bauten, Umnutzungen und technischen Modernisierungen sollte eine Inspektion durch eine fachkundige Person durch-geführt werden, sofern in diesem Fall keine Standsicherheits-überprüfung durchgeführt wird. Nach außergewöhnlichen Einwirkungen (Erdbeben, Hochwasser, Brand, Bergsenkun-gen, ungewöhnlich hoher Schnee, extreme Sturmereignisse etc.) wird darüber hinaus eine außerplanmäßige Überprüfung empfohlen.

Tafel 15.8 Art der Überprüfungen u. Anforderungen an die Prüfenden nach VDI-Richtlinie 6200 [46]

	Art der Überprüfung	Überprüfende Personen/Anforderungen an die Überprüfenden
Stufe 1 Begehung	Besichtigung des Bauwerks auf offensichtliche Mängel oder Schädigungen und deren Dokumentation	**Eigentümer oder Verfügungsberechtigter**
Stufe 2 Inspektion	Inspektion in Form einer visuellen Überprüfung des Tragwerks im Allgemeinen ohne Verwendung technischer Prüfhilfsmittel	**Fachkundige Person** – Bauingenieure und Architekten, die mindestens fünf Jahre Tätigkeit mit der Aufstellung von Standsicherheitsnachweisen, mit technischer Bauleitung und mit vergleichbaren Tätigkeiten, davon mindestens drei Jahre mit der Aufstellung von Standsicherheitsnachweisen, nachweisen können
Stufe 3 Eigehende Überprüfung	Eingehende, handnahe Überprüfung aller maßgebenden Tragwerksteile (auch der schwer zugänglichen), Stichprobenartige Materialentnahmen, Feststellung von Restfestigkeiten und Reststeifigkeiten sofern erforderlich	**Besonders fachkundige Person** – Bauingenieure, die mindestens zehn Jahre Tätigkeit mit der Aufstellung von Standsicherheitsnachweisen, mit technischer Bauleitung und mit vergleichbaren Tätigkeiten, davon mindestens fünf Jahre mit der Aufstellung von Standsicherheitsnachweisen und mindestens ein Jahr mit technischer Bauleitung, nachweisen können. Sie sollen Erfahrung mit vergleichbaren Konstruktionen in der jeweiligen Fachrichtung nachweisen können. Die Fachrichtungen sind Massivbau, Metallbau und Holzbau. Prüfingenieure/Prüfsachverständige für die jeweilige Fachrichtung erfüllen ebenfalls die Voraussetzungen für eine besonders fachkundige Person

Bezüglich einer detaillierten Zusammenstellung der Untersuchungsgegenstände und Untersuchungsmethoden und der in Frage kommenden Überprüfungsverfahren wird auf die VDI-Richtlinie [46] verwiesen. In Tafel 15.9 ist die Checkliste für die Inspektion durch eine fachkundige Person wiedergegeben. Diese definiert die Mindestanforderungen bezüglich der Untersuchungsgegenstände.

Tafel 15.9 Checkliste und Dokumentation der Inspektion durch eine fachkundige Person nach VDI-Richtlinie [46]

	Schadensindiz	Ursache	Beispiele, Hinweise
1	**Einflüsse aus Veränderungen**		
1.1	Belastungsänderungen	Veränderte Nutzung	Umnutzung Büro- zu Lagerräumen; Verwendung von Gabelstaplern mit höherer Traglast
		Nachträglich aufgestellte oder angehängte Lasten	Schwerregale, Tresore, Maschinen, Krane, Förderanlagen
1.2	Bauliche Veränderungen	Raumbildende Maßnahmen	Nachträgliches Schließen von offen/teilweise offen geplanten Gebäuden, wie Dachdeckung auf Pergola, seitliches Schließen von Vordächern
		Neue Öffnungen, Durchdringungen, Aussparungen, Abhängungen, Konsolen	Installationsöffnungen, Türen, Tore, Schächte, Installationsstrassen, Kernbohrungen, Bohrungen
1.3	Bauphysikalische Veränderungen	Änderung von Temperatur und Luftfeuchtigkeit, Kondenswasserbildung	Halle mit Wechselnutzung: Sommerbetrieb als Sporthalle, Winterbetrieb als Eislaufhalle
2	**Bauarten**		
2.1	**Betonkonstruktionen**		
2.1.1	Risse	Unzulässige Beanspruchung, Querschnittsschwächung, Setzungen, Verformungen, Zwang	Deutliche und unter Umständen sich vergrößernde Risse in Decken, Unterzügen, Bodenplatten, Stützen und Wänden
2.1.2	Abplatzungen	Mechanische Einwirkungen	Anfahrschäden an Wänden und Stützen, z. B. in Tiefgaragen oder Industriehallen; gegebenenfalls bei ungenügender Durchfahrtshöhe auch an Decken und Unterzügen
		Feuchtigkeit, Frosteinwirkung, Korrosion	Ungeschützte Bauteile im Außenbereich wie Fassadenplatten, Rampen von Parkdecks
2.1.3	Rostverfärbungen, Rostfahnen	Korrosion des Bewehrungsstahls infolge Durchfeuchtung	Bauteile mit unzureichender Betonüberdeckung bei feuchtem Raumklima, z. B. in Tiefgaragen
2.1.4	Feuchte Oberflächen, Ausblühungen, Stalaktiten	Durchfeuchtung, wasserführende Risse, Beton ohne Wassereindringwiderstand, Einwirkung von Tausalz	Hofkellerdecken, Tiefgaragendecke, wasserundurchlässige Konstruktionen (Weiße Wanne)

Tafel 15.9 (Fortsetzung)

	Schadensindiz	Ursache	Beispiele, Hinweise
2.2	**Mauerwerk**		
2.2.1	Risse in Mauersteinen und Fugen	Querschnittsschwächung, Setzungen, Verformungen, Frosteinwirkung	Nachträglich geschaffene Türöffnungen, unzureichende Gründung, Verformungen oder Verdrehungen aufliegender Decken und Träger
2.2.2	Rissige, abbröckelnde Mörtelfugen, Feuchtes Mauerwerk, Verfärbungen	Feuchtigkeit, Frosteinwirkung	Wände in feuchten Kellerräumen, ungeschützte Wände im Außenbereich, Einfriedungen, Stützmauern; möglicherweise reduzierte Mörtel- und/oder Steinfestigkeiten
2.2.3	Abplatzungen, Ausbauchungen	Mechanische Einwirkungen	Anfahrschäden z. B. in Hofdurchfahrten, Torbereichen
2.3	**Stahlkonstruktionen**		
2.3.1	Schadstellen an Beschichtungssystemen (Korrosionsschutz, Brandschutz)	Alterung, mechanische Einwirkung, Umbaumaßnahmen	Nachinstallation an beschichteten Trägern, Anfahrschäden
2.3.2	Korrosion	Feuchtigkeitseinwirkung, Schadstellen der Beschichtung	Witterungseinfluss auf unverkleidete Stahlkonstruktionen, z. B. Vordächer, Bühnen für technische Anlagen
2.3.3	Deformation	Mechanische Einwirkungen	Anfahrschäden an Stützen, z. B. in Industriehallen oder an Tankstellen; gegebenenfalls bei ungenügender Durchfahrtshöhe auch an Dachkonstruktionen und Unterzügen
2.3.4	Fehlende oder locker sitzende Schrauben/Niete, Schiefstellung	Unsachgemäße Montage	Fehler bei der Erstmontage oder mangelhaft ausgeführte Umbaumaßnahmen; z. B. Kopfplattenanschlüsse
		Demontage	Ausbau/Abbau störender Elemente durch Nutzer z. B. bei Nachinstallation
		Wechsellast, dynamische Lasten, Vibrationen	Anschlüsse an Kranbahnkonstruktionen, Unterkonstruktionen von Maschinen, Treppenstufen, Fassaden
2.3.5	Abgerissene Schrauben/Niete	Überbelastung	Kopfplattenanschlüsse, Anhänge-Konstruktionen
2.3.6	Gerissene Schweißnähte	Überbelastung	Kopfplattenanschlüsse, Anhänge-Konstruktionen, Konsolen, Rahmenecken, Fußpunkte
2.4	**Holzkonstruktionen**		
2.4.1	Feuchtigkeitseinwirkung	Niederschlag, Kondensfeuchtigkeit, undichte Installationen	Schadhafte Dachabdichtung, Oberlichter, Dachdurchführungen, Kältebrücken, fehlende Dampfsperren
2.4.2	Fäulepilze	Feuchtigkeitseinwirkung	Ungeschützte Auflagerung von Holzbalken auf Mauerwerk („Balkenköpfe")
2.4.3	Insektenbefall	Mangelnder Holzschutz	Ungeschützte Öffnungen bei Dachstühlen
2.4.4	Locker sitzende Verbindungsmittel	Schwinden des Holzes, Überlastung, Tragwerksverformungen	Anschlüsse Holz an Stahl, z. B. Balkenschuhe für Stützen, Rahmenecken mit Stahleinbauteilen
2.4.5	Austrocknung	übermäßige Rissbildung, Versprödung	Ungenügend vorkonditioniertes Holz, Klimaveränderung, Luftabschluss
2.5	**Glaskonstruktionen**		
2.5.1	Risse, Abplatzungen, tiefe Kratzer	Mechanische Beschädigung, Spannungen, Überlastung	Gebrauchsspuren, ungeschützte Kanten, Steinschlag, unplanmäßige Lagerung
2.5.2	Direkter Kontakt Glas mit Stahl	übermäßige Verformungen, ungenaue Montage	Dachkonstruktion liegt unplanmäßig auf Glasfassade auf
2.6	**Seilkonstruktionen**		
2.6.1	Aufspleißen von Litzen	Mechanische Beschädigung, Überbelastung	Abgespannte Dächer
2.6.2	Austritt von Füllmittel	Mechanische Beschädigung, Einwirkung hoher Temperaturen	Abspannungen von Fassaden im Außenbereich

Tafel 15.9 (Fortsetzung)

	Schadensindiz	Ursache	Beispiele, Hinweise
3	**Baukonstruktionen**		
3.1	**Steildächer**		
3.1.1	Nässe, Feuchtigkeit	Beschädigte oder fehlende Dachziegel, Dacheindeckung	Ziegelgedeckte Dächer nach Starkwindeinwirkung, gealterte Ziegeldeckung, lockere Verbindungsmittel und Befestigungen
		Undichte Dachfenster, Dachaufbauten, Kamin und Abluftdurchführungen	Schadhafte Anschlüsse, Spenglerarbeiten und Abdichtungen
		Undichte oder verstopfte Regenabflüsse	Korrodierte Dachrinnen und Fallrohre, durch Laub und Schmutz belegte Einlaufgitter
3.2	**Flachdächer**		
3.2.1	Pfützenbildung, bemooste Stellen	Undichte oder verstopfte Regenabflüsse	Durch Laub und Schmutz abgedeckte Einlauftrichter
3.2.2	Eisbildung	Beheizung beschädigt, fehlend	Abläufe und Fallrohre frieren zu
3.2.3	Feuchte/Nässe an der Dachunterseite	Beschädigte Abdichtung	Häufiges direktes Begehen der Dachfläche, Lagern von Material bei Wartungsarbeiten
3.2.4	Neue Dichtbahnen auf vorh. alter Abdichtung	Erhöhtes Dachgewicht unter Umständen unzulässig für die Tragkonstruktion	Erhöhung der Dachlast wurde nicht überprüft
3.2.5	Nachträglich aufgebrachte Dachbegrünung	Tragkonstruktion nicht für die höheren Dachlasten ausgelegt	Erhöhung der Dachlast wurde nicht überprüft
3.2.6	Übermäßige Durchbiegung	Erhöhte Dachlasten	Wasserdurchtränkte Isolierung infolge beschädigter Dachdichtung, verstopfte Regenabläufe bzw. Notüberläufe
		Unzulässiges Entfernen von Stützungen	Entfernen der Mittelwand von Doppelgaragen
		Keine (funktionstüchtige) Notentwässerung	Keine Notentwässerung geplant/ausgeführt, Notentwässerung verstopft, Lage an falscher Stelle
3.3	**Geschossdecken**		
3.3.1	Nässe, Feuchtigkeit an der Deckenunterseite	Schadhafte Installationen	Undichte Heizrohre, Wasserrohre, Abflussrohre
3.3.2	Pfützen, feuchte Oberbeläge, Nässeschäden an Estrichen	übermäßiger Feuchtigkeitseintrag auf der Oberseite, beschädigte Abdichtung, mangelhaftes Abdichtungssystem	Nässende Maschinen auf Produktionsdecken ohne ausreichenden Dichtbelag, Schleppwassereintrag ohne Abdichtung, Chlorideintrag aus Magnesitestrich in Stahlbetondecken
3.4	**Hofkellerdecken, Parkdecks**		
3.4.1	Pfützenbildung, feuchte organische Rückstände im Bereich der Einläufe	Verstopfte Abläufe	Rückstände von Blüten, Blättern und Zweigen in Rinnen und Rohren
3.4.2	Spurrinnen, Risse und Abrasion auf Deck- und Schutzschichten	Witterungseinflüsse, mechanische Beanspruchungen	Besondere Beanspruchung bei frei bewitterten Flächen und Rampenbereichen, stark frequentierte Bereiche durch Fahrzeuge, Container oder Maschinen
3.4.3	Schadhafte Vergussfugen	Abnutzung, Witterungseinflüsse	Mangelnde Flankenhaftung oder Fugenverfüllung, Risse, Ausquetschungen
3.4.4	Schadhafte Abdichtungsanschlüsse	Abnutzung, Witterungseinflüsse, Wartungsfehler	Fehlende Schraubbolzen, mangelhafte obere Abspritzung
3.4.5	Fehlende Beschilderung		Beschränkung von Durchfahrtshöhe oder Fahrzeuggewicht
3.5	**Fugen**		
3.5.1	Tropfende Fugen, Nässespuren, übermäßige Verfärbung	Fugenprofil undicht, abgelöst, unterläufig	Fehlerhafte Ausführung, Versprödung des Fugenmaterials, Andichtung fehlerhaft
3.5.2	Dehnwege nicht möglich	Fuge zu klein, beschädigt	Fehlerhafte Ausführung/Planung, Verschmutzung (mangelhafte Wartung)

Tafel 15.9 (Fortsetzung)

	Schadensindiz	Ursache	Beispiele, Hinweise
3.6	**Kranbahnträger**		
3.6.1	Übermäßige Abtriebsrückstände neben der Kranschiene	Überlastung der Krane, gelöste Schienenbefestigungen, Verformung des Tragsystems	Mangelhafte Wartung, starke Verformungen des Kranbahnträgers im Betrieb, hohe Horizontalverformungen der unterstützenden Bauteile (z. B. Hallenstützen)
3.6.2	Fehlende oder locker sitzende Schrauben	Schraubensicherung fehlt	Schraubensicherung über Vorspannung in der Regel nicht ausreichend, chemische oder mechanische Schraubensicherung erforderlich
3.6.3	Schadhafte Auflagerstellen	dynamische Belastung	Verschobene bzw. herausgefallene Stahlfutterbleche, gebrochenes Mörtelbett
3.7	**Lager**		
3.7.1	Unplanmäßige Deformation, Risse, Abplatzungen	Lagerweg bzw. Verdrehung blockiert, unzureichend	Fehlerhafte Ausführung/Planung, Baugrundbewegung, Setzungen, Überlastung, Verschmutzung (mangelhafte Wartung)
3.7.2	Dehnwege nicht möglich	Lagerweg bzw. Verdrehung blockiert, unzureichend	Fehlerhafte Planung/Ausführung, Verschmutzung (mangelhafte Wartung)
3.8	**Verankerungen**		
3.8.1	Korrosion, Lockerungen	Feuchtigkeitseinwirkung, Montagefehler, Materialgüte	Fehlerhafte Planung/Ausführung, Korrosionsbeständigkeit
3.8.2	Abplatzungen, Rissbildung	Überlastung, Montagefehler, Verankerungstyp	Fehlerhafte Planung/Ausführung

Bei den Angaben handelt es sich um Mindestanforderungen.

15.3 Tragwerksplanung im Bestand

Der Anteil der Bauaufgaben im Bestand nimmt gegenüber dem Neubau in Bezug auf Bauvolumen, Vielfalt und Komplexität der Aufgabenstellungen stetig an Bedeutung zu. Grund hierfür sind neben anderen Faktoren die gestiegenen und weiter steigenden energetischen Anforderungen. Planungsaufgaben im Bestand erfordern ein breites Ingenieurwissen wie bei Neubauten. Es sind zudem genehmigungsrechtliche und sicherheitstheoretische Aspekte zu beachten und umfangreiche Kenntnisse historisch verwendeter Materialien, Konstruktionen und Normen erforderlich [37].

15.3.1 Besonderheiten der Planung im Bestand

Während sich der Planungsablauf von Baumaßnahmen im Bestand nicht grundsätzlich vom Planungsablauf bei Neubauten unterscheidet, sind in einzelnen Planungsschritten dagegen deutliche Unterschiede zu beachten. Diese beziehen sich im Wesentlichen auf die folgenden Punkte:

- Formulierung der Bauaufgabe,
- Klärung der für die Bestandsbauwerke anzuwendenden Regelwerke,
- Durchführung einer qualifizierten Bestandsaufnahme,
- Bewertung der Ergebnisse der Bestandsaufnahme und Schlussfolgerung auf die notwendigen Maßnahmen.

Formulierung der Bauaufgabe Im Vergleich zum Neubau muss die Bauaufgabe im Bestand differenzierter formuliert werden. Grundlage ist die Entscheidung eines Bauherrn

auf Abriss und Neubau zu verzichten, das Bestandsbauwerk weiter zu nutzen und hierfür zu investieren. In die Investitionsentscheidung fließen u. a. Fragen zur Werthaltigkeit des Bauwerks, zum Nutzungskonzept, zu Komfort und Geschmack, technischem Zustand und behördlichen Anforderungen ein.

Anzuwendende Regelwerke (Bestandsschutz) Mit der Prüfung des Bestandsschutzes wird eine Abwägung vorgenommen, ob den Interessen des Eigentümers Vorrang vor denen des Gesetzgebers eingeräumt wird. Die Frage, ob nach dem Grundsatz des Bestandsschutzes verfahren werden darf, ist vor allem dann von Bedeutung, wenn sich die Anforderungen der aktuellen technischen Regelwerke gegenüber dem Zeitpunkt der Errichtung verschärft haben. Liegt Bestandsschutz vor, dürfen die bautechnischen Nachweise nach den Regelwerken geführt werden, die zum Zeitpunkt der Errichtung gültig waren. Näheres siehe Abschn. 15.3.2.

Qualifizierte Bestandsaufnahme Als belastbare Grundlage für die Tragwerksplanung im Bestand muss vor Baubeginn der Zustand des bestehenden Bauwerks hinsichtlich Konstruktion und baulichem Zustand festgestellt werden. Die Bestandsaufnahme ist einer der ersten und wichtigsten Schritte zur Beurteilung der bestehenden Bausubstanz. Fehler in der Bestandsaufnahme wirken sich über die gesamte Projektlaufzeit von der Planung bis zur Ausführung aus und können gravierende Folgen nach sich ziehen. Näheres zur Bestandsaufnahme siehe Abschn. 15.3.3.

Bestandsbewertung In der Bestandsbewertung werden die Schlussfolgerungen aus den Ergebnissen der Bestandsaufnahme gezogen und Vorschläge für die zu ergreifenden Maßnahmen entwickelt. Schwerpunkte sind die Tragfähigkeit, die Gebrauchstauglichkeit und die Dauerhaftigkeit der tragenden Bauteile.

Darüber hinaus ist u. a. der Brandschutz zu bewerten und es sind Aussagen über Ausbau, Fassaden und technische Gebäudeausrichtung zu machen.

15.3.2 Bestandsschutz und Denkmalschutz

Grundsätzlich sind die (aktuellen) Technischen Baubestimmungen gemäß § 3, Absatz 3 MBO [40] ohne Einschränkung für das Instandhalten, Ändern und Beseitigen baulicher Anlagen anzuwenden. Da die Musterbauordnung selbst kein Gesetz ist, folgt die Umsetzung dieses Grundsatzes in den Landesbauordnungen, die neben den Aufgaben im Bestand vor allem die Errichtung baulicher Anlagen regeln.

Liegt Bestandsschutz vor, darf eine bauliche Anlage in ihrem bisherigen Bestand und ihrer bisherigen Funktion erhalten und genutzt werden, auch wenn sie nicht mehr dem aktuellen Bauordnungsrecht entspricht. Wenn Leben und Gesundheit der Nutzer durch erhebliche Gefahren bedroht sind, ist der Bestandsschutz nicht mehr gegeben.

Die Voraussetzungen, unter denen Bestandsschutz gegenüber den Bauaufsichtsbehörden geltend gemacht werden kann, sind:
- ursprüngliche Rechtmäßigkeit der baulichen Anlage,
- keine wesentliche Änderung der baulichen Anlage,
- ein technischer Zustand, der zum Zeitpunkt der Errichtung der baulichen Anlage vorgesehen war (unter Berücksichtigung des zeitlich bedingten Verschleißes bei üblichen Instandhaltungsmaßnahmen).

Bei der Auslegung des Bestandsschutzes gibt es einen erheblichen Ermessensspielraum. In jedem Einzelfall sollte eine frühzeitige Abstimmung zwischen den beteiligten Planern (und ggf. Sachverständigen) und der Bauaufsichtsbehörde erfolgen.

Wichtige Begriffe und Beispiele zum Bestandsschutz sind in Tafel 15.10 zusammengefasst.

Tafel 15.10 Begriffe und Beispiele zum Bestandsschutz nach [2, 15]

Begriff/Beispiel	Beschreibung
Bestandsschutz	Grundsatz der besagt, dass ein Bauwerk oder eine Anlage, die zu irgendeinem Zeitpunkt mit dem geltenden Recht in Einklang stand, in ihrem bisherigen Bestand und ihrer bisherigen Funktion erhalten und genutzt werden kann, auch wenn die Konstruktion oder Teile davon nicht mehr dem aktuell geltenden Recht entsprechen. Der Bestandsschutz beinhaltet auch das Recht, die baulichen Anlagen abweichend von den geltenden technischen Baubestimmungen oder anderen aktuellen Bauregeln instand zu setzen. Unabhängig davon muss die Standsicherheit zu jedem Zeitpunkt gegeben sein.
Anpassungsverlangen	Wenn eine konkrete Gefahr für Leben oder Gesundheit gegeben ist, kann durch die Bauaufsichtsbehörde verlangt werden, dass rechtmäßig bestehende oder nach genehmigten Bauvorlagen bereits begonnene Anlagen den neuen Vorschriften angepasst werden (vergl. § 85 Abs. 1 Nr. 5 MBO). Ein nachträgliches Anpassungsverlangen ist nur dann gerechtfertigt, wenn die für das Anpassungsverlangen erforderlichen Voraussetzungen nachweislich vorliegen. Die Beweislast trägt im Allgemeinen die Bauaufsichtsbehörde, auch gegenüber den Gerichten. Unabhängig davon ist ein grundsätzlicher Anpassungsbedarf im Rahmen der Verkehrssicherungspflicht des Eigentümers regelmäßig zu prüfen
Harmonisierungsverlangen	Sollen rechtmäßig bestehende Anlagen wesentlich geändert werden, so kann durch die Bauaufsichtsbehörde gefordert werden, dass auch die nicht durch den Eingriff unmittelbar berührten Teile der Anlage mit den auf Basis der Landesbauordnungen erlassenen Vorschriften in Einklang gebracht werden. Dies gilt, wenn die Bauteile, die diesen Vorschriften nicht mehr entsprechen, mit dem beabsichtigten Vorhaben in einem konstruktiven Zusammenhang stehen und die Einhaltung dieser Vorschriften bei den vom Vorhaben nicht berührten Teilen der Anlage keine unzumutbaren Mehrkosten verursacht.
Instandsetzungsmaßnahmen	Grundsätzlich dürfen bei Instandsetzungsmaßnahmen Teile baulicher Anlagen identisch ersetzt werden (z. B. Holzbalken in einer Dachkonstruktion). Dieser Grundsatz gilt nicht, wenn ein Schaden infolge einer mittlerweile als unzureichend erkannten, nicht mehr aktuellen Regelung aufgetreten ist oder wenn aufgrund neuer Erkenntnisse Bedenken hinsichtlich der Standsicherheit bestehen (z. B. bei Überkopfverglasungen: Einscheiben-Sicherheitsglas (ESG) wird durch Verbund-Sicherheitsglas (VSG) ersetzt). In diesen Fällen ist das aktuelle Regelwerk hinsichtlich Bemessung und Ausführung anzuwenden.
Wanddurchbrüche in einem bestehenden Gebäude	Falls Durchbrüche für die Standsicherheit nicht von untergeordneter Bedeutung sind, müssen diese durch geeignete Maßnahmen so kompensiert werden (z. B. durch einen Stahlbetonrahmen um den Durchbruch), dass die Standsicherheit des Gebäudes auch hinsichtlich der Aussteifung gewahrt bleibt. Ein Nachweis des Gesamtgebäudes mit den aktuellen Technischen Baubestimmungen ist in der Regel nicht erforderlich. Kompensationsmaßnahmen sind nach den aktuellen Bemessungsregeln nachzuweisen.
Aufstockungen	Bei Aufstockungen ist zu überprüfen, ob die nach den aktuellen Technischen Baubestimmungen anzusetzenden zusätzlichen Belastungen (z. B. Eigengewicht, Schnee, Wind, Erdbeben) sicher abgetragen werden können. Die Standsicherheit der unveränderten Teile der baulichen Anlage muss auch unter dieser Zusatzbelastung nach dem ursprünglichen Regelwerk nachweisbar sein. Werden in den unteren Geschossen infolge der Aufstockung wesentliche bauliche Änderungen erforderlich, so ist das gesamte Gebäude wie ein Neubau zu behandeln.

Tafel 15.10   (Fortsetzung)

Begriff/Beispiel	Beschreibung
Umbau eines mehrstöckigen Gebäudes	Eine auf der obersten Geschossdecke bestehende Dachkonstruktion wird auf einer Teilfläche durch eine Technikzentrale und im Übrigen durch eine geänderte Dachkonstruktion ersetzt. Die für die neue Technikzentrale nach aktuellen Technischen Baubestimmungen anzusetzenden Lasten (wie z. B. Eigengewicht, Windlasten und – in diesem Beispiel deutlich höhere – Schneelasten) werden ausschließlich über bestehende Wände abgetragen. Die restliche neue Dachkonstruktion ist unmittelbar auf die Geschossdecke aufgelagert. Der Nachweis der unveränderten Teile der baulichen Anlage kann hinsichtlich der zusätzlichen Belastung nach dem ursprünglichen Regelwerk erfolgen. Ist dieser Nachweis nur mit zusätzlichen Verstärkungsmaßnahmen möglich, sind diese nach den aktuellen Technischen Baubestimmungen zu bemessen. Werden infolge der Baumaßnahme wesentliche bauliche Veränderungen erforderlich, so ist das gesamte Gebäude wie ein Neubau zu behandeln.
Einbau eines Ladengeschosses (Nutzungsänderung)	Sollen zur Schaffung von Ladenflächen im Erdgeschoss eines Gebäudes tragende Wände durch Abfangträger, Stützen und Rahmen ersetzt werden, so muss durch diese Maßnahme die Standsicherheit des Gebäudes gegenüber dem ursprünglichen Zustand gewahrt bleiben. Die Abtragung der Lasten der Geschossdecke und deren Unterstützungskonstruktion sind nach aktuellem Regelwerk nachzuweisen. In Erdbebengebieten ist darüber hinaus zu beachten, dass durch Änderungen des Schwingungsverhaltens (z. B. Änderungen der anzusetzenden spektralen Beschleunigungen) die Standsicherheit des Gebäudes – gegenüber dem Zustand vor der Umbaumaßnahme – nicht beeinträchtigt wird. Die über der Ladenebene liegenden unveränderten Geschosse genießen grundsätzlich Bestandsschutz.
Nur unter Ansatz der alten Lastnormen nachweisbare Belegung einer Dachhaut mit Photovoltaikelementen	Durch die Montage der Photovoltaikmodule wird die aufnehmbare Schneelast um das Gewicht der Module reduziert. Die Standsicherheit des Gebäudes wird also gegenüber dem bestandsgeschützten Zustand verändert. Von einer Ertüchtigung des Tragwerks kann dann abgesehen werden, wenn das vorhandene Tragwerk für die Zusatzlasten aus den Modulen immer noch ausreichend dimensioniert ist.
Umnutzung eines Wohngebäudes zum Hotel	Bei der Umnutzung eines Wohngebäudes zum Hotel liegt eine Änderung im Sinne der Definition aus Abschn. 15.1 und damit eine wesentliche Umgestaltung der baulichen Anlage vor. In der Folge ergeben sich erhöhte Brandschutzanforderungen im gesamten Gebäude, z. B. in Form zusätzlicher Fluchtwege. Unter Umständen sind darüber hinaus wegen höherer Nutz- und Ausbaulasten tragende Bauteile zu ertüchtigen oder zu ersetzen.
Umfassende bauliche Veränderungen, die einem Neubau gleichkommen	Der Bestandsschutz für ein Gebäude kann erlöschen, wenn die Baumaßnahme so weitgehend ist, dass sie einem Neubau gleichkommt. In diesem Fall ist das gesamte Gebäude nach den aktuellen Technischen Baubestimmungen nachzuweisen.
Austausch von Bauprodukten	Bei Bauprodukten, die sich als gesundheitsgefährdend herausgestellt haben (z. B. Asbest), kann von den Bauaufsichtsbehörden ein Austausch auch bei Bauteilen verlangt werden, die nicht von einer Änderung der baulichen Anlage betroffen sind (Anpassungsverlangen, siehe oben).

Zur Klärung und Erläuterung der Voraussetzungen und Beispiele für den Bestandsschutz werden in [37] in Anlehnung an [2] drei Stufen (A–C) der Umsetzung des Bestandsschutzes abgeleitet:

A. Bestandsschutz   Instandsetzungsmaßnahmen an den nicht von einer Änderung betroffenen Teilen einer Anlage sind in folgenden Fällen vom Bestandsschutz gedeckt:

- Lediglich Erneuerung einzelner schadhafter Teile,
- Beibehaltung der bisherigen Funktion,
- Bauwerk oder Bauwerksteile nicht durch Verfall, Brand oder Zerstörung unbenutzbar geworden,
- Maßnahme nach §61 MBO verfahrensfrei.

Instandsetzungsmaßnahmen sind dagegen nicht vom Bestandsschutz gedeckt, wenn:

- die Maßnahmen Folge einer ursprünglich fehlerhaften Bemessung oder Ausführung sind,
- ein intensiver Eingriff in den Baubestand vorliegt und ein statischer Nachweis der Standsicherheit des Gesamtbauwerks erforderlich wird,
- ein wesentlicher Teil der Bausubstanz ausgetauscht wird,
- das Bauvolumen erweitert wird.

B. Anpassung im Bestand   Bei Bauteilen, die nicht durch die Änderungen an einem Bauwerk betroffen sind, kann eine Anpassung an die aktuell gültigen Vorschriften verlangt werden (Anpassungsverlangen, s. Tafel 15.10), wenn von Ihnen Gefahr für Leib und Leben ausgeht.

C. Änderung   Grundsätzlich müssen bei der Änderung baulicher Anlagen die aktuell gültigen Vorschriften angewendet werden. Dieses gilt zunächst aber nicht ausschließlich für die unmittelbar von der Änderung betroffenen Teile. Folgende Umstände sind zu beachten:

- Bei Bauteilen, die nicht unmittelbar betroffen sind, aber in einem konstruktiven Zusammenhang mit den geänderten Teilen stehen, kann die Harmonisierung an aktuelle Vorschriften verlangt werden (Harmonisierungsverlangen, s. Tafel 15.10).
- Bei Umbaumaßnahmen ist im Einzelfall zu prüfen, ob die Gesamtstandsicherheit beeinträchtigt ist. Insbesondere Eingriffe an aussteifenden Bauteilen sollten, wenn möglich, durch lokale Kompensationsmaßnahmen in ihrer Auswirkung begrenzt werden.

15

Abb. 15.1 Bestandsaufnahme mit Bestandsunterlagen nach [15]

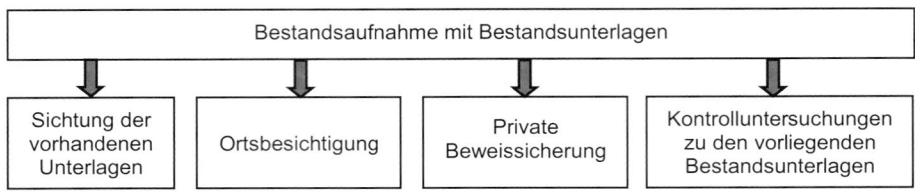

- Der Nachweis zusätzlicher Lasten aus neuen Bauwerksteilen kann nach den historischen Vorschriften erfolgen. Wenn eine Verstärkung des Bestands erforderlich ist, ist diese nach neuen Vorschriften nachzuweisen.
- Beim Nachweis nach historischen Vorschriften ist zu prüfen, ob diese infolge neuer Erkenntnisse an wichtigen Stellen in späteren Ausgaben geändert wurden.
- Für neu zu errichtende Bauwerksteile dürfen nur Bauprodukte verwendet werden, die den aktuellen Vorschriften genügen. Für Abweichungen hiervon sind die entsprechenden Genehmigungen einzuholen.

In der Vergangenheit bezog sich der baurechtliche Bestandsschutz in Literatur und Rechtsprechung auch auf den Neubau oder die Wiederherstellung beseitigter Gebäude und in begrenztem Umfang die Erweiterung bestehender Bauwerke. In der jüngeren Vergangenheit wird der Bestandsschutz in der Rechtsprechung zunehmend enger gefasst wird.

Denkmalschutz Nach [15] wird unter Denkmalschutz die Einstufung von Bauwerken oder Bauwerksteilen mit dem Ziel verstanden, deren ursprüngliche Bausubstanz und das historische Erscheinungsbild von Kulturdenkmalen möglichst weitgehend zu erhalten.

In Einzelfällen umfasst der Denkmalschutz auch die Restaurierung eines früheren kulturgeschichtlich wertvollen Zustandes. Die Rechtsgrundlage für den Denkmalschutz bilden die Denkmalschutzgesetze der Bundesländer. Alle Maßnahmen an einem Denkmal, die in die Substanz eingreifen oder das Erscheinungsbild beeinträchtigen können, müssen von der zuständigen Denkmalschutzbehörde genehmigt werden. Bei Denkmälern von besonderer Bedeutung gilt die Genehmigungspflicht auch für bauliche Maßnahmen in der Umgebung dieser Denkmäler.

Die Genehmigung ist bei der örtlich zuständigen Denkmalschutzbehörde zu beantragen. Bedarf die Maßnahme einer Baugenehmigung, muss die Denkmalschutzbehörde zustimmen.

15.3.3 Bestandsaufnahme und baulicher Zustand

Die Bestandsaufnahme bildet die Grundlage für eine erfolgreiche Planung, Ausschreibung und Ausführung von Arbeiten im Bestand. Darüber hinaus ist eine qualifizierte Bestandsaufnahme zwingend erforderlich für die eventuelle Anpassung von Teilsicherheitsbeiwerten und den Nachweis existierender Tragreserven (siehe Abschn. 15.4.4). Bei der Bestandsaufnahme wird der Ist-Zustand eines Bauwerks festgestellt. Es sind dabei alle relevanten technischen Daten für die weitere Planung zu erfassen. Für die Bereitstellung der Bestandsdaten ist der Bauherr verantwortlich. Mit der Durchführung der Bestandsaufnahme sollte ein Planer mit besonderer Sachkunde beauftragt werden.

Allgemeine Hinweise zur Durchführung einer qualifizierten Bestandsaufnahme geben [46] und [15]. Sie werden ergänzt in [20]. Wenn aussagekräftige Bestandsunterlagen vorliegen, gliedert sich die Bestandsaufnahme in die Arbeitsschritte nach Abb. 15.1.

Sichtung der vorhandenen Unterlagen In Ergänzung zu den Unterlagen des Bauherrn können sich wertvolle Hinweise aus den Unterlagen von Bauaufsichtsbehörden sowie von früher beteiligten Planern und ausführenden Firmen ergeben. Eine Übersicht der zu sichtenden Unterlagen gibt Tafel 15.11.

Ortsbesichtigung Eine eingehende Besichtigung des bestehenden Bauwerks ist zwingender Teil der Bestandsaufnahme. Dabei sollten ebenfalls die Nachbarbebauung und Zuwegungen mit einbezogen werden. Alle im Anschluss an die Bestandsaufnahme tätig werdenden Planer und Ausführenden sollten eine Ortsbesichtigung durchführen.

Private Beweissicherung Zur Feststellung des aktuellen Zustands, von Vorschädigungen und um eine Zuordnung eventueller Schäden zu ermöglichen, ist eine private Beweissicherung am bestehenden Bauwerk zu empfehlen. Auch wenn benachbarte bauliche Anlagen betroffen sind, ist i. d. R. eine private Beweissicherung erforderlich. Die Beweissicherung sollte nach Möglichkeit im Einvernehmen mit allen Beteiligten durch unabhängige Sachverständige erfolgen. Mögliche Bestandteile sind:
- Fotodokumentation,
- Einmessen von Messpunkten,
- Rissaufnahme, ggf. Setzen von Messmarken an Nachbargebäuden,
- Dokumentation der Funktionsfähigkeit von technischen Anlagen, etc.

Tafel 15.11 Bestandsaufnahme – zu sichtende Unterlagen

Art der Unterlagen	Beispiele
Bauwerksbuch	Bestandsdokumentation
Eigentumsverhältnisse, Grundstücksgrenzen	Grundbuchauszug, Vermessungsplan
Genehmigungsunterlagen	Baugenehmigung, Lagepläne
Aktueller Stand der Ausführungs- und Bauunterlagen	Objektpläne, statische Berechnung mit Positionsplänen, Ausführungspläne Tragwerk, Werkpläne der TGA-Gewerke, Detailpläne Ausbau und Fassade, Abdichtung, Fachgutachten, etc.
Trassenpläne der Medienleitungen	Wasser, Abwasser, Elektro, Gas, Fernwärme, Kommunikation
Dokumentation der Instandhaltung, durchgeführte Untersuchungen	Gutachten, Messungen, Kampfmittel, Schadstoffe
veränderte Einwirkungen	Veränderte Grundwasserstände
Informationen über besondere Einwirkungen oder Ereignisse	Brand, Kriegseinwirkungen, Wasserschäden, Bergschäden
Unterlagen zu zwischenzeitlich erfolgten Umbauarbeiten	Änderungen, Instandhaltungsmaßnahmen, Instandsetzungsmaßnahmen und Nutzungsänderungen
Unterlagen über benachbarte Gebäude	Beeinflussung dieser Gebäude durch die geplante Maßnahme

Tafel 15.12 Kontrolluntersuchungen zu vorhandenen Unterlagen nach [15]

Art und Gegenstand der Untersuchung	Beispiele
Kontrolle der Bauteilabmessungen einschließlich verdeckter Bereiche	
Kontrolle der Lichtraumprofile und Durchgangshöhen	
Feststellung von Maßabweichungen	Achsmaße
Überprüfung der zu erhaltenden Bauteile und Einbauten auf Übereinstimmung mit den Unterlagen	Bauart, Festigkeiten
Überprüfung der bestimmungsgemäßen Nutzung	Nicht dokumentierte Einwirkungen, veränderte Brandlast
Überprüfung der Funktionsfähigkeit	
Veranlassung ggf. notwendiger weiterführender Untersuchungen	
Überprüfung des Instandhaltungszustandes	

Kontrolluntersuchungen zu den vorhandenen Unterlagen

Mit Hilfe von Kontrolluntersuchungen muss eine stichprobenartige Überprüfung der Übereinstimmung von Dokumentation und bestehenden baulichen Anlagen durchgeführt werden (siehe auch Tafel 15.12).

Bestandsaufnahme ohne Bestandsunterlagen

Wenn keine oder nur unzureichende Unterlagen über ein bestehendes Bauwerk vorliegen, reicht eine stichprobenartige Überprüfung zu erhaltender Bauteile und Einbauten nicht aus. Die fehlenden technischen Daten sind in einer umfassenden Bestandsaufnahme zu erheben und zerstörende Bauteiluntersuchungen sind i. d. R. nicht zu umgehen.

Aufbau, Umfang und Inhalt einer Bestandsaufnahme können sich in dem Fall, dass keine Bestandsunterlagen vorliegen, an DBV-Merkblatt „Bauwerksbuch" orientieren (Checkliste nach Anlage 1 [20] siehe Tafel 15.13). Die VDI-Richtlinie 6200 gibt in Anhang A darüber hinaus in kompakterer Form einen *Gliederungsvorschlag* für die *Bestandsdokumentation Standsicherheit* und in Anhang B ein

Tafel 15.13 Checkliste für die Bestandsdokumentation nach [20]

1	**Behördliche Genehmigungsbescheide/Protokolle/ Bescheinigungen**
1.1	Baugenehmigung mit geprüften Bauantragsunterlagen
1.2	Abbruchgenehmigung
1.3	Be- und Entwässerung
1.4	Haustechnische Anlagen
1.5	Schriftverkehr mit Genehmigungsbehörde
1.6	Vermessungsunterlagen/Einmessprotokoll
1.7	Behördliche Abnahmeprotokolle/-bescheinigungen
2	**Dokumentation durch Architekt/Fachingenieure/ Sonderfachleute**
2.1	Objektplanung
2.2	Tragwerksplanung/Standsicherheit
2.3	Technische Gebäudeausrüstung
2.4	Bauphysikalische Gutachten/Nachweise (Wärme, Energiepass, Schall, Akustik)
2.5	Brandschutzgutachten mit zeichnerischer Darstellung der Brandabschnitte und Brandwände
2.6	Zustimmungen im Einzelfall
2.7	Sonstiges
3	**Allgemeine projektspezifische Unterlagen**
3.1	Liste der am Bau Beteiligten
3.2	Liste der Verjährungsfristen
3.3	Schriftverkehr zwischen AG und AN(s)
3.4	Baustellendokumentation
3.5	Beweissicherungsgutachten
3.6	Bestands-/Revisionspläne
3.7	Bauteillisten
3.8	Flächen-/BRI-Berechnungen
3.9	Protokolle der Mängelbeseitigungen
3.10	Mess- und Zähleinrichtungen
4	**Rohbauspezifische Unterlagen**
4.1	Fachunternehmer-Bescheinigung
4.2	Konformitätserklärung nach DIN EN ISO/IEC 17050-1
4.3	Produktnachweise
4.4	Prüfungen und Abnahmeprotokolle
4.5	Anleitung und Protokolle zu Gebrauch, Wartung, Pflege
4.6	Gewerkespezifische Unterlagen

Tafel 15.13 (Fortsetzung)

5	Ausbau/Fassade/Dach – spezifische Unterlagen
5.1	Fachunternehmer-Bescheinigung
5.2	Konformitätserklärung nach DIN EN ISO/IEC 17050-1
5.3	Produktnachweise
5.4	Prüfungen und Abnahmeprotokolle
5.5	Anleitung und Protokolle zu Gebrauch, Wartung, Pflege
5.6	Gewerkespezifische Unterlagen
6	Haustechnik – spezifische Unterlagen
6.1	Fachunternehmer-Bescheinigung
6.2	Konformitätserklärung nach DIN EN ISO/IEC 17050-1
6.3	Produktnachweise
6.4	Prüfungen und Abnahmeprotokolle
6.5	Anleitung und Protokolle zu Gebrauch, Wartung, Pflege
6.6	Gewerkespezifische Unterlagen
7	Außenanlagen – spezifische Unterlagen
7.1	Fachunternehmer-Bescheinigung
7.2	Konformitätserklärung nach DIN EN ISO/IEC 17050-1
7.3	Produktnachweise
7.4	Prüfungen und Abnahmeprotokolle
7.5	Anleitung und Protokolle zu Gebrauch, Wartung, Pflege
7.6	Gewerkespezifische Unterlagen
8	Änderungsmaßnahmen nach Fertigstellung

Muster für das *Bauwerksbuch Standsicherheit* mit Gliederung und Inhalten.

Ein wichtiger Teil der Bestandsaufnahme besteht in der Aufnahme der äußeren Geometrie und der tragenden Struktur des Bauwerks. Im ersten Schritt werden die Hüllflächen aufgenommen. Nach der Demontage von Verkleidungen und nicht tragenden Bauteilen kann die tragende Struktur festgestellt und ihre Geometrie aufgenommen werden. Dies kann je nach Aufgabenstellung mit Hilfe einfacher Geräte (Zollstock, Bandmaß, Winkelprisma, Fluchtstäbe etc.) oder durch einen Vermessungsingenieur mit den Verfahren und Instrumenten der Geodäsie erfolgen.

Konstruktionsbedingt erfordern Fertigteilkonstruktionen eine besondere Sorgfalt bei der Bestandsaufnahme. Häufig liegen im Fertigteilbau statisch bestimmte Konstruktionen vor, die über keine oder nur geringe Umlagerungsmöglichkeiten beim Auftreten unplanmäßiger oder erhöhter Lasten verfügen. Lokale Schwachstellen, die häufig schwer zugänglich sind, bilden zudem die Auflager und Verbindungen (z. B. die Fassadenbefestigungen oder lagesichernde Maßnahmen an den Auflagern).

Die Feststellung der inneren Struktur von Fertigteilen (insbesondere von Deckenelementen) kann zusätzlichen Aufwand bedeuten (Vorspannungen, Hohlkörper etc.).

Feststellung des baulichen Zustands   Unabhängig von der Vollständigkeit der Bestandsunterlagen werden i. d. R. über die Kontrolluntersuchungen zur Überprüfung der Übereinstimmung von Unterlagen und Bestand hinaus Untersuchungen zur Feststellung des Ist-Zustands erforderlich.

Die veröffentlichten Empfehlungen, die sich mit der Aufnahme des Bestands befassen [1, 15, 20, 46] sehen ein abgestuftes Vorgehen vor. Eine einheitliche Einteilung der Stufen mit Zuordnung der Gewerke, der Untersuchungsziele und der Untersuchungsmethoden liegt aktuell nicht vor und ist aufgrund der Vielfältigkeit der Bauaufgaben im Bestand auch kaum möglich.

Liegen Bestandsunterlagen vor, sind zumindest die oben beschriebenen *Kontrolluntersuchungen zu den vorhandenen Unterlagen* durchzuführen. Unabhängig von der Vollständigkeit der Bestandsunterlagen wird in der Regel eine Feststellung des Ist-Zustands, über das Maß der regelmäßigen Überprüfungen nach Abschn. 15.2 hinaus, erforderlich. Dabei werden die Funktion, die Eigenschaften und verwendete Baustoffe betrachtet. In jedem Fall sollte auf nicht dokumentierte Schadstoffe wie z. B. Asbest, PCB und Teer geachtet werden (Hinweise hierzu siehe Abschn. 15.3.4).

Die Feststellung des baulichen Zustands wird in Anlehnung an [15] für die Gewerke Rohbau und Ausbau beispielhaft wiedergegeben (Checkliste, siehe Tafel 15.14). Zu weiteren Gewerken (Gebäudehülle, Technische Gebäudeausrüstung) siehe [15].

Weitergehende Bestandsuntersuchungen   Für die weitergehende Untersuchung insbesondere der tragenden Bauteile liegt eine Vielzahl an Methoden vor. Nach [19] lassen sich diese bezüglich des Eingriffs in den Bestand in zerstörungsfreie, zerstörungsarme und zerstörende Verfahren sowie bezüglich des Untersuchungsaufwands in einfache Verfahren (z. B. Aufstemmen), aufwendigere Verfahren (z. B. Radar) und sehr aufwendige Verfahren (z. B. Radiografie) unterteilen.

Eine Darstellung der vorliegenden Verfahren und der zugehörigen Einsatzgebiete würde den Rahmen eines Tabellenwerkes sprengen. Zu einer beispielhaften Zusammenstellung möglicher Untersuchungsmethoden für die verschiedenen Bauarten nach DBV Leitfaden [15] siehe Tafel 15.15. Eine tabellarische Zusammenfassung der Untersuchungsverfahren zur qualifizierten Bestandsaufnahme von Stahlbetontragwerken kann [19], Anhang B entnommen werden. Möglichkeiten und Grenzen zerstörungsfreier Prüfverfahren zur Durchführung von Prüfaufgaben im Beton- und Stahlbetonbau sowie angrenzender Konstruktionsweisen (z. B. Mauerwerksbau und Asphaltfahrbahnen) zeigt [21] auf.

Tafel 15.14 Checkliste zur Feststellung des baulichen Zustands nach [15]

Rohbau – Untersuchungsgegenstände	Beispiele/Hinweise
Verformungen, Schiefstellungen	–
Risse	Breite, Verlauf, Tiefe
Knoten und Auflager	Funktionsfähigkeit von Elastomerlagern
Einbauteile und Verbindungsmittel	Baupolizeiliche oder allgemeine bauaufsichtliche Zulassung vorhanden und Randbedingungen eingehalten?
Betondeckung, Karbonatisierungstiefen, Chlorideindringtiefen	–
Korrosion und Korrosionsschutzsysteme	Beschädigungen, Überprüfung auch nicht einsehbarer Bereiche
Tierischer und pflanzlicher Befall	Schimmel, Fäulnis, Holzfeuchte
Feuchteschäden	Ausblühungen, Pfützen, Nassstellen
Mauerwerksgefüge	Unter Putzschichten, Fugenzustand, Aussteifungsbauteile ggf. aus Holz
Schadstoffe in Rohmaterialien	Holzschutzmittel, Asbest, PCB, Teer
Ausbau – Untersuchungsgegenstände	Beispiele/Hinweise
Abdichtungen	Insbesondere Kellergeschosse
Wärmedämmung, Dampfsperre	–
Türen	Rauchdichtheit, Schallschutz, Beschläge
Fugen und Anschlüsse	–
Beläge	Verschleiß, Übergangsprofile, Risse, Farbveränderungen
Abgehängte Decken einschließlich Befestigungen	–
Trennwände	Verformungen, Fugen, Bauphysik
Anstriche und Korrosionsschutzsysteme	–

Tafel 15.15 Methoden zur weitergehenden Bestandsuntersuchung nach [15]

Stahl- und Spannbeton	Beispiele/Hinweise
Bewehrungsaufnahme nach Abstand, Durchmesser u. Betondeckung	Zerstörungsfrei mit Induktionsmessung, zerstörend durch Freilegen
Messung der Karbonatisierungstiefe	Entnahme von Probekörpern, Indikatorlösung
Bestimmung der Chlorideindringtiefe	Entnahme von Proben, chemische Untersuchung
Bewehrungskorrosion	Zerstörungsfreie Potenzialfeldmessung
Bestimmung der Betonfestigkeit	Zerstörungsfrei mit Rückprallhammer, zerstörend mit Bohrkernentnahme (siehe Abschn. 15.4.3)
Rissbreite	Optisch mit Linienstärkenmaßstab oder Risslupe
Risstiefe	Zerstörend mit Bohrkernentnahme
Mauerwerk	Beispiele/Hinweise
Rissbreite	Optisch mit Linienstärkenmaßstab oder Risslupe
Risstiefe	Zerstörend mit Bohrkernentnahme
Feststellung von oberflächennahen Hohlstellen	Abklopfen
Subjektive Festigkeitsprüfung von Mauersteinen und Fugenmörtel	Ritzproben, Einschlagversuche von Nägeln
Bestimmung der Festigkeit der Mauersteine	In oberflächennahen Bereichen m. d. Rückprallhammer
Bestimmung von Rohdichte, Druckfestigkeit und Verformbarkeit der Mauersteine	Bohrkernentnahme und Prüfung im Labor
Ermittlung der Mauerwerksfestigkeit	Entnahme von Mauerwerkskörpern und Laborversuch
Überprüfung des inneren Mauerwerksgefüges	Visuelle Überprüfung durch Endoskopieren
Erfassung der allgemeinen Struktur und des Zustandes	Hohlräume, Einschaligkeit/Mehrschaligkeit, Schalendicken, Feuchtezonen, Feststellung durch Ultraschall, Seismik, Radar, Infrarotthermographie, elektrische Widerstandsmessungen
Haftung von Anstrichen	Bestimmung mittels Gitterschnittprüfungen
Feuchtemessung	Zerstörungsfrei mit elektronischen Geräten (Widerstandsmessung oder Dielektrizitätsmessung) oder zerstörend an Kleinproben mit dem CM Gerät oder Darrprobe im Trockenschrank
Ermittlung von Schadstoffen	Chloride, Sulfate, Nitrite durch nasschemische Analyse oder potentiometrische Tritration (siehe auch Abschn. 15.3.4)

Tafel 15.15 (Fortsetzung)

Holz	Beispiele/Hinweise
Holzfeuchte	Zerstörungsfreie Widerstandsmessung
Korrosion der Verbindungsmittel	Zerstörende Entnahme
Leim	Probenentnahme und Untersuchung im Labor
Rissbreite	Optisch mit Linienstärkenmaßstab oder Risslupe
Risstiefe	Bohrkernentnahme, Messfühler
Holzfestigkeit	Zerstörende Bauteilentnahme
Holzzustand	Bohrwiderstandsmessung
Holzschädlinge	Beurteilung durch Fachleute

Stahl	Beispiele/Hinweise
Werkstoffzusammensetzung	Entnahme von Proben, Untersuchung im Labor
Festigkeit	Entnahme von Proben aus Bauteilen, Prüfung im Labor
Schweißbarkeit	–
Beschichtung	Zerstörend im Labor
Legierungszusammensetzung der Beschichtung	Bei Bauteilen ab dem Jahr 2000
Schichtdicke	Zerstörungsfrei mit Ultraschallmessgerät, Schichtdickenmessgerät
Schadstoffe im Korrosionsschutzsystem	Blei, Asbest
Korrosionszustand	Visuell

15.3.4 Schadstoffe bei der Bestandsaufnahme

Bauordnungsrecht Es liegt in der Verantwortung des Bauherrn, Gefährdungen und Belästigungen durch Schadstoffe zu vermeiden. Neben §3–1, MBO (siehe Abschn. 15.1) ergibt sich diese Forderung aus §13, Satz 1, MBO.

> Bauliche Anlagen müssen so angeordnet, beschaffen und gebrauchstauglich sein, das durch Wasser, Feuchtigkeit, pflanzliche und tierische Schädlinge sowie andere chemische, physikalische oder biologische Einflüsse Gefahren oder unzumutbare Belästigungen nicht entstehen. (§13, MBO)

Die Erfüllung der Forderungen der MBO setzt voraus, dass Eigentümer/Verfügungsberechtigter umfassende Kenntnisse über das Bauwerk und seinen Zustand, insbesondere im Hinblick auf Schadstoffe, besitzen.

Nach VDI/GVSS Richtlinie 6202 Blatt 1 [47] ist ein **Schadstoff** als ein gefährlicher Stoff im Sinne der Gefahrstoffverordnung (*Verordnung zum Schutz vor Gefahren –* **GefStoffV**) oder als ein biologischer Arbeitsstoff im Sinne der Biostoffverordnung (*Verordnung über Sicherheit und Gesundheitsschutz bei Tätigkeiten mit biologischen Arbeitsstoffen –* **BiostoffV**) definiert.

Anerkannte Regeln der Technik Für den Umgang mit Schadstoffen sind unter anderem die folgenden Richtlinien zu beachten:

- Asbest-Richtline: „Richtlinie für die Bewertung und Sanierung schwach gebundener Asbestprodukte in Gebäuden (Asbest-Richtlinie)" (1996),

- PCB-Richtlinie: „Richtlinie für die Bewertung und Sanierung PCB-belasteter Baustoffe und Bauteile in Gebäuden (PCB-Richtlinie)" (1994),
- PCP-Richtlinie: „Richtlinie für die Bewertung und Sanierung Pentachlorphenol (PCP)-belasteter Baustoffe und Bauteile in Gebäuden" (1996).

Neben den technischen Baubestimmungen, die in fast allen Bundesländern eingeführt sind, beziehen sich viele Bundesländer auch auf die anerkannten Regeln der Technik. Diese betreffen unterschiedliche Sachgebiete und sie haben nicht in allen Rechtsbereichen die gleiche Bedeutung. Eine verbindliche Zusammenstellung der anerkannten Regeln der Technik existiert daher nicht. Dokumentiert sind die anerkannten Regeln der Technik unter anderem in folgenden Regelwerken [7]:

- DIN-Normen (z. B. VOB/C ATV DIN 18459 „Abbruch- und Rückbauarbeiten" (2015)),
- Unfallverhütungsvorschriften der Berufsgenossenschaften,
- VDI-Richtlinien (z. B. VDI/GVSS 6202 Blatt 1, [47]).

Erkennung von Risiken Neben den üblichen Planungs- und Ausführungsrisiken liegt beim Bauen im Bestand ein zusätzliches Risiko in der vorhandenen Bausubstanz.

Einen Überblick über die Herstellungs- und Verwendungszeit der wichtigsten Schadstoffe gibt Tafel 15.16.

Hinweis Künstliche Mineralfasern (KMF) und Blei sind keine Schadstoffe im Sinne der Bauordnung. Hinweise zu möglichen gesundheitlichen Risiken durch Holzschutzmittel gibt [3].

Tafel 15.16 Herstellungs- und Verwendungszeiträume wichtiger Schadstoffe (Übersicht nach [7])

Zeitraum	Schadstoff/Herstellungsart/Bauteile
Asbest	
bis 1969	Spritzasbest in der DDR
bis 1979	Spritzasbest in der Bundesrepublik
bis 1984	Schwach gebundene Asbestprodukte in der Bundesrepublik
bis 1992	Asbestzementplatten im Hochbau
ab 1995	Herstellungs- und Verwendungsverbot von Asbest und asbesthaltigen Materialien in der Bundesrepublik (mit wenigen Ausnahmen)
Künstliche Mineralfasern (KMF)	
ab 1996	Beginn der Herstellung neuer Mineralwolle
bis 31.5.2000	Verwendung alter Mineralwolle
Polychlorierte Biphenyle (PCB)	
1955 bis ca. 1975	Dichtstoffmassen in den alten Bundesländern (in Einzelfällen auch deutlich danach; Verwendungsmaximum 1964 bis 1972)
bis 1971	PCB-haltige Anstriche (Brandschutz) für Akustik-Deckenplatten (Holzfaserplatten) der Firma Wilhelmi
bis 1984	Kondensatoren und Transformatoren in den alten Bundesländern
Polycyclische aromatische Kohlenwasserstoffe (PAK)	
bis ca. 1965	Bauwerksabdichtungen (Dachbahnen, Anstriche), teergebundene Korkdämmplatten, Klebstoff für Mosaikparkett
bis Mitte 1960er Jahre	Teerasphaltestriche
bis späte 1970er Jahre	Klebstoff für Stabparkett (vereinzelt)
bis ca. 1984	Straßenbau (Beläge, Fugenvergussmassen)
bis ca. 1991	Holz- und Bautenschutz
bis 1995	Klebstoff für Holzpflaster (vereinzelt)
bis 2000	Korrosionsschutzanstriche (Stahlwasserbau, Druckrohrleitungen, Betonbeschichtungen)
Pentachlorphenol (PCP)	
1978	– Einführung Kennzeichnungspflicht für PCP-haltige Zubereitungen (alte Bundesländer) – Verbot der Anwendung PCP-haltiger Holzschutzmittel mit Prüfzeichen in Aufenthaltsräumen durch das DIBt (alte Bundesländer) – Ende der Zulassung PCP-haltiger Holzschutzmittel für Aufenthaltsräume in der DDR
1986	Verbot der Anwendung PCP-haltiger Holzschutzmittel in Innenräumen in den alten Bundesländern; PCP für Außenanwendungen noch bis 1989 erlaubt
1986	Ende der Zulassung PCP-haltiger Grundierungen im Bereich Fenster und Außentüren in der DDR
1989	Verbot des Inverkehrbringens und der Verwendung von PCP und PCP-haltigen Produkten mit einem PCP-Gehalt > 0,01 Masse-% und von Holzteilen mit einem PCP-Gehalt > 5 mg/kg
Blei	
bis 1973	Bleileitungen für die Hausinstallation
bis in 1980er Jahre	– Einsatz von Bleicarbonaten (Bleiweiß) und Bleisulfaten in Farben für Holz und Metalle – Einsatz von Blei(II)-chromat in Europa
ab 2015	Verzicht der europäischen PVC-Industrie auf den Einsatz von Bleistabilisatoren in PVC
bis heute	Kein Verbot der Herstellung und Verwendung von Bleimennige

Untersuchung und Dokumentation der Bausubstanz
Der Untersuchungsumfang und die Untersuchungsstrategie sind durch einen Sachverständigen/Gutachter im Hinblick auf den Umfang und das Ziel der Baumaßnahme im Bestand festzulegen. Eine Untersuchung, die alle Schadstoffe aufdeckt, ist in der Regel weder technisch noch wirtschaftlich sinnvoll bzw. möglich. Ein Restrisiko in Folge unerwarteter Schadstoffvorkommen lässt sich im Regelfall nicht ausschließen.

Einheitliche und umfassende Standards zur Untersuchung von Gebäuden und zur Dokumentation für alle Schadstoffe liegen aktuell nicht vor. Mit der Richtlinie VDI/GVSS 6202 Blatt 1 [47] liegt seit Oktober 2013 eine gute Grundlage für die Untersuchung und Dokumentation der Bausubstanz vor. Die Richtlinie fordert zur Vorbereitung von Abbruch-, Sanierungs- oder Instandsetzungsarbeiten an baulichen oder technischen Anlagen die Ermittlung, ob stoffliche Belastungen vorhanden sind und nimmt dabei folgende Unterscheidung vor:

- **Primäre Belastungen** Diese resultieren aus verwendeten Baustoffen bzw. Bauprodukten, die bereits durch ihre

Tafel 15.17 Systematik des Vorgehens bei der Untersuchung auf Schadstoffe gemäß [47]

Leistungsstufe 1: Bestandsaufnahme und Erstbewertung	
– Klärung der Aufgabenstellung – Auswertung vorhandener Unterlagen – Ortsbegehung zur Aufnahme von Verdachtsmomenten – Bewertung und Dokumentation	$\Longrightarrow$ Mitwirkung des Auftraggebers/Nutzers $\Longleftarrow$
Leistungsstufe 2: Technische Erkundung	
– Aufstellung des Untersuchungsprogramms – Erkundungsvorbereitung und Durchführung – Schadstoffkataster – Bewertung	$\Longrightarrow$ Eingrenzung/vertiefende Untersuchung $\Longleftarrow$

Herstellung gefährliche Stoffe wie PCB oder Asbest (z. B. im Fall von Asbestzement) enthalten.

- **Sekundäre Belastungen** Diese resultieren aus ursprünglich unbelasteten Bauteilen oder Gegenständen, die durch eine anderweitige Schadstoffquelle belastet werden (z. B. von PCB-haltigen Fugen ausgehende sekundäre PCB-Belastungen von Betonwänden über die Raumluft).
- **Nutzungsbedingte Belastungen** Diese resultieren aus Einträgen infolge der aktuellen oder einer früheren Nutzung (z. B. Öl im Boden einer Werkstatt).

Die Systematik bei der Untersuchung auf Schadstoffe gemäß VDI/GVSS 6202 Blatt 1 [47] zeigt Tafel 15.17 (Darstellung nach [7]).

Schadstoffkataster Die Ergebnisse der historischen Erhebung, der Ortsbegehung und der technischen Erkundung sind in einem Schadstoffkataster zu dokumentieren. Aufbau und Inhalte eines Schadstoffkatasters nach VDI/GVSS 6202 Blatt 1 sind in Abb. 15.2 dargestellt.

Nach der Durchführung der Maßnahmen muss das Schadstoffkataster fortgeschrieben werden. Es wird Bestandteil der Unterlagen für spätere Arbeiten.

15.4 Bewertung von Massivtragwerken

15.4.1 Einführung und Hinweise

Die Bewertung bestehender Tragwerke erfolgt auf der Grundlage der in der Bestandsaufnahme erhobenen Daten. Die Bewertung muss im Hinblick auf die Anforderungen der zukünftig geplanten Nutzung erfolgen. Für die erforderlichen Bemessungsaufgaben sind **Baustoffkennwerte abzuleiten** und ggf. (kein Bestandsschutz) **Einstufungen in aktuelle Regelwerke** vorzunehmen.

Je nach Bauaufgabe sind nach [15] im Regelfall die nachfolgenden Themen in der Bestandsbewertung zu behandeln.
1. Tragfähigkeit,
2. Gebrauchstauglichkeit,
3. Dauerhaftigkeit,
4. Brandschutz,
5. Ausbau, Fassaden und Technische Gebäudeausrüstung,
6. Nachbarbebauung,
7. Lebensdauerprognose.

Die *Tragfähigkeit*, die *Gebrauchstauglichkeit* und die *Dauerhaftigkeit* bestehender Massivbauwerke werden nachfolgend näher behandelt. Eine ausführliche Behandlung des Themas Brandschutz bei Bestandsbauwerken kann dem DBV-Merkblatt *Bauen im Bestand – Brandschutz* [17] sowie [37] entnommen werden. Zur Gebrauchstauglichkeit und Dauerhaftigkeit siehe Abschn. 15.4.6.

Bei der Bewertung der Tragfähigkeit empfiehlt es sich gemäß DBV-Leitfaden in den folgenden Schritten vorzugehen:
- Zusammenstellung aller Defizite in Bezug auf den aktuellen Stand der Technik,
- Bewertung der Tragfähigkeit, ggf. in Form der Zuverlässigkeit oder Versagenswahrscheinlichkeit,
- Feststellung eventuell vorhandener Tragreserven und Darstellung möglicher Lastumlagerungen,
- Bewertung der Auswirkungen von Schäden (z. B. infolge Alterung) oder Mängel (z. B. zu geringe Abmessungen).

Abb. 15.2 Aufbau und Inhalt eines Schadstoffkatasters nach VDI/GVSS 6202 Blatt 1 (Übersicht nach [7])

Schadstoffkataster					
Objektbeschreibung	**Nutzungsgeschichte**	**Pläne**	**Probenahmeprotokolle**	**Analysenergebnisse**	**Fotodokumentation**
allgemeine Beschreibung des Objekts (u.a. Baujahr, Bauweise)	Angaben zu Nutzungen, Umbauten, besonderen Ereignissen, verwendeten Stoffen	Lagepläne mit Probenahmepunkten, Angaben zur räumlichen Verteilung der Stoffe	Beschreibung der Probenahmepunkte und Rahmenbedingungen	Dokumentation der Analysenergebnisse	Dokumentation aller Verdachts- und Probenahmepunkte

15.4.2 Werkstoffkennwerte für Beton und Betonstahl

Wenn bei einer Baumaßnahme im Bestand der Nachweis der Standsicherheit unter geänderten Randbedingungen zu führen ist und keine Grundlage für einen Bestandsschutz vorliegt (siehe Abschn. 15.3.2), sind die Nachweise nach den aktuellen Vorschriften zu führen.

Bei der Bestimmung der Eigenschaften und Kennwerte der verwendeten Baustoffe (Beton und Betonstahl) empfiehlt sich ein zweistufiges Vorgehen.

Stufe 1 Für die ersten Berechnungen können die Angaben aus den Bestandsplänen (sofern vorhanden) verwenden und die charakteristischen Baustoffkennwerte für das aktuelle Regelwerk mit Hilfe von entsprechenden Tabellen auf der Basis der historischen Vorschriften abgeleitet werden. Ggf. können mit Hilfe der Fachliteratur in Verbindung mit dem Baujahr auch ohne Bestandsunterlagen sinnvolle Annahmen getroffen werden. Zusammenstellungen für historische Betone und Betonstähle enthält u. a. das DBV-Merkblatt Beton und Betonstahl, [16].

Stufe 2 In der zweiten Stufe und für die Standsicherheitsnachweise der Ausführungsplanung sollten die Annahmen aus Stufe 1 in der Regel mit Probenentnahmen und Laboruntersuchungen verifiziert werden.

Beton Die Zuordnung von Betonfestigkeiten aus dem Erstellungszeitraum von 1904 bis 2016 zu den charakteristischen Zylinderdruckfestigkeiten f_{ck} für den Bemessungswert $f_{cd} = \alpha_{cc} \cdot f_{ck}/\gamma_c$ nach Eurocode 2 [31] kann Tafel 15.18 entnommen werden. Bei derartigen Zuordnungen müssen die Unterschiede zwischen historischen und aktuellen Vorschriften bezüglich Sicherheitsniveau, Qualität von Betontechnik und Bauausführung, Definition der Betonfestigkeit sowie der Geometrie und Lagerung der Prüfkörper berücksichtigt werden. Die in Tafel 15.18 gegebenen Empfehlungen sind dem DBV-Merkblatt Beton und Betonstahl entnommen [16]. Sie wurden weitestgehend mit der Nachrechnungsrichtlinie für Straßenbrücken [10] und dem DAfStb-Sachstandsbericht abgeglichen [29]. Erfahrungswerte für Betonfestigkeiten aus der Literatur in Abhängigkeit der Betonmischung gibt darüber hinaus Tab. 2 des DBV-Merkblatts [16] (Stufe 1).

Die Bewertung der Betondruckfestigkeit an bestehenden Bauwerken wird in Abschn. 15.4.3 ausführlich behandelt (Stufe 2).

Betonstahl Zur Vorbemessung von Stahlbetontragwerken können die Materialkennwerte nach den Tafeln 15.20 bis 15.22 verwendet werden, wenn die vorliegende Stahlsorte anhand der Rippung zugeordnet werden kann (Stufe 1).

Die Vorgaben für die Bestimmung der Betonstahlfestigkeiten mittels Probenentnahme definiert die Nachrechnungsrichtlinie (Stufe 2, siehe [10] bzw. [16]). Sollen die Betonstahlfestigkeiten zu Bemessungszwecken verwendet werden, müssen diese anhand von mindestens drei repräsentativen Materialproben überprüft werden. Die entnommenen Proben sind anhand von Zugversuchen (Arbeitslinie) und ggf. chemischen Analysen einer Stahlsorte zuzuordnen, um die in den Tabellen angegebenen charakteristischen Streckgrenzen f_{yk} der Betonstähle ansetzen zu können. Liegen über die in dem betreffenden Bauwerk verwendeten Betonstähle keinerlei Erkenntnisse vor oder sollen höhere Werte der charakteristischen Streckgrenzen f_{yk} als in den Tabellen von Kap. 11, Nachrechnungsrichtlinie [10] angegeben, eingesetzt werden, müssen für jeden Prüfbereich mindestens fünf repräsentative Betonstahlproben zur statistischen Auswertung entnommen und geprüft werden. Dabei ist darauf zu achten, dass jeder Prüfbereich nur Bewehrungsstahl einer Stahlsorte enthält.

Statische Nutzhöhe und Bewehrungsgehalt Zur Ermittlung der statischen Nutzhöhe d_{vorh} müssen Bauteilhöhe h, Betondeckung c_{vorh} und Stabdurchmesser $\varnothing_s$ ermittelt werden. Bei einlagiger Bewehrung gilt dann:

$$d_{vorh} = h - c_{vorh} - 0{,}5 \cdot \varnothing_s$$

Für die Messung der Betondeckung ist i. d. R. eine Kombination von zerstörungsfreien und zerstörenden Prüfmethoden erforderlich. Mit Hilfe zerstörungsfreier Prüfverfahren (Betondeckungsmessgeräte auf elektromagnetischer Basis oder Radarverfahren) können Betondeckung, Stabanzahl und Abstand der Betonstähle untereinander ermittelt werden. In bauteilverträglich angeordneten Sondieröffnungen kann zum einen die Betondeckungsmessung auf die jeweiligen Bauteileigenschaften kalibriert werden. Zudem können an den Sondieröffnungen der Bewehrungsstabdurchmesser und die Rippung der Stäbe festgestellt werden.

Zur Einordnung älterer Betone sowie zur zielsicheren Bestimmung von Werkstoffkennwerten älterer Betone ist eine ungefähre Kenntnis der zur Herstellzeit gültigen Vorschriften sehr hilfreich. Weitere Erläuterungen gibt [16] und ein Abdruck der historischen Bemessungsvorschriften kann [36] entnommen werden.

Beton im Zeitraum 1860–1943 Im Zeitraum ab 1860 beginnt die Entwicklung der Stahlbetonbauweise mit einer zunehmenden Standardisierung der Zusammensetzung (Zemente, Mindestzementgehalte, Zuschläge, Sieblinien, Größtkorn), der Herstellung (Konsistenz, Arbeitsfugen) und der Eigenschaften (Druckfestigkeiten und Mindestdruckfestigkeiten, Prüfkörperform, Prüfkörpergröße, zulässige Spannungen) der Betone. Die wesentlichen Vorschriften dieses Zeitraums sind (siehe auch [36]):

- *Vorläufige Leitsätze für die Vorbereitung, Ausführung und Prüfung von Eisenbetonbauten vom Verband Deutscher Architekten- und Ingenieurvereine (1904),*
- *Bestimmungen des Kgl. Preußischen Ministeriums der öffentlichen Arbeiten für die Ausführung von Konstruktionen aus Eisenbeton bei Hochbauten (24. Mai 1907),*
- *Bestimmungen des Deutschen Ausschuss für Eisenbeton – Bestimmungen für Ausführung von Bauwerken aus Eisenbeton (1916),*
- *Bestimmungen des Deutschen Ausschuss für Eisenbeton – Bestimmungen für Ausführung von Bauwerken aus Eisenbeton (1925),*
- *Bestimmungen des Deutschen Ausschuss für Eisenbeton – Bestimmungen für Ausführung von Bauwerken aus Eisenbeton (1932).*

Aus diesem Zeitraum liegen im Regelfall keine oder nur unvollständige Bestandsunterlagen vor. Für heutige Arbeiten bedeutet dieses, dass eine sichere Prognose der Betondruckfestigkeit nicht möglich ist und die Betoneigenschaften im Rahmen der Bestandsaufnahme durch Materialprüfungen ermittelt werden sollten.

Beton nach den Stahlbetonbestimmungen von 1943

1943 wurden die Bestimmungen des Deutschen Ausschuss für Eisenbeton in den Teilen A bis D als DIN-Normen 1045 bis 1048 veröffentlicht. Mit den darin enthaltenen Anforderungen bezüglich Zusammensetzung, Verarbeitung und Nachbehandlung wird ein Niveau verlangt, das dem bei heutigem Normbeton verlangten schon sehr nahe kommt.

Im Gegensatz zu vorhergehenden Bestimmungen erfolgt eine Einteilung in Güteklassen, die sich an den Mittelwerten der Druckfestigkeit von 20 cm-Würfeln W28 in kg/cm^2 orientieren. Für die Betrachtung von Bestandsbauwerken ist dieser Schritt von Bedeutung, da somit eine bis dahin mögliche und praktizierte stufenlose Wahl verschiedener Betonfestigkeiten innerhalb eines Bauwerkes nicht mehr möglich war. Die Güteklassen reichen von einem Beton B50, der nur für Streifenfundamente im Häuserbau verwendet werden durfte, bis hin zu einem B600 der vorwiegend ab den 1950er Jahren für Fertigteile, Spannbetonbauteile und im Massivbrückenbau Anwendung fand.

Die Bemessung der Stahlbetonbauteile erfolgte weiterhin und bis 1972 auf der Basis zulässiger Spannungen (n-Verfahren für Biegung mit Längskraft, siehe auch Abb. 15.3), die [16] oder [36] entnommen werden können. Die Orientierung an den Mittelwerten der Betonfestigkeiten hatte ebenfalls bis 1972 Bestand.

Beton nach den DDR-Standards von 1955 und 1964

Die DDR-Standards markieren insofern eine Zäsur, als dass mit der *Anordnung über die Anwendung des Traglastverfahrens*

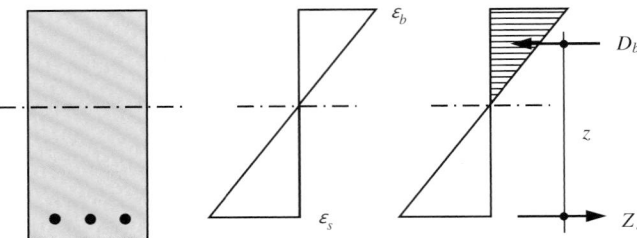

Abb. 15.3 Spannungsverteilung im Querschnitt nach dem n-Verfahren mit $\varepsilon_b = \frac{\sigma_b}{E_b}, \varepsilon_s = \frac{\sigma_s}{E_s} = \frac{\sigma_s}{n \cdot E_b}, M_{zul} = D_b \cdot z = Z_s \cdot z$

für die Bemessung im Stahlbetonbau am 11. März 1955 erstmalig ein n-freies Bemessungsverfahren in einem Teil Deutschlands zugelassen wurde. An Stelle der linearen Spannungs-Dehnungslinie konnte eine nichtlineare Arbeitslinie mit einer Völligkeit > 0,5 ausgenutzt werden. Die globalen Sicherheitsbeiwerte betrugen $v_s = 1,70$ (Betonstahl I) bzw. $v_s = 1,80$ (Betonstahl II bis IV).

1964 erfolgt eine weitere Anpassung mit einer Festlegung von Rechenwerten der Betonfestigkeit und den Sicherheitsbeiwerten $v_{sg} = 1,5$ für Eigenlasten und $v_{sp} = 1,7$ für Nutzlasten.

Beton nach DIN 1045 von 1972

Mit der Ausgabe der DIN 1045 von 1972 (DIN 1045: Beton- und Stahlbetonbau, Bemessung und Ausführung: 1972-01) wird der Begriff der Betongüte durch den Begriff der Betonfestigkeitsklasse ersetzt und die Nennfestigkeit wird als 5 %-Quantil der Grundgesamtheit (gesamter Beton einer Festigkeitsklasse) als Mindestbetonfestigkeit nach 28 Tagen festgelegt. Als Festigkeitsklassen werden Bn 50, Bn 100, Bn 150, Bn 250, Bn 350, Bn 450 und Bn 550 festgelegt. Bei der Nennfestigkeit wird zwischen dem Wert β_{wN} (Mindestwert für die Druckfestigkeit β_{28} jedes 20 cm-Würfels) und dem Wert β_{wM} (Mindestwert für die mittlere Druckfestigkeit β_{wM} jeder Würfelserie mit 3 aufeinanderfolgend entnommenen Proben) unterschieden.

Es werden die Betongruppen B I und B II eingeführt. Während Beton B I auf einfachen Baustellen mit geringen Anforderungen an Prüfumfang und Überwachung nach Rezept oder auf der Grundlage einer Eignungsprüfung verwendet wird, ist für Beton B II mit hohen Anforderungen an Ausführung, Prüfung und Überwachung in jedem Fall eine Eignungsprüfung durchzuführen. Darüber hinaus werden betontechnische Festlegungen für Betone mit besonderen Eigenschaften getroffen (wasserundurchlässiger Beton, Beton mit hohem Frostwiderstand, mit hohem Widerstand gegen chemische Angriffe, mit hohem Abnutzwiderstand, mit ausreichendem Widerstand gegen Hitze und Beton für Unterwasserschüttung), was zu einer Verbesserung im Hinblick auf die Dauerhaftigkeit führt.

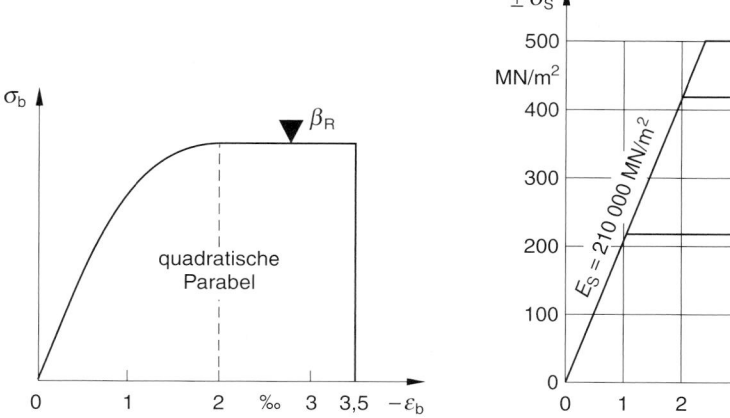

Abb. 15.4 Spannungs-Dehnungs-Linien für Beton und Betonstahl nach DIN 1045:1978

Bei der Bemessung werden die zulässigen Spannungen durch Rechenwerte der Betondruckfestigkeit β_R für die Nachweise im Bruchzustand ersetzt. Damit hat sich in ganz Deutschland die Bemessung mittels n-freier Verfahren durchgesetzt. Als Betonarbeitslinie wird das Parabel-Rechteck-Diagramm eingeführt und die Rechenwerte der Betondruckfestigkeit β_R ergeben sich aus den Nennfestigkeiten durch Multiplikation mit dem Abminderungsbeiwert $0,85 \cdot 0,82 = 0,70$. In den Abminderungsbeiwerten ist das Verhältnis der Prismenfestigkeit zur Würfelfestigkeit und die gegenüber der Festigkeit nach 28 Tagen verminderte Dauerstandfestigkeitstand berücksichtigt. Das Sicherheitskonzept der Norm basiert auf globalen Sicherheiten, die mit $\gamma = 1,75$ für Stahlversagen und $\gamma = 2,10$ für Betonversagen festgelegt sind. Die zugehörigen Spannungs-Dehnungslinien sind in Abb. 15.4 wiedergegeben.

Beton nach DIN 1045 von 1978 und 1988 Die Neuausgabe der DIN 1045 von 1978 bringt keine wesentlichen Änderungen der vorherigen Ausgabe von 1972 bezüglich der oben beschriebenen Grundlagen. Die Festigkeitsklassen werden auf die Einheit N/mm^2 umgestellt und die Betonfestigkeitsklassen werden wieder mit B bezeichnet. In der Ausgabe von 1988 werden bei den Betonen mit besonderen Eigenschaften Beton mit hohem Widerstand gegen Frost und Tausalz eingeführt und der Abschnitt für Beton mit hohen Gebrauchstemperaturen (bis 250 °C) überarbeitet.

Beton nach dem ETV der DDR ab 1981 Mit dem Einheitlichen Technischen Vorschriftenwerk des Betonbaus (ETV Beton) wird 1981 in der DDR ein semiprobabilistisches Bemessungsverfahren nach Grenzzuständen eingeführt. Die Festlegung der Betonklassen basiert auf dem 5 %-Quantilwert der Norm-Würfeldruckfestigkeit R_n, die sich auf den 15 cm-Würfel bezieht, aber auch an Würfeln der Kantenlänge $a = 100/150/200/300$ mm oder alternativ an quadratischen Prismen der Höhe $4 \cdot a$ ermittelt werden

kann. Die Prüfkörper sind vom 2.–7. Tag feucht und vom 8.–28. Tag trocken zu lagern. Zur Ermittlung des Rechenwerts der Betondruckfestigkeit R_b wird zunächst von einem Grundwert der R_0^b ausgegangen, der dem 0,56-fachen der Norm-Würfelfestigkeit entspricht. Hierin sind die Umrechnung vom Prüfkörper auf den Bauwerksbeton sowie ein Teilsicherheitsbeiwert von 1,30 enthalten. Der Rechenwert R_b ergibt sich dann durch Multiplikation von R_0^b mit Anpassungsfaktoren m_{bi}, die sowohl Einflüsse des Bauteils als auch der Einwirkung berücksichtigen. Auf der Seite der Einwirkungen waren ebenfalls Teilsicherheitsbeiwerte anzusetzen, die sowohl für die ständigen als auch für die veränderlichen Einwirkungen je nach Einwirkung unterschiedlich festgesetzt waren (z. B. 1,10 für das Eigengewicht von Normalbeton, 1,30 für das Eigenwicht von Dämmstoffen, 1,40 für Schnee und 1,20 für Wind auf normale Gebäude).

Zuordnung der Betonfestigkeiten nach DBV-Merkblatt [16] Für erste Berechnungen können die charakteristischen Baustoffkennwerte für den Beton und das aktuelle Regelwerk bei bekannter Festigkeitsklasse auf der Basis der Angaben im DBV-Merkblatt Beton und Betonstahl nach Tafel 15.18 ermittelt werden. Die charakteristischen Werte f_{ck} sind als Schätzwerte zu verstehen, die für Entwurf und Vorplanung verwendet werden können. Sie ersetzen keine Untersuchung am Bestandsbauwerk. Weitere Hinweise siehe Abschn. 15.4.1.

Zuordnung der Betonstähle Derartige Umrechnungen sind für Betonstähle nicht notwendig. Einen Sonderfall stellt die geforderte Dehnung bei Höchstlast A_g zur Beurteilung der Duktilität dar, weil frühere Normenwerke nur Regelungen bezüglich der Bruchdehnung enthielten. Charakteristische Werte für Eisenbahnbrücken gibt Tafel 15.19 und für sonstige Bauwerke Tafeln 15.20 bis 15.22.

Bemessungswerte der Verbundspannungen glatter Stäbe sind in Abschn. 15.4.5 gegeben.

15

Tafel 15.18 Zuordnung der Betonfestigkeiten 1906 bis 2016 nach [16]

Bezeichnung/Nennwert der Betondruckfestigkeit[b] und Zuordnung der charakteristischen Zylinderdruckfestigkeit f^{ck} [N/mm²]

#	Zeitraum	W^a												
1	1904–1916[d]	300 M	W_{28}			180	200							
			f_{ck}			8	9							
2	1916–1925 DAfEb	200 M	W_{28}[e]			150	180	210						
			f_{ck}			8	9,5	11						
3	1925–1932 DIN	200 M	W_{b28}	100	130	180								
			f_{ck}	5	7	10								
4	1932–1943 DIN	200 M	W_{b28}		120	160		210						
			f_{ck}		6,5	8,5		12						
5	1943–1972 DIN (TGL bis 1980)	200 M		B[f] 80	B 120	B 160		B 225		B 300		B 450		B 600
			f_{ck}	4	6,5	11		15		20		30		40
6	1972–1978 DIN	200 5 %		Bn 50		Bn 100	Bn 150			Bn 250	Bn 350		Bn 450	Bn 550
			f_{ck}	4		8	12			20	27,5		35,5	43,5
7	1980–1990 TGL	150 5 %		Bk 5	Bk 7,5	Bk 10	Bk 15	Bk 20	Bk 25	Bk 30	Bk 35	Bk 45	Bk 50	Bk 55
			f_{ck}	4	5,5	7,5	11,5	15	19	22,5	26,5	34	38	41,5
8	1978–2001 DIN	200 5 %		B 5		B 10	B 15		B 25	B 35		B 45		B 55
			f_{ck}	4		8	12		20	27,5		35,5		43,5
9	ab 2001 DIN ab 2011 DIN EN	150 5 %				C8/10	C12/15		C16/20	C20/25	C25/30	C30/37	C35/45	C40/50
			f_{ck}			8	12		16	20	25	30	35	40

[a] W – Würfel: Kantenlänge in [mm], M – Mittelwert aus 3 Proben oder 5 %-Quantilwert
[b] Einheiten ca. 100 kg/cm² (bis 1972) = 100 kp/cm² (bis 1978) = 10 N/mm² (ab 1978) = 10 MN/m² = 10 MPa
[c] ab 1944 in DIN 4225: Fertigbauteile aus Stahlbeton [R14]
[d] gemäß Leitsätzen 1904 [R4] Zielwert 180–200 kg/cm², gemäß Preußischen Bestimmungen 1907 [R6] war die Druckfestigkeit mischungsbezogen an Würfeln zu bestimmen, ab Normen für vergleichende Druckversuche DAfEb 1908 [R7] vereinheitlichte Bestimmung der Würfelfestigkeiten im Labor und auf der Baustelle
[e] zusätzliche Anforderungen: W_{28} = 150 kg/cm² → W_{45} = 180 kg/cm² und W_{28} = 180 kg/cm² → W_{45} = 210 kg/cm²
Analogie: W_{45} = 245 kg/cm² (nachgewiesen gemäß [R8] § 18.2) entspricht etwa W_{28} = 210 kg/cm²
[f] in DIN 1047: Bestimmungen für die Ausführung von Bauwerken aus Beton [R11]
Hinweis Literaturangaben der Fußnoten siehe [16]

Tafel 15.19 Charakteristische Werte f_{yk} von Betonstählen nach [14]

Herstellungsjahre	Betonstahlgüte	f_{yk} [N/mm²]
Vor 1930	–	130
	Handelseisen	210
1930–1948	Hochwertiger Betonstahl	260
1948–1972	I	245
	II, III, IV	315
Ab 1972	Es gilt DIN 1045 (Anm. mit DIN 488)	

Tafel 15.20 Charakteristische Streckgrenzen und Duktilitätsklassen von Betonstab- und Betonformstählen verschiedener Zeitperioden (nach [16])

S	1	2	3	4	5	6
Z	Bezeichnung	Bild nach [6]	Stahlgüte	Verwendung	f_{yk} [N/mm²]	Duktilität
1	Glatte Rundstäbe (DIN 1000,		Schweiß-/Flusseisen, Flussstahl (ab 1925: St 00.12)	1860–1937	180[a, b]	–
2	DIN 1612, DIN 488, TGL 101-054,		Flussstahl, Handelseisen (ab 1925: St 37, St 37.12)	1895–1943	220[a, b]	B
3	TGL 12530, TGL 33403)		Betonstahl I (ab 1943)	1943–1972	220[b]	B
4			BSt 220/340 GU (DIN 488)	1972–1984	220[b]	B
5			Hochwertiger Stahl St 48	1925–1932	290[a, b]	B
6			Hochwertiger Stahl St 52	1932–1943	340[b, c]	B
7			Betonstahl IIa (ab 1943)	1943–1972	340[b, c]	B
8			St A-0 (DDR) Betonstahl I	1960–1985	220[b]	B
9			St A-I (DDR) Betonstahl I	1961–1990	240[b]	B
10			St B-IV/St B-IV S (DDR)	1970–1990	490[b]	–
11	Betonrippenstahl DIN 488		BSt 220/340 RU (I)	1972–1984	220	B
12			BSt 420/500 RU (III)		420	B
13			BSt 420/500 RK (III)			A
14			BSt 420 S (III)	1984–2009		B
15			BSt 420 S (III) verwunden			A
16			BSt 500 S (IV)	seit 1984	500	B
17			BSt 500 S (IV) verwunden	1984–2009		A
18	Betonrippenstahl (DDR) TGL 101-054 TGL 12530 TGL 33403		St A-III	1961–1990	390	B
19			St T-III	1971–1985	400	B
20			St T-IV	1976–1990	490	B
21			St B- IV RDP ST B- IV S-RDP	1979–1990		–
22	Roxorstahl		St A-IIa (CSR → DDR)	1958–1980	390	–
23	Quergerippter Ovalstahl		St 60/90 (IVa) (DDR)	1960–1980	490	–

[a] Erhöhung des Teilsicherheitsbeiwerts γ_s um 10 % (vor 1943)

[b] Bei glatten Betonstählen und Betonformstählen ist deren von DIN EN 1992 abweichendes Verbundverhalten beim Nachweis der Endverankerung zu berücksichtigen (siehe auch Tab. 5 [16] für glatte Stähle)

[c] Erhöhung auf 360 N/mm² bei Stabdurchmesser ≤ 18 mm

Tafel 15.21 Charakteristische Streckgrenzen und Duktilitätsklassen von Betonformstählen verschiedener Zeitperioden (nach [16])

S	1	2	3	4	5	6
Z	Bezeichnung	Bild nach [6]	Stahlgüte	Verwendung	f_{yk} [N/mm^2]	Duktilität
1	Istegstahl[d]		min St 37, durch Verwindung kaltverfestigt	1933–1942	340[a, b]	–
2	Drillwulststahl[d]		St 52	1937–1956	340[a, b]	B
3			Betonstahl IIIa	1943–1956		
4	Nockenstahl[d]		St 52	1937–1943	340[a, b]	B
5			BSt IIa, IIIa (naturhart)	1943–1954	400[a, c]	
6			BSt IVa (naturhart)	1943–1956	500[a]	
7	Torstahl[d]		Torstahl 36/15	1938–1943	360[a]	–
8			Torstahl 40/10		400[a]	–
9			Betonstahl IIIb	1943–1959	400[a, c]	A
10	Quergerippter Betonformstahl (DAfStb-[12])		BSt I	1952–1963	220	B
11			BSt IIa (naturhart)		340[a, b]	
12			BSt IIIa (naturhart)		400[a, c]	
13			BSt IVa (naturhart)		500[a]	
14	QUERI-Stahl		Betonstahl IVa	1952–1963	500[a]	B
15	NORI-Stahl		Betonstahl IIIa	1952–1963	400[a, c]	B
16			Betonstahl IVa		500[a]	
17	Kaltverformter schräg-gerippter Betonformstahl		Betonstahl IIIb	1956–1962	400[a, c]	A
18			Betonstahl IVb		500[a]	
19	Rippentorstahl		Betonstahl IIIb	1959–1972	400[a, c]	A
20	FILITON-Stahl		Betonstahl IIIb	1965–1969	400[a, c]	A
21	HI-BOND-A-Stahl		Betonstahl IIIa	1959–1972	400[a, c]	B
22	NORI-Stahl		Betonstahl IIIa	1960–1972	400[a, c]	B
23			Betonstahl IVa		500[a]	
24	NORECK-Stahl		Betonstahl IIIb	1960–1967	400[a, c]	A
25	Schräggerippter Betonformstahl[d]		mit Einheitszulassung BSt IIIa	1964–1972	400[a, c]	B
26	DIROC-Stahl		Betonstahl IIIa	1964–1969	400[a, c]	B
27	Stahl-Becker KG[d]		Betonstahl IIIa	1964–1969	400[a, c]	B
28	bi-Stahl[d]		St 70/90	1955–1970	700	B
29				1970–1984	650	
30	Neptun-Stahl[d]		St 80/120	1956–1965	800	B
31			St 50/80		500	

Tafel 15.21 (Fortsetzung)

S	1	2	3	4	5	6
Z	Bezeichnung	Bild nach [6]	Stahlgüte	Verwendung	f_{yk} [N/mm^2]	Duktilität
32	GEWI-Stahl[d]		BSt 420/500 RU (III)	1974–1984	420	B
33			BSt 500 S (IV)	seit 1984	500	
34	Betonformstahl vom Ring[d]		BSt 500 WR (IV)	seit 1984	500	B
35			BSt 500 KR (IV)			A
36	Betonformstahl Kerntechnik[d]		BSt 1100	1980–2001	500 (nur Zug 1100)	B
37	Betonformstahl[d]		BSt 420/500 RUS BSt 420/500 RTS bzw. Tempcore-Stahl	1977–1984	420	B
38			BSt 500/550 RU (IV)	1973–1984	500	B
39			BSt 500/550 RK (IV)			A
40			BSt 500/550 RUS BSt 500/550 RTS bzw. Tempcore-Stahl	1976–1984	500	B
41	Betonstahl in Ringen mit Sonderrippung[d]		BSt 500 WR	seit 1991	500	A

[a] Bei glatten Betonstählen und Betonformstählen ist deren von DIN EN 1992 abweichendes Verbundverhalten beim Nachweis der Endverankerung zu berücksichtigen (siehe auch Tab. 5 [16] für glatte Stähle)
[b] Erhöhung auf 360 N/mm^2 bei Stabdurchmesser $\leq$ 18 mm
[c] Erhöhung auf 420 N/mm^2 bei Stabdurchmesser $\leq$ 18 mm
[d] nach Zulassung

15.4.3   Betondruckfestigkeit im Bestand

Allgemeines   Ist der Bestand durch Unterlagen ausreichend dokumentiert, können die charakteristischen Baustoffkennwerte zumindest für Entwurfszwecke auf der Basis der historischen Vorschriften abgeleitet werden (s. Abschn. 15.4.2).

Liegen keine Angaben über den Beton mehr vor, muss die Betondruckfestigkeit in jedem Fall am Bauwerk „In-situ" bestimmt werden. Eine übersichtliche Zusammenstellung zur Bewertung der Druckfestigkeit von Beton gibt das DBV-Merkblatt „Bewertung der In-situ-Druckfestigkeit von Beton" [18]. Das Merkblatt gilt nicht für die Beurteilung der In-situ-Betondruckfestigkeit von bestehenden Ingenieurbauwerken (z. B. Straßenbrückenbrücken oder Wasserbauwerke). In diesen Fällen sind entsprechende besondere Bestimmungen (z. B. Nachrechnungslinien) zu beachten.

Die Prüfungen am Bauwerk sind geregelt in DIN EN 12504-1 bis 12504-4 (Teil 1: *Bohrkernproben*, Teil 2: *Zerstörungsfreie Prüfung*, Teil 3: *Bestimmung der Ausziehkraft*, Teil 4: *Bestimmung der Ultraschallgeschwindigkeit*). Die Zuordnung von Bauwerksbetonen zu den aktuellen Betonfestigkeitsklassen erfolgt mit einer Bewertung des Betons nach DIN EN 13791.

DIN EN 13791 [33] erlaubt die Bewertung der In-situ-Druckfestigkeit von Beton bei Neubauwerken (i. d. R. wenn die Konformität oder die Identität des eingebauten Betons nicht nachgewiesen werden kann oder wenn Zweifel an der ordnungsgemäßen Bauausführung bestehen) oder von bestehenden Bauwerken.

Die Bewertung nach DIN EN 13791 erfolgt für definierte Prüfbereiche. Ein Prüfbereich besteht aus einem oder mehreren Bauwerksteilen, von denen vermutet wird, dass

Tafel 15.22 Charakteristische Streckgrenzen und Duktilitätsklassen von Betonstahlmatten verschiedener Zeitperioden (nach [16])

S	1	2	3	4	5	6
Z	Betonstahlmatten[a]	Bild nach [6]	Stahlgüte	Verwendung	f_{yk} [N/mm²]	Duktilität
1	Baustahlgewebe B.St.G. mit glatten Stäben[d]	⌀5 / 300, ⌀6 / 100	St 55 (IVb) Beispiel: B.St.G 100 × 300 × 6 × 5	1932–1955	500	A
2	– mit Profilierung N, Q, R-Matten[b]		Betonstahl IVb	1957–1973	500	–
3	Verbundstahlmatte mit Kunststoffknoten[d]			1964–1969		
4	– mit Sonderprofilierung[c]			1968–1973		
5	– mit Rippung					
6	– mit glatten Stäben		BSt 500/550 GK (IVb) BSt 500 G (IV)	1972–1984 seit 1984	500	A
7	– mit profilierten Stäben		BSt 500/550 PK (IVb) BSt 500 P (IV)	1972–1984 seit 1984	500	A
8	– mit gerippten Stäben		BSt 500/550 RK (IV) BSt 500 M (IV)	1972–1984 seit 1984		–
9			BSt 630/700 RK	1977	630	–
10			BSt 550 MW	1989	550	A

[a] Lagermattenbezeichnung nach Gewebegeometrie:
ab 1955: Q – quadratisch (Q 92 bis Q 377); R – rechteckig (R 92 bis R 884); N – nichtstatisch (N 47 bis N 141)
ab 1961: A 92, B 131 – Randmatten
ab 1972: Q – (Q 84 bis Q 513); R – (R 131 bis R 589); K – rechteckig (K 664 bis K 884); N – (N 94 bis N 141)
ab 1984: Q – (Q 131 bis Q 513); R – (R 131 bis R 589); K – (K 664 bis K 884); N – (N 94 bis N 141)
ab 1996: Q – (Q 131 bis Q 670); R – (R 188 bis R 589); K – (K 664 bis K 884)
[b] ab 1957 zwei Rippenreihen; ab 1962 drei Rippenreihen
[c] sechs Rippenreihen
[d] nach Zulassung

sie aus Beton hergestellt wurden, der derselben Grundgesamtheit entstammt. In der Praxis bedeutet dies, dass die Bauteile mit Beton zumindest ähnlicher Rezeptur und gleichen Ausgangsstoffen hergestellt wurden. Einzelheiten und Beispiele siehe [16]. Die Gewinnung der Prüfergebnisse und die Vorgehensweise bei der Bewertung der Druckfestigkeit sind sachkundig zu planen. Eine undifferenzierte Anwendung der statistischen Auswertungsverfahren kann ggf. (z. B. zu geringe Probenzahl, hohe Streuung der Prüfergebnisse, unzweckmäßige Verteilung der Prüfstellen) zu einer falschen Bewertung der Betondruckfestigkeit In-situ führen.

Für das Verhältnis der Mindestdruckfestigkeit des Bauwerksbetons $f_{ck,is,Würfel}$ zur Druckfestigkeit an Probekörpern $f_{ck,cube}$ gilt allgemein:

$$\frac{f_{ck,is,Würfel}}{f_{ck,cube}} \geq 0,85 \qquad (15.1)$$

Die charakteristischen Druckfestigkeiten des Bauwerksbetons für die Druckfestigkeitsklassen nach EN 206-1 müssen damit mindestens den Werten von Tafel 15.23 entsprechen.

Nachweismöglichkeiten Die Möglichkeiten der Bewertung der In-situ-Druckfestigkeit von Beton in bestehenden Bauwerken sind in Abb. 15.5 dargestellt. Es stehen danach die folgenden Prüfverfahren zur Verfügung:
- Direkte (zerstörende) Prüfung von Bohrkernen. Die Druckfestigkeit des Bauwerksbetons wird direkt ermittelt.
- Indirekte (zerstörungsfreie) Prüfung (z. B. Rückprallhammerprüfung oder Prüfung der Ultraschallgeschwindigkeit). Die Druckfestigkeit des Bauwerksbetons wird indirekt mittels vorab kalibrierten Messgrößen ermittelt.
- Kombination von direkten und indirekten Verfahren mit Kalibrierung.

Abb. 15.5 Nachweismöglichkeiten für die Betonfestigkeit nach [18]

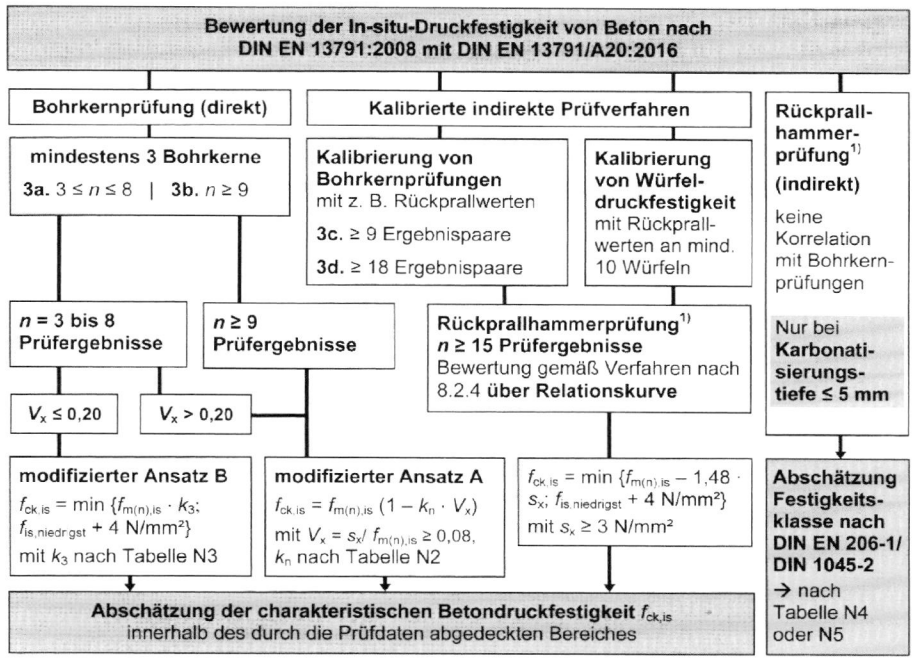

Tafel 15.23 Charakteristische Festigkeiten des Bauwerksbetons nach [18, 33]

S	1	2	3
Z	Druckfestigkeitsklasse nach DIN EN 206-1	Charakteristische Mindest-Druckfestigkeit von Bauwerksbeton [N/mm²]	
		$f_{ck,is,Zylinder}$	$f_{ck,is,Würfel}$
1	C8/10	7,0	9,0
2	C12/15	10,0	13,0
3	C16/20	14,0	17,0
4	C20/25	17,0	21,0
5	C25/30	21,0	26,0
6	C30/37	26,0	31,0
7	C35/45	30,0	38,0
8	C40/50	34,0	43,0
9	C45/55	38,0	47,0
10	C50/60	43,0	51,0

Bohrkernprüfungen Wegen der Schwächung des Bauteils bei Bohrkernentnahme ist diese oft nur in begrenztem Umfang möglich. Das DBV-Merkblatt [18] fasst die folgenden Vorgaben bezüglich der Mindestanzahl zu entnehmender Bohrkerne zusammen:

- Pro Betoniertag bzw. pro 100 Kubikmeter Beton ist mindestens ein Bohrkern zu entnehmen.
- Für eine Betonzusammensetzung müssen mindestens drei Bohrkerne vorliegen.
- Durchmesser von mindestens 100 mm unabhängig vom Größtkorn der Gesteinskörnung,
- die 1,5-fache Probekörperanzahl bei Bohrkernen mit Nenndurchmesser kleiner 100 mm (mindestens 50 mm)

und einem Größtkorn der Gesteinskörnung bis maximal 16 mm,

- die zweifache Probekörperanzahl bei Bohrkernen mit Nenndurchmesser kleiner 100 mm (mindestens 50 mm) und einem Größtkorn der Gesteinskörnung größer 16 mm.

Während sich die Druckfestigkeiten nach DIN EN 206-1/ DIN 1045-2 auf nasse Probekörper beziehen, sind die entnommenen Bohrkerne trocken. Nach dem Nationalen Anhang zu DIN EN 13791 können die Prüfergebnisse trocken gelagerter Bohrkerne mit Durchmesser und Länge von 50 mm, 100 mm oder 150 mm und die Prüfergebnisse nass gelagerter Würfel mit einer Kantenlänge 150 mm gleichgesetzt werden. Die Umrechnungsfaktoren für die Trockenlagerung und der Formbeiwert für die Prüfkörpergröße gleichen sich näherungsweise aus.

Für die Bohrkerne selbst gilt:

- In Längsrichtung darf keine Bewehrung enthalten sein.
- In Querrichtung liegende Bewehrung reduziert die Druckfestigkeit.
- Die Bohrkerne sollen trocken sein.
- Die Bohrkerne sollen frei von Fehlstellen sein.

Sollten dennoch Fehlstellen vorhanden sein, ist der Einfluss zu bewerten und zu berücksichtigen. Nach den nationalen Anwendungsregeln zu DIN EN 13791 [33] werden bei der Abschätzung der charakteristischen Betondruckfestigkeiten $f_{ck,is}$ anhand von Bohrkernen in Abhängigkeit von der zur Verfügung stehenden Anzahl der Prüfergebnisse und der Streuung der Stichprobe V_x die „modifizierten Ansätze" A und B verwendet.

Die Parameter einer normalverteilten Stichprobe sind in Tafel 15.24 gegeben.

Tafel 15.24 Parameter einer normalverteilten Stichprobe nach [39]

Parameter der Stichprobe	
Mittelwert:	$\overline{x} = \dfrac{1}{n} \sum\limits_{i=1}^{n} x_i$
Varianz:	$s_x^2 = \dfrac{1}{n-1} \sum\limits_{i=1}^{n} (x_i - \overline{x})^2$
Standardabweichung:	$s_x = \sqrt{s_x^2} = \sqrt{\dfrac{1}{n-1} \sum\limits_{i=1}^{n} (x_i - \overline{x})^2}$
Variationskoeffizient:	$V_x = \dfrac{\sqrt{s_x^2}}{\overline{x}}$

Tafel 15.25 Beiwert k_3 für eine kleine Anzahl von Prüfergebnissen nach [18, 39]

S	1	2
Z	n	k_3
1	3	0,70
2	4 bis 5	0,75
3	6 bis 8	0,80

Bewertung für einen Prüfbereich anhand von 3 bis 8 Bohrkernen („modifizierter Ansatz B") Der modifizierte Ansatz B darf verwendet werden, wenn der Variationskoeffizient der Stichprobe $V_x \leq 0{,}20$ ist. Ggf. sollten eine Neuzuordnung der Prüfbereiche oder eine höhere Probenzahl in Betracht gezogen werden. Für Prüfbereiche mit $V_x > 0{,}20$ kann die Bewertung auf der sicheren Seite nach dem modifizierten Ansatz A (siehe unten) erfolgen.

$$f_{ck,is} = \min \begin{cases} f_{m(n),is} \cdot k_3 \\ f_{is,niedrigst} + 4\,\text{N}/\text{mm}^2 \end{cases} \quad (15.2)$$

Darin sind:

V_x $= s_x / f_{m(n),is}$ Variationskoeffizient der Stichprobe mit dem Umfang $n = 3$ bis 8;

s_x Standardabweichung der Stichprobe mit dem Umfang $n = 3$ bis 8 in N/mm^2

$f_{m(n),is}$ Mittelwert der Druckfestigkeit von $n = 3$ bis 8 Prüfergebnissen in N/mm^2

k_3 Beiwert in Abhängigkeit der Probenzahl nach Tafel 15.25

$f_{is,niedrigst}$ niedrigstes Prüfergebnis im Prüfbereich in N/mm^2

Bewertung für einen Prüfbereich mit im Regelfall mindestens 9 Bohrkernen („modifizierter Ansatz A") Der modifizierte Ansatz A wird in der Regel zur Bewertung der

Druckfestigkeit des Bauwerksbetons verwendet, wenn für den Prüfbereich mindestens 9 Prüfergebnisse aus Bohrkernen zur Verfügung stehen. Der Ansatz kommt ebenfalls bei $n = 3$ bis 8 Prüfergebnissen zur Anwendung, wenn der Variationskoeffizient der Stichprobe $V_x > 0{,}20$ ist.

Die charakteristische Druckfestigkeit des Prüfbereichs ergibt sich unter Ansatz einer Normalverteilung wie folgt:

$$f_{ck,is} = f_{m(n),is} \cdot (1 - k_n \cdot V_x) \quad (15.3)$$

Darin sind:

V_x $= s_x / f_{m(n),is}$ Variationskoeffizient der Stichprobe mit dem Umfang n, Mindestwert $V_{x,min} = 0{,}08$

s_x Standardabweichung der Stichprobe mit dem Umfang n in N/mm^2

$f_{m(n),is}$ Mittelwert der Druckfestigkeit von n Prüfergebnissen in N/mm^2

k_n Statistikbeiwert in Abhängigkeit der Anzahl der Prüfergebnisse nach Tafel 15.26, Zwischenwerte dürfen linear interpoliert werden.

Alternativ darf die Bewertung der In-situ-Betondruckfestigkeit auch mittels logarithmischer Normalverteilung nach DIN EN 1990, Anhang erfolgen (Mindestwert Streuung zu beachten). Näheres hierzu siehe [18].

Verfahren mit 2 Bohrkernen für eng begrenzte Bereiche Die Möglichkeit der Bewertung der Betondruckfestigkeit anhand von 2 Bohrkernen für „eng begrenzte Bereiche" von Bauwerken bzw. 2 Bohrkernen und zusätzlich mindestens 15 Ergebnissen aus indirekten Prüfungen bezieht sich nur auf Neubauten und ist bei Bestandsbauwerken nicht anwendbar.

Rückprallhammerprüfung ohne Kalibrierung DIN EN 13791 [33] berücksichtigt die folgenden zerstörungsfreien Prüfverfahren:

- Ermittlung der Rückprallzahl (Schmidtscher Hammer) nach DIN EN 12504-2,
- Bestimmung der Ausziehkraft nach DIN EN 12504-3,
- Bestimmung der Ultraschallgeschwindigkeit nach DIN EN 12504-4.

Die in Deutschland hauptsächlich verwendete Methode ist die Prüfung mit dem Rückprallhammer. Die Bewertung der Betonfestigkeit allein aufgrund von Rückprallwerten ohne Kalibrierung mit der Bohrkernfestigkeit ist nach DIN EN 13791 nur dann zulässig, wenn die Karbonatisierungstiefe maximal 5 mm beträgt. Bei älteren Bauwerken muss die Karbonatisierungstiefe vor der Rückprallhammerprüfung gemessen werden. Bei Karbonatisierungstiefen größer als

Tafel 15.26 Statistikbeiwerte k_n für charakteristische Werte (5 %-Fraktile) nach [33]

n	3	4	5	6	7	8	9	10	15	20	30	> 30
k_n	3,37	2,63	2,33	2,18	2,08	2,00	1,96	1,92	1,82	1,76	1,73	1,64

5 mm muss die karbonatisierte Schicht lokal abgeschliffen werden (in der Praxis nur schwierig umsetzbar).

Die Bewertung erfolgt nach Tab. NA.4 (*R-Werte*) und NA.5 (*Q-Werte*) von DIN EN 13791. Bei nicht waagerechter Prüfung (z. B. Prüfung über Kopf) ist das Ergebnis gemäß Tab. 5 [18] zu korrigieren. Da die Kalibrierung mittels Bohrkernentnahme entfällt, liegt die Einstufung in den meisten Fällen stark auf der sicheren Seite und es ergeben sich eher ungünstige Einstufungen. Trotz der Fehlermöglichkeiten und der konservativen Einstufung der Betonfestigkeit kann das Verfahren sinnvoll sein, z. B. wenn eine Bohrkernentnahme zu große Schädigungen des Bauteils bedeutet oder wenn deutlich abweichende Einzelmessergebnisse zu beurteilen sind.

Rückprallhammerprüfung mit Kalibrierung an der Betondruckfestigkeit Wenn für einen Beton eine Beziehung zwischen der Betondruckfestigkeit und der Rückprallhammerprüfung, das heißt eine sogenannte Ausgleichsgerade bzw. Bezugskurve, erstellt wird, kann die Anzahl erforderlicher Bohrkernprüfungen am Bauwerk deutlich reduziert werden.

Bei diesem Verfahren werden an den gleichen Messstellen eines Bauteils zuerst Rückprallwerte (*R*- oder *Q*-Werte) ermittelt und anschließend Bohrkerne entnommen und hinsichtlich der Druckfestigkeit geprüft. Aus den sich ergebenden Wertepaaren f_{is} und R wird eine Relation aufgestellt. DIN EN 13791 unterscheidet drei Verfahren zur Aufstellung dieser Relation:

- **Wahlmöglichkeit 1:** bei mindestens 18 Bohrkernergebnissen (Wertepaare f_{is} und R),
- **Wahlmöglichkeit 2:** bei mindestens 9 Bohrkernergebnissen (Wertepaare f_{is} und R),
- **Bezugsgerade W:** bei mindestens 10 Ergebnissen aus Würfeln (Wertepaare $f_{c,dry}$ und R).

Näheres zur Rückprallhammerprüfung mit Kalibrierung an der Betondruckfestigkeit siehe DBV-Merkblatt.

15.4.4 Modifikation von Teilsicherheitsbeiwerten

Vorbemerkungen Beim Nachweis von Bestandsbauten wird in Praxis häufig mit ingenieurmäßigen Herangehensweisen wie z. B. Lastvergleichen gearbeitet und in einem Teil der Fälle können damit auf der Basis der aktuellen Vorschriften Tragreserven nachgewiesen werden. Gelingt dieses nicht, besteht eine weitere Möglichkeit des Nachweises erhöhter Einwirkungen in der Verwendung modifizierter Teilsicherheitsbeiwerte. Eine Absenkung der Teilsicherheitsbeiwerte ist durch eine reduzierte Restnutzungsdauer und eine geringere Streuung der geometrischen Abmessungen gerechtfertigt. Da in keiner der bauaufsichtlich eingeführten Tech-

nischen Baubestimmungen verbindliche Vorgaben für eine bauartübergreifend gültige Absenkung der Teilsicherheitsbeiwerte gemacht werden, sollte grundsätzlich eine Abstimmung mit dem zuständigen Prüfingenieur bzw. der Bauaufsichtsbehörde erfolgen [15]. Für Entwurfsaufgaben sind die nachfolgenden Sicherheitsbeiwerte problemlos anwendbar.

Bei der Festlegung modifizierter Teilsicherheitsbeiwerte darf keine isolierte Betrachtung einzelner Werte (wie z. B. des Teilsicherheitsbeiwerts für die ständigen Einwirkungen) erfolgen, da das resultierende Sicherheitsniveau ansonsten ggf. signifikant abgesenkt wird. Vielmehr sind die folgenden Bereiche in einer Zusammenschau zu betrachten:

1. die Teilsicherheitsbeiwerte auf der Einwirkungsseite,
2. die Teilsicherheitsbeiwerte auf der Widerstandsseite,
3. Festlegung der charakteristischen Materialkennwerte,
4. der Umfang und die Genauigkeit der qualifizierten Bestandsaufnahme.

Einwirkungen und Widerstände sind für jede Versagensart in einer Grenzzustandsgleichung miteinander verknüpft. Dabei sind der Sicherheitsbeiwert für die ständigen Einwirkungen $\gamma_g = 1{,}35$ und die Sicherheitsbeiwerte auf der Materialseite zumindest bei geringen Variationskoeffizienten der Baustoffkennwerte tendenziell „zu hoch", wohingegen die Sicherheitsbeiwerte für die veränderlichen Einwirkungen zum Teil zu niedrig festgelegt sind. Für Neubauten ist dieses Vorgehen zum Erreichen eines bauartübergreifend und je nach Versagensart einigermaßen einheitlichen Sicherheitsniveaus zwar sinnvoll. Es verbietet sich jedoch eine isolierte Anpassung einzelner Teilsicherheitsbeiwerte.

Modifizierte Teilsicherheitsbeiwerte nach Belastungsrichtlinie DAfStb [23] Bei der vorbereitenden rechnerischen Bewertung der Tragfähigkeit bestehender Tragwerke und Bauteile dürfen die Teilsicherheitsbeiwerte für Einwirkungen und Widerstände nach [23] und [25] auf die Werte nach Tafel 15.27 reduziert werden, sofern in einer qualifizierten Bestandsaufnahme und Bauwerksuntersuchung die ständigen Einwirkungen sowie die charakteristischen Materialfestigkeiten ermittelt wurden und damit „bekannt" sind.

Bei Ansatz der reduzierten Teilsicherheitsbeiwerte sind die Anforderungen an die Gebrauchstauglichkeit in besonderer Sorgfalt zu beachten. Ebenfalls ist der Einhaltung von Konstruktionsregeln, die im Nachhinein nicht mehr zu erfüllen sind, besondere Aufmerksamkeit zu widmen.

Tafel 15.27 Modifizierte Teilsicherheitsbeiwerte nach [23, 39]

Art der Einwirkung	Teilsicherheitsbeiwert ursprünglich	Teilsicherheitsbeiwert modifiziert
Ständige Einwirkungen	$\gamma_G = 1{,}35$	$\gamma_G = 1{,}15$
Veränderliche Einwirkungen	$\gamma_Q = 1{,}50$	$\gamma_Q = 1{,}50$
Beton	$\gamma_C = 1{,}50$	$\gamma_C = 1{,}40$
Betonstahl	$\gamma_S = 1{,}15$	$\gamma_S = 1{,}10$

Modifizierte Teilsicherheitsbeiwerte nach DBV-Merkblatt [19] Genauere Hinweise für die Anwendung modifizierter Teilsicherheitsbeiwerte u. a. für die Ausführungsplanung von Stahlbetonbauteilen im Bestand gibt das DBV-Merkblatt *Modifizierte Teilsicherheitsbeiwerte für Stahlbetonbauteile* (Fassung März 2013).

Die folgenden Voraussetzungen müssen nach [31] bzw. [19] für den Ansatz modifizierter Teilsicherheitsbeiwerte bei der Nachrechnung bestehender Massivtragwerke erfüllt sein:

- Das Bauwerk ist für die Nutzungsdauer eines üblichen Hochbaus von 50 Jahren ausgelegt.
- Das Tragwerk wird seit der Erstellung mindestens fünf Jahre bestimmungsgemäß genutzt.
- In einer qualifizierten Bestandsaufnahme kann nachgewiesen werden, dass das Tragwerk in einem schadensfreien Zustand ist.
- Bei dem Bauwerk sind neben den Eigenlasten G_k und ggf. Wind und Schnee (üblicher Hochbau) nur vorwiegend ruhende Nutzlasten bis $Q_k \leq 5\,\text{kN/m}^2$ und Einzellasten bis maximal $(G_k + Q_k) \leq 7\,\text{kN}$ vorhanden.
- Die Lastverhältnisse liegen in einem Bereich $1{,}0 \geq G_k/(G_k + Q_k) \geq 0{,}50$.
- Es liegt ein Normalbeton vor, der sich den Festigkeitsklassen C12/15 bis C50/60 zuordnen lässt.
- Die zulässigen Grenzmaße von Querschnitten im Neubau nach DIN EN 13670:2011/DIN 1045-3:2012 sind am Bestandstragwerk eingehalten (alternativ werden aufgemessene Größen in jedem Bemessungsquerschnitt zugrunde gelegt).

Ausgehend von den Prüfergebnissen aus Werkstoffuntersuchungen am Tragwerk (in-situ) werden die Bemessungswerte wie folgt ermittelt:

Beton:

$$f_{cd,\text{mod}} = \alpha_{\text{cc}} \cdot f_{ck,is}/\gamma_{c,\text{mod}} \qquad (15.4)$$

mit $\alpha_{\text{cc}} = 0{,}85$ für Stahlbetonbauteile
$\alpha_{\text{cc}} = 0{,}70$ für unbewehrte Betonbauteile
Betonstahl:

$$f_{yd,\text{mod}} = f_{yk,is}/\gamma_{S,\text{mod}} \qquad (15.5)$$

Mit den Variationskoeffizienten aus den Werkstoffuntersuchungen am Tragwerk können die modifizierten Teilsicherheitsbeiwerte für Beton und Betonstahl nach Tafel 15.28 bestimmt werden.

Unter Beibehaltung der dem Eurocode 2 zugrundeliegenden Variationskoeffizienten für die Modellunsicherheit V_{m} und die Geometrie V_{G} ergeben sich in Abhängigkeit des Werkstoffes die nachfolgenden Kennwerte:

Beton: $\quad V_{\text{R,C}} = \sqrt{0{,}05^2 + 0{,}05^2 + V_{\text{y,c}}^2} \qquad (15.6)$

Betonstahl: $\quad V_{\text{R,S}} = \sqrt{0{,}025^2 + 0{,}05^2 + V_{\text{y,s}}^2} \qquad (15.7)$

Tafel 15.28 Modifizierte Teilsicherheitsbeiwerte für Beton und Betonstahl nach [19]

Bemessungssituation	Beton		Betonstahl	
	$V_{\text{R,c}}$	$\gamma_{\text{C,mod}}$	$V_{\text{R,s}}$	$\gamma_{\text{S,mod}}$
ständige und vorübergehende[a]	$\leq 0{,}20$	1,20	0,06	1,05
	0,25	1,25	0,08	1,10
	0,30	**1,30**[e]	**0,10**[e]	**1,10**[e]
	0,35	1,40[c, d]		
	0,40	1,50[c, d]		
Außergewöhnliche, für Schnee in der norddeutschen Tiefebene[b]	$\leq 0{,}20$	1,10	0,06	1,00
	0,25	1,15	0,08	1,00
	0,30	**1,20**[e]	**0,10**	**1,00**
	0,35	1,25[c, d]		
	0,40	1,30[c, d]		

[a] Nicht für vertikale Bauteile der Gebäudeaussteifung.
[b] Siehe Musterliste der Technischen Baubestimmungen (Dez. 2011), Anlage 1.2/2: Zu DIN EN 1991-1-3 mit NA „Schneelasten"
[c] Erhöhung von $\gamma_{\text{C,mod}}$ um
20 % bei bewehrten Biegebauteilen für den Nachweis von $V_{\text{Rd,max}}$
20 % bei unbewehrten Biegebauteilen für den Nachweis Biegung und Längskraft
40 % bei unbewehrten Biegebauteilen für die Nachweise zentrischer Druck und Querkraft nach EC2-1-1, 12.6.3
[d] Für zentrisch gedrückte, nicht stabilitätsgefährdete Bauteile: Längsbewehrungsgrad $\rho_l > 0{,}01$.
[e] Annahmen für Grundlagenermittlung und Entwurfsplanung ohne Bauteilprüfung.

Die Mindestwerte der Variationskoeffizienten $V_{\text{y,c}} \geq 0{,}15$ und $V_{\text{y,s}} \geq 0{,}06$ dürfen unabhängig vom Ergebnis der Probenprüfung nicht unterschritten werden [19].

Für eine Entwurfsplanung (nicht für die Ausführungsplanung) kann für Beton auch ohne Bauteilprüfung $V_{\text{R,c}} = 0{,}30$ und $\gamma_{\text{C,mod}} = 1{,}30$ angenommen werden. Für Betonstahl kann auch ohne Bauteilprüfung $V_{\text{R,s}} = 0{,}10$ und $\gamma_{\text{S,mod}} = 1{,}10$ angenommen werden. Berechnungsbeispiele siehe auch [19, 38].

15.4.5 Bewertung der Tragfähigkeit

Allgemeines Bei einer ursprünglich ordnungsgemäßen Planung und Bauausführung kann nach [1] grundsätzlich davon ausgegangen werden, dass eine bauliche Anlage bei bestimmungsgemäßem Gebrauch für die übliche Lebensdauer den bauaufsichtlichen Anforderungen an die Tragfähigkeit entspricht. Nach [2] gilt darüber hinaus, dass unter Erhaltung des Bestandsschutzes einerseits nur solche Maßnahmen am Bestand durchgeführt werden dürfen, die die ursprüngliche Standsicherheit der baulichen Anlage nicht gefährden. Bei der Änderung baulicher Anlagen müssen die aktuellen Technischen Baubestimmungen beachtet werden.

Geänderte Einwirkungen Bei Lasterhöhungen und anderen Änderungen und Ergänzungen ist die Standsicherheit erneut nachzuweisen. Bei einer Erhöhung der Schnittgrößen in der maßgebenden Kombination um bis zu 3 % empfiehlt der DBV Leitfaden [15], anhand der Bauteilausnutzung zu prüfen, ob eine Neubemessung erforderlich ist. Bei einer Erhöhung um mehr als 10 % wird für Massivtragwerke grundsätzlich eine Neubemessung nach den aktuellen Technischen Regelwerken empfohlen.

Im Rahmen einer rechnerischen Tragfähigkeitsermittlung sind weitere Fragen zu klären. Bei den Einwirkungen sollten die ständigen Einwirkungen mit der in der Bestandsaufnahme ermittelten Bauteilgeometrie ermittelt werden. Werden Maßnahmen zur Begrenzung der veränderlichen Einwirkungen getroffen, müssen diese im Bauwerksbuch dokumentiert werden.

Nachbarbebauung und Erdbebeneinwirkungen Mögliche Einwirkungen auf die Nachbarbebauung sind zu beachten und der Bauherr ist auf derartige Folgen hinzuweisen. Bei Aufstockungen ist beispielsweise zu prüfen, ob hierdurch Einwirkungen auf benachbarte Bauwerke beeinflusst werden (z. B. Erddruck, Wind- oder Schneelasten). In Erdbebengebieten ist darüber hinaus zu beachten, dass durch Änderungen des Schwingungsverhaltens gegenüber dem Zustand vor der Umbaumaßnahme (z. B. Änderungen der anzusetzenden spektralen Beschleunigungen) die Standsicherheit des Gebäudes nicht beeinträchtigt wird [2].

Bauteilwiderstände Bezüglich der auf der Seite der Bauteilwiderstände anzusetzenden Werkstoffkennwerte siehe Abschn. 15.4.2 und 15.4.3. Bezüglich der Teilsicherheitsbeiwerte siehe Abschn. 15.4.4.

Konstruktive Regeln Zur Sicherstellung der Tragfähigkeit gehört neben der Bauteilbemessung auch die Einhaltung von Konstruktionsregeln. Im Stahlbau bestehen u. U. Probleme bezüglich der Niettypen und Nietrandabstände bei genieteten Bauteilen.

Eine Übersicht über konstruktive Probleme bei älteren Stahlbetonbauten geben u. a. [42] und [45]. Typische Probleme sind (Aufzählung unvollständig):

- Unregelmäßige Achsabstände und Schieflagen der Bewehrungsstäbe im Grundriss bei Platten.
- Fehlende Querbewehrung mit Trennrissen in Spannrichtung bei Platten. Wie beim vorhergehenden Punkt sind insbesondere Platten aus der Anfangszeit des Stahlbetonbaus betroffen (Stampfbeton).
- Zu geringer Anteil der Feldbewehrung von Platten, der über das Auflager gezogen wurde aufgrund von intensiv genutzten Querkraftaufbiegungen.
- Probleme bei der Querkraftdeckung und Querkraftbewehrung von Balken durch die intensive Verwendung von Querkraftaufbiegungen.
- Probleme bei der Bewehrungsführung von Konsolen.

Für die Nachweise der Verankerung glatter Stäbe können die Bemessungswerte f_{bd} nach Tafel 15.29 angesetzt werden.

Tafel 15.29 Bemessungswerte der Verbundspannung glatter Stäbe nach [10, 16]

1	2	3	4	5	6
f_{ck} [N/mm²]	8	12	16	20	25
$f_{bd}{}^a$ [N/mm²]	0,7	0,9	1,0	1,1	1,2

1	7	8	9	10	11
f_{ck} [N/mm²]	30	35	40	45	50
$f_{bd}{}^a$ [N/mm²]	1,3	1,4	1,5	1,6	1,7

^{a} $f_{bd} = 0,36 \cdot \sqrt{f_{ck}}/\gamma_c$ mit $\gamma_c = 1,50$.
Bei mäßigen Verbundbedingungen sind die Werte mit dem Faktor 0,7 zu multiplizieren. Bei nicht vorwiegend ruhender Einwirkung dürfen die Werte nur mit ihrem 0,85-fachen Betrag in Rechnung gestellt werden; die Verbundbedingungen sind separat zu erfassen. Die günstige Wirkung von Endhaken darf für die Verankerung berücksichtigt werden.
Ausführliche Erläuterungen zur Verankerung bei glatten Betonstählen mit Haken siehe auch [37].

Rückbaumaßnahmen und Zwischenzustände Sofern notwendig sind Rückbaumaßnahmen und Zwischenzustände durch statische Nachweise zu überprüfen. Ausführungen hierzu siehe [15].

15.4.6 Bewertung von Gebrauchstauglichkeit und Dauerhaftigkeit

Weitere Hinweise zu der Problematik siehe DBV Leitfaden, Abschn. 6.6. In Bezug auf Stahlbetonbauteile ist zu beachten, dass in den älteren Ausgaben von DIN 1045 die zulässigen Stahldehnungen bei der Bemessung auf 5 ‰ begrenzt waren (siehe Abb. 15.4). Bei einem Nachweis nach aktueller DIN EN 1992-1-1 [31] sollte daher eine Überprüfung der Rissbreitenbegrenzung erfolgen. Bei verformungsempfindlichen Bauteilen empfiehlt sich u. U. eine genauere Durchbiegungsberechnung.

In Bezug auf die Dauerhaftigkeit sind ggf. nicht alle Kriterien der Vorschriften zu erfüllen. Im Gegensatz zur Tragfähigkeit resultiert hieraus nicht sofort und unmittelbar eine Gefahr. Bei der Festlegung von Dauerhaftigkeitskriterien für den Einzelfall dürfen gemäß DBV Leitfaden Erfahrungen aus dem langjährigen Verhalten der Bauteile „angemessen" berücksichtigt werden. Aspekte wie die beabsichtigte Restnutzungsdauer sowie Art und Umfang regelmäßiger Überprüfungen sollten ebenfalls einfließen.

15.4.7 Belastungsversuche am Bauwerk

Grundsätzlich kann die Tragfähigkeit eines Bauteils auch durch Probebelastungen nachgewiesen werden. Entsprechende Regelungen gibt die Richtlinie *Belastungsversuche an Betonbauwerken* des Deutschen Ausschuss für Stahlbeton [23].

15

Die Aufgabenstellung von Belastungsversuchen besteht darin, den Nachweis der Tragfähigkeit durch Versuche deutlich unterhalb des Traglastniveaus zu erbringen, um das Tragwerk oder Bauteil beim Versuch nicht zu beschädigen.

Besondere Schwierigkeiten bestehen dann, wenn die Tragfähigkeitsgrenze durch eine Versagensart ohne Vorankündigung (z. B. Schubdruckbruch) festgelegt wird [42]. Belastungsversuche dürfen deshalb nur von besonders qualifizierten Stellen (Materialprüfanstalten, Hochschulinstituten) durchgeführt werden.

Eine vorlaufende rechnerische Tragfähigkeitsermittlung ist zwingend vorgeschrieben ([23], Abschn. 4.4 (1)). Darin kann vorab festgestellt werden, ob eine angestrebte Nutzlast in dem aufwändigen Belastungsversuch mit ausreichender Wahrscheinlichkeit nachgewiesen werden kann. Die Belastung muss in jedem Fall weggesteuert erfolgen.

15.5 Verstärkung von Massivtragwerken

15.5.1 Vorbemerkungen

Verstärkungsmaßnahmen werden ergriffen, wenn die Tragfähigkeit gegenüber dem Ursprungszustand zur Aufnahme erhöhter Lasten gesteigert werden soll oder wenn ein Instandsetzungsbedarf infolge von umfangreichen Schäden, Fehlbemessungen in der Bestandsstatik oder festgestellten Mängeln in den Technischen Vorschriften der Bestandsstatik besteht. Die rechnerischen Nachweise sind auf der Basis der aktuellen Regelwerke zu führen (siehe auch Abschn. 15.3.2).

Als Verstärkungsverfahren für Massivtragwerke kommen grundsätzlich Verfahren mit einer *Querschnittsergänzung*, einer *Vorspannung*, einer *Änderung des Tragsystems* oder *Injektionen* in Frage. Die Verfahren der Querschnittsergänzung sind in Tafel 15.31 in Anlehnung an [25] dargestellt. Verstärkungen werden im Stahlbetonbau überwiegend mit den Materialien und Komponenten nach Tafel 15.30 ausgeführt.

Durch die Verstärkung entsteht ein Verbundtragwerk oder -bauteil aus bestehendem Bauteil und der Verstärkung mit ähnlichen Effekten, wie sie aus dem Verbundbau bekannt sind. Bei Bemessung und Ausführung sind für das Zusammenwirken neben den Materialgesetzen der Einzelbaustoffe auch die Verbundgesetze zu beachten. Einer sorgfältigen Planung und Ausbildung der Fugen kommt besondere Bedeutung zu. Zusätzlich zu den Bereichen der höchsten Beanspruchung des Bauteils sind dann die am höchsten beanspruchten Fugenbereiche besonders zu beachten, meist die Enden der Verstärkungen (Gefahr von Ablösungen). Bei der Verstärkung von Stahlbetonbauteilen liegt durch die Rissbildung und das zeitabhängige Verhalten des Betons (Kriechen, Schwinden) eine besonders komplexe Situation vor.

Ebenfalls bei Planung und Ausführung zu beachten ist der Belastungszustand des Bauteils bei der Verstärkung. Ohne weitere Maßnahmen ist die Verstärkung zunächst nur für die Lastanteile wirksam, die nach der Verstärkungsmaßnahme aufgebracht werden. Nachfolgende Umlagerungen infolge des zeitabhängigen Betonverhaltens treten erst allmählich auf und ändern die Situation daher kaum. Hohe Wirkungsgrade der Verstärkung lassen sich durch eine teilweise Entlastung der Bauteile erreichen. Die Entlastung kann entweder passiv durch das Entfernen des Innenausbaus, von nichttragenden Bauteilen und Estrich erfolgen oder aktiv mit Hilfe von Druckpressen. Entlastungsmaßnahmen mit Hilfe von Druckpressen erfordern selbstverständlich gesonderte Nachweise unter Nachweis von Lasteinleitung und Lastweiterleitung im Bauwerk.

Weitere Hinweise zu Bauwerksverstärkungen geben u. a. [42] und [44].

15.5.2 Verstärkung mit Aufbeton

Vorbemerkungen Stahlbeton-Biegeträger (Platten oder Balken) können durch das Aufbringen einer zusätzlichen Schicht aus Normalbeton auf der Oberseite verstärkt werden. Die zusätzlich aufgebrachte Betonschicht kann dabei Bewehrung enthalten.

Wenn die Oberseite einer Decke gut zugänglich ist, ist das Verfahren in der Regel sehr wirtschaftlich, da kein weite-

Tafel 15.30 Materialien und Komponenten für Verstärkungen im Stahlbetonbau

Material/Komponente
Beton, Spritzbeton, Betonstahl
Lamellen aus Stahl
Lamellen oder Sheets aus mit Kohlenstofffasern verstärkten Kunststoffen (CFK)
Lamellen oder Sheets aus mit Glasfasern verstärkten Kunststoffen (GFK)
Lamellen oder Sheets aus mit Aramidfasern verstärkten Kunststoffen (AFK)

Tafel 15.31 Querschnittsergänzung von Betonbauteilen nach [25]

Verstärkungsverfahren			Verstärkungstechnik		
Querschnitts-ergänzung	Kombination	Beton	Spritzbeton	mit/ohne Bewehrung	Querschnittsergänzung zur Verstärkung für Zug- oder Druckkräfte Voraussetzung für das Gesamttragverhalten: Verbund zwischen alten und neuen Teilen muss gewährleistet sein (Oberflächenvorbereitung/Verbundmittel)
			Ortbeton		
		Bewehrung	geklebt	Stahl/Kunststoff	
			eingeschlitzt		

Zusammenstellung der Verfahren mit *Vorspannung*, *Tragsystemänderung* und *Injektion* siehe [25].

Tafel 15.32 Verstärkung von Stahlbeton-Biegeträgern durch Aufbeton

Querschnitt	Hinweise
Aufbeton / Ortbetonergänzung bestehender Querschnitt	Die Dicke der Ortbetonergänzung muss mindestens 40 mm betragen. Wird die Verbindung in der Fuge durch Bewehrung sichergestellt, muss die Verbundbewehrung auf beiden Seiten der Verbundfuge nach den Bewehrungsregeln verankert werden.

Bauablauf (Abweichungen möglich)	Hinweise
Entfernen v. Aufbauten u. Belägen, Aufrauhen der Betonoberfläche	–
Verankerung der Verbundbewehrung in der vorhandenen Decke	Sofern erforderlich z. B. durch Kugelstrahlen
Aufbringen einer Haftbrücke	Falls kein Spritzbeton
Herstellung der Betonergänzung	Gegebenenfalls mit zusätzlicher Biegezugbewehrung

Nachweise in den Grenzzuständen (GZT und GZG)	Hinweise
Nachweis für **Biegung** im Grenzzustand der Tragfähigkeit	Der Nachweis wird am ergänzten Gesamtquerschnitt unter Annahme eines monolithischen Querschnitts geführt. Als Betonfestigkeit darf näherungsweise die geringere der Festigkeiten von bestehendem Bauteil und Aufbeton angesetzt werden.
Nachweis der **Schubkraftübertragung** in der Fuge zwischen Altbeton und Betonergänzung	Sofern statisch erforderlich ist eine Verbundbewehrung anzuordnen und inklusive der Verankerung im Altbeton nachzuweisen.
Nachweis für **Querkraft** im Grenzzustand der Tragfähigkeit	Zu führen am Gesamtquerschnitt
Nachweise in den Grenzzuständen der Tragfähigkeit und der Gebrauchstauglichkeit in den relevanten **Bauzuständen**	Alle relevanten Zwischenzustände sind zu beachten.

rer Aufwand für die Schalung anfällt. Durch das zusätzliche Eigengewicht des Betons wird ein Teil des Verstärkungseffekts wieder aufgezehrt. Bei den weiteren Ausführungen wird auf [44] Bezug genommen und auf Kap. 8 (*Stahl und Spannbetonbau nach Eurocode 2*) verwiesen.

Beschreibung des Verfahrens siehe Tafel 15.32.

Nachweis der Schubkraftübertragung nach DIN EN 1992-1-1 [31] Beim Nachweis der Schubübertragung ist zu zeigen, dass der Bemessungswert der in der Kontaktfläche zwischen Altbeton und Aufbetonergänzung einwirkenden Schubkraft je Flächeneinheit v_{Ed} den Bemessungswert der aufnehmbaren Schubkraft v_{Rdi} nicht übersteigt. Für den Bemessungswert der einwirkenden Schubkraft gilt:

$$v_{Edi} = \frac{F_{cdi}}{F_{cd}} \cdot \frac{V_{Ed}}{z \cdot b_i} \qquad (15.8)$$

F_{cdi} Bemessungswert des über die Fuge zu übertragenden Längskraftanteils,

F_{cd} Bemessungswert der Gurtlängskraft infolge Biegung im betrachteten Querschnitt mit $F_{cd} = M_{Ed}/z$.

Näheres zu dem Nachweis siehe Kap. 8 (*Stahl- und Spannbetonbau*), Abschn. 8.6.3.6. Nach [43] sollte das Modell nach DIN EN 1992-1-1 jedoch nur im „abgesicherten Bereich",

d. h. für Neubauten angewendet werden. Für die Verstärkung von Betonbauteilen im Bestand wird daher ein erweiterter Ansatz nach *fib Model Code 2010* empfohlen (siehe auch) [43] bzw. [38]. Danach gilt für die Tragfähigkeit der unbewehrten Verbundfuge τ_{Rdi} (starrer Verbund):

$$\tau_{Rdi} = [c_a \cdot f_{ctd} + \mu \cdot \sigma_n] \leq 0,5 \cdot \nu \cdot f_{cd} \qquad (15.9)$$

Für den Fall bewehrter Verbundfugen mit lotrechter Verbundbewehrung gilt:

$$\tau_{Rdi} = c_r \cdot f_{ck}^{1/3} + \mu \cdot (\sigma_n + \rho \cdot \kappa_1 \cdot f_{yd}) \\ + \rho \cdot \kappa_2 \cdot (f_{yd} \cdot f_{cd})^{0,5} \leq \beta_c \cdot \nu \cdot f_{cd} \qquad (15.10)$$

mit:

c_a Adhäsionsbeiwert

c_r Verzahnungsbeiwert

μ Reibungsbeiwert

$\rho = (A_s/A_i)$ Bewehrungsgrad der Verbundfuge

κ_1 Effizienzbeiwert für die Zugaktivierung der Bewehrung

κ_2 Beiwert zum Biegewiderstand der Bewehrung

β_c Beiwert zum Winkel der Druckstrebe

ν Festigkeitsabminderungswert der schrägen Druckstrebe
$= 0,55 \cdot (30/f_{ck})^{1/3} \leq 0,55$

15

Tafel 15.33 Beiwerte für (15.10)

Oberfläche	R_t[a]	c_a	c_r	κ_1	κ_2	β_c	μ	
							$f_{ck} \geq 20$	$f_{ck} \geq 30$
sehr rau	$\geq 3,0$ mm	0,50	0,2	0,5	0,9	0,5	0,8	1,0
rau	$\geq 1,5$ mm	0,40	0,1	0,5	0,9	0,5	0,7	0,7
glatt		0,20	0,0	0,5	1,1	0,4	0,6	0,6
sehr glatt		0,025	0,0	0,0	1,5	0,3	0,5	0,5

[a] Rautiefe nach Kaufmann; $R_t = 4V/(d_m^2 \cdot \pi)$ (s. Skizze)

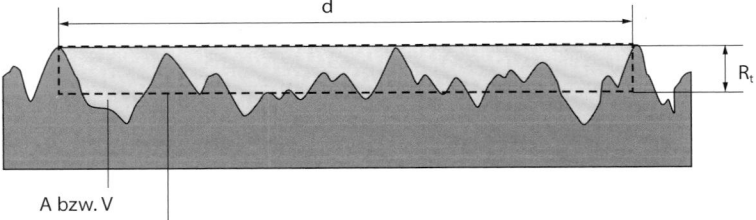

A bzw. V

Äquivalente Fläche (bzw. Volumen) konstanter Höhe R

Der Oberflächenbearbeitung, der Rauigkeit und der Sauberkeit der Fuge kommt eine besondere Bedeutung zu. Die Regelungen von DIN 1045-3, Abschn. 8.4 zur erforderlichen Fugenvorbereitung sollten beachtet werden.

Die vorhandene Fugenrauigkeit kann z. B. mit dem *Sandflächenverfahren nach Kaufmann* als *sehr glatt*, *glatt*, *rau* oder *sehr rau* eingestuft werden. Wegen der Ungenauigkeit des Verfahrens wird in [43] ein optisches Verfahren empfohlen. In Abhängigkeit der Fugenrauigkeit können die Parameter für die Berechnung von τ_{Rdi} nach Tafel 15.33 gewählt werden.

15.5.3 Spritzbetonverstärkung von Stahlbetonstützen

Vorbemerkungen und Bemessungsgrundlagen Die Verstärkung von Stahlbetonstützen im Fall von Lasterhöhungen durch Aufstockungen, Nutzungsänderungen etc. wird in der Regel mit Hilfe stahlbaumäßiger Ergänzungen oder durch Spritzbetonverstärkungen ausgeführt. Die Verstärkung mit Hilfe von Spritzbeton wird nachfolgend näher beschrieben. Der zugrunde liegende Bemessungsansatz und konstruktive Regeln sind in DIN 18551, Abschn. 9.5 [34, 35] beschrieben. Berechnungsmethode, nähere Erläuterungen und Hintergründe siehe Heft 467 DAfStb [25]. Eine übersichtliche Zusammenfassung hierzu gibt [44]. Zu Beispielen siehe Wendehorst – Beispiele aus der Baupraxis und [44].

Durch eine sorgfältige Herstellung und Nachbehandlung der Spritzbetonverstärkung werden die Schwindverformungen reduziert, aber nicht gänzlich verhindert. Die Verbundwirkung zwischen Altbeton und Spritzbetonverstärkung ist beeinträchtigt. An den Stützenenden lässt sich kein dauerhafter Kraftschluss zwischen den anschließenden Bauteilen (Decke, Fundament) und der Spritzbetonschale herstellen.

Die Tragfähigkeit der Spritzbetonschale wird daher nicht direkt angesetzt, es ergibt sich jedoch eine Steigerung der

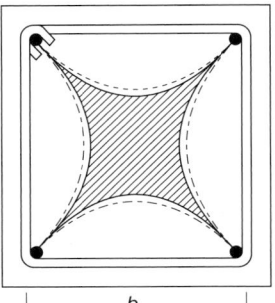
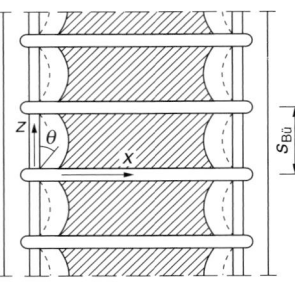

Abb. 15.6 Effektiv umschnürte Flächen bei nachträglich verstärkten Rechteckstützen

Tragfähigkeit durch eine erhöhte Druckfestigkeit des Betons infolge der Umschnürungsbewehrung (Wendelbewehrung bei Kreisquerschnitten, Bügelbewehrung bei rechteckigen oder quadratischen Querschnitten). Gegenüber Kreisquerschnitten ergibt sich bei rechteckigen Querschnitten unter der Annahme eines parabolischen Verlaufs und eines Anfangswinkels von 45° des Randes der umschnürte Bereich nach Abb. 15.6. Die effektiv umschnürte Fläche umschnürte Fläche ergibt sich zu:

$$A_{c,eff} = \lambda_q \cdot \lambda_l \cdot A_k \qquad (15.11)$$

mit:

$$A_k = b_k \cdot d_k \qquad (15.12)$$

$$\lambda_q = 1 - \frac{2 \cdot (b_k - d_s)^2 + 2 \cdot (d_k - d_s)^2}{5,5 \cdot A_k} \qquad (15.13)$$

$$\lambda_l = \left(1 - \frac{s_{bü}}{2 \cdot b_k}\right) \cdot \left(1 - \frac{s_{bü}}{2 \cdot d_k}\right) \qquad (15.14)$$

$s_{bü}$ Bügelabstand

d_s Durchmesser der Längsstäbe in den Ecken.

Bei nachträglich verstärkten Stützen dürfen die Umschnürungswirkungen der vorhandenen und der zusätzlichen Bügel addiert werden. Die zugehörigen Flächen $A_{\text{eff,alt}}$ und $A_{\text{eff,neu}}$ sind getrennt zu ermitteln. Für den Zuwachs der rechnerischen Tragfähigkeit gilt:

$$\Delta N_{\text{Rd}} = 2{,}3 \cdot k_\beta \cdot \rho_{\text{q}} \cdot f_{\text{yd,bü}} \cdot A_{\text{c,eff}} \qquad (15.15)$$

mit:

$$k_\beta = 1 + \frac{f_{\text{ck}} - 20}{100} \geq 1 \qquad (15.16)$$

$$\rho_{\text{q}} = \frac{A_{\text{q}}}{A_{\text{k}}} = \frac{2 \cdot (b_{\text{k}} + d_{\text{k}}) \cdot (A_{\text{bü}}/s_{\text{bü}})}{b_{\text{k}} \cdot d_{\text{k}}} \qquad (15.17)$$

Im Fall symmetrisch bewehrter Stützen mit quadratischem, rechteckigen oder kreisförmigem Querschnitt und symmetrisch umlaufender Bewehrung sind folgende Nachweise zu führen:

- Nachweis in den Lasteinleitungsbereichen an Stützenkopf und Stützenfuß im GZT (Ansatz der zugelegten Längsbewehrung nur bei Kraftschluss mit Decke/Fundament).
- Nachweis im Stützenmittelbereich für den Verbundquerschnitt aus Altbeton und neuer Betonschale.
- Nachweise der Lasteinleitung und Weiterleitung in die angrenzenden Bauteile.

Bemessung an Stützenkopf und Stützenfuß Die Tragfähigkeit ergibt sich aus der ursprünglichen Tragfähigkeit und den Umschnürungswirkungen aus „alten" ($\Delta N_{\text{Rd,1}}$) und „neuen" Bügeln ($\Delta N_{\text{Rd,2}}$) ohne Ansatz der Tragfähigkeit der Betonschale wegen des Schwindens.

$$N_{\text{Rd}} = A_{\text{c,alt}} \cdot f_{\text{cd,alt}} + A_{\text{s,alt}} \cdot f_{\text{yd,alt}} + \Delta N_{\text{Rd,1}} + \Delta N_{\text{Rd,2}} \qquad (15.18)$$

Bemessung im Stützenmittelbereich Im Mittelbereich der Stütze können die Tragfähigkeiten des „alten" Querschnitts und der Betonschale addiert werden. Der Anteil der Betonschale erhält einen Abminderungsbeiwert von 0,80 zur Berücksichtigung des Schwindens.

$$\begin{aligned} N_{\text{Rd}} = {}& A_{\text{c,alt}} \cdot f_{\text{cd,alt}} + A_{\text{s,alt}} \cdot f_{\text{yd,alt}} \\ & + 0{,}8 \cdot A_{\text{b,neu}} \cdot f_{\text{cd,neu}} + A_{\text{s,neu}} \cdot f_{\text{yd,neu}} \end{aligned} \qquad (15.19)$$

Zur Berücksichtigung von Exzentrizitäten der Normalkraft auf die Umschnürungswirkung empfiehlt [44] einen vereinfachten Ansatz in Anlehnung an eine Regelung aus DIN 1045:1972 (siehe z. B. [36]).

$$\Delta N_{\text{Rd}}' = \Delta N_{\text{Rd}} \cdot \left(1 - \frac{8 \cdot M}{N \cdot d_{\text{k}}}\right) \qquad (15.20)$$

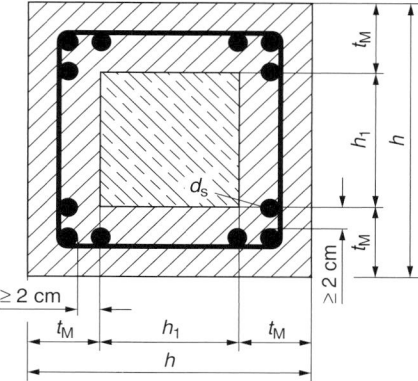

Abb. 15.7 Spritzbetonverstärkte Stütze mit quadratischem Querschnitt (DIN 18551 [34])

Konstruktive Regeln für die Spritzbetonverstärkung von Stützen Die Dicke der Spritzbetonschicht ist so festzulegen, dass die erforderlichen Abstände zwischen neuer Bewehrung und altem Beton eingehalten werden, die erforderlichen Maße der Betondeckung gesichert sind und die statischen Nachweise gelingen.

Im Lasteinleitungsbereich darf der Abstand der Bügel 80 mm nicht übersteigen. Die Länge des Lasteinleitungsbereichs ist nach DIN 18551 [34, 35] festgelegt mit

$$l_{\text{c}} = 30 \cdot d_{\text{s}} \qquad (15.21)$$

bzw. nach Heft 467, DAfStb [25] mit:

$$l_{\text{c}} = 2 \cdot d_{\text{k}} \qquad (15.22)$$

Weiterhin ist zu beachten:

- Die Bügel sind nach den Anforderungen für die Zugzone (Bilder NA.8.5g und NA.8.5h aus DIN EN 1992-1-1) oder durch geschweißte Stöße zu schließen.
- Die Längsbewehrung ist in den Bügelecken zu konzentrieren.
- Bei Stützen mit einem Seitenverhältnis $h/b > 1{,}5$ sind Zwischenverankerungen erforderlich (siehe Abb. 15.8).

15.5.4 Verstärkung mit Kohlefaserlamellen

Für die Verstärkung von Betonbauteilen kommen je nach vorliegendem Tragfähigkeitsdefizit im Wesentlichen Biege-Verstärkungen, Querkraft-Verstärkungen und Stützen-Verstärkungen zum Einsatz. Biege-Verstärkungen können mit CFK Lamellen, CF-Gelegen oder Stahllaschen ausgeführt werden. Für Querkraft-Verstärkungen eignen sich aufgeklebte CF-Gelege und Stahllaschen. Stützen können mittels Umschnürung mit CF-Gelegen verstärkt werden.

Abb. 15.8 Spritzbetonverstärkte Stütze mit rechteckigem Querschnitt (DIN 18551[34])

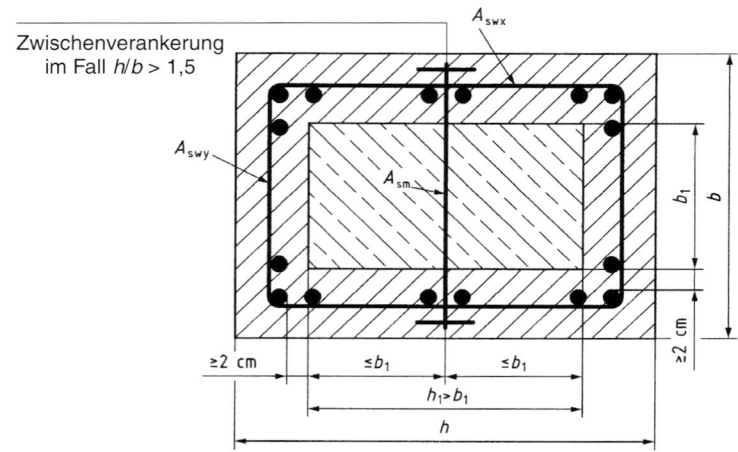

Während es sich bei den CF-Gelegen um Tücher mit parallel zueinander angeordneten Kohlefaserbündeln handelt, bei denen die Epoxidharzmatrix erst am Bauteil aufgebracht wird, sind die Lamellen inklusive Matrix (i. d. R. aus Epoxidharz) werksgefertigt. Nachfolgend wird nur die Biege-Verstärkung mit CFK-Lamellen behandelt. Die CFK-Lamellen werden entweder aufgeklebt oder in Schlitze verklebt. Zu den existierenden Lamellentypen siehe Tafel 15.34. Einen Überblick über die bauaufsichtlich zugelassenen Verstärkungssysteme mit Kohlefaserlamellen gibt Tafel 15.35.

Tafel 15.34 Kohlefaserlamellen für Biegeverstärkungen

Lamellentyp	Bruchdehnung ε_{Luk} [%]	Elastizitätsmodul E_{Lk} [N/mm²]	Elastizitätsmodul E_{Lm} [N/mm²]	Zugfestigkeit f_{Lk} [N/mm²]
CarboDur S	$\geq 1{,}6$	≥ 161.900	≥ 170.000	≥ 2800
CarboDur M	$\geq 1{,}3$	≥ 200.000	≥ 210.000	≥ 2500
MC-DUR 160/2400 Carboplus 160/2400	$\geq 1{,}6$	≥ 160.000	≥ 162.000	≥ 2800
MC-DUR 160/2800 Carboplus 160/2800	$\geq 1{,}8$	≥ 164.000	≥ 168.000	≥ 3200
MC-DUR 200/3000 Carboplus 200/3000	$\geq 1{,}5$	≥ 190.000	≥ 200.000	≥ 3200
S&P 150/2000	$\geq 1{,}5$	≥ 160.000	≥ 168.000	≥ 2350
S&P 200/2000	$\geq 1{,}3$	≥ 200.000	≥ 210.000	≥ 2500

Tafel 15.35 Systeme, Lamellen und bauaufsichtliche Zulassungen für Biegeverstärkungen

System	Art	Zulassung gültig bis	Bezeichnung der Lamellen	Abmessungen der Lamellen [mm]	Kleber
MC-DUR	aufgeklebt	Z-36.12-85 31.01.2020	MC-DUR 160/2400 MC-DUR 160/2800 MC-DUR 200/3000	Dicke t_L: 1,2 bis 3,0 Breite: b_L: 50 bis 150	MC-DUR 1280
MC-DUR	in Schlitze verklebt	Z-36.12-79 31.12.2015	MC-DUR Die Werkstoffangaben der Zulassung weichen von den Angaben in Tafel 15.34 ab.	Dicke t_L: 1,0 bis 3,0 Breite: b_L: 10 bis 30	MC-DUR 1280
Sto S&P	aufgeklebt	Z-36.12-86 01.01.2020	S&P 150/2000 S&P 200/2000	Dicke t_L: 1,2/1,4 Breite: b_L: 50/60/80/90/100/120/150	StoPox SK 41
Sto S&P	in Schlitze verklebt	Z-36.12-76 30.06.2017	S&P 150/2000 S&P 200/2000	Dicke t_L: 1,0/1,4/1,7 Breite: b_L: 10 bis 30	StoPox SK 41
Carbo Plus	aufgeklebt	Z-36.12-84 01.01.2020	Carboplus 160/2400 Carboplus 160/2800 Carboplus 200/3000	Dicke t_L: 1,2 bis 3,0 Breite: b_L: 50 bis 150	MC-DUR 1280 StoPox SK 41
Carbo Plus	in Schlitze verklebt	Z-36.12-73 31.12.2015	Carboplus Die Werkstoffangaben der Zulassung weichen von den Angaben in Tafel 15.34 ab	Dicke t_L: 1,0 bis 3,0 Breite: b_L: 10 bis 30	MC-DUR 1280 Sikadur 30 DUE

Tafel 15.36 Teilsicherheitsbeiwerte nach DAfStb-Richtlinie [26]

Bemessungssituation	Teilsicherheitsbeiwerte				
	CFK-Lamellen	CFK-Gelege	Verbund bei		
			aufgeklebter Bewehrung	eingeschlitzter Bewehrung	Verklebung Stahl auf Stahl oder CFK auf CFK
	γ_{LL}	γ_{LG}	γ_{BA}	γ_{BE}	γ_{BG}
Ständig und vorübergehend	1,20	1,35	1,50	1,30	1,30
außergewöhnlich	1,05	1,10	1,20	1,05	1,05

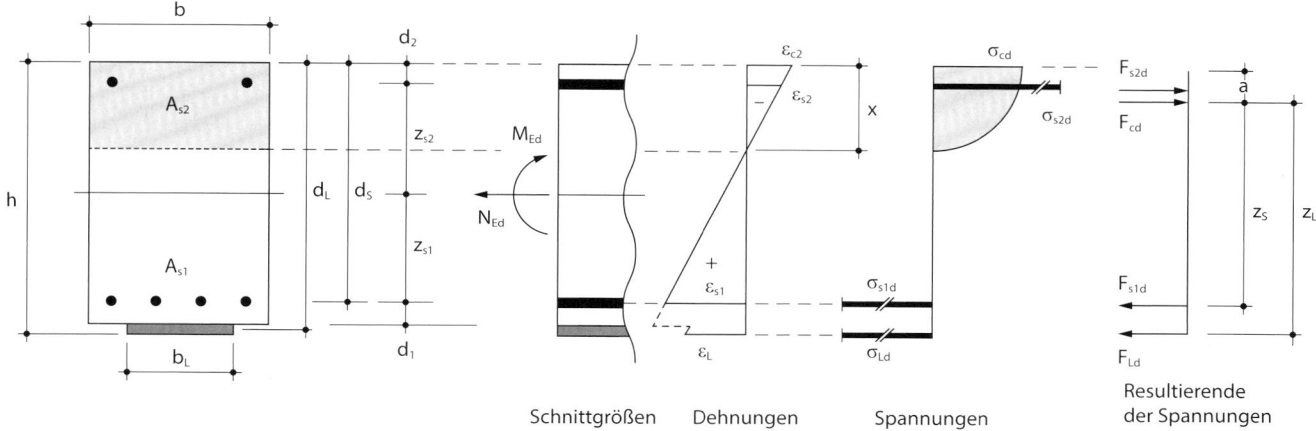

Schnittgrößen   Dehnungen   Spannungen   Resultierende der Spannungen

Abb. 15.9 Schnittgrößen, Dehnungen und Spannungen eines verstärkten Stahlbetonquerschnitts

Regelwerke Mit Einführung des Eurocode 2 wurden die bemessungsrelevanten Teile der Zulassungen auf die neuen Normenkonzepte umgestellt. Die allgemeinen Regeln für Verstärkungen mit geklebter Bewehrung wurden in einer Richtlinie des DAfStb [26] zusammengefasst. Da diese Richtlinie nicht allgemein bauaufsichtlich eingeführt wurde, gilt sie nur in Verbindung mit der jeweiligen Zulassung.

Bemessungsgrundlagen Bezüglich einer ausführlichen Darstellung der Bemessungsgrundlagen wird auf [26] bzw. [27] und [49] verwiesen. Nach DAfStb-Richtlinie sind die Teilsicherheitsbeiwerte nach Tafel 15.36 anzusetzen. Für Beton und Betonstahl gelten die üblichen mechanischen Eigenschaften (Materialfestigkeiten, Spannungs-Dehnungs-Linien) nach Eurocode 2.

Bei der Umlagerung der Schnittgrößen im Zuge der Schnittgrößenermittlung bei statisch unbestimmten Systemen ist die sehr begrenzte Rotationsfähigkeit von Querschnitten, die mit geklebter Bewehrung verstärkt wurden, zu beachten. Diese resultiert aus dem Verbundverhalten und dem linearelastischen Verhalten der CFK Lamellen. Nach Heft 595, DAfStb [27] darf eine Reduktion der Schnittgrößen nur in unverstärkten Bereichen erfolgen.

Nachweis der Biegetragfähigkeit Wie bei einer üblichen Bemessung im Stahlbetonbau ergeben sich die Bemessungsgleichungen aus dem Gleichgewicht von Einwirkungen und

Widerständen. Hierbei gelten die von der Bemessung von Stahlbetonbauteilen bekannten Annahmen:
- Gleichgewicht der inneren Kräfte,
- Ebener Dehnungszustand (Bernoulli-Hypothese),
- Keine Mitwirkung des Betons auf Zug,
- Vollkommener Verbund.

Die Schnittgrößen, Dehnungen und Spannungen eines verstärkten Stahlbetonquerschnittes zeigt Abb. 15.9. Bei der Bemessung sind neben der Wirkung des Betonstahls auch die Anteile der Lamellen zu berücksichtigen. Hierzu sind die bekannten Gleichungen für Stahlbeton zu erweitern. Im Regelfall werden die äußeren Schnittgrößen auf die Lamellenachse bezogen.

Näheres hierzu siehe [26, 27] bzw. [49]. Für die Bemessung ist die Dehnungsebene des verstärkten Querschnitts iterativ zu bestimmen. Hierzu wurden von den Herstellern der Verstärkungsysteme eigene Bemessungsprogramme entwickelt.

Vollständige Nachweisführung Die vollständigen Nachweise sind in der DAfStb-Richtlinie [26] und den bauaufsichtlichen Zulassungen geregelt. Gefordert sind unter anderem:
- Begrenzung der Querkrafttragfähigkeit des verstärkten Querschnitts,
- Klebe-Verbund-Verankerung und Zugkraftdeckungslinie,
- Nachweis der Dauerhaftigkeit.

Literatur

1. Argebau: Hinweise für die Überprüfung der Standsicherheit von baulichen Anlagen durch den Eigentümer/Verfügungsberechtigten. Bauministerkonferenz/Konferenz der für Städtebau, Bau- und Wohnungswesen zuständigen Minister und Senatoren der Länder, Fassung September 2006.

2. Argebau: Hinweise und Beispiele zum Vorgehen beim Nachweis der Standsicherheit beim Bauen im Bestand. Fachkommission Bautechnik der Bauministerkonferenz, Stand 7. April 2008.

3. Argebau: Hinweise zu möglichen gesundheitlichen Risiken durch Holzschutzmittel (HSM) in Bestandsbauten. Fachkommission Bautechnik der Bauministerkonferenz, Stand 10. August 2017.

4. Argebau: Hinweise zur Einschätzung von Art und Umfang weiter zu untersuchender Stahlkonstruktionen hinsichtlich möglicher Schäden aus dem Feuerverzinkungsprozess und des Schadensfolgepotentials durch den Eigentümer/Verfügungsberechtigten. Fachkommission Bautechnik der Bauministerkonferenz, Fassung Juni 2010.

5. Argebau: Hinweise zur Einschätzung von Art und Umfang zu untersuchender harnstoffharzverklebter Holzbauteile auf mögliche Schäden aus Feuchte- oder Temperatureinwirkungen durch den Eigentümer/Verfügungsberechtigten. Fachkommission Bautechnik der Bauministerkonferenz, Fassung Februar 2013.

6. Bindseil, P. und Schmitt, M. Betonstähle vom Beginn des Stahlbetonbaus bis zur Gegenwart. CD 2002, Verlag für Bauwesen, Berlin.

7. Bossemeyer, H.-D., Dolata, S., Schubert, U. und Zwiener, G. Schadstoffe im Baubestand. Verlagsgesellschaft Rudolf Müller, 2016.

8. Bundesministerium für Verkehr, Bau und Stadtentwicklung: Bauwerksprüfung nach DIN 1076 – Bedeutung, Organisation, Kosten, Dokumentation 2013, Quelle: www.bmvi.de.

9. Bundesministerium für Verkehr, Bau und Stadtentwicklung: Richtlinie zur einheitlichen Erfassung, Bewertung, Aufzeichnung und Auswertung von Ergebnissen der Bauwerksprüfung nach DIN 1076. (RI-EBW-PRÜF), Ausgabe Februar 2017.

10. Bundesministerium für Verkehr, Bau und Stadtentwicklung: Richtlinie zur Nachrechnung von Straßenbrücken im Bestand. (Nachrechnungsrichtlinie), Ausgabe Mai 2011.

11. Bundesministerium für Verkehr, Bau und Wohnungswesen, Abteilung Straßenbau, Straßenverkehr, Sammlung Brücken- und Ingenieurbau, Erhaltung: Anweisung Straßeninformationsdatenbank, Teilsystem Bauwerksdaten (ASB-ING), Ausgabe Oktober 2013.

12. Bundesministerium für Umwelt, Naturschutz, Bau und Stadtentwicklung. Richtlinien für die Durchführung von Bauaufgaben des Bundes (RBBau). Umgestellt auf Onlineausgabe, aktueller Stand 24. April 2020.

13. Bundesministerium für Verkehr, Bau- und Stadtentwicklung: Richtlinie für die Überwachung der Verkehrssicherheit von baulichen Anlagen des Bundes (RÜV), Ausgabe Juli 2008.

14. DB-Richtlinie 805: Tragsicherheit bestehender Eisenbahnbrücken. Deutsche Bahn. Fassung v. 01.09. 2002.

15. DBV-Merkblatt: Bauen im Bestand – Leitfaden. Deutscher Beton- und Bautechnik-Verein e. V. (DBV), Fassung Januar 2008.

16. DBV-Merkblatt: Bauen im Bestand – Beton- und Betonstahl. Deutscher Beton- und Bautechnik-Verein e. V. (DBV), Fassung März 2016.

17. DBV-Merkblatt: Bauen im Bestand – Brandschutz. Deutscher Beton- und Bautechnik-Verein e. V. (DBV), Fassung Januar 2008.

18. DBV-Merkblatt: Bauen im Bestand – Bewertung der In-Situ-Druckfestigkeit von Beton. Deutscher Beton- und Bautechnik-Verein e. V. (DBV), Fassung März 2016.

19. DBV-Merkblatt: Bauen im Bestand – Modifizierte Teilsicherheitsbeiwerte für Stahlbetonbauteile. Deutscher Beton- und Bautechnik-Verein e. V. (DBV), Fassung März 2013.

20. DBV-Merkblatt: Bauwerksbuch. Deutscher Beton- und Bautechnik-Verein e. V. (DBV), Fassung Juni 2007.

21. DBV-Merkblatt: Anwendung zerstörungsfreier Prüfverfahren im Bauwesen. Deutscher Beton- und Bautechnik-Verein e. V. (DBV), Fassung Januar 2014.

22. DBV-Merkblatt: Begrenzung der Rissbildung im Stahlbeton- und Spannbetonbau. Deutscher Beton- und Bautechnik-Verein e. V. (DBV), Fassung Mai 2016.

23. Deutscher Ausschuss für Stahlbeton (DAfStb): Richtlinie, Belastungsversuche an Betonbauwerken, 2000.

24. Deutscher Ausschuss für Stahlbeton (DAfStb): Richtlinie für Schutz und Instandsetzung von Betonbauteilen. Teil 1 bis 4, Ausgabe Oktober 2001 mit Berichtigungen.

25. Deutscher Ausschuss für Stahlbeton (DAfStb): Verstärken von Betonbauteilen – Sachstandsbericht. Heft 467, Berlin, 1996.

26. Deutscher Ausschuss für Stahlbeton (DAfStb): Richtlinie, Verstärken von Betonbauteilen mit geklebter Bewehrung, 2012.

27. Deutscher Ausschuss für Stahlbeton (DAfStb): Erläuterungen und Beispiele zur DAfStb-Richtlinie „Verstärken von Betonbauteilen mit geklebter Bewehrung" Heft 595, Berlin, 2013.

28. Deutscher Ausschuss für Stahlbeton (DAfStb): Erläuterungen zu DIN EN 1992-1-1 und DIN EN 1992-1-1/NA (Eurocode 2), Heft 600, 1. Auflage, Berlin, 2012.

29. Deutscher Ausschuss für Stahlbeton (DAfStb): Sachstandbericht Bauen im Bestand – Teil I: Mechanische Kennwerte historischer Betone, Betonstähle und Spannstähle für die Nachrechnung von bestehenden Bauwerken, 1. Auflage, Berlin, 2016.

30. DIN EN 206-1: Beton – Teil 1: Festlegung, Eigenschaften, Herstellung und Konformität. DIN Deutsches Institut für Normung e. V., Januar 2017.

31. DIN EN 1992-1-1, Eurocode 2: Bemessung und Konstruktion von Stahl- und Spannbetontragwerken, Teil 1-1: Allgemeine Bemessungsregeln und Regeln für den Hochbau, 01/2011 inkl. Änderung DIN EN 1992-1-1/A1 03/2015 und Nationalem Anhang DIN EN 1992-1-1/NA 04/2013.

32. DIN 1076: Ingenieurbauwerke im Zuge von Straßen und Wegen – Überwachung und Überprüfung. DIN Deutsches Institut für Normung e. V., November 1999.

33. DIN EN 13791: Bewertung der Druckfestigkeit von Beton in Bauwerken oder Bauwerksteilen; Deutsche Fassung EN 13791:2007 mit E DIN EN 13971/A20:2016-03; Änderung A/20 (Nationaler Anhang NA – Nationale Anwendungsregeln), DIN Deutsches Institut für Normung e. V., Mai 2008.

34. DIN 18551: Spritzbeton – Nationale Anwendungsregeln zur Reihe DIN EN 14487 und Regeln für die Bemessung von Spritzbetonkonstruktionen. DIN Deutsches Institut für Normung e. V., August 2014.

35. DIN EN 14487: Spritzbeton – Teil 1: Begriffe, Festlegungen und Konformität- DIN Deutsches Institut für Normung e. V., März 2006.

36. Fingerloos, F. (Herausgeber): Historische technische Regelwerke für den Beton-, Stahlbeton- und Spannbetonbau – Bemessung und Ausführung. Verlag Ernst & Sohn, September 2008.

37. Fingerloos, F., Marx, S. und Schnell, J. Tragwerksplanung im Bestand – Bewertung bestehender Tragwerke. In: Betonkalender 2015, Teil 1, Verlag Ernst & Sohn.

38. Goris, A. und Voigt, J. Stahlbetonbau-Praxis, Band 3: Tragwerksplanung im Bestand. 2. Auflage, Beuth Verlag, GmbH, 2017.

39. Loch, M., Stauder, F. und Schnell, J. Bestimmung der charakteristischen Betonfestigkeiten in Bestandstragwerken – Anwendungsgrenzen von DIN EN 13791. In: Beton- und Stahlbetonbau 106, Heft 12, Verlag Ernst & Sohn, 2011.

40. Musterbauordnung (MBO). Fassung November 2002, zuletzt geändert durch Beschluss der Bauministerkonferenz vom 13.05.2016. www.is-argebau.de.

41. Schnell, J., Loch, M., Stauder, F. und Wolbring: Bauen im Bestand – Bewertung der Anwendbarkeit aktueller Bewehrungs- und Konstruktionsregeln im Stahlbetonbau. Abschlussbericht Forschungsprogramm ZukunftBau, Aktenzeichen Z 6 – 10.08 18.7-08.6/ II 2 – F20-08-014.

42. Schnell, J., Bindseil, P. und Loch, M.: Tragwerksplanung für das Bauen im Bestand. Stahlbetonbau aktuell 2011, Kapitel G, Bauwerk-Verlag.

43. Schnell, J., Zilch, K., Weber, M. und Mühlbauer, C.: Bauen im Bestand. Verstärken von Betonbauteilen. In: Hegger/Mark: Stahlbetonbau aktuell 2016, Beuth, Berlin, 2016.

44. Seim, W. Bewertung und Verstärkung von Stahlbetontragwerken. 2. Auflage, Verlag Ernst & Sohn, 2018.

45. Stauder, F., Wolbring, M. und Schnell, J. Bewehrungs- und Konstruktionsregeln des Stahlbetonbaus im Wandel der Zeit. In: Bautechnik 89, Heft 1, Verlag Ernst & Sohn, 2012.

46. Verein Deutscher Ingenieure (VDI): Standsicherheit von Bauwerken – Regelmäßige Überprüfung. Richtlinie VDI 6200, Februar 2010.

47. Verein Deutscher Ingenieure (VDI)/Gesamtverband Schadstoffsanierung (GVSS): Schadstoffbelastete bauliche und technische Anlagen – Abbruch-, Sanierungs- und Instandhaltungsarbeiten. Richtlinie VDI/GVSS 6202, Blatt 1, Oktober 2013.

48. WPM-Ingenieure: Programm SIB-Bauwerke, Ingenieurgesellschaft für Bauwesen und Datenverarbeitung mbH, 66540 Neunkirchen-Heinitz, www.wpm-ingenieure.de.

49. Zilch, K., Niedermeier, R. und Finkh, W: Verstärkung mit CFK-Lamellen und Stahllaschen. In: Betonkalender 2013, Teil 1, Verlag Ernst & Sohn.

Brandschutz

16

Prof. Dr.-Ing. Bernhard Weller und Prof. Dr.-Ing. Sylvia Heilmann

Inhaltsverzeichnis

Abkürzungsverzeichnis

ARGEBAU	Arbeitsgemeinschaft Bauaufsicht in der Bauministerkonferenz
BGI	Berufsgenossenschaftliche Informationen
BGR	Berufsgenossenschaftliche Regeln
BGV	Berufsgenossenschaftliche Vorschriften
DIBt	Deutsches Institut für Bautechnik
DIN	Deutsches Institut für Normung e.V.
DIN EN	Deutsche Ausgabe einer Europäischen Norm
DVGW	Deutscher Verband des Gas- und Wasserhandwerks
ETB	Eingeführte Technische Baubestimmung
ETK	Einheits-Temperatur-Kurve
GKL	Gebäudeklasse
GVBl	Gesetz- und Verordnungsblatt
hEN	harmonisierte Europäische Norm
MAutSchR	Muster-Richtlinie über automatische Schiebetüren in Rettungswegen
MBO	Musterbauordnung
MEltVTR	Muster-Richtlinie über elektrische Verriegelungssysteme von Türen in Rettungswegen
MFlBauVwV	Muster-Verwaltungsvorschriften über Ausführungsgenehmigungen für Fliegende Bauten mit deren Gebrauchsabnahme
MHAVO	Muster-Hersteller- und Anwender-Verordnung
MHolzBauRL	Muster-Richtlinie über brandschutztechnische Anforderungen an Bauteile und Außenwandbekleidungen in Holzbauweise
MIndBauRL	Muster-Industriebaurichtlinie
MLAR	Muster-Leitungsanlagen-Richtlinie
MLöRüRL	Muster-Löschwasser-Rückhalte-Richtline
M-LüAR	Muster-Richtlinie über die brandschutztechnischen Anforderungen an Lüftungsanlagen
MRFlFw	Muster-Richtlinie für die Flächen der Feuerwehr
MWR	Muster-Wohnformen-Richtlinie
MSchulbauRL	Muster-Schulbaurichtlinie
MSysBöR	Muster-Systembödenrichtlinie
MVVTB	Muster-Richtlinie für Technische Baubestimmungen
TRbF	Technische Regeln über brennbare Flüssigkeiten
TRD	Technische Regeln für Dampfkessel
TRG	Technische Regeln für Druckgase
UVV	Unfallverhütungsvorschriften
VDE	Verband der Elektrotechnik, Elektronik und Informationstechnik
VDI	Verein Deutscher Ingenieure
VdS	Verband der Schadenversicherer e.V., Köln

B. Weller (✉)
Institut für Baukonstruktion, Technische Universität Dresden
Dresden, Deutschland
E-Mail: bernhard.weller@tu-dresden.de

S. Heilmann
Ingenieurbüro Heilmann
Pirna, Deutschland
E-Mail: heilmann@ibheilmann.de

© Springer Fachmedien Wiesbaden GmbH, ein Teil von Springer Nature 2021
U. Vismann (Hrsg.), *Wendehorst Bautechnische Zahlentafeln*, https://doi.org/10.1007/978-3-658-32218-2_16

Abb. 16.1 Herausforderungen in der Brandschutzplanung

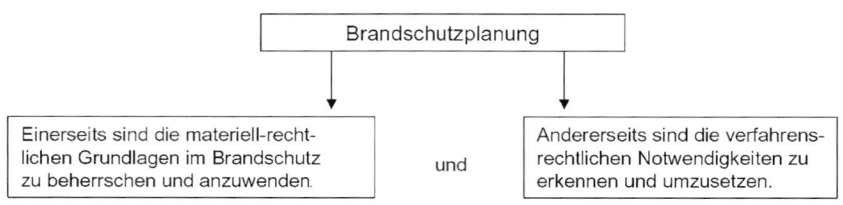

16.1 Einführung

Heutige Bauwerke sind komplex, die Nutzungen multifunktional und die Gebäudekonstruktionen werden immer filigraner. Die Superlative unserer heutigen, vermeintlich modernen Lebensansprüche finden sich in unseren Gesellschaftsbauwerken wieder. Gleichzeitig sind die gesellschaftlichen Erwartungen an die Verkehrssicherheit der Bauwerke sehr hoch.

Modernes Geschäfts- und Freizeitverhalten verlangt flexible Nutzungen und komplexe Raumgeometrien. Dies wird gesellschaftlich aber nur akzeptiert, wenn besondere und spezifisch ausgelegte Sicherheitskonzepte möglich sind und die gewohnten Sicherheitsstandards nicht eingeschränkt werden. Hinsichtlich des vorbeugenden Brandschutzes bedeutet dies eine große Herausforderung, da sicherheitstechnische Vorschriften und brandschutztechnische Regelwerke diesen Ansprüchen häufig nicht gerecht werden können. Sie veralten so schnell, wie der Zeitgeist voranschreitet, sie reglementieren den Pauschalfall, sie sind oft nicht zielführend und praktikabel und verlangen viel Interpretationsgabe.

Daher wird es immer schwieriger, mit konservativen und formalen Planungsansätzen, die wohl bewährten Maßnahmen in alternative Sicherheitskonzepte umzuwandeln. Daraus resultieren häufig Kompromisse, die im Brandschutz nicht immer eine Anhebung des Sicherheitsniveaus bedeuten, aber oft höhere Kosten nach sich ziehen.

Kaum ein Bauvorhaben kommt heute noch ohne Abweichungen, Erleichterungen, Befreiungen und Ausnahmen zur bauordnungs- bzw. bauplanungsrechtlichen Zulässigkeit aus, was von Seiten der Bauherrschaft, Behörden aber auch Planer häufig als Makel oder Unzulänglichkeit bewertet wird. Dass dabei oft auch verfahrensrechtliche Besonderheiten zu beachten sind, liegt in der Natur dieser „komplexen Rechtssache Brandschutz".

Die Herausforderungen in der Brandschutzplanung sind dabei zwei Komplexen zuzuordnen (siehe Abb. 16.1).

Aus einer Vielzahl von Regelwerken, Richtlinien, Verordnungen und Gesetzen, die oft zum gleichen Thema unterschiedliche Ansichten vermitteln, ergeben sich häufig differierende materielle Forderungen, die sich gegenseitig ausschließen oder in einem Zielkonflikt unlösbar enden.

Aber auch die Problematik des Bestandschutzes, die Argumentation zur „konkreten Gefahr" oder die Brandschutzanalysen zur bestehenden Bausubstanz bedürfen einer

umfangreichen Erfahrung und eines ausgeprägten Spezialwissens. In diesem Zusammenhang ist ein eigenverantwortliches, planerisches Ermessen über zwingende Notwendigkeiten von materiell-rechtlichen Forderungen und möglichen konstruktiven oder nutzungsspezifischen Einschränkungen unverzichtbar.

Im Folgenden wird daher ein Überblick über die gesetzlichen Vorgaben und Bedingungen gegeben, es werden die bauordnungsrechtlichen und bautechnischen Grundlagen der Brandschutzplanung erläutert und die wesentlichen Brandschutzanforderungen in komplexen Übersichten zusammengefasst.

16.2 Bauordnungsrechtliche Grundlagen

Das Bauordnungsrecht ist Landesrecht.

Jedes Bundesland setzt eine eigene Landesbauordnung in Kraft, in der die bauordnungsrechtliche Zulässigkeit eines Gebäudes und dessen Nutzung, insbesondere hinsichtlich der brandschutztechnischen Verkehrssicherheit, umfassend geregelt wird.

In der jeweiligen Landesbauordnung werden die Maßnahmen zur Brandgefahrenabwehr und Brandgefahrenvermeidung festgelegt. Der vorbeugende Brandschutz beinhaltet dabei nicht nur bauliche Maßnahmen, sondern auch den Schutz durch Sicherheitstechnik (technischer Brandschutz) und Vorsorgemaßnahmen im Bereich der Ausbildung und Information (organisatorischer Brandschutz).

16.2.1 Bauordnungen der Länder mit Rechtsstatus Juli 2020

Siehe Tafel 16.1.

16.2.2 Struktur des Bauordnungsrechtes bezogen auf die Mustererlasse der ARGEBAU

In Bad Dürkheim wurde am 21. Januar 1955 zwischen den Ländern und dem Bund vereinbart, dass eine gemeinsame Ausarbeitung einer Musterbauordnung (MBO) erfolgen soll, von der die Länder „tunlichst nur insoweit abweichen

Tafel 16.1 Bauordnungen der Bundesländer

Bundesland	Bauordnung Kurzbezeichnung	Vom/in Kraft seit	Veröffentlicht im
Baden-Württemberg	Landesbauordnung für Baden-Württemberg -LBO-	05.03.2010 zuletzt geändert am 18.07.2019	GVBl. 2010, S. 358, ber. S. 419 GVBl. 2019, S. 313
Bayern	Bayerische Bauordnung -BayBO-	14.08.2007/01.01.2008 zuletzt geändert am 24.07.2019	GVBl. S. 588. BayRS 2132-1-I GVBl. 2019, S. 408
Berlin	Bauordnung für Berlin -BauO Bln-	29.09.2005/01.02.2006 zuletzt geändert am 09.04.2018	GVBl. 2005, S. 495 GVBl. 2018, S. 205, 381
Brandenburg	Brandenburgische Bauordnung -BbgBO-	15.11.2018	GVBl. I/18, [Nr. 39]
Bremen	Bremische Landesbauordnung -BremLBO-	04.09.2018/01.10.2018 zuletzt geändert am 14.05.2019	BremGBl. 2018, S. 320 BremGBl. 2019, S. 360
Hamburg	Hamburgische Bauordnung -HBauO-	14.12.2005/01.04.2006 zuletzt geändert am 20.02.2020	HmbGVBl. 2005. S. 525 HmbGVBl. 2020, S. 148, 155
Hessen	Hessische Bauordnung -HBO-	25.05.2018/07.07.2018	GVBl. 2018, S. 198
Mecklenburg-Vorpommern	Landesbauordnung Mecklenburg-Vorpommern -LBauO M-V-	15.10.2015/31.10.2015 zuletzt geändert am 19.11.2019	GVOBl. M-V 2015, S. 344 GVOBl. M-V 2019, S. 682
Niedersachsen	Niedersächsische Bauordnung -NBauO-	03.04.2012 zuletzt geändert am 20.05.2019	Nds. GVBl. 2012, Nr. 5, S. 46 Nds. GVBl. 2019, S. 88
Nordrhein-Westfalen	Bauordnung für das Land Nordrhein-Westfalen -BauO NRW-	21.07.2018/01.01.2019 zuletzt geändert am 14.04.2020	GV.NRW. 2018, S. 421 GV.NRW. 2020, S. 218b
Rheinland-Pfalz	Landesbauordnung Rheinland-Pfalz -LBauO-	24.11.1998 zuletzt geändert am 18.06.2019	GVBl. 1998, Nr. 22, S. 365 GVBl. 2019, S. 112
Saarland	Bauordnung für das Saarland -LBO-	18.02.2004/01.06.2004 zuletzt geändert am 04.12.2019	Gesetz Nr. 1544 Amtsbl. I S. 211
Sachsen	Sächsische Bauordnung -SächsBO-	11.05.2016 zuletzt geändert am 11.12.2018	Sächs. GVBl. 2016, Nr. 6, S. 186 Sächs. GVBl. 2018, Nr. 17, S. 706
Sachsen-Anhalt	Bauordnung Land Sachsen-Anhalt -BauO LSA-	10.09.2013 zuletzt geändert am 26.07.2018	GVBl. LSA. 2013, S. 440f GVBl. LSA, 2018, S. 187
Schleswig-Holstein	Landesbauordnung für das Land Schleswig-Holstein -LBO-	22.01.2009 zuletzt geändert am 01.10.2019	GVOBl. 2009, Nr. 2, S. 6 GVOBl. 2019, S. 398
Thüringen	Thüringer Bauordnung -ThürBO-	13.03.2014 zuletzt geändert am 30.07.2019	GVBl. 2014, S. 49 GVBl. 2019, S. 323, 341

[sollen], als dies durch örtliche Bedingtheiten geboten ist." (Dr. Preusker, Bundesminister für Wohnungsbau, 1955).

Die derzeit aktuelle Musterbauordnung – MBO – wurde im November 2002 durch die Bauministerkonferenz (ARGEBAU), Fachkommission Bauaufsicht in einer komplett überarbeiteten Fassung veröffentlicht und im Februar 2019 geändert. Sie und die von der Fachkommission der ARGEBAU veröffentlichten Muster-Erlasse sind die Grundlage der folgenden Erläuterungen, da so der allgemeine und länderunabhängige Charakter dieses Fachbeitrages bewahrt bleibt.

In der Hierarchie der „Brandschutz-Gesetze" gilt zunächst:

Ein Gesetz … hat oberste Priorität. Die Bauordnung beispielsweise ist ein Landesgesetz, von dem nach § 67 MBO abgewichen werden darf, wenn die öffentliche Sicherheit und Ordnung nicht gefährdet werden. In Gesetzen wird der Erlass von Verordnungen durch die Verwaltung vorgesehen.

Eine Verordnung … ist eine Rechtsnorm, die für jeden Bürger verbindlich ist. Es besteht ein Rechtsanspruch zum Beispiel auf Erleichterungen, aber auch die Rechtspflicht, die besonderen Anforderungen zu erfüllen (siehe MBO § 51). Bei einer abweichenden Bauausführung ist ein Antrag auf Abweichung nach § 67 MBO zu stellen.

Eine Richtlinie … dagegen ist ohne rechtsverbindlichen Charakter, solange sie nicht als Eingeführte Technische Baubestimmung (ETB) im jeweiligen Bundesland veröffentlicht wurde (z. B. IndBauRL).

Eine als ETB eingeführte Richtlinie gilt als rechtsverbindlich, von der nur abgewichen werden darf, wenn eine anderweitige Lösung zum selben Ziel führt, was nachweispflichtig, aber nicht genehmigungspflichtig ist (vgl. § 3 (3) MBO).

Von der ARGEBAU werden neue Muster-Richtlinien und Muster-Verordnungen veröffentlicht (www.is-argebau.de). Diese Mustervorschriften haben keinen rechtsverbind-

Abb. 16.2 Hierarchie der Brandschutzgesetze

in gleichem Maße die allgemeinen Anforderungen des § 3 (1) MBO erfüllbar sind.

In den Mustervorschriften der ARGEBAU werden die brandschutztechnischen Mindestanforderungen definiert. Dies erfolgt in der Erfüllung der im Grundgesetz der BRD verankerten Fürsorgepflicht des Staates (siehe weiter Abschn. 16.4.1). Die brandschutztechnischen Mindestanforderungen in der MBO sowie den Musterverordnungen erstrecken sich dabei auf:

- die Bauteile, Baustoffe, Bauarten;
- die zulässigen Brandabschnittsgrößen und Nutzungseinheiten;
- die Art, Ausführung und Länge der Flucht- und Rettungswege;
- die Möglichkeiten für die Brandbekämpfung;
- die notwendige Sicherheitstechnik;
- die Maßnahmen für die Sicherheit der Technik;
- die Maßnahmen zum organisatorischen Brandschutz.

Darüber hinaus gibt es weitere technische Vorschriften und Regelwerke (wie zum Beispiel DIN, VDE, VDI, VdS, UVV, BGV, DVGW, TRG, TRbF usw.), die den Status von anerkannten Regeln der Technik haben bzw. als zivilrechtliche Empfehlung gelten.

lichen Status, da sie aufgrund der Länderhoheit in den jeweiligen Bundesländern bekannt gemacht und bauaufsichtlich eingeführt werden müssen.

Die Mustervorschriften spiegeln meist den aktuellen Stand der Technik wider. Daher dürfen sie im Sinne des § 3 (3) Satz 3 MBO als von den Technischen Baubestimmungen abweichende Lösungen gewertet werden, durch die

Abb. 16.3 Darstellung der Mustererlasse

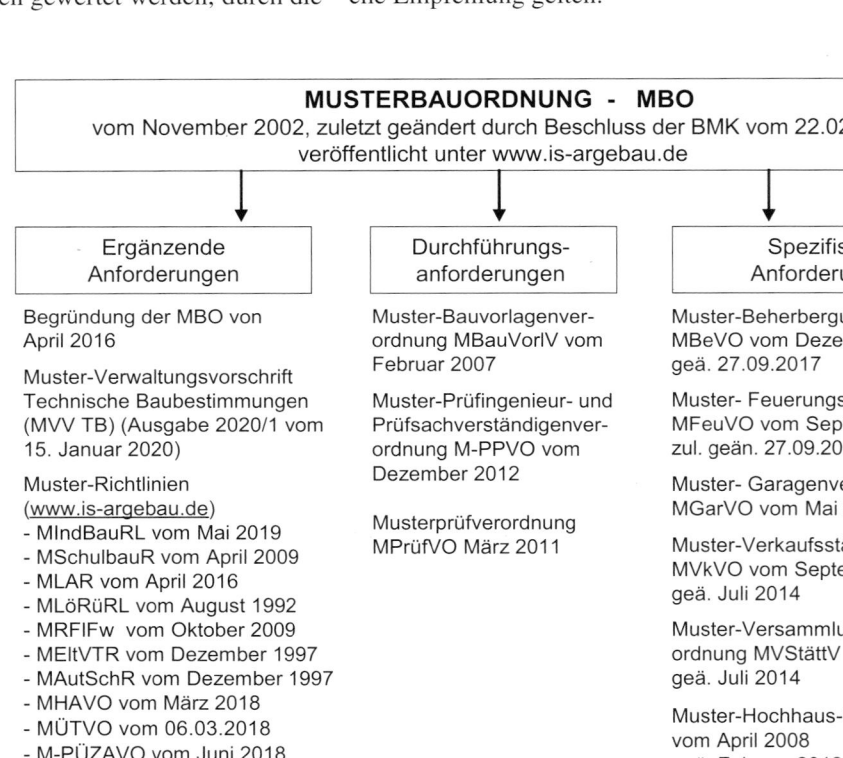

Abb. 16.4 Darstellung der Gebäudeklassen

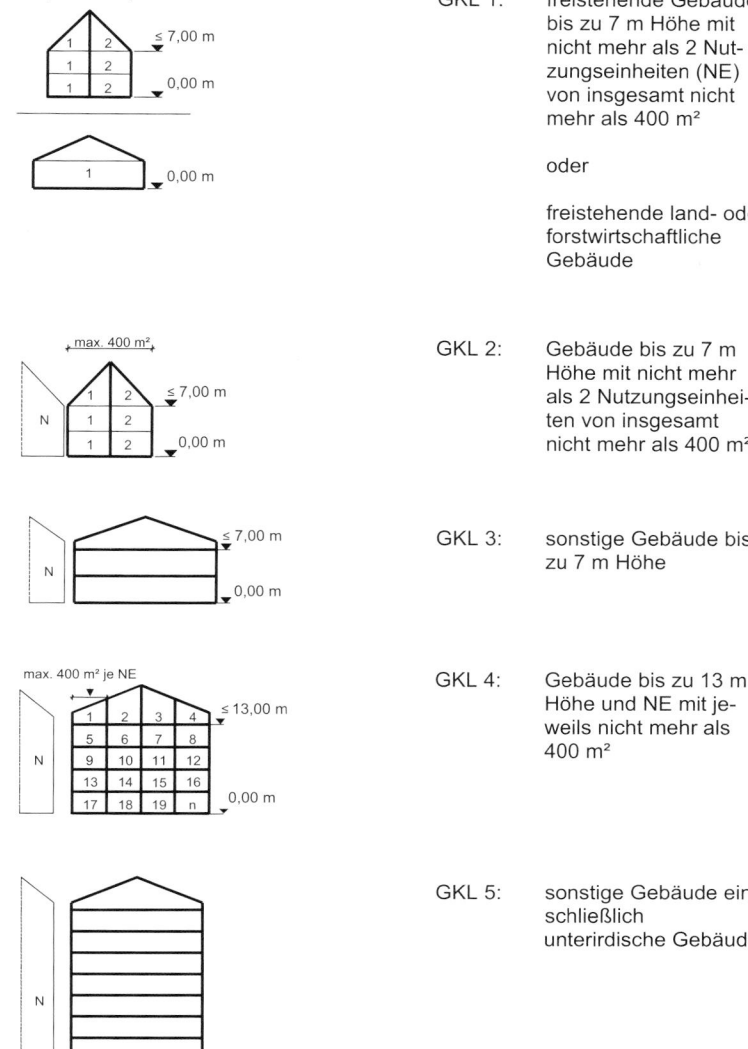

GKL 1: freistehende Gebäude bis zu 7 m Höhe mit nicht mehr als 2 Nutzungseinheiten (NE) von insgesamt nicht mehr als 400 m²

oder

freistehende land- oder forstwirtschaftliche Gebäude

GKL 2: Gebäude bis zu 7 m Höhe mit nicht mehr als 2 Nutzungseinheiten von insgesamt nicht mehr als 400 m²

GKL 3: sonstige Gebäude bis zu 7 m Höhe

GKL 4: Gebäude bis zu 13 m Höhe und NE mit jeweils nicht mehr als 400 m²

GKL 5: sonstige Gebäude einschließlich unterirdische Gebäude

16.2.3 Bauordnungsrechtliche Einordnung nach MBO

Der Anwendungs- oder Geltungsbereich eines Gesetzes, einer Verordnung oder einer Richtlinie ist abschließend definiert. Außerhalb des definierten Geltungsbereiches kann die jeweilige Vorschrift nicht angewendet werden.

- Die Vorschriften in der MBO gelten nach § 1 MBO für bauliche Anlagen: Bauliche Anlagen sind mit dem Erdboden verbundene, aus Bauprodukten hergestellte Anlagen; eine Verbindung mit dem Boden besteht auch dann, wenn die Anlage durch eigene Schwere auf dem Boden ruht oder auf ortsfesten Bahnen begrenzt beweglich ist oder wenn die Anlage nach ihrem Verwendungszweck dazu bestimmt ist, überwiegend ortsfest benutzt zu werden.

- Bauprodukte: Bauprodukte sind Baustoffe, Bauteile und Anlagen, die hergestellt oder vorgefertigt werden, um dauerhaft in oder als bauliche Anlagen gebaut zu werden.
- Gebäude: Gebäude sind selbstständig benutzbare, überdeckte bauliche Anlagen, die von Menschen betreten werden können und geeignet oder bestimmt sind, dem Schutz von Menschen, Tieren oder Sachen zu dienen.
- Nutzungseinheiten: Als Nutzungseinheit gilt eine in sich abgeschlossene Folge von Aufenthaltsräumen, die einer Person oder einem gemeinschaftlichen Personenkreis zur Benutzung zur Verfügung stehen, zum Beispiel abgeschlossene Wohnungen, Einliegerwohnungen, auch Ein-Zimmer-Appartements oder ein aus einem Raum bestehendes Büro (eine Folge von Aufenthaltsräumen ist nicht zwingend vorausgesetzt) sowie Praxen. Nutzungseinhei-

ten sind räumlich definierte Abschnitte, die gegeneinander brandschutztechnisch geschützt sind und so die Brandbekämpfung begünstigen. Für sie wird jeweils ein eigenes Rettungswegsystem verlangt (vgl. § 33 (1) MBO).

Um die brandschutztechnischen Mindestforderungen für ein Gebäude und seine Nutzung festzulegen, muss eine Bewertung entsprechend der in Abb. 16.4 dargestellten Gebäudeklassen (GKL) gemäß § 2 (3) MBO erfolgen [22].

Entscheidend für die **Höhenlage** ist der Abstand des Fußbodens (oberflächenfertiger Fußboden) der höchstgelegenen und zum Aufenthalt geeigneten Räume über der im Mittel an das Gebäude angrenzenden Geländeoberfläche. Ursächlich entspricht diese Einstufung in die Gebäudeklassen dem zu erwartenden Gefahrenpotential, das insbesondere mit der Möglichkeit der Rettung von Menschen und Tieren sowie dem Einsatz der Feuerwehr zusammenhängt.

Die brandschutztechnischen Mindestanforderungen, die in der MBO definiert werden, gelten für ein normales Wohn- oder Bürogebäude. Die für dieses normale Gebäude mit der normalen Gebäudenutzung erwarteten Brandrisiken sollen mit den in der MBO definierten Maßnahmen so verringert werden, dass die allgemeinen Schutzziele nach § 14 MBO eingehalten werden und ein zulässiges Sicherheitsniveau erreicht wird.

Das normale Brandrisiko stellt das gesellschaftlich vereinbarte Risikopotential dar, dem ein Nutzer mit normalen Eigenschaften in einem Gebäude mit normaler Art und Nutzung ausgesetzt werden darf. Es wird gekennzeichnet durch:

- Belegungsdichte: gleichmäßig niedrig
- Nutzerqualität: Personen sind selbstständig und normal beweglich, nicht ständig aufmerksam, aber ortskundig (also mit den Rettungswegen vertraut)
- Belegungsdichte: ca. 5–8 Personen pro Nutzungseinheit
- Brandlast: hoch
  $(30\text{–}60 \,\text{kg Holz}/\text{m}^2 = 200\text{–}250 \,\text{kW h}/\text{m}^2$
  $\qquad\qquad\qquad = 720\text{–}900 \,\text{MJ}/\text{m}^2)$
- Brandentstehungsrisiko: hoch.

Dieses Risiko wird im Sinne der MBO als „normal" angesehen.

Nutzungen mit höheren bzw. von diesen normalen Brandrisiken abweichenden Gefahren werden als Sonderbauten in § 2 MBO aufgeführt.

Sonderbauten sind:

- Hochhäuser (Gebäude mit einer Höhe von mehr als 22 m);
- bauliche Anlagen mit einer Höhe von mehr als 30 m;
- Gebäude mit mehr als 1600 m² Grundfläche des Geschosses mit der größten Ausdehnung, ausgenommen Wohngebäude und Garagen;
- Verkaufsstätten, deren Verkaufsräume und Ladenstraßen eine Grundfläche von insgesamt mehr als 800 m² haben;
- Gebäude mit Räumen, die einer Büro- oder Verwaltungsnutzung dienen und einzeln eine Grundfläche von mehr als 400 m² haben;

- Gebäude mit Räumen, die einzeln für die Nutzung durch mehr als 100 Personen bestimmt sind;
- Versammlungsstätten mit Versammlungsräumen, die insgesamt mehr als 200 Besucher fassen, wenn diese Versammlungsräume gemeinsame Rettungswege haben;
- Versammlungsstätten im Freien mit Szenenflächen und Freisportanlagen, deren Besucherbereich jeweils mehr als 1000 Besucher fasst;
- Schank- und Speisegaststätten mit mehr als 40 Gastplätzen in Gebäuden oder mehr als 1000 Gastplätzen im Freien, Beherbergungsstätten mit mehr als 12 Betten und Spielhallen mit mehr als 150 m² Grundfläche;
- Krankenhäuser
- Gebäude mit Nutzungseinheiten zum Zwecke der Pflege oder Betreuung von Personen mit Pflegebedürftigkeit oder Behinderung, deren Selbstrettungsfähigkeit eingeschränkt ist, wenn die Nutzungseinheit
  – einzeln für mehr als 6 Personen oder
  – für Personen mit Intensivpflegebedarf bestimmt sind, oder
  – einen gemeinsamen Rettungsweg haben und für mehr als 12 Personen bestimmt sind;
- Tageseinrichtungen für Kinder, Menschen mit Behinderung und alte Menschen, ausgenommen Tageseinrichtungen einschließlich Tagespflege für nicht mehr als zehn Kinder
- sonstige Einrichtungen zur Unterbringung von Personen sowie Wohnheime;
- Schulen, Hochschulen und ähnliche Einrichtungen;
- Justizvollzugsanstalten und bauliche Anlagen für den Maßregelvollzug;
- Camping- und Wochenendplätze;
- Freizeit- und Vergnügungsparks;
- Fliegende Bauten, soweit sie einer Ausführungsgenehmigung bedürfen;
- Regallager mit einer Oberkante Lagerguthöhe von mehr als 7,50 m;
- bauliche Anlagen, deren Nutzung durch Umgang oder Lagerung von Stoffen mit Explosions- oder erhöhter Brandgefahr verbunden ist;
- Anlagen und Räume, die vorgenannt nicht aufgeführt sind und deren Art oder Nutzung mit vergleichbaren Gefahren verbunden ist.

Die Einstufung in die Gebäudeklassen 1 bis 5 erfolgt **unabhängig** von der Einstufung als Sonderbau nach § 2 MBO.

Dem besonderen Risiko in Sonderbauten wird durch die Einhaltung der Sonderbauvorschriften (siehe Abb. 16.3) Rechnung getragen. Bei der Errichtung, Änderung oder Instandhaltung von Sonderbauten können Erleichterungen gestattet, aber auch besondere Anforderungen gestellt werden (siehe MBO § 51), die ausschließlich der Verwirklichung der allgemeinen Grundsätze nach § 3 (1) MBO dienen.

16.3 Bautechnische Grundlagen

16.3.1 Brandschutztechnische Klassifizierung nach DIN 4102

Die in der MBO bzw. in den Musterbauvorschriften (siehe Abb. 16.3) definierten bauordnungsrechtlichen Mindestforderungen im vorbeugenden Brandschutz werden durch technische Normen und Regelwerke klassifiziert und qualifiziert.

So müssen die in der MBO verwendeten unbestimmten Rechtsbegriffe feuerhemmend, hochfeuerhemmend oder feuerbeständig in Klassen und dazugehörige Kurzbezeichnungen umgewandelt werden, s. Tafel 16.2.

Die in DIN 4102-2:1977-09, Abschn. 8.8.2, Tabelle 2 angegebenen Bezeichnungen entsprechen den in Tafel 16.3 aufgeführten Anforderungen in bauaufsichtlichen Verwendungsvorschriften.

Um den Einsatz von Holz im Bauwesen zu ermöglichen und gleichzeitig die hohen nationalen Sicherheitsansprüche zu wahren, wurde in der Musterbauordnung (Fassung 2002) die neue Feuerwiderstandsklasse **F60-BA** für die neue Gebäudeklasse 4 eingeführt. Die Verwendung von Holz für die wesentlichen Bauteile (Baustoffklasse B) ist bauordnungsrechtlich in bis zu 5-geschossigen Gebäuden zulässig, wenn eine brandschutztechnisch wirksame Bekleidung und ausschließlich nichtbrennbare Baustoffe mit einem Schmelzpunkt $\geq 1000\,°C$ gemäß DIN 4102-17 (Baustoffklasse A) vorgesehen werden. Eine brandschutztechnisch wirksame Bekleidung darf innerhalb der relevanten Branddauer von 60 Minuten die Entzündungstemperatur von 300 °C nicht erreichen.

Werden die Hinweise und konstruktiven Maßnahmen der Muster-Richtlinie über brandschutztechnische Anforderungen an hochfeuerhemmende Bauteile in Holzbauweise (**MHolzBauRL**) eingehalten, kann der Holzbau die hohen Sicherheitsanforderungen hinsichtlich der Standsicherheit im Brandfall erreichen.

Eine wesentliche bautechnische Grundlage für den Brandschutz in Deutschland bildet die DIN 4102, in der die jeweiligen Feuerwiderstands- oder Baustoffklassen durch Prüfnormen in definierte Profile, Werkstoffe oder Qualitäten transformiert werden.

Die Norm DIN 4102 besteht im Einzelnen aus den in Tafel 16.6 aufgeführten Teilen.

16.3.2 Europäische Klassifizierung

Um den grenzüberschreitenden Baustoff- und Warenverkehr zwischen allen europäischen Mitgliedstaaten zu erleichtern, müssen die jeweiligen landesspezifischen, nicht miteinander vergleichbaren Brandschutzklassen durch das neue, einheitliche europäische Klassifizierungssystem ersetzt werden. Je nach dem gewünschten Sicherheits- und Schutzniveau in den einzelnen europäischen Mitgliedstaaten können die Anforderungsklassen und Leistungsstufen gewählt und eingeführt werden.

Parallel zum bisherigen deutschen Klassifizierungssystem nach DIN 4102 wurde das europäische Klassifizierungssystem

- zum Brandverhalten von Bauprodukten nach DIN EN 13501-1:2019-05
- zu Feuerwiderstandsprüfungen nach DIN EN 13501-2:2016-12
- zu haustechnischen Anlagen nach DIN 13501-3:2010-02
- zu Anlagen zur Rauchfreihaltung nach DIN 13501-4:2016-12
- zu Bedachungen nach DIN 13501-5:2016-12
- zu elektrischen Kabeln nach DIN 13501-6:2019-05

Tafel 16.2 Umwandlung der bauaufsichtlichen Bezeichnungen in Klassen nach DIN 4102-2 (siehe auch MVVTB 2019/01, A 2 und insbesondere Anhang 4, Tabelle 4.2.4)

Bauaufsichtliche Anforderungen	Klassen nach DIN 4102-2	Kurzbezeichnung nach DIN 4102-2
Feuerhemmend	Feuerwiderstandsklasse F 30	F 30 – B[a]
Feuerhemmend und aus nichtbrennbaren Baustoffen	Feuerwiderstandsklasse F 30 und aus nichtbrennbaren Baustoffen	F 30 – A[a]
Hochfeuerhemmend	Feuerwiderstandsklasse F 60 und in den wesentlichen Teilen aus nichtbrennbaren Baustoffen	F 60 – AB[b]
	Feuerwiderstandsklasse F 60 und aus nichtbrennbaren Baustoffen	F 60 – A[b]
Feuerbeständig	Feuerwiderstandsklasse F 90 und in den wesentlichen Teilen aus nichtbrennbaren Baustoffen	F 90 – AB[c, d]
Feuerbeständig und aus nichtbrennbaren Baustoffen	Feuerwiderstandsklasse F 90 und aus nichtbrennbaren Baustoffen	F 90 – A[c, d]

[a] bei nichttragenden Außenwänden auch W 30 zulässig.
[b] bei nichttragenden Außenwänden auch W 60 zulässig.
[c] bei nichttragenden Außenwänden auch W 90 zulässig.
[d] nach bestimmten bauaufsichtlichen Verwendungsvorschriften einiger Länder auch F 120 gefordert.

Tafel 16.3 Umwandlung der bauaufsichtlichen Bezeichnungen in europäische Klassifizierungen (Auszug aus MVVTB 2019/01, Anhang 4, Tabelle 4.3.1)

Bauaufsichtliche Anforderung	Mindestens erforderliche Leistungen		
	Feuerwiderstandsfähigkeit		Brandverhalten
	ohne Raumabschluss[a]	mit Raumabschluss	
Feuerhemmend	R 30	REI 30	E – d2
Feuerhemmend und aus nichtbrennbaren[b] Baustoffen	R 30	REI 30	A2 – s1,d0[c]
Hochfeuerhemmend (tragende Teile brennbar, Dämmstoffe nichtbrennbar[b] mit brandschutztechnisch wirksamer Bekleidung)	R 60 $K_2$60	REI 60 $K_2$60	Dämmstoff und brandschutztechnisch wirksame Bekleidung: A2 – s1,d0[c]; im Übrigen E – d2
Hochfeuerhemmend und in den wesentlichen Teilen aus nichtbrennbaren[b] Baustoffen	R 60	REI 60[d]	A2 – s1,d0[c]
Wand anstelle einer Brandwand (hochfeuerhemmend und aus nichtbrennbaren[b] Baustoffen auch unter zusätzlicher mechanischer Beanspruchung standsicher)	–	REI 60-M	A2 – s1,d0[c]
Wand anstelle einer Brandwand (hochfeuerhemmend (tragende Teile brennbar, Dämmstoffe nichtbrennbar[b] mit brandschutztechnisch wirksamer Bekleidung) auch unter zusätzlicher mechanischer Beanspruchung standsicher)	–	REI 60-M $K_2$60	tragende und aussteifende Teile E, im Übrigen A2 – s1,d0[c]
Feuerbeständig (tragende und aussteifende Teile nicht brennbar[b]	R 90	REI 90[d]	A2 – s1,d0[c]; im Übrigen E – d2
Feuerbeständig und aus nichtbrennbaren[b] Baustoffen	R 90	REI 90	A2 – s1,d0[c]
Feuerwiderstandsfähigkeit 120 Min. und aus nichtbrennbaren[b] Baustoffen	R 120	REI 120	A2 – s1,d0[c]
Brandwand[e]	–	REI 90-M	A2 – s1,d0[c]

[a] Für die mit reaktiven Brandschutzsystemen beschichteten Stahlbauteile ist die Angabe IncSlow gemäß DIN EN 13501-2:2010-02 in der Leistungserklärung zusätzlich zu nennen.
[b] Hinsichtlich der Anforderungen gilt Tabelle 1.1.
[c] Soweit erforderlich gilt Abschnitt 1.3.
[d] Eine in Bauteilebene durchgehende nicht brennbare Schicht: A2 – s1,d0[c]
[e] Die Brandwand muss aus nichtbrennbaren Baustoffen bestehen.

Tafel 16.4 DIN 4102-2:1977-09, Abs. 5.1, Tabelle 1 Feuerwiderstandsklassen

Feuerwiderstandsklasse	Feuerwiderstandsdauer in Minuten
F 30	≥ 30
F 60	≥ 60
F 90	≥ 90
F 120	≥ 120
F 180	≥ 180

in deutsches Baurecht eingeführt. Die Nachweise der Produkte zum Brandverhalten und zum Feuerwiderstand können derzeit auf der Grundlage beider Normen erfolgen.

Als wesentliche Änderung werden im europäischen Klassifizierungssystem die Bauteile und Bauprodukte nach Kriterien wie Tragfähigkeit, Raumabschluss und Wärmedämmung unterschieden und mit einer definierten Leistungszeit (= Feuerwiderstandsdauer) kombiniert.

Alle Bauregellisten wurden zum 01. April 2019 aufgehoben und durch die Musterverwaltungsvorschrift Technische Baubestimmungen, Ausgabe 2019/1 – MVVTB – am 15. Januar 2020 ersetzt (siehe www.DIBt.de). Es gelten die in Tafel 16.7 aufgeführten europäischen Synonyme.

Nach diesen Klassifizierungskriterien kann ein Bauteil oder ein Bauprodukt entsprechend der örtlichen Gegebenheit und dem spezifischen Anforderungsprofil verwendet werden.

Ein Bauteil mit der Klassifizierung RE 90 ist für 90 Minuten standsicher und wirkt für diese Zeit auch raumabschließend. Es ist darüber hinaus möglich, für ein Bauteil unterschiedliche Kriterien mit verschiedenen Versagenszeiten zu definieren, was die spezifische Einsatzfähigkeit und Funktion dieses Bauteils im Gebäude unterstützt.

Weiterhin kann durch Zusatzkennzeichnungen dem spezifischen Anforderungsprofil eines Bauproduktes Rechnung getragen werden (z. B. Rauchdichte: s1 bis s3, brennend abtropfend: d0 bis d3 oder Außenwände: (i → o) bis (o → i)).

Tafel 16.5   Tabelle 2 aus DIN 4102-2:1977-09

	1	2	3	4	5
Zeile	Feuerwider-standsklasse nach Tab. 1	Baustoffklasse nach DIN 4102-1 der in den geprüften Bauteilen verwendeten Baustoffe für		Benennung[b]	Kurz-bezeichnung
		Wesentliche Teile[a]	Übrige Bestandteile, die nicht unter den Begriff der Spalte 2 fallen	Bauteile der	
1	F 30	B	B	Feuerwiderstandsklasse F 30	F 30 – B
2		A	B	Feuerwiderstandsklasse F 30 und in den wesent-lichen Teilen aus nichtbrennbaren Baustoffen[a]	F 30 – AB
3		A	A	Feuerwiderstandsklasse F 30 und aus nichtbrennbaren Baustoffen	F 30 – A
4	F 60	B	B	Feuerwiderstandsklasse F 60	F 60 – B
5		A	B	Feuerwiderstandsklasse F 60 und in den wesent-lichen Teilen aus nichtbrennbaren Baustoffen[a]	F 60 – AB
6		A	A	Feuerwiderstandsklasse F 60 und aus nichtbrennbaren Baustoffen	F 60 – A
7	F 90	B	B	Feuerwiderstandsklasse F 90	F 90 – B
8		A	B	Feuerwiderstandsklasse F 90 und in den wesent-lichen Teilen aus nichtbrennbaren Baustoffen[a]	F 90 – AB
9		A	A	Feuerwiderstandsklasse F 90 und aus nichtbrennbaren Baustoffen	F 90 – A
10	F 120	B	B	Feuerwiderstandsklasse F 120	F 120 – B
11		A	B	Feuerwiderstandsklasse F 120 und in den wesent-lichen Teilen aus nichtbrennbaren Baustoffen[a]	F 120 – AB
12		A	A	Feuerwiderstandsklasse F 120 und aus nichtbrennbaren Baustoffen	F 120 – A
13	F 180	B	B	Feuerwiderstandsklasse F 180	F 180 – B
14		A	B	Feuerwiderstandsklasse F 180 und in den wesent-lichen Teilen aus nichtbrennbaren Baustoffen[a]	F 180 – AB
15		A	A	Feuerwiderstandsklasse F 180 und aus nichtbrennbaren Baustoffen	F 180 – A

[a] Zu den wesentlichen Teilen gehören:
a) alle tragenden oder aussteifenden Teile, bei nichttragenden Bauteilen auch die Bauteile, die deren Standsicherheit bewirken (z. B. Rahmenkon-struktionen von nichttragenden Wänden),
b) bei raumabschließenden Bauteilen eine in Bauteilebene durchgehende Schicht, die bei der Prüfung nach dieser Norm nicht zerstört werden darf. Bei Decken muss diese Schicht eine Gesamtdicke von mindestens 50 mm besitzen; Hohlräume im Inneren dieser Schicht sind zulässig. Bei der Beurteilung des Brandverhaltens der Baustoffe können Oberflächen-Deckschichten oder andere Oberflächenbehandlungen außer Betracht bleiben.
[b] Diese Benennung betrifft nur die Feuerwiderstandsfähigkeit des Bauteils; die bauaufsichtlichen Anforderungen an Baustoffe für den Ausbau, die in Verbindung mit dem Bauteil stehen, werden hiervon nicht berührt.

Abb. 16.5   Aufbau DIN 4102

Tafel 16.6 Teile der DIN 4102

Norm	Datum	Bezeichnung/Inhalt	Kurzbezeichnung
DIN 4102-1	1998-05	Baustoffe, Begriffe, Anforderungen und Prüfungen	A, B
DIN 4102-2	1977-09	Bauteile, Begriffe, Anforderungen und Prüfungen	F30 … F180
DIN 4102-3	1977-09	Brandwände und nichttragende Wände	F90 W30 … W180
DIN 4102-4	2016-05	Zusammenstellung und Anwendung klassifizierter Baustoffe, Bauteile und Sonderbauteile	F30 … F180
DIN 4102-5	1977-09	Feuerschutzabschlüsse, Abschlüsse in Fahrschachtwänden	T30 … T180
DIN 4102-6		Zurückgezogen	
DIN 4102-7	2018-11	Bedachungen	
DIN 4102-8	2003-10	Kleinprüfstand	
DIN 4102-9	1990-05	Kabelabschottungen	S30 … S180
DIN 4102-10		Zurückgezogen	
DIN 4102-11	1985-12	Rohrummantelungen, Rohrabschottungen, Installationsschächte und -kanäle sowie Abschlüsse ihrer Revisionsöffnungen	R30 … R120 I30 … I120
DIN 4102-12	1998-11	Funktionserhalt von elektrischen Kabelanlagen	E30 … E90
DIN 4102-13	1990-05	Brandschutzverglasungen	F30 … F120 G30 … G120
DIN 4102-14	1990-05	Bodenbeläge und Bodenbeschichtungen	
DIN 4102-15	1990-05	Brandschacht	
DIN 4102-16	2021-01	Durchführung von Brandschachtprüfungen	
DIN 4102-17	2017-12	Schmelzpunkt von Mineralfaserdämmstoffen	
DIN 4102-18	1991-03	Feuerschutzabschlüsse und Feuerschutztüren	
DIN 4102-19		Zurückgezogen	
DIN 4102-20	2017-10	Außenwandbekleidungen	
DIN 4102-21	2002-08	Beurteilung des Brandverhaltens von feuerwiderstandsfähigen Lüftungsleitungen	
DIN 4102-22		Zurückgezogen	

Tafel 16.7 Erläuterungen zur Klassifizierung der Bauteile und Bauprodukte (MVVTB 2019/1, Anlage zu Anhang 4, veröffentlicht auf www.DIBt.de)

Herleitung des Kurzzeichens	Kriterium	Anwendungsbereich
R (Résistance)	Tragfähigkeit	Zur Beschreibung der Feuerwiderstandsfähigkeit
E (Étanchéité)	Raumabschluss	
I (Isolation)	Wärmedämmung (unter Brandeinwirkung)	
W (Radiation)	Begrenzung des Strahlungsdurchtritts	
M (Mechanical)	Mechanische Einwirkung auf Wände (Stoßbeanspruchung)	
S_a (Smoke)	Begrenzung der Rauchdurchlässigkeit (Dichtheit, Leckrate), erfüllt die Anforderungen bei Umgebungstemperatur	Dichtschließende Abschlüsse
S_{200} (Smoke$_{max\ leakage\ rate}$)	Begrenzung der Rauchdurchlässigkeit (Dichtheit, Leckrate), erfüllt die Anforderungen sowohl bei Umgebungstemperatur als auch bei 200 °C	Rauchschutzabschlüsse (als Zusatzanforderung auch bei Feuerschutzabschlüssen)
C… (Closing)	Selbstschließende Eigenschaft (ggf. mit Anzahl der Lastspiele) einschl. Dauerfunktion	Rauchschutztüren, Feuerschutzabschlüsse (einschließlich Abschlüsse für Förderanlagen)
P	Aufrechterhaltung der Energieversorgung und/oder Signalübermittlung	Elektrische Kabelanlagen allgemein
K_1, K_2	Brandschutzvermögen	Wand- und Deckenbekleidungen (Brandschutzbekleidungen)
I_1, I_2	Unterschiedliche Wärmedämmungskriterien	Feuerschutzabschlüsse (einschließlich Abschlüsse für Förderanlagen)
i → o, i ← o, i ↔ o (in – out)	Richtung der klassifizierten Feuerwiderstandsdauer	Nichttragende Außenwände, Installationsschächte/-kanäle, Lüftungsanlagen/-klappen
a ↔ b (above – below)	Richtung der klassifizierten Feuerwiderstandsdauer	Unterdecken

Tafel 16.8 Klassifizierung der Bauteile und Bauprodukte

Bauteil	Kriterien	Zusatz-kriterien	Feuerwiderstand [min]			
			30	60	90	120
Tragendes Bauteil ohne Raumabschluss	R		R 30	R 60	R 90	R 120
Tragendes Bauteil mit Raumabschluss	RE, REI		... 30	... 60	... 90	... 120
Nichttragendes Bauteil mit Raumabschluss und mechanischer Beanspruchbarkeit	EI-M		... 30	... 60	... 90	... 120
Tragende Decken/Dächer	RE, REI		... 30	... 60	... 90	... 120
Nichttragende Decken/Dächer	E, EI		... 30	... 60	... 90	–
Innenwände	EW		... 30	... 60	–	–
Feuerschutzabschlüsse	E, EI_1	C	... 30	... 60	... 90	... 120
	EI_2	S	... 30	... 60	... 90	... 120
	EW		... 30	... 60	–	–
Installationsschächte	E, EI		... 30	... 60	... 90	... 120

Tafel 16.9 Klassifizierung der Bedachung (Auszug aus MVVTB, Anhang 4, Tabelle 3.1: Bauaufsichtliche Anforderung und Klasse nach DIN 4102-7:1998-07)

Bauaufsichtliche Anforderung	Klasse nach DIN 4102-7:1998-07
Brandbeanspruchung von außen durch Flugfeuer und strahlende Wärme (harte Bedachung)	Widerstandsfähig gegen Flugfeuer und strahlende Wärme (harte Bedachung)

16.4 Brandschutzanforderungen

Das Bauordnungsrecht ist Sicherheitsrecht.

Die Hauptgefahr für Leben, Gesundheit, Besitz und Eigentum ist die Brandgefahr.

Der vorbeugende bauliche Brandschutz ist ein wesentlicher Bestandteil der Gebäudesicherheit. Er liegt nicht allein in der Eigenverantwortung des Nutzers bzw. des Bauherrn, sondern insbesondere im öffentlich-rechtlichen Interesse. Die Brandschutzmaßnahmen, die in der MBO verankert sind, dienen der Herstellung eines gesellschaftlich vereinbarten Sicherheitsniveaus, auf das jeder Bürger einen Rechtsanspruch hat.

16.4.1 Bauordnungsrechtliche Schutzziele

Abgeleitet aus dem Grundrecht der körperlichen Unversehrtheit (Art. 2 Abs. 2 Grundgesetz der BRD) wird im § 3 der MBO die Fürsorgepflicht des Staates zur Gefahrenabwehr und insbesondere zum Schutz von Leben und Gesundheit bei der Benutzung von baulichen Anlagen umgesetzt. Dazu werden im § 14 MBO die vier Grundsatzforderungen definiert, die in Deutschland als die vier allgemeinen Schutzziele bekannt sind.

Auch im europäischen Sicherheitskonzept werden im Anhang I der Richtlinie 89/106/EWG des Rates vom 21.12.1988 zur Angleichung der Rechts- und Verwaltungsvorschriften der Mitgliedsstaaten über Bauprodukte folgende Schutzziele definiert:

„Das Bauwerk muss derart entworfen und ausgeführt sein, dass bei einem Brand
- die Tragfähigkeit des Bauwerks während eines bestimmten Zeitraumes erhalten bleibt;
- die Entstehung und Ausbreitung von Feuer und Rauch innerhalb des Bauwerks begrenzt bleibt;
- die Ausbreitung von Feuer auf benachbarte Bauwerke begrenzt wird;
- die Bewohner das Gebäude unverletzt verlassen oder durch andere Maßnahmen gerettet werden können;
- die Sicherheit der Rettungsmannschaften berücksichtigt wird."

Diese Grundsatzforderungen dienen primär dem Schutz von Menschenleben, das heißt dem **Personenschutz** und dem **Nachbarschutz**. Werden diese Grundsatzforderungen durch die Planung und Bauausführung eingehalten, gelten die allgemeinen Anforderungen nach Gewährleistung der öffentlichen Sicherheit und Ordnung, also nach dem Schutz von Leben und Gesundheit im Havariefall Brand, als erfüllt.

Weitere Schutzziele können notwendig sein, wenn Personen mit besonderen Eigenschaften oder auch die Feuerwehrrettungskräfte oder die Umwelt durch Freisetzung von Gefahrstoffen chemischer, biologischer oder radioaktiver Art gefährdet werden. Zusätzliche Schutzziele können auch die Minimierung von Restschäden oder die Minimierung von Betriebsunterbrechungen sein. Über die allgemeinen Grundsatzforderungen hinausgehende Schutzziele sind im Einzelfall festzulegen, zum Beispiel:
- Evakuierungsmöglichkeiten in Altenpflegeheimen;
- Operationsbereiche in Krankenhäusern;
- Schutz von Kulturgütern;
- Schutz von Daten.

Der **Sachschutz** für Gebäude und Einrichtungen kann durch die allgemeinen Grundsatzforderungen nur teilweise garantiert werden. Der bauordnungsrechtliche Stellenwert des Sachschutzes ist erheblich niedriger als der des Personenschutzes. Notwendige oder zweckmäßige Brandschutzmaßnahmen zum Sachschutz liegen zum Teil im Ermessen des Bauherrn bzw. hängen stark von den Nutzeransprüchen

Abb. 16.6 Übersicht Bauordnungsrecht

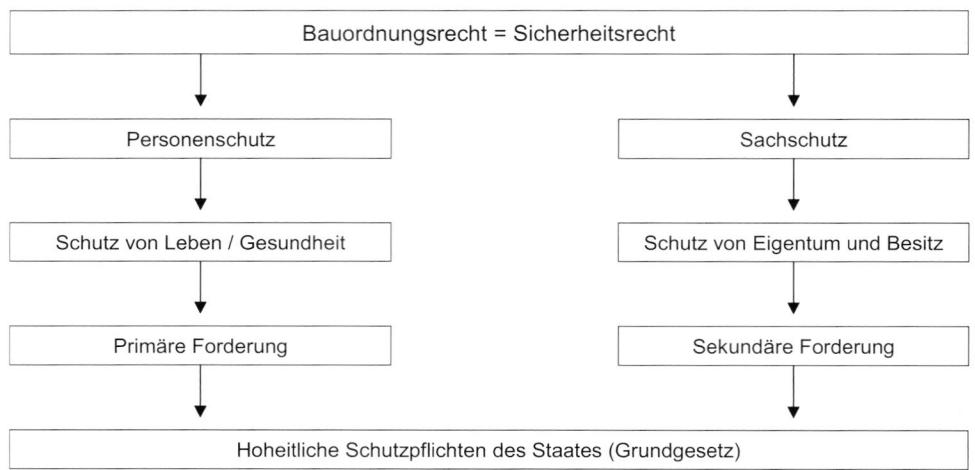

ab. Sie werden im Allgemeinen mit dem Sachversicherer abgestimmt und geregelt (Rabattklassen).

Das Ziel der Brandschutzkonzeption muss sein, eine ob-
jektive, neutral wirtschaftliche Brandschutzlösung für das
betrachtete Objekt zu finden und von allen Beteiligten (Nutzer, Betreiber, Architekt, Fachingenieure, Aufsichtsbehör-
den, Versicherer, Bauunternehmer) genehmigen zu lassen.

16.4.2 Bestandteile des Brandschutzes

Der Brandschutz im Allgemeinen stellt die Gesamtheit aller
Mittel, Methoden und Maßnahmen dar, die zum Erreichen
der vorgenannten Grundsatzforderungen notwendig sind.

In der Musterbauordnung werden primär Einzelschutz-
ziele definiert. Die in der MBO aufgeführten materiellen
Forderungen stellen **eine** Möglichkeit zur Erfüllung der definierten Schutzziele dar. Diese Forderungen sind hinsichtlich
der Risikosituation auf Wohn- und Bürohäuser ausgerichtet.

In diesen normalen Gebäuden werden die definierten Schutzziele des vorbeugenden baulichen Brandschutzes ohne technische oder organisatorische Maßnahmen erreicht. Das heißt,
im normalen Wohn- und Geschäftsgebäude (GKL5) können
die allgemeinen Grundsatzforderungen allein mit den baulichen Maßnahmen, die im dritten Teil der MBO verankert
sind, erreicht werden.

Weichen die spezifischen Gebäudeparameter von diesen
normalen Bedingungen ab, muss im Rahmen eines Brandschutzkonzeptes durch zusätzliche oder alternative Maßnahmen das nach § 14 MBO definierte Sicherheitsniveau für das
Gesamtgebäude erreicht werden.

Dafür stehen bauliche, technische oder organisatorische
Lösungen zur Verfügung, die im Rahmen eines gesamtheit-
lichen Brandschutzkonzeptes aufeinander abgestimmt werden, sodass deren Zusammenwirken einen umfassenden und
funktionierenden Schutz ergeben. Ein konsequenter Brandschutz beinhaltet immer die schlüssige Gesamtbewertung
des vorbeugenden und des abwehrenden Brandschutzes.

Abb. 16.7 Bestandteile des
Brandschutzes

16.4.3 Formen der Brandschutznachweise

Im Rahmen der bauordnungsrechtlichen Genehmigungsfähigkeit ist je nach landesrechtlichen Vorschriften unter Bezug auf § 66 (1) MBO die Einhaltung der bauordnungsrechtlichen Anforderungen nachzuweisen.

Grundsätzlich unterscheiden wir zwei Formen der brandschutztechnischen Nachweisführung:

Die klassischen Nachweisverfahren Für normale Gebäude und Nutzungen hat sich der einfache Soll-Ist-Vergleich bewährt. Für besondere Gebäude und Nutzungen sowie bei Abweichungen von bauordnungsrechtlichen Vorschriften wird ein schutzzielorientiertes Brandschutzkonzept erstellt.

Das schutzzielorientierte Brandschutzkonzept beschreibt verbal auf der Grundlage von definierten Ausgangsparmetern das sinnvolle Zusammenwirken von spezifischen Brandschutzmaßnahmen für eine bestimmte bauliche Anlage mit dem Ziel, die Grundsatzforderungen des § 14 MBO einzuhalten. Ziel des schutzzielorientierten Brandschutzkonzeptes ist das Erreichen eines wirksamen, schlüssigen und langfristig praktikablen Sicherheitskonzeptes.

Die ingenieurmäßigen Nachweisverfahren In den letzten Jahren haben sich neben den klassischen Brandschutzkonzepten auch die Ingenieurmethoden etabliert, deren Anwendung und Auswertung ein umfangreiches Expertenwissen

voraussetzen. Man versteht „unter Brandschutzingenieurmethoden [...] die Anwendung von ingenieurmäßigen Ansätzen, Prinzipien und Methoden, die auf wissenschaftlichen Erkenntnissen beruhen und demnach theoretische und empirisch gewonnene (aber durch Versuche wissenschaftlich bewiesene) Ansätze einschließen." [11] Für alle Ingenieurmethoden gilt, dass die bauaufsichtliche Akzeptanz gegeben ist, wenn die Ingenieurmethode validiert und im Einzelnen verifiziert ist. Die Anwendung der Ingenieurmethoden im Rahmen eines Brandschutznachweises ist vorab mit den Prüfinstanzen abzustimmen [11].

Das gilt nicht für die Anwendung der Industriebaurichtlinie und dem Bemessungsverfahren nach DIN 18230-1 bzw. den Eurocodes 2 bis 6, 9. Diese **Verfahren** sind durch deren bauaufsichtliche Einführung anerkannt [22].

Die Qualifikation der Nachweisersteller Siehe Tafel 16.10.

16.4.4 Prüfung der Brandschutznachweise

Für die Feststellung der Genehmigungsfähigkeit eines Bauvorhabens wird der Brandschutznachweis in Abhängigkeit der landesspezifischen Prüfpflicht einer Gesamtbewertung durch die Prüfinstanzen (Bauaufsichtsämter, Prüfingenieure, Prüfsachverständige, Brandschutzdienststelle usw.) unterzogen (Vier-Augen-Prinzip).

Abb. 16.8 Übersicht zu Formen der Brandschutznachweise im Bauordnungsrecht

Tafel 16.10 Qualifikation des Nachweiserstellers nach § 66 (1) MBO

Gebäudeklasse	Anforderungen an den Nachweisersteller	Grundlage
Gebäudeklasse 1	Bauvorlageberechtigter nach § 65 (2) MBO	§ 66 (1) MBO
Gebäudeklasse 2	Bauvorlageberechtigter nach § 65 (2) MBO	§ 66 (1) MBO
Gebäudeklasse 3	Bauvorlageberechtigter nach § 65 (2) MBO	§ 66 (1) MBO
Gebäudeklasse 4	Bauvorlageberechtigter, der die erforderlichen Brandschutzkenntnisse nachgewiesen hat oder Prüfingenieur/Prüfsachverständiger für Brandschutz ist und in einer Liste geführt wird	§ 66 (2) MBO
Gebäudeklasse 5 und Sonderbauten und Mittel- und Großgaragen	Bauvorlageberechtigter nach § 65 (2) MBO	§ 66 (1) MBO

Tafel 16.11 Bauaufsichtliche Prüfung des Brandschutznachweises nach § 66 (3) MBO

Gebäudeklasse	Prüfung des Brandchutznachweises	Grundlage
Gebäudeklasse 1	Keine Prüfung	§ 66 (3) MBO
Gebäudeklasse 2	Keine Prüfung	§ 66 (3) MBO
Gebäudeklasse 3	Keine Prüfung	§ 66 (3) MBO
Gebäudeklasse 4	Keine Prüfung	§ 66 (3) MBO
Gebäudeklasse 5 und Sonderbauten und Mittel- und Großgaragen	Bauaufsichtliche Prüfung oder Bescheinigung durch einen Prüfingenieur/Prüfsachverständigen	§ 66 (3) MBO

16.4.5 Bauteilanforderungen für GKL1 bis GKL5

Tafel 16.12 Bauteilanforderungen in Gebäuden der Gebäudeklasse 1

Bauteile in GKL 1	Bauteilanforderungen in GKL 1	Grundlage
Wände, Decken, Dächer		
Tragende, aussteifende Wände, Stützen		
– im KG	– feuerhemmend (F30-B)	§ 27 (2) MBO
– in Obergeschossen	– ohne Anforderung	§ 27 (1) MBO
– Balkone	– ohne Anforderung	§ 27 (1) MBO
Außenwände		
– Nichttragende Außenwände und nichttragende Teile tragender Außenwände	– ohne Anforderung	§ 28 (5) MBO
– Oberflächen von Außenwänden und Außenwandbekleidungen einschließlich Dämmstoffe und Unterkonstruktionen	– ohne Anforderung	§ 28 (5) MBO
– mit Hinterlüftung, Doppelfassaden	– Vorkehrungen gegen Brandausbreitung	§ 28 (4) MBO
Trennwände		
– in Wohngebäuden	– ohne Anforderung	§ 29 (6) MBO
– zwischen Nutzungseinheiten, zwischen Nutzungseinheiten und anders genutzten Räumen (außer notwendigen Fluren) sowie zwischen Aufenthaltsräumen und anders genutzten Räumen im KG	– wie tragende und aussteifende Bauteile im Geschoss, mindestens F30-B	§ 29 (3) MBO
– zum Abschluss von Räumen mit Explosions- und erhöhter Brandgefahr	– feuerbeständig (F90-AB)	§ 29 (3) MBO
	– bis zur Rohdecke, in Dachräumen bis zur Dachhaut führen	§ 29 (4) MBO
– Öffnungen in Trennwänden	– feuerhemmend (T30)	§ 29 (5) MBO
Brandwände	– hochfeuerhemmend und nichtbrennbar (F60-A),	§ 30 (3) MBO § 30 (7) MBO
	– Führung der Brandwände bis mindestens unter die Dachhaut, verbleibende Hohlräume sind vollständig mit nichtbrennbaren Baustoffen auszufüllen	§ 30 (5) MBO
	– alternativ: zwei gegenüberliegende Gebäudeabschlusswände, die jeweils von innen nach außen aus feuerhemmenden Bauteilen bestehen, und von außen nach innen die Feuerwiderstandsfähigkeit feuerbeständiger Bauteile haben	§ 30 (3) MBO
Decken		
– im KG	– feuerhemmend (F30-B)	§ 31 (2) MBO
– in den Obergeschossen	– ohne Anforderung	§ 31 (1) MBO
– unter/über Räumen mit Explosions- und erhöhter Brandgefahr	– außer in Wohngebäuden immer feuerbeständig (F90-AB)	§ 31 (2) MBO
– zwischen Aufenthaltsräumen und nicht ausgebautem Dachraum	– ohne Anforderung	§ 31 (1) MBO
– zwischen landwirtschaftlich genutztem Teil und Wohnteil	– feuerbeständig (F90-AB)	§ 31 (2) MBO
Fahrschachtwände	– ohne Anforderung	§ 39 (1) MBO
Dächer	– harte Bedachung, außer bei definierten Abstandsflächen	§ 32 (1) MBO § 32 (2) MBO

Tafel 16.12 (Fortsetzung)

Bauteile in GKL 1	Bauteilanforderungen in GKL 1	Grundlage
Rettungswege		
Notwendige Treppen – tragende Teile	ohne Anforderung	§ 34 (4) MBO
Notwendige Treppenräume	nicht erforderlich	§ 35 (1) MBO
Notwendige Flure		
– Flurwände im Wohngebäude	– ohne Anforderung	§ 36 (1) MBO
– Flurwände in Obergeschossen	– ohne Anforderung	§ 36 (1) MBO
– Flurwände im Kellergeschoss, wenn Wohnung oder NE > 200 m² oder Büros > 400 m² erschlossen werden	– feuerhemmend (F30-B)	§ 36 (4) MBO
– Türen in Flurwänden, die im KG zu Lagerbereichen führen	– feuerhemmend (T30)	§ 36 (4) MBO
– Öffnungen in Flurwänden	– dichtschließend	§ 36 (4) MBO

Tafel 16.13 Bauteilanforderungen in Gebäuden der Gebäudeklasse 2

Bauteile in GKL 2	Bauteilanforderungen in GKL 2	Grundlage
Wände, Decken, Dächer		
Tragende Wände, Stützen		
– in allen Geschossen	– feuerhemmend (F30-B)	§ 27 (1, 2) MBO § 27 (1) MBO
– im Dachraum	– feuerhemmend, wenn darüber Aufenthaltsräume möglich sind oder wenn Trennwände nicht bis unter die Dachhaut gehen	§ 29 (4) MBO
– Balkone	– ohne Anforderung	§ 27 (1) MBO
Außenwände		
– Nichttragende Außenwände und nichttragende Teile tragender Außenwände	– ohne Anforderung	§ 28 (5) MBO
– Oberflächen von Außenwänden und Außenwandbekleidungen einschließl. Dämmstoffe und Unterkonstruktionen	– ohne Anforderung	§ 28 (5) MBO
– mit Hinterlüftung, Doppelfassaden	– Vorkehrungen gegen Brandausbreitung	§ 28 (4) MBO
Trennwände		
– in Wohngebäuden	– ohne Anforderung	§ 29 (6) MBO
– zwischen Nutzungseinheiten, zwischen Nutzungseinheiten und anders genutzten Räumen (außer notwendigen Fluren) sowie zwischen Aufenthaltsräumen und anders genutzten Räumen im KG	– wie tragende und aussteifende Bauteile im Geschoss, mindestens F30-B	§ 29 (3) MBO
– zum Abschluss von Räumen mit Explosions- und erhöhter Brandgefahr	– feuerbeständig (F90-AB)	§ 29 (3) MBO
	– bis zur Rohdecke, in Dachräumen bis zur Dachhaut führen	§ 29 (4) MBO
– Öffnungen in Trennwänden	– feuerhemmend (T30)	§ 29 (5) MBO
Brandwände	– hochfeuerhemmend und nichtbrennbar (F 60-A)	§ 30 (3) MBO § 30 (7) MBO
	– Führung der Brandwände bis mindestens unter die Dachhaut, verbleibende Hohlräume sind vollständig mit nichtbrennbaren Baustoffen auszufüllen	§ 30 (5) MBO
	– alternativ: zwei gegenüberliegende Gebäudeabschlusswände, die jeweils von innen nach außen aus feuerhemmenden Bauteilen bestehen, und von außen nach innen die Feuerwiderstandsfähigkeit feuerbeständiger Bauteile haben	§ 30 (3) MBO

16

Tafel 16.13 (Fortsetzung)

Bauteile in GKL 2	Bauteilanforderungen in GKL 2	Grundlage
Decken		
– im KG	– feuerhemmend (F30-B)	§ 31 (2) MBO
– in den Obergeschossen	– feuerhemmend (F30-B)	§ 31 (1) MBO
– unter/über Räumen mit Explosions- und erhöhter Brandgefahr	– außer in Wohngebäuden immer feuerbeständig (F90-AB)	§ 31 (2) MBO
– für Geschoss im Dachraum	– ohne Anforderung in Wohngebäuden, feuerhemmend (F30-B), wenn darüber Aufenthaltsräume möglich sind oder wenn Trennwände nicht bis unter die Dachhaut gehen	§ 29 (6) MBO § 29 (4) MBO
– zwischen landwirtschaftlich genutztem Teil und Wohnteil	– feuerbeständig (F90-AB)	§ 31 (2) MBO
Fahrschachtwände	– ohne Anforderung	§ 39 (1) MBO
Dächer	– harte Bedachung, außer bei definierten Abstandsflächen	§ 32 (1) MBO § 32 (2) MBO
Rettungswege		
Notwendige Treppen – tragende Teile	ohne Anforderung	§ 34 (4) MBO
Notwendige Treppenräume	nicht erforderlich	§ 35 (1) MBO
Notwendige Flure		
– Flurwände im Wohngebäude	– ohne Anforderung	§ 36 (1) MBO
– Flurwände in Obergeschossen	– ohne Anforderung	§ 36 (1) MBO
– Flurwände im Kellergeschoss, wenn Wohnung oder NE > 200 m² oder Büros > 400 m² erschlossen werden	– feuerhemmend (F30-B)	§ 36 (4) MBO
– Türen in Flurwänden, die im KG zu Lagerbereichen führen	– feuerhemmend (T30)	§ 36 (4) MBO
– Öffnungen in Flurwänden	– dichtschließend	§ 36 (4) MBO

Tafel 16.14 Bauteilanforderungen in Gebäuden der Gebäudeklasse 3

Bauteile in GKL 3	Bauteilanforderungen in GKL 3	Grundlage
Wände, Decken, Dächer		
Tragende Wände, Stützen		
– im KG	– feuerbeständig (F90-AB)	§ 27 (2) MBO
– in den Obergeschossen	– feuerhemmend (F30B)	§ 27 (1) MBO
– im Dachraum	– feuerhemmend (F30B), wenn darüber Aufenthaltsräume möglich sind oder wenn Trennwände nicht bis unter die Dachhaut gehen	§ 27 (1) MBO § 29 (4) MBO
– Balkone	– ohne Anforderung	§ 27 (1) MBO
Außenwände		
– Nichttragende Außenwände und nichttragende Teile tragender Außenwände	– ohne Anforderung	§ 28 (5) MBO
– Oberflächen von Außenwänden und Außenwandbekleidungen einschließlich Dämmstoffe und Unterkonstruktionen	– ohne Anforderung	§ 28 (5) MBO
– mit Hinterlüftung, Doppelfassaden	– Vorkehrungen gegen Brandausbreitung	§ 28 (4) MBO
Trennwände		
– zwischen Nutzungseinheiten, zwischen Nutzungseinheiten und anders genutzten Räumen (außer notwendigen Fluren) sowie zwischen Aufenthaltsräumen und anders genutzten Räumen im KG	– wie tragende und aussteifende Bauteile im Geschoss, mindestens F30-B	§ 29 (3) MBO
– zum Abschluss von Räumen mit Explosions- und erhöhter Brandgefahr	– feuerbeständig (F90-AB)	§ 29 (3) MBO
	– bis zur Rohdecke, in Dachräumen bis zur Dachhaut führen	§ 29 (4) MBO
– Öffnungen in Trennwänden	– feuerhemmend (T30)	§ 29 (5) MBO

Tafel 16.14 (Fortsetzung)

Bauteile in GKL 3	Bauteilanforderungen in GKL 3	Grundlage
Brandwände	– hochfeuerhemmend und nichtbrennbar (F 60-A)	§ 30 (3) MBO § 30 (7) MBO
	– Führung der Brandwände bis mindestens unter die Dachhaut, verbleibende Hohlräume sind vollständig mit nichtbrennbaren Baustoffen auszufüllen	§ 30 (5) MBO
	– alternativ: zwei gegenüberliegende Gebäudeabschlusswände, die jeweils von innen nach außen die Feuerwiderstandsfähigkeit der tragenden und aussteifenden Teile des Gebäudes aufweisen, mindestens jedoch feuerhemmende Bauteile sind und von außen nach innen die Feuerwiderstandsfähigkeit feuerbeständiger Bauteile haben	§ 30 (3) MBO
Decken		
– im KG	– feuerbeständig (F90-AB)	§ 31 (2) MBO
– in den Obergeschossen	– feuerhemmend (F30-B)	§ 31 (1) MBO
– unter/über Räumen mit Explosions- und erhöhter Brandgefahr	– feuerbeständig (F90-AB)	§ 31 (2) MBO
– für Geschosse im Dachraum	– feuerhemmend (F30-B), wenn darüber Aufenthaltsräume möglich sind oder wenn Trennwände nicht bis unter die Dachhaut gehen	§ 31 (1) MBO § 29 (4) MBO
– zwischen landwirtschaftlich genutztem Teil und Wohnteil	– feuerbeständig (F90-AB)	§ 31 (2) MBO
Fahrschachtwände	feuerhemmend (F30-B), außer	§ 39 (2) MBO
	– innerhalb eines notwendigen Treppenraumes in einem Gebäude bis 22 m Höhe,	§ 39 (1) MBO
	– innerhalb von Räumen, die Geschosse verbinden, oder	
	– in offen miteinander verbundenen Geschossen	
Dächer	– harte Bedachung, außer bei definierten Abstandsflächen	§ 32 (1) MBO § 32 (2) MBO
Rettungswege		
Notwendige Treppen – tragende Teile notwendiger Treppen	feuerhemmend (F30-B) oder aus nichtbrennbaren Baustoffen (A)	§ 34 (4) MBO
Notwendige Treppenräume	feuerhemmend F30-B	§ 35 (4) MBO
Notwendige Flure in Wohnungen und NE > 200 m² sowie Büros > 400 m²		
– Flurwände in Obergeschossen	– feuerhemmend (F30-B)	§ 36 (4) MBO
– Flurwände im Kellergeschoss	– feuerbeständig (F90-AB)	§ 36 (4) MBO
Türen darin zu Lagerräumen im KG	feuerhemmend (T30)	
– Öffnungen in Flurwänden	– dichtschließend	§ 36 (4) MBO

Tafel 16.15 Bauteilanforderungen in Gebäuden der Gebäudeklasse 4

Bauteile in GKL 4	Bauteilanforderungen in GKL 4	Grundlage
Wände, Decken, Dächer		
Tragende Wände, Stützen		
– im KG	– feuerbeständig (F90-AB)	§ 27 (2) MBO
– in den Obergeschossen	– hochfeuerhemmend (F60-BA)	§ 27 (1) MBO
– im Dachraum	– hochfeuerhemmend (F60-BA), wenn darüber Aufenthaltsräume möglich sind bzw. feuerhemmend (F30-B), wenn Trennwände nicht bis unter die Dachhaut gehen	§ 27 (1) MBO § 29 (4) MBO
– Balkone	– ohne Anforderung	§ 27 (2) MBO

Tafel 16.15 (Fortsetzung)

Bauteile in GKL 4	Bauteilanforderungen in GKL 4	Grundlage
Außenwände		
– Nichttragende Außenwände und nichttragende Teile tragender Außenwände	– nichtbrennbare Baustoffe (A1/2) oder feuerhemmend (F30-B)	§ 28 (2) MBO
– Oberflächen von Außenwänden und Außenwandbekleidungen einschließl. Dämmstoffe und Unterkonstruktionen	– schwerentflammbare Baustoffe (B1)	§ 28 (3) MBO
– Balkonbekleidungen, die höher als die notwendige Umwehrung führen	– schwerentflammbare Baustoffe (B1)	§ 28 (3) MBO
– mit Hinterlüftung, Doppelfassaden	– Vorkehrungen gegen Brandausbreitung	§ 28 (4) MBO
Trennwände		
– zwischen Nutzungseinheiten, zwischen Nutzungseinheiten und anders genutzten Räumen (außer notwendigen Fluren) sowie zwischen Aufenthaltsräumen und anders genutzten Räumen im KG	– wie tragende und aussteifende Bauteile im Geschoss, mindestens F30-B	§ 29 (3) MBO
– zum Abschluss von Räumen mit Explosions- und erhöhter Brandgefahr	– feuerbeständig (F90-AB)	§ 29 (3) MBO
	– bis zur Rohdecke, in Dachräumen bis zur Dachhaut führen	§ 29 (4) MBO
– Öffnungen in Trennwänden	– feuerhemmend (T30)	§ 29 (5) MBO
Brandwände	– hochfeuerhemmend und nichtbrennbar (F60-A), auch unter zusätzlicher mechanischer Beanspruchung	§ 30 (3) MBO § 30 (7) MBO
	– Führung mindestens 0,30 m über Dach bzw. in Höhe der Dachhaut eine beiderseits 0,50 m auskragende hochfeuerhemmende Platte aus nichtbrennbaren Baustoffen (F60-A)	§ 30 (5) MBO
Decken		
– im KG	– feuerbeständig (F90-AB)	§ 31 (2) MBO
– in den Obergeschossen	– hochfeuerhemmend (F60-BA)	§ 31 (1) MBO
– unter/über Räumen mit Explosions- und erhöhter Brandgefahr	– feuerbeständig (F90-AB)	§ 31 (2) MBO
– für Geschosse im Dachraum	– hochfeuerhemmend (F60-BA), wenn darüber Aufenthaltsräume möglich sind bzw. feuerhemmend (F30-B), wenn Trennwände nicht bis unter die Dachhaut gehen	§ 31 (1) MBO § 29 (4) MBO
– zwischen landwirtschaftlich genutztem Teil und Wohnteil	– feuerbeständig (F90-AB)	§ 31 (2) MBO
Fahrschachtwände	hochfeuerhemmend (F60-BA), außer	§ 39 (2) MBO
	– innerhalb eines notwendigen Treppenraumes in einem Gebäude bis 22 m Höhe,	§ 39 (1) MBO
	– innerhalb von Räumen, die Geschosse verbinden, oder	
	– in offen miteinander verbundenen Geschossen	
Dächer	Harte Bedachung	§ 32 (1) MBO
Rettungswege		
Notwendige Treppen – tragende Teile	aus nichtbrennbaren Baustoffen (A 1/2)	§ 34 (4) MBO
Notwendige Treppenräume	unter zusätzlicher mechanischer Beanspruchung hochfeuerhemmend (F60-BA)	§ 35 (4) MBO
Notwendige Flure in Wohnungen und NE > 200 m² sowie Büros > 400 m²		
– Flurwände in Obergeschossen	– feuerhemmend (F30-B)	§ 36 (4) MBO
– Flurwände im Kellergeschoss	– feuerbeständig (F90-AB)	§ 36 (4) MBO
Türen darin zu Lagerräumen im KG	feuerhemmend (T30)	
– Öffnungen in Flurwänden	– dichtschließend	§ 36 (4) MBO

Tafel 16.16 Bauteilanforderungen in Gebäuden der Gebäudeklasse 5 [22]

Bauteile in GKL 5	Bauteilanforderungen in GKL 5	Grundlage
Wände, Decken, Dächer		
Tragende Wände, Stützen		
– im KG	– feuerbeständig (F90-AB)	§ 27 (2) MBO
– in den Obergeschossen	– feuerbeständig (F90-AB)	§ 27 (1) MBO
– im Dachraum	– feuerbeständig (F90-AB), wenn darüber Aufenthaltsräume möglich sind bzw. feuerhemmend (F30-B), wenn Trennwände nicht bis unter die Dachhaut gehen	§ 27 (1) MBO § 29 (4) MBO
– Balkone	– ohne Anforderung	§ 27 (2) MBO
Außenwände		
– nichttragende Außenwände und nichttragende Teile tragender Außenwände	– nichtbrennbare Baustoffe (A1/2) oder feuerhemmend (F30-B)	§ 28 (2) MBO
– Oberflächen von Außenwänden und Außenwandbekleidungen einschließlich Dämmstoffe und Unterkonstruktionen	– schwerentflammbare Baustoffe (B1)	§ 28 (3) MBO
– Balkonbekleidungen, die höher als die notwendige Umwehrung führen	– schwerentflammbare Baustoffe (B1)	§ 28 (3) MBO
– mit Hinterlüftung, Doppelfassaden	– Vorkehrungen gegen Brandausbreitung	§ 28 (4) MBO
Trennwände		
– zwischen Nutzungseinheiten, zwischen Nutzungseinheiten und anders genutzten Räumen (außer notwendigen Fluren) sowie zwischen Aufenthaltsräumen und anders genutzten Räumen im KG	– wie tragende und aussteifende Bauteile im Geschoss, mindestens F30-B	§ 29 (3) MBO
– zum Abschluss von Räumen mit Explosions- und erhöhter Brandgefahr	– feuerbeständig (F90-AB)	§ 29 (3) MBO
	– bis zur Rohdecke, in Dachräumen bis zur Dachhaut führen	§ 29 (4) MBO
– Öffnungen in Trennwänden	– feuerhemmend (T30)	§ 29 (5) MBO
Brandwände	– feuerbeständig und nichtbrennbar (F90-A), auch unter zusätzlicher mechanischer Beanspruchung	§ 30 (3) MBO § 30 (7) MBO
	– Führung mindestens 0,30 m über Dach bzw. in Höhe der Dachhaut eine beiderseits 0,50 m auskragende feuerbeständige Platte aus nichtbrennbaren Baustoffen (F90-A)	§ 30 (5) MBO
Decken		
– im KG	– feuerbeständig (F90-AB)	§ 31 (2) MBO
– in den Obergeschossen	– feuerbeständig (F90-AB)	§ 31 (1) MBO
– unter/über Räumen mit Explosions- und erhöhter Brandgefahr	– feuerbeständig (F90-AB)	§ 31 (2) MBO
– für Geschosse im Dachraum	– feuerbeständig (F90-AB), wenn darüber Aufenthaltsräume möglich sind bzw. feuerhemmend (F30-B), wenn Trennwände nicht bis unter die Dachhaut gehen	§ 31 (1) MBO § 29 (4) MBO
– zwischen landwirtschaftlich genutztem Teil und Wohnteil	– feuerbeständig (F90-AB)	§ 31 (2) MBO
Fahrschachtwände	feuerbeständig (F90-AB), außer	§ 39 (2) MBO
	– innerhalb eines notwendigen Treppenraumes in einem Gebäude bis 22 m Höhe,	§ 39 (1) MBO
	– innerhalb von Räumen, die Geschosse verbinden, oder	
	– in offen miteinander verbundenen Geschossen	
Dächer	Harte Bedachung	§ 32 (1) MBO
Rettungswege		
Notwendige Treppen – tragende Teile	feuerhemmend und aus nichtbrennbaren Baustoffen (F30-A)	§ 34 (4) MBO
Notwendige Treppenräume	Wände in der Bauart von Brandwänden	§ 35 (4) MBO
Notwendige Flure in Wohnungen und NE > 200 m² sowie Büros > 400 m²		
– Flurwände in Obergeschossen	– feuerhemmend (F30-B)	§ 36 (4) MBO
– Flurwände im Kellergeschoss, Türen darin zu Lagerräumen im KG	– feuerbeständig (F90-AB) feuerhemmend (T30)	§ 36 (4) MBO
– Öffnungen in Flurwänden	– dichtschließend	§ 36 (4) MBO

Tafel 16.17 Eurocodes zur Brandschutzbemessung für die Bauarten

DIN EN	NA	Titel
1991-1-2:2010-12 1991-1-2 Berichtigung 1:2013-03	1991-1-2/NA:2015-09	**Eurocode 1** Einwirkungen auf Tragwerke – Teil 1-2: Allgemeine Einwirkungen – **Brandeinwirkungen** auf Tragwerke
1992-1-2:2010-12 1992-1-2/A1:2019-11 Änderung	1992-1-2/NA:2010-12 1992-1-2/NA/A1:2015-09 Änderung A1	**Eurocode 2** Bemessung und Konstruktion von **Stahlbeton-** und **Spannbetontragwerken** – Teil 1-2: Allgemeine Regeln – Tragwerksbemessung für den Brandfall
1993-1-2:2010-12	1993-1-2/NA:2010-12	**Eurocode 3** Bemessung und Konstruktion von **Stahlbauten** – Teil 1-2: Allgemeine Regeln – Tragwerksbemessung für den Brandfall
1994-1-2:2010-12 1994-1-2/A1:2014-06 Änderung	1994-1-2/NA:2010-12	**Eurocode 4** Bemessung und Konstruktion von **Verbundtragwerken** aus Beton und Stahl – Teil 1-2: Allgemeine Regeln – Tragwerksbemessung für den Brandfall
1995-1-2:2010-12	1995-1-2/NA:2010-12	**Eurocode 5** Bemessung und Konstruktion von **Holzbauten** – Teil 1-2: Allgemeine Regeln – Tragwerksbemessung für den Brandfall
1996-1-2:2011-04	1996-1-2/NA:2013-06	**Eurocode 6** Bemessung und Konstruktion von **Mauerwerksbauten** – Teil 1-2: Allge- meine Regeln – Tragwerksbemessung für den Brandfall
1999-1-2:2010-12	1999-1-2/NA:2011-04	**Eurocode 9** Bemessung und Konstruktion von **Aluminiumtragwerken** – Teil 1-2: Allge- meine Regeln – Tragwerksbemessung für den Brandfall

16.4.6 Konstruktiver Brandschutz

Im Brandschutznachweis wird die erforderliche Feuerwiderstandsklasse der tragenden, aussteifenden und raumabschließenden Bauteile festgelegt (siehe Tafeln 16.12 bis 16.16). Im Rahmen der Tragwerksplanung wird dann die Einhaltung dieser erforderlichen Feuerwiderstandsklasse durch die Konstruktion des Bauteils, durch die Profil- oder Baustoffwahl nachgewiesen. Es wird für die gewählte Konstruktion der Nachweis geführt, dass das Bauteil im Brandfall die ihm zugewiesene Funktion (Tragfunktion, aussteifende Funktion, Wärmedämmung, Raumabschluss) für eine definierte Zeitdauer erfüllt. Dieser Nachweis erfolgt nach dem Eurocode. In dem für die jeweiligen Bauarten zutreffenden Eurocode (siehe Tafel 16.17) wird die Bemessung im Gebrauchszustand („**Kaltzustand**") nach dem Teil 1-1 und die Bemessung für den Brandfall nach dem Teil 1-2 („**Heißbemessung**") geregelt.

Es sind in jedem Eurocode prinzipiell drei Nachweisstufen konzipiert, denen jeweils ein Bemessungsverfahren zugeordnet wird. Die Nachweisgenauigkeit steigt mit höherer Nachweisstufe.

Nachweisstufe 1: Bauteilbemessung mit Hilfe von Tabellen

Nachweisstufe 2: Bauteilbemessung mit rechnerischen Näherungsverfahren

Nachweisstufe 3: Bauteilbemessung mit exakten Rechenverfahren

Die **Nachweisstufe 1** erfolgt in Anlehnung an die einfachen Bemessungsverfahren nach DIN 4102-4 durch Bemessungstabellen.

Im vereinfachten Rechenverfahren (**Nachweisstufe 2**) wird nachgewiesen, dass nach Ablauf einer geforderten Feu-

erwiderstandsdauer die maßgebende Beanspruchung durch die Konstruktion aufgenommen werden kann. Bei diesem Rechenverfahren werden Vereinfachungen hinsichtlich der Temperaturermittlung für die Bauteilquerschnitte und bei der Beschreibung des Versagenszustandes im Havariefall Brand getroffen.

Beim exakten Rechenverfahren (**Nachweisstufe 3**) wird für eine vorgegebene Brandbeanspruchung unter Verwendung von Rechenprogrammen und durch Brandsimulationen das tatsächliche Tragvermögen und unter Umständen das Verformungsverhalten der Bauteile ermittelt.

Die Brandschutzbemessung eines Bauteils nach dem Eurocode (Teil 1-2) setzt zwingend die Bemessung des Bauteils im „kalten Zustand" (Teil 1-1) voraus.

Welches Bemessungsverfahren anwendbar ist, ergibt sich aus folgendem Diagramm in Abb. 16.9 (aus DIN EN 1992-1-2:2010-12, Bild 0.1 entnommen).

Derzeit stehen Nachweisverfahren für die in Tafel 16.18 aufgeführten Bauarten zur Anwendung bereit.

Tafel 16.18 Nachweisverfahren der Eurocodes für Brandschutzbemessung

Eurocode	Nachweisverfahren
Eurocode 2 Stahlbetonbau	Tabellarisches Verfahren Vereinfachtes Bemessungsverfahren Allgemeines Bemessungsverfahren
Eurocode 3 Stahlbau	Vereinfachtes Bemessungsverfahren Allgemeines Bemessungsverfahren
Eurocode 5 Holzbau	Vereinfachtes Bemessungsverfahren Allgemeines Bemessungsverfahren
Eurocode 6 Mauerwerksbau	Tabellarisches Verfahren Vereinfachtes Bemessungsverfahren Allgemeines Bemessungsverfahren

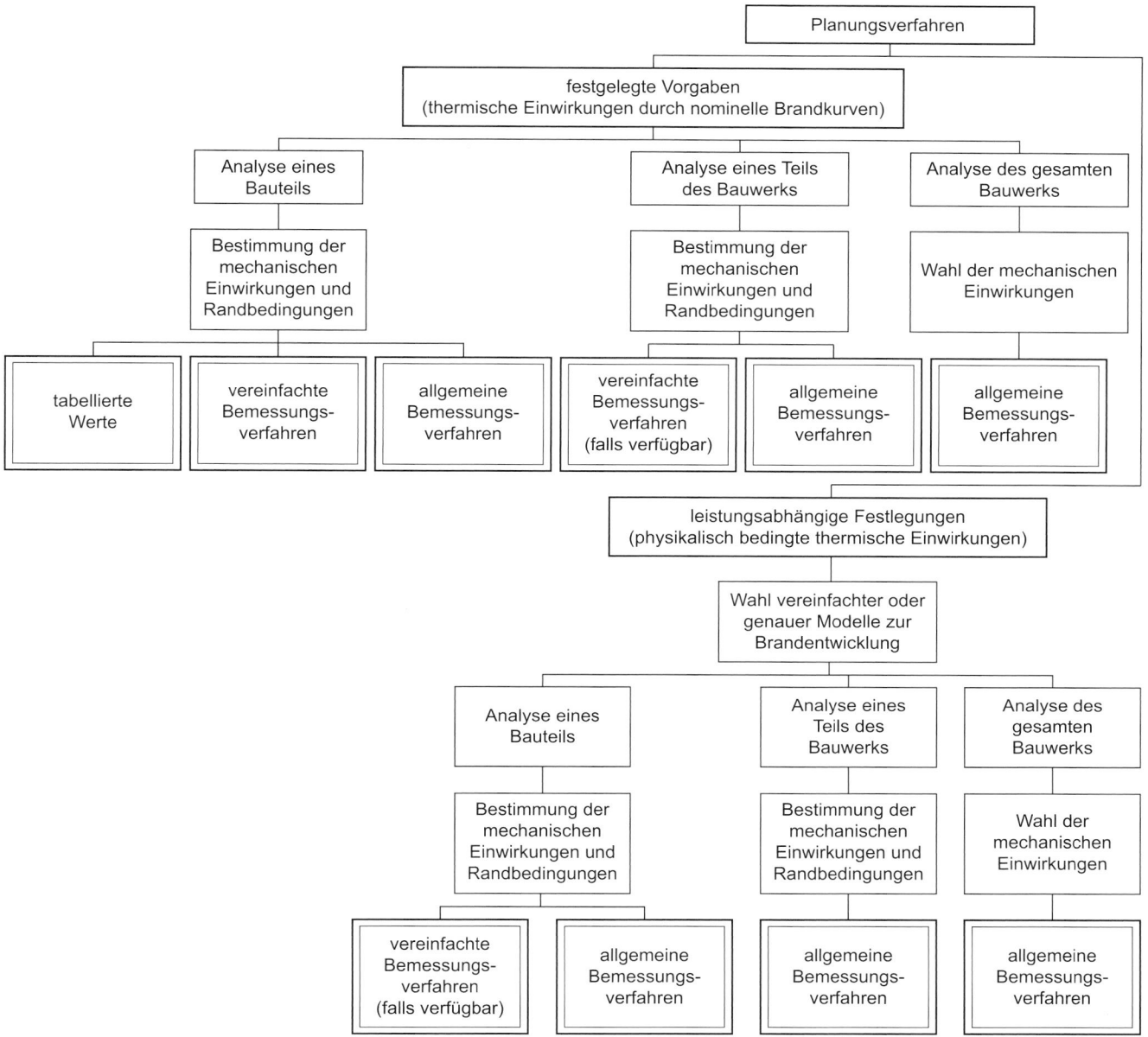

Abb. 16.9 Übersicht aus DIN EN 1992-1-2:2010-12, Bild 0.1

16.4.6.1 Tabellarisches Bemessungsverfahren nach EC 2 für Stahlbeton

DIN EN 1992-1-2:2010-12 in Verbindung mit DIN EN 1992-1-2/NA:2010-12 und DIN EN 1992-1-2/NA/A1:2019-11

16.4.6.1.1 Stützen

Das Verfahren ist ausschließlich für ausgesteifte Bauwerke anwendbar. Es werden zwei Methoden des Nachweisverfahrens angeboten (Methode A und Methode B).

Methode A nach DIN EN 1992-1-2, 5.3.2

(A) **Randbedingungen**

(A.1) Ersatzlänge der Stütze im Brandfall $l_{0,\mathrm{fi}} \leq 3\,\mathrm{m}$ für Stützen mit Rechteckquerschnitt und $l_{0,\mathrm{fi}} \leq 2{,}5\,\mathrm{m}$ für Stützen mit Kreisquerschnitt (siehe Tafel 16.19).

(A.2) Für die Bewehrung gilt: $A_{\mathrm{s}} \leq 0{,}04 A_{\mathrm{c}}$

(A.3) Das Verfahren ist ausschließlich für **ausgesteifte Bauwerke** anwendbar.

Tafel 16.19 Ersatzlängen für Einzelstützen in der Brandschutzbemessung

$t \leq 30$ Minuten	$t > 30$ Minuten	
	Stützen in innen liegenden Geschossen	Stützen im obersten Geschoss
$l_{0,\text{fi}} = l_0$ bei Normaltemperatur	$l_{0,\text{fi}} = 0{,}5l$	$0{,}5l \leq l_{0,\text{fi}} \leq 0{,}7l$

$l_0 = \beta l$

l Stützenlänge

β Knickbeiwert entsprechend der Eulerfälle 1–4 (siehe Abb. 16.10).

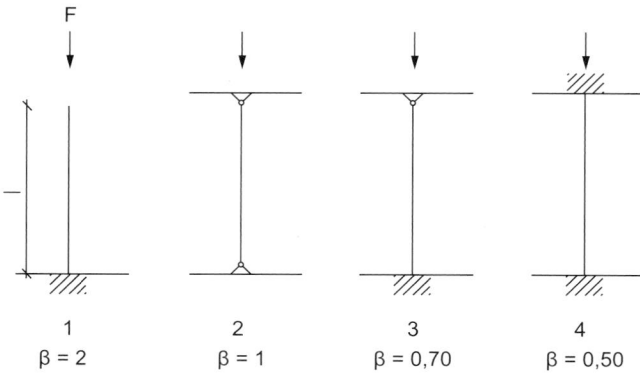

Abb. 16.10 Knickbeiwerte der Einzelstütze nach Bild 5-7 aus DIN EN 1992-1-1:2010-12

(B) **Nachweis** (Siehe Tafel 16.20)

Alternativ ist die nachweisbare Branddauer nach DIN EN 1992-1-2:2010-12, Abs. 5.3.2, Gl. 5.7 berechenbar, was hier zunächst nicht weiter verfolgt wird.

Methode B nach DIN EN 1992-1-2, 5.3.3 Nach Abschn. 4 der DIN EN 1992-1-2/NA/A1 vom September 2015 darf Methode B in Deutschland nicht angewendet werden und wird demnach nicht weiter verfolgt.

16.4.6.1.2 Wände

Nichttragende, raumabschließende Trennwände

(A) **Randbedingungen nach DIN EN 1992-1-2:2010-12, Abs. 5.4.1**

(A.1) Die erforderliche Mindestdicke der Wände kann um 10 % vermindert werden, wenn **kalksteinhaltige Zuschläge** verwendet werden.

(A.2) Das Verhältnis von lichter Wandhöhe zu Wanddicke sollte nicht größer als 40 sein.

(B) **Nachweis nach DIN EN 1992-1-2:2010-12, Abs. 5.4.1** (siehe Tafel 16.21)

Tafel 16.20 Mindestquerschnittsabmessungen und Achsabstände (siehe Tabelle 5.2.a aus DIN EN 1992-1-2:2010-12, Abs. 5.3.2)

Feuerwiderstandsklasse	Mindestmaße [mm]			
	Stützenbreite $b_{\min}$/Achsabstand a			
	Brandbeansprucht auf mehr als einer Seite			Brandbeansprucht auf einer Seite
	$\mu_{\text{fi}} = 0{,}2$	$\mu_{\text{fi}} = 0{,}5$	$\mu_{\text{fi}} = 0{,}7$	$\mu_{\text{fi}} = 0{,}7$
1	2	3	4	5
R 30	200/25	200/25	200/32	155/25
			300/27	
R 60	200/25	200/36	250/46	155/25
		300/31	350/40	
R 90	200/31	300/45	350/53	155/25
	300/25	400/38	450/40[a]	
R 120	250/40	350/45[a]	350/57[a]	175/35
	350/35	450/40[a]	450/51[a]	
R 180	350/45[a]	350/63[a]	450/70[a]	230/55
R 240	350/61[a]	450/75[a]	–	295/70

[a] Mindestens 8 Stäbe

Bei vorgespannten Stützen ist die Vergrößerung des Achsabstandes nach 5.2 (5) zu beachten.

Anmerkung Tabelle 5.2a berücksichtigt den Wert für $\alpha_{\text{cc}} = 1{,}0$

μ_{fi} Ausnutzungsgrad im Brandfall

$\mu_{\text{fi}} = N_{\text{Ed,fi}}/N_{\text{Rd}}$ (DIN EN 1992-1-2:2010-12, Abs. 5.3.2, Gl. 5.6)

$N_{\text{Ed,fi}}$ Bemessungswert der Längskraft im Brandfall

N_{Rd} Bemessungswert der Tragfähigkeit der Stütze bei Normaltemperatur, siehe Kaltbemessung

Tafel 16.21 Mindestwanddicken nichttragender, raumabschließender Trennwände (siehe Tabelle 5.3 aus DIN EN 1992-1-2:2010-12, Abs. 5.4.1)

Feuerwiderstandsklasse	Mindestwanddicke [mm]
1	2
EI 30	60
EI 60	80
EI 90	100
EI 120	120
EI 180	150
EI 240	175

Tragende Betonwände

(A) **Randbedingungen nach DIN EN 1992-1-2:2010-12, Abs. 5.4.2**

(A.1) Die erforderliche Mindestdicke der Wände kann um 10 % vermindert werden, wenn **kalksteinhaltige Zuschläge** verwendet werden.

(A.2) Das Verhältnis von lichter Wandhöhe zu Wanddicke soll nicht größer als 40 sein.

Tafel 16.22 Mindestdicken und Achsabstände für tragende Betonwände (siehe Tabelle 5.4 aus DIN EN 1992-1-2:2010-12, Abs. 5.4.2)

Feuer-widerstands-klasse	Mindestmaße [mm]			
	Wanddicke/Achsabstand für			
	$\mu_{fi} = 0{,}35$		$\mu_{fi} = 0{,}7$	
	Brandbean-sprucht auf einer Seite	Brandbean-sprucht auf zwei Seiten	Brandbean-sprucht auf einer Seite	Brandbean-sprucht auf zwei Seiten
1	2	3	4	5
REI 30	100/10[a]	120/10[a]	120/10[a]	120/10[a]
REI 60	110/10[a]	120/10[a]	130/10[a]	140/10[a]
REI 90	120/20[a]	140/10[a]	140/25	170/25
REI 120	150/25	160/25	160/35	220/35
REI 180	180/40	200/45	210/50	270/55
REI 240	230/55	250/55	270/60	350/60

[a] Normalerweise reicht die nach EN 1992-1-1 erforderliche Betondeckung.

Anmerkung Für die Definition von μ_{fi} siehe 5.3.2 (3).

(B) **Nachweis nach DIN EN 1992-1-2:2010-12, Abs. 5.4.2** (siehe Tafel 16.22)

Die Mindestwanddicken gelten ebenso für unbewehrte Betonwände.

Brandwände

(B) **Nachweis nach DIN EN 1992-1-2:2010-12, Abs. 5.4.3**

(B.1) Für Brandwände müssen die Nachweise nach Abschn. 4.6.1.2.1 (B) bzw. 6.6.1.2.2 (B) erbracht werden.

(B.2) Bei Ausführung in Normalbeton gelten für Brandwände folgende Mindestdicken:
- 200 mm für unbewehrte Wände
- 140 mm für bewehrte, tragende Wände
- 120 mm für bewehrte, nichttragende Wände

(B.3) Der Achsabstand muss bei einer tragenden Wand mindestens 25 mm betragen.

16.4.6.1.3 Zugglieder

(A) **Randbedingungen nach DIN EN 1992-1-2:2010-12, Abs. 5.5**

(A.1) Für den Querschnitt der Zugglieder gilt: $A \geq 2b_{min}^2$
b_{min} nach DIN EN 1992-1-2:2010-12, Abs. 5.6.3. Tab. 5.5, siehe Tafel 16.23

(A.2) Sofern eine übermäßige Verlängerung eines Zuggliedes die Tragfähigkeit des Tragwerks beeinträchtigt, ist die Stahltemperatur im Zugglied auf 400 °C zu begrenzen.

(B) **Nachweis** (siehe Tafel 16.23)

16.4.6.1.4 Balken

Allgemein
Siehe Abb. 16.11.

(A.1) Für die Mindeststegdicke b_w gilt die nach Klasse WC (siehe Nachweise im Folgenden).

(A.2) Die folgenden Nachweistabellen gelten ausschließlich für bis zu **dreiseitig beanspruchte Balken.**

Tafel 16.23 Mindestmaße und -achsabstände für statisch bestimmt gelagerte Balken (siehe Tabelle 5.5 aus DIN EN 1992-1-2:2010-12, Abs. 5.6.3)

Feuerwider-standsklasse	Mindestmaße [mm]						
	Mögliche Kombinationen von a und b_{min}, dabei ist a der mittlere Achsabstand und b_{min} die Mindestbalkenbreite				Stegdicke b_w		
					Klasse WA	Klasse WB	Klasse WC
1	2	3	4	5	6	7	8
R 30	$b_{min} = 80$	120	160	200	80	80	80
	$a = 25$	20	15[a]	15[a]			
R 60	$b_{min} = 120$	160	200	300	100	80	100
	$a = 40$	35	30	25			
R 90	$b_{min} = 150$	200	300	400	110	100	100
	$a = 55$	45	40	35			
R 120	$b_{min} = 200$	240	300	500	130	120	120
	$a = 65$	60	55	50			
R 180	$b_{min} = 240$	300	400	600	150	150	140
	$a = 80$	70	65	60			
R 240	$b_{min} = 280$	350	500	700	170	170	160
	$a = 90$	80	75	70			

$a_{sd} = a + 10$ mm (siehe Anmerkung unten).
Bei Spannbetonbalken sollte der Achsabstand entsprechend 5.2(5) vergrößert werden.
a_{sd} ist der seitliche Achsabstand der Eckstäbe (bzw. des -spannglieds oder -drahts) in Balken mit nur einer Bewehrungslage. Für größere b_{min}-Werte als die nach Spalte 4 ist eine Vergrößerung von a_{sd} nicht erforderlich.
[a] Normalerweise reicht die nach EN 1992-1-1 erforderliche Betondeckung aus.

1146   B. Weller und S. Heilmann

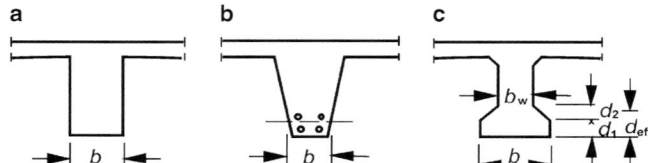

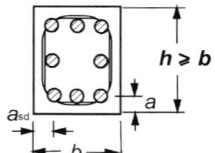

Abb. 16.11 Definition der Maße (siehe Bild 5-4 aus DIN EN 1992-1-2:2010-12, Abs. 5.6.1). **a** Konstante Breite, **b** veränderliche Breite, **c** I-Querschnitt

Abb. 16.12 Definition der Maße (siehe Bild 5-2 aus DIN EN 1992-1-2:2010-12, Abs. 5.2)

(A.3) Für Balken mit veränderlicher Breite ist der Mindestwert b in Höhe des Schwerpunktes der Zugbewehrung zu ermitteln.

(A.4) **Öffnungen in Balkenstegen** sind zulässig, sofern für die verbleibende Querschnittsfläche in der Zugzone nachgewiesen werden kann:

$$A_c = 2b_{min}^2$$

b_{min} nach DIN EN 1992-1-2, 5.6.3. Tab. 5.5, siehe 1.4.2 (B)

(A.5) Bei **Balken mit I-Querschnitt** gilt:

$$d_{eff} = d_1 + 0{,}50d_2 \geq b_{min}$$

Sofern $b > 1{,}4b_w$ und $b \geq d_{eff} < 2b_{min}^2$ ist der Achsabstand der Bewehrung auf folgenden Wert zu vergrößern:

$$a_{eff} = a\left(1{,}85 - \frac{d_{eff}}{b_{min}}\sqrt{\frac{b_w}{b}}\right) \geq a$$

Statisch bestimmt gelagerte Balken

(B) **Nachweis nach DIN EN 1992-1-2:2010-12, Abs. 5.6.3** (siehe Tafel 16.24)

Bei Anwendung von Spalte 4 der Tafel 16.24 muss der Mindestachsabstand a im Bereich des seitlichen Achsabstandes a_{sd} bei 1-lagiger Bewehrung um 10 mm vergrößert werden (siehe Abb. 16.12).

Statisch unbestimmt gelagerte Balken (Durchlaufbalken)

(A) **Randbedingungen nach DIN EN 1992-1-2:2010-12, Abs. 5.6.3**

(A.1) Die Tabelle nach Tafel 16.23 ist hier nur gültig, wenn die Momentenumlagerung bei der Bemessung für Normaltemperatur nicht mehr als 15 % beträgt. Zudem müssen die Bewehrungsregeln nach DIN EN 1992-1-1:2010-12 eingehalten werden. Andernfalls ist jedes Feld des Durchlaufträgers wie ein statisch bestimmt gelagerter Balken zu betrachten.

Tafel 16.24 Mindestmaße und -achsabstände für statisch unbestimmt gelagerte Balken (Durchlaufbalken) (siehe Tabelle 5.6 aus DIN EN 1992-1-2:2010-12, Abs. 5.6.3)

Feuerwider-standsklasse	Mindestmaße [mm]							
	Mögliche Kombinationen von a und b_{min}, dabei ist a der mittlere Achsabstand und b_{min} die Mindestbalkenbreite				Stegdicke b_w			
						Klasse WA	Klasse WB	Klasse WC
1	2	3	4	5		6	7	8
R 30	$b_{min} = 80$	160				80	80	80
	$a = 15^a$	12^a						
R 60	$b_{min} = 120$	200				100	80	100
	$a = 25$	12^a						
R 90	$b_{min} = 150$	200				110	100	100
	$a = 35$	25						
R 120	$b_{min} = 200$	300	450	500		130	120	120
	$a = 45$	35	35	30				
R 180	$b_{min} = 240$	400	550	600		150	150	140
	$a = 60$	50	50	40				
R 240	$b_{min} = 280$	500	650	700		170	170	160
	$a = 75$	60	60	50				

$a_{sd} = a + 10$ mm (siehe Anmerkung unten)

Für Spannbetonbalken sollte der Achsabstand entsprechend 5.2(5) vergrößert werden.

a_{sd} ist der seitliche Achsabstand der Eckstäbe (bzw. des -spannglieds oder -drahts) in Balken mit nur einer Bewehrungslage. Für größere b_{min}-Werte als die nach Spalte 3 ist eine Vergrößerung von a_{sd} nicht erforderlich.

[a] Normalerweise reicht die nach EN 1992-1-1 erforderliche Betondeckung aus.

(A.2) Bei Anwendung von Spalte 3 der Tafel 16.23 muss der Mindestachsabstand a im Bereich des seitlichen Achsabstands a_{sd} um 10 mm vergrößert werden. Dies gilt jedoch nur bei 1-lagiger Bewehrung bei Feuerwiderstandsklassen R90 und höher.

(A.3) Tafel 16.23 gilt für Durchlaufbalken mit Spanngliedern ohne Verbund nur, wenn über den Zwischenstützen eine zusätzliche obere im Verbund liegende Bewehrung vorgesehen wird.

(A.4) Für die Stegbreite b_w von **I-förmigen Durchlaufbalken** gilt:
Stegbreite $b_w \geq b_{min}$ nach (B), Spalte 2 auf einer Länge $2h$ von der Mittelstütze aus gemessen.

(B) **Nachweise**

(B.1) **Allgemein nach DIN EN 1992-1-1-2:2010-12, Abs. 5.6.3**
Siehe dazu Tafel 16.23 Mindestmaße und -achsabstände für statisch unbestimmt gelagerte Balken (Durchlaufbalken). Hier nicht noch mal abgedruckt. Siehe Abschn. 16.4.6.1.3.

(B.2) **Feuerwiderstandsklassen ab R90**
Für den Querschnitt der oberen Bewehrung über jeder Zwischenstütze gilt auf einer Länge von $0{,}3l_{eff}$ folgender Mindestwert:

$$A_{s,req}(x) = A_{s,req}(0) \cdot (1 - 2{,}5x/l_{eff})$$

mit

x Entfernung des betrachteten Querschnitts von der Mittellinie der Unterstützung $x \leq 0{,}3l_{eff}$

$A_{s,req}(0)$ erforderlicher Querschnitt der oberen Bewehrung über der Unterstützung nach DIN EN 1992-1-1:2010-12

$A_{s,req}(x)$ erforderlicher Querschnitt der oberen Bewehrung im betrachteten Schnitt (x), jedoch nicht kleiner als die erforderliche Bewehrung $A_s(x)$ nach DIN EN 1992-1-1:2010-12

l_{eff} effektive Stützweite.

(B.3) **Feuerwiderstandsklassen ab R120**
Die Tabelle ist anzuwenden, wenn folgende Bedingungen zutreffen (siehe auch DIN EN 1992-1-1:2010-12, Abs. 9.2.1.2 (1) und Abschn. 6):

I   Es ist kein Momentenwiderstand am Endauflager aufgrund einer Verbindung oder des Balkens vorhanden **und**

II   an der ersten Innenstütze ist $V_{Ed} > 2/3\,V_{Rd,max}$

mit

V_{Ed} Bemessungswert der aufzunehmenden Querkraft bei Normaltemperatur,

$V_{Rd,max}$ Bemessungswert der Querkrafttragfähigkeit der Druckstrebe.

Tafel 16.25 Mindestmaße für Stahl- und Spannbetondurchlaufbalken (siehe Tabelle 5.7 aus DIN EN 1992-1-2:2010-12, Abs. 5.6.3)

Feuerwiderstandsklasse	Mindestbalkenbreite b_{min} [mm] und Mindeststegdicke b_w [mm]
1	2
R 120	220
R 180	380
R 240	480

Vierseitig beanspruchte Balken

(A) **Randbedingungen nach DIN EN 1992-1-2:2010-12, Abs. 5.6.4**

(A.1) die Höhe des Balkens muss mindestens der für die betreffende Feuerwiderstandsdauer erforderlichen Mindestbreite entsprechen.

(A.2) Für die Querschnittsfläche des Balkens gilt:

$$A_c \geq 2b_{min}^2$$

b_{min} entsprechend den Tafeln 16.23, 16.24 und 16.25.

(B) **Nachweis**
Der Nachweis für vierseitig beanspruchte Balken ist entsprechend den Tafeln 16.23, 16.24 und 16.25 zu führen. Die Randbedingungen nach (A) müssen dabei gesamtheitlich eingehalten werden.

16.4.6.1.5 Platten

Allgemein nach DIN EN 1992-1-2:2010-12, Abs. 5.7.1

(A.1) Die Plattendicke zur Sicherstellung des Raumabschlusses (Kriterien E und I) wird wie folgt ermittelt:

$$h_s = h_1 + h_2$$

(siehe Abb. 16.13)

(A.2) Sofern nur der Nachweis der Tragfähigkeit der Decke geführt werden muss, erfolgt die Bemessung der erforderlichen Plattendicken nach DIN EN 1992-1-1:2010-12 im Zuge der Kaltbemessung.

Statisch bestimmt gelagerte Platten

(B) **Nachweis nach DIN EN 1992-1-2:2010-12, Abs. 5.7.2** (siehe Tafel 16.26)
Bei **zweiachsig gespannten Platten** ist a der Achsabstand der Bewehrungsstäbe der unteren Lage.

Statisch unbestimmt gelagerte Platten (Durchlaufplatten)

(A) **Randbedingungen nach DIN EN 1992-1-2:2010-12, Abs. 5.7.3**

(A.1) Die Bemessungstabelle nach Abschn. 4.6.1.5.2 gilt grundlegend auch für einachsig und zweiachsig gespannte statisch unbestimmt gelagerte Platten.

Abb. 16.13 Betonplatte mit Fußbodenbelag (siehe Bild 5-7 aus DIN EN 1992-1-2:2010-12, Abs. 5.7.1)

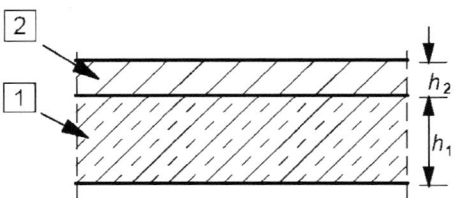 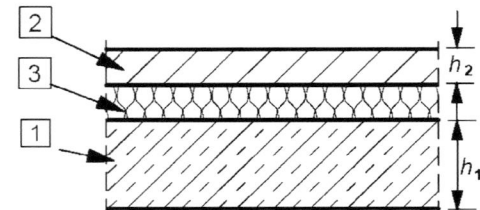

Legende

1 Betonplatte

2 Fußbodenbelag (nicht brennbar)

3 Schallisolierung (möglicherweise brennbar)

Tafel 16.26 Mindestmaße für statisch bestimmt gelagerte, ein- und zweiachsig gespannte Stahl- und Spannbetonplatten (siehe Tabelle 5.8 aus DIN EN 1992-1- 2:2010-12, Abs. 5.7.2)

Feuer-widerstands-klasse	Mindestabmessungen [mm]			
	Plattendicke h_s [mm]	Achsabstand a		
		Einachsig	Zweiachsig	
			$l_y/l_x \leq 1,5$	$1,5 < l_y/l_x \leq 2$
1	2	3	4	5
REI 30	60	10[a]	10[a]	10[a]
REI 60	80	20	10[a]	15[a]
REI 90	100	30	15[a]	20
REI 120	120	40	20	25
REI 180	150	55	30	40
REI 240	175	65	40	50

l_x und l_y sind die Spannweiten einer zweiachsig gespannten Platte (beide Richtungen rechtwinklig zueinander), wobei l_y die längere Spannweite ist.
Bei Spannbetonplatten ist die Vergrößerung des Achsabstandes entsprechend 5.2 (5) zu beachten.
Der Achsabstand a in den Spalten 4 und 5 gilt für zweiachsig gespannte Platten, die an allen vier Rändern gestützt sind. Trifft das nicht zu, sind die Platten wie einachsig gespannte Platten zu behandeln.
[a] Normalerweise reicht die nach EN 1992-1-1 erforderliche Betondeckung aus.

(A.2) Die Bemessungstabelle nach Abschn. 4.6.1.5.2 gilt für Platten, bei denen die Momentenumlagerung bei Normaltemperatur nicht mehr als 15 % beträgt. Ansonsten ist jedes Feld der Platte wie eine statisch bestimmt gelagerte Platte zu betrachten.

(A.3) Über den Zwischenstützen ist eine **Mindestbewehrung von $A_s \geq 0{,}005 A_c$** erforderlich, wenn

- kaltverformter Betonstahl verwendet wird,
- bei Zweifeld-Durchlaufplatten an den Endauflagern aufgrund der Bemessungsvorgaben nach EN 1992-1-1:2010-12 und bzw. aufgrund entsprechender Bewehrung nach EN 1992-1-1, Abschn. 9 keine Biegeeinspannung vorgesehen ist.
- Die Lastwirkungen quer zur Spannrichtung nicht umgelagert werden können, da vorhandene Zwischenwände oder andere Unterstützungen bei der Bemessung nicht in Rechnung gestellt wurden (siehe DIN EN 1992-1-2:2010-12, Abs. 5.7.3 und Abb. 16.14).

Abb. 16.14 Plattensysteme, für die ein Mindestbewehrungsquerschnitt gilt (siehe Bild 5-8 aus DIN EN 1992-1-2:2010-12, Abs. 5.7.3)

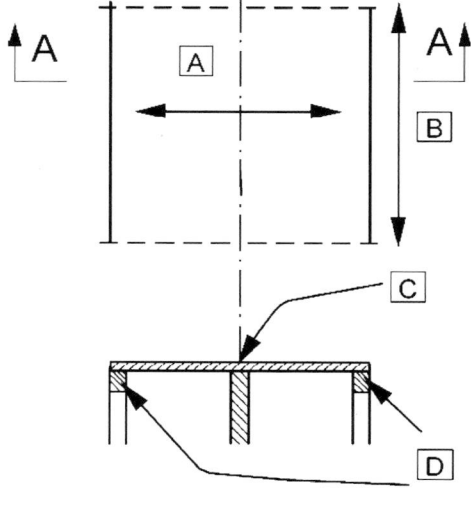

A Spannrichtung der Platte

B Breite des Systems ohne Querabstützung

C Gefahr durch sprödes Versagen

D keine Biegeeinspannung

Schnitt A – A

Tafel 16.27 Mindestmaße für Flachdecken aus Stahl- und Spannbeton (siehe Tabelle 5.9 aus DIN EN 1992-1-2:2010-12, Abs. 5.7.4)

Feuerwider-standsklasse	Mindestmaße [mm]	
	Plattendicke h_s	Achsabstand a
1	2	3
REI 30	150	10[a]
REI 60	180	15[a]
REI 90	200	25
REI 120	200	35
REI 180	200	45
REI 240	200	50

[a] Normalerweise reicht die nach EN 1992-1-1 erforderliche Betonde-ckung aus.

(B) Nachweis nach DIN EN 1992-1-2:2010-12, Abs. 5.7.3 (1)

Die Bemessungstabelle nach Abschn. 4.6.1.5.2 gilt auch für einachsig und zweiachsig gespannte statisch unbestimmt gelagerte Platten, wenn die Randbedingungen nach (A) beachtet werden.

Flachdecken

(A) Randbedingungen nach DIN EN 1992-1-2:2010-12, Abs. 5.7.4

(A.1) Die Bemessungstabelle nach (B) gilt für Platten, bei denen die Momentenumlagerung (nach DIN EN 1992-1-1:2010-12, Abs. 5) bei Normaltemperatur nicht mehr als 15 % beträgt. Ansonsten ist jedes Feld wie eine einachsig gespannte Platte unter Verwendung der Tabelle nach Abschn. 1.5.2 (B), Spalte 3 zu betrachten. Die Mindestdicke der Platte ist dennoch nach (B) zu ermitteln.

(A.2) Bei erforderlichen Feuerwiderstandsklassen ab REI 90, sind in jede Richtung mindestens 20 % der nach DIN EN 1992-1-1 erforderlichen Bewehrung über den Zwischenauflagern über die ganze Spannweite durchzuführen.

(A.3) Der nach (B) angegebene Achsabstand a ist der Achsabstand der unteren Bewehrungslage.

(B) Nachweis nach DIN EN 1992-1-2:2010-12, Abs. 5.7.4 (siehe Tafel 16.27)

Rippendecken

(A) Randbedingungen nach DIN EN 1992-1-2:2010-12, Abs. 5.7.5

(A.1) Für den Nachweis der Feuerwiderstandsfähigkeit **einachsig gespannter** Stahlbeton- und Spannbetonrippendecken gelten die Anforderungen entsprechend den Abschn. 1.4.2, 1.4.3, 1.5.3 sowie der Tabelle nach Abschn. 1.5.2 (B), Spalten 2 und 5.

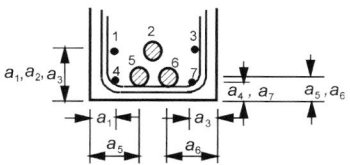

Abb. 16.15 Maße zur Berechnung des mittleren Achsabstandes a_m (siehe Bild 5-3 aus DIN EN 1992-1-2:2010-12, Abs. 5.2)

(A.2) Die Tabellen nach (B) gelten für **zweiachsig gespannte** Stahlbeton- und Spannbetonrippendecken. Dabei sind die folgenden Randbedingungen (A.3) bis (A.5) einzuhalten.

(A.3) Wird die Bewehrung in **mehreren Lagen** angeordnet, so muss für den in den Tabellen angegebenen **Achsabstand** a der mittlere Achsabstand a_m angesetzt werden (siehe auch DIN EN 1991-1-2:2010-12, Abs. 5.2 (15)):

$$a_m = \frac{A_{s1}a_1 + A_{s2}a_2 + \ldots + A_{sn}a_n}{A_{s1} + A_{s2} + \ldots + A_{sn}}$$
$$= \frac{\sum A_{si}a_i}{\sum A_{si}}$$

mit

A_{si} Querschnittsfläche des Bewehrungsstabs

a_i Achsabstand des Bewehrungsstabs zur nächsten brandbeanspruchten Bauteiloberfläche (siehe Abb. 16.15).

(A.4) Die Zahlenwerte entsprechend der Tabellen nach (B) gelten für Rippendecken mit gleichmäßig verteilten Belastungen.

(A.5) In durchlaufenden Rippendecken ist die obere Bewehrung in der oberen Hälfte der Flansche anzuordnen.

(B) Nachweis nach DIN EN 1992-1-2:2010-12, Abs. 5.7.5

(B.1) **Zweiachsig gespannte, statisch bestimmt gelagerte Stahlbeton- und Spannbetonrippendecken** (siehe Tafel 16.28)

(B.2) **Zweiachsig gespannte Stahlbeton- und Spannbetonrippendecken mit mindestens einem eingespannten Rand** (siehe Tafel 16.29)

Für den Querschnitt der oberen Bewehrung über jeder Zwischenstütze gilt auf einer Länge von $0{,}3 l_{eff}$ folgender Mindestwert:

$$A_{s,req}(x) = A_{s,req}(0) \cdot (1 - 2{,}5x/l_{eff})$$

mit

x Entfernung des betrachteten Querschnitts von der Mittellinie der Unterstützung $x \le 0{,}3 l_{eff}$

Tafel 16.28 Mindestmaße für statisch bestimmt gelagerte, zweiachsig gespannte Stahlbetonrippendecken (siehe Tabelle 5.10 aus DIN EN 1992-1-2:2010-12, Abs. 5.7.5)

Feuerwider-standsklasse	Mindestmaße [mm]			
	Mögliche Kombinationen zwischen Rippenbreite b_{min} und Achsabstand a			Plattendicke h_s und Achsabstand a in Spannrichtung
1	2	3	4	5
REI 30	$b_{min} = 80$			$h_s = 80$
	$a = 15$			$a = 10^a$
REI 60	$b_{min} = 100$	120	≥ 200	$h_s = 80$
	$a = 35$	25	15^a	$a = 10^a$
REI 90	$b_{min} = 120$	160	≥ 250	$h_s = 100$
	$a = 45$	40	30	$a = 15^a$
REI 120	$b_{min} = 160$	190	≥ 300	$h_s = 120$
	$a = 60$	55	40	$a = 20$
REI 180	$b_{min} = 220$	260	≥ 410	$h_s = 150$
	$a = 75$	70	60	$a = 30$
REI 240	$b_{min} = 280$	350	≥ 500	$h_s = 175$
	$a = 90$	75	70	$a = 40$

$a_{sd} = a + 10$

Bei Spannbetonrippendecken sollte der Achsabstand a entsprechend 5.2 (5) vergrößert werden.

a_{sd} bezeichnet den Abstand zwischen der Bewehrungsstabachse und der Seitenfläche der brandbeanspruchten Rippe.

[a] Normalerweise reicht die nach EN 1992-1-1 erforderliche Betondeckung aus.

Tafel 16.29 Mindestmaße für zweiachsig gespannte Stahlbetonrippendecken mit einem eingespannten Rand (siehe Tabelle 5.11 aus DIN EN 1992-1-2:2010-12, Abs. 5.7.5)

Feuerwider-standsklasse	Mindestmaße [mm]			
	Mögliche Kombinationen zwischen Rippenbreite b_{min} und Achsabstand a			Plattendicke h_s und Achsabstand a in Spannrichtung
1	2	3	4	5
REI 30	$b_{min} = 80$			$h_s = 80$
	$a = 10^a$			$a = 10^a$
REI 60	$b_{min} = 100$	120	≥ 200	$h_s = 80$
	$a = 25$	15^a	10^a	$a = 10^a$
REI 90	$b_{min} = 120$	160	≥ 250	$h_s = 100$
	$a = 35$	25	15^a	$a = 15^a$
REI 120	$b_{min} = 160$	190	≥ 300	$h_s = 120$
	$a = 45$	40	30	$a = 20$
REI 180	$b_{min} = 310$	600		$h_s = 150$
	$a = 60$	50		$a = 30$
REI 240	$b_{min} = 450$	700		$h_s = 175$
	$a = 70$	60		$a = 40$

$a_{sd} = a + 10$

Bei Spannbetonrippendecken sollte der Achsabstand a entsprechend 5.2 (5) vergrößert werden.

a_{sd} bezeichnet den Abstand zwischen der Bewehrungsstabachse und der Seitenfläche der brandbeanspruchten Rippe.

[a] Normalerweise reicht die nach EN 1992-1-1 erforderliche Betondeckung aus.

$A_{s,req}(0)$ erforderlicher Querschnitt der oberen Bewehrung über der Unterstützung nach DIN EN 1992-1-1

$A_{s,req}(x)$ erforderlicher Querschnitt der oberen Bewehrung im betrachteten Schnitt (x), jedoch nicht kleiner als die erforderliche Bewehrung $A_s(x)$ nach DIN EN 1992-1-1

l_{eff} effektive Stützweite.

16.4.6.2 Vereinfachtes Rechenverfahren nach EC 3 für Stahlbau

DIN EN 1993-1-2:2010-12 in Verbindung mit DIN EN 1993-1-2/NA:2010-12

16.4.6.2.1 Nachweis über Bauteilwiderstand

Die Tragfähigkeitsnachweise bei der Heißbemessung entsprechen den Nachweisen bei normaler Temperatur. Die geringeren Bauteilwiderstände aufgrund der Brandeinwirkung werden durch entsprechende Reduktionsfaktoren berücksichtigt.

Bei dem Verfahren ist nach DIN EN 1993-1-2:2010-12, Abs. 4.2.1 (1) der Nachweis zu führen, dass der Bemessungswert der maßgebenden Beanspruchung im Brandfall nicht größer als der Bemessungswert der Beanspruchbarkeit des Stahlbauteils im Brandfall zum Zeitpunkt t ist:

$$E_{fi,d} \leq R_{fi,d,t}$$

$E_{fi,d}$ Bemessungswert der maßgebenden Beanspruchung im Brandfall nach DIN EN 1991-1-2:2010-12

$R_{fi,d,t}$ Bemessungswert der Beanspruchbarkeit des Stahlbauteils im Brandfall zum Zeitpunkt

Ermittlung des Bauteilwiderstandes für Zugglieder

$$N_{fi,\theta,RD} = k_{y,\theta} N_{RD} \left[\gamma_{M,0} / \gamma_{M,fi} \right]$$

(Gleichung 4.3 siehe DIN EN 1993-1-2:2010-12, Abs. 4.2.3.1)

$k_{y,\theta}$ Abminderungsfaktor der Streckgrenze von Stahl bei der Stahltemperatur θ_a zum Zeitpunkt t (siehe DIN EN 1993-1-2:2010-12, Abs. 3.2.1(3)) mit

$$k_{y,\theta} = f_{y,\theta} / f_y$$

f_y Streckgrenze von Stahl (siehe Tabelle 3.1 in DIN EN 1993-1-2:2010-12, Abs. 3.2.1)
$f_y = 235 \, \text{N/mm}^2$ für S235
$f_y = 355 \, \text{N/mm}^2$ für S355.

Streckgrenzen weiterer Stahlsorten siehe Tabelle 3.1 der DIN EN 1993-1-1.

$f_{y,\theta}$ effektive Fließgrenze von Stahl bei erhöhter Temperatur θ_a (siehe Bild 3.2 in DIN EN 1993-1-2:2010-12, Abschn. 3.2)

$\gamma_{M,fi} = 1{,}0$ DIN EN 1993-1-2, 2.3

$\gamma_{M,0} = 1{,}0$ DIN EN 1993-1-2, 2.3.

16.4.6.2.2 Nachweis über kritische Temperatur

Allgemein

Bei diesem Nachweisverfahren wird die kritische Stahltemperatur in Abhängigkeit des Ausnutzungsgrades des Bauteils bestimmt. Die **kritische Stahltemperatur** wird mit der **Temperatur im Querschnitt** zum Zeitpunkt t **verglichen**. Kann nachgewiesen werden, dass die Temperatur im Querschnitt unterhalb der kritischen Stahltemperatur liegt, ist der Nachweis erbracht.

$$\theta_d \leq \theta_{a,cr}$$

Bei dem vereinfachten Rechenverfahren wird nach DIN EN 1993-1-2:2010-12, Abs. 4.2.1 (2) im Fall eines Brandszenarios eine konstante Temperatur über den gesamten Bauteilquerschnitt unterstellt. Dies ist damit begründet, dass Stahl über eine hohe Wärmeleitfähigkeit verfügt.

Der Nachweis auf Temperaturebene darf nach DIN EN 1993-1-2:2010-12, Abs. 4.2.4 (2) *nur dann geführt werden, wenn* **Verformungskriterien** *und* **Einflüsse aus Stabilitätsproblemen** *nicht beachtet werden müssen*. In dem Fall bietet sich dieses Berechnungsverfahren aufgrund des geringeren Berechnungsaufwandes an.

Kritische Stahltemperatur

$$\theta_{a,cr} = 39{,}19 \ln\left[\frac{1}{0{,}9674\mu_0^{3,833}} - 1\right] + 482$$

(Gleichung 4.22 siehe DIN EN 1993-1-2:2010-12, Abs. 4.2.4) mit

μ_0 Ausnutzungsgrad

$$\mu_0 = E_{fi,d}/R_{fi,d,0} \quad \text{mit } \mu_0 \geq 0{,}013$$

$E_{fi,d}$ Bemessungswert der maßgebenden Beanspruchung im Brandfall nach DIN EN 1991-1-2

$R_{fi,d,0}$ Bemessungswert der Beanspruchbarkeit des Bauteils zum Zeitpunkt $t = 0$.

Bei **zugbeanspruchten Bauteilen** und Trägern kann der Ausnutzungsgrad μ_0 nach DIN EN 1993-1-2:20101-12,

Abs. 4.2.4 (4) wie folgt bestimmt werden (= Bauteile, bei denen Biegedrillknicknachweis nicht maßgebend):

$$\mu_0 = \eta_{fi}[\gamma_{M,fi}/\gamma_{M0}]$$

η_{fi} kann auch genau ermittelt werden, siehe hierzu DIN EN 1993-1-2, 2.4.2 (3).

Vereinfachend dürfen für η_{fi} folgende Werte angenommen werden:

$\eta_{fi} = 0{,}65$

$\eta_{fi} = 0{,}70$ für aufgebrachte Lasten der Kategorie E (Kat. E siehe DIN EN 1993-1-1:2010-12, Abs. 6.3.2.1, Tab. 6.3)

$\gamma_{M,fi} = 1{,}0$ (siehe DIN EN 1993-1-2:2010-12, Abs. 2.3)

$\gamma_{M0} = 1{,}0$ (siehe DIN EN 1993-1-1:2010-12, Abs. 6.1).

Bestimmung der Temperatur im Querschnitt

Ungeschützte Stahlkonstruktionen Näherungsformel zur Berechnung der Temperatur ungeschützter Stahlbauteile (BbauBl Heft 7/99, S.69 ff):

$$\theta_{a,t} = \frac{c_1 \cdot c_2 + c_3 \cdot t^{c_4}}{c_2 + t^{c_4}} \quad [°C]; \quad \text{mit } t \text{ in min}$$

$$c_1 = \theta_0 = 20\,°C$$
$$c_2 = 15{.}780(A_m/V)^{-1,13}$$
$$c_3 = 10{.}000/(0{,}30 + 1{,}896\ln(A_m/V))$$
$$c_4 = 1{,}248 + 0{,}069\ln(A_m/V)$$

Randbedingungen:
- Branddauer $t \leq 30$ Minuten
- Stahltemperatur $\theta_a \leq 700\,°C$
- Profilfaktor $25\,m^{-1} \leq A_m/V \leq 300\,m^{-1}$.

Nachweis: $\theta_{a,t} \leq \theta_{a,cr}$

Durch Brandschutzmaterialien geschützte Stahlkonstruktionen
Nachweis mit **Bemessungsnomogramm** (Abb. 16.16).

Feuerwiderstand von Bauteilen aus Stahl: Nomogramme für die Berechnung des Feuerwiderstandes von Stahlbauteilen siehe gemäß DIN EN 1993-1-2 (siehe www.bauforumstahl.de).

TP – Profilfaktor für geschützte Stahlkonstruktionen

$$TP = A_p/V \cdot \lambda_p/d_p \cdot 1/(1 + \Phi/3)$$

mit

$$\Phi = (\rho_p \cdot c_p)/(\rho_a \cdot c_a) \cdot d_p \cdot A_p/V$$

Vereinfachend kann $\Phi = 0$ angenommen werden.

Tafel 16.30 Profilfaktoren A_m/V für ungeschützte Bauteile (siehe Tabelle 4.2 aus DIN EN 1993-1-2:2010-12, Abs. 4.2.5.1)

Offener Querschnitt mit allseitiger Brandeinwirkung: $$\frac{A_m}{V} = \frac{\text{Umfang}}{\text{Querschnittsfläche}}$$ 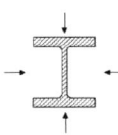	Rohr mit allseitiger Brandeinwirkung: $$A_m/V = 1/t$$ 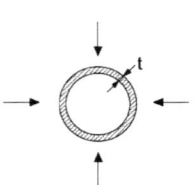
Offener Querschnitt mit dreiseitiger Brandeinwirkung: $$\frac{A_m}{V} = \frac{\text{brandbeanspruchte Oberfläche}}{\text{Querschnittsfläche}}$$ 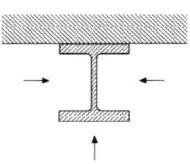	Hohlquerschnitt (oder geschweißter Kasten) mit allseitiger Brandeinwirkung: Wenn $t \ll b$: $A_m/V \approx 1/t$ 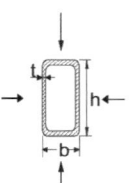
Flansch eines I-Querschnitts mit dreiseitiger Brandeinwirkung: $$A_m/V = (b + 2t_f)/(bt_f)$$ Wenn $t \ll b$: $A_m/V \approx 1/t_f$ 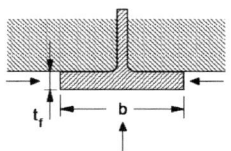	Geschweißter Kastenquerschnitt mit allseitiger Brandeinwirkung: $$\frac{A_m}{V} = \frac{2(b + h)}{\text{Querschnittsfläche}}$$ Wenn $t \ll b$: $A_m/V \approx 1/t$ 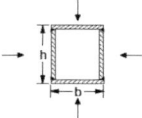
Winkel mit allseitiger Brandeinwirkung: $$A_m/V = 2/t$$ 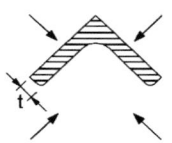	I-Querschnitt mit Kastenverstärkung und allseitiger Brandeinwirkung: $$\frac{A_m}{V} = \frac{2(b + h)}{\text{Querschnittsfläche}}$$ 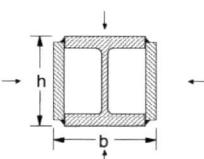
Flachstahl mit allseitiger Brandeinwirkung: $$A_m/V = 2(b + t)/(bt)$$ Wenn $t \ll b$: $A_m/V \approx 2/t$ 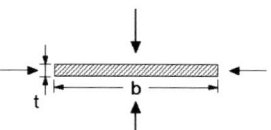	Flachstahl mit dreiseitiger Brandeinwirkung: $$A_m/V = (b + 2t)/(bt)$$ Wenn $t \ll b$: $A_m/V \approx 1/t$ 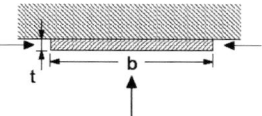

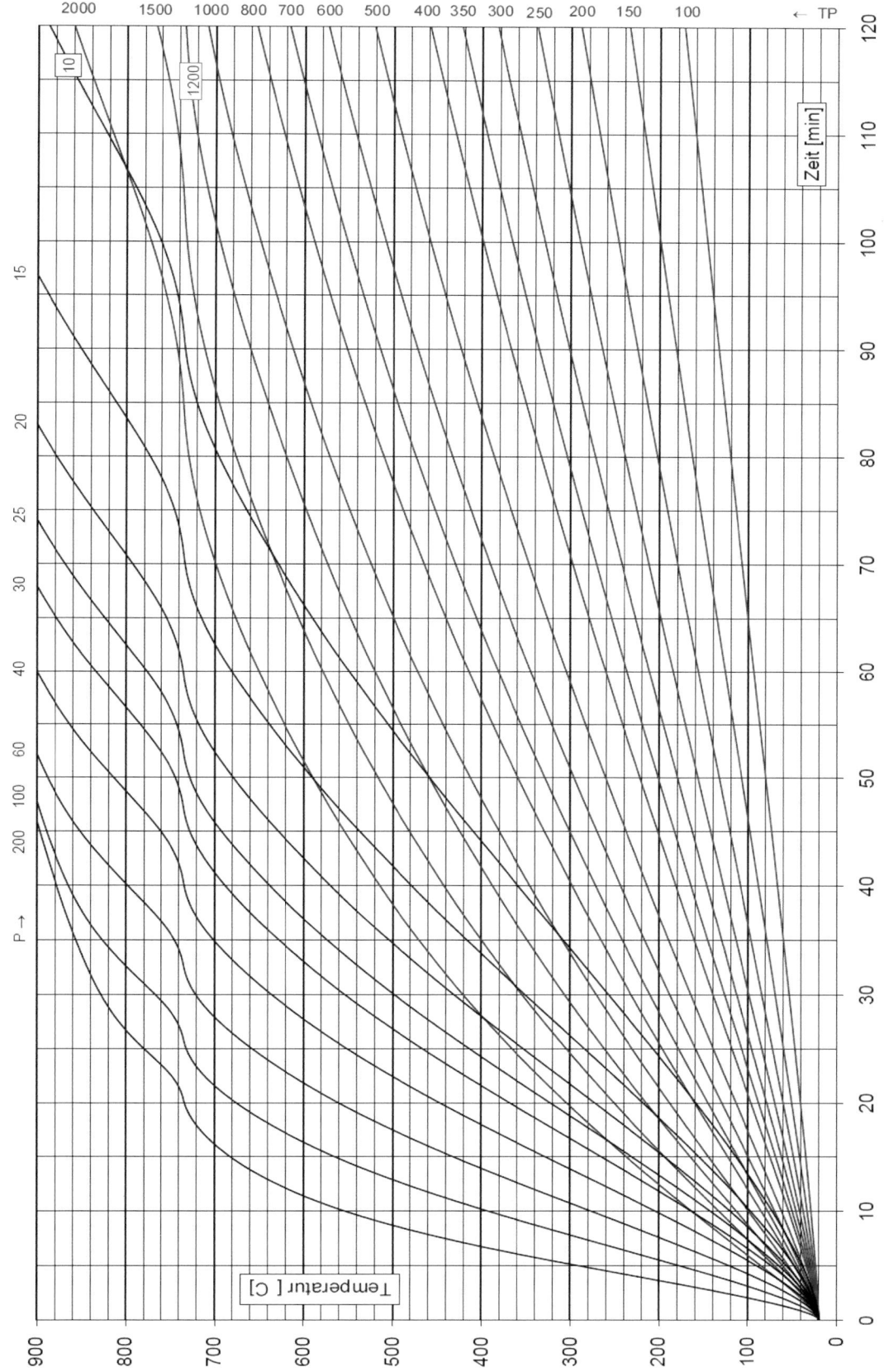

Abb. 16.16 Bemessungsnomogram (siehe www.bauforumstahl.de)

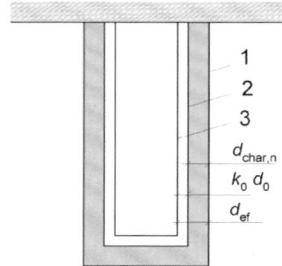

Abb. 16.17 Definition des verbleibenden Restquerschnitts (siehe Bild 4.1 in DIN EN 1995-1-2:2010-12; Abs. 4.2.2). *1* Anfängliche Oberfläche des Bauteils, *2* Grenze des Restquerschnitts, *3* Grenze des ideellen Querschnitts

16.4.6.3 Vereinfachtes Rechenverfahren nach EC 5 für Holzbau

DIN EN 1995-1-2:2010-12 in Verbindung mit DIN EN 1995-1-2/NA:2010-12

16.4.6.3.1 Methode mit reduziertem Querschnitt

(A) **Ermittlung des reduzierten Querschnitts**

Der reduzierte Querschnitt ergibt sich nach DIN EN 1995-1-2:2010-12; Abs. 4.2.2 aus dem Ausgangsquerschnitt abzüglich der ideellen Abbrandtiefe d_{ef} (siehe Abb. 16.17).

$$d_{ef} = d_{char,n} + k_0 d_0$$

mit

$$d_{char,n} = \beta_n t$$

(siehe DIN EN 1995-1-2:2010-12, Abs. 3.4.2. (2))

β_n Abbrandrate

t Zeitdauer der Brandbeanspruchung

$d_0 = 7,0$ mm

k_0 für ungeschützte Oberflächen und geschützte Oberflächen mit $t_{ch} \leq 20$ Minuten (siehe DIN EN 1995-1-2:2010-12), siehe Tafel 16.31.

k_0 für geschützte Oberflächen mit $t_{ch} > 20$ Minuten (siehe DIN EN 1995-1-2:2010-12, Bild 4.2), siehe Abb. 16.18.

t_{ch} Beginn des Abbrandes des geschütztes Bauteils mit

$$t_{ch} = \frac{h_p}{\beta_0}$$

(Gleichung siehe DIN EN 1995-1-2:2010-12, Abs. 3.4.3.3) mit

h_p Dicke der Platte bzw. Gesamtdicke bei mehreren Lagen.

Tafel 16.31 Bestimmung k_0 (siehe Tabelle 4.1 aus DIN EN 1995-1-2:2010-12, Abs. 4.2.2)

Zeit	k_0
$t < 20$ Minuten	$t/20$
$t \geq 20$ Minuten	$1,0$

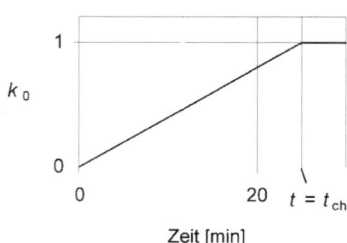

Abb. 16.18 Bestimmung k_0 (siehe Bild 4.2 in DIN EN 1995-1-2:2010-12; Abs. 4.2.2)

Für Bekleidungen aus **einer Lage Gipsplatten** vom Typ A, F oder H nach EN 520 außerhalb von Stößen oder im Bereich von verspachtelten Stößen oder offenen Stößen mit einer Breite von ≤ 2 mm ist anzunehmen

$$t_{ch} = 2,8\, h_p - 14$$

An Stellen im Bereich von offenen Stößen mit einer Breite von > 2 mm gilt

$$t_{ch} = 2,8\, h_p - 23$$

Für Bekleidungen aus **zwei Lagen Gipsplatten** vom **Typ A oder H** ist für h_p die Dicke der äußeren Lage und 50 % der Dicke der inneren Lage anzunehmen.

Voraussetzung: Abstand der Verbindungsmittel der inneren Lage nicht größer als Abstand der Verbindungsmittel der äußeren Lage.

Für Bekleidungen aus **zwei Lagen Gipsplatten** vom **Typ F** ist für h_p die Dicke der äußeren Lage und 80 % der Dicke der inneren Lage anzunehmen.

Voraussetzung: Abstand der Verbindungsmittel der inneren Lage nicht größer als Abstand der Verbindungsmittel der äußeren Lage.

Für **Balken und Stützen**, die von Steinwolle (Mindestdicke 20 mm, Mindestrohdichte von 26 kg/m^3, Schmelzpunkt $T \geq 1000\,°C$) geschützt werden, gilt außerhalb von Stößen, im Bereich von verspachtelten Stößen oder offenen Stößen mit einer Breite von ≤ 2 mm

$$t_{ch} = 0,07\, (h_{ins} - 20)\, \sqrt{\rho_{ins}}$$

h_{ins} Dicke des Wärmedämmstoffs in mm

ρ_{ins} Rohdichte des Wärmedämmstoffs in kg/m^3

(B) **Bestimmung der im Brandfall vorhandenen Spannungen**

Die Ermittlung der vorhandenen Spannungen erfolgt aus den Einwirkungen im Brandfall (außergewöhnliche Bemessungssituation) und dem ermittelten Restquerschnitt.

(C) **Bestimmung der im Brandfall anzusetzenden Festigkeiten und Steifigkeiten**

Die Festigkeits- und Steifigkeitseigenschaften für den Restquerschnitt entsprechen denen der Kaltbemessung (siehe DIN EN 1995-1-2:2010-12, Abs. 4.2.2).

Tafel 16.32 Bemessungswerte der Abbrandraten (siehe Tabelle 3.1 aus DIN EN 1995-1-2:2010-12, Abs. 3.4.2)

Material	β_0 [mm/min]	β_n [mm/min]
a) Nadelholz und Buche		
Brettschichtholz mit einer charakteristischen Rohdichte von $\geq 290\,\text{kg/m}^3$	0,65	0,7
Vollholz mit einer charakteristischen Rohdichte von $> 290\,\text{kg/m}^3$	0,65	0,8
b) Laubholz		
Vollholz oder Brettschichtholz mit einer charakteristischen Rohdichte von $\geq 290\,\text{kg/m}^3$	0,65	0,7
Vollholz oder Brettschichtholz mit einer charakteristischen Rohdichte von $\geq 450\,\text{kg/m}^3$	0,50	0,55
c) Furnierschichtholz		
Mit einer charakteristischen Rohdichte von $\geq 480\,\text{kg/m}^3$	0,65	0,7
d) Platten		
Holzbekleidungen	0,9[a]	–
Sperrholz	1,0[a]	–
Holzwerkstoffplatten außer Sperrholz	0,9[a]	–

[a] Die Werte gelten für eine charakteristische Rohdichte von $450\,\text{kg/m}^3$ und eine Werkstoffdicke von 20 mm, für andere Werkstoffdicken und Rohdichten, siehe 3.4.2 (9)

(D) **Bestimmung der Knick- und Kippbeiwerte**

Die Knick- und Kippbeiwerte sind entsprechend der Regeln der Kaltbemessung nach DIN EN 1995-1-1:2010-12, Abs. 6.3 zu ermitteln. Dabei ist die im Brandfall vorhandene Aussteifungskonstruktion zu berücksichtigen.

(E) **Nachweis für die vorhandene Feuerwiderstandsdauer**

Die erforderliche Nachweisführung entspricht den Regeln der Kaltbemessung nach DIN EN 1995-1-1:2010-12, Abs. 6.

Die Bemessungswerte der anzusetzenden Materialeigenschaften sind mit dem Modifikationsfaktor $k_{\text{mod,fi}} = 1,0$ zu ermitteln (siehe DIN EN 1995-1-2:2010-12, Abs. 4.2.2 (5)).

16.4.6.3.2 Methode mit reduzierten Bauteileigenschaften

(A) **Ermittlung des Restquerschnitts**

A_r Fläche des Restquerschnitts in m^2

p Umfang des dem Feuer ausgesetzten Restquerschnitts in m

Die Fläche sowie der Umfang des Restquerschnitts sind abhängig von der Anzahl der brandbeanspruchten Seiten des zu berechnenden Bauteils. Dabei ist der ursprüngliche Querschnitt mit dem Wert der ideellen Abbrandrate $d_{\text{char,n}}$ im Bereich der brandbeanspruchten Bereiche abzumindern.

$$d_{\text{char,n}} = \beta_n t$$

(Gleichung siehe DIN EN 1995-1-2:2010-12, Abs. 3.4.2 (2))

β_n Abbrandrate

t Zeitdauer der Brandbeanspruchung (siehe Tafel 16.32).

(B) **Bestimmung der im Brandfall vorhandenen Spannungen**

Die Ermittlung der vorhandenen Spannungen erfolgt aus den Einwirkungen im Brandfall (außergewöhnliche Bemessungssituation) und dem ermittelten Restquerschnitt.

(C) **Bestimmung des Modifikationsbeiwertes für den Brandfall**

für $t \geq 20$ Minuten gilt nach DIN EN 1995-1-2:2010-12, Abs. 4.2.3 (3):

für die Biegefestigkeit:

$$k_{\text{mod,fi}} = 1,0 - \frac{1}{200}\frac{p}{A_r}$$

für die Druckfestigkeit:

$$k_{\text{mod,fi}} = 1,0 - \frac{1}{125}\frac{p}{A_r}$$

für die Zugfestigkeit und den E-Modul:

$$k_{\text{mod,fi}} = 1,0 - \frac{1}{330}\frac{p}{A_r}$$

Weitere Berechnungsansätze nach DIN EN 1995-1-2, 4.2.3 werden hier nicht betrachtet, da bauordnungsrechtlich Feuerwiderstandsdauern von mindestens 30 Minuten gefordert werden.

(D) **Bestimmung der im Brandfall anzusetzenden Festigkeiten und Steifigkeiten**

Bemessungswert der Festigkeit im Brandfall nach DIN EN 1995-1-2:2010-12, Abs. 2.3

$$f_{\text{d,fi}} = k_{\text{mod,fi}} \frac{f_{20}}{\gamma_{\text{m,fi}}}$$

Tafel 16.33 Werte für k_{fi} (siehe Tabelle 2.1 aus DIN EN 1995-1-2:2010-12, Abs. 2.3)

Material	k_{fi}
Massivholz	1,25
Brettschichtholz	1,15
Holzwerkstoffe	1,15
Furnierschichtholz	1,1
Auf Abscheren beanspruchte Verbindungen mit Seitenteilen aus Holz oder Holzwerkstoffen	1,15
Auf Abscheren beanspruchte Verbindungen mit außen liegenden Stahlblechen	1,05
Auf Herausziehen beanspruchte Verbindungsmittel	1,05

$\gamma_{M,fi}$ Teilsicherheitsbeiwert für Holz im Brandfall ($= 1,0$) (siehe DIN EN 1995-1-2:2010-12, Abs. 2.3)

$$f_{20} = k_{fi} f_k$$

(Gleichung 2.4 nach DIN EN 1995-1-2:2010-12) k_{fi} siehe Tafel 16.33.
Für die charakteristische Festigkeit f_k gilt der Wert aus der Kaltbemessung
- Vollholz nach DIN EN 338
- Brettschichtholz nach EN 1194

Bemessungswert der Steifigkeitseigenschaft (E-Modul und Schubmodul) im Brandfall

$$S_{d,fi} = k_{mod,fi} \frac{S_{20}}{\gamma_{M,fi}}$$

$$S_{20} = k_{fi} S_{05}$$

(Gleichung 2.5 nach DIN EN 1995-1-2:2010-12)
S_{05} 5 %-Fraktilwert einer Steifigkeitseigenschaft (E-Modul oder Schubmodul) bei Normaltemperatur
- Vollholz nach DIN EN 338
- Brettschichtholz nach EN 1194

(E) **Bestimmung der Knick- und Kippbeiwerte**
Die Knick- und Kippbeiwerte werden unter Berücksichtigung der nach (D) berechneten Festigkeiten und Steifigkeiten sowie der im Brandfall vorhandenen Aussteifungskonstruktionen ermittelt und entsprechen den Regeln der Kaltbemessung nach DIN EN 1995-1-1:2010-12, Abs. 6.3.

(F) **Nachweis für die vorhandene Feuerwiderstandsdauer**
Die erforderliche Nachweisführung entspricht den Regeln der Kaltbemessung nach DIN EN 1995-1-1:2010-12, Abs. 6.

Literatur

1. *Mehl, F.:* Richtlinien für die Erstellung und Prüfung von Brandschutzkonzepten. In: Brandschutz bei Sonderbauten, Praxisseminar 2004. TU Braunschweig, IBMB, Heft 178, Seite 109–134.
2. *Klingsohr, K.; Messerer, J.:* Vorbeugender baulicher Brandschutz. 7. Auflage. Stuttgart: W. Kohlhammer, 2005.
3. *Schneider, U.; Lebeda, Ch.:* Baulicher Brandschutz. Stuttgart: Kohlhammer, 2000.
4. *Kordina, K.; Meyer-Ottens, C.:* Beton Brandschutz Handbuch. Düsseldorf: Bau+Technik, 1999.
5. *Hass, R.; Meyer-Ottens, C.; Richter, E.:* Stahlbau Brandschutz Handbuch. Berlin: Ernst & Sohn, 1994.
6. *Deutsche Gesellschaft für Holzforschung e. V. (Hrsg.):* Holz Brandschutz Handbuch. 3. Auflage. Berlin: Ernst & Sohn, 2009.
7. *Hass, R.; Meyer-Ottens, C.; Quast, U.:* Verbundbau Brandschutz Handbuch. Berlin: Ernst & Sohn, 2000.
8. *Mayr, J.; Battran, L.:* Brandschutzatlas. Köln: Feuertrutz, 2021.
9. *Gätdke, H.; Temme, H.-G.; Heintz, D.:* BauO, Kommentar 11. Auflage. Düsseldorf: Werner 2008.
10. *Hosser, D.:* Brandschutz in Europa – Bemessung nach Eurocodes. Berlin: Beuth, 2017.
11. *Mehl, F.:* Ingenieurmäßige Nachweise zum vorbeugenden baulichen Brandschutz. In: Der Prüfingenieur 23, Oktober 2003. Seite 29–37.
12. *Schneider, U.:* Ingenieurmethoden im Brandschutz. Düsseldorf: Werner, 2009.
13. *vfdb-Leitfaden (TB 04/01):* Ingenieurmethoden des Brandschutzes herausgegeben von Dietmar Hosser. 4. Auflage, März 2020.
14. *vfdb-Richtlinien 01/01:* Brandschutzkonzept. Ausgabe 2008–04.
15. *Prendke, K.:* Lexikon der Feuerwehr. 3. Auflage. Stuttgart: Kohlhammer, 2005.
16. *Tretzel, F.:* Handbuch der Feuerbeschau. 4. Auflage. Stuttgart: Kohlhammer, 2007.
17. *Kircher, F.:* Brandschutz im Bild. Kissing: WEKA, 2008.
18. *Löbbert, A; Pohl, K. D.; Thomas, K.-W.:* Brandschutzplanung für Architekten und Ingenieure. Köln: Rudolf Müller, 2007.
19. *Heilmann, S.:* Fehler in der Brandschutzplanung. In: Nabil A. Fouad (Hrsg.): Bauphysik Kalender 2016. Berlin: Ernst & Sohn, 2016.
20. DIN-Taschenbuch 300. Brandschutz, Teil 1 bis 6. Berlin: Beuth, 2017.
21. DIN Taschenbuch: Bauen in Europa, Brandschutzbemessung Eurocode 1 bis 6 und 9 (NAD). Berlin: Beuth, 2017.
22. *Weller, B.; Heilmann, S.: Brandschutz.* In: Wetzell, O. W. (Hrsg.): Wendehorst Beispiele aus der Baupraxis. Wiesbaden: B. G. Teubner, 2017.
23. *Heilmann, S.:* Praxishandbuch I – Brandschutz in Kindergärten, Schulen und Hochschulen. 3. Auflage. Pirna: Verlag für Brandschutzpraxis, 2020.
24. *Heilmann, S.:* Geschichte des Brandschutzes vom Späten Mittelalter bis zur Moderne. 2. Auflage. Pirna: vfbp, 2021.
25. *Heilmann, S.:* DBV-Merkblatt: Bauen im Bestand – Brandschutz. Berlin: Deutscher Beton- und Bautechnik Verein, 2008.

Prof. Dr.-Ing. Martin Homann

Inhaltsverzeichnis

17.1 Wärmeschutz

17.1.1 Formelzeichen

A	Fläche, in m^2
A_G, A_{NGF}	Nettogrundfläche, in m^2
A_N	Gebäudenutzfläche, in m^2
A_f	Fläche von Fensterrahmen, in m^2
A_g	Fläche von Verglasungen, in m^2
A_v	Fläche von Lüftungsöffnungen, in m^2
A_w	Fensterfläche, in m^2
B'	charakteristisches Bodenplattenmaß, in m
C_{wirk}	wirksame Wärmespeicherfähigkeit, in kJ/K bzw. W h/K
F_c	Abminderungsfaktor für Sonnenschutzvorrichtungen, [–]
P	Umfang der Bodenplatte, in m
R	Wärmedurchlasswiderstand, in m^2 K/W
R_g	Wärmedurchlasswiderstand von Luft, in m^2 K/W
R_{se}	Wärmeübergangswiderstand innen, in m^2 K/W
R_{si}	Wärmeübergangswiderstand außen, in m^2 K/W
R_T	Wärmedurchgangswiderstand, in m^2 K/W
R_T'	oberer Grenzwert des Wärmedurchgangswiderstandes, in m^2 K/W
R_T''	unterer Grenzwert des Wärmedurchgangswiderstandes, in m^2 K/W
S	Sonneneintragskennwert, [–]
S_x	anteiliger Sonneneintragskennwert, [–]
U	Wärmedurchgangskoeffizient, in W/(m^2 K)
U_f	Wärmedurchgangskoeffizient von Fensterrahmen, in W/(m^2 K)
U_g	Wärmedurchgangskoeffizient von Verglasungen, in W/(m^2 K)
V	Volumen, in m^3
$\dot{V}$	Volumenstrom, in m^3/h
c	spezifische Wärmekapazität, in kJ/(kg K) bzw. W h/(kg K)
d	Dicke, in m

M. Homann (✉)
FH Münster
Münster, Deutschland
E-Mail: mhomann@fh-muenster.de

© Springer Fachmedien Wiesbaden GmbH, ein Teil von Springer Nature 2021
U. Vismann (Hrsg.), *Wendehorst Bautechnische Zahlentafeln*, https://doi.org/10.1007/978-3-658-32218-2_17

f	Flächenanteil, [–]
f	Entwässerungsfaktor, [–]
f_p	Primärenergiefaktor, [–]
f_{Rsi}	Temperaturfaktor, [–]
f_{WG}	grundflächenbezogener Fensterflächenanteil, [–]
g	Gesamtenergiedurchlassgrad, [–]
g_{total}	Gesamtenergiedurchlassgrad einschließlich Sonnenschutzvorrichtungen, [–]
l	Länge, in m
m'	flächenbezogene Masse, in kg/m^2
n	Luftwechselrate, in h^{-1}
n_f	Anzahl von Befestigungselementen, [–]
p	durchschnittliche örtliche Niederschlagsmenge, in mm/Tag
q	Wärmestromdichte, in W/m^2
q	gebäudehüllflächenbezogene Luftwechselrate, in m h^{-1}
u	Feuchtegehalt, in % bzw. [–]
x	Faktor für Wärmeverluste infolge von Regenwasser, [–]
Φ	Wärmestrom, in W
θ	Temperatur, in °C
$\theta_{b,op}$	operative Innentemperatur, in °C
θ_e	Lufttemperatur außen, in °C
$\theta_{h,soll}$	Soll-Raumtemperatur für Heizzwecke, in °C
θ_i	Lufttemperatur innen, in °C
θ_{se}	Oberflächentemperatur außen, in °C
θ_{si}	Oberflächentemperatur innen, in °C
α	Koeffizient, [–]
λ	Wärmeleitfähigkeit, in W/(m K)
ρ	Rohdichte, in kg/m^3
τ	Lichttransmissionsgrad, [–]
χ	punktbezogener Wärmedurchgangskoeffizient, in W/K
Ψ	längenbezogener Wärmedurchgangskoeffizient, in W/(m K).

17.1.2 Wärmeschutztechnische Größen (Zahlenwerte s. Abschn. 17.3)

17.1.2.1 Wärmeleitfähigkeit λ

Baustoffe Wärmeenergie wird in Stoffen unterschiedlich gut weitergeleitet. Diese Stoffeigenschaft wird als Wärmeleitfähigkeit λ bezeichnet. Sie hängt von der Temperatur, der Rohdichte und dem Wassergehalt des Stoffes ab. Wärmeleitfähigkeiten sind im Allgemeinen auf eine Temperatur von 10 °C und einen Ausgleichsfeuchtegehalt bezogen.

Wärmeleitfähigkeiten λ und weitere Stoffeigenschaften sind in den Tafeln 17.25 bis 17.27 zusammengefasst. Als Randbedingung wurde ein Feuchtegehalt bei 23 °C und 80 % relativer Luftfeuchte zugrunde gelegt. Werte für Ausgleichsfeuchtegehalte u können den Tafeln 17.28 und 17.29 entnommen werden.

Die Stoffwerte der DIN 4108-4 [3] oder der DIN EN ISO 10456 [23] sind für die Berechnung der wärmetechnischen Größen zu verwenden. Kenngrößen, die dort nicht enthalten sind, dürfen nur dann benutzt werden, wenn sie nach den Vorschriften der Bauregellisten bestimmt und im Bundesanzeiger bekannt gemacht worden sind.

Anwendungshinweise für Wärmedämmstoffe DIN 4108-10 [6] regelt die verschiedenen Anwendungsgebiete für Wärmedämmungen (Tafel 17.30). Im Einzelnen legt sie Mindestanforderungen für Anwendungsgebiete umfangreich fest. Die in der Norm geregelten Dämmstoffarten sind in Tafel 17.31 zusammengestellt. Die Produkteigenschaften werden gemäß Tafel 17.32 differenziert.

Dämmstoffe werden unter Angabe des Materials, der Wärmeleitfähigkeit λ und dem Anwendungstyp definiert, z. B. für eine Mineralwolleplatte für die Trittschalldämmung unter einem schwimmenden Estrich:

$$\text{MW 035 DES dg sg}$$

„MW" steht für „Mineralwolle", „035" für die Wärmeleitgruppe, „DES" für das Anwendungsgebiet „Innendämmung der Decke oder Bodenplatte (oberseitig) unter Estrich mit Schallschutzanforderungen" sowie „dg" für „geringe Druckbelastbarkeit" des Dämmstoffes und „sg" für „Trittschalldämmung, geringe Zusammendrückbarkeit".

Erdreich Folgende wärmetechnische und weitere Eigenschaften verschiedener Erdreicharten können den Tafeln 17.33 und 17.34 entnommen werden:

- Wärmeleitfähigkeit λ in W/(m K)
- volumenbezogene Wärmekapazität $\rho \cdot c$ in J/(m^3 K)
- Trockenrohdichte ρ in kg/m^3
- massebezogener Feuchtegehalt u in %
- Sättigungsgrad in %

17.1.2.2 Wärmedurchlasswiderstand R

17.1.2.2.1 Wärmedurchlasswiderstand R von Baustoffschichten

Im Allgemeinen ist der Wärmedurchlasswiderstand R einer homogenen Baustoffschicht der Quotient aus Schichtdicke d und der Wärmeleitfähigkeit λ:

$$R = \frac{d}{\lambda} \quad \text{in m}^2 \text{ K/W} \tag{17.1}$$

Für ein Bauteil mit n Schichten gilt:

$$R = \frac{d_1}{\lambda_1} + \frac{d_2}{\lambda_2} + \cdots + \frac{d_n}{\lambda_n} \quad \text{in m}^2 \text{ K/W} \tag{17.2}$$

17.1.2.2.2 Wärmedurchlasswiderstand *R* von Decken

Der Wärmedurchlasswiderstand *R* von Decken mit nicht homogenem Schichtaufbau wird tabellarisch nach Tafel 17.35 ermittelt. Dort sind folgende Deckenarten berücksichtigt:

- Stahlbetonrippen- und Stahlbetonbalkendecken
- Stahlsteindecken aus Deckenziegeln
- Stahlbetonhohldielen.

17.1.2.2.3 Wärmedurchlasswiderstand R_u unbeheizter Dachräume

Für eine Dachkonstruktion mit ebener gedämmter Decke und einem Schrägdach kann der Dachraum so betrachtet werden, als wäre er eine wärmetechnisch homogene Schicht mit einem Wärmedurchlasswiderstand R_u gemäß Tafel 17.36. Die Werte beziehen sich auf Dachräume mit natürlicher Belüftung über einem beheizten Gebäudevolumen.

17.1.2.2.4 Wärmedurchlasswiderstand R_u anderer unbeheizter Räume

Grenzt ein unbeheizter Raum, z. B. eine Garage, ein Lagerraum oder ein Wintergarten, an ein beheiztes Gebäude an, kann der unbeheizte Raum zusammen mit seinen Außenbauteilkomponenten so behandelt werden, als wäre er eine zusätzliche homogene Schicht mit einem Wärmedurchlasswiderstand R_u, so dass er in die Ermittlung des Wärmedurchgangskoeffizienten *U* des Außenbauteils zwischen dem beheizten Innenraum und dem unbeheizten Raum mit einfließen kann.

$$R_\mathrm{u} = \frac{A_\mathrm{i}}{\sum_k (A_\mathrm{e,k} \cdot U_\mathrm{e,k}) + 0{,}33 \cdot n \cdot V} \quad \text{in m}^2\,\text{K/W} \quad (17.3)$$

A_i Gesamtfläche aller Bauteile zwischen Innenraum und unbeheiztem Raum, in m^2

$A_\mathrm{e,k}$ Fläche des Bauteiles *k* zwischen unbeheiztem Raum und Außenumgebung, in m^2

$U_\mathrm{e,k}$ Wärmedurchgangskoeffizient des Bauteiles *k* zwischen unbeheiztem Raum und Außenumgebung, in W/(m^2 K)

n Luftwechselrate des unbeheizten Raums, in h^{-1}

V Volumen des unbeheizten Raums, in m^3.

Sofern die Einzelheiten der Bauweise der Außenbauteile des unbeheizten Raumes nicht bekannt sind, werden folgende Werte empfohlen: $U_\mathrm{e,k} = 2$ W/(m^2 K) und $n = 3$ h^{-1}.

17.1.2.2.5 Wärmedurchlasswiderstand R_g von Luftschichten in Außenbauteilen

Die Wärmedurchlasswiderstände R_g gelten für den Fall, dass die Luftschichtdicke nicht mehr als das 0,1-fache der kleineren der beiden Flächenabmessungen ist, jedoch den Betrag von 0,3 m nicht übersteigt. Vorausgesetzt wird, dass beide Flächen parallel zueinander verlaufen, dass sie jeweils einen Emissionsgrad von 0,8 besitzen und dass der Wärmestrom senkrecht zu den Flächen gerichtet ist. Außerdem darf kein

Luftaustausch zwischen der Luftschicht und dem Innenraum erfolgen. Bei der wärmetechnischen Beurteilung von Luftschichten in Außenbauteilen wird in Abhängigkeit von der Größe der Öffnungen A_v zur Außenumgebung nach ruhenden, schwach belüfteten und stark belüfteten Luftschichten unterschieden.

Ruhende Luftschichten

- $A_\mathrm{v} \leq 500$ mm^2/m (bezogen auf die horizontale Kantenlänge des Bauteils) bei vertikalen Luftschichten
- $A_\mathrm{v} \leq 500$ mm^2/m^2 (bezogen auf die Oberfläche des Bauteils) bei horizontalen Luftschichten.

Werte des Wärmedurchlasswiderstandes R_g sind in Tafel 17.37 enthalten. Zu ruhenden Luftschichten zählen auch die Luftschichten bei zweischaligem Mauerwerk, das über Entwässerungsöffnungen in Form von vertikalen Fugen in der Außenschale verfügt.

Schwach belüftete Luftschichten

- 500 mm^2/m $< A_\mathrm{v} < 1500$ mm^2/m (bezogen auf die horizontale Kantenlänge des Bauteils) bei vertikalen Luftschichten
- 500 mm^2/m^2 $< A_\mathrm{v} < 1500$ mm^2/m^2 (bezogen auf die Oberfläche des Bauteils) bei horizontalen Luftschichten.

Als Näherungswert kann der Wärmedurchlasswiderstand R_g unter Berücksichtigung der Lüftungsöffnung A_v sowie den Wärmedurchlasswiderständen $R_\mathrm{g,u}$ und $R_\mathrm{g,v}$ einer ruhenden und stark belüfteten Luftschicht wie folgt berechnet werden:

$$R_\mathrm{g} = \frac{1500 - A_\mathrm{v}}{1000} \cdot R_\mathrm{g,u} + \frac{A_\mathrm{v} - 500}{1000} \cdot R_\mathrm{g,v} \quad \text{in m}^2\,\text{K/W}$$
$$(17.4)$$

Stark belüftete Luftschicht

- $A_\mathrm{v} \geq 1500$ mm^2/m (bezogen auf die horizontale Kantenlänge des Bauteils) bei vertikalen Luftschichten
- $A_\mathrm{v} \geq 1500$ mm^2/m^2 (bezogen auf die Oberfläche des Bauteils) bei horizontalen Luftschichten.

Der Wärmedurchgangswiderstand einer Bauteilkomponente mit einer stark belüfteten Luftschicht ist zu bestimmen, indem der Wärmedurchlasswiderstand der Luftschicht und aller anderen Schichten zwischen Luftschicht und Außenumgebung vernachlässigt wird und ein äußerer Wärmeübergangswiderstand verwendet wird, der dem bei ruhender Luft entspricht. Alternativ darf der entsprechende Wert R_si aus Tafel 17.38 verwendet werden.

17.1.2.3 Wärmeübergangswiderstände R_si und R_se

Die Wärmeübergangswiderstände R_si und R_se kennzeichnen den Widerstand beim Wärmetransport der Raumluft zur raumseitigen Bauteiloberfläche und von der außenseitigen Bauteiloberfläche an die Außenluft. Durch die Wärme-

Abb. 17.1 Abschnitte und
Schichten einer thermisch
inhomogenen Bauteilkom-
ponente (DIN EN ISO
6946) [20]. D: Wärmestrom-
richtung, a, b, c, d: Abschnitte,
1, 2, 3: Schichten

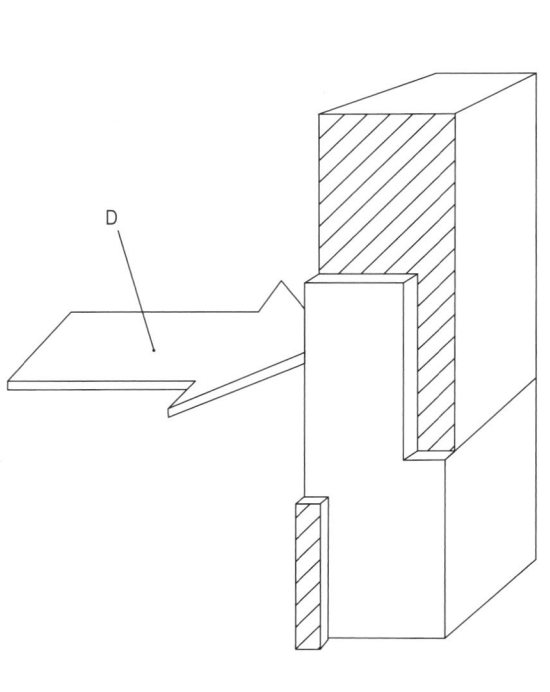
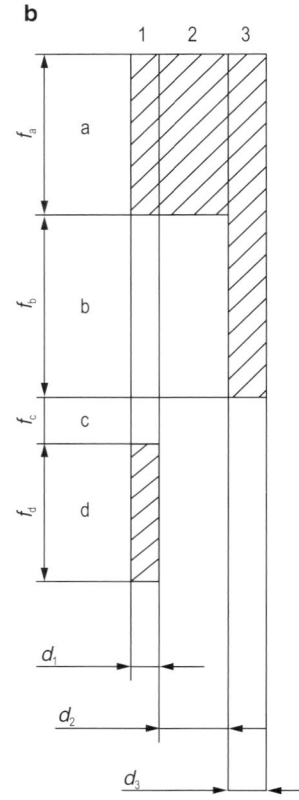

übergangswiderstände werden die Wärmetransportmecha-
nismen Wärmekonvektion und Wärmestrahlung berücksichtigt. Werte für R_{si} und R_{se} in können Tafel 17.38 entnommen
werden.

17.1.2.4 Wärmedurchgangswiderstand R_T

Er kennzeichnet den Wärmedurchgang durch das gesamte
Bauteil und ergibt sich aus der Addition der Einzelwiderstän-
de:

$$R_T = R_{si} + R + R_{se} \quad \text{in m}^2\,\text{K/W} \tag{17.5}$$

17.1.2.5 Wärmedurchgangskoeffizient U

17.1.2.5.1 Wärmedurchgangskoeffizient U
von Bauteilen aus homogenen Schichten

Der Wärmedurchgangskoeffizient U ist der Kehrwert des
Wärmedurchgangswiderstandes R_T:

$$U = \frac{1}{R_T} \quad \text{in W/(m}^2\,\text{K)} \tag{17.6}$$

Beispiele zur Berechnung von Wärmedurchgangskoeffizienten U von Bauteilen aus homogenen Schichten sind im
Ergänzungsband „Wendehorst – Beispiele aus der Baupraxis", 7. Auflage, enthalten.

17.1.2.5.2 Wärmedurchgangskoeffizient U
von Bauteilen aus homogenen
und inhomogenen Schichten

Bei Anwendung der Gleichungen (17.5) und (17.6) wird vorausgesetzt, dass ein Bauteil in seiner gesamten Ausdehnung
aus einer oder mehreren aufeinanderfolgenden, homogenen, senkrecht zum Wärmestrom angeordneten Schichten
besteht. Liegen jedoch Abschnitte mit unterschiedlichem
Materialaufbau in einer Schicht nebeneinander, muss bei
der Berechnung des Wärmedurchgangskoeffizienten U der
Wärmestrom, der in der inhomogenen Ebene zwischen
den Stoffen mit unterschiedlichen wärmetechnischen Eigenschaften fließt, berücksichtigt werden. Das Bauteil wird vor
Beginn der Berechnung in Abschnitte und Schichten aufgeteilt (Abb. 17.1). Mit nachfolgendem Rechenverfahren kann
der Wärmedurchgangskoeffizient U eines Bauteils, das aus
homogenen und inhomogenen Schichten besteht, mit ausreichender Genauigkeit berechnet werden. Dazu wird zunächst
ein oberer Grenzwert $R_T{}'$ des Wärmedurchgangswiderstandes und ein unterer Grenzwert $R_T{}''$ des Wärmedurchgangswiderstandes ermittelt. Der arithmetische Mittelwert aus
diesen beiden Kenngrößen ist dann der Wärmedurchgangswiderstand R_T. Neben den unterschiedlichen Wärmeleitfähigkeiten der Baustoffe in einer Schicht werden auch die
Flächenanteile f_i der Bauteilabschnitte benötigt, die sich aus
den jeweiligen Flächen A_i und der gesamten Bauteilfläche A

berechnen lassen:

$$f_i = \frac{A_i}{A} \quad [-] \tag{17.7}$$

Oberer Grenzwert R_T' des Wärmedurchgangswiderstandes Für jeden Abschnitt des Bauteils wird der Wärmedurchgangswiderstand R_T berechnet. Sind nebeneinanderliegende Abschnitte vorhanden, so ergibt sich der obere Grenzwert R_T' über die flächengewichteten Wärmedurchgangswiderstände R_T der Einzelabschnitte:

$$\frac{1}{R_T'} = \frac{f_a}{R_{Ta}} + \frac{f_b}{R_{Tb}} + \cdots + \frac{f_q}{R_{Tq}} \quad \text{in W/(m}^2\text{ K)} \tag{17.8}$$

Unterer Grenzwert R_T'' des Wärmedurchgangswiderstandes Zunächst wird für jede thermisch inhomogene Schicht der Wärmedurchlasswiderstand R berechnet:

$$\frac{1}{R_j} = \frac{f_a}{R_{aj}} + \frac{f_b}{R_{bj}} + \cdots + \frac{f_q}{R_{qj}} \quad \text{in W/(m}^2\text{ K)} \tag{17.9}$$

Anschließend wird der untere Grenzwert R_T'' bestimmt:

$$R_T'' = R_{si} + R_1 + R_2 + \cdots + R_n + R_{se} \quad \text{in m}^2\text{ K/W} \tag{17.10}$$

Wärmedurchgangswiderstand R Der arithmetische Mittelwert aus oberem und unterem Grenzwert ergibt den Wärmedurchlasswiderstand R_T:

$$R_T = \frac{R_T' + R_T''}{2} \quad \text{in m}^2\text{ K/W} \tag{17.11}$$

Aus dessen Kehrwert wird gemäß (17.6) der Wärmedurchgangskoeffizient U gebildet.

Beispiele zur Berechnung von Wärmedurchgangskoeffizienten U von Bauteilen aus homogenen und inhomogenen Schichten sind im Ergänzungsband „Wendehorst – Beispiele aus der Baupraxis", 7. Auflage, enthalten.

17.1.2.5.3 Wärmedurchgangskoeffizient U von Bauteilen mit keilförmigen Schichten

Wenn eine Bauteilkomponente eine keilförmige Schicht besitzt, z. B. in äußeren Dachdämmschichten zur Herstellung einer Neigung, ändert sich der Wärmedurchlasswiderstand R über die Fläche der Bauteilkomponente. Der Wärmedurchgangskoeffizient U ist durch das Integral über die Fläche der betreffenden Bauteilkomponente definiert. Folgende Fälle sind zu unterscheiden:

Rechteckige Fläche (Abb. 17.2)

$$U = \frac{1}{R_2} \cdot \ln\left(1 + \frac{R_2}{R_0}\right) \quad \text{in W/(m}^2\text{ K)} \tag{17.12}$$

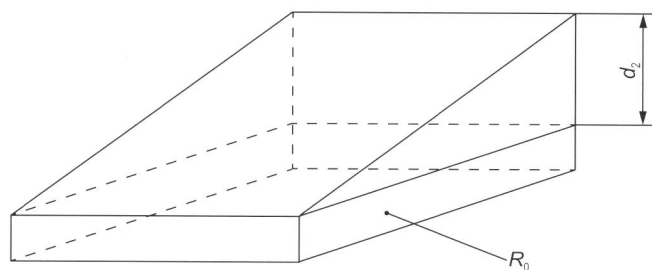

Abb. 17.2 Rechteckige Fläche (DIN EN ISO 6946) [20]. d_2: maximale Dicke der keilförmigen Schicht, R_0: Bemessungswert des Wärmedurchgangswiderstandes des restlichen Teiles, einschließlich der Wärmeübergangswiderstände auf beiden Seiten der Bauteilkomponente

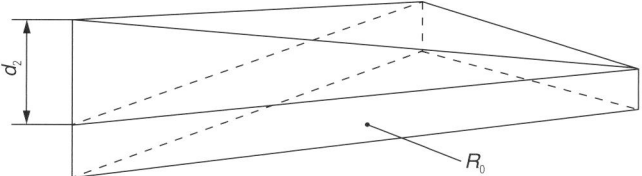

Abb. 17.3 Dreieckige Fläche, dickste Stelle am Scheitelpunkt (DIN EN ISO 6946) [20]. d_2: maximale Dicke der keilförmigen Schicht, R_0: Bemessungswert des Wärmedurchgangswiderstandes des restlichen Teiles, einschließlich der Wärmeübergangswiderstände auf beiden Seiten der Bauteilkomponente

Dreieckige Fläche, dickste Stelle am Scheitelpunkt (Abb. 17.3)

$$U = \frac{2}{R_2} \cdot \left[\left(1 + \frac{R_0}{R_2}\right) \cdot \ln\left(1 + \frac{R_2}{R_0}\right) - 1\right] \quad \text{in W/(m}^2\text{ K)} \tag{17.13}$$

Dreieckige Fläche, dünnste Stelle am Scheitelpunkt (Abb. 17.4)

$$U = \frac{2}{R_2} \cdot \left[1 - \frac{R_0}{R_2} \cdot \ln\left(1 + \frac{R_2}{R_0}\right)\right] \quad \text{in W/(m}^2\text{ K)} \tag{17.14}$$

Dreieckige Fläche, unterschiedliche Dicken an jedem Scheitelpunkt (Abb. 17.5)

$$U = 2 \cdot \left[\frac{\begin{array}{l}R_0 \cdot R_1 \cdot \ln\left(1 + \frac{R_2}{R_0}\right) - R_0 \cdot R_2 \cdot \ln\left(1 + \frac{R_1}{R_0}\right) \\ + R_1 \cdot R_2 \cdot \ln\left(1 + \frac{R_0 + R_2}{R_0 + R_1}\right)\end{array}}{R_1 \cdot R_2 \cdot (R_2 - R_1)}\right]$$

$$\text{in W/(m}^2\text{ K)} \tag{17.15}$$

Beispiele zur Berechnung von Wärmedurchgangskoeffizienten U von Bauteilen mit keilförmigen Schichten sind im Ergänzungsband „Wendehorst – Beispiele aus der Baupraxis", 7. Auflage, enthalten.

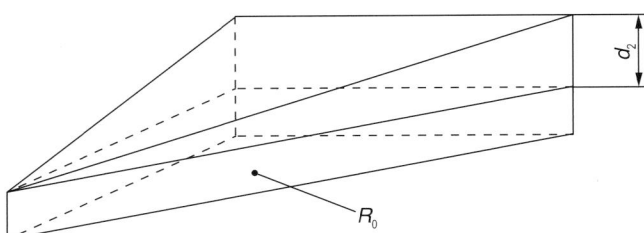

Abb. 17.4 Dreieckige Fläche, dünnste Stelle am Scheitelpunkt (DIN EN ISO 6946) [20]. d_2: maximale Dicke der keilförmigen Schicht, R_0: Bemessungswert des Wärmedurchgangswiderstandes des restlichen Teiles, einschließlich der Wärmeübergangswiderstände auf beiden Seiten der Bauteilkomponente

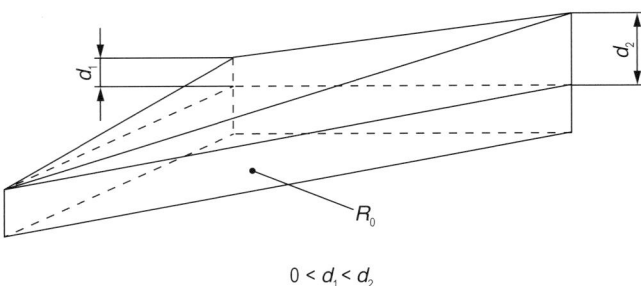

$$0 < d_1 < d_2$$

Abb. 17.5 Dreieckige Fläche, unterschiedliche Dicken an jedem Scheitelpunkt (DIN EN ISO 6946) [20]. d_1: mittlere Dicke der keilförmigen Schicht, d_2: maximale Dicke der keilförmigen Schicht, R_0: Bemessungswert des Wärmedurchgangswiderstandes des restlichen Teiles, einschließlich der Wärmeübergangswiderstände auf beiden Seiten der Bauteilkomponente

17.1.2.5.4 Wärmedurchgangskoeffizient U_w, Gesamtenergiedurchlassgrad g und Lichttransmissionsgrad τ von Fenstern, Fenstertüren und Dachflächenfenstern

Der Wärmedurchgangskoeffizient U_w wird rechnerisch gemäß DIN EN ISO 10077-1 [21] wie folgt ermittelt:

$$U_w = \frac{\sum A_g \cdot U_g + \sum A_f \cdot U_f + \sum l_g \cdot \Psi_g}{\sum A_g + \sum A_f} \quad \text{in W/(m}^2\text{ K)}$$

(17.16)

U_g Flächenbezogener Wärmedurchgangskoeffizient der Verglasung, in W/(m² K)

U_f Flächenbezogener Wärmedurchgangskoeffizient des Rahmens, in W/(m² K)

Ψ_g Längenbezogener Wärmedurchgangskoeffizient infolge des kombinierten wärmetechnischen Einflusses von Verglasung, Abstandhalter und Rahmen, in W/(m K).

Bei Anwendung der Gleichung ist zu beachten, dass Fenster mit unterschiedlichen Abmessungen hinsichtlich der Verglasungsfläche, der Rahmenfläche und der Länge des Glasrandverbundes, aber mit gleichen Materialeigenschaften zu unterschiedlich hohen Wärmedurchgangskoeffizienten U_w führen. Zulässig ist auch die tabellarische Ermitt-

lung nach Tafel 17.39 bis Tafel 17.42. Bei Sprossenfenstern ist der Wärmedurchgangskoeffizient U_g von Mehrscheiben-Isolierverglasungen je nach Situation um einen Korrekturwert ΔU_g zu erhöhen (Tafel 17.43).

Gesamtenergiedurchlassgrade $g_\perp$ und Lichttransmissionsgrade τ können Tafel 17.44 entnommen werden.

Beispiele zur Berechnung des Wärmedurchgangskoeffizienten U_w von Fenstern sind im Ergänzungsband „Wendehorst – Beispiele aus der Baupraxis", 7. Auflage, enthalten.

17.1.2.5.5 Wärmedurchgangskoeffizient U_w, Gesamtenergiedurchlassgrad g und Lichttransmissionsgrad τ von Lichtkuppeln und Dachlichtbändern

Für Lichtkuppeln und Dachlichtbänder mit Verglasungen aus Kunststoffmaterialien bzw. Verglasungen in der Kombination von Kunststoffmaterialien und Glas können Wärmedurchgangskoeffizienten U, Gesamtenergiedurchlassgrade $g_\perp$ und Lichttransmissionsgrade τ_{D65} gemäß Tafel 17.45 angenommen werden.

17.1.2.5.6 Wärmedurchgangskoeffizient U_D von Außentüren und Toren

Der Wärmedurchgangskoeffizient U_D von Außentüren und Toren wird in Abhängigkeit von den konstruktiven Merkmalen ermittelt (Tafeln 17.46 und 17.47).

17.1.2.5.7 Wärmedurchgangskoeffizient U von Bauteilen gegen Erdreich und charakteristisches Bodenplattenmaß B'

Wärmeverluste über Bauteile, die an das Erdreich grenzen, werden u. a. von den Eigenschaften der verwendeten Baustoffe, von den Eigenschaften des Erdreichs und von geometrischen Parametern beeinflusst. Zur Berechnung der Wärmeübertragung über das Erdreich bietet DIN EN ISO 13370 [24] umfangreiche Ansätze. Im Zuge vereinfachter Berechnungen ist es möglich, in Abhängigkeit nur von der Geometrie und den wärmetechnischen Eigenschaften des erdreichberührenden Bauteils Temperaturkorrekturfaktoren zu ermitteln. Dabei wird das charakteristische Bodenplattenmaß B', das die Geometrie der Bodenplatte beschreibt, folgendermaßen ermittelt:

$$B' = \frac{A}{0{,}5 \cdot P} \quad \text{in m}$$

(17.17)

A Fläche der Bodenplatte, in m²

P exponierter Umfang der Bodenplatte, in m.

17.1.2.5.8 Wärmedurchgangskoeffizient U von Bauteilen mit Abdichtung

Bei der Berechnung des Wärmedurchgangskoeffizienten U von Bauteilen mit Abdichtung sind die unter den Anfor-

Abb. 17.6 In eine Aussparung eingebaute Dachbefestigung (DIN EN ISO 6946) [20]. *1*: Kunststoffeinsatz, *2*: Verbindungselement, in eine Aussparung versenkt, *3*: Dämmschicht, *4*: Dachdecke, d_0 die Dicke der Dämmschicht, die das Befestigungselement enthält, d_1 die Dicke des Befestigungselementes, das die Dämmschicht durchdringt

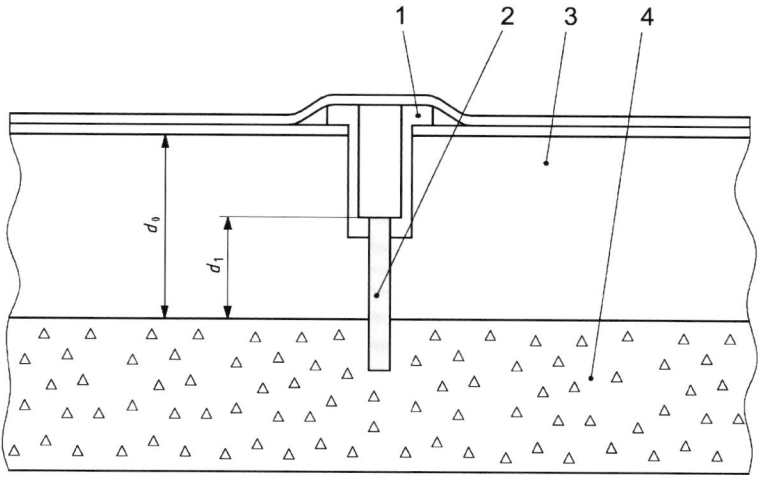

derungen des Mindestwärmeschutzes (Abschn. 17.1.3) genannten Regeln zu beachten. Für Umkehrdächer gelten die Zuschlagswerte ΔU gemäß Tafel 17.48.

17.1.2.5.9 Korrekturen ΔU von Wärmedurchgangskoeffizienten U

Korrekturen ΔU_g für Luftzwischenräume Die Korrektur ΔU_g für Luftzwischenräume wird wie folgt vorgenommen:

$$\Delta U_g = \Delta U'' \cdot \left(\frac{R_1}{R_{T,h}} \right)^2 \quad \text{in W/(m}^2\text{ K)} \qquad (17.18)$$

$\Delta U''$ Korrektur für Luftspalte gemäß Tafel 17.49, in W/(m² K)

R_1 Wärmedurchlasswiderstand der Schicht, die Luftspalte enthält, in m² K/W

$R_{T,h}$ Wärmedurchgangswiderstand des Bauteils ohne Berücksichtigung von Wärmebrücken, in m² K/W.

Korrektur ΔU_f für mechanische Befestigungselemente Die Korrektur ΔU_f des Wärmedurchgangskoeffizienten aufgrund der Wirkung von mechanischen Befestigungselementen kann unter Berücksichtigung des gemäß DIN EN ISO 10211 [22] ermittelten punktbezogenen Wärmedurchgangskoeffizienten χ in W/K und der Anzahl der Befestigungselemente n_f in m⁻² detailliert berechnet werden:

$$\Delta U_f = n_f \cdot \chi \quad \text{in W/(m}^2\text{ K)} \qquad (17.19)$$

ΔU_f kann alternativ in einem Näherungsverfahren bestimmt werden:

$$\Delta U_f = \alpha \cdot \frac{\lambda_f \cdot A_f \cdot n_f}{d_0} \cdot \left(\frac{R_1}{R_{T,h}} \right)^2 \quad \text{in W/(m}^2\text{ K)} \quad (17.20)$$

α Koeffizient [–]

– Befestigungselement durchdringt die Dämmschicht vollständig:

$$\alpha = 0,8$$

– Befestigungselement ist in eine Aussparung eingebaut (Abb. 17.6):

$$\alpha = 0,8 \cdot \frac{d_1}{d_0}$$

λ_f Wärmeleitfähigkeit des Befestigungselements, in W/(m K)

A_f Querschnittsfläche eines Befestigungselements, in m²

n_f Anzahl der Befestigungselemente, in m⁻²

d_0 Dicke der Dämmschicht, die das Befestigungselement enthält, in m

R_1 Wärmedurchlasswiderstand der Dämmschicht, die von den Befestigungselementen durchdrungen wird, in m² K/W

$R_{T,h}$ Wärmedurchgangswiderstand des Bauteiles ohne Berücksichtigung von Wärmebrücken, in m² K/W.

Korrektur ΔU_r für Umkehrdächer mit Dämmungen aus Polystyrol-Extruderschaum (XPS) Der berechnete Wärmedurchgangskoeffizient U der Dachkonstruktion ist um das Maß ΔU_r zu korrigieren. Dadurch wird der zusätzliche Wärmeverlust berücksichtigt, der durch Wasser, das durch die im Dämmstoff befindlichen Fugen auf die Dachabdichtung strömt, verursacht wird:

$$\Delta U_r = p \cdot f \cdot x \cdot \left(\frac{R_1}{R_T} \right)^2 \quad \text{in W/(m}^2\text{ K)} \qquad (17.21)$$

p durchschnittliche örtliche Niederschlagsmenge während der Heizperiode, in mm/Tag

f Entwässerungsfaktor, der den Anteil an p, der die Dachdichtung erreicht, angibt [–]

Abb. 17.7 Schematische Darstellung des Wärmedurchgangs durch ein Außenbauteil

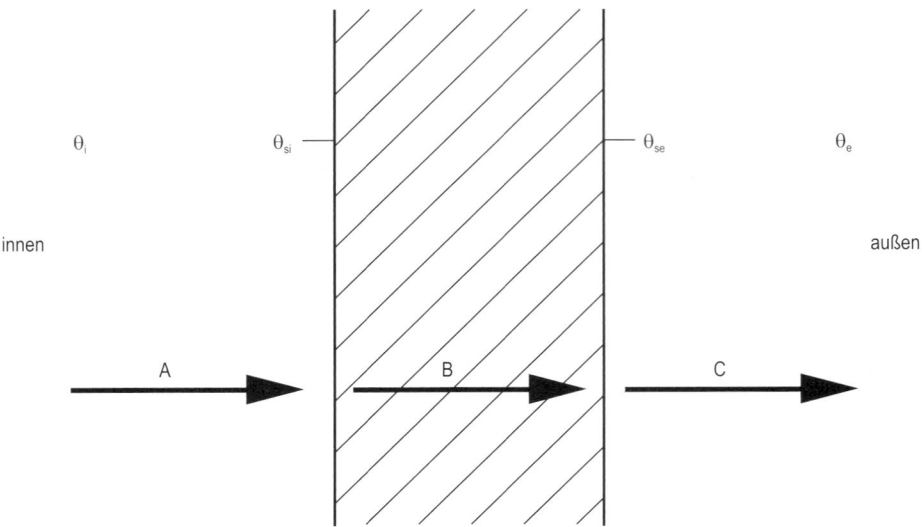

x Faktor für den gestiegenen Wärmeverlust infolge von Regenwasser, das auf die Dachabdichtung strömt [–]

R_1 Wärmedurchlasswiderstand der Dämmschicht, die auf der Dachabdichtung liegt, in m² K/W

R_T Wärmedurchlasswiderstand der Konstruktion vor Anwendung der Korrektur, in m² K/W.

Im Falle von einlagigen Dämmschichten mit Stumpfstößen und offener Abdeckung, z. B. einer Kiesschüttung, auf der Dachabdichtung ist $f \cdot x = 0{,}04$.

Gemäß DIN 4108-2 [1] kann der Korrekturwert ΔU_r für Umkehrdächer auch nach Tafel 17.48 ermittelt werden.

17.1.2.6   Wärmestrom Φ, Wärmestromdichte q und Berechnung von Schichtgrenztemperaturen θ

Der Wärmestrom Φ bzw. die Wärmestromdichte q durch ein Bauteil ergibt sich aus dem Wärmedurchgangskoeffizienten U, der Bauteilfläche A, der Temperatur θ_i innen und der Temperatur θ_e außen:

$$\Phi = U \cdot A \cdot (\theta_i - \theta_e) \quad \text{in W} \qquad (17.22)$$

$$q = U \cdot (\theta_i - \theta_e) \quad \text{in W/m}^2 \qquad (17.23)$$

Der Wärmestrom ist instationär, wenn die Temperaturveränderungen zeitlich nicht konstant sind. Bei bautechnischen Nachweisen zum Wärmeschutz im Hochbau werden in der Regel stationäre Zustände und unendlich ausgedehnte, plattenförmige Bauteile betrachtet. Ecken und Anschlussbereiche werden gesondert als Wärmebrücken berücksichtigt. Die beschriebenen Berechnungsverfahren sind in Bereichen divergierender oder konvergierender Wärmestromlinien nicht anwendbar. Unter diesen Voraussetzungen wird der Wärmestrom durch ein Bauteil in drei Einzelvorgänge aufgeteilt (Abb. 17.7):

- Wärmestrom von der Innenraumluft zur raumseitigen Bauteiloberfläche (A)
- Wärmestrom durch das Bauteil (B)
- Wärmestrom von der außenseitigen Bauteiloberfläche zur Außenluft (C)

Da auf dem Weg von A über B nach C Wärme weder erzeugt noch vernichtet wird, ist die Wärmestromdichte q in allen Bereichen gleich groß.

Im stationären Zustand ergeben sich folgende Bauteil-Oberflächentemperaturen (Abb. 17.8):

$$\theta_{si} = \theta_i - q \cdot R_{si} \quad \text{in } °C \qquad (17.24)$$

$$\theta_{se} = \theta_e + q \cdot R_{se} \quad \text{in } °C \qquad (17.25)$$

Die Schichtgrenztemperaturen errechnen sich wie folgt:

$$\theta_1 = \theta_{si} - q \cdot R_1 \quad \text{in } °C \qquad (17.26)$$

$$\theta_2 = \theta_1 - q \cdot R_2 \quad \text{in } °C \qquad (17.27)$$

usw.

Beispiele zur Berechnung des Temperaturverlaufs in Außenbauteilen sind im Ergänzungsband „Wendehorst – Beispiele aus der Baupraxis", 7. Auflage, enthalten.

17.1.2.7   Wirksame Wärmespeicherfähigkeit C_{wirk}

Die wirksame Wärmespeicherfähigkeit C_{wirk} (wirksame Wärmekapazität) wird gemäß DIN EN ISO 13786 [25] unter Berücksichtigung der spezifischen Wärmekapazität c und der Rohdichte ρ der verwendeten Baustoffe, der wirksamen Schichtdicke d der Bauteile sowie der Bauteilflächen A ermittelt:

$$C_{wirk} = \sum_i (c_i \cdot \rho_i \cdot d_i \cdot A_i) \quad \text{in kJ/K bzw. W h/K} \qquad (17.28)$$

Abb. 17.8 Temperaturverlauf im mehrschichtigen Außenbauteil

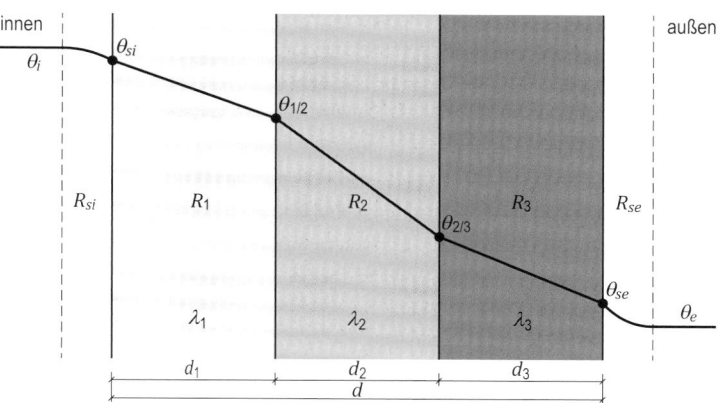

Die spezifische Wärmekapazität c kann Tafel 17.27 und Tafel 17.29 entnommen werden. Bei der vereinfachten Ermittlung der wirksamen Schichtdicke d sind folgende Regeln zu beachten:

- maximale Dicke 10 cm
- maximal halbe Bauteildicke, wenn beidseitig an Luft angrenzend
- maximal bis an eine Dämmschicht reichend (Dämmschicht: $\lambda < 0,1 \, \mathrm{W/(m\,K)}$).

Beispiele zur Berechnung der wirksamen Wärmespeicherfähigkeit C_{wirk} sind im Ergänzungsband „Wendehorst – Beispiele aus der Baupraxis", 7. Auflage, enthalten.

17.1.3 Mindestwärmeschutz im Winter gemäß DIN 4108-2

17.1.3.1 Anwendungsbereich

Durch Einhaltung von Mindestanforderungen soll sich bei ausreichender Beheizung und Belüftung der Räume ein hygienisches Raumklima sowie ein dauerhafter Schutz der Baukonstruktion gegen klimabedingte Feuchteeinwirkungen sichergestellt werden. Dann ist auch zu erwarten, dass Tauwasser und Schimmelpilze nicht in schädlichem Maße entstehen. Der Mindestwärmeschutz muss an jeder Stelle vorhanden sein. Hierzu gehören auch Nischen u. a. Fenstern, Brüstungen von Fensterbauteilen, Fensterstürze, Wandbereiche auf der Außenseite von Heizkörpern und Rohrkanälen, insbesondere für ausnahmsweise in Außenwänden angeordnete wasserführende Leitungen.

Für die Wärmedämmung von flächigen Bauteilen und Wärmebrücken in der Gebäudehülle von Hochbauten werden Mindestanforderungen an die wärmetechnische Qualität festgelegt. Die Anforderungen gelten für Bauteile von Räumen, die auf übliche Innentemperaturen ($\theta \geq 19\,°\mathrm{C}$) und auf niedrige Innentemperaturen ($12\,°\mathrm{C} \leq \theta < 19\,°\mathrm{C}$) be-

heizt werden sowie für Räume, die über Raumverbund durch vorgenannte Räume beheizt werden. Die Anforderungen an Wärmebrücken gelten nicht für Räume, die niedrig beheizt werden.

17.1.3.2 Flächige Bauteile

17.1.3.2.1 Homogene Bauteile mit einer flächenbezogenen Masse von $m' \geq 100\,\mathrm{kg/m^2}$

Anforderungen an den Wärmedurchlasswiderstand R ein- und mehrschaliger Bauteile, die Räume gegen die Außenluft, gegen niedrig beheizte Bereiche, gegen Bereiche mit wesentlich niedrigeren Innentemperaturen oder gegen unbeheizte Bereiche abtrennen, können Tafel 17.1 entnommen werden.

17.1.3.2.2 Homogene Bauteile mit einer flächenbezogenen Masse von $m' < 100\,\mathrm{kg/m^2}$

Der Wärmedurchlasswiderstand ein- und mehrschaliger Bauteile muss mindestens $R = 1,75\,\mathrm{m^2\,K/W}$ betragen.

17.1.3.2.3 Inhomogene nichttransparente Bauteile

Bei thermisch inhomogenen Bauteilen, z. B. Skelett-, Rahmen- oder Holzständerbauweisen sowie Fassaden als Pfosten-Riegel-Konstruktionen, ist im Bereich des Gefachs ein Wärmedurchlasswiderstand von $R_{\mathrm{G}} \geq 1,75\,\mathrm{m^2\,K/W}$ einzuhalten. Zusätzlich gilt für das gesamte Bauteil im Mittel ein Anforderungswert von $R_{\mathrm{m}} \geq 1,0\,\mathrm{m^2\,K/W}$.

17.1.3.2.4 Transparente und teiltransparente Bauteile

Der Wärmedurchlasswiderstand opaker Ausfachungen von transparenten und teiltransparenten Bauteilen der wärmeübertragenden Umfassungsfläche, z. B. Vorhangfassaden, Pfosten-Riegel-Konstruktionen, Glasdächer, Fenster, Fenstertüren und Fensterwände, muss mindestens $R = 1,2\,\mathrm{m^2\,K/W}$ aufweisen (bzw. $U_{\mathrm{p}} \leq 0,73\,(\mathrm{W/m^2\,K})$). Die

Tafel 17.1 Mindestwerte für Wärmedurchlasswiderstände R (DIN 4108-2) [1]

Bauteil	Wärmedurchlasswiderstand[b] R [m$^2 \cdot$ K/W]
Wände beheizter Räume gegen Außenluft, Erdreich, Tiefgaragen, nicht beheizte Räume (auch nicht beheizte Dachräume oder nicht beheizte Kellerräume außerhalb der wärmeübertragenden Umfassungsfläche)	1,2[c]
Dachschrägen beheizter Räume gegen Außenluft	1,2
Decken beheizter Räume nach oben und Flachdächer	
gegen Außenluft	1,2
zu belüfteten Räumen zwischen Dachschrägen und Abseitenwänden bei ausgebauten Dachräumen	0,90
zu nicht beheizten Räumen, zu bekriechbaren oder noch niedrigeren Räumen	0,90
zu Räumen zwischen gedämmten Dachschrägen und Abseitenwänden bei ausgebauten Dachräumen	0,35
Decken beheizter Räume nach unten	
gegen Außenluft, gegen Tiefgarage, gegen Garagen (auch beheizte), Durchfahrten (auch verschließbare) und belüftete Kriechkeller[a]	1,75
gegen nicht beheizten Kellerraum	0,90
unterer Abschluss (z. B. Sohlplatte) von Aufenthaltsräumen unmittelbar an das Erdreich grenzend bis zu einer Raumtiefe von 5 m	
über einem nicht belüfteten Hohlraum, z. B. Kriechkeller, an das Erdreich grenzend	
Bauteile an Treppenräumen	
Wände zwischen beheiztem Raum und direkt beheiztem Treppenraum, Wände zwischen beheiztem Raum und indirekt beheiztem Treppenraum, sofern die anderen Bauteile des Treppenraums die Anforderungen dieser Tafel erfüllen	0,07
Wände zwischen beheiztem Raum und indirekt beheiztem Treppenraum, wenn nicht alle anderen Bauteile des Treppenraums die Anforderungen dieser Tafel erfüllen	0,25
oberer und unterer Abschluss eines beheizten oder indirekt beheizten Treppenraumes	wie Bauteile beheizter Räume
Bauteile zwischen beheizten Räumen	
Wohnungs- und Gebäudetrennwände zwischen beheizten Räumen	0,07
Wohnungstrenndecken, Decken zwischen Räumen unterschiedlicher Nutzung	0,35

[a] Vermeidung von Fußkälte
[b] bei erdberührten Bauteilen: konstruktiver Wärmedurchlasswiderstand
[c] bei niedrig beheizten Räumen $0,55$ m$^2 \cdot$ K/W

Rahmen sind mit $U_f \leq 2,9$ (W/m^2 K) gemäß DIN EN ISO 10077-1 [21] auszuführen. Transparente Teile sind mindestens mit Isolierglas oder zwei Glasscheiben, z. B. als Verbund- oder Kastenfenster, auszuführen.

17.1.3.2.5 Bauteile mit Abdichtungen

Wenn Bauteile gegen Wassereinwirkung zu schützen sind, dürfen bei der Berechnung des Wärmedurchlasswiderstandes R nur solche Schichten berücksichtigt werden, die zwischen der raumseitigen Bauteiloberfläche und der Abdichtung angeordnet sind. Unter bestimmten Voraussetzungen sind Wärmedämmsysteme als Umkehrdach und als Perimeterdämmung von dieser Festlegung ausgenommen.

Wärmedämmsysteme als Umkehrdach unter Verwendung von Dämmstoffplatten aus extrudergeschäumtem Po-

lystyrolschaumstoff nach DIN EN 13164 [12] in Verbindung mit DIN 4108-10 [6], die mit einer Kiesschicht oder mit einem Betonplattenbelag, z. B. Gehwegplatten, in Kiesbettung oder auf Abstandhaltern abgedeckt sind. Die Dachentwässerung ist so auszubilden, dass ein langfristiges Überstauen der Wärmedämmplatten ausgeschlossen ist. Ein kurzfristiges Überstauen (während intensiver Niederschläge) kann als unbedenklich angesehen werden. Bei der Berechnung des Wärmedurchgangskoeffizienten U eines Umkehrdachs ist ein Zuschlagswert ΔU in Abhängigkeit des prozentualen Anteils des Wärmedurchlasswiderstandes R unterhalb der Abdichtung am Gesamtwärmedurchlasswiderstand gemäß Tafel 17.48 zu berücksichtigen. Bei leichter Unterkonstruktion mit einer flächenbezogenen Masse von $m' < 250$ kg/m^2 muss der Wärmedurchlasswiderstand unterhalb der Abdichtung mindestens $R \leq 0,15$ m^2 K/W betragen.

Tafel 17.2 Randbedingungen für die Berechnung des Temperaturfaktors f_{Rsi} (DIN 4108-2) [1]

Kenngröße		Wert
Innenlufttemperatur		$\theta_i = 20\,°C$
Relative Luftfeuchte innen		$\varphi_i = 50\,\%$
Auf der sicheren Seite liegende, kritische, zugrunde gelegte Luftfeuchte gemäß DIN EN ISO 13788 [1-27] für Schimmelpilzbildung auf der Bauteiloberfläche		$\varphi_{si} = 80\,\%$
Außenlufttemperatur		$\theta_e = -5\,°C$
Wärmeübergangswiderstand	Raumseitig (beheizte Räume)	$R_{si} = 0,25\,m^2\,K/W$
	Auf der dem Raum abgewandten Seite	Gemäß Tafel 17.38
	Erdberührte Bauteile, Erdkörper an Außenluft	$R_{se} = 0,04\,m^2\,K/W$

Wärmedämmsysteme als Perimeterdämmung (außen liegende Wärmedämmung erdberührender Gebäudeflächen, außer unter Gebäudegründungen) unter Verwendung von Dämmstoffplatten aus extrudergeschäumtem Polystyrolschaumstoff nach DIN EN 13164 [12] und Schaumglas nach DIN EN 13167 [15] in Verbindung mit DIN 4108-10 [6], wenn die Perimeterdämmung nicht ständig im Grundwasser liegt. Langanhaltendes Stauwasser oder drückendes Wasser ist im Bereich der Dämmschicht zu vermeiden. Die Dämmplatten müssen dicht gestoßen im Verband verlegt werden und eben auf dem Untergrund aufliegen. Platten aus Schaumglas sind miteinander vollfugig und an den Bauteilflächen großflächig mit einem Bitumenkleber zu verkleben. Die Oberfläche der verlegten, unbeschichteten Schaumglasplatten ist vollflächig mit einer bituminösen, frostbeständigen Deckbeschichtung zu versehen. Diese entfällt bei werkseitig beschichteten Platten, wenn es sich um eine mit Bitumen aufgebrachte Beschichtung handelt.

17.1.3.3 Wärmebrücken

Anforderungen und Nachweisverfahren An der ungünstigsten Stelle einer Wärmebrücke darf der Temperaturfaktor f_{Rsi} einen mindestens erforderlichen Temperaturfaktor von $f_{min} = 0,70$ nicht unterschreiten:

$$f_{Rsi} \geq f_{min} = 0,70 \quad [-] \qquad (17.29)$$

Der mindestens erforderlichen Temperaturfaktor von f_{min} ist gemäß DIN EN ISO 10211 [22] folgendermaßen definiert:

$$f_{Rsi} = \frac{\theta_{si} - \theta_e}{\theta_i - \theta_e} \quad [-] \qquad (17.30)$$

Unter den in Tafel 17.2 genannten Randbedingungen, die beim Nachweis für Wohn- oder wohnähnliche Nutzung anzuwenden sind, entspricht ein Temperaturfaktor von $f_{Rsi} = 0,7$ einer raumseitigen Bauteiloberflächentemperatur von $\theta_{si} = 12,6\,°C$. Für Bauteile, die an das Erdreich oder an unbeheizte Räume und Pufferzonen angrenzen, sind Randbedingungen gemäß Tafel 17.3 anzusetzen. Für folgende

Tafel 17.3 Temperatur-Randbedingungen für die Berechnung der Oberflächentemperatur θ_{si} an Wärmebrücken (DIN 4108-2) [1]

Gebäudeteil bzw. Umgebung	Temperatur θ [°C]
Unbeheizter Keller	10
Erdreich, an der unteren Modellgrenze gemäß DIN EN ISO 10211 [22]	10
Unbeheizte Pufferzone	10
Unbeheizter Dachraum; Tiefgarage	-5

Wärmebrücken entfällt der rechnerische Nachweis des Temperaturfaktors f_{Rsi} bzw. der raumseitigen Oberflächentemperatur θ_{si}:

- Bauteilanschlüsse, die in DIN 4108 Beiblatt 2 [7] enthalten sind
- Kanten, die aus Bauteilen gebildet werden, die der Tafel 17.1 entsprechen und bei denen die Dämmebene durchgängig geführt wird. Alle linienförmigen Wärmebrücken, die beispielhaft in DIN 4108 Beiblatt 2 aufgeführt sind, oder deren Gleichwertigkeit zu DIN 4108 Beiblatt 2 gegeben ist.

Für Ecken, die aus oben beschriebenen Kanten gebildet werden, und bei denen keine darüber hinausgehende Störung der Dämmebene vorhanden ist, können als unbedenklich hinsichtlich Schimmelbildung angesehen werden und bedürfen hierzu keines Nachweises. Bei vereinzelt auftretenden dreidimensionalen Wärmebrücken, z. B. punktuelle Balkonauflager und Vordachabhängungen, kann der Wärmeverlust wegen der begrenzten Flächenwirkung in der Regel vernachlässigt werden.

Für übliche Verbindungsmittel, z. B. Nägel, Schrauben, Drahtanker oder Verbindungsmittel zum Anschluss von Fenstern an angrenzende Bauteile, sowie für Mörtelfugen von Mauerwerk braucht kein Nachweis der Einhaltung der mindestens erforderlichen raumseitigen Oberflächentemperatur geführt zu werden. Wärmeverluste über Verbindungsmittel werden zum Teil bei der Berechnung des Wärmedurchgangskoeffizienten U gemäß DIN EN ISO 6946 [20] mit erfasst.

Abb. 17.9 Beispiel für den Anschluss außenseitig wärmegedämmte Außenwand und Bodenplatte mit Trittschalldämmung und außenseitiger Wärmedämmung sowie Angabe des Referenzwertes Ψ_{ref} für den längenbezogenen Wärmedurchgangskoeffizienten [7]

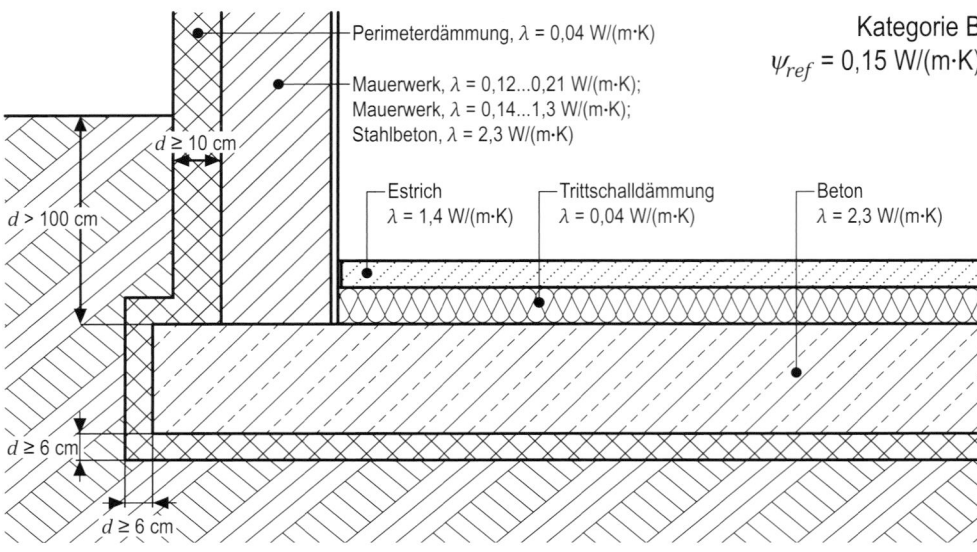

Abb. 17.10 Beispiel für den Anschluss außenseitig wärmegedämmte Außenwand und innenseitig wärmegedämmte Bodenplatte sowie Angabe des Referenzwertes Ψ_{ref} für den längenbezogenen Wärmedurchgangskoeffizienten [7]

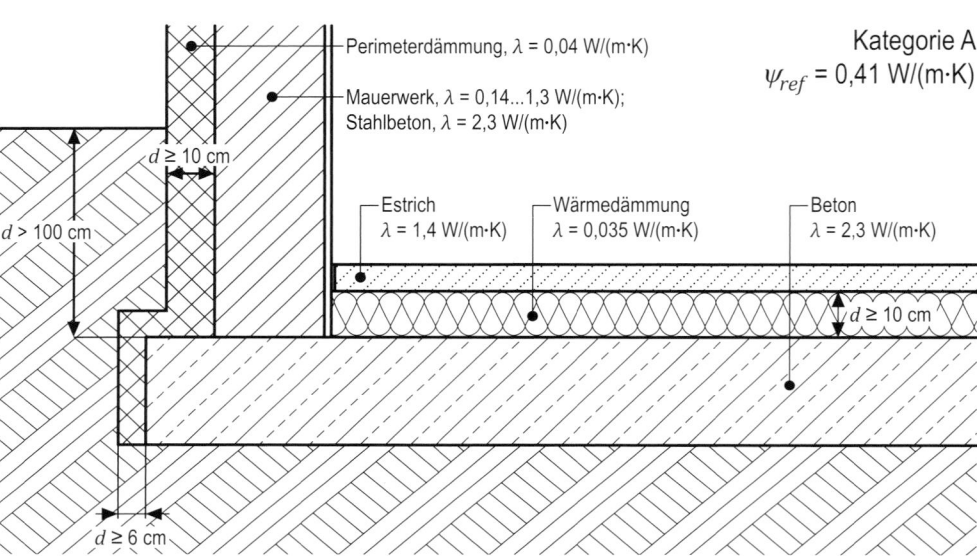

Tauwasserbildung ist vorübergehend und in kleinen Mengen an Fenstern sowie Pfosten-Riegel-Konstruktionen zulässig, falls die Oberfläche die Feuchtigkeit nicht absorbiert und entsprechende Vorkehrungen zur Vermeidung eines Kontaktes mit angrenzenden empfindlichen Materialien getroffen werden.

Wärmebrücken gemäß DIN 4108 Beiblatt 2 Beiblatt 2 zu DIN 4108 enthält 399 Planungs- und Ausführungsbeispiele von Maßnahmen zur Verbesserung des Wärmeschutzes von Wärmebrücken, mit Angabe des längenbezogenen Wärmedurchgangskoeffizienten Ψ. Der Temperaturfaktor f_{Rsi} wird nicht angegeben, jedoch beträgt er bis auf wenige Ausnahmen, die ausdrücklich erläutert werden, bei allen gezeigten Details mindestens $f_{\text{Rsi}} = 0,7$. Abb. 17.9 bis 17.12 zeigen Beispiele ausreichend gedämmter Wärmebrücken gemäß DIN 4108 Beiblatt 2.

17.1.3.4 Rollladenkästen

Rollladenkästen können als flächige Bauteile oder als linienförmige Wärmebrücke betrachtet werden.

Bei der Betrachtung des Rollladenkastens als flächiges Bauteil gilt für Einbau- oder Aufsatzkästen (Abb. 17.13), dass für das gesamte Bauteil im Mittel $R_{\text{m}} \geq 1,0\,\text{m}^2\,\text{K/W}$ einzuhalten ist. Im Bereich des Deckels muss darüber hinaus ein Wärmedurchlasswiderstand von mindestens $R = 0,55\,\text{m}^2\,\text{K/W}$ vorhanden sein.

Wird der Einfluss des Rollladenkastens als Einbau- und Aufsatzkasten einschließlich der Einbausituation als linienförmige Wärmebrücke betrachtet, wird der Rollladenkasten beim wärmetechnischen Nachweis übermessen (Abb. 17.14). An den Schnittstellen zwischen Rollladenkasten (unabhängig vom Material) und Baukörper (oben und seitlich am Rollladenkasten) ist der Temperaturfaktor $f_{\text{Rsi}} \geq 0,7$ einzuhalten. Dies gilt auch an der Schnittstelle Rollladenkasten

Abb. 17.11 Beispiel für den Ortgang mit außenseitig wärmegedämmter Außenwand sowie Angabe des Referenzwertes Ψ_{ref} für den längenbezogenen Wärmedurchgangskoeffizienten [7]

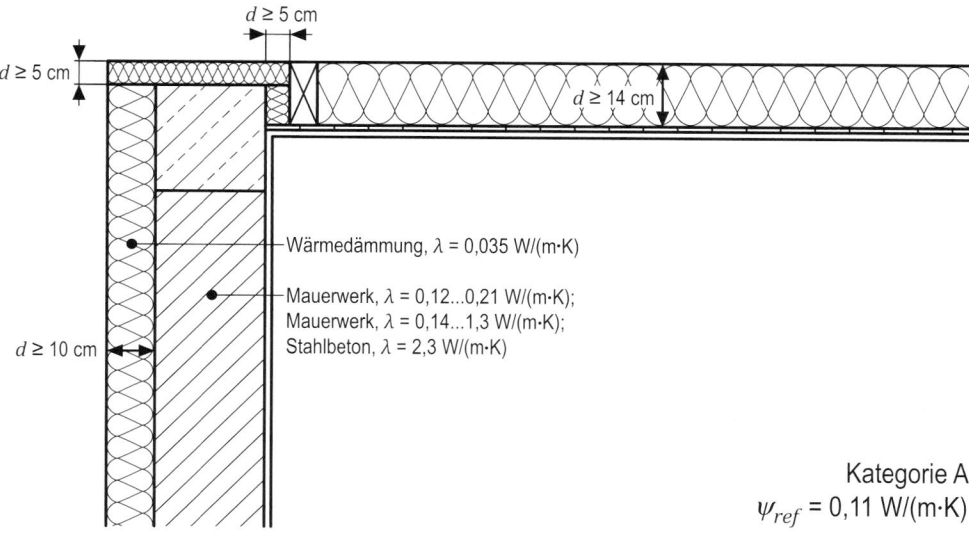

Wärmedämmung, λ = 0,035 W/(m·K)

Mauerwerk, λ = 0,12...0,21 W/(m·K);
Mauerwerk, λ = 0,14...1,3 W/(m·K);
Stahlbeton, λ = 2,3 W/(m·K)

Kategorie A
ψ_{ref} = 0,11 W/(m·K)

Abb. 17.12 Beispiel für den Ortgang mit außenseitig wärmegedämmter Außenwand und einer Überdämmung sowie Angabe des Referenzwertes Ψ_{ref} für den längenbezogenen Wärmedurchgangskoeffizienten [7]

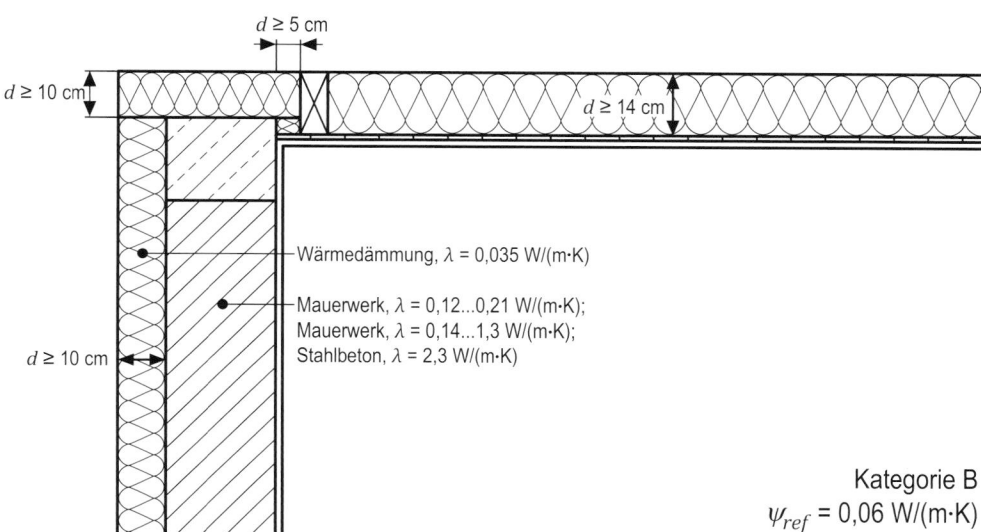

Wärmedämmung, λ = 0,035 W/(m·K)

Mauerwerk, λ = 0,12...0,21 W/(m·K);
Mauerwerk, λ = 0,14...1,3 W/(m·K);
Stahlbeton, λ = 2,3 W/(m·K)

Kategorie B
ψ_{ref} = 0,06 W/(m·K)

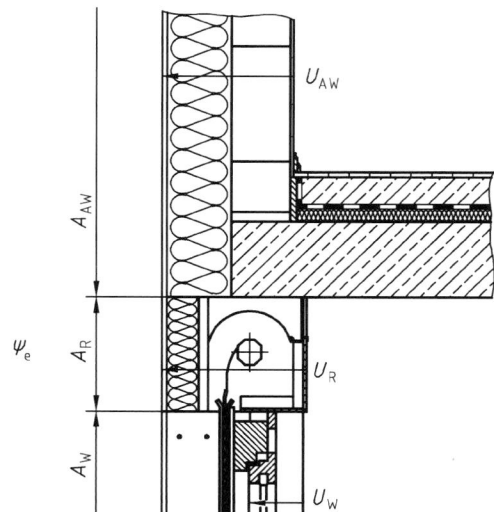

Abb. 17.13 Flächendefinition beim Rollladenkasten (Einbau- oder Aufsatzkasten) mit Fläche und eigenem Wärmedurchgangskoeffizienten U (DIN 4108-2) [1]

zu oberem Fensterprofil. Bei Vorsatz- und Miniaufsatzkästen ist der Temperaturfaktor $f_{Rsi} \geq 0{,}7$ an den Schnittstellen zwischen Fensterelement einschließlich Rollladenkasten und Baukörper einzuhalten.

Berechnungsbeispiele zum Nachweis des Mindestwärmeschutzes im Winter sind im Ergänzungsband „Wendehorst – Beispiele aus der Baupraxis", 7. Auflage, enthalten.

17.1.4 Mindestanforderungen an den sommerlichen Wärmeschutz gemäß DIN 4108-2

17.1.4.1 Anwendungsbereich und Verzicht auf einen Nachweis

Durch die Einhaltung von Mindestanforderungen soll die sommerliche thermische Behaglichkeit in Aufenthaltsräumen sichergestellt, eine hohe Erwärmung der Aufenthalts-

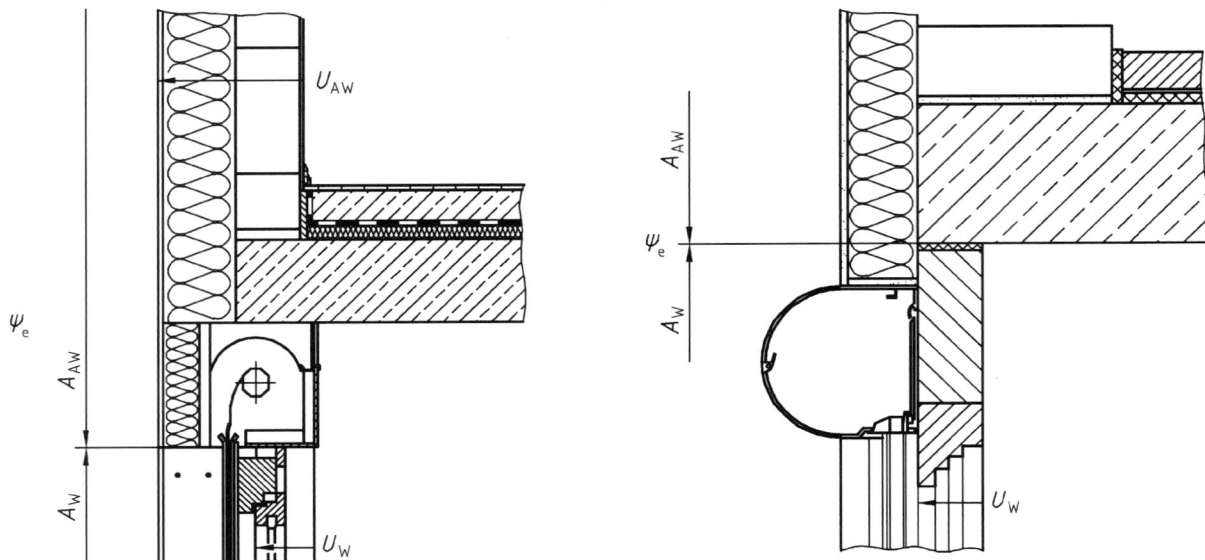

Abb. 17.14 Flächendefinition beim Übermessen des Rollladenkastens (*links*: beim Einbau- oder Aufsetzkasten, *rechts*: beim Vorsatz- oder Miniaufsatzkasten) (DIN 4108-2) [1]

räume vermieden und der Energieeinsatz für Kühlung vermindert werden.

Der Nachweis zur Einhaltung der Anforderungen an den sommerlichen Wärmeschutz ist mindestens für den Raum zu führen, der zu den höchsten Anforderungen des sommerlichen Wärmeschutzes führt. Die Anforderungen gelten für beheizte Räume und Gebäude, nicht jedoch für Räume hinter Schaufenstern und ähnlichen Einrichtungen. Auf einen Nachweis kann verzichtet werden, wenn folgende Kriterien zutreffen:

- Der grundflächenbezogene Fensterflächenanteil f_{WG} übersteigt nicht die in Tafel 17.4 angegebenen Werte.
- Bei Wohngebäuden sowie bei Gebäudeteilen zur Wohnnutzung, bei denen der kritische Raum einen grundflächenbezogenen Fensterflächenanteil von $f_{WG} = 35\%$ nicht überschreitet, und deren Fenster in Ost-, Süd- oder Westrichtung (einschließlich derer eines Glasvorbaus) mit außenliegenden Sonnenschutzvorrichtungen mit einem Abminderungsfaktor von $F_c \leq 0{,}30$ bei Glas mit $g > 0{,}40$ bzw. $F_c \leq 0{,}35$ bei Glas mit $g \leq 0{,}40$ ausgestattet sind.

Der Nachweis wird nach einem vereinfachten Verfahren oder alternativ durch thermische Gebäudesimulation geführt. Das vereinfachte Verfahren setzt voraus, dass der Rahmenanteil der Fenster 30 % beträgt. Näherungsweise kann dieses Verfahren auch bei Gebäuden mit einem Fensterrahmenanteil von ungleich 30 % angewendet werden. Soll der Einfluss des Fensterrahmenanteils genauer berücksichtigt werden, ist eine thermische Gebäudesimulation erforderlich.

Für Räume oder Raumbereiche in Verbindung mit unbeheizten Glasvorbauten gelten folgende Regelungen:

- **Belüftung nur über den unbeheizten Glasvorbau:** Der Nachweis für den betrachteten Raum gilt als erfüllt, wenn der unbeheizte Glasvorbau einen Sonnenschutz mit einem Abminderungsfaktor $F_c \leq 0{,}35$ und Lüftungsöffnungen im obersten und untersten Glasbereich hat, die zusammen mindestens 10 % der Glasfläche ausmachen. Anderenfalls muss der Nachweis durch thermische Gebäudesimulation geführt werden, wobei die tatsächliche bauliche Ausführung einschließlich des unbeheizten Glasvorbaus in der Berechnung nachzubilden ist.

- **Belüftung nicht oder nicht nur über den unbeheizten Glasvorbau:** Der Nachweis kann vereinfacht geführt werden, wobei der unbeheizte Glasvorbau als nicht vorhanden angenommen wird. Wird der Nachweis mittels thermischer Gebäudesimulation geführt, ist die tatsächliche bauliche Ausführung einschließlich des unbeheizten Glasvorbaus in der Berechnung nachzubilden.

17.1.4.2 Vereinfachtes Nachweisverfahren

Anforderung Es ist nachzuweisen, dass für einen zu bewertenden Raum ein vorhandener Sonneneintragskennwert S_{vorh} nicht größer ist als ein zulässiger Sonneneintragskennwert S_{zul}:

$$S_{vorh} \leq S_{zul} \quad [-] \qquad (17.31)$$

Für Räume mit Bauteilen als Doppelfassaden oder mit transparenten Wärmedämmsystemen kann dieser vereinfachte Nachweis nicht geführt werden.

Tafel 17.4 Zulässige Werte des grundflächenbezogenen Fensterflächenanteils f_{WG}, unterhalb dessen auf einen Nachweis des sommerlichen Wärmeschutzes verzichtet werden kann (DIN 4108-2) [1]

Neigung der Fenster gegenüber der Horizontalen	Orientierung der Fenster[a]	grundflächenbezogener Fensterflächenanteil[b] f_{WG} [%]
über 60° bis 90°	Nordwest- über Süd bis Nordost	10
	alle anderen Nordorientierungen	15
von 0° bis 60°	alle Orientierungen	7

[a] Sind beim betrachteten Raum mehrere Orientierungen mit Fenstern vorhanden, ist der kleinere Grenzwert für f_{WG} bestimmend.

[b] Der Fensterflächenanteil f_{WG} ergibt sich aus dem Verhältnis der Fensterfläche zu der Grundfläche des betrachteten Raumes oder der Raumgruppe. Sind beim betrachteten Raum bzw. der Raumgruppe mehrere Fassaden oder z. B. Erker vorhanden, ist f_{WG} aus der Summe aller Fensterflächen zur Grundfläche zu berechnen.

Tafel 17.5 Anhaltswerte für Abminderungsfaktoren F_C von fest installierten Sonnenschutzvorrichtungen in Abhängigkeit vom Glaserzeugnis (DIN 4108-2) [1]

Sonnenschutzvorrichtung[a]	F_C [–]		
	$g \leq 0{,}40$ (Sonnenschutzglas)		$g > 0{,}40$
	zweifach	dreifach	zweifach
ohne Sonnenschutzvorrichtung	1,00	1,00	1,00
innenliegend oder zwischen den Scheiben[b]			
weiß oder hoch reflektierende Oberflächen mit geringer Transparenz[c]	0,65	0,70	0,65
helle Farben oder geringe Transparenz[d]	0,75	0,80	0,75
dunkle Farben oder höhere Transparenz	0,90	0,90	0,85
außenliegend			
Fensterläden, Rollläden			
Fensterläden, Rollläden, 3/4 geschlossen	0,35	0,30	0,30
Fensterläden, Rollläden, geschlossen[e]	0,15[e]	0,10[e]	0,10[e]
Jalousie und Raffstore, drehbare Lamellen			
Jalousie und Raffstore, drehbare Lamellen, 45° Lamellenstellung	0,30	0,25	0,25
Jalousie und Raffstore, drehbare Lamellen, 10° Lamellenstellung[e]	0,20[e]	0,15[e]	0,15[e]
Markise, parallel zur Verglasung[d]	0,30	0,25	0,25
Vordächer, Markisen allgemein, freistehende Lamellen[f]	0,55	0,50	0,50

[a] Die Sonnenschutzvorrichtung muss fest installiert sein. Übliche dekorative Vorhänge gelten nicht als Sonnenschutzvorrichtung.

[b] Für innen- und zwischen den Scheiben liegende Sonnenschutzvorrichtungen ist eine genaue Ermittlung zu empfehlen.

[c] Hoch reflektierende Oberflächen mit geringer Transparenz, Transparenz $\leq 10\,\%$, Reflexion $\geq 60\,\%$.

[d] Geringe Transparenz, Transparenz $< 15\,\%$.

[e] F_C-Werte für geschlossenen Sonnenschutz dienen der Information und sollten für den Nachweis des sommerlichen Wärmeschutzes nicht verwendet werden. Ein geschlossener Sonnenschutz verdunkelt den dahinterliegenden Raum stark und kann zu einem erhöhten Energiebedarf für Kunstlicht führen, da nur ein sehr geringer bis kein Einfall des natürlichen Tageslichts vorhanden ist.

[f] Dabei muss sichergestellt sein, dass keine direkte Besonnung des Fensters erfolgt. Dies ist näherungsweise der Fall, wenn
– bei Südorientierung der Abdeckwinkel $\beta \geq 50°$ ist;
– bei Ost- und Westorientierung der Abdeckwinkel $\beta \geq 85°$ ist $\gamma \geq 115°$ ist.
Der F_C-Wert darf auch für beschattete Teilflächen des Fensters angesetzt werden. Dabei darf F_S nach DIN V 18599-2:2011-12, A.2, nicht angesetzt werden.

Zu den jeweiligen Orientierungen gehören Winkelbereiche von 22,5°. Bei Zwischenorientierungen ist der Abdeckwinkel $\beta \geq 80°$ erforderlich.

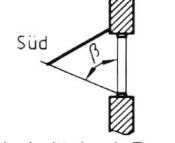

Süd

Vertikalschnitt durch Fassade

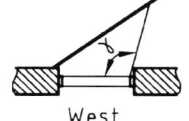

West

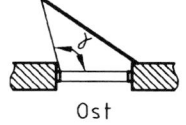

Ost

Horizontalschnitt durch Fassade

Ermittlung des vorhandenen Sonneneintragskennwertes S_{vorh} Für den bezüglich sommerlicher Überhitzung zu untersuchenden Raum oder Raumbereich ist der Sonneneintragskennwert S_{vorh} nach folgender Gleichung zu ermitteln:

$$S_{vorh} = \frac{\sum_j A_{w,j} \cdot g_{tot,j}}{A_G} \quad [-] \quad (17.32)$$

A_w Fensterfläche (lichtes Rohbaumaß), in m^2
Bei Fensterelementen mit opaken Anteilen ist nur der verglaste Teilbereich als Fensterfläche A_w zu berücksichtigen. Rahmen zwischen verglaster und opaker Fläche sind in diesem Fall dem verglasten Teilbereich der Fenster zuzurechnen.
g_{tot} Gesamtenergiedurchlassgrad der Verglasung einschließlich Sonnenschutz [–]
A_G Nettogrundfläche des Raumes oder des Raumbereiches (lichte Rohbaumaße), in m^2.

Bei sehr tiefen Räumen ist die größte anzusetzende Raumtiefe mit der dreifachen lichten Raumhöhe zu bestimmen. Bei Räumen mit gegenüberliegenden Fensterfassaden ergibt sich keine Begrenzung der anzusetzenden Raumtiefe, wenn der Fassadenabstand kleiner/gleich der sechsfachen lichten Raumhöhe ist. Ist der Fassadenabstand größer als die sechsfache lichte Raumhöhe, muss der Nachweis für die beiden der jeweiligen sich ergebenden fassadenorientierten Raumbereiche durchgeführt werden.

$$g_{tot} = g \cdot F_C \quad [-] \quad (17.33)$$

g Gesamtenergiedurchlassgrad der Verglasung [–] für senkrechten Strahlungseinfall
F_C Abminderungsfaktor für Sonnenschutzvorrichtungen gemäß Tafel 17.5 [–].

Ermittlung des zulässigen Sonneneintragskennwertes S_{vorh} Der zulässige Sonneneintragskennwert S_{vorh} wird als Summe der anteiligen Sonneneintragskennwerte S_x gemäß Tafel 17.6 ermittelt:

$$S_{zul} = \sum S_x \quad [-] \quad (17.34)$$

Die Größe des anteiligen Sonneneintragskennwertes S_1 für Nachtlüftung und Bauart ist von der Klimaregion gemäß Abb. 17.15 abhängig, in der sich das Gebäude befindet. Lässt sich anhand von Abb. 17.15 keine eindeutige Zuordnung zwischen den Sommer-Klimaregionen finden, ist zwischen A und B nach B, zwischen A und C sowie zwischen B und C nach C zuzuordnen.

Berechnungsbeispiele zum Nachweis des sommerlichen Wärmeschutzes sind im Ergänzungsband „Wendehorst – Beispiele aus der Baupraxis", 7. Auflage, enthalten.

Tafel 17.6 Anteilige Sonneneintragskennwerte S_x zur Bestimmung des zulässigen Sonneneintragskennwertes S_{zul} (DIN 4108-2) [1]

Kriterium		anteiliger Sonneneintragskennwert S_x [–]					
		Nutzung					
		Wohngebäude			Nichtwohngebäude		
		Klimaregion					
		A	B	C	A	B	C
S_1 **Nachtlüftung und Bauart**							
Nachtlüftung	Bauart[b]						
ohne	leicht	0,071	0,056	0,041	0,013	0,007	0
	mittel	0,080	0,067	0,054	0,020	0,013	0,006
	schwer	0,087	0,074	0,061	0,025	0,018	0,011
erhöht[c] mit $n \geq 2\,h^{-1}$	leicht	0,098	0,088	0,078	0,071	0,060	0,048
	mittel	0,114	0,103	0,092	0,089	0,081	0,072
	schwer	0,125	0,113	0,101	0,101	0,092	0,083
hoch[d] mit $n \geq 5\,h^{-1}$	leicht	0,128	0,117	0,105	0,090	0,082	0,074
	mittel	0,160	0,152	0,143	0,135	0,124	0,113
	schwer	0,181	0,171	0,160	0,170	0,158	0,145
S_2 **grundflächenbezogener Fensterflächenanteil f_{WG}[e]**							
$S_2 = a - (b \cdot f_{WG})$	a	0,060			0,030		
	b	0,231			0,115		
S_3 **Sonnenschutzglas[f,i]**							
Fenster mit Sonnenschutzglas[f] mit $g \leq 0{,}4$		0,03					
S_4 **Fensterneigung[g,i]**							
$0° \leq$ Neigung $\leq 60°$ (gegenüber der Horizontalen)		$-0{,}035 \cdot f_{neig}$					

Tafel 17.6 (Fortsetzung)

Kriterium		anteiliger Sonneneintragskennwert S_x [–]					
		Nutzung					
		Wohngebäude			Nichtwohngebäude		
		Klimaregion					
		A	B	C	A	B	C
S_5	**Orientierung**[h,i]						
	Nord-, Nordost- und Nordwest-orientierte Fenster soweit die Neigung gegenüber der Horizontalen > 60° ist sowie Fenster, die dauernd vom Gebäude selbst verschattet sind	$+0{,}10 \cdot f_{nord}$					
S_6	**Einsatz passiver Kühlung**						
	Bauart						
	leicht	0,02					
	mittel	0,04					
	schwer	0,06					

[a] Ermittlung der Klimaregion nach Abb. 17.15.

[b] Ohne Nachweis der wirksamen Wärmekapazität ist von leichter Bauart auszugehen, wenn keine der im Folgenden genannten Eigenschaften für mittlere oder schwere Bauart nachgewiesen sind. Vereinfachend kann von mittlerer Bauart ausgegangen werden, wenn folgende Eigenschaften vorliegen:
– Stahlbetondecke;
– massive Innen- und Außenbauteile (flächenanteilig gemittelte Rohdichte $\geq 600 \, \mathrm{kg/m^3}$);
– keine innenliegende Wärmedämmung an den Außenbauteilen;
– keine abgehängte oder thermisch abgedeckte Decke;
– keine hohen Räume (> 4,5 m) wie z. B. Turnhallen, Museen usw.
Von schwerer Bauart kann ausgegangen werden, wenn folgende Eigenschaften vorliegen:
– Stahlbetondecke;
– massive Innen- und Außenbauteile (flächenanteilig gemittelte Rohdichte $\geq 1600 \, \mathrm{kg/m^3}$);
– keine innenliegende Wärmedämmung an den Außenbauteilen;
– keine abgehängte oder thermisch abgedeckte Decke;
– keine hohen Räume (> 4,5 m) wie z. B. Turnhallen, Museen usw.
Die wirksame Wärmekapazität darf auch nach DIN EN ISO 13786 (Periodendauer 1 d) für den betrachteten Raum bzw. Raumbereich bestimmt werden, um die Bauart einzuordnen; dabei ist folgende Einstufung vorzunehmen:
– leichte Bauart liegt vor, wenn $C_{wirk}/A_G < 50 \, \mathrm{W \cdot h/(K \cdot m^2)}$
Dabei ist C_{wirk} die wirksame Wärmekapazität; A_G die Nettogrundfläche.
– mittlere Bauart liegt vor, wenn $50 \, \mathrm{W \cdot h/(K \cdot m^2)} \leq C_{wirk}/A_G \leq 130 \mathrm{W \cdot h/(K \cdot m^2)}$;
– schwere Bauart liegt vor, wenn $C_{wirk}/A_G > 130 \, \mathrm{W \cdot h/(K \cdot m^2)}$.

[c] Bei der Wohnnutzung kann in der Regel von der Möglichkeit zu erhöhter Nachtlüftung ausgegangen werden. Der Ansatz der erhöhten Nachtlüftung darf auch erfolgen, wenn eine Lüftungsanlage so ausgelegt wird, dass durch die Lüftungsanlage ein nächtlicher Luftwechsel von mindestens $n = 2 \, \mathrm{h^{-1}}$ sichergestellt wird.

[d] Von hoher Nachtlüftung kann ausgegangen werden, wenn für den zu bewertenden Raum oder Raumbereich die Möglichkeit besteht, geschoss-übergreifende Nachtlüftung zu nutzen (z. B. über angeschlossenes Atrium, Treppenhaus oder Galerieebene).
Der Ansatz der hohen Nachtlüftung darf auch erfolgen, wenn eine Lüftungsanlage so ausgelegt wird, dass durch die Lüftungsanlage ein nächtlicher Luftwechsel von mindestens $n = 5 \, \mathrm{h^{-1}}$ sichergestellt wird.

[e] $f_{WG} = A_W/A_G$
Dabei ist A_W die Fensterfläche; A_G die Nettogrundfläche.

Hinweis Die durch S_1 vorgegebenen anteiligen Sonneneintragskennwerte gelten für grundflächenbezogene Fensterflächenanteile von etwa 25 %. Durch den anteiligen Sonneneintragskennwert S_2 erfolgt eine Korrektur des S_1-Wertes in Abhängigkeit vom Fensterflächenanteil, wodurch die Anwendbarkeit des Verfahrens auf Räume mit grundflächenbezogenen Fensterflächenanteilen abweichend von 25 % gewährleistet wird. Für Fensterflächenanteile kleiner 25 % wird S_2 positiv, für Fensterflächenanteile größer 25 % wird S_2 negativ.

[f] Als gleichwertige Maßnahme gilt eine Sonnenschutzvorrichtung, welche die diffuse Strahlung nutzerunabhängig permanent reduziert und hierdurch ein $g_{tot} \leq 0{,}4$ erreicht wird. Bei Fensterflächen mit unterschiedlichem g_{tot} wird S_3 flächenanteilig gemittelt:
$S_3 = 0{,}03 \cdot A_{w,gtot \leq 0{,}4}/A_{w,gesamt}$
Dabei ist $A_{w,gtot \leq 0{,}4}$ die Fensterfläche mit $g_{tot} \leq 0{,}4$; $A_{w,gesamt}$ die gesamte Fensterfläche.

[g] $f_{neig} = A_{w,neig}/A_{w,gesamt}$
Dabei ist $A_{w,neig}$ die geneigte Fensterfläche; $A_{w,gesamt}$ die gesamte Fensterfläche.

[h] $f_{nord} = A_{w,nord}/A_{w,gesamt}$
Dabei ist $A_{w,nord}$ die Nord-, Nordost- und Nordwest-orientierte Fensterfläche soweit die Neigung gegenüber der Horizontalen > 60° ist sowie Fensterflächen, die dauernd vom Gebäude selbst verschattet sind; $A_{w,gesamt}$ die gesamte Fensterfläche.
Fenster, die dauernd vom Gebäude selbst verschattet werden: Werden für die Verschattung F_s Werte nach DIN V 18599-2:2011-12 verwendet, so ist für jene Fenster $S_5 = 0$ zu setzen.

[i] Gegebenenfalls flächenanteilig gemittelt zwischen der gesamten Fensterfläche und jener Fensterfläche, auf die diese Bedingung zutrifft.

17

Abb. 17.15 Sommer-Klimaregionen (DIN 4108-2) [1]

Tafel 17.7 Zugrunde gelegte Bezugswerte der operativen Innentemperatur $\theta_{b,op}$ für die Sommer-Klimaregionen und Übertemperaturgradstunden-Anforderungswerte (DIN 4108-2) [1]

Sommer-klimaregion	Bezugswerte der operativen Innentemperatur $\theta_{b,op}$ [°C]	Anforderungswert Übertemperaturgradstunden [kh/a]	
		Wohngebäude	Nichtwohngebäude
A	25	1200	500
B	26		
C	27		

17.1.4.3 Thermische Gebäudesimulation

Anforderung Unter Zugrundelegung des jeweiligen, von der Sommerklimaregion abhängigen Bezugswertes $\theta_{b,op}$ der operativen Innentemperatur ist durch dynamisch-thermische Simulationsrechnung nachzuweisen, dass im kritischen Raum der Übertemperaturgradstunden-Anforderungswert nicht überschritten wird (Tafel 17.7). Die operative Innentemperatur $\theta_{b,op}$ wird als Mittelwert aus der Raumlufttemperatur und der flächenanteilig gemittelten Oberflächentemperaturen der raumumschließenden Flächen gebildet.

Berechnungsrandbedingungen

- **Simulationsumgebung:** Das für den Nachweis verwendete Programm ist im Rahmen der Dokumentation zu nennen.
- **Nutzungszeiten:** Wohngebäude täglich von 0 Uhr bis 24 Uhr, Nichtwohngebäude montags bis freitags von 7 Uhr bis 18 Uhr.
- **Klimadaten:** Die vom Bundesinstitut für Bau-, Stadt- und Raumforschung zur Verfügung gestellten Testreferenzjahre (TRY) (2011) sind wie folgt zugrunde zu legen:
  - Klimaregion A: Normaljahr TRY-Zone 2
  - Klimaregion B: Normaljahr TRY-Zone 4
  - Klimaregion C: Normaljahr TRY-Zone 12
- **Beginn und Zeitraum:** Die Berechnungen sind für ein komplettes Jahr durchzuführen und beginnen am 1. Januar an einem Montag um 0 Uhr. Feiertage und Ferienzeiten werden nicht berücksichtigt.
- **Mittlerer interner Wärmeeintrag:** Wohngebäude $100\,\mathrm{W\,h/(m^2\,d)}$ und Nichtwohngebäude $144\,\mathrm{W\,h/(m^2\,d)}$. Die als Tageswerte angegebenen Wärmeeinträge sind als konstante und konvektive Wärmeeinträge während der oben angegebenen Nutzungszeiten anzusetzen. Die Wärmeeinträge werden zu 100 % als konvektive Wärmeeinträge behandelt.
- **Soll-Raumtemperatur für Heizzwecke (ohne Nachtabsenkung):** Wohngebäude $\theta_{h,soll} \geq 20\,°\mathrm{C}$ und Nichtwohngebäude $\theta_{h,soll} \geq 21\,°\mathrm{C}$
- **Grundluftwechsel:**
  - Wohngebäude: $n = 0{,}5\,\mathrm{h^{-1}}$
    Der gegebene Luftwechsel ist im Tagesgang konstant anzusetzen, wenn weder die Bedingungen für erhöh-

te Taglüftung (s. u.) noch die Bedingungen für erhöhte Nachtlüftung (s. u.) erfüllt sind.
  - Nichtwohngebäude:
    während der Nutzungszeit (7 Uhr bis 18 Uhr), ermittelt unter Berücksichtigung der Grundfläche A_G in m² und des Nettoraumvolumens V in m³:

$$n = 4 \cdot \frac{A_G}{V} \quad [\mathrm{h^{-1}}] \qquad (17.35)$$

Dieser Luftwechsel ist während der Nutzungszeit konstant anzusetzen, wenn die Bedingungen für erhöhte Taglüftung (s. u.) nicht erfüllt sind.
außerhalb der Nutzungszeit (18 Uhr bis 7 Uhr):

$$n = 0{,}24\,\mathrm{h^{-1}}$$

Dieser Luftwechsel ist außerhalb der Nutzungszeit konstant anzusetzen, wenn die Bedingungen für erhöhte Nachtlüftung (s. u.) nicht erfüllt sind.
Der angesetzte Luftwechsel ist in Form von Tages- und Wochenprofilen zu dokumentieren.
- **Erhöhter Tagluftwechsel:** Überschreitet die Raumlufttemperatur 23 °C und liegt die Raumlufttemperatur über der Außenlufttemperatur, darf der mittlere Luftwechsel während der Aufenthaltszeit (Wohngebäude 6 Uhr bis 23 Uhr, Nichtwohngebäude 7 Uhr bis 18 Uhr) bis auf $n = 3\,\mathrm{h^{-1}}$ erhöht werden, um durch erhöhte Lüftung eine Überhitzung des Raumes zu vermeiden. Der gewählte Ansatz ist zu dokumentieren.
- **Nachtluftwechsel:** Außerhalb der Aufenthaltszeit (Wohngebäude 23 Uhr bis 6 Uhr, Nichtwohngebäude 18 Uhr bis 7 Uhr)
  - ist vom Grundluftwechsel (s. o.) auszugehen, wenn nicht die Möglichkeit zur Nachtlüftung besteht.
  - darf der Luftwechsel auf $n = 2\,\mathrm{h^{-1}}$ erhöht werden (erhöhte Nachtlüftung), wenn die Möglichkeit zur nächtlichen Fensterlüftung besteht. Bei der Wohnnutzung darf in der Regel von der Möglichkeit zu erhöhter Nachtlüftung ausgegangen werden, wenn im zu bewertenden Raum oder Raumbereich die Möglichkeit zur nächtlichen Fensterlüftung besteht.
  - darf der Luftwechsel auf $n = 5\,\mathrm{h^{-1}}$ erhöht werden (hohe Nachtlüftung), wenn für den zu bewertenden Raum

17

oder Raumbereich die Möglichkeit besteht, geschoss-
übergreifende Lüftungsmöglichkeiten, z. B. Lüftung
über angeschlossenes Atrium, zu nutzen, um den sich
einstellenden Luftwechsel zu erhöhen.

– darf bei Einsatz einer Lüftungsanlage der erhöhte
Nachtluftwechsel gemäß der Dimensionierung der Anlage angesetzt werden.

Der gewählte Ansatz ist zu dokumentieren. Für den Ansatz eines erhöhten oder hohen Nachtluftwechsels oder
eines Nachtluftwechsels gemäß der Dimensionierung der
Lüftungsanlage müssen die im Folgenden genannten
Temperaturrandbedingungen unter Beachtung der Innen-
lufttemperatur $\theta_{i,Luft}$, der Raum-Solltemperatur für Heizzwecke $\theta_{i,h,soll}$ und der Außenlufttemperatur θ_e in °C
gegeben sein:

$$\theta_{i,Luft} > \theta_{i,h,soll} \quad \text{und} \quad \theta_{i,Luft} > \theta_e \qquad (17.36)$$

Wohngebäude: $\theta_{i,h,soll} \geq 20\,°C$
Nichtwohngebäude: $\theta_{i,h,soll} \geq 21\,°C$

Wird in den Simulationsrechnungen die erhöhte oder hohe Nachtlüftung berücksichtigt, so ist ein Sonnenschutz
vorzusehen, mit dem $g_{tot} \leq 0{,}4$ erreicht wird.

- **Steuerung Sonnenschutz:** Sind zur geplanten Betriebsweise einer Sonnenschutzvorrichtung keine Steuer- bzw.
Regelparameter bekannt, so ist im Fall einer automatischen Sonnenschutzsteuerung von einer strahlungsab-
hängigen Steuerung für nord-, nordost- und nordwest-
orientierte Fenster mit einer Grenzbestrahlungsstärke von
$200\,W/m^2$ (Wohngebäude) bzw. $150\,W/m^2$ (Nichtwohngebäude) und für alle anderen Orientierungen mit einer
Grenzbestrahlungsstärke von $300\,W/m^2$ (Wohngebäude) bzw. $200\,W/m^2$ (Nichtwohngebäude) (Summe aus
Direkt- und Diffusstrahlung, außen vor dem Fenster) pro
Quadratmeter Fensterfläche auszugehen.

Bei nichtautomatischer Sonnenschutzsteuerung erfolgt
bei Nichtwohngebäuden keine Aktivierung am Wochen-
ende (Samstag und Sonntag). Grundsätzlich ist für die
Berechnungen von einer windunabhängigen Betriebsweise auszugehen.

Wird planerisch eine hiervon abweichende Betriebsweise der Sonnenschutzvorrichtung vorgesehen, so darf diese
in der Simulationsrechnung verwendet werden. Die Betriebsweise ist zu dokumentieren.

- **Wärmeübergangswiderstände:** Dürfen, wie für den
Winterfall, konstant nach DIN EN ISO 6946 (Tafel 17.38)
angesetzt werden. Davon abweichende Ansätze sind zu
dokumentieren.

- **Bauliche Verschattung** darf berücksichtigt werden. Der
gewählte Ansatz ist zu dokumentieren.

- **Passive Kühlung** darf berücksichtigt werden. Der gewählte Ansatz ist zu dokumentieren.

17.1.5 Luftdichtheit von Gebäuden und Außenbauteilen

Wärmeverluste infolge von Undichtheiten in der wärmeübertragenden Umfassungsfläche eines Gebäudes sind folgendermaßen zu begrenzen:

- **Fugen in der wärmeübertragenden Umfassungsfläche**
des Gebäudes, insbesondere auch bei durchgehenden Fugen zwischen Fertigteilen oder zwischen Ausfachungen
und dem Tragwerk, müssen nach dem Stand der Technik dauerhaft und luftundurchlässig abgedichtet sein. Eine
dauerhafte Abdichtung von Undichtigkeiten erfolgt nach
DIN 4108-7 [4].

- **Bauteile oder Bauteilschichten, die aus einzelnen Teilen zusammengesetzt sind**, z. B. Holzschalungen, müssen unter Beachtung von DIN 4108-7 luftdicht ausgeführt
sein.

- **Funktionsfugen von Fenstern und Fenstertüren** müssen mindestens der Klasse 2 bei Gebäuden bis zu zwei
Vollgeschossen bzw. der Klasse 3 bei Gebäuden mit mehr
als zwei Vollgeschossen nach DIN EN 12207 [8] entsprechen.

- **Funktionsfugen von Außentüren** müssen der Luftdurchlässigkeit mindestens der Klasse 2 nach DIN EN 12207
entsprechen.

Die Luftdichtheit von Bauteilen kann nach DIN EN
12114 [9] und von Gebäuden nach DIN EN 13829 [27]
bestimmt werden. Die aus Messergebnissen abgeleitete Luftdurchlässigkeit von Bauteilanschlussfugen muss kleiner als
$0{,}1\,m^3/(m\,h\,(daPa^{2/3}))$ sein.

Wird eine Überprüfung der Dichtheit des Gebäudes
durchgeführt, so darf die nach DIN EN 13829 bei einer
Druckdifferenz zwischen innen und außen von $50\,Pa$ ermittelte Luftwechselrate n_{50}, die das Verhältnis aus gemessenem
Luftvolumenstrom $\dot{V}$ in m^3/h und beheiztem Luftvolumen
V in m^3 darstellt, gemäß Gebäudeenergiegesetz [29] folgende Werte nicht übersteigen:

- Gebäude ohne raumlufttechnische Anlage:

$$n_{50} \leq 3\,h^{-1}$$

- Gebäude mit raumlufttechnischer Anlage:

$$n_{50} \leq 1{,}5\,h^{-1}$$

Für Gebäude mit einem Volumen von mehr als $1500\,m^3$
darf der auf die Gebäudehüllfläche A in m^2 bezogene Luftvolumenstrom $\dot{V}$ in m^3/h den Wert q_{50} nicht überschreiten:

- Gebäude ohne raumlufttechnische Anlage:

$$q_{50} \leq 4{,}5\,m\,h^{-1}$$

- Gebäude mit raumlufttechnischer Anlage:

$$q_{50} \leq 2{,}5\,m\,h^{-1}$$

17.1.6 Energiesparender Wärmeschutz nach dem Gebäudeenergiegesetz (GEG)

17.1.6.1 Anwendungsbereich und Begriffsbestimmungen

Der Anwendungsbereich des Gebäudeenergiegesetzes vom 08. August 2020 (GEG 2020) [29], das am 01. November 2020 in Kraft getreten ist, erstreckt sich auf Gebäude, die unter Einsatz von Energie beheizt oder gekühlt werden. Außerdem gilt es für Anlagen der Heizungs-, Kühl-, Raumluft- und Beleuchtungstechnik sowie der Warmwasserversorgung. Der Energieeinsatz für Produktionsprozesse und folgende Gebäude ist vom Anwendungsbereich des GEG 2020 ausgenommen:

- Betriebsgebäude, die überwiegend zur Aufzucht oder zur Haltung von Tieren genutzt werden
- Betriebsgebäude, soweit sie nach ihrem Verwendungszweck großflächig und lang anhaltend offen gehalten werden müssen
- Unterirdische Bauten
- Unterglasanlagen und Kulturräume für Aufzucht, Vermehrung und Verkauf von Pflanzen
- Traglufthallen und Zelte
- Gebäude, die dazu bestimmt sind, wiederholt aufgestellt und zerlegt zu werden sowie provisorische Gebäude mit einer geplanten Nutzungsdauer von bis zu zwei Jahren
- Gebäude, die dem Gottesdienst oder anderen religiösen Zwecken gewidmet sind
- Wohngebäude, die
  - für eine Nutzungsdauer von weniger als vier Monaten jährlich bestimmt sind oder
  - für eine begrenzte jährliche Nutzungsdauer bestimmt sind und deren zu erwartender Energieverbrauch für die begrenzte jährliche Nutzungsdauer weniger als 25 % des zu erwartenden Energieverbrauchs bei ganzjähriger Nutzung beträgt
- Sonstige handwerkliche, landwirtschaftliche, gewerbliche und industrielle oder für öffentliche Zwecke genutzte Betriebsgebäude, die nach ihrer Zweckbestimmung
  - auf eine Raum-Solltemperatur von weniger als 12 °C beheizt werden oder
  - jährlich weniger als vier Monate beheizt sowie jährlich weniger als zwei Monate gekühlt werden

Für Gebäude sind folgende Begriffsbestimmungen und Bezugsgrößen von Bedeutung:

- Wohngebäude sind Gebäude, die nach ihrer Zweckbestimmung überwiegend dem Wohnen dienen, einschließlich Wohn-, Alten- und Pflegeheime sowie ähnliche Einrichtungen
- Nichtwohngebäude sind alle anderen Gebäude
- Kleine Gebäude sind Gebäude mit nicht mehr als 50 Quadratmetern Nutzfläche

- Baudenkmäler sind nach Landesrecht geschützte Gebäude oder Gebäudemehrheiten
- Beheizte Räume sind solche Räume, die nach ihrer Zweckbestimmung direkt oder durch Raumverbund beheizt werden
- Gekühlte Räume sind solche Räume, die nach ihrer Zweckbestimmung direkt oder durch Raumverbund gekühlt werden
- Die Wohnfläche ist die nach der Wohnflächenverordnung vom 25. November 2003 oder auf Grundlage anderer Rechtsvorschriften oder anerkannter Regeln der Technik zur Berechnung von Wohnflächen ermittelte Fläche
- Die Nutzfläche ist bei Wohngebäuden die Gebäudenutzfläche und bei Nichtwohngebäuden die Nettogrundfläche
- Die Gebäudenutzfläche A_N wird bei Wohngebäuden aus dem beheizten Gebäudevolumen V_e ermittelt:
  - durchschnittliche Geschosshöhe $2{,}50\,\text{m} \le h_g \le 3\,\text{m}$:

$$A_N = 0{,}32 \cdot V_e\ [\text{m}^2]$$

  - durchschnittliche Geschosshöhe $h_g < 2{,}50\,\text{m}$ oder $h_g > 3{,}00\,\text{m}$:

$$A_N = \left(\frac{1}{h_g} - 0{,}04\right) \cdot V_e\ [\text{m}^2]$$

- Die Nettogrundfläche A_{NGF} ist die nach anerkannten Regeln der Technik ermittelte beheizte oder gekühlte Fläche Neben Teil 1 des GEG (Allgemeiner Teil), aus dem die vorbenannten Festlegungen zu Anwendungsbereich und Begriffsbestimmungen entnommen wurde, enthält das GEG folgende Teile:

- Anforderungen an zu errichtende Gebäude
- Bestehende Gebäude
- Anlagen der Heizungs-, Kühl- und Raumlufttechnik sowie der Warmwasserversorgung
- Energieausweise
- Finanzielle Förderung der Nutzung erneuerbarer Energien für die Erzeugung von Wärme oder Kälte und von Energieeffizienzmaßnahmen
- Vollzug
- Besondere Gebäude, Bußgeldvorschriften, Anschluss- und Benutzungszwang
- Übergangsvorschriften

Aus diesem komplexen Regelwerk wird hier auszugsweise auf wesentliche Regelungen zu den Anforderungen an zu errichtende Wohngebäude und Nichtwohngebäude eingegangen. Grundsätzlich schreibt das GEG vor, dass zu errichtende Gebäude Niedrigstenergiegebäude sein müssen. Die Kriterien, durch die ein Niedrigstenergiegebäude definiert wird, sind:

- Begrenzung des Gesamtenergiebedarfs (Primärenergiebedarf) für Heizung, Warmwasserbereitung, Lüftung und

Tafel 17.8 Anforderungen an die Wärmedämmung von Rohrleitungen und Armaturen

Wärmeverteilungs- und Warmwasserleitungen sowie Armaturen	1	Allgemein ($\varnothing$: Innendurchmesser, $\lambda_{\text{Dämmstoff}} = 0{,}035\,\text{W/(m K)}$)
		1.1 $\varnothing \leq 22\,\text{mm}$: $\qquad\qquad d_{\min} = 20\,\text{mm}$
		1.2 $22 < \varnothing \leq 35\,\text{mm}$: $\qquad d_{\min} = 30\,\text{mm}$
		1.3 $35 < \varnothing \leq 100\,\text{mm}$: $\quad d_{\min} = \varnothing$
		1.4 $\varnothing > 100\,\text{mm}$: $\qquad\quad d_{\min} = 100\,\text{mm}$
	2	In Wand- und Deckendurchbrüchen, im Kreuzungsbereich von Leitungen, an Leitungsverbindungsstellen, bei zentralen Leitungsnetzverteilern: $d_{\min} = \varnothing/2$ ($\varnothing$ wie oben)
	3	In Bauteilen zwischen beheizten Räumen verschiedener Nutzer: $d_{\min} = \varnothing/2$
	4	Im Fußbodenaufbau: $d_{\min} = 6\,\text{mm}$
	5	An Außenluft grenzend: $d_{\min} = 2 \cdot \varnothing$
	6	Leitungen nach 1.1 bis 1.4 in beheizten Räumen eines Nutzers und ihre Wärmeabgabe kann durch frei liegende Absperreinrichtungen beeinflusst werden: K. A. an $d_{\min}$
	7	Warmwasserleitungen mit einem Wasserinhalt ≤ 3 Liter, die weder in den Zirkulationskreislauf einbezogen sind noch mit elektrischer Begleitheizung ausgestattet sind und sich in beheizten Räumen befinden: K. A. an $d_{\min}$
Kälteverteilungs- und Kaltwasserleitungen sowie Armaturen		$d_{\min} = 6\,\text{mm}$

Kühlung sowie zusätzlich für eingebaute Beleuchtung bei Nichtwohngebäuden (Abschn. 17.1.6.2)

- Vermeidung von Energieverlusten beim Heizen und Kühlen durch baulichen Wärmeschutz (Abschn. 17.1.6.3)
- Anteilige Deckung des Wärme- und Kälteenergiebedarfs durch Nutzung erneuerbarer Energien (Abschn. 17.1.6.4)

Im Falle von Änderungen, Erweiterungen oder Ausbau nach Teil 3 des GEG sind auch bei bestehenden Gebäuden Anforderungen zu erfüllen (Abschn. 17.1.6.5). Aus Teil 4 des GEG, in dem die Anlagentechnik geregelt ist, können u. a. die Anforderungen an die Wärmedämmung von Rohrleitungen und Armaturen entnommen werden (Tafel 17.8).

Weitere Regelungen z. B. zu Mindestwärmeschutz, Wärmebrücken, Luftdichtheit, sommerlicher Wärmeschutz, Anlagentechnik, besonderen Gebäuden, vereinfachte Berech-

nungsverfahren für Wohn- und Nichtwohngebäude, Primärenergiefaktoren, Treibhausgasemissionen, Energieausweis, Vollzug und finanzielle Förderung sind sehr umfangreich und dem Gesetzestext zu entnehmen.

17.1.6.2 Begrenzung des Gesamtenergiebedarfs zu errichtender Wohn- und Nichtwohngebäude

Ein zu errichtendes *Wohngebäude* ist so auszuführen, dass der gebäudenutzflächenbezogene Jahres-Primärenergiebedarf Q_p'' für Heizung, Warmwasserbereitung, Lüftung und Kühlung das 0,75-fache des Jahres-Primärenergiebedarfs eines Referenzgebäudes gleicher Geometrie, Gebäudenutzfläche und Ausrichtung wie das zu errichtende Gebäude und mit der technischen Referenzausführung nach Tafel 17.9

Tafel 17.9 Technische Ausführung des Referenzgebäudes (Wohngebäude)

Nr.	Bauteil/Systeme	Referenzausführung/Wert
1.1	Außenwand (einschließlich Einbauten wie Rollladenkästen), Geschossdecke gegen Außenluft	$U = 0{,}28\,\text{W/(m}^2\,\text{K)}$
1.2	Außenwand gegen Erdreich, Bodenplatte, Wände und Decken zu unbeheizten Räumen	$U = 0{,}35\,\text{W/(m}^2\,\text{K)}$
1.3	Dach, oberste Geschossdecke, Wände zu Abseiten	$U = 0{,}20\,\text{W/(m}^2\,\text{K)}$
1.4	Fenster, Fenstertüren	$U_{\text{w}} = 1{,}3\,\text{W/(m}^2\,\text{K)}$ $g = 0{,}60\,[-]$
1.5	Dachflächenfenster, Glasdächer und Lichtbänder	$U_{\text{w}} = 1{,}4\,\text{W/(m}^2\,\text{K)}$ $g = 0{,}60\,[-]$
1.6	Lichtkuppeln	$U_{\text{w}} = 2{,}7\,\text{W/(m}^2\,\text{K)}$ $g = 0{,}64\,[-]$
1.7	Außentüren, Türen gegen unbeheizte Räume	$U = 1{,}8\,\text{W/(m}^2\,\text{K)}$

Tafel 17.9 (Fortsetzung)

Nr.	Bauteil/Systeme	Referenzausführung/Wert
2	Bauteile nach den Zeilen 1.1 bis 1.7	$\Delta U_{WB} = 0{,}05\,\mathrm{W/(m^2\,K)}$
3	Solare Wärmegewinne über opake Bauteile	wie das zu errichtende Gebäude
4	Luftdichtheit der Gebäudehülle	$n_{50}\,[\mathrm{h^{-1}}]$ nach DIN V 18599-2:2018-09 Kategorie I
5	Sonnenschutzvorrichtung	keine

6	Heizungsanlage	**Wärmeerzeugung**
		• Brennwertkessel (verbessert, nach 1994), Erdgas
		• Aufstellung:
		  • $A_N \leq 500\,\mathrm{m^2}$: innerhalb der thermischen Hülle
		  • $A_N > 500\,\mathrm{m^2}$: außerhalb der thermischen Hülle
		Wärmeverteilung
		• Auslegungstemperatur 55/45 °C
		• Zentrales Verteilsystem innerhalb der wärmeübertragenden Umfassungsfläche
		• Innen liegende Stränge und Anbindeleitungen
		• Standard-Leitungslängen nach DIN V 4701-10:2003-08 Tabelle 5.3-2
		• Pumpe auf Bedarf ausgelegt (geregelt, Δp konstant)
		• Rohrnetz ausschließlich statisch hydraulisch abgeglichen
		Wärmeübergabe
		• Freie statische Heizflächen
		• Anordnung an normaler Außenwand
		• Thermostatventile
		• Proportionalbereich 1 K (DIN V 4701-10)
		• P-Regler (DIN V 18599-5:2018-09)

7	Anlage zur Warmwasserbereitung	**Wärmeerzeugung und Wärmespeicherung**
		• Zentral
		• Gemeinsame Wärmebereitung mit Heizungsanlage nach Nr. 6
		• Anlagenart
		  • bei Berechnung nach § 20 (1):
		    Solaranlage mit Flachkollektor nach 1998 sowie Speicher ausgelegt gemäß DIN V 18599-8:2018-09 Abschnitt 6.4.3
		  • bei Berechnung nach § 20 (2):
		    Solaranlage mit Flachkollektor zur ausschließlichen Trinkwassererwärmung entsprechend den Vorgaben nach DIN V 4701-10:2003-08 Tabelle 5.1-10 mit Speicher, indirekt beheizt (stehend), gleiche Aufstellung wie Wärmeerzeuger
		    • kleine Solaranlage bei $A_N \leq 500\,\mathrm{m^2}$ (bivalenter Solarspeicher)
		    • große Solaranlage bei $A_N > 500\,\mathrm{m^2}$
		Wärmeverteilung
		• Verteilsystem innerhalb der wärmeübertragenden Umfassungsfläche
		• Innen liegende Stränge
		• Gemeinsame Installationswand
		• Standard-Leitungslängen nach DIN V 4701-10:2003-08 Tabelle 5.1-2 mit Zirkulation

8	Kühlung	Keine

9	Lüftung	• Zentrale Abluftanlage
		• Nicht bedarfsgeführt mit geregeltem DC-Ventilator
		• Luftwechsel
		  • DIN V 4701:2003-08: Anlagen-Luftwechsel $n_A = 0{,}4\,\mathrm{h^{-1}}$
		  • DIN V 18599-10:2018-09: Nutzungsbedingter Mindestaußenluftwechsel $n_{nutz} = 0{,}55\,\mathrm{h^{-1}}$

10	Gebäudeautomation	Klasse C nach DIN V 18599-11:2018-09

nicht überschreitet. Der Jahres-Primärenergiebedarf kann für Wohngebäude nach DIN V 18599: 2018-09 [28] oder noch bis zum 31. Dezember 2023 nach den älteren Regelungen in DIN V 4108-6:2003-06 in Verbindung mit DIN V 4701-10:2003-08 berechnet werden. Nach DIN V 18599 erfolgt die Berechnung schrittweise für die Bilanzierungsgrenzen Nutzenergie-, Endenergie- und Primärenergiebedarf. Die bei der abschließenden primärenergetischen Bewertung zu verwendenden, energieträgerabhängigen Primärenergiefaktoren nach Tafel 17.10 zeigen den Einfluss des Einsatzes erneuerbarer Energien auf die Energieeffizienz von Gebäuden. Ebenso die Emissionsfaktoren nach Tafel 17.11, da im Energieausweis die Treibhausgasemissionen als äquivalente Kohlendioxidemissionen anzugeben sind.

Tafel 17.10 Primärenergiefaktoren f_P (nicht erneuerbarer Anteil)

Kategorie	Energieträger	f_P [–]
Fossile Brennstoffe	Heizöl	1,1
	Erdgas	1,1
	Flüssiggas	1,1
	Steinkohle	1,1
	Braunkohle	1,2
Biogene Brennstoffe	Biogas	1,1
	Bioöl	1,1
	Holz	0,2
Strom	Netzbezogen	1,8
	Gebäudenah erzeugt	0,0
	Verdrängungsstrommix für KWK	2,8
Wärme, Kälte	Erdwärme, Geothermie, Solarthermie, Umgebungswärme	0,0
	Erdkälte, Umgebungskälte	0,0
	Abwärme	0,0
	Wärme aus KWK, gebäudeintegriert oder gebäudenah	Gemäß DIN V 18599-9
Siedlungsabfälle		0,0

Tafel 17.11 Emissionsfaktoren m_{THG} (CO_2-Äquivalent)

Nr.	Kategorie	Energieträger	Emissionsfaktor m_{THG} [g CO_2-Äquivalent/kWh]
1	Fossile Brennstoffe	Heizöl	310
2		Erdgas	240
3		Flüssiggas	270
4		Steinkohle	400
5		Braunkohle	430
6	Biogene Brennstoffe	Biogas	140
7		Biogas, gebäudenah erzeugt	175
8		Biogenes Flüssiggas	180
9		Bioöl	210
10		Bioöl, gebäudenah erzeugt	105
11		Holz	20
12	Strom	Netzbezogen	560
13		Gebäudenah erzeugt (aus Photovoltaik oder Windkraft)	0
14		Verdrängungsstrommix	860
15	Wärme, Kälte	Erdwärme, Geothermie, Solarthermie, Umgebungswärme	0
16		Erdkälte, Umgebungskälte	0
17		Abwärme aus Prozessen	40
18		Wärme aus KWK, gebäudeintegriert oder gebäudenah	nach DIN V 18599-9
19		Wärme aus Verbrennung von Siedlungsabfällen …	20
20	Nah-/Fernwärme aus KWK mit Deckungsanteil der KWK an der Wärmeerzeugung $\geq 70\,\%$	Brennstoff Stein-/Braunkohle	300
21		Gasförmiger und flüssiger Brennstoff	180
22		Erneuerbarer Brennstoff	40
23	Nah-/Fernwärme aus Heizwerken	Brennstoff Stein-/Braunkohle	400
24		Gasförmiger und flüssiger Brennstoff	300
25		Erneuerbarer Brennstoff	60

Ein zu errichtendes *Nichtwohngebäude* ist so auszuführen, dass der auf die Nettogrundfläche bezogene Jahres-Primärenergiebedarf Q_p'' für Heizung, Warmwasserbereitung, Lüftung, Kühlung und eingebaute Beleuchtung das 0,75-fache des Jahres-Primärenergiebedarfs eines Referenzgebäudes gleicher Geometrie, Nettogrundfläche, Ausrichtung und Nutzung wie das zu errichtende Gebäude und mit der technischen Referenzausführung nach Tafel 17.12 nicht überschreitet. Dort ist nach der Raum-Solltemperatur $\theta_{h,soll}$ im Heizfall zu unterscheiden. Der Jahres-Primärenergiebedarf wird für Nichtwohngebäude nach DIN V 18599:2018-09 [28] berechnet. Die Referenzausführungen nach den Zeilen Nr. 1.13 bis 9 der Tafel 17.12 sind beim Referenzgebäude nur insoweit und in der Art zu berücksichtigen, wie sie beim Gebäude ausgeführt werden.

Tafel 17.12 Technische Ausführung des Referenzgebäudes (Nichtwohngebäude)

Nr.	Bauteil/System	Referenzausführung/Wert	
		$\theta_{h,soll} \geq 19\,°C$	$12\,°C \leq \theta_{h,soll} < 19\,°C$
1.1	Außenwand (einschließlich Einbauten wie Rollladenkästen), Geschossdecke gegen Außenluft	$U = 0,28\,W/(m^2\,K)$	$U = 0,35\,W/(m^2\,K)$
1.2	Vorhangfassade (siehe auch Nr. 1.14)	$U = 1,4\,W/(m^2\,K)$ $g = 0,48\,[-]$ $\tau_{v,D65,SNA} = 0,72\,[-]$	$U = 1,9\,W/(m^2\,K)$ $g = 0,60\,[-]$ $\tau_{v,D65,SNA} = 0,78\,[-]$
1.3	Wand gegen Erdreich, Bodenplatte, Wände und Decken zu unbeheizten Räumen (außer Abseitenwände nach Nr. 1.4)	$U = 0,35\,W/(m^2\,K)$	$U = 0,35\,W/(m^2\,K)$
1.4	Dach (soweit nicht unter Nr. 1.5), oberste Geschossdecke, Wände zu Abseiten	$U = 0,20\,W/(m^2\,K)$	$U = 0,35\,W/(m^2\,K)$
1.5	Glasdächer	$U_w = 2,7\,W/(m^2\,K)$ $g = 0,63\,[-]$ $\tau_{v,D65,SNA} = 0,76\,[-]$	
1.6	Lichtbänder	$U_w = 2,4\,W/(m^2\,K)$ $g = 0,55\,[-]$ $\tau_{v,D65,SNA} = 0,48\,[-]$	
1.7	Lichtkuppeln	$U_w = 2,7\,W/(m^2\,K)$ $g = 0,64\,[-]$ $\tau_{v,D65,SNA} = 0,59\,[-]$	
1.8	Fenster, Fenstertüren (siehe auch Nr. 1.14)	$U_w = 1,3\,W/(m^2\,K)$ $g = 0,60\,[-]$ $\tau_{v,D65,SNA} = 0,78\,[-]$	$U_w = 1,9\,W/(m^2\,K)$ $g = 0,60\,[-]$ $\tau_{v,D65,SNA} = 0,78\,[-]$
1.9	Dachflächenfenster (siehe auch Nr. 1.14)	$U_w = 1,4\,W/(m^2\,K)$ $g = 0,60\,[-]$ $\tau_{v,D65,SNA} = 0,78\,[-]$	$U_w = 1,9\,W/(m^2\,K)$ $g = 0,60\,[-]$ $\tau_{v,D65,SNA} = 0,78\,[-]$
1.10	Außentüren, Türen gegen unbeheizte Räume, Tore	$U = 1,8\,W/(m^2\,K)$	$U = 2,9\,W/(m^2\,K)$
1.11	Bauteile in Nummern 1.1 und 1.3 bis 1.10	$\Delta U_{WB} = 0,05\,W/(m^2\,K)$	$\Delta U_{WB} = 0,1\,W/(m^2\,K)$
1.12	Gebäudedichtheit	Kategorie I nach DIN V 18599-2:2018-09 Tabelle 7	
1.13	Tageslichtversorgung bei Sonnen- oder Blendschutz oder bei Sonnen- und Blendschutz	Nach DIN V 18599-4:2018-09 • Kein Sonnen- oder Blendschutz vorhanden: $C_{TL,Vers,SA} = 0,70\,[-]$ • Blendschutz vorhanden: $C_{TL,Vers,SA} = 0,15\,[-]$	
1.14	Sonnenschutzvorrichtung	Für das Referenzgebäude ist die tatsächliche Sonnenschutzvorrichtung des zu errichtenden Gebäudes anzunehmen; sie ergibt sich gegebenenfalls aus den Anforderungen zum sommerlichen Wärmeschutz nach § 14 oder aus Erfordernissen des Blendschutzes. Soweit hierfür Sonnenschutzverglasung zum Einsatz kommt, sind für diese Verglasung folgende Kennwerte anzusetzen: Anstelle der Werte der Nummer 1.2 • $g = 0,35\,[-]$ • $\tau_{v,D65,SNA} = 0,58\,[-]$ Anstelle der Werte der Nummern 1.8 und 1.9 • $g = 0,35\,[-]$ • $\tau_{v,D65,SNA} = 0,62\,[-]$	

Tafel 17.12 (Fortsetzung)

Nr.	Bauteil/System	Referenzausführung/Wert	
		$\theta_{h,soll} \geq 19\,°C$	$12\,°C \leq \theta_{h,soll} < 19\,°C$
2	Solare Wärmegewinne über opake Bauteile	Wie beim zu errichtenden Gebäude	
3.1	Beleuchtungsart	Direkt/indirekt mit elektronischem Vorschaltgerät und stabförmiger Leuchtstofflampe	
3.2	Regelung der Beleuchtung	Präsenzkontrolle • In Zonen der Nutzungen 4, 15 bis 19, 21 und 31[a]: Mit Präsenzmelder • Im Übrigen: Manuell Konstantlichtkontrolle/tageslichtabhängige Kontrolle • In Zonen der Nutzungen 5, 9, 10, 14, 22.1 bis 22.3, 29, 37 bis 40[a]: Konstantlichtkontrolle gemäß DIN V 18599-4:2018-09 Abschnitt 5.4.6 • In Zonen der Nutzungen 1 bis 4, 8, 12, 28, 31 und 36[a]: Tageslichtabhängige Kontrolle, Kontrollart „gedimmt, nicht ausschaltend" gemäß DIN V 18599-4:2018-09 Abschnitt 5.5.4 (einschließlich Konstantlichtkontrolle) • Im Übrigen: Manuell	
4.1	Heizung (Raumhöhen ≤ 4 m) **Wärmeerzeugung**	• Brennwertkessel (verbessert, nach 1994) nach DIN V 18599-5:2018-09, Erdgas • Aufstellung außerhalb der thermischen Hülle • Wasserinhalt > 0,15 l/kW	
4.2	Heizung (Raumhöhen ≤ 4 m) **Wärmeverteilung**	**Bei statischer Heizung und Umluftheizung (dezentrale Nachheizung in RLT-Anlage)** • Zweirohrnetz, außen liegende Verteilleitungen im unbeheizten Bereich • Innen liegende Steigstränge und innen liegende Anbindeleitungen • Systemtemperatur 55/45 °C, ausschließlich statisch hydraulisch abgeglichen • Δp konstant, Pumpe auf Bedarf ausgelegt, Pumpe mit intermittierendem Betrieb, keine Überströmventile • Für den Referenzfall sind die Rohrleitungslängen und die Umgebungstemperaturen gemäß den Standardwerten nach DIN V 18599-5:2019-09 zu ermitteln **Bei zentralem RLT-Gerät** • Zweirohrnetz • Systemtemperatur 70/55 °C, ausschließlich statisch hydraulisch abgeglichen • Δp konstant, Pumpe auf Bedarf ausgelegt • Für den Referenzfall sind die Rohrleitungslängen und die Lage der Rohrleitungen wie beim zu errichtenden Gebäude anzunehmen	
4.3	Heizung (Raumhöhen ≤ 4 m) **Wärmeübergabe**	**Bei statischer Heizung** • Freie Heizflächen an der Außenwand (bei Anordnung vor Glasflächen mit Strahlungsschutz) • Ausschließlich statisch hydraulisch abgeglichen • P-Regler (nicht zertifiziert) • Keine Hilfsenergie **Bei Umluftheizung (dezentrale Nachheizung in RLT-Anlage)** Regelgröße Raumtemperatur, hohe Regelgüte	
4.4	Heizung (Raumhöhen > 4 m) **Dezentrales Heizsystem**	**Wärmeerzeuger** gemäß DIN V 18599-5:2018-09 Tabelle 52 • Dezentraler Warmlufterzeuger, nicht kondensierend • Leistung 25 bis 50 kW je Gerät • Energieträger Erdgas • Leistungsregelung 1 (einstufig oder mehrstufig/modulierend ohne Anpassung der Verbrennungsluftmenge) **Wärmeübergabe** gemäß DIN V 18599-5:2018-09 Tabellen 16 und 22 • Radialventilator • Auslass horizontal • Ohne Warmluftrückführung • Raumtemperaturregelung P-Regler (nicht zertifiziert)	

Tafel 17.12 (Fortsetzung)

Nr.	Bauteil/System	Referenzausführung/Wert	
		$\theta_{h,soll} \geq 19\,°C$	$12\,°C \leq \theta_{h,soll} < 19\,°C$
5.1	Warmwasser **Zentrales System**	**Wärmeerzeugung** • Allgemeine Randbedingungen gemäß DIN V 18599-8:2018-09 Tabelle 6 • Solaranlage mit Flachkollektor (nach 1998) zur ausschließlichen Trinkwassererwärmung nach DIN V 18599-8:2018-09 mit Standardwerten gemäß Tabelle 19 bzw. Abschnitt 6.4.3, jedoch abweichend auch für zentral warmwasserversorgte Nettogrundflächen über 3000 m² • Restbedarf über Wärmeerzeuger der Heizung **Wärmespeicherung** Bivalenter, außerhalb der thermischen Hülle aufgestellter Speicher nach DIN V 18599-8:2018-09 Abschnitt 6.4.3 **Wärmeverteilung** Mit Zirkulation, für den Referenzfall sind die Rohrleitungslänge und die Lage der Rohrleitungen wie beim zu errichtenden Gebäude anzunehmen	
5.2	Warmwasser **Dezentrales System**	• Hydraulisch geregelter Elektro-Durchlauferhitzer • Eine Zapfstelle und 6 m Leitungslänge pro Gerät bei Gebäudezonen, die einen Warmwasserbedarf von höchstens 200 Wh/(m² d) aufweisen	
6.1	Raumlufttechnik **Abluftanlage**	Spezifische Leistungsaufnahme Ventilator: $P_{SFP} = 1,0\,kW/(m^3/s)$	
6.2	Raumlufttechnik **Zu- und Abluftanlage**	**Luftvolumenstromregelung** Soweit für Zonen der Nutzungen 4, 8, 9, 12, 13, 23, 24, 35, 37 und 40[a] eine Zu-/Abluftanlage vorgesehen wird: Auslegung mit bedarfsabhängiger Luftvolumenstromregelung Kategorie IDA-C4 gemäß DIN V 18599-7:2018-09 Abschnitt 5.8.1 **Spezifische Leistungsaufnahme** • Zuluftventilator: $P_{SFP} = 1,5\,kW/(m^3/s)$ • Abluftventilator: $P_{SFP} = 1,0\,kW/(m^3/s)$ Erweiterte P_{SFP}-Zuschläge nach DIN EN 16798-3:2017-11 Abschnitt 9.5.2.2 können für HEPA-Filter, Gasfilter sowie Wärmerückführungsbauteile der Klassen H2 oder H1 nach DIN EN 13053:2007-11 angerechnet werden **Wärmerückgewinnung über Plattenwärmeübertrager (Kreuzgegenstrom)** • Temperaturänderungsgrad: $\eta_{t,comp} = 0,6$ [–] • Zulufttemperatur: $\theta = 18\,°C$ • Druckverhältniszahl: $f_P = 0,4$ [–] **Luftkanalführung** Innerhalb des Gebäudes **Bei Kühlfunktion** Auslegung für 6/12 °C, keine indirekte Verdunstungskühlung	
6.3	Raumlufttechnik **Luftbefeuchtung**	Für den Referenzfall ist die Einrichtung zur Luftbefeuchtung wie beim zu errichtenden Gebäude anzunehmen	
6.4	Raumlufttechnik **Nur-Luft-Klimaanlagen**	Als kühllastgeregeltes Variabel-Volumenstrom-System ausgeführt: • Druckverhältniszahl: $f_P = 0,4$ [–], konstanter Vordruck • Luftkanalführung: Innerhalb des Gebäudes	
7	Raumkühlung	**Kältesystem** • Kaltwasser-Ventilatorkonvektor • Brüstungsgerät • Kaltwassertemperatur: $\theta_K = 14/18\,°C$ **Kaltwasserkreis Raumkühlung** • Überströmung: 10 % • Spezifische elektrische Leistung der Verteilung: $P_{d,spez} = 30\,W_{el}/kW_{Kälte}$ • Hydraulisch abgeglichen • Geregelte Pumpe, Pumpe hydraulisch entkoppelt • Saisonale sowie Nacht- und Wochenendabschaltung nach DIN V 18599-7:2018-09 Anhang D	

Tafel 17.12 (Fortsetzung)

Nr.	Bauteil/System	Referenzausführung/Wert	
		$\theta_{h,soll} \geq 19\,°C$	$12\,°C \leq \theta_{h,soll} < 19\,°C$
8	Kälteerzeugung	**Erzeuger** • Kolben-/Scrollverdichter mehrstufig schaltbar, R134a, außenluftgekühlt • Kein Speicher • Baualterfaktor $f_{c,B} = 1,0$, Freikühlfaktor $f_{FC} = 1,0$ **Kaltwassertemperatur** • Bei mehr als 5000 m² mittels Raumkühlung konditionierter Nettogrundfläche: Für diesen Konditionierungsanteil 14/18 °C • Im Übrigen: 6/12 °C **Kaltwasserkreis Erzeuger inklusive RLT-Kühlung** • Überströmung: 30 % • Spezifische elektrische Leistung der Verteilung $P_{d,spez} = 20\,W_{el}/kW_{Kälte}$ • Hydraulisch abgeglichen • Ungeregelte Pumpe, Pumpe hydraulisch entkoppelt • Saisonale sowie Nacht- und Wochenendabschaltung nach DIN V 18599-7:2018-09 Anhang D • Verteilung außerhalb der konditionierten Zone • Der Primärenergiebedarf für das Kühlsystem und die Kühlfunktion der raumlufttechnischen Anlage darf für Zonen der Nutzungen 1 bis 3, 8, 10, 16, 18 bis 20 und 31[a] nur zu 50 % angerechnet werden		
9	Gebäudeautomation	Klasse C nach DIN V 18599-11:2018-09	

[a] Nutzungen nach Tabelle 5 der DIN V 18599-10:2018-09

17.1.6.3 Vermeidung von Energieverlusten beim Heizen und Kühlen durch baulichen Wärmeschutz

Hinsichtlich des baulichen Wärmeschutzes ist ein zu errichtendes *Wohngebäude* so auszuführen, dass der Höchstwert des spezifischen, auf die wärmeübertragende Umfassungsfläche bezogenen Transmissionswärmeverlusts H_T' den entsprechenden Wert des jeweiligen Referenzgebäudes nicht überschreitet. Dabei stellt H_T' einen „mittleren Wärmedurchgangskoeffizienten" dar, der aus den flächenbezogenen Wärmedurchgangskoeffizienten U und den Bauteilflächen A der einzelnen Bauteile sowie den längenbezogenen Wärmedurchgangskoeffizienten Ψ der einzelnen Wärmebrücken und deren Längen l errechnet wird.

Zur Sicherstellung des baulichen Wärmeschutzes von *Nichtwohngebäuden* dürfen die Höchstwerte der mittleren Wärmedurchgangskoeffizienten $\overline{U}$ der wärmeübertragenden Umfassungsfläche gemäß Tafel 17.13 nicht überschritten werden. Auch hier ist nach der Raum-Solltemperatur $\theta_{h,soll}$ im Heizfall zu unterscheiden. Bei der Berechnung des Mittelwerts des jeweiligen Bauteils gemäß Tafel 17.13 sind die Bauteile nach Maßgabe ihres Flächenanteils zu berücksichtigen. Bei Bauteilen gegen Erdreich und gegen unbeheizte Räume (außer Dachräume) sind die Mittelwerte mit dem Faktor 0,5 zu gewichten. Bei der Berechnung des Mittelwerts der an das Erdreich angrenzenden Bodenplatten bleiben die Flächen unberücksichtigt, die mehr als 5 m vom äußeren Rand des Gebäudes entfernt sind.

17.1.6.4 Anteilige Deckung des Wärme- und Kälteenergiebedarfs durch Nutzung erneuerbarer Energien

Der Wärmeenergiebedarf von zu errichtenden Gebäuden ist anteilig mit erneuerbaren Energien abzudecken. Er entspricht dem nach technischen Regeln berechnete, jährliche benötigte Endenergiebedarf zur Erzeugung von Wärme in Gebäuden. Für die öffentliche Hand gilt die Deckung des Wärme- und Kältebedarfs innerhalb bestimmter Grenzen auch für bestehende Gebäude. Bei der Verpflichtung, erneuerbare Energien anteilig für die Wärmeversorgung zu nutzen, richtet sich der einzusetzende Mindestdeckungsanteil nach der Art der eingesetzten Energiequelle gemäß Tafel 17.14. Ergänzend enthält das GEG eine Vielzahl von Bedingungen zum Einsatz der jeweiligen Energie. Bei Nutzung solarer Strahlungsenergie für die Unterstützung der Trinkwarmwasserbereitung in Wohngebäuden kann der erforderliche Anteil von 15 % am gesamten Wärmeenergiebedarf dadurch nachgewiesen werden, dass in Abhängigkeit von der Gebäudegröße bestimmte Aperturflächen der Solarkollektoren vorhanden sind. Bei Gebäuden mit maximal zwei Wohneinheiten werden 0,04 m² Aperturfläche je m² Gebäudenutzfläche gefordert, bei Gebäuden mit mehr als zwei Wohneinheiten sind es 0,03 m² Aperturfläche je m². Die Kollektoren müssen zertifiziert sein und das Prüfzeichen „Solar Keymark" tragen. Bei Verwendung von gasförmiger Biomasse beträgt der Deckungsanteil mindestens 30 % und darf nur in hocheffizienten Anlagen mit Kraft-Wärme-

Tafel 17.13 Höchstwerte der mittleren Wärmedurchgangskoeffizienten der wärmeübertragenden Umfassungsfläche (Nichtwohngebäude)

Nr.	Bauteile	Höchstwert $\overline{U}$ bei $\theta_{h,soll}$	
		$\geq 19\,°C$	von 12 bis $< 19\,°C$
1	Opake Außenbauteile, soweit nicht in Bauteilen der Nummern 3 und 4 enthalten	0,28	0,50
2	Transparente Außenbauteile, soweit nicht in Bauteilen der Nummern 3 und 4 enthalten	1,5	2,8
3	Vorhangfassade	1,5	3,0
4	Glasdächer, Lichtbänder, Lichtkuppeln	2,5	3,1

Tafel 17.14 Deckungsanteil erneuerbarer Energien am Wärme- und Kälteenergiebedarf

EE	Anteil	Anmerkungen
Solarthermie	$Q_{WE+KE,Solar} \geq 0,15 \cdot Q_{WE+KE,ges}$	Vereinfachter Nachweis Wohngebäude („Solar Keymark"): $\leq 2\,WE \rightarrow \geq 0,04\,m^2$ $(A_{Ap})/m^2$ (A_N) $> 2\,WE \rightarrow \geq 0,03\,m^2$ $(A_{Ap})/m^2$ (A_N)
Strom	$Q_{WE+KE,Strom} \geq 0,15 \cdot Q_{WE+KE,ges}$	Vereinfachter Nachweis Wohngebäude: Nennleistung $Q_N \geq 0,02\,kW/m^2$ (A_N)
Biomasse fest	$Q_{WE+KE,Biofest} \geq 0,50 \cdot Q_{WE+KE,ges}$	Kleine und mittlere Feuerungsanlagen: Nutzung in Biomassekessel oder automatisch beschicktem Biomasseofen mit Wasser als Wärmeträger
Biomasse flüssig	$Q_{WE+KE,Bioflü} \geq 0,50 \cdot Q_{WE+KE,ges}$	Nutzung in KWK-Anlage oder Brennwertkessel Weitere Regelungen Nachhaltigkeit/Treibhausgaspotenzial
Biomasse gasförmig	$Q_{WE+KE,Biogas} \geq 0,30 \cdot Q_{WE+KE,ges}$	Nutzung in hocheffizienter KWK-Anlage (KWKG) Weitere Regelungen zu Biomethan
Geothermie/Umweltwärme	$Q_{WE+KE,G/U} \geq 0,50 \cdot Q_{WE+KE,ges}$	Elektrisch oder mit fossilen Brennstoffen angetriebene Wärmepumpen

Tafel 17.15 Ersatzmaßnahmen

Nutzung	Anteil	Anmerkung
Abwärme	$Q_{WE+KE,Abw} \geq 0,5 \cdot Q_{WE+KE,ges}$	Direkte Nutzung oder Nutzung mittels Wärmepumpen
Kraft-Wärme-Kopplung	$Q_{WE+KE,KWK} \geq 0,5 \cdot Q_{WE+KE,ges}$	Hocheffiziente KWK-Anlage (KWKG)
	$Q_{WE+KE,Brenn} \geq 0,4 \cdot Q_{WE+KE,ges}$	Brennstoffzellenheizung
Fernwärme Fernkälte	Energieträgerabhängig, EE-Anteil nur aus nebenstehenden Energien	• Wesentlicher Anteil aus EE • $\geq 50\,\%$ aus Anlagen Abwärmenutzung • $\geq 50\,\%$ aus KWK-Anlagen • $\geq 50\,\%$ aus Maßnahmen-Kombination
Maßnahmen zur Einsparung von Energie	Wohngebäude: $H_{T,max} \leq 0,85 \cdot H_{T,Ref}$ Nichtwohngebäude: $\overline{U}_{max} \leq 0,85 \cdot \overline{U}_{max}$	

Kopplung eingesetzt werden. Für flüssige Biomasse mit einem Deckungsanteil von mindestens 50 % müssen KWK-Anlagen oder Brennwertkessel vorhanden sein. Feste Biomasse muss mit einem Anteil am Wärmeenergiebedarf von mindestens 50 % verwendet werden. Bei Nutzung von Erd- oder Umweltwärme mit einem Deckungsanteil von mindestens 50 % gelten ergänzende technische Anforderungen z. B. dahingehend, dass Wärmepumpen je nach Beschaffenheit mit Wärmemengen- und Brennstoffzählern ausgestattet sein müssen.

Anstelle des Einsatzes erneuerbarer Energien bietet das GEG die Möglichkeit, auf Ersatzmaßnahmen gemäß Tafel 17.15 zurückzugreifen. Sie umfassen die Nutzung von Abwärme, die Nutzung von Wärmeenergie aus Kraft-Wärme-Kopplungsanlagen sowie aus Nah- und Fernwärmenetzen. Als Ersatzmaßnahme zulässig sind auch Maßnahmen am Gebäude, mit denen der spezifische, gebäudehüllflächenbezogene Transmissionswärmeverlust H'_T (zu errichtende Wohngebäude) bzw. der mittleren Wärmedurchgangskoeffizienten $\overline{U}$ (zu errichtende Wohngebäude Nichtwohngebäude) um jeweils mindestens 15 % unterschritten werden kann. Ersatzmaßnahmen und die Nutzung erneuerbarer Energiequellen können auch miteinander und untereinander kombiniert werden.

17.1.6.5 Bestehende Gebäude und Anlagen

Werden bei beheizten oder gekühlten Räumen Änderungen vorgenommen, die sich über mehr als 10 % der jeweiligen Bauteilfläche erstrecken, dürfen in Abhängigkeit von der Gebäudeart und der Raum-Solltemperatur $\theta_{h,soll}$ die Höchstwerte der Wärmedurchgangskoeffizienten U der betreffenden Bauteilflächen gemäß Tafel 17.16 nicht überschritten werden.

Tafel 17.16 Höchstwerte der Wärmedurchgangskoeffizienten von Außenbauteilen bei Änderung an bestehenden Gebäuden

Nr.	Bauteil/Maßnahme	Wohngebäude und Zonen von Nichtwohngebäuden mit $\theta_{Soll} \geq 19\,°C$ U_{max} [W/(m² K)]	Zonen von Nichtwohngebäuden mit $\theta_{Soll} = 12 \ldots < 19\,°C$
Bauteilgruppe: Außenwände			
1a[a]	Außenwände • Ersatz • Erstmaliger Einbau	0,24	0,35
1b[a, b]	Außenwände • Anbringen von Bekleidungen (Platten oder plattenartige Bauteile), Verschalungen, Mauervorsatzschalen oder Dämmschichten auf der Außenseite einer bestehenden Wand • Erneuerung des Außenputzes einer bestehenden Wand	0,24	0,35
Bauteilgruppe: Fenster, Fenstertüren, Dachflächenfenster, Glasdächer, Außentüren und Vorhangfassaden			
2a	Gegen Außenluft abgrenzende Fenster und Fenstertüren • Ersatz oder erstmaliger Einbau des gesamten Bauteils • Einbau zusätzlicher Vor- oder Innenfenster	$U_w = 1,3$	$U_w = 1,9$
2b	Gegen Außenluft abgrenzende Dachflächenfenster • Ersatz oder erstmaliger Einbau des gesamten Bauteils • Einbau zusätzlicher Vor- oder Innenfenster	$U_w = 1,4$	$U_w = 1,9$
2c[c]	Gegen Außenluft abgrenzende Fenster, Fenstertüren und Dachflächenfenster • Ersatz der Verglasung oder verglaster Flügelrahmen	$U_g = 1,1$	–
2d	Vorhangfassaden in Pfosten-Riegel-Konstruktion, deren Bauart DIN EN ISO 12631:2018-01 entspricht • Ersatz oder erstmaliger Einbau des gesamten Bauteils	$U_c = 1,5$	$U_c = 1,9$
2e[c]	Gegen Außenluft abgrenzende Glasdächer • Ersatz oder erstmaliger Einbau des gesamten Bauteils • Ersatz der Verglasung oder verglaster Flügelrahmen	$U_w / U_g = 2,0$	$U_w / U_g = 2,7$
2f	Gegen Außenluft abgrenzende Fenstertüren mit Klapp-, Falt-, Schiebe- oder Hebemechanismus • Ersatz oder erstmaliger Einbau des gesamten Bauteils	$U_w = 1,6$	$U_w = 1,9$
3a[d]	Gegen Außenluft abgrenzende Fenster, Fenstertüren und Dachflächenfenster mit Sonderverglasung • Ersatz oder erstmaliger Einbau des gesamten Bauteils • Einbau zusätzlicher Vor- oder Innenfenster	$U_w / U_g = 2,0$	$U_w / U_g = 2,8$
3b[d]	Gegen Außenluft abgrenzende Fenster, Fenstertüren und Dachflächenfenster mit Sonderverglasung • Ersatz der Sonderverglasung oder verglaster Flügelrahmen	$U_g = 1,6$	–
3c[c, d]	Vorhangfassaden in Pfosten-Riegel-Konstruktion, deren Bauart DIN EN ISO 12631:2018-01 entspricht, mit Sonderverglasung • Ersatz oder erstmaliger Einbau des gesamten Bauteils	$U_c = 2,3$	$U_c = 3,0$
4	Einbau neuer Außentüren (ohne rahmenlose Türanlagen aus Glas, Karusselltüren und kraftbetätigte Türen)	1,8 (Türfläche)	1,8 (Türfläche)

Tafel 17.16 (Fortsetzung)

Nr.	Bauteil/Maßnahme	Wohngebäude und Zonen von Nicht-wohngebäuden mit $\theta_{Soll} \geq 19\,°C$ U_{max} [W/(m² K)]	Zonen von Nichtwohngebäuden mit $\theta_{Soll} = 12\ldots < 19\,°C$
Bauteilgruppe: Dachflächen sowie Decken und Wände gegen unbeheizte Dachräume			
5a[a]	Gegen Außenluft abgrenzende Dachflächen einschließlich Dachgauben sowie gegen unbeheizte Dachräume abgrenzende Decken (oberste Geschossdecken) und Wände (einschließlich Abseitenwänden) • Ersatz • Erstmaliger Einbau Anzuwenden nur auf opake Bauteile	0,24	0,35
5b[a, e]	Gegen Außenluft abgrenzende Dachflächen einschließlich Dachgauben sowie gegen unbeheizte Dachräume abgrenzende Decken (oberste Geschossdecken) und Wände (einschließlich Abseitenwände) • Ersatz oder Neuaufbau einer Dachdeckung einschließlich der darunter liegenden Lattungen und Verschalungen • Aufbringen oder Erneuerung von Bekleidungen oder Verschalungen oder Einbau von Dämmschichten auf der kalten Seite von Wänden • Aufbringen oder Erneuerung von Bekleidungen oder Verschalungen oder Einbau von Dämmschichten auf der kalten Seite von obersten Geschossdecken Anzuwenden nur auf opake Bauteile	0,24	0,35
5c[a, e]	Gegen Außenluft abgrenzende Dachflächen mit Abdichtung • Ersatz einer Abdichtung, die flächig das Gebäude wasserdicht abdichtet, durch eine neue Schicht gleicher Funktion (bei Kaltdachkonstruktionen einschließlich darunter liegender Lattungen) Anzuwenden nur auf opake Bauteile	0,20	0,35
Bauteilgruppe: Wände gegen Erdreich oder unbeheizte Räume (mit Ausnahmen von Dachräumen) sowie Decken nach unten gegen Erdreich, Außenluft oder unbeheizte Räume			
6a[a]	Wände, die an Erdreich oder an unbeheizte Räume (mit Ausnahme von Dachräumen) grenzen, und Decken, die beheizte Räume nach unten zum Erdreich oder zu unbeheizten Räumen abgrenzen • Ersatz • Erstmaliger Einbau	0,30	–
6b[a, e]	Wände, die an Erdreich oder an unbeheizte Räume (mit Ausnahme von Dachräumen) grenzen, und Decken, die beheizte Räume nach unten zum Erdreich oder zu unbeheizten Räumen abgrenzen • Anbringen oder Erneuern von außenseitigen Bekleidungen oder Verschalungen, Feuchtigkeitssperren oder Drainagen • Anbringen von Deckenbekleidungen auf der Kaltseite	0,30	–
6c[a, e]	Decken, die beheizte Räume nach unten zum Erdreich, zur Außenluft oder zu unbeheizten Räumen abgrenzen • Aufbau oder Erneuerung von Fußbodenaufbauten auf der beheizten Seite	0,50	–
6d[a]	Decken, die beheizte Räume nach unten zur Außenluft abgrenzen • Ersatz • Erstmaliger Einbau	0,24	0,35
6e[a, e]	Decken, die beheizte Räume nach unten zur Außenluft abgrenzen • Anbringen oder Erneuern von außenseitigen Bekleidungen oder Verschalungen, Feuchtigkeitssperren oder Drainagen • Anbringen von Deckenbekleidungen auf der Kaltseite	0,24	0,35

Tafel 17.16 (Fortsetzung)

[a] Werden Maßnahmen nach den Nummern 1a, 1b, 5a, 5b, 5c, 6a, 6b, 6c, 6d oder 6e ausgeführt und ist die Dämmschichtdicke im Rahmen dieser Maßnahmen aus technischen Gründen begrenzt, so gelten die Anforderungen als erfüllt, wenn die nach anerkannten Regeln der Technik höchstmögliche Dämmschichtdicke eingebaut wird, wobei ein Bemessungswert der Wärmeleitfähigkeit von $\lambda = 0{,}035$ W/(m K) einzuhalten ist. Abweichend von Satz 1 ist ein Bemessungswert der Wärmeleitfähigkeit von $\lambda = 0{,}045$ W/(m K) einzuhalten, soweit Dämm-Materialien in Hohlräume eingeblasen oder Dämm-Materialien aus nachwachsenden Rohstoffen verwendet werden. Wird bei Maßnahmen nach Nummer 5b eine Dachdeckung einschließlich darunter liegender Lattungen und Verschalungen ersetzt oder neu aufgebaut, sind die Sätze 1 und 2 entsprechend anzuwenden, wenn der Wärmeschutz als Zwischensparrendämmung ausgeführt wird und die Dämmschichtdicke wegen einer innenseitigen Bekleidung oder der Sparrenhöhe begrenzt ist. Die Sätze 1 bis 3 sind bei Maßnahmen nach Nummern 5a, 5b, und 5c nur auf opake Bauteile anzuwenden.

[b] Werden Maßnahmen nach Nummer 1b ausgeführt, müssen die dort genannten Anforderungen nicht eingehalten werden, wenn die Außenwand nach dem 31. Dezember 1983 unter Einhaltung energiesparrechtlicher Vorschriften errichtet oder erneuert worden ist.

[c] Bei Ersatz der Verglasung oder verglaster Flügelrahmen gelten die Anforderungen nach Nummern 2c, 2e und 3c nicht, wenn der vorhandene Rahmen zur Aufnahme der vorgeschriebenen Verglasung ungeeignet ist. Werden bei Maßnahmen nach Nummer 2c oder bei Maßnahmen nach Nummer 2e Verglasungen oder verglaste Flügelrahmen ersetzt und ist die Glasdicke im Rahmen dieser Maßnahmen aus technischen Gründen begrenzt, so gelten die Anforderungen als erfüllt, wenn eine Verglasung mit einem Wärmedurchgangskoeffizienten von höchstens 1,3 W/(m² K) eingebaut wird. Werden Maßnahmen nach Nummer 2c an Kasten- oder Verbundfenstern durchgeführt, so gelten die Anforderungen als erfüllt, wenn eine Glastafel mit einer infrarotreflektierenden Beschichtung mit einer Emissivität $\varepsilon_n \leq 0{,}2$ eingebaut wird.

[d] Sonderverglasungen im Sinne der Nummern 3a, 3b und 3c sind
- Schallschutzverglasungen mit einem bewerteten Schalldämm-Maß der Verglasung von $R_{w,R} \geq 40$ dB nach DIN EN ISO 717-1:2013-06 oder einer vergleichbaren Anforderung
- Isolierglas-Sonderaufbauten zur Durchschusshemmung, Durchbruchhemmung oder Sprengwirkungshemmung nach anerkannten Regeln der Technik
- Isolierglas-Sonderaufbauten als Brandschutzglas mit einer Einzelelementdicke von mindestens 18 mm nach DIN 4102-13:1990-05 oder einer vergleichbaren Anforderung

[e] Werden Maßnahmen nach den Nummern 5b, 5c, 6b, 6c oder 6e ausgeführt, müssen die dort genannten Anforderungen nicht eingehalten werden, wenn die Bauteilfläche nach dem 31. Dezember 1983 unter Einhaltung energiesparrechtlicher Vorschriften errichtet oder erneuert worden ist.

Wird ein bestehendes Gebäude insgesamt energetisch bewertet, gelten die Anforderungen aus Tafel 17.16 unter folgenden Bedingungen als erfüllt:
- Geändertes Wohngebäude:
  - Der gebäudenutzflächenbezogene Jahres-Primärenergiebedarf für Heizung, Warmwasserbereitung, Lüftung und Kühlung eines Referenzgebäudes, das die gleiche Geometrie, Gebäudenutzfläche und Ausrichtung wie das geänderte Gebäude aufweist und der technischen Referenzausführung nach Tafel 17.9 entspricht, darf um nicht mehr als 40 % überschritten werden.
  - Der Höchstwert des spezifischen, auf die wärmeübertragende Umfassungsfläche bezogenen Transmissionswärmeverlusts darf um nicht mehr als 40 % überschritten werden. Dabei sind die Höchstwerte nach Tafel 17.17 begrenzt.
- Geändertes Nichtwohngebäude:
  - Der nettogrundflächenbezogene Jahres-Primärenergiebedarf für Heizung, Warmwasserbereitung, Lüftung, Kühlung und eingebaute Beleuchtung eines Referenz-

Tafel 17.17 Höchstwert des spezifischen, auf die wärmeübertragende Umfassungsfläche bezogenen Transmissionswärmeverlusts (geändertes Wohngebäude)

Gebäudetyp	$H'_{T,max}$ [W/(m² K)]
Freistehendes Wohngebäude, $A_N \leq 350$ m²	0,40
Freistehendes Wohngebäude, $A_N > 350$ m²	0,50
Einseitig angebautes Wohngebäude	0,45
Alle anderen Wohngebäude	0,65

gebäudes, das die gleiche Geometrie, Nettogrundfläche, Ausrichtung und Nutzung wie das geänderte Gebäude aufweist und der technischen Referenzausführung nach Tafel 17.12 entspricht, darf um nicht mehr als 40 % überschritten werden.
- Die auf eine Nachkommastelle gerundeten 1,25-fachen Höchstwerte der mittleren Wärmedurchgangskoeffizienten dürfen um nicht mehr als 40 % überschritten werden.

17.2 Feuchteschutz

17.2.1 Formelzeichen

F_m Umrechnungsfaktor [–]
M_c flächenbezogene Tauwassermasse, in kg/m^2
M_{ev} flächenbezogene Verdunstungswassermasse, in kg/m^2
R Wärmedurchlasswiderstand, in m^2 K/W
R_0 Gaskonstante des Wasserdampfs in Luft, in J/(kg K)
R_{se} Wärmeübergangswiderstand außen, in m^2 K/W
R_{si} Wärmeübergangswiderstand innen, in m^2 K/W
W_w Wasseraufnahmekoeffizient, in kg/(m^2 h^{0,5})
Z Wasserdampfdiffusionsdurchlasswiderstand, in m^2 h Pa/kg oder m^2 s Pa/kg
Z Zuschlagswert, in W/(m K)
d Schichtdicke, in m
g Wasserdampfdiffusionsstromdichte, in kg/(m^2 h) oder kg/(m^2 s)
p Wasserdampfpartialdruck, in Pa
s_d wasserdampfdiffusionsäquivalente Luftschichtdicke, in m
t Zeit, in h oder s
u massebezogener Feuchtegehalt, in %
Ψ volumenbezogener Feuchtegehalt, in %
θ Temperatur, in °C
λ Wärmeleitfähigkeit, in W/(m K)
μ Wasserdampfdiffusionswiderstandszahl [–]
v Wasserdampfkonzentration, in g/m^3
φ relative Luftfeuchte, in %.

17.2.2 Ziele des Feuchteschutzes

Mit welchen Maßnahmen den Gefahren oder unzumutbaren Belästigungen durch Wasser und Feuchtigkeit begegnet werden soll, ist dem Bauherrn weitgehend freigestellt. Er muss allerdings eine geregelte Bauweise (z. B. gemäß DIN-Normen) oder eine generell oder für den Einzelfall zugelassene Bauweise wählen. Für Aufenthaltsräume jedoch fordert der Staat zwingend die Einhaltung der DIN 4108-3. Dort heißt es, dass bauliche Anlagen so anzuordnen, zu errichten, zu ändern und in Stand zu halten sind, dass insbesondere Leben, Gesundheit oder die natürlichen Lebensgrundlagen nicht gefährdet werden. Außerdem dürfen durch Wasser und Feuchtigkeit keine Gefahren oder unzumutbare Belästigungen entstehen. Die Norm enthält Anforderungen an den Tauwasserschutz von Bauteilen für Aufenthaltsräume, Empfehlungen für den Schlagregenschutz von Wänden sowie feuchteschutztechnische Hinweise für Planung und Ausführung von Hochbauten.

Für die Besitzer und die Nutzer von Bauwerken ist ein Feuchteschutz wegen der Nutzbarkeit der Räume, dem Wärmeschutz der Bauwerke und der Erhaltung der Bausubstanz zusätzlich notwendig.

17.2.3 Feuchteschutztechnische Größen

17.2.3.1 Wasserdampfkonzentration v und relative Luftfeuchte ϕ

Luft kann nur eine begrenzte Menge Wasser in Gasform (Wasserdampf) aufnehmen, jedoch nur so viel, bis sie gesättigt ist. Diese Menge ist sehr stark von der Temperatur abhängig, wobei die Aufnahmefähigkeit mit der Temperatur zunimmt (Tafel 17.18).

Anstelle von Tabellenwerten kann die maximal lösliche Konzentration v_{sat} der Luft mit folgender Gleichung abgeschätzt werden:

$$v_{sat} = \frac{p_{sat}}{R_0 \cdot (273,15 + \theta_L)} \quad [\text{g/m}^3] \qquad (17.37)$$

Dabei beträgt die Gaskonstante des Wasserdampfs in Luft $R_0 = 0,4616$ J/(g K). p_{sat} ist der Wasserdampfsättigungsdruck (Abschn. 17.2.3.2) und θ_L die Lufttemperatur.

Auch Luft, welche kälter als 0 °C ist, kann noch eine entsprechend kleine Menge Wasserdampf enthalten. Luft kann

Tafel 17.18 Sättigungsmenge v_{sat} der Luft in Abhängigkeit von der Temperatur θ (DIN 4108-3) [31]

θ in °C	v_{sat} in g/m^3	θ in °C	v_{sat} in g/m^3
−20	0,88	5	6,8
−19	0,96	6	7,3
−18	1,05	7	7,7
−17	1,15	8	8,3
−16	1,27	9	8,8
−15	1,38	10	9,4
−14	1,51	11	10,0
−13	1,65	12	10,6
−12	1,80	13	11,3
−11	1,96	14	12,0
−10	2,14	15	12,8
−9	2,33	16	13,6
−8	2,54	17	14,5
−7	2,76	18	15,3
−6	2,99	19	16,3
−5	3,24	20	17,3
−4	3,51	21	18,3
−3	3,81	22	19,4
−2	4,13	23	20,5
−1	4,47	24	21,7
0	4,84	25	23,0
1	5,2	26	24,3
2	5,6	27	25,8
3	5,9	28	27,2
4	6,4	29	28,7
5	6,8	30	30,3

aber auch mit Wasserdampf übersättigt sein. Das bedeutet, die lösliche Menge Wasserdampf, welche unsichtbar ist wie die Luft selbst, wurde überschritten. Der Überschuss ist nicht mehr in der Luft als Wasserdampf gelöst, sondern bildet feine Tröpfchen, welche als Nebel oder Wolken in Erscheinung treten. Ist der Wasserdampf in der Luft in geringerer Konzentration vorhanden als bei der betreffenden Temperatur löslich wäre, so nennt man die Luft ungesättigt. Zur Kennzeichnung dieses Zustandes gibt man das Verhältnis der vorhandenen Wasserdampfkonzentration v zur maximal löslichen Konzentration v_{sat} bei der betreffenden Temperatur an und bezeichnet es als relative Luftfeuchte ϕ:

$$\phi = \frac{v}{v_{sat}} \quad [\%], [-] \quad (17.38)$$

Die relative Luftfeuchte wird entweder in Prozent oder als Zahl angegeben, z. B. 45 % oder 0,45.

17.2.3.2 Wasserdampfpartialdruck p und Wasserdampfpartialdruckgefälle Δp

Es ist in der Bauphysik üblich, die Wasserdampfmenge in Luft nicht als Konzentration v, sondern als Partialdruck p anzugeben. Der sogenannte Wasserdampfpartialdruck ist derjenige Druck, den man dem Wasserdampf entsprechend seinem Anteil am Gasgemisch Luft zuteilen müsste, damit zusammen mit den übrigen Gasbestandteilen der Luft, die ebenfalls einen ihrer Menge entsprechenden Partialdruck zugeteilt bekommen, ein Gesamtdruck von etwa 1 bar vorliegt, der für das Luftgemisch auf der Erdoberfläche kennzeichnend ist. Viele Missverständnisse beruhen darauf, dass man statt der korrekten, aber umständlichen Bezeichnung „Wasserdampfpartialdruck" oft kurz „Wasserdampfdruck" sagt. Daraus wird dann gelegentlich der irrige Schluss gezogen, der in der Luft vorhandene Wasserdampf könne einen mechanischen Druck ausüben, während tatsächlich nur das Gasgemisch „Luft" als Ganzes einen Druck auf Festkörper- und Flüssigkeitsoberflächen ausüben kann.

Der Wasserdampfkonzentration v entspricht der Wasserdampfpartialdruck p, der maximalen Wasserdampfkonzentration v_{sat} oder Sättigungsfeuchte entspricht ein maximaler Wasserdampfdruck p_{sat} oder Wasserdampfsättigungsdruck. Auf Tafel 17.19 ist der Sattdampfdruck als Funktion der Temperatur für ein Temperaturintervall von 0,1 K angegeben. Aus der Definition der relativen Luftfeuchte und der Proportionalität zwischen Partialdruck und Konzentration folgt, dass die relative Luftfeuchte als das Verhältnis von vorhandenem Wert zu maximalem Wert nicht nur der Wasserdampfkonzentration, sondern auch des Wasserdampfpartialdrucks angesehen werden kann:

$$\phi = \frac{v}{v_{sat}} = \frac{p}{p_{sat}} \quad [\%], [-] \quad (17.39)$$

Der Wasserdampfpartialdruck im Sättigungszustand kann für die im folgenden angegebenen Temperaturbereiche nach einer Zahlenwertgleichung berechnet werden:

$$p_{sat} = a \left(b + \frac{\theta}{100\,°C} \right)^n \quad [Pa] \quad (17.40)$$

p_{sat}	θ	a	b	n
Pa	°C	Pa	–	–

Den drei Parametern a, b und n sind folgende Werte zuzuteilen:

Größe	$0\,°C \leq \theta \leq 30\,°C$	$-20\,°C \leq \theta \leq 0\,°C$
a	288,68 Pa	4,689 Pa
b	1,098	1,486
n	8,02	12,30

Die niedrigste zulässige volumenbezogene Sättigungsluftfeuchte v_{sat} oder der niedrigste zulässige Sättigungsdampfdruck p_{sat} mit der höchsten angenommenen relativen Luftfeuchte an der Oberfläche von $\phi_{si} = 0,8$ [–] zwecks Vermeidung von Schimmelbildung können nach (17.42) oder (17.43) berechnet werden.

17.2.3.3 Taupunkttemperatur θ_s

Wird feuchte Luft abgekühlt, so dass sie keinen Wasserdampf abgibt, erhöht sich die relative Luftfeuchte kontinuierlich, bis sie schließlich den Wert $\phi = 100\,\%$ erreicht. Dann besitzt die abgekühlte Luft den bei dieser Temperatur maximal möglichen Gehalt an Wasserdampf, d. h. sie ist wasserdampfgesättigt. Die Luft hat ihren Taupunkt – besser ihre Taupunkttemperatur – erreicht. Bei weiterer Abkühlung fällt notwendigerweise Wasserdampf aus, der als Nebel oder Tau bezeichnet wird, und die relative Luftfeuchte bleibt bei 100 %. Die Tautemperatur θ_s von Luft bei vorgegebenen Werten der Lufttemperatur θ_L und der relativen Luftfeuchte φ_L kann tabellarisch mit Hilfe von Tafel 17.20 oder nach (17.41), einer aus (17.40) abgeleiteten Zahlenwertgleichung, ermittelt werden:

$$\theta_s = \phi_L^{1/8} \cdot (110\,°C + \theta_L) - 110\,°C \quad [°C] \quad (17.41)$$

17.2.3.4 Niedrigste zulässige Oberflächentemperatur $\theta_{si,min}$ zur Verhinderung von Schimmelbildung an der raumseitigen Bauteiloberfläche

Zunächst ist die niedrigste zulässige volumenbezogene Sättigungsluftfeuchte v_{sat} oder der niedrigste zulässige Sättigungsdampfdruck p_{sat} mit der höchsten angenommenen relativen Luftfeuchte an der Oberfläche $\phi_{si} = 0,8$ [–] zu berechnen. Das Kriterium $\phi_{si} = 0,8$ [–] wird hinsichtlich des

Tafel 17.19 Wasserdampfpartialdruck p_{sat} im Sättigungszustand (DIN 4108-3) [31]

Temperatur θ_L in °C	Wasserdampfpartialdruck im Sättigungszustand p_{sat} über Wasser bzw. Eis in Pa									
	0,0	0,1	0,2	0,3	0,4	0,5	0,6	0,7	0,8	0,9
30	4241	4265	4289	4314	4339	4364	4389	4414	4439	4464
29	4003	4026	4050	4073	4097	4120	4144	4168	4192	4216
28	3778	3800	3822	3844	3867	3889	3912	3934	3957	3980
27	3563	3584	3605	3626	3648	3669	3691	3712	3734	3756
26	3359	3379	3399	3419	3440	3460	3480	3501	3522	3542
25	3166	3185	3204	3223	3242	3261	3281	3300	3320	3340
24	2982	3000	3018	3036	3055	3073	3091	3110	3128	3147
23	2808	2825	2842	2859	2876	2894	2911	2929	2947	2964
22	2642	2659	2675	2691	2708	2724	2741	2757	2774	2791
21	2486	2501	2516	2532	2547	2563	2579	2594	2610	2626
20	2337	2351	2366	2381	2395	2410	2425	2440	2455	2470
19	2196	2210	2224	2238	2252	2266	2280	2294	2308	2323
18	2063	2076	2089	2102	2115	2129	2142	2155	2169	2182
17	1937	1949	1961	1974	1986	1999	2012	2024	2037	2050
16	1817	1829	1841	1852	1864	1876	1888	1900	1912	1924
15	1704	1715	1726	1738	1749	1760	1771	1783	1794	1806
14	1598	1608	1619	1629	1640	1650	1661	1672	1683	1693
13	1497	1507	1517	1527	1537	1547	1557	1567	1577	1587
12	1402	1411	1420	1430	1439	1449	1458	1468	1477	1487
11	1312	1321	1330	1338	1347	1356	1365	1374	1383	1393
10	1227	1236	1244	1252	1261	1269	1278	1286	1295	1303
9	1147	1155	1163	1171	1179	1187	1195	1203	1211	1219
8	1072	1080	1087	1094	1102	1109	1117	1124	1132	1140
7	1001	1008	1015	1022	1029	1036	1043	1050	1058	1065
6	935	941	948	954	961	967	974	981	988	994
5	872	878	884	890	897	903	909	915	922	928
4	813	819	824	830	836	842	848	854	860	866
3	757	763	768	774	779	785	790	796	801	807
2	705	710	715	721	726	731	736	741	747	752
1	656	661	666	671	676	680	685	690	695	700
0	611	615	619	624	629	633	638	642	647	652
−0	611	605	601	596	591	586	581	576	571	567
−1	562	557	553	548	544	539	535	530	526	521
−2	517	513	509	504	500	496	492	488	484	479
−3	475	471	468	464	460	456	452	448	444	441
−4	437	433	430	426	422	419	415	412	408	405
−5	401	398	394	391	388	384	381	378	375	371
−6	368	365	362	359	356	353	350	347	344	341
−7	338	335	332	329	326	323	320	318	315	312
−8	309	307	304	301	299	296	294	291	288	286
−9	283	281	278	276	274	271	269	266	264	262
−10	259	257	255	252	250	248	246	244	241	239
−11	237	235	233	231	229	228	226	224	221	219
−12	217	215	213	211	209	208	206	204	202	200
−13	198	197	195	193	191	190	188	186	184	182
−14	181	180	178	177	175	173	172	170	168	167
−15	165	164	162	161	159	158	157	155	153	152
−16	150	149	148	146	145	144	142	141	139	138
−17	137	136	135	133	132	131	129	128	127	126
−18	125	124	123	122	121	120	118	117	116	115
−19	114	113	112	111	110	109	107	106	105	104
−20	103	102	101	100	99	98	97	96	95	94

17

Tafel 17.20 Taupunkttemperatur θ_s der Luft in Abhängigkeit von der Lufttemperatur θ_L und der relativen Luftfeuchtigkeit ϕ (DIN 4108-3) [31]

Lufttemp. θ_L in °C	Taupunkttemperatur θ_s^a in °C bei einer relativen Luftfeuchte ϕ (DIN 4108-3) von													
	30 %	35 %	40 %	45 %	50 %	55 %	60 %	65 %	70 %	75 %	80 %	85 %	90 %	95 %
30	10,5	12,9	14,9	16,8	18,4	20,0	21,4	22,7	23,9	25,1	26,2	27,2	28,2	29,1
29	9,7	12,0	14,0	15,9	17,5	19,0	20,4	21,7	23,0	24,1	25,2	26,2	27,2	28,1
28	8,8	11,1	13,1	15,0	16,6	18,1	19,5	20,8	22,0	23,1	24,2	25,2	26,2	27,1
27	8,0	10,2	12,3	14,1	15,7	17,2	18,6	19,9	21,1	22,2	23,3	24,3	25,2	26,1
26	7,1	9,4	11,4	13,2	14,8	16,3	17,6	18,9	20,1	21,2	22,3	23,3	24,2	25,1
25	6,2	8,5	10,5	12,2	13,9	15,3	16,7	18,0	19,1	20,3	21,3	22,3	23,2	24,1
24	5,4	7,6	9,6	11,3	12,9	14,4	15,8	17,0	18,2	19,3	20,3	21,3	22,3	23,1
23	4,5	6,7	8,7	10,4	12,0	13,5	14,8	16,1	17,2	18,3	19,4	20,3	21,3	22,2
22	3,6	5,8	7,8	9,5	11,1	12,5	13,9	15,1	16,3	17,4	18,4	19,4	20,3	21,2
21	2,8	5,0	6,9	8,6	10,2	11,6	12,9	14,2	15,3	16,4	17,4	18,4	19,3	20,2
20	1,9	4,1	6,0	7,7	9,3	10,7	12,0	13,2	14,4	15,4	16,4	17,4	18,3	19,2
19	1,1	3,2	5,1	6,8	8,3	9,8	11,1	12,3	13,4	14,5	15,5	16,4	17,3	18,2
18	0,2	2,3	4,2	5,9	7,4	8,8	10,1	11,3	12,5	13,5	14,5	15,4	16,3	17,2
17	−0,6	1,4	3,3	5,0	6,5	7,9	9,2	10,4	11,5	12,5	13,5	14,5	15,3	16,2
16	−1,4	0,6	2,4	4,1	5,6	7,0	8,2	9,4	10,5	11,6	12,6	13,5	14,4	15,2
15	−2,1	−0,3	1,5	3,2	4,7	6,0	7,3	8,5	9,6	10,6	11,6	12,5	13,4	14,2
14	−2,9	−1,1	0,6	2,3	3,7	5,1	6,4	7,5	8,6	9,6	10,6	11,5	12,4	13,2
13	−3,7	−1,8	−0,2	1,4	2,8	4,2	5,4	6,6	7,7	8,7	9,6	10,5	11,4	12,2
12	−4,4	−2,6	−1,0	0,5	1,9	3,3	4,5	5,6	6,7	7,7	8,7	9,6	10,4	11,2
11	−5,2	−3,4	−1,8	−0,4	1,0	2,3	3,5	4,7	5,7	6,7	7,7	8,6	9,4	10,2
10	−6,0	−4,2	−2,6	−1,2	0,1	1,4	2,6	3,7	4,8	5,8	6,7	7,6	8,4	9,2

^{a} Näherungsweise darf geradlinig interpoliert werden.

Risikos eines Schimmelbefalls gewählt. Falls erforderlich, können andere Kriterien, z. B. $\phi_{si} = 0{,}6$ [–] zur Vermeidung von Korrosion, angewendet werden.

$$v_{sat}(\phi_{si}) = \frac{v_i}{0{,}8} \quad [\text{g/m}^3] \qquad (17.42)$$

$$p_{sat}(\phi_{si}) = \frac{p_i}{0{,}8} \quad [\text{Pa}] \qquad (17.43)$$

Die niedrigste zulässige Oberflächentemperatur $\theta_{si,min}$ wird wie folgt ermittelt:

$$\theta_{si,min} = \frac{237{,}3 \cdot \ln\left(\frac{p_{sat,si}}{610{,}5}\right)}{17{,}269 - \ln\left(\frac{p_{sat,si}}{610{,}5}\right)} \quad [°\text{C}] \qquad (17.44)$$

17.2.3.5 Wasserdampfdiffusionswiderstandszahl μ

Die Wasserdampfdiffusionswiderstandszahl μ ist ein Maß für die Dichtigkeit eines Baustoffgefüges gegen diffundierende Wassermoleküle. Sie ist eine dimensionslose Größe, deren Zahlenwert angibt, wie viel Mal kleiner die Massenstromdichte ist, wenn die diffundierenden Wassermoleküle nicht durch ruhende Luft, sondern durch das Baustoffgefüge diffundieren (Tafeln 17.25 bis 17.27 und Tafel 17.29).

17.2.3.6 Wasserdampfdiffusionsäquivalente Luftschichtdicke s_d

Um die Dichtigkeit einer Baustoffschicht, nicht eines Baustoffes, gegen Wasserdampfdiffusion zu kennzeichnen, genügt die Angabe der Diffusionswiderstandszahl des verwendeten Baustoffes natürlich nicht, da sowohl die Art des Baustoffes als auch die Dicke einer Schicht für das Ausmaß des Widerstandes gegen Wasserdampfdiffusion entscheidend sind. Daher wird der Begriff „wasserdampfdiffusionsäquivalente" Luftschichtdicke s_d als das Produkt aus Diffusionswiderstandszahl μ und Schichtdicke d verwendet:

$$s_d = \mu \cdot d \quad [\text{m}] \qquad (17.45)$$

Für bestimmte Stoffe wie Folien wird normalerweise nicht die Dicke d und die Wasserdampfdiffusionswiderstandszahl μ angegeben, sondern die wasserdampfdiffusionsäquivalente Luftschichtdicke s_d (Tafel 17.50).

Baustoffschichten werden nach der Größe ihrer s_d-Werte folgendermaßen bezeichnet:

- Diffusionsoffene Schicht:

$$s_d \leq 0{,}5 \, \text{m}$$

- Diffusionsbremsende Schicht:

$$0{,}5 < s_\mathrm{d} \le 10\,\mathrm{m}$$

- Diffusionshemmende Schicht:

$$10 < s_\mathrm{d} \le 100\,\mathrm{m}$$

- Diffusionssperrende Schicht:

$$100 < s_\mathrm{d} < 1500\,\mathrm{m}$$

- Diffusionsdichte Schicht:

$$s_\mathrm{d} \ge 1500\,\mathrm{m}$$

17.2.3.7 Wasserdampfdiffusionsdurchlasswiderstand Z

Der Wasserdampfdiffusionsdurchlasswiderstand Z wird unter Berücksichtigung des Verhaltens der Wassermoleküle in Baustoffen und der äquivalenten Luftschichtdicke s_d folgendermaßen definiert:

$$Z = 1{,}5 \cdot 10^6 \cdot s_\mathrm{d} \qquad [\mathrm{m^2\,h\,Pa/kg}] \qquad (17.46\mathrm{a})$$

$$Z = 0{,}5 \cdot 10^{10} \cdot s_\mathrm{d} \qquad [\mathrm{m^2\,s\,Pa/kg}] \qquad (17.46\mathrm{b})$$

17.2.3.8 Wasserdampfdiffusionsstromdichte g

Die in einer bestimmten Zeit durch ein Bauteil hindurch diffundierende Wasserdampfmenge ist die Wasserdampfdiffusionsstromdichte g. Ihr Betrag hängt vom Wasserdampfpartialdruckgefälle Δp, d. h. der Differenz zwischen dem Wasserdampfpartialdruck innen p_i und dem der Außenluft p_e sowie vom Wasserdampfdiffusionsdurchlasswiderstand Z ab:

$$g = \frac{p_\mathrm{i} - p_\mathrm{e}}{Z} \quad [\mathrm{kg/(m^2\,h)}],\ [\mathrm{kg/(m^2\,s)}] \qquad (17.47)$$

17.2.3.9 Flächenbezogene Tauwassermasse M_c

Die Größe der Tauwassermasse M_c ergibt sich aus der Differenz der eindiffundierenden und ausdiffundierenden Wasserdampfmassen (Diffusionsstromdichten g_i und g_e) sowie der Dauer t_c der Tauperiode:

$$M_\mathrm{c} = t_\mathrm{c} \cdot (g_\mathrm{i} - g_\mathrm{e}) \quad [\mathrm{kg/m^2}] \qquad (17.48)$$

17.2.3.10 Flächenbezogene Verdunstungswassermasse M_ev

Die Ermittlung der durch Wasserdampfdiffusion an die Raum- und Außenluft aus den Tauwasserebenen bzw. dem Tauwasserbereich abführbaren Verdunstungsmassen M_ev erfolgt analog zur Berechnung der Tauwassermasse und der Dauer t_ev der Verdunstungsperiode. Ein Tauwasserausfall während der Verdunstungsperiode wird nicht berücksichtigt.

$$M_\mathrm{ev} = t_\mathrm{ev} \cdot (g_\mathrm{i} + g_\mathrm{e}) \quad [\mathrm{kg/m^2}] \qquad (17.49)$$

17.2.3.11 Wasseraufnahmekoeffizient W_w

Der Wasseraufnahmekoeffizient W_w ist eine Baustoffeigenschaft. Sein Zahlenwert ist die als Ergebnis eines Saugversuchs ermittelte, flächenbezogene Wassermasse für eine bestimmte Saugzeit, im Regelfall von einem Tag.

Die kapillare Saugfähigkeit von Baustoffen kann nach der Größe ihrer W_w-Werte wie folgt klassifiziert werden:

- Wassersaugende Schicht:

$$W_\mathrm{w} \ge 2\,\mathrm{kg/(m^2\,h^{0,5})}$$

- Wasserhemmende Schicht:

$$0{,}5\,\mathrm{kg/(m^2\,h^{0,5})} \le W_\mathrm{w} < 2\,\mathrm{kg/(m^2\,h^{0,5})}$$

- Wasserabweisende Schicht:

$$0{,}001\,\mathrm{kg/(m^2\,h^{0,5})} \le W_\mathrm{w} < 0{,}5\,\mathrm{kg/(m^2\,h^{0,5})}$$

- Wasserdichte Schicht:

$$W_\mathrm{w} < 0{,}001\,\mathrm{kg/(m^2\,h^{0,5})}$$

17.2.3.12 Ausgleichsfeuchtegehalt

Zur Festsetzung der Wärmeleitfähigkeit λ von Baustoffen wird der Begriff Ausgleichsfeuchtegehalt verwendet, welcher mit der Gleichgewichtsfeuchte zu 80 % Luftfeuchte bei einer Umgebungstemperatur von 23 °C identisch ist. Werte für massebezogene Ausgleichsfeuchtegehalte u oder volumenbezogene Ausgleichsfeuchtegehalte Ψ können den Tafeln 17.28 und 17.29, die Umrechnungsfaktoren F_m für den Feuchtegehalt Tafel 17.51 und die Zuschlagswerte Z für Wärmedämmstoffe Tafel 17.52 entnommen werden.

17.2.4 Tauwasserausfall im Bauteilinneren

17.2.4.1 Verfahren zur Feststellung von Tauwasserausfall

In beheizten Räumen herrscht im Winter aufgrund der höheren Lufttemperaturen θ bei üblichen Werten der relativen Luftfeuchte ein höherer Wasserdampfpartialdruck p als im Freien. Durch dieses Partialdruckgefälle Δp diffundieren die in der Raumluft vorhandenen Wasserdampfmoleküle durch die luftgefüllten Poren und Kapillaren des Baustoffs nach außen (Abb. 17.16).

Im Bauteilinneren nimmt der Wasserdampfpartialdruck p linear ab, es sei denn, es tritt eine Änderung des Aggregatzustandes des Wasserdampfes durch Tauwasserbildung oder Verdunstung im Bauteilinneren ein. Der Sättigungsdampfdruck p_sat lässt sich aus dem Temperaturverlauf bestimmen. Bei der Prüfung eines Bauteils auf innere Tauwasserausfälle werden die Kurven des Wasserdampfpartialdruckes p und

Abb. 17.16 Schematische Darstellung des Wasserdampfsättigungsdrucks p_{sat} und des Wasserdampfpartialdrucks p

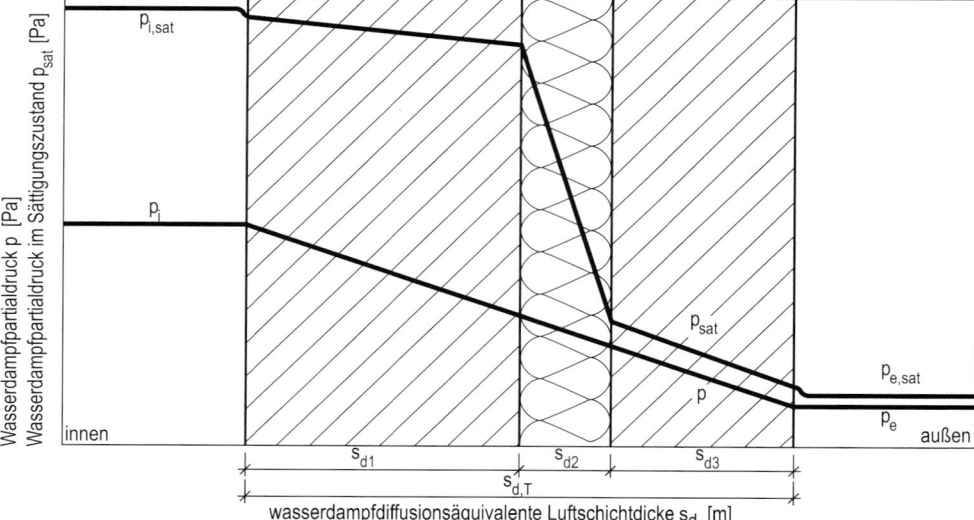

Abb. 17.17 Diffusionsdiagramme für vier Fälle des Tauwasserausfalls und der Tauwasserverdunstung (DIN 4108-3) [31]

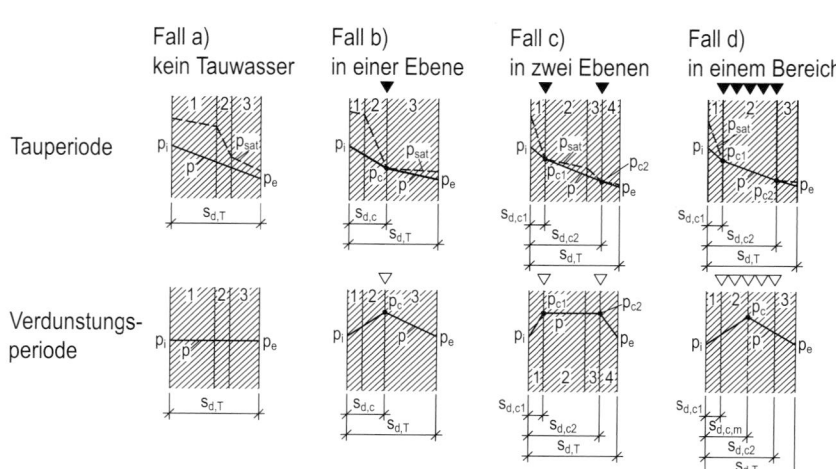

des Sättigungsdampfdruckes p_{sat} miteinander verglichen. Wenn sich beide Kurven nicht berühren, bleibt der Querschnitt tauwasserfrei (Fall a in Abb. 17.17). Wenn jedoch der Wasserdampfpartialdruck p den Sättigungsdampfdruck p_{sat} erreicht, fällt Tauwasser aus.

Die Berechnungen werden nach dem Verfahren nach Glaser durchgeführt. Hierbei werden auf der Abszisse des Diagramms die Baustoffschichten im Maßstab der relativen wasserdampfdiffusionsäquivalenten Schichtdicken $s_{d,i}/s_{d,t}$ dargestellt. Auf der Ordinate werden der vorhandene Wasserdampfpartialdruck p und der aufgrund des Temperaturverlaufs ermittelte Sättigungsdampfdruck p_{sat} aufgetragen. Der Verlauf des Wasserdampfpartialdrucks p im Bauteil ergibt sich im Diffusionsdiagramm für die Tauperiode als Verbindungsgerade der Partialdrücke p_i und p_e an der inneren und äußeren Bauteiloberfläche. Schneidet die Gerade den

Kurvenzug des Sättigungsdampfdruckes p_{sat}, so wäre hier der Partialdruck höher als der Sättigungsdampfdruck. Dies ist jedoch aus physikalischen Gründen nicht möglich. Deshalb sind in das Diagramm von den Partialdrücken p_i und p_e ausgehend die Tangenten an die Kurve des Sättigungsdampfdruckes p_{sat} zu zeichnen. An den Berührungspunkten der beiden Kurven ist der Wasserdampfpartialdruck p gleich dem Sättigungsdampfdruck p_{sat} und wird mit p_c bezeichnet. Je nach Aufbau und Schichtenfolge kann ein Tauwasserausfall in Ebenen (Fälle b und c in Abb. 17.17) oder in einem Bereich (Fall d in Abb. 17.17) erfolgen. Nach dem Berechnungsverfahren von Glaser ist es möglich, mittels Diffusionsdiagrammen sowohl die im Winter ausfallende Tauwassermasse M_c als auch die im Sommer durch Verdunstung abführbare Wassermasse M_{ev} zu berechnen (siehe Abschn. 17.2.1).

17.2.4.2 Anforderungen nach DIN 4108-3

Eine Tauwasserbildung in Bauteilen ist unschädlich, wenn durch Erhöhung des Feuchtegehaltes der Bau- und Dämmstoffe der Wärmeschutz und die Standsicherheit der Bauteile nicht gefährdet werden. Dies ist der Fall, wenn folgende Bedingungen erfüllt sind:

a) Die während der Tauperiode im Innern des Bauteils anfallende Wassermasse M_c muss während der Verdunstungsperiode wieder an die Umgebung abgeführt werden können ($M_c \leq M_{ev}$).

b) Die Baustoffe, die mit dem Tauwasser in Berührung kommen, dürfen nicht beschädigt werden (z. B. durch Korrosion, Pilzbefall).

c) Bei Dach- und Wandkonstruktionen darf eine Tauwassermasse von insgesamt $1,0 \, \text{kg/m}^2$ nicht überschritten werden. Dies gilt nicht für die unter d) und e) ausgeführten Bedingungen.

d) Tritt Tauwasser an Berührungsflächen von kapillar nicht wasseraufnahmefähigen Schichten auf, so darf zur Begrenzung des Ablaufens oder Abtropfens eine Tauwassermasse von $0,5 \, \text{kg/m}^2$ nicht überschritten werden (z. B. Berührungsflächen von Luft- oder Faserdämmstoffschichten einerseits und Beton- oder Dampfsperrschichten andererseits).

e) Bei Holz ist eine Erhöhung des massebezogenen Feuchtegehaltes um mehr als $5 \, \%$, bei Holzwerkstoffen um mehr als $3 \, \%$ unzulässig. (Holzwolle-Leichtbauplatten und Mehrschicht-Leichtbauplatten nach DIN 1101 sind hiervon ausgenommen.)

Weitere Festlegungen zum Holzschutz siehe DIN 68800-2.

17.2.4.3 Angaben zu den Berechnungen

17.2.4.3.1 Klimabedingungen und Wärmeübergangswiderstände

In nicht klimatisierten Wohn- und Bürogebäuden sowie vergleichbar genutzten Gebäuden werden den Berechnungen folgende Annahmen zugrunde gelegt:

Tauperiode von Dezember bis Februar
- Klima innen: $\theta_i = 20 \, °\text{C}$, $\phi_i = 50 \, \%$, $p = 1168 \, \text{Pa}$
- Klima außen: $\theta_e = -5 \, °\text{C}$, $\phi_e = 80 \, \%$, $p = 321 \, \text{Pa}$
- Zeitdauer: $t = 90 \, \text{d}$ ($2160 \, \text{h}$, $7776 \cdot 10^3 \, \text{s}$)

Verdunstungsperiode von Juni bis August
- Klima innen: $p = 1200 \, \text{Pa}$
- Klima außen: $p = 1200 \, \text{Pa}$

- Wasserdampfpartialdruck (Sättigungszustand) im Tauwasserbereich
  - Wände, die Aufenthaltsräume gegen Außenluft abschließen: $p = 1700 \, \text{Pa}$
  - Dächer, die Aufenthaltsräume gegen Außenluft abschließen: $p = 2000 \, \text{Pa}$
- Zeitdauer: $t = 90 \, \text{d}$ ($2160 \, \text{h}$, $7776 \cdot 10^3 \, \text{s}$)

Wärmeübergangswiderstände
- innen: $R_{si} = 0,25 \, \text{m}^2 \, \text{K/W}$
- außen: $R_{se} = 0,04 \, \text{m}^2 \, \text{K/W}$

Bei schärferen Klimabedingungen (z. B. Schwimmbäder, klimatisierte Räume, extremes Außenklima) sind diese vereinfachten Annahmen nicht zulässig. Hier sind das tatsächliche Raumklima und das Außenklima am Standort des Gebäudes mit dem zeitlichen Verlauf zu berücksichtigen.

17.2.4.3.2 Berechnung der Tauwassermasse M_c und der Verdunstungswassermasse M_{ev} (Abb. 17.17)

Tauwasserausfall in einer Ebene (Fall b)
- Tauperiode
  - Diffusionsstromdichte g_c

$$g_c = g_{ci} - g_{ce}$$
$$= \delta_0 \cdot \left(\frac{p_i - p_c}{s_{d,c}} - \frac{p_c - p_e}{s_{d,T} - s_{d,c}} \right) \qquad (17.50)$$

  δ_0 ist der Diffusionsleitkoeffizient für Wasserdampf in Luft:
  $\delta_0 = 1/(1,5 \cdot 10^6) \, \text{kg/(m h Pa)}$

  - Tauwassermasse M_c

$$M_c = g_c \cdot t_c \qquad (17.51)$$

- Verdunstungsperiode
  - Diffusionsstromdichte g_{ev}

$$g_{ev} = g_{ci} + g_{ce}$$
$$= \delta_0 \cdot \left(\frac{p_c - p_i}{s_{d,c}} + \frac{p_c - p_e}{s_{d,T} - s_{d,c}} \right) \qquad (17.52)$$

  - Verdunstungswassermasse M_{ev}

$$M_{ev} = g_{ev} \cdot t_{ev} \qquad (17.53)$$

Tauwasserausfall in zwei Ebenen (Fall c)
- Tauperiode
  - Tauwasserebene c_1
    Diffusionsstromdichte g_{c1}

$$g_{c1} = \delta_0 \cdot \left(\frac{p_i - p_{c1}}{s_{d,c1}} - \frac{p_{c1} - p_{c2}}{s_{d,c2} - s_{d,c1}} \right) \quad (17.54)$$

Tauwassermasse M_{c1}

$$M_{c1} = g_{c1} \cdot t_c \quad (17.55)$$

  - Tauwasserebene c_2
    Diffusionsstromdichte g_{c2}

$$g_{c2} = \delta_0 \cdot \left(\frac{p_{c1} - p_{c2}}{s_{d,c2} - s_{d,c1}} - \frac{p_{c2} - p_e}{s_{d,T} - s_{d,c2}} \right) \quad (17.56)$$

Tauwassermasse M_{c2}

$$M_{c2} = g_{c2} \cdot t_c \quad (17.57)$$

  - gesamt
    Tauwassermasse M_c

$$M_c = M_{c1} + M_{c2} \quad (17.58)$$

- Verdunstungsperiode
  - Tauwasserebene c_1
    Diffusionsstromdichte g_{ev1}

$$g_{ev1} = \delta_0 \cdot \left(\frac{p_c - p_i}{s_{d,c1}} \right) \quad (17.59)$$

  - Tauwasserebene c_2
    Diffusionsstromdichte g_{ev2}

$$g_{ev2} = \delta_0 \cdot \left(\frac{p_c - p_e}{s_{d,T} - s_{d,c2}} \right) \quad (17.60)$$

  - Verdunstungszeiträume t_{ev}

$$t_{ev1} = \frac{M_{c1}}{g_{ev1}} \quad (17.61)$$

$$t_{ev2} = \frac{M_{c2}}{g_{ev2}} \quad (17.62)$$

  - Verdunstungswassermasse M_{ev}, falls $t_{ev1} > t_{ev}$ und $t_{ev2} > t_{ev}$

$$M_{ev1} = g_{ev1} \cdot t_{ev} \quad (17.63)$$
$$M_{ev2} = g_{ev2} \cdot t_{ev} \quad (17.64)$$
$$M_{ev} = M_{ev1} + M_{ev2} \quad (17.65)$$

  - Verdunstungswassermasse M_{ev}, falls $t_{ev1} < t_{ev2}$

$$M_{ev1} = g_{ev1} \cdot t_{ev1} \quad (17.66)$$
$$M_{ev2} = g_{ev2} \cdot t_{ev1} \quad (17.67)$$
$$+ \left(\delta_0 \cdot \frac{p_{c2} - p_i}{s_{d,c2}} + g_{ev,2} \right)(t_{ev} - t_{ev1})$$
$$M_{ev} = M_{ev1} + M_{ev2} \quad (17.68)$$

  - Verdunstungswassermasse M_{ev}, falls $t_{ev2} < t_{ev1}$

$$M_{ev2} = g_{ev2} \cdot t_{ev2} \quad (17.69)$$
$$M_{ev1} = g_{ev1} \cdot t_{ev2} \quad (17.70)$$
$$+ \left(g_{ev,1} + \delta_0 \cdot \frac{p_{c1} - p_e}{s_{d,T} - s_{d,c1}} \right) \cdot (t_{ev} - t_{ev2})$$
$$M_{ev} = M_{ev1} + M_{ev2} \quad (17.71)$$

Tauwasserausfall in einem Bereich (Fall d)
- Tauperiode
  - Diffusionsstromdichte g_c

$$g_c = \delta_0 \cdot \left(\frac{p_i - p_{c1}}{s_{d,c1}} - \frac{p_{c2} - p_e}{s_{d,T} - s_{d,c2}} \right) \quad (17.72)$$

  - Tauwassermasse M_c

$$M_c = g_c \cdot t_c \quad (17.73)$$

- Verdunstungsperiode
  - Diffusionsstromdichte g_{ev}

$$g_{ev} = \delta_0 \cdot \left(\frac{p_c - p_i}{s_{d,c,m}} - \frac{p_c - p_e}{s_{d,T} - s_{d,c,m}} \right) \quad (17.74)$$

mit

$$s_{d,c,m} = s_{d,c1} + 0,5 \cdot (s_{d,c2} - s_{d,c1}) \quad (17.75)$$

  - Verdunstungswassermasse M_{ev}

$$M_{ev} = g_{ev} \cdot t_{ev} \quad (17.76)$$

Beispiele zur Berechnung des Tauwasserausfalls im Bauteilinneren sind im Ergänzungsband „Wendehorst – Beispiele aus der Baupraxis", 7. Auflage, enthalten.

17.2.4.4 Bauteile, für die nach DIN 4108-3 kein rechnerischer Tauwassernachweis erforderlich ist (Liste unbedenklicher Bauteile)

Wände aus Mauerwerk (DIN EN 1996-1-1), **Wände aus Normalbeton** (DIN EN 206-1 bzw. DIN 1045-2), **Wände aus gefügedichtem Leichtbeton** (DIN 1045-2, DIN EN

206, DIN EN 1992-1-1), **Wände aus haufwerksporigem Leichtbeton** (DIN 4213, DIN EN 992, DIN EN 1520), jeweils mit Innenputz und folgenden Außenschichten:

- Wasserabweisender Außenputz (Tafel 17.23)
- Außendämmungen (DIN 4108-10) oder wasserabweisender Wärmedämmputz oder genormtes WDVS (DIN EN 13499, DIN EN 13500)
- Verblendmauerwerk (DIN EN 1996-1-1)
- Angemörtelte Außenwandbekleidungen (DIN 18515-1), Fugenanteil $\geq 5\,\%$
- Hinterlüftete Außenwandbekleidungen (DIN 18516-1) mit und ohne Wärmedämmung
- Einseitig belüftete Außenwandbekleidungen mit einer Lüftungsöffnung von $100\,cm^2/m$
- Kleinformatige luftdurchlässige Außenwandbekleidungen mit und ohne Belüftung

Wände mit Innendämmung
- Wände wie vor, jedoch ohne Schlagregenbeanspruchung
- Innendämmung: $R \leq 0,5\,m^2\,K/W$
- Falls Innendämmung $0,5\,m^2\,K/W < R \leq 1\,m^2\,K/W$: $s_{d,i} \geq 0,5\,m$ der Innendämmung einschließlich raumseitiger Bekleidung

Wände in Holzbauart (DIN 68800-2)
- Beidseitig bekleidete oder beplankte Wände in Holzbauart mit vorgehängten Außenwandbekleidungen, raumseitig $s_{d,i} \geq 2\,m$, außenseitig $s_{d,e} \leq 0,3\,m$ oder Holzfaserdämmplatte (DIN EN 13171); dies gilt auch für nicht belüftete Außenwandbekleidungen aus kleinformatigen Elementen, wenn auf der äußeren Beplankung eine zusätzliche wasserableitende Schicht mit $s_{d,e} \leq 0,3\,m$ aufgebracht ist
- Raumseitig bekleidete oder beplankte Wände in Holzbauart, raumseitig $s_{d,i} \geq 2\,m$ und mit WDVS aus mineralischem Faserdämmstoff (DIN EN 13162) oder Holzfaserdämmplatten (DIN EN 13171) und einem wasserabweisenden Putzsystem mit $s_d \leq 0,7\,m$
- Beidseitig bekleidete oder beplankte Wände in Holzbauart, raumseitig $s_{d,i} \geq 2\,m$ sowie mit einer äußeren Beplankung $s_d \leq 0,3\,m$ in Verbindung mit einem WDVS aus mineralischem Faserdämmstoff (DIN EN 13162) oder Holzfaserdämmplatten (DIN EN 13171) sowie einem wasserabweisenden Putzsystem mit $s_d \leq 0,7\,m$
- Beidseitig bekleidete oder beplankte Elemente mit WDVS aus Polystyrol oder Mauerwerks-Vorsatzschalen (DIN 68800-2)
- Massivholzbauart mit vorgehängten Außenwandbekleidungen oder WDVS (DIN 68800-2)

Holzfachwerkwände mit raumseitiger Luftdichtheitsschicht und
- Wärmedämmender Ausfachung (Sichtfachwerk) sowie Innenbekleidung mit $1\,m \leq s_{d,i} \leq 2\,m$
- Innendämmung (über Fachwerk und Gefach, ohne Schlagregenbeanspruchung) mit $R \leq 0,5\,m^2\,K/W$, falls $0,5\,m^2\,K/W < R \leq 1\,m^2\,K/W$: Wärmedämmschicht einschließlich der raumseitigen Bekleidung $1\,m \leq s_{d,i} \leq 2\,m$
- Außendämmung (über Fachwerk und Gefach) als genormtes WDVS oder Wärmedämmputz, äußere Konstruktionsschichten mit $s_{d,e} \leq 2\,m$, oder mit hinterlüfteter Außenwandbekleidung

Erdberührte Kelleraußenwände mit Bauwerksabdichtung
aus einschaligem wärmedämmendem Mauerwerk oder Mauerwerk/Beton mit Perimeterdämmung

Bodenplatten mit Perimeterdämmung mit Bauwerksabdichtung
Der Anteil der raumseitigen Schichten darf höchstens 20 % des Gesamtwärmedurchlasswiderstandes der Bodenplatte betragen.

Nicht belüftete Dächer
Der Wärmedurchlasswiderstand der Bauteilschichten unterhalb einer raumseitigen diffusionshemmenden oder diffusionsdichten Schicht darf bei Dächern ohne rechnerischen Nachweis höchstens 20 % des Gesamtwärmedurchlasswiderstandes betragen.
- Mit Zwischensparrendämmung und gegebenenfalls Aufsparrendämmung und nicht belüftete Dächer mit Aufsparrendämmung (Abb. 17.18 und Tafel 17.21)
- Mit Aufsparrendämmung (Abb. 17.19 und Tafel 17.22)
- Mit von außen in das Gefach eingelegter und über den Sparren geführter diffusionsstrombegrenzender Schicht mit variablem s_d-Wert bei bestehenden Konstruktionen (Abb. 17.20)
- Mit diffusionsdichter Untersparrendämmung, ggf. in Kombination mit Zwischensparrendämmung (Abb. 17.21)
- Mit Dachabdichtung (Abb. 17.22)
  Bei diffusionssperrenden oder diffusionsdichten Dämmstoffen auf Massivdecken kann gegebenenfalls auf eine zusätzliche diffusionshemmende Schicht verzichtet werden. Zwischen der Schicht mit $s_{d,i}$ und der Dachabdichtung darf sich kein Holz oder Holzwerkstoff befinden.
- Aus Porenbeton (DIN EN 12602) mit Dachabdichtung und ohne diffusionshemmende Schicht an der Unterseite und ohne zusätzlicher Wärmedämmung
- Mit Dachabdichtung und Wärmedämmung oberhalb der Dachabdichtung, sog. „Umkehrdächer" (DIN 4108-2, -10)

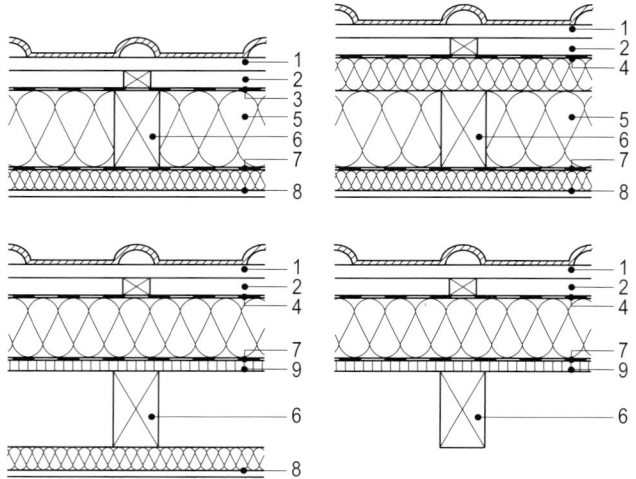

1 Belüftete Dachdeckung (Dachdeckung auf Trag- und Konterlattung) oder nicht belüftete Dachdeckung mit darunterliegender belüfteter Luftschicht (Dachdeckung auf Konterlattung, Schalung und Vordeckung) oder Dachabdichtung mit darunterliegender belüfteter Luftschicht (Dachabdichtung auf Konterlattung und Schalung)

2 Belüftete Luftschicht

3 Unterdeckung, ggf. mit Schalung, $s_{d,e}$ s.u.

4 Unterdeckung und Aufsparrendämmung, $s_{d,e}$ s.u.

5 Zwischensparrendämmung

6 Sparren

7 Diffusionshemmende Schicht, $s_{d,i}$ s.u.

8 Raumseitige Bekleidung, ggf. mit Dämmung

9 Schalung

Abb. 17.18 Nicht belüftete Dächer (mit Zwischensparrendämmung und gegebenenfalls Aufsparrendämmung oder nur Aufsparrendämmung); zu $s_{d,e}$ und $s_{d,i}$ siehe Tafel 17.21

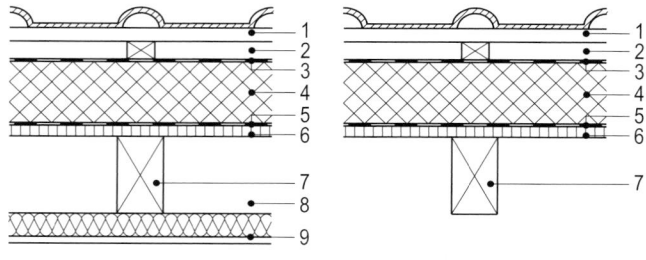

1 Belüftete Dachdeckung (Dachdeckung auf Trag- und Konterlattung) oder nicht belüftete Dachdeckung mit darunterliegender belüfteter Luftschicht (Dachdeckung auf Konterlattung, Schalung und Vordeckung) oder Dachabdichtung mit darunterliegender belüfteter Luftschicht (Dachabdichtung auf Konterlattung und Schalung)

2 Belüftete Luftschicht

3 Unterdeckung, $s_{d,e}$ s.u.

4 Aufsparrendämmung

5 Diffusionshemmende Schicht, $s_{d,i}$ s.u.

6 Schalung

7 Sparren

8 Luftschicht

9 Raumseitige Bekleidung, ggf. mit Dämmung

Abb. 17.19 Nicht belüftete Dächer (mit Aufsparrendämmung); zu $s_{d,e}$ und $s_{d,i}$ siehe Tafel 17.22

Tafel 17.21 Wasserdampfdiffusionsäquivalente Luftschichtdicke s_d von Schichten nicht belüfteter Dächer (zu Abb. 17.18)

Wasserdampfdiffusionsäquivalente Luftschichtdicke s_d [m]	
außen $s_{d,e}$[a]	innen $s_{d,i}$[b]
$\leq 0,1$	$\geq 1,0$
$0,1 < s_{d,e} \leq 0,3$	$\geq 2,0$
$0,3 < s_{d,e} \leq 2,0$	$\geq 6 \cdot s_{d,e}$

[a] $s_{d,e}$ ist die Summe der Werte der wasserdampfdiffusionsäquivalenten Luftschichtdicken aller Schichten, die sich oberhalb der Wärmedämmschicht bis zur ersten belüfteten Luftschicht befinden.
[b] $s_{d,i}$ ist die Summe der Werte der wasserdampfdiffusionsäquivalenten Luftschichtdicken aller Schichten, die sich unterhalb der Wärmedämmschicht befinden.

Tafel 17.22 Wasserdampfdiffusionsäquivalente Luftschichtdicke s_d von Schichten nicht belüfteter Dächer (zu Abb. 17.19)

Wasserdampfdiffusionsäquivalente Luftschichtdicke s_d [m]	
außen $s_{d,e}$[a]	innen $s_{d,i}$[b]
$\leq 0,5$	≥ 10
$> 0,5$	≥ 100

[a] $s_{d,e}$ ist die Summe der Werte der wasserdampfdiffusionsäquivalenten Luftschichtdicken aller Schichten, die sich oberhalb der Wärmedämmschicht bis zur ersten belüfteten Luftschicht befinden.
[b] $s_{d,i}$ ist die Summe der Werte der wasserdampfdiffusionsäquivalenten Luftschichtdicken aller Schichten, die sich unterhalb der Wärmedämmschicht befinden.
Zwischen den Schichten mit $s_{d,i}$ und $s_{d,e}$ darf sich kein Holz oder Holzwerkstoff befinden.

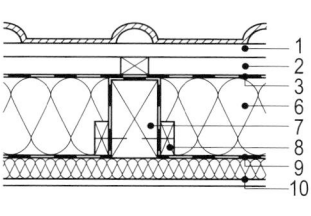
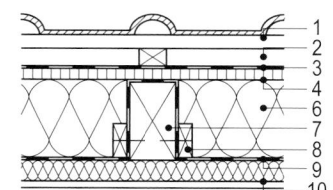
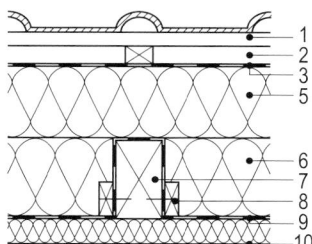

1 Belüftete Dachdeckung (Dachdeckung auf Trag- und Konterlattung) oder nicht belüftete Dachdeckung mit darunterliegender belüfteter Luftschicht (Dachdeckung auf Konterlattung, Schalung und Vordeckung) oder Dachabdichtung mit darunterliegender belüfteter Luftschicht (Dachabdichtung auf Konterlattung und Schalung)

2 Belüftete Luftschicht

3 Unterdeckung, $s_d \leq 0,5$ m

4 Vollholz-Brettschalung, $d_{Nenn} \leq 24$ mm

5 Aufsparrendämmung, $d \leq 50$ mm bei mineralvlieskaschierten PU oder Phenolharz-Hartschaumdämmung

6 Mineralwolle-Zwischensparrendämmung, 120 mm $\leq d \leq$ 200 mm

7 Holzsparren, 120 mm $\leq d \leq$ 200 mm

8 Anpressung

9 Schicht mit variablem s_d - Wert, $s_{d,feucht} \leq 0,5$ m; 2,0 m $\leq s_{d,trocken} \leq 10,0$ m

10 Raumseitige Bekleidung, ggf. mit Dämmung

Abb. 17.20 Nicht belüftete Dächer (mit von außen in das Dach eingelegter und über den Sparren geführter diffusionsbegrenzender Schicht mit variablem s_d-Wert bei bestehenden Konstruktionen)

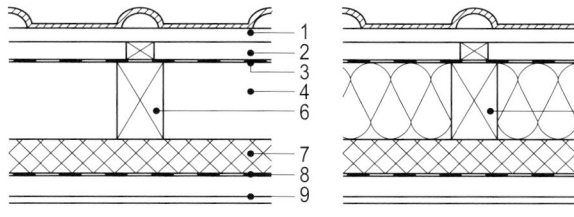

1 Belüftete Dachdeckung (Dachdeckung auf Trag- und Konterlattung) oder nicht belüftete Dachdeckung mit darunterliegender belüfteter Luftschicht (Dachdeckung auf Konterlattung, Schalung und Vordeckung) oder Dachabdichtung mit darunterliegender belüfteter Luftschicht (Dachabdichtung auf Konterlattung und Schalung)

2 Belüftete Luftschicht

3 Unterdeckung, $s_{d,e} \leq 0,5$ m

4 Luftschicht

5 Zwischensparrendämmung

6 Sparren

7 Untersparrendämmung (diffusionsdicht)

8 Diffusionshemmende Schicht, $s_{d,i} \geq 10$ m

9 Raumseitige Bekleidung, ggf. mit Dämmung

Abb. 17.21 Nicht belüftete Dächer (mit diffusionsdichter Untersparrendämmung, ggf. in Kombination mit Zwischensparrendämmung)

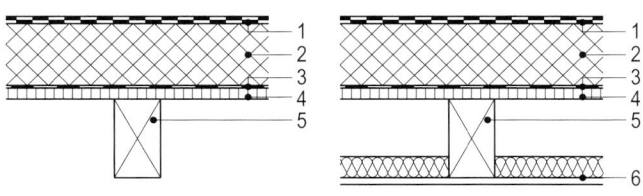

1 Dachabdichtung

2 Aufdach-/ Aufsparrendämmung

3 Diffusionshemmende Schicht, $s_{d,i} \geq 100$ m

4 Schalung

5 Tragkonstruktion

6 Raumseitige Bekleidung, ggf. mit Dämmung

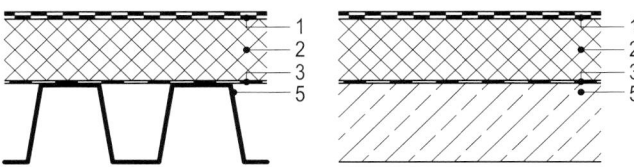

Abb. 17.22 Nicht belüftete Dächer (mit Dachabdichtung)

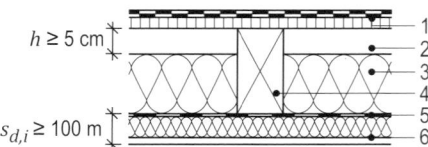

Abb. 17.23 Belüftete Dächer (Dachneigung < 5°)

1 Dachabdichtung auf Schalung

2 Belüftete Luftschicht

3 Zwischensparrendämmung

4 Sparren

5 Diffusionshemmende Schicht

6 Raumseitige Bekleidung mit Unterkonstruktion, ggf. mit Dämmung

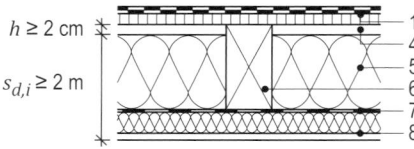

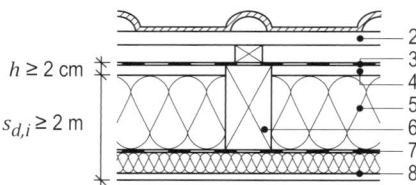

Abb. 17.24 Belüftete Dächer (Dachneigung ≥ 5°)

1 Nicht belüftete Dachdeckung (Dachdeckung auf Schalung und Vordeckung) oder
Dachabdichtung (Dachabdichtung auf Schalung)

2 Belüftete Dachdeckung (Dachdeckung auf Trag- und Konterlattung)

3 Unterspannung

4 Belüftungsebene

5 Zwischensparrendämmung

6 Sparren

7 Diffusionshemmende Schicht

8 Raumseitige Bekleidung, ggf. mit Dämmung

Belüftete Dächer

- Dachneigung < 5° (Abb. 17.23)
  - Schichten unterhalb der diffusionsstrombegrenzenden Schicht: $R \leq 20\,\%$ des Gesamtwärmedurchlasswiderstandes. Sparren-/Luftraumlänge $\leq 10\,\text{m}$
  - Lüftungsquerschnitt an mindestens zwei gegenüberliegenden Dachrändern: $Q \geq 2\,\permil$ der zugehörigen geneigten Dachfläche, mindestens $200\,\text{cm}^2/\text{m}$
  - Höhe des freien Lüftungsquerschnitts innerhalb des Dachbereichs über der Wärmedämmschicht: $Q \geq 2\,\permil$ der zugehörigen geneigten Dachfläche, mindestens $5\,\text{cm}$
- Dachneigung $\geq 5°$ (Abb. 17.24)
  - Freier Lüftungsquerschnitt an Traufe: $Q \geq 2\,\permil$ der zugehörigen geneigten Dachfläche, mindestens $200\,\text{cm}^2/\text{m}$
  - Lüftungsquerschnitt an First und Grat: $Q \geq 0{,}5\,\%$ der zugehörigen geneigten Dachfläche, mindestens $50\,\text{cm}^2/\text{m}$

17.2.5 Tauwasserbildung auf Bauteiloberflächen

Die Anforderungen zur Vermeidung von Schimmelpilzbildung werden in Abschn. 17.1 Wärmeschutz betrachtet.

Unterschreitet die Oberflächentemperatur θ_{si} die Taupunkttemperatur der Luft θ_{s}, erfolgt unter idealisierten Annahmen Tauwasserniederschlag auf der Bauteiloberfläche. Die Oberflächentemperatur des Bauteils θ_{si} ist umso höher, je größer der Wärmedurchlasswiderstand R bzw. je kleiner der Wärmedurchgangskoeffizient U des Bauteils ist. Der erforderliche Wärmedurchlasswiderstand R eines ebenen Bauteils ohne Wärmebrücken zur Vermeidung von Tauwasserbildung an der raumseitigen Bauteiloberfläche wird nach (17.77) ermittelt:

$$R_{\text{erf}} \geq R_{\text{si}} \frac{(\theta_{\text{i}} - \theta_{\text{e}})}{(\theta_{\text{i}} - \theta_{\text{s}})} - (R_{\text{si}} + R_{\text{se}}) \qquad (17.77)$$

Die Klimabedingungen für die Berechnungen entsprechen den Angaben in Abschn. 17.1.3.3 Wärmebrücken. Die Taupunkttemperatur θ_{s} ist gemäß Tafel 17.20 anzusetzen.

Abb. 17.25 Übersichtskarte zur Schlagregenbeanspruchung in der Bundesrepublik Deutschland (Datengrundlage Deutscher Wetterdienst) (DIN 4108-3) [31]

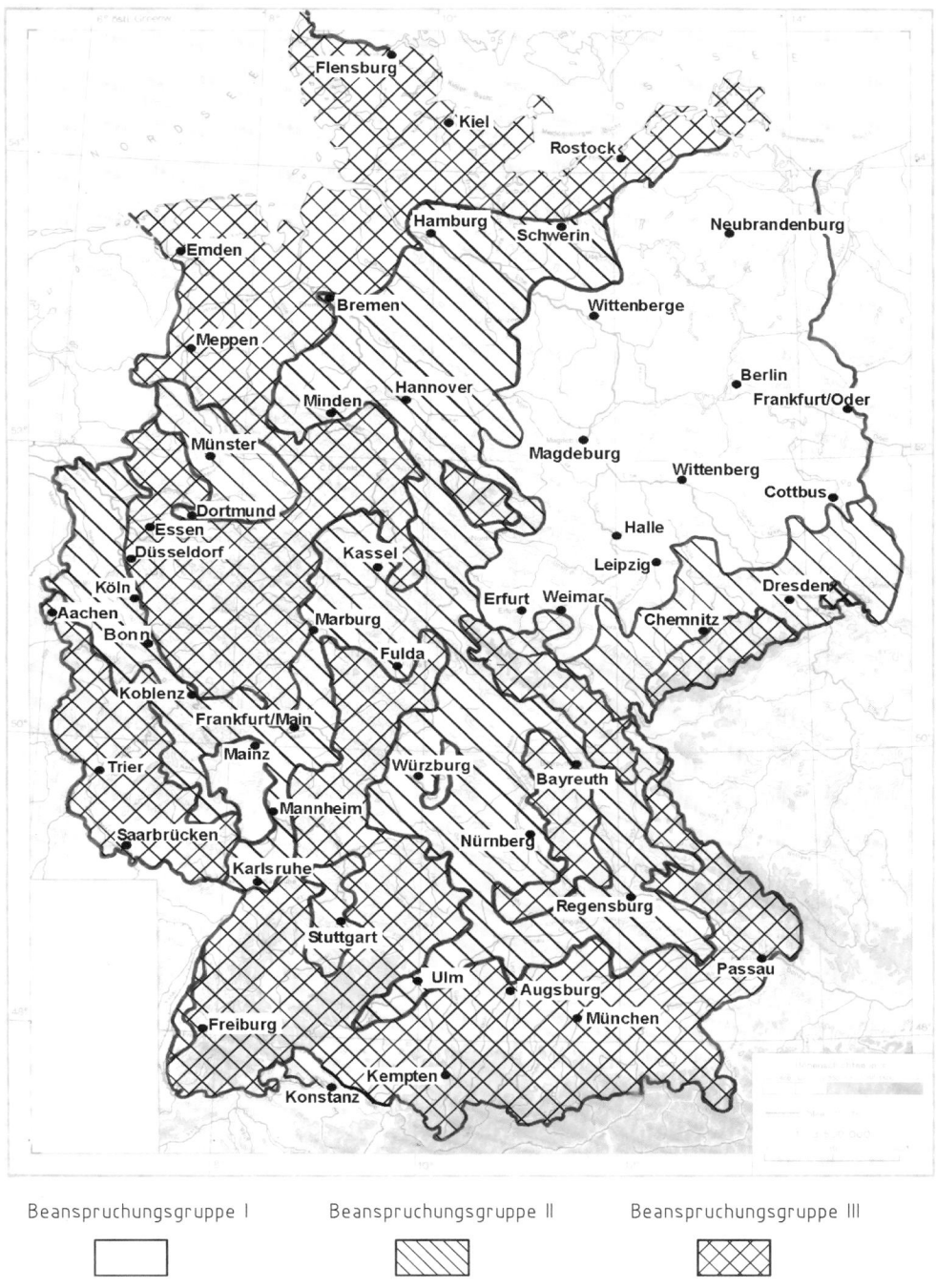

Beanspruchungsgruppe I

Beanspruchungsgruppe II

Beanspruchungsgruppe III

17.2.6   Schlagregenschutz

17.2.6.1   Allgemeines

Schlagregenbeanspruchungen von Wänden entstehen bei Regen und gleichzeitiger Windanströmung auf die Fassade. Das auftreffende Regenwasser kann durch kapillare Saugwirkung der Oberfläche in die Wand aufgenommen werden oder infolge des Staudrucks z. B. über Risse, Spalten oder fehlerhafte Abdichtungen in die Konstruktion eindringen. Die

erforderliche Abgabe des aufgenommenen Wassers durch Verdunstung, z. B. über die Außenoberfläche, darf nicht unzulässig beeinträchtigt werden.

Der Schlagregenschutz einer Wand zur Begrenzung der kapillaren Wasseraufnahme und zur Sicherstellung der Verdunstungsmöglichkeiten kann durch konstruktive Maßnahmen (z. B. Außenwandbekleidung, Verblendmauerwerk, Schutzschichten im Inneren der Konstruktion) oder durch Putze bzw. Beschichtungen erzielt werden.

Tafel 17.23 Kriterien für den Regenschutz von Putzen und Beschichtungen (DIN 4108-3) [31]

Kriterien für den Regenschutz	Wasseraufnahmekoeffizient W_w [kg/(m² h)^{0,5}]	Wasserdampf diffusionsäquivalente Luftschichtdicke s_d [m]	Produkt $W_w \cdot s_d$ [kg/(m h^{0,5})]
Wasserabweisend	$\leq 0,5$	$\leq 2,0$	$\leq 0,2$

Tafel 17.24 Beispiele für die Zuordnung von Wandbauarten und Beanspruchungsgruppe (DIN 4108-3) [31]

Beanspruchungsgruppe I geringe Schlagregenbeanspruchung	Beanspruchungsgruppe II mittlere Schlagregenbeanspruchung	Beanspruchungsgruppe III starke Schlagregenbeanspruchung
Außenputz ohne besondere Anforderungen an den Schlagregenschutz auf	wasserabweisender Außenputz nach Tafel 17.23 auf	
– Außenwänden auf Mauerwerk, Wandbauplatten, Beton u. ä. – sowie verputzten außenseitigen Wärmebrückendämmungen		
einschaliges Sichtmauerwerk mit einer Dicke von 31 cm (mit Innenputz)	einschaliges Sichtmauerwerk mit einer Dicke von 37,5 cm (mit Innenputz)	zweischaliges Verblendmauerwerk mit Luftschicht und Wärmedämmung oder mit Kerndämmung (mit Innenputz)
Außenwände mit im Dickbett oder Dünnbett angemörtelten Fliesen oder Platten		Außenwände mit im Dickbett oder Dünnbett angemörtelten Fliesen oder Platten (DIN 18515-1) mit wasserabweisendem Ansetzmörtel
Außenwände mit gefügedichter Betonaußenschicht		
Wände mit hinterlüfteten Außenwandbekleidungen[a]		
Wände mit Außendämmung durch ein WDPS oder durch ein bauaufsichtlich zugelassenes WDVS		
Außenwände in Holzbauart mit Wetterschutz (DIN 68800-2)		

[a] Offene Fugen zwischen den Bekleidungsplatten beeinträchtigen den Regenschutz nicht.

Die zu treffenden Maßnahmen richten sich nach der Intensität der Schlagregenbeanspruchung, die durch Wind und Niederschlag sowie durch die örtliche Lage und die Gebäudeart bestimmt wird.

17.2.6.2 Beanspruchungsgruppe
Die Belastung der Bauteile durch Schlagregen wird durch Beanspruchungsgruppen definiert. Die entsprechende Gruppe ist im Einzelfall unter Berücksichtigung der regionalen klimatischen Bedingungen, der örtlichen Lage und der Gebäudeart festzulegen (siehe Abb. 17.25).

Beanspruchungsgruppe I (Geringe Schlagregenbeanspruchung) Im allgemeinen Gebiete mit Jahresniederschlagsmengen unter 600 mm sowie besonders windgeschützte Lagen auch in Gebieten mit größerer Niederschlagsmenge.

Beanspruchungsgruppe II (Mittlere Schlagregenbeanspruchung) Im allgemeinen Gebiete mit Jahresniederschlagsmengen von 600 bis 800 mm sowie windgeschützte Lagen auch in Gebieten mit größeren Niederschlagsmengen. Hochhäuser und Häuser in exponierter Lage in Gebieten, die sonst Gruppe I zuzuordnen waren.

Beanspruchungsgruppe III (Starke Schlagregenbeanspruchung) Im allgemeinen Gebiete mit Jahresniederschlagsmengen über 800 mm sowie windreiche Gebiete mit niedrigeren Niederschlagsmengen (z. B. Küstengebiete, Mittel- und Hochgebirgslagen, Alpenvorland). Hochhäuser und Häuser in exponierter Lage in Gebieten, die sonst Gruppe II zuzuordnen wären.

17.2.6.3 Regenschutz durch Außenputze und Beschichtungen
Die Regenschutzwirkung von Putzen und Beschichtungen wird durch deren Wasseraufnahmekoeffizienten W_w, deren wasserdampfdiffusionsäquivalenter Luftschichtdicke s_d und durch das Produkt aus beiden Größen $W_w \cdot s_d$ nach Tafel 17.23 bestimmt.

17.2.6.4 Beispiele für die Zuordnung von genormten Wandbauarten und Beanspruchungsgruppen
Beispiele für die Anwendung von Wandbauarten in Abhängigkeit von der Schlagregenbeanspruchung sind in Tafel 17.24 angegeben, die andere Bauausführungen entsprechend gesicherter praktischer Erfahrungen nicht ausschließt.

17.3 Tafeln zum Wärme- und Feuchteschutz

Die Zahlenwerte zu den wärmeschutztechnischen Größen (Abschn. 17.1) und feuchteschutztechnischen Größen (Abschn. 17.2) sind in folgenden Tafeln zusammengestellt:

Tafel	Überschrift
17.25	Bemessungswerte der Wärmeleitfähigkeit λ_B und Richtwerte der Wasserdampf-Diffusionswiderstandszahlen μ (DIN 4108-4)
17.26	Zeile 5 von Tafel 17.25 für Wärmedämmstoffe nach harmonisierten Europäischen Normen (DIN 4108-4)
17.27	Wärmeschutztechnische Bemessungswerte für Baustoffe, die gewöhnlich bei Gebäuden zur Anwendung kommen (DIN EN ISO 10456)
17.28	Ausgleichsfeuchtegehalte u von Baustoffen (DIN 4108-4)
17.29	Feuchteschutztechnische Eigenschaften und spezifische Wärmekapazität von Wärmedämm- und Mauerwerkstoffen (DIN EN ISO 10456)
17.30	Anwendungsgebiete von Wärmedämmstoffen (DIN 4108-10)
17.31	Dämmstoffarten (DIN 4108-10)
17.32	Differenzierung von Produkteigenschaften (DIN 4108-10)
17.33	Wärmetechnische Eigenschaften des Erdreichs (DIN EN ISO 13370)
17.34	Wärmeleitfähigkeit λ des Erdreichs (DIN EN ISO 13370)
17.35	Wärmedurchlasswiderstände R von Decken (DIN 4108-4)
17.36	Wärmedurchlasswiderstand R_u von Dachräumen (DIN EN ISO 6946)
17.37	Wärmedurchlasswiderstand R_g von ruhenden Luftschichten mit Oberflächen mit hohem Emissionsgrad (DIN EN ISO 6946)
17.38	Wärmeübergangswiderstände R_{si} und R_{se} (DIN 4108-2, DIN 4108-3, DIN 4108-8, DIN EN 6946, DIN EN ISO 13788)
17.39	Wärmedurchgangskoeffizienten U_w für vertikale Fenster mit einem Flächenanteil des Rahmens von 30 % an der Gesamtfensterfläche und mit typischen Arten von Abstandhaltern (DIN EN 10077-1)
17.40	Wärmedurchgangskoeffizienten U_w für vertikale Fenster mit einem Flächenanteil des Rahmens von 20 % an der Gesamtfensterfläche und mit typischen Arten von Abstandhaltern (DIN EN 10077-1)
17.41	Wärmedurchgangskoeffizienten U_w für vertikale Fenster mit einem Flächenanteil des Rahmens von 30 % an der Gesamtfensterfläche und mit wärmetechnisch verbesserten Abstandhaltern (DIN EN 10077-1)
17.42	Wärmedurchgangskoeffizienten U_w für vertikale Fenster mit einem Flächenanteil des Rahmens von 20 % an der Gesamtfensterfläche und mit wärmetechnisch verbesserten Abstandhaltern (DIN EN 10077-1)
17.43	Korrekturwerte ΔU_g zur Berechnung der Bemessungswerte $U_{g,BW}$ (DIN 4108-4)
17.44	Gesamtenergiedurchlassgrad g und Lichttransmissionsgrad τ in Abhängigkeit von den Konstruktionsmerkmalen und vom Wärmedurchgangskoeffizienten U_g (DIN 4108-4)
17.45	Anhaltswerte für Wärmedurchgangskoeffizienten U_t der transparenten Fläche, Gesamtenergiedurchlassgrade $g_\perp$ und Lichttransmissionsgrade τ_{D65} von Lichtkuppeln und Lichtbändern (DIN 4108-4)
17.46	Bemessungswert des Wärmedurchgangskoeffizienten $U_{D,BW}$ von Außentüren in Abhängigkeit von den konstruktiven Merkmalen (DIN 4108-4)
17.47	Bemessungswert des Wärmedurchgangskoeffizienten $U_{D,BW}$ von Toren in Abhängigkeit von den konstruktiven Merkmalen (DIN 4108-4)
17.48	Zuschlagswerte ΔU für Umkehrdächer (DIN 4108-2)
17.49	Korrektur $\Delta U''$ für Luftspalte (DIN EN ISO 6946)
17.50	Wasserdampfdiffusionsäquivalente Luftschichtdicke s_d (DIN EN ISO 10456)
17.51	Klassen der Luftdurchlässigkeit von Fenstern, Fenstertüren und Außentüren in Abhängigkeit von den Konstruktionsmerkmalen (DIN 4108-4)
17.52	Bestimmung von Dämmstoffdicken bei Einhaltung der Mindestanforderungen der Energieeinsparverordnung (EnEV) – 100 %-Anforderung (DIN 4108-4)
17.53	Bestimmung von Dämmstoffdicken bei Einhaltung der Mindestanforderungen der Energieeinsparverordnung (EnEV) – 50 %-Anforderung (DIN 4108-4)

Tafel 17.25 Bemessungswerte der Wärmeleitfähigkeit λ_B und Richtwerte der Wasserdampf-Diffusionswiderstandszahlen μ (DIN 4108-4) [3]

Zeile	Stoff	Rohdichte[a,b] ρ [kg/m³]	Bemessungswert der Wärmeleit-fähigkeit λ_B [W/(m · K)]	Richtwert der Wasser-dampf-Diffusionswider-standszahl[c] μ [–]
1	**Putze, Mörtel und Estriche**			
1.1	**Putze**			
1.1.1	Putzmörtel aus Kalk, Kalkzement und hydraulischem Kalk	(1800)	1,0	15/35
1.1.2	Gipsputzmörtel	(1400)	0,70	10
1.1.3	Leichtputz	< 1300	0,56	15/20
1.1.4	Leichtputz	≤ 1000	0,38	
1.1.5	Leichtputz	≤ 700	0,25	
1.1.6	Gipsputz ohne Zuschlag	(1200)	0,51	10
1.1.7	Kunstharzputz	(1100)	0,70	50/200
1.2	**Mauermörtel**			
1.2.1	Zementmörtel	(2000)	1,6	15/35
1.2.2	Normalmörtel NM	(1800)	1,2	
1.2.3	Dünnbettmauermörtel	(1600)	1,0	
1.2.4	Leichtmauermörtel nach DIN EN 1996-1-1, DIN EN 1996-2	≤ 1000	0,36	
1.2.5	Leichtmauermörtel nach DIN EN 1996-1-1, DIN EN 1996-2	≤ 700	0,21	
1.2.6	Leichtmauermörtel	250	0,10	5/20
		400	0,14	
		700	0,25	
		1000	0,38	
		1500	0,69	
1.3	**Estriche**			
1.3.1	Gussasphaltestrich	(2300)	0,90	[d]
1.3.2	Zement-Estrich	(2000)	1,4	15/35
1.3.3	Calciumsulfat-Estrich (Anhydrit-Estrich)	(2100)	1,2	
1.3.4	Magnesia-Estrich	1400	0,47	
		2300	0,70	
2	**Betonbauteile**			
2.1	Beton nach DIN EN 206	siehe DIN EN ISO 10456		
2.2	Leichtbeton und Stahlleichtbeton mit geschlossenem Gefüge nach DIN EN 206-1 und DIN 1045-2, hergestellt unter Verwendung von Zuschlägen mit porigem Gefüge nach DIN EN 13055-1, ohne Quarzsandzusatz[d]	800	0,39	70/150
		900	0,44	
		1000	0,49	
		1100	0,55	
		1200	0,62	
		1300	0,70	
		1400	0,79	
		1500	0,89	
		1600	1,0	
		1800	1,15	
		2000	1,35	

Tafel 17.25 (Fortsetzung)

Zeile	Stoff	Rohdichte[a,b] ρ [kg/m^3]	Bemessungswert der Wärmeleit-fähigkeit λ_B [W/(m · K)]	Richtwert der Wasser-dampf-Diffusionswider-standszahl[c] μ [–]
2.3	Dampfgehärteter Porenbeton nach DIN EN 12602	350	0,11	5/10
		400	0,12	
		450	0,13	
		500	0,14	
		550	0,16	
		600	0,18	
		650	0,19	
		700	0,20	
		750	0,21	
		800	0,23	
		900	0,26	
		1000	0,29	
2.4	Leichtbeton mit haufwerkporigem Gefüge			
2.4.1	mit nichtporigen Zuschlägen nach DIN EN 12620, z. B. Kies	1600	0,81	3/10
		1800	1,1	
		2000	1,3	5/10
2.4.2	mit porigen Zuschlägen nach DIN EN 13055-1, ohne Quarzsandzusatz[e]	600	0,22	5/15
		700	0,26	
		800	0,28	
		1000	0,36	
		1200	0,46	
		1400	0,57	
		1600	0,75	
		1800	0,92	
		2000	1,2	
2.4.2.1	ausschließlich unter Verwendung von Naturbims	400	0,12	5/15
		450	0,13	
		500	0,15	
		550	0,16	
		600	0,18	
		650	0,19	
		700	0,20	
		750	0,22	
		800	0,24	
		900	0,27	
		1000	0,32	
		1100	0,37	
		1200	0,41	
		1300	0,47	

17

Tafel 17.25 (Fortsetzung)

Zeile	Stoff	Rohdichte[a,b] ρ [kg/m³]	Bemessungswert der Wärmeleit-fähigkeit λ_B [W/(m · K)]	Richtwert der Wasser-dampf-Diffusionswider-standszahl[c] μ [−]
2.4.2.2	ausschließlich unter Verwendung von Blähton	400	0,13	5/15
		450	0,15	
		500	0,16	
		550	0,18	
		600	0,19	
		650	0,21	
		700	0,23	
		800	0,26	
		900	0,30	
		1000	0,35	
		1100	0,39	
		1200	0,44	
		1300	0,50	
		1400	0,55	
		1500	0,60	
		1600	0,68	
		1700	0,76	
3	**Bauplatten**			
3.1	Porenbeton-Bauplatten und Porenbeton-Planbauplatten, unbewehrt, nach DIN 4166			
3.1.1	Porenbeton-Bauplatten (Ppl) mit normaler Fugendicke und Mauermörtel, nach DIN EN 1996-1-1, DIN EN 1996-2 verlegt	400	0,20	5/10
		500	0,22	
		600	0,24	
		700	0,27	
		800	0,29	
3.1.2	Porenbeton-Planbauplatten (Pppl), dünnfugig verlegt	350	0,11	5/10
		400	0,13	
		450	0,15	
		500	0,16	
		550	0,18	
		600	0,19	
		650	0,21	
		700	0,22	
		750	0,24	
		800	0,25	
3.2	Wandplatten aus Leichtbeton nach DIN 18162	800	0,29	5/10
		900	0,32	
		1000	0,37	
		1200	0,47	
		1400	0,58	
3.3	Gips-Wandbauplatten nach DIN EN 12859	750	0,35	5/10
		900	0,41	
		1000	0,47	
		1200	0,58	
3.4	Gipsplatten nach DIN 18180, DIN EN 520	800	0,25	4/10

Tafel 17.25   (Fortsetzung)

Zeile	Stoff	Rohdichte^{a,b} ρ [kg/m^3]	Bemessungswert der Wärmeleit-fähigkeit λ_B [W/(m · K)]		Richtwert der Wasser-dampf-Diffusionswider-standszahl^c μ [−]
4	**Mauerwerk, einschließlich Mörtelfugen**				
4.1	Mauerwerk aus Mauerziegeln nach DIN 105-100, DIN 105-5 und DIN 105-6 bzw. Mauerziegel nach DIN EN 771-1 in Verbindung mit DIN 20000-401				
			NM/DM^f		
4.1.1	Vollklinker, Hochlochklinker, Keramikklinker	1800	0,81		50/100
		2000	0,96		
		2200	1,2		
		2400	1,4		
4.1.2	Vollziegel, Hochlochziegel, Füllziegel	1200	0,50		5/10
		1400	0,58		
		1600	0,68		
		1800	0,81		
		2000	0,96		
		2200	1,2		
		2400	1,4		
4.1.3	Hochlochziegel HLzA und HLzB		LM21/LM36^f	NM/DM^f	
		550	0,27	0,32	5/10
		600	0,28	0,33	
		650	0,30	0,35	
		700	0,31	0,36	
		750	0,33	0,38	
		800	0,34	0,39	
		850	0,36	0,41	
		900	0,37	0,42	
		950	0,38	0,44	
		1000	0,40	0,45	
4.1.4	Hochlochziegel HLzW		LM21/LM36^f	NM^f	
		550	0,19	0,22	5/10
		600	0,20	0,23	
		650	0,20	0,23	
		700	0,21	0,24	
		750	0,22	0,25	
		800	0,23	0,26	
		850	0,23	0,26	
		900	0,24	0,27	
		950	0,25	0,28	
		1000	0,26	0,29	
4.2	Mauerwerk aus Kalksandsteinen nach DIN V 106 bzw. DIN EN 771-2 in Verbindung mit DIN V 20000-402	1000	0,50		5/10
		1200	0,56		
		1400	0,70		
		1600	0,79		15/25
		1800	0,99		
		2000	1,1		
		2200	1,3		
		2400	1,6		
		2600	1,8		

17

Tafel 17.25 (Fortsetzung)

Zeile	Stoff		Rohdichte[a,b] ρ [kg/m^3]	Bemessungswert der Wärmeleitfähigkeit λ_B [W/(m · K)]			Richtwert der Wasserdampf-Diffusionswiderstandszahl[c] μ [–]
4.3	Mauerwerk aus Porenbeton-Plansteinen (PP) nach DIN V 4165-100 bzw. DIN EN 771-4 in Verbindung mit DIN V 20000-404		350	0,11			5/10
			400	0,13			
			450	0,15			
			500	0,16			
			550	0,18			
			600	0,19			
			650	0,21			
			700	0,22			
			750	0,24			
			800	0,25			
4.4	**Mauerwerk aus Betonsteinen**						
4.4.1	Hohlblöcke (Hbl) nach DIN V 18151-100, Gruppe 1[e]			LM21/DM[f,i]	LM36[f,i]	NM[f]	
	Steinbreite, in cm	Anzahl der Kammerreihen	450	0,20	0,21	0,24	5/10
			500	0,22	0,23	0,26	
			550	0,23	0,24	0,27	
			600	0,24	0,25	0,29	
	17,5	2	650	0,26	0,27	0,30	
	20	2	700	0,28	0,29	0,32	
	24	2–4	800	0,31	0,32	0,35	
	30	3–5	900	0,34	0,36	0,39	
	36,5	4–6	1000			0,45	
	42,5	6	1200			0,53	
	49	6	1400			0,65	
			1600			0,74	
4.4.2	Hohlblöcke (Hbl) nach DIN V 18151-100 und Hohlwandplatten nach DIN 18148, Gruppe 2			LM21/DM[f,i]	LM36[f,i]	NM[f]	
	Steinbreite, in cm	Anzahl der Kammerreihen	450	0,22	0,23	0,28	5/10
			500	0,24	0,25	0,29	
			550	0,26	0,27	0,31	
			600	0,27	0,28	0,32	
	11,5	1	650	0,29	0,30	0,34	
	15	1	700	0,30	0,32	0,36	
	17,5	1	800	0,34	0,36	0,41	
	30	2	900	0,37	0,40	0,46	
	36,5	3	1000			≤ 0,50	
	42,5	5	1200			≤ 0,56	
	49	5	1400			≤ 0,70	
			1600			0,76	
4.4.3	Vollblöcke (Vbl, S-W) nach DIN V 18152-100		450	0,14	0,16	0,18	5/10
			500	0,15	0,17	0,20	
			550	0,16	0,18	0,21	
			600	0,17	0,19	0,22	
			650	0,18	0,20	0,23	
			700	0,19	0,21	0,25	
			800	0,21	0,23	0,27	
			900	0,25	0,26	0,30	
			1000	0,28	0,29	0,32	

Tafel 17.25 (Fortsetzung)

Zeile	Stoff	Rohdichte[a,b] ρ [kg/m³]	Bemessungswert der Wärmeleit-fähigkeit λ_B [W/(m · K)]			Richtwert der Wasser-dampf-Diffusionswider-standszahl[c] μ [−]
4.4.4	Vollblöcke (Vbl) und Vbl-S nach DIN V 18152-100 aus Leichtbeton mit anderen leichten Zuschlägen als Naturbims und Blähton	450	0,22	0,23	0,28	5/10
		500	0,23	0,24	0,29	
		550	0,24	0,25	0,30	
		600	0,25	0,26	0,31	
		650	0,26	0,27	0,32	
		700	0,27	0,28	0,33	
		800	0,29	0,30	0,36	
		900	0,32	0,32	0,39	
		1000	0,34	0,35	0,42	
		1200			0,49	
		1400			0,57	
		1600			0,62	10/15
		1800			0,68	
		2000			0,74	
4.4.5	Vollsteine (V) nach DIN V 18152-100	450	0,21	0,22	0,31	5/10
		500	0,22	0,23	0,32	
		550	0,23	0,25	0,33	
		600	0,24	0,26	0,34	
		650	0,25	0,27	0,35	
		700	0,27	0,29	0,37	
		800	0,30	0,32	0,40	
		900	0,33	0,35	0,43	
		1000	0,36	0,38	0,46	
		1200			0,54	
		1400			0,63	
		1600			0,74	10/15
		1800			0,87	
		2000			0,99	
4.4.6	Mauersteine nach DIN V 18153-100 aus Beton bzw. DIN EN 771-3 in Verbindung mit DIN V 20000-403	800	0,60			5/15
		900	0,65			
		1000	0,70			
		1200	0,80			
		1400	0,90			20/30
		1600	1,0			
		1800	1,1			
		2000	1,3			
		2200	1,6			
		2400	2,0			
5	**Wärmedämmstoffe – siehe Tafel 17.26**					
6	**Holz- und Holzwerkstoffe**	siehe DIN EN ISO 10456				
7	**Beläge, Abdichtstoffe und Abdichtungsbahnen**					
7.1	Fußbodenbeläge	siehe DIN EN ISO 10456				
7.2	Abdichtstoffe	siehe DIN EN ISO 10456				
7.2.1	Asphaltmastix, Dicke $d \geq 7$ mm	(2000)	0,70			d
7.3	Dachbahnen, Dachabdichtungsbahnen					
7.3.1	Bitumenbahnen nach DIN EN 13707	(1200)	0,17			20.000
7.3.2	Nackte Bitumenbahnen nach DIN 52129	(1200)	0,17			2000/20.000

17

Tafel 17.25 (Fortsetzung)

Zeile	Stoff	Rohdichte[a,b] ρ [kg/m³]	Bemessungswert der Wärmeleitfähigkeit λ_B [W/(m · K)]	Richtwert der Wasserdampf-Diffusionswiderstandszahl[c] μ [–]
7.4	Folien	siehe DIN EN ISO 10456		
7.4.1	PTFE-Folien, Dicke $d \geq 0,05$ mm	–	–	10.000
7.4.2	PA-Folie, Dicke $d \geq 0,05$ mm	–	–	50.000
7.4.3	PP-Folie, Dicke $d \geq 0,05$ mm	–	–	1000
8	**Sonstige gebräuchliche Stoffe[g]**			
8.1	Lose Schüttungen, abgedeckt[h]			
8.1.1	aus porigen Stoffen:			
	Korkschrot, expandiert	(≤ 200)	0,055	3
	Hüttenbims	(≤ 600)	0,13	
	Blähschiefer	(≤ 400)	0,16	
	Bimskies	(≤ 1000)	0,19	
	Schaumlava	(≤ 1200)	0,22	
		(≤ 1500)	0,27	
8.1.2	aus Polystyrolschaumstoff-Partikeln	(15)	0,050	3
8.1.3	aus Sand, Kies, Splitt (trocken)	(1800)	0,70	3
8.2	Fliesen	siehe DIN EN ISO 10456		
8.3	Glas			
8.4	Natursteine			
8.5	Lehmbaustoffe	500	0,14	5/10
		600	0,17	
		700	0,21	
		800	0,25	
		900	0,30	
		1000	0,35	
		1200	0,47	
		1400	0,59	
		1600	0,73	
		1800	0,91	
		2000	1,1	
8.6	Böden, naturfeucht	siehe DIN EN ISO 10456		
8.7	Keramik und Glasmosaik			
8.8	Metalle			

Anmerkung Die in Klammern gesetzten Zahlenwerte dienen nur zur Abschätzung. Sie besitzen keine wissenschaftlich gesicherte Zuordnung.

[a] Die in Klammern angegebenen Rohdichtewerte dienen nur zur Ermittlung der flächenbezogenen Masse, z. B. für den Nachweis des sommerlichen Wärmeschutzes.

[b] Die bei den Steinen genannten Rohdichten entsprechen den Rohdichteklassen der zitierten Stoffnormen.

[c] Es ist jeweils der für die Baukonstruktion ungünstigere Wert einzusetzen. Bezüglich der Anwendung der μ-Werte siehe DIN 4108-3.

[d] praktisch dampfdicht; nach DIN EN 12086 oder DIN EN ISO 12572: $s_d \geq 1500$ m

[e] Bei Quarzsand erhöhen sich die Bemessungswerte der Wärmeleitfähigkeit um 20 % (bezogen auf alle Werte in Zeile 2.4.2).
Die Bemessungswerte der Wärmeleitfähigkeit sind bei Hohlblöcken mit Quarzsandzusatz für 2 K Hbl um 20 % und für 3 K Hbl bis 6 K Hbl um 15 % zu erhöhen (bezogen auf alle Werte in Zeile 4.4.1).

[f] Bezeichnung der Mörtelarten nach DIN EN 1996-1-1, DIN EN 1996-2:
– NM – Normalmörtel;
– LM21 – Leichtmörtel mit $\lambda_B = 0,21$ W/(m · K);
– LM36 – Leichtmörtel mit $\lambda_B = 0,36$ W/(m · K);
– DM – Dünnbettmörtel.

[g] Diese Stoffe sind hinsichtlich ihrer wärmeschutztechnischen Eigenschaften nicht genormt. Die angegebenen Wärmeleitfähigkeitswerte stellen obere Grenzwerte dar.

[h] Die Dichte wird bei losen Schüttungen als Schüttdichte angegeben.

[i] Wenn keine Werte angegeben sind, gelten die Werte der Spalte „NM".

Tafel 17.26 Zeile 5 von Tafel 17.25 für Wärmedämmstoffe nach harmonisierten europäischen Normen (DIN 4108-4) [3]

Zeile	Stoff	Nennwert λ_D [W/(m · K)]	Bemessungswert $\lambda_{Bemessung}$ [W/(m · K)]	Richtwert der Wasserdampf-Diffusionswiderstandszahl[f] μ [−]
5.1	Mineralwolle (MW) nach DIN EN 13162[a]	0,030	0,031	1
		0,031	0,032	
		. . .	. . .	
		0,049	0,050	
		0,050	0,052	
5.2	Expandierter Polystyrolschaum (EPS) nach DIN EN 13163[a]	0,030	0,031	20/100
		0,031	0,032	
		. . .	. . .	
		0,049	0,050	
		0,050	0,052	
5.3	Extrudierter Polystyrolschaum (XPS) nach DIN EN 13164[a]	0,022	0,023	80/250
		0,023	0,024	
		. . .	. . .	
		0,045	0,046	
5.4	Polyurethan-Hartschaum (PUR) nach DIN EN 13165[a]	0,020	0,021	40/200
		0,021	0,022	
		. . .	. . .	
		0,040	0,041	
5.5	Phenolharz-Hartschaum (PF) nach DIN EN 13166[a]	0,020	0,021	10/60
		0,021	0,022	
		. . .	. . .	
		0,035	0,036	
5.6	Schaumglas (CG) nach DIN EN 13167[a]	0,037	0,038	[f]
		0,038	0,039	
		. . .	. . .	
		0,049	0,050	
		0,050	0,052	
		. . .	. . .	
		0,055	0,057	
5.7	Holzwolle-Leichtbauplatten nach DIN EN 13168			
5.7.1	Holzwolle-Platten (WW)[b]	0,060	0,063	2/5
		0,061	0,064	
		. . .	. . .	
		0,069	0,072	
		0,070	0,074	
		. . .	. . .	
		0,089	0,093	
		0,090	0,095	
		. . .	. . .	
		0,10	0,105	

17

Tafel 17.26 (Fortsetzung)

Zeile	Stoff	Nennwert λ_D [W/(m · K)]	Bemessungswert $\lambda_{Bemessung}$ [W/(m · K)]	Richtwert der Wasserdampf-Diffusionswiderstandszahl[f] μ [–]
5.7.2	Holzwolle-Mehrschichtplatten nach DIN EN 13168 (WW-C) Für die Berechnung des Bemessungswertes des Wärmedurchlasswiderstandes müssen die einzelnen Bemessungswerte der Wärmedurchlasswiderstände der Schichten addiert werden			
	mit expandiertem Polystyrolschaum (EPS) nach DIN EN 13163[a]	0,030	0,031	20/50
		0,031	0,032	
		…	…	
		0,049	0,050	
		0,050	0,052	
	mit Mineralwolle (MW) nach DIN EN 13162[a]	0,030	0,031	1
		0,031	0,032	
		…	…	
		0,049	0,050	
		0,050	0,052	
	Holzwolledeckschicht(en) nach DIN EN 13168[d]	0,10	0,12	2/5
		0,11	0,13	
		0,12	0,14	
		0,13	0,16	
		0,14	0,17	
5.8	Blähperlit (EPB) nach DIN EN 13169[a]	0,045	0,046	5
		0,046	0,047	
		…	…	
		0,049	0,050	
		0,050	0,052	
		…	…	
		0,070	0,072	
5.9	Expandierter Kork (ICB) nach DIN EN 13170[e]	0,040	0,049	5/10
		0,041	0,050	
		0,042	0,052	
		…	…	
		0,045	0,055	
		0,046	0,057	
		…	…	
		0,049	0,060	
		0,050	0,062	
		…	…	
		0,054	0,066	
		0,055	0,068	
5.10	Holzfaserdämmstoff (WF) nach DIN EN 13171[b]	0,032	0,034	3/5
		0,033	0,035	
		…	…	
		0,049	0,051	
		0,050	0,053	
		…	…	
		0,060	0,063	
5.11	Wärmedämmputz nach DIN EN 998-1 der Kategorie T1	–	0,12	5/20
	Wärmedämmputz nach DIN EN 998-1 der Kategorie T2	–	0,24	

Tafel 17.26 (Fortsetzung)

Zeile	Stoff	Nennwert λ_D [W/(m · K)]	Bemessungswert $\lambda_{Bemessung}$ [W/(m · K)]	Richtwert der Wasserdampf-Diffusionswiderstandszahl[f] μ [–]
5.12	Wärmedämmstoff aus Polyurethan (PUR)- und Polyisocyanurat (PIR)-Spritzschaum nach DIN EN 14315-1[c]	0,020	0,023	–
		0,021	0,024	
		…	…	
		0,034	0,037	
		0,035	0,039	
		…	…	
		0,040	0,044	
5.13	Wärmedämmung aus Produkten mit expandiertem Perlite (EP) nach DIN EN 14316-1[a]	0,040	0,041	–
		0,041	0,042	
		…	…	
		0,049	0,050	
		0,050	0,052	
		…	…	
		0,060	0,062	
5.14	Selbsttragende Sandwich-Elemente mit beidseitigen Metalldeckschichten nach DIN EN 14509[a, g]	0,020	0,021	–
		0,021	0,022	
		…	…	
		0,047	0,048	
5.15	An der Verwendungsstelle hergestellte Wärmedämmung aus Blähton-Leichtzuschlagstoffen (LWA) nach DIN EN 14063-1[b]	0,090	0,095	–
		0,091	0,096	
		…	…	
		0,095	0,10	
		…	…	
		0,10	0,105	
		0,11	0,12	
		…	…	
		0,13	0,14	
5.16	An der Verwendungsstelle hergestellte Wärmedämmung mit Produkten aus expandiertem Vermiculit (EV) nach DIN EN 14317-1[d]	0,052	0,062	–
		0,053	0,064	
		…	…	
		0,057	0,068	
		0,058	0,070	
		…	…	
		0,062	0,074	
		0,063	0,076	
		…	…	
		0,067	0,080	
		0,068	0,082	
		…	…	
		0,072	0,086	
		0,073	0,088	
		…	…	
		0,077	0,092	
		0,078	0,094	
		0,079	0,095	
		0,080	0,096	

Tafel 17.26 (Fortsetzung)

Zeile	Stoff	Nennwert λ_D [W/(m · K)]	Bemessungswert $\lambda_{Bemessung}$ [W/(m · K)]	Richtwert der Wasserdampf-Diffusionswiderstandszahl[f] μ [–]
5.17	An der Verwendungsstelle hergestellte Wärmedämmung aus Mineralwolle (MW) nach DIN EN 14064-1[a]	0,032	0,033	–
		0,033	0,034	
		…	…	
		0,049	0,050	
		0,050	0,052	
5.18	Werkmäßig hergestellte Produkte aus Polyethylenschaum (PEF) nach DIN EN 16069[d]	0,035	0,042	–
		0,036	0,043	
		0,037	0,044	
		0,038	0,046	
		…	…	
		0,042	0,050	
		0,043	0,052	
		…	…	
		0,047	0,056	
		0,048	0,058	
		…	…	
		0,052	0,062	
		0,053	0,064	
		…	…	
		0,057	0,068	
		0,058	0,070	
		0,059	0,071	
		0,060	0,072	
5.19	An der Verwendungsstelle hergestellter Wärmedämmstoff aus dispensiertem Polyurethan (PUR)- und Polyisocyanurat (PIR)-Hartschaum nach DIN EN 14318-1[c]	0,020	0,023	–
		0,021	0,024	
		…	…	
		0,034	0,037	
		0,035	0,039	
		…	…	
		0,040	0,044	

Anmerkung Errechnete Bemessungswerte werden auf zwei wertanzeigende Ziffern gerundet.

Anmerkung Weitere Bemessungswerte können mit den jeweils in den Fußnoten angegebenen Gleichungen ermittelt werden.

[a] $\lambda_{Bemessung} = \lambda_D \cdot 1,03$; aber mindestens 1 mW/(m · K);

[b] $\lambda_{Bemessung} = \lambda_D \cdot 1,05$; aber mindestens 2 mW/(m · K);

[c] $\lambda_{Bemessung} = \lambda_D \cdot 1,10$; aber mindestens 3 mW/(m · K);

[d] $\lambda_{Bemessung} = \lambda_D \cdot 1,20$;

[e] $\lambda_{Bemessung} = \lambda_D \cdot 1,23$;

[f] Es ist jeweils der für die Baukonstruktion ungünstigere Wert einzusetzen.

[g] Die Anforderungen nach Fußnote a sind übertragbar auf den Bemessungswert des Wärmedurchgangskoeffizienten U. $U_B = U_D \cdot 1,03$.

Tafel 17.27 Wärmeschutztechnische Bemessungswerte für Baustoffe, die gewöhnlich bei Gebäuden zur Anwendung kommen (DIN EN ISO 10456) [23]

Stoffgruppe oder Anwendung	Rohdichte ρ [kg/m^3]	Bemessungs-Wärme-leitfähigkeit λ [W/(m · K)]	spezifische Wärme-speicherkapazität c_p [J/(kg · K)]	Richtwert der Wasserdampf-Diffusionswiderstandszahl[c] μ [–]	
				trocken	feucht
Asphalt	2100	0,70	1000	50.000	50.000
Bitumen					
als Stoff	1050	0,17	1000	50.000	50.000
Membran/Bahn	1100	0,23	1000	50.000	50.000
Beton[a]					
mittlere Rohdichte	1800	1,15	1000	100	60
	2000	1,35	1000	100	60
	2200	1,65	1000	120	70
hohe Rohdichte	2400	2,00	1000	130	80
armiert (mit 1 % Stahl)	2300	2,3	1000	130	80
armiert (mit 2 % Stahl)	2400	2,5	1000	130	80
Fußbodenbeläge					
Gummi	1200	0,17	1400	10.000	10.000
Kunststoff	1700	0,25	1400	10.000	10.000
Unterlagen, poröser Gummi oder Kunststoff	270	0,10	1400	10.000	10.000
Filzunterlage	120	0,05	1300	20	15
Wollunterlage	200	0,06	1300	20	15
Korkunterlage	< 200	0,05	1500	20	10
Korkfliesen	> 400	0,065	1500	40	20
Teppich/Teppichböden	200	0,06	1300	5	5
Linoleum	1200	0,17	1400	1000	800
Gase					
Luft	1,23	0,025	1008	1	1
Kohlendioxid	1,95	0,014	820	1	1
Argon	1,70	0,017	519	1	1
Schwefelhexafluorid	6,36	0,013	614	1	1
Krypton	3,56	0,0090	245	1	1
Xenon	5,68	0,0054	160	1	1
Glas					
Natronglas (einschließlich Floatglas)	2500	1,00	750	∞	∞
Quarzglas	2200	1,40	750	∞	∞
Glasmosaik	2000	1,20	750	∞	∞
Wasser					
Eis bei $-10\,°C$	920	2,30	2000		
Eis bei $0\,°C$	900	2,20	2000		
Schnee, frisch gefallen (< 30 mm)	100	0,05	2000		
Neuschnee, weich (30 mm bis 70 mm)	200	0,12	2000		
Schnee, leicht verharscht (70 mm bis 100 mm)	300	0,23	2000		
Schnee, verharscht (< 200 mm)	500	0,60	2000		
Wasser bei $10\,°C$	1000	0,60	4190		
Wasser bei $40\,°C$	990	0,63	4190		
Wasser bei $80\,°C$	970	0,67	4190		

Tafel 17.27 (Fortsetzung)

Stoffgruppe oder Anwendung	Rohdichte ρ [kg/m^3]	Bemessungs-Wärme-leitfähigkeit λ [W/(m · K)]	spezifische Wärme-speicherkapazität c_p [J/(kg · K)]	Richtwert der Wasserdampf-Diffusionswiderstandszahl[c] μ [–]	
				trocken	feucht
Metalle					
Aluminiumlegierungen	2800	160	880	∞	∞
Bronze	8700	65	380	∞	∞
Messing	8400	120	380	∞	∞
Kupfer	8900	380	380	∞	∞
Gusseisen	7500	50	450	∞	∞
Blei	11.300	35	130	∞	∞
Stahl	7800	50	450	∞	∞
nichtrostender Stahl[b], austenitisch oder austenitisch-ferritisch	7900	17	500	∞	∞
nichtrostender Stahl[b], ferritisch oder martensitisch	7900	30	460	∞	∞
Zink	7200	110	380	∞	∞
Massive Kunststoffe					
Acrylkunststoffe	1050	0,20	1500	10.000	10.000
Polycarbonate	1200	0,20	1200	5000	5000
Polytetrafluorethylenkunststoffe (PTFE)	2200	0,25	1000	10.000	10.000
Polyvinylchlorid (PVC)	1390	0,17	900	50.000	50.000
Polymethylmethacrylat (PMMA)	1180	0,18	1500	50.000	50.000
Polyacetatkunststoffe	1410	0,30	1400	100.000	100.000
Polyamid (Nylon)	1150	0,25	1600	50.000	50.000
Polyamid 6.6 mit 25 % Glasfasern	1450	0,30	1600	50.000	50.000
Polyethylen/Polythen, hohe Rohdichte	980	0,50	1800	100.000	100.000
Polyethylen/Polythen, niedrige Rohdichte	920	0,33	2200	100.000	100.000
Polystyrol	1050	0,16	1300	100.000	100.000
Polypropylen	910	0,22	1800	10.000	10.000
Polypropylen mit 25 % Glasfasern	1200	0,25	1800	10.000	10.000
Polyurethan (PU)	1200	0,25	1800	6000	6000
Epoxydharz	1200	0,20	1400	10.000	10.000
Phenolharz	1300	0,30	1700	100.000	100.000
Polyesterharz	1400	0,19	1200	10.000	10.000
Gummi					
Naturkautschuk	910	0,13	1100	10.000	10.000
Neopren (Polychloropren)	1240	0,23	2140	10.000	10.000
Butylkautschuk (Isobutenkautschuk), hart/heiß geschmolzen	1200	0,24	1400	200.000	200.000
Schaumgummi	60–80	0,06	1500	7000	7000
Hartgummi (Ebonit), hart	1200	0,17	1400	∞	∞
Ethylen-Propylendien, Monomer (EPDM)	1150	0,25	1000	6000	6000
Polyisobutylenkautschuk	930	0,20	1100	10.000	10.000
Polysulfid	1700	0,40	1000	10.000	10.000
Butadien	980	0,25	1000	100.000	100.000

Tafel 17.27 (Fortsetzung)

Stoffgruppe oder Anwendung	Rohdichte ρ [kg/m³]	Bemessungs-Wärme-leitfähigkeit λ [W/(m · K)]	spezifische Wärme-speicherkapazität c_p [J/(kg · K)]	Richtwert der Wasserdampf-Diffusionswiderstandszahl[c] μ [–]	
				trocken	feucht
Dichtungsstoffe, Dichtungen und wärmetechnische Trennungen					
Silicagel (Trockenmittel)	720	0,13	1000	∞	∞
Silicon, ohne Füllstoff	1200	0,35	1000	5000	5000
Silicon, mit Füllstoff	1450	0,50	1000	5000	5000
Siliconschaum	750	0,12	1000	10.000	10.000
Urethan/Polyurethanschaum (als wärmetechnische Trennung)	1300	0,21	1800	60	60
Weichpolyvinylchlorid (PVC-P), mit 40 % Weichmacher	1200	0,14	1000	100.000	100.000
Elastomerschaum, flexibel	60–80	0,05	1500	10.000	10.000
Polyurethanschaum (PU)	70	0,05	1500	60	60
Polyethylenschaum	70	0,05	2300	100	100
Gips					
Gips	600	0,18	1000	10	4
	900	0,30	1000	10	4
	1200	0,43	1000	10	4
	1500	0,56	1000	10	4
Gipskartonplatte[c]	700	0,21	1000	10	4
	900	0,25	1000	10	4
Putze und Mörtel					
Gipsdämmputz	600	0,18	1000	10	6
Gipsputz	1000	0,40	1000	10	6
	1300	0,57	1000	10	6
Gips, Sand	1600	0,80	1000	10	6
Kalk, Sand	1600	0,80	1000	10	6
Zement, Sand	1800	1,00	1000	10	6
Erdreich					
Ton, Schlick oder Schlamm	1200–1800	1,5	1670–2500	50	50
Sand und Kies	1700–2200	2,0	910–1180	50	50
Gestein					
Kristalliner Naturstein	2800	3,5	1000	10.000	10.000
Sediment-Naturstein	2600	2,3	1000	250	200
leichter Sediment-Naturstein	1500	0,85	1000	30	20
poröses Gestein, z. B. Lava	1600	0,55	1000	20	15
Basalt	2700–3000	3,5	1000	10.000	10.000
Gneis	2400–2700	3,5	1000	10.000	10.000
Granit	2500–2700	2,8	1000	10.000	10.000
Marmor	2800	3,5	1000	10.000	10.000
Schiefer	2000–2800	2,2	1000	1000	800
Kalkstein, extra weich	1600	0,85	1000	30	20
Kalkstein, weich	1800	1,1	1000	40	25
Kalkstein, mittelhart	2000	1,4	1000	50	40
Kalkstein, hart	2200	1,7	1000	200	150
Kalkstein, extra hart	2600	2,3	1000	250	200
Sandstein (Quarzit)	2600	2,3	1000	40	30
Naturbims	400	0,12	1000	8	6
Kunststein	1750	1,3	1000	50	40

Tafel 17.27 (Fortsetzung)

Stoffgruppe oder Anwendung	Rohdichte ρ [kg/m³]	Bemessungs-Wärme-leitfähigkeit λ [W/(m·K)]	spezifische Wärme-speicherkapazität c_p [J/(kg·K)]	Richtwert der Wasserdampf-Diffusionswiderstandszahl[c] μ [–]	
				trocken	feucht
Dachziegelsteine					
Ton	2000	1,0	800	40	30
Beton	2100	1,5	1000	100	60
Platten					
Keramik/Porzellan	2300	1,3	840	∞	
Kunststoff	1000	0,20	1000	10.000	10.000
Nutzholz[d]					
	450	0,12	1600	50	20
	500	0,13	1600	50	20
	700	0,18	1600	200	50
Holzwerkstoffe[d]					
Sperrholz[e]	300	0,09	1600	150	50
	500	0,13	1600	200	70
	700	0,17	1600	220	90
	1000	0,24	1600	250	110
zementgebundene Spanplatten	1200	0,23	1500	50	30
Spanplatten	300	0,10	1700	50	10
	600	0,14	1700	50	15
	900	0,18	1700	50	20
OSB-Platten	650	0,13	1700	50	30
Holzfaserplatten, einschließlich MDF[f]	250	0,07	1700	5	3
	400	0,10	1700	10	5
	600	0,14	1700	20	12
	800	0,18	1700	30	20

Anmerkung 1: Für Computerberechnungen kann der ∞-Wert durch einen beliebig großen Wert, wie z. B. 10^6 ersetzt werden.

Anmerkung 2: Wasserdampfdiffusionswiderstandszahlen sind als Werte für trockene und nasse Prüfgefäße angegeben.

[a] Die Rohdichte von Beton ist als Trockenrohdichte angegeben.

[b] Eine ausführliche Liste nichtrostender Stähle ist in EN 10088-1 enthalten. Sie kann verwendet werden, wenn die genaue Zusammensetzung des nichtrostenden Stahles bekannt ist.

[c] Die Wärmeleitfähigkeit schließt den Einfluss der Papierdeckschichten mit ein.

[d] Die Rohdichte von Nutzholz und Holzfaserplattenprodukten ist die Gleichgewichtsdichte bei 20 °C und einer relativen Luftfeuchte von 65 %.

[e] Als Interimsmaßnahme und bis zum Vorliegen hinreichend zuverlässiger Daten können für Hartfaserplatten (solid wood panels (SWP)) und Bauholz mit Furnierschichten (laminated veneer lumber (LVL)) die für Sperrholz angegebenen Werte angewendet werden.

[f] MDF bedeutet Medium Density fibreboard/mitteldichte Holzfaserplatte, die in sog. Trockenverfahren hergestellt worden ist.

Tafel 17.28 Ausgleichsfeuchtegehalte u von Baustoffen (DIN 4108-4) [3]

Baustoffe	massebezogener Feuchtegehalt u [kg/kg]
Beton mit geschlossenem Gefüge mit porigen Zuschlägen	0,13
Leichtbeton mit haufwerkporigem Gefüge mit dichten Zuschlägen nach DIN EN 12620	0,03
Leichtbeton mit haufwerkporigem Gefüge mit porigen Zuschlägen nach DIN EN 13055-1	0,045
Calciumsulfat (Gips, Anhydrit)	0,004
Gussasphalt, Asphaltmastix	0
Holz, Sperrholz, Spanplatten, Holzfaserplatten, Schilfrohrplatten und -matten, organische Faserdämmstoffe	0,15
Pflanzliche Faserdämmstoffe aus Seegras, Holz-, Torf- und Kokosfasern und sonstige Fasern	0,15

Tafel 17.29 Feuchteschutztechnische Eigenschaften und spezifische Wärmekapazität von Wärmedämm- und Mauerwerksstoffen (DIN EN ISO 10456) [23]

Werkstoff	Rohdichte [kg/m³]	Feuchtegehalt bei $\theta = 23\,°C$ und $\phi = 50\,\%$[a]		Feuchtegehalt bei $\theta = 23\,°C$ und $\phi = 80\,\%$[a]		Umrechnungsfaktor für den Feuchtegehalt[b]				Wasserdampf-Diffusionswiderstandszahl μ [–]		spezifische Wärmekapazität c [J/(kg·K)]
		u [kg/kg]	ψ [m³/m³]	u [kg/kg]	ψ [m³/m³]	u [kg/kg]	f_u [–]	ψ [m³/m³]	f_ψ [–]	trocken	feucht	
Expandierter Polystyrol-Hartschaum	10–50		0		0	< 0,10			4	60	60	1450
Extrudierter Polystyrol-Hartschaum	20–65		0		0	< 0,10			2,5	150	150	1450
Polyurethanschaum	28–55		0		0	< 0,15			6	60	60	1400
Mineralwolle	10–200		0		0	< 0,15			4[c]	1	1	1030
Phenolharz-Hartschaum	20–50		0		0	< 0,15			5	50	50	1400
Schaumglas	100–150	0		0		0	0			∞	∞	1000
Perliteplatten	140–240	0,02		0,03		0–0,03	0,8			5	5	900
Expandierter Kork	90–140		0,008		0,011	< 0,10			6	10	5	1560
Holzwolle-Leichtbauplatten	250–450		0,03		0,05	< 0,10			1,8	5	3	1470
Holzfaserdämmplatten	40–250	0,02		0,03		< 0,05			1,4	5	3	2000
Harnstoff-Formaldehydschaum	10–30	0,1		0,15		< 0,15	0,7			2	2	1400
Polyurethanschaum	30–50		0		0	< 0,15			6	60	60	1400
Lose Mineralwolle	15–60		0		0	< 0,15			4	1	1	1030
Lose Zellulosefasern	20–60	0,11		0,18		< 0,20	0,5			2	2	1600
Blähperlite-Schüttung	30–150	0,01		0,02		0–0,02	3			2	2	900
Schüttgut aus expandiertem Vermiculit	30–150	0,01		0,02		0–0,02	2			3	2	1080
Blähtonschüttung	200–400	0		0,001		0–0,02	4			2	2	1000
Polystyrol-Partikelschüttung	10–30		0		0	< 0,10	4		4	2	2	1400
Vollziegel (Gebrannter Ton)	1000–2400		0,007		0,012	0–0,25			10	16	10	1000
Kalksandstein	900–2200		0,012		0,024	0–0,25			10	20	15	1000
Beton mit Bimszuschlägen	500–1300		0,02		0,035	0–0,25			4	50	40	1000
Beton mit nichtporigen Zuschlägen und Kunststein	1600–2400		0,025		0,04	0–0,25			4	150	120	1000
Beton mit Polystyrolzuschlägen	500–800		0,015		0,025	0–0,25			5	120	60	1000
Beton mit Blähtonzuschlägen	400–700	0,02		0,03		0–0,25	2,6			6	4	1000
Beton mit überwiegend Blähtonzuschlägen	800–1700	0,02		0,03		0–0,25	4			8	6	1000
Beton mit mehr als 70 % geblähter Hochofenschlacke	1100–1700	0,02		0,04		0–0,25	4			30	20	1000
Beton mit vorwiegend aus hochtemperaturbehandeltem taubem Gestein aufbereitet	1100–1500	0,02		0,04		0–0,25	4			15	10	1000
Porenbeton	300–1000	0,026		0,045		0–0,25	4			10	6	1000
Beton mit weiteren Leichtzuschlägen	500–2000		0,03		0,05	0–0,25			4	15	10	1000
Mörtel (Mauermörtel und Putzmörtel)	250–2000		0,04		0,06	0–0,25			4	20	10	1000

In dieser Tabelle sind allgemeine Werte angegeben. Weitere, vom Werkstoff und der Anwendung abhängige Werte können in national gültigen Tabellen angegeben werden.

[a] Siehe DIN EN ISO 10456 Nr. 8.2.

[b] Die Auswirkungen der Masseübertragung über flüssiges Wasser und Wasserdampf sowie die Auswirkungen der Änderungen des Aggregatzustandes des Wassers sind durch diese Daten nicht abgedeckt. Der Feuchtegehalt ist der Bereich, für den die Koeffizienten gelten.

[c] Die Daten gelten nicht, wenn die warme Seite der Dämmung möglicherweise dauerhaft mit Feuchte versorgt wird.

Tafel 17.30 Anwendungsgebiete von Wärmedämmstoffen (DIN 4108-10) [6]

Anwendungsgebiet	Kurzzeichen	Anwendungsbeispiele
Decke, Dach	DAD	Außendämmung von Dach oder Decke, vor Bewitterung geschützt, Dämmung unter Deckungen
	DAA	Außendämmung von Dach oder Decke, vor Bewitterung geschützt, Dämmung unter Abdichtungen
	DUK	Außendämmung des Daches, der Bewitterung ausgesetzt (Umkehrdach)
	DZ	Zwischensparrendämmung, zweischaliges Dach, nicht begehbar, aber zugängliche oberste Geschossdecke
	DI	Innendämmungder Decke (unterseitig) oder des Daches, Dämmung unter den Sparren/Tragkonstruktion, abgehängte Decke usw.
	DEO	Innendämmung der Decke oder Bodenplatte (oberseitig) unter Estrich ohne Schallschutzanforderungen
	DES	Innendämmung der Decke oder Bodenplatte (oberseitig) unter Estrich mit Schallschutzanforderungen
Wand	WAB	Außendämmung der Wand hinter Bekleidung
	WAA	Außendämmung der Wand hinter Abdichtung
	WAP	Außendämmung der Wand unter Putz
	WZ	Dämmung von zweischaligen Wänden, Kerndämmung
	WH	Dämmung von Holzrahmen- und Holztafelbauweise
	WI	Innendämmung der Wand
	WTH	Dämmung zwischen Haustrennwänden mit Schallschutzanforderungen
	WTR	Dämmung von Raumtrennwänden
Perimeter	PW	Außen liegende Wärmedämmung von Wänden gegen Erdreich (außerhalb der Abdichtung)
	PB	Außen liegende Wärmedämmung unterhalb der Bodenplatte gegen Erdreich (außerhalb der Abdichtung)

Tafel 17.31 Dämmstoffarten (DIN 4108-10) [6]

Dämmstoff	Kurzbezeichnung	Stufen, Klassen und Grenzwerte nach DIN EN
Mineralwolle	MW	13162
Polystyrol – Hartschaum	EPS	13163
Polystyrol – Extruderschaum	XPS	13164
Polyurethan – Hartschaum	PU	13165
Phenolharz – Hartschaum	PF	13166
Schaumglas	CG	13167
Holzwolle – Platten	WW	13168
Holzwolle – Mehrschichtplatten	WW-C	13168
Expandiertes Perlite	EPB	13169
Expandierter Kork	ICB	13170
Holzfaser	WF	13171

Tafel 17.32 Differenzierung von Produkteigenschaften (DIN 4108-10) [6]

Produkteigenschaft	Kurzzeichen	Beschreibung	Beispiele
Druckbelastbarkeit	dk	Keine Druckbelastbarkeit	Hohlraumdämmung, Zwischensparrendämmung
	dg	Geringe Druckbelastbarkeit	Wohn- und Bürobereich unter Estrich (außer Gussasphaltestrich)[a]
	dm	Mittlere Druckbelastbarkeit	Nicht genutztes Dach mit Abdichtung
	dh	Hohe Druckbelastbarkeit	Genutzte Dachflächen, Terrassen, Flachdächer mit Solaranlagen
	ds	Sehr hohe Druckbelastbarkeit	Industrieböden, Parkdeck
	dx	Extrem hohe Druckbelastbarkeit	Hochbelastete Industrieböden, Parkdeck
Wasseraufnahme	wk	Keine Anforderungen an die Wasseraufnahme	Innendämmung im Wohn- und Bürobereich
	wf	Wasseraufnahme durch flüssiges Wasser	Außendämmung von Außenwänden und Dächern
	wd	Wasseraufnahme durch flüssiges Wasser und/oder Diffusion	Perimeterdämmung, Umkehrdach
Zugfestigkeit	zk	Keine Anforderungen an die Zugfestigkeit	Hohlraumdämmung, Zwischensparrendämmung
	zg	Geringe Zugfestigkeit	Außendämmung der Wand hinter Bekleidung
	zh	Hohe Zugfestigkeit	Außendämmung der Wand unter Putz, Dach mit verklebter Abdichtung
Schalltechnische Eigenschaften	sk	Keine Anforderungen an schalltechnische Eigenschaften	Alle Anwendungen ohne schalltechnische Anforderungen
	sg	Trittschalldämmung, geringe Zusammendrückbarkeit	Schwimmender Estrich, Haustrennwände
	sm	Trittschalldämmung, mittlere Zusammendrückbarkeit	
	sh	Trittschalldämmung, erhöhte Zusammendrückbarkeit	
Verformung	tk	Keine Anforderungen an die Verformung	Innendämmung
	tf	Dimensionsstabilität unter Feuchte und Temperatur	Außendämmung der Wand unter Putz, Dach mit Abdichtung
	tl	Verformung unter Last und Temperatur	Dach mit Abdichtung

[a] Bei der Anwendung von Gussasphaltestrichen sind für die Dämmschicht direkt unter dem Estrich temperaturbeständige Dämmstoffe (ds oder dx) erforderlich.

Tafel 17.33 Wärmetechnische Eigenschaften des Erdreichs (DIN EN ISO 13370) [24]

Kategorie	Beschreibung	Wärmeleitfähigkeit λ [W/(m K)]	Volumenbezogene Wärmekapazität $\varrho \cdot c$ [J/(m³ K)]
1	Ton oder Schluff	1,5	$3{,}0 \cdot 10^6$
2	Sand oder Kies	2,0	$2{,}0 \cdot 10^6$
3	Homogener Felsen	3,5	$2{,}0 \cdot 10^6$

Tafel 17.34 Wärmeleitfähigkeit λ des Erdreichs (DIN EN ISO 13370:2008-04)

Art des Erdreichs	Trockenrohdichte ϱ [kg/m³]	Massebezogener Feuchtegehalt u [kg/kg]	Sättigungsgrad [%]	Wärmeleitfähigkeit λ [W/(m K)]	Repräsentative Werte für λ [W/(m K)]
Schluff	1400 bis 1800	0,10 bis 0,30	70 bis 100	1,0 bis 2,0	1,5
Ton	1200 bis 1600	0,20 bis 0,40	80 bis 100	0,9 bis 1,4	1,5
Torf	400 bis 1100	0,05 bis 2,00	0 bis 100	0,2 bis 0,5	–
Trockener Sand	1700 bis 2000	0,04 bis 0,12	20 bis 60	1,1 bis 2,2	2,0
Nasser Sand	1700 bis 2100	0,10 bis 0,18	85 bis 100	1,5 bis 2,7	2,0
Felsen	2000 bis 3000	[a]	[a]	2,5 bis 4,5	3,5

[a] Üblicherweise sehr gering (massebezogener Feuchtegehalt $< 0{,}03$), mit Ausnahme von porösem Gestein.

Tafel 17.35 Wärmedurchlasswiderstände R von Decken (DIN 4108-4) [3]

Zeile	Spalte			
	1	2	3	4
	Deckenart und Darstellung	Dicke s [mm][a]	Wärmedurchlasswiderstand R [m² K/W]	
			im Mittel	an der ungünstigsten Stelle
1	Stahlbetonrippen und Stahlbetonbalkendecken mit Zwischenbauteilen nach DIN EN 15037-2			
1.1	Stahlbetonrippendecke (ohne Aufbeton, ohne Putz)	120	0,20	0,06
		140	0,21	0,07
		160	0,22	0,08
		180	0,23	0,09
		200	0,24	0,10
		220	0,25	0,11
		250	0,26	0,12
1.2	Stahlbetonbalkendecke (ohne Aufbeton, ohne Putz)	120	0,16	0,06
		140	0,18	0,07
		160	0,20	0,08
		180	0,22	0,09
		200	0,24	0,10
		220	0,26	0,11
		240	0,28	0,12
2	Stahlbetonrippen- und Stahlbetonbalkendecken mit Zwischenbauteilen nach DIN EN 15037-3 in Verbindung mit DIN 20000-129			
2.1	Ziegel als Zwischenbauteile nach DIN EN 15037-3 ohne Querstege (ohne Aufbeton, ohne Putz)	115	0,15	0,06
		140	0,16	0,07
		165	0,18	0,08
2.2	Ziegel als Zwischenbauteile nach DIN EN 15037-3 mit Querstegen (ohne Aufbeton, ohne Putz)	190	0,24	0,09
		225	0,26	0,10
		240	0,28	0,11
		265	0,30	0,12
		290	0,32	0,13
3	Ziegeldecken („Stahlsteindecken") nach DIN 1045-100 aus Deckenziegeln nach DIN 4159			
3.1	Ziegel für teilvermörtelbare Stoßfugen nach DIN 4159	115	0,15	0,06
		140	0,18	0,07
		165	0,21	0,08
		190	0,24	0,09
		215	0,27	0,10
		240	0,30	0,11
		265	0,33	0,12
		290	0,36	0,13
3.2	Ziegel für vollvermörtelbare Stoßfugen nach DIN 4159	115	0,13	0,06
		140	0,16	0,07
		165	0,19	0,08
		190	0,22	0,09
		215	0,25	0,10
		240	0,28	0,11
		265	0,31	0,12
		290	0,34	0,13
4	Stahlbetonhohldielen nach DIN EN 1992-1-1, DIN 1045-2			
	(ohne Aufbeton, ohne Putz)	65	0,13	0,03
		80	0,14	0,04
		100	0,15	0,05

[a] Zwischenwerte dürfen interpoliert werden

Tafel 17.36 Wärmedurchlasswiderstand R_u von Dachräumen (DIN EN ISO 6946) [20]

	Beschreibung des Daches	R_u [m² K/W]
1	Ziegeldach ohne Pappe, Schalung oder Ähnliches	0,06
2	Plattendach oder Ziegeldach mit Pappe oder Schalung oder Ähnlichem unter den Ziegeln	0,2
3	Wie 2, jedoch mit Aluminiumverkleidung oder einer anderen Oberfläche mit geringem Emissionsgrad an der Dachunterseite	0,3
4	Dach mit Schalung und Pappe	0,3

Anmerkung Die Werte in dieser Tabelle enthalten den Wärmedurchlasswiderstand des belüfteten Raums und der (Schräg)-Dachkonstruktion. Sie enthalten nicht den äußeren Wärmeübergangswiderstand R_se.

Tafel 17.37 Wärmedurchlasswiderstand R_g von ruhenden Luftschichten mit Oberflächen mit hohem Emissionsgrad (DIN EN ISO 6946) [20]

Dicke der Luftschicht (mm)	Richtung des Wärmestromes		
	Aufwärts	Horizontal	Abwärts
0	0,00	0,00	0,00
5	0,11	0,11	0,11
7	0,13	0,13	0,13
10	0,15	0,15	0,15
15	0,16	0,17	0,17
25	0,16	0,18	0,19
50	0,16	0,18	0,21
100	0,16	0,18	0,22
300	0,16	0,18	0,23

Anmerkung Zwischenwerte können linear interpoliert werden.

Tafel 17.38 Wärmeübergangswiderstände R_si und R_se

Situation	Wärmeübergangswiderstand	
	Innen	Außen
	R_si [m² K/W]	R_se [m² K/W]
Gemäß DIN EN 6946 [20][a] (Wärmeschutz)		
Wärmestromrichtung aufwärts	0,10	0,04
Wärmestromrichtung horizontal	0,13	
Wärmestromrichtung abwärts	0,17	
Gemäß DIN 4108-2 [1] (Oberflächentemperatur)		
Wärmebrücken (beheizte Räume)	0,25	0,04
Gemäß DIN 4108-3 [2][b] (Tauwasserausfall im Bauteilinneren, Periodenbilanzverfahren)		
Alle Wärmestromrichtungen	0,25	0,04
Gemäß DIN 4108-8 [5] (Oberflächentemperatur)		
Bereiche hinter Einbauschränken	1,00	0,04
Bereiche hinter freistehenden Schränken	0,50	
Wand im Fensterlaibungsbereich	0,25	
Fenster, Fenstertüren und Türen	0,13	
Gemäß DIN EN ISO 13788 [26]		
Lichtundurchlässige Oberflächen (Wärmeübertragung)	0,25	0,04
Fenster und Türen, ungehinderte Luftzirkulation (Oberflächentemperaturen)		
– Wärmestromrichtung aufwärts	0,10	
– Wärmestromrichtung horizontal	0,13	
– Wärmestromrichtung abwärts	0,17	

[a] Die Wärmeübergangswiderstände beziehen sich auf Oberflächen, die mit der Luft in Berührung sind. Der Wärmeübergangswiderstand ist nicht anwendbar, wenn die Oberfläche ein anderes Material berührt.
[b] Bei innen liegenden Bauteilen ist zu beiden Seiten mit demselben Wärmeübergangswiderstand zu rechnen.

Tafel 17.39 Wärmedurchgangskoeffizienten U_w für vertikale Fenster mit einem Flächenanteil des Rahmens von 30 % an der Gesamtfensterfläche und mit typischen Arten von Abstandhaltern (DIN EN 10077-1) [21]

Art der Verglasung	U_g [W/(m²·K)]	Wärmedurchgangskoeffizienten U_w [W/(m²·K)] für vertikale Fenster mit einem Flächenanteil des Rahmens von 30 % an der Gesamtfensterfläche und mit typischen Arten von Abstandhaltern und folgenden Werten für U_f												
		0,8	1,0	1,2	1,4	1,6	1,8	2,0	2,2	2,6	3,0	3,4	3,8	7,0
Einscheibenverglasung	5,8	4,3	4,4	4,4	4,5	4,5	4,6	4,7	4,7	4,8	5,0	5,1	5,2	6,1
Zweischeiben- oder Dreischeiben- Isolierverglasung	3,3	2,7	2,8	2,8	2,9	2,9	3,0	3,1	3,2	3,3	3,4	3,5	3,6	4,5
	3,2	2,6	2,7	2,7	2,8	2,9	2,9	3,0	3,1	3,2	3,3	3,5	3,6	4,4
	3,1	2,6	2,6	2,7	2,7	2,8	2,9	2,9	3,0	3,1	3,3	3,4	3,5	4,3
	3,0	2,5	2,5	2,6	2,7	2,7	2,8	2,8	3,0	3,1	3,2	3,3	3,4	4,2
	2,9	2,4	2,5	2,5	2,6	2,7	2,7	2,8	2,9	3,0	3,1	3,2	3,4	4,2
	2,8	2,3	2,4	2,5	2,5	2,6	2,6	2,7	2,8	2,9	3,1	3,2	3,3	4,1
	2,7	2,3	2,3	2,4	2,5	2,5	2,6	2,6	2,7	2,9	3,0	3,1	3,2	4,0
	2,6	2,2	2,3	2,3	2,4	2,4	2,5	2,6	2,7	2,6	2,9	3,0	3,2	4,0
	2,5	2,1	2,2	2,3	2,3	2,4	2,4	2,5	2,6	2,5	2,8	3,0	3,1	3,9
	2,4	2,1	2,1	2,2	2,2	2,3	2,4	2,4	2,5	2,5	2,8	2,9	3,0	3,8
	2,3	2,0	2,1	2,1	2,2	2,2	2,3	2,4	2,5	2,4	2,7	2,8	3,0	3,8
	2,2	1,9	2,0	2,0	2,1	2,2	2,2	2,3	2,4	2,3	2,6	2,8	2,9	3,7
	2,1	1,9	1,9	2,0	2,0	2,1	2,2	2,2	2,3	2,3	2,6	2,7	2,8	3,6
	2,0	1,8	1,9	2,0	2,0	2,1	2,1	2,2	2,3	2,5	2,6	2,7	2,8	3,6
	1,9	1,8	1,8	1,9	1,9	2,0	2,1	2,1	2,3	2,4	2,5	2,5	2,7	3,6
	1,8	1,7	1,8	1,8	1,9	1,9	2,0	2,1	2,2	2,3	2,4	2,6	2,7	3,5
	1,7	1,6	1,7	1,7	1,8	1,9	1,9	2,0	2,1	2,2	2,4	2,5	2,6	3,4
	1,6	1,6	1,6	1,7	1,7	1,8	1,9	1,9	2,1	2,2	2,3	2,4	2,5	3,3
	1,5	1,5	1,5	1,6	1,7	1,7	1,8	1,8	2,0	2,1	2,2	2,3	2,5	3,3
	1,4	1,4	1,5	1,5	1,6	1,7	1,7	1,8	1,9	2,0	2,2	2,3	2,4	3,2
	1,3	1,3	1,4	1,5	1,5	1,6	1,6	1,7	1,8	2,0	2,1	2,2	2,3	3,1
	1,2	1,3	1,3	1,4	1,5	1,5	1,6	1,6	1,8	1,9	2,0	2,1	2,3	3,1
	1,1	1,2	1,3	1,3	1,4	1,4	1,5	1,6	1,7	1,8	1,9	2,1	2,2	3,0
	1,0	1,1	1,2	1,3	1,3	1,4	1,4	1,5	1,6	1,8	1,9	2,0	2,1	2,9
	0,9	1,1	1,1	1,2	1,2	1,3	1,4	1,4	1,6	1,7	1,8	1,9	2,0	2,9
	0,8	1,0	1,1	1,1	1,2	1,2	1,3	1,4	1,5	1,6	1,7	1,9	2,0	2,8
	0,7	0,93	0,99	1,0	1,1	1,2	1,2	1,3	1,4	1,5	1,7	1,8	1,9	2,7
	0,6	0,86	0,92	0,98	1,0	1,1	1,2	1,2	1,4	1,5	1,6	1,7	1,8	2,7
	0,5	0,79	0,85	0,91	0,97	1,0	1,1	1,2	1,3	1,4	1,5	1,6	1,8	2,6

Tafel 17.40 Wärmedurchgangskoeffizienten U_w für vertikale Fenster mit einem Flächenanteil des Rahmens von 20 % an der Gesamtfensterfläche und mit typischen Arten von Abstandhaltern (DIN EN 10077-1) [21]

Art der Verglasung	U_g [W/(m²·K)]	Wärmedurchgangskoeffizienten U_w [W/(m²·K)] für vertikale Fenster mit einem Flächenanteil des Rahmens von 20 % an der Gesamtfensterfläche und mit typischen Arten von Abstandhaltern und folgenden Werten für U_f												
		0,8	1,0	1,2	1,4	1,6	1,8	2,0	2,2	2,6	3,0	3,4	3,8	7,0
Einscheibenverglasung	5,8	4,8	4,8	4,9	4,9	5,0	5,0	5,0	5,1	5,2	5,2	5,3	5,4	6,0
Zweischeiben- oder Dreischeiben-Isolierverglasung	3,3	3,0	3,0	3,0	3,1	3,1	3,2	3,2	3,3	3,4	3,5	3,5	3,6	4,1
	3,2	2,9	2,9	3,0	3,0	3,0	3,1	3,1	3,2	3,3	3,4	3,5	3,5	4,0
	3,1	2,8	2,8	2,9	2,9	3,0	3,0	3,0	3,1	3,2	3,3	3,4	3,5	3,9
	3,0	2,7	2,8	2,8	2,8	2,9	2,9	3,0	3,1	3,1	3,2	3,3	3,4	3,9
	2,9	2,6	2,7	2,7	2,8	2,8	2,8	2,9	3,0	3,1	3,1	3,2	3,3	3,8
	2,8	2,6	2,6	2,6	2,7	2,7	2,8	2,8	2,9	3,0	3,1	3,1	3,2	3,7
	2,7	2,5	2,5	2,6	2,6	2,6	2,7	2,7	2,8	2,9	3,0	3,1	3,1	3,6
	2,6	2,4	2,4	2,5	2,5	2,6	2,6	2,6	2,7	2,6	2,9	3,0	3,1	3,5
	2,5	2,3	2,4	2,4	2,4	2,5	2,5	2,6	2,7	2,5	2,8	2,9	3,0	3,5
	2,4	2,2	2,3	2,3	2,4	2,4	2,4	2,5	2,6	2,4	2,7	2,8	2,9	3,4
	2,3	2,2	2,2	2,2	2,3	2,3	2,4	2,4	2,5	2,4	2,7	2,7	2,8	3,3
	2,2	2,1	2,1	2,2	2,2	2,2	2,3	2,3	2,4	2,3	2,6	2,7	2,7	3,2
	2,1	2,0	2,0	2,1	2,1	2,2	2,2	2,2	2,3	2,2	2,5	2,6	2,7	3,1
	2,0	2,0	2,0	2,1	2,1	2,1	2,2	2,2	2,3	2,4	2,5	2,6	2,7	3,1
	1,9	1,9	1,9	2,0	2,0	2,1	2,1	2,1	2,3	2,3	2,4	2,5	2,6	3,1
	1,8	1,8	1,9	1,9	1,9	2,0	2,0	2,1	2,2	2,3	2,3	2,4	2,5	3,0
	1,7	1,7	1,8	1,8	1,9	1,9	1,9	2,0	2,1	2,2	2,3	2,3	2,4	2,9
	1,6	1,7	1,7	1,7	1,8	1,8	1,9	1,9	2,0	2,1	2,2	2,3	2,3	2,8
	1,5	1,6	1,6	1,7	1,7	1,7	1,8	1,8	1,9	2,0	2,1	2,2	2,3	2,7
	1,4	1,5	1,5	1,6	1,6	1,7	1,7	1,7	1,9	1,9	2,0	2,1	2,2	2,7
	1,3	1,4	1,5	1,5	1,5	1,6	1,6	1,7	1,8	1,9	1,9	2,0	2,1	2,6
	1,2	1,3	1,4	1,4	1,5	1,5	1,5	1,6	1,7	1,8	1,9	1,9	2,0	2,5
	1,1	1,3	1,3	1,3	1,4	1,4	1,5	1,5	1,6	1,7	1,8	1,9	1,9	2,4
	1,0	1,2	1,2	1,3	1,3	1,3	1,4	1,4	1,5	1,6	1,7	1,8	1,9	2,3
	0,9	1,1	1,1	1,2	1,2	1,3	1,3	1,3	1,5	1,5	1,6	1,7	1,8	2,3
	0,8	1,0	1,1	1,1	1,1	1,2	1,2	1,3	1,4	1,5	1,5	1,6	1,7	2,2
	0,7	0,93	0,97	1,0	1,1	1,1	1,1	1,2	1,3	1,4	1,5	1,5	1,6	2,1
	0,6	0,85	0,89	0,93	0,97	1,0	1,1	1,1	1,2	1,3	1,4	1,5	1,5	2,0
	0,5	0,77	0,81	0,85	0,89	0,93	0,97	1,0	1,1	1,2	1,3	1,4	1,5	1,9

17

Tafel 17.41 Wärmedurchgangskoeffizienten U_w für vertikale Fenster mit einem Flächenanteil des Rahmens von 30 % an der Gesamtfensterfläche und mit wärmetechnisch verbesserten Abstandhaltern (DIN EN 10077-1) [21]

Art der Verglasung	U_g [W/(m²·K)]	Wärmedurchgangskoeffizienten U_w [W/(m² · K)] für vertikale Fenster mit einem Flächenanteil des Rahmens von 30 % an der Gesamtfensterfläche und mit wärmetechnisch verbesserten Abstandhaltern und folgenden Werten für U_f												
		0,8	1,0	1,2	1,4	1,6	1,8	2,0	2,2	2,6	3,0	3,4	3,8	7,0
Einscheibenverglasung	5,8	4,3	4,4	4,4	4,5	4,5	4,6	4,7	4,7	4,8	5,0	5,1	5,2	6,2
Zweischeiben- oder Dreischeiben- Isolierverglasung	3,3	2,7	2,7	2,8	2,9	2,9	3,0	3,0	3,1	3,2	3,4	3,5	3,6	4,4
	3,2	2,6	2,7	2,7	2,8	2,8	2,9	3,0	3,0	3,2	3,3	3,4	3,5	4,4
	3,1	2,5	2,6	2,7	2,7	2,8	2,8	2,9	3,0	3,1	3,2	3,3	3,5	4,3
	3,0	2,5	2,5	2,6	2,6	2,7	2,8	2,8	2,9	3,0	3,1	3,3	3,4	4,2
	2,9	2,4	2,5	2,5	2,6	2,6	2,7	2,8	2,8	3,0	3,1	3,2	3,3	4,2
	2,8	2,3	2,4	2,4	2,5	2,6	2,6	2,7	2,8	2,9	3,0	3,1	3,2	4,1
	2,7	2,3	2,3	2,4	2,4	2,5	2,6	2,6	2,7	2,8	2,9	3,1	3,2	4,0
	2,6	2,2	2,2	2,3	2,4	2,4	2,5	2,5	2,6	2,6	2,9	3,0	3,1	3,9
	2,5	2,1	2,2	2,2	2,3	2,4	2,4	2,5	2,6	2,5	2,8	2,9	3,0	3,9
	2,4	2,0	2,1	2,2	2,2	2,3	2,3	2,4	2,5	2,5	2,7	2,8	3,0	3,8
	2,3	2,0	2,0	2,1	2,2	2,2	2,3	2,3	2,4	2,4	2,7	2,8	2,9	3,7
	2,2	1,9	2,0	2,0	2,1	2,1	2,2	2,3	2,3	2,3	2,6	2,7	2,8	3,7
	2,1	1,8	1,9	2,0	2,0	2,1	2,1	2,2	2,3	2,2	2,5	2,6	2,8	3,6
	2,0	1,8	1,8	1,9	2,0	2,0	2,1	2,1	2,3	2,4	2,5	2,6	2,7	3,6
	1,9	1,7	1,8	1,8	1,9	2,0	2,0	2,1	2,2	2,3	2,4	2,5	2,7	3,5
	1,8	1,6	1,7	1,8	1,8	1,9	1,9	2,0	2,1	2,2	2,4	2,5	2,6	3,5
	1,7	1,6	1,6	1,7	1,8	1,8	1,9	1,9	2,0	2,2	2,3	2,4	2,5	3,4
	1,6	1,5	1,6	1,6	1,7	1,7	1,8	1,9	2,0	2,1	2,2	2,3	2,5	3,3
	1,5	1,4	1,5	1,6	1,6	1,7	1,7	1,8	1,9	2,0	2,1	2,3	2,4	3,2
	1,4	1,4	1,4	1,5	1,5	1,6	1,7	1,7	1,8	2,0	2,1	2,2	2,3	3,2
	1,3	1,3	1,4	1,4	1,5	1,5	1,6	1,7	1,8	1,9	2,0	2,1	2,2	3,1
	1,2	1,2	1,3	1,3	1,4	1,5	1,5	1,6	1,7	1,8	1,9	2,1	2,2	3,0
	1,1	1,2	1,2	1,3	1,3	1,4	1,5	1,5	1,6	1,7	1,9	2,0	2,1	3,0
	1,0	1,1	1,1	1,2	1,3	1,3	1,4	1,4	1,6	1,7	1,8	1,9	2,0	2,9
	0,9	1,0	1,1	1,1	1,2	1,3	1,3	1,4	1,5	1,6	1,7	1,8	2,0	2,8
	0,8	0,95	1,0	1,1	1,1	1,2	1,2	1,3	1,4	1,5	1,7	1,8	1,9	2,8
	0,7	0,88	0,94	1,0	1,1	1,1	1,2	1,2	1,3	1,5	1,6	1,7	1,8	2,7
	0,6	0,81	0,87	0,93	0,99	1,0	1,1	1,2	1,3	1,4	1,5	1,6	1,8	2,6
	0,5	0,74	0,80	0,86	0,92	0,98	1,0	1,1	1,2	1,3	1,4	1,6	1,7	2,5

Tafel 17.42 Wärmedurchgangskoeffizienten U_w für vertikale Fenster mit einem Flächenanteil des Rahmens von 20 % an der Gesamtfensterfläche und mit wärmetechnisch verbesserten Abstandhaltern (DIN EN 10077-1) [21]

Art der Verglasung	U_g [W/(m²·K)]	Wärmedurchgangskoeffizienten U_w [W/(m²·K)] für vertikale Fenster mit einem Flächenanteil des Rahmens von 20 % an der Gesamtfensterfläche und mit wärmetechnisch verbesserten Abstandhaltern und folgenden Werten für U_f												
		0,8	1,0	1,2	1,4	1,6	1,8	2,0	2,2	2,6	3,0	3,4	3,8	7,0
Einscheibenverglasung	5,8	4,8	4,8	4,9	4,9	5,0	5,0	5,0	5,1	5,2	5,2	5,3	5,4	6,0
Zweischeiben- oder Dreischeiben-Isolierverglasung	3,3	2,9	3,0	3,0	3,1	3,1	3,1	3,2	3,2	3,3	3,4	3,5	3,6	4,1
	3,2	2,9	2,9	2,9	3,0	3,0	3,1	3,1	3,2	3,2	3,3	3,4	3,5	4,0
	3,1	2,8	2,8	2,9	2,9	2,9	3,0	3,0	3,1	3,2	3,2	3,3	3,4	3,9
	3,0	2,7	2,7	2,8	2,8	2,9	2,9	2,9	3,0	3,1	3,2	3,2	3,3	3,8
	2,9	2,6	2,7	2,7	2,7	2,8	2,8	2,9	2,9	3,0	3,1	3,2	3,2	3,7
	2,8	2,5	2,6	2,6	2,7	2,7	2,7	2,8	2,8	2,9	3,0	3,1	3,2	3,7
	2,7	2,5	2,5	2,5	2,6	2,6	2,7	2,7	2,8	2,8	2,9	3,0	3,1	3,6
	2,6	2,4	2,4	2,5	2,5	2,5	2,6	2,6	2,7	2,6	2,8	2,9	3,0	3,5
	2,5	2,3	2,3	2,4	2,4	2,5	2,5	2,5	2,6	2,5	2,8	2,8	2,9	3,4
	2,4	2,2	2,3	2,3	2,3	2,4	2,4	2,5	2,5	2,4	2,7	2,8	2,8	3,3
	2,3	2,1	2,2	2,2	2,3	2,3	2,3	2,4	2,4	2,4	2,6	2,7	2,8	3,3
	2,2	2,1	2,1	2,1	2,2	2,2	2,3	2,3	2,4	2,3	2,5	2,6	2,7	3,2
	2,1	2,0	2,0	2,1	2,1	2,1	2,2	2,2	2,3	2,2	2,4	2,5	2,6	3,1
	2,0	1,9	2,0	2,0	2,0	2,1	2,1	2,2	2,3	2,3	2,4	2,5	2,6	3,1
	1,9	1,8	1,9	1,9	2,0	2,0	2,0	2,1	2,2	2,3	2,3	2,5	2,5	3,0
	1,8	1,8	1,8	1,8	1,9	1,9	2,0	2,0	2,1	2,2	2,3	2,3	2,4	2,9
	1,7	1,7	1,7	1,8	1,8	1,8	1,9	1,9	2,0	2,1	2,2	2,3	2,3	2,9
	1,6	1,6	1,6	1,7	1,7	1,8	1,8	1,8	1,9	2,0	2,1	2,2	2,3	2,8
	1,5	1,5	1,6	1,6	1,6	1,7	1,7	1,8	1,9	1,9	2,0	2,1	2,2	2,7
	1,4	1,4	1,5	1,5	1,6	1,6	1,6	1,7	1,8	1,9	1,9	2,0	2,1	2,6
	1,3	1,4	1,4	1,4	1,5	1,5	1,6	1,6	1,7	1,8	1,9	1,9	2,0	2,5
	1,2	1,3	1,3	1,4	1,4	1,4	1,5	1,5	1,6	1,7	1,8	1,9	1,9	2,5
	1,1	1,2	1,2	1,3	1,3	1,4	1,4	1,4	1,5	1,6	1,7	1,8	1,9	2,4
	1,0	1,1	1,2	1,2	1,2	1,3	1,3	1,4	1,5	1,5	1,6	1,7	1,8	2,3
	0,9	1,0	1,1	1,1	1,2	1,2	1,2	1,3	1,4	1,5	1,5	1,6	1,7	2,2
	0,8	0,96	1,0	1,0	1,1	1,1	1,2	1,2	1,3	1,4	1,5	1,5	1,6	2,1
	0,7	0,88	0,92	0,96	1,0	1,0	1,1	1,1	1,2	1,3	1,4	1,5	1,5	2,1
	0,6	0,80	0,84	0,88	0,92	0,96	1,0	1,0	1,1	1,2	1,3	1,4	1,5	2,0
	0,5	0,72	0,76	0,80	0,84	0,88	0,92	0,96	1,1	1,1	1,2	1,3	1,4	1,9

Tafel 17.43 Korrekturwerte ΔU_g zur Berechnung der Bemessungswerte $U_{g,BW}$ (DIN 4108-4) [3]

Korrekturwert ΔU_g [W/(m² K)]	Grundlage
+0,1	Sprossen im Scheibenzwischenraum (einfaches Sprossenkreuz)
+0,2	Sprossen im Scheibenzwischenraum (mehrfache Sprossenkreuze)

Tafel 17.44 Gesamtenergiedurchlassgrad g und Lichttransmissionsgrad τ in Abhängigkeit von den Konstruktionsmerkmalen und vom Wärmedurchgangskoeffizienten U_g (DIN 4108-4) [3]

Konstruktionsmerkmale der Glastypen	Anhaltswerte für die Bemessung			
	U_g [W/(m²·K)]	$g_\perp$ [–]	τ_e [–]	τ_V [–]
Einfachglas	5,8	0,87	0,85	0,90
Zweifachglas mit Luftfüllung, ohne Beschichtung	2,9	0,78	0,73	0,82
Dreifachglas mit Luftfüllung, ohne Beschichtung	2,0	0,70	0,63	0,75
Wärmedämmglas zweifach mit Argonfüllung, eine Beschichtung	1,7	0,72	0,60	0,74
	1,4	0,67	0,58	0,78
	1,2	0,65	0,54	0,78
	1,1	0,60	0,52	0,80
Wärmedämmglas dreifach mit Argonfüllung, 2 Beschichtungen	0,8	0,60	0,50	0,72
	0,7	0,50	0,39	0,69
Sonnenschutzglas zweifach, mit Argonfüllung, eine Beschichtung	1,3	0,48	0,44	0,59
	1,2	0,37	0,34	0,67
	1,2	0,25	0,21	0,40
	1,1	0,36	0,33	0,66
	1,1	0,27	0,24	0,50
Sonnenschutzglas dreifach, mit Argonfüllung, 2 Beschichtungen	0,7	0,24	0,21	0,45
	0,7	0,34	0,29	0,63

Tafel 17.45 Anhaltswerte für Wärmedurchgangskoeffizienten U_t der transparenten Fläche, Gesamtenergiedurchlassgrade $g_\perp$ und Lichttransmissionsgrade τ_{D65} von Lichtkuppeln und Lichtbändern (DIN 4108-4) [3]

Typ	Aufbau und Werkstoffe[a]	Einfärbung	U_t [W/(m² · K)]	$g_\perp$ [–]	τ_{D65} [–]
Lichtkuppel	PMMA-Massivplatte, einschalig	klar	5,4	0,85	0,92
	PMMA-Massivplatte, einschalig	opal	5,4	0,80	0,83
	PMMA-Massivplatte, doppelschalig	klar/klar	2,7	0,78	0,80
	PMMA-Massivplatte, doppelschalig	opal/klar	2,7	0,72	0,73
	PMMA-Massivplatte, doppelschalig	opal/opal	2,7	0,64	0,59
	PMMA-Massivplatte, doppelschalig	klar, IR[b]-reflektierend	2,7	0,32	0,47
	PMMA-Massivplatte, dreischalig	opal/opal/klar	1,8	0,64	0,60
	PC-/PETG-Massivplatte, einschalig	klar	5,4	0,75	0,88
Lichtband	PC-Stegdoppelplatte, 8 mm (PC-SDP8)	klar	3,3	0,81	0,81
	PC-Stegdoppelplatte, 8 mm (PC-SDP8)	opal	3,3	0,70	0,62
	PC-Stegdoppelplatte, 10 mm (PC-SDP10)	klar	3,1	0,85	0,80
	PC-Stegdoppelplatte, 10 mm (PC-SDP10)	opal	3,1	0,70	0,50
	PC-Stegvierfachplatte, 10 mm (PC-S4P10)	opal	2,5	0,59	0,50
	PC-Stegdreifachplatte, 16 mm (PC-S3P16)	klar	2,4	0,69	0,72
	PC-Stegdreifachplatte, 16 mm (PC-S3P16)	opal	2,4	0,55	0,48
	PC-Stegfünffachplatte, 16 mm (PC-S5P16)	opal	1,9	0,52	0,45
	PC-Stegsechsfachplatte, 16 mm (PC-S6P16)	opal	1,85	0,47	0,42
	PC-Stegfünffachplatte, 20 mm (PC-S5P20)	klar	1,8	0,70	0,64
	PC-Stegfünffachplatte, 20 mm (PC-S5P20)	opal	1,8	0,46	0,44
	PC-Stegsechsfachplatte, 25 mm (PC-S6P25)	klar	1,45	0,67	0,62
	PC-Stegsechsfachplatte, 25 mm (PC-S6P25)	opal	1,45	0,46	0,44
	PMMA-Stegdoppelplatte, 16 mm (PMMA-SDP16)	klar	2,5	0,82	0,86
	PMMA-Stegdoppelplatte, 16 mm (PMMA-SDP16)	opal	2,5	0,73	0,74
	PMMA-Stegdoppelplatte, 16 mm (PMMA-SDP16)	IR[b]-reflektierend	2,5	0,40	0,50
	PMMA-Stegvierfachplatte, 32 mm (PMMA-S4P32)	klar	1,6	0,71	0,76
	PMMA-Stegvierfachplatte, 32 mm PMMA-S4P32)	klar, IR[b]-reflektierend	1,6	0,50	0,45
	PMMA-Stegvierfachplatte, 32 mm (PMMA-S4P32)	opal	1,6	0,60	0,64
	PMMA-Stegvierfachplatte, 32 mm (PMMA-S4P32)	opal, IR[b]-reflektierend	1,6	0,30	0,40

[a] Werkstoffe und ihre Bezeichnungen:
PC = Polycarbonat
PETG = Polyethylenterephthalat, glykolisiert
PMMA = Polymethylmethacrylat
[b] IR = Infrarot

Tafel 17.46 Bemessungswert des Wärmedurchgangskoeffizienten $U_{D,BW}$ von Außentüren in Abhängigkeit der konstruktiven Merkmale (DIN 4108-4) [3]

Konstruktionsmerkmale	$U_{D,BW}$ [W/(m² K)]
Außentüren aus Holz, Holzwerkstoffen und Kunststoff	2,9
Außentüren aus Metallrahmen und metallenen Bekleidungen	4,0

Tafel 17.47 Bemessungswert des Wärmedurchgangskoeffizienten $U_{D,BW}$ von Toren in Abhängigkeit von den konstruktiven Merkmalen (DIN 4108-4) [3]

Toraufbau[a]	$U_{D,BW}$ [W/(m² · K)]
Tore mit einem Torblatt aus Metall (einschalig, ohne wärmetechnische Trennung)	6,5
Tore mit einem Torblatt aus Metall oder holzbeplankten Paneelen aus Dämmstoffen ($\lambda \leq 0,04$ W/(m · K) bzw. $R_D \geq 0,5$ W/(m² · K) bei 15 mm Schichtdicke)	2,9
Tore mit einem Torblatt aus Holz und Holzwerkstoffen, Dicke der Torfüllung ≥ 15 mm	4,0
Tore mit einem Torblatt aus Holz und Holzwerkstoffen, Dicke der Torfüllung ≥ 25 mm	3,2

[a] Unter Tore wird hier verstanden: Eine Einrichtung, um eine Öffnung zu schließen, die in der Regel für die Durchfahrt von Fahrzeugen vorgesehen ist. Der allgemeine Begriff für „Tore" ist in DIN EN 12433-1 definiert.

Tafel 17.48 Zuschlagswerte ΔU für Umkehrdächer (DIN 4108-2) [1]

Anteil des Wärmedurchlasswiderstandes raumseitig der Abdichtung am Gesamtwärmedurchlasswiderstand [%]	Zuschlagswert ΔU [W/(m² K)]
Unter 10	0,05
Von 10 bis 50	0,03
Über 50	0

Tafel 17.49 Korrektur $\Delta U''$ für Luftspalte (DIN EN ISO 6946) [20]

Stufe	Beschreibung	U'' [W/(m² · K)]
0	Keine Luftspalte in der Dämmschicht oder es sind nur kleine Luftspalte vorhanden, die keine wesentliche Wirkung auf den Wärmedurchgangskoeffizienten haben	0,00
1	Luftzwischenräume, die die warme und kalte Seite der Dämmschicht verbinden, jedoch keine Luftzirkulation zwischen der warmen und kalten Seite der Dämmschicht verursachen	0,01
2	Luftzwischenräume, die die warme und kalte Seite der Dämmschicht verbinden, im Zusammenhang mit Hohlräumen, was zu einer Luftzirkulation zwischen der warmen und kalten Seite der Dämmschicht führt	0,04

Tafel 17.50 Wasserdampfdiffusionsäquivalente Luftschichtdicke s_d (DIN EN ISO 10456) [23]

Produkt/Stoff	Wasserdampfdiffusionsäquivalente Luftschichtdicke s_d [m]
Polyethylenfolie 0,15 mm	50
Polyethylenfolie 0,25 mm	100
Polyesterfolie 0,2 mm	50
PVC-Folie	30
Aluminium-Folie 0,05 mm	1500
PE-Folie (gestapelt) 0,15 mm	8
Bituminiertes Papier 0,1 mm	2
Aluminiumverbundfolie 0,4 mm	10
Unterdeck- und Unterspannbahn für Wände	0,2
Beschichtungsstoff	0,1
Glanzlack	3
Vinyltapete	2

Tafel 17.51 Klassen der Luftdurchlässigkeit von Fenstern, Fenstertüren und Außentüren in Abhängigkeit von den Konstruktionsmerkmalen (DIN 4108-4) [3]

Konstruktionsmerkmale	Klasse nach DIN EN 12207
Holzfenster (auch Doppelfenster) mit Profilen nach DIN 68121-1, ohne Dichtung	2
Alle Fensterkonstruktionen mit alterungsbeständiger, leicht auswechselbarer, weichfedernder Dichtung, in einer Ebene umlaufend angeordnet	3
Alle Außentürkonstruktionen mit alterungsbeständiger, leicht auswechselbarer, weichfedernder Dichtung, in einer Ebene umlaufend angeordnet	2

Tafel 17.52 Bestimmung von Dämmstoffdicken bei Einhaltung der Mindestanforderungen der Energieeinsparverordnung (EnEV) – 100 %-Anforderung (DIN 4108-4) [3]

Kupferrohre, Cu nach DIN EN 1057			Stahlrohre, Fe DIN EN 10255 (mittlere Reihe)				Mindestdicke nach EnEV bezogen auf eine Wärmeleitfähigkeit von λ = 0,035 W/(m·K) (100 %) [mm]	Wärmedurchgangskoeffizient[a] [W/(m²·K)]	Mindestdicke der Dämmschicht in mm, bezogen auf eine Wärmeleitfähigkeit von λ in W/(m·K)			
Nennweite DN	Rohraußendurchmesser [mm]	Rohrinnendurchmesser [mm]	Nennweite DN	Rohraußendurchmesser [mm]	Gewindegröße	Rohrinnendurchmesser max. [mm]			0,025	0,030	0,040	0,045
8	10	8					20	0,125	10	14	28	38
			6	10,2	1/8	6,2	20	0,126	10	14	28	38
10	12	10					20	0,137	10	15	27	37
			8	13,5	1/4	8,9	20	0,145	10	15	27	36
10	15	13					20	0,154	11	15	27	35
			10	17,2	3/8	12,6	20	0,165	11	15	26	34
15	18	16					20	0,170	11	15	26	34
			15	21,3	1/2	16,1	20	0,187	11	15	26	33
20[b]	22	19					20	0,191	11	15	26	33
			20	26,9	3/4	21,7	20	0,216	12	16	25	32
25	28	25					30	0,179	17	23	39	49
			25	33,7	1	27,3	30	0,200	18	23	38	48
32	35	32					30	0,205	18	23	38	47
			32	42,2	1 1/4	36	36	0,208	21	28	46	57
40	42	39					39	0,198	23	30	50	62
			40	48,3	1 1/2	41,9	41,9	0,207	25	33	53	66
50	54	50					50	0,201	29	39	63	79
			50	60,3	2	53,1	53,1	0,208	32	42	67	83
	64	60					60	0,201	35	47	76	94
65	76	72,1					72,1	0,201	43	56	91	113
			65	76,1	2 1/2	68,9	68,9	0,206	41	54	87	107
80	89	84,9					84,9	0,201	50	66	107	133
			80	88,9	3	80,9	80,9	0,206	48	63	102	126
100[b]	108[b,c]	103[b,c]					100	0,205	60	78	126	156
			100	114,3	4	105,3	100	0,213	60	79	125	154

[a] Wärmeübergangskoeffizient innen: nicht berücksichtigt; Wärmeübergangskoeffizient außen: 10 W/(m²·K)

[b] Nicht in DIN EN 1057 enthalten.

[c] Errechnete Werte.

Tafel 17.53 Bestimmung von Dämmstoffdicken bei Einhaltung der Mindestanforderungen der Energieeinsparverordnung (EnEV) – 50 %-Anforderung (DIN 4108-4) [3]

Kupferrohre, Cu nach DIN EN 1057			Stahlrohre, Fe DIN EN 10255 (mittlere Reihe)				Mindestdicke nach EnEV bezogen auf eine Wärmeleitfähigkeit von $\lambda = 0{,}035\ \mathrm{W/(m \cdot K)}$ (50 %) [mm]	Wärmedurchgangskoeffizient [$\mathrm{W/(m^2 \cdot K)}$]	Mindestdicke der Dämmschicht in mm, bezogen auf eine Wärmeleitfähigkeit von λ in $\mathrm{W/(m \cdot K)}$				
Nennweite DN	Rohraußendurchmesser [mm]	Rohrinnendurchmesser [mm]	Nennweite DN	Rohraußendurchmesser [mm]	Gewindegröße	Rohrinnendurchmesser max. [mm]			0,025	0,030	0,035	0,040	0,045
8	10	8					10	0,164	5	7	10	14	18
			6	10,2	1/8	6,2	10	0,166	5	7	10	14	18
10	12	10					10	0,182	5	8	10	13	17
			8	13,5	1/4	8,9	10	0,195	6	8	10	13	17
10	15	13					10	0,209	6	8	10	13	17
			10	17,2	3/8	12,6	10	0,228	6	8	10	13	16
15	18	16					10	0,235	6	8	10	13	16
			15	21,3	1/2	16,1	10	0,263	6	8	10	13	16
20	22	19					10	0,269	6	8	10	13	16
			20	26,9	3/4	21,7	10	0,310	6	8	10	12	15
25	28	25					15	0,258	9	12	15	19	23
			25	33,7	1	27,3	15	0,294	9	12	15	19	23
32	35	32					15	0,302	9	12	15	19	22
			32	42,4	1 1/4	36	17,2	0,320	11	14	17,2	21	25
40	42	39					19,5	0,295	12	16	19,5	24	29
			40	48,3	1 1/2	41,9	20,2	0,320	13	16	20,2	25	30
50	54	50					25	0,304	16	20	25	31	37
			50	60,3	2	53,1	26,6	0,317	17	21	26,6	32	39
	64	60					30	0,306	19	24	30	37	44
			65	76,1	2 1/2	68,9	36,1	0,307	23	29	36,1	44	53
65	76	72,1					33,6	0,322	21	27	33,6	41	49
			80	88,9	3	80,9	42,5	0,309	27	34	42,5	52	62
80	89	84,9					39,5	0,324	25	32	39,5	48	57
			100	114,3	4	105,3	50	0,319	32	40	50	61	72
100	108	103					50	0,332	32	41	50	61	72

17.4 Schallschutz im Hochbau

17.4.1 Formelzeichen

A äquivalente Schallabsorptionsfläche, in m^2

A_0 Bezugs-Absorptionsfläche, $A_0 = 10\,m^2$

C Spektrum-Anpassungswert für mittelfrequent betonte Geräuschspektren, in dB

C_I Spektrum-Anpassungswert für Trittschall, in dB

C_{tr} Spektrum-Anpassungswert für tieffrequent betonte Geräuschspektren, in dB

D Schallpegeldifferenz, in dB

$D_{n,f,w}$ bewertete Norm-Flankenschallpegeldifferenz, in dB

E_{dyn} dynamischer Elastizitätsmodul, in MN/m^2

K Korrekturwert zur Berücksichtigung flankierender Decken, in dB

K Korrekturwert für die Flankenschallübertragung im Massivbau (Trittschall), in dB

K_{AL} Korrekturwert Außenlärm für die Raumgeometrie, in dB

K_E Korrekturwert für entkoppelte Kanten, in dB

K_{ij} Stoßstellendämm-Maß, in dB

K_T Korrekturwert für die räumliche Zuordnung (Trittschall), in dB

K_1 Korrekturwert für die Flankenschallübertragung im Holzbau für den Übertragungsweg Df (Trittschall), in dB

K_2 Korrekturwert für die Flankenschallübertragung im Holzbau für den Übertragungsweg DFf (Trittschall), in dB

L Schallpegel, in dB

L_{AF} A-bewerteter Schalldruckpegel, in dB

L_{ap} Armaturengeräuschpegel, in dB

$L_{maß}$ maßgeblicher Außenlärmpegel, in dB

$L_{n,w}$ bewerteter Norm-Trittschallpegel ohne Flankenübertragung, in dB

$L'_{n,w}$ bewerteter Norm-Trittschallpegel mit Flankenübertragung, in dB

$L_{n,eq,0,w}$ äquivalenter bewerteter Norm-Trittschallpegel einer Rohdecke, in dB

ΔL_w bewertete Trittschallminderung, in dB

L_r Beurteilungspegel, in dB

M Hilfsgröße, [–]

R Schalldämm-Maß, in dB

R'_w bewertetes Schalldämm-Maß, in dB

$R'_{w,ges}$ gesamtes bewertetes Schalldämm-Maß, in dB

$R_{Dd,w}$ bewertetes Direkt-Schalldämm-Maß des trennenden Bauteils, in dB

$\Delta R_{Dd,w}$ gesamte bewertete Verbesserung des Schalldämm-Maßes des trennenden Bauteils durch Vorsatzkonstruktionen, in dB

$R_{e,i,w}$ bewertetes flächenbezogenes Schalldämm-Maß, in dB

$R_{Df,w}$ bewertetes Flankenschalldämm-Maß für den Übertragungsweg Df, in dB

$R_{Fd,w}$ bewertetes Flankenschalldämm-Maß für den Übertragungsweg Fd, in dB

$R_{Ff,w}$ bewertetes Flankenschalldämm-Maß für den Übertragungsweg Ff, in dB

$R_{ij,w}$ bewertetes Flankenschalldämm-Maß, in dB

$\Delta R_{ij,w}$ gesamte bewertete Verbesserung des Flankenschalldämm-Maßes durch Vorsatzkonstruktionen, in dB

$R_{s,w}$ bewertetes Schalldämm-Maß des trennenden massiven Bauteils, in dB

R_w bewertetes Schalldämm-Maß ohne Flankenübertragung, in dB

ΔR_w bewertete Verbesserung des Schalldämm-Maßes durch Vorsatzkonstruktionen, in dB

$\Delta R_{w,Tr}$ Zweischaligkeitszuschlag, in dB

S_G Grundfläche des Raums, in m^2

S_S Fläche des trennenden Bauteils, in m^2

S_i Bauteilfläche, in m^2

T Nachhallzeit, in s

V Volumen, in m^3

b Breite, in mm

d Bauteildicke, Schalenabstand, in m

f_0 Resonanzfrequenz, in Hz

f_g Koinzidenzgrenzfrequenz, in Hz

h Höhe, in mm

l_0 Bezugs-Kantenlänge, $l_0 = 1\,m$

l_f Kopplungslänge, in m

l_{lab} Bezugs-Kantenlänge, in m

m' flächenbezogene Masse, in kg/m^2

$m'_{f,m}$ mittlere flächenbezogene Masse der flankierenden Bauteile, in kg/m^2

m'_s flächenbezogene Masse der Rohdecke, in kg/m^2

p Schalldruck, in Pa

r längenspezifischer Strömungswiderstand, in $kPa \cdot s/m^2$

s Dicke, Abstand, in mm

s' dynamische Steifigkeit, in MN/m^3

u_{prog} Prognoseunsicherheit, in dB

ρ Rohdichte, in kg/m^3

17

17.4.2 Schalltechnische Größen und Begriffe

Schallpegel L (Schalldruckpegel L_p)

Zehnfacher dekadischer Logarithmus des Verhältnisses des zeitbewerteten Quadrats des frequenzbewerteten Schalldrucks p zum Quadrat des Bezugswertes p_0:

$$L = 10 \cdot \lg \frac{p^2}{p_0{}^2} = 20 \cdot \lg \frac{p}{p_0} \quad \text{in dB} \qquad (17.78)$$

mit $p_0 = 2 \cdot 10^{-5}\,\mathrm{Pa}$

Dementsprechend ist das Dezibel mit der Abkürzung dB keine Einheit im Sinne der qualitativen und quantitativen Angaben physikalischer Größen, sondern dient zur Kennzeichnung von logarithmierten Verhältnisgrößen.

Schallpegeladdition

Bei mehreren zu addierenden Schallpegeln müssen die Quadrate der einzelnen Schalldrücke addiert werden. Für mehrere Pegel L_n gilt also:

$$p_\mathrm{ges}{}^2 = p_1{}^2 + \ldots + p_\mathrm{n}{}^2 \quad \text{in dB} \qquad (17.79)$$

und damit

$$L_\mathrm{ges} = 10 \cdot \lg \left(10^{0,1 \cdot L_1} + 10^{0,1 \cdot L_2} + \ldots + 10^{0,1 \cdot L_\mathrm{n}} \right)$$
$$= 10 \cdot \lg \sum_{i=1}^{n} 10^{0,1 \cdot L_\mathrm{n}} \quad \text{in dB} \qquad (17.80)$$

Mittelungspegel L_m (energieäquivalenter Dauerschallpegel L_eq)

Schallpegel sind in manchen Situationen (z. B. Straßenverkehrslärm) zeitlich nicht konstant. Für die Beurteilung wird dann ein Mittelungspegel L_m herangezogen, welcher über den betreffenden Zeitraum T unter Beachtung der einzelnen, über einen bestimmten Teilzeitraum T_i gemessenen Schallpegel L_i der gemittelten Schallenergie entspricht:

$$L_\mathrm{ges} = 10 \cdot \lg \left[\frac{1}{T} \cdot \sum_{i=1}^{T} \left(10^{0,1 \cdot L_\mathrm{i}} \cdot T_\mathrm{i} \right) \right] \quad \text{in dB} \qquad (17.81)$$

Schallpegeldifferenz D

Die frequenzabhängige Schallpegeldifferenz D stellt die Differenz zwischen einem Schallpegel L_1 in dB im Senderaum und dem Schallpegel L_2 in dB im Empfangsraum dar:

$$D = L_1 - L_2 \quad \text{in dB} \qquad (17.82)$$

Schalldämm-Maß R bzw. R'

Das frequenzabhängige Schalldämm-Maß R beschreibt die Luftschalldämmung eines Bauteils zwischen zwei Räumen

und wird aus der Schallpegeldifferenz D unter Berücksichtigung der Fläche S_S des Trennbauteils und der äquivalenten Schallabsorptionsfläche A im Empfangsraum ermittelt. R' ist das Schalldämm-Maß, bei dem der Einfluss der bauüblichen Nebenwege (Flankenübertragung) berücksichtigt wird:

$$R' = D + 10 \cdot \lg \left(\frac{S_\mathrm{S}}{A} \right) \quad \text{in dB} \qquad (17.83)$$

Bewertetes Schalldämm-Maß R_w bzw. R'_w

Aus dem Verlauf der frequenzabhängigen Schalldämm-Maße R bzw. R' wird durch Vergleich mit einer normierten Bezugskurve das bewertete Schalldämm-Maß R_w bzw. R'_w als Einzahlangabe errechnet. Im bautechnischen Nachweis nach DIN 4109 werden rechnerisch ermittelte Schalldämm-Maße mit einer Nachkommastelle angegeben.

Resultierendes Schalldämm-Maß $R_\mathrm{w,res}$

Besteht ein trennendes Bauteil der Gesamtfläche S_S aus mehreren Teilflächen S_i mit unterschiedlich bewerteten Schalldämm-Maßen $R_\mathrm{w,i}$, so errechnet sich die Gesamtschalldämmung $R_\mathrm{w,ges}$ nach folgender Gleichung:

$$R_\mathrm{w,res} = -10 \cdot \lg \left[\frac{1}{S_\mathrm{S}} \cdot \sum_{i=1}^{n} S_\mathrm{i} \cdot 10^{-0,1 \cdot R_\mathrm{i,w}} \right] \quad \text{in dB}$$
$$(17.84)$$

Bewertete Norm-Schallpegeldifferenz $D_\mathrm{n,w}$

Statt des bewerteten Schalldämm-Maßes R'_w kann man, wenn die Trennfläche S_S zwischen Senderaum und Empfangsraum insbesondere bei versetzten Räumen kleiner als $10\,\mathrm{m}^2$ ist, die bewertete Norm-Schallpegeldifferenz $D_\mathrm{n,w}$ verwenden. Dabei wird die Bezugs-Absorptionsfläche für übliche Räume mit $A_0 = 10\,\mathrm{m}^2$ eingesetzt:

$$D_\mathrm{n,w} = R'_\mathrm{w} - 10 \cdot \lg \left(\frac{S_\mathrm{S}}{10\,\mathrm{m}^2} \right) \quad \text{in dB} \qquad (17.85)$$

Bewertete Standard-Schallpegeldifferenz $D_\mathrm{nT,w}$

Mit zunehmender Größe der Trennfläche zwischen zwei Räumen nehmen das Maß der übertragenen Schallenergie und die empfundene Lautstärke des Schalls zu. Bei großen Räumen verteilt sich die Schallenergie mehr als bei kleinen Räumen. Der Einfluss der Trennfläche S_S und des Volumens des Empfangsraums V_E wird bei der bewerteten Standard-Schallpegeldifferenz $D_\mathrm{nT,w}$ berücksichtigt:

$$D_\mathrm{nT,w} = R'_\mathrm{w} + 10 \cdot \lg \left(\frac{0{,}32 \cdot V_\mathrm{E}}{S_\mathrm{S}} \right) \quad \text{in dB} \qquad (17.86)$$

Trittschallpegel L_T

Der Trittschallpegel L_T wird im Empfangsraum unter einer Trenndecke gemessen, die mit dem sogenannten Norm-Hammerwerk in Schwingung versetzt wurde.

Norm-Trittschallpegel L'_n

Der frequenzabhängige Norm-Trittschallpegel L'_n wird unter Berücksichtigung aller Schallübertragungswege und unter der Annahme ermittelt, dass die Bezugs-Schallabsorptionsfläche im Empfangsraum $A_0 = 10\,\text{m}^2$ beträgt:

$$L'_n = L_T + 10 \cdot \lg\left(\frac{A}{A_0}\right) \quad \text{in dB} \qquad (17.87)$$

Bewerteter Norm-Trittschallpegel $L'_{n,w}$

Mit Hilfe einer Bezugskurve ermittelte Einzahlangabe zur Kennzeichnung des Trittschallschutzes von Decken mit Deckenauflage in Gebäuden.

Bewerteter Standard-Trittschallpegel $L'_{nT,w}$

Bei großen Räumen verteilt sich die Schallenergie mehr als bei kleinen Räumen. Der Einfluss des Volumens des Empfangsraums V_E wird beim bewerteten Standard-Trittschallpegel $L'_{nT,w}$ unter Annahme einer Bezugs-Schallabsorptionsfläche im Empfangsraum von $A_0 = 10\,\text{m}^2$ und einer Bezugs-Nachhallzeit von $T_0 = 0{,}5\,\text{s}$ berücksichtigt:

$$\begin{aligned}
L'_{nT,w} &= L'_{n,w} - 10 \cdot \lg\left(\frac{A_0 \cdot T_0}{0{,}16 \cdot V_E}\right) \\
&= L'_{n,w} - 10 \cdot \lg\left(0{,}032 \cdot V_E\right) \quad \text{in dB}
\end{aligned} \qquad (17.88)$$

Spektrum-Anpassungswerte C, C_{tr} und C_I

Bei der Ermittlung von Einzahlangaben durch die Bezugskurve wird auf den tatsächlich vorhandenen Frequenzverlauf der störenden Geräusche nicht ausreichend Rücksicht genommen. Zum Beispiel weisen innerstädtische Verkehrsgeräusche im tiefen Frequenzbereich die höchsten Energieanteile auf, während die Bezugskurve dort nur geringe Schalldämm-Maße verlangt. Dies hat zur Folge, dass die Schutzwirkung eines Bauteils gegen Straßenverkehrslärm durch das bewertete Schalldämm-Maß R'_w nur unzureichend wiedergegeben wird. Ähnlich verhält es sich mit üblichem Lärm aus einer Nachbarwohnung, bei dem gegenüber früheren Zeiten eine stärkere Verschiebung zu tiefen Frequenzen hin festzustellen ist, z. B. durch HiFi-Anlagen. Aus diesem Grund wurden zwei Spektrums-Anpassungswerte eingeführt, bei denen die Messwerte der Schalldämmung mit Bezugsspektren verglichen werden: Ein A-bewertetes Rosa Rauschen zur Anpassung des bewerteten Schalldämm-Maßes an üblichen Wohnungslärm (Spektrum-Anpassungswert C) und ein A-bewertetes Referenzspektrum für innerstädtischen Verkehrslärm (Spektrum-Anpassungswert C_{tr}). Die vollständige schalltechnische Klassifizierung eines Bauteils oder einer Konstruktion erfolgt damit durch ein Zahlentripel, z. B. in der Form $R_w(C, C_{tr}) = 54(-2, -4)\,\text{dB}$. Für den Trittschall wird der Spektrum-Anpassungswert C_I verwendet.

17.4.3 Grundsätzliches Verhalten ein- und zweischaliger Bauteile

Einschalige Bauteile

Die Schalldämmung einschaliger Bauteile hängt in erster Linie von ihrer flächenbezogenen Masse m' und in zweiter Linie von ihrem Elastizitätsmodul E_{dyn} und ihrem Verlustfaktor ab. Bei Luftschallanregung werden im Bauteil erzwungene Biegewellen angeregt. Aufgrund des unterschiedlichen Dispersionsverhaltens von Luftschallwellen und Biegewellen gibt es bei breitbandiger Anregung immer genau eine Frequenz, bei der bei streifendem Einfall die Wellenlänge des anregenden Luftschalls mit der Wellenlänge der erzwungenen Biegewellen übereinstimmt. In diesem Frequenzbereich wird die Luftschalldämmung des Bauteils minimal. Für das bewertete Schalldämm-Maß hat die Lage der Frequenz daher entscheidenden Einfluss. Die Koinzidenzgrenzfrequenz ergibt sich nach folgender Gleichung u. a. aus der Dicke d des Bauteils, der Rohdichte ρ und dem dynamischen Elastizitätsmodul E_{dyn}:

$$f_g \sim \frac{60}{d} \cdot \sqrt{\frac{\rho}{E_{dyn}}} \quad \text{in Hz} \qquad (17.89)$$

Einschalige Bauteile mit einer Koinzidenzgrenzfrequenz $f_g < 200\,\text{Hz}$ werden als biegesteife Bauteile bezeichnet und Bauteile mit einer Koinzidenzgrenzfrequenz $f_g > 2000\,\text{Hz}$ als biegeweich.

Zweischalige Bauteile

Bei zweischaligen Bauteilen lässt sich eine bestimmte Luftschalldämmung mit einer geringeren flächenbezogenen Masse m' erreichen als bei einschaligen. Die bewerteten Schalldämm-Maße R'_w können zum Teil erheblich über denen für einschalige Bauteile liegen. Die Luftschalldämmung zweischaliger Bauteile ist nur für Frequenzen oberhalb ihrer Resonanzfrequenz f_0 besser als die von gleich schweren einschaligen Bauteilen. Im Bereich von f_0 ist die Luftschalldämmung geringer. f_0 soll deshalb unter 100 Hz liegen. Sie wird aus der dynamischen Steifigkeit s' der Dämmschicht und der flächenbezogenen Massen m'_1 und m'_2 der Einzelschalen ermittelt:

$$f_0 = 160 \cdot \sqrt{s' \cdot \left(\frac{1}{m'_1} + \frac{1}{m'_2}\right)} \quad \text{in Hz} \qquad (17.90)$$

Die dynamische Steifigkeit s' berechnet sich aus dem dynamischen Elastizitätsmodul E_{dyn} des Dämmstoffs bzw. der Luft und dem Abstand d zwischen den Schalen:

$$s' = \frac{E_{dyn}}{d} \quad \text{in MN/m}^3 \qquad (17.91)$$

Tafel 17.54 enthält Zahlenwerte zum dynamischen Elastizitätsmodul E_{dyn}. Für viele Fälle kann die Resonanzfrequenz f_0 nach Tafel 17.55 vereinfacht ermittelt werden.

Tafel 17.54 Dynamischer Elastizitätsmodul E_{dyn} verschiedener Stoffe [46, 47]

Stoff	E_{dyn} [MN/m^2]	Literaturquelle
Mineralische Baustoffe		
Gipskartonplatten	$3,2 \cdot 10^3$	[47]
Kalksandstein	$3 \cdot 10^3 \ldots 12 \cdot 10^3$	[46]
Leichtbeton	$1,5 \cdot 10^3 \ldots 3 \cdot 10^3$	[47]
Porenbeton	$1,4 \cdot 10^3 \ldots 2 \cdot 10^3$	[47]
Stahlbeton ($\rho = 2300\,\mathrm{kg/m^3}$)	$36,5 \cdot 10^3$	[47]
Ziegelmauerwerk	$6 \cdot 10^3 \ldots 14 \cdot 10^3$	[47]
Holz und Holzwerkstoffe		
Hartfaserplatten	$3 \cdot 10^3 \ldots 4,5 \cdot 10^3$	[47]
Holzspanplatten	$2 \cdot 10^3 \ldots 5 \cdot 10^3$	[47]
Sperrholz	$5 \cdot 10^3 \ldots 12 \cdot 10^3$	[47]
Buche, Eiche (längs zur Faser)	$12,5 \cdot 10^3$	[46]
Buche, Eiche (quer zur Faser)	$6 \cdot 10^2$	[46]
Fichte, Tanne, Kiefer (längs zur Faser)	$10 \cdot 10^3$	[46]
Fichte, Tanne, Kiefer (quer zur Faser)	$3 \cdot 10^2$	[46]
Metalle		
Aluminium	$74 \cdot 10^3$	[47]
Blei	$18 \cdot 10^3$	[47]
Kupfer	$125 \cdot 10^3$	[47]
Messing	$69 \cdot 10^3$	[47]
Stahl	$200 \cdot 10^3$	[47]
Dämmstoffe		
Holzwolleleichtbauplatten	$100 \ldots 200$	[47]
Mineralfaserplatten	$0,15 \ldots 0,4$	[47]
Naturkork	$15 \ldots 25$	[47]
PS-Hartschaum	$0,17$	[46]
PS-Partikelschaum ($\rho = 9 \ldots 12\,\mathrm{kg/m^3}$)	$0,6 \ldots 0,12$	[47]
PS-Partikelschaum ($\rho = 12 \ldots 15\,\mathrm{kg/m^3}$)	$1,2 \ldots 2$	[47]
PS-Partikelschaum ($\rho = 15 \ldots 20\,\mathrm{kg/m^3}$)	$2 \ldots 4$	[47]
PS-Partikelschaum ($\rho = 20 \ldots 25\,\mathrm{kg/m^3}$)	$4 \ldots 8$	[47]
PS-Partikelschaum ($\rho = 25 \ldots 30\,\mathrm{kg/m^3}$)	$8 \ldots 30$	[47]
PS-Extruderschaum	30	[46]
Polyurethan-Hartschaum	$1 \ldots 6$	[46]
Schaumglas	$1,3 \cdot 10^3 \ldots 1,6 \cdot 10^3$	[47]
Teppichboden	$3,5 \ldots 11$	[47]
Weichfaserdämmplatten	$10 \ldots 16$	[47]
Weitere Stoffe		
Gummi (Shore A 65)	15	[47]
Gummi (Shore A 55)	10	[47]
Gummi (Shore A 40, Naturkautschuk)	5	[47]
Glas	$60 \cdot 10^3 \ldots 80 \cdot 10^3$	[47]
Luft (20 °C, frei, adiabatischer Zustand)	$0,145$	[47]

Tafel 17.55 Resonanzfrequenz f_0 zweischaliger Bauteile

Ausfüllung des Zwischenraums	Bauteilaufbau		
	Doppelwand aus zwei gleich schweren biegeweichen Einzelschalen	Doppelwand aus zwei gleich schweren biegesteifen Schalen	leichte biegeweiche Vorsatzschale vor schwerem Bauteil
Luftschicht mit schallschluckender Einlage	$f_0 = \dfrac{85}{\sqrt{d \cdot m'}}$ in Hz	$f_0 = \dfrac{340}{\sqrt{d \cdot m'}}$ in Hz	$f_0 = \dfrac{60}{\sqrt{d \cdot m'}}$ in Hz
Dämmschicht mit beiden Schalen vollflächig fest verbunden oder an diesen anliegend	$f_0 = 225 \cdot \sqrt{\dfrac{s'}{m'}}$ in Hz	$f_0 = 900 \cdot \sqrt{\dfrac{s'}{m'}}$ in Hz	$f_0 = 160 \cdot \sqrt{\dfrac{s'}{m'}}$ in Hz

17.4.4 Anforderungen an den Schallschutz nach DIN 4109-1

17.4.4.1 Festlegung des Anforderungsniveaus

Der bauordnungsrechtlich geforderte Schallschutz ist nach DIN 4109 „Schallschutz im Hochbau" nachzuweisen. Sie besteht aus vier Teilen, wobei Teil 3 aus 6 Unterteilen besteht:

- Teil 1 „Mindestanforderungen" [32]
- Teil 2 „Rechnerische Nachweise der Erfüllung der Anforderungen" [33]
- Teil 3 „Daten für die rechnerischen Nachweise des Schallschutzes (Bauteilkatalog)"
  - Teil 31 „Rahmendokument" [34]
  - Teil 32 „Massivbau" [35]
  - Teil 33 „Holz-, Leicht- und Trockenbau" [36]
  - Teil 34 „Vorsatzkonstruktionen vor massiven Bauteilen" [37]
  - Teil 35 „Elemente, Fenster, Türen, Vorhangfassaden" [38]
  - Teil 36 „Gebäudetechnische Anlagen" [39]
- Teil 4 „Bauakustische Prüfungen" [40]

Für schutzbedürftige Aufenthaltsräume sollen folgende Schutzziele erreicht werden:

- Gesundheitsschutz
- Vertraulichkeit bei normaler Sprechweise
- Schutz vor unzumutbaren Belästigungen

Zu den schutzbedürftigen Aufenthaltsräumen zählen:

- Wohnräume, einschließlich Wohndielen, Wohnküchen
- Schlafräume, einschließlich Übernachtungsräume in Beherbergungsstätten
- Bettenräume in Krankenhäusern und Sanatorien
- Unterrichtsräume in Schulen, Hochschulen und ähnlichen Einrichtungen
- Büroräume
- Praxisräume, Sitzungsräume und ähnliche Arbeitsräume

DIN 4109 beschreibt keine Anforderungsniveaus, die z. B. aus Gründen der Lebensqualität oder des Wohnkomforts erforderlich sein und mit gängigen Bauarten erreicht werden können. In Ergänzung zu den Mindestanforderungen an den Schallschutz nach DIN 4109-1 werden in VDI 4100 [45] Schallschutzstufen für die Planung und Bewertung des Schallschutzes von Gebäuden definiert. Mit Hilfe dieser Gütestufen kann der gewünschte Schallschutz zwischen den am Bau Beteiligten und Bauherren vereinbart werden.

17.4.4.2 Mindestanforderungen an den Schallschutz im Hochbau nach DIN 4109-1

Die bauordnungsrechtlich nachzuweisenden Mindestanforderungen an den **Schallschutz in Gebäuden** können den Tafeln 17.56 bis 17.60 entnommen werden.

Zur Ermittlung der Anforderungen an die Luftschalldämmung von Außenbauteilen ist zunächst das erforderliche gesamte bewertete Schalldämm-Maß $R'_{\mathrm{w,ges,erf,0}}$ (ohne Berücksichtigung der Raumgeometrie) aus dem maßgeblichen Außenlärmpegel L_a und einem Korrekturwert K_Raumart zur Berücksichtigung unterschiedlicher Raumarten zu berechnen:

$$R'_{\mathrm{w,ges,erf,0}} = L_\mathrm{a} - K_\mathrm{Raumart} \qquad (17.92)$$

- Bettenräume in Krankenanstalten und Sanatorien:
  $K_\mathrm{Raumart} = 25\,\mathrm{dB}$
- Aufenthaltsräume in Wohnungen, Übernachtungsräume in Beherbergungsstätten, Unterrichtsräume und Ähnliches:
  $K_\mathrm{Raumart} = 30\,\mathrm{dB}$
- Büroräume und Ähnliches:
  $K_\mathrm{Raumart} = 35\,\mathrm{dB}$

Tafel 17.56 Anforderungen an die Schalldämmung in Mehrfamilienhäusern, Bürogebäuden und in gemischt genutzten Gebäuden (DIN 4109-1 Tab. 2) [32]

Bauteil		Anforderungen		Bemerkungen
		R'_w [dB]	$L'_{n,w}$ [dB]	
Decken	Decken unter allgemein nutzbaren Dachräumen, z. B. Trockenböden, Abstellräumen und ihren Zugängen	≥ 53	≤ 52	–
	Wohnungstrenndecken (auch Treppen)	≥ 54	≤ 50	Wohnungstrenndecken sind Bauteile, die Wohnungen voneinander oder von fremden Arbeitsräumen trennen
	Trenndecken (auch Treppen) zwischen fremden Arbeitsräumen bzw. vergleichbaren Nutzungseinheiten	≥ 54	≤ 53	–
	Decken über Kellern, Hausfluren, Treppenräumen unter Aufenthaltsräumen	≥ 52	≤ 50	Die Anforderung an die Trittschalldämmung gilt für die Trittschallübertragung in fremde Aufenthaltsräume in alle Schallausbreitungsrichtungen
	Decken über Durchfahrten, Einfahrten von Sammelgaragen und ähnliches unter Aufenthaltsräumen	≥ 55	≤ 50	
	Decken unter/über Spiel- oder ähnlichen Gemeinschaftsräumen	≥ 55	≤ 46	Wegen der verstärkten Übertragung tiefer Frequenzen können zusätzliche Maßnahmen zur Schalldämmung erforderlich sein
	Decken unter Terrassen und Loggien über Aufenthaltsräumen	–	≤ 50	Bezüglich der Luftschalldämmung gegen Außenlärm siehe DIN 4109-1 Abschn. 7
	Decken unter Laubengängen	–	≤ 53	Die Anforderung an die Trittschalldämmung gilt für die Trittschallübertragung in fremde Aufenthaltsräume in alle Schallausbreitungsrichtungen
	Balkone	–	≤ 58	
	Decken und Treppen innerhalb von Wohnungen, die sich über zwei Geschosse erstrecken	–	≤ 50	Die Anforderung an die Trittschalldämmung gilt für die Trittschallübertragung in fremde Aufenthaltsräume in alle Schallausbreitungsrichtungen
	Decken unter Bad und WC ohne/mit Bodenentwässerung	≥ 54	≤ 53	
	Decken unter Hausfluren	–	≤ 50	Die Anforderung an die Trittschalldämmung gilt für die Trittschallübertragung in fremde Aufenthaltsräume in alle Schallausbreitungsrichtungen
Treppen	Treppenläufe und -podeste	–	≤ 53	–
Wände	Wohnungstrennwände und Wände zwischen fremden Arbeitsräumen	≥ 53	–	Wohnungstrennwände sind Bauteile, die Wohnungen voneinander oder von fremden Arbeitsräumen trennen
	Treppenraumwände und Wände neben Hausfluren	≥ 53	–	Für Wände mit Türen gilt die Anforderung R'_w (Wand) $= R_w$ (Tür) $+ 15$ dB. Darin bedeutet R_w (Tür) die erforderliche Schalldämmung der Tür (s. u.). Wandbreiten ≤ 30 cm bleiben dabei unberücksichtigt
	Wände neben Durchfahrten, Sammelgaragen, einschließlich Einfahrten	≥ 55	–	–
	Wände von Spiel- oder ähnlichen Gemeinschaftsräumen	≥ 55	–	–
	Schachtwände von Aufzugsanlagen an Aufenthaltsräumen	≥ 57	–	–
Türen	Türen, die von Hausfluren oder Treppenräumen in geschlossene Flure und Dielen von Wohnungen und Wohnheimen oder von Arbeitsräumen führen	≥ 27	–	Bei Türen gilt R_w
	Türen, die von Hausfluren oder Treppenräumen unmittelbar in Aufenthaltsräume – außer Flure und Dielen – von Wohnungen führen	≥ 37	–	

Für das erforderliche gesamte bewertete Schalldämm-Maß $R'_{w,ges,erf,0}$ gelten folgende Mindestwerte:

- Bettenräume in Krankenanstalten und Sanatorien:
  $R'_{w,ges,erf,0} = 35$ dB
- Aufenthaltsräume in Wohnungen, Übernachtungsräume in Beherbergungsstätten, Unterrichtsräume, Büroräume und Ähnliches:
  $R'_{w,ges,erf,0} = 30$ dB

Tafel 17.61 zeigt die Zuordnung von Lärmpegelbereichen zu maßgeblichen Außenlärmpegeln.

Die rechnerische Ermittlung des maßgeblichen Außenlärmpegels L_a kann im Falle von Verkehrslärm durch Nomogramme aus DIN 18005-1 [41] erfolgen. Für die Tag- und Nachtsituation sind in Abhängigkeit von der Verkehrsbelastung, dem Abstand zwischen Fassade und Straßenmitte, der Straßenart, der Höchstgeschwindigkeit, der Straßenober-

Tafel 17.57 Anforderungen an die Luft- und Trittschalldämmung zwischen Einfamilien-Reihenhäusern und zwischen Doppelhäusern (DIN 4109-1 Tab. 3) [32]

Bauteil		Anforderungen		Bemerkungen
		R'_w	$L'_\mathrm{n,w}$	
		[dB]	[dB]	
Decken	Decken	–	≤ 41	Die Anforderung an die Trittschalldämmung gilt nur für die Trittschallübertragung in fremde Aufenthaltsräume in waagerechter oder schräger Richtung
	Bodenplatte auf Erdreich bzw. Decke über Kellergeschoss	–	≤ 46	
Treppen	Treppenläufe und -podeste	–	≤ 46	Die Anforderung an die Trittschalldämmung gilt nur für die Trittschallübertragung in fremde Aufenthaltsräume in waagerechter oder schräger Richtung
Wände	Haustrennwände zu Aufenthaltsräumen, die im untersten Geschoss (erdberührt oder nicht) eines Gebäudes gelegen sind	≥ 59	–	–
	Haustrennwände zu Aufenthaltsräumen, unter denen mindestens ein Geschoss (erdberührt oder nicht) des Gebäudes vorhanden ist	≥ 62	–	–

Tafel 17.58 Anforderungen an die Luft- und Trittschalldämmung in Hotels und Beherbergungsstätten (DIN 4109-1 Tab. 4) [32]

Bauteil		Anforderungen		Bemerkungen
		R'_w	$L'_\mathrm{n,w}$	
		[dB]	[dB]	
Decken	Decken, einschließlich Decken unter Fluren	≥ 54	≤ 50	Die Anforderung an die Trittschalldämmung gilt für die Trittschallübertragung in Aufenthaltsräume in alle Schallausbreitungsrichtungen
	Decken unter/über Schwimmbädern, Spiel- oder ähnlichen Gemeinschaftsräumen zum Schutz gegenüber Schlafräumen	≥ 55	≤ 46	Wegen verstärkten tieffrequenten Schalls können zusätzliche Maßnahmen zur Körperschalldämmung erforderlich sein
	Decken unter Bad und WC ohne/mit Bodenentwässerung	≥ 54	≤ 53	Die Anforderung an die Trittschalldämmung gilt für die Trittschallübertragung in Aufenthaltsräume in alle Schallausbreitungsrichtungen
Treppen	Treppenläufe und -podeste	–	≤ 58	Keine Anforderungen an Treppenläufe und Zwischenpodeste in Gebäuden mit Aufzug
Wände	Wände zwischen Übernachtungsräumen sowie Fluren und Übernachtungsräumen	≥ 47	–	Bei Trennwänden zwischen fremden Übernachtungsräumen mit Türen muss die resultierende Schalldämmung der Wand-Tür-Kombination $R'_\mathrm{w,res} \geq 49$ dB betragen
Türen	Türen zwischen Fluren und Übernachtungsräumen	≥ 32	–	Bei Türen gilt R_w

fläche, der Entfernung zur nächsten Lichtsignalanlage und der Art der Bebauung aus den Nomogrammen die Beurteilungspegel $L_\mathrm{r,Tag}$ und $L_\mathrm{r,Nacht}$ zu entnehmen (Tafeln 17.63 und 17.64). Korrekturwerte für Sonderfälle und Lage des Immissionsortes sind zu berücksichtigen (Tafel 17.62).

Der jeweilige Beurteilungspegel ist um 3 dB zu erhöhen:

$$L_\mathrm{a} = L_\mathrm{r} + 3\,\mathrm{dB} \qquad (17.93a)$$

Beträgt die Differenz zwischen den Beurteilungspegeln L_r für Tag und Nacht (Straßenverkehr) weniger als 10 dB, ist der maßgebliche Außenlärmpegel $L_\mathrm{r,Nacht}$ zum Schutz des Nachtschlafes aus einem um 3 dB erhöhten Beurteilungspegel für die Nacht und einem Zuschlag von 10 dB zu erhöhen:

$$L_\mathrm{a} = L_\mathrm{r,Nacht} + 3\,\mathrm{dB} + 10\,\mathrm{dB} \qquad (17.93b)$$

Das auf Basis des maßgeblichen Außenlärmpegels L_a ermittelte erforderliche gesamte bewertete Schalldämm-Maß $R'_\mathrm{w,ges,erf,0}$ ist zur Berücksichtigung der Raumgeometrie, d. h. dem Verhältnis Schalldämm-Maß aus gesamter Außenbauteilfläche S_S zur Grundfläche S_G des Raumes, gemäß DIN 4109-2 um einen Korrekturwert K_AL zu korrigieren, woraus sich dann das erforderliche gesamte bewertete Schalldämm-Maß $R'_\mathrm{w,ges,erf}$ ergibt:

$$R'_\mathrm{w,ges,erf} = R'_\mathrm{w,ges,erf,0} + K_\mathrm{AL} \qquad (17.94)$$

Grundlage für den Korrekturwert K_AL sind die vom Raum aus gesehen Fassadenfläche S_S und die Grundfläche S_G:

$$K_\mathrm{AL} = 10 \cdot \lg\left(\frac{S_\mathrm{S}}{0{,}8 \cdot S_\mathrm{G}}\right) \qquad (17.95)$$

Tafel 17.59 Anforderungen an die Luft- und Trittschalldämmung zwischen Räumen in Krankenhäusern und Sanatorien (DIN 4109-1 Tab. 5) [32]

Bauteil		Anforderungen		Bemerkungen
		R'_w [dB]	$L'_{n,w}$ [dB]	
Decken	Decken, einschließlich Decken unter Fluren	≥ 54	≤ 53	Die Anforderung an die Trittschalldämmung gilt für die Trittschallübertragung in fremde Aufenthaltsräume in alle Schallausbreitungsrichtungen
	Decken unter/über Schwimmbädern, Spiel- oder ähnlichen Gemeinschaftsräumen	≥ 55	≤ 46	Wegen verstärkten Entstehens tieffrequenten Schalls können zusätzliche Maßnahmen zur Körperschalldämmung erforderlich sein
	Decken unter Bädern und WCs ohne/mit Bodenentwässerung	≥ 54	≤ 53	Die Anforderung an die Trittschalldämmung gilt für die Trittschallübertragung in fremde Aufenthaltsräume in alle Schallausbreitungsrichtungen
Treppen	Treppenläufe und -podeste	–	≤ 58	Keine Anforderungen an Treppenläufe und Zwischenpodeste in Gebäuden mit Aufzug
Wände	Wände zwischen – Krankenräumen – Fluren und Krankenräumen – Untersuchungs- bzw. Sprechzimmern – Fluren und Untersuchungs- bzw. Sprechzimmern – Krankenräumen und Arbeits- und Pflegeräumen	≥ 47	–	–
	Wände zwischen Räumen mit Anforderungen an erhöhtes Ruhebedürfnis und besondere Vertraulichkeit (Diskretion)	≥ 52	–	–
	Wände zwischen – Operations- bzw. Behandlungsräumen – Fluren und Operations- bzw. Behandlungsräumen	≥ 42	–	–
	Wände zwischen – Räumen der Intensivpflege – Fluren und Räumen der Intensivpflege	≥ 37	–	–
Türen	Türen zwischen – Untersuchungs- bzw. Sprechzimmern, – Fluren und Untersuchungs- bzw. Sprechzimmern	≥ 37	–	Bei Türen gilt R_w
	Türen zwischen Räumen mit Anforderungen an erhöhtes Ruhebedürfnis und besondere Vertraulichkeit (Diskretion)	≥ 37	–	
	Türen zwischen – Fluren und Krankenräumen – Operations- bzw. Behandlungsräumen – Fluren und Operations- bzw. Behandlungsräumen	≥ 32	–	

Tafel 17.65 enthält die Anforderungen an die Luft- und Trittschalldämmung von **Bauteilen zwischen „besonders lauten" und schutzbedürftigen Räumen**. „Besonders laute" Räume sind:

- Räume, in denen der Schalldruckpegel des Luftschalls $L_{AF,max,n}$ häufig mehr als 75 dB beträgt
- Räume, in denen häufigere und größere Körperschallanregungen stattfinden als in Wohnungen

Tafeln 17.66, 17.67, 17.68 und 17.69 geben die Anforderungen für **gebäudetechnische Anlagen und Betriebe, raumlufttechnische Anlagen im eigenen Wohn- und Arbeitsbereich, Armaturen und Geräte der Trinkwasserinstallation** sowie **Durchflussklassen**, wieder.

Ergänzend sind in Tafel 17.70 Empfehlungen für zulässige Schallpegel von **fest installierten heiztechnischen Anlagen im eigenen Wohnbereich** innerhalb eines Gebäudes mit mehreren Wohneinheiten enthalten.

Tafel 17.60 Anforderungen an die Luft- und Trittschalldämmung, Schalldämmung in Schulen und vergleichbaren Einrichtungen (DIN 4109-1 Tab. 6) [32]

Bauteil		Anforderungen		Bemerkungen
		R'_w [dB]	$L'_\mathrm{n,w}$ [dB]	
Decken	Decken zwischen Unterrichtsräumen oder ähnlichen Räumen/Decken unter Fluren	≥ 55	≤ 53	Die Anforderung an die Trittschalldämmung gilt für die Trittschallübertragung in Aufenthaltsräumen in alle Schallausbreitungsrichtungen. Zu ähnlichen Räumen gehören auch solche Räume mit erhöhtem Ruhebedürfnis, z. B. Schlafräume
	Decken zwischen Unterrichtsräumen oder ähnlichen Räumen und „lauten" Räumen (z. B. Speiseräume, Cafeterien, Musikräume, Spielräume, Technikzentralen)	≥ 55	≤ 46	Wegen der verstärkten Übertragung tiefer Frequenzen können zusätzlich Maßnahmen zur Körperschalldämmung erforderlich sein
	Decken zwischen Unterrichtsräumen oder ähnlichen Räumen und z. B. Sporthallen, Werkräumen	≥ 60	≤ 46	–
Wände	Wände zwischen Unterrichtsräumen oder ähnlichen Räumen untereinander und zu Fluren	≥ 47	–	Zu ähnlichen Räumen gehören auch solche Räume mit erhöhtem Ruhebedürfnis, z. B. Schlafräume
	Wände zwischen Unterrichtsräumen oder ähnlichen Räumen und Treppenhäusern	≥ 52	–	
	Wände zwischen Unterrichtsräumen oder ähnlichen Räumen und „lauten" Räumen (z. B. wie in Zeile 2)	≥ 55	–	–
	Wände zwischen Unterrichtsräumen oder ähnlichen Räumen und z. B. Sporthallen, Werkräumen	≥ 60	–	–
Türen	Türen zwischen Unterrichtsräumen oder ähnlichen Räumen und Fluren	≥ 32	–	Bei Türen gilt R_w
	Türen zwischen Unterrichtsräumen oder ähnlichen Räumen untereinander	≥ 37	–	

Anmerkung Zu den vergleichbaren Einrichtungen gehören beispielsweise öffentliche Kindertagesstätten.

Tafel 17.61 Zuordnung von Lärmpegelbereichen zu maßgeblichen Außenlärmpegeln L_a (DIN 4109-1) [32]

Lärmpegelbereich	maßgeblicher Außenlärmpegel L_a [dB]
I	≤ 55
II	60
III	65
IV	70
V	75
VI	80
VII	$> 80^\mathrm{a}$

[a] Für maßgebliche Außenlärmpegel $L_\mathrm{a} \geq 80$ dB sind die Anforderungen aufgrund der örtlichen Gegebenheiten festzulegen.

Tafel 17.62 Korrekturwerte für Sonderfälle und Lage des Immissionsortes

Situation		Korrekturwert ΔL [dB]
Zulässige Höchstgeschwindigkeit	Autobahn 80 km/h	$-2{,}5$
	Stadtstraße 30 km/h	
Straßenoberfläche	Offenporiger Asphalt auf Außerortsstraßen mit zulässigen Höchstgeschwindigkeiten von mehr als 60 km/h	-3
	Unebenes Pflaster auf Straßen mit zulässigen Höchstgeschwindigkeiten von mehr als 50 km/h	$+6$
	Unebenes Pflaster auf Straßen mit zulässigen Höchstgeschwindigkeiten von mehr als 30 km/h	$+3$
Lage des Immissionsortes	Lichtsignalanlage in ≤ 100 m Entfernung	$+2$
	In Straßenschluchten (beidseitige, mehrgeschossige und geschlossene Bebauung)	$+2$

17

Tafel 17.63 Diagramm zur Abschätzung des Beurteilungspegels von Straßenverkehr, Tag (DIN 18005-1 Bild A.1) [41]

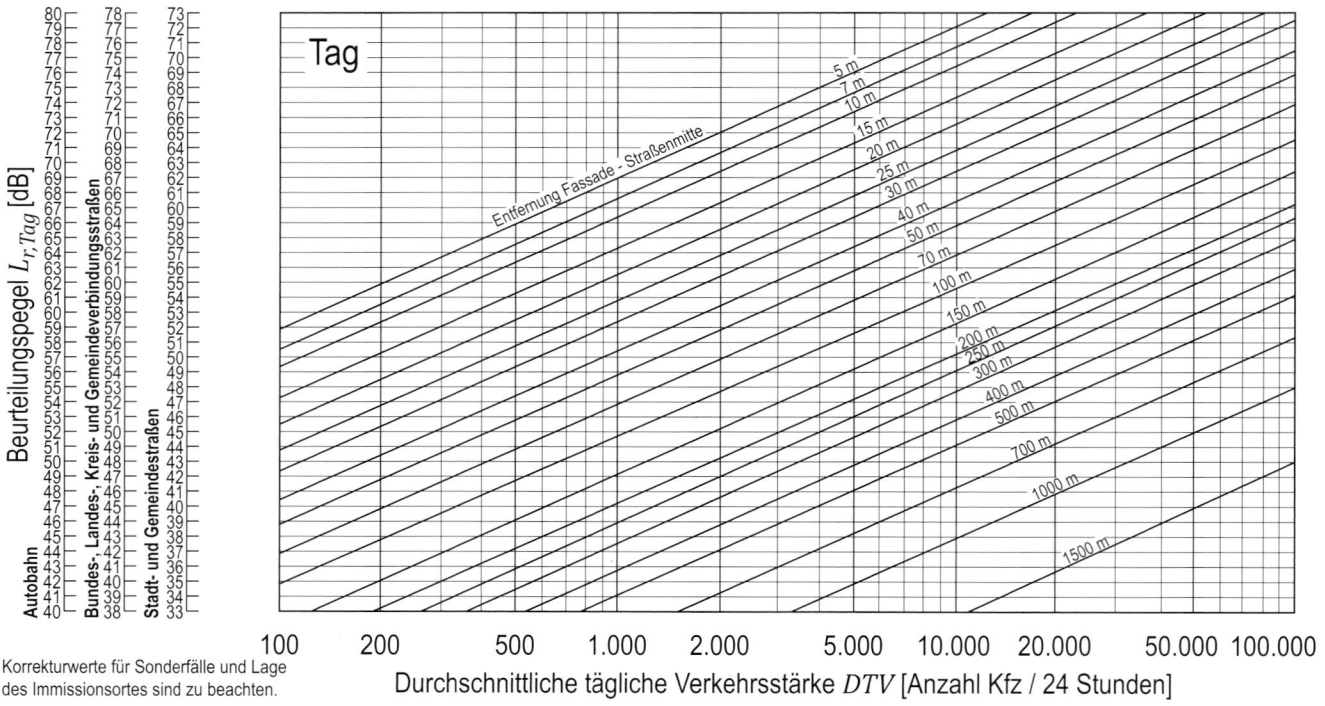

Tafel 17.64 Diagramm zur Abschätzung des Beurteilungspegels von Straßenverkehr, Nacht (DIN 18005-1 Bild A.2) [41]

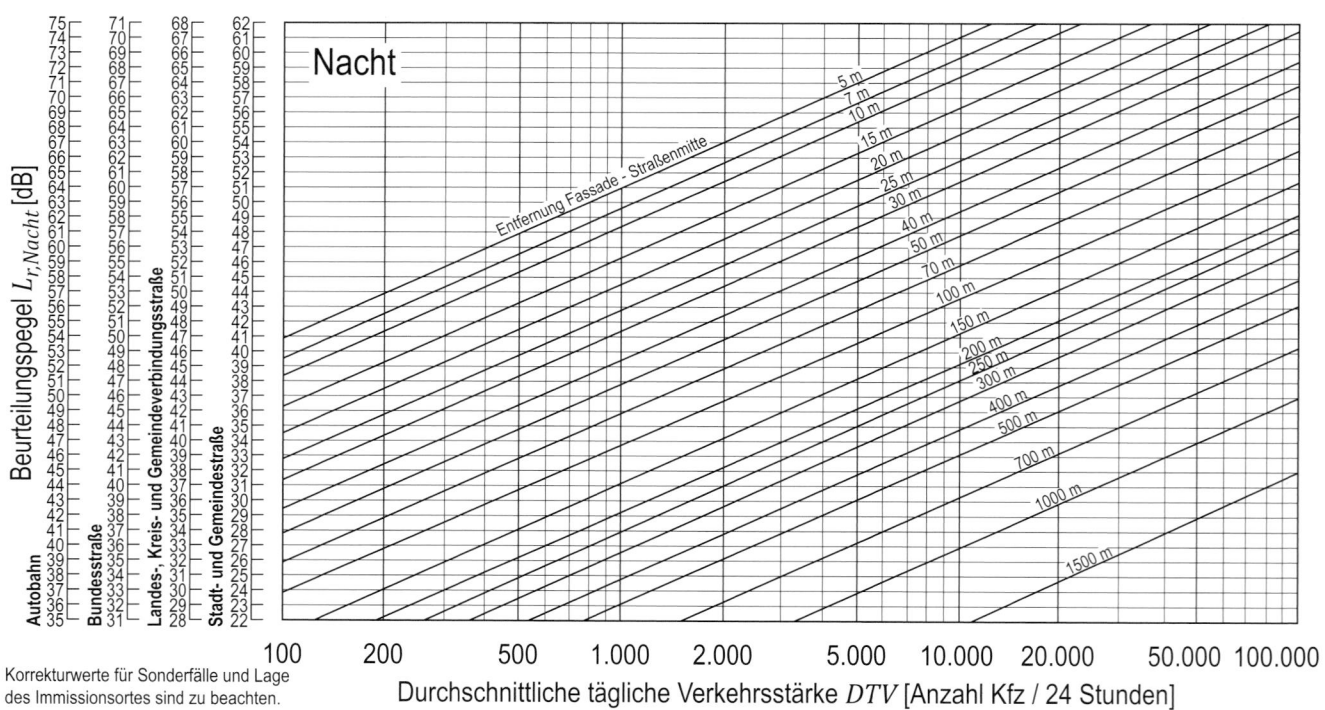

Tafel 17.65 Anforderungen an die Luft- und Trittschalldämmung von Bauteilen zwischen „besonders lauten" und schutzbedürftigen Räumen (DIN 4109-1 Tab. 8) [32]

Art der Räume	Bauteile	Bewertetes Schalldämm-Maß R'_w [dB]		Bewerteter Norm-Trittschallpegel $L'_{n,w}$[a,b] [dB]
		Schalldruckpegel $L_{AF,max}$ [dB]		
		75 bis 80	81 bis 85	
Räume mit „besonders lauten" gebäudetechnischen Anlagen oder Anlagenteilen	Decken, Wände	≥ 57	≥ 62	–
	Fußböden	–		≤ 43[c]
Betriebsräume von Handwerks- und Gewerbebetrieben, Verkaufsstätten	Decken, Wände	≥ 57	≥ 62	–
	Fußböden	–		≤ 43
Küchenräume der Küchenanlagen von Beherbergungsstätten, Krankenhäusern, Sanatorien, Gaststätten, Imbissstuben und dergleichen (bis 22:00 Uhr in Betrieb)	Decken, Wände	≥ 55		–
	Fußböden	–		≤ 43
Küchenräume wie Zeile 3.1/3.2, jedoch auch nach 22:00 Uhr in Betrieb	Decken, Wände	≥ 57[d]		–
	Fußböden	–		≤ 33
Gasträume (bis 22:00 Uhr in Betrieb)	Decken, Wände	≥ 55	≥ 57	—
	Fußböden	–		≤ 43
Gasträume $L_{AF,max} \leq 85$ dB (auch nach 22:00 Uhr in Betrieb)	Decken, Wände	≥ 62		–
	Fußböden	–		≤ 33
Räume von Kegelbahnen	Decken, Wände	≥ 67		—
	Fußböden			
	– Keglerstube	–		≤ 33
	– Bahn	–		≤ 13
Gasträume 85 dB $\leq L_{AF,max} \leq 95$ dB, z. B. mit elektroakustischen Anlagen	Decken, Wände	≥ 72		–
	Fußböden			≤ 28

[a] Jeweils in Richtung der Schallausbreitung.
[b] Die für Maschinen erforderliche Körperschalldämmung ist mit diesem Wert nicht erfasst; hierfür sind gegebenenfalls weitere Maßnahmen erforderlich. Ebenso kann je nach Art des Betriebes ein niedrigeres $L'_{n,w}$ notwendig sein; dies ist im Einzelfall zu überprüfen. Wegen der verstärkten Übertragung tiefer Frequenzen können zusätzliche Maßnahmen zur Schalldämmung erforderlich sein.
[c] Nicht erforderlich, wenn geräuscherzeugende Anlagen ausreichend körperschallgedämmt aufgestellt werden; eventuelle Anforderungen nach Tafel 17.56 bis 17.60 bleiben hiervon unberührt.
[d] Handelt es sich um Großküchenanlagen und darüber liegende Wohnungen als schutzbedürftige Räume gilt $R'_w \geq 62$ dB.

Tafel 17.66 Maximal zulässige A-bewertete Schalldruckpegel in fremden schutzbedürftigen Räumen, erzeugt von gebäudetechnischen Anlagen und baulich mit dem Gebäude verbundenen Betrieben (DIN 4109-1 Tab. 9) [32]

Geräuschquellen		Maximal zulässige A-bewertete Schalldruckpegel [dB]	
		Wohn- und Schlafräume	Unterrichts- und Arbeitsräume
Sanitärtechnik/Wasserinstallationen (Wasserversorgungs- und Abwasseranlagen gemeinsam)		$L_{AF,max,n} \leq 30$[a,b,c]	$L_{AF,max,n} \leq 35$[a,b,c]
Sonstige hausinterne, fest installierte technische Schallquellen der technischen Ausrüstung, Ver- und Entsorgung sowie Garagenanlagen		$L_{AF,max,n} \leq 30$[c]	$L_{AF,max,n} \leq 35$[c]
Gaststätten einschließlich Küchen, Verkaufsstätten, Betriebe u. Ä.	tags	$L_r \leq 35$	$L_r \leq 35$
	6 Uhr bis 22 Uhr	$L_{AF,max,n} \leq 45$	$L_{AF,max,n} \leq 45$
	nachts	$L_r \leq 25$	$L_r \leq 35$
	nach TA Lärm	$L_{AF,max,n} \leq 35$	$L_{AF,max,n} \leq 45$

[a] Einzelne kurzzeitige Geräuschspitzen, die beim Betätigen der Armaturen und Geräte nach Tafel 17.68 (Öffnen, Schließen, Umstellen, Unterbrechen) entstehen, sind derzeit nicht zu berücksichtigen.
[b] Voraussetzungen zur Erfüllung des zulässigen Schalldruckpegels:
– Die Ausführungsunterlagen müssen die Anforderungen des Schallschutzes berücksichtigen, d. h. zu den Bauteilen müssen die erforderlichen Schallschutznachweise vorliegen;
– außerdem muss die verantwortliche Bauleitung benannt und zu einer Teilabnahme vor Verschließen bzw. Bekleiden der Installation hinzugezogen werden.
[c] Abweichend von DIN EN ISO 10052:2010-10, 6.3.3, wird auf Messung in der lautesten Raumecke verzichtet (siehe auch DIN 4109-4).

17

Tafel 17.67 Anforderungen an maximal zulässige A-bewertete Schalldruckpegel in schutzbedürftigen Räumen in der eigenen Wohnung, erzeugt von raumlufttechnischen Anlagen im eigenen Wohnbereich (DIN 4109-1 Tab. 10) [32]

Geräuschquellen	Maximal zulässige A-bewertete Schalldruckpegel [dB]	
	Wohn- und Schlafräume	Küchen
Fest installierte technische Schallquellen der Raumlufttechnik im eigenen Wohn- und Arbeitsbereich	$L_{AF,max,n} \leq 30^{a,b,c,d}$	$L_{AF,max,n} \leq 33^{a,b,c,d}$

[a] Einzelne, kurzzeitige Geräuschspitzen, die beim Ein- und Ausschalten der Anlagen auftreten, dürfen maximal 5 dB überschreiten.
[b] Voraussetzungen zur Erfüllung des zulässigen Schalldruckpegels:
  – Die Ausführungsunterlagen müssen die Anforderungen an den Schallschutz berücksichtigen, d. h. zu den Bauteilen müssen die erforderlichen Schallschutznachweise vorliegen;
  – außerdem muss die verantwortliche Bauleitung benannt und zu einer Teilabnahme vor Verschließen bzw. Bekleiden der Installation hinzugezogen werden.
[c] Abweichend von DIN EN ISO 10052:2010-10, 6.3.3, wird auf Messung in der lautesten Raumecke verzichtet (siehe auch DIN 4109-4).
[d] Es sind um 5 dB höhere Werte zulässig, sofern es sich um Dauergeräusche ohne auffällige Einzeltöne handelt.

Tafel 17.68 Anforderungen an Armaturen und Geräte der Trinkwasserinstallation (DIN 4109-1 Tab. 11) [32]

Armaturen	Armaturengeräuschpegel L_{ap}[a] für kennzeichnenden Fließdruck oder Durchfluss nach DIN EN ISO 3822-1 bis DIN EN ISO 3822-4[b] [dB]	Armaturen-gruppe
Auslaufarmaturen	$\leq 20^c$	I
Anschlussarmaturen – Geräte Anschlussarmaturen – Elektronisch gesteuerte Armaturen mit Magnetventil		
Druckspüler		
Spülkästen		
Durchflusswassererwärmer		
Durchgangsarmaturen, wie – Absperrventile – Eckventile – Rückflussverhinderer – Sicherheitsgruppen – Systemtrenner – Filter	$\leq 30^c$	II
Drosselarmaturen, wie – Vordrosseln – Eckventile		
Druckminderer		
Duschköpfe		
Auslaufvorrichtungen, die direkt an die Auslaufarmatur angeschlossen werden, wie – Strahlregler – Durchflussbegrenzer	≤ 15	I
– Kugelgelenke – Rohrbelüfter – Rückflussverhinderer	≤ 25	II

[a] Die Messungen von L_{ap} müssen bei 0,3 MPa und 0,5 MPa erfolgen.
[b] Dieser Wert darf bei dem in DIN EN ISO 3822-1 bis DIN EN ISO 3822-4 für die einzelnen Armaturen genannten oberen Fließdruck von 0,5 MPa oder Durchfluss Q 1 um bis zu 5 dB überschritten werden.
[c] Geräuschspitzen, die beim Betätigen der Armaturen entstehen (Öffnen, Schließen, Umstellen, Unterbrechen u. a.), werden bei der Prüfung nach DIN EN ISO 3822-1 bis DIN EN ISO 3822-4 im Allgemeinen nicht erfasst. Der A-bewertete Schallpegel dieser Geräusche, gemessen mit der Zeitbewertung FAST wird erst dann zur Bewertung herangezogen, wenn es die Messverfahren nach einer nationalen oder Europäischen Norm zulassen.

Tafel 17.69 Durchflussklassen (DIN 4109-1 Tab. 12) [32]

Durchflussklasse	Maximaler Durchfluss Q [l/s] (bei 0,3 MPa Fließdruck)
Z	0,15
A	0,25
S	0,33
B	0,42
C	0,50
D	0,63

Tafel 17.70 Empfehlungen für maximale A-bewertete Schalldruckpegel in der eigenen Wohnung, erzeugt von heiztechnischen Anlagen im eigenen Wohnbereich (DIN 4109-1 Tab. B.1) [32]

Geräuschquellen	Maximaler A-bewerteter Norm-Schalldruckpegel [dB]	
	Wohn- und Schlafräume	Küchen
Fest installierte technische Schallquellen von heiztechnischen Anlagen im eigenen Wohnbereich	$L_{AF,max,n} \leq 30^{a,b,c}$	$L_{AF,max,n} \leq 33^{a,b,c}$

[a] Einzelne, kurzzeitige Geräuschspitzen, die beim Ein- und Ausschalten der Anlagen auftreten (z. B. Zündgeräusche bei Heizanlagen) dürfen die genannten Empfehlungen um maximal 5 dB überschreiten.

[b] Voraussetzungen zur Erfüllung des zulässigen Schalldruckpegels:
– Die Ausführungsunterlagen müssen die Empfehlungen des Schallschutzes berücksichtigen, d. h. zu den Bauteilen müssen die erforderlichen Schallschutznachweise vorliegen;
– außerdem muss die verantwortliche Bauleitung benannt und zu einer Teilabnahme vor Verschließen bzw. Bekleiden der Installation hinzugezogen werden.

[c] Abweichend von DIN EN ISO 10052:2010-10, 6.3.3, wird auf Messung in der lautesten Raumecke verzichtet (siehe auch DIN 4109-4).

17.4.4.3 Empfohlene Schallschutzwerte nach VDI 4100

Nach VDI 4100 werden drei Schallschutzstufen SSt I, SSt II und SSt III unterschieden. Tafel 17.71 erläutert die Qualität des subjektiv empfundenen Schallschutzes der einzelnen Stufen. In Tafel 17.72 werden die empfohlenen Schallschutzwerte für **Mehrfamilienhäuser** und in Tafel 17.73 für **Einfamilien-Doppelhäuser und Einfamilien-Reihenhäuser** wiedergegeben. Höhere Anforderungen an den **Schallschutz im eigenen Bereich** werden mit den Schallschutzstufen SSt EB I und SSt EB II gekennzeichnet und können Tafel 17.74 entnommen werden.

Tafel 17.71 Wahrnehmung üblicher Geräusche aus Nachbarwohnungen und Zuordnung zu drei Schallschutzstufen (SSt) in Mehrfamilienhäusern (VDI 4100) [45]

Art der Geräuschemission	Wahrnehmung der Immission aus der Nachbarwohnung (abendlicher A-bewerteter Grundgeräuschpegel von 20 dB, üblich große Aufenthaltsräume)		
	SSt I	SSt II	SSt III
Laute Sprache	Undeutlich verstehbar	Kaum verstehbar	Im Allgemeinen nicht verstehbar
Sprache mit angehobener Sprechweise	Im Allgemeinen kaum verstehbar	Im Allgemeinen nicht verstehbar	Nicht verstehbar
Sprache in normaler Sprechweise	Im Allgemeinen nicht verstehbar	Nicht verstehbar	Nicht hörbar
Sehr laute Musikpartys	Sehr deutlich hörbar	Deutlich hörbar	Noch hörbar
Laute Musik, laut eingestellte Rundfunk- und Fernsehgeräte	Deutlich hörbar	Noch hörbar	Kaum hörbar
Musik in normaler Lautstärke	Noch hörbar	Kaum hörbar	Nicht hörbar
Spielende Kinder	Hörbar	Noch hörbar	Kaum hörbar
Gehgeräusche	Im Allgemeinen kaum störend	Im Allgemeinen nicht störend	Nicht störend
Nutzergeräusche	Hörbar	Noch hörbar	Im Allgemeinen nicht hörbar
Geräusche aus gebäudetechnischen Anlagen	Unzumutbare Belästigungen werden im Allgemeinen vermieden	Im Allgemeinen nicht störend	Nicht oder nur selten störend
Haushaltsgeräte	Noch hörbar	Kaum hörbar	Im Allgemeinen nicht hörbar

Tafel 17.72 Empfohlene Schallschutzwerte der Schallschutzstufen (SSt) in Mehrfamilienhäusern (VDI 4100) [45]

Schallschutzkriterium			Kennzeichnende akustische Größe [dB]	SSt I	SSt II	SSt III
Luftschallschutz	Mehrfamilienhaus		$D_{nT,w}$	≥ 56	≥ 59	≥ 64
Luftschallschutz	Mehrfamilienhaus	Treppenraum-wand mit Tür	$D_{nT,w}$ [a]	≥ 45	≥ 50	≥ 55
Trittschallschutz	Mehrfamilienhaus	Vertikal, horizontal oder diagonal	$L'_{nT,w}$ [b]	≤ 51	≤ 44	≤ 37
Gebäudetechnische Anlagen (einschließlich Wasserversorgungs- und Abwasseranlagen gemeinsam)	Mehrfamilienhaus		$\bar{L}_{AFmax,nT}$ [c]	≤ 30	≤ 27	≤ 24
Luftschallschutz gegen Außenlärm in schutzbedürftigen Räumen	Mehrfamilienhaus		res. R'_w [f] (res. $D_{nT,w}$)[e]	[d]	[d]	[d] (+5 dB)

[a] Die Empfehlungen beziehen sich auf den Schallschutz vom Treppenraum zum nächsten Aufenthaltsraum; wohnungsinterne Türen dürfen im Falle eines dazwischen liegenden Raums mit einem pauschalen Normschallpegeldifferenz-Abschlag von 10 dB berücksichtigt werden.
[b] Gilt auch für die Trittschallübertragung von Balkonen, Loggien, Laubengängen und Terrassen in fremde schutzbedürftige Räume.
[c] Einzelne kurzzeitige Geräuschspitzen, die beim Betätigen (Öffnen; Schließen, Umstellen, Unterbrechen u. Ä.) der Armaturen und Geräte der Wasserinstallation entstehen, sollen die Kennwerte der SSt II und SSt III um nicht mehr als 10 dB übersteigen. Dabei wird eine bestimmungsgemäße Benutzung vorausgesetzt.
[d] Siehe Regelungen in DIN 4109:1989-11, Abschn. 5.
[e] Ohne Korrektur nach DIN 4109:1989-11, Abschn. 5.2, Tab. 9.
[f] Mit Bezug auf Außenbauteile, die aus mehreren Teilflächen unterschiedlicher Schalldämmung bestehen.

Tafel 17.73 Empfohlene Schallschutzwerte der Schallschutzstufen (SSt) in Einfamilien-Doppelhäusern und Einfamilien-Reihenhäusern (VDI 4100) [45]

Schallschutzkriterium	Kennzeichnende akustische Größe [dB]	SSt I	SSt II	SSt III
Luftschallschutz	$D_{nT,w}$	≥ 65	≥ 69	≥ 73
Trittschallschutz, horizontal oder diagonal	$L'_{nT,w}$ [a]	≤ 46	≤ 39	≤ 32
Gebäudetechnische Anlagen (einschließlich Wasserversorgungs- und Abwasseranlagen gemeinsam)	$\bar{L}_{AFmax,nT}$ [b]	≤ 30	≤ 25	≤ 22
Luftschallschutz gegen Außenlärm in schutzbedürftigen Räumen	res. R'_w [e] (res. $D_{nT,w}$)[d]	[c]	[c]	[c] (+5 dB)

[a] Gilt auch für die Trittschallübertragung von Balkonen, Loggien, Laubengängen und Terrassen in fremde schutzbedürftige Räume.
[b] Einzelne kurzzeitige Geräuschspitzen, die beim Betätigen (Öffnen; Schließen, Umstellen, Unterbrechen u. Ä.) der Armaturen und Geräte der Wasserinstallation entstehen, sollen die Kennwerte der SSt II und SSt III um nicht mehr als 10 dB übersteigen. Dabei wird eine bestimmungsgemäße Benutzung vorausgesetzt.
[c] Siehe Regelungen in DIN 4109:1989-11, Abschn. 5.
[d] Ohne Korrektur nach DIN 4109:1989-11, Abschn. 5.2, Tab. 9.
[e] Mit Bezug auf Außenbauteile, die aus mehreren Teilflächen unterschiedlicher Schalldämmung bestehen.

Tafel 17.74 Empfohlene Schallschutzwerte für höheren Schallschutz innerhalb von Wohnungen und Einfamilienhäusern (VDI 4100) [45]

Schallschutzkriterium		Kennzeichnende akustische Größe [dB]	SSt EB I	SSt EB II
Luftschallschutz	Horizontal (Wände ohne Türen) und vertikal	$D_{nT,w}$	48	52
Luftschallschutz	Bei offenen Grundrissen Wand mit Tür zum getrennten Raum	$D_{nT,w}$	26	31
Trittschallschutz	Decken, Treppen im abgetrennten Treppenraum[b]	$L'_{nT,w}$	53	46
Gebäudetechnische Anlagen einschließlich Wasserversorgungs- und Abwasseranlagen gemeinsam für die Ver- und Entsorgung des eigenen Bereichs		$\bar{L}_{AFmax,nT}$ [a, c]	35	30

[a] Dies gilt nicht für Geräusche von im eigenen Bereich fest installierten technischen Schallquellen (Heizungs-, Lüftungs- und Klimaanlagen), die – im üblichen Betrieb – vom Bewohner beeinflusst, das heißt selbst betätigt bzw. in Betrieb gesetzt werden. Bei offenen Grundrissen kann nicht sichergestellt werden, dass im schutzbedürftigen Raum $\bar{L}_{AFmax,nT} = 35$ dB eingehalten werden.
[b] Oben und unten abgeschlossen.
[c] Einzelne kurzzeitige Geräuschspitzen, die beim Betätigen (Öffnen; Schließen, Umstellen, Unterbrechen u. Ä.) der Armaturen und Geräte der Wasserinstallation entstehen, sollen die empfohlenen Schallschutzwerte der SSt EB I und SSt EB II um nicht mehr als 10 dB übersteigen. Dabei wird eine bestimmungsgemäße Benutzung vorausgesetzt.

Abb. 17.26 Kenngrößen zur Berechnung des bewerteten Schalldämm-Maßes R'_w

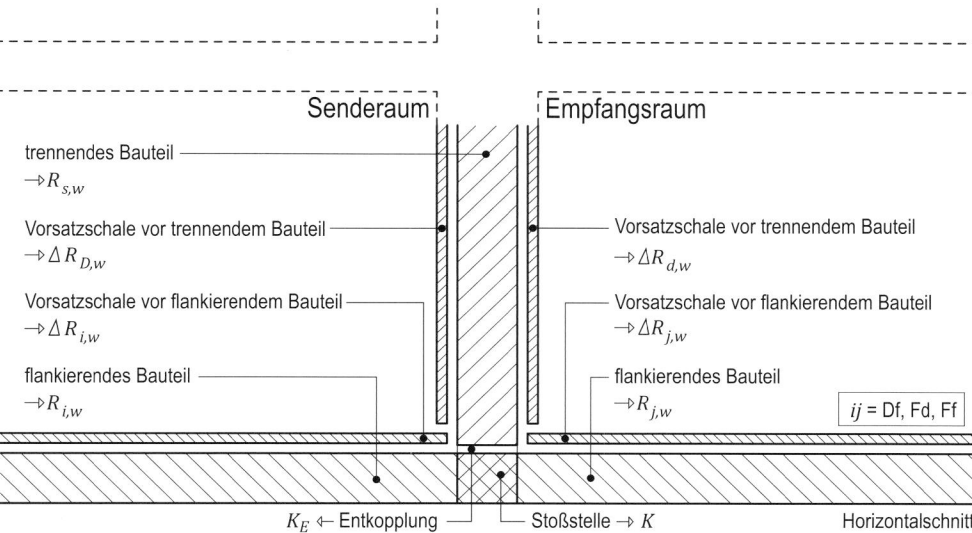

17.4.5 Luftschallübertragung zwischen Räumen

Das bewertete Schalldämm-Maß R'_w wird durch Berücksichtigung des Schalldämm-Maßes aus direkter Schallübertragung $R_{Dd,w}$ über das Trennbauteil und aus den Schalldämm-Maßen $R_{Ff,w}$, $R_{Df,w}$ und $R_{Fd,w}$ aus flankierender Schallübertragung ermittelt (DIN 4109-2):

$$R'_w = -10 \cdot \lg \left[10^{-0,1 \cdot R_{Dd,w}} + \sum_{F=f=1}^{n} 10^{-0,1 \cdot R_{Ff,w}} \right. $$
$$\left. + \sum_{f=1}^{n} 10^{-0,1 \cdot R_{Df,w}} + \sum_{F=1}^{n} 10^{-0,1 \cdot R_{Fd,w}} \right] \quad (17.96)$$

Abb. 17.26 gibt eine Übersicht über die zur Berechnung erforderlichen Kenngrößen.

Massivbau

Das bewertete Schalldämm-Maß $R_{Dd,w}$ für die direkte Schallübertragung wird aus dem bewerteten Schalldämm-Maß $R_{s,w}$ des trennenden massiven Bauteils, einem Korrekturwert K_E für entkoppelte Kanten und der gesamten bewerteten Verbesserung des Schalldämm-Maßes $\Delta R_{Dd,w}$ durch zusätzlich angebrachte Vorsatzkonstruktionen auf der Sende- und/oder Empfangsseite des trennenden Bauteils ermittelt (DIN 4109-2):

$$R_{Dd,w} = R_{s,w} - K_E + \Delta R_{Dd,w} \quad (17.97)$$

Das bewertete Schalldämm-Maß $R_{s,w}$ des trennenden massiven Bauteils ergibt sich aus der flächenbezogenen Masse m'_{ges} der Wand und dem unterschiedlichen Schalldämmverhalten der Baustoffe, welches durch die Werte a und b in die Berechnung eingeht (DIN 4109-32):

$$R_{s,w} = a \cdot \lg \left(m'_{ges} \right) - b \quad (17.98)$$

- Beton, MW aus Betonsteinen, KS, MZ, Verfüllsteine ($65\,\text{kg/m}^2 \leq m'_{ges} \leq 720\,\text{kg/m}^2$): $a = 30,9$; $b = 22,2$
- Mauerwerk aus Leichtbeton ($140\,\text{kg/m}^2 \leq m'_{ges} \leq 480\,\text{kg/m}^2$): $a = 30,9$; $b = 20,2$
- Porenbeton ($50\,\text{kg/m}^2 \leq m'_{ges} \leq 150\,\text{kg/m}^2$): $a = 32,6$; $b = 22,5$
- Porenbeton ($150\,\text{kg/m}^2 \leq m'_{ges} \leq 300\,\text{kg/m}^2$): $a = 26,1$; $b = 8,4$

Sofern eine Wand verputzt ist, ergibt sich die flächenbezogene Masse m'_{ges} eines verputzten Bauteils wie folgt:

$$m'_{ges} = m'_{Wand} + m'_{Putz} \quad (17.99)$$

Bei Ermittlung der flächenbezogenen Masse m'_{Wand} eines nicht verputzten Bauteils sind die Wanddicke d_{Wand} und die Wandrohdichte ρ_w zugrunde zu legen:

$$m'_{Wand} = d_{Wand} \cdot \rho_w \quad (17.100)$$

Wandrohdichte ρ_w von Mauerwerk:
- Mauerwerk mit Normalmörtel:

$$\rho_w = 900 \cdot \text{RDK} + 100 \quad (17.101)$$

- Mauerwerk mit Leichtmörtel:

$$\rho_w = 900 \cdot \text{RDK} + 50 \quad (17.102)$$

- Mauerwerk mit Dünnbettmörtel
  - RDK > 1,0:

$$\rho_w = 1000 \cdot \text{RDK} - 100 \quad (17.103)$$

– Klassenbreite der RDK $100\,\mathrm{kg/m^3}$ und $\mathrm{RDK} \leq 1{,}0$:

$$\rho_\mathrm{w} = 1000 \cdot \mathrm{RDK} - 50 \qquad (17.104)$$

– Klassenbreite der RDK $50\,\mathrm{kg/m^3}$ und $\mathrm{RDK} \leq 1{,}0$:

$$\rho_\mathrm{w} = 1000 \cdot \mathrm{RDK} - 25 \qquad (17.105)$$

Die resultierende Wandrohdichte $\rho_\mathrm{w,res}$ von Mauerwerk aus Füllsteinen berücksichtigt die Rohdichte ρ_Stein des unverfüllten Steins, die nach den vorgenannten Regeln bestimmt wird.

$$\rho_\mathrm{w,res} = \rho_\mathrm{Stein} \cdot V_\mathrm{Stege} + \rho_\mathrm{Beton} \cdot V_\mathrm{Füll} \qquad (17.106)$$

- ρ_Stein: wie vor
- $\rho_\mathrm{Beton} = 2350\,\mathrm{kg/m^3}$ (Verfüllung mit verdichtetem Normalbeton)
- ρ_Beton nach Baustoffnorm (Verfüllung mit Leichtbeton)

Resultierende flächenbezogene Masse m' von Mauerwerk aus Füllziegeln oder Wandbauarten mit Schalungsziegeln, verfüllt mit Normalbeton:

$$m' = m'_\mathrm{w} + A_\mathrm{Füll} \cdot \rho_\mathrm{Beton} \qquad (17.107)$$

m'_w nach allgemeiner bauaufsichtlicher Zulassung
$A_\mathrm{Füll}$ nach allgemeiner bauaufsichtlicher Zulassung
$\rho_\mathrm{Beton} = 2350\,\mathrm{kg/m^3}$ (Verfüllung mit verdichtetem Normalbeton)

Flächenbezogene Masse m'_Putz einer Putzschicht:

$$m'_\mathrm{Putz} = d_\mathrm{Putz} \cdot \rho_\mathrm{Putz} \qquad (17.108)$$

- Gips- und Dünnlagenputze: $\rho_\mathrm{Putz} = 1000\,\mathrm{kg/m^3}$
- Kalk- und Kalkzementputze: $\rho_\mathrm{Putz} = 1600\,\mathrm{kg/m^3}$
- Leichtputze: $\rho_\mathrm{Putz} = 900\,\mathrm{kg/m^3}$
- Wärmedämmputze: $\rho_\mathrm{Putz} = 250\,\mathrm{kg/m^3}$

Für Normalbeton ist eine Rohdichte von $2400\,\mathrm{kg/m^3}$ anzusetzen. Der Rechenwert der Rohdichte von Zementestrich ist mit $2000\,\mathrm{kg/m^3}$ anzusetzen.

Korrekturwert K_E für entkoppelte Kanten:
- $m'_\mathrm{w} \leq 150\,\mathrm{kg/m^2}$: Anzahl $n = 2$ bis $3 \rightarrow K_\mathrm{E} = 2\,\mathrm{dB}$, $n = 4 \rightarrow K_\mathrm{E} = 4\,\mathrm{dB}$
- $m'_\mathrm{w} > 150\,\mathrm{kg/m^2}$: Anzahl $n = 2$ bis $3 \rightarrow K_\mathrm{E} = 3\,\mathrm{dB}$, $n = 4 \rightarrow K_\mathrm{E} = 6\,\mathrm{dB}$

Die bewertete Verbesserung ΔR_w durch Vorsatzkonstruktionen beträgt für die Resonanzfrequenz f_0 im Bereich von 30 bis 160 Hz (DIN 4109-34):

$$\Delta R_\mathrm{w} = 74{,}4 - 20 \cdot \lg (f_0) - 0{,}5 \cdot R_\mathrm{w} \qquad (17.109)$$

Die Resonanzfrequenz f_0 ist nach folgendem Zusammenhang unter Berücksichtigung der dynamischen Steifigkeit s'

Tafel 17.75 Bewertete Verbesserung der Direktschalldämmung ΔR_w durch Vorsatzkonstruktionen (DIN 4109-34 Tab. 1) [37]

Resonanzfrequenz der Vorsatzkonstruktion f_0 [Hz]	Bewertete Verbesserung der Direktschalldämmung ΔR_w [dB]
$30 \leq f_0 \leq 160$	$\max \begin{cases} 74{,}4 - 20 \cdot \log(f_0) - 0{,}5 \cdot R_\mathrm{w} \\ 0 \end{cases}$
200	-1
250	-3
315	-5
400	-7
500	-9
630 bis 1600	-10
$1600 < f_0 \leq 5000$	-5

und den flächenbezogenen Massen m'_1 und m'_2 der Einzelschalen zu berechnen:

$$f_0 = 160 \cdot \sqrt{s' \cdot \left(\frac{1}{m'_1} + \frac{1}{m'_2} \right)} \qquad (17.110)$$

Die dynamische Steifigkeit s' ist das Verhältnis aus dem dynamischen Elastizitätsmodul E_dyn, für den einige Werte in Tafel 17.54 aufgelistet sind, und dem Abstand d zwischen den Schalen:

$$s' = \frac{E_\mathrm{dyn}}{d} \qquad (17.111)$$

Die bewertete Verbesserung ΔR_w für die Resonanzfrequenz f_0 im Bereich von 200 bis 5000 Hz kann Tafel 17.75 entnommen werden. Bei der Ermittlung der bewerteten Verbesserung des Schalldämm-Maßes $\Delta R_\mathrm{Dd,w}$ ist zu unterscheiden, ob es sich um einseitig oder zweiseitig angebrachte Konstruktionen handelt (DIN 4109-2):
- einseitig angebracht
  - senderaumseitig:

$$\Delta R_\mathrm{Dd,w} = \Delta R_\mathrm{D,w} \qquad (17.112)$$

  - empfangsraumseitig:

$$\Delta R_\mathrm{Dd,w} = \Delta R_\mathrm{d,w} \qquad (17.113)$$

- zweiseitig angebracht
  - falls $\Delta R_\mathrm{D,w} \geq \Delta R_\mathrm{d,w}$:

$$\Delta R_\mathrm{Dd,w} = \Delta R_\mathrm{D,w} + 0{,}5 \cdot \Delta R_\mathrm{d,w} \qquad (17.114)$$

  - falls $\Delta R_\mathrm{d,w} \geq \Delta R_\mathrm{D,w}$:

$$\Delta R_\mathrm{Dd,w} = \Delta R_\mathrm{d,w} + 0{,}5 \cdot \Delta R_\mathrm{D,w} \qquad (17.115)$$

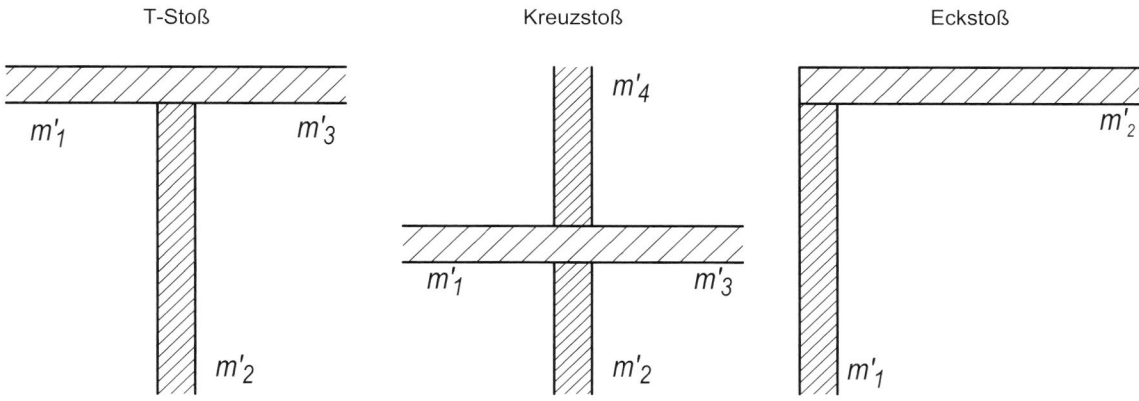

T-Stoß   Kreuzstoß   Eckstoß

Das Bauteil besitzt nach der Stoßstelle dieselbe flächenbezogene Masse
wie vor der Stoßstelle:

$$m_3 = m_1 \qquad\qquad m_3 = m_1 \qquad m_4 = m_2$$

Abb. 17.27 Arten von Stoßstellen (DIN 4109-32 Bilder 11, 12 und 13) [35]

Das bewertete Flankenschalldämm-Maß $R_{ij,w}$ berücksichtigt die bewerteten Schalldämm-Maße der schallaufnehmenden Bauteile im Senderaum $R_{i,w}$ und der schallabgebenden Bauteile im Empfangsraum $R_{j,w}$, die jeweils zur Hälfte berücksichtigt werden. Werden auf den flankierenden Bauteilen raumseitig Vorsatzkonstruktionen angebracht, ist die gesamte bewertete Verbesserung des Schalldämm-Maßes $\Delta R_{ij,w}$ des flankierenden Bauteils im Senderaum (i) und/oder im Empfangsraum (j) mit zu erfassen. Außerdem sind die akustischen Eigenschaften der Verbindung von trennendem und flankierendem Bauteil, ausgedrückt durch das Stoßstellendämm-Maß K_{ij}, relevant. Als geometrische Größen gehen die Fläche S_S des trennenden Bauteils, die gemeinsame Kopplungslänge l_f (Kantenlänge) der Verbindungsstelle zwischen dem trennenden und dem flankierenden Bauteil sowie die Bezugs-Kopplungslänge von $l_0 = 1$ m in die Berechnung ein (DIN 4109-2):

$$R_{ij,w} = \frac{R_{i,w}}{2} + \frac{R_{j,w}}{2} + \Delta R_{ij,w} + K_{ij} + 10 \cdot \lg \frac{S_S}{l_0 \cdot l_f} \tag{17.116}$$

Beträgt die Trennfläche S_S weniger als $8\,\text{m}^2$, ist beim rechnerischen Nachweis eine Mindestfläche von $S_S = 8\,\text{m}^2$ anzusetzen. Für die gesamte bewertete Verbesserung des Schalldämm-Maßes $\Delta R_{ij,w}$ durch eine zusätzlich angebrachte Vorsatzkonstruktion ist zu unterscheiden, ob sie auf der Sende- und/oder Empfangsseite des flankierenden Bauteils aufgebracht ist:

- Sende- **oder** Empfangsraumseite
  - senderaumseitig:

$$\Delta R_{ij,w} = \Delta R_{i,w} \tag{17.117}$$

  - empfangsraumseitig:

$$\Delta R_{ij,w} = \Delta R_{j,w} \tag{17.118}$$

- Sende- **und** Empfangsseite
  - falls $\Delta R_{i,w} \geq \Delta R_{j,w}$:

$$\Delta R_{ij,w} = \Delta R_{i,w} + \frac{\Delta R_{j,w}}{2} \tag{17.119}$$

  - falls $\Delta R_{j,w} \geq \Delta R_{i,w}$:

$$\Delta R_{ij,w} = \Delta R_{j,w} + \frac{\Delta R_{i,w}}{2} \tag{17.120}$$

Für massive, homogene und biegesteif miteinander verbundene Bauteile ist zur Ermittlung des Stoßstellendämm-Maßes K_{ij} der Verhältniswert M aus der flächenbezogenen Masse m_i' des angeregten Bauteils im Übertragungsweg und der flächenbezogenen Masse $m_{\perp i}'$ des anderen die Stoßstelle bildenden, senkrecht dazu befindlichen Bauteils zu ermitteln (DIN 4109-32):

$$M = \lg \left(\frac{m_{\perp i}'}{m_i'} \right) \tag{17.121}$$

In Abhängigkeit von der Art des Stoßes (T-Stoß, Kreuzstoß, Eckstoß) nach Abb. 17.27 und den Schallübertragungswegen 1-2 oder 1-3 lautet das Stoßstellendämm-Maß K_{ij}:

- Eckstoß:

$$K_{12} = 2{,}7 + 2{,}7 \cdot M^2 \left(= K_{ij}\right) \tag{17.122}$$

- Dickenwechsel:

$$K_{12} = 5 \cdot M^2 - 5 \left(= K_{ij}\right) \tag{17.123}$$

- T-Stoß, Weg 1–2:

$$K_{12} = 4{,}7 + 5{,}7 \cdot M^2 \left(= K_{\text{Fd}} = K_{\text{Df}}\right) \tag{17.124}$$

- T-Stoß, Weg 1–3, $M < 0{,}215$:

$$K_{13} = 5{,}7 + 14{,}1 \cdot M + 5{,}7 \cdot M^2 \, (= K_{\text{Ff}}) \quad (17.125)$$

- T-Stoß, Weg 1–3, $M \geq 0{,}215$:

$$K_{13} = 8 + 6{,}8 \cdot M \, (= K_{\text{Ff}}) \quad (17.126)$$

- Kreuzstoß, Weg 1–2:

$$K_{12} = 5{,}7 + 15{,}4 \cdot M^2 \, (= K_{\text{Fd}} = K_{\text{Df}}) \quad (17.127)$$

- Kreuzstoß, Weg 1–3, $M < 0{,}182$:

$$K_{13} = 8{,}7 + 17{,}1 \cdot M + 5{,}7 \cdot M^2 \, (= K_{\text{Ff}}) \quad (17.128)$$

- Kreuzstoß, Weg 1–3, $M \geq 0{,}182$:

$$K_{13} = 9{,}6 + 11 \cdot M \, (= K_{\text{Ff}}) \quad (17.129)$$

Das Stoßstellendämm-Maß K_{ij} darf unter Beachtung der Flächen des angeregten Bauteils S_i im Senderaum und des abstrahlenden Bauteils S_j im Empfangsraum folgenden Mindestwert nicht unterschreiten:

$$K_{ij} = 10 \cdot \lg \left[l_f \cdot l_0 \cdot \left(\frac{1}{S_i} + \frac{1}{S_j} \right) \right] \quad (17.130)$$

Einfamilien-Reihenhäuser und Einfamilien-Doppelhäuser

In einem vereinfachten Nachweisverfahren wird das bewertete Schalldämm-Maß $R'_{\text{w},2}$ zweischaliger Trennwände massiver Doppel- und Reihenhäuser aus dem bewerteten Schalldämm-Maß $R'_{\text{w},1}$ einer gleich schweren einschaligen Wand, einem Zuschlagswert $\Delta R_{\text{w,Tr}}$ für die Zweischaligkeit und einem Korrekturwert K zur Berücksichtigung flankierender Decken und Wände berechnet (DIN 4109-2):

$$R'_{\text{w},2} = R'_{\text{w},1} + \Delta R_{\text{w,Tr}} - K \quad (17.131)$$

Das bewertete Schalldämm-Maß $R'_{\text{w},1}$ hängt von der flächenbezogenen Masse $m'_{\text{Tr,ges}}$ beider Schalen ab:

$$R'_{\text{w},1} = 28 \cdot \lg \left(m'_{\text{Tr,ges}} \right) - 18 \, \text{dB} \quad (17.132)$$

Der Zuschlagswert $\Delta R_{\text{w,Tr}}$ kann Tafel 17.76 entnommen werden.

Der Korrekturwert K zur Berücksichtigung der auch bei Trennung der Wandschalen erfolgenden, jedoch meist geringfügigen Flankenschallübertragung wird aus der flächenbezogenen Masse $m'_{\text{Tr},1}$ der Trennwandeinzelschale auf der Empfangsraumseite und der mittleren flächenbezogenen Masse $m'_{\text{f,m}}$ der flankierenden Bauteile auf der Empfangsraumseite folgendermaßen berechnet:

$$K = 0{,}6 + 5{,}5 \cdot \lg \left(\frac{m'_{\text{Tr},1}}{m'_{\text{f,m}}} \right)$$

$$m'_{\text{f,m}} \leq m'_{\text{Tr},1}, \text{ ansonsten } K = 0 \quad (17.133)$$

Die mittlere flächenbezogene Masse $m'_{\text{f,m}}$ flankierender Bauteile wird unter Beachtung der flächenbezogenen Massen $m'_{\text{f,i}}$ der flankierenden massiven Bauteilen und deren Anzahl n wie folgt ermittelt:

$$m'_{\text{f,m}} = \frac{1}{n} \sum_{i=1}^{n} m'_{\text{f,i}} \quad (17.134)$$

Holz-, Leicht- und Trockenbau

Das bewertete Bau-Schalldämm-Maß R'_{w} berechnet sich aus dem bewerteten Schalldämm-Maß $R_{\text{Dd,w}}$ des trennenden Bauteils und dem bewerteten Flankenschalldämm-Maß $R_{\text{Ff,w}}$ für den Übertragungsweg Ff (DIN 4109-2):

$$R'_{\text{w}} = -10 \cdot \lg \left[10^{-0{,}1 \cdot R_{\text{Dd,w}}} + \sum_{F=f=1}^{n} 10^{-0{,}1 \cdot R_{\text{Ff,w}}} \right]$$
$$(17.135)$$

Vereinfachend werden die Übertragungswege Df und Fd nicht berücksichtigt, da die Bauteile biegeweich miteinander verbunden sind. Die Fläche des trennenden Bauteils ist mit mindestens $S_S = 8 \, \text{m}^2$ anzunehmen, wenn in realen Grundriss-Situationen die gemeinsame Trennfläche zwischen zwei Räumen kleiner als $S_S = 8 \, \text{m}^2$ sein sollte. Bewertete Schalldämm-Maße R_{w} von Trennbauteilen sind enthalten in:

- DIN 4109-33 Tab. 2 bis 8 für Wände
- DIN 4109-33 Tab. 15 bis 25 für Decken

Tafel 17.77 zeigt beispielhaft die bewerteten Schalldämm-Maße R_{w} von Innenwänden in Holztafelbauweise ohne Vorsatzschalen.

Das bewertete Flankenschalldämm-Maß $R_{\text{Ff,w}}$ wird aus der bewerteten Norm-Schallpegeldifferenz $D_{\text{n,f,w}}$ und unter Berücksichtigung der gemeinsamen Kopplungslänge l_f der Verbindungsstelle zwischen dem trennenden Bauteil und den flankierenden Bauteilen sowie der Bezugskantenlänge l_{lab}, der Fläche des trennenden Bauteils S_S und der Bezugsabsorptionsfläche von $A_0 = 10 \, \text{m}^2$ ermittelt.

$$R_{\text{Ff,w}} = D_{\text{n,f,w}} + 10 \cdot \lg \frac{l_{\text{lab}}}{l_f} + 10 \cdot \lg \frac{S_S}{A_0} \quad (17.136)$$

- $l_{\text{lab}} = 2{,}8 \, \text{m}$ (Fassaden und Innenwände bei horizontaler Übertragung)
- $l_{\text{lab}} = 4{,}5 \, \text{m}$ (Decken, Unterdecken und Fußbodenaufbauten bei horizontaler Übertragung sowie bei Fassaden und Innenwänden bei vertikaler Übertragung)

Tafel 17.76 Zuschlagswerte $\Delta R_{\mathrm{w,Tr}}$ unterschiedlicher Übertragungssituationen für zweischalige Haustrennwände (DIN 4109-2 Tab. 1) [33]

Situation (Vertikalschnitt)	Beschreibung	$\Delta R_{\mathrm{w,Tr}}$ [dB]
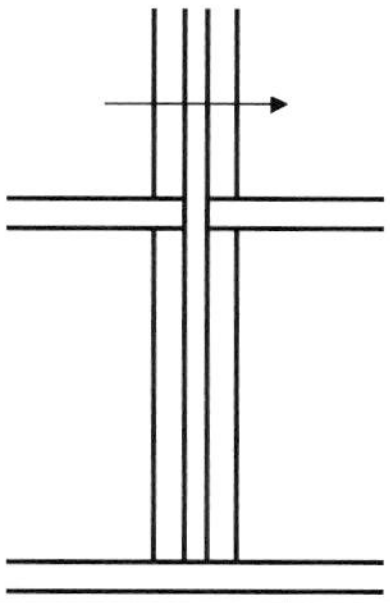	vollständige Trennung der Schalen und der flankierenden Bauteile ab Oberkante Bodenplatte, auch gültig für alle darüber liegenden Geschosse, unabhängig von der Ausbildung der Bodenplatte und der Fundamente	12
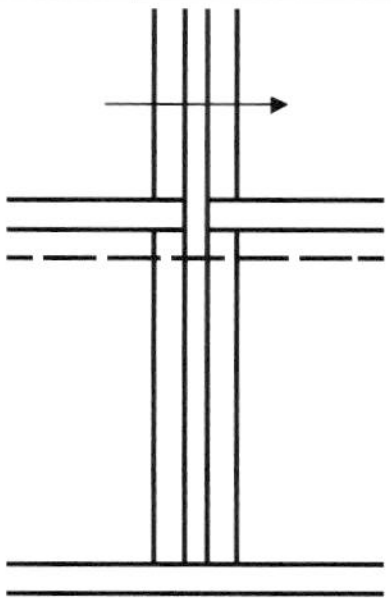	Außenwände durchgehend mit $m' \geq 575\,\mathrm{kg/m^2}$ (z. B. Kelleraußenwände als „weiße Wanne")	9
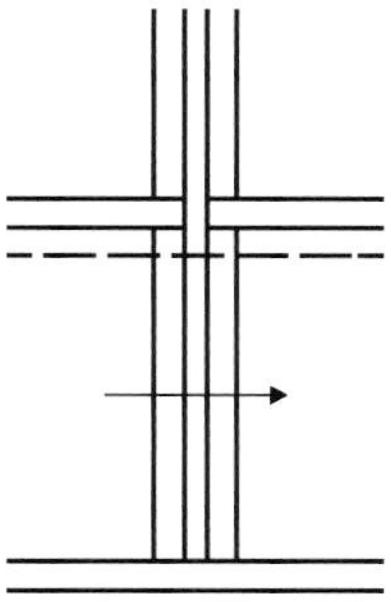	Außenwände durchgehend mit $m' \geq 575\,\mathrm{kg/m^2}$ (z. B. Kelleraußenwände als „weiße Wanne") Bodenplatte durchgehend mit $m' \geq 575\,\mathrm{kg/m^2}$	3
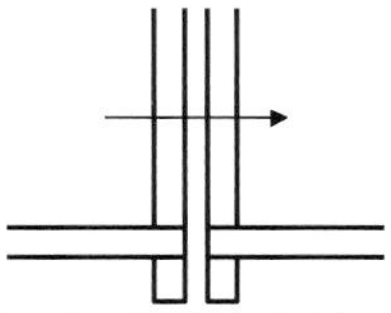	Außenwände getrennt Bodenplatte und Fundamente getrennt	9
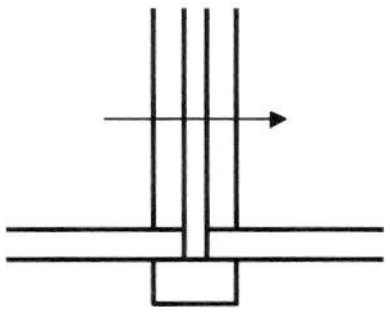	Außenwände getrennt Bodenplatte getrennt auf gemeinsamen Fundament	6[d]
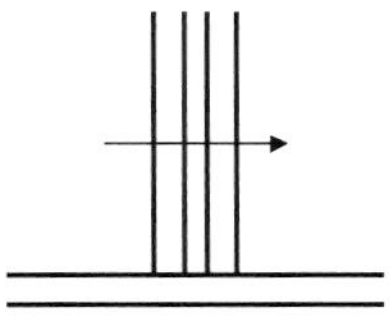	Außenwände getrennt Bodenplatte durchgehend mit $m' \geq 575\,\mathrm{kg/m^2}$	6[d]

[a] Falls die einzelnen Schalen nicht schwerer als $200\,\mathrm{kg/m^2}$ sind, können die Zuschlagswerte $\Delta R_{\mathrm{w,Tr}}$ für zweischalige Haustrennwände aus Porenbeton für die Zeilen 1, 2, 3, und 4 um 3 dB und für die Zeilen 5 und 6 um 6 dB erhöht werden.

[b] Falls die einzelnen Schalen nicht schwerer als $250\,\mathrm{kg/m^2}$ sind, können die Zuschlagswerte $\Delta R_{\mathrm{w,Tr}}$ für zweischalige Haustrennwände aus Leichtbeton um 2 dB erhöht werden, wenn die Steinrohdichte $\leq 800\,\mathrm{kg/m^3}$ ist.

[c] Falls der Schalenabstand mindestens 50 mm beträgt und der Fugenhohlraum mit Mineralwolledämmplatten nach DIN EN 13162, Anwendungskurzzeichen WTH nach DIN 4108-10, ausgefüllt wird, können die Zuschlagswerte $\Delta R_{\mathrm{w,Tr}}$ bei allen Materialien in den Zeilen 1, 2, und 4 um 2 dB erhöht werden.

[d] Für eine Haustrennwand bestehend aus zwei Schalen je 17,5 cm Porenbeton der Rohdichteklasse 0,60 (oder größer) mit einem Schalenabstand von mindestens 50 mm, verfüllt mit Mineralwolledämmplatten nach DIN EN 13162, Anwendungskurzzeichen WTH nach DIN 4108-10, kann insgesamt ein $\Delta R_{\mathrm{w,Tr}}$ von $+14$ dB angesetzt werden. Zuschläge nach Fußnote a sind in diesem Zuschlag bereits berücksichtigt.

Tafel 17.77 Bewertete Schalldämm-Maße R_w von Innenwänden in Holztafelbauweise ohne Vorsatzschalen (DIN 4109-33 Tab. 3) [36]

Horizontalschnitt	Konstruktionsdetails				$R_w(C; C_{tr})$ [dB]
	Mindestdämmschichtdicke[a] s_D [mm]	Abmessung Holzständer[b] b/h [mm]	Mindestschalenabstand s [mm]	Bekleidungsdicke[c] s_B [mm]	
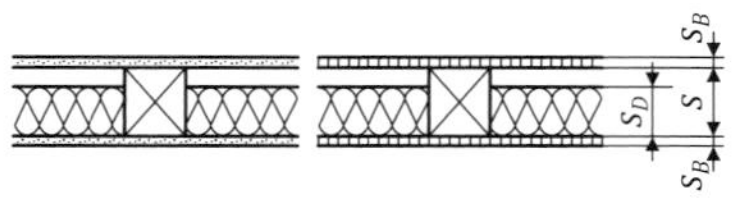	40	60/60	40	GK 12,5	38 (−3; −8)
				GF 12,5	42 (−1; −5)
				HW 15	34 (−2; −6)
				SP 13	40
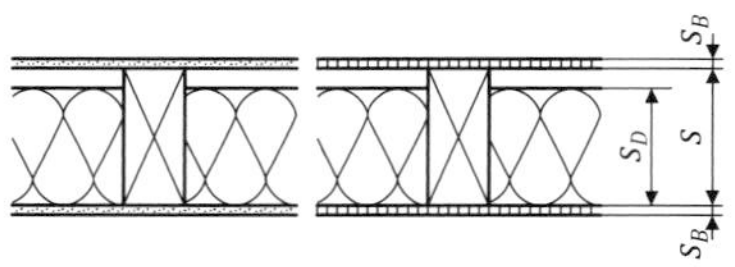	120	60/140	120	GK 12,5	41 (−2; −7)
				GF 12,5	44 (−2; −4)
				HW 15	36 (−2; −7)
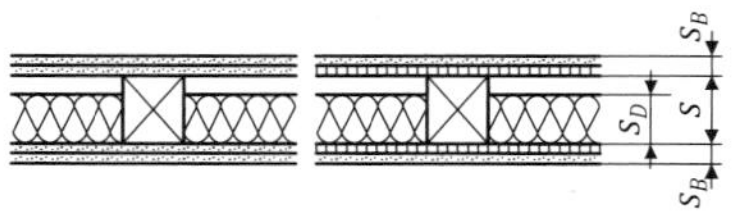	40	60/60	40	GK 12,5 + GK 12,5	43 (−1; −5)
				GF 12,5 + GF 10	47 (−2; −5)
				GK 9,5 + SP 13	48
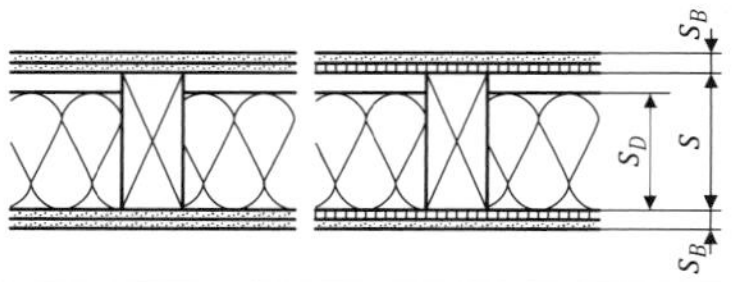	120	60/140	120	GF 10 + GF 12,5	47 (−2; −6)
				GF 10 + HW 15	47 (−2; −6)
				GK 9,5 + HW 15	43 (−2; −8)
	140	2 · 60/60[d]	140	GK 12,5 + HW 13	54 (−2; −5)
				GF 10 + GF 12,5	54 (−2; −5)
		2 · 60/60[e]		GF 10 + GF 12,5	66 (−3; −7)
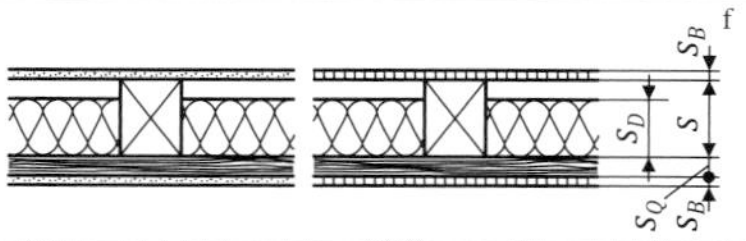	60	60/80	105	GK 12,5	43
				SP 13	45
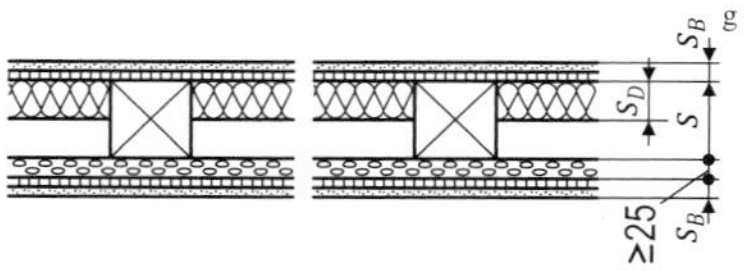	40	80/80	105	GK 12,5 + SP 13	58 (−4; −11)

[a] MW: Mineralwolle oder
WF: Holzfaser, Übermaß des Dämmstoffs ist zu vermeiden.
[b] Holzständer, Achsabstand ≥ 600 mm; der angegebene Wert für b ist ein Höchstwert, für h ein Mindestwert.
[c] GF: Gipsfaserplatte
GK: Gipsplatte
HW: Holzwerkstoffplatte, eine Erhöhung der Plattendicke bis 16 mm ist zulässig
SP: Spanplatte, eine Erhöhung der Plattendicke bis 16 mm ist zulässig.
[d] Rähm durchlaufend.
[e] Rähm und Schwelle getrennt.
[f] Querlattung mit s_Q ≥ 22 mm und mit Achsabstand ≥ 500 mm.
[g] Federschiene mit Achsabstand ≥ 500 mm.

Bewertete Norm-Schallpegeldifferenzen $D_{n,f,w}$ flankierender Bauteile sind enthalten in:

- DIN 4109-33 Tab. 26 bis 29 für Wände
- DIN 4109-33 Tab. 30 bis 35 für Dächer
- DIN 4109-33 Tab. 36 bis 41 für Decken

Beispielhaft können bewertete Norm-Flankenschallpegeldifferenzen $D_{n,f,w}$ von Holztafelwänden mit Vorsatzschale bei horizontaler Schallübertragung Tafel 17.78 entnommen werden.

Tafel 17.78 Bewertete Norm-Flankenschallpegeldifferenz $D_{\mathrm{n,f,w}}$ von Holztafelwänden mit Vorsatzschale bei horizontaler Schallübertragung (DIN 4109-33 Tab. 28) [36]

Horizontalschnitt	Konstruktionsdetails					$D_{\mathrm{n,f,w}}(C;C_{\mathrm{tr}})$ [dB]
	Mindestdämm-schichtdicke[a] s_{D} [mm]	Abmessung Holzständer[b] b/h [mm]	Mindest-schalenabstand s [mm]	Bekleidungsdicke[c] $s_{\mathrm{B,n}}$ [mm]		
	160	60/160	160	$s_{\mathrm{B,1}}$	MDF 15	68 (−2; −8)
				$s_{\mathrm{B,2}}$	HW 15 + GF 12,5	
	160	60/160	160	$s_{\mathrm{B,1}}$	MDF 15	50 (−2; −3)
				$s_{\mathrm{B,2}}$	HW 15 + GF 12,5	

[a] MW: Mineralwolle oder
WF: Holzfaser, Übermaß des Dämmstoffs ist zu vermeiden.

[b] Holzständer, Achsabstand $\geq$ 600 mm; der angegebene Wert für b ist ein Höchstwert, für h ein Mindestwert.

[c] GF: Gipsfaserplatte, $\rho \geq 1100\,\mathrm{kg/m^3}$,
HW: Holzwerkstoffplatte, OSB Verlegeplatte oder Spanplatte SP, Plattendicke $\leq$ 16 mm,
MDF: Mitteldichte Faserplatte.

[d] Für Trennwände nach DIN 4109-33 Tab. 2 bis 4.

[e] Vorsatzschale (27 mm auf Federschiene oder Holzlattung mit Dämmung) durch Trennwand unterbrochen, raumseitige Bekleidung ($s_{\mathrm{B,2}}$), durchlaufend.

[f] Vorsatzschale (27 mm auf Federschiene oder Holzlattung mit Dämmung) durchlaufend raumseitige Bekleidung ($s_{\mathrm{B,2}}$), durchlaufend.

Nachweis der Anforderungen an die Luftschalldämmung von trennenden Bauteilen

Das berechnete Schalldämm-Maß R'_{w} wird im Rahmen einer vereinfachten Ermittlung um einen Sicherheitsbeiwert, der sogenannten Prognoseunsicherheit u_{prog}, vermindert. Der Nachweis der Luftschalldämmung in Gebäuden ist erbracht, wenn der verminderte Wert den Anforderungswert mindestens erreicht (DIN 4109-2):

- Luftschalldämmung von Wänden und Decken:

$$R'_{\mathrm{w}} - 2\,\mathrm{dB} \geq R'_{\mathrm{w,erf}} \qquad (17.137)$$

- Luftschalldämmung von Türen:

$$R_{\mathrm{w}} - 5\,\mathrm{dB} \geq R_{\mathrm{w,erf}} \qquad (17.138)$$

Das bewertete Schalldämm-Maß R'_{w} ist auf 0,1 dB zu runden. In folgendem Beispiel ist die Anforderung an die Luftschalldämmung einer Wand nicht erfüllt:

$$R'_{\mathrm{w}} - 2\,\mathrm{dB} = 54{,}8 - 2 = 52{,}8\,\mathrm{dB} < R'_{\mathrm{w,erf}} = 53\,\mathrm{dB}$$

17.4.6 Trittschallübertragung

Massivdecken

Der bewertete Norm-Trittschallpegel $L'_{\mathrm{n,w}}$ von Massivdecken wird aus dem bewerteten äquivalenten Norm-Trittschallpegel $L_{\mathrm{n,eq,0,w}}$ der Rohdecke, der bewerteten Trittschallminderung ΔL_{w} für die Deckenauflage (Verbesserungsmaß) und einem Korrekturzuschlag K für die Flankenübertragung bzw. einem Korrekturabzug K_{T} für unterschiedliche Ausbreitungsrichtungen berechnet (DIN 4109-2):

- übereinander liegende Decken:

$$L'_{\mathrm{n,w}} = L_{\mathrm{n,eq,0,w}} - \Delta L_{\mathrm{w}} + K \qquad (17.139)$$

- unterschiedliche Raumanordnungen:

$$L'_{\mathrm{n,w}} = L_{\mathrm{n,eq,0,w}} - \Delta L_{\mathrm{w}} - K_{\mathrm{T}} \qquad (17.140)$$

Der bewertete äquivalente Norm-Trittschallpegel $L_{\mathrm{n,eq,0,w}}$ der Rohdecke wird aus der flächenbezogenen Masse m' der Rohdecke ermittelt (DIN 4109-32):

$$L_{\mathrm{n,eq,0,w}} = 164 - 35 \cdot \lg(m') \qquad (17.141)$$

für $100\,\mathrm{kg/m^2} \leq m' \leq 720\,\mathrm{kg/m^2}$

Die bewertete Trittschallminderung ΔL_w für schwimmende Estriche auf Massivdecken wird in Abhängigkeit von der dynamischen Steifigkeit s' der Dämmschicht und der flächenbezogenen Masse m' des Estrichs berechnet (DIN 4109-34):

• schwimmende Mörtelestriche

$$\Delta L_\mathrm{w} = 13 \cdot \lg(m') - 14{,}2 \cdot \lg(s') + 20{,}8 \qquad (17.142)$$

für $6\,\mathrm{MN/m^3} \leq s' \leq 50\,\mathrm{MN/m^3}$ und $60\,\mathrm{kg/m^2} \leq m' \leq 160\,\mathrm{kg/m^2}$

• schwimmende Gussasphalt- oder Fertigteilestriche

$$\Delta L_\mathrm{w} = (-0{,}21 \cdot m' - 5{,}45) \cdot \lg(s') + 0{,}46 \cdot m' + 23{,}8 \qquad (17.143)$$

– für $15\,\mathrm{MN/m^3} \leq s' \leq 40\,\mathrm{MN/m^3}$ und $15\,\mathrm{kg/m^2} \leq m' \leq 40\,\mathrm{kg/m^2}$ (Fertigteilestriche)
– für $15\,\mathrm{MN/m^3} \leq s' \leq 50\,\mathrm{MN/m^3}$ und $58\,\mathrm{kg/m^2} \leq m' \leq 87\,\mathrm{kg/m^2}$ (einlagige Gussasphaltestriche)

Bei Berechnung des Korrekturwertes K für die Flankenübertragung werden die flächenbezogene Masse der Rohdecke m'_s und die mittlere flächenbezogene Masse $m'_\mathrm{f,m}$ der flankierenden Bauteile berücksichtigt (DIN 4109-2):

• Massivdecken ohne Unterdecke

$$K = 0{,}6 + 5{,}5 \cdot \lg\left(\frac{m'_\mathrm{s}}{m'_\mathrm{f,m}}\right)$$

$$m'_\mathrm{f,m} \leq m'_\mathrm{s}, \text{ ansonsten } K = 0 \qquad (17.144)$$

• Massivdecken mit Unterdecke

$$K = -5{,}3 + 10{,}2 \cdot \lg\left(\frac{m'_\mathrm{s}}{m'_\mathrm{f,m}}\right) \qquad (17.145)$$

Der Korrekturwert K_T für unterschiedliche Ausbreitungsrichtungen kann Tafel 17.79 entnommen werden.

Massivtreppen
Der bewertete Norm-Trittschallpegel $L'_\mathrm{n,w}$ errechnet sich aus dem äquivalenten bewerteten Norm-Trittschallpegel $L_\mathrm{n,eq,0,w}$ des Treppenlaufs oder des Treppenpodests und gegebenenfalls der bewerteten Trittschallminderung ΔL_w eines Bodenbelags oder eines schwimmenden Estrichs (DIN 4109-2):

$$L'_\mathrm{n,w} = L_\mathrm{n,eq,0,w} - \Delta L_\mathrm{w} \qquad (17.146)$$

Tafel 17.79 Korrekturwert K_T zur Ermittlung des bewerteten Norm-Trittschallpegels $L'_\mathrm{n,w,R}$ (DIN 4109-2 Tab. 2) [33]

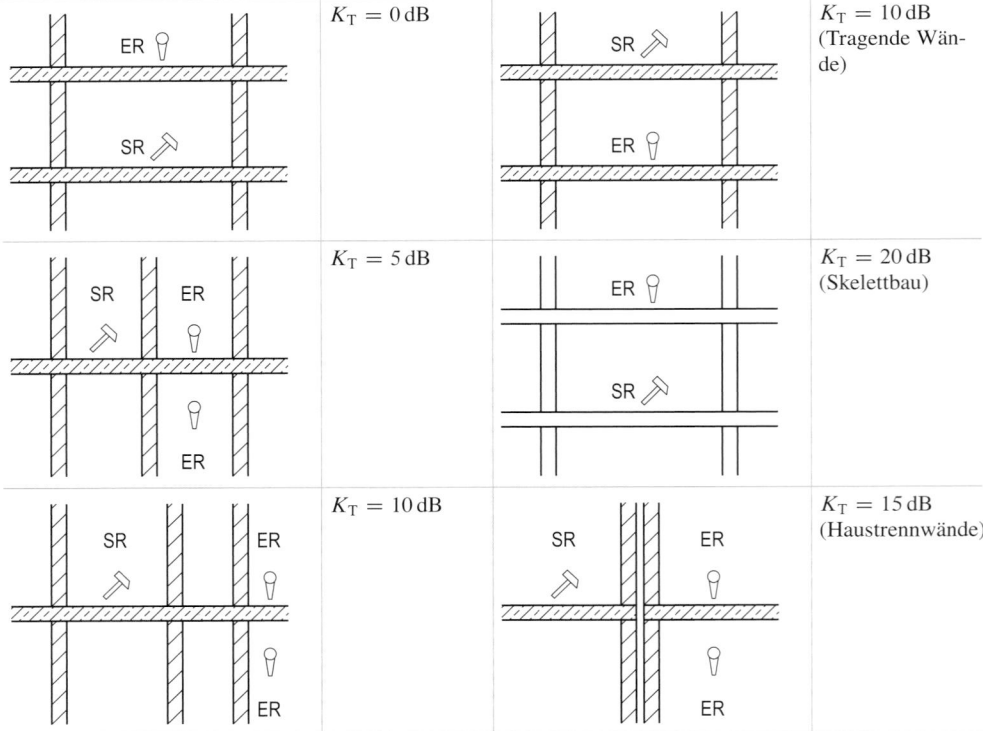

ER: Empfangsraum, SR: Senderaum

Tafel 17.80 Äquivalenter bewerteter Norm-Trittschallpegel $L_{n,eq,0,w}$ und bewerteter Norm-Trittschallpegel $L'_{n,w}$ für verschiedene Ausführungen von massiven Treppenläufen und Treppenpodesten unter Berücksichtigung der Ausbildung der Treppenraumwand (DIN 4109-32 Tab. 6) [35]

Treppen und Treppenraumwand	$L_{n,eq,0,w}$ [dB]	$L'_{n,w}$ [dB]
Treppenpodest[a], fest verbunden mit einschaliger, biegesteifer Treppenraumwand (flächenbezogene Masse $\geq 380\,kg/m^2$)	63	67
Treppenlauf[a], fest verbunden mit einschaliger, biegesteifer Treppenraumwand (flächenbezogene Masse $\geq 380\,kg/m^2$)	63	67
Treppenlauf[a], abgesetzt von einschaliger biegesteifer Treppenraumwand	60	64
Treppenpodest[a], fest verbunden mit Treppenraumwand und durchgehender Gebäudetrennfuge nach DIN 4109-32 Nr. 4.3.3.2	≤ 50	≤ 47
Treppenlauf[a], abgesetzt von Treppenraumwand und durchgehender Gebäudetrennfuge nach DIN 4109-32 Nr. 4.3.3.2	≤ 43	≤ 40
Treppenlauf[a], abgesetzt von Treppenraumwand, und durchgehender Gebäudetrennfuge nach DIN 4109-32 Nr. 4.3.3.2, auf Treppenpodest elastisch gelagert	35	39

[a] Gilt für Stahlbetonpodest oder -treppenlauf mit einer Dicke $d \geq 120\,mm$.

Tafel 17.80 enthält Angaben zum äquivalenten bewerteten Norm-Trittschallpegel $L_{n,eq,0,w}$ (DIN 4109-32). Der dort genannte $L'_{n,w}$-Wert wird angewendet, wenn kein zusätzlicher trittschalldämmender Gehbelag oder kein schwimmender Estrich aufgebracht wird. Die bewertete Trittschallminderung ΔL_w wird nach (17.142) oder (17.143) berechnet.

Holz-, Leicht- und Trockenbau

Beim Holz- und Leichtbau ist ein weiterer Flankenschall-Übertragungsweg DFf vorhanden, da auch über den Randanschluss des schwimmenden Estrichs Schallenergie übertragen wird. Im vereinfachten Nachweis ergibt sich der bewertete Norm-Trittschallpegel $L'_{n,w}$ aus dem bewerteten Norm-Trittschallpegel $L_{n,w}$ der Holzdecke ohne Flankenübertragung, dem Korrekturwert K_1 zur Berücksichtigung der Flankenübertragung auf dem Weg Df und dem Korrekturwert K_2 zur Berücksichtigung der Flankenübertragung auf dem Weg DFf (DIN 4109-2):

$$L'_{n,w} = L_{n,w} + K_1 + K_2 \qquad (17.147)$$

Der bewertete Norm-Trittschallpegel $L_{n,w}$ der Holzdecke ohne Flankenübertragung kann den Tab. 15 bis 25 der DIN 4109-33 entnommen werden. Tafel 17.81 zeigt beispielhaft die Größen für eine Holzbalkendecke mit Aufbauten aus mineralisch gebundenen Estrichen und Rohdeckenbeschwerung. Die Korrekturwerte K_1 und K_2 können den Tafeln 17.82 und 17.83 entnommen werden.

Nachweis der Anforderungen an die Trittschalldämmung

Der berechnete bewertete Norm-Trittschallpegel $L'_{n,w}$ wird im Rahmen einer vereinfachten Ermittlung um einen Sicherheitsbeiwert von 3 dB (Prognoseunsicherheit u_{prog}) erhöht. Der Nachweis der Trittschalldämmung in Gebäuden ist erbracht, wenn der erhöhte Wert den Anforderungswert $L'_{n,max}$ nicht überschreitet (DIN 4109-2):

$$L'_{n,w} + 3\,dB \leq L'_{n,w,max} \qquad (17.148)$$

Der bewertete Norm-Trittschallpegel $L'_{n,w}$ ist auf 0,1 dB zu runden. In folgendem Beispiel ist die Anforderung an die Trittschalldämmung nicht erfüllt:

$$L'_{n,w} + 3\,dB = 47{,}3 + 3 = 50{,}3\,dB > L'_{n,w,zul} = 50\,dB$$

Tafel 17.81 Bewertete Schalldämm-Maße R_w und bewertete Norm-Trittschallpegel $L_{n,w}$ von Holzbalkendecken mit Aufbauten aus mineralisch gebundenen Estrichen und Rohdeckenbeschwerung (DIN 4109-33 Tab. 21) [36]

Vertikalschnitt	Konstruktionsdetails		$L_{n,w}(C_I)$	$R_w(C; C_{tr})$
	Schicht	d [mm]		
	Estrich[a]	≥ 50	30 (0)	≥ 70
	Mineralwolledämmplatte MW ($s' \leq 6\,MN/m^3$; DES-sh)[b]	≥ 40		
	Betonsteinbeschwerung[c] ($m' \geq 100\,kg/m^2$)	≥ 40		
	Holzwerkstoffplatte HW[d]	22		
	Balken oder Stegträger[e]	220		
	Hohlraumbedämpfung[b]	100		
	Federschiene[f]	27		
	Gipsplatte GK[g]	12,5		

Tafel 17.81 (Fortsetzung)

Vertikalschnitt	Konstruktionsdetails		$L_{n,w}(C_I)$	$R_w(C; C_{tr})$
	Schicht	d [mm]		
	Estrich[a]	≥ 50	34 (12)	≥ 70
	Mineralwolledämmplatte MW ($s' \leq 6\,MN/m^3$; DES-sh)[b]	≥ 40		
	Schüttung[c] ($m' \geq 45\,kg/m^2$), Rieselschutz	≥ 30		
	Holzwerkstoffplatte HW[d]	22		
	Balken oder Stegträger[e]	220		
	Hohlraumbedämpfung[b]	100		
	Federschiene[f]	27		
	Gipsplatte GK[g]	12,5		
	Estrich[a]	≥ 50	36 (2)	68 (−3; −9)
	Mineralwolledämmplatte MW ($s' \leq 10\,MN/m^3$; DES-sh)[b]	≥ 15		
	Schüttung[c] ($m' \geq 45\,kg/m^2$), Rieselschutz	≥ 30		
	Holzwerkstoffplatte HW[d]	22		
	Balken oder Stegträger[e]	220		
	Hohlraumbedämpfung[b]	100		
	Federschiene[f]	27		
	Gipsplatte GK[g]	12,5		
	Estrich[a]	≥ 50	31 (0)	≥ 70
	Mineralwolledämmplatte MW ($s' \leq 8\,MN/m^3$; DES-sh)[b]	≥ 20		
	Schüttung[c] ($m' \geq 90\,kg/m^2$), Rieselschutz	≥ 60		
	Holzwerkstoffplatte HW[d]	22		
	Balken oder Stegträger[e]	220		
	Hohlraumbedämpfung[b]	100		
	Federschiene[f]	27		
	Gipsplatte GK[g]	12,5		
	Estrich[a]	≥ 50	40 (−1)	≥ 70
	Mineralwolledämmplatte MW ($s' \leq 20\,MN/m^3$; DES-sh)[b]	≥ 30		
	Schüttung[c], ($m' \geq 75\,kg/m^2$), Rieselschutz	≥ 50		
	Holzwerkstoffplatte HW[d]	22		
	Balken oder Stegträger[e]	220		
	Hohlraumbedämpfung[b]	100		
	Federschiene[f]	27		
	Gipsplatte GK[g]	12,5		

[a] Zement- Magnesia- oder Calciumsulfatestrich nach DIN 18560-2 mit flächenbezogener Masse $m' \geq 120\,kg/m^2$.

[b] Mineralwolle MW oder Holzfaser WF mit Anwendungsgebiet nach Einsatzbereich und der angegebenen dynamischen Steifigkeit s':
– für mineralisch gebundene Estriche: MW mit DES-sh; WF mit DES-sg;
– für Hohlraumdämpfung: MW oder WF mit DZ oder DAD-dk.

[c] Trockenes Schüttgut mit einer Schüttdichte $\rho \geq 1500\,kg/m^3$; Restfeuchte $\leq 1,8\,\%$; gegen Verrutschen gesichert mittels Pappwaben, Sandmatten, Lattengitter (Feldgröße etwa 800 mm · 800 mm) o. ä.

[d] Spanplatte SP, OSB Verlegeplatte oder BFU Platte der Dicken 18 mm bis 25 mm.

[e] Tragkonstruktion nach Statik je nach Deckentyp: Balken aus Vollholz oder Brettschichtholz; Mindestmaße 60 mm · 180 mm, alternativ auch Stegträger der Höhe 240 mm bis 406 mm; Achsabstand ≥ 625 mm.

[f] Federschiene mit Achsabstand ≥ 415 mm; Montage nach Anwendervorschrift.

[g] GK, alternativ GF der Dicke 10 mm.

Tafel 17.82 Korrekturwert K_1 zur Berücksichtigung der Flankenübertragung auf dem Weg Df (DIN 4109-2 Tab. 3) [33]

Wandaufbau im Empfangsraum		Deckenaufbau				
		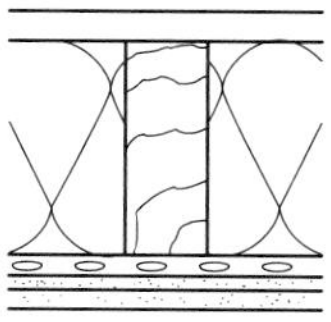 2 × GK an FS	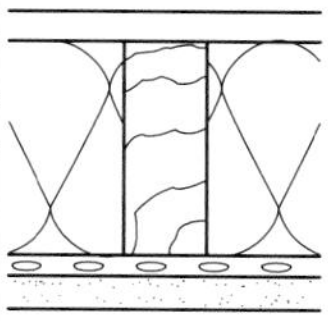 1 × GK an FS	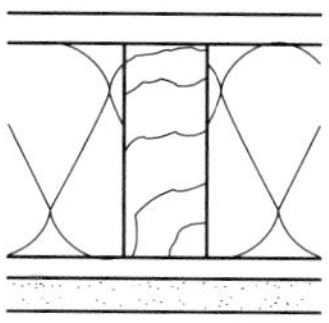 GK-Lattung oder direkt	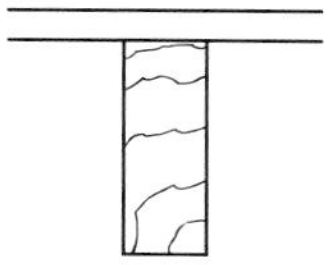 offene HBD	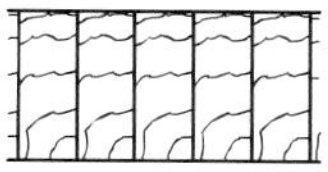 BSD oder HKD
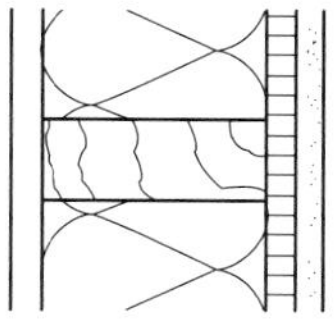	GK und HW	$K_1 = 6$ dB	$K_1 = 3$ dB	$K_1 = 1$ dB		
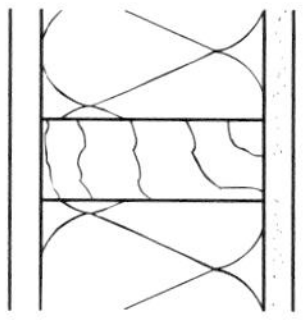	GF	$K_1 = 7$ dB	$K_1 = 4$ dB	$K_1 = 1$ dB		
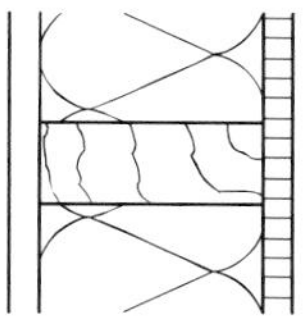	HW	$K_1 = 9$ dB	$K_1 = 5$ dB	$K_1 = 4$ dB		
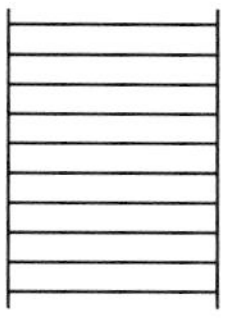	Holz- oder HW-Element					

GK: 9,5 mm bis 12,5 mm Gipsplatte nach DIN 18180/DIN EN 520, Rohdichte von $\rho \geq 680\,\mathrm{kg/m^3}$, mechanisch verbunden
GF: 12,5 mm bis 15 mm Gipsfaserplatte nach DIN EN 15283-2, Rohdichte von $\rho \geq 1100\,\mathrm{kg/m^3}$, mechanisch verbunden
HW: 13 mm bis 22 mm Holzwerkstoffplatte, Rohdichte von $\rho \geq 650\,\mathrm{kg/m^3}$, mechanisch verbunden
HBD: Holzbalkendecke
FS: Federschiene
Holz- oder HW-Element: Massivholzelemente oder 80 mm bis 100 mm-Holzwerkstoffplatte, $m' \geq 50\,\mathrm{kg/m^2}$
GK-Lattung oder direkt: HBD mit Unterdecke an Lattung oder GK und HW direkt montiert
Offene HBD: Holzbalkendecke mit sichtbarer Balkenlage
BSD oder HKD: Brettstapel-, Brettschichtholz- oder Hohlkastendecke

17

Tafel 17.83 Korrekturwert K_2 zur Berücksichtigung der Flankenübertragung auf dem Weg DFf (DIN 4109-2 Tab. 4) [33]

Wandaufbau im Sende- und Empfangsraum	Estrich-aufbau	Trittschallübertragung auf dem Weg Dd und Df: $L_{n,w} + K_1$ [dB]																						$L_{n,DFf,w}$ [dB]
		35	36	37	38	39	40	41	42	43	44	45	46	47	48	49	50	51	52	53	54	55	> 55	
GK und HW / GF	a)	10	9	8	7	6	5	5	4	4	3	3	2	2	1	1	1	1	1	1	0	0	0	44
	b)	6	5	5	4	4	3	3	2	2	1	1	1	1	1	1	0	0	0	0	0	0	0	40
	c)	5	4	4	3	3	2	2	1	1	1	1	1	1	0	0	0	0	0	0	0	0	0	38
HW / Holz- oder HW-Element	a)	11	10	10	9	8	7	6	5	5	4	4	3	3	2	2	1	1	1	1	1	1	0	46
	b)	10	10	9	8	7	6	5	5	4	4	3	3	2	2	1	1	1	1	1	1	0	0	45
	c)	8	7	6	5	5	4	4	3	3	2	2	1	1	1	1	1	1	0	0	0	0	0	42

GK: 9,5 mm bis 12,5 mm Gipsplatte nach DIN EN 520, Rohdichte von $\rho \geq 680\,kg/m^3$, mechanisch verbunden

GF: 12,5 mm bis 15 mm Gipsfaserplatte nach DIN EN 15283-2, Rohdichte von $\rho \geq 1100\,kg/m^3$, mechanisch verbunden

HW: 13 mm bis 22 mm Holzwerkstoffplatte, Rohdichte von $\rho \geq 650\,kg/m^3$, mechanisch verbunden

Holz- oder HW-Element: Massivholzelemente oder 80 mm bis 100 mm Holzwerkstoffplatte, $m' \geq 50\,kg/m^2$.

Estrichaufbau:

a)		CT/WF	mineralisch gebundener Estrich auf Holzweichfaser-Trittschalldämmplatten, Randdämmstreifen: > 5 mm Mineralwolle- oder PE-Schaum-Randstreifen;
		AS/EPB-MW	Gussasphaltestrich auf Holzweichfaser-Trittschalldämmplatte, Randdämmstreifen: > 5 mm Mineralwolle-Randstreifen
b)		CT/MW	mineralisch gebundener Estrich auf Mineralwolle- oder EPS Trittschalldämmplatten, Randdämmstreifen: > 5 mm Mineralwolle- oder PE-Schaum-Randstreifen;
		AS/EPB-MW	Gussasphaltestrich auf Blähperlit/Mineralwolle, Randdämmstreifen: > 5 mm Mineralwolle-Randstreifen
c)		TE	Fertigteilestrich auf Mineralwolle-, EPS-, oder Holzfaser-Trittschalldämmplatten, Randdämmstreifen: > 5 mm Mineralwolle- oder PE-Schaum-Randstreifen

17.4.7 Luftschallübertragung von Außenlärm

Detaillierter Nachweis

Das gesamte bewertete Schalldämm-Maß $R'_{w,ges}$ eines Außenbauteils ergibt sich aus den Schalldämm-Maßen $R'_{e,i,w}$ der trennenden Außenbauteile und den Flankenschalldämm-Maßen $R_{ij,w}$:

$$R'_{w,ges} = -10 \cdot \lg \left[\sum_{i=1}^{m} 10^{-0,1 \cdot R_{e,i,w}} + \sum_{F=f=1}^{n} 10^{-0,1 \cdot R_{Ff,w}} \right.$$
$$\left. + \sum_{f=1}^{n} 10^{-0,1 \cdot R_{Df,w}} + \sum_{F=1}^{n} 10^{-0,1 \cdot R_{Fd,w}} \right]$$
(17.149)

Für die Berechnung des Schalldämm-Maßes $R'_{e,i,w}$ sind das bewertete Schalldämm-Maß $R_{i,w}$ und die Fläche des jeweiligen Bauteils S_i sowie die vom Raum aus gesehene gesamte Außenbauteilfläche S_S zu berücksichtigen:

$$R_{e,i,w} = R_{i,w} + 10 \cdot \lg \left(\frac{S_S}{S_i} \right) \qquad (17.150)$$

Bei zweischaligen Mauerwerkskonstruktionen mit Luftschicht oder mit Kerndämmung aus mineralischen Faserdämmstoffen wird das bewertete Schalldämm-Maß $R_{Dd,w}$ aus der Summe der flächenbezogenen Massen der beiden Schalen wie bei einschaligen biegesteifen Wänden ermittelt und um $\Delta R = 5$ dB erhöht. Wenn die flächenbezogene Masse der auf die Innenschale der Außenwand anschließenden Trennwände größer als 50 % der flächenbezogenen Masse der inneren Schale der Außenwand beträgt, wird $R_{Dd,w}$ um $\Delta R = 8$ dB erhöht.

Das bewertete Schalldämm-Maß $R_{Fenster,w}$ von Fenstern wird mit Hilfe der Angaben in Tafel 17.84 wie folgt ermittelt (DIN 4109-35):

$$R_{Fenster,w} = R_w + K_{AH} + K_{RA} + K_S + K_{FV}$$
$$+ K_{F,1,5} + K_{F,3} + K_{SP} \qquad (17.151)$$

mit

R_w: Schalldämmung des Fensters

K_{AH}: Korrekturwert für Aluminium-Holzfenster, $K_{AH} = -1$ dB

K_{RA}: Korrekturwert für Rahmenanteil $\leq 30\%$

K_S: Korrekturwert für Stulpfenster

K_{FV}: Korrekturwert für Festverglasungen mit erhöhtem Scheibenanteil

$K_{F,1,5}$: Korrekturwert für Fenster mit einer Fläche $< 1,5$ m²

$K_{F,3}$: Korrekturwert für Fenster mit Einzelscheiben mit einer Fläche > 3 m², $K_{F,3} = -2$ dB

K_{SP}: Korrekturwert für glasteilende Sprossen

Vereinfachter Nachweis

Die Flankenschallübertragung kann vernachlässigt werden, wenn das gesamte bewertete Schalldämm-Maß $R'_{w,ges} \leq 40$ dB ist:

$$R'_{w,ges} = -10 \cdot \lg \left[\sum_{i=1}^{m} 10^{-0,1 \cdot R_{e,i,w}} \right] \qquad (17.152)$$

Nachweis der Anforderungen an die Luftschalldämmung von Außenbauteilen

Das berechnete, gesamte Schalldämm-Maß $R'_{w,ges}$ wird im Rahmen einer vereinfachten Ermittlung um einen Sicherheitsbeiwert, der sogenannten Prognoseunsicherheit u_{prog}, vermindert. Der Nachweis der Luftschalldämmung von Außenbauteilen ist erbracht, wenn der verminderte Wert den Anforderungswert mindestens erreicht (DIN 4109-2):

$$R'_{w,ges} - 2 \text{ dB} \geq R'_{w,ges,erf} \qquad (17.153)$$

Der Korrekturwert K_{AL} für die Raumgeometrie wurde bereits bei der Festlegung der Anforderungen in Abschn. 17.4.4.2 berücksichtigt.

Das bewertete Schalldämm-Maß $R'_{w,ges}$ ist auf 0,1 dB zu runden. In folgendem Beispiel ist die Anforderung an die Luftschalldämmung eines Bauteils nicht erfüllt:

$$R'_{w,ges} - 2 \text{ dB} = 46,7 - 2 = 44,7 \text{ dB} < R'_{w,erf} = 45 \text{ dB}$$

Tafel 17.84 Schalldämmung von Einfachfenstern mit Mehrscheiben-Isolierglas (DIN 4109-35 Tab. 1) [38]

R_w [dB]	C [dB]	C_{tr} [dB]	Konstruktionsmerkmale	Einfachfenster mit MIG	Korrekturwerte				
					K_{RA} [dB]	K_S [dB]	K_{FV} [dB]	$K_{F,1,5}$ [dB]	K_{SP} [dB]
25	–	–	d_{ges}, in mm SZR, in mm oder $R_{w,GLAS}$, in dB Falzdichtung	≥ 6 ≥ 8 ≥ 27 –	–	–	–	–	–
30	–	–	d_{ges}, in mm SZR, in mm oder $R_{w,GLAS}$, in dB Falzdichtung	≥ 6 ≥ 12 ≥ 30 1	–	–	–	–	–

Tafel 17.84 (Fortsetzung)

R_w [dB]	C [dB]	C_tr [dB]	Konstruktionsmerkmale	Einfachfenster mit MIG	Korrekturwerte				
					K_RA [dB]	K_S [dB]	K_FV [dB]	$K_\text{F,1,5}$ [dB]	K_SP [dB]
33	−2	−5	d_ges, in mm SZR, in mm oder $R_\text{w,GLAS}$, in dB Falzdichtung	≥ 4 + 4 ≥ 12 ≥ 30 1	−2	0	−1	0	0
34	−2	−6	d_ges, in mm SZR, in mm oder $R_\text{w,GLAS}$, in dB Falzdichtung	≥ 4 + 4 ≥ 16 ≥ 30 1	−2	0	−1	0	0
35	−2	−4	d_ges, in mm SZR, in mm oder $R_\text{w,GLAS}$, in dB Falzdichtung	≥ 6 + 4 ≥ 12 ≥ 32 1	−2	0	−1	0	0
36	−1	−4	d_ges, in mm SZR, in mm oder $R_\text{w,GLAS}$, in dB Falzdichtung	≥ 6 + 4 ≥ 16 ≥ 33 1	−2	0	−1	0	0
37	−1	−4	d_ges, in mm SZR, in mm oder $R_\text{w,GLAS}$, in dB Falzdichtung	≥ 6 + 4 ≥ 16 ≥ 35 1	−2	0	−1	0	0
38	−2	−5	d_ges, in mm SZR, in mm oder $R_\text{w,GLAS}$, in dB Falzdichtung	≥ 8 + 4 ≥ 16 ≥ 38 2 (AD/MD+ID)	−2	0	0	0	0
39	−2	−5	d_ges, in mm SZR, in mm oder $R_\text{w,GLAS}$, in dB Falzdichtung	≥ 10 + 4 ≥ 20 ≥ 39 2 (AD/MD+ID)	−2	0	0	0	0
40	−2	−5	$R_\text{w,GLAS}$, in dB Falzdichtung	≥ 40 2 (AD/MD+ID)	−2	0	0	−1	−1
41	−2	−5	$R_\text{w,GLAS}$, in dB Falzdichtung	≥ 41 2 (AD/MD+ID)	0	0	0	−1	−2
42	−2	−5	$R_\text{w,GLAS}$, in dB Falzdichtung	≥ 44 2 (AD/MD+ID)	0	−1	0	−1	−2
43	−2	−4	$R_\text{w,GLAS}$, in dB Falzdichtung	≥ 46 2 (AD/MD+ID)	0	−2	0	−1	−2
44	−1	−4	$R_\text{w,GLAS}$, in dB Falzdichtung	≥ 49 2 (AD/MD+ID)	0	−2	+1	−1	−2
45	−1	−5	$R_\text{w,GLAS}$, in dB Falzdichtung	≥ 51 2 (AD/MD+ID)	0	−2	+1	−1	−2
≥ 46	–	–	–	–	–	–	–	–	–

17.4.8 Trinkwasserinstallation

Beim Nachweis des Schallschutzes von Geräuschen aus der Trinkwasserinstallation ohne bauakustische Messung werden Armaturen mit einer bestimmten Armaturengruppe einer bestimmten räumlichen Bausituation zugeordnet (DIN 4109-36):

- Armaturengruppe I
  - Armatur: $L_\text{ap} \leq 20\,\text{dB}$
  - Auslaufvorrichtung: $L_\text{ap} \leq 15\,\text{dB}$
- Armaturengruppe II
  - Armatur: $L_\text{ap} \leq 30\,\text{dB}$
  - Auslaufvorrichtung: $L_\text{ap} \leq 25\,\text{dB}$
- günstige Raumanordnung
  - Installationswand grenzt nicht an einen fremden schutzwürdigen Aufenthaltsraum
  - Installationswand ist nicht am Trennbauteil befestigt
- ungünstige Raumanordnung
  - Installationswand grenzt an einen fremden schutzwürdigen Aufenthaltsraum
  - Installationswand ist am Trennbauteil befestigt

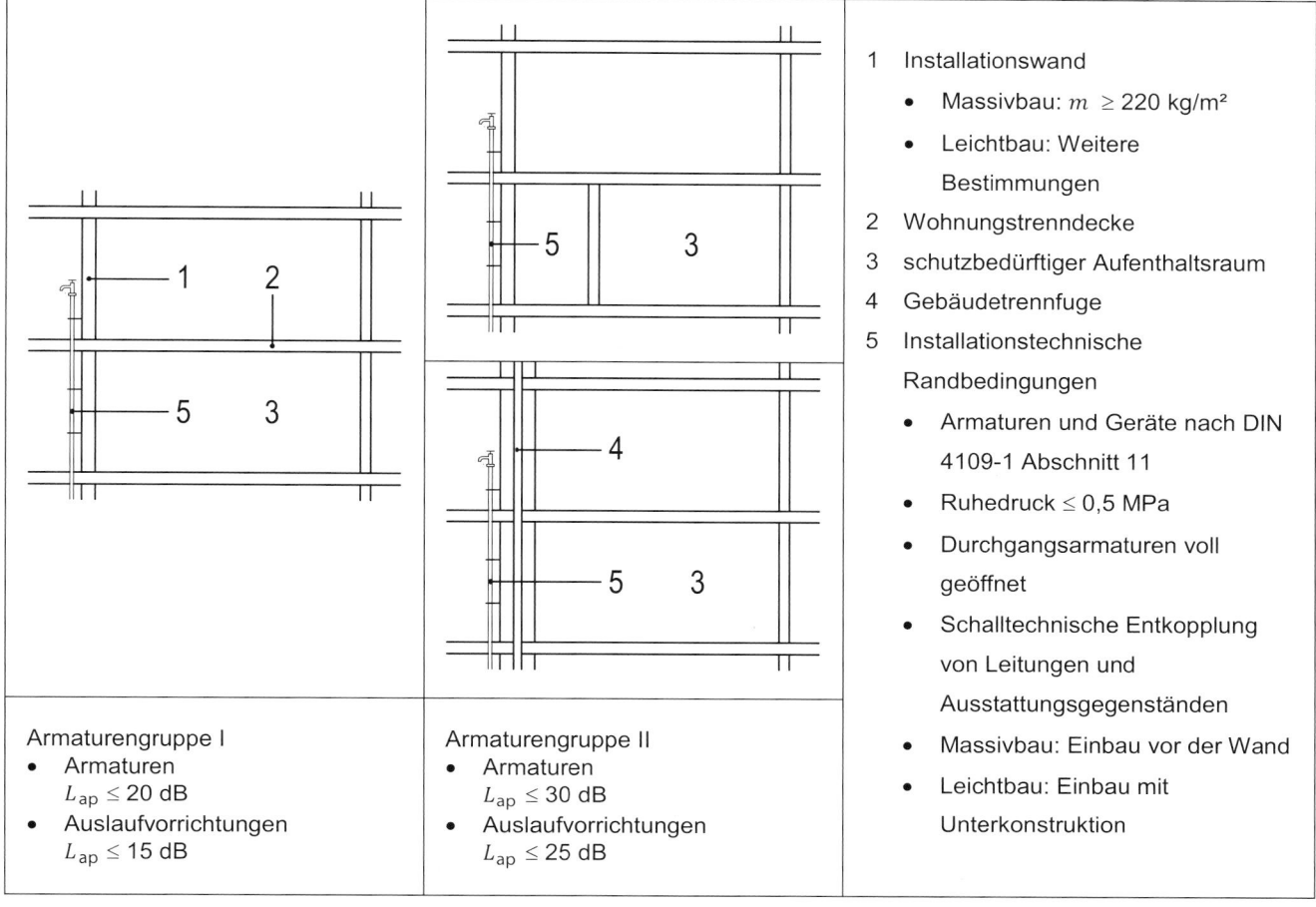

Abb. 17.28 Anordnung von Räumen mit Wasserinstallationen und schutzbedürftigen Räumen (DIN 4109-36 Bild 2) [39]

Die Anforderungen gelten beim Nachweis ohne bauakustische Messungen als erfüllt, wenn eine Armaturengruppe einer Raumsituation wie in Abb. 17.28 zugeordnet wird und weitere dort genannte Bedingungen eingehalten sind:

- Armaturengruppe I, grenzt an fremden schutzwürdigen Aufenthaltsraum, Trennbauteil ist eine Musterinstallationswand
- Armaturengruppe II, vom fremden schutzwürdigen Aufenthaltsraum durch eine zweischalige Haustrennwand oder einen nicht schutzbedürftigen Raum getrennt

Die Musterinstallationswand ist entweder eine einschalige Massivbau-Musterinstallationswand mit einer flächenbezogenen Masse von $m' \geq 220\,\mathrm{kg/m^2}$ oder eine Leichtbau-Musterinstallationswand als Einfachständerwand mit zusätzlicher Vorwandinstallation mit folgenden Eigenschaften:

- Einfachständerwand
  - Metall-Unterkonstruktion
  - Gipskartonplatten, $d = 12,5\,\mathrm{mm}$, je Seite doppelt beplankt, $m' \geq 11\,\mathrm{kg/m^2}$ je Plattenlage
  - Hohlraum, $d \geq 75\,\mathrm{mm}$
  - Faserdämmstoffeinlage, $d \geq 60\,\mathrm{mm}$, längenspezifischer Strömungswiderstand $r \geq 5\,\mathrm{kPa \cdot s/m^2}$
- zusätzliche Vorwandinstallation
  - Gipskartonplatten, $d = 12,5\,\mathrm{mm}$, doppelt beplankt, $m' \geq 11\,\mathrm{kg/m^2}$ je Plattenlage
  - Faserdämmstoffeinlage im Hohlraum, $d \geq 60\,\mathrm{mm}$, längenspezifischer Strömungswiderstand $r \geq 5\,\mathrm{kPa \cdot s/m^2}$

Beispiele zum Nachweis des baulichen Schallschutzes sind im Ergänzungsband „Wendehorst – Beispiele aus der Baupraxis", 7. Auflage, enthalten.

Literatur

Literatur zu Abschn. 17.1

1. DIN 4108-2: Wärmeschutz und Energie-Einsparung in Gebäuden – Teil 2: Mindestanforderungen an den Wärmeschutz. Ausgabe 2013-02

2. DIN 4108-3: Wärmeschutz und Energie-Einsparung in Gebäuden – Teil 3: Klimabedingter Feuchteschutz; Anforderungen, Berechnungsverfahren und Hinweise für Planung und Ausführung. Ausgabe 2018-10

3. DIN 4108-4: Wärmeschutz und Energie-Einsparung in Gebäuden – Teil 4: Wärme- und feuchteschutztechnische Bemessungswerte. Ausgabe 2017-03

4. DIN 4108-7: Wärmeschutz und Energie-Einsparung in Gebäuden – Teil 7: Luftdichtheit von Gebäuden – Anforderungen, Planungs- und Ausführungsempfehlungen sowie -beispiele. Ausgabe 2011-01

5. DIN-Fachbericht 4108-8: Wärmeschutz und Energie-Einsparung in Gebäuden – Teil 8: Vermeidung von Schimmelwachstum in Wohngebäuden. Ausgabe 2010-09

6. DIN 4108-10: Wärmeschutz und Energie-Einsparung in Gebäuden – Teil 10: Anwendungsbezogene Anforderungen an Wärmedämmstoffe – Werkmäßig hergestellte Wärmedämmstoffe. Ausgabe 2015-12

7. DIN 4108 Beiblatt 2: Wärmeschutz und Energie-Einsparung in Gebäuden – Wärmebrücken – Planungs- und Ausführungsbeispiele. Ausgabe 2019-06

8. DIN EN 12207: Fenster und Türen – Luftdurchlässigkeit – Klassifizierung. Ausgabe 2000-06

9. DIN EN 12114: Wärmetechnisches Verhalten von Gebäuden – Luftdurchlässigkeit von Bauteilen – Laborprüfverfahren. Ausgabe 2000-04

10. DIN EN 13162: Wärmedämmstoffe für Gebäude – Werkmäßig hergestellte Produkte aus Mineralwolle (MW) – Spezifikation. Ausgabe 2015-04

11. DIN EN 13163: Wärmedämmstoffe für Gebäude – Werkmäßig hergestellte Produkte aus expandiertem Polystyrol (EPS) – Spezifikation. Ausgabe 2016-08

12. DIN EN 13164: Wärmedämmstoffe für Gebäude – Werkmäßig hergestellte Produkte aus extrudiertem Polystyrolschaum (XPS) – Spezifikation. Ausgabe 2015-04

13. DIN EN 13165: Wärmedämmstoffe für Gebäude – Werkmäßig hergestellte Produkte aus Polyurethan-Hartschaum (PU) – Spezifikation. Ausgabe 2016-09

14. DIN EN 13166: Wärmedämmstoffe für Gebäude – Werkmäßig hergestellte Produkte aus Phenolharzschaum (PF) – Spezifikation. Ausgabe 2016-09

15. DIN EN 13167: Wärmedämmstoffe für Gebäude – Werkmäßig hergestellte Produkte aus Schaumglas (CG) – Spezifikation. Ausgabe 2015-04

16. DIN EN 13168: Wärmedämmstoffe für Gebäude – Werkmäßig hergestellte Produkte aus Holzwolle (WW) – Spezifikation. Ausgabe 2015-04

17. DIN EN 13169: Wärmedämmstoffe für Gebäude – Werkmäßig hergestellte Produkte aus Blähperlit (EPB) – Spezifikation. Ausgabe 2015-04

18. DIN EN 13170: Wärmedämmstoffe für Gebäude – Werkmäßig hergestellte Produkte aus expandiertem Kork (ICB) – Spezifikation. Ausgabe 2015-04

19. DIN EN 13171: Wärmedämmstoffe für Gebäude – Werkmäßig hergestellte Produkte aus Holzfasern (WF) – Spezifikation. Ausgabe 2015-04

20. DIN EN ISO 6946: Bauteile – Wärmedurchlasswiderstand und Wärmedurchgangskoeffizient – Berechnungsverfahren. Ausgabe 2008-04

21. DIN EN ISO 10077-1: Wärmetechnisches Verhalten von Fenstern, Türen und Abschlüssen – Berechnung des Wärmedurchgangskoeffizienten – Teil 1: Allgemeines. Ausgabe 2018-01

22. DIN EN ISO 10211: Wärmebrücken im Hochbau – Wärmeströme und Oberflächentemperaturen – Detaillierte Berechnungen. Ausgabe 2008-04

23. DIN EN ISO 10456: Baustoffe und Bauprodukte – Wärme- und feuchtetechnische Eigenschaften – Tabellierte Bemessungswerte und Verfahren zur Bestimmung der wärmeschutztechnischen Nenn- und Bemessungswerte. Ausgabe 2010-05

24. DIN EN ISO 13370: Wärmetechnisches Verhalten von Gebäuden – Wärmetransfer über das Erdreich – Berechnungsverfahren. Ausgabe 2018-03

25. DIN EN ISO 13786: Wärmetechnisches Verhalten von Bauteilen – Dynamisch-thermische Kenngrößen – Berechnungsverfahren. Ausgabe 2008-04

26. DIN EN ISO 13788: Wärme- und feuchtetechnisches Verhalten von Bauteilen und Bauelementen – Raumseitige Oberflächentemperatur zur Vermeidung kritischer Oberflächenfeuchte und Tauwasserbildung im Bauteilinneren – Berechnungsverfahren. Ausgabe 2013-05

27. DIN EN ISO 9972: Wärmetechnisches Verhalten von Gebäuden – Bestimmung der Luftdurchlässigkeit von Gebäuden – Differenzdruckverfahren. Ausgabe 2015-12

28. DIN V 18599: Energetische Bewertung von Gebäuden – Berechnung des Nutz-, End- und Primärenergiebedarfs für Heizung, Kühlung, Lüftung, Trinkwarmwasser und Beleuchtung – Teile 1 bis 11. Ausgabe 2011-12

29. Gesetz zur Einsparung von Energie und zur Nutzung erneuerbarer Energien zur Wärme- und Kälteerzeugung in Gebäuden (Gebäudeenergiegesetz – GEG). Vom 08. August 2020

Literatur zu Abschn. 17.2

30. DIN 4108-2: Wärmeschutz und Energie-Einsparung in Gebäuden – Teil 2: Mindestanforderungen an den Wärmeschutz. Ausgabe 2013-02

31. DIN 4108-3: Wärmeschutz und Energie-Einsparung in Gebäuden – Teil 3: Klimabedingter Feuchteschutz; Anforderungen, Berechnungsverfahren und Hinweise für Planung und Ausführung. Ausgabe 2018-10

Literatur zu Abschn. 17.4

32. DIN 4109-1: Schallschutz im Hochbau – Teil 1: Mindestanforderungen. Ausgabe 2018-01

33. DIN 4109-2: Schallschutz im Hochbau – Teil 2: Rechnerische Nachweise der Erfüllung der Anforderungen. Ausgabe 2018-01

34. DIN 4109-31: Schallschutz im Hochbau – Teil 31: Daten für die rechnerischen Nachweise des Schallschutzes (Bauteilkatalog) – Rahmendokument. Ausgabe 2016-07

35. DIN 4109-32: Schallschutz im Hochbau – Teil 32: Daten für die rechnerischen Nachweise des Schallschutzes (Bauteilkatalog) – Massivbau. Ausgabe 2016-07

36. DIN 4109-33: Schallschutz im Hochbau – Teil 33: Daten für die rechnerischen Nachweise des Schallschutzes (Bauteilkatalog) – Holz-, Leicht- und Trockenbau. Ausgabe 2016-07

37. DIN 4109-34: Schallschutz im Hochbau – Teil 34: Daten für die rechnerischen Nachweise des Schallschutzes (Bauteilkatalog) – Vorsatzkonstruktionen vor massiven Bauteilen. Ausgabe 2016-07

38. DIN 4109-35: Schallschutz im Hochbau – Teil 35: Daten für die rechnerischen Nachweise des Schallschutzes (Bauteilkatalog) – Elemente, Fenster, Türen, Vorhangfassaden. Ausgabe 2016-07

39. DIN 4109-36: Schallschutz im Hochbau – Teil 36: Daten für die rechnerischen Nachweise des Schallschutzes (Bauteilkatalog) – Gebäudetechnische Anlagen. Ausgabe 2016-07

40. DIN 4109-4: Schallschutz im Hochbau – Teil 4: Bauakustische Prüfungen. Ausgabe 2016-07

41. DIN 18005-1: Schallschutz im Städtebau – Teil 1: Grundlagen und Hinweise für die Planung. Ausgabe 2002-07

42. DIN EN 12354-1: Bauakustik – Berechnung der akustischen Eigenschaften von Gebäuden aus den Bauteileigenschaften – Teil 1: Luftschalldämmung zwischen Räumen. Ausgabe 2000-12

43. DIN EN 12354-2: Bauakustik – Berechnung der akustischen Eigenschaften von Gebäuden aus den Bauteileigenschaften – Teil 2: Trittschalldämmung zwischen Räumen. Ausgabe 2000-09

44. DIN ISO 9613-2: Akustik – Dämpfung des Schalls bei der Ausbreitung im Freien – Teil 2: Allgemeines Berechnungsverfahren. Ausgabe 1999-10

45. VDI 4100: Schallschutz im Hochbau – Wohnungen – Beurteilung und Vorschläge für erhöhten Schallschutz. Ausgabe 2012-10

46. Lohmeyer, G. C. O., Bergmann, H., Post, M.: Praktische Bauphysik, 5. Auflage. Teubner Verlag, Wiesbaden 2005

47. Schmidt, H.: Schalltechnisches Taschenbuch, 5. Auflage. Springer-Verlag, Berlin 1996

Schallimmissionsschutz

18

Prof. Dr.-Ing. Martin Homann

Inhaltsverzeichnis

18.1 Formelzeichen

A	Abstand zwischen Emissionsort und erster Beugungskante
A	Oktavbanddämpfung
A_0	Bezugs-Absorptionsfläche
A_{atm}	Dämpfung aufgrund von Luftabsorption
A_{bar}	Dämpfung aufgrund von Abschirmung
A_{div}	Dämpfung aufgrund geometrischer Ausbreitung
A_f	Frequenzbewertung
A_{fol}	Dämpfung durch Bewuchs
A_{gr}	Dämpfung aufgrund des Bodeneffekts
A_{hous}	Dämpfung durch bebautes Gelände
A_m	Bodendämpfungsbeitrag (Mittelbereich)
A_{misc}	Dämpfung aufgrund verschiedener anderer Effekte
A_r	Bodendämpfungsbeitrag (Empfängerbereich)
A_{Site}	Dämpfung durch Industriegelände
A_s	Bodendämpfungsbeitrag (Quellbereich)
A_{tot}	Gesamtausbreitungs-Schalldämpfung
B	Abstand zwischen letzter wirksamer Beugungskante und Immissionsort
B	Bezugsgröße
B	Bebauungsdichte
B_0	Einheit der Bezugsgröße

M. Homann (✉)
FH Münster
Münster, Deutschland
E-Mail: mhomann@fh-muenster.de

© Springer Fachmedien Wiesbaden GmbH, ein Teil von Springer Nature 2021
U. Vismann (Hrsg.), *Wendehorst Bautechnische Zahlentafeln*, https://doi.org/10.1007/978-3-658-32218-2_18

C	Summe des Abstandes zwischen zwei bzw. Summe der Abstände zwischen mehreren Beugungskanten	K_g	Pegelminderung der Gegenwind-Wetterlage
C	Wert zur Berücksichtigung von Bodenreflexionen oder Beugungen	K_{PA}	Zuschlag für die Parkplatzart
C_d	Diffusitätsterm	K_R	Zuschlag für Tageszeiten mit erhöhter Empfindlichkeit
C_{met}	meteorologische Korrektur	K_{StrO}	Zuschlag für unterschiedliche Fahrbahnoberflächen
C_s	Spektrum-Anpassungswert	K_T	Zuschlag für Ton- und Informationshaltigkeit
D	Schallpegeldifferenz	K_w	Witterungskorrektur
D_{BM}	Pegelminderung für Boden- und Meteorologiedämpfung (Bodenabsorption)	L	Schallpegel
D_{Br}	Einfluss von Brücken	L_{Aeq}	A-bewerteter Schallpegel, Mittelungspegel
$D_{Bü}$	Einfluss von Bahnübergängen	$L_{AT}(DW)$	äquivalenter, A-bewerteter Dauerschalldruckpegel
D_C	Richtwirkungskorrektur für punktförmige Ersatzschallquellen	$L_{AT}(LT)$	A-bewerteter Langzeit-Mittelungspegel
D_D	Einfluss der Bremsbauart	L_{Ceq}	C-bewerteter Schallpegel
D_E	Korrektur für Spiegelschallquellen	L_{DEN}	Tag-Abend-Nacht-Schallpegel
D_e	Pegelminderung für Schallschirme	L_{day}	A-bewerteter äquivalenter Dauerschallpegel während des Tagzeitraums
D_{Fb}	Einfluss der Fahrbahnart	$L_{evening}$	A-bewerteter äquivalenter Dauerschallpegel während des Abendzeitraums
D_{Fz}	Einfluss der Fahrzeugart	L_{night}	A-bewerteter äquivalenter Dauerschallpegel während des Nachtzeitraums
D_G	Pegelminderung für Gehölz		
D_I	Richtwirkungsmaß	L_{fT}	Oktavband-Schalldruckpegel bei Mitwind am Immissionsort
D_{Ir}	Richtwirkungskorrektur		
D_i	Einfügungsdämpfungsmaß eines Schalldämpfers in einer Öffnung	L_m	Mittelungspegel
		$L_{m,E}$	Emissionspegel
D_{Korr}	Summe der Pegeldifferenzen durch Einflüsse auf dem Ausbreitungsweg	$L_{m,f}$	Mittelungspegel für den fernen äußeren Fahrstreifen
D_L	Pegeldifferenz durch Luftabsorption	$L_{m,n}$	Mittelungspegel für den nahen äußeren Fahrstreifen
D_l	Einfluss der Zuglänge		
D_l	Längenkorrektur	L_p	Schalldruckpegel
$D_{n,e}$	Norm-Schallpegeldifferenz	L_r	Beurteilungspegel
D_{Ra}	Einfluss von Kurvenradien	L_w	Schallleistungspegel
D_R	Pegelminderung für Reflexionen	L_{w0}	Ausgangsschallleistungspegel
D_{refl}	Pegelerhöhung für Mehrfachreflexionen	L_{wA}	A-bewerteter Schallleistungspegel
D_s	Pegelminderung für Abstand (und Luftabsorption)	L_{wAeq}	mittlerer A-bewerteter Schallleistungspegel
		L_w''	flächenbezogener Schallleistungspegel
D_{Stg}	Korrektur für Steigungen und Gefälle	M	maßgebliche Verkehrsstärke
D_{StrO}	Korrektur für unterschiedliche Straßenoberflächen	N	Bewegungshäufigkeit
D_v	Korrektur für Geschwindigkeit	R'	Bau-Schalldämm-Maß
D_z	Pegelminderung für Abschirmung	S	Fläche
D_Ω	Raumwinkelmaß	S	Korrekturwert zur Berücksichtigung der geringeren Störwirkung des Schienenverkehrs gegenüber Straßenverkehr
F	Integral		
G	Bodenfaktor		
H	Höhe des Immissionsortes	S_0	Bezugsfläche
K	Zuschlag für erhöhte Störwirkung von lichtzeichengeregelten Kreuzungen und Einmündungen	T	Teilzeit
		T_m	Häufigkeit der Mitwind-Wetterlage im Jahresmittel
K_0	Raumwinkelmaß	T_q	Häufigkeit der Querwind-Wetterlage im Jahresmittel
K_D	Pegelerhöhung infolge Durchfahr- und Parksuchverkehrs	T_g	Häufigkeit der Gegenwind-Wetterlage im Jahresmittel
K_I	Zuschlag für Impulshaltigkeit		
K_{met}	Korrekturfaktor für meteorologische Effekte	T_r	Beurteilungszeitraum
K_m	Pegelminderung der Mitwind-Wetterlage	X_{As}'	Kenngröße für die A-bewertete Schallpegeldifferenz
K_q	Pegelminderung der Querwind-Wetterlage		

a	Abstandskomponente
a_A	Abstand zwischen Hindernisoberkante und Immissionsort
a_B	Abstand zwischen Hinderniskanten
a_Q	Abstand zwischen Emissionsort und Hindernisoberkante
c	Schallausbreitungsgeschwindigkeit
d	Abstand
d_0	Bezugsabstand
d_b	Länge eines Schallweges durch bebautes Gebiet
d_f	durch dichten Bewuchs verlaufende Weglänge
d_p	auf Bodenebene projizierter Abstand zwischen Schallquelle und Empfänger
d_s	über eine durch Installationen in Industrieanlagen verlaufende Weglänge
$d_ü$	Überstandslänge
e	Abstand zwischen Beugungskanten
f	Frequenz
f	Oktavband-Mittenfrequenz
f	Anzahl der Stellplätze je Einheit der Bezugsgröße
g	Gefälle der Fahrbahn
h	mittlere Gebäudehöhe
h_{Beb}	Höhe einer geschlossenen Randbebauung
h_{GE}	Höhe des Emissionsortes über Grund
h_{GI}	Höhe des Immissionsortes über Grund
h_m	mittlere Höhe
h_r	Höhe des Immissionsortes
h_s	Höhe der Schallquelle
h_T	Höhe zwischen Verbindungslinie (Emissionsort–Immissionsort) und Grund
k	Konstante
l	Länge
l	Länge aller Züge einer bestimmten Zugklasse
l_{Geb}	Länge einer Gebäudefront
l_z	Länge eines Fahrstreifens
p	maßgeblicher LKW-Anteil
p	Anteil scheibengebremster Fahrzeuge an der Länge eines Zuges
p	Faktor
p	Häufigkeit der Windverteilung
p_l	Längenfaktor
$p_α$	Winkelfaktor
r	Radius
s	Abstand
s_0	Bezugsabstand
s_G	Projektion der Horizontalebene von Weglängen durch Gehölz
s_m	Abstand zwischen Immissionsort und Zentrum der Schallquelle
$s_⊥$	Abstand zwischen Emissions- und Immissionsort
v	Geschwindigkeit
w	Abstand zwischen reflektierenden Flächen
z	Schirmwert
$Ω$	Raumwinkel
$α$	Abschirmwinkel
$α$	Luftdämpfungskoeffizient
$β$	Einfallswinkel
$γ$	Winkelkonstante
$δ$	Winkel zwischen Gleisachse und Immissionsort
$ε$	Winkel der Windrichtung gegenüber Mitwind
$θ$	Temperatur
$λ$	Wellenlänge
$ρ$	Reflexionsgrad
$φ$	relative Feuchte

18.2 Straßen-, Parkplatz- und Schienenverkehrslärm

18.2.1 DIN 18005-1 Beiblatt 1: Schallschutz im Städtebau; Berechnungsverfahren; Schalltechnische Orientierungswerte für die städtebauliche Planung

Schalltechnische Orientierungswerte für die städtebauliche Planung können DIN 18005-1 Beiblatt 1 [9] entnommen werden (Tafel 18.1). Die Orientierungswerte stellen keine Grenzwerte dar, aber ihre Einhaltung oder Unterschreitung ist anzustreben. Berechnete Beurteilungspegel von Geräuschen verschiedener Arten (Verkehr, Industrie und Gewerbe, Freizeitlärm) sollen mit den Orientierungswerten verglichen werden. Für die Beurteilung gelten die Zeiträume 6.00 bis 22.00 Uhr (tags) und 22.00 bis 6.00 Uhr (nachts). Orientierungswerte beziehen sich auf den äußeren Rand eines Bebauungsge-

Tafel 18.1 Schalltechnische Orientierungswerte für die städtebauliche Planung (DIN 18005-1 Beiblatt 1) [9]

Schutzbedürftige Nutzung	Orientierungswert [dB(A)]	
	Tag	Nacht[a]
Reine Wohngebiete (WR), Wochenendhausgebiete, Ferienhausgebiete	50	40/35
Allgemeine Wohngebiete (WA), Kleinsiedlungsgebiete (WS), Campingplatzgebiete	55	45/40
Friedhöfe, Kleingartenanlagen, Parkanlagen	55	55
Besondere Wohngebiete (WB)	60	45/40
Dorfgebiete (MD), Mischgebiete (MI)	60	50/45
Kerngebiete (MK), Gewerbegebiete (GE)	65	55/50
Sonstige Sondergebiete, soweit sie schutzbedürftig sind, je nach Nutzungsart	45 bis 65	35 bis 65

[a] Bei zwei angegebenen Nachtwerten soll der niedrigere für Industrie-, Gewerbe- und Freizeitlärm sowie für Geräusche von vergleichbaren öffentlichen Betrieben gelten.

bietes und gelten nicht für einzelne Bauvorhaben. In DIN 18005-1 Beiblatt 1 wird angemerkt, dass bei Beurteilungspegeln über 45 dB(A) selbst bei nur teilweise geöffnetem Fenster ungestörter Schlaf häufig nicht mehr möglich ist. Dieser Nacht-Mittelungspegel sowie die Orientierungswerte sind Planungsrichtwerte, um schädliche Umwelteinwirkungen durch Lärm beurteilen zu können, wie in § 50 des Bundes-Immissionsschutzgesetzes [14] gefordert wird.

18.2.2 Verkehrslärmschutzverordnung – 16. BImSchV

Beim Neubau oder einer wesentlichen Änderung öffentlicher Straßen sowie von Eisenbahnen, Magnetschwebebahnen und Straßenbahnen wird gemäß § 41 des Bundes-Immissionsschutzgesetzes [14] gefordert, dass hierdurch keine schädlichen Umwelteinwirkungen durch Verkehrsgeräusche hervorgerufen werden können, die nach dem Stand der Technik vermeidbar sind. Nach der Verkehrslärmschutzverordnung – 16. BImSchV [22] ist die Änderung wesentlich, wenn

- eine Straße um einen oder mehrere durchgehende Fahrstreifen für den Kraftfahrzeugverkehr oder ein Schienenweg um ein oder mehrere durchgehende Gleise baulich erweitert wird,
- durch einen erheblichen baulichen Eingriff der Beurteilungspegel des von dem zu ändernden Verkehrsweg ausgehenden Verkehrslärms um mindestens 3 dB(A) oder auf mindestens 70 dB(A) am Tage oder mindestens 60 dB(A) in der Nacht erhöht wird,
- der Beurteilungspegel des von dem zu ändernden Verkehrsweg ausgehenden Verkehrslärms von mindestens 70 dB(A) am Tage oder 60 dB(A) in der Nacht durch einen erheblichen baulichen Eingriff erhöht wird; dies gilt nicht in Gewerbegebieten.

Beim Bau oder einer wesentlichen Änderung ist sicherzustellen, dass der Beurteilungspegel die Immissionsgrenzwerte für Neubau und wesentliche Änderungen nach Tafel 18.2 nicht überschreitet.

Tafel 18.2 Immissionsgrenzwerte gemäß Verkehrslärmschutzverordnung (16. BImSchV) [22]

Nutzung	Immissionsgrenzwert [dB(A)]	
	Tag	Nacht
Krankenhäuser, Schulen, Kur- und Altenheime	57	47
Reine und allgemeine Wohngebiete, Kleinsiedlungsgebiete	59	49
Kerngebiete, Dorfgebiete, Mischgebiete	64	54
Gewerbegebiete	69	59

Tafel 18.3 Auslösegrenzwerte gemäß Verkehrslärmschutzrichtlinien (VLärmSchR 97) [20], (Bundeshaushalt 2010) [6]

Nutzung	Auslösegrenzwert [dB(A)]	
	Tag	Nacht
Krankenhäuser, Schulen, Kur- und Altenheime, reine und allgemeine Wohngebiete, Kleinsiedlungsgebiete	67	57
Kerngebiete, Dorfgebiete, Mischgebiete	69	59
Gewerbegebiete	72	62

18.2.3 Verkehrslärmschutzrichtlinien – VLärmSchR 97

Lärmschutz an bestehenden Straßen (Lärmsanierung) wird als freiwillige Leistung auf der Grundlage haushaltsrechtlicher Regelungen gewährt. Er kann im Rahmen der vorhandenen Mittel durchgeführt werden. Für Straßen in der Baulast des Bundes wurden gegenüber früheren Festlegungen in den Verkehrslärmschutzrichtlinien – VLärmSchR 97 [20] die Auslösegrenzwerte für die Lärmsanierung mit Verabschiedung des Bundeshaushaltes 2010 [6] gemäß Tafel 18.3 abgesenkt.

18.3 Straßenverkehrslärm gemäß den Richtlinien für den Lärmschutz an Straßen RLS-19

Anmerkung
Zum Zeitpunkt des Verfassens dieses Abschnitts ist die RLS-19 [19] noch nicht verbindlich eingeführt worden, da die dazu erforderliche Änderung der 16. BImSchV noch nicht vorgenommen wurde. Erst nach Inkrafttreten dieser Änderungen kann die RLS-19 angewendet werden. Bis zu diesem Datum ist noch die ältere RLS-90 gültig (siehe Wendehorst Bautechnische Zahlentafeln, 36. Auflage).

18.3.1 Beurteilungspegel L_r

Gemäß DIN 18005-1 [8] und TA Lärm [21] werden Beurteilungspegel im Einwirkungsbereich von Straßen nach den Richtlinien für den Lärmschutz an Straßen (RLS-19) [19] berechnet. Die RLS-19 enthalten ein Verfahren, mit dem der Beurteilungspegel L_r von Straßenverkehrsgeräuschen ermittelt werden kann. Da Spitzenpegel nicht einzeln bewertet werden, handelt es sich um Mittelungspegel. Bei der Lärmvorsorge basieren die Berechnungen auf einer prognostizierten Verkehrsmenge und bei der Lärmsanierung auf einer vorhandenen Verkehrsbeanspruchung. Folgende Faktoren wirken sich auf die Stärke der Schallemissionen von einer Straße aus:

- Durchschnittliche stündliche Verkehrsstärke M [Kfz/h] und durchschnittliche tägliche Verkehrsstärke DTV [Kfz/24 h]. Sie entsprechen dem Mittelwert aller Kraftfahrzeuge, die über alle Tage des Jahres einen Straßenabschnitt befahren. Folgende Fahrzeuggruppen werden unterschieden:
    - PKW: Personenkraftwagen, Personenkraftwagen mit Anhänger und Lieferwagen (Güterkraftfahrzeuge mit einer zulässigen Gesamtmasse $\leq 3{,}5\,$t)
    - LKW1: Lastkraftwagen ohne Anhänger mit einer zulässigen Gesamtmasse $> 3{,}5\,$t und Busse
    - LKW2: Lastkraftwagen mit Anhänger bzw. Sattelkraftfahrzeuge (Zugmaschinen mit Auflieger) mit einer zulässigen Gesamtmasse $> 3{,}5\,$t
- Verkehrszusammensetzung (PKW, LKW)
- Zulässige Höchstgeschwindigkeit
- Akustische Eigenschaften der Fahrbahnoberfläche
- Gradiente der Straße (Steigung oder Gefälle)
- Straßengeometrie

Weiterhin ergibt sich die Höhe des Schallpegels am Immissionsort durch folgende Einflüsse:

- Abstand zwischen Emissions- und Immissionsort
- Topografie des Geländes (Höhe der Straße und des Immissionsortes)
- Reflexionen (z. B. an Hausfronten oder Stützmauern)
- Abschirmungen (z. B. durch Lärmschutzwände oder Gebäude)
- Luft-, Boden- und Witterungseinflüsse
- Nähe zu einer lichtzeichengeregelten Kreuzung oder Einmündung

Der Einfluss von Straßennässe wird nicht berücksichtigt.

Der Beurteilungspegel L_r von Straßenverkehrsgeräuschen wird getrennt für den Tag ($L_\mathrm{r,T}$ von 6 bis 22 Uhr) und für die Nacht ($L_\mathrm{r,N}$ von 22 bis 6 Uhr) berechnet. Zur Bildung von Punktschallquellen, die der Berechnung zugrunde liegen, werden die Schallquellen des Straßenverkehrs im Einzugsbereich des Immissionsortes in Teilquellen unterteilt: Straßen in Teilstücke einzelner Fahrstreifen und Parkplätze in Teilflächen.

$$L_\mathrm{r} = 10 \cdot \lg[10^{0{,}1\cdot L_\mathrm{r}'} + 10^{0{,}1\cdot L_\mathrm{r}''}] \quad [\mathrm{dB}] \qquad (18.1)$$

L_r' Beurteilungspegel für die Schalleinträge aller Fahrstreifen [dB], siehe (18.2)

L_r'' Beurteilungspegel für die Schalleinträge aller Parkplatzflächen [dB], siehe (18.3)

$$L_\mathrm{r}' = 10 \cdot \lg \sum_i 10^{0{,}1\cdot\{L_\mathrm{w,i}' + 10\cdot\lg[l_i] - D_\mathrm{A,i} - D_\mathrm{RV1,i} - D_\mathrm{RV2,i}\}} \quad [\mathrm{dB}] \tag{18.2}$$

$$L_\mathrm{r}'' = 10 \cdot \lg \sum_i 10^{0{,}1\cdot\{L_\mathrm{w,i}'' + 10\cdot\lg[P_i] - D_\mathrm{A,i} - D_\mathrm{RV1,i} - D_\mathrm{RV2,i}\}} \quad [\mathrm{dB}] \tag{18.3}$$

$L_\mathrm{w,i}'$ Längenbezogener Schall-Leistungspegel des Fahrstreifenteilstücks [dB], siehe (18.4)

$L_\mathrm{w,i}''$ Flächenbezogener Schall-Leistungspegel der Parkplatzteilfläche [dB], siehe (18.12)

l_i Länge des Fahrstreifenteilstücks [m], siehe Abb. 18.2

P_i Größe der Parkplatzteilfläche [m²], siehe Abb. 18.4

$D_\mathrm{A,i}$ Dämpfung bei der Schallausbreitung vom Fahrstreifenteilstück bzw. von der Parkplatzteilfläche zum Immissionsort [dB], siehe (18.13)

$D_\mathrm{RV1,i}$ Anzusetzender Reflexionsverlust bei der ersten Reflexion für das Fahrstreifenteilstück bzw. für die Parkplatzteilfläche (nur bei Spiegelschallquellen) [dB], siehe Abschn. 18.3.5

$D_\mathrm{RV2,i}$ Anzusetzender Reflexionsverlust bei der zweiten Reflexion für das Fahrstreifenteilstück bzw. für die Parkplatzteilfläche (nur bei Spiegelschallquellen) [dB], siehe Abschn. 18.3.5

18.3.2 Straßen

Entsprechend Abb. 18.1 wird bei Straßen für jede Fahrtrichtung eine eigene Quell-Linie angesetzt, so dass eine Straße durch zwei Quelllinien modelliert wird, auf die die stündliche Verkehrsstärke M der Straße je zur Hälfte verteilt wird. Die Lage der Quell-Linien hängt von der Anzahl der Fahrstreifen pro Fahrtrichtung ab. Falls für eine Fahrtrichtung nur ein Fahrstreifen zur Verfügung steht, liegt die Quell-Linie über der Mitte dieses Fahrstreifens. Bei zwei Fahrstreifen für eine Fahrtrichtung liegt die Quell-Linie über der Mitte des äußeren Fahrstreifens, bei drei oder vier Fahrstreifen über der Trennlinie zwischen den beiden äußersten Fahrstreifen und bei fünf oder mehr Fahrstreifen über der Mitte des zweitäußersten Fahrstreifens.

Längenbezogener Schall-Leistungspegel L_w' einer Quell-Linie:

$$\begin{aligned} L_\mathrm{w}' = \ & 10 \cdot \lg[M] \\ & + 10 \cdot \lg \Bigg[\frac{100 - p_1 - p_2}{100} \cdot \frac{10^{0{,}1\cdot L_\mathrm{w,PKW}(v_\mathrm{PKW})}}{v_\mathrm{PKW}} \\ & \quad + \frac{p_1}{100} \cdot \frac{10^{0{,}1\cdot L_\mathrm{w,LKW1}(v_\mathrm{LKW1})}}{v_\mathrm{LKW1}} \\ & \quad + \frac{p_2}{100} \cdot \frac{10^{0{,}1\cdot L_\mathrm{w,LKW2}(v_\mathrm{LKW2})}}{v_\mathrm{LKW2}} \Bigg] - 30 \quad [\mathrm{dB}] \end{aligned}$$

$$(18.4)$$

M Stündliche Verkehrsstärke der Quell-Linie [Kfz/h], siehe Tafel 18.4

$L_\mathrm{w,FzG}(v_\mathrm{FzG})$ Schall-Leistungspegel für Fahrzeuge der Fahrzeuggruppe FzG (PKW, LKW1, LKW2) bei der Geschwindigkeit v_{FzG} [dB]. siehe (18.5)

Abb. 18.1 Quell-Linien zur Modellierung einer Straße, nach RLS-19 [19]

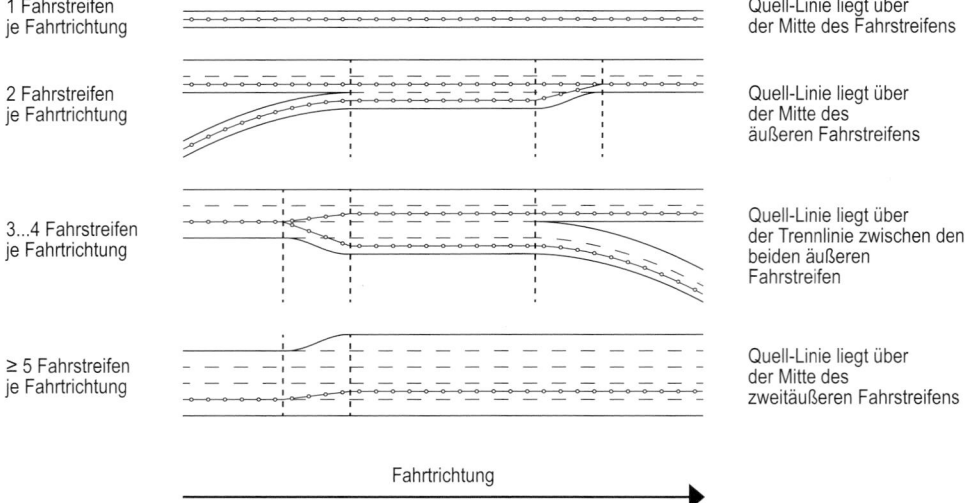

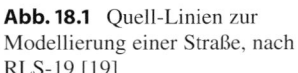

Fahrtrichtung

Tafel 18.4 Standardwerte für die stündliche Verkehrsstärke M sowie die Fahrzeuggruppen-Anteile p_1 (LKW1) und p_2 (LKW2)

Straßenart	Tag			Nacht		
	M [Kfz/h]	p_1 [%]	p_2 [%]	M [Kfz/h]	p_1 [%]	p_2 [%]
Bundesautobahnen und Kraftfahrstraßen	$0{,}0555 \cdot DTV$	3	11	$0{,}0140 \cdot DTV$	10	25
Bundesstraßen	$0{,}0575 \cdot DTV$	3	7	$0{,}0100 \cdot DTV$	7	13
Landes-, Kreis- und Gemeindeverbindungsstraßen	$0{,}0575 \cdot DTV$	3	5	$0{,}0100 \cdot DTV$	5	6
Gemeindestraßen	$0{,}0575 \cdot DTV$	3	4	$0{,}0100 \cdot DTV$	3	4

v_{FzG} Geschwindigkeit für Fahrzeuge der Fahrzeuggruppe FzG (PKW, LKW1, LKW2) [km/h]

p_1 Anteil an Fahrzeugen der Fahrzeuggruppe LKW1 [%], siehe Tafel 18.4

p_2 Anteil an Fahrzeugen der Fahrzeuggruppe LKW2 [%], siehe Tafel 18.4

Schall-Leistungspegel $L_{\text{w,FzG}}(v_{\text{FzG}})$ für Fahrzeuge der Fahrzeuggruppen PKW, LKW1, LKW2:

$$L_{\text{w,FzG}}(v_{\text{FzG}}) = L_{\text{w0,FzG}}(v_{\text{FzG}}) + D_{\text{SD,SDT,FzG}}(v_{\text{FzG}})$$
$$+ D_{\text{LN,FzG}}(g, v_{\text{FzG}}) + D_{\text{K,KT}}(x)$$
$$+ D_{\text{refl}}(w, h_{\text{Beb}}) \quad [\text{dB}] \qquad (18.5)$$

$L_{\text{w0,FzG}}(v_{\text{FzG}})$ Grundwert für den Schall-Leistungspegel eines Fahrzeugs der Fahrzeuggruppe FzG bei der Geschwindigkeit v_{FzG} [dB], siehe (18.6)

$D_{\text{SD,SDT,FzG}}(v_{\text{FzG}})$ Korrektur für den Straßendeckschichttyp SDT, die Fahrzeuggruppe FzG und die Geschwindigkeit v_{FzG} [dB], siehe Tafeln 18.5 und 18.6

$D_{\text{LN,FzG}}(g, v_{\text{FzG}})$ Korrektur für die Längsneigung g der Fahrzeuggruppe FzG bei der Geschwindigkeit v_{FzG} [dB], siehe (18.7), (18.8) und (18.9)

$D_{\text{K,KT}}(x)$ Korrektur für den Knotenpunkttyp KT in Abhängigkeit von der Entfernung zum Knotenpunkt x [dB], siehe (18.10)

$D_{\text{refl}}(w, h_{\text{Beb}})$ Zuschlag für die Mehrfachreflexion bei einer Bebauungshöhe h_{Beb} und den Abstand w zwischen den reflektierenden Flächen [dB], siehe (18.11)

Grundwert für den Schall-Leistungspegel $L_{\text{w0,FzG}}(v_{\text{FzG}})$ eines Fahrzeugs der Fahrzeuggruppe FzG bei einer konstanten Geschwindigkeit v_{FzG} auf ebener, trockener Fahrbahn:

$$L_{\text{w0,FzG}}(v_{\text{FzG}}) = A_{\text{W,FzG}} + 10 \cdot \lg\left[1 + \left(\frac{v_{\text{FzG}}}{B_{\text{W,FzG}}}\right)^{C_{\text{W,FzG}}}\right] \quad [\text{dB}]$$
$$(18.6)$$

$A_{\text{W,FzG}}$ Emissionsparameter der Fahrzeuggruppe FzG [dB], siehe Tafel 18.7

$B_{\text{W,FzG}}$ Emissionsparameter der Fahrzeuggruppe FzG [km/h], siehe Tafel 18.7

$C_{\text{W,FzG}}$ Emissionsparameter der Fahrzeuggruppe FzG [–], siehe Tafel 18.7

v_{FzG}:   Geschwindigkeit für Fahrzeuge der Fahrzeuggruppe FzG (PKW, LKW1, LKW2) [km/h]

Tafel 18.5 Korrekturwerte $D_{\text{SD,SDT,FzG}}(v_{\text{FzG}})$ für unterschiedliche Straßendeckschichttypen SDT (außer Pflasterbelägen); getrennt nach Fahrzeuggruppen FzG und Geschwindigkeit v_{FzG}

SDT	$D_{\text{SD,SDT,PKW}}(v_{\text{PKW}})$ [dB]		$D_{\text{SD,SDT,LKW}}(v_{\text{LKW}})$ [dB]	
	bei einer Geschwindigkeit v_{FzG} [km/h]			
	≤ 60	> 60	≤ 60	> 60
Nicht geriffelter Gussasphalt	0,0	0,0	0,0	0,0
Splittmastixasphalte SMA 5 und SMA 8 nach ZTV Asphalt-StB 07/13 und Abstumpfung mit Abstreumaterial der Lieferkörnung 1/3	−2,6	–	−1,8	–
Splittmastixasphalte SMA 8 und SMA 11 nach ZTV Asphalt-StB 07/13 und Abstumpfung mit Abstreumaterial der Lieferkörnung 1/3	–	−1,8	–	−2,0
Asphaltbetone $\leq$ AC 11 nach ZTV Asphalt-StB 07/13 und Abstumpfung mit Abstreumaterial der Lieferkörnung 1/3	−2,7	−1,9	−1,9	−2,1
Offenporiger Asphalt aus PA 11 nach ZTV Asphalt-StB 07/13	–	−4,5	–	−4,4
Offenporiger Asphalt aus PA 8 nach ZTV Asphalt-StB 07/13	–	−5,5	–	−5,4
Betone nach ZTV Beton-StB 07 mit Waschbetonoberfläche	–	−1,4	–	−2,3
Lärmarmer Gussasphalt nach ZTV Asphalt-StB 07/13, Verfahren B	–	−2,0	–	−1,5
Lärmtechnisch optimierter Asphalt aus AC D LOA nach E LA D	−3,2	–	−1,0	–
Lärmtechnisch optimierter Asphalt aus SMA LA 8 nach E LA D	–	−2,8	–	−4,6
Dünne Asphaltdeckschichten in Heißbauweise auf Versiegelung aus DSH-V 5 nach ZTV BEA-StB 07/13	−3,9	−2,8	−0,9	−2,3

Tafel 18.6 Korrekturwerte $D_{\text{SD,SDT}}(v)$ für unterschiedliche Straßendeckschichttypen SDT (nur Pflasterbeläge); getrennt nach Geschwindigkeit v

SDT	$D_{\text{SD,SDT}}(v)$ [dB]		
	bei einer Geschwindigkeit v [km/h]		
	30	40	≥ 50
Pflaster mit ebener Oberfläche mit $b \leq 5{,}0$ mm und $b + 2f \leq 9{,}0$ mm	1,0	2,0	3,0
Sonstiges Pflaster mit ebener Oberfläche mit $b > 5{,}0$ mm oder $f > 2{,}0$ mm oder Kopfsteinpflaster	5,0	6,0	7,0

b: Fugenbreite, f: Fasenbreite

Tafel 18.7 Emissionsparameter $A_{\text{W,FzG}}$, $B_{\text{W,FzG}}$ und $C_{\text{W,FzG}}$ der jeweiligen Fahrzeuggruppe FzG

FzG	$A_{\text{W,FzG}}$ [dB]	$B_{\text{W,FzG}}$ [km/h]	$C_{\text{W,FzG}}$ [−]
PKW	88,0	20	3,06
LKW1	100,3	40	4,33
LKW2	105,4	50	4,88

Korrektur $D_{\text{LN,FzG}}(g, v_{\text{FzG}})$ für die Längsneigung g der Fahrzeuggruppe FzG bei der Geschwindigkeit v_{FzG}:

$$D_{\text{LN,FzG}}(g, v_{\text{PKW}}) = \begin{cases} \frac{g+6}{-6} \cdot \frac{90-\min\{v_{\text{PKW}};70\}}{20} & \text{für } g < -6 \\ \frac{g-2}{10} \cdot \frac{v_{\text{PKW}}+70}{100} & \text{für } g > +2 \quad \text{[dB]} \\ 0 & \text{sonst} \end{cases}$$

(18.7)

$$D_{\text{LN,FzG}}(g, v_{\text{LKW1}}) = \begin{cases} \frac{g+4}{-8} \cdot \frac{v_{\text{LKW1}}-20}{10} & \text{für } g < -4 \\ \frac{g-2}{10} \cdot \frac{v_{\text{LKW1}}}{10} & \text{für } g > +2 \quad \text{[dB]} \\ 0 & \text{sonst} \end{cases}$$

(18.8)

$$D_{\text{LN,FzG}}(g, v_{\text{LKW2}}) = \begin{cases} \frac{g+4}{-8} \cdot \frac{v_{\text{LKW2}}}{10} & \text{für } g < -4 \\ \frac{g-2}{10} \cdot \frac{v_{\text{LKW2}}+10}{10} & \text{für } g > +2 \quad \text{[dB]} \\ 0 & \text{sonst} \end{cases}$$

(18.9)

g Längsneigung der Fahrbahn [%]
Bei $g < -12\,\%$ und $g > 12\,\%$ sind $g = -12\,\%$ und $g = 12\,\%$ zu verwenden.

v_{FzG} Geschwindigkeit für Fahrzeuge der Fahrzeuggruppe FzG (PKW, LKW1, LKW2) [km/h]

18

Tafel 18.8 Maximalwerte K_{KT} für Knotenpunkttypen KT

KT	K_{KT} [dB]
Lichtzeichengeregelte Knotenpunkte	3
Kreisverkehre	2
Sonstige Knotenpunkte	0

Korrektur $D_{K,KT}(x)$ für den Knotenpunkttyp KT in Abhängigkeit von der Entfernung zum Knotenpunkt x:

$$D_{K,KT}(x) = K_{KT} \cdot \max\left\{1 - \frac{x}{120}; 0\right\} \quad \text{[dB]} \quad (18.10)$$

K_{KT} Maximalwert der Korrektur für Knotenpunkttyp KT [dB], siehe Tafel 18.8

x Entfernung der Punktschallquelle vom nächsten Knotenpunkt [m].

Die Entfernung x ist der Abstand des Mittelpunktes des Fahrstreifenstücks vom nächsten Schnittpunkt von sich kreuzenden oder von einmündenden Quell-Linien, siehe Abb. 18.2

Zuschlag für die Mehrfachreflexion $D_{refl}(w, h_{Beb})$ von Fahrstreifenteilstücken zwischen parallelen, reflektierenden Stützmauern, Lärmschutzwänden oder geschlossenen Hausfassaden, die nicht weiter als 100 m voneinander entfernt sind (Abb. 18.3):

$$D_{refl}(w, h_{Beb}) = \min\left\{2 \cdot \frac{h_{Beb}}{w}; 1{,}6\right\} \quad \text{[dB]} \quad (18.11)$$

h_{Beb} Höhe der Stützmauern, Lärmschutzwände oder Hausfassaden [m]. Ist sie auf beiden Seiten nicht gleich hoch, ist die geringere Höhe anzusetzen

w Abstand der reflektierenden Flächen voneinander [m]

Abb. 18.2 Fahrstreifen und Knotenpunkte für die Berechnung der Knotenpunktkorrektur $D_{K,KT}$, nach RLS-19 [19]

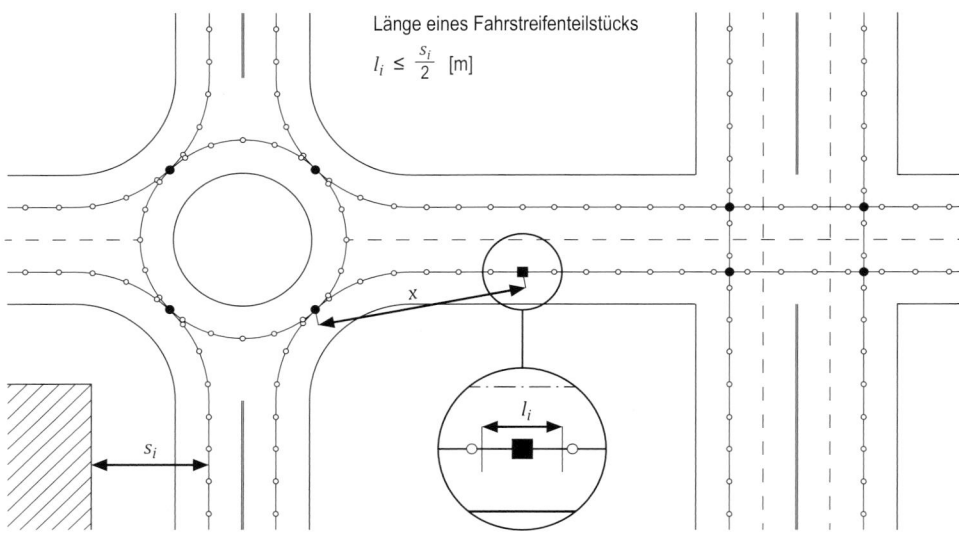

Abb. 18.3 Pegelerhöhung durch Mehrfachreflexion, nach RLS-19 [19]

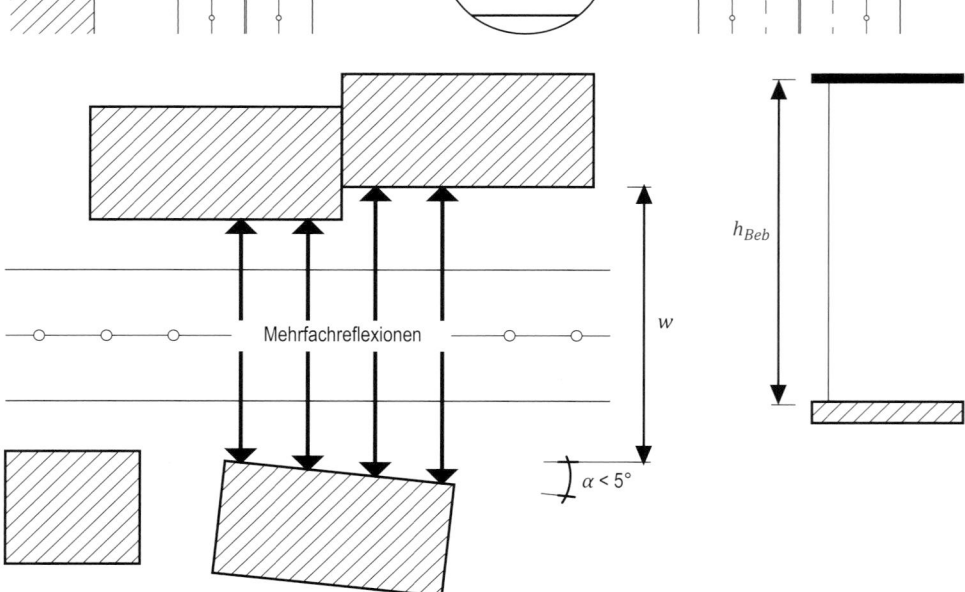

Abb. 18.4 Unterteilung eines Parkplatzes in Teilflächen, nach RLS-19 [19]

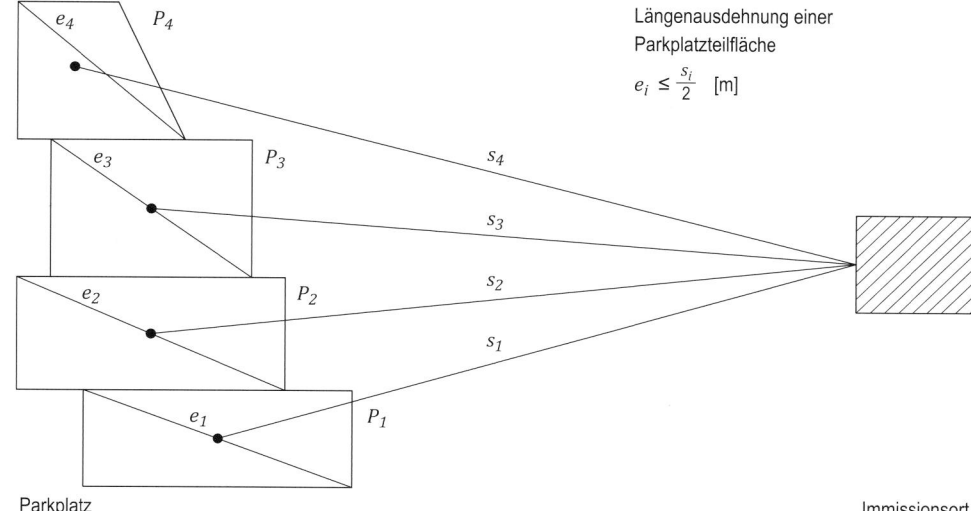

Längenausdehnung einer
Parkplatzteilfläche

$e_i \leq \frac{s_i}{2}$ [m]

Parkplatz

Immissionsort

Tafel 18.9 Standardwerte N für die Anzahl der Fahrzeugbewegungen je Parkstand und Stunde für verschiedene Parkplatztypen PT

PT	N [1/h^{-1}]	
	Tag	Nacht
P+R-Parkplätze	0,3	0,06
Tank- und Rastanlagen	1,5	0,8

Tafel 18.10 Zuschlag $D_{P,PT}$ für verschiedene Parkplatztypen PT

PT	$D_{P,PT}$ [dB]
PKW-Parkplätze	0
Motorrad-Parkplätze	5
LKW- und Omnibus-Parkplätze	10

18.3.3 Parkplätze

Flächenbezogener Schall-Leistungspegel L_w'' einer Parkplatzteilfläche (Abb. 18.4):

$$L_w'' = 63 + 10 \cdot \lg[N \cdot n] + D_{P,PT} \quad [\text{dB}] \qquad (18.12)$$

N Anzahl der Fahrzeugbewegungen je Parkstand und Stunde (An- und Abfahrt zählen als je eine Bewegung) [–], siehe Tafel 18.9

n Anzahl der Parkstände auf der Parkplatzfläche bzw. -teilfläche [–]

$D_{P,PT}$ Zuschlag für unterschiedliche Parkplatztypen PT [dB], siehe Tafel 18.10

18.3.4 Schallausbreitung

Dämpfung D_A zwischen Quelle und Immissionsort:

$$D_A = D_{div} + D_{atm} + \max\{D_{gr}; D_z\} \quad [\text{dB}] \qquad (18.13)$$

D_{div} Pegelminderung durch geometrische Divergenz [dB], siehe (18.14)

D_{atm} Pegelminderung durch Luftdämpfung [dB], siehe (18.15)

D_{gr} Pegelminderung durch Bodendämpfung [dB], siehe (18.16)

D_z Pegelminderung durch Abschirmung [dB], siehe (18.18)

Pegelminderung D_{div} durch geometrische Divergenz:

$$D_{div} = 20 \cdot \lg[s] + 10 \cdot \lg[2\pi] \quad [\text{dB}] \qquad (18.14)$$

s Abstand zwischen Schallquelle und Immissionsort [m]

Pegelminderung D_{atm} durch Luftdämpfung:

$$D_{atm} = \frac{s}{200} \quad [\text{dB}] \qquad (18.15)$$

Pegelminderung D_{gr} durch Bodendämpfung:

$$D_{gr} = \max \left\{ 4,8 - \frac{h_m}{s} \cdot \left(34 + \frac{600}{s} \right) ; 0 \right\} \quad [\text{dB}] \quad (18.16)$$

h_m Mittlere Höhe des Strahls von der Schallquelle zum Immissionsort über Grund [m], siehe (18.17) und Abb. 18.5

$$h_m = \frac{F}{S_{gr}} \quad [\text{m}] \qquad (18.17)$$

F Flächeninhalt [m^2]
S_{gr} Entfernung [m]

Pegelminderung D_z durch Abschirmung:

$$D_z = 10 \cdot \lg[3 + 80 \cdot z \cdot K_w] \quad [\text{dB}] \qquad (18.18)$$

z Schirmwert, Differenz zwischen der Länge des Weges von der Schallquelle über die Beugungskante(n) zum Immissionsort und dem Abstand zwischen Schallquelle und Immissionsort [m], siehe (18.19) sowie Abb. 18.6 und 18.7

Abb. 18.5 Berechnung der mittleren Höhe h_m, nach RLS-19 [19]

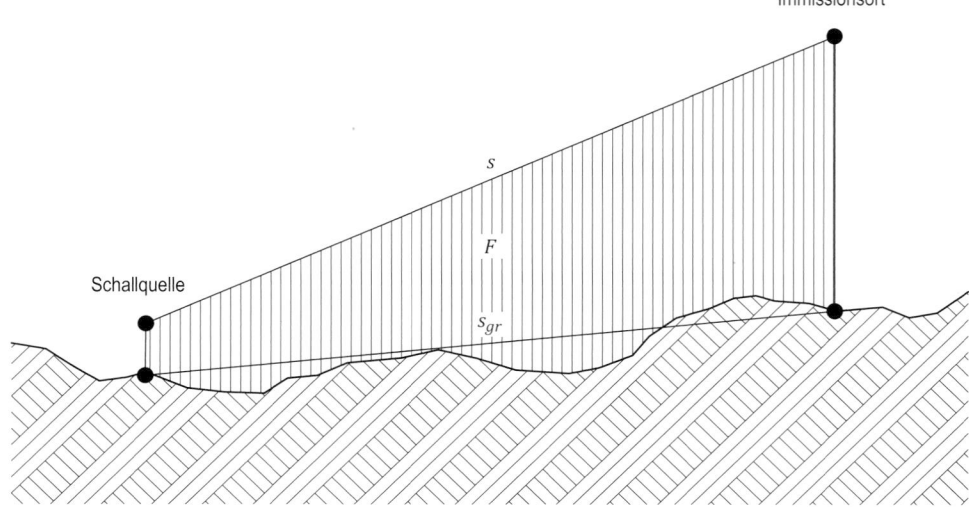

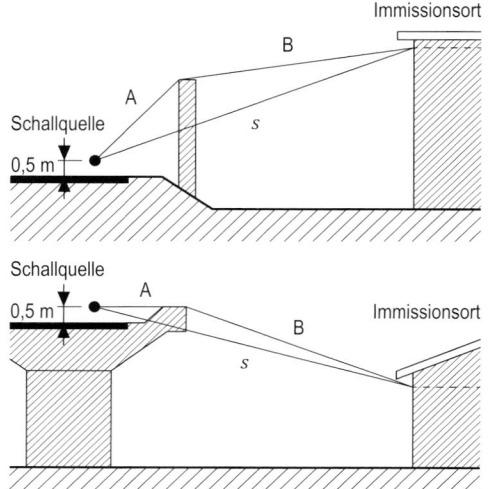

Abb. 18.6 Schirmwert z bei einer Beugungskante, nach RLS-19 [19]

K_w Witterungskorrektur zur Berücksichtigung der Strahlenkrümmung durch vertikale Gradienten von Temperatur und/oder Windgeschwindigkeit [dB], siehe (18.20)

Schirmwert z:

$$z = A + B + C - s \quad [\mathrm{m}] \qquad (18.19)$$

A Abstand der Schallquelle von der (ersten) Beugungskante [m]

B Abstand der (letzten) Beugungskante vom Immissionsort [m]

C Länge des Schallwegs zwischen erster und letzter Beugungskante [m]

s Abstand zwischen Schallquelle und Immissionsort [m]

Witterungskorrektur K_w:

$$K_\mathrm{w} = \exp\left(-\frac{1}{2000} \cdot \sqrt{\frac{A \cdot B \cdot s}{2 \cdot z}}\right) \quad [\mathrm{dB}] \qquad (18.20)$$

Abb. 18.7 Schirmwert z bei mehreren Beugungskanten, nach RLS-19 [19]

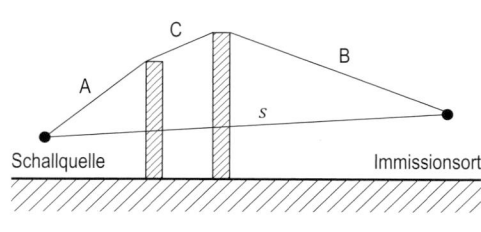

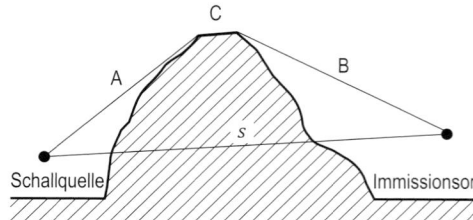

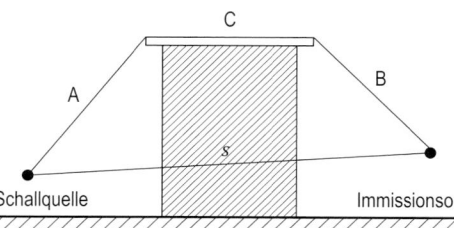

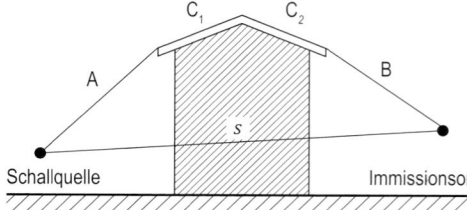

Tafel 18.11 Anzusetzende Reflexionsverluste D_{RV1} (erste Reflexion) bzw. D_{RV2} (zweite Reflexion)

Art des Reflektors	D_{RV1} bzw. D_{RV2} [dB]
Gebäudefassaden und reflektierende Schallschutzwände	0,5
Reflexionsmindernde Lärmschutzwände	3,0
Stark reflexionsmindernde Lärmschutzwände	5,0

18.3.5 Reflexionen

Schallreflexionen an Stützmauern, Hausfassaden oder andere Flächen, die zu einer Erhöhung des Schallpegels an einem Immissionsort führen können, sind zu berücksichtigen, wenn die Höhe h_R der reflektierenden Fläche folgende Voraussetzungen erfüllt: $h_R \geq 1\,\mathrm{m}$ und $h_R \geq 0,3 \cdot \sqrt{a_r}$, wobei a_r der kleinere der Abstände zwischen Quelle und Reflektor bzw. Reflektor und Immissionsort ist. Der Direktschall wird an der reflektierenden Fläche gespiegelt. Vom Immissionsort aus gesehen, scheint sich hinter der reflektierenden Fläche eine zusätzliche Spiegelschallquelle zu befinden. Bei der Berechnung des Beurteilungspegels werden Spiegelschallquellen wie Originalschallquellen behandelt. Die bei der Reflexion auftretenden Energieverluste werden als Reflexionsverluste D_{RV1} für die erste Reflexion bzw. D_{RV2} für die zweite Reflexion (Tafel 18.11) berücksichtigt.

Beispiele zur Berechnung des Straßenverkehrslärms sind im Ergänzungsband „Wendehorst – Beispiele aus der Baupraxis", 7. Aufl., enthalten.

18.4 Parkplatzlärm gemäß Parkplatzlärmstudie

18.4.1 Schallleistungspegel L_w

Für die Ermittlung von Parkplatzlärm wird das Berechnungsverfahren der Bayerischen Parkplatzlärmstudie [3] genutzt. Die Methode zur Berechnung von Schallemissionen von Parkplätzen nach DIN 18005-1 [8] wird nicht angewendet, da sie sehr ungenau ist. Nach der Parkplatzlärmstudie wird ausgehend vom flächenbezogenen Schallleistungspegel L_w'' der Schallleistungspegel L_w eines ebenerdigen Parkplatzes errechnet:

$$L_w = L_w'' + 10 \cdot \log\left[\frac{S}{S_0}\right] \quad \text{in dB(A).} \tag{18.21}$$

S Teilfläche in m^2
S_0 Bezugsfläche in m^2, $S_0 = 1\,\mathrm{m}^2$

18.4.2 Flächenbezogener Schallleistungspegel L_w''

Der flächenbezogene Schallleistungspegel L_w'' für Parkplätze mit bis zu 150 Stellplätzen ergibt sich aus einem Ausgangsschallleistungspegel L_{w0} und Zuschlägen K_i für verschiedene Einflüsse:

$$L_w'' = L_{w0} + K_{PA} + K_I + K_D + K_{StrO} \tag{18.22}$$

$$+ 10 \cdot \log[B \cdot N] - 10 \cdot \log\left[\frac{S}{1\,\mathrm{m}^2}\right] \quad \text{in dB(A).}$$

L_{w0} Ausgangsschallleistungspegel für eine Bewegung auf einem P+R-Parkplatz je Stunde in dB(A).
K_{PA} Zuschlag für die Parkplatzart in dB(A).
K_I Zuschlag für die Impulshaltigkeit in dB(A).
K_D Pegelerhöhung infolge des Durchfahr- und Parksuchverkehrs in dB(A).
K_{StrO} Zuschlag für unterschiedliche Fahrbahnoberflächen in dB(A).

Der Zuschlag K_{StrO} entfällt bei Parkplätzen an Einkaufsmärkten mit asphaltierter oder mit Betonsteinen gepflasterter Oberfläche, da die Pegelerhöhung durch klappernde Einkaufswagen pegelbestimmend ist und im Zuschlag K_{PA} für die Parkplatzart bereits berücksichtigt ist.

B Bezugsgröße
  – Anzahl der Stellplätze [–],
  – Netto-Verkaufsfläche in m^2,
  – Netto-Gastraumfläche in m^2,
  – Anzahl der Betten [–].
N Bewegungshäufigkeit = Anzahl der Bewegungen/ (Bezugsgröße B_0/h).
$B \cdot N$ Alle Fahrzeugbewegungen auf der Parkplatzfläche je Stunde.

Ausgangsschallleistungspegel L_{w0} Der Ausgangsschallleistungspegel L_{w0} wird mit 63 dB angesetzt.

Zuschlag K_{PA} für die Parkplatzart Der Zuschlag K_{PA} für die Parkplatzart wird gemäß Tafel 18.12 ermittelt.

Zuschlag K_I für die Impulshaltigkeit Der Zuschlag K_I für die Impulshaltigkeit wird gemäß Tafel 18.12 ermittelt.

Tafel 18.12 Zuschlag K_{PA} für die Parkplatzart und Zuschlag K_I für die Impulshaltigkeit (Parkplatzlärmstudie) [3]

Parkplatzart			Zuschläge [dB(A)]	
			K_{PA}	K_I
PKW-Parkplätze	P+R-Parkplätze		0	4
	Parkplätze an Wohnanlagen			
	Besucher- und Mitarbeiterparkplätze			
	Parkplätze am Rand der Innenstadt			
	Parkplätze an Einkaufszentren, Standard-Einkaufswagen auf Asphalt		3	4
	Parkplätze an Einkaufszentren, Standard-Einkaufswagen auf Pflaster		5	4
	Parkplätze an Einkaufszentren, lärmarme Einkaufswagen auf Asphalt		3	4
	Parkplätze an Einkaufszentren, lärmarme Einkaufswagen auf Pflaster			
	Parkplätze an Diskotheken (mit Nebengeräuschen von Gesprächen und Autoradios)		4	4
	Gaststätten		3	4
	Schnellgaststätten		4	4
Zentrale Omnibushaltestellen	Omnibusse mit Dieselmotor		10	4
	Omnibusse mit Erdgasantrieb		7	3
Abstellplätze bzw. Autohöfe für LKW			14	3
Motorradparkplätze			3	4

Pegelerhöhung K_D infolge des Durchfahr- und Parksuchverkehrs Die Pegelerhöhung K_D infolge des Durchfahr- und Parksuchverkehrs wird folgendermaßen berechnet:

- falls $f \cdot B > 10$ Stellplätze:

$$K_D = 2{,}5 \cdot \log[f \cdot B - 9] \quad \text{in dB(A).} \qquad (18.23)$$

- falls $f \cdot B \leq 10$ Stellplätze:

$$K_D = 0 \, \text{dB.} \qquad (18.24)$$

f Anzahl der Stellplätze je Einheit der Bezugsgröße [–] gemäß Tafel 18.13.

Zuschlag K_{StrO} für unterschiedliche Fahrbahnoberflächen Der Zuschlag K_{StrO} für unterschiedliche Fahrbahnoberflächen wird gemäß Tafel 18.14 ermittelt.

Bewegungshäufigkeit N (Bewegungen je Einheit der Bezugsgröße und Stunde) Die Bewegungshäufigkeit N kann Tafel 18.15 entnommen werden.

Beispiele zur Berechnung des Parkplatzlärms sind im Ergänzungsband „Wendehorst – Beispiele aus der Baupraxis", 7. Aufl., enthalten.

Tafel 18.13 Anzahl der Stellplätze f je Einheit der Bezugsgröße (Parkplatzlärmstudie) [3]

Bezugsgröße	f [–]
Stellplätze je m² Netto-Gastraumfläche bei Diskotheken	0,50
Stellplätze je m² Netto-Gastraumfläche bei Gaststätten	0,25
Stellplätze je m² Netto-Verkaufsfläche bei Verbrauchermärkten und Warenhäusern	0,07
Stellplätze je m² Netto-Verkaufsfläche bei Discountmärkten	0,11
Stellplätze je m² Netto-Verkaufsfläche bei Elektrofachmärkten	0,04
Stellplätze je m² Netto-Verkaufsfläche bei Bau- und Möbelfachmärkten	0,03
Stellplätze je Bett bei Hotels	0,50
Bei sonstigen Parkplätzen (P+R-Parkplätze, Mitarbeiterparkplätze u. Ä.)	1,00

Tafel 18.14 Zuschlag K_{StrO} für unterschiedliche Fahrbahnoberflächen (Parkplatzlärmstudie) [3]

Fahrbahnoberfläche	K_{StrO} [dB(A)]
Asphaltierte Fahrgassen	0
Betonsteinpflaster mit Fugen ≤ 3 mm	0,5
Betonsteinpflaster mit Fugen > 3 mm	1,0
Wassergebundene Decken (Kies)	2,5
Natursteinpflaster	3,0

Tafel 18.15 Anhaltswerte N der Bewegungshäufigkeit bei verschiedenen Parkplätzen (Parkplatzlärmstudie) [3]

Parkplatzart	Einheit B_0 der Bezugsgröße B	$N = $ Bewegungen$/(B_0 \cdot h)$		
		Tag	Nacht	Ungünstigste Nachtstunde
P+R-Parkplatz				
Stadtnah, gebührenfrei	1 Stellplatz	0,30	0,06	0,16
Stadtfern, gebührenfrei	1 Stellplatz	0,30	0,10	0,50
Tank- und Rastanlage				
Bereich Tanken (keine Bezugsgröße, Angaben in Bewegungen je Stunde)				
PKW	–	40	15	30
LKW	–	10	6	15
Bereich Rasten				
PKW	1 Stellplatz	3,50	0,70	1,40
LKW	1 Stellplatz	1,50	0,50	1,20
Wohnanlage				
Tiefgarage	1 Stellplatz	0,15	0,02	0,09
Parkplatz (oberirdisch)	1 Stellplatz	0,40	0,05	0,15
Diskothek				
Diskothek	1 m^2 Netto-Gastraumfläche	0,02	0,30	0,60
Einkaufsmarkt				
Kleiner Verbrauchermarkt (Netto-Verkaufsfläche ≤ 5000 m^2)	1 m^2 Netto-Verkaufsfläche	0,10	–	–
Großer Verbrauchermarkt bzw. Warenhaus (Netto-Verkaufsfläche > 5000 m^2)	1 m^2 Netto-Verkaufsfläche	0,07	–	–
Discounter und Getränkemarkt	1 m^2 Netto-Verkaufsfläche	0,17	–	–
Elektrofachmarkt	1 m^2 Netto-Verkaufsfläche	0,07	–	–
Bau- und Möbelmarkt	1 m^2 Netto-Verkaufsfläche	0,04	–	–
Speisegaststätte				
Gaststätte in Großstadt	1 m^2 Netto-Gastraumfläche	0,07	0,02	0,09
Gaststätte im ländlichen Bereich	1 m^2 Netto-Gastraumfläche	0,12	0,03	0,12
Ausflugsgaststätte	1 m^2 Netto-Gastraumfläche	0,10	0,01	0,09
Schnellgaststätte (mit Selbstbedienung)	1 m^2 Netto-Gastraumfläche	0,40	0,15	0,60
Autoschalter an Schnellgaststätte (keine Bezugsgröße, sondern Angabe in Bewegungen je Stunde)				
Drive-In	–	40	6	36
Hotel				
≤ 100 Betten	1 Bett	0,11	0,02	0,09
> 100 Betten	1 Bett	0,07	0,01	0,06
Parkplatz oder Parkhaus in der Innenstadt, allgemein zugänglich				
Parkplatz, gebührenpflichtig	1 Stellplatz	1,00	0,03	0,16
Parkhaus, gebührenpflichtig	1 Stellplatz	0,50	0,01	0,04

18.5 Schienenverkehrslärm gemäß Schall 03

18.5.1 Beurteilungspegel L_r

Beurteilungspegel im Einwirkungsbereich von Schienenverkehrswegen werden nach der Richtlinie Schall 03 [18] ermittelt. Zur Berechnung werden Gleise bzw. Bereiche in Teilstücke k zerlegt. Die Teilstücklänge l_k wird wie folgt gewählt:

$$0,01 \cdot s_k \leq l_k \leq 0,5 \cdot s_k \quad \text{in m.} \quad (18.25)$$

Darin ist s_k der Abstand vom Mittelpunkt der Teilstrecke k zum Immissionsort. Über die Länge der Teilstücke muss $L_{m,E,k}$ annähernd konstant sein. Bei der Berechnung des gesamten Beurteilungspegels $L_{r,ges}$ ist im unbebauten Gelände als Höhe des Immissionsortes 3,5 m über Gelände anzunehmen. Bei Gebäuden ist die Höhe mit 0,2 m über den Oberkanten der Fenster des betrachteten Geschosses anzunehmen. Ist die Geschosshöhe nicht bekannt, soll mit folgenden Werten gerechnet werden: 3,5 m über Gelände für das Erdgeschoss und zusätzlich 2,8 m für jedes weitere Geschoss.

Der Beurteilungspegel $L_{r,k}$ für jedes Teilstück (Streckenabschnitt) ergibt sich folgendermaßen:

$$L_{r,k} = L_{m,E,k} + 19,2 + 10 \cdot \log[l_k] + D_{I,k} + D_{s,k} + D_{L,k}$$
$$+ D_{BM,k} + D_{Korr,k} + S \quad \text{in dB(A).} \quad (18.26)$$

$L_{m,E,k} + 19,2 + 10 \cdot \log[l_k]$ Schallleistungspegel der Teilstrecke mit der Länge l_k des Teilstücks in dB(A).

$D_{I,k}$ Pegeldifferenz durch Richtwirkung in dB(A).
$D_{s,k}$ Pegeldifferenz durch Abstand in dB(A).
$D_{L,k}$ Pegeldifferenz durch Luftabsorption in dB(A).
$D_{BM,k}$ Pegeldifferenz durch Boden- und Meteorologiedämpfung in dB(A).
$D_{Korr,k}$ Summe der Pegeldifferenzen durch Einflüsse auf dem Ausbreitungsweg in dB(A).
S Korrekturwert zur Berücksichtigung der geringeren Störwirkung des Schienenverkehrs gegenüber Straßenverkehr gemäß 16. BImSchV § 3 [22] in dB(A).

Die einzelnen Einflussgrößen werden entsprechend den nachfolgenden Regelungen ermittelt.

18.5.2 Emissionspegel $L_{m,E}$

Für jedes Teilstück (Streckenabschnitt) und für jedes Gleis wird der Emissionspegel $L_{m,E}$ berechnet. Dazu werden die auf einem betrachteten Abschnitt fahrenden Züge in einzelne Zugklassen i unterteilt. In den Zugklassen sind Züge zusammengefasst, die in folgenden Punkten gleichermaßen beschaffen sind:

Tafel 18.16 Einfluss D_{Fz} der Fahrzeugart (Schall 03) [18]

Fahrzeugart	D_{Fz}[a] [dB(A)]
Fahrzeuge mit zulässigen Geschwindigkeiten $v > 100$ km/h mit Radabsorbern (Baureihe 401)	−4
Fahrzeuge mit Radscheibenbremsen (Baureihen 403, 420, 472)	−2
Fahrzeuge mit Radscheibenbremsen (Bx-Wagen unter Einbeziehung der Lok)	−1
U-Bahn	2
Straßenbahn	3
Alle übrigen Fahrzeugarten	0

[a] Für Fahrzeugarten, bei denen aufgrund besonderer Vorkehrungen eine weitergehende, dauerhafte Lärmminderung nachgewiesen ist, können die der Lärmminderung entsprechenden Korrekturwerte zusätzlich zu den Korrekturwerten D_{Fz} berücksichtigt werden.

- Fahrzeugart,
- gleicher Anteil scheibengebremster Fahrzeuge,
- gleiche Geschwindigkeit.

Die Emissionspegel der einzelnen Zugklassen werden logarithmisch addiert. Zusätzlich werden Einflüsse für besondere Emissionsbedingungen berücksichtigt.

$$L_{m,E} = 10 \cdot \log\left[\sum_i 10^{0,1 \cdot (51 + D_{FZ} + D_D + D_l + D_v)}\right]$$
$$+ D_{Fb} + D_{Br} + D_{Bü} + D_{Ra} \quad \text{in dB(A).} \quad (18.27)$$

D_{FZ} Einfluss der Fahrzeugart in dB(A)
D_D Einfluss der Bremsbauart in dB(A)
D_l Einfluss der Zuglänge in dB(A)
D_v Einfluss der Geschwindigkeit in dB(A)
D_{Fb} Einfluss der Fahrbahnart in dB(A)
D_{Br} Einfluss von Brücken in dB(A)
$D_{Bü}$ Einfluss von Bahnübergängen in dB(A)
D_{Ra} Einfluss von Kurvenradien in dB(A)

Der Grundwert von 51 dB(A) bezieht sich auf einen „Normzug" mit folgenden Eigenschaften:
- horizontaler Abstand von der Mitte des betrachteten Gleises zum Immissionsort von 25 m,
- Höhe des Immissionsortes in 25 m Entfernung von 3,50 m,
- Zuglänge von 100 m,
- Zuggeschwindigkeit von 100 km/h,
- Anteil der scheibengebremsten Fahrzeuge von 100 %.

Einfluss D_{FZ} der Fahrzeugart Der Einfluss D_{FZ} der Fahrzeugart kann Tafel 18.16 entnommen werden.

Einfluss D_D der Bremsbauart Der Einfluss D_D der Bremsbauart wird je nach prozentualem Anteil p scheibengebremster Fahrzeuge an der Länge des Zuges bestimmt,

Tafel 18.17 Einfluss D_{Fb} der Fahrbahnart (Schall 03) [18]

Fahrbahnart	$D_{\mathrm{Fb}}{}^{\mathrm{a}}$ [dB(A)]
Rasenbahnkörper – Straßenbahn	−2
Schotterbett – Holzschwelle	0
Schotterbett – Betonschwelle	2
Schotterbett – Betonschwelle, besonders überwacht	a
Feste Fahrbahnen – nicht absorbierend	5

^{a} Für Fahrbahnen, bei denen aufgrund besonderer Vorkehrungen eine weitergehende, dauerhafte Lärmminderung nachgewiesen ist, können die der Lärmminderung entsprechenden Korrekturwerte zusätzlich zu den Korrekturwerten D_{Fb} berücksichtigt werden.

wobei die Länge der Lok mit 20 m und die Länge eines Reisezugwagens mit 26,4 m angesetzt wird:

$$D_{\mathrm{D}} = 10 \cdot \log[5 - 0{,}04 \cdot p] \quad \text{in dB(A).} \tag{18.28}$$

Einfluss D_{l} der Zuglänge   Die Längen l_{k} aller Züge der jeweiligen Zugklasse (Anzahl k) werden zur Gesamtlänge l addiert, die in die Berechnung des Einflusses D_{l} der Zuglänge eingeht:

$$l = \sum l_{\mathrm{k}} \quad \text{in m} \tag{18.29}$$

$$D_{\mathrm{l}} = 10 \cdot \log[0{,}01 \cdot l] \quad \text{in dB(A).} \tag{18.30}$$

Einfluss D_{v} der Geschwindigkeit   Durch D_{v} wird der Einfluss der Geschwindigkeit v berücksichtigt:

$$D_{\mathrm{v}} = 20 \cdot \log[0{,}01 \cdot v] \quad \text{in dB(A).} \tag{18.31}$$

Einfluss D_{Fb} der Fahrbahnart   Der Einfluss D_{Fb} der Fahrbahnart kann aus Tafel 18.17 abgelesen werden.

Einfluss D_{Br} von Brücken   Der Einfluss D_{Br} von Brücken wird mit $D_{\mathrm{Br}} = +3$ dB(A) berücksichtigt.

Einfluss $D_{\mathrm{Bü}}$ von Bahnübergängen   Befindet sich in einem Teilstück ein Bahnübergang, so ist mit einem Wert von

Abb. 18.8   Winkel δ_{k} am Emissionsort zwischen s_{k} und Gleisachse (Schall 03) [18]

Tafel 18.18 Einfluss D_{Ra} von Kurvenradien r (Schall 03) [18]

r [m]	D_{Ra} [dB(A)]
< 300	8
$300 \leq r < 500$	3
≥ 500	0

$D_{\mathrm{Bü}} = +5$ dB(A) zu rechnen. In diesem Fall entfällt der Einfluss D_{Fb} der Fahrbahnart.

Einfluss D_{Ra} von Kurvenradien   Treten beim Befahren enger Kurvenradien Quietschgeräusche auf, so ist der Einfluss D_{Ra} für den gesamten Kurvenabschnitt gemäß Tafel 18.18 in Ansatz zu bringen.

18.5.3   Pegeldifferenzen D_{i} und Korrekturen für verschiedene Einflüsse

Pegeldifferenz $D_{\mathrm{I,k}}$ für Richtwirkung   Die Pegeldifferenz $D_{\mathrm{I,k}}$ für Richtwirkung wird unter Einfluss des Winkels δ_{k} (Abb. 18.8) ermittelt:

$$D_{\mathrm{I,k}} = 10 \cdot \log[0{,}22 + 1{,}27 \cdot \sin^2(\delta_{\mathrm{k}})] \quad \text{in dB(A).} \tag{18.32}$$

Der Winkel δ_{k} ist als räumlicher Winkel zwischen der Gleisachse und dem Immissionsort anzusetzen. Ist der Streckenabschnitt gekrümmt, so ist der Winkel δ_{k} auf die Tangente an die Gleisachse zu beziehen.

Pegeldifferenz $D_{\mathrm{s,k}}$ für Abstand   Bei Berechnung der Pegeldifferenz $D_{\mathrm{s,k}}$ für den Abstand wird das Teilstück k als Punktschallquelle angenommen:

$$D_{\mathrm{s,k}} = 10 \cdot \log\left[\frac{1}{2 \cdot \pi \cdot s_{\mathrm{k}}^2}\right] \quad \text{in dB(A).} \tag{18.33}$$

Pegeldifferenz $D_{\mathrm{L,k}}$ für Luftabsorption

$$D_{\mathrm{L,k}} = -\frac{s_{\mathrm{k}}}{200} \quad \text{in dB(A).} \tag{18.34}$$

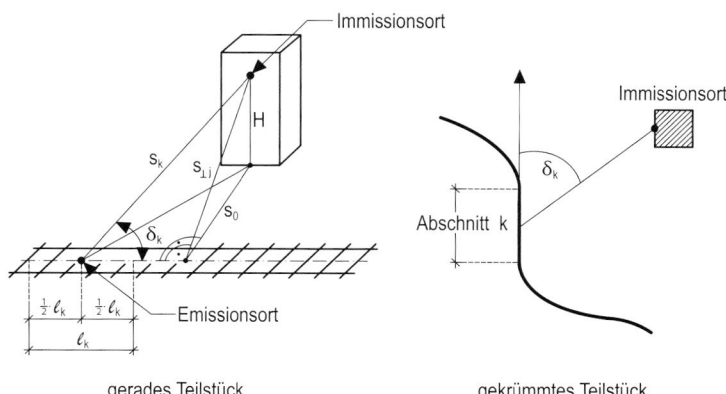

gerades Teilstück   gekrümmtes Teilstück

Pegeldifferenz $D_{BM,k}$ für Boden- und Meteorologiedämpfung

$$D_{BM,k} = \frac{h_{m,k}}{s_k} \cdot \left(34 + \frac{600}{s_k}\right) - 4{,}8 \leq 0 \, \text{dB(A)} \quad (18.35)$$

$h_{m,k}$ ist die mittlere Höhe der Verbindungslinie zwischen Emissions- und Immissionsort auf dem Teilstück k.

Summe der Pegeldifferenzen $D_{Korr,k}$ durch Einflüsse auf dem Ausbreitungsweg Die Summe der Pegeldifferenzen $D_{Korr,k}$ durch Einflüsse auf dem Ausbreitungsweg wird aus folgenden Größen gebildet:

Pegelminderung $D_{e,k}$ für Schallschirme Die Pegelminderung $D_{e,k}$ für einen Schallschirm wird unter Beachtung des Schirmwertes z_k, der Witterungskorrektur $K_{w,k}$ und der Pegelminderung durch Boden- und Meteorologieeinflüsse $D_{BM,k}$ wie folgt berechnet:

$$D_{e,k} = -(10 \cdot \log[3 + 60 \cdot z_k \cdot K_{w,k}] + D_{BM,k}) \leq 0 \, \text{dB(A)}. \quad (18.36)$$

Der Schirmwert beträgt mindestens $z_k \geq -0{,}033$ und wird für Schallschutzwände oder Schallschutzwälle über den Schallumweg ermittelt:

Schirmwert z_k für Schallschutzwände (Teilstückverfahren)

$$z_k = a_{Q,k} + a_{A,k} - s_k \quad \text{in m}. \quad (18.37)$$

$a_{Q,k}$ Abstand zwischen Emissionsort und Hindernisoberkante in m

$a_{A,k}$ Abstand zwischen Hindernisoberkante und Immissionsort in m

s_k Abstand zwischen Emissionsort und Immissionsort in m

Schirmwert z_k für Schallschutzwälle

$$z_k = a_{Q,k} + a_{A,k} + a_{B,k} - s_k \quad \text{in m} \quad (18.38)$$

$a_{B,k}$ ist der Abstand zwischen den Hinderniskanten, die z. B. einen Schallschutzwall am oberen Ende beidseitig begrenzen. Für die Witterungskorrektur $K_{w,k}$ wird $a_{B,k}$ zum kleineren der beiden Abstände $a_{Q,k}$ oder $a_{A,k}$ addiert.

Witterungskorrektur $K_{w,k}$ Die Witterungskorrektur $K_{w,k}$ berechnet sich nach:

$$K_{w,k} = \exp\left[-\frac{1}{2000} \cdot \sqrt{\frac{a_{Q,k} \cdot a_{A,k} \cdot s_k}{2 \cdot z_k}}\right] \quad \text{in dB(A)}. \quad (18.39)$$

Für $z < 0$ ist $K_w = 1$ zu setzen. Auch für negative Schirmwerte bis $z \geq -0{,}033$ ergeben sich noch Abschirmwirkungen.

Pegelminderung $D_{B,k}$ für Gebäude Die Abschirmung durch lange, geschlossene Häuserzeilen wird wie bei Schallschutzwällen berechnet. Bei einer Bebauung mit Lücken wird nur die Abschirmung durch die der Bahn- oder Betriebsanlage nächste Gebäudereihe berücksichtigt und die Pegelminderung $D_{B,k}$ für Gebäude wie folgt berechnet (Abb. 18.9):

$$D_{B,k} = 10 \cdot \log[1 - \min(p_{l,k}; p_{\alpha,k}) + 10^{-0{,}1 \cdot D_{e,k}}] \leq 0 \, \text{dB(A)}. \quad (18.40)$$

Das Verhältnis $p_{l,k}$ der wirksamen Gesamtlänge $\sum l_{Geb}$ der Gebäudefronten zur Länge des Teilstücks l_k beträgt:

$$p_{l,k} = \frac{\sum l_{Geb}}{l_k} \quad \text{in \%}. \quad (18.41)$$

Abb. 18.9 Abschirmung durch nicht geschlossene Bebauung entlang eines Verkehrsweges (Schall 03) [18]

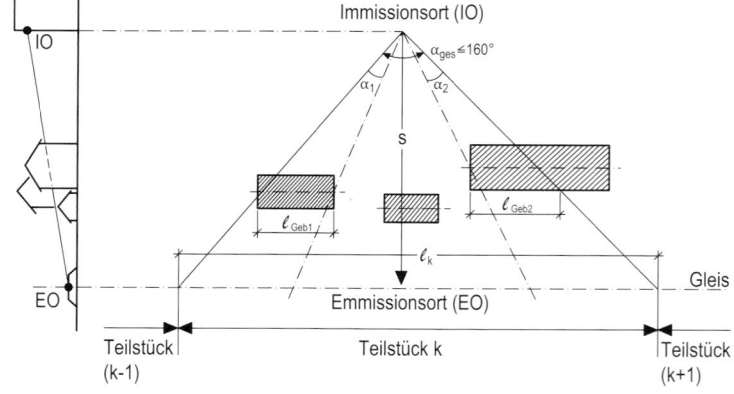

Abb. 18.10 Pegelminderung durch Gehölz (Schall 03) [18]

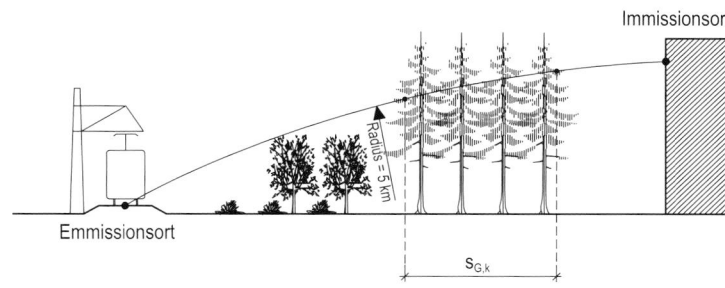

Das Verhältnis $p_{\alpha,k}$ der Winkelbereiche mit der Summe $\sum \alpha_{\mathrm{Geb,k}}$ der Winkelbereiche, in denen die Bahn- bzw. die Betriebsanlage durch die Gebäudereihe verdeckt wird, und dem Winkel $\alpha_{\mathrm{ges,k}}$, unter dem das Teilstück k vom Immissionsort aus erscheint, wird wie folgt ermittelt:

$$p_{\alpha,k} = \frac{\sum \alpha_{\mathrm{Geb,k}}}{\alpha_{\mathrm{ges,k}}} \quad \text{in } \%. \qquad (18.42)$$

Falls Bebauung und Abschirmung gleichzeitig wirksam sind, wird nur die größere von beiden Pegeldifferenzen angesetzt.

Pegelminderung $D_{\mathrm{G,k}}$ für Gehölz Die durch dichten Wald mit bleibender Unterholzausbildung verursachte Pegelminderung $D_{\mathrm{G,k}}$ wird wie folgt berechnet:

$$D_{\mathrm{G,k}} = -0{,}05 \cdot s_{\mathrm{G,k}} \ge -5 \, \mathrm{dB(A)}. \qquad (18.43)$$

$s_{\mathrm{G,k}}$ ist die Projektion der Horizontalebene derjenigen Weglängen, die der gekrümmte Schallstrahl mit einem Radius von $r = 5 \, \mathrm{km}$ auf dem Weg Emissionsort-Immissionsort durch Gehölz zurücklegt (Abb. 18.10).

Pegelminderung $D_{\mathrm{R,k}}$ für Reflexionen Für Immissionsorte, die einer reflektierenden Fläche gegenüberliegen und die vom nächsten Gleis weiter entfernt sind als die reflektierende Fläche von diesem Gleis, wird der Beurteilungspegel $L_{\mathrm{r,k}}$ in diesem Bereich um $D_{\mathrm{R,1,k}} = 2 \, \mathrm{dB(A)}$ erhöht, wenn keine Abschirmung vorhanden ist.

Liegt ein Gleis zwischen parallelen reflektierenden Stützmauern oder weitgehend geschlossenen Häuserzeilen, sind die Beurteilungspegel $L_{\mathrm{r,k}}$ in diesem Bereich um den Wert $D_{\mathrm{R,2,k}}$ zu erhöhen, der die mittlere Gebäudehöhe h und den mittleren Abstand w zwischen den Stützmauern bzw. Häuserzeilen einschließt:

$$D_{\mathrm{R,2,k}} = 4 \cdot \frac{h}{w} \le 3{,}2 \, \mathrm{dB} \qquad (18.44)$$

18.6 Gewerbe- und Industrielärm, Technische Anleitung zum Schutz gegen Lärm – TA Lärm – 6. BImSchV

18.6.1 Anwendungsbereich und Festlegungen für Messungen der Schallimmissionen

Die TA Lärm gilt für genehmigungsbedürftige und für nicht genehmigungsbedürftige Anlagen, die dem zweiten Teil des Bundesimmissionsschutzgesetzes [14] unterliegen. Diese werden nicht im Einzelnen benannt, sondern es werden folgende Ausnahmen aufgezählt, die nicht in den Geltungsbereich der TA Lärm fallen:

- Sportanlagen, die der Sportanlagenlärmschutzverordnung (18. BImSchV) [1] unterliegen,
- sonstige nicht genehmigungsbedürftige Freizeitanlagen sowie Freiluftgaststätten,
- nicht genehmigungsbedürftige landwirtschaftliche Anlagen,
- Schießplätze, auf denen mit Waffen ab Kaliber 20 mm geschossen wird,
- Tagebaue und die zum Betrieb eines Tagebaus erforderlichen Anlagen,
- Baustellen,
- Seehafenumschlagsanlagen,
- Anlagen für soziale Zwecke.

In Verbindung mit DIN ISO 9613-2 [11] und DIN EN ISO 12354-4 [12] gilt TA Lärm [21] schwerpunktmäßig für gewerbliche Anlagen.

Schallmessungen werden nicht anstelle von Prognoseberechnungen durchgeführt, sondern sie dienen folgenden Zwecken:

- Ermittlung der Vorbelastung durch andere Anlagen bzw. durch Fremdgeräusche (Beurteilung der berechneten Immissionen),
- Überwachungsmessung auf Anordnung der Genehmigungsbehörde.

18

Maßgeblicher Immissionsort Für die Festlegung des maßgeblichen Immissionsortes gelten folgende Regelungen:

- Bei bebauten Flächen liegt der maßgebliche Immissionsort 0,5 m außerhalb vor der Mitte des geöffneten Fensters des vom Geräusch am stärksten betroffenen Raumes.
- Bei unbebauten Flächen oder bebauten Flächen, die keine Gebäude mit schutzwürdigen Aufenthaltsräumen enthalten, an dem am stärksten betroffenen Rand der Fläche, wo nach dem Bau- und Planungsrecht Gebäude mit schutzwürdigen Räumen erstellt werden dürfen.
- Bei mit der zu beurteilenden Anlage baulich verbundenen schutzbedürftigen Räumen, bei Körperschallübertragung sowie bei der Einwirkung tieffrequenter Geräusche liegt der maßgebliche Immissionsort in dem am stärksten betroffenen schutzbedürftigen Raum.

Manchmal ist es nicht möglich, am maßgeblichen Immissionsort zuverlässige Messwerte zu erhalten, weil er z. B. in einer ausgesprochenen Gegenwindlage in größerer Entfernung liegt, oder weil andere Immissionen aus Verkehr die Anlagengeräusche überdecken. Dann kann die Genehmigungsbehörde Ersatzmesspunkte festlegen, für die nach dem Prognoseverfahren ebenfalls die Immissionen zu berechnen sind. Aufgrund der Messung und der Prognose kann dann der Messwert auf den maßgeblichen Immissionsort umgerechnet werden. Statt Ersatzmessung kann auch eine Rundum-Messung oder eine Bestimmung der gesamten Schallleistung der Anlage angeordnet werden.

Messabschlag bei Überwachungsmessungen Wird bei der Überwachung der Einhaltung der maßgeblichen Immissionsrichtwerte der Beurteilungspegel durch Messung ermittelt, so ist zum Vergleich mit den Immissionsrichtwerten gemäß Tafel 18.19 ein um 3 dB(A) verminderter Beurteilungspegel heranzuziehen.

18.6.2 Immissionsrichtwerte und Beurteilungszeiten

Immissionsrichtwerte für Immissionsorte außerhalb von Gebäuden können Tafel 18.19 entnommen werden.

Bei Geräuschübertragungen innerhalb von Gebäuden oder bei Körperschallübertragung betragen die Immissionsrichtwerte für den Beurteilungspegel für betriebsfremde schutzbedürftige Räume gemäß DIN 4109-1 [7] unabhängig von der Lage des Gebäudes in einem der in Tafel 18.19 aufgezählten Gebiete tagsüber 35 dB(A) und nachts 25 dB(A). Einzelne kurzzeitige Geräuschspitzen dürfen die Immissionsrichtwerte um nicht mehr als 10 dB(A) überschreiten.

Ist wegen voraussehbarer Besonderheiten beim Betrieb einer Anlage zu erwarten, dass in seltenen Fällen oder über eine begrenzte Zeitdauer, aber an nicht mehr als zehn Tagen oder Nächten eines Kalenderjahres und nicht an mehr als an jeweils zwei aufeinanderfolgenden Wochenenden, die

Tafel 18.19 Immissionsrichtwerte für Immissionsorte außerhalb von Gebäuden (TA Lärm) [21]

Ort	Immissionsrichtwert [dB(A)]	
	Tag	Nacht
Industriegebiete	70	70
Gewerbegebiete	65	50
Kerngebiete, Dorfgebiete, Mischgebiete	60	45
Allgemeine Wohngebiete, Kleinsiedlungsgebiete	55	40
Reine Wohngebiete	50	35
Kurgebiete, Krankenhäuser und Pflegeanstalten	45	35

Einzelne, kurzzeitige Geräuschspitzen dürfen die Immissionsrichtwerte am Tage um nicht mehr als 30 dB(A) und in der Nacht um nicht mehr als 20 dB(A) überschreiten.

o. g. Immissionsrichtwerte nicht eingehalten werden können, kann eine Überschreitung zugelassen werden (Immissionsrichtwerte für seltene Ereignisse). Dabei ist zu berücksichtigen:

- Dauer und Zeiten sowie Häufigkeit der Überschreitungen durch verschiedene Betreiber,
- Minderungsmöglichkeiten durch organisatorische und betriebliche Maßnahmen,
- ob und in welchem Umfang der Nachbarschaft eine höhere Belastung zugemutet werden kann.

In allen Gebieten betragen die Immissionsrichtwerte für den Beurteilungspegel für Immissionsorte außerhalb von Gebäuden tagsüber 70 dB(A) und nachts 55 dB(A). Einzelne kurzzeitige Geräuschspitzen dürfen die Werte in Gewerbegebieten am Tag um nicht mehr als 25 dB(A) und nachts um nicht mehr als 15 dB(A) überschreiten. Für die übrigen Gebiete gelten zulässige Überschreitungen von 20 dB(A) tagsüber und 10 dB(A) nachts.

Die Immissionsrichtwerte beziehen sich auf folgende Beurteilungszeiträume:

- tagsüber: 06.00 Uhr bis 22.00 Uhr
- nachts: 22.00 Uhr bis 06.00 Uhr.

Maßgebend für die Beurteilung der Nacht ist die volle Nachtstunde mit dem höchsten Beurteilungspegel.

18.6.3 Beurteilungspegel L_r

Der Beurteilungspegel L_r wird folgendermaßen ermittelt:

$$L_r = 10 \cdot \log \left[\frac{1}{T_r} \cdot \sum_{j=1}^{N} T_j \cdot 10^{0,1 \cdot (L_{Aeq,j} - C_{met} + K_{T,j} + K_{I,j} + K_{R,j})} \right]$$
$$\text{in dB(A).} \quad (18.45)$$

T_r Beurteilungszeitraum in h, tagsüber 16 h, nachts 8 h

T_j Teilzeit in h

N Anzahl der gewählten Teilzeiten T_j [–]

$L_{\text{Aeq,j}}$ Mittelungspegel während der Teilzeit T_{j} in dB(A)

C_{met} meteorologische Korrektur in dB(A) gemäß Abschn. 18.8.2

$K_{\text{T,j}}$ Zuschlag für Ton- und Informationshaltigkeit während der Teilzeit T_{j} in dB(A)

$K_{\text{I,j}}$ Zuschlag für Impulshaltigkeit während der Teilzeit T_{j} in dB(A)

$K_{\text{R,j}}$ Zuschlag für Tageszeiten mit erhöhter Empfindlichkeit während der Teilzeit T_{j} in dB(A).

Mittelungspegel L_{Aeq} Hinsichtlich der Berechnung von Geräuschimmissionen unterscheidet TA Lärm [21] zwischen einer überschlägigen und einer detaillierten Prognose. Die überschlägige Prognose ist für die Vorplanung und in solchen Fällen ausreichend, in denen die nach ihr berechneten Beurteilungspegel zu keiner Überschreitung der Immissionsrichtwerte führen. In allen anderen Fällen ist eine detaillierte Prognose durchzuführen. Bei der überschlägigen Prognose wird grundsätzlich mit Einzahlangaben gerechnet.

Überschlägige Prognose Für jede Schallquelle wird der Mittelungspegel L_{Aeq} am Immissionsort für ihre Einwirkzeit T_{E} berechnet:

$$L_{\text{Aeq}}(s_{\text{m}}) = L_{\text{WAeq}} + D_{\text{I}} + K_0 - 20 \cdot \log(s_{\text{m}}) - 11\,\text{dB}. \tag{18.46}$$

L_{WAeq} mittlerer A-bewerteter Schallleistungspegel der jeweiligen Schallquelle in dB(A)

D_{I} Richtwirkungsmaß durch Eigenabschirmung durch das Gebäude in dB(A)

K_0 Raumwinkelmaß in dB(A) gemäß Abschn. 18.7.1

s_{m} Abstand zwischen Immissionsort und Zentrum der Quelle in m.

Wenn der Abstand des Immissionsortes vom Mittelpunkt der Anlage mehr als das Zweifache ihrer größten Ausdehnung beträgt, kann für alle Schallquellen einheitlich statt s_{m} der Abstand des Immissionsortes vom Mittelpunkt der Anlage eingesetzt werden.

Detaillierte Prognose Bei der detaillierten Prognose werden frequenzabhängige Ausbreitungsberechnungen in Oktaven von 63 Hz bis 4000 Hz, in Ausnahmefällen bis 8000 Hz durchgeführt. Die Rechenvorschriften für die jeweiligen Fälle können Tafel 18.20 entnommen werden.

Zuschlag $K_{\text{T,j}}$ für Ton- und Informationshaltigkeit Manche Immissionen zeichnen sich entweder durch eine ausgesprochene Tonhaltigkeit oder durch einen hohen, besonders störenden Informationsgehalt aus. Zum Letzteren zählen z. B. Lautsprecherdurchsagen oder Musikgeräusche. Der Zuschlag $K_{\text{T,j}}$ beträgt entweder +3 dB(A) oder +6 dB(A). Wann welcher Wert anzusetzen ist, regelt die TA Lärm

Tafel 18.20 Normen und Richtlinien für die detaillierte Prognose (TA Lärm) [21]

Situation	Norm bzw. Richtlinie
Straßenverkehrslärm	RLS-19 [19]
Parkplatzlärm	DIN 18005-1 [8]
Schienenverkehrslärm	Schall 03 [18]
Schallabstrahlung von Industriebauten	DIN EN 12354-4 [12] (früher: VDI 2571 [23])
Dämpfung des Schalls bei der Ausbreitung im Freien	DIN ISO 9613-2 [11]
Innenschallpegel in Gebäuden	VDI 3760 [24]

nicht, sondern liegt im Ermessen des Gutachters. Falls Erfahrungswerte von vergleichbaren Anlagen und Anlagenteilen vorliegen, ist von diesen auszugehen.

Zuschlag $K_{\text{I,j}}$ für Impulshaltigkeit In der Prognose lässt sich Impulshaltigkeit äußerst schwer als eigener Zuschlag definieren. Daher ist es am einfachsten, bei den Innenschallpegeln bereits Pegel heranzuziehen, in denen ein Impulszuschlag enthalten ist. Werden Immissionen messtechnisch erfasst, so ergibt sich der Zuschlag $K_{\text{I,j}}$ als Differenz zwischen Messwert L_{AFTeq} nach dem Maximalpegelverfahren und Messwert L_{Aeq} als Mittelungspegel:

$$K_{\text{I,j}} = L_{\text{AFTeq,j}} - L_{\text{Aeq,j}} \quad \text{in dB(A)}. \tag{18.47}$$

Zuschlag $K_{\text{R,j}}$ für Tageszeiten mit erhöhter Empfindlichkeit Für folgende Zeiten ist die erhöhte Störwirkung von Geräuschen zu berücksichtigen:
- Werktage
  - 06.00 Uhr bis 07.00 Uhr,
  - 20.00 Uhr bis 22.00 Uhr,
- Sonn- und Feiertage
  - 06.00 Uhr bis 09.00 Uhr,
  - 13.00 Uhr bis 15.00 Uhr,
  - 20.00 Uhr bis 22.00 Uhr.

In allgemeinen Wohngebieten, Kleinsiedlungsgebieten, reinen Wohngebieten, Kurgebieten sowie für Krankenhäuser und Pflegeanstalten beträgt der Zuschlag bei der Ermittlung des Beurteilungspegels $K_{\text{R,j}} = +6\,\text{dB}$. In Industriegebieten, Gewerbegebieten, Kerngebieten, Dorfgebieten und Mischgebieten wird der Zuschlag nicht angesetzt.

18.6.4 Berücksichtigung tieffrequenter Geräusche von Verkehrsgeräuschen und der Vorbelastung

18.6.4.1 Berücksichtigung tieffrequenter Geräusche

Tieffrequente Geräusche (unter 90 Hz) lassen sich in der Prognose kaum richtig erfassen, allenfalls in einer detaillierten

Prognose. Messtechnisch wird folgendermaßen verfahren: Wenn am Immissionsort deutlich tieffrequente Geräusche wahrgenommen werden, so wird im Innern bei geschlossenen Fenstern die Differenz zwischen dem C-bewerteten Schallpegel L_{Ceq} und dem A-bewerteten Schallpegel L_{Aeq} gemessen. Falls diese Differenz $L_{Ceq} - L_{Aeq}$ einen Wert von 20 dB überschreitet, kann die Überschreitung als Zuschlag auf den A-bewerteten Beurteilungspegel verwendet werden.

Berücksichtigung von Verkehrsgeräuschen, die der Anlage zuzuordnen sind Beim Betrieb einer Anlage sind die Verkehrsgeräusche mit zu berücksichtigen, die durch Fahrzeuggeräusche auf dem Betriebsgrundstück selbst entstehen (Werksverkehr) oder durch Verkehr bei der Ein- und Ausfahrt (Transportverkehr, An- und Abfahrt von Werksangehörigen mit PKW oder Werksbus). Zudem sind Fahrzeuggeräusche des An- und Abfahrtverkehrs auf öffentlichen Straßen in einem Abstand (Umkreis) von 500 m in allen Gebieten außer in Industrie- und Gewerbegebieten zu berücksichtigen, sofern

- sie den Beurteilungspegel der Verkehrsgeräusche für den Tag oder die Nacht rechnerisch um mindestens 3 dB(A) erhöhen,
- keine Vermischung mit dem übrigen Verkehr erfolgt ist und
- die Immissionsgrenzwerte der Verkehrslärmschutzverordnung (16. BImSchV) [22] erstmals oder weitgehend überschritten werden.

Berücksichtigung der Vorbelastung Die Immissionsrichtwerte der TA Lärm [21] sind im Gegensatz zu allen anderen Immissionsrichtwerten „akzeptorbezogen", d. h. sie sollen in der Summe aller Immission nicht überschritten werden. Daher sind insbesondere folgende Situationen zu klären:

- Eine bestehende Anlage schöpft die Immissionsrichtwerte bereits aus und es kommt eine neue Anlage hinzu:
  Die Genehmigung einer neuen Anlage kann nicht versagt werden, wenn der Immissionsbeitrag der neuen Anlage um mindestens 6 dB(A) unter dem Immissionsrichtwert liegt. Energetisch bedeutet dies, dass, wenn der Immissionsrichtwert gerade eingehalten ist, es zu einer Pegelerhöhung um 1 dB kommt. In der Regel ist dies nicht wahrnehmbar.
- Die Immissionsrichtwerte der TA Lärm werden am Immissionsort durch andere Schallereignisse wie Straßen- oder Schienenverkehrslärm erreicht oder deutlich überschritten:
  Dies ist sicherlich der brisanteste und gleichzeitig häufigste Fall, vor allem während der Nachtzeit. So beträgt der Immissionsrichtwert nach TA Lärm für ein allgemeines Wohngebiet 40 dB(A), ein Wert, der in fast allen Wohngebieten durch Verkehrslärm um 5 bis 10 dB(A) über-

schritten sein dürfte. Bei rein akzeptorbezogenen Immissionsrichtwerten dürften in solchen Fällen alle weiteren zu Schallimmissionen führenden Quellen nicht genehmigungsfähig sein. Die TA Lärm regelt diesen Fall wie folgt:

- Sofern die neue Anlage den Immissionsrichtwert um mehr als 6 dB(A) unterschreitet, gibt es keine Einwände gegen die Genehmigung.
- Sofern von der neuen Anlage keine zusätzlichen schädlichen Umwelteinwirkungen ausgehen, muss sie ebenfalls genehmigt werden. Keine schädlichen Umwelteinwirkungen liegen vor, wenn der Mittelungspegel der Anlage unter dem Grundgeräuschpegel des Fremdgeräuschs liegt, also unter dem Ruhepegel L_{95}, keine Ton-, Informations- und Impulshaltigkeit aufweist und auch nicht tieffrequent ist. Dann darf die neue Anlage auch den Immissionsrichtwert überschreiten.

- Einhaltung des Immissionsrichtwertes in der Nachbarschaft trotz einer Vielzahl unterschiedlicher Emittenten: In diesem Fall tritt Lärmkontingentierung auf. In der Regel kann man davon ausgehen, dass in der Nachbarschaft eines Industrie- oder Gewerbegebietes die Immissionsrichtwerte eingehalten werden, sofern auf den Gewerbeflächen folgende flächenbezogene Schallleistungspegel L_w'' nicht überschritten werden:
  - Industriegebiet: $L_w'' \leq 70$ dB(A),
  - Gewerbegebiet: $L_w'' \leq 65$ dB(A).

18.7 Schallübertragung von Räumen ins Freie gemäß DIN EN 12354-4

18.7.1 Schalldruckpegel L_p

Die Schallabstrahlung der Gebäudehülle wird gemäß DIN EN 12354-4 [12] durch die Abstrahlung einer oder mehrerer punktförmiger Ersatzschallquellen beschrieben. Dabei hängt die Anzahl der Punktschallquellen, die das Gebäude ausreichend gut nachbilden, von den Ausbreitungsbedingungen und dem Abstand zwischen Gebäude und Aufpunkt (Immissionsort) ab. Im Allgemeinen wird eine Gebäudehülle durch mindestens eine Punktschallquelle für jede Seite, d. h. Wände und Dachflächen, dargestellt. Häufig sind jedoch für jede Seite mehrere Punktschallquellen anzunehmen.

Der Schalldruckpegel L_p der punktförmigen Schallquelle am Aufpunkt außerhalb des Gebäudes wird nach folgender Gleichung bestimmt:

$$L_p = L_w + D_c - A_{tot} \quad \text{in dB} \qquad (18.48)$$

L_w Schallleistungspegel der punktförmigen Ersatzschallquelle in dB

D_c Richtwirkungskorrektur der punktförmigen Ersatzschallquelle in Richtung des Aufpunktes in dB

A_{tot} die im Verlauf der Schallausbreitung von der punktförmigen Ersatzschallquelle in Richtung des Aufpunktes auftretende Gesamtausbreitungsdämpfung in dB, zu ermitteln gemäß DIN ISO 9613-2 [11]

Die zur Schallabstrahlung beitragenden Bauteile werden in zwei Gruppen eingeteilt:

- ebene Strahler, wie Bauteile der Gebäudehülle (Wände, Dach, Fenster, Türen, einschließlich kleiner Bauteile mit einer Fläche von typischerweise weniger als 1 m² wie Gitter oder Öffnungen),
- größere Öffnungen mit einer Fläche von typischerweise 1 m² oder mehr (große Lüftungsöffnungen, offene Türen und offene Fenster).

Zur Berechnung der Schallausbreitung außerhalb des Gebäudes darf jedes Bauteil durch eine punktförmige Ersatzschallquelle dargestellt werden. Es ist jedoch auch zulässig, Bauteile oder Teile von Bauteilen zu größeren Segmenten zusammenzufassen, die jeweils durch eine punktförmige Ersatzschallquelle dargestellt werden. Für die Bildung der Segmente gelten folgende Regeln:

- Die Bedingungen für die Schallausbreitung bis zu den nächsten interessierenden Aufpunkten (A_{tot}) sind für alle Bauteile eines Segments gleich.
- Der Abstand zum nächsten interessierenden Aufpunkt ist größer als das Doppelte der größten Abmessung des betreffenden Segments.
- Für die Bauteile eines Segments ist derselbe Innenschalldruckpegel anzusetzen.
- Für die Bauteile eines Segments ist dieselbe Richtwirkung anzusetzen.

Ist mindestens eine dieser Bedingungen nicht erfüllt, sind andere Segmente zu wählen, z. B. durch Unterteilung in kleinere Segmente, bis alle Bedingungen erfüllt sind.

Soweit nicht durch das Schallausbreitungsmodell anderweitig vorgegeben, wird eine punktförmige Ersatzschallquelle, die ein vertikal angeordnetes Segment nachbildet, bei halber Breite und auf zwei Dritteln der Höhe des Segments angeordnet. In allen anderen Fällen ist sie im Mittelpunkt des Segments anzuordnen.

18.7.2 Schallleistungspegel L_w

Für ein Segment von Bauteilen der Gebäudehülle ergibt sich der Schallleistungspegel L_w der punktförmigen Ersatzschallquelle wie folgt:

$$L_w = L_{p,in} + C_d - R' + 10 \cdot \log\left[\frac{S}{S_0}\right] \quad \text{in dB.} \quad (18.49)$$

$L_{p,in}$ Schalldruckpegel im Inneren des Gebäudes, im Abstand von 1 bis 2 m von der Innenseite des Segments, in dB

C_d Diffusitätsterm für das Innenschallfeld am Segment in dB
R' Bau-Schalldämm-Maß des Segments in dB
S Fläche des Segments (abstrahlenden Bauteils) in m²
S_0 Bezugsfläche in m², $S_0 = 1$ m².

Zur Berechnung des Bau-Schalldämm-Maßes R' wird bei großen Bauteilen das Schalldämm-Maß R des Bauteils und bei kleinen Bauteilen die Norm-Schallpegeldifferenz $D_{n,e}$ verwendet:

$$R' = -10 \cdot \log\left[\sum_{i=1}^{m} \frac{S_i}{S} \cdot 10^{-R_i/10} + \sum_{i=m+1}^{m+n} \frac{A_0}{S} \cdot 10^{-D_{n,e,i}/10}\right] \quad \text{in dB.} \quad (18.50)$$

S_i Bauteilfläche in m²
S Fläche des Segments in m²
R_i Schalldämm-Maß des Bauteils in dB
A_0 Bezugsabsorptionsfläche in m², $A_0 = 10$ m²
$D_{n,e,i}$ Norm-Schallpegeldifferenz (kleine Bauteile) in dB

Für ein Segment, das aus Öffnungen besteht, ergibt sich der Schallleistungspegel L_w zu

$$L_w = L_{p,in} + C_d + 10 \cdot \log\sum_{i=1}^{o} \frac{S_i}{S} \cdot 10^{-D_i/10} \quad \text{in dB.} \quad (18.51)$$

o Anzahl der Öffnungen [–]
D_i Einfügungsdämpfungsmaß des Schalldämpfers in der Öffnung i in dB (bei offenen Flächen wie Toren ist $D_i = 0$)

Der Diffusitätsterm C_d kennzeichnet den Übergang von einem mehr oder weniger diffusen Innenschallfeld im Inneren des Gebäudes zum Freifeld und berücksichtigt gleichzeitig zwei Faktoren:

- Wenn die Oberfläche der Gebäudehülle hoch absorbierend ist, fällt im diffusen Anteil die gesamte Reflexion weg, was einer Verringerung des Abstrahlpegels um 3 dB im Diffusitätsterm entspricht.
- Bei stark gerichteten Quellen im Raum zur Fassade hin mindert sich der Diffusitätsterm um 3 dB.

Angaben zum Wert des Diffusitätsterms C_d enthält Tafel 18.21. Für ein ideales diffuses Schallfeld und nichtabsorbierende Bauteile ist im Allgemeinen $C_d = -6$ dB. Für Räume mit nicht absorbierenden Segmenten an der Innenseite, wie sie im industriellen Umfeld üblich sind, wird der Diffusitätsterm den Wert $C_d = -5$ dB annehmen.

18.7.3 Richtwirkungskorrektur D_c

Die Richtwirkungskorrektur D_c setzt sich aus einem Richtwirkungsmaß D_I und einem Raumwinkelmaß D_Ω gemäß

Tafel 18.21 Angaben zum Wert des Diffusitätsterms C_d für verschiedene Räume (DIN EN 12354-4) [12]

Situation	C_d [dB]
Relativ kleine, gleichförmige Räume (diffuses Feld) vor reflektierender Oberfläche	−6
Relativ kleine, gleichförmige Räume (diffuses Feld) vor absorbierender Oberfläche	−3
Große, flache oder lange Hallen, viele Schallquellen (durchschnittliches Industriegebäude) vor reflektierender Oberfläche	−5
Industriegebäude, wenige dominierende und gerichtet abstrahlende Schallquellen vor reflektierender Oberfläche	−3
Industriegebäude, wenige dominierende und gerichtet abstrahlende Schallquellen vor absorbierender Oberfläche	0

Tafel 18.22 Raumwinkelmaße D_Ω (DIN EN 12354-4) [12]

Abstrahlbedingung	D_Ω [dB]
Vollraum ($\Omega = 4 \cdot \pi$)	0
Halbraum ($\Omega = 2 \cdot \pi$)	+3
Viertelraum ($\Omega = \pi$)	+6
Achtelraum ($\Omega = 0,5 \cdot \pi$)	+9

Tafel 18.22 zusammen:

$$D_c = D_I + D_\Omega = D_I + 10 \cdot \log\left[\frac{4 \cdot \pi}{\Omega}\right] \quad \text{in dB.} \quad (18.52)$$

D_I kennzeichnet eine echte Richtwirkung der abstrahlenden Fläche. Frühere Untersuchungen haben gezeigt, dass große, ebene Flächen in Frequenzbereichen oberhalb der Koinzidenzgrenzfrequenz eine ausgeprägte Richtwirkung senkrecht zur Flächennormalen haben können [2]. Normalerweise sind diese Flächen aber durch Fensterbänder, Tore usw. unterbrochen und gegliedert, sodass man den Term D_I in der Regel gleich Null setzen kann. D_Ω beschreibt Reflexions- und Abschirmungseinflüsse benachbarter schallharter Oberflächen und enthält den Raumwinkel Ω.

Abb. 18.11 Näherungswerte für Richtwirkungsmaße D_I bei Abschirmwirkung durch das Gebäude selbst (VDI 2571) [23]

18.7.4 A-bewertete Schallleistungspegel L_{wA} bei der Verwendung von Einzahlangaben

Häufig stehen für den Innenpegel im Gebäude und für die Schalldämmung der Außenbauteile nur Einzahlangaben zur Verfügung, d. h. A-bewertete Schalldruckpegel und bewertete Schalldämm-Maße. Der A-bewertete Schallleistungspegel L_{wA} eines Segments kann folgendermaßen abgeschätzt werden, wobei der Diffusitätsterm einheitlich mit −6 dB angesetzt wird:

$$L_{wA} = L_{pA,in} - 6 - X'_{As} + 10 \cdot \log\left[\frac{S}{S_0}\right] \quad \text{in dB} \quad (18.53)$$

$L_{pA,in}$ A-bewerteter Schalldruckpegel im Abstand von 1 bis 2 m von der Innenseite des Segments in dB
X'_{As} Kenngröße für die A-bewertete Schallpegeldifferenz beim Durchgang von innen nach außen durch das Segment in dB (Der Index s bezeichnet den zugrunde gelegten Spektrums-Anpassungswert.)
S Fläche des Segments in m²
S_0 Bezugsfläche in m², $S_0 = 1$ m².

Kenngröße X'_{As} für die A-bewertete Schallpegeldifferenz

$$X'_{As} = -10 \cdot \log\left[\sum_{i=1}^{m} \frac{S_i}{S} \cdot 10^{-(R_{w,i}+C_{s,i})/10} \right.$$
$$\left. + \sum_{i=1}^{m} \frac{A_0}{S} \cdot 10^{-(D_{n,e,w,i}+C_{s,i})/10}\right] \quad \text{in dB} \quad (18.54)$$

S_i Fläche des Bauteils in m²
$R_{w,i}$ bewertetes Schalldämm-Maß des Bauteils in dB
$C_{s,i}$ Spektrum-Anpassungswert des Bauteils in dB
A_0 Bezugsabsorptionsfläche in dB, $A_0 = 10$ m²
$D_{n,e,w,i}$ bewertete Norm-Schallpegeldifferenz für kleine Bauteile in dB

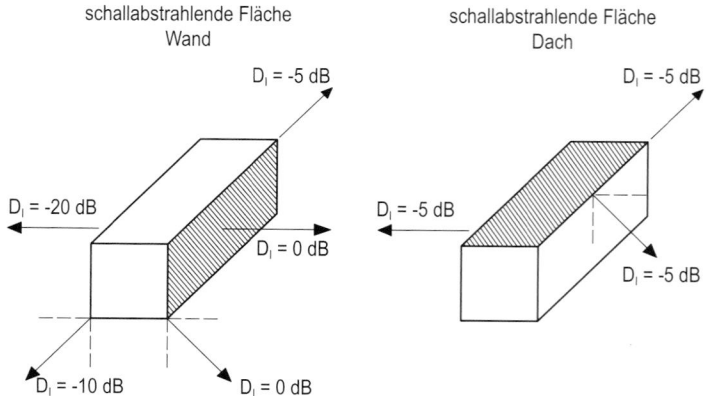

Der Spektrums-Anpassungswert C_s bezieht sich auf Rosa Rauschen und wird verwendet, wenn in Betrieben mittel- und hochfrequente Geräusche vorherrschen (z. B. Flaschen-abfüllhallen). In den meisten Industriegebäuden sind Innen-pegel durch tiefe Frequenzen unterhalb von 500 Hz domi-niert. Dann wird wie bei Straßenverkehrslärm der Spektrum-Anpassungswert C_{tr} verwendet.

In den Fällen, in denen das Gebäude selbst zur Ab-schirmung beiträgt, hilft die zurückgezogene VDI 2571 [23] weiter. Dort ist die Abschirmung durch das Gebäude selbst im Richtwirkungsmaß D_I eingearbeitet (Abb. 18.11). Die dort gezeigten Werte beziehen sich auf Berechnun-gen mit A-bewerteten Schalldruckpegeln. Bei streifender Schallabstrahlung (Flachdächer) beträgt das Richtwirkungs-maß $D_I = -5$ dB. Liegt das Gebäude selbst zwischen abstrahlender Fläche und dem Immissionsort, ergibt sich ein Richtwirkungsmaß von -20 dB.

Beispiele zur Berechnung der Schallübertragung von Räumen ins Freie sind im Ergänzungsband „Wendehorst – Beispiele aus der Baupraxis", 7. Aufl., enthalten.

18.8 Dämpfung des Schalls bei der Ausbreitung im Freien gemäß DIN ISO 9613-2

18.8.1 Äquivalenter, A-bewerteter Dauerschalldruckpegel $L_{AT}(DW)$

Der äquivalente, A-bewertete Dauerschalldruckpegel $L_{AT}(DW)$ ist der Gesamtpegel am Immissionsort, der für die Beurteilung herangezogen wird. Er ergibt sich aus n Quellen und Ausbreitungswegen sowie $j = 8$ Oktavbandmittelfre-quenzen:

$$L_{AT}(DW) = 10 \cdot \log \sum_{i=1}^{n} \left[\sum_{j=1}^{n} 10^{0,1 \cdot [L_{fT}(i,j) + A_f(j)]} \right] \quad \text{in dB.}$$

$$(18.55)$$

$L_{fT}(DW)$ Oktavband-Schalldruckpegel bei Mitwind am Im-missionsort in dB

A_f A-Bewertung in dB gemäß Tafel 18.23.

18.8.2 A-bewerteter Langzeit-Mittelungspegel $L_{AT}(LT)$

Um auch Situationen zu berücksichtigen, in denen kei-ne Mitwind-Mittelungspegel im langzeitlichen Mittel vor-handen sind, erhält man den sogenannten A-bewerteten Langzeit-Mittelungspegel $L_{AT}(LT)$, der eine meteorologi-sche Korrektur C_{met} in dB enthält:

$$L_{AT}(LT) = L_{AT}(DW) - C_{met} \quad \text{in dB} \qquad (18.56)$$

Tafel 18.23 A-Bewertung (DIN EN 61672-1) [13]

Oktavbandmittenfrequenz f [Hz]	Frequenzbewertung A_f [dB(A)]
63	$-26{,}2$
125	$-16{,}1$
250	$-8{,}6$
500	$-3{,}2$
1000	$0{,}0$
2000	$+1{,}2$
4000	$+1{,}0$
8000	$-1{,}1$

18.8.3 Oktavband-Schalldruckpegel $L_{fT}(DW)$

Der Oktavband-Schalldruckpegel $L_{fT}(DW)$ bei Mitwind am Immissionsort wird in acht Oktavbändern von 63 Hz bis 8000 Hz wie folgt ermittelt:

$$L_{fT}(DW) = L_w + D_C - A \quad \text{in dB} \qquad (18.57)$$

L_w Oktavband-Schallleistungspegel der Punktschallquelle in dB

D_C Richtwirkungskorrektur der punktförmigen Ersatz-schallquelle in Richtung des Aufpunktes in dB, D_C ist gleich dem Richtwirkungsmaß D_I der Punktschallquel-le zuzüglich eines Richtwirkungsmaßes D_Ω, das die Schallausbreitung im Raumwinkel von weniger als $4 \cdot \pi$ Sterad berücksichtigt; für eine ungerichtete, ins Freie abstrahlende Punktschallquelle ist $D_C = 0$ dB

A Oktavbanddämpfung in dB (im Verlauf der Schallaus-breitung von der Punktquelle zum Empfängerauftreten-de Gesamtausbreitungsdämpfung).

Folgende Mitwindausbreitungsbedingungen werden berück-sichtigt:

- Es weht grundsätzlich Wind von der Anlage zum Immis-sionsort, wobei die Windrichtung innerhalb eines Winkels von $\pm 45°$ zur Verbindungslinie zwischen Anlage und Im-missionsort liegt.
- Die Windgeschwindigkeit beträgt zwischen 1 m/s und 5 m/s, gemessen in einer Höhe von 3 m bis 11 m über dem Boden.

Oktavbanddämpfung A (gesamte Ausbreitungsdämp-fung A_{tot}) Die gesamte Ausbreitungsdämpfung A_{tot} setzt sich folgendermaßen zusammen:

$$A = A_{div} + A_{atm} + A_{gr} + A_{bar} + A_{misc} \quad \text{in dB} \qquad (18.58)$$

A_{div} Dämpfung aufgrund geometrischer Ausbreitung in dB

A_{atm} Dämpfung aufgrund von Luftabsorption in dB

A_{gr} Dämpfung aufgrund des Bodeneffekts in dB

A_{bar} Dämpfung aufgrund von Abschirmung in dB

A_{misc} Dämpfung aufgrund verschiedener anderer Effekte in dB (Bewuchs, Industriegelände, Bebauung)

Tafel 18.24 Luftdämpfungskoeffizient α für Oktavbänder (DIN ISO 9613-2) [11]

Temperatur θ [°C]	Rel. Feuchte ϕ [%]	Luftdämpfungskoeffizient α [dB/km]							
		Bandmittenfrequenz [Hz]							
		63	125	250	500	1000	2000	4000	8000
10	70	0,1	0,4	1,0	1,9	3,7	9,7	32,8	117
20	70	0,1	0,3	1,1	2,8	5,0	9,0	22,9	76,6
30	70	0,1	0,3	1,0	3,1	7,4	12,7	23,1	59,3
15	20	0,3	0,6	1,2	2,7	8,2	28,2	88,8	202
15	50	0,1	0,5	1,2	2,2	4,2	10,8	36,2	129
15	80	0,1	0,3	1,1	2,4	4,1	8,3	23,7	82,8

Dämpfung A_{div} aufgrund geometrischer Ausbreitung
Die geometrische Ausbreitung berücksichtigt die kugelförmige Schallausbreitung von einer Punktschallquelle im Freifeld:

$$A_{\mathrm{div}} = 20 \cdot \log\left(\frac{d}{d_0}\right) + 11 \quad \text{in dB.} \tag{18.59}$$

d Abstand zwischen Schallquelle und Empfänger in m
d_0 Bezugsabstand in m, $d_0 = 1$ m.

Dämpfung A_{atm} aufgrund von Luftabsorption Die Dämpfung aufgrund von Luftabsorption während der Ausbreitung ist proportional zu einem Luftdämpfungskoeffizienten α in dB/km gemäß Tafel 18.24 und dem zurückgelegten Schallweg d in m:

$$A_{\mathrm{atm}} = \frac{\alpha \cdot d}{1000} \quad \text{in dB.} \tag{18.60}$$

Bei der Ermittlung des Luftdämpfungskoeffizienten α geht man im Regelfall von einer Jahres-Durchschnittstemperatur von 10 °C und einer relativen Luftfeuchte von 70 % aus.

Dämpfung A_{gr} aufgrund des Bodeneffekts

Verfahren für A-bewertete Berechnungen Die Bodendämpfung A_{gr} kann unter folgenden Bedingungen vereinfacht ermittelt werden:
- Nur der A-bewertete Schalldruckpegel am Immissionsort soll berechnet werden.
- Der Schall breitet sich über porösem Boden oder gemischten, jedoch überwiegend porösen Böden aus.
- Der Schall ist kein reiner Ton.

$$A_{\mathrm{gr}} = 4{,}8 - \left(\frac{2 \cdot h_{\mathrm{m}}}{d}\right) \cdot \left[17 + \left(\frac{300}{d}\right)\right] \geq 0\,\text{dB} \tag{18.61}$$

h_{m} mittlere Höhe des Schallausbreitungsweges über dem Boden in m
d Abstand zwischen Schallquelle und Immissionsort in m.

Im einfachen Fall ist h_{m} das arithmetische Mittel aus der Höhe h_{s} der Schallquelle und der Höhe h_{r} am Immissionsort:

$$h_{\mathrm{m}} = \frac{h_{\mathrm{s}} + h_{\mathrm{r}}}{2} \quad \text{in m.} \tag{18.62}$$

Bei komplizierteren Geländegeometrien errechnet sich h_{m} unter Berücksichtigung des Integrals F zwischen den Verbindungslinien Schallquelle-Immissionsort-Geländeoberfläche gemäß Abb. 18.12:

$$h_{\mathrm{m}} = \frac{F}{d} \quad \text{in m} \tag{18.63}$$

Detailliertes, frequenzabhängiges Verfahren Die Strecke zwischen Schallquelle und Immissionsort wird in drei Bereiche aufgeteilt (Abb. 18.13):
- quellnaher Bereich (Index s), der sich über $30 \cdot h_{\mathrm{s}}$ erstreckt,
- Bereich am Immissionsort (Index r), der sich über $30 \cdot h_{\mathrm{r}}$ erstreckt,
- Mittelbereich (Index m) zwischen quellnahem Bereich und Bereich am Immissionsort.

Falls sich Quellbereich und Bereich am Immissionsort überlappen, gibt es keinen Mittelbereich. Nach diesem Schema hängt die Bodendämpfung nicht von der Größe des Mittelbereiches, sondern von der Größe des Quellen- und Empfängerbereiches und deren Beschaffenheit ab. Wesentlich ist der Bodenfaktor G, der die akustischen Eigenschaften der Bereiche festlegt:
- Harter Boden ($G = 0$): Hierzu gehören Straßenpflaster, Wasser, Eis, Beton und jede andere Bodenoberfläche geringer Porosität.
- Poröser Boden ($G = 1$): Hierzu zählen von Gras, Bäumen oder anderem Bewuchs bedeckte Böden sowie jede andere Bodenoberfläche, die für Pflanzenwachstum geeignet ist.

Für jeden Bereich und für jedes Oktavband werden die Bodendämpfungen gemäß Tafel 18.25 berechnet und zur Gesamtdämpfung addiert:

$$A_{\mathrm{gr}} = A_{\mathrm{s}} + A_{\mathrm{r}} + A_{\mathrm{m}} \quad \text{in dB.} \tag{18.64}$$

Bei der Berechnung von A_{s} ist zu beachten: $G = G_{\mathrm{s}}$ und $h = h_{\mathrm{s}}$, entsprechendes gilt für A_{r}. G_{m} ist der Mittelwert der Faktoren für den Quellen- und Empfängerbereich.

Abb. 18.12 Mittlere Höhe h_m zwischen Schallquelle und Empfänger bei komplizierten Geländegeometrien (DIN ISO 9613-2) [11]

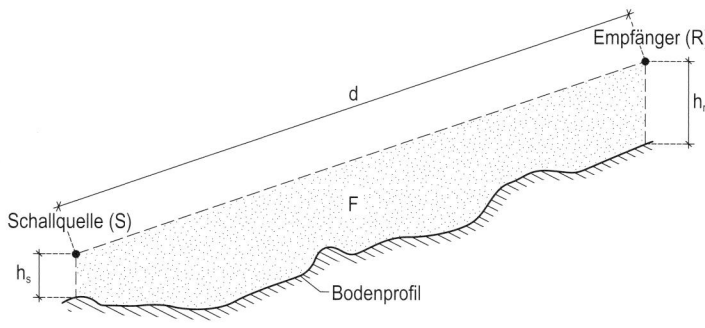

Abb. 18.13 Bereiche für die Bestimmung der Bodendämpfung (DIN ISO 9613-2) [11]

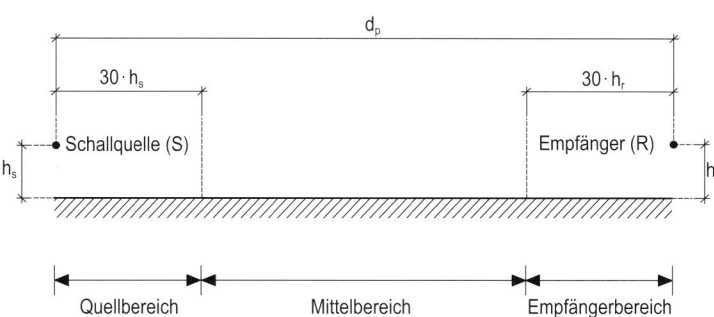

Für die in Tafel 18.25 verwendete Funktion q gilt folgendes, wobei d_p der auf die Bodenebene projizierte Abstand zwischen Schallquelle und Empfänger ist:

- wenn $d_\mathrm{p} \le 30 \cdot (h_\mathrm{s} + h_\mathrm{r})$:

$$q = 0, \qquad (18.65)$$

- wenn $d_\mathrm{p} > 30 \cdot (h_\mathrm{s} + h_\mathrm{r})$:

$$q = 1 - \frac{30 \cdot (h_\mathrm{s} + h_\mathrm{r})}{d_\mathrm{p}}. \qquad (18.66)$$

Die Funktionen $a'(h)$, $b'(h)$, $c'(h)$, und $d'(h)$ lauten:

$$a'(h) = 1,5 + 3,0 \cdot \mathrm{e}^{-0,12 \cdot (h-5)^2} \cdot (1 - \mathrm{e}^{-d_\mathrm{p}/50})$$
$$+ 5,7 \cdot \mathrm{e}^{-0,09 \cdot h^2} \cdot (1 - \mathrm{e}^{-2,8 \cdot 10^{-6} \cdot d_\mathrm{p}^2}) \qquad (18.67)$$

Tafel 18.25 Zu verwendende Ausdrücke für die Berechnung der Bodendämpfungsbeiträge A_s, A_r und A_m (DIN ISO 9613-2) [11]

Bandmittenfrequenz f [Hz]	Dämpfungen A_s oder A_r [dB]	Dämpfung A_m [dB]
63	−1,5	−3 · q
125	−1,5 + G · a'(h)	
250	−1,5 + G · b'(h)	
500	−1,5 + G · c'(h)	
1000	−1,5 + G · d'(h)	−3 · q · (1 − G_m)
2000	−1,5 · (1 − G)	
4000	−1,5 · (1 − G)	
8000	−1,5 · (1 − G)	

$$b'(h) = 1,5 + 8,6 \cdot \mathrm{e}^{-0,09 \cdot h^2} \cdot (1 - \mathrm{e}^{-d_\mathrm{p}/50}), \qquad (18.68)$$
$$c'(h) = 1,5 + 14 \cdot \mathrm{e}^{-0,46 \cdot h^2} \cdot (1 - \mathrm{e}^{-d_\mathrm{p}/50}), \qquad (18.69)$$
$$d'(h) = 1,5 + 5 \cdot \mathrm{e}^{-0,9 \cdot h^2} \cdot (1 - \mathrm{e}^{-d_\mathrm{p}/50}). \qquad (18.70)$$

Dämpfung A_bar aufgrund von Abschirmung Ein Objekt wird nur dann als abschirmendes Hindernis betrachtet, wenn folgende Bedingungen erfüllt sind:

- die flächenbezogene Masse beträgt mindestens $10\,\mathrm{kg/m^2}$,
- die Oberfläche ist geschlossen,
- die Horizontalabmessung $l_\mathrm{l} + l_\mathrm{r}$ in m senkrecht zur Verbindungslinie Quelle-Empfänger SR gemäß Abb. 18.14 ist größer als die betrachtete Wellenlänge λ in m.

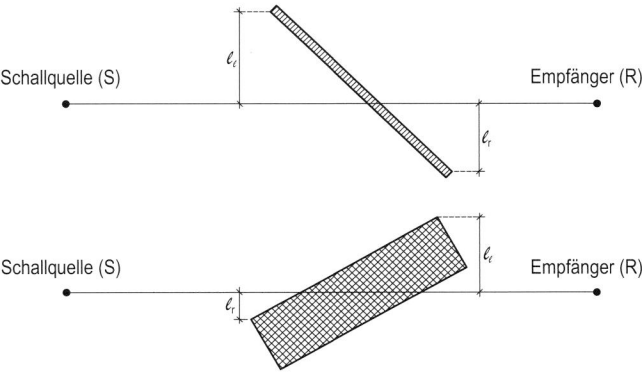

Abb. 18.14 Hindernisse zwischen Schallquelle und Empfänger (DIN ISO 9613-2) [11]

Abb. 18.15 Geometrische Größen zur Bestimmung des Schirmwertes z bei Einfachbeugung (DIN ISO 9613-2) [11]

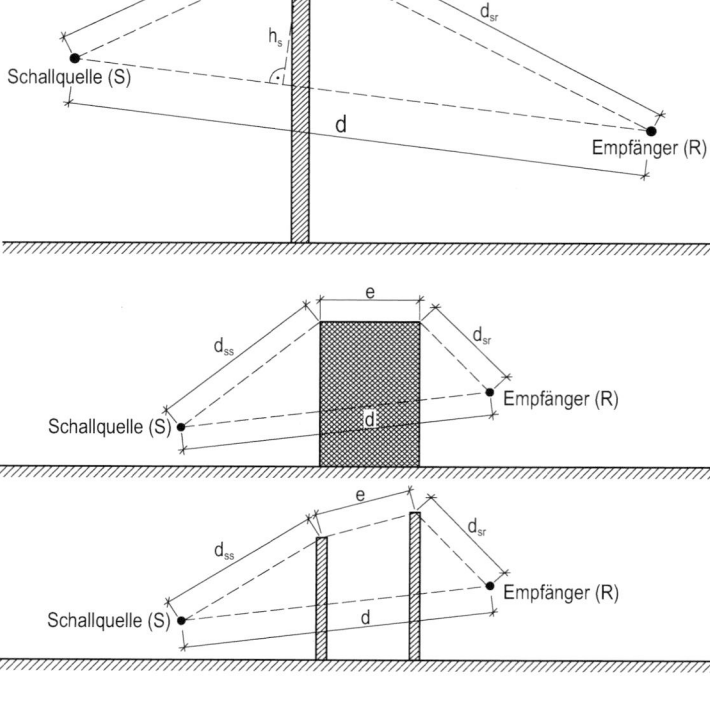

Abb. 18.16 Geometrische Größen zur Bestimmung des Schirmwertes z bei Doppelbeugung (DIN ISO 9613-2) [11]

Die Wellenlänge λ in m berechnet sich aus der Schallausbreitungsgeschwindigkeit c in m/s und der Frequenz f in Hz bzw. s^{-1}, wobei die Schallausbreitungsgeschwindigkeit in Luft mit $c = 340$ m/s angenommen wird:

$$\lambda = \frac{c}{f} = \frac{340}{f} \quad \text{in m.} \quad (18.71)$$

Grundsätzlich ist die Abschirmung um alle drei Kanten hinweg zu berücksichtigen (Abb. 18.14). Je nach betrachteter Kante gilt für die Dämpfung durch Abschirmung A_{bar} in dB unter Beachtung des Abschirmmaßes D_z in dB und der Bodendämpfung A_{gr} in dB in Abwesenheit des Schirms:

• obere Kante:

$$A_{bar} = D_z - A_{gr} > 0 \text{ dB}, \quad (18.72)$$

• seitliche Kanten:

$$A_{bar} = D_z > 0 \text{ dB}. \quad (18.73)$$

Das Abschirmmaß D_z lautet:

$$D_z = 10 \cdot \log \left[3 + \frac{C_2}{\lambda} \cdot C_3 \cdot z \cdot K_{met} \right] \quad \text{in dB.} \quad (18.74)$$

C_2 Wert, der Bodenreflexionen einschließt, $C_2 = 20$ falls Bodenreflexionen in Sonderfällen durch Spiegelquellen separat berücksichtigt werden, $C_2 = 40$,

C_3 Wert für Einfachbeugung oder Mehrfachbeugung
   – Einfachbeugung:

$$C_3 = 1$$

   – Mehrfachbeugung:

$$C_3 = \left[1 + \frac{(5 \cdot \lambda / e)^2}{(1/3) + (5 \cdot \lambda / e)^2} \right] \quad (18.75)$$

λ Wellenlänge des Schalls bei der Nenn-Bandmittenfrequenz des Oktavbands in m

z Schirmwert (Differenz zwischen den Weglängen des gebeugten und des direkten Schalls bzw. Schallumweg über das Hindernis) in m (Abb. 18.15 und 18.16)
   – Einfachbeugung:

$$z = [(d_{ss} + d_{sr})^2 + a^2]^{1/2} - d \quad \text{in m} \quad (18.76)$$

   – Doppelbeugung:

$$z = [(d_{ss} + d_{sr} + e)^2 + a^2]^{1/2} - d \quad \text{in m} \quad (18.77)$$

K_{met} Korrekturfaktor für meteorologische Effekte
e Abstand zwischen den beiden Beugungskanten im Falle von Doppelbeugung
d_{ss} Abstand zwischen Schallquelle und erster Beugungskante in m

Abb. 18.17 Dämpfung der Schallausbreitung durch Bewuchs

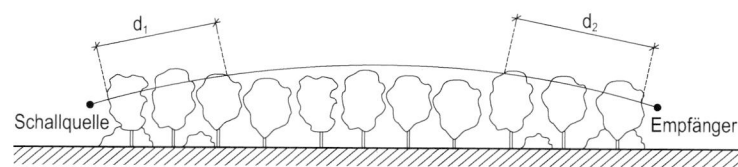

d_{sr} Abstand zwischen (zweiter) Beugungskante zum Aufpunkt in m

a Abstandskomponente parallel zur Schirmkante zwischen Schallquelle und Empfänger in m.

Die gesamte Abschirmungsdämpfung erhält man analog zum resultierenden Schalldämm-Maß nach der Gleichung:

$$A_{bar,ges} = -10 \cdot \log\left[\sum_{i=1}^{3} 10^{-A_{bar,i}/10}\right] \quad \text{in dB.} \quad (18.78)$$

Der Meteorologiefaktor K_{met} wird wie folgt berechnet:

- für $z > 0$:

$$K_{met} = \exp\left\{-\frac{1}{2000} \cdot \sqrt{\frac{d_{ss} \cdot d_{sr} \cdot d}{2 \cdot z}}\right\}, \quad (18.79)$$

- für $z \leq 0$:

$$K_{met} = 1.$$

Auch für seitliche Beugung ist $K_{met} = 1$ anzusetzen. Der Krümmungsradius der Schallstrahlen beträgt ebenfalls 2000 m. Das Abschirmmaß D_z in einem beliebigen Oktavband sollte bei Einfachbeugung nicht größer als 20 dB und bei Mehrfachbeugung nicht größer als 25 dB angenommen werden.

Dämpfung A_{misc} aufgrund verschiedener anderer Effekte A_{misc} umfasst die Dämpfung von Schall während der Ausbreitung durch Bewuchs (A_{fol}), Industriegelände (A_{site}) und bebautes Gelände (A_{hous}). Bei der Berechnung kann ein gekrümmter Schallausbreitungsradius angenommen werden, der durch einen Kreisbogen mit einem Radius von 5 km dargestellt wird.

Dämpfung A_{fol} durch Bewuchs Die Dämpfung durch Bewuchs mit Bäumen oder Sträuchern ist gering und wirkt sich auch nur dann aus, wenn der Bewuchs so dicht ist, dass die Sicht entlang des Ausbreitungsweges vollständig blockiert ist. Ein Hindurchsehen darf über kurze Strecken nicht möglich sein. Tafel 18.26 zeigt Größen für den Dämpfungsterm A_{fol} in Abhängigkeit von der Weglänge d_f, die gemäß Abb. 18.17 aus zwei Teilstrecken ermittelt wird:

$$d_f = d_1 + d_2 \quad \text{in dB} \quad (18.80)$$

Tafel 18.26 Dämpfungsterm A_{fol} eines Oktavbandgeräusches aufgrund von Schallausbreitung über eine durch dichten Bewuchs verlaufende Weglänge d_f (DIN ISO 9613-2) [11]

Bandmittenfrequenz f [Hz]	Dämpfungsterm A_{fol} [dB]	
	Weglänge d_f [m]	
	$10 \leq d_f \leq 20$	$20 \leq d_f \leq 200$
63	0	$0{,}02 \cdot d_f$
125	0	$0{,}03 \cdot d_f$
250	1	$0{,}04 \cdot d_f$
500	1	$0{,}05 \cdot d_f$
1000	1	$0{,}06 \cdot d_f$
2000	1	$0{,}08 \cdot d_f$
4000	2	$0{,}09 \cdot d_f$
8000	3	$0{,}12 \cdot d_f$

Bei Weglängen über 200 m sollte das Dämpfungsmaß für 200 m verwendet werden.

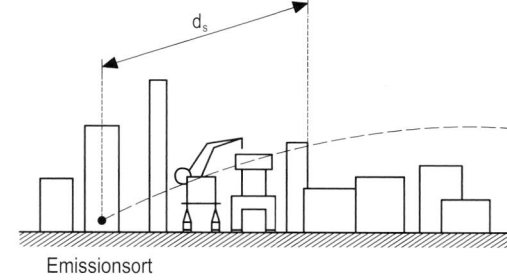

Abb. 18.18 Dämpfung der Schallausbreitung durch Industrieanlagen

Dämpfung A_{site} durch Industriegelände Auf Industriegeländen (Abb. 18.18) kann Dämpfung durch Streuung an Installationen auftreten, die als A_{site} beschrieben werden kann, sofern sie nicht in der Dämpfung A_{bar} aufgrund von Abschirmung bereits berücksichtigt wurde. Da der Wert von A_{site} stark von der Art des Geländes abhängt, sollte er durch Messungen ermittelt werden. Schätzwerte können Tafel 18.27 entnommen werden.

Dämpfung A_{hous} durch bebautes Gelände Ein Näherungswert für A_{hous}, der 10 dB nicht überschreiten sollte, kann nach folgender Gleichung abgeschätzt werden:

$$A_{hous} = A_{hous,1} + A_{hous,2} \quad \text{in dB} \quad (18.81)$$

Der Dämpfungsterm $A_{hous,1}$ ergibt sich aus der Länge des Schallweges d_b in m durch das bebaute Gebiet und die

Tafel 18.27 Dämpfungsterm A_{site} eines Oktavbandgeräusches aufgrund von Schallausbreitung über eine durch Installationen in Industrieanlagen verlaufende Weglänge d_s (DIN ISO 9613-2) [11]

Bandmittenfrequenz f [Hz]	Dämpfungsterm A_{site} [dB]
63	0
125	$0{,}015 \cdot d_s$
250	$0{,}025 \cdot d_s$
500	$0{,}025 \cdot d_s$
1000	$0{,}020 \cdot d_s$
2000	$0{,}020 \cdot d_s$
4000	$0{,}015 \cdot d_s$
8000	$0{,}015 \cdot d_s$

Der Höchstwert des Dämpfungsterms A_{site} beträgt 10 dB.

Bebauungsdichte B (Gesamtgrundfläche der Häuser geteilt durch die gesamte Baugrundfläche) in % entlang des Weges:

$$A_{\text{hous},1} = 0{,}1 \cdot B \cdot d_b \quad \text{in dB.} \qquad (18.82)$$

$A_{\text{hous},2}$ kann angesetzt werden, wenn in der Nähe einer Straße, einer Eisenbahnbrücke oder eines ähnlichen Korridors wohldefinierte Gebäudereihen vorhanden sind. Vorausgesetzt wird dabei, dass dieser Term kleiner als das Einfügungsdämpfungsmaß A_{bar} eines Schirms an derselben Stelle mit der mittleren Höhe der Gebäude ist:

$$A_{\text{hous},2} = -10 \cdot \log\left[1 - \left(\frac{p}{100}\right)\right] \quad \text{in dB.} \qquad (18.83)$$

p in % ist das Verhältnis aus der Länge der Fassaden und der Gesamtlänge der Straße oder Eisenbahnstrecke und ist auf höchstens 90 % begrenzt.

18.8.4 Immissionen von Spiegelschallquellen $L_{\text{w,Im}}$

Spiegelschallquellen entstehen z. B. an Fassaden ausgedehnter Industrieanlagen, wodurch der Schalldruckpegel am Immissionsort ansteigen kann. Unter folgenden Bedingungen sind Reflexionen an einem Hindernis für alle Oktavbänder zu berechnen:

- Es kann eine geometrische/spiegelnde Reflexion gemäß Abb. 18.19 konstruiert werden.

Abb. 18.19 Geometrische Spiegelreflexion an einem Hindernis

- Der Reflexionsgrade der Oberfläche des Hindernisses beträgt $\rho > 0{,}2$.
- Das Hindernis ist so groß, das folgende Beziehung gilt:

$$\frac{1}{\lambda} > \left[\frac{2}{(l_{\min} \cdot \cos\beta)^2}\right] \cdot \left[\frac{d_{s,o} \cdot d_{o,r}}{d_{s,o} + d_{o,r}}\right]. \qquad (18.84)$$

$l_{\min}$ die kleinste Abmessung (Länge oder Höhe) der reflektierenden Oberfläche

β Einfallswinkel (Radiant)

$d_{s,o}$ Abstand zwischen der Schallquelle und dem Reflexionspunkt auf dem Hindernis

$d_{o,r}$ Abstand zwischen dem Reflexionspunkt auf dem Hindernis und dem Empfänger.

Die reale Quelle und die Spiegelquelle werden separat behandelt. Der Schallleistungspegel der Spiegelquelle $L_{\text{w,Im}}$ wird nach folgender Gleichung ermittelt:

$$L_{\text{w,Im}} = L_w + 10 \cdot \log[\rho]\,\text{dB} + D_{\text{Ir}} \quad \text{in dB.} \qquad (18.85)$$

Gegebenenfalls muss eine Richtwirkungskorrektur D_{Ir} für die Spiegelschallquelle angegeben werden. Mit ρ wird der Reflexionsgrad der Oberfläche des Hindernisses bezeichnet. Für ebene, harte Wände beträgt er $\rho = 1$, für Gebäudewände mit Fenstern und kleinen Anbauten oder Erkern $\rho = 0{,}8$, für Fabrikwände, bei denen 50 % der Oberfläche aus Öffnungen, Installationen oder Rohren bestehen, $\rho = 0{,}4$ und bei offenen Installationen $\rho = 0$.

18.8.5 Meteorologische Korrektur C_{met}

Gemäß DIN EN 9613-2 [11] werden die Immissionspegel als Mitwind-Mittelungspegel berechnet. Das zugrunde liegende Zeitintervall beträgt mehrere Monate oder ein Jahr. Durch eine meteorologische Korrektur C_{met} wird berücksichtigt, dass sich im Laufe eines längeren Betrachtungszeitraumes die Witterungsbedingungen ändern können:

- Falls $d_p \leq 10 \cdot (h_s + h_r)$:

$$C_{\text{met}} = 0 \quad \text{in dB} \qquad (18.86)$$

- Falls $d_p > 10 \cdot (h_s + h_r)$:

$$C_{\text{met}} = C_0 \cdot \left[1 - 10 \cdot \frac{(h_s + h_r)}{d_p}\right] \quad \text{in dB.} \qquad (18.87)$$

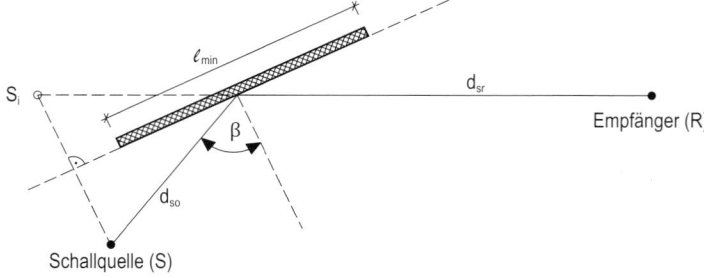

Abb. 18.20 Pegelminderung ΔL gegenüber Mitwind

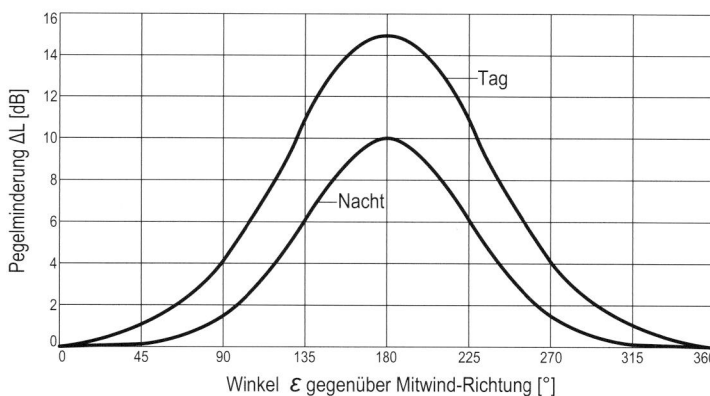

Winkel ε gegenüber Mitwind-Richtung [°]

Der Faktor C_0 in dB hängt ab von der Statistik der Winde (Windgeschwindigkeit und -richtung) am betreffenden Ort und von der Pegeldifferenz zwischen Mitwindsituation und anderen Windsituationen, z. B. Windstille und umlaufende Winde [2]:

$$C_0 = -10 \cdot \log\left[\sum \frac{p_i}{100} \cdot 10^{-0,1 \cdot \Delta L_i}\right] \quad \text{in dB.} \quad (18.88)$$

p_i Häufigkeit der Windverteilung in %
ΔL_i Pegeldämpfung gegenüber Mitwind in dB
Für die Pegeldämpfung ΔL_i gegenüber Mitwind gilt:

$$\Delta L_i = k \cdot (1 - \cos[\varepsilon_i - \gamma \cdot \sin(\varepsilon_i)]) \quad \text{in dB.} \quad (18.89)$$

k Konstante für Tag- und Nachtzeit [–]
  Tag: $k = 7{,}5$, Nacht: $k = 5$
ε Winkel der Windrichtung gegenüber Mitwind in ° für Tag- und Nachtzeit
γ Konstante für Tag- und Nachtzeit [–]
  Tag: $\gamma = 25°$, Nacht: $\gamma = 45°$

Die maximale Pegeldämpfung gegenüber Mitwind kann am Tag 15 dB und in der Nacht 10 dB betragen. In Abb. 18.20 sind die Pegeldämpfungen ΔL gegenüber Mitwind als Funktion des Winkels ε für Tag und Nacht dargestellt. Aus der Grafik wird ersichtlich, dass es sinnvoll ist, für eine Mitwind-Situation einen Winkelbereich von $\pm 45°$ zu definieren. Am Tag beträgt die mittlere Pegelminderung ΔL:

- Mitwindsektor, Winkelbereich $0° \pm 45°$: $\Delta L = 0{,}4$ dB,
- Querwindsektor, Winkelbereich $90° \pm 45°$: $\Delta L = 5{,}1$ dB,
- Gegenwindsektor, Winkelbereich $180° \pm 45°$: $\Delta L = 13{,}2$ dB.

Es ist daher ausreichend, bei der Berechnung von C_0 diese drei Bereiche zu unterscheiden.

Die vereinfachte Berechnung von C_0 erfolgt nach:

$$C_0 = -10 \cdot \log\left[\frac{T_m}{100} \cdot 10^{-0,1 \cdot K_m} + \frac{T_q}{100} \cdot 10^{-0,1 \cdot K_q} \right.$$
$$\left. + \frac{T_g}{100} \cdot 10^{-0,1 \cdot K_g}\right] \quad \text{in dB.} \quad (18.90)$$

T_m Häufigkeit der Mitwind-Wetterlage im Jahresmittel in %
T_q Häufigkeit der Querwind-Wetterlage im Jahresmittel in %
T_g Häufigkeit der Gegenwind-Wetterlage im Jahresmittel in %
K_m Pegelminderung der Mitwind-Wetterlage in dB
K_q Pegelminderung der Querwind-Wetterlage in dB
K_g Pegelminderung der Gegenwind-Wetterlage in dB

Die Häufigkeiten der Wetterlagen T_m, T_q und T_g müssen von den örtlichen Wetterstationen als Jahres-Mittelwerte oder langjährige Jahres-Mittelwerte erfragt werden.

Bei einer ausführlichen Berechnung wird der gesamte Winkelbereich von 360° in 12 Sektoren von jeweils 30° aufgeteilt. Die Häufigkeiten von Windstillen und von umlaufenden Winden sind zusammenzufassen. Tagsüber werden diese Häufigkeiten gleichmäßig auf alle 12 Windrichtungssektoren verteilt, in der Nacht werden sie ausschließlich dem Mitwindsektor zugeschlagen. Als Eingangsdaten liegen die Häufigkeitsverteilungen der Winde im langjährigen Mittel für 12 Winkelsektoren vor. Diese Daten sind dann in (18.88) einzusetzen.

Beispiele zur Berechnung des Schalls bei der Ausbreitung im Freien sind im Ergänzungsband „Wendehorst – Beispiele aus der Baupraxis", 7. Aufl., enthalten.

18.9 Umgebungslärm und Lärmkartierung

Umgebungslärmrichtlinie (Richtlinie 2002/49/EG des Europäischen Parlaments und des Rates über die Bewertung und Bekämpfung von Umgebungslärm) Umgebungslärm sind belästigende oder gesundheitsschädliche Geräusche im Freien, die durch Aktivitäten des Menschen verursacht werden, einschließlich des Lärms, der von Verkehrsmitteln, Straßenverkehr, Eisenbahnverkehr, Flugverkehr sowie Geländen für industrielle Tätigkeiten ausgeht. Mit Hilfe der Umgebungslärmrichtlinie [17] soll die Lärmbelastung der Bevölkerung bewertet und bekämpft werden. Die Umgebungslärmrichtlinie enthält keine Anforderungen hin-

18

sichtlich zulässiger Schallpegel. Gefordert wird die Kartierung der Immissionen durch Hauptverkehrsstraßen, Haupteisenbahnstrecken, Großflughäfen und Ballungsräume. In Ballungsräumen sind zusätzliche Lärmquellen im Bereich Straßenverkehr, Schienenverkehr, Luftverkehr sowie Industrie und Gewerbe zu erfassen. Dabei verlangt die Richtlinie eine zweistufige Vorgehensweise, das Aufstellen strategischer Lärmkarten und die Ausarbeitung von Aktionsplänen.

Gesetz zur Umsetzung der EG-Richtlinie über die Bewertung und Bekämpfung von Umgebungslärm Mit der Umsetzung der EG-Richtlinie in Deutschland durch das Umsetzungsgesetz [15] wurden Vorschriften über die strategische Lärmkartierung und Aktionsplanung in das Bundes-Immissionsschutzgesetz [26] aufgenommen. Das Gesetz schreibt vor, dass Lärmkarten für Hauptverkehrsstraßen, Haupteisenbahnstrecken, Großflughäfen und Ballungsräume auszuarbeiten sind und dass die Bevölkerung über die Lärmbelastung zu informieren ist. Auf Basis der Lärmkarten sind unter Mitwirkung der Öffentlichkeit Lärmaktionspläne aufzustellen. Ziel ist es, Umgebungslärm zu vermeiden bzw. zu verringern.

Verordnung über die Lärmkartierung (34. BImSchV) Zur Lärmkartierung dient die bundesweit gültige Verordnung über die Lärmkartierung [4]. Daraus ist zu entnehmen, dass folgende Lärmindizes als Schalldruckpegel anzugeben sind:

- L_{day} A-bewerteter äquivalenter Dauerschallpegel während des Tageszeitraums (von 06.00 Uhr bis 18.00 Uhr) Uhr in dB,
- $L_{evening}$ A-bewerteter äquivalenter Dauerschallpegel während des Abendzeitraums (von 18.00 Uhr bis 22.00 Uhr) in dB,
- L_{night} A-bewerteter äquivalenter Dauerschallpegel während des Nachtzeitraums (von 22.00 Uhr bis 06.00 Uhr) in dB.

Abweichend von den bisherigen nationalen Regelungen beträgt der Beurteilungszeitraum ein Jahr unter Berücksichtigung aller Kalendertage.

Aus diesen Dauerschallpegeln ist dann der Tag-Abend-Nacht-Pegel L_{DEN} zu bestimmen:

$$L_{DEN} = 10 \cdot \log\left[\frac{1}{24} \cdot (12 \cdot 10^{L_{day}/10} + 4 \cdot 10^{(L_{evening}+5)/10} + 8 \cdot 10^{(L_{night}+10)/10}) \right]. \quad (18.91)$$

Da nach der EG-Umgebungslärmrichtlinie noch keine europäisch harmonisierten Berechnungsverfahren für die Lärmindizes zur Verfügung stehen, wurden folgende vorläufige Berechnungsmethoden veröffentlicht:

- vorläufige Berechnungsmethode für den Umgebungslärm an Schienenwegen (VBUSch) [28],
- vorläufige Berechnungsmethode für den Umgebungslärm an Straßen (VBUS) [29],
- vorläufige Berechnungsmethode für den Umgebungslärm an Flugplätzen (VBUF) [27],
- vorläufige Berechnungsmethode für den Umgebungslärm durch Industrie und Gewerbe (VBUI) [30].

Darin werden u. a. die in Deutschland bereits angewendeten Regelwerke RLS-19 (Straße) [19] und Schall 03 (Schiene) [18] herangezogen, wobei die Regelungen jedoch an die Erfordernisse der EG-Richtlinie angepasst wurden.

In Lärmkarten wird die Lärmsituation grafisch wiedergegeben. Der berechnete Tag-Abend-Nacht-Pegel L_{DEN} und der Nachtpegel L_{night} werden entsprechend den Farben gemäß DIN 18005-2 [10] dargestellt. Kenntlich zu machen ist auch die Überschreitung von Grenzwerten. Darüber hinaus ist in Lärmkarten die geschätzte Zahl der lärmbelasteten Menschen sowie der lärmbelasteten Wohnungen, Schulen und Krankenhäuser tabellarisch gemäß der vorläufigen

Tafel 18.28 Richtwerte für die Lärmminderungsplanung (außer Flugverkehr)

Gebietsart gemäß BauNVO [30]	Schallpegel L [dB]						
	Straßen- und Schienenverkehr[a]		Industrie und Gewerbe[b] Wasserverkehr[c] Freizeitanlagen[d]		Sportanlagen[e]		
	Tags	Nachts	Tags	Nachts	Tags		Nachts
					Außerhalb Ruhezeit	Innerhalb Ruhezeit	
Dorf-, Kern- und Mischgebiete	64	54	60	45	60	55	45
Allgemeine Wohngebiete	59	49	55	40	55	50	40
Reine Wohngebiete, Kleinsiedlungsgebiete	59	49	50	35	50	45	35
Kurgebiete, Krankenhäuser, Altenheime, Schulen	57	47	45	35	45	45	35

[a] Immissionsgrenzwerte gemäß 16. BImSchV [22]
[b] Immissionsrichtwerte gemäß TA Lärm [21]
[c] Orientierungswerte gemäß DIN 18005-1 Beiblatt 1 [9]
[d] Immissionsrichtwerte gemäß Musterverwaltungsvorschrift Lärm [16]
[e] Immissionsrichtwerte gemäß 18. BImSchV [1]

Berechnungsmethode zur Ermittlung der Belastetenzahlen durch Umgebungslärm (VBEB) [31] zu benennen.

Bei Überschreitung der Richtwerte für die Lärmminderungsplanung (Tafel 18.28) sollen Lärmaktionspläne erstellt werden, die zum Ziel haben, durch geeignete Maßnahmen die Richtwerte einzuhalten. Zur Ausarbeitung von Aktionsplänen gibt es derzeit keine Ausführungsvorschriften.

Literatur

1. Achtzehnte Verordnung zur Durchführung des Bundes-Immissionsschutzgesetzes (Sportanlagenlärmschutzverordnung – 18. BImSchV) vom 09. Februar 2006

2. Baumgartner H: Schallimmissionsschutz an Straßen, Schienen- und Industrieanlagen. In: Wendehorst Bautechnische Zahlentafeln, 34. Aufl. Vieweg + Teubner Verlag, Wiesbaden 2012

3. Bayerisches Landesamt für Umwelt: Parkplatzlärmstudie, 6. Überarb. Aufl. Augsburg 2007

4. Bekanntmachung der vorläufigen Berechnungsverfahren für den Umgebungslärm nach § 5 Abs. 1 der Verordnung über die Lärmkartierung (34. BImSchV) vom 31.08.2015

5. Bundesministerium für Verkehr, Bau und Stadtentwicklung: Allgemeines Rundschreiben Straßenbau Nr. 3/2009 vom 31. März 2009

6. Deutscher Bundestag, 17. Wahlperiode, Verkehrslärmschutz an Bundesstraßen, Drucksache 17/5077 vom 16. März 2011

7. DIN 4109-2: Schallschutz im Hochbau; Mindestanforderungen. Ausgabe 2016-07

8. DIN 18005-1: Schallschutz im Städtebau; Grundlagen und Hinweise für die Planung. Ausgabe 2002-07

9. DIN 18005-1 Beiblatt 1: Schallschutz im Städtebau; Berechnungsverfahren; Schalltechnische Orientierungswerte für die städtebauliche Planung. Ausgabe 1987-05

10. DIN 18005-2: Schallschutz im Städtebau; Lärmkarten; Kartenmäßige Darstellung von Schallimmissionen. Ausgabe 1991-09

11. DIN ISO 9613-2: Akustik – Dämpfung des Schalls bei der Ausbreitung im Freien – Teil 2: Allgemeines Berechnungsverfahren. Ausgabe 1999-10

12. DIN EN 12354-4: Bauakustik – Berechnung der akustischen Eigenschaften von Gebäuden aus den Bauteileigenschaften – Teil 4: Schallübertragung von Räumen ins Freie. Ausgabe 2001-04

13. DIN EN 61672-1: Elektroakustik – Schallpegelmesser – Teil 1: Anforderungen. Ausgabe 2014-07

14. Gesetz zum Schutz vor schädlichen Umwelteinwirkungen durch Luftverunreinigungen, Geräusche, Erschütterungen und ähnliche Vorgänge (Bundes-Immissionsschutzgesetz – BImSchG) vom 08.04.2019

15. Gesetz zur Umsetzung der EG-Richtlinie über die Bewertung und Bekämpfung von Umgebungslärm vom 24. Juni 2005

16. Musterverwaltungsvorschrift Lärm, Musterverwaltungsvorschrift zur Ermittlung, Beurteilung und Verminderung von Geräuschimmissionen, Empfehlungen des Länderausschusses für Immissionsschutz, 1995

17. Richtlinie 2002/49/EG des Europäischen Parlaments und des Rates vom 25. Juni 2002 über die Bewertung und Bekämpfung von Umgebungslärm (Umgebungslärmrichtlinie)

18. Richtlinie zur Berechnung der Schallimmissionen von Schienenwegen (Schall 03), Ausgabe 2012

19. Richtlinien für den Lärmschutz an Straßen (RLS-19), Ausgabe 2019

20. Richtlinien für den Verkehrslärmschutz an Bundesfernstraßen in der Baulast des Bundes (VLärmSchR 97) vom 27. Mai 1997

21. Sechste Allgemeine Verwaltungsvorschrift zum Bundes-Immissionsschutzgesetz (Technische Anleitung zum Schutz gegen Lärm – TA Lärm) vom 26. August 1998

22. Sechzehnte Verordnung zur Durchführung des Bundes-Immissionsschutzgesetzes (Verkehrslärmschutzverordnung – 16. BImSchV) vom 18.12.2014

23. VDI 2571: Schallabstrahlung von Industriebauten. Ausgabe 1976-08

24. VDI 3760: Berechnung und Messung der Schallausbreitung in Arbeitsräumen. Ausgabe 1996-02

25. Verordnung über die bauliche Nutzung der Grundstücke (Baunutzungsverordnung – BauNVO) vom 11.06.2013

26. Vierunddreißigste Verordnung zur Durchführung des Bundes-Immissionsschutzgesetzes (Verordnung über die Lärmkartierung) (34. BImSchV) vom 31.08.2015

27. Vorläufige Berechnungsmethode für den Umgebungslärm an Flugplätzen (VBUF) vom 22. Mai 2006

28. Vorläufige Berechnungsmethode für den Umgebungslärm an Schienenwegen (VBUSch) vom 22. Mai 2006

29. Vorläufige Berechnungsmethode für den Umgebungslärm an Straßen (VBUS) vom 22. Mai 2006

30. Vorläufige Berechnungsmethode für den Umgebungslärm durch Industrie und Gewerbe (VBUI) vom 22. Mai 2006

31. Vorläufige Berechnungsmethode zur Ermittlung der Belastetenzahlen durch Umgebungslärm (VBEB) vom 09. Februar 2007

Verkehrswesen

Prof. Dr.-Ing. Dieter Maurmaier

Inhaltsverzeichnis

Technische Baubestimmungen

- Richtlinien für die integrierte Netzgestaltung (RIN)
- Empfehlungen für Verkehrserhebungen (EVE), 2012
- Richtlinien für die Anlage von Straßen
  - Teil: Entwässerung (RAS-Ew), 2005
  - Teil: Vermessung (RAS-Verm), 2001
- Richtlinien für die Anlage von Autobahnen (RAA), 2008
- Richtlinien für die Anlage von Landstraßen (RAL), 2012
- Richtlinien für die Anlage von Stadtstraßen (RASt 06), 2006
- Richtlinien für den ländlichen Wegebau (RLW), 2005
- Merkblatt für die Anlage von Kreisverkehren, 2006
- Empfehlungen für Fußgängerverkehrsanlagen (EFA), 2002
- Hinweise für barrierefreie Verkehrsanlagen (H BVA), 2011
- Arbeitspapier Einsatz und Gestaltung von Radschnellverbindungen, 2014
- Empfehlungen für Radverkehrsanlagen (ERA), 2010
- Empfehlungen für Anlagen des ruhenden Verkehrs (EAR 05), 2005
- Empfehlungen für Anlagen des öffentlichen Personennahverkehrs (EAÖ), 2013
- Handbuch für die Bemessung von Straßenverkehrsanlagen (HBS), Teil A, Autobahnen, Teil L Landstraßen, Teil S, Stadtstraßen, Ausgabe 2015
- Richtlinien für die Standardisierung des Oberbaus von Verkehrsflächen (RStO 12), 2012
- Zusätzliche Technische Vertragsbedingungen und Richtlinien von Schichten ohne Bindemittel im Straßenbau (ZTV SoB-StB 95), 2007
- Zusätzliche Technische Vertragsbedingungen und Richtlinien für den Bau von Fahrbahndecken aus Asphalt (ZTV Asphalt-StB 07), 2007
- Zusätzliche Technische Vertragsbedingungen und Richtlinien für den Bau von Fahrbahndecken aus Beton (ZTV Beton-StB 07), 2007
- Allgemeines Eisenbahngesetz (AEG), 1993/2005
- Eisenbahn-Bau- und Betriebsordnung (EBO), 1967/1993
- Eisenbahn-Signalordnung (ESO), 1959/1994
- Ril 800: Netzinfrastruktur – Technik entwerfen
- Ril 820: Grundlagen des Oberbaus
- TSI Technische Spezifikation Interoperabilität.

D. Maurmaier (✉)
Stuttgart, Deutschland
E-Mail: maurmaier@t-online.de

© Springer Fachmedien Wiesbaden GmbH, ein Teil von Springer Nature 2021
U. Vismann (Hrsg.), *Wendehorst Bautechnische Zahlentafeln*, https://doi.org/10.1007/978-3-658-32218-2_19

19.1 Verkehrsplanung

19.1.1 Methodik der Verkehrsplanung

Die Verkehrsplanung ist Bestandteil einer überfachlichen Gesamtplanung. Sie kann daher nur in Abstimmung mit anderen Fachplanungen durchgeführt werden. Aufgabe der Verkehrsplanung ist die vorausschauende systematische Vorbereitung und Durchführung von Entscheidungsprozessen mit der Absicht, Verkehrsvorgänge im Sinne eines vorgegebenen Zielkonzeptes durch geeignete Maßnahmen zu ermöglichen bzw. zu ordnen.

Der Planungsablauf lässt sich gliedern in:

1. Bewertung des bestehenden Verkehrszustandes samt seiner bisherigen Entwicklung (Verkehrsanalyse, Mängelanalyse) und Definition von Zielvorstellungen.
2. Abschätzung der voraussichtlichen Verkehrsentwicklung (Verkehrsprognose)
3. Vorschläge zur Neuordnung des Verkehrs in Form von Planungskonzepten
4. Bewertung dieser Konzeptionen

19.1.2 Verkehrserhebungen

19.1.2.1 Begriffsbestimmungen

Weg Jede Ortsveränderung mit eigenständiger Mobilität und eindeutigem Zweck

Fahrt Ortsveränderung mit einem Verkehrsmittel

Verkehrsmittel Technische Hilfsmittel für die Ortsveränderung von Personen und Gütern. Personenwege werden unterschieden in Individualverkehr nicht motorisiert (zu Fuß, Fahrrad), Individualverkehr motorisiert (Kraftrad, Pkw als Fahrer oder als Mitfahrer) sowie Öffentlicher Verkehr (Taxi, Bus, Bahnen, Flugzeug)

Durchgangsverkehr Verkehr, der den Planungsraum ohne Halt durchfährt (ausgenommen verkehrsbedingte Halte).

Quellverkehr Verkehr, der im Planungsraum entsteht und ihn verlässt

Zielverkehr Verkehr, der in das Planungsgebiet einfährt und dort sein Ziel hat.

Binnenverkehr Verkehr, der Ausgang und Ziel im Planungsgebiet hat.

Fahrzeugart Verkehrsmittel im Straßenraum als Personenverkehr (Fahrrad, Kleinkraftrad, Motorrad, Personenkraftwagen, Omnibus, Straßenbahn/Stadtbahn) oder Güterverkehr (Lastkraftwagen, Lastzug/Sattelzug, Sonderfahrzeug)

Fahrtzweck Anlass für die Durchführung einer Ortsveränderung (Berufsverkehr, Ausbildungsverkehr, Einkaufsverkehr, Geschäftsverkehr, Freizeit- und Urlaubsverkehr, Privat- und Besuchsverkehr)

Planungsraum Bereich, für dessen (verkehrliche) Ordnung Handlungskonzepte erarbeitet werden sollen

Untersuchungsraum Umfasst den Planungsraum und dessen (verkehrlichen) Einflussbereich.

Verkehrsbezirke Siedlungsmäßig und strukturell zusammenhängende, möglichst homogene Gebiete werden unter Berücksichtigung natürlicher Begrenzungen und unter Beachtung von Verflechtungsmerkmalen und statistischen Raumeinheiten zu Verkehrsbezirken im Untersuchungsgebiet zusammengefasst.

19.1.2.2 Standorterhebungen

Standorterhebungen geben Aussagen zu den Verkehrsursachen. Es wird unterschieden nach:

- Einwohner- und Beschäftigtendaten
- Kfz-Bestandsdaten
- Verhaltensdaten

19.1.2.3 Verkehrstechnische Erhebungen

Mit verkehrstechnischen Erhebungen werden die Ortsveränderungen von Personen und Gütern auf den Verkehrswegen eines Untersuchungsraumes erfasst. Verkehrszählungen geben Aufschluss über die räumliche und zeitliche Verteilung von Verkehrsmengen und Verkehrsströmen. Der Untersuchungsraum muss so gegliedert sein, dass die Auswirkungen der verkehrserzeugenden Strukturen auf den Planungsraum ausreichend genau erfasst und quantifiziert werden können.

19.1.2.3.1 Der motorisierte individuelle Personenverkehr

Querschnittszählungen Durch Querschnittszählungen (manuell oder automatisch) werden Fahrzeuge, die in einem Zeitintervall einen Straßenabschnitt passieren, nach Menge, Richtung, Fahrstreifen und Fahrzeugart erfasst. Die Ergebnisse werden als Ganglinie (zeitlich geordnet) oder als Dauerlinie (nach Größe geordnet) dargestellt.

Verkehrsstromerhebungen Durch Verkehrsstromerhebungen werden Quelle und Ziel einer Fahrt erhoben, eventuell differenziert nach Fahrtroute, Fahrtzweck und Fahrzeugart.

Es gibt das Beobachten von Verkehrsströmen an überschaubaren Knotenpunkten (Knotenstromerhebung), die Registrierung und Vergleich der amtlichen Kennzeichen (Kennzeichenerfassungsmethode) und Kennzeichnung der Fahrzeuge durch Zettel (Bezettelungsmethode).

Befragungen Die Verkehrsteilnehmer werden an den Erhebungsstellen eines Zählkordons angehalten und nach Fahrtzweck, Quelle und Ziel ihrer Fahrt befragt.

19.1.2.3.2 Der öffentliche Personenverkehr

Durch Erhebungen im öffentlichen Personenverkehr kann die Netzbelastung an Haltestellen, auf Strecken und Linien sowie deren zeitlicher Verlauf über den Tag ermittelt werden. Daraus lassen sich Erkenntnisse über erforderliche Bedienungshäufigkeiten, die Ausnutzung des Platzangebotes, die mittlere Reiseweite und die Umsteigehäufigkeit ableiten.

Durch Zählungen an Haltestellen, in Fahrzeugen und an Strecken werden Daten über Fahrgastmengen ermittelt.

Durch Befragungen werden die Ein- und Aussteigehaltestellen, die Umsteigehaltestellen, die genutzten Verkehrslinien, der Fahrtzweck und die Fahrausweisart erfasst.

19.1.2.3.3 Der nichtmotorisierte Personenverkehr

Der Fahrradverkehr wird über Querschnittszählungen, Knotenstromerhebungen und Befragungen, insbesondere an Schulen erhoben.

Der Fußgängerverkehr wird durch Querschnittszählungen und gelegentlich mit Hilfe von Videogeräten ermittelt.

19.1.2.3.4 Der ruhende Kraftfahrzeugverkehr

Erhebungen zum ruhenden Verkehr erfassen das Parkraumangebot, das Parkverhalten einschließlich der Parkdauer sowie die Zusammenhänge zwischen Parkaufkommen und Strukturgrößen. Für die Erfassung der Parkraumnachfrage eignen sich:

- Zählung und Kennzeichenerfassung am Abstellort
- Zählung und Kennzeichenerfassung am Kordon
- Automatische Erfassung an Abfertigungsanlagen
- Luftbildaufnahmen
- Befragungen am Abstellort, in der Wohnung oder im Betrieb

19.1.2.3.5 Der Güterverkehr

Eine umfassende Erhebung des Güterverkehrs erfordert eine Kombination verschiedener Erhebungsmethoden wie

- Erhebungen am Straßenquerschnitt
- Erhebungen am Fahrzeug
- Erhebungen im Betrieb

mit Erfassung von Quelle und Ziel der Fahrt, dem Haupttransportgut, Art des Empfängers, Gewicht der Ladung, Art des Fahrzeugs und Güterverkehrsart.

19.1.2.3.6 Geschwindigkeitsmessungen

Für Geschwindigkeitsmessungen eignen sich

- Impulszähltechnik
  (Fahrzeit zwischen zwei Detektoren)
- Impulsmesstechnik, Doppler-Effekt, Interferometrie
  (Infrarot, Ultraschall, Laser, Radar)

- Bildaufzeichnungsverfahren
  (Film-/Videoaufzeichnung)
- Messung vom fahrenden Fahrzeug
  (Tachograph, Radar, Accelerometer)

19.1.2.4 Verkehrsverhaltensbezogene Erhebungen

Art und Maß der Verkehrsteilnahme werden wesentlich durch die Rahmenbedingungen unserer Gesellschaft geprägt und sind einem ständigen Wechsel unterworfen. Die Erfassung des Verkehrsverhaltens gelingt nur durch Beobachtung bzw. Befragung von Personen.

Bei der Beobachtung handelt es sich um ein planmäßiges Verfahren zur Erfassung der Straßenraumnutzung mit dem Ziel, Erkenntnisse über Aktivitätenmuster von Personen bzw. Personenkollektiven und deren Interaktionsverhalten zu gewinnen.

Die mündliche Befragung (Interview) ist ein Verfahren, bei dem ein Interviewer die Auskunftsperson durch eine Reihe gezielter Fragen zu einer verkehrsverhaltensrelevanten Information bewegen soll.

Die schriftliche Befragung ist ein Verfahren, bei dem eine Menge von Auskunftspersonen zur Eintragung von verkehrsverhaltensrelevanten Informationen in einen Fragebogen bewegt werden soll. Im Regelfall wird mit standardisierten Fragebögen gearbeitet.

Telefonische Befragungen werden häufig anstelle von mündlichen Befragungen durchgeführt, da sie eine schnelle und kostengünstige Kontaktaufnahme mit den zu befragenden Personen ermöglichen.

19.1.3 Verkehrsprognose

19.1.3.1 Methodik

Da Verkehrsplanung vorausschauend sein muss, sind die künftigen Verkehrszustände zu beschreiben, um Planungsmaßnahmen richtig bewerten zu können. Die Prognose des künftigen Verkehrsverhaltens umfasst:

- die Prognose des Umfangs der Verkehrsbeziehungen
  (Verkehrsaufkommen)
- die Prognose der Art der Verkehrsbeziehungen
  (Verkehrsmittelwahl)
- die Prognose der Wege der Verkehrsbeziehungen
  (Verkehrsumlegung)

Die Prognose ist die modellmäßige Beschreibung des künftigen Verkehrsverhaltens auf der Grundlage des bekannten Verkehrsverhaltens und der vermuteten Veränderungen.

Das Ergebnis einer Verkehrsprognose wird verwendet, um

- Verkehrsbelastungen für eine Berechnung der Auswirkungen und für die Dimensionierung der Verkehrsinfrastruktur zu erhalten,
- erforderliche Einwirkungen auf die Verkehrsursachen und die Infrastruktur bei Vorgabe der Verkehrsbelastungen bestimmen zu können.

19

Prognosezeiträume einer Verkehrsprognose umfassen in der Regel einen Zeitraum von 10 bis 15 Jahren.

19.1.3.2 Grundlagen

Bevölkerung Eine wesentliche Verkehrsursache ist die natürliche Bevölkerungsentwicklung (generatives Verhalten) und die räumliche Bevölkerungsentwicklung (Wanderungsbewegungen): Zusätzlich sind die Veränderungen in der Altersverteilung und der Trend zu kleineren Haushalten zu berücksichtigen.

Beschäftigte Die Zahl der Beschäftigten hängt von den wirtschaftlichen Rahmenbedingungen ab und ist schwer zu schätzen. Der Trend geht hin zu Dienstleistungen, in der Produktion nehmen die Beschäftigtenzahlen ab.

Großflächiger Handel hat ein hohes Verkehrsaufkommen zur Folge. Bestimmend für das Verkehrsaufkommen ist die Verkaufsfläche, das Angebot. Die Branche, die Lage der Konkurrenz, Preise und Parkplatzangebot.

Motorisierung Der Kraftfahrzeugbestand und der Motorisierungsgrad haben stetig zugenommen und noch immer nicht die Sättigungsgrenze erreicht, wenn auch insbesondere in Innenstadtlagen ein Abflachen des Zuwachses erkennbar wird.

Fahrleistung Mit der Zunahme der Motorisierung nimmt die jährliche Fahrleistung je Fahrzeug ab. Die Gesamtfahrleistung in der Bundesrepublik steigt immer noch leicht an.

19.1.3.3 Prognoseverfahren

19.1.3.3.1 Trendprognose
Bei der Trendprognose wird unmittelbar von der bisherigen Verkehrsentwicklung auf die künftige Entwicklung geschlossen. Die Prognose der künftigen Verkehrsmengen orientiert sich an der Entwicklung der gesamten Jahresfahrleistungen aller Kfz.

19.1.3.3.2 Nachfragemodelle

Verkehrsstrommodelle Bei den Verkehrsstrommodellen werden die zukünftigen Fahrten zwischen den Verkehrszellen des Untersuchungsgebiets abgeschätzt. Zur Abbildung der bestehenden Verkehrsstrukturen werden mathematische Modelle verwendet, die unter Beachtung der Zusammenhänge der Merkmale des Verkehrssystems, der Attraktivität des Zielortes, den sozioökonomischen Merkmalen der getroffen Personen und ihrem Verkehrsverhalten entwickelt wurden. Man unterscheidet Raumaggregatmodelle, Personengruppenmodelle, Gravitationsmodelle und Zuwachsfaktorenmodelle.

Wegekettenmodelle Wegekettenmodelle gehen von der individuellen Aktivitätenfolge innerhalb eines Tages aus und ermitteln sequentiell für die einzelnen Wege der Kette jeweils das Ziel und das benutzte Verkehrsmittel. Auf diese Weise ist es möglich, die einzelne Ortsveränderung einer Person im Zusammenhang des gesamten Wegeablaufs eines Tages zu sehen und Abhängigkeiten hinsichtlich der Ziel- und Verkehrsmittelwahl zwischen den einzelnen Wegen zu berücksichtigen.

Gleichgewichtsmodelle Gleichgewichtsmodelle bestimmen die Verkehrsbelastungen der Verkehrsinfrastruktur, so dass eine vorgegebene Zielfunktion optimiert wird. Derartige Optimierungsmodelle werden dann eingesetzt, wenn die Strategie der Planung darin besteht, eine Verkehrsinfrastruktur mit möglichst geringer Kapazität anzubieten, die dann ausreicht, wenn sich die Verkehrsteilnehmer im Sinne eines vorgegebenen Kriteriums optimal verhalten.

Verkehrsnetzmodelle Ein Verkehrsnetzmodell umfasst die notwendigen Informationen über die Netzgeometrie und die Bewertung der Netzelemente mit Widerstandsmerkmalen (Zeitaufwand, Kosten). Es ist im Sinne der Netzwerktheorie ein Graph, bestehend aus einer Knotenmenge und einer Kantenmenge.

Der Widerstand kennzeichnet den Aufwand, den der Kraftfahrer zur Überwindung der Strecke aufbringen muss. Darin enthalten sollen möglichst alle Widerstandsmerkmale sein, die der einzelne Verkehrsteilnehmer bei seiner Wegeentscheidung bewusst oder unbewusst berücksichtigt.

Für die Wegewahl werden verschiedene Verfahren verwendet. Beim Bestwegverfahren nutzen alle Fahrer den (zeit)kürzesten Weg. Dieses Prinzip ergibt jedoch nur eine grobe Schätzung, da die Beurteilung eines Weges individuell sehr unterschiedlich ist. Mehrwegverfahren berücksichtigen diese unterschiedliche Einschätzung und ermitteln die auf die einzelnen Wege entfallenden Verkehrsanteile nach wahrscheinlichkeitstheoretischen Ansätzen. In belastungsabhängigen Modellen wird durch Widerstandsfunktionen die Abhängigkeit zwischen Verkehrsstärke, Leistungsfähigkeit und Fahrtdauer hergestellt.

19.1.3.4 Bewertungsverfahren

19.1.3.4.1 Methodische Grundlagen
Als abschließende Schritte einer Planung sind die Auswirkungen der geplanten Maßnahme abzuschätzen, zu bewerten und Empfehlungen für eine Entscheidung abzuleiten. Verfahren hierzu sind Kosten-Nutzen-Analyse, Kostenwirksamkeitsanalyse oder Nutzwertanalyse. Sie sind erforderlich bei der Beurteilung von Einzelmaßnahmen, beim Variantenvergleich und bei Dinglichkeitsreihungen. Allen Bewertungsverfahren gemeinsam ist das Bestreben, den mitunter sehr komplexen und dehnbaren Begriff „Vorteil" zahlenmäßig zu erfassen.

Grundsätzliche Voraussetzungen für Bewertungsverfahren sind:

- Definition eines Zielkonzepts
- Vollständiges Zielkonzept
- Geeignete Beurteilungskriterien
- Realistische Alternativen
- Abgrenzung des Untersuchungsraumes
- Bezugsfall

19.1.3.4.2 Kosten-Nutzen-Analyse

In der Kosten-Nutzen-Analyse erfolgt der Vergleich über den volkswirtschaftlichen Nettonutzen, der die Kosten übersteigende Nutzen.

Kosten und Nutzen wie Investitionskosten, U+I-Kosten, Betriebskosten werden monetarisiert, Umwelteinflüsse über Schattenpreise, Vermeidungskosten oder Willingness-to-pay-Konzepte abgeschätzt.

Mit der Preisfestlegung wird eine Bewertung und Gewichtung vollzogen. Ergebnis ist ein Kosten-Nutzen-Verhältnis.

19.1.3.4.3 Kosten-Wirksamkeits-Analyse

Kosten werden nur für Investitionen und den laufenden Betrieb ermittelt. Andere Wirkungen werden den Kosten gegenübergestellt. Dabei wird eine Mindestwirksamkeit definiert. Ermittelt wird die Variante mit den geringsten Kosten bei Erreichung der geforderten Mindestwirksamkeit.

19.1.3.4.4 Nutzwertanalyse

Mit der Nutzwertanalyse versucht man alle Kriterien, auch subjektive Momente, zu berücksichtigen. Verfahrensschritte sind:

- Ermittlung der Zielerträge
- Ermittlung der Zielerreichungsgrade über eine Zielfunktion
- Ermittlung der Teilnutzwerte
- Gewichtung der Teilnutzwerte
- Addition zum Gesamtnutzen
- Eventuell Sensitivitätsanalyse

19.2 Straßenentwurf

19.2.1 Straßennetzgestaltung

Straßen werden klassifiziert in Bundesfernstraßen (Bundesautobahnen, Bundesstraßen), Landesstraßen (Staatsstraßen), Kreisstraßen und kommunale Straßen. Überörtliche Straßen dienen der Verbindung von Siedlungen, Gewerbegebieten und wichtigen Infrastruktureinrichtungen. Gemeindliche Straßen verbinden Ortsteile und erschließen Wohn- und Gewerbegebiete. Das ländliche Wegenetz kennt Verbindungswege, land- und forstwirtschaftliche Wege, Wege in Rebanlagen und sonstige Wege. Öffentliche Straßen werden in *Kategoriengruppen* (AS, LS, VS, HS, ES) und nach *Verbindungsfunktionsstufen* (Stufen 0-V) eingeteilt.

Die Straßenkategorie und der Straßenquerschnitt (ein-/zweibahnig) bestimmen wichtige Entwurfsparameter.

19.2.2 Straßenquerschnitte

19.2.2.1 Querschnittselemente

Grundabmessungen

$$
\begin{aligned}
&\text{Kfz-Verkehr:} && b = 1{,}90\,\text{m}, && h = 1{,}80\,\text{m}, && l = 4{,}90\,\text{m} \\
& && && && \text{(Pkw)} \\
& && b = 2{,}20\,\text{m}, && h = 2{,}70\,\text{m}, && l = 6{,}90\,\text{m} \\
& && && && \text{(Transporter)} \\
& && b = 2{,}50\,\text{m}, && h = 3{,}55\,\text{m}, && l = 9{,}90\,\text{m} \\
& && && && \text{(Müllfahrzeug, 3-achsig)} \\
& && b = 2{,}55\,\text{m}, && h = 4{,}00\,\text{m}, && l = 18{,}75\,\text{m} \\
& && && && \text{(Lastzug, Gelenkbus)} \\
&\text{Radverkehr:} && b = 0{,}60\,\text{m}, && h = 2{,}00\,\text{m}, && l = 1{,}85\,\text{m} \\
& && && && \text{(mit Fahrer)} \\
&\text{Fußgänger:} && b = 0{,}55\,\text{m}, && h = 2{,}00\,\text{m}
\end{aligned}
$$

Tafel 19.1 Einteilung der Straßen in Kategorien (nach RIN)

Kategoriengruppe	Verbindungsfunktionsstufe	Straßenkategorie	Richtlinie
AS Autobahnen	0 Kontinental	AS 0 Fernautobahn	RAA
	I Großräumig	AS I Autobahnähnliche Straße	
	II Überregional	AS II Überregionalautobahn	
LS Landstraßen	I Großräumig	LS I Fernverkehrsstraße	RAL
	II Überregional	LS II Überregionale Straße	
	III Regional	LS III Regionale Straße	
	IV Nahräumig	LS IV Zwischengemeindliche Straße	
	V Kleinräumig	LS V Untergeordnete Straße	
VS anbaufreie Hauptverkehrsstraßen	II Überregional	VS II Anbaufreie Hauptverkehrsstraße	RASt
	III Regional	VS III Anbaufreie Sammelstraße	
HS angebaute Hauptverkehrsstraßen	III Regional	HS III Verbindungsstraße, Einfahrtstraße	
	IV Nahräumig	HS IV Hauptgeschäftstraße	
ES Erschließungsstraßen	IV Nahräumig	ES IV Sammelstraße, Quartierstraße	
	V Kleinräumig	ES V Wohnstraße, Wohnweg	

19

Abb. 19.1 Lichter Raum

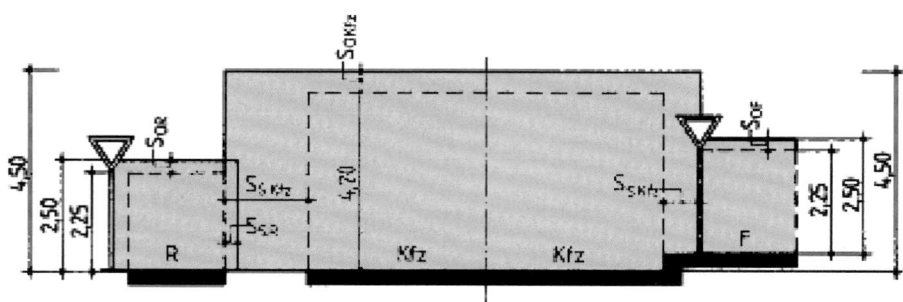

—— Begrenzung des lichten Raumes
- - - Begrenzung des Verkehrsraumes

S_s = seitlicher Sicherheitsraum   F = Fußgänger   Kfz = Kraftfahrzeug
S_o = oberer Sicherheitsraum   R = Radfahrer

Bewegungsspielraum zum Ausgleich der Fahr- und Lenkungsungenauigkeiten und als Sicherheitsabstand zwischen Fahrzeugen und festen Einbauten
Breite: 0,25 bis 1,25 m (je nach Regelquerschnitt)
Höhe: 0,25 m

Verkehrsraum = Grundabmessungen + Bewegungsspielraum

Lichter Raum = Verkehrsraum + seitliche und obere Sicherheitsräume. Er ist von Hindernissen frei zu halten.
    Kfz: Höhe: 4,50 m (4,70 m bei Neubau),
    Radfahrer und Fußgänger: Höhe: 2,50 m.

19.2.2.2 Autobahnen

Die folgenden Angaben beziehen sich auf die Richtlinien für die Anlagen für Autobahnen (RAA). Weitere Hinweise siehe dort.

Größen zur Bestimmung der Entwurfsklasse sind:
- Straßenkategorie,
- Lage zu bebauten Gebieten
- Widmung.

Von der Entwurfsklasse werden bestimmt:
- Regelquerschnitte
- Grenz- und Richtwerte der Entwurfselemente
- Grundformen und Abstände der Knotenpunkte
- Gegebenenfalls Anordnung einer zulässigen Höchstgeschwindigkeit.

Der Berechnung der Grenzwerte für die Entwurfselemente werden folgende Geschwindigkeiten bei Nässe zugrunde gelegt:
- für Fernautobahnen (EKA 1A) 130 km/h
- für Überregionalautobahnen (EKA 1B) 120 km/h
- für autobahnähnliche Straßen (EKA 2) 100 km/h
- für Stadtautobahnen (EKA 3) 80 km/h.

Den Entwurfsklassen sind folgende Regelquerschnitte zugeordnet:
- EKA 1: RQ 43,5, RQ 36, RQ 31
- EKA 2: RQ 28
- EKA 3: RQ 38,5, RQ 31,5, RQ 25

Tafel 19.2 Straßenkategorien und Entwurfsklassen

Straßenkategorie	AS 0/AS I		AS II		
Lage zu bebauten Gebieten	Außerhalb oder innerhalb		Außerhalb oder innerhalb	Außerhalb	Innerhalb
Straßenwidmung	BAB	Nicht BAB	BAB	Nicht BAB	Alle
Bezeichnung	Fernautobahn	Autobahnähnliche Straße	Überregionalautobahn	Autobahnähnliche Straße	Stadtautobahn
Entwurfsklasse	EKA 1A	EKA 2	EKA 1B	EKA 2	EKA 3

Tafel 19.3 Entwurfsklassen und Gestaltungsmerkmale

Entwurfsklasse	EKA 1A	EKA 1B	EKA 2	EKA 3
Bezeichnung	Fernautobahn	Überregionalautobahn	Autobahnähnliche Straße	Stadtautobahn
Beschilderung	Blau		Gelb	Blau, gelb
Zulässige Höchstgeschwindigkeit	Keine		Keine	≤ 100 km/h
Empfohlene Knotenpunktabstände	> 8000 m	> 5000 m	> 5000 m	Keine
Verkehrsführung in Arbeitsstellen vierstreifiger Straßen	4 + 0 in der Regel erforderlich		4 + 0 nicht zwingend erforderlich	

Regelquerschnitte Autobahnen nach RAA

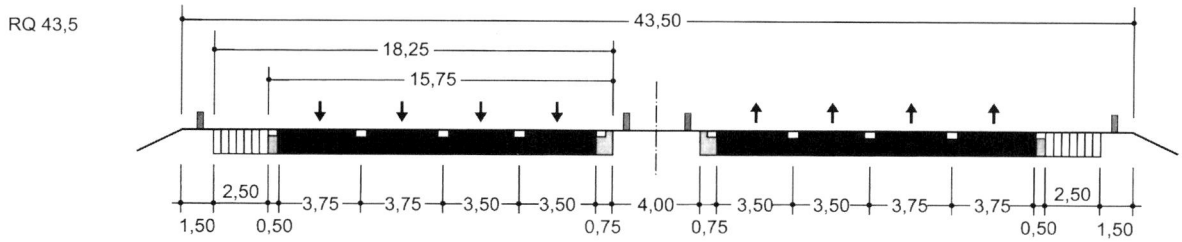

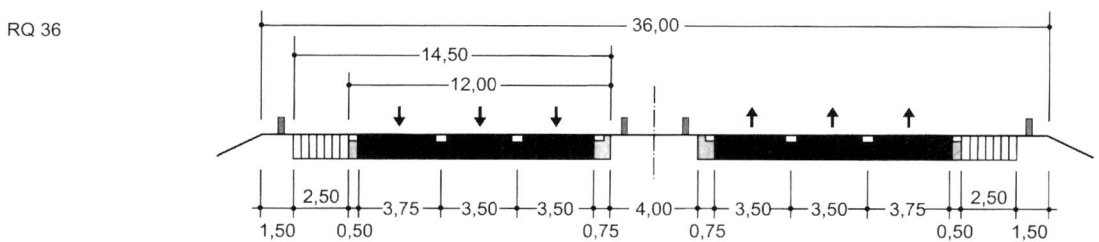

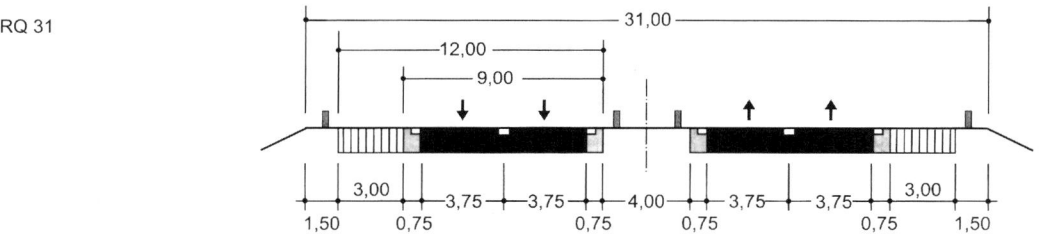

Abb. 19.2 Regelquerschnitte Entwurfsklasse EKA 1

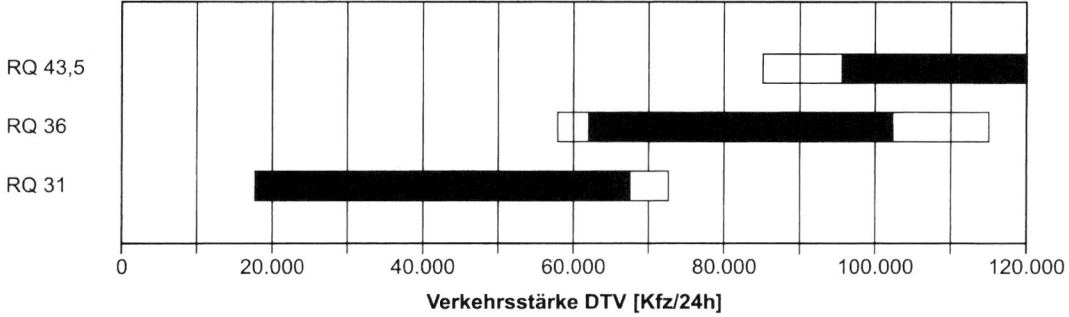

Abb. 19.3 Einsatzbereiche der Regelquerschnitte von Entwurfsklasse EKA 1

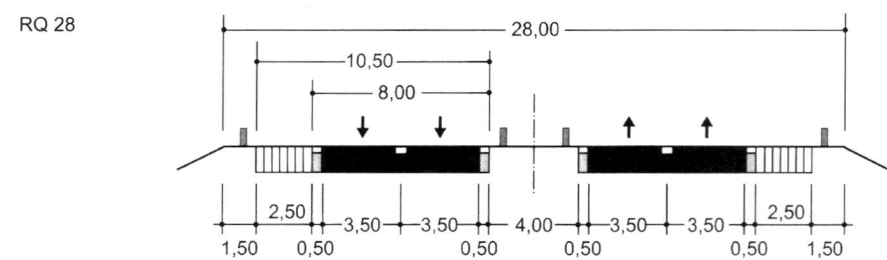

Abb. 19.4 Regelquerschnitte Entwurfsklasse EKA 2

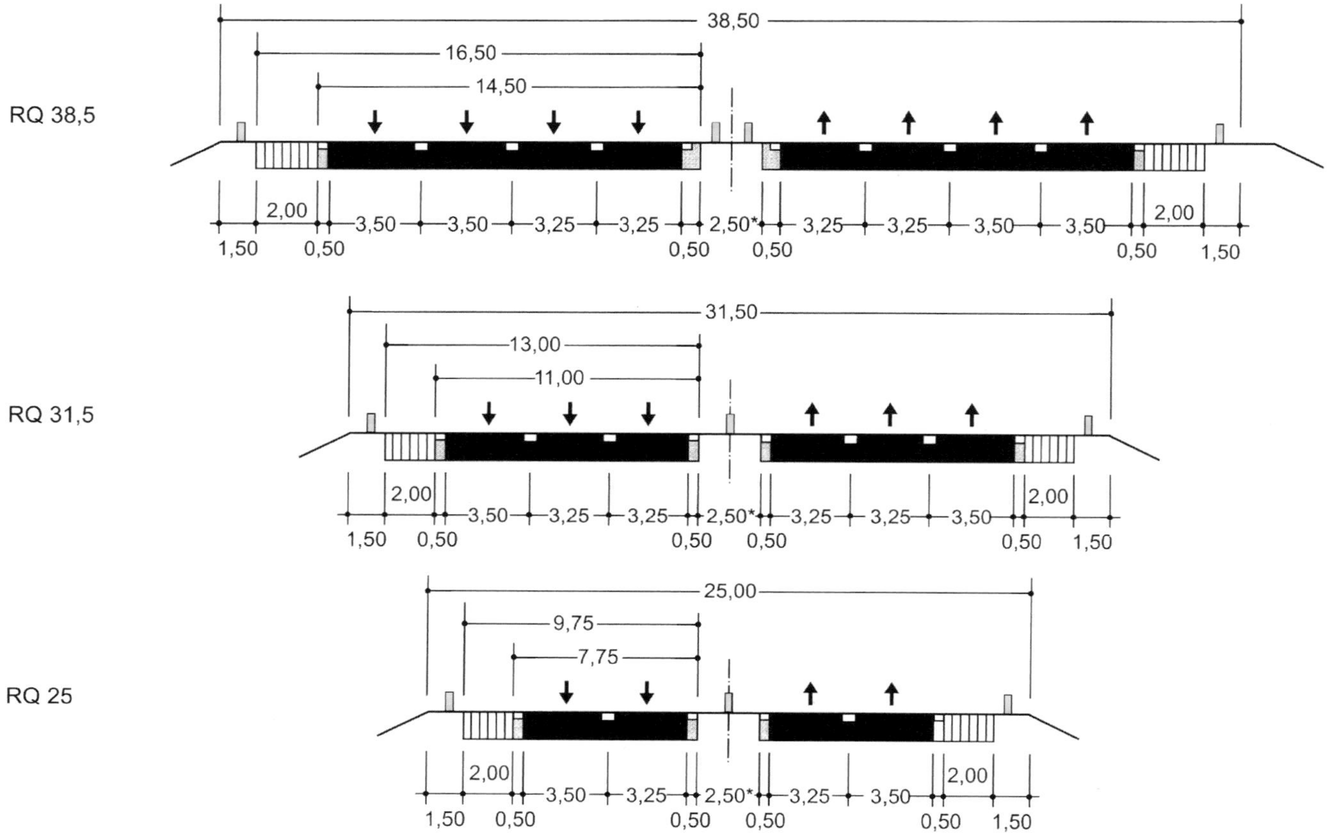

RQ 38,5

RQ 31,5

RQ 25

Abb. 19.5 Regelquerschnitte Entwurfsklasse EKA 3

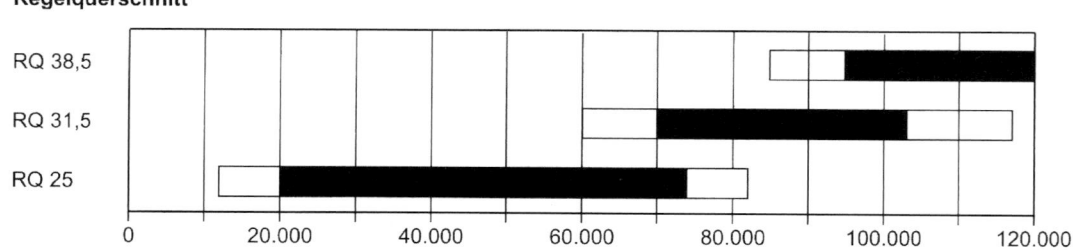

Abb. 19.6 Einsatzbereiche der Regelquerschnitte von Entwurfsklasse EKA 3

19.2.2.3 Landstraßen

Die folgenden Angaben beziehen sich auf die Richtlinien für die Anlage von Landstraßen (RAL). Nähere Hinweise siehe dort.

Tafel 19.4 Straßenkategorie – Entwurfsklassen und Gestaltungsmerkmale

Straßen-kategorie	Entwurfs-klasse	Entwurf-/Betriebsmerkmale				
		Planungsgeschwin-digkeit [km/h]	Betriebsform	Querschnitt	Gesicherte Überhol-abschnitte pro Richtung	Führung des Radverkehrs
LS I	EKL 1	110	Kraftfahrstraße	RQ 15,5	∼ 40 %	Straßenunabhängig
LS II	EKL 2	100	Allg. Verkehr	RQ 11,5+	≥ 20 %	Straßenunabhängig oder fahrbahnbegleitend
LS III	EKL 3	90	Allg. Verkehr	RQ 11	Keine	Fahrbahnbegleitend oder auf der Fahrbahn
LS IV	EKL 4	70	Allg. Verkehr	RQ 9	Keine	Auf der Fahrbahn

Regelquerschnitte (RQ) Landstraßen nach RAL

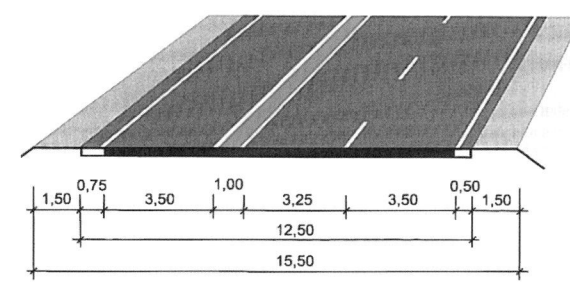

Abb. 19.7 RQ 15,5 für Straßen der EKL 1

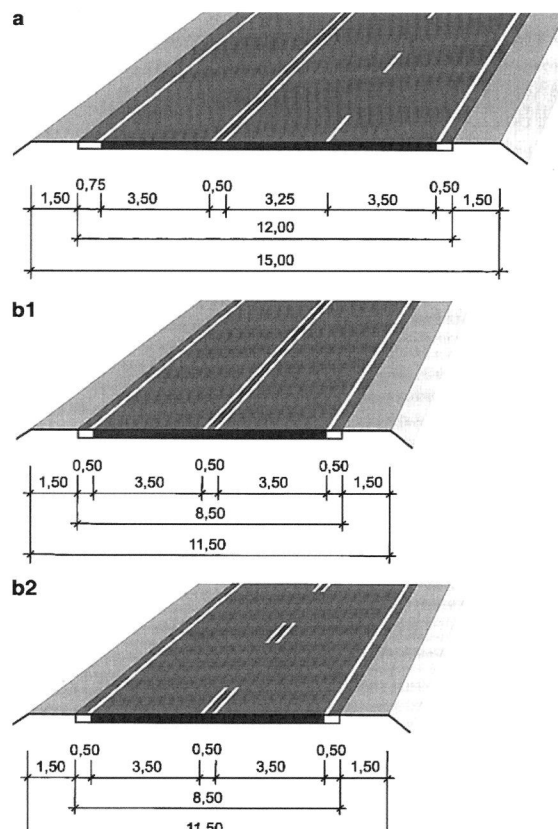

Abb. 19.8 RQ 11,5+ für Straßen der EKL 2. **a** mit Überholfahrstreifen, **b1** ohne Überholfahrstreifen mit Fahrstreifenbegrenzung, **b2** ohne Überholfahrstreifen mit Leitlinie

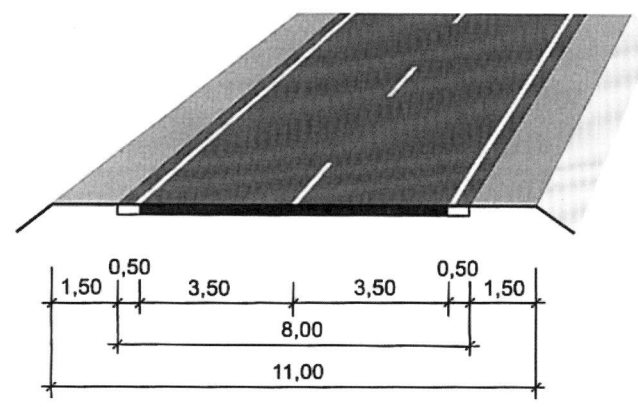

Abb. 19.9 RQ 11 für Straßen der EKL 3

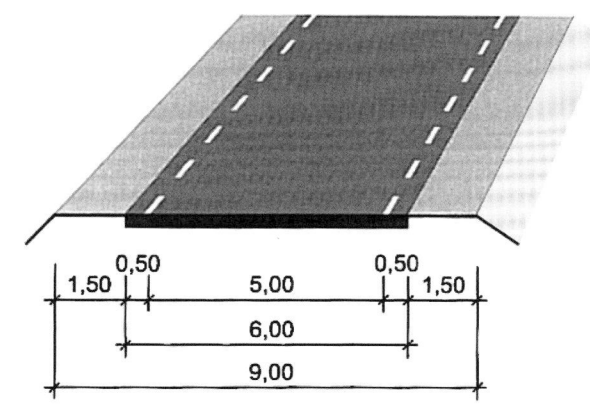

Abb. 19.10 RQ 9 für Straßen der EKL 4

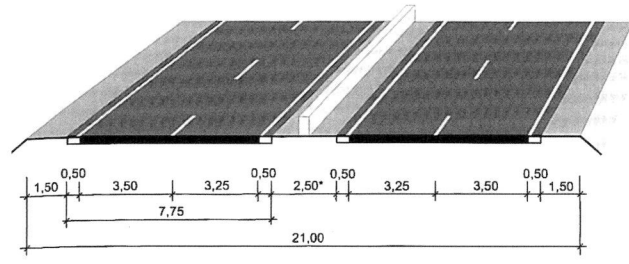

Abb. 19.11 RQ 21 für Straßen der EKL 1 bis EKL 3 mit sehr hoher Verkehrsnachfrage

19.2.2.4   Landwirtschaftliche Wege

Abb. 19.12 Querschnitte für landwirtschaftliche Wege

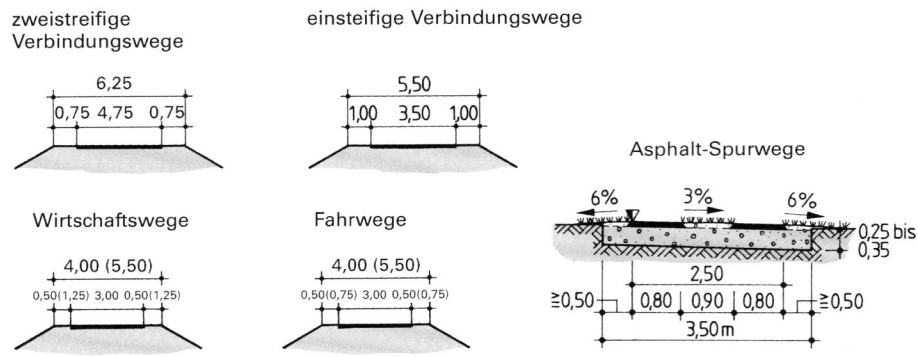

Klammerwerte sind Maximalwerte bei stärkerem Verkehr bzw. Begegnungsverkehr Lkw/Lkw

19.2.2.5   Geh- und Radwege an anbaufreien Straßen

Tafel 19.5 Einsatzgrenzen von Geh- und Radwege an anbaufreien Straßen

Kfz-Verkehr [Kfz/24 h]	Gemeinsame Geh- und Radwege Fußgänger- und Radverkehr [F + R/Spitzenstunde]	Gehwege Fußgängerverkehr [F/Spitzenstunde]	Radwege Radverkehr [R + Mofa/Spitzenstunde]
< 2500	75	60	90
2500–5000	25	20	30
5000–10.000	15	10	15
> 10.000	10	5	10

Abb. 19.13 Anordnung von Geh- und Radwegen an anbaufreien Straßen

Mit Seitentrennstreifen ≧ 1,75 m

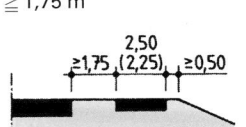

Mit Seitentrennstreifen < 1,75 m

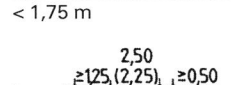

außerhalb des Entwässerungsbereichs

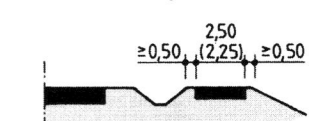

19.2.2.6 Innerörtliche Straßen

Abb. 19.14 Grundmaße der Verkehrsräume im Innerortsbereich

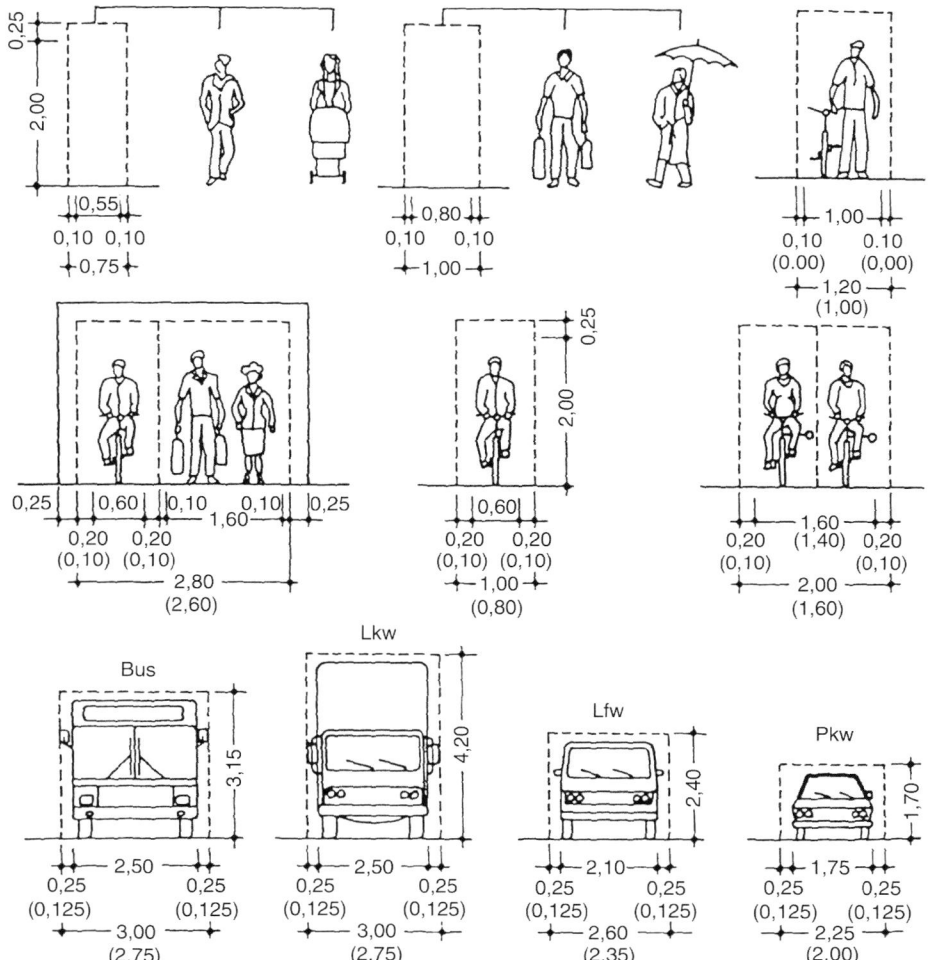

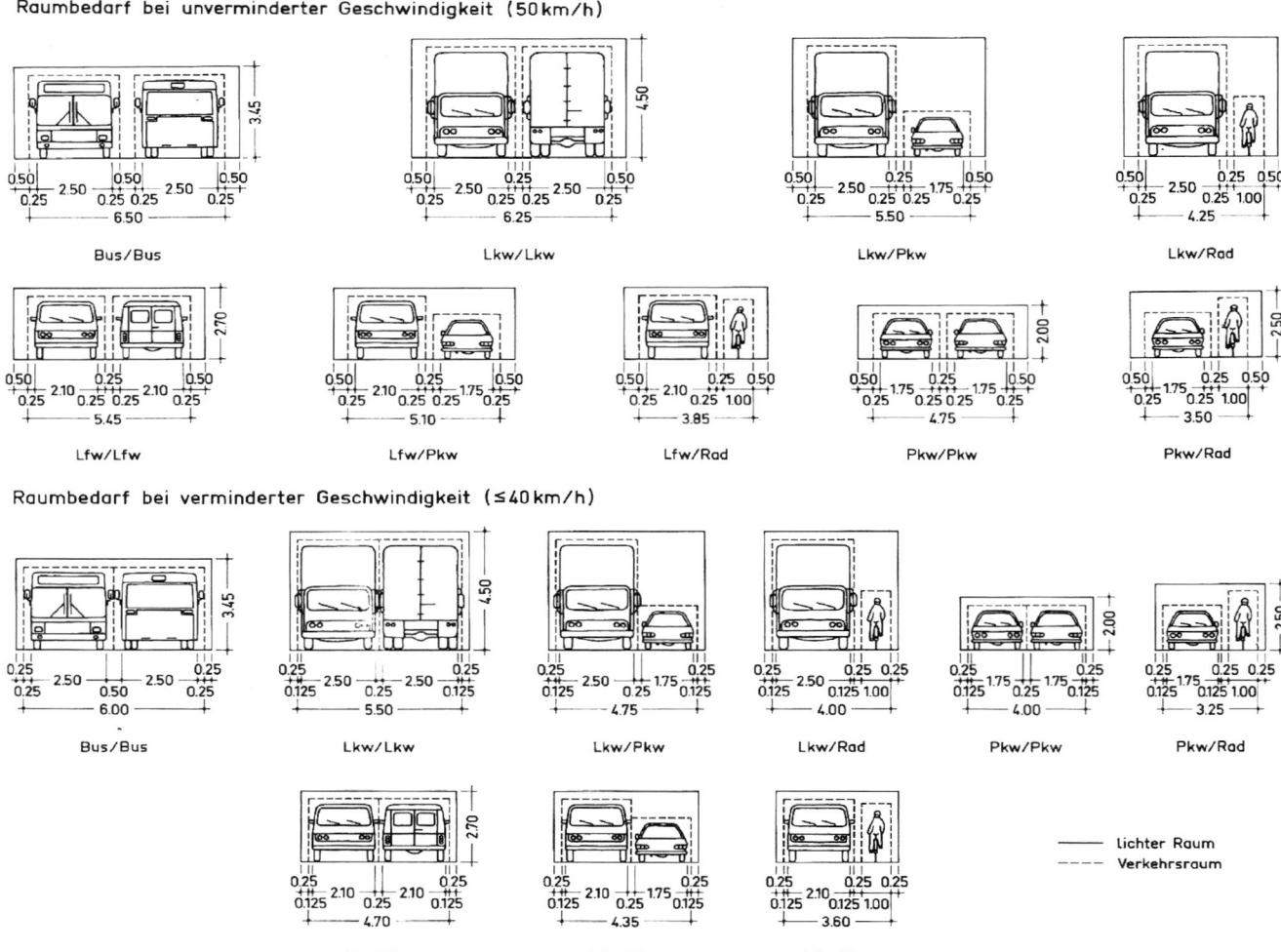

Abb. 19.15 Grundmaße für Verkehrsräume und lichte Räume bei Begegnungsfällen

Die Querschnittsabmessungen der Innerortsstraßen ergeben sich beim geführten Entwurfsvorgang aus der typischen Entwurfssituation, die sich aus den entwurfsprägenden
Nutzungsansprüchen in den Bereichen Fußgängerlängsver-
kehr, Fußgängerquerverkehr, Radverkehr, Aufenthalt sowie
Liefern, Laden und Parken, den Nutzungsansprüchen des
ÖPNV (kein ÖPNV, Linienbusverkehr, Straßenbahn), den
Nutzungsansprüchen des Kfz-Verkehrs (Verkehrsstärke) und
der verfügbaren Straßenbreite zusammensetzt.

Die Entwurfsmethodik und die Entwurfselemente für
Stadtstraßen sind in den Richtlinien für die Anlage von Stadtstraßen (RASt 06) beschrieben. Weitere Informationen siehe
dort.

Querschnitte Innerortsstraßen nach RASt

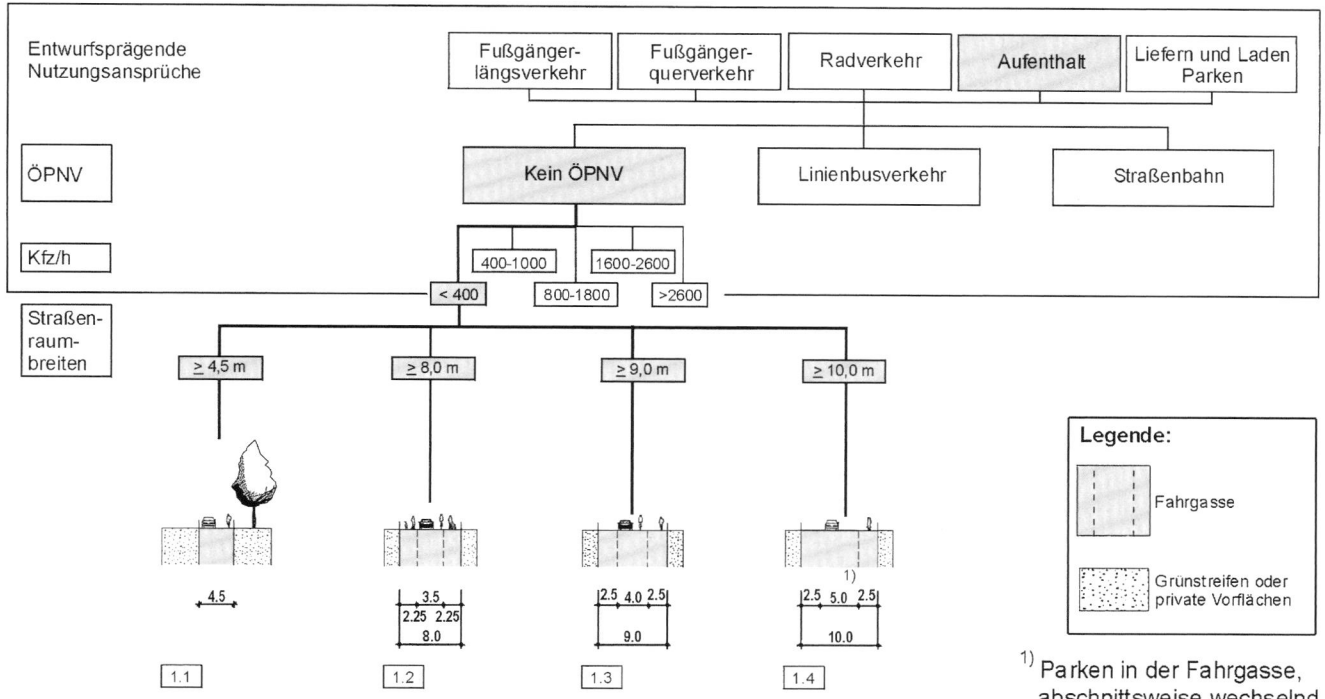

Abb. 19.16 Wohnweg (Erschließungsstraße ES V). Vorherrschende Bebauung mit Reihen- und Einzelhäusern; Ausschließlich Wohnen; Geringe Länge (bis ca. 100 m), Verkehrsstärke unter 150 Kfz/h

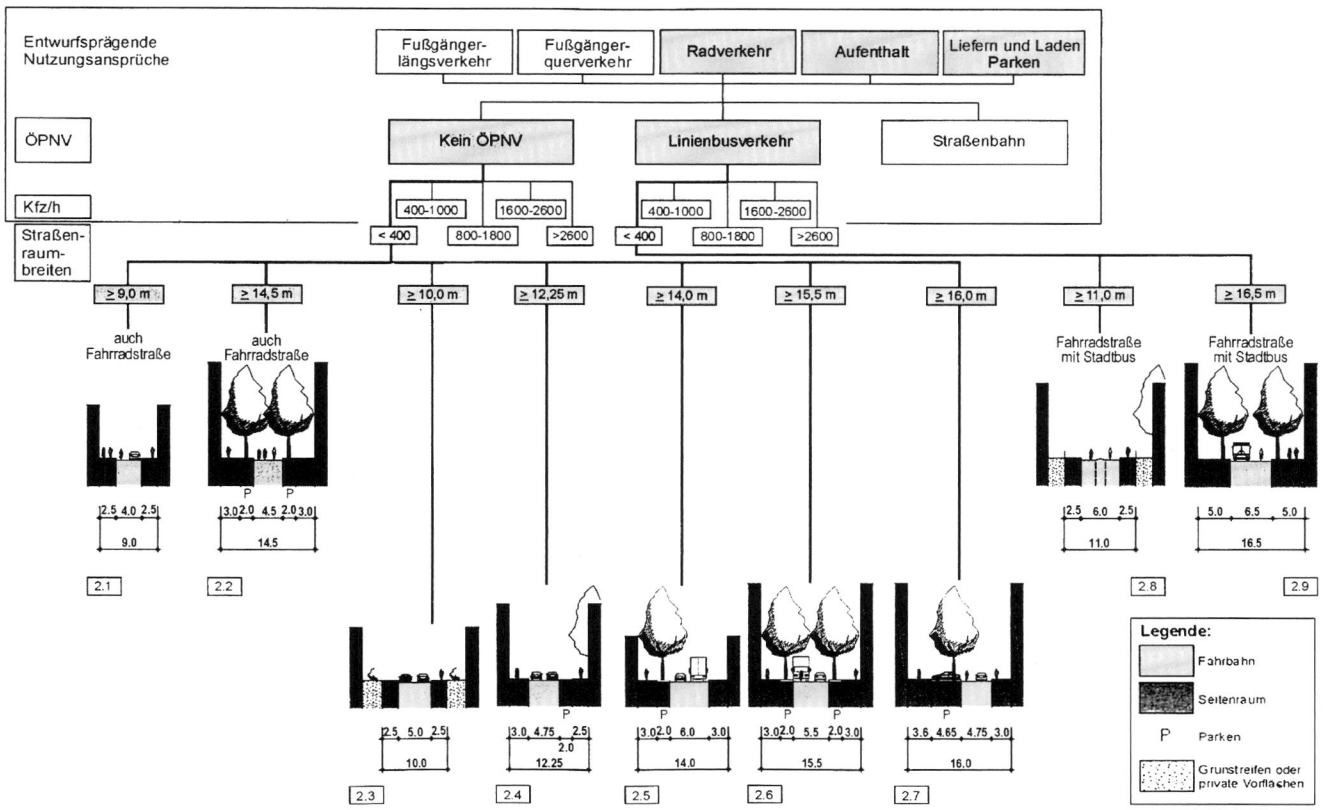

Abb. 19.17 Wohnstraße (Erschließungsstraße ES V). Unterschiedliche Bebauungsformen: Zeilenbebauung, Reihen-, Einzelhäuser; Ausschließlich Wohnen; Geringe Länge: bis 300 m, Verkehrsstärke unter 400 Kfz/h

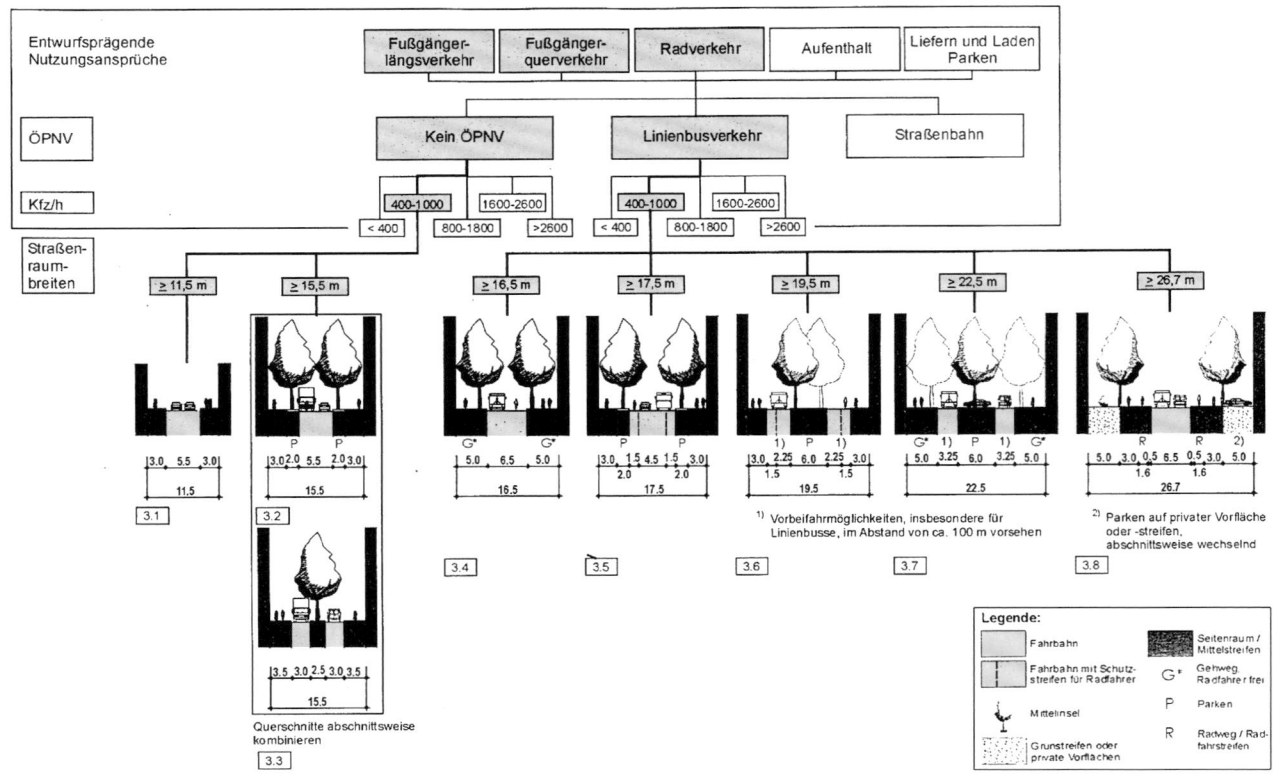

Abb. 19.18 Sammelstraße (Erschließungsstraße ES IV). Unterschiedliche Bebauungsformen, oft Zeilenbebauung, Punkthäuser; Überwiegend Wohnnutzung mit einzelnen Geschäften, Gemeinbedarfseinrichtungen; Länge 300–1000 m, Verkehrsstärke 400–800 Kfz/h

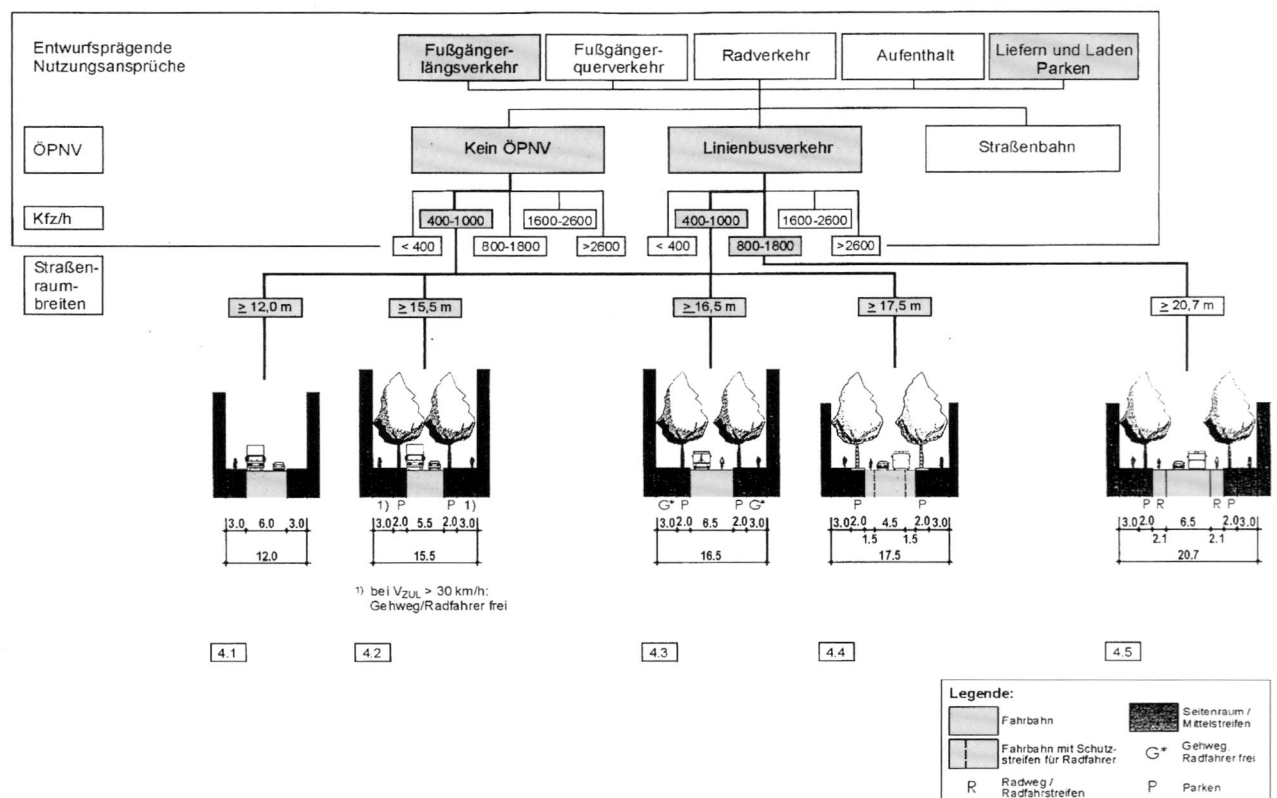

Abb. 19.19 Quartiersstraße (Erschließungsstraße/Hauptverkehrsstraße ES IV, HS IV). Geschlossene, dichte Bebauung, meist gründerzeitlich; Gemischte Nutzung aus Wohnen, Gewerbe und Dienstleistung; Abschnittslängen 100–300 m, Verkehrsstärke 400–1000 Kfz/h

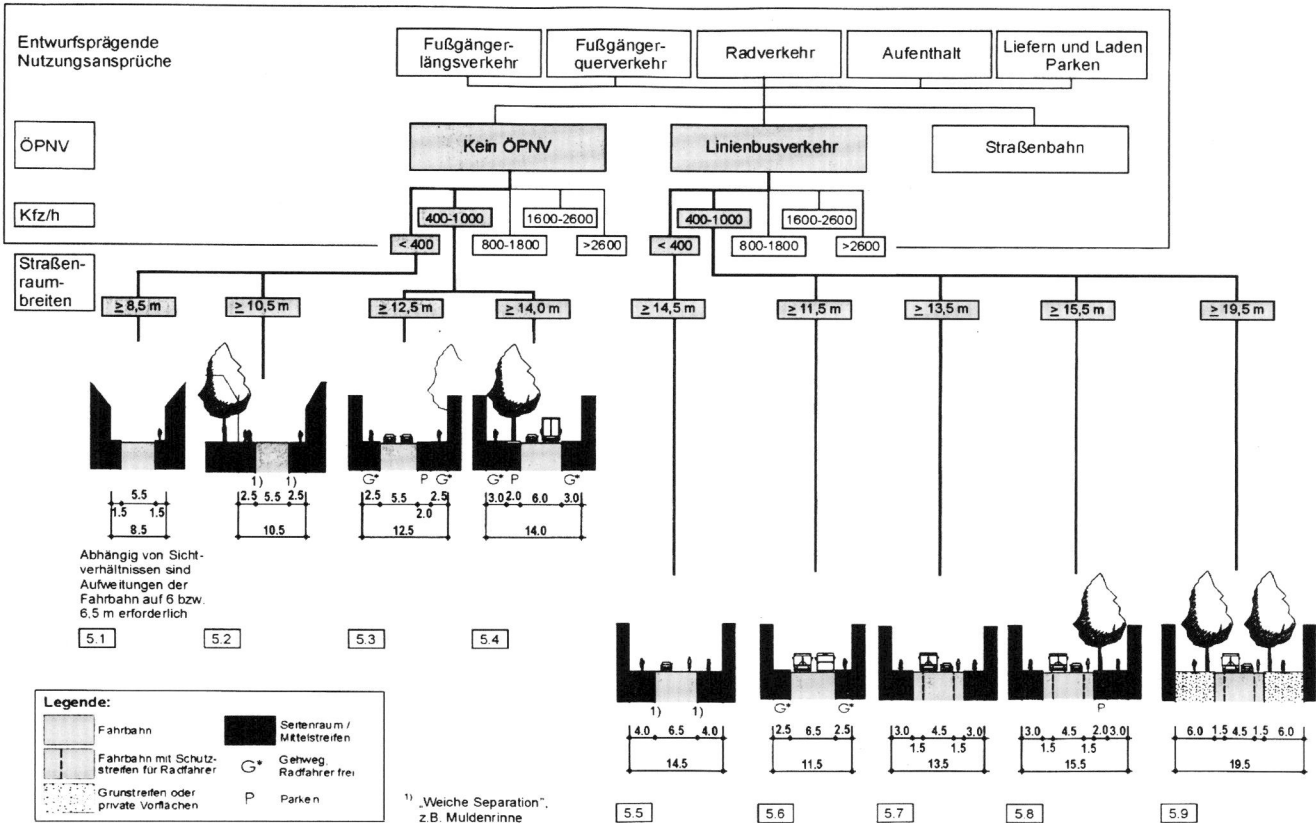

Abb. 19.20 Dörfliche Hauptstraße (Erschließungsstraße/Hauptverkehrsstraße ES IV, HS IV). Ländlich geprägte Bau- und Siedlungsstruktur; Länge: 100 m bis mehrere Kilometer, Verkehrsstärke 200–1000 Kfz/h

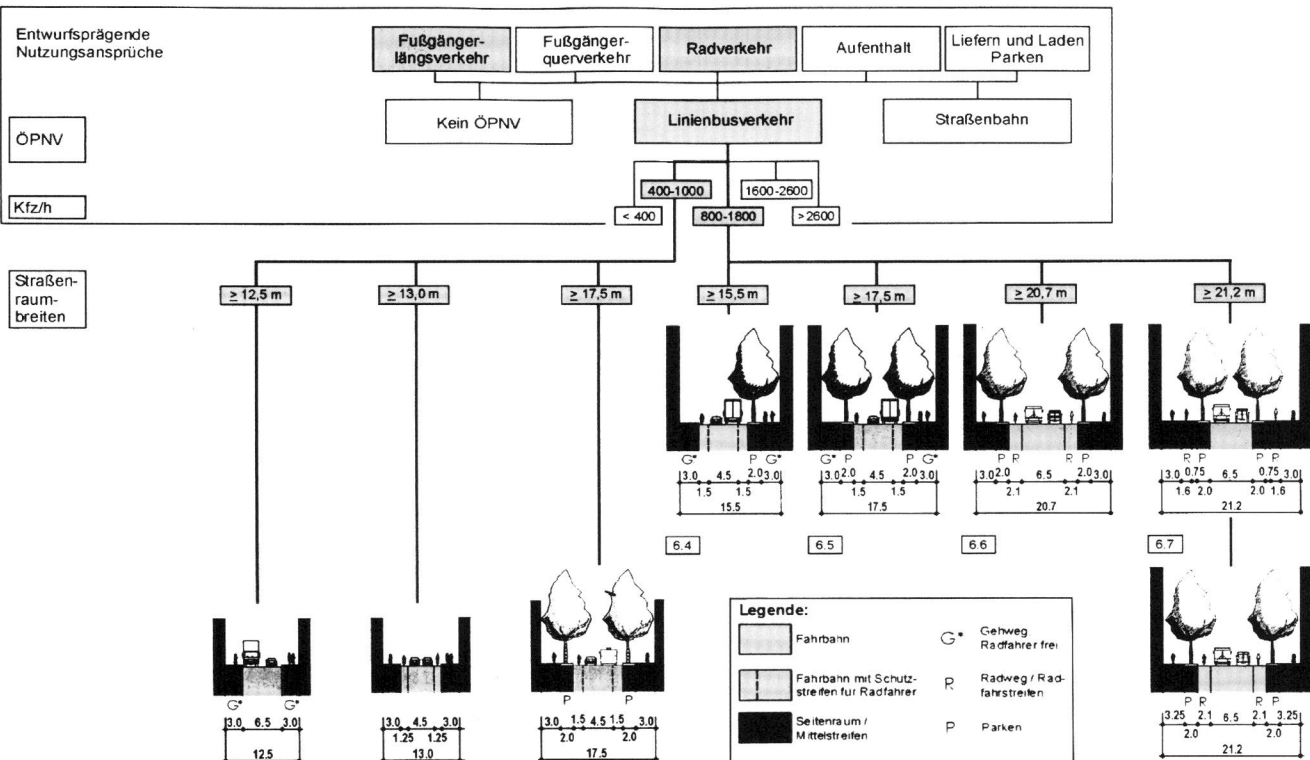

Abb. 19.21 Örtliche Einfahrtsstraße (Hauptverkehrsstraße HS IV, HS III). Geschlossene und halboffene Bauweise; Gemischte Nutzung, Gewerbe, Wohnen, kaum Geschäftsbesatz; Abschnittslängen 200–800 m, Verkehrsstärke 400–1800 Kfz/h

Ohne Straßenbahn

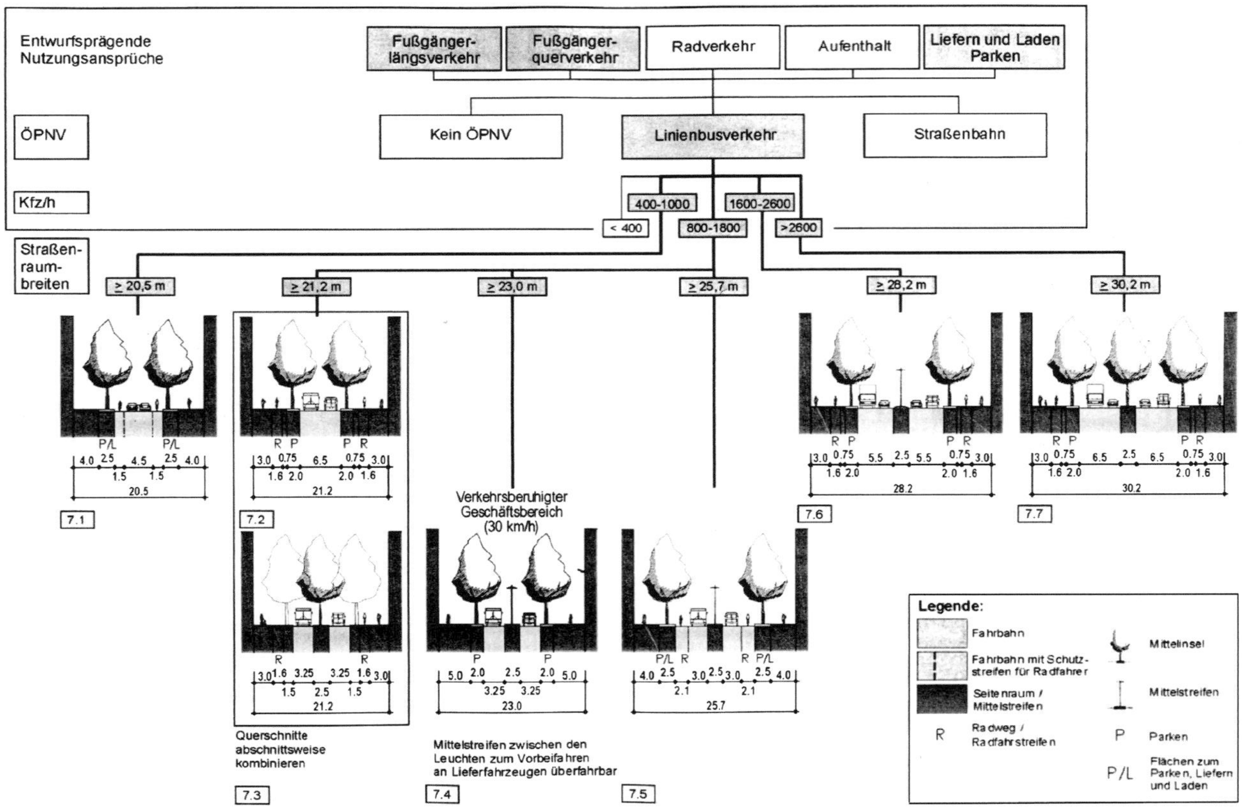

Mit Straßenbahn

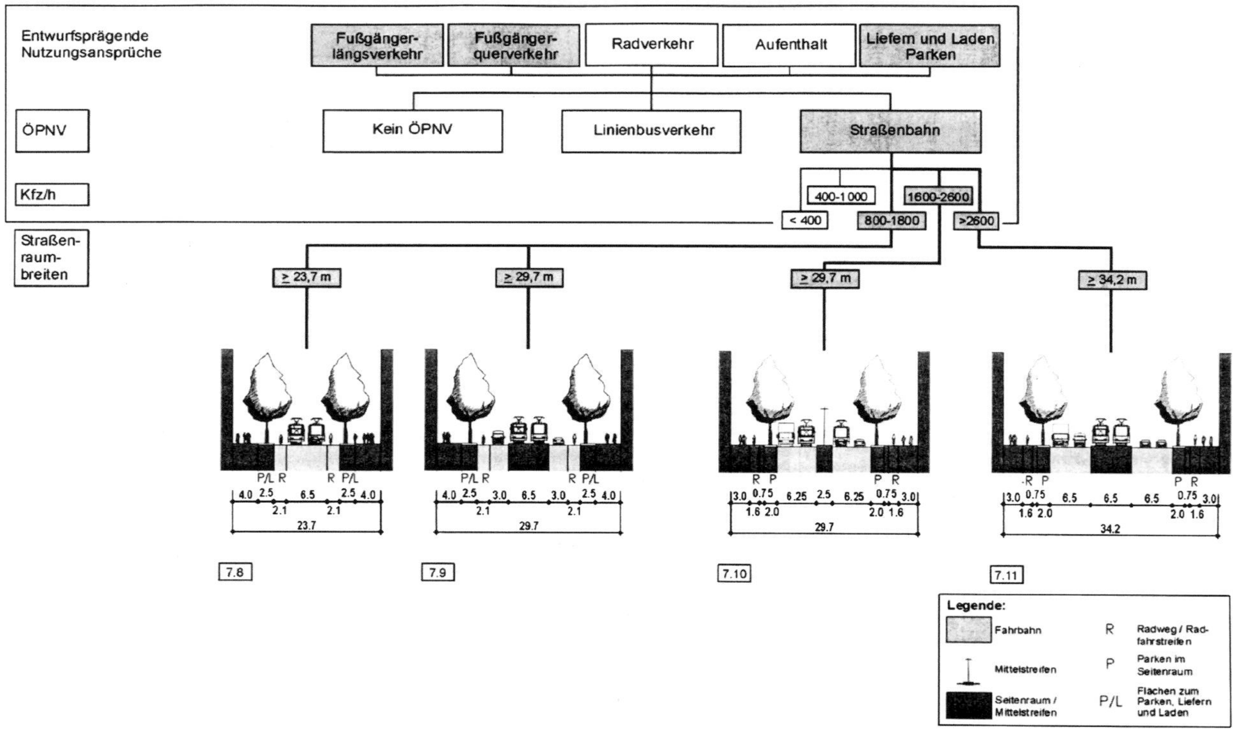

Abb. 19.22 Örtliche Geschäftsstraße (Erschließungsstraße/Hauptverkehrsstraße ES IV, HS IV). In Stadtteilzentren oder in Zentren von Klein- und Mittelstädten; Geschlossene Bauweise bei durchgängigem Geschäftsbesatz; Länge 300–600 m, Verkehrsstärke 400 bis über 2600 Kfz/h

Ohne Straßenbahn

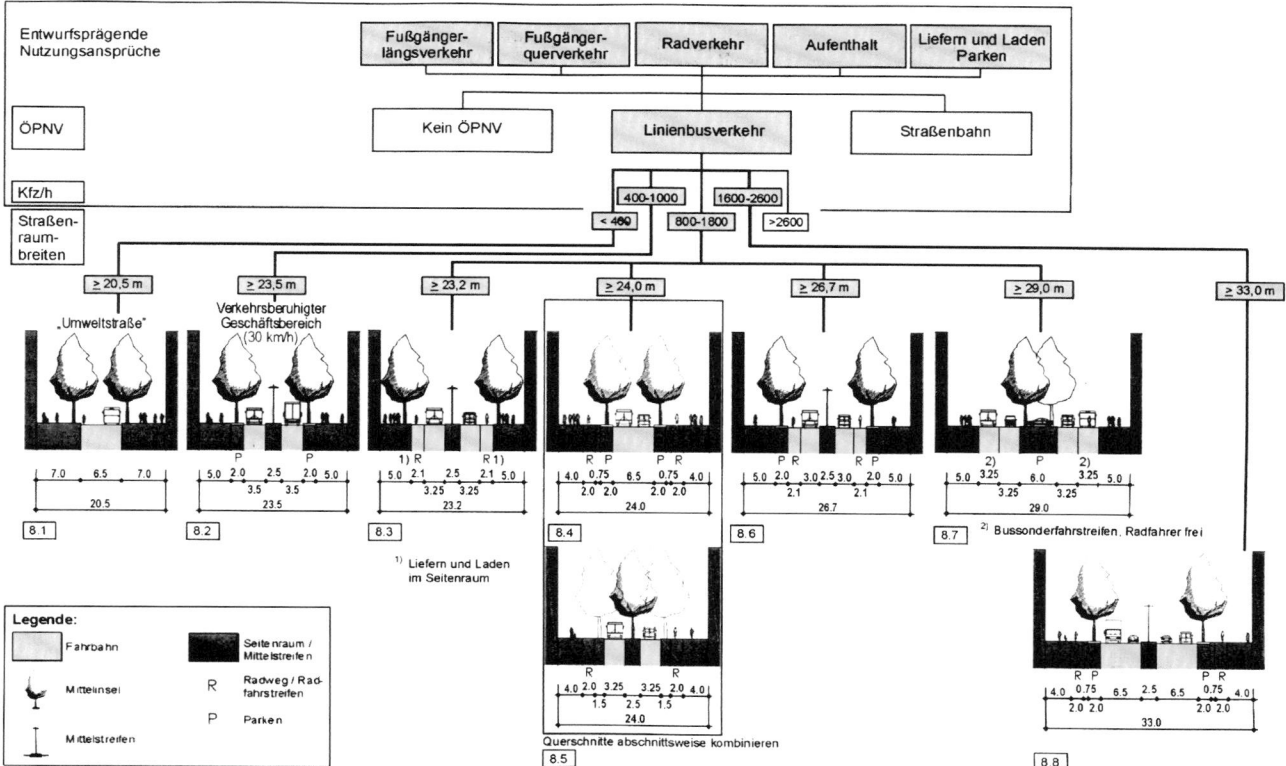

Mit Straßenbahn

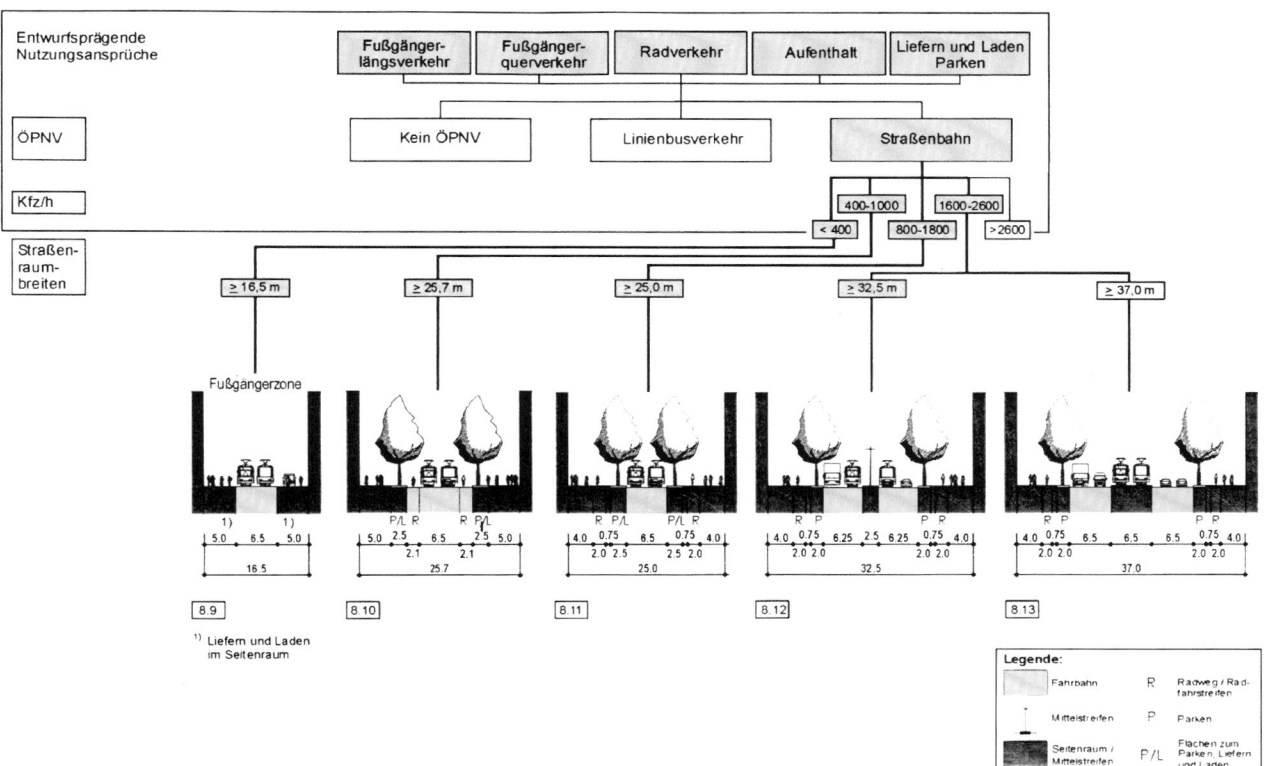

Abb. 19.23 Hauptgeschäftsstraße (Erschließungsstraße/Hauptverkehrsstraße ES IV, HS IV). In Zentren von Groß- und Mittelstädten; Dichter Geschäftsbesatz in geschlossener Bauweise, ausnahmsweise Wohnen; Länge 300–1000 m, Verkehrsstärke 800–2600 Kfz/h

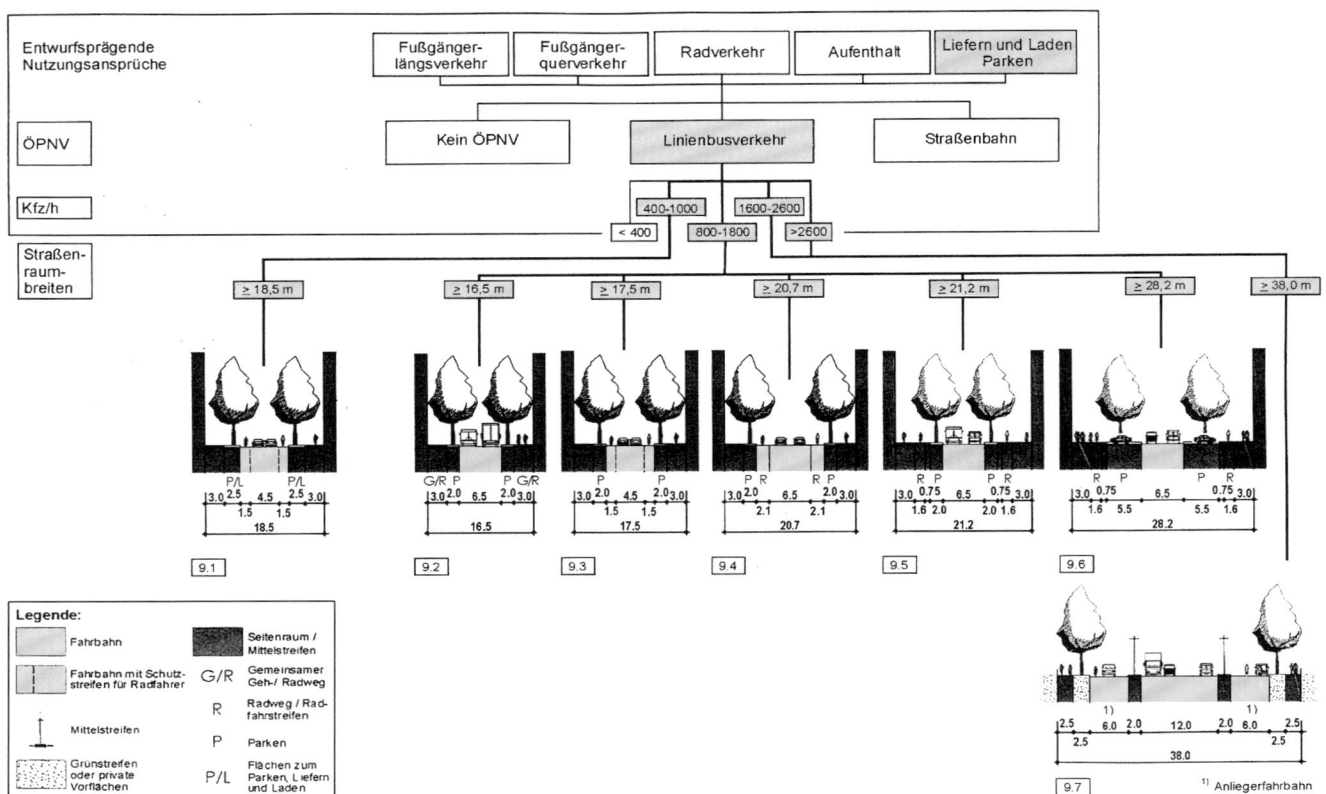

Abb. 19.24 Gewerbestraße (Erschließungsstraße/Hauptverkehrsstraße ES IV, ES V, HS IV). Meist große Grundstücke mit Einzelgebäuden und zugehörigen Parkierungsflächen; Gewerbliche Nutzungen, Handel, Büro, Freizeit; Abschnittslänge 200–1000 m, Verkehrsstärke 400 bis über 1800 Kfz/h

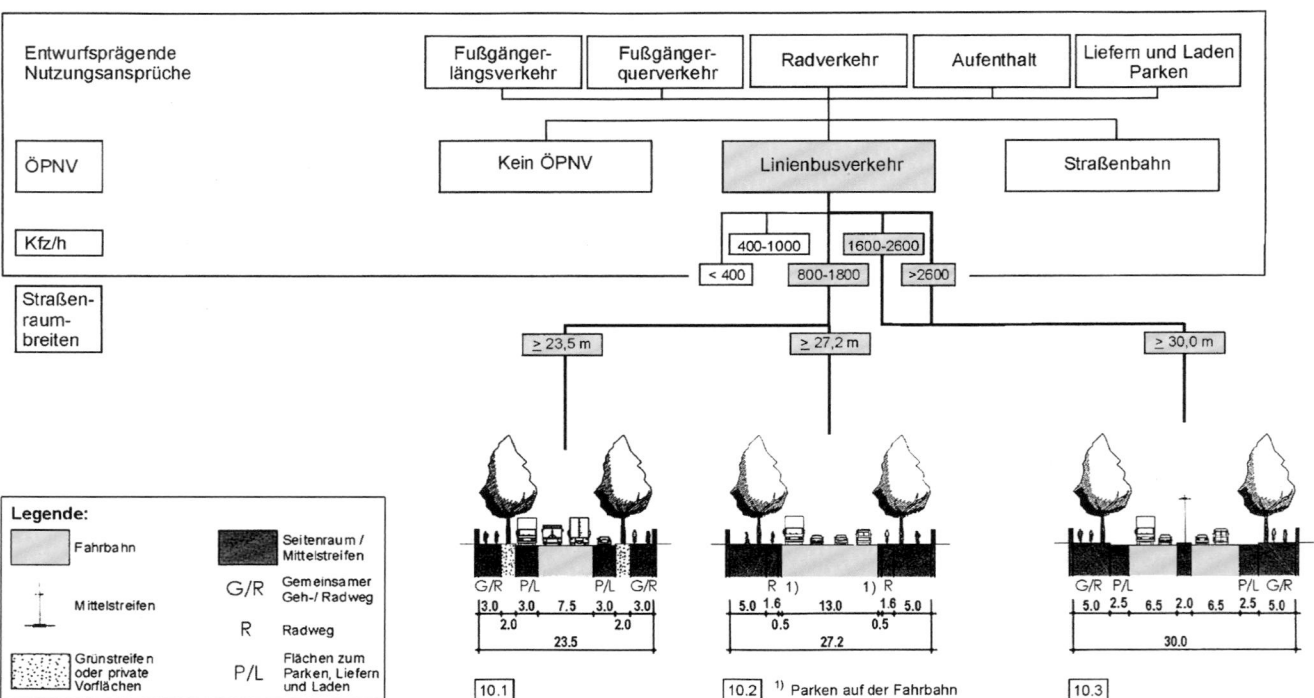

Abb. 19.25 Industriestraße (Erschließungsstraße/Hauptverkehrsstraße ES IV, ES V, HS IV). Gebäudekomplexe auf groß parzellierten Grundstücken; Produzierendes Gewerbe, Industrie; Länge 500–1000 m, Verkehrsstärke 800–2600 Kfz/h mit hohem Schwerverkehrsanteil

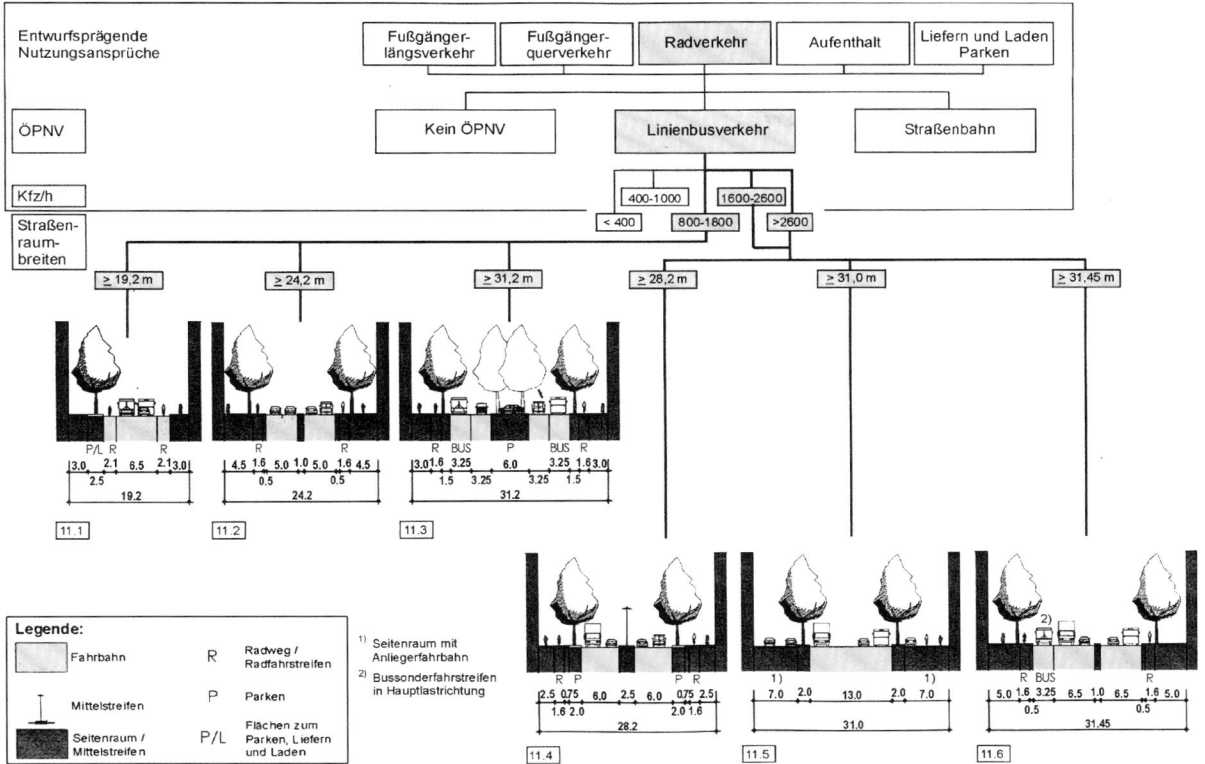

Abb. 19.26 Verbindungsstraße (Hauptverkehrsstraße HS III, HS IV). Gemischte Bebauungsformen mit mittlerer bis geringer Dichte; Wohnen und gewerbliche Nutzungen; Länge 500 bis über 1000 m, Verkehrsstärke 800 bis über 2600 Kfz/h

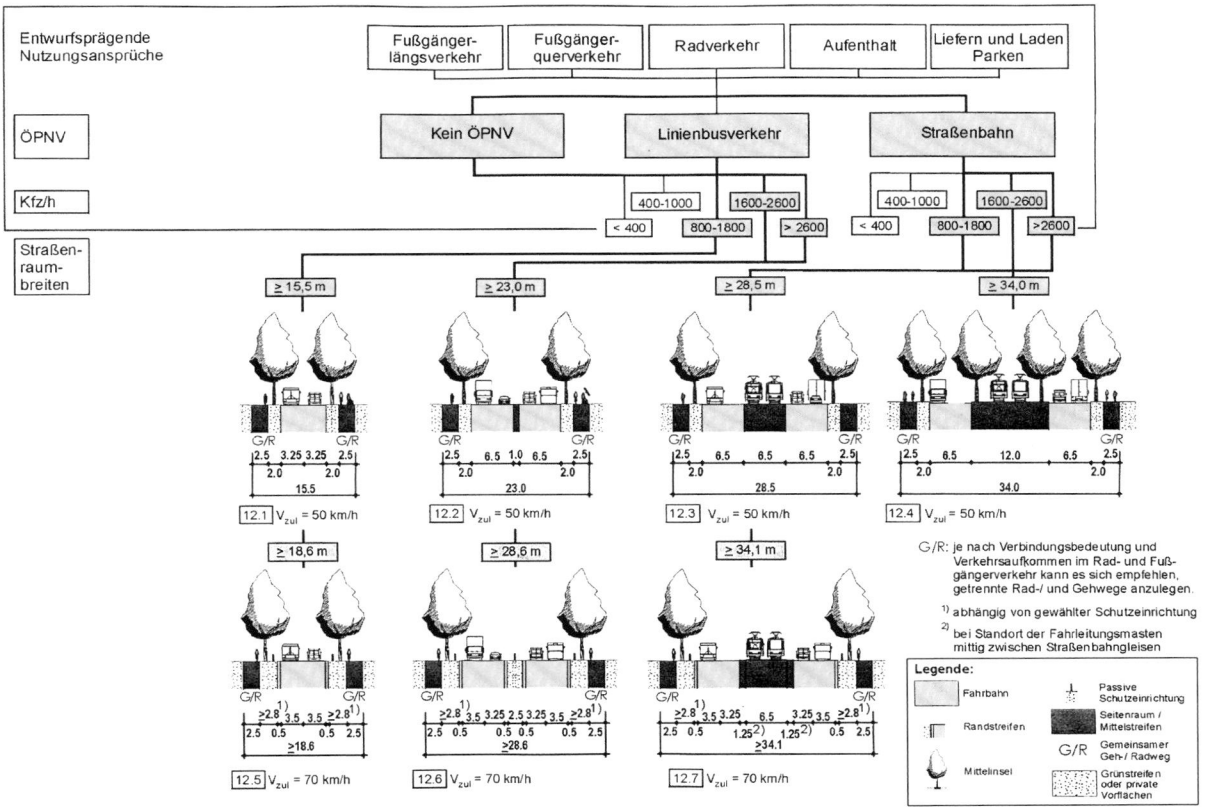

Abb. 19.27 Anbaufreie Straße (Hauptverkehrsstraße VS II, VS III). Straßenabgewandte Bebauung oder unbebaute Parzellen; Verkehrsstärke 800–2600 Kfz/h mit teilweise hohem Schwerverkehrsanteil

Abb. 19.28 Ausgestaltung der Böschungen

Böschungshöhe h	$h \geqq 2,0$ m	$h < 2,0$ m
Damm	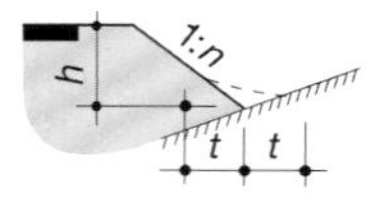	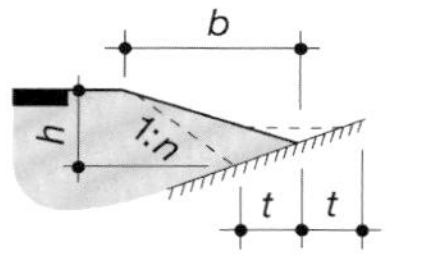
Einschnitt	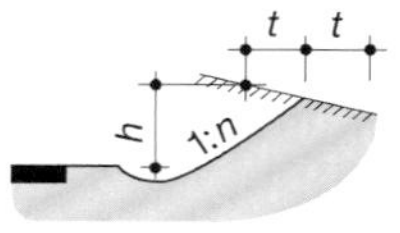	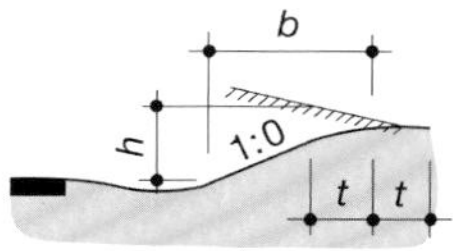
Regelböschung	1 : 1,5	$b = 3,0$ m
allgemeine Böschungsmaße	1 : n	$b = 2n$
Tangentenlänge der Ausrundung	3,0 m	1,5h

19.2.3 Linienführung

19.2.3.1 Entwurfsklassen und Geschwindigkeit

Straßenkategorie und Entwurfsklasse legen die Merkmale sowie die Grenz- und Richtwerte für die Entwurfs- und Betriebselemente fest.

Bei Autobahnen und Landstraßen werden die fahrdynamisch begründeten Grenz- und Mindestwerte für die Entwurfselemente abhängig von der Entwurfsklasse mit folgenden Geschwindigkeiten dimensioniert (siehe RAA und RAL).

Entwurfsklasse	Geschwindigkeit [km/h]
EKA 1A	130
EKA 1B	120
EKA 2	100
EKA 3	80
EKL 1	110
EKL 2	100
EKL 3	90
EKL 4	70

Für Innerortsstraßen werden keine Geschwindigkeiten als Ausgangsgröße für Entwurfsparameter definiert. Hier gelten vielmehr die Nutzungsansprüche, die sich aus den Zielfeldern Verkehr, Umfeld, Straßenraumgestalt und Wirtschaftlichkeit ergeben. Diese sind in den „Richtlinien für die Anlage von Stadtstraßen (RASt 06)" zusammengestellt.

19.2.3.2 Entwurfselemente im Lageplan

Gerade Lange Geraden sind zu vermeiden. Für die Kategoriengruppe AS (Autobahnen) sollte die Länge auf maximal 2000 m begrenzt werden. Kurze Zwischengeraden sind zu vermeiden, falls nicht möglich sollte die Mindestlänge 400 m betragen.

Kreisbogen Bei Straßen der Kategoriengruppen AS und LS sollten die Radien so groß gewählt werden, dass sie in

Größe und Abfolge mit der Topografie und den umfeldprägenden Elementen in Einklang stehen. Bei den Kategoriengruppen VS, HS und ES sind vor allem städtebauliche Randbedingungen zu beachten.

Tafel 19.6 Kurvenmindestradien und Mindestlängen von Kreisbögen bei Autobahnen

Entwurfsklasse	min R [m]	min L [m]
EKA 1A	900	75
EKA 1B	720	
EKA 2	470	55
EKA 3	280	

Im Anschluss an Geraden mit einer Länge > 500 m sollte ein Mindestradius von min $R = 1300$ m eingehalten werden.

Tafel 19.7 Empfohlene Radienbereiche und Mindestlängen von Kreisbögen bei Landstraßen

Entwurfsklasse	Radienbereiche R [m]	min L [m]
EKL 1	≥ 500	70
EKL 2	400–900	60
EKL 3	300–600	50
EKL 4	200–400	40

Tafel 19.8 Kurvenmindestradien in Anschluss an eine Gerade bei Landstraßen der EKL 1 bis EKL 3

Länge L [m] der Geraden	min R [m] des Kreisbogens
$L = 300$ m	min $R > 450$ m
$L < 300$ m	min $R > 1,5 \cdot L$

Die Radien aufeinander folgender Kreisbogen (auch bei zwischenliegenden Übergangsbogen) sollen aus Gründen einer ausgewogenen, kontinuierlichen Linienführung in einem ausgewogenen Verhältnis zueinander stehen (Relationstrassierung).

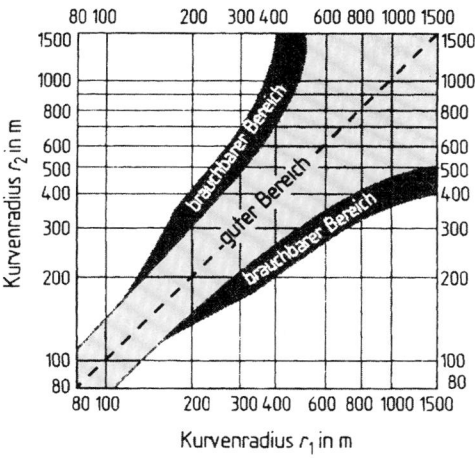

Abb. 19.29 Verhältnis aufeinander folgender Radien

Der **Übergangsbogen** wird als Klothoide ausgebildet, weil sich bei dieser Kurve die Krümmung linear mit der Bogenlänge ändert. Das Bildungsgesetz der Klothoide lautet

$$A^2 = R \cdot L \qquad (19.1)$$

A Parameter der Klothoide in m
R Radius am Übergangsbogenende in m
L Länge der Klothoide in m

Alle Klothoiden sind geometrisch ähnlich, d. h. eine Veränderung des Klothoidenparameters A um einen bestimmten Faktor hat zur Folge, dass sich alle Längenwerte um denselben Faktor verändern, alle Winkel und Verhältniswerte jedoch gleich bleiben.

Tafel 19.9 Mindestklothoidenparameter

Entwurfsklasse	min A
EKA 1A	300
EKA 1B	240
EKA 2	160
EKA 3	90
EKL 1	170
EKL 2	120
EKL 3	90
EKL 4	50

Aus optischen Gründen sollte $\tau > 3{,}5$ gon oder $A \geq R/3$ sein. Aus Gründen der Sicherheit gilt $\tau < 32$ gon oder $A \leq R$.

Formen des Übergangsbogens

Einfache Klothoide: Gerade – Übergangsbogen – Kreisbogen

Gesamtbogen: Gerade – Übergangsbogen – Kreisbogen – Übergangsbogen – Gerade

Wendelinie: Kreisbogen – Übergangsbogen – Kreisbogen (gegensinnig)

Eilinie: Kreisbogen – Übergangsbogen – Kreisbogen (gleichsinnig)

Doppelte Eilinie: Kreisbogen – Übergangsbogen – Hüllkreis – Übergangsbogen – Kreisbogen (gleichsinnig)

Korbklothoide: Stoß zweier gleichsinnig gekrümmter Klothoiden im Radius R mit zunehmender Krümmung (zu vermeiden)

C-Klothoide: Stoß zweier gleichsinnig gekrümmter Klothoiden in ihrem Nullpunkt (zu vermeiden)

Scheitelklothoide: Stoß zweier gleichsinnig gekrümmter Klothoiden im Radius R mit abnehmender Krümmung

19.2.3.3 Entwurfselemente im Höhenplan
Die Längsneigungen sollen möglichst gering sein.

Tafel 19.10 Höchstlängsneigungen

Entwurfsklasse	max s [%]
EKA 1A	4,0
EKA 1B	4,5
EKA 2	4,5
EKA 3	6,0
EKL 1	4,5
EKL 2	5,5
EKL 3	6,5
EKL 4	8,0

In plangleichen Knotenpunkten sind Längsneigungen $> 4\,\%$ zu vermeiden.

Im Bereich von Tunnelstrecken soll die Längsneigung auf $4\,\%$ begrenzt werden, bei langen Tunnelstrecken auf $< 2{,}5\,\%$.

Die Kuppen- und Wannenausrundungen erfolgen mit quadratischen Parabeln. Zur Berechnung werden die Gleichungen (19.2) bis (19.6) verwendet.

$$t = \frac{H}{2} \cdot \frac{s_2 - s_1}{100} \qquad (19.2)$$

$$f = \frac{t}{4} \cdot \frac{s_2 - s_1}{100} = \frac{t^2}{2H} \qquad (19.3)$$

$$x_{\mathrm{S}} = -\frac{s_1}{100} \cdot H \qquad (19.4)$$

$$y_{\mathrm{P}} = \frac{s_1}{100} \cdot x_{\mathrm{p}} + \frac{x_{\mathrm{p}}^2}{2H} \qquad (19.5)$$

$$s_{\mathrm{P}} = s_1 + \frac{x_{\mathrm{P}}}{H} \cdot 100 \qquad (19.6)$$

s_1, s_2 Längsneigungen (Steigung positiv, Gefälle negativ)
H Ausrundungshalbmesser (Wannen positiv, Kuppen negativ)

t Tangentenlänge
x_P, y_P Abszisse, Ordinate eines beliebigen Punktes
x_S Abszisse des Scheitelpunktes der Ausrundung
f Bogenstich am Tangentenschnittpunkt
s_P Längsneigung an einem beliebigen Punkt

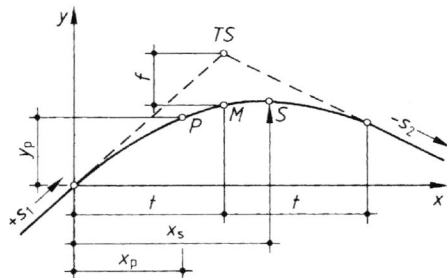

Abb. 19.30 Berechnung der Gradientenausrundung

Tafel 19.11 Mindestwerte für Kuppen- (H_k), Wannenhalbmesser (H_w) und Mindestlängen der Tangenten

Entwurfsklasse	min H_k [m]	min H_w [m]	min T [m]
EKA 1A	13.000	8800	150 (120°)
EKA 1B	10.000	5700	120
EKA 2	5000	4000	100
EKA 3	3000	2600	100
EKL 1	8000	4000	100
EKL 2	6000	3500	85
EKL 3	5000	3000	70
EKL 4	3000	2000	55

19.2.3.4 Entwurfselemente im Querschnitt

Die **Querneigung in der Geraden** ist zur Entwässerung erforderlich. Die Mindest- und Regelquerneigung beträgt

$$\min q = 2{,}5\,\%.$$

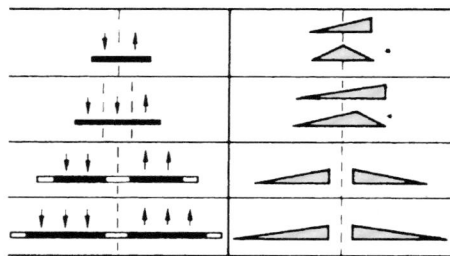

* Beim Ausbau bestehender Straßen in Ausnahmefällen

Abb. 19.31 Querneigungsformen in der Gerade

Die **Querneigung im Kreisbogen** ist aus fahrdynamischen Gründen zur Kurveninnenseite anzulegen. Sie beträgt

$$\min q = 2{,}5\,\% \quad \text{und} \quad \max q = 7\,\%.$$

Sie ist abhängig vom Radius und der Entwurfsklasse.

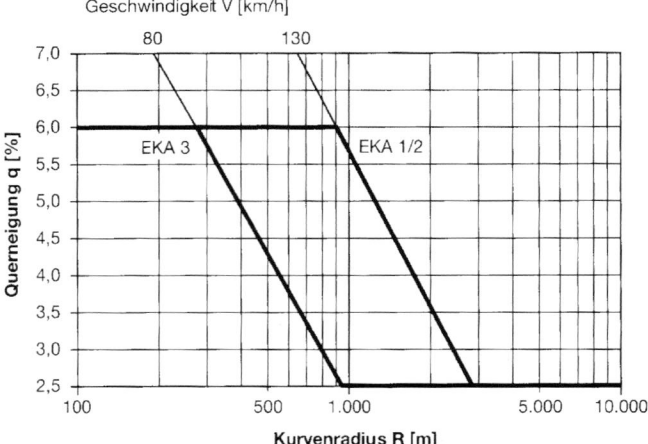

Abb. 19.32 Querneigungen im Kreisbogen bei den Entwurfsklassen EKA 1 bis EKA 3

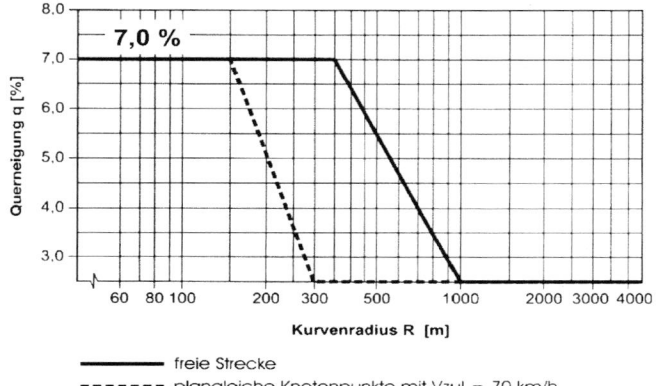

freie Strecke
------ plangleiche Knotenpunkte mit Vzul = 70 km/h

Abb. 19.33 Querneigung im Kreisbogen bei den Entwurfsklassen EKL 1 bis EKL 4

Zur Vermeidung von Verwindungsbereichen mit Querneigungsnulldurchgang kann bei zweibahnigen Straßen eine Querneigung zur Kurvenaußenseite zugelassen werden. Zur Gewährleistung des erforderlichen Kraftschlusses dürfen die folgenden Mindestradien nicht unterschritten werden.

Tafel 19.12 Mindestradien bei Querneigung zur Kurvenaußenseite

Entwurfsklasse	min R [m]	zul V_{nass} [km/h]
EKA 1A	4000	–
EKA 1B	3200	120
EKA 2	1900	100
EKA 3	1050	80

Es ist eine zulässige Höchstgeschwindigkeit bei Nässe anzuordnen.

Zusätzliche Fahrstreifen und befestigte Seitenstreifen erhalten in Kurven nach Richtung und Größe dieselbe Querneigung wie die Fahrbahn. Gehwege, Radwege sowie Parkstreifen werden einseitig mit 2 bis 3 %, in Ausnahmefällen mit 4 % geneigt.

Anrampung und Verwindung Die Querneigungsänderung erfolgt durch Drehung der Fahrbahnfläche um die Fahrbahnachse. Eine Drehung um eine andere Achse ist ausnahmsweise zulässig. Die Verwindung ist im Übergangsbogen zu vollziehen.

Die Anrampungsneigung Δs als Differenz zwischen der Längsneigung des Fahrbahnrandes und der Drehachse berechnet man mit:

$$\Delta s = \frac{q_e - q_a}{l_V} \cdot a \quad \text{in \%} \tag{19.7}$$

und die Mindestlänge der Verwindungsstrecke mit

$$\min l_V = \frac{q_e - q_a}{\max \Delta s} \cdot a \quad \text{in m} \tag{19.8}$$

q_e, q_a Querneigung am Ende bzw. am Anfang der Verwindungsstrecke in %
        (q_a negativ einsetzen, wenn q_e entgegengesetzt gerichtet ist)
l_V Länge Verwindungsstrecke in m
a Abstand des Fahrbahnrandes von der Drehachse in m
$\max \Delta s$ Anrampungshöchstneigung in %.

Tafel 19.13 Grenzwerte der Anrampungsneigung

Entwurfsklasse	max Δs [%] bei		min Δs [%][a]
	$a < 4{,}00$ m	$a \geq 4{,}00$ m	
EKA 1, EKA 2	$0{,}225 \cdot a$	0,9	$0{,}10 \cdot a$ ($\leq$ max Δs)
EKA 3	$0{,}25 \cdot a$	1,0	
EKL 1, EKL 2	0,8		
EKL 3	1,0		
EKL 4	1,5		

a [m]: Abstand des Fahrbahnrandes von der Drehachse
[a] Nur bei $q \leq 2{,}5\,\%$

Tafel 19.14 Länge der Verziehungsstrecke

Fahrbahnverbreiterung i [m]	Länge der Verziehungsstrecke l_Z [m]		
	EKL 1, EKL 2	EKL 3	EKL 4
$\leq 1{,}5$	80	60	50
$\leq 2{,}5$	100	80	60
$\leq 3{,}5$	120	100	70
$> 3{,}5$	170	140	–

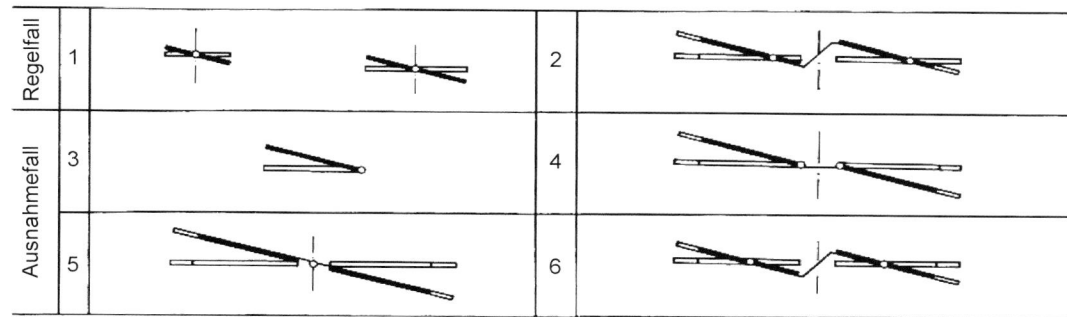

Abb. 19.34 Drehachsen der Fahrbahn

Abb. 19.35 Grundformen der
Fahrbahnverwindung

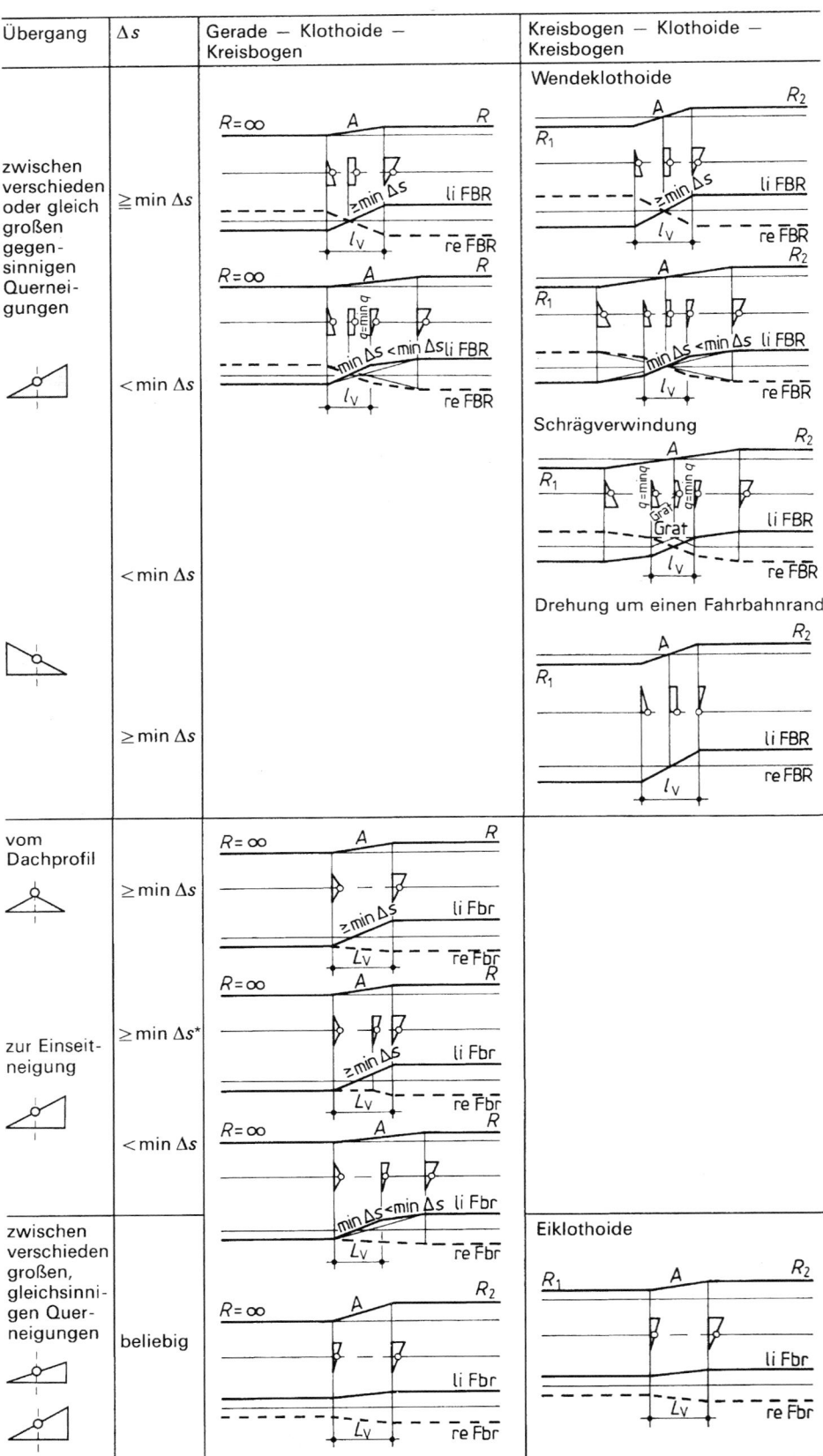

○ Drehachse   *bautechnische Vorteile — kürzerer Grat in der Fahrbahnachse, aber längerer
Bereich mit min q im Übergangsbogen

Im Verwindungsbereich zwischen entgegen gesetzten Querneigungen soll die Mindestanrampungsneigung $\min \Delta s = 0{,}1 \cdot a$ so lange vorhanden sein bis die Querneigung der Fahrbahn der Mindestquerneigung entspricht. Zudem ist die Größe der Längsneigung im Verwindungsbereich zu überprüfen. Lässt sich für den Bereich des Klothoidenwendepunkts keine ausreichende Längsneigung sicherstellen, kann der Querneigungsnullpunkt bei Straßen der Kategoriengruppe AS um $L = 0{,}1 \cdot A$, bei Straßen der Kategoriengruppe LS um $L = 0{,}2 \cdot A$ gegenüber dem Klothoidenwendepunkt verschoben werden (A Klothoidenparameter).

Eine einwandfreie Entwässerung erreicht man, wenn die Wendepunkte im Höhenplan etwa an der gleichen Station liegen wie im Lageplan. Diese Anordnung der Tangentenschnittpunkte gewährleistet auch optisch eine gute Linienführung.

Fahrbahnaufweitung Beim Wechsel des Querschnitts, bei der Änderung der Mittelstreifenbreite, für die Anlage eines Fahrbahnteilers, eines Zusatzfahrstreifens, einer Aus- oder Einfädelungsspur müssen die durchgehenden Fahrstreifen entsprechend dem veränderten Querschnitt verzogen werden. Um eine optisch befriedigende Führung der durchgehenden Fahrstreifen zu erreichen, soll die Verziehung im Bereich kleiner Radien am Kurveninnenrand, im Bereich einer gestreckten Linienführung beiderseits der Straßenachse vorgenommen werden.

Die Fahrbahnränder sind nach Möglichkeit unabhängig von der Straßenachse selbstständig zu trassieren oder mit

zwei als S-Bogen zusammengesetzten quadratischen Parabeln zu verziehen.

Fahrbahnverbreiterung in der Kurve Bei der Kurvenfahrt beschreiben die Hinterräder eines Fahrzeuges einen engeren Bogen als die Vorderräder. Dadurch wird in der Kurve eine um den Betrag i größere Fahrbahnbreite benötigt als in der Geraden.

In Kurven mit Radien $R < 200\,\text{m}$ muss die Fahrbahn um das Maß i verbreitert werden. Die Verbreiterung erfolgt auf der gesamten Länge des Kreisbogens am Kurveninnenrand.

$$i = 100/R \qquad (19.9)$$

i [m] Fahrbahnverbreiterung
R [m] Radius.

Die Verziehung auf den verbreiterten Querschnitt ist i. d. R. im Bereich der Klothoide linear abzutragen.

Bei sehr kurzen Klothoiden kann der lineare Verziehungsbereich länger als die Klothoide sein. In diesen Fällen ist die Verziehung mit einer annähernd gleichmäßigen Überlappung in die Gerade und den Kreisbogen zu gestalten. Eine separate Trassierung des Fahrbahninnenrandes mit Einhaltung des vollständigen Verbreiterungsmaßes auf einem parallelen Kreisbogen ist dann ggf. zweckmäßiger.

19.2.3.5 Entwurfselemente der Sicht

Haltesichtweite Strecke, die ein Kraftfahrer benötigt, um bei nasser Fahrbahn vor einem unerwartet auftretenden Hindernis anzuhalten.

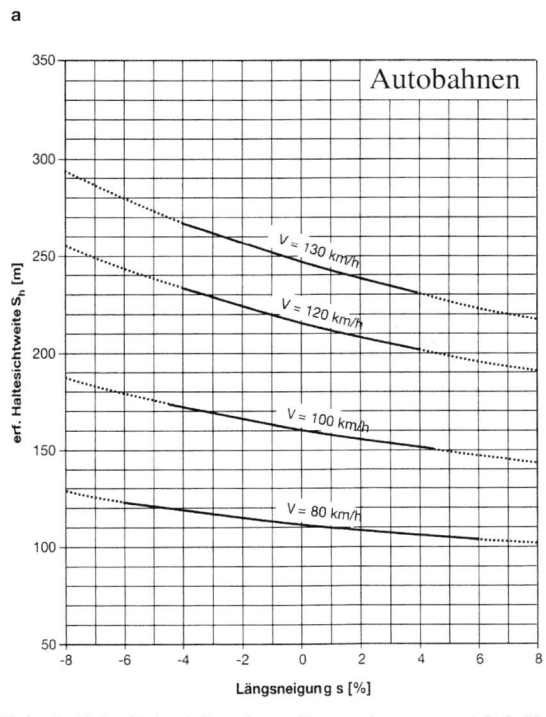

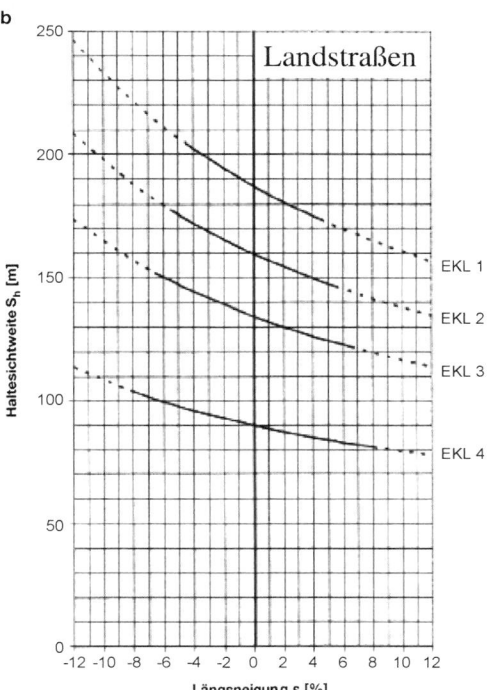

Abb. 19.36 Erforderliche Haltesichtweite. **a** Kategoriengruppe AS, **b** Kategoriengruppe LS

Vorhandene Sichtweite muss größer sein als die erforderliche Haltesichtweite. Die vorhandene Sichtweite ergibt sich aus dem Sichtstrahl zwischen dem Augpunkt und dem Zielpunkt. Die Höhe der Aug- und Zielpunkte beträgt 1,0 m und sie liegen jeweils in der Achse des eigenen Fahrstreifens.

19.2.3.6 Räumliche Linienführung

Obwohl die Linienführung einer Straße dreidimensional ist und daher stets räumlich gesehen werden muss, wird der Entwurf getrennt nach Lageplan, Höhenplan und Querschnitten erstellt. Er ist daher stets auf seine räumliche Wirkung hin zu überprüfen. Das Raumbild einer Straße entsteht durch Überlagerung der Einzelelemente zu einem Raumelement, in deren Folge der Charakter der Straße als Ganzes zu erfassen ist. Ein wesentliches Hilfsmittel zur Darstellung des Straßenraumes ist die Perspektive.

Eine gute räumliche Linienführung ist erreicht, wenn das Raumbild der Straße keine Unstetigkeiten aufweist und ihr Verlauf überschaubar, rechtzeitig erkennbar und eindeutig begreifbar ist. Eine optisch, entwässerungstechnisch und fahrdynamisch vorteilhafte Führung der Straße ist im allgemeinen dann gewährleistet, wenn die Wendepunkte der Krümmungen im Lage- und Höhenplan ungefähr an der gleichen Stelle liegen (lageplanverwandte Abbildung).

Beispiele für günstige und ungünstige Elementfolgen der räumlichen Linienführung sind:

- Eine kurze Zwischengerade zwischen zwei aufeinander folgenden Wannen im Höhenplan ergibt die so genannte, „Brettwirkung" und kann durch eine großzügige Ausrundung vermieden werden (Abb. 19.38).
- Kurze Wannenausrundungen zwischen langen Strecken mit konstanten Längsneigungen ergeben optische Knickpunkte (Abb. 19.39).
- Liegen zwischen Kuppe und Wanne Strecken mit konstanter Längsneigung, so ist der Wendepunkt des Lageplanes in die Nähe der Wanne zu legen, um ihn besonders frühzeitig erkennbar zu machen.
- Folgt die Trasse kurzwelligen Bodenerhebungen, ohne dass dabei eine Sichtschattenstrecke auftritt, entsteht der Eindruck des „Flatterns" der Trasse. Treten gar Sichtschattenstrecken auf, entsteht der Eindruck des „Tauchens" der sich bis zum „Springen" der Trasse verstärken kann, wenn diese seitlich versetzt erscheint (Abb. 19.40).
- Übersichtlichkeit der Straße und Erkennbarkeit des Verkehrsablaufs sind insbesondere nachts erheblich beeinträchtigt. Abhilfe kann in der Regel nur durch Vergrößerung der gekrümmten Elemente in Grund- und Aufriss geschaffen werden.

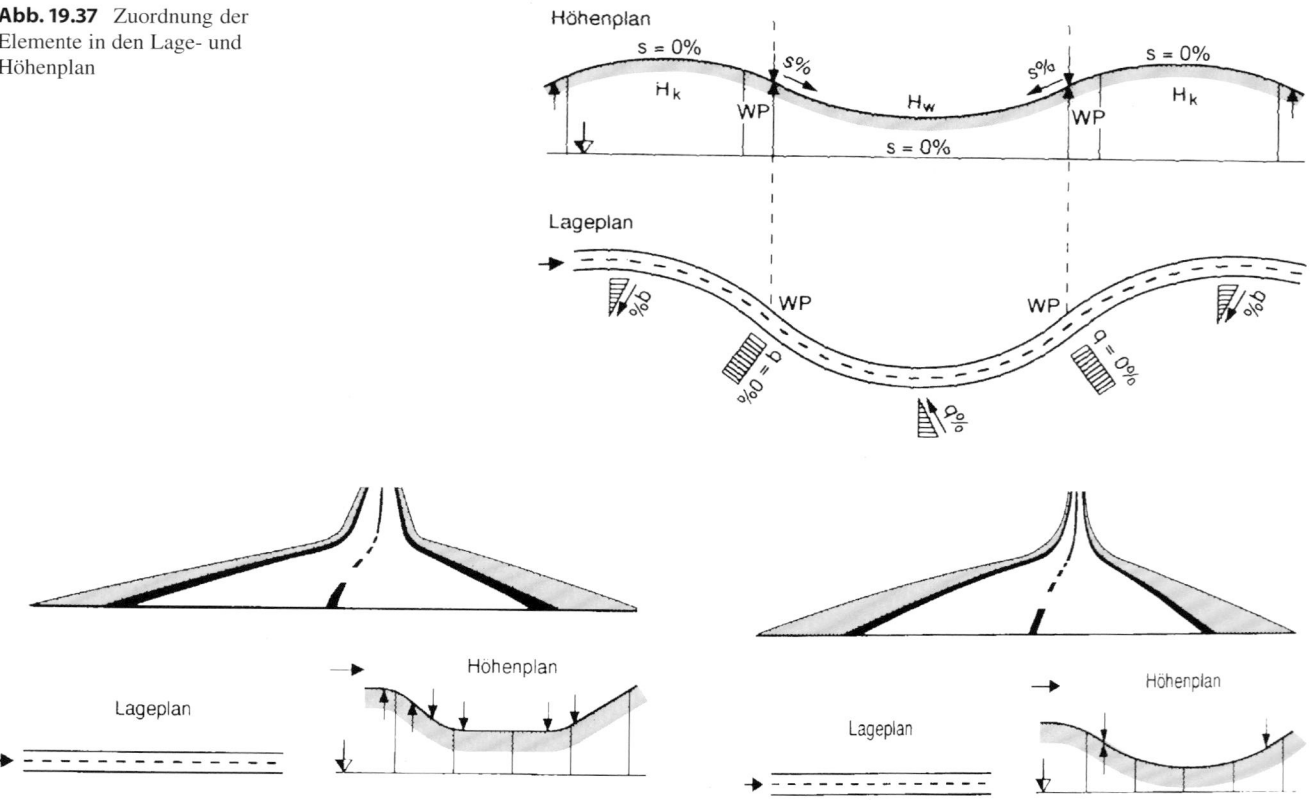

Abb. 19.37 Zuordnung der Elemente in den Lage- und Höhenplan

Abb. 19.38 Brettwirkung

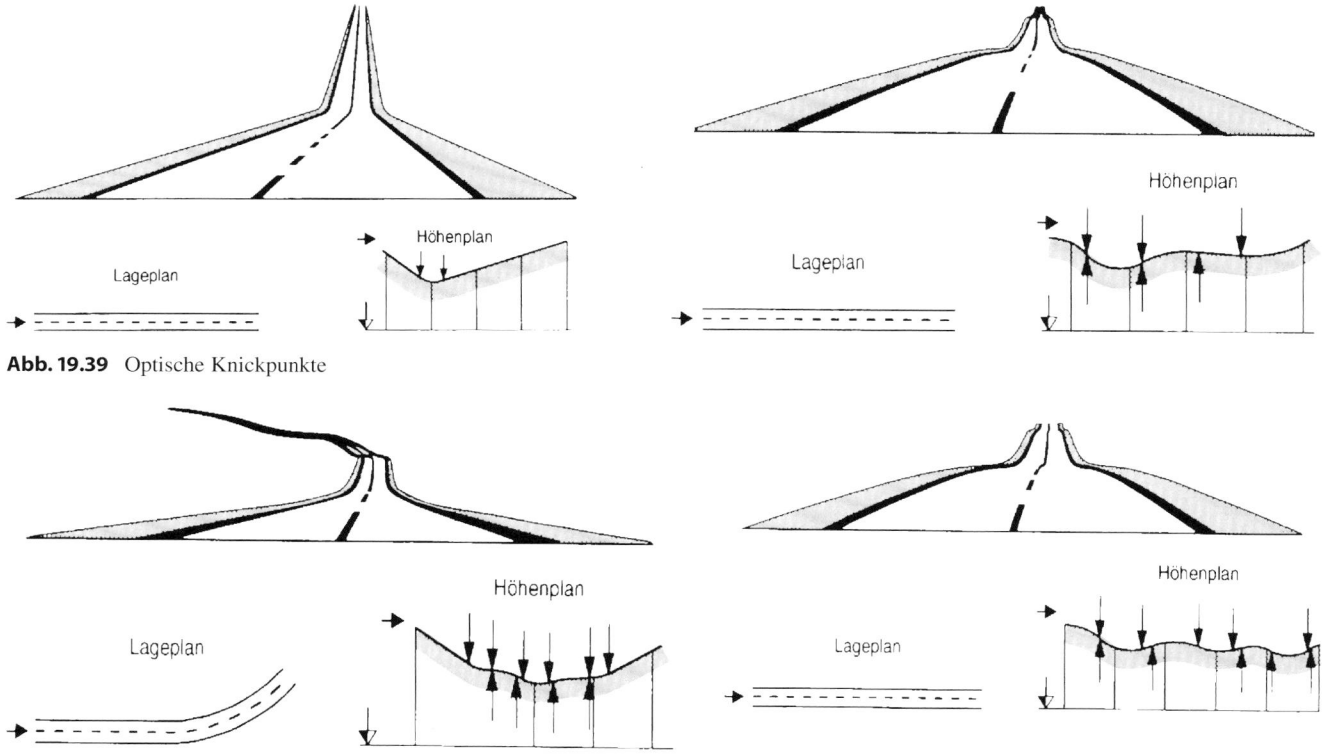

Abb. 19.39 Optische Knickpunkte

Abb. 19.40 Flattern, Tauchen und Springen

19.2.4 Knotenpunkte

19.2.4.1 Allgemeines

Knotenpunkte sind bauliche Anlagen zur Verknüpfung von Straßen. Man unterscheidet Einmündungen, Kreuzungen, Gabelungen und Kreisverkehrsplätze. Wird der Verkehr in einer Ebene abgewickelt, spricht man von *plangleichen* Knotenpunkten. Werden Kreuzungsvorgänge zwischen Verkehrsströmen durch Über- oder Unterführungsbauwerke ganz oder teilweise vermieden, spricht man von *planfreien* Knotenpunkten.

Der Entwurf von Knotenpunkten ist an den Zielen Verkehrssicherheit, Verkehrsablauf, Umweltverträglichkeit und Wirtschaftlichkeit zu orientieren.

Ein Knotenpunkt gilt als verkehrssicher, wenn folgende Forderungen erfüllt sind:

Erkennbarkeit Sich dem Knotenpunkt nähernde Fahrer sollen rechtzeitig das Vorhandensein des Knotenpunkts wahrnehmen, um frühzeitig die erforderlichen Fahrbewegungen bei der Annäherung einleiten zu können.

Übersichtlichkeit Wartepflichtige und bevorrechtigte Verkehrsteilnehmer sollen sich bei Annäherung an die Konfliktflächen rechtzeitig sehen können.

Begreifbarkeit Die Fahrer sollen Klarheit darüber gewinnen, auf welche Weise sie den Knotenpunkt durchfahren müssen und welchen Fahrzeugen gegenüber sie wartepflichtig sind.

Befahrbarkeit Die bauliche Gestaltung soll den fahrgeometrischen und fahrdynamischen Eigenschaften aller Fahrzeuge angepasst sein, die den Knotenpunkt üblicherweise befahren.

Für die Gewährleistung ausreichender *Verkehrssicherheit* ist es wichtig,

- dem Kraftfahrer die aufgrund der möglichen Bewegungsvorgänge im Knotenpunkt angemessene Verhaltensweise – insbesondere die gewünschte Geschwindigkeit und die Wartepflicht – gestalterisch zu verdeutlichen,
- an schnell befahrenen Knotenpunkten von den Verkehrsteilnehmern keine Entscheidungen zwischen mehr als zwei Möglichkeiten gleichzeitig zu verlangen,
- innerhalb bebauter Gebiete auch durch den Knotenpunktentwurf geringe Geschwindigkeiten zu fördern,
- durch den Entwurf und die Gestaltung möglichst häufig eindeutige Sichtkontakte zwischen motorisierten und nicht motorisierten Verkehrsteilnehmern sicherzustellen,
- die Überquerbarkeit der Knotenpunktarme sicherzustellen und
- die Knotenpunkte innerhalb bebauter Gebiete unter Beachtung gestalterischer Gesichtspunkte angemessen zu beleuchten.

Angemessene *Verkehrsqualität* bedeutet eine ausreichende Leistungsfähigkeit, das heißt der Knotenpunkt soll die Fahrzeugströme bewältigen können und die Wartezeiten in zumutbaren Grenzen halten. Beides hängt von der Führung der kreuzenden Verkehrsströme ab. Planfreie Knotenpunkte weisen eine höhere Leistungsfähigkeit auf als plangleiche Knotenpunkte. Bei plangleichen Knotenpunkten kann die Leistungsfähigkeit in der Regel durch die Einrichtung einer Lichtsignalanlage gesteigert werden. Bei geringen Auslastungen kann eine Signalanlage die Wartezeiten allerdings auch erhöhen.

Die *Wirtschaftlichkeit* eines Knotenpunkts hängt wesentlich von den Baukosten ab, die für planfreie Knotenpunkte meist deutlich höher sind als für plangleiche. Allerdings dürfen die Betriebskosten nicht vernachlässigt werden, die insbesondere bei Signalanlagen bedeutsam sein können.

Zur Beurteilung der *Umfeldverträglichkeit* sind die Beeinträchtigung des Landschafts- und Stadtbildes, der Verkehrslärm, die Luftverunreinigung, der Flächenbedarf und die Trennwirkung zu berücksichtigen. Diese Anforderungen sind bei Knotenpunkten meist schwieriger zu erfüllen als auf der freien Strecke.

19.2.4.2 Knotenpunkte an Autobahnen

Autobahnen werden in ihren Knotenpunkten planfrei geführt. Dabei wird entsprechend der Bedeutung der zu verknüpfenden Straßen zwischen planfreien und teilplanfreien Knotenpunkten unterschieden. Hinweise zum Entwurf dieser Knotenpunkte sind in den Richtlinien für die Anlage von Autobahnen (RAA) zu finden.

Autobahnkreuze und -dreiecke sind planfreie Knotenpunkte. Sie dienen der Verknüpfung von Autobahnen untereinander. Sie können aber auch durch die Verknüpfung von Autobahnen mit Landstraßen der EKL 1 nach den RAL (Richtlinien für die Anlage von Landstraßen) entstehen.

Anschlussstellen sind in der Regel teilplanfreie Knotenpunkte zur Verknüpfung von Autobahnen mit dem nachgeordneten Straßennetz.

Außer den generellen Forderungen nach Erkennbarkeit, Übersichtlichkeit, Begreifbarkeit und Befahrbarkeit sind in planfreien Knotenpunkten weitere Entwurfsgrundsätze zu berücksichtigen:

- Abbieger verlassen eine durchgehende Fahrbahn stets nach rechts und münden von rechts ein.
- Nur innerhalb von Verbindungsrampen sind links liegende Ein- und Ausfahrten zulässig.
- Alle Abbieger verlassen eine durchgehende Fahrbahn gemeinsam. Dicht aufeinanderfolgende Ausfahrten sind nach Möglichkeit zu vermeiden.
- Alle Einbieger münden in der Regel gemeinsam in die durchgehende Fahrbahn ein. In Sonderfällen können jedoch zwei dicht aufeinander folgende Einfahrten sinnvoll sein.

- In Fahrtrichtung gesehen, soll zuerst ausgefahren und dann eingefahren werden.
- Für rechts abbiegende Ströme ist die direkte Führung der Regelfall. Linksabbieger werden nach der Verkehrsbelastung halbdirekt oder indirekt geführt.
- Durchgehende Fahrbahnen sollen im Prinzip den stärksten Verkehrsströmen folgen.
- In bebauten Gebieten bestimmen Zwangspunkte häufig die Form des Knotenpunkts.
- Die wegweisende Beschilderung kann die Auswahl des zweckmäßigsten Knotenpunktsystems entscheidend beeinflussen.

Der planerisch erwünschte Knotenpunktsabstand ist von der Netzkonzeption abhängig. Folgende Mindest(achs)abstände benachbarter Knotenpunkte sind anzustreben:

- 8,0 km für Autobahnen der EKA 1A,
- 5,0 km für Autobahnen der EKA 1B und EKA 2.

Können aufgrund von Zwangspunkten die empfohlenen Mindest(achs)abstände nicht eingehalten werden, ist der effektive Knotenpunktsabstand zwischen Ende der letzten Einfahröffnung und Anfang der ersten Ausfahröffnung maßgebend. Er beträgt:

Tafel 19.15 Die Mindestwerte für den effektiven Knotenpunktsabstand

Art des in Fahrtrichtung folgenden Knotenpunkts	Mindestwert für Standardwegweisung	Mindestwert für Einzelwegweisung	Mindestwert für isolierte Knotenpunktplanung
Autobahnkreuz/ -dreieck	3000 m	1600 m	600 m
Anschlussstelle	2000 m	1100 m	600 m

Bei Unterschreitung dieser Mindestwerte sind folgende prinzipielle Lösungen möglich:

- optimierte Rampenanordnung
- Halbanschlüsse
- Verflechtungsstreifen an der durchgehenden Fahrbahn
- Verteilerfahrbahn über zwei Anschlussstellen
- Verschränkte Rampen.

Bei der Verknüpfung von Autobahnen untereinander werden dreiarmige Knotenpunkte (Autobahndreiecke) und vierarmige Knotenpunkte (Autobahnkreuze) unterschieden.

Autobahndreiecke werden abhängig von der Entwurfsklasse der zu verbindenden Autobahnen als Trompetensystem, Birnensystem oder Dreieckssystem ausgebildet (siehe Bild 37 in RAA).

Die Grundform für ein Autobahnkreuz ist das Kleeblatt. Je nach Lage und Stärke der Eckströme sind ein abgewandeltes Kleeblatt oder andere Systeme wie eine Windmühle oder ein Malteserkreuz vorteilhaft (siehe Bild 29 der RAA).

19.2.4.3 Knotenpunkte an Landstraßen

19.2.4.3.1 Knotenpunktarten

Knotenpunkte an Landstraßen werden entsprechend der verkehrlichen Bedeutung der zu verknüpfenden Straßen ausgebildet. Dabei werden die Knotenpunkte nach baulichen Grundformen und Betriebsformen unterschieden.

Tafel 19.16 Verkehrsführung im Knotenpunkt

Bauliche Grundform	Führung im Teilknotenpunkt/Knotenpunkt	
	Übergeordnete Straße	Untergeordnete Straße
Planfreier Knotenpunkt	Einfädeln/Ausfädeln	Einfädeln/Ausfädeln
Teilplanfreier Knotenpunkt	Einfädeln/Ausfädeln	Einbiegen/Abbiegen Kreisverkehr
Teilplangleicher Knotenpunkt	Einbiegen/Abbiegen	Einbiegen/Abbiegen Kreisverkehr
Plangleicher Knotenpunkt		
Einmündung	Einbiegen/Abbiegen	Einbiegen/Abbiegen
Kreuzung	Einbiegen/Abbiegen/ Kreuzen	Einbiegen/Abbiegen/ Kreuzen
Kreisverkehr	Kreisverkehr	

Die baulichen Grundformen ergeben sich aus der Verkehrsführung auf den zu verknüpfenden Straßen im Knotenpunktbereich. Für Straßen einer Entwurfsklasse sind für den Regelfall nur bestimmte Knotenpunktarten vorgesehen (Abb. 19.41 und 19.42).

Planfreie Knotenpunkte verbinden Straßen in zwei Ebenen. Sie werden angewandt, wenn eine Straße der EKL 1 mit einer Autobahn verbunden wird oder wenn Straßen der EKL 1 miteinander verbunden werden.

Teilplanfreie Knotenpunkte bestehen aus Ein-/Ausfahrbereichen an der übergeordneten Straße und plangleichen Teilknotenpunkten an der untergeordneten Straße sowie dazwischen liegenden Verbindungsrampen. Sie werden angewandt, wenn eine Straße der EKL 1 oder eine Autobahn mit einer Straße der EKL 2 oder 3 verbunden wird. Die Standardlösung für einen vierarmigen Knotenpunkt ist das halbe Kleeblatt. Die Verbindungsrampen sollten dabei so angeordnet werden, dass die stärksten Eckströme nicht links einbiegen müssen. Eine weitere Lösung ist die Raute, die wegen des geringen Flächenbedarfs und der geringen Ausdehnung in der untergeordneten Straße besonders für stark belastete Anschlussstellen im Vorfeld bebauter Gebiete geeignet ist.

Teilplangleiche Knotenpunkte verbinden Straßen in zwei Ebenen. Sie bestehen aus zwei plangleichen Teilknotenpunkten und einer dazwischen liegenden Verbindungsrampe. Sie werden verwendet, wenn eine Straße der EKL 2 mit einer

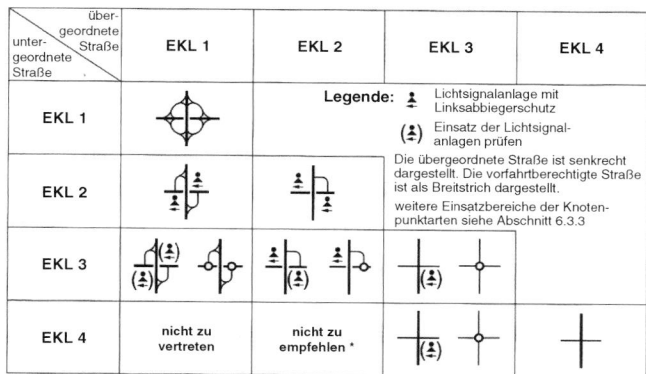

Abb. 19.41 Regeleinsatzbereiche von Knotenpunktarten bei vierarmigen Knotenpunkten (siehe RAL)

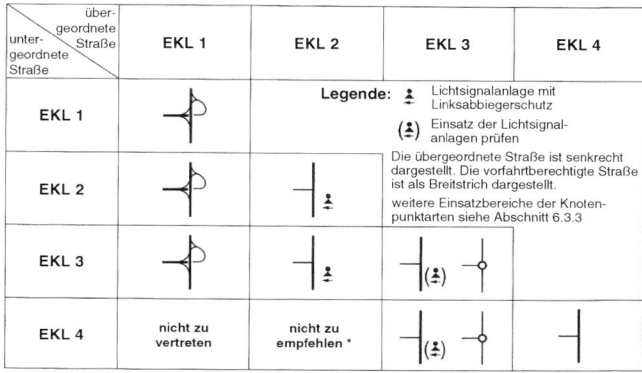

Abb. 19.42 Regeleinsatzbereiche von Knotenpunktarten bei dreiarmigen Knotenpunkten (siehe RAL)

Straße der EKL 2 oder 3 verbunden wird. Die Rampe sollte so angeordnet werden, dass der stärkste Eckstrom nicht links einbiegen muss.

Plangleiche Einmündungen oder Kreuzungen mit Lichtsignalanlage an teilplanfreien oder teilplangleichen Knotenpunkten werden verwendet, wenn eine Straße der EKL 2 an eine gleich- oder höherrangige Straße angebunden wird bzw. eine Straße der EKL 2 oder 3 in eine Straße der EKL 2 einmündet.

Plangleiche Einmündungen oder Kreuzungen ohne Lichtsignalanlage können angewandt werden, wenn eine Straße der EKL 3 mit einer Straße der EKL 3 oder 4 oder eine Straße der EKL 4 mit einer Straße der EKL 4 verbunden wird.

Kreisverkehre werden angewandt, wenn eine Straße der EKL 3 mit einer Straße der EKL 3 oder 4 verbunden wird oder wenn eine Straße der EKL 3 mit einem teilplanfreien oder teilplangleichen Knotenpunkt an eine höherrangige Straße angebunden wird.

19.2.4.3.2 Entwurfselemente

Die Achsen zusammentreffender Straßen sollen sich unter einem Winkel $\alpha = 80$ bis 120 gon schneiden. Schneiden sich die Achsen nicht in diesem Winkelbereich, so ist zu überprüfen, ob die Achse der untergeordneten Straße abgekröpft oder als Versatz ausgebildet werden kann.

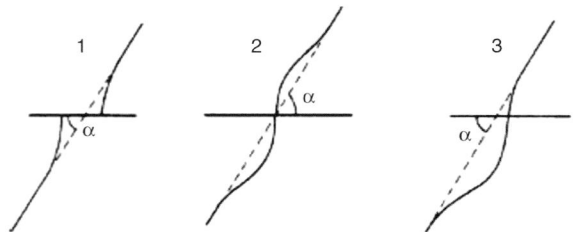

Abb. 19.43 Anschluss untergeordneter Knotenpunktzufahrten im Lageplan

Die Längsneigung der untergeordneten Straße soll aus Sicherheitsgründen auf einer Strecke von 25 m vom Rand der übergeordneten Straße nicht größer als 2,5 % sein. In der Regel ist ohne Knick anzuschließen, nur in Ausnahmefällen ist ein Knick zulässig, der bei einer Neigungsdifferenz > 2,5 % auszurunden ist.

Querneigungen, Schrägneigungen und Neigungsübergänge sind auch in Knotenpunktsbereichen so auszubilden, dass das Oberflächenwasser auf möglichst kurzen Wegen abfließt. Die Konstruktion der Neigungsübergänge ist Grundlage für die Ermittlung von Deckenhöhenplänen und ggf. erforderlicher Höhenschichtlinienplänen.

Fahrbahnen bestehen im Knotenpunktbereich aus durchgehenden Fahrstreifen und Zusatzstreifen wie Linksabbiegestreifen, Rechtsabbiegestreifen und Einfädelungsstreifen sowie Sonderstreifen wie Mehrzweckstreifen, Verflechtungsstreifen oder Fahrstreifen für den öffentlichen Personennahverkehr.

Die Anzahl der **durchgehenden Fahrstreifen** soll im Knotenpunktbereich bei Knoten ohne Lichtsignalanlage gegenüber der knotenpunktfreien Strecke unverändert bleiben. Ein durchgehender Fahrstreifen soll nicht plötzlich in einen Abbiegestreifen übergehen.

An Knotenpunkten mit Lichtsignalanlage kann es aus Gründen der Leistungsfähigkeit notwendig werden, die Anzahl der durchgehenden Fahrstreifen in der Knotenpunktzufahrt zu vergrößern und in ausreichender Länge hinter dem Knotenpunkt wieder zu vermindern. Dadurch lässt sich die Leistungsfähigkeit der Knotenpunkte an die der knotenpunktfreien Strecke annähern.

Linksabbiegestreifen tragen maßgeblich zur Verkehrssicherheit bei, da abbiegende Fahrzeuge außerhalb der durchgehenden Fahrstreifen warten können. Zusätzlich erhöhen Linksabbiegestreifen die Leistungsfähigkeit. Es werden vier Linksabbiegetypen unterschieden (siehe Abb. 19.45).

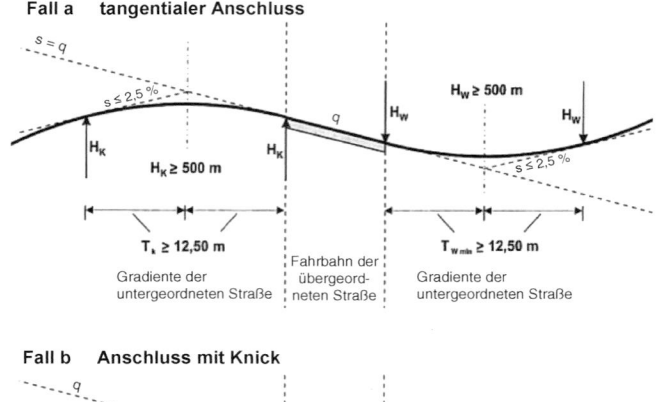

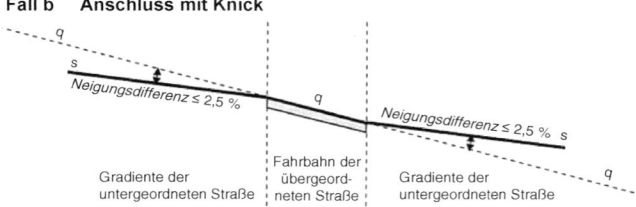

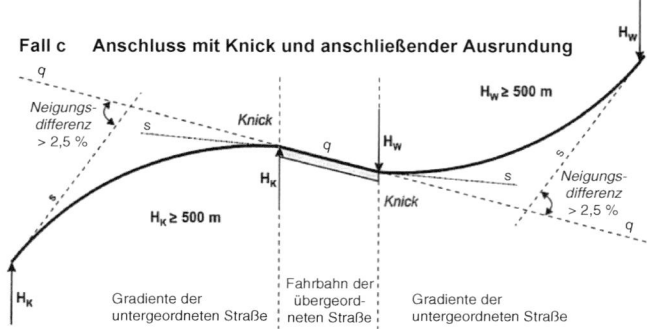

Abb. 19.44 Anschluss untergeordneter Knotenpunktzufahrten im Höhenplan

Der **Linksabbiegetyp LA1** kommt regelmäßig an Straßen der EKL 2 und EKL 3 bei Knotenpunkten mit Lichtsignalanlage zur Anwendung. Er besteht aus einem Linksabbiegestreifen, der sich aus einer Aufstellstrecke l_A, einer Verzögerungsstrecke l_V und einer Verziehungsstrecke l_Z zusammensetzt.

Der **Linksabbiegetyp LA2** kommt regelmäßig an Straßen der EKL 3 bei Knotenpunkten ohne Lichtsignalanlage zur Anwendung. Er besteht aus einem Linksabbiegestreifen, der sich aus einer Aufstellstrecke l_A, einer Verzögerungsstrecke l_V und einer Verziehungsstrecke l_Z zusammensetzt.

Der **Linksabbiegetyp LA3** kommt regelmäßig an Straßen der EKL 4 zur Anwendung, wenn Straßen der EKL 4 angeschlossen werden. Er besteht aus einem Linksabbiegestreifen, der sich aus einer Aufstellstrecke l_A und einer Verziehungsstrecke l_Z mit offener Einleitung zusammensetzt.

Der **Linksabbiegetyp LA4** kommt an Straßen der EKL 4 zur Anwendung, wenn Straßen der EKL 4, Straßen der LS V, Hauptwirtschaftswege oder Werkszufahrten angeschlossen

Abb. 19.45 Linksabbiegetypen
(RAL)

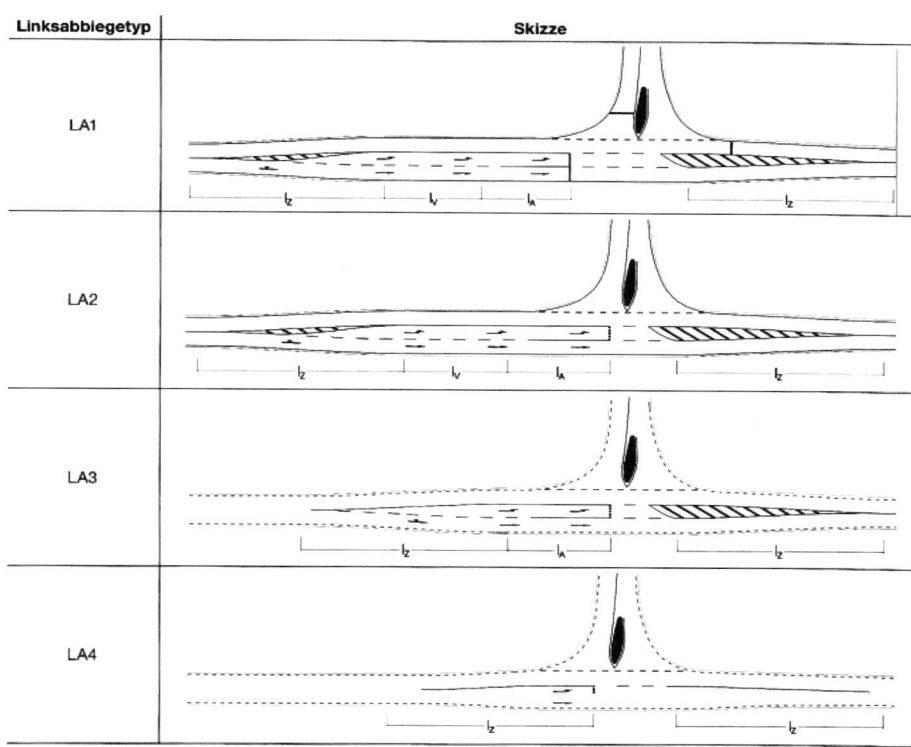

Linksabbiegetyp	Skizze
LA1	
LA2	
LA3	
LA4	

Tafel 19.17 Einsatzbereiche für Linksabbiegetypen

EKL der Stra- ße, aus der abgebogen wird	Betriebsform des Knoten- punkts	EKL der Stra- ße, in die abgebogen wird	Linksabbiegetyp
EKL 2	Mit LSA	EKL 2, EKL 3	LA1
EKL 3	Mit LSA	EKL 3, EKL 4	LA1
	Ohne LSA	EKL 3, EKL 4	LA2
EKL 4	Ohne LSA	EKL 4	LA3
	Ohne LSA	EKL 4[a] LS V[b]	LA4

[a] Bei geringem Linksabbiegerverkehr.
[b] Auch Hauptwirtschaftswege, Werkszufahrten.

werden und dabei kein nennenswerter Rückstau der Linksabbieger zu erwarten ist. Er besteht aus einem Aufstellbereich
l_A und einer Verziehungsstrecke l_Z.

Rechtsabbiegen Es werden sechs Rechtsabbiegetypen unterschieden. Ihr Einsatz hängt ab von der EKL der Straße,
aus der abgebogen wird, der Betriebsform des Knotenpunk-
tes und der EKL der Straße, in die abgebogen wird.

Der **Rechtsabbiegetyp RA1** wird regelmäßig an Straßen
der EKL 2 angewendet. Er besteht aus einem zur übergeordneten Fahrbahn parallel geführten Rechtsabbiegestreifen,
einer Dreiecksinsel und einem großen Tropfen.

Der **Rechtsabbiegetyp RA2** wird regelmäßig an Straßen
der EKL 3 angewendet, wenn Straßen der EKL 3 mit ei-

nem signalisierten Knotenpunkt angeschlossen werden. Die
Eckausrundung wird mit einer dreiteiligen Kreisbogenfolge
und einem kleinen Tropfen ausgeführt. Falls erforderlich erhält der Typ RA2 einen zur übergeordneten Fahrbahn parallel
geführten Rechtsabbiegestreifen.

Der **Rechtsabbiegetyp RA3** kommt an Straßen der
EKL 3 in Betracht, wenn Straßen der EKL 3 mit einem
Knotenpunkt ohne Lichtsignalanlage angeschlossen werden
und der Rechtsabbieger wegen der hohen Verkehrsbelastung
der übergeordneten Straße zügig geführt werden soll. Die
Eckausrundung wird mit einem Kreisbogen, einer Dreiecksinsel und einem großen Tropfen ausgeführt.

Der **Rechtsabbiegetyp RA4** wird regelmäßig an Straßen
der EKL 3 angewendet, wenn Straßen der EKL 3 mit einem
Knotenpunkt ohne Lichtsignalanlage angeschlossen werden.
Die Eckausrundung wird mit einer dreiteiligen Kreisbogenfolge und einem kleinen Tropfen ausgeführt.

Der **Rechtsabbiegetyp RA5** wird regelmäßig an Straßen
der EKL 3 angewendet, wenn Straßen der EKL 4 mit einem
Knotenpunkt ohne Lichtsignalanlage angeschlossen werden.
Die Eckausrundung wird mit einer dreiteiligen Kreisbogenfolge und einem kleinen Tropfen ausgeführt.

Der **Rechtsabbiegetyp RA6** wird regelmäßig an Straßen
der EKL 4 angewendet, wenn Straßen der EKL 4, Straßen der LS V, Hauptwirtschaftswege oder Werkszufahrten
angeschlossen werden. Die Eckausrundung wird mit einer
dreiteiligen Kreisbogenfolge und einem kleinen Tropfen ausgeführt.

19

Abb. 19.46 Rechtsabbiegetypen (RAL)

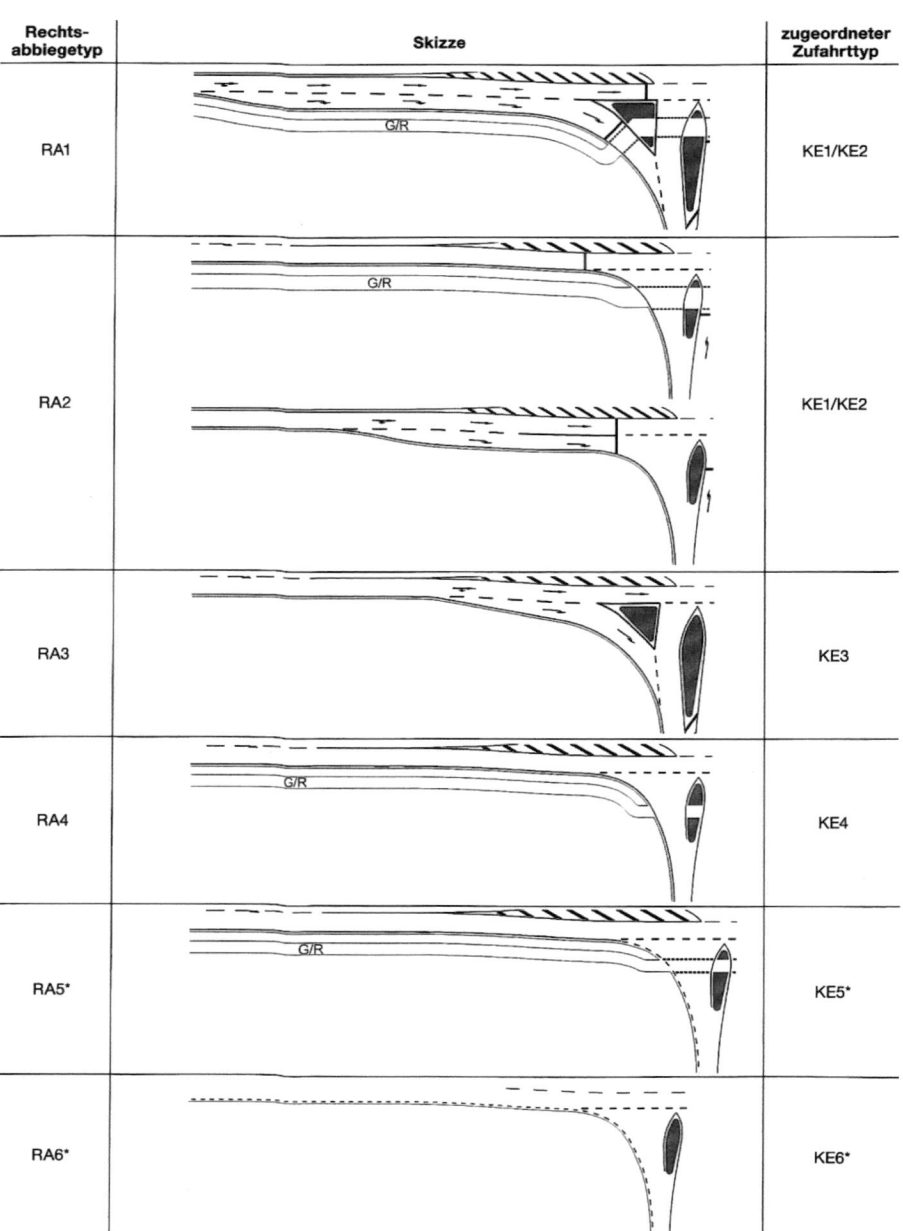

Tafel 19.18 Einsatzbereich für Rechtsabbiegetypen (RAL)

EKL der Straße, aus der abgebogen wird	Betriebsform des Knotenpunkts	EKL der Straße, in die abgebogen wird	Gesonderte Führung von Fußgängern/Radfahrern		Rechtsabbiegetyp	Zugehöriger Zufahrttyp für Kreuzen/ Einbiegen
			Parallel zur übergeordneten Straße über die untergeordnete Zufahrt	Quer zur übergeordneten Straße		
EKL 2	Mit LSA	EKL 2/EKL 3	Ja	Ja	RA1	KE1/KE2
(EKL 2)/EKL 3	Mit LSA	EKL 3/EKL 4	Ja	Ja	RA2	KE1/KE2
EKL 3	Ohne LSA	EKL 3	Nein	Nein	RA3/RA4	KE3/KE4
	Ohne LSA	EKL 3	Ja	Ja[a]	RA4	KE4
	Ohne LSA	EKL 4	Ja	Ja[a]	RA5	KE5
EKL 4	Ohne LSA	EKL 4	–	–	RA6	KE6

() Ausnahme.
[a] Nur bei Einmündungen anwendbar. Die Querung erfolgt über eine Querungshilfe im Bereich der Sperrfläche, die dem Linksabbiegestreifen gegenüber liegt.

Fahrstreifen für **einbiegende und kreuzende Verkehrsströme** dienen als Stauraum für wartepflichtige Fahrzeuge. Zur Verdeutlichung der Wartepflicht sind in der Regel Fahrbahnteiler auszuführen. An plangleichen Knotenpunkten ohne Lichtsignalanlage ist der Aufstellbereich einstreifig auszubilden. Die Fahrbahnbreite neben dem Fahrbahnteiler beträgt 4,50 m (einschl. Randstreifen). An plangleichen Knotenpunkten mit Lichtsignalanlagen kann der Aufstellbereich auch mehrstreifig ausgebildet werden.

Es werden sechs Zufahrttypen für **Kreuzen und Einbiegen** unterschieden (Abb. 19.47).

Der **Zufahrttyp KE1** kommt in Kombination mit den Rechtsabbiegetypen RA1 oder RA2 an Straßen der EKL 2 und der EKL 3 zur Anwendung, wenn bei signalisierten Knotenpunkten eine hohe Kapazität erreicht werden soll. Er besteht bei Einmündungen aus gesonderten Fahrstreifen für Links- und Rechtseinbieger. Er umfasst bei Kreuzungen neben dem Fahrstreifen für den kreuzenden Verkehr zusätzliche Fahrstreifen für Links- und Rechtseinbieger. Als Fahrbahnteiler wird in Kombination mit dem Rechtsabbiegetyp RA1 ein großer Tropfen und in Kombination mit dem Rechtsabbiegetyp RA2 ein kleiner Tropfen ausgeführt.

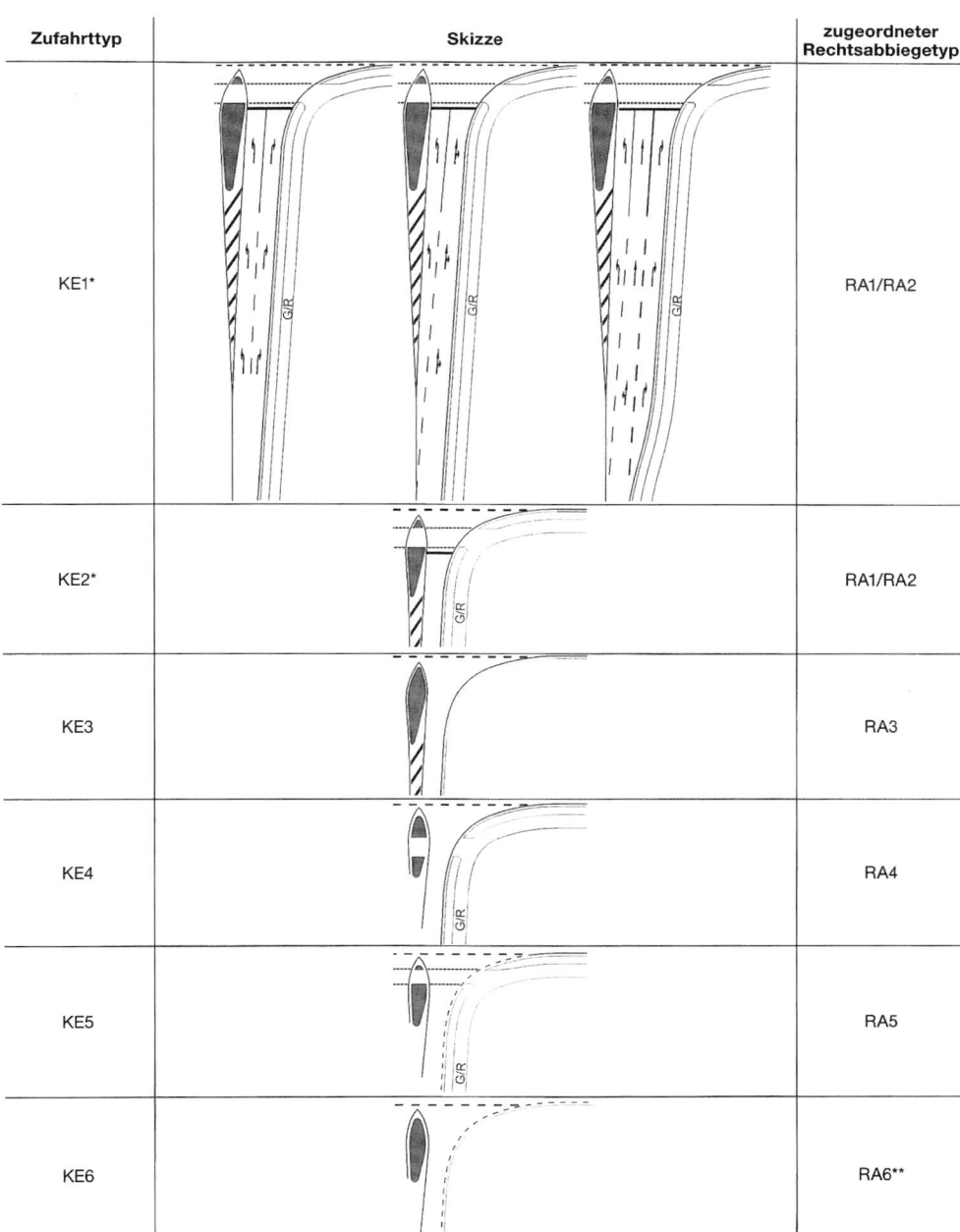

Abb. 19.47 Zufahrtstypen für Kreuzen und Einbiegen (RAL)

Zufahrttyp	Skizze	zugeordneter Rechtsabbiegetyp
KE1*		RA1/RA2
KE2*		RA1/RA2
KE3		RA3
KE4		RA4
KE5		RA5
KE6		RA6**

19

Der **Zufahrttyp KE2** kommt in Kombination mit den Rechtsabbiegetypen RA1 oder RA2 an Straßen der EKL 2 und der EKL 3 zur Anwendung, wenn bei Knotenpunkten mit Lichtsignalanlage ein einstreifiger Aufstellbereich ausreichend ist. Als Fahrbahnteiler wird in Kombination mit dem Rechtsabbiegetyp RA1 ein großer Tropfen und in Kombination mit dem Rechtsabbiegetyp RA2 ein kleiner Tropfen ausgeführt.

Der **Zufahrttyp KE3** kommt nur in Kombination mit dem Rechtsabbiegetyp RA3 an Straßen der EKL 3 bei Knotenpunkten ohne Lichtsignalanlage zur Anwendung. Als Fahrbahnteiler wird ein großer Tropfen ausgeführt.

Der **Zufahrttyp KE4** kommt in Kombination mit dem Rechtsabbiegetyp RA4 regelmäßig zur Anwendung, wenn eine Straße der EKL 3 mit einem Knotenpunkt ohne Lichtsignalanlage an eine Straße der EKL 3 angeschlossen wird. Als Fahrbahnteiler wird ein kleiner Tropfen ausgeführt.

Der **Zufahrttyp KE5** kommt in Kombination mit dem Rechtsabbiegetyp RA5 regelmäßig zur Anwendung, wenn eine Straße der EKL 4 mit einem Knotenpunkt ohne Licht-

signalanlage an eine Straße der EKL 3 angeschlossen wird. Als Fahrbahnteiler wird ein kleiner Tropfen ausgebildet.

Der **Zufahrttyp KE6** kommt in Kombination mit dem Rechtsabbiegetyp RA6 regelmäßig zur Anwendung, wenn eine Straße der EKL 4 an eine Straße der EKL 4 angeschlossen wird. Als Fahrbahnteiler wird ein kleiner Tropfen ausgeführt.

Fahrbahnteiler In den untergeordneten Knotenpunktzufahrten sollen grundsätzlich Fahrbahnteiler vorgesehen werden, um die Kraftfahrer auf die Wartepflicht hinzuweisen.

Fahrbahnteiler werden mit Schrägborden ausgebildet. Die Querungsstellen für Radfahrer und Fußgänger sind gemäß den „Hinweisen für barrierefreie Verkehrsanlagen" (H BVA) zu gestalten.

Fahrbahnteiler an Einmündungen und Kreuzungen werden als großer und kleiner Tropfen ausgebildet. Der große Tropfen kommt bei den Rechtsabbiegetypen RA1 und RA3 zur Anwendung. In allen anderen Fällen wird der kleine Tropfen angewendet.

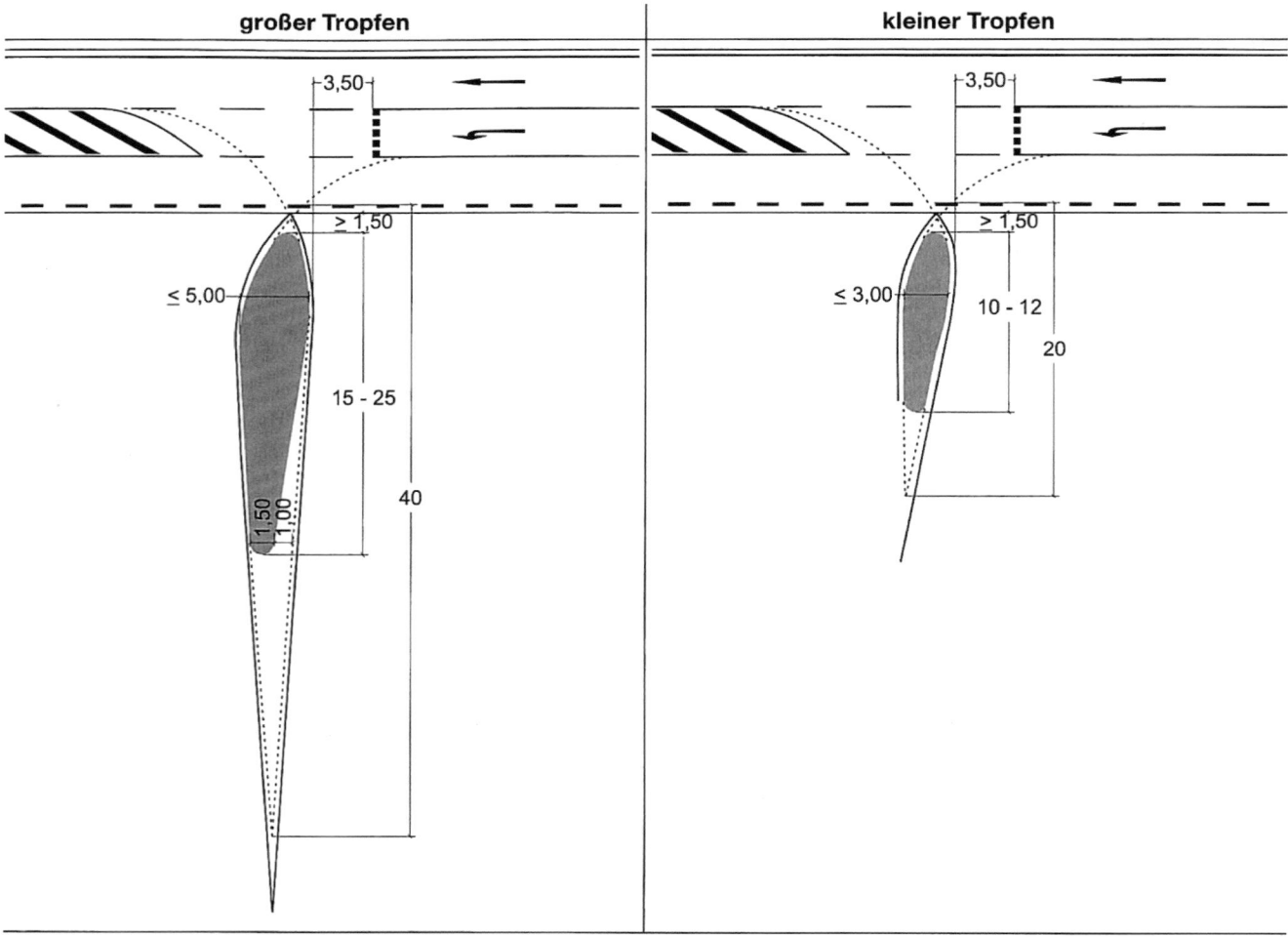

(Abmessungen in [m])

Abb. 19.48 Fahrbahnteiler an Einmündungen und Kreuzungen

An Kreuzungen soll ein gleichzeitiges Linksabbiegen möglich sein, dabei dürfen sich die Bewegungsspielräume der Bemessungsfahrzeuge nicht überschneiden. Ob die Fahrbahnteiler weiter vom Fahrbahnrand der übergeordneten Straße abgerückt werden müssen, ist mit Schleppkurven nachzuprüfen.

Soll an Kreuzungen mit Lichtsignalanlage ein gleichzeitiges Linksabbiegen möglich sein, müssen separate Aufstellstreifen für Linkseinbieger ausgeführt werden. Die Bewegungsräume der Bemessungsfahrzeuge dürfen sich nicht überschneiden. Dies ist mit Schleppkurven nachzuweisen.

Dreiecksinseln Dreiecksinseln werden von der Außenkante des Fahrstreifens der durchgehenden Fahrbahn um 0,50 m parallel abgesetzt, sie werden mit Flachborden ausgebildet. Die Überquerungsstellen für Fußgänger und Radfahrer sind auf Fahrbahnniveau abzusenken.

Die Kanten von Dreiecksinseln werden in der Regel parallel zum jeweiligen Fahrstreifenrand ausgebildet. Bei geringer Länge können sie auch gerade geführt werden. Sie sollen nicht kürzer als 5,00 m und nicht länger als 20 m sein. Dadurch bleibt der Bereich, in dem Rechtsabbieger und Linksabbieger zusammentreffen, begrenzt und übersichtlich.

Eckausrundungen Die Fahrbahnränder der Knotenpunktarme sind durch eine Eckausrundung miteinander zu verbinden. Das gewählte Bemessungsfahrzeug soll die Eckausrundung zügig befahren können. Das größte nach StVZO zulässige Fahrzeug muss den Knotenpunkt zumindest mit geringer Geschwindigkeit und ggf. unter Mitbenutzung von Gegenfahrstreifen befahren können.

Eine Eckausrundung wird als einteiliger Kreisbogen oder als dreiteilige Kreisbogenfolge (Korbbogen) ausgebildet.

Die dreiteilige Kreisbogenfolge ist der Schleppkurve der großen Fahrzeuge besser angepasst und nimmt bei vergleichbarer Qualität der Befahrbarkeit weniger Fläche in Anspruch. Die Radien sind so zu wählen, dass ab- und einbiegende Fahrzeuge den Gegenfahrstreifen in der Regel nicht mit benutzen müssen.

Die dreiteilige Kreisbogenfolge wird mit einem Radienverhältnis:

$$R_E : R_H : R_A = 2 : 1 : 3$$

R_E [m] Einleitender Radius
R_H [m] Hauptbogenradius
R_A [m] ausleitender Radius.

ausgebildet. Dabei haben der einleitende Radius R_E und der ausleitende Radius R_A unabhängig vom gesamten Richtungsänderungswinkel immer konstante Zentriwinkel ($\alpha_E = 17,5$ gon und $\alpha_A = 22,5$ gon).

Für Knotenpunkte mit einem Kreuzungswinkel von 100 gon und einem Fahrbahnteiler sollte der Hauptbogenradius R_H für die Rechtsabbiegetypen RA2, RA4 und RA5 15 m und für die Zufahrttypen KE1, KE2, KE3, KE4 und KE5 12 m betragen. Für den Rechtsabbiegetyp RA6 sollte der Hauptbogenradius R_H 12 m und für den Zufahrttyp KE6 10 m betragen.

Sichtfelder Knotenpunkte müssen aus einer Entfernung erkennbar sein, die es den Kraftfahrern gestattet, ggf. vor kreuzenden bzw. ein- und abbiegenden Kraftfahrzeugen sowie Radfahrern und Fußgängern anzuhalten.

Zusätzlich müssen für wartepflichtige Kraftfahrer, Radfahrer und Fußgänger bestimmte Sichtfelder von ständigen Sichthindernissen (auch Wegweisern) und sichtbehinderndem Bewuchs freigehalten werden. In solchen Sichtfeldern

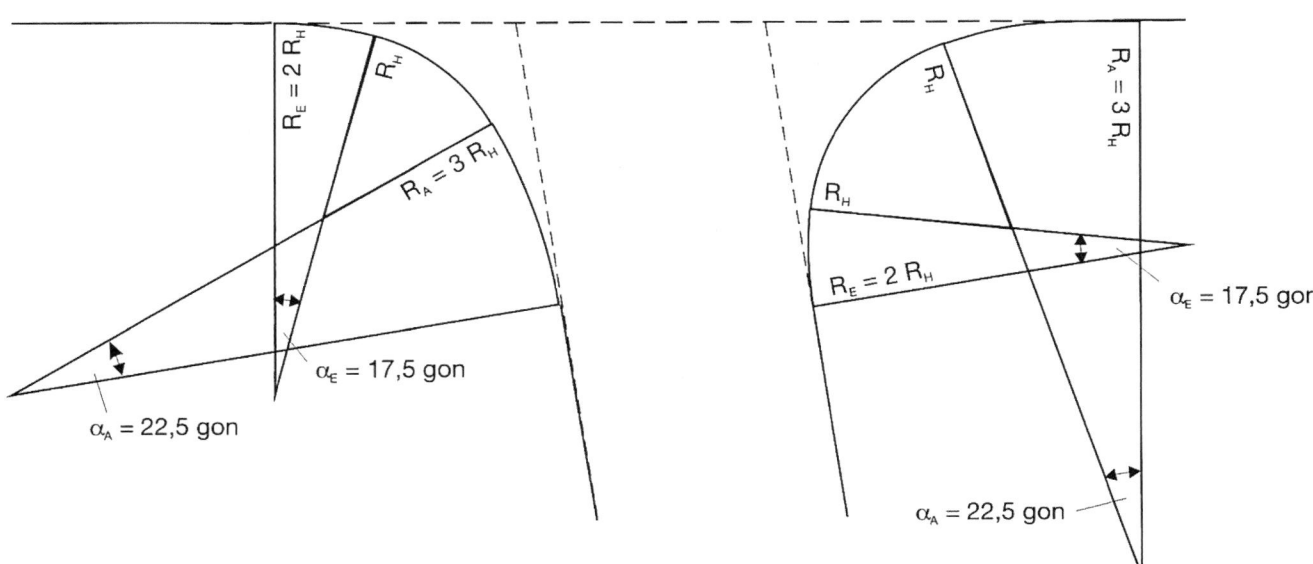

Abb. 19.49 Eckausrundung mit dreiteiligem Korbbogen

sind nur notwendige verkehrstechnische Einrichtungen, wie Lichtmaste, Lichtsignalgeber, Pfosten von Signalgebern zulässig.

Die Ermittlung der freizuhaltenden Sichtfelder soll räumlich erfolgen. Folgende Parameter sind dabei zu berücksichtigen:

- Augpunkthöhe für Pkw-Fahrer: 1,00 m,
- Augpunkthöhe für Lkw-Fahrer: 2,50 m (nur bei Unterführungen, Wegweisern und Verkehrszeichen zu beachten) und
- Zielpunkthöhe auf der bevorrechtigten Fahrbahn: 1,00 m.

Die Größe der freizuhaltenden Sichtfelder richtet sich nach der Entwurfsklasse bzw. nach der zulässigen Höchstgeschwindigkeit im Knotenpunkt. Im Einzelnen sind die Sichtfelder für:

- die Haltesicht,
- die Anfahrsicht,
- die Annäherungssicht

nachzuweisen.

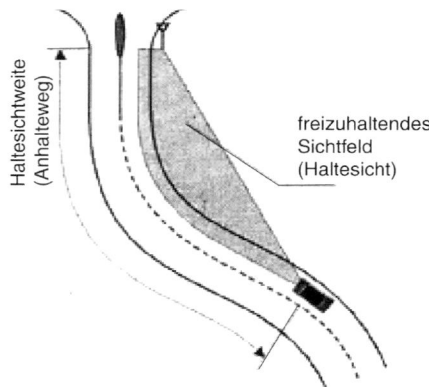

Abb. 19.50 Freizuhaltendes Sichtfeld für die Haltesicht

Abb. 19.51 Freizuhaltendes Sichtfeld für die Annäherungssicht

Abb. 19.52 Freizuhaltendes Sichtfeld für die Anfahrsicht

In allen Knotenpunktzufahrten müssen die erforderlichen Haltesichtweiten S_h eingehalten werden. Damit ist in der Regel auch sichergestellt, dass die Vorfahrtregelung rechtzeitig zu erkennen ist. Kann das zum Erkennen der Vorfahrtregelung erforderliche Sichtfeld nicht eingehalten werden, muss die Vorfahrtregelung vorangekündigt werden. Ggf. ist eine Beschränkung der zulässigen Höchstgeschwindigkeit erforderlich.

Als Annäherungssicht wird das Sichtfeld bezeichnet, das für einen Kraftfahrer auf der untergeordneten Straße in 15 m Entfernung (bei hoher Anzahl einbiegender Schwerlastfahrzeuge 20 m) vom Rand der bevorrechtigen Straße nach beiden Seiten einsehbar ist. Ist die Annäherungssicht hinreichend groß, kann der Kraftfahrer ggf. ohne Halten in die übergeordnete Straße einfahren. Aus Gründen der Verkehrssicherheit sollte diese Möglichkeit nur in Verbindung mit einer Beschränkung der zulässigen Höchstgeschwindigkeit auf 70 km/h in der bevorrechtigten Straße vorgesehen werden. Die erforderliche Schenkellänge des Annäherungssichtfeldes beträgt dann 110 m.

An Knotenpunkten, an denen das Annäherungssichtfeld nicht freigehalten werden kann oder an denen die zulässige Höchstgeschwindigkeit nicht auf 70 km/h beschränkt wird, ist das Anhalten mit Zeichen 206 StVO (Haltegebot) und einer Haltelinie anzuordnen.

Als Anfahrsicht wird das Sichtfeld bezeichnet, das für einen 3,00 m vor dem Rand der bevorrechtigten Straße wartenden Kraftfahrer nach beiden Seiten einsehbar ist.

Das Anfahrsichtfeld muss hinreichend breit sein, damit der Kraftfahrer mit einer zumutbaren Behinderung der bevorrechtigten Kraftfahrzeuge aus dem Stand in die übergeordnete Straße einfahren kann.

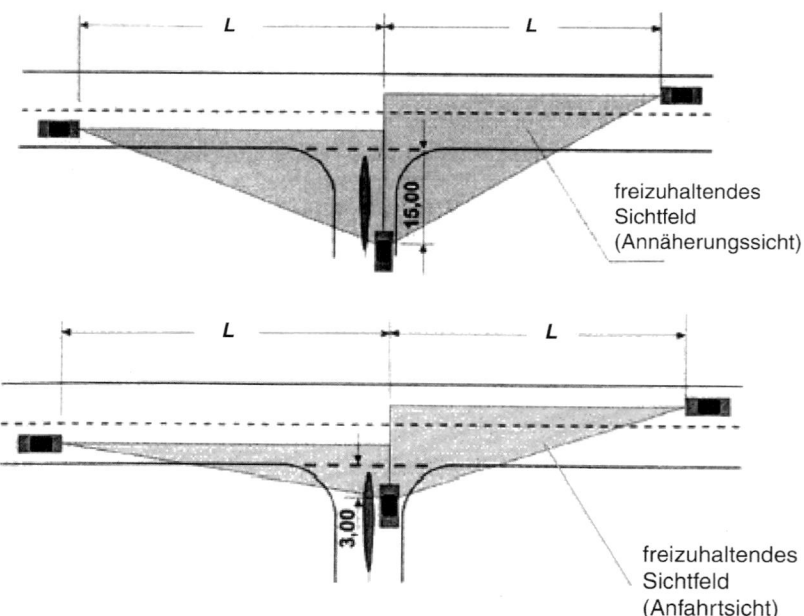

Dies gilt sowohl für Einmündungen/Kreuzungen ohne Lichtsignalanlage als auch für Einmündungen/Kreuzungen mit Lichtsignalanlage.

Die erforderliche Schenkellänge L des Anfahrsichtfeldes beträgt bei einer Beschränkung der zulässigen Höchstgeschwindigkeit auf 70 km/h 110 m. An Einmündungen/Kreuzungen, an denen die zulässige Höchstgeschwindigkeit nicht auf 70 km/h beschränkt wird, beträgt die Schenkellänge L 200 m. An Knotenpunkten, an denen das jeweilige Anfahrsichtfeld aufgrund örtlicher Zwangsbedingungen nicht freigehalten werden kann, ist eine Beschränkung der zulässigen Höchstgeschwindigkeit erforderlich.

19.2.4.4 Knotenpunkte an Stadtstraßen

19.2.4.4.1 Knotenpunktsarten

Die Auswahl einer geeigneten Knotenpunktsart richtet sich nach der Netzfunktion der zu verknüpfenden Straßen, nach ihren Verkehrsstärken, dem Unfallgeschehen sowie der städtebaulichen und straßenräumlichen Situation, in der der Knotenpunkt angelegt werden soll.

In den Richtlinien für die Anlage von Stadtstraßen (RASt 06) sind folgende Knotenpunktsarten beschrieben und ihre jeweilige Eignung dargestellt:
- Einmündungen oder Kreuzungen mit Rechts-vor-links-Regelung
- Einmündungen oder Kreuzungen mit vorfahrtregelnden Verkehrszeichen
- Einmündungen oder Kreuzungen mit Lichtsignalanlage
- Kleiner Kreisverkehr
- Großer Kreisverkehr
- Teilplanfreie Lösung

19.2.4.4.2 Entwurfselemente

Knotenpunkte an Stadtstraßen müssen:
- Aus allen Knotenpunktszufahrten rechtzeitig erkennbar sein,
- Begreifbar sein, um für alle Verkehrsteilnehmer die Bevorrechtigung, mögliche Konflikte mit anderen Verkehrsteilnehmern sowie Einordnungs- und Abbiegemöglichkeiten zu verdeutlichen,
- So übersichtlich sein, dass zumindest alle Wartepflichtigen bei der Annäherung an einen Gefahrenpunkt die bevorrechtigten Verkehrsteilnehmer rechtzeitig sehen können,
- Gut und sicher befahrbar bzw. begehbar sein.

Die Anzahl der Fahrstreifen im Knotenpunkt richtet sich nach den Erfordernissen, die sich aus den angrenzenden knotenpunktfreien Strecken, aus den Abbiegeverkehrsstärken, der angestrebten Qualität des Verkehrsablaufs sowie beson-

deren Anforderungen des Fußgängerverkehrs, des Radverkehrs, des ÖPNV und des Umfelds ergeben.

Ob Aufstellbereiche oder Linksabbiegestreifen notwendig sind, ergibt sich aus der Stärke der Linksabbieger und den Verkehrsstärken des Stroms, aus dem abgebogen wird. Sie sind mit der Verfügbarkeit von Flächen abzuwägen und in der Regel nur im Zuge von Hauptverkehrsstraßen anzulegen.

Prinzipiell sind an Hauptverkehrsstraßen drei Formen zur Führung von Linksabbiegern anwendbar (siehe Abb. 19.53):
- Keine bauliche Maßnahme
- Aufstellbereich
- Linksabbiegestreifen

Die Einsatzbereiche können aus der Verkehrsstärke des Hauptstroms und der Linksabbieger ermittelt werden (siehe Abb. 19.54).

An Einmündungen und Kreuzungen mit Lichtsignalanlage ergibt sich Anzahl und Länge der Fahrstreifen aus der Berechnung der Lichtsignalsteuerung sowie nach Sicherheitsüberlegungen, die nach den Richtlinien für Lichtsignalanlagen (RiLSA) durchzuführen sind.

19.2.4.5 Kreisverkehrsplätze

Kreisverkehrsplätze werden verwendet, um die Leistungsfähigkeit zu steigern und die Sicherheit zu erhöhen.

Je nach Einsatzbereich und notwendiger Leistungsfähigkeit werden Minikreisverkehre, kleine Kreisverkehrsplätze und zweistreifig befahrbare Kreisverkehre unterschieden.

Weitere Hinweise zu Kreisverkehrsplätzen sind in den Richtlinien für die Anlage von Landstraßen (RAL) und Stadtstraßen (RASt 06) zu finden.

Minikreisverkehre weisen eine einstreifige Kreisfahrbahn mit einem Durchmesser von 13 bis 22 m auf. Die Mittelinsel ist überfahrbar, damit auch große Fahrzeuge den Kreisverkehr passieren können. Pkw müssen die Mittelinsel auf der Kreisfahrbahn umrunden. Minikreisverkehre sind nur innerhalb bebauter Gebiete anzulegen.

Tafel 19.19 Entwurfselemente Minikreisverkehr

Außendurchmesser (D)	13 m–22 m
Kreisinseldurchmesser (D_1)	≥ 4 m
Kreisfahrbahnbreite (B)	4 m–6 m
Fahrstreifenbreite	
– Knotenpunktszufahrt (B_Z)	3,25 m–3,75 m
– Knotenpunktsausfahrt (B_A)	3,50 m–4,00 m
Ausrundungsradius	
– Knotenpunktszufahrt (R_Z)	8 m–10 m
– Knotenpunktsausfahrt (R_A)	8 m–10 m

19

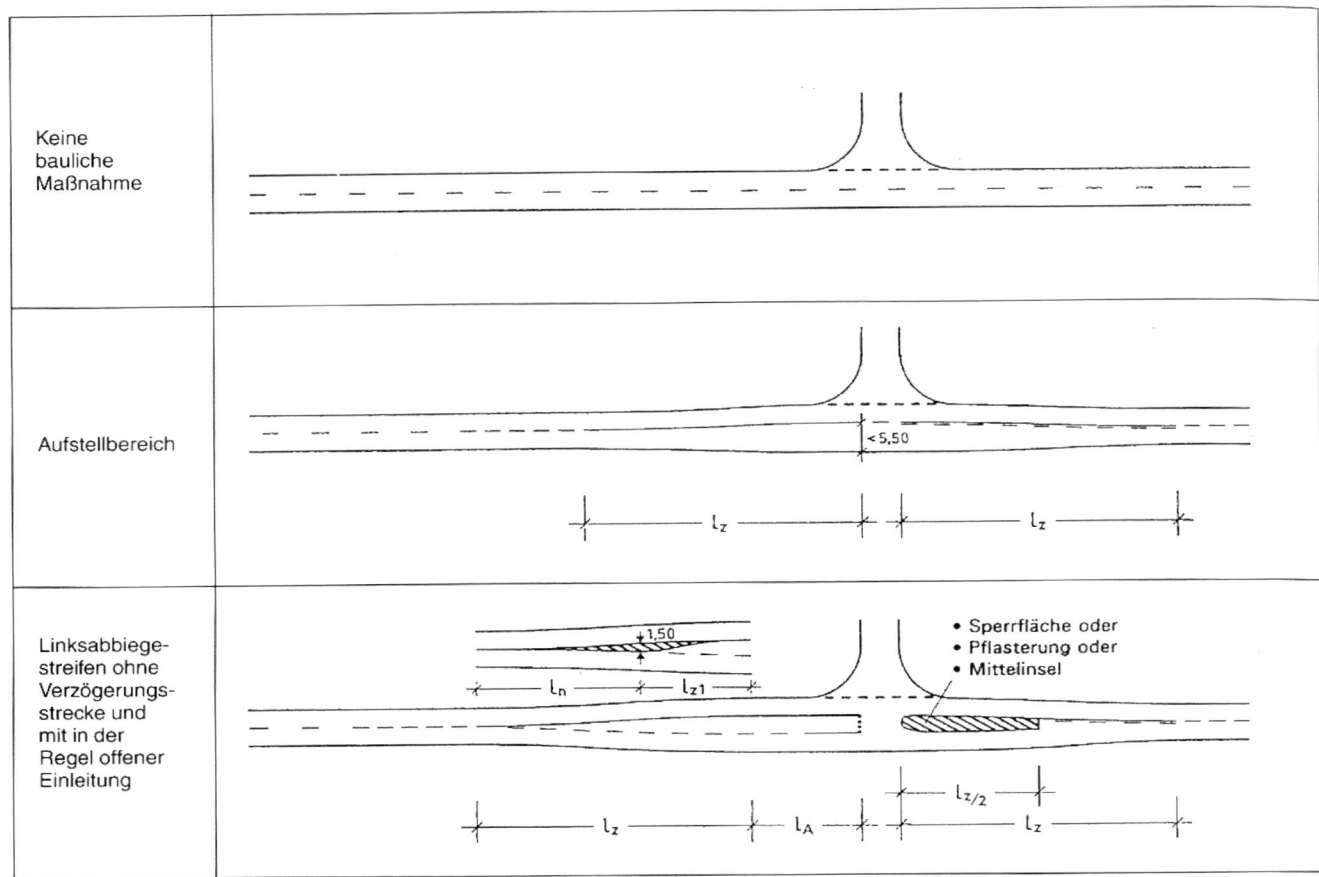

Abb. 19.53 Formen der Führung von Linksabbiegern an Hauptverkehrsstraßen (RASt 06)

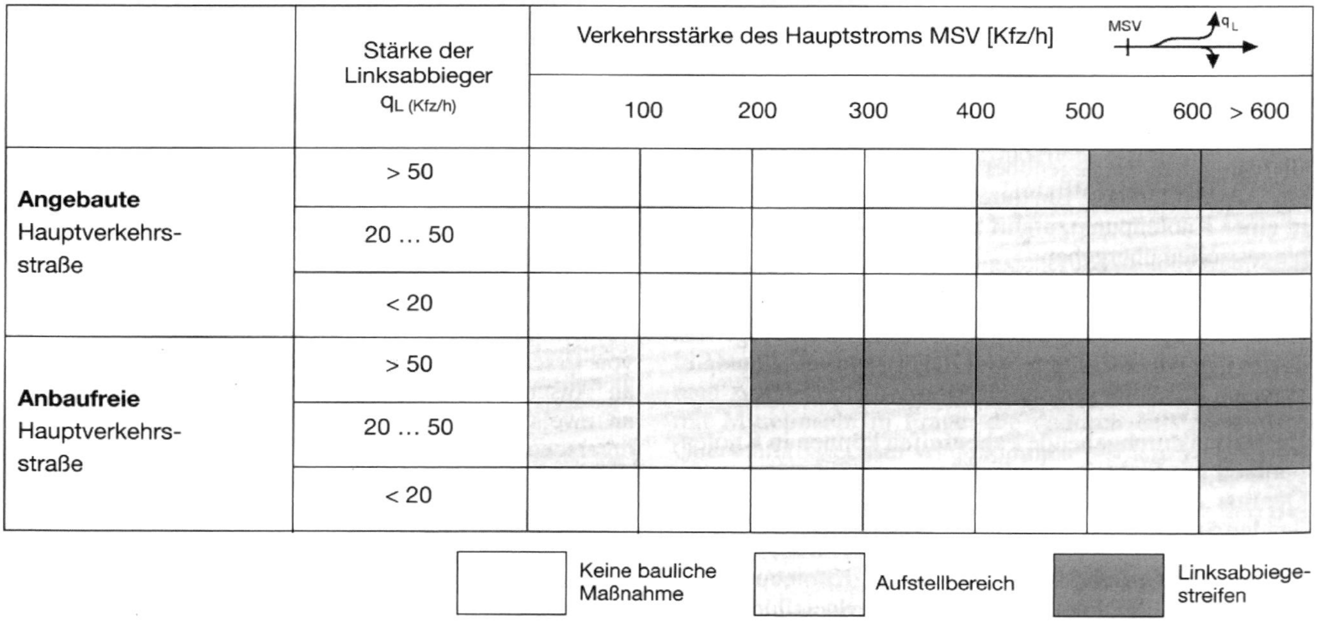

	Stärke der Linksabbieger q_L (Kfz/h)	Verkehrsstärke des Hauptstroms MSV [Kfz/h]						
		100	200	300	400	500	600	> 600
Angebaute Hauptverkehrsstraße	> 50							
	20 … 50							
	< 20							
Anbaufreie Hauptverkehrsstraße	> 50							
	20 … 50							
	< 20							

☐ Keine bauliche Maßnahme   ☐ Aufstellbereich   ☐ Linksabbiegestreifen

Abb. 19.54 Einsatzbereiche für Linksabbiegestreifen und Aufstellbereiche an zweistreifigen Fahrbahnen und an Fahrbahnen mit Zwischenbreiten (RASt 06)

Tafel 19.20 Entwurfselemente kleiner Kreisverkehrsplatz innerhalb bebauter Gebiete

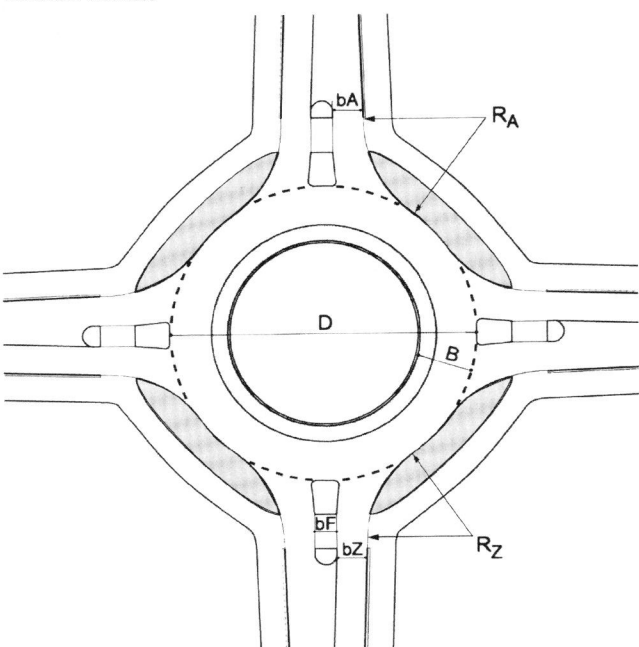

Außendurchmesser (D)	26 m–35 m
Kreisfahrbahnbreite (B)	8,00 m–6,50 m
Fahrstreifenbreite	
– Knotenpunktszufahrt (B_Z)	3,25 m–3,50 m
– Knotenpunktsausfahrt (B_A)	3,50 m–3,75 m
Ausrundungsradius	
– Knotenpunktszufahrt (R_Z)	10 m–12 m
– Knotenpunktsausfahrt (R_A)	12 m–14 m
Querneigung der Kreisfahrbahn	−2,5 %
Schrägneigung der Knotenpunktfläche	≤ 6 %
Breite der Fahrbahnteiler	
– mit Querungsmöglichkeit für Fußgänger	≥ 2,00 m
– mit Querungsmöglichkeit für Radfahrer	2,50 m

Tafel 19.21 Entwurfselemente kleiner Kreisverkehrsplatz außerhalb bebauter Gebiete

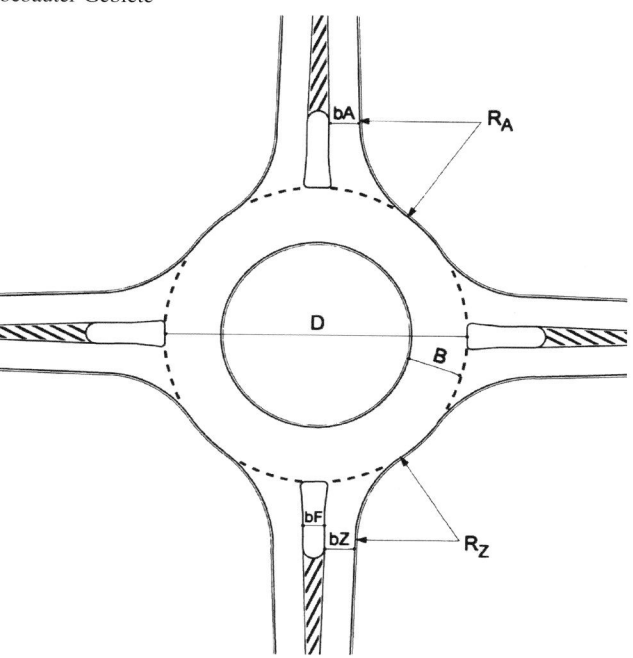

Außendurchmesser (D)	35 m–45 m
Kreisfahrbahnbreite (B)	6,50 m–5,75 m
Fahrstreifenbreite	
– Knotenpunktszufahrt (B_Z)	3,50 m–4,00 m
– Knotenpunktsausfahrt (B_A)	3,50 m–4,25 m
Ausrundungsradius	
– Knotenpunktszufahrt (R_Z)	12 m–14 m
– Knotenpunktsausfahrt (R_A)	14 m–16 m
Querneigung der Kreisfahrbahn	−2,5 %
Schrägneigung der Knotenpunktfläche	≤ 6 %
Breite der Fahrbahnteiler	
– ohne Querungsmöglichkeit	> 1,60 m
– mit Querungsmöglichkeit für Fußganger	≥ 2,00 m
– mit Querungsmöglichkeit für Radfahrer	2,50 m

Kleine Kreisverkehrsplätze weisen einstreifige Zu- und Ausfahrten sowie eine einstreifige Kreisfahrbahn mit einem Durchmesser von 26 bis 35 m innerorts und 35 bis 45 m außerorts auf. Zur Begrenzung der Geschwindigkeit auf der Kreisfahrbahn soll die Kreisinsel für geradeaus fahrende Kfz eine ausreichende Ablenkung bewirken. Diese Ablenkung sollte das 2-fache der Fahrstreifenbreite der Knotenpunktszufahrt nicht unterschreiten.

Zweistreifig befahrbare Kreisverkehrsplätze weisen eine überbreite Kreisfahrbahn auf, die ein Nebeneinanderfahren von Pkw ermöglicht. Ihr Durchmesser beträgt 40 bis 60 m. Die Zufahrten in die Kreisfahrbahn können zweistreifig ausgebildet sein, die Ausfahrten sind dagegen stets einstreifig. Die Leistungsfähigkeit eines Kreisverkehrsplatzes kann durch die Anlage eines Bypasses erhöht werden. Er verbindet außerhalb der Kreisfahrbahn – als frei geführter Rechtsab-

Tafel 19.22 Entwurfselemente zweistreifig befahrbarer Kreisverkehr

Außendurchmesser (D)	40 m–60 m
Kreisfahrbahnbreite (B)	8 m–10 m
Fahrstreifenbreite	
– Knotenpunktszufahrt (B_Z)	6,50 m–7,00 m
– Knotenpunktsausfahrt (B_A)	3,50 m–4,50 m
Ausrundungsradius	
– Knotenpunktszufahrt (R_Z)	12 m–16 m
– Knotenpunktsausfahrt (R_A)	12 m–18 m

biegestreifen – direkt zwei nacheinander liegende Knotenpunktarme. Er gibt dem Verkehr die Möglichkeit direkt nach rechts abzubiegen, ohne in den Kreisverkehr hineinfahren zu müssen.

19

19.2.5 Anlagen für ruhenden Verkehr

Hinweise zum Entwurf von Anlagen für den ruhenden Verkehr finden sich in den Empfehlungen für Anlagen des ruhenden Verkehrs (EAR 05).

Der *Flächenbedarf* für ruhenden Kraftfahrzeugverkehr hängt ab von Art und Maß der baulichen Nutzung der Grundstücke, dem Bedarf der Anlieger, der Besucher, Kunden und Beschäftigten in einem bebauten Gebiet. Die Abstellflächen können auf öffentlichem oder privatem Grund liegen. Je nach Bauordnung sind 1,0 bis 1,5 Stellplätze je Wohnung auf privatem Grund gefordert. Für Besucher und Lieferanten ist für 3 bis 6 Wohnungen ein Stellplatz auf öffentlichen Grund zu planen. Davon sollen 3 % für Behinderte ausgewiesen werden.

Stellplätze sind Flächen, auf denen ein Kraftfahrzeug abgestellt werden kann einschließlich des notwendigen Manövrierraumes vor und hinter dem Fahrzeug. *Parkplätze* sind Flächen, auf denen eine Anzahl von Stellplätzen vereinigt sind einschließlich der notwendigen Fahrgassen. *Parkbauten* sind Parkplätze, die in konstruktiven Baulichkeiten als Hochbauten oder unterirdisch untergebracht sind. Ein Stellplatz kann offen, überdacht oder rundum geschlossen (Garage) ausgeführt werden.

Im öffentlichen Bereich am *Straßenrand* oder auf *Parkplätzen* wählt man dem Bedarf entsprechend entweder die *Längs-, Schräg-* oder *Senkrechtaufstellung.* Die Anordnung der Stellplätze und deren Abmessungen entnimmt man Tafel 19.23 und Abb. 19.55. Um ein angenehmes städtebauli-

Tafel 19.23 Abmessungen von Parkständen für Pkw (Klammerwerte bei Pkw mit reduzierten Abmessungen)

Aufstellungsform	Qualität des Ein- und Ausparkens	Aufstellwinkel α in gon	Tiefe ab Fahrgassenrand $t - \ddot{u}$ in m	Überhangstreifen $\ddot{u}$ in m	Parkstandbreite b in m	Straßenfrontlänge l_f in m beim Einparken		Notwendige Fahrgassenbreite b_g in m beim Einparken	
						Vorwärts	Rückwärts	Vorwärts	Rückwärts
Längsaufstellung	Bequem	0			2,00		5,75		3,50
	Beengt				1,80		5,25		3,50
Schrägaufstellung	Bequem	50	4,15 (3,95)		2,50	3,54		2,40	
	Beengt				2,30	3,25		2,60 (2,50)	
	Bequem	60	4,45 (4,20)		2,50	3,09		2,90	
	Beengt				2,30	2,84		3,30 (3,00)	
	Bequem	70	4,60 (4,30)		2,50	2,81		3,60	
	Beengt				2,30	2,58		4,30 (3,50)	
	Bequem	80	4,60 (4,30)		2,50	2,63		4,20	
	Beengt				2,30	2,42		5,40 (4,10)	
	Bequem	90	4,30 (4,00)		2,50	2,53		5,00	
	Beengt				2,30	2,33		(4,80)	
Senkrechtaufstellung	Bequem	100	4,30 (4,00)	0,70 (0,50)	2,50	2,50	2,50	6,00	4,50
	Beengt				2,30	2,30	2,30	(5,50)	5,00 (4,50)
Blockaufstellung	Bequem	100	4,30 (4,00)		2,50	7,90	7,15	6,00	4,50
	Beengt				2,30	(6,65)	7,40	(5,50)	5,00 (4,50)

Abb. 19.55 Abmessung von Parkständen für Behinderten-Pkw

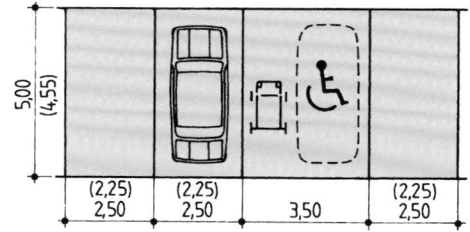
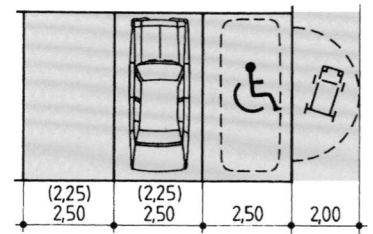

Abb. 19.56 Beispiele für das Anlegen von Parkflächen am Straßenrand

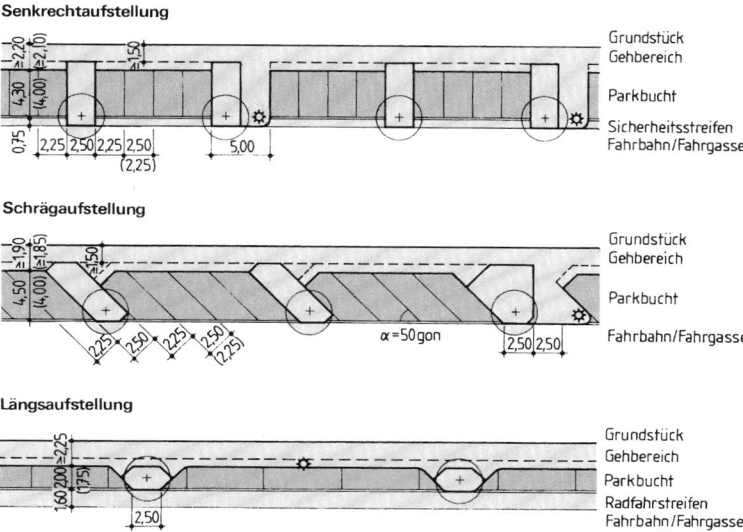

ches Bild zu erreichen, sollten die angeordneten Stellplätze durch Grünflächen unterbrochen werden (Abb. 19.56).

Auf Parkplätzen kann man die Stellplätze in Senkrechtstellung, im Parkett- oder Fischgrätenmuster anordnen. Je nach vorhandener Fläche sind Kombinationen möglich (Abb. 19.57).

Die einzelnen Geschosse mehrgeschossiger *Parkbauten* werden durch gerade oder Kreisbogenrampen miteinander verbunden. Die Längsneigung soll 15 % (im Freien 10 %) nicht überschreiten. Die Abmessungen entnimmt man der Tafel 19.24. Beim Übergang zur Geschossfläche sind Neigungen > 8,0 % auszurunden oder auf 1,50 m Länge bei Kuppen und 2,50 m bei Wannen nur mit halber Längsneigung auszuführen ($h_k = 15,00$ m, $h_w = 20,00$ m). Bei Neigungswechseln ist die lichte Geschosshöhe von mind. 2,10 m auf mind. 2,30 m zu vergrößern.

Tafel 19.24 Querschnittsabmessungen für Rampen in Parkbauten

Verkehrsart auf der Rampe	Radius r_i in m	Mindest-Fahrbahnbreite in m	Sicherheitsraum in m			Lichte Breite in m
			S_i	S_a	S_m	
Einrichtungsverkehr	∞	3,00	0,25	0,25		3,50
	5,00	4,00	1,00	0,50		5,50
Gegenverkehr	∞	6,00	0,25	0,25	0,50	7,00
	5,00	7,10	0,50	0,50	0,50	8,60
	6,00	6,90				8,40
	7,00	6,70				8,20
	8,00	6,50				8,00
	9,00	6,30				7,80
	10,00	6,00				7,50

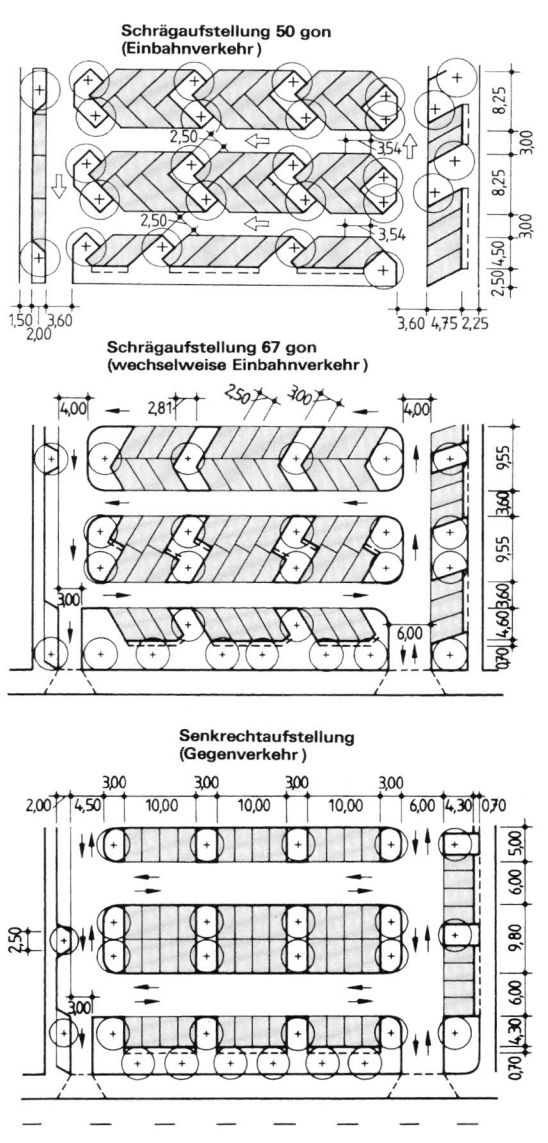

Abb. 19.57 Beispiele für Parkplatzgestaltung

19.2.6 Anlagen für Fußgängerverkehr

Beim Entwurf von Anlagen für den Fußgängerverkehr ist zu
beachten, dass
- die Bewegungsabläufe von Fußgängern spontan, un-
  gleichmäßig, verschieden schnell und wenig zielbezogen
  sein können,
- Fußgänger häufig nebeneinander gehen,
- Fußgänger auch Kinderwagen, Regenschirme, Ein-
  kaufstaschen und Gepäck mit sich führen,
- Gehwege auch von mobilitätsbehinderten Menschen und
  von Kindern mit Fahrrädern mitbenutzt werden,

- Fußgänger sich aufhalten (Gespräche, Schaufenster betrachten, Spiele von Kindern),
- Gehbereiche häufig zur Lagerung von Material, Müllbe-
  hältern, Schnee und zum Aufstellen von Verkehrszeichen
  benutzt werden.

Fußgängerverkehr, Aufenthalt und Kinderspiel sind nur
schwer gegeneinander abgrenzbar, weil diese Nutzungen oft
ineinander übergehen und sich in der Nutzung des Raumes überschneiden. Maßgebend für den Entwurf sind daher
nicht so sehr durchlaufende lineare Verkehrsräume konstanter Breite, sondern wechselnde, flexibel nutzbare Räume.
Diese Räume können neben den öffentlichen Flächen auch

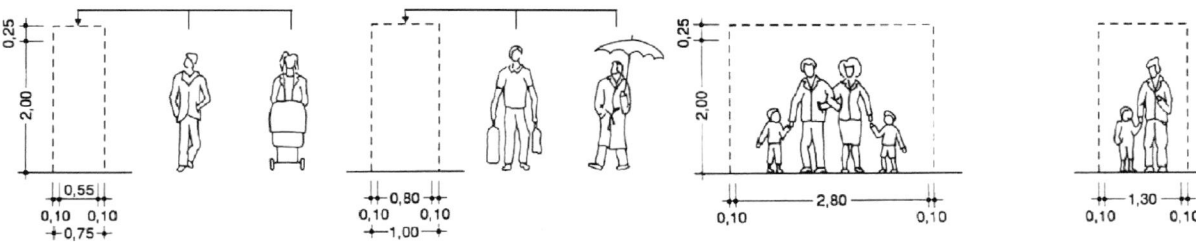

Die Abmessungen des Verkehrsraumes für Fußgänger betragen:

	Grundmaß [m]	Spielraum [m]	Gesamtbreite [m]
Ohne Gepäck	0,55	0,10	0,75
Mit Gepäck	0,80	0,10	1,00
Behinderte	0,80	0,10	1,00
Nebeneinandergehen	1,30	0,10	1,50

Abb. 19.58 Abmessungen des Verkehrsraumes für Fußgänger

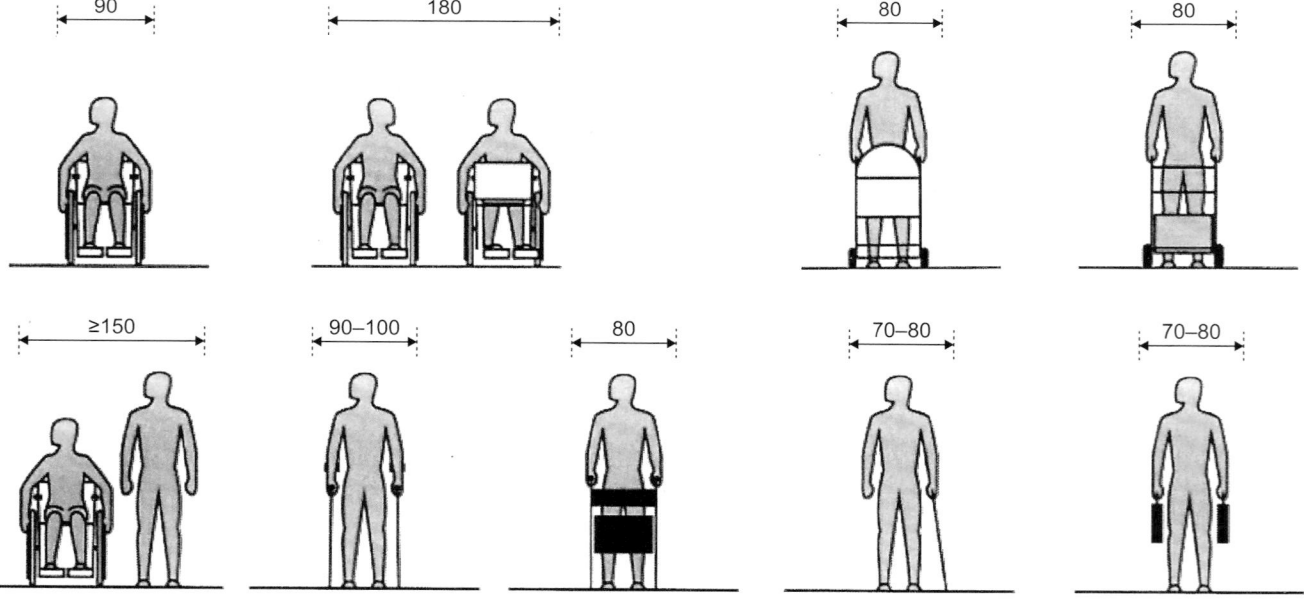

Alle Angaben in cm

Abb. 19.59 Grundmaße der Verkehrsräume mobilitätsbehinderter Menschen

halböffentliche Übergangsbereiche zwischen der Straße und der Bebauung wie Hauseingänge, Nischen oder sogar private Flächen einbeziehen.

Für sonstige Nutzungen im Bereich der Gehflächen sind folgende Breitenzuschläge anzuwenden:

- Abstand von Gebäuden, Mauern, Zäune 0,25 m
- Verkehrszeichen, Poller, Parkuhren, Bäume 0,25 m
- Fahrbahnrand mit starkem Kfz-Verkehr 0,50 m
- Überhangmaß bei Schräg- und Senkrechtparkstand 0,75 m

Weitere Zusatzbreiten können sich ergeben für:

- Verweilflächen vor Schaufenstern 1,00 m
- Abstände beim Begegnen 0,40 m
- Auslagestände vor Geschäften 1,50 m
- Schneelagerflächen 0,50 m
- Ruhebänke 1,00 m
- Bushaltestellen 1,50 m
- Stellflächen für Zweiräder 2,00 m

Die Längsneigung von Gehwegen soll auf 6 % begrenzt werden. Wird dieser Wert überschritten, müssen ebene Bereiche in regelmäßigen Abständen eingerichtet werden. Querneigungen sollen maximal 3 % betragen.

Möglichkeiten zur Fußgängerführung sind:

Fußgängerzonen Die gesamte Straße ist den Fußgängern vorbehalten und darf nur ausnahmsweise mit Sondererlaubnis oder allenfalls zeitweise mit Kfz befahren werden.

Autofreie Städte Autofreie Städte gibt es aus historischen Gründen, touristischen Erwägungen oder Überlastung von Stadtteilen.

Mischungsprinzip Beim Mischungsprinzip wird versucht, durch Entwurfs- und Gestaltungsmaßnahmen im gesamten Straßenraum mehrere Nutzungen weitgehend miteinander verträglich zu machen. Die Anwendung des Mischungsprinzips ist an Voraussetzungen wie Geschwindigkeiten deutlich unter 30 km/h und Verkehrsbelastung unter 200 Kfz/h gebunden.

Trennungsprinzip Beim Trennungsprinzip wird für den Fahrverkehr eine durch Borde oder Rinnen abgetrennte Fahrbahn geschaffen.

Straßenbegleitende Gehwege sollen mindestens 2,0 m und selbstständig geführte Gehwege mindestens als 1,50 m breit sein.

Zum Trennungsprinzip gehören untrennbar verbunden die **Fußgängerquerungshilfen**.

Nur solange die Verkehrsbelastung gering, die Geschwindigkeiten niedrig und die Querungsbreite zumutbar sind, können die Fußgänger ohne Querungshilfe die Straße überschreiten.

Querungshilfen sind

Einengungen der Fahrbahn zur Verkürzung der Querungsbreite und zur Verbesserung der Sichtbeziehung Fußgänger – Kraftfahrer.

Die Fahrbahnbreite in der Engstelle richtet sich nach dem Bemessungsfahrzeug. Wird als maßgebender Begegnungsfall die Begegnung Lkw/Lkw angesetzt, darf die Engstelle nicht schmaler als 5,5 m sein, die Pkw/Pkw-Begegnung erfordert 4,75 m Breite, im äußersten Fall ist sie auch bei 4,00 m Breite möglich. Geringere Breiten sind nur einspurig befahrbar. Solange einspurige Engstellen kurz und übersichtlich sind, können sie bis zu Belastungen von 500 Kfz/h verwendet werden.

Fahrbahnteiler erlauben das Queren der Fahrbahn auf zweimal, wobei jeweils nur eine Fahrtrichtung beobachtet werden muss. Fahrbahnteiler müssen für den Kraftfahrer gut erkennbar sein, u. a. sind sie gut zu beleuchten.

Der **Fußgängerüberweg** oder Zebrastreifen gibt dem Fußgänger gegenüber dem Kraftfahrer Vorrang, d. h. der Kraftfahrer hat bei querungsbereiten Fußgängern anzuhalten und ihm die Querung zu ermöglichen.

Fußgängerüberwege kommen infrage, wenn die Stelle übersichtlich ist, eine gut einsehbare Wartefläche vorhanden ist, die Geschwindigkeit nicht größer als 50 km/h ist, nur ein Fahrstreifen pro Richtung gequert wird, genügend Abstand zu einer Lichtsignalanlage vorhanden ist, keine Grüne Welle in der Straße geschaltet ist, genügend Fußgänger an dieser Stelle die Straße queren wollen, der Fahrzeugverkehr weder zu schwach noch zu stark ist (mind. 300 Kfz/h aber max. 600 Kfz/h).

Fußgängerüberwege werden auf der Fahrbahn markiert, mit dem Zeichen „Fußgängerüberweg" beschildert, sofern er nicht in einem Knotenpunkt liegt, und ausreichend beleuchtet.

Tafel 19.25 Einsatzgrenzen von Fußgängerüberwegen

Fg/h	Kfz/h					
	0–200	200–300	300–450	450–600	600–750	über 750
0–50						
50–100		FGÜ möglich	FGÜ möglich	**FGÜ empfohlen**	FGÜ möglich	
100–150		FGÜ möglich	**FGÜ empfohlen**	**FGÜ empfohlen**		
Über 150		FGÜ möglich				

Abb. 19.60 Einsatzbereiche von
Fußgängerüberquerungshilfen

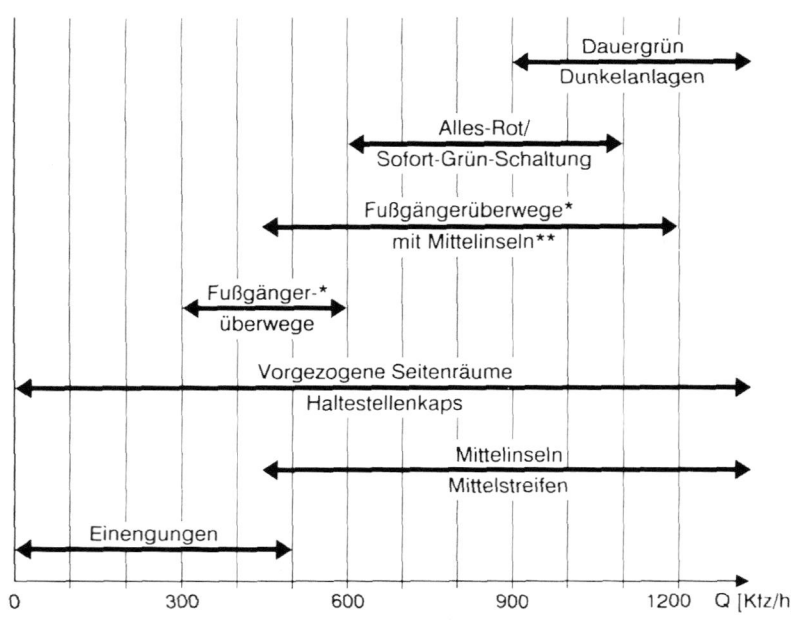

* ab 100 F/h (nach RFGÜ-84)[45]   ** ≤ 600 Kfz/h je Richtung (nach RFGÜ-84)

Fußgängerfurten sind generell mit einer Lichtsignalanlage (LSA) verbunden. Sie sind sichere Querungshilfen. Nachteilig sind die mit der Signalanlage verbundenen Wartezeiten im Vergleich mit anderen Querungshilfen. Eine Begrenzung dieser Wartezeiten auf einen zumutbaren Wert ist erforderlich, um die Akzeptanz der Sperrzeit zu gewährleisten (maximal 60 s).

Bei Furten an Knotenpunkten mit LSA wird die Steuerung der Sperr- und Freigabezeiten in die gesamte Steuerung des Knotenpunkts einbezogen.

An Knotenpunkten ohne LSA sollten möglichst keine Furten angelegt werden. Besteht dennoch das Querungsbedürfnis am Knotenpunkt und ist kein Fußgängerüberweg möglich, sollte die Furt zumindest 20 m vom Knotenpunkt abgerückt werden.

An Überquerungsstellen außerhalb von Knotenpunkten sollen Furten in der Regel mit Anforderungssignalen (nach Bedarf) betrieben werden. Die Steuerung kann mit vollständiger Signalfolge, als Dunkelanlage oder mit einer Alles-Rot-/Sofort-Grün-Schaltung erfolgen.

Fußgängerunter- und -überführungen sind nur dann sicher, wenn sie auch benutzt werden.

Unterführungen erzeugen zumindest eine Unbehaglichkeit. Bei sehr starken Fußgängerströmen sind sie akzeptabel, wenn über Kioske oder Ladengeschäfte eine soziale Kontrolle möglich ist. Überführungen erfordern die Überwindung eines großen Höhenunterschieds (6 m). Ergibt sich diese Höhendifferenz aus der Umgebung ist diese Art der Querung sehr angenehm. Dennoch müssen Vorkehrungen getroffen werden, dass Behinderte und Personen mit Kinderwagen die Überführungen benutzen können.

Die **Einsatzbereiche** der Fußgängerquerungshilfen richten sich nach

- der erwünschten Qualität des Verkehrsablaufes,
- der Überquerungslänge und Spursituation,
- der erwünschten und notwendigen Sicherung beim Queren,
- der Kombination mit anderen Querungshilfen,
- der Ortsüblichkeit und der Gestaltung des Straßenraumes.

Besondere Anforderungen an Querungshilfen für mobilitätsbehinderte Menschen sind:

- abgesenkter Bordstein mit Kante
- Bodenindikatoren
- taktiler Signalgeber an Lichtsignalanlagen

19.2.7 Anlagen für Radverkehr

Hinweise zum Entwurf von Radverkehrsanlagen finden sich in den Empfehlungen für Radverkehrsanlagen (ERA).

Die **Grundmaße** für die Verkehrsräume des Radfahrers lassen sich aus der Grundbreite und der Höhe eines Radfahrers sowie den Bewegungsspielräumen zusammensetzen.

Breitenzuschläge ergeben sich entsprechend dem Fußgängerverkehr. Bei Radwegen ist zusätzlich neben Längsparkstreifen ein Breitenzuschlag von 0,75 m erforderlich. Aus dem Grundmaß und den Breitenzuschlägen ergibt sich die Breite von Radverkehrsanlagen, die bei einspurigem Ausbau 2,00 m (1,60 m bei geringer Radverkehrsstärke) und bei zweispurigem Ausbau 2,50 m (2,00 m bei geringer Radverkehrsstärke) nicht unterschreiten soll.

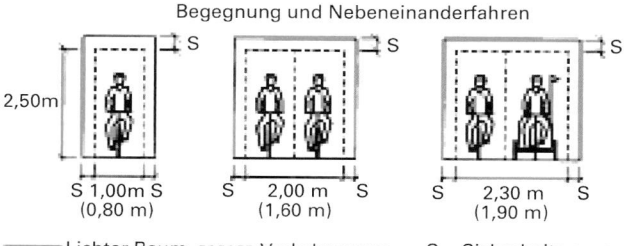

Begegnung und Nebeneinanderfahren

2,50 m

S 1,00 m S
(0,80 m)

S 2,00 m S
(1,60 m)

S 2,30 m S
(1,90 m)

Lichter Raum ······ Verkehrsraum   S = Sicherheitsraum
(Klammerangaben bei beengten Verkehrsraum)

Abb. 19.61 Grundmaße der Verkehrsräume für Radfahrer

Tafel 19.26 Sicherheitstrennstreifen bei Radwegen

Sicherheitstrennstreifen	Breite
Vom Fahrbahnrand mit festen Einbauten im Sicherheitstrennstreifen bzw. bei $V_{zul} > 50$ km/h	0,75 m
Vom Fahrbahnrand in sonstigen Fällen	0,50 m
Von parkenden Fahrzeugen in Längsaufstellung	0,75 m
Von parkenden Fahrzeugen in Schräg- und Senkrechtaufstellung	1,10 m

Die Führung des **Radverkehrs an Landstraßen** ist von deren Entwurfsklasse abhängig. Bei Straßen der EKL 1 und EKL 2 soll der Radverkehr generell nicht auf der Fahrbahn geführt werden. Bei Straßen der EKL 3 wird die Wahl der Führungsform im Wesentlichen von der Stärke und Geschwindigkeit des Kfz-Verkehrs bestimmt. Bei einem DTV > 2500 Kfz/24 h und $V_{zul} = 100$ km/h oder einem DTV > 4000 Kfz/24 h und $V_{zul} = 70$ km/h sind fahrbahnbegleitende Radwege sinnvoll. Straßen der EKL 4 erhalten in der Regel keine fahrbahnbegleitenden Radwege.

Straßenbegleitende Radverkehrsanlagen sind Radfahrstreifen, Radwege und gemeinsame Geh- und Radwege.

Radfahrstreifen sind für Radfahrer reservierte Fahrstreifen auf der Fahrbahn. Sie werden durch Markierung oder durch einen Parkstreifen vom fließenden Verkehr getrennt. Sie bieten eine gute Sichtbarkeit zwischen Radfahrer und Kfz-Fahrer, eine hohe Flexibilität in der Benutzbarkeit, keine Beeinträchtigung des Fußgängerverkehrs und eine kostengünstige Realisierbarkeit. Nachteilig ist die geringe Trennung vom fließenden Verkehr und eventuell die Beeinträchtigung durch den ruhenden Verkehr. Auf Radfahrstreifen ist in der Regel kein Zweirichtungsradverkehr möglich. Die Regelbreite von Radfahrstreifen beträgt 1,85 m, bei hohen Belastungen und einer zulässigen Höchstgeschwindigkeit von mehr als 50 km/h sollte die Breite mindestens 2,00 m betragen.

Radwege sind baulich von der Fahrbahn und eventuell durch Markierung vom Gehweg abgegrenzt. Die nachträgliche Verwirklichung im Straßenraum erfordert einen Umbau bisheriger Flächen des Kfz-Verkehrs oder die Nutzung bisheriger Flächen des Fußgängerverkehrs. Bei ausreichender Breite können Radwege im Zweirichtungsverkehr befahren werden.

Die Regelbreite von Radwegen beträgt 2,00 m, bei geringem Radverkehr 1,60 m. Zwischen Radweg und benachbarten Flächen müssen Sicherheitsräume gewährleistet sein.

Gemeinsame Geh- und Radwege sind nur vertretbar, wenn das Fußgänger- und Radverkehrsaufkommen so gering ist, dass die Konfliktwahrscheinlichkeit gering ist (Außerortsbereiche, Randbereiche bebauter Gebiete, Ortsdurchfahrten mit geringer Nutzungsintensität).

Für gemeinsame Geh- und Radwege ist aus betriebstechnischen Gründen (Schneepflug, Kehrmaschine) eine Breite von 2,50 m zweckmäßig.

Das **Radwegende** ist aus Sicherheitsgründen sorgfältig auszubilden. Es sollte nicht vor Knotenpunkten oder unübersichtlichen Stellen angeordnet werden. Der Radfahrer muss schon vor dem Einfahren auf die Fahrbahn im Blickfeld der Fahrzeugführer sein. Der Radweg sollte ca. 10–20 m als Radfahrstreifen auf der Fahrbahn weitergeführt werden.

Bei der Ausbildung von Radverkehrsanlagen an **Kreuzungen und Einmündungen** sind folgende Probleme zu lösen:

- Konflikt zwischen abbiegenden Kraftfahrzeugen und gerade ausfahrenden Radfahrern
- Zweirichtungsradverkehr in Knotenpunktbereichen
- Linksabbiegen von Radfahrern
- Berücksichtigung des Radverkehrs bei der Lichtsignalregelung.

Grundsätzlich sollte die Art der Radverkehrsanlage der knotenpunktfreien Strecke auch über den Knotenpunkt beibehalten werden. Eventuell kann es sein, Radwege vor Knotenpunkten in einen Radfahrstreifen übergehen zu lassen.

Radfahrerfurten können von Rand der Fahrbahn entweder deutlich abgesetzt oder möglichst nahe herangerückt werden.

Nicht- oder geringfügig abgesetzte Radfahrerfurten schaffen gute Sichtverhältnisse auf Radfahrer und Radfahrerfurt,

Abb. 19.62 Ausbildung des Radwegendes

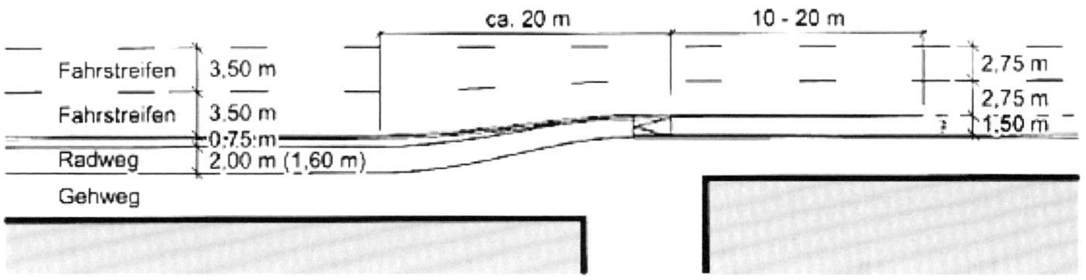

		ca. 20 m	10 - 20 m
Fahrstreifen	3,50 m		2,75 m
Fahrstreifen	3,50 m		2,75 m
	0,75 m		1,50 m
Radweg	2,00 m (1,60 m)		
Gehweg			

19

verdeutlichen die Vorfahrt des Radfahrers, verbessern Begreifbarkeit und Befahrbarkeit und haben einen geringen Flächenbedarf.

Abgesetzte Radfahrerfurten schaffen Aufstellmöglichkeit für abbiegende Kraftfahrzeuge vor der Radfahrerfurt sowie für einbiegende Kraftfahrzeuge zwischen Radfahrerfurt und bevorrechtigter Straße, verbessern Führungs- und Aufstellmöglichkeit für indirekt links abbiegende Radfahrer und verdeutlichen die Trennung des Radverkehrs vom Kfz-Verkehr.

Bei der Führung von links abbiegenden Radfahrern kann in eine direkte und in eine indirekte Führung unterschieden werden.

Bei der direkten Führung ordnen sich die Radfahrer in den Kfz-Verkehr ein und bleiben zum Linksabbiegen an der rechten Seite links abbiegender Kraftfahrzeuge. Diese Führung ist für Radfahrer die flüssigste und schnellste Art des Linksabbiegens. Konflikte ergeben sich beim Einordnen sowie beim Queren des entgegenkommenden Verkehrsstroms. Die direkte Führung eignet sich wenn im Kfz-Strom ausreichend Zeitlücken zur Verfügung stehen, nicht mehr als zwei Fahrstreifen überquert werden müssen und die gefahrenen Geschwindigkeiten im Mittel unter 50 km/h liegen.

Die indirekte Führung vermeidet für die Radfahrer die Konfliktmöglichkeiten der direkten Führung, da der Abbiegevorgang in zwei Kreuzungsvorgänge mit jeweils eindeutiger Verkehrsregelung aufgelöst wird. Die indirekte Führung

gilt als sicherste Führung, ist für die Radfahrer jedoch wenig attraktiv. Die indirekte Führung ist überall da vorzusehen, wo eine direkte Führung aus Sicherheitsgründen nicht möglich ist. Sie kommt vor allem dann in Frage, wenn in den Knotenpunktzufahrten Radwege vorhanden sind.

Für **Radschnellverbindungen** sind besondere Qualitätsanforderungen in der Linienführung, der Querschnittsabmessungen, der Einbindung in vorhandene Netze sowie der Ausgestaltung und Ausstattung definiert. Sie sollen eine wirkungsvolle Beschleunigung des Radverkehrs bewirken. Zusammen mit einer möglichst umwegfreien Führung ergeben sich Verlagerungspotentiale vom motorisierten Individualverkehr auf das umweltfreundliche Fahrrad.

Im Arbeitspapier „Einsatz und Gestaltung von Radschnellverbindungen" der Forschungsgesellschaft für Straßen- und Verkehrswesen sind folgende grundlegende Qualitätsanforderungen definiert:
- Unter Berücksichtigung der Zeitverluste an Knotenpunkten sollen Radschnellverbindungen durchschnittliche Entwurfsgeschwindigkeiten von mindestens 20 km/h ermöglichen. Die Trassierung soll zulassen, dass mindestens Geschwindigkeiten von 30 km/h gefahren werden können.
- Die mittleren Zeitverluste durch Anhalten und Warten sollen als Zielgrößen Werte von 15 s (außerorts) und 30 s (innerorts) je Kilometer nicht überschreiten.

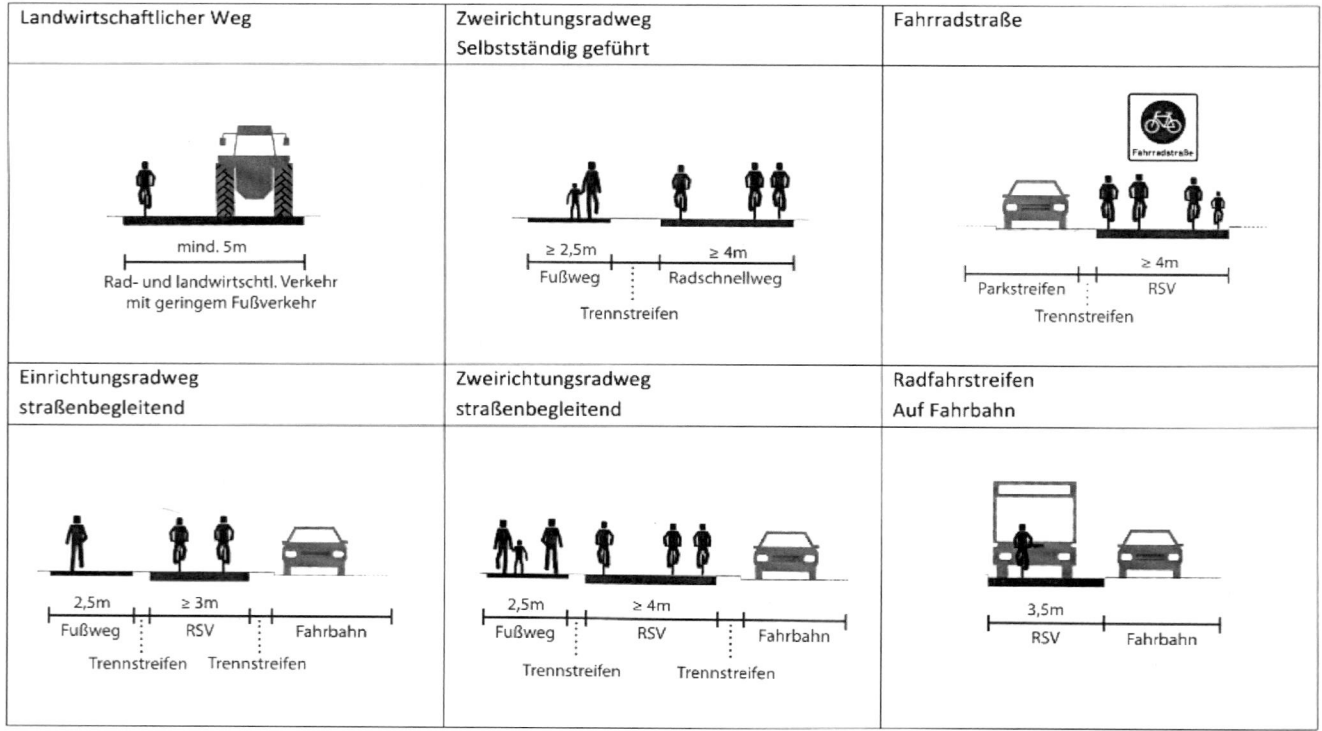

Abb. 19.63 Abmessungen der Verkehrsräume für Radschnellwege

- Die Breite soll gewährleisten, dass zwei Fahrräder nebeneinander verkehren und ohne Störung durch ein drittes Fahrrad überholt werden können. Zweirichtungsführungen müssen den Begegnungsfall von zwei jeweils nebeneinander Radfahrenden berücksichtigen.

Um die grundlegenden Qualitätsstandards zu erfüllen, sind folgende generelle Anforderungen zu berücksichtigen:

- Sichere Befahrbarkeit auch bei hohen Geschwindigkeiten
- Direkte, weitgehend umwegfreie Linienführung
- Möglichst wenig Beeinträchtigung durch den Kfz-Verkehr
- Separation vom Fußgängerverkehr
- Ausreichend Breite
- Hohe Belagsqualität
- Freihalten von Einbauten
- Steigungen maximal 6 %
- Keine vermeidbaren Höhendifferenzen
- Städtebauliche Integration und landschaftliche Einbindung

19.2.8 Anlagen des Öffentlichen Personennahverkehrs

Anlagen des Öffentlichen Personennahverkehrs werden in den Empfehlungen für Anlagen des öffentlichen Personennahverkehrs (EAÖ) beschrieben.

Die Führung des ÖPNV ist in der Fahrbahn und auf ÖPNV-Fahrstreifen möglich. **ÖPNV-Fahrstreifen** werden in der Regel in Hauptverkehrsstraßen angelegt. Sie sind zeitlich unbeschränkt oder zeitlich beschränkt reservierte Fahrwege für Straßenbahnen oder Linienbusse in Mittel- oder Seitenlage.

Durchlaufende und partielle ÖPNV-Fahrstreifen können in ganzen Straßenzügen, an einzelnen Streckenabschnitten oder nur in Knotenpunktbereichen angelegt werden. An Streckenabschnitten sind ÖPNV-Fahrstreifen in räumlicher Trennung oder eine zeitliche Trennung der Verkehrsarten anwendbar.

ÖPNV-Fahrstreifen in Mittellage haben den Vorteil, dass Behinderungen durch widerrechtlich haltende Kraftfahrzeu-

ge nicht auftreten. Bei Anordnung eines reservierten Fahrstreifens in Seitenlage ist sicherzustellen, dass denkbare Störungen des Fahrtablaufs verhindert werden.

Bei gemeinsamer Führung von Straßenbahn und Kraftfahrzeugverkehr auf einem Fahrstreifen soll nachgewiesen werden, dass der störende Einfluss des Kraftfahrzeugverkehrs durch signaltechnische Maßnahmen weitgehend ausgeschlossen wird.

Bahnkörper für die Straßenbahn lassen sich straßenbündig ohne und mit räumlicher Trennung von den übrigen Verkehrsarten oder als besonderer Bahnkörper mit geschlossenem, geschottertem oder begrüntem Oberbau ausbilden.

Besondere Bahnkörper mit geschlossenem Oberbau werden in Beton, Asphalt oder Pflaster ausgeführt und mit Borden von den Fahrstreifen abgetrennt. Sie gewährleisten eine weitgehende Unabhängigkeit der Nahverkehrsfahrzeuge vom übrigen Verkehr und können auch von Linienbussen mitbenutzt werden.

Besondere Bahnkörper mit geschottertem Oberbau sind anwendbar, wenn die gestalterische Integration in den Straßenraum von nachrangiger Bedeutung ist, wenn die Mitbenutzung durch Linienbusse nicht erforderlich ist und wenn die Überquerung des Bahnkörpers durch Fußgänger auf definierte Überquerungsstellen gebündelt werden kann.

Besondere Bahnkörper mit begrüntem Oberbau sind vorteilhaft, wenn gestalterische und ökologische Defizite in Straßenräumen ausgeglichen werden sollen. Zudem sind sie lärmtechnisch als sehr günstig einzustufen.

Bussonderfahrstreifen können in Mittel- und Seitenlage angeordnet werden. In Mittellage haben sie den Vorteil, dass Behinderungen durch widerrechtlich haltende Kraftfahrzeuge nicht auftreten. Zeitlich unbegrenzte Bussonderfahrstreifen in Seitenlage können dort angewendet werden, wo kein Anliegerverkehr vorhanden ist oder das Be- und Entladen von besonderen Ladestraßen, Anliegerfahrgassen oder Innenhöfen aus erfolgen kann. Alternativ besteht die Möglichkeit, dass Bussonderfahrstreifen in Seitenlage zeitlich begrenzt angelegt werden.

Ein Bussonderfahrstreifen ist im Regelfall 3,50 m breit, bei eingeschränkter Flächenverfügbarkeit 3,25 m oder gar nur 3,00 m breit.

Abb. 19.64 Bussonderfahrstreifen in Mittellage

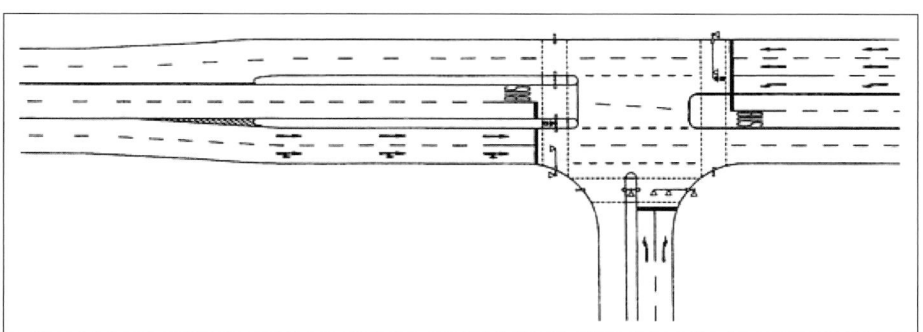

Abb. 19.65 Bussonderfahrstreifen in Seitenlage

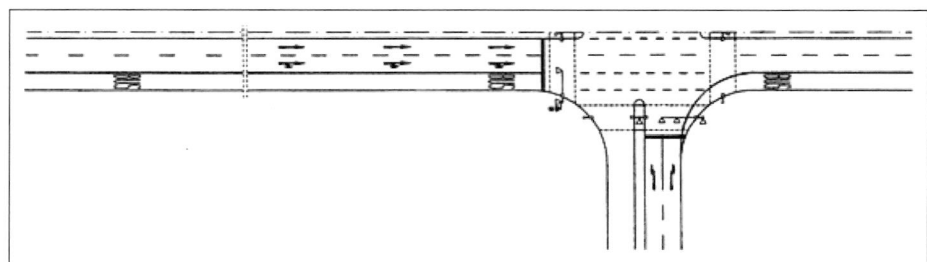

Die Lage von **Haltestellen** ist so zu wählen, dass die Fahrgäste die Nahverkehrsfahrzeuge bequem, sicher und auf kurzem Wege erreichen können. Gleiches gilt an Umsteigehaltestellen für die Wege zwischen den verschiedenen öffentlichen Verkehrsmitteln.

Haltestellen für Straßenbahnen können in Seitenlage als Haltestellenkaps sowie in Mittellage mit Seitenbahnsteigen, Mittelbahnsteigen, angehobenen Fahrbahnen oder Zeitinseln angelegt werden.

Bei Haltestellen für Straßenbahnen in Seitenlage sind Haltestellenkaps zweckmäßig, wenn die Bahnen im Haltestellenbereich mit dem Kraftfahrzeugverkehr auf der gleichen Fläche geführt werden.

Haltestellen in Mittellage kommen vorzugsweise bei Straßenbahnen in Betracht. Für die Abwägung, ob Seiten-, Mittelbahnsteige, Zeitinseln oder angehobene Fahrbahnen vorzuziehen sind, sind Kriterien zu berücksichtigen wie

Mitbenutzung durch Busse, Ausstattung der Bahnen mit beidseitigen Türen, Bodenhöhe der eingesetzten Bahnen, Verschwenkung der Schienentrasse, Haltestellenausstattung, Umsteiger, städtebauliche Einbindung und Platzbedarf.

Bushaltestellen können in Seitenlage oder Mittellage angeordnet werden. Bei Seitenlage können die Linienbusse für den Fahrgastwechsel an Haltestellenkaps, auf der Fahrbahn oder in Haltebuchten halten.

Haltestellenkaps ermöglichen den Linienbussen ein gerades und präzises Anfahren an den Bord, setzen den Bus an die Spitze des Fahrzeugpulks und erleichtern das Freihalten des Haltestellenbereichs von parkenden Fahrzeugen. Sie sind einsetzbar bis 750 Kfz/h pro Richtung, einer Busfolgezeit von ≥ 10 Minuten und einer mittleren Haltestellenaufenthaltszeit ≤ 16 Sekunden.

Bushaltestellen am Fahrbahnrand haben den Vorteil, dass sie mit geringen baulichen Maßnahmen angelegt werden können. Die Einsatzgrenzen entsprechen denjenigen der Haltestellenkaps.

Busbuchten können in besonderen Fällen wegen der Stärke des Kraftfahrzeugverkehrs oder wegen betrieblicher Belange erforderlich werden.

Um die Anforderungen nach Barrierefreiheit zu gewährleisten, sind Höhenunterschiede nach Möglichkeit zu vermeiden. In jedem Fall muss es mindestens einen barrierefreien Zugang geben. Höhenunterschiede sind durch Rampen auszugleichen.

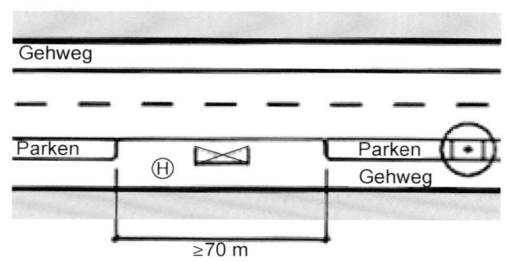

Abb. 19.66 Haltestellenkap

Abb. 19.67 Bushaltestelle am Fahrbahnrand

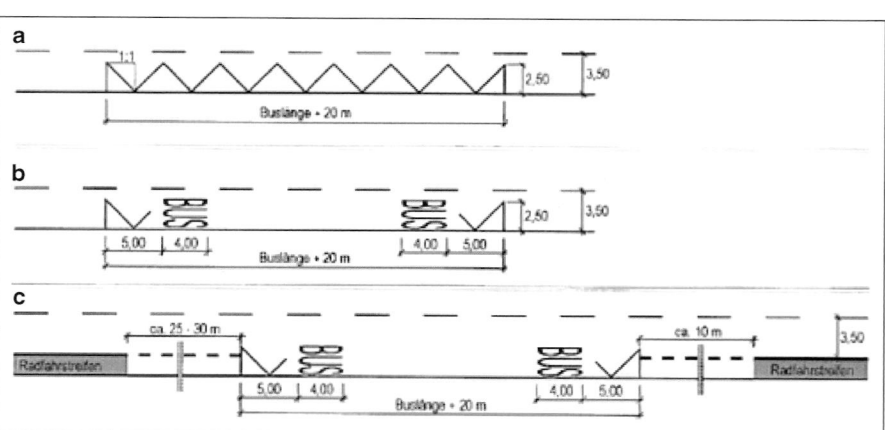

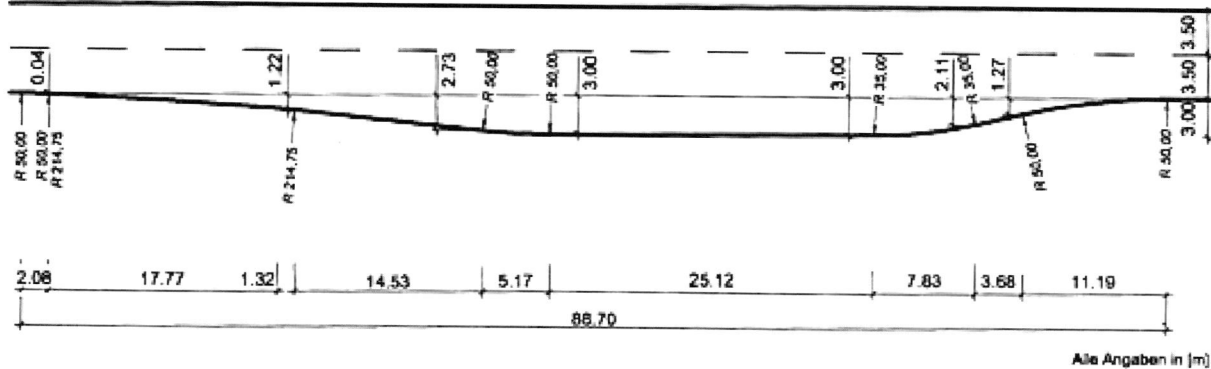

Abb. 19.68 Busbucht

19.3 Straßenbau

19.3.1 Straßenbautechnik

19.3.1.1 Standardisierung des Oberbaus von Verkehrsflächen

Im Folgenden wird das Verfahren aus den Richtlinien für die Standardisierung des Oberbaus von Verkehrsflächen (RStO 12) beschrieben. Nähere Hinweise siehe dort.

Es wird ein einheitlicher Befestigungsstandard aller Verkehrsflächen im öffentlichen Straßennetz angestrebt. Dies soll erreicht werden durch die Anwendung technisch geeigneter und wirtschaftlicher Bauweisen. Berücksichtigt werden

- die Funktion der Verkehrsfläche,
- die Verkehrsbelastung,
- die Lage im Gelände,
- die Bodenverhältnisse,
- die Bauweise und der Zustand zu erneuernder Verkehrsflächen,
- die Lage zur Umgebung.

Die RStO umfassen den Neubau und die Erneuerung von Straßenverkehrsflächen. Sie setzen eine funktionsfähige Entwässerung voraus. Die Gleichwertigkeit verschiede-

ner Straßenkonstruktionen (bituminöse Decke, Betondecke, Pflasterdecke) wird angestrebt. Fahrbahnen und sonstige Verkehrsflächen (außer Rad- und Gehwege) werden entsprechend ihrer Beanspruchung in Belastungsklassen eingeteilt. Die Zuordnung zu den Belastungsklassen erfolgt nach der dimensionierungsrelevanten Beanspruchung B.

Wenn im angebauten Bereich keine dimensionierungsrelevanten Beanspruchungen vorliegen, erfolgt die Zuordnung nach Tafel 19.28.

Tafel 19.28 Belastungsklassen für die typischen Entwurfssituationen nach den RASt

Typische Entwurfssituation	Straßenkategorie	Belastungsklasse
Anbaufreie Straße	VS II, VS III	Bk10 bis Bk100
Verbindungsstraße	HS III, HS IV	Bk3,2/Bk10
Industriestraße	HS IV, ES IV, ES V	Bk3,2 bis Bk100
Gewerbestraße	HS IV, ES IV, ES V	Bk1,8 bis Bk100
Hauptgeschäftsstraße	HS IV, ES IV	Bk1,8 bis Bk10
Örtliche Geschäftsstraße	HS IV, ES IV	Bk1,8 bis Bk10
Örtliche Einfahrtsstraße	HS III, HS IV	Bk3,2/Bk10
Dörfliche Hauptstraße	HS IV, ES IV	Bk1,0 bis Bk3,2
Quartierstraße	HS IV, ES IV	Bk1,0 bis Bk3,2
Sammelstraße	ES IV	Bk1,0 bis Bk3,2
Wohnstraße	ES V	Bk0,3/Bk1,0
Wohnweg	ES V	Bk0,3

Tafel 19.27 Zuordnung der Belastungsklasse zur dimensionierungsrelevanten Beanspruchung B

Dimensionierungsrelevante Beanspruchung B Äquivalente 10-t-Achsübergänge in Mio.		Belastungsklasse
über 32		Bk100
über 10	bis 32	Bk32
über 3,2	bis 10	Bk10
über 1,8	bis 3,2	Bk3,2
über 1,0	bis 1,8	Bk1,8
über 0,3	bis 1,0	Bk1,0
	bis 0,3	Bk0,3

Tafel 19.29 Belastungsklassen für Busverkehrsflächen

Verkehrsbelastung		Belastungsklasse
> 1400 Busse/Tag		Bk100
> 425 Busse/Tag	$\leq$ 1400 Busse/Tag	Bk32
> 130 Busse/Tag	$\leq$ 425 Busse/Tag	Bk10
> 65 Busse/Tag	$\leq$ 130 Busse/Tag	Bk3,2
	$\leq$ 65 Busse/Tag	Bk1,8

19

Tafel 19.30 Belastungsklassen in Neben- und Rastanlagen

Verkehrsart	Belastungsklasse
Schwerverkehr	Bk3,2 bis Bk10
Pkw-Verkehr einschließlich geringem Schwerverkehrsanteil	Bk0,3 bis Bk1,8

Tafel 19.31 Belastungsklassen auf Abstellflächen

Verkehrsart	Belastungsklasse
Schwerverkehr	Bk3,2 bis Bk10
Nicht ständig vom Schwerverkehr genutzte Flächen	Bk1,0/Bk1,8
Pkw-Verkehr	Bk0,3

Ein- und Ausfädelungsstreifen sowie Seitenstreifen sind in der Regel in der gleichen Bauweise und Dicke wie die Fahrstreifen der durchgehenden Fahrbahn vorzusehen. Die Fahrstreifen in planfreien Knotenpunkten und in Anschlussstellen erhalten eine Bauweise nach Belastungsklasse Bk3,2, sofern nicht eine höhere dimensionierungsrelevante Beanspruchung nachgewiesen wird.

Die Dicke des frostsicheren Oberbaus soll schädliche Verformungen des Unterbaus und Untergrundes während der Frost- und Tauperioden verhindern. Sie hängt ab von der

- Frostempfindlichkeit des Untergrundes,
- Frosteinwirkung,
- Lage der Gradiente und Trasse,
- Lage des Grundwasserspiegels und sonstigen Wasserverhältnisse,
- Art der Randbereiche neben der Fahrbahn,
- Nutzungsdauer des Straßenoberbaus.

Mindestdicke Ausgangswerte für die Mindestdicke des frostsicheren Oberbaus sind die Werte der Tafel 19.32 in Abhängigkeit von der Frostempfindlichkeitsklasse nach ZTVE-StB. Liegt ein Boden der Frostempfindlichkeitsklasse F1 vor, der auf Boden der Klasse F2 oder F3 aufliegt, kann die Frostschutzschicht entfallen, wenn der Boden der Klasse F1 die

- Anforderungen an Frostschutzschichten hinsichtlich Verdichtungsgrad und Verformungsmodul erfüllt oder nach ZTVT-StB verfestigt wird,
- Mindestdicke aufweist, die für eine Frostschutzschicht auf F2- oder F3-Böden erforderlich ist.

Tafel 19.32 Ausgangswerte für die Bestimmung der Mindestdicke des frostsicheren Oberbaus

Frostempfindlich-keitsklasse	Dicke in cm bei Belastungsklasse		
	Bk100 bis Bk10	Bk3,2 bis Bk1,0	Bk0,3
F2	55	50	40
F3	65	60	50

Entsprechend den örtlichen Verhältnissen sind **Mehr- oder Minderdicken** nach Tafel 19.33 anzusetzen.

Die Gesamtdicke des frostsicheren Oberbaus ergibt sich aus der Mindestdicke entsprechend Tafel 19.32 unter Berücksichtigung der Mehr- und Minderdicken nach Tafel 19.33.

Die Standardbauweisen sind in den Tafeln 19.34 bis 19.36 für Bauweisen mit Asphaltdecken, Betondecken oder Pflasterdecken dargestellt. Bei abweichender Dicke des frostsicheren Oberbaus können Zwischenwerte durch Interpolation berücksichtigt werden.

Tafel 19.33 Mehr- oder Minderdicke infolge örtlicher Verhältnisse

Örtliche Verhältnisse		A	B	C	D	E
Frosteinwirkung	Zone I	±0 cm				
	Zone II	+5 cm				
	Zone III	+15 cm				
Kleinräumige Klimaunterschiede	Ungünstige Klimaeinflüsse		+5 cm			
	Keine besonderen Klimaeinflüsse		±0 cm			
	Günstige Klimaeinflüsse		−5 cm			
Wasserverhältnisse im Untergrund	Kein Grund- und Schichtwasser höher als 1,5 m unter Planum			±0 cm		
	Grund- und Schichtwasser höher als 1,5 m unter Planum			+5 cm		
Lage der Gradiente	Einschnitt, Anschnitt				+5 cm	
	Damm ≤ 2,0 m				±0 cm	
	Damm > 2,0 m				−5 cm	
Entwässerung der Fahrbahn/Ausführung der Randbereiche	Entwässerung der Fahrbahn über Mulden bzw. Böschungen					±0 cm
	Entwässerung der Fahrbahn und Randbereiche über Rinnen, Abläufe und Rohrleitungen					−5 cm

Karte der Frosteinwirkungszonen in Deutschland

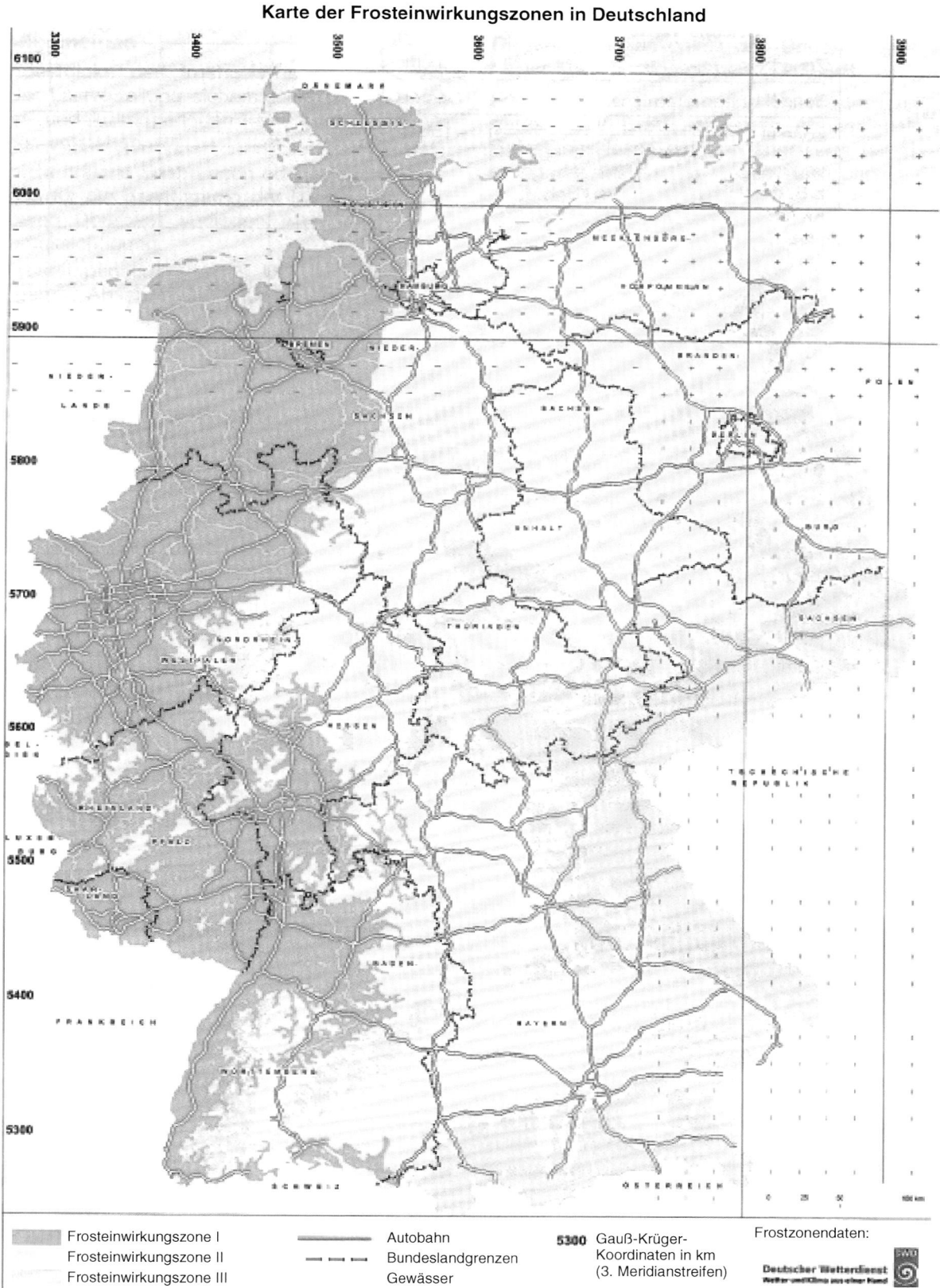

Frosteinwirkungszone I
Frosteinwirkungszone II
Frosteinwirkungszone III

Autobahn
Bundeslandgrenzen
Gewässer

5300 Gauß-Krüger-
Koordinaten in km
(3. Meridianstreifen)

Frostzonendaten:

Deutscher Wetterdienst

Abb. 19.69 Frosteinwirkungszonen

Tafel 19.34 Bauweisen mit Asphaltdecke für Fahrbahnen auf F2- und F3-Untergrund/Unterbau

(Dickenangaben in cm; ▼ E_{v2}-Mindestwerte in MPa)

Zeile	Belastungsklasse	Bk100	Bk32	Bk10	Bk3,2	Bk1,8	Bk1,0	Bk0,3
	B [Mio.]	> 32	> 10 - 32	> 3,2 - 10	> 1,8 - 3,2	> 1,0 - 1,8	> 0,3 - 1,0	≤ 0,3
	Dicke des frostsich. Oberbaus[1]	55 65 75 85	55 65 75 85	55 65 75 85	45 55 65 75	45 55 65 75	45 55 65 75	35 45 55 65

Zeile 1 Asphalttragschicht auf Frostschutzschicht

Dicke der Frostschutzschicht: - 31[2] 41 51 | 25[3] 35 45 55 | 29[3] 39 49 59 | - 33[2] 43 53 | 25[3] 35 45 55 | 27 37 47 57 | 21 31 41 51

Zeile 2.1 Asphalttragschicht und Tragschicht mit hydraulischen Bindemitteln auf Frostschutzschicht bzw. Schicht aus frostunempfindlichem Material

Dicke der Frostschutzschicht: - - 34[2] 44 | - 28[3] 38 48 | - 30[2] 40 50

Zeile 2.2 (Verfestigung / Schicht aus frostunempfindlichem Material -weit- oder intermittierend gestuft gemäß DIN 18196)

Dicke der Schicht aus frostunempfindlichem Material: 10[4] 20[4] 30 40 | 14[4] 24 34 44 | 18[4] 28 38 48 | 10[4] 20 30 40 | 14[4] 24 34 44 | 16[4] 26 36 46 | 6[4] 16[4] 26 36

Zeile 2.3 (Verfestigung / Schicht aus frostunempfindlichem Material -enggestuft gemäß DIN 18196)

Dicke der Schicht aus frostunempfindlichem Material: 5[4] 15[4] 25 35 | 9[4] 19[4] 29 39 | 13[4] 23 33 43 | 5[4] 15[4] 25 35 | 14[4] 24 34 44 | 16[4] 26 36 46 | 6[4] 16[4] 26 36

Zeile 3 Asphalttragschicht und Schottertragschicht auf Frostschutzschicht

Dicke der Frostschutzschicht: - - 30[2] 40 | - - 34[2] 44 | - 28[3] 38 48 | - - 30[2] 40 | - 24[3] 34 44 | 16[3] 26 36 46 | - 18[3] 28 38

Zeile 4 Asphalttragschicht und Kiestragschicht auf Frostschutzschicht

Dicke der Frostschutzschicht: - - 25[3] 35 | - - 29[3] 39 | - 33[2] 43 | - - 25[3] 35 | - - 29[2] 39 | - 31[2] 41 51 | - 23[2] 33

Zeile 5 Asphalttragschicht und Schotter- oder Kiestragschicht auf Schicht aus frostunempfindlichem Material

Dicke der Schicht aus frostunempfindlichem Material: Ab 12 cm aus frostunempfindlichem Material, geringere Restdicke ist mit dem darüber liegenden Material auszugleichen

---

1) Bei abweichenden Werten sind die Dicken der Frostschutzschicht bzw. des frostunempfindlichen Materials durch Differenzbildung zu bestimmen, siehe auch Tabelle 8
2) Mit rundkörnigen Gesteinskörnungen nur bei örtlicher Bewährung anwendbar
3) Nur mit gebrochenen Gesteinskörnungen und bei örtlicher Bewährung anwendbar
4) Nur auszuführen, wenn das frostempfindliche Material und das zu verfestigende Material als eine Schicht eingebaut werden
5) Bei Kiestragschicht in Belastungsklassen Bk3,2 bis Bk100 in 40 cm Dicke, in Belastungsklassen Bk0,3 und Bk1,0 in 30 cm Dicke
6) Alternativ: unter Beachtung von Abschnitt 3.3.3 auch Asphalttragdeckschicht anwendbar
7) Alternativ: Abminderung der Asphalttragschicht um 2 cm bei 20 cm dicker Schottertragschicht und E_{v2} ≥ 180 MPa (in Belastungsklassen Bk1,8 bis Bk100) bzw. E_{v2} > 150 MPa

Tafel 19.35 Bauweisen mit Betondecke für Fahrbahnen auf F2- und F3-Untergrund/Unterbau

(Dickenangaben in cm; —▼— E_{v2}-Mindestwerte in MPa)

Zeile	Belastungsklasse	Bk100				Bk32				Bk10				Bk3,2				Bk1,8				Bk1,0				Bk0,3			
	B [Mio.]	> 32				> 10 - 32				> 3,2 - 10				> 1,8 - 3,2				> 1,0 - 1,8				> 0,3 - 1,0				≤ 0,3			
	Dicke des frostsich. Oberbaus[1]	55	65	75	85	55	65	75	85	55	65	75	85	45	55	65	75	45	55	65	75	45	55	65	75	35	45	55	65

Tragschicht mit hydraulischen Bindemitteln auf Frostschutzschicht bzw.
Schicht aus frostunempfindlichem Material

1.1
Betondecke / Vliesstoff[8] / Hydraulisch gebundene Tragschicht (HGT) / Frostschutzschicht

Bk100: 27 / ▼120 15 / ▼45 Σ42
Bk32: 26 / ▼120 15 / ▼45 Σ41
Bk10: 25 / ▼120 15 / ▼45 Σ40
Bk3,2: 24 / ▼120 15 / ▼45 Σ39
Bk1,8: 23 / ▼120 15 / ▼45 Σ38

Dicke der Frostschutzschicht:
-	-	33[2]	43	-	24[3]	34	44	-	25[3]	35	45	-	-	26[3]	36	-	-	27[3]	37								

1.2
Betondecke / Vliesstoff[8] / Verfestigung / Schicht aus frostunempfindlichem Material -weit- oder intermittierend gestuft gemäß DIN 18196-

Bk100: 27 / 20 / ▼45 Σ47
Bk32: 26 / ▼45 Σ41
Bk10: 25 / ▼45 Σ40
Bk3,2: 24 / 15 / ▼45 Σ39
Bk1,8: 23 / 15 / ▼45 Σ38

Dicke der Schicht aus frostunempfindlichem Material:
8[4]	18[4]	28	38	14[4]	24	34	44	15[4]	25	35	45	6[4]	16	26	36	-	-	27[3]	37								

1.3
Betondecke / Vliesstoff[8] / Verfestigung / Schicht aus frostunempfindlichem Material -enggestuft gemäß DIN 18196-

Bk100: 27 / 25 / ▼45 Σ52
Bk32: 26 / 20 / ▼45 Σ46
Bk10: 25 / 20 / ▼45 Σ45
Bk3,2: 24 / 20 / ▼45 Σ44
Bk1,8: 23 / 20 / ▼45 Σ43
Bk1,0: 20 / 15 / ▼45 Σ35
Bk0,3: 20 / 15 / ▼45 Σ35

Dicke der Schicht aus frostunempfindlichem Material:
3[4]	13[4]	23	33	9[4]	19	29	39	10[4]	20	30	40	1[4]	11[4]	21	31	2[4]	12[4]	22	32	10[4]	20	30	40	-	10[4]	20	30

Asphalttragschicht auf Frostschutzschicht

2
Betondecke / Asphalttragschicht / Frostschutzschicht

Bk100: 26 / ▼120 10 / ▼45 Σ36
Bk32: 25 / ▼120 10 / ▼45 Σ35
Bk10: 24 / ▼120 10 / ▼45 Σ34
Bk3,2: 23 / ▼120 10 / ▼45 Σ33
Bk1,8: 22 / ▼120 8 / ▼45 Σ30

Dicke der Frostschutzschicht:
-	29[3]	39	49	-	30[2]	40	50	-	31[2]	41	51	-	-	32[2]	42	-	25[3]	35	45								

Schottertragschicht auf Schicht aus frostunempfindlichem Material

3.1
Betondecke / Schottertragschicht / Schicht aus frostunempfindlichem Material

Bk100: 29 / ▼150 30[18] / ▼45 Σ59
Bk32: 28 / ▼150 30[18] / ▼45 Σ58
Bk10: 27 / ▼150 30[18] / ▼45 Σ57
Bk3,2: 26 / ▼150 30[18] / ▼45 Σ56
Bk1,8: 24 / ▼150 30[18] / ▼45 Σ54

Dicke der Schicht aus frostunempfindlichem Material: Ab 12 cm aus frostunempfindlichem Material, geringere Restdicke ist mit dem darüber liegenden Material auszugleichen

Schottertragschicht auf Frostschutzschicht

3.2
Betondecke / Schottertragschicht / Frostschutzschicht

Bk100: 29 / ▼150 20 / ▼45 Σ49
Bk32: 28 / ▼150 20 / ▼45 Σ48
Bk10: 27 / ▼150 20 / ▼45 Σ47
Bk3,2: 26 / ▼150 20 / ▼45 Σ46
Bk1,8: 24 / ▼150 20 / ▼45 Σ44

Dicke der Frostschutzschicht:
-	-	26[1]	36	-	-	27[1]	37	-	-	28[1]	38	-	-	19[1]	29	-	-	21[1]	31								

Frostschutzschicht

4
Betondecke / Frostschutzschicht

Bk1,0: 21 / ▼120 Σ21 / ▼45
Bk0,3: 21 / ▼100 Σ21 / ▼45

Dicke der Frostschutzschicht:
																				24[3]	34	44	54	14[3]	24	34	44

1) Bei abweichenden Werten sind die Dicken der Frostschutzschicht bzw. des frostunempfindlichen Materials durch Differenzbildung zu bestimmen, siehe auch Tabelle 8

2) Mit rundkörnigen Gesteinskörnungen nur bei örtlicher Bewährung anwendbar

3) Nur mit gebrochenen Gesteinskörnungen und bei örtlicher Bewährung anwendbar

4) Nur auszuführen, wenn das frostunempfindliche Material und das zu verfestigende Material als eine Schicht eingebaut werden

8) Anstelle des Vliesstoffes kann eine Asphaltzwischenschicht gewählt werden, siehe Abschnitt 3.3.4

18) Bei örtlicher Bewährung 25 cm

Tafel 19.36 Bauweisen mit Pflasterdecke für Fahrbahnen auf F2- und F3-Untergrund/Unterbau

(Dickenangaben in cm; ▼ E$_{v2}$-Mindestwerte in MPa)

Zeile	Belastungsklasse	Bk100				Bk32				Bk10				Bk3,2				Bk1,8				Bk1,0				Bk0,3			
	B [Mio.]	> 32				> 10 - 32				> 3,2 - 10				> 1,8 - 3,2				> 1,0 - 1,8				> 0,3 - 1,0				≤ 0,3			
	Dicke des frostsich. Oberbaus[1]	55	65	75	85	55	65	75	85	55	65	75	85	45	55	65	75	45	55	65	75	45	55	65	75	35	45	55	65

Zeile 1 — Schottertragschicht auf Frostschutzschicht [13]
Pflasterdecke [9], Schottertragschicht, Frostschutzschicht

Dicke der Frostschutzschicht: Bk3,2: - , - , 26[3], 36 | Bk1,8: - , - , 26[3], 36 | Bk1,0: - , - , 33[2], 43 | Bk0,3: - , 18[3], 28, 38

Zeile 2 — Kiestragschicht auf Frostschutzschicht
Pflasterdecke [9], Kiestragschicht, Frostschutzschicht

Dicke der Frostschutzschicht: Bk1,8: - , - , - , 31[2] | Bk1,0: - , - , 28[3], 38 | Bk0,3: - , - , 23[2], 33

Zeile 3 — Schotter- oder Kiestragschicht auf Schicht aus frostunempfindlichem Material [13]
Pflasterdecke [9], Schotter- oder Kiestragschicht, Schicht aus frostunempfindlichem Material

Dicke der Schicht aus frostunempfindlichem Material: Ab 12 cm aus frostunempfindlichem Material, geringere Restdicke ist mit dem darüber liegenden Material auszugleichen

Zeile 4 — Asphalttragschicht auf Frostschutzschicht
Pflasterdecke [9], Wasserdurchlässige Asphalttragschicht [10], Frostschutzschicht

Dicke der Frostschutzschicht: Bk3,2: - , 27[3], 37, 47 | Bk1,8: - , 27[2], 37, 47 | Bk1,0: - , 31[2], 41, 51 | Bk0,3: - , 23[2], 33, 43

Zeile 5 — Asphalttragschicht und Schottertragschicht auf Frostschutzschicht
Pflasterdecke [9], Wasserdurchlässige Asphalttragschicht [10], Schottertragschicht, Frostschutzschicht

Dicke der Frostschutzschicht: Bk3,2: - , - , 26[3], 36 | Bk1,8: - , - , 26[7], 36 | Bk1,0: - , 20[7], 30, 40 | Bk0,3: - , - , 20[2], 30

Zeile 6 — Asphalttragschicht und Kiestragschicht auf Frostschutzschicht
Pflasterdecke [9], Wasserdurchlässige Asphalttragschicht [10], Kiestragschicht, Frostschutzschicht

Dicke der Frostschutzschicht: Bk3,2: - , - , - , 31[2] | Bk1,8: - , - , - , 31[2] | Bk1,0: - , 25[3], 35, 45 | Bk0,3: - , - , 15[3], 25

Zeile 7 — Dränbetontragschicht auf Frostschutzschicht
Pflasterdecke [9], Dränbetontragschicht (DBT) [10], Frostschutzschicht

Dicke der Frostschutzschicht: Bk3,2: - , - , 31[7], 41 | Bk1,8: - , - , 31[2], 41, 18[3], 28, 38, 48 | Bk0,3: - , 18[3], 28, 38

1) Bei abweichenden Werten sind die Dicken der Frostschutzschicht bzw. des frostunempfindlichen Materials durch Differenzbildung zu bestimmen, siehe auch Tabelle 8
2) Mit rundkörnigen Gesteinskörnungen nur bei örtlicher Bewährung anwendbar
3) Nur mit gebrochenen Gesteinskörnungen und bei örtlicher Bewährung anwendbar
9) Abweichende Steindicke siehe Abschnitt 3.3.5
10) Siehe ZTV Pflaster-StB
11) Bei Kiestragschicht in Belastungsklassen Bk1,8 und Bk3,2 in 40 cm Dicke, in Belastungsklassen Bk0,3 und Bk1,0 in 30 cm Dicke
13) Anwendung in Bk3,2 nur bei örtlicher Bewährung
15) Mit E$_{v2}$ ≥ 150 MPa bei bewährten regionalen Bauweisen anwendbar
19) Nur Schottertragschicht

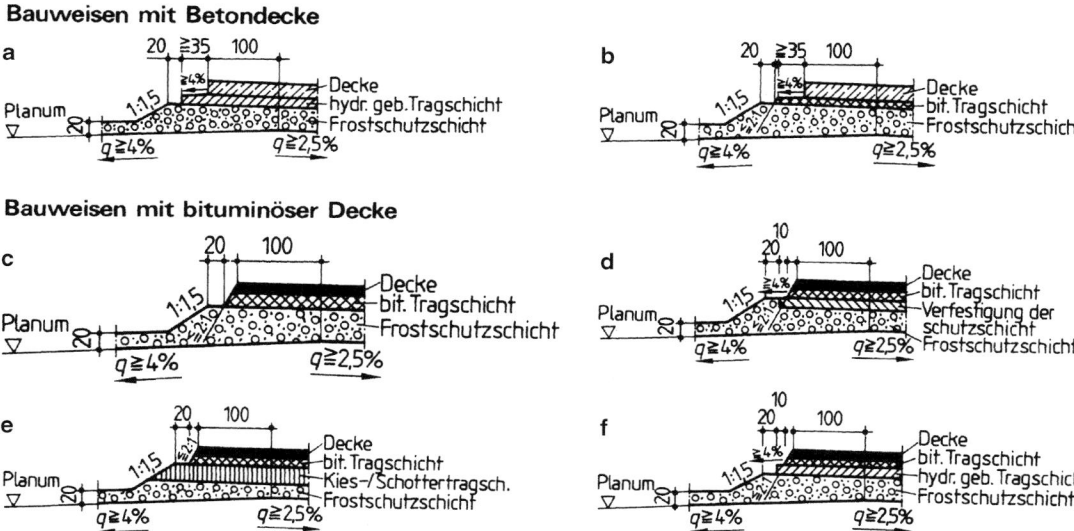

Abb. 19.70 Randausbildung von Oberbauschichten

Randausbildung Um eine einwandfreie Entwässerung des Planums zu gewährleisten, muss eine sorgfältige Randausbildung angeordnet werden. Die Querneigung des Planums soll mindestens $q = 2{,}5\,\%$ betragen. Auf der höheren Querprofilseite kann der Hochpunkt des Planums 1,00 m vom befestigten Fahrbahnrand zur Mitte hin verlegt und damit das Planum unsymmetrisch als Dachprofil ausgebildet werden.

Konstruktionselemente des Oberbaus Anwendung, Baugrundsätze und Ausführung für Tragschichten sind in den ZTVT-StB zusammengefasst. Tragschichten ohne Bindemittel müssen mindestens in der Dicke ausgeführt werden, die in den Tafeln 19.34 bis 19.36 angegeben sind. Ist dafür keine Dicke angegeben, ist damit zu rechnen, dass der erforderliche Ev2-Wert wahrscheinlich nicht erreicht wird und deshalb eine größere Dicke des frostsicheren Oberbaus gewählt werden muss.

Erreichen die Ev2-Werte der Schottertragschicht unter der Asphalttragschicht den jeweils höheren Wert gegenüber dem in der Tafel 19.34 angegebenen, darf die Dicke der Asphalttragschicht um 0,02 m verringert werden. Entsteht dadurch eine Minderdicke des frostsicheren Oberbaus, muss dies

Tafel 19.37 Bauweisen mit vollgebundenem Oberbau für Fahrbahnen auf F2- und F3-Untergrund/Unterbau

(Dickenangaben in cm; ▼ E_{v2}-Mindestwerte in MPa)

Zeile	Belastungsklasse	Bk100	Bk32	Bk10	Bk3,2	Bk1,8	Bk1,0	Bk0,3
	B [Mio.]	> 32	> 10 - 32	> 3,2 - 10	> 1,8 - 3,2	> 1,0 - 1,8	> 0,3 - 1,0	≤ 0,3
1	**Asphaltdecke und Asphalttragschicht auf Planum** [12] Asphaltdecke Asphalttragschicht	12 34 ▼45 Σ46	12 30 ▼45 Σ42	12 26 ▼45 Σ38	10 26 ▼45 Σ36	10 24 ▼45 Σ34	4 26 ▼45 Σ30	4 22 ▼45 Σ26
2	**Betondecke und Tragschicht mit hydraulischen Bindemitteln auf Planum** [12] Betondecke Vliesstoff [8] Tragschicht mit hydraulischen Bindemitteln	27 25 ▼45 Σ52	26 25 ▼45 Σ51	25 23 ▼45 Σ48				

durch die Mehrdicke beim frostsicheren Material ausgeglichen werden.

Tragschichten mit hydraulischem Bindemittel sind Verfestigungen, hydraulisch gebundene Tragschichten und Betontragschichten. Ihr Einsatz ist abhängig von der Art der darüber liegenden Schichten in Asphalt- oder Betonbauweise. Unter Pflasterdecken ist eine hydraulisch gebundene Drainbetontragschicht auszuführen. Asphalttragschichten sind Tragschichten mit bituminösem Bindemittel. Die Dicke darf vermindert werden, wenn die darüber liegende Asphaltbinderschicht um das gleiche Maß erhöht wird. Die Mindesteinbaudicke der Asphalttragschicht muss aber eingehalten werden.

Erneuerung von Fahrbahnen Unter Erneuerung von Fahrbahnen versteht man Maßnahmen, die die Wiederherstellung des Gebrauchswertes der Verkehrsfläche bei Anpassen an geänderte Belastungsbedingungen zum Ziel hat. Bei Asphaltbefestigungen ist davon mehr als die Deckschicht, bei Betonbauweise mindestens die Betondecke betroffen. Zur Bewertung der strukturellen Substanz der vorhandenen Befestigung sowie zur Festlegung einer technisch und wirtschaftlich zweckmäßigen Erneuerungsbauweise sind heranzuziehen:

- Ermittlung der bisherigen Verkehrsbelastung und des Alters der Befestigung,
- Oberflächenzustand,
- Tragfähigkeit (soweit sie bekannt ist),
- Art und Zustand der vorhandenen Befestigung einschließlich des Untergrundes/Unterbaus und ihre Eignung für die vorgesehene Funktion,
- Zustand der Entwässerungseinrichtungen.

Der Oberflächenzustand wird nach folgenden Merkmalen bewertet, die einzeln oder kombiniert auftreten können:

- Netzrisse, Risshäufung,
- Längsunebenheit,
- Verformungen infolge unzureichender Tragfähigkeit
- Ausmagerung, Splittverlust, Flickstellen bei Asphaltdecken,
- Längs- oder Querrisse, Eckabbrüche, Kantenschäden, Plattenversatz oder -bewegung bei Betondecken.

Die Bestimmung der Tragfähigkeit einer vorhandenen Befestigung kann ergänzend zur Bewertung des Zustandes der Befestigung herangezogen werden z. B.

- zur Ermittlung visuell nicht erkennbarer Schwachstellen,
- zur Festlegung von Erneuerungsabschnitten gleicher Tragfähigkeit
- in Kombination mit Georadarmessungen zur Ermittlung homogener Abschnitte für die Festlegung von Bohrkernentnahmestellen.

Für die Zuordnung der maßgebenden Zustandsmerkmale zur Festlegung einer zweckmäßigen Erneuerungsart und -bauweise ist es unerlässlich, die Ursachen für einen angetroffenen Oberflächenzustand und die Eignung der vorhandenen Befestigung, einzelner Schichten und gegebenenfalls des Untergrunds/Unterbaus zu ermitteln. Insbesondere sind festzustellen:

- Art, Dicke und Eigenschaften der einzelnen Schichten
- Art des Untergrunds/Unterbaus (insbesondere Frostempfindlichkeitsklasse Wasserverhältnisse)
- Schichtenverbund.

Die Funktionseigenschaften der Entwässerungseinrichtungen sind zu überprüfen, gegebenenfalls sind diese zu erneuern.

Die Dicke des frostsicheren Oberbaus für die Erneuerung ist sinngemäß wie beim Neubau zu ermitteln. Frostschutzmaßnahmen sind nicht erforderlich, wenn die Gesamtdicke der gebundenen Schichten nach der Erneuerung der Dicke des vollgebundenen Oberbaus nach Tafel 19.37 entspricht.

In die Entscheidung, welche der Bauweisen technisch zweckmäßig und für den vorgesehenen Nutzungszeitraum wirtschaftlich ist, sind neben dem Gesichtspunkt der Wiederverwendung von Baustoffen auch die örtlichen Gegebenheiten sowie auch die Bauzeitvorgabe und die Länge des Erneuerungsabschnittes einzubeziehen.

Bei vollständigem Ersatz der Befestigung sind die Regelungen für den Neubau anzuwenden.

Sind tiefer greifende Schäden zu beseitigen, die einen Teilausbau der vorhandenen Befestigung erforderlich machen, so ist die Dicke der einzubauenden Schichten in Abhängigkeit von der Art und dem Zustand der Schicht, auf der neu aufzubauen ist, in Anlehnung an die Tafeln 19.34 bis 19.36 festzulegen.

Die Erneuerung auf der vorhandenen Befestigung hat auf Grundlage einer fundierten Untersuchung und Bewertung der strukturellen Substanz zu erfolgen. Dies sollte mit Berechnungen zur Nutzungsdauerermittlung bzw. Schichtdeckenfestlegung nach den RDO Asphalt bzw. der RDO Beton 09 kombiniert werden. Alternativ kann bei Asphaltbauweise in den Belastungsklassen Bk0,3 bis Bk3,2 eine Erneuerung mit Schichtdicken nach Tafel 19.38 erfolgen.

Sonstige Verkehrsflächen Die Belastungsklassen für *Busverkehrsflächen* entnimmt man Tafel 19.29. Die Bauweisen und Schichtdicken werden entsprechend den Tafeln 19.34 bis 19.36 ausgewählt. Je nach örtlichen Verhältnissen sind Mehr- oder Minderdicken nach Tafel 19.33 zu berücksichtigen.

Die Bauweisen für *Rad- und Gehwege* entnimmt man Tafel 19.39. Auf diesen Flächen können auch Fahrzeuge des Unterhaltungsdienstes fahren. Ebenheit und gute Entwässerung sind unbedingt notwendig. Bei Böden der Frostempfindlichkeitsklasse F1 sind keine Frostschutzmaßnahmen nötig. Bei Böden der Frostschutzempfindlichkeitsklasse F2 und F3 genügt eine Dicke des Oberbaus von 0,30 m, die in Ortslagen auf 0,20 m vermindert werden darf. Bei Überfahrten für Kraftfahrzeuge ist die Befestigung auf die Belastung abzustimmen. Außer den dargestellten Bauweisen sind auch dünnere Bauweisen oder ungebundene Deckschichten mög-

Tafel 19.38 Erneuerung in Asphaltbauweise auf vorhandener Befestigung

(Dickenangaben in cm)

Belastungsklasse	Bk100	Bk32	Bk10	Bk3,2	Bk1,8	Bk1,0	Bk0,3
B [Mio.]	> 32	> 10 - 32	> 3,2 - 10	> 1,8 - 3,2	> 1,0 - 1,8	> 0,3 - 1,0	≤ 0,3
Asphaltdecke / Asphalttragschicht als Ausgleichschicht / vorhandene Befestigung		Einzelfallbetrachtung		10 / ≥8 / ≥18	4 / ≥10 / ≥14	4 / ≥8 / ≥12	4[6] / ≥6 / ≥10

Tafel 19.39 Bauweisen für Rad- und Gehwege auf F2- und F3-Untergrund/Unterbau

(Dickenangaben in cm; ▼ E_{v2}-Mindestwerte in MPa)

Zeile	Bauweisen	Asphalt		Beton		Pflaster (Plattenbelag)		ohne Bindemittel	
	Dicke des frostsich. Oberbaus	30	40	30	40	30	40	30	40
1	**Schotter- oder Kiestragschicht auf Schicht aus frostunempfindlichem Material**								
	Decke / Schotter- oder Kiestragschicht / Schicht aus frostunempfindlichem Material	▼80[20] 10[6], 15, Σ25, ▼45		▼80[20] 12[17], 15, Σ27, ▼45		▼80[20] 8[14]/4, 15, Σ27, ▼45		▼120 4, 25, Σ29, ▼45	
	Dicke der Schicht aus frostunempfindlichem Material[16]	-	15	-	13	-	13	-	11
2	**ToB auf Planum**								
	Decke / Schotter-, Kiestragschicht oder Frostschutzschicht	▼80[20] 10[6], Σ10, ▼45		▼80[20] 12[17], Σ12, ▼45		▼80[20] 8[14]/4, Σ12, ▼45		▼120 4, Σ4, ▼45	
	Dicke der Schotter-, Kiestragschicht oder Frostschutzschicht	20	30	18	28	18	28	26	36

6) Asphalttragdeckschicht oder Asphalttrag- und Asphaltdeckschicht, siehe auch Abschnitt 3.3.3
14) Auch geringe Dicke möglich
16) Ab 12 cm aus frostunempfindlichem Material, geringere Restdicke ist mit dem darüber liegenden Material auszugleichen
17) Bei einer 12 cm dicken Betondecke ist keine Verdübelung bzw. Verankerung möglich
20) Bei Belastung durch Fahrzeuge (Wartung und Unterhaltung) $E_{v2} \geq 100$ MPa

lich. Bei Rad- und Gehwegen am tieferen Rand der Straße ist es meist zweckmäßig, Planum und Frostschutzschicht der Fahrbahn unter diesen Verkehrsflächen weiter zu führen, um eine einwandfreie Entwässerung zu gewährleisten.

Die Zuordnung einer Verkehrsfläche in *Neben- und Rastanlagen* zu einer Belastungsklasse entnimmt man Tafel 19.30. Für Bauweisen und Schichtdicken gelten die Tafeln 19.34 bis 19.36. Im Bereich von Zapfstellen für Kraftstoffe ist eine gegen Kraftstoffe unempfindliche Befestigung zu wählen.

Die Belastungsklasse für *Abstellflächen* wählt man aus Tafel 19.31. Für die Bauweise wendet man die Tafeln 19.34 bis 19.36 sinngemäß an. Ebenso sind Mehr- oder Minderdicken nach Tafel 19.33 zu berücksichtigen. Fahrgassen und Stellflächen können verschiedene Befestigungsarten erhalten. Hier sind auch gestalterische Elemente oder Häufigkeit der Nutzung von Einfluss.

Ermittlung der dimensionierungsrelevanten Beanspruchung B Je nach den zur Verfügung stehenden Daten erfolgt die Ermittlung der dimensionierungsrelevanten Beanspruchung B nach zwei Methoden:
1. Berechnung aus Angaben des DTV[SV]
2. Berechnung mittels Achslast-Angaben aus Achslastwägungen.

Beide Methoden können mit variablen oder konstanten Faktoren durchgeführt werden. Häufig wird die erste Methode zur Anwendung kommen, da Messstellen für Achslastdaten nur an besonders belasteten Streckenabschnitten vorhanden sind. Daten der Verkehrszählungen sind auf vielen Straßen vorhanden oder können relativ einfach gewonnen werden. Man ermittelt in diesem Fall die dimensionierungsrelevante Beanspruchung B mit (19.10) bei variablen Faktoren.

$$B = 365 \cdot q_{B_m} \cdot f_3 \cdot \sum_{i=1}^{N} \left[DTA_{i-1}^{(SV)} \cdot f_{1i} \cdot f_{2i} \cdot (1 + p_i) \right]$$
(19.10)

in äquivalenten Achsübergängen/Nutzungsdauer mit

$$DTA_{i-1}^{(SV)} = DTV_{i-1}^{(SV)} \cdot f_{A_{i-1}}$$

oder mit (19.11) bei konstanten Faktoren

$$B = N \cdot DTA^{(SV)} \cdot q_{B_m} \cdot f_1 \cdot f_2 \cdot f_3 \cdot f_Z \cdot 365$$
(19.11)

in äquivalenten Achsübergängen/Nutzungsdauer mit

$$DTA^{(SV)} = DTV^{(SV)} \cdot f_A$$

B Summe der gewichteten äquivalenten 10-t-Achsübergänge im Nutzungszeitraum

N Anzahl der Jahre des Nutzungszeitraumes; in der Regel 30 Jahre

q_{B_m} Mittlerer Lastkollektivquotient einer Straßenklasse

f_3 Steigungsfaktor

$DTA_{i-1}^{(SV)}$ Durchschnittliche Anzahl der täglichen Achsübergänge des Schwerverkehrs

$DTV_{i-1}^{(SV)}$ Durchschnittliche tägliche Verkehrsstärke des Schwerverkehrs

$f_{A_{i-1}}$ Durchschnittliche Achszahl pro Fahrzeug des Schwerverkehrs

f_{1i} Fahrstreifenfaktor

f_{2i} Fahrstreifenbreitenfaktor

p_i Mittlere jährliche Zunahme des Schwerverkehrs

f_Z Mittlerer jährlicher Zuwachsfaktor des Schwerverkehrs mit

$$f_Z = \frac{(1 + p)^N - 1}{p \cdot N}$$

Die Faktoren für die Berechnung der dimensionierungsrelevanten Beanspruchung B entnimmt man den Tafeln 19.40 bis 19.46.

Tafel 19.40 Achszahlfaktor f_A

Straßenklasse	Faktor f_A
Bundesautobahnen kommunale Straßen mit SV-Anteil > 6 %	4,5
Bundesstraßen kommunale Straßen mit SV-Anteil > 3 % und ≤ 6 %	4,0
Landes- und Kreisstraßen kommunale Straßen mit SV-Anteil ≤ 3 %	3,3

Tafel 19.41 Lastkollektivquotient q_{B_m}

Straßenklasse	Quotient q_{B_m}
Bundesautobahnen kommunale Straßen mit SV-Anteil > 6 %	0,33
Bundesstraßen kommunale Straßen mit SV-Anteil > 3 % und ≤ 6 %	0,25
Landes- und Kreisstraßen kommunale Straßen mit SV-Anteil ≤ 3 %	0,23

Tafel 19.42 Fahrstreifenfaktor f_1 zur Ermittlung des DTV$^{(SV)}$

Zahl der Fahrstreifen im Querschnitt oder Fahrtrichtung	Faktor f_1 bei Erfassung der DTV	
	In beiden Fahrtrichtungen	Für jede Fahrtrichtung getrennt
1	–	1,0
2	0,50	0,90
3	0,50	0,80
4	0,45	0,80
5	0,45	0,80
6 und mehr	0,40	–

Tafel 19.43 Fahrstreifenbreitenfaktor f_2

Fahrstreifenbreite [m]	Faktor f_2
Unter 2,50	2,00
2,50 bis unter 2,75	1,80
2,75 bis unter 3,25	1,40
3,25 bis unter 3,75	1,10
3,75 und mehr	1,00

Tafel 19.44 Steigungsfaktor f_3

Höchstlängsneigung [%]	Faktor f_3
Unter 2	1,00
2 bis unter 4	1,02
4 bis unter 5	1,05
5 bis unter 6	1,09
6 bis unter 7	1,14
7 bis unter 8	1,20
8 bis unter 9	1,27
9 bis unter 10	1,35
10 und mehr	1,45

Tafel 19.45 Mittlere jährliche Zunahme des Schwerverkehrs p

Straßenklasse	p
Bundesautobahnen	0,03
Bundesstraßen	0,02
Landes- und Kreisstraßen	0,01

Tafel 19.46 Mittlerer jährlicher Zuwachsfaktor des Schwerverkehrs f_Z

N [a]	Mittlere jährliche Zunahme des Schwerverkehrs p		
	0,01	0,02	0,03
5	1,020	1,041	1,062
10	1,046	1,095	1,146
15	1,073	1,153	1,240
20	1,101	1,215	1,344
25	1,130	1,281	1,458
30	1,159	1,352	1,586

19.3.1.2 Anforderungen an die Baustoffgemische

Tragschichten sind Bestandteile des frostsicheren Oberbaus. Sie verteilen Lasten, die auf die Fahrbahnfläche wirken, auf die Unterlage.

Als Unterlage bezeichnet man die Fläche unter der jeweils herzustellenden Tragschicht. Die Mindestdicke richtet sich nach RStO und ZTVT-StB.

Tragschichten ohne Bindemittel werden eingesetzt als Frostschutzschichten oder Kies- und Schottertragschichten.

Tafel 19.47 Mindestdicken von Tragschichten ohne Bindemittel

Baustoffgemisch	0/32	0/45	0/56	0/63
Mindestschichtdicke (cm)	12	15	18	20

Frostschutzschichten bestehen aus frostunempfindlichen Mineralstoffgemischen, die auch im verdichteten Zustand ausreichend wasserdurchlässig sind und Frostschäden im Oberbau vermeiden sollen (Kornanteil unter 0,063 mm Durchmesser $< 5,0$ M.-% im Lieferzustand und $< 7,0$ M.-% im eingebauten Zustand).

Kiestragschichten bestehen aus Kies-Sand-Gemischen, denen auch gebrochene Mineralstoffe zugesetzt sein können.

Schottertragschichten bestehen aus Schotter-Splitt-Sand- oder Splitt-Sand-Gemischen.

Hydraulisch gebundene Tragschichten (HGT) bestehen aus Mineralstoffgemischen mit einer vorgeschriebenen Korngrößenverteilung und hydraulischen Bindemitteln.

Betontragschichten werden aus Beton gemäß der TL Beton-StB und ZTV Beton-StB hergestellt, wobei eine Druckfestigkeitsklasse von C 12/15 bis C 20/25 gefordert wird. Betontragschichten erhalten in der Regel Fugen. Querfugen sind im Abstand von maximal 5,00 m anzuordnen. Sie werden eingerüttelt oder eingeschnitten. Arbeitsfugen werden als Pressfugen ausgebildet. An Bauwerken sind Raumfugen erforderlich. Längsfugen sind bei Fahrbahnbreiten über 5,00 m vorzusehen. Bei Betondecken ist die Fugeneinteilung auf die Fugen in der Betondecke abzustimmen.

Als Bindemittel ist ein Zement CEM I der Festigkeitsklasse 32,5 R vorzusehen. Der Auftraggeber kann auch Zement CEM II oder CEM III der Festigkeitsklasse 42,5 oder 42,5 R zulassen. Frischbeton darf nur im Temperaturbereich zwischen $+5\,°C$ und $+30\,°C$ verarbeitet werden. Ein rasches Austrocknen ist zu verhindern, der Beton muss drei Tage feucht gehalten werden.

Tafel 19.48 Anforderungen an die Korngrößenverteilung von Baustoffgemischen von Frostschutzschichten

Baustoffgemisch	Durchgang in M.-% durch das Sieb (mm)									
	0,5	1	2	4	5,6	8	11,2	16	22,4	31,5
0/8	NR	15–75	NR	47–87						
0/11	NR	15–75	NR	NR	47–87					
0/16	NR	15–75	NR	NR	–	47–87				
0/22	NR	15–75	NR	–	NR	–	47–87			
0/32	NR	NR	15–75	NR	–	NR	–	47–87		
0/45	NR	NR	15–75	–	NR	–	NR	–	47–87	47–87
0/56	–	NR	NR	15–75	–	NR	–	NR	–	
0/63	–	NR	NR	15–75	–	NR	–	NR	–	47–87

NR keine Anforderungen

Tafel 19.49 Anforderungen an die Korngrößenverteilung von Kies- und Schottertragschichten

Baustoffgemisch		Durchgang in M.-% durch das Sieb (mm)								
		0,5	1	2	4	5,6	8	11,2	16	22,4	31,5
0/32	Allg.	5–35	9–40	16–47	22–60	–	35–68	–	55–85		
	SDV	10–30	14–35	23–40	30–52	–	43–60	–	63–77		
0/45	Allg.	5–35	9–40	16–47	–	22–60	–	35–68	–	55–85	
	SDV	10–30	14–35	23–40	–	30–52	–	43–60	–	63–77	
0/56	Allg.	–	5–35	9–40	16–47	–	22–60	–	35–68	–	55–85
	SDV	–	10–30	14–35	23–40	–	30–52	–	43–60	–	63–77

Allg. maximal zulässige Bandbreite des Siebdurchgangs
SDV Bandbreite des Siebdurchgangs, in der der lieferantentypische Siebdurchgang liegen muss

Tafel 19.50 Anforderungen an die Korngrößenverteilung bei hydraulisch gebundenen Tragschichten

Körnung	Siebdurchgang in M.-% durch das Sieb (mm)					Einbaudicke in cm
	0,063	2	22,4	31,5	45	
0/32	0 bis 15	16 bis 45	≤ 90	90 bis 100	–	≥ 12
0/45	0 bis 15	16 bis 45	–	≤ 90	90 bis 100	≥ 15

Tafel 19.51 Anforderungen an den Beton gemäß TL Beton-StB 07

Belastungsklasse		Expositionsklasse	Druckfestigkeitsklasse	Biegezugfestigkeitsklasse	Mind. erforderliche Korngruppen nach TL Gestein-StB
Bk100 bis Bk10	Oberbeton	XF4, XM2	C 30/37	F 4,5	0/2, 2/8, > 8 0/4, 4/8, > 8
	Unterbeton	XF4			0/2, ≤ 8
Bk3,2 bis Bk0,3	Oberbeton	XF4, XM1		F 3,5	0/4, > 4
	Unterbeton	XF4			

Tafel 19.52 Zweckmäßiges Asphaltmischgut

Belastungsklasse	Asphalt-Tragschicht	Asphalt-Binderschicht	Asphalt-Tragdeckschicht	Asphaltdeckschichten aus			
				Asphaltbeton	Splittmastixasphalt	Gussasphalt	Offenporiger Asphalt
Bk100/Bk32	AC 32 TS	AC 22 BS			SMA 11 S	MA 11 S	PA 11
Bk10	AC 22 TS	AC 16 BS			SMA 8 S	MA 8 S	PA 8
Bk3,2		AC 16 BS		AC 11 DS		MA 5 S	
Bk1,8	AC 32 TN	(AC 16 BN)		AC 11 DN	(SMA 8 N)	(MA 11 S)	
Bk1,0	AC 22 TN			AC 8 DN		(MA 8 S)	
Bk0,3			AC 16 TD	AC 8 DL	(SMA 8 N)	(MA 5 S)	
				AC 5 DL	(SMA 5 N)		
Geh- und Radwege						(MA 5 N)	

( ) nur in Ausnahmefällen

Betonfahrbahnen eignen sich für sehr große Belastungen. Sie haben eine lange Lebensdauer, die Oberfläche ist hell und griffig. Für den Bau gelten die ZTV Beton-StB, die DIN 18 299 und DIN 18 316. Die Dicke der Betondecke ergibt sich nach Tafel 19.35.

Zur Vermeidung von wilden Rissen und für den Ausgleich durch Längenänderungen werden in Betondecken Längs- und Querfugen angeordnet. Man unterscheidet:

Scheinfugen, die in den Beton geschnitten und mit Fugenvergussmasse ausgefüllt werden, um Sollbruchstellen in der Decke zu erzeugen.

Raumfugen, die Fahrbahnplatten von Bauwerken trennen, um Längsspannungen der Fahrbahndecke nicht auf das Bauwerk zu übertragen.

Pressfugen entstehen beim Anbetonieren gegen bereits erhärteten Beton.

Querfugen werden in der Regel alle 5,0 m quer zur Straßenachse angelegt.

Asphaltschichten bestehen aus Gesteinskörnungsgemischen und Bitumen als Bindemittel (Tafel 19.52).

Asphalttragschichten als unterster Teil der Asphaltbefestigung liegen auf ungebundenen oder gebundenen Unterlagen und tragen die Verkehrslasten nach unten ab. Als Bindemittel verwendet werden Bitumen 70/100 (Belastungsklassen Bk1,8–Bk0,3) und 50/70 (Belastungsklassen Bk100–Bk3,2) oder in Ausnahmefällen auch 30/45 (Tafel 19.53).

Asphaltbinderschichten verbinden die Tragschicht schubfest mit der oberhalb liegenden Deckschicht. Als Bindemittel dienen Bitumen 25/55-55, 30/45 oder 10/40-65 (Tafel 19.54).

Asphalttragdeckschichten übernehmen Aufgaben der Trag- und der Deckschichten und werden bei Straßen untergeordneter Bedeutung, ländlichen Wegen und für Rad- und Gehwege verwendet. Als Bindemittel verwendet werden Bitumen 70/100, aber auch 50/70 und 160/220 (Tafel 19.55).

Asphaltdeckschichten können aus den Mischgutarten und -sorten Asphaltbeton AC, Splittmastixasphalt SMA, Gussasphalt MA oder Offenporiger Asphalt PA hergestellt werden.

Asphaltbeton eignet sich aufgrund seiner mangelnden Standfestigkeit nur bis zur Belastungsklasse Bk10 (Tafel 19.56).

Durch hohen Splitt-, Bitumen- und Mörtelgehalt beim **Splittmastixasphalt** entsteht eine dauerhafte, widerstandsfähige und verkehrssichere Deckschicht, die sich insbesondere für hoch belastete Verkehrsflächen eignet (Tafel 19.57).

Der nahezu hohlraumfreie **Gussasphalt** bildet eine sehr dichte und dauerhafte Deckschicht für höchste Ansprüche. Er ist im heißen Zustand gieß- und streichbar und braucht keine Verdichtung. Die Oberfläche wird durch Einwalzen von Abstreusplitt abgestumpft (Tafel 19.58).

Offenporiger Asphalt besitzt einen hohen Hohlraumgehalt, der Wasser und Luft aufnimmt. Dies mildert das Aufwirbeln von Oberflächenwasser (Sprühfahnen), reduziert die Gefahr von Aquaplaning und verringert die Schallemission. Die Haltbarkeit dieser Deckschichten ist meist geringer als bei anderen Bauweisen (Tafel 19.59).

Tafel 19.53 Anforderungen an das Mischgut von Asphalttragschichten

Bezeichnung	AC 32 TS	AC 22 TS	AC 32 TN	AC 22 TN
Baustoffe				
Gesteinskörnungen				
Anteil gebrochener Kornoberflächen	$C_{50/30}$	$C_{50/30}$	C_{NR}	C_{NR}
Mindestanteil feiner Gesteinskörnungen mit E_{cs} 35	50	50		
Bindemittelart und -sorte	50/70 30/45	50/70 30/45	70/100 50/70	70/100 50/70
Zusammensetzung				
Gesteinskörnungsgemisch				
Siebdurchgang bei				
45 mm M.-%	100		100	
31,5 mm M.-%	90–100	100	90–100	100
22,4 mm M.-%	75–90	90–100	5–90	90–100
16 mm M.-%		75–90		75–90
11,2 mm M.-%				
2 mm M.-%	25–40	25–40	25–40	25–40
0,125 mm M.-%	4–14	4–14	4–14	4–14
0,063 mm M.-%	2–9	2–9	3–9	3–9
Mindest-Bindemittelgehalt	$B_{min\,3,8}$	$B_{min\,3,8}$	$B_{min\,4,0}$	$B_{min\,4,0}$
Asphaltmischgut				
Min. Hohlraumgehalt MPK	$V_{min\,5,0}$	$V_{min\,5,0}$	$V_{min\,4,0}$	$V_{min\,4,0}$
Max. Hohlraumgehalt MPK	$V_{max\,10,0}$	$V_{max\,10,0}$	$V_{max\,10,0}$	$V_{max\,10,0}$

Tafel 19.54 Anforderungen an Asphaltmischgut für Asphaltbinderschichten

Bezeichnung	AC 22 BS	AC 16 BS	AC 16 BN
Baustoffe			
Gesteinskörnungen			
Anteil gebrochener Kornoberflächen	$C_{100/0}$ $C_{95/1}$ $C_{90/1}$	$C_{100/0}$ $C_{95/1}$ $C_{90/1}$	$C_{90/1}$
Widerstand gegen Zertrümmerung	SZ_{18}/LA_{20}	SZ_{18}/LA_{20} SZ_{22}/LA_{25}	SZ_{22}/LA_{25}
Mindestanteil feiner Gesteinskörnungen mit E_{cs} 35	100	100	50
Bindemittelart und -sorte	25/55-55 30/45 10/40-65	25/55-55 30/45 10/40-65	50/70 30/45
Zusammensetzung			
Gesteinskörnungsgemisch			
Siebdurchgang bei			
31,5 mm M.-%	100		
22,4 mm M.-%	90–100	100	100
16 mm M.-%	65–80	90–100	90–100
11,2 mm M.-%		65–80	60–80
8 mm M.-%			
2 mm M.-%	25–33	25–30	25–40
0,125 mm M.-%	5–10	5–10	5–15
0,063 mm M.-%	3–7	3–7	3–8
Mindest-Bindemittelgehalt	$B_{min\,4,2}$	$B_{min\,4,4}$	$B_{min\,4,4}$
Asphaltmischgut			
Min. Hohlraumgehalt MPK	$V_{min\,3,5}$	$V_{min\,3,5}$	$V_{min\,2,5}$
Max. Hohlraumgehalt MPK	$V_{max\,6,5}$	$V_{max\,6,5}$	$V_{max\,5,5}$

19

Tafel 19.55 Anforderungen an Asphaltmischgut für Tragdeckschichten

Bezeichnung	AC 16 TD
Baustoffe	
Gesteinskörnungen	
Anteil gebrochener Kornoberflächen	C_{NR}
Bindemittelart und -sorte	70/100, 50/70, 160/220
Zusammensetzung	
Gesteinskörnungsgemisch	
Siebdurchgang bei	
22,4 mm M.-%	100
16 mm M.-%	90–100
11,2 mm M.-%	80–90
2 mm M.-%	30–50
0,125 mm M.-%	8–20
0,063 mm M.-%	6–11
Mindest-Bindemittelgehalt	$B_{min\,5,4}$
Asphaltmischgut	
Min. Hohlraumgehalt MPK	$V_{min\,1,0}$
Max. Hohlraumgehalt MPK	$V_{max\,3,0}$

Tafel 19.56 Anforderungen an Asphaltmischgut für Asphaltbeton

Bezeichnung	AC 11 DS	AC 11 DN	AC 8 DN	AC 8 DL	AC 5 DL
Baustoffe					
Gesteinskörnungen					
Anteil gebrochener Kornoberflächen	$C_{90/1}$	$C_{90/1}$	$C_{90/1}$	$C_{90/1}$	$C_{90/1}$
Widerstand gegen Zertrümmerung	SZ_{18}/LA_{20}	SZ_{22}/LA_{25}	SZ_{22}/LA_{25}	SZ_{26}/LA_{30}	SZ_{26}/LA_{30}
Mindestanteil feiner Gesteinskörnungen mit E_{cs} 35	50				
Bindemittelart und -sorte	25/55-55 50/70 70/100	50/70 70/100	50/70	70/100	70/100
Zusammensetzung					
Gesteinskörnungsgemisch					
Siebdurchgang bei					
22,4 mm M.-%					
16 mm M.-%	100	100			
11,2 mm M.-%	90–100	90–100	100	100	
8 mm M.-%	70–85	70–85	90–100	90–100	100
5,6 mm M.-%			70–85	70–90	90–100
2 mm M.-%	40–50	45–55	45–60	45–65	50–70
0,125 mm M.-%	7–17	8–22	8–20	8–20	9–24
0,063 mm M.-%	5–9	6–12	6–12	6–12	7–14
Mindest-Bindemittelgehalt	$B_{min\,6,0}$	$B_{min\,6,2}$	$B_{min\,6,4}$	$B_{min\,6,6}$	$B_{min\,7,0}$
Asphaltmischgut					
Min. Hohlraumgehalt MPK	$V_{min\,2,5}$	$V_{min\,1,5}$	$V_{min\,1,5}$	$V_{min\,1,0}$	$V_{min\,1,0}$
Max. Hohlraumgehalt MPK	$V_{max\,4,5}$	$V_{max\,3,5}$	$V_{max\,3,5}$	$V_{max\,2,5}$	$V_{max\,2,5}$

Tafel 19.57 Anforderungen an Asphaltmischgut für Splittmastixasphalt

Bezeichnung	SMA 11 S	SMA 8 S	SMA 8 N	SMA 5 N
Baustoffe				
Gesteinskörnungen				
Anteil gebrochener Kornoberflächen	$C_{100/0}$ $C_{95/1}$ $C_{90/1}$	$C_{100/0}$ $C_{95/1}$ $C_{90/1}$	$C_{100/0}$ $C_{95/1}$ $C_{90/1}$	$C_{90/1}$
Widerstand gegen Zertrümmerung	SZ_{18}/LA_{20}	SZ_{18}/LA_{20}	SZ_{18}/LA_{20}	SZ_{18}/LA_{20}
Mindestanteil feiner Gesteinskörnungen mit E_{cs} 35	100	100	50	50
Bindemittelart und -sorte	25/55-55 50/70	25/55-55 50/70	50/70 70/100 45/80-50	50/70 70/100
Zusammensetzung				
Gesteinskörnungsgemisch				
Siebdurchgang bei				
16 mm M.-%	100			
11,2 mm M.-%	90–100	100	100	
8 mm M.-%	50–65	90–100	90–100	100
5,6 mm M.-%	35–45	35–55	35–60	90–100
2 mm M.-%	20–30	20–30	20–30	30–40
0,063 mm M.-%	8–12	8–12	7–12	7–12
Mindest-Bindemittelgehalt	$B_{min\,6,6}$	$B_{min\,7,2}$	$B_{min\,7,2}$	$B_{min\,7,4}$
Bindemittelträger	0,3–1,5	0,3–1,5	0,3–1,5	0,3–1,5
Asphaltmischgut				
Min. Hohlraumgehalt MPK	$V_{min\,2,5}$	$V_{min\,2,5}$	$V_{min\,1,5}$	$V_{min\,1,5}$
Max. Hohlraumgehalt MPK	$V_{max\,3,0}$	$V_{max\,3,0}$	$V_{max\,3,0}$	$V_{max\,3,0}$

Tafel 19.58 Anforderungen an Asphaltmischgut für Gussasphalt

Bezeichnung	MA 11 S	MA 8 S	MA 5 S	MA 5 N
Baustoffe				
Gesteinskörnungen				
Anteil gebrochener Kornoberflächen	$C_{90/1}$	$C_{90/1}$	$C_{90/1}$	$C_{90/1}$
Widerstand gegen Zertrümmerung	SZ_{18}/LA_{20}	SZ_{18}/LA_{20}	SZ_{18}/LA_{20}	SZ_{22}/LA_{25}
Mindestanteil feiner Gesteinskörnungen mit E_{cs} 35	35	35	35	
Bindemittelart und -sorte	20/30 30/45 10/40-65 25/55-55	20/30 30/45 10/40-65 25/55-55	20/30 30/45 10/40-65 25/55-55	30/45 25/55-55
Zusammensetzung				
Gesteinskörnungsgemisch				
Siebdurchgang bei				
16 mm M.-%	100			
11,2 mm M.-%	90–100	100		
8 mm M.-%	70–85	90–100	100	100
5,6 mm M.-%		75–90	90–100	90–100
2 mm M.-%	45–55	50–60	55–65	55–65
0,063 mm M.-%	20–28	22–30	24–32	24–32
Mindest-Bindemittelgehalt	$B_{min\,6,8}$	$B_{min\,7,0}$	$B_{min\,7,0}$	$B_{min\,7,5}$

Tafel 19.59 Anforderungen an Asphaltmischgut für Offenporiger Asphalt

Bezeichnung		PA 11	PA 8
Baustoffe			
Gesteinskörnungen			
	Anteil gebrochener Kornoberflächen	$C_{100/0}$	$C_{100/0}$
	Widerstand gegen Zertrümmerung	SZ_{18}/LA_{20}	SZ_{18}/LA_{20}
	Mindestanteil feiner Gesteinskörnungen mit E_{cs} 35	100	100
Bindemittelart und -sorte		40/100-65	40/100-65
Zusammensetzung			
Gesteinskörnungsgemisch			
Siebdurchgang bei			
	16 mm M.-%	100	
	11,2 mm M.-%	90–100	100
	8 mm M.-%	5–15	90–100
	5,6 mm M.-%	5–15	
	2 mm M.-%	5–10	5–10
	0,063 mm M.-%	3–5	3–5
Mindest-Bindemittelgehalt		$B_{min\,6,0}$	$B_{min\,6,5}$
Asphaltmischgut			
	Min. Hohlraumgehalt MPK	$V_{min\,24}$	$V_{min\,24}$
	Max. Hohlraumgehalt MPK	$V_{max\,28}$	$V_{max\,28}$

19.3.2   Straßenentwässerung

19.3.2.1   Planungsgrundsätze

Wasser stellt eine Gefahr für die Lebensdauer der Straße und ihrer Bauwerke dar und beeinträchtigt die Sicherheit der Verkehrsteilnehmer. Bei der Planung von Straßen sind die Einwirkungen auf Gewässer und Grundwasser zu berücksichtigen. Ebenso sind die Auswirkungen des Wassers auf den Straßenbestand zu untersuchen. Flächen außerhalb der Fahrbahn sollen kein Wasser auf die Fahrbahn leiten. Ausnahmen bilden Rad- und Gehwege in bebauten Gebieten. Wasser muss schadlos zum Vorfluter abgeleitet werden.

Die Leistungsfähigkeit vorhandener Kanalleitungen ist zu überprüfen!

In Sonderfällen ist Versickerung möglich. Die Unterkante des Straßenaufbaus soll Grundwasser nicht anschneiden. Querneigungswechsel müssen in Bereichen ausreichender Längsneigung liegen. Die Schrägneigung soll $p \geq 2,0\,\%$ (Pflaster $\geq 3,0\,\%$) sein, in Verwindungsstrecken darf bis auf min $p = 0,5\,\%$ abgemindert werden. Im Kreuzungsbereich empfiehlt es sich, Höhenlinienpläne zur Beurteilung herzustellen. Entwässerungseinrichtungen sollen leicht zu warten sein. Oberirdische Ableitungen sind deshalb besser als unterirdische. Sind Verunreinigungen des Wassers zu erwarten, müssen diese durch Rückhalte- und Klärbecken aufgefangen werden. Auf eine landschaftsgerechte, naturnahe Ausgestaltung ist zu achten.

19.3.2.2   Bemessung

Die **Abfluss-Wassermenge** ist abhängig von Regenspende, Regenhäufigkeit und Abflussbeiwert. Als *Regenspende* ist die Regenmenge zugrunde zu legen, die sich nach Reinhold für den 15-min-Regen ergibt, der nicht mehr als einmal im Jahr auftritt (19.12).

$$r_{T(n)} = r_{15(n=1)} \cdot \varphi_{T(n)} \quad \text{in } l/(s\,ha) \qquad (19.12)$$

r_T Regenspende im Zeitraum T in min
n Anzahl der Häufigkeiten pro Jahr
φ_T Zeitbeiwert.

Den Zeitbeiwert φ_T entnimmt man Kap. 20. Die *Regenhäufigkeit* legt man fest nach dem Grad der gewünschten Sicherheit gegen Überschreitungen. Übliche Werte für die Entwässerung von Straßen entnimmt man Tafel 19.60.

Tafel 19.60 Regenhäufigkeit n

Lage	Entwässerungseinrichtung	Regenhäufigkeit n
Außerorts	Mulden, Gräben, Rohrleitungen	1,0
	Rohrleitungen in Mittelstreifen	0,3
	Straßentiefpunkte	0,2
	Trogstrecken	0,1 bis 0,05
Innerorts	Allgem. Bebauung	1,0 bis 0,5
	Innenstadt, Industriegebiete	1,0 bis 0,2

Das Ableitungsvermögen eines Gebietes erfasst man durch den Abflussbeiwert.

Der Spitzenabflussbeiwert ψ_S kann nach Tafel 19.61 festgelegt werden.

Tafel 19.61 Abflussbeiwert ψ_S

Fläche	Abflussbeiwert ψ_S
Fahrbahn	0,9
Unbefestigte Horizontalflächen	0,05 bis 0,1
Böschungen im Dammbereich	0,3
Böschungen im Einschnitt	0,3 bis 0,5
Entwässerung befestigter Flächen über unbefestigte Seitenstreifen, Mulden mit Muldenabläufen (Einschnitt)	0,7
Entwässerung befestigter Flächen über unbefestigte Seitenstreifen, Dammböschungen und Fußmulden	0,5

Die Berechnung des Regenabflusses erfolgt nach dem Zeitbeiwertverfahren oder Zeitabflussfaktorenverfahren (siehe Kap. 20). Die Abflussmenge berechnet man mit der Gleichung (19.13).

$$Q = r \cdot \varphi \cdot \sum_{i=1}^{n} A_E \cdot \psi_S \quad \text{in l/s} \qquad (19.13)$$

Q Oberflächenabfluss in l/s
r Regenspende in l/(s ha)
φ Zeitbeiwert
A_E Größe der Entwässerungsfläche in ha
ψ_S Spitzenabflusswert für A_E.

Die Bemessung der **Entwässerungseinrichtungen** erfolgt mit Hilfe der Abflussformel nach Manning-Strickler für offene Gerinne und nach Prandtl-Colebrook bei Rohrleitungen.

Offene Gerinne sind Entwässerungsmulden, Gräben und Rinnen. Die abführbare Wassermenge ist abhängig vom durchflossenen Querschnitt, dem benetzten Umfang, der Fließgeschwindigkeit und der Rauigkeit der Gerinnewandung.

Entwässerungsmulden werden als Kreissegmente ausgebildet. Ihr nutzbarer Querschnitt ergibt sich aus (19.14), den Radius der Mulden erhält man aus (19.15), den Mittelpunktswinkel aus (19.16) und den benetzten Umfang aus (19.17).

$$A = \frac{r^2}{2}\left(\frac{\pi \cdot \alpha}{200} - \sin\alpha\right) \quad \text{in m}^2 \qquad (19.14)$$

$$r = \left(\frac{s}{2}\right)^2 \cdot \frac{1}{2 \cdot p} + \frac{p}{2} \quad \text{in m} \qquad (19.15)$$

$$\sin\frac{\alpha}{2} = \frac{s}{2 \cdot r} \quad \text{in gon} \qquad (19.16)$$

$$l_u = \frac{\pi \cdot r \cdot \alpha}{200} \quad \text{in m} \qquad (19.17)$$

A Durchflussquerschnittsfläche in m^2
r Ausrundungsradius der Mulde in m
s Sehnenlänge (Muldenbreite) in m
p Pfeilhöhe (Tiefe) der Mulde in m
α Mittelpunktswinkel zur Sehne in gon
l_u benetzter Umfang (Bogenlänge) in m.

Straßengräben können die Form von Rechteck-, Trapez- oder Dreiecksquerschnitten erhalten. Die notwendigen Werte entnimmt man Tafel 19.62.

Tafel 19.62 Bemessungswerte für Grabenprofile

Profilform	Flächeninhalt A in m	Benetzter Umfang l_u in m
Rechteck	$b \cdot h$	$2 \cdot h + b$
Trapez	$h\left(\dfrac{a+b}{2}\right)$	$b + 2\sqrt{h^2 + \left(\dfrac{a-b}{2}\right)^2}$
Dreieck	$\dfrac{b \cdot h}{2}$	$2\sqrt{h^2 + \left(\dfrac{b}{2}\right)^2}$

Aus den voranstehenden Werten berechnet man den hydraulischen Radius r_{hy} mit

$$r_{hy} = \frac{A}{l_u} \quad \text{in m} \qquad (19.18)$$

Die *mögliche Abflussmenge* ist abhängig vom benetzten Umfang, der Rauigkeit des Gerinnes und dem Energiegefälle. Letzteres kann im Straßenbau dem Sohlgefälle gleichgesetzt werden. Für die einzelnen Querschnittsformen ergeben sich die folgenden Gleichungen.

Für Entwässerungsmulden, Rechteck-, Trapez- oder Dreiecksgräben:

$$\max Q = A \cdot k_{St} \cdot r_{hy}^{2/3} \cdot I_E^{1/2} \quad \text{in m}^3/\text{s} \qquad (19.19)$$

für Bord- oder Spitzrinnen am Randstein

$$\max Q = k_{St} \cdot h^{8/3} \cdot I_E^{1/2} \cdot \frac{0{,}315}{q} \quad \text{in m}^3/\text{s} \qquad (19.20)$$

für Muldenrinnen am Randstein

$$\max Q = k_{St} \cdot h^{8/3} \cdot I_E^{1/2} \cdot \frac{b}{2 \cdot h} \quad \text{in m}^3/\text{s} \qquad (19.21)$$

k_{St} Rauigkeitsbeiwert nach Strickler in m$^{1/3}$/s (Tafel 19.63)
r_{hy} hydraulischer Radius in m
I_E Sohlgefälle des Gerinnes in %
h Wassertiefe am Randstein oder Muldenmitte in m
q Querneigung des Gerinnes in %.

Die Bemessung von Rohrleitungen erfolgt entsprechend Kap. 20, Abschn. 20.3. Für Vollfüllung gilt

$$Q = \frac{\pi \cdot d^2}{4}\left[-2 \cdot \lg\left(\frac{2{,}51 \cdot v}{d\sqrt{2 \cdot g \cdot I_r \cdot d}} + \frac{k_b}{3{,}71 \cdot d}\right)\right]$$
$$\cdot \sqrt{2 \cdot g \cdot I_r \cdot d} \qquad (19.22)$$

Tafel 19.63 Rauigkeitsbeiwerte k_{St} nach Strickler

Gerinneart	Wandbeschaffenheit	k_{St} in $m^{1/3}/s$
Mulden	Sohlschale je nach Ablagerung	30 bis 50
	Rasen	20 bis 30
	Schotter	25 bis 30
	Bruchsteinpflaster	40 bis 50

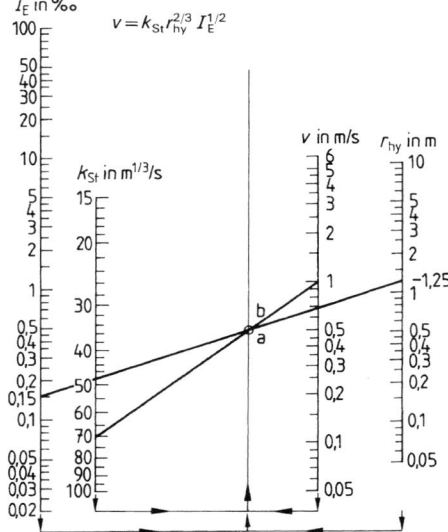

Abb. 19.71 Nomogramm zur Bestimmung der Fließgeschwindigkeit v nach Manning-Strickler (Beispiel: (a) $I_E = 0{,}15\,\text{‰}$, $r_{hy} = 1{,}25\,\text{m}$, (b) $k_{St} = 70\,\text{m}^{1/3}/\text{s} \rightarrow v = 1{,}00\,\text{m/s}$)

Q Durchflussmenge in m^3/s
d Rohrrinnendurchmesser in m
v kinematische Viskosität in m^2/s
g Fallbeschleunigung in m/s^2
I_r Gefälle in %
k_b Betriebliche Rauigkeit in mm (s. Kap. 20).

Teilfüllung der Rohre berechnet man nach Kap. 20

Kreuzungsbauwerke mit Wasserläufen sind Brücken, Durchlässe und Düker. Diese sind in jedem Fall mit der

Wasserwirtschaftsverwaltung abzustimmen. Die Abmessungen sind abhängig von

- Bemessungsdurchfluss,
- Durchflussquerschnitt,
- Fließgeschwindigkeit,
- zulässiger Aufstau.

Die lichte Weite von Brücken und Rechteckdurchlassen mit freiem Wasserspiegel und strömendem Abfluss bestimmt man mit (19.23).

$$l_w = \frac{Q}{h \cdot \sqrt{\dfrac{2 \cdot g \cdot \Delta h}{1{,}5 + 2 \cdot g \cdot l/(k_{St}^2 \cdot r_{hy}^{4/3})}}} \quad \text{in m} \tag{19.23}$$

l_w lichte Weite des Bauwerks in m
h Abflusstiefe im unverbauten Querschnitt in m
r_{hy} hydraulischer Radius im Bauwerk in m
l durchflossene Bauwerkslänge in m
k_{St} Rauigkeitsbeiwert in $m^{1/3}/s$ (meist 65 angenommen)
g Fallbeschleunigung in m/s^2
Δh Spiegeldifferenz zwischen Oberwasser einschl. Aufstau und Unterwasser (s. Abb. 19.72)
Q Durchflussmenge in m^3/s.

Die lichte Weite für Bauwerke ohne Aufstau ergibt sich vereinfacht aus (19.24) (Abb. 19.72)

$$l_w = \frac{A}{\mu \cdot h} \quad \text{in m} \tag{19.24}$$

Für Brücken über Wasserlaufe mit Trapezprofil gilt

$$l_w = \frac{(b + m \cdot h) \cdot h}{\mu \cdot h} \quad \text{in m} \tag{19.25}$$

(s. Kap. 20).

Tritt ein Aufstau auf, so kann man die lichte Weite vereinfacht nach (19.26) bestimmen.

$$l_w = \frac{Q}{\mu \cdot h \cdot \sqrt{2 \cdot g \cdot z + v_0^2}} \quad \text{in m} \tag{19.26}$$

Abb. 19.72 Bemessungsgrößen für Kreuzungsbauwerke:
a Brücken,
b Durchlass mit Rechteckprofil,
c Rohrdurchlass

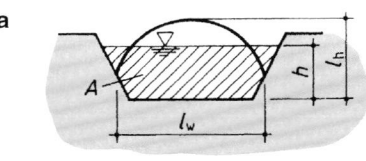

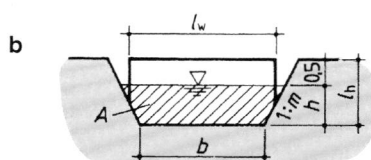

Durchlass mit Rechteckprofil

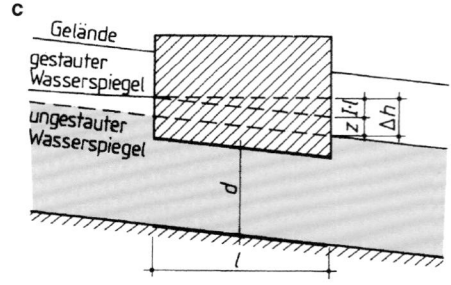

A Durchflossene Querschnittsfläche in m^2

h Abflusstiefe im Querschnitt in m

μ Einschnürungsbeiwert nach Tafel 19.64

g Fallbeschleunigung in m/s^2

z Aufstau in m

v_0 Fließgeschwindigkeit im unverbauten Querschnitt

I Gefälle des Rohrdurchlasses in %

Δh Spiegeldifferenz Oberwasser/Unterwasser einschließlich zulässigem Aufstau in m

d Rohrinnendurchmesser in m

l Bauwerkslänge in m

k_{St} Rauigkeitsbeiwert (= 65) in m$^{1/3}$/s.

Tafel 19.64   Einschnürungsbeiwert

Widerlagerform	μ
Gerade (Regelfall)	0,80
Halbkreis	0,95
Stumpfwinklig	0,90
Gleichseitig eintauchende Kämpfer	0,70

Die lichte Höhe soll mindestens 0,50 m größer als die Abflusstiefe bei maximalem Abfluss sein, damit Schwemmgut nicht den Brückenquerschnitt einengt.

Für *Rohrdurchlässe* mit Kreisprofil müssen ebenfalls die Eintritts-, Wandreibungs- und Austrittsverluste berücksichtigt werden, die bei eingestautem Querschnitt zu einem Aufstau führen. Wendet man (19.27) an, so sind diese Verluste bereits berücksichtigt.

$$Q = \left[\frac{\Delta h}{\frac{8}{g \cdot \pi^2 \cdot d^4} \cdot \left(1,5 + 2 \cdot g \cdot l / (k_{St}^2 (d/4)^{4/3})\right)} \right]^{1/2} \text{ in m}^3/\text{s}$$

(19.27)

mit $\Delta h = z + I \cdot l$.

Tafel 19.65   Mindestabmessungen für Durchlässe

Typ	Reinigung	
	Von Hand	Mechanisch
Rohrdurchlass	Bekriechbar	
In Wirtschaftswegen	LH > 0,80 m	DN 400
In Straßen und Rampen	LW > 0,60 m	DN 500
In Bundesfernstraßen	Begehbar	DN 800
Und bei größeren Längen	LH > 1,80	
Rechteckdurchlass (Rahmen)	LH > 2,00 m, LW > 1,00 m	

Die Bemessung von Dükern entspricht derjenigen der Rohrdurchlässe. Die Verluste durch Rohrkrümmer können vernachlässigt werden.

Regenrückhaltebecken bemisst man nach dem Kap. 20.

19.3.2.3   Darstellung im Entwurf

Die Entwässerung der Straße ist in allen drei Zeichenebenen darzustellen. Bei der Eintragung sind die Planzeichen der Tafel 19.66 zu verwenden. Im Regelquerschnitt sind außerdem Querneigung von Fahrbahn und Planum einzutragen. Für

Tafel 19.66   Planzeichen für Stadtentwässerung

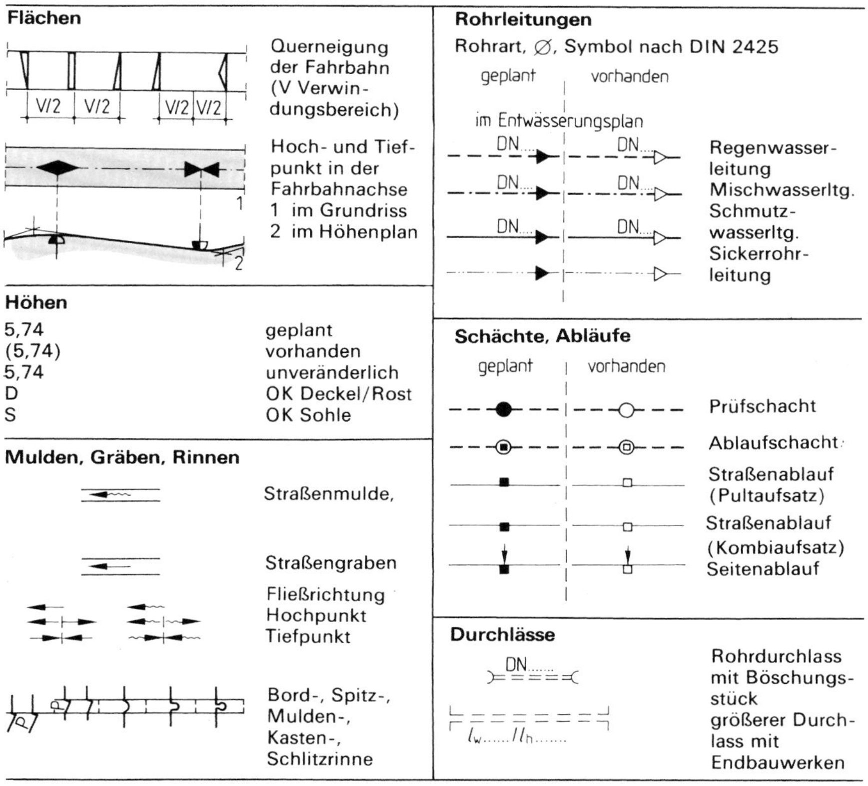

größere Knotenpunkte mit schwierigen Fließverhältnissen verwendet man Höhenschichtenpläne im Maßstab 1 : 250, um die Lage der Einlaufschächte festzulegen. Falls durch die Eintragungen die Entwurfspläne unübersichtlich werden, fertigt man besondere Entwässerungspläne.

19.3.2.4 Oberirdische Entwässerungsanlagen

Oberflächenwasser wird abgeleitet durch Straßenmulden, -gräben, -rinnen und -abläufe. Regelformen sind in Abb. 19.73 bis 19.78 dargestellt.

Tafel 19.67 Sohlbefestigung von Straßenmulden

Längsgefälle der Sohle I_S in %	Befestigung
0,3 bis 1,0	Glatt, z. B. Sohlschale, Platten
1,0 bis 4,0	Rasen
4,0 bis 10,0	Rauhe Sohle, z. B. Pflaster
> 10,0	Rauhbettmulde

Straßenmulden schließen beim Damm am Böschungsfuß, im Einschnitt am Kronenrand an. Die Breite beträgt 1,00 bis 2,50 m, die Tiefe min $h = 0,20$ m, max $h \leq b/5$ in m. Bei sehr geringem Längsgefälle wird die Sohle durch eine glatte Oberfläche befestigt, um besseren Abfluss zu erzielen, bei hohem Gefälle muss die Sohle durch rauhe Befestigung vor Erosion geschützt werden. Richtwerte entnimmt man Tafel 19.67.

Gräben werden dann ausgebildet, wenn die Querschnittsfläche von Straßenmulden nicht zur Wasserabführung ausreicht. Sie erhalten eine Sohlbreite von 0,50 m, die Tiefe soll 0,50 m nicht überschreiten. Die Sohle ist nach Tafel 19.67 auszubilden. Die Böschungsneigung wird meist an die der anschließenden Böschung angeglichen. Wenn aus dem Gelände viel Oberflächenwasser der Böschung zufließt, legt man am Durchstoßpunkt durch das Gelände einen Abfanggraben an. Bei ungünstigen Untergrundverhältnissen müssen Mulden und Gräben durch bindigen Boden oder Folien abgedichtet werden.

Straßenrinnen werden meist an Hochborden oder zwischen Verkehrsflächen angelegt. Sie leiten das Oberflächenwasser den Straßenabläufen zu. min $s = 0,5\%$.

Man unterscheidet

- Bordrinne,
- Spitzrinne,
- Muldenrinne,
- Kastenrinne,
- Schlitzrinne.

Die Rinnenform entnimmt man Abb. 19.75.

Die Bordrinne wird aus der gleichen Befestigung wie die Fahrbahn hergestellt und durch einen Hochbord abgeschlossen. Sie erhält die gleiche Quer- und Längsneigung der Fahrbahn und eine Breite zwischen 0,15 m und 0,50 m.

Die Spitzrinne gehört nicht zur Fahrbahn. Sie wird deshalb mit einer anderen Befestigung als die Fahrbahn ver-

Rasenmulde

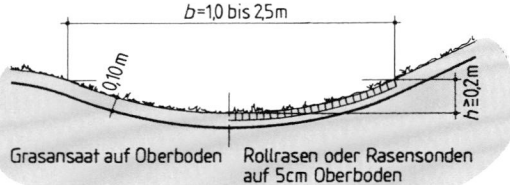

Mulde mit rauher Sohle

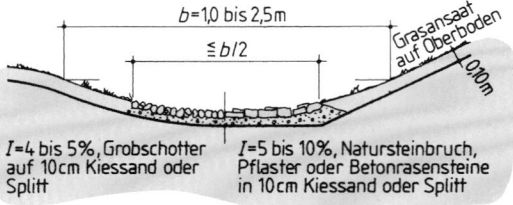

① Kiessand oder Splitt 15 cm (nur bei bindigem Boden)
② Steinsatz (Randsteine größer)
③ Holzpfahl ⌀8 bis 10 cm, $l = 0,80$ bis 1,20 m
④ Grobschotter einstreuen bis zur halben Steinhöhe
⑤ Weidenrutenbündel (wuchsfähig) — Faschinen

Rauhbettmulde

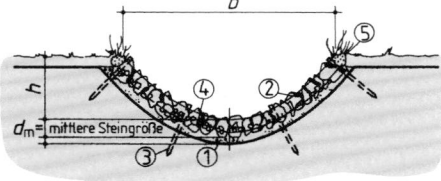

Abb. 19.73 Regelform von Straßenmulden

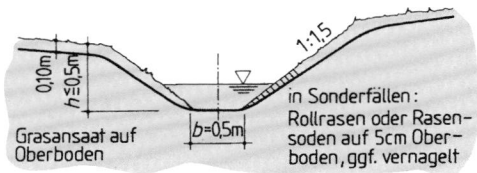

Abb. 19.74 Regelform des Straßengrabens

Abb. 19.75 Regelformen der Straßenrinnen:
a Bordrinne,
b Spitzrinne,
c Muldenrinne,
d Kastenrinne,
e Schlitzrinne,
f Schlitzrinne mit angeformtem Bordstein

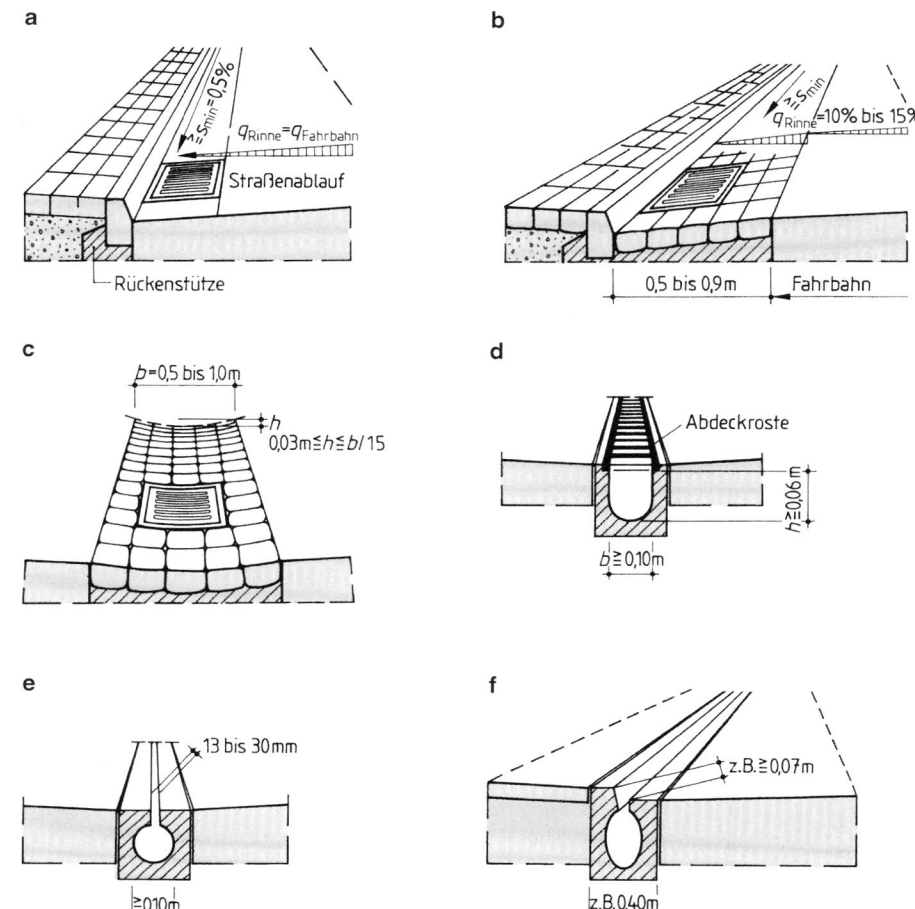

sehen. Sie erhält Breiten zwischen 0,30 m und 0,90 m. Die Querneigung beträgt je nach Befestigungsart 10,0 bis 15,0 %. Als Befestigung dienen Fertigteile oder in Beton versetztes Pflaster. In diesem Falle wird sie durch einen Hochbord abgeschlossen.

Eine Muldenrinne legt man zwischen unterschiedlichen Verkehrsflächen an. Sie wird zwischen 0,50 m und 1,00 m breit. Die Tiefe wird mit $b/15$ festgelegt, muss aber mindestens 3,0 cm betragen. Sie kann von Verkehrsteilnehmern überfahren werden und wird zur Verbesserung der Sichtbarkeit in Pflaster ausgeführt. Häufig wird sie auf Parkflächen und in verkehrsberuhigten Bereichen ausgeführt.

Kastenrinnen sind Straßenrinnen aus Fertigteilen, die mit Gitterrosten oder Lochplatten abgedeckt sind. Die lichte Weite soll $\geq 0,10$ m, die Mindesthöhe min $h = 0,06$ m betragen. Das Sohlgefälle ist in die Fertigteile meist eingearbeitet und unabhängig von der Straßenlängsneigung. Kastenrinnen werden meist überfahren und müssen statische und dynamische Kräfte aufnehmen. Außerdem müssen die Roste so gestaltet sein, dass für Zweiradfahrer keine Gefahren entstehen.

Schlitzrinnen sind ebenfalls Straßenrinnen aus Betonfertigteilen, die auf der Oberseite einen Eintrittsschlitz für das

Wasser besitzen. Sie sind auf Verkehrsflächen, auf denen auch Radfahrer verkehren, nicht einzusetzen. Der Schlitz darf 13 mm bis 30 mm breit sein. Der Innenquerschnitt hat einen Durchmesser $d \geq 0,10$ m. Die Fertigteile werden auch mit vorgefertigtem Sohllängsgefälle geliefert. In Sonderfällen werden die Fertigteile mit einem angeformten Hochbord hergestellt.

Pendelrinnen sind eine Sonderform der Spitzrinne. Sie werden bei sehr geringem Gefälle $s < 0,5 \%$ eingesetzt. Ihre Gestaltung entspricht der Spitzrinne. Um das Rinnenlängsgefälle zu erhöhen, werden zwischen den Einläufen Hochpunkte angeordnet und die Rinnenquerneigung entsprechend verwunden. Die Bordsteinhöhe schwankt dabei zwischen 0,07 m und 0,14 m (Abb. 19.76).

Straßenabläufe führen das Oberflächenwasser den unterirdischen Entwässerungseinrichtungen zu. Sie bestehen aus Straßenablauf, Schaft und Boden. Im Ablauf wird ein Eimer mit Schlitzen eingehängt, damit kein Grobschmutz in das Leitungsnetz eingespült wird. Bei rechteckigen Einläufen sitzt der Aufsatz des Ablaufes auf einem Schachtkonus (Abb. 19.77). Nassschlammabläufe kommen nur selten zum Einsatz. Straßenabläufe werden als Fertigteile nach DIN 4052 geliefert. Der Abstand der Einläufe richtet sich

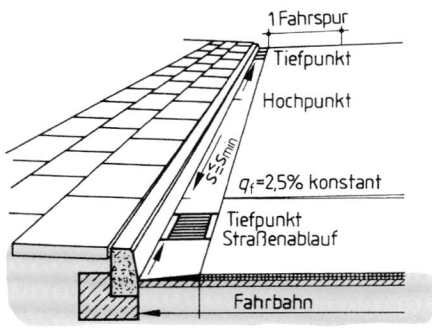

Abb. 19.76 Sonderform Pendelrinne

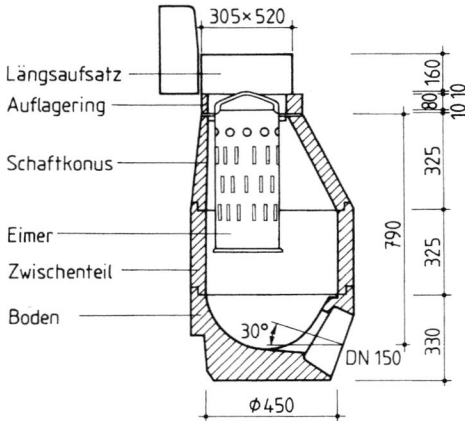

Abb. 19.77 Regelform eines rechteckigen Straßenablaufes

nach der anfallenden Wassermenge, dem Straßenlängsgefälle und dem Schluckvermögen. Er kann nach den RAS-Ew bestimmt werden. In Wannen müssen Einläufe dichter gesetzt werden. Bei großen Wassermengen können Bergeinläufe eingesetzt werden, bei denen der Einlaufrost gegenüber dem Normaleinlauf vergrößert ist. Besondere Ablaufbüchten verbessern meist das Schluckvermögen. Abläufe liegen in der Regel in der Straßenrinne. Sie dürfen nicht auf Fußgänger- oder Radfahrüberwegen angeordnet werden. Verschiedene Einlaufformen sind in Abb. 19.78 dargestellt.

19.3.2.5 Unterirdische Entwässerungsanlagen

Sie sind als Rohrleitungen ausgebildet und führen das Oberflächenwasser zum Vorfluter ab. Es werden Beton-, Steinzeug- oder Kunststoffrohre verwendet, die zwischen den Schächten geradlinig verlegt werden. Der Mindestdurchmesser beträgt bei Steinzeug- oder Kunststoffrohren DN 250, bei Betonrohren DN 300, um eine mechanische Reinigung zu ermöglichen. Die Fließgeschwindigkeit v soll nicht weniger als 0,50 m/s betragen, um unerwünschtes Absetzen der Sinkstoffe bei Trockenwetter zu verhindern. Fließgeschwindigkeiten $v \geq 6,00$ m/s bedingen besonders abriebfestes Rohrmaterial. Bei $v \geq 8,00$ m/s ordnet man zur Energievernichtung Absturzschächte an.

Das *Leitungssystem* unterteilt man in Sammelleitungen, Huckepackleitungen und Teilsickerrohrleitungen. Die Regelausführungen sind in Abb. 19.79 dargestellt.

Sammelleitungen sind geschlossene Rohrleitungen zur Wasserabführung. Ihr Durchmesser soll aus Gründen leichter Reinigung nicht unter DN 300 gewählt werden.

Huckepackleitungen bestehen aus einer Sammelleitung, auf der eine mit Filtermaterial umhüllte Sickerleitung liegt. Diese nimmt in der Regel das Sickerwasser der Frostschutzschicht auf. Bei nichtbindigem Füllboden ist eine Kunststoff-Dichtungsbahn über der Sammelleitung einzubauen.

Teilsickerrohrleitungen vereinigen die Funktionen von Sammel- und Sickerleitungen. Hierbei verwendet man meist an der Oberfläche geschlitzte oder gelochte Rohre.

Schächte unterscheidet man als Ablauf-, Prüf- oder Absturzschächte. Sie werden meist aus Fertigteilen aufgebaut, in Sonderfällen gemauert oder betoniert. Manchmal wird der Schachtboden bis 0,15 m über Rohrscheitel betoniert und dann der Fertigteilschacht aufgesetzt.

Ablaufschächte bieten die Möglichkeit, Wasser durch einen Ablaufrost im Deckel der Rohrleitung zuzuführen. Gleichzeitig ermöglichen sie Wartung und Durchlüftung der Leitung. Der Ablaufrost sitzt mit einem Konus und Schlammfänger auf dem Schaft. Sie werden in Straßenmulden, Muldenrinnen und Ablaufbuchten verwendet. Der Einlauf wird durch eine Pflasterung umgeben und sitzt zur Verbesserung des Schluckvermögens 0,03 m bis 0,05 m tiefer als die Muldensohle.

Abb. 19.78 Regelformen für Aufsätze der Straßenabläufe

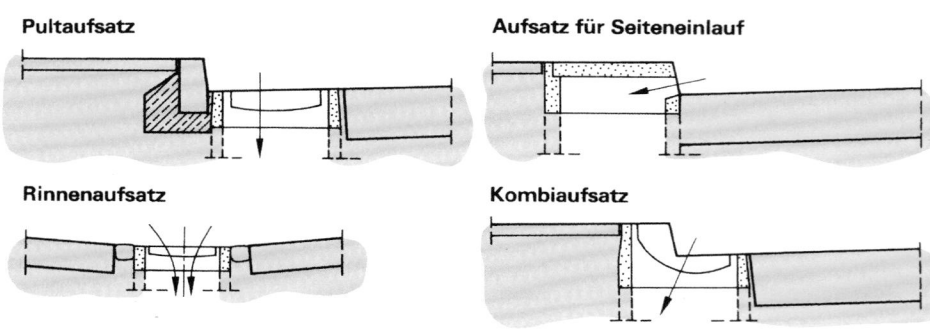

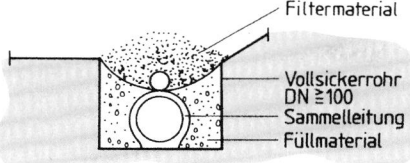

Huckepackleitung bei Füllmaterial aus bindigem Boden

- Filtermaterial
- Vollsickerrohr DN ≧ 100
- Sammelleitung
- Füllmaterial

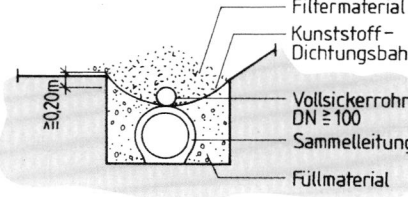

Huckepackleitung bei Füllmaterial aus nichtbindigem Boden

- Filtermaterial
- Kunststoff-Dichtungsbahn
- Vollsickerrohr DN ≧ 100
- Sammelleitung
- Füllmaterial

≧0,20 m

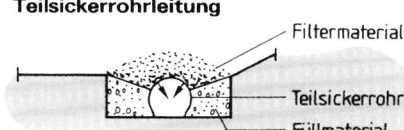

Teilsickerrohrleitung

- Filtermaterial
- Teilsickerrohr
- Füllmaterial

Abb. 19.79 Regelausführung von Huckepack- und Teilsickerrohrleitungen

Prüfschächte erfüllen außer der Wasseraufnahme die gleichen Funktionen. Man ordnet sie bei Richtungsänderungen, Änderung des Rohrdurchmessers, Einführung von Sammelleitungen und vor querenden Bauwerken an. Der maximale Abstand soll 80,00 m nicht überschreiten.

Absturzschächte sind bei großem Sohlgefälle der Leitung zur Energievernichtung anzuordnen. Regelausführungen sind im Abb. 19.80 dargestellt.

19.3.2.6 Sickeranlagen

Sie fassen ungebundenes Wasser im Untergrund oder Straßenkörper und werden aus Filtermaterial hergestellt, das filterstabil, grobkörniger als der zu entwässernde Boden und so feinkörnig sein muss, dass die Feinteile des Bodens nicht eingeschwemmt werden.

Sickeranlagen sind anzuordnen, wenn der Untergrund bzw. Unterbau nicht aus grobkörnigem Material nach DIN 18196 besteht und das Erdplanum unterhalb des Geländes oder geländegleich liegt. Bei zweibahnigen Straßen gilt das auch für den Bereich unter dem Mittelstreifen. Um Sickerwasser im hochliegenden Seitenstreifen vom Oberbau fernzuhalten, wird das Erdplanum dort mit 4,0 % Querneigung nach außen verlegt. Der Hochpunkt liegt dabei unter der Fahrbahn im Abstand von 1,00 m vom Fahrbahnrand. Im Einschnitt sind Längsentwässerungen unter der Mulde anzuordnen. Der Rohrscheitel soll 0,20 m unter der zu entwässernden Schicht liegen.

Sickerstrang Er sammelt das im Boden vorhandene Wasser und leitet es weiter. Meist wird ein Sickerrohr DN 100 verwendet, das mit Filtermaterial umhüllt wird. Längere Stränge enden in Schächten des Leitungsnetzes, kurze können ins Freie geführt werden, erhalten am Auslauf aber eine Froschklappe. Das Sohlgefälle darf 0,3 % nicht unterschreiten. Zur Wartung sind Schächte anzuordnen.

Sickergraben Werden wasserführende Schichten angeschnitten, so ist ein Sickergraben technisch oft besser. Die Regelausführung ist in Abb. 19.81 dargestellt.

Sickerschicht Sie kann als Tragschicht, Planums-, Böschungs-, Tiefensickerschicht oder Sickerstützscheibe eingesetzt werden.

Abb. 19.80 Regelformen für Schächte

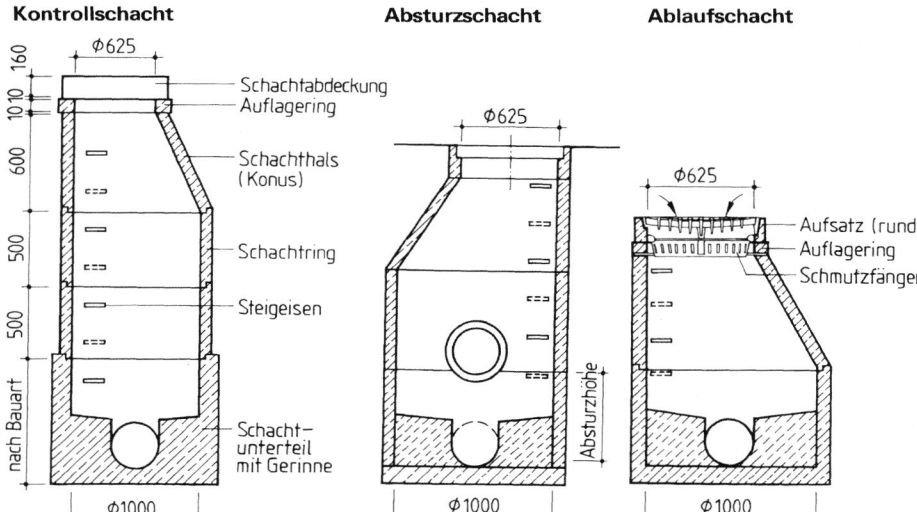

Kontrollschacht
Absturzschacht
Ablaufschacht

- Schachtabdeckung
- Auflagering
- Schachthals (Konus)
- Schachtring
- Steigeisen
- Schachtunterteil mit Gerinne

Ø625
160
10 10
600
500
500
nach Bauart
Ø1000

Ø625
Absturzhöhe
Ø1000

Ø625
- Aufsatz (rund)
- Auflagering
- Schmutzfänger
Ø1000

19

Abb. 19.81 Sickereinrichtungen

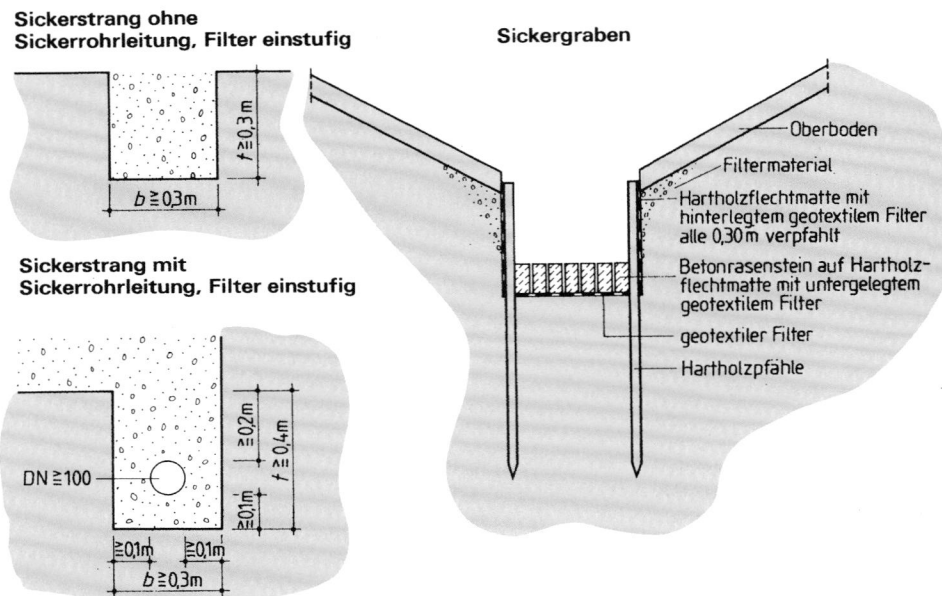

Die Böschungssickerschicht leitet Schichtwasser in der Böschung ab. Sie soll 0,50 m dick sein und ist gegen Oberflächenwasser durch bindigen Boden abzudichten (Abb. 19.82).

Die Tiefensickerschicht sichert den Untergrund gegen seitlich andrängendes Wasser und entwässert vorwiegend tiefere Schichten. Die Mindestbreite beträgt bei mehrschichtigem Filterkörper und Sickerstrang min $b = 1,00$ m. Gegen Oberflächenwasser ist sie mit 0,20 m dickem bindigen Boden zu sichern. Das Wasser wird durch ein Sickerrohr abgeführt. Die Sickerstützscheibe wird in Falllinie in die Böschung senkrecht eingebaut. Sie besteht entweder aus einer Schotterschicht oder aus Einkornbeton. Sie stützt rutschgefährdete Böschungen durch Abbau des Wasserdrucks. Der Abstand der Scheiben untereinander beträgt 10,00 m bis 20,00 m, die Mindestbreite 1,20 m. Auch hier ist eine Abdichtung gegen Oberflächenwasser vorzusehen (Abb. 19.83).

In Wasserschutzgebieten sind die „Richtlinien für bautechnische Maßnahmen an Straßen in Wasserschutzgebieten – RiStWag – 2002" zu beachten.

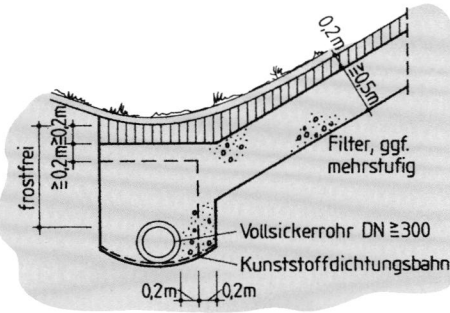

Abb. 19.82 Böschungssickerschicht

Ungebundene Tragschichten übernehmen bei entsprechenden Kornaufbau die Funktion der Sickerschicht. Man bezeichnet sie dann als Frostschutzschicht.

Die Planumssickerschicht wird unter einer Frostschutzschicht angeordnet, wenn das Erdplanum zeitweilig oder ständig unter dem Grundwasserspiegel liegt. Sie soll mindestens 0,50 m dick sein. Diese Dicke darf nicht auf die Dicke der Frostschutzschicht angerechnet werden.

Abb. 19.83 Sickerstützscheibe

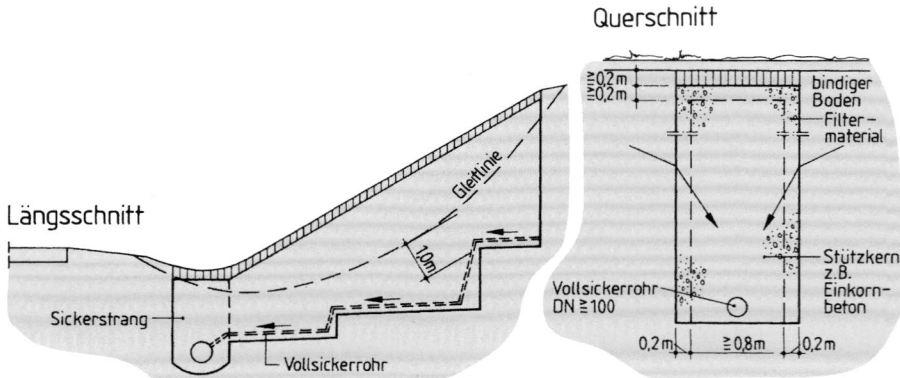

19.3.2.7 Bauwerke

Oberflächenwasser wird durch *Regenrückhaltebecken*, große Graben- oder Rohrleitungsprofile gesammelt und gedrosselt zum Vorfluter weitergeleitet, um dessen hydraulische Überlastung zu verhindern. Die Bemessung der Regenrückhaltebecken erfolgt nach Kap. 20.

Rückhaltegräben und -kanäle sind nach den Grundsätzen für Entwässerungsgräben und Rohrleitungen zu entwerfen.

Absetzanlagen trennen die Sedimente vom Straßenwasser. Hierzu verwendet man Absetzbecken, Regenwasserklärbecken oder Absetzschächte bei Versickeranlagen. Sie werden wie Absetzbecken in der Abwassertechnik ausgebildet.

Abscheider für Leitflüssigkeiten reinigen Oberflächenwasser, das durch Leichtflüssigkeiten verunreinigt ist. Sie sind nach den Baugrundsätzen der DIN 1999 oder den „Richtlinien für bautechnische Maßnahmen in Wassergewinnungsgebieten" (RiStWag) zu gestalten.

Auf **Brücken** ist besonders sorgfältig zu entwässern, da im Winter erhöhte Glatteisgefahr besteht. Außerdem darf kein Wasser ins Bauwerk eindringen. Anfallendes Wasser ist durch Brückeneinläufe vor dem Überbauende zu sammeln. Um stauende Nässe hinter den Widerlagern zu vermeiden, ist hinter diesen eine Kiesschüttung von mindestens 1,00 m einzubauen. Das anfallende Sickerwasser ist abzuleiten.

Oberflächenwasser, das auf **Tunnel** oder **Trogstrecken** zuströmt, muss vorher abgefangen werden.

Mit **Erdbecken** gestaltet man Rückhaltebauwerke landschaftsgerecht. Im Uferbereich und bei geplanten Inseln wird das Gelände modelliert, so dass unregelmäßig geschwungene Linien entstehen. Ein Dauerstau ist in Flachwasser- und tiefe Zonen aufzuteilen. Standortgerechte Bepflanzung unterstützt das Entstehen von Biotopen. Zur Wartung sind begrünbare Zufahrten notwendig.

19.4 Straßenbetrieb

19.4.1 Bemessung von Straßenverkehrsanlagen

19.4.1.1 Allgemeines

Im Handbuch für die Bemessung von Straßenverkehrsanlagen (HBS) sind differenziert nach Autobahnen, Landstraßen und Stadtstraßen standardisierte Verfahren zur Bemessung beschrieben, mit denen in Abhängigkeit von infrastrukturellen und verkehrlichen Randbedingungen die Kapazität ermittelt und darauf aufbauend die Qualität des Verkehrsablaufs bewertet werden kann. Ein Vergleich der Kapazität mit der Bemessungsverkehrsstärke ermöglicht eine Überprüfung, ob eine Verkehrsanlage hinreichend leistungsfähig ist. Für eine verkehrstechnisch und wirtschaftlich zweckmäßige Bemessung müssen Qualitätsstufen des Verkehrs unterhalb der Kapazität definiert werden. Die Qualitätskriterien unterscheiden sich nach Art der Verkehrsanlage.

Tafel 19.68 Kriterien zur Beschreibung der Verkehrsqualität für verschiedene Einzelanlagen

Art der Verkehrsanlage	Kriterium
Autobahnstrecken	Auslastungsgrad
Autobahnknotenpunkte	Auslastungsgrad
Landstraßenstrecken	Verkehrsdichte
Planfreie Knotenpunkte	Verkehrsdichte
Plangleiche Knotenpunkte	Wartezeit
Hauptverkehrsstraßen	Verkehrsdichte
Radverkehrsanlagen	Störungsrate
Fußgängeranlagen	Verkehrsdichte
Abfertigung ruhender Verkehr	Ein-/Ausfahrzeit

Man unterscheidet sechs Qualitätsstufen des Verkehrsablaufs (QSV) von A bis F. Für den fließenden Verkehr lassen sich die einzelnen Qualitätsstufen des Verkehrsablaufs wie folgt beschreiben:

QSV A Die individuelle Bewegungsfreiheit der Verkehrsteilnehmer ist nahezu nicht beeinträchtigt. Der Verkehrsfluss ist frei.

QSA B Die individuelle Bewegungsfreiheit der Verkehrsteilnehmer ist nur in geringem Maß beeinträchtigt. Der Verkehrsfluss ist nahezu frei.

QSV C Die individuelle Bewegungsfreiheit der Verkehrsteilnehmer ist spürbar beeinträchtigt. Der Verkehrsfluss ist stabil.

QSV D Die individuelle Bewegungsfreiheit der Verkehrsteilnehmer ist deutlich beeinträchtigt. Der Verkehrsfluss ist noch stabil.

QSV E Die individuelle Bewegungsfreiheit der Verkehrsteilnehmer ist nahezu ständig beeinträchtigt. Der Verkehrsfluss ist instabil. Die Grenze der Funktionsfähigkeit wird erreicht.

QSV F Die individuelle Bewegungsfreiheit der Verkehrsteilnehmer ist ständig beeinträchtigt. Die Funktionsfähigkeit ist nicht mehr gegeben.

19.4.1.2 Autobahnen

Die Kapazität einer Autobahnteilstrecke ergibt sich getrennt nach Richtungsfahrbahnen in Abhängigkeit von der Fahrstreifenanzahl, der Längsneigung, der Geschwindigkeitsregelung, der Lage in Bezug zu Ballungsräumen und vom relevanten Schwerverkehrsanteil.

19

Tafel 19.69 Kapazität von Teilstrecken mit Längsneigungen $s \leq 2\%$

Fahrstreifen-anzahl	Geschwindigkeits-beschränkung	Kapazität C [Kfz/h]							
		außerhalb von Ballungsräumen				innerhalb von Ballungsräumen			
		SV-Anteil b_{sv}				SV-Anteil b_{sv}			
		$<5\%$	10%	20%	30%	$<5\%$	10%	20%	30%
2	ohne	3700	3600	3400	3200	3900	3800	3600	3400
	T120	3800	3700	3500	3300	3900	3800	3600	3400
	T100/T80/SBA	3800	3700	3500	3300	4000	3900	3700	3500
	Tunnel	3700	3600	3400	3200	3900	3800	3600	3400
3	ohne	5300	5200	4900	4600	5700	5500	5200	4900
	T120	5400	5300	5000	4700	5700	5500	5200	4900
	T100/T80/SBA	5400	5300	5000	4700	5800	5600	5300	5000
	Tunnel	5300	5200	4900	4600	5700	5500	5200	4900
4	ohne	7300	7100	6700	6300	7800	7600	7100	6600
	T120	7400	7200	6800	6400	7800	7600	7100	6600
	T100/T80/SBA	7400	7200	6800	6400	8000	7800	7300	6800
2 + TSF	T100/SBA	4700	4600	4400	4200	5200	5000	4700	4400
3 + TSF	T100/SBA	6300	6200	5900	5600	7000	6800	6400	6000

Die Einteilung in Qualitätsstufen des Verkehrsablaufs ergibt sich über den Auslastungsgrad

$$x = q/C$$

$$\text{mit} \quad x = \text{Auslastungsgrad}$$
$$q = \text{Verkehrsstärke}$$
$$C = \text{Kapazität}$$

Tafel 19.70 Qualitätsstufen des Verkehrsablaufs (QSV) in Abhängigkeit vom Auslastungsgrad

QSV	Auslastungsgrad x [–]
A	$\leq 0,30$
B	$\leq 0,55$
C	$\leq 0,75$
D	$\leq 0,90$
E	$\leq 1,00$
F	$< 1,00$

Mittels der im Handbuch für die Bemessung von Straßenverkehrsanlagen (HBS) dargestellten q-V-Beziehungen können die mittleren Pkw-Fahrtgeschwindigkeit ermittelt und der Festlegung der Straßenkategorie aus den Vorgaben der Straßennetzgestaltung gegenüber gestellt werden.

Für die verschiedenen Ein- und Ausfahrtypen an Autobahnen bietet das Handbuch für die Bemessung von Straßenverkehrsanlagen ein der freien Strecke ähnliches Bemessungsverfahren an (siehe HBS).

19.4.1.3 Landstraßen

Die Kapazität zweistreifiger Landstraßen wird differenziert nach Fahrtrichtung für einzelne Teilstrecken abhängig von Steigungsklasse, Kurvigkeit und Schwerverkehrsanteil ermittelt. Die Steigungsklasse ergibt sich aus der mittleren Längsneigung und der Länge der Teilstrecke nach Tafel 19.71.

Die Kurvigkeit KU ergibt sich zu:

$$\text{KU} = \frac{\sum_{j=1}^{n} |y_j|}{L}$$

KU Kurvigkeit der Teilstrecke
n Anzahl der Kurven j im Lageplan
y Winkeländerung im Lageplan in der Kurve j
L Länge der Teilstrecke

Tafel 19.71 Steigungsklassen in Abhängigkeit von der mittleren Längsneigung und der Länge der Teilstecke (Einstufung von Gefällstecken)

Länge [m]	Steigungsklasse						
	$s \leq 3\%$	$s \leq 4\%$	$s \leq 5\%$	$s \leq 6\%$	$s \leq 7\%$	$s \leq 8\%$	$s > 8\%$
$L \leq 600$	1 (1)	1 (1)	2 (1)	2 (1)	2 (1)	2 (2)	3 (3)
$600 < L \leq 1900$	1 (1)	2 (1)	2 (1)	2 (1)	2 (2)	3 (3)	3 (3)
$900 < L \leq 1800$	1 (1)	2 (1)	2 (1)	2 (2)	3 (3)	3 (3)	4 (3)
$L > 1800$	1 (1)	2 (1)	2 (2)	3 (3)	3 (3)	4 (3)	4 (4)

Tafel 19.72 Kurvigkeitsklasse in Abhängigkeit von der Summe der absoluten Richtungsänderungen je km

Kurvigkeit KU [gon/km]	Kurvigkeitsklasse
KU ≤ 50	1
50 < KU ≤ 100	2
100 < KU ≤ 150	3
KU > 150	4

Das Handbuch für die Bemessung von Straßenverkehrsanlagen (HBS) Teil L (Landstraßen) gibt für die verschiedenen Steigungs- und Kurvigkeitsklassen abhängig vom Schwerverkehrsanteil mittlere Pkw-Fahrgeschwindigkeiten an. Mittels der Beziehung

$$k_{FS} = \frac{q}{m \cdot V_F}$$

k_{FS} fahrstreifenbezogene Verkehrsdichte
q Verkehrsstärke
m Anzahl der Fahrstreifen der Richtung
V_F mittlere Pkw-Fahrtgeschwindigkeit
lässt sich die Verkehrsdichte als Qualitätskriterium ermitteln. Der Zusammenhang zwischen Verkehrsdichte und Qualitätsstufe des Verkehrsablaufs für einbahnige (2- und 3-streifig) Straßen zeigt Tafel 19.73.

Tafel 19.73 Qualitätsstufen des Verkehrsablaufs (QSV) in Abhängigkeit von der Verkehrsdichte

QSV	Fahrstreifenbezogene Verkehrsdichte k_{FS} [Kfz/km]
A	≤ 3
B	≤ 6
C	≤ 10
D	≤ 15
E	≤ 20
F	> 20

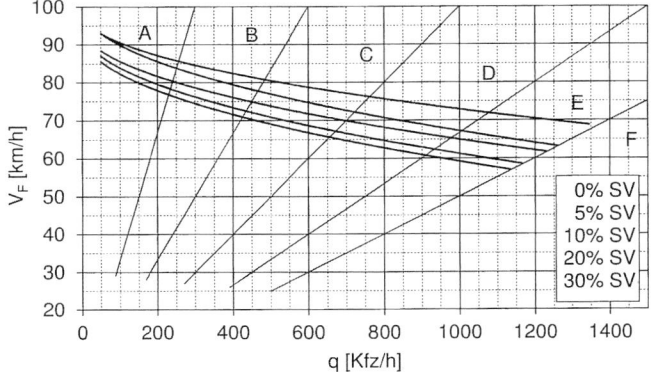

Abb. 19.84 Beispiel für die Ermittlung der mittleren Pkw-Fahrtgeschwindigkeit V_F für zweistreifige Teilstrecken einer zweistreifigen Straße

Für Knotenpunkte an Landstraßen bietet das Handbuch für die Bemessung von Straßenverkehrsanlagen (HBS) drei verschiedene Verfahren an:
- Knotenpunkte mit Lichtsignalanlage
- Knotenpunkte mit Vorfahrtsbeschilderung
- Kreisverkehre

Als Qualitätskriterien gelten mittlere bzw. maximale Wartezeiten.

Tafel 19.74 Grenzwerte für die Qualitätsstufen an Knotenpunkten mit Lichtsignalanlage

QSV	Kfz-Verkehr mittlere Wartezeit t_w [s]	Fußgänger- und Radverkehr maximale Wartezeit $t_{w,max}$ [s]
A	≤ 20	≤ 30
B	≤ 35	≤ 40
C	≤ 50	≤ 55
D	≤ 70	≤ 70
E	> 70	≤ 85
F	–	> 85

Maßgebend für die Beurteilung der Verkehrsqualität eines Knotenpunkts mit Lichtsignalanlage ist die schlechteste Qualitätsstufe, die sich für einen einzelnen Fahrstreifen im Kfz-Verkehr oder in einem Strom des Fußgängers- oder Radverkehrs ergibt.

Tafel 19.75 Grenzwerte für die Qualitätsstufen an Knotenpunkten ohne Lichtsignalanlage

QSV	mittlere Wartezeit t_w [s]
A	≤ 10
B	≤ 20
C	≤ 30
D	≤ 45
E	> 45
F	–

Bei Knotenpunkten mit Vorfahrtsbeschilderung und bei Kreisverkehren wird die mittlere Wartezeit für jeden einzelnen Nebenstrom bzw. für jede Zufahrt berechnet. Bei der Bewertung der Verkehrsqualität ist die schlechteste Qualitätsstufe der einzelnen Nebenströme oder Mischströme maßgebend.

Zur Berechnung der Kapazität und der Wartezeiten wird bei Knotenpunkten mit Lichtsignalanlage das Zeitbedarfsverfahren verwendet. Es ist in der RiLSA (2015) und im HBS beschrieben.

Bei Knotenpunkten ohne Lichtsignalanlage werden die Kapazität und die Wartezeiten nach dem Zeitlückenverfahren ermittelt, das im HBS beschrieben wird.

Bei Kreisverkehren wird die Kapazität mit Hilfe einer im HBS dargestellten Regressionskurve ermittelt.

19.4.1.4 Stadtstraßen

Die Kapazität von Stadtstraßen wird differenziert nach Fahrtrichtung für einzelne Teilstrecken abhängig vom Querschnitt, der zulässigen Geschwindigkeit und der Erschließungsintensität ermittelt. Die Erschließungsintensität ergibt sich aus der Zahl der Einparkvorgänge, der Halte- und Liefervorgänge sowie der Bushalte auf der Fahrbahn.

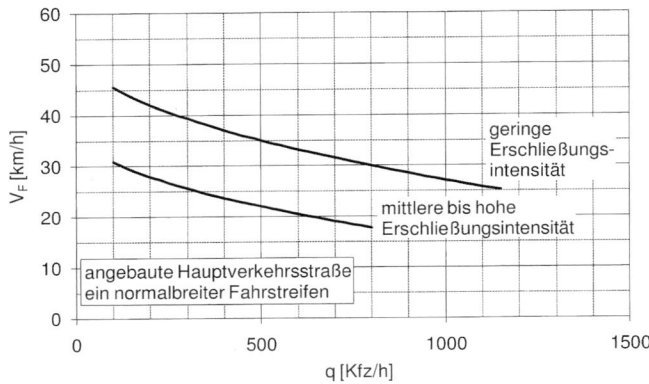

Abb. 19.85 Mittlere Fahrgeschwindigkeit V_F für eine angebaute Hauptverkehrsstraße mit einem normalbreiten Fahrstreifen

Zur Einteilung der Qualitätsstufen des Verkehrsablaufs gelten die Grenzwerte für die fahrstreifenbezogene Verkehrsdichte k_{FS} nach Tafel 19.76.

Die fahrstreifenbezogene Verkehrsdichte k_{FS} ergibt sich zu:

$$k_{FS} = \frac{q}{V_F} \cdot f_{FS}$$

q Verkehrsstärke

V_F mittlere Fahrgeschwindigkeit

f_{FS} Faktor zur Berücksichtigung der Aufteilung der Verkehrsdichte auf die Fahrstreifen

Tafel 19.76 Qualitätsstufen des Verkehrsablaufs (QSV) in Abhängigkeit der fahrstreifenbezogenen Verkehrsdichte je Richtung

QSV	Fahrstreifenbezogene Verkehrsdichte k_{FS}[Kfz/km]	
	$V_{zul} = 70\,km/h$	$V_{zul} = 50\,km/h$
A	≤ 6	≤ 7
B	≤ 12	≤ 14
C	≤ 20	≤ 23
D	≤ 30	≤ 34
E	≤ 40	≤ 45
F	> 40	> 45

Für Knotenpunkte an Stadtstraßen lehnen sich die Berechnungsverfahren für die Kapazität und die Kriterien für die Qualitätsstufen an die Knotenpunkte von Landstraßen an.

19.4.2 Straßenausstattung

19.4.2.1 Markierungen

Außerhalb bebauter Gebiete wie auch auf Straßen mit mehr als einer Spur je Richtung und an Knotenpunkten sind Fahrbahnmarkierungen für eine eindeutige, sichere Verkehrsführung unerlässlich. Jede Art von rechtlich bindender Fahrbahnmarkierung wird von den Straßenverkehrsbehörden gem. § 44 ff. StVO angeordnet.

Gute Sichtbarkeit bei Tag und Nacht, Ebenheit, Haltbarkeit, Griffigkeit, Alterungsbeständigkeit, Witterungsresistenz, sind wesentliche Eigenschaften der Fahrbahnmarkierungen. Die Regelmarkierung ist weiß. Nur im Bereich von Baustellen wird zur zeitweisen Aufhebung der weißen Markierung gelb markiert.

Tafel 19.77 zeigt die verschiedenen Formen der Längsmarkierung.

Die Strichbreite von Längsmarkierungen beträgt:

	Autobahnen	Andere Straßen
Schmalstrich (S)	0,15 m	0,12 m
Breitstrich (B)	0,30 m	0,25 m

Tafel 19.78 zeigt die verschiedenen Formen der Quermarkierung.

19.4.2.2 Wegweisung

Bei der wegweisenden Beschilderung sind folgende Regeln zu beachten:

Einheitsregel   Im Gesamtnetz ist eine nach Aufbau und Inhalt einheitliche Beschilderung vorzunehmen.

Wahrnehmbarkeitsregel   Die Beschilderung ist so aufzustellen, dass sie Tag und Nacht sichtbar und gut lesbar ist.

Lesbarkeitsregel   Auf einem Wegweiser dürfen nicht mehr als 10 Ziele und pro Fahrtrichtung nicht mehr als 4 Ziele dargestellt werden.

Zielauswahlregel   Die Zielorte sind als Fern- und Nahziele nach den Verkehrsbedürfnissen auszuwählen.

Umklappregel   Die Wegweisung wird so konzipiert, dass sie umgeklappt die realen Verhältnisse wiedergibt.

Kontinuitätsregel   Ein einmal aufgenommenes Ziel muss in den folgenden Wegweisern bis zum Erreichen des Ziels wiederholt werden.

Pfeilregel   Ein senkrecht nach oben gerichteter Geradeauspfeil weist auf die in dieser Richtung zu erreichenden Ziele hin; vor oder unmittelbar nach einem waagrechten Querpfeil wird abgebogen. Ein Schrägpfeil und ein Pfeil mit gebogenem Schaft hat vorwegweisenden Charakter.

Tafel 19.77 Markierungszeichen – Längsmarkierungen

Benennung	Grundformen (m)	Markierungszeichen
durchgehender Schmalstrich (S)		Fahrstreifenbegrenzung Fahrbahnbegrenzung Radfahrstreifenbegrenzung Parkflächenbegrenzung
unterbrochener Schmalstrich 1 : 2 außerhalb von Knotenpunkten (S)	1 : 2 : 1	Leitlinie
unterbrochener Schmalstrich 1 : 1 innerhalb von Knotenpunkten (S)	1 : 1 : 1	Leitlinie
unterbrochener 2 : 1 Schmalstrich (S)	2 : 1 : 2	Warnlinie
durchgehender Breitstrich (B)		Fahrbahnbegrenzung Sonderfahrstreifenbegrenzung Radfahrstreifenbegrenzung
unterbrochener 1 : 1 Breitstrich (B)	1 : 1 : 1	unterbrochene Fahrbahnbegrenzung
unterbrochener 2 : 1 Breitstrich (B)	2 : 1 : 2	unterbrochene Sonderfahrstreifenbegrenzung
Doppelstrich aus einem durchgehenden und einem unterbrochenen Schmalstrich 1:2 (S)	1 : 2 : 1 0,12/0,15	einseitige Fahrstreifenbegrenzung
Doppelstrich aus zwei durchgehenden Schmalstrichen (S)	0,12/0,15	Fahrstreifenbegrenzung
Doppelstrich aus zwei unterbrochenen Schmalstrichen 2:1 (S)	2 : 1 : 2 0,12/0,15	Fahrstreifenmarkierung für den Richtungswechselbetrieb/ Wechselfahrstreifen

Tafel 19.78 Markierungszeichen – Quermarkierungen

Benennung	Grundformen (m)	Markierungszeichen
Querstrich	0,50	Haltlinie
unterbrochener Querstrich 2:1	0,25 0,50 0,50	Wartelinie
unterbrochener Querstrich 2,5:1	0,20 0,50 0,12	Fußgängerfurt
unterbrochener Querstrich 2,5:1	0,20 0,50 0,25	Radfahrerfurt
Zebrastreifen	≥ 3,00 0,50 0,50 0,50	Fußgängerüberweg

Farbregeln Entsprechend dem überwiegend benutzten Fahrweg zur Erreichung eines überörtlichen Ziels bestimmt sich die Farbe der Wegweiser:

Autobahn   blau
Bundes-, Landes-, Kreisstraßen gelb
Innerortsstraßen   weiß

Man unterscheidet Pfeilwegweiser, Tabellenwegweiser, Portalwegweiser und Vorwegweiser.

19.4.2.3 Verkehrsbeschilderung

Art, Einsatzorte und farbliche Ausbildung der amtlichen verkehrsbindenden Beschilderung werden in der StVO und der Verwaltungsvorschrift zur StVO (VwV-StVO) festgelegt. Die Abmessungen ergeben sich nach dem Verkehrszeichenkatalog. Es gilt der Grundsatz: So wenig Verkehrszeichen wie möglich, so viel Verkehrszeichen wie nötig. Nach VwV-StVO gilt für die Anordnung von Verkehrszeichen:

- maximal 3 Schilder am gleichen Pfosten
- maximal 2 Vorschriftszeichen am gleichen Pfosten
- Geschwindigkeitsbeschränkung mit Überholverbot kombinieren
- Gefahrzeichen nur mit Verkehrsverboten
- Gefahrzeichen über Vorschriftszeichen
- Andreaskreuz Z. 201, Fußgängerüberweg Z. 350, Ende von Streckenverboten Z. 278 ff, müssen immer allein aufgestellt werden

Die Größe der Verkehrszeichen orientiert sich an der Geschwindigkeit. Man unterscheidet 3 Größen:

Tafel 19.79 Größe von Verkehrszeichen

Größe	Geschwindigkeitsbereiche	
	Ronden	Dreiecke Quadrate Rechtecke
1	0–20	20–< 50
2	> 20–80	50–100
3	> 80	> 100

19.4.2.4 Leiteinrichtungen

Die senkrechten Leiteinrichtungen unterstützen und ergänzen die horizontalen Leiteinrichtungen (Markierungen). Darunter zählen Leitpfosten, Leittafeln, Geländer, Leitwände, Schutzplanken, Betonschutzwände.

Leitpfosten (Zeichen 620 StVO) haben einen Abstand von 0,50 m vom Fahrbahnrand, in der Geraden beträgt der Pfostenabstand 50 m, in Kurven und Kuppen werden die Abstände verringert. An Knotenpunkten und Einmündungen erhält der letzte Pfosten gelbe Reflexstreifen. Leitpfosten haben am Fuß eine Sollbruchstelle zur Vermeidung von Schäden beim Aufprall von Fahrzeugen.

In den Richtlinien für passiven Schutz an Straßen durch Fahrzeug-Rückhaltesysteme (RPS) sind die Anforderungen an Leiteinrichtungen beschrieben.

19.5 Bahnverkehr

19.5.1 Planungsgrundlagen

19.5.1.1 Fahrdynamik

Widerstände W Spezifische Widerstände w

$$w = W \cdot 1000 / G_{\text{zug}} \quad [\text{‰}, \text{N/kN}]$$

- Rollwiderstand w_c
  Entsteht durch Reibung zwischen Räder und Schiene sowie in den Achslagern

$$w_c = 1{,}5\text{–}2{,}0 \text{‰}$$

- Neigungs-/Steigungswiderstand w_s
  Gewichtskraftkomponente parallel zur geneigten Fahrbahn

$$w_s = l \text{‰}$$

l [‰] Längsneigung

- Krümmungs-/Bogenwiderstand w_r
  Entsteht im Gleisbogen durch Reibung des Rades am Schienenkopf und durch Gleitreibung zwischen Rad und Schiene infolge unterschiedlicher Wege auf den Außen- und Innenschienen bei starren Radsätzen
  Überschlagsformeln nach Röckl:

$$w_r = 650 / (r - 55) \text{‰} \quad \text{für } r \geq 300 \text{ m}$$
$$w_r = 500 / (r - 30) \text{‰} \quad \text{für } r < 300 \text{ m}$$

- Luftwiderstand w_{Luft}
  Entsteht durch Staudruck und Reibung der umgebenden Luft an den Fahrzeugoberflächen

$$w_{\text{Luft}} = F \cdot c_w \cdot \varrho / 2 \cdot v_{\text{rel}}^2 / G_{\text{zug}}$$

F [m²]   Querschnittsfläche
c_w Luftwiderstandsbeiwert
ϱ [kg/m³] Dichte der Luft
v_{rel} [m/s] Relativgeschwindigkeit Fahrzeug – Luft

- Beschleunigungswiderstand w_a
  Erforderliche Kraft zur Beschleunigung einer Masse

$$w_a = a \cdot \varrho / g$$

a [m/s²] Beschleunigung
ϱ Massenfaktor zur Berücksichtigung drehender Massen $\varrho = 1{,}06\text{–}1{,}2$

Zugkräfte F Erforderlich zur Überwindung der Widerstände

- Zugkraft am Triebrad F_t

$$F_t = \eta \cdot P_ü/v$$

$P_ü$ [W] effektive Leistung
η Wirkungsgrad, $\eta = 0{,}75$ (Diesellok) bis $\eta = 0{,}95$ (Elektrolok)

- Reibungszugkraft F_r

$$F_r = \mu \cdot G_r$$

G_r [N] Reibungsgewicht der angetriebenen Achsen
μ Kraftschlussbeiwert anfahren, $\mu = 0{,}3$–$0{,}1$
Der Zugkraftverlauf wird im Zugkraft-Geschwindigkeits-Diagramm dargestellt.

Bremskräfte F_b Erforderlich zum Abbremsen von Fahrzeugen

$$F_b = \mu \cdot G_r$$

G_r [N] Reibungsgewicht der gebremsten Achsen
μ Kraftschlussbeiwert bremsen, $\mu = 0{,}15$–$0{,}1$
Übertragung der Bremskräfte auf

- Laufflächen der Räder (Klotzbremsen)
- Bremsscheiben auf den Achsen (Scheibenbremsen)
- Antriebsachse (dynamische Bremsen)
- Fahrschiene (Schienenbremsen).

Bremsbauarten:

- Pneumatische Bremse
- Elektro-pneumatische Bremse
- Elektrische Nützbremse
- Wirbelstrombremse
- Magnetschienenbremse.

Berechnung der Bremskraft über Bremsgewicht.
   Gesamtbremsgewicht/Gesamtzuggewicht → Bremshundertstel.

19.5.1.2   Fahrzeugbewegung

Darstellung im Weg-Zeit-Diagramm oder in Fahrdiagrammen

Bewegungsphasen:

- Beschleunigung
  - a = konstant (bei geringen Geschwindigkeiten)
  - $a \neq$ konstant (ΔV-Verfahren, Δt-Verfahren)
- Fahrt mit konstanter Geschwindigkeit
- Auslauf (Fahren ohne Zugkraft)
- Bremsen

19.5.1.3   Spurführung und Spurweite

- Fahrzeuglauf
- Radsatz = starre Achse + Räder
- Rad (Vollrad, bereiftes Rad) besteht aus Laufkranz, konische Aufstellfläche, Spurkranz
- Selbstzentrierung durch Sinuslauf.

Spurweite
Regelspur: Grundmaß 1435 mm, Mindestmaß 1430 mm, Größtmaß 1470 mm
Breitspur: Grundmaße 1524 mm, 1600 mm, 1668 mm
Schmalspur: Grundmaße 1000 mm, 750 mm.

Tafel 19.80   Spuraufweitung bei Regelspur im Gleisbogen

Bogenhalbmesser [m]	Mindestwert Spurweite [mm]
≥ 175	1430
175–150	1435
150–125	1440
125–100	1445

19.5.1.4   Geschwindigkeiten

Tafel 19.81   Zulässige Geschwindigkeiten

Zugart	Hauptbahnen [km/h]	Nebenbahnen [km/h]
Reisezüge mit durchgehender Bremse		
– mit Linienzugbeeinflussung	300	–
– mit Zugbeeinflussung	160	100
– ohne Zugbeeinflussung	100	80
Güterzüge mit durchgehender Bremse		
– mit Zugbeeinflussung	120	80
– ohne Zugbeeinflussung	100	80
Züge ohne durchgehende Bremse	50	50
Geschobene Züge (Rangierfahrten)	30	30

Entwurfsgeschwindigkeiten:

- Streckenneubau Personenverkehr 300 km/h
- Streckenneubau Mischbetrieb 230/250 km/h
- Streckenneubau Güterverkehr 160 km/h
- Streckenausbau 200/230 km/h
- S-Bahn-Strecken 120 km/h
- U-Bahn-Strecken 80 km/h
- Straßenbahnstrecken 70 km/h.

19.5.2 Querschnitte

Regellichtraum

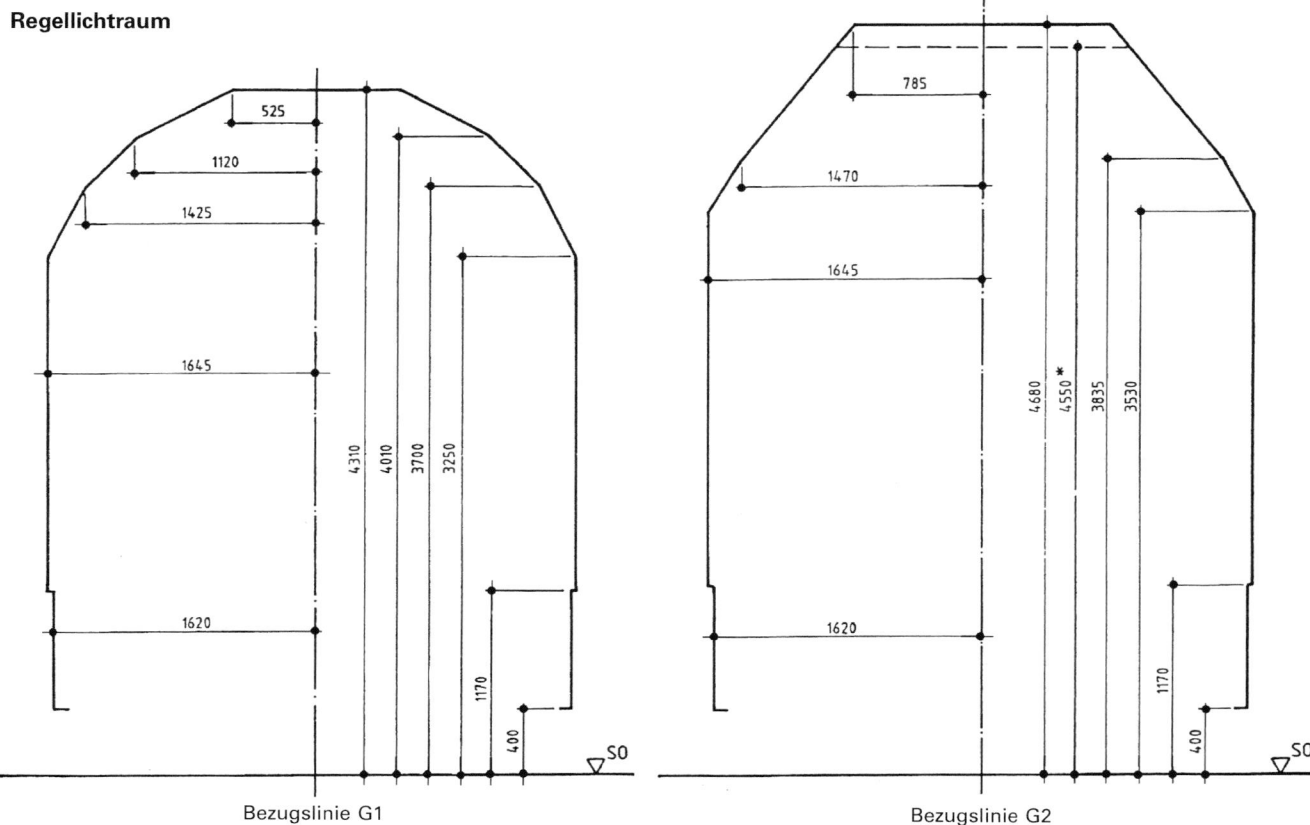

Bezugslinie G1

Bezugslinie G2

Abb. 19.86 Fahrzeugbegrenzung. Bezugslinie G1 für Fahrzeuge im grenzüberschreitenden Verkehr, Bezugslinie G2 für Fahrzeuge im Bereich der DB

Abb. 19.87 Regellichtraum nach EBO in Geraden und in Bogen bei Radien = 250 m. [1]) Verkehren nur Stadtschnellbahnen, dürfen die Maße um 100 mm verringert werden. [2]) Bei überwiegendem Stadtschnellbahn-Verkehr 960 mm. [3]) Der Grenzlinie liegt die Bezugslinie G2 zugrunde. [4]) Den Grenzlinien bei Oberleitung liegt das halbe Breitenmaß eines Stromabnehmers zugrunde. Grenzlinie: von Fahrzeugen in Anspruch genommener Mindestlichtraum; Kleine Grenzlinie: $R = 8$, $u \leq 50$ mm, $u_f \leq 50$ mm; Große Grenzlinie: $R = 250$ m, $u = 160$ mm, $u_f = 150$ mm. Bereich A: zulässig sind bauliche Anlagen, wenn es der Bahnbetrieb erfordert; Bereich B: zulässig sind Einragungen, wenn Sicherheitsmaßnahmen getroffen sind

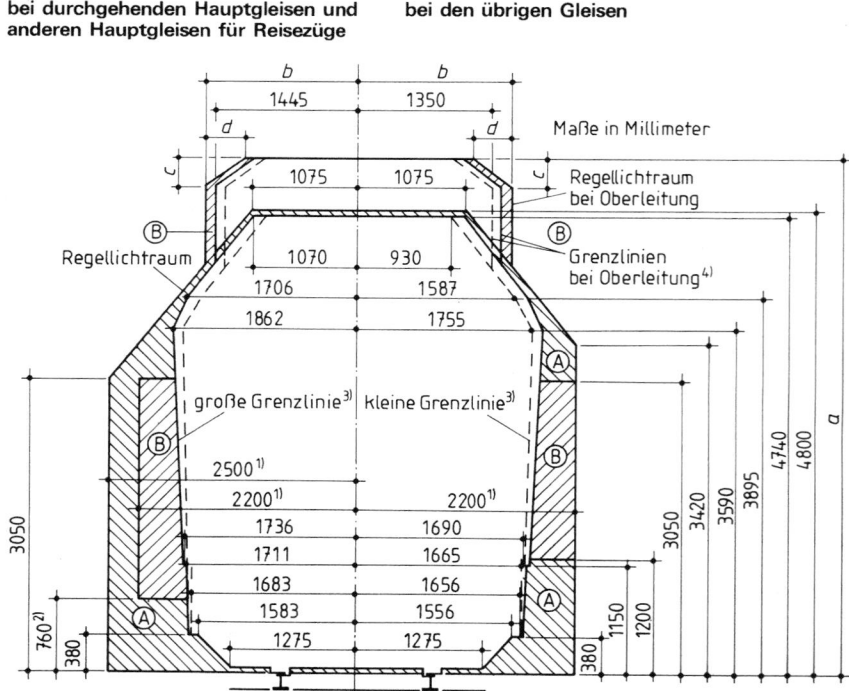

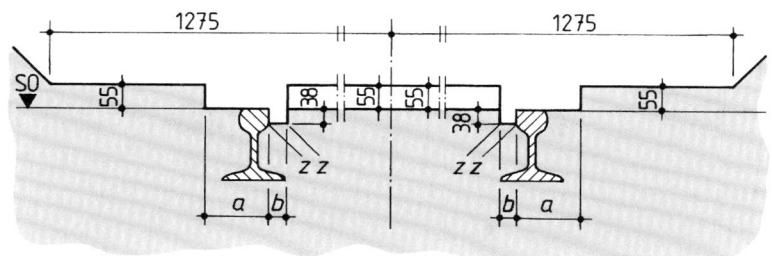

Abb. 19.88 Unterer Teil der Grenzlinie. $a \geq 150$ mm für unbewegliche Gegenstände, die nicht fest mit der Schiene verbunden sind. $a \geq 135$ mm für unbewegliche Gegenstände, die fest mit der Schiene verbunden sind. $b = 41$ mm für Einrichtungen, die das Rad an der inneren Stirnfläche führen. $b \geq 45$ mm an Bahnübergängen und sonstigen Übergangen bei vorhandenen Einläufen. $b \geq 61$ mm $+ 1435$ mm an Bahnübergängen und allen übrigen Fällen. z Ecken, die ausgerundet werden dürfen

Tafel 19.82 Regellichtraummaße bei Oberleitungen

Stromart	Nenn-spannung	Mindesthöhe	Halbe Mindestbreite b im Arbeitshöhen-bereich des Stromabnehmers über SO				Abschrägung der Ecken	
		a		> 5300	> 5500	> 5900	c	d
			≤ 5300	≤ 5500	≤ 5900	≤ 6500		
	kV	mm						
Wechselstrom	15	5200	1430	1440	1470	1510	300	400
	25	5340	1500	1510	1540	1580	335	447
Gleichstrom	$\leq 1,5$	5000	1315	1325	1355	1395	250	350
	3	5030	1330	1340	1370	1410	250	350

Tafel 19.83 Vergrößerung des Regellichtraums in Bögen mit $r < 250$ m

Erforderliche Vergrößerung der halben Breitenmaße des Regellichtraumes in mm	Bogenradius r in m							
	100	120	150	180	190	200	225	250
An der Bogeninnenseite	530	335	135	80	65	50	25	0
An der Bogenaußenseite	570	365	170	100	80	65	30	0
Bei Oberleitung	110	80	50	30	25	20	10	0

Abb. 19.89 Umgrenzung des lichten Raumes bei Neubaustrecken. [1]) Raum für Bahnsteige, Rampen, Rangiereinrichtungen, Signalanlagen. [2]) Raum für bauliche Anlagen, soweit Bahnbetrieb dies erfordert. [3]) Bei überwiegendem Stadtschnellbahnverkehr Bahnsteighöhe 980 mm

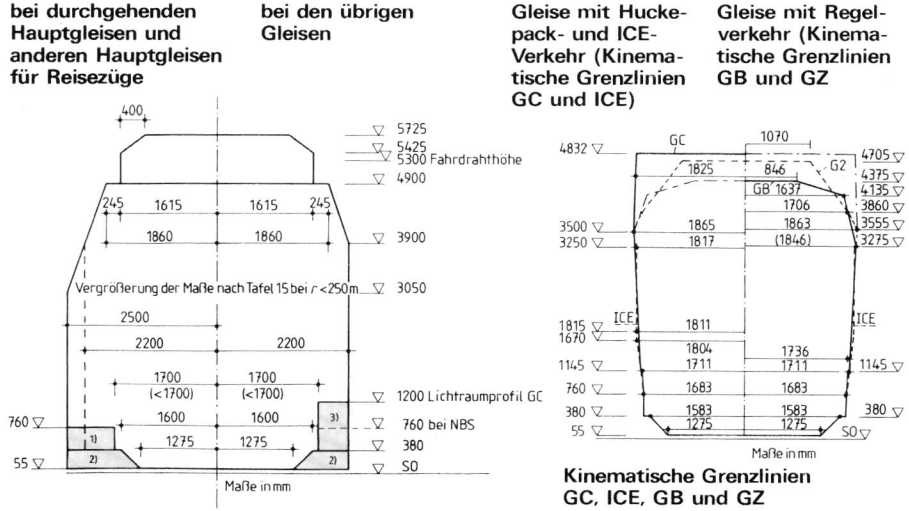

Kinematische Grenzlinien
GC, ICE, GB und GZ

Tafel 19.84 Lichte Höhen unter Bauwerken

Streckenbereich		Geschwindigkeit [km/h]	Lichte Höhe über SO [m]
Nicht elektrifiziert			≥ 4,90
Elektrifiziert		≤ 160	5,70
Normalbereich der Kettenwerke		160 < V ≤ 200	5,90
Nachspannbereich		≤ 200	6,20
Normalbereich der Kettenwerke	Systemhöhe 1,8 m	200 < V ≤ 330	7,40
	Systemhöhe 1,1 m		6,70
Nachspannbereich	Systemhöhe 1,8 m		7,90
	Systemhöhe 1,1 m		7,20

Abb. 19.90 Regellichtraum für S-Bahnen in der Geraden und in Bögen mit $r \geq 250$ m bei reinem S-Bahn-Betrieb. [1]) Freizuhaltender Seitenraum an Bahnhofsgleisen bei sämtlichen Gegenständen, an Hauptgleisen der freien Strecke, bei Kunstbauten sowie bei Signalen, die zwischen Hauptgleisen der freien Strecke stehen. [2]) Freizuhaltender Seitenraum an Hauptgleisen der freien Strecke bei sämtlichen Gegenständen. [3]) Nur mit Ausnahmegenehmigung. [4]) Raum für bauliche Anlagen, soweit der Bahnbetrieb das erfordert

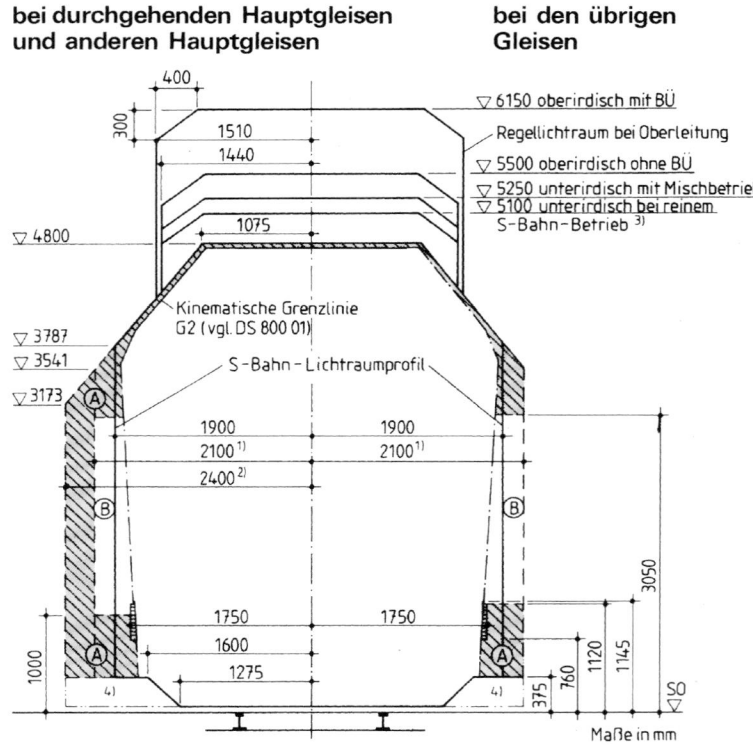

Gleisabstände Gleisabstand = horizontale Entfernung der Mitten benachbarter Gleise.

Tafel 19.85 Mindestgleisabstand der freien Strecke

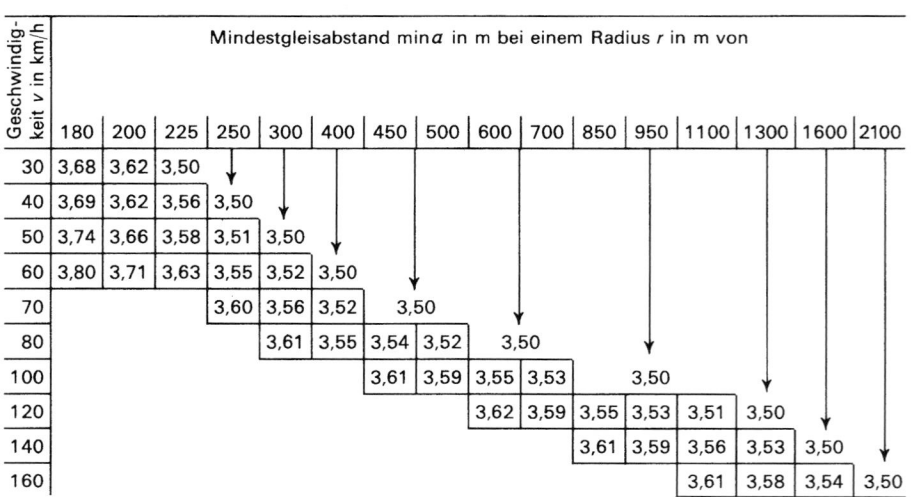

Tafel 19.86 Gleisabstände der freien Strecke

Gleisanlage	Abstand [m]
Kleinstwert bei bestehenden Anlagen	3,50
Neubauten und Umbauten	4,00
Neubaustrecken	
– Schotterbett	4,50
– Feste Fahrbahn	4,50
S-Bahn	
– oberirdisch	3,80
– unterirdisch	4,70
Gleiswechselbetrieb (Signal zwischen den Gleisen)	4,50
Zwischen Streckengleispaar und drittem Gleis	
– $V \leq 160\,\mathrm{km/h}$	5,80
– $160 < V \leq 200\,\mathrm{km/h}$	6,80
– $V \leq 300\,\mathrm{km/h}$	8,00

Tafel 19.88 Gleisabstände in Bahnhöfen

Gleisanlage	Abstand [m]
Mindestwert	4,00
Neubauten	4,50
Bei Anordnung von Zwischenwegen ohne Mastgasse zwischen Hauptgleisen	
– bei S-Bahnen $V = 120\,\mathrm{km/h}$	5,40
– bei $V \leq 160\,\mathrm{km/h}$	5,80
– bei $V > 160\,\mathrm{km/h}$ auf einen Gleis	6,30
– bei $V > 160\,\mathrm{km/h}$ auf beiden Gleisen	6,80
Zwischen Haupt- und Nebengleis	
– bei $V \leq 160\,\mathrm{km/h}$	5,30
– bei $V > 160\,\mathrm{km/h}$	5,80
Zwischen Nebengleisen	
– in der Regel	4,50
Bei Reinigungsgleisen, Rampengleisen, etc.	5,00

Tafel 19.87 Vergrößerung der Gleisabstände in Bogen mit $r < 250\,\mathrm{m}$

Radius r [m]	100	120	150	170	180	200	225	250
Vergrößerung [mm]	1100	700	305	215	180	120	50	0

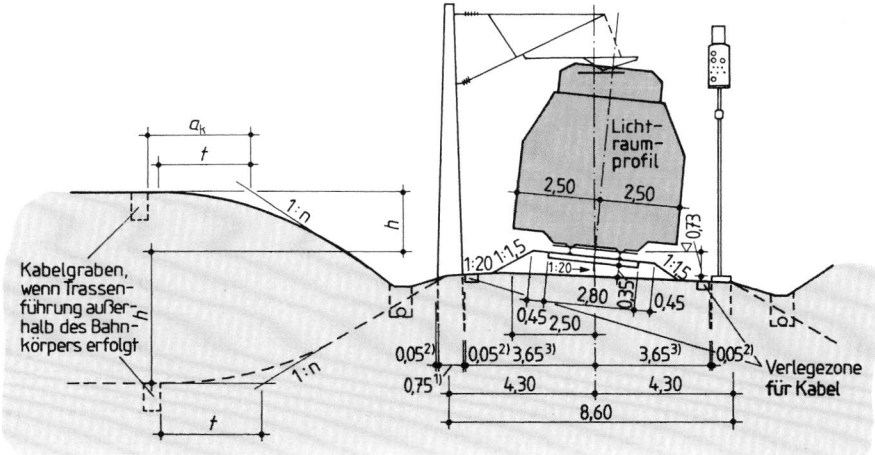

Abb. 19.91 Regelquerschnitt eingleisiger Neubaustrecken im Bogen. [1]) Bei Abspannmasten aus Beton, bei Tragmasten 0,56 m (ohne Fundamentdarstellung). [2]) Bautoleranz 0,05 m. [3]) Ohne Kabeltrasse 3,50 m

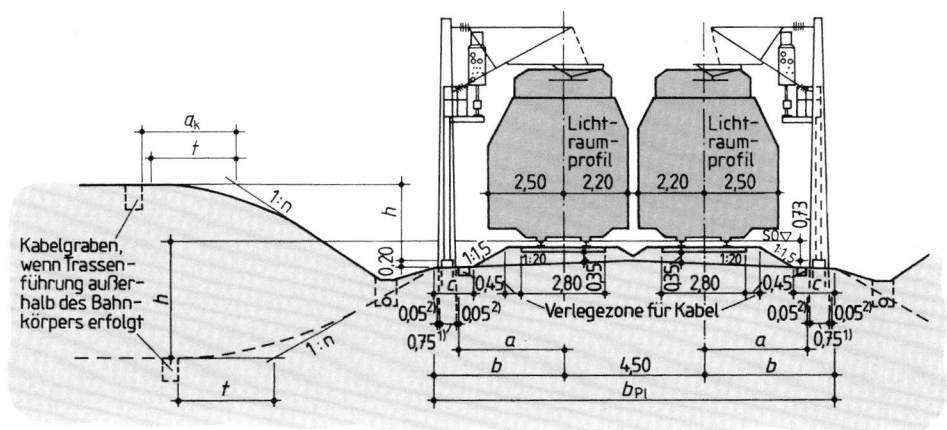

Abb. 19.92 Regelquerschnitt zweigleisiger Neubaustrecken. [1]) Bei Abspannmasten aus Beton, bei Tragmasten 0,56 m (ohne Fundamentdarstellung). [2]) Bautoleranz 0,05 m. [3]) Ohne Kabeltrasse 3,50 m. *Anmerkung:* Bei geneigtem Planum oder Überhöhung der Gleise müssen bei Neubaustrecken unter der Schiene, die dem Planum am nächsten liegt, mindestens 0,35 m Schotterbett

Bei Damm und Einschnitt: $t = 3,00\,\mathrm{m}$ bei $h \geq 2,00\,\mathrm{m}$
$t = 1,5; h \geq 0,20\,\mathrm{m}$ bei $h < 2,00\,\mathrm{m}$
Bei Einschnitten: $a_K = 3,00\,\mathrm{m}$ im nichtbindigen Boden
$a_K = 5,00\,\mathrm{m}$ im bindigen Boden

19.5.3 Linienführung

Grundsätze Trassierungselemente sind abhängig von:
- der Entwurfsgeschwindigkeit V_e unterschieden nach Reisezügen, Güterzügen, Züge mit Neigetechnik,
- der zulässigen Längsneigung,
- den Zugarten (Reisezüge, Güterzüge),
- der Reisezug- und der Güterzugbelastung,
- der Lage und Art der Betriebsstellen,
- den Maßgaben zur Trassenführung und
- den künftigen Entwicklungen.

Tafel 19.89 Ermessens- und Genehmigungsbereich für Parameter der Linienführung

Ermessensbereich	Herstellungsgrenze	Mindestmaß aus wirtschaftlichen Gründen
	Regelwert	Empfohlener Wert
	Ermessensgrenzwert	Grenzwert nach EBO
Genehmigungs-bereich	Zustimmungswert	Zustimmung der DB-Zentrale erforderlich
	Ausnahmewert	Zustimmung des EBA erforderlich

Längsneigungen

Tafel 19.90 Empfohlene maximale Längsneigungen

Hauptbahnen	12,5 ‰
Neubaustrecken – reiner Personenverkehr	35 ‰
S-Bahn-Strecken	40 ‰
Nebenbahnen	40 ‰
Straßenbahnen	60 ‰
Bahnhofsgleise	2,5 ‰
Abstellgleise	1,6 ‰

Neigungswechsel Neigungswechsel von $\Delta l \geq 1\,‰$ werden mit einem Kreisbogen ausgerundet.

Länge des Ausrundungsbogens ≥ 20 m.

In der Ausrundung keine Weichen und keine Überhöhungsrampe.

Tafel 19.91 Ausrundungshalbmesser r_a in m

Herstellungsgrenze	≤ 25.000
Regelwert	$0{,}4 \cdot v_e^2$
Ermessungsgrenze	$0{,}25 \cdot v_e^2 \geq 2000$
Zustimmungswert	$0{,}16 \cdot v_e^2 \geq 2000^a$, $0{,}13 \cdot v_e^2 \geq 2000^b$
Ausnahmewert	–

[a] in Kuppen
[b] in Wannen

Trassierungselemente Lageplan Bestehen aus Gerade, Kreisbogen, Übergangsbogen.

Gerade Bevorzugtes Trassierungselement, Länge [m] $\geq 0{,}4 \cdot V$ [km/h].

Kreisbogen Beschränkung durch Fliehkraft und Entgleisungssicherheit, Länge [m] $\geq 0{,}4 \cdot V$ [km/h].

Tafel 19.92 Grenzwerte für Kreisbogenradien r in m

Herstellungsgrenze	≤ 30.000
Hauptbahnen	≥ 300
Nebenbahnen	≥ 180
Anschlussbahnen	≥ 140
An Bahnsteigen	≥ 500
Straßenbahnen	≥ 25

Tafel 19.93 Empfohlene Kreisbogenradien

Entwurfsgeschwindigkeit V_e [km/h]	Strecken mit Personen- und Güterzugverkehr Tägl. Gesamtlasten der Güterzüge [t]			Personenzugverkehr Incl. Güterzüge bis 10.000 [t/Tg]
	> 60.000	30.000–60.000	< 30.000	
100	$r = 600$ m $u = 120$ mm			
120	$r = 850$ m $u = 120$ mm			
140	$r = 1300$ m $u = 100$ mm	$r = 1150$ m $u = 120$ mm		
160	$r = 1850$ m $u = 80$ mm	$r = 1700$ m $u = 100$ mm	$r = 1500$ m $u = 120$ mm	
200	$r = 3400$ m $u = 60$ mm	$r = 3000$ m $u = 80$ mm	$r = 2600$ m $u = 100$ mm	$r = 2400$ m $u = 120$ mm

Überhöhung (Tafeln 19.94, 19.95 und 19.96) Anhebung der bogenäußeren Schiene, auf ganze 5 mm gerundet.

Ausgleichende Überhöhung:

$$u_0 \, [\text{mm}] = 11{,}8 \, V_e^2 \, [\text{km/h}]/r \, [\text{m}]$$

Regelüberhöhung:

$$\text{reg} \, u \, [\text{mm}] = 0{,}55 \cdot u_0 = 6{,}5 \, V_e^2 \, [\text{km/h}]/r \, [\text{m}]$$

Mindestüberhöhung:

$$\min u \, [\text{mm}] = u_0 - \text{zul} \, u_f$$

Tafel 19.94 Anwendung der Überhöhungen

Freie Strecke	Regelüberhöhung
Bahnhöfe und Strecken mit häufigem Halt	Zwischen Mindestüberhöhung und Regelüberhöhung
Strecken mit gleicher Geschwindigkeit	Zwischen Regelüberhöhung und ausgleichender Überhöhung

Überhöhungsfehlbetrag (Tafeln 19.97 und 19.98) Beschreibt die verbleibende Seitenbeschleunigung.

Tafel 19.95 Planungswerte Überhöhung u

Bereich	Grenzwerte	Gleise	Weichen, Kreuzungen
Ermessensbereich	Herstellungsgrenze	20 mm	
	Regelüberhöhung	reg $u = 6{,}5 \cdot V_e^2/r$	
	Regelwert	100 mm an Bahnsteigen: 60 mm	60 mm
	Ermessensgrenzwert	Schotterbett: 160 mm feste Fahrbahn: 170 mm an Bahnsteigen: 100 mm	120 mm ABW mit starrem Herzstück: 100 mm
Genehmigungsbereich	Zustimmungswert	Schotterbett: > 160 mm Feste Fahrbahn: > 170 mm	120 mm
	Ausnahmewert	= 180 mm	< 150 mm

Tafel 19.96 Planungswerte für die ausgleichende Überhöhung u_0

Bereich	Grenzwerte	Gleise	Weichen, Kreuzungen
Ermessensbereich	Herstellungsgrenze	$r = 25.000$ m	
	Regelwert	170 mm an Bahnsteigen: 130 mm	120 mm
	Ermessensgrenzwert	290 mm an Bahnsteigen: 230 mm	zul u + zul u_f
Genehmigungsbereich	Zustimmungswert	zul u + zul u_f	
	Ausnahmewert	zul u + zul u_f	

Tafel 19.97 Planungswerte für Überhöhungsfehlbeträge u_f

Bereich	Grenzwerte	Gleise	Weichen, Kreuzungen
Ermessensbereich	Herstellungsgrenze	–	
	Regelwert	70 mm	60 mm
	Ermessensgrenzwert	130 mm, 150 mm[a]	≤ 130 mm
Genehmigungsbereich	Zustimmungswert	170 mm	Eg + 20 %
	Ausnahmewert	> 180 mm	

[a] Bei Reisezügen in Radien ≥ 650 m außerhalb von Zwangspunkten

Tafel 19.98 Zulässiger Überhöhungsfehlbetrag zul u_f in Weichen, Kreuzungen und Schienenauszügen (Ermessensgrenzwerte)

Konstruktion	Zulässiger Überhöhungsfehlbetrag u_f in mm bei einer Entwurfsgeschwindigkeit v_e in km/h			
	≤ 160	> 160 bis 200	> 200 bis 230	> 230 bis 300
Weichenbogen mit feststehender Herzstückspitze im Innenstrang	≤ 110		Einzelfallregelung	–
Weichenbogen mit feststehender Herzstückspitze im Außenstrang	≤ 110	≤ 90	Einzelfallregelung	–
Bogenkreuzungen und Bogenkreuzungsweichen	≤ 100	–		
Weichenbogen mit beweglicher Herzstückspitze	≤ 130		–	
Schienenauszüge im Bogen	≤ 100		Einzelfallregelung	
für Züge mit Neigetechnik in den oben genannten Konstruktionen	≤ 150	–		

In Weichenbogen, die nur beim Rangieren befahren werden, darf zul u_f ≤ 130 mm angewendet werden.

Tafel 19.99 Länge der Überhöhungsrampe in m

Bereich	Grenzwerte	Gerade Rampe	S-förmige Rampe	Bloss-Rampe
Ermessensbereich	Herstellungsgrenze	max $l_R = 3 \cdot \Delta u$	max $l_{RS} = 3 \cdot \Delta u$	max $l_{RB} = 2{,}25 \cdot \Delta u$
	Regelwert	min $l_R = 10 \cdot v \cdot \Delta u / 1000$	min $l_{RS} = 10 \cdot v \cdot \Delta u / 1000$	min $l_{RB} = 7{,}5 \cdot v \cdot \Delta u / 1000$
	Ermessensgrenzwert	min $l_R = 8 \cdot v \cdot \Delta u / 1000$	min $l_{RS} = 8 \cdot v \cdot \Delta u / 1000$	min $l_{RB} = 6 \cdot v \cdot \Delta u / 1000$
Genehmigungsbereich	Zustimmungswert	min $l_R = 6 \cdot v \cdot \Delta u / 1000$	–	min $l_{RB} = 5{,}5 \cdot v \cdot \Delta u / 1000$
	Ausnahmewert	min $l_R = 5 \cdot v \cdot \Delta u / 1000$	–	–

Abb. 19.93 Ausbildung der Überhöhungsrampen

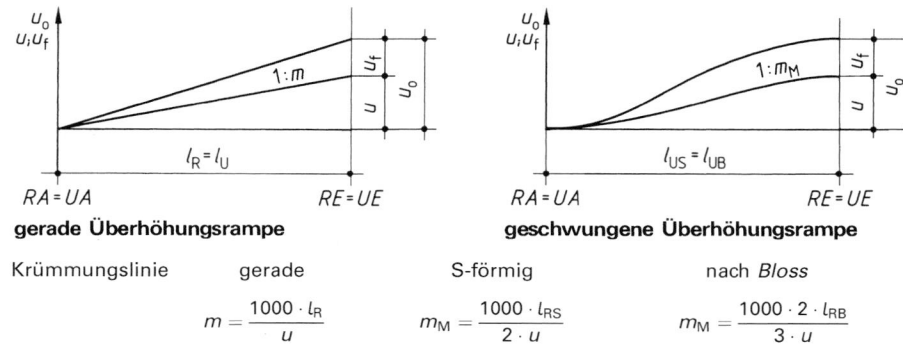

gerade Überhöhungsrampe   geschwungene Überhöhungsrampe

Krümmungslinie	gerade	S-förmig	nach *Bloss*
	$m = \dfrac{1000 \cdot l_R}{u}$	$m_M = \dfrac{1000 \cdot l_{RS}}{2 \cdot u}$	$m_M = \dfrac{1000 \cdot 2 \cdot l_{RB}}{3 \cdot u}$

Überhöhungsrampe Verbindet unterschiedliche überhöhte Gleise,

- gerade Überhöhungsrampe (Regelfall),
- S-förmig geschwungene Überhöhungsrampe,
- geschwungene Überhöhungsrampe nach Bloss.

Zwischen geraden Rampen ist ein mindestens $0{,}1 \cdot v$ langer Abschnitt mit konstanter Überhöhung einzuschalten.

Übergangsbogen Zur Vermeidung des Rucks bei einem Krümmungssprung Übergangsbogen

- mit gerader Krümmungslinie (Klothoide)
- mit parabolisch geschwungener Krümmungslinie (S-förmig)
- mit kubisch geschwungener Krümmungslinie (Bloss).

In durchgehenden Hauptgleisen sollen Übergangsbogen vorgesehen werden, wenn

- bei $V_e = 200$ km/h: $\Delta u_f > 40$ mm
- bei $V_e > 200$ km/h: $\Delta u_f > 20$ mm,

sie müssen in allen Gleisen vorgesehen werden, wenn bei

V_e [km/h]	100	130	200	280	300
Δu_f [mm]	≥ 106	≥ 83	≥ 47	≥ 31	≥ 27

$$\Delta u_f = u_{f1} - u_{f2}$$

mit

$$u_{f1} = 11{,}8 \cdot \frac{V_e^2}{r_1} - u_1$$

und

$$u_{f2} = 11{,}8 \cdot \frac{V_e^2}{r_2} - u_2$$

Länge Übergangsbogen in der Regel gleich Länge Überhöhungsrampe.

Gleisverziehung Veränderung des Gleisabstands zwischen parallel verlaufenden Gleisen.

Bei geraden, parallelen Gleisen ohne Überhöhung und Übergangsbogen mit $r = V_e^2 / 2$ und einer Zwischengerade $l_g = 0{,}4 \cdot V_e$ geplant.

Tafel 19.100 Berechnungsgleichungen für die Mindestlänge l_u und das Tangentenabrückmaß f

Krümmungslinie des Übergangsbogens	Mindestlänge min l_u in m	Tangentenabrückmaß f in mm
Gerade	min $l_u = \dfrac{4 \cdot v_e \cdot \Delta u_f}{1000}$	$f = \dfrac{l_u^2 \cdot 1000}{24 \cdot r}$
S-förmig	min $l_{uS} = \dfrac{6 \cdot v_e \cdot \Delta u_f}{1000}$	$f = \dfrac{l_{uS}^2 \cdot 1000}{48 \cdot r}$
Nach Bloss	min $l_{uB} = \dfrac{4{,}5 \cdot v_e \cdot \Delta u_f}{1000}$	$f = \dfrac{l_{uB}^2 \cdot 1000}{40 \cdot r}$

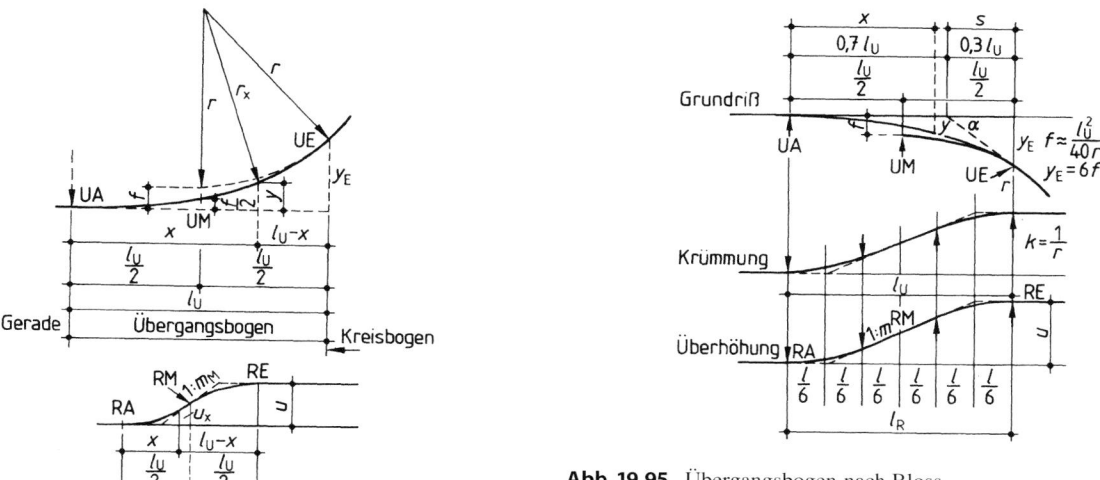

Abb. 19.94 Übergangsbogen mit geschwungener Rampe nach Schramm

Abb. 19.95 Übergangsbogen nach Bloss

Abb. 19.96 Konstruktion der Gleisverziehung.
a Parallelverziehung aus zwei Kreisbögen,
b Parallelverziehung aus zwei Kreisbögen mit einer Zwischengeraden

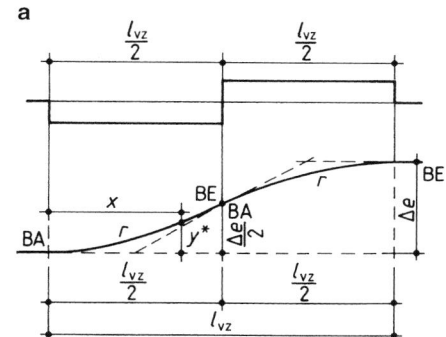

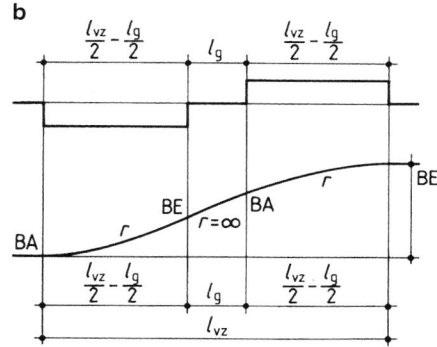

19.5.4 Gleisverbindungen

Einfache Weichen Bestehen aus Stammgleis (geradeaus) und Zweiggleis (Radius r_0). Sie weisen keine Überhöhung auf.

Man unterscheidet
- Weichen mit geradem Herzstück
- Weichen mit Bogenherzstück
- Weichen mit starrem Herzstück (Regelfall)
- Weichen mit beweglichem Herzstück ($V > 160\,\text{km/h}$ im Stammgleis).

Bezeichnung der Weichen:
- Weichenart (EW, DW, IBW, ABW)
- Schienenform (49 = S 49, 60 = UIC 60)
- Zweiggleisradius (190 = 190 m Radius)
- Weichenneigung ($\tan\alpha = 1 : 14$)
- Richtung des Zweiggleises (l = links, r = rechts)
- Schwellenart (H = Holz, B = Beton, St = Stahl).

Tafel 19.101 Zulässige Geschwindigkeit im Zweiggleis von Regelweichen bei einfachem Bogen

r_0 [m]	190	300	500	760	1200	2500
zul V [km/h]	40	50	60	80	100	130

Tafel 19.102 Zulässige Geschwindigkeit im Zweiggleis von Regelweichen bei Korbbogen* bzw. Übergangsbogen

r_0 [m]	6000/3700*	7000/6000*	3000/1500	4800/2450	10.000/4000	16.000/6100
zul V [km/h]	160	200	100	130	160	200

Tafel 19.103 Tangentenlängen l_t in m

Weiche	190 – 1 : 7,5	190 – 1 : 9	300 – 1 : 9	500 – 1 : 12	500 – 1 : 14	760 – 1 : 14	1200 – 1 : 18,5
Tangentenlänge l_t	12,61098	10,52302	16,61499	20,79699	17,83401	27,10801	332,40810

Tafel 19.104 Biegbarkeit von einfachen Weichen zu Innenbogenweichen

Radius der Weichengrundform r_0 in m	190	300	500	760	1200	2500
Kleinster Zweiggleisradius r_z in m	175	175	200	300	442	941
Zugehöriger Stammgleisradius r_s in m	220	420	333	500	700	1510

Bogenweichen Beide Gleise liegen im Gleisbogen. Bogenweichen können überhöht sein. Sie werden durch Biegen aus einfachen Weichen hergestellt.

Innenbogenweiche (IBW) → Beide Gleise sind in gleiche Richtung gekrümmt.

$$r_z = \frac{r_0 \cdot r_s - l_t^2}{r_0 + r_s}$$

Außenbogenweiche (ABW) → Gleise sind in unterschiedliche Richtungen gekrümmt.

$$r_z = \frac{r_0 \cdot r_s + l_t^2}{r_0 - r_s}$$

r_z Radius des Zweiggleises in m
r_s Radius des Stammgleises in m
r_0 Radius des Zweiggleises der Weichengrundform in m
l_t Tangente der Weiche in m

Tafel 19.105 Grundformen einfacher Weichen mit starrem Herzstück

	Einfache Weiche mit geradem Herzstück	Einfache Weiche mit Bogenherzstück (Bogenende am Weichenende)	Einfache Weiche mit Bogenherzstück und gerader Verlängerung des Zweiggleises
	$\frac{49}{54}$ – 190 – 1 : 9	$\frac{49}{54}$ 60 – 300 – 1 : 9	$\frac{49}{54}$ – 190 – 1 : 7,5
	49 – 300 – 1 : 14	$\frac{49}{54}$ 60 – 500 – 1 : 12	
	$\frac{54}{60}$ – 300 – 1 : 14	$\frac{49}{54}$ 60 – 760 – 1 : 14	
	49 – 500 – 1 : 14	$\frac{49}{54}$ 60 – 1200 – 1 : 18,5	
	$\frac{54}{60}$ – 500 – 1 : 14	Symm. Außenbogenweiche $\frac{49}{54}$ – 215 – 1 : 4,8	
	$\frac{49}{54}$ 60 – 760 – 1 : 18,5		

Tafel 19.106 Grundformen einfacher Weichen mit beweglicher Herzstückspitze

Einfache Weiche mit geradem Herzstück	Einfache Weiche mit Bogenherzstück (Bogenende am Weichenende)	Einfache Weiche mit Bogenherzstück und gerader Verlängerung des Zweiggleises
$60 - 500 - 1:14 - \text{fb}$	$60 - 300 - 1:9 - \text{gb}$	$60 - 500 - 1:12 - \text{fb}$
$60 - 760 - 1:18,5 - \text{fb}$	$60 - 500 - 1:12 - \text{gb}$	$60 - 1200 - 1:18,5 - \text{fb}$
	$60 - 760 - 1:14 - \text{gb und fb}$	
	$60 - 1200 - 1:18,5 - \text{gb}$	
	$60 - 2500 - 1:26,5 - \text{fb}$	
	$60 - 6000/3700 - 1:32,5 - \text{fb}$	
	$60 - 7000/6000 - 1:42 - \text{fb}$	

Tafel 19.107 Von den Grundformen abgeleitete Weichen

Einfache Weichen mit Bogenherzstück und verkürztem Zweiggleisbogen	Einfache Weichen mit Bogenherzstück und verlängertem Zweiggleisbogen	Klothoidenweichen für Abzweigstellen
$\frac{54}{60} - 300 - 1:9/1:9,4$	$49 - 190 - 1:7,5/1:6,6$	$60 - 3000/1500 - 1:18,132 - \text{fb}$
$\begin{matrix}49\\54\\60\end{matrix} - 760 - 1:14/1:15$	$54 - 190 - 1:7,5/1:6,6$	$60 - 4800/2450 - 1:24,257 - \text{fb}$
$\frac{54}{60} - 1200 - 1:18,5/1:19,277$	$\frac{54}{60} - 500 - 1:12/1:9$	$60 - 10000/4000 - 1:32,050 - \text{fb}$
		$60 - 16000/6100 - 1:40,154 - \text{fb}$

Doppelweichen Zwei ineinander geschobene einfache Weichen zur Platzeinsparung.

Kreuzungen Zum Kreuzen eines Gleises ohne Abbiegemöglichkeit.

Man unterscheidet:
- Regelkreuzung ($1:9$)
- Steilkreuzung ($1:7,5$ und steiler)
- Flachkreuzung ($1:14$, $1:18,5$)

Kreuzungsweichen Zum Kreuzen eines Gleises mit Abbiegemöglichkeit auf das gekreuzte Gleis, platzsparend, aber unterhaltungsaufwendig.

Man unterscheidet
- einfache Kreuzungsweichen (EKW)
- doppelte Kreuzungsweichen (DKW)
- Kreuzungsweichen mit innenliegenden Zungen ($r_0 = 190$ m)
- Kreuzungsweichen mit außenliegenden Zungen ($r_0 = 500$ m)

Tafel 19.108 Grundformen von Kreuzungen

Kreuzungen mit starren Doppelherzstücken	Flach-Kreuzungen mit beweglichen Doppelherzstückspitzen	Bogen-Flachkreuzung
$\frac{49}{54} - 1:9$	$\begin{matrix}49\\54\\60\end{matrix} - 1:14$	$\begin{matrix}49\\54\\60\end{matrix} - \dfrac{1200}{\infty} - 1:11,515$
$\frac{49}{54} - 1:7,5$	$\begin{matrix}49\\54\\60\end{matrix} - 1:18,5$	
$49 - 1:6,6$		
$54 - 1:6,964 \cong 2 \cdot 1:1:14$		
$\frac{49}{54} - 1:4,444 \cong 2 \cdot 1:9$		
$54 - 1:5,5$		
$54 - 1:3,683 \cong 2 \cdot 1:7,5$		
$\frac{49}{54} - 1:3,224 \cong 2 \cdot 1:6,6$		
$\frac{49}{54} - 1:2,9 \cong 2 \cdot 1:9$		

19

Tafel 19.109 Grundformen von Kreuzungsweichen

	Kreuzungsweichen mit innenliegenden Zungenvorrichtungen		Kreuzungsweichen mit außenliegenden Zungenvorrichtungen	
	Einfache Kreuzungsweiche	Doppelte Kreuzungsweiche	Einfache Kreuzungsweiche	Doppelte Kreuzungsweiche
	$\frac{49}{54} - 190 - 1:9$	$\frac{49}{54} - 190 - 1:9$	$\frac{49}{54} - 500 - 1:9$	$\frac{49}{54} - 500 - 1:9$

Tafel 19.110 Mindestanforderungen an Verformungsmodul und Verdichtungsgrad

Streckenbezeichnung	Planum		Erdplanum		Mindestdicke FSS einschl. PSS [m]
	E_{v2} [MN/m^2]	D_{Pr}	E_{v2} [MN/m^2]	D_{Pr}	
Durchg. Hauptgleise von Hauptbahnen außer S-Bahnen (Neubau)	120	1,03	80	1,00	0,70
Durchg. Hauptgleise von S-Bahnen und Nebenbahnen (Neubau)	100	1,00	60	0,97	0,60
Übrige Gleise (Neubau)	80	0,97	45	0,95	0,50
Maßnahmen an bestehenden Strecken	50	0,95	20	0,93	0,30

19.5.5 Oberbau

Zum Oberbau gehören
- Gleise, Weichen und Kreuzungen (Schienen, Schwellen, Kleineisenteile)
- Gleisbettung (Schotter, Tragschicht)
- Planumsschutzschicht (Mineralstoffgemisch, Dichtungsbahnen)

Zum Unterbau gehören
- Frostschutzschicht (Mineralstoffgemisch, Schaumstoffplatten)
- Dammschüttung (geschüttete und verdichtete Böden)
- Bodenverbesserungen (Korngemische)

Der Oberbau schließt mit dem Planum ab, zwischen Dammschüttung und Frostschutzschicht befindet sich das Erdplanum.

Planum und Erdplanum   Siehe Tafel 19.110.

Entwässerung   Vermeidet das Eindringen von Wasser in Untergrund und Unterbau

Man unterscheidet:
- unbefestigte Bahnmulden (Abb. 19.97)
- unbefestigte Böschungsgräben (Abb. 19.98)
- befestigte Bahngräben (Abb. 19.99)
- Tiefenentwässerung (Abb. 19.100).

Bei Längsgefälle $< 0,3\%$ und $> 3,0\%$ Verwendung von Sohlschalen.

Bei Längsgefälle $> 10\%$ Befestigung der Sohle mit rauhem Natursteinpflaster

Abb. 19.97 Unbefestigte Bahnmulde

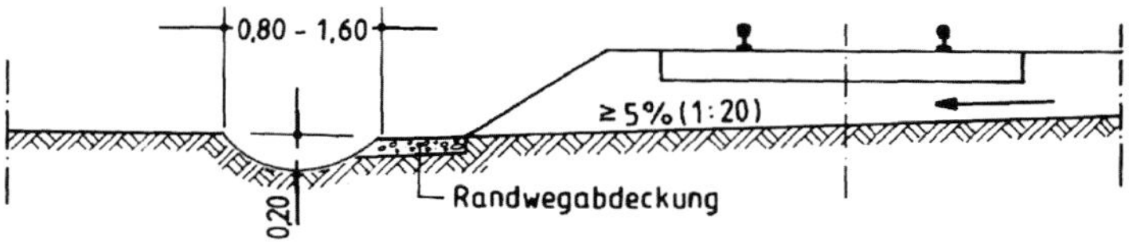

Abb. 19.98 Unbefestigter Böschungsgraben

Abb. 19.99 Befestigter Bahngraben

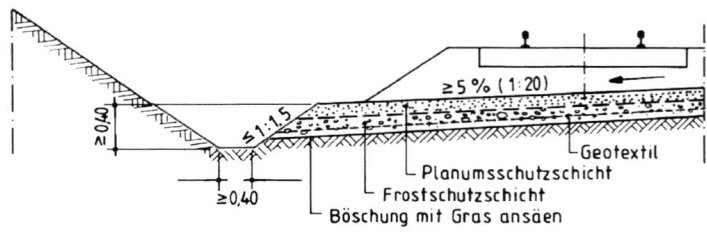

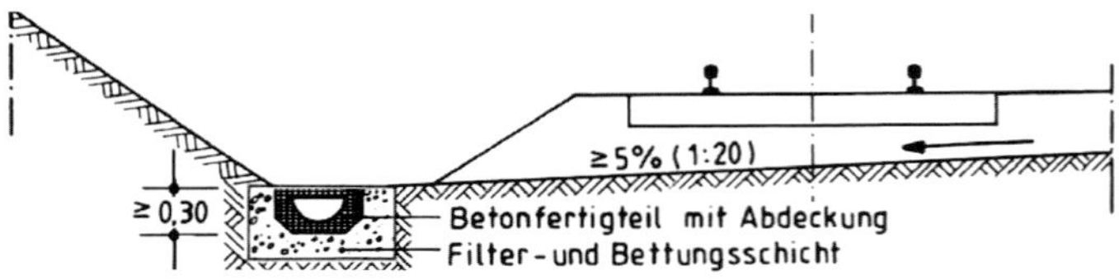

Abb. 19.100 Tiefenentwässerung

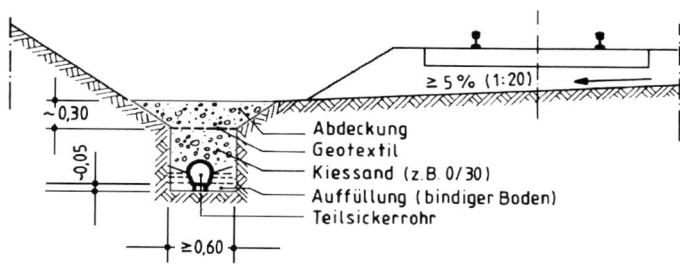

Tafel 19.111 Regelabmessungen von Entwässerungseinrichtungen

Anlage	Breite in m	Tiefe in m	Längsgefälle in %	Böschungsneigung
Graben	0,40	0,40	0,3 bis 3,0	1 : 1,5 bis 1 : 1,8
Mulde	0,8 bis 1,6	0,20	0,3 bis 3,0	1 : 1,5 bis 1 : 1,8

Abb. 19.101 Abmessungen der gebräuchlichsten Schienenformen in mm

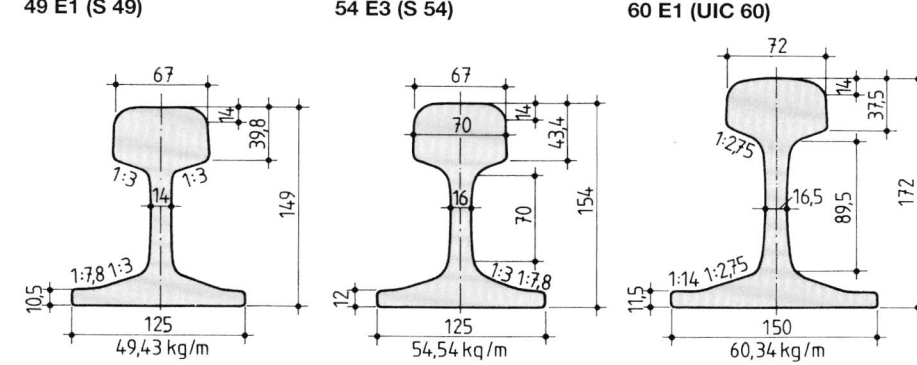

Schienen Einsatzbereiche verschiedener Schienenformen:
41E1 Straßenbahn auf eigenem Gleiskörper
49E1 U-Bahnen, Stadtbahnen
54E3 Regelprofil der DB auf Nebenstrecken
60E1 Regelprofil der DB auf Hauptstrecken
59R11 Straßenbahnen im Straßenraum

Schienenstöße werden verschweißt (Thermit-, Lichtbogen-, Press- oder Abbrennstumpfschweißung)

In Ausnahmefällen Stoßlückengleise (Bergsenkungsgebiete).

Isolierschienenstöße (Signaltechnik) werden häufig geklebt.

Schwellen Schwellenabstand:
- abhängig von Gleisbelastung und Tragfähigkeit des Unterbaus
- 0,60 m (stark belastete Strecken) bis 1,30 m (Baugleise)
- Mindestabstand 0,50 m.

Tafel 19.112 Abmessungen und Eigenschaften von Schwellen

Abmessungen Eigenschaften	Holzschwellen	Stahlschwellen	Betonschwellen
	Form 1	Y	B70
Länge l [m]	2,60	2,30	2,60
Breite b_o [m]	0,16	0,14/0,30	0,171
Breite b_u [m]	0,26	0,14/0,30	0,30
Höhe h [m]	0,16	0,095	0,235
Gewicht [kg]	ca. 100	20,8/m	304
Lebensdauer	23–40 a	ca. 60 a	ca. 60 a
Verlegeart	Mechanisierbar	Mechanisch	Mechanisch
Aufarbeitung	Gut	Gut	Nicht möglich
Witterungsbeständigkeit	Gut	Korrosionsgefahr	Sehr gut
Gleisunterhaltung	Gut	Bedingt gut	Bedingt gut
Entsorgung	Sondermüll	Gut	Bedingt gut
Besonderheit	Verschleißanfällig	Schlechte elektrische Isolierfähigkeit	Einzelanfertigung sehr aufwendig

Schienenbefestigungen

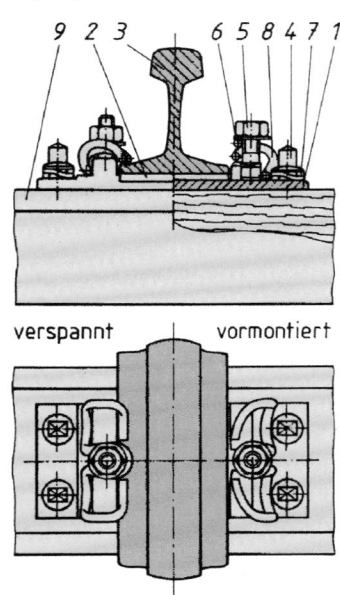

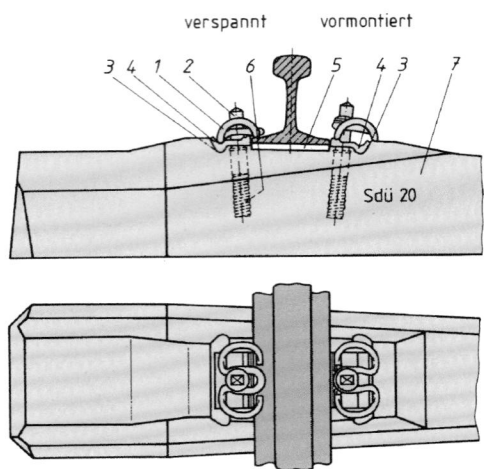

Abb. 19.103 Oberbau W (Betonschwelle B70W-60 für UIC60 und B70W-54 für S49/S54). *1* Spannklemme, *2* Schwellenschraube, *3* Isoliereinlage, *4* Winkelführungsplatte, *5* Zwischenlage, *6* Kunststoffschraubdübel, *7* Betonschwelle

Abb. 19.102 Oberbau KS (Holzschwellen für Schienen S49/54 und UIC60). *1* Rippenplatte, *2* Kunststoffzwischenlage, *3* Schiene, *4* Schwellenschraube, *5* Hakenschraube, *6* Unterlagsscheibe, *7* doppelter Federring, *8* Spannklemme, *9* Holzschwelle

Gleisbettung Bettungsstoffe: gebrochenes, wetterbeständiges, scharfkantiges Hartgestein

Mindestdruckfestigkeit 180 N/mm²

Körnung 22,4–65 mm

Abb. 19.104 Bettungsquerschnitte.
a 1-gleisig gerade Strecke,
b 1-gleisig im Bogen,
c 2-gleisig gerade Strecke,
d 2-gleisig im Bogen.
e Gleisachsabstand, *l* Schwellenlänge, *c* Schotterbreite vor den Schwellenköpfen
($c = 0{,}40$ m bei $V = 160$ km/h,
$c = 0{,}50$ m bei $V > 160$ km/h),
b_a, b_l Abstand Gleisebene–Bettungsfußpunkt

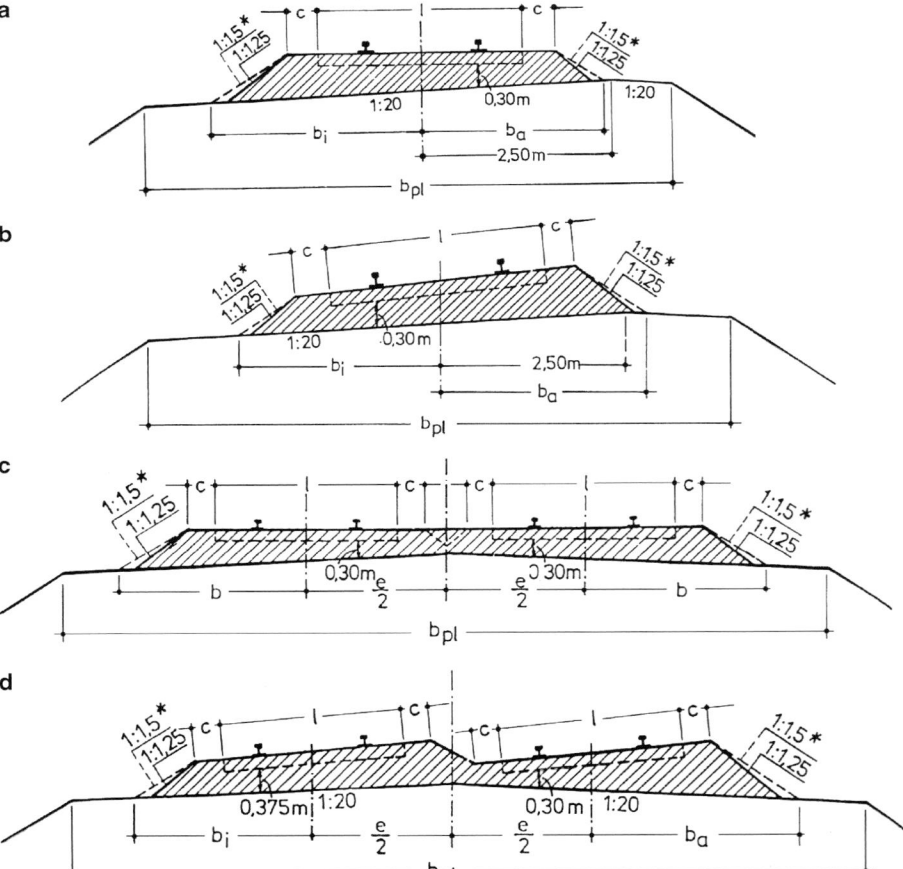

Feste Fahrbahn

Tafel 19.113 Einteilung der Bauarten der Festen Fahrbahn

Stützpunktlagerung				Kontinuierliche Lagerung	
Mit Schwelle		Ohne Schwelle		Schiene eingegossen	Schiene eingeklemmt
Eingelagert	Aufgelagert	Vorgefertigt	Monolithisch gefertigt		

Abb. 19.105 Schichtenaufbau der Festen Fahrbahn

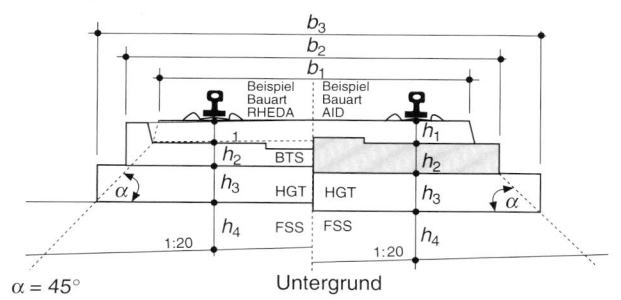

Mindesthöhen h_1 bis h_4 nach Bemessung
Mindest-Breite der ATS bzw. BTS $b_2 = 3,20$ m

Lastverteilungswinkel $\alpha = 45°$
geforderte Breite der HGT $b_2 = 3,80$ m

Mindest-Schwellenbreite $b_t = 2,20$ m
Mindestdicke der HGT $h_3 = 0,30$ m

Abb. 19.106 Beispiele für Systeme verschiedener Bauarten (Quelle: E. Darr, W. Fiebig, „Feste Fahrbahn", Schriftenreihe für Verkehr und Bahntechnik, Hrsg. VDEI, Tetzlaff Verlag, Hamburg, 1999)

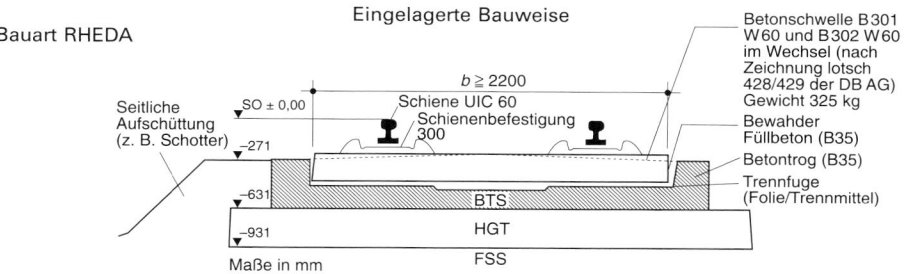

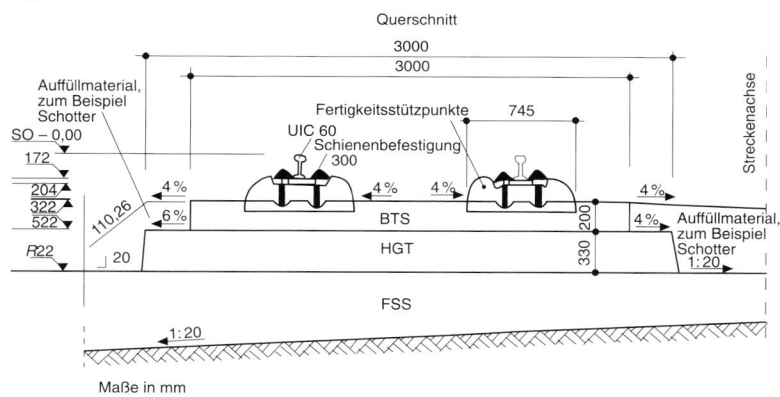

Oberbauarbeiten Instandhaltung:

- Entwässerung (Unterbau trocken halten, Wasserdurchlässigkeit der Bettung prüfen)
- Schwellen (hohlliegende Schwellen nachstopfen, schadhafte Schwellen austauschen)
- Schienenbefestigungen (kraftschlüssige Verbindung sicherstellen, schadhafte Teile austauschen)
- Schienen (Schienenbrüche beseitigen, Gleislage korrigieren).

Erneuerung vorhandener Gleise:

- Austausch von Schienen und Schwellen
- Reinigung und Ergänzung der Bettungsstoffe.

Tafel 19.114 Breiten der Oberleitungsmast-Fundamente

Fundamentbreite in m für	Beton	Stahl
Abspannmaste	0,65 (0,75)	1,20 (1,40)
Tragmaste	0,45 (0,55)	0,95 (1,00)

Klammerwerte gelten für Neubaustrecken.

Tafel 19.115 Abstand der Mastfundamente von Gleismitte

Abstand in m bei Gleisen	In der Geraden	Im Bogen auf der				
		Bogen-innenseite	Bogenaußenseite bei u in mm			
			0 bis 20	25 bis 50	55 bis 100	105 bis 160
Mit Kabeltrasse im Randweg	3,65	3,65	3,65	3,75	3,85 (3,90)	3,95 (4,05)
Ohne Kabeltrasse im Randweg	3,50	3,50	3,50	3,60	3,70 (3,75)	3,80 (3,90)

Klammerwerte gelten für Neubaustrecken.
Bei eingleisigen Strecken mit Planumsgefälle vom Fundament weg gelten für alle Fälle 3,65 m bzw. 3,50 m.

19.5.6 Oberleitungsanlagen

Bauarten:
- Kettenwerksoberleitung (Regel bei Eisenbahnen)
- Stromschiene (nur bei geschlossenen Bahnsystemen)
- Stromschienenoberleitung (bei beengten Verhältnissen)
- Einfacher Fahrdraht (nur bei geringen Geschwindigkeiten).
  Merkmale von Kettenwerksoberleitungen:
- Höhe Fahrdraht: Mindesthöhe 4,95–5,07 m, Regelhöhe 5,3–5,75 m
- Regelsystemhöhe: 1,1–1,8 m
- Längsspannweite: max. 65–80 m
- Nachspannlänge: max. $2 \cdot 750$ m.

19.5.7 Bahnübergänge (nach Richtlinie 815.0010 bis 815.0050)

Höhengleiche Kreuzungen von Eisenbahnen mit Straßen, Wegen oder Plätzen bezeichnet man als Bahnübergänge. Übergänge für Reisende in Bahnhöfen oder Haltestellen sowie für den innerdienstlichen Verkehr zahlen nicht dazu. Nicht höhengleiche Kreuzungen sind als Überführungen zu planen. Die Baulast bei Brücken liegt bei dem Baulastträger des oben liegenden Verkehrsweges. Neue Bahnübergänge bedürfen einer Ausnahmegenehmigung des Bundesministers für Verkehr. Vorhandene Bahnübergänge sollen nach Möglichkeit durch Überführungen ersetzt werden.

Der Bahnverkehr hat auf Bahnübergängen Vorrang, der durch Aufstellen von Andreaskreuzen angezeigt wird. Übergänge des Schienenverkehrs im bebauten Bereich werden meist durch Lichtsignale geregelt.

Technische Sicherungen (Lichtzeichenanlagen) zeigen dem Verkehrsteilnehmer das Nahen des Schienenfahrzeugs. Als Sicherung dienen Blinklichter, Lichtzeichen, Lichtzeichen in Verbindung mit Halbschranken und Schranken. Bei Anschlussbahnen sind Blinklicht- und Lichtzeichenanlagen üblich. Man unterscheidet sie je nach Art der Einschaltung oder Überwachung.

Die Einschaltung kann entweder durch das Triebfahrzeug automatisch oder durch den Fahrdienstleiter während der Fahrt oder nach einem Betriebshalt erfolgen. Die Überwachung wird möglich durch ein ortsfestes Überwachungssignal, das im Abstand des erforderlichen Bremsweges vor dem Übergang steht. Eine weitere Möglichkeit besteht in der Fernüberwachung von einer Zentrale aus oder durch Handschaltung eines Bedieners (z. B. Schrankenwärter).

Tafel 19.116 Sicherungsarten von Bahnübergängen

Art des kreuzenden Verkehrsweges und Verkehrsbelastung in Kfz/24 Stunden	Art der Bahn und Zahl der Gleise		
	Hauptbahnen $V_e > 80$ km/h	Nebenbahnen, Nebengleise von Hauptbahnen	
		Mehrgleisig	Eingleisig
	Art der Sicherung		
> 2500	Technische Sicherung		
> 100 bis 2500	Technische Sicherung		Übersicht und Pfeifsignal
< 100	Technische Sicherung	Übersicht	Übersicht, sonst Pfeifsignale bei $v = 20$ km/h
Feld- und Waldwege	Technische Sicherung	Übersicht	Übersicht, sonst Pfeifsignale bei $v = 60$ km/h
Fuß- und Radwege	Übersicht + D oder Pfeifsignal + D^a	Übersicht oder Pfeifsignale	

[a] D Drehkreuze oder ähnlich wirkende Einrichtung

Bautechnische Ausbildung Der Straßenoberbau wird durch die kreuzenden Schienen und Spurrillen unterbrochen. Der Aufbau der Straßenbefestigung richtet sich nach der Verkehrsbelastung. Bei schwachem Verkehr reicht ein Asphaltoberbau wie in der durchgehenden Fahrbahn. Die Spurrillen für den Durchgang der Spurkränze werden in der Regel durch Beischienen freigehalten. Bei hoher Verkehrsbelastung werden Betonfertigteile neben und zwischen den Gleisen eingebaut. Bevorzugt werden hier Großflächenplatten der Systeme Bodan, Moselland oder Strail verwendet. Auf eine vollflächige Auflagerung ist besonderer Wert zu legen, um Plattenrisse oder Lärmbelästigungen zu verhindern. Bei sehr hohen Verkehrslasten werden die Gleise auf Tragplatten aus Ortbeton verlegt. Bei Gleisen mit Überhöhung ist der Fahrbahnverlauf der Straße in Längsrichtung entsprechend anzupassen, um Stoßbelastungen durch die Straßenfahrzeuge auf den Gleisbereich gering zu halten.

19.5.8 Signal- und Sicherungswesen

Im Bahnbetrieb muss wegen der Spurgebundenheit „auf Signal" gefahren werden, um die Betriebssicherheit zu gewährleisten. Die Zugsicherung dient der

- Abstandshaltung der Züge,
- Fahrwegsicherung.

Zur Abstandshaltung wird die Strecke in *Zugfolgeabschnitte* (Blockstrecken) unterteilt. In diesen darf sich nur jeweils ein Zug befinden. Die Blockstrecken werden durch entsprechende Hauptsignale gesichert. Freie Fahrt für die Blockstrecke wird erst erteilt, wenn der vorhergehende Zug diese geräumt hat.

Im Bahnhofsbereich ergeben sich durch Fahrwegüberschneidungen verschiedene Fahrwege. Ist der Fahrweg signaltechnisch gesichert, bezeichnet man ihn als Fahrstraße. Alle überfahrenen Weichen und die Flankenschutzeinrichtungen müssen einzeln verschlossen und gegeneinander verblockt sein.

Bei *elektrischem Streckenblock* werden die Signale vom Stellwerk aus von Hand gestellt. Beim *selbsttätigen Streckenblock* erfolgt die Signalverstellung durch den vorbeifahrenden Zug. Dies geschieht durch:

- Gleisstromkreise,
- Achszähler,
- isolierstoßlose Tonfrequenz-Gleisstromgleise.

Die *Flankensicherung* erfolgt durch Schutzweichen, Sperrsignale oder Gleissperren. Isolierte Streckenschutzabschnitt bewirken, dass die Verzweigungsweiche erst nach Räumen durch den eingefahrenen Zug gestellt werden kann.

Stellwerke *Mechanische* Stellwerke werden durch Umlegen von Hebeln bedient, die über Drahtgestänge auf Signale und Weichen wirken. Hier zeigt die Hebelstellung den Zustand der Signale oder Weichenzungen an. Sie werden aus betriebstechnischen Gründen immer mehr ersetzt durch elektrisch betriebene Einrichtungen.

Elektromechanische Stellwerke besitzen Schalter, die Elektromotore in Gang setzen, um die Verstellung der Signale und Weichen durchzuführen.

Beim *Drucktastenstellwerk* wird die Fahrstraße durch gleichzeitigen Druck auf die Start- und die Zieltaste direkt eingestellt. Das Signal „Fahrt frei" wird erst aktiv, wenn alle sicherheitsrelevanten Faktoren überprüft sind. Die moderne Stellwerkausrüstung sind die *Spurplanstellwerke*, die dem Bediener den Gleisplan des Fahrweges optisch sichtbar machen.

In *elektronischen* Stellwerken werden die entsprechenden Befehle und Prüfungen mit Hilfe zweier Computer in Parallelschaltung den Fahrstraßen übermittelt.

Zugbeeinflussung Mit ihrer Hilfe kontrolliert man, ob der Triebfahrzeugführer die „Halt" gebietenden Signale beachtet. Die Nichtbeachtung kann auf schlechter Sicht, Signalverwechslung, Unachtsamkeit oder Unwohlsein beruhen. Die Zugbeeinflussung geschieht durch mechanische oder magnetische Fahrsperren, induktive Zugsicherung (Indusi) oder Linienzugbeeinflussung (LZB).

Bei *mechanischen Fahrsperren* wird ein am Fahrzeug befestigter Schwinghebel durch einen Anschlag am „Halt-Signal" bewegt. Er löst die Luftdruckbremse des Zuges aus. Die magnetische *Fahrsperre* bewirkt über einen zwischen den Schienen befindlichen und einem am Fahrzeug angebrachten Magnet die Auslösung der Zwangsbremsung.

Induktive Zugsicherung wird zur Steigerung der Streckenleistungsfähigkeit eingesetzt. Durch Gleismagnete werden die Wachsamkeit und an mehreren Stellen die Geschwindigkeit überprüft. Durch Drücken der Wachsamkeitstaste bestätigt der Fahrzeugführer seine Dienstbereitschaft. Werden die Geschwindigkeiten an den Gleismagneten überschritten, wird die Zwangsbremsung ausgelöst.

Die *Sicherheitsfahrschaltung* (Sifa) überprüft in regelmäßigen Abständen die Reaktion des Triebfahrzeugführers. Erfolgt auf das Licht- und Summersignal keine Tastenbetätigung, wird der Zug schnellgebremst.

Linienzugbeeinflussung Bei diesem System wird die Zugfahrt durch ständige Geschwindigkeitskontrolle gesichert und durch Anzeige im Führerraum des Triebfahrzeugs geführt. Bei Schnellfahrten mit LZB wird der Anzeige Vorrang vor den Signalen eingeräumt. Die Steuerung über Rechner erfolgt durch Datenaustausch induktiv über Linienschleifen zwischen Zentrale und Triebfahrzeug. Nach diesen Daten führt der Triebfahrzeugführer oder eine automatische Fahr- und Bremssteuerung (AFB) den Zug. Dadurch lässt sich die Abhängigkeit von einem festen Raumabstand umgehen, der von der Fahrgeschwindigkeit unabhängig ist. Züge können mit AFB bis auf den Sicherheitsabstand zum vorherfahrenden Zug aufschließen.

Hauptsignale zeigen an, ob der anschließende Gleisabschnitt frei ist und befahren werden kann. Sie sind aufgestellt als *Formsignale* oder *Lichtsignale*. Die Hauptsignale Hp 0, Hp 1 und Hp 2 gelten für Zugfahrten, aber nicht für Rangierfahrten.

Formsignale werden gebildet aus einem Signalträger mit einem oder zwei Flügeln. Bei Nacht zeigen sie die gleiche Anzahl Lichter als Nachtzeichen.

Lichtsignale zeigen in einem schwarzen Feld (Schirm) ein oder zwei Lichter bei Tag und bei Nacht.

Hauptsignale verwendet man als:

- Einfahrsignale
- Ausfahrsignale
- Zwischensignale
- Blocksignale
- Deckungssignale vor Gefahrenstellen.

Die Signale werden in der Regel rechts vom Gleis oder darüber aufgestellt. Beim Gegengleis stehen sie links.

Vorsignale zeigen an, welches Signalbild am zugehörigen Haupt- oder Schutzsignal zu erwarten ist. Sie sind entweder Form- oder Lichtsignale. Ihr Abstand vor dem Hauptsignal soll dem Bremsweg des Zuges entsprechen.

Bei S-Bahnen können Haupt- und Vorsignalverbindungen auf einem Signalschirm vereinigt sein. Dann entsprechen die linken Lichter dem Hauptsignalbild. Die rechten Lichter bilden das Lichtvorsignal für das folgende Hauptsignal.

Zusatzsignale werden eingesetzt als:

- Ersatzsignale bei gestörtem Hauptsignal
- Richtungsanzeiger für die Richtung der Fahrstraße
- Geschwindigkeitsanzeiger; die Ziffer bedeutet, dass der zehnfache Wert in km/h als Fahrgeschwindigkeit zugelassen ist
- Beschleunigungsanzeiger, um die Geschwindigkeitsgrenzen des Fahrplans auszunutzen
- Verzögerungsanzeiger, mit dem Auftrag, die Geschwindigkeit um ein Drittel zu ermäßigen

- Gleiswechselanzeiger bei Gleiswechselbetrieb
- Vorsichtsignal bei gestörtem Hauptsignal
- Falschfahrt-Auftragssignal für den signalisierten Falschfahrbetrieb auf dem falschen Gleis.

Die *Langsamfahrscheibe* wird eingesetzt bei vorübergehender Langsamfahrstrecke. Sie entspricht sinngemäß dem Geschwindigkeitsanzeiger.

Mit einem *Schutzsignal* wird ein Gleis abgeriegelt, ein Halt-Auftrag erteilt oder ein Fahrverbot aufgehoben.

Mit *Rangiersignalen* werden den Rangierabteilungen Aufträge zur Ausführung von Rangierbewegungen oder bestimmte Hinweise gegeben. Dazu gehören:

- Rangiersignale
- Abdrücksignale
- sonstige Signale für den Rangierdienst.

Weichensignale geben dem Triebfahrzeugführer an, für welchen Zweig der Weiche diese gestellt ist. Bei doppelten Kreuzungsweichen zeigen weiße Pfeile den Fahrweg an.

Literatur

1. Natzschka, Henning: Straßenbau – Entwurf und Bautechnik, 3. Aufl., 2011, Vieweg+Teubner, Wiesbaden

2. Richter, Dietrich; Heindel, Manfred: Straßen- und Tiefbau, 11. Aufl., 2011, Vieweg+Teubner, Wiesbaden

3. Der Elsner Handbuch für Straßenwesen, Otto Elsner Verlagsgesellschaft, Darmstadt

4. Pietzsch, Wolfgang; Wolf, Günter: Straßenplanung, 6. Aufl., 2000, Werner Verlag

5. Velke, Siegfried; Mentlein, Horst; Eymann, Peter: Straßenbau, Straßenbautechnik, 6. Aufl., 2009, Werner Verlag

6. Jochim, Halldor; Lademann, Frank: Planung von Bahnanlagen, Grundlagen – Planung – Berechnung, 2009, Fachbuchverlag Leipzig

7. Matthews, Volker: Bahnbau, 7. Aufl., 2007, Teubner

8. Schiemann, Wolfgang: Schienenverkehrstechnik, Grundlagen der Gleistrassierung, 2002, Teubner

Hydraulik und Wasserbau

Prof. Dr.-Ing. Ekkehard Heinemann

Inhaltsverzeichnis

20.1 Allgemeines

Verdampfungswärme steigt annähernd linear von $2257 \, \text{kJ/kg}$ bei $100 \, °C$ auf $2500 \, \text{kJ/kg}$ bei $0 \, °C$ ($1 \, \text{kJ} \hat{=} 1000 \, \text{W s}$) Schmelzwärme $331 \, \text{kJ/kg}$ bei $0 \, °C$

Volumenänderung
- infolge Temperaturänderung: $\Delta V = \alpha \cdot V \cdot \Delta T$; $\alpha = 1{,}8 \cdot 10^{-4}/\text{K}$; ($\text{K} \hat{=} °\text{C}$)
- infolge Druckveränderung: $\Delta V = (-1/E_\text{W}) V \cdot \Delta p$.

Druckwellenfortpflanzungsgeschwindigkeit a in m/s in Rohrleitungen $a = \sqrt{(1/\varrho_\text{W})/[1/E_\text{W} + d/(s \cdot E_\text{R})]}$ im Wasser $a = \sqrt{E_\text{W}/\varrho_\text{W}}$

g $9{,}81 \, \text{m/s}^2$ Fallbeschleunigung
E_R E-Modul des Rohrmaterials in kN/m^2

E. Heinemann (✉)
Köln, Deutschland
E-Mail: ek.heinemann@arcor.de

d Rohrdurchmesser
s Rohrwandstärke in m
E_W, γ_W und ϱ_W s. Tafel 20.1.

Joukowski-Stoß: $\Delta p = a \cdot v_\text{o} \cdot \varrho_\text{W}$ in N/m^2 bei Schließzeiten $T_\text{s} < 2 \cdot l/a$

l Rohrleitungslänge in m
v in m/s vor Schließvorgang
Δp Druckanstieg bei schnellem Schließen der Leitung.

Kapillare Steighöhe s in mm zwischen Platten im Abstand a [mm]: $s \approx 15/a$; in Röhren mit d_i [mm]: $s \approx 30/d_\text{i}$.

Anhaltspunkte für den Kapillarsaum über dem Grundwasser enthält Tafel 20.2.

20.2 Hydrostatik

DIN 4044:1980-07 Hydromechanik im Wasserbau, Begriffe

Formelzeichen und Einheiten (s. a. Abb. 20.1)
A gedrückte Flächen in m^2
D Kraftangriffspunkt
S Flächenschwerpunkt
I Flächenträgheitsmoment in Bezug auf die Schwerachse durch S in m^4
p Wasserdruck in N/m^2 oder kN/m^2 es gilt $1 \, \text{bar} = 10 \, \frac{\text{N}}{\text{cm}^2} = 100 \, \frac{\text{kN}}{\text{m}^2}$
z Höhe der Wassersäule in m
In der Wassertiefe z wirkt der Wasserdruck

$$p_\text{i} = \varrho_\text{W} g \cdot z_\text{i}$$

(ϱ_W s. Tafel 20.1).

In der praktischen Anwendung wird teilweise mit $\varrho_\text{W} \cdot g = 10 \, \text{kN/m}^3$ gerechnet. Der Wasserdruck ist stets senkrecht auf das gedrückte Flächenelement gerichtet; bei Mantelflächen von Kreiszylindern verläuft die Wirkungslinie der Resultierenden durch den Mittelpunkt bzw. die Mittellinie.

© Springer Fachmedien Wiesbaden GmbH, ein Teil von Springer Nature 2021
U. Vismann (Hrsg.), *Wendehorst Bautechnische Zahlentafeln*, https://doi.org/10.1007/978-3-658-32218-2_20

Tafel 20.1 Physikalische Kennwerte des Wassers

Temperatur T [°C]	Dichte ϱ_W [kg/m³]	Wichte γ_W [kN/m³]	Kinem. Viskosität[c] ν_W [m²/s]	Spez. Wärmekapazität[a] c [kJ/(kg K)]	Wärmeleitfähigk. λ_W [W/(m K)]	Siededruck p_s [kN/m²]	Elastizität E_W[e] [kN/m²]
0	999,8[d]	9,8047[b]	$1,78 \cdot 10^{-6}$	4,2058	0,552	0,61	$1,9308 \cdot 10^6$
10	999,6	9,8027	$1,30 \cdot 10^{-6}$	4,1908	0,578	1,23	$2,0271 \cdot 10^6$
20	998,2	9,7890	$1,00 \cdot 10^{-6}$	4,1811	0,598	2,33	$2,0646 \cdot 10^6$
30	995,6	9,7635	$8,06 \cdot 10^{-7}$	4,1765	–	4,24	
40	992,2	9,7302	$6,57 \cdot 10^{-7}$	4,1774	0,628	7,37	–
50	988,0	9,6890	$5,50 \cdot 10^{-7}$	4,1836	0,641	12,33	–
60	983,2	9,6419	$4,78 \cdot 10^{-7}$	–	0,651	19,91	–
80	971,8	9,5301	$3,66 \cdot 10^{-7}$	–	0,669	47,33	–
100	958,3	9,3977	$2,94 \cdot 10^{-7}$	–	0,682	101,30	–

[a] Bei atmosphärischem Druck
[b] Ostseewasser ca. 0,7 % und Nordseewasser ca. 2,6 % mehr
[c] dyn. Viskosität $\eta_W = \nu_W \cdot \varrho$ in kg/(m s)
[d] Eis 916,7 kg/m³
[e] gültig für $0,1 < p < 25$ kN/m²

Tafel 20.2 Höhe des Kapillarsaumes über dem Grundwasser in cm (praktische Werte)

Geröll	Kiesiger Sand	Sand	Lehmiger Sand	Sandiger Lehm	Schluff	Lehm	Ton
0 bis 1	5 bis 10	10 bis 20	40 bis 50	50 bis 60	50 bis 100	30 bis 50	> 500

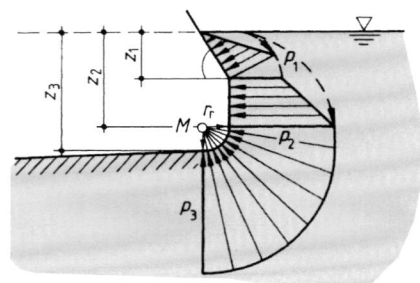

Abb. 20.1 Wasserdruck

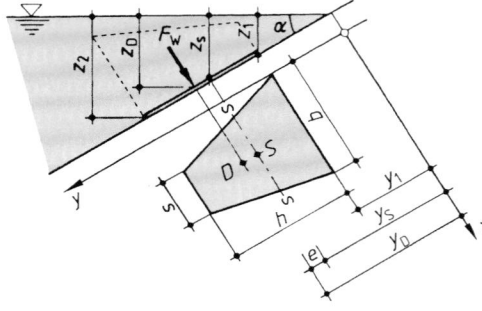

Abb. 20.2 Resultierender Wasserdruck auf eine ebene Fläche

20.2.1 Wasserdruck auf beliebig geneigte ebene Flächen

Die Größe der resultierenden Wasserdruckkraft F_W beträgt

$$F_W = p_s \cdot A = \varrho_W \cdot g \cdot z_s \cdot A = \varrho_W \cdot g \cdot V$$

p_s Wasserdruck im Flächenschwerpunkt
A Inhalt der gedrückten Fläche
z_s Wassertiefe über dem Flächenschwerpunkt
V Inhalt des Wasserkörpers über der gedrückten Fläche (gestrichelte Figur)

Der Angriffspunkt D der resultierenden Wasserdruckkraft heißt Druckmittelpunkt. Bei einfachsymmetrischen Drucksachen hat D vom Flächenschwerpunkt S den Abstand

$$e = \frac{I_s}{A \cdot y_s}$$

I_s Flächenmoment 2. Grades der gedrückten Fläche um die Schwerachse $s - s$
y_s in der Flächenebene gemessener Abstand des Flächenschwerpunktes von der Wasserlinie.

Entgegengerichtete Wasserdruckpressungen heben einander auf. F_W ergibt sich durch Subtraktion gegenüber liegender Wasserdruckfiguren. In Abb. 20.3 z. B. ergeben sich die folgenden wirksamen Wasserdruckkräfte.

$$F_{W1} = \varrho_W \cdot g (z_1^2 - z_2^2)/2 \text{ je m Breite}$$
$$a_1 = 1/3[(z_1^2 + z_1 \cdot z_2 + z_2^2)/(z_1 + z_2)]$$
$$F_{W2} = \varrho_W \cdot g (z_1 - z_2) \cdot l \text{ je m Breite}$$
$$a_2 = l/2 = (z_3 - z_2)/(2 \cdot \sin \alpha)$$

Geneigte ebene Stauflächen beliebiger Form und Neigung Bei ebenen Stauflächen, deren obere Begrenzung unter dem Wasserspiegel liegt oder welche nicht die in

Tafel 20.3 Wasserdruckkräfte, Schwerpunktabstände, Kraftangriffspunkte

Gedrückte Fläche	F_W	$y_\mathrm{S}^{\,a}$	e
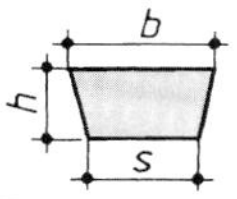 (Trapez: b oben, s unten, h)	$\gamma_\mathrm{W}\cdot\sin\alpha\cdot h\left[y_1\left(\dfrac{b+s}{2}\right)+h\left(\dfrac{b+2s}{6}\right)\right]$	$y_1+\dfrac{h}{3}\cdot\dfrac{b+2s}{b+s}$	$\dfrac{h^2}{18}\cdot\dfrac{(b+s)^2+2b\cdot s}{y_\mathrm{S}(b+s)^2}$
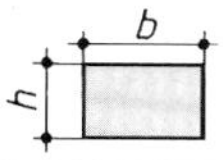 (Rechteck: b, h)	$\gamma_\mathrm{W}\cdot\sin\alpha\cdot b\cdot h\left(y_1+\dfrac{h}{2}\right)$	$y_1+\dfrac{h}{2}$	$\dfrac{h^2}{12\cdot y_\mathrm{S}}$
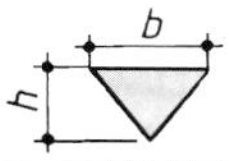 (Dreieck: b, h)	$\dfrac{1}{2}\gamma_\mathrm{W}\cdot\sin\alpha\cdot b\cdot h\left(y_1+\dfrac{h}{3}\right)$ [b]	$y_1+\dfrac{h}{3}$ [b]	$\dfrac{h^2}{18\cdot y_\mathrm{S}}$
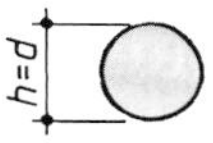 (Kreis: $h=d$)	$\gamma_\mathrm{W}\cdot\sin\alpha\cdot r^2\cdot\pi\,(y_1+r)$	y_1+r	$\dfrac{r^2}{4\cdot y_\mathrm{S}}$
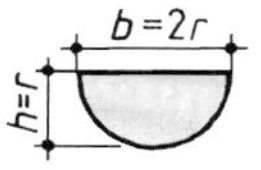 (Halbkreis: $b=2r$, $h=r$)	$\dfrac{1}{2}\gamma_\mathrm{W}\cdot\sin\alpha\cdot r^2\cdot\pi\,(y_1+0{,}4244r)$	$y_1+0{,}4244r$	$\dfrac{r^2}{14{,}3\cdot y_\mathrm{S}}$

[a] y_1 s. Abb. 20.2
[b] Beim Dreieck mit unten liegender Basis: $2/3\,h$ statt $h/3$

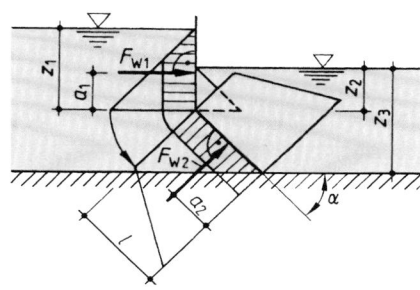

Abb. 20.3 Wirksame Wasserdruckdifferenzen

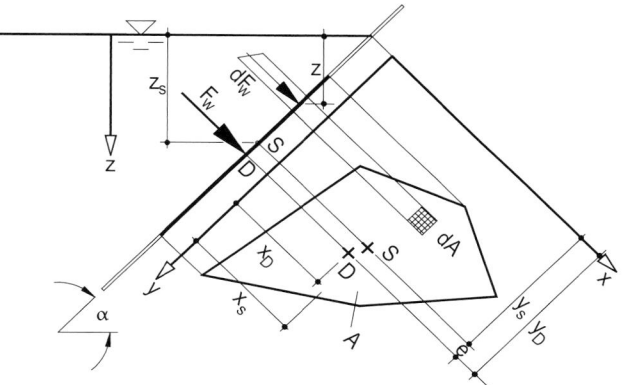

Abb. 20.4 Wasserdruck auf eine ebene Staufläche beliebiger Form und Neigung

Abb. 20.2 oder in Tafel 20.3 vorausgesetzten Formen aufweisen, ist eine Flächenintegration unter Berücksichtigung der ungleichen Druckverteilung für die Bestimmung des Betrags und der Lage der Wasserdruckkraft notwendig. Abb. 20.4 zeigt die nachfolgend verwendeten Variablen.

Das Differential der Wasserdruckkraft $\mathrm{d}F_\mathrm{W}$, das auf die Fläche $\mathrm{d}A$ wirkt, ergibt sich zu

$$\mathrm{d}F_\mathrm{W} = p_\mathrm{st}\cdot\mathrm{d}A = \varrho\cdot g\cdot z\cdot\mathrm{d}A$$

Die Wasserdruckkraft erhält man als Integral des vorstehenden Ausdrucks über die Fläche

$$F_\mathrm{W} = \int_A \mathrm{d}F_\mathrm{W} = \varrho\cdot g\cdot\int_A z\cdot\mathrm{d}A$$

Bei dem Ausdruck $\int_A z\cdot\mathrm{d}A$ handelt es sich um das Flächenmoment 1. Grades oder das statische Flächenmoment, welches dem Produkt aus Gesamtfläche und Schwerpunkt-abstand entspricht. Zum Beispiel für das Moment bezogen auf den Wasserspiegel gilt

$$\int_A z\cdot\mathrm{d}A = z_\mathrm{s}\cdot A.$$

Folglich entspricht die **Wasserdruckkraft** auf eine **ebene Staufläche** dem statischen Druck im Flächenschwerpunkt multipliziert mit der Flächengröße:

$$F_\mathrm{W} = \varrho\cdot g\cdot z_\mathrm{s}\cdot A.$$

Bei einer geneigten Fläche ist bei der Definition von $\mathrm{d}A$ zu berücksichtigen, dass die Länge der Fläche mit $z/(\sin\alpha)$ anstelle von z zunimmt. Die Lage der Wasserdruckkraft erhält

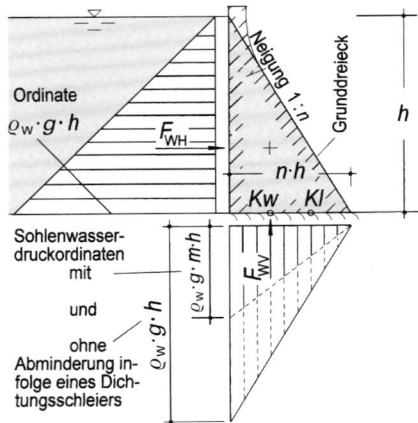

Abb. 20.5 Wasserdruckkräfte auf eine Gewichtsstaumauer als sogenanntes Grunddreieck mit wasser- und luftseitigen Kernpunkten K_W und K_l (Beispiel)

man aus der Bedingung, dass die Momente aus der Integration der Kraft über die Fläche denen aus der zusammengefassten Wasserdruckkraft entsprechen müssen. Bezogen auf die x-Achse (Abb. 20.4) gilt:

$$y_D \cdot F_W = \varrho \cdot g \int_A y \cdot z \cdot dA$$

Die statische Druckhöhe z_S am Flächenschwerpunkt S lässt sich durch $y_S \cdot \sin \alpha$ ersetzen. Nach Einsetzen des Ausdrucks für F_W ergibt sich

$$y_D \cdot \varrho \cdot g \cdot y_S \cdot \sin \alpha \cdot A = \varrho \cdot g \cdot \sin \alpha \int_A y^2 \cdot dA,$$

wobei der zu integrierende Teil dem Flächenmoment 2. Grades bezogen auf die in Abb. 20.4 dargestellte x-Achse I_x entspricht. Nach Kürzung von ϱ, g und $\sin \alpha$ erhält man durch Umstellung den Abstand y_D der Wasserdruckkraft F_W von der x-Achse

$$y_D = \frac{I_x}{y_S \cdot A}.$$

Die Exzentrizität e ergibt sich aus dem Flächenmoment 2. Grades oder das Flächenträgheitsmoment $I_{x,S}$, das auf eine parallel zur x-Achse durch den Flächenschwerpunkt S verlaufende Schwerachse bezogen ist. Bei Anwendung des steinerschen Satzes $I_{x,S} = I_x - y_S^2 \cdot A$ gilt

$$e = y_D - y_S = \frac{I_x}{y_S \cdot A} - \frac{y_S^2 \cdot A}{y_S \cdot A} = \frac{I_{x,S}}{y_S \cdot A} \quad (20.1)$$

Bezogen auf die y-Achse ergibt sich das Moment zu

$$x_D \cdot F_W = \varrho \cdot g \cdot \int_A x \cdot z \cdot dA = \varrho \cdot g \cdot \sin \alpha \cdot \int_A x \cdot y \cdot dA$$

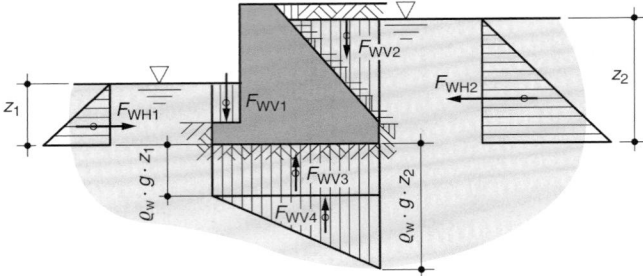

Abb. 20.6 Wasserdruckkräfte auf Stützmauer auf durchlässigem Untergrund (Beispiel)

Das Integral ergibt bezogen auf das Koordinatensystem der Abb. 20.4 das Flächenzentrifugal- oder Deviationsmoment I_{xy}. Der Abstand der Wasserdruckkraft F_W von der y-Achse ergibt sich zu

$$x_D = \frac{I_{xy}}{y_S \cdot A} = \frac{I_{xy,S} + x_S \cdot y_S \cdot A}{y_S \cdot A}$$

Wasserdrücke auf Bauwerke mit ebenen Begrenzungen sind beispielhaft in Abb. 20.5 und 20.6 dargestellt.

20.2.2 Wasserdruck auf einfach gekrümmte Flächen

Ermittlung durch Aufteilung in a) Horizontalkraft und b) Vertikalkraft
a) Horizontalkraft F_{WH} = Inhalt des Wasserdruckdreieckes. $F_{WH} \approx 5 z_1^2$ kN/m Breite
b) Vertikalkraft F_{WV} = Inhalt des Wasserdruckkörpers begrenzt durch die benetzte Wandfläche, die Lotrechte durch den Fußpunkt und die Horizontale in Höhe des Wasserspiegels.
Wird Wasser abgeschnitten ⇒ Auflast; wird „Körper" abgeschnitten ⇒ Auftrieb.

20.2.3 Wasserdruck auf doppelt gekrümmte Flächen

Ermittlung durch Aufteilung in a) Horizontal- und b) Vertikalkraft
a) Horizontalkraft F_{WH} = Wasserdruckfigur auf die horizontale Projektion des Körpers (auf eine vertikale Wand)
b) Vertikalkraft kann Auftrieb und/oder Auflast sein.
Auftrieb = Gewicht des verdrängten Wassers;
Auflast = Gewicht desjenigen Wasserkörpers, der durch die benetzte Fläche und ihre vertikale Projektion auf den Wasserspiegel begrenzt wird.
In beiden Fällen gilt $F = V \cdot \varrho_W \cdot g$.
Die zugehörigen Wasserdruckfiguren sind in den Tafeln 20.4 und 20.5 enthalten.

Tafel 20.4 Wasserdruckkräfte auf Walzenwehr und Segment je m Breite

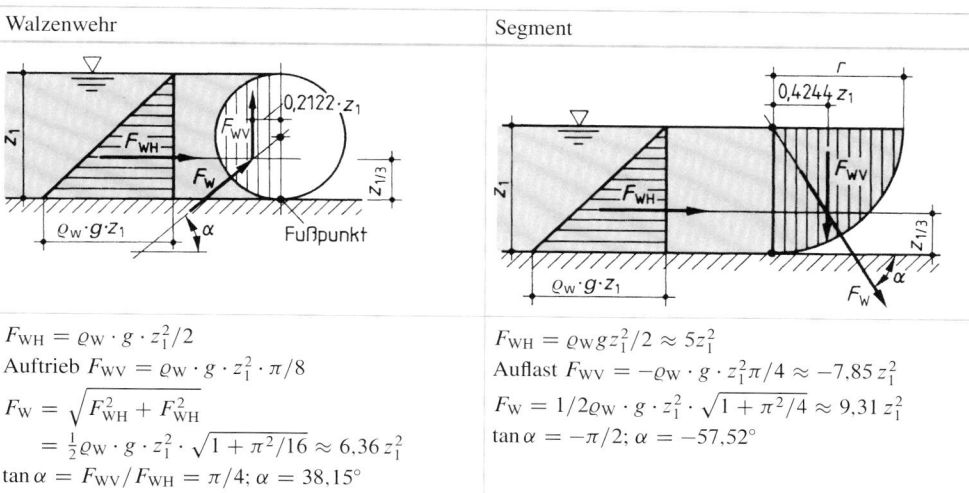

Walzenwehr	Segment
$F_{WH} = \varrho_W \cdot g \cdot z_1^2/2$	$F_{WH} = \varrho_W g z_1^2/2 \approx 5 z_1^2$
Auftrieb $F_{WV} = \varrho_W \cdot g \cdot z_1^2 \cdot \pi/8$	Auflast $F_{WV} = -\varrho_W \cdot g \cdot z_1^2 \pi/4 \approx -7{,}85 z_1^2$
$F_W = \sqrt{F_{WH}^2 + F_{WH}^2}$	$F_W = 1/2 \varrho_W \cdot g \cdot z_1^2 \cdot \sqrt{1 + \pi^2/4} \approx 9{,}31 z_1^2$
$\quad = \frac{1}{2}\varrho_W \cdot g \cdot z_1^2 \cdot \sqrt{1 + \pi^2/16} \approx 6{,}36 z_1^2$	$\tan\alpha = -\pi/2; \; \alpha = -57{,}52°$
$\tan\alpha = F_{WV}/F_{WH} = \pi/4; \; \alpha = 38{,}15°$	

Tafel 20.5 Wasserdruckkräfte auf Halbkugel und Halbrohr mit Viertelkugel

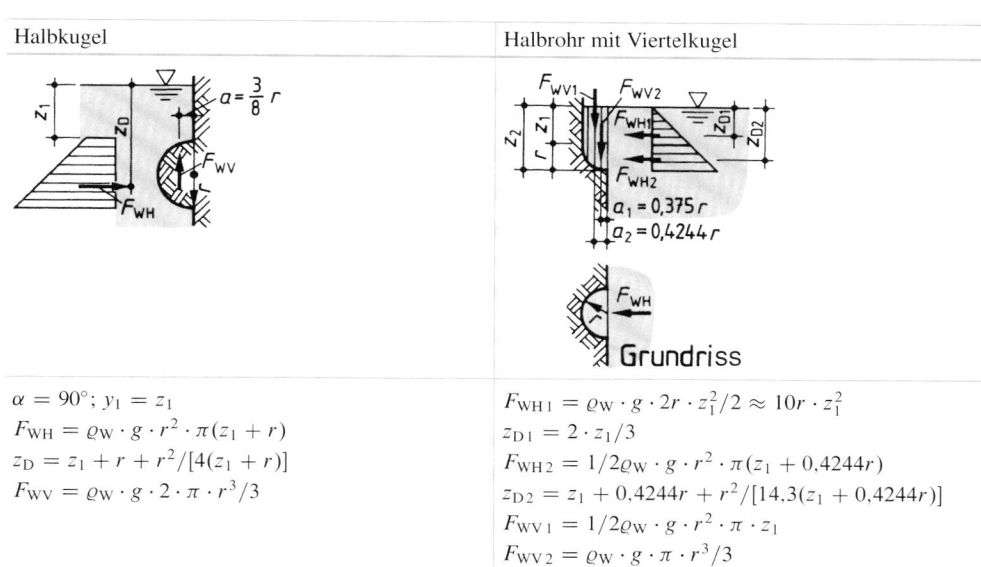

Halbkugel	Halbrohr mit Viertelkugel
$\alpha = 90°; \; y_1 = z_1$	$F_{WH1} = \varrho_W \cdot g \cdot 2r \cdot z_1^2/2 \approx 10 r \cdot z_1^2$
$F_{WH} = \varrho_W \cdot g \cdot r^2 \cdot \pi(z_1 + r)$	$z_{D1} = 2 \cdot z_1/3$
$z_D = z_1 + r + r^2/[4(z_1 + r)]$	$F_{WH2} = 1/2 \varrho_W \cdot g \cdot r^2 \cdot \pi(z_1 + 0{,}4244 r)$
$F_{WV} = \varrho_W \cdot g \cdot 2 \cdot \pi \cdot r^3/3$	$z_{D2} = z_1 + 0{,}4244 r + r^2/[14{,}3(z_1 + 0{,}4244 r)]$
	$F_{WV1} = 1/2 \varrho_W \cdot g \cdot r^2 \cdot \pi \cdot z_1$
	$F_{WV2} = \varrho_W \cdot g \cdot \pi \cdot r^3/3$

20.2.4 Schwimmstabilität – Kentersicherheit

Ein Körper schwimmt, wenn sich Gleichgewicht einstellen kann zwischen den Vertikalkräften Eigenlast F_G und Auftrieb F_A.

Aus der Gleichung

$$F_G = F_A \quad \text{bzw.} \quad F_G = V \cdot \varrho_W \cdot g$$

lässt sich wegen $V = f(t_r)$ der Tiefgang t_r des schwimmenden Körpers ermitteln. Die verwendeten Bezeichnungen und wirkenden Kräfte sind in Abb. 20.7 enthalten.

Die Stabilität der Schwimmlage eines schwimmenden Körpers hängt davon ab, wie der Körperschwerpunkt S_K, der Schwerpunkt S_V des verdrängten Volumens (in Ruhelage) und das Metazentrum M zueinander liegen (im Metazentrum M schneidet die Wirkungslinie der Auftriebskraft F_A

im geneigten Zustand die Symmetrielinie des zugehörigen Schwimmkörper-Querschnittes):

- liegt S_K unter S_V, so ist der Körper schwimmstabil;
- liegt S_K nicht unter S_V, so ist der Körper nur schwimmstabil, wenn das Metazentrum M über S_K liegt.

Die Höhe des Metazentrums M über dem Körperschwerpunkt S_K, die metazentrische Höhe, beträgt

$$h_m = (I_{min}/V) - e \begin{cases} > 0: & \text{Schwimmlage ist stabil;} \\ = 0: & \text{Schwimmlage ist indifferent} \\ & \text{(z. B. Kugel, Walze);} \\ < 0: & \text{Schwimmlage ist labil.} \end{cases}$$

Hierbei ist

I_{min} das kleinste Flächenmoment 2. Grades des Wasserlinienrisses (Schnittfläche von Schwimmkörper und Wasserspiegel)

V das Volumen der verdrängten Flüssigkeit

Abb. 20.7 Kräfte und geometrische Elemente für die Schwimmstabilität

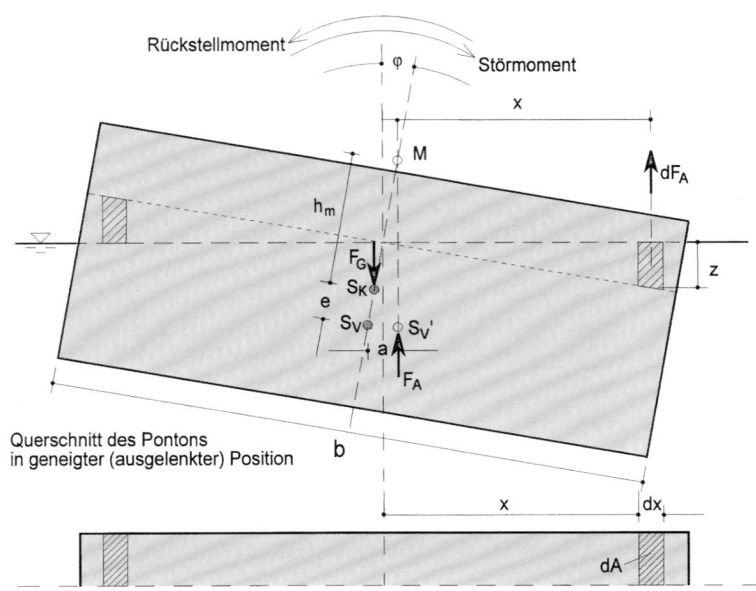

e die Höhe des Körperschwerpunktes S_K über dem Schwerpunkt S_V des Verdrängungsvolumens in Ruhelage (positiv, wenn S_K oberhalb von S_V).

Die Variablen sind in Abb. 20.7 wiedergegeben. Ein Zahlenbeispiel ist im Beispielband enthalten.

20.3 Hydrodynamik

Formelzeichen und Einheiten

Q	Abfluss, Durchfluss	m³/s
	In Tafeln für Rohrleitungen	l/s
A	Fließquerschnitt, begrenzt	m²
l_u	Benetzter Umfang (U)	m
$r_{hy} = A/l_u$	Hydraulischer Radius (R) (für Kreisprofile gilt $r_{hy} = d/4$)	m
v	Mittlere Fließgeschwindigkeit	m/s
C	Chezy-Beiwert	m$^{1/2}$/s
k_{St}	Rauheitsbeiwert nach Strickler, Tafel 20.25	m$^{1/3}$/s
$I_E = h_v/L$	Energiehöhengefälle	
p	Wasserdruck	kN/m²
k/d	relative Rauheit	–
$h_d = p_d/(\varrho \cdot g)$	hydr. Druckhöhe	m
h_v	Verlusthöhe	m
L	Leitungs- bzw. Gerinnelänge	
λ	Widerstandsbeiwert	–
d bzw. d_{hy}	Rohrdurchmesser	m
$Re = v \cdot d/\nu_W$	Reynolds-Zahl	–
ν_W	Kinematische Viskosität (für Wasser von 10 °C und Abwasser von 12 °C $\nu_W = 1{,}31 \cdot 10^{-6}$) s. Tafel 20.1	m²/s
k_i, k_b, k	Rauheit s. Tafeln 20.7 bis 20.9	mm

Vereinfachungen Wasser sei imkompressibel (gleichbleibende Dichte); keine temperaturbedingten Volumenänderungen.

20.3.1 Grundlagen

Erste Begriffe zu Wasserbewegung

Stationär Über die Zeit unveränderter Fließzustand, wird häufig für einfache Berechnungen vorausgesetzt.

Instationär Zeitliche Veränderung durch Hochwasserwellen, Tideeinfluss oder Änderung der Einstellung an Wehrverschlüssen oder Rohrarmaturen (Schwall, Sunk, Druckstoß)

Gleichförmig Keine Änderung von Durchfluss und Geschwindigkeit über den Fließweg

Ungleichförmig Änderung des Durchflusses oder der Geschwindigkeit über den Fließweg (seitliche Zuflüsse oder Entnahmen, Stau- und Senkungslinien, Rohraufweitungen bzw. -verengungen)

Laminar Wasserteilchen bewegen sich auf parallelen Bahnen (kommt im üblichen technischen Bereich nur in engen Spalten vor)

Turbulent Wasserteilchen bewegen sich auch quer zur Hauptfließrichtung, durch den Querimpulsaustausch ändern sich die Geschwindigkeitsverteilung und das Reibungsverhalten (Fließverluste)

Stromlinie Linie, die an jedem Ort tangential zu der dort herrschenden Geschwindigkeit verläuft

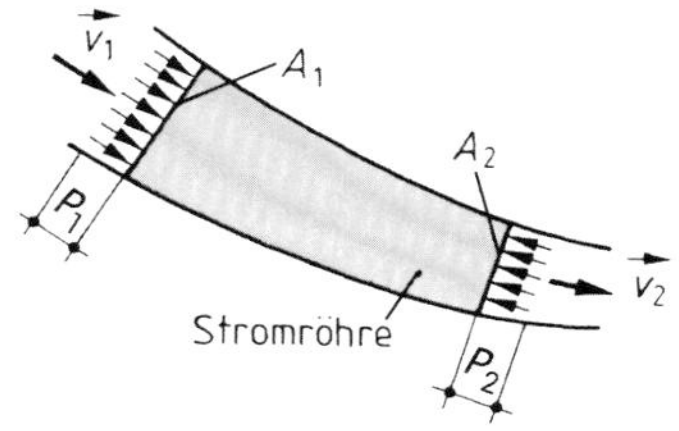

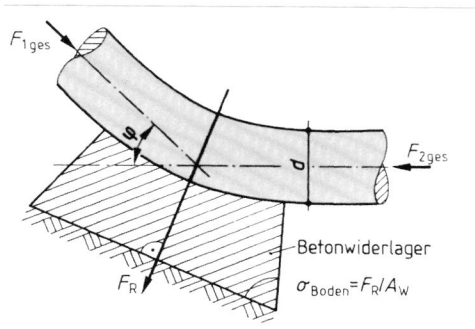

Abb. 20.8 Größen für Wasserdruck- und Impulskräfte an einer Stromröhre

Stromröhre geschlossenes Bündel aus Stromlinien; durch die Wandung der Stromröhre kann das Strömungsmedium nicht ein- oder austreten, der Volumenstrom (Durchfluss) bleibt über den Fließweg konstant.

Kontinuitätsbedingung Bei inkompressibler Strömung, die für Wasser außer für den Druckstoß in geschlossenen Leitungen vorausgesetzt wird, muss das während des Zeitintervalls Δt in eine Stromröhre eintretende Volumen V im gleichen Zeitraum auch wieder abfließen. Das je Zeiteinheit ein- bzw. austretende Volumen wird als Volumenstrom, Zufluss, Durchfluss oder Abfluss Q bezeichnet. Dabei herrscht am jeweiligen Fließquerschnitt A die Geschwindigkeit v. Das Produkt aus den beiden Größen ergibt $Q = A \cdot v$ und bleibt entsprechend Abb. 20.8 über den Fließweg konstant.

Energiehöhe Bei Fließvorgängen im Wasserbau werden vornehmlich drei Energieformen berücksichtigt:
- Energie durch die Geschwindigkeit des Strömungsmediums (kinetische Energie);
- Energie durch den Druck in einer Rohrleitung oder an der Gewässersohle (Druckenergie);
- Energie aus der Höhenlage über einem zu wählenden Bezugshorizont (potenzielle Energie).

Zurückgehend auf D. Bernoulli (1700–1782) wird die Summe dieser drei Energieformen für die ideale und damit reibungsfreie Flüssigkeit über den Fließweg als konstant vorausgesetzt. Sie lassen sich durch entsprechende Anteile der Energiehöhe beschreiben. Für reale Fließvorgänge in Rohrleitungen und offenen Gerinnen werden die Fließverluste durch eine Verlusthöhe h_v bzw. ein Energiehöhengefälle I_E berücksichtigt. Weitere Einzelheiten sind für geschlossen Rohrleitungen im Abschn. 20.3.2.2 und für offene Gerinne im Abschn. 20.3.3.2 enthalten.

Impulssatz Impuls = Masse · Geschwindigkeit = Kraft · Zeit; keine Reibkräfte zwischen Flüssigkeit und Wandung.

Bei stationärer Strömung ist der mit der Flüssigkeit in ein abgegrenztes Raumgebiet durch dessen Kontrollfläche A_1 in der Zeiteinheit eintretende Impuls (austretenden Impuls negativ rechnen) mit den auf das Gebiet wirkenden Kräften im Gleichgewicht.

Damit gilt z. B. für die gedachte Stromröhre von Abb. 20.8 die Vektorgleichung

$$\sum \boldsymbol{F}_I = \varrho \cdot Q \, (\boldsymbol{v}_1 - \boldsymbol{v}_2) \qquad (20.2)$$

$$\sum \boldsymbol{F}_W = \boldsymbol{p}_1 \cdot A_1 - \boldsymbol{p}_2 \cdot A_2 \qquad (20.3)$$

mit $p_i = \gamma_W \cdot z_i$ (normal zum Fließquerschnitt).

Bei der praktischen Anwendung des Impulssatzes werden nur kurze Abschnitte der Leitung betrachtet. Die Reibung wird vernachlässigt. Die Kräfte auf die Wandung werden aber wirksam.

Die an Krümmern, T-Stücken und Rohrenden von Muffenleitungen erforderlichen Betonwiderlager (Tafel 20.6, Abb. 20.9) müssen mit dem Prüfdruck als Innendruck und dem Rohraußendurchmesser so dimensioniert werden, dass der von ihnen infolge F_R auf den Boden ausgeübte Druck die zulässige Bodenpressung nicht übersteigt.

DVGW-Arbeitsblatt GW 310 (01/2008)

Tafel 20.6 Kraft auf Rohrwiderlager

Anmerkung: In der Wasserversorgung gilt $v \approx 1 \, \text{m/s}$ und $z_s \ll z_{\text{wü}}$. Dann können die dynamischen Kräfte gegenüber den statischen vernachlässigt werden und es gilt näherungsweise $F_{\text{ges}} \approx z_{\text{wü}} \cdot \varrho_W \cdot g \cdot A$; „Prüfdruck 15 bar" bedeutet $p_W = 1500 \, \text{kN/m}^2$.

Liegender Krümmer mit $\varphi = 45°$
geg. $Q = 15{,}00 \, \text{m}^3/\text{s}$; $d = 1{,}50 \, \text{m}$
$z_{\text{wü}} = 8{,}00 \, \text{m}$ Wassersäule (Überdruck);
ges. result. Kraft F_R;
Rechnung
a) Wasserdruckkräfte
$F_{W1} = F_{W2} = F_W = p_{\text{ws}} \cdot A$
$\quad = (z_{\text{wü}} + z_s) \varrho_W \cdot g \cdot A$
liefert mit $z_s = d/2 = 0{,}75 \, \text{m}$
und $A = \pi d^2/4 = 1{,}77 \, \text{m}^2$
die Druckkraft $F_W = 151{,}69 \, \text{kN}$;
b) Impulskräfte
$v_1 = v_2 = v = 15{,}00/1{,}77 = 8{,}49 \, \text{m/s}$;
$\varrho_W \cdot Q \cdot v = 127{,}32 \, \text{kN}$;
c) insgesamt
$F_{\text{ges}} = 151{,}69 + 127{,}32 = 279{,}01 \, \text{kN}$;
$F_R = 2 \cdot F_{\text{ges}} \cdot \sin \frac{\varphi}{2} = 213{,}55 \, \text{kN}$

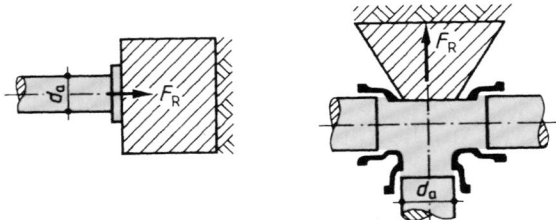

Abb. 20.9 Rohrwiderlager. $F_R = z_{wA} \cdot \varrho_W \cdot g \cdot d_a^2 \cdot \pi/4$ bzw. $F_R = p \cdot d_a^2 \cdot \pi/4$

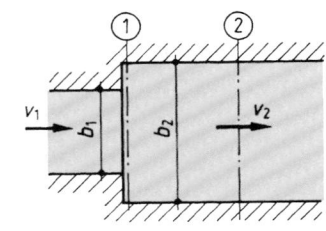

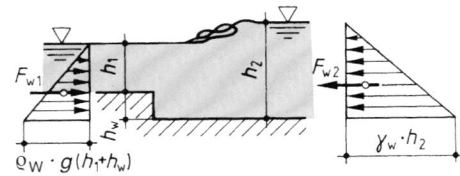

Abb. 20.10 Impulssatz

Im offenen Gerinne heißt die allgemeine Form des Impulssatzes **Stützkraftsatz**.

$$\text{Stützkraft } S = F_{W1} + \varrho_W \cdot Q \cdot v_1$$
$$= F_{W2} + \varrho_W \cdot Q \cdot v_2 = \text{const} \qquad (20.4)$$

und mit den Abmessungen nach Abb. 20.10

$$\varrho_W \cdot g \cdot \frac{(h_1 + h_w)^2}{2} b_2 + \varrho_W \cdot Q \cdot v_1$$
$$= \varrho_W \cdot g \cdot \frac{h_2^2}{2} \cdot b_2 + \varrho_W \cdot Q \cdot v_2 \qquad (20.5)$$

Beachte die Schnittführung ①: Der Druck auf die Stirnflächen geht mit ein, aber $v_1 = Q/(h_1 \cdot b_1)$.

Mit glatter Sohle ($h_w = 0$) und mit $b_1 = b_2$ ergeben sich die **konjugierten Wechselsprungtiefen** aus

$$h_1 = -\frac{h_2}{2} + \sqrt{\frac{h_2^2}{4} + \frac{2h_2 \cdot v_2^2}{g}} \qquad (20.6)$$

Die Indizes 1 und 2 sind vertauschbar. Es ist $2h_2 \cdot v_2^2/g = 2h_{gr}^3/h_2 = 2h_2^2 \cdot \text{Fr}_2^2$ mit der Froude-Zahl

$$\text{Fr} = \frac{v}{\sqrt{gh}} = \frac{v}{\sqrt{g \cdot A/b}}$$
$$\frac{h_2}{h_1} = \frac{1}{2}\left(\sqrt{1 + 8\text{Fr}_1^2} - 1\right)$$

Im *teilgefüllten Kreisquerschnitt* ist $F_W = \varrho_W \cdot g \cdot z_s \cdot A$ bzw. mit den Werten des Abschn. 1.5.1 in Kap. 1

$$F_W = \varrho_W \cdot g \cdot e \cdot A$$

Die Lösung von (20.5) führt auf eine kubische Gleichung, die entweder mit den bekannten Standardverfahren oder iterativ nach Newton gelöst werden kann.

Beispiel

$b_1 = 40,0 \,\text{m}$: $b_2 = 55,0 \,\text{m}$; $h_2 = 4,5 \,\text{m}$; $Q = 500 \,\text{m}^3/\text{s}$; $h_w = 0,5 \,\text{m}$; nach Abschn. 20.3.4.3 ist Durchfluss ohne Fließwechsel festgestellt worden. ◄

Lösung Durch Umformen von (20.5) ergibt sich $f(h_1)$ wie folgt:

$$f(h_1) = h_1^3 + 2h_w \cdot h_1^2 + (h_w^2 - 2v_2^2 \cdot h_2/g - h_2^2) \cdot h_1$$
$$+ 2Q^2/(g \cdot b_1 \cdot b_2) = 0 \qquad (20.7)$$

und

$$f'(h_1) = 3h_1^2 + 4 \cdot h_w \cdot h_1 + h_w^2 - 2v_2^2 \cdot h_2/g - h_2^2 \qquad (20.8)$$

Nach Newton findet man aus dem geschätzten Wert h_1^* den verbesserten Wert h_1^{**} wie folgt:

$$h_1^{**} = h_1^* - f(h_1^*)/f'(h_1^*).$$

Erste Schätzung: $h_1^* = h_2 - 2h_w = 4,5 - 2 \cdot 0,5 = 3,5 \,\text{m}$; $v_2 = Q/A_2 = Q/b_2 \cdot h_2 = 500/(55,0 \cdot 4,5) = 2,02 \,\text{m/s}$; mit (20.7) und (20.8) wird:

$$f'(h^*) = 3 \cdot 3,5^2 + 4 \cdot 0,5 \cdot 3,50$$
$$+ (0,5^2 - 2 \cdot 2,02^2 \cdot 4,5/9,81 - 4,5^2) = 20,01$$
$$f(h^*) = 3,5^3 + 2 \cdot 0,5 \cdot 3,5^2 + (-23,743) \cdot 3,5$$
$$+ 2 \cdot 500^2/(9,81 \cdot 40 \cdot 55) = -4,81;$$
$$h^{**} = 3,5 - (-4,81/20,01) = 3,74 \,\text{m};$$
$$h^{***} = 3,71 \,\text{m}; v = 500/(3,71 \cdot 40) = 3,37 \,\text{m/s}.$$

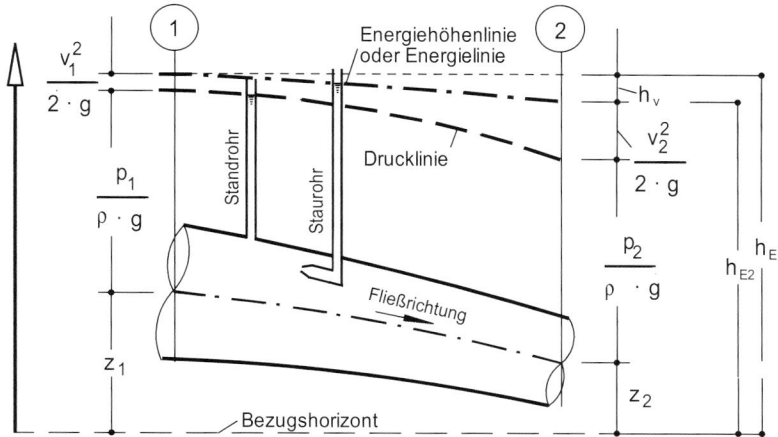

Abb. 20.11 Druck- und Energiehöhenlinie eines Rohrabschnitts

20.3.2 Geschlossene Rohrleitungen

20.3.2.1 Kontinuitätsgleichung
$Q = A \cdot v = \text{const}$ daraus $v_1 = v_2 \cdot A_2/A_1$; bei kreisförmigen
Rohren $v_1 = v_2 \cdot d_2^2/d_1^2$

20.3.2.2 Bernoullische Energie- und Energiehöhengleichung
Für Fließvorgänge in Rohrleitungen und in offenen Gerinnen
werden folgende Energieformen berücksichtigt:
- kinetische Energie $m \cdot \frac{v^2}{2}$
- Druckenergie $\frac{m}{\varrho} \cdot p = V \cdot p$
- Potenzielle Energie $m \cdot g \cdot z$.

Die Summe wird als konstant betrachtet. Daraus folgt

$$m \cdot \frac{v^2}{2} + \frac{m}{\varrho} \cdot p + m \cdot g \cdot z = \text{const}$$

Dividiert man vorstehende Gleichung durch $(m \cdot g)$, so erhält
man die so genannte Energiehöhengleichung

$$\frac{v^2}{2 \cdot g} + \frac{p}{\varrho \cdot g} + z = \text{const} = H \text{ oder } h_E.$$

Zwischen zwei aufeinander folgenden Querschnitten stellt
sich durch Reibung und eventuell auch örtlich konzentrierte
Verluste eine Verlusthöhe h_v ein, wie Abb. 20.11 zu entnehmen ist.

Für die beiden Querschnitte 1 und 2 lässt sich die Beziehung aufstellen:

$$\frac{v_1^2}{2 \cdot g} + \frac{p_1}{\varrho \cdot g} + z_1 = \frac{v_2^2}{2 \cdot g} + \frac{p_2}{\varrho \cdot g} + z_2 + h_v.$$

In einem dünnen Standrohr steigt das Strömungsmedium bis
zur Drucklinie an, während in einem Staurohr, dessen untere Öffnung gegen die Fließrichtung zeigt, ein Anstieg bis
zur Energiehöhenlinie erfolgt. Die Geschwindigkeiten in einem Rohr mit wechselnden Durchmessern stehen durch die

in Abschn. 20.3.2.1 beschriebene Kontinuitätsbedingung in
einer Beziehung zu einander.

Zahlenbeispiel zur Rohrströmung

In diesem Zahlenbeispiel werden die nachfolgenden Bilder und Tafeln zur Bestimmung der Reibungsverluste
und örtlich konzentrierten Verluste mit verwendet. Die
in Abb. 20.12 dargestellte Stahlrohrleitung mit wechselnden Rohrdurchmessern (500 mm und 1000 mm) verbindet
zwei Wasserbehälter. Die Behälterwasserstände sind mit
120 m NHN und 95 m NHN gegeben. Kurz hinter dem
Rohreinlauf ist eine Absperrklappe und unmittelbar vor
dem Leitungsende ein Flachschieber angeordnet. Die nahe den Schnitten 1 und 2 befindlichen Übergänge zwischen den geänderten Rohrdurchmessern sind jeweils mit
einem Zentriwinkel >30° ausgeführt. Die Rohrkrümmer
sind so groß ausgerundet, dass die hierdurch bedingten
örtlichen Verluste vernachlässigt werden können.

Gesucht:
a) Größe des Durchflusses
b) Energie- und Druckhöhe in den Schnitten 1, 2 und 3
c) Überdruck in der Rohrleitung im Schnitt 3
d) Mindestüberdeckungshöhe des Rohrscheitels am Einlauf im oberen Behälter zur Vermeidung Luft eintra-
   gender Wirbel ◀

Lösung Für derartige Berechnungen ist vorauszuschicken,
dass wegen der vielen Annahmen (zur Rohrrauheit und zu
Verlustbeiwerten für die örtlich konzentrierten Verluste) Ergebnisse mit einer Genauigkeit von etwa ±10 % erreicht
werden kann. Dies ist bei der weiteren Anlagenplanung zu
berücksichtigen.

Für die Abschätzung der Rohrrauheit werden geschweißte
Stahlrohre vorausgesetzt. Nach Tafel 20.9 liegt die Obergrenze bei $k = 0{,}2$ mm, wenn noch keine Verkrustungen
auftreten. Die kinematische Viskosität des Wassers wird üblicherweise für eine Temperatur von 10 °C angesetzt und ist
Tafel 20.1 mit $1{,}3 \cdot 10^{-6}$ m^2/s zu entnehmen.

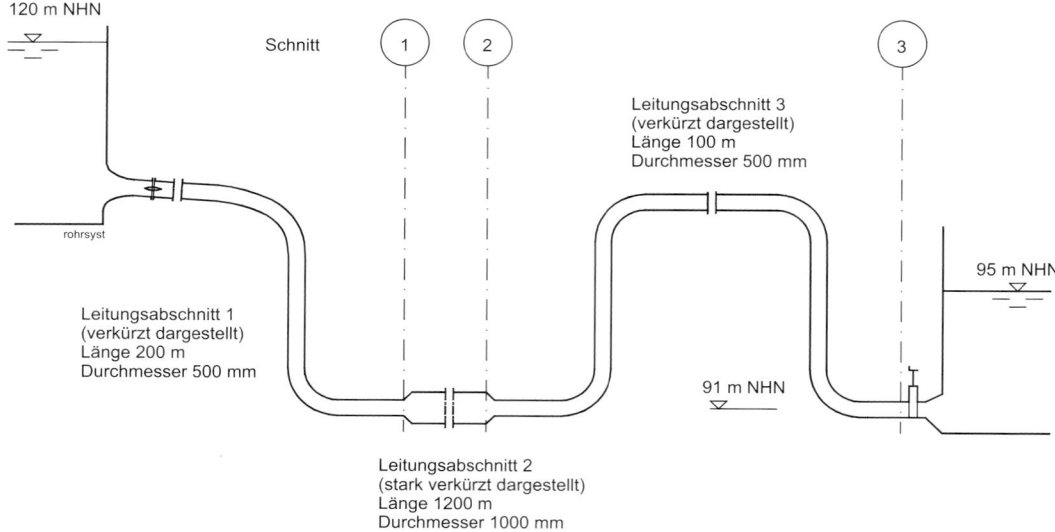

Abb. 20.12 Rohrleitung zwischen zwei Behältern mit wechselnden Durchmessern, unmaßstäblich überhöht

Zu a) Jeder Rohrabschnitt mit einem anderen Durchmesser muss getrennt betrachtet werden. Die Abschnitte 1 und 3 könnten zusammengefasst werden, was hier aus systematischen Gründen nicht erfolgt.

Rohrabschnitt 1 Örtlich konzentrierte Verluste:

$\zeta_{Ein} = 0,25$ Einlauf, gut ausgerundet nach Tafel 20.10

$\zeta_{Kl} = 0,35$ Absperrklappe nach Abschn. 20.3.2.3.9 $\zeta_{Kl} = 0,2$ bis $0,5$; geschätzt

$\sum \zeta_1 = 0,60$ Summe der Verlustbeiwerte für Rohrabschnitt 1

Reibungsverlust: Da der Durchfluss nicht bekannt ist, können die Fließgeschwindigkeit und die Reynolds-Zahl nicht bestimmt werden. In diesem Fall wird zunächst ein vollkommen raues Reibungsverhalten angenommen. Diese Annahme ist aber später zu überprüfen. Der Widerstandsbeiwert λ lässt sich mit der in Abb. 20.13 für diesen Zustand aufgeführten Formel berechnen:

$$\lambda_1 = \left[2 \cdot \lg \frac{3,71 \cdot d_1}{k} \right]^{-2} = \left[2 \cdot \lg \frac{3,71 \cdot 500}{0,2} \right]^{-2} = 0,0159$$

oder aus dem Moody-Diagramm (Abb. 20.13) aus dem Bereich entnehmen, der als vollkommen rau gekennzeichnet ist (dort verlaufen die Linien nahezu horizontal).

Verlusthöhe aus örtlich konzentrierten Verlusten und aus dem Reibungsverlust: Die Verlusthöhe ergibt sich aus den Abschn. 20.3.2.3.1 und 20.3.2.3.2 zu $h_{v,1} = (\sum \zeta_1 + \lambda_1 \cdot \frac{l_1}{d_1}) \cdot \frac{v_1^2}{2 \cdot g}$; aus der Kontinuitätsgleichung (Abschn. 20.3.2.1) folgt $v = \frac{Q \cdot 4}{\pi \cdot d^2}$.

Durch Einsetzen erhält man

$$h_{v,1} = \left(\sum \zeta_1 + \lambda_1 \cdot \frac{l_1}{d_1} \right) \cdot \frac{Q^2 \cdot 4^2}{\pi^2 \cdot d_1^4 \cdot 2 \cdot g}$$

$$= \left(0,60 + 0,0159 \cdot \frac{200}{0,5} \right) \cdot \frac{Q^2 \cdot 4^2}{\pi^2 \cdot 0,5^4 \cdot 2 \cdot 9,81}$$

$$= Q^2 \cdot 9,201$$

Rohrabschnitt 2 Örtlich konzentrierte Verluste: Aufweitung mit einem Winkel $> 30°$, nach Tafel 20.11 unten

$$\zeta_{Aufw} = (1,0 \text{ bis } 1,2) \cdot \left(1 - \frac{A_2}{A_1} \right)^2 \approx 1,1 \cdot \left(1 - \frac{d_2^2}{d_1^2} \right)^2$$

$$= 1,1 \cdot \left(1 - \frac{1,00^2}{0,50^2} \right)^2 = 9,9$$

Summe der Verlustbeiwerte für Rohrabschnitt 2

$$\sum \zeta_2 = 9,90$$

Reibungsverlust: Aus analogem Vorgehen folgt:

$$\lambda_2 = \left[2 \cdot \lg \frac{3,71 \cdot d_2}{k} \right]^{-2} = \left[2 \cdot \lg \frac{3,71 \cdot 1000}{0,2} \right]^{-2} = 0,0137$$

Verlusthöhe aus örtlich konzentrierten Verlusten und aus dem Reibungsverlust

$$h_{v,2} = \left(\sum \zeta_2 + \lambda_2 \cdot \frac{l_2}{d_2} \right) \cdot \frac{Q^2 \cdot 4^2}{\pi^2 \cdot d_2^4 \cdot 2 \cdot g}$$

$$= \left(9,9 + 0,0137 \cdot \frac{1200}{1,00} \right) \cdot \frac{Q^2 \cdot 4^2}{\pi^2 \cdot 1,00^4 \cdot 2 \cdot 9,81}$$

$$= Q^2 \cdot 2,176$$

Rohrabschnitt 3 Örtlich konzentrierte Verluste: Verengung mit einem Winkel $> 30°$, nach Tafel 20.12

$$\zeta_{\text{Vereng}} = (0{,}4 \text{ bis } 0{,}5) \cdot \left(1 - \frac{A_3}{A_2}\right)^2 \approx 0{,}45 \cdot \left(1 - \frac{d_3^2}{d_2^2}\right)^2$$

$$= 0{,}45 \cdot \left(1 - \frac{0{,}50^2}{1{,}00^2}\right)^2 = 0{,}25$$

$\zeta_{\text{Sc}} = 0{,}09$ Flachschieber (oval) nach Tafel 20.17
$\zeta_{\text{Aus}} = 1{,}00$ Austrittsverlust nach Abschn. 20.3.2.3.10
$\sum \zeta_3 = 1{,}34$ Summe der Verlustbeiwerte für Rohrabschnitt 3

Reibungsverlust: Bei gleichem Rohrdurchmesser und gleicher Rauheit wie Rohrabschnitt 1 gilt

$$\lambda_3 = \lambda_1 = 0{,}0159$$

Verlusthöhe aus örtlich konzentrierten Verlusten und aus dem Reibungsverlust

$$h_{\text{v},3} = \left(\sum \zeta_3 + \lambda_3 \cdot \frac{l_3}{d_3}\right) \cdot \frac{Q^2 \cdot 4^2}{\pi^2 \cdot d_3^4 \cdot 2 \cdot g}$$

$$= \left(1{,}34 + 0{,}0159 \cdot \frac{100}{0{,}50}\right) \cdot \frac{Q^2 \cdot 4^2}{\pi^2 \cdot 0{,}50^4 \cdot 19{,}62}$$

$$= Q^2 \cdot 5{,}976$$

Die Differenz der Behälterwasserstände entspricht der Summe der drei Verlusthöhen:

$$120 - 95 = h_{\text{v},1} + h_{\text{v},2} + h_{\text{v},3}$$

$$25 = Q^2 \cdot (9{,}201 + 2{,}176 + 5{,}976) = Q^2 \cdot 17{,}353$$

$$\rightarrow Q = \sqrt{\frac{25}{17{,}353}} = 1{,}20 \, \text{m}^3/\text{s}$$

Überprüfung der Annahme des vollkommen rauen Reibungsverhaltens Berechnung der Geschwindigkeit, der Reynolds-Zahl und des Widerstandsbeiwerts für den Übergansbereich für die Rohrabschnitte 1 und 3

$$v_1 = v_3 = \frac{Q \cdot 4}{\pi \cdot d_1^2} = \frac{Q \cdot 4}{\pi \cdot 0{,}5^2} = 6{,}11 \, \text{m/s}$$

$$\rightarrow \text{Re}_1 = \text{Re}_3 = \frac{v_1 \cdot d_1}{v} = \frac{6{,}11 \cdot 0{,}50}{1{,}3 \cdot 10^{-6}} = 2{,}35 \cdot 10^6$$

$$\lambda_1 = \lambda_3 = \left[-2 \cdot \lg\left(\frac{2{,}51}{\text{Re}_1 \cdot \sqrt{\lambda_1}} + \frac{k}{3{,}71 \cdot d_1}\right)\right]^{-2}$$

Auf der rechten Seite wird für λ_1 der für den vollkommen rauen Zustand ermittelte Wert eingesetzt. Man erhält so

$$\lambda_1 = \lambda_3$$

$$= \left[-2 \cdot \lg\left(\frac{2{,}51}{2{,}35 \cdot 10^6 \cdot \sqrt{0{,}0159}} + \frac{0{,}2}{3{,}71 \cdot 500}\right)\right]^{-2}$$

$$= 0{,}0161$$

Berechnung der Geschwindigkeit, der Reynolds-Zahl und des Widerstandsbeiwerts für den Übergansbereich für den Rohrabschnitt 2

$$v_2 = \frac{Q \cdot 4}{\pi \cdot d_2^2} = \frac{Q \cdot 4}{\pi \cdot 1{,}0^2} = 1{,}53 \, \text{m/s}$$

$$\rightarrow \text{Re}_2 = \frac{v_2 \cdot d_2}{v} = \frac{1{,}53 \cdot 1{,}00}{1{,}3 \cdot 10^{-6}} = 1{,}18 \cdot 10^6$$

$$\lambda_2 = \left[-2 \cdot \lg\left(\frac{2{,}51}{1{,}18 \cdot 10^6 \cdot \sqrt{0{,}0137}} + \frac{0{,}2}{3{,}71 \cdot 1000}\right)\right]^{-2}$$

$$= 0{,}0146$$

Die einzelnen Verlusthöhen werden mit den neu bestimmten Widerstandsbeiwerten berechnet:

$$h_{\text{v},1} = \left(0{,}60 + 0{,}0161 \cdot \frac{200}{0{,}5}\right) \cdot \frac{Q^2 \cdot 4^2}{\pi^2 \cdot 0{,}5^4 \cdot 2 \cdot 9{,}81}$$

$$= Q^2 \cdot 9{,}307$$

$$h_{\text{v},2} = \left(9{,}9 + 0{,}0146 \cdot \frac{1200}{1{,}00}\right) \cdot \frac{Q^2 \cdot 4^2}{\pi^2 \cdot 1{,}00^4 \cdot 2 \cdot 9{,}81}$$

$$= Q^2 \cdot 2{,}266$$

$$h_{\text{v},3} = \left(1{,}34 + 0{,}0161 \cdot \frac{100}{0{,}50}\right) \cdot \frac{Q^2 \cdot 4^2}{\pi^2 \cdot 0{,}50^4 \cdot 2 \cdot 9{,}81}$$

$$= Q^2 \cdot 6{,}028$$

Damit verändert sich der Durchfluss durch die Rohrleitung nur geringfügig

$$25 = Q^2 \cdot (9{,}307 + 2{,}266 + 6{,}028) = Q^2 \cdot 17{,}601$$

$$\rightarrow Q = \sqrt{\frac{25}{17{,}601}} = 1{,}19 \, \text{m}^3/\text{s}$$

Zu b)

Schnitt 1 Die Energiehöhe im oberen Behälter liegt auf Höhe des Wasserspiegels, da die Geschwindigkeit im Behälter und damit auch die dort vorhandene Geschwindigkeitshöhe vernachlässigbar gering sind. Als Bezugshorizont entsprechend Abb. 20.11 wird das Normalhöhennull (NHN) gewählt. Bis zum Schnitt 1 ergeben sich die mit $h_{\text{v}1}$ berücksichtigten Energieverluste. Die Energiehöhe errechnet sich damit zu

$$h_{\text{E},1} = 120 - h_{\text{v}1} = 120 - Q^2 \cdot 9{,}307$$

$$= 120 - 1{,}19^2 \cdot 9{,}307 = 106{,}82 \, \text{m NHN}$$

Die Lage der Drucklinie ergibt sich aus der Summe der Druckhöhe und der geodätischen Höhe. Sie liegt um die Geschwindigkeitshöhe unter der Energielinie:

$$h_{\text{D}1} = z_1 = h_{\text{E}1} - \frac{v_1^2}{2 \cdot g} = 106{,}82 - \frac{1{,}19^2 \cdot 4^2}{\pi^2 \cdot 0{,}50^4 \cdot 2 \cdot 9{,}81}$$

$$= 106{,}82 - 1{,}87 = 104{,}95 \, \text{m NHN}$$

Schnitt 2 Bis zum Schnitt 2 tritt zusätzlich die Verlusthöhe h_{v2} auf. Die Höhen errechnen sich analog zu

$$h_{E,2} = 106{,}82 - h_{v2} = 106{,}82 - Q^2 \cdot 2{,}266$$
$$= 106{,}82 - 1{,}19^2 \cdot 2{,}266 = 103{,}61 \, \text{m NHN}$$

$$h_{D2} + z_2 = 103{,}61 - \frac{v_2^2}{2 \cdot g} = 103{,}61 - \frac{Q^2 \cdot 4^2}{\pi^2 \cdot d_2^4 \cdot 2 \cdot g}$$
$$= 103{,}61 - \frac{1{,}19^2 \cdot 4^2}{\pi^2 \cdot 1{,}00^4 \cdot 19{,}62} = 103{,}61 - 0{,}12$$
$$= 103{,}49 \, \text{m NHN}$$

Schnitt 3 Zwischen den Schnitten 2 und 3 treten zusätzlich der Verengungsverlust und der Reibungsverlust auf:

$$h_{E3} = h_{E2} - \left(\zeta_{\text{Vereng}} + \lambda_3 \cdot \frac{l_3}{d_3} \right) \cdot \frac{Q^2 \cdot 4^2}{\pi^2 \cdot d_3^4 \cdot 2 \cdot g}$$
$$= 103{,}61 - \left(0{,}25 + 0{,}0161 \cdot \frac{100}{0{,}50} \right) \cdot \frac{Q^2 \cdot 4^2}{\pi^2 \cdot 0{,}50^4 \cdot 2 \cdot 9{,}81}$$
$$= 97{,}11 \, \text{m NHN}$$

Die Summe aus Druckhöhe und geodätischer Höhe berechnet sich durch Abzug der Geschwindigkeitshöhe zu

$$h_{D3} + z_3 = h_{E3} - \frac{Q^2 \cdot 4^2}{\pi^2 \cdot d_3^4 \cdot 2 \cdot g}$$
$$= 97{,}11 - \frac{1{,}19^2 \cdot 4^2}{\pi^2 \cdot 0{,}50^4 \cdot 2 \cdot 9{,}81} = 97{,}11 - 1{,}87$$
$$= 95{,}24 \, \text{m NHN}$$

Zu c) Zur Berechnung des Überdrucks muss die Höhe der Rohrachse bekannt sein. Bei hoch liegenden Leitungen kann der Innendruck auch unter den Umgebungsdruck absinken. Dann ist darauf zu achten, dass der absolute Druck deutlich über dem Dampfdruck bleibt, um Kavitation zu vermeiden. Im vorliegenden Fall beträgt die Druckhöhe

$$h_{D3} = 95{,}24 - z_3 = 95{,}24 - 91{,}00 = 4{,}24 \, \text{m} = \frac{p_3}{\varrho \cdot g}$$

Der Überdruck in der Leitung errechnet sich mit der Dichte $\varrho = 1000 \, \text{kg/m}^3$ und der Fallbeschleunigung zu

$$p_3 = 4{,}24 \cdot \varrho \cdot g = 4{,}24 \cdot 1000 \cdot 9{,}81$$
$$= 41.594 \, \text{N/m}^2 = 41{,}6 \, \text{kN/m}^2$$

Eine Umrechnung in die für die Rohrauslegung noch übliche Druckeinheit „bar" erfolgt mit der Beziehung 1 bar $= 10^5 \, \text{N/m}^2$ und führt hier zu 0,42 bar.

Bei offenen Gerinnen beginnt man mit einer bekannten Energiehöhe (z. B. an einer Strecke mit stat. gleichförmigem Abfluss, s. Abschn. 20.3.2, wo h meist iterativ ermittelt wird, oder an einer Engstelle mit Fließwechsel, s.

Abschn. 20.3.3.1, wo sich h als h_{gr} einstellt) und ermittelt von dort aus bei strömendem Abfluss gegen und bei schießendem Abfluss mit der Fließrichtung die Energieverluste und damit das neue h_E. Die zugehörige Wassertiefe erhält man wieder iterativ. (Geg. $h_E = h + v^2/2g \pm$ Verluste $\Rightarrow$ neues h_E: Abzügl. $v^2/2g =$ neuer Wasserspiegel).

Zu d) Die Berechnung erfolgt entsprechend Abschn. 20.3.2.3.2. Die Fließgeschwindigkeit am Rohreinlauf errechnet sich zu

$$v_e = Q \cdot \frac{4}{\pi \cdot d_e^2} = 1{,}19 \cdot \frac{4}{\pi \cdot 0{,}50^2} = 6{,}06 \, \text{m/s}.$$

Je nach günstiger oder ungünstiger Anströmung (Geschwindigkeitsverteilung, Ablösungszonen etc.) des Rohreinlaufs errechnet sich die Mindestüberdeckungshöhe des Rohrscheitels zu

$$s_e = (0{,}5 \text{ bis } 0{,}7) \cdot v_e \cdot d_e^{0{,}5} = (0{,}5 \text{ bis } 0{,}7) \cdot 6{,}06 \cdot 0{,}50^{0{,}5}$$
$$= 2{,}14 \, \text{m bis } 3{,}00 \, \text{m}.$$

20.3.2.3 Energieverluste
Energieverluste werden als Verlusthöhe $h_v = \zeta \cdot v^2/2g$ in m dargestellt.

20.3.2.3.1 Reibungsverlust
Nach de Chezy ist $v = C \sqrt{r_{\text{hy}} \cdot I}$ in m/s, mit $C = \sqrt{8g/\lambda}$ wird nach Weisbach **für Kreisrohre** $h_{vr} = (\lambda \cdot l/d)(v^2/2g)$ in m, $\zeta_r = \lambda \cdot l/d$, λ s. Abb. 20.13.

Fließformel für kreisförmige Rohre im turbulenten Bereich

$$v = \{-2 \lg[2{,}51 \cdot v/(d \cdot \sqrt{2g \cdot I \cdot d}) + k/(3{,}71 \cdot d)]\}$$
$$\cdot \sqrt{2g \cdot I \cdot d} \quad \text{in m/s}$$

Für integrale und betriebliche Rauheiten, die örtliche Verluste mit berücksichtigen, enthalten die Tafeln 20.7 und 20.8 Anhaltswerte. Reine Rohrrauheit sind in Tafel 20.9 gegeben.

Für nicht kreisförmige Rohre steht statt $d \Rightarrow 4r_{\text{hy}} = 4A/l_u$.

Bei Teilfüllung gilt $v_T/v_V = (r_{\text{hyT}}/r_{\text{hyV}})^{0{,}625}$, v s. Tafel 20.1.

Tafel 20.7 Integrale Rauheiten für Wasserleitungen nach DVGW Arb. Bl. W 302

	k_i in mm
Fern- u. Zubringerleitungen, gestreckte Linienführung, Stahl- oder Gussrohre mit Zementmörtel oder Bitu-Auskleidung oder Spannbeton oder AZ-Rohre	0,1
Hauptleitungen wie vor oder Stahl bzw. Guss-Rohre ohne Ablagerungen	0,4
Neue Netze	1,0

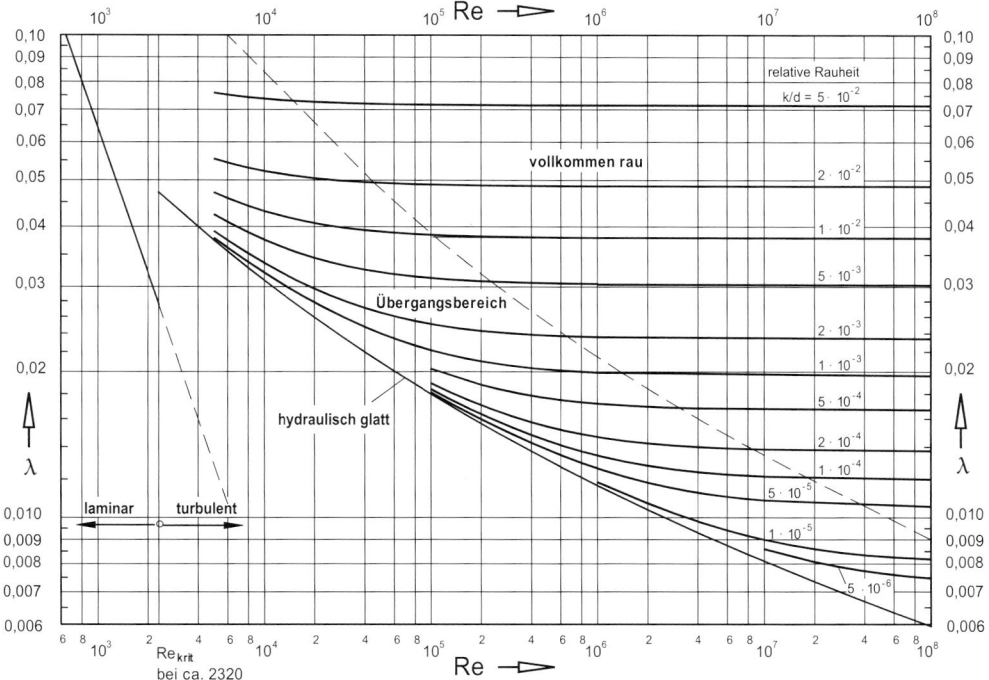

Abb. 20.13 Moody-Diagramm: Widerstandsbeiwerte λ nach Prandtl-Colebrook.

① hydraulisch glatt: $\lambda_0 = \left[2 \lg \frac{Re \cdot \sqrt{\lambda_0}}{2{,}51}\right]^{-2}$,

② rauer Bereich: $\lambda = \left[2 \lg \frac{3{,}71 \cdot d}{k}\right]^{-2}$,

③ Übergangsbereich: $\lambda = \left[-2 \lg\left(\frac{2{,}51}{Re \cdot \sqrt{\lambda}} + \frac{k}{3{,}71 \cdot d}\right)\right]^{-2}$ bzw. $\lambda = \left\{-2 \lg\left(\frac{2{,}51 \cdot \nu}{v \cdot d} \cdot \left[-2 \lg\left(\frac{k_b}{d \cdot 3{,}71}\right)\right] + \frac{k_b}{d \cdot 3{,}71}\right)\right\}^{-2}$ und $Re = \frac{v \cdot d}{\nu}$

Tafel 20.8 Pauschal-Werte für die betriebliche Rauheit k_b in mm nach DWA-A110 [2]

k_b	Anwendung für	Bem.
0,25	Drosselstrecken[a], Druckrohrleitungen[a, b], Düker[a] und Reliningstrecken ohne Schächte	Alle DN
0,50	Transportkanäle mit Schächten gem. [c]	Alle DN
0,75	Sammelkanäle und -leitungen gem. [c]	Bis DN 1000
	Dito mit angeformten Schächten gem. [d]	Alle DN
	Transportkanäle gem. [e] bzw. mit angeformten Schächten[d]	Alle DN
1,50	Sammelkanäle und -leitungen gem. [e], Mauerwerkskanäle, Ortbetonkanäle, Kanäle aus nicht genormten Rohren ohne bes. Nachweis der Wandrauheit	Alle DN

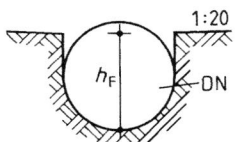

s. ATV-A-241, Abschn. 1.1.5
[a] Ohne Einlauf-, Auslauf und Krümmungsverluste
[b] Ohne Drucknetze
[c] DN $\leq$ 500: h_F = DN; DN > 500: $h_{2Q_t} \leq h_F \geq 500$
[d] Fertigteile, s. DWA-A241 8.1.2.3
[e] h_F ca. $\leq$ DN/2

Tafel 20.9 Rauheiten für verschiedene Rohrwandungen

	k in mm	
Gezogene Rohre, Glas, Kupfer, Messing	0,001	
Geschweißte Rohre, handelsüblich	0,05 bis	0,2
Mäßig verrostet	0,4	
Starke Verkrustung	3,0	
Genietete Blechrohre	1,0 bis	9,0
Rohre mit Zementmörtel-Auskleidung geschleudert	0,03 bis	0,4
Angerostete Rohre	0,15 bis	1,0
Stark verkrustete Leitungen	2,0 bis	4,0
Neue PVC- und PE-Rohre	0,002 bis	0,01
Steinzeug-Rohre und Leitungen	0,05 bis	0,16
Holzrohre	0,3 bis	1,0
Schleuderbeton-Rohre	0,1 bis	0,8
Spannbeton-Rohre	0,04 bis	0,25
Holzgeschalte Stollen, gehobelt oder rau	1,0 bis	10,0
Dränrohre aus Ton (DIN 1185-1:1973-12)	0,7	
Gewellte Kunststoff-Dränrohre (DIN 1185-2:1985-12)	2,0	

20.3.2.3.2 Eintrittsverluste $h_v = \zeta \cdot v^2/2g$

Siehe Tafel 20.10.

Um Luft eintragende Einlaufwirbel zu vermeiden, ist die Wasserüberdeckungshöhe s_e des Rohrscheitels am Einlauf nach J. L. Gordon wenigstens mit

$$s_e = (0,5 \text{ bis } 0,7) \cdot v_e \cdot d_e^{0,5}$$

zu wählen, wobei v_e der mittleren Fließgeschwindigkeit und d_e dem Rohrdurchmesser am Einlauf entspricht. Die untere Wert der angegebenen Spanne gilt für günstige und der obere Wert für ungünstige, z. B. asymmetrische Anströmungen des Rohreinlaufs.

20.3.2.3.3 Erweiterungsverluste $h_v = \zeta \cdot v_2^2/2g$

Siehe Tafel 20.11.

20.3.2.3.4 Einschnürungsverluste $h_v = \zeta \cdot v_2^2/2g$

Siehe Tafel 20.12.

20.3.2.3.5 Verlustbeiwerte von Durchflussmessgeräten $h_v = \zeta \cdot v_2^2/2g$

Siehe Tafel 20.13.

Tafel 20.10 Eintrittsverlustbeiwerte ζ

Einlauf-Kante						45°	60°	75°
	Scharf	0,5	1 bis 3	–	–	0,8	0,7	0,6
	Gebrochen	0,25	0,55	0,25	0,06 bis 0,1	–		

Tafel 20.11 Erweiterungsverlustbeiwerte ζ

d_1/d_2	8°	16°	20°	24°	$30° \leq \alpha \leq 90°$
0,5	1,3	2,7	3,6	5,3	9,0 bis 10,8
0,6	0,44	0,95	1,16	1,86	3,16 bis 3,79
0,7	0,15	0,33	0,43	0,64	1,08 bis 1,30
0,8	0,04	0,10	0,13	0,19	0,32 bis 0,38
0,9	0,01	0,02	0,02	0,03	0,06 bis 0,07

Für $\alpha > 30°$ gilt: $\zeta = (1,0 \text{ bis } 1,2)(1 - A_2/A_1)^2$

Tafel 20.12 Einschnürungsverlustbeiwert ζ

d_2/d_1	α		
	8°	20°	
0,5	0	0,04	0,23 bis 0,28
0,6			0,16 bis 0,20
0,7			0,10 bis 0,13
0,8			0,05 bis 0,06
0,9			0,01 bis 0,02

allgemein: $\zeta = (0,4 \text{ bis } 0,5)(1 \cdot A_2 = A_1)^2$

Tafel 20.13 Verlustbeiwerte ζ bei Durchflussmessgeräten

d_1/d_2	Kurzventurirohr	Normblende
0,3	21	300
0,4	6	85
0,5	2	30
0,6	0,7	12
0,7	0,3	4,5
0,8	0,2	2

Normale Wasserzähler $\zeta \approx 10$

Tafel 20.14 Verlustbeiwerte ζ bei Rohrkrümmern

Im Krümmer wirkt zusätzlich der Reibungsverlust		Re $= 2 \cdot 10^5$, $\alpha = 90°$ hydraulisch		Re $> 2 \cdot 10^5$, $15° < \beta \leq 180°$ und $1 < r/d \leq 10$ nach [5]
		Glatt	Rau	
	1	0,21	0,51	$\zeta = \left(0,051 + 0,12 \cdot \dfrac{d}{r}\right) \cdot \left(\dfrac{\alpha}{60°}\right)^{0,7}$
	2	0,14	0,30	
	4	0,10	0,23	
	6	0,08	0,17	
	10	0,10	0,19	

Tafel 20.15 Verlustbeiwerte ζ bei Kreisrohrkniestücken

Im Kniestück wirkt zusätzlich der Reibungs- verlust						
		Glatt	Rau			
α	15°	0,04	0,06	2,5	3,0	5
	22,5°	0,07	0,10			
	30°	0,10	0,15			
	45°	0,24	0,32			
	60°	0,45	0,55			
	90°	1,20	1,24			

20.3.2.3.6 Kreisrohrkrümmerverluste
$$h_v = \left(\zeta + \frac{\lambda \cdot l}{d}\right) \cdot v^2/2g$$
Für einfache Krümmer gelten die Anhaltswerte in Tafel 20.14. Bei zusammengesetzten Krümmern und Rohrbogen wird der ζ-Wert des einfachen Krümmers

verdoppelt	verdreifacht	vervierfacht

Dehnungsausgleicher		ζ
Wellrohrausgleicher	Mit Leitrohr	0,3
	Ohne Leitrohr	2,0
Glattrohr-Lyrabogen		0,6 bis 0,8
Faltenrohr-Lyrabogen		1,3 bis 1,6
Wellrohr-Lyrabogen		3,2 bis 4,0

20.3.2.3.7 Kreisrohrkniestückverluste
$$h_v = \left(\zeta + \frac{\lambda \cdot l}{d}\right) \cdot v^2/2g$$
Siehe Tafel 20.15.

20.3.2.3.8 Stromtrennungs- und -vereinigungsverluste
Siehe Tafel 20.16.

Alle Durchmesser sind gleich

$$h_{va} = \zeta_a \cdot v^2/2g; \qquad h_{vd} = \zeta_d \cdot v^2/2g;$$
$$Q = Q_a + Q_d; \qquad v = Q/\left(\pi d^2/4\right)$$

20.3.2.3.9 Armaturenverluste $h_v = \zeta \cdot v^2/2g$
Siehe Tafeln 20.17, 20.18 und 20.19.

v gilt für den vollen Rohrquerschnitt (Nennweite DN)

Klappe, vollgeöffnet $\zeta = 0,2$ bis $0,5$

Tafel 20.16 Verlustbeiwerte ζ bei Stromtrennung und -vereinigung (Berechnung nach Gardel [5])

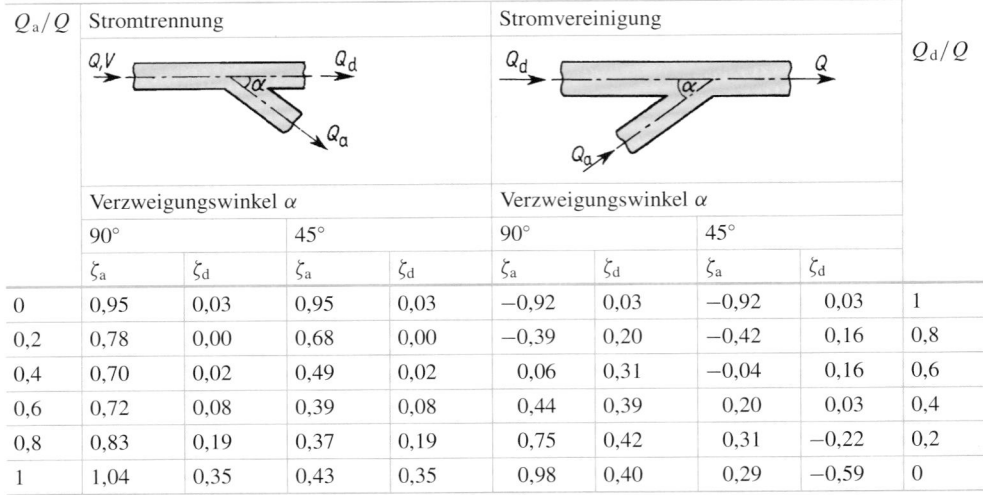

Q_a/Q	Stromtrennung				Stromvereinigung				Q_d/Q
	Verzweigungswinkel α				Verzweigungswinkel α				
	90°		45°		90°		45°		
	ζ_a	ζ_d	ζ_a	ζ_d	ζ_a	ζ_d	ζ_a	ζ_d	
0	0,95	0,03	0,95	0,03	−0,92	0,03	−0,92	0,03	1
0,2	0,78	0,00	0,68	0,00	−0,39	0,20	−0,42	0,16	0,8
0,4	0,70	0,02	0,49	0,02	0,06	0,31	−0,04	0,16	0,6
0,6	0,72	0,08	0,39	0,08	0,44	0,39	0,20	0,03	0,4
0,8	0,83	0,19	0,37	0,19	0,75	0,42	0,31	−0,22	0,2
1	1,04	0,35	0,43	0,35	0,98	0,40	0,29	−0,59	0

Die Durchdringungskanten sind mit $d/20$ ausgerundet.

Tafel 20.17 Verlustbeiwerte ζ für Stahl-, Oval- und Flachschieber

Nennweite DN	50	100	200	300	400	500	600 bis 1200
Stahlschieber nach Stradtmann	0,45	0,60					
Ovalschieber aus Guss (VAG)	–	0,2	0,15	0,12	0,10	0,09	0,08
Flachschieber aus Guss (VAG)	–	0,11	0,08	0,07	0,06	0,05	0,045

Tafel 20.18 Rückschlagklappen aus Guss, ohne Hebel und Gewicht nach VAG. Mit Hebel und Gewicht steigen die Werte auf ein Mehrfaches

DN		50	200	300	500	600	700	800	1000	1200
ζ bei	$v = 1\,\text{m/s}$	3,05	2,95	2,90	2,85	2,70	2,55	2,40	2,30	2,25
	$v = 2\,\text{m/s}$	1,35	1,30	1,20	1,15	1,05	0,95	0,85	0,80	0,75
	$v = 3\,\text{m/s}$	0,86	0,76	0,71	0,66	0,61	0,54	0,46	0,41	0,36

Tafel 20.19 Verlustbeiwert für Drosseln d = Durchmesser der Anschlussstutzen

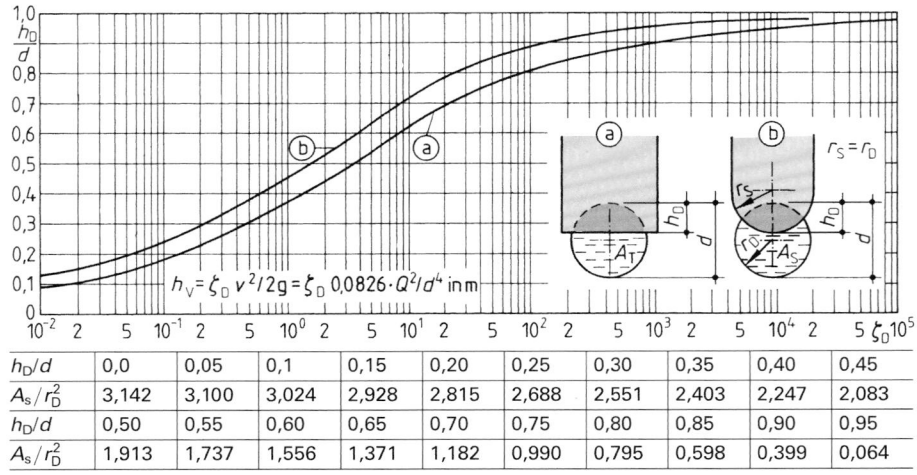

$$h_V = \zeta_D \, v^2/2g = \zeta_D \, 0{,}0826 \cdot Q^2/d^4 \text{ in m}$$

h_D/d	0,0	0,05	0,1	0,15	0,20	0,25	0,30	0,35	0,40	0,45
A_s/r_D^2	3,142	3,100	3,024	2,928	2,815	2,688	2,551	2,403	2,247	2,083
h_D/d	0,50	0,55	0,60	0,65	0,70	0,75	0,80	0,85	0,90	0,95
A_s/r_D^2	1,913	1,737	1,556	1,371	1,182	0,990	0,795	0,598	0,399	0,064

Ringschieber $\zeta = 0{,}75$ bis 2
Kegelstrahlschieber $\zeta = 0{,}38$ bis $0{,}50$
Fußventile mit Saugkorb $\zeta = 1{,}1$ bis $2{,}5$ je nach Bauart.

Abb. 20.14 Bemessung von Kreisprofilen mit voller Füllung für die Rauheiten $k = 0{,}25$ mm; 0,5 mm; 0,75 mm; 1,5 mm. Nach DVGW-Arb.-bl. W 302 und DWA-Arb.-bl. A 110 werden örtl. konzentrierte Verluste durch erhöhte Rauheit berücksichtigt ($k = k_i$ bzw. $k = k_b$)

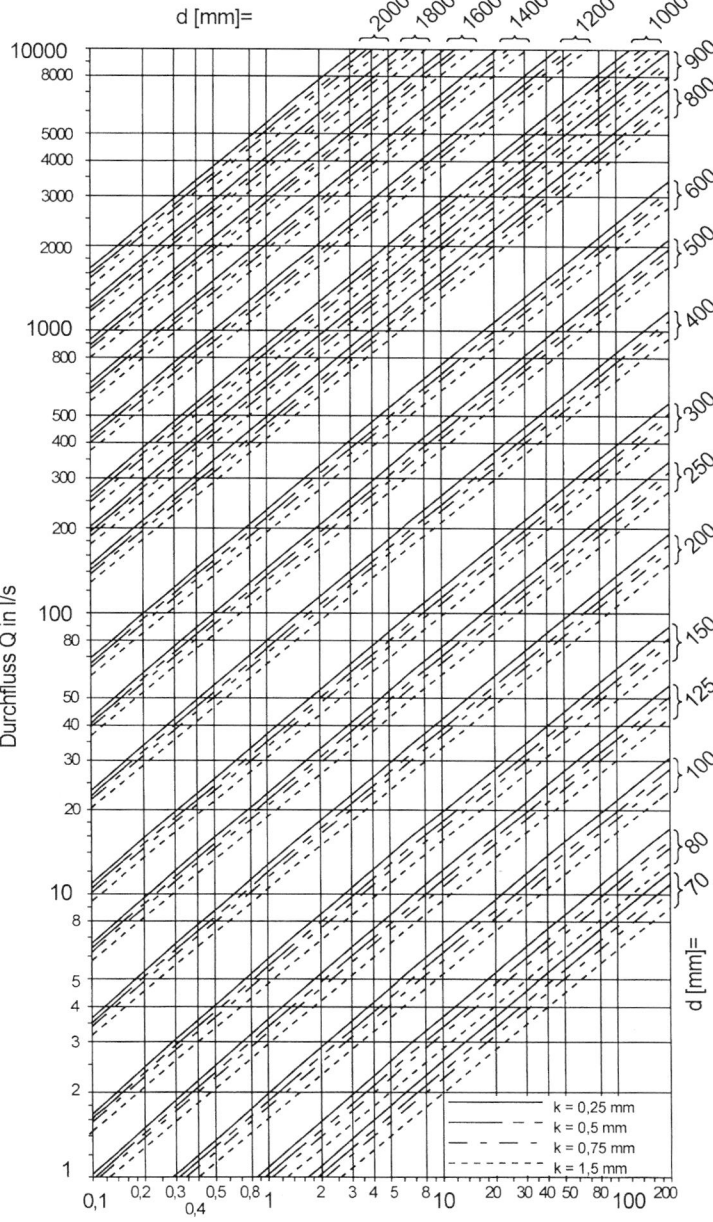

20.3.2.3.10 Austrittsverluste $h_v = \zeta \cdot v^2/2g$

Austritt in ein großes Becken $\zeta = 1{,}0$. Beim Austritt in ein weiterführendes größeres Gerinne wird ζ wie ein Erweiterungsverlust berechnet. Beim Austritt ins Freie ist $\zeta = 0$, die Energielinie liegt $v^2/2g$ über der Rohrachse; so kommt z. B. beim Auftreffen auf eine Platte $v^2/2g$ voll zur Wirkung.

20.3.2.4 Tafeln zur Rohrleitungsberechnung nach Prandtl-Colebrook

Bei der hydraulischen Berechnung von Wasserversorgungs- und Abwasserkanalnetzen berücksichtigt man nur die Rei-

bungsverluste. Man benutzt Tafelwerke, z. B. von Lautrich für Rohre mit Innendurchmesser = Nennweite, auch von den Steinzeug- oder Betonrohrverbänden bzw., bei anderen Lichtweiten als die Nennweite, spezielle Tabellen für z. B. Kunststoffrohre oder duktile Gussrohre mit und ohne Zementmörtelauskleidung. Für gelegentliche Berechnungen genügen die Abb. 20.14 und 20.15. Sie gelten für den Übergangsbereich mit

$$Q = d^2\pi/4\{-2\lg[2{,}51v/(d \cdot \sqrt{2g \cdot I \cdot d}) + k/(3{,}71 \cdot d)]\}$$
$$\cdot \sqrt{2g \cdot I \cdot d} \quad \text{in m}^3/\text{s}$$

Abb. 20.15 Bemessung von Kreisprofilen mit voller Füllung für die Rauheiten $k = 0,1$ mm; $0,4$ mm; $1,0$ mm. Nach DVGW-Arb.-bl. W 302 und DWA-Arb.-bl. A 110 werden örtl. konzentrierte Verluste durch erhöhte Rauheit berücksichtigt ($k = k_i$ bzw. $k = k_b$)

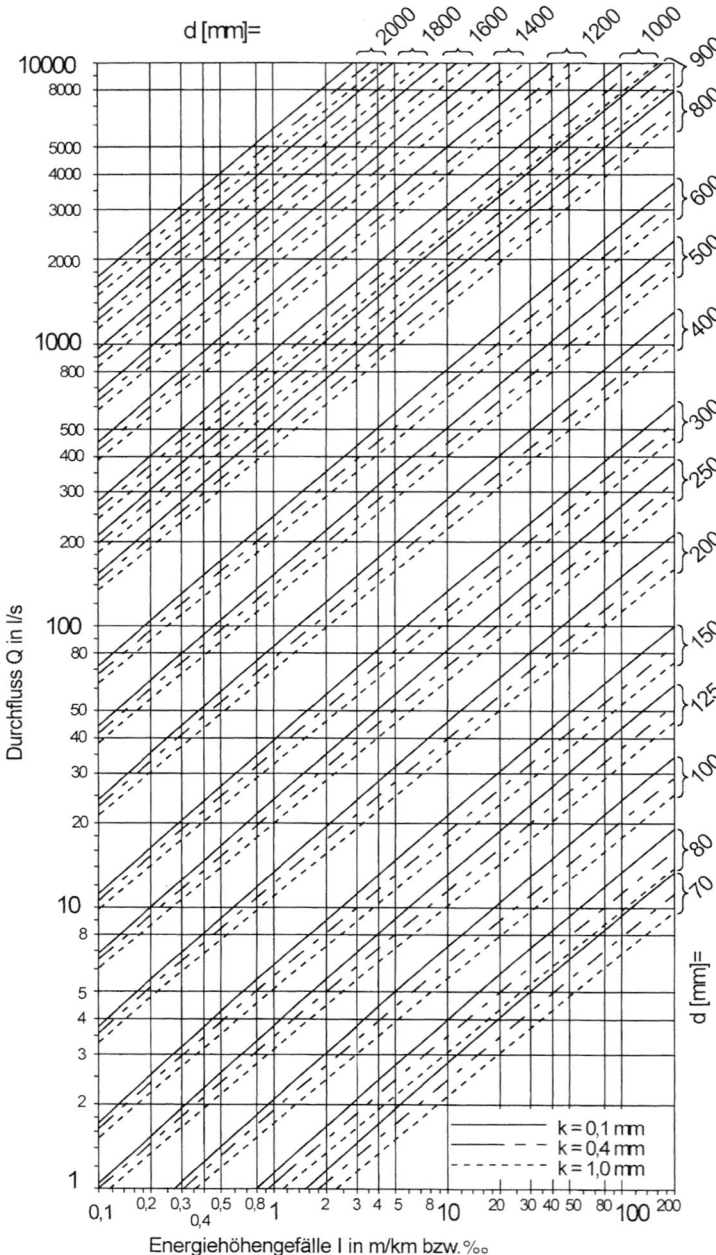

mit $v_{Ta} = 1,31 \cdot 10^{-6}$ m^2/s; Gefälle I dimensionslos, k und d in m einsetzen; bei abweichendem v gilt mit Index Ta $\Rightarrow$ Tafel, mit den Werten aus den Tafeln 20.20, 20.21 und 20.22.

$$v = v_{Ta}(v/v_{Ta}); \quad Q = Q_{Ta}(v/v_{Ta}); \quad I = I_{Ta}(v/v_{Ta})^2;$$
bzw. $v_{Ta} = v(v_{Ta}/v)$ usw.

Durchfluss und Geschwindigkeiten von Eiprofilen mit $b : h = 2 : 3$ und Maulprofilen mit $b : h = 2 : 1,5$ nach DIN 4263 (4.91) können aus den Kreistafelwerten mit b als

Durchmesser wie folgt umgerechnet werden.

$$Q_{Ei} = 1,602\, Q_{Kreis}; \qquad v_{Ei} = 1,096\, v_{Kreis};$$
$$Q_{Maul} = 0,683\, Q_{Kreis}; \qquad v_{Maul} = 0,902\, v_{Kreis}$$

Teilfüllung – Füllungskurven Berechnung der rel. Füllhöhen mit

$$\frac{Q_T}{Q_v} = \frac{A_T}{A_v}\left(\frac{R_T}{R_v}\right)^{5/8} \quad \text{bzw.} \quad \frac{v_T}{v_v} = \left(\frac{R_T}{R_v}\right)^{5/8}$$

(Indizes für Teil- und Vollfüllung).

Tafel 20.20 Teilfüllung in Rohren mit Kreisprofil

Q_T/Q_v	h/d	V_T/V_v	Q_T/Q_v	h/d	V_T/V_v	Q_T/Q_v	h/d	V_T/V_v	Q_T/Q_v	h/d	V_T/V_v	Q_T/Q_v	h/d	V_T/V_v
0,001	0,023	0,17	0,060	0,163	0,57	0,17	0,276	0,76	0,44	0,464	0,97	0,74	0,643	1,09
0,002	0,032	0,21	0,065	0,170	0,58	0,18	0,285	0,77	0,46	0,476	0,98	0,76	0,655	1,10
0,004	0,044	0,26	0,070	0,176	0,59	0,19	0,293	0,78	0,48	0,488	0,99	0,78	0,667	1,10
0,006	0,053	0,29	0,075	0,182	0,60	0,20	0,301	0,79	0,50	0,500	1,00	0,80	0,680	1,11
0,008	0,061	0,32	0,080	0,188	0,61	0,22	0,316	0,81	0,52	0,512	1,01	0,82	0,693	1,11
0,010	0,068	0,34	0,085	0,194	0,62	0,24	0,331	0,83	0,54	0,524	1,02	0,84	0,706	1,11
0,015	0,083	0,38	0,090	0,200	0,63	0,26	0,346	0,85	0,56	0,536	1,03	0,86	0,719	1,12
0,020	0,085	0,41	0,095	0,205	0,64	0,28	0,360	0,86	0,58	0,547	1,04	0,88	0,733	1,12
0,025	0,106	0,44	0,100	0,211	0,65	0,30	0,374	0,88	0,60	0,559	1,04	0,90	0,747	1,12
0,030	0,116	0,46	0,110	0,221	0,67	0,32	0,387	0,89	0,62	0,571	1,05	0,92	0,761	1,13
0,035	0,125	0,48	0,120	0,231	0,69	0,34	0,401	0,91	0,64	0,583	1,06	0 94	0,776	1,13
0,040	0,134	0,50	0,130	0,241	0,70	0,36	0,414	0,92	0,66	0,595	1,07	0,96	0,792	1,13
0,045	0,141	0,52	0,140	0,250	0,72	0,38	0,426	0,93	0,68	0,607	1,07	0,98	0,809	1,13
0,050	0,149	0,54	0,150	0,259	0,73	0,40	0,439	0,95	0,70	0,619	1,08	1,00	0,827	1,13
0,055	0,156	0,55	0,160	0,268	0,74	0,42	0,451	0,96	0,72	0,631	1,08			

Beispiel 1 Ei 500/700, $Q_v = 480\,\text{l/s}$; $k_b = 0,25$; ges. I erf u. v: $Q_{Kr} = Q_{Ei}/1,602 = 480/1,602 = 300\,\text{l/s}$
$\rightarrow$ Tafel 22 DN 500 $I_{erf} = 4,15\,‰$, $v_{Kr} = 1,52\,\text{m/s}$
$\rightarrow v_{Ei} = 1,096\,v_{Kr} = 1,67\,\text{m/s}$; Teilfüllung bei 144 l/s: $Q_T/Q_v = 144/480 = 0,3$
$\rightarrow$ Tafel 20.21; $h/H = 0,41$
$\rightarrow h_T = 0,41 \cdot 0,70 = 0,29\,\text{m}$, $v_T/v_v = 0,89$, $v_T = 0,89 \cdot 1,67 = 1,49\,\text{m/s}$

Tafel 20.21 Teilfüllung in Rohren mit Eiprofil: $b : H = 2 : 3 = d : 1,5\,d$ Form s. Abschn. 22.3.5.2.2

Q_T/Q_v	h/H	V_T/V_v	Q_T/Q_v	h/H	V_T/V_v	Q_T/Q_v	h/H	V_T/V_v	Q_T/Q_v	h/H	V_T/V_v	Q_T/Q_v	h/H	V_T/V_v
0,001	0,023	0,20	0,060	0,177	0,61	0,17	0,306	0,78	0,44	0,511	0,96	0,74	0,693	1,07
0,002	0,032	0,24	0,065	0,185	0,62	0,18	0,315	0,79	0,46	0,524	0,97	0,76	0,705	1,07
0,004	0,044	0,30	0,070	0,192	0,63	0,19	0,324	0,80	0,48	0,536	0,98	0,78	0,717	1,08
0,006	0,054	0,33	0,075	0,199	0,64	0,20	0,333	0,81	0,50	0,549	0,99	0,80	0,729	1,08
0,006	0.062	0,36	0,080	0,206	0,65	0,22	0,350	0,83	0,52	0,562	1,00	0,82	0,741	1,09
0,010	0,070	0,38	0,085	0,212	0,66	0,24	0,367	0,84	0,54	0,574	1,01	0,84	0,753	1,09
0,015	0,086	0,43	0,090	0,219	0,67	0,26	0,383	0,86	0,56	0,586	1,01	0,86	0,766	1,09
0,020	0,100	0,46	0,095	0,225	0,68	0,28	0,399	0,87	0,58	0,598	1,02	0,88	0,779	1,10
0,025	0,112	0,49	0,100	0,231	0,69	0,30	0,414	0,89	0,60	0,610	1,03	0,90	0,792	1,10
0,030	0,123	0,51	0,110	0,243	0,70	0,32	0,428	0,90	0,62	0,622	1,03	0,92	0,805	1,10
0,035	0,134	0,53	0,120	0,255	0,72	0,34	0,443	0,91	0,64	0,634	1,04	0,94	0,819	1,11
0,040	0,143	0,55	0,130	0,265	0,73	0,36	0,457	0,92	0,66	0,546	1,05	0,96	0834	1,11
0,045	0,152	0,57	0,140	0,276	0,75	0,38	0,470	0,93	0,68	0,858	1,05	0,98	0,850	1,11
0050	0,161	0,58	0,150	0,286	0,76	0,40	0,484	0,94	0,70	0,670	1,06	1,00	0,867	1,11
0055	0,169	0,60	0,160	0,296	0,77	0,42	0,498	0,95	0,72	0,682	1,06			

Die Teilfüllungskurven werden nach A110 [2] bei $Q_T/Q_V = 1,0$ abgebrochen, um die Gefahr des „Vollschlagens" zu berücksichtigen. h senkrecht zur Rohrachse.

Über den Internet-Service Online Plus des Verlags ist das Programm HydroDim von M. Kluge zugänglich, welches eine genauere Berechnung unterschiedlichster Querschnittsformen auch mit Trockenwetterrinnen ermöglicht. Die ausführlich gestaltete Hilfe beschreibt die notwendigen Eingaben. Neben den Feldern für die Dimension, Rauheit, Zähigkeit und Dichte erlauben Vario-Felder die Vorgabe von zwei Werten (z. B. Durchfluss und Gefälle oder Fließgeschwindigkeit und Wassertiefe). Falls mehr als zwei Werte vorgegeben sind, fordert das Programm zum Löschen der überzähligen Werte auf. Das Ablagerungsverhalten wird auf der Basis der Untersuchungen von Macke ermittelt, welche auch die Grundlage für die Angaben in DWA A 110 [2] bilden. Bei geringer Überströmung seitlicher Bermen erfolgt die Berechnung als gegliederter Querschnitt.

Tafel 20.22 Teilfüllung in Rohren mit Maulprofil: $b : H = 2 : 1{,}5 = d : 0.75\,d$ Form s. Abschn. 22.3.5.2.2

Q_T/Q_v	h/H	V_T/V_v	Q_T/Q_v	h/H	V_T/V_v	Q_T/Q_v	h/H	V_T/V_v	Q_T/Q_v	h/H	V_T/V_v	Q_T/Q_v	h/H	V_T/V_v
0,001	0,021	0,15	0,060	0,149	0,52	0,17	0,251	0,72	0,44	0,428	0,96	0,74	0,611	1,09
0,002	0,030	0,19	0,065	0,155	0,53	0,18	0,257	0,74	0,46	0,440	0,97	0,76	0,824	1,10
0,004	0,041	0,23	0,070	0,150	0,55	0,19	0,265	0,75	0,48	0,452	0,98	0,78	0,637	1,10
0,006	0,050	0,26	0,075	0,186	0,56	0,20	0,272	0,76	0,50	0,464	0,99	0,80	0,550	1,11
0,008	0,057	0,28	0,080	0,171	0,57	0,22	0,287	0,78	0,52	0,477	1,00	0,82	0,564	1,11
0,010	0,064	0,30	0,085	0,176	0,58	0,24	0,300	0,80	0,54	0,489	1,01	0,84	0,677	1,12
0,015	0,077	0,24	0,090	0,181	0,59	0,26	0,314	0,82	0,56	0,501	1,02	0,86	0,691	1,12
0,020	0,088	0,37	0,095	0,186	0,60	0,28	0,328	0,84	0,58	0,513	1,03	0,88	0,706	1,12
0,025	0,098	0,40	0,100	0,191	0,61	0,30	0,341	0,86	0,60	0,525	1,04	0,90	0,721	1,13
0,030	0,107	0,42	0,110	0,200	0,63	0,32	0,353	0,88	0,62	0,537	1,05	0,92	0,736	1,13
0,035	0,115	0,44	0,120	0,209	0,55	0,34	0,366	0,89	0,64	0,549	1,06	0,94	0,752	1,13
0,040	0,123	0,46	0,130	0,218	0,67	0,36	0,379	0,91	0,66	0,561	1,06	0,96	0,769	1,13
0,045	0,130	0,47	0,140	0,226	0,68	0,38	0,391	0,92	0,68	0,574	1,07	0,98	0,787	1,13
0,050	0,136	0,49	0,150	0,234	0,70	0,40	0,404	0,93,	0,70	0,586	1,08	1,00	0,807	1,13
0,055	0,143	0,51	0,160	0,242	0,71	0,42	0,416	0,95	0,72	0,598	1,08			

20.3.3 Stationärer Abfluss in offenen Gerinnen

Alle Betrachtungen gelten für einen zeitlich konstanten Abfluss $dQ/dt = 0$. Der Fließzustand wird durch die dimensionslose Froude-Zahl charakterisiert:

allgemein: $\qquad\qquad \mathrm{Fr} = v/\sqrt{g \cdot A/b} \qquad (20.9)$

Rechteckquerschnitt: $\qquad \mathrm{Fr} = v/\sqrt{g \cdot h}$

A Fließquerschnitt
b Spiegelbreite

20.3.3.1 Fließzustand und theoretische Grenztiefe
Man unterscheidet

a) **Wasserbewegung strömend** $v < v_{gr}$; $h > h_{gr}$; $\mathrm{Fr} < 1$
Alle störenden Einflüsse (Wehre, Verschlechterung der Rauheit k_{st}, geringeres Gefälle $\Rightarrow$ Staukurven: Abstürze, Verbesserung der Rauheit k_{st}, größeres Gefälle $\Rightarrow$ Senkungskurven) pflanzen sich gegen die Strömung (nach oberhalb) fort.
Größere Energiehöhe über der Gerinnesohle $H = h + v^2/2g$ ergibt eine größere Wassertiefe. Man rechnet von einer bekannten Energiehöhe ausgehend gegen die Strömungsrichtung. Nach DIN 4044: $H = h_E$.

b) **Wasserbewegung schießend** $v > v_{gr}$; $h < h_{gr}$; $\mathrm{Fr} > 1$
Störungen pflanzen sich in Strömungsrichtung fort. Eine Abnahme der Energiehöhe ergibt eine größere Wassertiefe. Man rechnet in Strömungsrichtung.

c) **Fließwechsel** $h = h_{gr}$; $\mathrm{Fr} = 1$
Die Energiehöhe wird ein Minimum: $H = H_{min}$; für gegeb. H wird $Q = Q_{gr} = Q_{max}$. Ein Fließwechsel tritt immer dort auf, wo sich die Energiehöhe frei einstellen

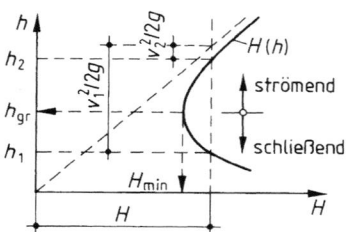

Abb. 20.16 H-Linie für $Q = \mathrm{const}$

kann (z. B. Absturzkanten ohne Rückstau), oder an Einschnürungen, wenn H_{min} für die am weitesten unterhalb liegende Engstelle eine höhere Lage der Energiehöhe ergibt als sie im nichteingeschnürten Querschnitt unterhalb vorhanden ist.

Extremalprinzip Allgemein gilt mit $b = $ Spiegelbreite

$$Q_{gr} = \sqrt{\frac{A^3 \cdot g}{\alpha \cdot b}} \qquad (20.10)$$

$$v_{gr} = \sqrt{\frac{A \cdot g}{\alpha \cdot b}} \qquad (20.11)$$

$\alpha \geq 1$ berücksichtigt die Geschwindigkeitsverteilung. In allen offenen regelmäßigen Gerinnen ist $\alpha = 1{,}0$ bis $1{,}1$.
Es wird $Q_{max} = Q_{gr} \cdot \sqrt{1/\alpha}$. Im Folgenden wird $\alpha = 1{,}0$ gesetzt. In beliebig geformten Querschnitten ermittelt man h_{gr} für ein gegebenes Q, indem man entweder die Gleichung $H = h + Q^2/(A^2 \cdot 2g)$ für verschiedene Höhen h graphisch auswertet (s. Abb. 20.16 H-Linie), und h_{gr} bei H_{min} abgreift oder in (20.10) h variiert, bis $Q_{gr} = Q$ gegeben (Zielwertsuche).

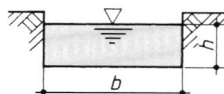

Abb. 20.17 Rechteck

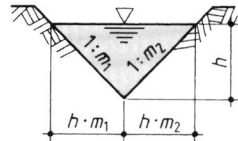

Abb. 20.18 Dreieck

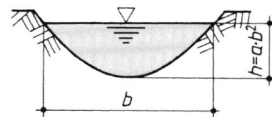

Abb. 20.19 Parabel

Grenztiefe und Abfluss Q_{max} für geometrisch geformte Querschnitte Rechteck (siehe Abb. 20.17):

$$h_{gr} = \sqrt[3]{Q^2/(b^2 \cdot g)}; \quad H_{min} = 3/2 h_{gr}$$

$$v_{gr} = \sqrt{g \cdot h_{gr}};$$

$$Q_{gr} = 1{,}705 b \cdot H_{min}^{1,5}$$

Dreieck (siehe Abb. 20.18):

$$h_{gr} = \sqrt[5]{\frac{2Q^2}{g \cdot m^2}}; \quad H_{min} = 5/4 h_{gr};$$

$$v_{gr} = \sqrt{g \cdot h_{gr}/2}$$

$$Q_{gr} = 1{,}268 m \cdot H_{min}^{2,5}; \quad m = 0{,}5\,(m_1 + m_2)$$

Parabel (siehe Abb. 20.19):

$$h_{gr} = \sqrt[4]{\frac{27a \cdot Q^2}{8g}}; \quad H_{min} = 4/3 h_{gr};$$

$$v_{gr} = \sqrt{2g \cdot h_{gr}/3}; \quad a = h/b^2$$

$$Q_{gr} = 1{,}705 h_{gr}^2/\sqrt{a}; \quad \alpha = 4ah$$

Für Kreis- und Trapezquerschnitte lassen sich die Extremwerte H_{min} und Q_{gr} nicht explizit angeben. Lösungshilfen bieten die Tafeln 20.23 und 20.24.

a) Für gegebenes Q ermittelt man mit den Querschnittswerten s und m bzw. d den Wert von β. Damit gilt Tafel 20.23: $h_{gr} = d \cdot \eta$ und $H_{min} = d\varrho$. Tafel 20.24 gibt $H_{min} = \eta \cdot s/m$ und $h_{gr} = H_{min} \cdot \varrho$.

b) Für gegebenes h_{gr} gibt η beim Kreis sofort ϱ und β, d. h. H_{min} und Q_{gr}. Beim Trapezprofil führen (20.10) und (20.11) von der Vorseite schneller zum Ziel. $H_{min} = h_{gr} + v_{gr}^2/2g$.

Tafel 20.23 h_{gr}, H_{min}, Q_{gr} für Kreisprofile; $\eta = h_{gr}/d$; $\varrho = H_{min}/d$; $\beta = Q_{gr}/d^{2,5}$

η	ϱ	$\Delta\varrho$	β	$\Delta\beta$
0,01	0,0133		0,00034	
0,02	0,0267	0,0134	0,00136	0,00102
0,03	0,0401	0,0134	0,00305	0,00169
0,04	0,0534	0,0133	0,00541	0,00236
0,05	0,0668	0,0134	0,00840	0,00299
0,06	0,0803	0,0135	0,01213	0,00373
0,08	0,1071	0,0268	0,02147	0,00934
0,10	0,1341	0,0270	0,03340	0,01193
0,12	0,1611	0,0270	0,04790	0,01450
0,14	0,1882	0,0271	0,06500	0,01710
0,16	0,2153	0,0271	0,0845	0,0195
0,20	0,2699	0,0546	0,1310	0,0465
0,25	0,3386	0,0687	0,2025	0,0715
0,30	0,4081	0,0695	0,2886	0,0861
0,35	0,4784	0,0703	0,3888	0,1002
0,40	0,5497	0,0713	0,5028	0,1140
0,50	0,6963	0,1466	0,7708	0,2680
0,60	0,8511	0,1548	1,0921	0,3213
0,70	1,0204	0,1693	1,4722	0,3801
0,80	1,2210	0,2006	1,9358	0,4636
0,85	1,3482	0,1272	2,2245	0,2887
0,90	1,5204	0,1722	2,5976	0,3731
0,95	1,8341	0,3137	3,2099	0,6123
0,97	2,1109	0,2768	3,6835	0,4736
0,98	2,3758	0,2649	4,0905	0,4070
0,99	2,9600	0,5843	4,8746	0,7841
0,995	3,7771	0,8171	5,7992	0,9246
0,996	4,1054	0,3283	6,1319	0,3327

c) Für gegebenes $H_{min}/d = \varrho$ geben η und β beim Kreis h_{gr} und $Q_{gr} = \beta d^{2,5}$, während beim Trapez $\eta = m \cdot H_{min}/s$ zu $h_{gr} = \varrho \cdot H_{min}$ und $Q_{gr} = \beta s(s/m)^{1,5}/0{,}2258$ führt.

Kreis (siehe Abb. 20.20):

Im Folgenden ist $\vartheta \hat{=} \vartheta_{gr}$;

$$h \hat{=} h_{gr} = d \cdot \sin^2(\vartheta/4); \quad b = d \cdot \sin(\vartheta/2);$$

$$\vartheta = 4 \arcsin\sqrt{h/d}; \quad A = (\operatorname{arc}\vartheta - \sin\vartheta)d^2/8;$$

$$l_u = (\operatorname{arc}\vartheta)\,d/2;$$

$$Q_{gr} = 0{,}1384(\operatorname{arc}\vartheta - \sin\vartheta)^{1,5} \cdot d^{2,5}/[\sin(\vartheta/2)]^{0,5};$$

$$v_{gr} = (g \cdot A/b)^{0,5};$$

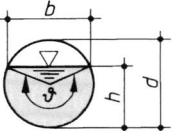

Abb. 20.20 Kreis

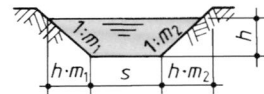

Abb. 20.21 Trapez

Tafel 20.24 h_{gr}, H_{min}, Q_{gr} im Trapezprofil nach Flierl; $\eta = m \cdot H_{min}/s$; $\varrho = h_{gr}/H_{min}$; $\beta = 0.2258\, Q_{gr}/[s(s/m)^{1,5}]$

η	ϱ	$\Delta\varrho$	β	$\Delta\beta$
0,00	0,6667		Rechteck	
0,05	0,6738	0,0071	0,0044	0,0044
0,075	0,6771	0,0033	0,0083	0,0039
0,10	0,6802	0,0031	0,0130	0,0047
0,15	0,6862	0,0060	0,0246	0,0116
0,20	0,6916	0,0054	0,0391	0,0145
0,25	0,6967	0,0051	0,0563	0,0172
0,30	0,7013	0,0046	0,0762	0,0199
0,40	0,7095	0,0082	0,1242	0,0480
0,50	0,7165	0,0070	0,1832	0,0590
0,60	0,7226	0,0061	0,2536	0,0704
0,70	0,7279	0,0053	0,3357	0,0821
0,80	0,7325	0,0046	0,4299	0,0942
0,90	0,7367	0,0042	0,5368	0,1069
1,00	0,7403	0,0036	0,6566	0,1198
1,10	0,7436	0,0033	0,7897	0,1331
1,20	0,7465	0,0029	0,9367	0,1470
1,30	0,7492	0,0027	1,0978	0,1611
1,40	0,7516	0,0024	1,2735	0,1757
1,70	0,7576	0,0060	1,8916	0,6181
2,0	0,7623	0,0047	2,6539	0,7623
2,5	0,7683	0,0068	4,2697	1,6158
3,0	0,7726	0,0043	6,3516	2,0819
3,5	0,7759	0,0033	8,9364	2,5848
4,0	0,7785	0,0026	12,0587	3,1223
5,0	0,7823	0,0038	20,0434	7,9847
6,0	0,7849	0,0026	30,5458	10,5024
8,0	0,7884	0,0035	59,9640	29,4182
10,0	0,7906	0,0022	101,8891	41,9251
12,5	0,7924	0,0018	173,9998	72,1107
15,0	0,7936	0,0012	270,2824	96,2826
17,0	0,7945	0,0009	392,9637	122,6813
20,0	0,7952	0,0007	544,0964	151,1327
$\vdots$	$\vdots$		$\vdots$	
∞	0,8000		∞ (Dreieck)	

mit Excel gibt $4 \cdot \arcsin((h_{gr}/d)^{0,5})$ sofort arc $\vartheta \triangleq \vartheta$;

$$H_{min} = h_{gr} + 0.5\,A/b$$
$$= h_{gr} + d(\text{arc}\,\vartheta - \sin\vartheta)/[16\sin(\vartheta/2)]$$

Trapez (siehe Abb. 20.21):

$$m = 0.5\,(m_1 + m_2)\,; \qquad A = s \cdot h + m \cdot h^2\,;$$

$$l_u \simeq s + 2h\sqrt{1 + m^2}$$

$$H_{min} = \frac{5m \cdot h_{gr} + 3s}{4m \cdot h_{gr} + 2s} \cdot h_{gr}\,;$$

$$Q_{gr} = \sqrt{9.81 \cdot h_{gr}^3 \cdot \frac{(m \cdot h_{gr} + s)^3}{2m \cdot h_{gr} + s}}$$

$$v_{gr} = \sqrt{g \cdot h_{gr}} \cdot \sqrt{\frac{m \cdot h_{gr} + s}{2m \cdot h_{gr} + s}}$$

Alternativ: h_{gr} als veränderbare Größe bei Excel – Zielwertsuche mit vorgegebenem $Q \triangleq Q_{gr}$ als Zielwert.

20.3.3.2 Stationär gleichförmiger Abfluss, Fließformel, s. auch Abschn. 20.3.2.2

Kriterien (siehe Abb. 20.22)

$$dv/ds = 0\,; \quad \text{d. h. } v_1 = v_2\,;$$
$$h_1 = h_2 = h_n\,; \quad I_s = I_w = I_E$$

20.3.3.2.1 Fließformel nach Gauckler-Manning-Strickler

$$Q = A \cdot v \quad \text{in m}^3/\text{s} \qquad (20.12)$$

$$v = k_{St} \cdot r_{hy}^{2/3} \cdot I_E^{1/2} \quad \text{in m/s} \qquad (20.13)$$

$$r_{hy} = A/l_u \quad (R = A/U) \qquad (20.14)$$

$$I_s = \Delta z/\Delta x = \tan\varepsilon \qquad (20.15)$$

Bei Gefällen $> 20\,\%$ mit $I_s = \sin\varepsilon$ rechnen. Rauheitsbeiwerte k_{St} enthält Tafel 20.25.

Für kompakte Profile mit unterschiedlichen Rauheiten ermittelt man eine **Durchschnittsrauheit k_{Stm} nach Einstein**

$$k_{Stm} = \left[\sum_{(i)} \frac{l_{ui}}{l_{uges} \cdot k_{Sti}^{1,5}} \right]^{-2/3} \quad \text{in m}^{1/3}/\text{s} \qquad (20.16)$$

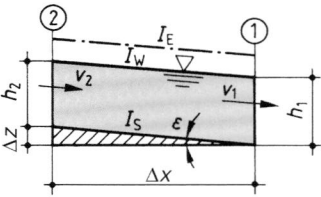

Abb. 20.22 Stationär gleichförmiger Abfluss

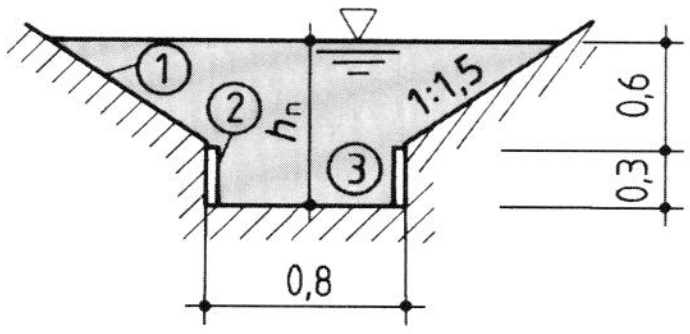

Abb. 20.23 Querprofil mit unterschiedlichen Rauheiten

Tafel 20.25 Rauheitsbeiwert k_{St} (nach Strickler in $m^{1/3}/s$)

Art des Gerinnes	Wandbeschaffenheit	k_{St}
Natürliche Flussbetten	Feste, regelmäßige Sohle	40
	Mäßig Geschiebe oder verkrautet	15 bis 35
	Stark geschiebeführend	20 bis 30
Bewachsenes Vorland	Buschwerk bis Rasen	15 bis 25
Wildbäche	Grobes Geröll (kopfgroße Steine) in Ruhe	25 bis 28
	Grobes Geröll in Bewegung	19 bis 22
Erdkanäle	Fester Sand mit etwas Ton oder Schotter	50
	Sohle Sand u. Kies, Böschungen gepflastert	45 bis 50
	Grobkies etwa 50/100/150 mm	35
	Scholliger Lehm	30
	Sand, Lehm oder Kies, stark bewachsen	20 bis 25
Gemauerte Kanäle	Ziegelmauerwerk, auch Klinker, gut gefugt	75
	Mauerwerk normal	60
	Grobes Bruchsteinmauerwerk und Pflaster	50
Betonkanäle	Stahlschalung oder Zementglattstrich	90 bis 95
	Holzschalung, ohne Verputz	65 bis 70
	Alter Beton, saubere Flächen	60
	Ungleichmäßige Betonflächen	50
Einzelne Wandformen	Buschreihen parallel zur Strömung	25 bis 30
	Bongossi-Flechtzäune	25
	Stahlspundwände (nur grober Anhaltswert)	30 bis 50
	Wellblechwände (Armco-Thyssen)	50 bis 55

$k_{St} = 82/k_b^{1/6}$ in $m^{1/3}/s$; $k_b = 3{,}1 \cdot 10^{11}/k_{St}^6$ in mm
(*unterschiedliche Dimensionen beachten*)

Beispiel

Gegeben Profil s. Abb. 20.23; $I_s = 1\,‰$
① Rasen; $k_{St1} = 40$;
② Bongossiwand, $k_{St2} = 25$;
③ Kiessohle, $k_{St3} = 35$ ◄

Lösung

$$l_{u1} = 2 \cdot 0{,}6 \cdot \sqrt{1 + 1{,}5^2} = 2{,}16; \quad l_{u2} = 2 \cdot 0{,}3;$$

$$l_{u3} = 0{,}8; \quad l_{u\,ges} = 3{,}56\,m$$

$$k_{St\,m} = \left[\frac{2{,}16}{3{,}56 \cdot 40^{1,5}} + \frac{0{,}6}{3{,}56 \cdot 25^{1,5}} + \frac{0{,}8}{3{,}56 \cdot 35^{1,5}}\right]^{-2/3}$$
$$= 35$$

$$A = 0{,}8(0{,}3 + 0{,}6) + 1{,}5 \cdot 0{,}6^2 = 1{,}26\,m^2;$$

$$l_{u\,ges} = 3{,}56\,m; \quad r_{hy} = 1{,}26/3{,}56 = 0{,}354\,m$$

Abfluss:

$$Q = A \cdot v = 1{,}26 \cdot 35 \cdot 0{,}354^{2/3} \cdot 0{,}001^{1/2}$$
$$= 1{,}26 \cdot 0{,}554 = 0{,}698\,m^3/s$$

Stark gegliederte Profile werden in unabhängige Einzelquerschnitte aufgeteilt In der Regel wird die Trennfläche nur für den Flussschlauch zum Umfang gerechnet (d. h. $l_{u2,3} = 0$). Für $l_{u1,5}$ wird das k_{St} des Mittelwasserbettes (hier $k_{St1,2}$ bis $k_{St1,4}$) angesetzt.

$$Q = Q_1 + Q_2$$
$$= A_1 \cdot k_{St1} \cdot r_{hy1}^{2/3} \cdot I_1^{1/2} + A_2 \cdot k_{St2} \cdot r_{hy2}^{2/3} \cdot I_2^{1/2} \quad (20.17)$$

20.3.3.2.2 Fließformel nach dem universellen Fließgesetz

In zunehmendem Maße gewinnt heute, auch unter dem Aspekt verstärkten EDV-Einsatzes, dieses Rechenverfahren an Bedeutung [1, 5].

An die Stelle von (20.12) tritt auf der Grundlage der Gleichung nach Darcy-Weisbach (20.18)

$$v_m = \sqrt{\frac{8 \cdot g \cdot r_{hy} \cdot I_E}{\lambda_w + \lambda_p}} \quad \text{in m/s} \quad (20.18)$$

mit dem Widerstandsbeiwert

$$\lambda_w = 1/\left[2{,}343 - 2\lg\left(k_s/r_{hy}\right)\right]^2 \quad (20.19)$$

hierin ist die Kornrauheit nach [1]

$$k_s = d_{90} \quad \text{in m} \quad (20.20)$$

Abb. 20.24 Gegliedertes Profil

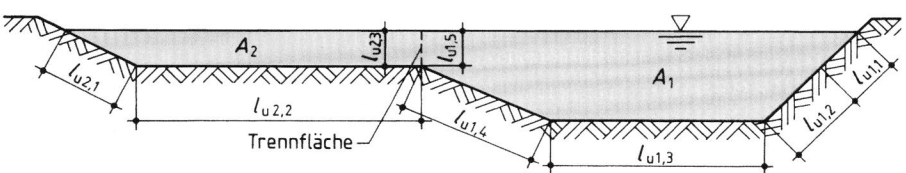

Tafel 20.26 Einzelrauheiten k_s nach dem universellen Fließgesetz in m

Bereich	Material	Einzelrauheit k_s
Hauptgerinne	Sand schlammig	0,015 bis 0,03
	Feinkies	0,035 bis 0,05
	Sand mit größeren Steinen	0,07 bis 0,11
	Kies	≈ 0,08
	Grobkies bis Schotter	0,06 bis 0,20
	Schwere Steinschüttung	0,20 bis 0,30
	Sohlpflasterung	0,03 bis 0,05
	Grobe Steine und Fels	0,50 bis 0,70
	Fels	≈ 0,8
Vorland	Asphalt	0,003
	Rasen	0,06
	Steinschütt. 80/450 mit Gras	0,3
	Gras	0,10 bis 0,35
	Gras und Stauden	0,13 bis 0,40
	Rasengittersteine	0,015 bis 0,03
	Ackerboden	0,02 bis 0,25
	Acker mit Kulturen	0,25 bis 0,8
	Waldboden	0,16 bis 0,32

Tafel 20.27 Fließgewässerrauheit k_s in m

Beschaffenheit	k_s
Ohne Unregelmäßigkeiten	0,05 bis 0,25
Mit Unregelmäßigkeiten in der Sohle	0,15 bis 0,35
Feste Sohle und Unregelmäßigkeiten in Sohle und Böschung	0,30 bis 0,70
Entwässerungsgräben und Bäche	0,10 bis 0,35

Die Gerinnesohlenunebenheit wird grob berücksichtigt nach Kamphuis und van Rijn durch

$$k_s = 2,5 \text{ bis } 3,0 d_{90} \quad \text{in m} \quad (20.21)$$

Die Tafel 20.27 bietet Erfahrungswerte für die Fließgewässerrauheit.

Eine genaue Bestimmung des Rauheitsmaßes erreicht man durch die Bestimmung der Riffeloder Dünenentwicklung (Transportkörper). Ihre Höhe wird als Formrauheit zusätzlich zur Kornrauheit angesetzt.

Kompakte Querschnitte ohne Großbewuchs Als kompakte Querschnitte werden Fließquerschnitte dann bezeichnet, wenn aufgrund der Querschnittsform nur eine mittlere Fließgeschwindigkeit anzusetzen ist. Das Gegenstück dazu

bildet der gegliederte Querschnitt, für den über den Vorländern andere Geschwindigkeiten als im Hauptgerinne angesetzt werden.

Gleiche Rauheit in kompakten Querschnitten Bei gleicher Rauheit wird nach Berechnung der geometrischen Parameter A, l_u und r_{hy} zunächst der Widerstandsbeiwert für die Sohle bzw. Wandung λ_w aus (20.19) und anschließend die mittlere Fließgeschwindigkeit v_m aus (20.18) bestimmt. Der Widerstandsbeiwert für den Großbewuchs λ_P wird für Querschnitte ohne Großbewuchs mit 0 angesetzt. Der Abfluss Q errechnet sich aus (20.12).

Unterschiedliche Rauheiten in kompakten Querschnitten Für kompakte Querschnitte wird auch bei unterschiedlichen Rauheiten beispielsweise für Böschungen und die Sohle (Abb. 20.25) nur eine querschnittsgemittelte Fließgeschwindigkeit angesetzt. Einer Annahme von Einstein (1934) und Horton (1933) [5] folgend wird der Gesamtquerschnitt in Teilflächen untergliedert, welche jeweils die gleiche mittlere Fließgeschwindigkeit v bei gleichem Energieliniengefälle I_E aufweisen.

Der in Abb. 20.25 dargestellte Fall führt beispielsweise zu drei Teilquerschnitten und für die mittlere Geschwindigkeit gilt $v_{Bö,li} = v_{So} = v_{Bö,re}$ für gleiches I_E. Die Grenzen zwischen den Teilquerschnitten verlaufen orthogonal zu den Isotachen (Linien gleicher Fließgeschwindigkeit).

Berechnungsablauf für das universelle Fließgesetz Der Gesamtwiderstandsbeiwert ergibt sich aus dem Ansatz

$$l_{u,ges} \cdot \lambda_{ges} = \sum (l_{u,i} \cdot \lambda_i). \quad (20.22)$$

Die Bestimmung des Widerstandsbeiwertes λ_i für jeden Teilquerschnitt i gestaltet sich schwierig, weil der hierzu benötigte Quotient $k_i/r_{hy,i}$ sich nur auf den hydraulischen Radius des Teilquerschnitts beziehen darf. Letzterer lasst sich noch nicht ermitteln, da die Größe A_i des Teilquerschnitts zunächst unbekannt ist. Erst aus der Annahme einer mittleren Fließgeschwindigkeit lässt sich iterativ ein Wert für den hydraulische Radius $r_{hy,i}$ ermitteln. Durch Umstellung der Gleichungen für den Rauheitsbeiwert und die mittlere Fließgeschwindigkeit erhält man:

$$r_{hy,i} = \frac{v^2 \cdot \lambda}{8 \cdot g \cdot I_E} = \frac{v^2}{8 \cdot g \cdot I_E \cdot \left[2,343 - 2 \cdot \log\left(\frac{k_i}{r_{hy,i}}\right)\right]^2} \cdot \quad (20.23)$$

Abb. 20.25 Kompakter Querschnitt mit unterschiedlichen Rauheiten

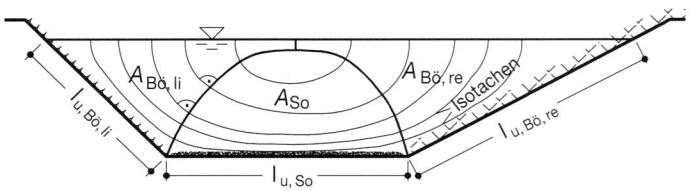

Die Flächen der Teilquerschnitte lassen sich aus den Produkten $A_i = r_{hy,i} l_{u,i}$ bestimmen. Die Summe dieser Teilflächen muss dem (bekannten) Fließquerschnitt des Gewässers entsprechen. Dies wird aufgrund der zunächst ungenau angenommenen Fließgeschwindigkeit nicht der Fall sein. Deshalb sind anschließend die Annahme der Fließgeschwindigkeit und alle anderen Rechenschritte iterativ zu verbessern, bis eine hinreichende Übereinstimmung der Summe der Teilflächen mit dem gesamten Fließquerschnitt erreicht ist:

$$\sum A_i = \sum \left(r_{hy,i} \cdot l_{u,i} \right) = A. \qquad (20.24)$$

Um die Anzahl der notwendigen Verbesserungsschritte einzuschränken, wird folgender Berechnungsablauf vorgeschlagen:

a) Eine möglichst sinnvolle Annahme der mittleren Geschwindigkeit basiert auf folgender gewichteten Mittelung der vorliegenden Rauheiten:

$$k_{s,m} = \left(\frac{\sum k_{s,i}^{0,4} \cdot l_{u,i}}{\sum l_{u,i}} \right)^{1/0,4} = \left(\frac{\sum k_{s,i}^{0,4} \cdot l_{u,i}}{\sum l_{u,i}} \right)^{2,5}, \qquad (20.25)$$

z. B. für den in Bild dargestellten Fall erhält man

$$k_{s,m} = \left(\frac{k_{s,Bö,li}^{0,4} \cdot l_{u,Bö,li} + k_{s,So}^{0,4} \cdot l_{u,So} + k_{s,Bö,re}^{0,4} \cdot l_{u,Bö,re}}{l_{u,Bö,li} + l_{u,So} + l_{u,Bö,re}} \right)^{2,5}.$$

Die erste Annahme v_a für die mittlere Fließgeschwindigkeit erhält man mit (20.23) zu

$$v_a = \sqrt{8 \cdot g \cdot r_{hy} \cdot I_E} \cdot \left[2,343 - 2 \cdot \log \left(\frac{k_{s,m}}{r_{hy}} \right) \right]$$

mit:

$$r_{hy} = \left(\frac{A}{\sum (l_{u,i})} \right).$$

b) Es schließt sich die iterative Ermittlung der hydraulischen Radien der Teilquerschnitte mit der umgestellten (20.23) an:

$$r_{hy,i,r} = \frac{v_a^2}{8 \cdot g \cdot I_E \cdot \left[2,343 - 2 \cdot \log \left(\frac{k_{s,i}}{r_{ht,i,a}} \right) \right]^2},$$

wobei als erste Annahme nach Indlekofer [7]

$$r_{hy,i,a} = \frac{k_{s,i}^{1/4}}{\sum k_{s,i}^{1/4} \cdot l_{u,i}} \cdot A \qquad (20.26)$$

oder der hydraulische Radius des Gesamtquerschnitts angesetzt werden kann.
Bei größeren Differenzen (>3 %) zwischen dem angenommenen und dem rechnerischen Wert $r_{hy,i,r} - r_{hy,i,a}$ wird eine Verbesserung vorgenommen.

c) Die eingangs getroffene Annahme der mittleren Geschwindigkeit wird aufgrund des Flächenvergleichs überprüft und falls notwendig korrigiert:

- Die Geschwindigkeitsannahme kann beispielsweise mit dem Ansatz

$$v_{a,neu} = \left[\frac{2 \cdot A}{\sum (l_{u,i} \cdot r_{hy,i})} + 1 \right] \cdot \frac{v_{a,alt}}{3}$$

verbessert werden.

- Ist die Bedingung für eine vorausgesetzte Genauigkeit erfüllt, z. B.

$$\frac{|v_{a,alt} - v_{a,neu}|}{v_{a,neu}} < \text{zulässige Toleranz}$$

kann der Abfluss entsprechend d) ermittelt werden. Als Toleranz können bei Berechnungen von Hand etwa 5 % und bei Programmanwendung 1 % zugelassen werden, da mit dem vorgeschlagenen Verbesserungsschritt eine gute Näherung an das Endergebnis erzielt wird. Andernfalls wiederholt sich der Berechnungsgang mit der neuen Annahme für die Geschwindigkeit v_a, neu ab Schritt b) mit der iterativen Ermittlung der hydraulischen Radien, wobei als erste Annahme für $r_{hy,i,a}$ das Ergebnis des vorhergehenden Rechengangs herangezogen wird.

d) Der Abfluss ergibt sich zu $Q = A \cdot v_{a,neu}$.
Bei Anwendung vorstehender Ansätze ist eine Wiederholung der Rechnung mit der neuen Annahme für die Geschwindigkeit allenfalls einmal erforderlich.

20.3.3.2.3 Fließgewässer mit Großbewuchs

Gerade hinsichtlich der Berücksichtigung von Bewuchs hat das universelle Fließgesetz gegenüber dem Reibungsansatz von Manning-Strickler Vorteile hinsichtlich der Übereinstimmung von Messdaten mit Berechnungsergebnissen sowie der Übertragbarkeit auf verschiedene Größenordnungen und Bewuchsverhältnisse gezeigt. Aus diesem Grunde werden nachfolgend nur die Berechnungsansätze für Bewuchs beschrieben, die in Verbindung mit dem universellen Fließgesetz Anwendung finden.

Bezüglich der Durch- oder Überströmung werden drei Arten von Bewuchs unterschieden:

- Kleinbewuchs: wird vornehmlich überströmt und rechnerisch durch die Rauheit ausgedrückt (z. B. Gras und Stauden). Die Höhe des Bewuchses h_p ist wesentlich geringer als die Wassertiefe $h(h_p \ll h)$.
- Mittelbewuchs: wird sowohl durch- als auch überströmt. Hierzu gibt es erst Ansätze, mit denen die Schubspannung an einzelnen Bewuchselementen (z. B. Wasserpflanzen) bestimmt werden können. Für die Fließgewässerberechnung ist zu prüfen, ob sich beispielsweise bei einem

Abb. 20.26 Berücksichtigung
des Einflusses von Bewuchs

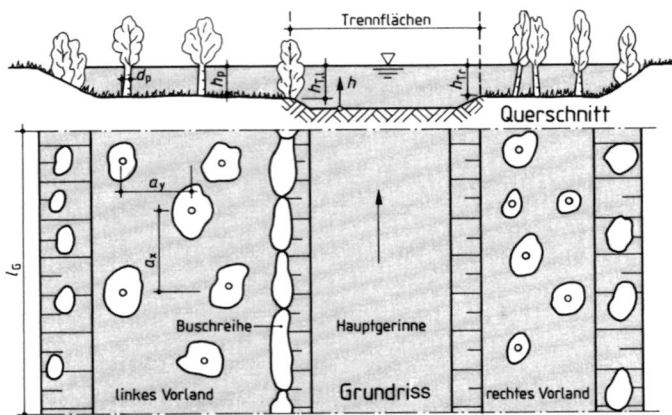

Hochwasserabfluss der Bewuchs weitgehend gelegt hat und wie eine entsprechend hohe Rauheit behandelt wird oder ob bei vornehmlicher Durchströmung die nachfolgenden Ansätze des Großbewuchses zu verwenden sind. Neuere Ansätze zur Bewuchssteifigkeit werden in Turbulenzmodellen verwendet.

- Großbewuchs: wird ausschließlich durchströmt ($h_\mathrm{p} \geq h$). Die zugehörigen Berechnungsansätze setzen weitgehend starre Strömungshindernisse voraus und berücksichtigen die in Abb. 20.26 enthaltenen geometrischen Größen:

a_x Abstand der Bewuchselemente in Fließrichtung
a_y Abstand der Bewuchselemente quer zur Fließrichtung
d_P Durchmesser der Bewuchselemente
h_P eingestaute Höhe der Bewuchselemente, die sich für den Querschnittsteil i mit dem anteiligen Fließquerschnitt A_i und dem Anteil an der Spiegelbreite $b_\mathrm{Sp,i}$ gegebenenfalls als mittlere Höhe mit dem Ansatz $h_\mathrm{P,m,i} = \frac{A_\mathrm{i}}{b_\mathrm{Sp,i}}$ ergibt.

Mit den Bezeichnungen aus Abb. 20.26 und dem Querneigungswinkel α des betrachteten Querschnittsteils ergibt sich der Widerstandsbeiwert λ_P für den Großbewuchs zu

$$\lambda_\mathrm{P} = c_\mathrm{w} \cdot 4 \cdot \frac{h_\mathrm{P,m} \cdot d_\mathrm{P}}{a_\mathrm{x} \cdot a_\mathrm{y}} \cdot \cos\alpha. \qquad (20.27)$$

Dieses Verfahren wird in [20] in einem Zahlenbeispiel für Querschnittsanteile mit Großbewuchs angewendet.

Die **Widerstandszahl** c_wi wird angenähert **zu 1,5** angenommen [1].

In **kompakten Querschnitten** mit längslaufendem Bewuchs wird für l_uB bei λ ein $k_\mathrm{s} = 0,4$ bis $1,0\,\mathrm{m}$ eingesetzt.

Kompakte Querschnitte mit Großbewuchs Nach dem DVWK-Merkblatt 220 [1] wird der sohlenbezogene Widerstandsbeiwert λ_So bzw. λ_w auf der Basis eines sohlenbezogenen hydraulischen Radius $r_\mathrm{hy,So}$ ermittelt. Dabei wird der bewuchsbestandene Fließquerschnittsbereich in einen sohlen- und einen bewuchsbezogenen Anteil in ähnlicher Weise gegliedert, wie dies bei einem kompakten Querschnitt mit unterschiedlichen Rauheiten erfolgt. Da zunächst sowohl

die Geschwindigkeit v als auch der hydraulische Radius $r_\mathrm{hy,So}$ unbekannt sind, ist die Bestimmung nur iterativ möglich. Folgender Lösungsweg wird vorgeschlagen:
a) Der Widerstandsbeiwert des Bewuchses λ_P wird mit (20.22) berechnet.
b) Für den sohlenbezogenen hydraulischen Radius wird zunächst die Annahme $r_\mathrm{hy,So,a} = r_\mathrm{hy}$ als hydraulischer Radius des bewuchsbestandenen Querschnittsteils getroffen.
c) Der sohlenbezogene Widerstandsbeiwert λ_So bzw. λ_w und die Geschwindigkeit v werden mit $r_\mathrm{ht,So,a}$ unter Verwendung von (20.18) und (20.19) abgeschätzt.
d) Der sohlenbezogene hydraulische Radius wird mit folgendem Ansatz berechnet:

$$r_\mathrm{hy,So,r} = \frac{v^2 \cdot \lambda_\mathrm{So}}{8 \cdot g \cdot I_\mathrm{E}}. \qquad (20.28)$$

e) Der angenommene hydraulische Radius $r_\mathrm{hy,So,a}$ wird z. B. mit dem Ansatz

$$r_\mathrm{hy,So,a,neu} = \frac{(r_\mathrm{hy,So,a,alt} + 6 \cdot r_\mathrm{hy,So,r})}{7}$$

verbessert und der Rechengang ab Schritt c) wiederholt, bis eine ausreichende Übereinstimmung von geschätztem und berechnetem Wert für den hydraulischen Radius $r_\mathrm{hy,So}$ bzw. keine wesentliche Veränderung der in Schritt c) ermittelten Fließgeschwindigkeit v gegeben sind. Den Abfluss erhält man dann mit $Q = v \cdot A$.
Überschlägige Ermittlungen der Geschwindigkeit aus dem Quotienten $v/\sqrt{I_\mathrm{E}}$ sind mit den in Abb. 20.27 wiedergegebenen Diagrammen möglich. Schumacher [17] empfiehlt allerdings, auch bei bewuchsbestandenen Querschnitten bzw. Teilquerschnitten zur Berechnung von λ_So grundsätzlich r_hy des Querschnitts anstelle von $r_\mathrm{hy,So}$, heranzuziehen. Auch das Verfahren von Pasche [1] setzt diese Vorgehensweise voraus. Daraus resultieren aber nur geringe Unterschiede.

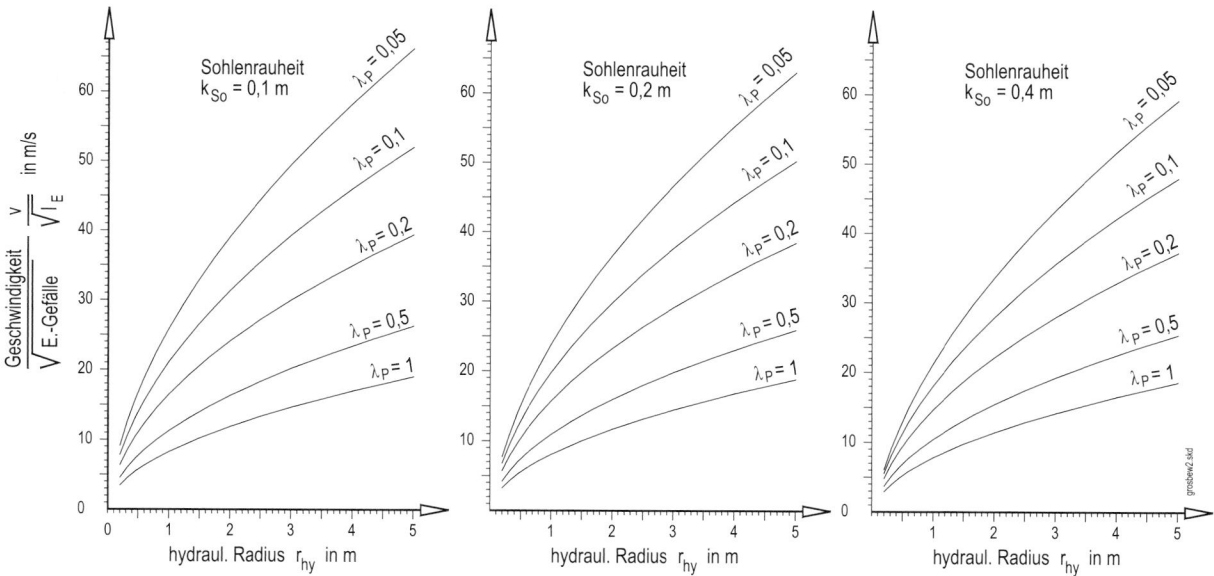

Abb. 20.27 Diagramm zur Ermittlung des Quotienten $v/\sqrt{I_E}$ bei Großbewuchs

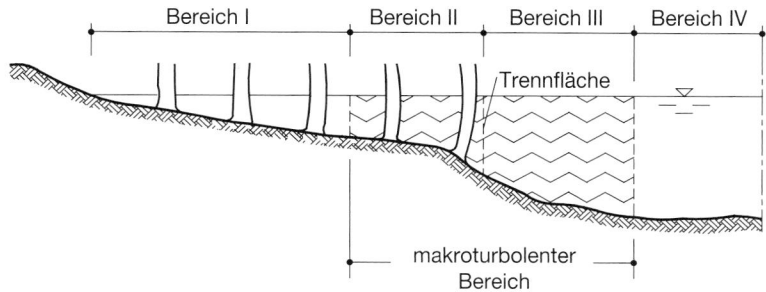

Abb. 20.28 Bereiche bei gegliederten Querschnitten mit Großbewuchs. Einfluss auf die Strömung durch I: Bewuchs und Sohle bzw. Wandung, II: Bewuchs, Sohle und Makroturbulenz (letztere mit geringfügig beschleunigender Wirkung), III: Sohle und Makroturbulenz (hier mit stark verzögernder Wirkung auf die schnellere Strömung im bewuchsfreien Bereich), IV: Sohle

Gegliederte Querschnitte mit Großbewuchs Bei gegliederten Querschnitten mit Großbewuchs und bewuchsfreien Querschnittsanteilen sind an den Grenzen ebenfalls Trennflächen mit Rauheiten vorzusehen, deren Größe wesentlich über den üblichen Sohlenrauheiten liegt. Bezüglich der Einflüsse auf die Strömung unterscheidet man vier Bereiche (Abb. 20.28).

Für die Abgrenzung zwischen den Bereichen III und IV liegen allerdings noch keine Kriterien vor. Für kleinere Breiten wird der Bereich III über den gesamten bewuchsfreien Querschnittsanteil angesetzt (in der Regel das Hauptgerinne). Für Spiegelbreiten des Bereichs III, die das 25-fache der Wassertiefe im Vorland übersteigen, gibt Schumacher [17] eine zusätzliche Breitenumrechnung an.

Für die Ermittlung der in diesen Fällen besonders hohen Trennflächenrauheit werden in [1] zwei Verfahren vorgeschlagen:

- Verfahren nach Mertens für eher kompakte Querschnittsformen und
- Verfahren nach Pasche mit weitergehender Anwendungsmöglichkeit und einem wesentlich höheren Berechnungsaufwand.

Im Hinblick auf den extrem hohen Berechnungsaufwand durch überlagerte Iterationen ist das Verfahren von Pasche sinnvoller Weise nur mit Hilfe geeigneter Computerprogramme zu lösen. Die nachfolgende Darstellung beschränkt sich deshalb auf das Verfahren nach Mertens in der Fassung nach [1].

Verfahren nach Mertens Die zu berücksichtigenden geometrischen Größen sind in Abb. 20.29 wiedergegeben. Die Trennflächen grenzen die bewachsenen und bewuchsfreien Querschnittsbereiche ab.

Die Trennflächenrauheiten sind im Falle von beidseitigem Großbewuchs für jede Seite getrennt zu ermitteln ($k_{T,li}$ und

Abb. 20.29 Geometrische Elemente zur Bestimmung der Trennflächenrauheit nach Mertens

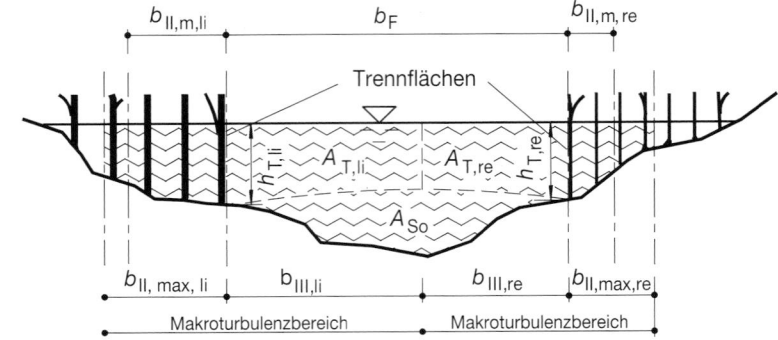

$k_{T,re}$). Die Trennflächenrauheit erhalt man aus

$$k_T = c \cdot b_{II,m} + 1,5 \cdot d_p \qquad (20.29)$$

mit dem bewuchsabhängigen Beiwert

$$c = 1,2 - 0,3 \cdot \frac{B}{1000} + 0,06 \cdot \left(\frac{B}{1000}\right)^{1,5} \qquad (20.30)$$

und dem Bewuchsparameter

$$B = \left(\frac{a_x}{d_p} - 1\right)^2 \cdot \left(\frac{a_y}{d_p}\right) \qquad (20.31)$$

Übersteigt der Abstand a_y das 10-fache des Durchmessers d_P, dann wird das Verhältnis $a_y/d_P = 10$ gesetzt. Mit dieser Bedingung wird die seitlich begrenzte Störwirkung der Einzelelemente berücksichtigt.

Die darüber hinaus erforderliche mittlere Breite $b_{II,m}$ des Bereiches II ergibt sich mit der Querschnittsfläche A_{II} und der Trennflächenhöhe h_T zu

$$b_{II,m} = \frac{A_{II}}{h_T} \qquad (20.32)$$

Die Querschnittsfläche A_{II} erhält man aus den Begrenzungen durch Sohle, Wasserspiegel, Trennfläche und der maximalen Breite des Makroturbulenzbereichs $b_{II,max}$ aus den Ansätzen

$b_{II,max} = b_{III}$ für lichten Bewuchs ($B \geq 16$) oder

$b_{II,max} = 0,25 \cdot b_{III} \cdot \sqrt{B}$ für dichten Bewuchs ($B \leq 16$).

$$\qquad (20.33)$$

Darüber hinaus ist noch die Spiegelbreite des Bereiches II als Obergrenze für die Breite $b_{II,max}$ zu beachten. Bei den häufig asymmetrischen Fließquerschnitten naturnah gestalteter oder natürlicher Fließgewässer ist die Aufteilung der Breite des Hauptgerinnes b_F in eine für die linke oder rechte Seite anzusetzende Breite des Bereiches III ($b_{III,li}$ oder $b_{III,re}$) zunächst nicht bekannt. Hierzu sind die Bedingungen

$$b_F = b_{III,li} + b_{III,re} \quad \text{sowie}$$

$$\frac{b_{III,li}}{\lambda_{T,li}} = \frac{b_{III,re}}{\lambda_{T,re}} \rightarrow b_{III,li} = \frac{b_F \cdot \lambda_{T,li}}{\lambda_{T,li} + \lambda_{T,re}} \qquad (20.34)$$

heranzuziehen.

Die Widerstandsbeiwerte λ_T werden mit (20.27) und folgenden Variablen bestimmt:

$$\lambda_T = \frac{1}{\left[2,343 - 2 \cdot \log\left(\frac{k_T}{b_{III}}\right)\right]^2} \qquad (20.35)$$

Eine Lösung ist bei asymmetrischen Fließquerschnitten nur iterativ möglich, wobei sich als erste Annahme eine hälftige Aufteilung von b_F in $b_{III,li}$ und $b_{III,re}$ anbietet. Aufgrund der hiermit ermittelten Trennflächenrauheiten und Widerstandsbeiwerte erfolgt die Verbesserung der Breitenaufteilung mit (20.34).

Nach Ermittlung der Trennflächenrauheit(en) lässt sich der Abfluss im Hauptgerinne mit dem in Abschn. 20.3.3.2.2 beschriebenen Ablauf für kompakte Querschnitte mit unterschiedlichen Rauheiten berechnen. Der Abfluss durch bewuchsbestandene Querschnittsteile erfolgt mit (20.18) und dem in Verbindung mit (20.22) sowie (20.23) wiedergegebenen Berechnungsablauf.

Ein Zahlenbeispiel zu diesem Verfahren ist in [16], Abschn. 2.6 enthalten.

20.3.3.3 Stationär ungleichförmiger Abfluss

Stau- oder Senkungslinien Weichen bei gleichbleibendem Abfluss Q Sohl- und Energieliniengefälle voneinander ab, so spricht man von stationär ungleichförmigem Abfluss. Die Wassertiefe h ist verschieden von der Normalwassertiefe h_n, $h \neq h_n$. Ursache sind Abstürze, Ausflüsse unter Schützen, Aufstau vor Wehren, Wechsel von Sohlgefälle und Fließrichtung, Rauheit und Querschnittsform. Bei seitlichen Zuflüssen gehört zum größeren Q ein größeres h_n, das im oberhalb liegenden Gerinneabschnitt einen Aufstau erzeugt usw. Hydraulisch besteht das Bestreben, wieder h_n zu erreichen. Dessen Größe ermittelt man für ein vorgegebenes Q in m³/s iterativ (Zielwertabfrage) aus:

$$Q = A \cdot k_{St} \cdot r_{hy}^{2/3} \cdot I^{1/2}$$

((20.12) und (20.13)) oder

$$Q = A \cdot \left[78,45 \cdot r_{hy} \cdot I/(\lambda w + \lambda p)\right]^{0,5}$$

Tafel 20.28 Übergänge zwischen unterschiedlichen Wassertiefen durch Gefällewechsel

Fließzustand	Vergrößerung des Gefälles	Verminderung des Gefälles
Vor und hinter dem Gefällewechsel strömend	Übergangsstrecke oberstrom des Gefällewechsels als Senkungslinie	Übergangsstrecke oberstrom des Gefällewechsels als Staulinie
Vor und hinter dem Gefällewechsel schießend	Übergangsstrecke unterstrom des Gefällewechsels als Beschleunigungsstrecke	Übergangsstrecke unterstrom des Gefällewechsels als Verzögerungsstrecke
Vor dem Gefällewechsel strömend, dahinter schießend	Übergangsstrecken oberstrom des Gefällewechsels als Senkungslinie und unterstrom als Beschleunigungsstrecke	Entfällt
Vor dem Gefällewechsel schießend, dahinter strömend	Entfällt	Sprunghafter Übergang vom schießenden zum strömenden Fließzustand, Wechselsprung

Fr – Froude-Zahl entsprechend (20.9)

((20.18), (20.19), (20.22)) oder für Rohrquerschnitte aus

$$Q = A \cdot \Big\{ -2 \lg \big[2{,}51 \cdot v / (4 r_{\mathrm{hy}} \cdot \sqrt{2g \cdot 4 r_{\mathrm{hy}} \cdot I_{\mathrm{E}}}) + k_{\mathrm{b}} / (3{,}71 \cdot 4 r_{\mathrm{hy}}) \big] \cdot \sqrt{2g \cdot 4 r_{\mathrm{hy}} \cdot I_{\mathrm{E}}} \Big\}$$

(nach Abschn. 20.3.2.4) mit $d_{\mathrm{hy}} = 4 \cdot r_{\mathrm{hy}}$ und bei Kreisprofilen mit den Querschnittswerten zu Abb. 20.20, Abschn. 20.3.3.1.

Die auftretenden Spiegellinien sind vom Sohlgefälle abhängig. Ihre Berechnung beginnt mit der bekannten Wassertiefe am Kontrollquerschnitt und erfolgt bei strömendem Abfluss ($h_{\mathrm{n}} > h_{\mathrm{gr}}$) gegen und bei schießendem Abfluss ($h_{\mathrm{n}} < h_{\mathrm{gr}}$) mit der Fließrichtung.

Die Wasserspiegellage der Kontrollquerschnitte ermittelt sich bei Querschnittsänderungen im Aufriss entweder nach dem Extremalprinzip (s. Abschn. 20.3.4.2) oder mit dem Impulssatz (s. Abschn. 20.3.4.3) oder mit den Wehrformeln (s. Abschn. 20.3.4.5). Für Veränderungen im Grundriss gelten folgende **Einzelverluste für strömenden Abfluss.** Sie werden, insbesondere bei Profilen nach DIN 4263:2011-06 zwischen die Streckenabschnitte der Berechnung nach Tafel 20.31 geschoben, wobei die Längen der angrenzenden Reibungsstrecken jeweils bis in die Mitte des Störabschnittes reichen.

Bei strömendem Fließzustand wird gegen die Fließrichtung gerechnet (Abb. 20.30) $h_{\mathrm{o}} = h_{\mathrm{u}} + \Delta h_{\mathrm{w}} - \Delta z$.

Die Übergänge zwischen unterschiedlichen Wassertiefen durch Gefällewechsel zeigt Tafel 20.28.

20.3.3.3.1 Verlustbeiwerte für gekrümmte Rechteckgerinne

$$\text{Energieverlust} \quad h_{\mathrm{v}} = \zeta \cdot v_{\mathrm{u}}^2 / 2g \qquad (20.36)$$

Anhaltswerte für ζ enthält Tafel 20.29.

Mit $I_{\mathrm{E}} \approx I_{\mathrm{s}}$ kann durch Probieren die Wasserspiegeldifferenz gefunden werden.

$$\Delta h_{\mathrm{w}} = h_{\mathrm{v}} + \big(1/A_{\mathrm{u}}^2 - 1/A_{\mathrm{o}}^2 \big) \cdot Q^2 / 2g \qquad (20.37)$$

Tafel 20.29 Verlustbeiwert ζ für gekrümmte Rechteckgerinne

	r/B	0,5	0,75	1,0	1,5	2,0
α	45°	0,15	0,1	0,05		
	90°	0,8	0,45	0,3	0,15	0,1
	135°	0,9	0,5	0,35	0,17	0,12
	180°	1,0	0,6	0,4	0,2	0,13

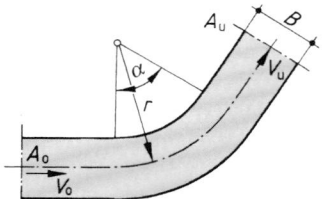

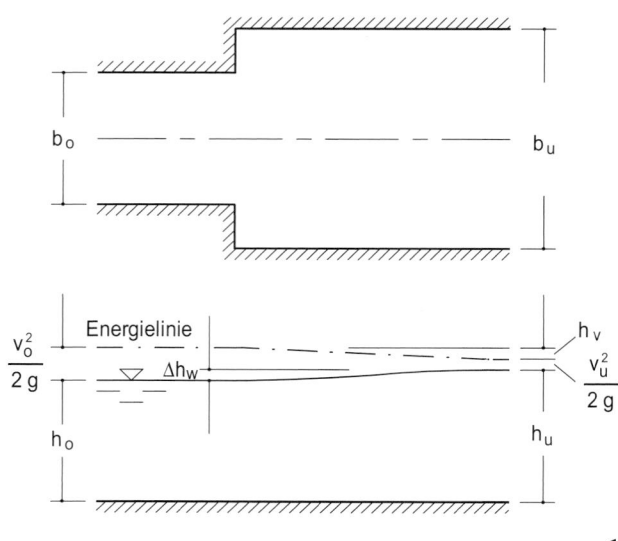

Beispiel

$B = 0,80\,\text{m}$; $Q = 0,50\,\text{m}^3/\text{s}$; $h_\text{u} = 0,50\,\text{m}$; $r = 0,80\,\text{m}$; $\beta = 90°$; $r/B = 0,8/0,8 = 1$; $\zeta = 0,3$;

$$h_\text{v} = 0,3 \cdot 0,5^2/((0,5 \cdot 0,8)^2 \cdot 19,62) = 0,024\,\text{m};$$

$$\Delta h_\text{w} = 0,024 + (1/(0,5 \cdot 0,8)^2 - 1/(0,524 \cdot 0,8)^2)$$
$$\cdot\, 0,5^2/19,62$$
$$= 0,024 + 0,007 = 0,031 > 0,024\,\text{m}$$

neue Schätzung:

$$\Delta h_\text{w} = 0,034\,\text{m}; \quad h_0 = 0,5 + 0,034 = 0,534\,\text{m};$$

$$\Delta h_\text{w} = 0,034 + (1/(0,50,8)^2 - 1/(0,534 \cdot 0,8)^2)$$
$$\cdot\, 0,5^2/19,62$$
$$= 0,0338 \approx 0,034\,\text{m}. \quad \blacktriangleleft$$

20.3.3.3.2 Verluste beim Eintritt und bei Änderung der Querschnittsgröße

Eintrittsverluste Eintrittsverluste lassen sich mit dem Ansatz und den Beiwerten für Rohreintritte abschätzen (Tafel 20.10).

Verluste durch Querschnittsänderungen Fließverluste bei geänderten Querschnittsgrößen lassen sich mit dem Stützkraftansatz analog zur Berechnung des Wechselsprungs ermitteln. Bei mit langen Übergangen gestalteten Verengungen sind die örtlich konzentrierten Verluste vernachlässigbar gering. Bei sprunghaft ausgeführten Verengungen und bei Aufweitungen mit Zentriwinkeln $> 30°$ lassen sie sich ebenfalls mit den Ansätzen aus der Rohrhydraulik hinreichend genau bestimmen (Tafeln 20.11 und 20.12).

Zahlenbeispiel für ein Rechteckgerinne

Gegeben (siehe Skizze):

$$Q = 0,50\,\text{m}^3/\text{s}; \qquad b_0 = 0,60\,\text{m};$$
$$b_\text{u} = 1,00\,\text{m}; \qquad h_\text{u} = 0,60\,\text{m}$$

Lösung Wegen der Aufweitung und der entsprechenden Verminderung der Geschwindigkeitshöhe wird ein Anstieg des Wasserspiegels erwartet (wie skizziert). Der Aufweitungsverlust wird mit dem in Tafel 20.11 unten enthaltenen Ansatz bestimmt. Da die Wassertiefe h_0 und damit auch der Fließquerschnitt A_0 zunächst nicht bekannt sind, wird für h_0 zunächst eine Annahme getroffen.

1. Annahme für h_0: h_0 ist 5 cm kleiner als h_u: $h_0 = 0,55\,\text{m}$

$$\rightarrow \quad A_0 = 0,55 \cdot 0,60 = 0,33\,\text{m}^2;$$
$$A_\text{u} = b_\text{u} \cdot h_\text{u} = 1,00 \cdot 0,60 = 0,60\,\text{m}^2;$$
$$v_\text{u} = Q/A_\text{u} = 0,833\,\text{m/s};$$
$$v_\text{u}^2/(2 \cdot g) = 0,0354\,\text{m};$$

Verlustbeiwert entsprechend Tafel 20.11 unten

$$h_\text{v} = (1,0 \text{ bis } 1,2) \cdot \left(1 - \frac{A_\text{u}}{A_0}\right)^2 \cdot \frac{v_\text{u}^2}{2 \cdot g}$$
$$\approx 1,1 \cdot \left(1 - \frac{0,60}{0,33}\right)^2 \cdot 0,0354$$
$$= 0,026\,\text{m}$$

Die Wasserspiegeldifferenz Δh_w errechnet sich unter Berücksichtigung der Verlusthöhe entsprechend der Skizze zu

$$\Delta h_\text{w} = \frac{v_0^2}{2 \cdot g} - h_\text{v} - \frac{v_\text{u}^2}{2 \cdot g} = \frac{Q^2}{A_0^2 \cdot 2 \cdot g} - h_\text{v} - \frac{v_\text{u}^2}{2 \cdot g}$$
$$= \frac{0,5^2}{0,33^2 \cdot 19,62} - 0,026 - 0,0354$$
$$= 0,056\,\text{m}$$

2. Annahme für h_o: h_o ist 6 cm kleiner als h_u: $h_\mathrm{o} = 0{,}54\,\mathrm{m}$

$$\rightarrow \quad A_\mathrm{o} = 0{,}54 \cdot 0{,}60 = 0{,}324\,\mathrm{m}^2;$$

$$h_\mathrm{v} = (1{,}0 \text{ bis } 1{,}2) \cdot \left(1 - \frac{A_\mathrm{u}}{A_\mathrm{o}}\right)^2 \cdot \frac{v_\mathrm{u}^2}{2 \cdot g}$$

$$\approx 1{,}1 \cdot \left(1 - \frac{0{,}60}{0{,}324}\right)^2 \cdot 0{,}0354$$

$$= 0{,}028\,\mathrm{m}$$

$$\begin{aligned}
\Delta h_\mathrm{w} &= \frac{v_\mathrm{o}^2}{2 \cdot g} - h_\mathrm{v} - \frac{v_\mathrm{u}^2}{2 \cdot g} \\
&= \frac{Q^2}{A_\mathrm{o}^2 \cdot 2 \cdot g} - h_\mathrm{v} - \frac{v_\mathrm{u}^2}{2 \cdot g} \\
&= \frac{0{,}5^2}{0{,}324^2 \cdot 19{,}62} - 0{,}028 - 0{,}0354 \\
&= 0{,}06\,\mathrm{m}
\end{aligned}$$

Die 2. Annahme stimmt hinreichend genau mit dem berechneten Wert überein. Damit beträgt die gesuchte Wassertiefe $h_\mathrm{o} = 0{,}54\,\mathrm{m}$.

20.3.3.3.3 Berechnung der Stau- oder Senkungskurve

Insbesondere bei natürlichen Gewässerquerschnitten erfolgt die Berechnung der Wasserspiegellagenänderung Δh_w mit vorgegebenen Schrittlängen l (Abb. 20.30) auf der Grundlage der Gleichungen (20.11) und (20.12) oder (20.18), (20.19) und (20.38). Nachstehend wird die Vorgehensweise, bezogen auf (20.11) und (20.12) dargestellt. Hierbei werden der Reibungsverlust und der Erweiterungsverlust ($C_\mathrm{A} = 0{,}33$) berücksichtigt.

Staukurve $I_\mathrm{E} > I_\mathrm{w}; v_\mathrm{o} > v_\mathrm{u} \rightarrow \beta = 2/3$

Senkungskurve $I_\mathrm{E} < I_\mathrm{w}; v_\mathrm{o} < v_\mathrm{u} \rightarrow \beta = 1{,}0$

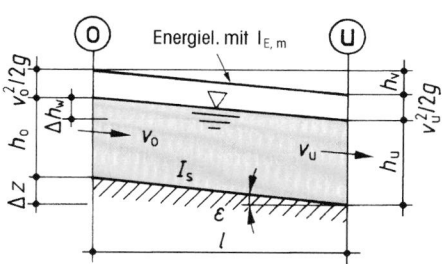

Abb. 20.30 Größen zur Berechnung der Wasserspiegeländerung

Wasserspiegeländerung

$$\Delta h_\mathrm{w} = I_{\mathrm{E,m}} \cdot l + \beta \frac{v_\mathrm{u}^2 - v_\mathrm{o}^2}{2g} = h_\mathrm{r} + \beta \cdot \Delta k_\mathrm{v} \qquad (20.38)$$

Energiehöhengefälle I_E aus Umstellung der Reibungsansätze (s. Abschn. 20.3.3.2), z. B. für Gauckler-Manning-Strickler:

$$I_\mathrm{E} = \left(\frac{Q}{k_{\mathrm{St}} \cdot A \cdot r_{\mathrm{hy}}^{2/3}}\right)^2; \quad I_{\mathrm{E,m}} = \frac{I_{\mathrm{E,o}} + I_{\mathrm{E,u}}}{2}; \quad v = Q/A$$

Die Berechnung der Wasserspiegellage erfolgt schrittweise (s. Tabellenkopf Tafel 20.30). Ausgehend von einer bekannten Höhe schätzt man Δh_w und prüft es mit der vorstehenden Gleichung. Ist der Rechenwert größer oder kleiner, wählt man Δh_w erneut, bei strömendem Abfluss größer oder kleiner (bei Schießen kleiner oder größer). Bei Übereinstimmung geht man zum nächsten Profil (bei Strömen flussaufwärts). Für natürliche Flüsse ist es zweckmäßig, für jedes Profil A und l_u als Kurve f (NHN-Höhe) darzustellen. (Vorzeichen Spalte 16 beachten)

Vor allem bei glatten prismatischen Gerinnen (Rechtecke, teilgefüllte Rohre) wird die universelle Fließformel verwendet. Man teilt z. B. die betrachtete Strecke L (Kanalhaltung) in 10 Abschnitte Δx und iteriert bei bekanntem h_1

Tafel 20.30 Berechnung der Wasserspiegellage (Beispiel m. Reibungsansatz n. Gauckler-Manning-Strickler)

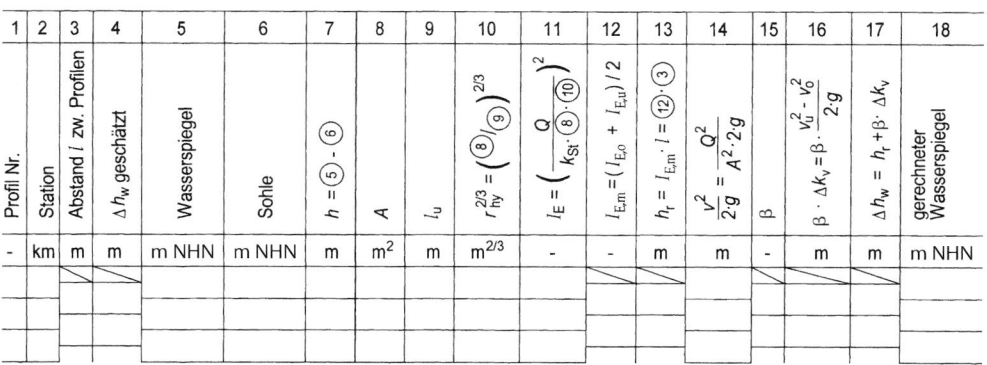

1	2	3	4	5	6	7	8	9	10	11	12	13	14	15	16	17	18
Profil Nr.	Station	Abstand l zw. Profilen	Δh_w geschätzt	Wasserspiegel	Sohle	$h = \textcircled{5} \cdot \textcircled{6}$	A	l_u	$r_{\mathrm{hy}}^{2/3} = \left(\dfrac{\textcircled{8}}{\textcircled{9}}\right)^{2/3}$	$I_\mathrm{E} = \left(\dfrac{Q}{k_{\mathrm{St}} \cdot \textcircled{8} \cdot \textcircled{10}}\right)^2$	$I_{\mathrm{E,m}} = (I_{\mathrm{E,o}} + I_{\mathrm{E,u}})/2$	$h_\mathrm{r} = I_{\mathrm{E,m}} \cdot l = \textcircled{12} \cdot \textcircled{3}$	$\dfrac{v^2}{2g} = \dfrac{Q^2}{A^2 \cdot 2 \cdot g}$	β	$\beta \cdot \Delta k_\mathrm{v} = \dfrac{v_\mathrm{u}^2 - v_\mathrm{o}^2}{2g} = \beta \cdot$	$\Delta h_\mathrm{w} = h_\mathrm{r} + \beta \cdot \Delta k_\mathrm{v}$	gerechneter Wasserspiegel
-	km	m	m	m NHN	m NHN	m	m²	m	m²/³	-	-	m	m	-	m	m	m NHN

Für stark gegliederte Fließquerschnitte erfolgt eine Teilung durch Anordnung von Trennflächen [1, 5].

(z. B. $= h_{\mathrm{u}}$) durch Zielwertabfrage nach vorgegebenem Δx als Variable h_2 (z. B. h_{o}). Dabei werden folgende Algorithmen verwendet:

$$\vartheta_1 = 4 \cdot \arcsin(\sqrt{h_1/d}) = \mathrm{arc}\,\vartheta_1$$

$$v_1 = Q/A_1 = 8Q/(\mathrm{arc}\,\vartheta_1 - \sin\vartheta_1)/d^2$$

$$r_{\mathrm{hy,i}} = (\mathrm{arc}\,\vartheta_1 - \sin\vartheta_1) \cdot d/4/\mathrm{arc}\,\vartheta_1$$

$$I_{\mathrm{E,m}} = (\lambda_{\mathrm{m}} \cdot v_{\mathrm{m}}^2)/(4 \cdot r_{\mathrm{hy,m}} \cdot 2g)$$

$$v_{\mathrm{m}} = (v_1 + v_2)/2;$$

$$r_{\mathrm{hy,m}} = (r_{\mathrm{hy,1}} + r_{\mathrm{hy,2}})/2$$

$$\Delta x = (h_1 + v_1^2/2g - h_2 - v_2^2/2g)/(I_{\mathrm{E,m}} - I_{\mathrm{s}})$$

$$\begin{aligned}\lambda_{\mathrm{m}} = \{&-2\lg[2{,}51 \cdot v/(v_{\mathrm{m}} \cdot 4 \cdot r_{\mathrm{hy,m}}) \\ &\cdot (-2\lg(k_{\mathrm{b}}/(4 \cdot r_{\mathrm{hy,m}} \cdot 3{,}71))) \\ &+ k_{\mathrm{b}}/(4 \cdot r_{\mathrm{hy,m}} \cdot 3{,}71)]\}^{-2} \quad \text{(ist hier genau genug)}\end{aligned}$$

Der unten stehende Tabellenkopf nach [19] gilt für eine Staulinie mit folgenden Ausgangswerten: DN 1000, $k_{\mathrm{b}} = 0{,}75\,\mathrm{mm}$, $I_{\mathrm{s}} = 3\,‰$, $Q = 0{,}95\,\mathrm{m^3/s}$, $h_{\mathrm{n}} = 0{,}607\,\mathrm{m}$, $h_{\mathrm{gr}} = 0{,}558\,\mathrm{m}$, $h_1 = 0{,}85\,\mathrm{m}$, $v_1 = 1{,}335\,\mathrm{m/s}$.

Berechnung von Stau- und Senkungskurven mithilfe von Funktionswerten

l Stauweite

h_{n} Wassertiefe bei Normalabfluss, d. h., ohne Aufstau oder Absenkung

Weitere Variable sind in Abb. 20.31 und 20.32 wiedergegeben.

Gleichung der Wasserspiegellinie

$$x = \frac{h_{\mathrm{n}}}{I_{\mathrm{s}}}\{\eta_{\mathrm{R}} - \eta_{\mathrm{L}} - (1-r)[\varphi(\eta_{\mathrm{R}}) - \varphi(\eta_{\mathrm{L}})]\} \quad \text{in m,}$$

$$(20.39)$$

Es ist für Rechteckgerinne

$$r = h_{\mathrm{gr}}^3/h_{\mathrm{n}}^3;$$

für Parabelgerinne

$$r = h_{\mathrm{gr}}^4/h_{\mathrm{n}}^4; \quad \eta_{\mathrm{L}} = h_{\mathrm{L}}/h_{\mathrm{n}}; \quad \eta_{\mathrm{R}} = h_{\mathrm{R}}/h_{\mathrm{n}};$$

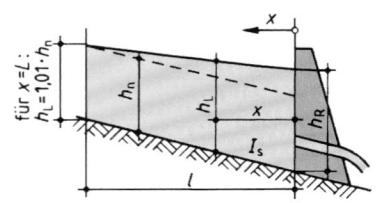

Abb. 20.31 Staukurve

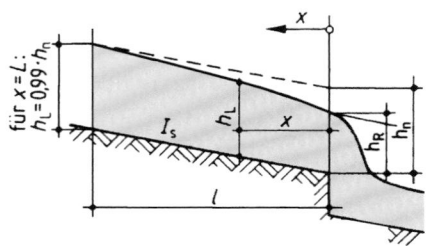

Abb. 20.32 Senkungskurve

Für Staukurven gilt bei Vernachlässigung der kinetischen Energie:

$$x = \frac{h_{\mathrm{n}}}{I_{\mathrm{s}}}[(\Phi_{\mathrm{R}}) - (\Phi_{\mathrm{L}})] \quad \text{in m} \qquad (20.40)$$

Φ und φ s. Tafel 20.31.

Die **Stauweite** L ermittelt man mit:

- $\eta_{\mathrm{L}} = 1{,}01$ bei Staukurven;
- $\eta_{\mathrm{L}} = 0{,}99$ bei Senkungskurven.

Beispiele

Staukurve, Rechteckprofil: $h_{\mathrm{n}} = 2{,}00\,\mathrm{m}$, Aufstau $1{,}50\,\mathrm{m}$, $I_{\mathrm{s}} = 1\,‰$. Wie groß sind Stauweite und Wassertiefe im Abstand $x = 300\,\mathrm{m}$?

$$\eta_{\mathrm{R}} = (2{,}0 + 1{,}5)/2{,}0 = 1{,}75;$$

Tafel 20.31a:

$$\Phi_{\mathrm{R}} = 0{,}666;$$

für $\eta_{\mathrm{L}} = 1{,}01$:

$$\Phi_{\mathrm{L}} = -1{,}3161;$$

$$\Phi_{\mathrm{L}} = 0{,}666 - 300 \cdot 0{,}001/2{,}0 = 0{,}516 \rightarrow \eta_{\mathrm{L}} = 1{,}631;$$

$$h_{\mathrm{L}} = 1{,}631 \cdot 2{,}0 = 3{,}26\,\mathrm{m};$$

$$L = [0{,}666 - (-1{,}3161)] \cdot 2{,}0/0{,}001 = 3964\,\mathrm{m}$$

h_{gr}	h_{n}	$h_1 > h_{\mathrm{n}}$	$h_{\mathrm{n}} < h_2 < h_1$	$r_{\mathrm{hy,m}}$	v_{m}	λ_{m}	$I_{\mathrm{E,m}}$	dx	$\sum \mathrm{d}x = L$
m	m	m	m	m	m/s	–	m	m	m
0,558	0,607	0,850	0,840	0,304	1,342	0,018	0,0014	5,0	5
0,558	0,607	0,850	0,830	0,304	1,356	0,018	0,0014	5,0	10

Tafel 20.31 Funktionswerte für die Berechnung der Wasserspiegellage

Staukurvenberechnung

	Rechteckprofile (unendlich breit)						Parabelprofile					
η	φ	Φ	η	φ	Φ		η	φ	Φ	η	φ	Φ
10,00	0,9116	9,0884	1,39	1,2166	0,1734		10,0	0,7857	9,2143	1,39	0,9268	0,4632
9,00	0,9131	8,0869	1,38	1,2228	0,1572		9,0	0,7859	8,2141	1,38	0,9305	0,4495
8,00	0,9147	7,0853	1,37	1,2291	0,1409		8,0	0,7861	7,2139	1,37	0,9344	0,4356
7,00	0,9171	6,0829	1,36	1,2355	0,1245		7,0	0,7864	6,2136	1,36	0,9385	0,4215
6,00	0,9206	5,0794	1,35	1,2422	0,1078		6,0	0,7869	5,2131	1,35	0,9427	0,4073
5,00	0,9270	4,0730	1,34	1,2491	0,0909		5,0	0,7881	4,2119	1,34	0,9471	0,3929
4,50	0,9317	3,5683	1,33	1,2564	0,0736		4,5	0,7891	3,7109	1,33	0,9517	0,3783
4,00	0,9384	3,0616	1,32	1,2639	0,0561		4,0	0,7906	3,2094	1,32	0,9565	0,3635
3,50	0,9481	2,5519	1,31	1,2719	0,0382		3,5	0,7932	2,7068	1,31	0,9615	0,3485
3,00	0,9633	2,0367	1,30	1,2800	0,0200		3,0	0,7978	2,2022	1,30	0,9668	0,3332
2,90	0,9674	1,9326	1,29	1,2885	0,0015		2,9	0,7991	2,1009	1,29	0,9723	0,3177
2,80	0,9719	1,8281	1,28	1,2974	−0,0174		2,8	0,8007	1,9993	1,28	0,9781	0,3019
2,70	0,9769	1,7231	1,27	1,3067	−0,0367		2,7	0,8025	1,8975	1,27	0,9842	0,2858
2,60	0,9826	1,6174	1,26	1,3165	−0,0565		2,6	0,8045	1,7955	1,26	0,9906	0,2694
2,50	0,9890	1,5110	1,25	1,3267	−0,0767		2,5	0,8070	1,6930	1,25	0,9973	0,2527
2,40	0,9963	1,4037	1,24	1,3375	−0,0975		2,4	0,8098	1,5902	1,24	1,0045	0,2355
2,30	1,0047	1,2953	1,23	1,3488	−0,1188		2,3	0,8132	1,4868	1,23	1,0121	0,2179
2,20	1,0143	1,1857	1,22	1,3607	−0,1407		2,2	0,8173	1,3827	1,22	1,0200	0,2000
2,10	1,0255	1,0745	1,21	1,3733	−0,1633		2,1	0,8222	1,2778	1,21	1,0285	0,1815
2,00	1,0387	0,9613	1,20	1,3867	−0,1867		2,00	0,8282	1,1718	1,20	1,0375	0,1625
1,95	1,0462	0,9038	1,19	1,4009	−0,2109		1,95	0,8317	1,1138	1,19	1,0471	0,1429
1,90	1,0543	0,8457	1,18	1,4159	−0,2359		1,90	0,8357	1,0643	1,18	1,0574	0,1226
1,85	1,0634	0,7866	1,17	1,4320	−0,2620		1,85	0,8401	1,0099	1,17	1,0685	0,1015
1,80	1,0731	0,7269	1,16	1,4492	−0,2892		1,80	0,8450	0,9550	1,16	1,0803	0,0797
1,75	1,0840	0,6660	1,15	1,4677	−0,3177		1,75	0,8506	0,8994	1,15	1,0932	0,0568
1,70	1,0961	0,6039	1,14	1,4877	−0,3477		1,70	0,8570	0,8430	1,14	1,1071	0,0329
1,65	1,1096	0,5404	1,13	1,5093	−0,3793		1,65	0,8643	0,7857	1,13	1,1223	0,0077
1,60	1,1248	0,4752	1,12	1,5329	−0,4129		1,60	0,8727	0,7273	1,12	1,1389	−0,0189
1,55	1,1421	0,4079	1,11	1,5589	−0,4489		1,55	0,8824	0,6676	1,11	1,1571	−0,0471
1,50	1,1617	0,3383	1,10	1,5875	−0,4875		1,50	0,8938	0,6062	1,10	1,1776	−0,0776
1,49	1,1660	0,3240	1,09	1,6195	−0,5295		1,49	0,8963	0,5937	1,09	1,2005	−0,1105
1,48	1,1704	0,3096	1,08	1,6555	−0,5755		1,48	0,8988	0,5812	1,08	1,2264	−0,1464
1,47	1,1749	0,2951	1,07	1,6969	−0,6269		1,47	0,9015	0,5685	1,07	1,2563	−0,1863
1,46	1,1796	0,2804	1,06	1,7451	−0,6851		1,46	0,9043	0,5557	1,06	1,2913	−0,2313
1,45	1,1844	0,2656	1,05	1,8027	−0,7527		1,45	0,9072	0,5428	1,05	1,3333	−0,2833
1,44	1,1893	0,2507	1,04	1,8738	−0,8338		1,44	0,9101	0,5299	1,04	1,3855	−0,3455
1,43	1,1944	0,2356	1,035	1,9167	−0,8817		1,43	0,9132	0,5168	1,035	1,4170	−0,3820
1,42	1,1997	0,2203	1,03	1,9665	−0,9365		1,42	0,9164	0,5036	1,03	1,4537	−0,4237
1,41	1,2052	0,2048	1,02	2,0983	−1,0783		1,41	0,9198	0,4902	1,02	1,5514	−0,5314
1,40	1,2108	0,1892	1,01	2,3261	−1,3161		1,40	0,9232	0,4768	1,01	1,7210	−0,7110

Senkkurve

η	φ			η	φ	
	Rechteckprofil	Parabelprofil			Rechteckprofil	Parabelprofil
0,995	2,452	1,889		0,90	1,521	1,103
0,99	2,319	1,714		0,85	1,367	0,980
0,98	2,085	1,536		0,80	1,253	0,887
0,97	1,946	1,431		0,75	1,159	0,808
0,96	1,847	1,355		0,70	1,078	0,739
0,95	1,769	1,296		0,65	1,006	0,676
0,94	1,705	1,246		0,60	0,939	0,617
0,93	1,650	1,204		0,50	0,819	0,506
0,92	1,602	1,166		0,40	0,789	0,402
0,91	1,559	1,133				

Senkungskurve, Trapezprofil: $h_R = 1,6\,\text{m}$; $s = 20,0\,\text{m}$; $m = 2$, $I_s = 2\,‰$; $h_n = 2,4\,\text{m}$, $Q = 124\,\text{m}^3/\text{s}$

In welchem Abstand stellt sich die Wassertiefe $h_L = 1,90\,\text{m}$ ein?

Wassertiefe einer Parabel gleicher Fläche und gleicher Spiegelbreite b:

$h_p = 3 \cdot A_{TR}/2 \cdot b$, Parabelparameter $a = h_p/b^2$;

$h_{P,R} = 3 \cdot 37,12/2 \cdot 26,40 = 2,11\,\text{m}$,

$\qquad a = 2,11/26,4^2 = 0,0033$;

$h_{P,L} = 2,46\,\text{m}$; $h_{P,n} = 3,02\,\text{m}$;

$h_{PGr} = \sqrt[4]{27 \cdot 0,003 \cdot 124,0^2/(8 \cdot 9,81)} = 2,00\,\text{m}$;

(Abb. 20.19);

$$\eta_R = h_{P,R}/h_{P,n} = 2,11/3,02 = 0,699;$$

Tafel 20.31b:

$\varphi_R = 0,738$; $\eta_L = 0,815$;

$\varphi_L = 0,915$;

$r = (h_{PGr}/h_{Pn})^4 = (2,0/3,02)^4 = 0,193$;

$x = \dfrac{3,02}{0,002}[0,699 - 0,815 - (1 - 0,193)\,(0,738 - 0,915)]$

$\quad = 40,53\,\text{m}.$ ◄

20.3.3.4 Ungleichförmiger Abfluss in Ablaufrinnen von Klärbecken

Der Abfluss nimmt zu von Null auf Q (s. Abb. 20.33)

a) Horizontale Sohle und h_{gr} am Ablauf:

$$h_o = h_{gr} \cdot \sqrt{3}$$

b) Horizontale Sohle und vom Unterwasser her bestimmte Ablauftiefe h_u

$$h_o = h_u \cdot \sqrt{2\left(h_{gr}/h_u\right)^3 + 1}$$

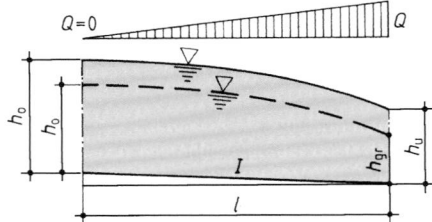

Abb. 20.33 Sammelrinnen an Klärbecken

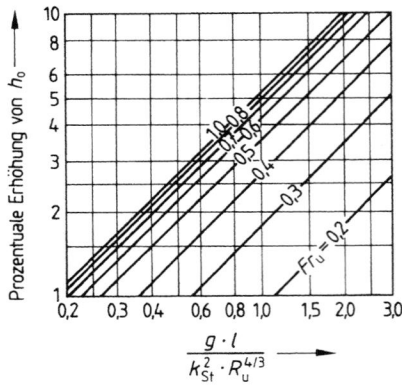

Abb. 20.34 Reibungseinfluss bei Sammelrinnen mit Rechteckquerschnitt ohne bzw. mit sehr geringem Gefälle

c) geneigte Sohle und beliebige Unterwassertiefe h_u, mit $h_u \geq h_{gr}$

$$h_o = h_u \Bigg\{ \sqrt{2(h_{gr}/h_u)^3 + [1 - I \cdot l/(3 \cdot h_u)]^2} \\ - 2 \cdot I \cdot l/(3 \cdot h_u) \Bigg\}$$

Eventuelle Reibungseinflüsse können mit Abb. 20.34 abgeschätzt werden.

Ein Verfahren zur genaueren schrittweisen Berechnung ist in [5] enthalten.

20.3.4 Durchfluss an Wehren und Engstellen

20.3.4.1 Pfeilerstau nach Rehbock (strömender Durchfluss)

$\sum_i a_i$ Querschnittsfläche der eintauchenden Verbauung im ungestauten Fluss mit $h = h_n$

A Durchflussquerschnitt des ungestauten Flusses ohne Einbauten (mit h_n)

$\alpha = \sum_i a_i/A$ Verbauungsverhältnis

$v = Q/A$ mittlere Geschwindigkeit im Fluss ohne Einbauten

Die Formel von Rehbock gibt nur bei **strömendem Durchfluss** und geradem Gewässerverlauf brauchbare Aufstauwerte. Strömender Abfluss herrscht bei

$$\alpha < [1/(0,97 + 21\,\omega)] - 0,13 \qquad (20.41)$$

mit $\omega = v^2/(2g \cdot h_n)$ und den Bezeichnungen entsprechend Abb. 20.35.

Der **Aufstau z** beträgt dann

$$z = \alpha[\beta - \alpha(\beta - 1)] \cdot (0,4 + \alpha + 9\alpha^3)(1 + 2\,\omega)v^2/2\,g$$
$$\text{in m} \qquad (20.42)$$

Abb. 20.35 Pfeilereinbauten

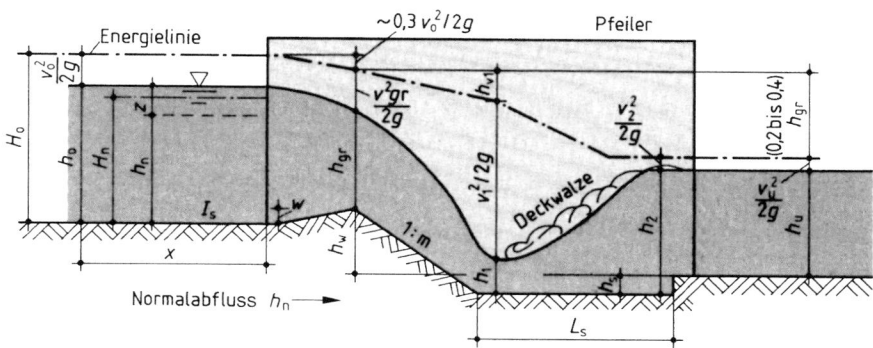

20.3.4.2 Durchfluss mit Fließwechsel (Extremalprinzip)

Bei Durchfluss ohne Fließwechsel steht h für h_{gr} s. Abschn. 20.3.4.3

Die Ermittlung der Wasserspiegellage vor dem Wehr entsprechend Abb. 20.36 und 20.37 geht davon aus, dass in der am weitesten unterhalb gelegenen Engstelle ein Fließwechsel mit der Energiehöhe $H_{min} = h_{gr} + v_{gr}^2/2g$ auftritt. Nach Böss gilt:

a) **Steiler Absturz**, d. h. $m < 4$: Ein Fließwechsel tritt auf bei

$$h_w \geq h_w^* = h_{gr}\left(-3{,}97 + \sqrt{(n + 5{,}47)^2 - 14{,}15}\right) \quad \text{in m} \tag{20.43}$$

Hierin ist

$$n_o = h_u/h_{gr}; \quad n = -1 + \sqrt{n_0^2 - 2 + 2/n_o}$$

b) **Flacher Absturz**, d. h. $m = 4$ bis 12. Fließwechsel bei

$$h_w \geq h_w^* = n \cdot h_{gr} \tag{20.44}$$

Überschlägige Abschätzung: Fließwechsel tritt auf bei

$$h_w + h_{gr} + v_{gr}^2/2g = h_w + H_{min}$$
$$\geq h_u + v_u^2/2g + (0{,}2 \text{ bis } 0{,}4)\, h_{gr} \tag{20.45}$$

Bei Einengungen ohne Absturz gilt mit dem **Extremalprinzip**: Fließwechsel wenn

$$H_{min} = h_{gr} + v_{gr}^2/2g > H_n = h_n + v_n^2/2g. \tag{20.46}$$

Beachte: In H_{min} geht nur die tatsächlich durchströmte Breite der Engstelle ein.

Die Oberwassertiefe h_o ermittelt man nach Bernoulli aus

$$h_o + 0{,}7Q^2/(A_0^2 \cdot 2g) = w + H_{min} - xI_s \tag{20.47}$$

in der Regel durch schrittweise Annäherung mit $x \approx 3$ bis $4h_o$ und $h_o \approx w + H_{min}$. Die Gleichung hat zwei positive Lösungen. Bei strömendem Zufluss, d. h. $h_n > h_{gr}$ ist $h_o > h_{gr}$. Bei Schießen umgekehrt, aber ggf. ist eine Untersuchung mit dem Stützkraftsatz, (20.4), oder (20.5), Abschn. 20.3, erforderlich.

Abb. 20.36 Durchfluss am Wehr

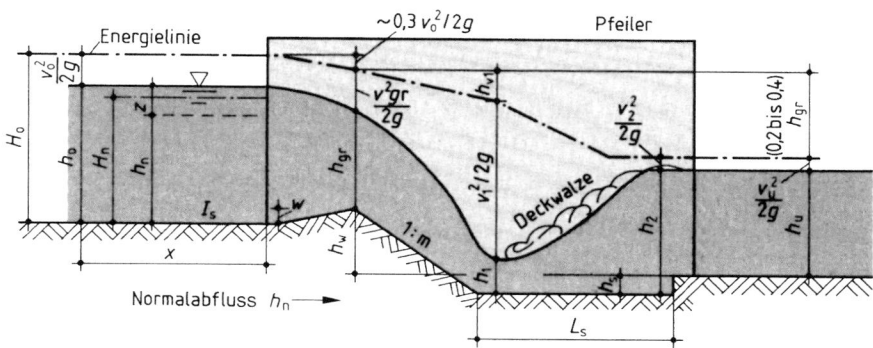

Abb. 20.37 Grundriss

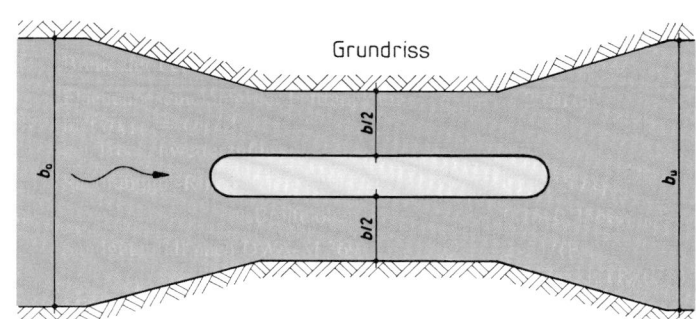

Der Aufstau ist

$$z = h_{\mathrm{o}} - h_{\mathrm{n}} \qquad (20.48)$$

20.3.4.3 Durchfluss ohne echten Fließwechsel

Fließwechsel tritt nicht auf bei

$$\alpha > \frac{1}{0{,}97 + 21\,\omega} - 0{,}13$$

(s. Abschn. 20.3.4.1)

$$h_{\mathrm{w}} < h_{\mathrm{w}}^{*}$$

(s. Abschn. 20.3.4.2).

Mit den Bezeichnungen von Abb. 20.36 lautet gemäß (20.5) die Bestimmungsgleichung für die **Wassertiefe h**, die sich **anstelle von h_{gr}** in Abb. 20.36 einstellt:

$$\varrho \cdot Q \cdot v + \varrho_{\mathrm{w}} \cdot g(h + h_{\mathrm{w}})^2 \cdot b_{\mathrm{u}}/2 \qquad (20.49)$$
$$= \varrho \cdot Q \cdot v_{\mathrm{u}} + \varrho_{\mathrm{w}} \cdot g \cdot h_{\mathrm{w}}^2 \cdot b_{\mathrm{u}}/2 \quad \text{(Impulssatz)}$$

Die Oberwassertiefe wird wie in (20.47) ermittelt.

$$h_0 + 0{,}7 Q^2 / \left(A_0^2 \cdot 2g \right) = w + h + v^2/2g - x \cdot I_{\mathrm{s}} \qquad (20.50)$$

Für den Aufstau gilt (20.48). Zur Lösung von (20.49), d. h. zur Ermittlung von h auf der Absturzkante, dienen (20.7) und (20.8), Abschn. 20.3.

Beispiel

OW = Trapez:

$$m = 3; \quad s_0 = 60\,\mathrm{m}; \quad w = 0{,}5\,\mathrm{m};$$

s. Abb. 20.42, Wehr:

$$b = 2 \cdot 20 = 40\,\mathrm{m}; \quad m = 5;$$

UW = Rechteck:

$$b_{\mathrm{u}} = 55\,\mathrm{m}; \qquad h_{\mathrm{u}} = 4{,}5\,\mathrm{m}; \quad Q = 500\,\mathrm{m}^3/\mathrm{s};$$
$$v_{\mathrm{u}} = 2{,}02\,\mathrm{m/s}; \qquad h_{\mathrm{w}} = 0{,}5\,\mathrm{m}$$

1. Mit (20.43) Abfrage: Fließwechsel?

$$h_{\mathrm{gr}} = \sqrt[3]{500^2 / (40^2 \cdot 9{,}81)} = 2{,}52\,\mathrm{m};$$
$$n_0 = 4{,}5/2{,}52 = 1{,}79;$$
$$n = -1 + \sqrt{1{,}79^2 - 2 + 2/1{,}79} = 0{,}52;$$

Gleichung (20.44):

$$h_{\mathrm{w}}^{*} = 0{,}52 \cdot 2{,}52 = 1{,}32\,\mathrm{m}; \quad h_{\mathrm{w}} < h_{\mathrm{w}}^{*},$$

kein Fließwechsel.

2. Im Beispiel in Abschn. 20.3 wird mit den oben angegebenen Werten nach (20.7) und (20.8) die Wassertiefe h über der Wehrschwelle zu $h = 3{,}71\,\mathrm{m}$ mit $v = 3{,}37\,\mathrm{m/s}$ ermittelt.

3. Die Oberwassertiefe h_0 ermittelt sich mit $x \cdot I_{\mathrm{s}} \approx 0$ nach (20.50) wie folgt:

$$h_0 + 0{,}7 \cdot 500^2 / (19{,}62 \cdot A_0^2) = h_0 + 8919/A_0^2$$
$$= 0{,}5 + 3{,}71 + 3{,}37^2/19{,}62 = 4{,}79\,\mathrm{m} = H_0$$

1. Näherung:

$$h_0^{*} = 4{,}79\,\mathrm{m}$$
$$A_0^{*} = 60 \cdot 4{,}79 + 3 \cdot 4{,}79^2 = 356{,}2\,\mathrm{m}.$$
$$H_0^{*} = 4{,}79 + 8919/356{,}2^2 = 4{,}86 > 4{,}79;$$

2. Näherung:

$$h_0^{**} = H_0^{*} - v_0^{*2}/2g = 4{,}79 - 0{,}07 = 4{,}72\,\mathrm{m}$$
$$A_0^{**} = 350\,\mathrm{m}^2;$$
$$H_0^{**} = 4{,}72 + 8919/350^2 = 4{,}792 \approx 4{,}79\,\mathrm{m}$$

also $h_0 = 4{,}72\,\mathrm{m}$.

4. Aufstau z: mit $h_{\mathrm{n}} = 4{,}50$ wäre

$$z = 4{,}72 - 4{,}50 = 0{,}22\,\mathrm{m}.$$

5. Zum Vergleich: Aufstau nach Rehbock nach Abschn. 20.3.4.1

$$\sum_{\mathrm{i}} a_{\mathrm{i}} = (60 - 40) \cdot 4{,}5 + 3 \cdot 4{,}5^2 + 40 \cdot 0{,}50$$
$$= 170{,}75\,\mathrm{m}^2;$$
$$A = 60 \cdot 4{,}5 + 3 \cdot 4{,}5^2 = 330{,}75\,\mathrm{m}^2$$
$$\alpha = 0{,}516;$$
$$\omega = 500^2 / (330{,}75^2 \cdot 19{,}62 \cdot 4{,}5) = 0{,}026;$$
$$v^2/2g = \omega \cdot h_{\mathrm{n}} = 0{,}116;$$
$$\alpha = 0{,}516$$
$$< [1/(0{,}97 + 21 \cdot 0{,}026)] - 0{,}13 = 0{,}53$$

$\rightarrow$ strömender Durchfluss: Aufstau mit $\beta = 2{,}1$;

$$z = 0{,}516 \cdot [2{,}1 - 0{,}516(2{,}1 - 1)]$$
$$\cdot (0{,}4 + 0{,}516 + 9 \cdot 0{,}516^3)$$
$$\cdot (1 + 2 \cdot 0{,}026) \cdot 0{,}116 = 0{,}21\,\mathrm{m} \quad \blacktriangleleft$$

20.3.4.4 Tosbecken – Sturzbetten

DIN 19661-2:2000-09

Für eine Vordimensionierung genügen die nachstehenden Ansätze. In der Regel werden die Kosten für einen wasserbaulichen Modellversuch durch die Einsparungen bei der Ausführung bei weitem aufgewogen.

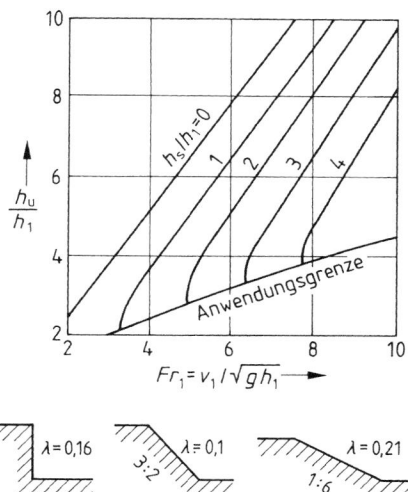

Abb. 20.38 Verlustbeiwerte für Schussböden

Funktionsbedingungen (s. Abb. 20.36)

1. Beim Absturz soll ein Fließwechsel auftreten $h \leq h_{gr}$ (s. Abschn. 20.3.4.2).
2. Es soll eine Wechselsprungwalze erzeugt werden, die im Tosbecken bleiben muss, das hierfür ausreichend lang und tief genug sein bzw. eine genügend hohe Endschwelle h_s haben muss. $h_2 =$ konjugierte **Wechselsprungtiefe** zu h_1, s. Abb. 20.10.

Alle Bemessungen gehen von h_1 und v_1 aus:

$$h_1 + v_1^2/2g + h_{v_1} = H_{min} + h_w + h_s$$

mit $h_{v_1} = 1{,}1 \lambda \cdot v_1^2/2g$ nach Abb. 20.38.

Für die gegebenen Werte von h_u/h_1 und Fr_1 wählt man die erforderliche Tosbeckentiefe h_s.

Faustwert: $h_s = 1{,}05 \cdot h_2 - h_u$

Beispiel

$h_u/h_1 = 5$, $Fr_1 = 4{,}5 \rightarrow h_s/h_1 = 0{,}63$

Tosbeckenlänge $L_s = 6 \cdot (h_2 - h_1)$ ◄

Bei Tosbecken nach Abb. 20.39 muss $Fr_u < 1$ sein, d. h. im UW strömender Abfluss. Wenn man die UW-Tiefe beeinflussen kann, ist auch die Wahl anderer Verhältnisse h_s/h_1 möglich.

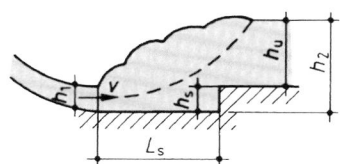

Abb. 20.39 Tosbecken mit Stufe h_s und gleichbleibender Gerinnebreite [16]

Die Seitenwände des Tosbeckens sind für ein Freibord von $f = h_2/3$ über dem Unterwasserstand auszubilden. Der Abschluss des Tosbeckens ist kolksicher zu gründen.

20.3.4.5 Wehre – Überfallwehr

20.3.4.5.1 Vollkommener Überfall

Kriterium Durchfluss mit Fließwechsel (Abb. 20.40), d. h. der UW-Stand beeinflusst den OW-Stand nicht. Das ist immer der Fall, wenn das Unterwasser tiefer als die Wehrkrone steht (s. a. Abschn. 20.3.6.2).

Bei rechteckigen Durchflussquerschnitten gilt (20.51) für $v_0 \leq 1{,}0$ m/s bzw. (20.52).

$$Q = \frac{2}{3}\mu b \sqrt{2g} h_{\ddot{u}}^{3/2} \quad \text{in m}^3/\text{s} \quad (20.51)$$

nach Poleni mit Anhaltswerten für μ in Abb. 20.41,

$$Q = \frac{2}{3}\mu b \sqrt{2g}[(h_{\ddot{u}} + h_{k0})^{3/2} - h_{k0}^{3/2}] \quad \text{in m}^3/\text{s} \quad (20.52)$$

für $v_0 > 1{,}0$ m/s nach Weisbach,

$$Q = \frac{2}{3}\mu b \sqrt{2g}\,(h_{\ddot{u}} + h_{k0})^{3/2}$$
$$= \frac{2}{3}\mu b \sqrt{2g}\cdot H_{\ddot{u}}^{3/2} \quad \text{in m}^3/\text{s} \quad (20.53)$$

für $v_0 > 1{,}0$ m/s nach du Buat. Überfallbeiwerte für (20.53) findet man in [5] und [15].

Wehr mit kreisförmiger oder elliptischer Krone nach Rehbock mit (20.54) entsprechend Abb. 20.42

$$\mu = 0{,}312 + \sqrt{0{,}3 - 0{,}01(5 - h_{\ddot{u}}/r)^2} + 0{,}09 h_{\ddot{u}}/w \quad (20.54)$$

Voraussetzungen: Angeschmiegter Strahl, vollkommener Abfluss am Wehr,

$$0{,}02\,\text{m} < r < w; \quad h_{\ddot{u}} < r\left(6 - \frac{20r}{w + 3r}\right)$$

wegen möglicher Strahlbelüftung $\mu \leq 0{,}75$.

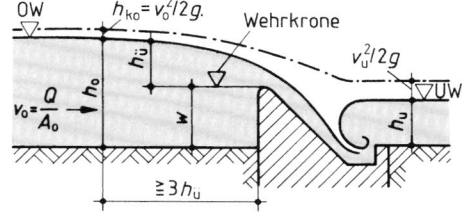

Abb. 20.40 Vollkommener Überfall

Abb. 20.41 Kronenform und
Überfallbeiwerte μ für (20.51)

   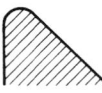 

breit,
scharfkantig,
waagerecht
$\mu = 0,49$
bis 0,51

breit
waagerecht,
Kanten
abgerundet
$\mu = 0,50$ bis 0,55

scharfkantig,
schräg
(s. 3.3.5.4)
Überfallmessung) $\mu = 0,64$

gut
abgerundeter
Querschnitt
$\mu = 0,73$
bis 0,75

dachförmig,
gut
abgerundet,
$\mu < 0,79$

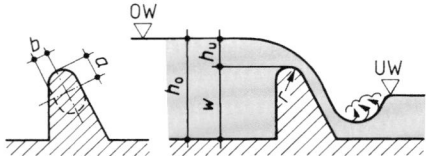

Abb. 20.42 Ersatzradien

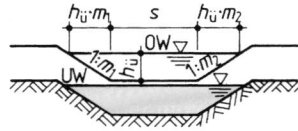

Abb. 20.43 Trapezwehr

Bei elliptischer Krone mit Ersatzradius rechnen:

$$r = b \left(\frac{4,57b}{2a+b} + \frac{a}{20b} - 0,573 \right) \quad (20.55)$$

mit $6 > \frac{a}{b} > 0,05$.

Trapezwehr Es gelten die vorstehenden Überfallbeiwerte. In (20.57) wird wie in (20.51) für $v_o \geq 1,0\,\text{m/s}$ die kinetische Energie im Zulauf vernachlässigt.

$$m = 0,5(m_1 + m_2); \quad h_{k0} = v_o^2/2g \quad (20.56)$$

$$Q = \frac{2}{3} \cdot \mu \cdot \sqrt{2g} \cdot h_{\ddot{u}}^{3/2} (s + 4 \cdot m \cdot h_{\ddot{u}}/5) \quad \text{in m}^3/\text{s} \quad (20.57)$$

$$Q = \frac{2}{3} \cdot \mu \cdot \sqrt{2g} \cdot \left\{ s[(h_{\ddot{u}} + h_{k0})^{3/2} - h_{k0}^{3/2}] \right.$$
$$\left. + \left(\frac{4}{5}\right) \cdot m \left[(h_{\ddot{u}} + h_{k0})^{5/2} - \left(\frac{5}{2}\right) \cdot h_{\ddot{u}} \cdot h_{k0}^{3/2} - h_{k0}^{5/2} \right] \right\}$$
$$\text{in m}^3/\text{s} \quad (20.58)$$

20.3.4.5.2 Unvollkommener Überfall – Grundwehr
Der Unterwasserspiegel steht höher als die Wehrkrone (Abb. 20.44). Eine Beeinflussung des Oberwasserspiegels erfolgt erst, wenn der Beiwert c nach Abb. 20.45 kleiner als 1,0 wird. μ-Werte wie Abschn. 20.3.4.5.1.

$$Q = c \cdot \frac{2}{3} \mu b \sqrt{2g} h_{\ddot{u}}^{3/2} \quad \text{in m}^3/\text{s} \quad (20.59)$$

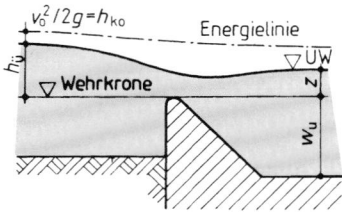

Abb. 20.44 Unvollkommener Überfall

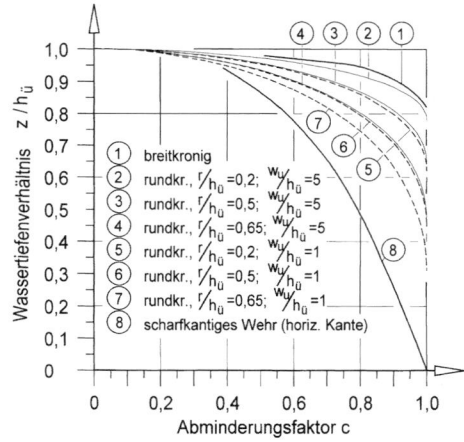

Abb. 20.45 C-Werte für den unvoll. Überfall nach [5]

Ermittlung von $h_{\ddot{u}}$ iterativ, indem für verschiedene $h_{\ddot{u}} \to Q$ ermittelt und mit dem Sollwert verglichen wird.

20.3.4.5.3 Streichwehr

$$Q = \mu^* (2/3) \cdot \sqrt{2g} \cdot L[(h_{\ddot{u}1} + h_{\ddot{u}2})/2]^{1,5} \quad (20.60)$$

mit

$$\mu^* = 0,95\,\mu_{\text{normal}} \quad (20.61)$$

(s. Abschn. 20.3.4.5.1), Bezeichnungen entsprechend Abb. 20.46

$$L = Q/[\mu^* \cdot 1,044(h_{\ddot{u}1} + h_{\ddot{u}2})^{1,5}] \quad (20.62)$$

Die Gleichungen gelten nur für $v_o' = Q_o/(b_o \cdot h_o')$ bzw. bei nicht rechteckigen Querschnitten mit $v_0' = Q_o/A_o' <$

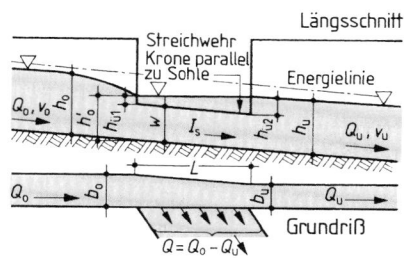

Abb. 20.46 Streichwehr

$0{,}75 v_\mathrm{gr}$ d. h. sicher strömendem Zufluss an der Vorderkante der Wehrschwelle.

Q_u und damit $Q = Q_\mathrm{o} - Q_\mathrm{u}$ sowie h_u sind meist gegeben. Mit dem Q'_u, das noch voll, d. h. ohne Überschlag, weiterläuft, wird $w = h'_\mathrm{u}$.

Lösungsweg h_u aus den Profilkennwerten des UW (evtl. auch Staukurvenberechnung). h'_o aus:

$$h'^3_\mathrm{o} - [\zeta \cdot 1{,}1 \cdot Q_\mathrm{u}^2 / (b_\mathrm{u}^2 \cdot h_\mathrm{u}^2 \cdot 2g) + h_\mathrm{u} + \zeta \cdot h_\mathrm{v} - I_\mathrm{s} \cdot L] \cdot h'^2_\mathrm{o}$$
$$+ \zeta \cdot 1{,}1 \cdot Q_\mathrm{o}^2 / (b_\mathrm{o}^2 \cdot 2g) = f(h'_\mathrm{o})$$

und

$$3h'^2_\mathrm{o} - 2[\zeta \cdot 1{,}1 \cdot Q_\mathrm{u}^2 / (b_\mathrm{u}^2 \cdot h_\mathrm{u}^2 \cdot 2g) + h_\mathrm{u} + \zeta \cdot h_\mathrm{v} - I_\mathrm{s} \cdot L]h'_\mathrm{o}$$
$$= f'(h'_\mathrm{o})$$

(nach Newton, s. Abschn. 20.3); $\zeta \cdot h_\mathrm{v} \approx I_\mathrm{s} \cdot L$.

Erster Schätzwert für $h'_\mathrm{o} \approx h_\mathrm{u}$ bzw. w; ζ aus Abb. 20.47 mit $h_\mathrm{m} \approx h_\mathrm{ü2}$.

Mit dem ersten Wert für h'_o Ermittlung von L aus (20.62) und $h_\mathrm{v} = I_\mathrm{Em} \cdot L$. Es muss ζ_o aus der Gleichung $\zeta_\mathrm{o} = (h_\mathrm{u} - h'_\mathrm{o})/(1{,}1 v'^2_\mathrm{o}/2g - 1{,}1 v_\mathrm{u}^2/2g - h_\mathrm{v} + I_\mathrm{s} \cdot L)$ mit ζ_Tafel

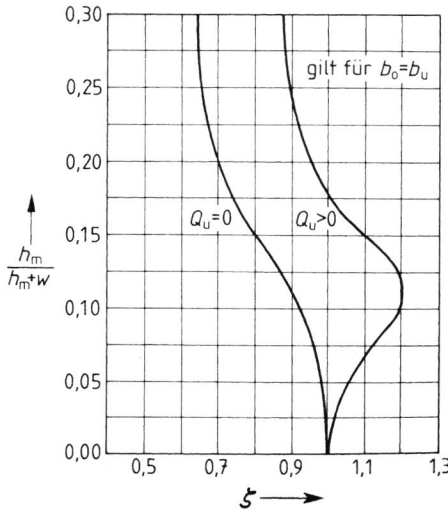

Abb. 20.47 Beiwert ζ

übereinstimmen. Wenn nicht, bei $(h_\mathrm{u} - h'_\mathrm{o})$ das h'_o so ändern, dass $\zeta_\mathrm{o} \approx \zeta_\mathrm{Tafel}$. Damit ermittelt man ggf. weitere Werte für h'_o usw. Meistens reicht $\zeta \cdot h_\mathrm{v} = I_\mathrm{s} \cdot L$ aus.

Bei $b_\mathrm{o} > b_\mathrm{u}$ ist $\zeta = 1$.

Überschlagsformel:

$$L = 0{,}8 Q / h_\mathrm{ü2}^{1,5} \qquad (20.63)$$

(führt zu erhöhten Werten).

20.3.4.5.4 Messwehre und Venturikanal

Rechtecküberfall Nach Rehbock gilt:

a) *Ohne seitliche Einschnürung* des Überfalls $b = B$;

$$Q = (1{,}782 + 0{,}24 \cdot h_\mathrm{e}/w) \cdot b \cdot h_\mathrm{e}^{1,5} \quad \text{in m}^3/\text{s} \quad (20.64)$$

mit $h_\mathrm{e} = h_\mathrm{ü} + 0{,}0011$ m. Gültig für $w > 0{,}30$ m;

$$0{,}02 \le h_\mathrm{e} \le 1{,}25\,\text{m}, \quad h_\mathrm{e}/w \le 0{,}65$$

b) *Mit seitlicher Einschnürung* des Überfalls $b < B$ nach Schweizer. Ing. und Architektenverein (Abb. 20.48)

$$Q = 2{,}95 \cdot b \cdot \left[0{,}578 + 0{,}037\left(\frac{b}{B}\right)^2 + \frac{3{,}615 - 3\left(\frac{b}{B}\right)^2}{1000 h_\mathrm{ü} + 1{,}6}\right]$$
$$\cdot \left[1 + 0{,}5\left(\frac{b}{B}\right)^4 \cdot \left(\frac{h_\mathrm{ü}}{h_\mathrm{o}}\right)^2\right] \cdot h_\mathrm{ü}^{1,5}, \qquad (20.65)$$

gültig für

$$w \ge 0{,}30\,\text{m}, \quad \frac{b}{w} \le 1; \quad 0{,}025 \cdot \frac{B}{b} \le h_\mathrm{ü} \le 0{,}80\,\text{m}.$$

Dreiecküberfall (Thomson-Messwehr)

$$Q = \frac{8}{15}\mu \tan\frac{\alpha}{2}\sqrt{2g}\, h_\mathrm{ü}^{2,5} \quad \text{in m}^3/\text{s} \qquad (20.66)$$

mit $\mu = 0{,}565 + 0{,}0087/\sqrt{h_\mathrm{ü}}$ nach Strickland für $B > 8 h_\mathrm{ü}$, $\alpha = 90°$, $w \ge 3 h_\mathrm{ü}$, Bezeichnungen enthält Abb. 20.49.

Für Abläufe aus breiten Becken mit $\alpha = 90°$

$$Q = 1{,}35 \cdot h_\mathrm{ü}^{2,48} \quad \text{in m}^3/\text{s} \qquad (20.67)$$

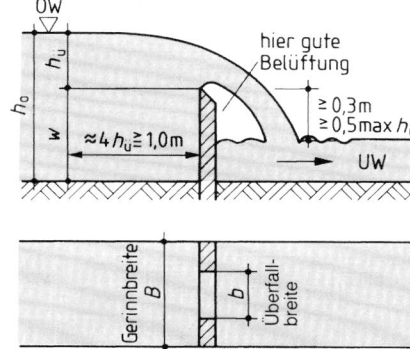

Abb. 20.48 Rechteckmesswehr

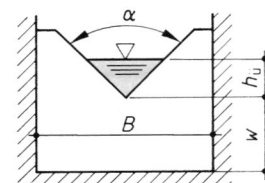

Abb. 20.49 Dreieckmesswehr

Venturikanal mit Fließwechsel

$$Q = \alpha \cdot \mu \cdot b \cdot h_\text{o}^{1,5} \quad \text{in m}^3/\text{s} \qquad (20.68)$$

mit den Bezeichnungen in Abb. 20.50.

Es **muss sein** $h_\text{u} \le h_\text{o} \cdot (h_\text{u}/h_\text{o})_\text{Tafel}$, sonst Sohlsprung von ① nach ② anordnen. Sinnvoller Bereich für die Einschnürung: $0,25 \le b/B \le 0,75$.

Es ist

$$\mu = \sqrt{g} \left[2 \cdot (B/b) \cdot \cos(60° + \psi/3) \right]^{1,5} \qquad (20.69)$$

mit

$$\psi = \arccos(b/B); \qquad (20.70)$$

$$\frac{h_\text{u}}{h_\text{o}} = \frac{\cos(60° + \psi/3)}{2 \cdot \cos(60° - \psi/3)} \cdot \left[-1 + \sqrt{1 + 64(B/b) \cdot \cos^3(60° - \psi/3)} \right] \qquad (20.71)$$

Anhaltswerte enthält Tafel 20.32.

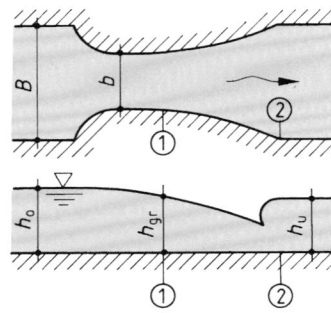

Abb. 20.50 Venturikanal

Abb. 20.51 Durchfluss an Schwellen:
a positive Schwellen,
b negative Schwellen

Tafel 20.32 [2]

b/B	μ	h_u/h_o	b/B	μ	h_u/h_o
0,25	1,729	0,561	0,50	1,813	0,754
0,30	1,740	0,607	0,55	1,840	0,784
0,35	1,754	0,649	0,60	1,872	0,812
0,40	1,770	0,687	0,65	1,909	0,839
0,45	1,790	0,722	0,70	1,954	0,865
0,50	1,813	0,754	0,75	2,009	0,889

$\alpha = 0,95$ bis $1,0$ je nach OW-seitiger Ausrundung i. M. $\alpha = 0,97$

20.3.4.5.5 Durchfluss an Schwellen

$$h_\text{o}^3 - \left(\frac{2Q^2}{h_\text{u} \cdot b^2 \cdot g} + h_\text{u}^2 + c(2 \cdot h_\text{u} + s) \cdot s \right) \cdot h_\text{o} + \frac{2Q^2}{b^2 \cdot g}$$
$$= h_\text{o}^3 - c_1 \cdot h_\text{o} + c_2 = 0 \Rightarrow f(h_\text{o}) \qquad (20.72)$$
$$3h_\text{o}^2 - c_1 = 0 = f'(h_\text{o}) \qquad (20.73)$$

Bezeichnungen enthält Abb. 20.51.

Iteration mit

$$h_\text{o1} = h_\text{u} + v_\text{u}^2/2g \pm s; \quad h_\text{o2} = h_\text{o1} - \frac{f(h_\text{o1})}{f'(h_\text{o1})}$$

oder Zielwertabfrage $f(h_\text{o}) = 0$; veränderlich: h_o.

Bei negativer Schwelle gilt das untenstehende (–), für s steht w und in der Klammer:

$$(2 \cdot h_\text{o} + w). \qquad (20.74)$$

Der Beiwert $c \approx 1$ bis $1,1$ berücksichtigt den dynamischen Anteil des Wasserdruckes auf die Schwelle. Zur Kontrolle: der Energieverlust $h_\text{v} = (v_\text{o}^2 - v_\text{u}^2)/2g + h_\text{o} - h_\text{u} - s$ (bzw. $+w$ bei negativer Schwelle) muss > 0 sein.

20.3.4.5.6 Ausfluss unter Schützen

$$Q = \varkappa \cdot \mu \cdot a \cdot b \cdot \sqrt{2gh_\text{o}} \quad \text{in m}^3/\text{s} \qquad (20.75)$$

b = Öffnungsbreite

$$\mu = \delta/\sqrt{1 + \delta \cdot a/h_\text{o}}; \qquad (20.76)$$

δ = Einschnürungsbeiwert. Weitere Variable sind in Abb. 20.52 erläutert.

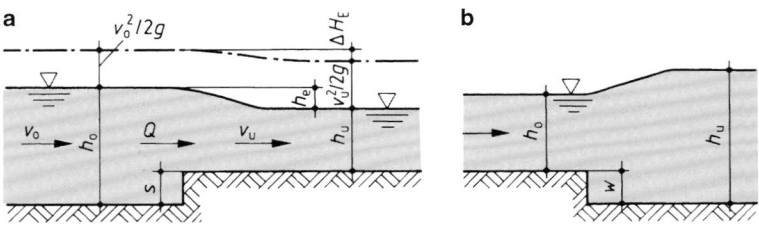

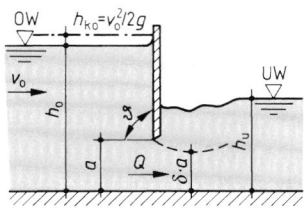

Abb. 20.52 Schütz

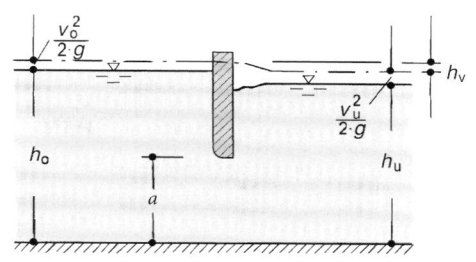

Abb. 20.54 Tauchwand

$\varkappa = 1$: vollkommener Ausfluss, z. B. bei $h_u/a \leq 5{,}9$ und $h_o/a = 15$

$\delta \approx 0{,}45$ bei scharfkantigen Holzbalkentafeln mit $\vartheta = 90°$ aus Großversuch

$\delta \approx 0{,}59$ bis $0{,}62$ bei senkrechten scharfkantigen Schützen mit $\vartheta = 90°$

$\delta \approx 0{,}75$ bei $\vartheta = 45°$

$\delta \approx 0{,}70$ bei $\vartheta = 60°$ und bei $\vartheta = 90°$ mit abgerundeter Ablösungskante

$\delta \approx 0{,}81$ bei $\vartheta = 30°$

Unvollkommener Ausfluss tritt bei deutlichem Rückstau auf. Für vertikale Schützen zeigt Abb. 20.53 am oberen Rand die Grenzkurve zwischen vollkommenem und unvollkommenem Ausfluss. Die Ordinate entspricht dem Ausflussbeiwert c_a für den unvollkommenen Fall

$$c_a = \varkappa \cdot \mu \qquad (20.77)$$

und (20.75) erhält die Form

$$Q = c_a \cdot a \cdot b \cdot \sqrt{2gh_o}. \qquad (20.78)$$

Besonders instabile Fließverhältnisse sind für $h_u/a < 2$ zu erwarten!

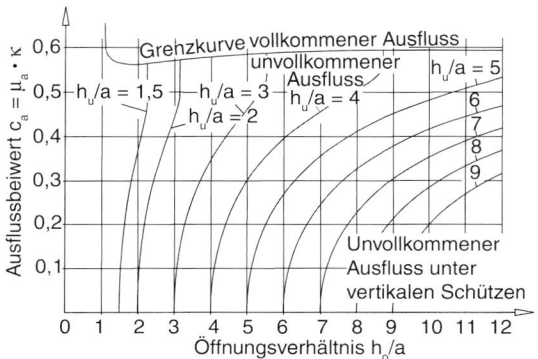

Abb. 20.53 c_a-Werte für unvollkommenen Ausfluss

20.3.4.5.7 Tauchwandverluste

Energiehöhenverlust an der Tauchwand entsprechend Abb. 20.54.

$$h_v = \zeta \cdot \frac{v_u^2}{2 \cdot g}$$

$$\zeta = \frac{h_u^2}{a^2} - 2 \cdot \frac{\sqrt{1 - 2Fr_u^2 \cdot (h_u/a - 1)}}{Fr_u^2} - 1 \qquad (20.79)$$

$$Fr_u = \frac{v_u}{\sqrt{g \cdot h_u}}$$

Bei einer exakteren Berechnung durch Iteration setzt man den Erweiterungsverlust unter Berücksichtigung der Einschnürung an.

20.3.4.6 Freier Ausfluss aus einer Öffnung über UW

a) h_0/d bzw. $h_0/a \geq 4$

$$Q = \alpha A \cdot \sqrt{2g(h_0 + h_{k0})} \quad \text{in m}^3/\text{s} \qquad (20.80)$$

nach Torricelli.

Für Rechtecköffnungen ist $\alpha \widehat{=} \mu$, siehe b).

Ausflusszahl α entsprechend Tafel 20.33, Variable wie in Abb. 20.55 und 20.56 dargestellt.

Tafel 20.33 Ausflusszahl α

Öffnung	Sehr schlecht	Scharfkantig	Abgeschrägt	Abgerundet
α	$< 0{,}6$	0,59 bis 0,65	0,85 bis 0,90	0,90 bis 0,99

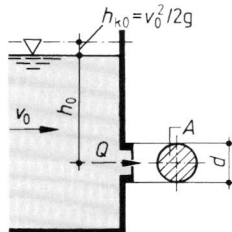

Abb. 20.55 Runde Ausflussöffnung

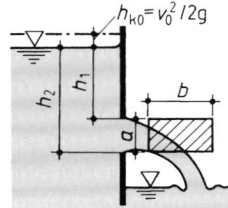

Abb. 20.56   Rechtecköffnung

b) $h_0/a < 4$, Rechtecköffnungen

$$Q = \frac{2}{3}\mu \cdot b \cdot \sqrt{2g}\left[(h_2 + h_{k0})^{1,5} - (h_1 + h_{k0})^{1,5}\right]$$

$$(20.81)$$

a/b	0	0,5	1	1,5	2
μ	0,67	0,64	0,58	0,50	0,44

20.3.4.7   Aufstau vor Rechen

$$z \approx 4(s/a) \cdot \delta \cdot \sin a \cdot v_0^2/2g \quad \text{in m} \quad (0{,}125 \leq s/a \leq 1{,}0)$$

$$(20.82)$$

a li. Stababstand,

s Stabdicke,

δ Formbeiwert: ▨ $\delta = 1$; ▨ $\delta = 0{,}5$;

α Rechenneigung gegen die Sohle;

v_0 Zulaufgeschwindigkeit bezogen auf die Projektion der Rechenfläche in Fließrichtung in m/s.

Bei Verlegung des Rechens, z. B. um 40 %, steigt s/a auf $s/(1 - 0{,}4)a$ an. Eventuell Einschnürungsverluste nach Abschn. 20.3.2.3.4 ansetzen, s. a. [4].

20.3.5   Schleppwirkung in Wasserläufen

20.3.5.1   Feststoffbewegung und Sohlabpflasterung

Die nachfolgende Zusammenstellung erleichtert den Einstieg in die Berechnung der transportierten Massen und die mit aufgeführten dimensionslosen Parameter vereinfachen die anzuwendenden Formeln:

Sohl- bzw. Wandschubspannung in N/m²:

$$\tau_0 = \varrho \cdot g \cdot r_{hy} \cdot I_E \qquad (20.83)$$

Relativer Dichteunterschied (ϱ_F als Dichte des Feststoffs):

$$\varrho' = (\varrho_F - \varrho_w)/\varrho_w , \quad \text{für Sand in Wasser } \varrho' \approx 1{,}65$$

Schubspannungsgeschwindigkeit an der Sohle in m/s:

$$v^* = \sqrt{\tau_0/\varrho_w}$$

Maßgebender Korndurchmesser d_m lt. Abb. 20.57 (für die Formeln d_m in m).

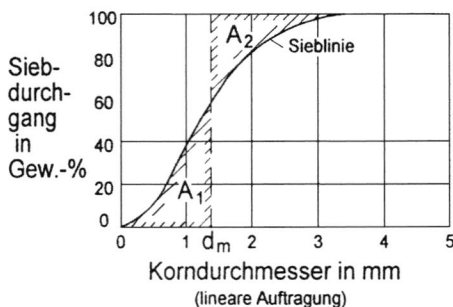

Abb. 20.57   Ermittlung von $d_m (A_1 = A_2)$

Relative Schubspannung (auch Feststoff-Froude-Zahl):

$$\theta = \frac{v^{*2}}{\varrho' \cdot g \cdot d_m} = \frac{\tau_0}{(\varrho_F - \varrho_w) \cdot g \cdot d_m}$$

Feststoff-Reynolds-Zahl

$$Re^* = \frac{v^* \cdot d_m}{\nu}$$

Dimensionslose Transportgröße (mit $\dot{m}$ als breitenbezogenem Massenstrom in kg/(m s)):

$$\phi = \frac{\dot{m}}{\varrho_F} \cdot \frac{1}{\sqrt{\varrho' \cdot g \cdot d_m^3}}$$

aus der benetzten Fläche herrührender Spannungsanteil:

$$\tau_0' = c_\tau \cdot \tau_0 \quad \text{und} \quad \theta' = c_\tau \cdot \theta \quad \text{mit } c_\tau = \left(\frac{k_{St,So}}{k_{St,r}}\right)^{1,5}$$

mit

$k_{St,So}$ Gesamtrauheitsbeiwert nach Strickler mit Unebenheiten (wie Riffel)

$k_{St,r}$ Rauheitsbeiwert des Korns; Überschlag $k_{St,r} = \frac{26}{\sqrt[6]{d_{90}}}$ mit dem Korndurchmesser d_{90} in m.

Normalfall nach Jäggi $c_\tau \approx 0{,}85$; bei ebener Sohle $c_\tau \approx 1$.

Dimensionslose Transportgrößen:

Geschiebe nach Meyer-Peter und Müller:

$$\phi_G = 8 \cdot (\theta' - \theta_{crit})^{3/2}$$

Geschiebe nach Zanke:

$$\phi_G = 0{,}04 \cdot \sqrt{\frac{8 \cdot \varrho' \cdot d_m}{\lambda \cdot h}} \cdot \frac{\theta^{2,5}}{\theta_{crit}^{1,5}} \cdot \frac{1}{1 + 10 \cdot (\theta_{crit}/\theta)^7}$$

mit θ_{crit} aus Abb. 20.58.

Der Geschiebetrieb als transportierte Masse je Zeit- und Breiteneinheit errechnet sich aus der dimensionslosen Transportgröße zu

$$\dot{m}_G = \varrho_F \cdot \sqrt{\varrho' \cdot g \cdot d_m^3} \cdot \phi_G.$$

Abb. 20.58 Kritischer Wert der relativen Schubspannung θ_{crit} nach Shields als Abhängige der Feststoff-Reynolds-Zahl für ebene Sohle

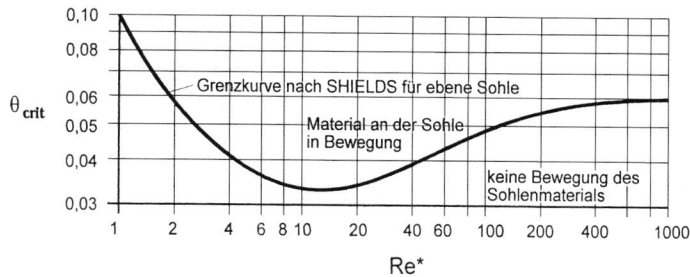

Feststoff nach Pernecker-Vollmers:

$$\phi_{\text{F}} = \frac{\theta^{1,5}}{0,04} \cdot (\theta - 0,04)$$

Feststoff nach Engelund-Hansen:

$$\phi_{\text{F}} = \frac{2}{5} \frac{\theta^{5/2}}{\lambda}$$

Erforderliche Korndurchmesser für eine *Abpflasterung der Sohle* (mit 1,55-facher Sicherheit).

$$d_{\text{m}} \approx d_{50} = 20 \cdot (b/l_{\text{u}}) \cdot h \cdot I_{\text{E}} \quad \text{in m} \qquad (20.84)$$

Schichtdicke s bei einheitlichem Korn,

$$s = (2 \text{ bis } 3)d_{\text{erf}} \quad 0,9\,d_{\text{m}} \leq d_{\text{erf}} \leq 1,1\,d_{\text{m}} \qquad (20.85)$$

Schichtdicke bei gemischtem Korn,

$$s = 1,6\,d_{\text{erf}} \quad 0,6\,d_{\text{m}} \leq d_{\text{erf}} \leq 1,6\,d_{\text{m}} \qquad (20.86)$$

Auf den Böschungen gerade verlaufender Kanäle beträgt einerseits die Schubspannung nur etwa 75% der Sohlschubspannung, andererseits muss die geringere Stabilität der Körnung berücksichtigt werden. Bei naturnah gestalteten Fließgewässern sollte wegen des mäandernden Verlaufs für die Böschungen zumindest die Sohlschubspannung angesetzt werden. Der Abminderungsfaktor K ist (nach Lane, ASCE, 1953) definiert zu

$$K = \cos\alpha \cdot \sqrt{1 - (\tan^2\alpha / \tan^2\varphi)} \qquad (20.87)$$

mit

α Böschungsneigung,

φ Winkel der inneren Reibung unter Wasser n. Abb. 20.59. Mit K ist die zulässige Schubspannung abzumindern oder der Korndurchmesser mit dem Kehrwert zu vergrößern. $\tau_{\text{zul,Bö}} = \tau_{\text{zul}} \cdot K$; $d_{\text{m,Bö}} = d_{\text{m}}/K$.

20.3.5.2 Grenzschleppspannung

Für den praktischen Gebrauch sind die Grenzschleppspannung τ_0 nach DIN 19661-2:2000-09, Sohlbauwerke in Tafel 20.34 sowie in Abb. 20.60 und 20.61 angegeben.

Die Porenzahl $e = (V - V_{\text{s}})/V_{\text{s}}$ ermittelt sich aus dem Gesamtvolumen V der bindigen Bodenprobe und V_{s} dem Feststoffvolumen derselben.

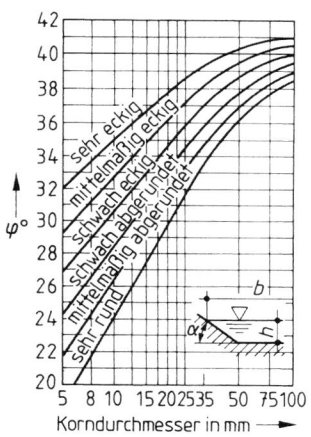

Abb. 20.59 Reibungswinkel φ in nichtbindigem Material

Tafel 20.34 Grenzwerte für Schleppspannung τ_0

	Sohlenbeschaffenheit	τ_0 in N/m^2
Einzel-korn-gefüge	Feinsand, Korngröße 0,063 bis 0,2 mm	1,0
	Mittelsand, Korngröße 0,2 bis 0,63 mm	2,0
	Grobsand, Korngröße 0,63 bis 1 mm	3,0
	Grobsand, Korngröße 1 bis 2 mm	4,0
	Grobsand, Korngröße 0,63 bis 2 mm	6,0
	Kies-Sand-Gemisch, Korngröße 0,63 bis 6,3 mm festgelagert, langanhaltend überströmt	9,0
	Kies-Sand-Gemisch, Korngröße 0,63 bis 6,3 mm, festgelagert, kurzzeitig überströmt	12,0
	Mittelkies, Korngröße 6,3 bis 20 mm	15,0
	Grobkies, Korngröße 20 bis 63 mm	45,0
	Plattiges Geschiebe, 1 bis 2 cm hoch, 4 bis 6 cm lang	50,0
Boden wenig kolloidal	Lehmiger Sand	2,0
	Lehmhaltige Ablagerungen	2,5
	Lockerer Schlamm	2,5
	Lehmiger Kies, langanhaltend überströmt	15,0
	Lehmiger Kies, kurzzeitig überströmt	20,0
Boden stark-kolloidal	Lockerer Lehm	3,5
	Festgelagerter Lehm	12,0
	Ton	12,0
	Festgelagerter Schlamm	12,0
	Rasen verwachsen, langanhaltend überströmt	15,0
	Rasen verwachsen, kurzzeitig überstromt	30,0

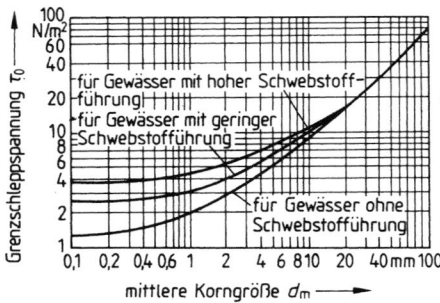

Abb. 20.60 Grenzschleppspannung für nichtbindige Sohlenmaterialien in Abhängigkeit von der mittleren Korngröße d_m

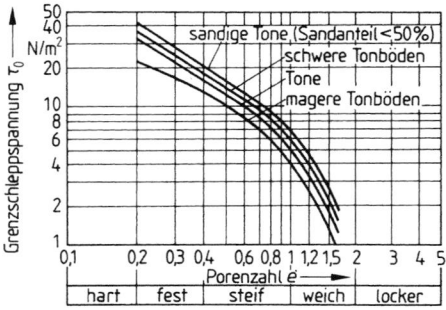

Abb. 20.61 Grenzschleppspannung für bindige Sohlenmaterialien in Abhängigkeit von der Porenzahl e

20.3.5.3 Bemessung von Schüttsteinen für Deckwerke

Das Deckwerk ist auf verschiedenste Einwirkungen (Fließgeschwindigkeit, Wellen, Schraubenstrahl) und geotechnische Anforderungen hin zu bemessen. Nachfolgend wird nur die Fließgeschwindigkeit bzw. das Gefälle berücksichtigt. Einen einfachen und erprobten Ansatz zur Bemessung des Schüttsteindurchmessers d_{50} bei 50 % Siebdurchgang für die Beanspruchung durch die Fließgeschwindigkeit wurde von S. V. Isbash definiert und in [15] weitergehend beschrieben:

$$d_{50} = \frac{v^2}{C^2 \cdot 2 \cdot g \cdot \left(\frac{\rho_S - \rho_W}{\rho_W}\right)}$$

mit
v [m/s]   Fließgeschwindigkeit
C [–]   Beiwert,
             $C = 0,86$ für hochturbulente Zonen, z. B. Tosbecken, Rampen
             $C = 1,2$ für Gewässer mit geringem Gefälle
g [m/s²]   Erdbeschleunigung
ρ_S [kg/m³] Dichte des Steinmaterials
ρ_W [kg/m³] Dichte des Wassers
Weitere Einzelheiten sind in [15] enthalten. Für Beanspruchungen durch Wellen wird auf [12] verwiesen.

Für die Ausbildung von Rampen mit Schüttsteinen wird der Ansatz von Whittaker und Jäggi für den kritischen Abfluss je Breiteneinheit q [m³/(s · m)] (spezifischer Abfluss oder Erguss) mit folgendem Ansatz beschrieben:

$$q_{krit} = 0,257 \cdot \left(g \cdot \frac{\rho_S - \rho_W}{\rho_W}\right)^{1/2} \cdot I_{So}^{-7/6} \cdot d_S^{3/2}$$

mit I_{So} [–] Sohlengefälle.

Für den zulässigen spezifischen Abfluss wird von Jäggi unter Berücksichtigung von Bau- und materialbedingten Unregelmäßigkeiten die Abminderung um 40 % empfohlen

$$q_{zul} = 0,6 \cdot q_{krit}.$$

Für die Abschätzung des Siebdurchgangs bei 50 % Gewichtsanteil gilt für diesen Ansatz

$$d_{50} = \frac{d_S}{1,25}.$$

Die Dicke des Deckwerks ist wenigstens mit $2 \cdot d_{50}$ bzw. $1,5 \cdot d_{100}$ auszuführen. Bezüglich des darunter befindlichen Bodens ist die Filterstabilität zu betrachten. In der Regel sind Kornfilter oder Geotextilfilter vorzusehen.

20.3.6 Grundwasserbewegung [6]

20.3.6.1 Freier Grundwasserspiegel

Zulauf zum Einzelbrunnen

$$Q = [\pi \cdot k_f(h_{Gr}^2 - h^2)]/(\ln R - \ln r) \quad \text{in m}^3/\text{s} \quad (20.88)$$

Verschiedentlich wird der Radius r abweichend von Abb. 20.62 mit $r = (d_F + d_B)/4$ angesetzt.

Fassungsvermögen eines Brunnens

$$q = 2 \cdot \pi \cdot r \cdot h \cdot \sqrt{k_f}/15 \quad \text{in m}^3/\text{s} \quad (20.89)$$

optimale Absenkung s_{opt} bei: $Q = q \mathrel{\hat{=}} Q_{max}$.

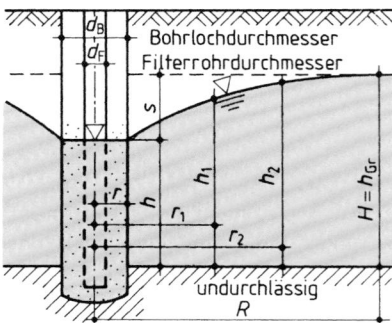

Abb. 20.62 Zulauf zum Einzelbrunnen

Tafel 20.35 Grobe Anhaltswerte für k_f in m/s verschiedener Bodenarten

Bodenart	k_f
Kies 4 bis 8 mm ohne Beimengung	$3{,}5 \cdot 10^{-2}$
Kies 2 bis 4 mm ohne Beimengung	$2{,}5 \cdot 10^{-2}$
Diluvialterrasse, Donau bei Straubing	$1{,}5 \cdot 10^{-2}$
Grobkies mit Mittelkies und Feinsand	$7{,}0 \cdot 10^{-3}$
Mittelsand, Langen, Ffm	$1{,}5 \cdot 10^{-3}$
Dünensand (Nordsee)	$2 \cdot 10^{-4}$
Teils feste Sande mit Feinkies	1 bis $1{,}5 \cdot 10^{-4}$
Tonige Sande	$1 \cdot 10^{-4}$
Grobkies mit Sand	$5 \cdot 10^{-3}$
Grob-, Mittelsand, Feinkies	3 bis $4 \cdot 10^{-3}$

Betriebsabsenkung bei der Wassergewinnung

$$s \leq h_{Gr}/3 \quad \text{bzw.} \quad s \leq 0{,}6 \text{ bis } 0{,}75\, s_{opt}$$

nach Sichardt:

$$R = 3000 \cdot s \cdot \sqrt{k_f} \quad \text{in m;} \tag{20.90}$$

k_f = Durchlässigkeitsbeiwert m/s aus Pumpversuch mit verschiedenen Q = const bis s = const. Ablesungen an mindestens zwei Pegelbrunnen mit Abstand r_1 und r_2, üblich 6 bis 12 Pegel:

$$k_f = Q\,(\ln r_2 - \ln r_1) / \left[(h_2^2 - h_1^2) \cdot \pi \right] \quad \text{in m/s.}$$

Ein besseres Bild von der Abhängigkeit von k_f von der Größe der Absenkung s, vor allem bei unterschiedlich geschichteten Boden, gibt die graphische raumzeitliche Auswertung [6].

Aus der Kornverteilungskurve gilt nach Hazen und Beyer [6] bei mittlerer natürlicher Lagerungsdichte $k_f \approx 0{,}0116 \cdot C_U^{-0,201} \cdot d_{10}^2$ [m/s]; für $1 \leq C_U \leq 30$ mit $C_U = d_{60}/d_{10}$; (d_{10} ist der Korndurchmesser in mm bei 10 % Siebdurchgang;) bei dichtester Lagerung reduziert sich k_f um 20 %; bis zur lockersten Lagerung steigt k_f um 20 % bei $C_U = 1$, um 40 % bei $C_U = 5$ und um 50 % bei $C_U = 15$ bis 30. Werte für k_f enthält Tafel 20.35.

Beachte bei Wasserversorgungsbrunnen
Filtereintrittsmenge nach Truelsen wegen Verockerung $q_F \leq 28{,}3/d_{WK}$ in $m^3/(m^2 \cdot h)$ mit d_{WK} in mm = größtes Filterkorn direkt am Filterrohr.

Filterregel
$d_F = (4 \text{ bis } 5)\, d_{80}$ für $C_U < 3$; $d_F = (4 \text{ bis } 5)\, d_{90}$ für $3 \leq C_U \leq 5$. Bei $C_U > 5$ wird aus der Probe so lange Grobkorn entfernt, bis $C_U \leq 5$.

Ein Brunnen wird zum *unvollkommenen Brunnen* bei

$$h_{Gr} > H = h + s.$$

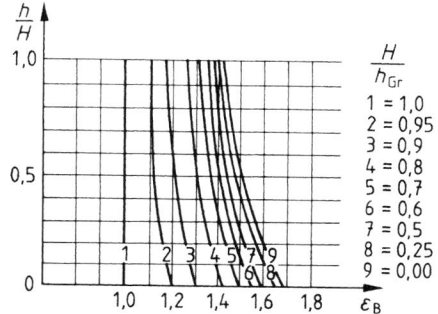

Abb. 20.63 Vergrößerungsfaktor ε_B für einen unvollkommenen Brunnen nach Breitenöder

In die Gleichung für Q tritt H an die Stelle von h_{Gr} und die Leistung des Brunnens erhöht sich um den Faktor ε_B nach Abb. 20.63

$$Q_{unv} = \varepsilon_B \cdot Q_{vollk} \tag{20.91}$$

Bei undurchlässiger Brunnensohle verringert sich der Zufluss um den Faktor

$$m_s = 2h/(2h + r) \tag{20.92}$$

Hierbei gilt ein unten verschlossenes Filterrohr mit Kiesunterschüttung noch als durchlässig.

Zulauf bei horizontaler Wasserfassung
Der Zufluss zu Gräben, Sickerschlitzen oder horizontalen Dränleitungen kann bei Vorliegen gleicher Voraussetzungen analog zum Brunnenzufluss mit dem Ansatz nach Dupuit-Thiem berechnet werden. Es wird ein unendlich langer Graben und damit ein ebener Strömungszustand vorausgesetzt. Betrachtet wird eine Grundwasserfassung in Form eines Grabens der Länge L (Abb. 20.64; L senkrecht zur Zeichenebene). Das Grundwasser fließt dem Graben in einer ebenen Strömung einseitig zu.

Im Abstand x vom Grabenrand beträgt die Grundwassereintrittsfläche $A_{Gw} = L \cdot y$. Die Filtergeschwindigkeit in

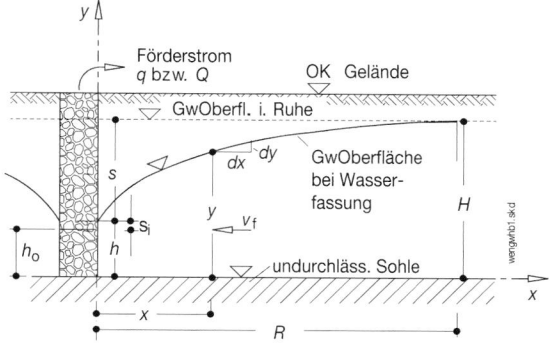

Abb. 20.64 Grabenzufluss für freies Grundwasser

dieser Fläche beträgt nach Darcy $v_f = k_f \cdot I = k_f \cdot \mathrm{d}y/\mathrm{d}x$. Aus der Kontinuitätsgleichung ergibt sich dann die Differentialgleichung für den **Wasserandrang Q** bei **einseitigem** Zustrom:

$$Q = L \cdot y \cdot k_f \cdot \frac{\mathrm{d}y}{\mathrm{d}x}. \tag{20.93}$$

L [m] = Länge des Grabens.

Trennung der Variablen x und y, Integration und Verwendung der Randbedingung $y(x = 0) = h$ (Abb. 20.64) zur Bestimmung der Integrationskonstanten führt zur allgemein formulierten Gleichung für den Wasserandrang:

$$Q = L \cdot k_f \cdot \frac{(y^2 - h^2)}{2 \cdot x} \tag{20.94}$$

bzw. für den Rand des Absenktrichters mit $y(x = R) = H$ zur Funktion für den Wasserandrang nach Dupuit-Thiem:

$$Q = L \cdot k_f \cdot \frac{H^2 - h^2}{2 \cdot R} \tag{20.95}$$

Bei **beidseitigem** Zufluss verdoppelt sich der Wasserandrang.

Durch Umstellung der (20.94) ergibt sich bei bekanntem Förderstrom Q die Funktion der **Absenkkurve**:

$$y = \sqrt{h^2 + \frac{2 \cdot x \cdot Q}{L \cdot k_f}}. $$

In unmittelbarer Nähe des Grabens (Abb. 20.64) stellt sich eine Sickerstrecke s_i ein, die besonders bei feinkörnigen Böden eine nicht vernachlässigbare Größe erreichen kann. Die Werte für s_i nach Chapman können gem. [6] aus Abb. 20.65 entnommen werden und die Wassertiefe h_0 im Graben wird mit $h_0 = h - s_i$; angesetzt.

Die **Reichweite R** ist im ebenen Fall kleiner als beim axialsymmetrischen Brunnenzufluss und beträgt:

$$R = 1500 \ldots 2000 \cdot s \cdot \sqrt{k_f}. \tag{20.96}$$

Das **Fassungsvermögen q** beträgt in Analogie zum Einzelbrunnen bei einseitiger Anströmung

$$q = L \cdot h \cdot \frac{\sqrt{k_f}}{15} \tag{20.97}$$

und ist bei beidseitiger Anströmung zu verdoppeln.

20.3.6.2 Gespannter Grundwasserspiegel

Zulauf zum Einzelbrunnen

$$Q = 2\pi \cdot k_f \cdot m \,(h_{Gr} - h) \,/\, (\ln R - \ln r) \quad \text{in m}^3/\text{s} \tag{20.98}$$

mit Bezeichnungen nach Abb. 20.66.

Fassungsvermögen des Brunnens

$$q = 2\pi \cdot r \cdot m \cdot \sqrt{k_f}/15 \quad \text{in m/s} \tag{20.99}$$

aus Pumpversuchen:

$$k_f = Q(\ln r_2 - \ln r_1)/[2\pi \cdot m(h_2 - h_1)] \quad \text{in m/s} \tag{20.100}$$

Zulauf zu einem Sickerschlitz je lfd. m von **einer** Seite her:

$$q = k_f \cdot m \,(h_{Gr} - h) \,/\, R' \quad \text{in m}^3/(\text{m s}) \tag{20.101}$$

Zulauf bei horizontaler Fassung und gespanntem Grundwasser Betrachtet wird der in Abb. 20.67 dargestellte Grundwasserleiter mit der Mächtigkeit m. Es wird vorausgesetzt, dass die Absenkung innerhalb des Bereichs der undurchlässigen Schicht erfolgt ($h \geq m$).

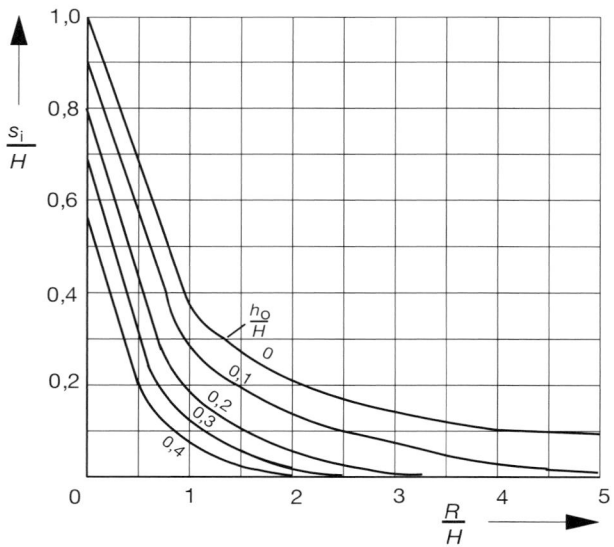

Abb. 20.65 s_i-Werte nach Chapman aus [6]

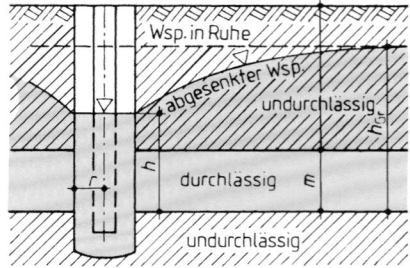

Abb. 20.66 Einzelbrunnen mit gespanntem Grundwasserspiegel

Abb. 20.67 Grabenzufluss für gespanntes Grundwasser

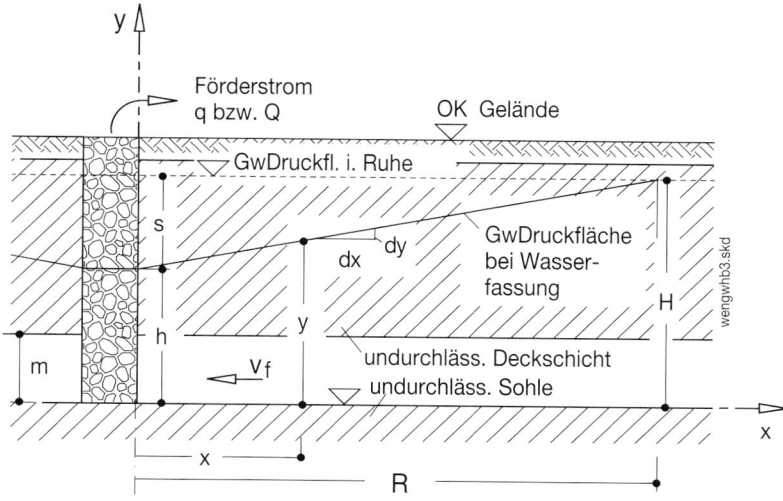

Für den in Abb. 20.67 dargestellten Zustand, d. h. bei einer Absenkung, die sich auf den Bereich der undurchlässigen Schicht beschränkt ($h \geq m$), beträgt der **Wasserandrang** bei **einseitigem** Grabenzufluss und einer Länge L des Grabens bzw. horizontalen Filters oder Filterrohres:

$$Q = L \cdot m \cdot k_\mathrm{f} \cdot \frac{(y - h)}{x} \quad \text{für } h \geq m, \quad (20.102)$$

bzw. für den Rand des Absenktrichters ($y = H$ für $x = R$)

$$Q = L \cdot m \cdot k_\mathrm{f} \frac{(H - h)}{R} \quad \text{für } h \geq m. \quad (20.103)$$

Die Umstellung von (20.102) ergibt bei bekanntem Förderstrom Q die Funktion der **Absenkkurve**:

$$y = h + \frac{Q}{L \cdot m \cdot k_\mathrm{f}} \cdot x \quad \text{für } h \geq m. \quad (20.104)$$

Gleichung (20.104) verdeutlicht den linearen Verlauf der Grundwasserdruckfläche. Der vom Abstand x unabhängige (konstante) Durchflussquerschnitt ist die Ursache.

Sinkt der Wasserstand im Brunnen unter die Grundwasserdeckfläche ($h < m$), ergibt sich eine Kombination aus freiem und gespanntem Grundwasser. In diesem Fall beträgt der **Wasserandrang** bei **einseitigem** Zufluss:

$$Q = k_\mathrm{f} \cdot L \cdot \frac{\left(H^2 - h^2\right) - (H - m)^2}{2 \cdot R} \quad \text{für } h < m. \quad (20.105)$$

Die **Reichweite R** aus (20.96) gilt sowohl für (20.103) als auch für (20.105).

Das **Fassungsvermögen q** errechnet sich für $h \geq m$ bzw. $h < m$ unterschiedlich:

$$q = L \cdot m \cdot \frac{\sqrt{k_\mathrm{f}}}{15} \quad \text{für } h \geq m, \quad (20.106)$$

$$q = L \cdot h \cdot \frac{\sqrt{k_\mathrm{f}}}{15} \quad \text{für } h < m. \quad (20.107)$$

20.3.6.3 Erforderliche Antriebsleistung für die Pumpe

$$P_\mathrm{m} = \varrho \cdot g \cdot h_\mathrm{man} \cdot Q / \eta' \quad \text{in kW} \quad (20.108)$$

Damit für Grundwasserpumpen

$$\text{erf } P \approx 16 \cdot Q \cdot h_\mathrm{man} \quad \text{in kW} \quad (20.109)$$

$$K_\mathrm{F} = K_\mathrm{E} \cdot P_\mathrm{m}/(3600 \cdot Q) \quad \text{in €/m}^3 \quad (20.110)$$

erforderliche elektrische Arbeit für die Förderung eines Volumens V in m³

$$\begin{aligned} W &= P_\mathrm{m} \cdot V/(3600 \cdot Q) \\ &= 10 \cdot h_\mathrm{man} \cdot V/(\eta' \cdot 3600) \quad \text{in kW h} \end{aligned} \quad (20.111)$$

$\varrho \cdot g \approx 10$

h_man Höhenunterschied der Wasserspiegel (bzw. zum Austritt) zuzüglich Energieverlust (nach Abschn. 20.3.2.3) in m

Q Förderstrom der Pumpe in m³/s

η' Gesamtwirkungsgrad $= \eta_\mathrm{Motor} \cdot \eta_\mathrm{p}$

$\eta_\mathrm{Motor} \approx 0{,}85$ bis $0{,}90$

$\eta_\mathrm{p} = 0{,}60$ bis $0{,}80$, i. M. $0{,}70$ bei Reinwasserpumpen

$\eta_\mathrm{p} \approx 0{,}35$ bis $0{,}70$, i. M. $0{,}50$ bei Abwasserpumpen

K_E Strompreis in €/(kW h)

K_F Förderkosten in €/m³.

Höhenmäßige Anordnung der Pumpe Die Pumpe benötigt an der Saugseite einen von der Bauform abhängigen Zulaufdruck, um Kavitationsschäden an der Strömungsmaschine zu vermeiden. Dieser Druck kann ober- oder unterhalb des Atmosphärendrucks liegen und wird in der Praxis durch die Nettoenergiehöhe als NPSH-Wert (*Net Positive Suction Head*) über dem Eintrittsquerschnitt des Pumpenlaufrades ausgedrückt (auch als Haltedruck bezeichnet). Gegenüber der sonst gebräuchlichen Energiehöhe unterscheidet

Abb. 20.68 Pumpenanordnung zwischen einem offenen Behälter und einem Druckkessel

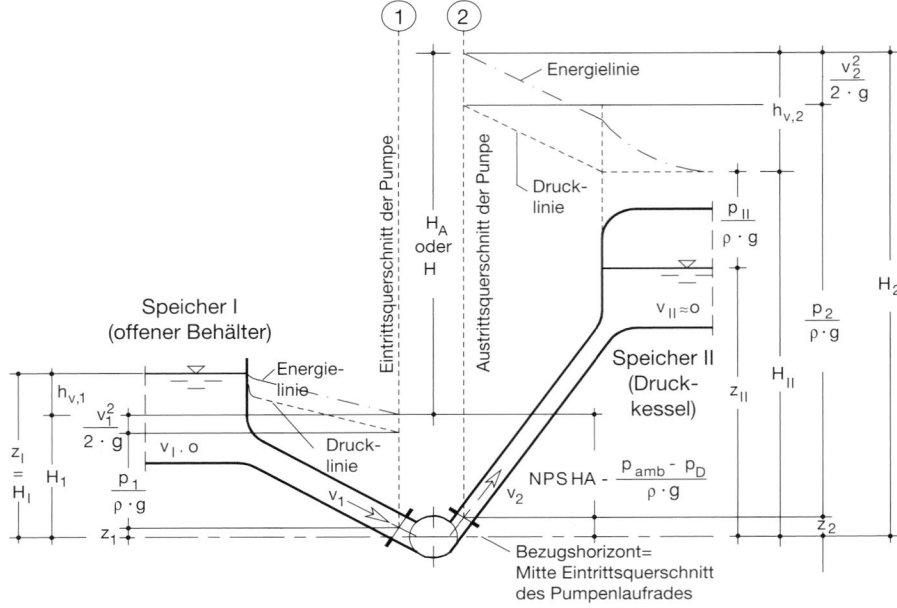

sich diese Größe dadurch, dass bei der Nettoenergiehöhe noch die Differenz zwischen Umgebungs- und Dampfdruckhöhe $(p_{amb} - p_D)/(\varrho \cdot g)$ addiert wird. Die Pumpenhersteller geben die erforderliche Nettoenergiehöhe NPSHR jeweils vor. Die vorhandene Nettoenergiehöhe NPSHA einer Anlage ergibt sich für das in Abb. 20.68 dargestellte Beispiel zu

$$
\begin{aligned}
\text{NPSHA} &= z_1 + \frac{p_1 + p_{amb} - p_D}{\varrho \cdot g} + \frac{v_1^2}{2 \cdot g} \\
&= z_1 + \frac{p_{amb} - p_D}{\varrho \cdot g} - h_{v.1}.
\end{aligned} \tag{20.112}
$$

Für den sicheren Betrieb einer Pumpe wird die Einhaltung der Bedingung NPSHA $\geq$ NPSHR + 0,5 m angestrebt.

Neben der Bauform hat der Betriebspunkt Einfluss auf NPSHR. Mit zunehmendem Förderstrom Q (und Absinken der Förderhöhe H_P) wächst die erforderliche Netto-Energiehöhe NPSHR an.

20.4 Hydrologie

20.4.1 Einführung in die Hydrologie

Die wesentlichen Begriffe und Formelzeichen werden in DIN 4049-1:1992-12 beschrieben. DIN 4049-2:1990-04 enthält Fachausdrücke zur Gewässerbeschaffenheit und DIN 4049-3:1994-10 zur quantitativen Hydrologie.

Die Norm bezeichnet die Hydrologie als Wissenschaft vom Wasser, seinen Eigenschaften und Erscheinungsformen auf und unter der Landoberfläche sowie in den Küstengewässern. Zusätzliche Begriffe und Formelzeichen findet man in

speziellen Teilgebieten wie der Stadt- und Küstenhydrologie. Die quantitative Hydrologie umfasst Wasservorkommen sowie Niederschlag, Abfluss und Verdunstung als Elemente des Wasserhaushalts.

Wasservorkommen

Nach UN-Schätzungen (2000) gliedert sich das Wasservorkommen auf der Erde in

$$1365 \cdot 10^6 \ km^3 \ \text{Salzwasser (97,5\%)} \quad \text{und}$$
$$35 \cdot 10^6 \ km^3 \ \text{Süßwasser (2,5\%)}.$$

Das Süßwasser verteilt sich auf
68,9 % Gletscher und Schneedecken,
30,8 % Grundwasser einschl. Bodenfeuchte, Sumpfwasser und Permafrostbereiche,
 0,3 % Speicherung in Seen und Flüssen.

Wasserkreislauf

Der Wasserkreislauf umfasst
- den Niederschlag mit der Niederschlagshöhe N oder h_N,
- den Abfluss mit der Abflusshöhe A oder h_A,
- die Verdunstung mit der zugehörigen Verdunstungshöhe V oder h_V und
- die Speicheränderung in Flüssen, Seen und dem Grundwasser mit der Höhe Δh_S.

Aus den genannten Höhen setzt sich die Wasserhaushaltsgleichung zusammen:

$$h_N = h_A + h_V \pm \Delta h_S.$$

Für Betrachtungen über ein Jahr wird für die Höhen die Einheit mm/a verwendet.

Abb. 20.69 Schema der Abflusskonzentration

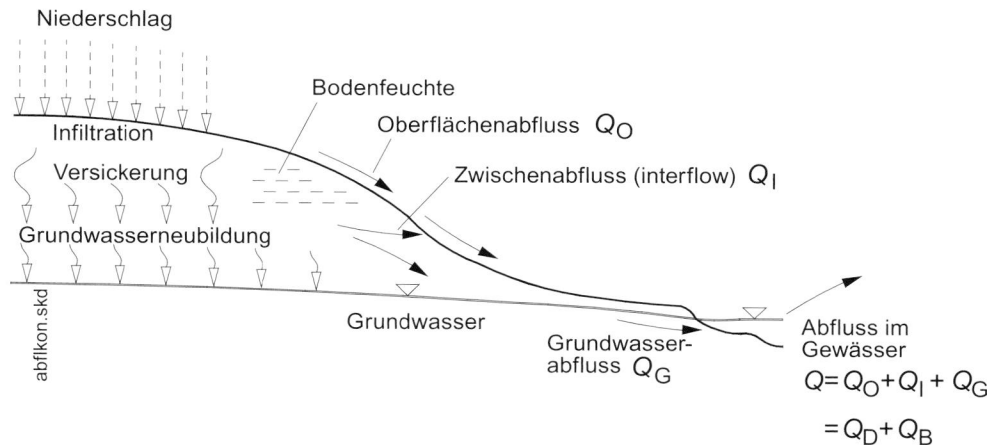

$$Q = Q_O + Q_I + Q_G$$
$$= Q_D + Q_B$$

Niederschlag

Die mittlere jährliche Niederschlagshöhe in Deutschland der Jahre 1881 bis 2018 beträgt 789 mm/a, wobei innerhalb dieses Zeitraums eine Erhöhung um knapp 9 % erfolgte. Während zwischen Magdeburg und Halle sowie in der Lausitz unter 500 mm/a beobachtet werden, treten in den Mittelgebirgen über 1200 mm/a und in den Alpen über 1800 mm/a auf.

Die Niederschlagsstärke oder -intensität bezeichnet man mit i_N [mm/h] und den direkt abfließenden Anteil als abflusswirksam oder effektiv Niederschlag mit $i_{N,e}$. Die Differenz entspricht der Verlustrate

$$i_v = i_N - i_{N,e}.$$

Durch die Muldenverluste (Pfützen etc.) und die über die Zeit abnehmende Infiltration in den Boden ist i_v anfangs sehr hoch.

Weitere Details wie Niederschlagsarten etc. sind z. B. in [21] beschrieben.

Abfluss

Der Niederschlag über dem Festland führt dort zur Abflussbildung, die von der Art, dem Bewuchs und dem Gefälle der Oberfläche, der Durchlässigkeit, Speicherfähigkeit und Schichtung des Untergrunds beeinflusst wird. Es folgt die Abflusskonzentration, wobei folgende Abflussarten unterschieden werden (Abb. 20.69):

Oberflächenabfluss Q_O Er gelangt unmittelbar an der Oberfläche zum Fließgewässer bzw. zum Kanal.

Zwischenabfluss Q_I Er speist sich aus der Bodenfeuchte oberhalb des Grundwasserspiegels und trägt zum Direktabfluss Q_D und zeitlich verzögert zum Basisabfluss Q_B bei.

Grundwasserabfluss Q_G Er gelangt unterhalb des Grundwasserspiegels in das Gewässer. Bei steigenden Gewässerpegeln oder Brunnen in Gewässernähe wird das Grundwasser angereichert.

Direktabfluss Q_D Er fließt während und kurz nach dem Niederschlagsereignis in das Gewässer bzw. in den Kanal und setzt sich aus Q_O und dem größeren Anteil von Q_I zusammen.

Basisabfluss Q_B Er speist sich überwiegend aus dem Grundwasserabfluss Q_G zum Teil aus dem Zwischenabfluss Q_I.

Verdunstung

Die Verdunstung unterliegt folgenden Einflüssen:
- Sättigungsdefizit (Differenz von 100 % zur vorhandenen Luftfeuchte),
- Sonneneinstrahlung,
- Windgeschwindigkeit,
- Verfügbarkeit von Wasser nahe der Oberfläche,
- Vegetation, Bodenart, Bebauung, sonstige Versiegelung etc.

Die Evapotranspiration mit der Höhe h_{ET} umfasst
- Evaporation (h_E) mit der Bodenverdunstung, der Interzeptionsverdunstung (von benetzten Pflanzen oder anderen Objekten) und der Seeverdunstung,
- Transpiration als biotischer Prozess.

Die potentielle Verdunstung h_{VP} beschreibt die mögliche Verdunstung bei unbegrenztem Wasserangebot in den Hohlräumen der Bodenoberfläche, auf den Blättern der Pflanzen etc.

Größenordnungen in Deutschland
- Gebietsverdunstung $h_V = 400$ mm/a bis 500 m/a
- Potentielle Verdunstung $h_{VP} = 550$ mm/a bis 700 mm/a
- Seeverdunstung (von freien Wasserflächen) $h_{Vw} = 800$ mm/a bis 1000 mm/a

20.4.2 Hochwasserabflüsse

Alle nachfolgend aufgeführten Ansatze zur Ermittlung von HHq ergeben bestenfalls Schätzwerte. Sie sollten nach Möglichkeit immer mithilfe der Daten benachbarter Einzugsgebiete „geeicht" werden. Die Formeln sollten vergleichend, d. h. parallel benutzt werden. Die Häufigkeit des Ereignisses n wird üblicherweise mit 0,01 bis 0,02 angesetzt.

Ab Einzugsgebietsgrößen A_E von 100 bis 200 km² sind meist Pegelaufzeichnungen vorhanden, die zur Eichung von Niederschlags-Abflussmodellen unerlässlich sind und aus denen mithilfe statistischer Methoden HHq ermittelt werden kann. Hierbei werden in der Regel Ganglinien gewonnen, die für die Bemessung der Gewässer besser geeignet und für die der Rückhaltebecken unumgänglich sind.

Überschlägig gilt für die *Jährlichkeit des Hochwassers*:

$$HQ_x = HQ_{100} \cdot f_x \quad \text{bzw.} \quad HQ_{100} = HQ_x/f_x \quad (20.113)$$

mit $f_x = 10^{(0,2962 \cdot \lg x - 0,5924)}$.

Eine statistische Analyse von Datenreihen erlaubt eine genauere Zuordnung der Jährlichkeit $T_n = \Delta t/P_{\ddot{u}}$ mit $P_{\ddot{u}}$ als Überschreitungswahrscheinlichkeit aus einer geeigneten statistischen Verteilung. Bekannt ist die Gauss-Normalverteilung. Während Niederschlagsreihen meist der Normalverteilung entsprechen, sind für Abfluss- und Wasserstandsreihen nach Fechner logarithmierte Ereigniswerte in Verbindung mit der Normalverteilung zu verwenden. Werte der Überschreitungswahrscheinlichkeit lassen sich für die sogenannte normierte Gauss-Verteilung unmittelbar aus Tabellen als Abhängige von $z = (x - \bar{x})/s$ entnehmen (siehe: Kap. 1, Tafel 1.15), mit x als Einzelwert (Ereigniswert oder entsprechender Logarithmus), $\bar{x}$ als zugehöriger Mittelwert und s als Standardabweichung. Für eine Reihe von jährlichen Hochwasserereignissen (Wasserstände oder Abflüsse) werden beispielsweise für das 100-jährliche Ereignis einer Überschreitungswahrscheinlichkeit

$$P_{\ddot{u}} = \Delta t/T_n = 1/100 = 0,01$$

und der zugehörige z-Wert aus Tafel 1.15 des Kap. 1 mit $z_{100} = 2,326$ (interpoliert) bestimmt. Der Einzelwert für das 100-jährliche Ereignis errechnet sich zu $x_{100} = \bar{x} + s \cdot z_{100}$. Je nach Verwendung logarithmierter Werte wäre noch die Umrechnung mit entsprechenden Basis (e oder 10) erforderlich.

Neben der Log-Normalverteilung werden in der Wasserwirtschaft vor allem die Pearson-III- und die Gumbel-Verteilung verwendet.

Die Verwendung der Log-Pearson-3-Verteilung wird empfohlen, wenn der Schiefekoeffizient c_{sy} der Logarithmen der Abflusswerte positiv ausfällt [2]. Folgende Beziehungen sind heranzuziehen:

$$y_i = \log(HQ_i); \qquad c_{sy} = \frac{n \cdot \sum_{i=1}^{n} (y_i - \bar{y})^3}{(n-1) \cdot (n-2) \cdot s_y^3};$$

$$s_y = \sqrt{\frac{\sum_{i=1}^{n} (y_i - \bar{y})^2}{n-1}}; \qquad \bar{y} = \frac{\sum_{i=1}^{n} y_i}{n}.$$

Methode der maximierten Schiefe Als Methode zur Ermittlung von Abflüssen niedriger Überschreitungswahrscheinlichkeit hat sich das Verfahren der maximierten Schiefe nach Kleeberg und Schumann [9, 10, 13] etabliert. Für die statistische Extrapolation wird durch eine regionale Analyse erreicht, die für alle regionstypischen Pegelstellen gilt und durch mehrere Zeitreihen abgesichert ist. Allerdings ist auch dieses Verfahren als Abschätzung einzustufen [18]. Zunächst wird auf der Basis einer Reihe jährlicher Hochwasserabflüsse der Mittelwert MHQ, die Standardabweichung s_{HQ} und der Schiefekoeffizient cs sowie mit einer entsprechend angepassten statistischen Verteilung der 100-jährlichen Abfluss ermittelt. Dazu wird z. B. der Ansatz

$$HQ_{100} = MHQ + s_{HQ} \cdot k_{100}$$

mit

MHQ [m³/s] Mittelwert der Jahreshöchstabflüsse
s_{HQ} [m³/s] Standardabweichung der Jahreshöchstabflüsse
k_{100} Häufigkeitsfaktor für eine Jährlichkeit von 100

herangezogen. Die Gumbelverteilung lässt sich anwenden, wenn der Schiefekoeffizient nahe dem für diese Verteilung geltenden Wert von $c_s = 1,14$ liegt. Der entsprechende Wert $k_{100,Gu}$ kann mit dem Ansatz

$$k_{100,Gu} = -\frac{\sqrt{6}}{\pi} \cdot \left(0,577 + \ln \ln \frac{100}{100-1}\right) = 3,137$$

abgeschätzt werden. Andere Ansätze erfassen allerdings auch die von der Anzahl der Hochwasserwerte gegebene Abhängigkeit durch ein reduziertes Mittel und eine reduzierte Standardabweichung. Die Pearson-3-Verteilung berücksichtigt eine variable Schiefe und kann nach [15] für den Bereich $-1 < c_s \leq 1$ näherungsweise mit dem Ansatz

$$k_{100,P3} = \frac{2}{c_s} \cdot \left\{\left[1 + \left(z_{100} - \frac{c_s}{6}\right) \cdot \frac{c_s}{6}\right]^3 - 1\right\}$$

bestimmt werden, wobei die Abhängige z_{100} aus der normierten Normalverteilung für die Jährlichkeit von 100 bzw. die Überschreitungswahrscheinlichkeit $P_{\ddot{U}} = 0,01$ mit $z_{100} = 2,326$ anzusetzen ist. Für andere Überschreitungswahrscheinlichkeiten wäre der z-Wert der Tafel 1.15 des Kap. 1 zu entnehmen.

Tafel 20.36 Faktoren $f_{\text{PÜ}}$ für kleinere Überschreitungswahrscheinlichkeiten

Jährlichkeit	Überschr.-wahrsch.	Faktor $f_{\text{PÜ}}$
100	0,01	1,00
200	0,005	1,26
500	0,002	1,61
1000	0,001	1,89
2000	0,0005	2,17
5000	0,0002	2,54
10.000	0,0001	2,83

Tafel 20.37 c- und m-Werte nach Wundt

	Ebene in ozeanischer Lage (I)		Bergland in kontinentaler Lage (II)	
	$\log c$	m	$\log c$	m
100 %	3,180	−0,178	5,699	−0,632
90 %	2,701	−0,118	4,140	−0,406
80 %	2,535	−0,096	3,933	−0,376
70 %	2,369	−0,074	3,726	−0,346
60 %	2,203	−0,052	3,519	−0,316
50 %	2,037	−0,031	3,312	−0,286

Für größere Jährlichkeiten zw. kleinere Überschreitungswahrscheinlichkeiten $P_{\text{Ü}}$ wird der Wert k_{100} mit einem Faktor $f_{\text{PÜ}}$ multipliziert:

$$HQ_{\text{PÜ}} = MHQ + s_{\text{HQ}} \cdot k_{100} \cdot f_{\text{PÜ}}.$$

Die Werte $f_{\text{PÜ}}$ ergeben sich aus [9, 10] für einen maximierten Schiefekoeffizienten $c_{\text{s}} = 4,0$ und der Pearson-3-Verteilung mit Hilfe der in [14] enthaltenen Werte k für größere Jährlichkeiten und sind in Tafel 20.36 wiedergegeben.

20.4.2.1 Höchstabflussspende nach Wundt

Höchstabflussspende

$$HHq = c \cdot A_{\text{E}}^{\text{m}} \quad \text{in } l/(s\,km^2) \qquad (20.114)$$

A_{E} Einzugsgebiet in km^2, $c = 10^{\log c}$ und m aus Tafel 20.37.

100 % = absolute, weltweit gemessene Spitzenwerte, für die man nicht bemessen wird. Für Bergland scheinen Werte um 90 % in der Regel zutreffender zu sein.

Die Prozentzahlen geben die Wahrscheinlichkeit der Nichtüberschreitung an (nicht n).

20.4.2.2 Verfahren nach Lutz

Mithilfe eines Niederschlag-Abfluss-Modells ermittelte Lutz [11] Kurven für einen normierten HW-Scheitelabfluss Q_{S}^*, der auf einen Effektivniederschlag von $N_{\text{eff}} = 10$ mm und ein Einzugsgebiet von $A_{\text{E}} = 10\,km^2$ bezieht. Der Zeitschritt Δt wurde je nach Anstiegszeit t_{A} zu 0,25 h, 0,50 h und 1,00 h gewählt. Abb. 20.70 gibt Q_{S}^* als Abhängige der Niederschlagsdauer D für unterschiedliche Anstiegszeiten t_{A} wieder.

Der Scheitelabfluss für eine Wiederholungszeitspanne T_{n} ergibt sich aus dem Ansatz

$$Q_{\text{S}}(T_{\text{n}}) = Q_{\text{S}}^*(t_{\text{A}}, D) \cdot \frac{A_{\text{E}} \cdot N_{\text{eff}}(T_{\text{n}}, D)}{100} + Mq \cdot A_{\text{E}} \qquad (20.115)$$

mit folgenden Variablen
T_{n} Wiederholungszeitspanne in Jahren
t_{A} Anstiegszeit der Einheitsganglinie in h
D Niederschlagsdauer in h
A_{E} Einzugsgebiet in km^2
N_{eff} Effektiver (abflusswirksamer) Niederschlag in mm
Mq mittlere Abflussspende, hier in $m^3/(s\,km^2)$.
Die Anstiegszeit t_{A} ergibt sich aus dem Ansatz

$$t_{\text{A}} = P_1 \cdot \left(\frac{L \cdot L_{\text{c}}}{I_{\text{G}}^{1,5}}\right)^{0,26} \cdot e^{-0,016 \cdot U} \cdot e^{0,004 \cdot W} \qquad (20.116)$$

Abb. 20.70 Normierter HW-Scheitelabfluss als Abhängige der Niederschlagsdauer nach [11]

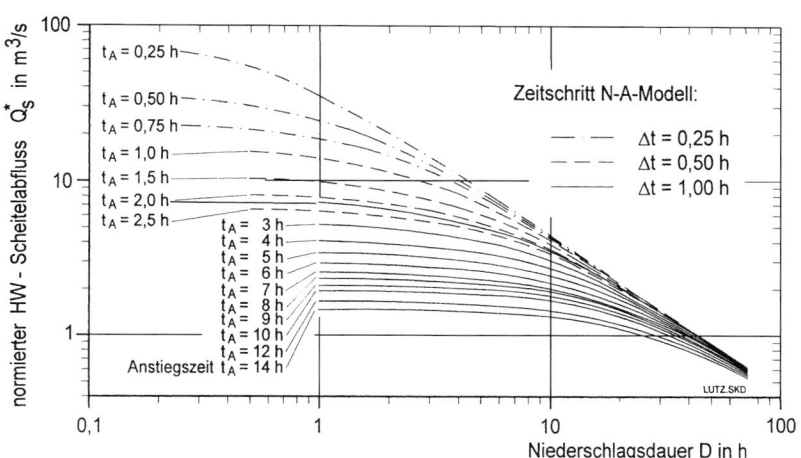

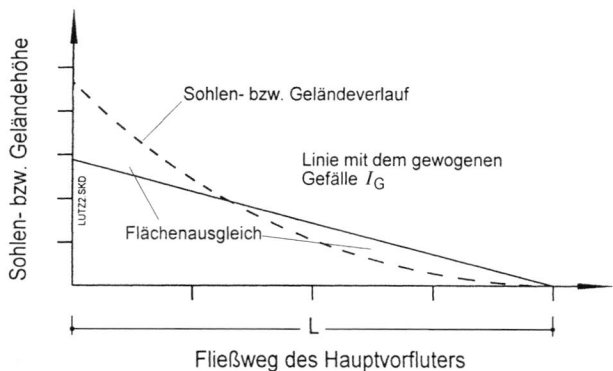

Abb. 20.71 Ermittlung des gewogenen Gefälles I_G nach [11]

Tafel 20.38 Maximaler Abflussbeiwert bei sehr hohen Niederschlägen

Landnutzung	Max. Abflussbeiwert c			
	Bodentyp			
	A	B	C	D
Waldgebiet	0,17	0,48	0,62	0,70
Ödland	0,71	0,83	0,89	0,93
Reihenkultur/Hackfr./Weinbau etc.	0,62	0,75	0,84	0,88
Getreideanbau (Weizen, Roggen u. Ä.)	0,54	0,70	0,80	0,85
Leguminosen, Klee, Luzerne, Ackerfr.	0,51	0,68	0,79	0,84
Weideland	0,34	0,60	0,74	0,80
Dauerwiese	0,10	0,46	0,63	0,72
Haine, Obstanlagen etc.	0,17	0,48	0,66	0,77

Bodentyp:
A: Schotter, Kies, Sand (kleinster Abfluss aus dem Einzugsgebiet)
B: Feinsand, Löß, leicht tonige Sande
C: Bindige Böden mit Sand: lehmiger Sand, sandiger Lehm, toniglehmiger Sand
D: Ton, Lehm, wenig klüftiger Fels, stauender Untergrund (größter Abfluss aus dem Einzugsgebiet)

mit
P_1 Parameter, abhängig von der Gebietsbebauung und der Vorfluterrauheit:

0,25 natürl. unbebaute Einzugsgeb., Vorfluter nicht od. nur wenig ausgeb.

0,20 schwach bebaute Einzugsgeb., $U = 5$ bis $10\,\%$, Vorfl. teilw. ausgebaut

0,15 stark bebaute Einzugsgeb. $U \approx 30\,\%$, Vorfluter teilweise ausgebaut

0,10 stark bebaute Einzugsgeb. $U > 30\,\%$, Vorfluter größtenteils naturfern;

P_1 kann auch durch Vergleiche mit bekannten Ganglinien bestimmt werden.

L Länge des Hauptvorfluters in km von der Wasserscheide bis zum Kontrollpunkt (z. B. Pegelstation)

L_c Länge des Hauptvorfluters in km vom A_E-Schwerpunkt bis z. Kontrollpkt., näherungsweise gilt $L_c \approx 0{,}5 \cdot L$

I Gefälle des Hauptvorfluters von der Wasserscheide bis zum Kontrollpunkt

I_G gewogenes Gefälle des Hauptvorfluters entsprechend Abb. 20.71

U bebauter Flächenanteil in %

W bewaldeter Flächenanteil in %.

Der Effektivniederschlag N_eff setzt sich aus Anteilen für die unversiegelten Flächen $N_\mathrm{eff,u}$ und für die versiegelten Flächen $N_\mathrm{eff,s}$ zusammen:

$$N_\mathrm{eff,u} = \left[(N - A_\mathrm{v}) \cdot c + \frac{c}{a} \cdot \left(e^{-a\cdot(N-A_\mathrm{v})} - 1 \right) \right] \cdot \frac{A_\mathrm{E} - A_\mathrm{s}}{A_\mathrm{E}}$$

(20.117)

$$N_\mathrm{eff,s} = (N - A_\mathrm{v}') \cdot \varphi_\mathrm{s} \cdot \frac{A_\mathrm{s}}{A_\mathrm{E}}; \quad N_\mathrm{eff} = N_\mathrm{eff,u} + N_\mathrm{eff,s}$$

(20.118)

mit

$N(T_\mathrm{n}, D)$ Gebietsniederschlag in mm, abhängig von T_n und D, z. B. aus [3]

N_eff abflusswirksamer Niederschlag in mm

$N_\mathrm{eff,u}$ abflusswirksamer Niederschlag von unversiegelten Flächen in mm

$N_\mathrm{eff,s}$ abflusswirksamer Niederschlag von versiegelten Flächen in mm

A_v Anfangsverlust für unversiegelte Flächen in mm

A_v' Anfangsverlust für versiegelte Flächen in mm (meist nur ca. 1 mm)

A_s versiegelte Fläche in km², etwa 30 % der bebauten Fläche

c maximaler Abflussbeiwert nach Tafel 20.38 nach sehr hohen Niederschlägen, bei Unterschieden im unversiegelten Bereich gilt als gewichtetes Mittel $c = \sum_i (A_i \cdot c_i) / \sum_i A_i$

a Proportionalitätsfaktor

$$a = C_1 \cdot e^{-C_2/\mathrm{WZ}} \cdot e^{-C_3/q_\mathrm{B}}$$

(20.119)

mit den Beiwerten

$C_1 \approx 0{,}02$ oder durch Kalibrierung mit verfügbaren Daten

$C_2 = 2{,}0$ für Weideland und Nadelwald
$= 4{,}62$ für Laubwald und intensiv genutzte landw. Flächen

$C_3 = 2{,}0$

und der Wochenzahl WZ zur Beschreibung der Jahreszeit

WZ $= 5$ im Sommer
$= 15$ für Frühjahr und Herbst
$= 23$ im Winter

in Verbindung mit der Basisabflussspende q_B in $\mathrm{l}/(\mathrm{s\,km^2})$, z. B. aus einem Gewässerkundlichen Jahrbuch

φ_s Abflussbeiwert für den versiegelten Anteil (nach Abzug des Anfangsverlusts A_v' liegt φ_s nahe 1).

Tafel 20.39 Abflussbeiwerte ψ für Hochwasserspitzen

Untergrund	Sand			Ton			Fels
Vegetation	Wald	Gras	Ohne	Wald	Gras	Ohne	
Gelände eben	0,10	0,15	0,20	0,25	0,35	0,50	0,60
Hügelig	0,15	0,22	0,30	0,40	0,55	0,65	0,70
Gebirgig	0,25	0,30	0,40	0,60	0,77	0,80	0,80

Für Regendauern $T > 4$ h wird WZ ≥ 15 empfohlen, um die angestiegene Bodenfeuchte zu berücksichtigen.

Das Verfahren nach Lutz bietet darüber hinaus die Möglichkeit, eine Ereignisabhängigkeit mit einer umgerechneten Anstiegszeit t_A' zu berücksichtigen. Der nach Lutz [11] mit einem Koaxialdiagramm bestimmte Wert von t_A' lässt sich mit folgender Formel (etwa $\pm 10\,\%$ genau) für $0,50$ h $< t_A' \leq$ 10 h ermitteln:

$$t_A' = t_A \cdot (2 \cdot i_M^{-0,35} - 0,074) \cdot (0,75 + 0,024 \cdot \text{WZ})$$
$$\cdot\, (0,6 + 4,24 \cdot \varphi - 5,1 \cdot \varphi^2 + 0,021 \cdot t_A^{0,76}) \quad (20.120)$$

mit den folgenden Variablen und Grenzen zur Formelanwendung

t_A' [h]   Anstiegszeit, zusätzlich abhängig vom Ereignis, für $0,50$ h $< t_A' \leq 10$ h

t_A [h]   Anstiegszeit abhängig vom Einzugsgebiet, für $0,75$ h $< t_A \leq 10$ h

i_M [mm/h] mittlere Niederschlagsintensität, für 2 mm/h $< i_M \leq 25$ mm/h

φ [–]   Abflussbeiwert $\varphi = N_{\text{eff}}/N$, für $0,05 < \varphi \leq 0,4$

Anfangsverluste A_V [mm]:

Versiegelte Flächen	1,0			
Sonst nach Bodentyp	A	B	C	D
Landwirtsch. Nutzflächen	7	4	2	1,5
Bewaldete Flächen	8	5	3	2,5

20.4.2.3 Die rationale Methode

Gilt für kleine A_E bis 50 ha

$$\text{HHq} = \Psi \cdot 38(n^{-0,25} - 0,369) \cdot r/(T+9) \quad \text{in l/(s ha)}$$
$$(20.121)$$

r = Regenspende des 15-Minuten-Regens mit $n = 1$. In der Klammer ist n = Häufigkeit des Ereignisses $1/a$. T = Regendauer wird wie bei Abschn. 20.4.2.2 ermittelt; ψ = Abflussbeiwert nach Tafel 20.39.

20.5 Binnenwasserstraßen

Die wesentlichen Querschnittsabmessungen für Binnenwasserstraßen enthält Abb. 20.72. Die Klassifizierung der europäischen Binnenwasserstraßen ist in Tafel 20.40 wiedergegeben. In Krümmungen muss die Fahrwasserbreite vergrößert werden. Dazu dienen die nachfolgenden Größen:

R_i Krümmungshalbmesser in m, innerer Fahrwasserrand

α Zentwinkel der Fahrwasserkrümmung

l Schiffslänge in m

R Krümmungshalbmesser in Fahrwasserachse in m

a Gesamtverbreiterungsmaß in Fahrwasserkrümmungen nach der international festgelegten Verbreiterungsformel

$$a = \frac{l^2}{2R} \quad \text{in m} \quad (20.122)$$

Nach Graewe, Die Bautechnik 1 (1971) können für Kanäle und staugeregelte Flüsse, ähnlich dem Main, die Richtwerte aus Abb. 20.73 nach Prüfung der jeweiligen Verhältnisse angewendet werden.

Hydraulische Bemessung der Steingröße für durchlässiges Deckwerk Die Steingröße richtet sich

- nach der Belastung durch Schiffswellen (genauer beschrieben in [12, 23]),
- Belastung durch Windwellen,
- Strömungsangriff.

Nachfolgend wird nur auf die Belastung durch Windwellen und Strömungsangriff eingegangen.

Bemessung auf Windwellen nach [12] Als Bemessungswert wird der nominale Steindurchmesser D_{n50} [m] herangezogen. Dieser entspricht der Kantenlänge eines gewichtsgleichen Würfels. Der aus dem Quadratlochsieb ermittelte Durchmesser D hat dazu die Beziehung $D = D_n/0,866$. Die zugehörige Steinmasse ergibt sich aus dem nominalen Durchmesser D_n und der Steindichte $G = \varrho_S \cdot D_n^3$.

$$D_{n50} \geq \frac{H_S \cdot \sqrt{\xi}}{2,25} \cdot \frac{\varrho_W}{\varrho_S - \varrho_W} \quad (20.123)$$

mit

D_{n50} [m]   erforderlicher mittlerer nominaler Steindurchmesser

H_S [m]   signifikante Wellenhöhe (Bemessungswellenhöhe für Windwellen)

ϱ_W [kg/m³] Dichte des Wassers

ϱ_S [kg/m³] Dichte der Wasserbausteine

ξ [–]   Brecherkennzahl.

T-Profil

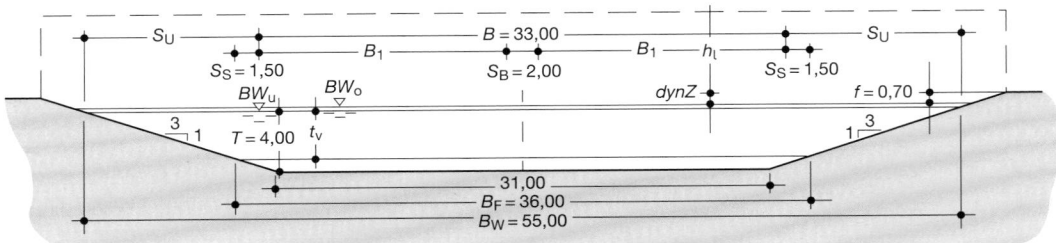

R-Profil

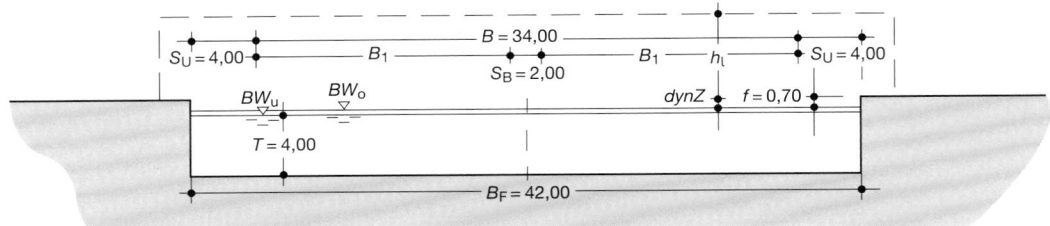

RT-Profil

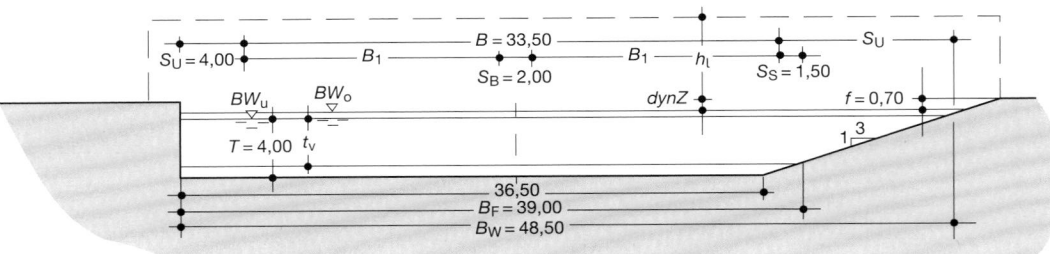

KRT-Profil

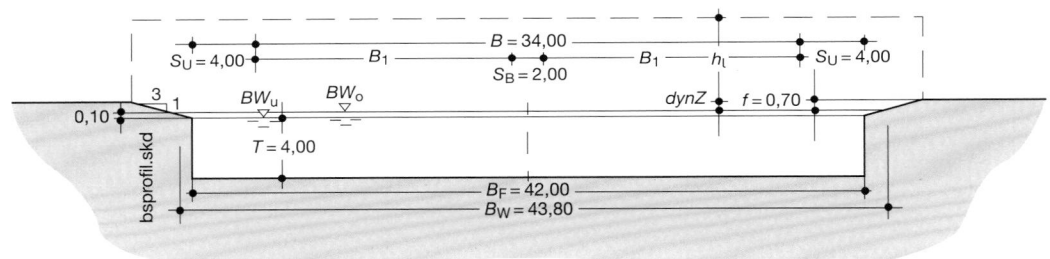

Abb. 20.72 Profile von Binnenschifffahrtskanälen für etwa gerade Strecken (Maßangaben in m) nach: Richtl. f. Regelquerschnitte von Schifffahrtskanälen, BMV 1994.
Bezeichnungen:

B – Raumbedarf bei Begegnung,

B_1 – Fahrspurbreite (15,5–16 m),

B_F – Fahrrinnenbreite,

B_W – Wasserspiegelbreite,

BW_u – Unterer Betriebswasserstand,

BW_o – Oberer Betriebswasserstand,

$dyn\,Z$ – kurzzeitige Wasserspiegelschwankung,

S_B – Sicherheitsabstand zw. den Fahrspuren,

S_U – Sicherheits- u. Sichtabstand zum Ufer,

S_S – Sicherheitsabst. zur Böschung in Tiefe,

f – Freibord,

h_l – lichte Durchfahrtshöhe für Kanal (5,25 m),

T – Wassertiefe,

t_v – Tauchtiefe (3,15 m)

Tafel 20.40 Klassifizierung der Europäischen Binnenwasserstraßen (Auszug aus BMV-BW 20-Anl. zu TRANS/SC 3/R 153

Typ der Binnenwasserstraße		Klasse der Binnenwasserstraße	Motorschiffe und Schleppkähne				Schubverbände					Brückendurchfahrtshöhe[b]
			Max. Länge L [m]	Max. Breite B [m]	Tiefgang d [m][f]	Tonnage	Formation	Länge L [m]	Breite B [m]	Tiefgang d [m][f]	Tonnage T [t]	
1		2	4	5	6	7	8	9	10	11	12	13
Von regionaler Bedeutung	Westlich der Elbe	I	38,5	5,05	1,8–2,2	250–400						4,0
		II	50–55	6,6	2,5	400–650						4,0–5,0
		III	67–80	8,2	2.5	650–1000						4,0–5,0
	Östlich der Elbe	I	41	4,7	1,4	180						3,0
		II	57	7,5–9,0	1,6	500–630						3,0
		III	67–70	8,2–9,0	1,6–2,0	470–700		118–132[a]	8,2–9,0[a]	1,6–2,0	1000–1200	4,0
Von internationaler Bedeutung		IV	80–85	9,50	2,50	1000–1500	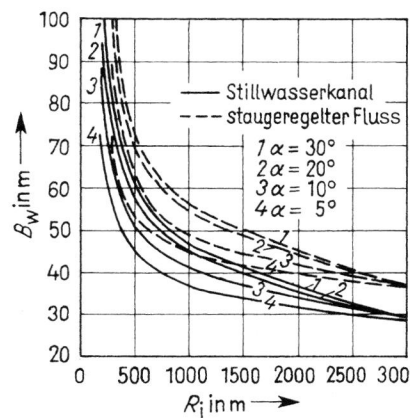	85	9,50[e]	2,50–2,80	1250–1450	5,25 od. 7,00[d]
		Va	95–110	11,40	2,50–2,80	1500–3000		95–110[a]	11,40	2,50–4,50	3200–6000	5,25 od. 7,00 od. 9,10[d]
		Vb						172–185[a]	11,40	2,50–4,50	3200–6000	
		VIa						95–110[a]	22,80	2,50–4,50	3200–6000	7,00 od. 9,10[d]
		VIb	140[c]	15,00[c]	3,90[c]			185–195[a]	22,80	2,50–4,50	6400–12.000	7,0 od. 9,10[d]
		VIc						270–280[a]	22,80	2,50–4,50	9600–18.000	9,10[d]
								195–200[a]	33,00–	2,50–4,50	9600–18.000	
		VII						285	33,00–34,20[a]	2,50–4,50	14.500–27.000	9,10[d]

[a] 1. Zahl ≙ aktuell geltender Wert; 2. Zahl ≙ zukünftig geltender Wert
[b] incl. Sicherheitsabstand von 0,3 m zwischen höchstem Punkt des Schiffes und Brücke
[c] incl. Fahrzeuge im Ro-Ro- und Containerverkehr
[d] 5,25 m ≙ 2 Lagen Container, 7,00 m ≙ 3 Lagen Container; 9,10 m ≙ 4 Lagen Container; bei > 50% Leercontainer, Ballastierung erforderlich
[e] Wegen max. zul. L im Enzelfall Zuordnung zu Kl. IV möglich obwohl $B = 11,4$ m und $d = 4,0$ m
[f] Tiefgangswert ggf. im Einzelfall nach örtlichen Gegebenheiten festlegen
[g] Im Einzelfall bei Mehrleichtern auch gröbere horizontale Abmessungen möglich

Abb. 20.73 Nutzbare Fahrwasserbreite B_W für verschiedene α

Die Brecherkennzahl ξ ergibt sich abhängig von der Böschungsneigung und der Brecherart zu

$$\xi = \frac{\tan\beta}{\sqrt{H_\mathrm{ein}/L_\mathrm{ein}}} \qquad (20.124)$$

mit
β [°] Böschungswinkel;
H_ein [m] Höhe der einfallenden Welle;
L_ein [m] Länge der einfallenden Welle.
Übliche Werte für die Brecherkennzahl ξ sind in nachfolgender Tafel wiedergegeben:

Böschungsneigung	Brecherart	Brecherkennzahl
1 : 5 bis 1 : 20	Schwallbrecher	$\xi < 0,5$
	Sturzbrecher	$0,5 < \xi < 3,3$
	Reflexionsbrecher	$\xi > 3,3$
1 : 1,5 bis 1 : 4	Schwallbrecher	$\xi < 2,5$
	Sturzbrecher	$2,5 < \xi < 3,4$
	Reflexionsbrecher	$\xi > 3,4$

Bemessung auf Strömungsangriff In Anlehnung an die Isbash-Formel gilt nach [12] folgende Näherung für den Steindurchmesser D_{50} [m] bei 50 Gew.-% Siebdurchgang

$$D_{50} = C_{\text{Isb}} \cdot C_{\text{Bö}} \cdot \frac{V_{\max}^2}{g} \cdot \frac{\varrho_{\text{W}}}{\varrho_{\text{S}} - \varrho_{\text{W}}}$$

mit

C_{Isb} [−]   Faktor nach Isbash, $C_{\text{Isb}} \approx 0{,}7$;
$C_{\text{Bö}}$ [−]   Böschungsfaktor (20.87) nach Lane

$$C_{\text{Bö}} = \cos\beta \cdot \sqrt{1 - \frac{\tan^2\beta}{\tan^2\varphi_{\text{D}}'}};$$

$v_{\max}$ [m/s] maximale Strömungsgeschwindigkeit.

Die bisher im Wasserbau üblichen Steinklassen werden durch geänderte Bezeichnungen entsprechend DIN EN 13383 abgelöst. Es gelten nun

- Größenklassen $\text{CP}_{x/y}$ (Coarse Particles) mit der unteren (x) und oberen (y) Korngröße [mm]
- leichte Gewichtsklassen LM (Light Mass)
- schwere Gewichtsklassen HM (Heavy Mass).

Die beiden Gewichtsklassen werden noch mit dem Zusatz A versehen, wenn ein zusätzlicher Wertebereich für das mittlere Steingewicht definiert ist (LMA, HMA). Bei Verzicht auf diese Definition wird der Zusatz B verwendet (LMB, HMB). Bei den Gewichtsklassenzeigen die Indices x und y jeweils die Gewichtsgrenzen an. Eine ungefähre Zuordnung zu den bisherigen Bezeichnungen enthält [8] für $2300\,\text{kg/m}^3 < \varrho_{\text{S}} < 3000\,\text{kg/m}^3$ mit

Alte Bezeichnung	Neue Bezeichnung
Klasse II	$\text{CP}_{90/250}$
Klasse III	$\text{LMB}_{5/40}$
Klasse IV	$\text{LMB}_{10/60}$

Die Dicke d_{D} der Deckschicht sollte aus hydraulischer Sicht

$$d_{\text{D}} = 1{,}5 \cdot d_{50} + 0{,}10 \text{ [m]}$$

betragen. Neben der hydraulischen Bemessung sind die geotechnische Standsicherheit und betriebliche Einflüsse wie Ankerwurf zu berücksichtigen. In den letzten Jahren wurde als Regelbauweise für Deckschichten aus Quarz- und Basaltgestein häufig die Gewichtsklasse LMB 5/40 mit einer Deckschichtdicke von 0,60 m gewählt [22].

Literatur

1. DVWK Merkbl. 220/1991 Hydraulische Berechnung von Fließgewässern, Verlag Paul Parey
2. DWA-Regelwerke (früher ATV-Arbeits- und Merkblätter), GFA, Hennef
3. DWD: Starkniederschlagshöhen für Deutschland, KOSTRA, itwh Institut für technisch-wissenschaftliche Hydrologie GmbH, Hannover
4. Franke P.G.: Hydraulik für Bauingenieure, Berlin 1974
5. Heinemann E., Feldhaus R.: Hydraulik für Bauingenieure, B. G. Teubner, Stuttgart u. Leipzig, 2. Aufl. 2003
6. Herth W., Arndts E.: Theorie und Praxis der Grundwasserabsenkung, Ernst & Sohn, Berlin 1985
7. Indlekofer H. M. F.: Die Darcy-Weisbach-Formel bei extremer Rauheitsgliederung in Fließgewässern, Wasser u. Abfall Heft 12/2005, S. 47–51
8. Kayser J.: Zur Handhabung der neuen Norm DIN EN 13383 für Wasserbausteine und deren Umsetzung in eine Steinbemessung, Bundesanstalt für Wasserbau, Sonderinformationen Geotechnik 2005
9. Kleeberg H.-B., Schumann A. H.: Ableitung von Bemessungsabflüssen kleiner Überschreitungswahrscheinlichkeiten, Wasserwirtschaft 91 (2001), H. 2, S. 90–95
10. Kleeberg H.-B., Schumann A. H.: Zur Ableitung von Bemessungsabflüssen kleiner Überschreitungswahrscheinlichkeiten, Wasserwirtschaft 91 (2001), H. 12, S. 608
11. Lutz W.: Berechnungen von Hochwasserabflüssen unter Anwendung von Gebietskenngrößen, Diss. Univ. Karlsruhe (TH) 1984
12. N.N.: Mitteilungsblatt BAW Nr. 87: Grundlagen zur Bemessung von Böschungs- und Sohlensicherungen an Binnenwasserstraßen 2004
13. N.N: Ermittlung von Bemessungsabflüssen nach DIN 19700 in Nordrhein-Westfalen, MUNLV NRW Düsseldorf 2004
14. N.N: Guidelines for determining flood flow frequency, Bull. No. 17B (revised), Interagency Advisory Committee on Water Data, Reston, Virginia 1981
15. N.N.: Hydraulic design criteria, Bureau of Reclamation, US Army Engineer Waterways Experiment Station, Vicksburg, Miss.
16. Press H., Schröder R.: Hydromechanik im Wasserbau, W. Ernst &Sohn, Berlin u. München 1966
17. Schumacher F.: Zur Durchflussberechnung gegliederter, naturnah gestalteter Fließgewässer, Inst. f. Wasserbau u. Wasserwirtschaft TU Berlin, Mitt. 127, 1995
18. Schumann A.: Welche Jährlichkeit hat das extreme Hochwasser, wenn es als Vielfaches des HQ100 abgeschätzt wird?, Hydrologie und Wasserbewirtschaftung 56 (2012), S. 78–82
19. Timm J.: Hydromechanisches Berechnen, 2. Aufl., Stuttgart 1970 Quellenangaben
20. Vismann U. (Hrsg.): Wendehorst Beispiele aus der Baupraxis, Springer Vieweg, 7. Aufl. 2021
21. Maniak U.: Hydrologie und Wasserwirtschaft, Springer Verlag, Berlin Heidelberg, 7. Aufl. 2016
22. N.N.: Anwendung von Regelbauweisen für Böschungs- und Sohlensicherungen an Binnenwasserstraßen (MAR), Bundesanstalt für Wasserbau, Merkblatt 2008
23. N.N.: Grundlagen für die Bemessung von Böschungs- und Sohlensicherungen an Binnenwasserstraßen, Bundesanstalt für Wasserbau (GBB), Bundesanstalt für Wasserbau, Merkblatt 2010

Siedlungswasserwirtschaft

21

Prof. Dr.-Ing. Andreas Strohmeier und Prof. Dr.-Ing. Silvio Beier

Inhaltsverzeichnis

A. Strohmeier (✉)
Düren, Deutschland
E-Mail: strohmeier.a@gmx.de

S. Beier
Bauhaus-Universität Weimar
Weimar, Deutschland
E-Mail: silvio.beier@uni-weimar.de

21.1 Wasserversorgung

In den folgenden Abschnitten werden die wichtigsten Vorschriften wie das DVGW-Regelwerk mit den Arbeitsblättern (A), Merkblättern (M) und Hinweisen (H) und die fachspezifischen DIN-Vorschriften zu Beginn eines jeden Abschnitts aufgelistet.

DIN 2000 (02.17) Zentrale Trinkwasserversorgung – Leitsätze für Anforderungen an Trinkwasser, Planung, Bau, Betrieb und Instandhaltung der Versorgungsanlagen

DIN 2001 Trinkwasserversorgung aus Kleinanlagen und nicht ortsfesten Anlagen

DIN 2001 (01.19) Teil 1: Kleinanlagen – Leitsätze für Anforderungen an Trinkwasser, Planung, Bau, Betrieb und Instandhaltung der Anlagen

DIN 2001 (01.18) Teil 2: Nicht ortsfeste Anlagen

DIN 2001 (12.15) Teil 3: Nicht ortsfeste Anlagen zur Ersatz- und Notwasserversorgung

DIN EN 805 (03.00) Wasserversorgung – Anforderungen an Wasserversorgungssysteme und deren Bauteile außerhalb von Gebäuden.

21.1.1 Wasserbedarf

W400-1 (02.15) Technische Regeln Wasserverteilungsanlagen (TRWW) – Teil 1: Planung (A)

W 410 (12.08) Wasserbedarf – Kennzahlen und Einflussgrößen (A)

W 405 (02.08) Bereitstellung von Löschwasser durch die öffentliche Trinkwasserversorgung (A)

W 392 (09.17) Wasserverlust in Rohrnetzen – Ermittlung, Wasserbilanz, Kennzahlen, Überwachung (A).

Die Bemessung der einzelnen Versorgungsanlagen erfolgt auf der Grundlage der Spitzendurchflüsse, die je nach Anlagenart auf die Bezugszeiten gemäß Tafel 21.2 zu beziehen sind.

© Springer Fachmedien Wiesbaden GmbH, ein Teil von Springer Nature 2021
U. Vismann (Hrsg.), *Wendehorst Bautechnische Zahlentafeln*, https://doi.org/10.1007/978-3-658-32218-2_21

Tafel 21.1 Begriffe zum Wasserbedarf nach DVGW W 410 (12.08)

Zeit	Einheit	Erläuterungen
Q_a	m³/a	Jährlicher Wasserverbrauch
Q_{dm}	m³/d	Mittlerer Tagesbedarf $= Q_a/365 = q_{dm} \cdot E$
$Q_{d\,max}$	m³/d	Höchster Tagesbedarf in Versorgungs-gebieten von 0.00 bis 24.00 Uhr in einem Betrachtungszeitraum
Q_{hm}	m³/h	Durchschnittlicher Stundenbedarf am Tage des mittleren Wasserbedarfs, $Q_{hm} = Q_{dm}/24 = Q_a/(365 \cdot 24)$
$Q_{h\,max}$	m³/h	Höchster Stundenbedarf am Tage des höchs-ten Wasserbedarfs
$Q_{h\,max,\,dm}$		Höchster Stundenbedarf am Tage mit durch-schnittlichem Wasserbedarf
q_{dm}	l/(d E)	Mittlerer einwohnerbezogener Tagesverbrauch
f_d	–	Tagesspitzenfaktor $= Q_{d\,max}/Q_{dm}$, Bezug: Messzeitraum 1 Jahr
f_h	–	Stundenspitzenfaktor $= Q_{h\,max}/Q_{hm}$, Bezug: Messzeitraum 1 Jahr
t_B	s, min, h oder d	Bezugszeit, über den Tag kumulierte Zeit, auf die ein Spitzendurchfluss bezogen ist (siehe Tafel 21.2)
$Q_s(t_B)$	m³/h	Spitzendurchfluss, der nur über eine be-stimmte Bezugszeit pro Tag überschritten wird (z. B. 10 s, 1 h), z. B. der 10-s-Wert aus der Tages-Dauerlinie
st_{max}	%	Maximaler Stundenprozentwert $st_{max} = Q_{h\,max}/Q_{d\,max} \cdot 100$
$\sum Q_R$	m³/h	Summendurchfluss in Anlehnung an DIN 1988 Teil 3
f_{GZ}	%	Gleichzeitigkeitsfaktor $= Q_s(t_B) \sum Q_R$

Tafel 21.2 Spitzendurchflüsse mit zugehörigen Bezugszeiten t_B nach DVGW W 410 (12.08)

Anlagenart	Maßgeblicher Durchfluss und Bezugszeit
Anschlussleitungen	Spitzendurchfluss mit $t_B = 10$ s
Zubringer-, Haupt- und Versorgungsleitungen	Spitzendurchfluss mit $t_B = 1$ h
Pumpen- und Druck-erhöhungsanlagen	Spitzendurchfluss mit $t_B = 1$ h
Behälter	Nach Maßgabe von DVGW W 300 (A)

21.1.1.1 Einwohnerbezogener Bedarf

Der Wasserbedarf im häuslichen Bereich wird in erster Li-nie durch die Lebensgewohnheiten (sanitäre Ausstattung der Wohnungen, Zahl und Art der Wasser verbrauchenden Ge-räte, Ansprüche der Körperpflege) bestimmt. Die Tafel 21.3 zeigt die Zusammensetzung der Trinkwasserverwendung im Haushalt.

Bei Planungen sind im Normalfall 90 bis 140 l/(E d) zu-grunde zu legen.

Tafel 21.3 Zusammensetzung des durchschnittlichen Tagesverbrau-ches nach DVGW W 410 (12.08)

Verbrauch für einzelne Zwecke	l/d	%
Baden, Duschen, Körperpflege	43	36
Toilettenspülung	32	27
Wäsche waschen	15	12
Geschirrspülen	7	6
Raumreinigung, Autopflege, Garten	7	6
Essen, Trinken	5	4
Kleingewerbe	11	9
Summe	120	100

Tafel 21.4 Einwohnerbezogener stündlicher Spitzenwert für Versor-gungseinheiten bis 10.000 Einwohnern nach DVGW W 410 (12.08)

Einwohner	Wohneinheiten	Spitzenbedarf		
		$q_{h\,max}$	$Q_{h\,max}$	$Q_{h\,max}$
E	WE	l/(S E)	l/s	m³/h
1		6,880	0,688	2,48
2	1	0,3587	0,717	2,58
4	2	0,1958	0,783	2,82
10	5	0,0943	0,943	3,40
20	10	0,0573	1,145	4,12
100	50	0,214	2,145	7,72
200	100	0,0152	3,033	10,92
400	200	0,0112	4,490	16,16
1000	500	0,0081	8,091	29,13

Die einwohnerbezogenen Spitzenwerte für den Wasserbe-darf werden im W 410 (12.08) in Abhängigkeit der Größe der Versorgungseinheiten angegeben.

Die Spitzenwerte für den Wasserbedarf bis 1000 Einwoh-ner sind in Tafel 21.4 aufgelistet.

Für Versorgungseinheiten über 1000 Einwohner können in Abb. 21.1 die Spitzenfaktoren f_d und f_h und in Abb. 21.2 der maximale Stundenprozentwert st_{max} abgegriffen werden.

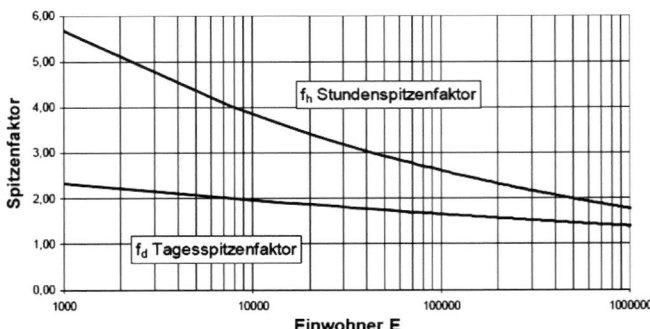

Abb. 21.1 Spitzenfaktoren in Abhängigkeit der Einwohnerzahl nach DVGW W 410 (12.08)

Tafel 21.5 Verbrauchsgruppen-bezogene Wasserbedarfswerte nach W 410 (12.08)

Verbrauchergruppe/ Gebäudeart	Verbraucher (V)/ Bezugsgröße	Mittelwerte	Spitzenfaktoren	
			f_d	f_h
Krankenhäuser	Patienten und Beschäftigte (PB)	$0,34\,m^3/(PB\,d)$	1,3	3,2
	Bettenanzahl (BZ)	$0,50\,m^3/(BZ\,d)$		
Schulen	Schüler und Lehrer (SL)	$0,006\,m^3/(SL\,d)$	1,7	7,5
Verwaltungs- und Büro-gebäude	Beschäftigte (B)	$0,025\,m^3/(B\,d)$	1,8	5,6
Hotels	Hotelgast (G)	$0,29\,m^3/(G\,d)$	1,4	4,4
	Hotelzimmer (HZ)	$0,39\,m^3/(HZ\,d)$		
Landwirtschaftliche Anwesen	Großviehgleichwert (GVGW)	$0,052\,m^3/(GVGW\,d)$	1,5	7,6
Gemischte Gewerbegebiete	Fläche (F)	$2\,m^3/(ha\,d)$	1,8	5,6
	Arbeitsplätze (AP)	$50\,l/(AP\,d)$		

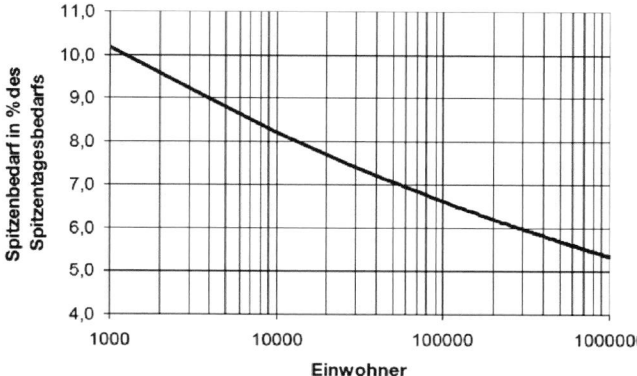

Abb. 21.2 Maximaler Stundenprozentwert st_{max} in % in Abhängigkeit von der Anzahl der Einwohnerzahl nach DVGW W 410 (12.08)

Die Wasserbedarfswerte für den öffentlichen Bedarf wie Krankenhäuser, Schulen, Verwaltungsgebäude, Hotels, landwirtschaftliche Anwesen und gemischte Gewerbegebiete sind in der Tafel 21.5 zusammengestellt.

Für besondere Verbrauchergruppen wie Sporthallen, Fitnessclubs, Schwimm- und Freizeitbäder, Stadien und Rennbahnen, Messe- und Kongresshallen sowie Einkaufszentren und Festplätzen werden im Arbeitsblatt W 410 (12.08) weitere ergänzende Hinweise zur Bestimmung des Wasserbedarfes angegeben.

21.1.1.2 Löschwasserbedarf

Der Löschwasserbedarf wird nach DVGW-W 405 (02.08) zur Dimensionierung neuer und zur Nachprüfung bestehender Wasserversorgungsnetze nach Tafel 21.6 angesetzt. Bei Löschwasserentnahme soll der Netzdruck an keiner Stelle des Netzes unter 1,5 bar sinken. Der Nachweis der Löschwassermenge gemäß Tafel 21.6 ist für eine Löschzeit von 2 Stunden zu führen. Soll die Leistungsfähigkeit eines Trinkwasserrohrnetzes für die Vorhaltung von Löschwasser beurteilt werden, ist in der Regel von einer Netzbelastung auszugehen, die der größten stündlichen Abgabe eines Tages mit mittlerem Verbrauch entspricht (Grundbelastung).

21.1.1.3 Eigenverbrauch der Wasserwerke

Wasserwerke benötigen Wasser z. B. für Rückspülungen bei Wasseraufbereitungsanlagen, Rohrnetzspülungen und Reinigen von Wasserkammern. Der Wasserverbrauch beträgt bei Aufbereitungsanlagen etwa 1,3 bis 1,5 % von Q_a, bei sonstigen Anlagen etwa 1 %.

21.1.1.4 Wasserverluste

Das in das Rohrnetz eingespeiste Wasser erreicht nicht zu 100 % den Kunden. Nach W 392 ergibt sich der gesamte Wasserverlust Q_V aus der Netzeinspeisung Q_E abzüglich der Netzabgabe Q_A. Dabei wird in scheinbaren Wasserverlust Q_{VS} und realen Wasserverlust Q_{VR} unterschieden (Tafel 21.7). Ohne konkrete Abschätzung ist gemäß W 392 von keinem scheinbaren Wasserverlust auszugehen $Q_{VS} = 0$. Ab $Q_{VS} > 0,005 \cdot Q_A$ ist der Verlust detailliert zu begründen. Der reale Wasserverlust Q_{VR} ergibt sich aus $Q_{VR} = Q_V - Q_{VS}$.

21.1.2 Anforderungen an die Wasserbeschaffenheit

In den Tafeln 21.8 bis 21.14 sind die maßgebenden Parameter und Grenzwerte bzw. Anforderungen über die Qualität von Wasser für den menschlichen Gebrauch (TrinkwV 2001) in der Fassung vom 10. März 2016 aufgelistet, die zuletzt durch Artikel 99 der Verordnung vom 19. Juni 2020 geändert worden ist.

Die Einhaltung der mikrobiologischen Parameter stellt sicher, dass keine Krankheiten auf den Verbraucher übertragen werden. Die chemischen Parameter umfassen weitgehend Inhaltsstoffe mit toxikologischer Relevanz. Die Indikatorparameter zeigen bei Überschreitung indirekt eingetretene Veränderungen der Wasserqualität an, die auf eine Belastung des Rohwassers, auf Versäumnisse bei der Aufbereitung oder eine Lösung von Materialien aus dem Leitungsnetz hinweisen können.

Tafel 21.6 Richtwerte für den Löschwasserbedarf (m³/h) unter Berücksichtigung der baulichen Nutzung und Gefahr der Brandausbreitung nach W 405 (02.08)

Bauliche Nutzung nach § 17 der Baunutzungsverordnung	reine Wohngebiete (WR) allgem. Wohngebiete (WA) besondere Wohngebiete (WB) Mischgebiete (MI) Dorfgebiete (MD)[a]		Gewerbegebiete (GE)			Industriegebiete (GI)	
				Kerngebiete (MK)			
Zahl der Vollgeschosse (N)	$N \leq 3$	$N > 3$	$N \leq 3$	$N = 1$	$N > 1$	–	
Geschossflächenzahl[b] (GFZ)	$0{,}3 \leq \text{GFZ} \leq 0{,}7$	$0{,}7 < \text{GFZ} \leq 1{,}2$	$0{,}3 < \text{GFZ} \leq 0{,}7$	$0{,}7 < \text{GFZ} \leq 1$	$1 < \text{GFZ} \leq 2{,}4$	–	
Baumassenzahl[c] (BMZ)	–	–	–	–	–	$\text{BMZ} \leq 9$	

Löschwasserbedarf bei unterschiedlicher Gefahr der Brandausbreitung[e]	m³/h	m³/h	m³/h	m³/h	m³/h	m³/h	Überwiegende Bauart
klein	48	96	48	96	96		feuerbeständige[d], hochfeuerhemmende[d] oder feuerhemmende[d] Umfassungen, harte Bedachungen[d]
mittel	96	96	96	96	192		Umfassungen nicht feuerbeständig oder nicht feuerhemmend, harte Bedachungen oder Umfassungen feuerbeständig oder feuerhemmend, weiche Bedachungen[d]
groß	96	192	96	192	192		Umfassungen nicht feuerbeständig oder nicht feuerhemmend: weiche Bedachungen, Umfassungen aus Holzfachwerk (ausgemauert). Stark behinderte Zugänglichkeit, Häufung von Feuerbrücken usw.

[a] Soweit nicht unter kleinen ländlichen Ansiedlungen (siehe Abschnitt 5, 4. Absatz) fallend.
[b] Geschossflächenzahl = Verhältnis von Geschossfläche zu Grundstücksfläche.
[c] Baumassenanzahl = Verhältnis vom gesamten umbauten Raum zu Grundstücksfläche.
[d] Die Begriffe „feuerhemmend", „hochfeuerhemmend" und „feuerbeständig" sowie „harte Bedachung" und „weiche Bedachung" sind baurechtlicher Art.
[e] Begriff nach DIN 14011 Teil 2: „Brandausbreitung ist die räumliche Ausdehnung eines Brandes über die Brandausbruchstelle hinaus in Abhängigkeit von der Zeit." Die Gefahr der Brandausbreitung wird umso größer, je brandempfindlicher sich die überwiegende Bauart eines Löschbereiches erweist.

Tafel 21.7 Wasserbilanz/Wasserverlust (W 392)

Netzeinspeisung Q_E	Netzabgabe Q_A	in Rechnung gestellt	Q_{AR}	gemessen	Q_{ARG}	in Rechnung gestellte Wassermenge
				ungemessen	Q_{ARU}	
		nicht in Rechnung gestellt	Q_{AN}	gemessen	Q_{ANG}	nicht in Rechnung gestellte Wassermenge
				ungemessen	Q_{ANU}	
	Wasserverlust Q_V	scheinbar	Q_{VS}	Messfehler Ablesefehler Abgrenzungsfehler Wasserdiebstahl		
		real	Q_{VR}	Behälter[a] Zubringerleitungen[a] Hauptleitungen Versorgungsleitungen Anschlussleitungen		

[a] sofern innerhalb der Bilanzgrenzen

Tafel 21.8 Wichtige Parameter gemäß TrinkwV, Anlage 1: Mikrobiologische Parameter, Teil I: Allgemeine Anforderungen an Trinkwasser

Lfd. Nr.	Parameter	Grenzwert
1	Escherichia coli (E. coli)	0/100 ml
2	Enterokokken	0/100 ml

Tafel 21.9 Wichtige Parameter gemäß TrinkwV, Anlage 1: Mikrobiologische Parameter, Teil II: Anforderungen an Trinkwasser, das zur Abgabe in verschlossenen Behältnissen bestimmt ist

Lfd. Nr.	Parameter	Grenzwert
1	Escherichia coli (E.coli)	0/250 ml
2	Enterokokken	0/250 ml
3	Pseudomonas aeruginosa	0/250 ml

Tafel 21.10 Wichtige Parameter gemäß TrinkwV, Anlage 2: Chemische Parameter, Teil I: Chemische Parameter, deren Konzentration sich im Verteilungsnetz einschließlich der Trinkwasser-Installation in der Regel nicht mehr erhöht

Lfd. Nr.	Parameter	Grenzwert [mg/l]
1	Acrylamid	0,00010
2	Benzol	0,0010
3	Bor	1,0
4	Bromat	0,010
5	Chrom	0,050
6	Cyanid	0,050
7	1,2-Dichlorethan	0,0030
8	Fluorid	1,5
9	Nitrat	50
10	Pflanzenschutzmittel-Wirkstoffe und Biozidprodukt-Wirkstoffe	0,00010
11	Pflanzenschutzmittel-Wirkstoffe und Biozidprodukt-Wirkstoffe insgesamt	0,00050
12	Quecksilber	0,0010
13	Selen	0,010
14	Tetrachlorethen und Trichlorethen	0,010
15	Uran	0,010

Tafel 21.11 Wichtige Parameter gemäß TrinkwV, Anlage 2: Chemische Parameter, Teil II: Chemische Parameter, deren Konzentration im Verteilungsnetz einschließlich der Trinkwasser-Installation ansteigen kann

Lfd. Nr.	Parameter	Grenzwert [mg/l]
1	Antimon	0,0050
2	Arsen	0,010
3	Benzol-(a)-pyren	0,000010
4	Blei	0,010
5	Cadmium	0,0030
6	Epichlorhydrin	0,00010
7	Kupfer	2,0
8	Nickel	0,020
9	Nitrit	0,50
10	Polyzyklische aromatische Kohlenwasserstoffe	0,00010
11	Trihalogenmethane	0,050
12	Vinylchlorid	0,00050

21.1.3 Wassergewinnung

In der Bundesrepublik ist **Grundwasser** mit einem Anteil von 61,2 % die überwiegend genutzte Ressource für die Wassergewinnung in der öffentlichen Wasserversorgung. **Oberflächenwasser** einschließlich angereichertes und uferfiltriertes Grundwasser wird mit einem Anteil von 30,8 % genutzt. **Quellwasser** ist zutage getretenes Grundwasser und trägt mit 7,9 % zur Bedarfsdeckung bei (Destatis, 2018).

21.1.3.1 Grundwassergewinnung
Nachfolgend sind einige ausgewählte Technische Regeln des DVGW für die Planung, Bau, und Betrieb von Grundwasserfassungen genannt:

W 111 (03.15) Pumpversuche bei der Wassererschließung (A)

W 113 (03.01) Bestimmung des Schüttkorndurchmessers und hydrogeologischer Parameter aus der Korngrößenverteilung für den Bau von Brunnen (M)

W 118 (07.05) Bemessung von Vertikalbrunnen (A)

W 122 (08.13) Abschlussbauwerke für Brunnen der Wassergewinnung (A)

W 128 (07.08) Bau und Ausbau von Horizontalbrunnen (A)

W 130 (10.07) Brunnenregenerierung (M).

Bei der Gewinnung von Grundwasser werden in der Praxis Vertikalbrunnen und Horizontalbrunnen eingesetzt. Wichtige Bemessungshinweise zur Grundwassergewinnung sind im Abschn. 20.3.6 des Kap. 20 zusammengestellt.

21.1.3.2 Oberflächenwassergewinnung
Bei Verwendung von Oberflächenwasser sind Entnahmen aus Trinkwassertalsperren und Seen dem Flusswasser und Bachwasser vorzuziehen.

Die Wasserentnahme bei Talsperren erfolgt über Entnahmetürme, die eine Entnahme in verschiedenen Tiefen ermöglichen.

Bei tiefen Seen sollte die Wasserentnahme unterhalb 30 m, besser 40–50 m Tiefe (unterhalb der Sprungschicht) erfolgen. Der Entnahmekopf wird etwa 5–10 m über Grund angeordnet.

Bei der Flusswassergewinnung ergeben sich die Möglichkeiten der Entnahme über einen Seitenkanal, über einen Fassungsturm oder über eine Saugleitung an der Flusssohle (nur bei verlandungsfreier Flusssohle).

21.1.3.3 Quellwasser
W 127 (03.06) Quellwassergewinnungsanlage

Planung, Bau, Betrieb, Sanierung und Rückbau (A) Quellfassungen können in Form von in Graben, Sickergalerien (Abb. 21.3) oder im Stollen angeordnet werden. Technische Ausführungshinweise zum Bau von Quellfassungen sind im W 127 angegeben.

Tafel 21.12 Wichtige Parameter gemäß TrinkwV, Anlage 3: Indikatorparameter, Teil I: Allgemeine Indikatorparameter

Lfd. Nr.	Parameter	Einheit als	Grenzwert/Anforderungen
1	Aluminium	mg/l	0,2
2	Ammonium	mg/l	0,5
3	Chlorid	mg/l	250
4	Clostridium perfringens (einschließlich Sporen)	Anzahl/100	0
5	Coliforme Bakterien	Anzahl/100	0
6	Eisen	mg/l	0,2
7	Färbung (spektraler Absorptionskoeffizient Hg 436 nm)	m^{-1}	0,5
8	Geruch (als TON)		3 bei 23 °C
9	Geschmack		Für den Verbraucher annehmbar und ohne anormale Veränderung
10	Kolonienzahl bei 22 °C		Ohne anormale Veränderung
11	Kolonienzahl bei 36 °C		Ohne anormale Veränderung
12	Elektrische Leitfähigkeit	µS/cm	2790 bei 25 °C
13	Mangan	mg/l	0,05
14	Natrium	mg/l	200
15	Organisch gebundener Kohlenstoff (TOC)		Ohne anormale Veränderung
16	Oxidierbarkeit	mg/l O_2	5
17	Sulfat	mg/l	250
18	Trübung	Nephelometrische Trübungseinheit (NTU)	1,0
19	Wasserstoffionen Konzentration	pH	$\geq 6,5$ und $\leq 9,5$
20	Calcitlösekapazität	mg/l	5

Tafel 21.13 Wichtige Parameter gemäß TrinkwV, Anlage 3: Indikatorparameter, Teil II: spezieller Indikatorparameter für Anlagen der Trinkwasser-Installation

Parameter	Technischer Maßnahmenwert
Legionella spec.	100/100 ml

Tafel 21.14 Wichtige Parameter gemäß TrinkwV, Anlage 3a: Indikatorparameter, Teil II: spezieller Indikatorparameter für Anlagen der Trinkwasser-Installation

Lfd. Nr.	Parameter	Parameterwert	Einheit
1	Radon-222	100	Bq/l
2	Tritium	100	Bq/l
3	Richtdosis	0,10	mSv/a

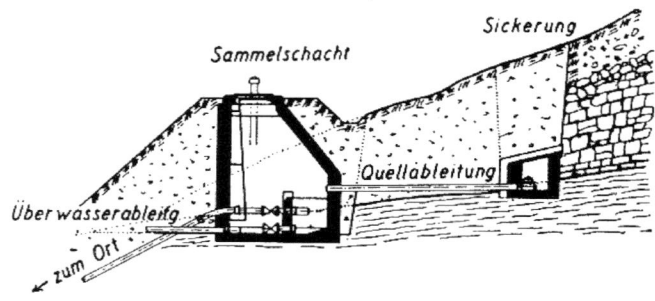

Abb. 21.3 Schichtquellenfassung, Querschnitt durch Sickergalerie und Sammelschacht nach Mutschmann et al. (2007)

21.1.4 Verfahren der Wasseraufbereitung

Zahl, Art und Kombination der erforderlichen Aufbereitungsschritte und- verfahren sind von der jeweiligen Rohwasserqualität abhängig und erfordern entsprechend individuelle Auswahl. Wertvolle Hilfe bieten hierbei die einschlägigen Merk- bzw. Arbeitsblättern des DVGW.

Eine Übersicht über die in Deutschland häufig angestrebten Aufbereitungsziele und die dafür angewendeten Verfahren zeigt die Tafel 21.15.

Für einige Aufbereitungsverfahren werden nachfolgend einige wichtige Hinweise der zu berücksichtigenden technischen Regeln für Planung, Bemessung und Betrieb gemacht.

21.1.4.1 Filtration
W 213-1 (06.05) Filtrationsverfahren zur Partikelentfernung – Teil 1: Grundbegriffe und Grundsätze (A)
W 213-2 (09.15) Filtrationsverfahren zur Partikelentfernung – Teil 2: Beurteilung und Anwendung von gekörnten Filtermaterialien (A)
W 213-3 (07.17) Filtrationsverfahren zur Partikelentfernung – Teil 3: Schnellfiltration (A)
W 213-4 (06.05) Filtrationsverfahren zur Partikelentfernung – Teil 4: Langsamfiltration (A)

Tafel 21.15 Aufbereitungsziele und -verfahren nach R. Ließfeld (2004)

Aufbereitungsziel	Aufbereitungsverfahren
Entfernung von **Aluminium**	Fällung/Flockung
Entfernung von **Arsen**	Fällung/Flockung Adsorption – an Eisenoxid – Aluminiumoxid
Zugabe von **Calcium**- bzw. **Hydrogencarbonat** (Aufhärtung/Carbonisierung)	Reaktionsfiltration über Calciumcarbonat, ggf. vorher CO_2-Dosierung Dosierung von $Ca(OH)_2$
Abtötung bzw. Inaktivierung von Krankheitserregern (Desinfektion)	Dosierung von – Chlorgas – Hypochlorite – Chlordioxid – Ozon UV-Bestrahlung
Korrosionsinhibition	Dosierung von Phosphaten und Silicaten
Entfernung von **Eisen** und **Mangan** (Enteisenung und Entmanganung)	Oxidation, Filtration (Eisen(II)-Mangan(II)-Filtration) Oxidation, Filtration (Eisen(III)-Mangan(IV)-Filtration) Unterirdische Aufbereitung (UEE)
Entfernung von **Calcium/Magnesium** (Enthärtung)	Ionenaustausch Nanofiltration Fällung
Entfernung von **Carbonat/Hydrogencarbonat** (Entcarbonisierung)	Dosierung von Säure Fällung
Entfernung von **Säuren** (Entsäuerung)	Reaktionsfiltration Dosierung von Laugen Gasaustausch

Aufbereitungsziel	Aufbereitungsverfahren
Entfernung von **Halogenkohlenwasserstoffen**	Gasaustausch (Strippen) Adsorption
Entfernung von **Huminstoffen**	Flockung und Filtration Biologischer Abbau (nach Ozonung) Adsorption
Entfernung von **Kohlenwasserstoffen**	Adsorption Gasaustausch Biologischer Abbau ggf. zusätzlich Ozonung
Entfernung von **Nickel**	Fällung Ionenaustausch Adsorption (an MnO_2)
Entfernung von **Nitrat**	Biologischer Abbau (Denitrifikation) Ionenaustausch Elektrodialyse Umkehrosmose
Entfernung von **Trübstoffen** (Partikelentfernung)	Ggf. Vorbehandlung: Flockung, Sedimentation, Flotation Schnellfiltration Langsamfiltration Untergrundpassage Mikrofiltration Ultrafiltration Feinfiltration
Entfernung von **Pestiziden**	Adsorption ggf. zusätzliche Adsorption
Anreicherung von **Sauerstoff**	Gasaustausch
Entfernung von **Sulfat**	Ionenaustausch Nanofiltration Umkehrosmose

W 213-5 (04.19) Filtrationsverfahren zur Partikelentfernung – Teil 5: Membranfiltration (A)

W 213-6 (06.05) Filtrationsverfahren zur Partikelentfernung – Teil 6: Überwachung mittels Trübungs- und Partikelmessung (A).

In der Tafel 21.16 sind wichtige Bemessungs- und Betriebswerte für Langsam- und Schnellfilter zusammengestellt.

Die Membranfiltration wird seit längerem in Deutschland bei der Aufbereitung von Trinkwasser beispielsweise zur Trübstoffentfernung, Entsalzung, Enthärtung, Sulfat- und Nitratentfernung, Eliminierung von organischen Stoffen wie Pestizide und insbesondere zur Keimentfernung zunehmend eingesetzt.

Nach W 213-5 (04.19) ist der Prozess der Membranfiltration die Abtrennung von Partikeln aus dem Wasser mittels Passage durch eine poröse Membran. Die Verfahren unterscheiden sich gemäß Tafel 21.17 insbesondere bezüglich der Porosität und der Drücke. Es wird unterschieden zwischen Mikro-, Ultra- und Nanofiltration (MF, UF; NF) sowie Umkehrosmose. In der öffentlichen Trinkwasserversorgung werden die Mikro- und Ultrafiltration vor allem bei der Oberflächen- und Quellwasseraufbereitung eingesetzt.

Eine Übersicht über Einsatz- und Leistungsbereich unterschiedlicher Membrananlagen liefert die Tafel 21.17.

21.1.4.2 Adsorption

W 239 (03.11) Entfernung organischer Stoffe bei der Trinkwasseraufbereitung durch Adsorption an Aktivkohle (A)

W 651 (04.13) Dosieranlagen für Pulveraktivkohle in der Trinkwasseraufbereitung (M)

DIN EN 12915-1 (07.09) Produkte zur Aufbereitung von Wasser für den menschlichen Gebrauch – Granulierte Aktivkohle – Teil 1: Frische granulierte Aktivkohle

DIN EN 12915-2 (07.09) Produkte zur Aufbereitung von Wasser für den menschlichen Gebrauch – Granulierte Aktivkohle – Teil 2: Reaktivierte granulierte Aktivkohle

DIN EN 12903 (07.09) Produkte zur Aufbereitung von Wasser für den menschlichen Gebrauch – Pulver-Aktivkohle.

Tafel 21.16 Bemessungs- und Betriebswerte für Langsam- und Schnellfilter

	Einheit	Filterart		
		Langsamfilter	Offene	Geschlossene
			Schnellfilter (= rückspülbare Filter)	
Höhe der Tragschicht	m	0,4 bis 0,6	0,3 bis 0,4	0,3 bis 0,4
Höhe der Filtersandschicht	m	0,6 bis 1,5	1,0 bis 2,0 (i. M. 1,5)	1,0 bis 4,0 (i. M. 2,0 bis 3,0)
Wasserhöhe über der Filterschicht	m	0,3 bis 1,0	0,3 bis 0,7	
Wirksamer Korndurchmesser d_w[a]	mm	0,3 bis 0,5	0,6 bis 1,2 (i. M. 1,0)	0,6 bis 4,0 (i. M. 1,0 bis 2,0)
Ungleichförmigkeitsgrad d_{60}/d_{10}[a]	Gew.-%/Gew.-%	1,5 bis 3,2	1,2	1,2
Filtergeschwindigkeit	m/h	0,1 bis 0,2 (selten > 0,2)	3 bis 15 (i. M. 4 bis 6)	5 bis 30 (i. M. 8 bis 15)
Filterleistung	$m^3/(m^2\,d)$	2,4 bis 3,0	i. M. 100 bis 150	i. M. 200 bis 360
Bakteriologische Wirkung	Keimzahl vor/nach Filtration	1000 : 1 bis 10.000 : 1	10 : 1 bis 20 : 1	10 : 1
Einarbeitungszeit		> 24 h	10 bis 30 min	10 bis 30 min
Art der Filterreinigung		Abheben der oberen 5 bis 30 mm des Filtersandes	Luft-/Wasserrückspülung	Luft-/Wasserrückspülung
Filterwiderstand	m	< 1	0,5 bis 4,5 (i. M. 2 bis 3)	bis 15

[a] DIN 19623.

Tafel 21.17 Betriebswerte von Membrananlagen nach Lipp, Baldauf, Kühn, gwf 2005

	MF	UF	NF	UO
Größe der abtrennbaren Stoffe in μm	> 0,1	> 0,01	> 0,001	> 0,0001
Druckbereich in bar	0,1–2	0,1–5	3–20	10–100
Einsatzbereich	Partikelentfernung	Partikelentfernung	Entfernung gelöster Stoffe (z. B. Calcium, Sulfat, gelöste organische Verbindungen)	Vollentsalzung, Entfernung gelöster organischer Substanzen
Flächenbelastung in $l/(m^2\,h)$	100–150	50–90	20–30	15–20
Energiebedarf in Filtration kW h/m^3	0,05–0,2	0,05–0,2	0,4	0,8
Energiebedarf für Spülung kW h/m^3	0,4	0,4	–	–

Zur Entfernung von organischen Spurenstoffen und zur Verbesserung von Geruch und Geschmack werden in der Wasseraufbereitung Aktivkohlefilter eingesetzt. Kornkohle wird aus Kohlen oder kohlenstoffhaltigen Materialien durch thermische Behandlung (> 650 °C) aktiviert, so dass eine große innere Oberfläche entsteht (1000–2000 m^2/g Aktivkohle). Durch diese Eigenschaften werden Stoffe adsorbiert. Einige Hinweise zum Einsatz und zur Bemessung von Aktivkohlefiltern sind in Tafel 21.18 aufgelistet.

Genauere Angaben sind in den o. g. Merkblättern enthalten.

Tafel 21.18 Beispiel zur Bemessung von Aktivkohlefilter nach Sontheimer in Mutschmann et al. (2007)

Aufbereitungsverfahren	Filtergeschwindigkeit [m/h]	Filterbetthöhe [m]	Regenerierung [m^3] Durchfluss je m^3 Aktivkohle
Entchlorung	25–35	2	> 1.000.000
Entfernung von Geruch	20–30	2–3	100.000
Entfernung von org. Inhaltsstoffen	10–15	2–3	25.000
Biologische Wirkung	8–12	2–4	100.000

21.1.4.3 Entsäuerung

W 214-1 (05.16) Entsäuerung von Wasser – Teil 1: Grundsätze und Verfahren (A)

W 214-2 (07.19) Entsäuerung von Wasser – Teil 2: Planung und Betrieb von Filteranlagen (A)

W 214-3 (08.19) Entsäuerung von Wasser – Teil 3: Planung und Betrieb von Anlagen zur Ausgasung von Kohlenstoffdioxid (A)

W 214-4 (02.20) Entsäuerung von Wasser – Teil 4: Planung und Betrieb von Dosieranlagen (A)

Zur Entsäuerung werden Gasaustauschverfahren, Dosierverfahren und Filtrationsverfahren eingesetzt.

Allgemeine Regeln und Auswahlkriterien sind in den o. g. Arbeitsblättern des DVGW aufgezeigt.

21.1.4.4 Enteisenung und Entmanganung

W 223-1 (02.05) Enteisenung und Entmanganung – Teil 1: Grundsätze und Verfahren (A)

W 223-2 (02.05) Enteisenung und Entmanganung – Teil 2: Planung und Betrieb von Filteranlagen (A)

W 223-3 (02.05) Enteisenung und Entmanganung – Teil 3: Planung und Betrieb von Anlagen zur unterirdischen Aufbereitung (A).

In den o. g. Arbeitsblättern sind die aktuellen Kenntnisse und die technischen Regeln zu den Verfahren der Enteisenung und Entmanganung zusammengestellt. Es werden die Verfahren der oberirdischen und unterirdischen Enteisenung und Entmanganung hinsichtlich der Planung, Bemessung und des Betriebes behandelt.

21.1.4.5 Desinfektion

W 290 (05.18) Trinkwasserdesinfektion – Einsatz- und Anforderungskriterien (A)

W 224 (02.10) Verfahren zur Desinfektion von Trinkwasser mit Chlordioxid (A)

W 623 (03.13) Dosieranlagen für Desinfektions- bzw. Oxidationsmittel; Dosieranlagen für Chlor und Hypochloride

W 624 (12.15) Dosieranlagen für Desinfektions- bzw. Oxidationsmittel; Dosieranlagen für Chlordioxid (M).

Im Rahmen der Trinkwasseraufbereitung dürfen für die Desinfektion nur die gemäß der Trinkwasserverordnung zugelassenen Chemikalien und Verfahren eingesetzt werden. Eine Übersicht über die bei den einzelnen Desinfektionsverfahren zu beachtenden Anwendungsbedingungen zeigt Tafel 21.19.

21.1.5 Versorgungsdruck

W 400-1 (02.15) Technische Regeln Wasserverteilungsanlagen (TRWV) – Teil 1: Planung (A)

W 400-2 (09.04) Technische Regeln Wasserverteilunganlagen (TRWV) – Teil 2: Bau und Prüfung (A)

W 400-3 (09.06) Technische Regeln Wasserverteilungsanlagen (TRWV) – Teil 3: Betrieb und Instandhaltung (A).

Die in einem Ortsnetz auftretenden Systemdrücke sind in Abb. 21.4 dargestellt. Der höchste System-Betriebsdruck (MDP) ist planerisch mit 10 bar (1000 kPa) festgelegt. Der Systembetriebsdruck (DP) ohne Druckstöße sollte etwa 2 bar unter MDP liegen. Ortsnetze mit größeren Höhenunterschieden sind in Druckzonen zu unterteilen. Unabhängig vom MDP ist bei stationären Fließverhältnissen in den Zubringer-, Haupt- und Versorgungsleitungen ein Mindestdruck von 0,5 bar einzuhalten. Auch bei instationären Fließverhältnissen darf kein Unterdruck von mehr als 0,8 bar (0,2 bar absolut) auftreten.

Der erforderliche Versorgungsdruck (SP) im versorgungstechnischen Schwerpunkt einer Druckzone richtet sich nach der überwiegenden ortsüblichen Geschosszahl der Bebauung dieser Zone (siehe Tafel 21.20). Netze sind so zu bemessen, dass der in der Tafel 21.20 angegebene Versorgungsdruck (Innendruck bei Nulldurchfluss in der Anschlussleitung an der Übergabestelle zum Verbraucher) nicht unterschritten wird. Bei höheren Gebäuden ist im Bedarfsfall eine Hausdruckerhöhungsanlage für die oberen Stockwerke vorzusehen.

Am obersten Entnahmepunkt der Hausinstallation sollen noch mindestens 0,5 besser 1,0 bar vorhanden sein.

Tafel 21.19 Anwendungsbereiche und zu beachtende Randbedingungen für den Einsatz von Desinfektionsmitteln und -verfahren

Desinfektionsmittel/-verfahren	Anwendungsbereich	Zulässige Zugabemenge	Höchstkonzentration nach Aufbereitung bzw. Desinfektionswirksamkeit	Nebenprodukte	DVGW-Arbeitsblätter
Chlor und Chlorverbindungen	– pH < 8,0[a] – Ammonium < 0,1 mg/l[b] – DOC ≤ 2,5 mg/l[c]	1,2 mg/l Cl_2	max. 0,3 mg/l Cl_2[d] min. 0,1 mg/l Cl_2	– THM und andere chlororganische Verbindungen – Chlorat – biologisch abbaubare Stoffe	W 229 (A) W 296 (A) W 623 (A)
Chlordioxid	– gesamter pH-Bereich – DOC ≤ 2,5 mg/l	0,4 mg/l ClO_2	max. 0,2 mg/l ClO_2 min. 0,05 mg/l ClO_2	– Chlorit – Chlorat – biologisch abbaubare Stoffe	W 224 (A) W 624 (A)
Ozon	– gesamter pH-Bereich – nicht als letzte Aufbereitungsstufe	10 mg/l O_3	0,05 mg/l O_3	– Bromat – erhöhte Bildung biologisch abbaubarer Stoffe – Transformationsprodukte, wie NDMA	W 225 (A) W 625 (A)
UV-Bestrahlung	– Volumenstrom und SSK254-Bereich entsprechend Prüfzeugnis		400 J/m^2 (bezogen auf 254 nm)		W 294-1 (A) W 294-2 (A) W 294-3 (A)
Abkochen[e]	– Notfallmaßnahme	–	–		

[a] Bei pH-Werten > 8,0 ist mit einer eingeschränkten Desinfektionswirkung zu rechnen

[b] Orientierungswert bedingt durch mögliche Geruchsprobleme

[c] Orientierungswert bedingt durch Grenzwerte für Trihalogenmethane bzw. Chlorit

[d] Gemessen als freies Chlor

[e] Einmal sprudelnd aufkochen mit einzuhaltender nachfolgender Abkühlzeit von ca. 10 Minuten

Abb. 21.4 Beispielhafte Darstellung von Systemdrücken in Wasserrohrnetzen nach W 400-1 (02.15)

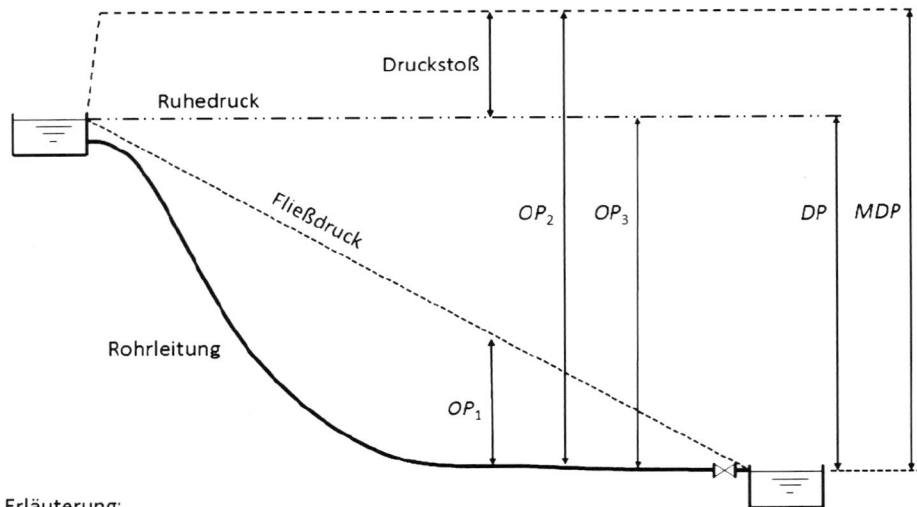

Erläuterung:
Fasst man die Rohrleitung als Nulllinie
des Betriebsdrucks auf, so ist
OP_1 Betriebsdruck bei einem gewissen Durchfluss
OP_2 Betriebsdruck bei einem Druckstoß
OP_3 Betriebsdruck ohne Durchfluss (Ruhedruck)

Tafel 21.20 Versorgungsdrücke an der Abzweigstelle der Anschlussleitung von der Versorgungsleitung nach W 400-1 (02.15)

Gebäude mit	SP
EG	≥ 2,00 bar
EG und 1 OG	≥ 2,35 bar
EG und 2 OG	≥ 2,70 bar
EG und 3 OG	≥ 3,05 bar
EG und 4 OG	≥ 3,40 bar

21.1.6 Wasserförderung

W 303 (07.05) Dynamische Druckänderung in Wasserversorgungsanlagen (A)

W 610 (03.10) Pumpensysteme in der Trinkwasserversorgung (A)

W 614 (10.19) Instandhaltung von Förderanlagen (M)

W 617 (11.06) Druckerhöhungsanlagen in der Trinkwasserversorgung (A).

Zur Sicherstellung eines ausreichenden Versorgungsdruckes ist in vielen Fällen die Anordnung von Förderanlagen erforderlich. Es wird in der Praxis unterschieden in

- Förderanlagen zur Gewinnung und Aufbereitung
  Einsatzzweck: z. B. Vermeidung Überlastung Brunnen, Entnahmerecht, Einhaltung, rechtliche Rahmenbedingungen
- Förderanlagen für Wassertransport und Wasserverteilung
  Einsatzzweck: z. B. Gewährleistung von ausreichendem Druck und Durchfluss
- Druckerhöhungsanlagen
  Einsatz: z. B. Sicherstellung des ausreichenden Druckes innerhalb eines Versorgungssystems

Im Pumpbetrieb können durch Anfahr-, Abstell- oder Abschaltvorgänge instationäre Strömungs-Vorgänge mit hohen Druckschwankungen oder Druckstößen ausgelöst werden. Sofern Maßnahmen zur Druckstoßvermeidung erforderlich sind, ist das Arbeitsblatt W 303 zu beachten.

21.1.6.1 Förderanlagen

Förderanlagen im Sinne von W 617 sind den Verteilungssystemen innerhalb der Trinkwasser-Versorgungsnetze vorgelagert. Sie fördern in größere offene Systeme, die von den ausgeprägten Bedarfsschwankungen im Tagesgang durch Behälter abgekoppelt sind. Daraus ergibt sich eine gleichmäßige Fahrweise mit geringem Steuerungsbedarf.

In der Wasserversorgung werden überwiegend Kreiselpumpen eingesetzt.

Die hydraulischen Daten einer Kreiselpumpe, also Förderstrom Q und Förderhöhe H, ändern sich mit der Drehzahl. Im Abb. 21.5 ist beispielhaft die Kennlinie einer Kreiselpumpe dargestellt.

Für jedes Rohrnetz existiert eine charakteristische Anlagenkennlinie (Rohrkennlinie), die den Förderdruck angibt, der erforderlich ist, um den gewünschten Förderstrom zu erreichen. Die Förderhöhe H_A errechnet sich

$$H = H_{\text{geo}} + h_{\text{vS}} + h_{\text{vD}} + (p_a - p_e)/\rho \cdot g + (v_a^2 - v_e^2)/2g$$

H_{geo} geodätischer Höhenunterschied, statischer Druckunterschied an der Pumpe

$h_{\text{vS}}, h_{\text{vD}}$ Druckhöhenverluste auf der Saug- und Druckseite

p_a, p_e Druck im Eintritts- bzw. Austrittsbereich; zumeist bei Luftdruck p_b gilt $p_a = p_e$

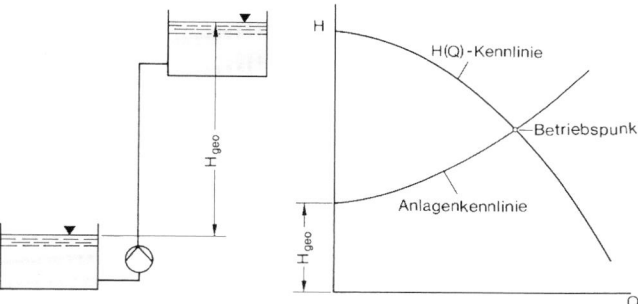

Abb. 21.5 Förderung aus einem offenen Behälter in einen offenen Behälter und zugehörige Anlagenkennlinie (Rohrnetzkennlinie) nach DVGW Handbuch für Wassermeister (1998)

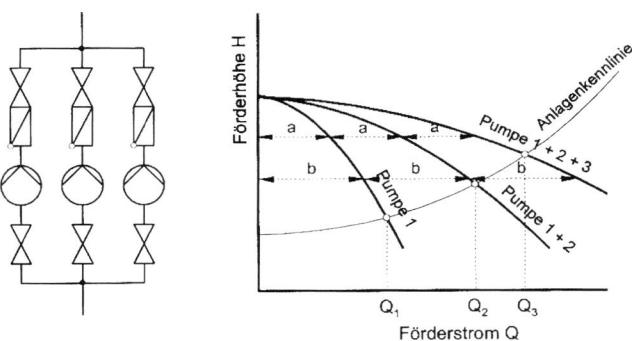

Abb. 21.6 $H(Q)$-Kennlinie für Parallelbetrieb von 3 Kreiselpumpen bei gleicher Leistung

ρ Dichte des Fördermediums

$v_{e,a}^2/2g$ Geschwindigkeitshöhe im Ein- und Auslauf; z. B. $v_e = 0$ und $v_a = 1\,\mathrm{m/s}$ wird $v_a^2/2g = 0.05\,\mathrm{m}$ (vernachlässigbar).

Unter diesen Bedingungen vereinfacht sich die Berechnung zu

$$H \approx H_{geo} + h_{vS} + h_{vD}$$

Der Betriebspunkt jeder Kreiselpumpe stellt sich dort ein, wo die Förderhöhe von Pumpe und Anlage gleich sind. Weitere wichtige Berechnungshinweise zur Leistung und Kavitation von Pumpen sind im Abschn. 20.3.6.3 des Kap. 20 zusammengestellt.

Die Abb. 21.6 zeigt, wie sich durch die Anordnung von drei parallel geschalteter Kreiselpumpen der Betriebspunkt verschiebt. Die Konstruktion der neuen Parallelpumpenkennlinie ergibt sich durch die Addition der Förderströme der einzelnen Pumpen bei verschiedenen Förderhöhen.

21.1.6.2 Druckerhöhungsanlagen mit Druckbehälter

Druckbehälter in der Ausführung als Hydrophorkessel werden insbesondere in Versorgungsnetzen bis 2000 m³/h ohne Netzgegenbehälter eingesetzt. Im DEA-Gebäude sollte

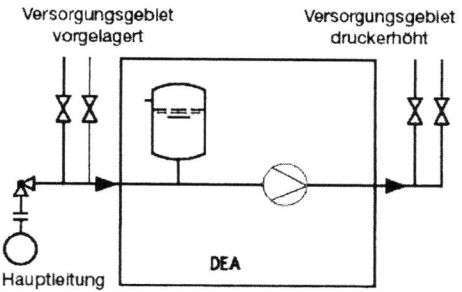

Abb. 21.7 DEA mit Druckbehälter auf Vorderdruckseite nach W 617 (11.06)

der Druckbehälter möglichst in der Nähe und auf gleicher Höhe wie die Pumpen aufgestellt werden. Druckbehälter können auf der Vordruck- (siehe Abb. 21.7) und auf der Nachdruckseite der Pumpen eingebaut werden. Auf der Vordruckseite werden durch einen Druckbehälter unzulässige Druckschwankungen in der Hauptleitung bzw. im vorgeschalteten Versorgungsgebiet vermieden.

Das Volumen der Druckbehälter (Wasser- und Luftraum) wird ermittelt durch

$$V_K = 1/(1 - k_s) \cdot [Q_F/(4 \cdot Z)] \cdot [p_a/(p_a - p_e)]$$

V_K Gesamtinhalt des Druckbehälters in m³

k_s minimales Wasservolumen (Mindestfüllung) im Druckbehälter, i. d. R. 0,25 (25 %)

Q_F Förderleistung der größten druckabhängig geschalteten Pumpe in m³/h

p_a Ausschaltdruck in bar absolut (= Überdruck + atmosphärischer Druck (≈ 1 bar))

p_e Einschaltdruck in bar absolut (= Überdruck + atmosphärischer Druck (≈ 1 bar))

Z Zahl der Schaltzahl/h (bis 7,5 kW Motorleistung: $n < 15$, bis 30 kW: $n < 12$ und > 30 kW: $n < 10$).

21.1.7 Wasserspeicherung

Das bisherige DVGW Regelwerk W 300 (W 06.05, alt) wird ersetzt aufgrund der Komplexität der Anforderungen und Vorschriften insbesondere hinsichtlich der Werkstoffsysteme durch eine fünfteilige Regel:

W 300-1 (10.14) Trinkwasserbehälter; Teil 1: Planung und Bau

W 300-2 (10.14) Trinkwasserbehälter; Teil 2: Betrieb und Instandhaltung

W 300-3 (10.14) Trinkwasserbehälter; Teil 3: Instandsetzung und Verbesserung

W 300-4 (10.14) Trinkwasserbehälter; Teil 4: Werkstoffe, Auskleidungs- und Beschichtungssysteme – Grundsätze und Qualitätssicherung auf der Baustelle

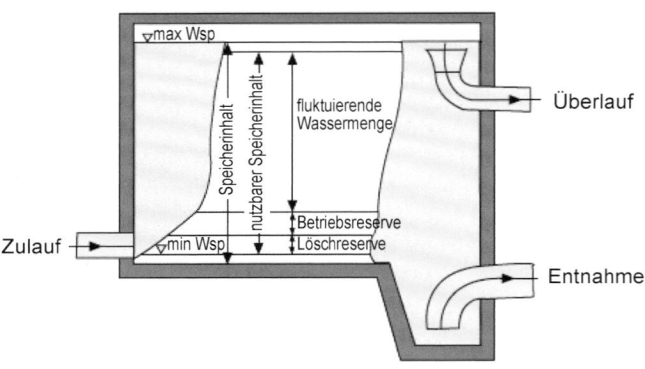

Abb. 21.8 Schema der Aufteilung des Speicherinhaltes nach Mutschmann, Stimmelmayr 2014

W 300-5 (08.20) Trinkwasserbehälter Teil 5: Werkstoffe, Auskleidungs- und Beschichtungssysteme – Anforderungen und Prüfung

W 300-6 (09.16) Trinkwasserbehälter; Planung, Bau, Betrieb und Instandhaltung von System- und Fertigteilbehältern

W 300-7 (09.16) Trinkwasserbehälter; Teil 7: Praxishinweise Reinigungs- und Desinfektionskonzept

W 300-8 (10.16) Trinkwasserbehälter; Praxishinweise Hygienekonzept: Neubau und Instandsetzung

Trinkwasserbehälter als Erd- oder Turmbehälter gewährleisten einen konstanten Ruhedruck. Sie dienen dem Ausgleich zwischen Bedarfs- und Fördermengen (Tagesausgleich) sowie der Bevorratung von Feuerlöschwasser-Reserven. Weiterhin ist ein Sicherheitsvorrat für die Überbrückung von Be-

triebsstörungen zu berücksichtigen (siehe Abb. 21.8). Diese Betriebsreserve dient nach 300-1 (10.14) der Überbrückung von Störungen und ist abhängig vom System der Zubringerleitungen und von der Wahrscheinlichkeit und Dauer von Betriebsunterbrechungen. Der Nutzinhalt entspricht der Differenz zwischen dem maximalen und dem minimalen Betriebswasserspiegel. Der Nutzinhalt setzt sich zusammen aus dem fluktuierenden Wasservolumen, der Betriebsreserve und der Löschwasserreserve. Die Tafeln 21.21 und 21.22 geben Richtwerte für den Nutzinhalt und den Löschwasservorrat von Wasserbehältern und Wassertürmen nach W 300 (06.05, alt und Mutschmann, Stimmelmayr 2014) an.

Beispiele zur tabellarischen und grafischen Berechnung des fluktuierenden Speichervolumens sind in der Tafel 21.23 und Abb. 21.9 aufgezeigt.

21.1.8 Wasserverteilung

GW 303-1 (10.06) Berechnung von Gas- und Wasserrohrnetzen – Teil 1: Hydraulische Grundlagen, Netzmodellisierung und Berechnung (A)

W 400-1 (02.15) Technische Regeln Wasserverteilungsanlagen (TRWW) – Teil 1: Planung (A)

21.1.8.1 Berechnung von einfachen Wasserversorgungsnetzen

Einfache Netze werden als so genannte Verästelungsnetze berechnet. Hierbei wird das Ringnetz durch gedachte „Schnittstellen" so weit aufgelöst, bis Rohrstränge mit ein-

Tafel 21.21 Richtwerte für Nutzinhalt und Löschwasservorrat von **Wasserbehältern** nach W 300 (06.05, alt und Mutschmann, Stimmelmayr 2014)

	Maximaler Tagesbedarf $Q_{d\,max}$		
	< 2000 m³/d	2000 bis 4000 m³/d	> 4000 m³/d
Nutzinhalt ohne Löschwasser-Vorrat	$1 \cdot Q_{d\,max}$	$1 \cdot Q_{d\,max}$ eventuell geringe Abzüge bis zu 20 %	30 bis 80 % von $Q_{d\,max}$ i. d. R. fluktuierende Wassermenge + Sicherheitszuschlag
Löschwasser-Vorrat	– für ländliche Orte[a] 100 bis 200 m³ – für städtische Gebiete[b] 200 bis 400 m³	nicht erforderlich	nicht erforderlich

[a] Dorf-, Misch- und Wohngebiete
[b] Kern-, Gewerbe- und Industriegebiete

Tafel 21.22 Richtwerte für Nutzinhalt und Löschwasservorrat von **Wassertürmen** nach W 300 (06.05, alt und Mutschmann, Stimmelmayr 2014)

	Maximaler Tagesbedarf Q_{dmax}			
	< 1000 m³/d	1000 bis 2000 m³/d	> 2000 bis 4000 m³/d	> 4000 m³/d
Nutzinhalt ohne Löschwasser-Vorrat	$0{,}35 \cdot Q_{d\,max}$	$0{,}25 \cdot Q_{d\,max}$	$0{,}25 \cdot Q_{d\,max}$	$0{,}20 \cdot Q_{d\,max}$
Löschwasser-Vorrat	– für ländliche Orte[a] – bei offener Bauweise 75 m³ – bei geschlossener Bauweise[a] 100 m³ – für städtische Gebiete[b] 150 m³		nicht erforderlich	nicht erforderlich

[a] Dorf-, Misch- und Wohngebiete
[b] Kern-, Gewerbe- und Industriegebiete

Tafel 21.23 Tabellarische Ermittlung des Speicherinhaltes

Uhrzeit	A	$\sum A$	24-h-Betrieb			Intermittierender Betrieb			16-h-Betrieb		
			Z	$Z-A$	$\sum(Z-A)$	Z	$Z-A$	$\sum(Z-A)$	Z	$Z-A$	$\sum(Z-A)$
(1)	(2)	(3)	(4)	(5)	(6)	(4)	(5)	(6)	(4)	(5)	(6)
0 bis 1	1,5	1,5	4,17	+2,67	2,67	8,34	+6,84	6,84		−1,50	13,00
1 bis 2	1,0	2,5	4,17	+3,17	5,84	8,33	+7,33	**14,17**		−1,00	12,00
2 bis 3	1,0	3,5	4,16	+3,16	9,00		−1,00	13,17		−1,00	11,00
3 bis 4	1,5	5,0	4,17	+2,67	11,67		−1,50	11,67		−1,50	9,50
4 bis 5	2,0	7,0	4,17	+2,17	13,84		−2,00	9,67		−2,00	7,50
5 bis 6	3,0	10,0	4,16	+1,16	**15,00**		−3,00	6,67		−3,00	4,50
6 bis 7	4,5	14,5	4,17	−0,33	14,67		−4,50	2,17		−4,50	**0,00**
7 bis 8	5,3	19,8	4,17	−1,13	13,54	8,33	+3,03	5,20	6,25	+0,95	0,95
8 bis 9	4,8	24,6	4,16	−0,64	12,90	8,34	+3,54	8,74	6,25	+1,45	2,40
9 bis 10	4,0	28,6	4,17	+0,17	13,07	8,33	+4,33	13,07	6,25	+2,25	4,65
10 bis 11	5,1	33,7	4,17	−0,93	12,14		−5,10	7,97	6,25	+1,15	5,80
11 bis 12	7,2	40,9	4,16	−3,04	9,10	8,33	+1,13	9,10	6,25	−0,95	4,85
12 bis 13	10,5	51,4	4,17	−6,33	2,77	8,34	−2,16	6,94	6,25	−4,25	0,60
13 bis 14	6,8	58,2	4,17	−2,63	0,14	8,33	+1,53	8,47	6,25	−0,55	0,05
14 bis 15	5,3	63,5	4,16	−1,14	−1,00	8,33	+3,03	11,50	6,25	+0,95	1,00
15 bis 16	4,8	68,3	4,17	−0,63	−1,63		−4,80	6,70	6,25	+1,45	2,45
16 bis 17	4,0	72,3	4,17	+0,17	−1,46		−4,00	2,70	6,25	+2,25	4,70
17 bis 18	4,8	77,1	4,16	−0,64	−2,10	8,34	+3,54	6,24	6,26	+1,45	6,15
18 bis 19	5,0	82,1	4,17	−0,83	−2,93	8,33	+3,33	9,57	6,25	+1,25	7,40
19 bis 20	4,3	86,4	4,17	−0,13	−3,06	8,33	+4,03	13,60	6,25	+1,95	9,35
20 bis 21	5,0	91,4	4,16	−0,84	**−3,90**		−5,00	8,60	6,25	+1,25	10,60
21 bis 22	4,0	95,4	4,17	−0,17	−3,73		−4,00	4,60	6,26	+2,25	12,85
22 bis 23	3,0	98,4	4,17	+1,17	−2,56		−3,00	1,60	6,25	+3,25	**16,10**
23 bis 24	1,6	100,0	4,16	+2,65	0,00		−1,60	**0,00**		−1,60	14,50
Behältergröße (= max $\sum(A-Z)$ + |min $\sum(A-Z)$|)					**18,90**			**14,17**			**16,10**

A = stündl. Abgabe, Z = stündl. Zugabe (in % der **maximalen** Tagesabgabe + Löschwasser-Reserve)

Abb. 21.9 Grafische Ermittlung des Speicherinhaltes

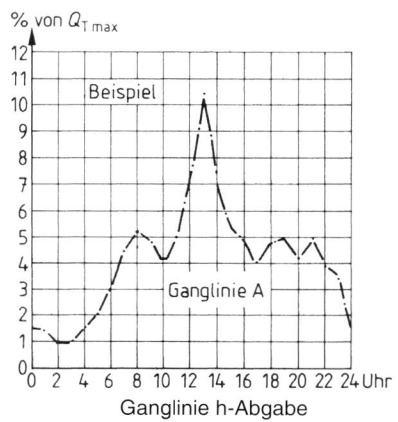

Ganglinie h-Abgabe

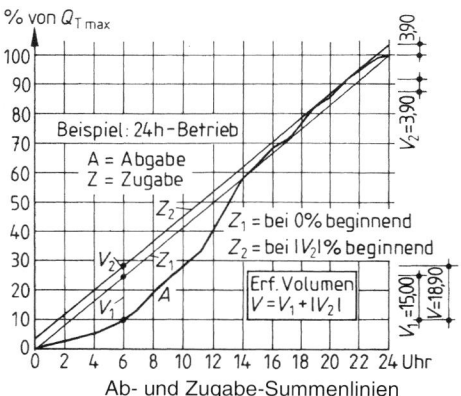

Ab- und Zugabe-Summenlinien

deutiger Fließrichtung entstehen. An den Schnittstellen sollte die Druckdifferenz $\Delta p < 10\,\%$ des Netzdruckes p_e sein und bei kleinen Netzen 0,2 bar nicht überschreiten. Liegen bei der Berechnung die Drücke an den Schnittstellen mehr auseinander, sind diese in Richtung auf den niedrigen Druck zu verschieben.

In der Tafel 21.24 werden die Durchflüsse entgegen und die Druckverluste mit der Fließrichtung aufsummiert. Für ungünstige Netzknoten (Hochpunkte, Netzendpunkte) wird vorab aus der Summe (Geländehöhe in m ü. NN. + erforderlicher Netzdruck $+h_v$) der Ausgangsdruck ab Werk H_w ermittelt, ehe Druckhöhe und Versorgungsdruck über Gelän-

Tafel 21.24 Listenkopf mit $Q = Q_{h\,max}$

1	2	3	4	5	6	7	8	9	10	11
Lfd. Nr.	Name der Straße	Strecke	Strang-länge	Strangabnahme		Strangbelastung ohne Löschwasser			Lösch-wasser	Strangbelastung
		von　bis	L	Meter-mengen-wert m	Durchfluss $Q = L \cdot m$	Übernahme aus Lfd. Nr.	Durchfluss Q aus Sp. 7	Gesamtdurch-fluss Q	Q_L	Gesamtdurchfluss mit Löschwasser $Q + Q_L$ Sp. 9 + 10
–	–	–　–	m	l/(s m)	l/s	–	l/s	l/s	l/s	l/s

12	13	14	15	16	17	18	19	20	21	22
Bemessung		Druck-gefälle I_p	Verlust-höhe $h_v = L \cdot I_p$	Übernahme aus Lfd. Nr.	Verlust-höhe h_v aus Sp. 16	Gesamtverlust-höhe $\sum h_v$ Sp. 15 + 17	Druckhöhe $H = $ Werks-druck $- \sum h_v$	Gelände-höhe H_{geo}	Netzdruck $p_e = \frac{H - H_{geo}}{10}$	Bemer-kungen
Nenn-weite DN	Fließ-geschwin-digkeit v									
	m/s	m/km	m	–	m	m	m ü. NN	m ü. NN	bar	

Tafel 21.25 c-Werte

DN	100	150	200	250	300	400	500	600	700
$k_i = 0,1$ mm	196,6	22,70	4,939	1,518	0,5800	0,1276	0,03951	0,01519	0,006774
$k_i = 0,4$ mm	252,7	29,18	6,348	1,950	0,7448	0,1636	0,05061	0,01943	0,008658
$k_i = 1,0$ mm	324,6	37,13	8,023	2,452	0,9329	0,2037	0,06272	0,02399	0,01066
$k_i = 1,5$ mm	370,4	42,06	9,046	2,756	1,0455	0,2274	0,06980	0,02664	0,01181

de bestimmt werden können. Der Durchfluss wird mit Hilfe des Metermengenwertes m bestimmt:

$$m = Q_{max} / \sum L \quad [\text{l}/(\text{s m})]$$

mit $\sum L$ Gesamtlänge der Rohrleitungen im betrachteten Teil des Versorgungsgebietes in m.

21.1.8.2 Berechnung von vermaschten Wasserversorgungsnetzen

Bei vermaschten Rohrnetzen wird in der Regel das iterative Rechenverfahren nach Hardy-Cross angewendet. Die Strangdurchflüsse müssen zunächst unter der Knoten-Bedingung $\sum Q = 0$ geschätzt werden. Mit diesen Werten werden die Druckhöhenverluste der Stränge berechnet. Wenn die geschätzten Werte Q der Stränge noch nicht die Maschenbedingung $\sum h_v = 0$ erfüllen, wird eine Korrektur ΔQ für jede Masche berechnet aus

$$\Delta Q = -\sum (a_i Q_i |Q_i|)/2 \left(\sum h_{v,i}/Q_i\right)$$
$$= -\sum h_v / 2 \left(\sum h_v/Q\right)$$

Es ist darauf zu achten, dass die Vorzeichen von Q und h_v entsprechend von Q, so dass h_v/Q immer positiv ist. Mit diesen Korrekturwerten werden die Strangdurchflüsse berichtigt.

Druckverlust im Einzelstrang:

$$h_i = c_i \cdot l_i \cdot Q_i |Q_i| \cdot 10^{-3} \quad \text{mit } c_i \cdot l_i = a_i$$

c Rohrkonstante in s^2/m^6, Werte siehe Tafel 21.25
a Rohrkonstante in s^2/m^5.

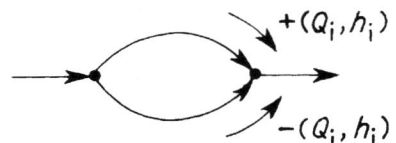

Abb. 21.10 Vorzeichenregelung

Zunächst wird der Durchfluss in den Einzelsträngen geschätzt. Dann wird die Korrektur vorgenommen mit

$$\Delta Q = -\sum (a_i \cdot Q_i |Q_i|)/2 \cdot \left(\sum h_{v,i}/Q_i\right)$$
$$= -\sum h_v/2 \cdot \left(\sum h_v/Q\right)$$

Beispiel

Gegeben: Integrale Rauheit $k_i = 0,4$ mm, Q, DN, l gemäß Skizze

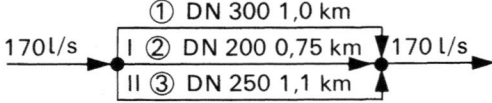

Lösung siehe Tafel 21.26. ◄

21.1.8.3 Rohre und Formstücke in der Wasserversorgung

W400-1 (02.15) Technische Regeln Wasserverteilungsanlagen (TRWW) – Teil 1: Planung (A)

Die wichtigsten Werkstoffe für Rohre und Formstücke in der Wasserverteilung sind gemäß TRWW in der Tafel 21.27 aufgelistet.

Tafel 21.26 Lösung des Beispiels

Masche Strang	d_i	l_i	c_i $k_i = 0,4$	$a_i = c_i l_i$	a_i	$h_i = a_i Q_i \lvert Q_i\rvert$ $\cdot 10^{-3}$	$\sum \lvert a_i Q_i\rvert$ $\cdot 10^{-3}$	ΔQ	Q_i'	$h_i' = a_i Q_i'\lvert Q_i'\rvert$ $\cdot 10^{-3}$	$\sum \lvert a_i Q_i'\rvert$ $\cdot 10^{-3}$	$\Delta Q'$	Q_i''	$h_i'' = a_i Q_i''\lvert Q_i''\rvert$ $\cdot 10^{-3}$
1	2	3	4	5	6	7	8	9	10	11	12	13	14	15
–	mm	km	–	–	l/s	m	–	l/s	l/s	m	–	l/s	l/s	m
I ①	300	1,0	0,7488	0,7488	85	5,38	0,0633	+1,0	86,0	5,51	0,0641	−0,2	85,8	5,48
I ②	200	0,75	6,348	4,761	−35	−5,83	0,1666	+1,0 +0,3	−33,7	−5,41	0,1604	−0,2 +0,1	−33,8	−5,44
				$\sum$:		−0,45	0,2299			$\sum$:	+0,10	0,2245			

$$\Delta Q = -\frac{-0,45}{2 \cdot 0,2299} = +1,0 \qquad \Delta Q' = -\frac{0,10}{2 \cdot 0,2245} = -0,2$$

Masche Strang	d_i	l_i	c_i $k_i = 0,4$	$a_i = c_i l_i$	a_i	h_i	$\sum \lvert a_i Q_i\rvert$	ΔQ	Q_i'	h_i'	$\sum \lvert a_i Q_i'\rvert$	$\Delta Q'$	Q_i''	h_i''
II ②	200	0,75	6,348	4,761	−1,0 35	5,50	0,1619	+0,2 −0,3	33,9	5,47	0,1614	−0,1	33,8	+5,44
II ③	250	1,1	1,960	2,145	−50	−5,36	0,1073	−0,3	−50,3	−5,43	0,1079	−0,1	−50,4	−5,45
				$\sum$:		+0,14	0,2692			$\sum$:	+0,04	0,2693			

$$\Delta Q = -\frac{0,14}{2 \cdot 0,2692} = -0,3 \qquad \Delta Q' = -\frac{0,04}{2 \cdot 0,2693} = -0,1$$

Zuerst wird Masche I bis Spalte 9 korrigiert, dann Masche II, wobei schon ΔQ von I, d. h. 1,0 l/s im gemeinsamen Strang ② berücksichtigt wird. Es folgt Masche I bis Sp. 13 mit Berücksichtigung von Masche II (0,3 in Sp. 9), dann wieder Masche II bis Spalte 15 und Masche I Sp. 14 + 15 mit 0,1 in Sp. 13. Zu beachten ist jeweils die Vorzeichenregelung nach Abb. 21.10 bei ΔQ.

Geschätzte Durchflüsse: Ergebnisse:

①: 85,0 l/s   ①: 85,8 l/s

②: 35,0 l/s   ②: 33,8 l/s

③: 50,0 l/s   ③: 50,4 l/s

Tafel 21.27 Übersicht der Rohre, Formstücke und Verbindungen nach W400-1 (02.15)

	Duktiles Guss- eisen	Stahl	PE 80 PE 100	PE-Xa/b/c	PVC-U/O	GFK
DVGW-Prüfgrund- lage – Rohr	*GW 337* *W 372*	*VP 637*	GW 335-A2	GW 335-A3 *VP 640*	GW 335-A1 *VP 654*	*VP 615*
Produktnorm-Rohr	DIN EN 545	DIN 2460	DIN EN 12201-2	DIN 16892 DIN 16893	DIN EN ISO 1452-2 DIN 8061 DIN 8062	DIN EN 14364 DIN EN 1796 DIN 16869-1 DIN 16869-2
DVGW-Prüfgrund- lage – Formstück/ Verbinder	*GW 337* *W 372*	*VP 637*	GW 335-B2 GW 335-B3 GW 335-B4	GW 335-B2 GW 335-B3 GW 335-B4		*VP 615*
Produktnorm-Form- stück/Verbinder	DIN EN 545 DIN EN 14525 *DIN 28650*	DIN EN 10224 DIN EN 10253-2 DIN 2460	DIN EN 12201-3 ISO 14236 DIN EN 12842	DIN EN 12201-3 ISO 14236 DIN EN 12842	DIN EN 12842 DIN EN ISO 1452-3	DIN EN 14364 DIN EN 1796
Verbindung	Steckmuffe Schraubmuffe Stopfbuchsen- muffe	Stumpfschweißen Steckmuffe	Stumpfschweißen Heizwendel- schweißmuffe Klemmver- schraubung Steckmuffe Pressmuffe	Heizwendel- schweißmuffe Klemmver- schraubung Steckmuffe Pressmuffe	Steckmuffe	Steckmuffe Klebmuffe Laminatmuffe
SDR bzw. Wanddicke	(nach Norm/ Prüfgrundlage)	(nach Norm/ Prüfgrundlage)	PE 80: SDR 7,4 bis 20 bar SDR 11 bis 12,5 bar PE 100: SDR 7,4 bis 25 bar SDR 11 bis 16 bar	SDR 7,4 bis 20 bar SDR 11 bis 12,5 bar	< DN 110: SDR 11 bis 20 bar SDR 13,6 bis 16 bar SDR 17 bis 12,5 bar SDR 21 bis 10 bar ≥ DN 110: SDR 11 bis 25 bar SDR 13,6 bis 20 bar SDR 17 bis 16 bar SDR 21 bis 12,5 bar SDR 26 bis 10 bar	Standardnenn- steifigkeits- klasse SN 2500 SN 5000 SN 10000

21.2 Siedlungsentwässerung

Der in einem Entwässerungsgebiet anfallende Abfluss besteht aus häuslichem Q_H und betrieblichem Schmutzwasser Q_G, Fremdwasser Q_F und Niederschlagswasser Q_R.

Die Entwässerung von Siedlungen erfolgt herkömmlich im Mischverfahren oder im Trennverfahren. Unter Berücksichtigung neuerer Grundsätze zum Umgang mit Regenwasser ergeben sich heute häufig Mischformen, die als modifizierte Systeme bezeichnet werden.

Beim **Trennverfahren** werden häusliches und betriebliches Schmutzwasser im Schmutzwasserkanal, der Regenabfluss sowie ggf. Dränwasser in einem eigenen Regenwasserkanal abgeleitet.

Im **Mischverfahren** werden häusliches und betriebliches Schmutzwasser zusammen mit dem Niederschlagsabfluss in einem gemeinsamen Kanal (Mischwasserkanal) abgeführt.

Modifizierte Entwässerungssysteme ergeben sich aus der Maßgabe, zukünftig von der vollständigen Ableitung beim Niederschlagswasser abzurücken und nach dessen Beschaffenheit zu differenzieren. Nicht schädlich verunreinigtes Niederschlagswasser sollte weitgehend von der Kanalisation ferngehalten werden durch dezentralen Rückhalt, Versickerung und möglichst getrennte (ggf. auch offene) Ableitung des verbleibenden Abflussanteils. Insbesondere können dadurch bestehende Kanäle und die Kläranlage hydraulisch entlastet und Mischwasserüberläufe reduziert werden (siehe A 118, 03.06).

Nachfolgend wird zu Beginn der jeweiligen Anschnitte auf wichtige zu beachtende Technische Regeln hingewiesen.

21.2.1 Maßgebliche Abflussgrößen

DIN EN 752 (07.17) Entwässerungssysteme außerhalb von Gebäuden

DWA-A 118 (03.06) Hydraulische Bemessung und Nachweis von Entwässerungssystemen.

Bei der Bestimmung der Abflussgrößen für die einzelnen Entwässerungsverfahren sind die in Tafel 21.28 dargestellten **Zusammenhänge** zu beachten.

Tafel 21.28 Maßgebliche Abflussgrößen und Abflussquerschnitte nach A 118 (2006)

Trennsystem		Mischsystem
Schmutzwasserkanal	Regenwasserkanal	Mischkanal
$Q_{ges}=Q_{T,h,max}+Q_{R,Tr,max}$	$Q_{ges}=Q_{R,max}$	$Q_{ges}=Q_{T,h,max}+Q_{R,max}$

$Q_{T,h,max}$ maximaler stündlicher Trockenwetterabfluss

$Q_{R,Tr,max}$ maximaler unvermeidbarer Regenabfluss im Schmutzwasserkanal von Trenngebieten

$Q_{R,max}$ maximaler Regenwetterabfluss

$Q_{R,max}$ maximaler Regenwetterabfluss

Für den maximal stündlichen Trockenwetterabfluss $Q_{T,h,max}$ gilt:

$$Q_{T,h,max} = Q_H + Q_G + Q_F$$

21.2.1.1 Trockenwetterabfluss Q_T

Bei bestehenden Entwässerungssystemen sollte die Größe des Trockenwetterabflusses grundsätzlich über Abflussmessungen mit ausreichend langen Messzeiträumen bestimmt und abgesichert werden.

Für die Planung von neuen Entwässerungssystemen können die nach A 118 (2006) festgelegten Berechnungsgrundlagen berücksichtigt werden.

Bei allen im Folgenden genannten Abflussgrößen und Abflussspenden handelt es sich um (stündliche) Spitzenwerte, nicht um Tagesmittelwerte. Die Abflussspenden sind auf das kanalisierte Einzugsgebiet $A_{E,k}$ bezogen.

Häuslicher Schmutzwasserabfluss Q_H   Es wird empfohlen, für die Berechnung des künftigen Schmutzwasserabflusses die Werte einer gesicherten Wasserbedarfsprognose des örtlichen Wasserversorgungsunternehmens zugrunde zu legen und in der Bemessung einen Schmutzwasseranfall von $150\,l/(E\,d)$ nicht zu unterschreiten. Die Tafel 21.29 zeigt die möglichen Berechnungsansätze.

Betrieblicher Schmutzwasserabfluss Q_G   Bei geplanten Gewerbe- und Industriegebieten können meist keine genauen Angaben über die Art und die Größe der anzusiedelnden Betriebe gemacht werden. Für die Bemessung von Kanälen in Gewerbe- und Industriegebieten wird gemäß Tafel 21.30 ein flächenspezifischer Ansatz mit nachstehenden betrieblichen Schmutzwasserabflussspenden q_G empfohlen.

Tafel 21.29 Berechnungsansätze für den Schmutzwasseranfall nach A 118 (2006)

Berechnung von Q_H über spezifischen Schmutzwasseranfall $Q_H = E \cdot w_s \cdot (1/f)/3600\ [l/s]$	
E	Einwohner [E]
w_s	Spezifischer täglicher Schmutzwasseranfall $[l/(E\,d)]$ Schwankungsbereich von 80 bis $200\,l/(E\,d)$, Mindestansatz $> 150\,l/(E\,d)$
f	Schwankungsbreite [h/d] zwischen 1/8 (ländliche Gemeinde) und 1/16 (Großstädte) des täglichen Abflusses bei Q_d

Berechnung über die Siedlungsdichte $Q_H = q_{H,1000E} \cdot ED \cdot A_{E,k,1}/1000\ [l/s]$	
$q_{H,1000E}$	Spezifischer Spitzenabfluss $[l/(s\,1000\,E)]$, $\geq 4\,l/(s\,1000\,E)$ bis max. $5\,l/(s\,1000\,E)$
D	Siedlungsdichte (E/ha), Spektrum zwischen 20 E/ha (ländliche Gebiete) und 300 E/ha (Stadtzentrum)
$A_{E,k,1}$	Fläche des durch die Kanalisation erfassten Einzugsgebietes [ha]

Tafel 21.30 Berechnungsansätze für den betrieblichen Schmutzwasseranfall nach A 118 (2006)

Berechnung für betriebliches Schmutzwasser $Q_G = q_G \cdot A_{E.k,2}$ [l/s]	
q_G	Betriebliche Schmutzwasserabflussspende bezogen auf kanalisierte Einzugsgebietfläche [l/(s ha)] Betriebe mit geringem Wasserverbrauch $q_G = 0{,}2\text{–}0{,}5$ l/(s ha) Betriebe mit mittlerem bis hohem Wasserverbrauch $q_G = 0{,}5\text{–}1{,}0$ l/(s ha) Größere Werte sind in begründeten Einzelfällen betriebsspezifisch anzusetzen
$A_{E.k,2}$	Fläche des durch die Kanalisation erfassten Gewerbe- und Industriegebietes [ha] des durch die Kanalisation erfassten Einzugsgebietes [ha]

Tafel 21.31 Mögliche Fremdwasserkomponenten nach A 118 (2006)

Mischwasserkanäle	Regenwasserkanäle	Schmutzwasserkanäle
Eindringendes Grundwasser (Undichtigkeiten)	Eindringendes Grundwasser (Undichtigkeiten)	Eindringendes Grundwasser (Undichtigkeiten)
Zufließendes Drän- und Quellwasser	Zufließendes Drän- und Quell- und Bachwasser	Zufließendes Drän- und Quellwasser
	Zufließendes Schmutzwasser (Fehleinleitungen)	Zufließendes Regenwasser (über Schachtabdeckungen, Fehleinleitungen)

Fremdwasserabfluss Q_F Fremdwasser umfasst unerwünscht in die Kanalisation gelangende Abflüsse, die durch eindringendes Grundwasser und je nach Kanalart unterschiedliche Fehleinleitungen verursacht sein können.

Dazu zählt auch bei Regen in Schmutzwasserkanälen von Trennsystemen abfließendes Niederschlagswasser. Die möglichen Fremdwasserkomponenten sind in Tafel 21.31 aufgelistet.

Wegen der nachteiligen Auswirkungen ist stets verstärktes Augenmerk darauf zu richten, den Fremdwasserzufluss durch geeignete Maßnahmen so gering wie möglich zu halten.

Fehleinleitungen von Schmutzwasser in Regenwasserkanäle sind generell zu unterbinden. Die unterschiedlichen Berechnungsansätze sind in Tafel 21.32 zusammengestellt.

21.2.1.2 Regenabfluss Q_R

Der Regenabfluss wird bestimmt durch die Regenspende, $r_{D,n}$ in l/(s ha), die örtlich verschieden ist und sich mit der Regendauer T bzw. D in min sowie der Häufigkeit des jährlichen Auftretens n in $1/a$ ändert. Bei den herkömmlichen Berechnungsverfahren zur Kanalnetzberechnung wird der maßgebliche Regenwetterabfluss unter Berücksichtigung des kanalisierten Einzugsgebietes $A_{E,k}$ und des aus dem Befestigungsgrad und weiteren Einflussparametern abgeleiteten Spitzenabflussbeiwert Ψ_S berechnet, siehe Tafel 21.33 und 21.36.

Tafel 21.32 Berechnungsansätze für den Fremdwasseranfall nach A 118 (2006)

Fall 1	Berechnung für Fremdwasser bei Trockenwetter $Q_{F.T} = q_F \cdot A_{E.k}$ [l/s]
$q_{F.T}$	Fremdwasserabflussspende bei Trockenwetter [l/(s ha)] für Neuplanungen $q_F = 0{,}05\text{–}0{,}15$ l/(s ha)
$A_{E.k}$	Fläche des durch die Kanalisation [ha] des durch die Kanalisation erfassten Einzugsgebietes [ha]
Fall 2	Berechnung für Fremdwasser mit unvermeidbarem Regenabfluss im Schmutzwasserkanal von Trenngebieten $Q_{R.Tr} = q_{R.Tr} \cdot A_{E.k,3}$ [l/s]
$q_{R.Tr}$	Regenabflussspende im Schmutzwasserkanal [l/(s ha)] Ansatz: 0,2 bis 0,7 l/(s ha) in begründeten Fällen auch mehr Alternativ: Vergleichende Abflussmessungen im Schmutzwasserkanal bei Trocken- und Regenwetter
$A_{E.k,3}$	Fläche des durch die Schmutzwasserkanalisation erfassten Einzugsgebietes [ha]
Fall 3	Berechnung für Fremdwasser mit unvermeidbarem Regenabfluss im Schmutzwasserkanal von Trenngebieten (Alternative zu Fall 2) $Q_F = m(Q_H + Q_G)$
m	Pauschalwert mit Ansätzen von $0{,}1 \ldots 1{,}0$ in begründeten Fällen auch > 1

Tafel 21.33 Berechnungsansatz für den Regenwetterabfluss nach A 118 (2006)

Berechnung des Regenabflusses Q_R $Q_R = r_{D,n} \cdot \Psi_S \cdot A_{E.k}$ [l/s]	
$r_{D,n}$	Regenspende der Dauer D und der Häufigkeit n in l/(s ha) z. B. Regenspenden des Deutschen Wetterdienstes aus KOSTRA-DWD 2000
Ψ_S	Spitzenabflussbeiwert: Quotient aus maximaler Niederschlagsabflussspende q_{max} und zugehöriger maximaler Regenspende
$A_{E.k}$	Fläche des durch die Kanalisation erfassten Einzugsgebietes [ha]

Bei den so genannten herkömmlichen Verfahren wie z. B. Zeitbeiwertverfahren, Zeitabflussfaktorverfahren, Summenlinienverfahren oder Flutplanverfahren steht die Berechnung von Maximalwerten im Vordergrund. Sie werden auch als Fließzeitverfahren bezeichnet, da die Ablussberechnung maßgeblich auf der Fließzeit aufbaut.

Regenspenden Die Regenspende $r_{D,n}$ in l/(s ha), die früher aus der Bezugsregenspende $r_{15,1}$ und dem Zeitbeiwert φ einer bestimmten Regendauer D und Regenhäufigkeit n gebildet wurde, kann derzeit aus den Starkniederschlagsdaten des DWDs (2010R) bzw. örtlich verfügbaren Niederschlagsdaten gewonnen werden. Im Atlas des DWD „Starkniederschlagshöhen für Deutschland – Kostra" (DWD, 2010R) ist ein EDV-Programm zur Ermittlung der ortspezifischen Niederschlagshöhen und Regenspenden enthalten.

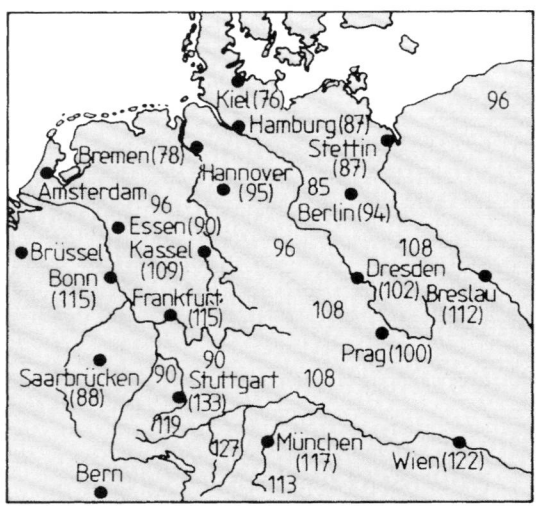

Abb. 21.11 Regenkarte nach Reinhold

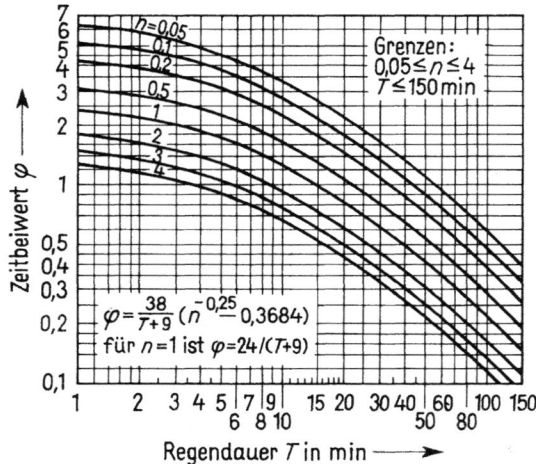

Abb. 21.12 Zeitbeiwertlinien nach Reinhold bezogen auf r_{15}

Sofern diese Daten nicht verfügbar sind, können näherungsweise die in Abb. 21.11 angegebenen Werte berücksichtigt werden. Eine Regenspende von $r = 100\,\mathrm{l/(s\,ha)}$ entspricht einem Niederschlag von 9 mm mit 10.000 m² pro 15 min zu 60 s. Beliebige Regen, z. B. mit $D = x$ und $n = y$ werden mit dem Zeitbeiwert φ wie folgt umgerechnet

$$r_{\mathrm{x,n=y}} = r_{\mathrm{i,n=k}} \cdot \frac{\varphi_{\mathrm{x,n=y}}}{\varphi_{\mathrm{i,n=k}}} \quad \text{mit } \varphi \text{ nach Reinhold}$$

$$\varphi_{\mathrm{T,n}} = \frac{38}{T + 9}(n^{-0,25} - 0,3684)$$

Nach EN 752 (06.17) werden Bemessungsregenkriterien für vollgefüllte Rohre und kanalindizierte Überflutungen differenziert. Die **Bemessungsregenhäufigkeit für vollgefüllte Rohre** beschreibt die **Regenintensität**, bei der das Rohr ohne Überlastung vollgefüllt ist. Für Misch- und Trennsysteme dürfen verschiedene Bemessungskriterien festgelegt werden EN 752 (06.17). Tafel 21.34 liefert Beispiele für Bemessungsregenhäufigkeiten.

Tafel 21.34 Beispiele für Bemessungsregenhäufigkeiten für Rohre, die ohne Überlastung lediglich vollgefüllt sind

Ort	Bemessungsregenhäufigkeiten[a]	
	Jährlichkeit Jahre	Überschreitungswahrscheinlichkeit je Jahr
Ländliche Gebiete	1	100 %
Wohngebiete	2	50 %
Stadtzentren, Industrie- und Gewerbegebiete	5	20 %
Unterirdische Verkehrsanlagen, Unterführungen	10	10 %

[a] Für das gewählte Bemessungsereignis darf das Rohr lediglich vollgefüllt und nicht überlastet sein.

Bemessungskriterien für kanalindizierte Überflutungen sollten nach EN 752 (06.17) festgelegt werden, um das Risiko von kanalindizierten Überflutungen unter Berücksichtigung der kanalindizierten Überflutungshäufigkeiten und -folgen umgehen zu können. Zur Erreichung dieser Bemessungskriterien wird die Anordnung des Entwässerungssystems zusammen mit dem oberflächlichen Retentionsraum betrachtet. Für Misch- und Trennsysteme dürfen auch hier verschiedene Bemessungskriterien festgelegt werden EN 752 (06.17). Tafel 21.35 listet Beispiele für Bemessungskriterien für kanalindizierte Überflutungen auf.

Spitzenabflussbeiwerte ψ_{s} Für die Kanalnetzberechnung ist der Spitzenabflussbeiwert Ψ_{s} maßgebend, der das Verhältnis zwischen der resultierenden maximalen Abflussspende und der zugehörigen Regenspende beschreibt. Für die Anwendung von Fließzeitverfahren werden Spitzenabflussbeiwerte Ψ_{s} in Abhängigkeit vom Anteil der befestigten Flächen, der Geländeneigungsgruppe und der maßgeblichen Bezugsregenspende r_{15} nach Tafel 21.36 empfohlen. Sie beziehen sich auf die Fläche des kanalisierten Einzugsgebietes $A_{\mathrm{E,K}}$.

Berechnungsmethode: Zeitbeiwertverfahren Das ursprüngliche Berechnungsverfahren ist das Zeitbeiwertverfahren, das der Verhältnismethode („rational method") des englischen Sprachraumes entspricht. Das Zeitbeiwertverfahren wird heute nur noch selten eingesetzt. Mit dem Zeitbeiwertverfahren wird der größte Regenabfluss unter der Annahme ermittelt, dass die Fließzeit im Kanalnetz gleich der maßgebenden Regendauer gesetzt wird. Dabei ist zu berücksichtigen, dass bis zu der Mindestregendauer gemäß Tafel 21.37 die Regenspende konstant gehalten wird, d. h. für diesen Fall ist $D = t_{\mathrm{f}}$ zugrunde zu legen. Erst bei $t_{\mathrm{f}} > D_{\mathrm{min}}$ ist die Regenspende r entsprechend der Fließzeit anzupas-

Tafel 21.35 Beispiele für Bemessungskriterien für kanalindizierte Überflutungen für stehendes Wasser aus Überflutungen nach EN 752 (06.17)

Auswirkung	Beispielhafte Orte	Beispiele für Bemessungshäufigkeiten von kanalinduzierten Überflutungen	
		Jährlichkeit Jahre	Überschreitungswahrscheinlichkeit je Jahr
Sehr gering	Straßen oder offene Flächen abseits von Gebäuden	1	100 %
Gering	Agrarland (in Abhängigkeit von der Landnutzung, z. B. Weidegrund, Ackerbau)	2	50 %
Gering bis mittel	Für öffentliche Einrichtungen genutzte offene Flächen	3	30 %
Mittel	An Gebäude angrenzende Straßen oder offene Flächen	5	20 %
Mittel bis stark	Überflutungen in genutzten Gebäuden mit Ausnahme von Kellerräumen	10	10 %
Stark	Hohe Überflutungen in genutzten Kellerräumen oder Straßenunterführungen	30	3 %
Sehr stark	Kritische Infrastruktur	50	2 %

Die Jährlichkeit sollte erhöht werden (Wahrscheinlichkeiten reduziert), wo das Wasser aus Überflutungen schnell fließt.

Bei der Sanierung von bestehenden Systemen und wo das Erreichen derselben Bemessungskriterien für ein neues System übermäßige Kosten zur Folge hätte, darf ein niedrigerer Wert in Betracht gezogen werden.

Tafel 21.36 Empfohlene Spitzenabflussbeiwerte für unterschiedliche Regenspenden bei einer Regendauer von 15 min (r_{15}) in Abhängigkeit von der mittleren Geländeneigung I_G und dem Befestigungsgrad nach DWA-A 118 (2006)

Befestigungsgrad [%]	Gruppe 1 ($I_G < 1\,\%$)				Gruppe 2 ($1\,\% \leq I_G \leq 4\,\%$)				Gruppe 3 ($4\,\% < I_G \leq 10\,\%$)				Gruppe 4 ($I_G > 10\,\%$)			
	Für r_{15} [l/(s·ha)] von															
	100	130	180	225	100	130	180	225	100	130	180	225	100	130	180	225
0[a]	0,00	0,00	0,10	0,31	0,10	0,15	0,30	(0,46)	0,15	0,20	(0,45)	(0,60)	0,20	0,30	(0,55)	(0,75)
10[a]	0,09	0,09	0,19	0,38	0,18	0,23	0,37	(0,51)	0,23	0,28	0,50	(0,64)	0,28	0,37	(0,59)	(0,77)
20	0,18	0,18	0,27	0,44	0,27	0,31	0,43	0,56	0,31	0,35	0,55	0,67	0,35	0,43	0,63	0,80
30	0,28	0,28	0,36	0,51	0,35	0,39	0,50	0,61	0,39	0,42	0,60	0,71	0,42	0,50	0,68	0,82
40	0,37	0,37	0,44	0,57	0,44	0,47	0,56	0,66	0,47	0,50	0,65	0,75	0,50	0,56	0,72	0,84
50	0,46	0,46	0,53	0,64	0,52	0,55	0,63	0,72	0,55	0,58	0,71	0,79	0,58	0,63	0,76	0,87
60	0,55	0,55	0,61	0,70	0,60	0,63	0,70	0,77	0,62	0,65	0,76	0,82	0,65	0,70	0,80	0,89
70	0,64	0,64	0,70	0,77	0,68	0,71	0,76	0,82	0,70	0,72	0,81	0,86	0,72	0,76	0,84	0,91
80	0,74	0,74	0,78	0,83	0,77	0,79	0,83	0,87	0,78	0,80	0,86	0,90	0,80	0,83	0,87	0,93
90	0,83	0,83	0,87	0,90	0,86	0,87	0,89	0,92	0,86	0,88	0,91	0,93	0,88	0,89	0,93	0,96
100	0,92	0,92	0,95	0,96	0,94	0,95	0,96	0,97	0,94	0,95	0,96	0,97	0,95	0,96	0,97	0,98

[a] Befestigungsgrade $\leq 10\,\%$ bedürfen i. d. R. einer gesonderten Betrachtung.

Tafel 21.37 Maßgebende kürzeste Regendauer in Abhängigkeit der mittleren Geländeneigung und des Befestigungsgrades nach DWA-A 118 (2006)

Mittlere Geländeneigung	Befestigung	Kürzeste Regendauer
< 1 %	$\leq 50\,\%$	15 min
	$> 50\,\%$	10 min
1 % bis 4 %		10 min
> 4 %	$\leq 50\,\%$	10 min
	$> 50\,\%$	5 min

sen. Der Spitzenabflussbeiwert Ψ_s ist gemäß Tafel 21.36 zu bestimmen (A 118, 2006).

Bei unregelmäßigen Gebietsformen und großen Schwankungen von I_G bzw. Ψ_s tritt der Größtabfluss nicht immer bei $D = t_f$ auf, s. Abb. 21.13.

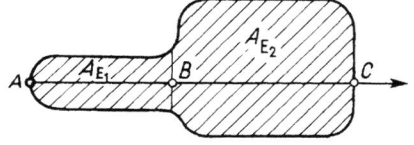

Abb. 21.13 Schema Einzugsgebiet der Kanalisation

Es ist zu prüfen, ob mit der Regendauer D gleich t_{fBC} der Abfluss von A_{E2} nicht größer ist als der Gesamtabfluss von $A_{E1} + A_{E2}$ mit $D = t_{fAC}$.

Faustregel:

$$\max Q_R \text{ aus } \frac{1}{2}A_{E1} + A_{E2} \text{ mit } \frac{1}{2}t_{fAB} + t_{fBC}$$

Ein Bemessungsbeispiel nach dem Zeitbeiwertverfahren ist in der Tafel 21.38 in Form einer Listenrechnung aufgezeigt.

Tafel 21.38 Listenrechnung zum Zeitbeiwertverfahren

Leitung Nr.	Straßenname	Schacht Nr.		Länge	Fläche A_E				$I_G<1\%$	Spitzenabflussbeiwert ψ_s mittlere Geländeneigung			Einwohner		Zufluss aus Fläche Nr.	Schmutzwasserabfluss häuslich		gewerblich	
					Nr.	Befestigung in % 40%	50%	...		$1\%\leq I_G \leq 4\%$	$4\%< I_G \leq 10\%$	$I_G>10\%$	Dichte D	Anzahl		einz. Q_H	zus. ΣQ_H	einz. Q_G	zus. ΣQ_G
—	—	von	bis	m	—	ha	ha	ha	—	—	—	—	E/ha	E	—	l/s	l/s	l/s	l/s
1	2	3	4	5	6	7	8	9	10	11	12	13	14	15	16	17	18	19	20
1	Große	1	5	180	1		1,28			0,52			200	256	—	1,28	1,28	—	—
2	Kleine	6	5	290	2	2,16				0,44			80	173	—	0,87	0,87	—	—
1	Große	5	14	120	3		0,48			0,52			200	96	1,2	0,48	2,63	—	—

Fremdwasserabfluss Q_T	Trockenwetterabfluss Q_T	Zeitbeiwert φ	Regenabfluss $Q_{r15}=r_{15}\cdot\psi_s\cdot A_E$ einz. Q_{r15}	ΣQ_{r15}	max $Q_R= \varphi\cdot\Sigma Q_{r15}$	Fließzeit einz. t_f	zus. Σt_f	Mischwasserabfluss Q_{ges}	Gefälle Sohle I_s	Wsp. I_w	Profil Form und Größe	Rauheit k_b	Vollfüllung Leist. Q_v	v_v	$\frac{Q_{ges}}{Q_v}$	Trockenwetter-Geschw. v_T	Regenwetter Geschw. v_M	Füllh. h_M	Bemerkungen
l/s	l/s	—	l/s	l/s	l/s	s	min	l/s	‰	‰	mm	mm	l/s	m/s	—	m/s	m/s	cm	
21	22	23	24	25	26	27	28	29	30	31	32	33	34	35	36	37	38	39	40
0,13	1,41	1,26	67	67	84	94	1,56	85,4	21	—	∅300	1,5	142	2,0	0,60	0,68	2,08	17	
0,22	1,09	1,26	95	95	120	143	2,38	121,1	19	—	∅300	1,5	135	1,9	0,90	0,58	2,03	24	
0,05	3,03	1,26	25	187	236	50	3,22	239,0	15	—	∅500	1,5	464	2,4	0,52	0,72	2,38	26	

21.2.2 Hydraulische Dimensionierung und Leistungsnachweis von Abwasserleitungen

DWA-A 110 (08.06) Hydraulische Dimensionierung und Leistungsnachweis von Abwasserkanälen und -leitungen

DWA-A 118 (03.06) Hydraulische Bemessung und Nachweis von Entwässerungssystemen.

Für die Dimensionierung und den Leistungsnachweis sind nachfolgende Berechnungsansätze zu berücksichtigen:

Dimensionierung mit Pauschalkonzept Im Pauschal-Konzept ist die Verwendung der k_b-Werte für genormte Rohre ohne weiteren Nachweis im Einzelfalle zulässig und als Regelfall anzusehen. Im Rahmen des Pauschal-Ansatzes bei der Dimensionierung ist die effektive Wandrauheit für derzeit durch den DIN-Normenausschuss Wasserwesen genormte Rohre einheitlich mit $k = 0,1$ mm und die Fließgeschwindigkeit mit $v = 0,8$ m/s angesetzt, um damit auch den Bereich der Teilfüllung mit abzudecken.

Für nicht genormte Rohre ohne besonderen Nachweis der effektiven Wandrauheit sowie für Mauerwerks- und Ortbetonkanäle ist $k_b = 1,5$ mm zu setzen.

Beim Pauschalansatz sind über den k_b-Wert gemäß Tafel 20.8, Kap. 20, die Einflüsse der Wandrauigkeit, der Lageungenauigkeiten und -Minderungen, der Rohrstöße, der Zulauf-Formstücke und der Schachtbauwerke bis Scheitelfüllung $h/d \leq 1,0$ berücksichtigt. Nicht enthalten sind hierbei Nennweiten-Unterschreitungen, Auswirkungen von Einstau und Überstau, Vereinigungsbauwerke und Ein- und Auslaufbauwerke von Drosselstrecken, Druckrohrleitungen und Dükern.

Leistungsnachweis von Abwassernetzen Für den Leistungsnachweis von Abwassernetzen (bestehender oder in Planung befindlicher) ist das Individualkonzept anzuwenden, d. h. detaillierte Berücksichtigung aller Verlusteinflüsse im Einzelfall (genauere Einzelheiten siehe A 110, 08.06).

Beim Leistungsnachweis bestehender Netze ist, wenn die effektive lichte Weite im Einzelfall nicht festgestellt wird oder werden kann, grundsätzlich mit 95 % der Nennweite zu rechnen, worin auch Querschnittsreduzierungen infolge normaler Ablagerungen erfasst sind.

Damit verbietet sich eine besondere, generelle k_b-Wert-Tabelle für den Einstau-, Überstau- und Überflutungsnachweis.

Berechnungsrichtwerte Bei der Dimensionierung und dem Leistungsnachweis von Abwasserkanälen sind folgende Berechnungsbedingungen zu beachten:

Ausnutzung der Querschnitte Bei der Bemessung von Freispiegelkanälen soll das rechnerische Abflussvermögen Q_v nicht voll ausgenutzt werden. Es wird empfohlen, den nächst größeren Querschnitt zu wählen, wenn der ermittelte Gesamtabfluss Q_{ges} bei Regen- und Mischwasserkanälen etwa 90 % des Abflussvermögens Q_v beträgt.

Aus betrieblichen Gründen (u. a. Verstopfungsgefahr, Spülung, TV-Befahrung, nachträgliche Herstellung von Anschlüssen) wird empfohlen, unabhängig vom rechnerischen Gesamtabfluss in öffentlichen Kanälen mit Freispiegelabfluss im Allgemeinen die nachstehenden Mindestnennweiten nicht zu unterschreiten: Schmutzwasserkanal DN 250, Regen-, Mischwasserkanal DN 300.

In begründeten Fällen (z. B. geringer Abfluss in ländlich strukturierten Gebieten oder in Streusiedlungen, Verbindungssammler bei guten Gefälleverhältnissen, Steilstrecken, Umsetzung von Maßnahmen der Regenwasserbewirtschaftung) können auch kleinere Querschnitte – möglichst jedoch nicht unter DN 200 – gewählt werden. Dabei sind die betrieblichen Aspekte besonders zu würdigen und ggf. geeignete

Tafel 21.39 Grenzwerte für ablagerungsfreien Betrieb von Regen- und Mischwasserkanälen (DWA-A 110, 08.06)

Kreisquer-schnitt d	$h_T/d \geq 0,10$			$h_T/d \geq 0,20$			$h_T/d \geq 0,30$			$h_T/d \geq 0,50$		
	J_c	V_c	min	J_c	V_c	t_{min}	J_c	V_c	t_{min}	J_c	V_c	τ_{min}
mm	‰	m/s	N/m	‰	m/s	N/m	‰	m/s	N/m	‰	m/s	N/m
200	a	a	a	4,23	0,43	1,00	2,98	0,46	1,00	2,04	0,48	1,00
250	a	a	a	3,38	0,45	1,00	2,39	0,47	1,00	1,63	0,49	1,00
300	5,35	0,43	1,00	2,82	0,46	1,00	1,99	0,49	1,00	1,48	0,53	1,09
350	4,59	0,44	1,00	2,42	0,47	1,00	1,70	0,50	1,00	1,45	0,58	1,24
400	4,02	0,44	1,00	2,11	0,48	1,00	1,61	0,51	1,05	1,42	0,63	1,39
450	3,57	0,45	1,00	1,88	0,49	1,00	1,53	0,55	1,15	1,40	0,67	1,54
500	3,21	0,46	1,00	1,69	0,50	1,00	1,50	0,59	1,26	1,38	0,71	1,69
600	2,68	0,47	1,00	1,61	0,54	1,14	1,47	0,66	1,48	1,34	0,79	1,97
700	2,29	0,48	1,00	1,59	0,61	1,32	1,43	0,71	1,68	1,31	0,86	2,25
800	2,01	0,49	1,00	1,55	0,64	1,47	1,40	0,77	1,88	1,29	0,93	2,52
900	1,88	0,51	1,05	1,52	0,68	1,62	1,38	0,82	2,08	1,26	0,99	2,79
1000	1,84	0,54	1,15	1,50	0,73	1,78	1,36	0,87	2,28	1,24	1,05	3,05
1100	1,81	0,56	1,24	1,48	0,77	1,93	1,35	0,93	2,49	1,23	1,11	3,31
1200	1,79	0,60	1,34	1,46	0,81	2,07	1,32	0,96	2,66	1,21	1,17	3,57
1300	1,77	0,63	1,43	1,44	0,84	2,22	1,30	1,00	2,84	1,20	1,22	3,82
1400	1,75	0,65	1,53	1,43	0,88	2,37	1,30	1,06	3,05	1,18	1,27	4,07
1500	1,73	0,67	1,62	1,41	0,91	2,50	1,28	1,09	3,22	1,17	1,32	4,31
1600	1,71	0,71	1,70	1,40	0,95	2,65	1,27	1,12	3,39	1,16	1,37	4,55
1800	1,69	0,75	1,89	1,38	1,01	2,93	1,25	1,22	3,77	1,14	1,46	5,03
2000	1,66	0,79	2,06	1,36	1,07	3,22	1,23	1,28	4,11	1,12	1,54	5,50
2200	1,64	0,83	2,24	1,34	1,13	3,48	1,21	1,35	4,46	1,11	1,63	5,97
2400	1,61	0,86	2,41	1,32	1,18	3,74	1,19	1,41	4,80	1,09	1,70	6,42
2600	1,59	0,92	2,58	1,30	1,23	3,99	1,17	1,45	5,11	1,08	1,78	6,87
2800	1,58	0,96	2,75	1,29	1,29	4,27	1,16	1,52	5,45	1,07	1,85	7,32
3000	1,56	0,99	2,92	1,27	1,32	4,50	1,15	1,58	5,78	1,05	1,92	7,76
3200	1,54	1,01	3,07	1,26	1,37	4,78	1,14	1,64	6,11	1,04	1,99	8,19
3400	1,53	1,05	3,24	1,25	1,42	5,01	1,13	1,70	6,44	1,03	2,05	8,62
3600	1,51	1,07	3,39	1,24	1,46	5,27	1,12	1,74	6,74	1,03	2,12	9,05
3800	1,50	1,11	3,56	1,22	1,49	5,48	1,11	1,82	7,09	1,02	2,18	9,47
4000	1,49	1,16	3,73	1,21	1,54	5,75	1,10	1,85	7,39	1,01	2,24	9,89

a $J \geq 1/DN$.

Maßnahmen zur Vermeidung von Ablagerungen und Verstopfungen zu ergreifen. Dies betrifft auch die Wahl der Querschnittsform (DWA-A 118 03.06).

Flachstrecken und Ablagerungen Abwasser ist eine Mischung von Wasser mit den verschiedenartigsten Feststoffen, unter welchen stets auch absetzbare anzutreffen sind. Deren Sedimentation innerhalb des Leitungssystems kann durch geeignete Wahl der maßgebenden Parameter vermieden werden. Eine Wandschubspannung von $\tau \geq 1,0\,\text{N/m}$ sollte in keinem Fall unterschritten werden.

Ablagerungen werden vermieden, wenn eine erforderliche Mindestwandschubspannung, die von der Volumenkonzentration an absetzbaren Feststoffen abhängig ist, erreicht oder überschritten wird. Die erforderliche Mindestwandschubspannung τ_{min} in N/m^2 beträgt für Konzentrationen von $c_T = 0,05\,‰$ für Misch- und Regenwasser sowie $c_T = 0,03\,‰$ für Schmutzwasser

$$\tau_{min} = 4,1\,Q^{1/3} \quad \text{für Regen- und Mischwasserkanäle}$$

$$\tau_{min} = 3,4\,Q^{1/3} \quad \text{für Schmutzwasserkanäle}$$

mit Q in m^3/s und zwar unabhängig vom Durchmesser und Gefälle der betrachteten Leitung.

Die jeweils vorhandene Wandschubspannung τ_{vorh} wird berechnet nach:

$$\tau_{vorh} = \varrho \cdot g \cdot r_{hy} \cdot J_R$$

Tafel 21.40 Grenzwerte für ablagerungsfreien Betrieb von Schmutzwasserkanälen (DWA-A 110, 08.06)

Kreisquer-schnitt d	$h_T/d \geq 0{,}10$			$h_T/d \geq 0{,}20$			$h_T/d \geq 0{,}30$			$h_T/d \geq 0{,}50$		
	J_c	V_c	min	J_c	V_c	t_{min}	J_c	V_c	t_{min}	J_c	V_c	τ_{min}
mm	‰	m/s	N/m	‰	m/s	N/m	‰	m/s	N/m	‰	m/s	N/m
150	a	a	a	**5,64**	**0,41**	**1,00**	**3,98**	**0,44**	**1,00**	2,72	0,45	1,00
200	a	a	a	**4,23**	**0,43**	**1,00**	**2,98**	**0,46**	**1,00**	2,04	0,48	1,00
250	a	a	a	**3,38**	**0,45**	**1,00**	**2,39**	**0,47**	**1,00**	1,63	0,49	1,00
300	**5,35**	**0,43**	**1,00**	**2,82**	**0,46**	**1,00**	**1,99**	**0,49**	**1,00**	1,36	0,51	1,00
350	**4,59**	**0,44**	**1,00**	**2,42**	**0,47**	**1,00**	**1,70**	**0,50**	**1,00**	1,18	0,52	1,01
400	**4,02**	**0,44**	**1,00**	**2,11**	**0,48**	**1,00**	**1,49**	**0,51**	**1,00**	1,16	0,56	1,13
450	**3,57**	**0,45**	**1,00**	**1,88**	**0,49**	**1,00**	**1,33**	**0,52**	**1,00**	1,14	0,60	1,26
500	**3,21**	**0,46**	**1,00**	**1,69**	**0,50**	**1,00**	1,22	0,53	1,03	1,12	0,64	1,37
600	**2,68**	**0,47**	**1,00**	**1,41**	**0,51**	**1,00**	1,20	0,59	1,20	1,09	0,71	1,61
700	**2,29**	**0,48**	**1,00**	1,30	0,55	1,07	1,16	0,63	1,36	1,07	0,78	1,83
800	**2,01**	**0,49**	**1,00**	1,26	0,58	1,20	1,14	0,69	1,53	1,05	0,84	2,06
900	**1,78**	**0,50**	**1,00**	1,25	0,63	1,33	1,12	0,73	1,69	1,03	0,90	2,27
1000	1,61	0,50	1,00	1,23	0,67	1,45	1,11	0,78	1,86	1,01	0,95	2,49
1100	1,49	0,52	1,02	1,21	0,69	1,57	1,09	0,82	2,01	1,00	1,00	2,70
1200	1,46	0,54	1,09	1,19	0,73	1,69	1,08	0,87	2,17	0,99	1,05	2,91
1300	1,45	0,56	1,17	1,18	0,77	1,82	1,07	0,92	2,33	0,98	1,10	3,11
1400	1,44	0,60	1,25	1,16	0,79	1,93	1,06	0,95	2,48	0,96	1,15	3,31
1500	1,41	0,61	1,32	1,16	0,83	2,05	1,04	0,98	2,62	0,96	1,19	3,51
1600	1,40	0,63	1,40	1,14	0,86	2,16	1,03	1,01	2,76	0,95	1,23	3,71
1800	1,38	0,68	1,55	1,12	0,91	2,38	1,01	1,07	3,05	0,93	1,31	4,10
2000	1,35	0,71	1,68	1,10	0,96	2,60	1,00	1,15	3,35	0,91	1,39	4,49
2200	1,34	0,76	1,83	1,08	1,01	2,82	0,99	1,22	3,64	0,90	1,47	4,86
2400	1,32	0,79	1,97	1,07	1,06	3,04	0,97	1,26	3,90	0,89	1,54	5,23
2600	1,30	0,82	2,10	1,06	1,11	3,25	0,96	1,33	4,18	0,88	1,61	5,60
2800	1,29	0,86	2,25	1,05	1,16	3,47	0,95	1,39	4,46	0,87	1,67	5,96
3000	1,27	0,88	2,37	1,04	1,20	3,67	0,94	1,43	4,72	0,86	1,73	6,32
3200	1,25	0,90	2,50	1,03	1,25	3,89	0,93	1,49	5,00	0,85	1,80	6,68
3400	1,24	0,94	2,63	1,02	1,29	4,10	0,92	1,53	5,25	0,84	1,85	7,03
3600	1,23	0,97	2,76	1,01	1,32	4,29	0,91	1,56	5,49	0,84	1,91	7,38
3800	1,23	1,01	2,91	1,00	1,36	4,48	0,90	1,62	5,76	0,83	1,97	7,72
4000	1,22	1,03	3,03	1,00	1,42	4,71	0,90	1,68	6,03	0,82	2,02	8,06

a $J \geq 1/\text{DN}$.

Unter der Annahme einer Betriebsrauheit $k_b = 1{,}5\,\text{mm}$ ergeben sich untere Grenzwerte J_c des Sohlengefälles für die verschiedenen Nennweitenbereiche von Kreisprofilen und Füllungsgraden von $h_T/d = 0{,}1$ bis 0,5 sowie für $\tau \geq 1{,}0\,\text{N/m}^2$ gemäß Tafel 21.39 und 21.40.

Die Grenzwerte können mit genügender Genauigkeit für alle k_b-Werte, also im Bereich von $k_b = 0{,}25\,\text{mm}$ bis $k_b = 1{,}5\,\text{mm}$ angewandt werden.

Beide Tabellen enthalten auch Bereiche, die durch die Einhaltung von $\tau_{min} = 1{,}0\,\text{N/m}^2$ gekennzeichnet sind. Die Angaben hierfür wurden fett gesetzt. Für Füllhöhen $h < 3\,\text{cm}$ sind die Bedingungen einer gleichmäßigen Konzentration bei stationärem Abfluss nicht mehr gegeben. In diesen Fällen wird empfohlen, das Gefalle mit $J \geq 1 : \text{DN}$ mit DN in mm festzulegen.

Strömung mit seitlichem Zufluss (diskontinuierliche Strömung) In Kanalisationsnetzen ist längs einer Berechnungsstrecke, z. B. zwischen zwei Schächten, mit einem Durchflusszuwachs infolge seitlicher Einleitungen (Hausanschlüsse, Straßeneinläufe) zu rechnen. Eine Ausnahme bilden lediglich reine Transportkanäle, Drosselstrecken und Druckleitungen.

Bei Sammelkanälen mit seitlichem Zufluss ist mit einem Ansatz für diskontinuierliche Strömung zu arbeiten. Die Auswirkungen des seitlichen Zuflusses werden gemäß

Tafel 21.41 Gültigkeitsgrenzen der Berechnung mit Q_e

	Relativer seitlicher Zufluss
Nennweiten-Bereich	$\Delta Q = Q_e - Q_a$
DN 200 bis DN 500	Keine Einschränkung
DN 600 bis DN 1000	$\leq 0{,}30$
DN 1100 bis DN 2000	$\leq 0{,}10$
DN > 2000	$\leq 0{,}05$

DWA-A 110 (08.06) über vereinfachte Verfahren erfasst. Bei der Dimensionierung wird zur Vermeidung der aufwendigen Berechnungen der Energiehöhenverlust längs einer Berechnungsstrecke für einen Sammelkanal in der Regel so ermittelt, dass man für einen konstant – also nicht diskontinuierlich – gedachten Durchfluss (Ersatzdurchfluss) den Reibungsverlust ermittelt. Es ist darauf hinzuweisen, dass als Ersatzdurchfluss Q_e der am Ende der betrachteten Rohrstrecke herrschende Durchfluss anzusetzen ist. Bei Überschreitung der Gültigkeitsgrenzen für den Ersatzdurchfluss Q_e gemäß Tafel 21.41 sind die vorliegenden Verhältnisse unter Verwendung der nach A 110 angegebenen Gleichungssysteme zu untersuchen und ggf. ein höherer Ersatzdurchfluss festzulegen (DWA-A 110, 08.06).

Im Rahmen vertretbarer Genauigkeit kann mit dieser Vereinfachung gerechnet werden, wenn für den Anteil ΔQ des seitlichen Zuflusses längs einer Haltung in den verschiedenen Nennweitenbereichen die Kriterien nach Tafel 21.41 erfüllt sind.

Steilstrecken und Lufteintrag Bei Steilstrecken ist ab gewissen Geschwindigkeiten mit einer Luftaufnahme des Wassers zu rechnen. Dieser Effekt trifft dann zu, wenn die Boussines q-Zahl größer als 6 ist. Für diesen Fall ist eine genaue Berechnung nach dem DWA-A 110 vorzunehmen.

Die Abschnitte „Rohre in der Kanalisation", „Schächte in der Kanalisation" und „Bau der Kanalisation" sind ab dieser Auflage im Kapitel Netzmanagement enthalten.

21.2.3 Regenwetterabflüsse in Siedlungsgebieten und Einleitung in Oberflächengewässer

Mit „**Regenwetterabflüsse in Siedlungsgebieten**" wird die Anwendung *der Regelungen auf bebaute Gebiete begrenzt. Die grundlegenden Bewertungsvorgaben zur stofflichen Beschaffenheit des Niederschlagswassers gelten auch für dezentrale Maßnahmen in Verbindung mit der Grundstücksentwässerung. In Abgrenzung von DWA-A 138 „Planung, Bau und Betrieb von Anlagen zur Versickerung von Niederschlagswasser" beziehen sich die Regelungsinhalte des* DWA A-102 auf die **Einleitung von Regenwetterabflüssen in Oberflächengewässer**. Dabei wird zwischen der Einleitung von Niederschlagswasser und der von Mischwasser als Mischwasserüberläufe („aus Regenentlastungsbauwerken") differenziert (DWA A-102 (12/20), *kursiv* aus [53]).

*Die **Regelungen zur Behandlung von Regenwetterabflüssen** fokussieren den gezielten stofflichen Rückhalt, Kriterien zur Auswahl geeigneter Behandlungsanlagen sowie Auslegungsvorgaben. Sie widmen sich [...] den Grundsätzen, der Konzeption und Umsetzung der Mischwasserbehandlung. Dabei wird die Wechselwirkung mit der Kläranlage zur Begrenzung des Stoffaustrages durch Mischwasserabflüsse und Mischwasserüberläufe einbezogen. (DWA A-102 (12/20), kursiv aus [53])*

21.2.3.1 Emissionsbezogene Zielvorgaben und Regelungen

Bewertung des lokalen Wasserhaushalts Als Referenz dient der unbebaute Zustand. Die Verdunstung (je nach Boden und Bewuchs) im Jahresverlauf und die Versickerung stellen maßgebliche Einflussgrößen dar.

Stoffliche Belastung von Niederschlagswasser Als Referenzparameter dient AFS63 mit der Eingrenzung auf den Feinanteil der Feststoffe $< 63\,\mu m$. Das Behandlungserfordernis geht aus der Zuordnung der Flächenarten („Herkunftsflächen") zu Belastungskategorien hervor (Tafel 21.42).

21.2.3.2 Belastungskategorien und Anlagen zum Stoffrückhalt

Das Behandlungserfordernis resultiert aus den in Tafel 21.43 dargestellten Belastungskategorien.

Der erforderliche Stoffrückhalt nach Abschn. 21.2.3.3 kann über

- Sedimentationsanlagen
- Filteranlagen
- kombinierte Systeme (Sedimentation, Filtration, Adsorption, Ionentausch)

mit zentralen oder dezentralen Anlagen erfolgen. Die Installierung dezentraler Anlagen zur gezielten Erfassung der behandlungsbedürftigen Flächen wird künftig besonders an Bedeutung gewinnen [53].

21.2.3.3 Zielgröße zulässiger Stoffaustrag AFS63

Der Umfang der Behandlung von Niederschlagswasser ergibt sich aus der Gegenüberstellung des rechnerischen Frachtaustrages des betrachteten Einzugsgebietes mit dem zulässigen Emissionswert. Dazu werden den drei Belastungskategorien für den Referenzparameter AFS63 Rechenwerte des flächenspezifischen Frachtabtrages zugeordnet (kursiv aus [53]).

Tafel 21.42 Zuordnung von Belastungskategorien für Niederschlagswasser von bebauten oder befestigten Flächen nach Flächentyp und Flächennutzung (DWA A-102, 12/20)

Flächenart	Flächenspezifizierung	Flächengruppe (Kurzzeichen)	Belastungskategorie
Dächer (D)	Alle Dachflächen $\leq 50\,\mathrm{m}^2$ und Dachflächen $> 50\,\mathrm{m}^2$ mit Ausnahme der unter Flächengruppe SD1 oder SD2 fallenden	D	I
Hof- und Wegeflächen (VW), Verkehrsflächen (V)	– Fuß-, Rad- und Wohnwege, – Hof- und Wegeflächen ohne Kfz-Verkehr in Sport- und Freizeitanlagen, – Hofflächen ohne KfZ-Verkehr in Wohngebieten, wenn Fahrzeugwaschen dort unzulässig, – Garagenzufahrten bei Einzelhausbebauung, – Fußgängerzonen ohne Marktstände und mit seltenen Freiluftveranstaltungen	VW1	
	– Hof- und Verkehrsflächen in Wohngebieten mit geringem Kfz-Verkehr (DTV ≤ 300 oder ≤ 50 Wohneinheiten), z. B. Wohnstraßen mit Park- und Stellplätzen, Zufahrten zu Sammelgaragen, – Park- und Stellplätze mit geringer Frequentierung (z. B. private Stellplätze)	V1	
	– Marktplätze, – Flächen, auf denen häufig Freiluftveranstaltungen stattfinden, – Einkaufsstraßen in Wohngebieten	VW2	II
	– Hof- und Verkehrsflächen außerhalb von Misch-, Gewerbe- und Industriegebieten mit mäßigem Kfz-Verkehr (DTV 300 bis 15.000), z. B. Wohn- und Erschließungsstraßen mit Park- und Stellplätzen, zwischengemeindliche Straßen- und Wegeverbindungen, Zufahrten zu Sammelgaragen, – Park- und Stellplätze mit mäßiger Frequentierung (z. B. Besucherparkplätze bei Betrieben und Ämtern), – Hof- und Verkehrsflächen in Misch-, Gewerbe- und Industriegebieten mit geringem Kfz-Verkehr (DTV ≤ 2000), mit Ausnahme der unter SV und SVW fallenden	V2	
	– Verkehrsflächen außerhalb von Misch-, Gewerbe- und Industriegebieten mit hohem Kfz-Verkehr (DTV > 15.000), – Park- und Stellplätze mit hoher Frequentierung (z. B. bei Einkaufsmärkten), – Hof- und Verkehrsflächen in Misch-, Gewerbe- und Industriegebieten mit mittlerem oder hohem Kfz-Verkehr (DTV > 2000), mit Ausnahme der unter SV und SWV fallenden	V3	III
Betriebsflächen (B) und sonstige Flächen mit besonderer Belastung (S)	– Gleisanlagen (G) mit Schotteroberbau auf freier Strecke sowie im Bahnhofsbereich bis 100.000 BRT (Bruttoregistertonnen)/(Tag · Gleis) mit Ausnahme der unter SG fallenden	BG1	I
	– Start- und Landebahnen und weitere Betriebsflächen von Flughäfen (F) mit Ausnahme der unter SF fallenden	BF	II
	– landwirtschaftliche Hofflächen (L) mit Ausnahme der unter SL fallenden	BL	
	– Gleisanlagen (G) mit Schotteroberbau im Bahnhofsbereich > 100.000 BRT/(Tag · Gleis) sowie – Gleisanlagen (G) mit fester Fahrbahn bis 100.000 BRT/(Tag · Gleis) mit Ausnahme der unter SG fallenden	BG2	
	– Dachflächen (D) mit hohen Anteilen (20 % bis 70 % der Gesamtdachfläche) an Materialien, die zu signifikanten Belastungen des Niederschlagswassers mit gewässerschädlichen Substanzen führen	SD1	
	– Dachflächen (D) mit sehr hohen Anteilen (> 70 % der Gesamtdachfläche) an Materialien, die zu signifikanten Belastungen des Niederschlagswassers mit gewässerschädlichen Substanzen führen	SD2	III
	– Hof- und Verkehrsflächen sowie Park- und Stellplätze (V) innerhalb von Misch-, Gewerbe- und Industriegebieten, auf denen sonstige besondere Beeinträchtigungen der Niederschlagswasserqualität zu erwarten sind, z. B. Lagerflächen, Zufahrten Steinbruch	SV bzw. SVW	
	– Flächen von Flughäfen, auf denen eine Wäsche von Flugzeugen erfolgt, sowie – Flächen im unmittelbaren Umfeld von Flächen mit Betankung oder Enteisung von Flugzeugen	SF	

Tafel 21.42 (Fortsetzung)

Flächenart	Flächenspezifizierung	Flächengruppe (Kurzzeichen)	Belastungs-kategorie
	– landwirtschaftliche Hofflächen und sonstige Flächen (L) mit großen Tieransammlungen, z. B. Viehhaltungsbetriebe, Reiterhöfe oder – landwirtschaftliche Hofflächen (L) mit sonstigen starken Beeinträchtigungen der Niederschlagswasserqualität, z. B. Flächen zur Fahrzeugreinigung	SL	
	– Gleisanlagen (G) mit fester Fahrbahn > 100.000 BRT/(Tag · Gleis) mit Ausnahme der unter SG fallenden	BG3	
	– Gleisanlagen mit betriebsbedingt stark erhöhter Beeinträchtigung der Niederschlagswasserqualität, z. B. – durch starken Rangierbetrieb oder stark frequentierte Bremsstrecken, – bei Vegetationskontrolle durch Herbizideinsatz	SG	
	– Hof- und Verkehrsflächen auf Abwasser- und Abfallanlagen (A) mit stark erhöhter Beeinträchtigung der Niederschlagswasserqualität, z. B. Flächen im unmittelbaren Umfeld von Flächen, auf denen Abfälle abgefüllt, verladen oder gelagert werden	SA	

Anwendungshinweise:

Die Kategorisierung der stofflichen Belastung von Niederschlagswasser nach Herkunftsflächen erfolgt je nach Anwendungsbezug mit unterschiedlicher Differenzierung. In Bezug auf dezentrale Maßnahmen erfolgt oftmals eine kleinräumige, zum Teil objektbezogene Betrachtung. Dagegen erfolgt die Flächenkategorisierung in Bezug auf zentrale Behandlungsmaßnahmen und im Rahmen von Schmutzfrachtberechnungen typischerweise gebietsbezogen. Dies ist unter anderem bei der Bewertung der Dachflächen zu beachten (siehe unten).

Die Kategorisierung enthält keine Einstufung für Flächen zum Umgang mit wassergefährdenden Stoffen bzw. Flächen, die in den Anwendungsbereich der Verordnung über Anlagen zum Umgang mit wassergefährdenden Stoffen (AwSV) fallen (siehe 5.2.1).

Bewertung und Kategorisierung allgemein

1) Auf eine Berücksichtigung der Hintergrundbelastung (Luftbelastung) wurde angesichts der sehr uneinheitlichen Datenlage verzichtet.

2) Die Kategorisierung gilt für durchschnittliche Randbedingungen. Flächen, die einer überdurchschnittlichen Stoffbelastung aus der Atmosphäre oder sonstigen besonderen Einflussfaktoren (z. B. Winterdienst, hoher Anteil Lkw-Verkehr, Blütenstaub und Laub durch intensive Vegetation, gewerblich bedingte Staubbelastung) oder unterdurchschnittlichen Stoffbelastung (z. B. häufige Straßenreinigung) ausgesetzt sind, bedürfen in Abstimmung mit der zuständigen Behörde gegebenenfalls einer fallspezifischen Bewertung.

3) Für die Bewertung signifikanter Belastungen des Niederschlagswassers mit gewässerschädlichen Substanzen wird in Bezug auf die Einleitung in Oberflächengewässer auf die Oberflächengewässerverordnung (OGewV) hingewiesen.

4) Bei der Kategorisierung von Dachflächen können Eindeckungen aus SD1 oder SD2 mit geeigneten Beschichtungen oder Überzügen als Dachflächen der Flächengruppe D kategorisiert werden. Zur Bewertung der Eignung von Beschichtungen kann auf Aussagen nationaler und internationaler Normen zur Dauerhaftigkeit und Dichtheit von Beschichtungen zurückgegriffen werden.

5) Die bei den Flächentypen SD1 und SD2 angegebenen Prozentwerte beziehen sich bei objektbezogener Bewertung einschließlich entsprechender Materialanteile von Gauben, Erkern, Fallrohren, Dachrinnen etc. auf die Gesamtdachfläche des Objekts, bei gebietsbezogener Bewertung auf die Summe der angeschlossenen Dachflächen im betrachteten (Teil-)Einzugsgebiet.

Bewertung und Kategorisierung von Verkehrsflächen (Flächengruppe V1 und V2)

6) Bei Hof- und Verkehrsflächen mit Kfz-Verkehr (DTV 300 bis 2.000) kann im Einzelfall die Zuordnung von V2 zu V1 (Flächenkategorie I) geprüft werden. Als Bewertungskriterien können hierzu der Lkw-Anteil oder das Vorhandensein von Lkw-Parkplätzen oder Unfallschwerpunkten herangezogen werden.

7) Einem mit zunehmendem DTV erhöhten Havaririsiko ist mit besonderen Betrachtungen und gegebenenfalls geeigneten Vorsorgemaßnahmen zu begegnen. Bewertung und Kategorisierung von Betriebs- und Sonderflächen (Flächengruppen B und S)

8) Flughäfen werden hier von kleineren Flug- und Landeplätzen differenziert. Start- und Landebahnen und weitere Betriebsflächen solcher Flug- und Landeplätze können – frequentierungsbezogen – analog zu Hof-, Wege- und Verkehrsflächen entsprechender Frequentierung eingestuft werden.

9) Gleisflächen mit fester Fahrbahn bis 15.000 BRT/(Tag·Gleis) können nach Prüfung im Einzelfall BG1 zugeordnet werden. Für Gleisflächen mit Herbizideinsatz gilt bei Einleitungen in Oberflächengewässer nach Arbeitsblatt DWA-A 102-2/BWK-A 3-2 die zugehörige BG-Einstufung, solange im Einzelfall keine Immissionsanforderungen bezogen auf die im Rahmen der chemischen Vegetationskontrolle eingesetzten Herbizide bestehen. Bei Einleitung ins Grundwasser sind die Vorgaben des Arbeitsblatts DWA-A 138 zu beachten.

Auswahl von Behandlungsanlagen bei Betriebs- und Sonderflächen

10) Bei der dezentralen Behandlung von Niederschlagswasser der aufgeführten Betriebsflächen (B) und sonstigen Flächen mit besonderer Belastung (S) müssen neben partikulär transportierten Schadstoffen (Referenzparameter AFS63) insbesondere gelöste Schadstoffe (z. B. Herbizide, Nährstoffe, gelöste Schwermetalle) und/oder deren besondere Menge Berücksichtigung finden.

Tafel 21.43 Behandlungsbedürftigkeit von unterschiedlich belasteten Niederschlagswasser (DWA A-102, 12/20)	Zielgewässer	Gering belastetes Niederschlagswasser (Kategorie I)	Mäßig belastetes Niederschlagswasser (Kategorie II)	Stark belastetes Niederschlagswasser (Kategorie III)
	Oberflächengewässer	Einleitung grundsätzlich ohne Behandlung möglich	Grundsätzlich geeignete technische Behandlung erforderlich	
	Grundwasser	Versickerung und gegebenenfalls Behandlung gemäß Arbeitsblatt DWA-A 138		

Abb. 21.14 Beispielhafte Bilanzierung des Stoffaufkommens zur Ermittlung des notwendigen Stoffrückhalts (hier in zentraler Behandlungsanlage), nach [53]

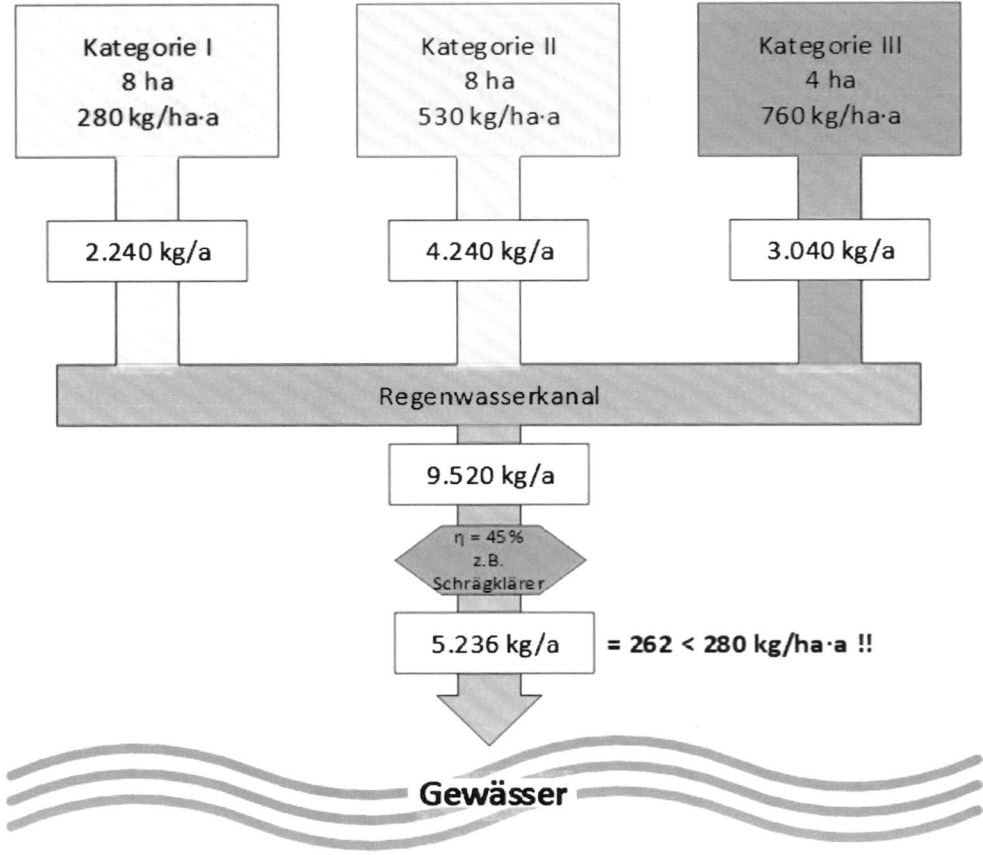

Der für die Belastungskategorie I abgeleitete flächenspezifische Stoffabtrag von $280 \, kg/(ha \, a)$ *wird als zulässiger flächenspezifischer Stoffaustrag („Emission") für AFS63 zur Einleitung von Regenwasserabflüssen in Oberflächengewässer als Rechenwert definiert* ($= b_{R,e,zul,AFS63}$). *Entsprechend wird für Flächen der Kategorien II und III und Einzugsgebiete, die Teilflächen dieser Belastungskategorien enthalten, zur Einhaltung des zulässigen Stoffaustrags in Oberflächengewässer eine Behandlung des Niederschlagswassers erforderlich (kursiv aus DWA A-102, 12/20).*

Deren notwendige Wirksamkeit („Wirkungsgrad") leitet sich über die Flächenanteile der 3 Kategorien und die ihnen zugeordneten Werte des Stoffabtrags ab. Beispielhaft zeigt Abb. 21.14 die Bilanzierung des Stoffaufkommens für ein Einzugsgebiet mit Teilflächen der drei Belastungskategorien (kursiv aus [53]).

21.2.4 Neue Regelungen zur Mischwasserbehandlung [53]

Die Regelungen zur Mischwasserbehandlung in DWA-A 102-2 basieren auf der in ATV-A 128 abgeleiteten Zielvorgabe zum zulässigen Stoffaustrag durch Regenwasserabfluss über den Vergleich mit der Trennkanalisation und den dortigen

CSB-Stoffaustrag ohne gezielten Stoffrückhalt. Die Beibehaltung des CSB als Bezugsparameter für Mischsysteme wird mit der besseren Eignung zur Charakterisierung des Mischwasserabflusses und die über das Schmutzwasser enthaltenen Schmutzstoffe begründet. Es wird erwartet, dass die aus ATV-A 128 übernommene Zielvorgabe in Bezug auf den Stoffparameter AFS63 für Mischsysteme im Vergleich zu Trennsystemen im Regelfall zu geringeren Stoffausträgen führt. Dies liegt an der Relation der AFS-Konzentrationen im Schmutzwasser und Regenwasser sowie insbesondere am sehr hohen Feststoffrückhalt in Kläranlagen, der auch für den Regenwasseranteil im Mischwasserzufluss wirksam wird. Die Festlegungen bedeuten, dass es durch die Regelungen in DWA-A 102-2 zu keinen erhöhten Anforderungen an die Mischwasserbehandlung kommt, zumal auch keine rechtliche Grundlage für verschärfte Anforderungen gesehen wurde. Dies führt bei der Ermittlung des erforderlichen Gesamtspeichervolumens aus Ausgangswert für den Referenzzustand „fiktives Zentralbecken" zu weitgehend identischen Zahlenwerten im Vergleich zu ATV-A 128.

Die weitere methodische Umsetzung berücksichtigt, dass aufgrund des zwischenzeitlich erreichten hohen Ausbaugrads der Mischwasserbehandlung zukünftig vorrangig bestehende Systeme zu betrachten sind, die einer systematischen Überprüfung und Anpassungen bedürfen. Veranlas-

sung können befristete Erlaubnisbescheide für die Einleitung von Mischwasserüberläufen sein, geplante Flächenerweiterungen oder Verdichtungen, der Schmutzwasseranschluss von Neuerschließungen im Trennverfahren an die Mischkanalisation sowie Defizite im Zustand von Gewässerabschnitten mit Einleitung von Mischwasserüberläufen sein. Für diese Fragestellungen sind grundlegende Analysen mittels Schmutzfrachtsimulation die Methode der Wahl. Entsprechend werden Nachweisverfahren zur Standardanwendung. Wesentliche Punkte dieser Anwendung sind:

- *Aufwertung gezielter Stoffrückhalt im Schmutzfrachtnachweis durch Quantifizierung der Wirksamkeit klärtechnischer Ansätze für AFS63 (Sedimentation, Filtration)*
- *Wirkgetreue Nachbildung dezentraler Maßnahmen der Regenwasserbewirtschaftung über die maßgebende Flächengröße „befestigte angeschlossene Fläche $A_{b,a}$"*
- *Berücksichtigung der stofflichen Belastung des Niederschlagswassers über die abgestuften Standardwerte zum Stoffabtrag nach Belastungskategorien I bis III*
- *Integrale Betrachtung von Kanalnetz und Kläranlage über den Nachweis des regenwasserbedingten Gesamt-Stoffaustrages AFS63 über Mischwasserüberläufe und Kläranlagenablauf; ggfs. fallbezogen Einbeziehung weiterer Stoffparameter*
- *Anwendung der Nachweisverfahren als relativer Vergleich durch Ermittlung der modellspezifischen Zielgröße „zulässiger Gesamtstoffaustrag AFS63", im Einzelnen:*
  - *Referenzzustand „fiktives Zentralbecken" in der Größe des abgeleiteten erforderlichen Gesamtspeichervolumens*
  - *Nachweis „reales System" mit bestehenden und geplanten Bauwerken*
  - *Bauwerksspezifische Berücksichtigung klärtechnischer Wirksamkeit, z. B. Sedimentation in Durchlaufbecken, Stoffrückhalt Retentionsbodenfilteranlagen*

(kursiv aus [53]).

21.2.5 Regenentlastungen und Kenngrößen in Mischwasserkanälen

Nachfolgend ist eine Auswahl wichtiger Regelwerke und Merkblätter zur Planung und Konstruktion von Bauwerken der Regenentlastung aufgelistet:

Arbeits- und Merkblattreihe DWA-A/M 102 (BWK-A/M 3) (12/20) Anwendungsbeispiele

DWA-A 102-1/BWK-A 3-1 (12.20) Grundsätze zur Bewirtschaftung und Behandlung von Regenwetterabflüssen zur Einleitung in Oberflächengewässer – Teil 1: Allgemeines

DWA-A 102-2 (12/20) – Teil 2: Emissionsbezogene Bewertungen und Regelungen

DWA-A 166 (11/13) Bauwerke der zentralen Regenwasserbehandlung und -rückhaltung – Konstruktive Gestaltung und Ausrüstung

DWA-M 158 (03.06) Bauwerke der Kanalisation – Beispiele

DWA-M 176 (11.13) Hinweise zur konstruktiven Gestaltung und Ausrüstung von Bauwerken der zentralen Regenwasserbehandlung und -rückhaltung

ATV-DVWK-M 177 (06.01) Bemessung und Gestaltung von Regenwasserentlastungen in Mischwasserkanälen – Erläuterungen und Beispiele

DWA-A 111 (12.10) Hydraulische Dimensionierung und betrieblicher Leistungsnachweis von Anlagen zur Abfluss- und Wasserstandsbegrenzung in Entwässerungssystemen.

Das DWA-A 128 ist nicht mehr gültig. Es wurde durch die Arbeits- und Merkblattreihe DWA-A/M 102 (BWK-A/M 3) ersetzt. Der neue Bemessungsgang ist detailliert im DWA-A 102-2/BWK-A 3-2 dargelegt. Aufbauend auf dem Gesamtspeichervolumen für das fiktive Zentralbecken wird das Nachweisverfahren als Schmutzfrachtnachweis angewendet. Es wird auf das Anwendungsbeispiel im DWA-A 102-2 und hinsichtlich der konstruktiven Ausbildung der Bauwerke auf das DWA-A 166/M 77 verwiesen.

Täglicher Trockenwetterabfluss

$$Q_{T.d} = Q_{s.d} + Q_F \quad [l/s]$$

Trockenwetterabfluss im Jahresmittel

$$Q_{T,aM} = Q_{G,aM} + Q_{F,aM} \quad [l/s]$$

Kritischer Regenabfluss

$$Q_{R\,krit} = r_{krit} \cdot A_{b,a} \quad [l/s]$$

Regenabflussspende

$$q_{R.Dr} = Q_{R.Dr}/A_{b,a} \quad [l/(s\,ha)]$$

Kritischer Mischwasserabfluss
Der mindestens weiterzuführende Abfluss Q_{Dr} vor Anspringen der Entlastung als „kritischer Mischwasserabfluss Q_{krit}" ergibt sich aus den maßgebenden Abflusswerten im Direkteinzugsgebiet des Regenüberlaufs und allen oberhalb liegenden Drosselabflüssen:

$$Q_{Dr} > Q_{T,aM} + Q_{R,krit} + \sum Q_{Dr,i} \quad [l/s]$$

mit

$Q_{T,aM}$ [l/s]   *Trockenwetterabfluss (Jahresmittelwert) aus dem Direkteinzugsgebiet des Regenüberlaufs*

$Q_{R,krit}$ [l/s]   *kritischer Regenabfluss aus dem Direkteinzugsgebiet ($Q_{R,krit} = r_{krit} \cdot A_{b,a}$ [l/s]; siehe Anhang B, Unterabschnitt B.1.3)*

$\sum Q_{Dr,i}$ [l/s]   *Summe aller unmittelbar von oberhalb zufließenden Drosselabflüssen*

(kursiv: entnommen aus DWA-A 102-2/BWK-A 3-2)

Tafel 21.44 Überfallwassermengen an den Entlastungsorganen

Bauwerk	Fangbecken FB		Durchlaufbecken DB	
	Hauptschluss	Nebenschluss	Hauptschluss HS	Nebenschluss NS
Q_{TB}	–	$Q_{zu} - Q_{Dr}$	–	$Q_{zu} - Q_{Dr}$
Q_{Bu}	$Q_{zu} - Q_{Dr}$	$Q_{zu} - Q_{Dr}$	$Q_{zu} - Q_{ku} - Q_{Dr}$	$Q_{zu} - Q_{Kü} - Q_{Dr}$
Q_{ku}	–	–	$\geq Q_{krit} - Q_{Dr}$	$\geq Q_{krit} - Q_{Dr}$

Trockenwetterabflussspende

$$q_{T,aM} = Q_{T,aM}/A_{b,a} \quad [l/(s\,ha)]$$

Regenabflussspende

$$q_r = Q_{R24}/A_u \quad [l/(s\,ha)]$$

Weitere Begriffe sind der Tafel 21.45 zu entnehmen.

21.2.5.1 Regenüberläufe RÜ

RÜ entlasten den Mischwasserabfluss in ein Gewässer. RÜ werden für die kritische Regenspende r_{krit} bemessen. Auch ist ein Mindestmischverhältnis m nach DWA-A 102/BWK-A 3-2 nachzuweisen.

Kritische Regenspende r_{krit}

$$r_{krit} = 15 \cdot 120/(t_f + 120) \quad [l/(s\,ha)] \quad \text{für } t_f \leq 120\,min$$

$$r_{krit} = 7,5 \quad [l/(s\,ha)] \qquad\qquad\quad \text{für } t_f > 120\,min$$

Mindestmischverhältnis $m_{RÜ}$ Für den ermittelten Drosselabfluss Q_{Dr} ist das Mindestmischverhältnis $m_{RÜ}$ zu bestimmen. Details siehe DWA-A 102/BWK-A 3-2.

$$m_{RÜ} = (Q_{Dr} - Q_{T,aM})/Q_{T,aM}$$

$Q_{T,aM}$ und $C_{T,aM,CSB}$ umfassen das gesamte oberhalb liegende Einzugsgebiet.

Der Mindestdrosselabfluss ergibt sich zu:

$$Q_{Dr} > (m_{RÜ} + 1) \cdot Q_{T,aM} \quad [l/s]$$

Dieser Wert ist zu wählen, sofern er größer ist als

$$Q_{Dr} > Q_{T,aM} + Q_{R,krit} + \sum Q_{Dr,i}$$

Für die detaillierte hydraulische Dimensionierung der einzelnen Komponenten eines Regenüberlaufes wie z. B. eines Regenüberlaufes mit hochgezogenem Wehr nach Abb. 21.15 mit Zulaufleitung, Drosselstrecke, Drosselorgan und Überfallwehr ist das DWA-A 111 (12.10) anzuwenden.

21.2.5.2 Regenüberlaufbecken RÜB

1. **Becken im Hauptschluss (HS)**: Der Abfluss zur Kläranlage (Drosselabfluss Q_{Dr}) wird durch das Becken geführt.
2. **Becken im Nebenschluss (NS)**: $Q_{Dr} = Q_{ab} + Q_T$ werden am Becken vorbeigeführt, das bei $Q_{zu} > Q_{ab} + Q_T$

über ein Trennbauwerk (TB) beschickt wird. Beckenentleerung mit Pumpe vor das TB. Becken im qualifizierten Nebenschluss werden gezielt entleert.

3. **Fangbecken (FB)** nach 1. oder 2. speichern den Spülstoß. Sie werden nicht von der Überfallwassermenge durchflossen. Der Speicherinhalt wird nach dem Regenereignis einer Reinigung unterzogen. Es wird auf die Anwendung der Nachweisverfahren nach DWA A-102-2/BWK-A 3-2 hingewiesen.
4. **Durchlaufbecken (DB)** nach 1. oder 2. besitzen einen Klärüberlauf (KÜ), der erst nach Beckenfüllung anspringt.
   Der Beckenüberlauf BÜ soll erst bei vollem Becken anspringen.
5. **Verbundbecken (VB)** werden bei Auftreten von FB und DB Verhältnissen eingesetzt. Der FB-Teil (FT) wird zuerst gefüllt und anschließend der durchströmte DB-Teil (KT).

Die Bemessung der RÜB erfolgt nach DWA-A 102-2/BWK-A 3-2. Es wird auf das Zahlenbeispiel mit den Berechnungsgängen in Tafel 21.45 verwiesen. Zusätzlich werden Maßnahmen zum gezielten Stoffrückhalt berücksichtigt. Hierzu zählen z. B. in Mischsystemen die verbesserte Sedimentation und nachgeschaltete Retentionsbodenfilter nach Mischwasserüberläufen (DWA-A 201-2).

Bauwerksbezogene Nachweise für Mischsysteme

Mindestspeichervolumen Das im ATV-A 128 beschriebene bauwerksbezogene Mindestspeichervolumen wurde im DWA-A 102 aufgegeben. Die Klärwirkung erfolgt insbesondere durch die konstruktive Gestaltung der Bauwerke.

Erforderliches Speichervolumen für Regenüberlaufbecken
Nach DWA-A 102 wird zunächst die zulässige Entlastungsrate e_0 bestimmt.
Entlastungsrate

$$e_0 = V_{e,MWÜ}/V_{R,aM} \cdot 100 \quad [\%]$$

mit

$V_{e,MWÜ}$ [m³/a] Jahresentlastungsvolumen an Mischwasserüberläufen

$V_{R,aM}$ [m³/a] Jahresregenwasserabflussvolumen
Die zulässige Entlastungsrate wird bestimmt zu:

$$e_0 \leq (C_{R,CSB} - C_{KA,CSB})/(C_{e,CSB} - C_{KA,CSB}) \cdot 100 \quad [\%]$$

Tafel 21.45 Ermittlung des erforderlichen Gesamtspeichervolumens (zulässige Entlastungsrate nach CSB-Zielfunktion, Regenwasserbelastung angepasst nach AFS63-Belastung), Beispiel DWA-A 102, Gesamtgebiet

	Bemessungsgang nach DWA-A 102, Anwendungsbeispiel		Symbol	Wert	Dimension
1	Mittlere Jahresniederschlagshöhe	projektbezogene Eingabedaten	$h_{N,aM}$	803	mm
2	angeschlossene befestigte Teilflächen Belastungskategorie I		$A_{b,a,I}$	23,85	ha
3	angeschlossene befestigte Teilflächen Belastungskategorie II		$A_{b,a,II}$	47,70	ha
4	angeschlossene befestigte Teilflächen Belastungskategorie III		$A_{b,a,III}$	7,95	ha
5	Abminderungsfaktor durchlässige Teilflächen in $A_{b,a}$		f_D	0,90	–
6	längste Fließzeit im Gesamtgebiet		t_f	37,0	min
7	mittlere Geländeneigungsgruppe		N_{Gm}	1,26	–
8	längengewichtetes Produkt $d \cdot I$ (siehe Anhang B, B.3.3.10)		$d \cdot I$	0,0029	m
9	Mischwasserabfluss zur Kläranlage		Q_M	105,00	l/s
10	Trockenwetterabfluss 24-h-Mittel		$Q_{T,aM}$	37,70	l/s
11	Trockenwetterabfluss, stündlicher Spitzenwert		$Q_{T,h,max}$	49,35	l/s
12	Regenabfluss aus Trenngebieten		$Q_{R,Tr}$	2,30	l/s
13	mittlere CSB-Konzentration im Trockenwetterabfluss		$C_{T,aM,CSB}$	585	mg/l
14	angeschlossene befestigte Gesamtfläche ($= A_{b,a,I} + A_{b,a,II} + A_{b,a,III}$)	Ergebniswerte Eingabedaten	$A_{b,a}$	79,50	ha
15	Flächenanteil Belastungskategorie I in % ($= A_{b,a,I}/A_{b,a} \cdot 100$)		p_I	30,0	%
16	Flächenanteil Belastungskategorie II in % ($= A_{b,a,II}/A_{b,a} \cdot 100$)		p_{II}	60,0	%
17	Flächenanteil Belastungskategorie III in % ($= A_{b,a,III}/A_{b,a} \cdot 100$)		p_{III}	10,0	%
18	CSB-Konzentration im Regenwasserabfluss	feste Einstellungen	$C_{R,CSB}$	107	mg/l
19	CSB-Konzentration im Kläranlagenablauf		$C_{K,CSB}$	70	mg/l
20	Regenabfluss, Drosselabfluss zur Kläranlage, 24-h-Mittel	$Q_{R,Dr} = Q_M - Q_{T,aM} - Q_{R,Tr}$	$Q_{R,Dr}$	65,00	l/s
21	Regenabflussspende, Drosselabfluss zur Kläranlage (Bezug $A_{b,a}$)	$q_{R,Dr} = Q_{R,Dr}/(A_{b,a})$	$q_{R,Dr}$	0,82	l/(s ha)
22	TW-Abflussspende aus Gesamtgebiet	$q_{T,aM} = Q_{T,aM}/(A_{b,a})$	$q_{T,aM}$	0,47	l/(s ha)
23	Fließzeitabminderung	$a_f = 0,5 + 50/(t_f + 100); \geq 0,885$	a_f	0,885	–
24	mittl. Regenabfluss bei Entlastung	$Q_{R,e} = a_f \cdot (3,0 \cdot A_{b,a} \cdot f_D + 3,2 \cdot Q_{R,Dr})$	$Q_{R,e}$	374,0	l/s
25	mittleres Mischverhältnis	$m = (Q_{R,e} + Q_{R,Tr})/Q_{T,aM}$	m	9,98	–
26	Einflusswert CSB-TW-Konzentration	$a_{c,CSB} = C_{T,aM,CSB}/600; \geq 1,0$	$a_{c,CSB}$	1,00	–
27	Einflusswert Jahresniederschlag	$a_h = (h_{N,aM}/800 - 1); \geq -0,25; \leq 0,25$	a_h	0,0037	–
28	x_a-Wert für Kanalablagerungen	$x_a = 24 \cdot Q_{T,aM}/Q_{T,h,max}$	x_a	18,3343	–
29	$d \cdot I$-Wert für Kanalablagerungen	$d \cdot I$ nach Zeile 8 oder $dI = 0,001 \cdot [1+2 \cdot (NG_m - 1)]$	$d \cdot I$	0,002900	–
30	tau-Wert für Kanalablagerungen	$\tau = 430 \cdot (q_{T,aM}/f_D)^{0,45} \cdot dI$	τ	0,93	–
31	Einflusswert Kanalablagerungen	$a_a = (24/x_a)^2 \cdot (2 - \tau)/10; \geq 0$	a_a	0,183	–
32	Bemessungskonzentration CSB	$C_{b,CSB} = 600 \cdot (a_c + a_h + a_a)$	$C_{b,CSB}$	711,8	mg/l
33	flächenspezifischer Stoffabtrag $b_{R,AFS63}$	$b_{R,a,AFS63} = (p_I \cdot 280 + p_{II} \cdot 530 + p_{III} \cdot 760) \cdot 0,01$	$b_{R,a,AFS63}$	478	kg/(ha a)
34	Einflusswert AFS63-Fracht im Regenwasserabfluss	$a_{R,AFS63} = b_{R,a,AFS63}/478; \geq 1,0; \leq 1,20$	$a_{R,AFS63}$	1,00	–
35	rechnerische CSB-Entlastungskonzentration	$C_{e,CSB} = (C_{R,CSB} \cdot a_{R,AFS63} \cdot m + C_{b,CSB})/(m + 1)$	$C_{e,CSB}$	162,1	mg/l
36	zulässige Entlastungsrate	$e_0 = (C_{R,CSB} - C_{KA,CSB})/(C_{e,CSB} - C_{KA,CSB}) \cdot 100$	e_0	40,19	%
37	Hilfsgröße 1	$H_1 = (4000 + 25 \cdot q_{R,Dr}/f_D)/(0,551 + q_{R,Dr}/f_D)$	H_1	2.756	–
38	Hilfsgröße 2	$H_2 = (36,8 + 13,5 \cdot q_{R,Dr}/f_D)/(0,5 + q_{R,Dr}/f_D)$	H_2	34,84	–
39	flächenspezifisches Mindestspeichervolumen	$V_{S,min} = 5\,m^3/ha$	$V_{S,min}$	5,00	m^3/ha
40	erforderliches flächenspezifisches Speichervolumen	$V_s = MAX(H_1/(e_0 + 6) - H_2; V_{S,min})$	V_s	24,84	m^3/ha
41	erforderliches Gesamtspeichervolumen	$V = V_s \cdot A_{b,a} \cdot f_D$	V	1777	m^3

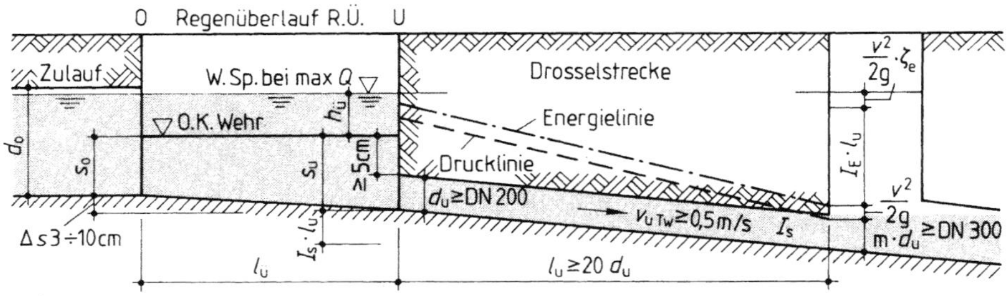

Abb. 21.15 Längsschnitt durch eine Regenentlastung mit Drosselstrecke

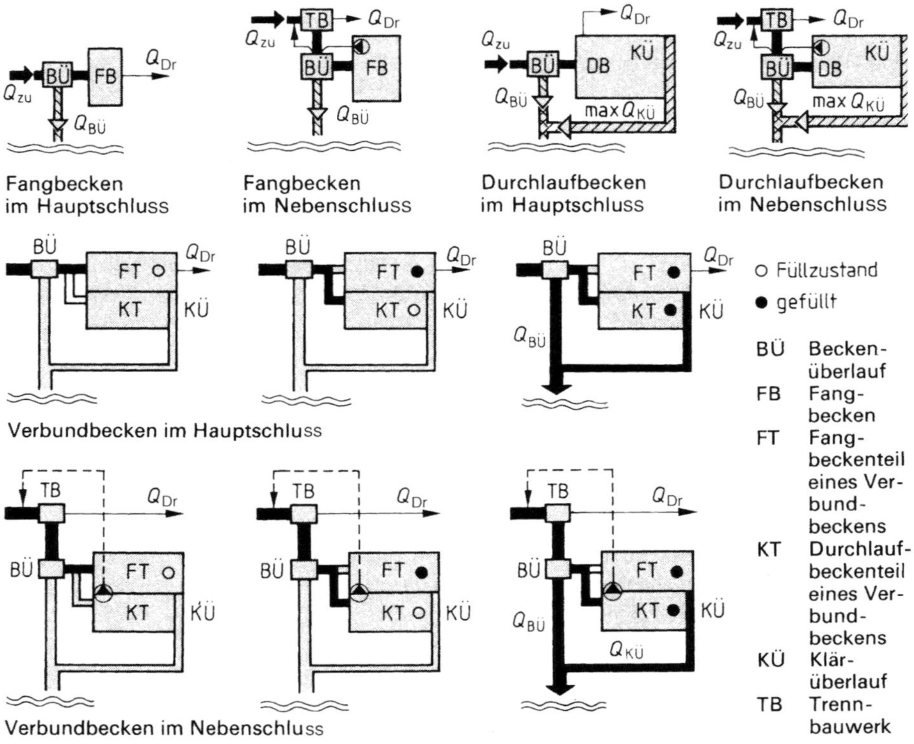

Abb. 21.16 Regenüberlaufbecken

Entleerungsdauer von Regenüberlaufbecken

Die Entleerungsdauer ($V_S/q_{R,Dr}$) sollte 10 bis 15 Stunden nicht überschreiten (DWA-A 102).

Mindestmischverhältnis

Bei Regenüberlaufbecken ist zu prüfen, ob ein Mindestmischverhältnis m im langjährigen Mittel eingehalten wird (DWA-A 102).

$$m = (Q_{R,e} + Q_{R,Tr})/Q_{T,aM}$$

Für die Berechnung des Einflusses der Kanalablagerungen wird auf Kennwerte der Kanäle im Einzugsgebiet zurückgegriffen, die im DWA-A 102 beschrieben sind.

Ausführungshinweise: Durchlaufbecken: Beckenlänge $l_B \geq 2 \cdot$ Beckenbreite b_B. Bei Becken mit flacher Sohle soll das Längsgefälle 1 bis 2 %, das Quergefälle ≥ 3 bis 5 % betragen. Bei Wirbeljetreinigung in RÜB beträgt $I_s \geq 1$ % und

im KS $\geq 0,2$ bis 0,8 %. Sohlgerinne im Hauptschlussbecken ist für $Q \geq 3Q_{S,x} + Q_{F,24}$ und $v \geq 0,5$ m/s zu bemessen. Drossel $\varnothing \geq$ DN 300, in Ausnahmefällen $\geq$ DN 200. Bei Drosselblenden sollten $A_{Drossel} \geq 0,06$ m^2 und die Mindestöffnungshöhe 20 cm sowie die Luftgeschwindigkeit in den Be- und Entlüftungen $v \leq 10$ m/s sein. Die Luftmenge entspricht max Q_{zu}.

21.2.5.3 Stauraumkanäle SK

Stauraumkanäle mit oben liegender Entlastung (SKO) werden nach den gleichen Kriterien wie Fangbecken angeordnet und bemessen. Sie sind auch bei Speichervolumina unter 50 m^3 sinnvoll. Stauraumkanäle mit unten liegender Entlastung (SKU) werden wie Durchlaufbecken vom Mischwasserüberlauf durchströmt. Sie weisen im Allgemeinen einen schlechteren Stoffrückhalt auf als Folge der fehlenden Durchflussbegrenzung und der möglichen Remobilisierung abgesetzter Feststoffe. Dies ist bei der Auslegung zu berücksichtigen. (kursiv: entnommen aus DWA-A 102)

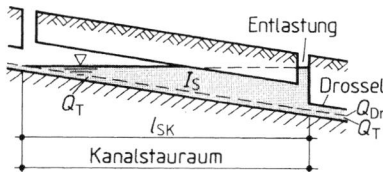

Abb. 21.17 Kanalstauraum mit oben liegender Entlastung SK$_o$

Abb. 21.18 Kanalstauraum mit unten liegender Entlastung SK$_u$

Kanalstauräume mit oben liegender Entlastung SK_o (Regelfall) Als Nutzvolumen gilt der Kanalinhalt von der Drossel bis zur Horizontalen der Wehroberkante *abzüglich* des Volumens für den Abfluss Q_{Dr}.

Kanalstauräume mit unten liegender Entlastung SK_u Das **erforderliche Nutzvolumen** wird **50 % größer als beim** normalen **RÜB**.

21.2.6 Regenklärbecken

DWA-A 166 (11.13) Bauwerke der zentralen Regenwasserbehandlung und -rückhaltung – Konstruktive Gestaltung und Ausrüstung.
Regenklärbecken (RKB) sind Absetzbecken für verschmutztes Regenwasser. Sie finden nur in den Regenwasserleitungen einer Trennentwässerung Anwendung. Die Regenklärbecken besitzen i. d. R. einen BÜ, einen KÜ und einen Schlammabzug. Man unterscheidet 2 Arten

- ständig gefüllte und
- nicht ständig gefüllte Becken.

Ständig gefüllte Regenklärbecken werden in der Regel angeordnet, wenn der RW-Kanal bei Trockenwetter ständig oder zeitweilig Wasser führt. Sie besitzen einen Überlauf und einen Schlammabzug (siehe Abb. 21.19).

Für Regenklärbecken wird im DWA-A 102 die Kombination von Sedimentations- und Speicherwirkung in einem vereinfachten Bemessungsansatz über den Gesamtwirkungsgrad η_{ges} beschrieben. Die Bedeutung der wesentlichen Eingangs- und Bemessungsgrößen wird in Anhang B erläutert (kursiv: aus DWA-A 102).

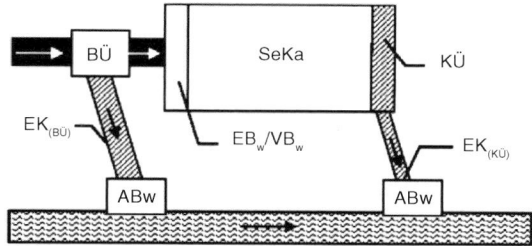

Abb. 21.19 Schematische Darstellung eines als Durchlaufbecken ausgebildeten Regenklärbeckens mit Dauerstau nach DWA – A 166 (11.13)

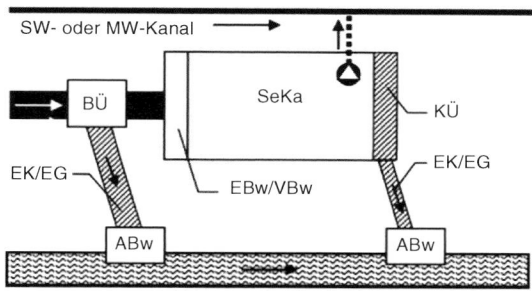

Abb. 21.20 Schematische Darstellung eines als Durchlaufbecken ausgebildeten Regenklärbeckens ohne Dauerstau nach DWA – A 166 (11.13)

Tafel 21.46 Unterscheidungsmerkmale und Komponenten von Regenklärbecken nach DWA – A 166 (11.13)

Funktion	Regenklärbecken RKB	
Entwässerungssystem	**Trennsystem (Regenwasserkanalisation)**	
Art	Regenklärbecken ohne Dauerstau (RKBoD)	Regenklärbecken mit Dauerstau (RKBmD)
	Fangbecken (FB)	Durchlaufbecken
Bauwerkskomponenten	Beckenüberlauf	
	–	Einlauf- und Verteilungsbauwerk (EBw/VBw)
	Speicherkammer (SpKa)	Sedimentationskammer (SeKa)
	–	Klärüberlauf (KÜ)
	Entlastungskanal/-graben (EK/EG)	
	Auslaufbauwerk (ABw)	

Nicht ständig gefüllte Regenklärbecken werden angeordnet, wenn der RW-Kanal bei Trockenwetter kein oder nur wenig Wasser führt. Konstruktive Ausbildung wie Fangbecken oder Durchlaufbecken in Mischsystemen. Die Beckenfüllung wird vollständig in die Schmutzwasserkanalisation übernommen (siehe Abb. 21.20).

Die Bauwerkskomponenten mit den dazugehörigen Funktionen sind in der Tafel 21.46 aufgezeigt.

21.2.7 Regenrückhalteräume

DWA-A 117 (12.13) Bemessung von Regenrückhalteräumen

DWA-A 166 (11.13) Bauwerke der zentralen Regenwasserbehandlung und -rückhaltung – Konstruktive Gestaltung und Ausrüstung.

Regenrückhalteräume speichern bei starken Niederschlagen einen Teil der ankommenden großen Wassermassen und geben sie verzögert wieder an das Kanalnetz oder auch in den Vorfluter ab.

Regenrückhalteräume können als Becken in offener, geschlossener, technischer oder naturnaher Bauweise als Rückhaltekanäle, Rückhaltegräben oder -teiche und in Kombination von Versickerungsanlagen gestaltet werden.

Die **Anordnung** von Regenrückhalteräumen erfolgt in der Praxis z. B. durch Begrenzung von Gebietsabflüssen, Kosteneinsparungen beim Bau von Entwässerungssystemen, beim Anschluss von Neubaugebieten an vorhandene, ausgelastete Entwässerungssysteme, bei Sanierung überlasteter Kanalnetze, zum Schutz des Gewässers vor hydraulischen Stoßbelastungen oder zum Schutz der Kläranlage vor Überlastung.

Die **Ermittlung des erforderlichen Volumens** von Regenrückhalteräumen (RRR) erfolgt nach dem DWA-A 117 (12.13). Es stehen grundsätzlich zwei Verfahren zur Verfügung und zwar

- *Bemessung* von RRR mittels statistischer Niederschlagsdaten (Näherungsverfahren) für kleine und einfach strukturierte Entwässerungssysteme und
- *Nachweis* der Leistungsfähigkeit von RRR mittels Niederschlag-Abfluss-Langzeitsimulation für alle Anwendungsfälle.

Die **Bemessung** nach dem einfachen Näherungsverfahren erfolgt in Übereinstimmung mit der DIN EN 752. Unter Beachtung wirtschaftlicher und ingenieurtechnischer Aspekte gelten folgende Bedingungen:

- Das Einzugsgebiet $A_{E,k}$ hat eine Fläche von maximal 200 ha oder die Fließzeit bis zum RRR beträgt maximal 15 Minuten. Dies entspricht i. d. R. einem Einzugsgebiet mit einer befestigten Fläche $A_{E,b}$ von maximal 60 bis 80 ha.
- Die gewählte bzw. zulässige Überschreitungshäufigkeit des Speichervolumens V des RRR beträgt $n \geq 0{,}1/a$ ($T_n \leq 10\,a$).
- Der Regenanteil der Drosselabflussspende ist $q_{Dr,R,u} \geq 2\,l/(s\,ha)$.

Vorgehensweise zur Bemessung der RRR (Näherungsverfahren) Das erforderliche Speichervolumen wird aus der maximalen Differenz der in einem Zeitraum gefallenen Niederschlagsmenge und dem in diesem Zeitraum

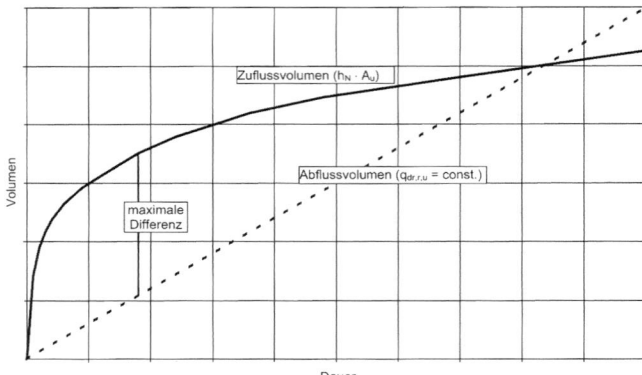

Abb. 21.21 Prinzipskizze zur Ermittlung des Volumens

über die Drossel weitergeleiteten Abflussvolumen ermittelt (Abb. 21.21).

Das spezifische Volumen kann für den vorgegebenen Regenanteil der Drosselabflussspende aufgrund der Zusammenhänge zwischen Regenspende und Dauerstufe analytisch ermittelt werden. Für die praktische Anwendung ist es jedoch ausreichend, in Abhängigkeit des vorgegebenen Regenanteils der Drosselabflussspende $q_{Dr,R,U}$ das jeweilige spezifische Volumen für die in einer Starkniederschlagstabelle üblicherweise angegebenen Dauerstufen zu errechnen. Für die jeweilige Dauerstufe ergibt sich das spezifische Volumen zu:

$$V_{s,u} = (r_{D,n} - q_{Dr,R,u}) \cdot D \cdot f_z \cdot f_A \cdot 0{,}06 \quad [\mathrm{m^3/ha}]$$

mit

$V_{s,u}$ spezifisches Speichervolumen, bezogen auf A_u [$\mathrm{m^3/ha}$]

$r_{D,n}$ Regenspende der Dauerstufe D und der Häufigkeit n [$l/(s\,ha)$]

$q_{Dr,R,u}$ Regenanteil der Drosselabflussspende, bezogen auf A_u [$l/(s\,ha)$]

D Dauerstufe [min]

f_z Zuschlagfaktor, Risikomaßes nach DWA-A117 (04.06) $f_z = 1{,}2$ (gering), 1,15 mittel, 1,1 (hoch) [–]

f_A Abminderungsfaktor in Abhängigkeit von t_f, $q_{Dr,R,u}$ und n nach Abb. 21.22 [–]

0,06 Dimensionsfaktor zur Umrechnung von l/s in $\mathrm{m^3/min}$.

Das erforderliche Volumen in $\mathrm{m^3}$ des RRR wird durch Multiplikation mit der undurchlässigen Fläche des Einzugsgebietes (A_u) berechnet zu:

$$V = V_{s,u} \cdot A_u$$

Wird der Drosselabfluss eines vorgeschalteten Entlastungsbauwerkes dem zu bemessenden RRR zugeleitet, so kann das

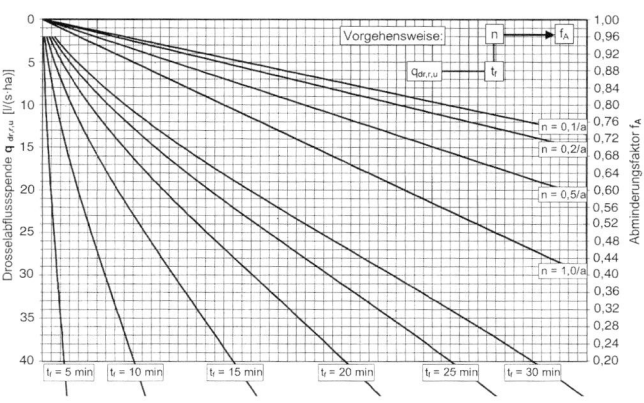

Abb. 21.22 Abminderungsfaktor f_A

einfache Verfahren angewendet werden, indem die Drosselabflussspende $q_{Dr,R,u}$ in $l/(s\,ha)$ berechnet wird zu

$$q_{Dr,R,u} = (Q_{Dr} - Q_{Dr,v} - Q_{T,24})/A_u$$

Q_{Dr} Drosselabfluss des RRR in $[l/(s\,ha)]$

$Q_{Dr,v}$ Summe der Drosselabflüsse aller oberhalb liegenden Entlastungsbauwerke $[l/s]$

$Q_{T,24}$ Trockenwetterabfluss des direkten Einzugsgebietes $[l/s]$

A_u undurchlässige Fläche des direkten Einzugsgebietes $[ha]$.

Der Drosselabfluss oberhalb liegender Entlastungsbauwerke ist während der für die Bemessung des RRR verwendeten Dauerstufe D als konstante Zuflussspende zum RRR anzusetzen. Ist dieser Wert größer als die statistische Regenspende der verwendeten Dauerstufe, ist die statistische Regenspende zu verwenden. Fließt dem RRR der Überlauf eines Entlastungsbauwerkes zu (z. B. RÜ, RÜB), so kann das Volumen des vorgeschalteten Entlastungsbauwerkes berücksichtigt werden.

Der **Nachweis** der Leistungsfähigkeit des RRR wird mittels Niederschlags-Abfluss-Langzeit-Simulation vorgenommen. Durch die Langzeitsimulation kann die natürliche Abfolge von Niederschlagsereignissen und mögliche Überlagerung von Füll- und Entleerungsvorgängen in Rückhalteräumen rechnerisch erfasst werden. Zusätzlich können bei diesem Verfahren befestigte und nicht befestigte Flächen in ihrem ereignisabhängigen Abflussverhalten simuliert werden.

Vorgehensweise zur Langzeitsimulation von RRR Wird das Verfahren zur Ermittlung des erforderlichen Volumens angewendet, ist das Volumen zunächst sinnvoll abzuschätzen (etwa 100–$300\,m^3/ha$ befestigte Fläche $A_{E,b}$) und die Überschreitungshäufigkeit zu ermitteln. Das Volumen ist iterativ zu verändern bis die ermittelte Überschreitungshäufigkeit der geforderten entspricht. Den Langzeitsimulationen

sollte das vollständige Niederschlagskontinuum einschließlich aller Trockenzeiten zugrunde gelegt werden (Langzeit-Kontinuumsimulation). Im DWA-A 117 (04.06) werden die modelltechnischen Mindestanforderungen an die Simulation der Niederschlag-Abfluss-Prozesse im Einzelnen aufgelistet.

21.2.8 Retentionsbodenfilter

DWA-A 178 (06.19) Retentionsbodenfilteranlagen
MKULNV (2015) Retentionsbodenfilter – Handbuch für Planung, Bau und Betrieb, Düsseldorf
DWA-A 166 (11.13) Bauwerke Regenrückhaltung

Aufgaben und Ziele Retentionsbodenfilteranlagen werden in Deutschland seit ca. 1990 für die weitergehende Behandlung von entlastetem Mischwasser und Niederschlagsabflüssen aus Trennsystemen und Verkehrsflächen eingesetzt. Die Anlagen werden zweistufig errichtet und bestehen aus einer Vorstufe und einem abgedichteten, gedrosselt betriebenen, vertikal durchströmten und mit Schilf bepflanzten Retentionsbodenfilterbecken (DWA-A 178 (06.19)).

Mit ihnen können emissions- und immissionsbezogene Anforderungen des Gewässerschutzes erfüllt werden. Retentionsbodenfilteranlagen sind in vielen Fällen eine geeignete Maßnahme insbesondere zur Reduzierung einer stofflichen und mit Einschränkungen auch einer hydraulischen Gewässerbelastung (MKULNV (2015), DWA-A 178 (06.19)). Das DWA-A 178 (06.19) bezieht sich ausschließlich auf die Planung, die Grundanforderungen der Gestaltung, den Bau und den Betrieb von Retentionsbodenfilteranlagen zur Regenwasserbehandlung. Der Feststoffeintrag wird nach DWA-A 178 (06.19) auf feinpartikuläre Feststoffe (AFS63) in Misch- und Trennsystemen sowie bei der Straßenentwässerung bezogen, da diese ein erhebliches Kolmationsrisiko erzeugen.

Anordnungsmöglichkeiten Die gemäß DWA-Arbeitsblatt in der Praxis angeordneten Komponenten einer Retentionsbodenfilteranlage im Misch- und Trennsystem sowie der Straßenentwässerung sind in Abb. 21.24 und 21.25 aufgezeigt. Weitere Details zu den Anlagenkomponenten finden sich im DWA-A 166 (11.13).

Im Trennsystem und bei der Strasenentwasserung ist ein Grobstoffrückhalt als Vorstufe ausreichend. Im Mischsystem ist die Vorstufe in der Regel ein Regenüberlaufbecken oder ein Stauraumkanal mit Entlastung (DWA-A 178 (06.19)).

Die Grundanforderungen an Filtersubstrate für Bodenfilter sind Tafel 21.47 nach MKULNV (2015) zusammengefasst.

Bemessung Die Bemessung von Retentionsbodenfilterbecken gem. DWA-A 178 (06.19) für die Standardanwendung setzt den Parameter AFS63 mit einer maximal zulässigen

Abb. 21.23 Schematischer Querschnitt durch ein Retentionsfilterbecken nach DWA-A 178 (06.19)

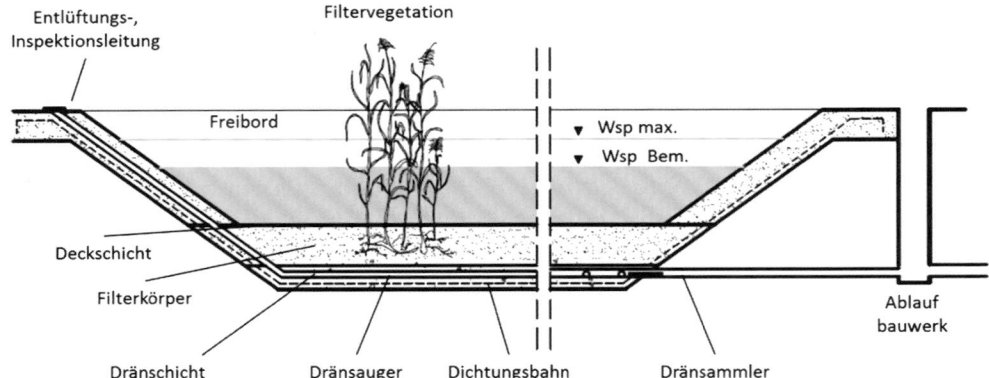

Abb. 21.24 Schematische Darstellung einer Retentionsbodenfilteranlage im Mischsystem, bestehend aus Vorstufe (DB) und nachgeschaltetem Retentionsbodenfilterbecken nach DWA-A 166 (aus DWA-A 178 (06.19))

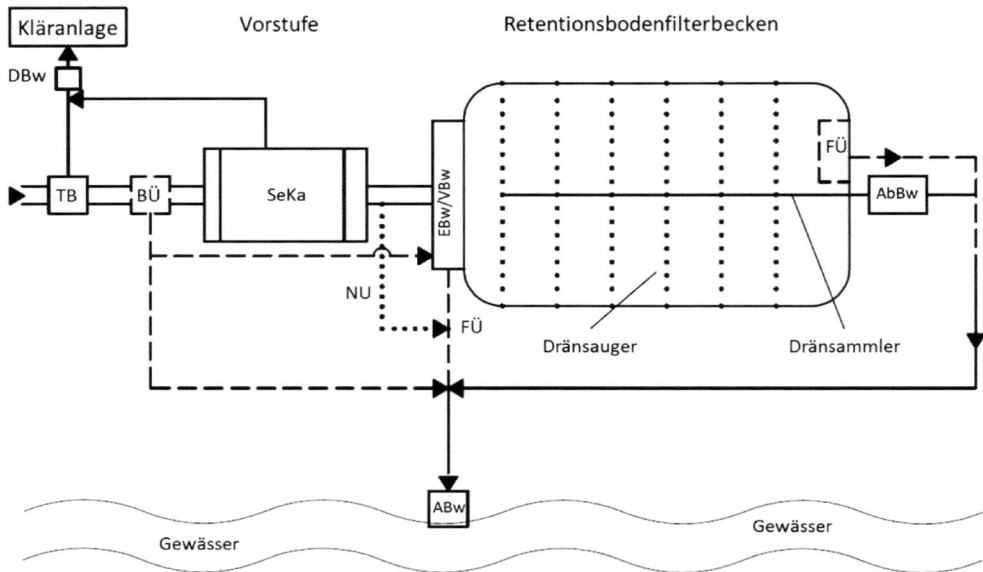

Abb. 21.25 Schematische Darstellung einer Retentionsbodenfilteranlage im Trennsystem/in der Straßenentwässerung, bestehend aus Vorstufe (Grobstoffrückhalt) und nachgeschaltetem Retentionsbodenfilterbecken nach DWA-A 166 (aus DWA-A 178 (06.19))

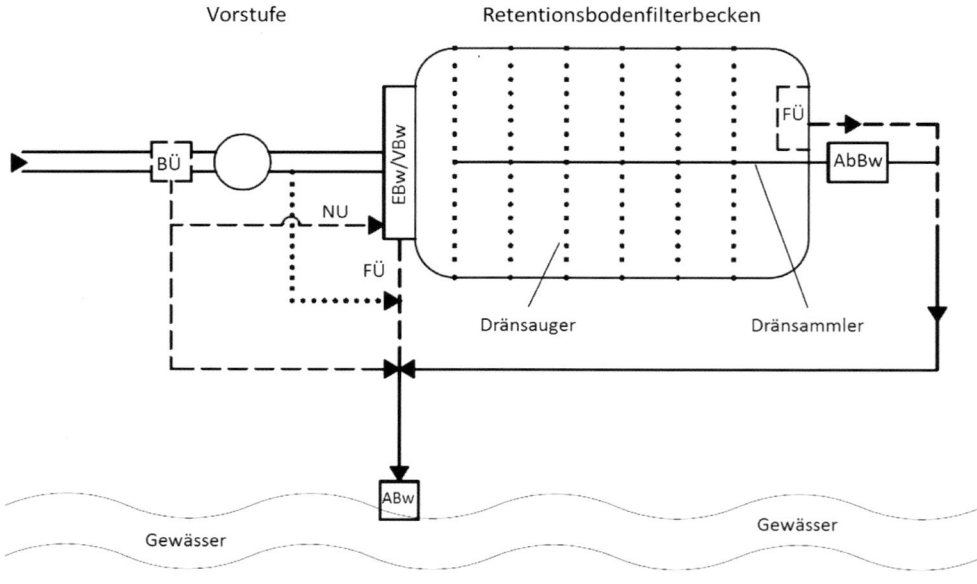

Tafel 21.47 Grundanforderungen an Filtersubstrate für Bodenfilter MKULNV (2015)

Eigenschaft	Begründung
Verwendung von Sand 0/2 nach TL Gestein – StB 04 $3 < U = d_{60}/d_{10} < 5$	hohe strömungsmechanische Stabilität, hohe Wasserdurchlässigkeit, gleichmäßige Durchströmung
Begrenzung Feinkornanteil $T + U < 1\%$	Vermeidung von substratbürtigen Partikelaustrag, hohe Wasserdurchlässigkeit
Begrenzung Kiesanteil $G < 5\%$	Feinpartikelfiltration ermöglichen, hohe aktive Kornoberfläche und Pufferfähigkeit gegenüber Belastungsschwankungen
Carbonatgehalt $> 20\%$	Abpufferung der bei Nitrifikation entstehender pH-Wert Senkung. Vermeidung der Verlagerung von Schwermetallen
Begrenzung der organischen Substanz $< 1\%$	Verhinderung der Mineralisierung von organischer Substanz im Substrat. Vermeidung von Aggregatbildungen
Schadstofffreiheit	Vermeidung von substratbürtigen Schadstoffeintrag in die Gewässer

AFS63-Flächenbelastung von $b_{\mathrm{krit}} = 7\,\mathrm{kg}/(\mathrm{m^2\,a})$ fest. In mehreren Schritten wird darauf aufbauend die Bemessung durchgeführt:

1) Vorbemessung der Bodenfilteroberfläche über die Stoffbilanz
2) Berechnung des Drosselabflusses
3) Wahl der nutzbaren Einstauhöhe im Retentionsraum
4) Berechnung des nutzbaren Volumens des Retentionsbodenfilterbeckens

Die Bemessung für Straßenabflüsse kann – sofern keine spezifischen Behandlungsziele durch die Aufsichtsbehörde formuliert werden – stark vereinfacht werden (DWA-A 178 (06.19)):

- spezifische Bodenfilteroberfläche $A_F = 100\,\mathrm{m^2/ha}$ angeschlossener befestigter Fläche
- nutzbare Einstauhöhe im Retentionsraum $h_{RR} > 0{,}5\,\mathrm{m}$

Der Nachweis der Retentionsbodenfilteranlage im Trenn- und Mischsystem erfolgt mit einer Langzeitsimulation für eine mindestens 10-jährige Niederschlagsbelastung. Für Retentionsbodenfilterbecken zur ausschließlichen Reinigung von Straßenoberflächenwasser, die nach DWA-A 178 (06.19) bemessen sind und für die keine besonderen Reinigungsziele vorgegeben wurden, kann auf das Nachweisverfahren verzichtet werden.

21.2.9 Versickerung von Niederschlagswasser

DWA-A 138 (04.05) Planung, Bau, und Betrieb von Anlagen zur Versickerung von Niederschlagswasser
DWA-M 153 (08.07) Handlungsempfehlung zum Umgang mit Regenwasser.
Bewertung der Niederschlagsabflüsse: Hinsichtlich ihrer Stoffkonzentration werden Abflüsse von befestigten Flächen in drei Kategorien eingeteilt und zwar in *unbedenklich, tolerierbar und nicht tolerierbar.*

Die *unbedenklichen* Niederschlagsabflüsse können ohne Vorbehandlungsmaßnahmen über die ungesättigte Zone versickert werden. Die Stoffkonzentration dieser Abflüsse ist i. d. R. so gering, dass schädliche Verunreinigungen des Grundwassers oder sonstige nachteilige Veränderungen seiner Eigenschaften nicht zu erwarten sind.

Tolerierbare Niederschlagsabflüsse können nach geeigneter Vorbehandlung oder unter Ausnutzung der Reinigungsprozesse in der Versickerungsanlage versickert werden. Die oberirdische Versickerung durch einen bewachsenen Boden kann je nach Beschaffenheit der abflussliefernden Fläche als Reinigungsschritt ausreichen.

Nicht tolerierbare Niederschlagsabflüsse sollten in das Kanalnetz eingeleitet oder nur nach geeigneter Vorbehandlung versickert werden.

Jeder dieser Kategorien werden abflussliefernde Flächen zugeordnet (Tafel 21.48, Spalte 1). Die potenzielle Stoffbelastung der Niederschlagsabflüsse steigt in Tafel 21.48 von oben nach unten an. Dieser Zuordnung liegen die bislang veröffentlichten Messergebnisse zur Stoffkonzentration in Niederschlagsabflüssen zugrunde. Die Flächendefinitionen wurden mit den Flächendefinitionen des DWA-M 153 (08.07) harmonisiert.

Zur Wahl der Versickerungsanlage aus qualitativen Gesichtspunkten werden diese hinsichtlich ihrer Reinigungseffektivität in 6 Kategorien unterteilt (Spalten 4 bis 8 der Tafel 21.48) und den abflussliefernden Flächen gegenübergestellt. Bei gleichen Bodenverhältnissen nimmt die Reinigungseffektivität der aufgelisteten Versickerungsanlagen von links nach rechts ab.

Die Tafel 21.48 teilt die Niederschlagsabflüsse in Abhängigkeit von der Flächennutzung in die genannten Kategorien ein.

Durchlässigkeit des Sickerraums ist eine wesentliche Voraussetzung für das Versickern von Niederschlagswasser. Der entwässerungstechnisch relevante Versickerungsbereich liegt etwa in einem k_f-Bereich von $1 \cdot 10^{-3}$ bis $1 \cdot 10^{-6}$ m/s (Abb. 21.26). Bei k_f-Werten größer als $1 \cdot 10^{-3}$ m/s sickern die Niederschlagsabflüsse bei geringen Grundwasserflurabständen so schnell dem Grundwasser zu, dass eine ausreichende Aufenthaltszeit und damit eine genügende Reinigung durch chemische und biologische Vorgänge nicht erzielt werden kann.

Tafel 21.48 Versickerung der Niederschlagsabflüsse unter Berücksichtigung der abflussliefernden Flächen außerhalb von Wasserschutzgebieten nach A 138 (04.05)

			oberirdische Versickerungsanlage			unterirdische Versickerungsanlage	
Fläche	Gehalt an Belastungsstoffen	Qualitative Bewertung	$A_u : A_s \leqq 5$ in der Regel breitflächige Versickerung	$5 < A_u : A_s \leqq 15$ in der Regel dezentrale Flächen- und Muldenversickerung, Mulden-Rigolen-Elemente	$A_u : A_s > 15$ in der Regel zentrale Mulden- und Beckenversickerung	Rigolen und Rohr-Rigolenelement	Versickerungsschacht
1	2	3	4	5	6	7	8
1 Gründächer: Wiesen und Kulturland mit möglichem Regenabluss in das Entwässerungssystem		unbedenklich	+	+	+	+	+
2 Dachflächen ohne Verwendung von unbeschichteten Metallen (Kupfer, Zink und Blei): Terrassenflächen in Wohn- und vergleichbaren Gewerbegebieten			+	+	+	+	(+)
3 Dachflächen mit üblichen Anteilen aus unbeschichteten Metallen (Kupfer, Zink und Blei)			+	+	+	(+)	(+)
4 Rad- und Gehwege in Wohngebieten; Rad- und Gehwege außerhalb des Spritz- und Sprühfahnenbereiches von Straßen: verkehrsberuhigte Bereiche		tolerierbar	+	+	(+)	(−)	(−)
5 Hofflächen und Pkw-Parkplätze ohne häufigen Fahrzeugwechsel sowie wenig befahrene Verkehrsflächen (bis DTV 300 Kfz) in Wohn- und vergleichbaren Gewerbegebieten			+	+	(+)	(−)	−
6 Straßen mit DTV 300 – 5000 Kfz, z. B. Anlieger-, Erschließungs-, Kreisstraßen			+	+	(+)	(−)	−
7 Start-, Lande- und Rollbahnen von Flugplätzen, Rollbahnen von Flughäfen[1]			+	+	(+)	(−)	−
8 Dachflächen in Gewerbe- und Industriegebieten mit signifikanter Luftverschmutzung			+	+	(+)	(−)	−
9 Straßen mit DTV 5000 – 15000 Kfz, z. B. Hauptverkehrsstraßen; Start- und Landebahnen von Flughäfen[1]			+	+	(+)	−	−
10 Pkw-Parkplätze mit häufigem Fahrzeugwechsel, z. B. von Einkaufszentren			+	(+)	(+)	−	−
11 Dachflächen mit unbeschichteten Eindeckungen aus Kupfer, Zink und Blei, Straßen und Plätze mit starker Verschmutzung, z. B. durch Landwirtschaft, Fuhrunternehmen, Reiterhöfe, Märkte			+	(+)	(+)	−	−
12 Straßen mit DTV über 15000 Kfz, z. B. Hauptverkehrsstraßen von überregionaler Bedeutung, Autobahnen			+	(+)	(+)	−	−
13 Hofflächen und Straßen in Gewerbe- und Industriegebieten mit signifikanter Luftverschmutzung		nicht tolerierbar	(−)	(−)	(−)	−	−
14 Sonderflächen, z. B. Lkw-Park- und Abstellflächen: Flugzeugpositionsflächen von Flughäfen			−	−	−	−	−

+ in der Regel zulässig
(+) in der Regel zulässig, nach Entfernung von Stoffen durch Vorbehandlungsmaßnahmen; z. B. nach ATV-DVWK-M 153
(−) nur in Ausnahmefällen zulässig
− nicht zulässig
[1] Einzelfallbetrachtungen für den Winterbetrieb erforderlich

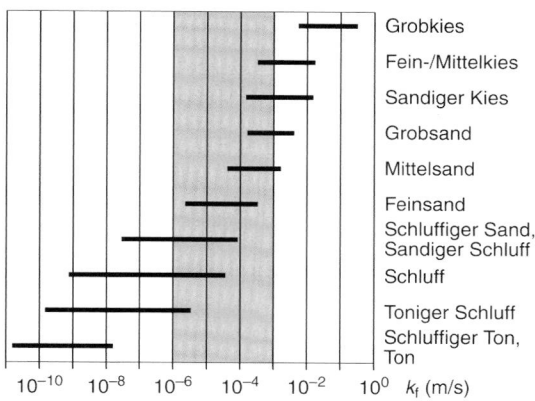

Abb. 21.26 Wasserdurchlässigkeitsbeiwerte von Lockergesteinen und entwässerungstechnisch relevanter Versickerungsbereich

Sind die k_f-Werte kleiner als $1 \cdot 10^{-6}$ m/s, stauen die Versickerungsanlagen lange ein. Dann können anaerobe Verhältnisse in der ungesättigten Zone auftreten, die das Rückhalte- und Umwandlungsvermögen ungünstig beeinflussen können.

Die hydraulischen Standortvoraussetzungen sind in Abhängigkeit von Größe und Sickerleistung der Anlage durch Sondierungen oder Bohrungen vor Ort ausreichend nachzuweisen.

Bemessung der Versickerungsanlagen Zur Dimensionierung der Versickerungsanlagen werden die Bemessungsansätze des DWA-A 117 übernommen. Danach werden Versickerungsanlagen entweder nach einem einfachen Bemessungsverfahren (Lastfallkonzept) oder durch Nachweis der

Leistungsfähigkeit mittels Niederschlags-Abfluss-Langzeit-simulation dimensioniert.

Für die Anwendung des Nachweisverfahrens gibt es keine Beschränkung. Bei gekoppelten Systemen, bei denen der Überlauf der einen Versickerungsanlage einen Zufluss zur nächsten darstellt, ist die Anwendung des Nachweisverfahrens obligatorisch.

Beim einfachen Verfahren ohne Berücksichtigung eines Verzögerungseffektes durch den Abflusskonzentrationsprozess ergibt sich für den Zufluss zur Versickerungsanlage:

$$Q_{zu} = 10^{-7} \cdot r_{D(n)} \cdot A_u$$

Q_{zu} Zufluss zur Versickerungsanlage [m^3/s]
$r_{D(n)}$ Regenspende der Dauer D und Häufigkeit n aus KOSTRA-Atlas [l/(s ha)]
A_u undurchlässige Fläche [m^2].

Die Regenspenden sind dem KOSTRA Atlas zu entnehmen. Ein Verwendung der Zeitbeiwertfunktion ist nicht mehr zulässig.

Der Rechenwert A_u für die angeschlossene undurchlässige Fläche ergibt sich aus der Summe aller angeschlossenen Teilflächen $A_{E,i}$ multipliziert mit dem jeweils zugehörigen mittleren Abflusswert ψ_m gemäß Tafel 21.49.

$$A_u = \sum A_{E,i} \cdot \psi_{m,i}$$

Die Abflüsse aus einer Versickerungsanlage werden nach dem Gesetz von DARCY ermittelt. Mit der Annahme, dass die Durchlässigkeit eines ungesättigten Bodens nur halb so groß ist wie die Durchlässigkeit eines gesättigten Bodens und

Tafel 21.49 Mittlere Abflussbeiwerte ψ_m von Einzugsgebietsflächen nach DWA M 153 (0.8.07)

Flächentyp	Art der Befestigung	ψ_m
Schrägdach	Metall, Glas, Schiefer, Faserzement	0,9–1,0
	Ziegel, Dachpappe	0,8–1,0
Flachdach (Neigung bis 3° oder ca. 25 %)	Metall, Glas, Faserzement	0,9–1,0
	Dachpappe	0,9
	Kies	0,7
Gründach (Neigung bis 15° oder ca. 25 %)	Humusiert < 10 cm Aufbau	0,5
	Humusiert ≥ 10 cm Aufbau	0,3
Straßen, Wege und Plätze (flach)	Asphalt, fugenloser Beton	0,9
	Pflaster mit dichten Fugen	0,75
	Fester Kiesbelag	0,6
	Pflaster mit offenen Fugen	0,5
	Lockerer Kiesbelag, Schotterrasen	0,3
	Verbundsteine mit Fugen, Sickersteine	0,25
	Rasengittersteine	0,15
Böschungen, Bankette und Graben mit Regenabfluss in das Entwässerungssystem	Toniger Boden	0,5
	Lehmiger Sandboden	0,4
	Kies- und Sandboden	0,3
Garten, Wiesen und Kulturland mit möglichem Regenabfluss in das Entwässerungssystem	Flaches Gelände	0,0–0,1
	Steiles Gelände	0,1–0,3

Tafel 21.50 Empfehlung für hydrologische Grundlagen zur Bemessung von Versickerungsanlagen ATV-A 138 (04.05)

Kriterium	Dezentrale Versickerung und einfache zentrale Versickerungsanlagen		Zentrale Versickerung/ Mulden-Rigolen-System
Verfahren	Lastfallkonzept		Vorbemessung und Nachweis mit Langzeitsimulation
Empfohlene Häufigkeit [1/a]	0,2		$\leq 0{,}1/\leq 10{,}2$
Maßgebliche Regendauer [min]	Flächenversickerung	Mulden-, Rigolen-, Schachtversickerung	Entfällt
	10–15	Wird schrittweise bestimmt	
Abflussbildung	Bestimmung der undurchlässigen Fläche A_u unter Berücksichtigung des mittleren Abflussbeiwertes ψ_m		Flächenspezifische Prozessmodellierung
Abflusskonzentration	Ohne Berücksichtigung		Übertragungsfunktion

dass das hydraulische Gefälle vereinfacht zu $I = 1$ gesetzt werden kann, erhält man als Ansatz für die Versickerungsleistung bzw. Versickerungsrate Q_s einer Anlage:

$$Q_s = v_{f,u} \cdot A_s = (k_f/2) \cdot A_s \quad \mathrm{m^3/s}$$

$v_{f,u}$ Filtergeschwindigkeit der ungesättigten Zone [m/s]
A_s Versickerungsfläche [m²].

Bei zentralen Versickerungsbecken ohne vorgeschaltetes Absetzbecken ist die Durchlässigkeit der Sohlfläche mit $k_f/10$ anzunehmen, um eine Kolmation der Beckensohle während des Betriebes bei der Bemessung zu berücksichtigen.

Die Versickerungsfläche ist bei den Versickerungsanlagen in Abhängigkeit der geometrischen Form festzulegen. Es wird bei der Bemessung nach dem Lastfallprinzip bei allen Anlagen davon ausgegangen, dass während der Dauer des Bemessungsregenereignisses die Versickerungsanlage im Mittel halb gefüllt ist. Die Versickerungsleistung wird damit während des Bemessungsregenereignisses als konstant angenommen.

Beim Nachweisverfahren mit der Langzeitsimulation kann eine wasserstandsabhängige und damit während eines Ereignisses variable Versickerungsleistung berücksichtigt werden.

Das **erforderliche Speichervolumen** V (m³/ha) der Versickerungsanlage wird beim einfachen Verfahren durch iterative Lösung der folgenden Gleichung für unterschiedliche Regendauern mit zugehörigen Regenspenden ermittelt:

$$V = (Q_{zu} - Q_s) \cdot D \cdot 60 \cdot f_z \cdot f_A \cdot 0{,}06$$

Q_{zu} konstanter Zufluss während der Regendauer D [m³/s]
Q_s konstante Versickerungsrate während der Regendauer D [m³/s]
D Regendauer in Dauerstufe [min]
f_z Zuschlagfaktor, Risikomaßes nach A117 (12.13)
f_A Abminderungsfaktor nach DWA-A 117.

Als Bemessungshäufigkeit bzw. als Versagenshäufigkeit im Rahmen von Nachweisrechnungen hat sich für dezentrale Versickerungsanlagen eine Häufigkeit von $n = 0{,}2/a$

(entsprechend $T_n = 5$ Jahre) allgemein durchgesetzt. Bei zentralen Versickerungsanlagen werden i. d. R. $n = 0{,}1/a$ (entsprechend $T_n = 10$ Jahre) zugrunde gelegt. Geht im Versagensfall ein erhöhtes Gefährdungspotenzial von den Versickerungsanlagen aus, so ist dies unter Beachtung der DIN EN 752 bei der Wahl der Überschreitungshäufigkeit zu beachten.

Damit bei Mulden und vor allem Becken keine zu langen Entleerungszeiten auftreten und damit Schädigungen am Bewuchs entstehen, ist für Ereignisse der Häufigkeit $n = 1/a$ bei Versickerungsmulden und Becken eine Einstaudauer von 24 Stunden nicht zu überschreiten.

Die wesentlichen Bemessungsgrundlagen gemäß DWA-A 138 (04.05) sind in Tafel 21.50 zusammengestellt.

Anlagen zur Versickerung von Niederschlagsabflüssen sind nachfolgend aufgelistet.

Die **Flächenversickerung** erfolgt i. d. R. durch bewachsenen Boden auf Rasenflächen oder unbefestigten Randstreifen von undurchlässigen oder teildurchlässigen Terrassen-, Hof- und Verkehrsflächen. Die Flächenversickerung kommt der natürlichen Versickerung am nächsten.

Im Gegensatz zu bisher üblichen Konventionen werden durchlässig befestigte Oberflächen, z. B. Pflasterungen mit aufgeweiteten Fugen, grundsätzlich nicht mehr als Anlagen der Flächenversickerung angesehen.

Versickerungsmulden stehen nur kurzzeitig unter Einstau. Ein Dauerstau ist in jedem Falle zu vermeiden, weil dadurch die Gefahr der Verschlickung und Verdichtung der Oberfläche beträchtlich erhöht wird. Es hat sich bewährt,

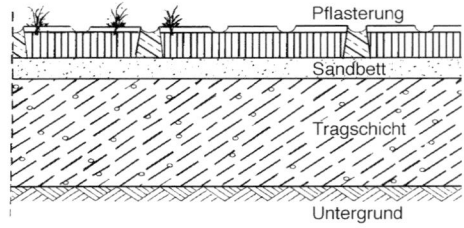

Abb. 21.27 Flächenversickerung

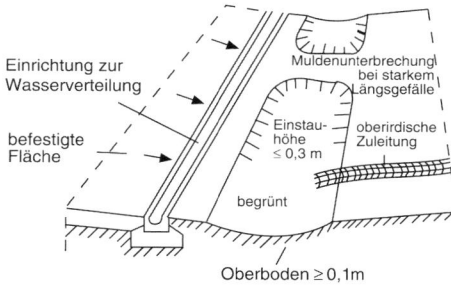

Abb. 21.28 Muldenversickerung

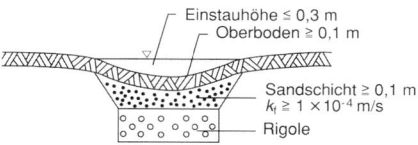

Abb. 21.29 Mulden-Rigolen-Element

die Einstauhöhe auf 30 cm zu begrenzen. Die Muldenversickerung kommt im Allgemeinen zur Anwendung, wenn die verfügbare Versickerungsfläche oder Durchlässigkeit des Untergrundes für eine Flächenversickerung nicht ausreicht.

Mulden-Rigolen-Element Die Einsatzmöglichkeit von Einzelanlagen wie z. B. einer Mulde zur Versickerung von Niederschlagsabflüssen endet spätestens bei einer Durchlässigkeit des Untergrundes von $k_f \leq 5 \cdot 10^{-6}$ m/s. Diese Anwendungsgrenze kann jedoch erweitert werden, wenn die geringe Versickerungsrate durch ein vergrößertes Speichervolumen ausgeglichen wird.

Rigolen- und Rohr-Rigolenversickerung Bei der Rigolenversickerung wird das Niederschlagswasser oberirdisch in einen mit Kies oder anderem Material mit großer Speicherfähigkeit gefüllten Graben (Rigole) geleitet, dort zwischengespeichert und entsprechend der Durchlässigkeit des umgebenden Bodens verzögert in den Untergrund abgegeben. Bei der Rohr-Rigolenversickerung erfolgt die Nieder-

schlagswasserzuleitung unterirdisch in einen in Kies oder anderem Material gebetteten perforierten Rohrstrang (Rohr-Rigolen-Element), der zur Geländeroberfläche hin mit einem Füllboden im Rohrgraben abgedeckt ist. Die Rohr-Rigolenversickerung kommt im Allgemeinen dann zur Anwendung, wenn die zur Verfügung stehende Fläche für eine Muldenversickerung nicht ausreicht. In Abhängigkeit von örtlichen Gegebenheiten können unterschiedliche Bauformen gewählt werden.

Versickerungsschacht Versickerungsschächte bestehen i. d. R. aus Betonschachtringen. Ein Mindestdurchmesser von DN 1000 darf nicht unterschritten werden. Es werden unterschieden die Bauarten Typ A (seitliche Durchtrittsöffnungen im Bereich oberhalb der Filterschicht des Sohlbereichs) und Typ B (seitliche Durchtrittsöffnungen ausschließlich unterhalb der Filterschicht des Sohlbereichs).

Der Einsatz der Schachtversickerung ist durch die Standardmaße der Schachtringe nach DIN 4034-2 (05.13) und durch die Tiefenbeschränkung, z. B. durch die Höhenlage des mittleren höchsten Grundwasserstandes, begrenzt. Versickerungsschächte dürfen gering durchlässige Schichten mit guter Schutzwirkung für das Grundwasser nur in begründeten Ausnahmefällen durchstoßen. Der Abstand zwischen der Oberkante der Filterschicht und dem mittleren höchsten Grundwasserstand darf i. d. R. 1,5 m nicht unterschreiten.

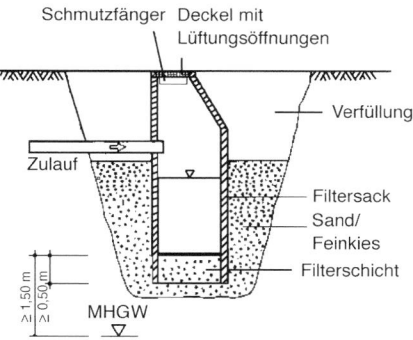

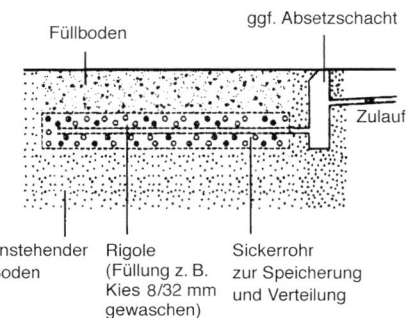

Abb. 21.30 Rigolen- und Rohrelement

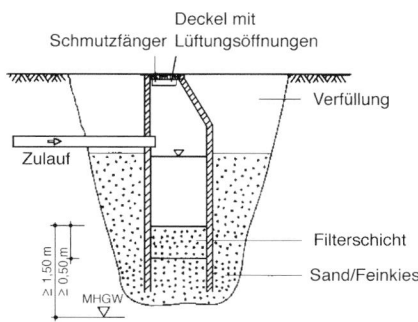

Abb. 21.31 Typen der Versickerungsschächte

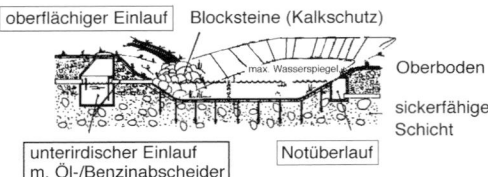

Abb. 21.32 Versickerungsbecken

Versickerungsbecken Bei Versickerungsbecken ist das Verhältnis der angeschlossenen undurchlässigen Fläche (Au) zur versickerungswirksamen Fläche (As) i. d. R. größer als 15. Diese höhe hydraulische Belastung macht aus der Sicht der raschen Entleerung von Becken eine ausreichende und gesicherte Wasserdurchlässigkeit des Untergrundes erforderlich. In der Regel sind Durchlässigkeiten von $k_f \geq 1 \cdot 10^{-5}\,\text{m/s}$ vorauszusetzen. Bei geringeren Durchlässigkeiten würden sich zu lange Entleerungszeiten und damit zu lange Einstauzeiten ergeben.

Mulden-Rigolen-System Bei einer Durchlässigkeit des Untergrundes von $k_f < 1 \cdot 10^{-6}\,\text{m/s}$ kann die geringe Versickerungsrate nicht mehr vollständig durch eine Zwischenspeicherung der Abflüsse ausgeglichen werden, sodass zusätzlich eine Ableitung erforderlich ist. Bei einem Mulden-Rigolen-Element erfolgt die Entleerung der Rigole zum einen durch die (geringe) Versickerung in den Untergrund, zum anderen durch die gedrosselte Ableitung in ein Rohrsystem oder offenen Graben. In der Regel gehört zu jeder Rigole ein *Schacht* in dem die Abflussdrosselung stattfindet.

Sind die Drosselabflüsse aus den einzelnen Rigolen vernetzt, führt dies zu einem Mulden-Rigolen-System.

Bei einem Mulden-Rigolen-System können die einzelnen Mulden-Rigolen-Elemente sowohl aufeinander folgend in Entwässerungsrichtung oder parallel angeordnet werden. Eine höhere Funktionssicherheit sowie eine deutliche Trennung zwischen privatem und öffentlichem Bereich lässt sich erzielen, wenn die einzelnen Mulden-Rigolen-Elemente im Nebenschluss an die erforderliche Transportleitung anbinden, sodass ein System parallel geschalteter Speicher entsteht.

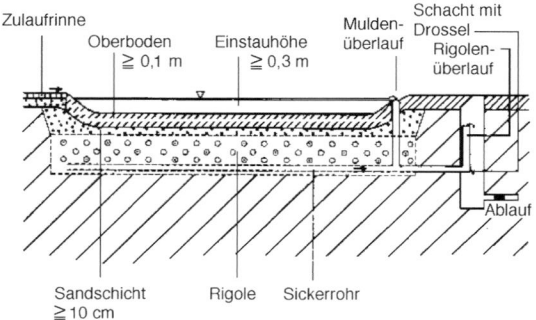

Abb. 21.33 Element eines Mulden-Rigolen-Systems

21.3 Abwasserreinigung

Zu Beginn der folgenden Abschnitte wird jeweils auf wichtige einschlägige DIN-Normen und DWA-Regelwerke hingewiesen.

21.3.1 Gewässerschutz

Die am 22.12.2000 in Kraft getretenen EU-Wasserrahmenrichtlinie (WRRL) hat zum Ziel in Europa einen neuen Ordnungsrahmen zum Schutz der Binnenoberflächengewässer, der Übergangsgewässer, der Küstengewässer und des Grundwassers zu gewährleisten. Mit dieser Neuausrichtung der Wasser- und Gewässerschutzpolitik liegt erstmals ein einheitlicher, umfassender Ordnungsrahmen zum Wasserschutz vor. Die WRRL betrachtet die Oberflächengewässer und das Grundwasser ganzheitlich, ebenso wie sie deren Nutzung durch den Menschen ganzheitlich bewertet. Der Betrachtungsraum orientiert sich an dem Lauf des Gewässers und zwar unabhängig von den jeweiligen Verwaltungs- und Landesgrenzen.

Die grundsätzlichen Ziele der WRRL sind für die einzelnen Wasserkörper in der Tafel 21.51 kurz zusammengefasst.

Das umfassende Ziel der WRRL ist die Sicherstellung des „guten ökologischen Zustandes" und des „guten chemischen Zustandes" für alle Gewässer bis spätestens zum Jahre 2027. Zur Realisierung dieses Zieles gibt es einen für alle Mitgliedsstaaten verbindlichen Zeitplan.

Die WRRL setzt verbindliche Qualitätskriterien für die Gewässer fest. Für den „ökologischen Zustand" sind dies biologische, hydromorphologische Qualitätskomponenten und allgemeine chemisch-physikalische Komponenten. Der „chemische Zustand" wird durch die im Anhang X der WRRL festgelegten Liste der Umweltqualitätsnormen für prioritäre Stoffe und Schadstoffe definiert. Diese z. T. gefährlichen Schadstoffe sind soweit wie möglich vom Gewässer fernzuhalten.

In der Oberflächengewässerverordnung (OGewV 2016) sind diese EU-rechtlichen Vorgaben mit aktuell 67 flussgebietsspezifischen und 45 prioritären Stoffen in deutsches Recht übernommen worden. Die Grundwasserverordnung (GrwV 2010) wird derzeit im Hinblick auf die aktuellen EU-Vorgaben novelliert.

21.3.2 Rechtliche Anforderungen

Grundlage für die Auflagen an die Abwasserreinigung sind das Wasserhaushaltsgesetz (WHG) des Bundes, in dem die Anforderungen der Europäischen Gemeinschaft mit der Richtlinie des Rates vom 21. Mai 1991 über die Behandlung von kommunalem Abwasser (91/271/EWG) berücksichtigt sind. In der Abwasserverordnung (AbwV vom 17.06.2004

Tafel 21.51 Grundsätzliche Ziele der WRRL für Oberflächen- und Grundwasserkörper nach MKULNV NRW (2011)

Kategorie		Grundsätzliche Ziele			
			Ökologie	Chemie	Menge
Natürliche Wasserkörper	Grundwasser	Verschlechterungs- verbot, Zielerreichungsgebot	Kein grundsätzliches Ziel	Guter chemischer Zustand Trendumkehr	Guter mengenmäßi- ger Zustand
	Oberflächengewässer		Guter ökologischer Zustand	Guter chemischer Zustand	Keine grundsätzlichen Ziele
Erheblich veränderte Wasserkörper	Oberflächengewässer		Gutes ökologisches Potenzial		
Künstliche Wasserkörper	Oberflächengewässer				

Tafel 21.52 Anforderungen nach der Abwasserverordnung (AbwV) vom 17.06.2004 für häusliches und kommunales Abwasser

Proben nach Größenklassen der Abwasserbehandlungsanlagen	Chemischer Sauerstoffbedarf (CSB) [mg/l]	Biochemischer Sauer- stoffbedarf in 5 Tagen (BSB$_5$) [mg/l]	Ammonium- stickstoff[a] (NH$_4$-N) [mg/l]	Gesamtstickstoff (N$_{ges}$) [mg/l]	Phosphor gesamt (P$_{ges}$) [mg/l]	Einwohner- gleichwerte EG
Größenklasse 1 kleiner als 60 kg/d BSB$_5$ (roh)	150	40	–	–	–	< 1000
Größenklasse 2 60 bis 300 kg/d BSB$_5$ (roh)	110	25	–	–	–	1000 bis < 5000
Größenklasse 3 größer als 300 bis 600 kg/d BSB$_5$ (roh)	90	20	10	–	–	5000 bis < 20.000
Größenklasse 4 größer als 600 bis 6000 kg/d BSB$_5$ (roh)	90	20	10	18	2	20.000 bis < 100.000
Größenklasse 5 größer als 6000 kg/d BSB$_5$ (roh)	75	15	10	13	1	≥ 100.000

[a] Diese Anforderung gilt bei einer Abwassertemperatur von 12 °C und größer im Ablauf des biologischen Reaktors der Abwasserbehandlungsan-
lage. An die Stelle von 12 °C kann auch die zeitliche Begrenzung vom 1. Mai bis 31. Oktober treten.
In der wasserrechtlichen Zulassung kann für Stickstoff, gesamt, eine höhere Konzentration bis zu 25 mg/l zugelassen werden, wenn die Verminderung der Gesamtstickstofffracht mindestens 70 Prozent beträgt. Die Verminderung bezieht sich auf das Verhältnis der Stickstofffracht im Zulauf
zu derjenigen im Ablauf in einem repräsentativen Zeitraum, der 24 Stunden nicht überschreiten soll. Für die Fracht im Zulauf ist die Summe aus
organischem und anorganischem Stickstoff zugrunde zu legen.

siehe Tafel 21.52) sind die Anforderungen an das Einleiten von häuslichem und kommunalem Abwasser in Gewässer bundeseinheitlich festgelegt.

21.3.3 Belastungswerte

21.3.3.1 Abwasseranfall
ATV-DVWK A 198 (04.03) Vereinheitlichung und Herleitung von Bemessungswerten für Abwasseranlagen.

Für die Bestimmung des Abwasseranfalles sind die im Abschn. 21.2 angegebenen Abflussgrößen des häuslichen Abwassers Q_H, des betrieblichen Schmutzwassers Q_G und des Fremdwassers Q_F zu berücksichtigen. Sofern keine Messungen vor Ort vorliegen, sind die in den aktuellen DWA Regelwerken angegebenen spezifischen Kennwerte zugrun-
de zu legen.

Je nach Entwässerungssystem sind unterschiedliche Ab-
wassermengen zu behandeln. Wesentliche Abflussdaten sind der maximal stündliche Trockenwetterabfluss $Q_{T,h,max}$ und der Mischwasserabfluss Q_M.

Liegen keine Messdaten vor, kann die Tagesspitze des Schmutzwasserabflusses mit Hilfe des Divisors $X_{Q max}$ gemäß A 198 (2003) nach Abb. 21.34 ermittelt werden.

Weitere geeignete Schätzwerte zur Bemessung oder zur Plausibilitätskontrolle sind anwendungsspezifisch in den relevanten ATV-DVWK-Arbeits- und -Merkblättern zu finden.

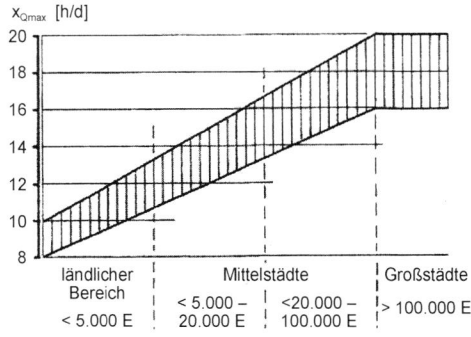

Abb. 21.34 Divisor $X_{Q max}$ in Abhängigkeit von der Größe des Gebietes nach ATV-DVWK-A 198 (2003)

Lastfall: maximaler Abfluss bei Trockenwetter

$$Q_{\mathrm{T,h,max}} = \frac{24 \cdot Q_{\mathrm{s,aM}}}{X_{\mathrm{Q\,max}}} + Q_{\mathrm{F,aM}} \quad [\mathrm{l/s}]$$

mit

$Q_{\mathrm{T,h,max}}$ maximal stündlicher Trockenwetterabfluss in l/s

$Q_{\mathrm{S,aM}}$ mittlerer jährlicher Schmutzwasserabfluss in l/s

$Q_{\mathrm{F,aM}}$ mittlerer jährlicher Fremdwasserabfluss in l/s

X_{Qmax} Divisor nach ATV-DVVVK-A 198 (2003) in h/d

Im Regenwetterfall wird nur ein bestimmter zusätzlicher Anteil von Q_{R} berücksichtigt. Dieser zusätzliche Anteil ist in den nachfolgenden Ansätzen unterschiedlich berücksichtigt:

Lastfall: Mischwasser (näherungsweise)

$$Q_{\mathrm{M}} = 2 \cdot Q_{\mathrm{S}} + Q_{\mathrm{F,aM}} \quad [\mathrm{l/s}]$$

mit

Q_{M} maximal zulässiger Mischwasserabfluss in l/s

Q_{S} $Q_{\mathrm{S,max,85}}$ Schmutzwasserabfluss in l/s, der von dem an Trockenwettertagen in 85 % der Falle unterschrittenen Wert des Tagesabflusses $Q_{\mathrm{T,d}}$ in m³/d abgeleitet in l/s

$Q_{\mathrm{F,aM}}$ mittlerer jährlicher Fremdwasserabfluss in l/s

Lastfall: Mischwasser (Optimierung Mischwasserbehandlung und Kläranlage)

$$Q_{\mathrm{M}} = f_{\mathrm{S,QM}} \cdot Q_{\mathrm{S,aM}} + Q_{\mathrm{F,aM}} \quad [\mathrm{l/s}]$$

mit

Q_{m} maximal zulässiger Mischwasserabfluss in l/s

$f_{\mathrm{S,QM}}$ Spitzenfaktor zur Ermittlung des optimalen Mischwasserabflusses gemäß Abb. 21.35

$Q_{\mathrm{S,aM}}$ mittlerer jährlicher Schmutzwasserabfluss l/s

$$Q_{\mathrm{H,aM}} + Q_{\mathrm{G,aM}} = \frac{\mathrm{EW} \cdot W_{\mathrm{s,d,aM}}}{86.400} + A_{\mathrm{E,G}} \cdot q_{\mathrm{G}} \quad [\mathrm{l/s}]$$

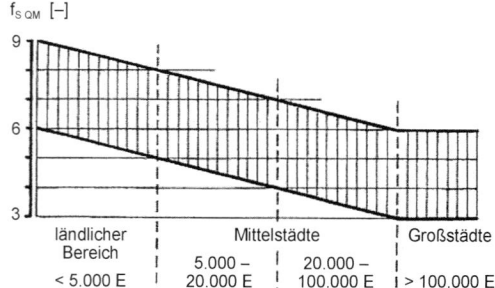

Abb. 21.35 Bereich des Faktors $f_{\mathrm{S,QM}}$ zur Ermittlung des optimalen Mischwasserabflusses zur Kläranlage auf der Basis des mittleren jährlichen Schmutzwasserabflusses nach ATV-DVWK-A 198

$w_{\mathrm{s,d,aM}}$ spezifischer Abwasseranfall in 1/(E d)

$A_{\mathrm{E,G}}$ betriebliche Einzugsfläche (Gewerbe oder/und Industrie) in ha

q_{G} betriebliche Schmutzwasserabflussspende in 1/(s ha)

$Q_{\mathrm{F,aM}}$ mittlerer jährlicher Fremdwasserabfluss l/s.

21.3.3.2 Abwasserfracht

ATV-DVWK A 198 (04.03) Vereinheitlichung und Herleitung von Bemessungswerten für Abwasseranlagen

DWA-A 260 (10.17) Visualisierung und Auswertung von Prozessinformationen auf Abwasseranlagen

Die Frachtermittlung zur Bestimmung der maßgeblichen Kennwerte ist gemäß Arbeitsblatt ATVDVWK-A 198 durchzuführen. Vorhandene Belastungsbedingungen sind nur durch genaue Auswertungen von Messungen der notwendigen Parameter vor Ort zu erfassen. Parameterauswahl, Probenumfang, Frequenz und Ort der Probenahme sind in Abhängigkeit der Aufgabenstellung festzulegen. Weitere Präzisierungen und ergänzende Informationen zur Ermittlung von Frachten sind in den einzelnen Regelwerken der verschiedenen Verfahren enthalten (z. B. DWA-A 131).

21.3.4 Mechanische Abwasserreinigung

21.3.4.1 Rechenanlagen

DIN 12255-3 (03.01) Kläranlagen – Teil 3: Abwasservorreinigung

DIN 19554 (12.02) Rechenbauwerk mit geradem Rechen als Mitstrom- und Gegenstrom-Rechen; Hauptmaße und Ausrüstungen

DIN 19569-2 (09.17) Baugrundsätze für Bauwerke und technische Ausrüstungen – Teil 2: Besondere Baugrundsätze für Einrichtungen zum Abtrennen und Eindicken von Feststoffen

DWA-M 369 (09.15) Abfälle aus kommunalen Abwasseranlagen – Rechen- und Sandfanggut, Kanal- und Sinkkastengut.

Abb. 21.36 Schema einer Rechenanlage

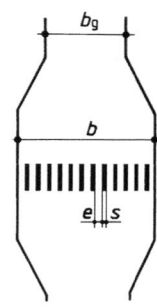

Tafel 21.53 Spezifische Rohrrechengutmengen in Abhängigkeit von der Durchlassweite (Orientierungswerte) nach DWA-M 369 (09.15)

Trennschnitt des Rechens in mm	Einwohnerspezifischer Anfall von Rohrrechengut bei 8 % TR l/(E · a)	
	Spaltrechen	Lochsieb
40	2,5	–
20	4,5	–
10	6,5	14
8	9,0	16
6	14	21
3	26	50
1	41	117
0,5	49	135

Anmerkung Quellen: Branner 2013, Seyfried et al. 1985.

Bei der Bemessung von Rechenanlagen ist folgendes zu beachten:

a) Rechenkammerbreite b in m, sodass $\sum e = b_g$ ist. Mit e = Spaltweite in m und s = Stabdicke in m wird

$$b = b_g + b_g \cdot s/e - s \quad \text{in m}$$

und die Stabanzahl $n = b_g/e - 1$

b) Geschwindigkeit v zwischen den Rechenstäben (0,8 bis 1,1 m/s). Mit Belegungsgrad η, Wassertiefe h vor dem Rechen in m und Durchfluss Q in m³/s wird

$$b = Q(e + s)/(h \cdot v \cdot e \cdot \eta) - s \quad \text{in m}$$

Achtung: Möglichst $v_T = Q_T/(h_T \cdot b) \geq 0,5$ m/s wegen Sandablagerungen!

c) Rechengutanfall nach Tafel 21.53 nach DWA-M 369 (09.15)

21.3.4.2 Sandfänge

DIN 19551-3 (12.02) Rechteckbecken – Teil 3: Sandfänge mit Saug- und Schildräumer Bauformen, Hauptmaße, Ausrüstungen

DIN 19569-2 (09.17) Kläranlagen, Baugrundsätze für Bauwerke und technische Ausrüstungen – Besondere Baugrundsätze für Einrichtungen zum Abtrennen und Eindicken von Feststoffen

DIN 12255-3 (03.01) Kläranlagen – Teil 3: Abwasservorreinigung.

Langsandfänge *Bemessungsgrundlagen* Die Oberflächenbeschickung q_A muss den Werten in Tafel 21.54 gemäß ATV-Handbuch entsprechen. Die Fließgeschwindigkeit soll bei **0,3 m/s** liegen. Der Sandsammelraum soll den Sandanfall etwa einer Woche (**0,04 bis 0,23 l/E/Wo.**) speichern.

Im Allgemeinen wählt man eine Sandfanglänge L zwischen 5 m und 30 m und ein q_A.

Tafel 21.54 zul q_A in m/h nach ATV Handbuch (1997)

Sandkorndurchmesser in mm	Sandabscheidegrad		
	100 %	90 %	80 %
	q_A in m/h		
0,125	6	9,4	11
0,16	10	16	20
0,20	17	28	36
0,25	27	45	58

Tafel 21.55 Maße für Rechteckbecken als unbelüfteter und belüfteter Sandfang mit Saugräumer in Abhängigkeit von der Breite b_1 (Maße in Meter) nach DIN 19551-3

b_1	b_2, b_3, b_4	c min.	t
0,8 und um je 0,2 steigend bis 2,6	0,4 und um je 0,1 steigend	0,25	0,6 und um je 0,2 steigend bis 4 ab 4 um je 0,4 steigend bis 6
2,8 und um je 0,4 steigend bis 6			
7 und um je 1 steigend bis 16		0,3	

Anmerkung Wählbare Maße sind die Beckenbreiten b_1, b_2, b_3, b_4 und die Beckentiefe t, c min. ergibt sich aus den geometrischen Abhängigkeiten, die der Tabelle zugrundegelegt sind.

Belüftete Sandfänge Durch die Konstruktion des belüfteten Sandfanges kann weitgehend eine konstante vom Zufluss unabhängige Fließgeschwindigkeit eingehalten werden. Der Durchflussquerschnitt wird so groß gewählt, dass die horizontale Fließgeschwindigkeit bei maximalem Zufluss nicht über 20 cm/s liegt.

Tafel 21.56 Bemessungsempfehlungen belüfteter Sandfang nach DWA KA Abwasser, Abfall Nr. 5, 2008 und DWA-M 369 (09.15)

Horizontale Fließgeschwindigkeit	V_z	< 0,2 m/s
Breite/Tiefe-Verhältnis b_{sF}/h_{sF}		0,8–1,0
Querschnittsfläche (ohne Fettfang)	A_i	1–15 m²
Durchflusszeit	t_R	≥ 300 s
Beckenlänge	l_{sF}	> 10 m · b_{sF} < 50 m
Einblastiefe	h_{Bel}	h_{sF} – 0,3 m
Spez. Luftbedarf bezogen auf das Beckenvolumen (ohne Fettfangkammer)		0,5–1,3 m³/(m³ h)
Eintauchtiefe der Mittelwand (ohne Einbauten)	h_{MW}	ca. 0,2 · h_{sF}
Sohlquerneigung der Fettfangkammer	α	35–45°
Breite der Fettfangkammer	b_{FF}	0,50–1,00b_{sF}
Flächenbeschickung der Fettfangkammer $q_{A,FF} = Q_T/A_{FF}$ bei Trockenwetterzufluss	$q_{A,FF}$	≤ 25 m/h
Sandfanggut-Rinne Tiefe		ca. 0,15 h_{sF}
Breite oben		0,15–0,25b_{sF}
Sandgutanfall nach DWA-M 369	Q_{SF}	2–5 l/(E a), 3,0–7,5 kg TR/(E a)
Mittlere Schüttdichte	γ	ca. 1,5 t/m³
Glühverlust	GV	ca. 40 %

Tafel 21.57 Überblick über mögliche Entsorgungswege modifiziert nach DWA-M 369 (09.15)

	Recycling	Sonstige Verwertung					Beseitigung			Sonstige Behandlung
		Straßen-, Wege- und Landschaftsbau	Zuschlagstoff in Bauprodukten	Deponiebau	Rekultivierung	Bergversatz	Verbrennung	Ablagerung	Mechanisch-biologische Abfallbehandlung (MBA)	Einbringen in eine Abwasseranlage
Rechengut				(×)			(×)		(×)	(×)
Sandfanggut				(×)	(×)	(×)			×	
Fraktionen aus der Behandlung										
Rechengut				(×)			×		×	
Sandfanggut		×	×	×		×		×		

Anmerkungen:
×   Möglich.
(×) Möglich nach geeigneter weiterer Aufbereitung (z. B. Entwässerung oder Stabilisierung).

Abb. 21.37 Rechteckbecken als Sandfang mit Saugräumer nach DIN 19551-3 (12.02). **a** Unbelüfteter Sandfang, **b** Belüfteter Sandfang

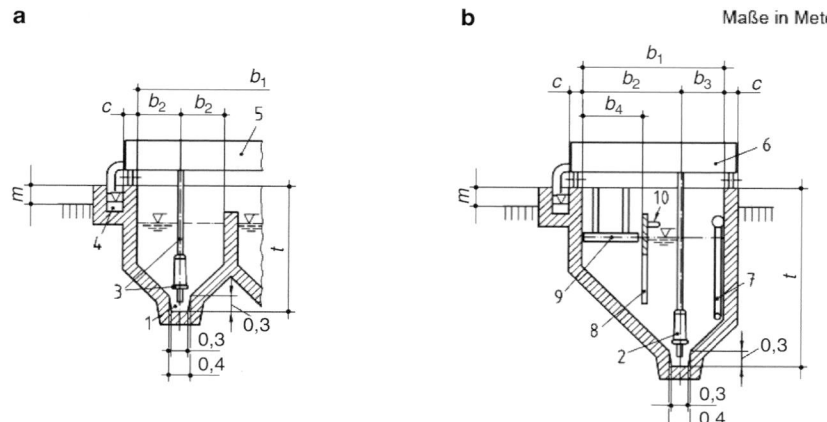

Form der Beckenquerschnitte, Saugvorrichtung, Pumpvorrichtung, Rücklaufrinne, Räumerbrücke, Laufsteg, Belüftungsvorrichtung, Schwimmstoff-Räumschild, Beruhigungsgitter und Anzahl der Saugrinnen sind als Beispiel dargestellt.

Legende

1   Saugrinne
2   Pumpvorrichtung
3   Saugvorrichtung. Die Saugvorrichtung fördert in die Rücklaufrinne zur Trenneinheit am Sandfangeinlauf. Ist ein Silo auf der Räumerbrücke angeordnet, muss dessen Überlauf in die Rücklaufrinne zum Sandfangeinlauf geführt werden.
4   Rücklaufrinne, außen angeordnet
5   Räumerbrücke
6   Laufsteg
    — lichte Breite min. (siehe DIN EN 12255-10)
    — zulässige Verkehrslast (siehe DIN EN 12255-1)

7   Belüftungsvorrichtung
8   Beruhigungsgitter
9   Schwimmstoff-Räumschild
10   Haltestange
b_1 lichte Gesamtbeckenbreite
b_2, b_3 Abstand Mittelachse Saugrinne von Beckeninnenwand
b_4 lichte Breite im Schwimmstoff-Sammelbereich
c Breite der Beckenkronen für Räumerfahrbahnen
m Maß Fahrbahnoberkante über Gelände (es gilt DIN EN 12255-10)
t Beckentiefe

Bemessungsgrundlagen In der Tafel 21.56 sind die wichtigsten Bemessungs- und Betriebsdaten für belüftete Sandfänge im Regenwetterzufluss zusammengestellt.

Die Möglichkeiten der Verwertung und Entsorgung von Rechen- und Sandfanggut zeigt die Tafel 21.57 auf.

21.3.4.3 Absetzbecken

DIN 12255-4 (04.02) Kläranlagen – Teil 4 Vorklärung
DIN 19552 (l2.02) Kläranlagen, Rundbecken, Absetzbecken mit Schild- und Saugräumer und Eindicker, Bauformen, Hauptmaße, Ausrüstung

DIN 19551-1 (12.02) Kläranlagen, Rechteckbecken – Teil 1: Absetzbecken für Schild-, Saug- und Bandräumer, Bauformen, Hauptmaße, Ausrüstung

DIN 19558 (12.02) Kläranlagen; Ablaufeinrichtungen, Überfallwehr und Tauchwand, getauchte Ablaufrohre in Becken, Baugrundsätze, Hauptmaße, Anordnungsbeispiele

DIN 19569-2 (09.17) Kläranlagen-Baugrundsätze für Bauwerke mit technischen Ausrüstungen – Teil 2: Besondere Baugrundsätze für Einrichtungen zum Abtrennen und Eindicken von Feststoffen.

In der Abwasserreinigung werden Absetzbecken als Vorklär- und Nachklärbecken eingesetzt.

21.3.4.3.1 Vorklärbecken

Bei Tropf- und Rotationstauchkörpern muss das zufließende Abwasser zur Vermeidung von Verstopfungen möglichst frei von Störstoffen und absetzbaren Stoffen sein. Deshalb ist eine Vorbehandlung und Vorklärung des zufließenden Abwassers vor der biologischen Stufe unerlässlich. Dies ist bei Denitrifikationstropfkörpern besonders wichtig, da die Beseitigung von Störungen dort sehr aufwendig ist. Üblicherweise werden hierfür auch Vorklärbecken eingesetzt, ggf. auch Feinsiebe (ATV-DVWK-A 281 (09.01)).

Bei Belebungsanlagen werden Vorklärbecken zur betrieblichen Optimierung und/oder zur Energienutzung (Gasertrag bei der Schlammfaulung) eingesetzt. Es ist zu beachten, dass bei Belebungsanlagen im Hinblick auf eine nachfolgende Denitrifikation die Durchflusszeit nicht zu groß gewählt wird.

Bemessungsgrundlagen Die Tafel 21.58 gibt in Abhängigkeit des Einsatzbereiches Bemessungsempfehlungen. Der in der Regel zu erwartende Wirkungsgrad der Vorklärung für kommunales Abwasser ist in Abhängigkeit der Durchflusszeit in der Tafel 21.59 zusammengestellt, sofern keine Messungen an bestehenden Vorklärbecken durchgeführt werden können. Die Vorklärzeit bezieht sich hierbei auf den mittleren Tagesdurchfluss bei Trockenwetter $Q_{T,aM}$. Zwischenwerte sind sinnvoll zu interpolieren (siehe DWA-A 131 (06.16)).

Tafel 21.58 Dimensionierungsansätze zur Vorklärung

Bestimmungsgröße	Berechnungsansatz	
	$t_{R:VK}$ [h]	$q_{A:VK}$ [m/h]
Tropfkörper bei Q_T mit C + N	> 1,5–2,0[a]	1,5–0,8
Tropfkörper bei Q_T mit vorgeschalteter DN	0,5–1,0	< 1,5–2,0
Tropfkörper bei Q_M	> 0,5	< 1,5–2,0
Belebungsanlagen	0,5–1,0	4,0–2,5
Chemische Fällung	0,5–0,8	4,0–2,5

[a] in Sonderfällen höhere Belastungen gemäß A 281 (09.01)

Tafel 21.59 Abscheideleistung der Vorklärung in Abhängigkeit von der Aufenthaltszeit bezogen auf den mittleren Tagesdurchfluss bei Trockenwetter $Q_{T,aM}$ Durchflusszeit nach A 131 (06.16)

	Durchflusszeit bezogen auf den mittleren Trockenwetterzufluss $Q_{T,aM}$		
η in %	0,75 h–1 h	1,5 h–2 h	> 2,5 h
C_{CSB}	30	35	40
X_{CSB}	45	55	60
X_{TS}	50	60	65
C_{KN}	10	10	10
C_P	10	10	10

21.3.4.3.2 Nachklärbecken von Tropfkörpern und Rotationstauchkörpern

Maßgebliche Hinweise zur Bemessung und konstruktiven Ausbildung der Nachklärbecken von Tropfkörper und Rotationstauchkörper sind im ATV-DVWK-A 281 (09.01) enthalten.

Bemessung Die Nachklärung einstufiger Tropfkörper und Rotationstauchkörper werden i. d. R. auf einfache Weise nach rein hydraulischen Gesichtspunkten mit der Flächenbeschickung q_A und der Durchflusszeit t_{NB} bemessen. Der Regenwetterfall ist ebenso zu berücksichtigen und in den meisten Fällen bemessungsrelevant.

Konstruktive Auslegung Bei Tropfkörper und Rotationstauchkörper können vertikal und horizontal durchströmte Nachklärbecken gleichermaßen wirkungsvoll eingesetzt werden, solange bei diesen die Mindestaufenthaltszeit eingehalten wird. Da eine kontinuierliche Schlammrückführung beim Tropfkörper- und Rotationstauchkörperverfahren nicht erforderlich ist, genügen für die Schlammräumung auch in Rechteckbecken zumeist einfache Schildräumer.

Tafel 21.60 Dimensionierungsansätze zur Nachklärung nach A 281 (09.01)

Bestimmungsgröße	Berechnungsansatz
Flächenbeschickung der Nachklärung	$q_{A,NB} \leq Q_{NB}/A_{NB}$ [m³/(m² h)] bzw. m/h A_{NB} = Oberfläche der Nachklärung [m²] Q_{NB} = maximale Zuflüsse einschließlich Rückführung $q_{A,NB.zul} \leq 0,80$ m/h
Bei Dosierung von Phosphatfällmitteln oder Polymeren in den Zulauf zur Nachklärung	$q_{A,NB.zul} \leq 1,0$ m/h, wenn Mindestwassertiefe von $h_{NB} \geq 2,50$ m (in Rundbecken bei 2/3 Radius)
Erforderliche Beckenoberfläche	erf $A_{NB} = Q_{NB}/$zul $q_{A,NB}$ [m²]
Durchflusszeit im Nachklärbecken	$t_{NB} = V_{NB}/Q_{NB}$ [h] erf $t_{NB} > 2,5$ h
Erforderliches Beckenvolumen	erf $V_{NB} = t_{NB} \cdot Q_{NB}$ [m³] erf $t_{NB} > 2,0$ m (in Rundbecken bei 2/3 Radius)

Tafel 21.61 Kenngrößen und Geltungsbereich zur Bemessung der Nachklärung nach DWA 131 (06.16)

Bestimmungskenngrößen	Geltungsbereich
– Form und Abmessung der Nachklärbecken – zulässige Schlammlager- und Eindickzeit – Rücklaufschlammstrom sowie dessen Regelung – Art und Betriebsweise der Räumeinrichtungen – Anordnung und Gestaltung der Zu- und Abläufe	– Nachklärbecken mit Längen bzw. Durchmessern bis etwa 60 m – Schlammindex $50\,l/kg < ISV < 200\,l/kg$ – Vergleichsschlammvolumen $VSV < 600\,l/m^3$ – Rücklaufschlammstrom – $Q_{RS} < 0{,}75 \cdot Q_m$ (horizontal durchströmt), bzw. $Q_{RS} < 1{,}0 \cdot Q$ (vertikal durchströmt) – Trockensubstanzgehalt im Zulauf Nachklärbecken TS_{BB} bzw. $TS_{AB} > 1{,}0\,kg/m^3$

Tafel 21.62 Zulässige Schlammvolumenbeschickung q_{sv} nach DWA-A 131 (06.16)

	$X_{TS,AN<20\,mg/l}$	$q_{A\,max}$	Steigung
Vertikal durchströmte Nachklärbecken	$q_{sv} < 650\,l/(m^2\,h)$	$\leq 2{,}0\,m/h$	$\geq 1:2$
Horizontal durchströmte Nachklärbecken	$q_{sv} < 500\,l/(m^2\,h)$	$\leq 1{,}6\,m/h$	$\leq 1:3$

Bei Rechteckbecken sollte das Verhältnis von Beckentiefe zu Beckenlänge ca. 1 : 15 bis 1 : 25 betragen. Für die Beckenbreite haben sich Werte bis 7,0 m in der Praxis bewahrt.

Eine möglichst gleichmäßige Verteilung des Zulaufes über den Fließquerschnitt ist anzustreben. Die Überfallkantenbeschickung $q_{\ddot{U}}$ muss kleiner als $15\,m^3/(m\,h)$ sein.

Anstelle der Nachklärbecken können auch Tuchfilter oder Mikrosiebe eingesetzt werden. Sofern weitere Reinigungsstufen nachgeschaltet sind, ist zur Verminderung des Platzbedarfs auch der Einsatz von Lamellenabscheidern möglich, wenn der erhöhte Wartungsaufwand in Kauf genommen wird. Diese sind bezüglich der Flächenbeschickung genauso zu bemessen wie Nachklärbecken.

21.3.4.3.3 Nachklärbecken von Belebungsanlagen

Grundlage zur Bemessung der Nachklärbecken von Belebungsanlagen ist das DWA-A 131-Arbeitsblatt (06.16). Die Bemessung erfolgt unter Berücksichtigung des maximalen Zuflusses bei Regen Q_M $[m^3/h]$, des Schlammindexes ISV $[l/kg]$ und des Schlammtrockensubstanzgehaltes im Zulauf zur Nachklärung TS_{AB} $[kg/m^3]$. Mit Ausnahme der Kaskadendenitrifikation ist $TS_{AB} = TS_{BB}$.

Bemessung Beckenoberfläche Die erforderliche Oberfläche des Nachklärbeckens berechnet sich aus:

$$A_{NB} = Q_M/q_A \quad [m^2]$$

Die Flächenbeschickung q_A errechnet sich aus der zulässigen Schlammvolumenbeschickung q_{SV} und dem Vergleichsschlammvolumen VSV zu:

$$q_A = q_{sv}/VSV = q_{sv}/(TS_{BB} \cdot ISV)$$

Um den Trockensubstanzgehalt $X_{TS,AN}$ und den dadurch bedingten CSB bzw. Phosphor im Ablauf horizontal durch-

strömter Nachklärbecken niedrig zu halten, ist die in Tafel 21.62 angegebene Schlammvolumenbeschickung q_{sv} einzuhalten.

Vorwiegend horizontal durchströmte Becken liegen vor, wenn das Verhältnis der Strecke vom Einlauf bis zur Wasseroberfläche (Vertikalkomponente h_e) zur lichten Weite bis Beckenrand in Höhe des Wasserspiegels (Horizontalkomponente) kleiner als 1 : 3 ist; bei vorwiegend vertikal durchströmten Becken ist das Verhältnis größer als 1 : 2. Für dazwischen liegende Verhältnisse kann die zulässige Schlammvolumenbeschickung linear interpoliert werden.

Die Flächenbeschickung q_A darf bei vorwiegend horizontal durchströmten Nachklärbecken 1,6 m/h und bei vorwiegend vertikal durchströmten Nachklärbecken 2,0 m/h nicht übersteigen.

Der Schlammindex bestimmt in Verbindung mit der Eindickzeit (t_E) den Trockensubstanzgehalt im Bodenschlamm (TS_{BS}). Zur Vermeidung von Rücklösungen und von Schwimmschlammbildung infolge unerwünschter Denitrifikation im Nachklärbecken muss die Aufenthaltszeit des abgesetzten Schlammes in der Eindick- und Raumzone möglichst kurz gehalten werden. Andererseits dickt der Schlamm umso besser ein, je höher die Schlammschicht und je langer die Verweilzeit des Schlammes in dieser Schicht ist.

Die Betriebsverhältnisse im Belebungsbecken und im Nachklärbecken werden wechselseitig durch die Abhängigkeit zwischen dem Trockensubstanzgehalt im Zulauf zum Nachklärbecken TS_{BB}, dem Trockensubstanzgehalt im Rücklaufschlamm TS_{RS} sowie dem Rücklaufverhältnis $RV = Q_{RS}/Q$ beeinflusst.

Bei der Bemessung und Nachrechnung von Nachklärbecken sind darüber hinaus die Zusammenhänge in Tafel 21.63 zu beachten.

Bemessung Beckentiefen Die verschiedenen Vorgänge in Nachklärbecken werden mithilfe von funktionsbedingten Wirkungsräumen erklärt, die in den Abb. 21.38, 21.39 und 21.40 schematisch dargestellt sind.

Die erforderliche Tiefe des Nachklärbeckens setzt sich danach aus Teiltiefen mit den Funktionszonen h_1: Klarwasserzone, h_{23}: Übergangs- und Pufferzone und h_4: Eindick- und Raumzone zusammen.

Die errechnete Beckentiefe $h_{ges} = h_1 + h_{23} + h_4$ ist für horizontal durchströmte Nachklärbecken mit geneigter Be-

Tafel 21.63 Bemessungskenngrößen der Nachklärung nach DWA A 131 (06.16)

Kenngrößen	Berechnungsansatz		
Der **Trockensubstanzgehalt im Zulauf zum Nachklärbecken** TS_{BB} beträgt:	$TS_{BB} = \dfrac{RV \cdot TS_{RS}}{1 + RV} \; [kg/m^3]$		
Das **Rücklaufverhältnis** bestimmt den angestrebten Trockensubstanzgehalt im Belebungsbecken	$RV = Q_{RS}/Q$ mit der Bedingung $RV > 0,5$ $RV = 0,50 - 0,75$ im Betrieb $Q_{RS} \leq 0,75 \cdot Q_M$ bei horizontal durchströmten Becken RS – Pumpen incl. Reserve mit $1,0\ Q_M$ $Q_{RS} \leq 1,0 \cdot Q_M$ bei vertikal durchströmten Becken RS – Pumpen incl. Reserve mit $1,5\ Q_M$		
Der erreichbare **Trockensubstanzgehalt im Bodenschlamm** TS_{BS} (mittlerer Trockensubstanzgehalt im Räumvolumenstrom) kann in Abhängigkeit vom Schlammindex ISV und der Eindickzeit t_E empirisch abgeschätzt werden	$TS_{BS} = \dfrac{1000}{ISV} \cdot \sqrt[3]{t_E} \; [kg/m^3]$		
Empfohlene **Eindickzeit** t_E in Abhängigkeit von der Art der Abwasserreinigung	Art der Abwasserreinigung	Eindickzeit t_E in h	
	Belebungsanlagen ohne Nitrifikation	1,5–2,0	
	Belebungsanlagen mit Nitrifikation	1,0–1,5	
	Belebungsanlagen mit Denitrifikation	2,0–(2,5)	
Für den **Trockensubstanzgehalt des Rücklaufschlammes** (TS_{RS}) wird infolge der Verdünnung mit dem Kurzschlussschlammstrom vereinfacht angenommen:	Schildräumer	$TS_{RS} \sim 0,7$ bis $0,8\ TS_{BS}$	
	Saugräumer	$TS_{RS} \sim 0,5$ bis $0,7\ TS_{BS}$	
	Vertikal durchströmt, ohne Schlammräumung	$TS_{RS} \sim TS_{BS}$	
Richtwerte für den **Schlammindex**	Reinigungsziel	ISV [l/kg] Gewerblicher Einfluss	
		Günstig	Ungünstig
	Ohne Nitrifikation	100–150	120–180
	Nitrifikation (und Denitrifikation)	100–150	120–180
	Schlammstabilisierung	75–120	100–150

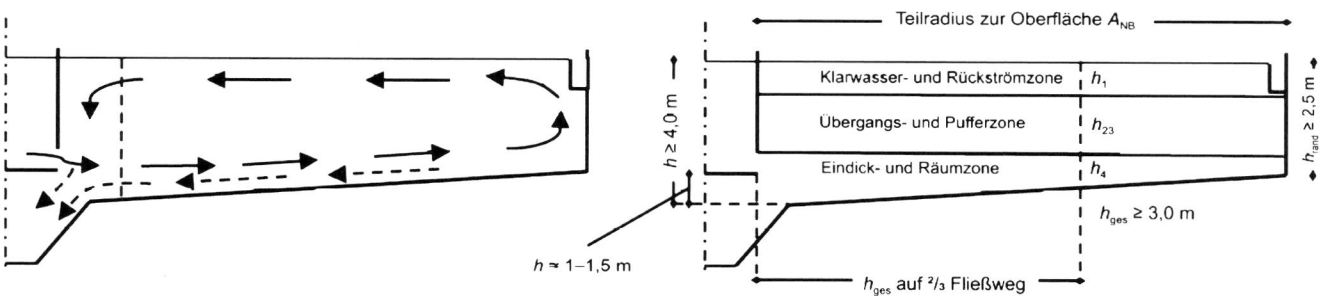

Abb. 21.38 Hauptströmungsrichtungen und funktionale Beckenzonen von horizontal durchströmten runden Nachklärbecken DWA A 131 (06.16)

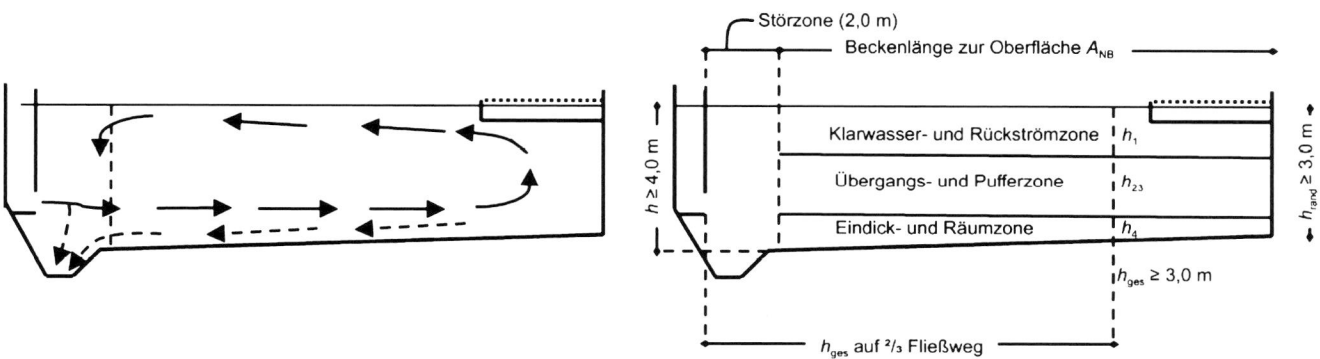

Abb. 21.39 Hauptströmungsrichtungen und funktionale Beckenzonen von längsdurchströmten Rechteckbecken nach DWA A 131 (06.16)

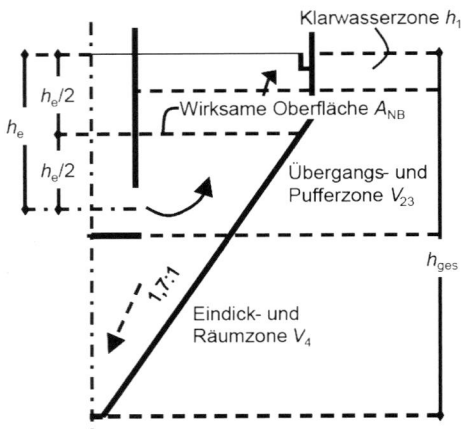

Abb. 21.40 Funktionale Zonen und Tiefen von vertikal durchströmten Trichterbecken nach A 131 (06.16)

ckensohle auf zwei Drittel des Fließweges einzuhalten. Sie muss dort mindestens 3 m betragen. Bei runden Nachklärbecken darf die Randwassertiefe 2,5 m nicht unterschreiten.

Bei Trichterbecken erhält man durch Multiplikation der Oberfläche A_{NB} mit den entsprechenden Zonentiefen h_{23} und h_4 die Teilvolumina V_{23} für die Übergangs- und Pufferzone und V_4 für die Eindickzone. Zur Ermittlung der Gesamttiefe werden nach A 131 (06.16) diese Teilvolumina in die gewählte Geometrie des Beckens eingepasst (siehe Abb. 21.40).

Konstruktive Auslegung Hinweise für die Gestaltung von Nachklärbecken befinden sich im A 131 (06.16) und den dort zitierten Arbeitsberichten sowie dem ATV-Handbuch.

Ausbildung der Beckenarten Als Nachklärbecken werden hauptsächlich horizontal durchströmte Langs- und Rundbecken eingesetzt. Als Sonderkonstruktion werden in den letzten Jahren auch querdurchströmte Rechteckbecken geplant, die in der Wirkungsweise den vertikal durchströmten Nachklärbecken ähnlich sind. Die Hauptmaße für die Nachklärung sind in den entsprechenden DIN-Vorschriften festgelegt.

Einlaufgestaltung Die Einlaufgestaltung hat einen wesentlichen Einfluss auf die Durchströmung und Leistungsfähigkeit von Nachklärbecken. Empfohlen werden Einlaufschlitze bei Rechteckbecken über die Breite des Einlaufs bzw. bei Rundbecken über den Umfang des Mittelbauwerks. Hinweise und Nachweise zur optimalen Auslegung enthält das A 131 (06.16).

Auslegung der Schlammräumung Für die jeweiligen Nachklärbeckenarten stehen verschiedene Schlammräumer und -rückfördereinrichtungen zur Verfügung.

In horizontal durchströmten Rundbecken werden Schild- und Saugräumer eingesetzt.

In horizontal durchströmten Rechteckbecken kommen neben Schild- und Saugräumern auch Bandräumer zur Anwendung.

Wenn in vorwiegend vertikal durchströmten bzw. querdurchströmten Nachklärbecken eine Schlammräumung erforderlich ist, können ebenfalls o. g. Systeme eingesetzt werden.

Richtwerte für die Auslegung von Schlammräumern können gemäß A 131 der Tafel 21.65 entnommen werden.

Tafel 21.64 Bemessungsansätze zur Bestimmung der Teiltiefen der Nachklärung nach A 131 (06.16)

Teiltiefen	Berechnungsansatz
Klarwasserzone	$h_1 = 0,5 \ [m]$
Übergangs- und Pufferzone	$h_{23} = q_A \cdot (1 + RV) \cdot \left[\dfrac{500}{1000 - VSV} + \dfrac{VSV}{1.100} \right] \ [m]$
Eindick- und Räumzone	$h_4 = \dfrac{TS_{AB} \cdot q_A \cdot [1 + RV] \cdot t_E}{TS_{BS}} \ [m]$

Tafel 21.65 Richtwerte für die Auslegung von Schlammräumern nach A 131 (06.16)

	Abk.	Einh.	Rundbecken	Rechteckbecken	
			Schildräumer	Schildräumer	Bandräumer
Räumschild bzw. Balkenhöhe	h_{SR}	m	0,3–0,6	0,3–0,8	0,15–0,30
Räumgeschwindigkeit	v_{SR}	m/h	72–144	max. 108	36–108
Rückfahrgeschwindigkeit	$v_{Rück}$	m/h	–	max. 324	–
Raumfaktor[a]	f_{SR}	–	1,5	$\leq 1,0$	$\leq 1,0$

[a] Der Raumfaktor ist der Quotient aus dem vom Räumer in einem Raumintervall rechnerisch erfassten Volumen und dem tatsächlichen Raumvolumenstrom

Tafel 21.66 Auslegung für die Schlammräumung nach A 131 (06.16)

Räumernachweis mit Feststoffbilanz	Berechnungsansatz
Kurzschlussschlammstrom Q_K	$Q_K = Q_{RS} - Q_{SR}$ [m³/h]
Erfahrungswert für Kurzschlussschlammstrom Q_K	$Q_K = 0{,}4 - 0{,}8 Q_{RS}$
Feststoffbilanz	$Q_{RS} \cdot TS_{RS} = Q_{SR} \cdot TS_{BS} + Q_K \cdot TS_{BB}$ [kg/h]
Nachweis der Feststoffbilanz Sicherstellung eines ausreichenden Raumvolumenstroms Q_{SR}	$Q_{SR} \geq \dfrac{Q_{RS} \cdot TS_{RS} - Q_K \cdot TS_{BB}}{TS_{BS}}$ [m³/h]
Kenngrößen für Räumer in horizontal durchströmten Rundbecken	Berechnungsansatz
In Rundbecken ist das Räuminterval gleich der Dauer eines Räumerumlaufes	$t_{SR} = \dfrac{\pi \cdot D_{NB}}{V_{SR}}$ [h]
Der Räumvolumenstrom beträgt für **Schildräumer in Rundbecken**	$Q_{SR} = \dfrac{h_{SR} \cdot a \cdot v_{SR} \cdot D_{NB}}{4 \cdot f_{SR}}$ [m³/h]
Für **Saugräumer** ist die Trennung in Räumvolumenstrom und Kurzschlussschlammstrom nicht möglich, da der Volumenstrom Q_{RS} abgezogen wird	V in den Saugrohren = 0,6 bis 0,8 m/s Abstand der Saugrohre $\leq$ 3 bis 4 m V_{SR} wie bei Schildräumern
Der Räumvolumenstrom Q_{SR} für **Schildräumer** ergibt sich bei Annahme eines Abstandes des Räumschildes von dem Schlammabzugspunkt beim Einsetzen des Schlammrückflusses von $l_{SR} \approx 15 \cdot h_{SR}$ mit der Räumschildlänge b_{SR} ($\approx b_{NB}$ in Becken mit senkrechten Wänden) zu:	$Q_{SR} = \dfrac{h_{SR} \cdot b_{SR} \cdot l_{SR}}{f_{SR} \cdot t_{SR}}$ [m³/h]
Für **Bandräumer** ergibt sich mit der Länge des Räumbandes ($l_B \approx l_{NB}$) das Räuminterval zu:	$t_{SR} = \dfrac{l_B}{v_{SR}}$ [h]
Der geräumte Schlammvolumenstrom Q_{SR} beträgt damit für **Bandräumer**:	$Q_{SR} = \dfrac{v_{SR} \cdot b_{SR} \cdot h_{SR}}{f_{SR}}$ [m³/h]
Für die Gestaltung der **Saugräumer** gelten die Empfehlungen wie bei horizontal durchströmten Becken	$V_{SR} = 36$ bis 72 m/h (abweichend der Empfehlungen von horizontal durchströmten Becken)

21.3.5 Biologische Abwasserreinigung

21.3.5.1 Tropfkörper und Rotationstauchkörper

DIN 12255-7 (04.02) Kläranlagen – Teil 7: Biofilmreaktoren

DIN 19553 (12.02) Kläranlagen, Tropfkörper mit Drehsprenger, Hauptmaße und Ausrüstung

DIN 19557 (01.04) Kläranlagen, Mineralische Füllstoffe und Füllstoffe aus Kunststoff für Tropfkörper, Anforderungen, Prüfung, Lieferung, Einbringen

DIN 19569-3 (12.02) Kläranlagen-Baugrundsätze für Bauwerke und technische Ausrüstung – Teil 3: Besondere Baugrundsätze für Einrichtungen aeroben biologischen Abwasserbehandlung

ATV-DVWK A 281 (09.01) Bemessung von Tropfkörpern und Rotationstauchkörpern.

Tropfkörperverfahren Das Abwasser wird auf ein mit Lavabrocken oder Kunststoffelementen gefüllten Reaktor mittels Drehsprenger gleichmäßig verrieselt. Das biologisch gereinigte Abwasser und der überschüssige Biorasen werden in der Nachklärung separiert.

Bemessung Tropfkörper Die in Abhängigkeit des Reinigungszieles anzuordnenden Bemessungswerte sind in der Tafel 21.68 zusammengestellt. Nach den bisherigen Erfahrungen wird unterschieden in Abwasserreinigung ohne Nitrifikation, Abwasserreinigung mit Nitrifikation und Abwasserreinigung mit Nitrifikation und Denitrifikation. Zur verfahrenstechnischen Integration der Denitrifikation bei Tropfkörperanlagen bestehen grundsätzlich drei Möglichkeiten: simultane Denitrifikation im Tropfkörper bei Rückführung nitrathaltigen Abwassers sowie die vorgeschaltete und nachgeschaltete Denitrifikation. Als Reaktoren können anoxisch betriebene Festbettreaktoren (z. B. Tropfkörper) oder anoxische Belebungsbecken mit Zwischenklärbecken eingesetzt werden. Die nachgeschaltete Denitrifikation erfolgt unter Zugabe von externen Kohlenstoffquellen in einem Festbettreaktor oder Belebungsbecken.

Konstruktion der Tropfkörper Die konstruktive Ausführung mit den unterschiedlichen Abstufungen der Abmessungen zeigen Abb. 21.41 und Tafel 21.69.

Rotationstauchkörperverfahren Bei der Abwasserreinigung mit Rotationstauchkörpern sitzt die für die biologische Abwasserreinigung benötigte Biomasse fest auf rotierenden Aufwuchsflächen. Rotationstauchkörper tauchen als Walzen teilweise in eine vom Abwasser durchflossene Wanne ein und drehen sich langsam. Der auf den Bewuchsflächen haftende Biofilm wird während der Drehung abwechselnd der Luft und dem Abwasser ausgesetzt. Die Rotationstauchkörper werden unterschieden in Scheiben- und Walzentauchkörper (ATV-DVWK-A 281, 09.01).

Tafel 21.67 Berechnungsgrößen zur Bemessung von Tropfkörpern

Bestimmungsgröße	Berechnungsansatz
Ohne Nitrifikation (Kohlenstoffelimination)	
Der für das Füllgut vorzusehende Tropfkörperinhalt ergibt sich nach den zulässigen Raumbelastungen gemäß Tafel zu:	$V_{\mathrm{TK,C}} = B_{\mathrm{d,BSB,ZB}}/B_{\mathrm{R,BSB}}$ [m^3]
Mit Nitrifikation	
Im Falle der Nitrifikation ist neben der BSB5 zusätzlich die TKN-Raumbelastung in kg/(m^3 d) zu berücksichtigen.	$V_{\mathrm{TK,N}} = (B_{\mathrm{d,BSB,ZB}}/B_{\mathrm{R,BSB}}) + (B_{\mathrm{d,TKN,ZB}}/B_{\mathrm{R,TKN}})$ [m^3]
Die Tropfkörperoberfläche und die Tropfkörperfüllhöhe ergeben sich zu:	$A_{\mathrm{TK}} = Q_{\mathrm{T}} \cdot (1 + RV_{\mathrm{t}})/q_{\mathrm{A,TK}}$ [m^2] $C_{\mathrm{BSB,ZB,RF}} < 150$ mg/l am Drehsprenger $RV_{\mathrm{T}} \leq 1$ Rückführverhältnis $q_{\mathrm{A,TK}} > 0{,}4$ m/h bei brockengefüllten TK bei $Q_{\mathrm{T}} \cdot (1 + RV_{\mathrm{T}})$ $q_{\mathrm{A,TK}} > 0{,}8$ m/h bei Kunststoff-TK bei $Q_{\mathrm{T}} \cdot (1 + RV_{\mathrm{T}})$
Tropfkörperfüllhöhe: Tropfkörperfüllhöhen um 4 m für brockengefüllte Tropfkörper haben sich bewährt. Beim Einsatz von Kunststoff-Füllmaterial mit einer hohen vertikalen Durchgängigkeit wird eine größere Füllhöhe empfohlen.	$H_{\mathrm{TK}} = V_{\mathrm{TK}}/A_{\mathrm{TK}}$ [m]
Spülkraft S_{K} Bewährte Werte für S_{K} zur Erzielung eines ausreichenden Schlammaustrags	$S_{\mathrm{K}} = q_{\mathrm{A,TK}} \cdot 1000/(a \cdot n)$ [mm/Arm] $S_{\mathrm{K}} = 4$ bis 8 mm $a =$ Zahl der Drehsprengerarme $n =$ Umdrehungen des Drehsprengers pro Stunde [1/h]

Tafel 21.68 Bemessungswerte nach ATVA 281 (09.01) für Tropfkörper und Rotationstauchkörper

Bemessungswert	Brockengefüllter Tropfkörper	Kunststoff-Tropfkörper mit einer spezifischen Oberfläche A_{n} von		Rotationstauchkörper	
		100 m^2/m$^3_{\mathrm{TK}}$	150 m^2/m$^3_{\mathrm{TK}}$	STK	RTK
Ohne Nitrifikation					
Raumbelastung B_{R} [kg/(m^3 d)]	$\leq 0{,}4$	$\leq 0{,}4$	$\leq 0{,}6$		
Flächenlastung B_{A} [g/(m^2 d)]				≤ 8–10	$\leq 5{,}6$–7
Oberflächenbeschickung in m/h	$\geq 0{,}4$	$\geq 0{,}4$–0,8	$\geq 0{,}4$–0,8	–	–
Rücklaufverhältnis RV_{t}	$\geq (C_{\mathrm{BSB,ZB}}/C_{\mathrm{BSB,ZB,RF}} - 1)$			–	–
Überschussschlammanfall $\ddot{U}S_{\mathrm{R}}/B_{\mathrm{R}}$ [kg/kg]	0,75	0,75	0,75	0,75	0,75
Mit Nitrifikation					
Für C-Abbau					
Raumbelastung $B_{\mathrm{R\,BSB}}$ in kg/(m^3 d)	$\leq 0{,}4$	$\geq 0{,}4^{\mathrm{a}}$	$\leq 0{,}6$		
Flächenbelastung $B_{\mathrm{A\,BSB}}$ in g/(m^2 d)				≤ 8–10	$\leq 5{,}6$–7
Für Nitrifikation					
Raumbelastung $B_{\mathrm{R\,TKN}}$ in kg/(m d)	$\leq 0{,}1$	$\geq 0{,}1^{\mathrm{a}}$	$\leq 0{,}15$		
Flächenbelastung $B_{\mathrm{A\,TKN}}$ in g/(m d)				$\leq 1{,}6$–2	$\leq 1{,}1$–1,4
Oberflächenbeschickung in m/h	$\geq 0{,}4$	$\geq 0{,}4$–0,8	$\geq 0{,}4$–0,8	–	–
Rücklaufverhältnis RV_{t}	$\geq (C_{\mathrm{BSB,ZB}}/C_{\mathrm{BSB,ZB,RF}} - 1)$			–	–
Überschuss-Schlammanfall $\ddot{U}S_{\mathrm{R}}/B_{\mathrm{R}}$ [kg/kg]	0,75	0,75	0,75	0,75	0,75

STK = Scheibentauchköper, RTK = Rotationstauchkörper

[a] Über Versuche gesondert nachzuweisen

Die niedrigen Belastungsangaben für RTK und STK beziehen sich auf eine 2-stufige Anordnung, die höheren Werte gelten für eine 3-4 stufige Anordnung.

Bei kleinen Kläranlagen wird wegen ausgeprägter Zufluss- bzw. Belastungsspitzen empfohlen, zwischen den Anschlussgrößen 1000 und 50 EW die BSB$_5$-Flächenbelastung auf 3 g/(m^2 d) linear abzumindern.

Abb. 21.41 Tropfkörper mit Drehsprenger nach DIN 19553 (12.02)

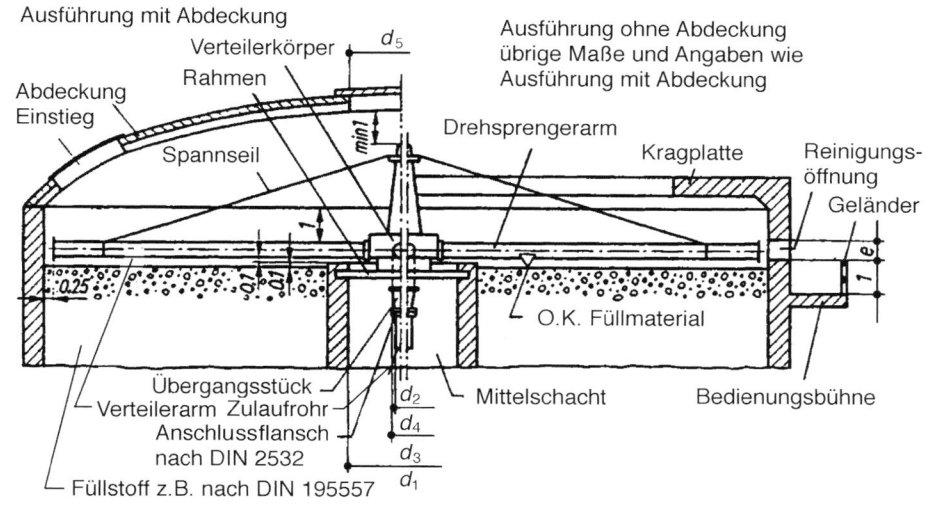

Tafel 21.69 Abmessungen von Tropfkörpern nach DIN 19533

Durchmesser d_1 in m	4,0 und um je 1,0 steigend					
Zulaufrohr Anschlussweite d_2 in mm	DN 80 DN 100 DN 125 DN 150 DN 200	DN 250 DN 300 DN 350	DN 400 DN 500 DN 600	DN 700 DN 800 DN 900	DN 1000 DN 1100	DN 1200
Mittelschachtdurchmesser d_3 in m	1,5	2,0	2,5	3,0	3,5	4,0
Reinigungsöffnung in e in m	0,5	0,5	0,5	0,6	0,8	1,0

Tafel 21.70 Berechnungsgrößen zur Bemessung von Rotationstauchkörpern

Bestimmungsgröße	Berechnungsansatz
Ohne Nitrifikation (Kohlenstoffelimination)	
Die erforderliche theoretische Oberfläche ergibt sich nach der zulässigen Flächenbelastungen gemäß Tafel zu:	$A_{\mathrm{RT,C}} = B_{\mathrm{d,BSB,ZB}} \cdot 1000 / B_{\mathrm{A,BSB}}$ [m²]
Mit Nitrifikation	
Im Falle der Nitrifikation ist neben der BSB₅ zusätzlich die TKN-Raumbelastung in kg/(m³d) zu berücksichtigen.	$A_{\mathrm{RT,N}} = (B_{\mathrm{d,BSB,ZB}} / B_{\mathrm{A,TKN}}) + (B_{\mathrm{d,TKN,ZB}} / B_{\mathrm{R,TKN}})$ [m²]

Bemessung Rotationstauchkörper Die anzuordnenden Bemessungswerte sind gemäß Reinigungsziel nach der Tafel 21.68 festzulegen.

Wird für einzelne Bewuchsmaterialien nachgewiesen, dass die spezifische biologisch aktive Oberfläche dauerhaft mehr als 70 % der spezifischen theoretischen Oberfläche beträgt, können die Bemessungswerte entsprechend bis maximal auf die für Scheibentauchkörper geltenden Werte angehoben werden.

Die Werte für $B_{\mathrm{A,TKN}}$ berücksichtigen eine bereits in der Kohlenstoffabbauzone beginnende Nitrifikation. Die zulässige Flächenbelastung $B_{\mathrm{A,TKN}}$ für die Dimensionierung ist nicht identisch mit der Nitrifikationsgeschwindigkeit. Eine biologische Denitrifikation ist wie beim Tropfkörper auch bei Rotationstauchkörpern möglich. Eine technische Erprobung steht dazu allerdings noch aus (A-281, 09.01).

21.3.5.2 Abwasserteiche für kommunales Abwasser

DIN 12255-5 (12.99) Kläranlagen, Abwasserbehandlung in Teichen

DWA-A 201 (08.05) Grundsätze für Bemessung, Bau und Betrieb von Abwasserteichanlagen.

Abwasserteiche sind dem Stand der Technik entsprechende Reinigungsanlagen, die als Absetzteiche der Abscheidung absetzbarer Stoffe, als belüftete oder unbelüftete Abwasserteiche der vollbiologischen Klärung kommunalen Abwassers und als Schönungsteiche der Verbesserung des Ablaufes biologischer Kläranlagen dienen.

Die wichtigsten Bemessungswerte für Abwasserteichanlagen sind entsprechend dem Arbeitsblatt DWA-A 201 (08.05) in der Tafel 21.71 zusammengestellt.

Tafel 21.71 Bemessungswerte Abwasserteiche gemäß Arbeitsblatt DWA-A 201 (08.05)

Kenngröße	Einheit	Absetzteiche	Unbelüftete Teiche	Belüftete Teiche	Nachklär-teiche	Schönungs-teiche
Spezifisches Volumen V_{EW}	m^3/E	$\geq 0{,}5$				
Spezifische Oberfläche A_{EW}						
Anlage ohne vorgeschalteten Absetzteich	m^2/E		≥ 10			
Anlage mit vorgeschaltetem Absetzteich	m^2/E		≥ 8			
Bei Mitbehandlung von Regenwasser $A_{EW,\,MI}$	m^2/E		Zuschlag 5			
Für teilweise nitrifizierten Ablauf	m^2/E		≥ 15			
Mindestgröße	m^2				20	
Raumbelastung $B_{R,BSB}$	$g/(m^3\,d)$			≤ 25		
oder Flächenbelastung $B_{A,BSB}$	$g/(m^2\,d)$			$B_A = B_R \cdot h$		
Für nitrifizierten Ablauf				Zusätzliche Fest-betteinrichtungen		
Wassertiefe h	m	$\geq 1{,}5$	$\sim 1{,}0$	1,5 bis 3,5	$\geq 1{,}2$	1 bis 2
Sauerstoffverbrauch OV_{C,BSB_5}	kg/kg			$\geq 1{,}5$		
Leistungsdichte W_R	W/m^3			1 bis 3		
Durchflusszeit						
Bei Trockenwetter	d	≥ 1		≥ 5		1 bis 2
Bei Maximaldurchfluss	d				≥ 1	
Mit vorgeschaltetem Absetzteich	$l/(E\,a)$	130	70	70		5
Ohne vorgeschalteten Absetzteich	$l/(E\,a)$		200	200		5

Konstruktive Ausbildung Für die konstruktive Ausführung von Abwasserteichanlagen ist gemäß A 201 zu beachten: Böschungsneigung für gewachsenen Boden $\leq 1:2$, Böschungsneigung bei Tondichtung $\leq 1:3$, Länge zu Breite (an der Oberfläche) $\geq 3:1$, Tiefe für Absetz- und Schlammzone $\geq 1{,}5$ m, Freibord $\sim 0{,}3$ m.

21.3.5.3 Belebungsanlagen

DIN 12255-6 (04.02) Kläranlagen – Teil 6: Belebungsverfahren

DIN 19569-3 (12.02) Kläranlagen, Besondere Baugrundsätze für Einrichtungen zur aeroben biologischen Abwasserreinigung

DWA-A 131 (06.16) Bemessung von einstufigen Belebungsanlagen

ATV DVWK-A 198 (04.03) Vereinheitlichung und Herleitung von Bemessungswerten für Abwasseranlagen.

Grundlagen Gemäß DWA A 131 (06.16) ist die Bemessung bzw. Nachrechnung von einstufigen Belebungsanlagen derzeit ausschließlich über den CSB durchzuführen. Der CSB stellt die wesentliche Einflussgröße dar für die Schlammproduktion, den Sauerstoffbedarf und die erreichbare Denitrifikation. Dies setzt voraus, dass der CSB im Zufluss zu einer biologischen Anlage in der gelösten und partikulären Fraktion bekannt ist. Für beide Fraktionen ist weiterhin der abbaubare und inerte Anteil des CSB zu berücksichtigen. Das Vorgehen zur Ermittlung der erforderlichen Belastungsdaten ist im Arbeitsblatt ATV-DWK-A 198 präzisiert.

Verfahren Die Abb. 21.42 und 21.43 zeigen bewährte Verfahrenskonzeptionen zur Stickstoffelimination. An Stelle des in Abb. 21.42 gezeigten Verfahrens der vorgeschalteten Denitrifikation können fast alle anderen Verfahren zur Stickstoffelimination und auch Belebungsbecken, die nur der Elimination des organischen Kohlenstoffs dienen, mit einem aeroben Selektor und einem anaeroben Mischbecken kombiniert werden.

Die Volumina eines aeroben Selektors (V_{Sel}) oder eines anaeroben Mischbeckens zur biologischen Phosphorelimination (V_{Bio-P}) werden nicht dem Belebungsbecken (V_{BB}) zugerechnet. In Anlagen, die nur auf Kohlenstoffelimination ausgerichtet sind, kann das Volumen eines aeroben Selektors als Teil des Belebungsbeckens betrachtet werden.

Bemessungshinweise Nachfolgend sind wichtige Bemessungskennwerte für die Planung und den Betrieb von einstufigen Belebungsanlagen aufgezeigt. Detaillierte und ergänzende Informationen sind dem Arbeitsblatt A 131 zu entnehmen.

Die Abb. 21.44 zeigt beispielhaft das Vorgehen zur Bemessung von Belebungsanlagen nach DWA-A 131 (06.16). Detaillierte und ergänzende Informationen sind dem DWA-A 131 Regelwerk zu entnehmen.

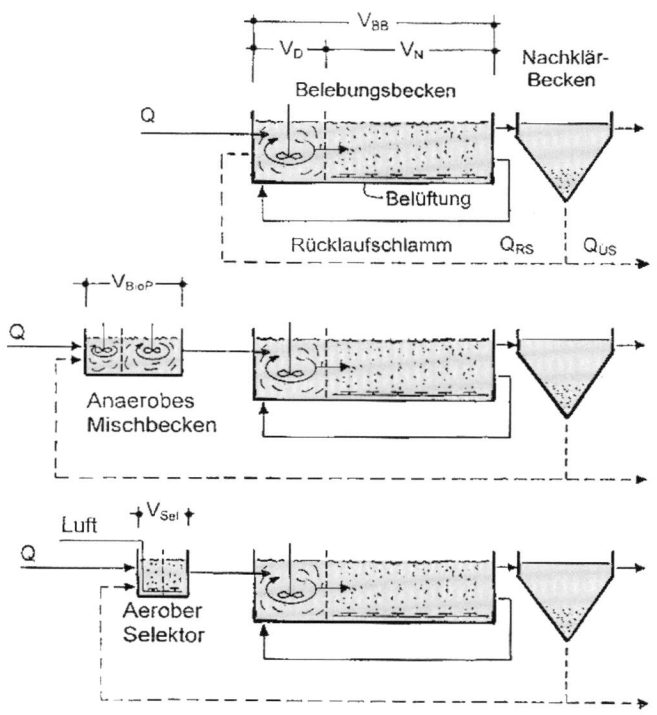

Abb. 21.42 Fließbild einer Belebungsanlage zur Stickstoffelimination ohne und mit vorgeschaltetem anaerobem Mischbecken zur biologischen P-Elimination oder aerobem Selektor

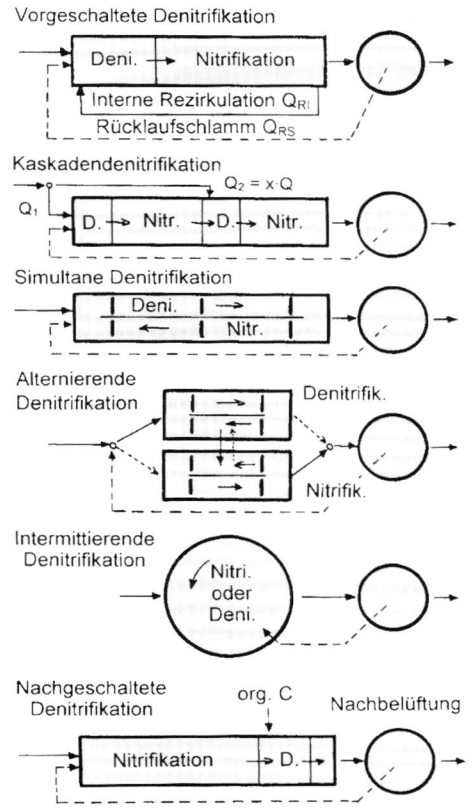

Abb. 21.43 Verfahren zur Stickstoffelimination

Festlegung des Reinigungsziels Das erforderliche Bemessungsschlammalter ist in Abhängigkeit vom Reinigungsziel zu bestimmen. Mögliche Belebungsanlagenkonzepte sind je nach Ablaufforderung nach DWA-A131 Anlagen

- ohne Nitrifikation
- mit Nitrifikation
- mit Nitrifikation und Denitrifikation
- mit aerober Schlammstabilisierung

Für die unterschiedlichen Aufgabenstellungen ist das erforderliche Bemessungsschlammalter in Abhängigkeit von Temperatur und Prozessfaktoren rechnerisch zu bestimmen. In Abb. 21.44 ist für die Denitrifikation der rechnerische Ansatz zur Ermittlung des Bemessungsschlammalters $t_{TS,aerob,Bem}$ aufgezeigt. Der in diesem Ansatz zu berücksichtigenden Prozessfaktor (PF) ist in Tafel 21.72 in Abhängigkeit des NH_4-N Überwachungswertes und der Schwankung der Stickstofffracht aufgelistet.

Nach DWA-131 (06.16) können in erster Näherung in Abhängigkeit von der Ausbaugröße bei einem einzuhaltenden Überwachungswert in der qualifizierten Stichprobe bzw. der 2-h-Mischprobe in Höhe von 10 mg/l NH_4-N folgende Prozessfaktoren angesetzt werden:

- $B_{d,CSB,Z} \leq 2400$ kg/d (≤ 20.000 EW): PF = 2,1 und
- $B_{d,CSB,Z} > 12.000$ kg/d (> 100.000 EW): PF = 1,5

Unter Berücksichtigung dieser Vorgaben errechnen sich die in der Tafel 21.73 Bemessungsschlammaltergrößen.

Ermittlung des Volumenanteils für Denitrifikation (V_D/V_{BB}) Der Nachweis einer ausreichenden Reduzierung der Nitratkonzentration wird über den Vergleich von Sauerstoffzehrung ($OV_{C,D}$) zu Sauerstoffangebot aus Nitrat $= 2,86 \cdot S_{NO_3,D}$ geführt. Die Iteration über eine Veränderung der V_D/V_{BB} wird so lange geführt, bis der Wert

$$X = \frac{OV_{C,D}}{2,86\, S_{NO_3D}}$$

den Wert 1 annimmt.

Wird dabei ein V_D/V_{BB} von 0,6 erreicht, ist eine weitere Vergrößerung von V_D/V_{BB} nicht zu empfehlen. Es ist zu untersuchen, ob eine Verkleinerung oder zeitweise Umfahrung der Vorklärung möglich oder/und ggf. eine getrennte Schlammwasserbehandlung zielführend sind. Alternativ ist die Zugabe von externem Kohlenstoff vorzusehen. Der CSB handelsüblicher Kohlenstoffverbindungen kann der Tafel 21.74 entnommen werden. Es wird darauf hingewiesen, dass Methanol nur für einen Dauereinsatz geeignet ist, weil sich spezielle Denitrifikanten entwickeln müssen.

Phosphatelimination Phosphorelimination kann alleine durch Simultanfällung, durch biologische Phosphorelimination, in der Regel kombiniert mit Simultanfällung, und durch Vor- oder Nachfällung erfolgen.

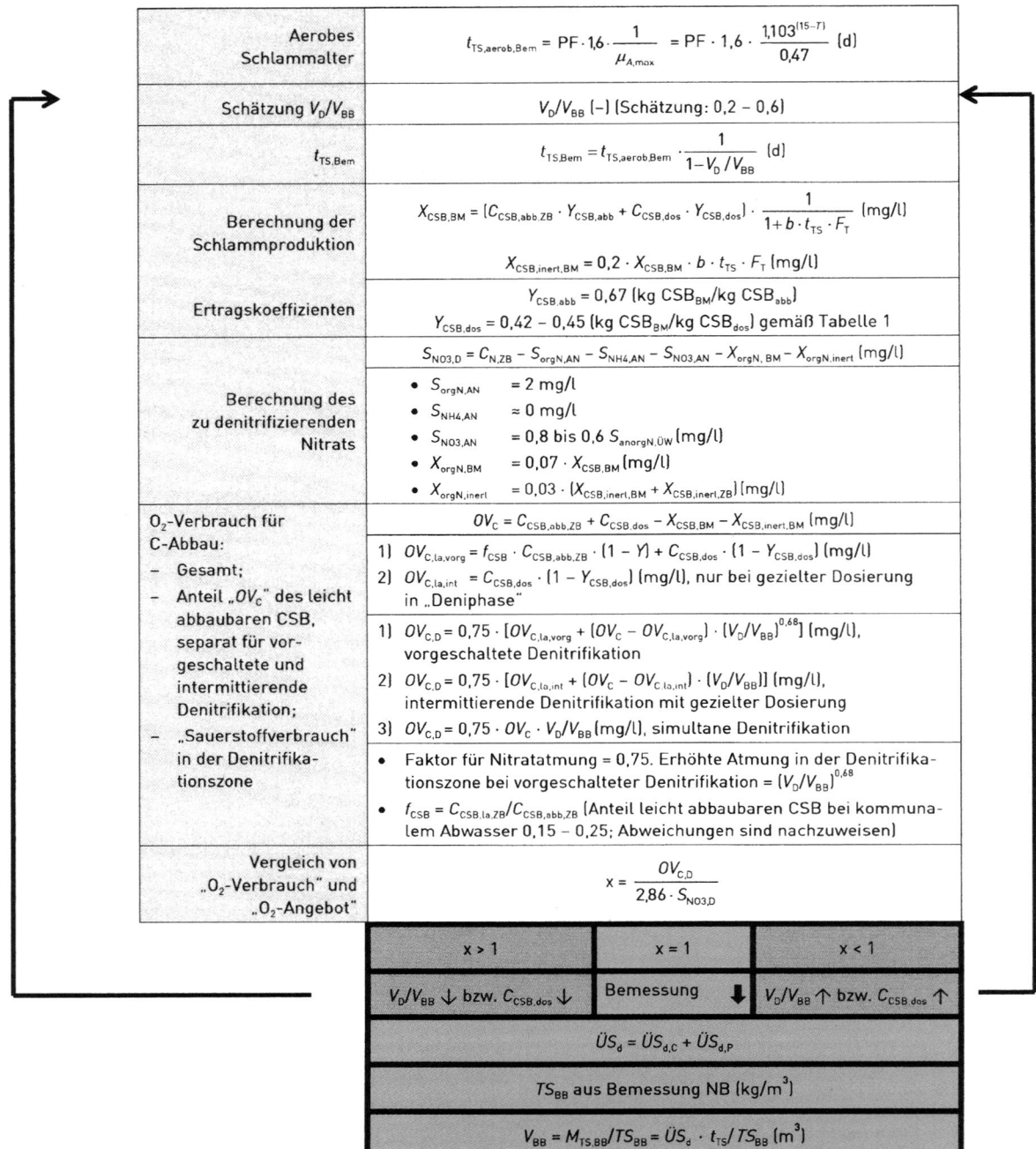

Abb. 21.44 Bemessungsschema der Denitrifikation nach DWA-A 131 (06.16)

Tafel 21.72 Erforderlicher Prozessfaktor (PF) in Abhängigkeit des NH_4-N-Überwachungswerts im Ablauf und der Schwankungen der KN-Zulauffracht (Zwischenwerte können interpoliert werden) nach DWA-A 131 (06.16)

	f_N					
$S_{NH_4,ÜW}$	1,4	1,6	1,8	2,0	2,2	2,4
5 mg/l NH_4-N	1,5	1,6	1,9	2,2	2,5	2,8
10 mg/l NH_4-N	1,5	1,5	1,5	1,6	1,9	2,1

Tafel 21.73 Bemessungs-schlammalter nach A 131 (06.16) in Tagen in Abhängigkeit vom Reinigungsziel, der Temperatur, dem Prozessfaktor und der Anlagengröße

	Größe der Anlage $B_{d,CSB,Z}$			
Reinigungsziel	≤ 2400 kg/d (≤ 20.000 EW)		> 12.000 kg/d (> 100.000 EW)	
Bemessungstemperatur	10 °C	12 °C	10 °C	12 °C
Ohne Nitrifikation	5		4	
Mit Nitrifikation	Prozessfaktor PF = 2,1		Prozessfaktor PF = 1,5	
	11,7	9,6	8,3	6,8
Mit Stickstoffelimination	Prozessfaktor PF = 2,1		Prozessfaktor PF = 1,5	
$V_D/V_{BB} = 0,2$	14,6	12	10,4	8,6
$V_D/V_{BB} = 0,3$	16,6	13,7	11,9	9,8
$V_D/V_{BB} = 0,4$	19,4	16	13,8	11,4
$V_D/V_{BB} = 0,5$	23,3	19,1	16,6	13,6
mit aerober Schlammstabilisierung und gezielter Denitrifikation[a]	≥ 25		Nicht empfohlen	

[a] Hinweis: Das Bemessungsschlammalter von Anlagen, die für aerobe Schlammstabilisierung und Nitrifikation zu bemessen sind, muss $t_{TS,Bem} \geq 20$ d betragen.

Tafel 21.74 Eigenschaften von externen Kohlenstoffquellen nach DWA-A 131

Parameter	Einheit	Methanol	Ethanol	Essigsäure
Dichte	kg/m^3	790	780	1060
C_{CSB}	kg/kg	1,50	2,09	1,07
C_{CSB}	g/l	1185	1630	1135
$Y_{CSB,dos}$	g CSB$_{BM}$/g CSB$_{abb}$	0,45	0,42	0,42

Zur Simultanfällung mit Kalk wird Kalkmilch in der Regel in den Zulauf zur Nachklärung dosiert, um den pH-Wert anzuheben und hierdurch die Fällung herbeizuführen. Der Kalkbedarf richtet sich in erster Linie nach der Säurekapazität. Vorversuche werden auf jeden Fall empfohlen, vgl. Arbeitsblatt ATV-A 202.

Tafel 21.75 Berechnungsansätze zur P-Elimination

Bestimmungsgröße	Berechnungsansatz
Biologische P-Elimination	
Anordnung eines anaeroben Mischbeckens mit Mindestkontaktzeiten:	0,5 bis 0,7 h bezogen auf den maximalen Trockenwetterzufluss und den Rücklaufschlammstrom ($Q_t + Q_{RS}$)
Simultanfällung	
Zur Ermittlung des zu fällenden Phosphates ist eine Phosphorbilanz, ggf. für verschiedene Lastfälle aufzustellen:	$X_{P,F} = C_{P,ZB} - C_{P,AN} - X_{P,BM} - X_{P,BioP}$ [mg/l] mit $C_{P,ZB}$ = Konzentration des Gesamtphosphors im Zulauf $C_{P,AN}$ = Ablaufkonzentration, $C_{P,AN} = 0,6$ bis $0,7 C_{P,ÜW}$ $X_{P,BM}$ = zum Zellaufbau benötigtes Phosphor $0,01 C_{BSB,ZB}$ bzw. $0,005 C_{CSB,ZB}$
Den mittleren Fällmittelbedarf kann man mit 1,5 mol Me^{3+}/mol $X_{P,Fäll}$ berechnen. Umgerechnet ergeben sich folgende Bedarfswerte:	Fällung mit Eisen: 2,7 kg Fe/kg $X_{P,Fäll}$ Fällung mit Aluminium: 1,3 kg Al/kg $X_{P,Fäll}$

Die Einhaltung von Überwachungswerten $C_{P,ÜW} < 1$ mg/l P in der qualifizierten Stichprobe bzw. 2-h-Mischprobe ist nur unter günstigen Bedingungen in einstufigen Belebungsanlagen möglich.

Ermittlung der Schlammproduktion Der als CSB gemessene, produzierte Schlamm $X_{CSB,ÜS}$ setzt sich aus dem inerten partikulären Zulauf-CSB $X_{CSB,inert,ZB}$, der gebildeten Biomasse $X_{CSB,BM}$ und den vom endogenen Zerfall der Biomasse verbliebenen inerten Feststoffen $X_{CSB,inert,BM}$ zusammen. In der Tafel 21.76 ist unter Berücksichtigung von typischen Kennwerten ein Berechnungsansatz für die Schlammproduktion aus dem CSB-Abbau nach DWA-A131 (06.16) angegeben. Hierzu ergänzend ist in der Tafel 21.76

Tafel 21.76 Berechnungsansätze zur Schlammproduktion nach DWA-A 131 (06.16)

Bestimmungsgröße	Berechnungsansatz
Gesamtschlammanfall in der Belebung	$\ddot{U}S_d = \ddot{U}S_{d,C} + \ddot{U}S_{d,P}$ [kg TS/d]
Für den Zusammenhang von Schlammproduktion und Schlammalter gilt:	$t_{TS} = \dfrac{M_{TS,BB}}{\ddot{U}S_d} = \dfrac{V_{BB} \cdot TS_{BB}}{\ddot{U}S_d}$ $= \dfrac{V_{BB} \cdot TS_{BB}}{Q_{\ddot{U}S,d} \cdot TS_{\ddot{U}S} + Q_d \cdot X_{TS,AN}}$ [d]
Schlammproduktion aus Kohlenstoffabbau	
Schlammproduktion insgesamt mit Kennwerten nach DWA 131	$\ddot{U}S_{d,C} = Q_{d,Konz} \cdot \left(\dfrac{X_{CSB,inert,ZB}}{1,33} + \dfrac{X_{CSB,BM} + X_{CSB,inert,BM}}{0,92 \cdot 1,42} + X_{anorgTS,ZB} \right)/1000$ [kg/d]
Schlammproduktion aus Phosphorelimination	
Biologisch und chemisch Fällung mit Fe und/oder Al	$\ddot{U}S_{d,P} = Q_d \cdot (3 \cdot X_{P,BioP} + 6,8 \cdot X_{P,Fäll,Fe} + 5,3 \cdot X_{P,Fäll,Al})/1000$ [kg/d]
Fällung mit Kalk	1,35 kg TS pro kg Calciumhydroxid (Ca(OH)$_2$)

Tafel 21.77 Berechnungskenngrößen zur Volumenermittlung

Bestimmungsgröße	Berechnungsansatz
Das Volumen des Belebungsbeckens	$V_{BB} = \dfrac{M_{TS,BB}}{TS_{BB}}$ [m^3]
Erforderliche Masse der Feststoffe im Belebungsbecken	$M_{TS,BB} = t_{TS,Bem} \cdot \ddot{U}S_d$ [kg]

Tafel 21.78 Kenngrößen zur Ermittlung der Rückführung und Taktdauer nach DWA-A131 (06.16)

Bestimmungsgröße	Berechnungsansatz
Rechnerisch erforderliches Rückführverhältnis (RF) für vorgeschaltete Denitrifikation	$RF = \dfrac{S_{NO_3,D}}{S_{NO_3,AN}}$ $[-]^{-1}$
Ermittlung der internen Rezirkulation Q_{RZ}	$RF = \dfrac{Q_{RS}}{Q_{T,2h,max}} + \dfrac{Q_{RZ}}{Q_{T,2h,max}}$ $[-]$
Maximal möglicher Wirkungsgrad der vorgeschalteten Denitrifikation	$\eta_D \leq 1 - \dfrac{1}{(1+RV)}$ $[-]$
Bei der Kaskadendenitrifikation wird der Wirkungsgrad über den der letzten Stufe zugeführten Frachtanteil (x) bestimmt; ggf. ist eine interne Rezirkulation zu berücksichtigen	$\eta_D \leq 1 - \dfrac{x_i}{(1+RF)}$ $[-]$
Bei intermittierenden Verfahren kann man die Taktdauer ($t_T = t_N + t_D$) wie folgt abschätzen:	$t_T = t_R \cdot \dfrac{1}{(1+RF)}$ [h] $t_R = V_{BB}/Q_{T,2h,max}$ $t_T > 2$ h

Tafel 21.79 Kenngrößen zur Ermittlung des Sauerstoffbedarfes nach DWA-A 131 (06.16)

Bestimmungsgröße	Berechnungsansatz
Für die Kohlenstoffelimination aus der CSB-Bilanz gilt:	$OV_C = C_{CSB,abb,ZB} + C_{CSB,dos}$ $- X_{CSB,BM} - X_{CSB,inert,BM}$ [mg/l] $OV_{d,C} = Q_{d,Konz} \cdot OV_C/1000$ [kg O$_2$/d]
Für die Nitrifikation wird der Sauerstoffverbrauch mit 4,3 kg O$_2$ pro kg oxidierten Stickstoffs unter Berücksichtigung des Stoffwechsels der Nitrifikanten angenommen	$OV_{d,N} = Q_{d,Konz} \cdot 4{,}3$ $\cdot (S_{NO3,D} - S_{NO3,ZB}$ $+ S_{NO3,AN})/1000$ [kg O$_2$/d]
Bei der Denitrifikation wird für den Kohlenstoffabbau mit 2,9 kg O$_2$ pro kg denitrifizierten Stickstoffs gerechnet:	$OV_{d,D} = Q_{d,Konz} \cdot 2{,}86 \cdot S_{NO3,D}/1000$ [kg O$_2$/d]
Den Sauerstoffverbrauch für die Tagesspitze (OV_h) wird bestimmt nach folgendem Ansatz:	$OV_h =$ $\dfrac{f_C \cdot (OV_{d,C} - OV_{d,D}) + f_N \cdot OV_{d,N}}{24}$ [kg O$_2$/h]
Der Stoßfaktor f_C stellt das Verhältnis des Sauerstoffverbrauches für Kohlenstoffelimination in der Spitzenstunde zum durchschnittlichen Sauerstoffverbrauch dar	f_C = Stoßfaktor für Kohlenstoffabbau (siehe Tafel 21.80)
Der Stoßfaktor f_N ist gleich dem Verhältnis der TKN-Fracht in der 2-h-Spitze zur 24-h-Durchschnittsfracht	f_N = Stoßfaktor für Nitrifikation (siehe Tafel 21.80)

Tafel 21.80 Stoßfaktoren für den Sauerstoffverbrauch nach DWA-A 131 (06.16)

Parameter	Schlammalter in d					
	4	6	8	10	15	25
f_C	1,3	1,25	1,2	1,2	1,15	1,1
f_N^* für $B_{d,CSB,Z} \leq 2400$ kg/d	–	–	–	2,4	2,0	1,5
f_N^* für $B_{d,CSB,Z} > 12.000$ kg/d	–	–	2,0	1,8	1,5	–

Anmerkung f_N^* hilfsweise, wenn keine Messungen für f_N vorliegen.

der Berechnungsansatz zur Phosphorelimination angegeben.

Bestimmung des Volumens des Belebungsbeckens Die maßgebenden Bemessungskenngrößen zur Ermittlung des Belebungsbeckenvolumen sind nachfolgend in Tafel 21.77 entsprechend dem DWA-A 131 (06.16) zusammengestellt.

Erforderliche Rückführung bzw. Taktdauer Siehe Tafel 21.78.

Sauerstoffbedarf Der Sauerstoffbedarf ergibt sich aus dem Verbrauch für die Kohlenstoffelimination und dem Bedarf für die Nitrifikation sowie der Einsparung an Sauerstoff aus der Denitrifikation. Der Sauerstoffbedarf ist durch die Sauerstoffzufuhr abzudecken. Für die Auslegung der Belüftung sind nach DWA-A 131 (06.16) mindestens vier Lastfälle zu betrachten, für die der stündliche Sauerstoffverbrauch zu berechnen ist (siehe Tafel 21.79).

- Lastfall 1: Durchschnittlicher Sauerstoffverbrauch im Ist-Zustand, $OV_{h,aM}$
- Lastfall 2: Maximaler Sauerstoffverbrauch im Ist-Zustand, $OV_{h,max}$
- Lastfall 3: Minimaler Sauerstoffverbrauch im Ist-Zustand, $OV_{h,min}$
- Lastfall 4: Sauerstoffverbrauchswerte für den Prognose- und gegebenenfalls Revisions-Zustand

Da die Sauerstoffverbrauchsspitze für die Nitrifikation in der Regel vor der Sauerstoffverbrauchsspitze für die Kohlenstoffelimination auftritt, sind jeweils zwei Rechengänge zur Ermittlung des maximalen stündlichen Sauerstoffverbrauchs, einmal mit $f_C = 1$ und dem ermittelten f_N-Wert und einmal mit $f_N = 1$ und dem angenommenen f_C-Wert durchzuführen. Der höhere Wert von OV$_h$ ist maßgebend.

Sauerstoffzufuhr Die Auslegung der Belüftung geht von dem für die einzelnen Lastfälle ermittelten Sauerstoffbedarf nach DWA-A 131 (06.16) aus. Hieraus wird die notwendige Sauerstoffzufuhr SOTR als maßgebliche Dimensionierungsgröße für die Auslegung der Belüftung ermittelt. Siehe DWA-M 229-1 (09.17).

Die in Belebungsanlagen einsetzbaren Belüftungssysteme werden unterschieden in Druckbelüftungs- und Oberflächenbelüftungssysteme. In Deutschland sind überwiegend feinblasige Druckbelüftungselemente in Form von Rohren, Domen bzw. Tellern und Platten im Einsatz (siehe Abb. 21.45).

Die maßgebenden Kenngrößen und Richtwerte zur Ermittlung der Belüfterleistung für die Druckbelüftung sind in den Tafeln 21.81 und 21.82 zusammengestellt.

Bei allen Oberflächenbelüftungssystemen erfolgt der Sauerstoffeintrag durch die mechanische Einwirkung der Belüfter an der Oberfläche. Es wird unterschieden in Walzenbelüftung und Kreiselbelüftung. Zu den Walzenbelüftern zahlen die Bürstenbelüfter, Stabwalzen und Mammutrotoren (siehe Abb. 21.46).

Wie bei den Druckbelüftungssystemen erfolgt die Auslegung von Oberflächenbelüftern auf Basis der im Rahmen der Lastfallbetrachtung ermittelten Kennwerte für den Sauerstoffbedarf. Die erforderliche Sauerstoffzufuhr SOTR ist gemäß Tafel 21.81 zu bestimmen. Der mögliche Leistungsbereich von Kreisel und Walzen ist gemäß DWA-M 229 (09.17) in Tafel 21.83 aufgezeigt. Mit Oberflächenbelüftungssystemen kann unter günstigen Bedingungen eine Eintragseffizienz (SAE) von $1{,}8\,\text{kg}\,O_2/\text{kWh}$ bis $2{,}0\,\text{kg}\,O_2/\text{kWh}$ erreicht werden. Unter mittleren Verhältnissen liegt die Eintragseffizienz im Bereich von $1{,}6\,\text{kg}\,O_2/\text{kWh}$ bis $1{,}8\,\text{kg}\,O_2/\text{kWh}$.

Säurekapazität Sowohl durch Nitrifikation als auch durch Zugabe von Metallsalzen (Fe^{2+}, Fe^{3+}, Al^{3+}) zur Phosphorelimination wird die Säurekapazität (Konzentration von Hydrogencarbonat, Bestimmung nach DIN 38409 Teil 7) vermindert. Dies kann auch zu einer Abnahme des pH-Wertes führen.

In tiefen Belebungsbecken ($\geq 6\,\text{m}$) mit hoher Sauerstoffausnutzung kann trotz ausreichender Säurekapazität wegen einer zu geringen Strippung der biogen gebildeten Kohlensäure (CO_2) der pH-Wert unter 6,6 absinken. Anhaltswerte sind Tafel 21.85 zu entnehmen.

Abb. 21.45 Druckbelüftungssysteme, Beispiele

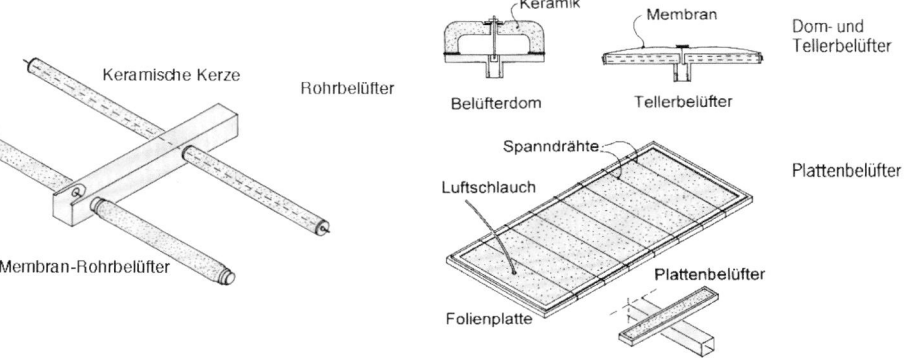

Tafel 21.81 Kenngrößen zur Ermittlung der Belüfterleistung nach DWA-M 229-1 (09.17)

Bestimmungsgröße	Berechnungsansatz
Erforderliche Sauerstoffzufuhr SOTR nach DWA-M 229-1 Weitere Erläuterungen der in Gleichung angegebenen Parameter enthält das Merkblatt DWA-M 229-1	$\text{SOTR} = \dfrac{f_d \cdot \beta \cdot C_{S,20}}{\alpha \cdot (f_d \cdot \beta \cdot C_{S,T} - C_X) \cdot \theta^{(T_w - 20)}} \cdot \text{OV}_h$ $\quad [\text{kg} \cdot O_2/\text{h}]$ f_d: Tiefenfaktor; β: Salzfaktor; $C_{S,20}$: Sauerstoffsättigungskonzentration bei 20 °C; $C_{S,T}$: Sauerstoffsättigungskonzentration bei T; C_X: Sauerstoffkonzentrationen im Belebungsbecken; θ: Temperaturkorrekturfaktor; T: Temperatur im Belebungsbecken; α: Grenzflächenwert
Luftbedarf $Q_{L,N}$ unter Verwendung der spezifischen Standardsauerstoffausnutzung SSOTE	$Q_{L,N} = \dfrac{1000 \cdot \text{SOTR}}{3 \cdot \text{SSOTE} \cdot h_D}$ $\quad [\text{m}_N^3/\text{h}]$ h_d: Einblastiefe in m SSOTE: Spezifische Standard-Sauerstoffausnutzung in %/m
Spezifische Standardsauerstoffzufuhr SSOTR bei 300 g O_2/m^3	$\text{SSOTR} = \text{SSOTE} \cdot 3$ $\quad [\text{g}\,O_2/\text{m}_N^3 \cdot \text{m}]$

Abb. 21.46 Oberflächenbelüftungssysteme – Beispiele

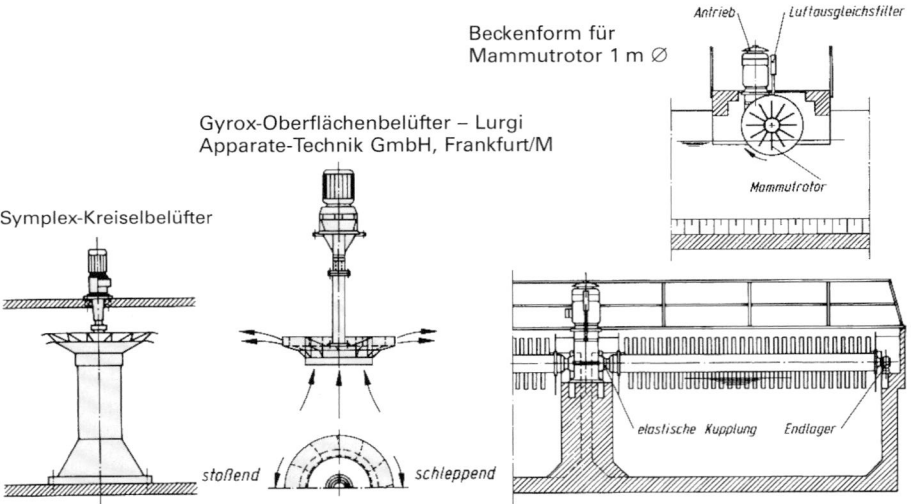

Tafel 21.82 Richtwerte für Druckluftbelüftungssysteme bezüglich SSOTE (Spezifische Standard-Sauerstoffausnutzung) und SAE (Sauerstoffertrag) (alle Werte für Reinwasserbedingungen bis zu einer Einblastiefe von 6 m) System nach DWA-M 229 (09.17)

System	Günstig		Mittel	
	SSOTE (%/m)	SAE (kg/kWh)	SSOTE (%/m)	SAE (kg/kWh)
Flächendeckend	8,0–8,7	4,2–4,5	6,0–7,0	3,3–3,4
Umwälzung und Belüftung	6,7–8,0	3,7–4,2	5,0–7,0	3,2–3,3

Tafel 21.83 Leistungs- und Regelbereich von Oberflächenbelüftern bezüglich SOTR (Standard-Sauerstoffzufuhr) nach DWA-M 229 (05.13)

Belüftertyp	Mögliche O_2-Zufuhr $SOTR_{max}$ in kg/h	Art der Regelung/Steuerung	Wirtschaftl. Regelbereich in % von $SOTR_{max}$
Kreisel	5–450	intermittierend:	0–100
		Eintauchtiefe:	55–100
		Drehzahl:	30–100
Walzen	5–90 bzw. 5–9 kg/(m · h)	intermittierend:	0–100
		Eintauchtiefe:	40-100
		Drehzahl:	70–100

Tafel 21.84 Berechnungsansatz zur Säurekapazität nach A 131 (06.16)

Bestimmungsgröße	Berechnungsansatz
Die Säurekapazität nimmt durch Nitrifikation (unter Einrechnung des Rückgewinns aus der Denitrifikation) und der Phosphatfällung angenähert wie folgt ab:	$S_{KS,AB} = S_{KS,ZB} - 0,07$ $\cdot (S_{NH_4,ZB} - S_{NH_4,AN} + S_{NO_3,AN} - S_{NO_3,AN})$ $- 0,06 \cdot S_{Fe3} - 0,04 \cdot S_{Fe2} - 0,11 \cdot S_{Al3}$ $+ 0,03 \cdot X_{P,Fäll}$ [mmol/l] S_{KS} in mmol/l, andere Konzentrationen in mg/l, $S_{KS,AB} \geq 1,5$ mmol/l

Tafel 21.85 pH-Werte im Belebungsbecken in Abhängigkeit von der Sauerstoffausnutzung und der Säurekapazität (A 131). Die Sauerstoffausnutzung ist für Betriebsbedingungen zu ermitteln

SKS, AB [mmol/l]	pH-Werte im Belebungsbecken bei einer mittleren Sauerstoffausnutzung von				
	6 %	9 %	12 %	18 %	24 %
1,0	6,6	6,4	6,3	6,1	6,0
1,5	6,8	6,6	6,5	6,3	6,2
2,0	6,9	6,7	6,6	6,4	6,3
2,5	7,0	6,8	6,7	6,5	6,4
3,0	7,1	6,9	6,8	6,6	6,5

Tafel 21.86 Bemessungskenngröße für aeroben Selektor nach A 131 (06.16)

Richtwert für das Volumen eines aeroben Selektors wird eine Raumbelastung von	$B_{R,CSB} = 20$ kg CSB/(m^3 d)
Die Sauerstoffzufuhr für den aeroben Selektor sollte bemessen werden auf:	α OC = 4 kg O_2/m^3 d

Bemessung eines aeroben Sektors Aerobe Selektoren sind zur Verringerung der Gefahr von fadenförmigem Bakterienwachstum bei Abwässern mit hohen Anteilen leicht abbaubarer organischer Stoffe sowie vor total durchmischten Belebungsbecken zweckmäßig. Sie dienen insbesondere der intensiven Vermischung von Rücklaufschlamm und Abwasser. Die Abnahme des BSB_5 bzw. CSB kann sich nachteilig auf die Denitrifikation auswirken.

Anaerobe Mischbecken zur biologischen Phosphorelimination haben auf den Schlammindex eine ähnliche Wirkung wie aerobe Selektoren.

Das Becken sollte mindestens zweimal (Zweierkaskade) unterteilt werden.

21.3.6 Weitergehende Abwasserreinigung

21.3.6.1 Einsatz der Filtration nach biologischer Reinigung

DIN EN 12255-7 (04.02) Kläranlagen – Teil 7: Biofilmreaktoren

DIN EN 12255-16 (06.19) Kläranlagen – Teil 16: Abwasserfiltration

DIN 19569-8 (06.05) Kläranlagen, Baugrundsätze und technische Ausrüstungen – Teil 8: Besondere Baugrundsätze für Anlagen zur Abwasserreinigung mit Festbettfiltern und biologischen Filtern

DWA-A 203 (02.19) Abwasserfiltration durch Raumfilter nach biologischer Reinigung

ATV-DVWK (03.00) Arbeitsbericht der ATV-Arbeitsgruppe 2.6.4: Biofilter zur Abwasserreinigung.

DWA-Arbeitsgruppe KA-6.3 Biofilmverfahren (09.14) Arbeitsbericht der Betriebserfahrungen mit Biofiltern zur Abwasserreinigung – Reinigungsleistung und Energieverbrauch

Aufgabenbereiche der Filtration Bei weitergehenden Anforderungen an die Ablaufqualität von Kläranlagen werden Abwasserfilter als nachgeschaltete Stufe hinter der Nachklärung angeordnet. Durch den Einsatz der Filtration werden Reinigungsleistung und Ablaufqualität deutlich verbessert und stabilisiert.

Entsprechend den Aufgabenstellungen werden in der Praxis auch unterschiedliche Filtrationsverfahren eingesetzt. Zur besseren Einordnung des Wirkungsbereiches der einzelnen Filtrationssysteme ist in der Tafel 21.87 eine vereinfachte Übersicht zum Leistungsspektrum einiger wichtiger Abwasserparameter gegenübergestellt.

Den Einfluss der abfiltrierbaren Stoffe auf den Kläranlagenablauf in Bezug auf den BSB, CSB, Phosphor und Stickstoff zeigt die Tafel 21.88.

Flächenfiltration Die Flächenfiltration ermöglicht den Rückhalt von kleinen und großen Partikeln über eine dünne Filterschicht aus Kies oder Sand, Tuchfilter, Membrane oder Siebe. Flächenfilter werden in der weitergehenden Abwasserreinigung zur Feststoffelimination und Phosphorelimination eingesetzt.

Die in der Praxis bisher eingesetzten einzelnen Flächenfilter sind in der Tafel 21.89 in Abhängigkeit des Filtermediums, der Filterschichten, der Filtrationsrichtung, der Spültechnik, des Einsatzzweckes und der Bemessung gegenübergestellt.

Raumfiltration Die Raumfiltration beruht im Gegensatz zur Flächenfiltration auf der Wirkung zweier getrennter Schritte, dem Stofftransport und der Stoffanlagerung im Fil-

Tafel 21.87 Auswahlkriterien für den Einsatz von Filtrationsverfahren; Barjenbruch, 1999 modifiziert

	AFS	$CSB_{gelöst}$	NH_4-N	NO_3-N	$P_{gelöst}$
Flächenfiltration					
Kornhaufenfilter (+ Flockung)	+	o	o	o	o/(+)
Tuchfiltration	+	o	o	o	o
Mikrosiebe	+	o	o	o	o
Raumfiltration					
Flockungsfiltration nach Simultanfällung oder erhöhter biologischer P-Elimination	++	+	o	o	++
Raumfiltration und Aktivkohleadsorption	++	++	o	o	+
Biofiltration					
Rest-N-Filter mit O_2-Zugabe + Flockung	+	+	++	o	+
Rest-DN-Filter mit C-Zugabe + Flockung	+	o	o	++	+

o = keine bis geringe Wirkung, + = gute Wirkung, ++ = sehr gute Wirkung

Tafel 21.88 Erhöhung der Kläranlagenablaufwerte bei einem Feststoffabrieb der Nachklärung von 1 mg/l nach DWA-A 131 (06.16)

Feststoffabrieb	C_{CSB}	C_P	C_N
1 mg/l AFS	0,8–1,4	0,012–0,04	0,04–0,10

Tafel 21.89 Verfahren der Flächenfiltration

Bezeichnung	Aufbau Filtermedium	Strömungsrichtung/ Strömungsrichtung	Spülzyklus Spülmedium	Eliminations-Wirkung	Filtergeschwindigkeit
Zellenfilter	i. d. R. Einschicht	Abwärts Überstau	Quasikontinuierlich Wasser	AFS, CSB, P	5 bis 10 m/h
Automatischer Schwerkraftfilter	Einschicht	Abwärts Überstau	Diskontinuierlich Wasser/Luft	AFS, CSB, P	5 bis 10 m/h
Tuchfiltration	Nadelfilz, Gewebe	Beliebig	Quasikontinuierlich Wasser	AFS, CSB	bis 12 m/h
Mikrosiebung	Metallgewebe, Kunststoffgewebe	Radial	Kontinuierlich Wasser	AFS, CSB	8 bis 12 m/h

terbett. Die Abstufung des Filterkorns von grob nach fein in Fließrichtung ermöglicht ein großes Speichervermögen und längere Filterlaufzeiten.

In der weitergehenden Abwasserreinigung wird die Raumfiltration zur erhöhten Partikelentnahme und Phosphorentfernung eingesetzt. In Sonderfällen kann bei hohen Industrieanteilen durch die Zugabe von Aktivkohle vor der Filtration eine verbesserte CSB-Entfernung erreicht werden.

Mit der Flockungsfiltration wird durch die Vorschaltung einer Fällungs- und Flockungsstufe eine weitgehende P-Elimination bis auf Restkonzentrationen von $< 0,3$–$0,2$ mg/l ermöglicht. Dies gilt allerdings nicht, wenn ein erhöhter Anteil an nicht fällbaren gelösten P-Verbindungen von $> 0,1$ mg/l im Zulauf zur Filtration vorliegt. Vor der Filtration erfolgt eine Intensivmischung von Abwasser und Flockungsmitteln, wobei die Kontaktzeit von wenigen Minuten ausreichend ist. Durch die Zugabe der Fällmittel wird der gelöste Phosphor ausgefällt und in partikuläre und damit abscheidbare Form überführt. Im Filter werden die Metallphosphate und Metallhydroxide zurückgehalten. Es können unabhängig vom Filtertyp sehr geringe Restkonzentrationen erreicht werden, wenn das molare Verhältnis von $> 1,8$ eingehalten ist. Gegebenenfalls wird zur Verbesserung der Filtrationseigenschaften die Zudosierung von nicht ionogenen oder schwach anionischen Polyacrylamiden notwendig und zwar in einem Dosierbereich von $0,005$ bis $0,3$ mg/l.

Die Einordnung der unterschiedlichen Filtrationsverfahren in Bezug auf Filtermedium, Filterschichten, Filtrationsrichtung, Spültechnik und Einsatzzweck erfolgt in der Tafel 21.90.

Die Abb. 21.47 zeigt beispielhaft ein bewährtes Verfahren der Raumfiltration. Diese Filtration wird in der Regel bei sehr großen Anlagen in offener und rechteckiger Bauweise eingesetzt. In Abhängigkeit der Zielvorgaben erfolgt

eine Einschicht- oder Mehrschichtfiltration. Neben den klassischen Raumfiltern werden noch eine Vielzahl von konstruktiv modifizierten Filtersystemen eingesetzt. Ein Beispiel einer derartigen Sonderkonstruktion der Raumfiltration ist der kontinuierlich gespülte Einschichtfilter, der vorwiegend bei kleineren bis mittleren Ausbaugrößen eingesetzt wird.

Biologische Filtration   In Verbindung mit den chemisch-physikalischen Prozessen ist zusätzlich zur Filterwirkung parallel auch eine gezielte biologische Wirkung wie z. B. Restnitrifikation oder Restdenitrifikation möglich. In dieser Funktion werden nachfolgend die Biofiltersysteme im Einzelnen dargestellt.

Biofilter sind ihrer Bauart gemäß grundsätzlich Raumfilter. Bezüglich Aufbau, baulicher Gestaltung und technischer Ausrüstung wie z. B. Rückspültechnik, Düsenboden etc. entsprechen sie im Wesentlichen den klassischen Filtrationen. Je nach Durchströmrichtung wird unterschieden in Aufstrom- und Abstromfilter. Beide Filtersysteme werden in der Praxis eingesetzt. Biologische Filtrationssysteme werden mit spezifischen körnigen Filtermaterialien und mit gesonderten technischen Zusatzeinrichtungen wie z. B. Vorbelüftungsbecken, Belüftungen des Filterbettes oder C-Zudosierungen ausgerüstet. Bei der Anwendung dieser Systeme ist darauf zu achten, dass neben den gezielten biologischen Umsatzleistungen der weitgehende Feststoffrückhalt sichergestellt bleibt.

Bei der Sicherstellung ausreichender Restnitrifikation- und Restdenitrifikationsleistungen im Filterbett ist darauf zu achten, dass zulässige Filtergeschwindigkeit und mögliche biologische Umsatzleistung aufeinander abgestimmt sind.

Ein konstruktives Ausführungsbeispiel zur biologischen Filtration mit den erforderlichen Zusatzeinrichtungen ist in Abb. 21.48 beispielhaft dargestellt. Weitere Ausführungsmöglichkeiten, Angaben zur Reinigungsleistung und zum Energieverbrauch sind in den DWA Erfahrungsberichten der Arbeitsgruppe Biofilmverfahren (09.14) und im DWA-A 203 (02.19) angegeben.

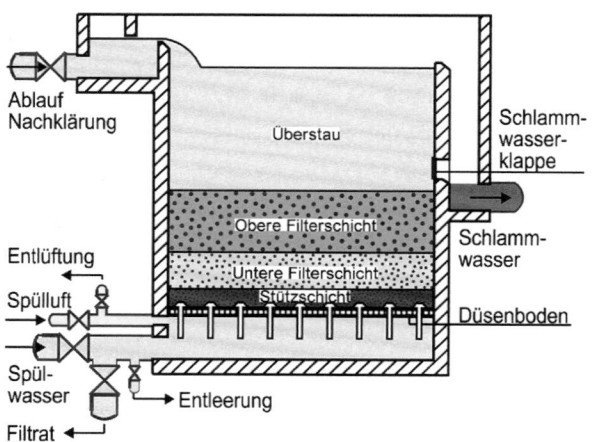

Abb. 21.47 Grundprinzip abwärts durchströmter Filter mit Aufstauspülung nach DWA-A 203

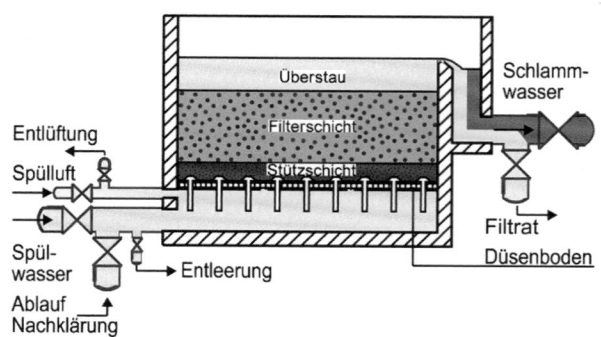

Abb. 21.48 Grundprinzip aufwärts durchströmter Filter mit Durchlaufspülung nach DWA-A 203

Tafel 21.90 Verfahren der Raumfiltration nach DWA-A 203 (02.19)

Aufbau	Strömungs-richtung	Spülzyklus	Spül-medium	Eliminationswirkung					Bezeichnung
				AFS	PO$_4$-P	CSB-gelöst	NH$_4$-N	NO$_3$-N	
Eine Filter-schicht	abwärts	diskontinuier-lich	Luft/Wasser	++	o	o	o	o	Einschichtfilter
				(++)	(++)	(+)	(o)	(o)	(mit Fällung/Flockung)
				++	o	o	o	++	biologisch intensivierter anoxischer Einschicht-filter
				(++)	(++)	(o)	(o)	(++)	(mit Fällung/Flockung)
	aufwärts	diskontinuier-lich bzw. kontinuierlich	Luft/Wasser	++	o	o	o	o	Einschichtfilter
				(++)	(++)	(+)	(o)	(o)	(mit Fällung/Flockung)
				+	o	+	+	o	biologisch intensivierter aerober Einschichtfilter
				(+)	(+)	(+)	(+)	(o)	(mit Fällung/Flockung)
				++	o	o	o	++	biologisch intensivierter anoxischer Einschicht-filter
				(++)	(++)	(o)	(o)	(++)	(mit Fällung/Flockung)
Zwei Filter-schich-ten	abwärts	diskontinuier-lich	Luft/Wasser	++	o	o	o	o	Zweischichtfilter
				(++)	(++)	(+)	(o)	(o)	(mit Fällung/Flockung)
				+	o	+	+	o	biologisch intensivierter aerober Zweischichtfilter
				(+)	(+)	(+)	(+)	(o)	(mit Fällung/Flockung)
				++	o	o	o	++	biologisch intensivierter anoxischer Zweischicht-filter
				(++)	(++)	(+)	(o)	(++)	(mit Fällung/Flockung)

ANMERKUNGEN

Die verwendeten Bezeichnungen bedeuten:

o = ohne Wirkung +   = gute Wirkung ++ = sehr gute Wirkung

Filtergeschwindigkeiten:

15 m/h für Raumfilter als Flockungsfilter

20 m/h für Raumfilter ohne Chemikaliendosierung und guten Randbedingungen

10 m/h für Raumfilter zur Restdenitrifikation

21.3.6.2 Einsatz von Adsorptionsverfahren

Eine Elimination von anthropogenen Spurenstoffen im Ablauf von Abwasserreinigungsanlagen über adsorptive Verfahren wird derzeit in der Schweiz und Deutschland bereits in diversen Fällen praktiziert. Bei den Adsorptionsverfahren wird entweder die Adsorption an granulierte Aktivkohle (GAK) in Filtern oder die Adsorption an pulverisierte Aktivkohle (PAK) vorgenommen.

PAK-Dosierung In der Praxis wird die Abtrennung der pulverisierten Aktivkohle in unterschiedlichen Varianten vorgenommen. Neben der bewährten Sedimentation und Fil-

Tafel 21.91 Zusammenstellung von Materialkenndaten und Spülgeschwindigkeiten nach ATV-Handbuch (1997)

Filter-material	Körnung [mm]	Feststoffdichte [g/cm³]ᵃ	Kornnassdichte [g/cm³]ᵃ	Schüttdichte [kg/m³]ᵃ	Spülgeschwindigkeit für eine ausreichende Ausdehnung [m/h]
Anthrazit	1,4 bis 2,5	1,4	1,4	720	55
	2,5 bis 4,0	1,4	1,4	720	90
Basalt	1,0 bis 2,0	2,9	2,9	1700	110
Bims	2,5 bis 3,5	2,3	1,3 bis 1,5	340	55
Bläh-schiefer	1,4 bis 2,5	2,5	1,2 bis 1,7	650	60
	2,5 bis 4,0	2,5	1,2 bis 1,7	600	90
Blähton	1,4 bis 2,5	2,5	1,1 bis 1,6	650	60
	2,5 bis 4,0	2,5	1,1 bis 1,6	600	90
Filter-sand	0,71 bis 1,25	2,5	2,5	1500	55
	1,0 bis 1,6	2,5	2,5	1500	75
	1,0 bis 2,0	2,5	2,5	1500	90
	2,0 bis 3,15	2,5	2,5	1500	130

Korrekturfaktor der Spülgeschwindigkeit für $5\,°C < T < 30\,°C$

Temperatur [°C]	5	10	15	20	25	30
Korrekturfaktor [–]	0,87	0,92	0,96	1,0	1,04	1,12

ᵃ Richtwerte, maßgebend sind Herstellerangaben

Abb. 21.49 Verfahren der PAK-Dosierung mit Sedimentation und Filtration nach BAFU (2012), modifiziert

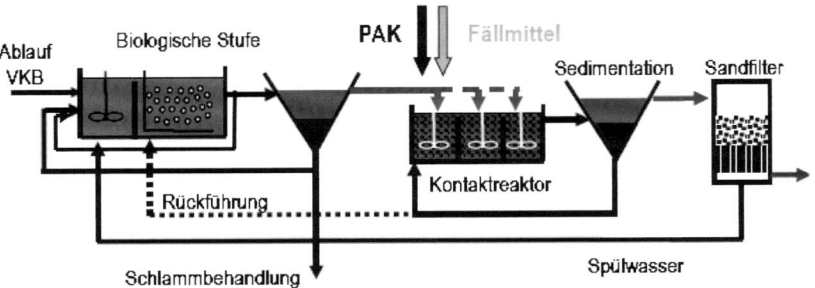

Tafel 21.92 Räumumsatzleistung zur Bemessung der Biofilter

Bestimmungsgröße	Berechnungsansatz
Räumumsatzleistung zur Rest-Nitrifikation (B_R)	$B_R = B_{h,NH_4\text{-}N}/V_F$ [kg NH₄-N/(m³ h)] $B_{R\,max} < 0,06$ kg NH₄-N/(m³ h) ($T = 12\,°C$)
Raumumsatzleistung zur Rest-Denitrifikation (B_R)	$B_R = B_{h,NO_x\text{-}N}/V_F$ [kg NOₓ-N/(m³ h)] $B_{R\,max} < 0,20$ kg NOₓ-N/(m³ h) ($T = 12\,°C$)

Tafel 21.93 Dimensionierungsgrößen zur Adsorption mit pulverisierter Aktivkohle (PAK) nach Metzger (2010), DWA-Themen T3/2015

Bestimmungsgröße	Berechnungsansatz
Kontaktbecken	
Kontaktzeit im Mischreaktor	$> 0,5$ h bei $Q_{h,Bem}$
PAK – Dosierung	$C_{Pak} = 10\text{–}20$ mg/l abhängig vom DOC, Eliminationsziel
Fällmittel – Dosierung	$C_{FM} = 2\text{–}8$ mg/l
Flockungshilfsmittel	$C_{FHM} = 0,1\text{–}0,3$ mg/l
Rücklaufverhältnis	$RV = 0,5\text{–}1,0$
Sedimentationsbecken	
Aufenthaltszeit	$t > 2$ h
Oberflächenbeschickung	$q_A < 2$ m/h
Filtration – 2 Schicht: z. B. Hydroanthrazit und Sand	
Filtergeschwindigkeit	$v_{Fmax} < 12$ m/h
Hydroanthrazit	Körnung: 1,4–2,5 mm Schichthöhe = 0,75 m
Sand	Körnung: 0,71–1,25 mm Schichthöhe = 0,75 m

tration gemäß Abb. 21.49 werden auch andere Abtrennsysteme wie z. B. Schrägklärer, Mikrosiebe und andere eingesetzt (DWA Themen T3, 04.15).

GAK-Filtration Eine weitgehende und sichere Feststoffentfernung nach der biologischen Abwasserreinigung durch die Anordnung einer Filtrationsstufe führt zu einer stabilen Adsorption von gelösten Spurenstoffen. (Siehe Abb. 21.50) In einem mit granulierter Aktivkohle gefüllten Raumfilter können aber auch biologische Abbauprozesse Spurenstoffe

Abb. 21.50 Verfahren und Filtration nach BAFU (2012), modifiziert

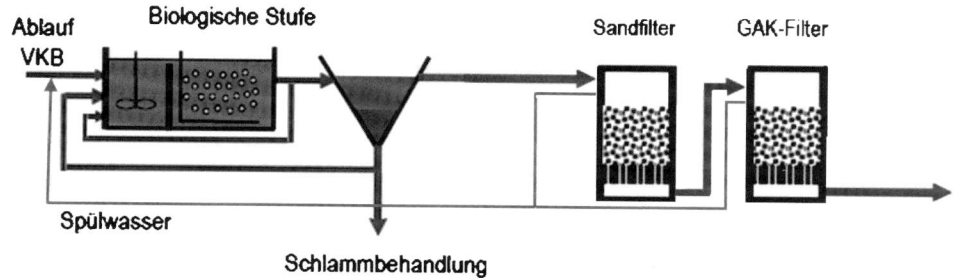

Tafel 21.94 Dimensionierungsgrößen zur Adsorption mit granulierter Aktivkohle (GAK) nach DWA-Themen T3/2015, Mertsch (09.2015)

Bestimmungsgröße	Berechnungsansatz
Aktivkohlefilter	
Kontaktzeit (EBCT = empty bed contact time)	$t_K = 5–30$ min
Filtergeschwindigkeit	$V_F = 5–15$ m/h
Filterbetthohe	$h_F = 2–4$ m
Bettvolumina (BVT = bed volume treated) $= V_{behandelt}/V_{Filtervolumen}$ Je nach Reinigungsziel	BVT = 5000 bis 15.000 $\text{m}^3_{behandelt}/\text{m}^3_{GAK}$

abbauen. Feststoffe werden im Filterbett ebenfalls zu einem großen Teil zurückgehalten. Granulierte Aktivkohle kann regeneriert werden Es wird somit weniger frische Kohle verbraucht (siehe BAFU (2012)).

Die bisherigen Erfahrungen zur Bemessung mit granulierter Aktivkohle sind in Tafel 21.94 aufgelistet.

21.3.6.3 Einsatz von Ozonung

Zur erhöhten Entfernung von Spurenstoffen wird neben den adsorptiven Verfahren verstärkt auch das oxidative Verfahren der Ozonung eingesetzt. Durch Zugabe des Oxidationsmittels Ozon werden die Mikroverunreinigungen, die in der biologischen Behandlungsstufe nicht entfernt werden, oxidiert. Ihre chemische Struktur wird verändert und dadurch ergibt sich in einer nachfolgenden biologischen Behandlungsstufe eine bessere Eliminationsleistung. Es können allerdings problematische Transformationsprodukte entstehen. Für den optimalen Einsatz der Ozonung ist eine gut funktionierende Nachklärung oder Filtration Voraussetzung. Nach der Ozonung ist eine biologisch aktive Nachbehandlung erforderlich. Es können vorhandene biologisch wirkende Filteranlagen, Schönungsteiche oder Wirbel- und Festbettreaktoren eingesetzt werden (Mertsch 2016).

Abb. 21.51 zeigt beispielhaft das Verfahren einer Ozonung mit der Nachschaltung einer Biofiltration.

Tafel 21.95 Dimensionierungsgrößen zur Ozonung nach Abbegglen (2009), DWA-Themen T3/2015

Bestimmungsgröße	Berechnungsansatz
Ozonreaktor	
Kontaktzeit	$t_K = 10–30$ min
Eintragstiefe	$h = 4–6$ m
Ozondosis, abhängig von Abwassermatrix und Wirkungsgrad	$Y_{O_3} = 0{,}6–0{,}8$ g O_3/g DOC oder $C_{O_3} = 5–15$ mg/l

21.3.6.4 Einsatz der Membranbelebung

DWA-M 227 (10.14) Membran-Bioreaktor-Verfahren (MBR-Verfahren)

Die Kombination eines Belebungsbeckens mit einer Membranfiltration zur Abtrennung des belebten Schlammes wird als MBR-Verfahren bezeichnet. Die Membranfiltration übernimmt anstelle der konventionellen Nachklärung die Abtrennung des belebten Schlammes. Bei der Membranfiltration werden alle Anteile des belebten Schlammes abgeschieden, die größer als der Trennbereich (Größe der abzutrennenden Partikel bzw. Moleküle) der Membran sind. Beim MBR-Verfahren werden üblicherweise Mikro- oder Ultrafiltrationsmembranen mit einer nominellen Porenweite bis 0,5 μm eingesetzt. Dadurch wird die Abtrennung des belebten Schlammes vom gereinigten Abwasser unabhängig von

Abb. 21.51 Verfahren einer Ozonung und Nachbehandlung Filtration nach BAFU (2012), modifiziert

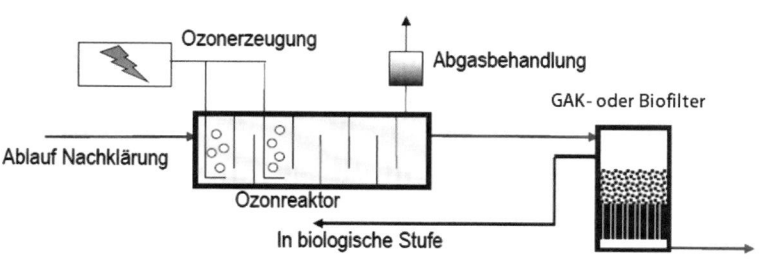

Tafel 21.96 Bandbreite systemspezifischer Dimensionierungsparameter nach DWA-M 227 (10.14)

Parameter	Einheit	Größe
Filterfläche pro Filtrationseinheit	m^2/FE	240 bis 2880
Spezifische Filterfläche pro Grundfläche im eingebauten Zustand „Foot Print"	m^2/m^2	70 bis 180
Packungsdichte $A_{Mem,spez}$ der Module im eingebauten Zustand	m^2/m^3	15 bis 75
Erforderliche Wassertiefe der Membranbecken	m	2,5 bis 5,0

den Sedimentationseigenschaften des belebten Schlammes und ist nur von der eingesetzten Membran abhängig. Zudem kann dadurch ein höherer Feststoffgehalt im biologischen Reaktor eingehalten werden als beim konventionellen Belebungsverfahren, sodass weniger Reaktorraum benötigt wird. Übliche Feststoffgehalte bewegen sich im Bereich bis etwa 15 g/l (DWA-M 227 (10.14)).

Verfahren Die Abb. 21.52 gibt beispielhaft einen Überblick über die Art des Einsatzbereiches der MBR-Anlagen.

Bemessungshinweise

Vorreinigung Bei MBR-Anlagen müssen Vorreinigungssysteme installiert werden, die eine weitergehende Entnahmeleistung, insbesondere von Haaren und faseriger Stoffe, gewährleisten. Es können auch Feinsiebe mit Öffnungsweiten < 1 mm erforderlich sein (DWA-M 227 (10.14)).

Membranflächen Für eine konkrete Planungsaufgabe sind die hydraulischen Bemessungswerte geeigneter Produkte in Abhängigkeit der Abwassermengen, deren dynamischer Verteilung und der Temperatur zu berücksichtigen. Eine Auslegung der Membranfläche mit pauschal angesetzten, spezifischen Filtrationsleistungen, wird nach DWA-M 227 nicht empfohlen.

Reinigung der Membranmodule Zum Erhalt bzw. zur Anhebung der Permeabilität und zur Hygienisierung der Permeatleitungen ist von Zeit zu Zeit eine chemische Reinigung der Membranen erforderlich. Es gibt keine einheitliche Reinigungsempfehlung. Die Eignung bestimmter Reinigungsmethoden ist membranspezifisch. Durch die Kombination verschiedener Methoden kann die geeignete Strategie für den Betrieb einer MBR-Anlage im Einzelfall festgelegt werden. Ergänzende Hinweise enthält das Merkblatt DWA M 227 (10.14).

Beckenvolumen Die Berechnung der Größe der Belebungsbecken erfolgt in Abhängigkeit des Reinigungszieles nach dem Arbeitsblatt DWA-A131 (06.16) allerdings mit deutlich höheren Feststoffgehalten.

Belüftung Die Berechnung des Sauerstoffverbrauches erfolgt gemäß Arbeitsblatt DWA-A 131 (06.16). Bei der Ermittlung der erforderlichen Sauerstoffzufuhr für den Lufteintrag in das Belebungsbecken ist aufgrund der in der Regel höheren Feststoffkonzentrationen ein geringerer α-Wert anzusetzen. Es wird empfohlen, bei der Auslegung feinbla-

Abb. 21.52 Einbaumöglichkeiten von getauchten Filtrationseinheiten nach DWA-M 227 (10.14)

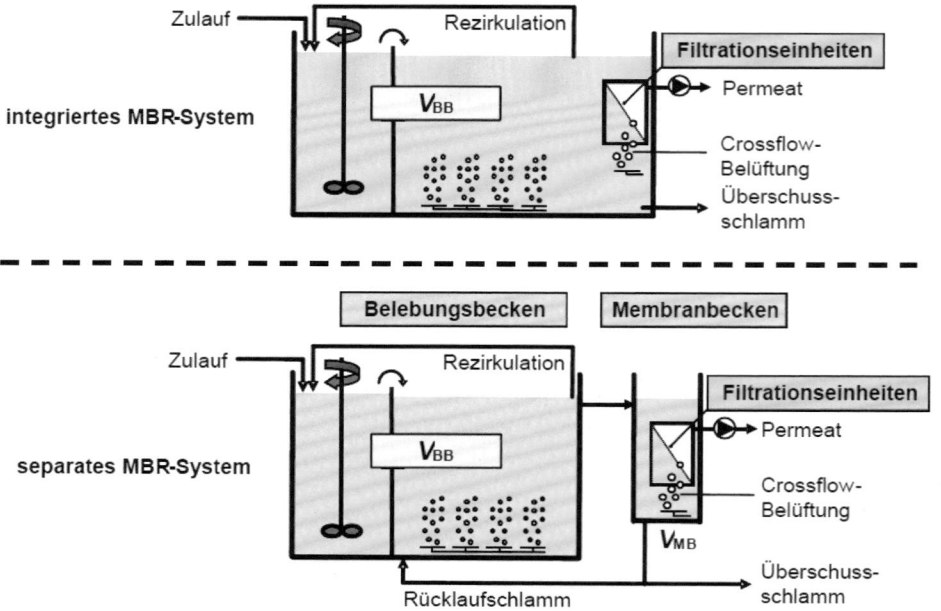

siger Druckbelüftungsanlagen beim MBR-Verfahren einen gegenüber konventionellen Belebungsanlagen reduzierten α-Wert von maximal 0,5 für Feststoffkonzentrationen zwischen 10 g/l bis 12 g/l zu verwenden.

Schlammbehandlung Die Ermittlung der Überschussschlammproduktion kann in Anlehnung an das DWA-A131 erfolgen. Klärschlämme aus MBR-Anlagen besitzen eine eher geringe Flockengröße von ca. 10 µm bis 50 µm. Eine beeinträchtigte Entwässerbarkeit wurde bislang jedoch nicht festgestellt. Überschussschlämme aus MBR-Anlagen weisen hinsichtlich des Gasanfalls mit 200 NL/kg oTR$_{\text{zugeführt}}$ bis 300 NL/kg oTR$_{\text{zugeführt}}$ vergleichbare Eigenschaften wie konventionelle Überschussschlämme mit hohen Schlammaltern auf (DWA-M 227 (10.14)).

21.3.7 Schlammbehandlung und -entsorgung

21.3.7.1 Schlammmengen
DWA-M 368 (06.14) Biologische Stabilisierung von Klärschlamm

Nach DWA-M 368 (06.14) ist im Einzelfall zu prüfen, ob die in der Tafel 21.97 angegebenen Schlammmengen infolge externer (z. B. Niederschlagsabflüsse) oder interner (z. B. klärwerksinterner Prozesswässer) Faktoren erhöht werden müssen. So wird beispielsweise bei reiner Mischwasserkanalisation für den Primärschlamm ein Zuschlag von 15 bis 25 % empfohlen.

Bei der Umrechnung der Schlammmengen für verschiedene Wassergehalte gilt nachfolgender Ansatz:

$$\frac{V_1}{V_2} = \frac{TR_2}{TR_1} = \frac{100 - WG_2}{100 - WG_1}$$

V_1 und V_2 Schlammvolumina z. B. vor und nach der Eindickung

TR_1 und TR_2 Trockenrückstand in % z. B. vor und nach der Eindickung

WG_1 und WG_2 Wassergehalt in Gew. % z. B. vor und nach der Eindickung

In dieser Berechnung wird vereinfachend das spezifische Gewicht der Feststoffe mit 1 statt mit 1,3–1,4 g/cm^3 angesetzt. Der Fehler ist sehr gering bei hohen Wassergehalten.

21.3.7.2 Eindickung von Klärschlamm
DIN 12255-8 (10.01) Kläranlagen – Teil 8: Schlammbehandlung und Lagerung

DIN 19552 (12.02) Kläranlagen-Rundbecken-Absetzbecken mit Schild- und Sauräumer und Eindicker Bauformen, Hauptmaße, Ausrüstungen

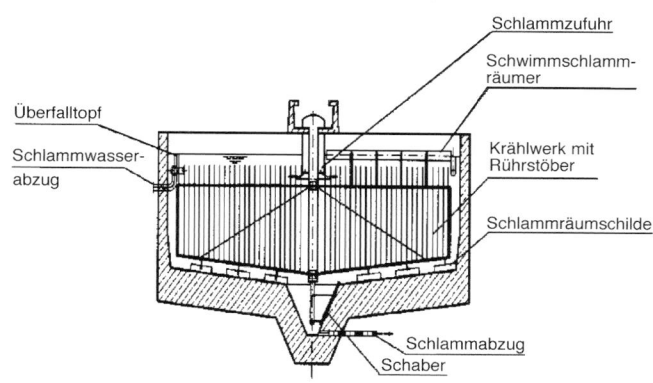

Abb. 21.53 Durchlaufeindickung

DIN 19569-2 (09.17) Kläranlagen-Baugrundsätze für Bauwerke und technische Ausrüstungen – Teil 2: Besondere Baugrundsätze für Einrichtungen zum Abtrennen und Eindicken von Feststoffen

DWA-M 381 (10.07) Eindickung von Klärschlamm.

Statische Eindickung Die statische Eindickung wird unterschieden in Stand-, Durchlauf- und Flotationseindickung. Durchlaufeindicker besitzen im Gegensatz zum Standeindicker ein Krählwerk mit Rührstäben (siehe Abb. 21.53).

Bemessung Die Bemessung der Eindicker erfolgt in Abhängigkeit der Schlammbeschaffenheit über der Feststoff-Oberflächenbelastung B_A in kg TS/(m^2 d).

$$B_A = Q_{zu} \cdot TS_{zu} / A_E$$

Q_{zu} Schlammmenge im Zufluss [m^3/d]

TS_{zu} Trockensubstanzgehalt im Zufluss [kg TS/m^3]

A_E Oberfläche des Eindickers [m^2].

In der Tafel 21.98 sind typische Oberflächenbelastungen für die unterschiedlichen Schlämme aufgelistet. Die konstruktive Ausbildung der Eindicker erfolgt nach DIN 19552-3. Die Durchmesser der Eindicker umfassen einen Bereich von 5 m bis 30 m. Die Behältertiefen liegen hierbei $\geq 3{,}0$ m.

Beim **Flotationsverfahren** werden kleine Gasbläschen erzeugt, die sich an den Feststoffpartikeln in einer Flüssigkeit anlagern und damit die Partikel in der Flüssigkeit zum Auftreiben an die Flüssigkeitsoberfläche bringen.

Der Flotationsvorgang zur Feststoffabscheidung ist deutlich schneller, als das Sedimentationsverfahren nach dem Schwerkraftprinzip. In der kommunalen Abwassertechnik wird die Entspannungsflotation eingesetzt. Die Flächenbeschickung beträgt je nach Ausgangssituation mit einer

Tafel 21.97 Anfall und Beschaffenheit von Schlämmen in Abhängigkeit von Verfahren und Betriebsbedingungen; berechnet gemäß ATV-DVWK-A 131:2000-05 für 85- und 50-Perzentile der Frachten im Rohabwasser nach DWA-M 368 (06.14)

Verfahren und Betriebsbedingungen	Schlammart	Schlammanfall und -beschaffenheit bei unterschiedlicher Unterschreitungshäufigkeit der Rohabwasserfracht						
		$b_{TM,E,d}$ [g/(E d)]		TR [%]	GV [%]		$q_{E,d}$ [l/(E d)]	
		85-Perzentile	50-Perzentile		85-Perzentile	50-Perzentile	85-Perzentile	50-Perzentile
Vorklärung[a]								
$t_{VK} = 0,5$ h	Primärschlamm PS	30[b]	24[c]	3–6	75[a]	0,8	0,6	
$t_{VK} = 1,0$ h		35[b]	28[c]	3–6	75[a]	0,9	0,7	
$t_{VK} = 2,0$ h		40[b]	32[c]	3–6	75[a]	1,0	0,8	
Belebungsverfahren								
BSB-Elimination $t_{TS,Bem} = 5$ d; $T_{Bem} = 12$ °C[i]	Überschussschlamm $\ddot{U}S = \ddot{U}S_C + \ddot{U}S_{extC} + \ddot{U}S_{P,BioP} + \ddot{U}S_{P,Fäll,Fe}$							
$t_{VK} = 0,5$ h; $T = 10$ °C		55,8	42,5	0,6–0,8	77	76	8,0	6,1
$t_{VK} = 0,5$ h; $T = 15$ °C		52,3	40,0[d]	0,6–0,8	75	75	7,5	5,7
$t_{VK} = 0,5$ h; $T = 20$ °C		49,3[d]	37,7[d]	0,6–0,8	74	73	7,0	5,4
$t_{VK} = 1,0$ h; $T = 10$ °C		50,1	38,0	0,6–0,8	76	76	7,2	5,4
$t_{VK} = 1,0$ h; $T = 15$ °C		46,8	35,8[d]	0,6–0,8	75	74	6,7	5,1
$t_{VK} = 1,0$ h; $T = 20$ °C		44,1[d]	33,7[d]	0,6–0,8	73	73	6,3	4,8
$t_{VK} = 2,0$ h; $T = 10$ °C		43,7	33,6	0,6–0,8	76	75	6,2	4,8
$t_{VK} = 2,0$ h; $T = 15$ °C		41,4	31,6[d]	0,6–0,8	74	74	5,9	4,5
$t_{VK} = 2,0$ h; $T = 20$ °C		39,0[d]	29,7[d]	0,6–0,8	73	72	5,6	4,2
N-Elimination $t_{TS,Bem} = 10$ d; $T_{Bem} = 12$ °C[i]								
$t_{VK} = 0,5$ h; $T = 10$ °C		48,6	37,2	0,6–0,8	73	73	6,9	5,3
$t_{VK} = 0,5$ h; $T = 15$ °C		50,0[e]	35,3[e]	0,6–0,8	74[e]	71	7,1	5,0
$t_{VK} = 0,5$ h; $T = 20$ °C		43,4	33,5[e]	0,6–0,8	70	70	6,2	4,8
$t_{VK} = 1,0$ h; $T = 10$ °C		43,3	33,1	0,6–0,8	73	72	6,2	4,7
$t_{VK} = 1,0$ h; $T = 15$ °C		46,1[e]	32,9[e]	0,6–0,8	74[e]	72[e]	6,6	4,7
$t_{VK} = 1,0$ h; $T = 20$ °C		38,7	30,7[e]	0,6–0,8	70	70[e]	5,5	4,4
$t_{VK} = 2,0$ h; $T = 10$ °C		38,1	29,1	0,6–0,8	72	71	5,4	4,2
$t_{VK} = 2,0$ h; $T = 15$ °C		42,1[e]	30,3[e]	0,6–0,8	75[e]	73[e]	6,0	4,3
$t_{VK} = 2,0$ h; $T = 20$ °C		34,6[e]	28,3[e]	0,6–0,8	69	71[e]	4,9	4,0
N-Elimination $t_{TS,Bem} = 15$ d; $T_{Bem} = 12$ °C[i]								
$t_{VK} = 0,5$ h; $T = 10$ °C		47,2	36,1	0,6–0,8	73	72	6,7	5,2
$t_{VK} = 0,5$ h; $T = 15$ °C		44,6	34,3	0,6–0,8	71	70	6,4	4,9
$t_{VK} = 0,5$ h; $T = 20$ °C		42,4	32,8	0,6–0,8	69	69	6,1	4,7
$t_{VK} = 1,0$ h; $T = 10$ °C		42,0	32,2	0,6–0,8	72	71	6,0	4,6
$t_{VK} = 1,0$ h; $T = 15$ °C		39,7	31,7[e]	0,6–0,8	70	71[e]	5,7	4,5
$t_{VK} = 1,0$ h; $T = 20$ °C		37,8	29,8[e]	0,6–0,8	69	69[e]	5,4	4,3
$t_{VK} = 2,0$ h; $T = 10$ °C		36,9	28,2	0,6–0,8	71	71	5,3	4,0
$t_{VK} = 2,0$ h; $T = 15$ °C		35,9[e]	29,2[e]	0,6–0,8	70[e]	72[e]	5,1	4,2
$t_{VK} = 2,0$ h; $T = 20$ °C		33,5[e]	27,4[e]	0,6–0,8	68[e]	70[e]	4,8	3,9
Gemeinsame aerobe Stabilisierung $t_{TS,Bem} = 25$ d; $T_{Bem} = 10$ °C								
$t_{VK} = 0$ h; $T = 10$ °C		64,4	50,0	0,6–0,8	70	69	9,2	7,2
$t_{VK} = 0$ h; $T = 15$ °C		62,0	48,4	0,6–0,8	68	68	8,9	6,9
$t_{VK} = 0$ h; $T = 20$ °C		60,2	47,2	0,6–0,8	67	67	8,6	6,8

Tafel 21.97 (Fortsetzung)

Verfahren und Betriebsbedingungen	Schlammart	Schlammanfall und -beschaffenheit bei unterschiedlicher Unterschreitungshäufigkeit der Rohabwasserfracht						
		$b_{TM,E,d}$ [g/(E d)]		TR [%]	GV [%]		$q_{E,d}$ [l/(E d)]	
		85-Perzentile	50-Perzentile		85-Perzentile	50-Perzentile	85-Perzentile	50-Perzentile
Oben bereits enthalten:								
Denitrifikation mit externem C[f]	$ÜS_{extC}$[e]	0–10	0–2,5		> 95			
Biologische P-Elimination[f]	$ÜS_{BioP}$[i]	1,5–2,3	1,2–1,8		> 95			
Simultanfällung mit Fe[f]	$ÜS_{P,Fäll,Fe}$[g]	2,1–3,1	1,5–2,3		< 5			
Simultanfällung mit Al[f]	$ÜS_{P,Fäll,Al}$[g]	1,6–2,4	1,2–1,8	$ÜS$ ist entsprechend um $ÜS_{P,Fäll,Fe} - ÜS_{P,Fäll,Al}$ geringer				
Flockungsfiltration mit Fe	FFS[j, m]	5,0	4,0	ca. 0,8	ca. 50		0,6	0,5
Tropf- und Tauchkörper	TKS_C	ca. 30	ca. 24	0,8–1,0	ca. 65		3,3	2,7
Schlammfaulung[k]	FS	48–54[e]	37–41[e]	3–5[l]	56–65[e]	56–61	1,2–1,3	ca. 1,0
Faulgasproduktion[m] [l i. N./(E d)]	FG	22–29[e]	18–23[e]					

[a] Die Durchflusszeit durch die Vorklärung t_{VK} bezieht sich auf den maximalen Zweistundenmittelwert des Durchflusses bei Trockenwetter. Eine gute Funktion des Sandfangs wird vorausgesetzt, sodass der PS einen hohen GV hat.

[b] Typische 85-Perzentile der Frachten und deren Elimination in der Vorklärung nach Arbeitsblatt ATV-DVWK-A 131:2000-05.

[c] 50-Perzentile mit 80 % der 85-Perzentile angesetzt.

[d] Es erfolgt eine Stickstoffelimination durch Nitrifikation und Denitrifikation.

[e] Steigerung der Denitrifikation durch Zugabe von leicht abbaubarem CSB (externem Kohlenstoff, extC), z. B. von Methanol, mit einem stöchiometrischen Dosierverhältnis $\beta = 1,35$; hierdurch wird $ÜS$ und der GV erhöht. Zugabe von extC ist stets erforderlich bei $t_{TS} = 10$ d (unabhängig von t_{VK}); die Zugabe steigt mit der Belastung und sinkt mit zunehmender Temperatur und kürzerem t_{VK}. Spitzenwerte von FS, FG und GV_{FS} bei Zugabe von extC.

[f] Im $ÜS$ enthalten.

[g] Sichere Einhaltung des Überwachungswertes $P_{ges} = 1,0$ mg/l; $\beta = 1,5$. Bei nachgeschalteter Flockungsfiltration kann β bei der Simultanfällung von $\beta = 1,5$ auf z. B. $\beta = 1,2$ vermindert werden, sodass die Fällmitteldosierung und damit der Anfall von Fällschlamm insgesamt sogar geringer sein kann. $ÜS_{P,Fäll}$ ist bei Einsatz von Al um ca. 22 % geringer als bei Einsatz von Fe.

[h] Bei $T_{Bem} = 10\,°C$ ist $ÜS$ um ca. 4 % bis 6 % geringer und V_{BB} entsprechend größer.

[i] Gesteigerte biologische P-Elimination durch Rückführung des Rücklaufschlammes in ein vorgeschaltetes Anaerobbecken für alle Varianten. Ohne BioP-Elimination steigen der Fällmittelverbrauch und $ÜS_{P,Fäll}$ um den Faktor 2 bis 3.

[j] $C_{TS,AN} = 15$ mg/l und $C_{P,AN} = 1$ mg/l. Bei $q_{E,d} = 200$ l/(E d) sind $b_{TS,AN,E,d} = 3$ g/(E d) und $b_{P,AN,E,d} = 0,2$ g/(E d). Zugabe von Fe mit $\beta = 1,5$.

[k] Mit N- und P-Elimination. Technische Faulgrenze $\eta_{abb} = 85\,\%$ für Bemessung und $\eta_{abb} = 87\,\%$ für Jahresmittel; 70 % der oTM im PS leicht abbaubar (unabhängig von t_{VK}); 40 bis 50 % der oTM im $ÜS$ leicht abbaubar, invers abhängig von $t_{TS,BB}$.

[l] Statische Eindickung des PS auf $TR_{PS} \approx 4\,\%$ und maschinelle Eindickung des $ÜS$ auf $TR_{ÜS} \approx 7\,\%$. $TR_{RS} = 5$ bis 6 % und $TR_{FS} = 3$ bis 4 %. Im zweiten Faulbehälter einer zweistufigen Faulung oder im Nacheindicker kann Faulwasser abgetrennt werden, sodass TR_{FS} ggf. auf 4 bis 5 % erhöht werden kann.

[m] Abbauspezifische Gasproduktion von $0,95$ m³ i. N./kg für PS und $0,85$ m³ i. N./kg für $ÜS$. Obere Werte bei Zugabe von extC.

Tafel 21.98 Bemessungsgrößen von Durchlaufeindickern nach DWA-M 381 (2007)

Schlamm-Absetzeigenschaften	Schlamm-Art	Feststoff-Flächenbelastung TS_A [kg TS/(m² d)]
Schlecht	Überschussschlamm	20–50
Mittel	Mischschlamm, Faulschlamm	40–80
Gut	Primärschlamm, mineralische Schlämme, nicht faulfähige Schlämme	Bis 100

Druckdifferenz bei der Entspannung von 3–6 bar etwa 1 bis 7,5 m³/(m² h) (siehe DWA-M 381).

Die in der Praxis erreichbaren Feststoffgehalte der statischen Eindickung und Flotation sind in der Tafel 21.99 in Abhängigkeit der Schlammeigenschaften und der unterschiedlichen Eindicksysteme zusammengestellt.

Maschinelle Eindickung Die maschinelle Eindickung wird unterschieden in Systeme unter Ausnutzung des natürlichen und des künstlichen Schwerefeldes.

Die bewährten Maschinen, die das natürliche Schwerefeld zur Eindickung des Schlammes ausnutzen, sind Trommeleindicker, Schneckeneindicker, Bandeindicker, Scheibeneindi-

Tafel 21.99 Erreichbare Feststoffgehalte [% TR], spezifischer FHM-Verbrauch und Energieverbrauch von Eindickern nach DWA-M 381 (2007)

		Statische Eindickung		Stand-Eindicker	Flotation
		Durchlaufeindicker			Druckentspannung Flotation
		Ohne FHM	Mit FHM		
Primärschlamm	[% TR]	5–10	–	5–10	–
Mischschlamm	[% TR]	4–6	5–8	4–8	–
ÜS-Schlamm	[% TR]	2–3	3–4	2–3	3–5
Spez. Flockungshilfsmittelverbrauch	[kg WS/Mg TS]	0	0,5–3	0	0
Spez. Energieverbrauch	[kW h/m³]	< 0,1	< 0,1	–	0,6–1,2
Spez. Energieverbrauch	[kW h/Mg TS]	< 20	< 20	–	100–140

Tafel 21.100 Erreichbare Feststoffgehalte [% TR], spezifischer FHM-Verbrauch und Energieverbrauch bei maschineller Eindickung nach DWA-M 381 (2007)

		Maschinelle Eindickung		
		Bandeindicker/Trommeleindicker/Schnecken-eindicker/Scheibeneindicker/Eindickungs-Pumpe	Zentrifuge	
			Ohne FHM	Mit FHM
Primärschlamm	[% TR]	–	–	–
Mischschlamm	[% TR]	–	–	–
ÜS-Schlamm	[% TR]	5–7	5–7	6–8
Spez. Flockungshilfsmittelverbrauch	[kg WS/Mg TS]	3–7	0	1–1,5
Spez. Energieverbrauch	[kg W h/m³]	< 0,2	1–1,4	0,6–1
Spez. Energieverbrauch	[kW h/Mg TS]	< 30	180–220	100–140

cker und Eindickungs-Pumpen. Die Wasserbindungskräfte werden durch die Zugabe von Flockungshilfsmitteln vermindert.

In Zentrifugen wird ein maschinell erzeugtes Schwerefeld dazu benutzt, die „flüssige" Phase des Klärschlammes von der „festen" Phase zu trennen. Dabei werden unter Ausnutzung des künstlichen Schwerefeldes die Wasserbindungskräfte als Folge der erzeugten Fliehkräfte überwunden. Zentrifugen können deshalb zum Erreichen des gewünschten Eindickgrades auch ohne Zugabe von Flockungshilfsmittel betrieben werden (siehe DWA-M 381). Wichtige Betriebs- und Auslegungskenndaten der einzelnen maschinellen Eindickmaschinen sind im DWA-Merkblatt M 381 enthalten.

Unter Berücksichtigung der schlammspezifischen Eindickeigenschaften ist bei verschiedenen Schlammarten und Eindick-Systemen mit folgenden mittleren Ergebnissen in den Leistungsparametern Austrags-Feststoffgehalt, spezifischer Flockungshilfsmittelverbrauch und spezifischer Energieverbrauch zu rechnen (siehe Tafel 21.100).

21.3.7.3 Biologische Stabilisierung von Klärschlamm

DWA-M 368 (06.14) Biologische Stabilisierung von Klärschlamm, Merkblatt.

Zur biologischen Schlammstabilisierung werden in der Praxis aerobe und anaerobe Stabilisierungsverfahren eingesetzt. Eine Übersicht der Verfahren zeigt die Tafel 21.101.

Die wichtigsten Verfahren werden nachfolgend kurz mit den maßgeblichen Bemessungskennwerten aufgelistet. Weitere ergänzende Hinweise sind im ATV-A Merkblatt ATV-DVWK-M 368 (04.03) und im ATV-Handbuch Klärschlamm (1996) enthalten.

Simultane Stabilisierung Bei der simultanen aeroben Stabilisierung werden die mit dem Rohabwasser zur Kläranlage gelangenden absetzbaren Stoffe (Primärschlamm) und der bei der biologischen Abwasserreinigung nach dem Belebtschlammverfahren gebildete Überschussschlamm in einem Verfahrensschritt simultan zur biologischen Elimination der Kohlenstoff- und Stickstoffverbindungen im Verlaufe der Abwasserreinigung stabilisiert. Die Vorklärung entfällt.

Bemessung Die Bemessung der simultanen aeroben Stabilisierung erfolgt anhand des Arbeitsblattes DWA-A 131 (06.16). Für eine überschlägige Vorbemessung dienen folgende Ansätze:

Getrennte aerobe Schlammstabilisierung bei Normaltemperatur Bei der getrennten aeroben Stabilisierung wird der bei der Abwasserreinigung anfallende Rohschlamm (Primär- und Überschussschlamm) getrennt von der Abwasserreinigung in offenen, aerob betriebenen Becken bzw. Reaktoren bei normalen Außentemperaturen behandelt. Dieses Verfahren wird heute nur noch in Ausnahmefällen z. B. bei Störungen im Anlagenbetrieb eingesetzt.

Tafel 21.101 Verfahren der biologischen Schlammstabilisierung

Aerobe Stabilisierung	Anaerobe Stabilisierung	Duale Stabilisierung
Simultane aerobe Schlammstabilsierung	Schlammfaulung beheizte anaerobe Stabilisierung in geschlossenen Faulbehältern:	Aerob-thermophile Stufe und nachgeschaltete anaerobe mesophile Faulungsstufe
Getrennte aerobe Schlammstabilisierung bei normalen oder bei mesophilen bzw. thermophilen Temperaturbereichen	Mesophile Faulung in einem Temperaturbereich zwischen 30 °C und 40 °C oder	Anaerob und aerob meist mit mindestens einer thermophilen Stufe
Schlammkompostierung (getrennte aerobe Schlammstabilisierung bei thermophilen Temperaturbereichen im festen bzw. nicht fließfähigen Aggregatzustand)	Thermophile Faulung in einem Temperaturbereich zwischen 50 °C und 60 °C	

Tafel 21.102 Dimensionierungsansätze zur aeroben Schlammstabilisierung nach DWA-M 368 (06.14)

Bestimmungsgröße	Berechnungsansatz
Schlammalter bei Temperatur $T \geq 10\,°C$ und mit Nitrifikation	$t_{TS} \geq 20\,d$
Schlammalter bei Temperatur $T \geq 10\,°C$ und mit Nitrifikation und gezielter Denitrifikation	$t_{TS} \geq 25\,d$
Belebtschlammgehalt im aeroben Stabilisierungsbecken bei nicht bekanntem ISV	$TS_{BB} = 3,5\,kg\,TS/m^3$
Anteil der Belüfterausstattung am Belebungsbeckenvolumen	$V_{BB,belüftet} = 0,65 \cdot V_{BB}$
Sauerstoffkonzentration im Belebungsbecken	$C_{O_2} \geq 1\,mg/l$

Getrennte aerob-thermophile Schlammstabilisierung
Durch die Schaffung entsprechender verfahrenstechnischer Randbedingungen (Wärmeisolierung der Reaktoren, Eindickung des Rohschlammes, Einsatz geeigneter Belüftungs- und Mischaggregate) werden bei der aerob-thermophilen Stabilisierung die Wärmeverluste so stark reduziert, dass eine Selbsterwärmung des Schlammes bis in den thermophilen Temperaturbereich von 45–65 °C erreicht wird. Stoffwechselraten und Abbauleistungen sind bei diesen Temperaturen deutlich erhöht. Die Stabilisierungszeit kann somit verringert werden. Infolge des höheren Temperaturniveaus ist auch eine sichere Entseuchung des stabilisierten Klärschlammes möglich (Strauch 1980) (siehe ATV-DVWK-M 368-04.03).

Dieses Verfahren wird heute allerdings nur in Ausnahmefällen eingesetzt.

Anaerobe Stabilisierung – Schlammfaulung Unter Schlammfaulung wird der anaerobe Abbau organischer Schlamminhaltsstoffe verstanden. Diese sogenannte anaerobe Schlammstabilisierung erfolgt in ein oder mehreren zylindrischen, ei- oder kugelförmigen, wärmegedämmten Faulbehältern aus Stahl, Stahlbeton oder Spannbeton (siehe Abb. 21.54).

In Tafel 21.104 sind die für die Bemessung der Faulbehältergrößen empfohlenen Gesamtschlammalterwerte einer einstufigen Faulung in Abhängigkeit der Anschlussgröße nach DWA-M 368 (06.14) zusammengestellt.

Maßgebende Bemessungsgröße ist das anaerobe Schlammalter $t_{TM,FB,Bem} = (V_{FB} \cdot C_{TM,FB})/(Q_{FS} \cdot C_{TM,FS})$. Das Schlammalter ist nur dann identisch mit der mittleren hydraulischen Verweilzeit, der Faulzeit $t_{FB} = V_{FB}/Q_{RS}$, wenn der Faulbehälter ein ideal durchmischter und durchströmter Reaktor ist, was in der Praxis nur selten der Fall ist. Eine schnelle und gleichmäßige Durchmischung des Faulbehälter beeinflusst entscheidend die Leistung zur Stabilisierung und des technischen Abbaugrades.

Abb. 21.54 Grundformen von Faulbehältern nach DWA-M 368 (06.14)

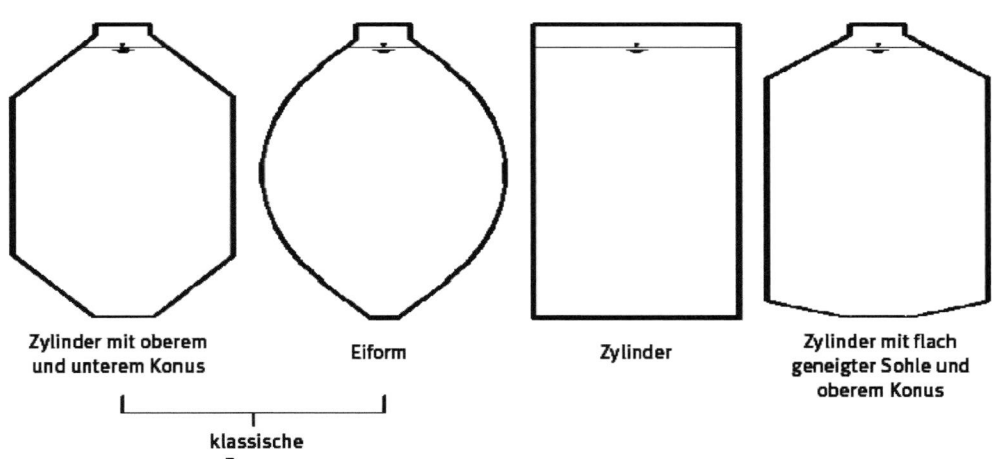

Zylinder mit oberem und unterem Konus — Eiform — Zylinder — Zylinder mit flach geneigter Sohle und oberem Konus

klassische Formen

Tafel 21.103 Bemessungs-ansätze zur getrennten aerob-thermophilen Stabilisierung nach DWA-M 368 (06.14)

Bestimmungsgröße	Bemessungsansatz
Trockenrückstand des zugeführten Rohschlammes bzw. voreingedickter Schlamm	TR > 4 % und GV > 65 %
Aufenthaltszeit zur sicheren Stabilisierung von voreingedicktem Schlamm bei $\eta_{abb,ges} > 80\%$	$t_{TS} \geq 8$ d, 2-stufig
Thermophile Betriebsweise	$T \geq 50\,°C$
Erforderliche Leistungsdichte im Reaktor abhängig von der Viskosität des Rohschlammes	$80\,W/m^3$ bis $160\,W/m^3$
Stabilisierungsmerkmal OV_{oTM}	$< 0,1\,g\,O_2/(g\,oTM \cdot d)$
Belüftungs- und Mischsysteme mit Schlammspiegelhöhe zu Durchmesser von H/D zum Beispiel	– Selbstansaugende Ejektorbelüfter ($H/D \approx 0,5$) – Tauchbelüfter ($H/D = 0,75$ bis 1,0) – Injektorbelüfter ($H/D = 1,5$ bis 2,0) – Druckbelüftungssysteme mit getrennter Durchmischung ($H/D = 1,5$ bis 2,0)

Tafel 21.104 Bemessungsansätze zur anaeroben Stabilisierung nach DWA-M 368 (06.14)

Bestimmungsgröße	Berechnungsansatz	
Trockenrückstand des zugeführten Rohschlammes bzw. voreingedickter Schlamm	TR > 4 % bis maximal 8 %	
Schlammalter bzw. Aufenthaltszeit im Faulbehälter zur Stabilisierung von voreingedicktem Schlamm	< 50.000 EW	$t_{TM,FB} = 20$–28 d (1-stufig)
	50.000–100.000 EW	$t_{TM,FB} = 18$–25 d (1-stufig)
	> 100.000 EW	$t_{TM,FB} = 16$–22 d (1-stufig)
Mesophile Betriebsweise	$T = 35\,°C$	
Gasertrag der Schlämme im Jahresmittel bei einem technischen Abbaugrad der leicht abbaubaren organischen Trockenmasse von $\eta_{abb} = 85\%$	Primärschlamm (PS)	FG = 0,57 m³ i. N./kg oTM$_{zu}$
	Überschussschlamm (ÜS)	FG = 0,33 m³ i. N./kg oTM$_{zu}$
	Rohschlamm (RS)	FG = 0,44 m³ i. N./kg oTM$_{zu}$
Einrichtungen zur Durchmischung	– Außenliegende Umwälzpumpen – Faulschlammmischer (z. B. Schraubenschaufler) – außenliegende Verdichter zur Faulgaseinpressung über Ringdüsen, Einhängelanzen oder Gasdruckheber – Rührwerke	

Unter Berücksichtigung der aktuellen Energiepreissituation wird die Faulung heute bereits bei Kläranlagen ab 10.000 EW eingesetzt. Durch Verwertung des Faulgases wird der Energiefremdbezug um bis zu 40 % reduziert. Durch den höheren Abbau der organischen Feststoffe und die hieraus resultierende bessere Entwässerbarkeit wird die zu entsorgende Feststoffmenge um ca. 30 % reduziert (Gretzschel/Schmitt/Hansen/Siekmann/Jakob, 2012; Schröder, 2011).

Eine zweistufige Prozessführung der Faulung erhöht weiter die Abbauleistung bei gleichzeitig verbesserter Betriebssicherheit.

Im DWA-M 368 (06.14) sind in Abhängigkeit der Anlagengröße (EW) differenzierte Bemessungsdaten angegeben.

21.3.7.4 Maschinelle Entwässerung
DWA-M 366 (02.13) Maschinelle Schlammentwässerung, Merkblatt

An die Beschaffenheit von Klärschlammen werden bei der Entsorgung immer höhere Anforderungen gestellt. Daraus ergibt sich auch, dass innerhalb nahezu aller Verfahrensketten der Klärschlammbehandlung angepasste Entwässerungsgrade notwendig sind, um für nachfolgende Prozessschritte

(z. B. Kompostierung, Trocknung, Verbrennung) eine geeignete Beschaffenheit des Aufgabegutes zu erreichen.

Die in der Tafel 21.105 angegebenen Kenndaten geben eine Übersicht zur Eindickfähigkeit und Entwässerbarkeit von Klärschlammen bei Einsatz maschineller Schlammentwässerungsanlagen. Aus Gründen der Übersichtlichkeit wird lediglich auf die Entwässerungssysteme eingegangen, die am häufigsten im Einsatz sind und über welche die meisten Erfahrungen vorliegen; das sind Zentrifugen, Bandfilterpressen, Schneckenpressen und Filterpressen. Aus den gleichen Gründen werden lediglich die am häufigsten angewandten Konditionierungsverfahren wiedergegeben.

21.3.7.5 Klärschlammtrocknung
ATV-DVWK-M 379 (02.04) Klärschlammtrocknung, Merkblatt

Mit Verfahren der Klärschlammtrocknung lassen sich erheblich höhere Volumenreduzierungen (bis > 90 % TR) als mit Eindickern oder Entwässerungsmaschinen erreichen. Man unterscheidet bezüglich der Wärmezuführung zwischen Konvektionstrocknung (direkte Trocknung) und Kontakttrocknung (indirekte Trocknung; Abb. 21.55).

Tafel 21.105 Leistungsdaten verschiedener maschineller Entwässerungsmaschinen DWA-M 366 (02.13)

	Einheit	Zentrifugenn	Bandfilter-pressen[a]	Filterpressen: Kammerfilter-pressen[c], Schlauchfilterpressen		Schnecken-pressen
				pFm	Kalk-/Eisen-konditionierung[b]	
Austrags-Feststoffkonzentration TR (%)						
Primärschlamm	%	32–40	30–35	32–40	35–45	30–40
Mischschlamm aus PS + US (Frachtverhältnis ca. 1 : 1)	%	26–32	24–30	26–32	33–45	24–30
Aerob stabilisierter Überschuss-schlamm (ohne Vorklärung)	%	18–24	15–22	18–24	28–35	18–24
Faulschlamm	%	22–30	20–28	22–30	30–40	20–28
Verbrauch polymerer Flockungsmittel (bezogen auf die polymere Wirksubstanz WS)						
Spezifischer pFM-Verbrauch	kW h/Mg TM	8–14	6–12	6–12 8–15[f]	–	6–12
	Einheit	Zentrifugen	Bandfilter-pressen[a]	Filterpressen: Kammerfilter-pressen[c], Schlauchfilterpressen		Schnecken-pressen
				pFm	Kalk-/Eisen-konditionierung[b]	
Stromverbrauch						
Spez. Stromverbrauch[d]	kW h/m³	1,0–1,6	0,5–0,8	0,7–0,9 1,0–1,2[g]	1,0–1,2	0,2–0,5
Spez. Stromverbrauch[e]	kW h/m³	1,6–2,2	1,1–1,4	1,5–1,8	1,8–2,0	0,6–1,0
Spez. Stromverbrauch[d]	kW h/Mg TM	40–60	20–30	30–40 40–50[g]	30–40	8–16
Spez. Stromverbrauch[e]	kW h/Mg TM	60–90	40–50	60–70	70–80	20–40

[a] TR im Zulauf zwischen 2 % und 7 %.
[b] Abhängig von Zugabemengen von Kalk und Eisen.
[c] Membranfilterpressen erreichen im Vergleich zu Kammerfilterpressen bei optimaler Betriebsweise und Konditionierung einem um 2 bis 4 höheren TR im Austrag; der Stromverbrauch von Membranfilterpressen ist etwas höher als der von Kammerfilterpressen.
[d] Stromverbrauch der Maschine bezogen auf den Schlammdurchsatz bzw. die Feststofffracht ohne Konditionierungsmittelmenge.
[e] Stromverbrauch wie [d], aber einschließlich des Stromverbrauchs der Beschickungspumpe und Konditionierungsanlage.
[f] Flockungsmittelverbrauch der Schlauchfilterpresse.
[g] Stromverbrauch der Membranfilterpresse.

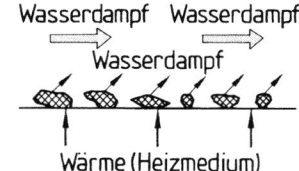

Konvektionstrocknung
Heiße Luft oder Rauchgase strömen über den feuchten Schlamm und treiben das Wasser aus dem Schlamm

Kontakttrocknung
Der feuchte Schlamm steht in Kontakt mit der beheizten Wand und das Wasser verdampft aus dem Schlamm

Abb. 21.55 Unterschiedlicher Wärmeübergang bei Klärschlammtrocknern nach Reimann

Es werden von Herstellern unterschiedliche Ausführungs-formen von Trocknern angeboten (Tafel 21.106).

In Abhängigkeit von der weiteren Verwertung kann mit den Verfahren der Klärschlammtrocknung nahezu jeder geforderte TR-Gehalt erreicht werden (Tafel 21.107 und Abb. 21.56).

Für die Verfahrenswahl ist neben dem Wärmebedarf der Trocknung, der gewünschten Restfeuchte, der Produktform auch von Bedeutung, ob der Klärschlamm stark geruchs-behaftet ist (Kontakttrocknung) oder sich nahezu geruchs-neutral (Konvektionstrocknung) verhält. Der Wärmebedarf der Trocknung setzt sich zusammen aus der Enthalpiedif-ferenz zur Aufwärmung des Schlammes, der Enthalpie des verdampfenden Wassers und den Verlusten. Den relativ größ-ten Anteil macht in der Regel die Verdampfungswärme aus. Bei stichfestem kommunalem Schlamm reicht gewöhnlich

Abb. 21.56 Arbeitsbereiche zur Klärschlammtrocknung eingesetzter Trocknertypen nach ATV-DVWKM-379 (02.04)

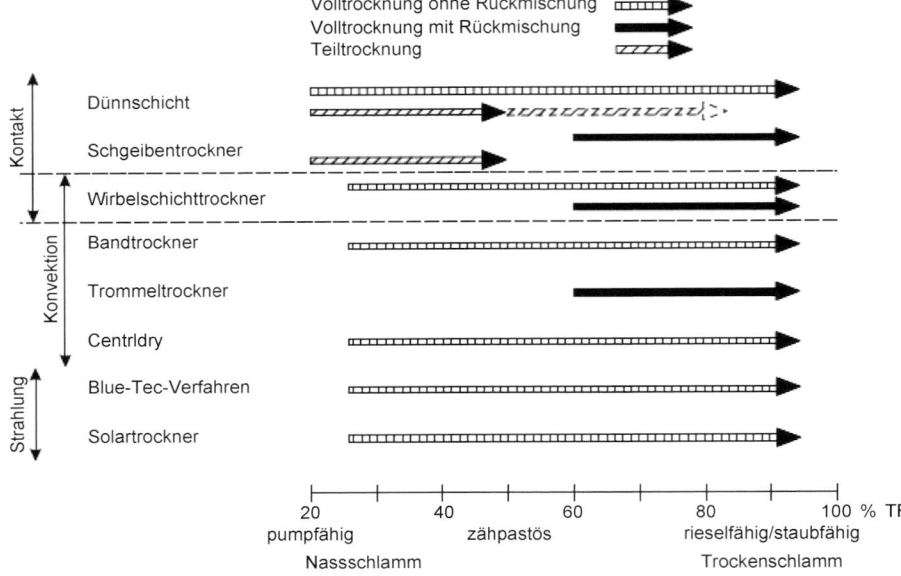

Tafel 21.106 Verfahren der Klärschlammtrocknung

Konvektionstrockner	Kontakttrockner
Trommeltrockner	Scheibentrockner
Etagentrockner	Knettrockner
Bandtrockner	Schneckenwärmetrockner
Schwebetrockner	Dünnschichttrockner
Wirbelschichttrockner	Dampfwirbelschichttrockner (Sonderform)

Tafel 21.107 Beschaffenheit von Klärschlämmen

TR-Gehalt (%)	Beschaffenheit
< 15 bis 20	Pumpfähig
20 bis 30	Stichfest
35 bis 40	Krümelig
40 bis 60	Klebrig
60 bis 85	Streufähig
85 bis 95	Staubförmig

der Heizwert (s. Abb. 21.57 und Abschn. 21.3.7.6) der organischen Stoffe aus, das Wasser zu verdampfen.

Zum gegenwärtigen Zeitpunkt zeigt sich, dass in vielen Fällen die Solartrocknungsanlagen eine technisch wie wirtschaftlich zweckmäßige Verfahrenslösung darstellen. Sie hat allerdings einen großen Flächenbedarf. Die Solartrocknungsanlagen sind eine Kombination aus Strahlungstrocknungsverfahren und Konvektionstrocknung. Bei reiner solarer Betriebsweise ohne Abwärmenutzung werden Verdunstungsraten pro m^2 Anlagenfläche von 0,7 t bis maximal 1 t Wasserverdamfungsleistung erzielt (DWA-M 387, 2012). Es können hierbei Trockenrückstände von mehr als 85 % erzielt werden. Übliche Werte aus der Praxis liegen bei 75 % TR (Lehrmann, F. 2010, Bux, M. 2010).

21.3.7.6 Thermische Behandlung

DWA-M 386 (12.11) Thermische Behandlung von Klärschlämmen – Monoverbrennung
DWA-M 387 (05.12) Thermische Behandlung von Klärschlämmen – Mitverbrennung in Kraftwerken.

Die thermische Behandlung von Klärschlämmen ist in Deutschland ein wichtiger Entsorgungsweg. Heute werden gut 74 % der Gesamtmenge des direkt entsorgten Klärschlamms von rund 1,7 Millionen Tonnen pro Jahr thermisch entsorgt. Von der thermisch entsorgten Klärschlammmenge gingen etwa 496.500 Tonnen (38 %) in die Monoverbrennung und knapp 761.900 Tonnen (59 %) in die Mitverbrennung. Für die übrigen knapp 36.700 Tonnen (3 %) liegen keine Informationen über die Art der Verbrennung vor. Siehe auch Tafel 21.110 (Destatis, 12.19). Die alternativen Verfahren nach Tafel 21.108 sind nicht so verbreitet und spielen in der Praxis zurzeit bis auf wenige Ausnahmen keine Rolle.

Zu beachten ist, dass bei einer Mitverbrennung des Klärschlammes in Kraftwerken, Müllverbrennungsanlagen oder Zementwerken der Phosphor als endliche Rohstoffquelle unwiederbringlich verloren ist (Petzet, S. Cornel P. 2010). Dagegen kann bei Aschen aus der Monoverbrennung von Klärschlamm der Phosphor zurückgewonnen werden. Die Verfahren hierzu sind allerdings noch in der Entwicklung DWA-M 387 (05.12).

Da eine alleinige Verbrennung von Klärschlamm nur bei Luftüberschusszahlen von > 1 (1,1 bis 1,3) betrieben werden kann und jede Verbrennungsanlage ca. 20 % Energieverluste verursacht, muss für die selbstgängige Verbrennung von Klärschlamm neben der reinen Trocknungsenergie ein ca. 20- bis 25 % iges Energieübergebot vorliegen. Der Heizwert von Klärschlamm hängt ausschließlich von dem Anteil an organischer Substanz (oTR) in der Trockensubstanz ab.

Tafel 21.108 Verfahren der thermischen Klärschlammentsorgung nach Lehrmann (2010)

Monoverbrennung	Mitverbrennung	Alternative Verfahren
Ohne Ascheschmelzen • Wirbelschicht • Etagenofen • Etagenwirbler • Rostfeuerung	Kohlekraftwerke • Staubfeuerung • Wirbelschichtfeuerung • Rostfeuerung • Schmelzkammerfeuerung	Vergasung • Wirbelschichtvergasung • Festbettdruckvergasung • Flugstromvergasung • Konversionsverfahren
Mit Ascheschmelzen • Schmelzzyklon	Müllverbrennungsanlagen • Rostfeuerung	Pyrolyse • Niedertemperaturkonvertierung
	Industrieanlagen • Zementherstellung • Papierschlammverbrennung	Nassoxidation • oberirdische Verfahren • unterirdische Verfahren

Tafel 21.109 Heizwertvergleich kommunaler Klärschlämme nach Reimann (1989)

	Rohschlamm		Faulschlamm (eingedickt)	
	von–bis	i. M.	von–bis	i. M.
Trockensubstanz TR in %	1 bis 4	2,5	4 bis 8	6
Wassergehalt in %	99 bis 96	97,5	96 bis 92	94
Aschegehalt in % TR	40 bis 10	25	55 bis 45	50
Glühverlust in % TR bzw. oTR	60 bis 90	75	45 bis 55	50
Heizwert der TR in MJ/kg	14 bis 21	17,3	10 bis 13	11,5

Für 100 % organische Substanz kann dabei ein mittlerer Heizwert von 23 MJ/kg zugrunde gelegt werden. Weitere Angaben für Roh- und Faulschlämme aus kommunalen Kläranlagen finden sich in Tafel 21.109.

Neuere Untersuchungen zeigen, dass aus energetischer Sicht auch bei der Verbrennung eine vorgeschaltete Faulung (Faulgasverströmung) günstiger zu betreiben ist als eine Rohschlammverbrennung (Schaum Ch. et al., 2010).

Durch die vorherige Ausfaulung verliert der Schlamm also ca. 30 % (bis 50 %) seines Heizwertes (an die Faulgase), es verringert sich jedoch auch der Wassergehalt des Klärschlammes.

In Abb. 21.57 sind der Energiebedarf und -überschuss bei der Trocknung und Verbrennung von Klärschlamm in Abhängigkeit von der organischen Substanz (Glühverlust) und dem Entwässerungsgrad dargestellt. Die über der Abszisse dargestellte Summe des Energiebedarfes hängt im wesentlichen von der Wasserverdampfung aus dem Klärschlamm und in untergeordnetem Maß von der Erwärmung der Trockenmasse ab. Es werden drei häufig in der Praxis vorkommende Klärschlammarten dargestellt. Dabei handelt es sich um Fälle mit 70 % und 50 % organischer Substanz (Rohschlamm und Faulschlamm) sowie 35 % organischer Substanz (stabilisierter Klärschlamm) (Reimann 1989).

Beispiel zu Abb. 21.57

Um einen auf 35 % TR entwässerten Klärschlamm zu trocknen, bedarf es ca. 1800 kJ/kg. Besitzt dieser Klärschlamm 35 % org. Substanz, verbleibt ein Energieüberschuss von ca. 1020 kJ/kg, bei 50 % organischer Substanz

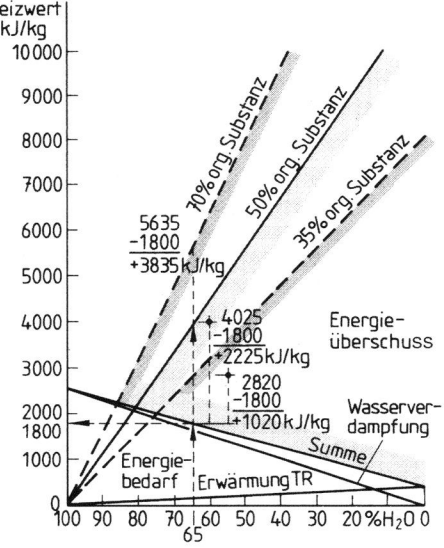

Abb. 21.57 Energiebedarf und -überschuss bei der Trocknung und Verbrennung von Klärschlamm nach Reimann (1989)

(für Faulschlamm) von ca. 2225 kJ/kg und bei 70 % org. Substanz (Rohschlamm) von ca. 3385 kJ/kg.

Für die selbstgängige Verbrennung von Rohschlamm reicht der Energieüberschuss von 1020 kJ/kg nur bei Rückführung heißer Verbrennungsluft in den Prozess aus (Anfahrphase mit Primärenergie). Bei 50 bzw. 70 % organischer Substanz lässt der vorhandene Energieüberschuss in der Regel die Selbstgängigkeit der Verbrennung zu.

Der Mindestheizwert sollte somit mind. ca. 1000 kJ/kg über dem Energiebedarf der Trocknung liegen (siehe Reimann 1989). ◄

Neben der abfallrechtlichen Genehmigung müssen die Anlagen den Anforderungen der 17. BImSchV bzgl. der Emissionsgrenzwerte entsprechen.

21.3.7.7 Klärschlammentsorgung

Die derzeit geltenden Verordnungen und Gesetze beeinflussen die Verwertungsmöglichkeiten der kommunalen Klärschlämme. Die aktuell möglichen Klärschlammentsorgungspfade und die damit verbundenen durchführbaren Schlamm-

Abb. 21.58 Mögliche Schlammbehandlungs- und Entsorgungspfade, verändert nach Meyer (1998)

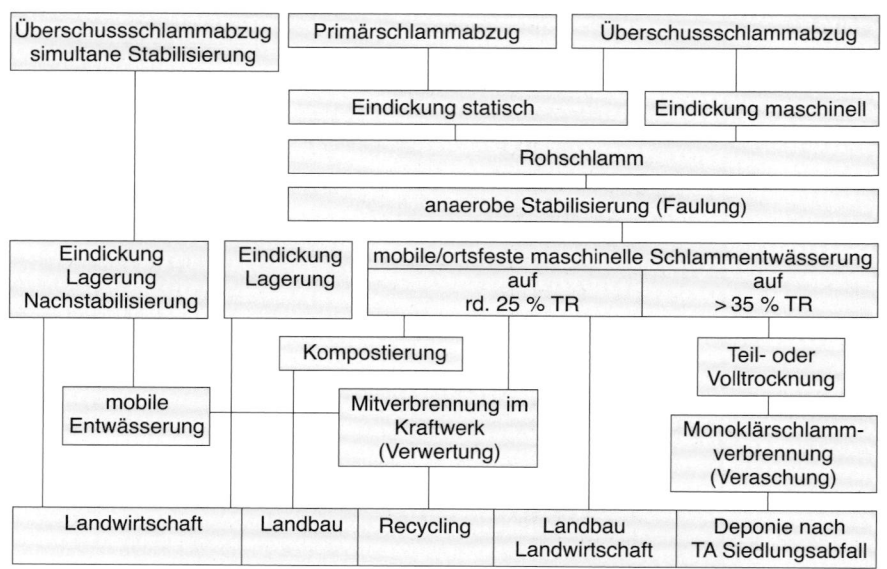

behandlungsmaßnahmen zeigt die Abb. 21.58 schematisch auf.

Die gegenwärtige Klärschlammentsorgung aus öffentlichen Abwasserbehandlungsanlagen ist nach Destatis (12.19) in der Tafel 21.110 dokumentiert.

Die landwirtschaftliche Verwertung ist nur möglich, wenn die Auflagen der AbfKlärV gemäß Tafel 21.111 erfüllt sind. Aufgrund der Gefahr einer langfristig zu starken Anreicherung der Böden durch Schadstoffe erfolgte eine Verschärfung der Grenzwerte sowie der Hygieneauflagen im Zuge der Novellierung der Klärschlammverordnung. Des Weiteren sind Auflagen der Düngemittelverordnung einzuhalten und eine Phosphorrückgewinnung vorzusehen (Tafel 21.112).

Die Düngemittelverordnung von 2012 schreibt neue Grenzwerte für die Verwendung von Klärschlämmen als Dünger vor (Tafel 21.111). Die wesentlichen Parameter, die eine Verwendung in der Landwirtschaft erschweren, sind Blei, Cadmium, Quecksilber und PCB. Dies bedeutet, dass dadurch die nicht mehr als Dünger einsetzbaren Klärschlämme in der Landwirtschaft anderweitig verwertet werden müssen (Six und Lehrmann (10.16), Montag (2015)).

Die gesetzlichen Rahmenbedingungen setzen Grenzen für die stoffliche Verwertung der Klärschlämme. Mit dem politischen Willen, das Phosphorrecycling aus dem Klärschlamm in Deutschland zu etablieren, wird der Weg in die thermische Behandlung von Klärschlämmen ausgebaut werden. Dies setzt dann voraus, dass der Klärschlamm in einer Monoverbrennungsanlage oder in einer Mitverbrennungsanlage, die mit aschearmen Kohlen betrieben wird, thermisch behandelt wird (Six Lehrmann (10.16)).

Tafel 21.110 Klärschlammentsorgung aus öffentlichen Abwasserbehandlungsanlagen 2018 nach Destatis 479/19 (12.19)

	Direkte Klärschlamm-entsorgung insgesamt[a]	Davon				Thermische Entsorgung	Sonstige direkte Entsorgung[c]
		Stoffliche Verwertung					
		Zusammen	In der Landwirtschaft[b]	Bei landschaftsbaulichen Maßnahmen	Sonstige stoffliche Verwertung		
Trockenmasse in 1000 Tonnen							
2018	1747,2	436,1	280,3	122,6	33,2	1295,2	15,9
2017	1713,2	516,2	311,9	171,7	32,6	1190,2	6,9
Veränderungen gegenüber 2017 in %							
2018	2	−15,5	−10,1	−28,6	1,8	8,8	131,3
Anteil in %							
2018	100	25,0	16,0	7,0	1,9	74,1	0,9
2017	100	30,1	18,2	10,0	1,9	69,5	0,4

[a] Ohne Abgabe an andere Abwasserbehandlungsanlagen.
[b] Quelle: Im eigenen Bundesland, in anderen Bundesländern und in anderen Staaten verwerteter Klärschlamm nach Bericht für die EU-Kommission entsprechend der Klärschlammverordnung (AbfKlärV); 2018: Bayern, Sachsen-Anhalt und Schleswig-Holstein nach Erhebung der öffentlichen Klärschlammentsorgung.
[c] Zum Beispiel Abgabe an Trocknungsanlagen

Tafel 21.111 Grenzwerte Klärschlammverordnung und Düngemittelverordnung

Schadstoff		AbfKlärV 2017 für Klärschlamm, Klärschlammgemisch und Klärschlammkompost	DüMV 2012, gültig ab 1.1.2015, für Klärschlamm
Arsen	mg/kg TS	–	40
Blei	mg/kg TS	–	150
Cadmium	mg/kg TS	–	1,5
Chrom	mg/kg TS	–	–
Chrom (VI)	mg/kg TS	–	2
Kupfer	mg/kg TS	–	900
Nickel	mg/kg TS	–	80
Quecksilber	mg/kg TS	–	1
Thallium	mg/kg TS	–	1
Zink	mg/kg TS	4000	Höchstgehalte für Kupfer 0,09 % bezogen auf TM und Zink
B(a)P	mg/kg TS	1	–
AOX	mg/kg TS	400	–
PCB[a]	mg/kg TS	0,1	–
I-TE Dioxine und dI-PCB	ng/kg TS	–	30
PFT	mg/kg TS	–	0,1

Tafel 21.112 Künftige Pflichten zur Phosphorrückgewinnung gemäß novellierter Klärschlammverordnung (UBA, 2018)

Abwasserbehandlungsanlagen	Ausbaugröße ≤ 50.000 EW	Ausbaugröße > 50.000 ≤ 100.000 EW	Ausbaugröße > 100.000 EW
aktuell	Bodenbezogene Verwertung möglich	Bodenbezogene Verwertung möglich	Bodenbezogene Verwertung möglich
in 2023	Berichtspflicht zu Maßnahmen der geplanten P-Rückgewinnung, zur bodenbezogenen Verwertung oder sonstiger Entsorgung Pflicht zur Untersuchung auf P-Gehalt (und basisch wirksame Stoffe)		
ab 01.01.2029 (Übergangsfrist ca. 12 Jahre ab Inkrafttreten der AbfKlärV)	Bodenbezogene Verwertung möglich von P-Rückgewinnungspflicht ausgenommen (P ≥ 2 %)	Bodenbezogene Verwertung möglich von P-Rückgewinnungspflicht ausgenommen (P ≥ 2 %)	Bodenbezogene Verwertung nicht mehr zulässig P-Rückgewinnungspflicht (P ≥ 2 %)
ab 01.01.2032 (Übergangsfrist ca. 15 Jahre ab Inkrafttreten der AbfKlärV)	Bodenbezogene Verwertung möglich von P-Rückgewinnungspflicht ausgenommen (P ≥ 2 %)	Bodenbezogene Verwertung nicht mehr zulässig P-Rückgewinnungspflicht (P ≥ 2 %)	Bodenbezogene Verwertung nicht mehr zulässig P-Rückgewinnungspflicht (P ≥ 2 %)

Literatur

1. ATV-DVWK-Regelwerke GFA, Theodor-Heuss-Allee 17, Hennef

2. ATV-Handbuch „Planung der Kanalisation" Ernst & Sohn-Verlag, Berlin, 4. Auflage 1995

3. ATV-Handbuch „Bau und Betrieb der Kanalisation" Ernst & Sohn-Verlag, Berlin, 4. Auflage 1996

4. ATV-Handbuch „Mechanische Abwasserreinigung" Ernst & Sohn-Verlag, Berlin, 4. Auflage 1997

5. ATV-Handbuch „Biologische und weitergehende Abwasserreinigung" Ernst & Sohn-Verlag, Berlin, 4. Auflage 1996

6. ATV-Handbuch „Klärschlamm" Ernst & Sohn-Verlag, Berlin, 4. Auflage 1996

7. Barjenbruch, M.: Kapitel Filtrationsverfahren Hütte – Umweltschutztechnik, 1999

8. Barjenbruch, M.; Boll, R.: Stand und Verbreitung der Biofiltrationstechnik in Deutschland Berichte aus Wassergüte- und Abfallwirtschaft Technische Universität München, Bd. Nr. 158, 2000

9. Bever, J., Stein, A., Teichmann, H.: Weitergehende Abwasserreinigung 4. Auflage Oldenburg Industrieverlag München 2002

10. Bundesverband der Energie- und Wasserwirtschaft (BDEW): http://www.bdew.de

11. DVGW Regelwerk Arbeitsblätter, Merkblätter Bonn

12. DVGW Lehr- und Handbuch Wasserversorgung Bd. 6 Wasseraufbereitung – Grundlagen und Verfahren Oldenbourg Industrieverlag GmbH, München, 2004

13. DVGW, Soiné, K. J. et al.: Handbuch für Wassermeister, 4. Auflage R. Oldenbourg Verlag München, Wien 1998

14. DWD Starkniederschlagshöhen für Deutschland. KOSTRA-DWD-2010R. Bericht zur Revision der koordinierten Starkregenregionalisierung und -auswertung des Deutschen Wetterdienstes in der

Version 2010, Selbstverlag des Deutschen Wetterdienstes Offenbach am Main, Ausgabe 2010

15. DWA Regelwerke, Merkblätter, Arbeitsberichte Deutsche Vereinigung Wasserwirtschaft, Abwasser und Abfall e. V. Theodor-Heuss-Allee 17 Hennef

16. Geiger, W., Dreiseitl, H., Stemplewski, J.: Neue Wege für das Regenwasser Handbuch zum Rückhalt von Regenwasser in Baugebieten 3., neu überarbeitete Auflage, 2010 Oldenbourg Industrieverlag

17. Grombach, P.; Haberer, K.; Merkl, G.; Trueb, E. U.: Handbuch der Wasserversorgungstechnik, 3. Auflage, Oldenbourg Industrieverlag GmbH, 2000

18. Grotehusmann, D., Harms, R. W.: DWA-Kommentar zum Regelwerk DWA-A 138 „Planung, Bau und Betrieb von Anlagen zur Versickerung von Niederschlagswasser", DWA Deutsche Vereinigung für Wasserwirtschaft, Abwasser und Abfall e. V., Hennef 2008

19. Gunthert, F. W.; Reicherter, E. et al.: Kommunale Kläranlagen Bemessung, Erweiterung, Optimierung und Kosten 2. Auflage, expert Verlag 2001

20. Gujer, W.: Siedlungswasserwirtschaft 3., bearbeitete Auflage, Springer, 2007

21. Güteschutz Kanalbau, Technische Regeln im Kanalbau, Verzeichnis der einschlägigen Normen und Richtlinien, http://www.kanalbau.com, Bad Honnef

22. Lipp, P., Baldauf, G., Kuhn, W.: Membranfiltrationsverfahren in der Trinkwasseraufbereitung – Leistung und Grenzen, GWF Wasser Abwasser, Nr. 13 2005

23. Lipp, P., Baldauf, G.: Stand der Membrantechnik in der Trinkwasseraufbereitung in Deutschland, energie/wasser-praxis Nr. 4 2008

24. Klarschlammverordnung (AbfKlarV) BGBl. Nr. 21/92 v. 28. 4. 92

25. Merkel, W. et al.: Einführung in die Wasserversorgung Weiterbildendes Studium Wasser und Umwelt Bauhaus-Universität Weimar, Dez. 2004, Weimar

26. Meyer, H.: Kosten der Klärschlammbehandlung und -entsorgung ATV- Fortbildungskurs für Wassergütewirtschaft und Abwassertechnik, I/4 Fulda, Oktober 1998

27. MKULNV NRW, Programm „Lebendige Gewässer"/Wasserrahmenrichtlinie, Bewirtschaftungsplan und Maßnahmenprogramm für die Gewässer und das Grundwasser in Nordrhein-Westfalen, http://www.flussgebiete.nrw.de/Bewirtschaftungsplanung/index, (abgerufen am 10.03.2011)

28. Mutschmann, J., Stimmelmayer, F.: Taschenbuch der Wasserversorgung 16. Auflage, Vieweg Braunschweig, Wiesbaden 2014

29. Imhoff, K., K. R., Jardin, N.: Taschenbuch der Stadtentwässerung 31. verb. Auflage R. Oldenbourg Verlag München, Wien, 2009

30. Reimann, D. O.: Klärschlammentsorgung Beiheft zu Müll und Abfall; Nr. 28., Berlin 1989

31. Riegler, G.: Aerobe und aerob-thermophile Schlammstabilisierung ATV-Fortbildungskurs F/3, Fulda, März 1989

32. Stein, D.; Stein, R.: Fachinformationssystem Instandhaltung von Kanalisationen Ernst & Sohn Verlag für Architektur und technische Wissenschaften, 2000

33. Umweltbundesamt Informationen zur EU-Wasserrahmenrichtlinie

34. Weiterbildendes Studium Wasser und Umwelt, Bauhaus-Universität Weimar, Abwasserableitung, Universitätsverlag Weimar 2006

35. Weiterbildendes Studium Wasser und Umwelt, Bauhaus-Universität Weimar, Abwasserbehandlung, 3. überarbeitete Auflage, Universitätsverlag Weimar 2009

36. http://www.umweltbundesamt.de/wasser/themen/stoffhaushalt/sseido/wrrl.htm, aufgerufen am 28.04.2013

37. Gretzschel, O., Schmitt, T.G., Hansen, J., Siekmann, K., Jakob, J.: Schlammfaulung statt aerober Stabilisierung, Wasserwirtschaft Wassertechnik 03.2012

38. Schröder, M.: Getrennte anaerobe Schlammstabilisierung und Klärgasverwertung auf kleinen und mittleren Kläranlagen, 44. Essener Tagung GWA Bd. 223, ISBN 978-3-938996- 4, 2011

39. Lehrmann, F. Thermische Klärschlammentsorgung, WasserWirtschafts-Kurse N/4 Schlammbehandlung, -verwertung und -beseitigung ISBN: 978-3-941897-42-7, DWA 2010

40. Bux, M.: Solare Klärschlammtrocknung – Stand der Technik und ausgewählte Anlagenbeispiele, WasserWirtschafts-Kurse N/4, Schlammbehandlung, -verwertung und -beseitigung ISBN: 978-3-941897-42-7, DWA 2010

41. Petzet, S., Cornel, P.: Wertstoffrückgewinnung aus Klärschlämmen, WasserWirtschafts- Kurse N/4, Schlammbehandlung, -verwertung und -beseitigung ISBN: 978-3-941897-42-7, DWA 2010

42. Schaum, Ch. et al.: Klärschlammfaulung und -verbrennung: das Behandlungskonzept der Zukunft? – Ergebnisse einer Grundsatzstudie zum Stand der Klärschlammbehandlung, KA Korrespondenz Abwasser, Abfall(57), Nr. 3 2010

43. Umweltbundesamt (UBA) Hrsg: Klärschlammentsorgung in der Bundesrepublik Deutschland, 104 S., Broschüre, Okt. 2018

44. MKULNV NRW: Retentionsbodenfilter – Handbuch für Planung,Bau und Betrieb Düsseldorf, aktualisierte 2. Aufl., Stand 2015

45. Abegglen, C., Siegrist, H.: Mikroverunreinigungen aus kommunalem Abwasser. Verfahren zur weitergehenden Elimination auf Kläranlagen. Bundesamt für Umwelt, Bern, Umwelt-Wissen Nr. 1214: 210 S., 2012

46. DWA-Themen: – Möglichkeiten der Elimination von anthropogenen Spurenstoffen T3/2015, 04.2015

47. Mertsch, V.: 4. Reinigungsstufe machbar und umsetzbar? 27. Hamburger Kolloqium zur Abwasserwirtschaft, Hamburger Berichte zur Siedlungswasserwirtschaft Band Nr. 91, ISBN 978-3-942768-16-0, GFU 2015

48. DWA Arbeitsgruppe KA-8.6 Aktivkohleeinsatz auf kommunalen Kläranlagen zur Spurenstoffentfernung: Arbeitsbericht der DWA-Arbeitsgruppe KA-8.6 „Aktivkohleeinsatz auf Kläranlagen" KA – Korrespondenz Abwasser, Abfall, 12/2016, S. 1062–1065

49. Benström F. et al.: Leistungsfähigkeit granulierter Aktivkohle zur Entfernung organischer Spurenstoffe aus Abläufen kommunaler Kläranlagen Ein Überblick über halb- und großtechnische Untersuchungen Teil 1: Veranlassung, Zielsetzung und Grundlagen KA – Korrespondenz Abwasser, Abfall, 03/2016, S. 187–192 Teil 2: Methoden, Ergebnisse und Ausblick KA – Korrespondenz Abwasser, Abfall, 04/2016, S. 276–289

50. Six J., Lehrmann F.: Thermische Klärschlammverwertung in Deutschland Eine Bestandsaufnahme und ein Blick in die Zukunft für den Aufbau weiterer Kapazitäten KA – Korrespondenz Abwasser, Abfall, 10/2016, S. 878–885

51. Teichgräber B., Hetschel M.: Bemessung der einstufigen biologischen Abwasserreinigung nach DWA-A 131 KA – Korrespondenz Abwasser, Abfall, 2/2016, S. 97–102

52. Destatis Statistisches Bundesamt: Klärschlammentsorgung aus öffentlichen Abwasserbehandlungsanlagen 2019 Pressemitteilung Nr. 479 vom 12. Dezember 2019

53. Schmitt, Theo G.: Grundsätze zur Bewirtschaftung und Behandlung von Regenwetterabflüssen zur Einleitung in Oberflächengewässer – Auswirkungen des DWA-A 102 in der Anwendungspraxis. Tagungsband zur Landesverbandstagung Sachsen/Thüringen 2021, S. 161–167

Netzmanagement

Prof. Dr.-Ing. Karsten Kerres

Inhaltsverzeichnis

K. Kerres (✉)
FH Aachen University of Applied Sciences
Aachen, Deutschland
E-Mail: kerres@fh-aachen.de

© Springer Fachmedien Wiesbaden GmbH, ein Teil von Springer Nature 2021
U. Vismann (Hrsg.), *Wendehorst Bautechnische Zahlentafeln*, https://doi.org/10.1007/978-3-658-32218-2_22

22.1 Einführung und Verweise

Gegenstand des vorliegenden Abschnittes sind Planung, Prüfung, Inbetriebnahme sowie Instandsetzung, Schadensbehebung und Sanierung von (öffentlichen) Rohr(leitungs)netzen und Anschlussleitungen, Anschlüssen (Übergabepunkt) bzw. Grundstücksentwässerungsanlagen außerhalb von Gebäuden.

Nicht Gegenstand sind maschinen- oder elektrotechnische Anlagen wie bspw. Pumpen oder Gasdruckregelanlagen.

Ergänzende Informationen sind Kap. 14 Geotechnik und Kap. 21 Siedlungswasserwirtschaft zu entnehmen.

22.2 Bezugsquellen für Normen und Regelwerke

DIN: Beuth Verlag Berlin

AGFW: Der Energieeffizienzverband für Wärme, Kälte und KWK e. V. Frankfurt

FGSV: Forschungsgesellschaft für Straßen- und Verkehrswesen. Köln

DVGW: Deutscher Verein des Gas- und Wasserfaches e. V. Bonn

DWA (ATV): Deutsche Vereinigung für Wasserwirtschaft, Abwasser und Abfall e. V. Hennef

22.3 Grundlagen der Netzplanung

22.3.1 Allgemeines

22.3.1.1 Normen, Regelwerke und weiterführende Literatur

DIN 1998: Unterbringung von Leitungen und Anlagen in öffentlichen Verkehrsflächen – Richtlinie für die Planung. 07.2018

FGSV 510: Allgemeine Technische Bestimmungen für die Benutzung von Straßen durch Leitungen und Telekommunikationslinien (ATB-BeStra). 09.2008

22.3.1.2 Leitungszonen, Mindestüberdeckungen und Mindestabstände

Zur Unterbringung der Leitungen und Anlagen außerhalb der Fahrbahn wird in Gehwegen, Radwegen, Parkbuchten, Grünstreifen (ohne Baumpflanzungen) usw. der erforderliche Raum in Zonen eingeteilt. Es wird empfohlen, die Zonen auf beiden Straßenseiten vorzusehen, auch wenn die Nutzung sich auf eine Straßenseite beschränkt.

Bei hochbelasteten Straßen sind zur Vermeidung von Verkehrsbeeinträchtigungen nach Möglichkeit alle Leitungen außerhalb der Fahrbahn anzuordnen.

Ein Beispiel für die Unterbringung verschiedener Ver- und Entsorgungsleitungen innerhalb eines Straßenquerschnittes nach DIN 1998 zeigt Abb. 22.1.

Die Regelbreiten der Zonen sind in Tafel 22.1 aufgeführt. Die dort angegebenen Werte berücksichtigen nicht die für den Leitungsbau notwendige Breite von Rohrgräben und Baugruben. Um die notwendige Breite realisieren zu können, muss daher meist auch in die Zonen anderer Sparten eingegriffen werden.

Von den in Tafel 22.1 angegebenen Regelbreiten kann je nach Anzahl und Größe der Leitungen, der vorgesehenen Sparten oder der zur Verfügung stehenden Breite des Gehweges abgewichen werden. Falls nicht alle Sparten vorhanden und auch nicht vorgesehen sind, kann der Freiraum für die jeweilige Zone entfallen.

Bei Verlegung in der Fahrbahn soll der dem Fahrbahnrand benachbarte Fahrstreifen verwendet werden.

Schächte sollen so angeordnet werden, dass nicht in die Rollspur eines Fahrstreifens fallen.

Alle Leitungen, Schächte und sonstigen Einbauten sollen innerhalb der Zonen, im Bereich der Fahrbahn und an Straßenkreuzungen so angeordnet werden, dass gegenseitige Behinderungen möglichst vermieden werden.

Eine spartenfremde Verlegung von anderen Leitungen und Anlagen oberhalb vorhandener Leitungen ist im Ausnahmefall möglich, soll aber im Vorfeld mit dem betroffenen Spartenbetreiber und dem Straßenbaulastträger einvernehmlich und schriftlich vereinbart werden.

Für alle Zonen gilt gem. DIN 1998 und FGSV 510 die Mindestüberdeckung 0,5 m, mindestens aber 0,1 m unter Planum (vgl. Abb. 22.2). Ausnahmen für kreuzende Anschlussleitungen sind nach FGSV 510 zulässig. Die Mindestüberdeckung ist erforderlich

- zur Sicherstellung der Tragfähigkeit der Straße,
- zum Schutz der Leitungen entsprechend den technischen Regeln des Straßenbaus und der Sparten und
- zur Sicherstellung der statischen Tragfähigkeit und Stabilität der Leitungen (vgl. Abschn. 22.4).

Eine Überdeckung, die größer als die Mindestüberdeckung ist, kann sich auch aus konstruktiven Gründen der Leitungsführung (z. B. das Kreuzen von Leitungen) ergeben.

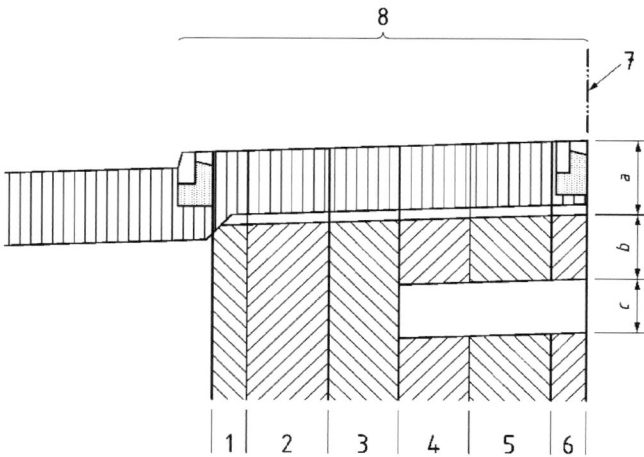

Abb. 22.1 Unterbringung der Zonen in Gehwegen (Schema) gem. DIN 1998
Legende (vgl. auch Tafel 22.1):
1 SI-Zone
2 W-Zone
3 G-Zone
4 E-Zone (inklusive Straßenbeleuchtungskabel)
5 TK-Zone
6 LF-Zone
7 Grundstücksgrenze
8 Gehweg
a Mindestüberdeckung
b obere Lage
c freier Korridor zum Kreuzen der Zonen

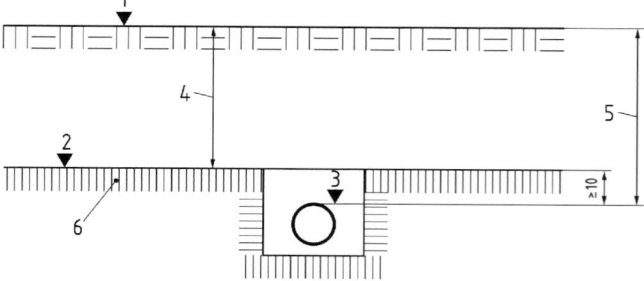

Abb. 22.2 Mindestüberdeckung gem. DIN 1998 bzw. FGSV 510
Legende:
1 OK Fahrbahn
2 Planum
3 IK Leitungsrohr bzw. Schutzrohr
4 Oberbau
5 Mindestüberdeckung
6 Unterbau bzw. Untergrund

Tafel 22.1 Übersicht Leitungszonen (nach DIN 1998)

Zone bzw. Medium	Medium/Leitungs-typ	Regelanordnung	Regelbreite [m]	Anmerkungen
LF-Zone	Leitungsfreie Zone	Außerhalb der Fahrbahn	0,30	
TK-Zone	Telekommunikation	Außerhalb der Fahrbahn	0,70	Einlagige Anordnung ist für bis zu sechs Rohrzüge möglich. Bei mehrlagigen Anlagen sind in der oberen Lage vorrangig Leitungen zur Versorgung der anliegenden Grundstücke anzuordnen. Anlagen, die ausschließlich der regionalen oder überregionalen Versorgung dienen, sind bei nicht ausreichender Korridorbreite in den tieferen Lagen anzuordnen. Die obere Lage (Abb. 22.1, Maß b) soll keinen höheren Aufbau als 0,6 m haben. Zwischen der oberen Lage und der tiefer anzuordnenden weiteren Lage ist ein freier Korridor von 0,5 m einzuplanen um anderen Sparten die Möglichkeit zur Kreuzung der Zone zu geben (siehe Abb. 22.1).
E-Zone	Elektrizität	Außerhalb der Fahrbahn	0,60	Innerhalb der Zone sollen die Kabel in vertikaler Richtung nach Verwendungszweck und Spannungsebenen angeordnet werden. In Kreuzungsbereichen sind für späteren Bedarf gegebenenfalls Leerrohre vorzusehen. Bei mehrlagigen Anlagen sind in der oberen Lage vorrangig Leitungen zur Versorgung der anliegenden Grundstücke anzuordnen. Anlagen, die ausschließlich der regionalen oder überregionalen Versorgung dienen, sind bei nicht ausreichender Korridorbreite in den tieferen Lagen anzuordnen. Die obere Lage (siehe Abb. 22.1, Maß b) soll keinen höheren Aufbau als 0,6 m haben. Zwischen der oberen Lage und der tiefer anzuordnenden weiteren Lage ist ein freier Korridor von 0,5 m einzuplanen, um anderen Sparten die Möglichkeit zur Kreuzung der Zone zu geben (siehe Abb. 22.1).
G-Zone	Gas	Außerhalb der Fahrbahn	0,60	Regelbreite gilt für Leitungen mit einem Außendurchmesser bis etwa 200 mm einschließlich der erforderlichen Sicherheits- und Montageabstände. Die Überdeckung sowie die Abstände von Fremdanlagen zu Gasleitungen sind nach DVGW Regelwerk einzuhalten.
W-Zone	Wasser	Außerhalb der Fahrbahn	0,70	Regelbreite gilt für Leitungen mit einem Außendurchmesser bis etwa 250 mm einschließlich der erforderlichen Sicherheits- und Montageabstände. Die Überdeckung (z. B. zur Frostsicherheit), sowie die Abstände von Fremdanlagen (insbesondere Abwasserkanal und Fernwärme), sind nach DVGW-Regelwerk einzuhalten.
SI-Zone	Signalanlagen	Außerhalb der Fahrbahn	0,30	Regelbreite gilt für Anlagen mit einem Rohrzug mit einem Außendurchmesser bis 110 mm oder „Erdverlegte Anlagen".
FW-Zone	Fernwärme und Fernkälte	In der Fahrbahn	Keine Regelung	Fernwärme- und -kälteleitungen bestehen üblicherweise aus zwei parallel nebeneinanderliegenden Einzelrohren oder aus einem Mantelrohr mit zwei Medienrohren. Die Überdeckung sowie die Abstände von Fremdanlagen sind nach AGFW-Regelwerk zu ermitteln.
K-Zone	Abwasser (Misch-, Schmutz- und Regenwasserkanäle sowie Abwasserdruckleitungen)	In der Fahrbahn	Keine Regelung vorhanden; die Abstände zu Versorgungsleitungen werden durch die Grabenbreiten der Abwasserkanäle und -anlagen bestimmt (vgl. DIN EN 1610 (2015) bzw. DWA-A 139 (2019))	Die Abstände zu Versorgungsleitungen werden durch die Grabenbreiten der in der Regel tiefer liegenden Abwasserkanäle und -anlagen bestimmt.

22.3.2 Wasserverteilungssysteme

22.3.2.1 Normen, Regelwerke und weiterführende Literatur

DIN EN 805: Anforderungen an Wasserversorgungssysteme und deren Bauteile außerhalb von Gebäuden Deutsche Fassung EN 805:2000. 03.2000

DVGW GW 22 (Arbeitsblatt): Maßnahmen beim Bau und Betrieb von Rohrleitungen im Einflussbereich von Hochspannungs-Drehstromanlagen und Wechselstrom-Bahnanlage; textgleich mit der AfK-Empfehlung Nr. 3 und der Technischen Empfehlung Nr. 7 der Schiedsstelle für Beeinflussungsfragen. 02.2014

DVGW GW 125 (Merkblatt): Bäume, unterirdische Leitungen und Kanäle. 02.2013

DVGW W 358 (Prüfgrundlage): Dichtungen für Flanschverbindungen in Rohrleitungen aus duktilem Gusseisen oder Stahl in der Wasserversorgung; Anforderungen und Prüfungen. 05.2014

DVGW W 397 (Hinweis): Ermittlung der erforderlichen Verlegetiefen von Wasseranschlussleitungen. 08.2004

DVGW W 400-1 (Arbeitsblatt): Wasserverteilungsanlagen (TRWV); Teil 1: Planung. 02.2015

DVGW W 400-3 (Arbeitsblatt): Wasserverteilungsanlagen (TRWV); Teil 3: Betrieb und Instandhaltung. 09.2006

DVGW W 408 (Arbeitsblatt): Anschluss von Entnahmevorrichtungen an Hydranten in Trinkwasserverteilungsanlagen. 11.2010

DVGW GWKR 2017: Gas- und Wasserleitungskreuzungsrichtlinien (Kreuzungsrichtlinien). 07.2017

DVGW (Hrsg.): Praxis der Wasserversorgung – Praxiswissen für technisch-verantwortliches Betriebspersonal

Mutschmann/Stimmelmayr: Taschenbuch der Wasserversorgung. Springer Vieweg Wiesbaden. 2019

rbv Rohrleitungsbauverband e. V. (Hrsg.): Netzmeister – Das Standardwerk für technisches Grundwissen Gas, Wasser, Fernwärme. Vulkan Verlag Essen. 2020

22.3.2.2 Aufbau und Netzelemente

22.3.2.2.1 Netzstruktur

Ein Wasserverteilungssystem (bestehend aus Rohrleitungen (Wasserleitungen), Wasserbehältern, Förderanlagen und sonstigen Einrichtungen) beginnt nach DIN EN 805 sowie DVGW W 400-1 nach „der Wasseraufbereitungsanlage oder, wenn keine Aufbereitung erfolgt, nach der Wassergewinnung und endet an der Übergabestelle zum Verbraucher" (vgl. Abb. 22.3).

Die Definitionen für die o. a. Leitungsarten liefert DVGW W 400-1 wie folgt:

Abb. 22.3 Beispiel eines Wasserverteilungssystems (DIN EN 805)
Legende:
1 Rohrnetz
2 Hauptleitung
3 Versorgungsleitung
4 Versorgungsgebiet
5 Wasserbehälter (kann vorhanden sein)
6 Zubringerleitung
7 Wassergewinnungs- oder Wasseraufbereitungsanlage
8 Anschlussleitung
9 Verbraucher

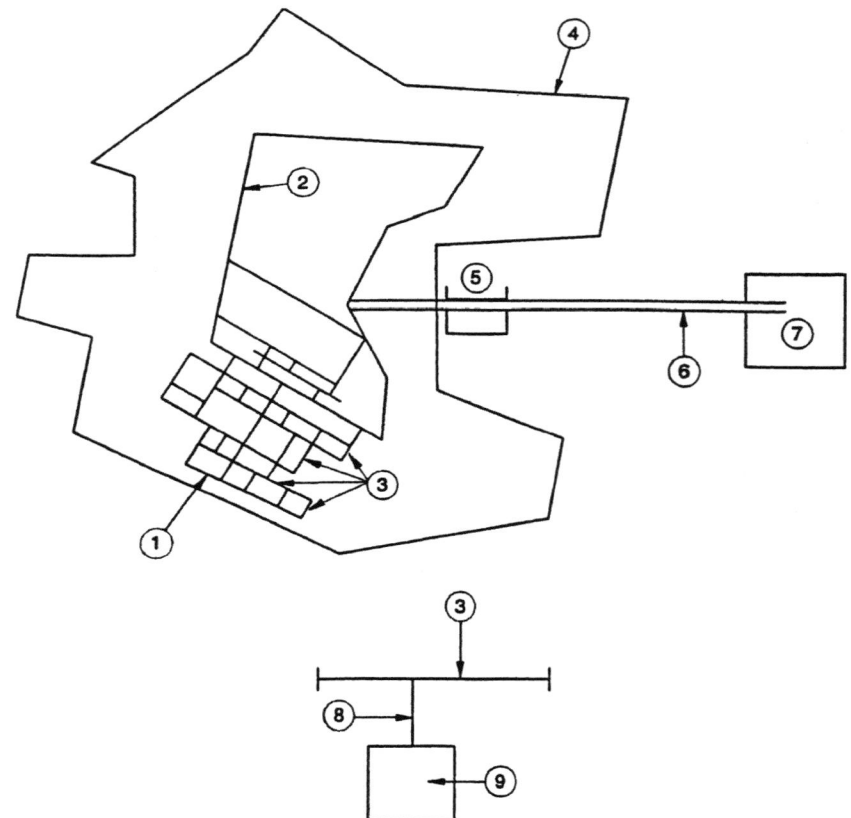

- **Hauptleitung**

  Wasserleitung mit Hauptverteilfunktion innerhalb eines Versorgungsgebietes, üblicherweise ohne direkte Verbindung zum Verbraucher.

- **Versorgungsleitung**

  Wasserleitung, welche die Hauptleitung mit der Anschlussleitung verbindet.

- **Zubringerleitung**

  Wasserleitung, welche Wassergewinnung(en), Wasseraufbereitungsanlage(n), Wasserbehälter und/oder Versorgungsgebiet(e) verbindet, üblicherweise ohne direkte Verbindung zum Verbraucher.

- **Anschlussleitung**

  Wasserleitung, welche das Wasser von der Versorgungsleitung zum Verbraucher liefert.

Wasserverteilungssysteme können unterschiedliche Grade der Vermaschung aufweisen. Mögliche grundsätzliche Systemtypen sind in Abb. 22.4 dargestellt.

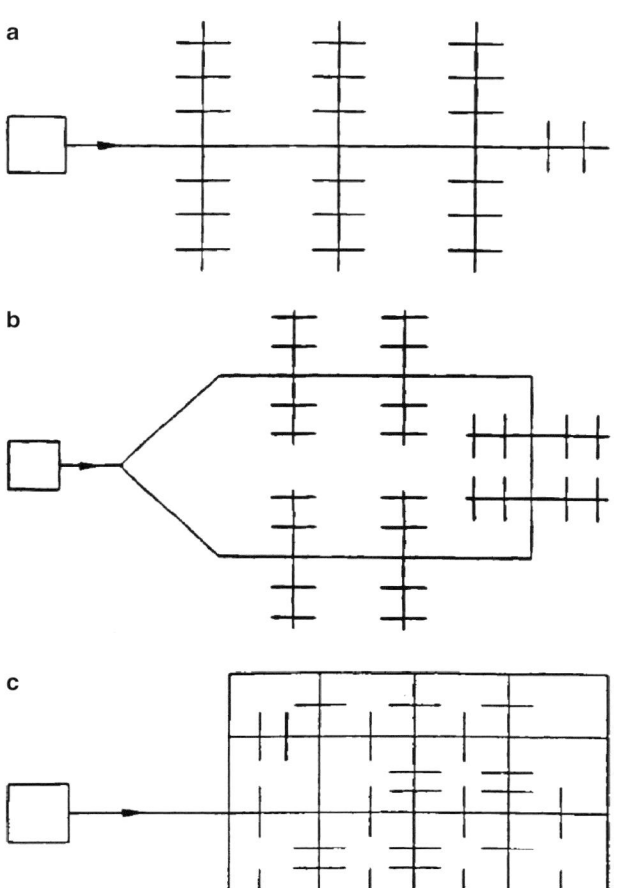

Abb. 22.4 Beispiele für Systemkonfigurationen gem. DIN EN 805. **a** Beispiel mit einer durchgehenden Leitung mit einzelnen Abzweigleitungen (Verästelungsnetz), **b** Beispiel eines einfachen Netzes mit Ringleitungen und mit einzelnen Abzweigleitungen (Ringnetz), **c** Beispiel eines Rohrnetzes mit Ringleitungen und untereinander vermaschten Versorgungsleitungen (vermaschtes Ringnetz)

Beim Verästelungsnetz zweigen die einzelnen Versorgungsleitungen von den Haupt- bzw. übergeordneten Versorgungsleitungen ab und enden als Stichleitungen. Bei Versorgungsunterbrechungen sind somit auch alle nachgeschalteten Netzteile betroffen. Stichleitungen sind aufgrund von Stagnationsproblemen häufiger zu spülen. Beim Ringnetz sind die einzelnen Versorgungsstränge weitgehend miteinander verbunden. Die vermaschten Netze gewährleisten dadurch eine hohe Betriebssicherheit, einen gleichmäßigeren Versorgungsdruck und damit auch eine höhere Sicherheit bei der Löschwasserversorgung. Die Baukosten sind aufgrund der größeren Leitungslängen und einer größeren Anzahl von Absperrschiebern höher als beim Verästelungsnetz.

Aus wirtschaftlichen Gründen weisen Rohrnetze in einem Versorgungsgebiet oftmals alle drei Rohrnetzformen auf.

22.3.2.2.2 Rohrmaterialien und Nennweiten

Rohrleitungen und Rohrleitungsteile für die Wasserversorgung müssen nach DIN EN 805 so beschaffen sein, dass sie allen Anforderungen für den Gebrauch in Wasserversorgungssystemen entsprechen. Insbesondere dürfen sie bei Kontakt mit Wasser keine unzulässige Beeinträchtigung der Wasserqualität verursachen.

Der Nennweitenbereich vorgefertigter Rohre für alle Rohrleitungen in Wasserverteilungssystemen wird in DIN EN 805 durch die beiden folgenden Serien vorgegeben:

- Innendurchmesser (DN/ID),
- Außendurchmesser (DN/OD).

Die Produktnormen müssen angeben, auf welche Serie sie sich beziehen[1]. Wesentliche Rohrmaterialien, zugehörige Rohrverbindungen und normative Verweise sind in Tafel 22.2 aufgeführt.

Weitere Hinweise zu Rohrmaterialien sind in DIN EN 805 (dort Abschnitt 9) aufgeführt.

22.3.2.2.3 Armaturen

Für Wasserverteilungssysteme wesentliche Arten von Armaturen sind:

- **Absperrarmatur**

  Die Anordnung der Absperrarmaturen hat so zu erfolgen, dass das Absperren im Notfall leicht möglich ist. Absperrarmaturen sollten auf allen Abzweigungen so nah wie

---

[1] **Außendurchmesser (OD):** Mittlerer Außendurchmesser des Rohrschaftes in jedem beliebigen Querschnitt. Für Rohre mit profilierter Außenseite gilt der maximale projizierte Außendurchmesser einschließlich der Profile.

Innendurchmesser (ID): Mittlerer Innendurchmesser des Rohrschaftes in jedem beliebigen Querschnitt.

Nennweite (DN/ID oder DN/OD): Ganzzahlige numerische Bezeichnung für den Durchmesser eines Rohrleitungsteiles, die annähernd dem tatsächlichen Durchmesser in mm entspricht. Sie bezieht sich entweder auf den Innendurchmesser (DN/ID) oder auf den Außendurchmesser (DN/OD).

Tafel 22.2 Übersicht Rohre, Formstücke und Verbindungen (nach DVGW W 400-1)

	Duktiles Gusseisen	Stahl	PE 80 PE 100	PE-Xa/b/c	PVC-U/O	GFK	Faserzement
Produktnorm – Rohr	DIN EN 545	DIN 2460	DIN EN 12201-2	DIN 16892 DIN 16893	DIN EN ISO 1452-2 DIN 8061	DIN 8062 DIN EN 14364 DIN EN 1796 DIN 16869-1 DIN 16869-2	DIN EN 512
Produktnorm – Formstück/ Verbinder	DIN EN 545 DIN EN 14525 DIN 28650	DIN EN 10224 DIN EN 10253-2 DIN 2460	DIN EN 12201-3 ISO 14236 DIN EN 12842	DIN EN 12201-3 ISO 14236 DIN EN 12842	DIN EN 12842 DIN EN ISO 1452-3	DIN EN 14364 DIN EN 1796	DIN EN 512

möglich an der durchgehenden Leitung angebracht werden. Die Lage von Absperrarmaturen und die Installation von Messeinrichtungen sind so zu wählen, dass Leckortungsmaßnahmen erleichtert werden.

- **Be- und Entlüftungsventil**

  Luftansammlungen entstehen in Hochpunkten, deren Lage sich je nach dem Verlauf der Drucklinien ändern kann. Entlüftungsventile mit Absperrarmaturen sollten an allen möglichen Hochpunkten vorgesehen werden.

  Zubringer-, Haupt- und Versorgungsleitungen müssen mit Vorrichtungen ausgestattet sein, die ein Entweichen größerer Luftmengen während des Füllvorganges ermöglichen und eine größere Luftzufuhr während der Entleerung gestatten.

  Für die Entlüftung während des Normalbetriebes ist ebenfalls Vorsorge zu treffen. Die Größe und der Typ des Be- und Entlüftungsventils sind vom Planer in Abhängigkeit des zu erwartenden Luftdurchflusses und der Systemkonfiguration festzulegen. Alle Richtungsänderungen der Rohrgradiente sind zu berücksichtigen.

- **Hydrant**

  Hydranten werden für Löschzwecke benötigt. Sie können auch für Betriebszwecke, wie Füllen, Entleeren, Entlüften und Spülen der Leitungen, genutzt werden. Lage und Art der Hydranten sind in Abhängigkeit von den örtlichen Gegebenheiten und Bestimmungen festzulegen. Bei der Anordnung von Hydranten auf Zubringer- oder Hauptleitungen wird der Einbau einer Absperrarmatur empfohlen. Hydranten sollten gem. DVGW W 400-1 aus hydraulischen Gründen möglichst nah an Kreuzungs- und Abzweigpunkten des Netzes liegen. Die Abstände von Hydranten müssen im Übrigen der Bebauung und Netzstruktur entsprechen und dort, wo sie auch der Löschwasserversorgung (Grundschutz) dienen, im Bedarfsfall mit den Feuerwehren abzustimmen. Allgemein sollte der Abstand von Hydranten in bebauter Ortslage maximal 80 bis 100 m betragen.

Weitere normative Verweise zu Armaturen sind in Tafel 22.3 aufgeführt.

Tafel 22.3 Übersicht Armaturen (nach DVGW W 400-1)

Armaturenart	Produktnorm	Auswahl/Einbau/Betrieb
Hauptabsperr-vorrichtung	DIN 3546-1 DIN EN 1213 DIN EN 13828	DIN 1988-200
Metall-Absperrarmatur	DIN EN 1074-2	W 332 (M)
PE-Absperrarmatur	DIN EN 12201-4	–
Regelarmatur	DIN EN 1074-5	W 335 (M)
Anbohrarmatur	–	W 333 (M)
Hydrant	DIN EN 1074-6	W 331 (M)
Be-/Entlüftungsventil	DIN EN 1074-4	W 334 (M)
Rückflussverhinderer	DIN EN 1074-3	W 332 (M)
Rohrbruchsicherung	–	W 332 (M)

22.3.2.3 Planungsgrundsätze

22.3.2.3.1 Allgemeines

Wasserverteilungssysteme müssen gem. DVGW W 400-1 so geplant, errichtet und betrieben werden, dass ein Rückfluss von außen bzw. ein Eindringen von Nichttrinkwasser und sonstigen Fremdstoffen zuverlässig verhindert wird (siehe auch TrinkwV § 17 (2), DVGW W 358 und DVGW W 408, einschließlich Beiblatt), wobei Anordnung und Funktion von Be- und Entlüftungsventilen sowie Entleerungen besonders zu beachten sind. Rückflussverhinderer können eine Rücksaugung nicht zuverlässig verhindern.

Wasserverteilungssysteme müssen gem. DVGW W 400-1 so geplant werden, dass Stagnation (mittlere Fließgeschwindigkeit, bezogen auf den durchschnittlichen Stundenverbrauch, geringer als 0,005 m/s oder 430 m/d) minimiert wird, da diese zu einer gemäß TrinkwV unzulässigen Beeinträchtigung der Wasserqualität führen kann.

22.3.2.3.2 Trasse

Haupt- und Versorgungsleitungen sollen gem. DVGW W 400-1 innerhalb öffentlicher Verkehrsflächen liegen. Sie sind entlang von Straßen, möglichst in Bürgersteigen oder Randstreifen, anzuordnen. Versorgungsleitungen sind in der Regel auf der Straßenseite anzuordnen, wo die meisten Hausanschlüsse zu erwarten sind. Bei breiten, mehrspurigen Fahrbahnen bzw. Straßenbahngleisen kann es wirtschaftlich sein, auf beiden Seiten Versorgungsleitungen vorzusehen.

Die Trassenerkundung für Haupt- und Versorgungsleitungen beschränkt sich im Wesentlichen auf die Abstimmung mit den Trassen anderer Leitungen und Kabel. Anzustreben sind Regelanordnungen, in denen den Wasser-, Gas- und Fernwärmeleitungen, den Entwässerungskanälen sowie den Strom-, Telekommunikations- und sonstigen Kabeln ein bestimmter Raum zugewiesen wird. Eine Abstimmung mit den Straßenbaulastträgern muss erfolgen.

Haupt- und Versorgungsleitungen müssen kein Mindestgefälle einhalten.

Die Abstände zu Fremdanlagen und Bauwerken sind unter Berücksichtigung folgender Schutzziele im Hinblick auf Bau, Betrieb und Instandhaltung festzulegen:

- Sicherstellung eines ausreichenden Arbeitsraums für Einbau und Instandhaltung,
- Verhinderung unzulässiger chemischer, mechanischer und thermischer Beanspruchungen,
- elektrisch wirksame Trennung von anderen metallenen Leitern,
- Verhinderung des Eintrags von Schadstoffen und Keimen (z. B. durch undichte Leitungen und Kanäle),
- Standsicherheit anderer Anlagen (z. B. bruchgefährdete Leitungen aus Grauguss, Asbestzement),
- Sicherung der Funktion von Widerlagern.

Die folgenden Mindestabstände berücksichtigen nicht Bodenverdrängung und Bodenaustrag bei grabenlosen Bauweisen. Zum horizontalen Abstand vom Baugraben zu höher liegenden Leitungen siehe Ausführungen zu Gefährdungsbereichen in DVGW W 400-3.

Der horizontale lichte Abstand der Wasserleitung zu anderen Rohrleitungen, Kabeln und Bauwerken/Anlagen soll 0,40 m, der vertikale Abstand bei Kreuzungen mit Rohrleitungen oder Kabeln soll 0,20 m nicht unterschreiten. Unter beengten Verhältnissen oder bei Mehrspartenverlegung darf der Abstand nicht unterschreiten:

- horizontal die Hälfte des Außendurchmessers der größten Rohrleitung, mindestens 0,2 m,
- vertikal ein Viertel des Außendurchmessers der größten Rohrleitung, mindestens 0,1 m.

Andernfalls sind Schutzmaßnahmen, z. B. Mantelrohre, Umhüllungen und Zwischenlagen gegen chemische, elektrische, mechanische und thermische Einflüsse vorzusehen und mit den anderen Betreibern abzustimmen.

Bei Fern- und Zubringerleitungen soll der Schutzstreifen vollständig frei sein. Bei zwingender Unterschreitung an Engstellen darf der horizontale Abstand 1,0 m, der vertikale Abstand 0,5 m nicht unterschreiten. Andernfalls sind Schutzmaßnahmen wie oben vorzusehen und abzustimmen.

Für die Kreuzung von Bahnanlagen sind die Anforderungen der Gas- und Wasserleitungskreuzungsrichtlinien zu beachten.

Im Hinblick auf die Mindestabstände zwischen Stahlrohrleitungen und Hochspannungs-Freileitungen ist bei Kreuzungen und Parallelverlegungen DVGW GW 22 einzuhalten.

Bei einem Abstand von mindestens 1 m zu Fernwärme- und Geothermieleitungen ist davon auszugehen, dass es zu keiner nachteiligen Beeinflussung der Trinkwasserleitung kommt. Bei geringeren Abständen sind die individuellen Verhältnisse besonders zu bewerten (Länge der Parallelität, Temperatur-, Boden- und Durchflussverhältnisse).

Trinkwasserleitungen sollen oberhalb von Abwasserleitungen liegen. Liegt die Trinkwasserleitung in Ausnahmefällen auf gleicher Höhe oder tiefer als die Abwasserleitung, so ist ein horizontaler Mindestabstand von 1,0 m einzuhalten oder eine gleichwertige Schutzmaßnahme zu treffen. Trinkwasserleitungen müssen im Kreuzungsbereich mit höher liegenden Abwasserleitungen geschützt werden. Als Schutzmaßnahme können z. B. Mantelrohre dienen. Bei Entwässerungsmulden für Niederschlagswasser und dgl. sind in der Regel keine besonderen Schutzmaßnahmen vorzusehen.

Wasserleitungen sollen im Hinblick auf ihre Zugänglichkeit und die Standsicherheit von Bauwerken nicht überbaut sein (siehe auch DVGW W 400-3). Für die Höhe der Überdeckung ist zu berücksichtigen:

- Die Wasserleitung soll mindestens 0,8 m überdeckt sein (aus DVGW W 397 kann sich eine größere Überdeckung ergeben).
- In landwirtschaftlich genutztem Gelände soll die Überdeckung mindestens 1,20 m betragen.
- Die Überdeckung soll ohne besonderen Grund 2,0 m nicht überschreiten.

Bei Abweichungen sind besondere Maßnahmen zu treffen (Mantelrohr, Betonplatten o. ä. bei geringerer Überdeckung; ggf. gesonderte Bemessung in Verbindung mit Abschn. 22.4.3 bei größerer Überdeckung).

Leitungen sollen Verkehrswege, Gewässer und Deiche möglichst rechtwinklig kreuzen.

Für Baumpflanzungen an Leitungstrassen gilt DVGW GW 125.

Schutzstreifen sind mindestens mit Breiten nach Tafel 22.4 und folgenden Nutzungsbeschränkungen zu vereinbaren:

- Betriebsfremde Bauwerke dürfen nicht errichtet werden.
- Bewuchs, der Betrieb und Instandhaltung der Leitung beeinträchtigt, ist auszuschließen.
- Schüttgüter, Baustoffe und wassergefährdende Stoffe dürfen nicht gelagert werden.
- Geländeänderungen (z. B. Niveau) und leichte Befestigungen der Fläche (z. B. als Parkplatz) sind mit dem Leitungsbetreiber abzustimmen.

Tafel 22.4 Schutzstreifenbreiten (nach DVGW W 400-1)

Nennweite	Schutzstreifenbreite
Bis DN 150	4 m
Über DN 150 bis DN 400	6 m
Über DN 400 bis DN 600	8 m
Über DN 600	10 m

Die Leitung soll in der Mitte des Schutzstreifens liegen. Für zugehörige Kabel können die Schutzstreifenbreiten je nach Anordnung erweitert werden. Bei nebeneinander geführten Rohrleitungen vergrößert sich die Schutzstreifenbreite um den Achsabstand der Rohrleitungen.

22.3.3 Gasverteilsysteme

22.3.3.1 Normen, Regelwerke und weiterführende Literatur

DIN EN 12007-1: Gasinfrastruktur – Rohrleitungen mit einem maximal zulässigen Betriebsdruck bis einschließlich 16 bar – Teil 1: Allgemeine funktionale Anforderungen; Deutsche Fassung EN 12007-1:2012. 10.2012

DIN EN 12007-2: Gasinfrastruktur – Rohrleitungen mit einem maximal zulässigen Betriebsdruck bis einschließlich 16 bar – Teil 2: Spezifische funktionale Anforderungen für Polyethylen (MOP bis einschließlich 10 bar); Deutsche Fassung EN 12007-2:2012. 08.2012

DIN EN 12007-3: Gasinfrastruktur – Rohrleitungen mit einem maximal zulässigen Betriebsdruck bis einschließlich 16 bar – Teil 3: Besondere funktionale Anforderungen für Stahl; Deutsche Fassung EN 12007-3:2015. 07.2015

DIN EN 12007-5: Gasinfrastruktur – Rohrleitungen mit einem maximal zulässigen Betriebsdruck bis einschließlich 16 bar – Teil 5: Hausanschlussleitungen – Spezifische funktionale Anforderungen; Deutsche Fassung EN 12007-5:2014. 07.2014

DIN EN 12186: Gasinfrastruktur – Gas-Druckregelanlagen für Transport und Verteilung – Funktionale Anforderungen; Deutsche Fassung EN 12186:2014. 12.2014

DIN EN 1555-2: Kunststoff-Rohrleitungssysteme für die Gasversorgung – Polyethylen (PE) – Teil 2: Rohre; Deutsche Fassung EN 1555-2:2010. 12.2010

DIN 3230-5: Technische Lieferbedingungen für Absperrarmaturen – Absperrarmaturen für Gasleitungen und Gasanlagen – Teil 5: Anforderungen und Prüfungen. 11.2014

DVGW G 441 (Arbeitsblatt): Absperrarmaturen für maximal zulässige Betriebsdrücke bis 100 bar in der Gasversorgung. 03.2017

DVGW G 459-2 (Arbeitsblatt): Gas-Druckregelungen mit Eingangsdrücken bis 5 bar und Auslegungsdurchflüssen bis 200 m³/h im Normzustand in Netzanschlüssen; Funktionale Anforderungen. 11.2015

DVGW G 462 (Arbeitsblatt): Gasleitungen aus Stahlrohren bis 16 bar Betriebsdruck; Errichtung. 03.2020

DVGW G 463 (Arbeitsblatt): Gashochdruckleitungen aus Stahlrohren für einen Auslegungsdruck von mehr als 16 bar – Errichtung. 12.2017

DVGW G 472 (Arbeitsblatt): Gasleitungen aus Kunststoffrohren bis 16 bar Betriebsdruck; Errichtung. 03.2020

DVGW G 474 (Merkblatt): Maßnahmen für den sicheren Betrieb von Gasrohrleitungen in den Einflusszonen bergbaulicher Tätigkeiten. 03.2020

DVGW G 491 Entwurf 2019-05 (Arbeitsblatt): Gas-Druckregelanlagen für Eingangsdrücke bis einschließlich 100 bar. 05.2019

DVGW GW 125 (Merkblatt): Technische Regel – Merkblatt Bäume, unterirdische Leitungen und Kanäle. 02.2013

DVGW GWKR 2017: Gas- und Wasserleitungskreuzungsrichtlinien (Kreuzungsrichtlinien). 07.2017

DVGW Gas-Information Nr. 16: Gas Absperrkonzepte in neuen Gasverteilnetzen bis einschließlich 5 bar Betriebsdruck – Sektionierung und Gruppenabsperrung. 10.2011

Lendt, B.; Cerbe, G.: Grundlagen der Gastechnik Gasbeschaffung – Gasverteilung – Gasverwendung Hanser Verlag München. 2016

22.3.3.2 Netzstruktur

Wesentliche Begriffsdefinitionen und Regelungen sind, anders als bei den anderen Netzen, nicht (nur) normativ, sondern (ergänzend) über das „Gesetz über die Elektrizitäts- und Gasversorgung (Energiewirtschaftsgesetz – EnWG)" geregelt. Darüber hinaus unterscheidet sich die Gasversorgungsinfrastruktur von den anderen Rohrnetzen darin, dass ein überregionaler Verbund existiert. In diesem Sinne gelten folgende Definitionen:

- **Gasversorgungsnetze (EnWG):**
  alle Fernleitungsnetze, Gasverteilernetze, LNG-Anlagen oder Speicheranlagen, die für den Zugang zur Fernleitung, zur Verteilung und zu LNG-Anlagen erforderlich sind und die einem oder mehreren Energieversorgungsunternehmen gehören oder von ihm oder von ihnen betrieben werden, einschließlich Netzpufferung und seiner Anlagen, die zu Hilfsdiensten genutzt werden, und der Anlagen verbundener Unternehmen; ausgenommen sind solche Netzteile oder Teile von Einrichtungen, die für örtliche Produktionstätigkeiten verwendet werden,

- **örtliches Verteilernetz (EnWG):**
  ein Netz, das überwiegend der Belieferung von Letztverbrauchern über örtliche Leitungen, unabhängig von der Druckstufe oder dem Durchmesser der Leitungen, dient; für die Abgrenzung der örtlichen Verteilernetze von den vorgelagerten Netzebenen wird auf das Konzessionsgebiet abgestellt, in dem ein Netz der allgemeinen Versorgung im Sinne des § 18 Abs. 1 und des § 46 Abs. 2 betrieben wird einschließlich von Leitungen.

Unabhängig vom Netz unterscheidet man in Abhängigkeit des Betriebsdrucks in

- **Niederdruckleitungen (-netze):**
  $\leq 100\,\text{mbar}$,
- **Mitteldruckleitungen (-netze):**
  $> 100\,\text{mbar bis} \leq 1\,\text{bar}$,
- **Hochdruckleitungen (-netze):**
  $> 1\,\text{bis}\,100\,\text{bar}$.

Gasdruckregelanlagen (GDRA gem. DIN EN 12186, DVGW G 491 und DVGW G 459-2) dienen als Bindeglied zwischen unterschiedlichen Druckstufen.

Aus versorgungstechnischen Gründen ist man bestrebt, das örtliche Verteilnetz weitgehend in vernaschter Form auszuführen (vgl. Abb. 22.4).

22.3.3.3 Rohrmaterialien und Nennweiten

Die Eigenschaften der Werkstoffe für Rohrleitungen in Gasversorgungssystemen mit einem maximal zulässigen Betriebsdruck bis einschließlich 16 bar müssen nach DIN EN 12007 für Gasart und Betriebsbedingungen geeignet sein und den einschlägigen Produktnormen entsprechen.

Für Rohrleitungen in öffentlichen Gasverteilnetzen und für Hausanschlussleitungen werden verwendet:

- Kunststoffrohre (PE) gem. DVGW G 472,
- Stahlrohre gem. DVGW G 462.

Wesentliche Produktnormen sind in Tafel 22.5 aufgeführt. Für Hausanschlussleitungen gilt ergänzend DIN EN 12007-5.

Bei Gasverteilnetzen kommen Leitungen vornehmlich im Nennweitenbereich DN/ID 80 bis DN/ID 300 zur Anwendung. Innendurchmesser und erforderlichen Wanddicken von PE-Rohren sind in DIN EN 1555-2 bzw. DVGW G 472

Tafel 22.5 Übersicht der wesentlichen Rohrmaterialien für werkseitig hergestellte Schachtbauteile und zugehörige wesentliche Produktnormen

	Stahl	PE 80 PE 100
Produktnorm – Rohr	DIN EN 12007-1 DIN EN 12007-3	DIN EN 12007-1 DIN EN 12007-2 DIN EN 1555-1 DIN EN 1555-2
Produktnorm – Form-stück/Verbinder		DIN EN 1555-2

festgelegt (siehe Tafel 22.6). Für Stahlrohre gilt DIN EN 12007-3.

22.3.3.4 Armaturen

Zu Funktion und Anordnung von Absperrarmaturen vgl. Abschn. 22.3.2.2.3. Die Anforderungen an die in der Gasverteilung gebräuchlichen Absperrarmaturen sind in DIN EN 3230-5 sowie DVGW G 441 aufgeführt.

Der Einbau der Absperrarmaturen richtet sich gem. DVGW G 462 und DVGW G 472 nach den betrieblichen Erfordernissen und den örtlichen Verhältnissen.

Bei Gasleitungen mit maximal zulässigen Betriebsdrücken von mehr als 100 mbar und kleiner gleich 5 bar sind Einrichtungen vorzusehen, die dazu dienen, Rohrnetzteile gebietsweise außer Betrieb zu nehmen oder den Betriebsdruck abzusenken. Für weitere Kriterien zu Absperrkonzepten wird auf die DVGW-Information Gas Nr. 16 verwiesen.

Bei Gasleitungen mit maximal zulässigen Betriebsdrücken von mehr als 5 bar sind je nach betrieblicher Erfordernis zusätzlich zu Absperrarmaturen Ausblaseeinrichtungen an zugänglichen Stellen vorzusehen.

22.3.3.5 Planungsgrundsätze

22.3.3.5.1 Allgemeines

Gasleitungen sind gem. DVGW G 462 und DVGW G 472 zur Sicherung ihres Bestandes, Betriebes und ihrer Instandhaltung gegen Einwirkungen von außen in einem Schutzstreifen zu verlegen. Der Schutzstreifen ist in geeigneter Art und Weise mit dem Grundstückseigentümer vertraglich zu vereinbaren. Im Schutzstreifen dürfen für die Dauer des Bestehens der Leitung keine Gebäude errichtet oder sonstige Einwirkungen, die Bestand, Betrieb oder Instandhaltung beeinträchtigen oder gefährden, vorgenommen werden. Die Errichtung von z. B. Parkplätzen über der Leitung ist nach Abstimmung mit dem Netzbetreiber zulässig. Die Schutzstreifenbreite kann vom Netzbetreiber in Abhängigkeit vom Leitungsdurchmesser sowie von der Art der Betriebs- und Instandhaltungsmaßnahmen in Anlehnung an das DVGW-Arbeitsblatt G 463 festgelegt werden.

In Bereichen, in denen mit Bodenbewegungen zu rechnen ist, die die Sicherheit der Gasleitung beeinträchtigen können, z. B. im Einwirkungsbereich des Bergbaues, müssen im Einzelfall erforderliche Sicherheitsmaßnahmen, z. B. nach DVGW-Merkblatt G 474, getroffen werden.

Tafel 22.6 Übersicht der wesentlichen Rohrmaterialien für werkseitig hergestellte Schachtbauteile und zugehörige wesentliche Produktnormen (DVGW G 472)

SDR[a]-Reihe	Durchmesserbereich	PE 80	PE 100	PE-X[b]
SDR17,6	$75\,\text{mm} \leq d_n \leq 630\,\text{mm}$	2 bar	–	–
SDR17	$75\,\text{mm} \leq d_n \leq 630\,\text{mm}$	–	2 bar	–
SDR11	$d_n \leq 630\,\text{mm}$	5 bar	10 bar	–
SDR11	$d_n \leq 250\,\text{mm}$	–	–	8 bar

[a] SDR ist das Durchmesser-Wanddicken-Verhältnis (Standard-Dimension-Ratio), d. h. das Verhältnis von Nennaußendurchmesser d_n zu Nennwanddicke s. Für $d_n \leq 75\,\text{mm}$ darf nur SDR 11 eingesetzt werden.
[b] PE-X umfasst die Materialien PE-Xa, PE-Xb und PE-Xc.

22.3.3.5.2 Trasse

Bei der Trassierung sind gem. DVGW G 462 und DVGW G 472 die örtlichen Gegebenheiten und die absehbare zukünftige Nutzung des Trassenbereiches zu berücksichtigen. Ein Errichten von Gebäuden unmittelbar über Gasleitungen oder jedes andersartige Überbauen, das Lagern von schwer transportablen Materialien sowie das Pflanzen von Bäumen, das den Zugang zur Leitung beeinträchtigt, ist unzulässig. Im Bereich von Baumpflanzungen ist das DVGW-Merkblatt GW 125 zu beachten.

Für die Kreuzung von Bahnanlagen sind die Anforderungen der Gas- und Wasserleitungskreuzungsrichtlinien zu beachten.

Wird die Versorgungsleitung parallel zu einer anderen Versorgungsleitung oder anderen Versorgungseinrichtungen verlegt bzw. kreuzt diese, ist ein lichter Mindestabstand für Betrieb und Instandhaltung und zur Vermeidung von Beeinträchtigungen einzuhalten. Wenn diese Mindestabstände nicht eingehalten werden können, müssen geeignete Maßnahmen zum Schutz der Versorgungseinrichtungen getroffen werden.

Bei Planung und Werkstoffauswahl muss die Nähe von Systemen mit Wärmeabgabe (z. B. Fernwärmeleitungen oder Energiekabel) berücksichtigt werden.

Bei grabenlosen Bauverfahren sind die Abstände nach DVGW-Arbeitsblatt GW 304 zu beachten. Die Lage von kreuzenden und längsverlegten Leitungen ist gemäß DVGW-Arbeitsblatt GW 315 zu erkunden.

Die Mindestabstände der Gasleitung bei offener Bauweise zu anderen Rohrleitungen und sonstigen Bauwerken sollen bei:

- maximal zulässigen Betriebsdrücken bis einschließlich 5 bar:
  bei Parallelführung den halben Außendurchmesser der größeren Rohrleitung, mindestens jedoch 0,2 m und
  bei Kreuzungen 0,1 m,
- maximal zulässigen Betriebsdrücken größer 5 bar:
  bei Parallelführung 0,4 m und
  bei Kreuzungen 0,2 m

nicht unterschritten werden.

Die Gasleitung ist in der Regel bei maximal zulässigen Betriebsdrücken bis einschließlich 5 bar mit einer Rohrdeckung von 0,6 bis 1,0 m und bei maximal zulässigen Betriebsdrücken über 5 bar mit einer Rohrdeckung von 0,8 bis 1,0 m zu verlegen. Die Rohrdeckung darf an örtlich begrenzten Stellen ohne besondere Schutzmaßnahmen bis auf 0,5 m bei maximal zulässigen Betriebsdrücken bis einschließlich 5 bar bzw. 0,6 m bei maximal zulässigen Betriebsdrücken über 5 bar verringert werden, sofern hierdurch keine unzulässigen Einwirkungen auf die Gasleitung zu erwarten sind. Sie soll aber auch ohne besonderen Grund 2,0 m nicht überschreiten.

22.3.4 Fernwärmeversorgungssysteme

22.3.4.1 Normen, Regelwerke und weiterführende Literatur

DIN EN 253: Einzelrohr-Verbundsysteme für direkt erdverlegte Fernwärmenetze – Werkmäßig gefertigte Verbundrohrsysteme, bestehend aus Stahl-Mediumrohr, einer Wärmedämmung aus Polyurethan und einer Ummantelung aus Polyethylen; Deutsche Fassung EN 253:2019. 03.2020

DIN EN 14419: Fernwärmerohre – Einzel- und Doppelrohr-Verbundsysteme für erdverlegte Fernwärmenetze – Überwachungssysteme; Deutsche Fassung EN 14419:2019. 03.2020

AGFW FW 113 (Merkblatt): Versorgungsqualität in der Fernwärme. 07.2017

AGFW FW 114 (Merkblatt): Instandhaltungsstrategien und Rehabilitationsplanung, Mindestanforderungen. 12.2013

AGFW FW 401-1 (Arbeitsblatt – Entwurf): Kunststoffmantelrohre (KMR) als Verlegesystem der Fernwärme Anwendungsbereich, Gliederung, Begriffe. 08.2018

AGFW FW 401-2 (Arbeitsblatt): Verlegung und Statik von Kunststoffmantelrohren (KMR) für Fernwärmenetze – Systembeschreibung –. 12.2007

AGFW FW 401-3 (Arbeitsblatt): Verlegung und Statik von Kunststoffmantelrohren (KMR) für Fernwärmenetze – Bauteile; Gerade Verbundmantelrohre –. 12.2007

AGFW FW 401-5 (Arbeitsblatt): Verlegung und Statik von Kunststoffmantelrohren (KMR) für Fernwärmenetze – Bauteile; Erdeinbauarmaturen –. 12.2007

AGFW FW 401-7 (Arbeitsblatt): Verlegung und Statik von Kunststoffmantelrohren (KMR) für Fernwärmenetze – Bauteile; Kompensationselemente und sonstige Systembauteile –. 12.2007

AGFW FW 401-8 (Arbeitsblatt): Verlegung und Statik von Kunststoffmantelrohren (KMR) für Fernwärmenetze – Überwachungssysteme –. 08.2018

AGFW FW 401-9 (Arbeitsblatt): Verlegung und Statik von Kunststoffmantelrohren (KMR) für Fernwärmenetze – Entwurfs- und Ausführungsplanung –. 12.2007

AGFW FW 401-10 (Arbeitsblatt): Verlegung und Statik von Kunststoffmantelrohren (KMR) für Fernwärmenetze – Statische Auslegung; Grundlagen der Spannungsermittlung –. 12.2007

AGFW FW 401-11 (Arbeitsblatt): Verlegung und Statik von Kunststoffmantelrohren (KMR) für Fernwärmenetze – Statische Auslegung; Bemessungsdiagramme –. 12.2007

AGFW FW 401-12 (Arbeitsblatt): Verlegung und Statik von Kunststoffmantelrohren (KMR) für Fernwärmenetze – Bau und Montage; Organisation der Bauabwicklung, Tiefbau –. 12.2007

AGFW FW 401-13 (Arbeitsblatt): Verlegung und Statik von Kunststoffmantelrohren (KMR) für Fernwärmenetze – Bau und Montage; Rohrbau –. 07.2007

AGFW FW 410 (Merkblatt): Stahlmantelrohre (SMR) für Fernwärmeleitungen. 12.2011

AGFW FW 420-1 (Arbeitsblatt): Fernwärmeleitungen aus flexiblen Rohrsystemen – Systeme aus polymeren Mediumrohren (PMR) –. 12.2011

AGFW FW 420-2 (Arbeitsblatt): Fernwärmeleitungen aus flexiblen Rohrsystemen – Systeme mit glatten Stahl-Mediumrohren (Stahlflex) –. 12.2011

AGFW FW 420-3 (Arbeitsblatt): Fernwärmeleitungen aus flexiblen Rohrsystemen – Systeme mit gewellten Edelstahl-Mediumrohren (Metallische Wellrohre) –. 12.2011

AGFW FW 428 (Hinweis): Hinweise zur Auswahl von Absperrarmaturen für Heizwasser – Fernwärmenetze –. 04.2010

AGFW FW 510 (Arbeitsblatt): Anforderungen an das Kreislaufwasser von Industrie- und Fernwärmeheizanlagen sowie Hinweise für deren Betrieb. 12.2013

FGSV 510: Allgemeine Technische Bestimmungen für die Benutzung von Straßen durch Leitungen und Telekommunikationslinien (ATB-BeStra). 09.2008

DVGW GW 125 (Merkblatt): Bäume, unterirdische Leitungen und Kanäle. 02.2013

22.3.4.2 Aufbau und Netzelemente

22.3.4.2.1 Netzstruktur

Fernwärmenetze werden als Strahlen-, Maschen- oder Ringnetze bzw. deren Kombinationen (vgl. Abb. 22.4) und in der Regel als Zweileiternetz mit je einer Vor- und Rücklaufleitung ausgeführt (vgl. Abb. 22.5).

Die Definitionen für die o. a. Leitungsarten erfolgt in AGFW FW 401-1 und entspricht sinngemäß DVGW W 400-1:

- **Hauptleitung**
  Fernwärmeleitung, mit Hauptverteilfunktion innerhalb eines Versorgungsgebietes, an die eine Abzweigleitung angeschweißt werden kann; üblicherweise ohne direkte Verbindung zum Verbraucher.

- **Verteilleitung**
  Fernwärmeleitung, welche die Hauptleitung mit der Anschlussleitung verbindet.

- **Hausanschlussleitung**
  Fernwärmeleitung, welche das Medium von der Haupt- oder Verteilleitung zum Verbraucher liefert.

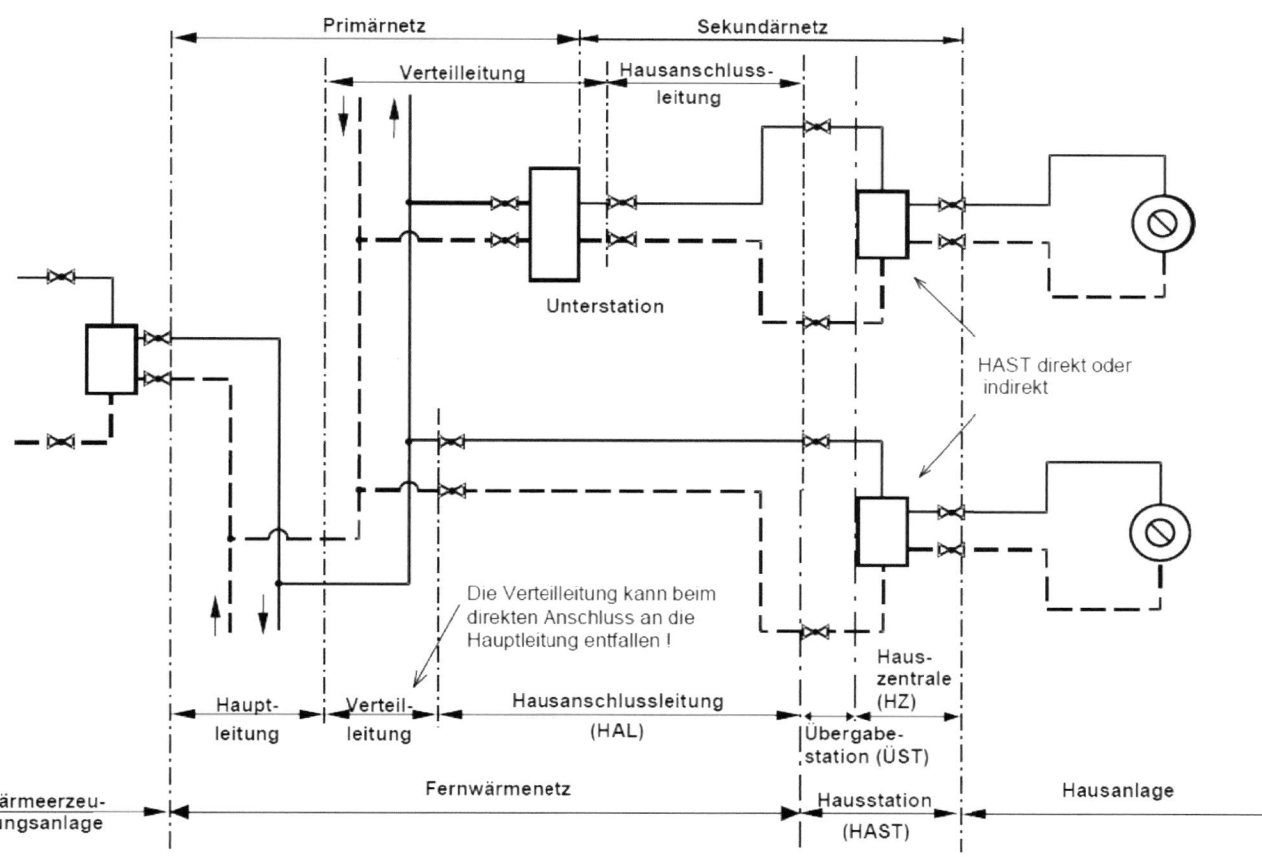

Abb. 22.5 Prinzipschema Fernwärmenetz (vgl. AGFW FW 114)

22.3.4.2.2 Rohrmaterialien und Nennweiten

Allgemeines

Fernwärmenetze werden i. d. R. aus Systemelementen bestehend aus Kunststoffmantelrohren (KMR) gem. AGFW FW 401-1 im gesamten Fernwärmenetz ausgeführt.

Flexible Mantelrohrsysteme können – vor allem im unteren Nennweitenbereich – sinnvoll mit KMR kombiniert werden. Dabei werden die Verteilungsleitungen mit KMR, Unterverteilungen und Hausanschlussleitungen mit flexiblen Rohrsystemen ausgeführt. Bei der Anwendung der flexiblen Rohrsysteme ist die Merkblattreihe AGFW FW 420 insbesondere auch hinsichtlich der zulässigen Betriebsbedingungen (Temperatur, Druck) und der rohrstatischen Gestaltung der Systemübergänge zu beachten.

Stahlmantelrohre (SMR) sind geeignet für den Betrieb mit Heißwasser, Dampf und Kondensat für Temperaturen bis 400 °C. SMR werden projektbezogen als Baueinheiten werkseitig gefertigt und auf der Baustelle zu einem funktionsfähigen Gesamtsystem zusammengebaut. Die Baueinheiten werden in Lieferlängen von 12 m bis zu 16 m oder in Passlängen maßgenau hergestellt.

Die Dämmdicke wird in Abhängigkeit der Berechnungstemperatur, der Wärmeleitfähigkeitswerte des Dämmstoffes und der Verlegetiefe festgelegt.

Auf Grund der hohen Kosten werden SMR i. d. R. nur in besonderen Fällen (z. B. bei hohen Lasten, geringen Überdeckungen oder als Düker) verwendet. Bzgl. Baueinheiten und systemspezifisches Zubehör, Ausführungsplanung, Bau und Betrieb wird auf AGFW FW 410 verwiesen.

Kunststoffmantelrohre

Kunststoffmantelrohre (KMR) sind gem. AGFW FW 401-1 Verlegesysteme mit kraftschlüssigem Verbund zwischen einem Mediumrohr aus Stahl, einer Wärmedämmung aus Polyurethan-Hartschaumstoff und einer Ummantelung aus Polyethylen, das auf der Baustelle aus Rohrelementen errichtet wird.

Die geraden Verbundmantelrohre und der Großteil der notwendigen Systembauteile wie Bögen, T-Abzweige und Reduzierungen werden in den Produktnormen DIN EN 253, DIN EN 448 und DIN EN 488 behandelt. Für Rohrverbindungen ist DIN EN 489 heranzuziehen.

KMR können werkmäßig mit elektrisch leitenden Adern zur Überwachung und Fehlerortung ausgestattet werden. Die funktionalen Anforderungen an diese Systeme sind in AGFW FW 401-8 und DIN EN 14419 aufgeführt.

Wesentliche Kenngrößen der KMR sind in Tafeln 22.7 und 22.8 zusammengestellt.

Flexible Rohrsysteme

Für die Unterverteilung und Hausanschlussleitungen werden flexible Rohrsysteme angeboten, die meist auf Trommeln oder als Ringbunde geliefert werden und gegenüber den KMR eine wirtschaftliche Alternative darstellen können. Mit den flexiblen Rohrsystemen ist es möglich, Hindernisse relativ einfach zu umfahren. Die aufwands- und zeitmäßige Reduzierung des Bauaufwandes unter anderem durch weniger Rohrverbindungen ist einer der wesentlichen Vorteile. Als Mediumrohrmaterialien kommen sowohl Kunststoffe als auch Kupfer und Stahl zur Anwendung. Flexible Rohrsyste-

Tafel 22.7 Einsatzbereiche von KMR gem. AGFW FW 401-2 und DIN EN 253

Medium	– Heizwasser
Mediumrohrtemperatur (siehe auch FW 401-1)	– im Dauerbetrieb bis 120 °C – gelegentliche Spitzentemperaturen bis 140 °C
Betriebsdruck (siehe auch AGFW FW 401-3)	– 16–25 bar Überdruck
Überdeckung (siehe auch AGFW FW 401-9)	– Mindestüberdeckung außerhalb von Straßenbereichen: 0,6 m – Mindestüberdeckung im Straßenbereich: 0,8 m – Bei geringeren Überdeckungen ist die zulässige Ringbiegespannung aus den Verkehrslasten und die Sicherheit gegen Ausknicken nachzuweisen. – Bei größeren Überdeckungen ist zu überprüfen, ob die zulässige Scherspannung im PUR-Hartschaumstoff nicht überschritten wird.
Mediumrohrnennweiten	– Der Durchmesser muss gem. DIN EN 253 Tafel 22.8 entsprechen, die von EN 10220 abgeleitet ist.
Rohrlängen	– hersteller- und nennweitenabhängig Standardlieferlängen 6 und 12 m (16 m)
Dämmdicken	– Seitens der Hersteller werden mehrere Dämmdickenreihen angeboten. – Bei hohen Wärmegestehungs- bzw. Wärmebezugskosten kann eine höhere Dämmdicke wirtschaftlich sinnvoll sein. – FW 401-3 legt eine Standarddämmdicke fest. Darüber hinaus gilt DIN EN 253 (vgl. Tafel 22.9)
Ummantelung	– Es gilt DIN EN 253 (vgl. Tafel 22.10)

Tafel 22.8 Maße des Stahl-Mediumrohrs (DIN EN 253)

Nenndurchmesser DN	Außendurchmesser d_0 mm	Wanddicke t mm
15	21,3	2,0
20	26,9	2,0
25	33,7	2,3
32	42,4	2,6
40	48,3	2,6
50	60,3	2,9
65	76,1	2,9
80	88,9	3,2
100	114,3	3,6
125	139,7	3,6
150	168,3	4,0
200	219,1	4,5
250	273,0	5,0
300	323,9	5,6
350	355,6	5,6
400	406,4	6,3
450	457,0	6,3
500	508,0	6,3
600	610,0	7,1
700	711,0	8,0
800	813,0	8,8
900	914,0	10,0
1000	1016,0	11,0
1200	1219,0	12,5

Tafel 22.9 Wärmedämmserien

Nenndurch-messer der Mediumrohre DN[a]	Ummantelungs-durchmesser, Wärmedämm-serie 1, D_C[b]	Ummantelungs-durchmesser, Wärmedämm-serie 2, D_C[b]	Ummantelungs-durchmesser, Wärmedämm-serie 3, D_C[b]
20	90	110	125
25	90	110	125
32	110	125	140
40	110	125	140
50	125	140	160
65	140	160	180
80	160	180	200
100	200	225	250
125	225	250	280
150	250	280	315
200	315	355	400
250	400	450	500
300	450	500	560
350	500	560	630
400	560	630	710
450	630	710	800
500	710	800	900
600	800	900	1000
700	900	1000	1100
800	1000	1100	1200
900	1100	1200	–
1000	1200	–	–
1200	1400	–	–

[a] Maße siehe Tafel 22.8
[b] Maße siehe Tafel 22.10 (DIN EN 253)

me werden in der Regelwerksreihe AGFW FW 420 und der Normenreihe DIN EN 15632 behandelt:

- Systeme aus polymeren Mediumrohren (PMR); siehe AGFW FW 420-1,
- Systeme mit glatten Stahl-Mediumrohren (Stahlflex); siehe AGFW FW 420-2,
- Systeme mit gewellten Edelstahl-Mediumrohren (Metallische Wellrohre); siehe AGFW FW 420-3.

Die system- und herstellerspezifischen Einsatzgrenzen (Druck, Temperatur, Nennweite) sind zu beachten (vgl. Tafel 22.11).

22.3.4.2.3 Armaturen

Hinweise für die Auswahl von Absperrarmaturen sind in AGFW FW 428 aufgeführt (vgl. auch Abschn. 22.3.2.2.3). Um Wärmeverluste in diesen Bereichen zu vermeiden, sind sie mit einer Wärmedämmung zu versehen.

Die Armaturenwerkstoffe müssen den thermischen sowie mechanischen Beanspruchungen durch z. B. Verschleiß, Erosion und möglichen Verunreinigungen standhalten. Die Einflüsse des Fernheizwassers sind zu berücksichtigen. Die

Auswahl muss unter Beachtung der zulässigen Drücke und Temperaturen erfolgen. Auf konstruktionsbedingte Anfälligkeiten gegen Ablagerungen im Gehäuse und auf den Schließorganen der Armatur ist zu achten.

Absperrarmaturen sind vorzugsweise in die Fernwärmeleitungen einzuschweißen. Nur in begründeten Fällen (in Gebäuden oder Schächten/im Bestand) sollen lösbare Verbindungen verwendet werden. Insbesondere bei Flanschverbindungen die wechselnden Betriebsbeanspruchungen unterliegen, können Undichtigkeiten auftreten. Flanschverbindungen müssen regelmäßig auf Dichtheit geprüft werden können.

Erdeinbauarmaturen für KMR sind gem. AGFW FW 401-5 vorgefertigte, gedämmte Systembauteile, bestehend aus Stahlarmatur, Wärmedämmung aus Polyurethan (PUR)-Hartschaumstoff und Außenmantel aus Polyethylen (PE). Die Stahlarmaturen werden vor dem Zusammenbau mit der Mantelrohrkonstruktion beidseitig mit angeschweißten Stahlrohren verlängert.

Tafel 22.10 Maße der Ummantelung (DIN EN 253)

Nenn-Außendurchmesser D_c mm	Mindestwanddicke e_{min} mm
90	3,0
110	3,0
125	3,0
140	3,0
160	3,0
180	3,0
200	3,2
225	3,4
250	3,6
280	3,9
315	4,1
355	4,5
400	4,8
450	5,2
500	5,6
560	6,0
630	6,6
710	7,2
800	7,9
900	8,7
1000	9,4
1100	10,2
1200	11,0
1400	12,5

22.3.4.2.4 Kompensationselemente

Kompensationselemente werden gem. AGFW FW 401-7 zur Aufnahme thermisch bedingter Längenänderungen benötigt. Bei KMR werden vorwiegend

- natürliche Kompensationen wie L-, U- oder Z-Dehnungsausgleicher in Verbindung mit notwendigen Trassenführungen und Dehnpolstern (vgl. Abschn. 22.3.4.3.2)
- sowie in Einzelfällen so genannte Einmalkompensatoren verwendet.

Lassen sich Dehnungsausgleicher in L- oder Z-Form annähernd mit dem Verlauf der Rohrleitungstrasse in Einklang bringen, so ist dadurch eine betriebssichere Aufnahme der Rohrleitungsausdehnung gegeben.

Die in den Endbereichen der Gleitzonen, an Abwinkelungen wie z. B. Bögen auftretenden Verschiebungen werden – soweit nach der statischen Auslegung notwendig – mit Dehnpolstern kompensiert; siehe AGFW FW 401-9 bis AGFW FW 401-11.

22.3.4.2.5 Überwachungs- und Fehlerortungssysteme

KMR sind i. d. R. mit Überwachungs- und Fehlerortungssysteme ausgerüstet, bei denen zwei elektrisch leitende Adern in der Wärmedämmung eingeschäumt sind mit denen der Zustand des PUR-Hartschaumstoffes sowie Aderunterbrechungen gemessen werden können. Dabei kann systembedingt der elektrische Isolationswiderstand und/oder die ortsabhängige Änderung des Wellenwiderstands zwischen den Adern bzw. zwischen einer der Adern und dem metallischen Mediumrohr ermittelt werden.

Hinweise zum Aufbau der Überwachungs- und Fehlerortungssysteme und Anforderungen sind in AGFW FW 401-8 enthalten.

22.3.4.3 Planungsgrundsätze

22.3.4.3.1 Allgemeines

Bei den KMR werden durch die Reibung des Mantelrohres zum umgebenden Bettungsmaterial die Verschiebungen vom

Tafel 22.11 Einsatzbereiche für flexible Rohrsysteme gem. AGFW FW 420

	Systeme aus polymeren Mediumrohren (PMR) AGFW FW 420-1	Systeme mit glatten Stahl-Mediumrohren (Stahlflex) AGFW FW 420-2	Systeme mit gewellten Edelstahl-Mediumrohren (Metallische Wellrohre)
Medium	Heizwasser	Heizwasser	Heizwasser
Mediumrohr-temperatur (herstellerabh.)	im Dauerbetrieb bis 80 °C gelegentliche Spitzentemperaturen bis 95 °C	bis 130 °C	bis 160 °C
Betriebsdruck (herstellerabh.)	6–10 bar Überdruck (siehe auch DIN EN 15632-2 und -3)	16–25 bar Überdruck	16–25 bar Überdruck
Überdeckung (herstellerabh.)	SLW 60: i. d. R. 0,6 m ohne Verkehrslast: i. d. R. 0,4 m	SLW 60: i. d. R. 0,4 m	SLW 60: i. d. R. 0,6 m
Mediumrohr-nennweiten (herstellerabh.)	DN 20–DN 125	DN 16–DN 25	25 bis 210 mm (Außendurchmesser Mediumrohr)

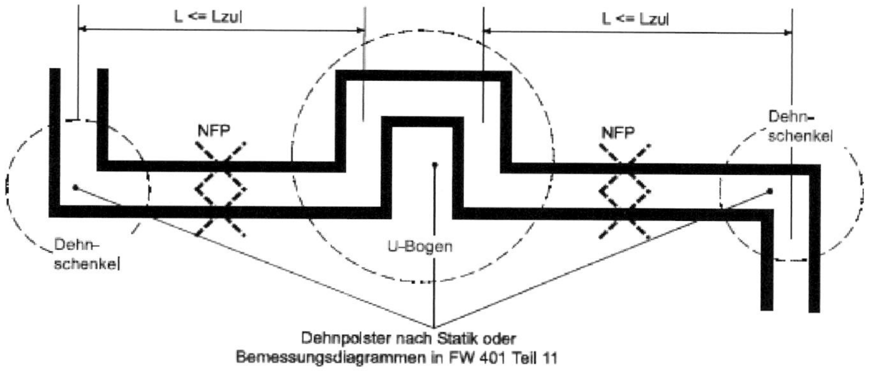

Abb. 22.6 Prinzipieller Trassenverlauf konventionell verlegter KMR (AGFW FW 401-9)
NFP: angenommene Stelle in einem geraden Rohrleitungsabschnitt ohne Haftbereich, in dem sich ein Gleichgewicht der Axialkräfte beider Richtungen einstellt (bei Rohrleitungsabschnitten mit einer Verlegelänge ohne Haftbereich ($l \leq l_{zul}$), einer gleichbleibenden Überdeckung und gleichen Steifigkeiten der angrenzenden Dehnzonen, wird der NFP in der Mitte zwischen zwei Dehnzonen angenommen)

Dehnschenkel aus gesehen immer weiter reduziert. Bei entsprechend langen Rohrabschnitten bilden sich Haftbereiche aus, die auch als „natürliche Festpunkte" (NFP) bezeichnet werden. Daraus folgt, dass einerseits ausreichende Kompensationsmöglichkeiten für die Verschiebungen vorzusehen und andererseits die entstehenden großen Längsspannungen zu berücksichtigen sind. Die notwendigen Dehnpolsterlängen und -dicken für L- und Z-Schenkel sowie U-Bogen können in Abhängigkeit des Verlegekonzeptes unter Zuhilfenahme der Bemessungsdiagramme in FW 401-11 ausgewählt werden.

Weitere Hinweise zu den nachfolgend dargestellten Verlegekonzepten siehe auch FW 401-10.

22.3.4.3.2 Verlegekonzepte für KMR

Konventionelle Verlegung mit begrenzter Verlegelänge
Bei der konventionellen Verlegung wird die Verlegelänge zwischen zwei Dehnschenkeln (L- und Z-Schenkel oder U-Bogen) begrenzt, so dass die Längsspannungen infolge Reibung im geraden Rohr 90 % der Streckgrenze bei Betriebstemperatur nicht überschreiten.

Die konventionelle Verlegung bedingt eine definierte Anzahl von Dehnschenkeln im Trassenverlauf (siehe Abb. 22.6). Anhaltswerte für zulässige KMR-Verlegelängen im Straßenbereich mit angrenzenden 90°-Dehnschenkeln sind in FW 401-11 aufgeführt.

Durch die Begrenzung der Längsspannungen ist es zulässig, die Rohrleitung in jedem Betriebszustand in begrenzten Längen frei zu graben bzw. Schachtdurchführungen unter Beachtung der Knicklänge zu realisieren.

Beliebige Verlegelänge mit Vorwärmung
Durch Vorwärmung der KMR in der offenen Baugrube auf etwa 50 % der maximalen Betriebstemperatur werden die im Betriebszustand im Stahlrohr auftretenden Längsspannungen je nach Vorspannbedingungen und Betriebstemperatur auf 75 bis 90 % der Streckgrenze begrenzt. Die Verlegelängen zwischen den Brechpunkten sind nicht begrenzt (siehe Abb. 22.7).

Im Betriebszustand steht das gerade KMR unter Längsdruck- und im abgekühlten Zustand unter Längszugspannungen. Es bilden sich bei entsprechend großen Verlegelängen zwischen den Dehnschenkeln im Mittelbereich der Rohr-

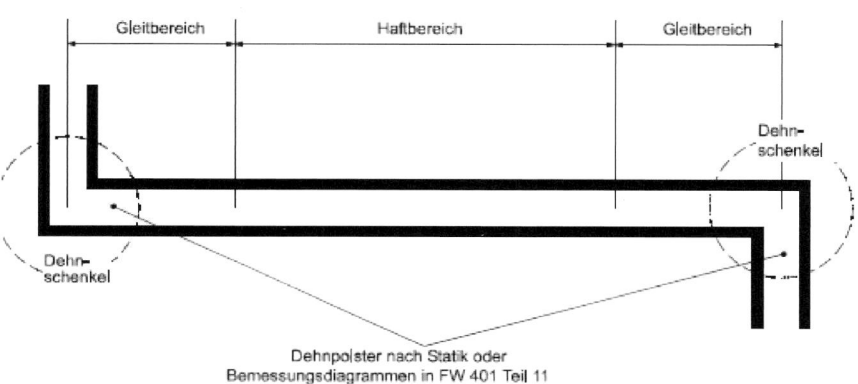

Abb. 22.7 Prinzipieller Trassenverlauf einer Verlegung mit Vorwärmung bzw. mit Begrenzung der Betriebstemperatur auf 85 °C (AGFW FW 401-9)

Abb. 22.8 Prinzipieller Trassenverlauf bei der Kaltverlegung
(AGFW FW 401-9)

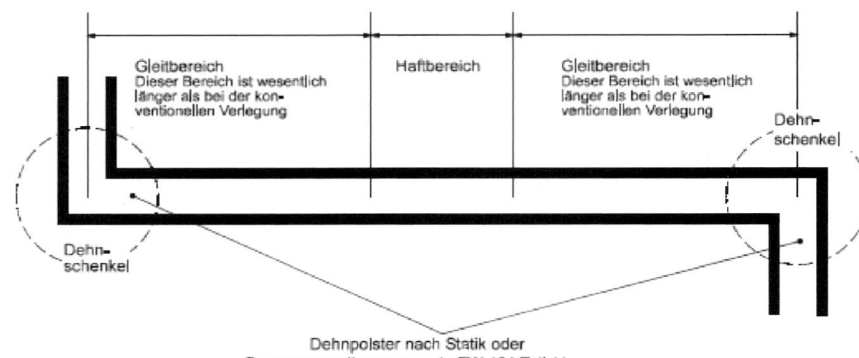

leitung der Haftbereich und zu den Brechpunkten hin die
Gleitbereiche aus.

**Beliebige Verlegelänge durch Begrenzung der maximalen
Verlegelänge oder der Betriebstemperatur auf 85 °C**
Die Längsspannungen aus behinderter Wärmedehnung werden wie bei der konventionellen Verlegung auf 90 % der
Streckgrenze begrenzt. Die entsprechende maximale Verlegelänge zwischen zwei Dehnschenkeln wird begrenzt oder
die maximale Betriebstemperatur für solche Trassen beträgt
$T_{\text{Betrieb}} \leq 85\,°\text{C}$.

Es gelten ähnliche Bedingungen wie bei der konventionellen Verlegung, wobei die Verlegelänge zwischen zwei
Dehnschenkeln jedoch beliebig ist. Es bilden sich bei ausreichend langen Strecken Haft- und Gleitbereich aus (siehe
Abb. 22.7). Durch die Begrenzung der Längsspannungen ist
es möglich, die KMR in jedem Betriebszustand unter Berücksichtigung der Knicklänge frei zu graben. Es ergeben
sich im Vergleich zur Kaltverlegung in den Dehnschenkeln
wie bei der konventionellen Verlegung relativ geringe Dehnpolsterlängen und -dicken.

**Beliebige Verlegelänge ohne Vorwärmung und
Betriebstemperaturen bis 130 °C ohne bzw. mit
Überschreitung der Elastizitätsgrenze (Kaltverlegung)**
Mit der Kaltverlegung können beliebig lange Rohrleitungs-
abschnitte ohne Vorspannung verlegt werden. Dabei werden
zwei Fälle unterschieden:

- **Die Streckgrenze wird bei Betriebstemperatur nicht
  überschritten.**
  Es liegt ein rein elastisches Materialverhalten des Stahlmediumrohres vor; es treten keine plastischen Stauchungen auf.
- **Die Streckgrenze wird bei Betriebstemperatur überschritten.**
  Beim ersten Hochfahren der KMR auf Betriebstemperatur tritt eine einmalige plastische Stauchung des gesamten
  Stahlmediumrohres auf. Bei den weiteren Temperaturlast-
  wechseln liegen die Spannungen im elastischen Material-
  bereich. Dies wird auch als „Betriebliche Selbstvorspan-
  nung" bezeichnet.

Dieser Fall tritt nur dann auf, wenn die realen Streckgrenzen aller Mediumrohrbauteile bekannt und unterhalb
der vorhandenen Spannungen liegen. Es ist zu beachten,
dass die realen Streckgrenzen der üblicherweise verwendeten Mediumrohrbauteile deutlich über den in den Normen geforderten Mindeststreckgrenzen liegen.

Der wesentliche Vorteil dieses Verlegekonzeptes besteht darin, dass beliebig lange gerade KMR-Trassen verlegt werden
können. Dabei kann der gerade verlegte Trassenabschnitt unmittelbar nach den Montagearbeiten eingeerdet werden (vgl.
Abb. 22.8).

Je nach Betriebstemperatur können sich Längsspannungen ergeben, die über der Streckgrenze liegen. Daraus ergeben sich u. a. folgende Notwendigkeiten:

- Eine Kaltverlegung ist für $T_{\text{Betrieb}} \leq 130\,°\text{C}$ bis zu Nenn-
  weiten von DN ≤ 400 zulässig.
- Armaturen müssen für die höheren Längskräfte ausgelegt
  sein (siehe AGFW FW 401-5).
- In den Dehnschenkeln ergeben sich dicke und lange
  Dehnpolster.
- Um die thermische Belastung des PE-Mantels durch die
  Dehnpolster gering zu halten, müssen diese mechanisch
  oder thermisch vorgespannt werden (siehe AGFW FW
  401-13).
- Das Freigraben der KMR bei hoher Betriebstemperatur ist
  im Haftbereich und seiner Nähe nur stark begrenzt mög-
  lich.
- Trassenanpassungen durch Knicke sind nicht zulässig.

Beliebige Verlegelänge mit Einmalkompensatoren
Durch den Einbau von Einmalkompensatoren in KMR-
Leitungsabschnitten werden die im Betriebszustand im
Stahlrohr auftretenden Längsspannungen, ähnlich wie beim
Vorwärmen, begrenzt (vgl. Abb. 22.9).

Bei Leitungen mit großer Verlegelänge zwischen den
Kompensationselementen ist der Einbau von Einmalkompensatoren unter folgenden Voraussetzungen vorteilhaft:

- Die Verlegelänge ist größer als die zulässige Verlegelänge
  nach AGFW FW 401-11.
- Die Betriebstemperatur der Rohrleitung liegt über 85 °C.
- Eine Vorwärmung der Rohrleitung ist nicht möglich.

Abb. 22.9 Prinzipieller Trassenverlauf bei der Verlegung mit Einmalkompensatoren (AGFW FW 401-9)

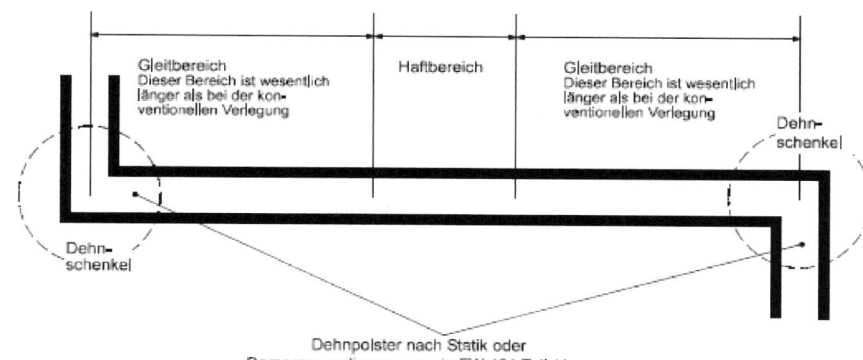

- Bei Nennweiten DN $\leq$ 400 ist eine Kaltverlegung z. B. mit Trassenanpassungen durch Knicke oder in Bereichen mit erhöhter Gefährdung durch ungeplante Aufgrabungen Dritter, wie z. B. Innenstadtbereichen, nicht möglich.
- Die Nennweite ist größer als DN 400.

22.3.4.3.3 Trasse

Die Planung für KMR-Trassen kann gem. AGFW FW 401-9 in eine „vereinfachte Planung" und eine „detaillierte Planung" unterschieden werden.

Die vereinfachte Planung kann ausreichend sein, wenn bei der zu projektierenden KMR-Trasse folgende Kriterien eingehalten werden:

- Rohre mit kleineren bis mittleren Durchmessern (etwa bis DN 200),
- Geringe Betriebstemperaturen ($T_{\text{Betrieb}} \leq 85\,°C$), bei denen die Längsspannungen im Stahlrohr die Streckgrenze nicht überschreiten können,
- Verlegung mit Überdeckungen bis $h \leq 1,2$ m.

Es wird weiterhin vorausgesetzt, dass der Trassenverlauf nicht durch eine Vielzahl von Zwangspunkten beeinflusst wird, wie sie oftmals bei einer Verlegung im innerstädtischen Bereich vorzufinden sind.

Aus wirtschaftlichen Gründen ist eine möglichst oberflächennahe Verlegung anzustreben. Erforderliche Mindestüberdeckungen ergeben sich aus

- dem Schutz vor Verkehrslasten,
- möglichen Beschädigungen durch allgemeine Bauarbeiten (Spatensicherheit),

- der Verhinderung des Aufbäumens und Ausknickens,
- dem Einhalten der zulässigen Ringbiegebeanspruchung und
- Gefährdungen in folge Frosteinwirkung.

Bei einer der Geländeoberfläche folgenden Leitungsführung mit minimaler Überdeckung orientiert sich der Leitungsverlauf am Geländeprofil und den kreuzenden Fremdleitungen (Abb. 22.10)

Es entsteht eine Vielzahl von undefinierten Hoch- und Tiefpunkten im Leitungsverlauf bei denen eine vollständige Entleerung und Entlüftung der Rohrleitung nicht möglich ist. Sofern die Leitungsführung nicht mehr als etwa 3° von der Horizontalen abweicht, werden die an den Hochpunkten vorhandenen Lufteinschlüsse im Netzbetrieb „mitgerissen" und können durch erdverlegte Lüftungen oder Hausanschlussleitungen abgebaut werden.

Ergeben sich bei der oberflächennahen Verlegung ausgeprägte Hochpunkte, können an diesen Stellen Entlüftungsmöglichkeiten durch den Einbau von Teilentlüftungs- und Teilentleerungsarmaturen geschaffen werden (siehe AGFW FW 401-12).

Im Bereich von öffentlichen Verkehrsflächen oder sonstigen befestigten Oberflächen wird die oberflächennahe Verlegung durch den erforderlichen Oberflächenaufbau eingeschränkt. Außer der Gesamtdicke des Oberflächenaufbaus ist ggf. noch eine Überdeckung einzuplanen, die ein Aufbäumen der KMR verhindert und eine eventuelle künftige Tieferlegung des Oberflächenniveaus und ein Befahren des Planums mit Baufahrzeugen bei Oberflächenarbeiten sicherstellt.

Abb. 22.10 Prinzipielle Darstellung einer oberflächennahen Verlegung von KMR (AGFW FW 401-9)
Legende:
1 Geländeoberfläche
2 Mindestüberdeckung
3 Horizontale Winkelabweichung [°]
4 Armaturenbaueinheit
5 KMR
6 Kreuzende Leitungen

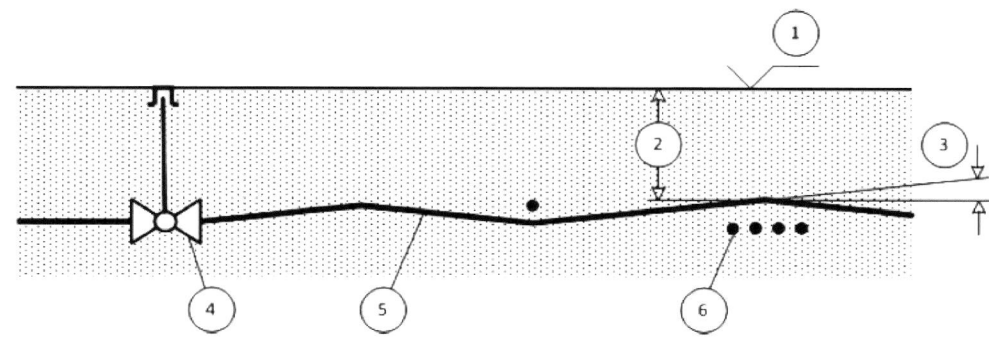

Für Nennweiten > DN 500 ist die Berechnung der sich aus den Verkehrslasten der Brückenklasse SLW 60 ergebenden Umfangsbiegespannung erforderlich (siehe AGFW FW 401-10). Für Verteilungsleitungen wird eine Mindestüberdeckung von 0,6 m außerhalb von Straßenbereichen bzw. 0,8 m in Straßenbereichen als sinnvoll erachtet (siehe AGFW FW 401-2).

Oberhalb der Verteilungsleitungen abgehende Hausanschlussleitungen können dann Überdeckungshöhen aufweisen, die in den Straßenoberbau hineinreichen können.

Eine Gefährdung der KMR durch Frost ist auch bei geringen Überdeckungshöhen auszuschließen. Bei längeren Stillstandszeiten ist z. B. über einen Kurzschluss am Leitungsende eine ausreichende Mindestumwälzung des Heizwassers zur Vermeidung des Einfrierens sicher zu stellen.

Bei der Annäherung an andere Ver- und Entsorgungsanlagen oder sonstige Gewerke sind die eventuellen Sondervorschriften wie Schutzanweisungen o. ä. der Eigentümer oder Betreiber zu beachten. Auswirkungen auf die Leitungsführung sind im Rahmen der Trassenfestlegung abzustimmen. Werden parallel oder rechtwinklig zu vorhandenen KMR Baugruben oder Rohrgräben o. ä. erstellt, so ist in Abhängigkeit des Verlegekonzeptes die zulässige Freigrabelänge einzuhalten (siehe Bemessungsdiagramme in AGFW FW 401-11 und weitere Hinweise in AGFW FW 4012-12).

Bei der Annäherung an Bäume und Büsche ist das DVGW GW 125 zu beachten.

22.3.5 Entwässerungssysteme

22.3.5.1 Normen, Regelwerke und weiterführende Literatur

DIN 1986-100: Entwässerungsanlagen für Gebäude und Grundstücke – Teil 100: Bestimmungen in Verbindung mit DIN EN 752 und DIN EN 12056. 12.2016

DIN 4052-1: Betonteile und Eimer für Straßenabläufe – Teil 1: Allgemeine Anforderungen und Einbau. 05.2006

DIN 4052-2: Betonteile und Eimer für Straßenabläufe – Teil 2: Zusammenstellungen und Bezeichnungen. 05.2006

DIN 4052-3: Betonteile und Eimer für Straßenabläufe – Teil 3: Betonteile. 08.2017

DIN 4052-4: Betonteile und Eimer für Straßenabläufe – Teil 4: Eimer. 05.2006

DIN 4263: Kennzahlen von Abwasserkanälen und -leitungen für die hydraulische Berechnung im Wasserwesen. 06.2011

DIN EN 124-1: Aufsätze und Abdeckungen für Verkehrsflächen – Teil 1: Definitionen, Klassifizierung, allgemeine Baugrundsätze, Leistungsanforderungen und Prüfverfahren; Deutsche Fassung EN 124-1:2015. 09.2015

DIN EN 13101: Steigeisen für Steigeisengänge in Schächten – Anforderungen, Kennzeichnung, Prüfung und Beurteilung der Konformität; Deutsche Fassung EN 13101:2002. 04.2003

DIN EN 14396: Ortsfeste Steigleitern für Schächte; Deutsche Fassung EN 14396:2004. 04.2004

DIN EN 16323: Wörterbuch für Begriffe der Abwassertechnik; Dreisprachige Fassung EN 16323:2014. 07.2014

DIN EN 476: Allgemeine Anforderungen an Bauteile für Abwasserleitungen und -kanäle; Deutsche Fassung EN 476:2011. 04.2011

DIN EN 752: Entwässerungssysteme außerhalb von Gebäuden – Kanalmanagement; Deutsche Fassung EN 752:2017. 07.2017

DWA-A 100: Leitlinien der integralen Siedlungsentwässerung (ISiE). 12.2006

DWA-A 110: Hydraulische Dimensionierung und Leistungsnachweis von Abwasserleitungen und -kanälen. 08.2006

DWA-A 116-1: Besondere Entwässerungsverfahren – Teil 1: Unterdruckentwässerungssysteme außerhalb von Gebäuden. 03.2005

DWA-A 116-2: Besondere Entwässerungsverfahren – Teil 2: Druckentwässerungssysteme außerhalb von Gebäuden. 05.2007

DWA-A 118: Hydraulische Bemessung und Nachweis von Entwässerungssystemen. 03.2006

DWA-A 157 (Entwurf 2018): Bauwerke der Kanalisation. 05.2007

FGSV 539: Richtlinien für die Anlage von Straßen (RAS) – Teil: Entwässerung (RAS-Ew). 2005

DWA-Themen: Leitfaden für die Zustandserfassung, -beurteilung und Sanierung von Grundstücksentwässerungsanlagen, 06.2009

DVGW GWKR 2017: Gas- und Wasserleitungskreuzungsrichtlinien (Kreuzungsrichtlinien). 07.2017

Stein, D.; Stein, R.: Instandhaltung von Kanalisationen, 4. Auflage, Band 1 – Aufbau und Randbedingungen von Entwässerungssystemen. Verlag Prof. Dr.-Ing. Stein & Partner GmbH, Bochum. 2014

Stein, D.; Stein, R.: Instandhaltung von Kanalisationen, 3. Auflage. Ernst & Sohn Verlag, Berlin. 1999

22.3.5.2 Aufbau und Netzelemente

22.3.5.2.1 Netzstruktur

Entwässerungssysteme dienen als Teil eines Abwasserentsorgungssystems gem. DIN EN 752 der Sammlung und Ableitung von Abwasser[2]. Sie umfassen den Bereich, „von

---

[2] Der Begriff des Abwassers ist in Deutschland in § 54 I WHG (Wasserhaushaltsgesetz) geregelt. Dort heißt es: Abwasser ist

1. das durch häuslichen, gewerblichen, landwirtschaftlichen oder sonstigen Gebrauch in seinen Eigenschaften veränderte Wasser und das bei Trockenwetter damit zusammen abfließende Wasser (Schmutzwasser) sowie

2. das von Niederschlägen aus dem Bereich von Bebauten oder befestigten Flächen gesammelt abfließende Wasser (Niederschlagswasser).

Abb. 22.11 Geltungsbereiche verschiedener Normen für den Bau von Grundstücksentwässerungsanlagen gem. DWA Leitfaden für die Zustandserfassung, -beurteilung und Sanierung von Grundstücksentwässerungsanlagen

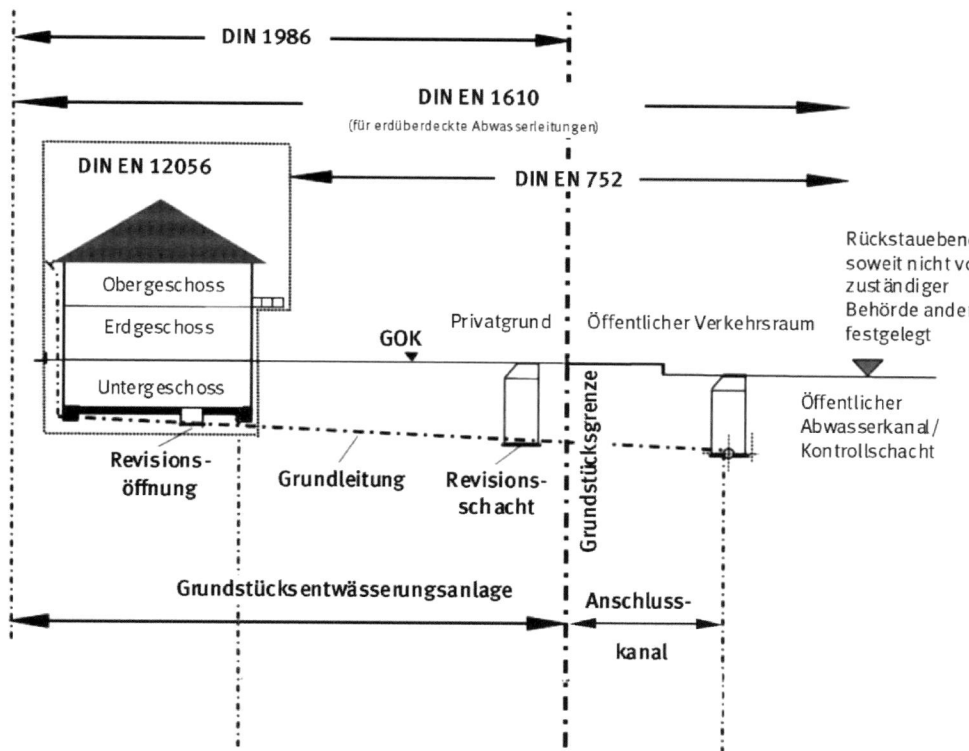

dem Punkt an, an dem das Abwasser das Gebäude bzw. die Dachentwässerung verlässt oder in einen Straßenablauf fließt, bis zu dem Punkt, an dem das Abwasser in eine Kläranlage oder ein aufnehmendes Gewässer eingeleitet wird. Abwasserleitungen und -kanäle unterhalb von Gebäuden sind hierbei eingeschlossen, solange sie nicht Bestandteil der Gebäudeentwässerung sind."

Wesentliche Bestandteile eines Entwässerungssystems sind

- **Regelbauwerke** als baulichen Anlagen, die fast ausnahmslos aus genormten Bauteilen bestehen und daher keiner einzelfallbezogenen, detaillierten Planung oder individuellen konstruktiven Gestaltung bedürfen. Die Einsatzbereiche sind zur allgemeinen Anwendung einheitlich in den entsprechenden Normen festgeschrieben (vgl. DWA-A 157).

  Hierzu zählen die Abwasserleitungen und Abwasserkanäle sowie Schächte und Inspektionsöffnungen

  - der **Grundstücksentwässerungsanlage**, die sich in der Regel im privaten Zuständigkeitsbereich befindet und bauliche Anlagen zur Sammlung, Ableitung, Beseitigung und Behandlung von Abwasser auf Grundstücken (DIN 1986-100 (2016)) umfasst,
  - des **Anschlusskanals** als Kanal zwischen der Grundstücksgrenze bzw. der ersten Reinigungsöffnung (z. B. im Übergabeschacht) auf dem Grundstück und dem öffentlichen Abwasserkanal (DIN 1986-100),
  - der **Kanalisation**, die sich in der Regel im öffentlichen Zuständigkeitsbereich befindet und definiert ist als

„Netz von Rohrleitungen und Zusatzbauten, das Abwasser von Anschlusskanälen zu Kläranlagen oder zu anderen Entsorgungsstellen ableitet." (DIN EN 16323). Abwasserleitungen von Grundstücken und Anschlusskanäle von Straßenabläufen sind gem. DWA-A 157 fachgerecht an Schächte oder außerhalb der Schächte an die Kanäle anzuschließen. Anforderungen und Ausführungsvarianten enthalten DIN EN 1610 und DWA A 139.

- **Sonderbauwerke** für deren Erstellung eine individuelle Planung einschließlich einzelfallbezogenen Tragwerksnachweise aufgestellt werden müssen (vgl. DWA-A 157), wie z. B. Anlagen zur Niederschlagswasserbehandlung oder auch Pumpwerke.

Planung, Bau- und Betrieb o. g. Bauwerke fallen sowohl unterschiedliche technische Geltungsbereiche (vgl. Abb. 22.11) als auch unter unterschiedliche (landes)rechtliche Geltungsbereiche. Im Weiteren werden ausschließlich Regelbauwerke betrachtet.

Die Entwässerung kann im Trenn- und im Mischsystem erfolgen (vgl. DIN 1986-100, DIN EN 16323 und DIN EN 752):

- **Trennsystem**:
  Entwässerungssystem, üblicherweise bestehend aus zwei Leitungs-/Kanalsystemen für die getrennte Ableitung von Schmutz- und Niederschlagswasser,
- **Mischsystem**:
  Entwässerungssystem zur gemeinsamen Ableitung von Schmutz- und Niederschlagswasser im gleichen Leitungs-/Kanalsystem.

Der überwiegende Teil der Kanalisationen ist als Freispiegelsystem (oder auch Freigefälle- bzw. Schwerkraftentwässerung) ausgeführt, bei dem der Abfluss durch Schwerkraft erfolgt und bei dem die Leitung üblicherweise mit Teilfüllung betrieben wird. Alternativ können insbesondere in dünn besiedelten Räumen Druckentwässerungssysteme und Unterdruckentwässerungssysteme verlegt werden (zu Planung, Bau und Betrieb von Druck- und Unterdruckentwässerungssystemen vgl. DWA-A 116-1 und DWA-A 116-2).

Die grundlegende Netzform bei Freispiegelsystemen bildet das in Abb. 22.4 dargestellte Verästelungsnetz, jedoch mit umgekehrter Fließrichtung.

22.3.5.2.2 Rohrmaterialien, Nennweiten, Querschnittsformen und Mindestgefälle

Für Abwasserleitungen und Abwasserkanäle gelten folgende Mindestnennweiten und Mindestgefälle:

- Grundstücksentwässerung (DIN 1986-100):
  - Mindestnennweite: DN 100,
  - Mindestgefälle: 1/DN.
- Anschlusskanäle:
  - Die Nennweite des Anschlusskanals wird üblicherweise vom Kanalnetzbetreiber festgelegt; sie beträgt i. d. R. DN 150.
  - Mindestgefälle (DIN 1986-100): 1/DN.
- Schmutzwasserkanäle:
  - Mindestnennweite (DWA-A 118): DN 200,
  - Mindestgefälle (DWA-A 110): gem. Tafel 21.40.
- Regen- und Mischwasserkanäle:
  - Mindestnennweite (DWA-A 118): DN 300,
  - Mindestgefälle (DWA-A 110): gem. Tafel 21.39.

Im Regelfall sind für Abwasserleitungen und Abwasserkanäle die DIN 4263 genannten Querschnittsformen anzuwenden. Der Kreisquerschnitt (Abb. 22.12) wird wegen seiner konstruktiven und hydraulischen Vorteile im Nennweitenbereich $100 \leq DN \leq 500$ bevorzugt verwendet. Der

Eiquerschnitt (Abb. 22.13, Tafel 22.12) ist hydraulisch vorteilhaft bei der Ableitung stark schwankender Abflüsse, z. B. bei Mischwasserkanälen mit kleinen Trockenwetterabflüssen. Maulquerschnitte (Abb. 22.14, Tafel 22.13) bieten Vorteile bei großen Abflüssen und eingeschränkter Bauhöhe (vgl. Stein: Instandhaltung von Kanalisationen).

Die vom Kreisquerschnitt abweichende Profilformen werden bezeichnet durch die Dehnmaße Breite b_{Pr}, und Höhe h_{Pr} in der Größenordnung Millimeter, jedoch ohne die Angabe der Einheit mm.

Teilfüllungswerte sind für alle Normprofile in DWA-A 110 (2006) aufgeführt.

Für werkseitig hergestellte Abwasserleitungen und Abwasserkanäle gelten im Wesentlichen die in Tafel 22.14 aufgeführten Produktnormen. Unabhängig vom Rohrmaterial sind die Anforderungen nach DIN EN 476 zu erfüllen.

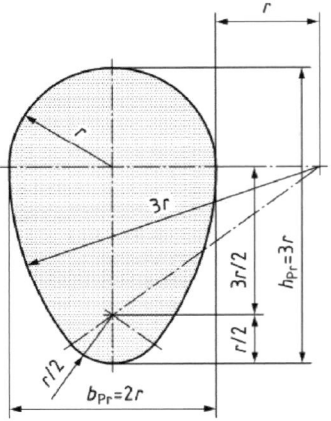

Abb. 22.13 Eiquerschnitt (DIN 4263)
$b_{Pr}/h_{Pr} = 2/3; A = 4,594 \cdot r^2; r_{hy} = 0,579 \cdot r; l_U = 7,930 \cdot r$

Tafel 22.12 Werte für den Eiquerschnitt bei Vollfüllung (DIN 4263)

b_{Pr}/h_{Pr}	R m	A m^2	l_U m	R_{hy} m
300/450	0,15	0,103	0,190	0,087
400/600	0,20	0,184	1,586	0,116
500/750	0,25	0,287	1,982	0,145
600/900	0,30	0,413	2,379	0,174
700/1050	0,35	0,563	2,775	0,203
800/1200	0,40	0,735	3,172	0,232
900/1350	0,45	0,930	3,568	0,261
1000/1500	0,50	1,149	3,965	0,290
1200/1800	0,60	1,654	4,758	0,348
1400/2100	0,70	2,251	5,551	0,406

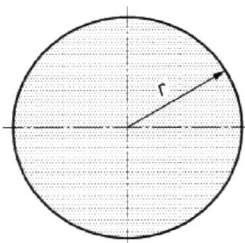

Abb. 22.12 Kreisquerschnitt (DIN 4263)
$A = \pi \cdot r^2; r_{hy} = 0,500 \cdot r; l_U = 2 \cdot \pi \cdot r$

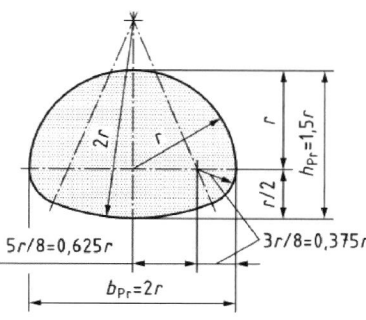

Abb. 22.14 Maulquerschnitt (DIN 4263)
$b_{Pr}/h_{Pr} = 2/1,5$; $A = 2,378 \cdot r^2$; $r_{hy} = 0,424 \cdot r$; $l_U = 5,603 \cdot r$

Tafel 22.13 Werte für den Maulquerschnitt bei Vollfüllung (DIN 4263)

b_{Pr}/h_{Pr}	R m	A m^2	l_U m	R_{hy} m
1600/1200	0,80	1,522	4,482	0,340
1800/1350	0,90	1,926	5,042	0,382
2000/1500	1,00	2,378	5,603	0,424
2400/1800	1,20	3,424	6,723	0,509
2800/2100	1,40	4,661	7,844	0,594
3200/2400	1,60	6,087	8,964	0,679
3600/2700	1,80	7,704	10,085	0,764
4000/3000	2,00	9,511	11,206	0,849

Tafel 22.14 Übersicht der wesentlichen Rohrmaterialien für werkseitig hergestellte Rohre für Abwasserleitungen und Abwasserkanäle (Freispiegelsystem) und zugehörige wesentliche Produktnormen

Material		Norm
Allgemein		DIN EN 476
Beton/Stahlbeton		DIN EN 1916
		DIN EN 1917
		DIN V 1201
		DIN 4034-1
Steinzeug		DIN EN 295-1
		DIN EN 295-4
		DIN EN 295-5
		DIN EN 295-7
Kunststoff	Allgemein	DIN EN 13476-3
	PP	DIN 8077
		DIN 8078
		DIN EN 13476-1
		DIN EN 13476-2
		DIN EN 14758-1
		DIN EN 1852-1
	PVC	DIN EN 1401-1
		DIN EN 13476-1
		DIN EN 13476-2
	PE	DIN EN 12201-1
		DIN EN 12201-2
		DIN EN 13476-1
		DIN EN 13476-2
		DIN EN 12666-1
	PRC (Gefüllte Polyesterharzformstoffe (auch Polymerbeton))	DIN EN 14636-1
	GFK	DIN EN 14364
Guss		EN 598

22.3.5.2.3 Schächte und Inspektionsöffnungen

Einsteigschächte[3] und Kontrollschächte[4] (vgl. Abb. 22.15) werden gem. DIN EN 752 für den Einstieg in Abwasserleitungen und -kanäle für Unterhaltsarbeiten und den Betrieb benötigt.

Einsteigschächte und Kontrollschächte sollen sich gem. gem. DIN EN 752 an Stellen befinden, an denen sie für alle Personen, die sie möglicherweise nutzen müssen, zugänglich sind; die Notwendigkeit des Einstiegs in Notfallsituationen ist zu berücksichtigen.

Die Maße von Einsteigschächten und Kontrollschächten dürfen die in EN 476 aufgeführten Mindestmaße nicht unterschreiten:

- Allgemeines:
  Die Maße von Einsteigschächten mit Zugang für Personal müssen den am Einbauort geltenden Sicherheitsanforderungen entsprechen. Bei Nichtvorhandensein von lokalen Bestimmungen muss der Durchmesser der lichten Öffnung von Schachtabdeckungen nach EN 124 ≥ 600 mm sein (siehe Abb. 22.16). Bei Einsteigschächten, bei denen bei der Herstellung Steigeisen oder Steigleitern einbezogen werden, sind die Lastanforderungen und Prüfverfahren nach EN 13101 bzw. EN 14396 festzulegen.
- Einsteigschächte mit Zugang für die Reinigung und Kontrolle durch Personal:
  Einsteigschächte für Instandhaltungsarbeiten mit Zugang für Personal müssen einen Innendurchmesser (ID) und Maße entsprechend Abb. 22.16a, b aufweisen, oder bei rechteckigem Querschnitt eine Nennweite von 750 mm × 1200 mm oder größer, oder bei quadratischem Querschnitt von 1000 mm × 1000 mm oder größer, oder bei elliptischem Querschnitt eine Nennweite von 900 mm × 1100 mm oder größer.
- Einsteigschächte mit Zugang für die Reinigung und Kontrolle durch Personal nur in Ausnahmesituationen:
  Einsteigschächte für das Einbringen einer Reinigungs-, Kontroll- und Prüfausrüstung mit ausnahmsweiser Zugangsmöglichkeit für eine Person gesichert durch einen Sicherheitsgurt müssen einen Innendurchmesser (ID) und Abmessungen entsprechend Abb. 22.16c aufweisen oder bei rechteckigem Querschnitt eine Nennweite von 750 mm × 1000 mm oder größer, oder bei quadratischem Querschnitt von 800 mm × 800 mm oder größer, oder bei elliptischem Querschnitt eine Nennweite von 800 mm × 1000 mm oder größer.

---

[3] Einsteigschacht (DIN EN 476):
Schacht mit abnehmbarer Abdeckung, angebracht auf einer Abwasserleitung oder einem Abwasserkanal, um einen Zugang für Personal zu ermöglichen

[4] Kontrollschacht (DIN EN 476 vgl. auch „Inspektionsöffnung" gem. DIN EN 752):
Schacht mit abnehmbarer Abdeckung, angebracht auf einer Abwasserleitung oder einem Abwasserkanal, die von der Oberfläche aus das Einsetzen einer Reinigungs- und Kontrollausrüstung erlaubt, aber keinen Zugang für Personal gestattet

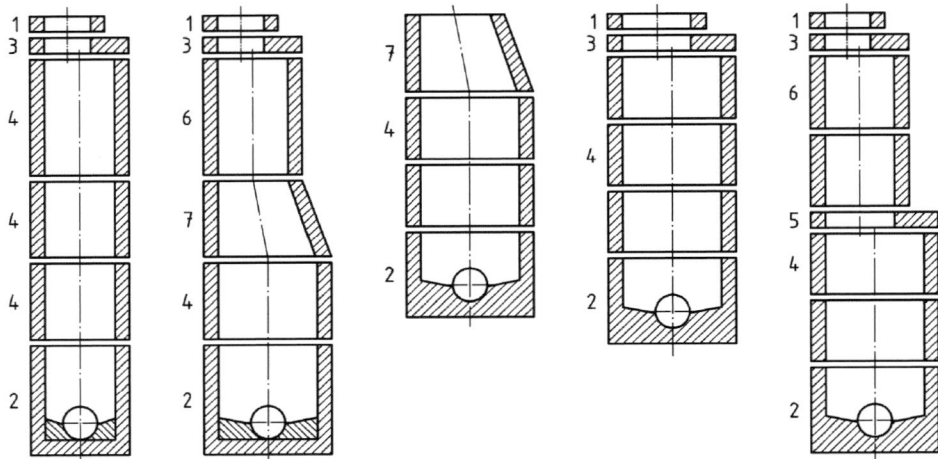

Legende

1   Ausgleichsbauteil
2   Schachtunterteil
3   Abdeckplatte
4   Schachtring

5   Übergangsplatte
6   Ringschaft
7   Konus

ANMERKUNG 1   Fugendetails wurden für eine bessere Übersichtlichkeit weggelassen.

ANMERKUNG 2   Vorgefertigte Bodenplatten für Bauwerke können in das Schachtunterteil integriert sein oder einzeln als Platte mit Konstruktionsfugen ausgeführt werden.

Abb. 22.15 Darstellung von Bauteilen für Einsteig- und Kontrollschächte (DIN EN 476)

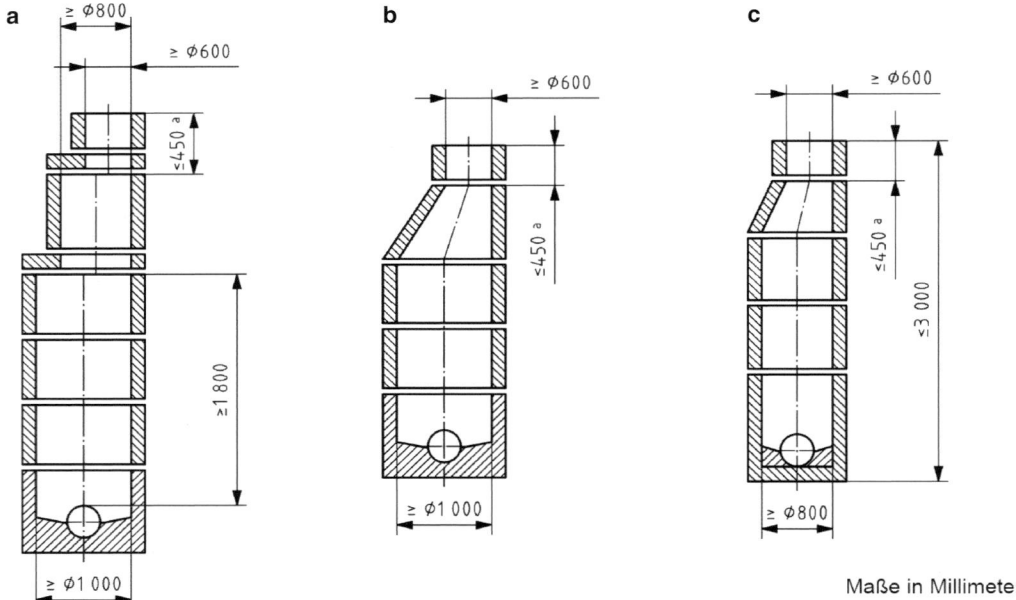

Maße in Millimeter

ᵃ   Die Schafttiefe (einschließlich des geraden Teils des Schaftes, sofern zutreffend) von 450 mm ist erforderlich, damit das Steigeisen oder die Steigleitersprosse in einer erreichbaren Position ist. Bei Faulgruben oder Abscheidern kann diese Abmessung bis auf 600 mm vergrößert werden.

Abb. 22.16 Abmessungen von runden Einsteigschächten (DIN EN 476)

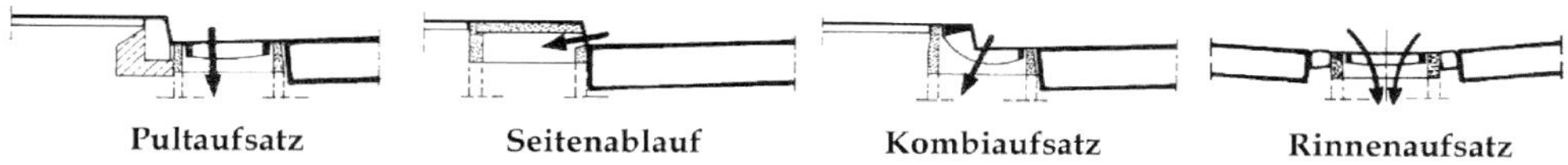

Abb. 22.17 Straßenabläufe
(FGSV 539 RAS-Ew)

Pultaufsatz   Seitenablauf   Kombiaufsatz   Rinnenaufsatz

- Kontrollschächte:
  Kontrollschächte, die einen DN/ID von weniger als 800 aufweisen, erlauben das Einbringen einer Reinigungs-, Inspektions- und Prüfausrüstung, aber gestatten keinen Zugang für Personal.

Den oberen Abschluss eines Schachtes bildet die Schachtabdeckung, bestehend aus Rahmen, Schmutzfänger und Deckel. Aufbau, Maße und Festigkeiten sind in DIN EN 124-1 festgelegt.

Einsteigschächte und Kontrollschächte sollen gem. DIN EN 476 so geplant und eingebaut werden, dass starke Richtungsänderungen des Zuflusses aus Abzweigleitungen vermieden werden.

Der maximale Abstand zwischen den Einsteigschächten bzw. Kontrollschächten soll gem. DIN EN 752 die Unterhaltsausrüstung und die wahrscheinlich angewendeten Verfahren berücksichtigen. Bei Abwasserleitungen und -kanälen muss der Zugang nach Möglichkeit bei jeder Veränderung der Ausrichtung oder des Gefälles durch Einsteigschächte, Kontrollschächte und Reinigungsöffnungen[5] (eine kleine Zugangsverbindung ohne Zugang von Personen, die Reinigung oder Inspektion erleichtert) ermöglicht werden. Wenn dies nicht möglich ist, müssen Vorkehrungen für den Zugang sicherstellen, dass Veränderungen der Ausrichtung oder des Gefälles dennoch erreicht werden können.

Bei nicht begehbaren Abwasserkanälen muss der Zugang nach Möglichkeit bei jeder Veränderung der Ausrichtung oder des Gefälles am Ende aller Kanäle, an jedem Abzweig von zwei oder mehr Kanälen, an allen Stellen, an denen sich die Größe des Kanals verändert, und zusätzlich in sinnvollen Abständen für die Inspektion und den Unterhalt möglich sein. Im Allgemeinen soll der Zugang durch Einsteigschächte ermöglicht werden. Kontrollschächte dürfen im System genutzt werden.

Bei begehbaren Abwasserkanälen muss der Zugang in sinnvollen Abständen ermöglicht werden, um Inspektionen und Unterhaltsarbeiten vorzunehmen, dabei sind die Art der durchzuführenden Arbeiten und die vorgesehenen sicheren Arbeitssysteme zu berücksichtigen.

Für werkseitig hergestellte Schachtbauteile gelten im Wesentlichen die in Tafel 22.15 aufgeführten Produktnormen. Unabhängig vom Material sind die Anforderungen nach DIN EN 476 zu erfüllen.

Tafel 22.15 Übersicht der wesentlichen Rohrmaterialien für werkseitig hergestellte Schachtbauteile und zugehörige wesentliche Produktnormen

Material		Norm
Allgemein		DIN EN 476
Beton/Stahlbeton/Stahlfaserbeton		DIN EN 1917 DIN 4034-1 DIN 4034-10 DIN 4034-101
Faserzement		DIN EN 588-2
Kunststoff	PP	DIN EN 13598-2
	PVC	
	PE	
	GFK	DIN EN 15383

22.3.5.2.4 Straßenabläufe

Straßenablaufsysteme (Straßenablauf und Anschlusskanal) dienen zur Aufnahme des über Straßenrinnen oder -mulden dem Straßenablauf von Bodenoberflächen zufließenden Niederschlagswasser. Die FGSV RAS-Ew unterscheiden Pultaufsätze (Regelfall), Rinnenaufsätze, Seitenabläufe und Kombiaufsätze (Abb. 22.17).

Der Aufbau von Straßenabläufen ist in der Normenreihe DIN 4052 (DIN 4052-1; DIN 4052-2, DIN 4052-3, DIN 4052-4) geregelt. In der Regel werden zwecks Stoffrückhalt Straßenabläufe mit Eimer verwendet (vgl. Abb. 22.17 bis 22.20).

Für die Ermittlung des Abstandes der Straßenabläufe wird bei Stadtstraßen eine angeschlossene Fläche von 400 m^2 angesetzt (FGSV RAS-Ew).

22.3.5.3 Planungsgrundsätze

22.3.5.3.1 Allgemeines

Die Planung von Entwässerungssystemen muss gem. DIN EN 752 u. a.
- die Ziele
  - öffentliche Gesundheit und Sicherheit,
  - Gesundheit und Sicherheit des Betriebspersonals,
  - Umweltschutz,
  - nachhaltige Entwicklung
- und die (übergeordneten) Funktionalanforderungen
  - Dichtheit,
  - Standsicherheit,
  - Betriebssicherheit

erfüllen.

---

[5] Reinigungsöffnung (DIN EN 752): kleine Zugangsverbindung ohne Zugang von Personen, die Reinigung oder Inspektion erleichtert

Abb. 22.18 Straßenablauf aus Boden und Schaft mit Eimer A4 (DIN 4052-1; DIN 4052-2)

Legende

1	Boden mit Auslauf
5d	Schaft 570 mm hoch
10a	Auflagering
A4	Eimer Form A4
a	Aufsatz z. B. nach DIN 19583-1

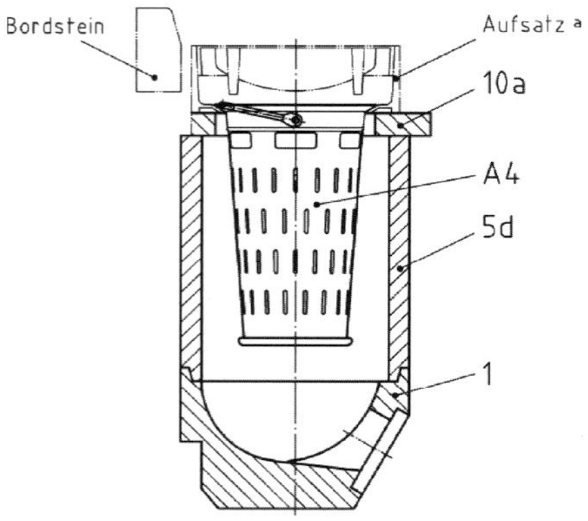

Abb. 22.19 Straßenablauf aus Boden, Zwischenteil und Schaftkonus mit Eimer C3 (DIN 4052-1; DIN 4052-2)

Legende

1	Boden mit Auslauf
6a	Zwischenteil 295 mm hoch
11	Schaftkonus
10b	Auflagering
C3	Eimer Form C3
a	Aufsatz z.B. nach DIN 19594-1

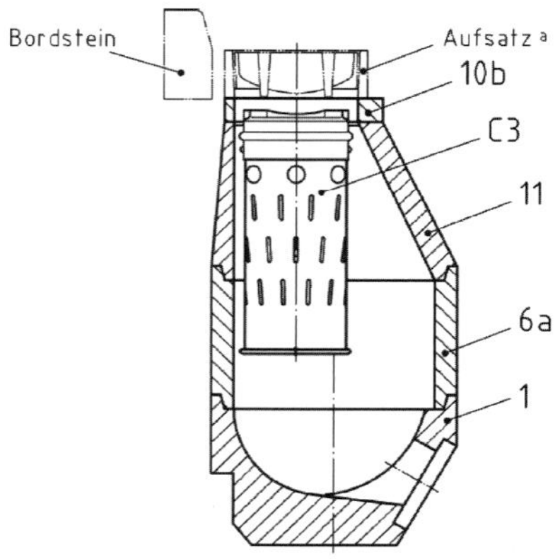

Abb. 22.20 Straßenablauf aus Boden und Schaft mit Eimer A2 (DIN 4052-1; DIN 4052-2)

Legende

1	Boden mit Auslauf
5d	Schaft 570 mm hoch
10a	Auflagering
A2	Eimer Form A2
a	Aufsatz z.B. nach DIN 19583-1

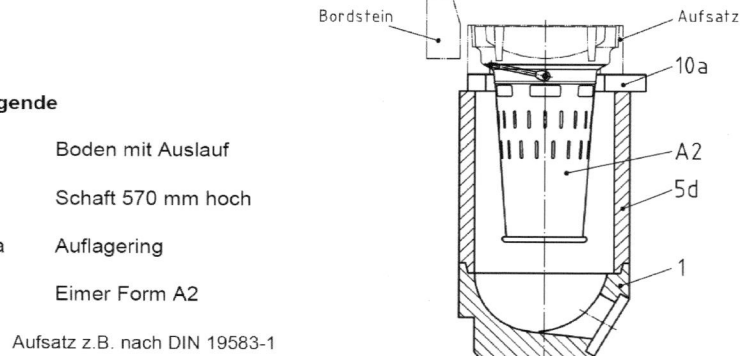

Sofern praktikabel, soll Niederschlagswasser grundsätzlich getrennt von anderen Abwässern gehalten werden.

Die Wahl des Entwässerungssystems (Misch- oder Trennsystem) hängt im Einzelnen u. a. von folgenden Bedingungen ab:

- nationale oder lokale Wassermanagementpolitik (z. B. landesrechtliche Vorgaben),
- Art des bestehenden Systems und wie es sich voraussichtlich entwickelt,
- mögliche zukünftige Änderungen im Einzugsgebiet,
- Aufnahmefähigkeit und Qualität der aufnehmenden Gewässer,

- Beschaffenheit der Einleitungen in das System,
- Notwendigkeit einer Vorbehandlung,
- wirtschaftliche Überlegungen,
- weitere örtliche Bedingungen.

22.3.5.3.2 Trasse

Die Planung des Systems muss sicherstellen, dass Anordnung und Tiefenlage alle zutreffenden Funktionalanforderungen erfüllen, einschließlich:

- **Unterhaltbarkeit**

  Das System muss so geplant, bemessen, gebaut und saniert werden, um entsprechende Unterhaltsarbeiten sicher und ohne Risiken für die Gesundheit des Personals durchführen zu können. Ausreichende Zugänglichkeit und ausreichender Arbeitsraum müssen für Unterhaltszwecke zur Verfügung stehen.

- **Schutz der Gesundheit und Sicherheit des Betriebspersonals**

  Sämtliche Arbeiten in Bezug auf Bau, Betrieb, Unterhalt und Sanierung von Entwässerungssystemen sind mit einer Reihe von Gefahren für die Gesundheit und Sicherheit des Betriebspersonals verbunden. Ziel ist es, Risiken für die Gesundheit und Sicherheit des Betriebspersonals zu minimieren, die während Bau, Betrieb, Unterhalt und Sanierung auftreten können.

- **Schutz angrenzender Bauten sowie Ver- und Entsorgungseinrichtungen**

  Das Entwässerungssystem muss so geplant, bemessen, gebaut, unterhalten, betrieben und saniert werden, dass bestehende, angrenzende Bauten sowie Ver- und Entsorgungseinrichtungen nicht gefährdet sind.

Anordnung und Tiefenlage hängen gem. DIN EN 752 von der Topographie, der Art der zu erschließenden Baugebiete, den vorhandenen und künftigen Abflüssen aus dem Einzugsgebiet sowie von der Eignung des aufnehmenden Gewässers oder der Kläranlagen und der hydraulischen Leistungsfähigkeit des vorhandenen Systems ab.

Eine wirtschaftliche Auslegung wird in der Regel dann erreicht, wenn Abwasserleitungen und -kanäle dem natürlichen Bodengefälle folgen. Wo praktikabel, sollen sie jedoch in einem Gefälle eingebaut werden, bei dem einer übermäßigen Ablagerung von Feststoffen vorgebeugt wird. Die Linienführung ist so zu wählen, dass die Standsicherheit von Bauwerken nicht beeinträchtigt wird.

Einsteigschächte oder Inspektionsschächte sollen so angeordnet sein, dass sie durch das Betriebspersonal und mit Ausrüstung erreicht werden können. Die Zugänglichkeit für Aushubarbeiten für die Reparatur oder Erneuerung eines Kanals, falls notwendig, soll ebenfalls vorgesehen werden.

Unter Umständen kann das Pumpen von Abwasser erforderlich oder ratsam sein und sollte zusammen mit dem erforderlichen Energieverbrauch und den damit verbundenen Gesamtnutzungskosten geprüft werden. Die detaillierte Planung von Pumpanlagen soll nach DIN EN 16931 erfolgen.

Die Tiefe hat einen wesentlichen Einfluss auf die Bau- und Unterhaltskosten. Bei der Auswahl des Bauverfahrens muss die Tiefe der Abwasserleitungen und -kanäle zusammen mit anderen Faktoren berücksichtigt werden.

Für die Kreuzung von Bahnanlagen sind die Anforderungen der Gas- und Wasserleitungskreuzungsrichtlinien zu beachten.

22.4 Statische Berechnung

22.4.1 Normen, Regelwerke und weiterführende Literatur

DIN EN 14801: Bedingungen für die Klassifizierung von Produkten für Rohrleitungssysteme für die Wasserversorgung und Abwasserentsorgung nach auftretenden Drücken; Deutsche Fassung EN 14801:2006. 09.2006

DIN EN 1295: Statische Berechnung von erdüberdeckten Rohrleitungen unter verschiedenen Belastungsbedingungen – Teil 1: Allgemeine Anforderungen; Deutsche Fassung EN 1295-1:2019. 08.2019

DIN EN 1610: Einbau und Prüfung von Abwasserleitungen und -kanälen; Deutsche Fassung EN 1610:2015. 12.2015

AGFW FW 401-10 (Arbeitsblatt): Verlegung und Statik von Kunststoffmantelrohren (KMR) für Fernwärmenetze – Statische Auslegung; Grundlagen der Spannungsermittlung –. 12.2007

AGFW FW 401-11 (Arbeitsblatt): Verlegung und Statik von Kunststoffmantelrohren (KMR) für Fernwärmenetze – Statische Auslegung; Bemessungsdiagramme –. 12.2007

DVGW W 400-2 (Arbeitsblatt): Wasserverteilungsanlagen (TRWV); Teil 2: Bau und Prüfung. 09.2004

DVGW G 462 (Arbeitsblatt): Gasleitungen aus Stahlrohren bis 16 bar Betriebsdruck; Errichtung. 03.2020

DVGW G 472 (Arbeitsblatt): Gasleitungen aus Kunststoffrohren bis 16 bar Betriebsdruck; Errichtung. 03.2020

ATV-DVWK-A 127: Statische Berechnung von Abwasserkanälen und -leitungen; 3. Auflage. 08.2000

DWA-A 139: Einbau und Prüfung von Abwasserleitungen und -kanälen. 03.2019

DWA-A 161: Statische Berechnung von Vortriebsrohren. 10.2017

FBS: Technisches Handbuch FBS-Betonkanalsysteme, 5. Korr. Auflage. Fachvereinigung Betonrohre und Stahlbetonrohre e. V. (FBS), Bonn; 11.2019

22.4.2 Vorbemerkungen

22.4.2.1 Wasserverteilungssysteme

Bei Rohren und Formstücken nach Tafel 22.2 mit Erdüberdeckung nach DVGW W 400-2 (vgl. Abschn. 22.3.2.3.2), Verkehrslasten SLW 60 Last- und Einbaubedingungen nach DIN EN 14801 sind keine gesonderten Nachweise erforderlich für

- Stahl bei Überdeckungen von 0,6 m bis 6 m und
- PE, PE-X, PVC bei Überdeckungshöhen zwischen 0,7 m und 6 m.

Für alle anderen Fälle erfolgt die statische Berechnung gem. ATV-DVWK-A 127 (offene Bauweise, vgl. Abschn. 22.4.3) bzw. DWA-A 161 (geschlossene Bauweise, vgl. Abschn. 22.4.4) im Rahmen der jeweiligen Gültigkeitsgrenzen.

22.4.2.2 Gasverteilsysteme

Für Rohre mit Überdeckungen gem. Abschn. 22.3.3.5.2 ist gem. DVGW G 462 und DVGW G 472 kein statischer Nachweis erforderlich. Bei Über- oder Unterschreitungen sind die statischen Einflüsse zu berücksichtigen. Die statische Berechnung erfolgt gem. ATV-DVWK-A 127 (offene Bauweise, vgl. Abschn. 22.4.3) bzw. DWA-A 161 (geschlossene Bauweise, vgl. Abschn. 22.4.4) im Rahmen der jeweiligen Gültigkeitsgrenzen.

22.4.2.3 Fernwärmeversorgungssysteme

Die statische Berechnung von Rohren der Fernwärmeversorgung erfolgt unter Berücksichtigung der thermischen Belastung, insbes. der thermisch bedingten Dehnung. Für KMR gilt AGFW FW 401-10 und -11.

Im Einzelnen sind folgende Schritte durchzuführen:

- Ermittlung der Längen und Feststellung von Nennweite, Überdeckungshöhe, maximaler Temperatur, Innendruck, Wandstärken von Stahlrohr u. -bogen, Bogenradius und Verkehrslast (i. d. R. SLW 60 nach DIN 1072);

falls nicht nach den Bemessungsdiagrammen gemäß AGFW FW 401-11 ausgelegt werden kann, sind die folgenden Punkte mehrfach zu durchlaufen (erforderliche Iterationen wegen nichtlinearen Materialverhaltens, bis die Änderung der Ergebnisse < 3 %):

- Ermittlung der Bettungsziffern bzw. Federkonstanten,
- Ermittlung von Gleitbereichslänge und zul. Länge,
- Ermittlung der Verschiebungen, Schnittlasten und Spannungen für die einzelnen Abschnitte,
- Ermittlung der Dehnpolsterdicken und -längen,
- Nachweis der Tragsicherheit für Primäreinwirkungen von Stahlrohr, PUR-Hartschaumstoff und PE-Mantelrohr,
- Nachweis der Ermüdungssicherheit für Sekundäreinwirkungen (Temperatur) von Stahlrohr, PUR-Hartschaumstoff und PE-Mantelrohr,
- Stabilitätsnachweise (Ausknicken, Beulen, Ratcheting) für die Stahlrohrleitung.

Für Fernwärmeleitungen aus flexiblen Rohrsystemen gelten die Hinweise nach AGFW FW 420-5.

22.4.2.4 Entwässerungssysteme

Die statische Berechnung erfolgt gem. ATV-DVWK-A 127 (offene Bauweise, vgl. Abschn. 22.4.3) bzw. DWA-A 161 (geschlossene Bauweise, vgl. Abschn. 22.4.4) im Rahmen der jeweiligen Gültigkeitsgrenzen.

22.4.3 Offene Bauweise

22.4.3.1 Allgemeines

Die statische Berechnung von in offener Bauweise normgemäß (vgl. DIN EN 1610 bzw. DWA A 139) erdverlegten Abwasserkanälen und -leitungen sowie thermisch nicht beanspruchter Versorgungsleitungen erfolgt i. d. R. gem. ATV-DVWK-A 127.

Die Berechnungsansätze gelten in Verbindung mit Verkehrslastannahmen erst ab einer Mindestüberdeckungshöhe von:

- 0,5 m bei Straßenverkehrslasten (SLW 12-60),
- 1,0 m bei Flugzeugverkehrslasten (BFZ 90-750),
- 1,5 m bei Schienenverkehrslasten (UIC 71).

Bei extremen Bedingungen – z. B. sehr großen und sehr kleinen Überdeckungen, sehr großen Querschnitten, Hanglagen – sind besondere Überlegungen erforderlich, die Abweichungen im Berechnungsgang begründen können.

Der Berechnungsgang untergliedert sich nach der Festlegung maßgeblicher Randbedingungen wie folgt (vgl. Abb. 22.21):

1. Lastermittlung,
2. Lastaufteilung,
3. Nachweis von Standsicherheit und Gebrauchstauglichkeit.

22.4.3.2 Festlegung maßgeblicher Randbedingungen

Die erforderlichen Festlegungen umfassen Angaben zu

- Belastung,
- Bodenart, Baugrund und Grundwasserverhältnisse sowie
- Bettung, Grabenform, Bauausführung, Verbau und Bodenverdichtung.

Im Anhang 2 ist hierzu ein Objektfragebogen aufgeführt (vgl. Abb. 22.22).

22.4.3.3 Lastermittlung

Rohrleitungen können durch Lastfälle, die das Boden-Rohr-System betreffen beansprucht werden. Dies sind

- Erdlasten und gleichmäßig verteilte Flächenlasten (Schüttgüter),
- Verkehrslasten und
- andere Flächenlasten.

Die Lastfälle

- Eigengewicht,
- Wasserfüllung und
- Wasserdruck

wirken direkt auf das Rohr und werden im Rahmen der Schnittgrößenermittlung berücksichtigt. Längsbiegung, Temperaturdifferenz und Auftrieb sind gegebenenfalls als gesonderte Lastfälle zu berücksichtigen.

Abb. 22.21 Berechnungsablauf für biegesteife und biegeweiche Rohre (Technisches Handbuch FBS-Betonkanalsysteme)

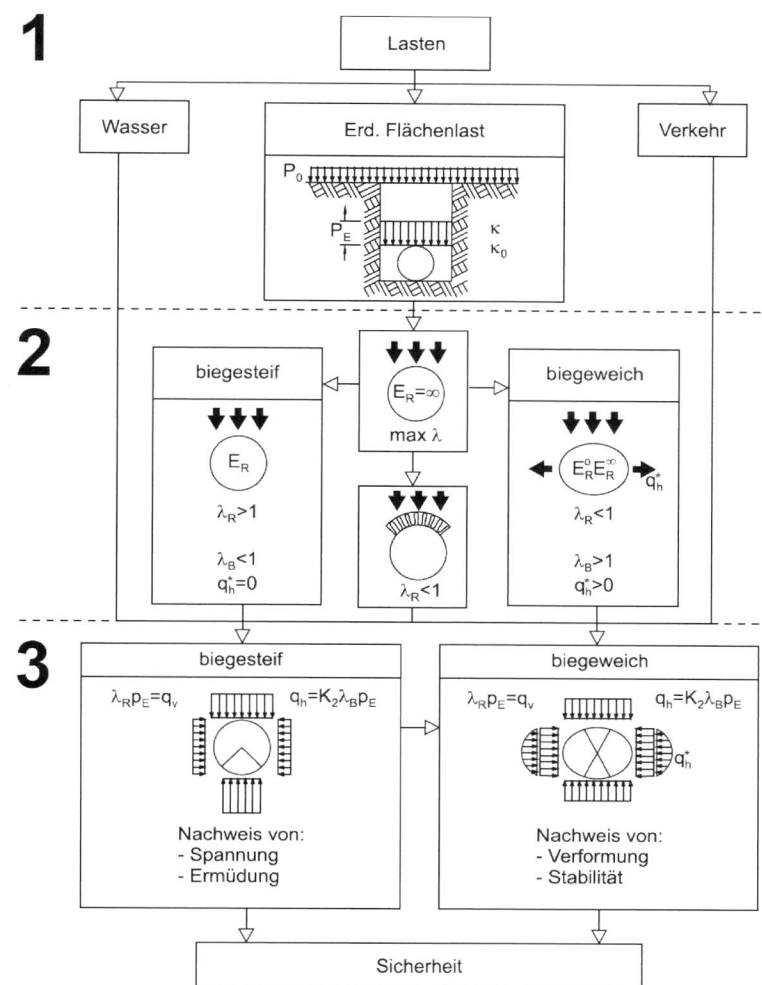

Zunächst wird die Spannung im Boden unabhängig vom Rohrmaterial ermittelt. Die Lastaufteilung auf Rohr und Boden, die zu einer Erhöhung der Spannung über dem Rohr führen kann, ist Gegenstand der Lastaufteilung und Lastkonzentration.

22.4.3.3.1 Erdlasten und gleichmäßig verteilte Flächenlasten p_E

Die Erdlasten werden über die Wichte des Bodens der Hauptverfüllung sowie durch die Überdeckungshöhe bestimmt. Abhängig von bodenmechanischen Kennwerten und den Überschüttungsbedingungen und der Grabenbreite kann die Erdlast aufgrund von Reibungskräften, die dauerhaft zwischen Hauptverfüllung und Grabenwand wirken, (Wandreibungswinkel δ) über den Abminderungsfaktor κ für eine Grabenlast und κ_0 für eine Oberflächenlast nach Silotheorie reduziert werden.

Es werden hierbei die vier Überschüttungsbedingungen A1 bis A4 unterschieden:

A1: Lagenweise gegen den gewachsenen Boden verdichtete Grabenverfüllung (ohne Nachweis des Verdichtungsgrades); gilt auch für Trägerbohlwände (Berliner Verbau).

A2: Senkrechter Verbau des Rohrgrabens mit Kanaldielen, die erst nach dem Verfüllen gezogen werden. Verbauplatten oder -geräte, die bei der Verfüllung des Grabens schrittweise entfernt werden. Unverdichtete Grabenverfüllung. Einspülen der Verfüllung (nur geeignet bei Böden der Gruppe G1).

A3: Senkrechter Verbau des Rohrgrabens mit Spundwänden, Leichtspundprofilen, Holzbohlen, Verbauplatten oder -geräten, die erst nach dem Verfüllen entfernt werden.

A4: Lagenweise gegen den gewachsenen Boden verdichtete Grabenverfüllung mit Nachweis des nach ZTVE-StB erforderlichen Verdichtungsgrades (siehe Abschn. 22.4.2); gilt auch für Trägerbohlwände (Berliner Verbau). Die Überschüttungsbedingung A4 ist nicht anwendbar bei Böden der Gruppe G4.

(Objektfragebogen, als Leistungsbeschreibung empfohlen)

TELEFAX / Adresse

Wir bitten um ein kostenfreies Angebot
Wir beauftragen eine statische Berechnung
Wir beauftragen eine statische Überprüfung
entsprechend den angegebenen Belastungs-
und Einbaubedingungen für das Projekt in:

PLZ   ORT

BELASTUNGS- UND EINBAUBEDINGUNGEN – OFFENE BAUWEISE

Nennweite   DN   DN   DN
Leitungslänge   m

Rohre aus: (s. A 127, Tab. 3)

Angaben zur Belastung
Überdeckungshöhe über Rohrscheitel
min. h   m
max. h   m

Verkehrslast
SLW 60
SLW 30
LKW 12
UIC 71 mehrgleisig
UIC 71 eingleisig
keine Verkehrslast

Flächenlast $p_o = $ .... kN/m² auf OK-Gelände
Innendruck $p_i = $ .... bar aus Rückstau
sonstige Belastungen

Bodenart: Nach ATV A 127 — anstehender Boden (Grabenaushub) / Überschüttung / Leitungszone
G 1: nichtbindiger Sand und Kies
G 2: schwachbindiger Sand und Kies
G 3: bindige Mischböden und Schluff
G 4: bindige Böden (z. B. Ton)
sonstiger Boden:

Verdichtungsgrad des anstehenden Bodens: $D_{Pr} = $ ...... %
Verdichtungsgrad der sonstigen Böden: $D_{Pr} = $ ...... %

von ATV A 127, Tabelle 1, abweichende Bodenkennwerte:
Wichte .... kN/m²
Reibungswinkel .... °
Verformungsmodul .... N/mm²
im maßgebenden Spannungsbereich 0 bis .... N/mm²

Baugrund: (unter dem Rohr)
wie anstehender Boden
sehr hart, steinig oder felsig
nicht tragfähiger Boden:
Gründung der Rohrleitung auf:
Tiefe dieser Gründung unter der Rohrsohle: .... m

Grundwasser:
nicht vorhanden
vorhanden
max. Höhe über Rohrsohle max $h_w = $ .... m

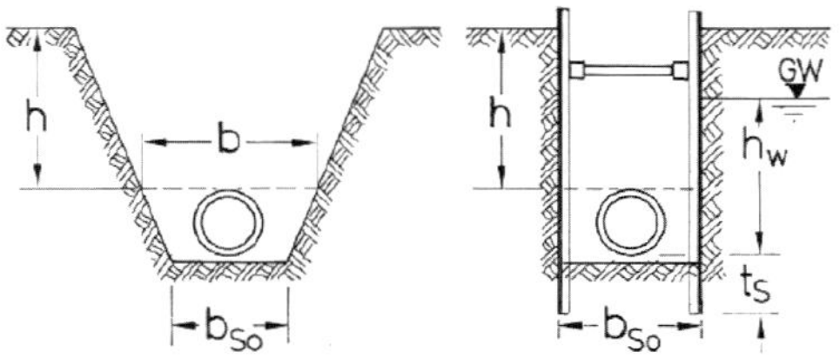

Bettung
Art
auf anstehendem Boden
Sand- oder Kies-Sand-Auflager
Betonauflager

Dicke der oberen Bettung
$0{,}07 \cdot d_a$ (60°-Auflager)
$0{,}15 \cdot d_a$ (90°-Auflager)
$0{,}25 \cdot d_a$ (120°-Auflager)
0   Verlegung auf ebener Grabensohle und Unterstopfen der Zwickel

Grabenform
Art
weiter Graben, Auffüllung oder Dammschüttung
Einzelgraben*
Mehrfachgraben*   Längs- und Quer-
Stufengraben*   schnitt beifügen
* lastmindernde Wirkung nur ansetzbar, wenn beide Grabenwände auf Dauer erhalten bleiben   ja   nein

Angaben zur Bauausführung
Grabenbreite (einschließlich Verbaudicke) in Höhe Rohr-
Scheitel b   m
Sohle b_{so} m

Böschungswinkel ß
45°
60°
90°
.... °

Verbau
Art
kein Verbau
Verbautafeln
waagerechter (auch Berliner-) Verbau
senkr. Kanaldielen
senkr. Leichtspundprofile*
senkr. Holzbohlen (nur in Überschüttung)
senkr. Spundprofile*
* Einspanntiefe im Boden unter Grabensohle $t_5 = $ .... m

Rückbau des Verbaus
schrittweise beim Verfüllen
nach dem Verfüllen in einem Zuge
schrittweise nur in der Leitungszone mit wirksamer Nachverdichtung

Bodenverdichtung
  Einbettung / Überschüttung
lagenweise verdichtet, ohne Nachweis des Verdichtungsgrades
lagenweise verdichtet, mit Nachweis des Verdichtungsgrades nach ZTVE-StB ($D_{Pr} = 97\%$)
unverdichtet

Datum:
Stempel: (Anschrift)

Unterschrift:

Anlagen:
LV-Leistungsbeschreibung (Auszug)
Lageplan
Längenschnitt
Querschnitte

Bodengutachten
ZTV – Zusätzliche Techn. Vorschriften
Verkehrslast-Schema
Skizzen für

Abb. 22.22 Angaben zur statischen Berechnung (ATV-DVWK-A 127)

22.4.3.3.2 Verkehrslasten p_V

Verkehrslasten können entstehen aus

- Straßenverkehr,
- Eisenbahnverkehr und
- Flugzeugverkehr.

Sie ergeben sich aus vertikalen Spannungen p auf das Rohr, die abhängig sind von

- Durchmesser,
- Tiefe und
- Fahrzeugart

sowie einem fahrzeugspezifischen Stoßbeiwert φ.

22.4.3.4 Lastaufteilung

22.4.3.4.1 Umlagerung der Bodenspannungen

Infolge der unterschiedlichen Verformungsfähigkeit des Rohres und des umgebenden Bodens lagern sich die nach Abschn. 22.4.3.3 errechneten mittleren Bodenspannungen um.

Das Maß dieser Umlagerung wird durch die Konzentrationsfaktoren λ_R für die Spannung über dem Rohr und λ_B für die Spannung im Boden neben dem Rohr angegeben. Die idealisierte Form der Umlagerung ist für $b/da = \infty$ aus Abb. 22.23 ersichtlich.

Bei biegesteifen Rohren (Beton und Steinzeug) konzentrieren sich die Lasten auf den Bereich der Rohrbreite; eine entsprechende Reduzierung resultiert im Bereich neben dem Rohr. Biegeweiche Rohre entziehen sich einer Belastung durch Verformung (Ovalisierung). Hierdurch kommt es zu einer Reduktion der Lasten im Scheitelbereich, während die seitliche Belastung ansteigt (Abb. 22.23).

22.4.3.4.2 Maßgebende Parameter

Einbettungsbedingungen für die Rohrleitung
Für die Einbettung in der Leitungszone werden vier Einbettungsbedingungen B1 bis B4 unterschieden. Ihre Definition entspricht den vier Überschüttungsbedingungen A1 bis A4 (Abschn. 22.4.3.3.1).

Verformungsmoduln E_B
Die bei der Berechnung verwendeten Verformungsmoduln des Bodens werden die in Abb. 22.24 dargestellten Zonen unterschieden:

E_1 : Überschüttung über dem Rohrscheitel,
E_2 : Leitungszone seitlich des Rohres,
E_3 : anstehender Boden neben dem Graben bzw. eingebauter Boden neben der Leitungszone,
E_4 : Boden unter dem Rohr.

Die den Überschüttungsbedingungen und den Einbettungsbedingungen entsprechenden Verdichtungsgrade D_{Pr} bestimmen zusammen mit der Bodengruppe maßgeblich die

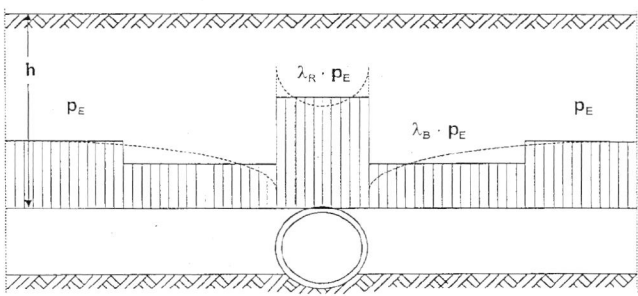

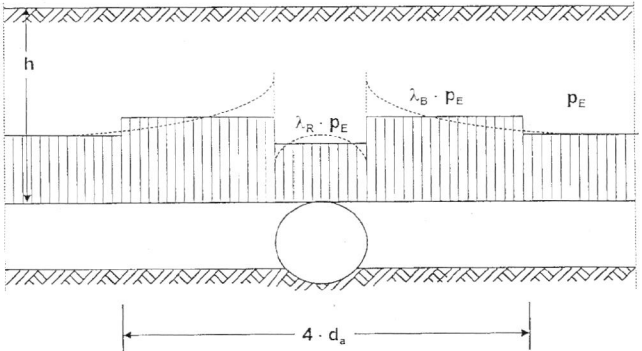

Abb. 22.23 Umlagerung der Bodenspannungen (oben: biegesteifes Rohr, unten: biegeweiches Rohr) (ATV-DVWK-A 127)

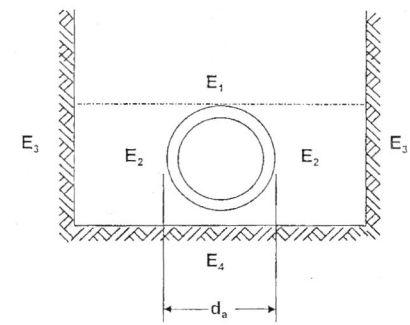

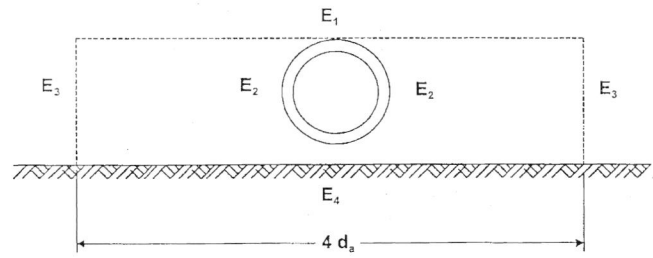

Abb. 22.24 Bezeichnung der Verformungsmoduln für die verschiedenen Bodenzonen (ATV-DVWK-A 127)

Tafel 22.16 Erddruckverhältnisse K2 (ATV-DVWK-A 127)

1	2	3
Boden	K_2	
Gruppe	$V_{RB} > 1$	$V_{RB} \leq 1$
G1	0,5	0,4
G2	0,5	0,3
G3	0,5	0,2
G4	0,5	0,1
Bettungsreaktionsdruck	$q_h^* = 0$	$q_h^* > 0$

Verformungsmoduln des Bodens und Größe und Verteilung der Belastungen und Auflagerreaktionen.

Erddruckverhältnis K_2

Das Erddruckverhältnis K_2 im Boden neben dem Rohr wird unter Berücksichtigung der Systemsteifigkeit V_{RB} wie folgt festgelegt:

- Für Rohre mit $V_{RB} > 1$ (biegesteife Rohre) wird mit K_2 nach Tafel 22.16 mit 0,5 angesetzt. Der horizontale Bettungsreaktionsdruck q_h^* ist dann gleich Null zu setzen.
- Für Rohre mit $V_{RB} < 1$ (biegesteife Rohre) liegt K_2 nach Tafel 22.16 in einem Bereich zwischen 0,1 und 0,4. Der horizontale Bettungsreaktionsdruck q_h^* wird in Ansatz gebracht.

Relative Ausladung a

Die relative Ausladung a ist die Höhe der Bodenschicht neben und ggf. seitlich unter dem Rohr, die gegenüber der vertikalen Rohrverformung abweichende Setzungen erfahren kann, im Verhältnis zur Rohrbreite (vgl. Abb. 22.25).

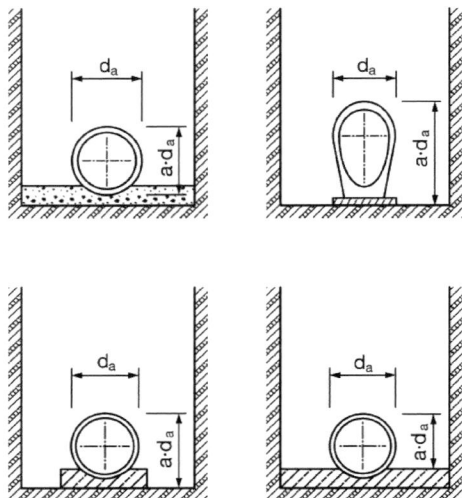

Abb. 22.25 Relative Ausladung (ATV-DVWK-A 127)

22.4.3.4.3　Konzentrationsfaktoren

Die Berechnung des Konzentrationsfaktors geht von einem unendlich starren Rohr auf nachgiebigem Boden in weiter Schüttung aus. Das ergibt den maximalen Konzentrationsfaktor max λ, der von den Verformungsmoduln E_1, E_2 und E_4 sowie von dem Verhältnis Grabenhöhe h zu Außendurchmesser d_a und der relativen Ausladung abhängt.

Im nächsten Schritt wird die Verformung des Rohres berücksichtigt. Daraus folgt der Konzentrationsfaktor λ_R, der für biegeweiche Rohre durch das Steifigkeitsverhältnis V_S, von der wirksamen relativen Ausladung a' und vom Erddruckverhältnis K_2 bestimmt wird. Für biegesteife Rohre gilt $\lambda_R = \max \lambda$.

Der Konzentrationsfaktor λ_B ergibt sich aus der idealisierten Form der Spannungsumlagerung (vgl. Abb. 22.23) in Abhängigkeit von λ_R.

22.4.3.4.4　Steifigkeitsverhältnis

Das Steifigkeitsverhältnis ist für biegeweiche Rohre i. d. R. abhängig von der Rohrsteifigkeit S_R, vom Beiwert der vertikalen Durchmesseränderung cv^*, sowie von der vertikalen Bettungssteifigkeit des Bodens seitlich des Rohres S_{Bv}. Ggf. ist ergänzend der Einfluss einer Deformationsschicht zu berücksichtigen.

Aufgrund idealisierender Annahmen gilt das Berechnungsmodell nur ab einer Mindestrohrsteifigkeit bei Langzeitbelastung von min $S_R = 3 \cdot 10^{-3}\,\text{N/mm}^2$.

22.4.3.4.5　Einfluss der relativen Grabenbreite

Nach Abb. 22.23 erstreckt sich die Spannungsumlagerung über einen Bereich der Breite $4d_a$. Der Konzentrationsfaktor λ_{RG} berücksichtigt dies abhängig vom Konzentrationsfaktor λ_R und dem Verhältnis Grabenbreite g zu Rohrbreite d_a.

22.4.3.4.6　Druckverteilung am Rohrumfang

Die Druckverteilung am Rohrumfang ist abhängig von der Ausbildung des Auflagers, von der Verfüllung in der Leitungszone sowie vom Verformungsverhalten der Rohre. Man unterscheidet folgende Lagerungsfälle:

- Lagerungsfall I (Abb. 22.26):
  Auflager im Boden. Vertikal gerichtete und rechteckförmig verteilte Reaktionen. Dieser Lagerungsfall gilt für

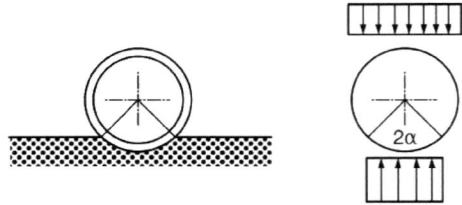

Abb. 22.26 Lagerungsfall I (ATV-DVWK-A 127)

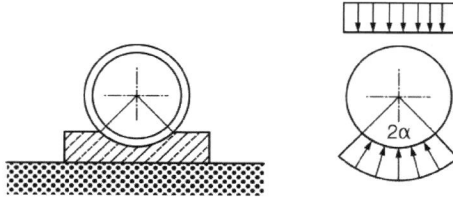

Abb. 22.27 Lagerungsfall II (ATV-DVWK-A 127)

Abb. 22.28 Lagerungsfall III (ATV-DVWK-A 127)

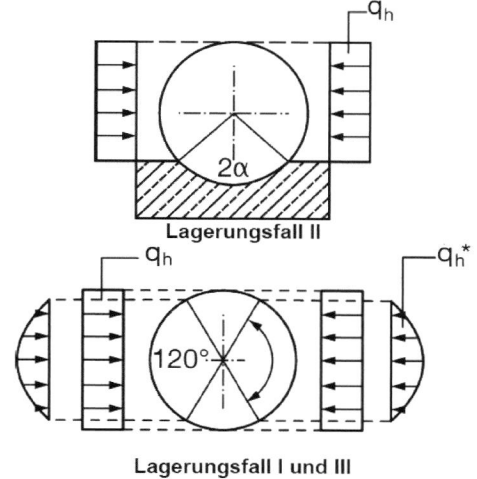

Abb. 22.29 Seitendruck (ATV-DVWK-A 127)

den Spannungsnachweis und Dehnungsnachweis (Kurzzeit und Langzeit) biegesteifer und biegeweicher Rohre. Für den Verformungsnachweis ist der gleiche Auflagerwinkel wie beim Spannungs- und Dehnungsnachweis maßgebend. Der Auflagerwinkel ist bei biegeweichen Rohren mit den Einbettungsbedingungen B2 oder B3 in der Regel mit $2\alpha = 120°$ anzunehmen, bei B1 und B4 darf $2\alpha = 180°$ gesetzt werden.

- Lagerungsfall II (Abb. 22.27):
  Festes Betonauflager nur für biegesteife Rohre. Radial gerichtete und rechteckförmig verteilte Reaktionen.
- Lagerungsfall III (Abb. 22.28):
  Auflager und Einbettung im Boden für biegeweiche Rohre. Vertikal gerichtete und rechteckförmig verteilte Reaktionen.

Der Seitendruck auf die Rohrleitung setzt sich zusammen aus dem Anteil q_h infolge vertikaler Erdlast und gegebenenfalls dem Bettungsreaktionsdruck q_h^* infolge Rohrverformung (Abb. 22.29).

22.4.3.5 Nachweis von Standsicherheit und Gebrauchstauglichkeit

22.4.3.5.1 Schnittkräfte

Entsprechend den Druckverteilungen am Rohrumfang werden Biegemomente M und Normalkräfte N für

- äußere Lasten,
- Eigengewicht,
- Wasserfüllung und ggf.
- Wasserdruck

bestimmt; die ungünstigste Kombination von Lastfällen ist maßgebend. Die Querkräfte in Ringrichtung können vernachlässigt werden, jedoch nicht bei profilierten Rohren.

Für Rohre in Kreisform mit über den Umfang konstanter Wanddicke sind in ATV-DVWK-A 127 Momenten- und

Normalkraftbeiwerte angegeben. Bei über den Umfang nicht konstanter Wanddicke bzw. nicht konstantem Trägheitsmoment sowie bei anderen als Kreisformen, z. B. Eiprofil, Maulprofil, Rechteckquerschnitt, gelten andere Schnittkraftbeiwerte.

22.4.3.5.2 Spannungen und Verformungen

Mit den ermittelten Schnittgrößen lassen sich auch die maßgebenden Spannungen in Scheitel, Kämpfer und Sohle berechnen.

Entsprechend der Druckverteilung am Rohrumfang nach Lagerungsfall I oder III kann die vertikale Durchmesseränderung Δd_v infolge äußerer Lasten berechnet werden, wobei der geringe Einfluss der Wasserfüllung auf die Verformung vernachlässigt wird.

22.4.3.5.3 Bemessung

Biegesteife Rohre werden mittels Spannungs-/Dehnungsnachweis oder vereinfachtem Tragfähigkeitsnachweis bemessen.

Für biegeweiche Rohre sind der Spannungs-/Dehnungs-, der Verformungs- und der Stabilitätsnachweis zu führen.

Rohre mit nicht eindeutig biegesteifem oder biegeweichem Verhalten sind als biegesteife und biegeweiche Rohre nachzuweisen.

Für profilierte Rohre sind ergänzende Hinweise zu beachten.

22.4.4 Geschlossene Bauweise

Die statische Berechnung von Rohren mit kreisförmigem Querschnitt, die nach dem Rohrvortriebsverfahren mit gerader oder gekrümmter Linienführung mit statischer Kraft entsprechend dem Arbeitsblatt DWA-A 125/DVGW GW 304 eingebaut werden erfolgt gem. DWA-A 161.

Für Rohre, die mit dynamischer Energie vorgetrieben werden, kann dieses Arbeitsblatt sinngemäß angewendet werden.

Vortriebsrohre werden im Bauzustand in Richtung ihrer Achse durch die von den Haupt- und Zwischenstationen zur Überwindung des Vortriebswiderstandes ausgeübten Vorpresskräfte belastet.

Die äußeren Einwirkungen auf die Vortriebsrohre werden wesentlich durch das Bauverfahren und die dabei erzeugten Bodenverschiebungen verursacht. Die jeweils ungünstigsten Einwirkungskombinationen aus Bau- und Betriebszustand sind in Abhängigkeit von den eingesetzten Bauteilen festzulegen.

22.5 Korrosion und Korrosionsschutz

22.5.1 Normen, Regelwerke und weiterführende Literatur

DIN EN ISO 8044: Korrosion von Metallen und Legierungen – Grundbegriffe (ISO/DIS 8044:2019); Deutsche und Englische Fassung prEN ISO 8044:2019.

DIN 30675-1: Äußerer Korrosionsschutz von erdüberdeckten Rohrleitungen – Teil 1: Schutzmaßnahmen und Einsatzbereiche bei Rohrleitungen aus Stahl. 05.2019

DIN 30675-2: Äußerer Korrosionsschutz von erdüberdeckten Rohrleitungen – Teil 2: Schutzmaßnahmen und Einsatzbereiche bei Rohrleitungen aus duktilem Gusseisen. 05.2019

DIN 30670: Polyethylen-Umhüllungen von Rohren und Formstücken aus Stahl – Anforderungen und Prüfungen. 04.2012

DIN 30672: Nachumhüllungsmaterialien für den Korrosionsschutz von erdüberdeckten Rohrleitungen – Teil 2: Ausführung und Qualitätskontrolle auf der Baustelle. 05.2019

DIN 30678: Polypropylen-Umhüllungen von Rohren und Formstücken aus Stahl – Anforderungen und Prüfungen. 09.2013

DIN EN 12068: Kathodischer Korrosionsschutz – Organische Umhüllungen für den Korrosionsschutz von in Böden und Wässern verlegten Stahlrohrleitungen im Zusammenwirken mit kathodischem Korrosionsschutz – Bänder und schrumpfende Materialien; Deutsche Fassung EN 12068:1998. 03.1999

DIN EN ISO 18086: Korrosion von Metallen und Legierungen – Bestimmung der Wechselstromkorrosion – Schutzkriterien (ISO 18086:2015); Deutsche Fassung EN ISO 18086:2017. 12.2017

DIN EN 50122-2, VDE 0115-4: Bahnanwendungen – Ortsfeste Anlagen – Elektrische Sicherheit, Erdung und Rückleitung – Teil 2: Schutzmaßnahmen gegen Streustromwirkungen durch Gleichstrombahnen; Deutsche Fassung EN 50122-2:2010. 09.2011

DIN EN 50162, VDE 0150: Schutz gegen Korrosion durch Streuströme aus Gleichstromanlagen; Deutsche Fassung EN 50162:2004. 05.2005

DIN EN 50443, VDE 0845-8: Auswirkungen elektromagnetischer Beeinflussungen von Hochspannungswechselstrombahnen und/oder Hochspannungsanlagen auf Rohrleitungen; Deutsche Fassung EN 50443:2011. 08.2012

DVGW GW 9 (Arbeitsblatt): Beurteilung der Korrosionsbelastungen von erdüberdeckten Rohrleitungen und Behältern aus unlegierten und niedrig legierten Eisenwerkstoffen in Böden. 05.2011

DVGW GW 20 (Arbeitsblatt): Kathodischer Korrosionsschutz in Mantelrohren im Kreuzungsbereich mit Verkehrswegen – Produktrohre aus Stahl im Vortriebsverfahren; textgleich mit AfK-Empfehlung Nr. 1. 02.2014

DVGW GW 21 (Arbeitsblatt): Beeinflussung von unterirdischen metallischen Anlagen durch Streuströme von Gleichstromanlagen; textgleich mit der AfK-Empfehlung Nr. 2. 02.2014

DVGW GW 22 (Arbeitsblatt): Maßnahmen beim Bau und Betrieb von Rohrleitungen im Einflussbereich von Hochspannungs-Drehstromanlagen und Wechselstrom-Bahnanlage; textgleich mit der AfK-Empfehlung Nr. 3 und der Technischen Empfehlung Nr. 7 der Schiedsstelle für Beeinflussungsfragen. 02.2014

DVGW GW 24 (Arbeitsblatt): Kathodischer Korrosionsschutz in Verbindung mit explosionsgefährdeten Bereichen, textgleich mit der AfK-Empfehlung Nr. 5. 02.2014

DVGW GW 27 (Arbeitsblatt): Verfahren zum Nachweis der Wirksamkeit des kathodischen Korrosionsschutzes an erdverlegten Rohrleitungen; textgleich mit AfK-Empfehlung Nr. 10. 02.2014

DVGW GW 28 (Arbeitsblatt): Beurteilung der Korrosionsgefährdung durch Wechselstrom bei kathodisch geschützten Stahlrohrleitungen und Schutzmaßnahmen; textgleich mit AfK-Empfehlung Nr. 11. 02.2014

DVGW G 412 (Arbeitsblatt): Gas Kathodischer Korrosionsschutz (KKS) von erdverlegten Gasverteilungsnetzen und Gasverteilungsleitungen. 10.2010

DVGW G 466-1 (Arbeitsblatt): Gasleitungen aus Stahlrohren für einen Auslegungsdruck von mehr als 16 bar; Betrieb und Instandhaltung. 05.2018

Mutschmann/Stimmelmayr: Taschenbuch der Wasserversorgung. Springer Vieweg Wiesbaden. 2019

E.ON Ruhrgas, Kompetenz-Center Korrosionsschutz (Hrsg.): Korrosionsschutz erdverlegter Rohrleitungen; Vulkan-Verlag GmbH, Essen. 2. Auflage. 2008

22.5.2 Allgemeines

Als Korrosion wird die chemische Reaktion von Werkstoffen mit Stoffen aus der Umgebung (Boden, Medium) bezeichnet, die zu einer nachteiligen messbaren Veränderung von Werkstoffen und zur Beeinträchtigung der Funktion eines Bauteiles oder eines ganzen Systems führen kann. In den meisten Fällen ist diese Reaktion elektrochemischer Natur, in einigen Fällen kann sie jedoch auch chemischer oder metallphysikalischer Natur sein (vgl. DIN EN ISO 8044).

Im Leitungsbau sind diese Wechselwirkungen praxisrelevant für metallische Werkstoffe (i. d. R. als Außenkorrosion) und (bei Entwässerungssystemen) für zementgebundene Werkstoffe (Außen und Innenkorrosion).

22.5.3 Metallische Werkstoffe

22.5.3.1 Gefährdungsbeurteilung

Korrosion von unlegierten und niedriglegierten Eisenwerkstoffen in Erdböden sind auf elektrochemische Prozesse zurückzuführen. Zum einen besitzt der Boden um die Rohre eine mehr oder weniger große elektrochemische Bodenaggressivität, zum anderen können lokale Randbedingungen (z. B. elektrische Einflüsse oder Bodenverunreinigungen) zu einem erhöhten Korrosionsrisiko führen. Bei der Beurteilung der Korrosionsgefahr von im Erdreich verlegten Stahlrohrleitungen werden folgende Einflussgrößen beurteilt (vgl. DVGW GW 9, DIN 50929-3 und DIN EN 12501 bzw. Tafel 22.17):

- Spezifischer Bodenwiderstand und Homogenität des Erdbodens,
- Rohr/Boden-Potenzial sowie Streustromeinflüsse,
- Ausbreitungswiderstand der zu beurteilenden Installation.

22.5.3.2 Arten des Korrosionsschutzes

22.5.3.2.1 Passiver Außenschutz durch Rohrumhüllungen

Metallische Rohrleitungsbauteile müssen ausreichend korrosionsbeständig oder gemäß DVGW G 462 passiv gegen Korrosion geschützt sein. Beim Aufbringen des Korrosionsschutzes auf metallische Bauteile in Kunststoffrohrleitungen ist darauf zu achten, dass schädigende Einflüsse auf das Kunststoffrohr vermieden werden.

Die Umhüllung der Rohrleitung mit einem isolierenden Material (z. B. Polyethylen oder Zementmörtel) bewirkt eine elektrische Trennung des Rohrleitungsstahls von dem umgebenden Erdreich. Umhüllungen für den Korrosionsschutz von Rohrleitungen sind u. a. hinsichtlich ihrer chemischen und thermischen Beständigkeit, ihrer Schälfestigkeit und ihrer mechanischen Kenngrößen für den jeweiligen Einsatzzweck ausgewählt werden.

Soweit möglich, erhalten alle für die Erdverlegung vorgesehenen Rohre und Rohrleitungteile eine Werksumhüllung aus Polyethylen (vgl. DIN 30670, DIN EN ISO 21809-1), Polypropylen (vgl. DIN 30678), Epoxidharz (vgl. DIN EN 10289), Polyurethan (vergl. DIN EN 10290) oder Polyamid 12 (vgl. DIN 30675-1).

Alle nicht werkseitig umhüllten Rohrleitungsteile sind mit einer Umhüllung aus Bändern oder schrumpfenden Materialien nach DIN EN 12068 bzw. nach DIN 30672-1, jeweils mechanische Belastungsklasse B oder C, oder einer Umhüllung entsprechend DIN EN 10289 oder DIN EN 10290 zu versehen.

Armaturen sind gegen Korrosion zu schützen. Bei schwierig zu umhüllenden Oberflächen wie Armaturengehäuse,

Tafel 22.17 Bodenbedingungen, die bei nicht kathodisch geschützten Rohrleitungen zu hoher Korrosionsbelastung führen können (DVGW GW 9)

Merkmale	Umstände/Verhältnisse	Beispiele für Kriterien
Bodenart	natürlicher Boden	– Anwesenheit von Torf, Braunkohle, Kohle, ... in Böden – Marsch- und Moorgebiete – Tidezone – vorhandener Brack- oder Mehrwasserspiegel – anaerobe Böden (mikrobiologisch induzierte Korrosion möglich)
	künstlicher Boden	– Böden mit Aschen, Schlacken, industriellen Nebenprodukten, Rückständen aus häuslichen Abfällen – Gebiete, die mit Sekundärprodukten (irgendwelcher Art) verfüllt sind – unkontrollierte Recyclingmaßnahmen
Elektrische Einflüsse[a]	Vorrichtung, die Gleichstrom benutzt	Nähe von Gleichstrom-, Straßen-, Untergrundbahnen, Nähe zu kathodisch geschützten Anlagen oder Anoden
	Vorrichtung, die Wechselstrom benutzt	Nähe Wechselstromhochspannungsanlagen, Wechselstrombahnen, Wechselstromerdern
Verunreinigungen	verunreinigte Böden	Verunreinigung durch Enteisungssalze, Mist, Dünger, Abwasseraustritt, industrielle Verunreinigung
Sonstige	Topographie, Hydrographie	Tiefpunkt an Leitungstrasse, Furt oder Flusskreuzung
	Ortsbezeichung	Hinweis aus Ortsnamen auf besondere Merkmale der Bodenart
	Dreiphasengrenze	sich ändernder Wasserspiegel

[a] Siehe DIN EN 50162, DVGW-Arbeitsblatt GW 21, DVGW-Arbeitsblatt GW 28 sowie DIN EN 15280

Flanschverbindungen oder Formstücken darf auch in mehreren Lagen Umhüllungsmaterial nach DIN EN 12068 bzw. DIN 30672, jeweils mechanische Beanspruchungsklasse A, verwendet werden, wenn zusätzlich ein äußerer Schutz (z. B. flexible Rohrschutzmatten nach DIN EN 12068) gegen mechanische Belastungen angebracht wird. Die Ausführung der Nachumhüllung erfolgt gemäß DIN 30672-2.

22.5.3.2.2 Aktiver kathodischer Korrosionsschutz

Allgemeines

Das kathodische Schutzverfahren kann überall dort angewendet werden, wo sich Metallkonstruktionen (bspw. Rohrleitungen) in einem ausgedehnten Elektrolyten befinden.

Der aktive kathodische Korrosionsschutz (KKS) ist für Gasleitungen aus Stahlrohren mit Betriebsdrücken von mehr als 5 bar gemäß DVGW G 466-1 vorgeschrieben. Häufig werden auch Mitteldruckleitungen aus Stahlrohren mit Betriebsdrücken von mehr als100 mbar bis 5 bar in den kathodischen Korrosionsschutz einbezogen.

Bei Wasserleitungen kommt der aktive Korrosionsschutz überwiegend nur bei Zubringer-, Fern- und Hauptleitungen aus Stahlrohren zur Anwendung.

In Trinkwasserortsnetzen oder in Gasverteilungsanlagen, die mit Niederdruck betrieben werden, ist der kathodische Korrosionsschutz wegen der erforderlichen elektrischen Überbrückung aller isolierenden Rohrverbindungen, der erforderlichen elektrischen Trennungen aller Hausanschlussleitungen und schwierig zu umhüllender Armaturen, wie z. B. Hydranten, i. d. R. nicht wirtschaftlich.

Bei Fernwärmeleitungen wird der kathodische Korrosionsschutz in Verbindung mit Stahlmantelrohren (SMR) eingesetzt.

Galvanische Korrosionsschutzanlagen

Bei galvanischen Korrosionsschutzanlagen nutzt man das unterschiedliche Potenzial des unedlen Anodenwerkstoffes wie z. B. Magnesium gegenüber dem edleren Werkstoff des zu schützenden Objektes aus (vgl. Abb. 22.30). Galvanische Korrosionsschutzanlagen werden für Schutzobjekte mit guter Umhüllung und geringer Oberfläche eingesetzt. Galvanische Schutzanlagen bieten den Vorteil, dass keine externe Spannungsquelle bereitgestellt werden muss und fremde metallische Anlagenteile im Erdreich nicht beeinflusst werden. Da jedoch der Schutzbereich dieser Anlagen sehr beschränkt ist und keine Möglichkeit der optimalen Anpassung an das Schutzobjekt besteht, werden solche Anlagen nur noch sehr selten verwendet.

Korrosionsschutzanlagen mit Fremdstrom

Bei Korrosionsschutzanlagen mit Fremdstrom werden die Anoden über eine mit Netzspannung betriebene Gleichspannungsquelle mit dem Schutzobjekt (Rohrleitung) verbunden (Abb. 22.31).

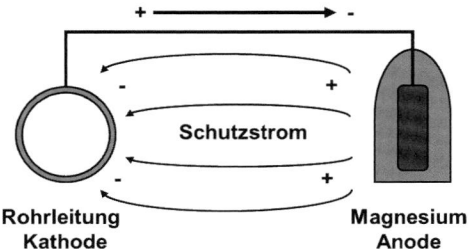

Abb. 22.30 Schema einer galvanischen Korrosionsschutzanlage (vgl. AGFW FW 410)

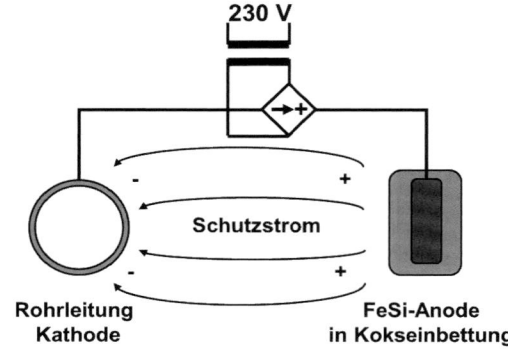

Abb. 22.31 Schema einer Korrosionsschutzanlage mit Fremdstrom (vgl. AGFW FW 410)

Da Fremdstromschutzanlagen aufgrund der variabel einzustellenden Ausgangsspannung optimal an das jeweilige Schutzobjekt angepasst werden können, stellen diese Anlagen die wirksamste und effizienteste Art des kathodischen Korrosionsschutzes dar.

Für Planung, Errichtung und Betrieb kathodischer Korrosionsschutzanlagen gelten EN 12954, EN 50162 sowie sinngemäß DVGW GW 10, GW 12 und G 412.

22.5.4 Zementgebunde Werkstoffe

Korrosionen an zementgebundenen Werkstoffen (Beton und Zementmörtel im Mauerwerk) insbesondere in Abwasseranlagen treten auf in Form von
- Innenkorrosion:
  - Korrosion durch Säuren (Innenkorrosion),
  - Korrosion durch biogene Schwefelsäure,
  - Korrosion durch Sulfat,
  - Korrosion durch Fette, Öle und Mineralölkohlenwasserstoffe,
  - Korrosion durch Lösemittel,
- Außenkorrosion:
  - Korrosion durch kalklösende Kohlensäure,
- Bewehrungskorrosion durch Chlorid.

Korrosionsprozesse sowie Baustoffschutz sind in DWA-M 168 aufgeführt.

22.6 Einbau

22.6.1 Normen, Regelwerke und weiterführende Literatur

DIN EN 1610: Einbau und Prüfung von Abwasserleitungen und -kanälen; Deutsche Fassung EN 1610:2015. 12.2015

DIN EN 805: Anforderungen an Wasserversorgungssysteme und deren Bauteile außerhalb von Gebäuden Deutsche Fassung EN 805:2000. 03.2000

DIN EN 12889: Grabenlose Verlegung und Prüfung von Abwasserleitungen und -kanälen; Deutsche und Englische Fassung prEN 12889:2020. 05.2020

DVGW GW 304 (Arbeitsblatt): Rohrvortrieb und verwandte Verfahren. 12.2008

DVGW GW 321 (Arbeitsblatt): Steuerbare horizontale Spülbohrverfahren für Gas- und Wasserrohrleitungen – Anforderungen, Gütesicherung und Prüfung; mit Korrekturen vom Januar 2009. 10.2003

DWA-A 125: Rohrvortrieb und verwandte Verfahren. 12.2008

DWA-A 139: Einbau und Prüfung von Abwasserleitungen und -kanälen. 03.2019

22.6.2 Offene Bauweise

22.6.2.1 Allgemeines

Einbau und Prüfung von Abwasserleitungen und -kanälen, die üblicherweise erdüberdeckt eingebaut sind und unter Freispiegelbedingungen jedoch bis zu 0,5 kPa bei Überdruck betrieben werden, sind über DIN EN 1610 (Begriffsdefinitionen siehe Abb. 22.32) geregelt. Ergänzende Hinweise sind in DWA A 139 aufgeführt. Die Bauausführung von Rohrleitungen, die unter Druck betrieben werden, ist ebenfalls über DIN EN 1610 geregelt. Ergänzend ist für Druckleitungen DIN EN 805 zu berücksichtigen.

Fräs- und Pflugverfahren zur Verlegung von Gas- und Wasserrohrleitungen sind in DVGW GW 324 geregelt.

22.6.2.2 Gräben

Gräben sind so zu bemessen und auszuführen, dass ein fachgerechter und sicherer Einbau der Rohrleitungen sichergestellt ist. Falls während der Bauarbeiten Zugang zur Außenwand von unterunterirdisch liegenden Bauwerken, z. B. Schächten, erforderlich ist, muss ein Mindestarbeitsraum von 0,50 m Breite bei Grabentiefen bis zu 2,5 m und 0,7 m Breite bei Grabentiefen über 2,5 m eingehalten werden (vgl. Abb. 22.33).

Wenn zwei oder mehr Rohre in demselben Graben oder unter einer zukünftigen Dammschüttung eingebaut werden, muss der horizontale Arbeitsraum zwischen den Rohrleitungen eingehalten werden. Der horizontale Arbeitsraum für Rohre bis einschließlich DN 700 muss 0,35 m und für Rohre größer als DN 700 muss 0,50 m betragen. Der gleiche Ar-

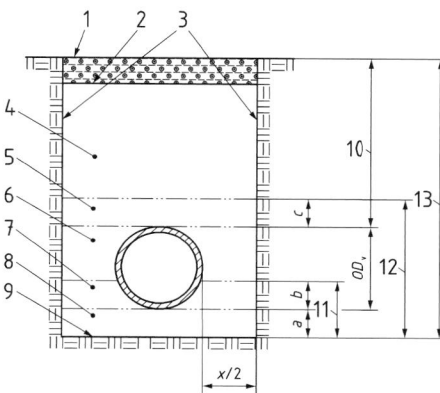

Abb. 22.32 Leitungsgraben in offener Bauweise – Begriffe (DIN EN 1610)
1 Oberfläche, *2* Unterkante der Straßen- oder Gleiskonstruktion, soweit vorhanden, *3* Grabenwände, *4* Hauptverfüllung, *5* Abdeckung, *6* Seitenverfüllung, *7* Obere Bettungsschicht, *b*, *8* Untere Bettungsschicht, *a*, *9* Grabensohle, *10* Überdeckungshöhe, *11* Dicke der Bettung, *12* Dicke der Leitungszone, *13* Grabentiefe, *a* Dicke der unteren Bettungsschicht, *b* Dicke der oberen Bettungsschicht, *c* Dicke der Abdeckung, OD_V Vertikaler Außendurchmesser.
Anmerkung 1: Mindestwerte für *a* siehe Abschn. 22.6.2.4
Anmerkung 2: Der Bettungswinkel ist nicht der Bettungsreaktionswinkel der statischen Berechnung

Abb. 22.33 Mindestarbeitsraum neben dem Rohr ($x/2$) und Winkel β der unverbauten Grabenwand (DIN EN 1610) w_{min} Mindestgrabenbreite, *a* Dicke der unteren Bettungsschicht, *b* Dicke der oberen Bettungsschicht

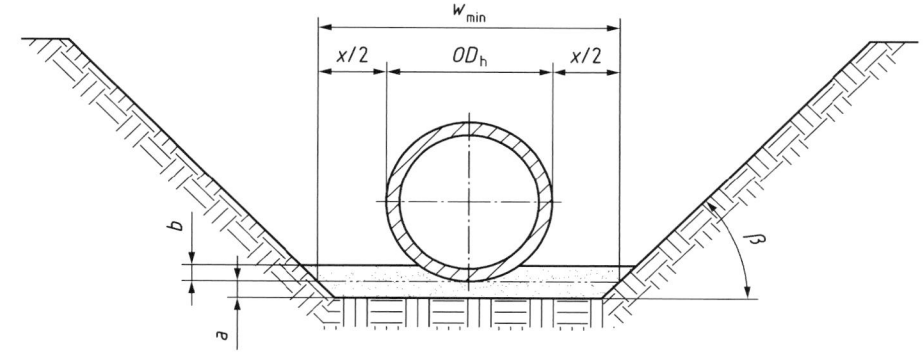

Tafel 22.18 Mindestgrabenbreite in Abhängigkeit von der Nennweite (DN) des Rohrs (DIN EN 1610)

DN	Mindestgrabenbreite ($OD_h + x$) m		
	Verbauter Graben	Unverbauter Graben	
		$\beta > 60°$	$\beta \leq 60°$
≤ 225	$OD_h + 0{,}40$	$OD_h + 0{,}40$	
> 225 bis ≤ 350	$OD_h + 0{,}50$	$OD_h + 0{,}50$	$OD_h + 0{,}40$
> 350 bis ≤ 700	$OD_h + 0{,}70$	$OD_h + 0{,}70$	$OD_h + 0{,}40$
> 700 bis ≤ 1200	$OD_h + 0{,}85$	$OD_h + 0{,}85$	$OD_h + 0{,}40$
> 1200	$OD_h + 1{,}00$	$OD_h + 1{,}00$	$OD_h + 0{,}40$

Anmerkung Bei den Angaben $OD_h + x$ entspricht $x/2$ dem Mindestarbeitsraum zwischen Rohr und Grabenwand oder dem Grabenverbau (Pölzung), falls vorhanden.
Dabei ist OD_h der horizontale Außendurchmesser in m, β der Böschungswinkel des unverbauten Grabens, gemessen gegen die Horzontale (siehe Abb. 22.33).

Tafel 22.19 Mindestgrabenbreite in Abhängigkeit in Abhängigkeit von der Grabentiefe (DIN EN 1610)

Grabentiefe[a] m	Mindestgrabentiefe m
$< 1{,}00$	keine Mindestgrabenbreite vorgegeben
$\geq 1{,}00$ bis $\leq 1{,}75$	0,80
$> 1{,}75$ bis $\leq 4{,}00$	0,90
$> 4{,}00$	1,00

[a] Zur maximalen Tiefe unverbauter Gräben siehe DIN EN 1610, 6.4

beitsraum soll zwischen Rohrleitungen und sämtlichen anderen Leitungen oder Bauwerken zur Verfügung stehen. Falls erforderlich, müssen zum Schutz vor Beeinträchtigungen anderer Versorgungsleitungen, Abwasserleitungen und -kanäle, von zeitlich begrenzten oder permanenten Bauwerken und der Oberflächen geeignete Sicherungsmaßnahmen getroffen werden. Die Übereinstimmung mit nationalen Vorschriften soll geprüft werden. Der größere Wert ist maßgebend.

Es gelten die Mindestgrabenbreiten gem. Tafeln 22.18 und 22.19. Die Grabenbreite darf die nach der statischen Bemessung (vgl. Abschn. 22.4.3) größte Grabenbreite nicht überschreiten.

Die Standsicherheit des Grabens muss entweder durch einen geeigneten Verbau, durch Abböschung der Grabenseiten zu einer stabilen Neigung, die während der Arbeiten aufrechterhalten wird, oder durch andere geeignete Maßnahmen sichergestellt werden. Dies ist erfüllt, wenn DIN 4124 eingehalten wird. Neben der in DIN 4124 genannten Regelausführung des waagerechten bzw. senkrechten Verbaus (Normverbau) können alle in einer statischen Berechnung (Standsicherheitsnachweis) nachgewiesenen Verbauarten eingesetzt werden. Es sollen nur Grabenverbaugeräte verwendet werden, die von einer Prüfstelle bewertet worden sind.

Um die Arbeitssicherheit des Personals sicherzustellen, müssen unverbaute Gräben mit geringer Einbautiefe auf eine maximale Tiefe von 1,4 m oder weniger begrenzt werden.

22.6.2.3 Wasserhaltung
Während der Einbauarbeiten sollen Gräben frei von Wasser gehalten werden. Art und Weise der Wasserhaltung dürfen die Leitungszone und die Rohrleitung nicht beeinflussen.

22.6.2.4 Ausführungen der Bettung

22.6.2.4.1 Bettung Typ 1
Bettung Typ 1 (Abb. 22.34) darf für jede Leitungszone angewendet werden, die eine Unterstützung der Rohre über deren gesamte Länge zulässt und die unter Beachtung der geforderten Schichtdicken a, und b hergestellt wird. Dies gilt für jede Größe und Form von Rohren, z. B. kreisförmig, nicht kreisförmig, und mit Fuß.

Sofern nichts anderes vorgegeben ist, darf die Dicke der unteren Bettungsschicht a, gemessen unter dem Rohrschaft, folgende Werte nicht unterschreiten:
- 100 mm bei üblichen Bodenbedingungen und
- 150 mm bei Fels oder festgelagerten Böden.

Die Dicke b der oberen Bettungsschicht muss der statischen Berechnung entsprechen (vgl. Abschn. 22.4.3).

22.6.2.4.2 Bettung Typ 2
Bettung Typ 2 (Abb. 22.35) darf im gleichmäßigen, relativ lockeren, feinkörnigen Boden verwendet werden, der eine Unterstützung der Rohre über deren gesamte Länge zulässt. Rohre dürfen direkt auf die vorgeformte und vorbereitete Grabensohle eingebaut werden.

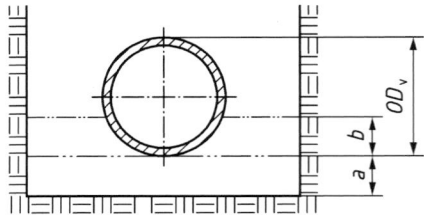

Abb. 22.34 Bettung Typ 1 (DIN EN 1610)

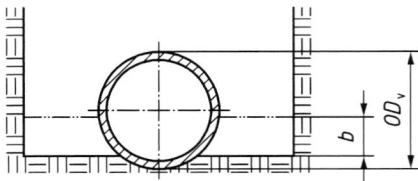

Abb. 22.35 Bettung Typ 2 (DIN EN 1610)

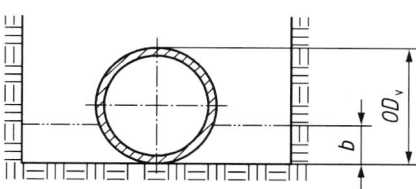

Abb. 22.36 Bettung Typ 3 (DIN EN 1610)

Die Dicke *b* der oberen Bettungsschicht muss der statischen Berechnung entsprechen (vgl. Abschn. 22.4.3).

22.6.2.4.3 Bettung Typ 3

Bettung Typ 3 (Abb. 22.36) darf im gleichmäßigen, relativ lockeren feinkörnigen Boden verwendet werden, der eine Unterstützung der Rohre über deren gesamte Länge zulässt. Rohre dürfen direkt auf die vorbereitete Grabensohle eingebaut werden.

Die Dicke *b* der oberen Bettungsschicht muss der statischen Berechnung entsprechen (vgl. Abschn. 22.4.3).

22.6.2.5 Verfüllung

22.6.2.5.1 Allgemeines

Die Verfüllung einschließlich der Herstellung der Leitungszone und der Hauptverfüllung, die Entfernung des Verbaus sowie die Verdichtung müssen so ausgeführt werden, dass die Tragfähigkeit der Rohrleitung den Planungsanforderungen entspricht (vgl. Abschn. 22.4.3).

22.6.2.5.2 Verdichtung

Wenn die Verdichtung in der statischen Berechnung (vgl. Abschn. 22.4.3) für die Rohrleitung festgelegt ist, muss die Verdichtung mittels einer gerätespezifischen Vorschrift entsprechend dem speziell verwendeten Verdichtungsgerät oder durch Messung nachgewiesen werden.

Die Verdichtung der Abdeckung direkt über dem Rohr soll, falls gefordert, von Hand erfolgen. Die mechanische Verdichtung der Hauptverfüllung direkt über dem Rohr soll erst erfolgen, wenn eine Schicht mit einer Mindestdicke von 300 mm über dem Rohrscheitel eingebracht worden ist. Die erforderliche Gesamtdicke der Schicht direkt über dem Rohr, bevor mit mechanischer Verdichtung begonnen werden darf, hängt von der Art des Verdichtungsgeräts ab. Die Auswahl des Verdichtungsgerätes, die Anzahl der Verdichtungsübergänge und die zu verdichtende Schichtdicke muss auf das zu verdichtende Material und die einzubauende Rohrleitung abgestimmt werden.

22.6.2.5.3 Leitungszone und Abdeckung

Die Leitungszone soll so ausgeführt werden, dass die Verlagerung anstehenden Bodens in die Leitungszone oder von Material der Leitungszone in den anstehenden Boden verhindert wird.

Bettung, Seitenverfüllung und Abdeckung müssen entsprechend den Planungsanforderungen (vgl. Abschn. 22.4.3) ausgeführt werden. Die Leitungszone soll gegen jede vorhersehbare Veränderung ihrer Tragfähigkeit, Standsicherheit oder Lage geschützt werden, die ausgelöst werden könnte durch:

- Entfernung des Verbaus,
- Grund- oder Regenwassereinwirkungen,
- andere angrenzende Erdarbeiten.

22.6.2.5.4 Hauptverfüllung

Die Hauptverfüllung muss entsprechend den Planungsanforderungen (vgl. Abschn. 22.4.3) ausgeführt werden, um Oberflächensetzungen zu vermeiden. Besondere Beachtung soll der Entfernung des Verbaus gewidmet werden.

22.6.2.5.5 Entfernen des Verbaus

Die Entfernung des Verbaus soll während der Herstellung der Leitungszone fortschreitend erfolgen, da Entfernen des Verbaus aus der Leitungszone oder darunterliegenden Bereichen, nachdem die Hauptverfüllung eingebaut wurde, zu ernsthaften Folgen für Tragfähigkeit, Richtung und Höhenlage führen kann.

22.6.3 Geschlossene Bauweise

22.6.3.1 Allgemeines

Die grabenlose Verlegung von Abwasserleitungen und -kanälen ist grundsätzlich über DIN EN 12889 geregelt. Ergänzende Ausführungen sind in DVGW GW 304 bzw. dem inhaltsgleichen DWA-A 125 aufgeführt. Über DVGW GW 304 sind nachfolgende Ausführungen auch für Trinkwasser- und Gasleitungen gültig.

22.6.3.2 Rohrvortrieb und verwandte Verfahren

Rohrvortrieb und verwandte Verfahren sind in Abb. 22.37 zusammengestellt. Die aufgeführten Abschnittsnummern beziehen sich auf DWA A 125 bzw. DVGW GW 304.

Die Anwendungsbereiche der aufgeführten Verfahren sind in Tafeln 22.20 und 22.21 zusammengestellt. Die aufgeführten Abschnittsnummern beziehen sich auf DWA A 125 bzw. DVGW GW 304.

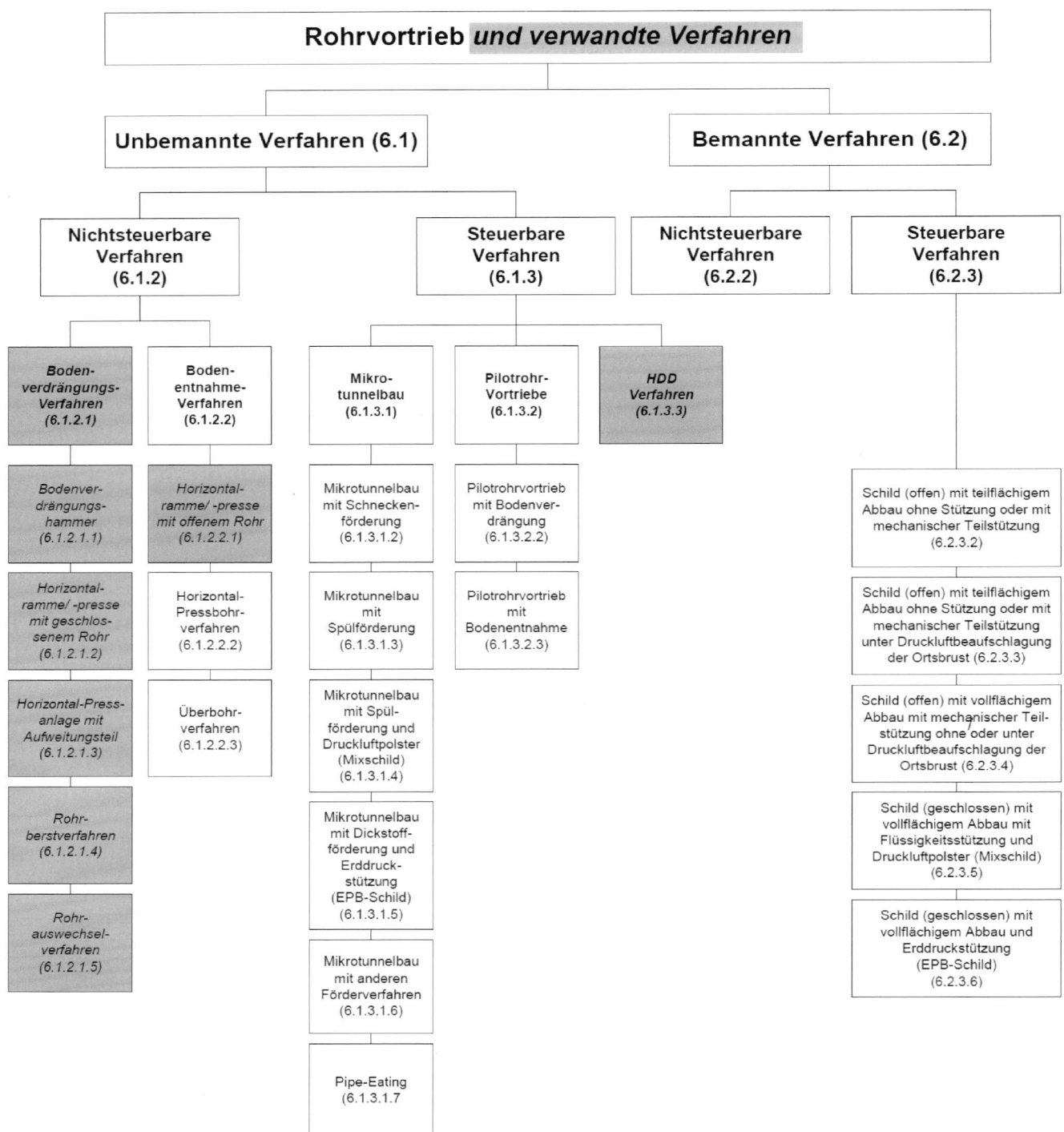

Abb. 22.37 Rohrvortrieb und verwandte Verfahren (hellgrau hinterlegt und kursiv dargestellt) (DWA A 125)

Tafel 22.20 Übersicht der aufgeführten steuerbaren Verfahren (DWA A 125)

Es sind grundsätzlich die anstehenden Bodenverhältnisse und die projektspezifischen Randbedingungen zu berücksichtigen, erforderlichenfalls sind Zusatzmaßnahmen einzuleiten. Das Vorhandensein von Steinen und/oder Hindernissen im Baugrund sowie Bodendurchlässigkeiten sind in der Darstellung nicht berücksichtigt.

Abschnitt	Bezeichnung (Klassifizierung nach DIN 18319) 1)	Rohraußendurchmesser D_a [mm]	max. Vortriebslänge [m] (abhängig von D_a) 1)	Überdeckung
6.1.3.1	**Mikrotunnelbau mit** 1)			
8.1.3.1.2	Schneckenförderung — ohne GW / mit GW 4)	350 – 1 100	80 – 100	≥1,5 X D_a, min. 1,0 m
8.1.3.1.3	Spülförderung, mit oder ohne GW — 7)	350 – 2 500	80 – 600	≥1,5 X D_a, min. 2,0 m
8.1.3.1.4	Spülförderung und Druckluftpolster (Mixschild), mit oder ohne GW	1 960 – 4 500	500 – 800	≥1,3 X D_a
8.1.3.1.5	Dickstoffförderung und Erddruckstützung (EPB), mit oder ohne GW	1 500 – 4 500	250 – 800	≥1,0 X D_a, min. 2,0 m
6.1.3.2	**Pilotrohr-Vortrieb mit** 1)			
8.1.3.2.2	Bodenverdrängung — ohne GW / mit GW 4)	100 – 1 200	60 – 100	≥10 X D_a (Pilot); ≥1,5 X D_a, min. 1,0 m
8.1.3.2.3	Bodenentnahme — ohne GW / mit GW 4)	350 – 1 200	60 – 100	≥1,5 X D_a, min. 1,0 m
6.2.3	**Bemannte steuerbare Verfahren** 1)			
6.2.3.2	Schild (offen) mit teilflächigem Abbau ohne Stützung oder mit mechanischer Teilstützung, ohne GW	1 500 – 4 500	100 – 800	≥1,5 X D_a
6.2.3.3	Schild (offen) mit teilflächigem Abbau ohne Stützung oder mit mechanischer Teilstützung unter Druckluftbeaufschlagung, mit GW 5)	1 960 – 4 500	500 – 800	≥2 X D_a
6.2.3.4	Schild (offen) mit vollflächigem Abbau mit mechanischer Teilstützung, ohne oder unter Druckluftbeaufschlagung, mit oder ohne GW 6)	1 500 – 4 500	100 – 800	≥1,5 X D_a
6.2.3.5	Schild (geschlossen) mit vollflächigem Abbau und Flüssigkeitsstützung und Druckluftpolster (Mixschild), mit oder ohne GW	1 960 – 4 500	500 – 800	≥1,3 X D_a
6.2.3.6	Schild (geschlossen) mit vollflächigem Abbau und Erddruckstützung (EPB - Schild), mit oder ohne GW	1 500 – 4 500	500 – 800	≥1,0 X D_a, min. 2,0 m

Klassifizierung des Baugrundes nach DIN 18319:
- Festgestein – Gesteinsfestigkeit σ_D (MN/m²): über 50 (FD 4, FD 3 / FZ 4, FZ 3); bis 50 (FD 2, FD 1 / FZ 2, FZ 1)
- Lockergestein – nicht bindig 2): Dicht (LNE 3 / LNW 3); Mittel-dicht (LNE 2 / LNW 2); Locker (LNE 1 / LNW 1)
- Lockergestein – Wechsellagerung: 10 % < bindiger Anteil < 30 %
- Lockergestein – bindig 3): Fest (LBM 3 / LBO 3); Steif-halbfest (LBM 2 / LBO 2); Breiig-weich (LBM 1 / LBO 1)

Legende:
- ■ Haupteinsatzbereich
- □ Einsatz möglich
- ▨ Einsatz kritisch

GW = Grundwasser

1) Personaleinsatz gemäß Abschnitt 7.1.4
2) Mit zunehmender Engstufigkeit des Baugrundes ist der Stützung der Ortsbrust besondere Beachtung beizumessen
3) Keine Klassifizierung nach DIN 18319, Lagerungsdichte und Kornstufung (eng/weit) beachten
4) Nur mit Wasserschnecke, Einsetzbarkeit von Grundwasserhöhe abhängig
5) Besondere Beachtung des Bodendurchlässigkeitskennwerts erforderlich, Auslässicherheit nachzuweisen
6) Unter Druckluftbeaufschlagung D_a ≥ 1060 mm
7) Spezialwerkzeug für Festgestein nur für D_a ≥ 560 mm, Begrenzung durch Gesteinsfestigkeit und Vortriebslänge, wenn Werkzeugwechsel nicht möglich

Tafel 22.21 Übersicht der aufgeführten unbemannten nichtsteuerbaren Verfahren (DWA A 125)

Ziffer	Verfahren	Erfahrungswerte für den Anwendungsbereich			
		Rohraußendurchmesser D_a [mm]	Vortriebslänge[a] [m]	Mindestüberdeckung[b,h]	Lichter Mindesabstand[h]
6.1.2.1.1	Bodenverdrängungshammer	≤ 200 $\leq 63^c$	≤ 25 $\leq 60^c$	$10 \cdot D_a$	$4{,}5 \cdot D_a$
6.1.2.1.2	Horizontalramme/-presse mit geschlossenem Rohr	≤ 150	≤ 20	$10 \cdot D_a$ min. 1,0 m	$4{,}5 \cdot D_a$
6.1.2.1.3	Horizontal-Pressanlage mit Aufweitungsteil	≤ 100	≤ 15	$10 \cdot D_a$ min. 1,0 m	$4{,}5 \cdot D_a$
6.1.2.1.4	Rohrberstverfahren, statisch und dynamisch	≤ 800	≤ 150	$10 \cdot$ Aufweitungsmaß[d]	3 bis $5 \cdot$ Aufweitungsmaß[d], jedoch min. 0,4 m bis 1,0 m[e]
6.1.2.1.5	Rohrauswechselverfahren	≤ 400	$\leq 150^f$	$10 \cdot$ Aufweitungsmaß[d] min. 1,0 m	3 bis $5 \cdot$ Aufweitungsmaß[d], jedoch min. 0,4 m bis 1,0 m[e]
6.1.2.2.1	Horizontalramme/-presse mit offenem Rohr	≤ 2000	$\leq 80^g$	$1{,}5 \cdot D_a$ min. 1,0 m	–
6.1.2.2.2	Horizontal-Pressbohrgerät	≤ 1600	$\leq 80^g$	$1{,}5 \cdot D_a$ min. 0,8 m	–
6.1.2.2.3	Überbohrverfahren	≤ 800	≤ 80	$1{,}5 \cdot D_a$ min. 0,8 m	–

[a] Die angegebenen Werte gelten für homogene Böden.
[b] Bei festen bzw. dicht gelagerten, überlagernden Böden ist die Mindestüberdeckung bei Bodenverdrängungsverfahren ggf. zu vergrößern.
[c] gesteuerte Variante
[d] Aufweitungsmaß = Außendurchmesser des Aufweitungskörpers minus Innendurchmesser der Altrohrleitung
[e] Vgl. Merkblatt DWA-M 143-15, siehe auch Merkblatt DVGW GW 323
[f] vorher müssen Einzelstrecken gelöst werden
[g] bis $D_a = 800$ mm: Vortriebslänge in Metern $= D_a$ in mm/10
[h] Hierbei sind die möglichen Abweichungen zu berücksichtigen

22.7 Prüfung und Inbetriebnahme

22.7.1 Normen, Regelwerke und weiterführende Literatur

DIN EN 805: Anforderungen an Wasserversorgungssysteme und deren Bauteile außerhalb von Gebäuden Deutsche Fassung EN 805:2000. 03.2000

DIN EN 1610: Einbau und Prüfung von Abwasserleitungen und -kanälen; Deutsche Fassung EN 1610:2015. 12.2015

DIN EN 12327: Gasinfrastruktur – Druckprüfung, In- und Außerbetriebnahme – Funktionale Anforderungen; Deutsche Fassung EN 12327:2012. 10.2012

DIN EN 13508-2: Untersuchung und Beurteilung von Entwässerungssystemen außerhalb von Gebäuden – Teil 2: Kodiersystem für die optische Inspektion; Deutsche Fassung EN 13508-2:2003+A1:2011. 08.2011

AGFW FW 401-14 (Arbeitsblatt): Verlegung und Statik von Kunststoffmantelrohren (KMR) für Fernwärmenetze – Bau und Montage; Muffenmontage –. 07.2019

AGFW FW 401-15 (Arbeitsblatt): Verlegung und Statik von Kunststoffmantelrohren (KMR) für Fernwärmenetze – Betrieb –. 12.2007

DVGW W 291 (Arbeitsblatt): Reinigung und Desinfektion von Wasserverteilungsanlagen. 03.2000

DVGW W 346 (Arbeitsblatt): Guss- und Stahlrohrleitungsteile mit ZM-Auskleidung – Handhabung. 02.2014

DVGW G 462 (Arbeitsblatt): Gasleitungen aus Stahlrohren bis 16 bar Betriebsdruck; Errichtung. 03.2020

DVGW G 469 (Arbeitsblatt): Druckprüfverfahren Gastransport/Gasverteilung. 07.2019

22.7.2 Wasserverteilungssysteme

22.7.2.1 Allgemeines

Druckprüfung und Inbetriebnahme sind in DIN EN 805 sowie DVGW W 400-2 (insbes. Prüfverfahren und Prüfkriterien) geregelt.

Jede Rohrleitung ist nach der Verlegung einer Wasserdruckprüfung zu unterziehen, um die Dichtheit bzw. ordnungsgemäße Ausführung der Rohre, Formstücke, Verbindungen und weiterer Rohrleitungsteile sowie Widerlager sicherzustellen.

22.7.2.2 Prüfverfahren

22.7.2.2.1 Vorbereitungen

Falls erforderlich, müssen die Rohre vor der Druckprüfung so mit Verfüllmaterial abgedeckt werden, dass Lageänderungen, die zu Undichtheiten führen können, vermieden werden.

Ein Verfüllen im Bereich der Verbindungen ist freigestellt. Widerlager und Verankerungen sind so anzubringen, dass sie auch den Kräften aus dem Prüfdruck standhalten. Widerlager aus Beton müssen vor Prüfbeginn ausreichende Festigkeit besitzen. Es ist darauf zu achten, dass Rohrabschlusteile und andere vorübergehend eingebaute Abschlussformstücke ausreichend abgestützt sind und die Belastung entsprechend der zulässigen Bodenpressung verteilt ist. Vorübergehend eingebaute Abstützungen oder Verankerungen an den Enden der Prüfabschnitte dürfen vor Druckentlastung der Rohrleitungen nicht entfernt werden.

22.7.2.2.2 Festlegen und Füllen der Prüfabschnitte

Die Rohrleitung ist im Ganzen oder, falls notwendig, in Abschnitte unterteilt zu prüfen. Die Prüfabschnitte sind so festzulegen, dass

- der Prüfdruck an der tiefsten Stelle jedes Prüfabschnittes erreicht wird,
- am höchsten Punkt jedes Prüfabschnittes mindestens Systembetriebsdruck MDP erreicht werden kann, außer bei abweichender Festlegung des Planers,
- die erforderliche Wassermenge für die Druckprüfung bereitgestellt und ohne Schwierigkeiten abgelassen werden kann.

Jede Art von Schutt und Fremdkörpern muss vor Prüfbeginn aus der Rohrleitung entfernt werden. Der Prüfabschnitt wird mit Wasser gefüllt. Wenn vom Planer nicht anders festgelegt, ist bei Trinkwasserleitungen für die Druckprüfung Trinkwasser zu verwenden.

Die Rohrleitung ist so gut wie möglich zu entlüften. Die Rohrleitung ist, möglichst vom Tiefpunkt aus, so zu füllen, dass ein Rücksaugen verhindert wird und die Luft an entsprechend dimensionierten Entlüftungsvorrichtungen entweichen kann.

22.7.2.2.3 Prüfdruck

Für alle Rohrleitungen ist, ausgehend vom höchsten Systembetriebsdruck (MDP; MDP_a: für den Druckstoß wird ein bestimmter Wert angenommen; MDP_c: Druckstoß wird berechnet), der Systemprüfdruck (STP) wie folgt zu berechnen:
- bei Berechnung des Druckstoßes: $STP = MDP_c + 100\,kPa$,
- wenn der Druckstoß nicht berechnet wird (es gilt der jeweils niedrigere Wert):
  - $STP = MDP_a \cdot 1,5$
    oder
  - $STP = MDP_a + 500\,kPa$.

Der in MDP_a enthaltene Wert für Druckstöße darf nicht kleiner als $200\,kPa$ sein.

Die Druckstoßberechnung muss nach geeigneten Verfahren unter Anwendung der zutreffenden Grundgleichungen und entsprechend den Annahmen des Planers durchgeführt werden. Hierbei sind die ungünstigsten Betriebsbedingungen zugrunde zu legen.

Üblicherweise sind die Messgeräte am niedrigsten Punkt der Prüfstrecke anzuschließen. Können die Messgeräte nicht am niedrigsten Punkt des Prüfabschnittes angeschlossen werden, ergibt sich der Druck für die Druckprüfung aus dem Systemprüfdruck, errechnet für den niedrigsten Punkt der Prüfstrecke minus der Höhendifferenz.

22.7.2.2.4 Druckprüfverfahren

Vorprüfung
Die Vorprüfung dient zur:
- Stabilisierung des zur Prüfung anstehenden Rohrleitungsabschnittes nach weitestgehendem Abklingen der anfänglichen Setzungen,
- ausreichenden Wassersättigung bei Verwendung von wasseraufnehmenden Rohrwerkstoffen und Auskleidungen,
- Vorwegnahme der druckabhängigen Zunahme des Volumens von flexiblen Rohren vor der Hauptprüfung.

Die Rohrleitung ist in geeignete Prüfabschnitte zu unterteilen, vollständig mit Wasser zu füllen, zu entlüften und der Druck mindestens auf den Betriebsdruck, ohne jedoch den Systemprüfdruck zu überschreiten, zu bringen.

Wenn unzulässige Lageveränderungen eines Rohrleitungsteiles oder Undichtheiten auftreten, ist die Rohrleitung zu entspannen und die Ursache zu beheben.

Die Dauer der Vorprüfung ist abhängig vom Rohrwerkstoff und der Auskleidung und ist vom Planer unter Berücksichtigung der entsprechenden Produktnormen festzulegen.

Druckabfallprüfung
Die Druckabfallprüfung ermöglicht die Bestimmung der restlichen Luft in der Rohrleitung.

Luft im Prüfabschnitt der Rohrleitung führt zu falschen Ergebnissen, die eine scheinbare Undichtheit anzeigen oder in einzelnen Fällen eine kleine Undichtheit überdecken können. Vorhandene Luft vermindert die Genauigkeit des Druckverlustverfahrens und der Wasserverlustverfahren.

Der Planer legt fest, ob eine Druckabfallprüfung vorzunehmen ist. Ein Verfahren zur Durchführung der Prüfung sowie die notwendigen Berechnungen sind in DIN EN 805 A.26 beschrieben.

Hauptdruckprüfung

Allgemeines
Das anzuwendende Verfahren ist vom Planer festzulegen. Für Rohre mit viskoelastischem Verhalten kann der Planer auch ein alternatives Prüfverfahren, wie in DIN EN 805 A.27 beschrieben, festlegen.

Wenn der Verlust den vorgeschriebenen Wert übersteigt oder Fehler festgestellt werden, muss der Prüfabschnitt untersucht und bei Bedarf instandgesetzt werden. Die Prüfung ist zu wiederholen, bis der Verlust dem festgelegten Wert entspricht.

Wenn eine Rohrleitungsstrecke für die Druckprüfung in mehrere Prüfabschnitte unterteilt worden ist und alle Abschnitte die Druckprüfung bestanden haben, muss, sofern vom Planer vorgeschrieben, die gesamte Leitung mindestens 2 h mit dem Betriebsdruck beaufschlagt werden. Jedes zusätzliche Rohrleitungteil, das nach der Druckprüfung eingebaut wurde, muss mit einer Sichtprüfung auf Undichtheiten und Lageveränderungen untersucht werden.

Eine vollständige Dokumentation der Prüfergebnisse ist zu erstellen und aufzubewahren.

Wasserverlustverfahren

Zwei gleichwertige Messverfahren zur Feststellung des Wasserverlustes können zur Anwendung kommen. Dies sind die Messung der abgelassenen Wassermenge oder die Messung der nachgepumpten Wassermenge:

- Messung der abgelassenen Wassermenge:
  Der Druck ist gleichmäßig bis auf den Systemprüfdruck (STP) zu erhöhen. Der Systemprüfdruck ist durch Nachpumpen, falls erforderlich, für mindestens eine Stunde zu halten.
  Die Pumpverbindung ist zu lösen und weiterer Wasserzutritt in den Prüfabschnitt für die Prüfdauer von einer Stunde oder länger, falls vom Planer festgelegt, zu verhindern.
  Der abgefallene Druck ist am Ende der Prüfdauer zu messen und der STP durch Nachpumpen wiederherzustellen. Der Verlust ist durch Ablassen von Wasser zu messen, bis der Wert des abgefallenen Druckes am Ende der Prüfung wieder erreicht ist.
- Messung der nachgepumpten Wassermenge:
  Der Druck ist bis auf den Systemprüfdruck (STP) gleichmäßig zu erhöhen.
  Der Systemprüfdruck ist für mindestens eine Stunde oder länger aufrechtzuerhalten, falls vom Planer festgelegt.
  Während dieser Prüfdauer ist die Wassermenge, die zur Aufrechterhaltung des Systemprüfdruckes nachgepumpt wird, mit einer geeigneten Einrichtung zu messen und aufzuzeichnen.
Der Planer hat das Verfahren festzulegen.

Die gemessene Wasserverlustmenge am Ende der ersten Stunde der Prüfdauer darf den gem. DIN EN 805 zu errechnenden Wert nicht überschreiten.

Druckverlustverfahren

Der Druck muss gleichmäßig bis auf den Systemprüfdruck (STP) erhöht werden.

Die Dauer der Druckverlustprüfung beträgt 1 Stunde oder länger, bei entsprechender Festlegung des Planers.

Während der Hauptdruckprüfung muss der Druckverlust Δp eine abnehmende Tendenz zeigen und darf am Ende der ersten Stunde folgende Werte nicht überschreiten:

- 20 kPa für Rohre wie duktile Gussrohre mit oder ohne Zementmörtelauskleidung, Stahlrohre mit oder ohne Zementmörtelauskleidung, Blechmantelrohre, Kunststoffrohre,
- 40 kPa für Rohre wie Faserzementrohre und nicht kreisförmige Betonrohre. Für Faserzementrohre kann der zulässige Druckverlust von 40 kPa auf 60 kPa erhöht werden, wenn der Planer überzeugt ist, dass übermäßige Absorptionsbedingungen vorliegen.

Alternativ ist für Rohre mit viskoelastischem Verhalten, für die in angemessener Zeit bei diesem Verfahren keine Wasserdichtheit nachgewiesen werden kann, eine gesonderte Prüfung vorzunehmen (siehe DIN EN 805 A.27).

Zur Prüfung der gesicherten Lage ist in diesem Fall der Systemprüfdruck STP während der vorgeschriebenen Zeit in regelmäßigen Abständen wiederherzustellen, wobei der Druckverlust eine abnehmende Tendenz zeigen muss.

22.7.2.3 Inbetriebnahme

Nach dem Bau einer Rohrleitung oder dem Ausbau eines Teiles eines Wasserversorgungssystems oder dem Austausch einer Rohrleitung oder eines Teiles eines Wasserverteilungssystems ist es erforderlich, die entsprechenden Rohrleitungen und Anschlussleitungen durch Spülen und/oder Verwendung von Desinfektionsmitteln zu desinfizieren.

Zu diesem Zweck ist nur Trinkwasser zu verwenden. Es sind geeignete Vorkehrungen für die Bereitstellung und Entsorgung des zur Spülung und Desinfektion verwendeten Wassers unter besonderer Berücksichtigung des Umweltschutzes zu treffen.

Es gelten die Festlegungen nach DVGW W 291. Für die Inbetriebnahme zementmörtelausgekleideter Guss- und Stahlrohre ist zusätzlich DVGW W 346 einzuhalten.

22.7.3 Gasverteilsysteme

22.7.3.1 Allgemeines

Druckprüfung und Inbetriebnahme sind in DIN EN 12327 sowie DVGW G 469 geregelt.

Der Druck einer Festigkeits- oder kombinierten Prüfung muss höher als der Grenzdruck im Störungsfall (MIP) des Versorgungssystems sein.

Der Druck der Dichtheitsprüfung, die in der Regel auf die Festigkeitsprüfung folgt, darf unterhalb des MIP des Versorgungssystems liegen. Wenn keine vorhergehende Festigkeitsprüfung durchgeführt worden ist, wie im Falle von

- kurzen Erweiterungen bestehender Leitungsanlagen und
- Verbindungen von neuen und bestehenden Abschnitten, wo die Verbindungsstücke zu prüfen sind,

muss der Dichtheitsprüfdruck mindestens den Betriebsdruck des Versorgungssystems erreichen.

Bei allen Druckangaben handelt es sich um Überdrücke (Relativdrücke), gemessen beim jeweils herrschenden Atmosphärendruck.

Eine schriftliche Verfahrensanweisung muss vom Rohrleitungsbetreiber oder der zuständigen Behörde verfasst werden. Der Mindestinhalt der Verfahrensanweisung ist in DIN EN 12327 aufgeführt.

Prüfverfahren und -druck hängen jeweils von den verwendeten Werkstoffen, den Verbindungen, dem beabsichtigten Einsatzgebiet und den Vorgaben der einschlägigen Funktionsnormen für Gasinfrastrukturen ab (siehe DIN EN 12327 Anhang B). Die maximal zulässige Druck-/Volumenschwankung hängt von Werkstoff, Druck, Durchmesser und örtlicher Lage des Prüfabschnitts ab. Die Auswirkungen von atmosphärischen Druck- und/oder Temperaturschwankungen sind gegebenenfalls zu berücksichtigen, insbesondere dann, wenn ein Teil des Prüfabschnitts nicht vollständig erdbedeckt ist.

Wenn Kunststoff geprüft wird, sollen Auswirkungen des Kriechverhaltens während Druckaufbringung und Prüfphase berücksichtigt werden.

Der zeitliche Ablauf einer Druckprüfung lässt sich, abhängig vom Prüfverfahren, in einzelne Intervalle gliedern, die in DVGW G 469 definiert sind.

Falls die Druckprüfung negativ ausfällt, müssen weitere Untersuchungen zur Lokalisierung von Undichtheiten nach Maßgabe der schriftlichen Verfahrensanweisung erfolgen. Verschiedene Methoden stehen zur Auswahl und sind in DIN EN 12327 aufgeführt.

Nach erfolgreichem Abschluss der Prüfung muss die autorisierte Person, die für die Prüfung verantwortlich ist, einen Prüfbericht anfertigen. Der Mindestumfang ist in DIN EN 12327 festgelegt.

22.7.3.2 Prüfverfahren

22.7.3.2.1 Allgemeines

Ergänzend zu den nachfolgenden, in DIN EN 12327 aufgeführten Prüfverfahren ist in DVGW G 462 bzw. G 469 das Unterdruckprüfverfahren mit Luft E 3 definiert. Es eignet sich als alternatives Prüfverfahren zur Dichtheitsprüfung an Schweißnähten von Gasleitungen und gastechnischen Behältern, die nicht unmittelbar mit Druck beaufschlagt werden können. Eine Übersicht der Prüfverfahren bietet Tafel 22.22.

22.7.3.2.2 Hydrostatische Prüfung

Allgemeines

Hydrostatische Prüfungen sollen mit Wasser durchgeführt werden. Prüfabschnitt und Wasser müssen schmutzfrei sein.

Eine Vorprüfung mit Luft oder Inertgas bei niederem Druck (max. 0,5 bar) darf der hydrostatischen Prüfung vorausgehen. Diese Vorprüfung darf die Dichtheitsprüfung nicht ersetzen.

Der Prüfdruck muss am höchsten Punkt des Prüfabschnitts aufrechterhalten und gegebenenfalls mit einem geeigneten Manometer kontrolliert werden. Bei der Druckbeaufschlagung muss dieser überwacht werden, um sicherzugehen, dass kritische Belastungsgrenzen der Materialien nicht überschritten werden.

Bei der Befüllung soll keine Luft an den Hochpunkten des Prüfabschnitts verbleiben. Nach Möglichkeit soll das Wasser am Tiefpunkt des Prüfabschnitts eingespeist werden.

Falls der Ort einer Undichtheit durch Besichtigung nicht entdeckt wird, muss ein Lecknachweis gem. DIN EN 12327 angewendet werden.

Volumenmessverfahren

Sobald sich der festgelegte Prüfdruck nach der Druck- und Temperaturangleichung eingestellt hat, muss die erste Druckablesung vorgenommen werden.

Der Druck im Prüfabschnitt muss konstant gehalten werden, indem jeglicher Druckabfall durch zusätzlichen Wassernachschub ausgeglichen wird. Die benötigte Nachfüllmenge muss aufgezeichnet werden.

Prüfverfahren und Prüfkriterien sind in DVGW G 469 als *Druck-/Volumen-Messverfahren D 2* festgelegt.

Druckmessverfahren

Sobald der festgelegte Prüfdruck erreicht worden ist, muss der Prüfabschnitt von der Druckquelle abgetrennt werden. Nach einer angemessenen Zeit für die Druck- und Temperaturangleichung muss die erste Druckablesung vorgenommen werden.

Der Druck muss während der Prüfung aufgezeichnet und/oder am Anfang und Ende der Prüfdauer registriert werden.

Tafel 22.22 Übersicht über die Druckprüfverfahren (DVGW G 469)

Prüfverfahren	Prüfmedium			
	Wasser		Luft	Betriebsgas
	einmalig	zweimalig		
	1	2	3	4
Sichtverfahren	**A 1**	**A 2**	**A 3**	**A 4**
Druckmessverfahren		B 2	B 3	–
Präzisionsdruckmessverfahren		–	C 3	–
Druck-/Volumenmessverfahren		D 2		–
Unterdruckprüfverfahren			E 3	

Prüfverfahren und Prüfkriterien sind in DVGW G 469 als *Druckmessverfahren mit Wasser B 2* festgelegt.

Sichtverfahren

Alle Rohrleitungsteile müssen freiliegen und zugänglich sein. Die Verbindungen müssen frei sein von Schmiermittel, Anstrichen, Umhüllungen und dergleichen.

Sobald der festgelegte Prüfdruck erreicht worden ist, wird der Prüfabschnitt visuell nach eventuellen Undichtheiten abgesucht. Der Prüfdruck muss während der gesamten Sichtprüfung aufrechterhalten werden.

Prüfverfahren und Prüfkriterien sind in DVGW G 469 als *Sichtverfahren mit Wasser (einmaliges Aufdrücken) A 1* und *Sichtverfahren mit Wasser (zweimaliges Aufdrücken) A 2* festgelegt.

22.7.3.2.3 Pneumatische Prüfung

Allgemeines

Eine Vorprüfung mit Luft oder Inertgas bei niederem Druck (max. 0,5 bar) darf der Verfüllung der Trasse vorausgehen. Diese Vorprüfung darf die Dichtheitsprüfung nicht ersetzen.

Druckmessverfahren

Die Prüfung muss entsprechend der schriftlichen Verfahrensanweisung mit Luft oder Inertgas durchgeführt werden.

Sobald der festgelegte Prüfdruck erreicht worden ist, muss der Prüfabschnitt von der Druckquelle abgetrennt werden. Nach der Druck- und Temperaturanpassung muss die erste Druckablesung vorgenommen werden.

Der Druck muss während der Prüfung aufgezeichnet und/oder am Anfang und Ende der Prüfdauer registriert werden.

Prüfverfahren und Prüfkriterien sind in DVGW G 469 als *Druckmessverfahren mit Luft B 3* festgelegt.

Sichtverfahren

Alle Rohrleitungsteile müssen freiliegen und zugänglich sein. Die Verbindungen müssen frei sein von Schmiermittel, Anstrichen, Umhüllungen und dergleichen.

Falls ein Lecknachweismittel oder ein geeignetes Gerät bei der Überprüfung der Dichtheit verwendet wird, muss es in der schriftlichen Verfahrensanweisung angegeben sein. Ein Lecknachweismittel darf nicht aggressiv auf die Rohrleitungsteile wirken.

Sobald der festgelegte Prüfdruck erreicht worden ist, wird der Prüfabschnitt visuell nach eventuellen Undichtheiten abgesucht. Der Prüfdruck muss während der gesamten Besichtigung aufrechterhalten werden.

Prüfverfahren und Prüfkriterien sind in DVGW G 469 als *Sichtverfahren mit Luft A 3* und *Sichtverfahren mit Betriebsgas A 4* festgelegt.

Druckdifferenzmessverfahren

Die Prüfung muss entsprechend der schriftlichen Verfahrensanweisung mit Luft oder Inertgas durchgeführt werden.

Sobald der festgelegte Prüfdruck erreicht worden ist, muss der Prüfabschnitt von der Druckquelle abgetrennt werden. Nach der Druck- und Temperaturanpassung muss die erste Druckablesung vorgenommen werden.

Wenn ein Teil des Prüfabschnitts nicht vollständig erdbedeckt sein kann, müssen die Auswirkungen von Temperaturschwankungen beachtet werden.

Das Referenzgefäß muss ständig dem Prüfabschnitt entsprechenden Bedingungen unterworfen sein und, einschließlich der Druckdifferenzmessgeräte, Schläuche und Verbindungen, vor der eigentlichen Prüfung mit einem Lecknachweismittel auf Dichtheit überprüft werden. Das Referenzgefäß muss mit mindestens zwei, in Reihe geschalteten Absperrarmaturen vom Prüfabschnitt abgetrennt sein, damit kein Austausch zwischen den beiden getrennten Systemen stattfinden kann. Es muss über eine geeignete Druckdifferenzmesseinrichtung mit dem Prüfabschnitt verbunden sein.

Drücke und Temperaturen müssen aufgezeichnet werden.

Prüfverfahren und Prüfkriterien sind in DVGW G 469 als *Präzisionsdruckmessverfahren mit Luft C 3* festgelegt.

22.7.3.3 Inbetriebnahme

Der Rohrleitungsabschnitt soll im Anschluss an die erfolgreiche Druckprüfung möglichst umgehend in Betrieb genommen werden. Wenn es zu Verzögerungen zwischen Prüfung und Inbetriebnahme kommt, soll der Rohrleitungsabschnitt unter Druck bleiben. Vor der Inbetriebnahme muss der Druck kontrolliert werden, um sicherzugehen, dass der Rohrleitungsabschnitt keine Schäden erlitten hat.

Vor der Inbetriebnahme muss im gesamten Rohrleitungsabschnitt atmosphärischer Druck herrschen. Außerdem muss darauf geachtet werden, dass Gas, Gas/Luft- und Gas/Inertgas-Gemische nur am vorgesehenen Ausblaserohr entweichen können.

Das Ausblaserohr soll sich am anderen Ende des zu spülenden Rohrleitungsabschnitts befinden und während des gesamten Spülvorgangs überwacht werden.

Unmittelbar vor dem Einlassen von Gas in die Leitung ist festzustellen, dass Netzanschlussleitungen dicht verschlossen sind und kein Gas unkontrolliert ausströmen kann. Die Leitung ist nach den Bestimmungen des DVGW G 465-2 zu füllen und in Betrieb zu nehmen.

Der Gasfluss muss während der Spülung in geeigneter Weise kontrollierbar sein. Der Druck in der existierenden Gasinfrastruktur darf das in der schriftlichen Verfahrensanweisung bestimmte Minimum nicht unterschreiten. Falls zulässig, darf der Gasfluss in einer PE-Leitung mittels einer Abquetschvorrichtung gesteuert werden.

Nach der Spülung muss der Rohrleitungsabschnitt unter kontrollierten Bedingungen auf das Betriebsdruckniveau gebracht werden.

22.7.4 Fernwärmeversorgungssysteme

22.7.4.1 Allgemeines

Nachfolgende Ausführungen gelten für Kunststoffmantelrohre (KMR) gem. AGFW FW 401-14 und 401-15.

Dichtheitsprüfungen sind erst nach ausreichender Abkühlung der Verbindungen bzw. der Stopfenschweißungen auf $\leq$ 40 °C durchzuführen.

Die Dichtheit der Verbindungsflächen zwischen Verbindungsmuffe und Ummantelungen wird mit innerem Luftüberdruck mit den Verfahren nach Abschn. 22.7.4.2.1, Unterabschnitt *Überdruckprüfung*, und Abschn. 22.7.4.2.2 geprüft.

Die Prüfung auf Dichtigkeit der Stopfenschweißverbindung erfolgt mit der Unterdruckprüfung mit dem Verfahren nach Abschn. 22.7.4.2.1, Unterabschnitt *Unterdruckprüfung an PE-Stopfen*.

22.7.4.2 Prüfverfahren

22.7.4.2.1 Dichtheitsprüfung als Sichtprüfung

Überdruckprüfung
Die Schäumöffnungen werden temporär verschlossen und im Muffenhohlraum wird ein Luftüberdruck von 0,2 bis 0,5 bar erzeugt. Nach Erreichen des Prüfdrucks sind die Übergangsbereiche zwischen Verbindungsmuffe und Ummantelungen einer unschädlichen schaumbildenden wässrigen Lösung zu benetzen.

Bei intensiver Beobachtung dürfen keine Undichtheiten durch Bläschenbildung erkennbar sein.

Unterdruckprüfung an PE-Stopfen
Mit einer Vakuumbrille wird über dem Stopfen bzw. dem Expansionsstopfen ein Luftunterdruck von 0,2 bis 0,5 bar erzeugt. Vor dem Aufsetzen der Vakuumbrille ist der zu prüfende Bereich mit einer unschädlichen schaumbildenden wässrigen Lösung zu benetzen.

Bei intensiver Beobachtung durch das transparente Sichtfenster der Vakuumbrille dürfen keine Undichtheiten durch Bläschenbildungen erkennbar sein.

22.7.4.2.2 Dichtheitsprüfung als Druckmessprüfung

Die Dichtheitsprüfung als Druckmessprüfung ist nach dem temporären Verschließen der Schäumöffnungen mit einem Luftüberdruck von 0,2 bis 0,5 bar durchzuführen.

Nach Erreichen des Prüfdrucks darf sich am Druckmanometer innerhalb von einer Minute kein Druckabfall zeigen.

22.7.4.3 Inbetriebnahme

Vor Inbetriebnahme der KMR müssen gem. AGFW FW 401-15 folgende Bedingungen erfüllt sein:

- Über jeden Trassenabschnitt und/oder jede Hausanschlussleitung ist der Betreiber über die angewandte Verlegetechnik in Kenntnis zu setzen. Zur Inbetriebnahme sind die erforderlichen Dokumentationsunterlagen zum Betrieb der KMR-Leitungen zu übergeben..

- Die Verfüllung des Rohrgrabens soll abgeschlossen sein. Sofern KMR im noch nicht verfüllten Rohrgraben in Betrieb genommen werden, sind die Rohrleitungsstrecken dahingehend zu überprüfen, dass Dehnungen, die auftreten, nicht durch Fremdleitungen oder Grabenverbau behindert werden.

- Die Leitung soll gereinigt werden, z. B. durch Molchen, Spülen oder eine andere geeignete Verfahrensweise.

- Der erste Schaltvorgang bei Kugelhähnen soll erst nach dem Spülen der Leitung erfolgen.

- Alle Hauptabsperr-, Hausabsperr-, Entleerungs- und Entlüftungsarmaturen sind, z. B. durch Schraubkappen, Steckscheiben, Blindflansche etc. so zu sichern, dass kein Heizwasser unkontrolliert austreten kann.

- Beim Füllen des Netzes mit Heizwasser ist darauf zu achten, dass möglichst wenig Luft im Netz verbleibt. Entlüftungen sollen in Gebäuden (Hausanschlüsse) oder anderen Bauwerken angeordnet sein. Es ist darauf zu achten, dass in jedem Fall ein sicheres Ableiten der Wrasen und des austretenden Wassers gewährleistet ist.

- Die Temperaturerhöhung muss mit berechneten Temperaturgradienten durchgeführt werden.

- Bei thermisch vorzuspannenden KMR – mit Heizwasser aus dem vorhandenen Netz – sind die gleichen Sicherheitsmaßnahmen wie bei einer Inbetriebnahme zu beachten.

- Im Bereich der Erdeinbauarmaturen ist eine Kontrolle der auftretenden Dehnungen durchzuführen, da auch die Spindelhülsen die auftretenden Dehnungen ohne Funktionsbeeinträchtigung aufnehmen müssen.

Die Inbetriebnahme des Überwachungs- und Fehlerortungssystems erfolgt mit der Funktionsprüfung bzw. nach der Abnahme desselben im kalten Zustand der Leitung.

Die Prüfung des Gesamtsystems nach AGFW FW 401-14 ist vor Ablauf des Gewährleistungszeitraumes zu wiederholen.

22.7.5 Entwässerungssysteme

22.7.5.1 Allgemeines

Nach Abschluss des Einbaus müssen gem. DIN EN 1610 geeignete Untersuchungen und Prüfungen nach Abschn. 22.7.5.2.2 durchgeführt werden. Bei Nicht-Bestehen dieser Prüfungen sind die Mängel zu beheben und jene Teile der Rohrleitung erneut zu begutachten und zu prüfen.

22.7.5.2 Prüfverfahren

22.7.5.2.1 Sichtprüfung

Die Sichtprüfung umfasst:
- Richtung und Höhenlage,
- Verbindungen,
- Beschädigung oder Deformation,
- Anschlüsse,
- Auskleidungen und Beschichtungen.

Die Kodierung der Beobachtungen soll nach EN 13508-2 erfolgen.

22.7.5.2.2 Dichtheitsprüfung

Allgemeines

Die Prüfung auf Dichtheit von Rohrleitungen muss für Freispiegelsysteme entweder mit Luft (Verfahren „L") oder mit Wasser (Verfahren „W") durchgeführt werden.

Eine Vorprüfung kann vor Einbringen der Seitenverfüllung durchgeführt werden. Für die Abnahmeprüfung muss die Rohrleitung nach Verfüllen und Entfernen des Verbaus geprüft werden. Die Prüfung muss nach dem vom Auftraggeber oder vom Planer festgelegten Verfahren durchgeführt werden.

Liegt der Grundwasserspiegel während der Prüfung oberhalb des Rohrscheitels, muss eine spezielle Verfahrensweise (z. B. eine Infiltrationsprüfung oder eine Prüfung mit höherem Prüfdruck) in der Planung aufgestellt werden.

Schächte und Inspektionsöffnungen sollen mit Wasser (Verfahren „W") geprüft werden. Die Prüfung von Schächten und Inspektionsöffnungen mit Luft (Verfahren „L") kann für das Personal gefährlich sein. Schächte mit DN $\leq$ 1250 und Inspektionsöffnungen dürfen mit Luft ausschließlich mit Verfahren LA oder LB geprüft werden.

Die getrennte Prüfung von Rohren und Formstücken, Schächten und Inspektionsöffnungen, z. B. Rohre mit Luft und Schächte mit Wasser, darf erfolgen. Die Anzahl der Korrekturmaßnahmen und Wiederholungsprüfungen bei Versagen ist unbegrenzt.

Falls nicht anders angegeben, kann die Prüfung einzelner Verbindungen anstatt der Prüfung der gesamten Rohrleitung, üblicherweise größer als DN 1000, anerkannt werden.

Für die Prüfung von einzelnen Rohrverbindungen ist die Oberfläche für die Prüfung „W" entsprechend der Oberfläche eines 1 m langen Rohrabschnitts zu wählen, falls nicht anders gefordert. Die Prüfanforderungen entsprechen denen nach Abschn. 22.7.5.2.2, Unterabschnitt *Prüfung mit Wasser (Verfahren „W")*, mit einem Prüfdruck von 50 kPa am Rohrscheitel. Die Bedingungen für Prüfung „L" entsprechen den Grundsätzen nach Abschn. 22.7.5.2.2, Unterabschnitt *Prüfung mit Luft (Verfahren „L")*, und sind im Einzelfall festzulegen.

Druckrohrleitungen müssen entsprechend den Festlegungen in DIN EN 805 (vgl. Abschn. 22.7.2.2) oder mit anderen vom Planer geforderten Verfahren geprüft werden.

Prüfung mit Luft (Verfahren „L")

Die Prüfzeiten für Rohrleitungen ohne Schächte und Inspektionsöffnungen sind DIN EN 1610 unter Berücksichtigung von Rohrdurchmessern und Prüfverfahren (LA; LB; LC; LD) zu entnehmen.

Ein Anfangsdruck, der den erforderlichen Prüfdruck p_0 um etwa 10 % überschreitet, muss zuerst für etwa 5 min aufrechterhalten werden. Der Druck muss dann nach dem für die Verfahren LA, LB, LC oder LD angegebenen Prüfdruck eingestellt werden. Falls der nach der Prüfzeit gemessene Druckabfall Δp geringer ist als der in DIN EN 1610 angegebene Wert, entspricht die Rohrleitung den Anforderungen.

Die zur Messung des Druckabfalls eingesetzten Geräte müssen die Messung mit einer Fehlergrenze von 10 % von Δp sicherstellen. Für die Messung der Prüfzeit beträgt die Messunsicherheit $\pm$ 2,5 s.

Im Falle einmaligen oder wiederholten Nichtbestehens der Prüfung mit Luft ist es zulässig, eine Prüfung mit Wasser durchzuführen, wobei das Ergebnis der Prüfung mit Wasser dann allein entscheidend ist.

Für Schächte und Inspektionsöffnungen muss die Prüfzeit halb so lang wie die für Rohrleitungen des gleichen Durchmessers sein. Die Prüfbedingungen sind anzupassen.

Die Luftprüfung mit negativem Druck darf verwendet werden, sofern ein spezielles Verfahren in der Planung festgelegt wurde.

Prüfung mit Wasser (Verfahren „W")

Für die Rohrleitung ohne Schächte und Inspektionsöffnungen muss der Prüfdruck der sich aus der Füllung des Prüfabschnittes bis zum Geländeniveau des, je nach Vorgabe, stromaufwärts oder stromabwärts gelegenen Schachts ergebende Druck von höchstens 50 kPa und mindestens 10 kPa, gemessen am Rohrscheitel, sein.

Sofern vom Planer nicht anders festgelegt, muss sich das Bezugsniveau der zu prüfenden Schächte und Inspektionsöffnungen auf Oberkante Konus oder Unterkante Abdeckplatte befinden. Der Prüfdruck muss einer Füllhöhe von etwa 10 cm unterhalb dieses Bezugsniveaus entsprechen.

Nach Füllung von Rohrleitungen und/oder Schächten und Erreichen des erforderlichen Prüfdrucks kann eine Vorbereitungszeit erforderlich sein. Üblicherweise ist 1 h ausreichend.

Der Druck muss innerhalb 1 kPa des festgelegten Prüfdrucks, z. B. durch Zugabe von Wasser, aufrechterhalten werden.

Die Veränderung des Wasservolumens während der Prüfung muss mit einer Genauigkeit von 0,11 gemessen und zusammen mit der Druckhöhe am erforderlichen Prüfdruck aufgezeichnet werden.

Die Prüfanforderung ist erfüllt, wenn die Veränderung des Wasservolumens während der Prüfung nicht größer ist, als die in DIN EN 1610 angegebenen Werte.

Die Prüfdauer muss (30 ± 1) min betragen. Die Prüfung darf abgebrochen werden, wenn die gesamte Wassermenge, die während der 30 min hinzugefügt werden darf, überschritten wird.

22.8 Rehabilitation und Sanierung

22.8.1 Wasserverteilungs- und Gasverteilsysteme

22.8.1.1 Normen, Regelwerke und weiterführende Literatur

DIN EN 14654-2: Management und Überwachung von betrieblichen Maßnahmen in Abwasserleitungen und -kanälen – Teil 2: Sanierung; Deutsche Fassung EN 14654-2:2013. 03.2013

DIN EN 15885: Klassifizierung und Eigenschaften von Techniken für die Renovierung, Reparatur und Erneuerung von Abwasserkanälen und -leitungen; Deutsche Fassung EN 15885:2018. 10.2019

DIN 2880: Anwendung von Zementmörtel-Auskleidung für Gussrohre, Stahlrohre und Formstücke. 01.1999

DVGW GW 312 (Arbeitsblatt): Statische Berechnung von Vortriebsrohren. 03.2014

DVGW GW 320-1 (Arbeitsblatt): Erneuerung von Gas- und Wasserrohrleitungen durch Rohreinzug oder Rohreinschub mit Ringraum. 02.2009

DVGW GW 320-2 (Arbeitsblatt): Rehabilitation von Gas- und Wasserrohrleitungen durch PE-Reliningverfahren ohne Ringraum; Anforderungen, Gütesicherung und Prüfung. 06.2000

DVGW GW 322-1 (Arbeitsblatt): Grabenlose Auswechslung von Gas- und Wasserrohrleitungen – Teil 1: Press-/Ziehverfahren – Anforderungen, Gütesicherung und Prüfung; mit Korrekturen vom Januar 2009. 10.2003

DVGW GW 322-2 (Arbeitsblatt): Grabenlose Auswechslung von Gas- und Wasserrohrleitungen – Teil 2: Hilfsrohrverfahren – Anforderungen, Gütesicherung und Prüfung; mit Korrekturen vom Januar 2009. 03.2007

DVGW GW 323 (Merkblatt): Grabenlose Erneuerung von Gas- und Wasserversorgungsleitungen durch Berstlining; Anforderungen, Gütesicherung und Prüfung; mit Korrekturen vom Januar 2009. 07.2004

DVGW GW 327 (Arbeitsblatt): Auskleidung von Gas- und Wasserrohrleitungen mit einzuklebenden Gewebeschläuchen. 03.2001

DVGW W 343 (Arbeitsblatt): Sanierung von erdverlegten Guss- und Stahlrohrleitungen durch Zementmörtelauskleidung – Einsatzbereiche, Anforderungen, Gütesicherung und Prüfungen. 04.2005

DVGW W 400-3 (Arbeitsblatt): Technische Regeln Wasserverteilungsanlagen (TRWV); Teil 3: Betrieb und Instandhaltung. 09.2006

DWA-A 143-2: Sanierung von Entwässerungssystemen außerhalb von Gebäuden – Teil 2: Statische Berechnung zur Sanierung von Abwasserleitungen und -kanälen mit Lining- und Montageverfahren. 07.2015

rbv Rohrleitungsbauverband e. V. (Hrsg.): Netzmeister – Das Standardwerk für technisches Grundwissen Gas, Wasser, Fernwärme. Vulkan Verlag Essen. 2020

Roscher, H.: Praxis-Handbuch – Rehabilitation von Wasserversorgungsnetzen. Vulkan-Verlag GmbH, Essen; 2. Auflage. 2008

Roscher, H.: Rehabilitation von Rohrleitungen – Sanierung und Erneuerung von Ver- und Entsorgungsnetzen. Bauhaus-Universitätsverlag Weimar. 2015

22.8.1.2 Allgemeines

Begriffsdefinitionen, Verfahren und normative Verweise sind in Abb. 22.38 aufgeführt. Abb. 22.46 und 22.47 zeigen Beispiele für die Entscheidungsprozesse bei der Auswahl von Lösungen, die sinngemäß auf Wasserverteilungs- und Gasverteilsysteme übertragbar sind.

22.8.1.3 Reparatur

Die Reparatur von Gas- und Wasserrohrleitungen erfolgt in offener Bauweise durch Austausch von Rohrsegmenten (siehe Abschn. 22.6.2 (Verfahrensbeschreibung) und Abschn. 22.4.2 und 22.4.3 (statische Berechnung)). Ergänzend gilt nach DVGW W 400-3, für Rohrleitungen aus spröden Werkstoffen:

- Bei der Reparatur von Querbrüchen sollen kurze Rohrstücke mit zwei beweglichen Verbindungen verwendet werden.
- Bei Lochkorrosion oder zur vorläufigen Reparatur von Querbrüchen sind Rohrbruchdichtschellen zu verwenden.

22.8.1.4 Sanierung

22.8.1.4.1 Gewebeschlauchrelining

Die Eigenschaften des Verfahrens sind in Tafel 22.23, ergänzende Informationen sind in Tafel 22.32 aufgeführt.

- Verfahrensbeschreibung (DVGW GW 327):
  Der Gewebeschlauch wird der Leitungslänge entsprechend mit Klebstoff gefüllt und im Reversionsgerät aufgetrommelt. Das Gewebeschlauchende wird druckdicht am Umkehrkopf am Ausgang des Reversionsgeräts bzw. am Anfang der Rohrleitung befestigt. Mit Luft oder Wasser unter einem bestimmten, durchmesser-, material- und verfahrensabhängigen Druck wird der Gewebeschlauch

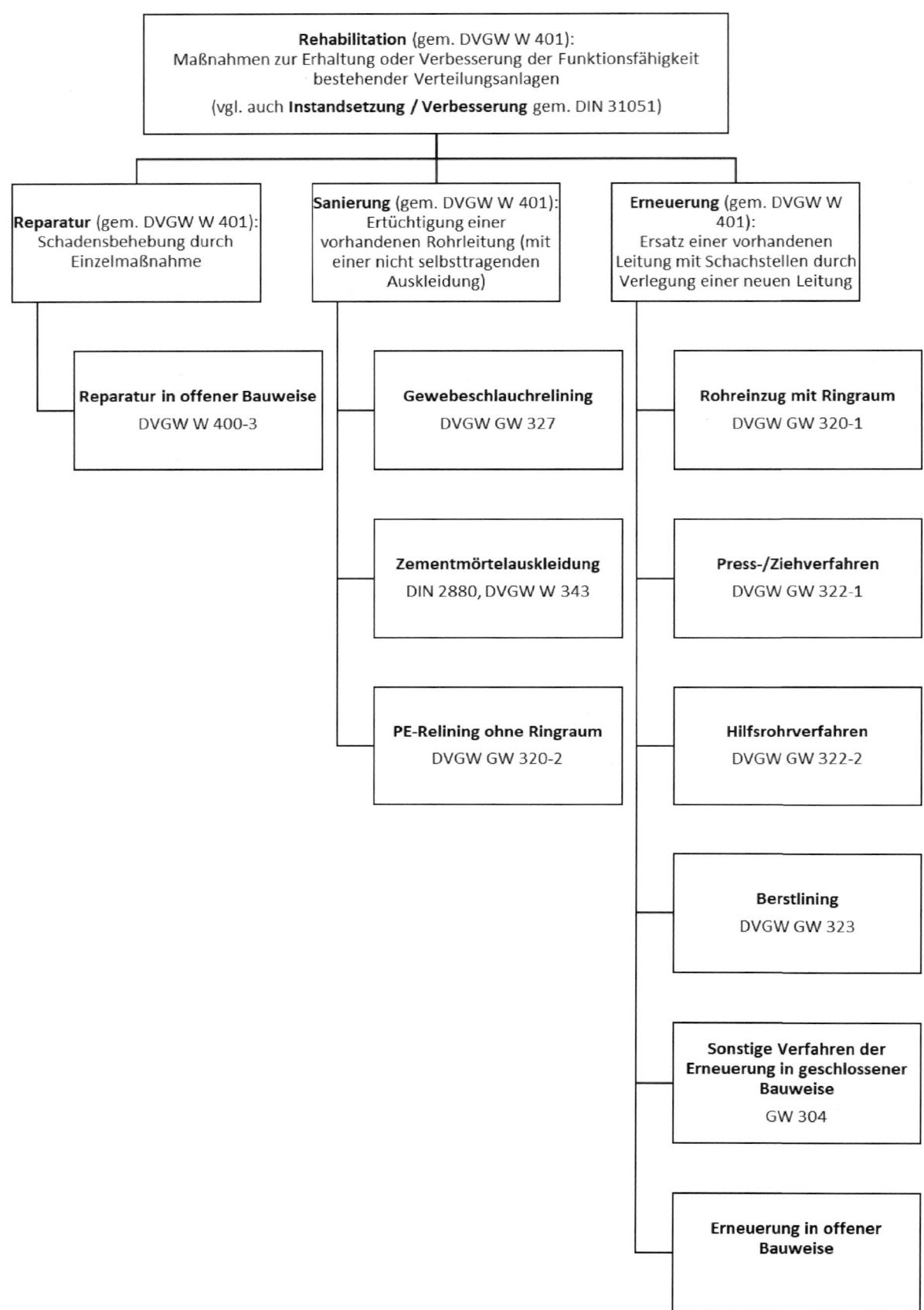

Abb. 22.38 Begriffsdefinition, Verfahren und normative Verweise (eigene Darstellung)

Tafel 22.23 Anwendungshinweise für einzuklebende Gewebeschläuche (DVGW GW 327)

	Gas		Wasser	
	Verteilung	Transport (nur St)	Verteilung	Transport
Rohrwerkstoffe	Grauguss (GG), Duktilguss (GGG), Stahl (St)			
Gewebeschlauch mit Klebstoff (Prüfgrundlagen)	DIN 30658-1	DVGW VP 404	DVGW W 330 (P)	
Betriebsdrücke[a]	bis 4 (5[b]) bar	bis 30 bar	bis 10 bar	bis 40 bar
Durchmesser (keine Reduzierung)	ab 80 mm	ab 200 mm	ab 80 mm	ab 200 mm
Wiedereinbindung und neue Anschlüsse	konventionell		konventionell (bis auf Schweißen)	
Alte Anschlüsse	Öffnung von innen			
Streckenlängen	in der Regel von 50 m (Verteilung) bis 500 m (Transport), größere sind möglich			
Richtungsänderungen	je nach Anzahl, Bauart, Durchmesser und Lage in der Regel bis 30° (Transport) bzw. bis 45° (Verteilung), u. U. bis 90°			
ggf. zu beseitigende Hindernisse	Wassertöpfe, Armaturen, Dehner/Kompensatoren[c], Innendurchmessertoleranzen (Querschnittssprünge)[c] und Versätze[c], scharfkantige Schweißwurzeldurchhänge, hineinragende Schrauben und Gewindestutzen, Hohlräume[c] etc.			
Reinigung	in der Regel mit Wasserhöchstdruck bzw. Granulatstrahlen			
Vorteile/Ziele	Verhinderung von Innenkorrosion/Ablagerungen/Inkrustinationen sowie von Gas-/Wasseraustritt als Folge von Rohr-, Schweißnaht- und Korrosionsdurchbrüchen (entsprechend der Grenzen in den obigen Prüfgrundlagen)			
Weiternutzungsdauer	Wie hoch die Weiternutzungsdauer nach der Auskleidung angesetzt werden kann, hängt davon ab, inwieweit die Rohrleitung nach Vorbereitung und Reinigung frei von Schäden ist, die ihre dauerhafte Stützfunktion beeinträchtigen (Kriterien hierfür sind u. a.: Restwanddicke Korrosion, Spongiose, Längsrisse; zu beurteilen anhand von Probestücken, Intensivmessungen, Schadenstatistik).			
Druckprüfung	Auch die vorbereitete, noch nicht ausgekleidete Rohrleitung muss für den Prüfdruck (nach der Auskleidung) statisch tragfähig sein, sie braucht nicht notwendigerweise dicht zu sein.			

[a] MDP/MOP: Für die Auswahl des Gewebeschlauchs ist die Auslegung der Rohrleitung maßgeblich. Bei einer nachträglichen Druckerhöhung bestehender Gasleitungen ist die Tauglichkeit der bisher eingesetzten Bauteile unter Beachtung von DVGW G 458 (A) nachzuweisen.
[b] Der Gewebeschlauch muss für einen Betriebsdruck bis 5 bar tauglich sein.
[c] Je nach Umständen kann eine Verspachtelung (insbesondere bei Transportleitungen) oder ein Ausbau erforderlich sein.

kontrolliert abgewickelt und in die Rohrleitung hineingekrempelt, wobei die mit Klebstoff versehene Innenseite des Gewebeschlauchs nach außen gewendet und an die Innenoberfläche der Rohrleitung gepresst wird (siehe Abb. 22.52).
- Ergänzendes Regelwerk:
  - DIN EN 15885 (ergänzende Hinweise zum Verfahren),
  - DWA-A 143-2 (statische Berechnung).

22.8.1.4.2 Zementmörtelauskleidung

Das Verfahren wird ausschließlich bei Trinkwasserleitungen aus Guss und Stahl eingesetzt.
- Verfahrensbeschreibung (DVGW W 343):
  Die maschinelle Auskleidung (Anschleuderverfahren) kann für alle in der Wasserversorgung üblichen Nennweiten angewendet werden. Beim Anschleuderverfahren wird der Zementmörtel durch einen rotierenden Schleuderkopf gegen die Rohrinnenwand geworfen. Im gleichen Arbeitsgang kann die Zementmörteloberfläche durch eine mitlaufende Einrichtung geglättet werden.
- Ergänzendes Regelwerk:
  - DIN 2880 (Verfahrensbeschreibung).

22.8.1.4.3 PE-Relining ohne Ringraum

Die Eigenschaften des Verfahrens sind in Tafel 22.31 aufgeführt.
- Verfahrensbeschreibung (DVGW GW 320-2):
  Ein im Querschnitt reduzierter PE-Rohrstrang wird in das Altrohr eingebracht und nach dem Einziehen so aufgeweitet, dass das Inlinerrohr eng an der Wandung des alten Rohres anliegt (close-fit). Es werden zwei Verfahrensvarianten unterschieden:
  - Reduktionsverfahren (Abb. 22.51),
  - Verformungsverfahren (Abb. 22.50).
- Ergänzendes Regelwerk:
  - DIN EN 15885 (ergänzende Hinweise zum Verfahren),
  - DWA-A 143-2 (statische Berechnung).

22.8.1.5 Erneuerung

22.8.1.5.1 Rohreinzug mit Ringraum

Die Eigenschaften des Verfahrens sind in Tafel 22.30 aufgeführt.
- Verfahrensbeschreibung (DVGW GW 320-1):
  Die Neurohre (PE, Guss oder Stahl) werden einzeln oder im vorbereiteten/geschweißten Strang ohne Umformung

(abgesehen von zulässigen Biegungen/Abwinkelungen) eingezogen, so dass eine neue uneingeschränkt selbsttragende Rohrleitung entsteht. Ein im Querschnitt nicht reduzierter Rohrstrang wird in das Altrohr eingebracht; ein Ringraum umgibt die Neurohre (vgl. Abb. 22.49).

- Ergänzendes Regelwerk:
  - DIN EN 15885 (ergänzende Hinweise zum Verfahren),
  - DWA-A 143-2 (statische Berechnung).

22.8.1.5.2 Press-/Ziehverfahren

- Verfahrensbeschreibung (DVGW GW 322-1):
  Das Press-/Ziehverfahren beinhaltet die trassengleiche, vollständige Auswechslung vorhandener Rohrleitungen in einem Arbeitsgang. Es eignet sich für die Auswechslung vorhandener Rohre aus Grauguss, duktilem Gusseisen, Stahl, Faserzement und Kunststoff. Bei diesem Auswechselverfahren können auch bislang im Rohrnetz vorhandene Rohrdurchmesser durch Einbringen anderer Rohrdurchmesser verändert werden. Das Verfahren gestattet die Wahl verschiedener Rohrwerkstoffe. Das Press-/Ziehverfahren ist generell für alle in der Gas- und Wasserversorgung zugelassenen Rohrwerkstoffe und Druckstufen geeignet.
- Verfahrenseigenschaften:
  Die möglichen Auswechsellängen werden von Rohrdurchmesser, Nennweitensprüngen und Bodenart sowie von der Leistung des Press-/Ziehgerätes bestimmt. Im Normalfall werden in Abständen von 20 m bis 50 m über die gesamte Ziehstrecke Zwischenbaugruben für Hausanschlüsse oder Armaturen hergestellt. Die Auswechslung einer Rohrstrecke erfolgt dabei in gesamter Länge von bis zu 150 m ohne Umsetzen des Press-/Ziehgeräts, wobei die gesamte Rohrstrecke in mehrere durch die Zwischenbaugruben unterbrochene Ziehabschnitte unterteilt wird. Das Verfahren kann in bindigen und nichtbindigen Bodenarten zur Anwendung kommen
- Ergänzendes Regelwerk:
  - DVGW GW 312 (statische Berechnung).

22.8.1.5.3 Hilfsrohrverfahren

- Verfahrensbeschreibung (DVGW GW 322-2):
  Für das Hilfsrohrverfahren wird eine Startbaugrube („Start" der Neurohre) zum Bergen von Altrohrleitungsabschnitten und zum Einbringen der Neurohre sowie eine Zielbaugrube („Ziel" der Neurohre) zur Aufnahme des Auswechslungsgeräts und zum Einpressen bzw. Bergen der Hilfsrohre hergestellt. Alle 20 m bis 50 m, z. B. an Abzweigen, Anschlüssen und Absperreinrichtungen, werden ggf. Zwischenbaugruben angelegt, die dem Einbau von Übergangsstücken zwischen Altrohrleitungsabschnitten bzw. dem Bergen von Altrohrleitungsabschnitten die-

nen können. In der Zielbaugrube wird das erste Hilfsrohr über einen Adapter an der Altrohrleitung befestigt. Zug um Zug werden weitere Hilfsrohre z. B. mit Gewinde angeschlossen und Richtung Startbaugrube gepresst. Die herausgepresste Altrohrleitung wird abhängig von den Einflussfaktoren und der gewählten Vorgehensweise in der Start- bzw. in Zwischenbaugruben abschnittweise geborgen.

- Verfahrenseigenschaften (DVGW GW 322-2):
  Die möglichen Auswechsellängen hängen von folgenden Einflussfaktoren ab:
  - Durchmesser der Alt-/Neurohre und Verbindungen (Nennweitensprünge),
  - Bodenart,
  - Leistung des Auswechslungsgeräts,
  - Zustand der Altrohrleitung (Übertragung der Presskräfte),
  - zulässige Zugkräfte der Neurohre.
  Bis zu 150 m sind ohne Umsetzen des Auswechslungsgeräts zu realisieren.
- Ergänzendes Regelwerk:
  - DVGW GW 312 (statische Berechnung).

22.8.1.5.4 Berstlining

Die Eigenschaften des Verfahrens sind in Tafel 22.38 aufgeführt.

- Verfahrensbeschreibung (DVGW GW 323):
  Man unterscheidet dynamische und statische Berstverfahren. Alle Berstverfahren basieren darauf, mithilfe eines Berstkörpers Kräfte in die Altrohrleitung einzuleiten, sie dadurch zu zerstören – Altrohre aus zähen Werkstoffen werden (statisch) geschnitten, Altrohre aus spröden Werkstoffen werden (dynamisch) zertrümmert – und anschließend die verbleibenden Scherben in den angrenzenden Baugrund radial zu verdrängen. In den so entstehenden freien Querschnitt werden neue Produkt- oder Mantelrohre in gleicher oder größerer Dimension unmittelbar eingezogen (vgl. Abb. 22.58).
- Ergänzend Regelwerk:
  - DIN EN 15885 (ergänzende Hinweise zum Verfahren),
  - DVGW GW 312 (statische Berechnung).

22.8.1.5.5 Sonstige Verfahren der Erneuerung in geschlossener Bauweise

Es gelten Abschn. 22.6.3 (Verfahrensbeschreibung) und Abschn. 22.4.4 (statische Berechnung).

22.8.1.5.6 Erneuerung in offener Bauweise

Es gelten Abschn. 22.6.2 (Verfahrensbeschreibung) und Abschn. 22.4.3 (statische Berechnung).

22.8.2 Fernwärmeversorgungssysteme

22.8.2.1 Normen, Regelwerke und weiterführende Literatur

AGFW FW 401-7 (Arbeitsblatt): Verlegung und Statik von Kunststoffmantelrohren (KMR) für Fernwärmenetze – Bauteile; Kompensationselemente und sonstige Systembauteile –. 12.2007

AGFW FW 401-11 (Arbeitsblatt): Verlegung und Statik von Kunststoffmantelrohren (KMR) für Fernwärmenetze – Statische Auslegung; Bemessungsdiagramme –. 12.2007

AGFW FW 401-12 (Arbeitsblatt): Verlegung und Statik von Kunststoffmantelrohren (KMR) für Fernwärmenetze – Bau und Montage; Organisation der Bauabwicklung, Tiefbau –. 12.2007

AGFW FW 401-13 (Arbeitsblatt): Verlegung und Statik von Kunststoffmantelrohren (KMR) für Fernwärmenetze – Bau und Montage; Rohrbau –. 07.2007

AGFW FW 401-14 (Arbeitsblatt): Verlegung und Statik von Kunststoffmantelrohren (KMR) für Fernwärmenetze – Bau und Montage; Muffenmontage –. 12.2007

AGFW FW 401-15 (Arbeitsblatt): Verlegung und Statik von Kunststoffmantelrohren (KMR) für Fernwärmenetze – Betrieb –. 12.2007

AGFW FW 410 (Merkblatt): Stahlmantelrohre (SMR) für Fernwärmeleitungen. 12.2011

22.8.2.2 Reparatur

22.8.2.2.1 Kunststoffmantelrohre KMR

Die Reparatur von schadhaften Leitungsabschnitten erfolgt gem. AGFW FW 401-15 in offener Bauweise.

Der Aufgrabungsbereich ist ordnungsgemäß zu sichern und die erforderliche Baugrube herzustellen; siehe auch AGFW FW 401-12. Die Freischachtung der KMR-Leitung ist bei bestimmten Verlegetechniken auf eine Maximallänge begrenzt; siehe auch AGFW FW 401-11 und -13.

Schäden am Mantelrohr, den Dehnpolstern und dem Überwachungssystem

Kleinere Beschädigungen des Mantelrohres können durch PE-Schweißungen, geeignete Schrumpfmanschetten oder Muffen behoben werden. Ggf. müssen durchfeuchtete Bereiche des PUR-Hartschaumstoffes entfernt werden.

Reparaturarbeiten am Mantelrohr, an Dehnzonen oder den Überwachungssystemen können nach erfolgter Freilegung der Schadensstelle i. d. R. ohne eine Unterbrechung der Fernwärmeversorgung sofort vorgenommen werden. Die Anforderungen nach AGFW FW 401-14 sind einzuhalten. Sofern Ausschäumarbeiten durchzuführen sind, ist

auch auf die Einhaltung der Oberflächentemperaturen zu achten.

Sollten größere Abschnitte des Mantelrohres beschädigt sein, ist es erforderlich ggf. eine Reparaturmuffe in Überlänge einzubauen oder diesen Trassenabschnitt komplett auszutauschen.

Schäden am Mediumrohr

Ist die Schadensstelle eingemessen, muss im Verlegeplan festgestellt werden, ob diese Stelle im Haftbereich, Gleitbereich oder in einem Dehnungsschenkel liegt. Muss das Mediumrohr getrennt werden, sind Sicherungsmaßnahmen gegen ein Auseinandergehen der Rohrenden erforderlich. Ausführungsbeispiel siehe auch Abb. 22.39.

- Reparaturen im Gleit- und Dehnschenkelbereich:
  Vor dem Trennen der KMR müssen die freien Rohrenden über eine feste Überbrückung miteinander verbunden werden (s. Abb. 22.39), da sie sich sonst bei der Abkühlung auseinander bewegen. Die im Reparaturfall ggf. zu ersetzenden Rohrstücke (Passstücke) können in die vorhandene Rohrleitung eingesetzt werden (s. Abb. 22.40). Eine günstige Alternative zu dieser Vorgehensweise kann in der erneuten thermischen Vorspannung der Rohrleitung unter Verwendung von Einmalkompensatoren gegeben sein (vgl. AGFW FW 401-7 und -12).
  Längere Rohrstrecken können mit Hilfe von Einmalkompensatoren ausgetauscht werden. Alternativ können auch provisorische Festpunkte angeordnet werden. Eine weitere Möglichkeit zum Austausch längerer Rohrleitungsabschnitte besteht darin, dass die neue Rohrleitung einseitig an die vorhandene Trasse angeschweißt und vorgewärmt wird. Bevor die zweite Verbindung hergestellt wird, werden die freien Rohrenden, wie oben beschrieben, überbrückt.

- Reparaturen im Haftbereich:
  Bei kurzen Reparaturstrecken (bis ca. 1 m) kann, wie unter „Reparaturen im Gleit- und Dehnschenkelbereich", beschrieben, verfahren werden. Bei längeren Rohrleitungsabschnitten besteht eine Reparaturmöglichkeit darin, dass der vorhandene Haftbereich durch zusätzliche Dehnungsaufnehmer zum Gleitbereich umgewandelt wird. Diese Methode ist nur möglich, wenn die Abzweige im neu gebildeten Gleitbereich mit entsprechenden Dehnungszonen versehen sind.

22.8.2.2.2 Stahlmantelrohre SMR

Die Reparatur von schadhaften Leitungsabschnitten erfolgt gem. AGFW FW 410 in offener Bauweise.

22.8.2.3 Erneuerung

Es gelten Abschn. 22.6.2 (Verfahrensbeschreibung) und Abschn. 22.4.2.3 (statische Berechnung).

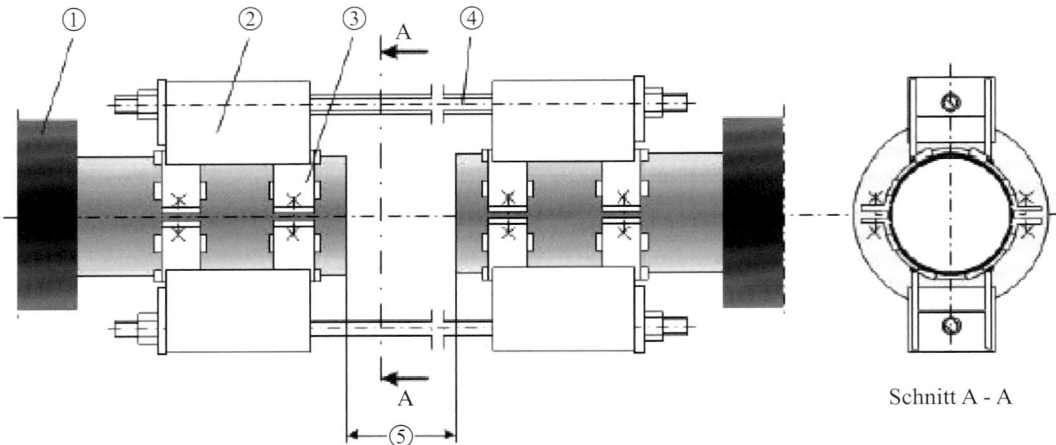

Abb. 22.39 Prinzipskizze zur Ausführung einer Rohrbrückung bzw. Rohrfixierung (AGFW FW 401-15)
Legende:
1 KMR-Baueinheit
2 Stahlprofil, z. B. Breitflanschträger oder U-Stahl
3 Rohrschelle mit z. B. angeschweißten Knaggen
4 Gewindestange mit Sechskantmuttern
5 Definierter Spalt zur Vorspannung bzw. für den Einbau eines Einmalkompensators

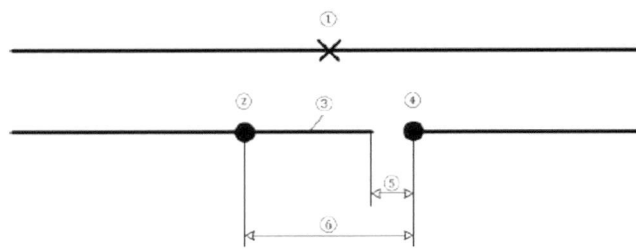

Abb. 22.40 Prinzipskizze zur Reparatur im Haftbereich durch Vorwärmung und Einbau eines Passstückes; anstelle des Passstückes kann auch ein Einmalkompensator eingeschweißt werden (AGFW FW 401-15)
Legende:
1 Schadensstelle
2 Erste Einbindung
3 Neues Rohrstück (ggf.)
4 Zweite Einbindung
5 Definierter Spalt zur Vorspannung bzw. für den Einbau eines Einmalkompensators
6 Reparaturstrecke

22.8.3 Entwässerungssysteme

22.8.3.1 Normen, Regelwerke und weiterführende Literatur

DIN EN 14654-2: Management und Überwachung von betrieblichen Maßnahmen in Abwasserleitungen und -kanälen – Teil 2: Sanierung; Deutsche Fassung EN 14654-2:2013. 03.2013

DIN EN 15885: Klassifizierung und Eigenschaften von Techniken für die Renovierung, Reparatur und Erneuerung von Abwasserkanälen und -leitungen; Deutsche Fassung EN 15885:2018. 10.2019

DIN EN 16323: Wörterbuch für Begriffe der Abwassertechnik; Dreisprachige Fassung EN 16323:2014. 07.2014

DWA-A 143-3: Sanierung von Entwässerungssystemen außerhalb von Gebäuden – Teil 3: Vor Ort härtende Schlauchliner. 05.2014

DWA-M 143-5: Sanierung von Entwässerungssystemen außerhalb von Gebäuden – Teil 5: Reparatur von Abwasserleitungen und -kanälen durch Innenmanschetten. 02.2014

DWA-A 143-7: Sanierung von Entwässerungssystemen außerhalb von Gebäuden – Teil 7: Reparatur von Abwasserleitungen und -kanälen durch Kurzliner, T-Stücke und Hutprofile (Anschlusspassstücke). 11.2017

DWA-M 143-8: Sanierung von Entwässerungssystemen außerhalb von Gebäuden – Teil 8: Injektionsverfahren zur Reparatur von Abwasserleitungen und -kanälen. 11.2017

DWA-M 143-16: Sanierung von Entwässerungssystemen außerhalb von Gebäuden – Teil 16: Reparatur von Abwasserleitungen und -kanälen durch Roboterverfahren. 09.2019

DWA-M 143-20 (Entwurf): Sanierung von Entwässerungssystemen außerhalb von Gebäuden – Teil 20: Reparatur von Abwasserleitungen und -kanälen durch Flutungsverfahren – Entwurf. 09.2018

DWA-A 139: Einbau und Prüfung von Abwasserleitungen und -kanälen. 03.2019

ATV-DVWK-A 127: Statische Berechnung von Abwasserkanälen und -leitungen, 3. Auflage; korrigierter Nachdruck. 4/2008

DWA-A 143-13: Sanierung von Entwässerungssystemen außerhalb von Gebäuden – Teil 13: Renovierung von Abwasserleitungen und -kanälen mit vorgefertigten Rohren mit und ohne Ringraum – Rohrstrangverfahren. 11.2011

DWA-A 143-2: Sanierung von Entwässerungssystemen außerhalb von Gebäuden – Teil 2: Statische Berechnung zur Sanierung von Abwasserleitungen und -kanälen mit Lining- und Montageverfahren. korrigierte Fassung: Stand 10. 2018

DWA-A 143-11: Sanierung von Entwässerungssystemen außerhalb von Gebäuden – Teil 11: Renovierung von Abwasserleitungen und -kanälen mit vorgefertigten Rohren ohne Ringraum als Verformungs- und Reduktionsverfahren (Close-Fit-Lining). 11.2017

DWA-M 143-12: Sanierung von Entwässerungssystemen außerhalb von Gebäuden, Teil 12: Renovierung von Abwasserleitungen und -kanälen mit vorgefertigten Rohren mit und ohne Ringraum – Einzelrohrverfahren. 08.2008

DWA-M 143-9: DWA-M 143-09: Sanierung von Entwässerungssystemen außerhalb von Gebäuden – Teil 9: Renovierung von Abwasserleitungen und -kanälen durch Wickelrohrverfahren. 11.2019

DWA-M 143-4: Sanierung von Entwässerungssystemen außerhalb von Gebäuden – Teil 4: Montageverfahren (Rohrsegment-Lining) für begehbare Abwasserleitungen, -kanäle und Bauwerke. 11.2018

DWA-M 143-10: Sanierung von Entwässerungssystemen außerhalb von Gebäuden – Teil 10: Noppenschlauchverfahren für Abwasserleitungen und -kanäle. 12.2006

DWA-M 143-17: Sanierung von Entwässerungssystemen außerhalb von Gebäuden – Teil 17: Beschichtung von Abwasserleitungen, -kanälen, Schächten und Abwasserbauwerken. 09.2018

DWA-M 143-15: Sanierung von Entwässerungssystemen außerhalb von Gebäuden – Teil 15: Erneuerung von Abwasserleitungen und -kanälen durch Berstverfahren. 06.2019

Stein, D.; Stein, R.: Instandhaltung von Kanalisationen, 4. Auflage, Band 1 – Aufbau und Randbedingungen von Entwässerungssystemen. Verlag Prof. Dr.-Ing. Stein & Partner GmbH, Bochum. 2014

Stein, D.; Stein, R.: Instandhaltung von Kanalisationen, 4. Auflage, Band 7 – Reparatur. Verlag Prof. Dr.-Ing. Stein & Partner GmbH, Bochum. 2019

Stein, D.; Stein, R.: Instandhaltung von Kanalisationen, 3. Auflage. Ernst & Sohn Verlag, Berlin. 1999

BMI, BMVg: Baufachliche Richtlinien Abwasser – Arbeitshilfen zu Planung, Bau und Betrieb von abwassertechnischen Anlagen in Liegenschaften des Bundes (www. bfr-abwasser.de)

22.8.3.2 Allgemeines

Begriffsdefinitionen, Verfahren und normative Verweise sind in Abb. 22.41 aufgeführt.

Bei der Verfahrenswahl sind die festgestellten Leistungsmängel der Abwasserleitungen und -kanäle zu prüfen. Die Lösungsansätze sollten die Wirkung und die Möglichkeit der Lösung festlegen. Tafel 22.24 zeigt Lösungsbeispiele.

Abb. 22.42 und 22.43 zeigen Beispiele für die Entscheidungsprozesse bei der Auswahl von Lösungen. Abb. 22.42 gibt ein Beispiel für den Entscheidungsprozess bei der Auswahl von Lösungen, die nur die bauliche Sanierung der Rohrleitungssubstanz betreffen, Abb. 22.43 ist ein Beispiel für den Entscheidungsprozess bei der Auswahl von Lösungen für eine hydraulische Sanierung.

22.8.3.3 Reparatur

22.8.3.3.1 Reparatur durch Injektion

Die Eigenschaften des Verfahrens sind in Tafel 22.25 aufgeführt.

- Verfahrensbeschreibung (DIN EN 15885):
  Diese Technik erfordert im Allgemeinen die Umschließung des beschädigten Bereiches mit einem innenliegenden Packer oder einer anderen Verschalung. Ein niedrigviskoser Werkstoff wird mit konstanter Geschwindigkeit in den beschädigten Bereich gepumpt, wodurch sowohl Hohlräume in der Rohrstruktur als auch im umgebenden Boden verfüllt werden (s. Abb. 22.44).
- Ergänzendes Regelwerk:
  DWA-M 143-8 (Verfahrensbeschreibung).

22.8.3.3.2 Reparatur mit vor Ort härtenden Bauteilen

Die Eigenschaften des Verfahrens sind in Tafel 22.26 aufgeführt.

- Verfahrensbeschreibung (DIN EN 15885):
  Diese Technikfamilie umfasst vor Ort härtende Kurzliner (Reparatur mit Kurzlinern) und zwei Arten von Anschlusspassstücken („Hutprofil" und „T-Stück"). Der Werkstoff der Kragen von Hutprofilen kann entweder vor Ort ausgehärtet werden oder ein thermoplastischer Kunststoff sein, der an einen kompatiblen thermoplastischen Liner im Hauptrohr angeschweißt wird (s. Abb. 22.45).
- Ergänzendes Regelwerk:
  DWA-A 143-7 (Verfahrensbeschreibung).

22.8.3.3.3 Reparatur im Spachtel- oder Verpressverfahren

Die Eigenschaften des Verfahrens sind in Tafel 22.27 aufgeführt.

- Verfahrensbeschreibung (DIN EN 15885):
  Bei beiden dieser Techniken wird ein lokaler Defekt zunächst ausgefräst, um einen klar definierten Verfüllbe-

Abb. 22.41 Begriffsdefinition, Verfahren und normative Verweise (eigene Darstellung)

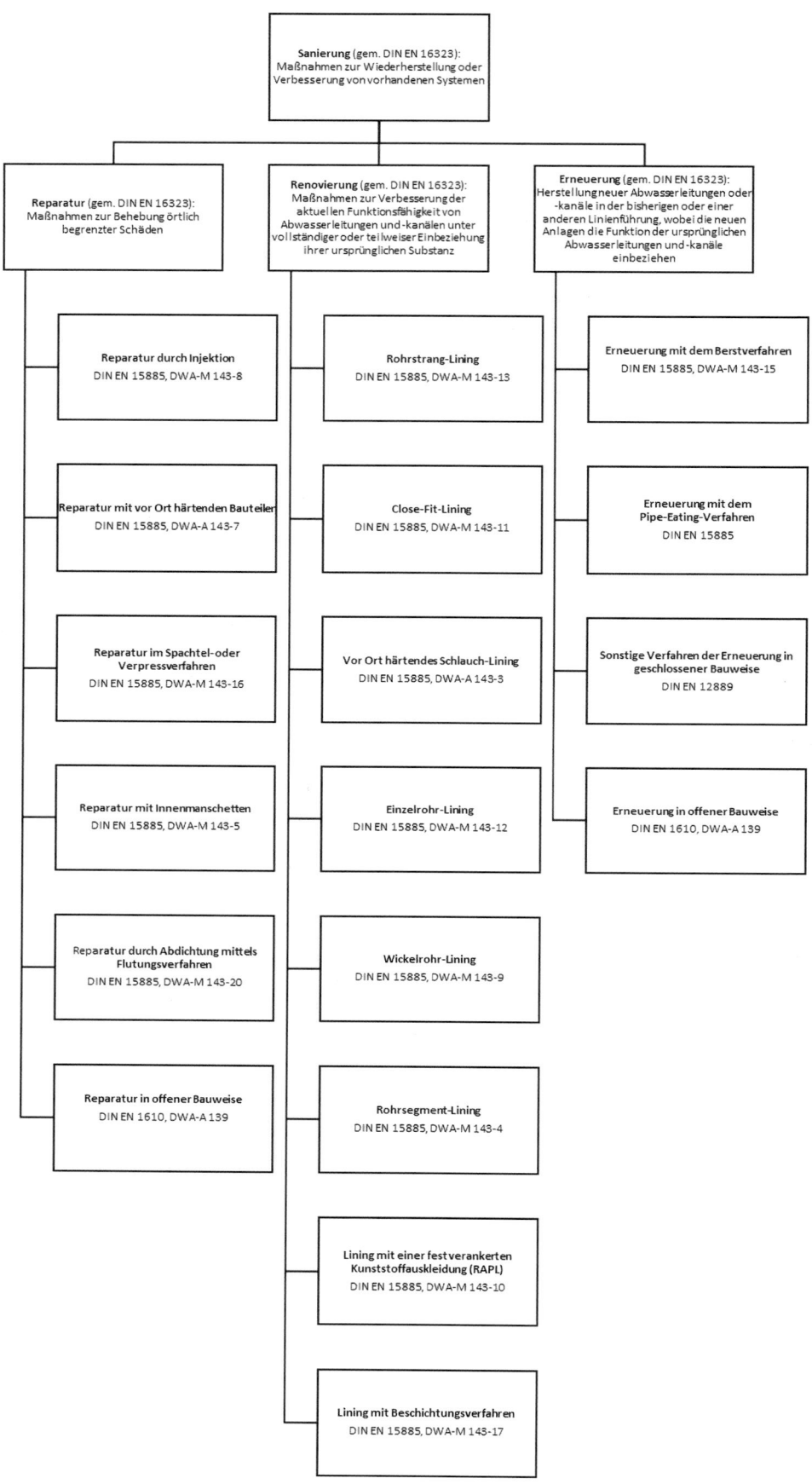

Tafel 22.24 Lösungsziel, -wirkungen und -möglichkeiten für die Sanierung (DIN EN 14654-2)

Ziel	Wirkung	Möglichkeiten
Hydraulische Leistungsfähigkeit	Maximierung der verfügbaren Kapazität	Beseitigung von Abflusshindernissen
		Verringerung der hydraulischen Rauheit der Rohrleitung (einschließlich Energieverlust bei Einbauten, Anschlussstellen usw.)
		Reinigung
	Steuerung der Abflussströme – Verringerung des Zuflusses in ein Entwässerungssystem	Überleitung von Regenwasser in Versickerungssysteme oder auf durchlässige Flächen
		Verwendung durchlässiger Oberflächenbefestigungen
		Überleitung von Abflüssen in ein anderes System
		Rückhaltung von Niederschlagswasser auf der Oberfläche
		Verminderung der Infiltration und des Fremdwasserzuflusses
	Dämpfung des Spitzenabflusses	Nutzung des bestehenden Rückhaltevermögens des Systems (gezielte Abflusssteuerung)
		Nutzung von Rückhaltemöglichkeiten auf der Oberfläche (einschließlich Rückhaltung auf Grundstücken)
		Bereitstellung zusätzlicher Rückhalteräume (Stauraumkanal oder Speicherbecken)
	Vergrößerung der Abflusskapazität des Entwässerungssystems	Erneuerung mit größeren Rohrquerschnitten
		Bau zusätzlicher Leitungen
Umweltverträglichkeit	Verringerung der Schadstoffeinträge in das System	Absetzbecken und Sandfanganlage
		Verwendung von Pflanzen, um Schadstoffe aus dem Regenwasserabfluss vor Eintritt in das System zu binden
		Einleitungskontrollen (z. B. gewerbliches Abwasser)
	Verminderung der vorgesehenen Schadstoffeinleitungen in Gewässer	Vergrößerung des Zuflusses zur Abwasserbehandlung (siehe hydraulische Lösungen)
		Behandlungen von Niederschlagswasser (z. B. durch Abscheider, Rückhaltebecken usw.)
		Verbesserung des Feststoffrückhalts und der hydraulischen Kapazität der Regenüberläufe
		Echtzeitkontrolle
	Verringerung der Auswirkungen durch Verlegen der Einleitungsstellen	
	Verminderung der Exfiltration durch Sanierungsmaßnahmen	Reparaturtechniken (z. B. Leckabdichtung)
		Renovierungstechniken (z. B. wasserdichte Auskleidung)
		Erneuerung der Leitung durch offene Bauweise
Bauliche Unversehrtheit	Schutz der Substanz der Abwasserleitung oder des -kanals durch geeignete Auskleidungen oder Innenbeschichtungen	Renovierung (siehe EN 15885)
	Sanierung der Rohrleitungssubstanz	Reparatur (siehe EN 15885)
		Renovierung (siehe EN 15885)
		Erneuerung
Betriebliche Sicherheit	Geplante Inspektion und Reinigung von Abwasserleitungen oder -kanälen. Management und Überwachung der Kanalreinigungsmaßnahmen sollten nach EN 14654-1 durchgeführt werden	
	Erhöhung der Wartungshäufigkeit von Pumpen oder Pumpstationen	

Diese Liste ist nicht abschließend.

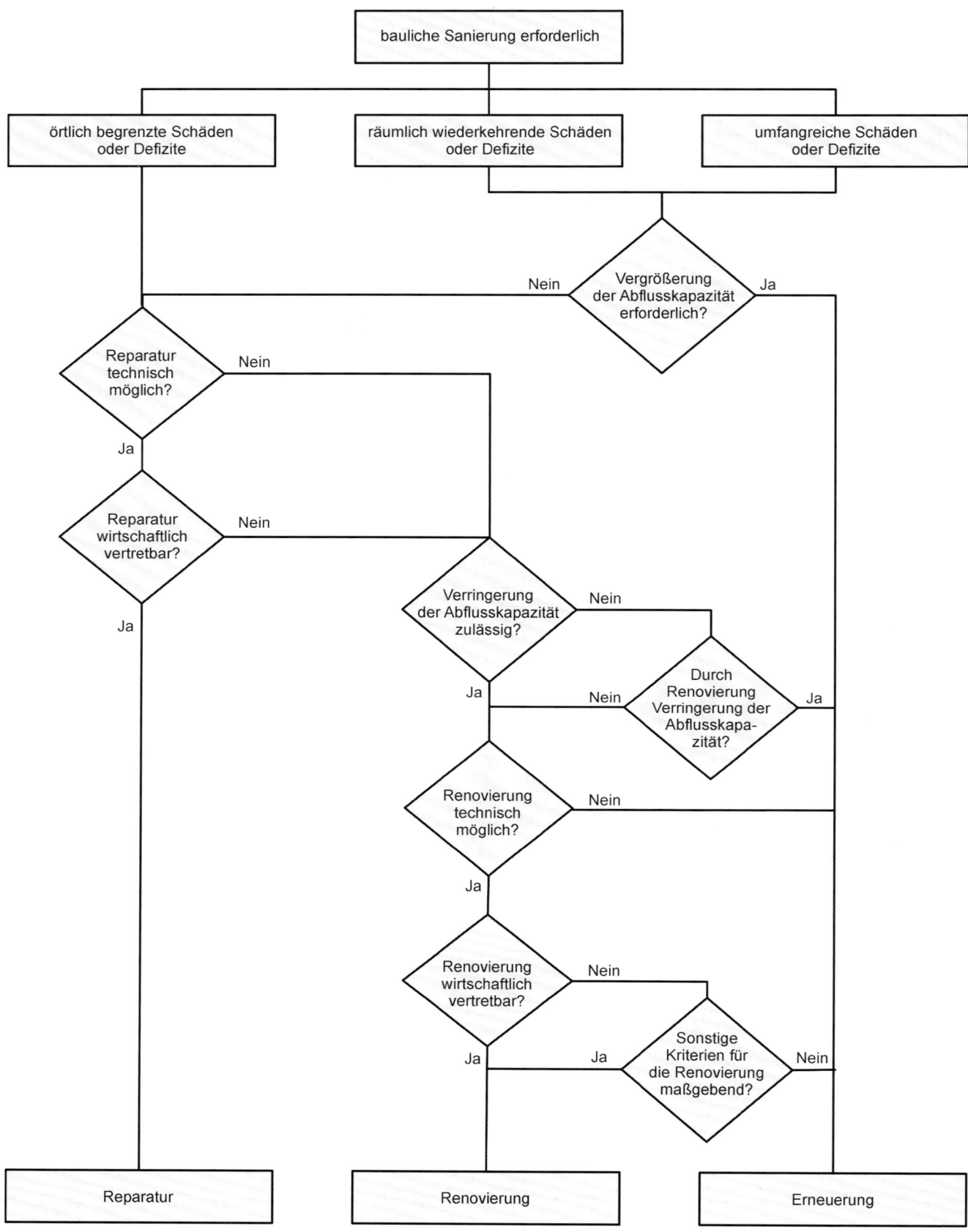

Abb. 22.42 Beispiel für den Prozess der Auswahl der Lösungsmöglichkeit bei baulichem Ziel (DIN EN 14654-2)

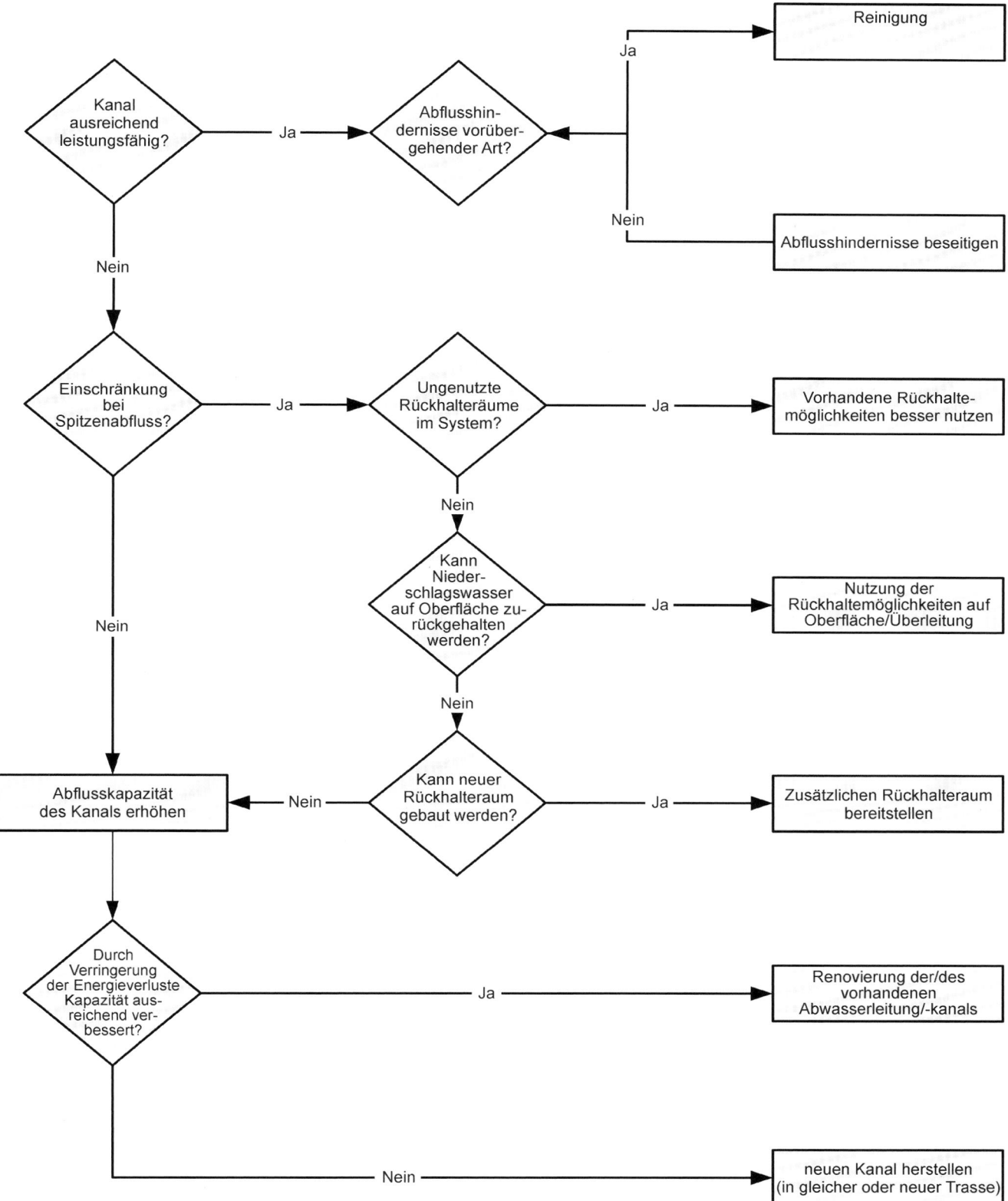

Abb. 22.43 Beispiel für den Prozess der Auswahl der Lösungsmöglichkeit bei hydraulischem Ziel (DIN EN 14654-2)

Tafel 22.25 Eigenschaften des Injektionsverfahrens (DIN EN 15885)

Eigenschaft	Nicht begehbar	Begehbar
Zutreffende Normen	keine	keine
Werkstoffe	(Acryl-)Gele, (PUR-, SOMP-)Harze, Zementmörtel	(Acryl-)Gele, (PUR-, EP-, SOMP-)Harze, Zementmörtel
Anwendungen	nur drucklose Netzwerke; a) Verbindungen; b) örtliche Fehlstellen an Rohren; c) Seitenanschlüsse	nur drucklose Netzwerke; a) Verbindungen; b) örtliche Fehlstellen an Rohren; c) Seitenanschlüsse; d) Einsteigschächte
Geometrische Eigenschaften	– kreisförmiger und nicht kreisförmiger Querschnitt; – minimale Größe des Hauptrohres: 150 mm; – maximale Größe des Hauptrohres: 750 mm; – Seitenanschluss: Hauptrohr min. 200 mm (Hauptrohr mit Liner 175 mm) und Seitenanschluss min. 100 mm bis 250 mm	– kreisförmiger und nicht kreisförmiger Querschnitt; – minimale Größe 800 mm[a]; – keine Obergrenze; – Renovierung von Bögen möglich
Leistungsmerkmale	– Reparaturen mittels Gel verfügen über begrenzte Beständigkeit gegen Überdruck in Freispiegelleitungen; – Reparaturen mittels Gel haben keine stabilisierende Wirkung, Reparaturen mittels Harz oder Zementmörtelverfüllung können stabilisierend sein; – Reparatur beständig gegen äußeren Wasserdruck; – Verbund mit dem Altrohr nicht erforderlich (nur bei Gel-Systemen); – keine Verringerung der hydraulischen Kapazität; – mit Gel können nur Hohlräume an Rohrverbindungen verfüllt werden; um eine langfristige Abdichtung zu erreichen, ist eine dauerhaft feuchte Umgebung erforderlich; – mit Harz- und Zementmörtelverfüllung können Rohrverbindungen, Risse und/oder Seitenanschlüsse unabhängig von einer dauerhaft feuchten Umgebung repariert werden; – in Abhängigkeit von der Größe des Hohlraumes können Hohlräume im Boden mit allen Injektionswerkstoffen verfüllt werden; – mit dieser Technik erfolgt keine Verbesserung der Abriebfestigkeit; – mit dieser Technik erfolgt keine Verbesserung der Beständigkeit gegen Chemikalien	– Reparaturen mittels Gel verfügen über begrenzte Beständigkeit gegen Überdruck in Freispiegelleitungen; – Reparaturen mittels Gel haben keine stabilisierende Wirkung, Reparaturen mittels Harz oder Zementmörtelverfüllung können stabilisierend sein; – Reparatur beständig gegen äußeren Wasserdruck; – Verbund mit dem Altrohr nicht erforderlich (nur bei Gel-Systemen); – keine Verringerung der hydraulischen Kapazität; – mit Gel können nur Hohlräume an Rohrverbindungen verfüllt werden; um eine langfristige Abdichtung zu erreichen, ist eine dauerhaft feuchte Umgebung erforderlich; – mit Harz- und Zementmörtelverfüllung können Rohrverbindungen, Risse und/oder Seitenanschlüsse unabhängig von einer dauerhaft feuchten Umgebung repariert werden; – in Abhängigkeit von der Größe des Hohlraumes können Hohlräume im Boden mit allen Injektionswerkstoffen verfüllt werden; – mit dieser Technik erfolgt keine Verbesserung der Abriebfestigkeit; – mit dieser Technik erfolgt keine Verbesserung der Beständigkeit gegen Chemikalien

Einbaueigenschaften	a) Anwendung mithilfe von Robotern und Packern unter Überwachung durch CCTV;
	b) minimale Arbeitsfläche an der Oberfläche;
	c) Zugang über Einsteigschächte ist möglich;
	d) Aufrechterhaltung der Vorflut beim Einbau im Allgemeinen erforderlich;
	e) Einrichtung gegen fließendes Grundwasser möglich mit Gelen, PUR- und SOMP-Harzen; bei Zementmörtelwerkstoffen durch die Stärke der Infiltration begrenzt;
	f) übliche Grenzen für den Arbeitsabstand vom Zugangspunkt:
	  1) 200 m bei Gelen;
	  2) 150 m bei Harzen;
	  3) 100 m bei Zementmörtelverfüllungen;
	g) Öffnungen für die Injektion und Entlüftung können im Abwasserkanal von innen hergestellt werden;
	h) die Abstände zwischen den Injektionsöffnungen müssen eine kontinuierliche Hohlraumverfüllung sicherstellen
		a) mit Handwerkzeugen aufgebracht;
		b) minimale Arbeitsfläche an der Oberfläche;
		c) Zugang über Einsteigschächte ist möglich;
		d) Aufrechterhaltung der Vorflut beim Einbau im Allgemeinen erforderlich;
		e) der Abstand vom Schachteinstieg bis zur Reparaturstelle ist nur abhängig von den geltenden Arbeitsschutzbestimmungen[a];
		f) Öffnungen für die Injektion und Entlüftung können im Abwasserkanal von innen hergestellt werden;
		g) der Injektionsdruck ist so geregelt, dass die mechanische Festigkeit der Abwasserleitung nicht überschritten wird;
		h) die Abstände zwischen den Injektionsöffnungen müssen eine kontinuierliche Hohlraumverfüllung sicherstellen

[a] Auf bestehende nationale Regelungen zu geltenden Arbeitsschutzbestimmungen wird hingewiesen.

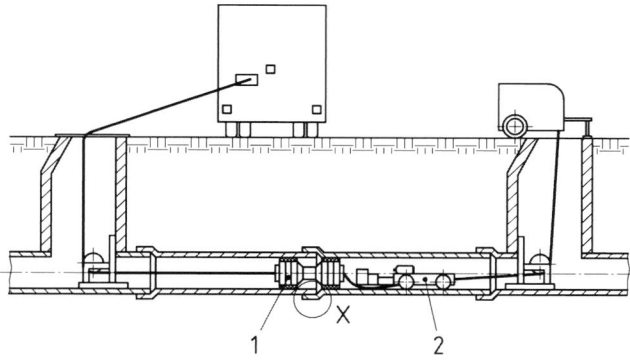

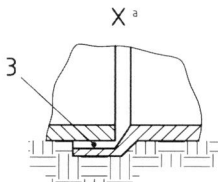

Abb. 22.44 Reparatur an einer undichten Rohrverbindung im Hauptrohr (DIN EN 15885)
Legende:
1 Packer
2 Kamera für die optische Inspektion
3 zu verfüllende/zu reparierende defekte Rohrverbindung
a Verbindung

reich zu schaffen. Dieser Bereich wird dann ohne Druck aus einer Kartusche mit hochviskosem Reparaturmaterial verfüllt (s. Abb. 22.46) und das Reparaturmaterial entweder mit einem Spachtel geglättet (Spacheltechnik) oder temporär mit einer geeigneten Verschalung ausgeformt (Verpresstechnik).

- Ergänzendes Regelwerk:
  DWA-M 143-16 (Verfahrensbeschreibung).

22.8.3.3.4 Reparatur mit Innenmanschetten

Die Eigenschaften des Verfahrens sind in Tafel 22.28 aufgeführt.

- Verfahrensbeschreibung (DIN EN 15885):
  Innenmanschetten sind ringförmig, mechanisch aufzuweitende Spannvorrichtungen zur kraft-/formschlüssigen Fixierung einer außenliegenden, integrierten Dichtung in Form einer Kompressionsdichtung aus Elastomer oder einer Verklebung an der Rohr-/Bauwerksinnenwand (s. Abb. 22.47). Innenmanschetten werden in drei unterschiedliche Systeme unterteilt:
  - Edelstahlmanschette auf Kompressionsbasis mit Elastomerdichtung für begehbare und nicht begehbare Profile,

- Elastomermanschette auf Kompressionsbasis mit Edelstahlspannbändern für begehbare und nicht begehbare Profile,
- Verklebte Edelstahlmanschette für begehbare und nicht begehbare Profile.
- Ergänzendes Regelwerk:
  DWA-M 143-5 (Verfahrensbeschreibung).

22.8.3.3.5 Reparatur durch Abdichtung mittels Flutungsverfahren

Die Eigenschaften des Verfahrens sind in Tafel 22.29 aufgeführt.

- Verfahrensbeschreibung (DIN EN 15885):
  Dieses Reparaturverfahren wird für die Abdichtung von Fugen in der Rohrwand von Abwasserleitungen und/oder unmittelbar benachbarten Hohlräumen im umgebenden Boden verwendet. Flutungsverfahren sind charakterisiert durch eine indirekte Zweiphaseninjektion der Hohlraumstrukturen im Baugrund unter Nutzung der Kanalhaltung als Förder- und Verteilerleitung für das Injektionsmittel und der dort vorhandenen Undichtigkeiten als Injektionsöffnungen (s. Abb. 22.48).
- Ergänzendes Regelwerk:
  DWA-M 143-20 (Verfahrensbeschreibung).

22.8.3.3.6 Reparatur in offener Bauweise

- Verfahrensbeschreibung:
  Bei der Reparatur in offener Bauweise wird der zu reparierende, örtlich begrenzte Schadensbereich durch Ausheben einer Baugrube (Kleinbaugrube) von Hand, mittels Bagger oder Saugbagger freigelegt und die Reparatur im Schutze einer Böschung oder eines Verbaus durchgeführt. Anschließend wird die Baugrube verfüllt und die Geländeoberfläche bzw. der Straßenoberbau wiederhergestellt.
- Ergänzendes Regelwerk:
  DWA-A 139 (Verfahrensbeschreibung, vgl. Abschn. 22.6.2),
  ATV-DVWK-A 127 (Statische Berechnung, vgl. Abschn. 22.4.3).

22.8.3.4 Renovierung

22.8.3.4.1 Rohrstrang-Lining

Die Eigenschaften des Verfahrens sind in Tafel 22.30 aufgeführt.

- Verfahrensbeschreibung (DIN EN 15885):
  Das Lining wird mit einem vorhandenen oder vor dem Einzug üblicherweise durch Stumpfschweißen hergestellten Rohrstrang ausgeführt, wobei der Querschnitt des für das Lining verwendeten Rohres unverändert bleibt

Tafel 22.26 Eigenschaften einer Reparatur mit vor Ort härtenden Materialien (DIN EN 15885)

Eigenschaft	Nicht begehbar	Begehbar
Zutreffende Normen	keine	keine
Werkstoffe	Ein Komposit, bestehend aus einem verstärkten oder unverstärkten Trägermaterial imprägniert mit einem Reaktionsharz (UP, EP, VE, SOMP), das optional innere und/oder äußere Folien beinhalten kann	Ein Komposit, bestehend aus einem verstärkten oder unverstärkten, mit einem Reaktionsharz (UP, EP, VE, SOMP) imprägnierten Trägermaterial, das optional innere und/oder äußere Folien beinhalten kann
Anwendungen	– drucklose Rohre; – Hauptrohr/Seitenanschlüsse	– drucklose Rohre; – Hauptrohr/Seitenanschlüsse

Geometrische Eigenschaften	a) kreisförmiger und nicht kreisförmiger Querschnitt;
	b) vor Ort härtende Kurzliner: minimale Größe: 100 mm;
	c) Anschlusspassstück:
	    1) vor Ort härtender Kragen: Hauptrohr min. 150 mm und Seitenanschlussrohr min. 100 mm;
	    2) angeschweißter thermoplastischer Kragen: Hauptrohr min. 250 mm und Seitenanschlussrohr min. 100 mm
		a) kreisförmiger und nicht kreisförmiger Querschnitt;
		b) minimale Größe: 700 mm;
		c) maximale Größe: keine

Leistungsmerkmale	– mechanische und/oder abdichtende Funktion; – Reparatur in der Regel nicht beständig gegen Innendruck; – Reparatur beständig gegen äußeren Wasserdruck	– mechanische und/oder abdichtende Funktion; – Reparatur in der Regel nicht beständig gegen Innendruck; – Reparatur beständig gegen äußeren Wasserdruck
Einbaueigenschaften	– Einbau mittels Roboterverfahren; – Verklebung am Altrohr durch Reaktionsharz oder durch thermoplastisches Verschweißen; – Vorbehandlung der Rohroberfläche erforderlich; – Abdichten der Enden des Ringraumes: nicht relevant (Close-Fit-Verfahren); – Renovierung von kleineren Bögen möglich; – minimale Arbeitsfläche an der Oberfläche; – Zugang über Einsteigschächte ist möglich; – bei einigen Techniken ist die Reparatur bei Abwasserdurchfluss möglich, andere erfordern die Einbeziehung von Durchflussmanagement; – keine Verringerung der hydraulischen Kapazität; – potentielle Absätze in der Rohrsohle an den Enden der Reparaturstelle können unter Verwendung von Robotern abgeschliffen werden; – üblicher Grenzwert für den Arbeitsabstand vom Zugangspunkt: 200 m	– Verklebung am Altrohr durch Reaktionsharz oder durch thermoplastisches Verschweißen; – Vorbehandlung der Rohroberfläche erforderlich; – Abdichten der Enden des Ringraumes: nicht relevant (Close-Fit-Verfahren); – Renovierung von kleineren Bögen möglich; – minimale Arbeitsfläche an der Oberfläche; – Zugang über Einsteigschächte ist möglich; – bei einigen Techniken ist die Reparatur bei Abwasserdurchfluss möglich, andere erfordern die Einbeziehung von Durchflussmanagement; – keine Verringerung der hydraulischen Kapazität; – potentielle Absätze in der Rohrsohle an den Enden der Reparaturstelle können von Hand abgeschliffen werden; – kein Grenzwert für den Arbeitsabstand

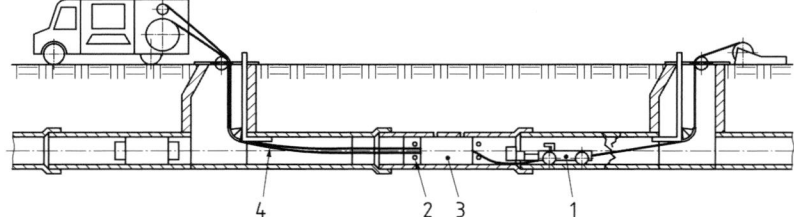

Abb. 22.45 Reparatur mit vor Ort härtenden Bauteilen am Beispiel eines Kurzliners (DIN EN 15885)
Legende:
1 optische Inspektion
2 Packer
3 vor Ort härtender Kurzliner
4 Heizungs- (optional) und Luftleitungen Packer

Tafel 22.27 Eigenschaften der Reparatur im Spachtel- oder Verpressverfahren (DIN EN 15885)

Eigenschaft	Nicht begehbar	Begehbar
Zutreffende Normen	keine	keine
Werkstoffe	– Zementmörtel mit Polymerzusätzen, EP-Harze	– Zementmörtel mit oder ohne Polymerzusätze(n) oder Fasern, EP-Harze
Anwendungen	– drucklose Rohre; – Hauptrohr; – kann für die Reparatur von Rohren mit Auskleidungen verwendet werden; – Reparatur von Seitenanschlüssen: Hauptrohr min. 200 mm und Seitenanschlussrohr 100 mm bis 150 mm	– drucklose Rohre; – Einsteigschächte/Hauptrohr; – kann für die Reparatur von Rohren mit Auskleidungen verwendet werden; – Seitenanschluss
Geometrische Eigenschaften	– kreisförmig; – minimale Größe: 150 mm; – maximale Größe: 700 mm	– kreisförmiger und nicht kreisförmiger Querschnitt bei begehbaren Leitungsgrößen; – maximale Größe: keine
Leistungsmerkmale	– Reparatur beständig gegen äußeren Wasserdruck; – Reparatur nicht beständig gegen Innendruck	– mechanische und/oder hydraulische Verbesserung; – Reparatur nicht beständig gegen Innendruck; – Reparatur beständig gegen äußeren Wasserdruck
Einbaueigenschaften	– Roboterverfahren im nicht begehbaren Bereich; – Befestigung am Altrohr wird durch Verkleben ausgeführt; – Vorbehandlung der Rohroberfläche erforderlich; – Verfahren zur Abdichtung des Ringraumes an den Enden: nicht relevant; – minimale Arbeitsfläche an der Oberfläche; – Zugang über Einsteigschächte möglich; – kein Absatz in der Rohrsohle an den Enden der Reparaturstelle; – üblicher Grenzwert für den Arbeitsabstand vom Zugangspunkt: 100 m bei nicht begehbaren Rohren; – erfordert in der Regel die Einbeziehung von Durchflussmanagement	– von Hand aufgebracht; – von Hand verlegte, begehbare Rohre/Verwendung von Verstärkung nur in begehbaren Rohren verbessert die mechanische Festigkeit; – Befestigung am Altrohr wird durch Verkleben ausgeführt; – Vorbehandlung der Rohroberfläche erforderlich; – Verfahren zur Abdichtung des Ringraumes an den Enden: nicht relevant; – Renovierung von Bögen möglich; – minimale Arbeitsfläche an der Oberfläche; – Zugang über Einsteigschächte möglich; – im Allgemeinen keine Verringerung der hydraulischen Kapazität; – kein Absatz in der Rohrsohle an den Enden der Reparaturstelle; – keine Begrenzung für den Arbeitsabstand

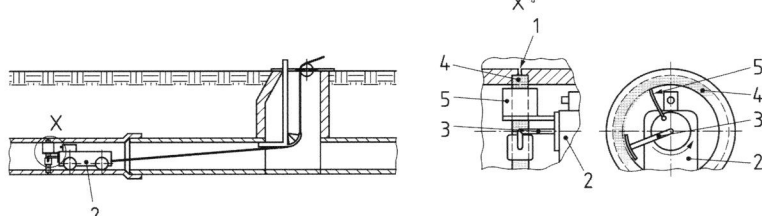

Abb. 22.46 Reparatur im Spachtel- oder Verpressverfahren (DIN EN 15885)
Legende:
1 Schadstelle
2 Roboter mit CCTV-Kamera
3 Zuführung von Reparaturmaterial
4 verpresstes Reparaturmaterial
5 Spachtel
a Detailansicht des Einbringens von Reparaturmaterial und des Spachtelverfahrens

Tafel 22.28 Eigenschaften der Reparatur mit Innenmanschetten (DIN EN 15885)

Eigenschaft	Nicht begehbar	Begehbar
Zutreffende Normen	keine	keine
Werkstoffe	– überlappende Kompressionsringe und Gelenkringe aus nichtrostendem Stahl; – Elastomerringdichtungen, in der Regel EPDM; – Harz, in der Regel EP oder PUR, mit oder ohne Trägermaterial	– überlappende Kompressionsringe und Gelenkringe aus nichtrostendem Stahl; – Elastomerringdichtungen, in der Regel EPDM
Anwendungen	– nur Freispiegelrohre; – Hauptrohr; – für die Reparatur von Rohren mit Auskleidungen anwendbar	– Freispiegelrohre; bei Druckrohren nur Abdichtung von Verbindungen; – Hauptrohr; – für die Reparatur von Rohren mit Auskleidungen anwendbar
Geometrische Eigenschaften	– kreisförmiger Querschnitt; – minimale Größe: 150 mm; – maximale Größe: 800 mm	– kreisförmiger Querschnitt; – minimale Größe: 800 mm; – maximale Größe: 3000 mm
Leistungsmerkmale	– Abdichtung gegen Undichtheit; – Wiederherstellung des kreisförmigen Querschnitts, sofern die Techniken für diesen Zweck ausgelegt sind; – Reparatur beständig gegen äußeren Wasserdruck, wenn eine Dichtung vorhanden ist; – Innenmanschetten erzeugen einen lokalen Absatz in der Rohrsohle; – durch örtliche Begrenzung im Allgemeinen nur geringfügige Verringerung der hydraulischen Kapazität	– Abdichtung gegen Undichtheit; – Wiederherstellung des kreisförmigen Querschnitts, sofern die Techniken für diesen Zweck ausgelegt sind, nur bei Freispiegelrohren; – Reparaturen von Verbindungen in Druckrohren ausgelegt für Beständigkeit gegen Innendruck; – Reparatur beständig gegen äußeren Wasserdruck; – Innenmanschetten erzeugen einen lokalen Absatz in der Rohrsohle; – durch örtliche Begrenzung im Allgemeinen nur geringfügige Verringerung der hydraulischen Kapazität
Einbaueigenschaften	– Vorbehandlung der Rohroberfläche erforderlich; – Verankerung im Altrohr wird durch mechanische Kompression mit oder ohne zusätzliche Harzverbindung erreicht; – Dichtung wird durch Kompression von Elastomerringen oder durch Harzmaterial erreicht; – der Stahlkompressionsring wird mit mechanischen oder hydraulischen Vorrichtungen oder Werkzeugen fixiert; – minimale Arbeitsfläche an der Oberfläche; – Zugang über Einsteigschächte möglich; – bei einigen Techniken ist das Arbeiten bei Abwasserdurchfluss möglich, andere erfordern in der Regel die Einbeziehung von Durchflussmanagement; – üblicher Grenzwert für den Arbeitsabstand vom Zugangspunkt: 100 m	– nur Auftragen von Hand; – Vorbehandlung der Rohroberfläche erforderlich; – Verankerung im Altrohr wird durch mechanische Kompression erreicht; – Dichtung wird durch Kompression von Elastomerringen erreicht; – Bögen: nicht relevant (nur an Verbindungen angewendet); – minimale Arbeitsfläche an der Oberfläche; – Zugang über Einsteigschächte möglich; – bei einigen Techniken ist das Arbeiten bei Abwasserdurchfluss möglich, andere erfordern in der Regel die Einbeziehung von Durchflussmanagement; – üblicher Grenzwert für den Arbeitsabstand vom Zugangspunkt: 200 m in Abhängigkeit von den Arbeitsbedingungen

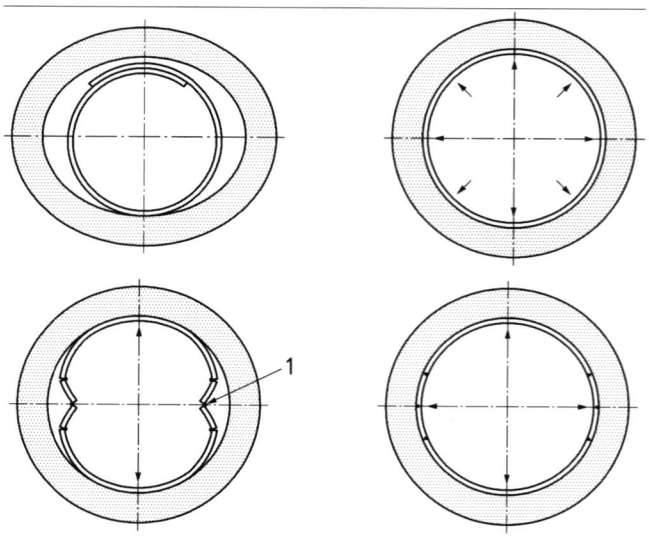

Abb. 22.47 Schematische Darstellung der Reparatur mittels Innenmanschetten (DIN EN 15885) Oben: Kompressionsdichtring, aufgestellt durch Druckluftpacker oder mit einem mechanischen oder hydraulischen Werkzeug; wenn auch zur Wiederherstellung des kreisförmigen Querschnitts ausgelegt, wird meist ein hydraulisches Aufweitungsteil verwendet
Unten: Gelenkring zur Wiederherstellung des kreisförmigen Querschnitts, aufgestellt durch vertikale und horizontale Aufstellvorrichtungen
Legende:
1 Gelenke

Tafel 22.29 Eigenschaften der Reparatur durch Abdichtung mittels Flutungsverfahren (DIN EN 15885)

Eigenschaft	Nicht begehbar
Zutreffende Normen	keine
Werkstoffe	Zweikomponenten-Acrylate oder -Silicate
Anwendungen	– drucklose örtliche Entwässerungsnetze mit nicht bindiger Rohrbettung; – Abdichtung gegen Undichtheiten durch kleine Öffnungen und Spalte, durch die Gel in den umgebenden, nicht bindigen Boden eindringt; nicht zum Verschließen von Rissen oder Hohlräumen in Rohren, Einsteigschächten oder im Boden
Geometrische Eigenschaften	– alle Rohrformen; – minimale Größe des Hauptrohres: 50 mm; – maximale Größe des Hauptrohres: 500 mm
Leistungsmerkmale	– begrenzte Beständigkeit gegen Überdruck in Freispiegelsystemen; – nur für den Einbau oberhalb des Grundwasserspiegels; – nicht stabilisierend; – kein Verbund mit dem Altrohr; – keine Verringerung der hydraulischen Kapazität; – mit dieser Technik erfolgt keine Verbesserung der Abriebfestigkeit; – mit dieser Technik erfolgt keine Verbesserung der Beständigkeit gegen Chemikalien

Einbaueigenschaften	a) Feststellung des zu behandelnden örtlichen Entwässerungsnetzes und Isolierung durch Verschluss aller Enden;
	b) ein aus vier Stufen bestehender Prozess ist erforderlich:
	   1) Befüllen des gereinigten Netzwerks mit Komponente A;
	   2) Auspumpen von Komponente A und Reinigung des Rohrleitungsnetzes;
	   3) Befüllen des Netzwerks mit Komponente B;
	   4) Auspumpen von Komponente B und Reinigung des Rohrleitungsnetzes; dieser Vorgang wird so lange wiederholt, bis die Abdichtung erreicht ist;
	c) minimale Arbeitsfläche an der Oberfläche;
	d) Aufrechterhaltung der Vorflut für Einbau in der Regel erforderlich;
	e) kreisförmiger und nicht kreisförmiger Querschnitt;
	f) Reparatur nicht beständig gegen Innendruck;
	g) Beständigkeit gegen äußeren Wasserdruck abhängig vom Eindringen des Reparaturmaterials in den umgebenden Boden;
	h) Zugang über Einsteigschächte möglich;
	i) Aufrechterhaltung der Vorflut für Einbau in der Regel erforderlich;
	j) keine Verringerung des Querschnitts;
	k) kein Absatz in der Rohrsohle an den Enden der Reparaturstelle

Abb. 22.48 Reparatur durch Abdichtung mittels Flutungsverfahren (DIN EN 15885)
Legende:
1 Anschluss an Abwasserkanal
2 Unterbodenentwässerung
3 Tank mit Einpressmittel
4 Gebäude
5 Dränrohr
6 Abwasserkanal
7 aufgedehnte Verschlussvorrichtung
8 Einsteigschacht
9 in/durch Schadstelle eindringendes Einpressmittel
10 Überwachungs-/Reinigungsauge

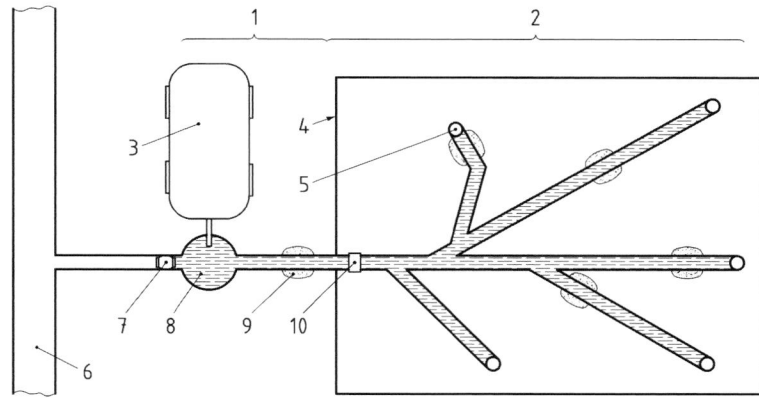

Tafel 22.30 Eigenschaften des Rohrstrang-Linings (DIN EN 15885)

Eigenschaft	Beschreibung
Zutreffende Dokumente	EN ISO 11296-2, EN ISO 11297-2
Werkstoffe	PE
Anwendungen	– drucklose Rohre; – Druckrohre
Geometrische Eigenschaften	– minimale Größe: 100 mm; – maximale Größe: 1200 mm; – maximale Länge: 750 m; – Renovierung von Rohren mit leicht gebogener Linienführung möglich
Leistungsmerkmale	– erhebliche Reduktion der hydraulischen Kapazität (Durchflussquerschnitt und Durchflussleistung); – Gefälle der Rohrsohle des Liners kann von dem der vorhandenen Rohrleitung abweichen; – Wiederherstellung der statischen Tragfähigkeit ist möglich; – Abriebfestigkeit hängt vom Werkstoff des Liners ab; – Beständigkeit gegen Chemikalien hängt vom Werkstoff des Liners ab

Einbaueigenschaften	a) in der erforderlichen Stranglänge gefertigte oder vormontierte Rohre sind erforderlich;
	b) Einzug durch Schieben und/oder Ziehen möglich;
	c) Arbeitsfläche an der Oberfläche: Lagerung der gesamten Einbaulänge an der Oberfläche erforderlich:
	  1) kleine Durchmesser (üblicherweise < 180 mm) können auf Trommeln geliefert werden, geringer Platzbedarf;
	  2) größere Durchmesser: geliefert in geraden Längen;
	d) Zugang zur vorhandenen Rohrleitung: örtliche Baugrube allgemein erforderlich;
	e) bei diesem Verfahren ist ein Verbund mit dem Altrohr nicht erforderlich;
	f) Aufrechterhaltung der Vorflut ist für den Einbau üblicherweise erforderlich;
	g) der Ringraum kann, z. B. bei drucklosen Anwendungen, verfüllt werden, um Linienführung und Lage zu fixieren und/oder späterer Bewegung vorzubeugen;
	h) Einzug im laufenden Betrieb ist möglich (aus Hygienegründen jedoch nicht bei Trinkwasseranwendungen);
	i) Wiederanbindung von Seitenanschlüssen: Baugrube im Allgemeinen erforderlich

Einbauausrüstung	– Rollenböcke zur Unterstützung des gesamten Lining-Rohrstrangs (es sei denn, das Rohr wird direkt von einer Trommel eingezogen); – Schubvorrichtung, falls zutreffend; – Rollen zur Führung des Lining-Rohrs in die vorhandene Rohrleitung; – Winde oder Gestänge-Zuglafette zum Ziehen des Lining-Rohrs durch die vorhandene Rohrleitung; – für den Werkstoff geeignete Montageausrüstung; – Verfüllausrüstung, falls zutreffend
Platzbedarf an der Oberfläche	– für den Lining-Rohrstrang (oder Trommelanhänger bei kleineren Durchmessern) am Startpunkt; – für eine Winde oder eine Gestänge-Zuglafette am Zielpunkt

Baugrube	– am Startpunkt:
	  – lang genug, um den Einzug des Lining-Rohrs in die vorhandene Rohrleitung unter Berücksichtigung des kleinsten zulässigen Biegeradius zu ermöglichen;
	  – breit genug für die Führungs- und Schiebeausrüstung, falls zutreffend;
	– am Zielpunkt:
	  – groß genug, um dem Führungskopf des Lining-Rohrs und gegebenenfalls dem Windenmast oder der Gestänge-Zuglafette Platz zu bieten

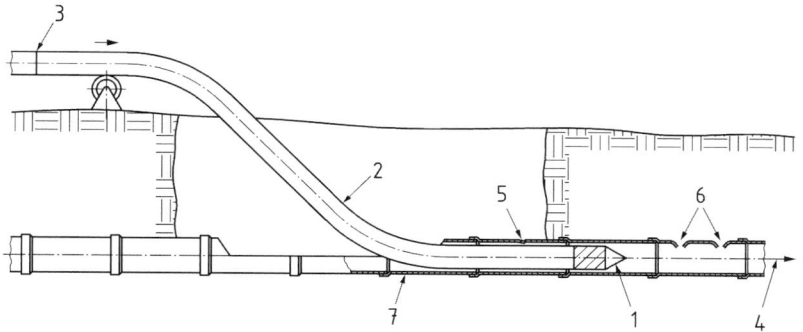

Abb. 22.49 Schematische Darstellung des Rohrstrang-Linings mit Rückverformung der vorhandenen Rohrleitung (DIN EN 15885)
Legende:
1 Zug- und Rückverformungskopf (nur für Verfahren B)
2 Lining-Rohr
3 Herstellung der Lining-Rohr-Verbindung vor Einzug
4 Zugkraft
5 zurückverformte Schadstelle
6 Schadstellen
7 vorhandenes Rohr

(s. Abb. 22.49). Diese Technik wird häufig Slip-Lining genannt. Es werden zwei Verfahren des Rohrstrang-Linings unterschieden:
– Verfahren A:
  Das Lining-Rohr hat einen kleineren Durchmesser als der Innendurchmesser des Altrohres, um den Einbau zu erleichtern, wobei das Altrohr selbst exakt rund ist und ohne geometrische Schadstellen.
– Verfahren B:
  Das Lining-Rohr hat einen kleineren Durchmesser als der Innendurchmesser des Altrohres, um den Einbau zu erleichtern, aber das Altrohr darf geometrische Schadstellen aufweisen, die unter Verwendung eines „Zug- und Rückverformungskopfes" korrigiert werden.
– Ergänzendes Regelwerk:
  DWA-A 143-13 (Verfahrensbeschreibung),
  DWA-A 143-2 (statische Berechnung).

22.8.3.4.2 Close-Fit-Lining

Die Eigenschaften des Verfahrens sind in Tafel 22.31 aufgeführt.

● Verfahrensbeschreibung (DIN EN 15885):
  Das Lining wird mit einem Rohrstrang ausgeführt, dessen effektiver maximaler Außendurchmesser zunächst verringert wird, um das Einziehen zu erleichtern, und der nach dem Einziehen rückgeformt wird, um ein enges Anliegen (Close-Fit) an das vorhandene Rohr sicherzustellen.
  – Verfahren A:
    Verringerung des Rohrquerschnitts im Herstellwerk; das Rohr wird üblicherweise auf einer Trommel gewickelt geliefert, von der es direkt eingezogen wird (s. Abb. 22.50),

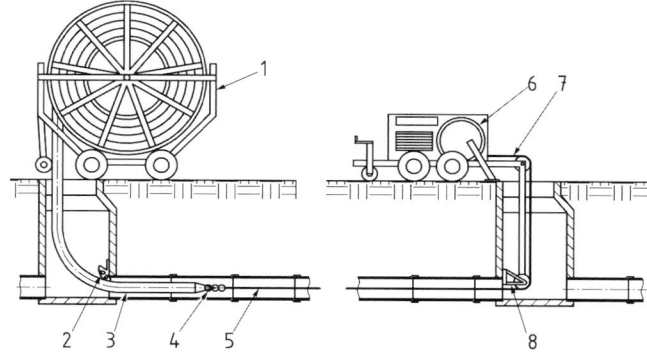

Abb. 22.50 Einbringbaugrube für Verformungsverfahren (Verfahren A) (DIN EN 15885)
Legende:
1 Trommelwagen
2 Rohrführung
3 Lining-Rohr (gefaltet) (nach dem Einzug wird das Rohr durch Anwendung von Wärme und/oder Druck rückverformt (entfaltet))
4 Ziehkopf
5 Windenseil
6 Winde
7 Umlenkrolle
8 Verankerung

– Verfahren B:
  Verringerung des Rohrquerschnitts auf der Baustelle (üblicherweise nur bei Druckrohrleitungen angewendet); das Rohr wird durch eine Vorrichtung zur Verringerung des Durchmessers oder eine Faltvorrichtung geleitet und gleichzeitig in die vorhandene Rohrleitung eingezogen (s. Abb. 22.51).
● Ergänzendes Regelwerk:
  DWA-A 143-11 (Verfahrensbeschreibung),
  DWA-A 143-2 (statische Berechnung).

Tafel 22.31 Eigenschaften eines Close-Fit-Linings (DIN EN 15885)

Eigenschaft	Beschreibung
Zutreffende Dokumente	EN ISO 11296-3, EN ISO 11297-3
Werkstoffe	PE und PVC-U
Anwendungen	– drucklose Rohre; – Druckrohre
Geometrische Eigenschaften	– einige Abweichung vom exakt kreisförmigen Querschnitt möglich; – minimale Größe: 100 mm bei Verfahren A und Verfahren B; – maximale Größe: 500 mm bei Verfahren A, 1500 mm bei Verfahren B; – maximale Länge: 500 m; – mit einigen Techniken ist die Renovierung von Bögen möglich
Leistungsmerkmale	– minimale Reduktion des Durchflussquerschnitts; Steigerung des Durchflusses auf Grund geringerer Reibung möglich; – Gefälle kann nicht wiederhergestellt werden; – Wiederherstellung der statischen Tragfähigkeit ist möglich; – Abriebfestigkeit hängt vom Werkstoff des Liners ab; – Beständigkeit gegen Chemikalien hängt vom Werkstoff des Liners ab

Einbaueigenschaften	a) das Lining-Rohr wird zunächst mit mechanischen oder thermomechanischen Mitteln im Querschnitt verringert (im Herstellwerk oder auf der Baustelle), eingezogen (bei PVC-U im Allgemeinen Vorwärmen erforderlich) und dann durch Entspannen der Installationskräfte oder das Aufbringen von Wärme und/oder Druck rückverformt;
	b) Arbeitsfläche an der Oberfläche: keine bestimmte Einschränkung für Verfahren A, Lagerung der gesamten Einbaulänge an der Oberfläche kann für Verfahren B erforderlich sein (abhängig von verwendeter Technik);
	c) Zugang: gewöhnlich durch Einsteigschacht für Verfahren A, örtliche Baugrube für Verfahren B erforderlich;
	d) bei diesem Verfahren ist ein Verbund mit dem Altrohr nicht erforderlich;
	e) Aufrechterhalten der Vorflut erforderlich;
	f) Verfüllen nicht anwendbar;
	g) Wiederanbindung von Seitenanschlüssen:
	   1) Freispiegelleitungen: von innen möglich (erneutes Öffnen und Herstellen einer dichten Verbindung);
	   2) bei Druckleitungen: Baugrube im Allgemeinen erforderlich

Einbauausrüstung	– Rollenböcke zur Unterstützung des gesamten Lining-Rohrstrangs (es sei denn, das Rohr wird direkt von einer Trommel eingezogen); – Führung zur Einführung des Lining-Rohrs in die vorhandene Rohrleitung; – Winde zum Ziehen des Lining-Rohrs durch die vorhandene Rohrleitung[a]; – Schubvorrichtung, falls zutreffend; – ein Kompressor und ein Dampferzeuger (wo zutreffend) oder je nach eingesetzter Technik eine hydraulische Druckbeaufschlagungspumpe zur Reversion des Lining-Rohrs; – für den Werkstoff geeignete Montageausrüstung
Platzbedarf und der Oberfläche	– für den Lining-Rohrstrang (oder Trommelanhänger bei kleineren Durchmessern und/oder gefaltetes Rohr) am Startpunkt; – für Ausrüstung zum Verringern oder Falten am Startpunkt, wo die Verringerung oder Faltung während des Einziehens ausgeführt wird; – für eine Winde am Zielpunkt; – für Reversionsausrüstung
Baugrube	– bei Verfahren A nicht erforderlich bei Anwendungen in Abwasserkanälen, wenn Zugang durch vorhandene Einsteigschächte aufgrund der Flexibilität des Lining-Rohrs ausreichend ist; bei anderen Anwendungen lediglich kleine Baugruben an beiden Enden; – bei Verfahren B, am Startpunkt: lang genug, um den Einzug des Lining-Rohrs unter Berücksichtigung des kleinsten zulässigen Biegeradius in die vorhandene Rohrleitung zu ermöglichen; breit genug für die Führungs- und Schiebeausrüstung, falls zutreffend; – am Zielpunkt: groß genug, um ausreichend Platz für den Führungskopf des Lining-Rohrs und für die longitudinale Retraktion während der Reversion des Lining-Rohrs zu bieten, falls zutreffend

[a] Wenn Verringerung und Einzug gleichzeitig ausgeführt werden, können an der Winde große Kräfte auftreten, die eine entsprechende Verankerung der Winde und der Verringerungsausrüstung erfordern.

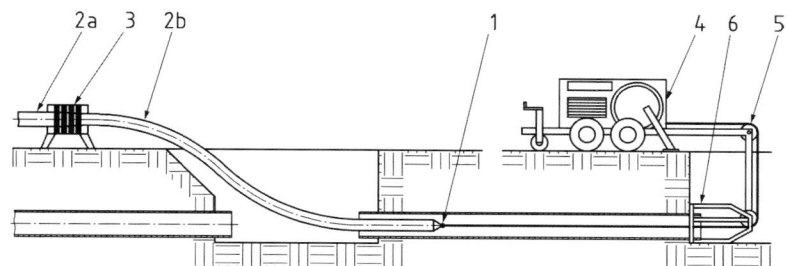

Abb. 22.51 Schematische Darstellung des Einbaus eines Rohres mit Verringerung des Rohrquerschnitts (Verfahren B, Reduktionsverfahren) auf der Baustelle (DIN EN 15885)
Legende:
1 Ziehkopf
2a ursprüngliches Lining-Rohr
2b im Querschnitt reduziertes Lining-Rohr
3 Vorrichtung zur Verringerung des Durchmessers
4 Winde oder Gestänge-Zugvorrichtung
5 Umlenkrolle
6 Verankerungskäfig

22.8.3.4.3 Vor Ort härtendes Schlauch-Lining

Die Eigenschaften des Verfahrens sind in Tafel 22.32 aufgeführt.

- Verfahrensbeschreibung (DIN EN 15885):
  Das Lining wird mit einem flexiblen Schlauch durchgeführt, der mit einem Reaktionsharz imprägniert ist, wobei nach Aushärtung des Harzes ein Rohr entsteht (s. Abb. 22.52).

- Ergänzendes Regelwerk:
  DWA-A 143-3 (Verfahrensbeschreibung),
  DWA-A 143-2 (statische Berechnung).

22.8.3.4.4 Einzelrohr-Lining

Die Eigenschaften des Verfahrens sind in Tafel 22.33 aufgeführt.

- Verfahrensbeschreibung (DIN EN 15885):
  Das Lining wird mit kurzen Rohrlängen ausgeführt, die erst während des Einbaus einzeln miteinander verbunden werden, um einen fortlaufenden Rohrstrang zu bilden. Einzelrohre können durch Schieben (Verfahren A; s. Abb. 22.53), durch Einziehen (Verfahren B) oder durch einzelnes Einbringen der Rohre (Verfahren C) eingebaut werden.

- Ergänzendes Regelwerk:
  DWA-M 143-12 (Verfahrensbeschreibung),
  DWA-A 143-2 (statische Berechnung).

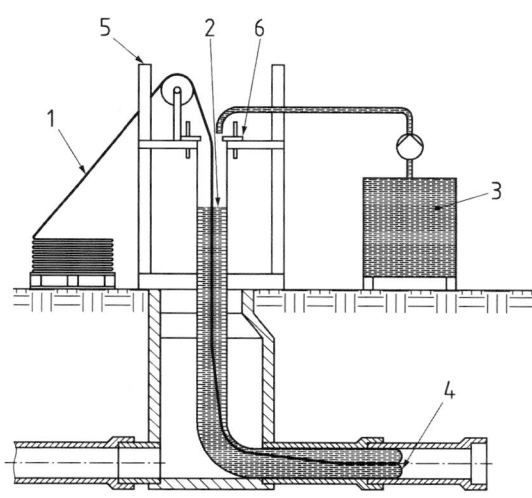

Abb. 22.52 Schematische Darstellung eines vor Ort härtenden Schlauch-Linings (Gewebeschlauchrelining) mittels Inversion (DIN EN 15885)
Legende:
1 imprägniertes Lining-Rohr
2 aufgebrachte Wassersäule für die Inversion
3 Wasserreservoir
4 Inversionsfront (Krempelbereich)
5 Inversionsturm
6 Klemmflansch oder -ring

Tafel 22.32 Eigenschaften des vor Ort härtenden Schlauch-Linings (DIN EN 15885)

Eigenschaft	Beschreibung
Zutreffende Dokumente	EN ISO 11296-4, EN ISO 11297-4
Werkstoffe	Ein Komposit, bestehend aus einem verstärkten oder unverstärkten, mit einem Reaktionsharz (UP, EP oder VE) imprägnierten Trägermaterial, das optional Innen- und/oder Außenfolien beinhalten kann. Einzelheiten sind der zutreffenden Internationalen Norm zu entnehmen
Anwendungen	– drucklose Rohre; – Druckrohre
Geometrische Eigenschaften	– kreisförmiger und nicht kreisförmiger Querschnitt; – minimale Größe: 100 mm; – maximale Größe: 2800 mm; – maximale Länge: Verfahren A: 600 m, Verfahren B: 300 m; – Renovierung von Bögen möglich; – Änderung der Abmessungen möglich
Leistungsmerkmale	– minimale Reduktion des Durchflussquerschnitts, Steigerung des Durchflusses auf Grund geringerer Reibung möglich; – Wiederherstellung der Rohrsohle ist nicht möglich; – Wiederherstellung der statischen Tragfähigkeit ist möglich; – Abriebfestigkeit hängt vom Wandaufbau ab; – Beständigkeit gegen Chemikalien hängt hauptsächlich vom Typ des Harzes ab

Einbaueigenschaften	a) Einzug des imprägnierten Lining-Rohrs vor der Aushärtung kann wie folgt erreicht werden:
	  1) ausschließlich mit Druck (Wasser oder Luft) Invertieren (Umstülpen) und so in Position bringen; oder
	  2) Einziehen in Position mittels Winde und anschließendes Aufstellen;
	  3) Kombinationen aus Verfahren A und B sind ebenfalls möglich;
	b) der Aushärtungsvorgang kann angestoßen oder beschleunigt werden entweder durch:
	  1) Wärme (heißes Wasser, Dampf),
	  2) UV-Bestrahlung,
	  3) die Umgebungstemperatur;
	c) Arbeitsfläche an der Oberfläche: im Allgemeinen minimal, variiert mit der Technik;
	d) Zugang: durch vorhandenen Einsteigschacht oder kleine Baugrube möglich;
	e) für statische Wirkung ist ein Verbund mit dem Altrohr nicht erforderlich;
	f) Aufrechterhaltung der Vorflut erforderlich;
	g) Wiederöffnen von Seitenanschlüssen von innen ist möglich;
	h) Wiederanbindung von Seitenanschlüssen:
	  1) Freispiegelleitungen: von innen möglich (erneutes Öffnen und Herstellen einer dichten Verbindung);
	  2) bei Druckanwendungen: Baugrube im Allgemeinen erforderlich

Einbauausrüstung	– Lining-Rohr-Transporteinheit inklusive Fördersystem, falls zutreffend; – baustellenseitige Imprägniereinheit, falls zutreffend; – für Inversionssysteme: Wassersäule oder Luftkompressor; – für Windensysteme: Winde und Wasser-Heizkessel oder Dampferzeuger für Wärmeaushärtung oder Ausrüstung inklusive Spannungsversorgung für UV-Bestrahlung
Platzbedarf an der Oberfläche	– für Lining-Rohr-Transporteinheit unmittelbar neben dem Zugang des Startpunktes; – für baustellenseitige Imprägniereinheit, falls zutreffend; – für Inversions- oder Windenausrüstung; – für Aushärtungsausrüstung
Baugrube	– bei Anwendungen in Abwasserkanälen nicht allgemein erforderlich, wenn der Zugang durch vorhandene Einsteigschächte aufgrund der Flexibilität des ungehärteten Lining-Rohrs ausreichend ist; – Baugruben an beiden Enden für andere Anwendungen

Tafel 22.33 Eigenschaften des Einzelrohr-Linings (DIN EN 15885)

Eigenschaft	Beschreibung
Zutreffende Dokumente	EN 14364, EN 1796 und ISO 16611 für GFK; für andere Werkstoffe noch nicht verfügbar
Werkstoffe	PE, PP, PVC-U, GFK
Anwendungen	– Druckrohre; – drucklose Rohre

Geometrische Eigenschaften	– kreisförmiger und nicht kreisförmiger Querschnitt;
	– minimale Größe:
	  Verfahren A und B: 100 mm;
	  Verfahren C: 800 mm;
	– maximale Größe:
	  Verfahren A und B: 600 mm;
	  Verfahren C: 4000 mm;
	– maximale Länge: 150 m;
	– Bögen: Renovierung von Bögen mit großen Radien nur mit Verfahren C möglich

Leistungsmerkmale	– erhebliche Reduktion der hydraulischen Kapazität (Durchflussquerschnitt und Durchflussleistung); – gleichmäßiges Gefälle kann bei Verwendung von Verfahren C in Rohren mit begehbarer Rohrweite wiederhergestellt werden; – Wiederherstellung der statischen Tragfähigkeit ist möglich; – Abriebfestigkeit hängt vom Werkstoff des Liners ab; – Beständigkeit gegen Chemikalien hängt vom Werkstoff des Liners ab
Einbaueigenschaften	– die Art der Rohrverbindung ist ein wesentliches Merkmal jeder Technik; – Rohrverbindungen können zugfest (längskraftschlüssig) oder nicht zugfest sein; – Arbeitsfläche an der Oberfläche: keine bestimmte Begrenzung; – Zugang zur vorhandenen Rohrleitung: kurze Rohrlängen können das Einbringen über vorhandene Einsteigschächte ermöglichen (Verfahren A und B), mit Verfahren C installierte Rohre mit begehbaren Rohrweiten können jedoch örtliche Baugrube erfordern; – bei diesem Verfahren ist kein Verbund mit dem Altrohr erforderlich; – Aufrechterhaltung der Vorflut üblicherweise erforderlich für Einbau und Verfüllung; – der Ringraum wird in der Regel verfüllt; – Wiederanbindung von Seitenanschlüssen: Baugrube im Allgemeinen erforderlich, außer bei begehbaren Rohren
Einbauausrüstung	– Ausrüstung zur Handhabung von Rohren; – Generator für den Antrieb der Rohrvortriebsausrüstung
Platzbedarf an der Oberfläche	– zur Lagerung von Rohren; – für Ausrüstung zur Handhabung von Rohren; – für einen Generator für den Antrieb der Rohrvortriebsausrüstung
Baugrube	– bei Anwendungen in Abwasserkanälen nicht allgemein erforderlich, Zugang durch Einsteigschacht aufgrund der Verfügbarkeit kurzer Rohrlängen; – bei anderen Anwendungen ausreichend große Baugrube, um den Einsatz der Rohrvortriebsausrüstung am Startpunkt zu ermöglichen; – begehbarer Zugang am Zielpunkt erforderlich

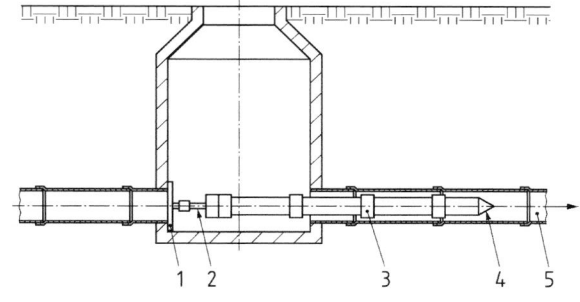

Abb. 22.53 Schematische Darstellung des Einbaus durch Schieben (Verfahren A; DIN EN 15885)
Legende:
1 Druckplatte
2 Schiebevorrichtung
3 montiertes Lining-Rohr (der Durchmesser der Einzelrohre für den Einbau ist etwas geringer als der Durchmesser des vorhandenen Rohres)
4 Schiebeführung
5 vorhandenes Rohr

22.8.3.4.5 Wickelrohr-Lining

Die Eigenschaften des Verfahrens sind in Tafel 22.34 aufgeführt.

- Verfahrensbeschreibung (DIN EN 15885):
  Das Lining wird mit einem profilierten Streifen ausgeführt, der, spiralförmig gewickelt, nach dem Einbau einen durchgehenden Rohrstrang bildet (s. Abb. 22.54).
- Ergänzendes Regelwerk:
  DWA-M 143-9 (Verfahrensbeschreibung),
  DWA-A 143-2 (statische Berechnung).

22.8.3.4.6 Rohrsegment-Lining

Die Eigenschaften des Verfahrens sind in Tafel 22.35 aufgeführt.

- Verfahrensbeschreibung (DIN EN 15885):
  Das Lining erfolgt mit vorgefertigten Segmenten, die mit dem vorhandenen Rohr verbunden werden und die entweder Längsnähte aufweisen und den gesamten Rohrumfang abdecken oder den Rohrumfang nur teilweise abdecken (s. Abb. 22.55).
- Ergänzendes Regelwerk:
  DWA-M 143-4 (Verfahrensbeschreibung),
  DWA-A 143-2 (statische Berechnung).

22.8.3.4.7 Lining mit einer fest verankerten Kunststoffauskleidung (RAPL[6])

Die Eigenschaften des Verfahrens sind in Tafel 22.36 aufgeführt.

- Verfahrensbeschreibung (DIN EN 15885):
  Das Lining wird ausgeführt mit einem biegesteifen Ringraum aus tragendem mineralischem Werkstoff, hergestellt hinter einer Kunststoffauskleidung mit integrierten Profilen oder Noppen, die dauerhaft in der Mörtelverfüllung verankert sind (s. Abb. 22.56).
- Ergänzendes Regelwerk:
  DWA-M 143-10 (Verfahrensbeschreibung),
  DWA-A 143-2 (statische Berechnung).

22.8.3.4.8 Lining mit Beschichtungsverfahren

Die Eigenschaften des Verfahrens sind in Tafel 22.37 aufgeführt.

- Verfahrensbeschreibung (DIN EN 15885):
  Das Lining wird ausgeführt durch Auftragen von Zementmörtel oder Polymerwerkstoffen, mit oder ohne zuvor aufgebrachte Verstärkung, direkt auf die Innenfläche des Altrohres und/oder Einsteigschachtes, von Hand oder mechanisch, einschließlich Roboterverfahren (s. Abb. 22.57).
- Ergänzendes Regelwerk:
  DWA-M 143-17 (Verfahrensbeschreibung).

[6] RAPL: (Lining with a) **r**igidly **a**nchored **p**lastics inner **l**ayer

22.8.3.5 Erneuerung

22.8.3.5.1 Erneuerung mit dem Berstverfahren

Die Eigenschaften des Verfahrens sind in Tafel 22.38 aufgeführt.

- Verfahrensbeschreibung (DIN EN 15885):
  Die Erneuerung wird ausgeführt durch Aufbrechen oder Aufschneiden des vorhandenen Rohres und Verdrängung in den umgebenden Boden sowie gleichzeitigem Einzug eines neuen Rohrstranges oder Einzelrohrs mit kleinerem, gleichem oder größerem Durchmesser als das vorhandene Rohr (s. Abb. 22.58).
- Ergänzendes Regelwerk:
  DWA-M 143-15 (Verfahrensbeschreibung),
  DWA-A 161 (statische Berechnung).

22.8.3.5.2 Erneuerung mit dem Pipe-Eating-Verfahren

Die Eigenschaften des Verfahrens sind in Tafel 22.39 aufgeführt.

- Verfahrensbeschreibung (DIN EN 15885):
  Die Erneuerung erfolgt durch Zerstörung des vorhandenen Rohres, wobei die Rohrbruchstücke an die Oberfläche transportiert werden und anschließend das neue Einzelrohr mit gleichem oder größerem Durchmesser als das Altrohr eingebaut wird (s. Abb. 22.59).
- Ergänzendes Regelwerk:
  DWA-A 161 (statische Berechnung).

22.8.3.5.3 Sonstige Verfahren der Erneuerung in geschlossener Bauweise

Es gelten Abschn. 22.6.3 (Verfahrensbeschreibung) und Abschn. 22.4.4 (statische Berechnung).

22.8.3.5.4 Erneuerung in offener Bauweise

Es gelten Abschn. 22.6.2 (Verfahrensbeschreibung) und Abschn. 22.4.3 (statische Berechnung).

Tafel 22.34 Eigenschaften des Wickelrohr-Linings (DIN EN 15885)

Eigenschaft	Beschreibung
Zutreffende Dokumente	EN ISO 11296-7
Werkstoffe	PVC-U, PE, optionale Stahlverstärkung
Anwendungen	– drucklos; – anwendbar für Einsteigschächte
Geometrische Eigenschaften	– Verfahren A nur für kreisförmigen Querschnitt; Verfahren B auch für nicht kreisförmige Querschnitte anpassbar; – minimale Größe: 150 mm bei Verfahren A; 800 mm bei Verfahren B; – maximale Größe: 3000 mm bei Verfahren A; 1800 mm bei Verfahren B[a]; – maximale Länge: 300 m; – Renovierung von Bögen möglich
Leistungsmerkmale	– Verringerung der Kapazität abhängig vom Ringraum und dem Verhältnis des Durchmessers zur Gesamtprofilhöhe; – gleichmäßiges Gefälle kann allgemein nicht wiederhergestellt werden; – Wiedererstellung der statischen Tragfähigkeit ist möglich; – Abriebfestigkeit hängt vom Werkstoff des Liners ab; – Beständigkeit gegen Chemikalien hängt vom Werkstoff des Liners ab
Einbaueigenschaften	– Lining-Rohr, das auf der Baustelle durch spiralförmiges Wickeln eines Profilstreifens geformt und durch Lösungsmittelschweißen und/oder mit mechanischen Mitteln verbunden und abgedichtet wird; – mit einzelnen Wickelmaschinen können verschiedene Rohrdurchmesser hergestellt werden; – kein Lagern von Rohren auf der Baustelle; – Arbeitsfläche an der Oberfläche allgemein minimal; – Zugang über Einsteigschächte möglich; – bei diesem Verfahren ist ein Verbund mit dem Altrohr nicht erforderlich; – Aufrechterhaltung der Vorflut während des Einbaus ist für die Verfüllung und den Einbau erforderlich; – Verfüllung des Ringraumes ist bei fixem Durchmesser erforderlich; – örtliche Baugrube im Allgemeinen erforderlich für den (Wieder-)Anschluss der Seitenanschlüsse in nicht begehbaren Rohren; Wiederanschluss von innen ist ebenfalls möglich
Einbauausrüstung	– Profilstreifenwickler; – Verfüllausrüstung, falls zutreffend
Platzbedarf an der Oberfläche	– für Trommeln mit Liner-Profilstreifen am Startpunkt; – für einen Generator für den Antrieb des Wicklers am Startpunkt
Baugrube	– Zugang durch Einsteigschächte aufgrund der Flexibilität des Lining-Profilstreifens und der geringen Größe des Wicklers ausreichend

[a] Mit einer Stahlverstärkung sind größere Querschnitte möglich.

Abb. 22.54 Schematische Darstellung des Einbaus eines Wickelrohres mit fixem Durchmesser vom Einsteigschacht aus (Verfahren A1; DIN EN 15885)
Legende:
1 Kunststoff-Streifen, der spiralförmig gewickelt wird
2 Wickelmaschine im Einsteigschacht
3 Führungskopf (wo anwendbar)
4 spiralförmig gewickeltes Lining-Rohr

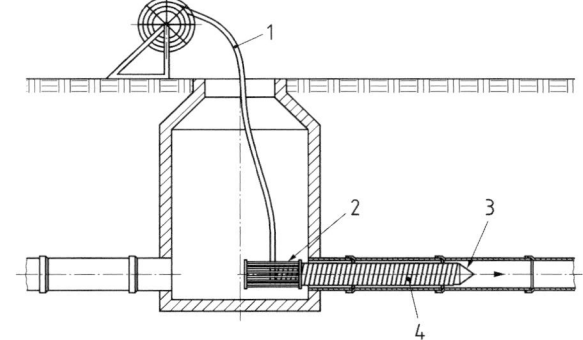

Tafel 22.35 Eigenschaften eines Voll- und Teil-Rohrsegment-Linings (DIN EN 15885)

Eigenschaft	Beschreibung
Zutreffende Dokumente	noch nicht verfügbar
Werkstoffe	GFK, PRC
Anwendungen	– drucklose Rohre
Geometrische Eigenschaften	– kreisförmiger und nicht kreisförmiger Querschnitt; – minimale Größe: nur begehbare Abwasserleitungen; – maximale Größe: keine Begrenzung; – maximale Länge: keine Begrenzung; – Renovierung von Bögen möglich; – Änderung der Abmessungen möglich
Leistungsmerkmale	– hydraulische Leistungsfähigkeit: Verringerung der Kapazität abhängig vom Ringraum und der Dicke im Verhältnis zum Durchmesser; gleichmäßiges Gefälle kann wiederhergestellt werden; – Verbesserung der statischen Eigenschaften: Wiederherstellung der statischen Tragfähigkeit ist möglich; – Abriebfestigkeit und Beständigkeit gegen Chemikalien: Werkstoff des Lining-Rohres bestimmt Abriebfestigkeit und Beständigkeit gegen Chemikalien
Einbaueigenschaften	– Verbinden durch mechanische Verriegelung oder Verklebung/Bindung; – Lining-Rohrsegmente vorgefertigt oder vor Ort geformt; – mechanische Verbindung mit Altrohr mittels Verfüllen, Verkleben und/oder Verankerung erforderlich; – minimale Arbeitsfläche an der Oberfläche am Zugangspunkt erforderlich, jedoch Lagerung der Segmente vor Ort notwendig; – Zugang durch Einsteigschächte möglich; – Aufrechterhaltung der Vorflut abhängig von den Sicherheitsanforderungen aufgrund der Begehbarkeit; – Verfüllen des Ringraums ist erforderlich; – Wiederanbindung von Seitenanschlüssen ist von innen möglich
Einbauausrüstung	– Winde; – Verfüllausrüstung, falls zutreffend
Platzbedarf an der Oberfläche	– für die Lagerung von Material am Startpunkt; – für einen Generator für den Antrieb der Winde am Zielpunkt
Baugrube	– Zugang durch Einsteigschächte ausreichend

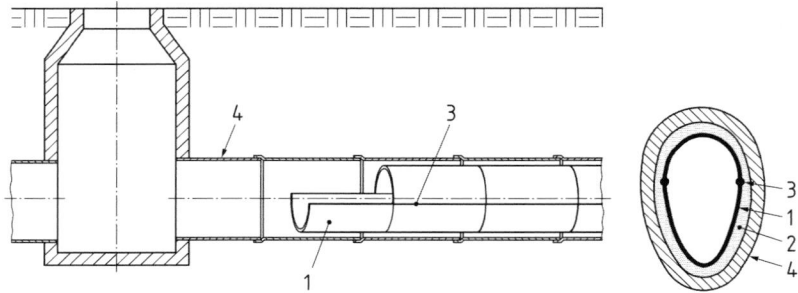

Abb. 22.55 Schematische Darstellung Voll- und Teil-Rohrsegment-Lining (DIN EN 15885)
Legende:
1 Lining-Rohrsegmente
2 Verfüllung
3 Längsnähte
4 vorhandenes Rohr

Tafel 22.36 Eigenschaften des Linings mit RAPL (DIN EN 15885)

Eigenschaft	Beschreibung
Zutreffende Normen	EN 16506
Werkstoffe	tragende Zementmörtelverfüllung mit oder ohne Verstärkung zuzüglich Auskleidung aus PE, PP oder PVC-U sowie einer optionalen Kunststoff-Außenschicht
Anwendungen	– drucklose Rohre; – Technik für Renovierung von Einsteigschächten anwendbar
Geometrische Eigenschaften	– kreisförmiger und nicht kreisförmiger Querschnitt; – minimale Größe: 200 mm, jedoch von der Technik abhängig; – maximale Größe: 2 000 mm;[a] – maximale Länge: 200 m; – Renovierung von Bögen möglich
Leistungsmerkmale	– Verringerung der Kapazität abhängig vom Ringraum und dem Verhältnis des Durchmessers zur Gesamtprofilhöhe; – gleichmäßiges Gefälle kann in der Regel nicht wiederhergestellt werden; – Wiederherstellung der statischen Tragfähigkeit ist möglich (von Festigkeit der Mörtelverfüllung abhängig); – Abriebfestigkeit abhängig vom Werkstoff der Kunststoffauskleidung; – Beständigkeit gegen Chemikalien ist von der mechanisch verankerten Kunststoffauskleidung abhängig
Einbaueigenschaften	– Arbeitsfläche an der Oberfläche ist allgemein minimal; – Zugang ist allgemein möglich über Einsteigschächte; – bei diesem Verfahren ist ein Verbund mit dem Altrohr nicht erforderlich; – Aufrechterhaltung der Vorflut und Abwesenheit von Grundwasserinfiltration in der Regel erforderlich; – die Verfüllung des Ringraums ist fester Bestandteil dieser Technik; – Wiederanbindung von Seitenanschlüssen von innen bei Verwendung einer äußeren Kunststoffschicht möglich
Einbauausrüstung	– Winde und – Verfüllausrüstung, falls zutreffend
Platzbedarf an der Oberfläche	– für Lagerung von Material am Startpunkt und – für einen Generator für den Antrieb der Winde am Zielpunkt
Baugrube	– Zugang durch Einsteigschächte ausreichend

[a] Größen von bis zu 5000 mm sind mit bestimmten Spezial-Techniken und -Werkstoffen möglich.

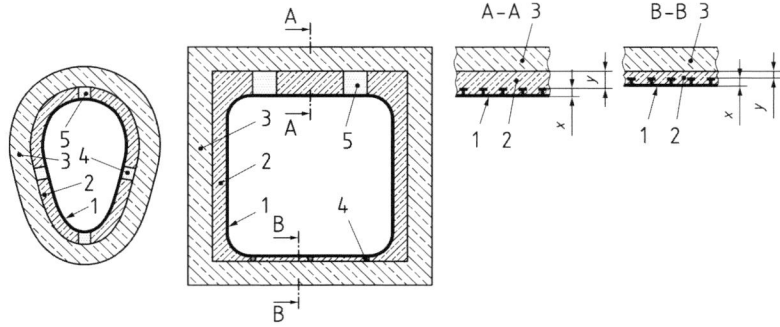

Abb. 22.56 Beispiel der Wandkonstruktion eines Lining-Systems mit RAPL (DIN EN 15885)
Legende:
1 verankerte Kunststoffauskleidung
2 Mörtel-System
3 vorhandenes Rohr
4 Distanzhalter (abhängig von der Technik)
5 Distanzhalter für den Auftriebsschutz
x Höhe der Anker
y Mindestdicke der Mörtelverfüllung über Höhe der Anker

	Eigenschaft	Beschreibung
Tafel 22.37 Eigenschaften des Linings mit aufgesprühten Werkstoffen (DIN EN 15885)	Zutreffende Normen	Keine
	Werkstoffe	Zementmörtel und Polymere (EP, PUR, SOMP); aufgesprühter Zementmörtel kann mit Stahleinlage verstärkt werden; Mineral- und/oder Polyinerfasern können in aufgesprühten Werkstoffen ebenfalls enthalten sein
	Anwendungen	– drucklose Rohre und Druckrohre; – Techniken, bei denen Mörtel verwendet wird, in der Regel für Einsteigschächte anwendbar

	Geometrische Eigenschaften	a) kreisförmiger und nicht kreisförmiger Querschnitt;
		b) minimale Größe:
		   1) mechanische Verfahren: 200 mm;
		   2) von Hand: vom Verfahren abhängig, mindestens jedoch 800 mm;
		c) maximale Größe:
		   1) mechanische Verfahren: 3500 mm;
		   2) von Hand: keine Obergrenze;
		d) maximale Länge:
		   1) mechanische Verfahren: 100 m;
		   2) von Hand: begrenzt durch sicherheitstechnische Erwägungen;
		e) Renovierung von Bögen möglich

	Leistungsmerkmale	– Verbesserung des Durchflusses möglich in Abhängigkeit von der Dicke des Liners im Verhältnis zum Durchmesser und von der Ausführung der Oberfläche des Liners; – gleichmäßiges Gefälle kann in der Regel wiederhergestellt werden; – Wiederherstellung der statischen Tragfähigkeit ist bei Verwendung von aufgesprühtem Zementmörtel möglich; – Werkstoff des Liners bestimmt Abriebfestigkeit und Beständigkeit gegen Chemikalien
	Einbaueigenschaften	– entweder vollständiger oder Teilabschnitt; – Oberfläche von aufgesprühtem Werkstoff kann von Hand oder mit mechanischen Verfahren geglättet werden, dort wo sich dadurch die Oberflächenbeschaffenheit verbessert; – beim Aufsprühen von Hand ist ein genügend großer Arbeitsraum erforderlich, um Rückprall des Werkstoffes zu verhindern; außerdem ist eine ausreichende Höhe erforderlich, damit der Ausführende aufrecht stehen kann; – Wanddicke muss den Auslegungsanforderungen entsprechen und ist durch die Werkstoffeigenschaften begrenzt; – Arbeitsfläche an der Oberfläche: minimal; – Zugang über Einsteigschächte möglich; – beruht auf mechanischer oder chemischer Haftung an der Oberfläche des vorhandenen Rohres oder Einsteigschachtes, was eine besondere Vorbereitung erforderlich macht; – Aufrechterhaltung der Vorflut für die Rohrrenovierung in der Regel erforderlich; – Seitenanschlüsse sollten vor Verschmutzung durch aufgetragene Werkstoffe geschützt werden und als Teil der Endausführung baulich wiederhergestellt werden
	Einbauausrüstung	– aggressive Rohrreinigungsausrüstung; – Absetztank; – Ausrüstung zur optischen Inspektion; – Sprüheinheit; – Kompressor
	Platzbedarf an der Oberfläche	– Platz für Reinigungsausrüstung, Absetztank, Kompressor und Sprüheinheit am Startpunkt
	Baugrube	– kleine Zugangsbaugrube für Start- und Zielbaugrube

Tafel 22.38 Eigenschaften der Erneuerung mit Berstverfahren (DIN EN 15885)

Eigenschaft	Beschreibung
Zutreffende Dokumente	EN ISO 21225-1, EN 12889
Werkstoffe neues Rohr	PE, PP, GFK, PVC-U
Werkstoffe Altrohr	– alle Werkstoffe außer Spannbetonrohre
Anwendungen	– drucklose Rohre; – Druckrohre
Geometrische Eigenschaften	– die Technik kann auch bei Altrohren mit stark deformierten nominell kreisförmigen Querschnitten eingesetzt werden; – minimale Größe: 50 mm; – maximale Größe: 1000 mm; – maximale Länge: 250 m; – Renovierung von Bögen mit großen Radien möglich, in Abhängigkeit von der Rohrgröße und der Flexibilität der Zugstangen
Leistungsmerkmale	– minimale oder keine Verringerung der hydraulischen Kapazität; hydraulische Kapazität (Durchflussquerschnitt und Durchflussleistung) kann erhöht werden; – gleichmäßiges Gefälle kann in der Regel nicht wiederhergestellt werden; – Abriebfestigkeit hängt vom Werkstoff des Rohrs ab; – Beständigkeit gegen Chemikalien hängt vom Werkstoff des Rohrs ab
Einbaueigenschaften	– Rohre sind in der Regel in der Stranglänge gefertigt oder vormontiert; Einzelrohre sind auch möglich; – Einbau durch Zug; Kräfte können aufgezeichnet/begrenzt werden; – Arbeitsfläche an der Oberfläche: Lagerung der gesamten Einbaulänge an der Oberfläche erforderlich (Rohrstrang); keine besonderen Einschränkungen (Einzelrohr); – Zugang zur vorhandenen Rohrleitung: üblicherweise örtliche Baugrube erforderlich; im Allgemeinen auch Zugang durch Einsteigschacht möglich; – Außerbetriebnahme der vorhandenen Rohrleitung vor dem Bersten erforderlich; – Aufrechterhaltung der Vorflut üblicherweise erforderlich für Einbau; – Seitenanschlüsse müssen vor dem Berstvorgang abgetrennt oder geschlossen werden; Wiederanbindung von Seitenanschlüssen: Baugrube im Allgemeinen erforderlich
Einbauausrüstung	– Rollenböcke zur Unterstützung des gesamten Lining-Rohrstrangs (außer das Rohr wird direkt von einer Trommel eingezogen); – Rollen zur Führung des Lining-Rohrs in die vorhandene Rohrleitung; – bei Verfahren A: Gestänge-Zugvorrichtung zur Führung des Berstkopfes durch die vorhandene Rohrleitung; – bei Verfahren B: Winde um die Ausrichtung des Berstkopfes in der vorhandenen Rohrleitung aufrecht zu erhalten; – für den Werkstoff geeignete Montageausrüstung; – Berst-/Schneidkopf; – Hydraulik oder Pneumatik für dynamisches Berstverfahren
Platzbedarf an der Oberfläche	– für den Lining-Rohrstrang (oder Trommelanhänger bei kleineren Durchmessern) am Startpunkt; – bei Verfahren B für eine Winde am Zielpunkt und einen Druckluftkompressor am Startpunkt

Baugrube	– am Startpunkt:
	  – lang genug, um den Einzug des Lining-Rohrs unter Berücksichtigung des kleinsten zulässigen Biegeradius in die vorhandene Rohrleitung zu ermöglichen, der in Abhängigkeit vom Rohrmaß und der Temperatur vom Hersteller vorgegeben wird;
	– am Zielpunkt:
	  – groß genug, um dem Führungskopf des Lining-Rohrs und gegebenenfalls dem Windenmast oder der Zugeinheit Platz zu bieten

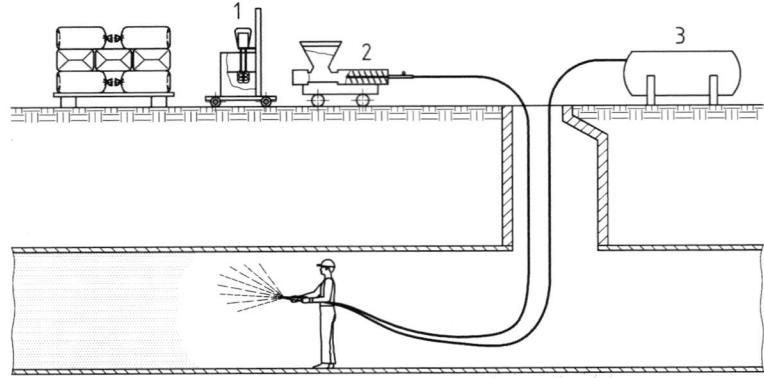

Abb. 22.57 Schematische Darstellung von manuell aufgebrachtem Zementspritzmörtel oder Harz (DIN EN 15885)
Legende:
1 Mischer
2 Pumpe
3 Kompressor

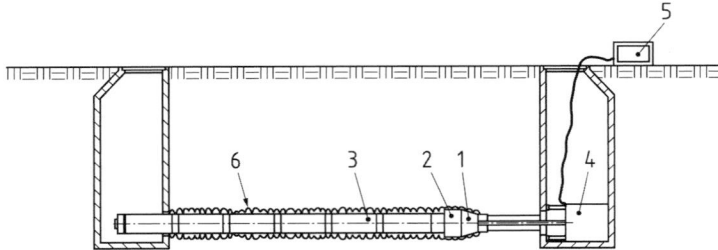

Abb. 22.58 Schematische Darstellung der Erneuerung mit statischem Berstverfahren (Verfahren A: hier Einzelrohreinbau; DIN EN 15885)
Legende:
1 Berstkopf
2 Aufweitungskegel
3 verbundenes Lining-Rohr
4 Zuggerät
5 Hydraulikaggregat
6 Rohrbruchstücke

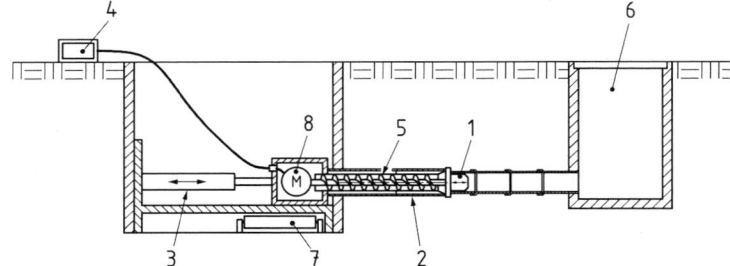

Abb. 22.59 Schematische Darstellung der Erneuerung mit dem Pipe-Eating-Verfahren (DIN EN 15885)
Legende:
1 Mikrotunnelvortriebmaschine
2 Verkleidung der Förderschnecke
3 Antriebseinheit in Startgrube
4 Hydraulikaggregat
5 Förderschnecke
6 Zielbaugrube
7 Abraumbehälter
8 Motor für Antrieb der Förderschnecke

Tafel 22.39 Eigenschaften der Erneuerung mit dem Pipe-Eating-Verfahren (DIN EN 15885)

Eigenschaft	Beschreibung
Zutreffende Normen	EN 12889, ISO 25780, EN 14636-1
Werkstoffe neues Rohr	Kunststoff (PP, GFK, PVC-U), Stahl, duktiles Gusseisen, PRC, Steinzeug, Beton mit Bewehrung
Werkstoffe vorhandenes Rohr	Steinzeug, Beton ohne Bewehrung, Faserzement, PRC
Anwendungen	– drucklose Rohre
Geometrische Eigenschaften	– nicht kreisförmiger Querschnitt des vorhandenen Rohres möglich (neues Rohr immer kreisförmig); – minimale Größe: 100 mm (vorhandenes Rohr), 250 mm (neues Rohr) – maximale Größe: 750 mm (vorhandenes Rohr), 800 mm (neues Rohr) – maximale Länge: 80 m (vorhandenes Rohr), 100 m (neues Rohr) – einige Systeme ermöglichen die Renovierung leicht gebogener Rohranordnungen
Leistungsmerkmale	– keine Verringerung der hydraulischen Kapazität; hydraulische Kapazität (Durchflussquerschnitt und Durchflussleistung) kann erhöht werden; – gleichmäßiges Gefälle kann wiederhergestellt werden; – Wiederherstellung der statischen Tragfähigkeit ist möglich; – Abriebfestigkeit hängt vom Werkstoff ab; – Beständigkeit gegen Chemikalien hängt vom Werkstoff ab
Einbaueigenschaften	– nur Einzelrohre können eingebaut werden; – Einbringen durch Schieben; – Arbeitsfläche an der Oberfläche: erheblicher Platzbedarf für die Pipe-Eating-Ausrüstung; – Zugang zur vorhandenen Rohrleitung: üblicherweise örtliche Baugrube erforderlich; – Aufrechterhaltung der Vorflut üblicherweise erforderlich für Einbau; – Ringraum muss in der Regel verfüllt werden; – Wiederanbindung von Seitenanschlüssen: Baugrube im Allgemeinen erforderlich
Einbauausrüstung	– Ausrüstung zur Handhabung von Rohren; – Mikrotunnelvortriebmaschine mit Förderschnecke oder Spülförderung; – Mischeinheit Spülförderung; – Generator für den Antrieb der Mikrotunnelvortriebmaschine; – für den Werkstoff geeignete Montageausrüstung
Platzbedarf an der Oberfläche	– für eine Mikrotunnelvortriebmaschine am Zielpunkt; – für einen Generator für den Antrieb der Mikrotunnelvortriebmaschine; – für die Mischeinheit der Spülförderung; – zur Lagerung von Rohren; – für Ausrüstung zur Handhabung von Rohren
Baugrube	– am Startpunkt: groß genug, um der Mikrotunnelvortriebmaschine und dem Rohrvortriebsgerüst Platz zu bieten; – am Zielpunkt: groß genug, um die Mikrotunnelvortriebmaschine wieder an die Oberfläche zu bringen

Bauen und Umwelt

Prof. Dr. rer. nat. Ingrid Obernosterer

Inhaltsverzeichnis

I. Obernosterer (✉)
FH Aachen University of Applied Sciences
Aachen, Deutschland
E-Mail: obernosterer@fhaachen.de

23.1 Einführung und rechtlicher Hintergrund

23.1.1 Begriffsbestimmung Umwelt

Bei jedem Bauvorhaben sind in mehr oder weniger großem Umfang umweltrechtliche Regelungen relevant. Der Begriff Umwelt hat eine langjährige Geschichte und wird sehr unterschiedlich verstanden. In Bezug auf Bauvorhaben trifft bevorzugt die naturwissenschaftliche Definition nach [1] zu, wonach Umwelt die Umgebung eines Lebewesens (im übertragenen Sinn Bauvorhabens) ist, die auf dieses einwirkt und seine Lebensumstände beeinflusst. Die Definition ist zu erweitern um die umgekehrte Sichtweise, nämlich die Auswirkungen eines Bauvorhabens auf die Umgebung.

23.1.2 Wesentliche Rechts- und Regelwerke

Das deutsche Umweltrecht hat sich über viele Jahre unter dem Einfluss verschiedener Umweltprobleme entwickelt. Daher existieren heute diverse Umweltfachgesetze mit Schwerpunkten in jeweils einzelnen Umweltbereichen, wie Luftreinhaltung, Lärmschutz, Abfallwirtschaft oder Bodenschutz. Zum Teil enthalten diese Gesetze unterschiedliche Begriffsdefinitionen und Regelungsansätze oder gewichten einzelne Umweltbelange unterschiedlich, ohne dass dies immer sachlich gerechtfertigt ist. Ein einheitliches Umweltgesetzbuch ist in Bearbeitung, liegt bis heute aber nicht vor.

Unter Umweltaspekten sind in Bezug auf Bauvorhaben insbesondere folgende Rechts- und Regelwerke wesentlich:

AbfRRL Richtlinie 2008/98/EG des Europäischen Parlamentes und des Rates vom 19. November 2008 über Abfälle und zur Aufhebung bestimmter Richtlinien (ABl. L 312 vom 22.11.2008, S. 3)

AltholzV Verordnung über Anforderungen an die Verwertung und Beseitigung von Altholz – Altholzverordnung, zuletzt geändert durch Art. 62 G v. 29.3.2017 I 626

© Springer Fachmedien Wiesbaden GmbH, ein Teil von Springer Nature 2021
U. Vismann (Hrsg.), *Wendehorst Bautechnische Zahlentafeln*, https://doi.org/10.1007/978-3-658-32218-2_23

ATV DIN 18300 OB Vergabe- und Vertragsordnung für Bauleistungen – Teil C: Allgemeine Technische Vertragsbedingungen für Bauleistungen (ATV) – Erdarbeiten (09/2019)

ATV DIN 18320 OB Vergabe- und Vertragsordnung für Bauleistungen – Teil C: Allgemeine Technische Vertragsbedingungen für Bauleistungen (ATV) – Landschaftsbauarbeiten (09/2019)

AVV Verordnung über das Europäische Abfallverzeichnis – Abfallverzeichnis-Verordnung, zuletzt geändert durch Art. 2 V v. 17.7.2017 I 2644

BauGB Baugesetzbuch, zuletzt geändert durch Gesetz vom 27.03.2020 (BGBl. I S. 587) m.W.v. 28.03.2020

BBodSchG Gesetz zum Schutz vor schädlichen Bodenveränderungen und zur Sanierung von Altlasten – Bundesbodenschutzgesetz, zuletzt geändert durch Art. 3 Abs. 3 V v. 27.9.2017 I 3465

BBodSchV Bundes-Bodenschutz- und Altlastenverordnung, zuletzt geändert durch Art. 3 Abs. 4 V v. 27.9.2017 I 3465 (Die BBodSchV wurde am 09.07.2021 neu gefasst. Die Neufassung tritt am 01.08.2021 in Kraft. Die folgenden Ausführungen beziehen sich auf die derzeit geltende Fassung von 2017.)

BNatSchG Gesetz über Naturschutz und Landschaftspflege – Bundesnaturschutzgesetz, zuletzt geändert durch Gesetz vom 04.03.2020 (BGBl. I S. 440) m.W.v. 13.03.2020

BWaldG Gesetz zur Erhaltung des Waldes und zur Förderung der Forstwirtschaft – Bundeswaldgesetz, zuletzt geändert durch Art. 1 G v. 17.1.2017 I 75

CLPV Verordnung Nr. 1272/2008/EG des Europäischen Parlamentes und des Rates vom 16. Dezember 2008 über die Einstufung, Kennzeichnung und Verpackung von Stoffen und Gemischen – CLP-Verordnung

DepV Verordnung über Deponien und Langzeitlager – Deponieverordnung, zuletzt geändert durch Art. 2 V v. 27.9.2017 I 3465 (Die DepV wurde am 09.07.2021 neu gefasst. Die Neufassung tritt am 01.08.2021 in Kraft. Die folgenden Ausführungen beziehen sich auf die derzeit geltende Fassung von 2017.)

DIN 4030 Beurteilung betonangreifender Wässer, Böden und Gase – Teil 1: Grundlagen und Grenzwerte, Teil 2: Entnahme und Analyse von Wasser- und Bodenproben (06/2008)

DIN 18915 Vegetationstechnik im Landschaftsbau Bodenarbeiten (06/2018)

DIN 19639 Bodenschutz bei Planung und Durchführung von Bauvorhaben (09/2019)

DIN 19731 Bodenbeschaffenheit – Verwertung von Bodenmaterial (05/1998)

ErsatzbaustoffV Verordnung über Anforderungen an den Einbau von mineralischen Ersatzbaustoffen in technische Bauwerke, gültig ab 01.08.2023

FFH-RL Richtlinie 92/43/EWG DES RATES vom 21. Mai 1992 zur Erhaltung der natürlichen Lebensräume sowie der wildlebenden Tiere und Pflanzen (ABl. L 206 vom 22.7.1992, S. 7)

GewAbfV Verordnung über die Bewirtschaftung von gewerblichen Siedlungsabfällen und von bestimmten Bau- und Abbruchabfällen – Gewerbeabfallverordnung, geändert durch Art. 2 Abs. 3 G v. 5.7.2017 I 2234 (Die GewAbfV wurde am 09.07.2021 neu gefasst. Die Neufassung tritt am 01.08.2021 in Kraft. Die folgenden Ausführungen beziehen sich auf die derzeit geltende Fassung von 2017.)

KrWG Gesetz zur Förderung der Kreislaufwirtschaft und Sicherung der umweltverträglichen Bewirtschaftung von Abfällen – Kreislaufwirtschaftsgesetz, zuletzt geändert durch Gesetz vom 20.07.2017 (BGBl. I S. 2808) m.W.v. 29.07.2017

M RC Merkblatt über den Einsatz von rezyklierten Baustoffen im Erd- und Straßenbau, Forschungsgesellschaft für Straßen- und Verkehrswesen, 2019

POPV Verordnung (EU) 2019/1021 des Europäischen Parlaments und des Rates vom 20. Juni 2019 über persistente organische Schadstoffe (ABl. L 158 vom 30.4.2004, S. 7–49)

RAS-LP2 Richtlinien für die Anlage von Straßen, Teil: Landschaftspflege, Abschnitt 2: Landschaftspflegerische Ausführung (1993)

ROG Raumordnungsgesetz vom 22. Dezember 2008 (BGBl. I S. 2986), zuletzt geändert durch Art. 2 Abs. 15 G v. 20.7.2017 I 2808

TL Gestein-StB Technische Lieferbedingungen für Gesteinskörnungen im Straßenbau, Forschungsgesellschaft für Straßen- und Verkehrswesen, Ausgabe 2004, Fassung 2018

TL SoB-StB0 Technische Lieferbedingungen für Baustoffgemische und Böden zur Herstellung von Schichten ohne Bindemittel im Straßenbau, Forschungsgesellschaft für Straßen – und Verkehrswesen, 2007

TP Gestein-StB Technische Prüfvorschriften für Gesteinskörnungen im Straßenbau, Forschungsgesellschaft für Straßen- und Verkehrswesen, 03/2018

UVPG Gesetz über die Umweltverträglichkeitsprüfung in der Fassung der Bekanntmachung vom 24. Februar 2010 (BGBl. I S. 94), neugefasst durch Bek. v. 24.2.2010 I 94, zuletzt geändert durch Art. 2 G v. 12.12.2019 I 2513

V-RL Richtlinie 2009/147/EG des Europäischen Parlamentes und des Rates vom 30. November 2009 über die Erhaltung der wildlebenden Vogelarten

ZTV E-StB Zusätzliche Technische Vertragsbedingungen und Richtlinien für Erdarbeiten im Straßenbau (2017)

ZTV La-StB Zusätzliche Technische Vertragsbedingungen und Richtlinien für Landschaftsbauarbeiten im Straßenbau (2018)

23.2 Umweltauswirkungen von Bauvorhaben und Prüfpflichten

23.2.1 Umweltverträglichkeitsprüfung

Ein Bauvorhaben kann sich auf unterschiedliche Schutzgüter auswirken.

Umweltrelevante Schutzgüter sind (UVPG § 2 (1)):

- Menschen, insbesondere die menschliche Gesundheit,
- Tiere, Pflanzen und die biologische Vielfalt,
- Fläche, Boden, Wasser, Luft, Klima und Landschaft,
- kulturelles Erbe und sonstige Sachgüter sowie
- die Wechselwirkung zwischen den vorgenannten Schutzgütern.

Das seit 1990 existierende UVP-Gesetz verlangt für bestimmte Plan- oder Bauvorhaben eine strategische Umweltprüfung (SUP) bzw. eine Umweltverträglichkeitsprüfung (UVP).

Beide Prüfungen sind unselbstständige Teile behördlicher Verfahren zur Aufstellung oder Änderung von Plänen und Programmen bzw. zur Prüfung der Zulässigkeit von Bauvorhaben. Sie umfassen die Ermittlung, Beschreibung und Bewertung der erheblichen Auswirkungen eines Vorhabens oder eines Plans oder Programms auf die Schutzgüter. Die Prüfungen erfolgen nach einheitlichen Grundsätzen sowie unter Beteiligung der Öffentlichkeit.

Im ersten Schritt der UVP (Screening) ist anhand UVPG Anh. 1 zu ermitteln, ob überhaupt für ein bestimmtes Vorhaben eine Umweltverträglichkeitsprüfung durchzuführen ist. In UVPG Anh. 1 sind insgesamt 149 Vorhabentypen aufgelistet, meist mit Angabe von Größenschwellen, ab denen eine Umweltverträglichkeitsprüfung zu erfolgen hat. Dabei wird unterschieden zwischen Vorhaben, für die generell eine UVP durchzuführen ist, und solchen, bei denen zunächst nur eine Vorprüfung stattfindet. Letztere greift bei Vorhaben, bei denen erhebliche nachteilige Umweltauswirkungen möglich, aber nicht in jedem Einzelfall zu erwarten sind. Ziel der Vorprüfung ist es, mögliche Umweltauswirkungen überschlägig abzuschätzen und zu entscheiden, ob für ein konkretes Vorhaben eine UVP erforderlich ist.

Im dann folgenden Scoping-Prozess werden die Inhalte festgelegt, die in der Umweltverträglichkeitsstudie zu untersuchen sind.

Nähere Informationen über den Ablauf und die Inhalte der Umweltverträglichkeitsprüfung finden sich auf dem UVP-Portal des Bundes unter www.uvp-portal.de.

23.2.2 Beeinträchtigung von Lebensräumen ⇔ Naturschutzrechtliche Prüfungen

Jedes Bauvorhaben auf nicht baulich vorgenutzten Flächen greift in Lebensräume von Fauna und Flora ein. U. U. ist dies auch auf bereits bebauten Flächen der Fall.

Im Rahmen von Genehmigungsverfahren sind daher regelmäßig über die UVP hinaus weitere Prüfungen zur Beurteilung und Bewältigung der Umweltfolgen zu durchlaufen. Folgende Vorgaben sind in Bezug auf Bauvorhaben besonders relevant:

- Nach BauGB § 1a (3) sind bei der Bauleitplanung die Vermeidung und der Ausgleich voraussichtlich erheblicher Beeinträchtigungen des Landschaftsbildes sowie der Leistungs- und Funktionsfähigkeit des Naturhaushalts (s. dazu BGB § 1 (6) Nr. 7 a/b) zu berücksichtigen. BNatSchG §§ 13 ff. gibt vor, dass erhebliche Beeinträchtigungen von Natur und Landschaft vom Verursacher vorrangig zu vermeiden sind. Nicht vermeidbare erhebliche Beeinträchtigungen sind durch Ausgleichs- oder Ersatzmaßnahmen oder, soweit dies nicht möglich ist, durch einen Ersatz in Geld zu kompensieren. Diese Eingriffsregelung nach §§ 13 ff. BNatSchG hat zum Ziel, die Leistungs- und Funktionsfähigkeit des Naturhaushaltes und des Landschaftsbildes auch außerhalb der besonderen Schutzgebiete zu erhalten. Art und Umfang der zu ergreifenden Ausgleichs- und Ersatzmaßnahmen werden im s.g. landschaftspflegerischen Begleitplan festgelegt (BNatSchG § 17 (4)). Das Vorgehen zur Ersatzgelderhebung ist in BNatSchG § 15(6) geregelt.
- Rodungsarbeiten sind nach BNatSchG § 39 (5) Nr. 2 in der Zeit vom 1. März bis zum 30. September verboten.
- Das BWaldG regelt in § 9 (1), dass Wald nur mit Genehmigung der nach Landesrecht zuständigen Behörde gerodet und in eine andere Nutzungsart umgewandelt werden (Umwandlung). Eine Umwandlung von Wald kann auch für einen bestimmten Zeitraum genehmigt werden; durch Auflagen ist dabei sicherzustellen, dass das Grundstück innerhalb einer angemessenen Frist ordnungsgemäß wieder aufgeforstet wird (BWaldG § 9 (2)). Die Vorschriften des betreffenden Kapitels 2 BWaldG sind Rahmenvorschriften für die Landesgesetzgebung. Konkretere Regelungen finden sich in den jeweiligen Ländergesetzen.
- BNatSchG § 44 enthält eine Reihe von Verbotstatbeständen in Bezug auf das Fangen, Töten, Stören oder Zerstören der Lebensstätten besonders geschützter und bestimmter anderer Tier- und Pflanzenarten. Die Prüfung, ob ein Vorhaben gegen artenschutzrechtliche Verbote verstößt, erfordert eine ausreichende Bestandsaufnahme der vorhandenen prüfrelevanten Arten und ihrer Lebensräume (ASP – Artenschutzprüfung). Dabei hängen Art, Umfang und Tiefe der Untersuchungen von den naturräumlichen Gegebenheiten im Einzelfall sowie von Art und Ausgestaltung des Vorhabens ab.
- Auch die auf europäischer Ebene geltende FFH-RL und V-RL erfordern nach den Artikeln 12 bzw. 5 Artenschutzprüfungen. Beide Richtlinien dienen gemeinsam der Umsetzung der Berner Konvention (Übereinkommen über die Erhaltung der europäischen wildlebenden Pflanzen und Tiere und ihrer natürlichen Lebensräume). Das

wesentliche Instrument dabei ist ein zusammenhängendes Netz von Schutzgebieten (Natura 2000) für die in den Anhängen der FFH-Richtlinie genannten seltenen oder bedrohten Arten und Lebensräume (Habitate).

- Für Pläne oder Projekte, die einzeln oder im Zusammenwirken mit anderen Plänen oder Projekten ein Gebiet des Netzes „Natura 2000" erheblich beeinträchtigen können, schreiben FFH-RL Art. 6 Abs. 3 bzw. BNatSchG § 34 die Prüfung der Verträglichkeit dieses Projektes oder Planes mit den festgelegten Erhaltungszielen des betreffenden Gebietes vor. Zunächst ist in einer FFH-Vorprüfung auf Grundlage vorhandener Unterlagen zu klären, ob es prinzipiell zu erheblichen Beeinträchtigungen eines „Natura 2000"-Gebietes kommen kann. Sind erhebliche Beeinträchtigungen nicht mit Sicherheit auszuschließen, muss zur weiteren Klärung des Sachverhaltes eine FFH-Verträglichkeitsprüfung nach BNatSchG § 34 ff. durchgeführt werden.

23.2.3 Flächenverbrauch ⇔ Bodenschutz

Jedes Bauvorhaben verbraucht Flächen.

Nach ROG und BauGB § 1a (2) ist mit Grund und Boden sparsam und schonend umzugehen (Bodenschutzklausel). Zur Verringerung der Inanspruchnahme von Flächen für bauliche Nutzungen sind die Möglichkeiten durch Wiedernutzbarmachung vorgenutzter Flächen, Nachverdichtungen und andere Maßnahmen zur Innenentwicklung zu nutzen. Bodenversiegelungen sind auf das notwendige Maß zu begrenzen. Landwirtschaftlich, als Wald oder für Wohnzwecke genutzte Flächen sollen nur im notwendigen Umfang umgenutzt werden.

Die bisherigen politischen Ziele in Bezug auf den Flächenverbrauch in der BRD wurden nicht erreicht. Täglich werden in Deutschland rund 56 Hektar als Siedlungs- und Verkehrsflächen neu ausgewiesen. Bis 2030 soll der Flächenverbrauch auf unter 30 Hektar pro Tag sinken [3].

Auf nicht baulich vorgenutzten Flächen finden sich im Regelfall natürliche Böden (Definition s. BBodSchG § (1)). Böden erfüllen zahlreiche Funktionen z. B. als Lebensraum, als Regler im Wasser- und Nährstoffkreislauf, als Filter, Puffer und Speicher für Stoffe oder als Archiv der Natur- und Kulturgeschichte (Bodenfunktionen s. BBodSchG § 2 (2)). Der Erhalt dieser Funktionen, d. h. der vorsorgende Bodenschutz ist ein Schwerpunkt des gesetzlichen Schutzauftrags nach BBodSchG und BBodSchV. Nach BNatSchG § 1 Abs. 3 Punkt 2 sind nicht mehr genutzte versiegelte Flächen zu renaturieren.

Mutterboden oder Oberboden (nach DIN 19731 oberer Teil des Mineralbodens, der einen der jeweiligen Bodenbildung (Mutterboden) entsprechenden Anteil an Humusgehalt und Bodenorganismen enthält und der sich meist durch dunklere Bodenfarbe vom Unterboden abhebt) unterliegt einem besonderen Schutz. Gemäß BauGB § 202 ist Mutterboden, der bei der Errichtung und Änderung baulicher Anlagen sowie bei wesentlichen anderen Veränderungen der Erdoberfläche ausgehoben wird, in nutzbarem Zustand zu erhalten und vor Vernichtung oder Vergeudung zu schützen. Konkretisierende Regelungen finden sich in DIN 19731, DIN 18915, ATV DIN 18320, ZTV E-StB-09, ZTV La-StB 05 und RAS-LP2.

Das Bodenschutzrecht sieht keinen eigenständigen Genehmigungstatbestand vor. Dennoch sind die Belange des Bodenschutzes bei allen Bauvorhaben zu berücksichtigen. Im Rahmen von Genehmigungsverfahren werden die Bodenschutzbehörden zu beteiligen. Diese fordern zunehmend – vor allem bei größeren Bauvorhaben – eine bodenkundliche Baubegleitung. Nähere Angaben zu deren planerischen und baubegleitenden Aufgaben finden sich in [4–13].

23.3 Umwelteinwirkungen auf Bauvorhaben

Insbesondere bei Bauvorhaben in einer anthropogen veränderten Umwelt wirkt sich ein Bauvorhaben nicht nur auf diese aus, sondern ist umgekehrt auch verschiedenen Einwirkungen oder limitierenden Randbedingungen ausgesetzt. Je nach Art und Intensität der Vornutzung(en) sind mehr oder weniger aufwendige Bauvorbereitungen und/oder Gegenmaßnahmen erforderlich. Nachfolgend wird nur auf die häufigsten Einflussfaktoren eingegangen. Weniger oft vorkommende Randbedingungen wie z. B. Bergbaueinflüsse bleiben hier außer Acht.

23.3.1 Versorgungsleitungen

Im Boden findet sich eine Vielzahl unterirdischer Leitungen (Kanäle und Leitungen der Ver- und Entsorgung, insbesondere Gas, Wasser, Fernwärme, Abwasser, Strom und Telekomunikation), die unterschiedlichsten Betreibern zuzuordnen ist.

Bevor im Zuge von Bauvorhaben in den Untergrund eingegriffen wird, muss eine Leitungsrecherche erfolgen. Die Bauwirtschaft ist gesetzlich zur Leitungserkundung verpflichtet.

Heute werden Leitungsrecherchen (Einholgen von Plänen mit Eintragung des Verlaufs unterirdischer Leitungen) über zentrale Online-Dienste abgewickelt.

Die ALIZ GmbH & Co. KG (ASSIP – LeitungsInformationsZentrum) wurde 1998 als Pilotprojekt im Bundesland NRW von einigen großen Versorgern – nach dem Vorbild und in Absprache mit KLIC Holland – gegründet. ALIZ steht der Bauwirtschaft seit 2000 zur Verfügung. Seitdem wurde die Dienstleistung auf die Bundesländer Schleswig-

Holstein, Hamburg, Niedersachsen, Bremen, Hessen, Rheinland-Pfalz, Saarland, Baden-Württemberg, Bayern, Sachsen-Anhalt, Thüringen und Mecklenburg-Vorpommern ausgedehnt [16].

Die BIL eG (Bundesweites Informationssystem zur Leitungsrecherche) wurde am 2015 durch 17 leitungsnetzbetreibende Unternehmen aus der Chemie, Gas und Erdölindustrie gegründet.

Ab Juli 2019 vereinbarten die beiden Unternehmen ALIZ GmbH & Co. KG und BIL eG eine Zusammenarbeit zur Bereitstellung einer zentralen Onlineplattform für Bauanfragen in Deutschland. Ab Mitte Januar 2020 können Anfragen über die „BIL-Leitungsauskunft mit ALIZ Integration" gestellt werden.

23.3.2 Kampfmittel

Durch die kriegerischen Auseinandersetzungen im ersten und zweiten Weltkrieg sind noch heute vielerorts Kampfmittel im Boden vorhanden.

Gemäß [14] sind Kampfmittel gewahrsamslos gewordene, zur Kriegsführung bestimmte Gegenstände und Stoffe militärischer Herkunft und Teile solcher Gegenstände, die:

- Explosivstoffe oder Rückstände dieser Stoffe enthalten oder aus Explosivstoffen oder deren Rückständen bestehen oder
- chemische Kampf-, Nebel-, Brand- oder Reizstoffe oder Rückstände dieser Stoffe enthalten,
- Kriegswaffen oder wesentliche Teile von Kriegswaffen sind.

Von Kampfmitteln können bei Eingriffen in den Untergrund erhebliche Gefahren ausgehen. Daher ist für jedes Bauvorhaben zunächst eine Kampfmittelrecherche durchzuführen. Ergeben sich Hinweise auf das Vorhandensein von Kampfmittel, sind diese vor Ort genau zu detektieren und zu bergen. Diese Arbeitsschritte werden als Kampfmittelbeseitigung zusammengefasst.

Verantwortlich für die Kampfmittelfreiheit des Baugrundstücks ist der Bauherr als Zustandsstörer. Die Anforderungen für die Feststellung und Bestätigung der Kampfmittelfreiheit richten sich nach den jeweiligen gesetzlichen bzw. behördlichen Vorgaben der 16 Bundesländer (Tafel 23.1).

23.3.3 Bodendenkmäler

Neben Leitungen und Kampfmitteln können im Baugrund auch Bodendenkmäler vorhanden sein.

Zu deren Schutz existieren in den einzelnen Bundesländern Denkmalschutzgesetze, die den Umgang mit archäologischen Relikten regeln und die Arbeitsgrundlage der archäologischen Denkmalpflege bilden. Übergeordnet ist der Denkmalschutz auch in Bundes- und anderen Ländergeset-

zen den Naturschutz, den Bodenschutz, das Baurecht oder die Raumordnung betreffend verankert.

Definitionen des Begriffs Bodendenkmal finden sich in den Landesgesetzen. Allgemein werden unter Bodendenkmälern im Boden oder auch in einem Gewässer verborgene bewegliche oder unbewegliche Sachen verstanden, bei denen es sich um Zeugnisse, Überreste oder Spuren menschlichen (auch tierischen und pflanzlichen) Lebens handelt. Dazu zählen Überreste früherer Befestigungsanlagen, Siedlungen, Kult- und Bestattungsplätze, Produktionsstätten, Wirtschaftsbetriebe, Verkehrswege und Grenzziehungen [17].

Bekannte Bodendenkmäler werden zumeist von den zuständigen Landesbehörden erfasst und katalogisiert. Neben den Denkmalbehörden gibt es traditionell die Denkmalpflegeämter, welche die Behörden fachlich beraten und unterstützen.

Im Baugenehmigungsverfahren werden die zuständigen (unteren) Denkmalschutzbehörden beteiligt. Bei Hinweisen auf Bodendenkmäler werden archäologische Maßnahmen gefordert. Dabei kann es sich um eine baubegleitende Beobachtung oder auch eine bauvorgreifende Ausgrabung handeln. Zuständig ist im Regelfall der Bauherr.

23.3.4 Baurelikte ⇔ Rückbau

Auf vielen baulich schon vorgenutzten Flächen finden sich (rezente) Bauwerksreste oder noch erhaltene Bauwerke, die vor einer Umnutzung rückzubauen sind. Dabei fallen im Regelfall Abfälle an.

Nach KrWG § 7 sind Abfälle getrennt zu erfassen. KrWG § 14 fordert, dass Papier-, Metall-, Kunststoff- und Glasabfälle getrennt zu sammeln sind, soweit dies technisch möglich und wirtschaftlich zumutbar ist. Konkretisierende Regelungen enthalten GewAbfV § 8 und § 9. Nach § 8 haben Erzeuger und Besitzer von Bau- und Abbruchabfällen die folgenden Abfallfraktionen jeweils getrennt zu sammeln, zu befördern und vorrangig der Vorbereitung zur Wiederverwendung oder dem Recycling zuzuführen:

1. Glas (Abfallschlüssel 17 02 02)
2. Kunststoff (Abfallschlüssel 17 02 03)
3. Metalle, einschließlich Legierungen (Abfallschlüssel 17 04 01 bis 17 04 07 und 17 04 11)
4. Holz (Abfallschlüssel 17 02 01)
5. Dämmmaterial (Abfallschlüssel 17 06 04)
6. Bitumengemische (Abfallschlüssel 17 03 02)
7. Baustoffe auf Gipsbasis (Abfallschlüssel 17 08 02)
8. Beton (Abfallschlüssel 17 01 01)
9. Ziegel (Abfallschlüssel 17 01 02)
10. Fliesen und Keramik (Abfallschlüssel 17 01 03)

Diese Forderungen bedingen, dass ein Rückbau selektiv (kontrolliert) erfolgen muss. Dabei werden die Neubauschritte quasi in umgekehrter Reihenfolge durchgeführt.

Tafel 23.1 Zuständigkeiten der Kampfmittelbeseitigung in den einzelnen Bundesländern (nach [15])

Bundesland	Zuständigkeit	Rechtsgrundlage
Baden-Württemberg	Regierungspräsidiums Stuttgart Referat 62	Verwaltungsvorschrift des Innenministeriums über die Aufgaben des Kampfmittelbeseitigungsdienstes (VwV-Kampfmittelbeseitigungsdienst) vom 21.12.2006 – Az.: 3-1115.8/227 – Bekanntgemacht am 26.01.2007; (GABl. S. 16), neu erlassen und geändert durch Verwaltungsvorschrift vom 31.08.2013 (GABl. S. 342)
Bayern	Sprengkommando München und Sprengkommando Nürnberg	Abwehr von Gefahren durch Kampfmittel, Bekanntmachung des Bayerischen Staatsministeriums des Innern vom 15. April 2010 Az.: ID4-2135.12-9; Fundstelle: AllMBl 2010, S. 136
Berlin	Senatsverwaltung für Stadtentwicklung und Umwelt, Objektbereich X OA Ermittlung und Bergung von Kampfmitteln	Merkblatt zur Ermittlung und Bergung von Kampfmitteln im Land Berlin
Brandenburg	Kampfmittelbeseitigungsdienst (KMBD), dem Ministerium des Innern unterstellt	Ordnungsbehördliche Verordnung zur Verhütung von Schäden durch Kampfmittel (Kampfmittelverordnung für das Land Brandenburg – KampfmV) vom 23. November 1998 (GVBl.II/98, [Nr. 30], S. 633), geändert durch Artikel3 des Gesetzes vom 07. Juli 2009 (GVBl.I/09, [Nr. 12], S. 262, 266)
Bremen	Polizei Bremen	Gesetz zur Verhütung von Schäden durch Kampfmittel vom 8. Juli 2008 (Brem. GBl. S. 229)
Hamburg	Behörde für Inneres, Amt Feuerwehr – Kampfmittelräumdienst (KRD)	Verordnung zur Verhütung von Schäden durch KamNr. 45 vom 30.12.2005, Teil I, S. 557
Hessen	Regierungspräsidiums Darmstadt Dezernat I 18 – Öffentliche Sicherheit und Ordnung – Kampfmittelräumdienst (KMRD)	Generalklausel, § 1 des Hessischen Gesetzes über die öffentliche Sicherheit und Ordnung (HSOG) in der Fassung vom 14. Januar 2005
Mecklenburg-Vorpommern	Kommunen als örtliche Ordnungsbehörden sowie das Landesamt für Katastrophenschutz als Sonderordnungsbehörde	Landesverordnung zur Verhütung von Schäden durch Kampfmittel (Kampfmittelverordnung) vom 8. Juni 1993 (GVOBl. M-V 1993, S. 575)
Niedersachsen	Kommunen als örtliche Ordnungsbehörden, unterstützt im Wege der Amtshilfe vom Kampfmittelbeseitigungsdezernat (Dezernat 6) der Regionaldirektion des LGLN Hannover	Niedersächsisches Gesetz über die öffentliche Sicherheit und Ordnung (Nds. SOG) vom 19. Januar 2005 (Nds. GVBl. 2005, 9) i. V. m. dem Runderlass „Kampfmittelbeseitigung" des Umweltministeriums Niedersachsen vom 8.12.1995 (Az.: 505-62827/40-, Nds. MBl. Nr. 4/1996)
Nordrhein-Westfalen	Kommunen als örtliche Ordnungsbehörden, unterstützt durch den staatlichen Kampfmittelbeseitigungsdienst bei den Bezirksregierungen Arnsberg und Düsseldorf	Ordnungsbehördliche Verordnung zur Verhütung von Schäden durch Kampfmittel (Kampfmittelverordnung) vom 12. November 2003, geändert durch Art. 12 der VO vom 16. Juli 2013 (GV.NRW. S. 483)
Rheinland-Pfalz	Kommunen als örtliche Ordnungsbehörden, unterstützt durch die Aufsichts- und Dienstleistungsdirektion („ADD") als zentrale Verwaltungsbehörde des Landes Rheinland-Pfalz	Polizei- und Ordnungsbehördengesetz Rheinland-Pfalz (POG), § 1, in der Fassung vom 10.11.1993 (GVBl. 1993, 595) i. V. m. der „Vorläufigen Dienstanweisung für den Kampfmittelräumdienst Rheinland-Pfalz, Organisation und Aufgaben" vom 30.10.1997 (Az.: 342/19 901, 32 B/111)
Saarland	Polizeibehörden, unterstützt vom Kampfmittelbeseitigungsdienst als Referat B 4 beim Ministerium für Inneres und Sport	Saarländisches Polizeigesetz (SPoiG) in der Fassung der Bekanntmachung vom 26. März 2001 (Amtsbl. S. 1074) i. V. m. dem Runderlass des Ministeriums vom 26.5.1997 (Az.: B 4-6250.3)
Sachsen	Ortspolizeibehörden, eingerichtet vom Fachdienst Kampfmittelbeseitigung als Teil der Zentralen Dienste der Landespolizeidirektion Sachsen	Kampfmittelverordnung – Polizeiverordnung des Sächsischen Staatsministeriums des Innern zur Verhütung von Schäden durch Kampfmittel vom 2. März 2009 (GVBl. Nr. 4 vom 31.03.2009 S. 118)
Sachsen-Anhalt	Sicherheitsbehörde (Kommune) oder Polizei, unterstützt vom Technischen Polizeiamt Sachsen-Anhalt	Gefahrenabwehrverordnung zur Verhütung von Schäden durch Kampfmittel (KampfM-GAVO) vom 27.4.2005 (GVBl. LSA 2005, 240)
Schleswig-Holstein	Kommunen als Sicherheitsbehörden sowie die Polizei, die zur Kampfmittelbeseitigung das Landeskriminalamt (Innenministerium) als Landesordnungsbehörde einschalten	Landesverordnung zur Abwehr von Gefahren für die öffentliche Sicherheit durch Kampfmittel (Kampfmittelverordnung) vom 7. Mai 2012 (GVOBl. 2012, 539)
Thüringen	Ordnungsbehörde oder Polizei, das Sondieren, Freilegen, Sammeln, Zwischenlagern sowie die Entschärfung, der Transport, die Lagerung und Vernichtung erfolgt ausschließlich durch privatwirtschaftlich tätige Spezialunternehmen, die einer Zulassung bedürfen und im Thüringer Staatsanzeiger bekannt gegeben werden	Ordnungsbehördliche Verordnung über die Abwehr von Gefahren durch Kampfmittel (Kampf MGAVO) vom 26.9.1996 (Az.: 203-2135 ThürStAnz Nr. 42/1996 S. 1894–1895) sowie Erlass des Innenministeriums vom 23.02.1998 (Az.: 52-2135.22-004) zur Übertragung von Entschärfung, Transport, Lagerung und Vernichtung von Kampfmitteln auf die Firma Tauber GmbH; Ordnungsbehördliche Verordnung zur Abwehr von Gefahren durch Kampfmittel in der Stadt Nordhausen (NdhGefAVOKm) (Amtsblatt der Stadt Nordhausen, Nr. 07/2011 S. 1)

Nach KrWG § 9 (2) ist die Vermischung, einschließlich der Verdünnung, gefährlicher Abfälle mit anderen Kategorien von gefährlichen Abfällen oder mit anderen Abfällen, Stoffen oder Materialien unzulässig. Im Vorfeld eines Rückbaus müssen demnach nicht nur die unterschiedlichen Baumaterialien erfasst, sondern auch eventuelle Schadstoffbelastungen erkundet werden.

Schadstoffe in der Bausubstanz lassen sich wie folgt unterscheiden [18]:

- primäre Belastungen (während des Herstellungsprozesses in die Baustoffe eingetragen, wie z. B. Asbest in Leichtbeton)
- sekundäre Belastungen (nachträglich auf oder in die Bausubstanz eingetragen, wie z. B. Farbanstriche, Kleber, nutzungsbedingte Einträge wie Öle oder Kraftstoffe)

Häufig vorkommende Bauschadstoffe sind in Tafel 23.2 zusammengestellt. Die Auflistung erhebt keinen Anspruch auf Vollständigkeit.

BTEX	einkernige Aromaten (Benzol, Toluol, Ethylbenzol, Xylol)
HBCDD	Hexabromcyclododecan
HSM	Holzschutzmittel
KMF	künstliche Mineralfaser
LHKW	leichtflüchtige Halogenkohlenwasserstoffe
MKW	Mineralölkohlenwasserstoffe
OCP	Organochlorpestizide
PAK	polyzyklische aromatische Kohlenwasserstoffe
PCB	polychlorierte Biphenyle
PCDD/PCDF	polychlorierte Dibenzodioxine/polychlorierte Dibenzofurane
PCP	Pentachlorphenol
SM	Schwermetalle (incl. Arsen)

23.3.5 Schadstoffe im Baugrund und Grundwasser (Hintergrundgehalte)

Schadstoffe im Untergrund (Boden, Bodenluft, Grundwasser) können anthropogen (griech. ánthropos, der Mensch) eingetragen oder auch natürlichen Ursprungs sein (geogen). Zu unterscheiden ist zwischen Stoffen, die auch in der Natur vorkommen, und solchen, die durch den Menschen synthetisiert wurden oder noch werden (Industrieschadstoffe). In der Natur vorkommende Schadstoffe können auch anthropogen in den Untergrund gelangt sein.

Auf die Herkunft anthropogener Schadstoffe und dem Umgang damit wird in Abschn. 23.4 „Schädliche Bodenveränderungen und Altlasten" eingegangen.

Gesteine enthalten von Natur aus Schwermetalle und Arsen. Deren Verbindungen gelangen durch Verwitterungsprozesse in den Boden. Die Konzentrationen sind abhängig vom Gestein. Meist handelt es sich nur um Spurenkonzentrationen. Lokal können auch geogen erhöhte Schadstoffgehalte vorkommen. Diese sind gebietsweise an bestimmte geologische Einheiten gebunden.

Der Übergang von geogenen und anthropogenen Schadstoffeinträgen in Böden ist u. U. fließend. In Gebieten mit natürlich vorkommenden Metallanreicherungen (Erzen) wurden oft schon in urgeschichtlicher Zeit (Bronzezeit, Eisenzeit) Metalle gewonnen und Reststoffe verbreitet.

Da die Hintergrundkonzentrationen in Böden und Gewässern (in erster Linie Grundwasser) bewertungsrelevant sein können, wurden durch verschiedene Stellen Daten erhoben und statistisch ausgewertet. Viele Bundesländer stellen online und durch Veröffentlichungen Wertetabellen für Boden- und/oder Grundwasserbelastungen oder Bodenbelastungskarten zur Verfügung.

Tafel 23.2 Bauschadstoffe (nach [18])

Gebäudeeinheit		Verdachtsmomente	Schadstoffe
erdberührte Bauteile	Bodenplatte/Fundamente	Trag- und Dränschicht aus bodenfremdem Material z. B. Schlacke	SM, PAK
		Trag- und Dränschicht unter Bodenplatte mit Teer „vorgespritzt"	MKW, PAK
		Schwarzanstriche an Fundamenten	PAK
		Sperrschichten sowie Isolierungen in oder auf der Bodenplatte, zum Beispiel Schweißbahnen/Teerpappen	Asbest, PAK, Dämmungen (KMF, HBCDD), Teerkork (PAK), Ölpapier (PAK, MKW)
		Fugen- und Vergussmassen an Trenn- oder Bewegungsfugen von Betonplatten	Asbest, PAK, PCB/Chlorparaffine
		Schwarzanstriche und -beschichtungen, Außenisolierung, ggf. verklebt, Kapillarwasseraufstiegssperren	PAK
		nutzungsbedingte Kontaminationen	z. B. LHKW, MKW, BTEX, SM
	erdberührte Wände	Schwarzanstriche an der erdberührten Außenseite	PAK
		Außenisolierung, gegebenenfalls verklebt	Asbest, PAK, HBCDD
		In den Putz oder Mauerwerk eingedrungene Anteile des Schwarzanstrichs oder Voranstrichs	PAK
		Kapillarwasseraufstiegssperren am Übergang Bodenplatte zu aufgehendem Mauerwerk, bisweilen zweite Lage etwas oberhalb der Bodenplatte	Asbest, PAK

Tafel 23.2 (Fortsetzung)

Gebäudeeinheit		Verdachtsmomente	Schadstoffe
Wände	Außenwände/ Fassaden	Fassadenfarben	Asbest, SM, PCB/Chlorparaffine
		Fassadenputze	Asbest, SM
		Buntsteinputze	Asbest, PCB/Chlorparaffine
		Spachtelmassen	Asbest
		Fassadenbekleidungen aus Platten	Asbest
		Fassadenbekleidungen aus Holz	HSM, SM
		Träger von Fassadenbekleidungen	HSM, Asbest
		Fassadendämmungen	KMF, HBCDD
		Klebemörtel für Fassadendämmungen	Asbest
		Dünnbettmörtel an Natursteinfassaden	Asbest
		Brüstungselemente	Asbest
		Sandwichplatten	Asbest, KMF-Füllung
		Sockelverkleidungen	Asbest
		Bereiche hinter und unter Heizkörpern	Asbest
		Fugenmassen zw. Betonfertigteilen, in Gebäudedehnfugen oder ähnlich	Asbest, PAK, „Thiokol-Massen"/PCB/Chlorparaffine
		Stopfschnüre/Schaumstoffe in Fassadenfugen oder hinter Verfugungen	Asbest
		Isolierungen in Gebäudetrennfugen	KMF, Asbest, Teerkork/PAK, HBCDD
		Isolierungen zw. zweischaligem Wandaufbau, z. B. bei Kühlräumen	KMF, Teerkork/PAK, HBCDD
	Innenwände	Wandfarben	SM, Asbest, PCB/Chlorparaffine, OCP
		Wandputze	Asbest, OCP
		Buntsteinputze	Asbest, PCB/Chlorparaffine
		Brandschutzputze	Asbest
		Bekleidungen aus Holz	HSM, PCB/Chlorparaffine
		Wandbeläge und Kleber	PAK, Asbest
		Dünnbettkleber an Wandfliesen und zw. Porenbetonsteinen	Asbest
		Leichtbau- und Brandschutzwände	Asbest
		Trockenbauwände	Asbest, KMF
		Verdeckt eingebaute Abstandshalter und Rohrhülsen im Beton	Asbest
		Spachtelmassen an Gipskarton-/Spanplattenwänden, auf Beton-/Putzflächen oder an Wandanschlussprofilen	Asbest
		Fugen-/Vergussmassen in Gebäudedehnfugen	PAK, PCB/Chlorparaffine, Asbest
		Stopfmassen in Wanddurchbrüchen	Asbest, KMF
		Spritzmassen/Mörtel bei Wanddurchbrüchen	Asbest
		Isolierungen in Feucht- und Kühlräumen	KMF, Teerkork/PAK, Schweißbahnen/PAK/ Asbest, Anstriche/PAK, HBCDD
		Stützenbekleidung	Asbest
		nutzungsbedingte Kontaminationen	z. B.: Schädlingsbekämpfungsmittel

Tafel 23.2 (Fortsetzung)

Gebäudeeinheit		Verdachtsmomente	Schadstoffe
Decken	Decken-konstruktionen	Fehlbodenschüttungen aus Schlacke oder verunreinigtem Sand	SM, PAK, natürliche Radioaktivität
		Brandschutzverkleidungen in Zwischenböden, an Trägern und Stützen	Asbest
		Spachtelmassen auf Betonflächen	Asbest
		Verdeckt eingebaute Abstandshalter im Beton	Asbest
		nutzungsbedingte Kontaminationen in Fehlböden (besonders Bodeneinläufen/Gullys)	
	Deckenbekleidungen	Deckenfarben	Asbest, PCB/Chlorparaffine, OCP, SM
		Deckenputze	Asbest, OCP
		Gipsstuck	Asbest
		Abstandshalter in Betondecken	Asbest
		Faserplatten	Asbest, KMF, Wilhelmi-Platten/PCB/Chlorparaffine
		Profilholz, Holzpaneelen etc.	PCB/Chlorparaffine in Klarlacken, HSM, OCP
		Spachtelmassen an Gipskartondecken und auf Putzflächen	Asbest
		Dämmungen auf abgehängten Decken und in Balkendecken	KMF
		Stopfmassen in Deckendurchbrüchen	Asbest, KMF
		Isolierungen in Feucht- und Kühlräumen	KMF: Teerkork/PAK, Schweißbahnen: PAK/Asbest, Anstriche: PAK, HBCDD
Fußboden-aufbauten	Bodenbeläge (Nutzschicht)	Lackfarben	Asbest, PCB/Chlorparaffine, SM
		Reaktionsharzbeschichtungen für Industrieböden, Parkflächen etc.	Asbest, PCB/Chlorparaffine
		PVC-Fliesen/-Bahnenware, „Floor-Flex-Platten" und Cushion-Vinyl-Bodenbeläge	Asbest
		Kunststeinböden z. B.: Basalt, Diorit, Gabbro	Asbest
		Holzparkett und Holzstöckelpflaster	PCP, Lindan
		Asphalt-Fußbodenplatten und Asphalt-„Tiles"	Asbest, PAK
		Sockelleisten	Asbest
		elastische Fugenmassen in Trennfugen und am Randabschluss	PCB/Chlorparaffine
	Kleber-/Ausgleichsmassen	helle Bodenbelagskleber	Asbest, PCB
		schwarze Bodenbelagskleber	Asbest, PAK
		Kleber an Sockelleisten	Asbest
		Spachtel- und Ausgleichsmassen	Asbest
	Estriche	Estriche	Asbest, PAK
		Gussasphalte	Asbest, PAK
	Trennlagen/Dämmungen	Ölpapiere	PAK, MKW, Asbest
		Trittschalldämmungen	KMF, Teerkork/PAK
		Isolierungen bei Feucht- und Kühlräumen	KMF, Teerkork/PAK
	Abdichtungen	Dichtungs-/Sperrbahnen, Anstriche und Vergussmassen	Asbest, PAK
		Schweißbahnen bei Feucht- und Kühlräumen	Asbest, PAK

Tafel 23.2 (Fortsetzung)

Gebäudeeinheit		Verdachtsmomente	Schadstoffe
Fenster		Fensterkitte	Asbest, Leinölkitte, PCB/Chlorparaffine
		Fugenmassen an Fensteranschlüssen	PAK, PCB/Chlorparaffine, Asbest
		Dämmungen im Randbereich oder Rollladenkasten	Asbest, KMF, Teerkork/PAK
		Fensterbänke	Asbest
		Faserpappen unter Holzfensterbänken über Heizkörpern	Asbest
		Faserpappen hinter Heizkörpern	Asbest
		Antidröhnmassen/-streifen unter Außenfensterbänken	Asbest
		Anstriche	SM
		Fugenmörtel in Glasbausteinen	Asbest
		Brüstungselemente	Asbest
		Lackanstriche an Metallteilen	PCB/Chlorparaffine
Türen		Brandschutztüren	Schlosskasten/Asbest, Asbest-/KMF-Füllung
		Zimmertüren	Asbest-, KMF-Füllung
		Rundschnüre an Sicherheitstüren	Asbest
		Anstriche	SM
		Fensterkitt	Asbest, Leinölkitte, PCB/Chlorparaffine
		Fugenmassen in Anschlussfugen	PAK, PCB/Chlorparaffine, Asbest
Treppen		Geländerbrüstungen	Asbest
		Anstriche	SM
		Fugenmassen in Bauteilfugen	PCB/Chlorparaffine
		Boden-/Einschubtreppen	Asbest
Dächer		Dachplatten	Asbest
		Dachpappen, Dichtungs- und Schweißbahnen	Asbest, PAK
		Einblechungen	Blei
		Dämmungen	KMF, Korkmasse/PAK, HBCDD
		Flachdach und Ausgleichsschüttungen aus Schlacke	PAK, SM
		Dachstuhl- und Schalungshölzer	HASM, OCP, PAK
		Taubenkot	
Schornstein		Verbrennungsrückstände	PAK, SM, Vanadium, Arsen, z. T. auch PCDD/PCDF
		Schamottesteine	SM
		Feuerschutzklappen, Putztüren	Asbest
		Isolierungen/Stopfmassen zwischen Außenhülle und Ausmauerung	KMF, Asbest
Gebäude-technik	Sanitäranlagen	Rohrleitungen	Asbest, Blei
		Rohrisolierungen	Asbest, KMF, PAK: Ölpapier, Gewebe, Teerkork
		Flansch- und Schnurdichtungen	Asbest
		Teerschnüre in Muffen von Abwasserrohren	PAK
		nutzungsbedingte Kontaminationen im Abwassersystem und im Umfeld	Leckagen
	Heizungsanlagen	Heizkesselisolierungen	Asbest, KMF
		Rohrisolierungen	Asbest, KMF
		Flansch- und Schnurdichtungen	Asbest
		Faserpappen hinter Holzverkleidungen von Heizkörpern	Asbest
		Faserpappen unter Holzfensterbänken und -sitzbänken über Heizkörpern	Asbest
		Lackfarben an Heizkörpern	PCB/Chlorparaffine, SM
		Tankraum, Öllagerraum, Befüllstelle	MKW, Asbest- und PCB-haltige Beschichtungen bei Lagertanks
		Ölabscheider	MKW
		Erdtankisolierungen	Asbest, PAK, KMF

Tafel 23.2   (Fortsetzung)

Gebäudeeinheit		Verdachtsmomente	Schadstoffe
Gebäude-technik	raumlufttechnische Anlagen	Lüftungsrohre und -kanäle	Asbest
		Verkleidungsplatten an Lüftungskanälen	Asbest
		Isolierungen an Lüftungskanälen	KMF
		Flanschdichtungen in Blechkanälen	Asbest
		Antidröhnbeschichtungen an Blechkanälen	Asbest
		Brandschutzklappen	Asbest
		Brandabschottungen/-mörtel in Wand- und Decken-durchführungen	Asbest
		Kompensatoren	Asbest
	Kälte-/Klimaanlagen	Kälte-/Klimaanlagen	Kältemittel
	elektrische Anlagen	Stromkabel aus Blei oder mit Bleiblechumhüllung	Blei
		Ummantelte/umwickelte Stromkabel	PCB, PAK
		Ölgefüllte Starkstromkabel	PCB
		Quecksilberschalter	Quecksilber
		Leuchtstofflampen	Quecksilber
		Kondensatoren in Leuchtstofflampen	PCB in Tränkmittel
		Faserpappen hinter Elektrobauteilen wie zum Beispiel Lampen, Lichtschalter, Steckdosen	Asbest
		Spachtelmassen/Verputze an Schlitzen und Unterputz-dosen der Elektroinstallation	Asbest
		Kabelabschottungen an Wand- und Deckendurch-führungen	Asbest, KMF
		Spritzmassen oder Verkleidungen an Kabeltrassen	Asbest, KMF
		Transformatoren	PCB in Isolierölen
		Hydraulikanlagen	PCB in Hydraulikölen
		Nachtspeicherheizgeräte	Asbest, KMF als Dämmstoffe, Chromat in Kern-steinen, PCB in Reglern
	Aufzugsanlagen	Verkleidungsplatten in Aufzugportalen	Asbest
		Isolierungen in Aufzugkabinen und -portalen	KMF
		Aufzugtüren	Asbest-, KMF-Füllung
		Bremsbeläge von Aufzügen	Asbest
		Hydraulikaufzüge	PCB in Hydraulikölen
	Grundleitungen	Wasser- und Abwasserrohre aus Asbestzement	Asbest
		Steinzeugrohre mit teerhaltigen Abdichtungen	PAK
		nutzungsbedingte Kontaminationen im Boden bei Undichtigkeiten oder als Ablagerungen innerhalb von Abwasserrohren	
Befestigte Freiflächen		Schwarzdecken	PAK, z. T. Zumischungen von Asbest
		Fugenvergussmassen bei Betonplatten und im Kopf-steinpflaster	Asbest, PAK
		Blumenkästen	Asbest
		Standaschenbecher	Asbest
		Grundleitungen	siehe Gebäudetechnik
		Nutzungsbedingte Kontaminationen	

Tafel 23.3 Grenzwerte für die Expositionsklassen bei chemischem Angriff durch natürliche Böden und Grundwasser (nach DIN 4030)

Untersuchungsparameter	Einheit	XA1 schwach angreifend	XA2 mäßig angreifend	XA3 stark angreifend
Grundwasser				
pH-Wert	[–]	6,5–5,5	5,5–4,5	4,5–4,0
kalklösende Kohlensäure (CO_2)	[mg/l]	15–40	40–100	über 100
Ammonium (NH_4)	[mg/l]	15–30	30–60	60–100
Magnesium (Mg)	[mg/l]	300–1000	1000–3000	über 3000
Sulfat (SO_4)	[mg/l]	200–600	600–3000	3000–6000
Boden				
SO_4^{2-} mg/kg[a] insgesamt	[mg/l]	$\geq$ 2000 und $\leq$ 3000[b]	3000[b] und $\leq$ 12.000	> 12.000 und $\leq$ 24.000
Säuregrad n. Bauman-Gully	[–]	> 200	in der Praxis nicht anzutreffen	

[a] Tonböden mit einer Durchlässigkeit von weniger als 10–5 m/s dürfen in eine niedrigere Klasse eingestuft werden.

[b] Falls die Gefahr der Anhäufung von Sulfationen im Beton – zurückzuführen auf wechselndes Trocknen und Durchfeuchten oder kapillares Saugen – besteht, ist der Grenzwert von 3000 mg/kg auf 2000 mg/kg zu vermindern.

In Bezug auf Böden kann länderübergreifend auf die Zusammenstellung der Bund/Länder-Arbeitsgemeinschaft Bodenschutz [29] zurückgegriffen werden.

In Bezug auf das Grundwasser wird durch die Bundesanstalt für Geowissenschaften und Rohstoffe (BGR) eine flächendeckende Übersicht der grundwasserleiterbezogenen Hintergrundgehalte der Grundwässer Deutschlands zur Verfügung gestellt. Diese basiert auf knapp 50.000 Grundwasserproben aus den Jahren 1980–2005. In einem ersten Schritt wurden die in Deutschland existierenden rund 1100 hydrogeologischen Einheiten der Hydrogeologischen Übersichtskarte von Deutschland (HÜK200) zu hydrochemisch gleichartigen Hydrogeochemischen (HGC) Einheiten und schließlich zu 10 hydrogeologischen Großräumen zusammengefasst [30]. Die Daten sind im Vektorformat verfügbar und können über das BGR Produktcenter heruntergeladen werden. Außerdem können die Daten über das Internet als Web Map Service (WMS) in Form von Karten und Info-Abfragen abgerufen werden (nähere Informationen s. [30]). Eine ausführliche Beschreibung der im WMS dargestellten Inhalte und Informationen zu den Hintergrundwerten findet sich in [31].

23.3.6 Beton-/Stahlaggressivität

(Schad)stoffe in Böden oder Gewässern (meist Grundwässern) können Beton und Stahl angreifen (Beton-Stahlaggressivität). Bestimmte Boden- und/oder Wasserinhaltsstoffe können Lösungsreaktionen auslösen oder im Beton auch zur Umwandlung von Mineralphasen führen, die die Belastbarkeit der Baustoffe erheblich beeinträchtigen können.

Wässer und Böden können Beton angreifen, wenn sie
- freie Säuren
- Sulfide
- Sulfate

- Magnesiumsalze
- Ammoniumsalze oder
- bestimmte organische Verbindungen (pflanzliche und tierische Fette und Öle, Mineralöle und -fette, Steinkohlenteeröle)

enthalten. Darüber hinaus können Wässer betonangreifend wirken, wenn sie besonders weich sind.

Gase können in Verbindung mit Feuchte Beton angreifen, wenn sie beispielsweise
- Dihydrogensulfid (Schwefelwasserstoff)
- Schwefeldioxid
- Hydrogenchlorid (Chlorwasserstoff)

enthalten (nähere Erläuterungen s. DIN 4030).

Böden können als betonangreifende Stoffe insbesondere Eisensulfide (Pyrit, Markasit) sowie austauschfähige (säurebildende) Bestandteile enthalten.

Die Beurteilung der Betonaggressivität von Wässern erfolgt nach DIN 4030 (Tafel 23.3).

Die in Tafel 23.3 aufgeführten Grenzwerte für die Zuordnung von Expositionsklassen gelten ausdrücklich für natürliche Böden und Grundwässer. Sie gelten nicht für Bereiche schädlicher Bodenveränderungen oder Altlasten (Definitionen s. Abschn. 23.4).

Weiterführende Hinweise zur Bewertung von chemischen Boden- und Wasserinhaltsstoffen und zur möglichen Schutzmaßnahmen sind ableitbar aus [31–37].

23.4 Schädliche Bodenveränderungen und Altlasten

23.4.1 Begriffsdefinitionen

Der Umgang mit anthropogen bedingten Schadstoffen im Boden wird durch das BBodSchG und die BBodSchV bestimmt.

Darin wird zwischen schädlichen Bodenveränderungen und Altlasten unterschieden.

Schädliche Bodenveränderungen sind nach BBodSchG § 2 (3) Beeinträchtigungen der Bodenfunktionen (s. a. Abschn. 23.2.3), die geeignet sind, Gefahren, erhebliche Nachteile oder erhebliche Belästigungen für den einzelnen oder die Allgemeinheit herbeizuführen. Verdachtsflächen sind Grundstücke, bei denen der Verdacht schädlicher Bodenveränderungen besteht (BBodSchG § 2 (4)).

Altlasten sind nach BBodSchG § 3 (5):

1. stillgelegte Abfallbeseitigungsanlagen sowie sonstige Grundstücke, auf denen Abfälle behandelt, gelagert oder abgelagert worden sind (Altablagerungen), und
2. Grundstücke stillgelegter Anlagen und sonstige Grundstücke, auf denen mit umweltgefährdenden Stoffen umgegangen worden ist, ausgenommen Anlagen, deren Stilllegung einer Genehmigung nach dem Atomgesetz bedarf (Altstandorte),

durch die schädliche Bodenveränderungen oder sonstige Gefahren für den einzelnen oder die Allgemeinheit hervorgerufen werden.

Altlastverdächtige Flächen sind Altablagerungen und Altstandorte, bei denen der Verdacht schädlicher Bodenveränderungen oder sonstiger Gefahren für den einzelnen oder die Allgemeinheit besteht (BBodSchG § 2 (4)).

Die Begriffe schädliche Bodenveränderung und Altlast stehen sich diametral gegenüber. Eine schädliche Bodenveränderung ist als „Neulast" einzustufen, die während des Betriebes einer Anlage oder heutiger Benutzung eines Grundstücks entsteht. Der Begriff „Altlast" bezieht sich auf bodenrelevante Geschehnisse, Benutzungen etc., die in der Vergangenheit liegen bzw. abgeschlossen sind [19].

Der Begriff Altablagerung ist rechtlich zu unterscheiden vom Begriff Altdeponie. Unter einer Altdeponie ist eine Deponie zu verstehen, die sich am 16. Juli 2009 in der Ablagerungs-, Stilllegungs- oder Nachsorgephase befand (DepV § 2 Nr. 3). Es handelt sich dabei um eine Anlage, die je nach Alter eine mehr oder weniger konkrete abfallrechtliche Zulassung hat. Altablagerungen hatten dagegen nie eine abfallrechtliche, sondern meist nur eine wasserrechtliche Zulassung.

23.4.2 Altlastenverdächtige Branchen

Schädliche Bodenveränderungen oder Altlasten sind immer dann zu besorgen, wenn eine Produktion, Lagerung oder der Umgang mit umweltgefährdenden Stoffen in relevanten Mengen stattfindet oder stattgefunden hat. Da heute strenge Anforderungen an den Umgang mit wassergefährdenden Stoffen nach einschlägigen Regelwerken gelten, deren Einhaltung regelmäßig zu überprüfen ist, liegt der Fokus auf der Vergangenheit.

Für die Praxis steht (z. T. online) eine Reihe an Katalogen zur Verfügung, aus denen besonders relevante Branchen und die dort gehandhabten Gefahrstoffe hervorgehen [20–24]. Tafel 23.4 gibt einen kleinen Überblick, ohne Anspruch auf Vollständigkeit zu erhaben.

Tafel 23.4 Beispiele altlastenverdächtiger Branchen

Branche	Beschreibung	Schadstoffe
Gaswerke/Kokereien	Gewinnung von Koks aus Kohle Rohgas wird zu Reingas weiterverarbeitet → Teerabscheider, Ammoniak- und Benzolwäsche	BTX, MKW, PAK, zum Teil Schwermetalle
NE-Metallverhüttung	Röstung der sulfidischen Erze, um Schwefelverbindung zu entfernen → Entstehung von Flugstaub Entstehung von Schlacken oder Räumaschen mit Verunreinigungen als Abfallprodukt → werden aufgehaldet	Schwermetalle (Kupfer, Zink, Blei, Cadmium, Quecksilber), Arsen
Gießereien	Gießen mit verlorenen Formen, d. h. einmalige Verwendung der angefertigten Gießformen → hoher Anfall von Formstoffen als Abfall Formstoffe bestehen aus Quarzsand mit Formstoffzusatzstoffen wie Kunstharzen Ablagerung des verbrauchten Materials in Betriebsnähe	Formsand mit Kunstharz als Bindemittel enthält Phenol und Phosphor
Oberflächenveredelung/Galvanik	Reinigung metallischer Oberflächen → Entfetten, Beizen (Beizereiabwässer mit Laugen, Säuren und Cyaniden) Härten → kontrolliertes Erhitzen und Abkühlen metallische und nichtmetallische Überzüge → Phosphatieren, Chromatieren, Oxidieren, Feuerverzinkung/-verzinnung Galvanisierbäder → Verchromen, Vernickeln, Eisenniederschläge, Verzinken, Verzinnen, Verkupfern, Messingniederschläge, Versilbern, Verbleien, Vercadmen	Benzol, LHKW, Schwermetallverbindungen, Chrom(VI)

Tafel 23.4 (Fortsetzung)

Branche	Beschreibung	Schadstoffe
Mineralölverarbeitung	Entwässerung/Entsalzung des Rohöls Einteilung in Fraktionen durch Destillation Raffination durch katalytische Prozesse und Extraktionsverfahren Reformierung zur Erhöhung der Oktanzahl mittels BTX Entschwefelung Cracken	MKW, BTX, Blei, LHKW
Altölaufbereitung	Regeneration von Altölen mittels physikalischer und chemischer Behandlung (Raffination und Destillation) Entfernung von Wasser und Fremdstoffen	LHKW, PCB, MKW, Benzol, Blei-verbindungen
Holzbearbeitung	Holzimprägnierung → Aufbringen von Insektiziden, Fungiziden, Feuerschutzmittel Verwendung erheblicher Mengen Klebstoff zur Herstellung von Holzwerken Oberflächenbehandlung → Bleichen, Beizen, Lackieren	Quecksilber- und Arsenverbindun-gen, MKW, PCB, LHKW
Ledererzeugung	Konservierung und Entfettung der Tierhäute Chromgerbung → 6-wertiges Chrom wird zu 3-wertigem reduziert auch kombinierte Mineralgerbung mit pflanzlichen Gerbstoffen Färben, Imprägnieren und Lackieren von Leder	Chromverbindungen und Chrom(VI), LHKW, Schwermetalle
Textilgewerbe	Vorbehandlung mit Präparationen, Schlichtemitteln, Reinigung der Schmutz- und Begleitstoffe, Bleichen Textilfärberei mit verschiedenen Farbstoffen (teilw. metallhaltig), Nachbehandlung mit organischen Lösemitteln und Metallsalzen Textildruck → Fixierung von Pigmenten mittels Bindemittel, Ausrüs-tungsmittel wie Knitterfestigkeit, Imprägnierung etc.	LHKW, Schwermetalle, MKW
Chemische Reinigungen	Reinigung von Textilien in organischen Lösemitteln	LHKW, MKW, Benzol
Tankstellen	Umgang mit Kraftstoffen Lagerung und Handel mit Benzin	MKW, Benzol, BTX, Schwermetall-verbindungen
Altmetall-/Schrottverwertung und -handel	Lagerung, Verwertung und Entsorgung von Metall- und Schrottteilen Gasheizungen und Gasherden, Kälteanlagen, Motoren, Tanks	Schwermetalle, BTX, LHKW, PAK, PCB; MKW

23.4.3 Wirkungspfade

Schadstoffe (Definition s. BBodSchV § 2 (6)), die auf Alt-standorten oder durch Altablagerungen in den Boden gelangt sind, können auf unterschiedlichen Wegen zur Beeinträchti-gung oder Schädigung eines Schutzgutes führen. Zentrales Schutzgut bei dieser Betrachtung ist der Mensch. Der Weg eines Schadstoffes von der Schadstoffquelle bis zu dem Ort einer möglichen Wirkung auf ein Schutzgut, wird als Wir-kungspfad bezeichnet (BBodSchV § 2 Nr. 8).

Folgende Wirkungspfade sind wesentlich:

- Boden ⇒ Mensch
  (orale oder inhalative Aufnahme von belastetem Boden z. B. durch spielende Kinder)
- Boden ⇒ Pflanze
  (Schadstoffaufnahme über die Pflanze und die Nahrungs-kette)
- Boden ⇒ Grundwasser
  (Auswaschung der Schadstoffe ins Grund- und Trinkwas-ser)
- Boden ⇒ Bodenluft ⇒ Mensch
  (Ausgasen flüchtiger Schadstoffe aus dem Boden in die Bodenluft und z. B. Übertritt in Kellerräume)

23.4.4 Erkundung/Untersuchung

An die Untersuchung von Verdachtsflächen oder altlastenver-dächtigen Flächen werden besondere Anforderungen gestellt (Tafel 23.5). Sie sind auf die Wirkungspfade bezogen durch-zuführen. Die Anwendbarkeit der in der BBodSchV enthal-tenen Bewertungsmaßstäbe (s. Abschn. 23.4.5) setzt immer eine Untersuchung nach diesen Vorgaben gemäß BBodSchV Anh. 1 einschließlich der dort unter Nr. 3.1.3 zitierten Ana-lyseverfahren voraus.

Für die Untersuchung des Wirkungspfades Boden ⇒ Mensch und Boden ⇒ Pflanze sind Mischproben zu entneh-men. Die Analyse belasteter Böden zur Untersuchung des Wirkungspfades Boden ⇒ Grundwasser erfolgt dagegen im-mer an Einzelproben.

Zur Erkundung des Wirkungspfades Boden ⇒ Grund-wasser werden in der Regel zunächst Bodenproben im Feststoff untersucht. Überschreiten die dabei festgestellten Stoffkonzentrationen die Vorsorgewerte nach BBodSchV (s. Abschn. 23.4.5), ist festzustellen, ob aus dem belasteten Bo-den in einem solchem Maß Schadstoffe ausgetragen werden, dass das Grundwasser beeinträchtigt werden kann. Die-ser Arbeitsschritt wird als Sickerwasserprognose bezeichnet.

Tafel 23.5 Vorgaben für die Untersuchung von altlastenverdächtigen Flächen nach BBodSchV Anh. 1

Medium	Wirkungspfad			Untersuchungstiefe	Ansatz	Probenanzahl
Boden	Boden ⇒ Mensch	Kinderspielflächen		0–10 cm 10–35 cm	flächenhafte Mischproben aus je 15–25 Einzelproben	bei homogener Belastung: < 0,05 ha: 1 MP 0,05–1 ha: 1 MP je 1000 m² mind. 3 MP > 1 ha: mind. 10 MP
		Wohngebiete		0–10 cm 10–35 cm		
		Park-/Freizeitanlagen		0–10 cm		
		Industrie/Gewerbe		0–10 cm		
	Boden ⇒ Pflanze			0–30 cm 30–60 cm	flächenhafte Mischproben aus je 15–25 Einzelproben	bei homogener Belastung: < 0,5 ha: 1 MP 0,5–10 ha: 1 MP je ha mind. 3 MP > 10 ha: mind. 10 MP
	Boden ⇒ Grundwasser			bis unterhalb vermuteter Schadstoffanreicherung	Einzelproben	einzelfallabhängig
Bodenluft	i. d. R. Boden ⇒ Grundwasser			innerhalb vermuteter Schadstoffanreicherung	Einzelproben	einzelfallabhängig
Grundwasser	Boden ⇒ Grundwasser			unter GW-Oberfläche/ Basis GW-Leiter	Einzelproben	einzelfallabhängig

MP: Mischprobe

Gemäß BBodSchV § 2 Nr. 5 ist darunter die Abschätzung der von einer Verdachtsfläche, altlastverdächtigen Fläche, schädlichen Bodenveränderung oder Altlast ausgehenden oder in überschaubarer Zukunft zu erwartenden Schadstoffeinträge über das Sickerwasser in das Grundwasser, unter Berücksichtigung von Konzentrationen und Frachten und bezogen auf den Übergangsbereich von der ungesättigten zur wassergesättigten Zone zu verstehen.

Sowohl für die Untersuchungs- als auch für die Abschätzungsschritte stehen verschiedene Methoden zur Verfügung, die nach der BBodSchV anwendbar und im Einzelfall unterschiedlich gut geeignet sind. Die Wahl der Verfahren ist einzelfallabhängig durchzuführen und nachvollziehbar zu begründen. Mit Ausnahme der Analyseverfahren schreibt die BBodSchV keine Verfahrensweisen oder Untersuchungsmethoden verbindlich vor.

Zur Durchführung einer Sickerwasserprognose liegen verschiedene Handlungsempfehlungen oder Vollzugshilfen auf Länderebene vor (z. B. [25]). Länderübergreifend stehen zwei Arbeitspapiere zu orientierenden und Detailuntersuchungen der Bund/Länderarbeitsgemeinschaft Boden zur Verfügung [26, 27].

Bestandteil der LABO-Arbeitshilfe „Sickerwasserprognose bei Detailuntersuchungen" ist das Instrument ALTEX-1D zur Berechnung von Sickerwasserprognosen mit einer eindimensionalen Advektions-Dispersions-Transportgleichung. Es liefert eine quantitative Abschätzung der Konzentrations- und Frachtentwicklung mit konservativen Ergebnissen auf der sicheren Seite liegend. ALTEX-1D eignet sich zur Anwendung in der orientierenden Untersuchung und Detailuntersuchung. Das Programm ist frei verfügbar. Es kann z. B. auf der Webseite des Landesamtes für Bergbau, Energie und Geologie Niedersachsen (LBEG) heruntergeladen werden.

23.4.5 Bewertungsmaßstäbe für Boden- und Grundwasserkontaminationen

Die Bewertung von Untersuchungsergebnissen an Böden, Bodeneluaten oder Bodenwässern erfolgt anhand mehrerer Wertekategorien (Abb. 23.2). Zu unterscheiden sind:

- Vorsorgewerte (BBodSchG § 8 (2) Nr. 1)
  Bodenwerte, bei deren Überschreiten unter Berücksichtigung von geogenen oder großflächig siedlungsbedingten Schadstoffgehalten in der Regel davon auszugehen ist, dass die Besorgnis einer schädlichen Bodenveränderung besteht
- Prüfwerte (BBodSchG § 8 (1) Nr. 1)
  Werte, bei deren Überschreiten unter Berücksichtigung der Bodennutzung eine einzelfallbezogene Prüfung durchzuführen und festzustellen ist, ob eine schädliche Bodenveränderung oder Altlast vorliegt
- Maßnahmenwerte (BBodSchG § 8 (1) Nr. 2)
  Werte, bei deren Überschreiten unter Berücksichtigung der jeweiligen Bodennutzung in der Regel von einer schädlichen Bodenveränderung oder Altlast auszugehen ist und Maßnahmen erforderlich sind

Die nach BBodSchV definierten Vorsorgewerte finden sich in Tafeln 23.6 und 23.7. Sie finden im Bauwesen Berücksichtigung bei der Einstufung von Bodenkontaminationen sowie bei der Entsorgung von Bodenaushub (vgl. Abschn. 23.5.5).

Die Maßnahmen- und Prüfwerte für den Wirkungspfad Boden ⇒ Mensch (Direktpfad) sind in Tafeln 23.8 und 23.9 aufgelistet. Berücksichtigt sind dabei auch die von der Bund/Ländergemeinschaft Boden zusätzlich zur BBodSchV erarbeiteten Prüf- und Orientierungswerte [38].

Die Maßnahmen- und Prüfwerte für den Wirkungspfad Boden ⇒ Pflanze sind in Tafel 23.10 zusammengestellt.

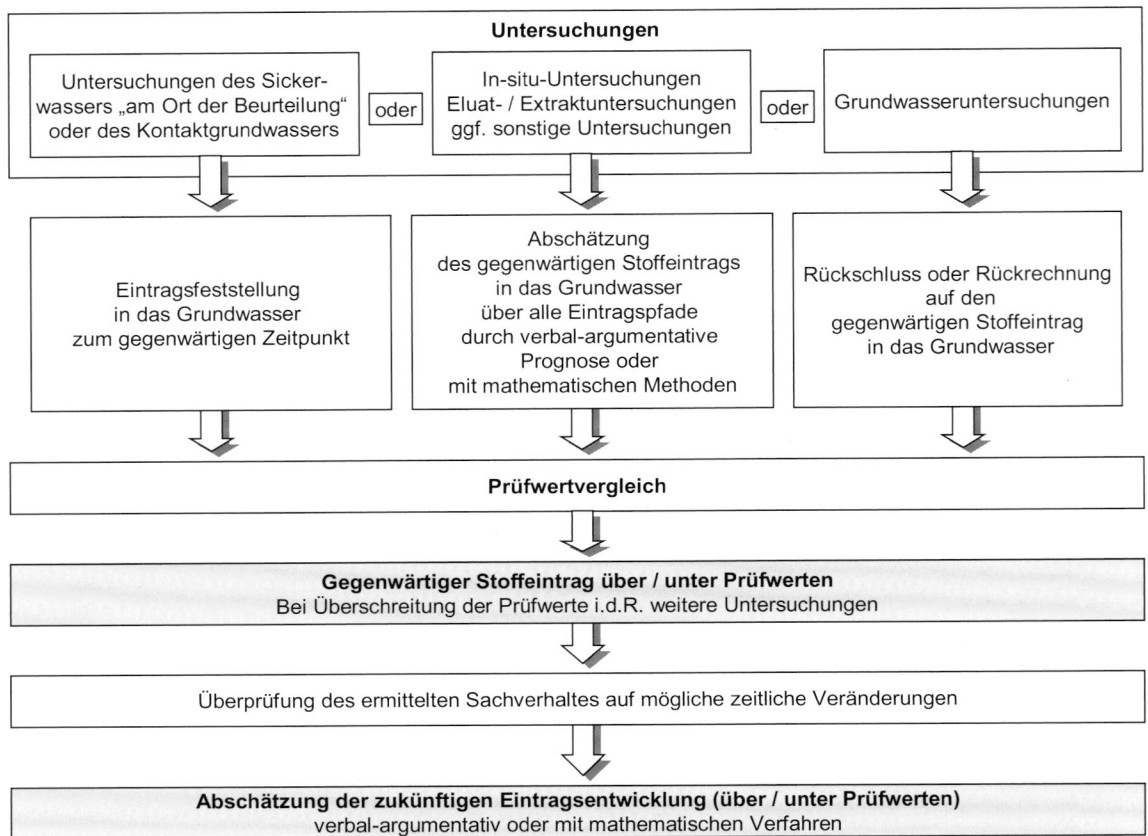

Abb. 23.1 Schematischer Aufbau einer Sickerwasserprognose (aus [25])

Abb. 23.2 Wertemaßstäbe zur Beurteilung von Analysedaten nach BBodSchG/BBodSchV

Zur Bewertung von Bodeneluaten oder Bodenwässern (Sickerwässer) finden sich Prüfwerte in Tafel 23.11. Sie gelten für den so genannten Ort der Beurteilung, d. h. den Übergangsbereich von der ungesättigten zur wassergesättigten Bodenzone bzw. das Kontaktgrundwasser (zur Anwendung s. BBodSchV Anh. 2 Nr. 3.2).

Für schon eingetretene Grundwasserschäden gelten wasserrechtliche Maßstäbe. Diese stehen in Form der Geringfügigkeitsschwellenwerte der Länderarbeitsgemeinschaft Wasser zur Verfügung [28] (s. Tafel 23.12).

Tafel 23.6 Vorsorgewerte für Metalle (in mg/kg Trockenmasse, Feinboden, Königswasseraufschluss) (Quelle BBodSchV Anh. 2 Nr. 4.1)

Böden	Cadmium	Blei	Chrom	Kupfer	Quecksilber	Nickel	Zink
Bodenart Ton	1,5	100	100	60	1	70	200
Bodenart Lehm/Schluff	1	70	60	40	0,5	50	150
Bodenart Sand	0,4	40	30	20	0,1	15	60
Böden mit naturbedingt und großflächig siedlungsbedingt erhöhten Hintergrundgehalten	unbedenklich, soweit eine Freisetzung der Schadstoffe oder zusätzliche Einträge nach § 9 Abs. 2 und 3 dieser Verordnung keine nachteiligen Auswirkungen auf die Bodenfunktionen erwarten lassen						

Tafel 23.7 Vorsorgewerte für organische Stoffe (in mg/kg Trockenmasse, Feinboden) (Quelle BBodSchV Anh. 2 Nr. 4.2)

Böden	Polychlorierte Biphenyle (PCB6)	Benzo(a)pyren	Polyzyklische Aromatische Kohlenwasserstoffe (PAK16)
Humusgehalt > 8 %	0,1	1	10
Humusgehalt ≤ 8 %	0,05	0,3	3

Tafel 23.8 Maßnahmenwerte für die direkte Aufnahme von Dioxinen/Furanen auf Kinderspielflächen, in Wohngebieten, Park- und Freizeitanlagen und Industrie- und Gewerbegrundstücken (in ng TEg^a/kg Trockenmasse, Feinboden) (Quelle: BBodSchV Anh. 2 Nr. 1.2)

Stoff	Kinderspielflächen	Wohngebiete	Park- u. Freizeitanlagen	Industrie- u. Gewerbegrundstücke
Dioxine/Furane (PCDD/F)	100	1000	1000	10.000

^{a} Summe der 2,3,7,8-TCDD-Toxizitätsäquivalente (nach NATO/CCMS).

Tafel 23.9 Prüfwerte für die direkte Aufnahme von Schadstoffen auf Kinderspielflächen, in Wohngebieten, Park- und Freizeitanlagen und Industrie- und Gewerbegrundstücken (in mg/kg Trockenmasse, Feinboden) (Quelle BBodSchV Anh. 2 Nr. 1.4 und [38])

Stoff		Kinderspielflächen	Wohngebiete	Park- und Freizeitanlagen	Industrie- und Gewerbegrundstücke
Prüfwerte nach BBodSchV Anh. 2 Nr. 1.4					
Arsen		25	50	125	140
Blei		200	400	1000	2000
Cadmium		10^a	20^a	50	60
Cyanide		50	50	50	100
Chrom		200	400	1000	1000
Nickel		70	140	350	900
Quecksilber		10	20	50	80
Aldrin		2	4	10	–
Benzo(a)pyren		2	4	10	12
DDT		40	80	200	–
Hexachlorbenzol		4	8	20	200
Hexachlorcyclohexan (HCH-Gemisch oder β-HCH)		5	10	25	400
Pentachlorphenol		50	100	250	250
Polychlorierte Biphenyle (PCB6)^b		0,4	0,8	2	40
LABO-Prüfwert-Vorschläge für nichtflüchtige Stoffe [38]					
Antimon u. Verb.		50	100	250	250
Beryllium u. Verb.		250	500	500	500
Chrom (VI)		130	250	250	130^d
Kobalt u. Verb.		300	600	600	300^d
Thallium u. Verb.		5	10	25	keine Daten
Vanadium u. Verb.		280	560	1400	unpraktikabel hoch^e
PAK gesamt			in Bearbeitung		
Dinitrotoluol; 2,4-	R^c	3	6	15	50
Dinitrotoluol; 2,6-	R^c	0,2	0,4	1	5
Diphenylamin		unpraktikabel hoch^e			
Hexogen		100	200	500	500
Hexanitrodiphenylamin (Hexyl)	R^c	150	300	750	1500
Nitropenta (PETN)		500	1000	2500	5000
Oktogen (HMX)		unpraktikabel hoch^e			
Trinitrobenzol; 1,3,5-		unpraktikabel hoch^e			
Trinitrotoluol; 2,4,6-	R^c	20	40	100	200

Tafel 23.9 (Fortsetzung)

Stoff	Kinderspielflächen	Wohngebiete	Park- und Freizeitanlagen	Industrie- und Gewerbegrundstücke
LABO-Prüfwert-Vorschläge für flüchtige Stoffe [38]				
Benzin		_[f]		_[f]
Benzol		0,1[h]		0,4
Ethylbenzol		3		30
Chlorbenzol		15		170
Chloroform		0,1		0,5
Dichlorbenzol; o-		450[g]		unpraktikabel hoch
Dichlorbenzol; m-		200[g] entspr. p-Dichlorbenzol		unpraktikabel hoch
Dichlorbenzol; p-		200[g]		unpraktikabel hoch
Dichlormethan		0,1		2
Dichlorpropan; 1,2-		1		5
Nitrobenzol		1		15
Phenol		4500[g] (ggf. oral[l])		unpraktikabel hoch
Tetrachlorethan; 1,1,2,2-		0,03		0,3
Tetrachlorethen (PER)		1,5		25
Toluol		10		120
Trichlorbenzol; 1,2,4-		25		300
Trichlorethan; 1,1,1-		15		180
Trichlorethen		0,3		5
Trimethylbenzol; 1,3,5- u. andere TMB-Isomere		200		2000
Xylole		10		100
LABO behelfsmäßige Bodenorientierungswerte für Explosivstoffe und deren Abbauprodukte [38]				
4-Amino-2,6-dinitrotoluol	20	40	100	200
2-Amino-4,6-dinitrotoluol	20	40	100	200
Dinitrodiphenylamin; 2,4-	keine Daten			
Dinitrobenzol; 1,3-	15	30	75	150
Nitrodiphenylamin; 2-	keine Daten			
Nitrodiphenylamin; 4-	unpraktikabel hoch			
Nitrotoluol; 2-	0,2	0,4	1	5
Nitrotoluol; 3-	–	1000[l,g]	unpraktikabel hoch	
Nitrotoluol; 4-	–	250[l,g]	–	3000[l]
N-Methyl-N,2,4,6-tetranitroanilin (Tetryl)	200	400	1000	2000
Trinitrophenol; 2,4,6- (Pikrinsäure)	8	15	40	80

Tafel 23.9   (Fortsetzung)

Stoff	Orientierungswert	Bemerkung
LABO behelfsmäßige Bodenorientierungswerte für chemische Kampfstoffe und deren Abbauprodukte [38]		
S-Lost	0,5	hohe akute Toxizität, Luft[i]
Thiodiglykol	–	geringe Toxizität, hohe rechnerische Werte nicht als Prüfwerte vorgeschlagen
1,3-Dithian	–	keine Daten, erhebliche geruchliche Belästigung, keine Geruchsschwelle
1,4-Dithian	–	geringe Toxizität, erhebliche geruchliche Belästigung, keine Geruchsschwellen
1,4-Oxathian	–	keine Daten, erhebliche geruchliche Belästigung, keine Geruchsschwelle
Chlorpikrin[j]	0,3	akute Reizwirkung, Luft
Chloracetophenon[j]	3	akute Reizwirkung, Luft
Acetophenon	–[g]	geringe Toxizität, toxikologische Ableitung 18 g/kg zu[g]
Clark I[j]	5	hohe akute Toxizität, Staub; Luft wäre 3 mg/kg[k]
Clark II[j]	1	hohe akute Toxizität, Staub
Adamsit[j]	2	hohe akute Toxizität, Staub
Pfiffikus[j]	3	hohe akute Toxizität, Luft
Monophenylarsin	–	keine Daten, geringe toxikologische Bedeutung, Toxizität wird bestimmt durch As-Gehalt
Diphenylarsin	–	keine Daten, geringe toxikologische Bedeutung, Toxizität wird bestimmt durch As-Gehalt
Triphenylarsin	–	keine Daten, geringe toxikologische Bedeutung, Toxizität wird bestimmt durch As-Gehalt
Bis-Diphenylarsinoxid[j]	2	keine quantitativen Daten, Strukturvergleich mit Clark I und Clark II
Diphenylarsinsäure	–	keine Daten, geringe toxikologische Bedeutung, Toxizität wird bestimmt durch As-Gehalt

[a] In Haus- und Kleingärten, die sowohl als Aufenthaltsbereiche für Kinder als auch für den Anbau von Nahrungspflanzen genutzt werden, ist für Cadmium der Wert von 2,0 mg/kg TM als Prüfwert anzuwenden.

[b] Soweit PCB-Gesamtgehalte bestimmt werden, sind die ermittelten Messwerte durch den Faktor 5 zu dividieren.

[c] Da rüstungsspezifische nitroaromatische Stoffe (R) häufig in Stoffgemischen vorkommen und ein ähnliches Wirkungsspektrum aufweisen, sind Kombinationswirkungen der Nitroaromaten bei Rüstungsaltlasten in zwei Gruppen (kanzerogene und nicht kanzerogene Wirkung) zu berücksichtigen. Näheres dazu siehe Teil 2b der PBA (Ergänzende Ableitungsmethoden und -maßstäbe bei weiteren Stoffen – rüstungsspezifische Stoffe –).

[d] für kanzerogene Wirkung bei 20 Jahren Arbeitszeit (bei längeren Arbeitszeiten entsprechend niedriger)

[e] g/kg-Bereich

[f] Der Expositionspfad „Anreicherung in geschlossenen Räumen" kann von Bedeutung sein. Eine quantitative Abschätzung für das komplexe Stoffgemisch Benzin ist allerdings methodisch nicht möglich. Zur Bewertung wird empfohlen, die toxikologisch relevanten Inhaltsstoffe Benzol und Toluol zu bestimmen und ggf. auch geruchliche Belastungen zu berücksichtigen.

[g] Anmerkung: Bei den mit g bezeichneten Stoffen sind – auch bei Unterschreitung der Orientierenden Hinweise – in Gebäuden Geruchswahrnehmungen möglich. Es ist ratsam, Messungen der Schadstoffe in der Bodenluft durchzuführen und gemäß den Anmerkungen zu Tabelle 5 auch Einschätzungen bezüglich geruchlicher Belästigungen durchzuführen. Ggf. ist über den Boden-Bodenluft-Verteilungskoeffizienten (Kas, siehe PBA 1) und einen geeigneten Transferfaktor auch ein Vergleich der Schadstoffgehalte im Feststoff mit den Geruchsschwellen sinnvoll.

[h] 0,1 mg/kg entspricht der Bestimmungsgrenze. Das Bestimmungsverfahren (nach Überschichtung der Probe mit Lösungsmittel im Feld und gemäß DIN ISO 22155-Extraktion mit Methanol und Headspace – GC-MSD) für diesen Konzentrationsbereich ist validiert (Ringversuche zur Validierung der Benzolanalytik im Spurenbereich, T. Win, U. Erhardt, R. Schmieder, K. Kaminski, W. Walther, I. Nehls, Bundesanstalt für Materialforschung und –prüfung (BAM), Berlin, Nov. 2005).

[i] Die Ableitung eines Orientierungswertes für die langfristige orale Exposition führt zu einem Wert in der gleichen Größenordnung. Bei S-Lost ist zu berücksichtigen, dass dieser Stoff meist verklumpt in Aggregaten mit polymerer Grenzschicht und intaktem Kern vorliegt.

[j] Zur Berücksichtigung von möglichen additiven Wirkungen bei Vorliegen von Kampfstoffgemischen wird bei den mit j gekennzeichneten Stoffen eine gewichtete Addition unter Verwendung der stoffspezifischen behelfsmäßigen Bodenorientierungswerte empfohlen (siehe Ableitungsbedingungen).

[k] Es ist fraglich, ob im Boden vorliegendes Clark I in einem den Modellrechnungen entsprechendem Maße in die Bodenluft übertritt. Durch oberflächliche Hydrolyse von Clark I-Klumpen kann die Muttersubstanz im Inneren dieser Klumpen durch die Bildung einer äußeren Schicht von Bis-Diphenylarsinoxid, das vergleichbar toxisch wie Clark I ist, gegen weitere Hydrolyse, aber auch gegen das Austreten in die Gasphase geschützt sein.

[l] Für die langfristige orale Aufnahme von Phenol liegt kein TRD-Wert vor. Mit Bezug auf Daten zur kurzfristigen oralen Exposition und im Vergleich zu der Ableitung von Prüfwerten für den Direktpfad von PCP sollte jedoch bei Überschreitung von 1000 mg/kg Phenol im Oberboden bei Wohngebieten auch die Gefährdung durch orale Bodenaufnahme geprüft werden (siehe PBA 1, H 767).

Tafel 23.10 Prüf- und Maßnahmenwerte für den Schadstoffübergang Boden – Nutzpflanze auf Ackerbauflächen, in Nutzgärten und auf Grünlandflächen im Hinblick auf die Pflanzenqualität bzw. Wachstumsbeeinträchtigungen (Quelle BBodSchV Anh. 2 Nr. 2.2 u. 2.3)

Stoff	Methode[a]	Prüfwerte [mg/kg] für Feinboden < 2 mm 0–0,3 und 0,3–0,6 m		Maßnahmenwerte	
		im Hinblick auf die Pflanzenqualität	im Hinblick auf Wachstumsbeeinträchtigungen	im Hinblick auf die Pflanzenqualität	
		Ackerbau/Nutzgarten	Ackerbau	Ackerbau/Nutzgarten für Feinboden < 2 mm 0–0,3 und 0,3–0,6 m	Grünland für Feinboden < 2 mm 0–0,1 und 0,1–0,3 m
Arsen	KW	200[b]	–	–	50
	AN	–	0,4	–	–
Blei	KW	–	–	–	1200
	AN	0,1	–	–	–
Cadmium	KW	–	–	–	20
	AN	–	–	0,04/0,1[c]	–
Kupfer	KW	–	–	–	13.00[d]
	AN	–	1	–	–
Nickel	KW	–	–	–	1900
	AN	–	1,5	–	–
Zink	AN	–	2	–	–
Quecksilber	KW	5	–	–	2
Thallium	KW	–	–	–	15
	AN	0,1	–	–	–
PCB₆	KW	–	–	–	0,2
Benzo(a)pyren	–		1	–	–

[a] Extraktionsverfahren für Arsen und Schwermetalle: AN = Ammoniumnitrat, KW = Königswasser
[b] bei Böden mit zeitweise reduzierenden Verhältnissen gilt ein Prüfwert von 50 mg/kg Trockenmasse
[c] auf Flächen mit Brotweizenanbau oder Anbau stark Cadmium-anreichernder Gemüsearten gilt als Maßnahmenwert 0,04 mg/kg Trockenmasse; ansonsten gilt als Maßnahmenwert 0,1 mg/kg Trockenmasse
[d] Bei Grünlandnutzung durch Schafe gilt als Maßnahmenwert 200 mg/kg Trockenmasse

Tafel 23.11 Prüfwerte zur Beurteilung des Wirkungspfads Boden – Grundwasser (Quelle BBodSchV Anh. 2 Nr. 4.1)

Anorganische Stoffe	Prüfwert [µg/l]
Antimon	10
Arsen	10
Blei	25
Cadmium	5
Chrom, gesamt	50
Chromat	8
Kobalt	50
Kupfer	50
Molybdän	50
Nickel	50
Quecksilber	1
Selen	10
Zink	500
Zinn	40
Cyanid, gesamt	50
Cyanid, leicht freisetzbar	10
Fluorid	750

Organische Stoffe	Prüfwert [µg/l]
Mineralölkohlenwasserstoffe[a]	200
BTEX[b]	20
Benzol	1
LHKW[c]	10
Aldrin	0,1
DDT	0,1
Phenole	20
PCB, gesamt[d]	0,05
PAK, gesamt[e]	0,20
Naphthalin	2

[a] n-Alkane (C 10 ... C39), Isoalkane, Cycloalkane und aromatische Kohlenwasserstoffe
[b] Leichtflüchtige aromatische Kohlenwasserstoffe (Benzol, Toluol, Xylole, Ethylbenzol, Styrol, Cumol)
[c] Leichtflüchtige Halogenkohlenwasserstoffe (Summe der halogenierten C1- und C2-Kohlenwasserstoffe)
[d] PCB, gesamt: Summe der polychlorierten Biphenyle; in der Regel Bestimmung über die 6 Kongenere nach Ballschmiter gemäß Altöl-VO (DIN 51527) multipliziert mit 5; ggf. z. B. bei bekanntem Stoffspektrum einfache Summenbildung aller relevanten Einzelstoffe (DIN 38407-3-2 bzw. -3-3)
[e] PAK, gesamt: Summe der polycyclischen aromatischen Kohlenwasserstoffe ohne Naphthalin und Methylnaphthaline; in der Regel Bestimmung über die Summe von 15 Einzelsubstanzen gemäß Liste der US Environmental Protection Agency (EPA) ohne Naphthalin; ggf. unter Berücksichtigung weiterer relevanter PAK (z. B. Chinoline)

Tafel 23.12 Geringfügigkeitsschwellenwerte (GFS-Werte) zur Beurteilung von lokal begrenzten Grundwasserveränderungen (aus [28])

Parameter	CAS-Nr.	GFS-Wert [µg/l]	Analysenverfahren
Anorganische Parameter			
Antimon	7440-36-0	5	DIN 38405-32:2000-05 DIN EN ISO 17294-2:2005-02
Arsen	7440-38-2	3,2	ISO 17378-2:2014-02 DIN EN ISO 17294-2:2005-02
Barium	7440-39-3	175	DIN EN ISO 11885:2009-09 DIN EN ISO 17294-2:2005-02
Blei	7439-92-1	1,2	DIN 38406-6-2:1998-07 DIN EN ISO 17294-2:2005-02
Bor	7440-42-8	180	DIN 38405-17:1981-03 DIN EN ISO 11885:2009-09 DIN EN ISO 17294-2:2005-02
Cadmium	7440-43-9	0,3	DIN EN ISO 5961-HA3:1995-05 DIN EN ISO 17294-2:2005-02
Chrom	7440-47-3	3,4	DIN EN 1233:1996-08 DIN EN ISO 17294-2:2005-02
Kobalt	7440-48-4	2,0	DIN 38406-24-2:1993-03 DIN EN ISO 15586:2004-02 DIN EN ISO 17294-2:2005-02
Kupfer	7440-50-8	5,4	DIN 38406-7-2:1991-09 DIN EN ISO 17294-2:2005-02
Molybdän	7439-98-7	35	analog DIN EN ISO 5961:1995-05 DIN EN ISO 11885:2009-09 DIN EN ISO 17294-2:2005-02
Nickel	7440-02-0	7	DIN 38406-11-2:1991-09 DIN EN ISO 11885:2009-09 DIN EN ISO 17294-2:2005-02
Quecksilber	7439-97-6	0,1	DIN EN ISO 12846:2012-08 DIN EN ISO 17852:2008-04
Selen	7782-49-2	3	DIN 38405-23-2:1994-10 DIN EN 17294-2:2005-02
Thallium	7440-28-0	0,2	DIN EN ISO 17294-2:2005-02
Vanadium	7440-62-2	4	
Zink	7440-66-6	60	DIN EN ISO 11885:2009-09 DIN EN ISO 17294-2:2005-02
Chlorid	16887-00-6	250 mg/l	DIN EN ISO 10304-1:2009-07 DIN EN ISO 10304-4:1999-07
Cyanid leicht freisetzbar/komplex	57-12-5	10/50	DIN 38405-7:2002-04 DIN 38405-13:2011-04 DIN EN ISO 14403:2012-10
Fluorid	16984-48-8	900	DIN 38405-4:1985-07 DIN EN ISO 10304-1:2009-07
Sulfat	14808-79-8	250 mg/l	DIN EN ISO 10304-1:2009-07

Tafel 23.12 (Fortsetzung)

Parameter	CAS-Nr.	GFS-Wert [µg/l]	Analysenverfahren
Organische Parameter			
Industriechemikalien und sonstige Parameter			
PAK[a] gesamt		0,2	DIN EN ISO 17993:2004-03[d]
Anthracen	120-12-7	0,1	DIN 38407-39:2011-09[e]
Benzo[a]pyren	50-32-8	0,01	DIN ISO 28540:2014-05[d]
$\sum$ Benzo[b]fluoranthen u. Benzo[k]fluoranthen	205-99-2 207-08-9	0,03	
$\sum$ Benzo[ghi]perylen u. Indeno[123-cd]pyren	191-24-2 193-39-5	0,002	
Dibenz[a,h]anthracen	53-70-3	0,01	
Fluoranthen	206-44-0	0,1	
Naphthalin u. Methylnaphthaline gesamt	91-20-3 90-12-0 91-57-6	2	
LHKW[b] gesamt		20	DIN EN ISO 10301:1997-08
$\sum$ Tri- u. Tetrachlorethen	79-01-6 127-18-4	10	DIN EN ISO 15680:2004-04 DIN 38407-43:2014-10
1,2-Dibromethan	106-93-4	0,02	
1,2-Dichlorethan	107-06-2	3	
Trichlormethan	67-66-3	2,5	
Chlorethen (Vinylchlorid)	75-01-4	0,5	DIN EN ISO 15680:2004-04 DIN 38407-43:2014-10
Polychlorierte Biphenyle (PCB)[c] gesamt	1336-36-3	0,01 (0,0005 jeweils für PCB-28, -52, -101, -118, -138, -153 u. -180)	DIN 38407-2:1993-02[d] DIN EN ISO 6468:1997-02[d] DIN 38407-3-1:1998-07[d] DIN 38407-37:2013-11[d]
Kohlenwasserstoffe		100	DIN EN ISO 9377-2:2001-07
Benzol u. alkylierte Benzole gesamt		20	ISO 11423:1997-06 DIN 38407-9:1991-05 DIN EN ISO 15680:2004-04 DIN 38407-43:2014-10
Benzol	71-43-2	1	DIN EN ISO 15680:2004-04 DIN 38407-43:2014-10
Etheroxygenate gesamt (insb. MTBE, ETBE u. TAME) gesamt	1634-04-4 (MTBE) 637-92-3 (ETBE) 994-05-8 (TAME)	5, davon max. 2,5 µg/l ETBE	DIN 38407-41:2011-06 DIN 38407-43:2014-10
Epichlorhydrin	106-89-8	0,1	DIN EN 14207:2003-09[d]
Phenol	108-95-2	8	ISO 8165-2:1999-07 DIN 38407-27:2012-10
Nonylphenol	25154-52-3 (Isomerengemisch) 84852-15-3 (4-Nonylphenol, verzweigt)	0,3	DIN EN ISO 18857-1:2007-02 DIN EN ISO 18857-2:2012-01
Chlorphenole gesamt		1	DIN EN 12673:1999-05
Pentachlorphenol	87-86-5	0,1	
Chlorbenzole gesamt		1	DIN EN ISO 10301:1997-08 DIN 38407-43:2014-10 (nur für Cl1–Cl3) DIN EN ISO 6468:1997-02 DIN 38407-2:1993-02 DIN 38407-37:2013-11 (nur für Cl3–Cl6)
Trichlorbenzole		0,4	DIN EN ISO 10301:1997-08 DIN EN ISO 6468:1997-02 DIN 38407-37:2013-11 DIN 38407-43:2014-10
Pentachlorbenzol	608-93-5	0,007	DIN EN ISO 6468:1997-02
Hexachlorbenzol	118-74-1	0,01	DIN 38407-2:1993-02 DIN 38407-37:2013-11

Tafel 23.12 (Fortsetzung)

Parameter	CAS-Nr.	GFS-Wert [µg/l]	Analysenverfahren
Wirkstoffe in Pflanzenschutzmittel und Biozidprodukten einschließlich Abbauprodukte (PSMBP)			
PSMBP gesamt		0,5	SHKW u. Organochlorpestizide[f]:
PSMBP, Einzelstoff		jeweils 0,1	DIN 38407-2:1993-02
			DIN EN ISO 6468:1997-02
			DIN 38407-37:2013-11
			Organ. N- u. P-Verbindungen[g]:
			DIN EN ISO 10695:2000-11
			DIN EN ISO 11369:1997-11
			DIN EN 12918:1999-11
			Phenoxyalkancarbonsäureherbizide:
			DIN 38407-14:1994-10
			DIN ISO 15913:2003-05
			DIN 38407-35:2010-10
			Ausgewählte PSMBP mittels
			HPLC-MS/MS nach Direktinjektion:
			DIN 38407-36:2014-09
Azinphosmethyl	86-50-0	0,01	DIN EN 12918:1999-11[d]
Chlordan	57-74-9	0,003	DIN 38407-37:2013-11
Cyclodien-Pestizide gesamt (Aldrin, Dieldrin, Endrin u. Isodrin)	309-00-2 60-57-1 72-20-8 465-73-6	0,01	DIN 38407-2:1993-02 DIN EN ISO 6468:1997-02 DIN 38407-37:2013-11
Dichlorvos	62-73-7	0,0006	DIN EN 12918:1999-11[d]
Disulfoton	298-04-4	0,004	Kein genormtes Verfahren vorhanden[e] Empfehlung: DIN EN 12918:1999-11
Diuron	330-54-1	0,1	DIN EN ISO 11369:1997-11 DIN 38407-36:2014-09
Endosulfan	115-29-7	0,005	DIN 38407-2:1993-02 DIN EN ISO 6468:1997-02 DIN 38407-37:2013-11
Etrimfos	38260-54-7	0,004	Kein genormtes Verfahren vorhanden[e] Empfehlung: DIN EN 12918:1999-11
Fenitrothion	122-14-5	0,009	DIN EN 12918:1999-11[d]
Fenthion	55-38-9	0,004	
Heptachlor	76-44-8	0,03	DIN 38407-2:1993-02
Heptachlorepoxid	1024-57-3	0,03	DIN EN ISO 6468:1997-02 DIN 38407-37:2013-11
Hexazinon	51235-04-2	0,07	DIN EN ISO 11369:1997-11 DIN 38407-36:2014-09
Malathion	121-75-5	0,02	DIN EN 12918:1999-11[d]
Mevinphos	7786-34-7	0,0002	Kein genormtes Verfahren vorhanden[e] Empfehlung: DIN EN 12918:1999-11
Parathionethyl	56-38-2	0,005	DIN EN ISO 10695:2000-11
Parathionmethyl	298-00-0	0,02	DIN EN 12918: 1999-11[d]
Pentachlorphenol	87-86-5	0,1	DIN EN 12673:1999-05[d]
Phoxim	14816-18-3	0,008	DIN 38407-36:2014-09[d]
Triazophos	24017-47-8	0,03	Kein genormtes Verfahren vorhanden[e] Empfehlung: DIN EN 12918:1999-11
Trichlorfon	52-68-6	0,002	Kein genormtes Verfahren vorhanden[e]
Trifluralin	1582-09-8	0,03	DIN EN ISO 10695:2000-11
Zinnorganische Verbindungen			
Dibutylzinn-Kation	14488-53-0	0,01	DIN EN ISO 17353:2005-11[d]
Tributylzinn-Kation	36643-28-4	0,0002	
Triphenylzinn-Kation	668-34-8	0,0005	

Tafel 23.12 (Fortsetzung)

Parameter	CAS-Nr.	GFS-Wert [µg/l]	Analysenverfahren
Sprengstofftypische Verbindungen			
Nitropenta (PETN)	78-11-5	10	DIN EN ISO 22478:2006-07
2-Nitrotoluol	88-72-2	1	DIN 38407-17:1999-02[d]
3-Nitrotoluol	99-08-1	10	DIN EN ISO 22478:2006-07[d]
4-Nitrotoluol	99-99-0	3	
2-Amino-4,6-Dinitrotoluol	35572-78-2	0,2	
4-Amino-2,6-Dinitrotoluol	19406-51-0	0,2	
1,3-Dinitrobenzol	99-65-0	0,3	
2,4-Dinitrotoluol	121-14-2	0,05	
2,6-Dinitrotoluol	606-20-2	0,05	
1,3,5-Trinitrobenzol	99-35-4	8	DIN EN ISO 22478:2006-07
2,4,6-Trinitrophenol (Pikrinsäure)	88-89-1	0,2	
2,4,6-Trinitrotoluol	118-96-7	0,2	DIN 38407-17:1999-02 DIN EN ISO 22478:2006-07
Hexogen	121-82-4	1	DIN EN ISO 22478:2006-07
Hexanitrodiphenylamin (Hexyl)	131-73-7	2	
Nitrobenzol	98-95-3	0,1	DIN 38407-17:1999-02
Tetryl	479-45-8	5	DIN EN ISO 22478:2006-07
Octogen	2691-41-0	175	

[a] PAK gesamt: Summe der polycyclischen aromatischen Kohlenwasserstoffe ohne Naphthalin und Methylnaphthaline, in der Regel Bestimmung über die Summe von 15 Einzelsubstanzen gemäß Liste der US Environmental Protection Agency (EPA) ohne Naphthalin; ggf. unter Berücksichtigung weiterer relevanter PAK (z. B. aromatische Heterozyklen wie Chinoline)

[b] LHKW gesamt: Leichtflüchtige Halogenkohlenwasserstoffe, d. h. Summe der halogenierten C1-und C2-Kohlenwasserstoffe; einschließlich Trihalogenmethane. Die GFS-Werte zu Tri- und Tetrachlorethen, Dichlorethan und Chlorethen sind zusätzlich einzuhalten. (10 $\sum$ Tri- und Tetrachlorethen, 10 $\sum$ Sonstige LHKW)

[c] PCB gesamt: Summe der polychlorierten Biphenyle; Summe der 6 PCB-Kongenere (PCB-28, -52, -101, -138, -153, und -180) multipliziert mit Faktor 5

[d] Steht kein genormtes Verfahren zur Verfügung, mit dem die Geringfügigkeitsschwelle erreicht bzw. unterschritten werden kann, muss auf nicht genormte Verfahren zurückgegriffen werden, die nach den einschlägigen Regeln für Analysenverfahren zu validieren sind. Das Verfahren ist zu beschreiben

[e] Für viele PSMBP-Verbindungen sind keine genormten Verfahren vorhanden. Alternativ können Normverfahren für die Bestimmung von strukturähnlichen Verbindungen eingesetzt werden, wie z. B. in der Gruppe der Organochlorpestizide oder der organischen N- und P-Verbindungen oder Normverfahren, welche die HPLC-MS/MS-Technik einsetzen, die eine sehr empfindliche und spezifische Bestimmung einer Vielzahl der Verbindungen erlaubt. Die Analysenverfahren müssen für die zu bestimmenden Verbindungen nach den einschlägigen Regeln validiert werden.

[f] Z. B. Cyclodienpestizide (Aldrin, Dieldrin, Endrin, Isodrin), DDT, HCH-Isomere, Endosulfan, Heptachlor

[g] Ausgewählte organische N- und P-Verbindungen, z. B. u. a. Triazinherbizide, Phenylharnstoffherbizide, Organophosphorsäurederivate

23.5 Entsorgung

23.5.1 Abfallbegriff

Abfälle im Sinne von KrWG § 3 (1) sind alle Stoffe oder Gegenstände, derer sich ihr Besitzer entledigt, entledigen will oder entledigen muss. Abfälle zur Verwertung sind Abfälle, die verwertet werden. Abfälle, die nicht verwertet werden, sind Abfälle zur Beseitigung.

Die Abfalleigenschaft bestimmter Reststoffe wurde und wird in der Praxis kontrovers diskutiert. Regelungen zum Ende der Abfalleigenschaft sollen die Recyclingmärkte stärken. Durch die Europäische Abfallrahmenrichtlinie wird die Europäische Kommission ermächtigt, für bestimmte Abfallströme konkrete Regelungen zum Ende der jeweiligen Abfalleigenschaft zu erlassen. Um das Ende der Abfallei-

genschaft vorzeitig erreichen zu können, müssen Abfälle nach Artikel 6 der Abfallrahmenrichtlinie ein Verwertungsverfahren durchlaufen haben und zudem allgemeine und spezifische Kriterien erfüllen.

Nach KrWG § 5 (1) endet die Abfalleigenschaft eines Stoffes oder Gegenstandes dann, wenn dieser ein Verwertungsverfahren durchlaufen hat und so beschaffen ist, dass

1. er üblicherweise für bestimmte Zwecke verwendet wird,
2. ein Markt für ihn oder eine Nachfrage nach ihm besteht,
3. er alle für seine jeweilige Zweckbestimmung geltenden technischen Anforderungen sowie alle Rechtsvorschriften und anwendbaren Normen für Erzeugnisse erfüllt sowie
4. seine Verwendung insgesamt nicht zu schädlichen Auswirkungen auf Mensch oder Umwelt führt.

Die nachfolgenden Ausführungen beziehen sich ausschließlich auf Abfälle.

23.5.2 Abfalldeklaration/Abfälle aus dem Baubereich

Die Bezeichnung und Einstufung von Abfällen erfolgt nach der Abfallverzeichnisverordnung (AVV) § 2 bzw. dem Anhang zur AVV. Dieser umfasst den europäischen Abfallartenkatalog, der in 20 Kapitel (Herkunftsbereiche) gegliedert ist (Tafel 23.13). Jedem Abfall ist ein sechsstelliger Abfallschlüssel zuzuordnen, der das Kapitel (Stelle 1 und 2), die Gruppe (Stelle 3 und 4) sowie die Abfallart (Stelle 5 und 6) angibt.

Die für den Baubereich besonders relevanten Abfallarten sind in Kapitel 17 im Anhang der AVV gelistet (s. a. Abschn. 23.4).

23.5.3 Abgrenzung gefährlicher/nicht gefährlicher Abfall

Es gibt insgesamt 842 Abfallarten.

Davon sind 228 Abfallarten (absolut) gefährlich, da bei diesen Abfällen angenommen wird, dass sie eine oder mehrere der in Anhang III der Abfallrahmenrichtlinie aufgeführten gefahrenrelevanten Eigenschaften HP1 bis HP15 (HP von „hazardous properties") aufweisen [39]:
- HP1 explosiv
- HP2 brandfördernd
- HP3 entzündbar
- HP4 reizend
- HP5 spezifische Zielorgantoxizität/Aspirationsgefahr
- HP6 akut toxisch
- HP7 krebserzeugend
- HP8 ätzend
- HP9 infektiös
- HP10 fortpflanzungsgefährdend
- HP11 erbgutverändernd
- HP12 giftige Gase freisetzend
- HP13 sensibilisierend
- HP14 ökotoxisch
- HP15 Entstehen eines anderen Stoffes nach Ablagerung

Bei den gefährlichen Abfallarten wird der Abfallschlüssel mit einem Sternchen (*) gekennzeichnet, zum Beispiel 13 07 01* (Heizöl und Diesel).

236 Abfallarten sind ungefährlich, da bei diesen Abfällen angenommen wird, dass sie keine der oben genannten gefahrenrelevanten Eigenschaften aufweisen.

Es gibt 378 Abfallarten, die als „Spiegeleinträge" bezeichnet werden. Bei diesen „Spiegeleinträgen" wird einer gefährlichen Abfallart mindestens eine nicht-gefährliche Abfallart direkt zugeordnet, zum Beispiel 20 01 37* (Holz, das gefährliche Stoffe enthält) und 20 01 38 (Holz mit Ausnahme desjenigen, das unter 20 01 37) fällt [39].

Bei den Spiegeleinträgen richtet sich die Unterscheidung zwischen gefährlichen und nicht gefährlichen Abfallarten danach, ob ein Abfall eine oder mehrere der oben genannten gefahrenrelevanten Eigenschaften aufweist. Diese Eigenschaften können entweder anhand von Stoffkonzentrationen oder anhand der Ergebnisse international anerkannter

Tafel 23.13 Kapitel der Abfallverzeichnisverordnung

Kapitel	Bezeichnung
1.	Abfälle, die beim Aufsuchen, Ausbeuten und Gewinnen sowie bei der physikalischen und chemischen Behandlung von Bodenschätzen entstehen
2.	Abfälle aus Landwirtschaft, Gartenbau, Teichwirtschaft, Forstwirtschaft, Jagd und Fischerei sowie der Herstellung und Verarbeitung von Nahrungsmitteln
3.	Abfälle aus der Holzbearbeitung und der Herstellung von Platten, Möbeln, Zellstoffen, Papier und Pappe
4.	Abfälle aus der Leder-, Pelz- und Textilindustrie
5.	Abfälle aus der Erdölraffination, Erdgasreinigung und Kohlepyrolyse
6.	Abfälle aus anorganisch-chemischen Prozessen
7.	Abfälle aus organisch-chemischen Prozessen
8.	Abfälle aus Herstellung, Zubereitung, Vertrieb und Anwendung (HZVA) von Beschichtungen (Farben, Lacken, Email), Klebstoffen, Dichtmassen und Druckfarben
9.	Abfälle aus der fotografischen Industrie
10.	Abfälle aus thermischen Prozessen
11.	Abfälle aus der chemischen Oberflächenbearbeitung und Beschichtung von Metallen und anderen Werkstoffen; Nichteisen-Hydrometallurgie
12.	Abfälle aus Prozessen der mechanischen Formgebung sowie der physikalischen und mechanischen Oberflächenbearbeitung von Metallen und Kunststoffen
13.	Ölabfälle und Abfälle aus flüssigen Brennstoffen (außer Speiseöle, 05 und 12)
14.	Abfälle aus organischen Lösemitteln, Kühlmitteln und Treibgasen (außer 07 und 08)
15.	Verpackungsabfall, Aufsaugmassen, Wischtücher, Filtermaterialien und Schutzkleidung (a.n.g.)
16.	Abfälle, die nicht anderswo im Verzeichnis aufgeführt sind
17.	Bau- und Abbruchabfälle (einschließlich Aushub von verunreinigten Standorten)
18.	Abfälle aus der humanmedizinischen oder tierärztlichen Versorgung und Forschung (ohne Küchen- und Restaurantabfälle, die nicht aus der unmittelbaren Krankenpflege stammen)
19.	Abfälle aus Abfallbehandlungsanlagen, öffentlichen Abwasserbehandlungsanlagen sowie der Aufbereitung von Wasser für den menschlichen Gebrauch und Wasser für industrielle Zwecke
20.	Siedlungsabfälle (Haushaltsabfälle und ähnliche gewerbliche und industrielle Abfälle sowie Abfälle aus Einrichtungen), einschließlich getrennt gesammelter Fraktionen

Testmethoden bewertet werden. Bei Bauabfällen sind ganz überwiegend das Kriterium HP14, d. h. Stoffkonzentrationen relevant.

Für bestimmte Gefährlichkeitskriterien führt Anhang III AbfRRL Grenzkonzentrationen der Gefährlichkeitsmerkmale auf. Die aufgeführten Grenzkonzentrationen stützen sich auf chemikalienrechtliche Regelungen der CLP-Verordnung. Deren Anwendung der Regelwerke ist in der Praxis oft kaum möglich, weil Bauabfälle meist Gemische aus vielen verschiedenen Einzelstoffen enthalten, deren einstufungsrelevante Konzentrationen (z. B. Bindungsformen von Schwermetallen) nicht bekannt sind und nur mit hohem analytischen Aufwand ermittelt werden könnten. Die Abfallcharakterisierung wird daher meist durch die Bestimmung von Summenparametern vorgenommen, z. B. Summe PAK oder Summe MKW.

Die Bund-/Länder-Arbeitsgemeinschaft Abfall hat zur Ermittlung der gefährlichen Eigenschaften anhand von (Summen)-Parametern bundesweit harmonisierte Technische Hinweise zur Einstufung von Abfällen nach ihrer Gefährlichkeit erarbeitet und den Ländern zur Anwendung im Vollzug empfohlen. Die Technischen Hinweise sind über die Homepage der LAGA zu beziehen.

Darüber hinaus stellen verschiedene Bundesländer zusätzliche Instrumente zur Einstufung von Abfällen zur Verfügung. In Nordrhein Westfalen finden sich Grenzwerte für eine Vielzahl von (Schad)stoffen im Feststoff und/oder im Eluat von Abfällen, ab denen ein Abfall als gefährlich eingestuft wird, in der Abfallanalysendatenbank (ABANDA) im s. g. Hazard Check (https://www.abfallbewertung.org/hazardcheck/hazardcheck.php?content=hazardcheck). Darin sind auch die LAGA-Werte (s. o.) sowie die Grenzwerte der POP-Verordnung integriert.

Die EU-Verordnung über persistente organische Schadstoffe (POP) beinhaltet detaillierte Vorgaben hinsichtlich der Herstellung, des Inverkehrbringens, der Verwendung und der Freisetzung von persistenten organischen Schadstoffen. Ferner enthält sie Regelungen zur Beschränkung der Freisetzungen solcher Stoffe und zur Entsorgung von Abfällen, die aus solchen Stoffen bestehen, sie enthalten oder durch sie verunreinigt sind. Ab Überschreitung der dort aufgeführten Grenzwerte sind die Abfälle generell als gefährlich einzustufen und im Regelfall zur Zerstörung der organischen Schadstoffe thermisch zu behandeln (Verbrennung).

Beim Transport gefährlicher Abfälle ist neben dem Gefahrstoffrecht auch das Gefahrgutrecht zu beachten.

23.5.4 Übersicht Entsorgungswege

Unter Abfallentsorgung sind nach KrWG § 3 Absatz 22 Verwertungs- und Beseitigungsverfahren zu verstehen, einschließlich der Vorbereitung vor der Verwertung oder Beseitigung.

Verwertung ist gemäß KrWG § 2 (23) jedes Verfahren, als dessen Hauptergebnis die Abfälle innerhalb der Anlage oder in der weiteren Wirtschaft einem sinnvollen Zweck zugeführt werden, indem sie entweder andere Materialien ersetzen, die sonst zur Erfüllung einer bestimmten Funktion verwendet worden wären, oder indem die Abfälle so vorbereitet werden, dass sie diese Funktion erfüllen. Die Verfahren zur Verwertung sind in Anlage 2 zum KrWG benannt. Im Baubereich haben die stoffliche Verwertung (Nutzung von Abfällen als Sekundärrohstoff) und die energetische Verwertung (Nutzung von Abfällen zur Energiegewinnung) die größte Bedeutung.

Recycling ist nach KrWG § 2 (25) jedes Verwertungsverfahren, durch das Abfälle zu Erzeugnissen, Materialien oder Stoffen entweder für den ursprünglichen Zweck oder für andere Zwecke aufbereitet werden; es schließt die Aufbereitung organischer Materialien ein, nicht aber die energetische Verwertung und die Aufbereitung zu Materialien, die für die Verwendung als Brennstoff oder zur Verfüllung bestimmt sind. Im Baubereich ist z. B. das Recycling von Bauschutt oder Straßenaufbruch weit verbreitet.

Unter Beseitigung ist nach KrWG § 2 (26) jedes Verfahren zu verstehen, das keine Verwertung ist, auch wenn das Verfahren zur Nebenfolge hat, dass Stoffe oder Energie zurückgewonnen werden. Die Verfahren zur Beseitigung sind in Anlage 1 zum KrWG benannt.

Die für Bauabfälle üblichen Entsorgungswege sind Tafel 23.14 zu entnehmen.

23.5.5 Verwertung mineralischer Abfälle außerhalb von Deponien

Die Verwertung von mineralischen Abfällen außerhalb von Deponien ist in der BRD nicht gesetzlich geregelt. Daher existieren in den Bundesländern derzeit unterschiedliche Regelwerke. Die meisten stützen sich auf die LAGA Mitteilung 20 [41–44]. Diese stammen ursprünglich aus dem Jahr 1997, d. h. noch aus der Zeit vor Inkrafttreten von BBodSchG und BBodSchV. Der allgemeine Teil I wurde 2003, der Teil II 1.2 Boden und der Teil III Probennahme und Analytik wurden 2004 aktualisiert und an bodenschutzrechtliche Regelungen angepasst.

Nur der allgemeine Teil I wurde von der LAGA veröffentlicht. Die Anwendung der übrigen Teile wird in den Ländern unterschiedlich gehandhabt. Links zu den länderspezifischen Regelungen sind auf der LAGA-Internetseite zusammengestellt.

Seit 2006 bearbeitete das Bundesumweltministerium eine bundesweit verbindlich geltende Verordnung zur Verwertung mineralischer Abfälle und industrieller Nebenprodukte

Tafel 23.14   Übliche Entsorgungswege für Bauabfälle Bau- und Abbruchabfälle (einschließlich Aushub von verunreinigten Standorten)

ASN	Abfallbezeichnung	Entsorgungsweg
17 01	**Beton, Ziegel, Fliesen und Keramik**	
17 01 01	Beton	wenn unbelastet: Recycling, wenn belastet: Deponierung
17 01 02	Ziegel	wenn unbelastet: Recycling, wenn belastet: Deponierung
17 01 03	Fliesen und Keramik	wenn unbelastet: Recycling, wenn belastet: Deponierung
17 01 06*	Gemische aus oder getrennte Fraktionen von Beton, Ziegeln, Fliesen und Keramik, die gefährliche Stoffe enthalten	Deponierung bei Überschreitung POP-Grenzwerte: Verbrennung
17 01 07	Gemische aus Beton, Ziegeln, Fliesen und Keramik mit Ausnahme derjenigen, die unter 17 01 06* fallen	wenn unbelastet: Recycling, wenn belastet: Deponierung
17 02	**Holz, Glas und Kunststoff**	
17 02 01	Holz	s. Vorgaben der AltholzV: Aufbereitung von Altholz zu Holzhackschnitzeln und Holzspänen für die Herstellung von Holzwerkstoffen Gewinnung von Synthesegas zur weiteren chemischen Nutzung Herstellung von Aktivkohle/Industrieholzkohle
17 02 02	Glas	stoffliche Verwertung
17 02 03	Kunststoff	energetische Verwertung (u. U. auch stoffliche Verwertung)
17 02 04*	Glas, Kunststoff und Holz, die gefährliche Stoffe enthalten oder durch gefährliche Stoffe verunreinigt sind	je nach Abfallzusammensetzung Beseitigung durch Deponierung oder Verbrennung
17 03	**Bitumengemische, Kohlenteer und teerhaltige Produkte**	
17 03 01*	kohlenteerhaltige Bitumengemische	Deponierung bei Überschreitung POP-Grenzwerte: Verbrennung
17 03 02	Bitumengemische mit Ausnahme derjenigen, die unter 17 03 01 fallen	stoffliche Verwertung (Asphaltmischwerke) oder Deponierung
17 03 03*	Kohlenteer und teerhaltige Produkte	Deponierung bei Überschreitung POP-Grenzwerte: Verbrennung
17 04	**Metalle (einschließlich Legierungen)**	
17 04 01	Kupfer, Bronze, Messing	stoffliche Verwertung
17 04 02	Aluminium	stoffliche Verwertung
17 04 03	Blei	stoffliche Verwertung
17 04 04	Zink	stoffliche Verwertung
17 04 05	Eisen und Stahl	stoffliche Verwertung
17 04 06	Zinn	stoffliche Verwertung
17 04 07	gemischte Metalle	stoffliche Verwertung
17 04 09*	Metallabfälle, die durch gefährliche Stoffe verunreinigt sind	Vorbehandlung zur stofflichen Verwertung (z. B. Abstrahlen von schadstoffhaltigen Anstrichen) oder Deponierung
17 04 10*	Kabel, die Öl, Kohlenteer oder andere gefährliche Stoffe enthalten	je nach Stoffkonzentrationen Beseitigung durch Deponierung oder Verbrennung
17 04 11	Kabel mit Ausnahme derjenigen, die unter 17 04 10* fallen	stoffliche Verwertung
17 05	**Boden (einschließlich Aushub von verunreinigten Standorten), Steine und Baggergut**	
17 05 03*	Boden und Steine, die gefährliche Stoffe enthalten	je nach Stoffkonzentrationen Beseitigung durch Deponierung oder Verbrennung
17 05 04	Boden und Steine mit Ausnahme derjenigen, die unter 17 05 03* fallen	stoffliche Verwertung außerhalb oder auf Deponien
17 05 05*	Baggergut, das gefährliche Stoffe enthält	je nach Stoffkonzentrationen Beseitigung durch Deponierung oder Verbrennung
17 05 06	Baggergut mit Ausnahme desjenigen, das unter 17 05 05 fällt	stoffliche Verwertung außerhalb oder auf Deponien
17 05 07*	Gleisschotter, der gefährliche Stoffe enthält	je nach Stoffkonzentrationen Beseitigung durch Deponierung oder Verbrennung
17 05 08	Gleisschotter mit Ausnahme desjenigen, der unter 17 05 07 fällt	stoffliche Verwertung außerhalb oder auf Deponien

Tafel 23.14 (Fortsetzung)

ASN	Abfallbezeichnung	Entsorgungsweg
17 06	**Dämmmaterial und asbesthaltige Baustoffe**	
17 06 01*	Dämmmaterial, das Asbest enthält	Deponierung
17 06 03*	anderes Dämmmaterial, das aus gefährlichen Stoffen besteht oder solche Stoffe enthält	abhängig von der Art des Dämmmaterials Beseitigung durch Deponierung oder Verbrennung
17 06 04	Dämmmaterial mit Ausnahme desjenigen, das unter 17 06 01* und 17 06 03* fällt	abhängig von der Art des Dämmmaterials stoffliche oder thermische Verwertung
17 06 05*	asbesthaltige Baustoffe	Deponierung
17 08	**Baustoffe auf Gipsbasis**	
17 08 01*	Baustoffe auf Gipsbasis, die durch gefährliche Stoffe verunreinigt sind	Deponierung
17 08 02	Baustoffe auf Gipsbasis mit Ausnahme derjenigen, die unter 17 08 01* fallen	stoffliche Verwertung (Rückgewinnung von Gips) oder Deponierung
17 09	**Sonstige Bau- und Abbruchabfälle**	
17 09 01*	Bau- und Abbruchabfälle, die Quecksilber enthalten	chemisch-physikalische Behandlung zur Rückgewinnung von Quecksilber oder Deponierung
17 09 02*	Bau- und Abbruchabfälle, die PCB enthalten (z. B. PCB-haltige Dichtungsmassen, PCB-haltige Bodenbeläge auf Harzbasis, PCB-haltige Isolierverglasungen, PCB-haltige Kondensatoren)	bei Überschreitung POP-Grenzwerte: Verbrennung sonst je nach Baustoff Deponierung oder Verbrennung Kondensatoren: Zerlegebetriebe
17 09 03*	sonstige Bau- und Abbruchabfälle (einschließlich gemischter Abfälle), die gefährliche Stoffe enthalten	Verbrennung
17 09 04	gemischte Bau- und Abbruchabfälle mit Ausnahme derjenigen, die unter 17 09 01*, 17 09 02* und 17 09 03* fallen	Sortieranlagen oder Verbrennung

(Ersatzbaustoffverordnung). Die Ersatzbaustoffverordnung wurde am 09.07.2021 verabschiedet. Sie tritt am 01.08.2023 in Kraft. Mineralische Ersatzbaustoffe im Sinne dieser Verordnung sind unter anderem Recycling-Baustoffe aus Bau- und Abbruchabfällen, Schlacken aus der Metallerzeugung und Aschen aus thermischen Prozessen. Die Verordnung gibt zum einen für die jeweiligen Ersatzbaustoffe beziehungsweise deren einzelne Klassen Grenzwerte in Bezug auf bestimmte Schadstoffe vor, deren Einhaltung durch den Hersteller im Rahmen einer Güteüberwachung zu gewährleisten ist. Zum anderen sieht sie an diese Grenzwerte angepasste Einbauweisen in technische Bauwerke vor allem im Tiefbau, wie Straßen, Schienenverkehrswege, befestigte Flächen, Leitungsgräben, Lärm- und Sichtschutzwälle vor [41].

Bodenähnliche Anwendungen werden über das Bodenschutzrecht geregelt, weshalb mit Einführung der Ersatzbaustoffverordnung als Mantelverordnung auch eine Neufassung der BBodSchV erfolgt ist. Im Zusammenhang damit wurden auch die DepV und die GewAbfV geändert.

Das Verhältnis der aktuellen Regelungen für die Verwertung von Böden nach BBodSchV und der LAGA-Mittteilen 20 geht aus Abb. 23.3 hervor.

LAGA-Mittteilen 20 unterscheiden drei Einbauklassen (Abb. 23.4). Die Einbauklassen Z0 bis Z2 betreffen Verwertungen von Bodenmaterial außerhalb von Deponien. Höhere Einbauklassen (Z3–Z5) betreffen die Ablagerung von Bodenmaterialien auf Deponien.

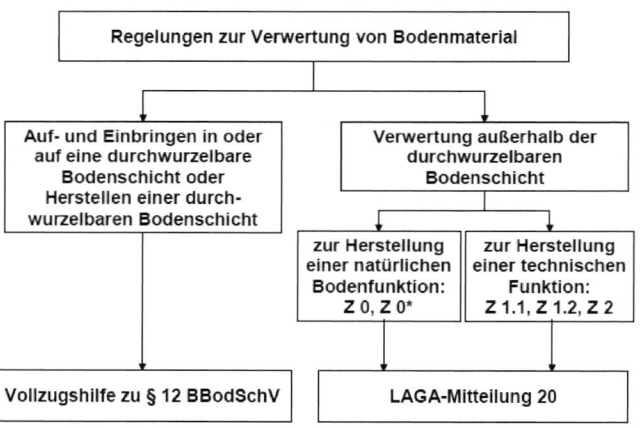

Abb. 23.3 Überblick über die Regelungen zur Verwertung von Bodenmaterial (aus [44])

Die Einbauklassen werden durch Zuordnungswerte im Eluat (Eluatkonzentrationen) und im Feststoff (Feststoffgehalte) begrenzt. Die Zuordnungswerte sind Orientierungswerte. Abweichungen von den Zuordnungswerten können nur dann zugelassen werden, wenn im Einzelfall der Nachweis erbracht wird, dass das Wohl der Allgemeinheit nicht beeinträchtigt wird [43].

Die Zuordnungswerte für Böden gemäß [44] sind zusammen mit denen für Böden und Bauschutt der LAGA-

Abb. 23.4 Überblick über die Regelungen zur Verwertung von Bodenmaterial (aus [43])

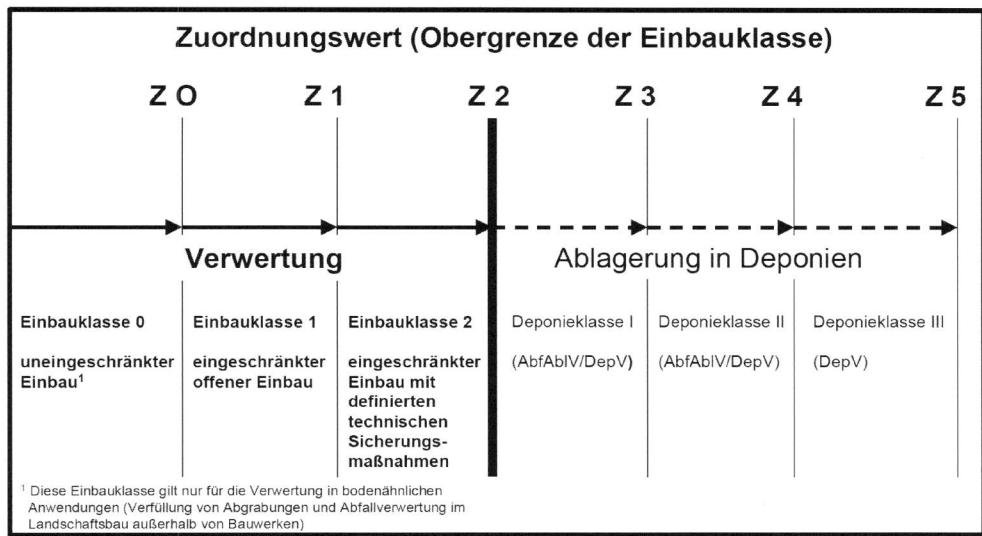

Mittteilen 20 von 1997 [42] und den Vorsorgewerten der BBodSchV in Tafel 23.15 aufgeführt.

In Bezug auf die Verwertung von Böden gilt nach [43] zusammengefasst Folgendes (zur Verwertung von Bauschutt s. Abschn. 23.5.6):

- **Durchwurzelbare Bodenzone**
  Böden, die die Vorsorgewerte der BBodSchV einhalten, können innerhalb einer durchwurzelbaren Bodenzone eingebaut werden. Die Vorsorgewerte entsprechen den LAGA-Z0-Werten. In Bezug auf den Gehalt an Humus bzw. TOC (Gesamtgehalt an organischem Kohlenstoff) gelten die Regelungen nach [46] (s. Tafel 23.16).

- **Z0 uneingeschränkter Einbau**
  Für einen uneingeschränkten Einbau bzw. eine Verwertung von Bodenmaterial in bodenähnlichen Anwendungen (Einbauklasse 0) gelten die Zuordnungswerte Z0 als Obergrenzen. Diese Werte sind mit den üblicherweise in Böden zu erwartenden Hintergrundgehalten abgeglichen. Das Adsorptionsvermögen der unterschiedlichen Bodenarten wurde berücksichtigt, indem Werte für Metalle u. a. nach den Bodenartenhauptgruppen Ton, Lehm/Schluff und Sand bzw. die Vorsorgewerte für organische Stoffe nach dem Humusgehalt der Böden differenziert wurden.

- **Z0* Verfüllung von Abgrabungen**
  Die Z0*-Werte stellen die Obergrenze für die Verfüllung von Abgrabungen unterhalb der durchwurzelbaren Bodenschicht unter Einhaltung bestimmter Randbedingungen dar.

- **Z1 eingeschränkter offener Einbau**
  Die Z1-Werte stellen die Obergrenze für einen eingeschränkten offenen Einbau dar (Einbauklasse 1). Der Abfall wird so eingebaut, dass er durchsickert werden kann. Ein Einbau ist aber nur in technischen Bauwerken möglich

- Straßen, Wege, Verkehrsflächen (Ober- und Unterbau),
- Industrie-, Gewerbe- und Lagerflächen (Ober- und Unterbau),
- Unterbau von Gebäuden,
- unterhalb der durchwurzelbaren Bodenschicht von Erdbaumaßnahmen (Lärm- und Sichtschutzwälle), die begleitend zu den im 1. und 2. Spiegelstrich genannten technischen Bauwerken errichtet werden,
- Unterbau von Sportanlagen.

Im Eluat gelten grundsätzlich die Z1.1-Werte. Sofern dieses landesspezifisch festgelegt oder im Einzelfall nachgewiesen kann in hydrogeologisch günstigen Gebieten Bodenmaterial auch mit Eluatkonzentrationen bis zu den Zuordnungswerten Z1.2-Werten eingebaut werden. Die hydrogeologisch günstigen Gebiete sind landesspezifisch festgelegt. Ist dies nicht der Fall, müssen die erforderlichen Standorteigenschaften der zuständigen Behörde nachgewiesen werden. Hydrogeologisch günstig sind u. a. Standorte, bei denen der Grundwasserleiter nach oben durch flächig verbreitete, ausreichend mächtige und homogene Deckschichten mit geringer Durchlässigkeit und hohem Rückhaltevermögen gegenüber Schadstoffen überdeckt ist. Dieses Rückhaltevermögen ist in der Regel bei mindestens 2 m mächtigen Deckschichten aus Tonen, Schluffen oder Lehmen gegeben. Beim Einbau von mineralischen Abfällen in der Einbauklasse 1.2 soll der Abstand zwischen der Schüttkörperbasis und dem höchsten zu erwartenden Grundwasserstand in der Regel mindestens 2 m betragen.

- **Z2 Einbau mit definierten technischen Sicherungsmaßnahmen**
  Die Z2-Werte stellen die Obergrenze für den Einbau von mineralischen Abfällen mit definierten technischen Sicherungsmaßnahmen und zugleich die Obergrenzen für die Verwertung außerhalb von Deponien dar.

Tafel 23.15 Zuordnungswerte für Bodenmaterial nach LAGA M 20 (2004 und 1997) und für Bauschutt nach LAGA M 20 (1997) (aus [42] und [44])

Zuordnungswerte nach LAGA Boden (2004): Spalten Z0 Sand … Z2. LAGA M20 Boden (1997): Z0 … Z2. LAGA M20 Bauschutt (1997): Z0 … Z2.

Parameter	Einheit	Z0 Sand	Z0 Lehm/Schluff	Z0 Ton	Z0*	Z1.1 Eluat	Z1.2 Eluat	Z2	Z0	Z1.1	Z1.2	Z2	Z0	Z1.1	Z1.2	Z2
		Zuordnungswerte nach LAGA Boden (2004)				Z1 (Feststoff)			LAGA M20 Boden (1997)				LAGA M20 Bauschutt (1997)			
Feststoff																
pH-Wert	[–]	–	–	–	–	–	–	–	5,5–8,0[a]	5,5–8,0[a]	5,0–9,0[a]	–	–	–	–	–
TOC	[M.-%]	0,5 (1,0)[b]			0,5 (1,0)[b]	1,5		5	–	–	–	–	–	–	–	–
EOX	[mg/kg]	1			1[c]	3[c]		10	1	3	10	15	1	3	5	10
Cyanide ges.		–			–	3		10	1	10	30	100				
KW C10–C22		100	15	20	200	300		1000	–				–			
KW C10–C40		100	60	100	400	600		2000	100	300	500	1000	100	300[d]	500[d]	1000[d]
∑ BTEX		1			1	1		1	< 1	1	3	5	–	–	–	–
∑ LHKW		1			1	1		1	< 1	1	3	5	–	–	–	–
∑ PCB6		0,05[e]			0,1	0,15		0,5	0,02	0,1	0,5	1	0,02	0,1	0,5	1
∑ PAK (EPA)		3			3	3 (9)[f]		30	1	5[g]	15[h]	20	1	5 (20)[i]	15 (50)[i]	75 (100)[i]
Benzo(a)pyren		0,3			0,6	0,9		3	–			–	–			–
Arsen[j]		10	15	20	15[k]	45		150	20	30	50	150	20	–	–	–
Blei[j]		40[l]	70[l]	100[l]	140	210		700	100	200	300	1000	100	–	–	–
Cadmium[j]		0,4[l]	1[l]	1,5[l]	1[m]	3		10	0,6	1	3	10	0,6	–	–	–
Chrom ges.[j]		30[l]	60[l]	100[l]	120	180		600	50	100	200	600	50	–	–	–
Kupfer[l]		20[l]	40[l]	60[l]	80	120		400	40	100	200	600	40	–	–	–
Nickel[l]		15[l]	50[l]	70[l]	100	150		500	40	100	200	600	40	–	–	–
Quecksilber		0,1[l]	0,5[l]	1[l]	1,0	1,5		5	0,3	1	3	5	0,3	–	–	–
Thallium		0,4	0,7	1	0,7[n]	2,1		7	0,5	1	3	10	–	–	–	–
Zink[j]		60[l]	150[l]	200[l]	300	450		1500	120	300	500	1500	120	–	–	–

Tafel 23.15   (Fortsetzung)

Parameter	Einheit	Zuordnungswerte nach LAGA Boden (2004)				Z1 (Feststoff)		Z2	LAGA M20 Boden (1997)				LAGA M20 Bauschutt (1997)			
		Z0 Sand	Z0 Lehm/Schluff	Z0 Ton	Z0*	Z1.1 Eluat	Z1.2 Eluat		Z0	Z1.1	Z1.2	Z2	Z0	Z1.1	Z1.2	Z2
Eluat																
pH-Wert	[–]	6,5–9,5			6,5–9,5	6,5–9,5	6,0–12,0	5,5–12,0	6,5–9,0ᵃ	6,5–9,0ᵃ	6,0–12,0ᵃ	5,5–12,0ᵃ	7,0–12,5	7,0–12,5	7,0–12,5	7,0–12,5
el. Leitf. (25 °C)	[µS/cm]	250			250	250	1500	2000	500	500	1000	1500	500	1500	2500	3000
Chlorid	[mg/l]	30			30	30	50	100ᵒ	10	10	20	30	10	20	40	150
Sulfat	[mg/l]	20			20	20	50	200	50	50	100	150	50	150	300	600
Cyanid, ges.	[µg/l]	5			5	5	10	20	<10	10	50	100ᵖ	<10	10	50	100
Phenolindex		20			20	20	40	100	<10ᵠ	10	40	100ᵠ	<10	10	50	100
Arsen		14			14	14	20	60ᶠ	10	10	40	60	10	10	40	50
Blei		40			40	40	80	200	20	40	100	200	20	40	100	100
Cadmium		1,5			1,5	1,5	3	6	2	2	5	10	2	2	5	5
Chrom ges.		12,5			12,5	12,5	25	60	15	30	75	150	15	30	75	100
Kupfer		20			20	20	60	100	50	50	150	300	50	50	150	200
Nickel		15			15	15	20	70	40	50	150	200	40	50	100	100
Quecksilber		<0,5			<0,5	<0,5	1	2	0,2	0,2	1	2	0,2	0,2	1	2
Thallium		–			–	–	–	–	<1	1	3	5	–	–	–	–
Zink		150			150	150	200	600	100	100	300	600	100	100	300	400

ᵃ Niedrigere pH-Werte stellen allein kein Ausschlusskriterium dar. Bei Überschreitungen ist die Ursache zu prüfen.
ᵇ Bei einem C:N-Verhältnis >25 beträgt der Zuordnungswert 1 Masse-%.
ᶜ Bei Überschreitung ist die Ursache zu prüfen.
ᵈ Überschreitungen, die auf Asphaltanteile zurückzuführen sind, stellen kein Ausschlusskriterium dar.
ᵉ entspricht dem Vorsorgewert für Böden mit einem Humusgehalt von ≤ 8 % nach BBodSchV Anh. 2 Nr. 4.2
ᶠ Bodenmaterial mit Zuordnungswerten > 3 mg/kg und ≤ 9 mg/kg darf nur in Gebieten mit hydrogeologisch günstigen Deckschichten eingebaut werden.
ᵍ Einzelwerte für Naphthalin und Benzo(a)pyren jeweils kleiner als 0.5
ʰ Einzelwerte für Naphthalin und Benzo(a)pyren jeweils kleiner als 1.0
ⁱ Im Einzelfall kann bis zu dem in Klammern genannten Wert abgewichen werden.
ʲ Sollen Recyclingbaustoffe, z. B. Vorabsiebmaterial, und nicht aufbereiteter Bauschutt als Bodenmaterial für Rekultivierungszwecke und Geländeauffüllungen in der Einbauklasse 1 verwendet werden, ist die Untersuchung von Arsen und Schwermetallen erforderlich. Es gelten dann die Kriterien und Zuordnungswerte Z1 (Z1.1 und Z1.2) der Technischen Regeln Boden.
ᵏ Der Wert 15 mg/kg gilt für Bodenmaterial der Bodenart Sand und Lehm/Schluff. Für Bodenmaterial der Bodenart Ton gilt der Wert 20 mg/kg.
ˡ entspricht den Vorsorgewerten für Metalle nach BBodSchV Anh. 2 Nr. 4.1
ᵐ Der Wert 1 mg/kg gilt für Bodenmaterial der Bodenart Sand und Lehm/Schluff. Für Bodenmaterial der Bodenart Ton gilt der Wert 1,5 mg/kg.
ⁿ Der Wert 0,7 mg/kg gilt für Bodenmaterial der Bodenart Sand und Lehm/Schluff. Für Bodenmaterial der Bodenart Ton gilt der Wert 1,0 mg/kg.
ᵒ Bei natürlichen Böden in Ausnahmefällen bis 300 mg/l
ᵖ Verwertung für Z2 > 100 µg/l ist zulässig, wenn Z2 Cyanid (leicht freisetzbar) < 50 µg/l.
ᵠ Bei Überschreitung ist die Ursache zu prüfen. Höhere Gehalte, die auf Huminstoffe zurückzuführen sind, stellen keine Ausschlusskriterien dar.
ʳ Bei natürlichen Böden in Ausnahmefällen bis 0,12 mg/l

Tafel 23.16 Verwendung von Bodenmaterial/Baggergut bei der Auf-/Einbringung in oder auf eine durchwurzelbare Bodenschicht bzw. bei der Herstellung einer durchwurzelbaren Bodenschicht unter Nährstoffaspekten (aus [46])

	Bodenmaterial/Baggergut mit einem Humus-Gehalt[a] von					
	$\leq 1\%$	1–2 %	2–4 %	4–8 %	8–16 %	> 16 %
Verwendung als Oberbodenschicht[b]	ja					
Maximale Mächtigkeit der Oberbodenschicht[b, d]	unbeschränkt	1 m[c]	0,5 m[c]	0,3 m	0,15 m	Einzelfallprüfung
Verwendung als Unterbodenschicht[b]	ja	nein	nein	nein	nein	nein
Verwendung in Gemischen mit anderen nährstoffreichen Materialien	ja	ja	nein	nein	nein	nein

[a] Humusgehalt = TOC-Gehalt × 2,0

[b] innerhalb der durchwurzelbaren Bodenschicht

[c] nicht im GW-Schwankungsbereich

[d] In sensiblen Gebieten kann es zum Schutz des Grundwassers vor erhöhten Nitrateinträgen erforderlich sein, die Mächtigkeit der Oberbodenschicht zu verringern, da Ausgangspunkt für die Ableitung der Tabellenwerte ein C/N-Verhältnis von 12 : 1 bei Annahme einer Mineralisationsrate von 2 % ist.

Ein Einbau ist nur unter den nachstehend definierten technischen Sicherungsmaßnahmen möglich, wobei nur solche Flächen ausgewählt werden sollen, bei denen nicht mit häufigen Aufbrüchen (z. B. Reparaturarbeiten an Ver- und Entsorgungsleitungen) zu rechnen ist:

- im Straßen-, Wege- und Verkehrsflächenbau (z. B. Flugplätze, Hafenbereiche, Güterverkehrszentren) sowie bei der Anlage von befestigten Flächen in Industrie- und Gewerbegebieten (z. B. Parkplätze, Lagerflächen) als

    Tragschicht unter wasserundurchlässiger Deckschicht (Beton, Asphalt, Pflaster mit abgedichteten Fugen),

    gebundene Tragschicht unter wenig durchlässiger Deckschicht (Pflaster, Platten),

    gebundene Deckschicht,

- bei Erdbaumaßnahmen als Lärm- und Sichtschutzwall oder Straßendamm (Unterbau), sofern durch aus technischer Sicht geeignete einzelne oder kombinierte Maßnahmen sichergestellt wird, dass das Niederschlagswasser vom eingebauten Abfall weitestgehend ferngehalten wird (Anmerkung: Das Aufbringen einer mineralischen Oberflächenabdichtung mit $d \geq 0,50$ m und $tk_f \leq 10^{-8}$ m/s wird aus Sicht des Grundwasserschutzes nicht als geeignete technische Sicherungsmaßnahme akzeptiert [42].)

Der Abstand zwischen der Schüttkörperbasis und dem höchsten zu erwartenden Grundwasserstand soll mindestens 1 m betragen.

Die Verwertung von mineralischen Abfällen bei Baumaßnahmen in Wasserschutzgebieten wird in der Regel durch die Schutzgebietsverordnungen begrenzt. Mit zunehmender Nähe zur Wasserfassung nimmt die Anzahl diesbezüglicher Verbote oder Genehmigungspflichten zu [43]. Bei Verwertungsmaßnahmen in

- der Zone III A von festgesetzten, vorläufig sichergestellten oder fachbehördlich geplanten Trinkwasserschutzgebieten,
- der Zone III von festgesetzten, vorläufig sichergestellten oder fachbehördlich geplanten Heilquellenschutzgebieten,
- Wasservorranggebieten, die im Interesse der Sicherung der künftigen Wasserversorgung raumordnerisch ausgewiesen worden sind,
- Gebieten mit häufigen Überschwemmungen, z. B. Hochwasserrückhaltebecken, Flussauen und Außendeichflächen

sollen insbesondere bei Großbaumaßnahmen keine Abfälle eingesetzt werden, deren Schadstoffgehalte die Zuordnungswerte Z 1.1 überschreiten [43].

23.5.6 Bauschuttrecycling – Einsatz vor RC-Baustoffen

Bauschutt (ASN 17 01 01, 17 01 02, 17 01 03, 17 01 07) wird im Regelfall einem Recycling zugeführt. Hochwertige Recyclingbaustoffe (RC-Baustoffe) können in einzelnen Ländern als gütegesicherter Sekundärrohstoff (Ende der Abfalleigenschaft gem. KrWG § 5, vgl. Abschn. 23.4.1) eingestuft werden. Die stoffliche Verwertung im bautechnischen Bereich ist nahezu ausnahmslos gegeben, sofern die jeweils geltenden Qualitätsvorgaben eingehalten werden.

Bundeseinheitliche Qualitätsanforderungen existieren nicht. Viele Bundesländer haben eigene Grenzwerte definiert. Dabei wird bei Böden zwischen einem offenen Einbau (Durchsickerung von Niederschlagswasser möglich) und dem Einbau mit definierten technischen Sicherungsmaßnahmen unterschieden. Die jeweils geltenden Grenzwerte für bestimmte Einbauszenarien können den Länderregelungen

Tafel 23.17 Richt- und Grenz-werte für wasserwirtschaftliche Merkmale gemäß TL Gestein-StB 2004 (Eluate)

Parameter	Einheit	RC-1	RC-2	RC-3	Zulässige Über-schreitung in %[c]	Kenngrößen-gruppe
pH-Wert[a]	–	7 bis 12,5			–	–
Leitfähigkeit	µS/cm	1500[b]	2500[b]	3000[b]	5/20	2
Fluorid	mg/l	–	–	–	10	1
DOC	mg/l	–	–	–	10	4
NH_4-N	mg/l	–	–	–	10	1
Sulfat	mg/l	150	300	600	5/10	1
Chlorid	mg/l	20	40	150	5/10	1
CN leicht freisetzbar	µg/l	–	–	–	20	1
Arsen	µg/l	10	40	50	10/20	3
Cadmium	µg/l	2	5	5	10/20	3
Chrom gesamt	µg/l	30	75	100	10/20	3
Kupfer	µg/l	50	150	200	10/20	3
Quecksilber	µg/l	0,2	1	2	10/20	3
Nickel	µg/l	50	100	100	10/20	3
Blei	µg/l	40	100	100	10/20	3
Zink	µg/l	100	300	400	10/20	3
Phenolindex	µg/l	10	50	100	50	4

[a] kein Grenzwert, stofftypischer Bereich; bei Überschreitung sind Ursachen zu prüfen.
[b] Wert ist kein Ausschlusskriterium, wenn der pH-Wert über 11,5 liegt und die Werte für Chlorid und Sulfat eingehalten werden.
[c] Überschreitungen der Grenzwerte sind nur tolerierbar, wenn maximal je eine Kenngröße von zwei der vier Kenngrößengruppen den Grenzwert um nicht mehr als die zulässige Überschreitung übersteigt. Sofern Chlorid und Sulfat geringfügig überschritten werden, darf zusätzlich auch der Grenzwert der elektrischen Leitfähigkeit um den angegebenen Prozentwert überschritten werden.

Tafel 23.18 Richt- und Grenz-werte für wasserwirtschaftliche Merkmale gemäß TL Gestein-StB 2004 (Feststoffanalyse)

Parameter	Einheit	RC-1	RC-2	RC-3	Zulässige Über-schreitung in %[d]	Kenngrößen-gruppe
PAK (EPA)	mg/kg	5	15	75 (100)[c]	10/25	4
EOX	mg/kg	3	5	10	10	4
PCB[a]	mg/kg	0,1	0,5	1,0	25/50	4
Mineralöle (KW)	mg/kg	300[b]	300[b]	1000[b]	10/20	4
TOC	M.-%	–	–	–	10	4
Blei	mg/kg	–	–	–	10/20	3
Cadmium	mg/kg	–	–	–	10/20	3
Chrom gesamt	mg/kg	–	–	–	10/20	3
Kupfer	mg/kg	–	–	–	10/20	3
Nickel	mg/kg	–	–	–	10/20	3
Zink	mg/kg	–	–	–	10/20	3

[a] Nachzuweisen nur bei spezifischem Verdacht.
[b] Kohlenwasserstoffe mit einer Kettenlänge von C10 bis C22.
[c] Ausnahmen bis 100 mg/kg zulässig; siehe TL Gestein-StB 2004, Tabelle D2.
[d] Überschreitungen der Grenzwerte sind nur tolerierbar, wenn maximal je eine Kenngröße von zwei der vier Kenngrößengruppen den Grenzwert um nicht mehr als die zulässige Überschreitung übersteigt. Sofern Chlorid und Sulfat geringfügig überschritten werden, darf zusätzlich auch der Grenzwert der elektrischen Leitfähigkeit um den angegebenen Prozentwert überschritten werden.

entnommen werden, die im Regelfall online bezogen werden können.

Einige Bundesländer greifen auf die in der LAGA-TR 20 (1997) zurück. Die dort für die Verwertung von Bauschutt definierten Grenzwerte sind in Tafel 23.15 aufgeführt.

Weitere Anforderungen an RC-Baustoffe gehen aus den TL Gestein-StB, TL SoB-StB0, TP Gestein-StB und dem M

RC der Forschungsgesellschaft für Straßen- und Verkehrs-wesen hervor (Tafeln 23.17 und 23.18).

In ansonsten unbelasteten RC-Baustoffen werden immer wieder erhöhte Leitfähigkeitswerte in Verbindung mit er-höhten pH-Werten beobachtet. Diese Werte werden beim Brechen von Beton kurzzeitig in Folge einer Hydratation im Zement durch die Freisetzung von nicht ausreagiertem

Tafel 23.19 Zulässigkeitskriterien für den Einsatz von Deponieersatzbaustoffen gemäß DepV Anh. 3 Tabelle 1

1	2	3	4	5	6
Nr.	Einsatzbereich	DK 0	DK I	DK II	DK III
1	**Geologische Barriere**				
1.1	Technische Maßnahmen zur Schaffung, Vervollständigung oder Verbesserung der geologischen Barriere	4	4	4	4
2	**Basisabdichtungssystem**				
2.1	Mineralische Abdichtungskomponente		5	5	5
2.2	Schutzlage/Schutzschicht		6	7	8
2.3	Mineralische Entwässerungsschicht	5	6	7	8
3	**Deponietechnisch notwendige Baumaßnahmen im Deponiekörper (z. B. Trenndämme, Fahrstraßen, Gaskollektoren), Profilierung des Deponiekörpers sowie Ausgleichsschicht und Gasdränschicht des Oberflächenabdichtungssystems bei Deponien oder Deponieabschnitten, die[a]**				
3.1	alle Anforderungen an die geologische Barriere und das Basisabdichtungssystem nach Anhang 1 einhalten	5	6	7	8
3.2	mindestens alle Anforderungen an die geologische Barriere oder an das Basisabdichtungssystem nach Anhang 1 einhalten	5	5[b]	6	7
3.3	weder die Anforderungen an die geologische Barriere noch die Anforderungen an das Basisabdichtungssystem nach Anhang 1 vollständig einhalten	3[c]	5[b]	5[b]	5[b]
4	**Oberflächenabdichtungssystem**				
4.1	Mineralische Abdichtungskomponente		5[b]	5[b]	5[b]
4.2	Schutzlage/Schutzschicht			4[d]	4[d]
4.3	Entwässerungsschicht		4[d]	4[d]	4[d]
4.4.1	Rekultivierungsschicht	9	9	9	9
4.4.2	Technische Funktionsschicht	Anh. 1 Nr. 2.3.2	Anh. 1 Nr. 2.3.2	Anh. 1 Nr. 2.3.2	Anh. 1 Nr. 2.3.2

[a] Bei erhöhten Gehalten des natürlich anstehenden Bodens im Umfeld von Deponien kann die zuständige Behörde zulassen, dass Bodenmaterial aus diesem Umfeld für die genannten Einsatzbereiche verwendet wird, auch wenn einzelne Zuordnungswerte nach Nummer 2 Tabelle 2 überschritten werden. Dabei dürfen keine nachteiligen Auswirkungen auf das Deponieverhalten zu erwarten sein.

[b] Kann der Deponiebetreiber gegenüber der zuständigen Behörde auf Grund einer Bewertung der Risiken für die Umwelt den Nachweis erbringen, dass die Verwendung von Deponieersatzbaustoffen, die einzelne Zuordnungswerte nach Nummer 2 Tabelle 2 Spalte 5 nicht einhalten, keine Gefährdung für Boden oder Grundwasser darstellt, kann sie auch höher belastete Deponieersatzbaustoffe zulassen. Im Fall von Satz 1 müssen die Deponieersatzbaustoffe aber mindestens die Anforderungen einhalten, unter denen eine Verwertung entsprechender Abfälle außerhalb des Deponiekörpers in technischen Bauwerken mit definierten technischen Sicherungsmaßnahmen zulässig wäre. Im Fall von Satz 1 müssen Deponieersatzbaustoffe bei einem Einsatz in der ersten Abdichtungskomponente unter einer zweiten Abdichtungskomponente aber mindestens die Zuordnungswerte nach Tabelle 2 Spalte 6 einhalten. Unberührt von der Begrenzung nach Satz 2 bleibt der Einsatz in Bereichen nach Nummer 3, wenn im Fall von Satz 1 bei einer Deponie der Klasse II mindestens die Zuordnungswerte nach Tabelle 2 Spalte 6 und bei einer Deponie der Klasse III mindestens die Zuordnungswerte nach Tabelle 2 Spalte 7 eingehalten werden.

[c] Deponieersatzbaustoffe müssen bei einem Einsatz auf einer Deponie der Klasse 0, die über keine vollständige geologische Barriere nach Anhang 1 Tabelle 1 verfügt, mindestens die Anforderungen einhalten, unter denen eine Verwertung entsprechender Abfälle außerhalb des Deponiekörpers zulässig wäre.

[d] In diesen Einsatzbereichen müssen die Deponieersatzstoffe mindestens die Anforderungen für ein vergleichbares Einsatzgebiet außerhalb von Deponien in technischen Bauwerken ohne besondere Anforderungen an den Standort und ohne technische Sicherungsmaßnahmen einhalten.

Calciumhydroxid an den Bruchkanten hervorgerufen. Untersuchungen belegen jedoch, dass die gefahrenrelevanten Eigenschaften HP4 (reizend) oder HP8 (ätzend) unberücksichtigt bleiben können. Durch Luftkontakt erfolgt eine spontane Umsetzung mit Kohlendioxid zu schwer löslichem, ökotoxikologisch unbedenklichem Carbonat. Der Parameter elektrische Leitfähigkeit, gemessen an frisch gebrochenem Beton darf deshalb nicht als Kriterium für die Zulässigkeit oder Ablehnung einer Verwertung, sofern alle anderen abzuprüfenden Parameter den jeweiligen Zuordnungswert einhalten und kein spezifischer Verdacht auf Verunreinigungen besteht, herangezogen werden [47].

23.5.7 Verwertung mineralischer Abfälle auf Deponien

Auch auf Deponien können Abfälle aus dem Baubereich (vornehmlich Böden und Bauschutt) verwertet werden. Dazu enthält die Deponieverordnung in Anhang 2 Tabelle 1 gesonderte Vorgaben (s. Tafel 23.19).

Eine Verwertung ist innerhalb des Deponiekörpers oder innerhalb der Abdichtungssysteme möglich. Die jeweiligen Einsatzbereiche sind in Tafel 23.17 genauer benannt. Die Tabelle verweist mit den Zahlen 4 bis 9 in den Spalten 3 bis 6 auf die Spaltenzahlen in Tafel 23.18 und damit auf die Zuordnungswerte für bestimmte Baubereiche einer Deponie bzw. eine Deponieklasse. Je besser die technische Ausstattung einer Deponie ist, desto höhere Belastungen werden in einem Abfall zur Verwertung auf einer Deponie zugelassen.

23.5.8 Beseitigung auf Deponien

Für die Beseitigung von Abfällen auf Deponien gilt ebenfalls die Deponieverordnung. Dort werden fünf Deponieklassen für unterschiedlich belastete Abfälle unterschieden:

1. Deponie der Klasse 0 (Deponieklasse 0, DK 0): Bodendeponie
2. Deponie der Klasse I (Deponieklasse I, DK I): Inertstoffdeponie (früher Bauschuttdeponie)
3. Deponie der Klasse II (Deponieklasse II, DK II): Reststoffdeponie (früher Hausmülldeponie)
4. Deponie der Klasse III (Deponieklasse III, DK III): Sonderabfalldeponie
5. Deponie der Klasse IV (Deponieklasse IV, DK IV): Untertagedeponie

Je höher die Deponieklasse ist, desto höhere Anforderungen an die technischen Sicherungsstandards (Abdichtungssysteme, Sickerwasserfassung, Gasfassung) werden gestellt.

Für die Ablagerung auf einer Deponie ist nachzuweisen, dass der Abfall die Zuordnungskriterien (= maximal zulässige chemische Belastungen) einhält (Tafel 23.20). Dabei gelten folgende Ausnahmen:

- Abfälle und Deponieersatzbaustoffe dürfen im Einzelfall mit Zustimmung der zuständigen Behörde auch bei Überschreitung einzelner Zuordnungswerte abgelagert oder eingesetzt werden, wenn der Deponiebetreiber nachweist, dass das Wohl der Allgemeinheit – gemessen an den Anforderungen der Deponieverordnung – nicht beeinträchtigt wird.
- Bei einer Überschreitung darf der den Zuordnungswert überschreitende Messwert jedoch maximal das Dreifache des jeweiligen Zuordnungswertes betragen, soweit nicht durch die Fußnoten zu Tafel 23.18 höhere Überschreitungen zugelassen werden.
- Die Zuordnungswerte der Parameter Gesamtgehalt an gelösten Feststoffen, Chlorid oder Sulfat darf bei den De-

Tafel 23.20 Zuordnungskriterien nach DepV Anhang 3

1	2	3	4	5	6	7	8	9
Nr.	Parameter	Maßeinheit	Geologische Barriere	DK 0	DK I	DK II	DK III	Rekultivierungsschicht[a]
1	**organischer Anteil des Trockenrückstandes der Originalsubstanz[b]**							
1.01	bestimmt als Glühverlust	Masse%	< 3	< 3	< 3[c, d, e]	< 5[c, d, e]	< 10[d, e]	
1.02	bestimmt als TOC	Masse%	< 1	< 1	< 1[c, d, e]	< 3[c, d, e]	< 6[d, e]	
2	**Feststoffkriterien**							
2.01	∑ BTEX (Benzol, Toluol, Ethylbenzol, o-, m-, p-Xylol, Styrol, Cumol)	mg/kg TM	< 1	< 6				
2.02	PCB (Summe PCB-28, -52, -101,-118, -138, -153, -180)	mg/kg TM	< 0,02	< 1				< 0,1
2.03	Mineralölkohlenwasserstoffe (C_{10} bis C_{40})	mg/kg TM	< 100	< 500				
2.04	Summe PAK nach EPA	mg/kg TM	< 1	< 30				< 5[f]
2.05	Benzo(a)pyren	mg/kg TM						< 0,6
2.06	Säureneutralisationskapazität	mmol/kg				muss bei gefährlichen Abfällen ermittelt werden[g]	muss ermittelt werden	
2.07	extrahierbare lipophile Stoffe	Masse%		< 0,1	< 0,4[e]	< 0,8[e]	< 4[e]	
2.08	Blei	mg/kg TM						< 140
2.09	Cadmium	mg/kg TM						< 1,0
2.10	Chrom	mg/kg TM						< 120
2.11	Kupfer	mg/kg TM						< 80
2.12	Nickel	mg/kg TM						< 100
2.13	Quecksilber	mg/kg TM						< 1,0
2.14	Zink	mg/kg TM						< 300
3	**Eluatkriterien**							
3.01	pH-Wert[h]		6,5–9	5,5–13	5,5–13	5,5–13	4–13	6,5–9
3.02	DOC[i]	mg/l		< 50	< 50[c, j]	< 80[c, j, k]	< 100	

Tafel 23.20 (Fortsetzung)

1	2	3	4	5	6	7	8	9
Nr.	Parameter	Maßeinheit	Geologische Barriere	DK 0	DK I	DK II	DK III	Rekultivierungsschicht[a]
3.03	Phenole	mg/l	< 0,05	< 0,1	< 0,2	< 50	< 100	
3.04	Arsen	mg/l	< 0,01	< 0,05	< 0,2	< 0,2	< 2,5	< 0,01
3.05	Blei	mg/l	< 0,02	< 0,05	< 0,2	< 1	< 5	< 0,04
3.06	Cadmium	mg/l	< 0,002	< 0,004	< 0,05	< 0,1	< 0,5	< 0,002
3.07	Kupfer	mg/l	< 0,05	< 0,2	< 1	< 5	< 10	< 0,05
3.08	Nickel	mg/l	< 0,04	< 0,04	< 0,2	< 1	< 4	< 0,05
3.09	Quecksilber	mg/l	< 0,0002	< 0,001	< 0,005	< 0,02	< 0,2	< 0,0002
3.10	Zink	mg/l	< 0,1	< 0,4	< 2	< 5	< 20	< 0,1
3.11	Chlorid[l]	mg/l	< 10	< 80	< 1500[m]	< 1500[m]	< 2500	< 10[n]
3.12	Sulfat[l]	mg/l	< 50	< 100[o]	< 2000[m]	< 2000[m]	< 5000	< 50[n]
3.13	Cyanid, leicht freisetzbar	mg/l	< 0,01	< 0,01	< 0,1	< 0,5	< 1	
3.14	Fluorid	mg/l		< 1	< 5	< 15	< 50	
3.15	Barium	mg/l		< 2	< 5[m]	< 10[m]	< 30	
3.16	Chrom, gesamt	mg/l		< 0,05	< 0,3	< 1	< 7	< 0,03
3.17	Molybdän	mg/l		< 0,05	< 0,3[m]	< 1[m]	< 3	
3.18a	Antimon[p]	mg/l		< 0,006	< 0,03[m]	< 0,07[m]	< 0,5	
3.18b	Antimon-Co-Wert[p]	mg/l		< 0,1	< 0,12[m]	< 0,15[m]	< 1,0	
3.19	Selen	mg/l		< 0,01	< 0,03[m]	< 0,05[m]	< 0,7	
3.20	Gesamtgehalt an gelösten Feststoffen	mg/l	400	400	3000	6000	10.000	
3.21	elektrische Leitfähigkeit	µS/cm						< 500

[a] In Gebieten mit naturbedingt oder großflächig siedlungsbedingt erhöhten Schadstoffgehalten in Böden ist eine Verwendung von Bodenmaterial aus diesen Gebieten zulässig, welches die Hintergrundgehalte des Gebietes nicht überschreitet, sofern die Funktion der Rekultivierungsschicht nicht beeinträchtigt wird.

[b] Nummer 1.01 kann gleichwertig zu Nummer 1.02 angewandt werden.

[c] Eine Überschreitung des Zuordnungswertes ist mit Zustimmung der zuständigen Behörde bei Bodenaushub (Abfallschlüssel 17 05 04 und 20 02 02 nach der Anlage zur Abfallverzeichnis-Verordnung) und bei Baggergut (Abfallschlüssel 17 05 06 nach der Anlage zur Abfallverzeichnis-Verordnung) zulässig, wenn
a) die Überschreitung ausschließlich auf natürliche Bestandteile des Bodenaushubes oder des Baggergutes zurückgeht,
b) sonstige Fremdbestandteile nicht mehr als 5 Volumenprozent ausmachen,
c) auf der Deponie, dem Deponieabschnitt oder dem gesonderten Teilabschnitt eines Deponieabschnitts ausschließlich nicht gefährliche Abfälle abgelagert werden und
d) das Wohl der Allgemeinheit – gemessen an den Anforderungen dieser Verordnung – nicht beeinträchtigt wird.

[d] Der Zuordnungswert gilt nicht für Aschen aus der Braunkohlefeuerung sowie für Abfälle oder Deponieersatzbaustoffe aus Hochtemperaturprozessen, zu letzteren gehören insbesondere Abfälle aus der Verarbeitung von Schlacke, unbearbeitete Schlacke, Stäube und Schlämme aus der Abgasreinigung von Sinteranlagen, Hochöfen, Schachtöfen und Stahlwerken der Eisen- und Stahlindustrie.

[e] Gilt nicht für Asphalt auf Bitumenbasis.

[f] Bei PAK-Gehalten von mehr als 3 mg/kg ist mit Hilfe eines Säulenversuches nachzuweisen, dass in dem zu erwartenden Sickerwasser ein Wert von 0,20 µg/l nicht überschritten wird.

[g] Nicht erforderlich bei asbesthaltigen Abfällen und Abfällen, die andere gefährliche Mineralfasern enthalten.

[h] Abweichende pH-Werte stellen allein kein Ausschlusskriterium dar. Bei Über- oder Unterschreitungen ist die Ursache zu prüfen. Werden jedoch auf Deponien der Klassen I und II gefährliche Abfälle abgelagert, muss deren pH-Wert mindestens 6,0 betragen.

[i] Der Zuordnungswert für DOC ist auch einzuhalten, wenn der Abfall oder der Deponieersatzbaustoff den Zuordnungswert nicht bei seinem eigenen pH-Wert, aber bei einem pH-Wert zwischen 7,5 und 8,0 einhält.

[j] Auf Abfälle oder Deponieersatzbaustoffe auf Gipsbasis nur in den Fällen anzuwenden, wenn sie gemeinsam mit biologisch abbaubaren oder gefährlichen Abfällen abgelagert oder eingesetzt werden.

[k] Überschreitungen des DOC bis max. 100 mg/l sind zulässig, wenn auf der Deponie oder dem Deponieabschnitt seit dem 16. Juli 2005 ausschließlich nicht gefährliche Abfälle oder Deponieersatzbaustoffe abgelagert oder eingesetzt werden.

[l] Statt der Nummern 3.11 und 3.12 kann Nummer 3.20 angewandt werden.

[m] Der Zuordnungswert gilt nicht, wenn auf der Deponie oder dem Deponieabschnitt seit dem 16. Juli 2005 ausschließlich nicht gefährliche Abfälle oder Deponieersatzbaustoffe abgelagert oder eingesetzt werden.

[n] Untersuchung entfällt bei Bodenmaterial ohne mineralische Fremdbestandteile.

[o] Überschreitungen des Sulfatwertes bis zu einem Wert von 600 mg/l sind zulässig, wenn der Co-Wert der Perkolationsprüfung den Wert von 1500 mg/l bei $L/S = 0,1$ l/kg nicht überschreitet.

[p] Überschreitungen des Antimonwertes nach Nummer 3.18a sind zulässig, wenn der Co-Wert der Perkolationsprüfung bei $L/S = 0,1$ l/kg nach Nummer 3.18b nicht überschritten wird.

ponieklassen I, II und III jeweils nur um maximal 100 % überschritten werden.

- Bei erhöhten Gehalten des natürlich anstehenden Bodens im Umfeld von Deponien kann die zuständige Behörde zulassen, dass Bodenmaterial aus diesem Umfeld abgelagert wird. Dabei dürfen keine nachteiligen Auswirkungen auf das Deponieverhalten zu erwarten sein.
- Bei den Parametern Glühverlust, TOC, BTEX, PCB, Mineralölkohlenwasserstoffe, PAK, pH-Wert und DOC sind keine Überschreitungen zulässig, soweit nicht durch die Fußnoten der Tabelle Überschreitungen zugelassen werden.
- Überschreitungen bei den Parametern Glühverlust oder TOC sind mit Zustimmung der zuständigen Behörde nur zulässig, wenn die Überschreitungen durch elementaren Kohlenstoff verursacht werden oder wenn
  a. der jeweilige Zuordnungswert für den DOC, jeweils unter Berücksichtigung der Fußnoten 9, 10 oder 11 zur Tafel 23.18, eingehalten wird,
  b. die biologische Abbaubarkeit des Trockenrückstandes der Originalsubstanz von 5 mg/g (bestimmt als Atmungsaktivität – AT4) oder von 20 l/kg (bestimmt als Gasbildungsrate – GB21) unterschritten wird,
  c. der Brennwert (Ho) von 6000 kJ/kg TM nicht überschritten wird,
  d. es sich bei Ablagerung auf Deponien der Klasse 0 um Boden und Baggergut handelt und ein TOC von 6 Masseprozent nicht überschritten wird und
  e. der Abfall nicht für den Bau der geologischen Barriere verwendet wird.
- Bei einer Deponie der Klasse III ist mit Zustimmung der zuständigen Behörde eine Überschreitung des DOC im Eluat bis 200 mg/l zulässig, wenn das Wohl der Allgemeinheit nicht beeinträchtigt wird.

Einige Bundesländer haben über die Zuordnungskriterien der Deponieverordnung hinaus für Grenzwerte für die Ablagerung von Abfällen mit organischen Inhaltsstoffen, insbesondere auf Deponien der Klasse I und II, festgelegt. Diese Regelungen sind im Falle der Abfallablagerung zusätzlich zu beachten.

Literatur

1. UEXKÜLL, J.J. (1909): Umwelt und Innenwelt der Tiere. – J. Springer, Berlin

2. https://www.umweltbundesamt.de/themen/tigkeit-strategien-internationales/umweltrecht/bessere-umweltrechtsetzung/umweltgesetzbuch#grunde-fur-ein-umweltgesetzbuch https://www.umweltbundesamt.de/themen/tigkeit-strategien-internationales/umweltrecht/bessere-umweltrechtsetzung/umweltgesetzbuch#grunde-fur-ein-umweltgesetzbuch (Zugriff 28.04.2020)

3. https://www.bmu.de/themen/nachhaltigkeit-internationales/nachhaltige-entwicklung/strategie-und-umsetzung/reduzierung-des-flaechenverbrauchs/ (Zugriff 04.05.2020)

4. Bundesverband Boden (2014): Bodenkundlichen Baubegleitung – Leitfaden für die Praxis. – BVB-Merkblatt Band 2, Erich Schmidt Verlag GmbH & Co. KG, Berlin

5. Landesamt für Natur, Umwelt und Verbraucherschutz NRW (2017): Grundlagen und Anwendungsbeispiele einer Bodenkundlichen Baubegleitung in Nordrhein-Westfalen. –LANUV-Fachbericht 82

6. DVGW Deutscher Verein des Gas- und Wasserfaches e. V. (2013): Bodenschutz bei Planung und Errichtung von Gastransportleitungen. – Merkblatt DVGW G 451 (M), September 2013. Deutscher Verein des Gas- und Wasserfaches e. V., Bonn

7. DWA – Deutsche Vereinigung für Wasserwirtschaft; Abwasser und Abfall E. V. (Hrsg.) (2015): Ökologische Baubegleitung bei Gewässerunterhaltung und -ausbau. Merkblatt DWA-M 619, Hennef.

8. Feldwisch, N. & CH. Friedrich (2016): Arbeitshilfe „Schädliche Bodenverdichtungen vermeiden". Sächsisches Landesamt für Umwelt, Landwirtschaft und Geologie. Schriftenreihe, Heft 10/2016 https:publikationen.sachsen.de/bdb/artikel/26307

9. HMUKLV Hessisches Ministerium für Umwelt, Klimaschutz, Landwirtschaft und Verbraucherschutz (2014): Bodenschutz bei der Planung, Genehmigung und Errichtung von Windenergieanlagen. – Arbeitshilfe

10. LBEG – Landesamt für Bergbau, Energie und Geologie Niedersachsen (Hrsg.) (2014): Bodenschutz beim Bauen. Ein Leitfaden für den behördlichen Vollzug in Niedersachsen. – GeoBerichte 28, Hannover.

11. LLUR – Landesamt für Landwirtschaft, Umwelt und Ländliche Räume Schleswig-Holstein (2014): Leitfaden Bodenschutz auf Linienbaustellen

12. LABO – Bund/Länder-Arbeitsgemeinschaft Bodenschutz (2002): Vollzugshilfe zu § 12 BBodSchV – Vollzugshilfe zu den Anforderungen an das Aufbringen und Einbringen von Materialien auf oder in den Boden (§ 12 Bundes-Bodenschutz- und Altlastenverordnung). – LABO in Zusammenarbeit mit LAB, LAGA und LAWA.

13. LANUV – Landesamt für Natur, Umwelt, und Verbraucherschutz Nordrhein-Westfalen. (2009): Bodenschutz beim Bauen

14. Bundesministerium des Inneren, für Bau und Heimat & Bundesministerium der Verteidigung (2018): Baufachliche Richtlinien Kampfmittelräumung (BFR KMR) Arbeitshilfen zur Erkundung, Planung und Räumung von Kampfmitteln auf Liegenschaften des Bundes

15. Verein zur Förderung fairer Bedingungen am Bau e. V. in Zusammenarbeit mit dem Hauptverband der Deutschen Bauindustrie e. V. (Bundesfachabteilung Spezialtiefbau), der BG BAU Berufsgenossenschaft der Bauwirtschaft (Gesetzliche Unfallversicherung) sowie dem CBTR Centrum für Deutsches und Internationales Baugrund- und Tiefbaurecht e. V. (2014): Merkblatt kampfmittelfrei bauen. – www.kampfmittelpotal.de

16. www.aliz.de (Zugriff am 24.04.2020)

17. https://de.wikipedia.org/wiki/Bodendenkmal (Zugriff am 06.05.2020)

18. LfU Bayrisches Landesamt für Umwelt (2019): Rückbau schadstoffhaltiger Bausubstanz – Arbeitshilfe Rückbau: Erkundung, Planung, Ausführung

19. Steiner, N, Grünebaum, F. (2003): Rechtsgrundlagen im Bodenschutz für Abfallbeauftragte. – Handbuch für den Abfallbeauftragten, Hrsg. Koschany, G., Beuth

20. https://www2.lubw.baden-wuerttemberg.de/altlasten/progs/bkat/bkat-form.html (Zugriff am 14.05.2020)

21. HLUG Hessisches Landesamt für Umwelt und Geologie (2008): Branchenkatalog zur Erfassung von Altstandorten. – Handbuch Altlasten, Band 2, Teil 4

22. Landesamt für Landwirtschaft, Umwelt und ländliche Räume des Landes Schleswig-Holstein (2014): Altlasten-Leitfaden Erfassung

23. LANUV Landesamt für Natur, Umwelt und Verbraucherschutz Nordrhein-Westfalen (2013): Arbeitshilfe für flächendeckende Erhebungen über Altstandorte und Altablagerungen. – 2., überarbeitete Auflage (MALBO 15), LANUV-Arbeitsblatt 21

24. Sächsisches Landesamt für Umwelt und Geologie (1997): Verdachtsfallerfassung und formale Erstbewertung. – Handbuch zur Altlastenbehandlung Teil 2

25. LANUV Landesamt für Natur, Umwelt und Verbraucherschutz Nordrhein-Westfalen (2003): Vollzugshilfe zur Gefährdungsabschätzung „Boden-Grundwasser" – Hinweise zur Untersuchung und Bewertung von Grundwassergefährdungen durch Altlasten nach Bodenschutzrecht. – Materialien zur Altlastensanierung und zum Bodenschutz Band 17

26. LABO Bund-/Länderarbeitsgemeinschaft Bodenschutz – ALA Altlastenausschuss Unterausschuss Sickerwasserprognose (2003): Arbeitshilfe Sickerwasserprognose bei orientierenden Untersuchungen

27. LABO Bund-/Länderarbeitsgemeinschaft Bodenschutz – ALA Altlastenausschuss Unterausschuss Sickerwasserprognose (2008): Arbeitshilfe Sickerwasserprognose bei Detailuntersuchungen

28. LAWA Bund-/Länderarbeitsgemeinschaft Wasser (2016): Ableitung von Geringfügigkeitsschwellenwerten für das Grundwasser. – Aktualisierte und überarbeitete Fassung

29. LABO Bund/Länder-Arbeitsgemeinschaft Bodenschutz (2017): Hintergrundwerte für anorganische und organische Stoffe in Böden. – 4. überarbeitete und ergänzte Auflage

30. https://www.bgr.bund.de/DE/Themen/Wasser/Projekte/abgeschlossen/Beratung/Hintergrundwerte/hgw_projektbeschr.html (Zugriff am 27.05.2020)

31. Wagner, B., Beer, A., Bitzer, F., Brose, D., Brückner, L., Budziak, D., Clos, P., Fritsche, H.G., Hörmann, U., Hübschmann, M., Moosmann, L., Nommensen, B., Panteleit, B., Peters, A., Prestel, R., Schuster, H., Schwerdtfeger, B., Walter, T. & Wolter, R. (2014): Erläuterung zum Web Map Service (WMS) „Hintergrundwerte Grundwasser". 24 S.; Hof, Erscheinungsdatum 28.01.2020

32. Weigler, H., Segmüller, E. (1967): Schutz von Beton gegen chemische Angriffe. – gekürzte Bearbeitung des Berichtes des ACI Committee 515 (Dt.). – Beton 17, Nr. 8, S. 293–299, Nr. 9, S. 331–337

33. TFB Technische Forschungs- und Beratungsstelle der Schweizerischen Zementindustrie (1995): Stoffe, die chemische auf Beton einwirken. – Cementbulletin, Nr. 11

34. Deutscher Beton- und Bautechnik-Verein E. V. (2014): Chemischer Angriff auf Betonbauwerke. – DBV-Merkblatt

35. Deutscher Beton- und Bautechnik-Verein E. V. (2014): Chemischer Angriff – Planung und Ausführung von Betonbauwerken. – DBV-Heft 33

36. Deutscher Beton- und Bautechnik-Verein E. V. (2017): Chemischer Angriff auf Beton – Empfehlungen zur Prüfung und Bewertung. – Merkblatt

37. Deutscher Beton- und Bautechnik-Verein E. V. (2017): Chemischer Angriff auf Beton – Prüfverfahren zur Bewertung des Säurewiderstands von Beton. – DBV-Heft 41

38. LABO Bund/Länder-Arbeitsgemeinschaft Bodenschutz (2008): Bewertungsgrundlagen für Schadstoffe in Altlasten Informationsblatt für den Vollzug

39. https://www.bmu.de/gesetz/verordnung-ueber-das-europaeische-abfallverzeichnis/ (Zugriff am 24.04.2020)

40. LAGA Bund/Länderarbeitsgemeinschaft Abfall (2018): Technische Hinweise zur Einstufung von Abfällen nach ihrer Gefährlichkeit

41. https://www.bmu.de/gesetz/verordnung-zur-einfuehrung-einer-ersatzbaustoffverordnung-zur-neufassung-der-bundes-bodenschutz-und/ (Zugriff am 27.05.2020)

42. LAGA Bund/Länderarbeitsgemeinschaft Abfall (1997): Anforderungen an die stoffliche Verwertung von mineralischen Reststoffen/Abfällen – Technische Regeln. – LAGA Mitteilung 20

43. LAGA Bund/Länderarbeitsgemeinschaft Abfall (2003): Anforderungen an die stoffliche Verwertung von mineralischen Reststoffen/Abfällen – Technische Regeln – Teil I: Allgemeiner Teil. – LAGA Mitteilung 20

44. LAGA Bund/Länderarbeitsgemeinschaft Abfall (2004): Anforderungen an die stoffliche Verwertung von mineralischen Reststoffen/Abfällen – Teil II Technische Regeln für die Verwertung: 1.2 Bodenmaterial (TR Boden). – LAGA Mitteilung 20

45. LAGA Bund/Länderarbeitsgemeinschaft Abfall (2004): Anforderungen an die stoffliche Verwertung von mineralischen Reststoffen/Abfällen – Teil III Probennahme und Analytik. – LAGA Mitteilung 20

46. LABO Bund/Länder-Arbeitsgemeinschaft Bodenschutz LABO in Zusammenarbeit mit LAB, LAGA und LAWA (2002): Vollzugshilfe zu § 12 BBodSchV – Anforderungen an das Aufbringen und Einbringen von Materialien auf oder in den Boden

47. https://www.abfallbewertung.org/repgen.php?report=ipa&char_id=1701_Bau&lang_id=de&avv=&synon=&kapitel=4&gtactive= (Zugriff am 27.05.2020)

Building Information Modeling

24

Prof. Dr.-Ing. André Borrmann und Prof. Dr.-Ing. Markus König

Inhaltsverzeichnis

24.1 Überblick

24.1.1 Motivation

Der Informationsaustausch im Bauwesen basiert heute zu einem überwiegenden Teil auf dem Austausch von technischen Zeichnungen, die Bauwerksinformationen vor allem in Form von Schnitten, Grundrissen und Detailzeichnungen wiedergeben.

Derartige Strichzeichnungen können aber in der Regel nicht vom Computer interpretiert, d. h. die darin enthaltenen Informationen können zum großen Teil nicht automatisiert erschlossen und verarbeitet werden. Dadurch bleibt das große Potential, das die Informationstechnologie zur Unterstützung der Projektabwicklung und Bewirtschaftung bietet, so gut wie ungenutzt.

An dieser Stelle setzt die Methode „Building Information Modeling" an, die darauf beruht, dass Bauwerksinformationen in Form eines hochwertigen digitalen Bauwerksmodells über den gesamten Lebenszyklus hinweg erstellt, genutzt, vorgehalten und weitergegeben werden. Dadurch bestehen viel tiefgreifender Möglichkeiten der Computerunterstützung bei Planung, Bau und Betrieb von Bauwerken als beim herkömmlichen zeichnungestützten Arbeiten. Von der Nutzung eines umfassenden digitalen Abbilds profitieren insbesondere die Koordination der Planung, die Anbindung von Simulationen, die Steuerung des Bauablaufs und die Übergabe von Bauwerksinformationen an den Betreiber. Durch den Wegfall von Neueingaben und der konsequenten Weiternutzung digitaler Informationen werden aufwändige und fehleranfällige Arbeit vermieden und letztlich ein Zuwachs an Produktivität und Qualität in Planung und Ausführung erzielt.

24.1.2 Begriffsdefinition

Unter einem Building Information Model (BIM) versteht man ein umfassendes digitales Abbild eines Bauwerks mit großer Informationstiefe. Dazu gehören neben der dreidimensionalen Geometrie der Bauteile vor allem auch sogenannte semantische Informationen zum Bauteiltyp sowie seinen technischen oder betriebswirtschaftlichen Eigenschaften. Der Begriff Building Information Modeling beschreibt entsprechend den Vorgang zur Erschaffung, Änderung und Verwaltung eines solchen digitalen Bauwerkmodells mit Hilfe entsprechender Softwarewerkzeuge.

Im erweiterten Sinne wird der Begriff Building Information Modeling auch verwendet, um damit die Nutzung von digitalen Informationen über den gesamten Lebenszy-

A. Borrmann (✉)
Technische Universität München
München, Deutschland
E-Mail: andre.borrmann@tum.de

M. König (✉)
Ruhr-Universität Bochum
Bochum, Deutschland
E-Mail: koenig@inf.bi.rub.de

© Springer Fachmedien Wiesbaden GmbH, ein Teil von Springer Nature 2021
U. Vismann (Hrsg.), *Wendehorst Bautechnische Zahlentafeln*, https://doi.org/10.1007/978-3-658-32218-2_24

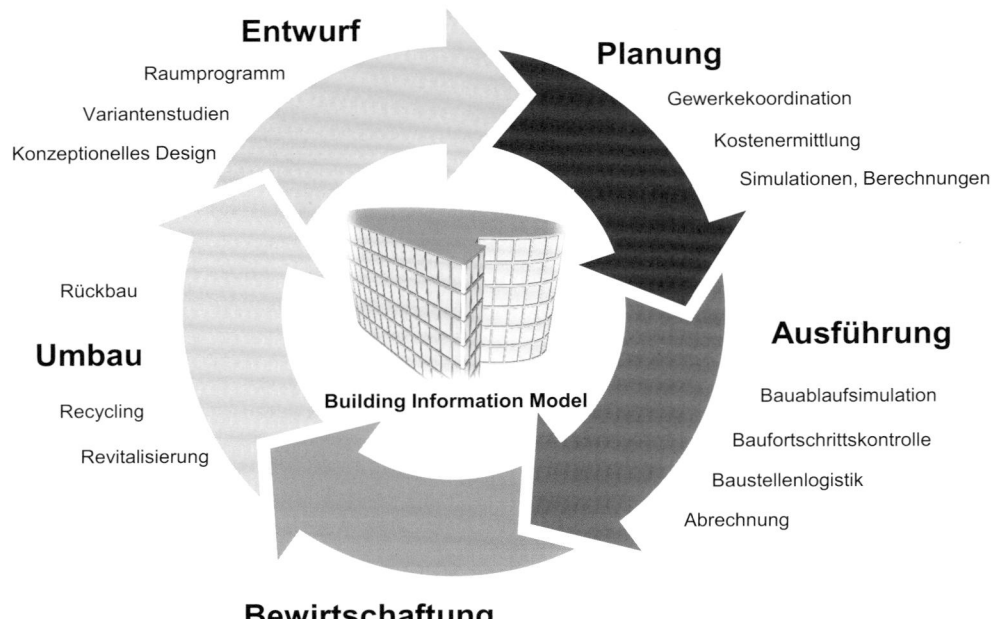

Abb. 24.1 Building Information Modeling beruht auf der durchgängigen Nutzung und verlustfreien Weitergabe eines digitalen Gebäudemodells über den gesamten Lebenszyklus; hier: einzelne BIM-Anwendungsfälle in verschiedenen Phasen

klus des Bauwerks hinweg zu beschreiben – also von der Planung, über die Ausführung bis zur Bewirtschaftung und schließlich zum Rückbau (Abb. 24.1). Durch die konsequente Weiternutzung digitaler Daten kann die bislang übliche aufwändige und fehleranfällige Wiedereingabe von Informationen auf ein Minimum reduziert werden.

Durch die Verknüpfung von zusätzlichen Informationen können sogenannte nD-Modelle, beispielsweise für die Bauablaufplanung (4D) oder die Kostenplanung (5D) erzeugt werden.

24.1.3 BIM-Umsetzungsniveaus

Der Umstieg von der herkömmlichen zeichnungsgestützten auf die modellgestützte Arbeit macht Änderungen an den unternehmensinternen und unternehmensübergreifenden Prozessen notwendig. Um die Funktionstüchtigkeit der Abläufe nicht zu gefährden, ist ein schrittweiser Übergang sinnvoll. Entsprechend unterscheidet man bei der Umsetzung von BIM verschiedene technologische Umsetzungstiefen.

24.1.3.1 Little BIM vs. BIG BIM
Die mögliche Unterscheidung wird mit den Begriffen „BIG BIM" und „little bim" vorgenommen (Abb. 24.2, Jernigan, 2008).

Dabei bezeichnet *little bim* die Nutzung einer spezifischen BIM-Software durch einen einzelnen Planer im Rahmen seiner disziplinspezifischen Aufgaben. Mit dieser Software

wird ein digitales Gebäudemodell erzeugt und Pläne abgeleitet. Die Weiternutzung des Modells über verschiedene Softwareprodukte wird jedoch nicht realisiert. Ebenso wenig wird das Gebäudemodell zur Koordination der Planung zwischen den beteiligten Fachdisziplinen herangezogen. BIM wird in diesem Fall also als Insellösung innerhalb einer Fachdisziplin eingesetzt, die Kommunikation nach außen wird weiterhin zeichnungsgestützt abgewickelt. Zwar lassen sich mit *little bim* bereits Effizienzgewinne erzielen, das große Potential einer durchgängigen Nutzung digitaler Bauwerksinformationen bleibt jedoch unerschlossen.

Im Gegensatz dazu bedeutet *BIG BIM* die konsequente modellbasierte Kommunikation zwischen allen Beteiligten über alle Phasen des Lebenszyklus eines Gebäudes hinweg. Für den Datenaustausch und die Koordination der Zusammenarbeit werden in umfassender Weise Cloud-Plattformen und Datenbanklösungen eingesetzt.

24.1.3.2 Open vs. Closed BIM
Orthogonal dazu steht die Frage, ob ausschließlich Softwareprodukte eines Herstellers eingesetzt werden und für den Datenaustausch entsprechende proprietäre Schnittstellen genutzt werden (*Closed BIM*), oder ob offene, herstellerneutrale Datenformate zum Einsatz kommen, die den Datenaustausch zwischen Produkten verschiedener Hersteller ermöglichen (*Open BIM*).

Zwar bieten einzelne Softwarehersteller eine erstaunliche Palette von Softwareprodukten für das Bauwesen an und können damit eine große Bandbreite der Aufgaben in

Abb. 24.2 Je nach Umfang der BIM-Nutzung und Art des Informationstausches unterscheidet man little BIM von BIG BIM und Open BIM von Closed BIM

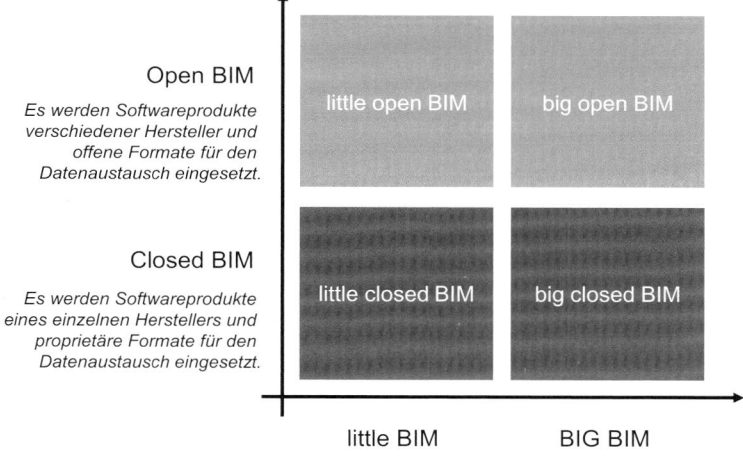

Open BIM

Es werden Softwareprodukte verschiedener Hersteller und offene Formate für den Datenaustausch eingesetzt.

Closed BIM

Es werden Softwareprodukte eines einzelnen Herstellers und proprietäre Formate für den Datenaustausch eingesetzt.

little open BIM   big open BIM

little closed BIM   big closed BIM

little BIM   BIG BIM

BIM-Softwareprodukte werden als Insellösung zum Lösen einer spezifischen Aufgabe eingesetzt.

Durchgängige Nutzung von digitalen Gebäudemodellen über verschiedene Disziplinen und Lebenszyklusphasen.

Planung, Bau und Betrieb abdecken. Dennoch wird es an verschiedenen Stellen Spezialanwendungen dritter Hersteller geben, die für eine bestimmte Aufgabenstellung besser geeignet sind. Diese in einer *Closed BIM*-Umsetzung ausgeschlossen werden müssen, wird häufig der *Open BIM*-Ansatz gewählt, der jedoch erhöhte Anforderungen an die Konfiguration und das Management der Austauschschnittstellen stellen.

Der *Open BIM*-Ansatz unterstützt den Wettbewerb auf dem Softwaremarkt und wird der bestehenden Heterogenität der Softwarelandschaft gerecht. Er kommt vor allem bei Projekten mit einer Vielzahl von beteiligten Fachdisziplinen und bei Aufgabenverteilung über verschiedene Unternehmen hinweg zum Einsatz.

Eines der umfangreichsten und im BIM-Kontext am weitesten verbreiteten herstellerneutralen Datenformate ist das Format Industry Foundation Classes (IFC). Das Datenmodell beinhaltet umfangreiche Datenstrukturen zur Beschreibung von Objekten aus nahezu allen Bereichen des Bauwesens. Es wurde 2013 in den ISO-Standard 16739 überführt und bildet die Grundlage einer Vielzahl nationaler Richtlinien zur Umsetzung von *Open BIM*. Es wird im Abschn. 24.4.5 weiter erläutert.

24.2 BIM-Projektablauf

24.2.1 Überblick

Der in Niveau 1 des „Stufenplans Digitales Planen und Bauen" des BMVI beschriebene Ablauf von BIM-gestützten Projekten orientiert sich weitgehend an den Abläufen konventioneller Bauvorhaben, insbesondere der Aufteilung nach Leistungsphasen der HOAI (Abb. 24.3). Das deutsche Ni-

veau 1 des BMVI zeichnet sich durch folgende Festlegungen aus:

- Bereitstellung von **Auftraggeberinformationsanforderungen** (AIA) als Teil der Ausschreibung von Planungsleistungen, darin Festlegung von BIM-Zielen, BIM-Anwendungsfällen und technischen Randbedingungen
- Vorlegung eines initialen **BIM-Abwicklungsplans** (BAP) durch den Bieter der Planungsleistungen, der die konkrete Umsetzung des BIM-Vorhabens einschließlich wichtiger technischer Details beschreibt
- Im Vergabeverfahren ist zu gewährleisten, dass die Auftragnehmer über die notwendigen **BIM-Kompetenzen** verfügen und zu einer partnerschaftlichen Zusammenarbeit bereit sind. Die BIM-Kompetenz soll daher bei der **Vergabeentscheidung** gewertet werden.
- Kontinuierliche Weiterentwicklung und Aktualisierung des BIM-Abwicklungsplans während der Projektbearbeitung
- Gebot der **Modellkonsistenz**: Pläne werden grundsätzlich aus dem Modell abgeleitet und nur in Ausnahmefällen separat erstellt
- Nutzung von **herstellerneutralen Datenformaten** für die Übergabe von Bauwerksmodellen und weiteren Informationen an den Auftraggeber
- Übergabe von Modellen und weiteren Informationen zu festgelegten **Datenübergabepunkten**
- Nutzung einer **gemeinsamen Datenumgebung** (Common Data Environment) zur strukturierten Verwaltung aller anfallenden Daten
- Umsetzung des Prinzips des **Fachmodell-basierten Arbeitens**, bei dem Fachplaner unabhängig voneinander Teilmodelle entwickeln, diese aber in regelmäßigen Abständen zum Erkennen von Widersprüchen und Kollisionen in einem Koordinationsmodell zusammenführen

Abb. 24.3 BIM-gestützte Projektabwicklung einschließlich der Erstellung von AIA und BAP

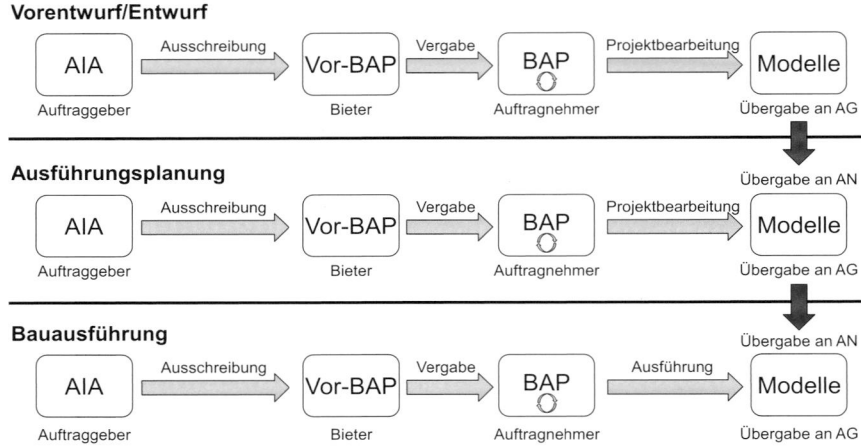

Durch die in Deutschland übliche Trennung der Vergabe für die Entwurfs- und Ausführungsphase ist ggf. eine phasenspezifische, mehrfache Erstellung von AIA und BAP im Laufe des Projekts erforderlich. Abb. 24.3 gibt die Abwicklung von BIM-Projekten über die verschiedenen Leistungsphasen hinweg wider.

24.2.2 Auftraggeberinformationsanforderungen

Die Auftraggeberinformationsanforderungen (AIA) beinhalten eine detaillierte Beschreibung der vom Auftraggeber im Zuge der Planung und Ausführung vom jeweiligen Auftragnehmer geforderten Daten und Informationen. Sie sind verbindlicher Teil der Ausschreibungsunterlagen. Der Bieter reagiert mit einem groben BIM-Abwicklungsplan als Teil seines Angebots auf die AIA. Darin legt er dar, wie er beabsichtigt, die AIA umzusetzen bzw. zu erfüllen. Die AIA sollten Festlegungen zu folgenden Punkten beinhalten:

- Leistungsphasen
  Auf welche HOAI-Leistungsphasen beziehen sich die AIA?
- BIM-Ziele:
  Welche Ziele verfolgt der Auftraggeber mit der Nutzung von BIM?
- BIM-Anwendungsfälle:
  Welche Anwendungsfälle sollen mit BIM abgedeckt werden?
- BIM-Umfang:
  Welche Teile des Bauvorhabens sollen BIM-gerecht modelliert werden?
- Grundlagen für die BIM-Modellierung
  Welche digitalen und nicht-digitalen Grundlagen werden AG-seitig für die Modellierung zur Verfügung gestellt? Gibt es BIM-Bauteilbibliotheken die zwingend zu verwenden sind?

- Anzuwendende Modellierungsstandards und -richtlinien:
  Gibt es Modellierungsstandards bzw. -richtlinien des AG, die zu beachten sind?
- Detaillierungsgrad:
  Welcher geometrische Detaillierungsgrad (LOG) ist für die einzelnen Bauteile erforderlich? Welche Bauteile müssen dargestellt werden, welche nicht? Wie feingliedrig müssen die Bauteile unterteilt werden.
- Alphanumerische Informationen (LOI):
  Wird ein Klassifikationsschema genutzt? Welche Attribute müssen die Bauteile aufweisen?
- Koordinatensysteme:
  Welche Koordinatensysteme sind zu verwenden?
- Datenaustauschformate:
  Welche Datenaustauschformate sollen im Zuge des Projekts zum Einsatz kommen?
- Datenübergabepunkte:
  Wann müssen welche Daten in welcher Form und in welchem Umfang übergeben werden?
- Qualitätskontrolle:
  In welcher Form und mit welchen technischen Hilfsmitteln wird eine Qualitätskontrolle auf AN und AG-Seite durchgeführt?
- Gemeinsame Datenumgebung:
  In welcher Form muss eine gemeinsame Datenumgebung realisiert werden? Liegen die Verantwortlichkeiten dafür beim AG oder beim AN? Sind Namenskonventionen des AG zu beachten? Welche Statuskonventionen gelten?
- Rollen und Verantwortlichkeiten:
  Welche Rollen und Verantwortlichkeiten werden durch den AG besetzt, welche müssen vom AN definiert werden?

Von verschiedenen Institutionen werden entsprechende Vorlagen für AIA und BAP zur Verfügung gestellt. Beispielhaft seien hier die Vorlagen der Initiative BIM4INFRA2020 genannt [7, 8].

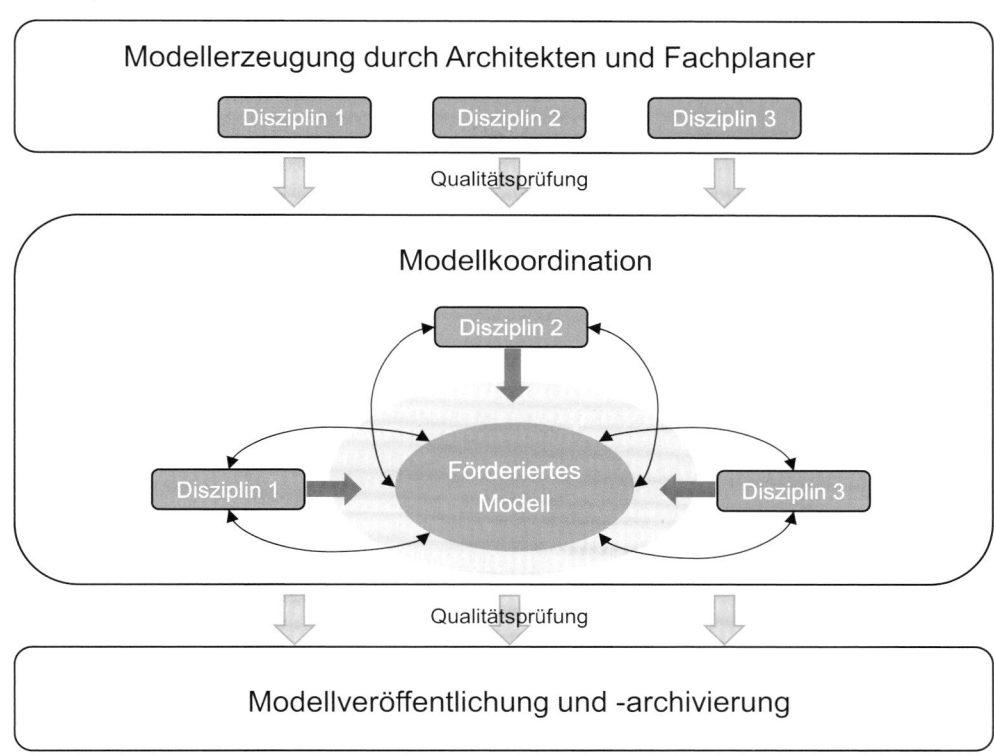

Abb. 24.4 Fachmodell-basiertes Arbeiten

24.2.3 BIM-Abwicklungsplan

Der BIM-Abwicklungsplan ist eine Antwort des Bieters auf die AIA des Auftraggebers und beschreibt, wie und in welcher Weise der AN plant, die Anforderungen umzusetzen. Er geht dabei im Detail auf die o. g. Punkte der AIA ein.

Folgende Aspekte sollten im BAP beschrieben werden:
- BIM-Ziele
- BIM-Anwendungen nach Phasen
- Modellinhalte nach Anwendungen
- Klassifikation
- Datenübergabepunkte
- Rollen und Verantwortlichkeiten
- Modellkonventionen
- Software und Datenaustauschformate
- Koordination und Qualitätssicherung
- Gemeinsame Datenumgebung
- Dateinamenkonventionen

Der BIM-Abwicklungsplan bildet in der einer groben Form einen Teil des Angebots des AN und wird zur Angebotswertung herangezogen. Erhält der AN den Zuschlag, erarbeitet er vor dem Beginn der eigentlichen Planungs- bzw. Ausführungsleistung in enger Abstimmung mit dem AG eine detailliertere Fassung des BAP aus.

Der BAP bildet in seinen einzelnen Versionen ein formales Dokument, das vom AG freigegeben werden muss. Es bildet einen Teil der Projektdokumentation. Sind im Laufe des Projekts Änderungen notwendig, werden vom AN überarbeitete Fassungen des BAP entwickelt.

24.2.4 Fachmodell-basiertes Arbeiten

BIM-gestützte Zusammenarbeit bedeutet nicht, dass alle Projektbeteiligten kontinuierlich an einem vollumfassenden Gesamtmodell arbeiten. Die ist aus technischen Gründen sowie aus Gründen der Haftung und des Urheberrechts nicht realisierbar. Stattdessen werden BIM-Projekte heute nach dem Prinzip des Fachmodell-basierten Arbeitens abgewickelt. Dabei erzeugen die Fachplaner jeweils eigene, voneinander unabhängige Modelle, die regelmäßig miteinander abgeglichen werden (Abb. 24.4). Zur Abstimmung und Koordination werden die Daten auf einer gemeinsamen Projektplattform, dem Common Data Environment (siehe Abschn. 24.2.5) vorgehalten. Hier werden die Teilmodelle mit einem entsprechenden Ausarbeitungs- bzw. Reifestatus versehen.

Eine wichtige Rolle bei der Zusammenführung und Koordination der Teilmodelle spielt die Kollisionskontrolle. Dabei werden die geometrischen Elemente der Teilmodelle mithilfe entsprechender Softwarewerkzeuge auf räumliche Konflikte überprüft. Ziel ist es dabei, evtl. aufgetretene Planungsfehler zu identifizieren. Treten Konflikte auf, werden die betroffenen Fachplaner informiert und mit der Bereinigung beauftragt. Für das Management und die Nachverfolgung der identifizierten Probleme stehen entsprechende technische Hilfsmittel und ein dediziertes offenes Dateiformat (Building Collaboration Format, BCF) zur Verfügung.

24.2.5 Gemeinsame Datenumgebung

Die gemeinsame Datenumgebung (engl. Common Data Environment, CDE) dient der integrierten Speicherung aller digitalen Projektinformationen einschließlich digitaler Modelle, technischer Zeichnungen, Spezifikationen, Terminpläne usw. Die ISO EN DIN 19650 legt die Abläufe bei der Verwendung von CDEs im Detail fest.

Gemeinsame Datenumgebungen bieten die Möglichkeit der strukturierten Verwaltung und Bereitstellung dieser Daten. Die Beteiligten beziehen alle relevanten und zuvor vereinbarten Informationen ausschließlich aus der gemeinsamen Datenumgebung bzw. stellen Informationen dort bereit. Rahmenbedingungen zum Aufbau und zum Arbeiten mit der gemeinsamen Datenumgebung sind vertraglich zu vereinbaren. Die eigentliche Datenhaltung inkl. Sicherungen und Sicherheitseinstellungen muss den aktuellen Standards entsprechen.

Die BIM-basierte Zusammenarbeit setzt voraus, dass Informationen zwischen den einzelnen Projektbeteiligten zu bestimmten Zeitpunkten ausgetauscht werden. Der Austausch erfolgt über die gemeinsame Datenumgebung und wird im BAP beschrieben. Die Häufigkeit und der Umfang der Informationen, die in die gemeinsame Datenumgebung eingepflegt werden, haben einen starken Einfluss auf die technische Realisierung.

Nur geprüfte und freigegebene Informationen sollten für weitere Arbeitsschritte verwendet werden. Um dies zu gewährleisten, wird jeder Informationsentität, die in der CDE vorgehalten wird, einer der folgenden Status zugewiesen:

- *In Bearbeitung* (engl. Work in Progress),
- *Geteilt* (engl. Shared),
- *Veröffentlicht* (engl. Published) und
- *Archiviert* (engl. Archived)

Bei jedem Statusübergang müssen fest vorgegeben Prüfläufe durchlaufen werden.

24.2.6 Rollen

Für die Übernahme von BIM-spezifischen Aufgaben und die Steuerung der BIM-Abläufe ist die Besetzung verschiedener Rollen notwendig. Die wichtigsten Rollen bilden der BIM-Manager und die BIM-Koordinatoren (Abb. 24.5).

Aufgabe des BIM-Managers ist es, eine Strategie für die Qualitätssicherung im Gesamtprojekt auszuarbeiten und die die notwendigen Arbeitsabläufe festzulegen. Der BIM-Manager übernimmt die regelmäßige Zusammenführung der

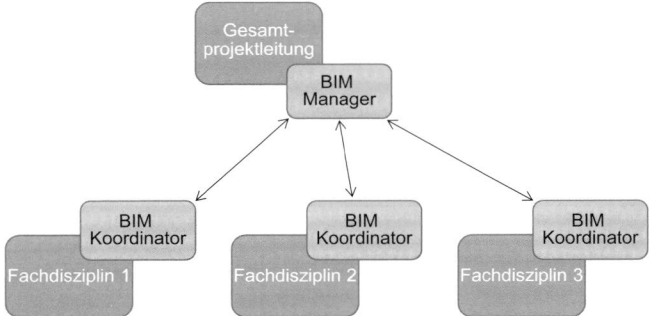

Abb. 24.5 Aufgabenverteilung zwischen BIM-Manager und BIM-Koordinatoren

Fachmodelle und darauf aufbauend die Koordination der verschiedenen Planungsdisziplinen. Nach der erfolgten Prüfung und Kollisionsbereinigung werden die einzelnen Fachmodelle bzw. das Gesamtmodell durch den BIM-Manager freigegeben und zur Dokumentation des Planungsprozesses archiviert.

Für jede Fachdisziplin gibt es einen eigenen BIM-Koordinator. Er ist für die Qualität des bereitzustellenden Fachmodells verantwortlich und muss die Einhaltung von BIM-Standards und -Richtlinien, Datensicherheit, Datenqualität überwachen. Insbesondere muss er sicherstellen, dass das Modell im vereinbarten Ausarbeitungsgrad zu jeweiligen Meilenstein bereitgestellt wird.

Der BIM-Manager und die einzelnen BIM-Koordinatoren müssen im Laufe des Projekts eng zusammenarbeiten, insbesondere, wenn sie unterschiedlichen Unternehmen angehören.

24.3 BIM-Anwendungsfälle

Die BIM-Anwendungsfälle beschreiben, auf welche Weise BIM-Modelle im Projekt genutzt werden. Die Festlegung der BIM-Anwendungsfälle ist notwendig, damit die erstellten Modelle die damit einhergehenden Anforderungen hinsichtlich Geometrie und Attribuierung erfüllen. Tafel 1 listet die üblichsten BIM-Anwendungsfälle auf. Es wird aber darauf hingewiesen, dass diese Auflistung nicht abschließend ist und projektspezifisch zusätzliche BIM-Anwendungsfälle definiert werden können.

Die Auswahl der umzusetzenden BIM-Anwendungsfälle geschieht durch den Auftraggeber anhand einer Aufwand-Nutzen-Analyse im konkreten Projekt.

Tafel 24.1 Typische BIM-Anwendungsfälle

Technische Visualisierung	Visualisierung des 3D-Modells als Basis für die Projektbesprechung sowie für die Öffentlichkeitsarbeit
Koordination der Fachgewerke	Regelmäßiges Zusammenführen der Fachmodelle in einem Koordinationsmodell, Kollisionsprüfung und systematische Konfliktbehebung
Planableitung	Ableitung der wesentlichen Teile der Entwurfs- bzw. Ausführungspläne aus dem Modell
Kostenschätzung und Kostenberechnung	Mengenermittlung (Volumen, Flächen) anhand des Modells als Basis für die Kostenschätzung und Kostenberechnung
Leistungsverzeichnis, Ausschreibung, Vergabe	Modellgestützte Erzeugung von mengenbezogenen Positionen des Leistungsverzeichnisses, modellbasierte Ausschreibung und Vergabe
BIM-gestützte Tragwerksplanung	Nutzung des Modells für Bemessung und Nachweisführung
Bauablaufmodellierung (4D-Modellierung)	Verknüpfung des 3D-Modells mit dem Bauablauf
Simulation des zeitlichen Verlaufs der Kosten (5D-Modellierung)	Verknüpfung des 4D-Modells mit den Kosten zur Herstellung der betreffenden Bauteile
Baufortschrittskontrolle	Nutzung des Modells für die Baufortschrittskontrolle, Erzeugung und Nachführung eines 4D-Modells zum tatsächlichen Baufortschritt
Abrechnung	Nutzung des Modells für Abrechnung und Controlling, Grundlage bildet das 4D-Modell der Baufortschrittskontrolle
Mängelmanagement	Nutzung des Modells zur Dokumentation von Ausführungsmängeln und deren Behebung
Nutzung für Betrieb und Erhaltung	Übernahme von Daten in entsprechende Systeme für das Erhaltungsmanagement

24.4 Datenaustauschprozesse und Modellinhalte

24.4.1 Methoden der Prozessschreibung

Die erfolgreiche Anwendung der BIM-Methodik erfordert eine detaillierte Betrachtung der Prozesse, bei denen digitale Informationen erstellt, verändert, verwendet und weitergeben werden. Bei großen Bauprojekten können diese Austauschprozesse sehr komplex werden. Eine kontinuierliche Prüfung, Anpassung und Verbesserung der Prozesse ist daher sehr sinnvoll.

Die BIM-basierten Austauschprozesse können auf Basis eines Informationslieferhandbuchs (engl. *Information Delivery Manual*, IDM) nach ISO 29481-1definiert werden. Die ISO 29481-1 legt die Vorgehensweise fest, wie für die einzelnen Planungs- und Bauprozesse die erforderlichen Informationen beschrieben dokumentiert werden. Ein IDM umfasst dabei Diagramme zur Beschreibung der Prozesse in Form von Prozesslandkarten (Abb. 24.6, engl. *Process Map*) und einzelne Anforderungen für den Informationsaustausch (engl. *Exchange Requirements*).

Die hierfür erforderlichen Spezifikationen werden in mehreren Schritten erarbeitet, die in Abb. 24.7 dargestellt sind. Zunächst werden die verschiedenen Akteure und ihre jeweiligen Rollen der betrachteten Prozesse festgelegt (1). Anschließend werden die Prozesse auf Basis der *Business Process Modeling Notation* (BPMN) modelliert (2) und die jeweils benötigten bzw. auszutauschenden Informationen

beschrieben (3). Diese *Exchange Requirements* werden anschließend formalisiert (4) und auf die verwendeten Datenmodelle abgebildet (5). Die softwaretechnische Umsetzung erfolgt im letzten Schritt über eine *Model View Definition* (MVD) (6). Letztendlich definiert ein MVD eine Teilmenge eines existierenden Datenmodells, welches im Rahmen des definierten Datenaustauschprozesses verwendet werden soll. Softwarewerkzeuge können ein MVD verwenden, um bestimmte Informationen zu filtern und zu validieren. Hierbei kann ein MVD auch mehrere *Exchange Requirements* der gesamten *Process Map* umfassen.

24.4.2 Modellinhalte und Ausarbeitungsgrade

Die Exchange Requirements spezifizieren für verschiedene Prozesse die notwendigen Modellinhalte. In der Praxis hat sich gezeigt, dass nach bestimmten Projektphase die Bauwerksmodelle bestimmte Elemente in einer bestimmten Ausarbeitung vorliegen. Diese Ausarbeitungsgrade oder Fertigstellungsgrade beschreiben neben den geforderten Modellinhalten auch eine gewisse Zuverlässigkeit der vorliegenden Modellinformationen. Hierbei handelt es sich jedoch in der Regel um Minimalanforderungen an die Modellinhalte im Rahmen der Austauschprozesse.

Im englischen Sprachraum wird ein Ausarbeitungsgrad in der Regel als *Level of Development* (LOD) bezeichnet. Er beschreibt sowohl die geometrische als auch die alphanumerische Informationstiefe der Elemente eines Bauwerksmo-

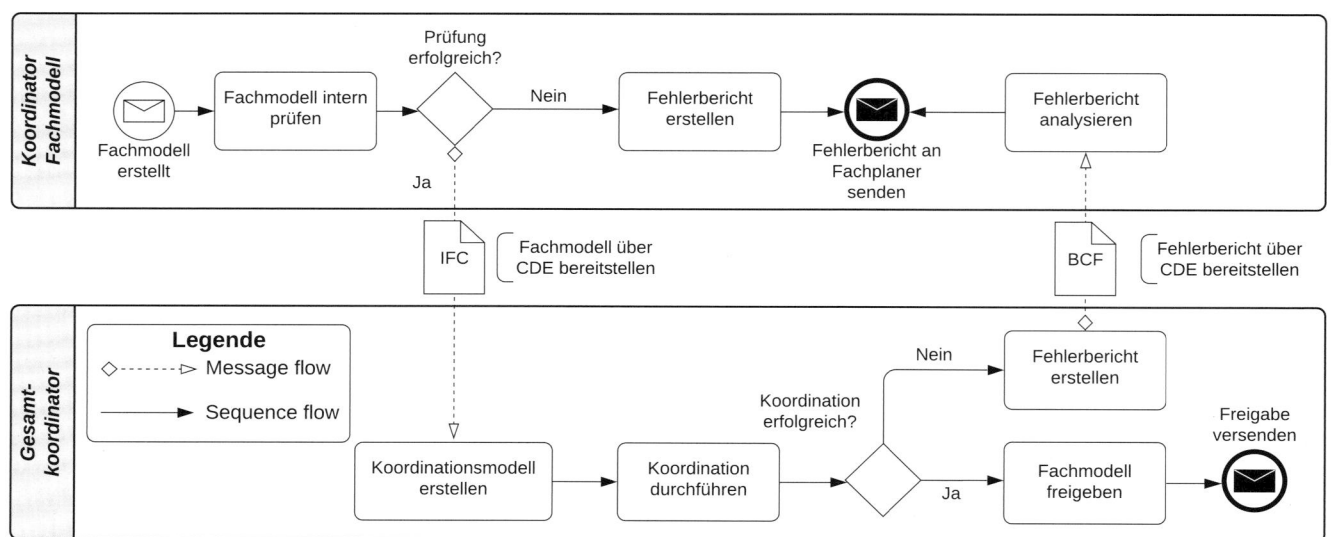

Abb. 24.6 Die Prozesslandkarte stellt horizontal in den sogenannten Schwimmbahnen die Prozessbeteiligten dar, zwischen denen Modelle oder digitale Dokumente ausgetauscht werden. Diese Darstellung erlaubt die eindeutige Definition von Informationsanforderungen für Datenaustauschszenarien

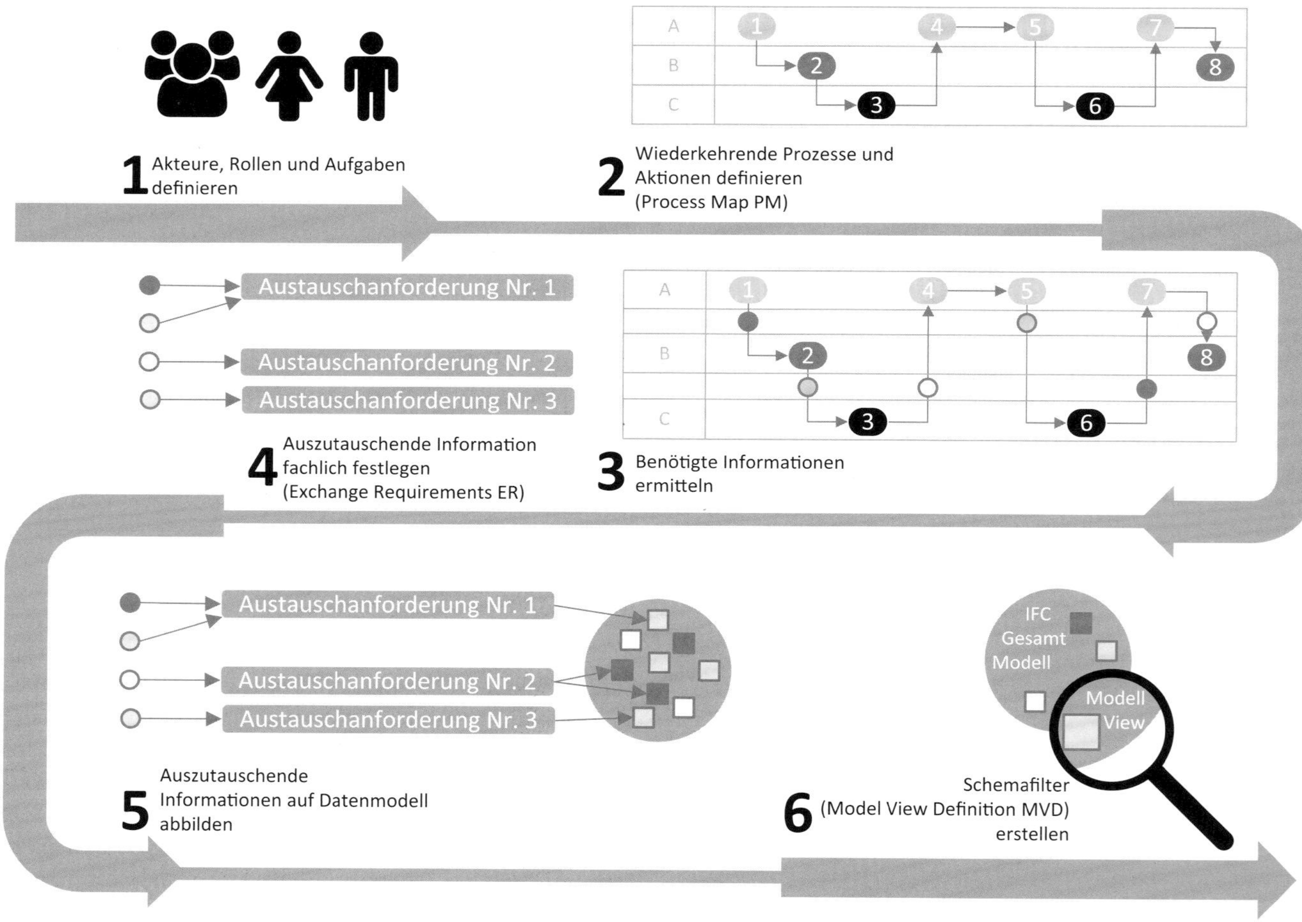

Abb. 24.7 Ablauf bei der Entwicklung von Datenaustauschanforderungen und Model View Definitions (Urheber: J. Beetz)

dells. Generell wird zwischen geometrischen Informationen (*Level of Geometry*, LOG) und alphanumerischen Informationen (*Level of Information*, LOI) unterschieden. Die geometrischen Informationen können dabei durch auf explizite und/oder implizite Weise ausgedrückt werden.

Implizite Informationen sind beispielsweise geometrische Parameter, wie Länge, Höhe oder Breite. Explizite Informationen sind in der Regel Punkte, Linien, Flächen oder Volumen auf Basis von Koordinatensystemen. Die geometrischen und alphanumerischen Informationen können sich im Laufe der Bearbeitung unterschiedlich entwickeln. Für die verschiedenen Aufgaben im Rahmen der Planung, Ausführung und des Betriebs ist es wichtig, dass die vorhandenen Fachmodelle digital auswertbar sind und die Informationstiefe jeweils ausreichend vorhanden ist. Durch eine Zuordnung eines LODs zu jedem Modellelement kann somit die Zuverlässigkeit eines Bauwerksmodells bewertet werden.

International haben sich eine Nomenklatur für Ausarbeitungsgrade etabliert, die von LOD 100 für ein grobes bis zu LOD 500 für ein sehr detailliertes Modell reichen. In Deutschland hat sich noch keine eindeutige Zuordnung von LOD zu HOAI-Leistungsphasen etablieren können. Vielmehr werden diese Zuordnungen auftraggeber- oder projektspezifisch und häufig bauteilspezifisch vorgenommen. Bei der Zuordnung der Ausarbeitungsgrade zu dem einzelnen Leistungsphasen sollte immer beachtet werden, dass nur so viel modelliert wird, wie tatsächlich für die ausgewählten Anwendungsfälle benötigt wird.

Die Tafel 24.2 listet die international üblichen LODs auf und illustriert sie mit den verschiedenen Stufen der geometrischen Ausarbeitung eines Brückenlagers. Die LOD-Definitionen wurden in dieser Form von der VDI-Richtlinie 2552 Teil 4 übernommen, jedoch um eine feinere Abstufung (LOD 350) ergänzt.

Die Levels of Information (LOI) werden in der momentan üblichen Praxis jeweils projektspezifisch festgelegt, d. h. die zu liefernden Attribute in den AIA spezifiziert. International oder national geltende Richtlinien gibt es bislang nicht.

24.4.3 Klassifikation

Ein Klassifikationssystem dient zur hierarchischen Strukturierung und vereinheitlichten Nutzung von Begrifflichkeiten. Die Nutzung eines Klassifikationssystems für die Objekte eines BIM-Modells ist notwendig, um sie semantisch präzise zu beschreiben und für weitere Auswertungen (Mengenermittlung, Normenprüfung) zugreifbar zu machen. Letztlich wird durch ein vereinheitlichtes Klassifikationssystem verhindert, dass projektweise oder auftraggeberweise unterschiedliche Objektbezeichnungen zum Einsatz kommen. International übliche Klassifikationssysteme sind Omniclass aus Nordamerika und Uniclass aus Großbritannien. In Deutschland wird zum Teil die DIN 276 als Klassifikationssystem eingesetzt, die jedoch ursprünglich allein für die Belange der Kostenberechnung entwickelt wurde und eine für viele BIM-Anwendungen zu grobe Klassifikationsstruktur aufweist.

24.4.4 Prüfung von Modellinhalten

Bei der Übergabe von Modellen zwischen Vertragspartnern ist es notwendig, diese auf inhaltliche Korrektheit zu prüfen. Neben einer Sichtprüfung bietet sich die automatisierte Prüfung durch entsprechende Softwarewerkzeuge (Model Checker) an. Diese sind in der Lage, Modellelemente auf die zuvor festgelegte Attribuierung zu überprüfen und dienen somit als Kontrollinstrument. Sie bieten in der Regel darüberhinausgehende Prüfmechanismen, u. a. zur Identifikation von geometrischen Überlappungen, zur Überprüfung von Fluchtweglängen oder Barrierefreiheit von Gebäuden.

24.4.5 Offenes Datenaustauschformat: Industry Foundation Classes

Infolge des Gebots zur produktneutralen Ausschreibung für öffentliche Auftraggeber ist es notwendig, Modellübergaben an den Auftraggeber mithilfe eines herstellerneutralen und standardisierten Dateiformats zu realisieren. Hierzu wurde von der internationalen Organisation buildingSMART das offene Format Industry Foundation Classes (IFC) entwickelt und als ISO EN DIN 16739 standardisiert. Das IFC-Format erlaubt die Beschreibung und Übertragung hochwertiger digitaler Bauwerksmodelle. Es verwendet eine objektorientierte Modellierung und setzt eine strikte Trennung von Geometrie und Semantik um.

Die unterstützten Geometrierepräsentationen umfassen:
- triangulierte Oberflächennetze
- Boundary Representation (mit ebenen oder gekrümmten Berandungsflächen)
- Constructive Solid Geometry
- Sweep- und Extrusionsgeometrie

Auf der semantischen Seite unterstützte das IFC-Format die folgenden hierarchischen Strukturen:
- räumliche Strukturierung
- funktionale Strukturierung
- Aggregation/Dekomposition von Bauteilen

Durch die Möglichkeit, generische Platzhalterobjekte (*IfcBuildingElementProxy*) und dynamische Eigenschaftslisten (Property Sets) einzusetzen, ist das IFC-Format sehr flexibel und auf einfache Weise an die Bedürfnisse eines Bauherrn bzw. eines Projekts anpassbar.

Das IFC-Format wird von vielen Softwareprodukten beim Import und Export unterstützt und ist in vielen Ländern als verbindliches Format für den Datenaustausch mit öffentlichen Auftraggebern vorgeschrieben.

Tafel 24.2 International übliche LODs am Beispiel eines Brückenlagers (Urheber: F. Mini)

LOD 100	Das Modellelement wird sehr vereinfacht mit Hilfe eines Symbols oder einer generischen Repräsentation dargestellt. Des Weiteren werden wesentliche Eigenschaften definiert, die für die Vorplanung (konzeptionelle Planung) erforderlich sind.	
LOD 200	Das Modellelement wird mit seiner ungefähren Position und Geometrie sowie wichtigen Eigenschaften angegeben. Ganz wesentlich sind Informationen zur Kostenberechnung, z. B. nach DIN 276.	
LOD 300	Das Modellelement wird mit seiner genauen Position und Geometrie angegeben. In der Regel wird dieser Ausarbeitungsgrad auch für die Ermittlung der Mengen und das Aufstellen von Leistungsverzeichnissen verwendet.	
LOD 400	Das Modellelement enthält alle geometrischen und alphanumerischen Informationen, die für die Erstellung oder den Umbau des Elements erforderlich sind. Hierzu gehören auch Montageanweisungen und die im Rahmen der Arbeitsvorbereitung spezifizierten Bauverfahren.	
LOD 500	Das Modellelement repräsentiert das reale Elemente bzgl. Position und Geometrie. Des Weiteren werden Informationen zur Bauüberwachung und Dokumentation gespeichert.	

Literatur

1. Borrmann, A., König, M., Koch, C., & Beetz, J. (Hrsg.). (2021). *Building Information Modeling: Technologische Grundlagen und industrielle Praxis*. 2. Auflage, Springer-Verlag.

2. *Stufenplan Digitales Planen und Bauen*. Berlin: Bundesministerium für Verkehr und digitale Infrastruktur.

3. VDI-Richtlinie 2552 – „Building Information Modeling", Verein Deutscher Ingenieure, Düsseldorf

4. ISO EN DIN 19650 – „Organisation von Daten zu Bauwerken – Informationsmanagement mit BIM"

5. ISO 16739 – „Industry Foundation Classes (IFC) for data sharing in the construction and facility management industries", International Organization for Standardization, Genf, Schweiz

6. ISO 29481-1 „Building information models – Information delivery manual – Part 1: Methodology and format"

7. BIM4INFRA: Leitfaden und Muster für Auftraggeber-Informationsanforderungen, BIM4INFRA2020, 2019, https://bim4infra.de/wp-content/uploads/2019/07/BIM4INFRA2020_AP4_Teil2.pdf, Zugegriffen: 04.01.2021

8. BIM4INFRA: Leitfaden und Muster für den BIM-Abwicklungsplan, BIM4INFRA2020, 2019, https://bim4infra.de/wp-content/uploads/2019/09/BIM4INFRA_AP4_Teil3.pdf, Zugegriffen: 04.01.2021

Bauzeichnungen

Prof. Dr.-Ing. Uwe Weitkemper

Inhaltsverzeichnis

Technische Baubestimmungen

DIN EN ISO 128-20	2002-12	Technische Zeichnungen; Allgemeine Grundlagen der Darstellung, Teil 20: Linien; Grundregeln
DIN ISO 128-23	2000-03	–; Allgemeine Grundlagen der Darstellung, Teil 23: Linien in Zeichnungen des Bauwesen
DIN ISO 128-30	2002-05	–; Allgemeine Grundlagen der Darstellung, Teil 30: Grundregeln für Ansichten
DIN ISO 128-50	2002-05	–; Allgemeine Grundlagen der Darstellung, Teil 50: Grundregeln für Flächen in Schnitten und Schnittansichten
DIN 406-10	1992-12	Maßeintragung; Begriffe; Allgemeine Grundlagen
DIN 406-11	1992-12	–; Grundlagen der Anwendung mit Beiblatt 1, 2000-12
DIN 406-12	1992-12	–; Eintragung von Toleranzen für Längen- und Winkelmaße
DIN 824	1981-03	Technische Zeichnungen – Faltung auf Ablageformat
DIN 919-1	2014-08	Technische Zeichnungen – Holzverarbeitung – Grundlagen
DIN 1356-1	1995-02	Bauzeichnungen, Arten, Inhalte und Grundregeln der Darstellung
DIN 1356-6	2006-05	Technische Produktdokumentation – Bauzeichnungen – Teil 6: Bauaufnahmezeichnungen
DIN18065	2015-03	Gebäudetreppen – Begriffe, Messregeln, Hauptmaße
DIN EN ISO 2553	2019-12	Schweißen und verwandte Prozesse – Symbolische Darstellung in Zeichnungen – Schweißverbindungen

U. Weitkemper (✉)
FH Bielefeld
Minden, Deutschland
E-Mail: uwe.weitkemper@fh-bielefeld.de

© Springer Fachmedien Wiesbaden GmbH, ein Teil von Springer Nature 2021
U. Vismann (Hrsg.), *Wendehorst Bautechnische Zahlentafeln*, https://doi.org/10.1007/978-3-658-32218-2_25

DIN EN ISO 3098-1	2015-06	Technische Produktdokumentation – Schriften – Teil 0: Grundregeln
DIN EN ISO 3098-2	2000-11	–; –; Teil 2: Lateinisches Alphabet, Ziffern und Zeichen
DIN EN ISO 3098-4	2000-11	–; –; Teil 4: Diakritische und besondere Zeichen im Lateinischen Alphabet
DIN EN ISO 3766	2004-05	Zeichnungen für das Bauwesen – Vereinfachte Darstellung von Bewehrungen
DIN EN ISO 4157-1	1999-03	Zeichnungen für das Bauwesen; Bezeichnungssysteme; Teil 1: Gebäude und Gebäudeteile
DIN EN ISO 4157-2	1999-03	–; –; Teil 2: Raumnamen u. -nummern
DIN EN ISO 4157-3	1999-03	–; –; Teil 3: Raumkennzeichnungen
DIN ISO 4172	1992-08	Zeichnungen für das Bauwesen; Zeichnungen für das Zusammenbauen vorgefertigter Teile
DIN ISO 5261	1997-04	Vereinfachte Darstellung und Maßeintragung von Stäben und Profilen

DIN ISO 5455	1979-12	Technische Zeichnungen, Maßstäbe
DIN ISO 5456-1	1998-04	Projektionsmethoden, Teil 1: Übersicht
DIN ISO 5456-2	1998-04	–; Teil 2: Orthografische Darstellungen
DIN ISO 5456-3	1998-04	–; Teil 3: Axonometrische Darstellungen
DIN EN ISO 5456-4	2002-12	–; Teil 4: Zentralprojektion
DIN EN ISO 5457	2010-11	Technische Produktdokumentation; Formate und Gestaltung von Zeichnungsvordrucken
DIN ISO 6284	1997-09	Zeichnungen für das Bauwesen; Eintragung von Grenzabmaßen
DIN ISO 7518	1986-11	Zeichnungen für das Bauwesen; Vereinfachte Darstellung von Abriss und Wiederaufbau
DIN ISO 7519	1992-09	–; Allgemeine Grundlagen für Anordnungspläne und Zusammenbauzeichnungen

25.1 Elemente der zeichnerischen Darstellung

25.1.1 Blattgrößen, Zeichenflächen, Schriftfeld und Faltungen

Die Blattgrößen und Zeichenflächen von technischen Zeichnungen sind vorzugsweise nach DIN EN ISO 5457 zu wählen und für Faltungen gilt DIN 824. Siehe Tafeln 25.1 und 25.2. In der Regel enthält jedes Blatt in der rechten unteren Ecke ein Schriftfeld mit oder ohne Rand. Ein Beispiel und

die üblichen Inhalte gibt Tafel 25.3. Die Faltmarken sollten an den Blatträndern angegeben werden.

25.1.2 Maßeinheiten und Maßstäbe

Die Wahl der Maßeinheiten (s. DIN 1356-1) richtet sich nach der Art des Bauwerks und der Bauart. Tafel 25.4 zeigt die Möglichkeiten. Ganzzahliger und gebrochener Teil einer Zahl können durch ein Komma oder einen Punkt getrennt werden.

Tafel 25.1 Blattgrößen und Faltungen (Maße in mm)

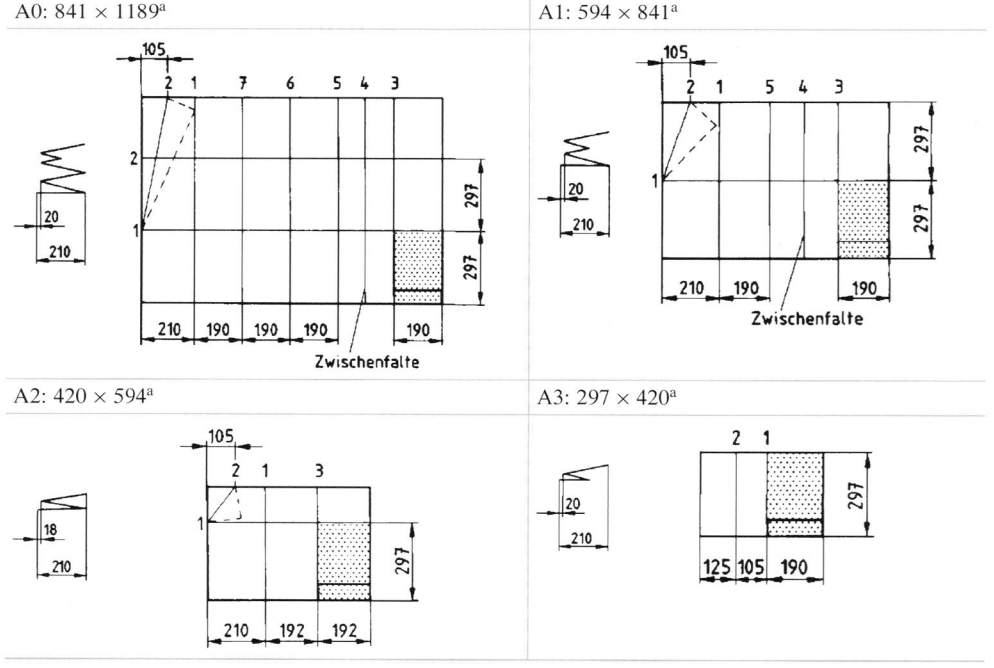

a Maße der beschnittenen Zeichnung bzw. beschnittenen Lichtpause.

Tafel 25.2 Zeichenflächen und Blattformate nach DIN EN ISO 5457 (Maße in mm)

Format	Zeichenfläche
A4	180×277
A3	277×390
A2	400×564
A1	574×811
A0	821×1159

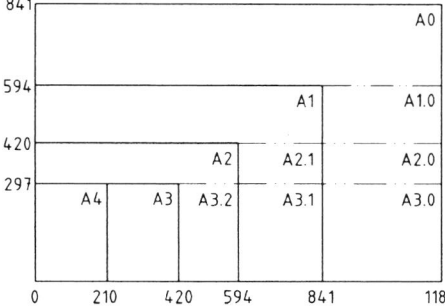

Maßstäbe sind vorzugsweise nach DIN ISO 5455 zu wählen, s. Tafel 25.5. Darüber hinaus darf auch die Maßstabsreihe 1 : 2,5; 1 : 25; 1 : 250 usw. verwendet werden. Der verwendete Maßstab wird im Schriftfeld notiert. Werden mehrere Maßstäbe in einer Zeichnung verwendet, so werden die abweichenden Maßstäbe an die zugehörigen Zeichnungsteile geschrieben. Siehe auch DIN 1356-1.

25.1.3 Linienarten und Linienbreiten

DIN EN ISO 128-20 definiert die Linienbreiten, die Linienarten, die zugehörigen Bezeichnungen und Abmessungen sowie die Grundregeln für das Zeichnen von Linien. Die Anforderungen für die Mikroverfilmung enthält DIN ISO 6428.

Die Anwendung von Linienarten und Linienbreiten in Zeichnungen des Bauwesens (Architekturzeichnungen, Statikzeichnungen, Zeichnungen für den ingenieurtechnischen Ausbau, Zeichnungen des Bauingenieurwesens, Zeichnun-

Tafel 25.3 Schriftfeld, Beispiel und übliche Inhalte

Beispiel Schriftfeld	Übliche Inhalte
Bauherr Bauvorhaben Bauteil Ausführende Baufirma Architekturbüro / Ingenieurbüro / Planungsbüro bearbeitet / gezeichnet / geprüft / Datum — Maßstäbe — Blatt Nr. Änderungen: Nr., Datum, bearbeitet (a, b, c, d, e) Blattgröße: Fläche:	– Name des Bauherrn – Bezeichnung des Projektes, Bauteils – Datum – Name der/des für die Zeichnung Verantwortlichen/Verfasserin/Verfassers mit Prüf- und Anerkennungsvermerken – Art und Inhalt der Bauzeichnung – Maßstab – Änderungsvermerk mit Datum

Tafel 25.4 Maßeinheiten

	Maßeinheit, Maße in	Maße unter 1 m; z. B.			Maße über 1 m
1	cm	5	24	88,5	313,5
2	m und cm	5	24	88^5	313^5
3	mm	50	240	885	3135

Tafel 25.5 Maßstäbe

Kategorie	Empfohlene Maßstäbe			Bemerkung
Vergrößerungsmaßstäbe	50 : 1	20 : 1	10 : 1	Der Maßstab ist das Verhältnis der in einer Originalzeichnung dargestellten linearen Maße eines Bereiches zur wirklichen Abmessung desselben Bereiches eines Gegenstandes. Er wird größer, wenn sein Verhältniswert zunimmt. Er wird kleiner, wenn sein Verhältniswert abnimmt.
	5 : 1	2 : 1		
Natürlicher Maßstab			1 : 1	
Verkleinerungsmaßstäbe	1 : 2	1 : 5	1 : 10	
	1 : 20	1 : 50	1 : 100	
	1 : 200	1 : 500	1 : 1000	
	1 : 2000	1 : 5000	1 : 10.000	

Tafel 25.6 Linienbreiten und Linienarten

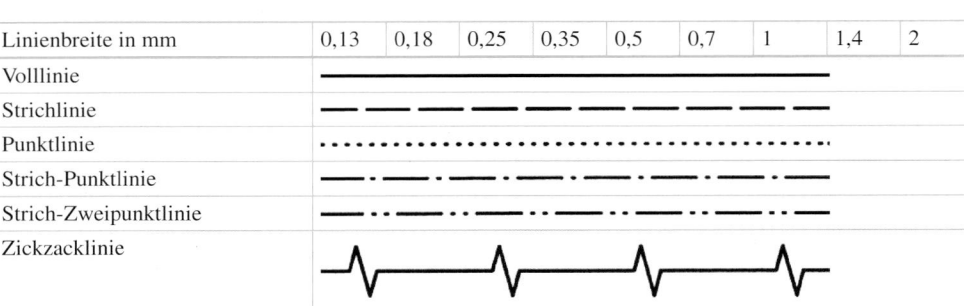

Linienbreite in mm	0,13	0,18	0,25	0,35	0,5	0,7	1	1,4	2
Vollinie									
Strichlinie									
Punktlinie									
Strich-Punktlinie									
Strich-Zweipunktlinie									
Zickzacklinie									

gen für Außenanlagen, Zeichnungen der Stadtplanung) werden durch DIN ISO 128-23 festgelegt. In einer Zeichnung für das Bauwesen werden in der Regel drei Linienbreiten (schmal, breit und sehr breit) angewendet. Das Verhältnis zwischen diesen drei Linienbreiten ist 1 : 2 : 4.

Eine spezielle Linienbreite wird für die Darstellung und Beschriftung grafischer Symbole angewendet. Diese Linienbreite befindet sich zwischen den Breiten der schmalen und der breiten Linie. Die Linienbreite muss nach der Art, den Maßen und dem Maßstab der Zeichnung ausgewählt werden, sowie den Anforderungen für die Mikroverfilmung und für andere Reproduktionsverfahren entsprechen.

25.1.4 Kennzeichnung von Schnittflächen

Schnittflächen werden auf Zeichnungen für das Bauwesen mit Schraffuren gekennzeichnet, die in DIN ISO 128-50, DIN 1356-1 bzw. DIN 919-1 festgelegt werden. Treffen Schnittflächen mehrerer Bauteile zusammen, sind die zugehörigen Schraffuren unter 45° und um 90° zueinander versetzt anzuordnen. Die Kanten der Schnittflächen sind durch breite Vollinien entsprechend Tafel 25.7 hervorzuheben.

Tafel 25.7 Linien in Zeichnungen des Bauwesens

Nr.	Linienart	Anwendung	Liniengruppe				
			0,25	0,35	0,5	0,7	1
01.1	Vollinie, schmal	Begrenzung unterschiedlicher Werkstoffe in Ansichten und Schnitten	0,13	0,18	0,25	0,35	0,50
		Schraffuren					
		Diagonallinien für die Angabe von Öffnungen, Durchbrüchen und Ausspa-rungen (Schlitzen)					
		Pfeillinien in Treppen, Rampen und geneigten Ebenen					
		Kurze Mittellinien					
		Maßhilfslinien					
		Maßlinien und Maßlinienbegrenzungen					
		Hinweislinien					
		Vorhandene Höhenlinien in Zeichnungen für Außenanlagen					
		Sichtbare Umrisse von Teilen in der Ansicht					
		Vereinfachte Darstellung von Türen, Fenstern, Treppen, Armaturen usw.					
		Umrahmung von Einzelheiten					
	Zickzacklinie, schmal	Begrenzungen von teilweisen oder unterbrochenen Ansichten, wenn die Be-grenzung nicht eine Linie wie 04.1 ist					

Tafel 25.7 (Fortsetzung)

Nr.	Linienart	Anwendung	Liniengruppe				
			0,25	0,35	0,5	0,7	1
01.2	Volllinie, breit	Sichtbare Umrisse von Teilen in Schnitten mit Schraffur	0,25	0,35	0,5	0,7	1
		Begrenzungen unterschiedlicher Werkstoffe in Ansichten und Schnitten					
		Sichtbare Umrisse von Teilen in der Ansicht					
		Vereinfachte Darstellung von Türen, Fenstern, Treppen, Armaturen usw.					
		Rasterlinien 2. Ordnung					
		Pfeillinien zur Kennzeichnung von Ansichten und Schnitten					
		Projektierte Höhenlinien in Zeichnungen für Außenanlagen					
01.3	Volllinie, sehr breit	Sichtbare Umrisse von Teilen in Schnitten ohne Schraffur	0,5	0,7	1	1,4	2
		Bewehrungsstähle					
		Linien mit besonderer Bedeutung					
02.1	Strichlinie, schmal	Vorhandene Höhenlinien in Zeichnungen für Außenanlagen	0,13	0,18	0,25	0,35	0,5
		Unterteilung von Pflanzflächen/Rasen					
		Nicht sichtbare Umrisse					
02.2	Strichlinie, breit	Verdeckte Umrisse	0,25	0,35	0,5	0,7	1
02.3	Strichlinie, sehr breit	Bewehrungsstähle in der unteren Lage einer Draufsicht bzw. hinteren Lage einer Seitenansicht, wenn untere und obere bzw. vordere und hintere Bewehrungslagen in derselben Zeichnung dargestellt werden	0,5	0,7	1	1,4	2
04.1	Strichpunktlinie, schmal	Schnittebenen	0,13	0,18	0,25	0,35	0,5
		Mittellinien					
		Symmetrielinien (an den Enden durch zwei rechtwinklig gezeichnete schmale, kurze, parallele Linien gekennzeichnet)					
		Rahmen für vergrößerte Einzelheiten					
		Bezugslinien					
		Begrenzungen von teilweisen oder unterbrochenen Ansichten und Schnitten (besonders bei kurzen Linien und bei Platzmangel, siehe Anhang A von DIN ISO 128-23)					
04.2	Strichpunktlinie, breit	Schnittebenen (an den Enden und bei Richtungswechsel)	0,25	0,35	0,5	0,7	1
		Umrisse von sichtbaren Teilen vor der Schnittebene					
04.3	Strichpunktlinie, sehr breit	Zweitrangige Linien für Lagebezeichnungen und beliebige Bezugslinien	0,5	0,7	1	1,4	2
		Kennzeichnung von Linien oder Oberflächen mit besonderen Anforderungen					
		Grenzlinien für Verträge, Phasen, Bereiche usw.					
05.1	Strich-Zweipunktlinie, schmal	Alternativ- und Grenzstellungen beweglicher Teile	0,13	0,18	0,25	0,35	0,5
		Schwerlinien					
		Umrisse angrenzender Teile					
05.2	Strich-Zweipunktlinie, breit	Umrisslinien nicht sichtbarer Teile vor der Schnittebene	0,25	0,35	0,5	0,7	1
05.3	Strich-Zweipunktlinie, sehr breit	Vorgespannte Bewehrungsstähle und -seile	0,5	0,7	1	1,4	2
07	Punktlinie, schmal	Umrisse von nicht zum Projekt gehörenden Teilen	0,13	0,18	0,25	0,35	0,5
08	Grafische Symbole	Beschriftung und Darstellung grafischer Symbole	0,18	0,25	0,35	0,5	0,7

Tafel 25.8 Schraffuren nach DIN ISO 128-50 und DIN 1356-1

Baustoff	Schraffur nach DIN ISO 128-50	Schraffur nach DIN 1356-1
Boden	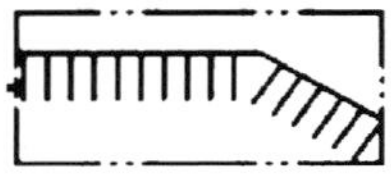 gewachsen  / geschüttet	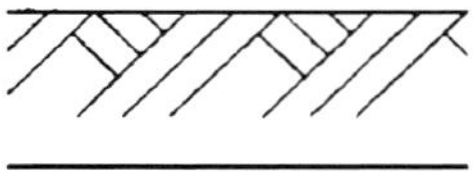
Kies	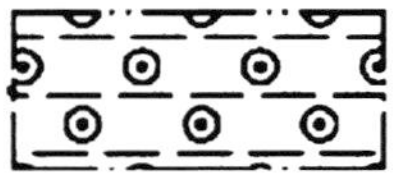	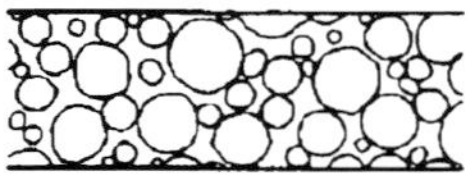
Sand		
Beton – unbewehrt		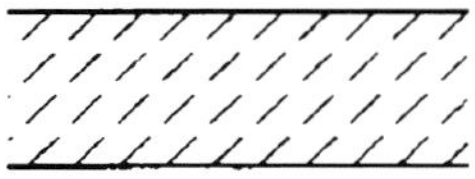
Beton – bewehrt	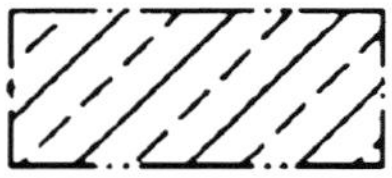	
Mauerwerk		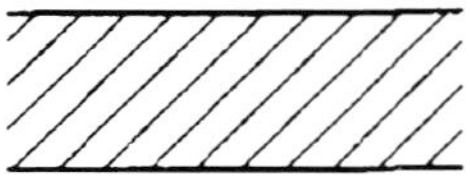
Mauerwerk – erhöhte Festigkeit		–
Holz – quer zur Faser	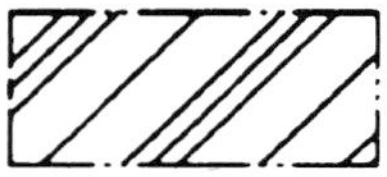	
Holz – parallel zur Faser		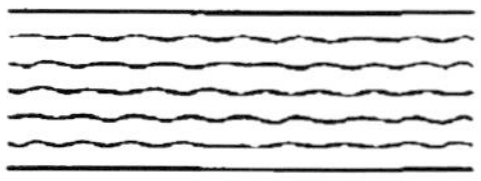
Dämmstoff		
Dichtstoff		 Dichtstoff  / Abdichtung
Metalle	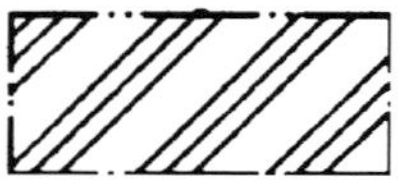	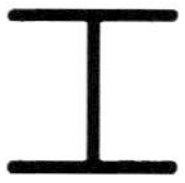

Tafel 25.9 Schraffuren nach DIN ISO 128-50

Baustoff	Schraffur DIN ISO 128-50	Baustoff	Schraffur DIN ISO 128-50
Leichtbeton		WU-Beton	
Leichtziegel		Bimsbaustein	
Glas		Holzwerkstoff	
Gipsplatte		Füllstoff	
Wasser		Gasförmige Stoffe	

Tafel 25.10 Schraffuren nach DIN 919-1

Baustoff, Bauteil ergänzt um weitere Angaben		Schraffur DIN 919-1
Vollholz	Hirnholz	
Vollholz	Längsholz	
Holzwerkstoff	Plattenart/Nenndicke	
Kennz. der Oberflächenstruktur	In Faserrichtung	
Kennz. der Oberflächenstruktur	Quer zur Faserrichtung	
Kernstruktur	Hirnholz	
Kernstruktur	Längsholz	
Beschichtung	Einseitig	
Beschichtung	Beidseitig	
Anleimer	–	

25.1.5 Darstellung von Abriss und Wiederaufbau

Die vereinfachten Darstellungen von Abriss und Wiederaufbau nach Tafel 25.11 sind in DIN ISO 7518 geregelt. Es muss deutlich unterschieden werden können, ob jeweils zu erhaltende Teile, abzureißende Teile oder neue Teile angegeben werden. Um die geplanten Änderungen zu erklären, wird empfohlen, den ursprünglichen (bestehenden) Zustand des Gebäudes in einer Zeichnung zusammen mit den Angaben der geplanten Änderung sowie eine neue Zeichnung des geänderten Gebäudes anzufertigen. Wenn es notwendig ist, sollen die Zeichnungen und Symbole durch Text erläutert werden.

25.1.6 Bemaßung

Die Anforderungen an die Bemaßung von Zeichnungen sind in DIN 406-11 und DIN 1356-1 geregelt. Das Schriftbild soll DIN EN ISO 3098 entsprechen. Bemaßt werden Punkte, Schichten, Strecken und Winkel. Maße – im Bauwesen in aller Regel Rohbaumaße – werden entweder zwischen den Begrenzungslinien der bemaßten Figur eingetragen oder mittels Maßhilfslinien herausgezogen. Zu den Maßeinheiten siehe auch Tafel 25.4. Im Betonbau werden die Maße üblicherweise in der Maßeinheit Meter (m), im Holzbau in Zentimeter (cm) und im Stahlbau in Millimeter (mm) angegeben.

Die Bemaßung besteht aus Maßzahl, Maßlinie, Maßlinienbegrenzung und ggf. Maßhilfslinie. Maßzahlen werden im Regelfall mittig über der zugehörigen durchgezogenen Maßlinie so angeordnet, dass sie in der Gebrauchslage der Zeichnung von unten bzw. von rechts zu lesen sind. Bei mehreren parallelen Maßketten stehen zusammenfassende Maße jeweils außen. Wird in Grundrissen bei der Bemaßung von Wandöffnungen (z. B. Türen und Fenster) neben der Öffnungsbreite auch die Höhe angegeben, so steht die Höhenangabe unter der Maßlinie. Schriftgröße und Linienbreite der Maßzahlen werden nach Tafel 25.12 gewählt.

Maßlinien sind schmale Volllinien. Sie werden zwischen den Begrenzungslinien des Objektes (z. B. Schnittfläche) oder zwischen Maßhilfslinien gezeichnet. Maße, die nicht zwischen den Begrenzungslinien der Flächen eingetragen werden, sind mittels Maßhilfslinien herauszuziehen. Maßhilfslinien stehen i. Allg. rechtwinklig zur Maßlinie und gehen etwas über diese hinaus. Sie sind von den zugehörigen Flächenbegrenzungen bzw. Körperkanten abzusetzen. Als

Tafel 25.11 Vereinfachte Darstellung von Abriss und Wiederaufbau

Umrisse, Maße und Informationen im Text

	Absicht	Darstellung und Angaben in der	
		Bestehenden Zeichnung	Neuen Zeichnung
1	Umrisse bestehender Teile, die erhalten bleiben sollen	(keine Vereinbarung)	——————————— b – schmale Linie
2	Umrisse bestehender Teile, die abgerissen werden sollen	 ✕——✕——✕	 ✕——✕——✕ b – schmale Linie mit Kreuzen
3	Umrisse neuer Teile	————— – breite Linie —————— – Linie breiter als andere in derselben Zeichnung	—————— – breite Linie
4	Bestehende Maße und Informationen, die erhalten bleiben sollen	(keine Vereinbarung)	1370 INFORMATION
5	Maße und Informationen zu bestehenden, abzureißenden Teilen[a]	~~1370~~ ~~INFORMATION~~ – schmale Linie durch das Maß oder den Text	
6	Maße und Informationen für neue Teile	1370	INFORMATION

Darstellung von Bauwerken und Teilen von Gebäuden

		Bestehenden Zeichnung	Neuen Zeichnung
7	Bestehender, zu erhaltender Teil	(keine Vereinbarung)	 b,c
8	Bestehender, abzureißender Teil	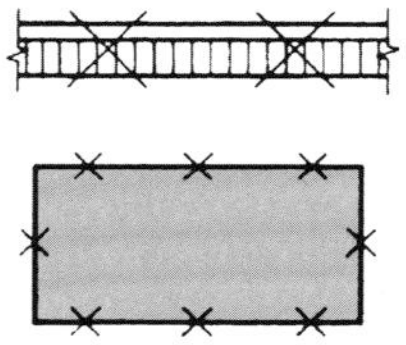	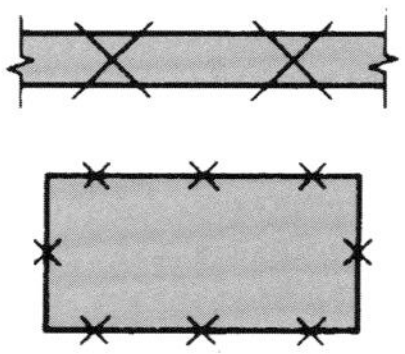 b,c
9	Neuer Teil	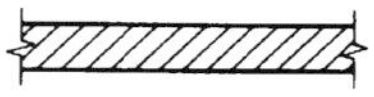	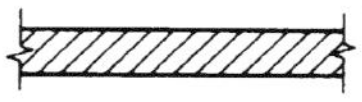 b,c
10	Schließung einer Öffnung im bestehenden Bauwerk		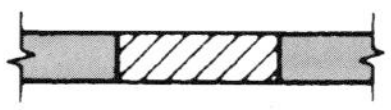 b,c
11	Neue Öffnungen im bestehenden Mauerwerk	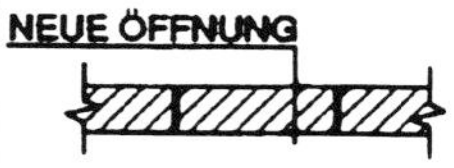 NEUE ÖFFNUNG 	 b,c
12	Wiederherstellung eines bestehenden Bauwerkes nach Abriss eines damit verbundenen Bauwerkes		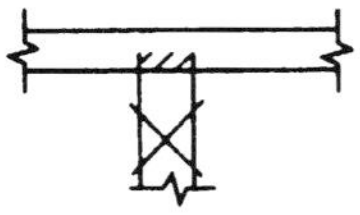 b,c
13	Änderung der Oberflächenbeschichtung	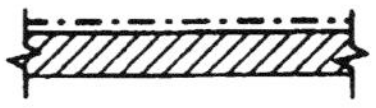	b,c

[a] Es kann nützlich sein, zwischen ursprünglichen und neuen Maßen zu unterscheiden. Dies kann durch verschiedene Schriftgrößen oder durch die Schreibweise der Ziffern und des Textes erfolgen.
[b] Linienarten und Linienbreiten nach DIN 1356.
[c] Schraffur oder Schattierung in Übereinstimmung mit ISO 4069.

Tafel 25.12 Schriftgrößen und Linienbreite von Maßzahlen (Angaben in mm)

Darstellungen im Maßstab	Schriftgröße	Linienbreite
1 : 50 und größer (z. B. 1 : 20)	5,0	0,35
1 : 100 und kleiner (z. B. 1 : 200)	3,5	0,25

Tafel 25.13 Höhenkoten, Symbole

Höhenangabe	Der Oberfläche	Der Unterfläche
Rohkonstruktion	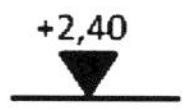 +2,40 ▼	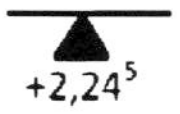 ▲ +2,24⁵
Fertigkonstruktion	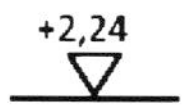 +2,24 ▽	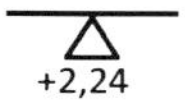 △ +2,24

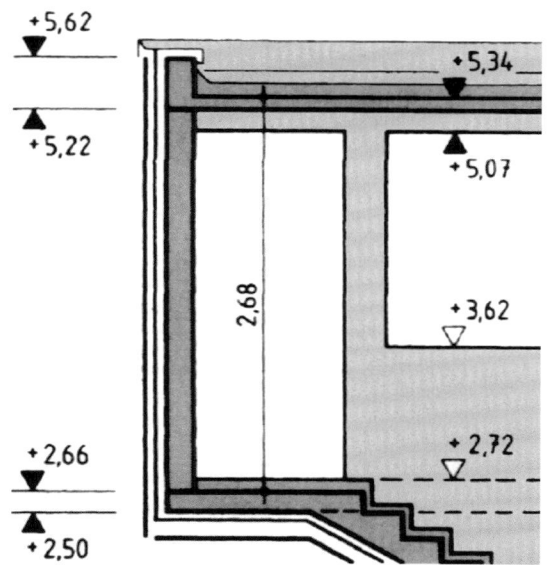

Abb. 25.1 Höhenangaben in Schnitten

Maßlinienbegrenzung kann der Punkt oder der Schrägstrich gewählt werden. Ausnahmsweise werden auch Begrenzungspfeile verwendet.

Höhen werden als Höhendifferenzen (mit Maßlinien) und als Höhenkoten mit Dreiecken angegeben. Für Rohbaumaße werden schwarze Dreiecke verwendet, für Fertigmaße weiße Dreiecke, siehe Tafel 25.13 und Abb. 25.1. Im Regelfall hat die Oberfläche des fertigen Fußbodens im Erdgeschoss die Höhenlage ±0. Geschosshöhen zählen von Oberkante (OK) fertiger Fußboden bis OK fertiger Fußboden (des nächsten Geschosses). Brüstungshöhen zählen von OK Rohdecke bis Unterkante der Mauerwerksöffnung (Rohbau).

25.1.7 Darstellung von Treppen, Rampen und Aussparungen

Begriffe, Messregeln und Hauptmaße von Treppen definiert DIN 18065 in Anlehnung an die Landesbauordnungen. DIN 1356-1 regelt die vereinfachte Darstellung von Treppen und Rampen im Grundriss. Im Grundriss wird bei Treppen neben den Stufen die Lauflinie gezeichnet. Sie beginnt in einem Kreis an der untersten Stufe (Antritt) und endet mit einem 45°-Pfeil an der obersten Stufe (Austritt), Tafel 25.14. Aussparungen, deren Tiefe kleiner ist als die Bauteiltiefe (Nischen), werden durch einen (schmalen) Diagonalstrich von links unten nach rechts oben kenntlich gemacht. Aussparungen, deren Tiefe gleich der Bauteiltiefe ist (Durchbrüche), werden durch (schmale) Diagonalstriche kenntlich gemacht. Deckenöffnungen werden in Grundrissen auch durch Andeutung eines Schattens kenntlich gemacht (siehe Tafel 25.15).

Tafel 25.14 Darstellung von Treppen und Rampen

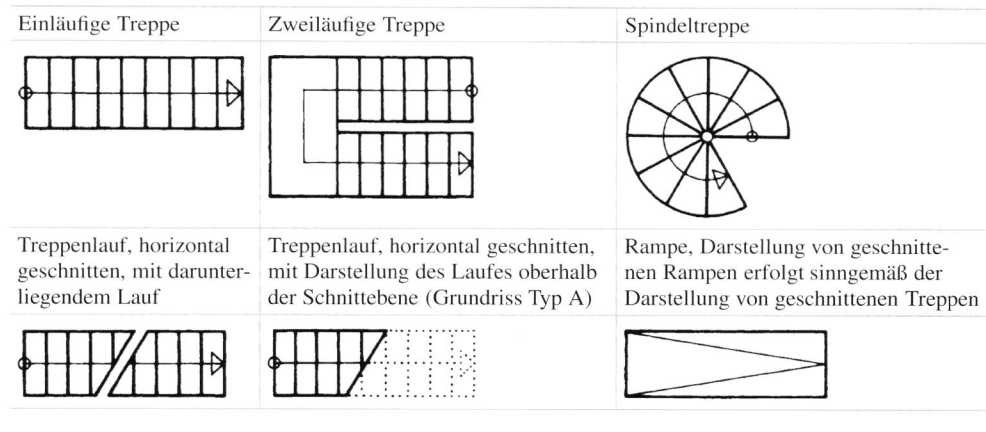

Einläufige Treppe	Zweiläufige Treppe	Spindeltreppe
Treppenlauf, horizontal geschnitten, mit darunterliegendem Lauf	Treppenlauf, horizontal geschnitten, mit Darstellung des Laufes oberhalb der Schnittebene (Grundriss Typ A)	Rampe, Darstellung von geschnittenen Rampen erfolgt sinngemäß der Darstellung von geschnittenen Treppen

Tafel 25.15 Darstellung von Aussparungen nach DIN 1356-1

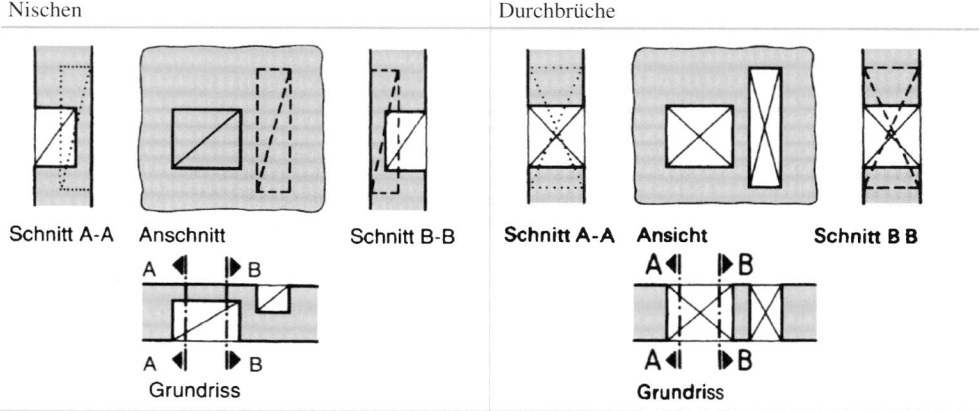

Nischen	Durchbrüche

25.1.8 Darstellung von Türen und Fenstern

Tafel 25.16 Darstellung von Türen und Fenstern nach DIN 1356-1

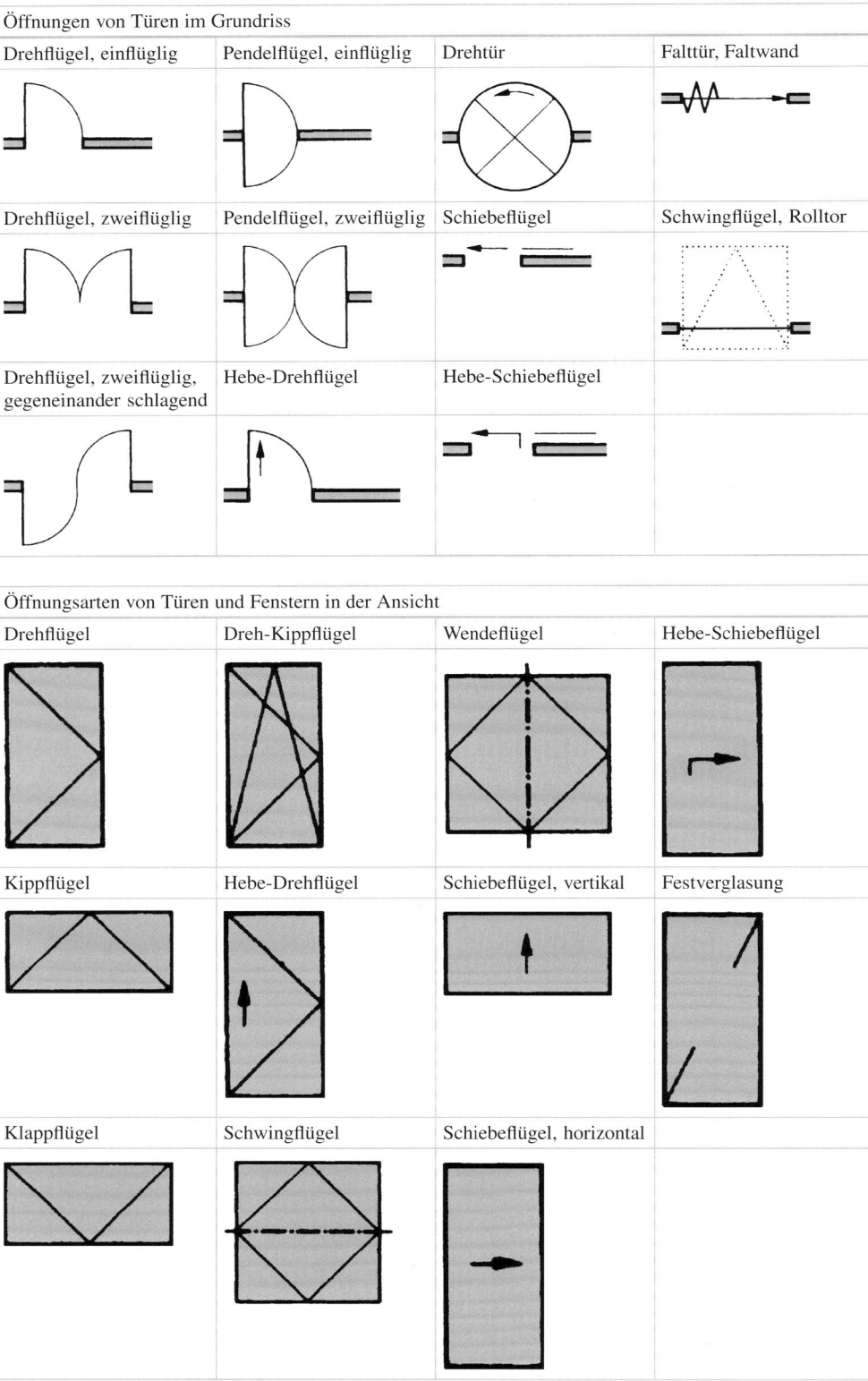

25.2 Darstellung von Bauobjekten

Bauobjekte werden als Parallelschaubild und/oder in Draufsicht, Ansichten, Grundrissen und Schnitten dargestellt.

25.2.1 Parallelschaubild

Siehe Tafel 25.17.

Tafel 25.17 Konstruktion von Parallelschaubildern nach DIN ISO 5456-3

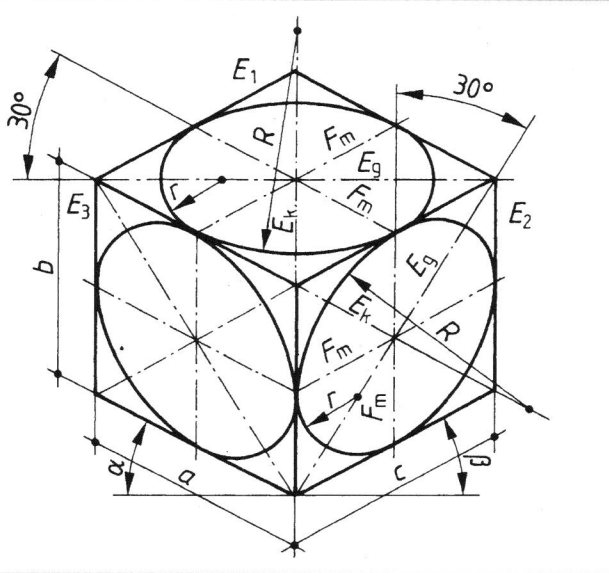

Isometrische Projektion

Seitenverhältnis $a : b : c = 1 : 1 : 1$
Winkel $\alpha = 30°$, $\beta = 30°$
Flächenmittellinie F_m = Kantenlänge a
Verhältnis der Ellipsenachsen $\approx 1 : 1,7$
Ellipse E_1 ... große Achse waagerecht
Ellipse E_2 und E_3 ... große Achse rechtwinklig zu 30°
Große Ellipsenachse $E_g \approx 1,2 \cdot a$
Kleine Ellipsenachse $E_k \approx E_g : 1,7$
Ellipsenradien ... $R \approx 1,04 \cdot a$, $r \approx R : 3,8$

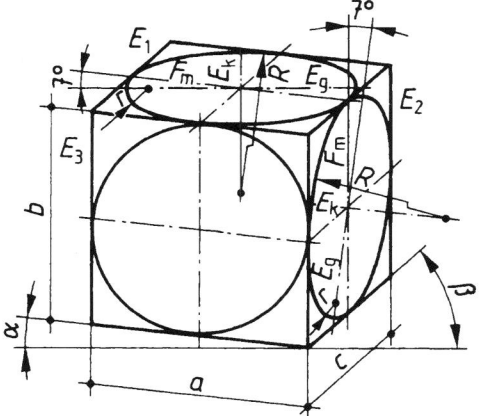

Dimetrische Projektion

Seitenverhältnis $a : b : c = 1 : 1 : 1/2$
Winkel $\alpha = 7°$, $\beta = 42°$
Flächenmittellinie F_m = Kantenlänge a
Achsenverhältnis bei E_1 und $E_2 \approx 1 : 3$
Achsenverhältnis bei $E_3 \approx 1 : 1$
Ellipse E_1 ... große Achse waagerecht
Ellipse E_2 ... große Achse rechtwinklig zu 7°
Große Ellipsenachse $E_g \approx 1,06 \cdot a$
Kleine Ellipsenachse $E_k \approx E_g : 3$
Ellipsenradien ... $R \approx 1,5 \cdot a$, $r \approx R : 20$

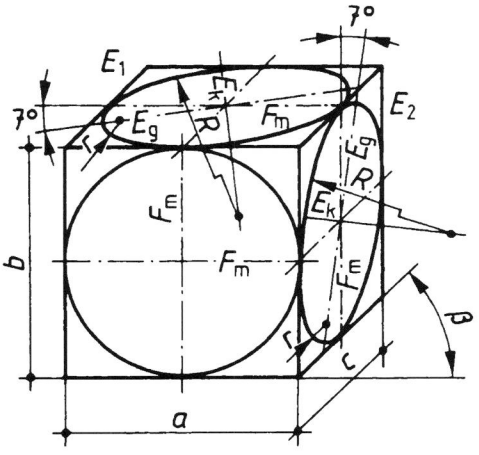

Kabinettprojektion

Seitenverhältnis $a : b : c = 1 : 1 : 1/2$
Winkel $\beta = 45°$
Flächenmittellinie F_m = Kantenlänge a
Achsenverhältnis bei E_1 und $E_2 \approx 1 : 3,2$
Ellipse E_1 ... große Achse um $\approx 7°$ geneigt
Ellipse E_2 ... große Achse rechtwinklig zu 7°
Große Ellipsenachse $E_g \approx 1,07 \cdot a$
Kleine Ellipsenachse $E_k \approx E_g : 3,2$
Ellipsenradien ... $R \approx 1,5 \cdot a$, $r \approx R : 20$

25.2.2 Draufsicht, Ansicht, Schnitt und Grundrisse

Siehe Tafel 25.18.

Tafel 25.18 Draufsicht, Ansicht und Schnitt nach DIN 1356-1

Draufsicht, Ansicht eines Bauobjektes	Ansicht
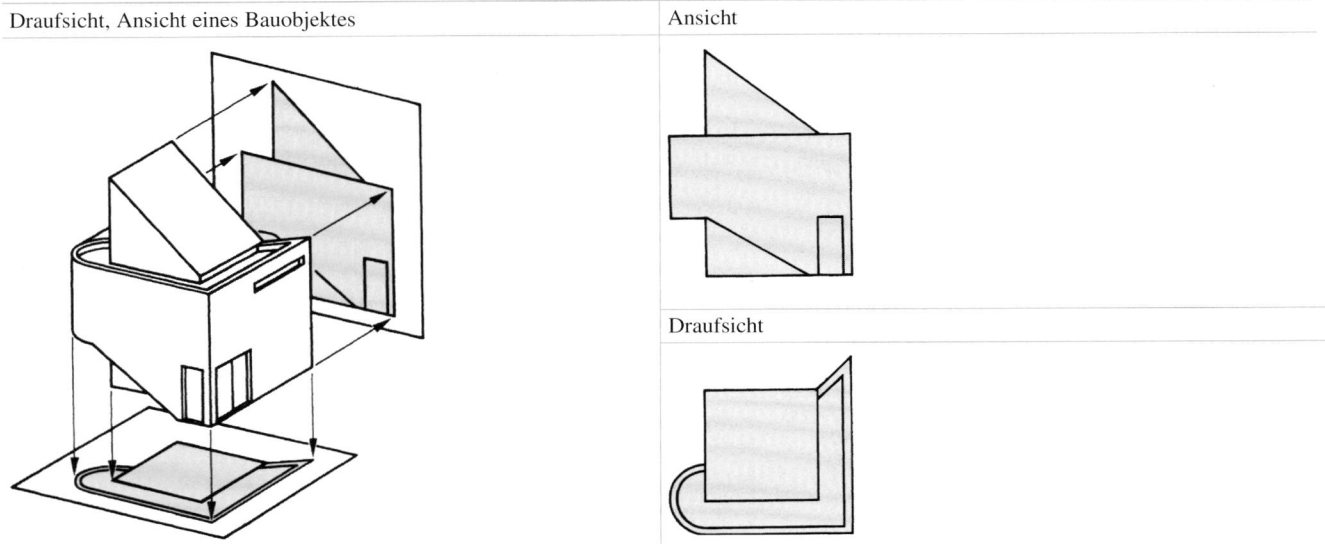	Ansicht / Draufsicht

Draufsicht des Bauobjektes
– Maßstäbliche Abbildung auf einer horizontalen Bildtafel in orthogonaler Parallelprojektion.
– Bildtafel liegt unter dem darzustellenden Objekt. Projektionsrichtung ist von oben nach unten.
– Von oben sichtbare Begrenzungen und Knickkanten werden durch Volllinien dargestellt.

Ansicht des Bauobjektes
– Maßstäbliche Abbildung auf einer vertikalen Bildtafel in orthogonaler Parallelprojektion.
– Bildtafel wird hinter dem darzustellenden Objekt gewählt. Projektionsrichtung geht von vorn – d. h. von der darzustellenden Seite des Objektes – nach hinten.
– Von vorn sichtbare Begrenzungen und Knickkanten werden durch Volllinien dargestellt.

Schnitt des Bauobjektes
– Ansicht des hinteren Teils eines senkrecht geschnittenen Bauobjektes.
– Von vorn sichtbare Begrenzungen und Knickkanten des hinteren Teilbaukörpers werden durch Volllinien dargestellt. Schnittflächen werden besonders hervorgehoben. Hinter der Schnittebene liegende verdeckte Begrenzungen und Knickkanten werden durch Strichlinien dargestellt. Begrenzungen und Knickkanten des Teilbaukörpers, der vor der Schnittebene liegt, werden ggf. als Punktlinien dargestellt.
– Die Schnittebene soll so gewählt werden, dass komplizierte Teile und Bereiche des Bauobjektes (Treppen u. a.) sichtbar werden.

Schnitt eines Bauobjektes	Schnitt
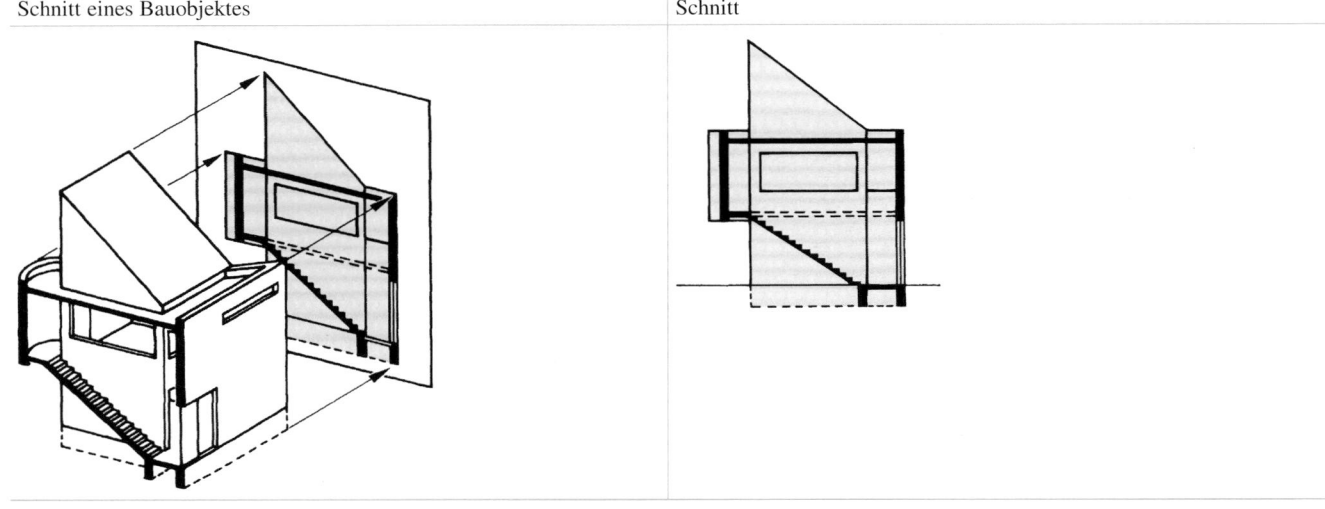	

Tafel 25.19   Grundrissdarstellungen nach DIN 1356-1

Grundriss Typ A: Draufsicht auf den unteren Teil eines waagerecht geschnittenen Bauobjektes

Von oben sichtbare Begrenzungen u. Knickkanten werden durch Volllinien dargestellt. Schnittflächen beim Verlauf der Schnittebene durch Bauteile (Wände, Treppenläufe u. Ä.) werden in der Zeichnung besonders hervorgehoben. Unterhalb der Schnittebene liegende verdeckte Begrenzungen und Knickkanten werden durch Strichlinien dargestellt. Begrenzungen und Knickkanten von Bauteilen, die oberhalb der Schnittebene liegen (Deckenöffnungen, Wände, Wandvorsprünge usw.) werden ggf. durch Punktlinien dargestellt.
Die horizontale Schnittebene ist so zu wählen, dass wesentliche Einzelteile des Bauwerks – Wände, Wandöffnungen, Treppen usw. – geschnitten werden. Gegebenenfalls muss die Schnittebene dazu verspringen.

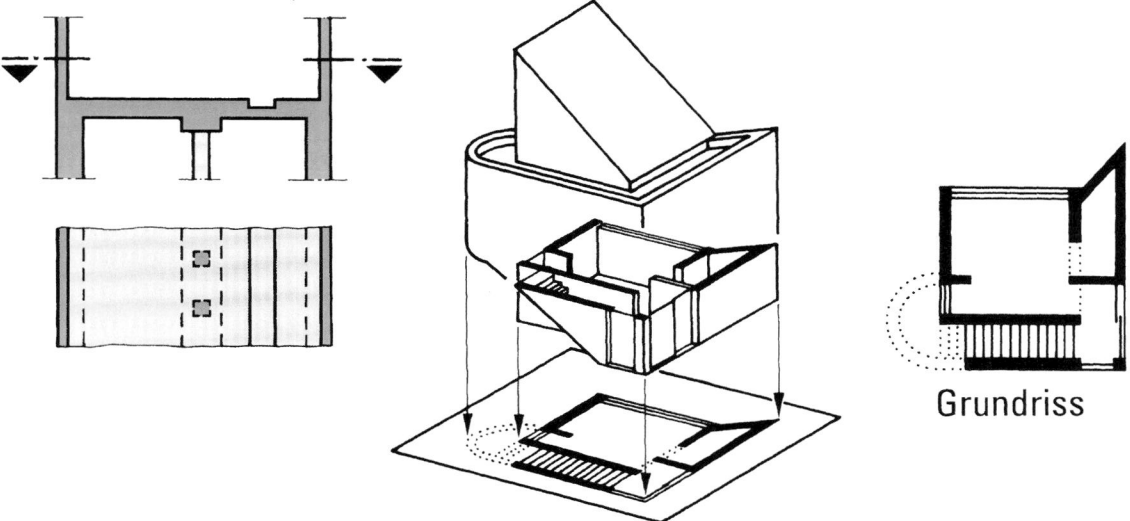

Grundriss Typ B: Gespiegelte Untersicht unter den oberen Teil eines waagerecht geschnittenen Bauobjektes (Blick in die leere Schalung)

Alle tragenden Bauteile im jeweiligen Geschoss (Stützen, Wände, Unterzüge usw.) werden zusammen mit der Decke über diesem Geschoss dargestellt. Von unten sichtbare Begrenzungen und Knickkanten des oberen Teilbaukörpers werden durch Volllinien dargestellt. Schnittflächen werden besonders hervorgehoben. Oberhalb der Schnittebene liegende verdeckte Begrenzungen und Knickkanten (Überzüge, Wände, Wandvorsprünge usw.) werden durch Strichlinien dargestellt. Begrenzungen und Knickkanten von Bauteilen, die unterhalb der Schnittebene liegen, werden ggf. durch Punktlinien dargestellt.
Die horizontale Schnittebene ist so zu wählen, dass Gliederung und konstruktiver Aufbau des Tragwerkes deutlich werden.

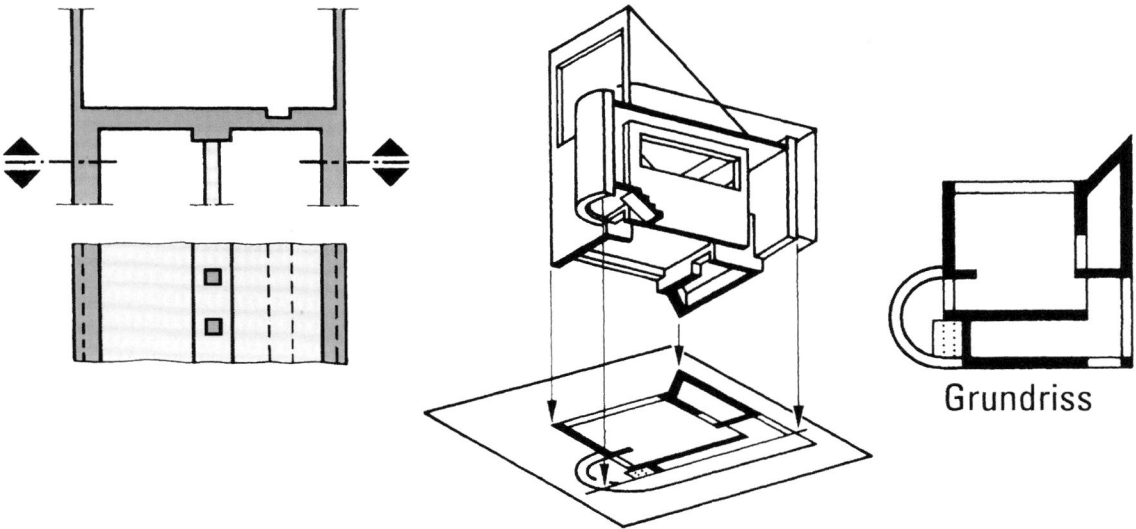

25.2.3 Anordnung und Zuordnung der Projektionen

Werden die verschiedenen Ansichten eines Bauobjektes gemeinsam auf einem Blatt dargestellt, so sind sie nach Abb. 25.2 a und b anzuordnen (DIN ISO 128-30).

Sollen bei der Darstellung von Innenräumen alle waagerecht eingesehenen Ansichten in unmittelbarem Zusammenhang mit der Draufsicht gebracht werden, so sind diese Ansichten in die Draufsichtebene einzuklappen. Die verschiedenen Ansichten werden dann kranzartig um den Grundriss angeordnet, Abb. 25.3a.

Müssen die Ansichten in ihrer Höhenentwicklung miteinander zu vergleichen sein, so sind sie als Abwicklung nebeneinander zu reihen, Abb. 25.3b.

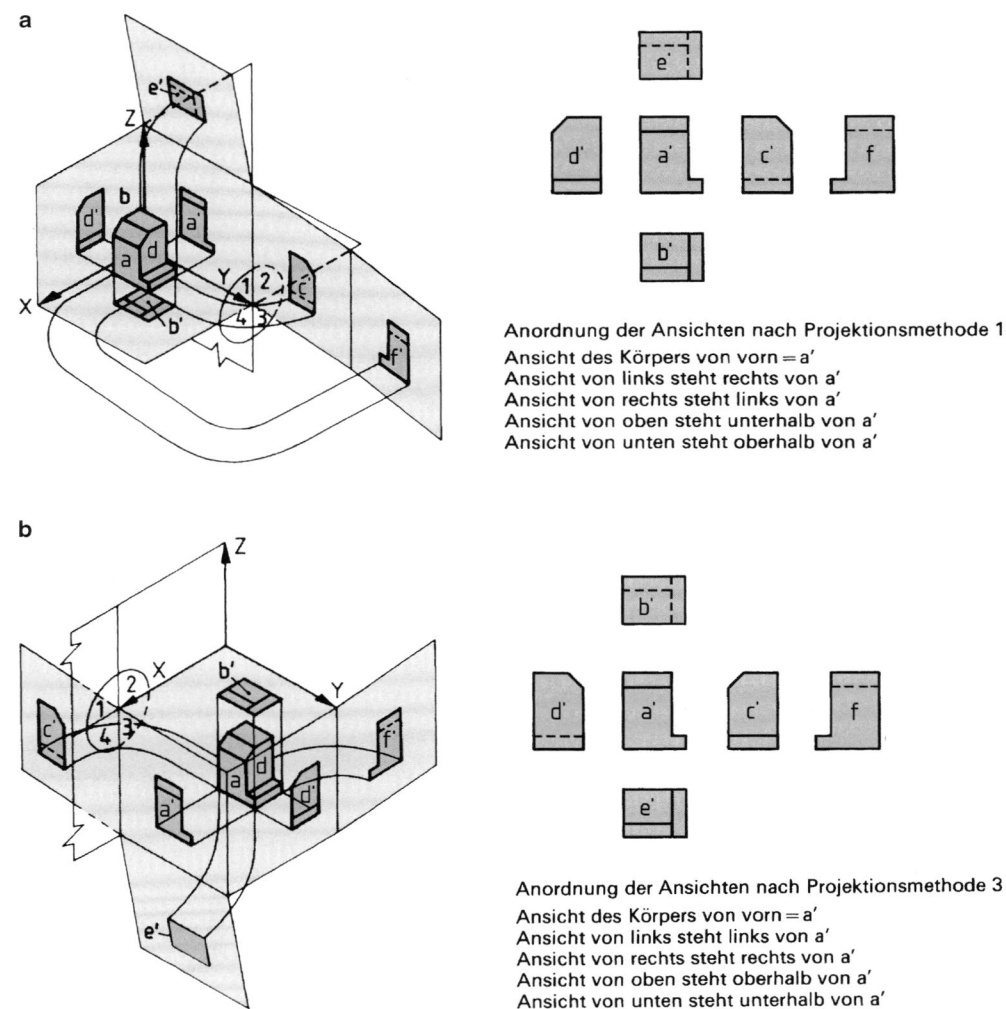

Anordnung der Ansichten nach Projektionsmethode 1
Ansicht des Körpers von vorn = a'
Ansicht von links steht rechts von a'
Ansicht von rechts steht links von a'
Ansicht von oben steht unterhalb von a'
Ansicht von unten steht oberhalb von a'

Anordnung der Ansichten nach Projektionsmethode 3
Ansicht des Körpers von vorn = a'
Ansicht von links steht links von a'
Ansicht von rechts steht rechts von a'
Ansicht von oben steht oberhalb von a'
Ansicht von unten steht unterhalb von a'

Abb. 25.2 a Räumliche Darstellung der Projektionsmethode 1, **b** Räumliche Darstellung der Projektionsmethode 3

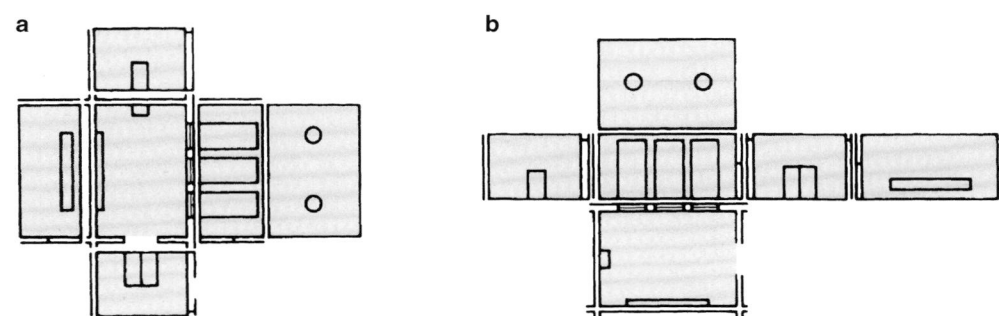

Abb. 25.3 Darstellung von Innenräumen. **a** Gruppierung um Boden, **b** Gruppierung um Wand

25.3 Thematische Klassifikation

Die Gesamtheit der Zeichnungen des Bauwesens lässt sich nach DIN 1356-1 in die Zeichnungsarten entsprechend Abb. 25.4 gliedern.

Abb. 25.4 Zeichnungen des Bauwesens

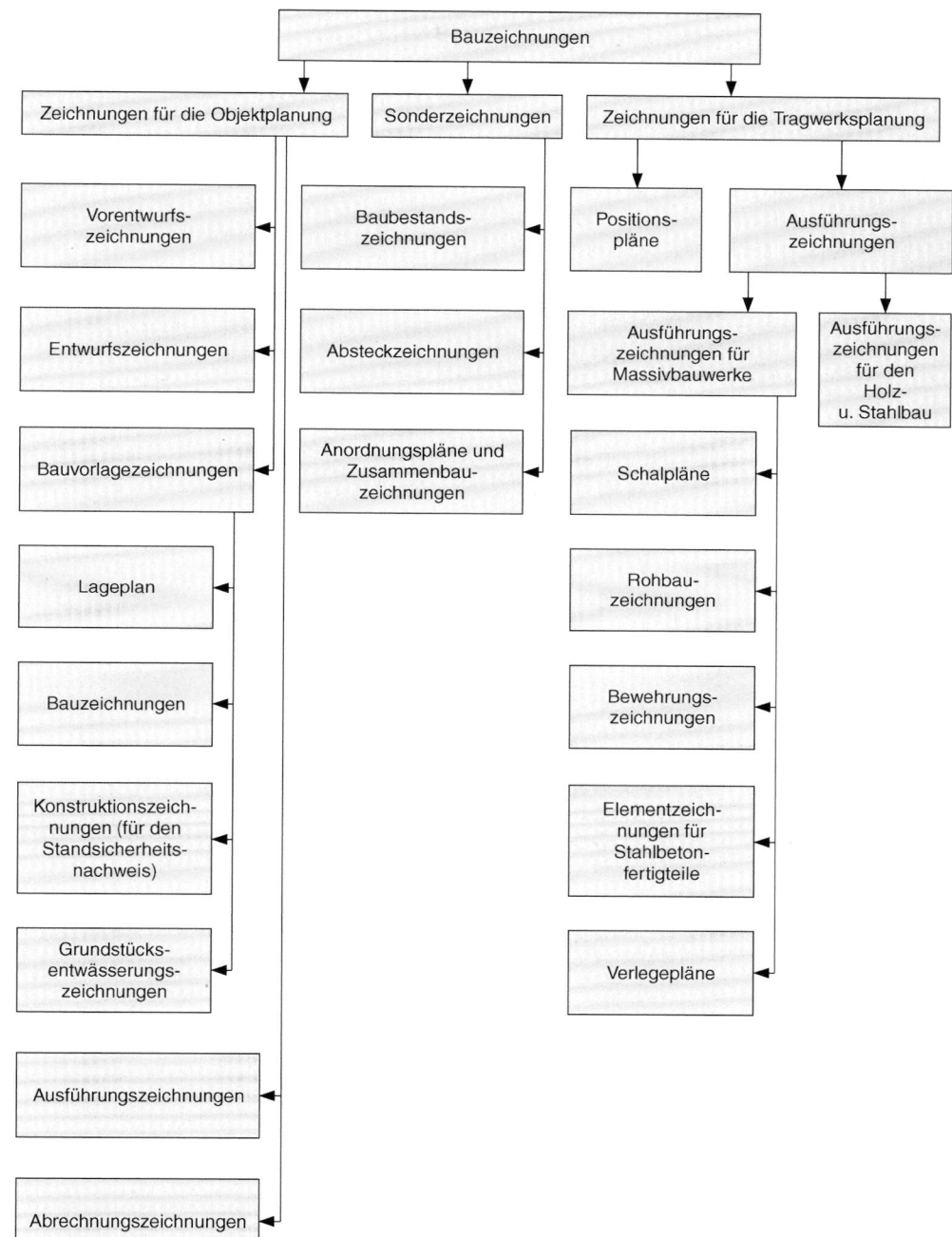

25.4   Zeichnungen für die Objektplanung

In der Honorarordnung für Architekten und Ingenieure (HOAI) sind die Leistungsbilder der Objektplanung beschrieben. Nachfolgend sind die Regeln und Mindestanforderungen für Zeichnungen in den Entwurfs- und Ausführungsphasen in Anlehnung an DIN 1356-1 und die HOAI tabellarisch wiedergegeben (siehe Tafeln 25.20–25.23).

25.4.1   Vorentwurfszeichnungen

Siehe Tafel 25.20.

Tafel 25.20   Vorentwurfszeichnungen: Gegenstand, Maßstäbe und Inhalte

Gegenstand	Bauzeichnungen mit zeichnerischer Darstellung eines Entwurfskonzeptes für eine geplante bauliche Anlage.
Maßstäbe	Im Regelfall 1 : 500 bzw. 1 : 200

Mindestinhalte
– die Einbindung der baulichen Anlage in ihre Umgebung, z. B. als Darstellung des Bauwerks auf dem Baugrundstück mit Angabe der Haupterschließung und der Nordrichtung;
– die Zuordnung der im Raumprogramm genannten Räume zueinander;
– die angenäherten Maße der Baukörper und Räume, auch als Grundlage für die Berechnungen nach DIN 276 und DIN 277;
– konstruktive Angaben, soweit notwendig;
– Darstellung der Baumassen, Gebäudeformen und Bauteile in Grundrissen, Schnitten und wesentlichen Ansichten mit Verdeutlichung der räumlichen Wirkung, soweit notwendig.

25.4.2   Entwurfszeichnungen

Siehe Tafel 25.21.

Tafel 25.21   Entwurfszeichnungen: Gegenstand, Maßstäbe und Inhalte

Gegenstand	Bauzeichnungen mit zeichnerischer Darstellung des durchgearbeiteten Entwurfskonzeptes der geplanten baulichen Anlage.
Maßstäbe	Im Regelfall 1 : 100, gegebenenfalls 1 : 200

A. Mindestinhalte in den Grundrissen
– Die Bemaßung der Lage des Bauwerks im Baugrundstück; Hinweise auf die Erschließung; Angabe der Nordrichtung;
– die Bemaßung der Baukörper und Bauteile;
– die lichten Raummaße des Rohbaus und die Höhenlage des Bauwerks über NN;
– die Raumflächen in m²;
– Angaben über die Bauart und die wesentlichen Baustoffe;
– Bauwerksfugen;

Tafel 25.21   (Fortsetzung)

– Türöffnungen mit Bewegungsrichtung der Türen, Fensteröffnungen und besondere Kennzeichnung der Gebäudezugänge und ggf. Wohnungszugänge o. Ä.;
– Treppen und Rampen mit Angabe der Steigungsrichtung (Lauflinie), Anzahl der Steigungen (nur bei Treppen) und Steigungsverhältnisse;
– Schornsteine, Kanäle und Schächte;
– Einrichtungen des technischen Ausbaus;
– betriebliche Einbauten und Möblierungen;
– Bezeichnung der Raumnutzung und ggf. die Raumnummern;
– bei Änderung baulicher Anlagen: die zu erhaltenden, zu beseitigenden und die neuen Bauteile;
– den zu erhaltenden Baumbestand und die geplante Gestaltung der Freiflächen;
– auf dem Grundstück (Verkehrsflächen, Grünflächen);
– die bestehenden und zu berücksichtigenden baulichen Anlagen, wenn notwendig;
– die Lage der vertikalen Schnittebenen.

B. Mindestinhalte in den Schnitten
– die Geschosshöhen, ggf. auch lichte Raumhöhen;
– die Höhenlage der baulichen Anlage über NN;
– konstruktive Angaben zur Gründung und zum Dachaufbau;
– Treppen mit Angabe der Anzahl der Steigungen und Steigungsverhältnissen, bei Rampen Steigungsverhältnis;
– den vorhandenen und geplanten Geländeverlauf (Geländeanschnitt);
– ggf. weitere Angaben nach Art des Grundrisses.

C. Mindestinhalte in den Ansichten
– die Gliederung der Fassade;
– die Fenster- und Türteilungen;
– die Dachrinnen und Regenfallleitungen;
– die Schornsteine und sonstigen technischen Aufbauten;
– die Dachüberstände;
– den vorhandenen und den geplanten Geländeverlauf;
– ggf. die zu berücksichtigende anschließende Bebauung;
– ggf. weitere Angaben nach Art des Grundrisses.

25.4.3   Bauvorlagezeichnungen

Siehe Tafel 25.22.

Tafel 25.22   Bauvorlagezeichnungen: Gegenstand, Maßstäbe und Inhalte

Gegenstand	Entwurfszeichnungen mit ergänzenden Angaben, die nach den jeweiligen Bauvorlageverordnungen der Länder oder nach den Vorschriften für andere öffentlich-rechtliche Verfahren gefordert werden.
Maßstäbe	Im Regelfall 1 : 100, gegebenenfalls 1 : 200

Mindestinhalte
– Inhalte der Entwurfszeichnungen (siehe Tafel 25.21);
– alle ergänzenden Angaben, die nach den jeweiligen Bauvorlageverordnungen der Länder oder nach den Vorschriften für andere öffentlich-rechtliche Verfahren gefordert werden.

25.4.4 Ausführungszeichnungen

Siehe Tafel 25.23.

Tafel 25.23 Ausführungszeichnungen: Gegenstand, Maßstäbe und Inhalte

Gegenstand	Bauzeichnungen mit zeichnerischer Darstellung des geplanten Objektes mit allen für die Ausführung notwendigen Einzelangaben. Sie dienen auch als Grundlage der Leistungsbeschreibung. Sie haben die Form von Werkzeichnungen, Teilzeichnungen und Sonderzeichnungen.
Maßstäbe	Bei *Werkzeichnungen* vorzugsweise 1 : 50, gegebenenfalls 1 : 20 Bei *Detailzeichnungen* 1 : 20, 1 : 10, 1 : 5 und 1 : 1 Bei *Sonderzeichnungen* nach Tafel 25.5

Werkzeichnungen müssen in jeweils einer Zeichnung oder aufeinander abgestimmten u. sich schrittweise ergänzenden Zeichnungen (Baufortschritt) die nachfolgenden Inhalte enthalten.
Detailzeichnungen ergänzen die Werkzeichnungen in bestimmten Ausschnitten im jeweils notwendigen Umfang durch zusätzliche Angaben.
Sonderzeichnungen enthalten zusätzliche Angaben über die Ausführung bestimmter Gewerke.

A. Werkzeichnungen – Mindestinhalte in den Grundrissen:
– alle Maße zum Nachweis der Raumflächen und des Rauminhaltes (lichte Raummaße des Rohbaus);
– vollständige Höhenangaben, Lage des Bauwerks über NN;
– Maße aller Bauteile;
– Türöffnungen mit Bewegungsrichtung der Türen, Fensteröffnungen;
– Treppen und Rampen mit Angabe der Steigungsrichtung (Lauflinie), Anzahl der Steigungen und Steigungsverhältnis, bei Rampen nur Steigungsverhältnis;
– Angabe der Bauart und der Baustoffe, soweit diese nicht den Tragwerksausführungszeichnungen zu entnehmen sind;
– Lage und Verlauf der Abdichtungen und Fugen;
– die Anordnung der betriebstechnischen Anlagen mit Querschnitt der Kanäle, Schächte und Schornsteine;
– alle Angaben über Aussparungen, Schlitze und Einbauteile;
– Geländeanschnitte, welche vorhandene und künftige Höhen erkennen lassen;
– bei Änderung baulicher Anlagen: alle Angaben über zu erhaltende, zu beseitigende und neu zu errichtende Bauteile;
– Hinweise auf weitere Zeichnungen;
– die Raumnummern und die Bezeichnung der Raumnutzung;
– Angaben über die Oberflächenbeschaffenheit verwendeter Baustoffe bei besonderen Anforderungen an die Oberfläche;
– die Anordnung der Einrichtung des technischen Ausbaus;
– die Anordnung der betrieblichen Einbauten, ggf. in schematischer Darstellung;
– Einbauschränke und Kücheneinrichtungen;
– Verlauf der Grundleitungen;
– Angaben über die Dränung.

B. Werkzeichnungen – Mindestinhalte in den Schnitten:
– Geschosshöhen, ggf. auch lichte Raumhöhen;
– Höhenangaben für Decken und Fußböden (Rohbau- und Fertigmaß), Podeste, Brüstungen, Unterzüge;
– Maße aller Bauteile;

Tafel 25.23 (Fortsetzung)

– Angaben über die Bauart und über die Baustoffe, soweit diese nicht den Tragwerksausführungszeichnungen zu entnehmen sind;
– Angaben über die Oberflächenbeschaffenheit der Bauteile, bei besonderen Anforderungen an diese Oberfläche;
– Treppen mit Angabe der Anzahl der Steigungen und des Steigungsverhältnisses, bei Rampen nur Steigungsverhältnis;
– Lage und Verlauf der Abdichtungen;
– Angaben über Aussparungen, Schlitze und Einbauteile;
– die Geländeanschnitte, welche die vorhandenen und die künftigen Höhen erkennen lassen;
– Angaben über die Dränung;
– bei Änderung bestehender Anlagen: Angaben über zu beseitigende und neu zu errichtende Bauteile;
– Einbauschränke und Kücheneinrichtung;
– Hinweis auf weitere Zeichnungen.

C. Werkzeichnungen – Mindestinhalte in den Ansichten:
– die Gliederung der Fassade;
– Bemaßung und Höhenangaben, soweit nicht aus Grundriss und Schnitt ersichtlich;
– hinter der Fassade liegende, verdeckte Geschossdecken und verdeckte Fundamente;
– die Geländeschnitte, welche die vorhandenen und die künftigen Höhen erkennen lassen;
– Fenster und Türen mit Angabe der Teilung und Öffnungsart;
– Dachrinnen und Regenfallleitungen;
– alle Schornsteine und sonstige technische Aufbauten;
– ggf. die zu berücksichtigende anschließende Bebauung;
– weitere Angaben, soweit Grundriss und Schnitte dies erfordern.

25.4.5 Abrechnungszeichnungen

Abrechnungszeichnungen dienen als Grundlage für die Abrechnung und Rechnungsprüfung. Es sind in der Regel die während der Bauausführung fortgeschriebenen Ausführungszeichnungen; ggf. skizzenhaft ergänzt.

25.4.6 Baubestandszeichnungen, Bauaufnahmen, Benutzungspläne

Baubestandszeichnungen enthalten als fortgeschriebene Entwurfs- und Ausführungszeichnungen alle für den jeweiligen Zweck notwendigen Angaben über die fertiggestellte bauliche Anlage.

Bauaufnahmen sind nachträgliche Maßaufnahmen bestehender Objekte im erforderlichen Umfang und Maßstab (siehe auch Abschn. 25.4.7).

Benutzungspläne sind Baubestandszeichnungen oder Bauaufnahmen, die durch zusätzliche Angaben über bestimmte baurechtlich, konstruktiv oder funktionell zulässige Nutzungen ergänzt sind (z. B. zulässige Verkehrslasten und Rettungswege).

Tafel 25.24 Zeichnungsarten in der Bauaufnahme nach DIN 1356-6

Baubestandsplan, Bestandsumbauzeichnung	Darstellung des Ist-Zustands und der Veränderungen des Bauwerks in seiner Geschichte
Aufmaßskizze	Skizze ohne Maßstab der vor Ort aufgenommenen Bauteile und Maße
Baualterplan	Benennung der zeitlichen Baualtersstufen/-abschnitte und der Veränderungen des Bauwerks
Sanierungszeichnung	Darstellung zur Wiederherstellung des Bauwerks in einen zeitgemäßen, dem Original angepassten Zustand
Abrisszeichnung	Festlegung des Umfangs und der Ausführung des Abrisses
Rekonstruktionszeichnung	Darstellung des vermuteten, nicht mehr existenten Zustands von Bauwerken und Bauwerksteilen
Demontage-Wiederherstellungszeichnung	Darstellung, wie ein Bauwerk für die Wiederverwendung demontiert und später montiert werden muss
Bauschadenzeichnung	Darstellung zu Verformungen, Rissen, Zerstörungen, Schädlingsbefall und weiteren Schäden, wie z. B. Umweltschäden

Tafel 25.25 Maßstäbe für Bauaufnahmezeichnungen

Art der Zeichnung	Informationsdichte I	Informationsdichte II
Lagepläne	1 : 500	Mind. 1 : 500
Stockwerksgrundrisse mit Angabe der Nordrichtung	1 : 100	Mind. 1 : 50
Zum Verständnis der Bauaufnahme notwendige Schnitte	1 : 100	1 : 50
Ansichtsdarstellungen in orthogonaler Strichzeichnung und Bauwerksansichten mit Darstellung des Geländeverlaufs	1 : 100	1 : 50

25.4.7 Bauaufnahmezeichnungen nach DIN 1356-6

Allgemeines Der Anteil der Bauaufgaben im Bestand nimmt gegenüber dem Neubau im Bezug auf das Bauvolumen, die Vielfalt und die Komplexität der Aufgabenstellungen stetig an Bedeutung zu. Für Bauaufgaben im Bestand werden als Grundlage Bauaufnahmezeichnungen benötigt. Die zugehörigen Zeichnungsarten in der Bauaufnahme gibt Tafel 25.24 an.

Zu den Bauaufgaben im Bestand zählen u. a. die Baubestandsbewertung, die Dokumentation von Kulturdenkmälern und die Flächendokumentation, Orts- und Stadtbildanalysen, Renovierungen, Sanierungsmaßnahmen, Umbaumaßnahmen, Umnutzungen usw.

Für die Definition einheitlicher Anforderungen an Bauaufnahmezeichnungen wurde DIN 1356-6 ausgearbeitet. In der Norm werden erforderliche Genauigkeiten und Inhalte in Abhängigkeit des Verwendungszweckes festgelegt. Für die verwendeten Zeichnungen und Pläne sind die Vorzugsmaßstäbe nach DIN 1356-1 anzuwenden. Die weiteren Vorgaben in DIN 1356-6 bezüglich der Maßstäbe in Abhängigkeit der Informationsdichten sind in Tafel 25.25 enthalten.

Die erforderliche Informationsdichte einer Bauaufnahmezeichnung wird in Abhängigkeit ihres Verwendungszweckes festgelegt. Je größer die Informationsdichte, umso höher sind die Anforderungen an Quantität und Qualität der Messpunkte und Merkmale und umso größer sind auch die Exaktheit und Aussagekraft der Bauaufnahmezeichnung. Die Art und Weise der Aufmaßmethode ist zu dokumentieren.

Informationsdichte I Bauaufnahmezeichnungen nach Informationsdichte I werden aufgrund eines zerstörungsfreien Aufmaßes erstellt. In ihnen werden nicht alle Maße dokumentiert, die zur genauen grafischen Darstellung erfasst werden müssen. Es sind jedoch mindestens die Außenabmessungen und lichten Raummaße anzugeben. In Abhängigkeit von der Aufgabenstellung können weitere Angaben als Zusatzleistung vereinbart werden, z. B.: Wand- und Deckendicken, lichte Wand- und Deckenöffnungen, Stockwerkshöhen, lichte Raumhöhen, Dachstuhlhöhe, Fußbodenhöhe, Traufhöhe, Firsthöhe, Kaminhöhe, Geländehöhen an den Bauwerksbegrenzungen. Bauaufnahmezeichnungen nach Informationsdichte I dienen u. a. als Grundlage für die Darstellung des Bestandes für folgende Zwecke:

- Erstellung von Grundrissen, Ansichten und Schnittdarstellungen;
- Erstellung einer Objektübersicht/Gesamtübersicht; Grundrissgliederung;
- Höhenentwicklung und Ansichtendarstellung; weitere Informationen, wie z. B. überschlägige Flächenberechnung;
- Angaben von Höhen;
- Volumenangaben:
- generelle Aufnahme der Oberflächen ohne Details;
- Nutzungsanalyse; weitere Bearbeitung usw.

Informationsdichte II Bauaufnahmezeichnungen nach Informationsdichte II dienen als Grundlage bei Genehmigungsplanungen und Sanierungsmaßnahmen. Dies gilt auch, wenn die Bausubstanz in geringem Maße verändert wird. Weiterhin bilden sie die Grundlage für Orts- und Stadtbild-

Tafel 25.26 Abkürzungen in Bauaufnahmezeichnungen nach DIN 1356-6

Kategorie	Benennung	Abkürzung
Bauteile	Rekonstruiertes Bauteil	RB
	Bauteil mit Markierung	BM
Sonstiges (siehe auch DIN 18702: 1976-03; Abschn. 2 u. 9)	Abriss	ABR
	Altlasten	AL
	Bauschäden	BS
	Rekonstruiertes Maß	RM
	Ermitteltes Maß	EM
	Unsicheres Maß	UM
	Orientierungsmaß	OM
	Temporäres Maß	TM
	Historisches Maß	HM
	Sicherungsmaßnahme	SM
	Zur Wiederverwendung	WV
	Zerstörte Bauteile	ZERST
Weitere Daten vorhanden	–	DOKU

Tafel 25.27 Schadensschlüssel für Bauaufnahmezeichnungen nach DIN 1356-6

01	Löcher	19	Versottung
02	Druckstellen	20	Frost
03	Leckage	21	Wasser/Feuchtigkeit
04	Kratzspuren	22	Brand/Hitze
05	Risse/Spalten	23	Sturm
06	Brüche	24	Schimmel/Pilze
07	Hohlräume/Blasen	25	Fäulnis
08	Abplatzungen	26	Insektenbefall
09	Ablösungen	27	Blitz/elektr. Spannung
10	Verformung/Durchbiegung	28	Funktion
11	Erosion	29	Technischer Ausbau
12	Versandung	30	Reparatur
13	Auswaschung	31	Lärm/Geruch
14	Abnutzung	32	Altlasten/Kontaminierung[a]
15	Salz Ausblühung	33	Besondere Schäden[b]
16	Oxidation/Lochfraß	34	Umweltschäden[a]
17	Chemische Schäden	35	…
18	Farbveränderung	36	…

[a] Angabe in Verbindung mit anderen Schadensschlüsseln.
[b] Zum Beispiel bewusst herbeigeführte Schäden, wie Erkundungsschacht/-bohrung, Bergsenkung, Kriegsschäden, Grabräuberei usw.; Brandfolgeschäden z. B. Beaufschlagung durch Ruße und Rauchkondensate.

analysen und die daraus abgeleiteten Gestaltungssatzungen. Sie dienen zum Beispiel folgenden Zwecken:
- Aufstellen eines Baualterplans;
- Darstellung von Bauschäden;
- Rauminhalte nach DIN 277-1;

- weitere Bearbeitung als Entwurfszeichnung oder Bauvorlagezeichnung;
- genauere Aufnahme der Oberflächen mit Details.

Informationsdichte II unterscheidet sich von Informationsdichte I durch eine vermehrte Messpunktdichte und durch die Anzahl der textlichen und grafischen Informationen. In Abhängigkeit von der Aufgabenstellung ist ein Aufbau auf ein verformungsgetreues Aufmaß der Informationsdichte I anzustreben.

Besonderheiten der Darstellung Die Abkürzungen in Tafel 25.26 sind eine Erweiterung der Abkürzungen nach DIN 1356-1. Bei der Bauschadenserfassung sind die Schäden in Zeichnungen mit fortlaufenden Positionsnummern und Schadensschlüsselnummern (siehe Tafel 25.27) zu versehen.

25.5 Zeichnungen für die Tragwerksplanung

Tafel 25.28 definiert die Begriffe Stockwerk, Ebene, Fußboden und gibt Positionsbezeichnungen für Wände, Stützen, Platten und Balken an.

25.5.1 Positionspläne

Positionspläne erläutern die statische Berechnung in Form von Bauzeichnungen des Tragwerks mit Angabe der Positionsnummern der einzelnen tragenden Bauteile, Tafel 25.29 und Abb. 25.5 Positionspläne werden aus den Entwurfszeichnungen des Objektplaners entwickelt, Positionsplan-Grundrisse als Grundrisse Typ B. Der Maßstab ist im Regelfall 1 : 100. Positionspläne sollten mindestens enthalten:
- die Hauptmaße des Bauwerks und der tragenden Bauteile,
- die Deckendicke und die Spannrichtung bei Fundament und Deckenplatten, wenn erforderlich unter Angabe der Bereichsgrenzen,
- die Querschnittsabmessungen bei Trägern, Balken, Stützen, sowie Streifen- und Einzelfundamenten,
- Angaben zu den verwendeten Baustoffen (Festigkeitsklasse usw.).

25.5.2 Schalpläne und Fundamentpläne

Schalpläne ergänzen die Ausführungszeichnungen des Objektplaners und sind die Grundlage für das Einschalen der Beton-, Stahlbeton- und Spannbetonteile. Sie werden aus den Schnitt- und Grundrisszeichnungen des Objektplaners entwickelt (siehe Tafel 25.30). Allgemeine Hinweise zu Schalplänen sowie Angaben zu den zu verwendenden Linienbreiten und Schriftgrößen in Anhängigkeit des Zeichnungsmaßstabs siehe u. a. [1].

Tafel 25.28 Stockwerke, Ebenen, Fußböden und Stützen, Platten, Wände und Balken

Stockwerke	Benummerung von Stockwerken
Ein Stockwerk bedeutet den Raum, der durch den Abstand zwischen zwei einander folgenden Niveau-Ebenen, begrenzt durch Wände, Decke und Fußböden, einschließlich deren Dicken, gebildet wird. Die Begriffe Stockwerk und Ebene gehören zusammen, dürfen jedoch nicht miteinander verwechselt werden. Die Stockwerke eines Gebäudes sollen mit einer Ziffernfolge bezeichnet werden. Die Benummerung von unten nach oben beginnt mit einer 1 an der untersten, beliebig nutzbaren Ebene.	
Ebenen	**(Fortsetzung)**
Um den Übergang von einer Stockwerkszahl zur nächsten auszudrücken, wird empfohlen, die Ebene an der Oberkante des tragenden Deckenelementes einzutragen. Wenn es unterschiedliche Ebenen innerhalb eines Gebäudes gibt, z. B. Halbgeschosse, Versatzhöhen, Treppenabsätze, Rampen usw., soll jede notwendige Angabe gemacht werden, um Irrtümer zu vermeiden. Diese Angaben sollen in Form von Ebenenangaben oder festgelegten Abkürzungen neben der Benummerung des betreffenden Stockwerkes eingetragen werden.	
Fußböden	**Fußbodenbenummerung**
Die Fußböden (Fußbodenaufbau) werden mit einer Ziffernfolge von unten nach oben in Übereinstimmung mit der Nummer des Stockwerkes, zu dem sie gehören, benummert.	
Stützen, Platten, Wände, Balken	**Beispiele für Positionsbezeichnungen**
Erhalten eine Hauptbezeichnung (Abkürzung) und eine Zusatzbezeichnung (Zahlen). Die erste Ziffer in der Zusatzbezeichnung gibt die Stockwerkzahl an und die zwei letzten sind laufende Nummern entsprechend dem folgenden Beispiel: Stützen (Columns) = C 201, C 202 Platten (Slabs) = S 201, S 202 Wände (Walls) = W201, W202 Balken (Beams) = B 201, B 202	

Tafel 25.29 Tragrichtung von Platten

Zweiseitig gelagert	Dreiseitig gelagert	Vierseitig gelagert	Auskragend

Abb. 25.5 Positionsplan

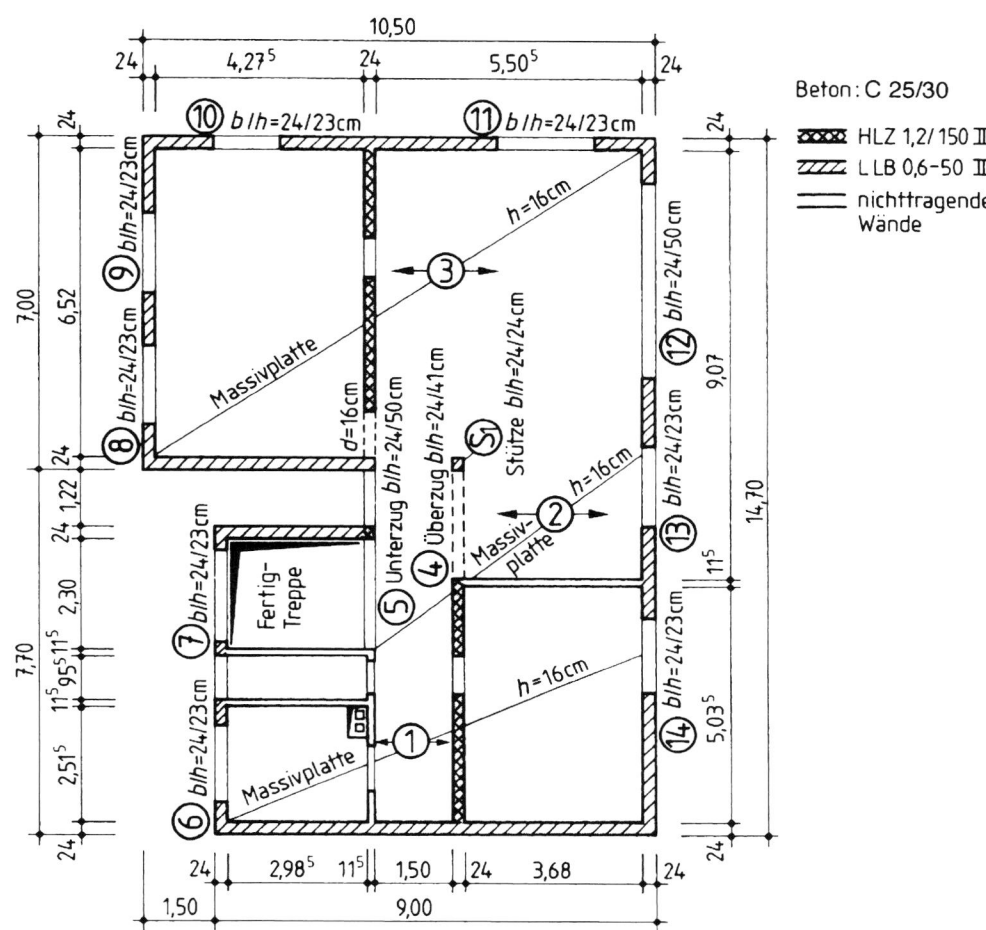

Tafel 25.30 Schal- und Fundamentpläne: Gegenstand, Maßstäbe und Inhalte

Gegenstand	Zeichnungen des Tragwerks mit vollständiger Bemaßung der tragenden Konstruktion im Endzustand inkl. Höhenkoten
Maßstäbe	Vorzugsmaßstab ist 1 : 50, Detailmaßstäbe nach Art und Größe der darzustellenden Einzelheiten
Grundrisstyp	Regelfall der Grundrissdarstellung als *Typ B*, Fundamentpläne als Grundrisszeichnungen *Typ A*

Mindestinhalte
– Arbeitsfugen und Fugenbänder,
– Sauberkeits-, Sperr-, Gleit- und Dämmschichten,
– Aussparungen (Schlitze und Durchbrüche),
– Auflager der einzuschalenden Bauteile (z. B. Kopfplatten von Stahlstützen und Umrisse tragender Mauerwerkswände),
– Bauteile, die in den Beton oder das Mauerwerk einbinden und tragende Einbauteile, die in der Schalung verlegt werden (z. B. Ankerschienen),
– Beschaffenheit der Oberflächen und Kanten von Bauteilen,
– Arten und Festigkeitsklassen der Baustoffe, ggf. besondere Zuschläge, Zusatzmittel und Zusatzstoffe.

25.5.3 Rohbauzeichnungen

Rohbauzeichnungen entstehen durch Weiterentwicklung der Schalpläne in der Weise, dass die dort für Massivbauteile gemachten Angaben hier für alle Teile der tragenden Konstruktion „des Tragwerks" gemacht werden (z. B. auch Mauerwerk).

Sie enthalten also alle für die Herstellung des Gesamttragwerks erforderlichen Angaben, sodass neben den Bewehrungszeichnungen keine weiteren Ausführungszeichnungen insbesondere der Objektplanung auf der Baustelle benötigt werden. Darstellungsart (Grundrisstyp) und Maßstab werden wie bei Schalplänen gewählt.

25.5.4 Bewehrungszeichnungen

Bewehrungszeichnungen sind Tragwerksausführungszeichnungen des Stahlbeton- und Spannbetonbaus mit allen erforderlichen Angaben zum Schneiden, Biegen und Einbau der Bewehrung. Sie werden nach DIN EN ISO 3766 angefertigt.

Zu den Regelmaßstäben, Mindestinhalten und zur Darstellung der Bewehrung siehe Abschn. 25.6.

25.5.5 Fertigteilzeichnungen

Fertigteilzeichnungen enthalten alle Angaben, die zur Herstellung von Fertigteilen aus Stahlbeton, Spannbeton oder Mauerwerk im Fertigteilwerk oder auf der Baustelle erforderlich sind. Die Fertigteilzeichnung für ein Fertigteil besteht deshalb aus einer Rohbauzeichnung und einer Bewehrungszeichnung, mit Stahlliste *im Regelfall auf einem Blatt* dargestellt (siehe Tafel 25.31). Musterzeichnungen für Betonfertigteile können u. a. [3] entnommen werden. Eine Checkliste für das Zeichnen von Betonfertigteilen gibt [2].

Tafel 25.31 Fertigteilzeichnungen: Gegenstand, Maßstäbe und Inhalte

Gegenstand	Fertigteilzeichnungen enthalten alle Angaben, die zur Herstellung von Fertigteilen aus Stahlbeton, Spannbeton oder Mauerwerk im Fertigteilwerk oder auf der Baustelle erforderlich sind.
Maßstäbe	Vorzugsmaßstäbe sind 1 : 20 bzw. 1 : 25

Mindestinhalte
Fertigteilzeichnungen müssen zusätzlich zu den Angaben der Rohbauzeichnung und der Bewehrungszeichnung die folgenden Angaben enthalten:
– erforderliche Festigkeit des Fertigteilbaustoffs zur Zeit des Transportes bzw. Einbaus,
– Eigenlast des Fertigteils bzw. der einzelnen Fertigteile,
– zulässige Maßtoleranzen der Fertigteile,
– Aufhängung bzw. Auflagerung für Transport und Einbau, ggf. auch Zwischenlagerung,
– ggf. Stückzahl.

25.5.6 Verlegezeichnungen

Siehe Tafel 25.32.

Tafel 25.32 Verlegezeichnungen: Gegenstand, Maßstäbe und Inhalte

Gegenstand	Nach Verlegezeichnungen werden Fertigteile auf der Baustelle zusammen- und eingebaut.
Maßstäbe	Vorzugsmaßstab ist 1 : 50

Mindestinhalte
Verlegezeichnungen enthalten und zeigen außer der Bemaßung:
– Positionsbezeichnungen der einzelnen Fertigteile,
– Lage der Fertigteile im Gesamttragwerk,
– Einbauablauf,
– Einbaumaße und Einbautoleranzen, Auflagertiefen,
– Anschlüsse,
– ggf. Hilfsstützen bzw. Montagestützen,
– auf der Baustelle zusätzlich zu verlegende Bewehrung,
– Festigkeitsklassen u. Ä. der auf der Baustelle beim Einbau benötigten Baustoffe (Ortbeton, Mörtel, usw.).

25.5.7 Planungsaufwand und Schwierigkeitsgrad

Der jeweils erforderliche Planungsaufwand und Planumfang hängt ab vom Schwierigkeitsgrad des geplanten Bauwerks:

Einfache Tragwerke Tragwerke einfacher Bauten werden gebaut nach den Ausführungszeichnungen des Objektplaners und den Bewehrungszeichnungen des Tragwerkplaners.

Tragwerke mittleren Schwierigkeitsgrades Tragwerke von Bauten mittleren Schwierigkeitsgrades werden gebaut nach den Ausführungszeichnungen des Objektplaners ergänzt durch die Schalpläne und die Bewehrungspläne des Tragwerkplaners.

Tragwerke mit großem Schwierigkeitsgrad Tragwerke mit großem Schwierigkeitsgrad werden gebaut nach den Rohbauzeichnungen des Tragwerkplaners und den Bewehrungszeichnungen des Tragwerkplaners.

25.6 Bewehrungsdarstellung nach DIN EN ISO 3766

25.6.1 Allgemeine Regeln für Bewehrungszeichnungen

Die Bewehrung von Stahlbeton- und Spannbetonbauteilen kann bestehen aus Betonstabstahl, Betonstahlmatten und Spanngliedern. Die zugehörigen Bewehrungszeichnungen sind nach DIN EN ISO 3766 anzufertigen.

Jedes Bauteil – Balken, Stütze, Platte usw. – wird im Bewehrungsplan einzeln dargestellt. Mit geschweißten Be-

Tafel 25.33 Bewehrungspläne: Gegenstand, Maßstäbe und Inhalte

Gegenstand	Tragwerksausführungszeichnungen des Stahlbeton- und Spannbetonbaus mit allen erforderlichen Angaben zum Schneiden, Biegen und Einbau der Bewehrung.	
Maßstäbe	*Regelmaßstäbe* sind 1 : 50 oder 1 : 20, auch Maßstab 1 : 25 wird verwendet	
	Großflächige Bauteile mit Betonstahlmatten, Details u. Stabstahl s. u.	1 : 100
	Einfache Bauteile ohne kleinformatige Besonderheiten, die für die Formgebung und Anordnung der Bewehrung von Bedeutung sind. Regelmaßstab für Betonstahlmatten.	1 : 50
	Schwierige Bauteile und allgemein für Querschnitte, wenn diese eine Anhäufung von Bewehrung enthalten. Regelmaßstab für Betonstabstahl.	1 : 25
	Details	1 : 5
	Details, in denen es auf eine besonders genaue Zuordnung ankommt	1 : 1

Mindestinhalte
Bewehrungspläne enthalten alle für die Herstellung und den Einbau der Bewehrung erforderlichen Angaben und Maße, insbesondere:
– Hauptmaße der einzelnen Stahlbeton- und Spannbetonbauteile,
– Betonfestigkeitsklassen und Expositionsklassen,
– Sorte des Betonstahls und des Spannstahls,
– Positionsnummern, Anzahl, Durchmesser, Form und Lage der Bewehrungsstäbe,
– Stababstände, Rüttelgassen und Lage von Betonieröffnungen,
– Übergreifungslängen von Stößen und Verankerungslängen an Auflagern,
– Maße und Ausbildung von Schweißstellen mit Angabe der Schweißzusatzwerkstoffe,
– Verlegemaß der Betondeckung c_v,
– Maßnahmen zur Lagesicherung, u. a. Art und Anordnung der Abstandhalter, Maße und Ausführung der Unterstützungen der oberen Bewehrung,
– Mindestdurchmesser der Biegerollen,
– Fugenausbildung,
– zum Tragwerk gehörende Einbauteile, die in die Schalung verlegt werden, auch wenn sie nicht mit der Bewehrung verbunden sind,
– bei Spannbetonteilen weitere spezielle Angaben, u. a. Herstellungsverfahren der Vorspannung, Anzahl, Typ und Lage der Spanngliedverankerungen und -kopplungen.

tonstahlmatten bewehrte tafelartige Stahlbetonbauteile (Decken, Wände usw.) werden in sog. Verlegeplänen dargestellt, die aus vereinfachten Schalplänen entwickelt werden. In aller Regel werden die untere und obere bzw. die innere und äußere bzw. die vordere und hintere Bewehrung getrennt dargestellt.

Die wichtigsten Vorgaben für Bewehrungspläne sind in Tafel 25.33 zusammengefasst. Weitere Hinweise zu Bewehrungszeichnungen sowie Angaben zu den zu verwendenden Linienbreiten und Schriftgrößen in Anhängigkeit des Zeichnungsmaßstabs siehe u. a. [1].

25.6.2 Positionskennzeichnung und Darstellung von Betonstabstählen

Der Übersichtlichkeit halber erfolgt die vereinfachte Darstellung der Bewehrung nach einheitlichen Regeln. Dabei werden Angaben zur Stabstahlbewehrung in Längsrichtung der Bewehrungsstäbe oder entlang der Bezugslinien eingetragen.

Für jede Positionsnummer (Formnummer) müssen nach DIN EN ISO 3766 die Angaben für die Bewehrungsstäbe in der Zeichnung, wie in Tafel 25.34 und Abb. 25.6 gezeigt, enthalten sein. Für die Kennzeichnung der Bewehrung be-

Tafel 25.34 Positionskennzeichnung von Betonstabstählen

Angabe	Beispiel
Alphanumerische Positionsnummer (in z. B. einem Kreis oder einem Oval)	③[a]
Anzahl der Bewehrungsstäbe	19
Stabdurchmesser in mm	∅ 20
Abstand in mm	200
Lage im Bauteil (optional)	T
Formschlüssel des Bewehrungsstabes (optional)	13

[a] Eine auf das Beispiel bezogene Angabe lautet:
③ 19 ∅ 20 – 200 – T – 13 oder ③ 19 ∅ 20 – 200 (siehe Abb. 25.6).

Abb. 25.6 Beispiel für die Positionskennzeichnung (ohne optionale Angaben)

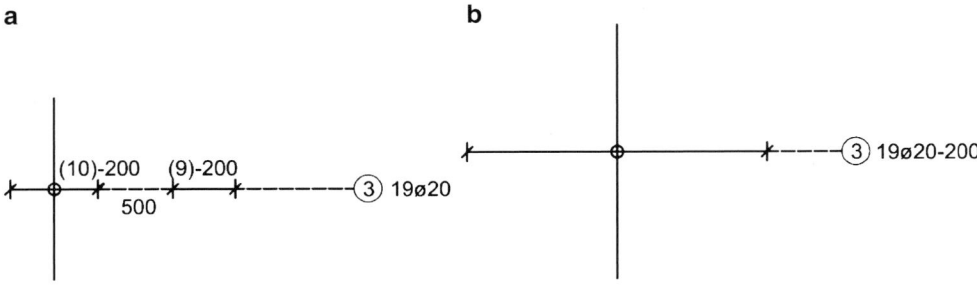

Tafel 25.35 Kennzeichnung der Bewehrungslage

DIN 1356-10:1992-02	u = unten[a]	o = oben[a]	1. Lage[b]	2. Lage[b]	V = vorn[b]	H = hinten[a]
DIN EN ISO 3766:2004-05	B	T	1	2	N	F

[a] Im Zweifelsfall Standort des Betrachters angeben.
[b] Bei mehrlagiger Bewehrung einzelne Lagen nummerieren und Zählrichtung eindeutig festlegen.

züglich der Lage im Bauteil gelten die Kurzzeichen nach Tafel 25.35.

Für die vereinfachte Darstellung von Bewehrungselementen gelten die Symbole in Anlehnung an DIN EN ISO 3766. Für einfache Bewehrungen aus Betonstabstählen sind diese Symbole in Tafel 25.36 wiedergegeben (weitere Symbole siehe Norm).

25.6.3 Positionskennzeichnung und Darstellung von Betonstahlmatten

In der konventionellen Darstellung wird jede Matte in ihren Umrissen gezeichnet, in der Regel ein Rechteck. In dieses Rechteck wird eine Diagonale gezeichnet, und zwar in (Haupt-)Tragrichtung gesehen von links unten nach rechts

Tafel 25.36 Darstellung von Betonstabstählen

	Erläuterung	Darstellung
1	Gerader Bewehrungsstab ohne Verankerungselement	
	a) allgemein	
	b) als Anschlussbewehrung	
2	Gerader Bewehrungsstab mit Verankerungselement	
	a) mit Winkelhaken	
	b) mit Haken	
	c) mit einem Ankerkörper	
	– Seiten- oder Draufsicht	
	– Ansicht auf die Verankerung	
3	Gebogener Bewehrungsstab	
	a) Darstellung als geknickter Linienzug	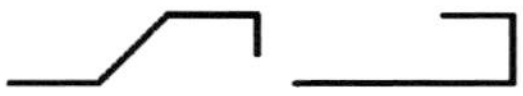
	b) mit Haken	
4	Rechtwinklig aus der Zeichenebene nach hinten gebogener Bewehrungsstab	
5	Rechtwinklig aus der Zeichenebene nach vorne gebogener Bewehrungsstab	
6	Schnitt durch einen Bewehrungsstab	
	a) allgemein	
	b) als Anschlussbewehrung	

Tafel 25.36 (Fortsetzung)

	Erläuterung	Darstellung
7	Übergreifungsstoß von Bewehrungsstäben	
	a) ohne Markierung der Stabenden durch Schrägstrich und Positionsnummer (Formnummer)	
	b) mit Markierung der Stabenden durch Schrägstrich und Positionsnummer (Formnummer)	
8	Mechanisch verbundene Bewehrungsstäbe allgemeine Darstellung (DIN EN ISO 3766)	
	a) Muffenverbindung für Zugbeanspruchung	
	b) Kontaktstoß für Druckbeanspruchung	
9	Besondere Darstellungen für mechanische Verbindungen	
	a) Schraubenverbindung	
	– Kegelgewinde	
	– aufgerolltes Gewinde	
	– geschnittenes zylindrisches Gewinde	
	– gewindeförmig ausgebildete Rippen	
	b) Pressmuffenstoss	
	c) Verbindung mit Stiftschrauben	

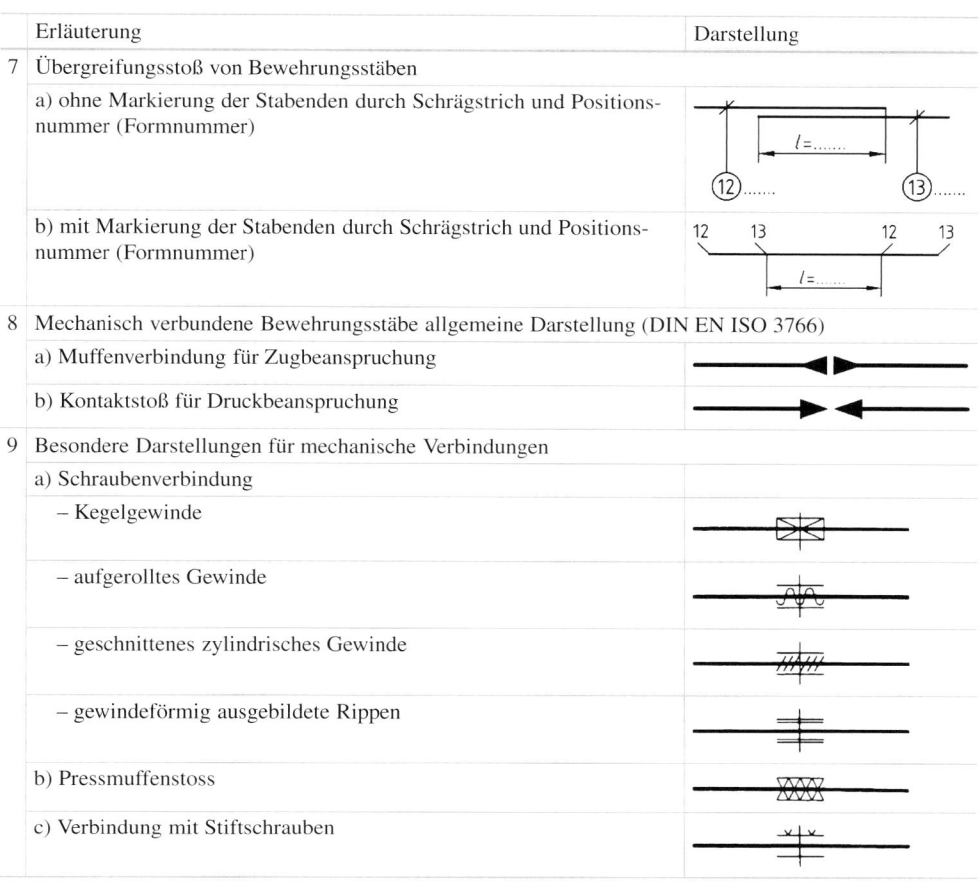

oben. Die Matte ist auf der Baustelle so einzulegen, dass die in Haupttragrichtung verlaufenden Mattenstäbe außen liegen, also unten bei positiven Plattenmomenten und oben bei negativen Plattenmomenten (siehe Tafel 25.37).

Während bei den Matten der Feldbewehrung zur Lagebestimmung i. Allg. die Angabe der Übergreifungsweiten ausreicht, muss bei den Matten der Stützbewehrung – wenn sie nicht auf beiden Seiten gleich weit ins Feld reichen – zusätzlich angegeben werden, wie weit sie auf einer Seite ins Feld zu legen sind (gemessen i. Allg. von Vorderkante Mauerwerk), Abb. 25.7 und 25.8.

Zu den Symbolen für die Darstellung von Betonstahlmatten siehe Tafel 25.38.

25.6.4 Positionskennzeichnung und Darstellung von Spannbewehrung

Bei Spanngliedern wird die alphanumerische Positionsnummer in einem Sechseck dargestellt. Es sind die Symbole und Zeichnungsvereinbarungen nach Tafel 25.39 anzuwenden.

Tafel 25.37 Positionskennzeichnung von Betonstahlmatten

Angabe		Beispiel
Alphanumerische Positionsnummer (in z. B. einem Rechteck), in der konventionellen Darstellung oberhalb der Diagonale anzuordnen		4
Mindestens einmal anzugeben	Bei Lagermatten die Mattenkurzbezeichnung nach DIN 488, Teil 4	R257A
	Bei Listenmatten die den Mattenaufbau kennzeichnenden Daten für beide Bewehrungsrichtungen	–
	Die Mattengröße	$\frac{6,00}{2,30}$
Soweit erforderlich anzugeben	Anzahl der Matten	4×
	Lagekennzeichen nach Tafel 25.35	–

Beispiele siehe Abb. 25.7 und 25.8.

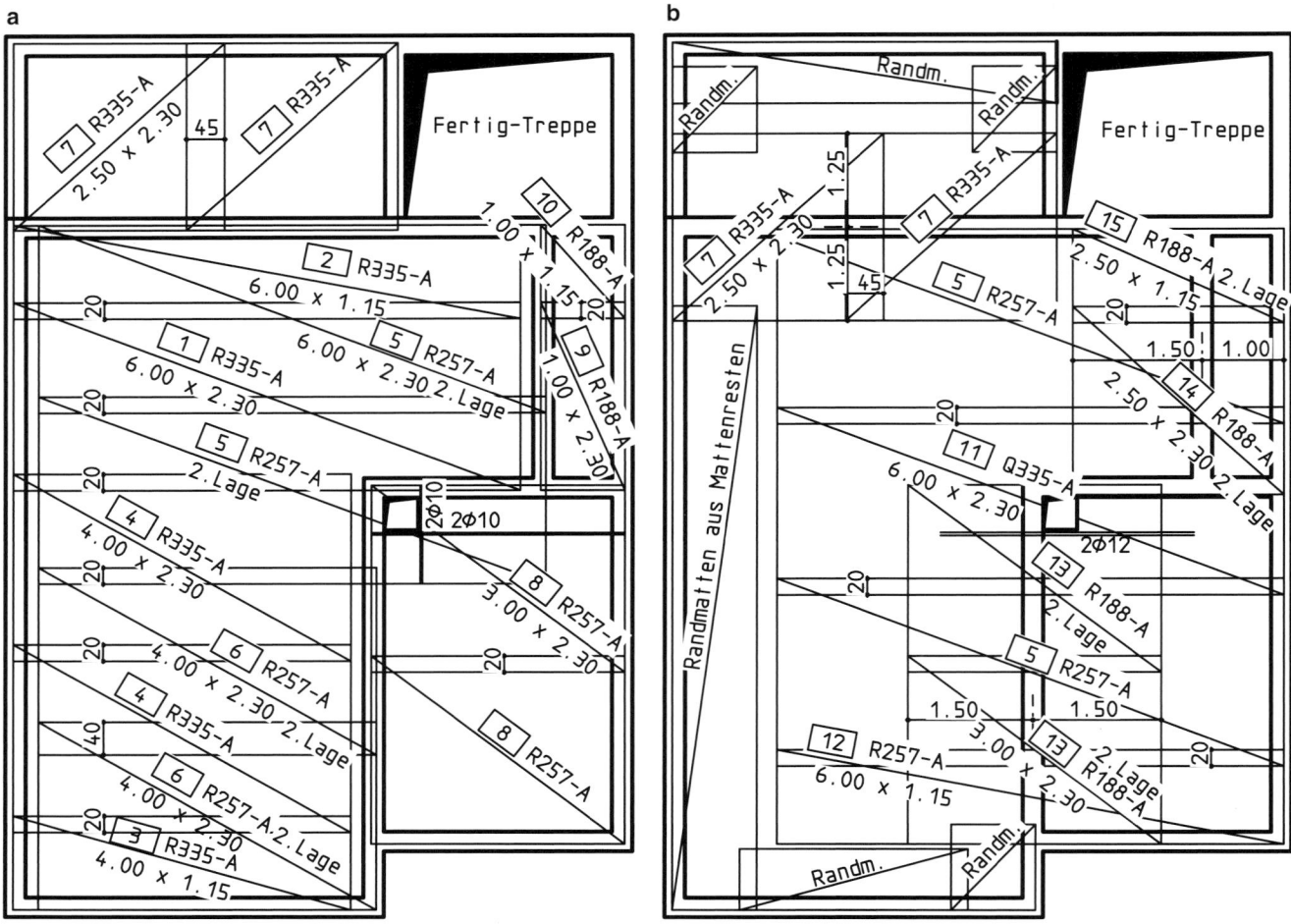

Abb. 25.7 Beispiel für einen Mattenverlegeplan. **a** Feldbewehrung (*unten*), **b** Stützbewehrung (*oben*)

Tafel 25.38 Darstellung von Betonstahlmatten

	Erläuterung	Darstellung
1	Matte in der Ansicht Ggf. zeigt schräger Strich in der Diagonalen die Richtung der Hauptbewehrung.	
2	Gleiche Matten in einer Reihe	
	a) Darstellung als einzelne Matten	
	b) Zusammengefasste Darstellung (Übergreifungslänge muss in der Zeichnung angegeben werden).	
3	Schnitt durch eine geschweißte Matte in ausführlicher Darstellung	

Abb. 25.8 Mattenliste.
a Schneideskizze, **b** Bestellliste

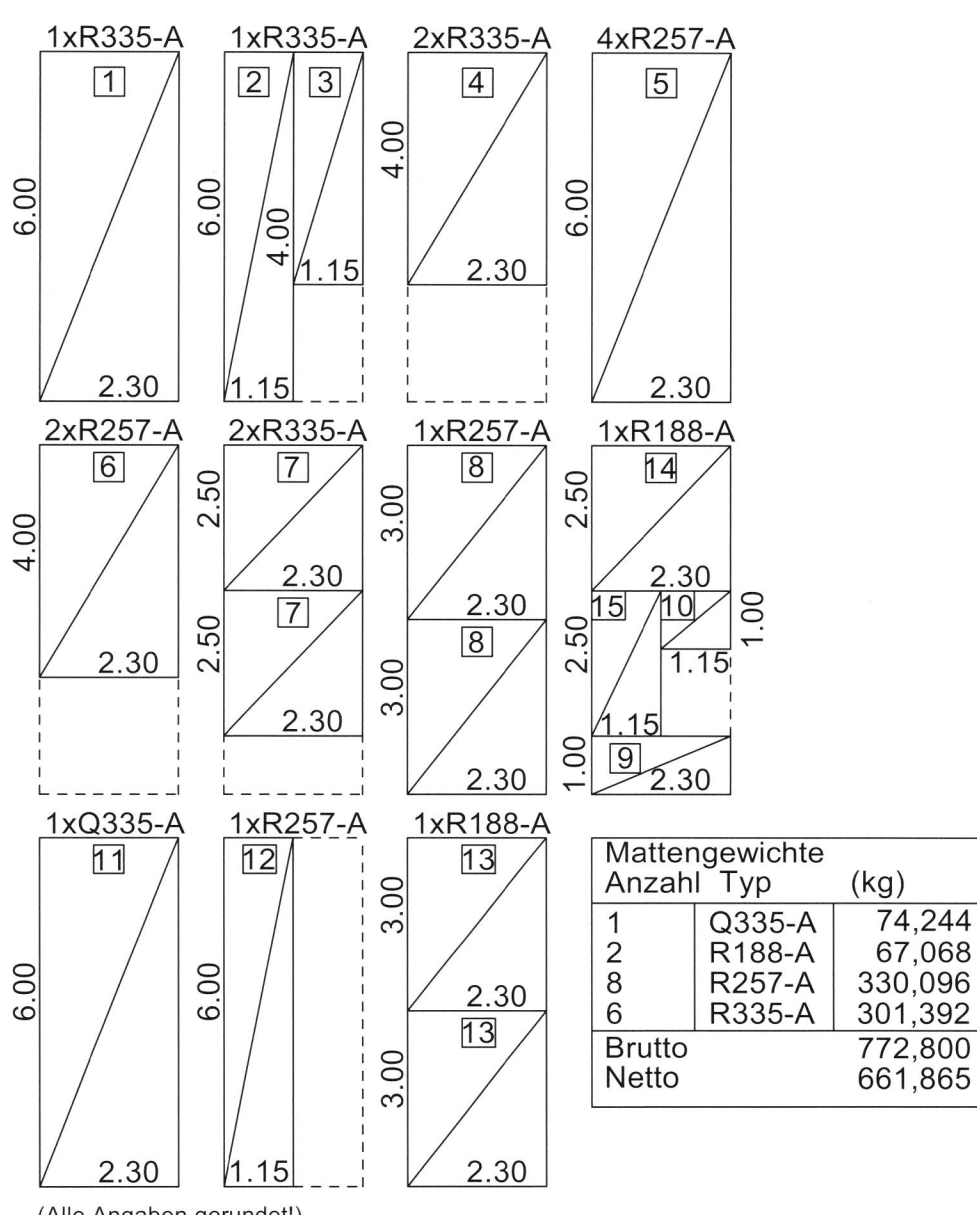

(Alle Angaben gerundet!)

Mattengewichte		
Anzahl Typ		(kg)
1	Q335-A	74,244
2	R188-A	67,068
8	R257-A	330,096
6	R335-A	301,392
Brutto		772,800
Netto		661,865

25.6.5 Darstellung von Bewehrung in Bauteilen

Ein stabartiges Bauteil wird in einem Längs- und Querschnitt dargestellt. Bei Stahlbetonbalken liegt die Schnittebene des Längsschnittes vor dem Balken, die Bildebene dahinter.

Die aus Stabstahl bestehende Bewehrung wird in der Regel nicht nur in ihrer endgültigen Lage im Bauteil dargestellt, sondern auch „herausgezogen" und vollständig bemaßt.

Tafel 25.40 zeigt die Darstellung der Stabstahl- und Mattenbewehrung in Bauteilen.

Die Beschreibung der einzelnen Biegeformen kann formlos als konventionelle Bemaßung oder durch Angabe sog. Teilgrößen auf einem Formblatt geschehen.

Konventionelle Bemaßung

Die Stabformen müssen analog Tafel 25.41 bemaßt werden. Keines der Maße darf Null sein. Die Durchmesser und Radien sind Innenmaße, alle anderen Maßangaben sind Außenmaße.

Der Biegerollendurchmesser oder -radius ist in der Regel der Mindestbiegerollendurchmesser oder -radius, in Abhängigkeit von Referenznormen, die die Größe von gelisteten Stäben regeln. Diese Durchmesser oder Radien müssen auf der Zeichnung angegeben werden und auch auf der Stahlliste, wenn diese einzeln vorliegt. Werden in Einzelfällen andere Durchmesser oder Radien in Referenznormen festgelegt, muss dies in relevanten Dokumenten der Stahlliste eingetragen werden.

Tafel 25.39 Darstellung von Spannbewehrung

	Erläuterung	Darstellung
1	Vorgespannter Stab oder Drahtbündel, lange breite Strich-Zweipunktlinie	
2	Schnitt durch eine nachträglich vorgespannte Bewehrung, in Hüllrohren liegend	
3	Schnitt durch eine vorgespannte Bewehrung mit sofortigem Verbund	
4	Verankerung	
	a) Spanngliedverankerung	
	b) Festanker	
	c) Ansicht auf die Verankerung	
5	Kopplung	
	a) bewegliche Kopplung	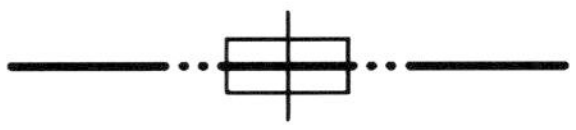
	b) feste Kopplung	

Tafel 25.40 Darstellung von Bewehrung in Bauteilen

Draufsicht auf eine Lage gleicher Matten

a) mit Darstellung der einzelnen Matten	b) Zusammengefasste Darstellung mit Andeutung der Übergreifungsstöße
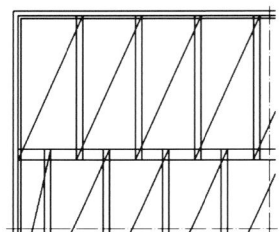	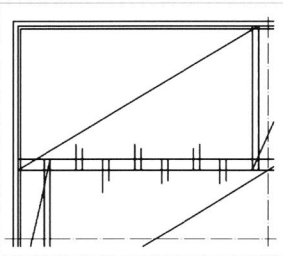
Liegen gerade Stäbe in einer Lage (Ebene), so sind die hintereinander liegenden Enden der Stäbe darzustellen und die Positionsnummern (Formnummern) mittels einer schmalen Linie zu kennzeichnen. 	Ein Stabbündel darf als einzelne Linie gezeichnet werden, wobei die Endmarkierung die Anzahl der Stäbe im Bündel angibt. *Beispiel*: Bündel mit 3 identischen Stäben 

Gruppen gleicher Bewehrungsstäbe

a) Eine Gruppe gleicher Bewehrungsstäbe darf durch einen maßstäblich gezeichneten Bewehrungsstab und eine Verlegelinie, die durch Schräglinien zur Kennzeichnung der äußeren Stäbe begrenzt ist, dargestellt werden. Ein Kreis verbindet den dargestellten Bewehrungsstab mit der Verlegelinie.	b) Gleiche Bewehrungsstäbe in Gruppen
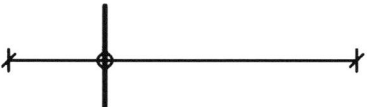	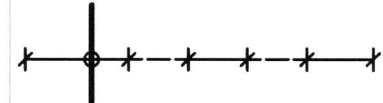

Festlegung der Bewehrungslagen in ebener Darstellung

B = untere Bewehrung T = obere Bewehrung a) in getrennten Darstellungen	1 = erste Lage bezüglich Betonoberfläche 2 = zweite Lage bezüglich Betonoberfläche b) in derselben Darstellung
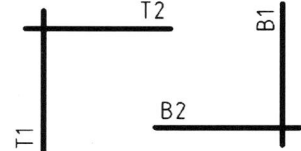	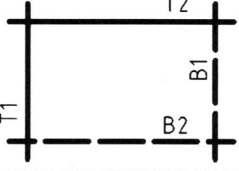

Tafel 25.40   (Fortsetzung)

Festlegung der Bewehrungslagen in den Ansichten

N = vordere Bewehrung	1 = erste Lage bezüglich Betonoberfläche
F = hintere Bewehrung	2 = zweite Lage bezüglich Betonoberfläche
a) in getrennten Darstellungen	b) in derselben Darstellung

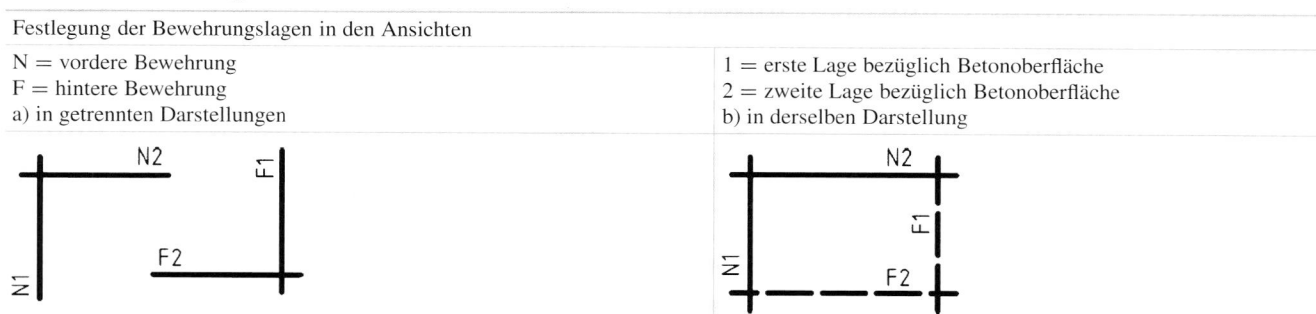

Wenn die Anordnung der Bewehrung nicht eindeutig durch den Schnitt dargestellt ist, darf ein zusätzliches Detail, das die Bewehrung darstellt, außerhalb des Schnittes angefertigt werden.

Tafel 25.41 Bemaßung von Biegeformen (Beispiele Formschlüssel 25, 26, 44 und 99)

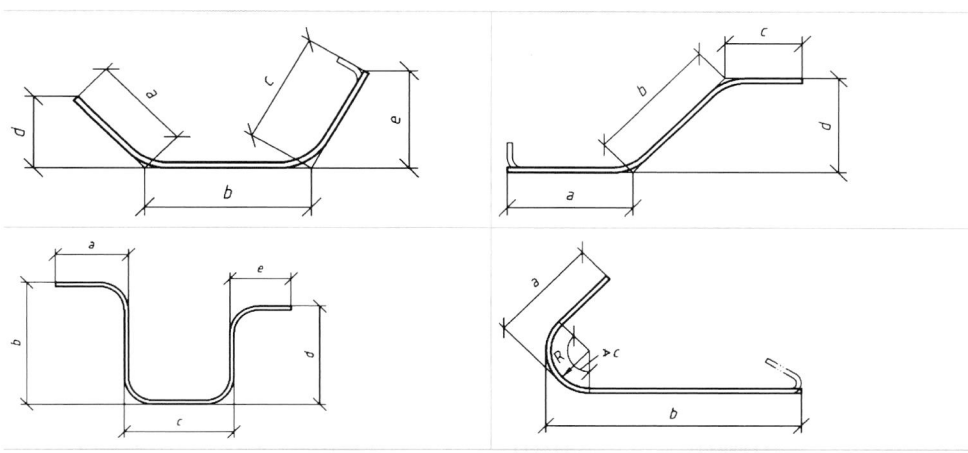

Tafel 25.42   Aufbau des Formschlüssels

Erstes Zeichen		Zweites Zeichen	
0	Keine Bögen (optional)	0	Gerader Stab (optional)
1	1 Bogen	1	90°-Bogen/Bögen mit genormtem Radius, alle Bögen in derselben Richtung gebogen
2	2 Bögen	2	90°-Bogen/Bögen mit ungenormtem Radius, alle Bögen in derselben Richtung gebogen
3	3 Bögen	3	180°-Bogen/Bögen mit ungenormtem Radius, alle Bögen in derselben Richtung gebogen
4	4 Bögen	4	90°-Bogen/Bögen mit genormtem Radius, nicht alle Bögen in derselben Richtung gebogen
5	5 Bögen	5	Bögen < 90° mit genormtem Radius, alle Bögen in derselben Richtung gebogen
6	Kreisabschnitte	6	Bögen < 90° mit genormtem Radius, nicht alle Bögen in derselben Richtung gebogen
7	Vollständige Windungen	7	Kreisabschnitte oder vollständige Windungen
9[a]	Kann nur mit 9 kombiniert werden	9[a]	Kann nur mit 9 kombiniert werden

Anmerkung 1: Diese Tabelle erklärt die Logik hinter der Benummerung der Formen nach Tafel 25.43.
Anmerkung 2: Die Anzahl der Bögen beinhaltet nicht Bögen der Endhaken, die wie unten angegeben werden.
[a] Spezielle nicht-genormte Formen, werden durch eine Skizze definiert. Formschlüssel 99 muss für alle nicht-genormten Formen verwendet werden. Biegeradien für Formschlüssel 99 müssen als genormt angenommen werden, sofern sie nicht anderweitig festgelegt sind.

Tafel 25.43 Auswahl bevorzugter Stabformen nach DIN EN ISO 3766

Nr.	Stabform	Beispiel ohne Endhaken	Beispiel mit Endhaken
00			
	00 | 0 | 0 | a | h	00 | 0 | 0 | 3600	00 | 1 | 1 | 3600 | 120
11			
	11 | 0 | 0 | a | b | h	11 | 0 | 0 | 4000 | 800	11 | 1 | 1 | 2400 | 1000 | 120
12			
	12 | 0 | 0 | a | b | R | h	12 | 0 | 0 | 2620 | 1420 | 600	12 | 1 | 1 | 1520 | 1320 | 500 | 130
15			
	15 | 0 | 0 | a | b | c | h	15 | 0 | 0 | 1000 | 4800 | 1500	15 | 1 | 1 | 1000 | 4800 | 1500 | 120
21			
	21 | 0 | 0 | a | b | c | h	21 | 0 | 0 | 3000 | 1000 | 800	21 | -1 | -1 | 800 | 300 | 800 | 120
25			
	25 | 0 | 0 | a | b | c | d | e | h	25 | 0 | 0 | 300 | 2000 | 500 | 200 | 100	25 | 2 | 2 | 800 | 1000 | 800 | 740 | 775 | 150
26			
	26 | 0 | 0 | a | b | c | d | h	26 | 0 | 0 | 1000 | 1200 | 1400 | 1185	26 | 1 | 1 | 700 | 300 | 1200 | 500 | 120
31			
	31 | 0 | 0 | a | b | c | d | h	31 | 0 | 0 | 800 | 550 | 400 | 450	31 | 0 | 1 | 800 | 550 | 400 | 450 | 100
77	 a Außendurchmesser b Ganghöhe c Anzahl der vollständigen Windungen		
	77 | 0 | 0 | a | b | c | h	77 | 0 | 0 | 500 | 80 | 57	77 | 1 | 1 | 500 | 80 | 57 | 110
99	Alle anderen Formen und Winkel		
	99	99	99

Längsschnitt

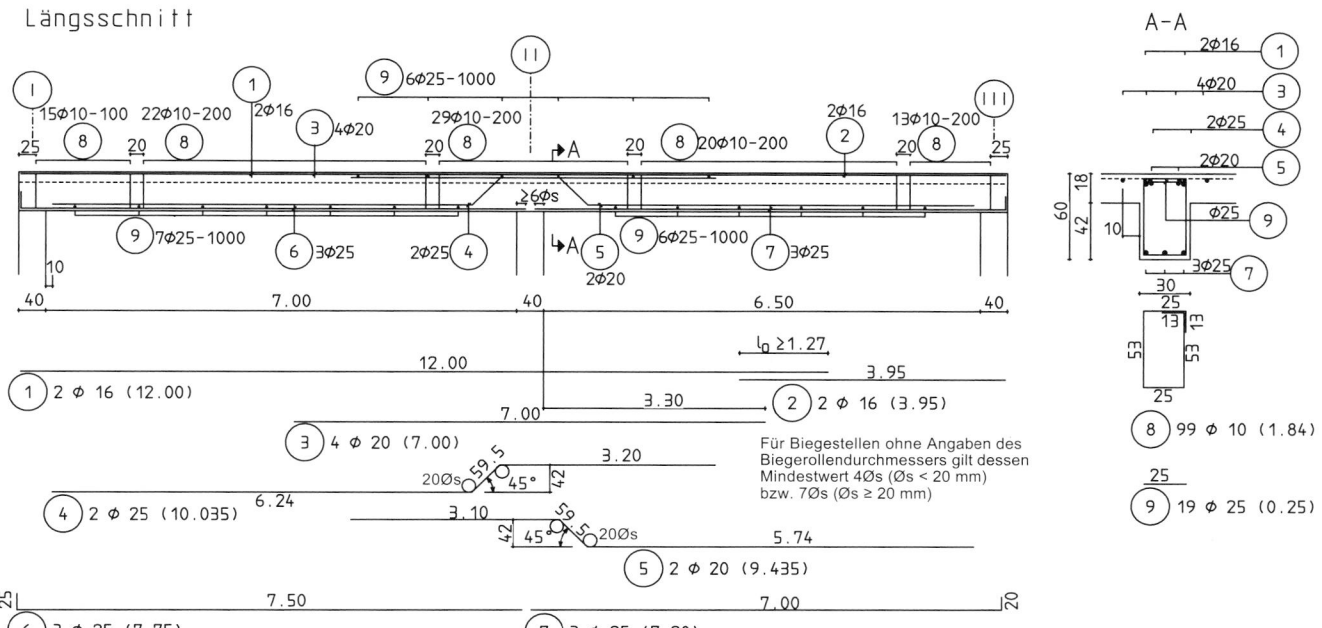

Abb. 25.9 Bewehrungszeichnung eines Unterzugs

Bemaßung mittels vordefinierter Formschlüssel

Anstelle der konventionellen Bemaßung können optional mittels Formschlüssel vordefinierte Formen nach DIN EN ISO 3766 verwendet werden.

Die Schlüsselnummer für die Stabform besteht aus zwei Zeichen. Das erste Zeichen gibt die Anzahl der Bögen oder die Art des Bogens bzw. der Bögen, das zweite Zeichen gibt die Biegerichtung des Bogens bzw. der Bögen an (siehe Tafel 25.42).

Schlüsselnummern dürfen um Parameter für die Endhaken ergänzt werden. Die Schlüsselnummer selbst wird dabei nicht geändert oder verlängert. Sie werden durch zwei Ziffern definiert, die erste bezeichnet den Endhaken am Maß *a*. Das Vorzeichen dieser Ziffern ist positiv, wenn die Biegerichtung des benachbarten Bogens gleichgerichtet ist.

Folgende Zahlen sind möglich:

0 = kein Endhaken,
1 = Endhaken 90°,
2 = Endhaken zwischen 90° und 180°, abhängig von Referenznormen,
3 = Endhaken 180°.

Die Maße für die Längen *h* und Durchmesser oder Radien der Endhaken sind Referenznormen zu entnehmen und müssen in der Stahlliste angegeben werden.

Eine Auswahl bevorzugter Formen ist in Tafel 25.43 angegeben. Die Maßbuchstaben beziehen sich auch auf die entsprechenden Spalten in der Formliste. Weitere Definitionen von Stabformen gibt Tabelle 5, DIN EN ISO 3766 vor.

Matten- und Stabstahllisten

Zu jedem Verlegeplan mit einer Bewehrung von Bauteilen aus Betonstahlmatten wird eine Schneideskizze angefertigt, in der gezeigt wird, wie die einzelnen Formnummern aus „ganzen" Matten geschnitten werden sollen. Die manchmal unvermeidlichen Mattenreste werden zum Schluss irgendwo im Bauteil sinnvoll verlegt. Zur **Schneideskizze** gehört eine **Bestell-Liste** aller Matten eines Verlegeplanes mit Gewichtsangabe für die Abrechnung, Abb. 25.8.

Bei einer Bewehrung von Bauteilen aus Betonstabstählen müssen die vollständigen Biegeinformationen der Bewehrungsstäbe in der Zeichnung oder in separaten Unterlagen wie z. B. der Stahlliste angegeben werden. DIN EN ISO 3766 unterscheidet zwischen *Biegelisten und Formlisten* und die Angaben zu den Betonstabstählen können somit als Biegelisten oder als Formlisten aufbereitet werden. Kombinationen aus Formenliste und Biegeliste sind möglich. Bei Bedarf kann auch eine Gewichtsliste erstellt werden oder eine Spalte mit Gewichtsangaben in die Formen- oder Biegeliste eingefügt werden.

Biegelisten werden *im Zusammenhang mit der konventionellen Bemaßung* von Stabformen verwendet. Hierbei handelt es sich um die übliche Darstellung von Bewehrung, die in den meisten Fällen Anwendung findet. Bei dieser Darstellungsart ist die Bewehrung im Bauteil, vorzugsweise in Ansichten und Schnitten, maßstäblich darzustellen. Die einzelnen Bewehrungspositionen sind im Maßstab herauszuziehen und vollständig zu bemaßen (s. Abb. 25.9 und Tafel

Tafel 25.44 Gewichtsliste zu Abb. 25.9 (gekürzt)

Bauteil	Positions-nummer	Betonstahl-sorte	Stabdurch-messer [mm]	Einzelstab-länge [m]	Anzahl Stäbe	Gesamtlänge [m]	Stäbe ⌀ 10 mm mit 0,617 kg/m	Stäbe ⌀ 16 mm mit 1,58 kg/m	Stäbe ⌀ 25 mm mit 3,85 kg/m
UZ	1	B500 B	16	12,00	2	24,00		37,9	
UZ	4	B500 B	25	10,00	2	20,00			77,0
UZ	6	B500 B	25	7,75	3	23,25			89,5
UZ	8	B500 B	10	1,84	99	182,16	112,4		
Gewicht je Durchmesser [kg]							112,4	37,9	166,5
Gesamtgewicht [kg]							**316,9**		

25.44). Die Bewehrung wird bei dieser Darstellungsart nach der Bewehrungszeichnung gebogen, sofern nicht eine Biegeliste aufgestellt wird, in der alle Biegeformen vollständig bemaßt aufgeführt sind.

Bei der Verwendung von *Formlisten* nach Abschn. 7.2, DIN EN ISO 3766 ist eine vollständige geometrische Beschreibung der verwendeten Biegeformen auf dem Bewehrungsplan nicht notwendig. Die Beschreibung erfolgt in der Formliste durch die vordefinierten Formschlüssel unter Angabe der entsprechenden Maße und Winkel.

Auf dem Bewehrungsplan werden die Positionen dann im Regelfall mit Angabe des Formschlüssels und mit einem reduzierten, nicht maßstäblichen Bewehrungsauszug dargestellt. Diese Art der Darstellung und Beschreibung der Stabformen entspricht nicht dem Regelfall. Sie entspricht im Wesentlichen Darstellungsart 3 der zurückgezogenen DIN 1356-10 und eignet sich als verkürzte Darstellung insbesondere für die stationäre CAM-Fertigung von Stahlbeton-Fertigteilen.

25.7 Zeichnerische Darstellung von Stahlbau-Konstruktionen

Grundlage für die zeichnerische Darstellung von Stahlbau-Konstruktionen sind die Zeichnungsnormen, vor allem DIN ISO 5261. Die Norm enthält zusätzlich zu den Regeln der verschiedenen Teile von DIN ISO 128 Festlegungen für die vereinfachte Darstellung von Stäben und Profilen in Zusammenbau- und Einzelteil-Zeichnungen, unter anderem für Metallbau-Konstruktionen aus Blechen, Profilen und Zusammenbauten.

Zweckmäßigerweise unterscheidet man zwischen *Einzelteilen*, *Zusammenbauteilen* und *Anbauteilen*. Während die zwei ersten gleichzeitig auch *Versandteile* sind, werden Anbauteile schon in der Werkstatt fest mit anderen Teilen zusammengefügt.

25.7.1 Konstruktionszeichnungen und Übersichtszeichnungen

Konstruktionszeichnungen werden im Stahlbau im Allgemeinen im Maßstab 1:10 oder auch im Maßstab 1:15 angefertigt. Die Bauglieder werden nicht einzeln, sondern im zusammengebauten Zustand dargestellt und bemaßt. Wenn Einzelheiten vergrößert dargestellt werden müssen, werden dazu die Maßstäbe 1:5, 1:2,5 und im Ausnahmefall 1:1 verwendet.

Übersichtszeichnungen werden in den Maßstäben 1:50 oder 1:100 gezeichnet. Sie enthalten in der Regel wie andere Baupläne Ansichten, Grundrisse, Längs- und Querschnitte mit Teilangaben der Hauptbauteile sowie einen Lageplan. Übersichtszeichnungen enthalten wenn notwendig auch gewerkeübergreifende Zusammenhänge wie z. B. Anschlußdetails für Dach, Wand, Belichtung und Zugänge.

Eine sinnvolle Einteilung der Zeichnungen hinsichtlich der Funktionen läßt sich erreichen, wenn die *Übersichtszeichnung* das gesamte Stahlbauwerk lückenlos in größerem Maßstab und ausführlicher darstellt. Dann braucht in den zugehörigen *Werkstattzeichnungen* jedes Bauteil nur noch so weit gezeichnet zu werden, wie es für die Fertigung erforderlich ist. Der Zusammenhang mit den Nachbarbauteilen ist für die Fertigung nicht erforderlich. Auf den Werkstattzeichnungen können die Teile nach fertigungstechnischen Gesichtspunkten (z. B. nach Profil-, Blech- und Fachwerkkonstruktion) zusammengefaßt werden und es können in größerem Umfang Hinweise für die Fertigung und Bearbeitung ergänzt werden.

Die Erweiterung von Übersichtszeichnungen um alle Angaben, die für die Montage benötigt werden, führt zu den *Montagezeichnungen*. Die ergänzenden Angaben können Höhen- und Achsangaben, Montagepositionen, Anschlüsse und Angaben zu den Verbindungsmitteln sein. Weitere Hinweise siehe [5].

25.7.2 Darstellung von Stahlkonstruktionen in Werkstattzeichnungen

Werkstattzeichnungen vorgefertigter tragender Bauteile nach DIN EN 1090-1 gehören zu den Ausführungsunterlagen im Sinne von DIN EN 1090-2 (*Ausführung von Stahltragwerken und Aluminiumtragwerken – Teil 2: Technische Regeln für die Ausführung von Stahltragwerken*). Die nachfolgenden Hinweise zur Darstellung von Stahlkonstruktionen in Werkstattzeichnungen orienieren sich, sofern nicht anders angegeben, an Richtlinie BFS-RL 02-101 [4]. Weitere und detailliertere Vorgaben über die nachfolgend ausgeführten hinaus siehe Richtlinie.

Maßstäbe

Für die Darstellung kleinerer Stahlbauteile mit Profil-Nennmaßen $\leq$ 500 mm wird der Maßstab 1:10 in Kombination mit der Liniengruppe 0,5 nach DIN EN ISO 128-20 (Linienbreiten s. Tafel 25.7) empfohlen. Zur Darstellung größerer Stahlbauteile eignet sich der Hauptmaßstab 1 : 15 in Kombination mit der Liniengruppe 0,35. Alternativ können Maßstab 1 : 15 und Liniengruppe 0,35 auch für kleinere Stahlbauteile verwendet werden. Der Hauptmaßstab der Zeichnung ist im Zeichnungskopf anzugeben.

Zur Verdeutlichung können in Ansichten, Schnitten und Detaildarstellungen die Nebenmaßstäbe 1 : 5, 1 : 2, 1 : 1 verwendet werden. Werden solche Nebenmaßstäbe benutzt, so sind diese grundsätzlich unter der Ansichts-, Schnitt- oder Detailbezeichnung deutlich anzugeben.

Zeichenblattformate

Sofern keine besonderen Gründe dagegen sprechen, wird DIN A0 als Standardformat für Werkstattzeichnungen verwendet. Reichen kleinere Blattformate für eine übersichtliche Darstellung der Bauteile aus, können auch andere DIN-Formate der ISO-A-Reihe werden werden.

Darstellung der Hauptbauteile

Jedes Hauptbauteil ist in seiner Hauptansicht darzustellen. Meist ist das die Seitenansicht. Etwaige Schnittführungen sind in dieser Hauptansicht einzutragen.

Alle Hauptbauteile sind in der Hauptansicht mit dem Stücklistentext zu kennzeichnen und zu positionieren. Die Haupt-Pos.-Nr. ist deutlich hervorzuheben und bevorzugt einzukreisen. Schriftgröße und Linienstärke des Hauptpositionstextes muss so gewählt werden, dass sich die Haupt-Pos. deutlich von den übrigen Positionen abhebt.

Werden Hauptbauteile auf verschiedenen Zeichnungen dargestellt (z. B. Fertigungszeichnung, Messplan, Korrosionsschutzplan, etc.), so ist die Hauptorientierung der Bauteile in all diesen Zeichnungen in gleicher Richtung beizubehalten. Weitere Festlegungen zu den Darstellungsprinizipien siehe [4].

Darstellung der Anbauteile

Die Anbauteile werden in den Ansichten der Hauptbauteile und in den Schnitten dargestellt und sollen dort mit Referenzpfeilen positioniert werden. Alle Anbauteile sind zusätzlich als Einzelteile zeichnerisch darzustellen. Die Einzelteildarstellung enthält alle zur Herstellung und Kontrolle erforderlichen Maße und alle zur Bearbeitung erforderlichen Angaben.

Bemaßung Alle Maße in Werkstattzeichnungen sind in (mm) anzugeben.

Schweißnahtangaben und Schweißnahtdarstellung

Für die Angabe von Schweißnähten in Werkstattzeichnungen gelten die allgemeinen Regeln für technische Zeichnungen. Tafel 25.45 zeigt Beispiele für die Grundsymbole von Schweißverbindungen nach DIN EN ISO 2553 in einfacher und kombierter Form. Symbole für weitere Arten von Schweißnähten siehe Norm. Tafel 25.46 zeigt Beispiele für

Tafel 25.45 Grundsymbole für Schweißverbindungen nach DIN EN ISO 2553

Grundsymbole (Beispiele)			Kombinerte Grundsymbole (Beispiele)		
Kennzeichnung	Darstellung der Naht	Symbol	Kennzeichnung	Darstellung der Naht	Symbol
I-Naht	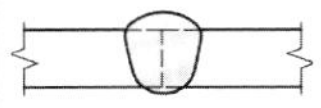	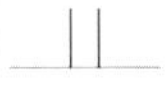			
V-Naht	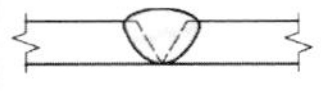	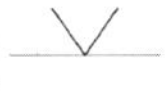	D(oppel)-V-Naht	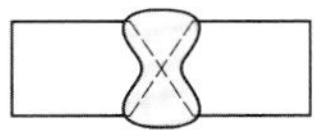	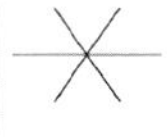
HV-Naht	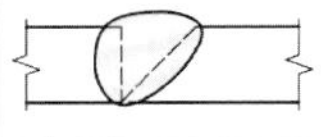	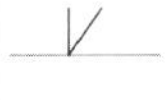	D(oppel)-HV-Naht	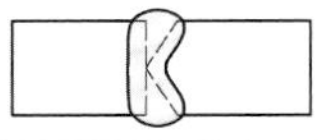	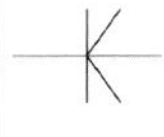
Y-Naht	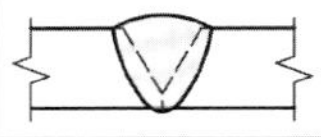	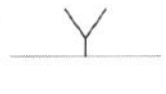	D(oppel)-U-Naht	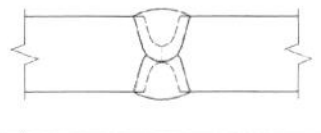	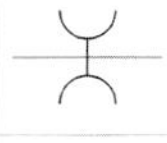
HY-Naht	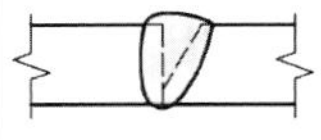	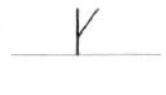	Doppel-HY-Naht mit Kehlnaht	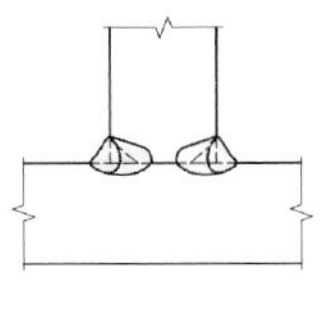	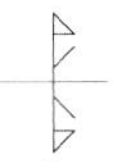 oder 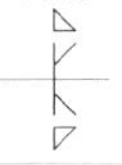
Steilflankennaht	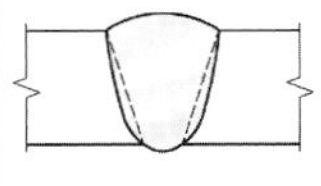	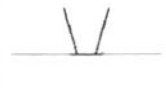			

Tafel 25.46 Zusatzsymbole für Schweißverbindungen nach DIN EN ISO 2553 (Beispiele)

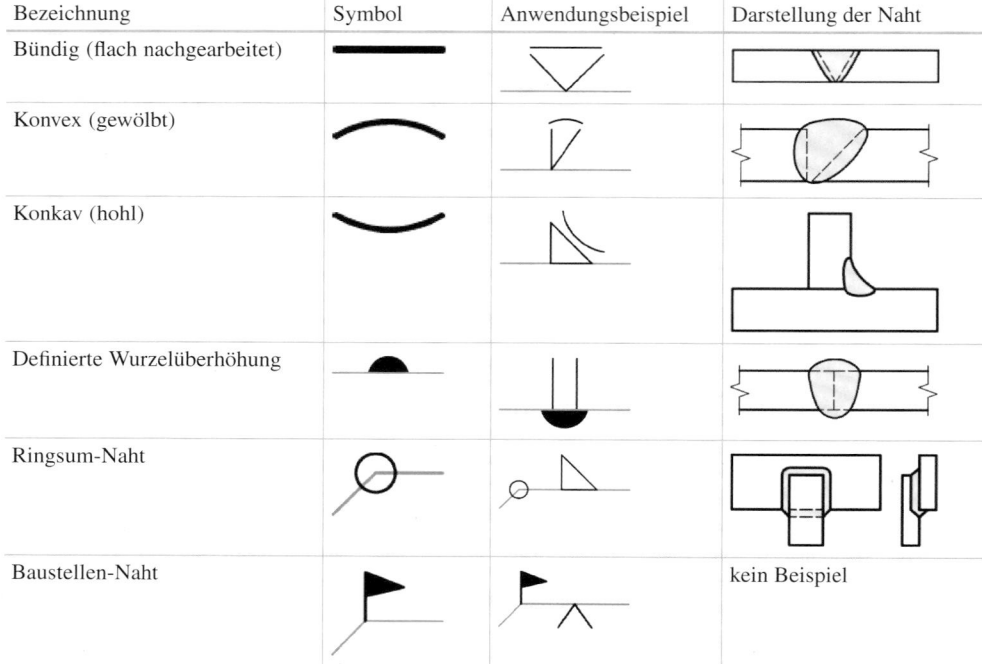

Bezeichnung	Symbol	Anwendungsbeispiel	Darstellung der Naht
Bündig (flach nachgearbeitet)			
Konvex (gewölbt)			
Konkav (hohl)			
Definierte Wurzelüberhöhung			
Ringsum-Naht			
Baustellen-Naht			kein Beispiel

Tafel 25.47 Symbole für Schrauben in Zeichnungen nach DIN ISO 5845-1

Zeichenebene →	senkrecht zur Achse			parallel zur Achse		
Bedeutung des Symbols	nicht gesenkt	Senkung auf der		Mutterseite freigestellt	Mutterseite rechts	Senkung rechts
		Vorderseite	Rückseite			
in der Werkstatt gebohrt und eingebaut						
in der Werkstatt gebohrt und auf der Baustelle eingebaut						
auf der Baustelle gebohrt und eingebaut						

die Zusatzsymbole von Schweißverbindungen nach DIN EN ISO 2553. Diese Grund- und Zusatzsymbole sind in Werkstattzeichnungen anzuwenden.

Reichen die in DIN EN ISO 2553 enthaltenen Symbole nicht aus, um eine eindeutige Herstellung der Nahtvorbereitung und eine fachgerechte Ausführung der Schweißverbindung zu gewährleisten, so sind die Naht-Einzelheiten in Form spezieller Schweißdetails auf der Zeichnung oder auf einem getrennten Schweißdetailplan darzustellen.

Verbindungsmittel/Schraubendarstellung

Verbindungsmittel sind mit der Produktnorm und der Bezeichnung, Länge und Güte dem anzuschließenden Bau-

teil zuzuordnen und als stücklistenrelevante „Texte" in der Zeichnung anzugeben. Dabei ist eine Unterscheidung nach Werkstatt- und Montageschrauben vorzunehmen. Schrauben sind im Regelfall nicht zu positionieren, da sie in der Stückliste über ihre Normbezeichnung geführt werden. Auf der Zeichnung sind je nach Gegebenheit folgende Dinge darzustellen bzw. Angaben zu den folgenden Punkten zu machen:

- Lochabstände, Bohrdurchmesser und Anzahl der Bohrungen,
- für Senklöcher, Gewindebohrungen und Sacklochbohrungen zusätzliche Detailangaben und Maße,
- spezielle Herstellungsanweisungen (z. B. Passverbindung),

- Angaben zu Vorspannverfahren, Vorspannkräften (planmäßige, nicht planmäßige oder konstruktive) und Anziehmomenten für die unterschiedlichen Schraubendurchmesser.

Die Angaben zu Vorspannverfahren, Vorspannkräften und Anziehmomenten werden häufig in Form einer Tabelle gemacht, die oberhalb des Plankopfes angeordnet wird.

Tafel 25.47 zeigt Symbole für Schrauben in Zeichnungen nach DIN ISO 5845-1.

Literatur[1]

1. Avak, R., Conchon, R. Aldejohann, M. Stahlbetonbau in Beispielen Teil 2, 5. Auflage, Bundesanzeiger-Verlag, Köln (2017)

2. Fachvereinigung Deutscher Betonfertigteilbau e.V.: Merkblatt Nr. 5 – Checkliste für das Zeichnen von Betonfertigteilen (10/2018)

3. Fachvereinigung Deutscher Betonfertigteilbau e.V.: Musterzeichnungen für Betonfertigteile – Hinweise für Konstruktion und Planung (2017)

4. bauforumstahl e. V.: Richtlinie BFS-RL 02-101 – Darstellung von Stahlkonstruktionen in Werkstattzeichnungen, 1. Auflage, Düsseldorf (05/2015)

5. Lohse, Wolfram: Stahlbau 1, Teubner-Verlag, 25. Auflage (2016)

---

[1] Ergänzend zu den oben angegebenen Normen geben die folgenden Veröffentlichungen weitere Hinweise zur zeichnerischen Darstellung von Bauwerken und Bauteilen sowie Musterzeichnungen.

Stichwortverzeichnis

© Springer Fachmedien Wiesbaden GmbH, ein Teil von Springer Nature 2021
U. Vismann (Hrsg.), *Wendehorst Bautechnische Zahlentafeln*, https://doi.org/10.1007/978-3-658-32218-2

Ihr kostenloses eBook

Vielen Dank für den Kauf dieses Buches. Sie haben die Möglichkeit, das eBook zu diesem Titel kostenlos zu nutzen. Das eBook können Sie dauerhaft in Ihrem persönlichen, digitalen Bücherregal auf **springer.com** speichern, oder es auf Ihren PC/Tablet/eReader herunterladen.

1. Gehen Sie auf **www.springer.com** und loggen Sie sich ein. Falls Sie noch kein Kundenkonto haben, registrieren Sie sich bitte auf der Webseite.
2. Geben Sie die eISBN (siehe unten) in das Suchfeld ein und klicken Sie auf den angezeigten Titel. Legen Sie im nächsten Schritt das eBook über **eBook kaufen** in Ihren Warenkorb. Klicken Sie auf **Warenkorb und zur Kasse gehen**.
3. Geben Sie in das Feld **Coupon/Token** Ihren persönlichen Coupon ein, den Sie unten auf dieser Seite finden. Der Coupon wird vom System erkannt und der Preis auf 0,00 Euro reduziert.
4. Klicken Sie auf **Weiter zur Anmeldung**. Geben Sie Ihre Adressdaten ein und klicken Sie auf **Details speichern und fortfahren**.
5. Klicken Sie nun auf **kostenfrei bestellen**.
6. Sie können das eBook nun auf der Bestätigungsseite herunterladen und auf einem Gerät Ihrer Wahl lesen. Das eBook bleibt dauerhaft in Ihrem digitalen Bücherregal gespeichert. Zudem können Sie das eBook zu jedem späteren Zeitpunkt über Ihr Bücherregal herunterladen. Das Bücherregal erreichen Sie, wenn Sie im oberen Teil der Webseite auf Ihren Namen klicken und dort **Mein Bücherregal** auswählen.

EBOOK INSIDE

eISBN	978-3-658-32218-2
Ihr persönlicher Coupon	FqTbGzcQzTm4wuT

Sollte der Coupon fehlen oder nicht funktionieren, senden Sie uns bitte eine E-Mail mit dem Betreff: **eBook inside** an **customerservice@springer.com**.